第１図版

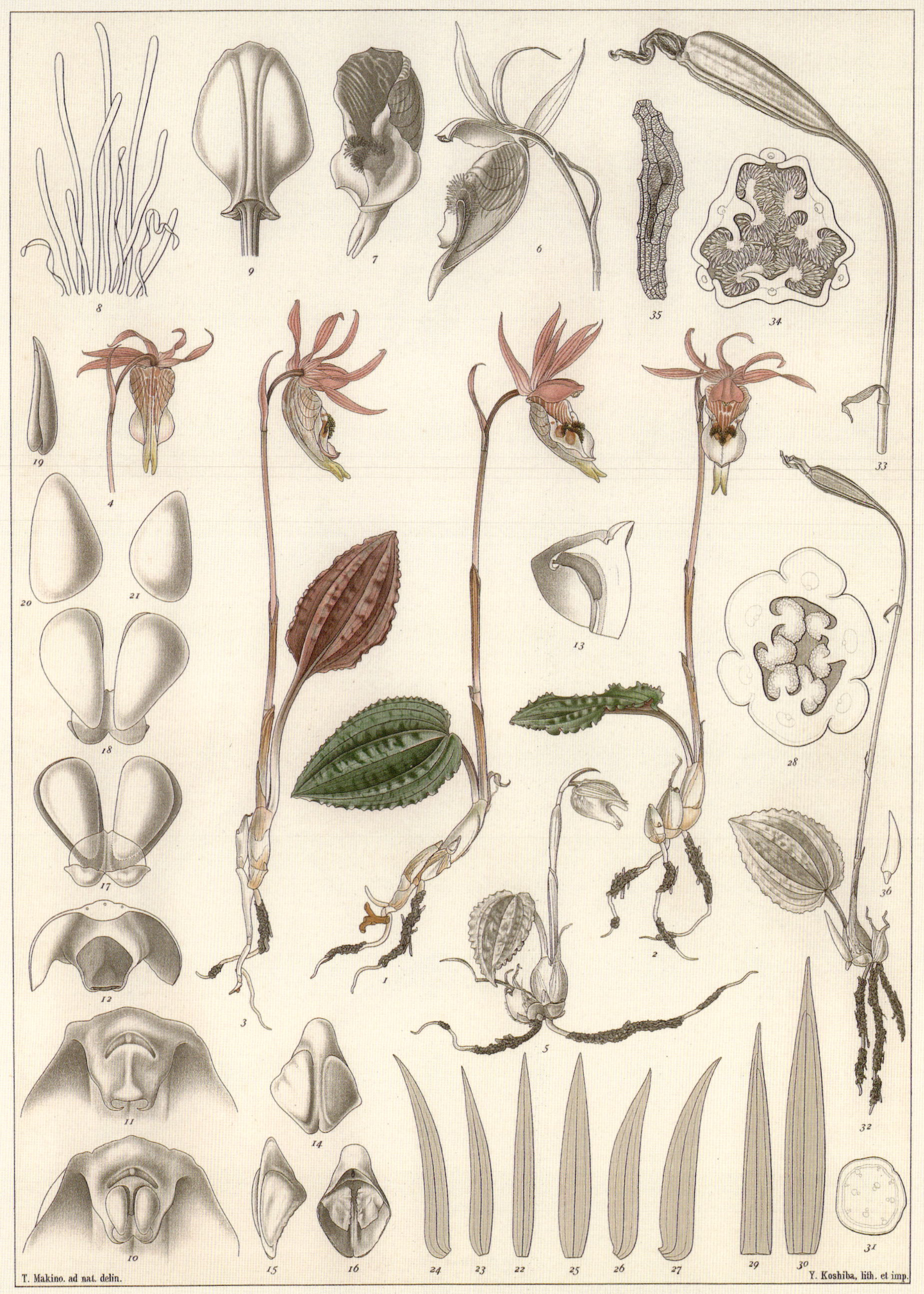

CALYPSO BULBOSA, Reichb. fil. VAR. JAPONICA, Makino.

(Hotei-ran)　んらいてほ

大日本植物志　第１巻第４集（牧野富太郎 1911 年）より

第２図版

ならやへざくら

Prunus donarium *Sieb.* var. pubescens *Makino* forma antiqua *Makino*.

所謂里ざくら中ノ稀品ニシテ元來けやまざくらヨリ派生シ、實ニ我ガ櫻品中ノ上乘ナル者ナリ、而シテ其同系品ハ蓋シ或ハ東北地方ヲ以テ其中心ト爲ン乎哉ト思惟セリ　(いばら科)

牧野日本植物圖鑑（牧野富太郎 1940 年）より

べにのりうつぎ
Hydrangea paniculata *Sieb.*
forma rosea *Makino.*

のりうつぎノ一品ニシテ、始メ白色ヲ呈セル胡蝶花ハ後チ直チニ紅色ヲ潮シ來リテ美ナリ。而シテ其色株ニ由テ濃淡アリ、往々之レヲ山地翠微ノ間ニ見ル　（ゆきのした科）

牧野日本植物圖鑑（牧野富太郎 1940 年）より

にしきまんさく

Hamamelis flavo purpurascens *Makino.*

世間ニ多カラザル一種ニシテ尚未ダ其自生地ヲ得ザルヲ憾ム、然カシ何レノ處ニ乎之レアラン、花色常品ノ如ク黄色ナラザルヲ以テ頗ル異采アルコト此圖上ニ見ルガ如シ　（まんさく科）

牧野日本植物圖鑑（牧野富太郎 1940年）より

PRUNUS SERRULATA, Lindl. VAR. SACHALINENSIS, Makino.

(*Ō-Yamazakura*)　らくざまやほお

大日本植物志　第1巻第4集（牧野富太郎 1911 年）より

第6図版

OTHERODENDRON JAPONICUM, Makino.

(Moku-reishi) しいれくも

大日本植物志　第1巻第4集（牧野富太郎 1911年）より

第7図版

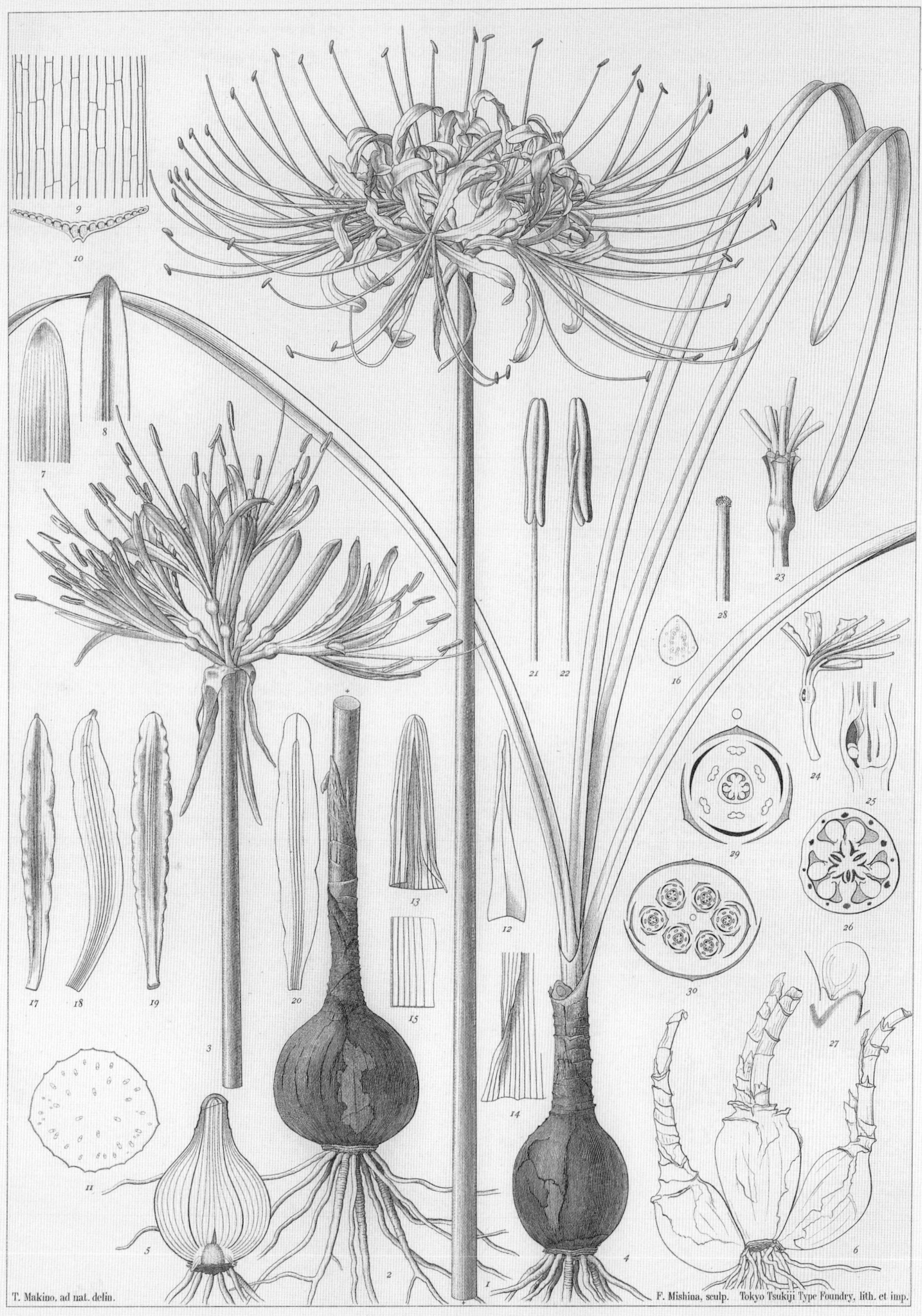

LYCORIS RADIATA, Herb.

(*Higan-bana*) ひがんばな

大日本植物志　第1巻第3集（牧野富太郎 1906 年）より

LILIUM AURATUM, Lindl., VAR. HAMAOANUM, Makino.

(*Saku-yuri*)　りゆくさ

大日本植物志　第 1 巻第 2 集（牧野富太郎 1902 年）より

新図解 牧野日本植物図鑑

東京大学名誉教授
理学博士　邑田　仁

（一財）沖縄美ら島財団
総合研究所　上席研究員
博士（理学）　米倉浩司

編　集

北　隆　館

THE HOKURYUKAN CO. LTD., TOKYO, JAPAN

2024

NEW MAKINO'S ILLUSTRATED FLORA OF JAPAN

New Edition with Analytical Key

edited by

Jin MURATA Dr.Sc.
Professor Emeritus, The University of Tokyo

Koji YONEKURA Dr.Sc.
Senior Researcher
Okinawa Churashima Foundation Research Institute

はじめに

1940年に出版された『牧野日本植物図鑑』（以下，牧野図鑑と言う）の序で，著者・牧野富太郎（1862－1957）が謝辞で最初に名を挙げたのは理学博士・三宅驥一（1876－1964）である．東京帝国大学農学部の教授であった三宅は，言わば牧野図鑑の出版プロデューサーであった．図鑑づくりを円滑に進めるため，凝り性の牧野と出版社の間で調整役を務め，牧野の専門外である非維管束植物について分担執筆者に振り分け，起稿から脱稿まで9年の間，図鑑づくりを支えた影の功労者である．

この両者が図鑑を手掛けたのは実はこれが初めてではない．遡ること15年，関東大震災を挟んで起稿から脱稿までわずか4年で完成した『日本植物図鑑』（1925年北隆館刊行）がある．掲載種2550を数える同書は，植物学者としての名声が定着し，各地で普及活動なども行っていた牧野を著者とした初めての大型図鑑であった．出版元である北隆館の社史によると，この図鑑は三宅が発案し牧野に執筆させたものであるという．刊行時には三宅もその宣伝に一役買い，自身が専務理事を務める科学知識普及協会が発行する雑誌『科学知識』に図鑑の図を流用した大々的な特集を組むなど，鳴り物入りで出版された図鑑であった．その一方で，出版を急ぐため，筆の進まない牧野を箱根の旅館に缶詰めにし，三宅自身が牧野の語る内容を口述筆記したという逸話も残り，牧野にとっては少なからず不本意な図鑑であったようである．そのため，牧野はその序文でも「私の理想通りのものはなお将来でないと完成しないが兎にも角にも目下の急に応ずる為に本書のようなものが出来た」と素っ気ない．

ただ，後に牧野図鑑に掲載された牧野直筆の植物画は，そのほとんどがこの図鑑のために描かれたものであり，ヤッコソウやツチトリモチ類などの自ら手掛けた図に対する解説文は，後の牧野図鑑とほとんど遜色がないほど丁寧に記述されている．やはりこの図鑑は牧野図鑑の原型と考えて差し支えないだろう．

2025年はこの『日本植物図鑑』が北隆館から刊行されてちょうど100年の節目に当たる．編集部から「牧野富太郎，図鑑百年を記念して牧野図鑑の改訂を行いたい」という依頼があり，最初に思いついたのが検索表の図解化だった．2008年の『新牧野日本植物図鑑』の出版に当たり，冒頭に米倉浩司博士による検索表が設けられた．これは牧野図鑑に新しい利用法を加える発展的な取り組みであったが，やや難解な植物用語の使用は避けられないことであった．そこで，一般の読者も使いやすいように，何らかの形で検索表を図解化してはどうかと考えた．具体的には，検索により選別された種に該当する特徴がわかりやすい図を本編から抜粋し，その部分図などに検索表で用いられている用語を加えることとした．同時に，検索表本文についても必要最小限の修正を行った．これらのことは，本編の解説文を理解する助けにもなるはずである．しかし，いざ始めてみると，図と記述を対応づけて理解を促すことがいかに大変かを思い知らされることとなったが，どうにか期日までにやり遂げた．今回の改訂では，改めて勉強し直したことも多かったように思う．

なお，今版では，米倉浩司博士が並行して『日本のラン科植物図鑑』や『西表植物誌』の完成に注力しておられたため，検索表の改訂は主に邑田が行い，その内容を確認していただく形をとった．一般読者にとって本書が前版より使いやすくなっていることを祈るばかりである．

2024年11月

邑田　仁

原著者および旧版編者

牧野日本植物圖鑑（1940）
An Illustrated Flora of Nippon
著　者：牧野富太郎　**Tomitarô Makino**

牧野新日本植物圖鑑（1961）
Makino's New Illustrated Flora of Japan
編　集：前川文夫　**Fumio Maekawa**
　　　　原　　寛　**Hiroshi Hara**
　　　　津山　尚　**Takasi Tuyama**

改訂増補　牧野新日本植物圖鑑（1989）
Rivised Makino's New Illustrated Flora of Japan
編　集：小野幹雄　**Mikio Ono**
　　　　大場秀章　**Hideaki Ohba**
　　　　西田　誠　**Makoto Nishida**

新牧野日本植物圖鑑（2008）
New Makino's Illustrated Flora of Japan
編　集：大橋広好　**Hiroyoshi Ohashi**
　　　　邑田　仁　**Jin Murata**
　　　　岩槻邦男　**Kunio Iwatsuki**

新分類　牧野日本植物圖鑑（2017）
New Makino's Illustrated Flora of Japan　New Systematics Edition
編　集：邑田　仁　**Jin Murata**
　　　　米倉浩司　**Koji Yonekura**

新図解牧野日本植物図鑑

目　次

凡　例

1．本図鑑に収録されている植物は，日本に自生し一般によく知られている野生植物（草本と木本）を第一とし，それに代表的な栽培植物，帰化植物を加えてある．裸子植物 81，被子植物 4422，大葉シダ植物 304，小葉植物 24，コケ植物 95，シャジクモ類 22，藻類 140，菌類 78，地衣類 30 の計 5196 件（種・亜種・変種・品種を含む）からなる．

2．大きな系統群（門）は，概ね牧野図鑑の旧版に従って，有節植物，緑藻類，褐藻類，紅藻類，担子菌類，子嚢菌類の順に配列した．地衣類（地衣化菌類）は子嚢菌類と担子菌類を含むが，便宜上子嚢菌類の後に置いた．

有節植物門の中の系統群の配列は，有胚植物（維管束植物，蘚類，苔類，ツノゴケ類），車軸藻類の順とし，有胚植物（陸上植物）を構成する 4 系統群は亜門のランクで扱った．維管束植物内の系統群の配列は種子植物（現生裸子植物，被子植物），大葉シダ植物，小葉植物の順とし，それを構成する 4 系統群はそれぞれ綱のランクで扱った．

3．目・科の分類と配列は，前版で採用されていた A. Engler's Syllabus der Pflanzenfamilien 第 12 版（1964）に基づくものから，最新の系統関係に基づくものに変更した．被子植物については，2016 年に発表された APGⅣに原則的に従ったが，センリョウ科の位置についてはそれ以前の APG 分類の位置を踏襲した．目や科の和名については原則として弊社刊『維管束植物分類表』（米倉浩司，2013）によったが，若干の変更を加えた（ススキノキ科→ワスレグサ科など）．その他の陸上植物については，海老原ほか（戸部博・田村実（編）『新しい植物分類学Ⅱ』305–319, 2012 年）に従った．

4．この図鑑に収録した種子植物の学名は，原則として弊社刊『日本維管束植物目録』（米倉浩司，2012）に従っている．また，和名や学名の異名は主要なものを括弧内に示した．なお，解説文中では，字数の都合上，原則として文中のみで紹介した植物についてだけ学名を併記した．

5．巻頭に維管束植物の同定のための検索表を用意した．この検索表は目視かルーペを使って調べられる特徴を基にして，少なくとも属レベルでは識別できるように作られている．また，本版では検索表を読み解く手がかりとして，図鑑本編から特徴がわかりやすい図を抜粋し，検索用語を図解した．検索表の凡例については別途検索表の冒頭に示した．

6．解説文の末尾に〔追記〕の項目を作り，近縁種や種内分類群との関係などをここにまとめた．また旧図の部分的な改訂は行わなかったため，ここで図の誤りを指摘した箇所もある．

7．巻末に用語図解，学名解説，索引を付した．

『牧野日本植物圖鑑』の序

嗚呼、皇紀二千六百年、會々國難非常ノ秋ニ際シ、小生特ニ此記念スベキ新著ノ本書ヲ完成シ、玆ニ初メテ其公刊ヲ見ルニ至リシハ至幸中ノ幸ト謂フベク、熟ラ既往ヲ追懐スレバ則チ轉タ感概ノ切ナル者ガ無ンバアラズデアル

小生ハ我ガ少壯時代ヨリ疾ク既ニ植物圖志ノ本邦ニ必要ナルヲ痛感シ、逐ニ意ヲ決シテ明治廿一年ニ『日本植物志圖篇』ヲ發行シ、次デ『新撰日本植物圖説』並ニ『大日本植物志』等ト逐次ニ公刊シタノデアツタガ、此等ハ皆不幸、中道ニシテ停刊ノ悲運ニ遭遇シタ、大正十四年ニ『日本植物圖鑑』ヲ著ハシタ事モアツタガ、是レハ固ヨリ我ガ意ヲシテ滿足セシメ得ル勞作デハ無ク、ソハ畢竟一時臨機ノ應急本タルニ過ギ無カツタ、故ニ早晩之レヲシテ絶版セシムベキ機運ノ到來スルノヲ俟テキタノデアルガ、遂ニ今日其待望ノ好期ニ際會シタノハ私ノ最モ欣ブ所デアル

右明治廿一年以來、星移リ物換ツテ年ヲ閲ルコト實ニ數十歳、明治ノ御代ハ大正ト成リ、次デ昭和ト改元シ、此間ニ於ケル長イ幾星霜ノ間、本邦ノ學問、教育、技術、工藝並ニ産業ノ發達ハ眞ニ目覺マシイ者ガアツテ、實ニ今昔ノ感ニ堪ヘナイノデアル、乃コデ小生ハ此好機會ニ於テ小生ノ信ズル分類體形ニ據ル圖鑑ヲ著ハサン事ヲ企圖シ、爾來春風秋雨十數年、黙々ノ下新タニ幾千ノ圖版ヲ創製シ、又併セテ之レニ伴フ幾千種ノ新記載文ヲ準備シ、以テ發行者ノ希望ニ副ヒ、漸ク本書第一次ノ完成ヲ告ゲタノハ實ニ本年、即チ昭和十五年、習々タル春風ノ櫻花ヲシテ將ニ發カシメントスル頃デアツタ

此間學術ノ進歩ハ駸々乎トシテ一日ノ休止モ無ク、延イテ世間本書ヲ要求スル聲ノ耳朶ヲ打ツコトモ日一日ト增加スルヲ以テ、從テ著作者トシテノ良心的希望モ自然高潮シ來ラザルヲ得ナク逐ニ今其完成ヲ見ルニ至ツタト同時ニ、更ニ進ンデ補遺ノ續刊ヲモ斷行スル次第ト成ツタノデアル

本書ニ於テハ著者獨自ノ見解ニ基ケル學名、並ニ新タニ發表セラレタ多クノ學名ヲ採擇シ、又從來之レ無カリシ和名ノ解ヲ附シ、又更ニ漢名ノ當否ヲ劃期的ニ匡正シテ記セシ事ナド、其他尚新シイ試ミガ多分ニ盛ラレテキルノハ此ニ改メテ其レヲ吹聴シナクテモ、是等ノ諸項ハ本書ヲ繙ク諸賢ノ直チニ眼底ニ映ズル印象デアラウ

本書ハ絶エズ最善ヲ盡シテ編纂セシト雖ドモ我ガ學未熟我ガ識足ラザルガ爲メ、必ズヤ書中諸處ニ誤謬多カラン事ヲ疑懼スル、四方達識ノ諸賢其點遠慮ナク御垂教ヲ賜ハレバ誠ニ幸甚ノ至リデ是レ獨リ著者ノ爲メノミニ非ズト信ズル

然カシ、本書ハ尚小生ノ理想ニハ遠イ者デアル事ヲ白狀スル義務ヲ小生ハ有スル、故ニ小生ニ取テハ本書ニ對シ何ント無ク物足リ無イ實感ガ我ガ胸一杯デアル、止ム無ク是レハ將來漸次ノ改善ニ待ツヨリ外致方ノ無イ者デアル、又本書ヲ開テ先ヅ第一ニ感得スル事ハ其解説ノ精粗不揃ノ點デアル、即チ前ニ粗ニ後ニ密デアルノハ、實ハ最初ハ其程度ヲ適當ト認メテ文ヲ行ツタノガ、年月ノ移ルニ從ヒ漸次ニ精緻ノ度ヲ加ヘ、遂ニハ多少行キ過ギタ貌チト成ツタノデアル、但シ一ノ書物トシテ是レハ頗ル不體裁タルノ譏リヲ免カレ得ヌノデアルカラ、後來訂正版ノ出現スル際ニハ躊躇無ク之

レヲ統一スル事ヲ期待シテキルノデアル、何ヲ言ヘ編纂十數年ノ歳月ヲ算ヘテ居リ、而カモ其原稿ハ總テ發行所ニ在テ我ガ手許ニ之レ無カリシ爲メ、遂ニ端ナク此精粗ノ不統一ヲ馴致シ今更ナガラ我ガ不用意ヲ悔ヤンデキルノデアル、又其圖モ我意ニ滿タヌ者可ナリ多ク、是等モ亦漸ヲ追テ其改善ヲ冀圖シテキルノデアル

終リニ本書完成事業ノ進捗並ニ刊行等ニ關シ、理學博士三宅驥一君、東京帝國大學農學部講師向坂道治君ノ斡旋盡力ニ負フコトノ多大ナリシ事ト、又理學博士川村清一君、理學博士岡村周諦君、理學博士山田幸男君、理學士佐藤正己君ハ各其専門トセラルヽ隱花植物ノ部門ヲ分擔セラレテ乃チ本書ニ光采ヲ添ヘラレシ事ト、又更ニ理學博士中井猛之進君ヲ筆頭トシ、理學博士本田正次君、理學博士佐竹義輔君、理學士前川文夫君、理學博士原寛君、理學博士伊藤洋君、理學士津山尚君、理學士木村陽二郎君ノ東京帝國大學理學部植物學教室ノ諸君ガ、小生ノ爲メ温カキ友情ヲ披瀝シ學問ノ爲メニ奮ツテ加勢セラレタル事トハ、小生ノ深ク感謝シテ措カザル所デアル

次ニ本書ノ出版ニ關シテハ北隆館専務取締役福田良太郎君ガ、多年ノ間能ク著者小生ノ資性ヲ理解シ、小生ノ放縦ヲ寛假セラレ、又能ク小生ノ無理ナ希望ヲ容レラレテ、何時モ篤實和協ナル温顔ヲ以テ接セラレシ事ハ、小生ノ終生其人格ヲ忘ルヽ能ハザル好印象デ、誠ニ深ク感銘ノ至リニ堪ヘザル所デアル、乃チ本書ハ爲メニ今日一先ヅ附託セラレタ我ガ重任ヲ果シ、以テ同君ニ報答シ得タモノトシテ此點小生ノ最モ欣快トスル所デアル

又同館尼子揆一君ノ始終渝ラザル配慮、水産學士佐久間哲三郎君ノ側面援助斡旋、牧野鶴代ノ内面幇助、更ニ又同館小山恵市君ノ不撓精勵以テ原稿ノ整理、校合ノ努力、圖画ノ整頓、印刷所トノ交渉等ノ萬端、村瀬一陽君ノ長期補助等、此等諸君ノ勞力ニ對シテモ亦小生ノ最モ感謝スル所デアル

更ニ大日本印刷株式會社ノ竹内喜太郎、竹澤眞三兩君、並ニ其他關係各員ニ對シ、長キ年月ノ間種々印刷上ノ非常配慮ヲ煩ハシ、本書ニ對シ格別ナル同情ヲ寄セラレシ厚意ヲ感謝セズニハ居ラレナク、併セテ亦株式会社柏原洋紙店ニ對シテモ同ジク謝辭ヲ呈スルニ躊躇セヌノデアル

又本書ノ作圖ハ中ニ小生自身ニ描キシ者モアレド、其大部分ハ畫工水島南平、山田壽雄兩君、並ニ木本幸之助君ノ絶エザル努力ニ負フ所多キヲ以テ、今之レニ對シ玆ニ其勞ヲ感謝セネバナラヌノデアル

昭和十五年七月

結網学人　牧野富太郎
繇條書屋ノ南窻下ニ識ルス

増補版の序文

既刊「牧野日本植物圖鑑」に增補を加へて更らに完全なものとしたいと云ふ事は私が初版發行直後からの宿望であつてこれが為には先づ以て原圖を用意することが必要で多年に亘つて畫家の諸君に依頼して書きためた圖は壹千有餘の多きに及んだ。先に昭和廿四年、廿五年の兩度に亘つて多少の增補を行つたが、これはその中の極めて一部分にすぎなかつた。私は從來から健康には人一倍自信を持つてゐるつもりではあるが何分にも老齡と云ひその進行は思ふにまかせなかつた。そこで若手新進の植物分類學者前川文夫、原寛、津山尙の三君に協力を求めたところ三君はそれぞれ職務に又研究に極めて繁忙な人達であるにもかかはらず心よく快諾され、以來この仕事は急速に促進され思ひの外早く今回ここに六百六十餘種に及ぶ大增補の完成を見るに到つた事は私にとつて何ものにも代えがたい喜びである。しかし勿論本圖鑑の改訂增補はこれを以て滿足すべきではなく學術の進歩に件つて更らに充實を加へんことを期している。終りに臨み前川、原、津山の三君の深甚なる援助協力に對し又前述の原圖作製に渾身の努力を拂はれた畫家水島南平、山田壽雄、川崎哲也、山岸新綠の諸君、更らにそもそも最初本圖鑑が生れた當時から實に五十餘年の長きに亘つて常に變らざる交誼と援助をおしまれなかつた北隆館社長福田良太郎氏に厚く謝意を表する。

昭和三十年師走の日

牧野富太郎

旧版改版への序文

牧野先生の記載はまことによくできている．しかしさすがの先生の名文も戦後の教育を受けた若い人達には難解であるとの声をきくようになったし，その上，図鑑はそれ自身の目的として教育面も広いことを考えるとこれは放置できないことであった．さりとて先生が心血をそそがれた本書に，我々が改版の手を加える事は色々の意味でためらわざるを得なかった．ようやく改版の程度を文章の平易化と，最少限の止むを得ない加筆訂正にとどめて一応版にのせることに決ったのが昨昭和35年の初頭であった．多くの若い方々の助力をえて我々３人で分担してまとめるという案で早速出発した．当時３人の内２人（原，津山）がヒマラヤへ出掛ける計画は決っていたので，留守部隊長格で前川が多くの分担を予定した．ところが２月に入って前川のアンデス地帯へ調査に行く話が急に決まり，多くの努力にもかかわらず原稿の完成は３人の帰国後に持ち越され，一部は校正の進行中に加筆修正をする仕儀となり，結果として発行のおくれたことは事情止むを得ないこととはいえ，出版社，印刷所並びに読者各位にお詫びをする次第である．

繰り返すが，先生の記載は読み直してみると，実によく書かれている．特に，旧版の後半に先生が後から直されたものについてはその名文が極めて長文であって，そのどこを捨てるかに苦しんだ．結果として活字を細かくして拾収したが，不揃となりまた読みずらくなってしまった．これに反して，旧版の前半は初期のままの短文であったので，多少追加をして調節をしたが時間がないために，出来上ってみると不統一がいかにも目立つ．旧版にあったものはすべて残すのを原則としたが，なお２，３の重複種は整頓し，異名中の極めて古くまた専門家以外には興味がないと思われるものは省き，文中の若干の変種品種などで重要度の低いものは除いたのもある．いずれにせよ，本格的な変更を一貫して行うことは遠慮してあるので一部の不徹底さはまぬがれないが，諸般の事情から諒解して頂きたい．

終りに今回の改版を快諾された牧野鶴代氏，改版のための改稿をして下さった山田幸男氏，佐藤正己氏の御好意に深く感謝する．主に文章を平易にすることには次の多くの諸氏の尽力を煩わした．記して感謝の意を表する．

井上公子，井上浩，薄井宏，加崎英男，小山鐵夫，瀬戸和子，相馬研吾，相馬早苗，椿啓介，西田誠，橋本保，前川千枝，山崎敬の諸氏（五十音順）

用語の整理について伊藤洋氏，その図解について木村陽二郎氏の助力をえた．これは松原巌樹氏の手で図となったのを巻末に掲げることができた．これに対しても謝意を表したい．

なお改版の気運を作り，事を運ばれた株式会社北隆館社長，福田元次郎氏，編集と印刷の進行に直接当られた山田映次氏と堀和子氏，面倒な印刷と度重なる改訂を快よく遂行して下さった印刷所，株式会社金羊社の関係各位，それに校正を手伝って下さった有吉愛子氏と岩塚敦子氏など，これらの方々の尽力なしには本書は出来上がらなかったと思われる．記して御礼を申し述べる次第である．

最後にこの本の基礎をきずかれた牧野富太郎先生を偲び，改めて深い敬意を表し，我々のつたない加筆が先生の原意をそこねることがありはしないかと恐れるものである．

昭和36年5月，ヒマラヤとアンデスの植物を偲びながら

前川文夫
原　寛
津山尚

改訂増補版への序文

牧野富太郎先生の畢生の業績である日本植物図鑑が，前川文夫，原寛，津山尚の三博士の手で補遺改版され，さらに口語文に改められ，「牧野新日本植物圖鑑」として出版されてからもう30年に近い年月がたつ．その間，日本の植物を図や写真で解説する図鑑の類は，北隆館を始め各出版社からも数多く出版され，美しい原色図やカラー写真をふんだんに添えた豪華な，あるいはコンパクトな図鑑や写真集が書店の棚を埋めている．それにもかかわらず，今尚この「牧野新日本植物圖鑑」が植物図鑑の原典として絶間ない売行を続けておりその読者層を維持しているということは，いうまでもないがこの図鑑には多くの特筆すべき特徴があるからである．まず，牧野先生ご自身の図も一部ふくめて，精細な線画で描写された図はカラー写真などにくらべて，必要な部分を強調し，違いをよくわからせるという意味で，またともすれば色彩に目を奪われがちな読者の注意力を詳細な線画に集中させるという点で，カラー図版とはまた別の意義をもつものである．

またこの図鑑の大きな利点は，われわれに日常なじみ深い多くの栽培植物や帰化植物さらに隠花植物までも収録してあって，なおかつハンディーな（とはいい難い大きさになってしまってはいるが）一冊の本にまとめられていることである．本書を植物についての，いわば百科事典として利用する一般の読者にとって，知りたい植物が栽培品か帰化品かということ自体がわからない場合も多かろう，だからこそ図鑑でしらべたいという希望も多いはずである．今回これらの特徴を最大限にいかしつつ，載録種数を1200ほども増やして，新たな改訂増補版を出すことになったのはこのような認識にもとづいてのことである．

前回の「牧野新日本植物圖鑑」の改版にあたって，前川博士らが序文に述べておられるように，牧野先生が心血をそそいで完成された歴史的名著に手を加えることはたいへんためらわれることである．まして今日の出版事情では牧野先生の時代のように長い時間をかけて推敲を重ね，あるいは少数の錬達した画家に植物をゆだねて，季節を違えて咲く花や果実を追ってスケッチを描きためるというような余裕はのぞむべくもなかった．このような制約のなかで，多くの新進の研究者にご協力を願い，また大勢の画家の方々に努力していただいて，どうにかこの改編ができあがった次第である．東京都立大学の牧野標本館に所蔵されている牧野先生の採集標本をはじめ，東京大学や国立科学博物館，千葉大学理学部の所蔵標本もおおいに参考にさせていただいた．これらの標本館（室）の責任者の方々に深くお礼を申し上げたい．

また本書が旧版以来収録している隠花植物については，それが専門家にはもの足りないにしても，本書が百科事典的に使われることを考えればやはり重要な特徴であった．そこで今回も教科書的な性格の範囲で，見直しと若干の追加を各群の専門家にお願いした．この結果，シャジクモ類で日本産の全種を掲載することができたのを始め，コケ植物，藻類，菌類，地衣類についても学名の見直しを中心に改稿された.

本書の改編にあたってとくに留意し，また目標としたことは次の諸点である.

1．牧野先生の旧版をはじめ，前川，原，津山　3博士らが手を加えられた前回の改版分までに収録されていた植物については，原則として，そのまま再録することとした. 今回の増補で新たに加えた種類との整合性をはかるため，最小限の変更にとどめてある.

2．それにもかかわらず，研究の進展で分類群の整理と検討が進み，大きな変更が必要とされるグループについては，それぞれの専門研究者におまかせして，旧版のものの見直しをふくめて全面的に追加と改訂をおこなった. それらの群と担当の執筆者は後述のとおりである.

3．旧版では手薄であった沖縄や奄美大島などの南西諸島，屋久島，および小笠原諸島の植物を収録することに努めた.

4．最近の帰化植物と栽培植物，とくに輸入によって日常接する機会の増えた外国や熱帯の果樹などについては，できるだけ収録することとした. ただし観賞用の草花の類はファッション性がつよく，流行の消長がはげしいこともあって最小限にとどめてある.

5．図鑑上の掲載の順序については今回の編者らがもっとも悩んだことのひとつである. 牧野先生の旧版ではきく科に始まって，双子葉，単子葉，裸子，シダ，さらにコケ，藻類，地衣，菌類とほぼ当時のエングラー（Engler）の分類体系を逆にたどる形であった. ところが，前川博士らの改訂版ではシダ植物に始まって裸子，双子葉，単子葉，と進化の方向に沿って維管束植物を掲載したのち，いわゆる隠花植物をこんどは原始的とされる方向へ向かって順を追うという独自の配列がおこなわれた. そして目次だけは本文の順序とは別に，自然分類表を兼ねてエングラーの体系をそのまま載せるという編集になっていた. それなりの必然性と苦心のあとがうかがわれるのだが，かなり難解な順序であったことも否めない. 今回の改訂では本書の性格を考えて，まず種子植物（顕花植物）を主とする立場から裸子，被子（双子葉，単子葉）植物から始め，被子植物ではその中の順序は Engler の Syllabus der Pflanzenfamilien　第12版（1964）に従うこととした. 次いでシダ植物，コケ植物，藻類，菌類，地衣類として，門のレベルではやはり Syllabus の順序をそのまま逆にたどるかたちとした. したがって従来の版とくらべると，シダ植物が種子植物の後にまわったのをはじめ，種子植物の中ではうり科，つばき科，やまとぐさ科などの位置がかなり大幅に変更になっている.

分類体系はそれが進化の系統をできるだけ忠実に反映するべきだとする一般論に異論はなくとも，現実には学者によってさまざまな体系が提出されている. 本書が Engler's Syllabus 第12版に準拠しえたのは多分に便宜的であって，牧野先生の初版が当時のエングラーにほぼ依っていたことも念頭に置いたものである.

おわりに今回の改編にあたって，こころよく承諾を頂いた牧野家のご遺族の方々を始め，前回の編者である津山尚博士，ならびに前川，原両博士のご遺族に感謝を申し上げる. 今回の改編に関する項目選定その他の監修は種子植物を小野および大場が，隠花植物全体を西田が分担した．ただ，単子葉植物についてはいね科を中心に玉川大学の許田倉園博士に全面的に協力して頂いた．また上述のように，一部の分類群については専門の研究者におまかせして追加種の選定と既存の項目の見直しもお願いした．その分担は次のとおりである（分類群順，敬称略）．

いらくさ科，ニガナ属，フジバカマ属：矢原徹一(東京大学理学部)．カンアオイ属：菅原敬(東京都立大学理学部牧野標本館)．イカリソウ属，トウヒレン属：鈴木和雄(東京都立大学理学部牧野標本館)．きんぽうげ科，ぼたん科，アザミ属：門田裕一（国立科学博物館筑波実験植物園)．キイチゴ属，バイモ属：鳴橋直弘(富山大学理学部)．ツツジ属，ごまのはぐさ科，うるっぷそう科：山崎敬（元東京大学理学部)．りんどう科：豊国秀夫（信州大学教養部)．とちかがみ科などの水草：山下貴司（お茶の水女子大学理学部)，角野康郎（神戸大学教養部)．さといも科，つちとりもち科：邑田仁（東京大学理学部)．

種子植物としだ植物で追加種の執筆をお願いしたのは次の方々である(アイウエオ順,敬称略)．浅井康宏（東京歯科大学，帰化植物の一部)，秋山　忍（東京大学理学部，まめ科の一部)，伊藤元巳(東京都立大学理学部牧野標本館，すいれん科，はまざくろ科，さがりばな科，しくんし科)，許田倉園（玉川大学，いね科，とうつるもどき科)，栗田子郎（千葉大学，しだ植物)，黒崎史平（頌栄短期大学，せり科，しそ科)，小林純子(東京都立大学理学部牧野標本館，のぼたん科，まんさく科)，副島顕子（東京都立大学理学部牧野標本館，つづらふじ科)，菅原敬（前出，らふれしあ科)，鈴木和雄（前出，すみれ科，かえで科ほか)，高橋秀男（神奈川県立博物館，かやつりぐさ科，ききょう科)，津山尚(元お茶の水女子大学，つばき科，ほんごうそう科，らん科の一部)，西田治文(国際武道大学，しだ植物)，橋本保(国立科学博物館筑波実験植物園，やし科，らん科の一部ほか)，馬場晶子（東京大学総合研究資料館，べんけいそう科ほか)，福岡誠行（頌栄短期大学，あかね科，すいかずら科)，宮本太(東京農業大学教養課程，ほしくさ科，いぐさ科，つゆくさ科)，若林三千男（東京都立大学理学部牧野標本館，ゆきのした科)．

その他の隠花植物部門で見直しと最小限の追加をお願いしたのはつぎの方々である（敬称略)．こけ植物：水島うらら(上野学園短期大学)，服部新佐(服部生物学研究所)．藻類：加崎英男(元東京都立大学理学部牧野標本館)，吉崎誠(東邦大学理学部)．菌類：横山和正(滋賀大学教養部)．地衣類：黒川逍（国立科学博物館筑波実験植物園)

追加種の挿絵は以下の画家に分担して描いて頂いた．(アイウエオ順，敬称略)

梅林正芳，斎藤光一，滝波明生，滝波　実，中島伸依，西里　龍，古井　智，増田康文，安池和也，横山伸省．また，執筆者でもある吉崎　誠，宮本　太両氏には挿図も描いていただいた．

短期間のむりなお願いにもかかわらず，執筆と作図をいただいた上記の方々に重ねてお礼を申し上げる次第である。

最後に出版社の株式会社北隆館の福田元次郎社長を始め，佐久間信氏，福田久子氏ら編集部員一同ならびに困難な印刷，製本を引受けられた大村印刷株式会社と凸版製本株式会社のご努力に感謝する．

1989年6月　　小野幹雄
大場秀章
西田誠

『新牧野日本植物圖鑑』まえがき

牧野富太郎著『牧野日本植物圖鑑』は1940年に北隆館から出版された．牧野は出版当時から増補をめざし，太平洋戦争と戦後の困難な時代を経て1949年と1950年にセイヨウタンポポ，オオウバユリなどの新しい種類を加えた．さらに1956年に前川文夫・原寛・津山尚の執筆を得て，『増補版牧野日本植物圖鑑』となった．牧野の死後，1961年には前川・原・津山の編集で原著は大幅に改訂され『牧野新日本植物圖鑑』に変わった．1989年には小野幹雄・大場秀章・西田誠の編集で多くの専門家の執筆を加えて『改訂増補牧野新日本植物圖鑑』へと改訂が重ねられてきた．最初の牧野版では3,206図であったが，前川1961年版で3,896図，小野1989年版で5,056図と増加した．

明治時代の日本が国家の近代化をめざして欧米の文化・文明を取り入れてきた中で，牧野富太郎（1862～1957）は近代的な植物学に基づいて日本産植物の種類を正しく記録することをめざした一人であった．本草時代からの植物名を正し，学名を与え特徴を明らかにするとともに，各地に植物を探索し，詳細な植物画を描き，新植物を発見命名した．今日およそ5,500種の維管束植物が日本に自生すると認められている中で，牧野は最も多くの学名を与えた日本人で，381種が彼の命名した植物である（邑田仁2000「日本の植物相」．岩槻邦男・加藤雅啓（編）『多様性の植物学．1. 植物の世界』．東京大学出版会）．また，牧野は図解と形の記述とを組み合わせて使いやすい植物図鑑を作り，野外指導を行い，多くの植物随筆を発表し，長い生涯にわたって植物学の知識を社会に広め続けた．多くの著作の中で，1940年牧野78歳の折に刊行された『牧野日本植物圖鑑』は牧野の生涯の目的を具現したものといえるだろう．

初版以来ほぼ70年，『牧野日本植物圖鑑』は，後を引き継いだ編者と多くの協力者および北隆館によってその時代の新しい植物分類学上の知識が取り入れられて改訂版が出版されてきた．牧野図鑑の刊行は日本の植物分類学研究の進展と植物相に関する知識の普及に大きな効果を及ぼしてきたと思われる．

近年，分子系統学による系統解析と分類学の基本である形態学の深化とによって，新たな植物分類体系の設立が進行中である．牧野図鑑は原著以来エングラーの分類体系を採用してきたが，その分類体系も属以上のすべてのランクで大幅に変更されている．種子植物の科のレベルでは，例えばアカザ科はヒユ科，カエデ科はムクロジ科，ガガイモ科はキョウチクトウ科，ウキクサ科はサトイモ科に包含されたり，広義のユリ科はサルトリイバラ科，ネギ科，テンモンドウ科，エンレイソウ科などに分割されている．しかし今回の改訂では植物界全体の系統体系の整理が落ち着くのを待ち，かつエングラー体系のよく知られている分かりやすさのために，科のランク以上の分類体系は概ね『改訂増補牧野新日本植物圖鑑』版の体系を継承することとした．この『新牧野植物図鑑』では改訂の主眼を属以下のレベルに置き，図は前版と同じにして，内容の充実を図ることとした．主な改訂点は次の通りである．

1. 検索表

登載されている種子植物とシダ植物（維管束植物）の同定のために初めて検索表を用意した．この検索表は目視かルーペを使って調べられる特徴を基にして，少なくとも属レベルでは識別できるように作られている．本文の図と記載を活用して植物を同定していただきたい．この検索表によって本書に登載されている種子植物とシダ植物の全体を関連づけて識別することができると思われる．

2. 学名

学名は前版以後の研究成果を取り入れて新しくした．本書に採用されている学名は基本的に正名・異名とも現行の『国際植物命名規約（ウィーン規約）2006』日本語版 2007（日本植物分類学会国際植物命名規約邦訳委員会（大橋広好・永益英敏編集）日本植物分類学会）に合致して正式に発表されたものである．しかし，旧版の学名との関連のために旧版で用いた非合法名も，ごく僅かであるが，異名として引用してある．なお，本書の維管束植物の学名は多くは梶田忠・米倉浩司の「BG Plants 和名－学名インデックス」（YList）［http://bean.bio.chiba-u.jp/bgplants/ylist_main.html］で採用されている正名と一致するが，一致しない場合にも YList の学名を異名として加えてある．非維管束植物の学名は分担著者の選択による．

3. 学名の著者名

近年学名著者の表記法が国際的に統一されてきた．本書でも国際的な基準に合わせるよう試みた．その基準は Brummitt & Powell (1992), Authors of plant names にある（この本に含まれない新しい著者名も多くは［http://www.ipni.org/index.html］でアクセスできる）．ここに引用されていない著者名の表記方法も同じ基準に合わせた．日本人著者名の表記もこれまでと変わったものが多い．

4. 記述と用語図解

種の記述，分布，日本名を再検討し，訂正と加筆を行った．一部については記述を書き換えあるいは大幅に改正した．記述の末尾に〔追記〕の項目を作り，その種に関連する近縁種や種内分類群との関係などをここにまとめた．図の誤りを指摘したところもある．用語図解は用語と図を本文の記述に合致させて改訂した．

5. 学名解説

巻末の「学名解説」を全面的に改訂した．学名を通して分類学研究史の一面を示したいと考え，学名の関連説明を補充し，命名に関係した人物についての解説をかなり加えてみた．

今回の改訂は次の著者の分担で行われた．

1. 分類検索表（種子植物とシダ植物）：米倉浩司（東北大学植物園）
2. 種子植物：大橋広好（東北大学名誉教授），邑田 仁（東京大学大学院理学系研究科附属植物園），米倉浩司
3. シダ植物：岩槻邦男（東京大学名誉教授，兵庫県立人と自然の博物館），米倉浩司
4. コケ植物：秋山弘之（兵庫県立大学自然環境科学研究所，兵庫県立人と自然の博物館）
5. シャジクモ類：坂山英俊（東京大学大学院総合文化研究科広域科学専攻生命環境科学系）
6. 藻類：川井浩史（神戸大学先端融合研究環内海域環境教育研究センター）
7. 菌類：前川二太郎（鳥取大学農学部附属菌類きのこ遺伝資源研究センター）
8. 地衣類：柏谷博之（国立科学博物館名誉研究員）
9. 植物の用語図解：大橋広好，邑田 仁，米倉浩司
10. 学名解説：大橋広好

なお，学名と著者名の形式については大橋が本書全体の統一を試みた．

終わりに専門分野を分担し今回の改訂にご協力して下さった著者の方々に心からお礼申し上げる．特に米倉浩司博士に維管束植物の改訂と検索表作成に尽力していただいた．また，牧野富太郎博士没後 50 年を機会に，この新版の出版を企画し，遂行された北隆館社長福田久子氏と編集担当者角谷裕通氏のご熱意とご努力に感謝申し上げたい．

2008 年 9 月

大橋広好
邑田　仁
岩槻邦男

『新分類　牧野日本植物圖鑑』はじめに

「『牧野日本植物圖鑑』のAPG対応版を」という話は，前版（大橋・邑田・岩槻編 2008）を出版した直後からあったように記憶している．その当時は時期尚早と考えていたが，『高等植物分類表』（米倉 2009）の出版を皮切りに，わが国でも被子植物の分類にAPGシステムが受け入れられ，植物園や博物館などでもこの新しい分類に基づく展示を見かける機会が格段に増えたように思う．今回，そういった時代の要請を踏まえ，牧野図鑑も新しい分類基準に則った改訂が不可欠と考えたので，北隆館からの依頼を受けることにした．

今回の改訂では，新しい分類体系による，配列および学名の変更を中心に行い，最近発見された新種や，園芸市場でよく見かける植物など，若干の種類の追加を行った．また，巻頭の検索表も必要な改訂を行った．既存の解説文は部分的な修正にとどめ原則として前版を踏襲した．既存の図版については，部分的な修正は行わず，解説文で誤りを指摘するなどにより正確を期した．

図鑑全体の構成は編者として邑田と米倉が，追加種の選定と編集は主に邑田が，巻頭の検索表の改訂と維管束植物の分類の調整は米倉が行った．また，前版に引き続き，コケ植物を秋山弘之 博士，シャジクモ類を坂山英俊 博士，藻類を川井浩史 博士，菌類を前川二太郎 博士，地衣類を柏谷博之 博士にそれぞれご担当いただいた．

追加種解説文の原稿執筆並びに図の校閲については以下の方々にお世話になった．

奥山雄大 博士（国立科学博物館筑波実験植物園），門田裕一 博士（国立科学博物館名誉研究員），菅原 敬 博士（首都大学東京牧野標本館），東馬加奈 博士（武蔵高等学校中学校），中澤 幸 博士，根本智行 博士（石巻専修大学理工学部），とくに中澤 幸 博士には多くの原稿をご執筆いただいた．また，東馬博士と根本博士には一部，植物図の描画もお願いした．

追加種の描画については，植物画家の飯野佳代，石川美枝子，小西美恵子，西本眞理子，西山敦子，細川留美子，安江尚子，山田道恵，米田 薫の各氏にご担当いただいた．

以上の方々にはこの場を借りてお礼申し上げる．

2017 年 5 月

邑田　仁
米倉浩司

『新分類　牧野日本植物圖鑑』改訂担当者

種子植物・シダ植物：邑田　仁（東京大学大学院理学系研究科附属植物園）
　米倉 浩司（東北大学植物園）
コケ植物：秋山 弘之（兵庫県立大学自然・環境科学研究所，兵庫県立人と自然の博物館）
シャジクモ類：坂山 英俊（神戸大学大学院理学研究科生物学専攻生物多様性講座）
藻　類：川井 浩史（神戸大学内海域環境教育研究センター）
菌　類：前川 二太郎（鳥取大学農学部附属菌類きのこ遺伝資源研究センター）
地 衣 類：柏谷 博之（国立科学博物館名誉研究員）

本書の分類表

〔単子葉類　**Monocotyledons**〕

※地衣類は分類学上は菌類（多くは子嚢菌類）に属するが，本書では利用者の便宜を考え，従来どおり“地衣類”として取りまとめ，科の配列も旧版のままとした．

図解検索表

種子植物の検索：p.30〜163

シダ植物の検索：p.164〜179

図解検索表について

1. 以下に本書掲載の種子植物およびシダ植物の図解付き検索表を示した.
2. 本検索表では比較的認識しやすい外部形態に基づき，科や属などの分類によらず数種程度の候補種に絞り込むことを目的とした. これらの種への絞り込みについては図鑑本編の記載を参照されたい.
3. 検索表中の属および種名に続く( )内に示した番号は，本書掲載種の種番号である.
4. 種番号のあとに「注」をつけたものは，本書掲載種の文中で説明されている(図のない)種であることを示す.
5. 本書未掲載であっても，必要に応じて検索表中に組み入れた種がある. その場合は分布や特徴などを併記した.
6. 一部，園芸植物等について，本書掲載種であっても検索表に組み入れなかった種がある.
7. 本検索表では，検索の結果選ばれた種のうちから，特徴がわかりやすい図を本編より引用し，部分図等それぞれの植物の特徴を示す部位に各部の名称を記入した. これらを，本検索表を読み解く手がかりとされたい.
8. 検索表中で示した植物図にはそれぞれ，関係する検索表の分岐番号と紐付けた番号を振った. 同一の種類が，検索結果として複数回挙げられている場合，「➡〜」「〜を参照」などとして，検索表の分岐番号を用いて参照先を示した.
9. 本検索表の検索結果には，一部，図鑑本編に取り上げられていない種類が加えられている. これらも巻末の索引に盛り込んだ.

種子植物の検索

1a. 直立するか，なかば土中に埋もれる草本で，つるにはならない．花時に緑葉はなく，植物体は花を除き白色，黄白色，黄緑色または帯紫色
……（花後に緑葉を出す場合もある）**検索 A**（p.31）

b. 緑葉がある（花の時期には葉が展開していないこともある）か，ない場合（寄生植物）には茎がつる状にのびるか，または樹上，ときに岩上に着生する……**2**

2a. 他の樹木の上に生えてそれに寄生し，根をその樹木の組織中に侵入させる低木……（寄生低木）**検索 B**（p.33）

b. 地上，水上，水中まれに樹上に生え，樹上に生える場合には根をその樹木の組織中に侵入させることはない（ただし，つる性の草本で，吸盤のような構造を通してからみつく植物に寄生することがある）……**3**

3a. 水上または水中に生えるか，時に水辺の泥土上に生えることもあり，後者の場合茎や葉は軟弱……（水生植物）**検索 C**（p.34）

b. 地上に生える（茎の基部が水没する場合もある）……**4**

4a. 茎はつる状にのびて他物にからみつくかよりかかり，しばしば気根や巻きひげ，吸盤のようなもので付着する……（つる植物）**検索 D**（p.37）

b. 茎は直立，斜上するか，地上を匍匐する……**5**

5a. 木本で花の時期に葉はまだ展開していない……**検索 T**（p.160）

b 葉は全て鱗片状か針状で一般に小さく，時に多肉質となり，葉脈は不明瞭か，中央脈のみが明瞭……**6**

c. 葉（真の葉ではない葉状枝や偽葉がある場合も含む）は扁平で幅広く，脈が目立つ（時に葉が細裂し，裂片が糸状となることもある）……**7**

6a. 木本……（主に針葉樹）**検索 E**（p.44）

b. 草本か小低木……**検索 F**（p.47）

7a. 茎は太く直立し，分枝しないかまばらに分枝し，先端に複数の大形の葉を輪生状につける（主にヤシ科）．時に茎が地下に埋もれて葉が地表から放射状に出る場合もある……**検索 G**（p.51）

b. 茎や葉は上のようではない……**8**

8a. 葉（身）は通常幅よりも明らかに長く，基部から先端に向かう複数の平行脈がある……（多くの単子葉植物）**9**

b. 葉（身）は幅よりも長いか短く，中央脈が無いか，中央脈とそこから分枝する側脈と網状脈があり，基部から出る中央脈以外の主脈は放散し，複葉の場合には小葉の中央脈となる……**12**

9a. 葉は左右に扁平で表裏の別がなく，2 列に並ぶ……（主にアヤメ科）**検索 H**（p.53）

b. 葉は上下に扁平で表裏の別がある……**10**

10a. 茎葉がない（葉は全てまたはほとんど根生）
……（多くは草本性の単子葉植物）**検索 I**（p.54）

b. 茎葉がある（根生葉に長い葉鞘があって花茎を包み，偽茎をなしている場合を含む）．根生葉がある場合には茎葉よりも小さい……**11**

11a. 少なくとも下部の茎葉に円柱形の葉鞘があるか，葉鞘が発達しない場合でも葉の基部は広く茎を抱き，葉の付着部は茎をほとんど一周する……**検索 J**（p.58）

b. 茎葉に葉鞘はなく，葉の基部は茎を抱かない……**検索 K**（p.79）

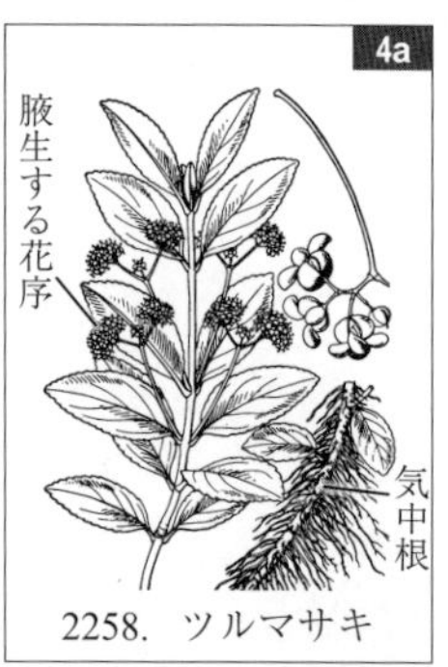

2258. ツルマサキ

1618. ツタ

614. ナギイカダ

1808. ソウシジュ

12a. 葉身の長さは幅とほぼ等しく扇形，中央脈はなく，基部から脈が2叉分枝を繰り返す……**イチョウ**(4)
b. 葉身の長さは幅とほぼ等しく，4ないし6裂し，凹頭で，葉脈は羽状．街路樹または公園樹として植栽される高木……**ユリノキ**(146)
c. 葉(身)の長さは幅の2倍未満で基部は切形または心臓形となり，基部からほぼ太さの等しい複数の脈が掌状に出るか，二出，三出または掌状複葉となる……**13**
d. 葉(身)は長さが幅よりも長いことが多く，長さが幅の2倍未満の場合でも基部は心臓形とならず，基部から出る中央脈以外の脈はないか，あっても中央脈よりも明らかに細く，その上から出る側脈と太さは変わらない．単葉か羽状複葉，まれに三出複葉となるが，後者の場合側小葉は頂小葉よりもはるかに小さい……**15**
13a. 葉は開花時には全て根生するか根生状でロゼットを形成し，茎葉がある場合茎葉は根生葉とは形が異なり，より小さく少ないことが多い．草本……**検索L**(p.81)
b. 葉は開花時に全て茎につくか，根生葉がある場合でも茎葉とほぼ同形で少なく，ロゼットを形成しない．草本または木本……**14**
14a. 葉は対生か輪生(一部の葉が互生することもある)……**検索M**(p.87)
b. 葉は互生(一部の葉が対生か輪生することもある)……**検索N**(p.89)
15a. 葉は開花時に全て根生するか根生状，時に花をつける茎とは別に根茎から出る短い茎の先に密生してロゼットを形成し，茎葉が存在する場合茎葉は根生葉とは形が異なり，より小さく少ないことが多い．草本……**検索O**(p.98)
b. 葉は開花時に全て茎につくか，根生葉がある場合でも茎葉とほぼ同形で少なく，ロゼットを形成しない．開花時に植物体の基部に葉のみを先端に密生する短い茎はない．草本か木本……**16**
16a. 草本か矮小低木．葉は全部かまたは大部分が茎の中部または上部に集まり輪生状，時に葉が茎に2段以上にわたって輪生状につく……**検索P**(p.105)
b. 木本．葉を先端に輪生状につける短枝がある……**検索Q**(p.107)
c. 草本か木本．葉は茎に均等に分布するか，茎の中部か上部に集まる場合でも輪生状にはならない……**17**
17a. 葉は対生か輪生(一部の葉が互生することもある)……**検索R**(p.108)
b. 葉は互生(一部の葉が対生か輪生することもある)……**検索S**(p.125)

4. イチョウ

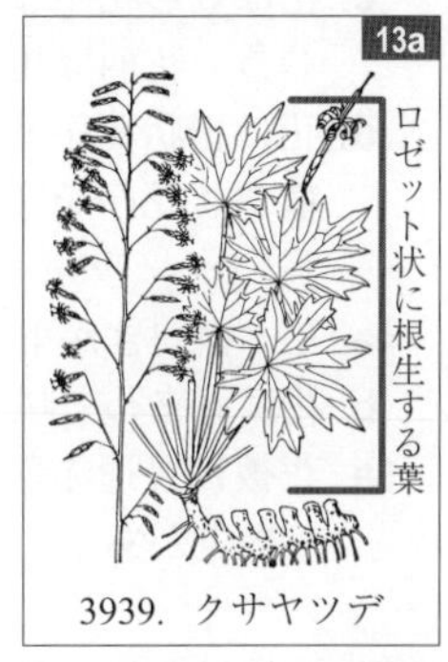

3939. クサヤツデ

3887. アオハダ

検索 A

直立するかなかば土中に埋もれる概して小形(コンニャク属は大形)の草本でつるにはならない．花時に緑葉はなく，植物体は花を除き白色，黄白色，黄緑色または帯紫色．

1a. 花は微細で多肉な茎の節間の凹みに3個ずつつく．海岸の塩性湿地に生える……**アッケシソウ**(3005)
b. 花は微細で多数が円錐状または球状の肉穂状の花序に密につく……**2**
c. 花は小形〜大形，単生するか穂状花序，総状花序，散房花序または散形花序に少数〜多数つく……**3**

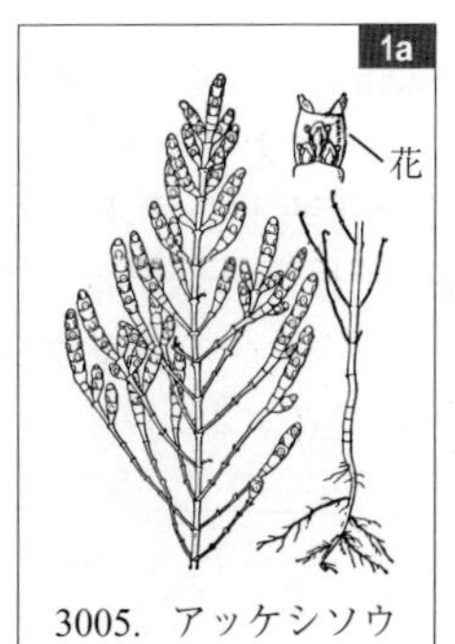

3005. アッケシソウ

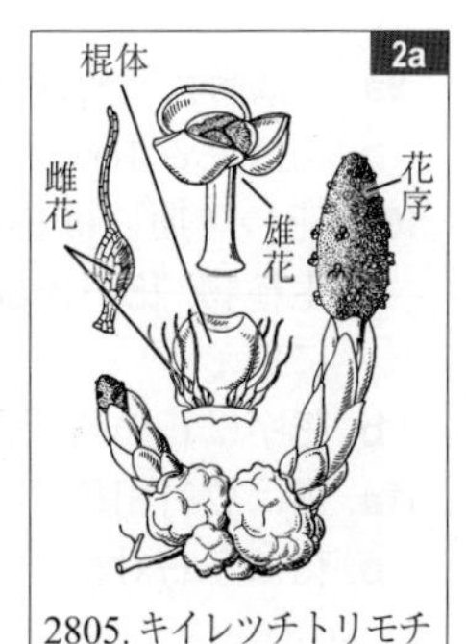

2805. キイレツチトリモチ

2a. 花序は先端まで花で埋まり，基部に仏炎苞はない．葉緑素はなく，樹木の根に寄生する
……………………………………**ツチトリモチ属**(2802～2807)

b. 花序は上部に円柱状の附属体があり，基部は 1 枚の仏炎苞で包まれる．花の年には葉はないが，緑葉があって光合成を行う ……………………**コンニャク属**(211，212)

3a. 花は円錐花序に多数つく．果実は赤色肉質で下垂する
……………………………………………………**ツチアケビ**(424)

b. 花は枝先に 1 個つく ……………………………………………… **4**

c. 花は散形花序または散形状の散房花序に数個～十数個つき，花柄は短い ……………………………………………… **8**

d. 花は穂状花序または総状花序に数個～多数つく．時に散房状花序をなすこともあるが，その場合には花柄は長い…………………………………………………………… **10**

4a. 花は横向きか下垂して咲く……………………………………… **5**

b. 花は直立して咲く……………………………………………… **6**

5a. 花被は普通赤紫色まれに白色で，茎や鱗片葉は黄白色で褐斑がある．草本に寄生する寄生植物
…………………………………**ナンバンギセル属**(3832, 3833)

b. 花被は白色～黄白色で，茎や葉も同じ色．腐生植物
………**アキノギンリョウソウ**(3218), **ギンリョウソウ**(3219)

c. 花被は淡紫褐色で，茎や鱗片葉は淡褐色．腐生植物
…………………………………………**ハルザキヤツシロラン**(485)

6a. 葉は十字対生し，雄しべは互いにくっついて帽子状となり，雌蕊を包む…………………………… **ヤッコソウ**(3309)

b. 葉は互生し，雄しべは互いにくっつかない ………………… **7**

7a. 鱗茎のない小形の腐生植物で全体に葉緑素はない
……………………………………………**ルリシャクジョウ**(325),
タヌキノショクダイ属 *Thismia*(日本に 3 種),
ヒナノボンボリ属 *Oxygyne*(日本に 3 種)

b. 鱗茎がある．葉は秋の花の時期には地表に出ず，長い花筒をもった大形の花のみを地表に出す．葉は春に出て緑色 ……………………………………**イヌサフラン**(363)

8a. 花は大形で花被片は 6 枚，細長い．地下に鱗茎があり，ひげ根を出す．花の咲かない時期に緑色線形の葉を出す ……………………………………**ヒガンバナ属**(588～592)

b. 花は小形で花被片は細長くない．地下に鱗茎はない．菌根を持つか，根が発達しない．生涯を通じて緑葉は出さない………………………………………………………………… **9**

9a. 花は筒状で長さは 2cm ほどある ……**キヨスミウツボ**(3834)

b. 花は長さ 1cm 未満 ……**ヒナノシャクジョウ属**(323, 324)

10a. 花の時期には花序は下垂し，果実期には直立する．腐生植物．花が複数つく以外の特徴はギンリョウソウ(5b)に似る ……………………………**シャクジョウソウ**(3217)

b. 花序は花の時期から直立する ……………………………… **11**

11a. 花は放射相称…………………………………………………… **12**

b. 花は左右対称…………………………………………………… **13**

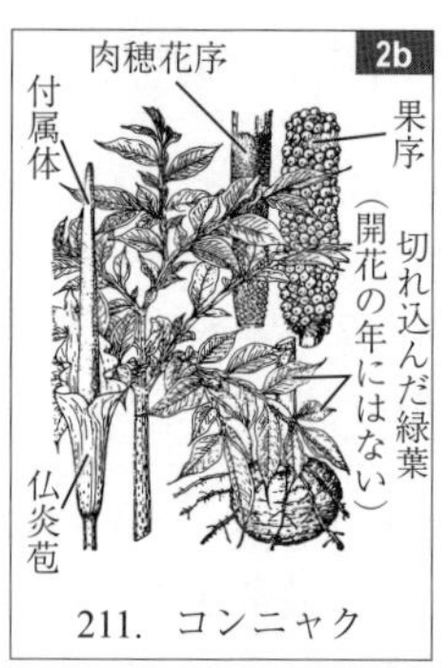

211．コンニャク

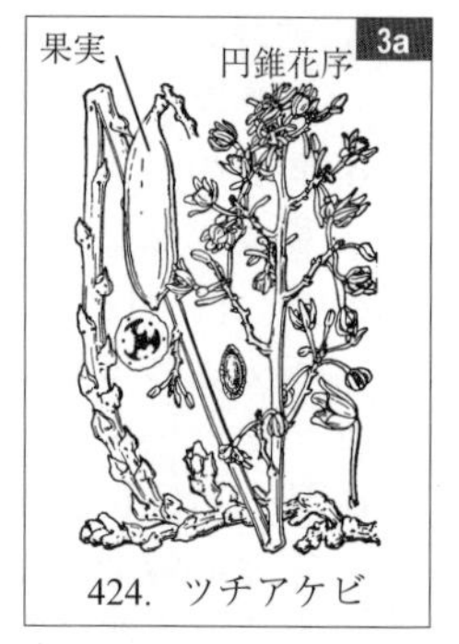

424．ツチアケビ

3832. ナンバンギセル

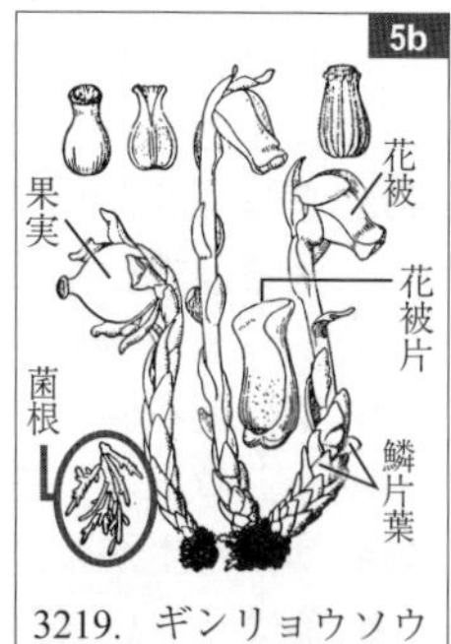

3219．ギンリョウソウ

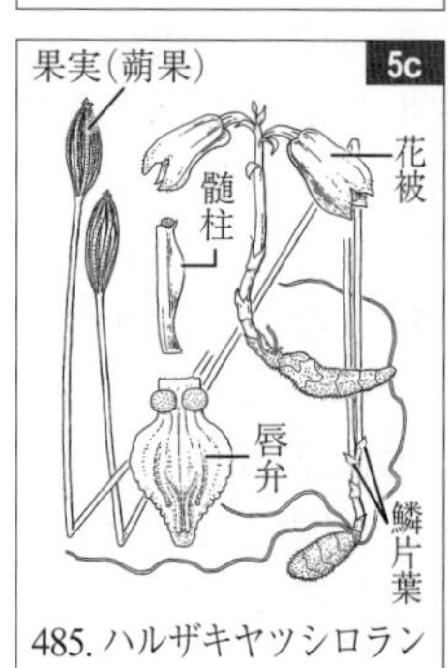

485. ハルザキヤツシロラン

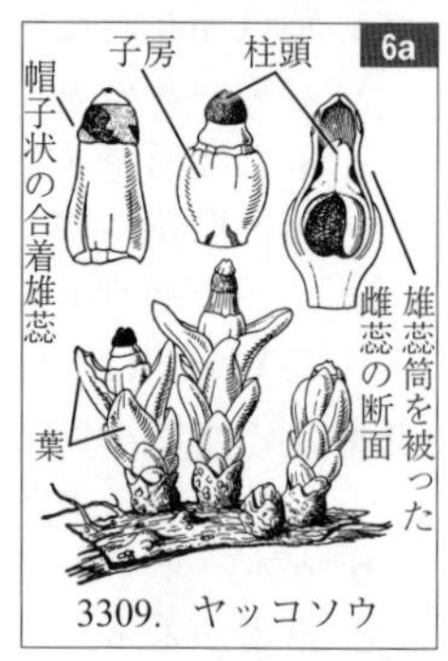

3309．ヤッコソウ

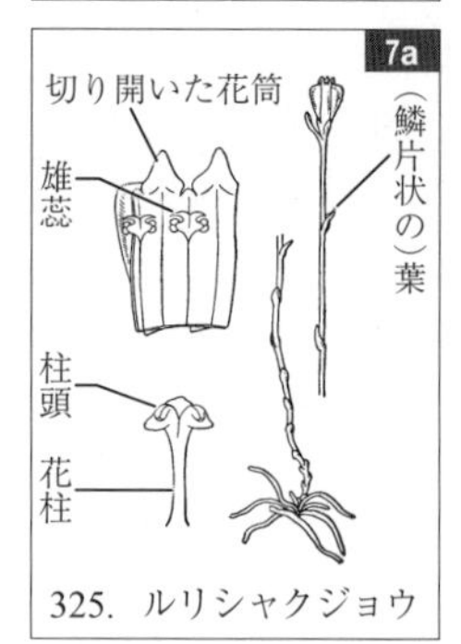

325．ルリシャクジョウ

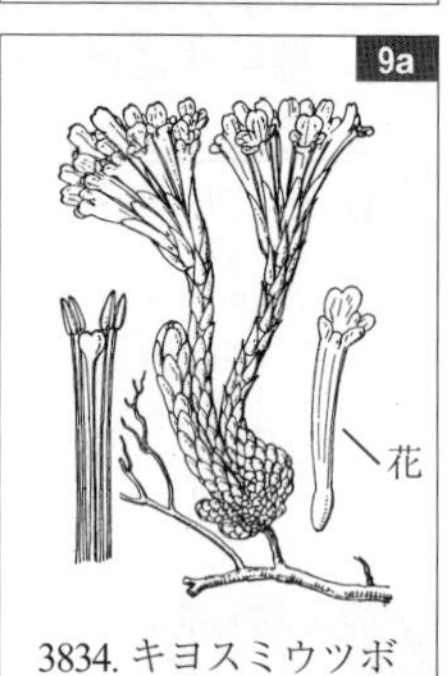

3834. キヨスミウツボ

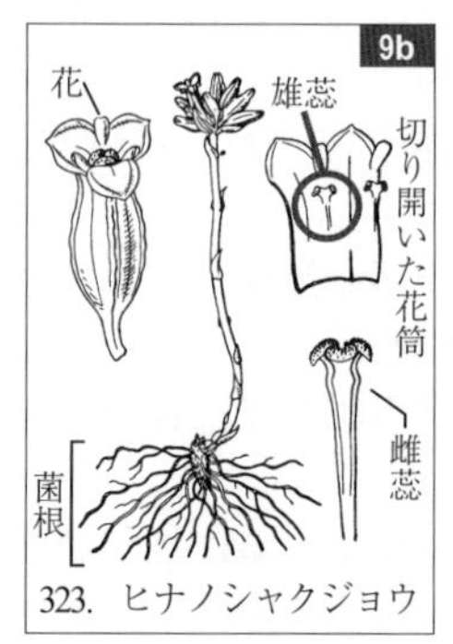

323．ヒナノシャクジョウ

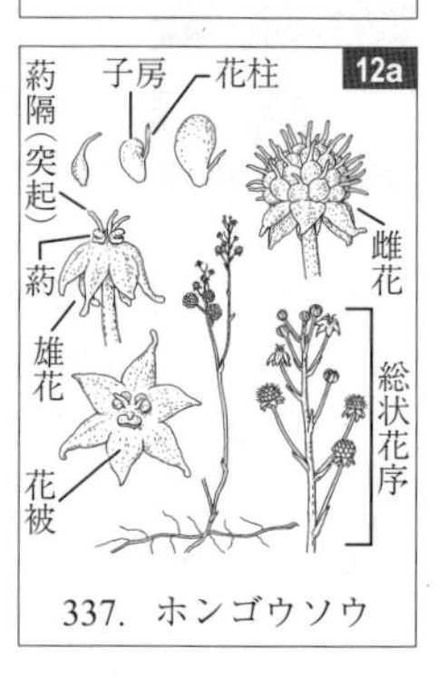

337．ホンゴウソウ

12a. 全体が赤紫色．雄花と雌花がある
……………………………… **ホンゴウソウ属**(337, 338)

b. 全体が黄白色．花は全て両全性 ……**サクライソウ**(318)

13a. 子房上位．寄生植物 ………**ハマウツボ属**(3829, 3830),
……………………………… **オニク**(3831), **ヤマウツボ**(3860)

b. 子房下位．腐生植物(ラン科) ……………………………… **14**

14a. 萼は合生して筒状になる…… **オニノヤガラ属**(484～487)

b. 萼は互いに離生する 3 個の萼片からなる ………………… **15**

15a. 花には嚢状の距がある……… **トラキチラン属**(482, 483),
……………………………………… **ショウキラン**(518)

b. 花には距はない ……………………………………………… **16**

16a. 根は多数あって束生し，地下茎は短い
……………………………… **ムヨウラン属**(419～422),
サカネラン属(473, 474)

b. 地下茎は伸長し，根はない ………………… **マヤラン**(535)

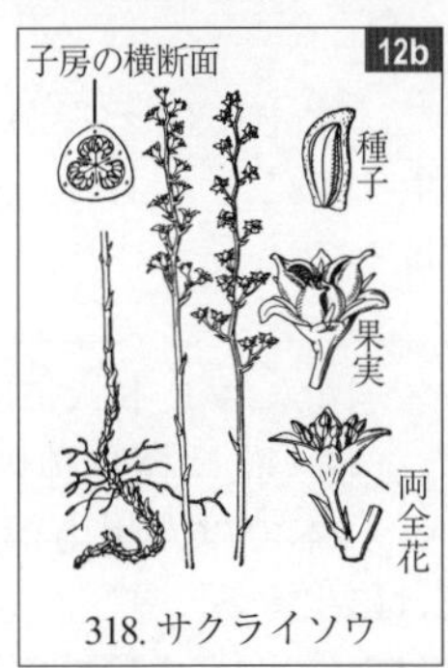

318. サクライソウ

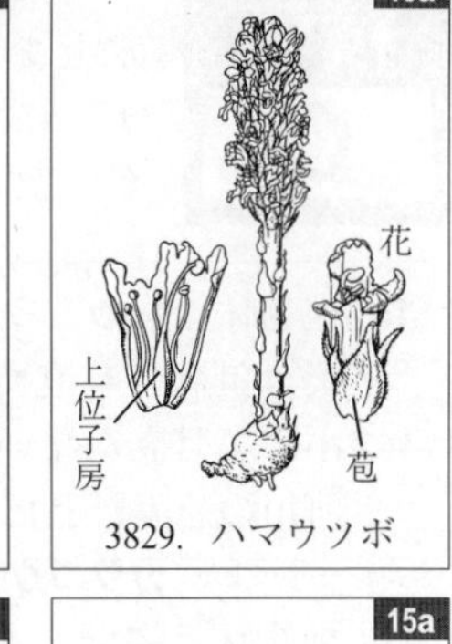

3829. ハマウツボ

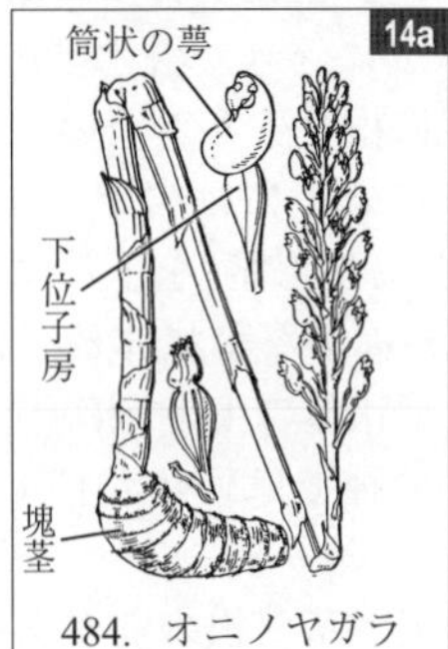

484. オニノヤガラ

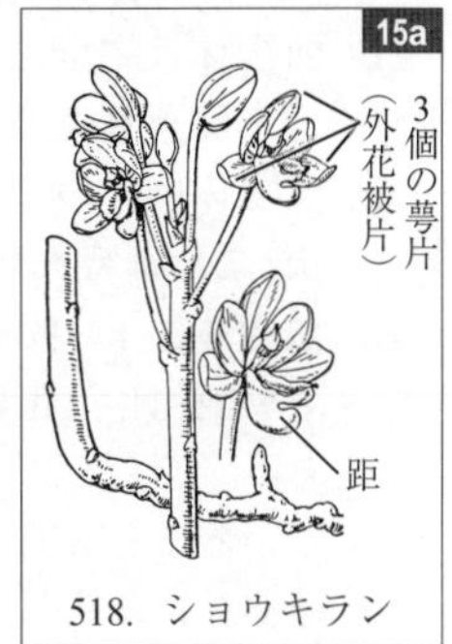

518. ショウキラン

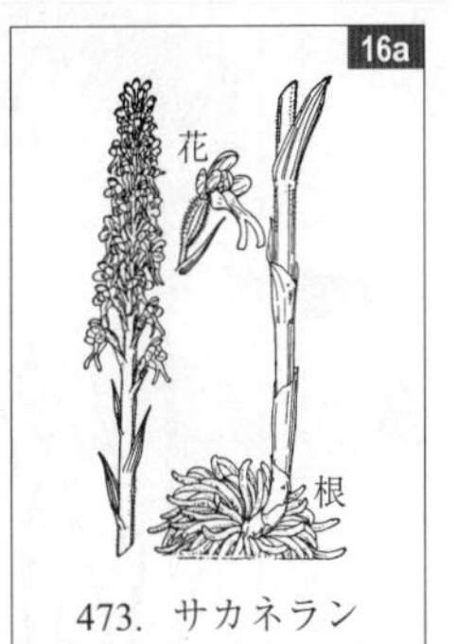

473. サカネラン

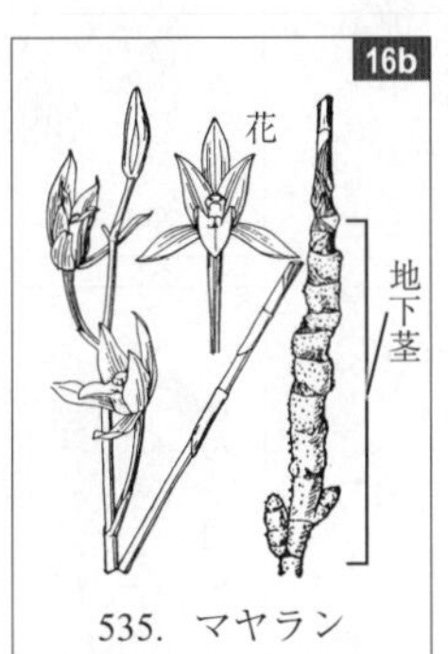

535. マヤラン

検索 B

他の樹木の上に生えてそれに寄生し，根をその樹木の組織中に侵入させる低木．

1a. 葉は全て鱗片状で全体黄緑色
……………………………… **ヒノキバヤドリギ**(2813)

b. 扁平な普通の葉がある……………………………………… **2**

2a. 花は放射相称で小形 ……………………………………… **3**

b. 花は左右対称で細長く，大形 …………………………… **4**

3a. 花は枝先に数個かたまってつく．常緑性
……………………………… **ヤドリギ**(2814)

b. 花は穂状花序に多数つく．落葉性
……………………………… **ホザキヤドリギ**(2816)

4a. 葉は幅広く裏面に褐色の毛を生じる
……… **オオバヤドリギ**(2818), **コウシュンヤドリギ** *Taxillus pseudochinensis* (Yamam.) Danser (日本では沖縄県八重山諸島にのみ産する)

b. 葉は細長く無毛(花はオオバヤドリギに似る)
……………………………… **マツグミ**(2817)

2813. ヒノキバヤドリギ

2814. ヤドリギ

2816. ホザキヤドリギ

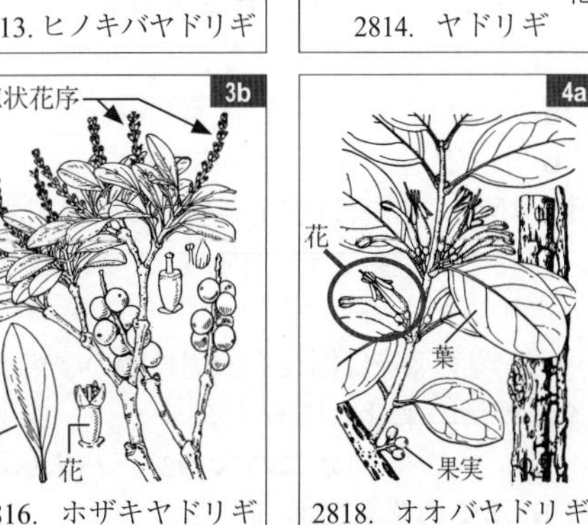

2818. オオバヤドリギ

検索 C

水上または水中に生えるか，時に水辺の泥土上に生えることもあり，後者の場合茎や葉は軟弱.

1a. 植物体は苔のように岩上にマット状に広がって固着し，葉は針状で目立たない．花は植物体の表面に単生し，小形で目立たない．日本では九州南部と屋久島の一部河川の急流岩上だけに生える
……………… **カワゴケソウ**(2282)，**カワゴロモ属** *Hydrobryum*

b. 植物体は完全に水上に浮き，渇水時のような特別な場合を除き水底の泥に根を下ろさない ……………… **2**

c. 植物体は苔のように岩上には広がらず，水底の砂泥に根(または特殊化した地下茎)を下ろす ……………… **6**

2a. 植物体は1～数枚の扁平な葉状体と，1～数本の根だけに単純化し，花は葉状体の上か縁につく(根がない種もある．また，一部の種では個体が柄で互いにつながっていることもある) ……………… **3**

b. 植物体には複数の葉，茎，根の別がある(根がないこともある．また，茎は短縮することがある) ……………… **4**

3a. 根はない．植物体は粉状で微小 …… **ミジンコウキクサ**(208)

b. 根毛のない根がある．植物体はより大きい
……………… **ウキクサ**(204)，**アオウキクサ属**(205～207)

c. 根毛のある根がある．植物体は多数の鱗片状の葉が平面的に並び，赤みを帯びる．花は咲かず，胞子で繁殖する ……………… **アカウキクサ属**(シダ植物)

4a. 根はない．葉は糸状の裂片に細裂し，一部は捕虫器官に変化し，水中のプランクトンを捕食する
……………… **ムジナモ**(2896)，**タヌキモ属**(3674，3675)

b. 根がある．葉は大きく，分裂しない ……………… **5**

5a. 葉柄は肥厚して浮き袋状となる．花は淡紫色で大きく，多数が総状につく ……………… **ホテイアオイ**(670)，
(ヒシ属(2477～2480)も葉柄に浮き袋を持つ)

b. 葉柄はない．花は小さな仏炎苞に囲まれ微小
……………… **ボタンウキクサ** *Pistia stratiotes* L.(サトイモ科)

6a. 花は小穂をつくり，小穂はさらに円錐花序をつくる．葉は線形で平行脈をもつ(イネ科) …… **ムツオレグサ**(1046)，**ウキシバ**(1217)，**ウキガヤ** *Glyceria depauperata* Ohwi

b. 花は上記のようでない ……………… **7**

7a. 水上に浮く広い葉(浮葉)を持つ ……………… **8**

b. 水上に浮く広い葉を持たない ……………… **12**

8a. 浮葉の葉身は円形，心臓形，菱形または広卵状腎形で，長さは幅の2倍以内か，それより長い場合は葉は楯着する ……………… **9**

b. 浮葉の葉身は細長く，長さは幅の2倍以上，楯着しない … **11**

9a. 浮葉の葉身は楯着する ……………… **ジュンサイ**(83)，**オニバス**(92)，**ハス**(1488)，**アサザ**(3925)

b. 浮葉の葉身は楯着しない ……………… **10**

2282．カワゴケソウ

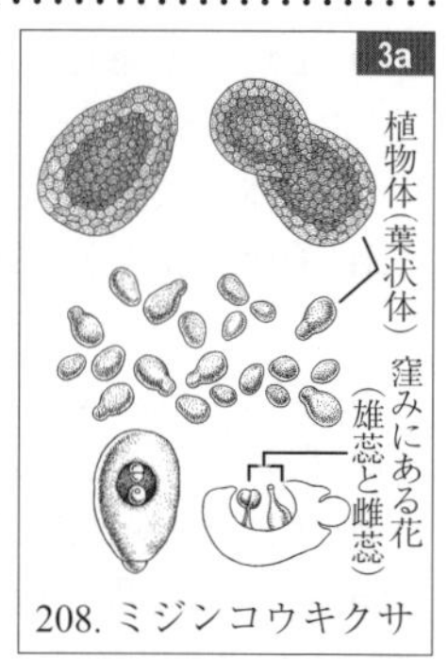

208．ミジンコウキクサ

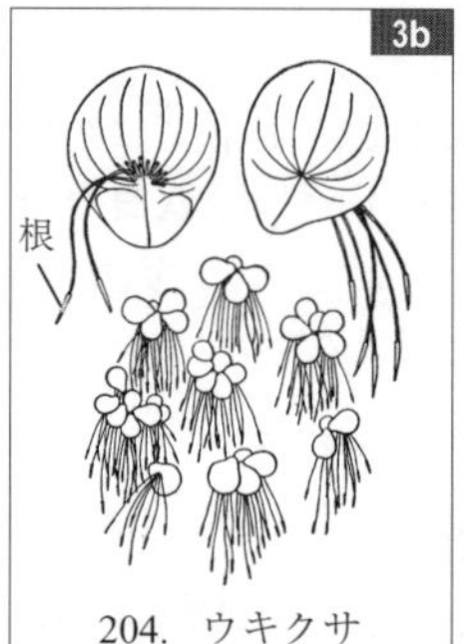

204．ウキクサ

2896．ムジナモ

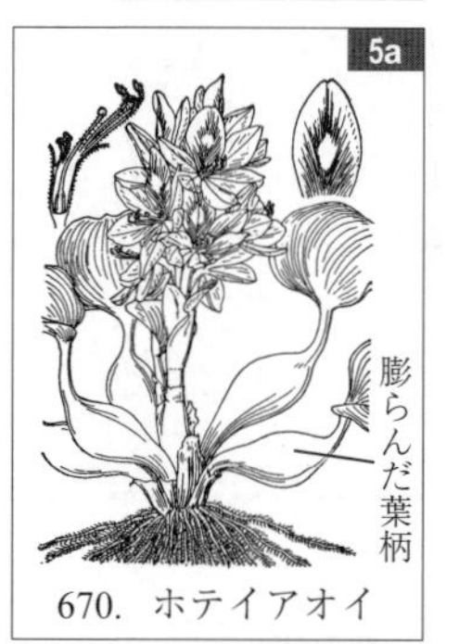

670．ホテイアオイ

1046．ムツオレグサ

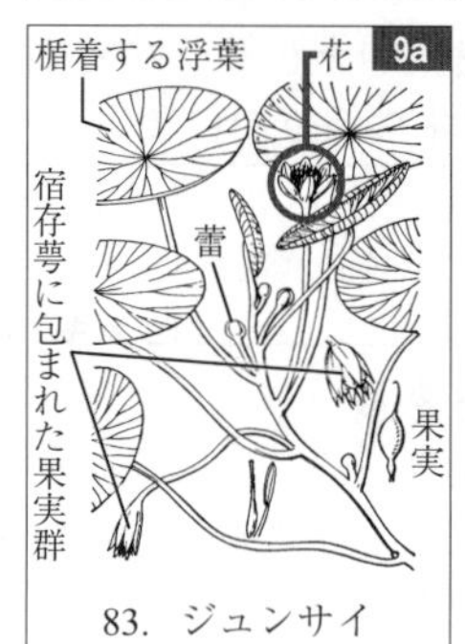

83．ジュンサイ

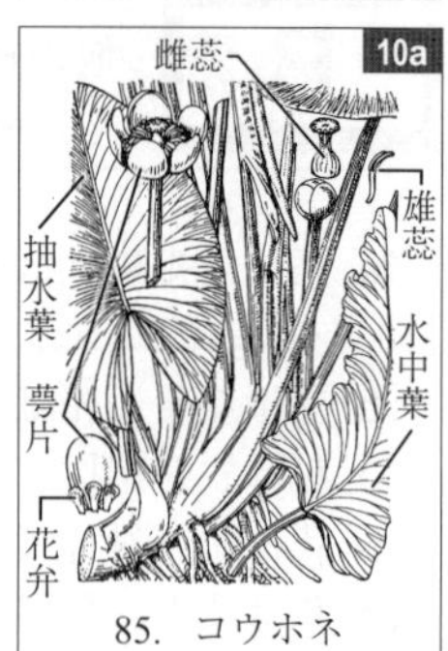

85．コウホネ

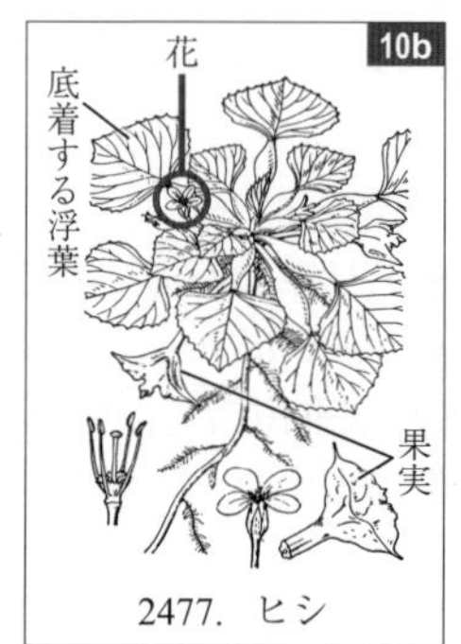

2477．ヒシ

267．カラフトグワイ

10a. 浮葉の葉身は基部心臓形 …… **コウホネ属**(85，87〜89)，**ヒツジグサ**(90)，**マルバオモダカ**(264)，**トチカガミ**(270)，**ガガブタ**(3926)
 b. 浮葉の葉身は菱形または広卵状腎形 …………………… **ヒシ属**(2477〜2480)，**ヒシモドキ**(3578)
11a. 浮葉の葉身は矢じり形．日本では北海道東部と本州北部にのみ生える …………………………… **カラフトグワイ**(267)，(ハゴロモモ(84)も時に小形の矢じり形の浮葉をつける)
 b. 浮葉の葉身は楕円形〜長楕円形で普通互生 ……… **ヒルムシロ属**(300〜304)，**エゾノミズタデ**(2859)
 c. 浮葉は倒卵形〜長楕円形で対生,小形 …… **ミズハコベ**(3592)
12a. 水中葉(沈水葉)以外に，水上に完全に出る葉(抽水葉)を持ち，両者の形や質は大きく異なる …………………… **13**
 b. 抽水葉を持たないか，持つ場合でも形や質が水中葉と大きく異なることはない ……………………………………… **15**
 c. すべての葉は抽水葉で，根生する(ミズアオイでは花茎にも葉がつく) ………………………………………………… **26**
 d. すべての葉は抽水葉で,直立する茎につく…… **検索R**参照. (葉が鱗片状で目立たないもの(アッケシソウ(3005)は検索 A－1a または検索 F－7b を参照)
13a. 葉は全て根生………………… **コウホネ**(85)➡検索 C-10a にあり
 b. 葉は茎上に対生または輪生 ……………………………… **14**
14a. 水中葉は羽状に細裂する ………… **フサモ属**(1611〜1613)，**キクモ**(3585)
 b. 水中葉は線形で細裂しない …………… **ミズスギナ**(2484)，**スギナモ**(3590)，**ミズハコベ**(3592)➡検索 C-11c にあり
15a. 葉は細裂し，裂片は糸状 ……………………………………… **16**
 b. 葉は細裂しない ………………………………………………… **18**
16a. 葉は輪生.花は無柄で花被がない(マツモ)かまたはある(ホザキノフサモ)…… **マツモ**(1283)，**ホザキノフサモ**(1611)
 b. 葉は互生または対生．花は有柄で花被がある ………… **17**
17a. 葉は対生．花は 3 数性で黄白色 ………………… **ハゴロモモ**(84；小形の矢じり形の浮葉をつけることがまれにある)
 b. 葉は互生．花は 5 数性で白色 ……………………**キンポウゲ属**(1403，1404；ただしバイカモ(1403)には小形の浮葉をもつ変種がある)
 c. 葉は互生．花は左右対称で黄色．捕虫嚢がある ……………………………………………………… **タヌキモ属**(3676，3677)
18a. 葉は全て線形で根生葉と茎葉があり，花は水上に出て雌雄の別があり，球状．高山または北地の池沼に生育する ………… **ウキミクリ** *Sparganium gramineum* Georgi, **ホソバウキミクリ** *S. angustifolium* Michx.(ガマ科)
 b. 葉は線形〜匙形，ときに楕円形〜長卵形で全て根生するか，地下茎から伸びた短枝の頂端に叢生する……… **19**
 c. 葉は茎につき，根生しない．時に一部の葉が茎の基部近くに集まることもあるが，その時は葉や花序は上のようではない ……………………………………………… **23**

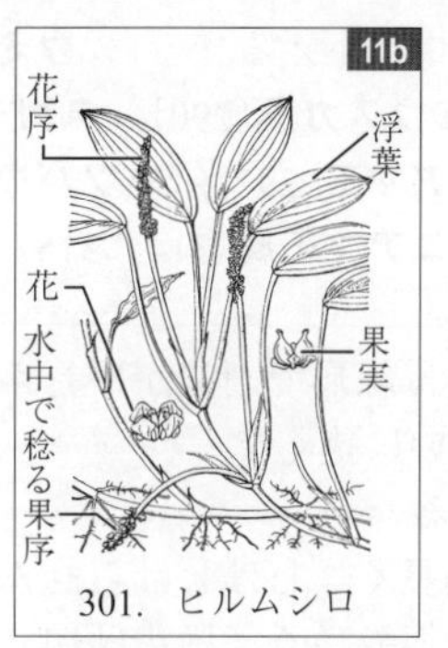

301. ヒルムシロ

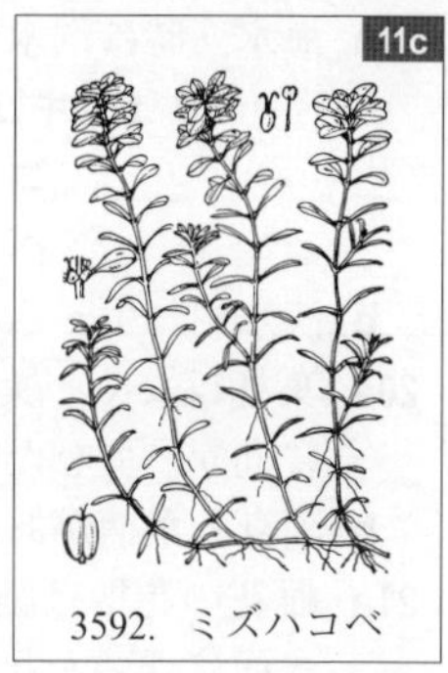

3592. ミズハコベ

1612. フサモ

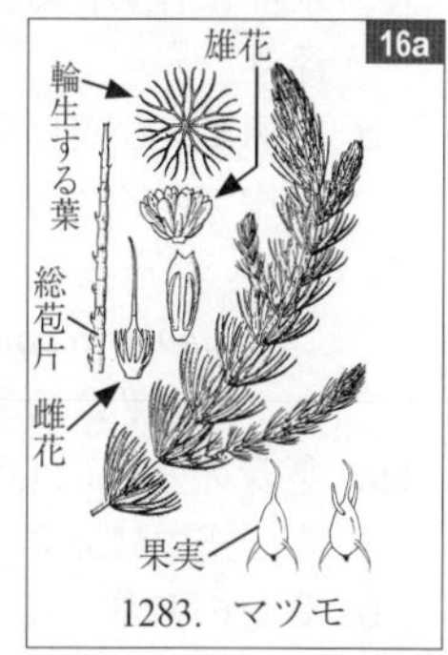

1283. マツモ

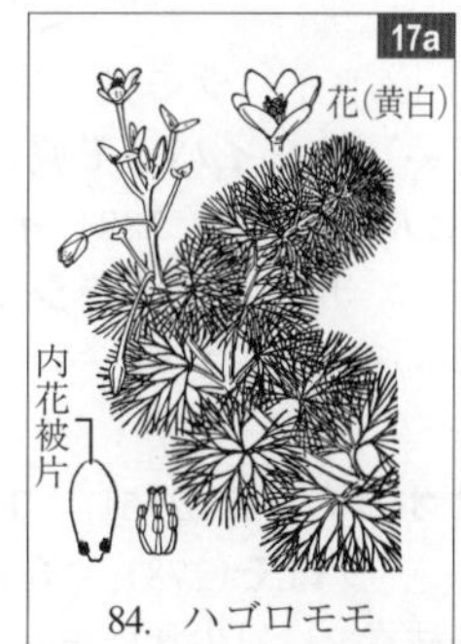

84. ハゴロモモ

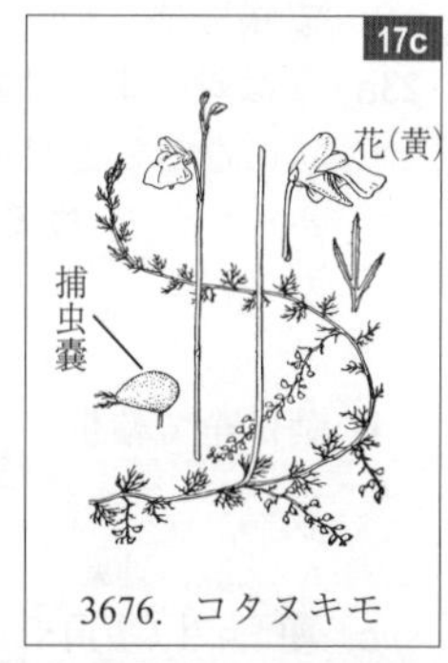

3676. コタヌキモ

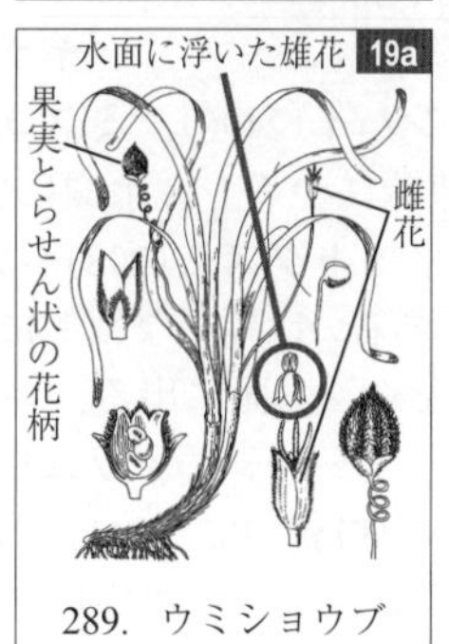

289. ウミショウブ

279. セキショウモ

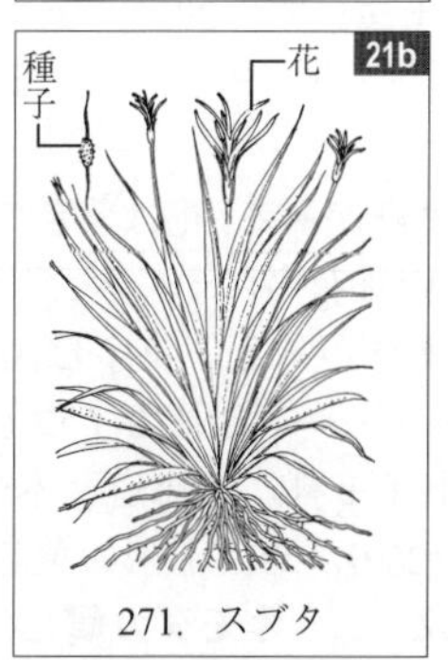

271. スブタ

86. シモツケコウホネ

19a. 海水，時に汽水中に生える ………… **ウミショウブ**(289)，**リュウキュウスガモ**(290)，**スガモ属**(294, 295)，**コアマモ**(297)，**マツバウミジグサ**(313)，**ベニアマモ属**(314, 315)，**シオニラ**(316)

b. 淡水中に生える …………………………………………… **20**

20a. 葉柄はなく，葉は線形で両辺が平行か，基部から先端に向かってしだいに狭くなる …………………………… **21**

b. 葉身と葉柄がある …………………………………………… **22**

21a. 雌花の花柄は細長く，しばしばらせん状に巻き，花は水面に浮いた状態で咲く．雄花は切り離されて水面に浮く ……………………………… **セキショウモ属**(279, 280)

b. 花柄および花序柄はらせん状とならず，花は水上または水中で咲くか，胞子嚢が水中にできる ……………………………… **スブタ属**(271, 272, 274)，**ハリナズナ** *Subularia aquatica* L.(アブラナ科．日本では岩手県八幡平にのみ知られる)，**ミズニラ属**(シダ植物)

22a. 葉身の基部は心臓形かやや切形．花は黄色で花柄は太く，空中に立ち上がる ………… **シモツケコウホネ**(86)

b. 葉身の基部はくさび形．花は白色か淡紅色で水面近くで咲く ……………………………………… **ミズオオバコ**(275)

23a. 葉は対生または対生状(イバラモ属では分枝点では輪生状になることが多い) ……… **イバラモ属**(281〜284, 286)，**ウミヒルモ属**(287, 288)，**イトクズモ**(298)，**サワトウガラシ属**(3581〜3583)，**ミズハコベ**(3592)(11c の図も参照)

b. 葉は全て輪生 ……………………………… **オオカナダモ**(276)，**コカナダモ**(277)，**クロモ**(278)，**イトトリゲモ**(285)

c. 葉は互生(茎頂や分枝点では対生状になることもある) … **24**

24a. 花は葉腋に単生 ……………………………… **ヤナギスブタ**(273)，**ミズキンバイ**(2490)，**ミズユキノシタ**(2494)

b. 花は2〜数個が束状につく．汽水域に生え，葉は糸状 ……………………………… **イトクズモ**(298)，**カワツルモ**(312)

c. 花は多数が円柱形あるいは扁平な軸上に並んでつく … **25**

25a. 花序には総苞はなく，水面に出る．淡水か汽水域に生える ……………………………… **リュウノヒゲモ**(299)，**ヒルムシロ属**(305〜311)，**ビャッコイ**(961)

b. 花序は葉状の総苞に包まれ，水中にある．海水中に生える………… **スガモ属**(294, 295)，**アマモ属**(296, 297)

26a. 葉は三出複葉 ……………………………… **ミツガシワ**(3924)

b. 葉は単葉 …………………………………………… **27**

27a. 葉には心臓形の葉身がある．花は紫色で6枚の花被があり，総状に見える円錐花序につく……… **ミズアオイ**(671)

b. 葉には心臓形の葉身がある．花序は肉穂花序で白色の仏炎苞がある ……………… **ヒメカイウ** *Calla palustris* L.(サトイモ科．北海道と本州中北部にまれ)

c. 葉は帯状(ウリカワ269)か，矢じり形の葉身がある．花は白色で3枚の花弁がある ……… **オモダカ属**(265, 266, 268, 269)

275. ミズオオバコ

281. イバラモ

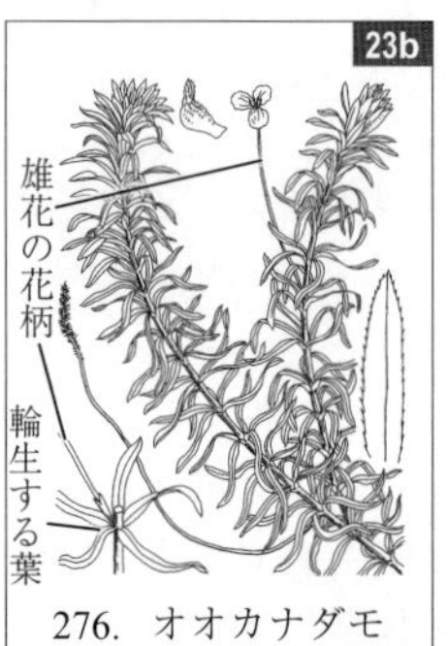

276. オオカナダモ

273. ヤナギスブタ

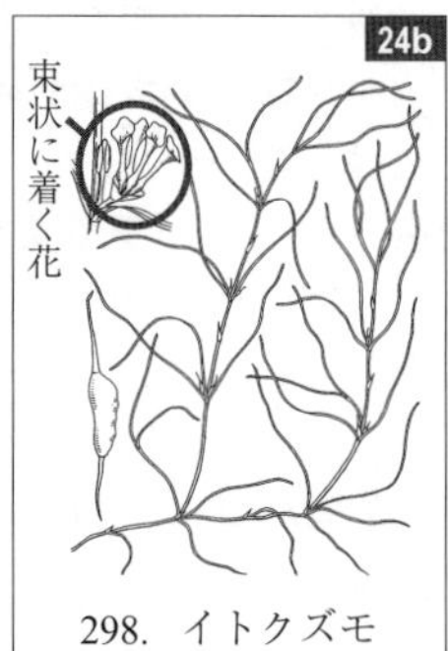

298. イトクズモ

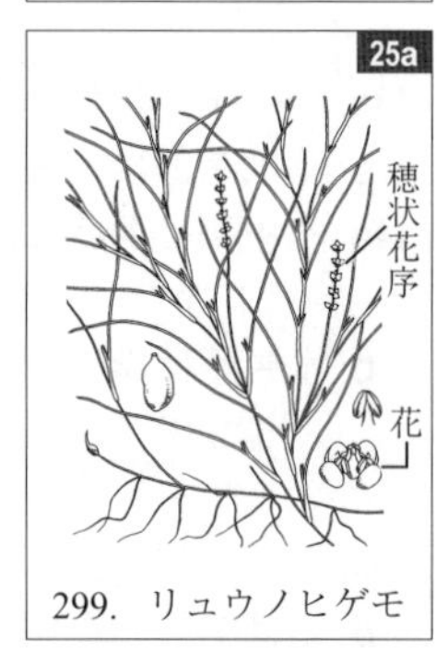

299. リュウノヒゲモ

294. スガモ

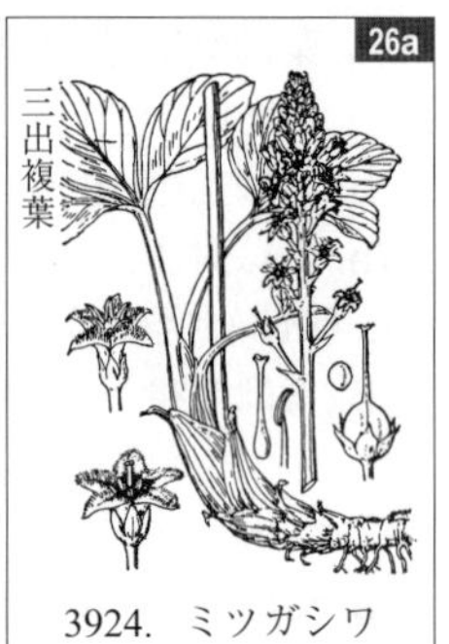

3924. ミツガシワ

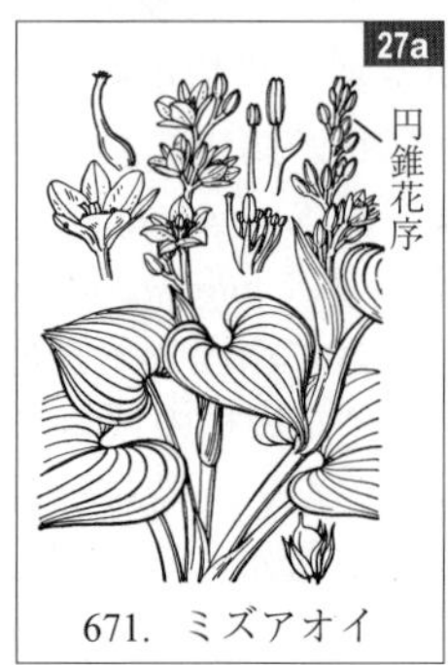

671. ミズアオイ

269. ウリカワ

検索 D

茎はつる状にのびて他物にからみつくかよりかかり，しばしば気根や巻きひげ，吸盤のようなもので付着する．

1a. 緑色の葉はなく，他の植物に吸盤のような器官で寄生する．花は小形 ………………………… **2**
b. 花時に緑色の葉はなく，他の植物にからみつくが，寄生はしない．花は小形〜中形 ………………… **3**
c. 緑色の葉がある ………………………… **4**
2a. 果実は球形の液果 ………………… **スナヅル**(172)
b. 果実は蒴果 ……………… **ネナシカズラ属**(3447〜3450)
3a. 多年草．花は左右対称．腐生植物 ………… **タカツルラン**
Erythrorchis altissima (Blume) Blume
(ラン科．種子島以南の南西諸島の林下にまれに生じる)
b. つる性木本．花は放射相称．花の後に緑色の葉を出す ………………………… **アオカズラ**(1482)
4a. 二叉分枝する巻きひげの先の吸盤によって他物に付着する ………… **ツタ属**(1618 ➡検索表 p.30-4a にあり, 1619)
b. 吸盤はない ………………………… **5**
5a. 若い枝は多数の気中根を出して他物に付着する ……… **6**
b. 気中根はない ………………………… **17**
6a. 気中根は節からのみ出る．花は無柄で穂状花序または肉穂花序につく ………………………… **7**
b. 気中根は節以外からも出る(一部の種では節近くに集まって出るが，節のみから出ているわけではない)．花は無柄か有柄で，無柄の場合でも穂状や肉穂状の花序をつくらない ………………………… **10**
7a. 花は大形で左右対称, 下位子房からなる柄がある(ラン科)．日本ではまれに温室で栽培される …… **バニラ**(423)
b. 花は小さく，無柄で，肉穂花序か穂状花序につく …… **8**
8a. 葉は無柄で線形，縁は少なくとも基部付近に刺がある ………………………… **ツルアダン**(344)
b. 葉は有柄 ………………………… **9**
9a. 花序に葉状の苞はない ……………… **コショウ属**(104, 105)
b. 花序の基部に葉状の苞(仏炎苞)がある
…… **ホウライショウ**(209)，**ハブカズラ属** *Epipremnum* (ハブカズラ *Epipremnum pinnatum* (L.) Engl. が南西諸島に自生し，オウゴンカズラ *E. aureum* (Linden ex André) Bunting が栽培される)，**ヒメハブカズラ属** *Rhaphidophora*(ヒメハブカズラ *Rhaphidophora liukiuensis* Hatus. とサキシマハブカズラ *R. korthalsii* Schott が八重山諸島に自生)
10a. 葉は対生 ………………………… **11**
b. 葉は互生 ………………………… **14**
11a. 花序は葉腋から出る
……**ツルマサキ**(2258)➡検索表p.30-4a にあり, **サクララン**(3446)
b. 花序は頂生する ………………………… **12**

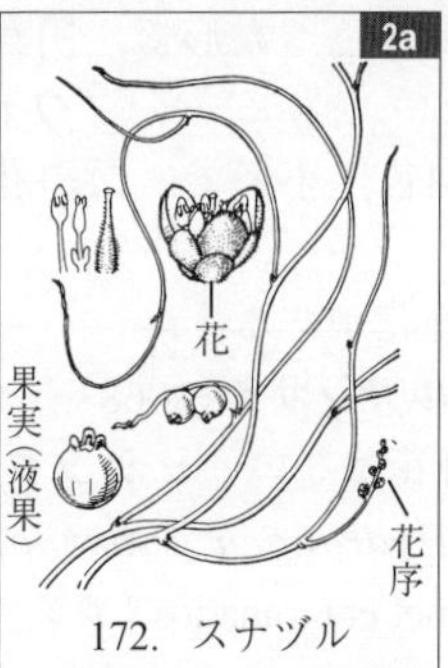

172. スナヅル

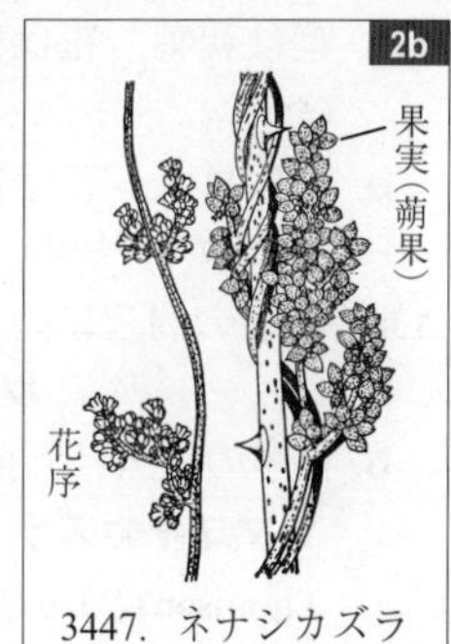

3447. ネナシカズラ

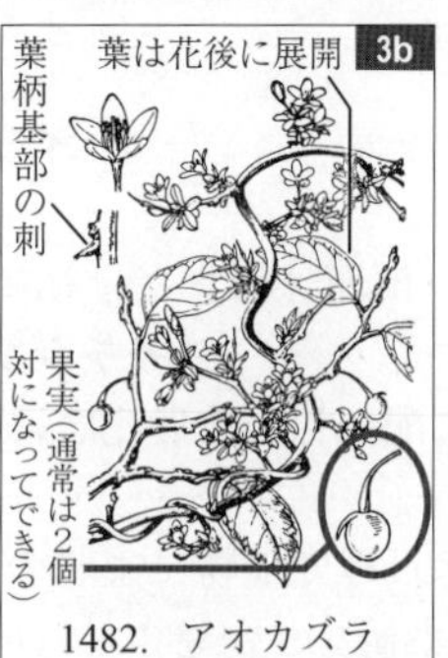

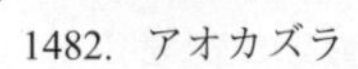
1482. アオカズラ

423. バニラ

344. ツルアダン

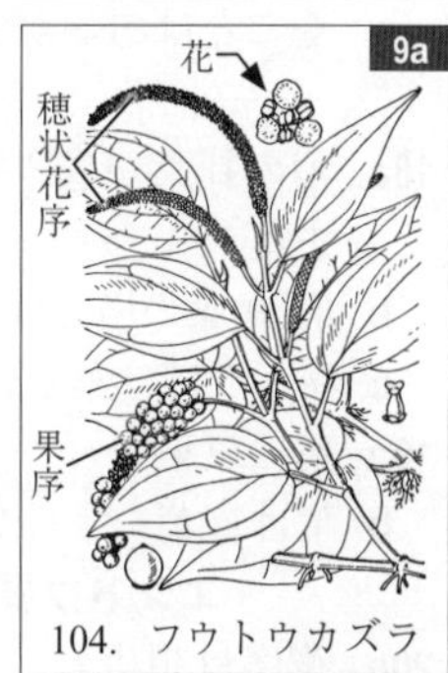

104. フウトウカズラ

209. ホウライショウ

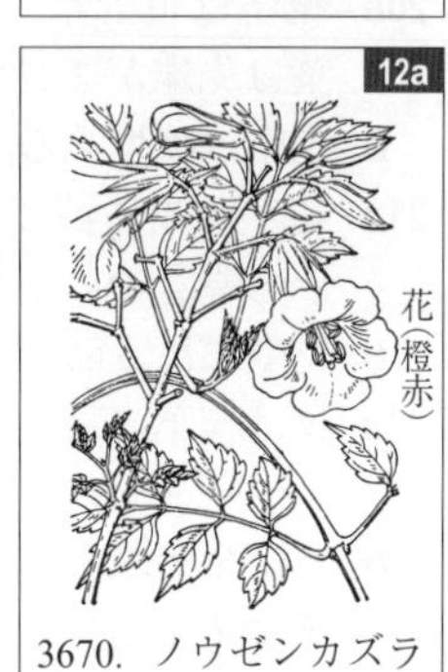

3670. ノウゼンカズラ

3068. ツルアジサイ

3326. シラタマカズラ

12a. 葉は複葉．花は橙赤色，大形で，円錐花序につく．栽培 …………………… **ノウゼンカズラ**(3670)
b. 葉は単葉．花は白色，小形で，散房花序または集散花序につく．野生 …………………… **13**

13a. 花序の周辺に装飾花がある …………………… **ツルアジサイ**(3068)，**イワガラミ**(3072)
b. 花序の周辺に装飾花はない ……**シラタマカズラ**(3326)，**シマユキカズラ** *Hydrangea viburnoides* (Hook.f. et Thomson) Y.De Smet et Granados(アジサイ科．南西諸島産)

14a. 葉は三出複葉 …………………… **ツタウルシ**(2551)
b. 葉は単葉 …………………… **15**

15a. 葉は夏緑性 …………………… **イワウメヅル**(2241)
b. 葉は常緑性 …………………… **16**

16a. 花は多数が球形～倒卵球形または紡錘形の壺状(花嚢)の花床の内側につく …………………… **イチジク属**(2100～2102)
b. 花は枝頂に総状に配列した散形花序につく …………………… **キヅタ**(4423)

17a. 先に葉のない巻きひげで他物によじのぼる …………………… **18**
b. 巻きひげはない(葉柄などが巻きひげのようにからみつくことはあるが，その場合先端に葉や捕虫嚢をつける) …………………… **38**

18a. 葉の托葉が巻きひげとなり，托葉の基部は葉柄と合着する …………………… **シオデ属**(364～366，370，371)
b. 葉(複葉の場合は葉の中軸)の先端が巻きひげとなる … **19**
c. 巻きひげは葉とは独立する …………………… **20**

19a. 葉は単葉 …………………… **トウツルモドキ**(1009)
b. 葉は複葉 ………… **ソラマメ属**(1765～1770，1772～1777)，**エンドウ属**(1790，1791)，**モダマ属**(1800，1801)

20a. 花序は頂生し，その直下の 2 節から巻きひげが出る．葉は先端が 2 裂する …………………… **ハカマカズラ**(1631)
b. 花序は腋生する．葉は 2 裂しない …………………… **21**

21a. 花序の出る節では，巻きひげはないか，花序柄の途中から巻きひげが出る …………………… **22**
b. 花序の出る節でも，花序とは別に巻きひげが出る … **24**

22a. 葉は複葉．果実はふくれた蒴果(袋果) …………………… **フウセンカズラ**(2592)
b. 葉は単葉．果実は液果(ヤブガラシでは果実のできない系統もある) …………………… **23**

23a. 花序は円錐状 …………………… **ブドウ属**(1620～1627)
b. 花序は集散状 …………………… **ノブドウ属**(1614～1616)，**ヤブガラシ**(1617)

24a. 子房は上位，子房柄は長い …… **トケイソウ属**(2365, 2366)
b. 子房は下位(ウリ科) …………………… **25**

25a. 葉は複葉 …………………… **アマチャヅル**(2201)
b. 葉は単葉 …………………… **26**

26a. 雄花は総状花序に数個～多数集まってつくか，時に束生する …………………… **27**
b. 雄花は葉腋に単生する …………………… **34**

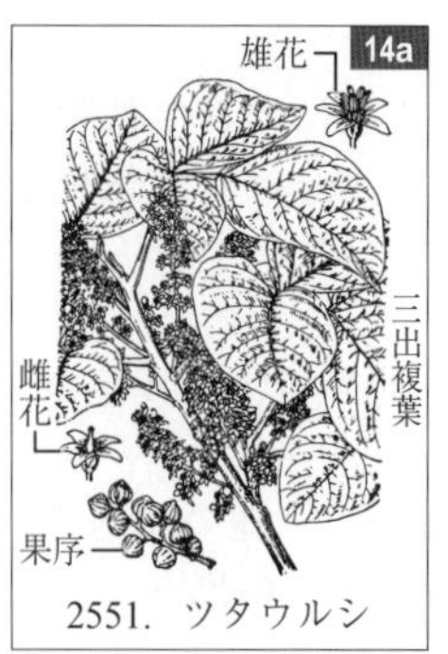

2551. ツタウルシ

2241. イワウメヅル

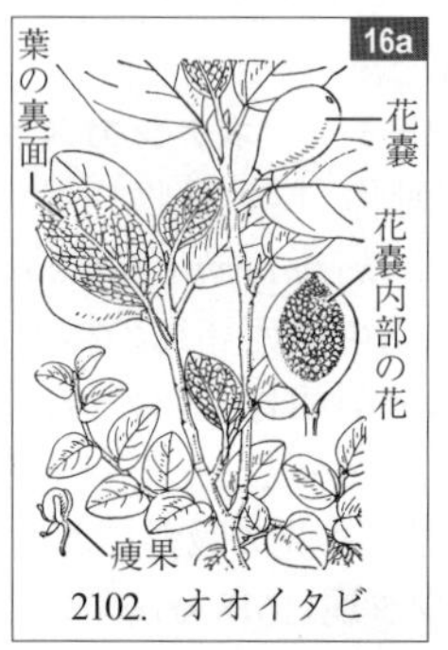

2102. オオイタビ

4423. キヅタ

365. サルトリイバラ

1009. トウツルモドキ

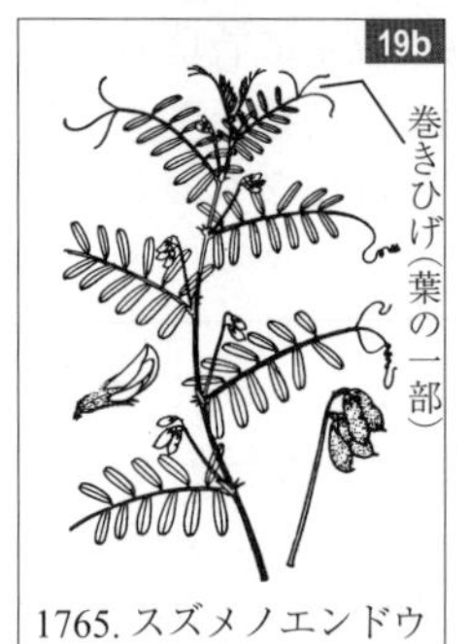

1765. スズメノエンドウ

1631. ハカマカズラ

2592. フウセンカズラ

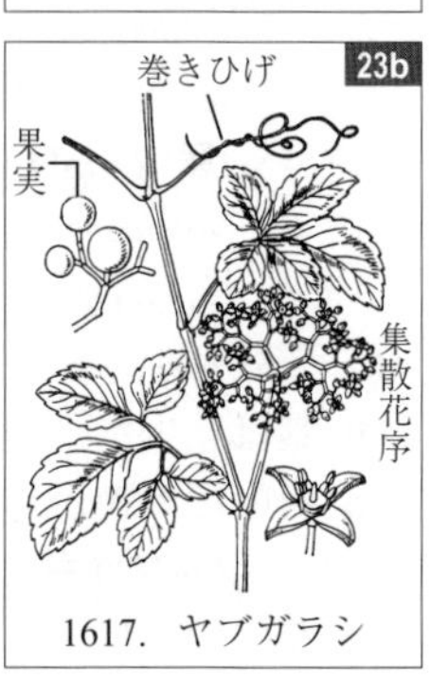

1617. ヤブガラシ

27a. 花冠裂片の縁は糸状に細裂する …… **カラスウリ属**(2207～2209)

b. 花冠裂片の縁は細裂しない …… **28**

28a. 果実は表面に疣状の突起があり，熟すると横に 2 つに裂け，中に 2 個の種子を含む …… **ゴキヅル**(2202)

b. 果実は横に裂けない …… **29**

29a. 果実は大形で洋梨形，中に扁平な種子 1 個を含む．花冠は白色で小形．栽培 …… **ハヤトウリ**(2210)

b. 果実には多数の種子を含むか，種子 1 個の場合は果実は小形で長球形または紡錘形 …… **30**

30a. 果実は円柱形で長さ 30 cm を超える．花冠は黄色で直径 5 cm 以上．栽培 …… **ヘチマ**(2206)

b. 果実は球形～紡錘形，長さ 2 cm 未満 …… **31**

31a. 果実は数個が頭状に密集し，白色の刺を密生する …… **アレチウリ**(2211)

b. 果実は単生し，刺はない …… **32**

32a. 果実は長球形でかすかに縦皺があり，中に 1～3 個の種子を含む．山地生 …… **ミヤマニガウリ**(2205)

b. 果実は球形で平滑, 中に多数の種子を含む, 低地生 …… **33**

33a. 葉は掌状に 5～7 裂する．果実には白い縦縞があり，赤色に熟する …… **オキナワスズメウリ**(2222)

b. 葉は分裂しないか，時に浅く 3 裂する …… **スズメウリ**(2223；果実は白熟する)，**クロミノオキナワスズメウリ** *Zehneria guamensis* (Merr.) Fosberg(果実は黒熟する．南西諸島産)

34a. 花は白色 …… **35**

b. 花は淡黄色～黄色．多くは栽培 …… **36**

35a. 花は直径 8 mm 未満で昼に咲く．野生 …… **スズメウリ**(2223)

b. 花は直径 5 cm 以上で夕方に咲く．栽培 …… **ヒョウタン属**(2214～2216)

36a. 花冠は広鐘形で筒部は明らか …… **オオスズメウリ**(2203)，**カボチャ属**(2224～2228)

b. 花冠は車形に近い広鐘形，筒部はごく短い．栽培 …… **37**

37a. 花柄の下部に心臓形の苞がある …… **ツルレイシ**(2204)

b. 花柄に苞はない …… **スイカ属**(2212，2213)，**トウガン**(2217)，**キュウリ属**(2218～2221)

38a. 葉は対生し, 葉柄と複葉の中軸が他物にからみついてよじのぼる …… **センニンソウ属**(1456～1468, 1471, 1472)

b. 葉は互生し, 葉身の先が長く伸びて他物にからみつき, さらにその先に捕虫嚢をつける. 栽培 …… **ウツボカズラ**(2903)

c. 葉柄や小葉柄，葉の先端が伸長して他物にからみつくことはない …… **39**

39a. 托葉や葉，葉柄が刺状となって硬質化し，他物に引っかかってよじのぼる …… **40**

b. 托葉や葉は刺状あるいは鉤形になることはない(しかし 42a に注意) …… **42**

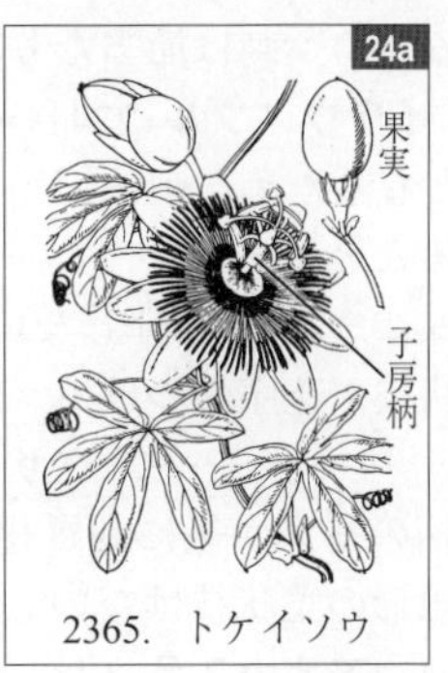

2365. トケイソウ

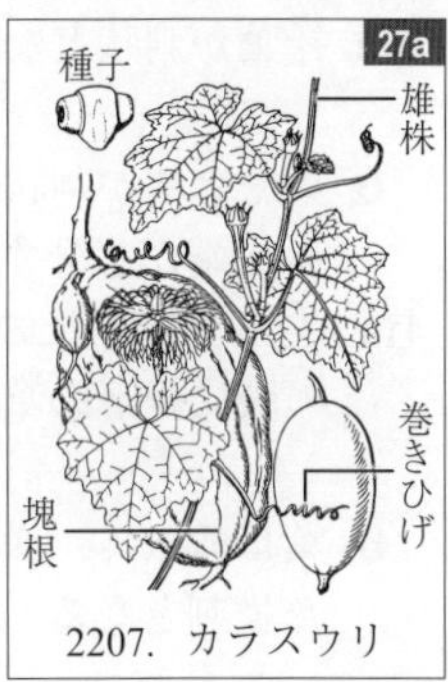

2207. カラスウリ

2202. ゴキヅル

2210. ハヤトウリ

2206. ヘチマ

2211. アレチウリ

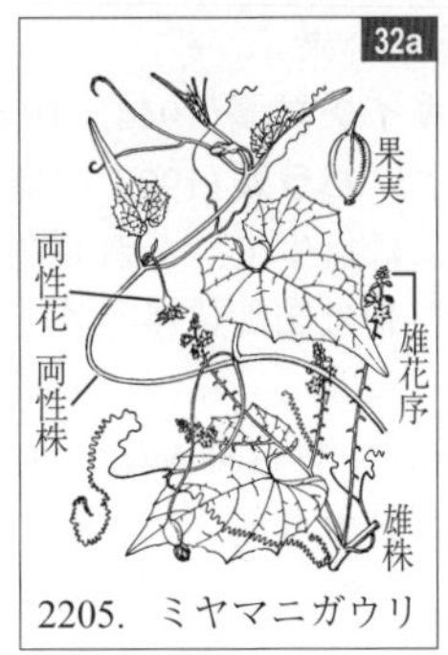

2205. ミヤマニガウリ

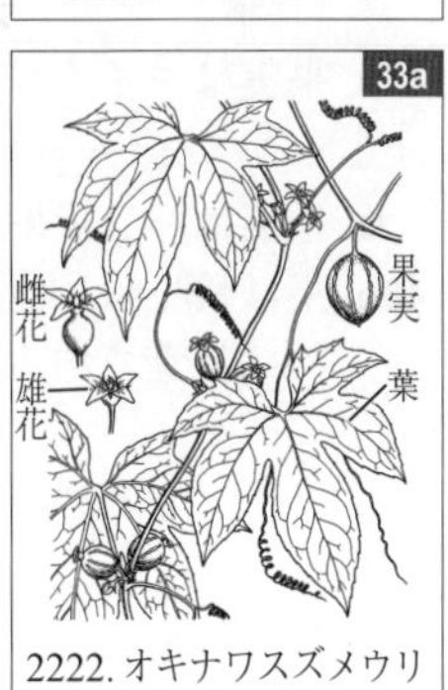

2222. オキナワスズメウリ

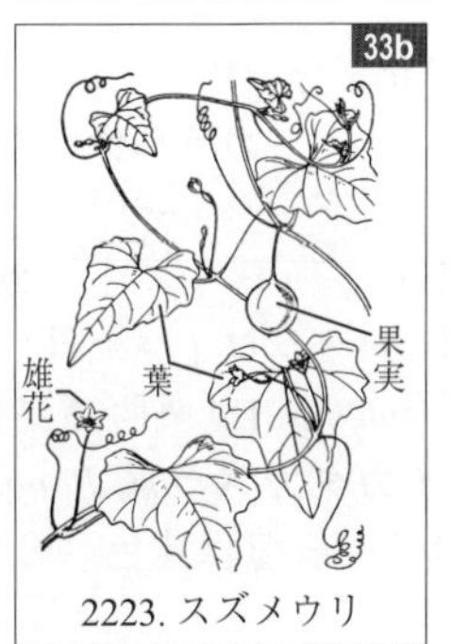

2223. スズメウリ

2215. ヒョウタン

40a. 托葉が刺状となるため，刺は節当たり 2 個ある
…………………… **イワウメヅル**(2241)➡検索 D-15a にあり

b. 葉や葉柄が刺状となるため，刺は節当たり 1 個ある(刺の先端が 2 分することもある) …………………… **41**

41a. 尖った鱗片状の葉の一部が 2 分しない逆刺となり，その腋に線形の葉状枝や花序をつける
…………………… **クサスギカズラ**(600)

b. 葉は幅広く，葉柄の基部が後に硬質化して先が 2 分した逆刺となる．線形の葉状枝はない
…………………… **アオカズラ**(1482)➡検索 D-3b にあり

42a. 茎の節間や節に葉に由来しない鈎や刺(微小なものを含む．48a，51a に注意)があり，他物に引っかかってよじのぼるかからみつく …………………… **43**

b. 茎の節間に刺はなく，茎は平滑，無毛または有毛 … **53**

43a. 葉は複葉…………………… **44**

b. 葉は単葉…………………… **48**

44a. 小葉は平行脈を持つ．日本には野生しない
…………………… **トウ**(642)

b. 小葉は網状脈を持つ．日本に野生する …………… **45**

45a. 葉は 2 回偶数羽状複葉
…………………… **ジャケツイバラ属**(1796～1799)

b. 葉は 1 回奇数まれに偶数羽状複葉，掌状複葉または三出複葉 …………………… **46**

46a. 葉に透明な油点はない．雄蕊は多数．果実は多汁質または多肉質(バラ科) …………………… **47**

b. 葉に透明な油点がある．雄蕊は少数．果実は蒴果で種子は黒色，光沢がある．南西諸島に野生する(ミカン科)
…………… **ツルザンショウ** *Zanthoxylum scandens* Blume,
テリハザンショウ *Z. nitidum* (Roxb.) DC.

47a. 果実はキイチゴ状集合果
…………………… **キイチゴ属**(1944，1945，1976，1977)

b. 果実はバラ状果 ……… **バラ属**(1997，1998，2003～2012)

48a. 葉は輪生状(実際には対生で，それ以外の葉に見えるものは托葉である)．刺は節間に多数あって微小
…………………… **ヤエムグラ属**
(果実は乾果；3343 ➡検索 R-113a にあり，3345)，
アカネ属(果実は液果；3358～3360)

b. 葉は対生(末端の枝では互生することもある) ………… **49**

c. 葉は互生 …………………… **51**

49a. 葉身は鋸歯縁か掌状に分裂する
…………………… **カラハナソウ属**(2082，2083)

b. 葉身は全縁 …………………… **50**

50a. 節に扁平な鈎がある …………………… **カギカズラ**(3365)

b. 節に針状の刺がある(オシロイバナ科) ……… **トゲカズラ** *Pisonia aculeata* L.(南西諸島の海岸林内に生える)，**イカダカズラ属** *Bougainvillea*(暖地に栽培される．総苞は黄色，紅紫色などに着色する)

2224. ボウブラ

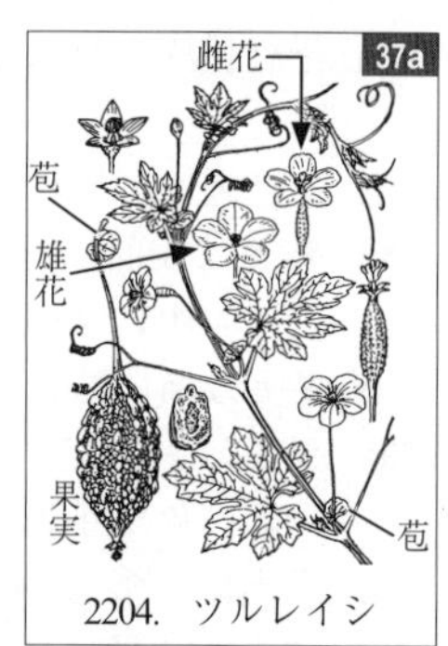

2204. ツルレイシ

1466. タカネハンショウヅル

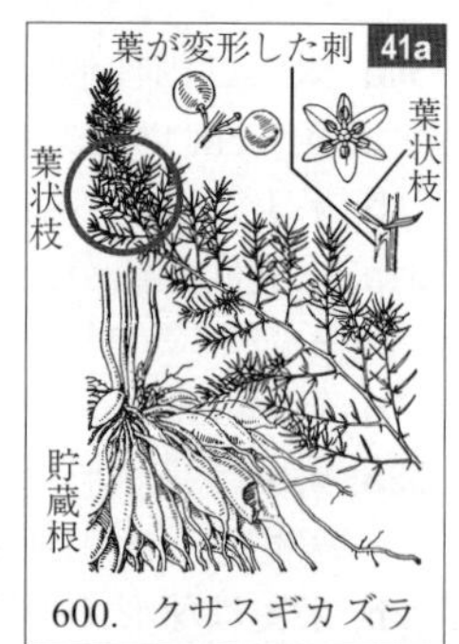

600. クサスギカズラ

642. トウ

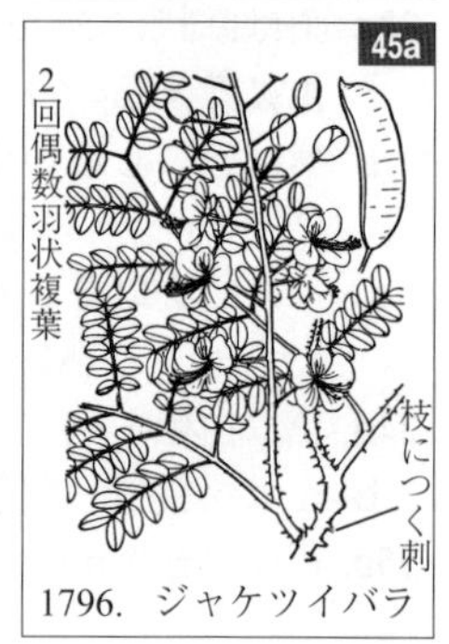

1796. ジャケツイバラ

1944. エビガライチゴ

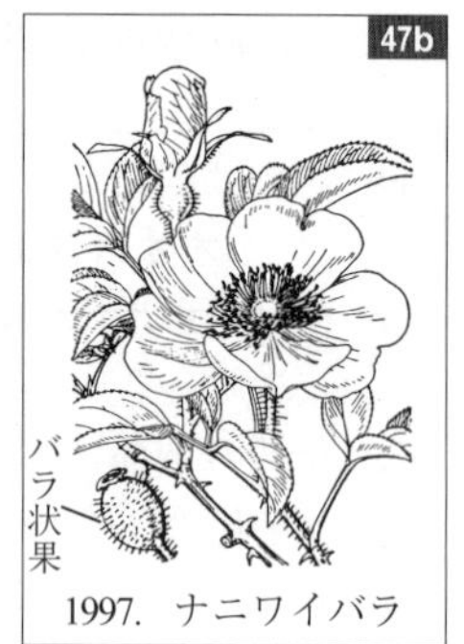

1997. ナニワイバラ

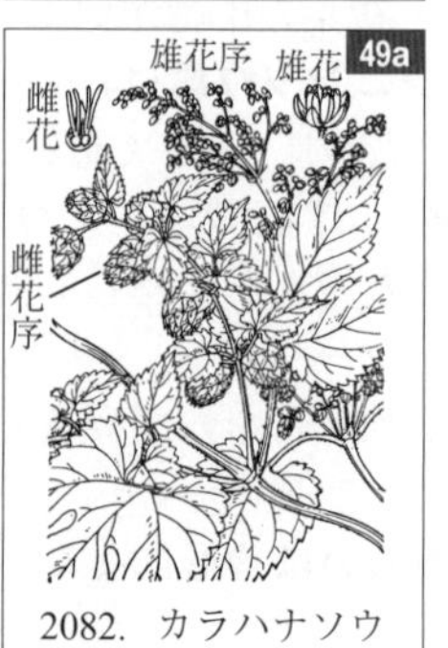

2082. カラハナソウ

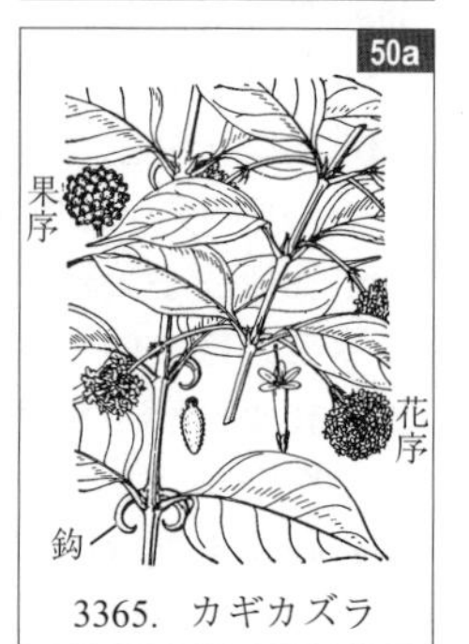

3365. カギカズラ

51a. 草本. 托葉は托葉鞘となるか, 襟状に広がって茎を囲む. 果実は痩果(肉質の色づいた花被片に包まれることがある) ……… **イヌタデ属**(2862, 2863, 2865～2869, 2871～2873)

b. 木本. 茎を囲む托葉はない. 果実は肉質の集合果または複合果……………………………………………… **52**

52a. 葉は常緑性で全縁か波状縁. 雌雄異株で, 無柄の花が球状の果序に集まる ………………… **カカツガユ**(2094)

b. 葉は落葉性で鋸歯縁, しばしば複葉となる. 花は両全性で独立…………………………… **キイチゴ属**(1938～1942)

53a. 葉は単葉で有柄, 葉柄は楯着する
…… **ミヤコジマツヅラフジ**(1319), **コウモリカズラ**(1321), **ハスノハカズラ**(1322), **ノウゼンハレン**(2712)

b. 葉は単葉または複葉, 単葉で有柄の場合には葉柄は楯着しない……………………………………………… **54**

54a. 葉は茎上に規則的に輪生. 栽培 ………… **ビャクブ**(339)

b. 葉は対生か, 一部の節で輪生するものが混じる(ツルギキョウ(3890)では一部の葉は互生する) ………………… **55**

c. 葉は互生(短枝上に輪生状につくこともある) ……… **64**

55a. 葉は複葉………………………… **ソケイ属**(3537～3540)

b. 葉は単葉……………………………………………… **56**

56a. 植物体を傷つけると白い乳液を出す(キョウチクトウ科, キキョウ科) ……………………………………… **57**

b. 植物体を傷つけても白い乳液を出さない ……………… **59**

57a. 花は大形(径 1 cm 以上)で, 葉腋に単生するか枝頂に少数がつく………………………… **アリアケカズラ**(3415), **ツルニチニチソウ**(3417), **テイカカズラ**(3422), **シタキソウ**(3445), **ツルギキョウ**(3890)

b. 花はやや小形(径 0.8～1 cm)で, 枝頂の円錐花序に多数つく……………………………… **サカキカズラ**(3421)

c. 花は小形(径 1 cm 未満)で, 葉腋の散形花序または複集散花序に普通多数, まれに少数つく …………………… **58**

58a. 葉は幅広く, 長さは幅の 2 倍未満, 基部は切形～心臓形 …………… **イケマ属**(3424～3426), **キジョラン**(3444)

b. 葉は普通幅狭く, 長さは幅の 2 倍を超えることが多く, 長さが幅の 2 倍未満の場合は基部は楔形
………… **カモメヅル属**(3427, 3433～3436, 3438～3441)

59a. 木本………………………………………………… **60**

b. 草本(基部が木質化することもある) ………………… **62**

60a. 花序は頂生のみ ………… **ハナガサノキ属**(3322, 3323), **マツリカ**(3541)

b. 花序は頂生および腋生……………………… **シクンシ**(2467), **ゲンペイクサギ**(3704), **スイカズラ属**(4363～4366)

c. 花序は腋生のみ(花は葉腋に単生) ………………… **61**

61a. 枝は無毛
……………… **ホウライカズラ**(3413), **ナガミカズラ**(3570)

b. 若枝は有毛 ……… **ヒョウタンカズラ** *Coptosapelta diffusa* (Champ. ex Benth.) Steenis(アカネ科. 南西諸島産)

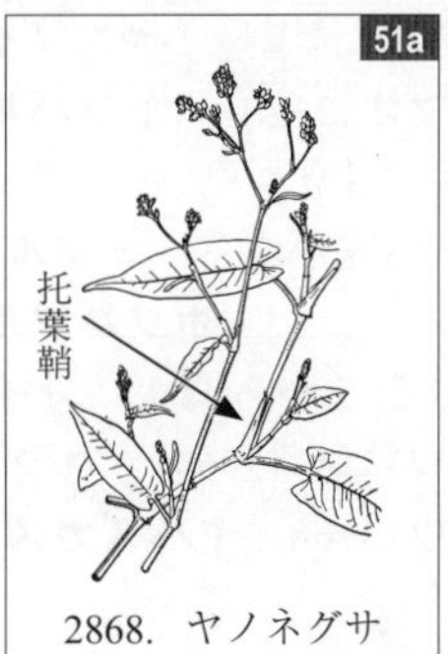

2868. ヤノネグサ

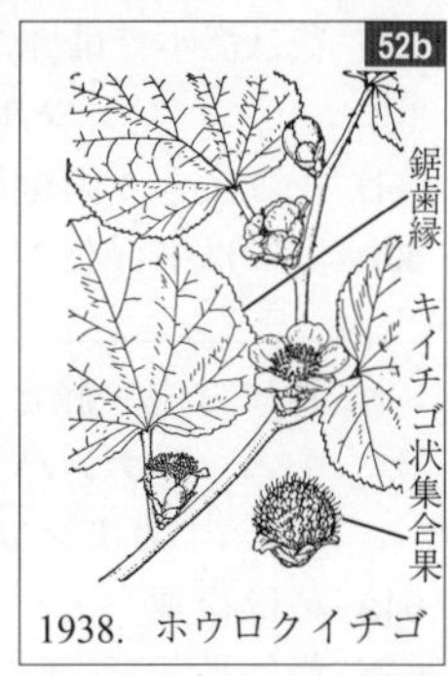

1938. ホウロクイチゴ

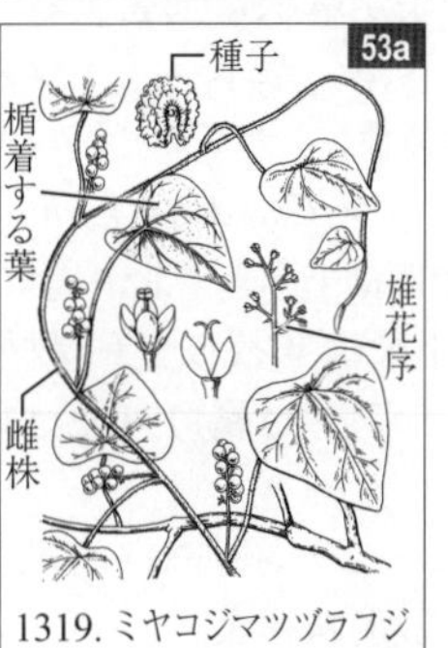

1319. ミヤコジマツヅラフジ

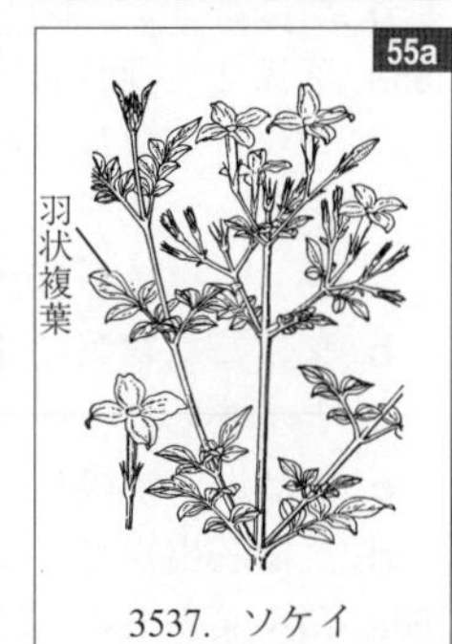

3537. ソケイ

3415. アリアケカズラ

3421. サカキカズラ

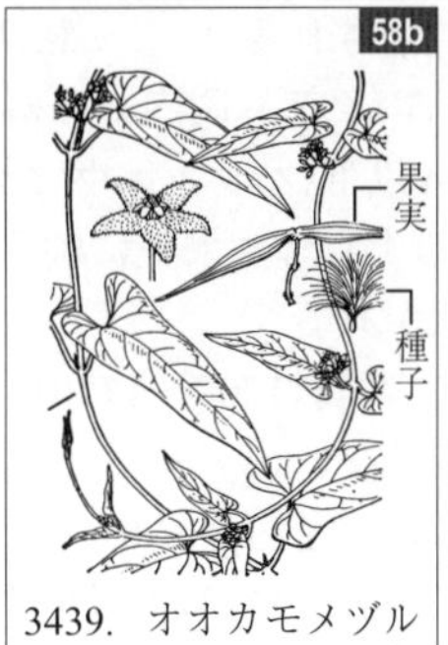

3439. オオカモメヅル

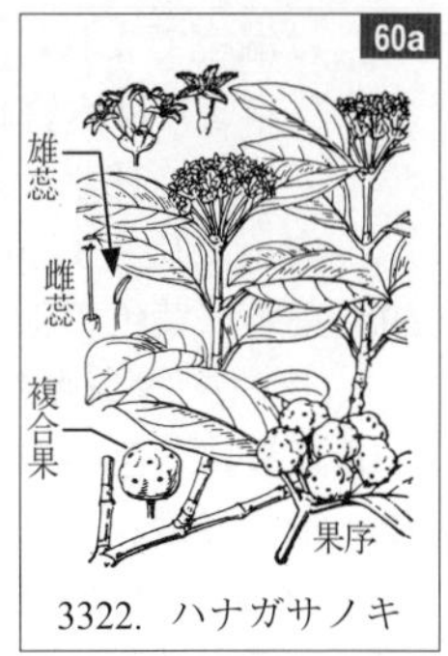

3322. ハナガサノキ

4366. スイカズラ

3413. ホウライカズラ

62a. 花は微小で単性, 目立たない…… **ヤマノイモ属**(326〜328), **ツルマオ**(2120), **ヤンバルツルマオ**(2121)

b. 花は大きく両全性, 目立つ …… **63**

63a. 葉には平行な 3(〜5)脈がある …… **ツルリンドウ**(3391), **ホソバツルリンドウ**(3392)

b. 葉には中央脈と, そこから羽状に分枝する側脈のみがある…… **ナンバンハコベ**(2964), **ヘクソカズラ**(3334), **カエンソウ**(3368), **ヤハズカズラ属**(3665, 3666)

64a. 葉は複葉 …… **65**

b. 葉は単葉(一部の葉が掌状に全裂することがある) … **71**

65a. 葉は 2〜3 回羽状複葉. 草本 …… **ツルキケマン**(1306)
なお, 近似種に, ナガミノツルキケマン(1306 注), チドリケマン *Corydalis kushiroensis* Fukuhara(花は小形で距は上向き. 北海道東部)がある

b. 葉は掌状複葉で小葉は 4 枚以上(3 枚のものが混じることもある) …… **アケビ属**(1312, 1313), **ムベ**(1315)

c. 葉は単羽状複葉 …… **66**

d. 葉は三出複葉 …… **67**

66a. 頂小葉がある(奇数羽状複葉)
…… **デリス**(1667), **ホド**(1669), **フジ属**(1737〜1740)

b. 頂小葉はない(偶数羽状複葉) …… **トウアズキ**(1662)

67a. 果実は液果状. 花は雌雄の別があり放射相称(65b も参照) …… **ミツバアケビ**(1314)

b. 果実は豆果. 花は蝶形(マメ科) …… **68**

68a. 木質藤本で幹は太く, 葉は常緑性. 花は大型で長さ 3 cm 以上, 黒紫色または緑白色, 萼や果実には褐色の刺毛を密生する …… **トビカズラ属**(1670〜1672)

b. 木質藤本で幹は太く, 葉は常緑性. 花は大型で長さ 10 cm 程度, 青緑色. 萼や果実には刺毛はない. 日本では温室でまれに栽培される …… **ヒスイカズラ**(1716)

c. 草本または木質藤本(クズ), 国内では落葉性. 花は黒紫色ではなく長さ 3 cm 以下(ハッショウマメの花は黒紫色か白色で長さ 3 cm 以上), 萼や果実に刺毛はない …… **69**

69a. 葉裏に黄色の腺点がある
…… **タンキリマメ属**(1708〜1710), **ノアズキ**(1711)

b. 葉裏に黄色の腺点はない …… **70**

70a. 竜骨弁はねじれ, 花は左右非対称 …… **フジマメ**(1720), **インゲンマメ属**(1721, 1723), **ササゲ属**(1725〜1727)

b. 竜骨弁はねじれず, 花は左右対称
…… **ナタマメ属**(1663, 1665), **ハギカズラ**(1666), **ハッショウマメ**(1673), **ノササゲ**(1714), **クズ**(1715), **ヤブマメ**(1717), **ツルマメ**(1718), **ササゲ属**(1728〜1730)

71a. 葉身の基部からは 1 または 3 本の脈が出る …… **72**

b. 葉身の基部からは 5 本以上の脈が放射状に出る …… **81**

72a. 先端に葉を叢生する短枝がある …… **73**

b. 先端に葉を叢生する短枝はない …… **74**

73a. 木本 …… **マツブサ属**(94, 95)

b. 草本 …… **ツルニンジン属**(3888, 3889)

326. ヤマノイモ

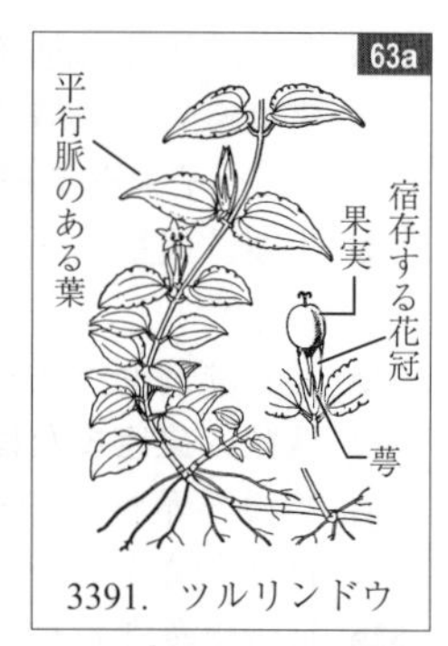

3391. ツルリンドウ

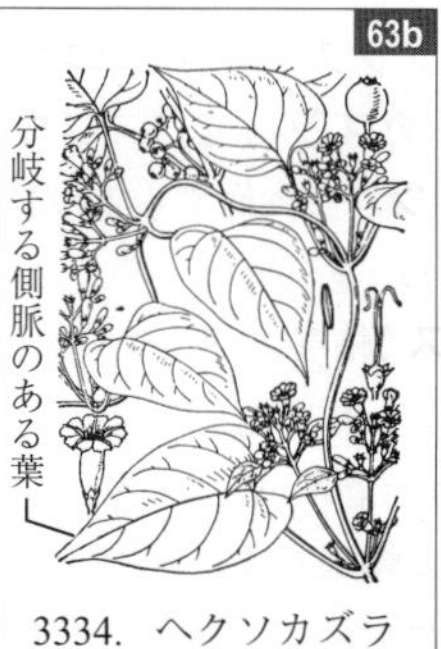

3334. ヘクソカズラ

1306. ツルキケマン

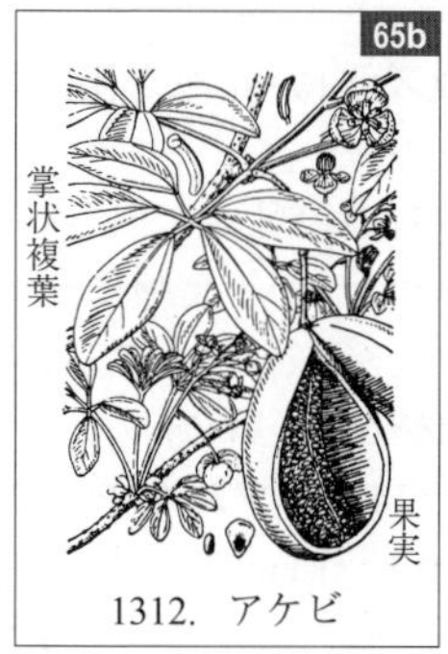

1312. アケビ

1737. フジ

1671. ウジルカンダ

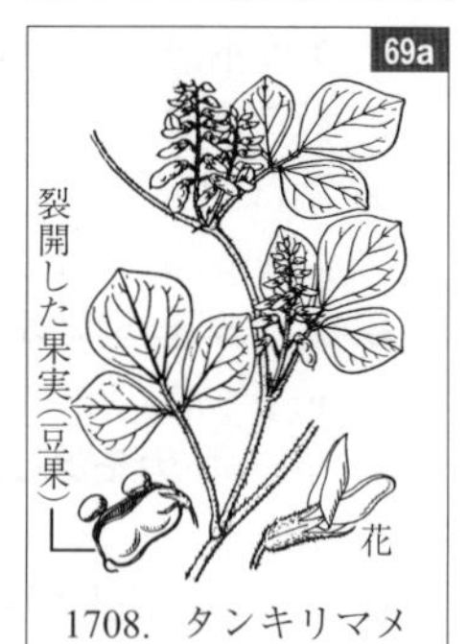

1708. タンキリマメ

70a ねじれた竜骨弁 果実(豆果)
1725. ヤブツルアズキ

94. マツブサ

74a. 木本．つるは越冬する……………………………………… **75**

b. 草本．つるは越冬しないか，暖地性植物の場合は軟質……………………………………………………………… **78**

75a. 花序は頂生 …………… **クマヤナギ属**(2061，2062，2065)，**クロヅル属**(2237，2238)

b. 花序は腋生 ……………………………………………………… **76**

76a. 葉裏に白色または褐色の鱗片を密生する……………………………………………… **グミ属**(2052，2053)

b. 葉裏に鱗片はない………………………………………………… **77**

77a. 果実は多汁質……… **サネカズラ**(96)，**ツルコウゾ**(2091)，**マタタビ属**(3197～3201)

b. 果実は乾果 ………………………… **ヤエヤマハマナツメ**(2072)，**ツルウメモドキ属**(2239，2240，2242)

78a. 托葉鞘(51a も参照)がある(タデ科)……………… **ソバカズラ属**(2843～2846)，**ツルソバ**(2860)

b. 托葉鞘はない………………………………………………………… **79**

79a. 花序は散房状……………………………… **ナス属**(3482～3485)

b. 花序は穂状(花柄がない)で，時に短縮しやや球形となる ………………………………………………………………… **80**

80a. 葉は全縁(ツルムラサキ科) ……… **ツルムラサキ**(3035)，**アカザカズラ** *Anredera cordifolia* (Ten.) Steenis (南アメリカ原産でしばしば暖地に野生化する．ツルムラサキにやや似るが花は有柄)

b. 葉は鋸歯縁 ……………………… **クガイソウ属**(3602，3603)

81a. 花は左右対称……… **ウマノスズクサ属**(139～144)，**ハナカズラ**(1421)

b. 花は放射相称………………………………………………………… **82**

82a. 花は 3 数性 ……………………………………………………… **83**

b. 花は 5 数性 ……………………………………………………… **84**

83a. 葉身基部から出る側脈の少なくとも一部は葉の先端近くに達する ……… **ヤマノイモ属**(329～336)(62a も参照)，**アオイカズラ**(665)

b. 葉身基部から出る側脈は葉の先端近くには達しない………………… **アオツヅラフジ**(1316)，**ツヅラフジ**(1318)，**ホウライツヅラフジ**(1320)

84a. 花冠は 5 深裂し，裂片は鋭尖頭．果実は液果．西日本の山地にまれ……………………… **クロタキカズラ**(3311)

b. 花冠は漏斗形で普通分裂しない．果実は蒴果 ………… **85**

85a. 花の直下に 1 対の苞があり，萼を包む……………………………………………… **ヒルガオ属**(3451～3453)

b. 花の直下に苞はない …………… **セイヨウヒルガオ**(3454)，**サツマイモ属**(3455～3464)

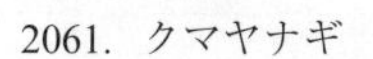
2061. クマヤナギ

96. サネカズラ

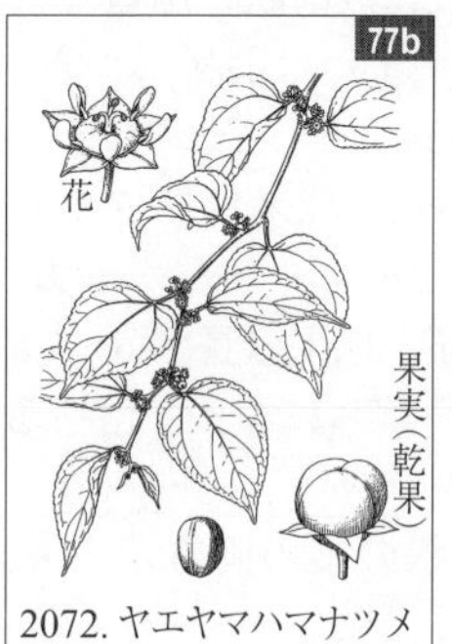

2072. ヤエヤマハマナツメ

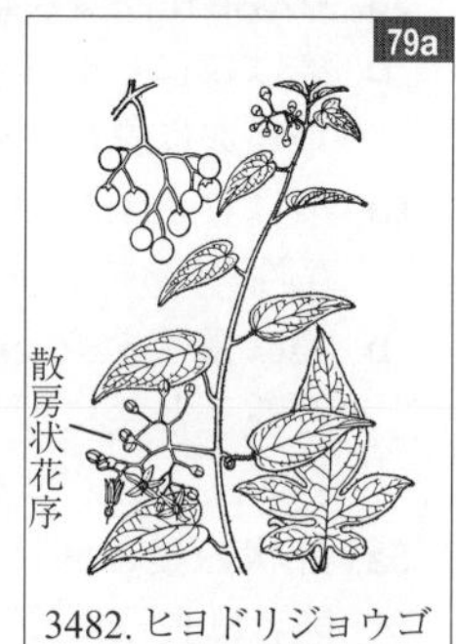

3482. ヒヨドリジョウゴ

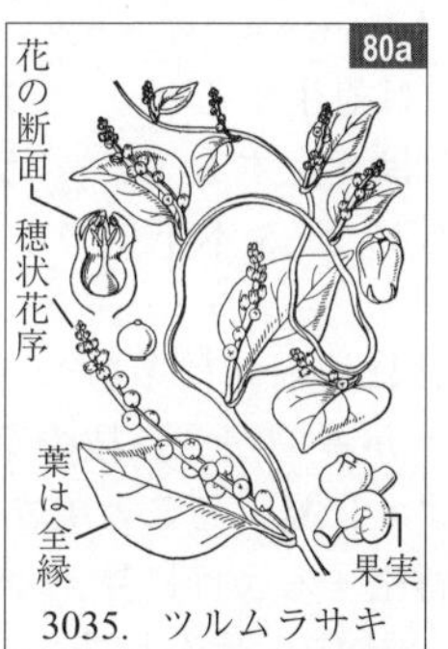

3035. ツルムラサキ

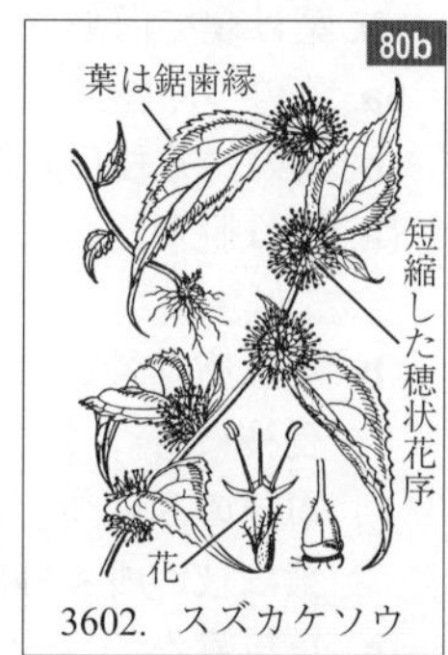

3602. スズカケソウ

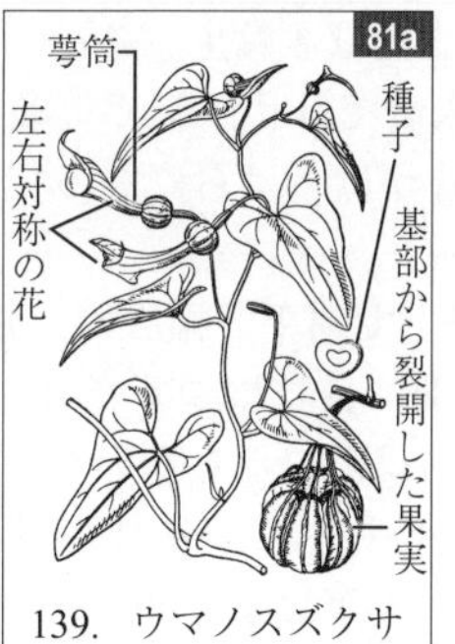

139. ウマノスズクサ

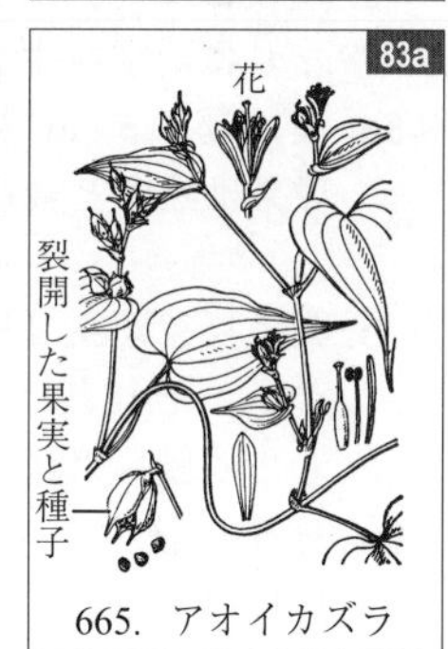

665. アオイカズラ

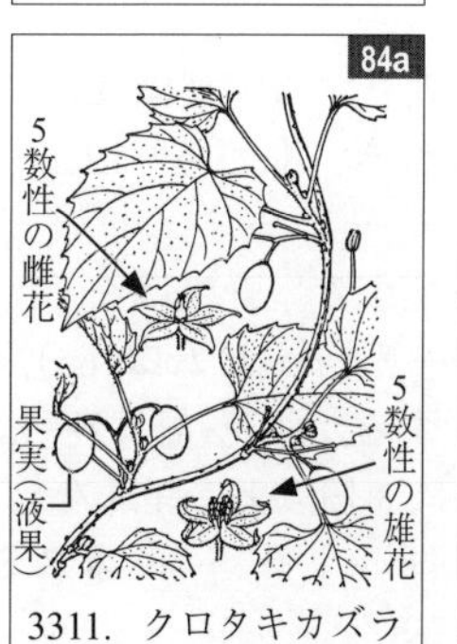

3311. クロタキカズラ

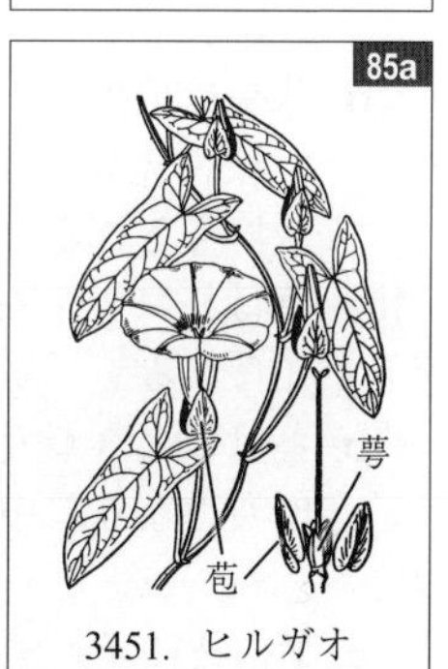

3451. ヒルガオ

検索 E

葉は鱗片状か針状で小さく，葉脈は不明瞭か，中央脈のみが明瞭．木本(主に針葉樹)．

1a. 葉は線形か針状で長さ 8 mm 以上 …………………………… **2**
 b. 葉は鱗片状か，細長い場合でも長さは 8 mm 未満 … **24**
2a. 落葉性 …………………………………………………………… **3**
 b. 常緑性 …………………………………………………………… **7**
3a. 葉は宿存性の短枝に放射状に出る …………………………… **4**
 b. 葉は枝にらせん状または羽状につき，短枝はしばしば葉と共に脱落する …………………………………………… **5**
4a. 葉は長さ 1.5〜3 cm．球果は長さ 3 cm 未満，鱗片は宿存性 ……………………………… **カラマツ属**(19，20)
 b. 葉は長さ 5〜6 cm．球果は長さ 6〜7.5 cm，鱗片は熟すと種子と共にばらばらになって落ちる
……………………………………………… **イヌカラマツ**(9)
5a. 針状の葉と鱗片状の葉の両方があり，前者は短枝に，後者は長枝につく ………………………… **スイショウ**(53)
 b. 葉は全て同形 ………………………………………………… **6**
6a. 葉のつく枝(短枝)は対生する ………… **アケボノスギ**(49)
 b. 葉のつく枝(短枝)は互生する ……… **ラクウショウ**(54)
7a. 葉は脱落性の短枝に 2〜5 本ずつつき，針状で細長く，先は尖る ……………………………………… **マツ属**(30〜38)
 b. 葉は宿存性の短枝に放射状に多数つき，これとは別に長枝にもつくことが多いが，長枝の葉が退化して一見短枝のみにつくように見えることもある．後者の場合，葉は枝の所々で輪生するように見える ……………… **8**
 c. 短枝はなく，葉は枝にらせん状または羽状につくか，まれに十字対生または 3 輪生する ……………………… **10**
8a. 葉は長さ 5 cm 未満で針状，細く，多数が短枝につく．球果は熟すと鱗片がばらばらになって落ちる
……………………………………………… **ヒマラヤスギ**(8)
 b. 葉は長さ 4 cm 以上で扁平，幅広く，短枝に 1 本〜多数つき，それとは別に長枝につくこともある．球果は熟しても鱗片はばらばらにならない ………………………… **9**
9a. 球果は腋生し，下垂する．長枝の葉は長さ 4〜6 cm，短枝に輪生状につく葉はより短い．中国にまれに産する高木 ……………………………………………… **ギンサン**(29)
 b. 球果は頂生し，直立する．葉は長枝に輪生するごく短い枝の先に 1 本つき，長さ 6〜12cm．日本に野生し，栽培もされる ……………………………… **コウヤマキ**(44)
10a. 葉は枝に十字対生する．野生はなく，栽培状態のみで知られる ……………………… **ヒムロ**(65)，**シシンデン**(76)
 b. 葉は枝に 3 輪生する．雌花(雌球花)は開花後球形で多肉質となり，中に 3 個以上の胚珠を含む
…………………………………………… **ネズミサシ属**(66〜73)
 c. 葉は枝に互生する ……………………………………… **11**

19. カラマツ

9. イヌカラマツ

53. スイショウ

49. アケボノスギ

54. ラクウショウ

30. アカマツ

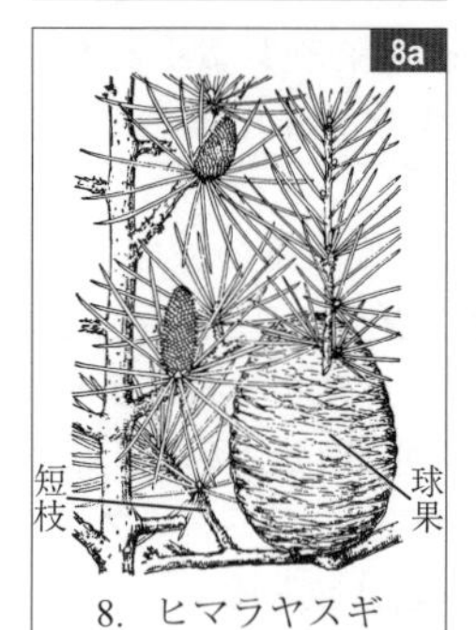

8. ヒマラヤスギ

29. ギンサン

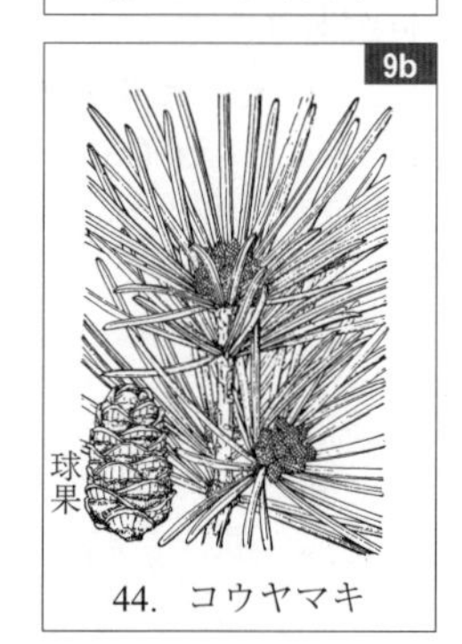

44. コウヤマキ

73. エンピツビャクシン

11a. 雌花は普通 1 個，時に 2 個の胚珠を含み，開花後は球果状とはならず，少なくとも一部が多肉質となる …… **12**

b. 雌花(雌球花)は 3 個以上の胚珠を含み，開花後は球果となって多肉質とはならず，熟すと裂開する …… **15**

12a. 雌花は長球形の 1 個の胚珠とその基部にある胚珠よりも大きな円柱形の花托からなり，花後熟すると胚珠は青緑色に，花托は赤色になり，肥大して目立つ．葉は長さ 4 cm 以上 …… **イヌマキ属**(41，42)

b. 雌花は上のようではない．葉は長さ 3 cm 未満 …… **13**

13a. 種子は赤色多肉質の杯状の仮種皮に先端以外を包まれる …… **イチイ属**(80，81)

b. 上のような仮種皮はない …… **14**

14a. 胚珠は 1 個．葉は先端が鋭く尖り，裏面は淡緑色 …… **カヤ**(79)

b. 胚珠は 2 個．葉は先端がやや鈍く，裏面に白色の帯がある …… **イヌガヤ属**(77，78)

15a. 葉の基部は枝に延下しない …… **16**

b. 葉の基部は枝に延下する …… **20**

16a. 球果は直立する …… **17**

b. 球果は下垂し，熟してもばらばらにならない …… **18**

17a. 球果は熟すると鱗片がばらばらになって落ち，中軸だけが残る …… **モミ属**(13～18)

b. 球果は熟してもばらばらにならず，形を保ったまま落下する．日本には野生はなく，まれに栽培される …… **タイワンユサン**(12 注)

18a. 球果の鱗片のうち，基部に種子を抱いていないもの(苞鱗)の先は尖って長く伸び，基部に種子を抱く鱗片(種鱗)よりも長い …… **トガサワラ**(21)

b. 球果の鱗片の先は尖らず，基部に種子を抱いていない鱗片は抱いている鱗片よりも短い …… **19**

19a. 球果は長さ 3 cm 以下で小形．葉は側枝につくものは羽状に並び，扁平で下面には白色の帯がある …… **ツガ属**(10，11)

b. 球果は長さ 5 cm 以上で大きく，細長い．葉はらせん状に配列し，4 稜形かやや扁平，両面か上面のみに白色の帯がある …… **トウヒ属**(22～28)

20a. 球果は大形(直径 10 cm 程度)で多数の鱗片からなり，開花後 2～3 年かけて熟する．枝は輪生状に段になって広がる．南半球の固有で日本では暖地で栽培される …… **シマナンヨウスギ**(40)

b. 球果は小形(直径 3.5 cm 以下)で比較的少数の鱗片(コウヨウザンではやや多数)からなり，開花したその年に熟する …… **21**

21a. 葉は長さ 2～7 cm，幅 5～7 mm で大きく，裏面に幅広い白色の帯がある．中国原産で日本ではしばしば栽培される …… **コウヨウザン**(45)

b. 葉は長さ 2 cm 以下，幅 3 mm 以下で小さく，白色の帯はない …… **22**

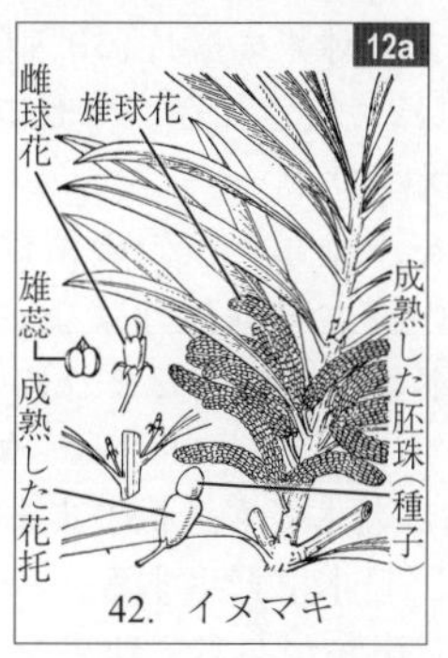

42. イヌマキ

80. イチイ

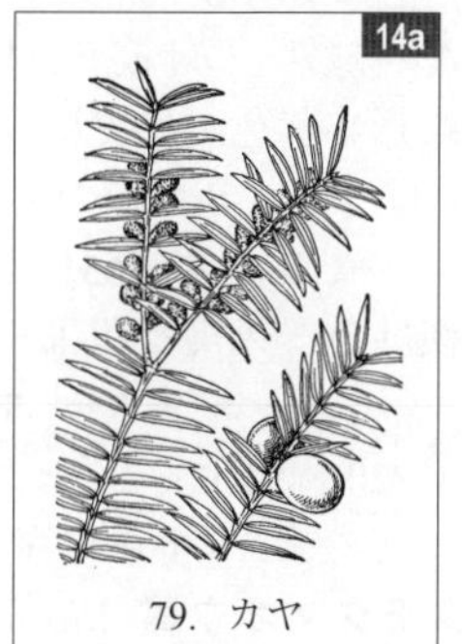

79. カヤ

77. イヌガヤ

13. モミ

21. トガサワラ

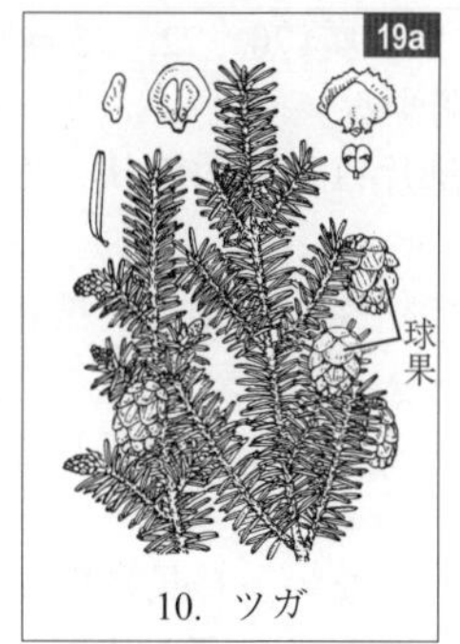

10. ツガ

23. トウヒ

45. コウヨウザン

47. セコイアメスギ

22a. 葉は枝に羽状につく. 球果の鱗片には刺針はない. 北米原産で日本ではまれに栽培される …… **セコイアメスギ**(47)

b. 葉は枝にらせん状につく …………………………………………… 23

23a. 成木では枝はやや下垂し, 枝先の葉は短くなって鱗片状となる. 球果の鱗片には刺針はない. 台湾と中国大陸に野生し, 日本では植物園でまれに栽培される …………………………………………………… **タイワンスギ**(46)

23b. 枝は下垂せず, 葉は老木でも針状のままである. 球果の鱗片には刺針がある. 日本に野生する……… **スギ属**(50〜52)

24a. 花は大形〜小形で花弁がある. 球果をつけない ……… 25

b. 花は小形で花弁はない. 球果をつける. 葉は枝に密につく … 26

25a. 花は左右対称で蝶形, 黄色. 果実は豆果. 葉は枝にまばらに互生し, しばしばより大形の扁平な葉をつける …………………………… **レダマ**(1651), **エニシダ**(1652)

b. 花は放射相称で淡紅色. 果実は蒴果. 葉は枝に密に互生する ……………………………………… **ギョリュウ**(2819)

26a. 葉は微小で枝に 4〜20 個輪生する(モクマオウ科) …………………………………………… **トキワギョリュウ**(2171), **ストリクタモクマオウ属** *Allocasuarina*(オーストラリア原産. 小笠原諸島で栽培されたことがある)

b. 葉は枝に互生するか対生, まれに 3 個輪生する ……… 27

27a. 葉や球果の鱗片は互生する(らせん状につく) ………… 28

b. 葉や球果の鱗片は対生か輪生する …………………………… 29

28a. 球果は大きく多数の鱗片からなり, 開花後 2〜3 年かけて熟する. 種子も大きい ……… **ナンヨウスギ属**(39, 40)

b. 球果は小さく少数の鱗片からなり. 開花したその年に熟する. 種子は微小 …………………………… **セコイアオスギ**(48), **スイショウ**(53)

29a. 球果は液果状となり, 裂開しない ……………… **ネズミサシ属**(70, 72, 73 ➡検索 E-10b にあり)

b. 球果は木質で裂開する…………………………………………… 30

30a. 球果は球形で, 鱗片は先端が楯状となり, 重なり合わない…………………………………………………………… 31

b. 球果は倒卵球形で, 鱗片は先端が楯状とならず, 瓦重ね状に並ぶ ………………………………………………… 32

31a. 枝は平面的に広がる. 球果は開花したその年のうちに熟する ……………………………………… **ヒノキ属**(57〜64)

b. 枝は平面的に広がらない. 球果は開花した次の年に熟する……………………………… **モントレーサイプレス**(74)

32a. 葉裏には顕著な白色の部分がある. 球果の鱗片にはそれぞれ 3〜5 個の胚珠がつく …………………**アスナロ**(55)

b. 葉裏には白色の部分がないか, 時に白色の小斑がある. 球果の鱗片は 3〜5 対あり, そのうち 2 対のみにそれぞれ 2 個の胚珠がつく ……………………………… 33

33a. 枝は水平面に広がる. 球果の鱗片は薄い. 種子に翼がある ……………………………………………… **クロベ**(56)

b. 枝は垂直面に広がる. 球果の鱗片は厚い. 種子に翼はない…………………………………… **コノテガシワ**(75)

46. タイワンスギ

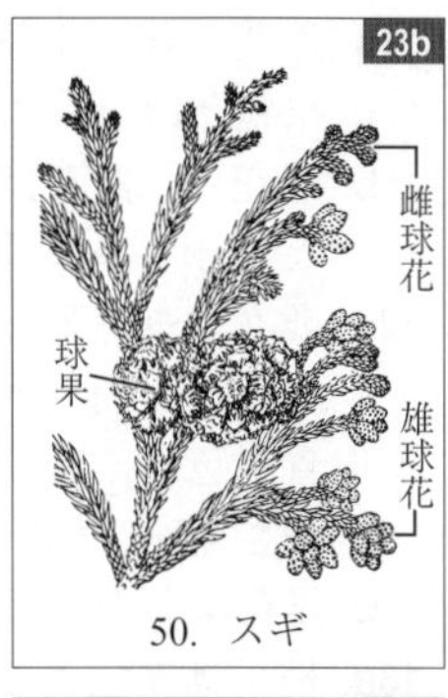

50. スギ

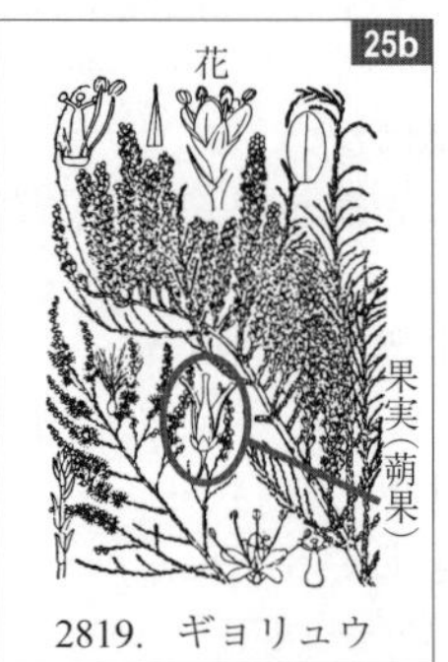

2819. ギョリュウ

2171. トキワギョリュウ

39. チリマツ

48. セコイアオスギ

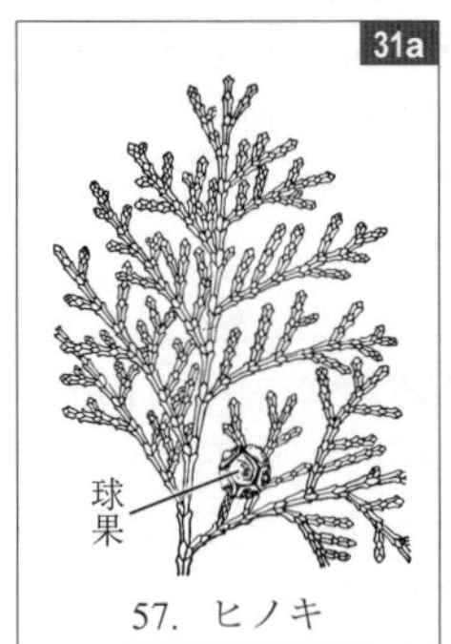

57. ヒノキ

55. アスナロ

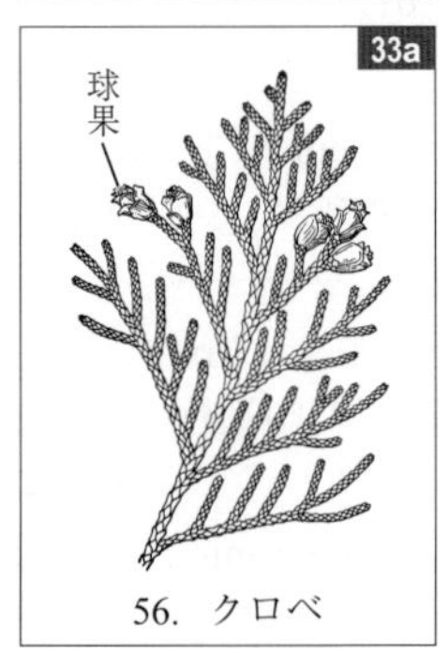

56. クロベ

検索 F

葉は鱗片状，糸状，針形または線形，まれに完全に退化する．葉脈は不明瞭か，中央脈のみが明瞭．草本か小低木．

1a. 茎は著しく短縮し，葉はない．根は灰緑色で放射状に伸び，樹皮に着生する．花は茎頂から出る短い総状花序につき，緑色で目立たない ……………… **クモラン**(525)

b. 茎は伸長し，葉がある……………………………………………… **2**

2a. 湿地に生える食虫植物．茎は細く，泥上を横にはって広がり，所々にへら形の葉と捕虫嚢をつける．花茎は直立し，左右対称の花をつける ……… **ミミカキグサ**(3678)，**ムラサキミミカキグサ**(3679)，**ホザキノミミカキグサ**(3680)

b. 多くは乾燥地に生えるが，湿地に生える場合，泥上を横にはう茎はない(**イトキンポウゲ**(1383)では茎は泥上をはうが，捕虫嚢はつけず，花は放射相称) ……… **3**

3a. 茎は扁平で葉状，著しく多肉質となる一方で，真の葉は針状か鱗片状で堅い(サボテン科) ……**カニサボテン**(3041)，**サボテン**(3042)，**ゲッカビジン**(3043)

b. 茎は多肉質とならないか，もし多肉質の場合は葉も多肉質……………………………………………… **4**

4a. 栽培されるか，海岸や岩場，樹上に生える多肉質の草本．葉は中空ではない……………………………………… **5**

b. 多肉質でない草本か小低木．葉は太い場合には中空か，中にスポンジ状の髄がある．時にやや多肉質となる場合には水辺に生える ……………………………… **9**

5a. 花は左右対称，子房下位(ラン科) ……………………………… **ムカデラン**(528)，**ボウラン**(529)

b. 花は放射相称，子房上位 ……………………………… **6**

6a. 花は葉腋につくか，茎頂に穂状または頭状の花序をつくり，小さく目立たない ……………………………… **7**

b. 花は頂生するか茎頂に集散花序をなして数個〜多数つき，目立つ ……………………………… **8**

7a. 葉は互生 ……… **マツナ属**(3000〜3002)，**オカヒジキ**(3006)

b. 葉は対生……… **イソフサギ**(2999)，**アッケシソウ**(3005)

8a. 花は茎頂に単生する ………**ココメマンネングサ**(1597)，**ムニンタイトゴメ**(1598)，**マツバギク**(3023)，**マツバボタン**(3039)，**オキナワマツバボタン**(3040)

b. 花は集散花序をなして数個〜多数つく ……………………………… **チャボツメレンゲ**(1582)，**マンネングサ属**(1592〜1599，1608)

9a. 葉は鱗片状に退化して互生し，葉腋に線形または鎌形の葉状枝を束生する ……… **クサスギカズラ属**(601〜603)

b. 葉は対生または輪生 ……………………………… **10**

c. 葉は互生か根生．葉状枝はない……………………… **19**

10a. 小低木 ……………………………… **11**

b. 草本……………………………… **13**

525. クモラン

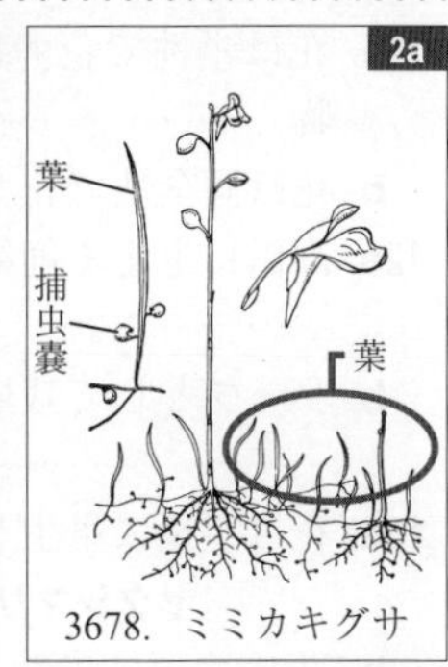

3678. ミミカキグサ

1383. イトキンポウゲ

3041. カニサボテン

528. ムカデラン

3000. マツナ

2999. イソフサギ

1597. コゴメマンネングサ

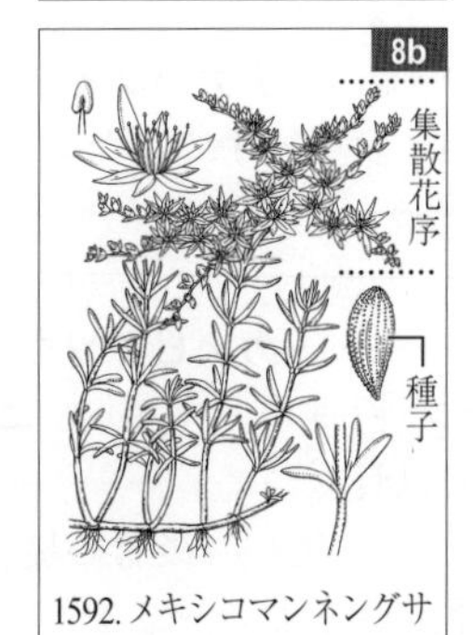

1592. メキシコマンネングサ

601. タチテンモンドウ

11a. 花は単性で花弁はない(裸子植物). 栽培される薬用植物 ……… **マオウ**(7)
　b. 花は両全性で花弁がある ……… **12**
12a. 高山に生える匍匐性の小低木. 花は放射相称 ……… **ミネズオウ**(3225)
　b. ハーブとして栽培される小低木. 花は左右対称 ……… **ローズマリー**(3786)
13a. 花は茎頂に単生し, 鐘形, 大きい ……… **ヤクシマリンドウ**(3378)(コケリンドウ(3388)も見よ)
　b. 花は茎頂に集散花序をつくって密につき, 高杯形, 大きい. 北アメリカ原産の匍匐性の草本で北地を中心に栽培される ……… **シバザクラ** *Phlox subulata* L.(ハナシノブ科)
　c. 花は全て腋生か, 葉腋に加えて茎頂にもつき, 小さい ……… **14**
14a. 花や果実は無柄. 湿地に生える ……… **アズマツメクサ**(1569)(サワトウガラシ属(3581, 3582)も見よ)
　b. 花や果実は有柄 ……… **15**
15a. 花は左右対称で花冠は合弁 ……… **サワトウガラシ属**(3581, 3582；開放花は有柄だが, 無柄の閉鎖花をつけることがある), **クチナシグサ**(3848)
　b. 花は放射相称で花冠は離弁. 閉鎖花をつけない(ナデシコ科) ……… **16**
16a. 花は淡紅色～紅紫色 ……… **ウシオツメクサ属**(2906, 2907)
　b. 花は白色, まれに花弁がない ……… **17**
17a. 花弁は深く 2 裂する ……… **ハコベ属**(2938, 2939)
　b. 花弁は分裂しないか, ごく浅く 2 裂する. まれに花弁がない ……… **18**
18a. 花柱は 4～5 本. 普通低地に生える ……… **オオツメクサ**(2905), **ツメクサ属**(2908, 2909)
　b. 花柱は 3 本. 高山に生える ……… **タカネツメクサ属**(2910～2912)
19a. 湿地に生える匍匐性の草本. 花は黄色 ……… **イトキンポウゲ**(1383)
　b. 茎は直立する. 花は白色, 緑色, 紅色または紫色, まれに淡黄色 ……… **20**
20a. 草本 ……… **21**
　b. 高山に生える匍匐性の小低木 ……… **43**
21a. 葉には腺毛を密生する. 湿地に生える食虫植物 ……… **ナガバノイシモチソウ**(2902)
　b. 葉には腺毛はない. 食虫植物ではない ……… **22**
22a. 子房下位 ……… **23**
　b. 子房上位 ……… **24**
23a. 花は放射相称 ……… **カナビキソウ属**(2809, 2810)
　b. 花は左右対称(ラン科) ……… **ニラバラン**(425)
24a. 花は 5 数性で花弁は目立つ ……… **25**
　b. 花は 3 数性か小さく退化し, 後者の場合は花は膜質～革質の鱗片か花穎に包まれる ……… **27**

7. マオウ

3225. ミネズオウ

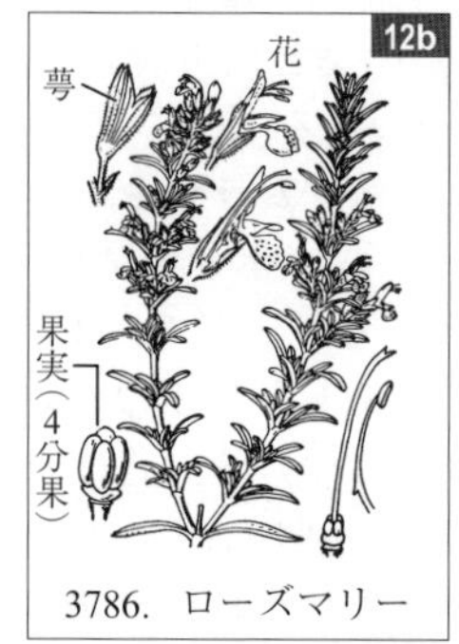

3786. ローズマリー

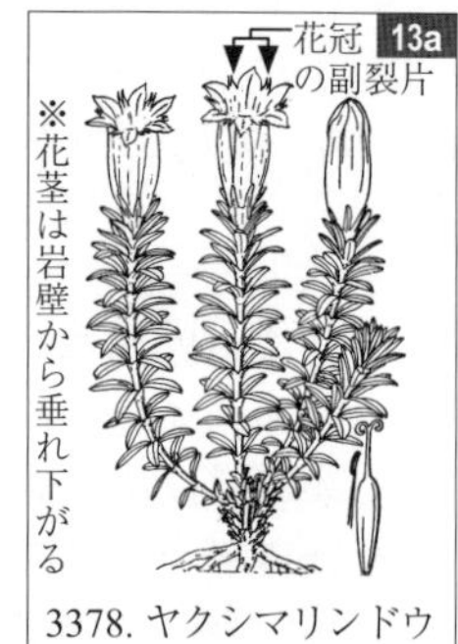

3378. ヤクシマリンドウ

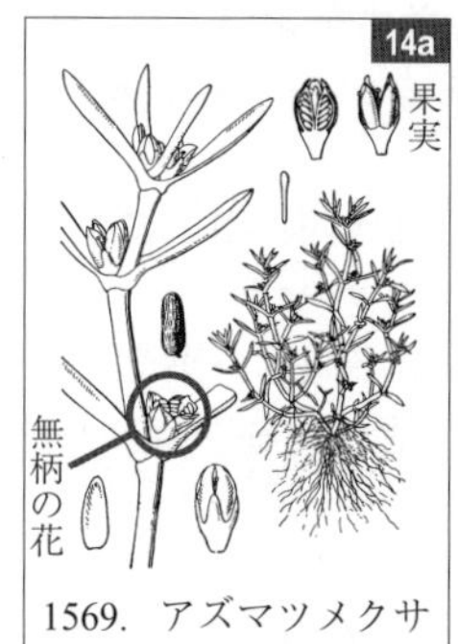

1569. アズマツメクサ

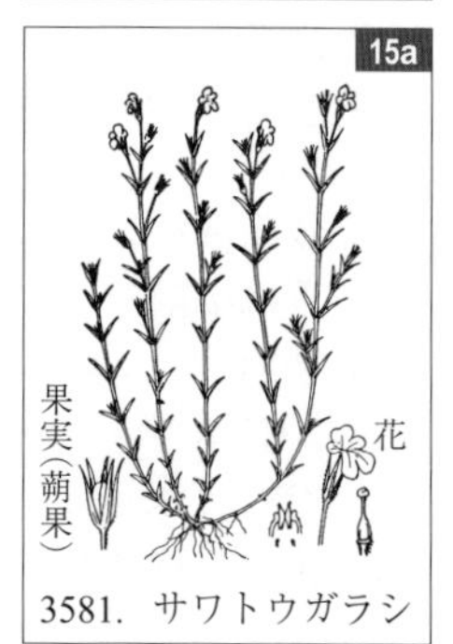

3581. サワトウガラシ

2938. イトハコベ

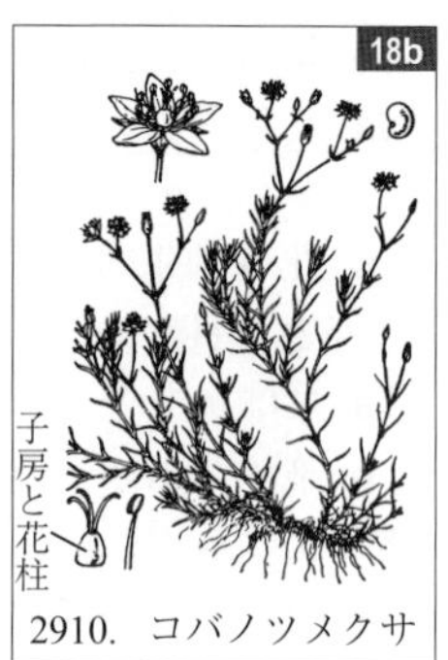

2910. コバノツメクサ

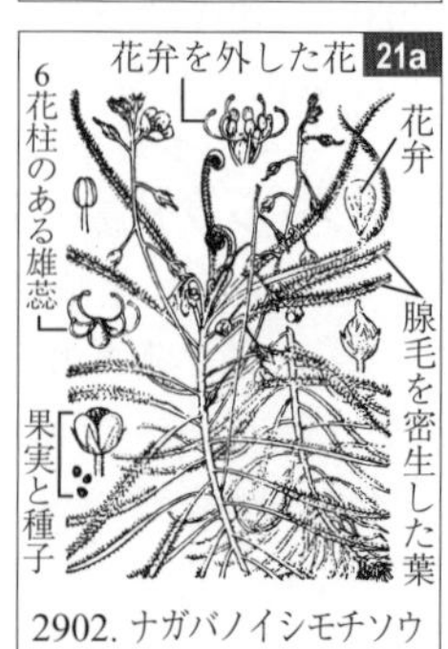

2902. ナガバノイシモチソウ

2810. カナビキソウ

25a. 花は左右対称……………………………… **マツバウンラン**(3588)
　b. 花は放射相称……………………………………………………………… **26**
26a. 葉は地上茎に互生
　　……………………… **アマ属**(2431～2434)，**アマダマシ**(3468)
　b. 葉は根生………………………………………… **ハマカンザシ**(2820)
27a. 花は頂生の散形花序につく．鱗茎がある．植物体全体にネギ臭を有することが多い ……**ネギ属**(574，576～585)
　b. 花は散形花序につかない．植物体にネギ臭はない … **28**
28a. 鱗茎がある．葉は全て根生するか，根生葉とは異なった形の茎葉をつける．花は茎頂に単生するか，まれに2～3 個が散房花序につき，大形
　　…………………………… **チシマアマナ**(387)，**サフラン**(547)，**タマスダレ**(595)
　b. 鱗茎はなく，匍匐する根茎があるか，根茎はなくひげ根のみがある．花は多くの場合花序をつくるが，まれに単生することもある ……………………………………………… **29**
29a. 花被片は扁平で 6 枚が内外 2 輪に配列し，雄蕊は 3 または 6．果実は蒴果で多数の種子を含む……………………… **30**
　b. 花被片は糸状または刺針状かまたは微小で 2 輪に配列することはなく，花は全体が鱗片か花穎に包まれる … **34**
30a. 花序は総状か，時にやや穂状または狭い円錐状となる．海岸の塩性湿地か淡水の湿地に生える ………………………… **31**
　b. 花序は集散状か，まれに単生(イグサ科) …………… **32**
31a. 葉の先端に小さな穴がある．心皮は果時に開出する
　　……………………………………………………… **ホロムイソウ**(291)
　b. 葉の先端に穴はない．心皮は果時に開出しない
　　……………………………………………………… **シバナ属**(292，293)
32a. 茎は分枝せず，茎の下部の葉は葉鞘のみに退化するか先端にごく短い葉身を持ち，茎の先端には茎と同質同形の苞葉が 1 枚直立して生じ，花序はその部分から横向きに出る(偽側生) …………………… **ミヤマイ**，**イグサ他**(712，715，716，718，719，725)
　b. 茎や葉は上のようではなく，花序は頂生する ………… **33**
33a. 茎や葉に隔壁があり，隔壁の間は中空
　　………………… **タチコウガイゼキショウ**他(721，723，728)
　b. 茎や葉に隔壁はなく，内部にはスポンジ状の髄がある
　　…………………………………………………………………… **イトイ**(722)
34a. 葉は(茎頂につくものを除き)葉鞘のみに退化するか，長い葉鞘の先端にごく短い小形の葉身をつける……… **35**
　b. 茎の基部に線形の細長い葉をつけるか，茎全体に線形の葉を互生する ………………………………………………… **36**
35a. 花序は偽側生か，頂生の場合でも 1～2 枚の緑色，線形の苞葉を花序の基部につける ……………… **アンペラ**(737)，**ホソガタホタルイ属**(950～960)，**カヤツリグサ属**(962，963，968)
　b. 花序は頂生し，基部に緑色，線形の苞葉はない
　　………… **ヒメワタスゲ属**(757, 758)，**ハリイ属**(932～946)

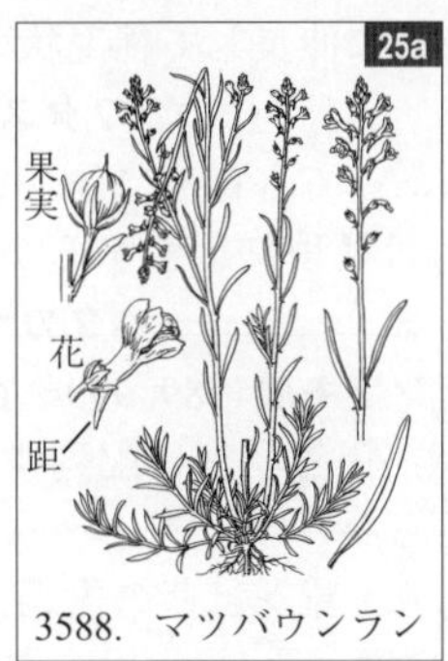

3588. マツバウンラン

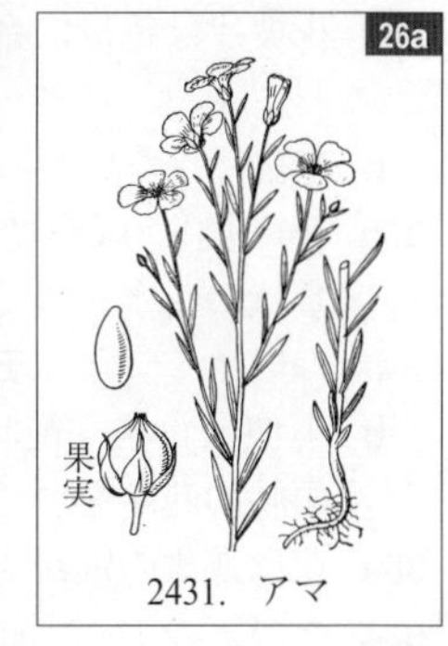

2431. アマ

387. チシマアマナ

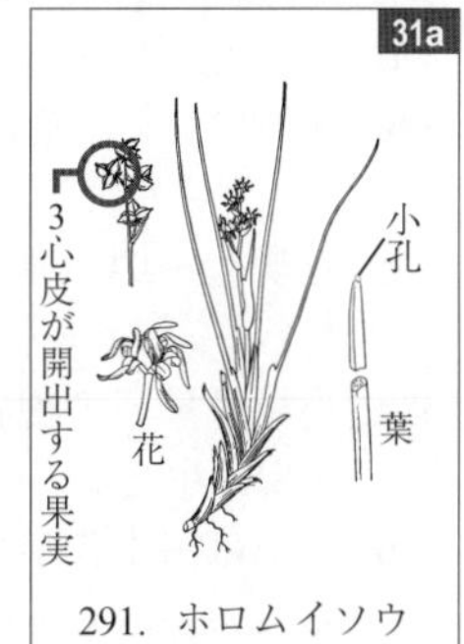

291. ホロムイソウ

292. シバナ

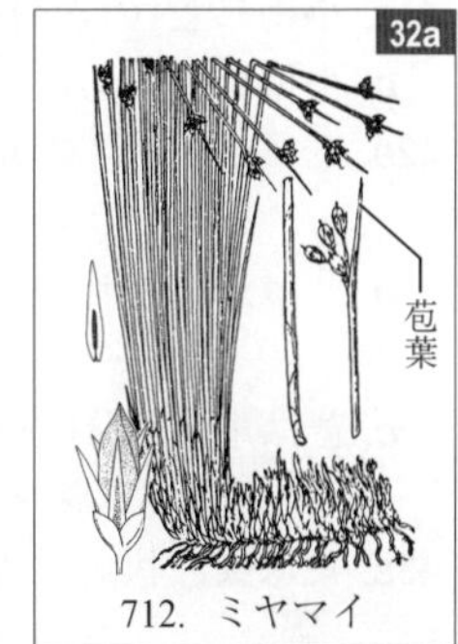

712. ミヤマイ

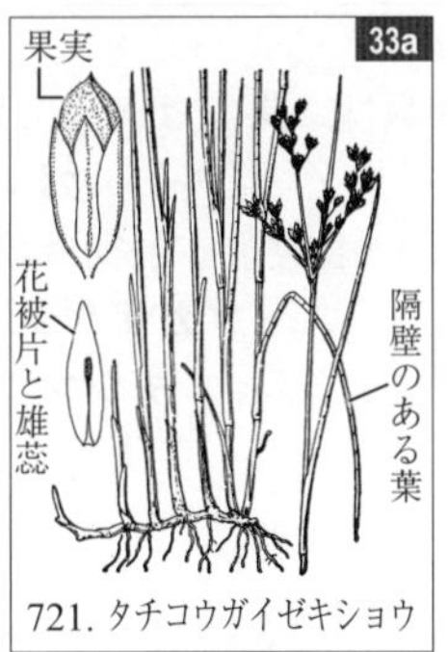

721. タチコウガイゼキショウ

722. イトイ

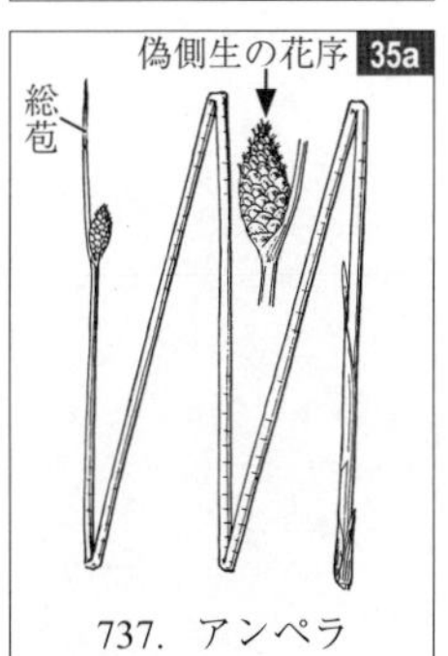

737. アンペラ

760. ワタスゲ

36a. 花被片は花後に糸状に伸長して綿毛状となる
………………………… **ワタスゲ属**(759, 760)

b. 花被片はないか，あっても花後に伸長しない ………… **37**

37a. 花の集まり(小穂)は茎頂に単生するか，集散状または頭状の花序をつくる ………………… **ハタガヤ属**(986～988)，**テンツキ属**(989, 999～1003, 1007, 1008)

b. 小穂は総状，穂状，円錐状等に配列するが，集散状や頭状の花序をつくらない ………………………… **38**

38a. 花に雌雄の別があり，雄花は茎の先端に小穂をつくり，その下の1～数節に雌小穂がつく … **スゲ属**(859, 877)

b. 花は両全性 ………………………… **39**

39a. 湿地に生え，葉は円柱形かやや三稜形で太い
………………………… **ネビキグサ**(746)

b. 乾燥地～中生地に生え，葉は線形か糸状，細い(イネ科) ………………………… **40**

40a. 小穂は単一の穂状に見える細い花序につく．南日本の海岸に生える………………………… **コウライシバ**(1251 注)

b. 小穂は円錐花序につくか，時に総状に近い花序をつくる ………………………… **41**

41a. 小穂に芒(のぎ)はない……… **シナダレスズメガヤ**(1246)

b. 小穂に芒がある ………………………… **42**

42a. 芒は羽毛状．本州中部の高山に生える
………………………… **ヒゲナガコメススキ**(1042)

b. 芒は基部近くから3岐する．沖縄や小笠原に生える
………………………… **オオマツバシバ**(1141)

c. 芒は単一で分岐せず，羽毛状にもならない
……… **コメススキ**(1109)，**ウシノケグサ属**(1116, 1117)

43a. 葉は鱗片状．果実は蒴果
………………………… **イワヒゲ**(3222)，**ジムカデ**(3284)

b. 葉は線形………………………… **44**

44a. 雌雄異株で花は3数性．果実は液果で黒熟する
………………………… **ガンコウラン**(3231)

b. 花は両全性で花は4～5数性．果実は蒴果
………………………… **ツガザクラ属**(3227～3229)，**チシマツガザクラ**(3230)

986. ハタガヤ

859. ホソバヒカゲスゲ

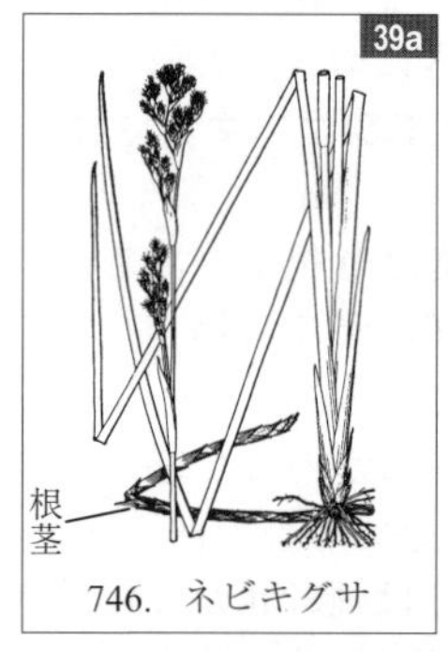

746. ネビキグサ

1246. シナダレスズメガヤ

1042. ヒゲナガコメススキ

1141. オオマツバシバ

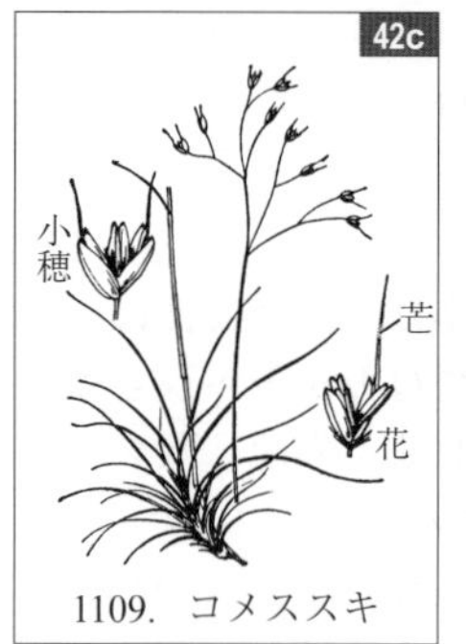

1109. コメススキ

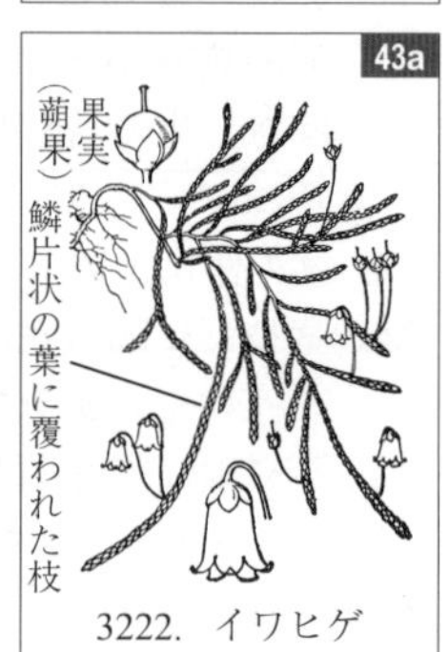

3222. イワヒゲ

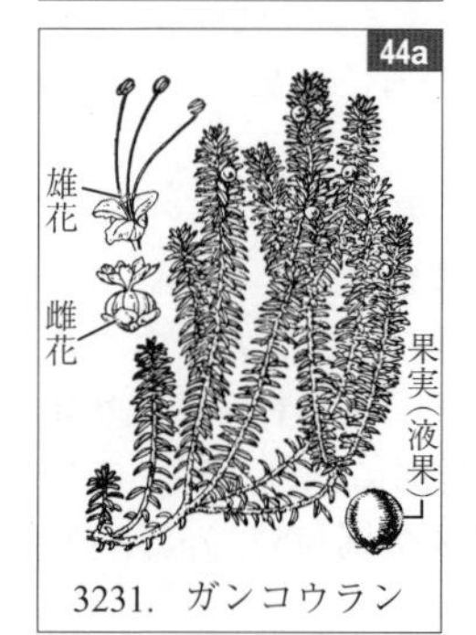

3231. ガンコウラン

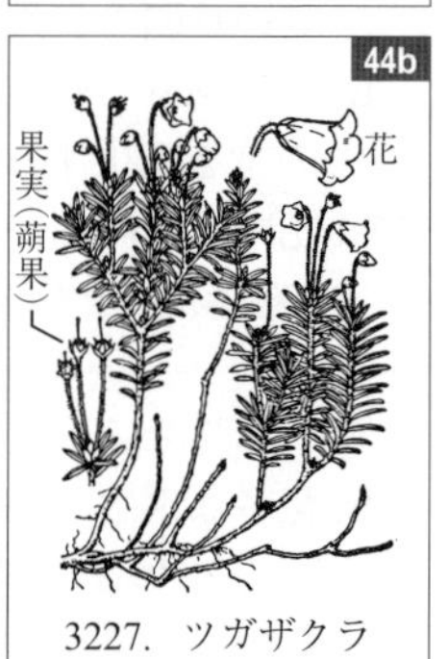

3227. ツガザクラ

検索 G

茎はふつう木質で太く，直立または斜上し，分枝しないかまばらに分枝し，先端から複数の大形の葉を輪生(束生)状につける．時に茎が地下に埋もれて葉が地表から放射状に出る場合もある．また，細い茎の周りに葉鞘が重なって円柱形の太い偽茎をなしている場合も含む．

1a. 若葉はわらび巻きになる．花をつけず，葉裏についた胞子嚢の中の胞子で繁殖する …………… **シダ植物**(p.164)

b. 若葉はわらび巻きにならない．花をつけるか，茎頂に胞子葉を球状または穂状に密生する …………… **2**

2a. 葉は単葉で線形～披針形，細長い …………… **3**

b. 葉は複葉か，単葉の場合でも細長くない …………… **10**

3a. 果実はパイナップル状の複合果(ただし，頂端に芽はできない)．葉の縁には鋭い刺がある …………… **タコノキ属**(345, 346)

b. 果実はパイナップル状にならない．葉の縁は全縁か，繊維状にほぐれ，時に刺があるが，その場合は葉は著しく多肉質 …………… **4**

4a. 植物体に白い乳液が含まれる．花冠は舌状．小笠原諸島に自生する …………… **5**

b. 植物体に白い乳液は含まれない．花冠は舌状ではない …… **6**

5a. 花は茎頂に円錐花序をつくる …………… **オオハマギキョウ**(3923)

b. 花は多数集まって頭花をつくる …………… **アゼトウナ属**(4034～4036)

6a. 葉は対生．花は葉腋から出る葉柄よりも短い花序に頭状に集まってつく．西表島の川沿いに生える …………… **ミズビワソウ**(3569)

b. 葉は互生．花序は上のようではない …………… **7**

7a. 琉球や小笠原の海岸岩上に生える小低木．花は無柄で1～2個ずつ膜質の苞に包まれて小穂を形成し，それが，分枝した穂状花序にまばらにつく …… **イソマツ**(2823)

b. 花序は上のようではない …………… **8**

8a. 葉には密に平行に走る多数の側脈があり，脈間で裂けやすい …… **オウギバショウ**(673)，**バショウ属**(675～679)

b. 葉は上のようではなく，裂けにくい …………… **9**

9a. 葉は円頭～鈍頭．南日本の海岸に自生する …………… **モンパノキ**(3511)，**クサトベラ**(3928)

b. 葉は鋭頭～鋭尖頭．日本に自生はなく，観賞用に栽培される …………… **キダチロカイ**(565)，**ドラセナ**(599)，**リュウケツジュ**(613)，**イトラン属**(635, 636)

10a. 葉は3回羽状複葉で軟質．熱帯で野菜や香辛料として栽培される …………… **ワサビノキ**(2713)

b. 葉は単羽状複葉(海外産の種では2回羽状複葉となる種もある)で，一般にかたい …………… **11**

c. 葉は掌状複葉か，単葉で掌状に分裂し，時に楯着する … **18**

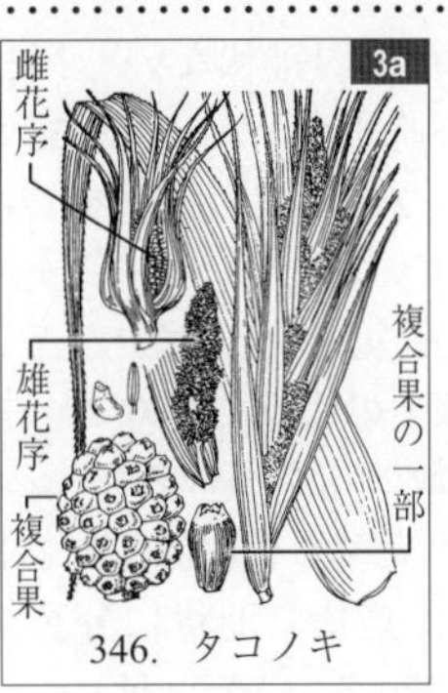

346. タコノキ

3923. オオハマギキョウ

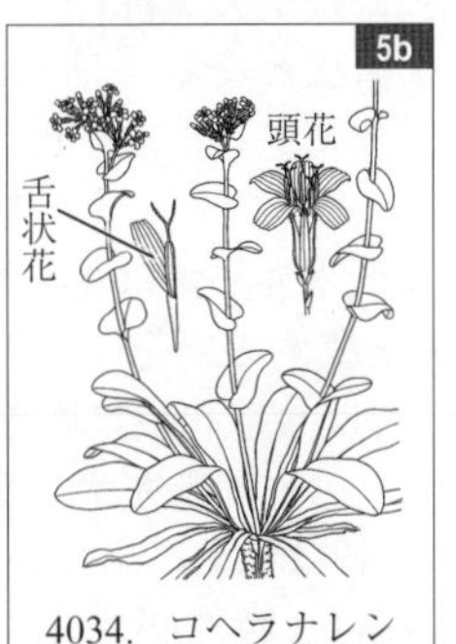

4034. コヘラナレン

3569. ミズビワソウ

2823. イソマツ

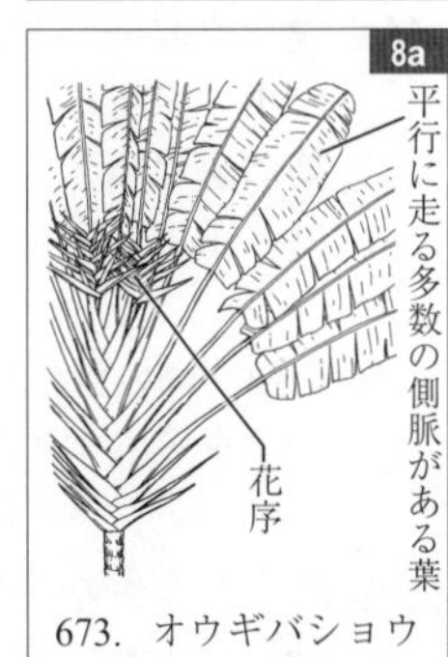

673. オウギバショウ

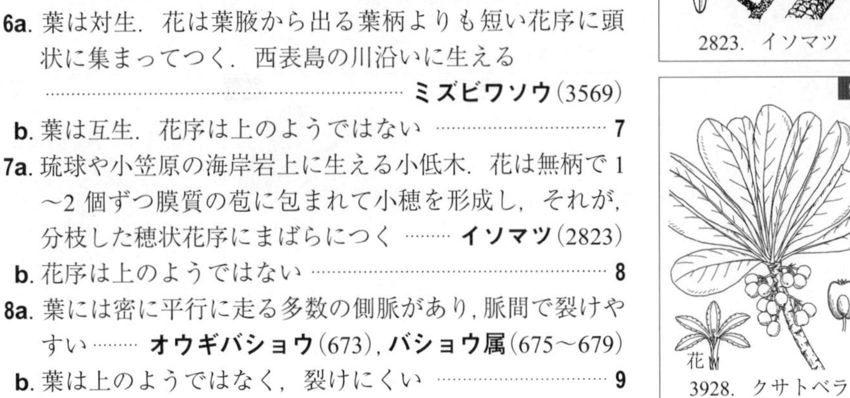

3928. クサトベラ

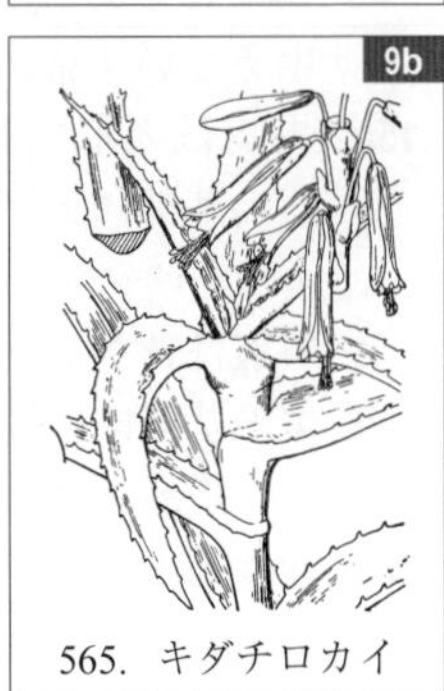

565. キダチロカイ

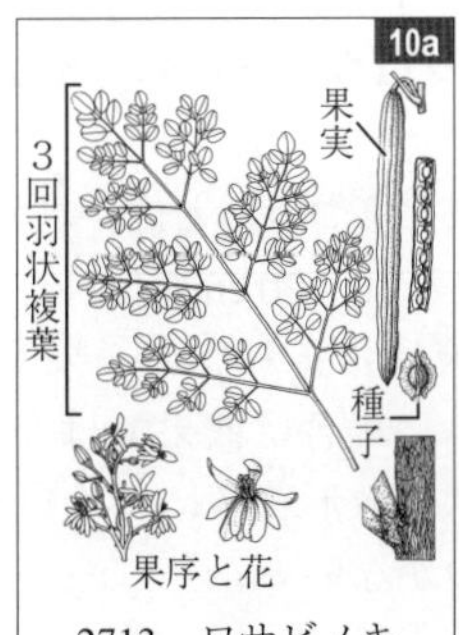
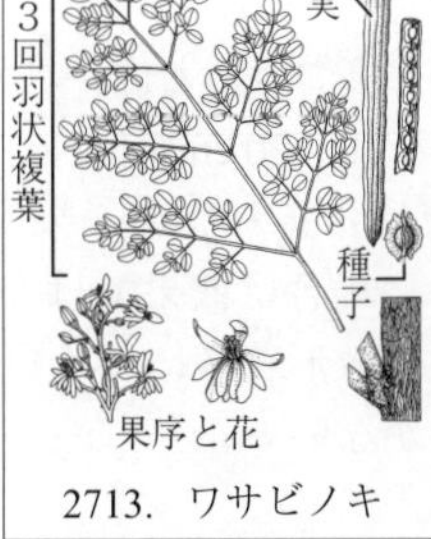

2713. ワサビノキ

1. ソテツ

11a. 雌雄異株．雄球花は円錐状ないし円柱状で，多数の葯をつけた鱗片(小胞子葉)がらせん配列する．雌球花は球形か円柱形で，2〜数個の胚珠をつけた大胞子葉が密集して構成されている ……………………………………………… **12**

b. 雌雄同株，時に異株(ヒイラギナンテンモドキでは花は両全性)．花序は上のようではなく，複総状花序，円錐花序か房状に多数の花をつける(ニッパヤシでは花序が球花状となるが，大型の苞に囲まれる) ……………………… **13**

12a. 大胞子葉の先端は葉状で羽状に分裂する．南日本に自生するが栽培もされる(ソテツ科) ………………… **ソテツ**(1)

b. 大胞子葉の先端は楯状となる．日本には自生はなく，温室で栽培される(ザミア科) ……… **ヒメオニソテツ**(2)，**フロリダソテツ**(3)

13a. 高さ 30cm 以下の小低木で小葉は 3–5 対，羽状脈をもち，最下の小葉は 2–3 全裂する．花は 5 数性で下垂する複総状花序につく．しばしば花後に幹を伸ばして葉を互生する ……………………… **ヒイラギナンテンモドキ**(1343)

b. 低木〜高木でときに幹は地上に出ない．小葉は多数あって平行脈をもつ．花は 3 数性(ヤシ科) …………………… **14**

14a. マングローブ林の後背湿地の泥土上に生え，幹は地上に出ず，高さ 5〜10 m の大形の葉を地上から叢生する．葉の裏は緑色．熱帯アジアに広く分布するが，日本では八重山諸島にごくわずかに自生するのみ ……………………………………………………… **ニッパヤシ**(643)

b. 南西諸島の低地に自生し，幹はふつう短く，高さ 2〜5 m の葉を叢生する．葉の裏は銀灰色 …………………………………… **クロツグ** *Arenga engleri* Becc.

c. 直立した幹があるか，場合によっては幹がほとんどないこともあるが，その場合にはマングローブ林内には生えない．葉の裏は緑色 ……………………………………………… **15**

15a. 果実は大形で長さ 20〜30 cm，硬い果皮で覆われる．葉の基部に葉鞘はない．熱帯地方で広く栽培される ………………………………………………… **ヤシ**(**ココヤシ**)(656)

b. 果実は長さ 7 cm 以下，果皮は柔らかい ……………… **16**

16a. 葉の基部に葉鞘はない…………… **ナツメヤシ属**(644〜646)

b. 葉の基部に葉鞘があり，古い葉は葉鞘ごと脱落する … **17**

17a. 幹は高さ 2 m 未満で下半分が瓶状にふくらむ ……………………………………………… **トックリヤシ**(655)

b. 幹は成木では高さ 4 m 以上，下半分がふくらむことはない……………… **ビンロウジュ**(657)，**ヤエヤマヤシ**(658)，**ノヤシ**(659)

18a. 茎，葉柄，未熟果を傷つけると白い乳液が出る．果実は液果で大きく，長さ 10〜20 cm 前後 …… **パパイヤ**(2714)

b. 植物体に白い乳液は含まれない．果実は小さいか，直径 10 cm より大きい場合は液果ではない ………………… **19**

19a. 花は複合する球状の散形花序につく(ウコギ科)……… **20**

b. 花は散形花序につかない ………………………………… **22**

2. ヒメオニソテツ

1343. ヒイラギナンテンモドキ

643. ニッパヤシ

656. ヤシ

644. ナツメヤシ

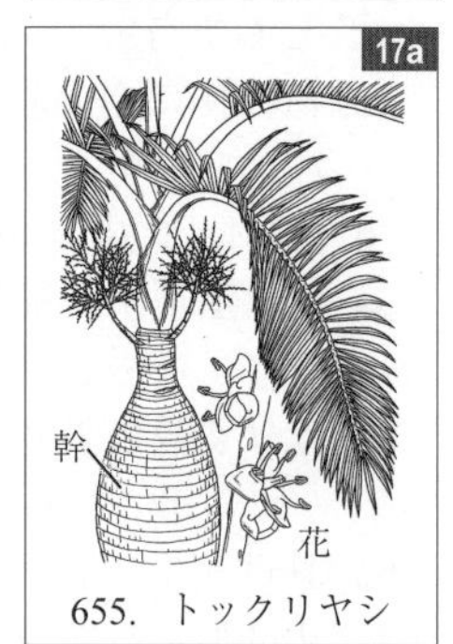

655. トックリヤシ

657. ビンロウジュ

2714. パパイヤ

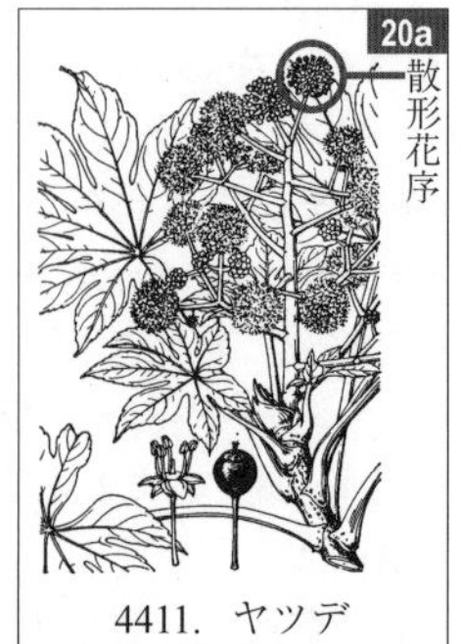

4411. ヤツデ

4410. ハリブキ

20a. 葉は光沢があり，常緑 ……………… **ヤツデ属**(4411，4412)
b. 葉は光沢がなく，落葉性または半落葉 ……………………… **21**
21a. 幹に刺を密生する．北日本の林内に生える低木
……………………………………………………… **ハリブキ**(4410)
b. 幹に刺はなく，若い時には花序と共に褐色の綿毛を密生する．日本には自生はないが，暖地では栽培され，野生化しているところもある
………… **カミヤツデ** *Tetrapanax papyrifer* (Hook.) K. Koch
22a. 葉は完全に分裂した掌状複葉で小葉柄はなく，若い時にはアコーディオン状にたたまれない．観葉植物として鉢植えにされる ……………………………… **パキラ**(2698)
b. 葉は単葉で掌状に分裂し，若い時にはアコーディオン状にたたまれる(ヤシ科) ……………………………………… **23**
23a. 低木～小高木で幹は一般に細く，株立ちとなる
……………………………………………… **シュロチク属**(649，650)
b. 高木で幹は太く，直立する ……………………………… **24**
24a. 幹は上部から下部まで古い葉鞘の分解した褐色の繊維で包まれる ………………………… **シュロ属**(647，648)
b. 幹の少なくとも下部は繊維で包まれない ……………… **25**
25a. 果実は堅果で超大型，直径 50 cm に達し，中に普通 1 個の巨大な種子を含む．種子は 2 個の楕円体をくっつけたような形．セイシェル諸島の特産
……………………………………………………… **フタゴヤシ**(654)
b. 果実は直径 3 cm 以下で，形は上のようではない …… **26**
26a. 花序には分枝する長い柄があり，柄を含めた全体は葉よりも長い．北アメリカ～メキシコ原産で日本では公園に栽培される
…………………………………………… **オキナヤシモドキ**(653)
b. 花序には短い柄があり，全体の長さも葉よりも短い．南日本に野生するが栽培もされる
………………………………………………… **ビロウ属**(651，652)

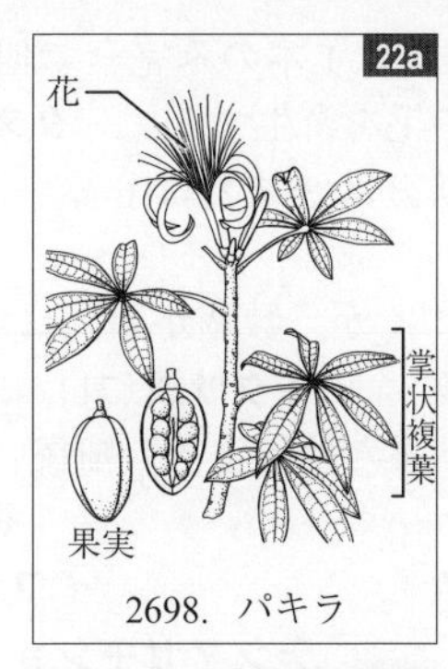

2698. パキラ

649. シュロチク

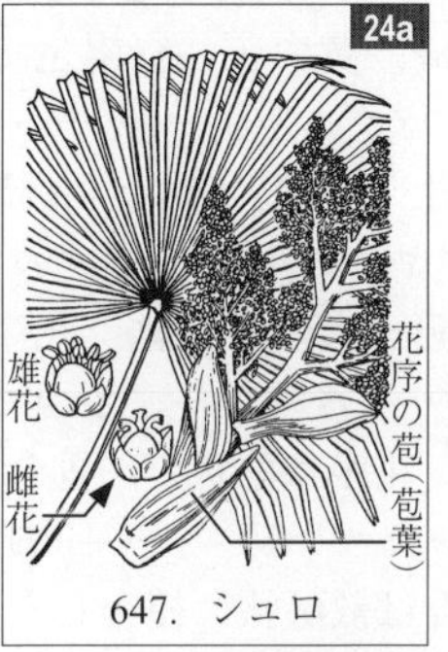

647. シュロ

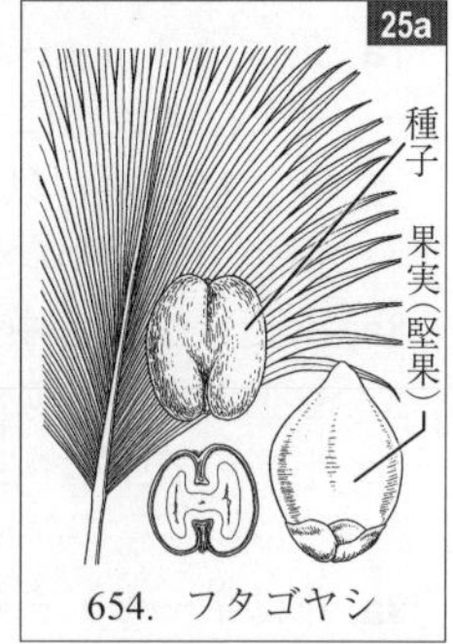

654. フタゴヤシ

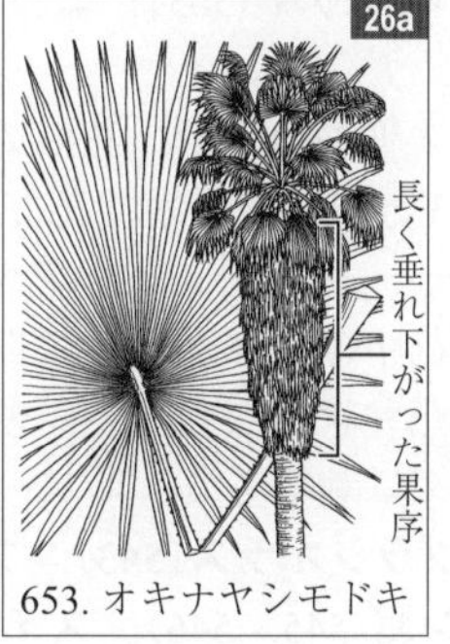

653. オキナヤシモドキ

651. ビロウ

検索 H

葉(身)は幅よりも明らかに長く，基部から先端に至る複数の平行脈がある．葉は棒状または左右から扁平で表裏の別がなく，2 列に並ぶ．

1a. 葉は棒状．花序は腋生で短い ………………… **ボウラン**(529)
b. 葉は左右から扁平．花序は頂生または偽頂生，まれに側生で，偽頂生や側生の場合花序は葉よりも長い …… **2**
2a. 子房は上位 ……………………………………………………… **3**
b. 子房は下位 ……………………………………………………… **7**
3a. 果実は痩果．花は微小で球形～卵球形の小穂を形成する …………………………… **ネビキグサ**(746)，**ヒデリコ**(1006)
b. 果実は蒴果 ……………………………………………………… **4**

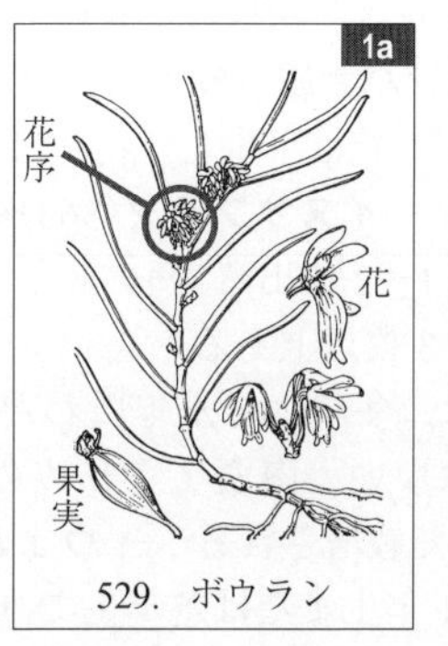

529. ボウラン

1006. ヒデリコ

4a. 花は左右対称. 雄蕊は1本のみ完全で他は退化する. 子房や果実は褐色の毛を密生する …… **タヌキアヤメ**(669)
b. 花は放射相称. 雄蕊は3または6本. 子房や果実は無毛 …… **5**
5a. 花は集散花序につくか, 数個が頭状に集まり, それが集散状に配列する …… **イグサ属**(711, 714, 717, 724)
b. 花序は総状, 穂状または円錐状, 細長い …… **6**
6a. 花は黄色 …… **キンコウカ**(322)
b. 花は白色～緑白色 …… **イワショウブ**(257), **チシマゼキショウ属**(258～261)
7a. 花は径2 mm未満, 黄白色～緑褐色で目立たず, 穂状または肉穂状につく …… **8**
b. 花は径5 mm以上, 赤色, 紫色, 橙赤色, 黄色または白色で目立つ(アヤメ科) …… **9**
8a. 水辺に生える中形～大形の植物. 花序は肉穂花序で立ち上がる …… **ショウブ属**(199, 200)
b. 小形の着生植物. 花序は穂状で, 垂れ下がる …… **ヨウラクラン**(497)
9a. 花は単一の, または散房状に複合した散形花序につく …… **ヒオウギ**(563), **ニワゼキショウ**(564)
b. 花序や花は上のようではない …… **10**
10a. 花は少数, 時に1個つき大形, 花序の頂端から順に開花する. 花柱は3分枝し, 扁平で花弁状 …… **アヤメ属**(549～562)
b. 花は多数つき, 花序の基部から順に開花する. 花柱もしくはその枝は花弁状にならない. 多くは南アフリカの原産で, 日本では栽培され, 時に一部の種が野生化する …… **グラジオラス**(543), **フリージア**(544), **ヒオウギズイセン属**(545, 546), **スイセンアヤメ**(548)

669. タヌキアヤメ

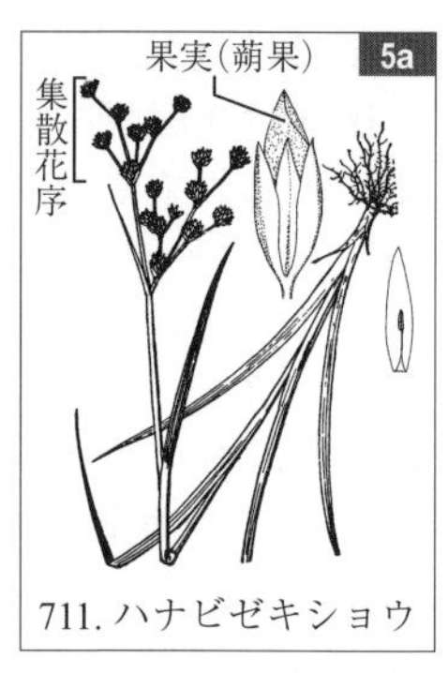

711. ハナビゼキショウ

322. キンコウカ

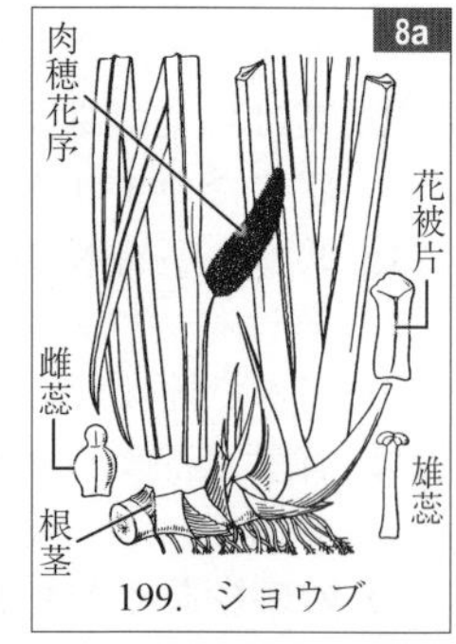

199. ショウブ

563. ヒオウギ

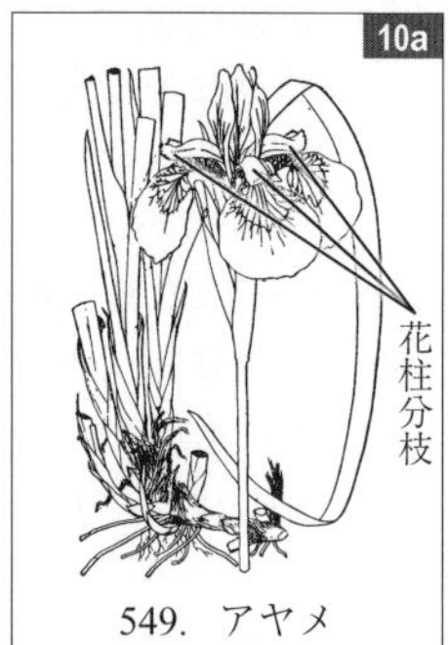

549. アヤメ

検索 I

葉(身)は幅よりも明らかに長く, 基部から先端に至る複数の平行脈がある. 葉は上下に扁平で表裏の別がある. 葉は全てまたはほとんど根生し, 小形の茎葉がある場合もあるがその場合茎葉には葉鞘はない.

※葉が羽状複葉で大形の場合は**検索**Gを参照.

1a. 花の時期に葉はない. 鱗茎をもつ多年草 …… **2**
b. 花の時期にも葉がある …… **3**
2a. 葉は線形で多数. 花は茎頂に散形花序につき, 花柱は分かれない …… **ヒガンバナ属**(588～592)(検索A－8aも参照)
b. 葉は広線形で少数. 花は単生し, 花柱は3つに分かれる …… **イヌサフラン**(363)➡検索A-7bにあり
3a. 葉は花の時期に1～2枚出る …… **4**
b. 葉は花の時期に3枚以上ある …… **11**
4a. 裸子植物. 葉は, 多年生で永年にわたって無限に成長する. 地上茎はない. 南西アフリカの砂漠の原産で, 日本では植物園で栽培される …… **ウェルウィッチア**(5)
b. 被子植物. 葉は1年生または越年生で, 成長は有限 …… **5**

589. シロバナマンジュシャゲ

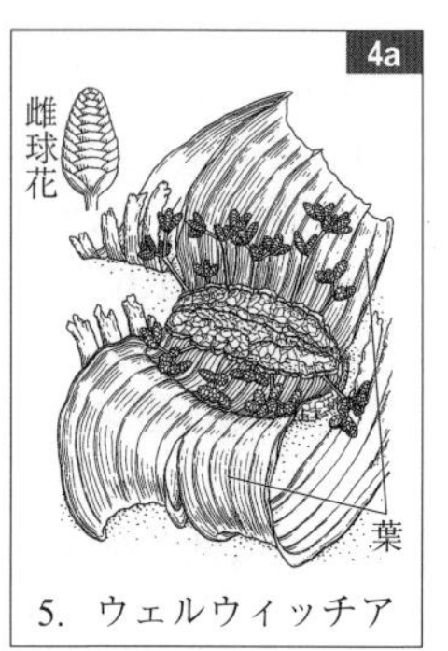

5. ウェルウィッチア

5a. 鱗茎がある．花は放射相称，子房は上位 ………………… **6**
b. 卵球形または長球形の偽鱗茎が単独または数珠状につながっているか，横走するやや多肉質の根茎がある …… **8**
6a. 花序は総状 ……………………………………………… **ツルボ**(640)
b. 花序は散形状または複散形状か，まれに単生 ………… **7**
7a. 花序の基部の総苞は膜質で，緑色ではない
………………………………………… **ネギ属**(574，575，582)
b. 花序の基部の総苞は葉状 ……**キバナノアマナ属**(385, 386)
8a. 花は放射相称．子房は中位……………… **ヒメソクシンラン**
Aletris scopulorum Dunn（キンコウカ科ソクシンラン属．香川県の一部に産したが絶滅した）
b. 花は左右対称．子房は下位（ラン科） ………………… **9**
9a. 花は単生 ………… **ホテイラン**(517)，**イチヨウラン**(522)
b. 花は数個～多数が総状花序につく ……………………… **10**
10a. 葉は有柄で葉身と葉柄の境は明らか．花はやや少数
……………………………………………… **コイチヨウラン**(523)
b. 葉は無柄か，有柄の場合でも葉柄と葉身との境界は不明瞭．花は多数 ……………………………… **ヤチラン**(498)，
クモキリソウ属(502～504，506)（検索 J－3－11b も参照），
サイハイラン属(519，520)，**コケイラン**(521)
11a. 葉は長さ 1～2 m に達し，極めて厚く硬質，やや直立し，鋭尖頭，縁に刺針状の鋸歯があるか全縁．葉叢の中心から大形の円錐花序を出す（花は滅多に咲かない）
……… **ニューサイラン**(571；葉は 2 列に出る．子房上位)，
リュウゼツラン属(638，639；葉は放射状に出る．子房下位)
b. 葉は長さ 30～50 cm，硬質で斜上し，鋭尖頭，縁に鋭い鋸歯があるか全縁．葉叢の中心から花茎を立ち上げ，長球形の肉穂状の花序を頂生し，その先端に芽（冠芽）をつける．暖地に栽培される ………… **パイナップル**(700)
c. 葉は長さ 1 m 未満で全縁. 花序は上のようではない …… **12**
12a. 花は横走する地下茎から出てごく短い柄があり，半ば地下に埋もれて咲く．葉は長柄があって長楕円形，光沢がある …………………………………………… **ハラン**(623)
b. 花は地上に露出して咲く（キンバイザサやムラサキオモトでは地表すれすれに咲くこともあるが，その場合葉腋から出る） ……………………………………………… **13**
13a. 着生植物で茎はごく短く，葉は 2 列に密に並んで根生状．花序は下部の葉腋から出て長柄がある ……………… **14**
b. 地面に生える ……………………………………………… **18**
14a. 花序は円穂状．花は放射相称．果実は球形
……………………………………………………… **ケイビラン**(612)
b. 花序は総状．花は左右対称．果実は球形ではない（ラン科） ……………………………………………………… **15**
15a. 葉は線形で細長く，長さ 30～50 cm
………………………………………………… **ヘツカラン**(538 注)
b. 葉は長さ 15 cm 以下，栽培植物ではより大きくなることがあるが，その場合葉は長楕円形で幅広い ………… **16**

640．ツルボ

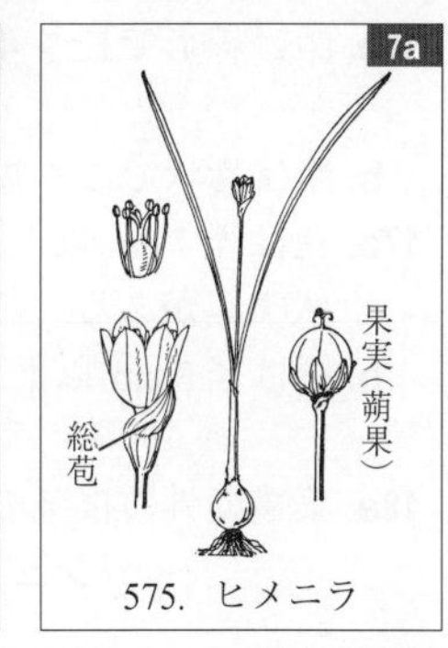

575．ヒメニラ

386．キバナノアマナ

517．ホテイラン

523．コイチヨウラン

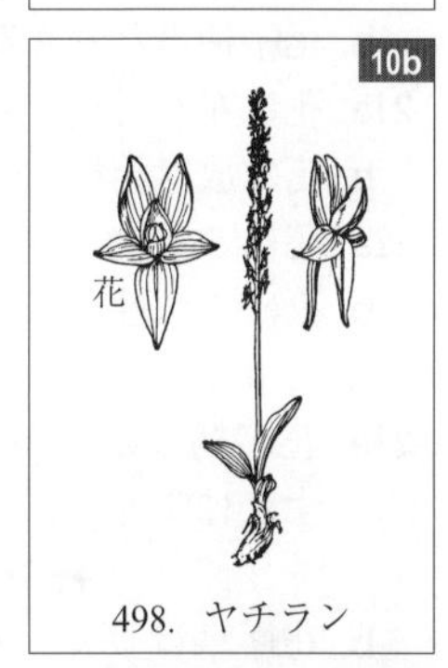

498．ヤチラン

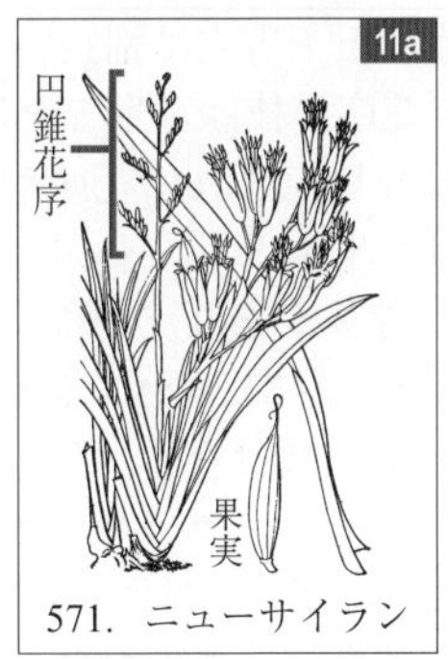

571．ニューサイラン

700．パイナップル

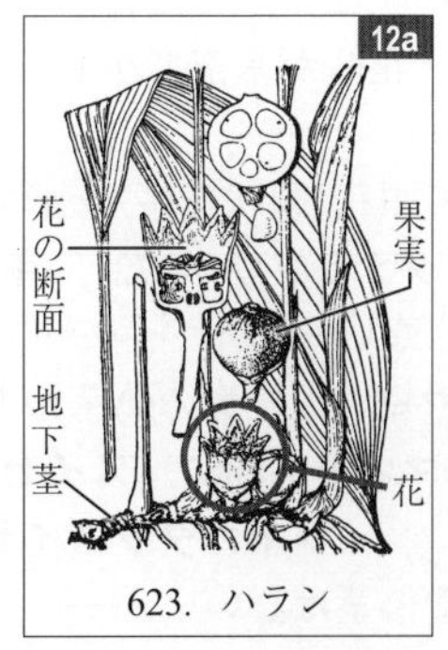

623．ハラン

612．ケイビラン

16a. 距は線形で長さ 4 cm ほどあり，細長い …… **フウラン**(533)

b. 距は嚢状でごく短い …… **17**

17a. 花は径 7 cm 以上，唇弁の中裂片には先端に 2 本のひげ状突起がある．栽培 …… **コチョウラン**(527)

b. 花は径 3 cm 以下，唇弁にひげ状突起はない …… **カシノキラン**(530)，**ナゴラン**(532)

18a. 葉叢の外の根茎の基部から 1〜数本の花茎を出す …… **シュンラン属**(536〜540)，**ハナスゲ**(624)，**トウヤクリンドウ**(3377)

b. 葉叢の中心近くの多くの葉腋から多数の花茎を出す．花は地味で目立たない …… **19**

c. 葉叢の中心または中心近く，時に外側近くから 1 本の花茎を出す．まれに数本の花茎を出すこともあるが，その場合花は大きくて目立つ …… **20**

19a. 花序は穂状．中性地または乾燥地に生える …… **オオバコ属**(3595〜3599)

b. 花序は頭状，湿地に生える …… **ホシクサ属**(701〜710)

20a. 花茎花序柄当たり 1〜2 花をつける …… **21**

b. 花序柄当たり 3 花以上をつける …… **23**

21a. 花は左右対称．栽培 …… **トキワラン**(416)

b. 花は放射相称 …… **22**

22a. 花は 5 数性 …… **ヒナリンドウ**(3390)

b. 花は 3 数性 …… **コキンバイザサ**(541)，**ハナニラ**(573)，**サフランモドキ**(596)

23a. 花序柄はごく短く，花序も平たいため，花は地表すれすれに咲く …… **キンバイザサ**(542)，**ムラサキオモト**(668)

b. 花序柄は長く，花序は地上に完全に出る．花序柄が短い場合でも，花序は上下方向に細長い …… **24**

24a. 花序は円錐状で，花序の枝は対生または輪生する …… **25**

b. 花序は円錐状ではない．まれに花序が複総状となる場合でも花序の枝は互生する …… **26**

25a. 花弁は普通 5 枚，腺体があり，中部より上に斑紋がある．湿地に生えない …… **センブリ属**(3395，3396)

b. 花弁は 3 枚，白色で腺体はなく，斑紋はない．低地の湿地に生える …… **ヘラオモダカ属**(262，263)

26a. 花は散房花序か散形花序または頭状の花序につく …… **27**

b. 花は総状花序か穂状花序，またはごく細い総状の円錐花序につく．時に花序が基部で少数の枝を分けることもある …… **31**

27a. 花は多数集まって頭花(頭状花序)を形成する …… **フタナミソウ**(4072)，**キリンギク**(4317)

b. 花は頭花を形成しない …… **28**

28a. 子房下位．鱗茎や短い円柱形の偽茎がある …… **ハマオモト**(587)，**スイセン属**(593, 594)，**ジャガタラズイセン属**(597, 598)

b. 子房上位．鱗茎や偽茎はない …… **29**

533. フウラン

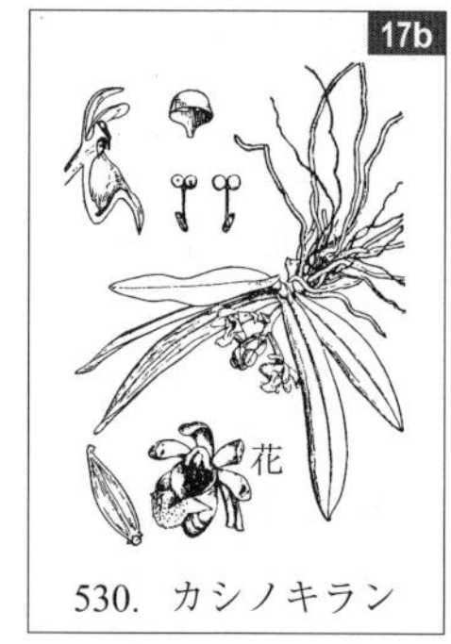

530. カシノキラン

536. シュンラン

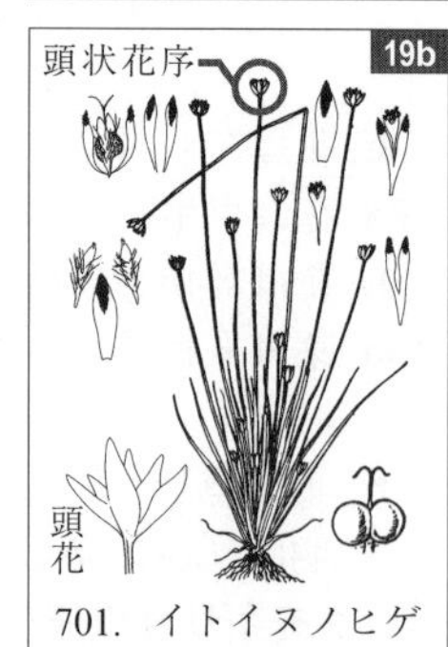

701. イトイヌノヒゲ

3390. ヒナリンドウ

541. コキンバイザサ

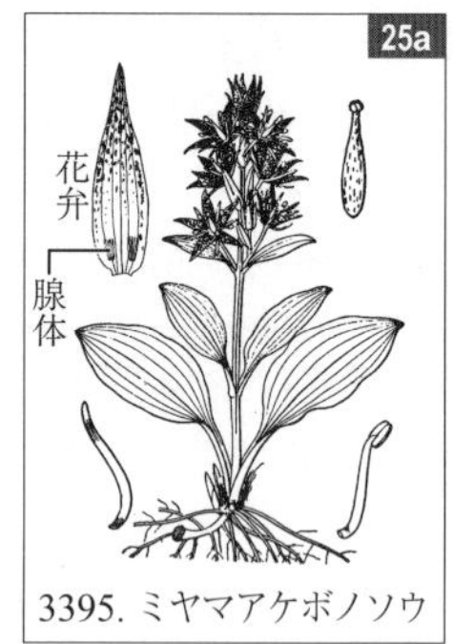

3395. ミヤマアケボノソウ

262. ヘラオモダカ

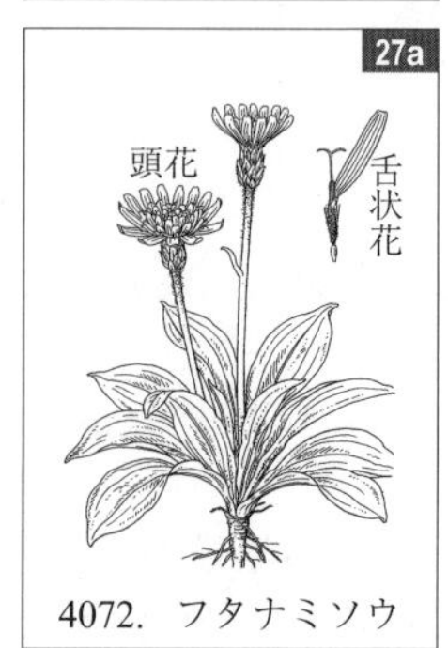

4072. フタナミソウ

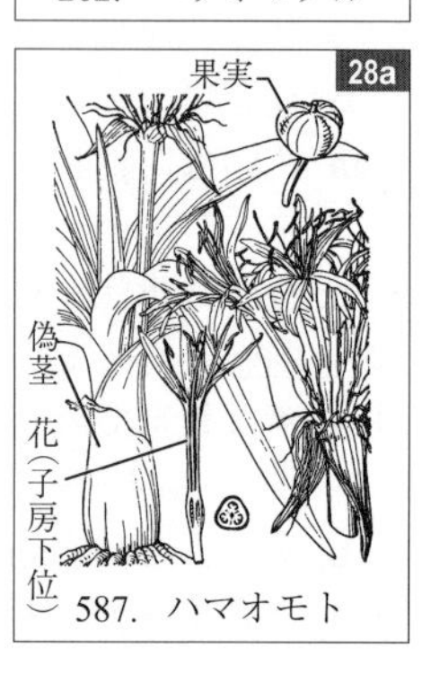

587. ハマオモト

29a. 花被片は長さ 5 cm 以上で花後脱落する．果実は蒴果
……………………………………………… **ワスレグサ属**(566〜570)

b. 花被片は長さ 1.5 cm 以下 ……………………………………… **30**

30a. 花被片は花後も宿存する．果実は蒴果
……………………………………………… **ショウジョウバカマ**(352)

b. 花被片は花後脱落する．果実は液果
……………………………………………… **ツバメオモト**(384)

31a. 地下に鱗茎がある……………………… **ヒヤシンス**(641)

b. 地下に数珠状につながった偽鱗茎がある
…………………… **エビネ属**(490〜495)，**ヤチラン**(498)，
クモキリソウ属(502〜504，506)(検索 J－3－11b も参照)

c. 地下に数珠状や球状の根茎はない(根の一部が紡錘形にふくれることはある) ……………………………………… **32**

32a. 葉は常緑で越年し，一般にかたい ……………………… **33**

b. 葉は夏緑性か，暖地では越年することがあるが，その場合でもやわらかい ……………………………………… **36**

33a. 葉は幅広く革質 ……… **オモト**(622)，**チトセラン**(637)

b. 葉は線形で両辺が平行か，幅広い場合でも革質ではない ……………………………………………………… **34**

34a. 花茎は匍匐するか垂れ下がり先端に新苗をつくる
……………………………………………… **オリヅルラン**(625)

b. 花茎は直立し，先は花序で終わる ……………………… **35**

35a. 葉は鈍頭．花は淡紫色か白色．種子は結実期には裸出し，大きく，青色〜黒色，光沢があり目立つ
…………………… **ヤブラン属**(616，617)，**ジャノヒゲ**(618)

b. 葉は鋭頭．花は淡紅色．果実は液果で，種子は裸出しない……………………………… **キチジョウソウ**(621)

36a. 地下に横走する長い根茎があり，葉叢同士がそれらを介して連結する ……………………………… **オゼソウ**(317)

b. 地下に短く太い根茎があるか，根茎はない…………… **37**

37a. 花はねじれる穂状花序につく．花被は明らかに左右対称 ……………………………………………… **ネジバナ**(427)

b. 花はねじれる穂状花序につかない．花被はほぼ放射相称 ……………………………………………………… **38**

38a. 花は側扁性の総状花序をつくって下向きに咲き，花柱や雄蕊は上方に反曲する．葉身と葉柄の境界は明らかなことが多い…………………… **ギボウシ属**(626〜634)

b. 花は側扁性でない総状花序または穂状花序をつくって横向きまたは上向きに咲き，花柱や雄蕊は反曲しない．葉身と葉柄の境界は不明瞭 ……………………………… **39**

39a. 花被片は白色まれに帯紫色で糸状
……………………………………………… **シライトソウ**(353)

b. 花被片は淡黄赤色で糸状ではない ……………………… **40**

40a. 花被片は反曲せず，子房は下位
……………………………………… **ソクシンラン属**(320，321)

b. 花被片は開出または反曲し，子房は上位
……………………………………………… **ノギラン**(319)

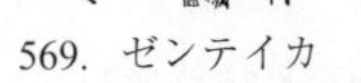
569. ゼンテイカ

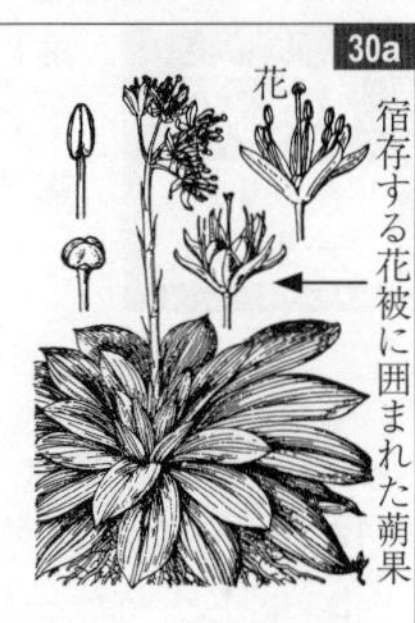

352. ショウジョウバカマ

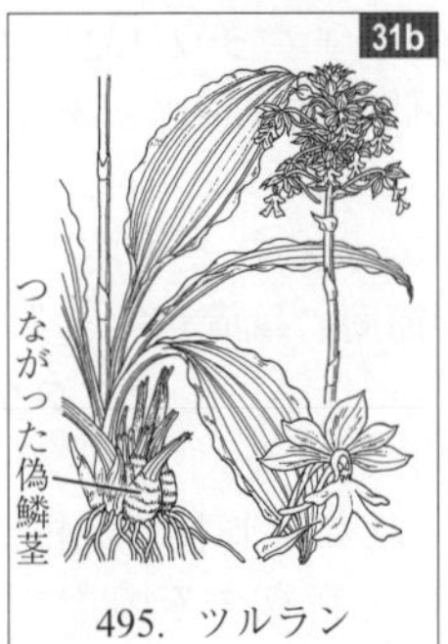

495. ツルラン

622. オモト

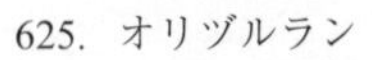
625. オリヅルラン

618. ジャノヒゲ

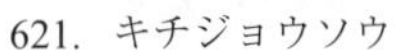
621. キチジョウソウ

317. オゼソウ

353. シライトソウ

320. ネバリノギラン

検索 J

葉(身)は幅よりも明らかに長く，基部から先端に至る複数の平行脈がある．葉は上下に扁平で表裏の別がある．葉腋に花序をつけない茎葉が少なくとも 2 枚はある．茎葉は互生し，少なくとも下部のものには円柱形の葉鞘がある．

※細長い鱗茎や円柱形の短い偽茎の先端に 3 枚以上の葉を叢生しており，花茎に葉がない植物→**検索** I を参照．

※※短い葉鞘をもつが茎葉が対生する植物(例：カタクリ)→**検索** J を参照．

1a. 木本(イネ科タケ類) ……… **2**

b. 草本 ……… **10**

2a. 平行に走る葉脈の間を結ぶ横脈はない．地下茎は短く，稈は密に株立ちとなる ……… **マチク**(1022)，**ホウライチク**(1039)

b. 平行に走る葉脈の間を結ぶ横脈がある．地下茎は長く，稈はまばらに出ることが多い ……… **3**

3a. 稈の節からは 1 本の太い枝と 1 本の細い枝が対になって出て，枝の上の節間には溝ができる ……… **マダケ属**(1017～1021)

b. 稈の節は上のようにならない ……… **4**

4a. 筍は秋に出る．稈の節には刺状の気根が出る．稈鞘(竹の皮)は薄く，早落性か，宿存する場合でも年内に腐朽し，先の葉片は極めて小さい ……… **カンチク属**(1024，1025)

b. 筍は春に出る．稈の節には気根は出ない．稈鞘は厚く，先の葉片は大きい ……… **5**

5a. 稈鞘は早落性 ……… **トウチク** *Sinobambusa tootsik* (Makino) Makino ex Nakai

b. 稈鞘は早落性だが，基部でしばらくくっついてぶら下がっている ……… **ナリヒラダケ**(1038)

c. 稈鞘は宿存性 ……… **6**

6a. 枝は各節から普通 3 本以上出る．雄蕊は 3 本 ……… **メダケ属**(1026～1031)

b. 枝は各節から 1 本，下部の節では時に 2～3 本出る ……… **7**

7a. 稈は基部斜上する(伊豆諸島固有のミクラザサ *Sasa jotanii* (Ke. Inoue et Tanimoto) S.Kobay. ではほとんど基部から直立することもある)．稈鞘は節間よりも明らかに短い．雄蕊は 6 本 ……… **ササ属**(1034～1036)

b. 稈は基部から直立する．雄蕊は 3～6 本 ……… **8**

8a. 稈鞘は節間よりも明らかに短い．枝先には 5～8 枚の葉をつける ……… **アズマザサ**(1032)

b. 稈鞘は節間と同長かそれより長い．枝先には 1～6 枚の葉をつける ……… **9**

9a. 稈は高さ 4～5 m，直径 8～10 mm に達し，稈 1 本当たり 4～6 本の枝を出す．雄蕊は 3 本，時に 4 本 ……… **ヤダケ**(1037)

b. 稈は高さ 3 m 未満，直径 7 mm 未満，稈 1 本当たり 1～4 本の枝を出す．雄蕊は 6 本 ……… **スズタケ**(1033)

10a. 葉の縁に長いやや縮れた白毛がやや不規則に出る．花被片は 6 枚，小さいが内外 2 輪に規則的に配列する ……… **スズメノヤリ属**(729～736)

b. 葉の縁に長い縮れた白毛は出ない(剛毛が規則的に出ることはある) ……… **11**

1022．マチク

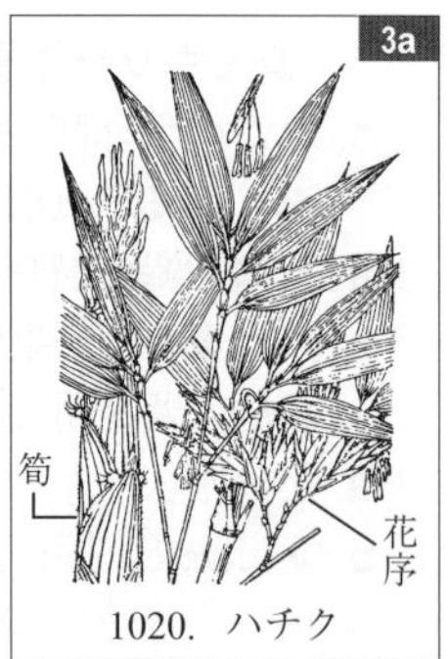

1020．ハチク

1038．ナリヒラダケ

1029．ネザサ

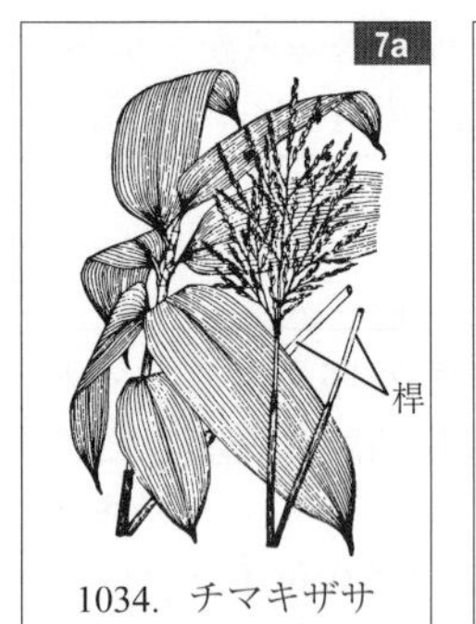

1034．チマキザサ

1032．アズマザサ

1037．ヤダケ

729．スズメノヤリ

11a. 花は単性で雌雄同株まれに異株，まれに雌性両性異株．雄花と雌花は別々の花序につくか，1 花序内で別々の場所に集まる……………………………………………… **12**

b. 花は両全性(単性花が混じることもある) ………………… **27**

12a. 花序は円柱状の穂状花序で分枝せず，雄花が花序の末端に，雌花がその下に連続して，あるいは短い柄を隔ててつく．時に雌雄異株となり，雌雄共に花は円柱形の単純な穂状花序につく ………………………………………… **13**

b. 花序は単純な穂状花序ではなく，複数の穂状または頭状の小花序が複合した花序をつくる ……………………… **15**

13a. 茎や葉は多肉質または多孔質．雌花は袋状の器官に包まれず，基部に多数の長毛があり，果実期には毛は伸長して果実を風に乗せて散布する …… **ガマ属**(697〜699)

b. 茎や葉は多肉質や多孔質ではない．雌花は袋状の果胞に包まれ，柱頭だけが果胞の先に出る．雌花の基部に毛はない…… **14**

14a. 雌花は果実期には開出または反曲する
…………………………………………………… **スゲ属**(775〜781，816)

b. 雌花は果実期にも直立するか斜上する
……………………… **スゲ属**(774，805，815，817，860，861)

15a. 雄花は茎頂の円錐花序につき，雌花は葉腋に苞に包まれた肉穂状の花序をつくり，長い花柱が苞の先端から下垂する………………………………… **トウモロコシ**(1155)

b. 花序は茎頂および葉腋に束生し，有柄，基部に壺形の苞に包まれた雌花があり，その上部に雄花群(雄小穂)がつく．壺形の苞は花後硬質化する …… **ジュズダマ属**(1149, 1150)

c. 花序は上のようではない ……………………………………… **16**

16a. 少なくとも雌花序は頭状で球形または半球形 ………… **17**

b. 花序は頭状ではない．花は鱗片で包まれ，小穂を形成する…………………………………………………………………… **21**

17a. 海岸の砂浜に生える匍匐性の多年草で雌雄異株．雄個体では穂状に雄小穂をつける枝が茎頂の 1〜2 節に多数束生し，雌個体では多数の雌小穂が頭状に集まって茎頂に半球形の花序をつくる．雌花序は果実期には球形となり，茎頂から分離して転がりながら種子を散布する ………… **ツキイゲ**(1215)

b. 雌雄同株．茎は直立する ……………………………………… **18**

18a. 花序は球形または半球形，茎や枝の上部に複数並び，無柄または有柄，長い葉状の苞があるが，時に花序柄が茎と合生するために花序と苞が離れていることもある………… **19**

b. 花序は半球形で茎頂に単生し，基部に数枚の葉状苞があり，多数の紡錘形の小穂で構成され，各小穂には鱗片に包まれた雄花と雌花とがある．多肉質ではない ……… **20**

19a. 花序は球形，雄花序と雌花序は完全に分離する．花は鱗片で包まれない．多年草で茎や葉は多肉質，水中に生えたものは質が柔らかい ………… **ミクリ属**(692〜696)

b. 雄花と雌花は 1 つの花序につき，雄花が中央に，雌花がその周囲につく．花は鱗片で包まれるが，雌花は果実期には鱗片と合着する．一年草で茎や葉は多肉質ではない ……………………………………… **カガシラ**(739)

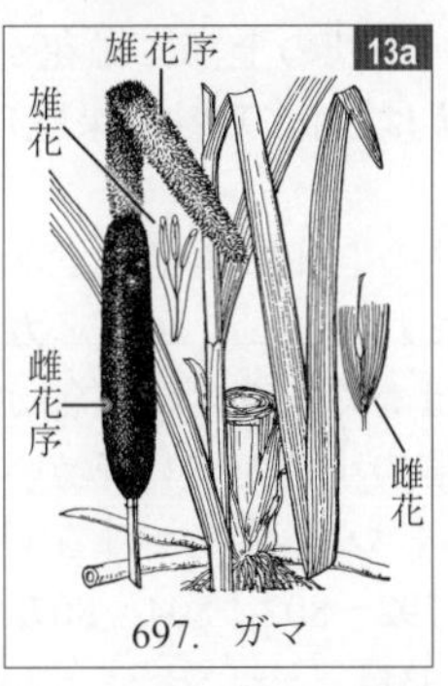

697. ガマ

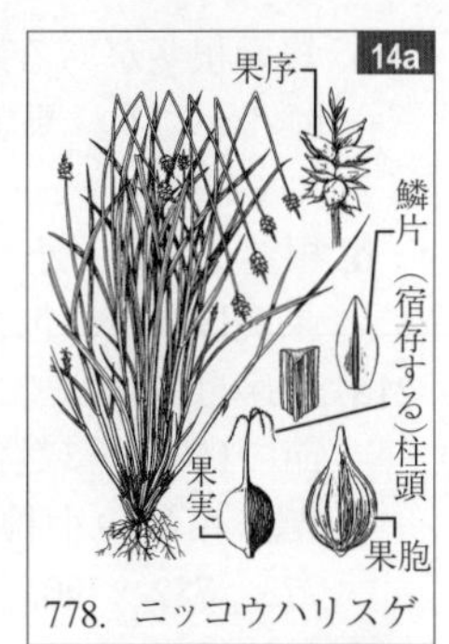

778. ニッコウハリスゲ

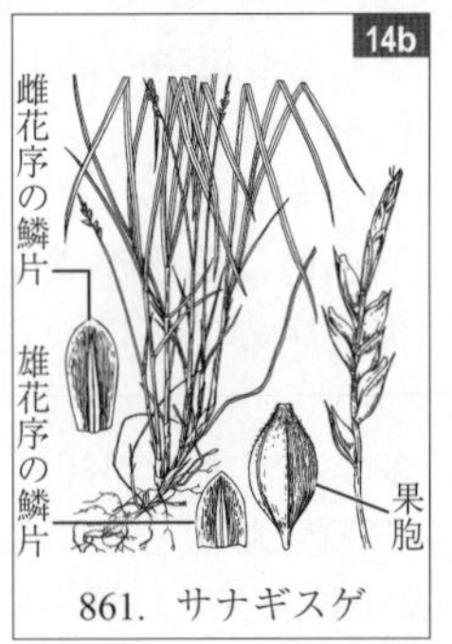

861. サナギスゲ

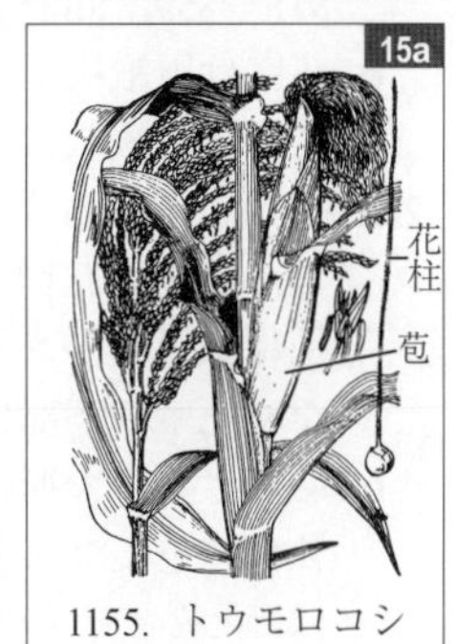

1155. トウモロコシ

1149. ジュズダマ

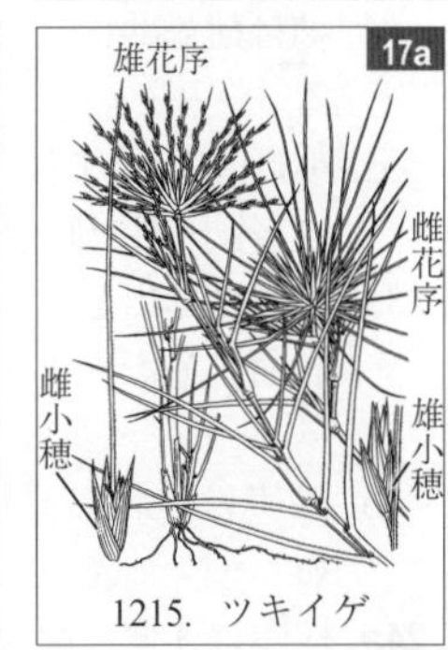

1215. ツキイゲ

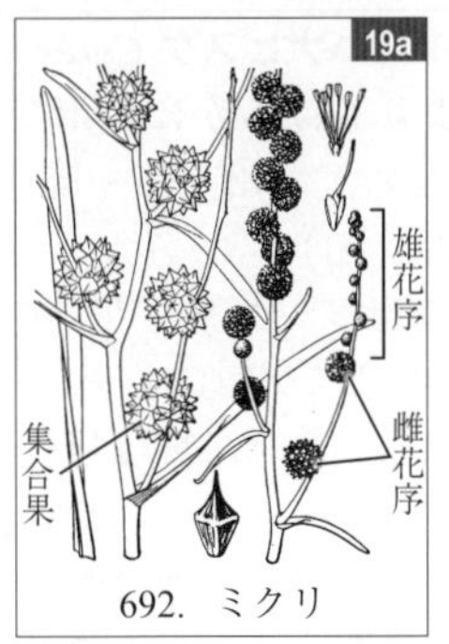

692. ミクリ

739. カガシラ

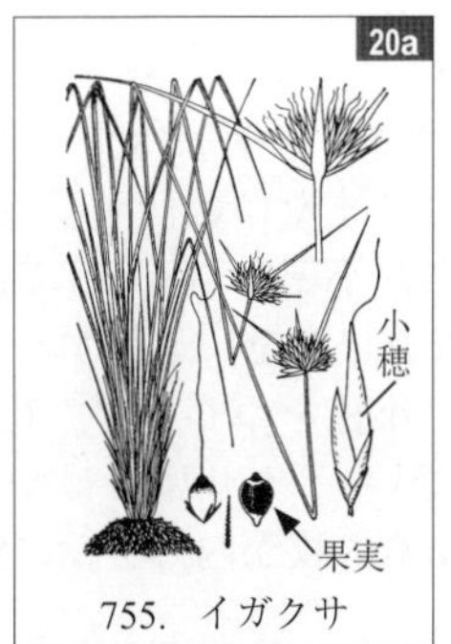

755. イガクサ

791. カヤツリスゲ

20a. 短い根茎がある．小穂の上部に雄花が，下部に 1 個の雌花がつく．果実は袋状の鱗片(果胞)に包まれない ………… **イガクサ**(755)

b. 根茎はない．小穂の上部に雌花が，下部に雄花がつく．果実は果胞に包まれる ………… **カヤツリスゲ**(791)

21a. 花序は円錐状ではなく，花序の各節から 1 個，最下の節ではまれに数個の小穂をつけるが，後者の場合枝の先に複数の小穂をつけることはない(**スゲ属**；771〜773，782〜790，792〜802，804，807，808，810〜813，818〜859，862〜931) ………… **検索 J − 1**(p.63)

b. 花序は円錐状．少なくとも花序の最下の節は枝を出し，その先に複数の小穂をつける ………… **22**

22a. 湿地に生える大形の多年草で多肉質の地下匍匐枝がある．雌雄異花同株．小穂は雌雄が完全に分離し，雌小穂は長い芒があって花序の上部につき，雄小穂は芒がなく花序の下部につく ………… **マコモ**(1016)

b. 栽培される大形の多年草で地下匍匐枝はない．花序は全体銀白色または帯淡紅色．雌株と両性株があり，両性株ではほとんど無毛の雄小穂と有毛の雌小穂とを混生し，各小穂は雌雄共に 2〜3 小花を含み，護穎は先端が長い芒となる ………… **パンパスグラス**(1244)

c. 小形〜中形，まれにやや大形の多年草で茎は多肉質ではない．各小穂に雄花部と雌花部とがあり，長い芒はない … **23**

23a. 果実は露出し，白色〜灰色または褐色で球形〜長球形，表面に光沢があることが多く，様々な模様がある ………… **シンジュガヤ属**(740〜744)

b. 果実は袋状の果胞に包まれ，表面に模様はない(スゲ属) ………… **24**

24a. 柱頭は 3 個，果実は三稜形．花序の枝は開出する ……**アブラシバ**(806)，**ハナビスゲ** *Carex cruciata* Wahlenb.(アブラシバよりもはるかに大形で概観はシンジュガヤ類を思わせる．九州南部〜琉球，飛んで長崎県西彼杵半島に生える)

b. 柱頭は 2 個，果実はレンズ形．花序の枝は直立またはやや斜上する(ナキリスゲ類) ………… **25**

25a. 基部の鞘に葉身はない．頂小穂は雄性 ………… **オオナキリスゲ**(807)

b. 基部の鞘に葉身がある．頂小穂は雌雄性 ………… **26**

26a. 花柱は果実期にも宿存する ………… **フサナキリスゲ**(813)

b. 花柱は花後脱落する …… **コゴメスゲ**，**ナキリスゲ**等(808〜810, 812, 814, 853)

27a. 花は微小で，単独でまたは数個〜多数集まって鱗片または苞穎に包まれた小穂をつくり，花被片は微小な鱗片状か刺針状，まれに完全に退化する ………… **28**

b. 花は小形〜大形，小穂をつくらず，花被片は鱗片状や刺針状とはならない(イグサ属ではやや鱗片状に見えるが，その場合でも 6 枚が内外 2 輪に配列する) …… **41**

772. ケタガネソウ

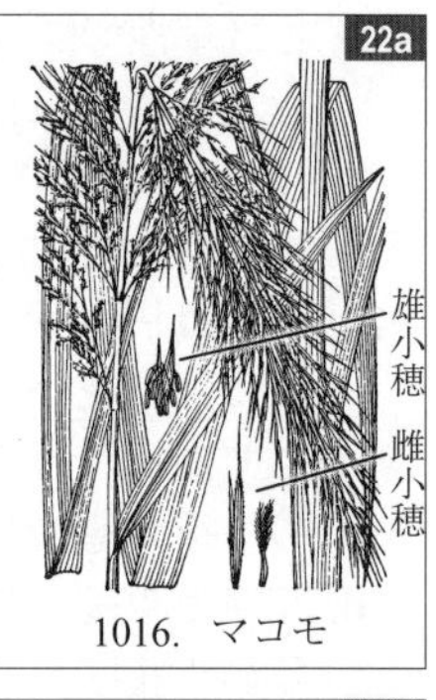

1016. マコモ

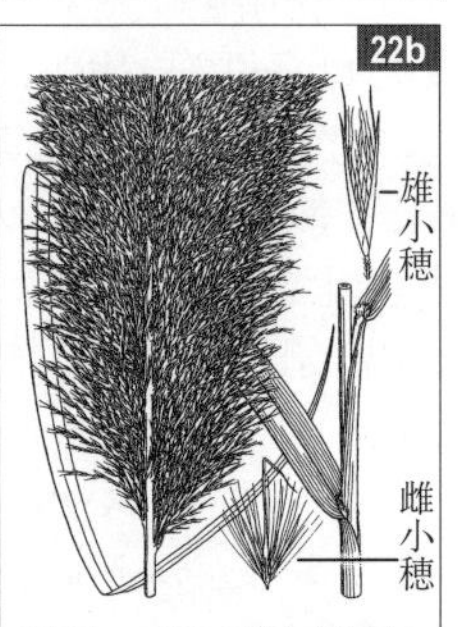

1244. パンパスグラス

742. ケシンジュガヤ

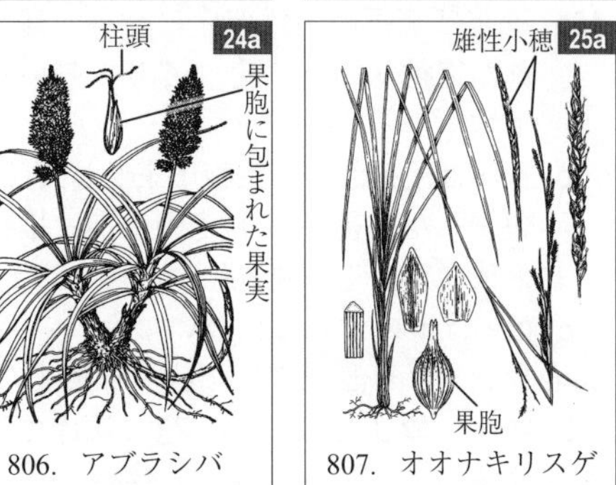

806. アブラシバ

807. オオナキリスゲ

813. フサナキリスゲ

810. コゴメスゲ

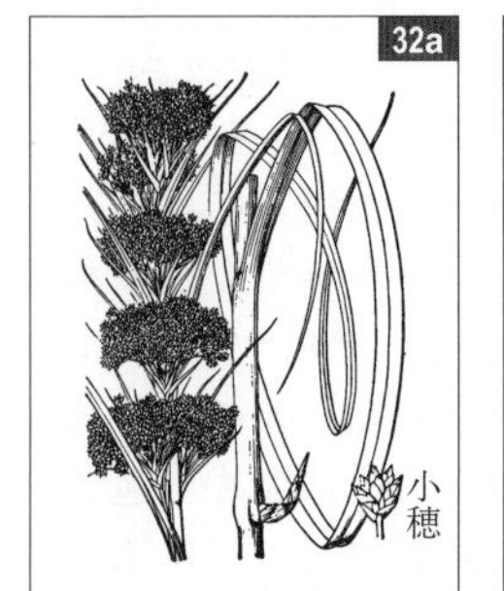

738. ヒトモトススキ

745. クロガヤ

28a. 葉は2列に並ぶ．茎は円柱形かやや扁平（イネ科）
………………………………………… **検索 J－2**(p.67)

b. 葉は3列に並ぶ.茎は円柱形か三稜形(カヤツリグサ科)… **29**

29a. 小穂は1〜数個の花のみからなり,小穂の鱗片は数少なく,不同長,下部の鱗片は小さく,花を抱かない ……… **30**

b. 小穂は多数の花からなり,鱗片も数多く,ほぼ同長 … **35**

30a. 花や果実に刺針状花被片がない ………………………… **31**

b. 花や果実に刺針状花被片がある ………………………… **34**

31a. 葉は硬質で鋭い微細鋸歯がある．花は茎上部の節ごとに複散房花序または短い総状花序につく ……………… **32**

b. 葉は柔らかく，縁はあまりざらつかない．花序は茎の頂端に頭状あるいは散形状につく ……………………… **33**

32a. 茎は中空．痩果は長さ約2 mm，花糸によってぶら下がらない ………………………………… **ヒトモトススキ**(738)

b. 茎は髄があり中実．痩果は長さ4〜5 mm，赤褐色〜黒褐色．花糸は果実の基部に残存し，果実はこれによってぶら下がる ……………………………………… **クロガヤ**(745)

33a. 小穂は頭状に密集する …………………… **ヒメクグ**(980)，
コウシュンスゲ *Cyperus pedunculatus* (R.Br.) Kern
（石垣島の砂浜にまれに産する）

b. 小穂は穂状に集まり，それが茎頂に散形状につく
…………………………………………………… **イヌクグ**(981)
（この他,小穂が頭状に集まり,それが茎頂に複散形状につくビトウクグ *Cyperus compactus* Retz. が大東諸島に産する）

34a. 花柱は3本で宿存する．日当たりのよい草地に生える
……………………………………………………………… **ノグサ**(747)

b. 花柱は2本か,1本で分裂せず,果実期には基部を残し脱落する.湿地に生える…… **ミカヅキグサ属**(748〜756)

35a. 刺針状花被片は花後著しく伸長し，白色の綿毛状となる ……………………………………… **ワタスゲ属**(759，760)

b. 刺針状花被片はないか，ある場合でも花後伸長しないか，少し伸長する場合でも鱗片の外に抽出せず，白色の綿毛状とはならない ……………………………………… **36**

36a. 花被片は6，うち3個は短い刺針状となり，残る3個はやや花弁状となる ………………… **クロタマガヤツリ**(949)

b. 花弁状の花被片はない……………………………………… **37**

37a. 痩果は薄膜質の皮膜に包まれる．小穂は普通3個が茎頂に品字状に密集する ……………… **ヒンジガヤツリ**(967)

b. 痩果には皮膜はない.小穂は上のようにはならない…… **38**

38a. 花柱は一般に幅広く扁平,果実期には基部に関節があって脱落する ……… **テンツキ属**(989〜1005，1007，1008)

b. 花柱は細く宿存性……………………………………………… **39**

39a. 小穂の鱗片は2列に並ぶか，一部がやや不規則にらせん配列する
……… **カヤツリグサ属**(962〜966，968〜979，982〜985)

b. 小穂の鱗片は規則的にらせん配列する ………………… **40**

980. ヒメクグ

981. イヌクグ

747. ノグサ

748. ミカヅキグサ

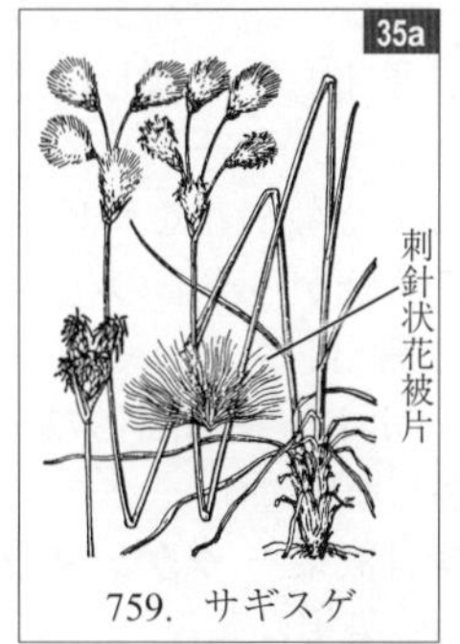

759. サギスゲ

949. クロタマガヤツリ

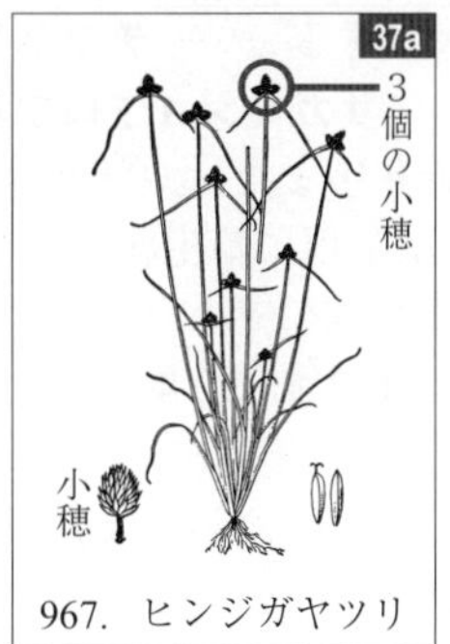

967. ヒンジガヤツリ

991. テンツキ

969. ハマスゲ

763. アブラガヤ

40a. 地下に細長い根茎はなく，塊茎を持たない
………………………………………… **アブラガヤ属**(761～770)

b. 地下に細長い根茎があり，末端は塊茎となる
………………………………………… **ウキヤガラ属**(947，948)

41a. 子房は下位(ラン科) ……………………… **検索 J － 3**(p.77)

b. 子房は上位 …………………………………………………… **42**

42a. 花は茎の下部の節に無柄の頭状の花序をなしてつく．種子にオレンジ色の仮種皮がある．南西諸島の林内に生える ………… **ヤンバルミョウガ** *Amischotolype hispida* (Less. ex A. Rich.) D. Y. Hong(ツユクサ科)

b. 花または花序は頂生するか，葉腋につく．種子にオレンジ色の仮種皮はない …………………………………… **43**

43a. 花は茎頂に単生する ……………………………………… **44**

b. 花は複数つき，花序をなすか，1 個の場合は葉腋に単生する ……………………………………………………… **45**

44a. 葉は 2 枚あって茎の下部に接近して互生するか，やや対生状につく……………………… **チューリップ**(388)，**アマナ属**(389，390)，**カタクリ**(391)，**ヒメニラ**(575)

b. 葉は茎に複数あって等間隔に互生する
………………………………………… **チゴユリ属**(360～362)

45a. 花は多くの葉腋に単生し，しばしばそれに加えて茎頂に 1 または 2 個つく …………………………………… **46**

b. 頂生花序をつくって複数の花をつけ，種によってはそれに加えて上部の葉腋から小形の花序を出す ……… **48**

46a. 花柱は 3 分岐して開出し，それぞれの枝がさらに 2 裂する……………… **ホトトギス属**(373～376，378，379)

b. 花柱は 1 本で分裂しない ………………………………… **47**

47a. 花は下垂する．果実は液果… **タケシマラン属**(381～383)

b. 花は上向きに咲く．果実は蒴果 ………… **イボクサ**(660)

48a. 花は茎頂に数個束生する ……… **チゴユリ属**(360～362)，**サガミジョウロウホトトギス**(380)

b. 花は頂生する散形花序または頭状花序につくか，集散花序が茎頂(または茎頂に輪生状につく葉状の苞の腋)に散形状に集まってつく …………………………………… **49**

c. 花は円錐花序または円錐状に集まった集散花序に多数つく ……………………………………………………………… **51**

d. 花序は上のようではなく，頂生または腋生の集散花序または総状花序につく …………………………………… **54**

49a. 植物体に刺激臭があり，葉はやわらかい．花序の苞は膜質で短い．花被片は軟質で開花後はしおれる
………………………………… **ネギ属**(577，582，583，586)

b. 植物体に刺激臭がなく，葉はかたいかやわらかい．花序の苞はふつう葉質で細長い …………………………… **50**

50a. 内花被片は軟質で開花後しおれる．雄蕊の花糸は有毛
………………………………… **ムラサキツユクサ属**(666，667)

b. 花被片は乾質で開花後もそのまま宿存する．雄蕊の花糸は無毛……………………………… **イグサ属**(720，726，727)

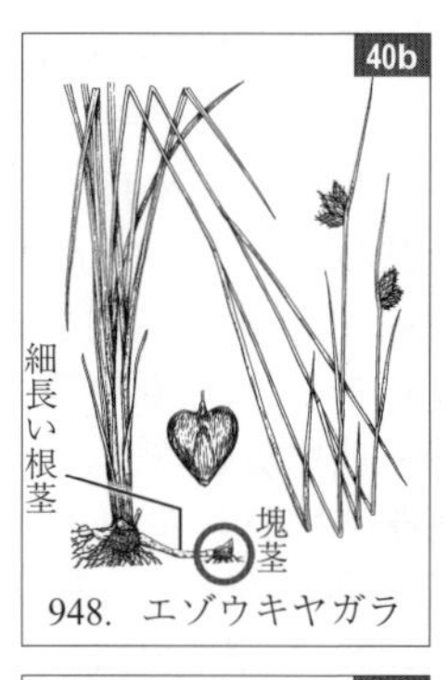

948. エゾウキヤガラ

391. カタクリ

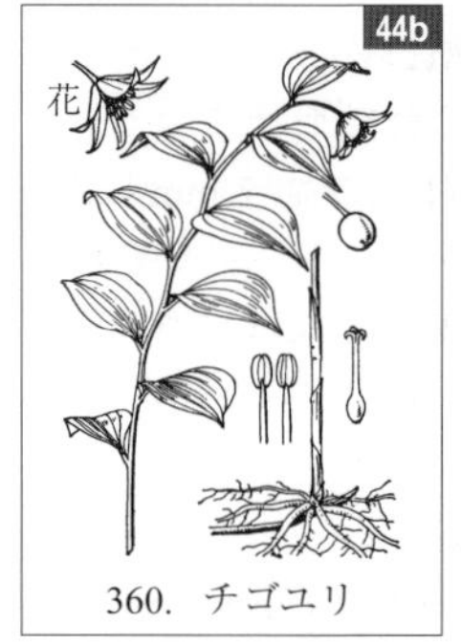

360. チゴユリ

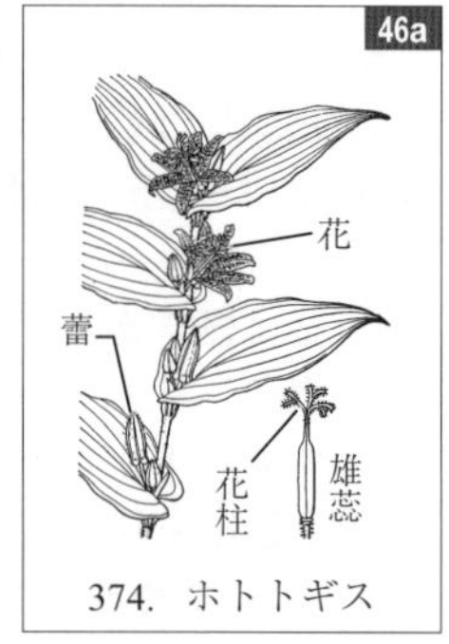

374. ホトトギス

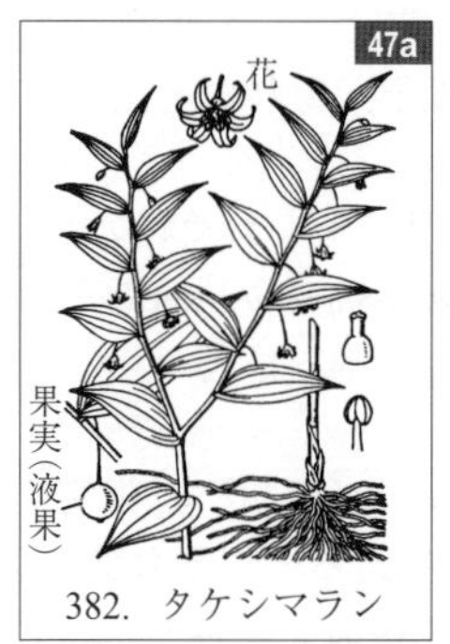

382. タケシマラン

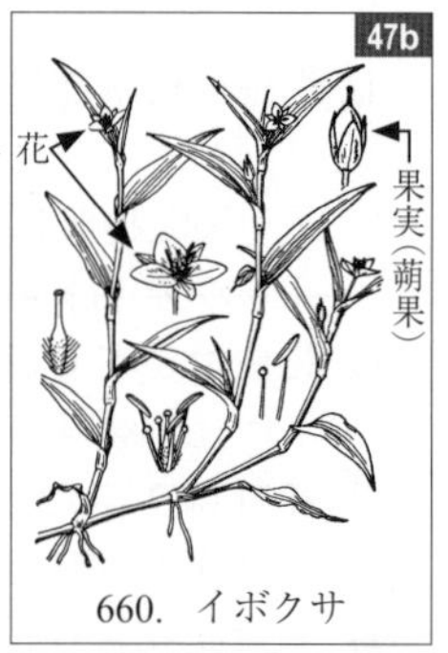

660. イボクサ

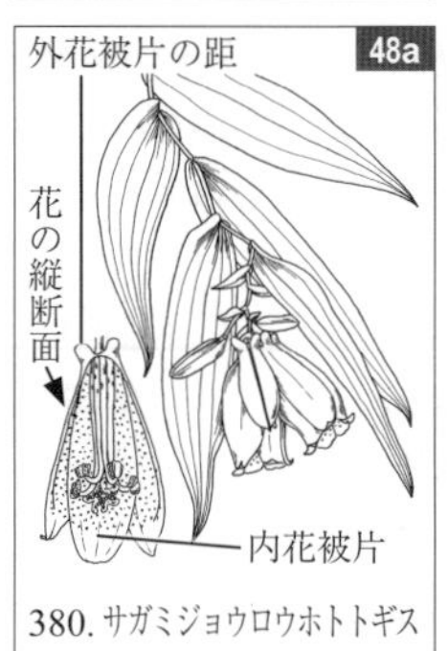

380. サガミジョウロウホトトギス

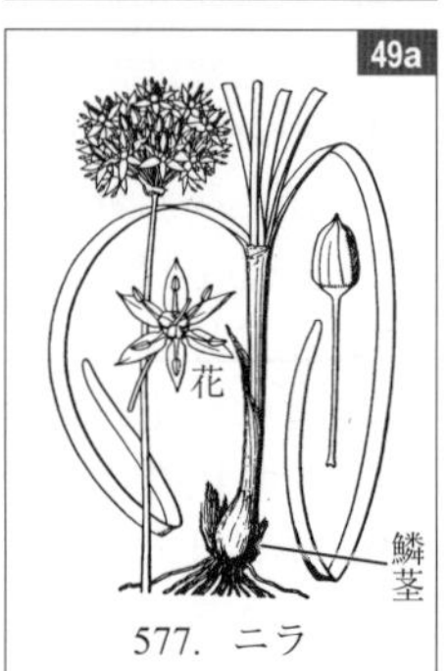

577. ニラ

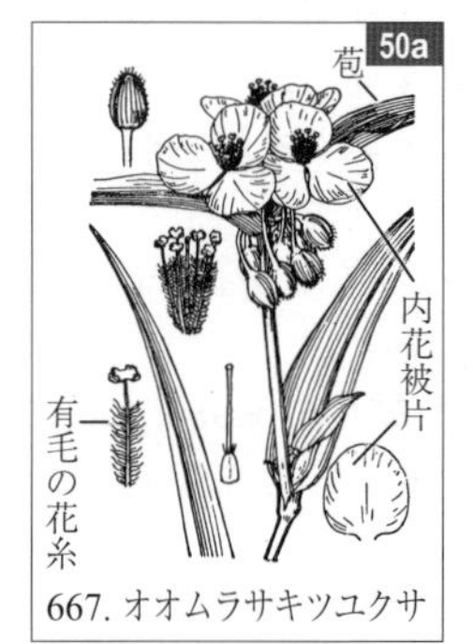

667. オオムラサキツユクサ

720. ドロイ

51a. 葉は常緑性．果実はほぼ球形で紫色または青黒色，裂開しない ……………… **52**

b. 葉は夏緑性 ……………… **53**

52a. 葉は披針形，根生状につく．花はふつう紫色．果実は多汁質 ……………… **キキョウラン**(572)

b. 葉は長楕円形，地上茎につく．花は白色．果実は乾質 ……………… **ヤブミョウガ**(661)

53a. 葉柄と心臓形の葉身が明らか．花は白色または緑白色．果実は球形で赤色，多汁質で裂開しない ……………… **マイヅルソウ属**(604, 605)

b. 葉身の基部は次第に狭まる．花は暗紫色または黄緑色．果実は卵形で裂開する ……………… **シュロソウ属**(347～351)

54a. 花は普通葉の外側に出る長い総状花序につく ……………… **スズラン**(620)

b. 花は普通葉の葉腋につくか，普通葉をつける花茎の枝先につく ……………… **55**

55a. 花序は2つ折りの1枚の苞にほとんどあるいは完全に包まれ，苞の縁はしばしば合着する．花は左右対称 ……………… **ツユクサ属**(662～664)

b. 花序に2つ折りの苞はない．花は放射相称 ……………… **56**

56a. 花の寿命は2日以上．外花被片の基部はやや距状にふくらむ．花柱は3裂し，基部は果実の先端に3個の開出する突起として残る ……………… **ホトトギス属**(372, 373, 377, 380)(46aも参照)

b. 花は1日でしぼむ．外花被片の基部はふくらまない．花柱は分裂せず，果期には宿存しないか，基部が1個の突起として残る ……………… **57**

57a. 花は葉腋に密な集散花序をつくってつき，基部に総苞がある ……………… **ムラサキオモト**(668)

b. 花は長い花軸に数個まばらにつき，基部に総苞はない ……………… **シマイボクサ** *Murdannia loriformis* (Hassk.) R.S. Rao & Kammarthy (四国～琉球産)

572. キキョウラン

661. ヤブミョウガ

349. タカネアオヤギソウ

620. スズラン

663. ツユクサ

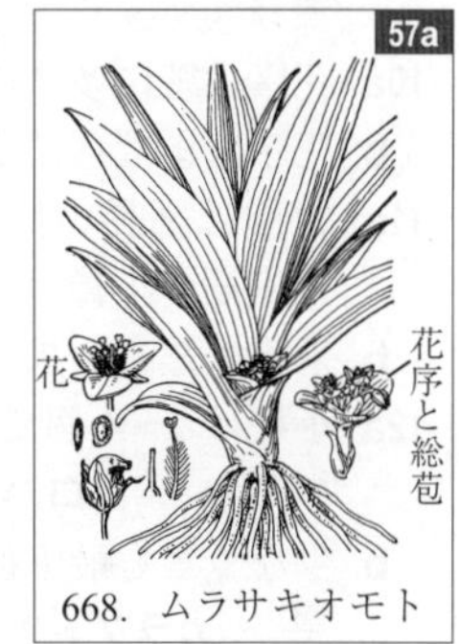

668. ムラサキオモト

検索 J-1

スゲ属；ただし茎頂に小穂を単生するもの，花序が円錐状で最下の節に複数の小穂を出すもの(ナキリスゲ類，ハナビスゲ類)，および茎頂に頭状に多数の小穂をつけるカヤツリスゲを除く．

1a. 小穂は穂状に配列し，全て無柄 ……………… **2**

b. 小穂は総状に配列し，少なくとも下部のものは有柄(柄が苞の鞘に隠れている場合もある)．大多数の種では頂小穂は雄性，側小穂は雌性 ……………… **13**

2a. 花序は単性で雌雄異株 ……………… **コウボウムギ**，**エゾノコウボウムギ**(783, 784)

b. 花序には雄花と雌花が両方ある ……………… **3**

3a. 各小穂の先端に雄花が，下半部に雌花が集まる ……………… **4**

b. 各小穂の上半部に雌花が，基部に雄花が集まる ……………… **8**

783. コウボウムギ

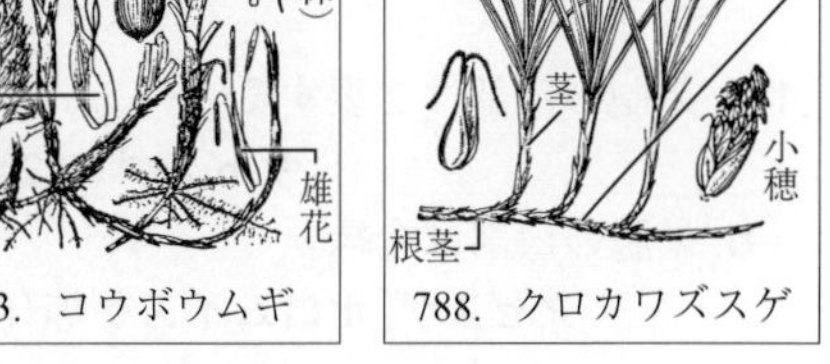

788. クロカワズスゲ

4a. 根茎は長く横走し，茎はまばらに出る
…… **クロカワズスゲ**(788)，**ウスイロスゲ**(789)

b. 根茎は短く，茎は叢生する …… **5**

5a. 茎(地上茎)は 2 年生で，1 年目は葉のみをつけて年末に倒伏し，2 年目にその節から花茎をつける．北日本および琵琶湖畔の湿原にまれに生える
…… **ツルスゲ** *Carex pseudocuraica* F.Schmidt

b. 茎(地上茎)は 1 年生 …… **6**

6a. 苞は葉状で，最下の苞は花序よりもはるかに長い
…… **ミコシガヤ**(785)

b. 苞は花序よりも短い …… **7**

7a. 果胞の脈は帯褐色 …… **ミノボロスゲ**(786)

b. 果胞の脈は目立たないか，あっても緑色
…… **キビノミノボロスゲ**(787)，**オオカワズスゲ**(802)

8a. 苞は葉状で，最下の苞は花序よりもはるかに長い …… **9**

b. 苞は葉状に発達しないか，最下の苞のみで発達する場合があるが，その場合でも花序より短い …… **10**

9a. 花柱は 3 岐する．痩果は 3 稜形 …… **マスクサスゲ**(782)

b. 花柱は 2 岐する．痩果はレンズ形
…… **ヤブスゲ**(799)，**タカネマスクサ**(801)

10a. 花序は密に多数の小穂をつける …… **ヤガミスゲ**(790)

b. 花序はまばらに少数の小穂をつける …… **11**

11a. 果胞は細長い嘴があり，熟すと著しく開出するため，果実期の小穂は星状になる …… **ヤチカワズスゲ**(798)他

b. 果胞は短く，果実期の小穂は星状にならない …… **12**

12a. 小穂は 2～4 個で茎の先端に集まってつく
…… **シロハリスゲ**(796)，**タカネヤガミスゲ**(797)

b. 少なくとも最下部の小穂は離れてつく
…… **カラフトスゲ**，**ハクサンスゲ**等(792～795, 797, 800)

13a. 花柱は2 岐する. 果実はレンズ形(キノクニスゲやセキモンスゲでは花柱3 岐で果実が3 稜形の花が混じる) …… **14**

b. 花柱は 3 岐する．果実は 3 稜形 …… **20**

14a. 少なくとも最下の花序の苞には鞘がある
…… **センダイスゲ**(811)，**セキモンスゲ**(888)，**キノクニスゲ**(889)他

b. 花序の苞には鞘がない …… **15**

15a. 果胞は少なくとも縁は有毛
…… **タヌキラン**，**ヤマタヌキラン**等(844～847)

b. 果胞は嘴を除き無毛で，平滑か，時に細点または乳頭状突起を生じる …… **16**

16a. 雌鱗片は黒紫色または濃赤紫色．多くの場合側小穂は直立する …… **17**

b. 雌鱗片は緑白色か淡褐色．多くの場合側小穂は下垂する …… **18**

17a. 果胞の口部は 2 裂する …… **ヤマアゼスゲ**(821)，**サドスゲ**(822)，**タニガワスゲ**(825)

b. 果胞の口部は全縁
…… **アゼスゲ**，**ホロムイスゲ**等(819, 820, 824, 827, 828)

785. ミコシガヤ

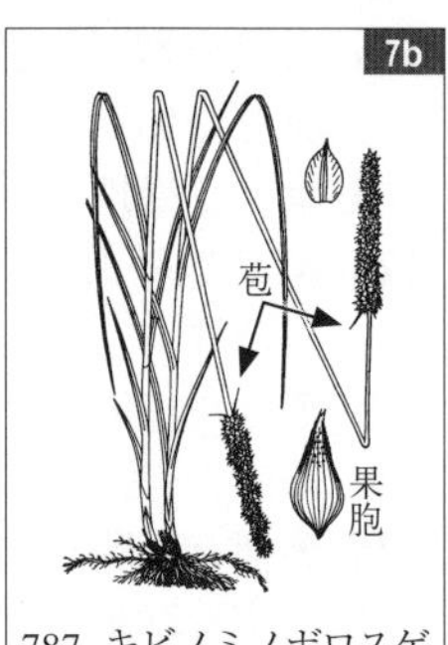

787. キビノミノボロスゲ

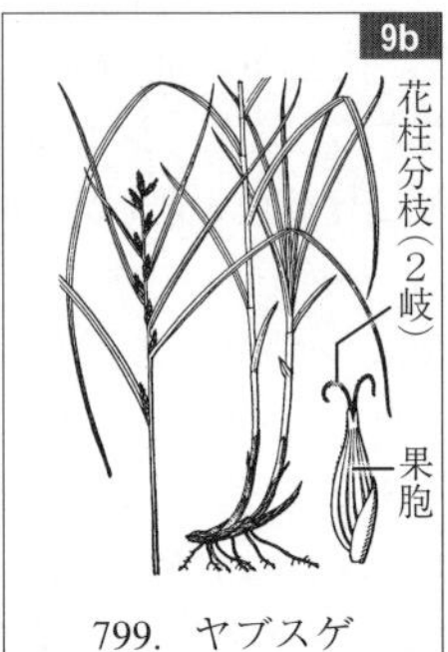

799. ヤブスゲ

790. ヤガミスゲ

798. ヤチカワズスゲ

796. シロハリスゲ

794. ハクサンスゲ

889. キノクニスゲ

15a 果胞(有毛)
847. シマタヌキラン

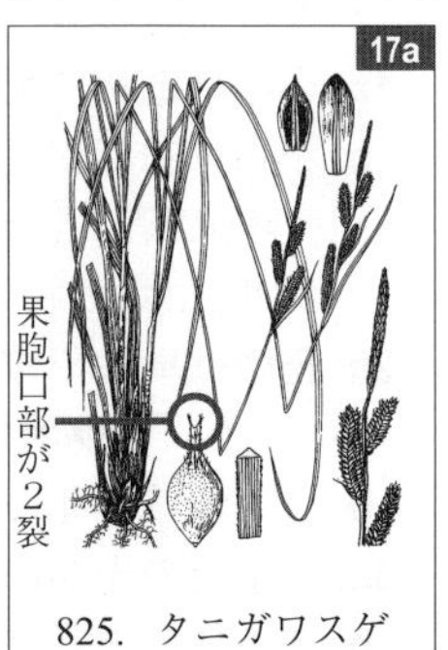

825. タニガワスゲ

18a. 果胞に乳頭状突起がある
　……**ゴウソ**, **アオゴウソ**, **アゼナルコスゲ**(826, 829, 830)他
b. 果胞に乳頭状突起はない …… **19**
19a. 側小穂はほぼ直立…… **アワスゲ**(835)
b. 下部の側小穂は下垂
　…… **カワラスゲ**, **オタルスゲ**等(823, 831～834)
20a. 頂小穂は上半部に雌花, 下半部に雄花をつけ, 側小穂は雌性 …… **21**
b. 頂小穂は雄性か, 時に基部に少数の雌花をつける … **22**
21a. 苞に鞘がない …… **ヒラギシスゲ**(837), **イワキスゲ**(843)他
b. 苞に鞘がある …… **タカネナルコ**(818)他
22a. 小穂は上半部に雄花, 下半部に雌花をつけるか, 頂小穂のみ雄性で側小穂は長い雄花部をもつ …… **23**
b. 頂小穂または上方の 2～3 個の小穂は雄性で, それ以下の小穂は雌性か, まれに短い雄花部を先端に持つ …… **25**
23a. 葉は披針形～長楕円状披針形で幅広い
　…… **タガネソウ**, **ササノハスゲ**等(771～773)
b. 葉は線形～線状披針形で細長い …… **24**
24a. 葉は夏緑性で柔らかい…… **ミヤマジュズスゲ**(804),
　イワヤスゲ *Carex tumidula* Ohwi(タガネソウの葉を線形にしたような種. 愛媛県にまれに産する)
b. 葉は常緑性で堅い…… **コカンスゲ**(849)他
25a. 頂小穂のみ雄性 …… **26**
b. 上方の 2～3 個の小穂が雄性…… **48**
26a. 葉は有毛…… **アズマスゲ**(856), **ケスゲ**(878),
　サッポロスゲ(900), **ハタベスゲ**(931)他
b. 葉は無毛…… **27**
27a. 痩果(果胞をむいた中にある)の頂部に盤状, 環状または嘴状の附属体がある(32a マメスゲ参照) …… **28**
b. 痩果の頂部に附属体はない …… **35**
28a. 果胞は長さ 5 mm 以上 …… **29**
b. 果胞は長さ 5 mm 以下 …… **30**
29a. ふつう海岸近くに生え, 果胞は無毛…… **ヒゲスゲ**(887)他
b. 山地に生え, 果胞は有毛 …… **ヒロバスゲ**,
　チュウゼンジスゲ, **サンインヒエスゲ**等(890, 892, 893)
30a. 葉は幅 3～15 mm, 幅 5 mm 以下の時には常緑性で堅い …… **31**
b. 葉は幅 5 mm 以下, 夏緑性または半常緑性で, 一般に柔らかい…… **32**
31a. 側小穂は密に多数の果胞をつける
　…… **カンスゲ**, **オクノカンスゲ**等(882～886)
b. 側小穂はややまばらに果胞をつける
　…… **ダイセンスゲ**(880), **ミヤマカンスゲ**(881)他
32a. 頂小穂のみが短い花茎の先端に生じ, 側小穂は地表すれすれに, 葉に埋もれるように生じる
　…… **マメスゲ**(862)
b. 少なくとも 1 個の側小穂は花茎の先端付近に生じる…… **33**

826. ゴウソ

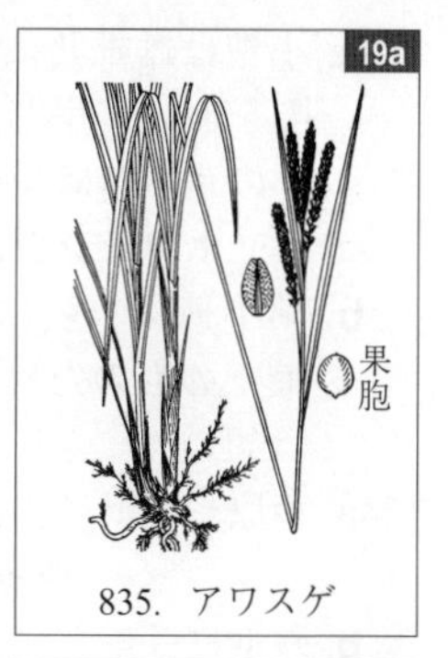

835. アワスゲ

823. カワラスゲ

843. イワキスゲ

771. タガネソウ

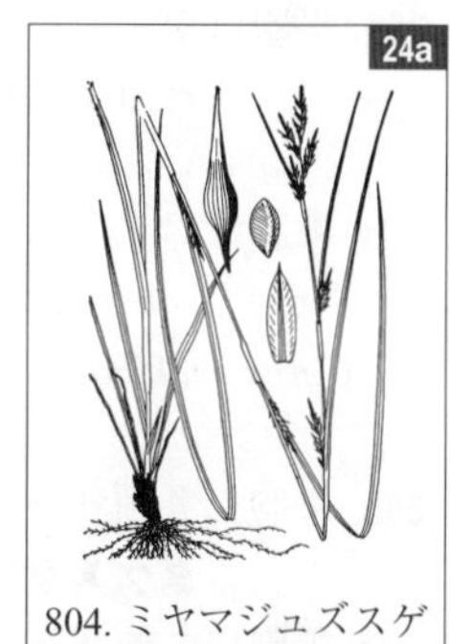

804. ミヤマジュズスゲ

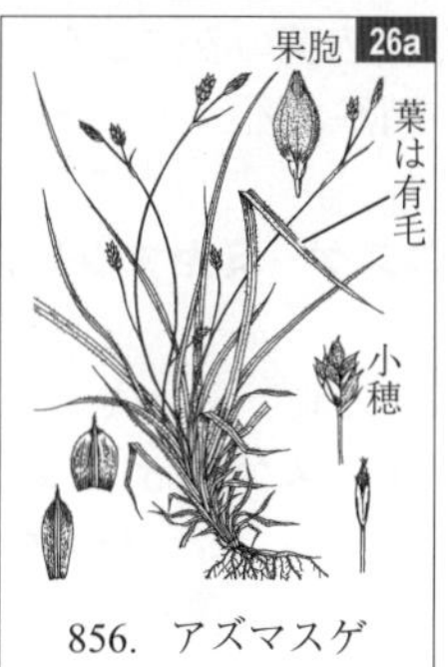

856. アズマスゲ

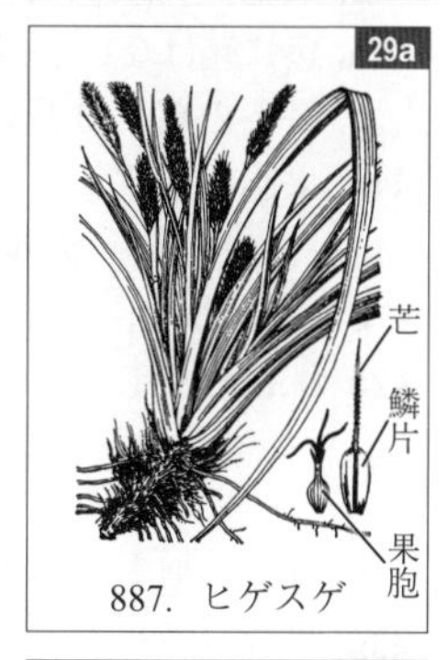

887. ヒゲスゲ

884. オクノカンスゲ

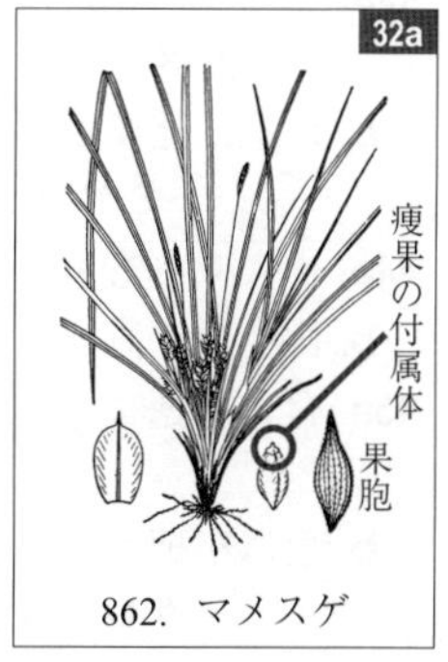

862. マメスゲ

33a. 小穂は雌雄共に細長く，側小穂は茎の上半部にやや間隔をおいて生じ，少なくとも最下の小穂は円柱形．最下の苞の鞘は長い(ホンモンジスゲ類)
…… **ホンモンジスゲ**，**オオイトスゲ等**(872〜877，879)
b. 頂小穂は一般に短く，側小穂は茎頂付近に集まるか，最下のものだけ地表すれすれに生じ，長球形．苞の鞘は短い …………………………………………………………… **34**
34a. 草原や砂浜に生え，株は疎生する ……… **シバスゲ**(866)，**チャシバスゲ**(867)，**ハマアオスゲ**(870)他
b. 砂浜には生えず，株は叢生する …………… **ノゲヌカスゲ**，**アオスゲ等**(863〜865，868，869，871)
35a. 果胞は有毛 …………………………………………………………… **36**
b. 果胞は無毛か縁のみに毛がある ……………………………… **39**
36a. 葉は茎の中部以上に集まり，基部の葉には葉身がない
……………………………………………………… **サツマスゲ**(926)他
b. 葉は茎の基部に集まる…………………………………………… **37**
37a. 苞に鞘はない……………………………………… **ヒメスゲ**(854)，**ヌイオスゲ**(855)，**アキカサスゲ**(917)他
b. 少なくとも最下の苞には長い鞘がある ……………………… **38**
38a. 果胞は扁平ではない ……………………………… **カタスゲ**(852)，**ヒカゲスゲ**(857)，**ビッチュウヒカゲスゲ**(858)，**ホソバヒカゲスゲ**(859)他
b. 果胞は扁平 ……………………………… **ショウジョウスゲ**(850)，**アキザキバケイスゲ**(851)，**イワカンスゲ** *Carex makinoensis* Franch.(四国と九州の岩上に生え，雄小穂は細長く長さ 8 cm に達する)他
39a. 果胞に乳頭状突起がある ………… **ヌマクロボスゲ**(836)，**ダケスゲ**(894)，**ヤチスゲ**(895)，**タチスゲ**(902)他
b. 果胞に乳頭状突起はない ………………………………………… **40**
40a. 苞に鞘はないか,最下の苞のみにごく短い鞘がある…… **41**
b. 最下の苞には長い鞘がある ……………………………………… **44**
41a. 果胞は扁平
……………………… **ナルコスゲ**，**ミヤマクロスゲ等**(838〜842)
b. 果胞は扁平ではない ……………………………………………… **42**
42a. 株は叢生し，匍匐する地下茎はない
………………………… **アイズスゲ**(905)，**エゾサワスゲ**(911)，**ジョウロウスゲ**(921)他
b. 細長い地下茎があり,広い面積を被う群落をつくる…… **43**
43a. 果胞は乾燥しても変色しないか，オリーブ色に変色する
…… **ヒメシラスゲ**,**ヒゴクサ等**(912〜916),**オニスゲ**(922)
b. 果胞は乾燥すると褐色に変色する
…………… **ミヤマシラスゲ**,**カサスゲ等**(906, 918, 919, 923)
44a. 少なくとも最下の側小穂は下垂する ………………………… **45**
b. 側小穂は直立または斜上する ………………………………… **46**
45a. 苞は小穂よりも短い.高山に生える …… **イワスゲ**(848)，**オノエスゲ**(903),**タカネシバスゲ**(904)
b. 苞は小穂よりも長く，葉状．主に低山に生える
………… **グレーンスゲ**，**タマツリスゲ等**(896〜899，901)

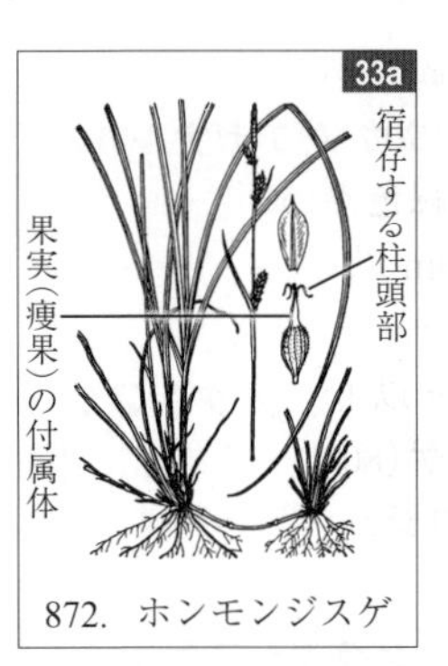

872. ホンモンジスゲ

866. シバスゲ

926. サツマスゲ

854. ヒメスゲ

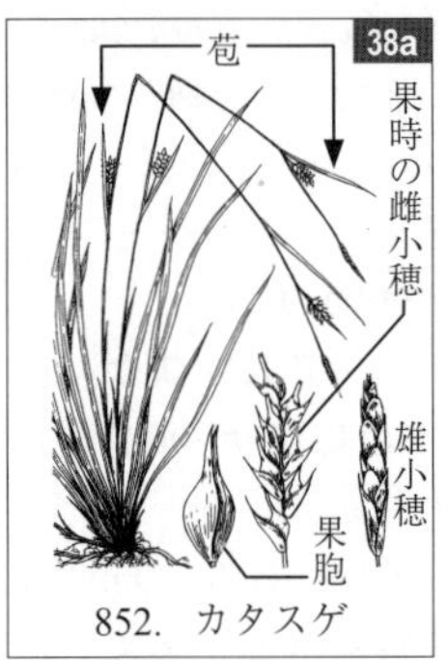

852. カタスゲ

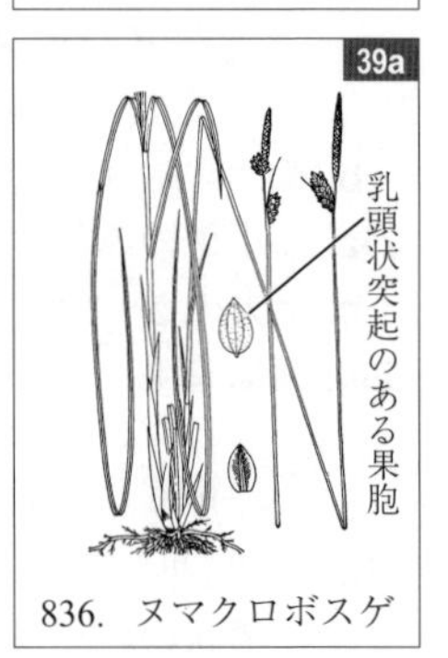

836. ヌマクロボスゲ

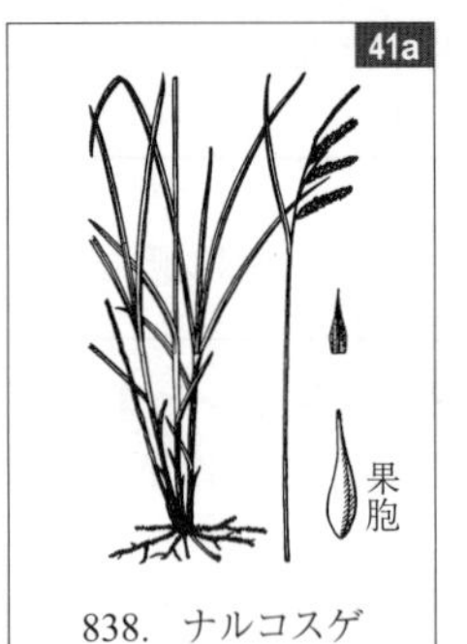

838. ナルコスゲ

911. エゾサワスゲ

906. ミヤマシラスゲ

903. オノエスゲ

46a. 果胞は乾燥すると黒く変色する
……… **ジュズスゲ**(908), **アワボスゲ**(909), **ヤワラスゲ**(910)

b. 果胞は乾いても緑色か, オリーブ色に変色する……… **47**

47a. 果胞は長さ 10 mm 以上, 熱すると著しく開出する
………………………………………………………………… **ミタケスゲ**(920)

b. 果胞は長さ 8 mm 以下, 熱してもあまり開出しない
………… **ヤマジスゲ**(803), **ナガボノコジュズスゲ**(897), **コジュズスゲ**(898), **エゾサワスゲ**(911)

48a. 果胞は有毛 ……………………………… **ビロードスゲ**(930)他

b. 果胞は無毛 ……………………………………………………… **49**

49a. 側小穂は下垂する……………………………… **アイズスゲ**(905)

b. 側小穂は直立する……………………………………………… **50**

50a. 果胞は厚膜質で光沢がある. 海岸や河口には生えない
………… **リュウキュウスゲ**(907), **オニナルコスゲ**(924), **オオカサスゲ**(925)他

b. 果胞はコルク質. 海岸や河口のような海水の影響を受ける所に多い …………**シオクグ**(927), **オオクグ**(928), **コウボウシバ**(929)他

908. ジュズスゲ

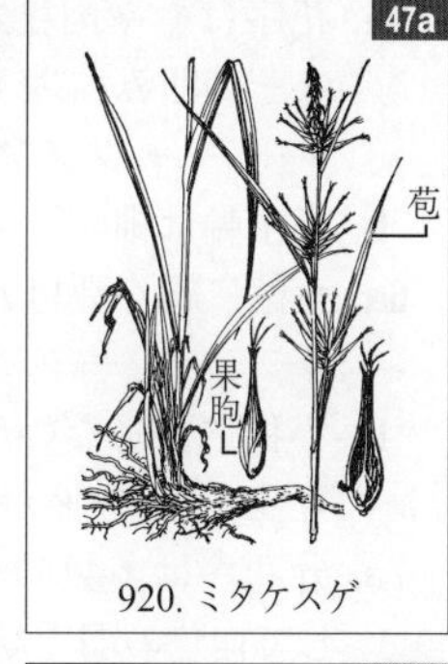

920. ミタケスゲ

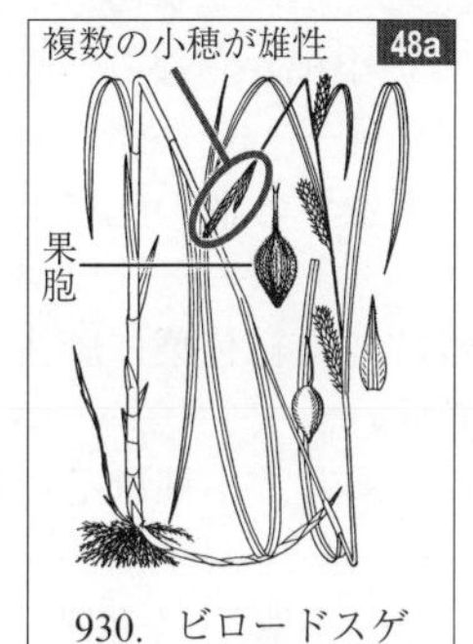

930. ビロードスゲ

929. コウボウシバ

検索 J-2

イネ科;ただし, 水草(ウキガヤ, ウキシバ), 木本性のもの(タケ, ササ類), 花が単性のもの(トウモロコシ, ジュズダマ, ツキイゲ, マコモ, パンパスグラス)を除く.

1a. 花序は花茎に頂生および葉腋から 1～数個束生するか, 花序が数個ついた短柄のある枝を頂生および 1～数本腋生する. 花序または花序のついた枝が葉腋から単生している場合, それらは茎の中部以上のほとんどの葉腋から出る …………………………………………………… **2**

b. 花序は花茎に 1 ～数個頂生し(22a も参照), それとは別に上部の少数の葉腋から 1 個ずつ出ることもあるが, 後者の場合は腋生の花序には長い柄がある(ヤエヤマカモノハシ(1163)では無柄で半ば葉鞘に包まれる) ……… **9**

2a. 花序は円柱状で密に小穂をつけ, 長柄があって下垂する …………………………………………… **ツリエノコロ**(1219)

b. 花序は上のようではない ……………………………………… **3**

3a. 小形の一年草で, 葉は長楕円形で鈍頭. 花序は細い穂状で茎頂および多数の葉腋に単生し, 有芒の小形の小穂をつける ……………………………………… **ウシクサ**(1190)

b. 葉は披針形～線形で鋭頭～鋭尖頭 ……………………… **4**

4a. 小形の一年草. 花序は短い枝に総状につくか葉腋から直接出て, 扁平で 2 列に小穂をつけ, 稔性のある小穂は白色球状でゴルフボール状の模様のある苞穎に包まれる ………………………………………… **ヤエガヤ**(1158)

b. 中～大形の一年草または多年草. 苞穎は白色球状ではない………………………………………………………………… **5**

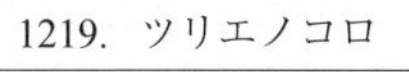
1219. ツリエノコロ

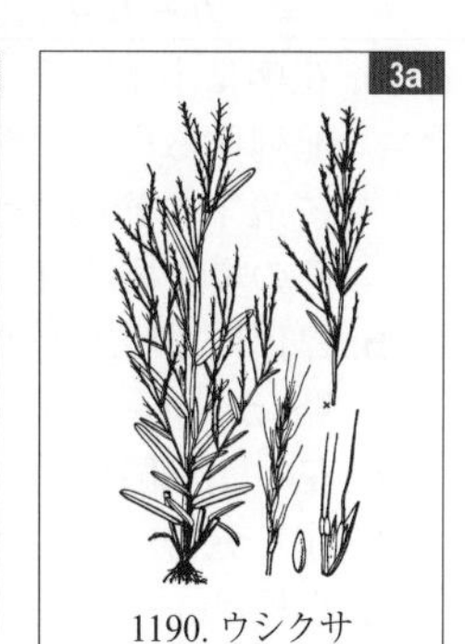

1190. ウシクサ

1158. ヤエガヤ

1156. ツノアイアシ

5a. 花序はやや肉穂状で，花序軸は太く凹みがあり，小穂はその凹みに埋もれる
……………… **ツノアイアシ**(1156)，**ウシノシッペイ**(1159)

b. 花序軸は細い……………………………………………………………… **6**

6a. 小穂に細く裂けた翼がある．まれに見られる帰化植物
……………………………………………………… **ハネスズメノヒエ**(1197)

b. 小穂に翼はない．葉に腋生する短い枝に鞘状の総苞葉を互生し，その腋から有柄または無柄の分花序を出す …… **7**

7a. 分花序は多数の小穂からなり，有柄小穂は柄だけに退化して白色の羽毛状となる………… **メリケンカルカヤ**(1191)

b. 分花序は 6 まれに 7 小穂からなり，羽毛状の小穂の柄はない ……………………………………………………………… **8**

8a. 分花序は総苞葉に腋生する柄の先に対生し，ほぼ水平に開く．芒は細い………………………………… **オガルカヤ**(1185)

b. 分花序は無柄で密につく総苞葉に腋生して頭状にまとまり，芒は太くて長い ………………………… **メガルカヤ**(1187)

9a. 花序軸は太く凹みがあり，小穂はその凹みに半ば以上埋もれる ……………………………………………………………… **10**

b. 花序は上のようではなく，小穂よりも花序軸は幅が狭い … **12**

10a. 花序の軸は熟してもばらばらに分解しない
………………………………………… **ボウムギ** *Lolium rigidum* Gaudin
（ネズミムギ(1112)に似た短命な多年草で地表を匍匐する茎はない．まれに帰化）

b. 花序の軸は熟すると小穂をつけたままばらばらになる … **11**

11a. 花序は断面半円形で稈頂に 2 個対生し，背中合わせにぴったりと合わさり，まるで 1 個の円柱形の花序のように見える ………………… **カモノハシ属**(1161～1163)

b. 花序は稈頂に 1 個つく
……… **カギムギ**(1059)，**イヌシバ**(1216)，**ハイシバ**(1269)

12a. 花序は小穂が単一の穂状または穂状に見える偽総状に配列する（ここでは穂状花序，偽総状花序という）．時に最下の節のみからごく短い枝を出す場合もあるが，その場合枝は直立する ………………………………………… **13**

b. 稈頂に 2 個以上の穂状花序（または偽総状花序，以下省略）がつく ……………………………………………………… **22**

c. 花序は円錐状で，ほとんどの花序の枝は伸長して複雑に分枝するか，密につまって円柱形または円錐形の花序をなす … **45**

13a. 小穂は 3～5 個組になってつきごく短い柄があり，そのうち下部のもののみが稔性がある．苞穎には刺を密生するが，芒はない……………………………… **シラミシバ**(1256)

b. 小穂は 3 個 1 組になってつき無柄，密につく．長い芒がある ………………………………… **オオムギ属**(1066～1068)

c. 小穂は有柄のものと無柄のものとが 1 個ずつ組になってつく ……………………………………………………………… **14**

d. 小穂は無柄のものが 2 個組になってつく（1 個しかつかない節もある）………………………………………………… **17**

e. 小穂は 1 個ずつつく ………………………………………… **18**

1197. ハネスズメノヒエ

1191. メリケンカルカヤ

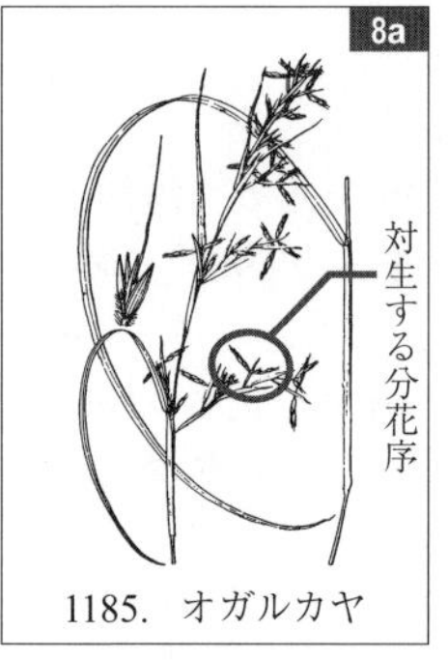

1185. オガルカヤ

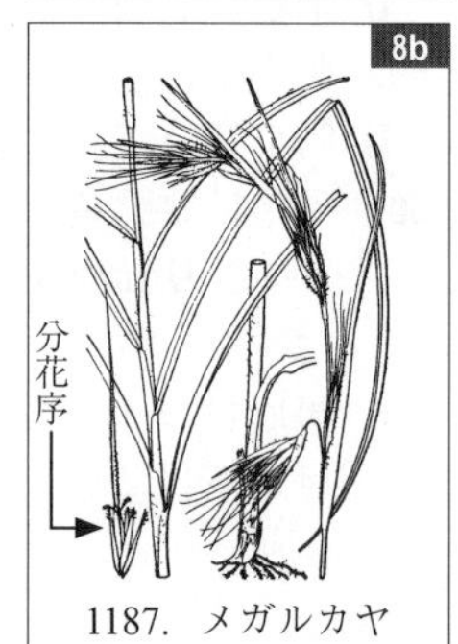

1187. メガルカヤ

1161. カモノハシ

1059. カギムギ

1256. シラミシバ

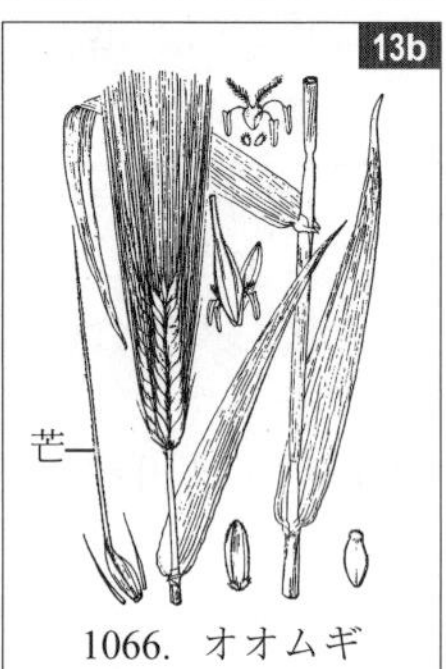

1066. オオムギ

1186. アカヒゲガヤ

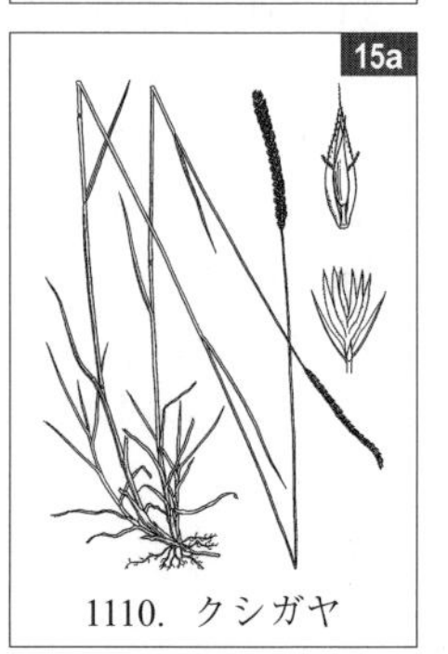

1110. クシガヤ

14a. 花序の基部には不稔の小穂が 3〜10 個瓦状につき，その上に有芒と無芒の小穂の組が 7〜12 個つく．芒は太く長さ 10 cm に達し，膝折れする
……………………………… **アカヒゲガヤ**(1186)

b. 花序は上のようではない．芒はないか，あっても長さ 2 cm 未満で細い …………………………… **15**

15a. 無柄小穂は稔性のある 2〜3 小花からなり，有柄小穂は不稔で苞穎と護穎のみに退化する ……… **クシガヤ**(1110)

b. 小穂は同形同大 …………………………… **16**

16a. 稈(花茎)は直立して叢生し，花序は淡黄金色
……………………………… **イタチガヤ**(1184)

b. 稈は基部匍匐して叢生せず，花序は緑色
……………………………… **アシボソ**(1151)

17a. 小穂に芒はない ………………… **ハマニンニク**(1069)，
カタボウシノケグサ(1121)

b. 小穂に芒がある ………………… **アズマガヤ**(1060)，
エゾムギ属(1062，1063)

18a. 小穂は 1 小花のみからなり，苞穎は硬く光沢があり，芒はない．地表を匍匐する茎がある
……………………………… **シバ属**(1251，1252)

b. 小穂は上のようではない …………………………… **19**

19a. 小穂は下向きまたは横向きにつく
……………… **ホガエリガヤ**(1045)，**コメガヤ**(1050)

b. 小穂は上向きにつく …………………………… **20**

20a. 小穂は 1〜2 小花からなる ……………… **コウヤザサ**(1040)，
アズマガヤ属(1060，1061)，**ライムギ**(1070)

b. 小穂は 4 個以上の小花からなる …………………… **21**

21a. 小穂は扁平な面を花序軸に向け，苞穎は 2 枚ある
……………… **ヤマカモジグサ属**(1054，1055)，
エゾムギ属(1064，1065)，**コムギ**(1071)

b. 小穂は第一苞穎側を花序軸に向け，第一苞穎は頂生小穂以外はない ……………… **ドクムギ属**(1111，1112)

22a. 穂状花序は稈頂に数個互生，対生または輪生するか，2 段にわたって輪生状につき，互生する場合節間はごく短い …………………………… **23**

b. 穂状花序は，稈に多数羽状につくか，または 4 段以上にわたって間隔を置いて輪生または輪生状につき，花序のつく部分の稈の長さは最下の穂状花序よりも長い．穂状花序は無柄か，短い柄がある ………………… **31**

23a. 小穂は有柄のものと無柄のもの，または柄の短いものと長いものとが 1 個ずつ組になってつく ………… **24**

b. 小穂は 1 個ずつつく …………………………… **26**

24a. 花序の軸は熟すと節ごとにばらばらになる
……………………………… **ウンヌケ属**(1170，1171)

b. 花序の軸は熟してもばらばらにならない ………… **25**

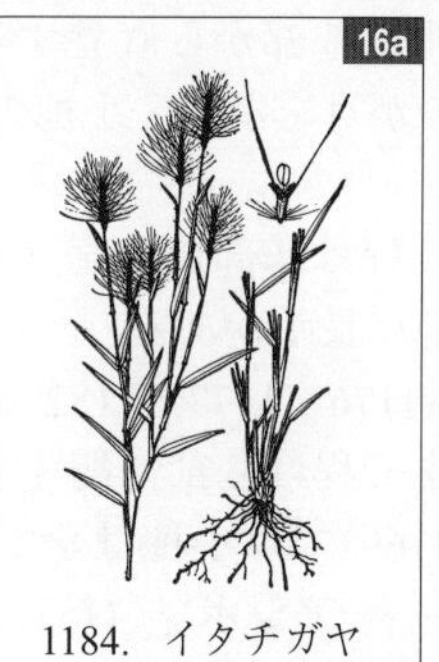
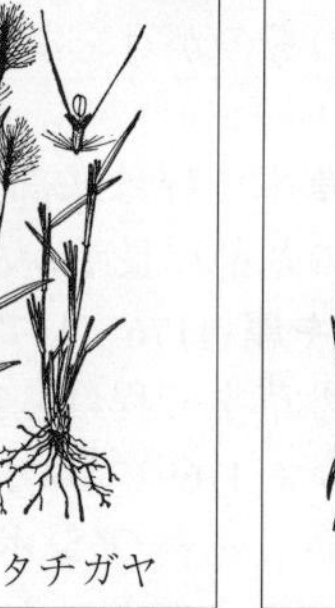

1184. イタチガヤ

1151. アシボソ

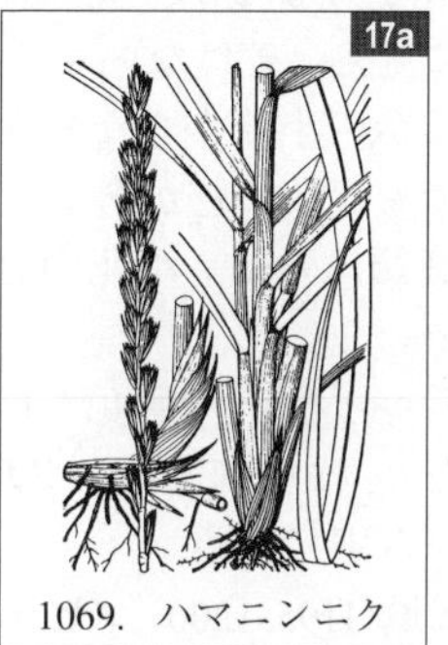

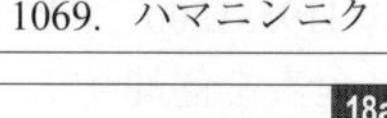
1069. ハマニンニク

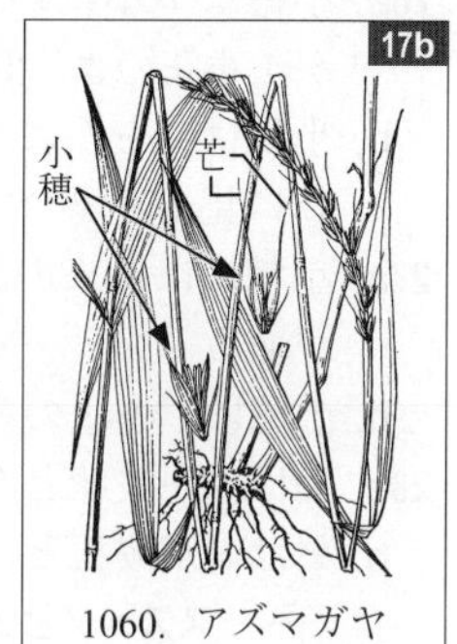

1060. アズマガヤ

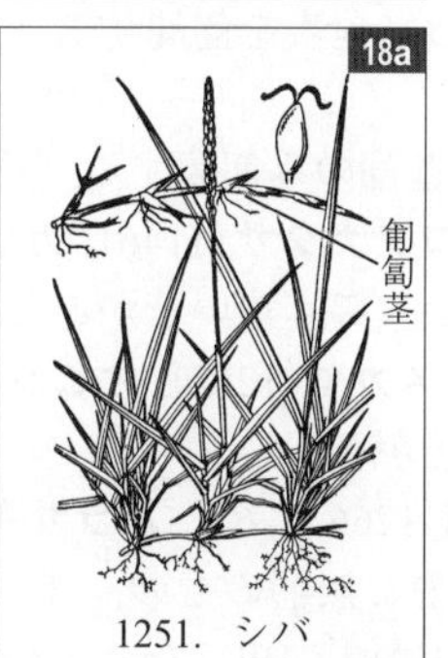

1251. シバ

1045. ホガエリガヤ

1040. コウヤザサ

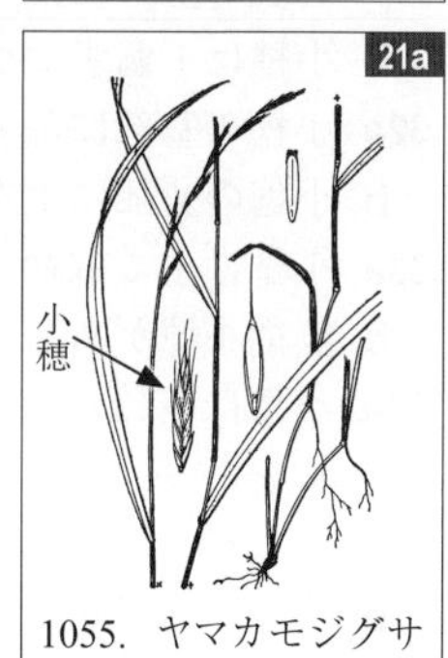

1055. ヤマカモジグサ

1111. ドクムギ

1170. ウンヌケ

25a. 大型の草本で，桿は基部から直立する．小穂は無柄のものと有柄のものが対をなす．小穂の基部は無毛 ………… **アイアシ** (1157)

b. 中〜大形の草本で稈は基部から直立する．小穂は全て有柄．小穂の基部に長毛がある ………… **ススキ属** (1176，1177，1182，1183) (33a も参照)

c. 小形〜中形の草本で稈は基部匍匐する．無柄の小穂がある(ササガヤ(1169)では小穂は全て有柄)．小穂の基部の毛は短い ………… **アシボソ** (1151)，**ササガヤ** (1169)

26a. 小穂は 1 小花のみからなるか，実際は 2 小花からなるが 1 小花のように見え，芒はないか，1 本ある ………… **27**

b. 小穂は明らかに複数の小花からなるか，一見 1 小花のみに見える場合でも複数の芒がある ………… **30**

27a. 小穂には本来の護穎以外に，小花の退化した護穎 1 枚がある ………… **28**

b. 小穂は 1 小花のみからなり，護穎は 1 枚のみ ………… **29**

28a. 葉は縁が波状となり，やや鈍頭 ………… **ツルメヒシバ** (1192)

b. 葉は縁が波状とならず，鋭頭 ………… **スズメノヒエ属** (1195, 1200)，**メヒシバ属** (1207〜1210)

29a. 稈は全長にわたって地表を匍匐する．小穂に芒はない ………… **ギョウギシバ** (1270)

b. 稈は直立するか，基部のみ匍匐する．小穂にしばしば 1 本の芒がある ………… **コブナグサ** (1146)，**カリマタガヤ** (1160)

30a. 小穂に芒はないか，ごく短い芒がある ………… **タツノツメガヤ** (1262)，**オヒシバ属** (1263, 1264)

b. 小穂に明らかな芒がある ………… **オヒゲシバ属** (1266, 1267)，**ムラサキヒゲシバ** (1268)

31a. 小穂は有柄のものと無柄のもの，または柄の短いものと長いものとが 1 個ずつ組になってつく ………… **32**

b. 小穂は 1 個ずつつく ………… **34**

32a. 小穂の基部に毛束はない ………… **ベチベルソウ** (1148)

b. 小穂の基部に毛を密生する ………… **33**

33a. 小穂は全て有柄 ………… **ススキ属** (1175〜1181)

b. 無柄小穂がある ………… **サトウキビ属** (1172，1173)

34a. 小穂は多数の稔性のある小花からなる ………… **アゼガヤ** (1265)，**ハマガヤ** (1265 注)，**ハキダメガヤ** (1271)

b. 小穂は 1 小花のみからなるか，実際は数個の小花からなるがうち 1 花のみ両全性，他は雄花か護穎のみに退化し，不明瞭 ………… **35**

35a. 水辺に生え，全体著しくざらつく ………… **アシカキ** (1011)

b. 葉の縁以外はざらつかない ………… **36**

36a. 苞穎は著しく背面がふくらみ，小穂は長さよりも幅が広い ………… **カズノコグサ** (1136)

b. 苞穎は背面がふくらまず，小穂は幅よりも長い ………… **37**

37a. 花序の枝は多数ついて短く，開出するか下向きにつく ………… **38**

b. 花序の枝は長く，下向きにつかない ………… **39**

1157．アイアシ

1169．ササガヤ

1192．ツルメヒシバ

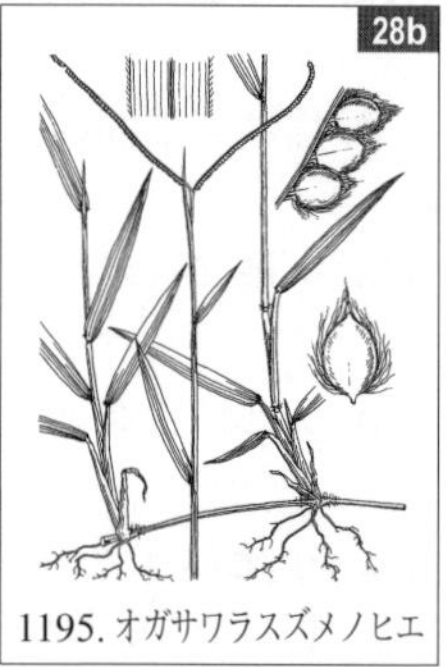

1195．オガサワラスズメノヒエ

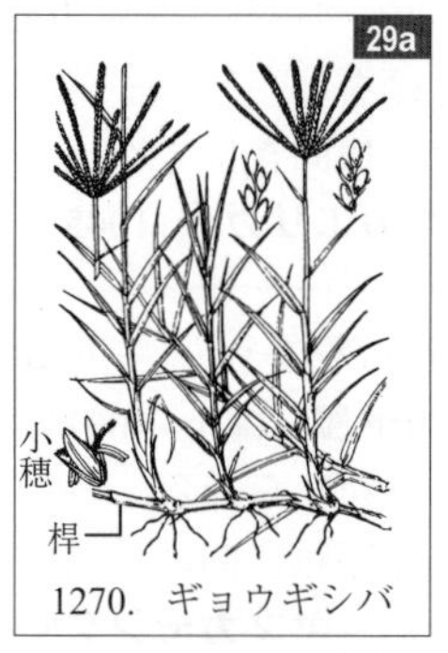

1270．ギョウギシバ

1262．タツノツメガヤ

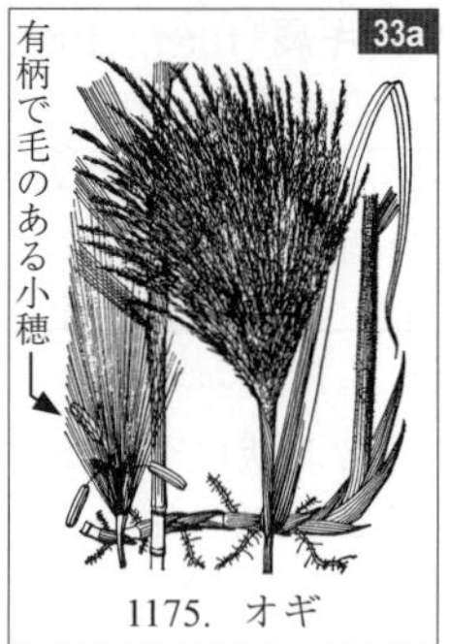

1175．オギ

1265．アゼガヤ

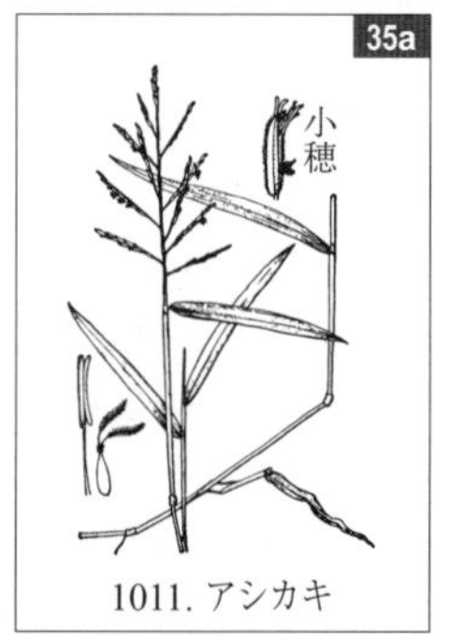

1011．アシカキ

1136．カズノコグサ

38a. 葉は卵形〜卵状披針形で幅広い.小穂の芒は花後著しく粘液質を帯びる ……… **チヂミザサ属**(1212, 1213)(41a 参照)

b. 葉は線形で細長い. 小穂は粘液質を帯びない. まれな帰化植物………………………………… **アゼガヤモドキ**(1261)

39a. 葉は卵形〜卵状披針形で幅広い. 林内や林縁の陰地に生える ………………………………………………………… **40**

b. 葉は線形で細長い(ビロードキビ(1235)では葉はやや幅広いが, 草原に生えて全体有毛, 小穂に芒はない). 草原や路傍, 陽湿地に生える ……………………………… **42**

40a. 葉は左右対称. 小穂の先端に束状になった複数の短い芒がある………………………………… **ササクサ属**(1142, 1143)

b. 葉の基部は左右非対称. 小穂の先端に束状の芒はない ………………………………………………………………… **41**

41a. 小穂に花後著しく粘液質を帯びる芒がある ………………………………………… **チヂミザサ属**(1212〜1214)

b. 小穂に芒はない ……………………… **タイワンササキビ**(1193)

42a. 芒があるか, ない場合でも小穂の先端は鋭尖頭 ……………………………………………… **トダシバ属**(1144, 1145), **イヌビエ属**(1201〜1204), **ムラサキノキビ**(1233)

b. 芒はなく, 小穂の先端は鈍頭〜やや鋭頭 ……………… **43**

43a. 小穂の基部に球状(環状)に発達した基盤がある ………………………………………… **ナルコビエ属**(1233, 1234)

b. 小穂の基部に球状の基盤はない ……………………………… **44**

44a. 第一苞穎がある ……………… **ビロードキビ属**(1235〜1238)

b 第一苞穎はない …… **スズメノヒエ属**(1194, 1196, 1198, 1199)

45a. 花序の枝は短く,円錐形や円柱形に密に花をつける … **46**

b. 花序は長い枝をもつ円錐花序で比較的まばらに花をつける. 時に花序の枝が総状花序または偽総状花序をなすか, 頂端に1〜2小穂のみをつけることがあるが, その場合花序の枝の柄は長く, 先端は下垂する……… **57**

46a. 小穂は稔性のある2個以上の小花からなる ……………………… **リシリカニツリ**(1077), **ミノボロ**(1078)

b. 小穂は1小花のみからなるか, 実際は2〜3小花からなるが1花のみ完全, 他は護穎のみに退化する ………… **47**

47a. 植物体を乾燥させるとクマリン臭がある. 小穂は3小花からなり, うち1花のみ完全 ………… **ハルガヤ**(1085)

b. 植物体にクマリン臭はない ………………………………… **48**

48a. 花序は帯灰色.苞穎の先端は羽状の芒となり,それとは別に護穎の背面から膝折れする芒が出る …… **ウサギノオ**(1079)

b. 花序は灰色ではない. 苞穎の先端は羽状の芒にならない ……………………………………………………………… **49**

49a. 小穂の基部に多数の剛毛または白長毛が生える……… **50**

b. 小穂の基部に長毛はない(小穂内の小花の基部に毛が出ることはある) ……………………………………………… **51**

50a. 小穂の基部の毛は銀白色で柔らかい ………**チガヤ**(1174)

b. 小穂の基部の毛は淡緑色, 黄褐色または帯紫色で剛毛状, 堅い…………………… **チカラシバ属**(1218, 1220, 1221), **エノコログサ属**(1222〜1230)

1142. ササクサ

1214. エダウチチヂミザサ

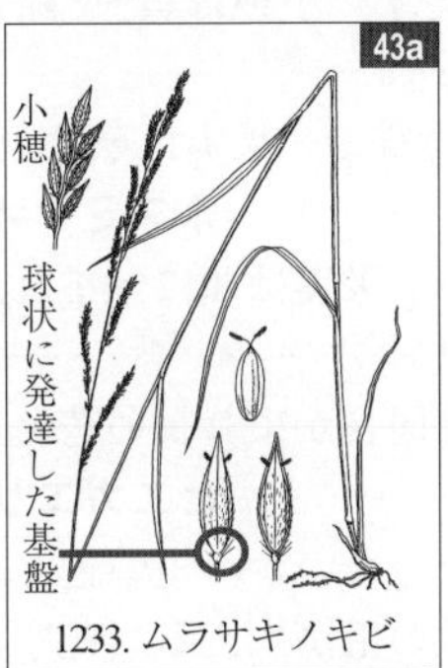

1233. ムラサキノキビ

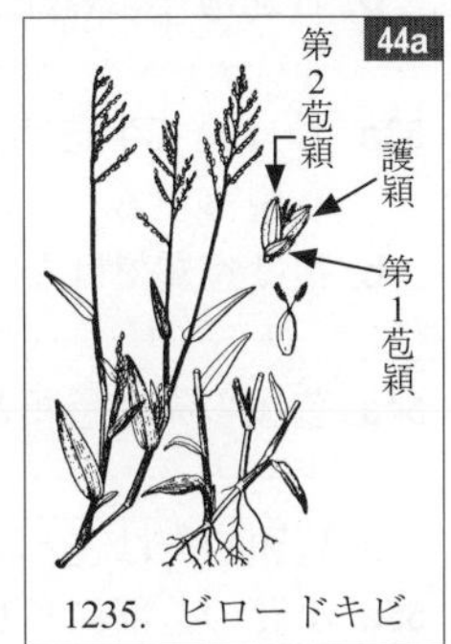

1235. ビロードキビ

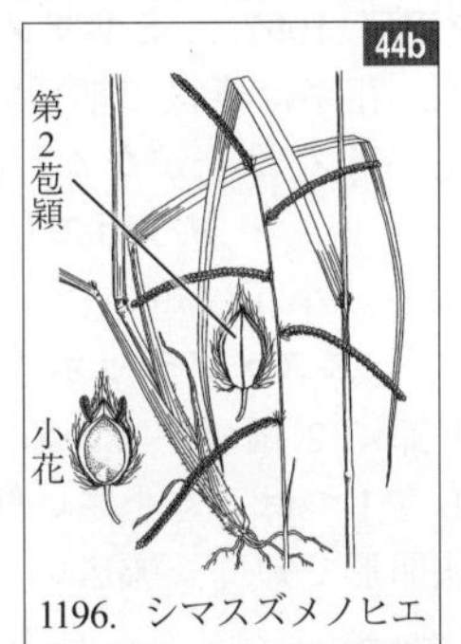

1196. シマスズメノヒエ

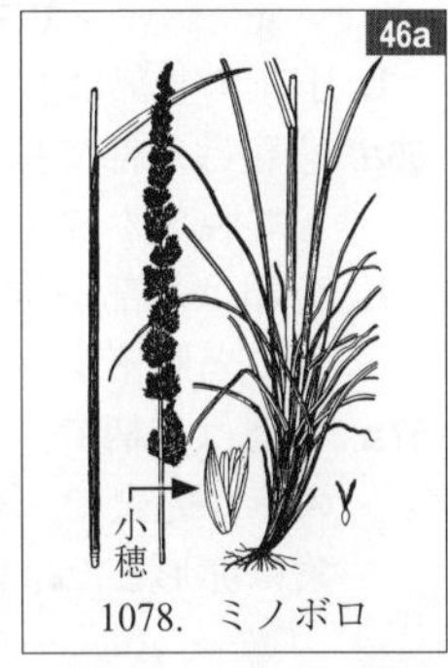

1078. ミノボロ

1085. ハルガヤ

1079. ウサギノオ

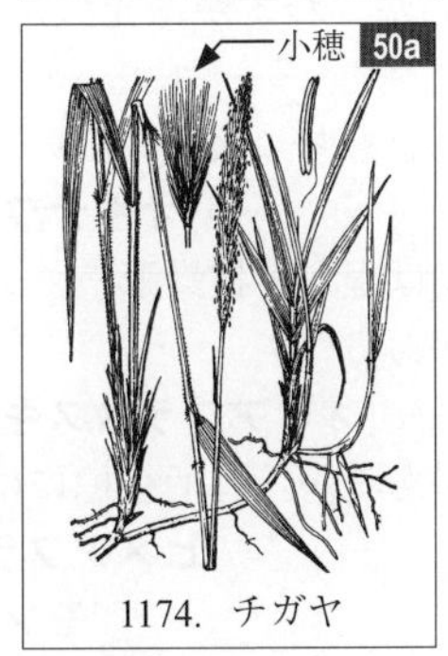

1174. チガヤ

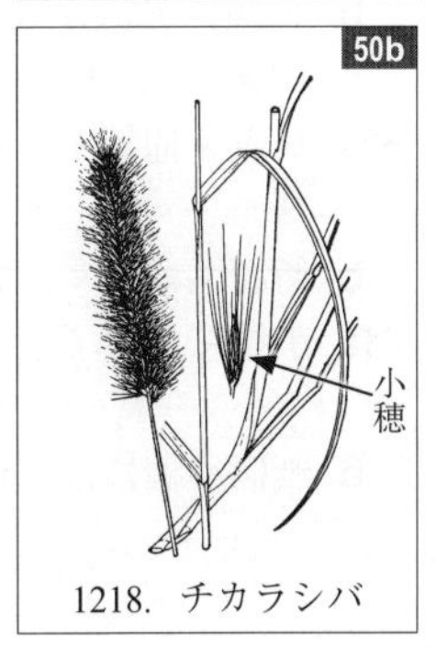

1218. チカラシバ

51a. 小穂は 3 小花からなり，うち上部の 1 花のみが完全，下部の 2 花は小さく護穎のみに退化する．苞穎は同形同長……**クサヨシ属**(1080，1081)
b 小穂は 2 小花からなり，うち下方の 1 小花は護穎のみに退化する．2 枚の苞穎は不同長……**ヌメリグサ属**(1205，1206)
c. 小穂は 1 小花からなり，退化小花はない……**52**

52a. 海岸に帰化する多年草で全体ハマニンニク(1069)に似る．小穂は大きく長さ 11～14 mm……**オオハマガヤ**(1096)
b. 普通海岸には生えず，小穂は(芒を除き)長さ 7 mm 以下……**53**

53a. 穎は全て半透明膜質で，果実は熟すと裸の状態で穎から脱落する……**ネズミノオ属**(1253～1255)
b. 穎は膜質ではなく．果実は穎に包まれたまま脱落する……**54**

54a. 苞穎の先は苞穎と同長かより長い芒となる……**ヒエガエリ属**(1094，1095)
b. 苞穎の先は芒とならないか，短い芒となる……**55**

55a. 小花の基部に多数の毛が生える．花序はやや幅広い……**ヤマアワ**(1097)，**ミヤマノガリヤス**(1103)
b. 小花の基部は無毛．花序は棒状で細長い……**56**

56a. 苞穎は基部で接し，小花は芒がなく，熟すと苞穎を残して脱落する……**アワガエリ属**(1129～1132)
b. 苞穎は基部が重なり，小花は短い芒があり，熟すと苞穎ごと脱落する……**スズメノテッポウ属**(1133～1135)

57a. 小穂は無柄で，1 節に 2 個ついているが，うち 1 小穂のみが完全で，もう 1 つはごく小さい鱗片に退化する．葉は卵形または狭卵形で短く，幅広い……**コブナグサ**(1146)
b. 小穂は有柄のものと無柄のもの，または柄の短いものと長いものとが 1 個ずつ組になってつく……**58**
c. 小穂は 2 個 1 組になってつかない……**62**

58a. 小穂は全て有柄……**ムラサキノキビ**(1233)➡検索 J-2-43a にあり，**アブラススキ**(1154)
b. 無柄小穂がある……**59**

59a. 苞穎は質が硬くて強い光沢があり，脈は不明瞭……**モロコシ属**(1164～1168)
b. 苞穎は光沢がないか，わずかに光沢があり，明瞭な脈がある……**60**

60a. 地表を匍匐する茎をもち，葉は幅広い……**オキナワミチシバ**(1147)
b. 匍匐茎はなく，葉は線形か披針形……**61**

61a. 小穂には全て芒がある……**オオアブラススキ属**(1152，1153)
b. 無柄小穂には芒があるが，有柄小穂には芒はない……**ヒメアブラススキ**(1188)，**モンツキガヤ**(1189)

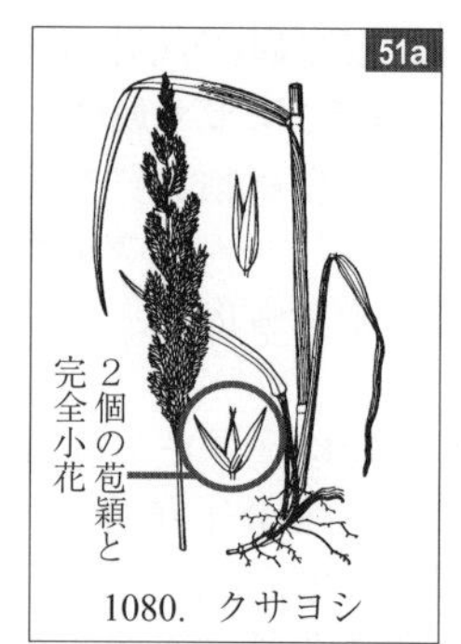

1080．クサヨシ

1206．ヌメリグサ

1253．ネズミノオ

1095．ハマヒエガエリ

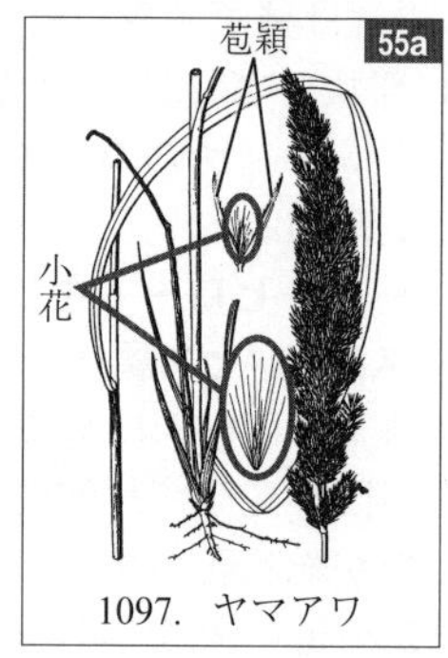

1097．ヤマアワ

1129．アワガエリ

1146．コブナグサ

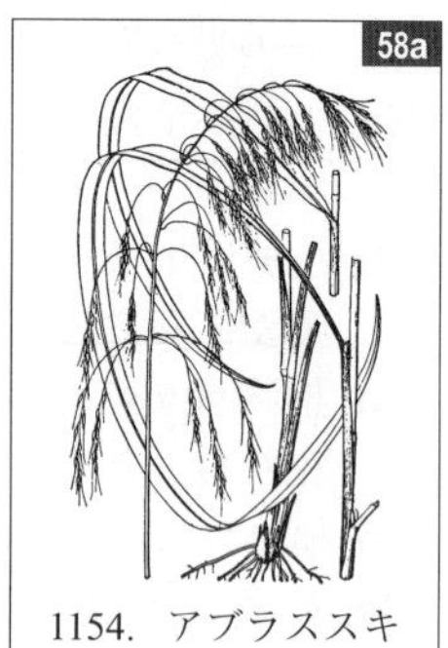

1154．アブラススキ

1166．モロコシ

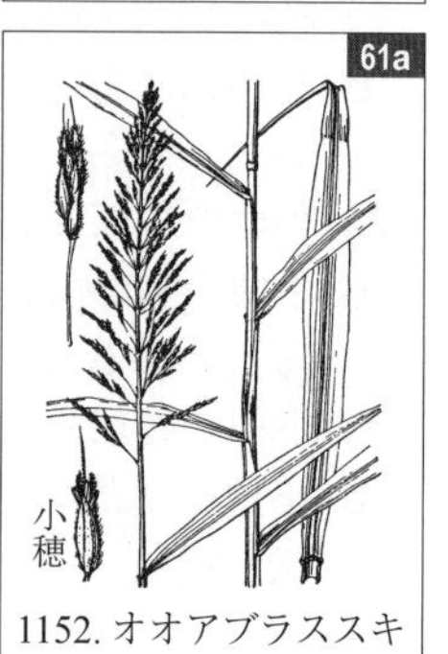

1152．オオアブラススキ

62a. 小穂は 2 小花のものと 1 小花のものとが混在し，2 小花の時は上方のものが雌性，下方のものが両全性．湿地に生える小形の草本 ………………………… **ヒナザサ**(1273)

b. 小穂は 1 小花からなるか, 実際には 2〜3 小花からなるがそのうち 1 花のみが完全で, 他は穎のみに退化する…… **63**

c. 小穂は複数の両全性の小花(一部の小花が単性となることもある)からなる ……………………………………………… **87**

63a. 水湿地や水田に生えるか，栽培される．苞穎はない(退化小花の護穎が苞穎のように見えることがある)．護穎は 5 脈あり，著しく背面がふくらむ．内穎は 3 脈，背面は護穎ほどふくらまない．小穂の全体の形はもみがら状……………………………………………………………… **64**

b. 小穂は上のようではない ………………………………………… **65**

64a. 主として水田に栽培される．小穂の基部に 2 個の退化小穂があり，苞穎のように見える．小穂は熟しても脱落しない……………………………… **イネ属**(1012〜1014)

b. 野生する．小穂の基部に退化小穂はない．小穂は熟すと脱落する ………………… **サヤヌカグサ属**(1010, 1011)

65a. 小穂に淡紅色の長毛がある．沖縄や小笠原の路傍に見られる帰化植物 ……………………… **ホクチガヤ**(1239)

b. 小穂に淡紅色の毛はない ………………………………………… **66**

66a. 小穂に芒がある(フサガヤやタカネコウボウ，ノガリヤス属やヌカボ属の一部では芒は短く小穂の外に伸びださないので注意) ………………………………………… **67**

b. 小穂に芒がない(基部に芒のように見える剛毛が生えることがある) ………………………………………………………… **77**

67a. 芒は 3 分岐する

……………………… **オオマツバシバ**(1141)➡検索 F-42b にあり

b. 芒は 3 分岐せず，単純(羽毛状になることはある) … **68**

68a. 小穂の基盤は著しく伸長して柄状になるため, 小穂の柄には途中に関節があるように見える……… **ツクシガヤ**(1015)

b. 小穂の基盤は伸長せず，小穂の柄は頂部で小穂と関節する……………………………………………………………… **69**

69a. 小穂は 3 小花からなり，うち 1 小花のみ完全，他は護穎のみに退化する……………… **タカネコウボウ**(1084)

b. 小穂は 1 小花のみからなる ………………………………… **70**

70a. 苞穎の先端は長い芒となる ………… **ヒエガエリ**(1094)

b. 苞穎の先端は芒とならないか，ごく短い芒となる … **71**

71a. 芒は護穎の背面から出る ……………………………………… **72**

b. 芒は護穎の先端から出る(ネズミガヤ属では護穎が凹頭となり，芒はその間から出る) ……………………………… **74**

72a. 芒は小穂の 3 倍以上長い ……… **セイヨウヌカボ**(1138)

b. 芒は小穂の 2 倍以下 …………………………………………… **73**

73a. 芒は小穂の外に伸びだし，目立つ

…………………………………………… **ミヤマヌカボ**(1089),

ノガリヤス属(1099, 1100, 1103〜1105)

b. 芒は小穂から伸びださない

…… **ノガリヤス属**(1097, 1098, 1101, 1102), **フサガヤ**(1140)

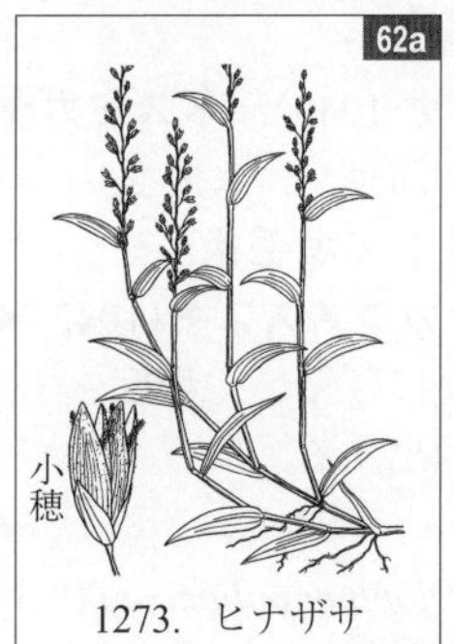

1273. ヒナザサ

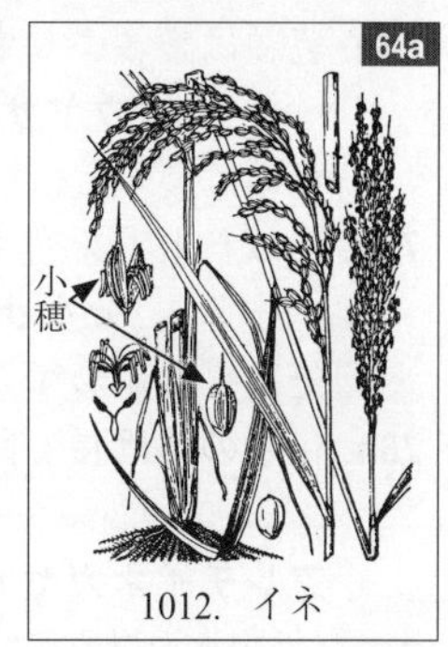

1012. イネ

1010. サヤヌカグサ

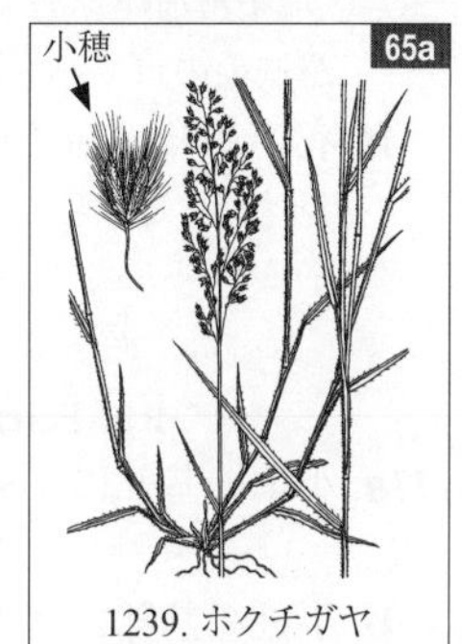

1239. ホクチガヤ

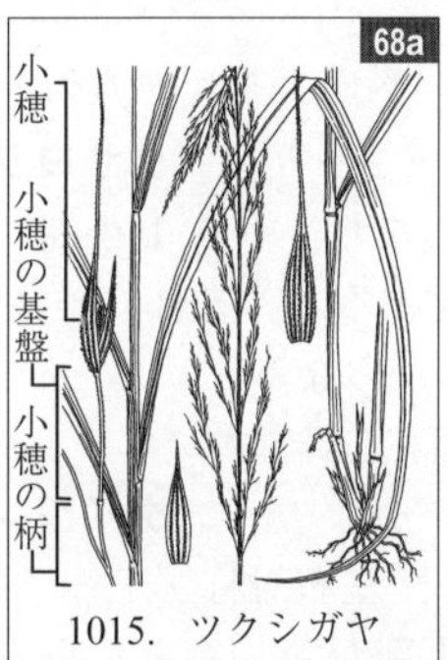

1015. ツクシガヤ

1084. タカネコウボウ

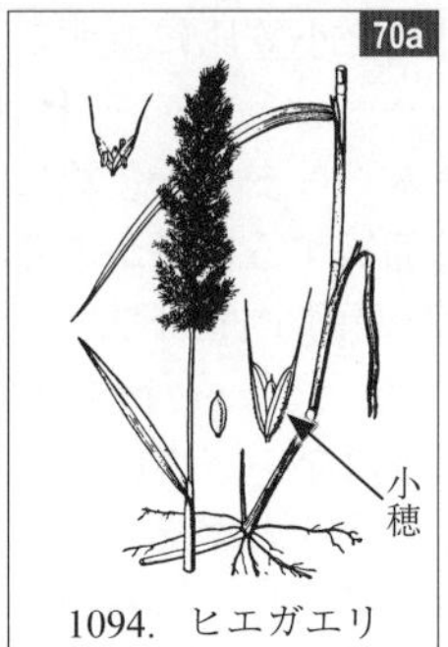

1094. ヒエガエリ

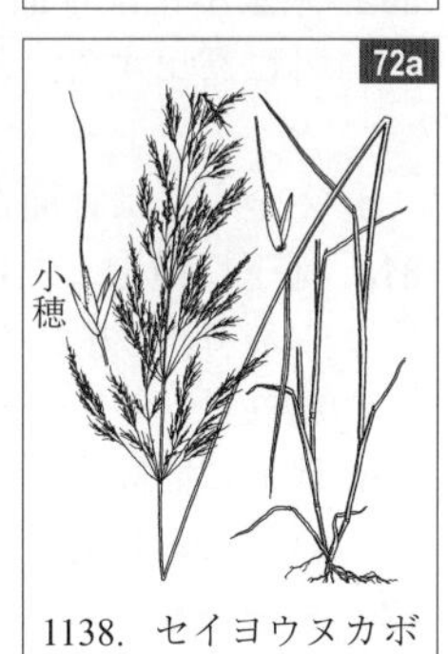

1138. セイヨウヌカボ

1089. ミヤマヌカボ

1140. フサガヤ

74a. 苞穎は護穎よりも短い
……………**コウヤザサ**(1040), **ネズミガヤ属**(1257〜1260)
b. 苞穎は護穎とほぼ同長か, より長い ……………………… **75**
75a. 芒は斜上毛を密生して羽毛状
……………… **ヒゲナガコメススキ**(1042)➡検索 F-42a にあり
b. 芒は平滑かわずかにざらつく程度 ……………………… **76**
76a. 花序の枝は長く開出する
…………………………………………………… **ハネガヤ**(1044),
アレチイネガヤ *Oloptum miliaceum* (L.) Röser et Hamasha (地中海沿岸原産で日本にはまれに帰化. 小穂が小さく護穎が無毛の点でハネガヤと異なる)
b. 花序の枝は短く直立するため, 一見総状花序のように見える(ヒロハノハネガヤ属)
…………………………………………… **ヒロハノハネガヤ**(1043),
イネガヤ *Patis obtusa* (Stapf) Romasch., P.M.Peterson et Soreng (沖縄県の石灰岩地にまれ)
77a. 小穂の基部に 1〜数本の剛毛がある
…………………………………… **エノコログサ属**(1231, 1232)
b. 小穂の基部に剛毛はない(小穂内の小花の基盤が有毛なことがある) ……………………………………………… **78**
78a. 小穂は 3 小花からなり, うち下方の 2 小花は小形の護穎のみに退化する………………… **クサヨシ属**(1080, 1081)
b. 小穂は 2 小花からなり, うち 1 小花のみが完全で, 他は護穎のみに退化するか, まれに雄性……………………… **79**
c. 小穂は 1 小花のみからなる……………………………… **83**
79a. 葉は幅広く, 基部左右非対称
………………………………………… **タイワンササキビ**(1193)
b. 葉は一般に細長く, 左右対称 …………………………… **80**
80a. 完全小花は背面下部が著しくふくらみ, 上部は苞穎の外に露出する. 沖縄と小笠原に産する
…………………………………………………… **ヒメチゴザサ**(1211)
b. 完全小花は背面がふくらまず, 苞穎に包まれる……… **81**
81a. 地下に横走または匍匐する根茎がある. 小穂は 2 小花からなり, 上方の小花が両全性, 下方の小花はやや小さく雄性………………………………… **トダシバ属**(1144, 1145)
b. 地下に匍匐する根茎はない. 小穂は両全性の 1 小花と, 護穎のみに退化した小花とがある ……………………… **82**
82a. 小穂の基部に球状に発達した基盤がある
…………………… **ムラサキノキビ**(1233)➡検索 J-2-43a にあり
b. 小穂の基部の基盤は発達しない
………………………………………………… **キビ属**(1240〜1243)
83a. 果実(頴果)は結実期には小花から露出するか, 裸のまま脱落する …………………………………………………… **84**
b. 果実は結実期にも露出せず, 穎に包まれたまま脱落する ……………………………………………………………… **85**
84a. 穎は緑色……………… **タキキビ**(1041), **タツノヒゲ**(1053)
b. 穎は帯褐色膜質 ……………… **ネズミノオ属**(1253〜1255)

74a
1257. ネズミガヤ

76a
1044. ハネガヤ

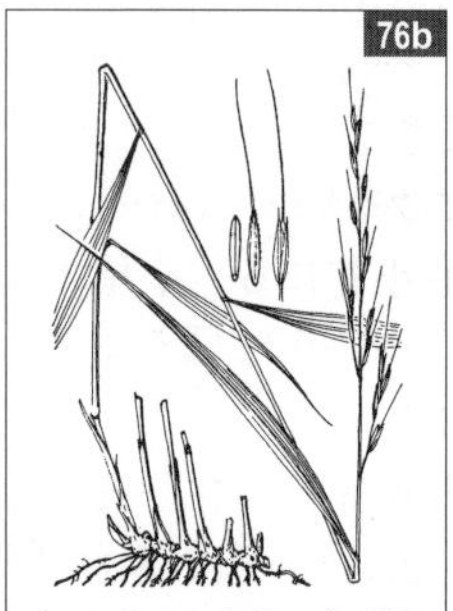

76b
1043. ヒロハノハネガヤ

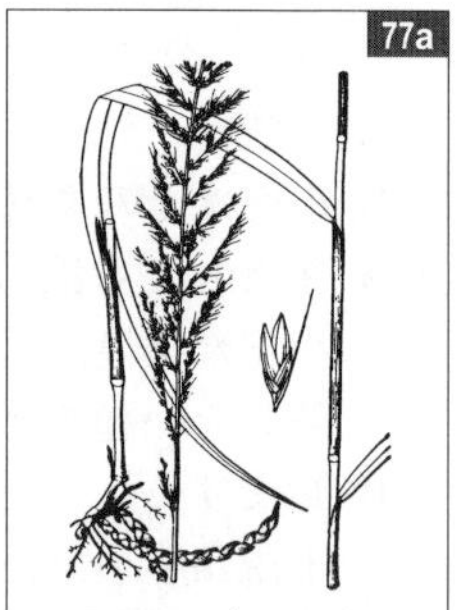

77a
1231. イヌアワ

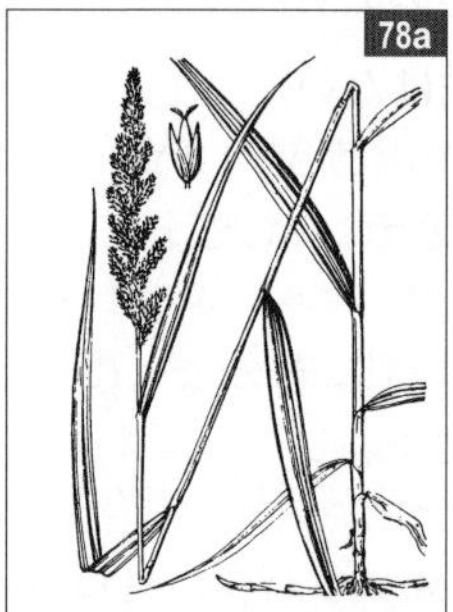

78a
1081. チグサ

80a
完全小花
苞穎
1211. ヒメチゴザサ

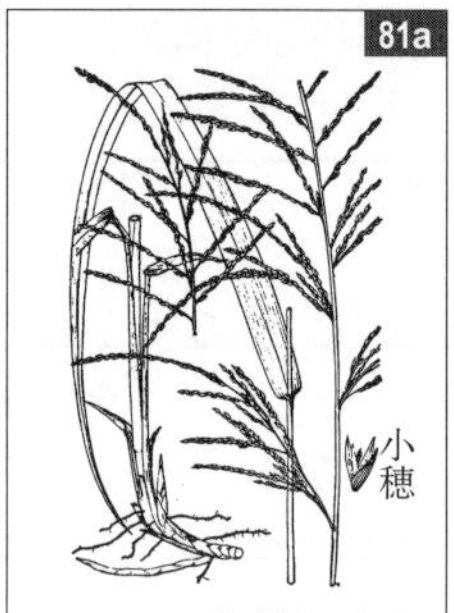

81a
小穂
1144. トダシバ

82b
果実
1240. キビ

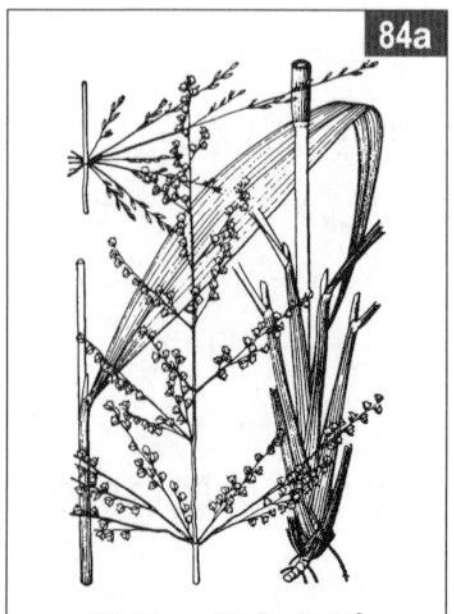

84a
1041. タキキビ

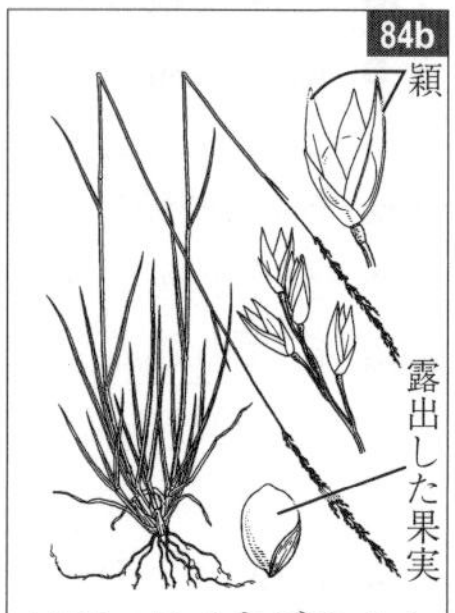

84b
穎
露出した果実
1254. ヒメネズミノオ

85a. 苞穎は護穎よりも短い……… **ヒロハノコヌカグサ**(1139)
b. 苞穎は護穎よりも長いか，ほぼ同長 ………………………… **86**
86a. 葉は軟質 …… **ヒメコヌカグサ**(1093)，**イブキヌカボ**(1137)
b. 葉はやや硬いものが多い
…… **ノガリヤス属**(**ムツノガリヤス** *Calamagrostis matsumurae* Maxim. 等の一部の種)，**ヌカボ属**(1088～1093)
87a. 長い方の苞穎は最も上の小花(芒や毛叢は除く)と同長かより長い …………………………………………………………… **88**
b. 苞穎は最も上の小花よりも短いか，ほぼ同長 ………… **93**
88a. 小穂は芒を除き長さ 1.8～2.5 cm で大きい
…………………………………………… **カラスムギ属**(1072～1074)
b. 小穂は芒を除き長さ 7 mm 未満で小さい……………………… **89**
89a. 乾燥した植物体にクマリン臭がある．小穂は 3 小花からなり，上端の 1 小花は両全性(まれに雌性)，下の 2 小花は雄性 …………………………… **ハルガヤ属**(1082，1083)
b. 乾燥した植物体にクマリン臭はない．小穂は 2 小花からなる ………………………………………………………………… **90**
90a. 小穂は微小で長さ 2.5 mm 未満 ……………………………… **91**
b. 小穂は長さ 3 mm 以上 ……………………………………………… **92**
91a. 一年草．小穂に芒がある …………………**ヌカススキ**(1108)
b. 多年草．小穂に芒はない ……… **チゴザサ属**(1274，1275)
92a. 小花は 2 個とも両全性
……………………… **オオカニツリ**(1075)，**シラゲガヤ**(1106)
b. 小花は 1 個は両全性，1 個は雄性
……………… **トダシバ属**(1144 ➡検索 J-2-81a にあり，1145)
93a. 葉鞘は縁が完全に合着して円筒状になる ………………… **94**
b. 葉鞘は縁が基部まで裂ける(フォーリーガヤ(1052)やナガハグサ属の一部の種(ムカゴツヅリなど)では中部以下が合着することがある) ………………………………………… **99**
94a. 護穎は芒のあることが多く，芒のない場合でも鋭尖頭
………………………………………… **スズメノチャヒキ属**(1056～1058)
b. 護穎は鈍頭で芒はない……………………………………………… **95**
95a. 低地～低山地の乾いた土地に生える．小穂には 2～4 個の稔性のある小花と，先端に護穎のみに退化した不稔の小花を含む．第二苞穎は 3 脈がある
…………………………………………………… **コメガヤ属**(1050，1051)
b. 低地～亜高山帯の湿地や沢沿いまたは高山の砂礫地に生える．小穂には多数(3 個以上)の稔性のある小花を含む…………………………………………………………………… **96**
96a. 第二苞穎は 1 脈のみがある．護穎は無毛
………………………………………… **ドジョウツナギ属**(1046～1049)
b. 第二苞穎は 3 脈がある．護穎は脈の下部に毛があることが多い……………………………………………………………… **97**
97a. 茎の基部の節間は米粒大に肥厚して赤色を帯びる．山地の沢沿いに生える …………………… **ムカゴツヅリ**(1128)
b. 茎の基部の節間は肥厚しない …………………………………… **98**

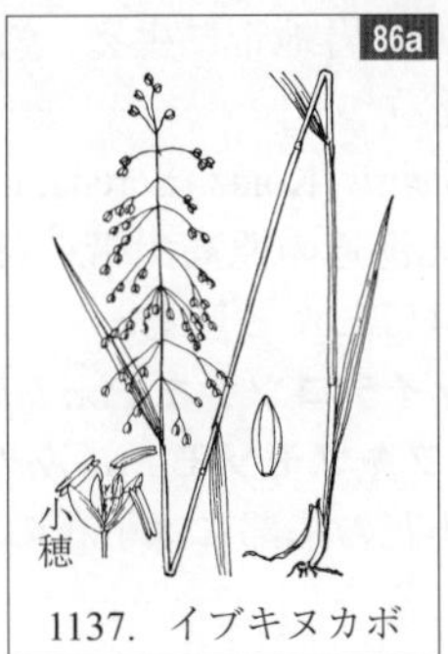

1137. イブキヌカボ

1072. カラスムギ

1082. コウボウ

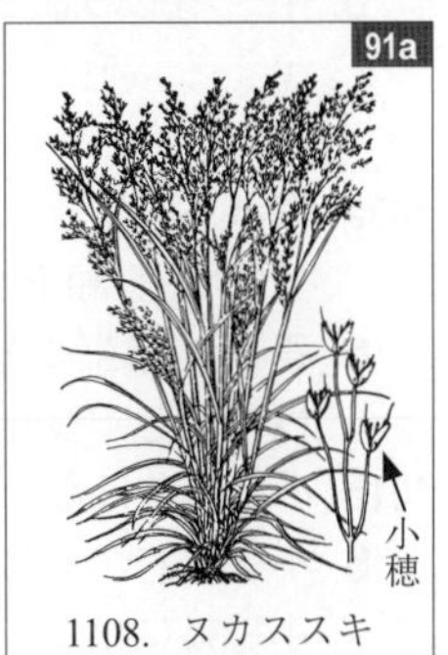

1108. ヌカススキ

1274. チゴザサ

1075. オオカニツリ

1056. スズメノチャヒキ

1050. コメガヤ

1047. ドジョウツナギ

1128. ムカゴツヅリ

98a. 北日本の高山の蛇紋岩地帯に生え，細長い地下茎をひく．護穎の毛は目立つ ………………………… **ナンブソモソモ**
Dupontiopsis hayachinensis (Koidz.) Soreng, L.J.Gillespie et Koba

b. 本州中部以北と北海道の亜高山帯の林内に生え，地下茎は短い．護穎はほとんど無毛
…………… **ハクサンイチゴツナギ** *Poa hakusanensis* Hack., **イブキソモソモ** *Poa radula* Franch. et Sav.

99a. 大形の多年草で小花の基部には小花の長さの 1 / 2 以上の長い直毛が生える ………………………………………………… **100**

b. 中～小形の草本で小花の基部は無毛か，ごく短い毛が生える．毛がやや長い場合には毛は縮れていて互いに絡み合う …………………………………………………………… **101**

100a. 稈は多年生でしばしば上部で分枝する．小花の基盤は伸長せず，護穎も全面が有毛 …… **ダンチク属**(1281，1282)

b. 稈は 1 年生で分枝しない．小花の基盤(本文では小軸)は伸長し，長毛が生える …………… **ヨシ属**(1278～1280)

101a. 小穂に芒はない ………………………………………………… **102**

b. 小穂に芒がある(ヒロハノコメススキ(1107)は芒が短く小穂外に出ない) ………………………………………………… **109**

102a. 小花の基部に長い縮毛がある．護穎は脈の下部が有毛のことが多い．葉身はしばしば先がボート形となる
……………………………………… **ナガハグサ属**(1122～1128)

b. 小花の基部は無毛か，短い直毛が生える ……………… **103**

103a. 果実は熟すると小花から露出するか，裸の状態で脱落する ……………………………………………………………… **104**

b. 果実は穎に包まれたまま脱落する ……………………… **105**

104a. 小穂は 4 個以上の小花からなる．根生葉があり，茎葉は基部で表裏が反転しない ……… **スズメガヤ属**(1245～1250)

b. 小穂は 3 個以下の小花からなる．根生葉はなく，茎葉は基部でしばしば表裏が反転する ……….. **タツノヒゲ**(1053)

105a. 小穂は幅狭く，あまり扁平ではない ………………… **106**

b. 小穂は幅広く，扁平かややふくらむ ………………… **107**

106a. 湿地に生える．小花の基盤は有毛 ……… **ヌマガヤ**(1276)

b. 森林に生える．小花の基盤は無毛
……………………………………………… **ヤマトボシガラ**(1114)

107a. 低地に帰化する多年草で高さ 1 m に達する．護穎の背面は竜骨となり，有毛 ……………………… **カモガヤ**(1120)

b. 高さ 30 cm 以下の一年草または多年草．護穎の背面は無毛 ……………………………………………………………… **108**

108a. 本州中部の高山に生える多年草．護穎の背面は竜骨となる ……………………………………… **タカネソモソモ**(1118)

b. 低地に帰化する一年草．護穎の背面は竜骨とならない
……………………………………… **コバンソウ属**(1086，1087)

109a. 根生葉はない．葉身は基部で表裏が反転し，表面が下を向いて淡緑色，裏面が上を向いて濃緑色
……………………………………………… **ウラハグサ**(1277)

b. 根生葉があるか，ない場合でも葉は上のようにならない ……………………………………………………………… **110**

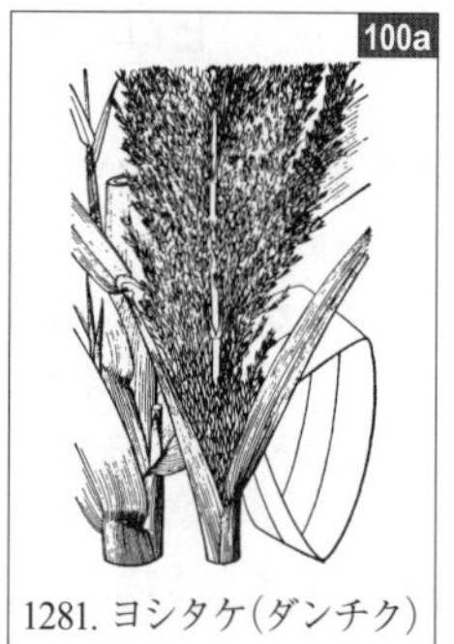

1281. ヨシタケ(ダンチク)

1278. ヨシ

1126. ナガハグサ

1245. ニワホコリ

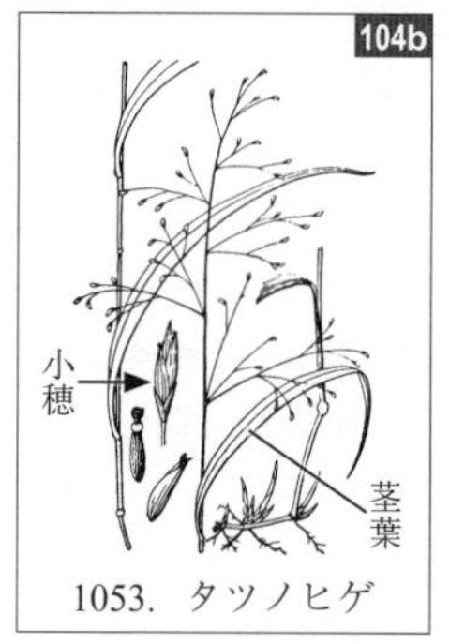

1053. タツノヒゲ

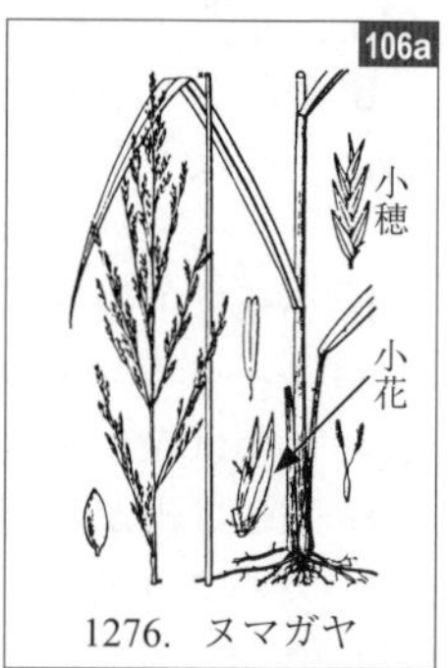

1276. ヌマガヤ

1114. ヤマトボシガラ

1120. カモガヤ

1086. コバンソウ

1277. ウラハグサ

110a. 小花の基盤は無毛……………………………………………**111**
b. 小花の基盤は有毛……………………………………………**112**
111a. 多年草．花序の枝は開出する
……………………………………**ウシノケグサ属**(1113, 1115)
b. 一年草．花序の枝は直立または斜上する
……………………………………**ウシノケグサ属**(1116, 1117),
ナギナタガヤ(1119)
112a. 苞穎は最下の小花よりも長いか，ほぼ同長
…………**ヒロハノコメススキ**(1107), **コメススキ**(1109)
b. 苞穎は最下の小花よりも短い……………………………**113**
113a. 芒は途中で膝折れする(拡大図は真っすぐに描かれている) ……………………………**カニツリグサ**(1076),
ミサヤマチャヒキ *Helictotrichon hideoi* (Honda) Ohwi(長野県にまれに産する多年草．茎や葉に毛が多い)
b. 芒は真っすぐで膝折れしない……………………………**114**
114a. 全体無毛．茎葉は少ない………… **フォーリーガヤ**(1052)
b. 葉鞘と葉身は有毛．茎葉は多い
……………………………………**チョウセンガリヤス**(1272)

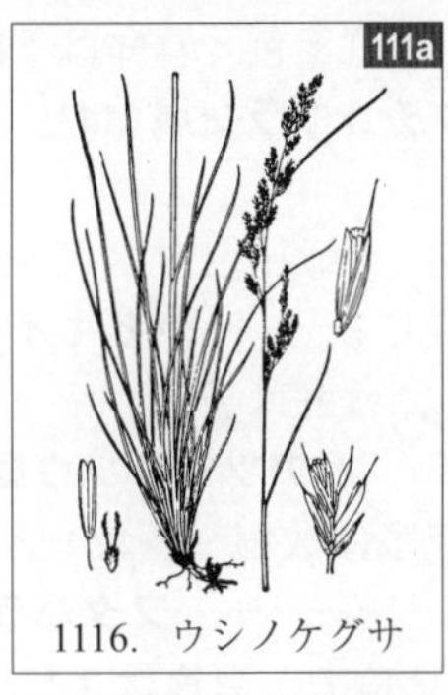

1116. ウシノケグサ

1076. カニツリグサ

1052. フォーリーガヤ

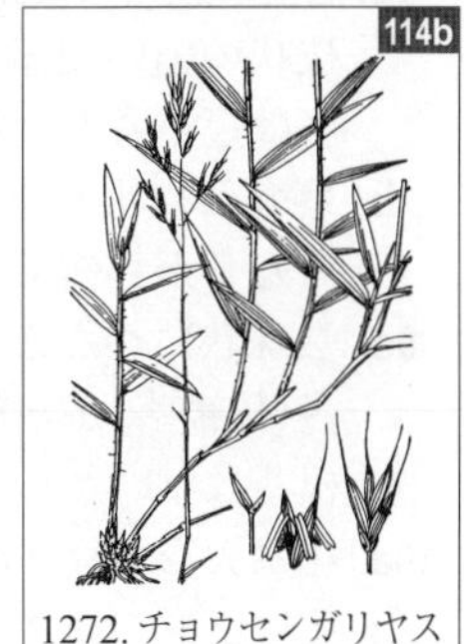

1272. チョウセンガリヤス

検索 J-3

ラン科；ただし，葉がないもの(検索A, D, Gで扱った), 葉が棒状かまたは左右に扁平なもの(検索E, Hで扱った), 葉が全て根生かまたは根生状のもの(検索Iで扱った)を除く．

1a. 樹上や岩上に着生する……………………………………**2**
b. 地上に生える……………………………………………**4**
2a. 茎は空中に伸長して多肉質となり，葉を互生する
…………**ツリシュスラン**(433), **セッコク属**(508～512),
カヤラン(526), **カシノキラン属**(530, 531),
ヒョウモンラン(534)
b. 茎は伸長せず株元に球茎状または円柱状の偽鱗茎があり，その先端に葉を叢生する…………… **オサラン**(496),
ナカハラ ラン(507), **カトレア**(524)
c. 茎は通常針金状で樹皮上または岩上を匍匐し，根と葉を出す……………………………………………………**3**
3a. 偽鱗茎がない……………… **マメラン**(**マメヅタラン**)(513),
ムカデラン(528)
b. 葉の基部に偽鱗茎がある…… **マメヅタラン属**(514～516)
4a. 葉は1個，茎の中部に生じ，それとは別に花の基部に葉状の苞があることもある……………………………**5**
b. 葉は2個，茎の中部または下部に対生する………………**7**
c. 葉は2個以上互生する……………………………………**8**
5a. 花は1個，茎頂に単生する
……………………**トキソウ属**(417, 418), **サワラン**(488)
b. 花は総状花序に数個～多数つく……………………………**6**

433. ツリシュスラン

507. ナカハラ ラン

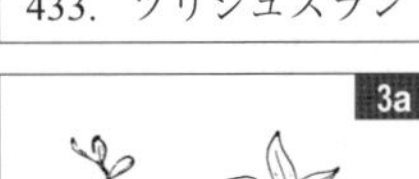

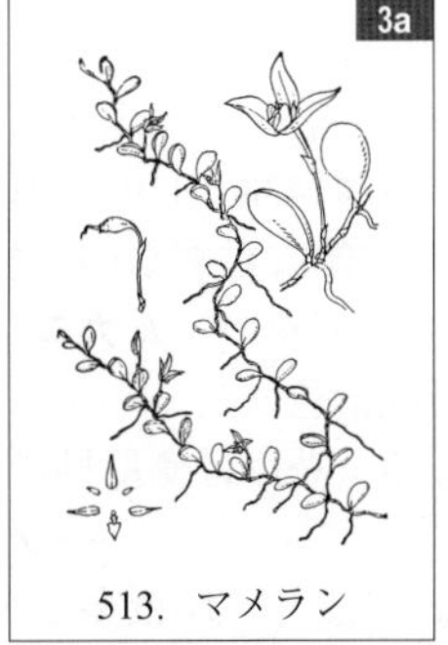

513. マメラン

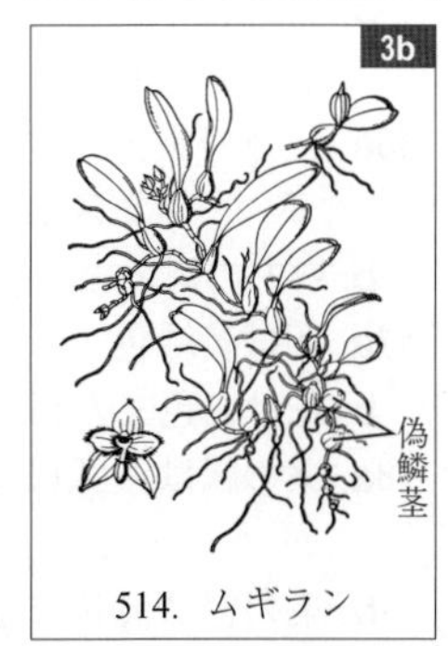

514. ムギラン

6a. 花はやや大きく，帯紅紫色．唇弁は下向く
…………………… **ウチョウラン属**(443～445，447，448)，
カモメラン(455)

b. 花は微小で黄緑色．唇弁は上向くことが多いが，ときに下向きの花が混じる ……… **ホザキイチヨウラン**(499)

7a. 花は1個で大きく，唇弁は袋状
…………………… **アツモリソウ属**(412，414，415)

b. 花は小さく総状花序に数個～多数つき，唇弁は2深裂する…………………… **フタバラン属**(468～472)

8a. 唇弁は著しく袋状となり，萼片は2枚(7aも参照)．匍匐枝状の細い根茎があり，節から多数の根を出すか，根茎は短くつまって根を叢生する……… **アツモリソウ**(413)

b. 唇弁は袋状とならず，萼片は3枚．根茎は太く数珠状となるか，短く細いか，またはない …………………… **9**

9a. 数珠状につながった太い根茎があるか，円柱形の太い茎(偽鱗茎)が基部で連結する …………………… **10**

b. 根茎はないか，あっても短く細い …………………… **12**

10a. 花は大形で径3 cm内外 …………………… **シラン**(489)

b. 花は小形で径2 cm以下 …………………… **11**

11a. 唇弁が上向きに咲くことが多い
…………………… **ホザキイチヨウラン**(499)➡検索J-3-6bにあり

b. 唇弁は必ず下向きに咲く
…**クモキリソウ属**(500～502, 505)(検索I－10b，31bも参照)

12a. 茎は基部匍匐し，根は節から1本ずつ出るか，ときに退化する
…… **アリドオシラン**(428), **シュスラン属**(429～432, 434, 435)

b. 茎は単一で直立し，基部に数本～多数の根があって，うち1または2個は肥厚するか，1個が先または途中に芽をつける器官となる …………………… **13**

c. ごく短い根茎があり,肥厚しない多数の根を叢生する … **20**

13a. 掌状に肥厚した根がある ………… **テガタチドリ**(450)，
ハクサンチドリ(451)，**アオチドリ**(452)

b. 掌状に肥厚した根はない …………………… **14**

14a. 唇弁は白色で3裂し，側裂片は幅広く縁が糸状に裂ける …………………… **サギソウ**(436)，**ダイサギソウ**(437)

b. 唇弁は上のようではない …………………… **15**

15a. 唇弁は舌状で分裂しないか，基部付近に1対の小さな側裂片をつける …………………… **ツレサギソウ属**(456～467)

b. 唇弁は中部付近または先端で3裂し，中裂片は分裂しないかさらに2裂する …………………… **16**

16a. 唇弁の側裂片は線形で著しく開出する
………… **ミズトンボ属**(438，439)，**ムカゴトンボ**(440)

b. 唇弁の側裂片は一般に幅広く,線形の場合は下垂する … **17**

17a. 花は黄緑色 …………………… **ムカゴソウ属**(441，442)

b. 花は白色または帯紅紫色 …………………… **18**

18a. 葉の縁は波状になる．花序は側扁性でない
…………………… **ノビネチドリ**(453)

b. 葉の縁は波状にならない.花序は多少とも側扁性 …… **19**

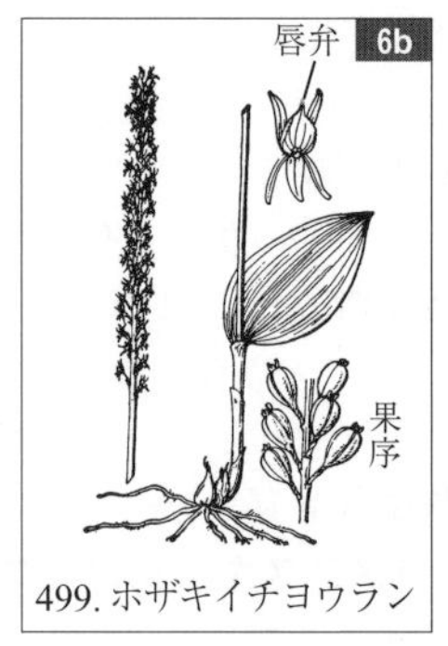

499. ホザキイチヨウラン

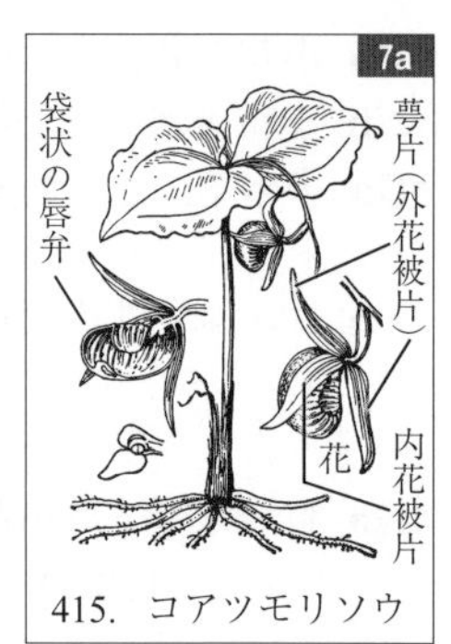

415. コアツモリソウ

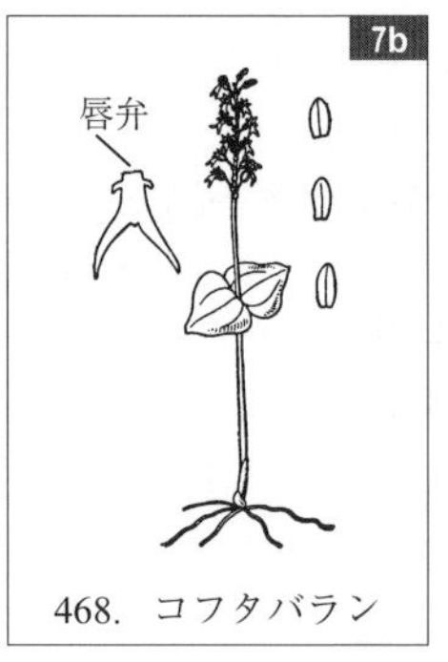

468. コフタバラン

500. コクラン

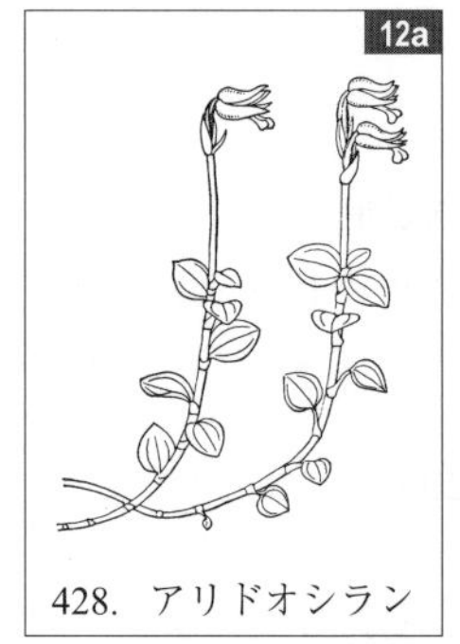

428. アリドオシラン

450. テガタチドリ

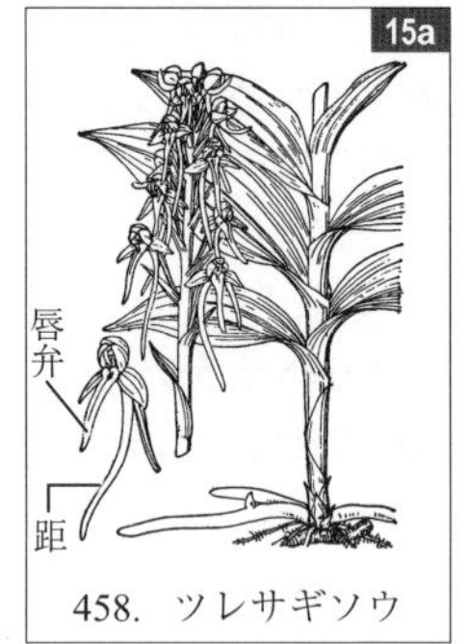

458. ツレサギソウ

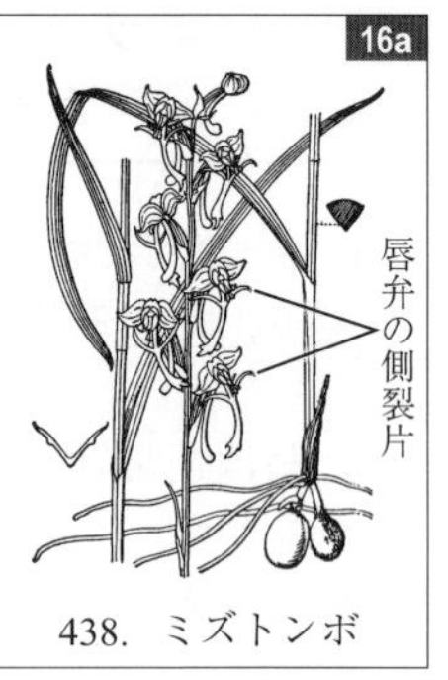

438. ミズトンボ

441. ムカゴソウ

446. ウチョウラン

19a. 球状の塊根はない．花は常に白色 …… **オノエラン**(454)
b. 球状の塊根がある．花は普通帯紅紫色
…………………… **ウチョウラン**(446)，**ニョホウチドリ**(447)，**ミヤマモジズリ**(449)
20a. 葉の基部は茎を抱くが葉鞘をなさない．花は黄色または白色で，花序の中上部では苞が発達しない
…………………………………………………… **キンラン属**(475～478)
b. 葉の基部は葉鞘となる．花は帯橙黄色か帯緑色で，花序の先まで苞がつく ………………… **カキラン属**(479～481)

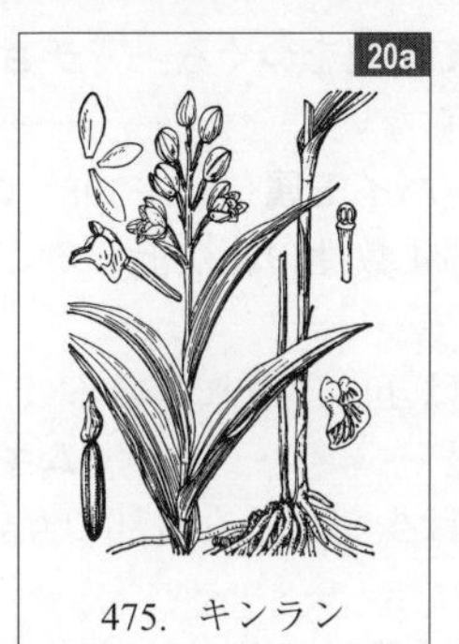

475. キンラン

479. カキラン

検索 K

検索Jに比し，葉に葉鞘はないか，あってもごく短い．

1a. 木本 …………………………………………………………… **2**
b. 草本 …………………………………………………………… **8**
2a. 葉は輪生 ………………… **コウヤマキ**(44)➡検索 E-9b にあり
b. 葉は対生 ……………………………………………………… **3**
c. 葉は互生 ……………………………………………………… **4**
3a. 裸子植物．葉脈は繊細な平行脈でほとんど見えない
…………………………………………………………… **ナギ**(43)
b. 被子植物. 中央脈以外に, 基部から葉の先端近くに走る側脈と, 脈間をつなぐ細脈もよく見える…… **モクマオ**(2119)，**ドクウツギ**(2200)，**ノボタン科**(2528～2530，2533)
→検索 R を参照
4a. 葉は長さよりも幅が広いかほぼ同長，先は凹む
………………………………………………… **ソシンカ**(1632)
b. 葉は幅よりも長さが明らかに長く，先は尖るか少し鈍いが，凹むことはない ……………………………………… **5**
5a. 葉には中央脈の両側に基部から先端まで達する１対の側脈状の隆起がある(これは葉脈ではなく, 葉の巻いていた跡である). 南アメリカの原産 ……… **コカノキ**(2278)
b. 葉には１本の中央脈のみが明瞭 ……………………… **6**
c. 葉には中央脈以外にも複数の脈が明瞭 ……………… **7**
6a. 被子植物．葉(実は葉状枝)は卵形で幅広い，花は両全性で花被があり，葉状枝の中央付近につく
…………………………… **ナギイカダ**(614)➡検索表 p.30-5c にあり
b. 裸子植物．葉は線形．花は単性の球花で，葉上にはつかない ……… **イヌマキ属**(41，42)，**イヌガヤ属**(77，78)
7a. 葉(実は葉柄が広がった偽葉)は鎌状で表裏の差はない
…………………… **ソウシジュ**(1808)➡検索表 p.30-5c にあり
b. 葉は楕円形で表裏の差は明瞭 ………… **オカメザサ**(1023)
8a. 茎葉は全て輪生. まれに栽培される…… **タチビャクブ**(340)
b. 茎葉は対生または一部輪生 …………………………… **9**
c. 茎葉は全て互生 ……………………………………… **17**

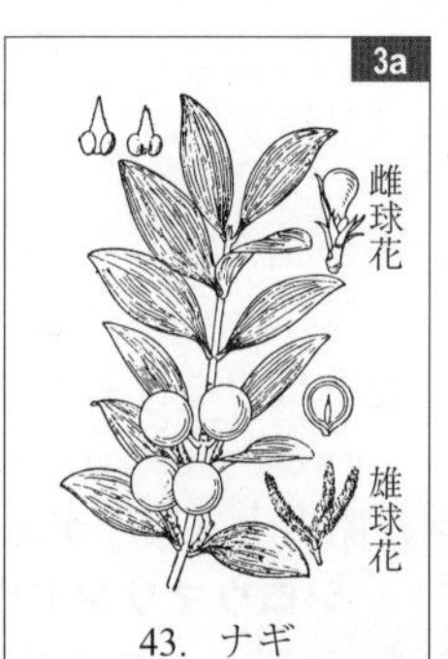

43. ナギ

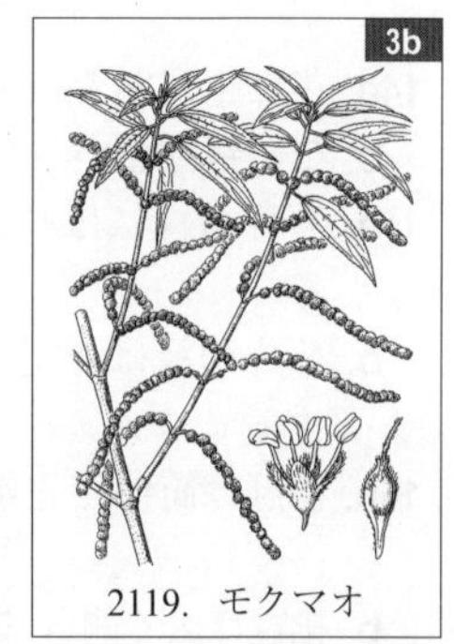

2119. モクマオ

1632. ソシンカ

2278. コカノキ

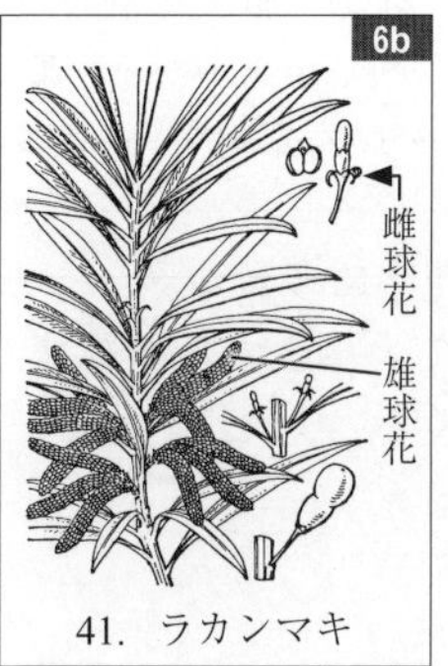

41. ラカンマキ

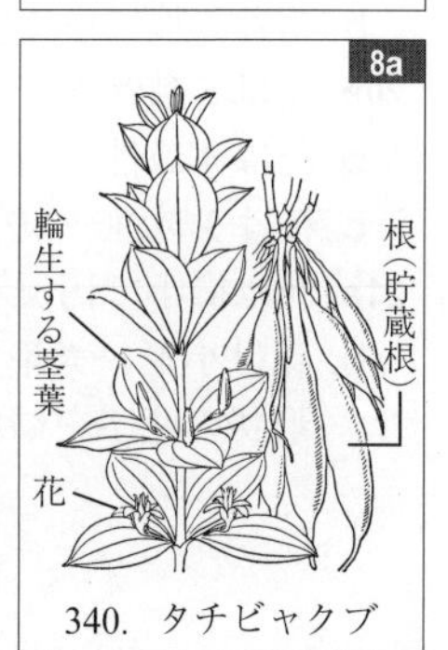

340. タチビャクブ

9a. 花は多数集まって頭花をつくる …… **チョウジギク**(4307)

b. 花は頭花をつくらない……………………………………………… **10**

10a. 花は3数性 ………**バイモ属**(394〜398), **ユリ属**(401, 402)

b. 花は5数性(一部4数性の花が混じることがある) … **11**

c. 花は全て4数性 ……………………………………………………… **14**

11a. 葉は有毛．花弁は互いに離れている

……………………………………………………… **ムギセンノウ**(2947)

b. 葉は無毛．花弁は少なくとも基部で互いに合生する(リンドウ科) ……………………………………………………………… **12**

12a. 花冠裂片の間に小形の副裂片がある(検索F－13aも参照) …………………………… **リンドウ属**(3377, 3379〜3390)

b. 花冠裂片の間に副裂片がない ………………………………… **13**

13a. 花冠の中部以下は筒状となる……**サンプクリンドウ**(3401), **チシマリンドウ属**(3407〜3409), **シマセンブリ** *Schenkia japonica* (Maxim.) G.Mans.(屋久島以南の海岸に生える．花は淡紅色)

b. 花冠は広く開き，裂片に腺があり，基部は筒状とならない(検索I－25aも参照)

……………………… **センブリ属**(3397, 3398, 3404〜3406), **ヒメセンブリ**(3402)

14a. 花に距がある………………………………… **ハナイカリ**(3400)

b. 花に距はない……………………………………………………… **15**

15a. 萼片の縁には長い毛が生える．花弁は互いに離れている …………………………………………… **ヒメノボタン**(2534)

b. 萼片の縁は無毛．花弁は少なくとも基部で互いに合生する……………………………………………………………… **16**

16a. 花冠は筒形で先端に開出する裂片がある

……………………………… **シロウマリンドウ属**(3393, 3394)

b. 花冠は広く開き, 筒形ではない(13bも参照)

……………………………………………… **チシマセンブリ**(3399)

17a. 花は多数集まって頭花をつくる

……………………………… **バラモンジン属**(4070, 4071), **ヤマハハコ属**(4128〜4133), **キリンギク**(4317)

b. 花は頭花をつくらない……………………………………………… **18**

18a. 花は複散形花序につき．花序の分枝点には数枚の総苞片がある…………………… **ホタルサイコ属**(4430〜4433)

b. 花は複散形花序につかず，総苞片はない ………………… **19**

19a. 花は頂生の花序をつくるか，茎頂に単生する ………… **20**

b. 花は葉腋に単生するか，腋生の花序をなしてつく … **23**

20a. 花は5数性 …………………………………… **エゾルリソウ**(3516)

b. 花は4数性 ………………………………………… **マイヅルソウ**(605)

c. 花は3数性 ……………………………………………………… **21**

21a. 花は微小で円錐花序に多数つく ………… **ユキザサ**(604)

b. 花は小形〜大形で，単生するか総状，散房状または散形状の花序をつくる ……………………………………………… **22**

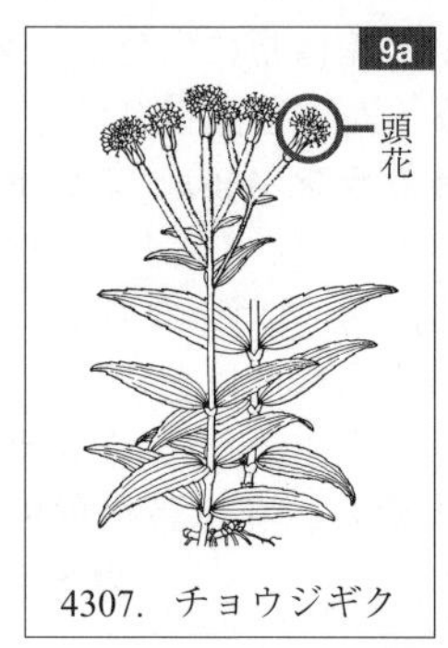

4307. チョウジギク

394. アミガサユリ

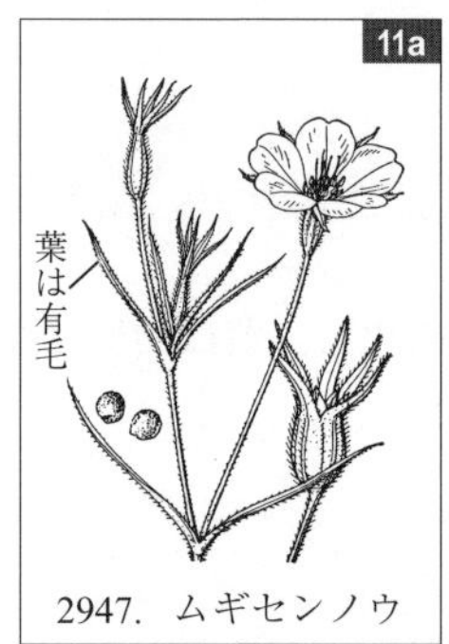

2947. ムギセンノウ

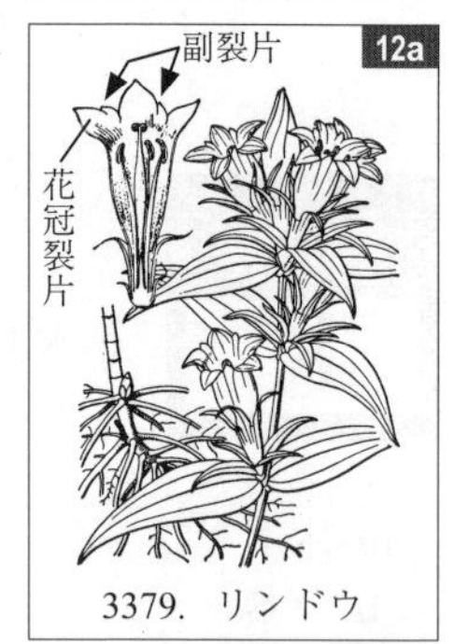

3379. リンドウ

3401. サンプクリンドウ

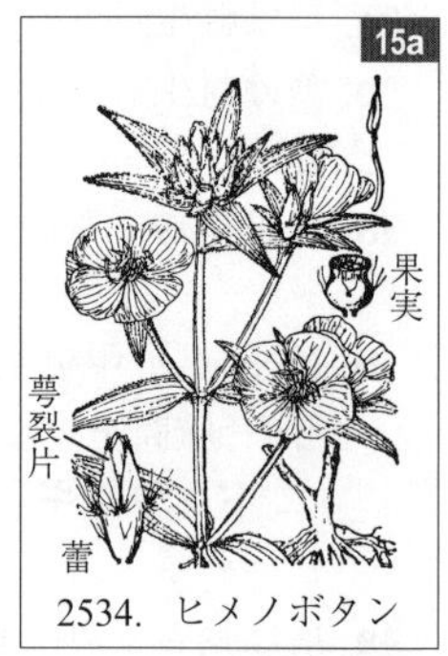

2534. ヒメノボタン

3394. シロウマリンドウ

4431. ホタルサイコ

3516. エゾルリソウ

604. ユキザサ

22a. 花序は散形状か単生し，単生の場合花の下に苞はない ……… **チゴユリ属**(360～362)

b. 花序は総状か散房状，または単生し，単生の場合花の下に苞がある ……… **チシマアマナ**(387)，**ユリ属**(地下に鱗茎がある)(399，400，403～411)

23a. 花は多数穂状花序につき，花被はない．茎の上部の葉は花期には下半分が白色となる …… **ハンゲショウ**(102)

b. 花は単生するか，少数が有柄の花序をつくる ……… **24**

24a. 花は常に単生し，有柄(柄がごく短いこともある)で下垂せず，柄の頂端に線形の苞と小苞が合計 3 枚ある ……… **カナビキソウ属**(2809，2810)

b. 花は無柄で数個かたまってつく ……… **ホウキギ属**(3003，3004)，**ヒロハマツナ** *Suaeda malacosperma* H.Hara(西日本の海岸に生えるハママツナ(3001)に似た草本)

c. 花は有柄で，単生か数個ずつ有柄の花序をつくり，葉腋から下垂する．単生の場合，花柄の頂端に苞はないか，あっても 1～2 枚で，線形ではない ……… **25**

25a. 花被は細長い花筒を形成する．果実は液果 ……… **アマドコロ属**(606～611)

b. 花被片は 2 対あり基部から開出～反曲する．果実は蒴果 ……… **ナベワリ属**(341～343)

102. ハンゲショウ

2810. カナビキソウ

3003. ホウキギ

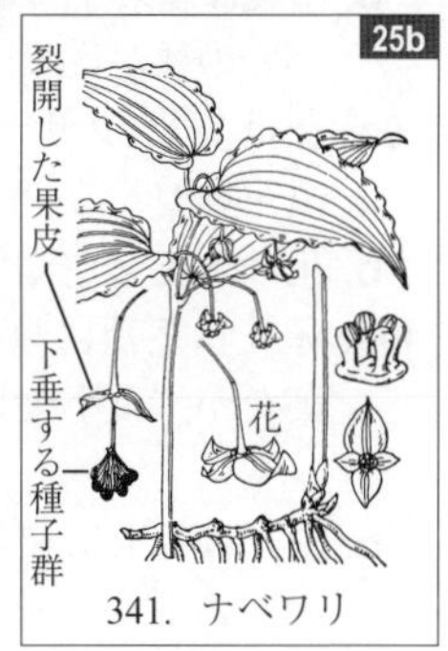

341. ナベワリ

検索 L

草本．葉は根生するか根生状でロゼットを形成し，葉(身)は長さが幅の 2 倍未満．基部は切形または心臓形となり，基部から複数の脈が掌状に出る．葉が分裂して二出，三出または掌状複葉となることもある．

※この検索では，葉とは特記しない限り根元付近から出る葉(またはその葉身)のことを指す．

1a. 葉は単葉で，分裂する場合でも全裂はしない ……… **2**

b. 葉は複葉(単葉だが全裂するものも含む) ……… **35**

2a. 花序は肉穂状で仏炎苞に包まれる ……… **3**

b. 花序に仏炎苞はない ……… **4**

3a. 葉は開花後に数枚展開し，分裂しない．仏炎苞は暗紫褐色・花序に付属体は無い ……… **ザゼンソウ**(202)

b. 葉は開花期に 1～2 枚あって，3 深裂．仏炎苞は普通緑色・花序に細長い付属体がある ……… **オオハンゲ**(217)

4a. 花は 3 数性 ……… **5**

b. 花は 2 または 4 数性 ……… **6**

c. 花は 2～4 数性ではない(時に花序にむかごのみをつけ，花の咲かない種もある) ……… **9**

5a. 花は根茎の末端に少数の葉と共にただ 1 個出て葉よりも低く，地面すれすれに咲く ……… **カンアオイ属**(109～138)

b. 花は葉よりも高い円錐状の花序をつくって多数つく ……… **カラダイオウ**(2824)，**ジンヨウスイバ**(2825)

202. ザゼンソウ

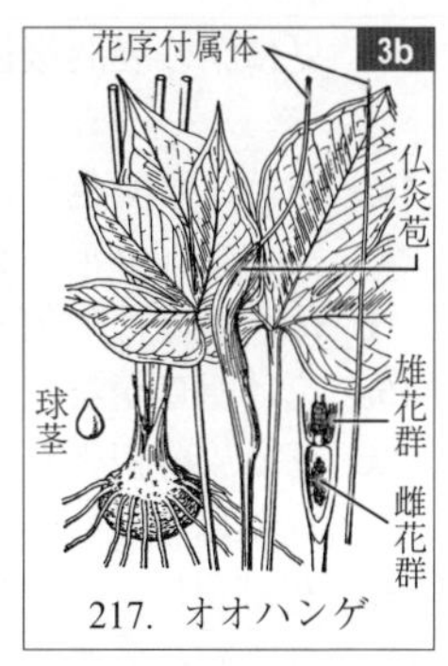

217. オオハンゲ

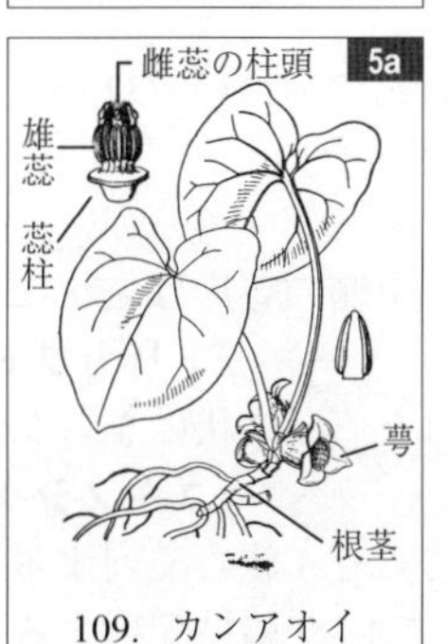

109. カンアオイ

2824. カラダイオウ

6a. 葉は左右非対称．果実は翼のある蒴果
………………………………… **タイヨウベゴニヤ**(2230)

b. 葉は左右対称．果実に翼はない ……………………… **7**

7a. 花序は総状．果実は長角果．植物体に辛味がある
………………………………………… **ワサビ属**(2779, 2780)

b. 花序は複散房状．果実は蒴果か痩果．植物体に辛みがない………………………………………………………… **8**

8a. 果実は 2 角状で 2 弁に裂ける蒴果．低地の日陰に生える ……………………………… **ヤマネコノメソウ**(1555)

b. 果実は痩果．日本産の種は高山に生えるが，近似のヨーロッパ産の種がしばしば栽培される …… **ハゴロモグサ**(2040)

9a. 花は多数(クサヤツデ(3939)では 1 小花のみ)集まって頭花をつくる(キク科)……………………………………… **10**

b. 花は頭花をつくらない……………………………………… **15**

10a. 頭花は茎頂に単生し，直立する．葉は厳密には羽状複葉だが，頂小葉以外は小さく目立たない．花冠は白色
……………………………………………… **センボンヤリ**(3930)

b. 頭花は茎上に複数つく(生育の悪い個体では単生することもあるが，その場合花冠は白色ではないか，頭花は点頭する) ………………………………………………… **11**

11a. 頭花は総状に集まる．黄色の舌状花がある(13b も参照)
……………………………… **メタカラコウ属**(4107, 4108)

b. 頭花は散房状またはやや頭状に集まる ……………… **12**

c. 頭花は円錐状に集まる．花冠は白色～紫色 ………… **14**

12a. 葉は常緑性で厚く，光沢がある．晩秋に開花する．黄色の舌状花がある………………… **ツワブキ属**(4100, 4101)

b. 葉は夏緑性で薄く，光沢はない ……………………… **13**

13a. 早春に葉の展開に先立って開花する．舌状花はない
………………………………………………………… **フキ**(4073)

b. 夏に葉の展開後に開花する．黄色の舌状花がある
……………………………… **メタカラコウ属**(4103～4106)

14a. 花冠は暗紫色で筒状
……………… **クサヤツデ**(3939)➡検索表 p.30-13a にあり

b. 花冠は淡青紫色で舌状……………… **フクオウソウ**(4050)

15a. 花は明らかな左右対称………………………………… **16**

b. 花は放射相称か，左右対称の場合でも不明瞭(イチヤクソウ属など) ………………………………………………… **18**

16a. 花は根出葉や茎葉の葉腋に単生する長い花柄の先にぶらさがってつく
…………… **スミレ属**(2317～2319, 2323～2340, 2343～2349)

b. 花は茎の上部に花序をつくって複数つき，花柄の先にぶら下がらない ……………………………………………… **17**

17a. 萼片は花弁状で，上側の萼片は袋状になる
……………………………………… **トリカブト属**(1407～1415)

b. 萼片は花弁状ではなく，袋状にならない
……………………………………… **ユキノシタ属**(1534～1537)

18a. 雄蕊は多数あってらせん状に配列する …………… **19**

b. 雄蕊は 10 本以下で 1～2 輪に配列する ……………… **23**

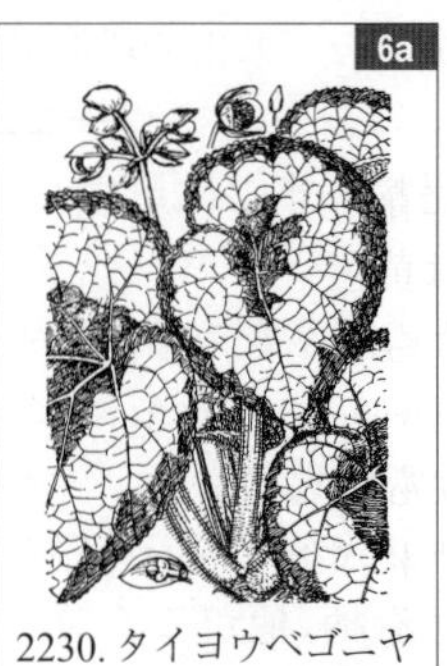

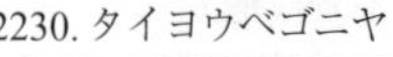
2230. タイヨウベゴニヤ

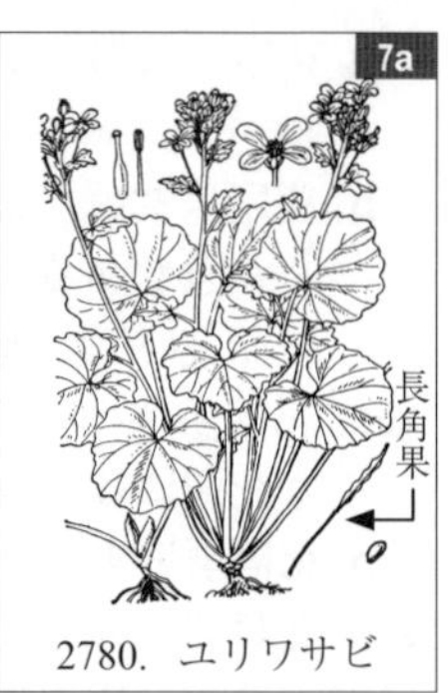

2780. ユリワサビ

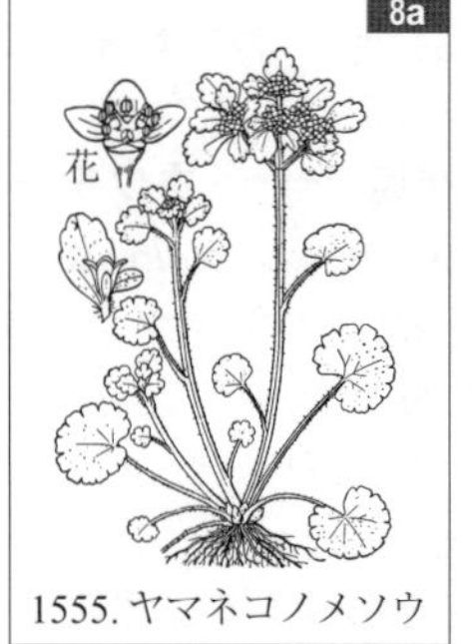

1555. ヤマネコノメソウ

2040. ハゴロモグサ

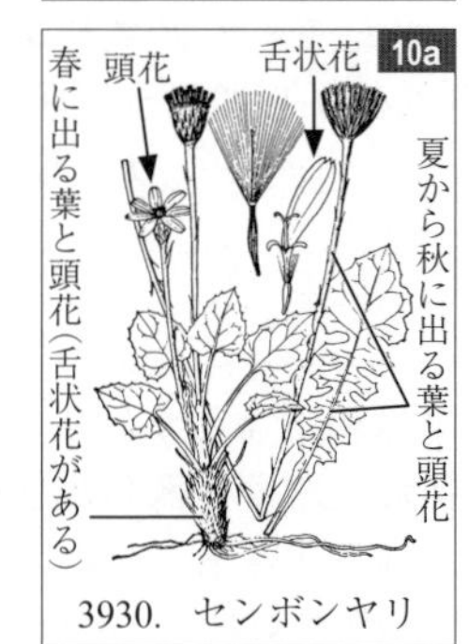

3930. センボンヤリ

4100. ツワブキ

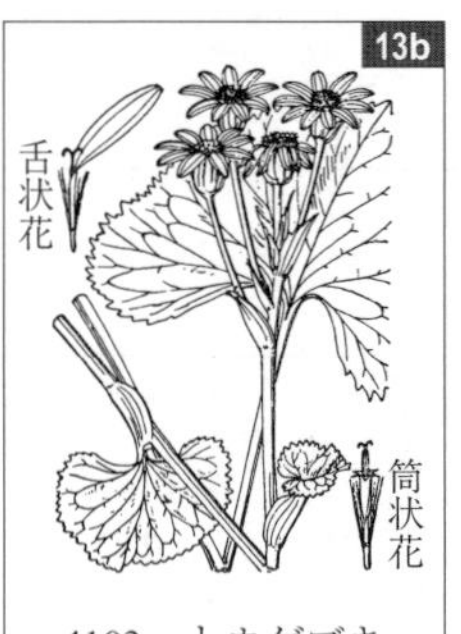
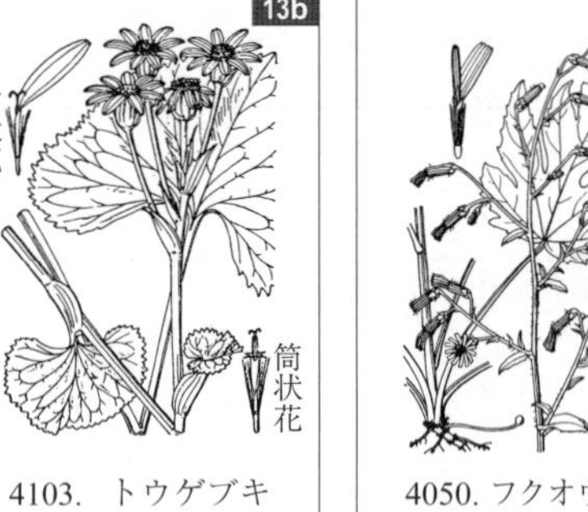

4103. トウゲブキ

4050. フクオウソウ

2325. ナガバノタチツボスミレ

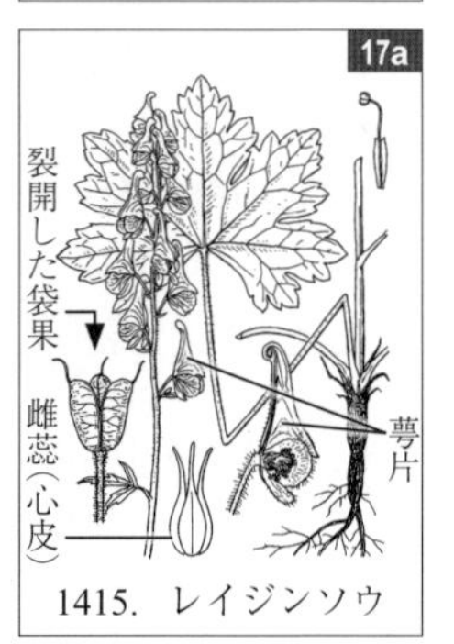

1415. レイジンソウ

19a. 心皮は環状に配列し，果実は袋果の集合果．花は濃黄色 ……………… **リュウキンカ属**(1479，1480)

b. 心皮はらせん状に配列し，果実は痩果の集合果．花は白色，紫色または黄色 ……………… **20**

20a. 花弁はなく，萼片も早落性で，白色の花糸が目立つ ……………… **モミジカラマツ**(1405)

b. 花弁があり，萼片も宿存性 ……………… **21**

21a. 常緑性．花の直下に 3 枚の総苞片がある．花は白色～紫色，ごくまれに黄色 …… **スハマソウ属**(1454，1455)

b. 夏緑性．花の直下に総苞片はない．花は黄色 ……… **22**

22a. 花弁に光沢がある．痩果は無毛．花柱は花後ほとんど伸長しない ……………… **キンポウゲ属**(1382，1384～1393，1400～1402)

b. 花弁に光沢はない．痩果は有毛．花柱は花後に著しく伸長する(葉は厳密には羽状複葉だが，頂小葉のみが大形で掌状に近い脈を持ち，側小葉は小さく不明瞭) ……………… **ダイコンソウ属**(1981，1982)(検索 O－47b 参照)

23a. 花は常に単生. 対生または輪生する総苞片はない …… **24**

b. 花は花序をつくって複数つく．小形の個体では単生することもあるが，その場合花柄の基部に総苞片が数枚輪生状につく ……………… **27**

24a. 夏緑性．花は夏～秋に咲き，白色 ……………… **25**

b. 常緑性．花は冬または春に咲き．ふつう淡紅色……… **26**

25a. 花茎の上部の苞の腋にむかごを生じる．時に花が咲かず，茎頂にもむかごをつけることがある ……………… **ムカゴユキノシタ**(1540)

b. 花茎にむかごを生じない …… **ウメバチソウ属**(2232～2234)

26a. 細く硬い根茎がある野生植物 ……………… **イワウチワ属**(3185，3186)

b. 塊茎がある栽培植物 ……………… **シクラメン**(3134)

27a. 花は総状または穂状花序につく ……………… **28**

b. 花は総状または穂状花序につかない ……………… **30**

28a. 花弁は全縁で針形ではない ……………… **イチヤクソウ属**(3212～3216)

b. 花弁の縁は細裂するか，まれに細裂しない場合は花被片は針形かまたは退化する ……………… **29**

29a. 花弁は互いに離れ，細長く，羽状に細裂するか針形，まれに退化する ……………… **ズダヤクシュ**(1562)，**チャルメルソウ属**(1563～1565)

b. 花弁は基部互いにくっつき，切頭で房状に細裂する ……………… **イワカガミ属**(3187，3188)

30a. 果実は円錐形の蒴果で先端に花柱が硬質化した長い嘴があり，熟すると外側の果皮は縦に裂けて上に激しく巻き込み，中の種子を飛ばす ……………… **フウロソウ属**(2453～2455)

b. 果実は熟しても先端で裂開するのみで，自動的に種子を散布しない ……………… **31**

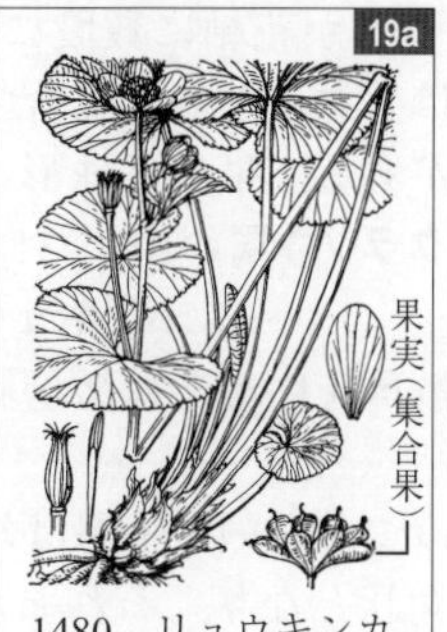

1480. リュウキンカ

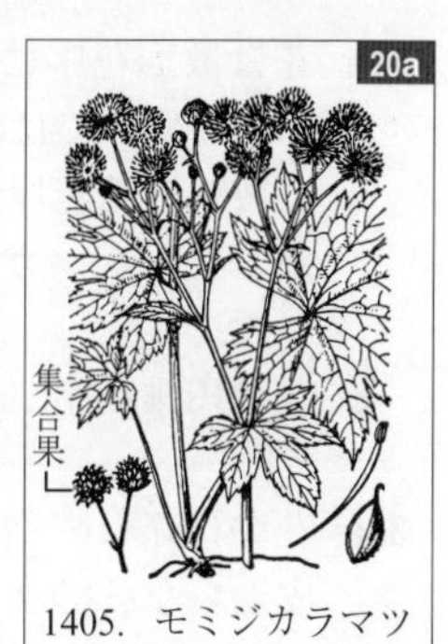

1405. モミジカラマツ

21a 総苞片 萼片 果実(痩果)
1454. スハマソウ

22a 萼片 痩果
1389. ウマノアシガタ

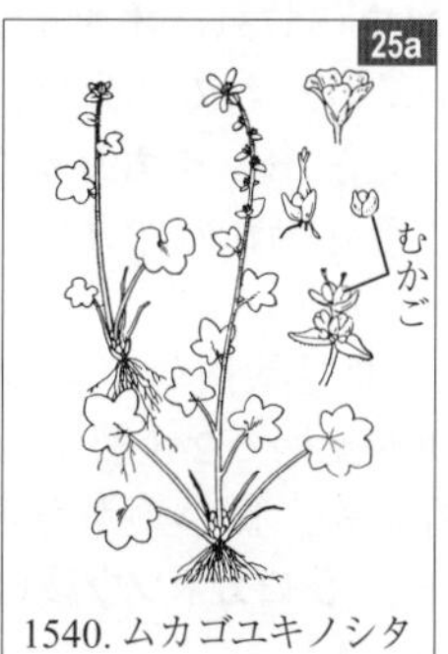

1540. ムカゴユキノシタ

2232. ウメバチソウ

3185. コイワウチワ

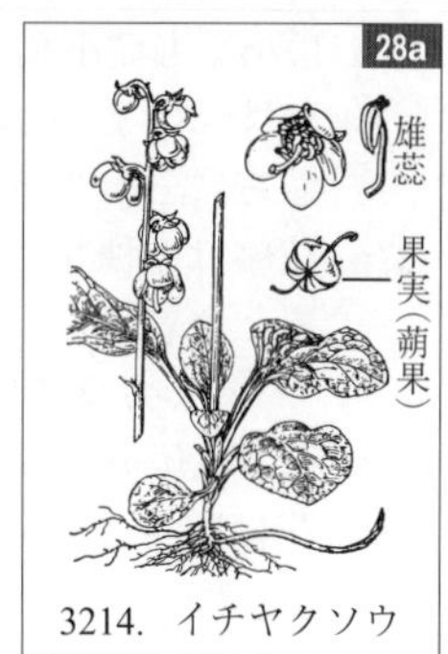

3214. イチヤクソウ

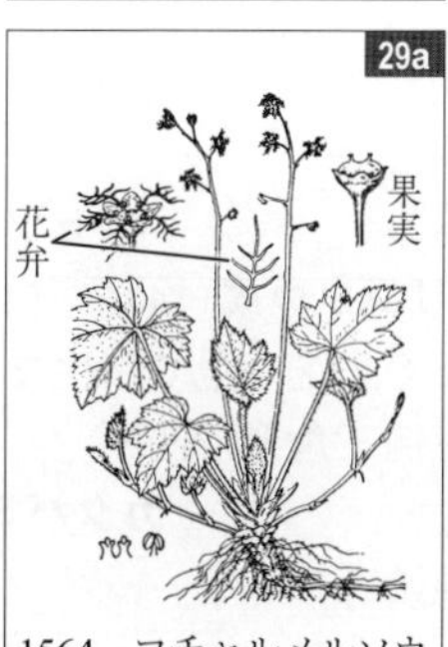

1564. コチャルメルソウ

3187. イワカガミ

31a. 花は散形花序につくか花軸に数段にわたって輪生し，小形の個体では単生するがその場合でも小花柄の基部に数枚の総苞片がある．果実は球形または円錐形の蒴果 …………………… **サクラソウ属**(3109，3120〜3127，3130)，**リュウキュウコザクラ**(3131)

b. 花は円錐花序，散房花序または散房状の集散花序につく …………………………………………………………………… **32**

32a. 花弁は互いにくっつかない．子房は対生する 2 枚の心皮からなって 2 角状となり，それぞれの心皮の先端が柱頭となる(ユキノシタ科) …………………………………… **33**

b. 花弁は基部で互いにくっつく．子房は先端に 1 本の花柱があり，2 角状とはならない………………………………… **34**

33a. 葉は楯着する ……………………………………… **ヤワタソウ**(1550)

b. 葉は楯着しない
…………… **ヒトツバショウマ**(1546)，**アラシグサ**(1549)，**チシマイワブキ属**(1558，1559)，**イワヤツデ**(1567)

34a. 高山の湿地に生える．葉は長さよりも幅の方が広い
……………………………………………………… **イワイチョウ**(3927)

b. 岩場に生えるか栽培される．葉は長さの方が幅よりも長い ……… **イワギリソウ**(3573)，**オオイワギリソウ**(3577)

35a. 葉は二出複生し，それぞれの部分はさらに二出または三出複生する…………………… **イカリソウ属**(1326〜1329)

b. 葉は三出複生し，それぞれの部分は分裂しないか，さらに分裂する ……………………………………………………… **36**

c. 葉は掌状複葉または鳥足状複葉で，小葉の数は 4 以上(三出複葉だが，側小葉が無柄で 2 全裂するものも含む) … **58**

36a. 頂小葉は分裂しないが，側小葉がさらに三出または羽状に複生する………… **シロカネソウ属**(1352, 1354, 1355)，**レンプクソウ**(4336)

b. 頂小葉も側小葉も分裂しない ……………………………… **37**

c. 葉は三出または鳥足状に五出複生した後，それぞれがさらに三出または羽状に全裂または複生 ………………… **50**

37a. 花序は肉穂状で仏炎苞に包まれ，花序の下半分は仏炎苞と合着する．葉柄の先端にしばしばむかごをつくる
…………… **カラスビシャク**(216)(3b オオハンゲの図も参照)

b. 花序に仏炎苞はない ……………………………………… **38**

38a. 花は腋生または根生の長い小花柄の先に単生するか，茎頂に対生または輪生した葉状の総苞片の基部から単生または束生する……………………………………………… **39**

b. 花は茎頂に花序をつくって複数咲くか，単生する場合でも茎葉は互生する ………………………………………… **43**

39a. 葉状の総苞片がある ……………… **セツブンソウ**(1375)，**イチリンソウ属**(1446，1449〜1451，1453)

b. 葉状の総苞片はなく，花は全て腋生または根生……… **40**

40a. 小葉は倒心臓形〜倒三角形で凹頭
……………………………………………… **カタバミ属**(2264〜2268)

b. 小葉は鋭尖頭〜鈍頭 ……………………………………… **41**

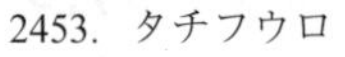
2453. タチフウロ

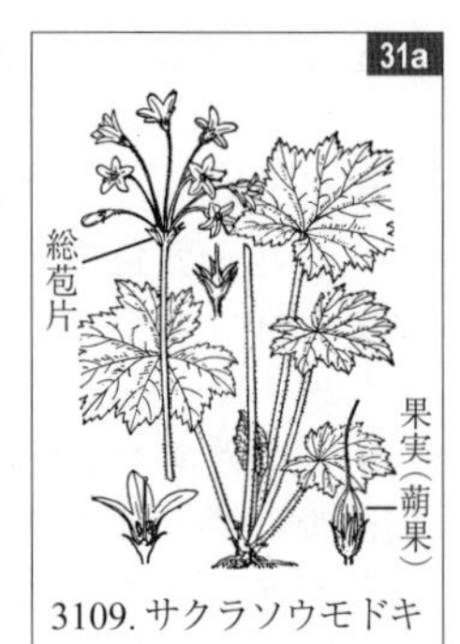

3109. サクラソウモドキ

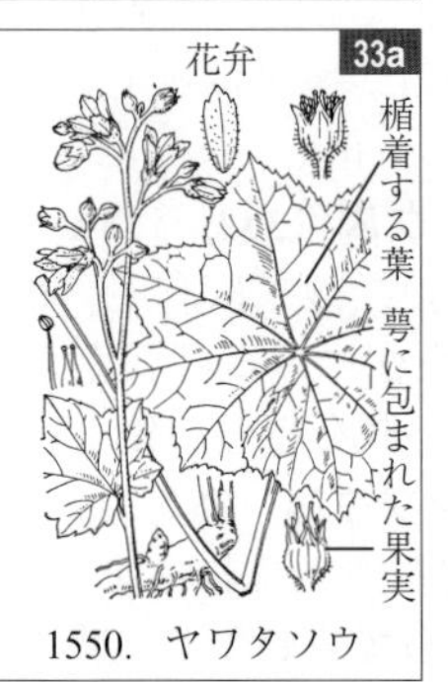

1550. ヤワタソウ

1546. ヒトツバショウマ

3927. イワイチョウ

3573. イワギリソウ

1326. バイカイカリソウ

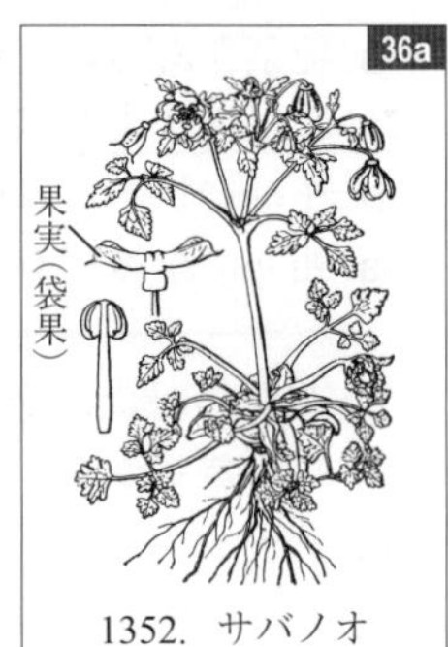

1352. サバノオ

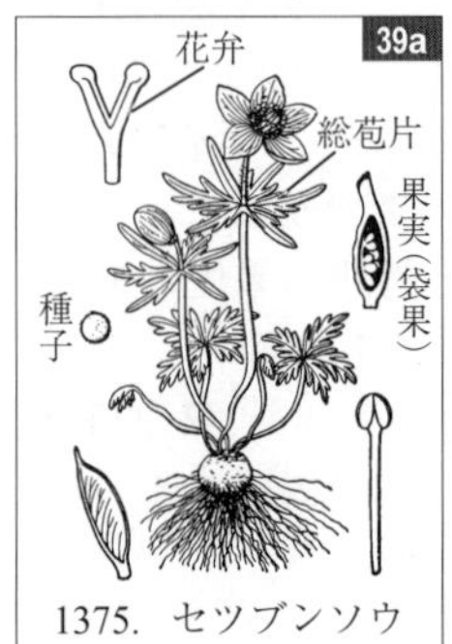

1375. セツブンソウ

2264. コミヤマカタバミ

41a. 地上に匍匐茎がある ………… **ヒメヘビイチゴ**(2027),
ヘビイチゴ(2028), **ヤブヘビイチゴ**(2029)

b. 地上に匍匐茎はない ………… **42**

42a. 花は放射相称．果実は袋果
………… **オウレン属**(1344, 1346, 1347, 1349)

b. 花は左右対称．果実は蒴果 …… **スミレ属**(2361, 2362)

43a. 花は多数が細長い総状または穂状，時に複総状につく
……… **ナンブソウ**(1333), **サラシナショウマ属**(1376, 1377)

b. 花は 5 個が頭状につき，頂生の花と側生の花とでは花被片や雄蕊の数が異なる ………… **レンプクソウ**(4336)

c. 花序は上のようではない ………… **44**

44a. 花は下向きに咲き，花弁の基部は膨れるか長く伸びて距となる ……… **ヒメウズ**(1358), **オダマキ属**(1359〜1361)

b. 花は下向きに咲かず，距はない ………… **45**

45a. 花は黄色〜緑黄色 ………… **46**

b. 花は白色，帯紫色または目立たない ………… **48**

46a. 花は直径 2.5 cm 以上，時に 7 cm に達する．果実は環状にならんだ袋果 ………… **キンバイソウ属**(1474〜1478)

b. 花は直径 2.3 cm 未満．果実は痩果の集合果 ………… **47**

47a. 花弁に光沢がある
………… **キンポウゲ属**(1394〜1398)(22a も参照)

b. 花弁に光沢はない ………… **コキンバイ**(1983),
キジムシロ属(2015, 2019, 2020〜2023),
タテヤマキンバイ属(2037, 2038)

48a. 子房下位．果実に鉤刺がある
………… **ウマノミツバ属**(4427〜4429)

b. 子房上位．果実に刺はない ………… **49**

49a. 常緑性．花は早春に咲く．果実は環状に並んだ袋果
………… **オウレン**(1350)(42a も参照)

b. 夏緑性. 花は晩春〜初夏に咲く. 果実は痩果の集合果で，花托は肥大して肉質となり，甘い
………… **オランダイチゴ属**(2031〜2035)

50a. 地下に球茎がある．葉は 1 枚出て葉柄は直立し多肉質，葉身は基部で三出複生し，それぞれの部分は 2 岐して，さらに羽状に全裂する．花は塊茎が十分に肥大した年に咲き，葉を伴わない
………… **コンニャク属**(211 ➡検索 A-2b にあり, 212)

b. 地下に球茎はない．葉は上のようではない．花は葉を伴う ………… **51**

51a. 花序は頭状で球形，5 個の花からなる
………… **レンプクソウ**(4336)➡検索 L-43b にあり

b. 花序は複散形花序または複散房花序につく
………… **カラマツソウ属**(1369〜1371),
ヤブニンジン(4444), **エゾボウフウ**(4453)

c. 花は茎頂またはそれに加えて上部の葉腋に単生し，長い花柄がある ………… **52**

d. 花序は総状または円錐状，まれに単純な散房状．雌蕊は 1 個の心皮からなる ………… **53**

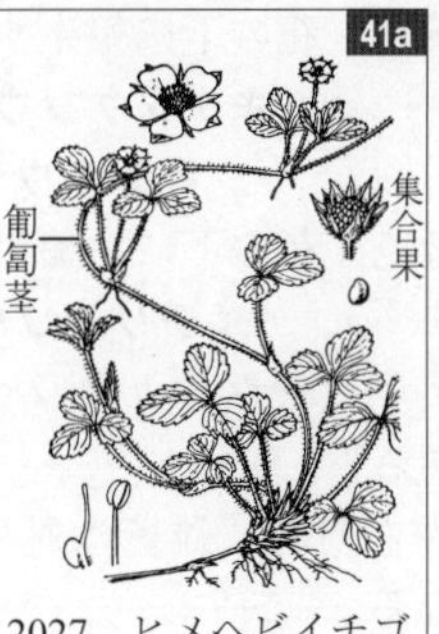

2027. ヒメヘビイチゴ

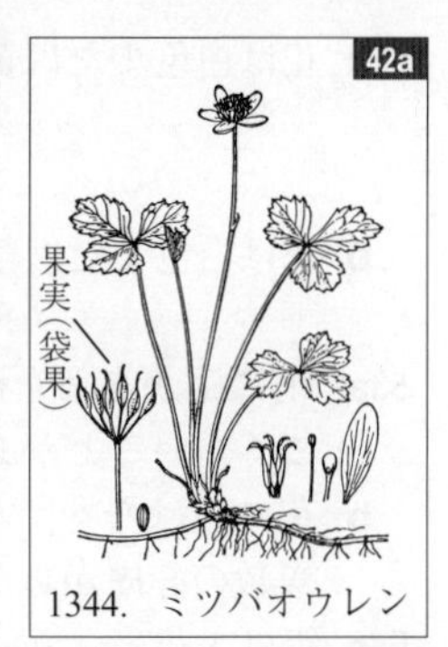

1344. ミツバオウレン

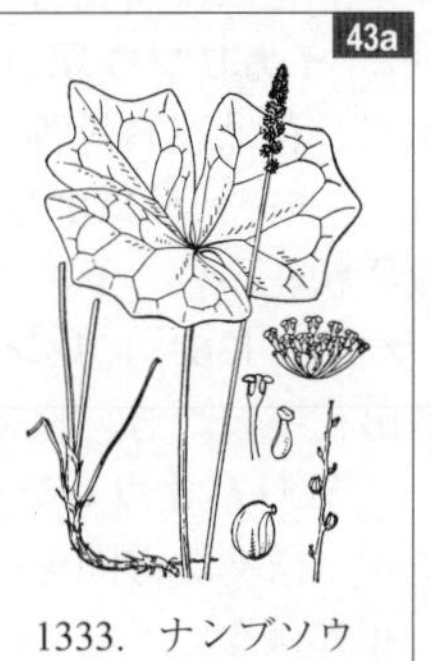

1333. ナンブソウ

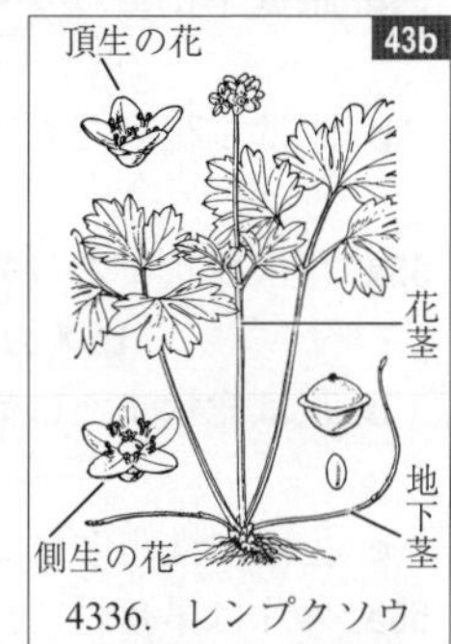

4336. レンプクソウ

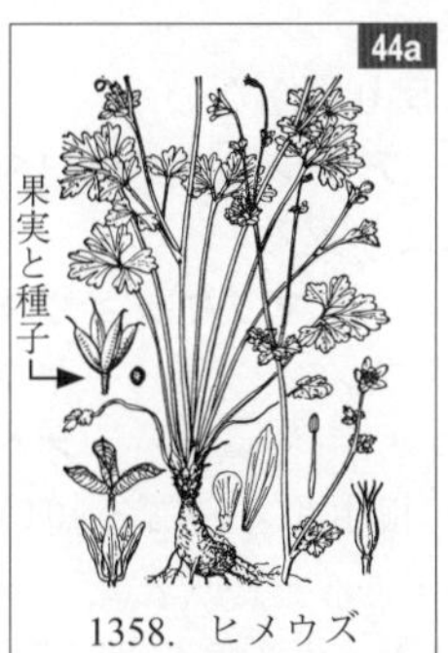

1358. ヒメウズ

1474. キンバイソウ

1983. コキンバイ

4427. ヤマナシウマノミツバ

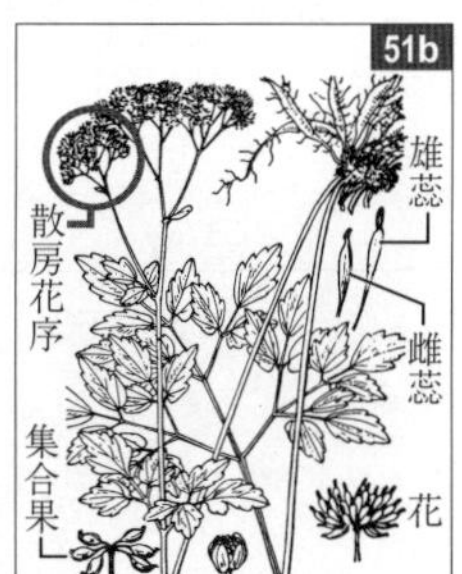

2033. オランダイチゴ

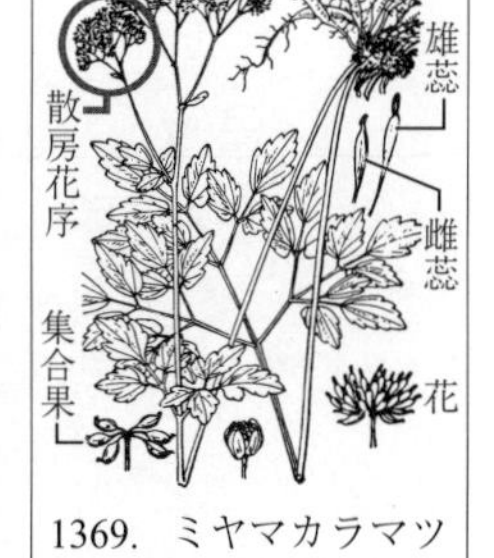

1369. ミヤマカラマツ

52a. 花は白色または黄色．花の下に輪生する苞葉はない
………………………… **キタダケソウ属**(1380，1381)，
キンポウゲ属(1396，1399)

b. 花は白色または紫色，花の下に3輪生する苞葉がある
………………………… **イチリンソウ属**(1443～1448)

53a. 花に距がある(オオバイカイカリソウ(1329)では時にごく短いことがある) ………………………… **54**

b. 花に距はなく，左右対称．雌蕊は対生または輪生する複数の心皮からなる ………………………… **55**

54a. 距は1花当たり4本，花は放射相称
………………………… **イカリソウ属**(1323～1325，1329)

b. 距は1花当たり1本，花は左右対称
………………………… **ジロボウエンゴサク**(1301)

55a. 花は総状または複総状花序につき，全て下垂する
………… **ヒメカラマツ**(1362)，**レンゲショウマ**(1374)

b. 花は総状または散房花序につき，直立する
………………………… **セリバオウレン**(1351)(42aも参照)

c. 花は円錐花序につき，様々な方向を向く ………… **56**

56a. 萼片は早落性で，花弁はない ……… **イヌショウマ**(1376)

b. 萼片と花弁がある ………………………… **57**

57a. 花柱は2．果実は反り返らない
………………………… **アカショウマ属**(1541～1545，1547)

b. 花柱は3．果実は反り返る
………………………… **ヤマブキショウマ属**(1868，1869)

58a. 花は円錐形の花序につく ………… **ヤグルマソウ**(1566)

b. 花は集散花序につく ………………… **オヘビイチゴ**(2024)

c. 花は長柄があり，根生するかごく短い茎の先に単生する ………………………… **59**

d. 花は散形花序につき，花序の基部に総苞片がある … **60**

59a. 花は左右対称，ぶらさがって咲く…… **ヒゴスミレ**(2363)

b. 花は放射相称，直立して咲く
………………………… **バイカオウレン**(1345)(42aも参照)，
キタヤマオウレン(1348)(42aも参照)，
コガネイチゴ(1934)，
キジムシロ属(ヘビイチゴ類)(2028，2029)(41a参照)

60a. 総苞はごく小さい．根生葉の小葉は4枚で直立する葉柄の先に輪生．栽培 ………………… **モンカタバミ**(2269)

b. 総苞片は葉状．根生葉の小葉は3枚で側小葉が2全裂．野生………… **シロカネソウ属**(1355，1356)(36aも参照)，
イチリンソウ属(1450，1451)

1380. キタダケソウ

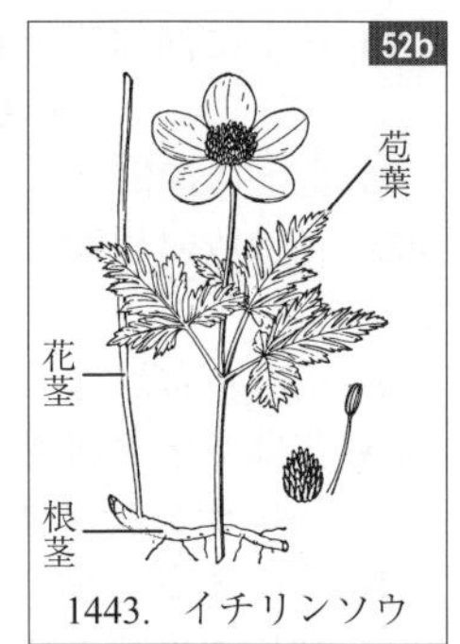

1443. イチリンソウ

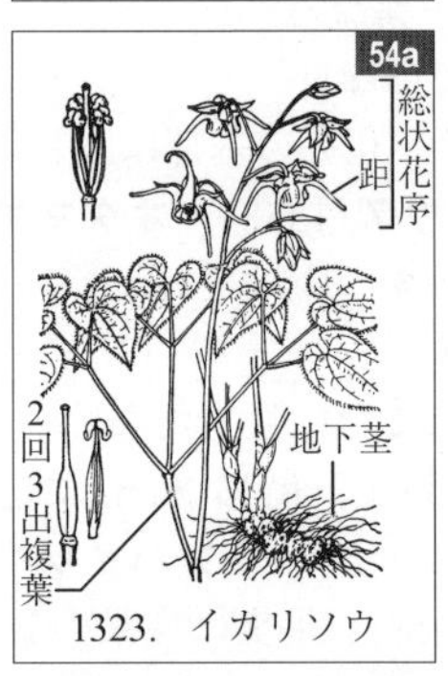

1323. イカリソウ

1301. ジロボウエンゴサク

1362. ヒメカラマツ

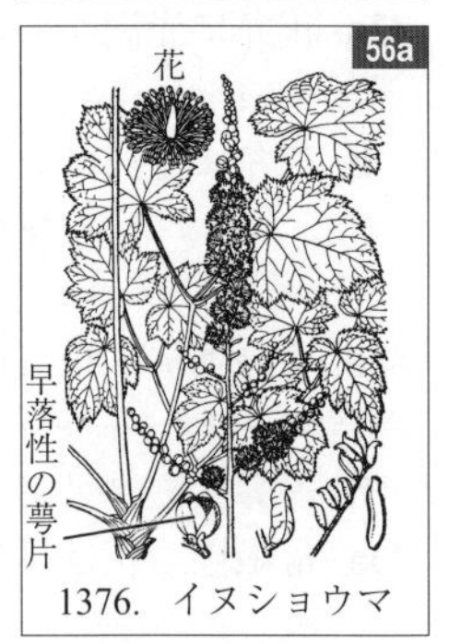

1376. イヌショウマ

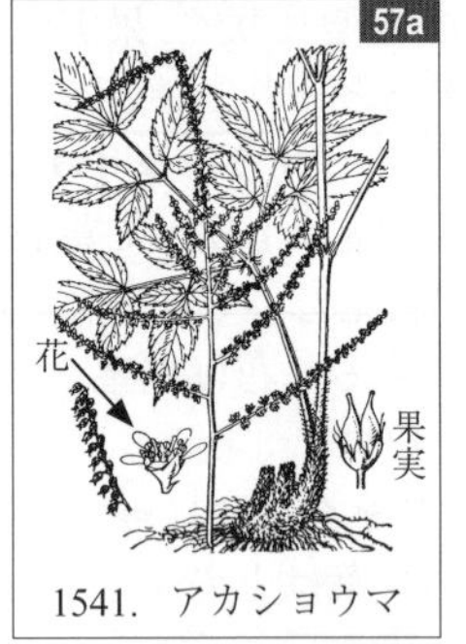

1541. アカショウマ

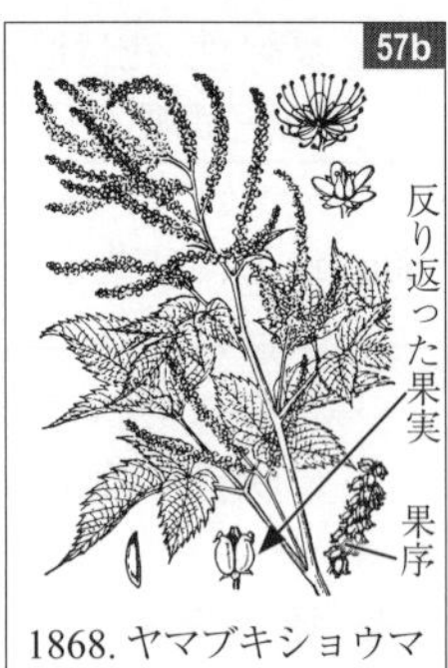

1868. ヤマブキショウマ

1566. ヤグルマソウ

1451. ハクサンイチゲ

検索 M

木本か草本．葉は主に茎につき対生か輪生，ロゼットを形成しない．葉(身)は長さが幅の2倍未満，葉脈は中央脈があり，単葉で基部から複数の脈が掌状に出るか，掌状あるいは二出・三出の複葉となる．

1a. 草本．根生葉以外の葉は茎頂に対生または輪生し，その頂から花序または花が出るか，茎の上部の分枝点のみに葉を対生または輪生する ……………………………… **2**

b. 草本または木本．葉は茎に均等に配列する ………………… **4**

2a. 葉は掌状複葉で小葉は5枚
…………………………………… **トチバニンジン属**(4408，4409)

b. 葉は1～3回三出複葉 …………………………………………… **3**

3a. 花は茎頂に単生または束生
…………………………………… **シロカネソウ属**(1353，1354)，
イチリンソウ属(1443～1452)，**トガクシソウ**(1332)

b. 花は茎頂に円錐花序をつくる
…………………………………… **ホザキイカリソウ**(1330)

4a. 葉は単葉 ……………………………………………………… **5**

b. 葉は複葉 ……………………………………………………… **19**

5a. 木本 …………………………………………………………… **6**

b. 草本 …………………………………………………………… **9**

6a. 花冠は車形で小形(花序の周囲に大形の装飾花をつける場合もある，また，園芸品種には花序の花が全て装飾花となったものもある) ……………………………………… **7**

b. 花冠は鐘形(左右対称のものを含む)または高杯形で大形，果実は核果ではない ………………………………………… **8**

7a. 花は赤色，黄色または緑色．果実は翼果 ……**カエデ属**
(2554～2556，2558，2560，2561，2564～2571，2574，2576，2578～2584，2587～2589)

b. 花は白色または帯紅紫色．果実は核果
…………………………………… **ガマズミ属**(4318～4321，4325～4332)

8a. 星状毛がある．雄蕊は花冠から突き出す．果実は液果
…………………………………… **クサギ属**(3702, 3703, 3705)

b. 星状毛はない．雄蕊は花冠から出ない．果実は蒴果
…………………………………… **キササゲ属**(3668，3669)，**キリ**(3825)

9a. 花は葉腋に単生または束生 ………………………………… **10**

b. 花は花序をつくる …………………………………………… **11**

10a. 茎は断面4角形．葉は全て十字対生．果実は4分果
…………………………………… **オドリコソウ属**(3757～3759)，
ヒメキセワタ(3752)，**マネキグサ**(3754)，
アキギリ属(3793～3795，3797)

b. 茎は断面円形．葉は対生し，枝先では互生することがある．果実は分果ではない
…………………………………… **ココメグサ属**(3840～3843)

11a. 花に雄雌の別がある．花被は目立たない …………… **12**

b. 花は両全性で明らかな花被がある．植物体には刺毛はない ……………………………………………………………… **13**

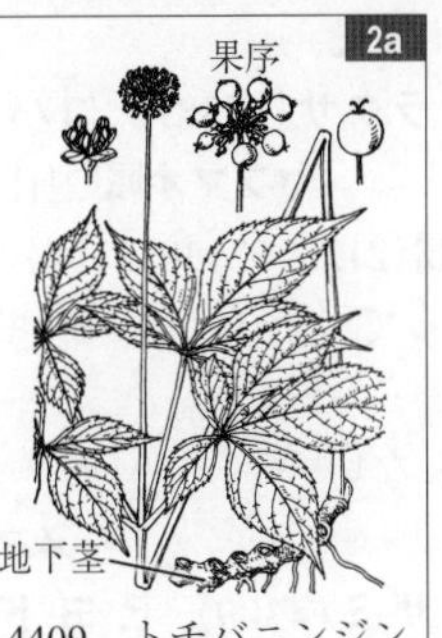

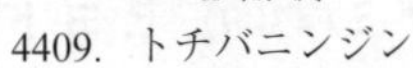
2a　4409. トチバニンジン

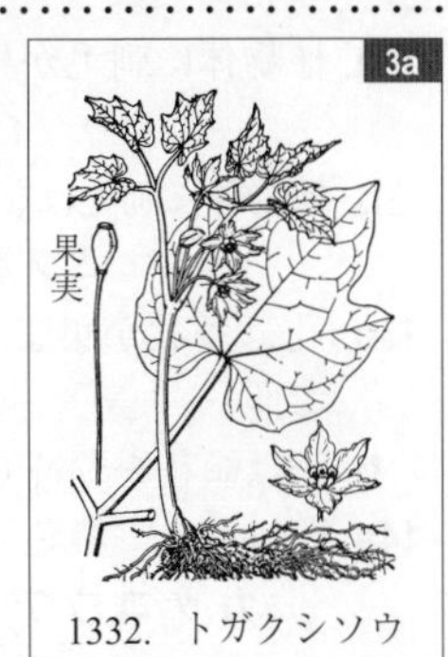

3a　1332. トガクシソウ

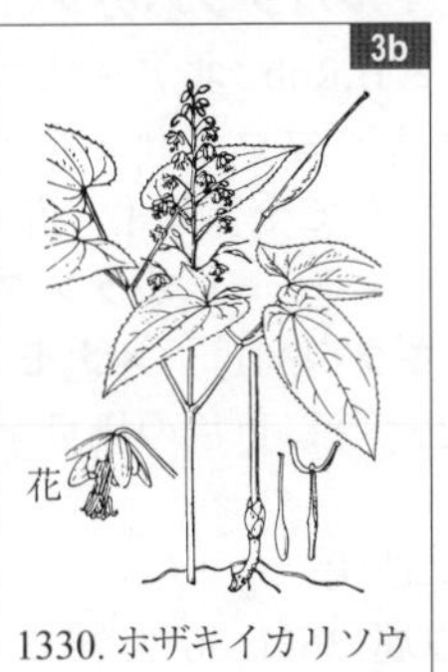

3b　1330. ホザキイカリソウ

7a　2578. イタヤカエデ

雄花
果実(翼果)
両性花

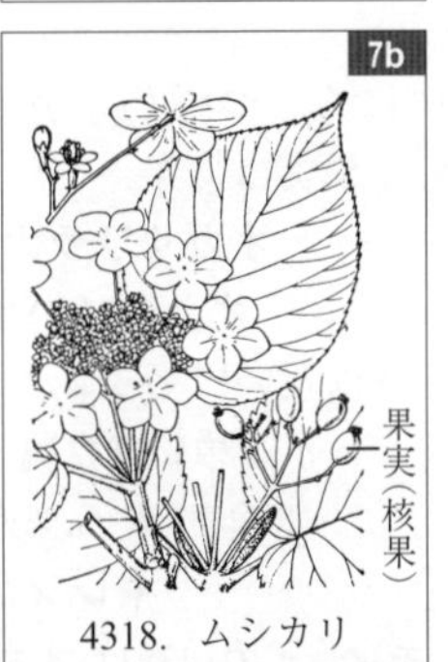

7b　4318. ムシカリ

8a　3702. クサギ

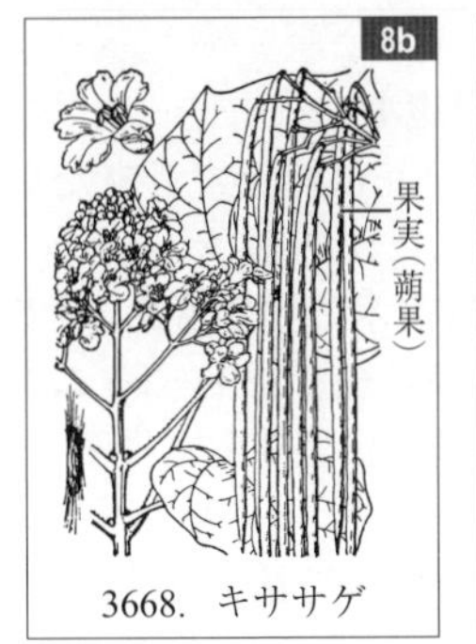

8b　3668. キササゲ

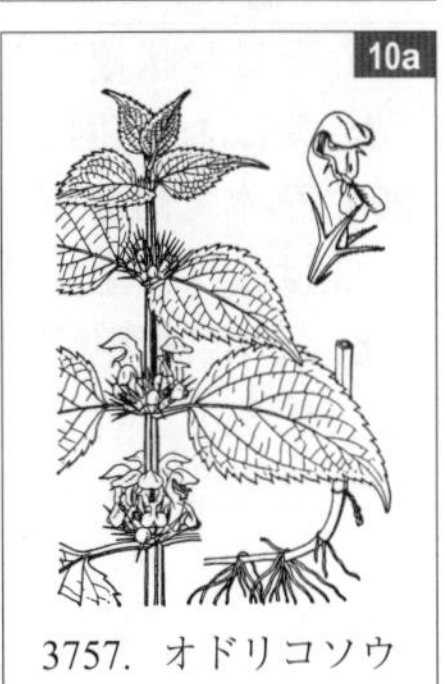
10a　3757. オドリコソウ

10b　3841. ココメグサ

12b　2115. ヤブマオ

12a. 植物体に刺毛が生える ……………………… **イラクサ**(2138)，**コバノイラクサ**(2142)

b. 植物体に刺毛はない ……**ヤブマオ属**(2111～2113, 2115～2118)，**ミズ属**(2128～2130, 2134)，**クワモドキ**(4298)

13a. 花は多数が集まって頭花をつくる(キク科→ **検索 R** も参照) …………………………………………………………… **14**

b. 花は頭花をつくらない………………………………………………… **15**

14a. 花は白色～紫色 ……………………………… **ヌマダイコン**(4308)，**カッコウアザミ**(4309)，**ヒヨドリバナ属**(4313, 4314, 4316)，**マルバフジバカマ** *Ageratina altissima* (L.) R.M.King et H.Rob.(北アメリカ原産の帰化植物．全体の形状はカッコウアザミを大形にしたような感じだが，多年草で全体無毛．花は白色)

b. 花は黄色 ………………………………… **オランダセンニチ**(4293)，**ココメギク**(4301)，**メナモミ属**(4302, 4303)

15a. 花は白色～紅紫色，時に黄色の斑点をもつ ……………… **16**

b. 花は一様に黄色 …………………………………………………… **18**

16a. 花序は総状または穂状 …… **クワガタソウ属**(3611, 3615, 3632)，**ツノゴマ**(3652)

b. 花序は集散状………………………………………………………… **17**

17a. 花弁はなく，互いにくっついた萼が花冠状となり，漏斗形または高杯形．果実は痩果 ……………………………… **オガサワラカノコソウ**(3029)，**オシロイバナ属**(3030, 3031)

b. 花弁と萼があり，花弁は互いにくっつかない．果実は蒴果 ……………………………… **フウロソウ属**(2449, 2451～2462)

(検索L－30aタチフウロの図も参照)

18a. 花序は円錐状 ……………………… **キレンゲショウマ**(3045)

b. 花序は散房状 …… **キンレイカ**(4381)，**オオキンレイカ**(4382)

19a. 葉は掌状複葉………………………………………………………… **20**

b. 葉は 1～2 回三出複葉 ……………………………………………… **21**

20a. 草本で雌雄異株，花は緑色で目立たない．茎の上部では葉は互生することがある ……………………… **アサ**(2081)

b. 低木(沖縄県には高木の種類もある)で花は両全性，淡紫色で 2 唇形．葉は全て対生 ……… **ニンジンボク**(3700)

21a. 果実は熟すと機械的に裂開し，種子を飛ばす ……………………………………………………… **コフウロ**(2450)

b. 果実は機械的に裂開して種子を飛ばさない……………… **22**

22a. 木本…………………………………………………………………… **23**

b. 草本…………………………………………………………………… **26**

23a. 葉は常緑で厚く，光沢がある ………………………………… **24**

b. 葉は冬に落葉し薄く，光沢はない ……………………………… **25**

24a. 花序は頂生で円錐状．葉に鋸歯があり，裏に油点はない ……………………………… **ショウベンノキ**(2537)

b. 花序は腋生(これに加えて枝頂につくこともある)で総状または小さい円錐状．葉は全縁で，裏に油点がある(ミカン科) ……………………………**ムニンゴシュユ**(2614)，**アワダン** *Melicope triphylla* (Lam.) Merr.(南西諸島)

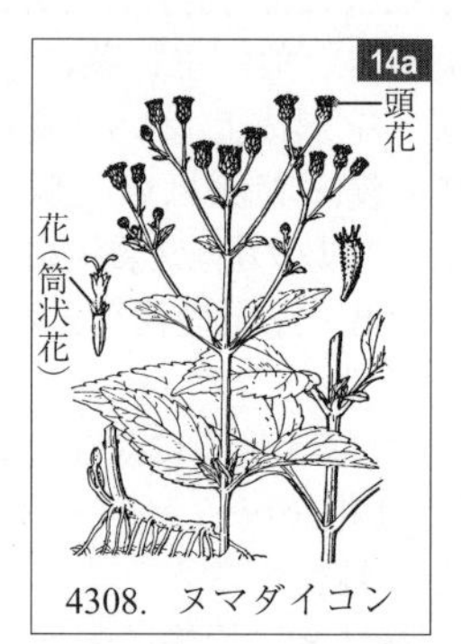

4308. ヌマダイコン

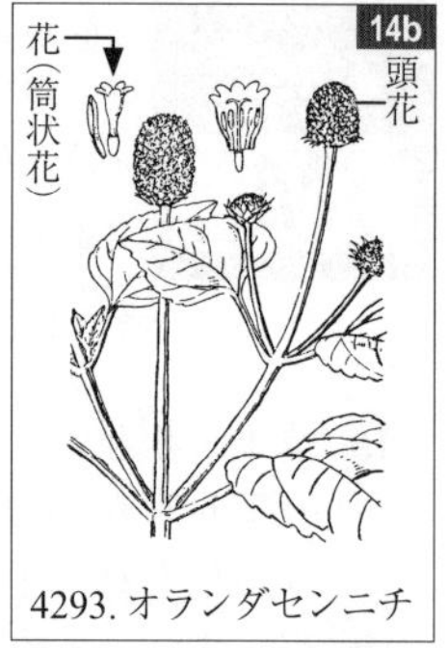

4293. オランダセンニチ

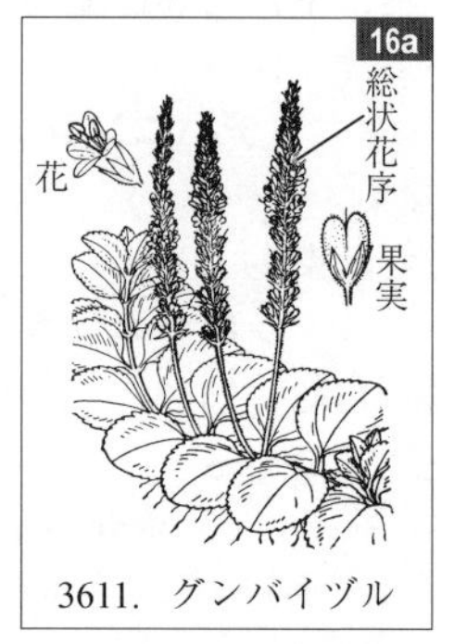

3611. グンバイヅル

3045. キレンゲショウマ

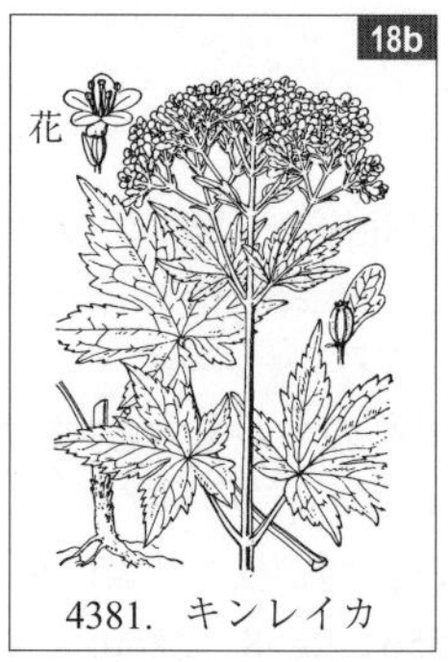

4381. キンレイカ

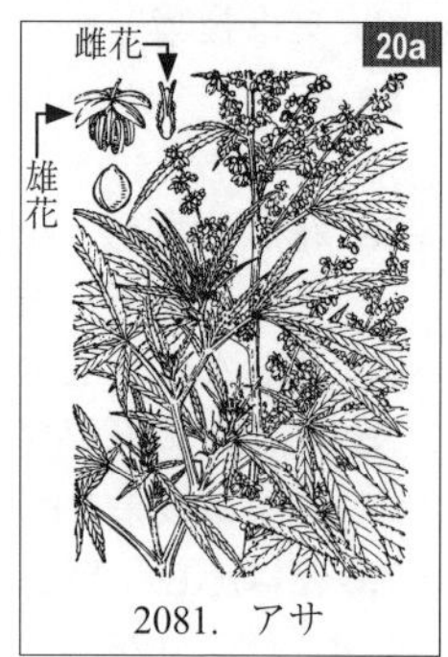

2081. アサ

3700. ニンジンボク

2537. ショウベンノキ

2614. ムニンゴシュユ

25a. 花は白色．果実は袋果状の蒴果
……………………………………… **ミツバウツギ**(2535)
b. 花は赤色，黄色または緑色だが，白色ではない．果実は2分果からなる翼果 …………… **カエデ属**(2573，2575)
c. 花は黄色，早春に葉に先立って咲く．果実は液果(ただし日本ではあまり結実を見ない) ……… **オウバイ**(3539)
26a. 果実は痩果で先端に逆向きの刺毛のある刺が数本ある
………………………… **センダングサ属**(4268，4272，4273)
b. 果実は球状に集まった痩果で先端に羽毛状の花柱がある ……………**クサボタン**(1469)，**オオクサボタン**(1470)
c. 果実は4分果………………………… **アキギリ属**(3791，3792)

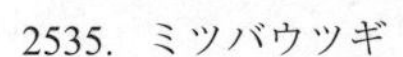
2535. ミツバウツギ

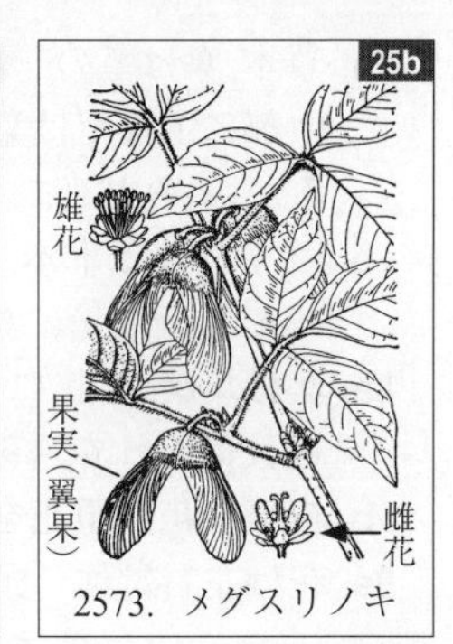

2573. メグスリノキ

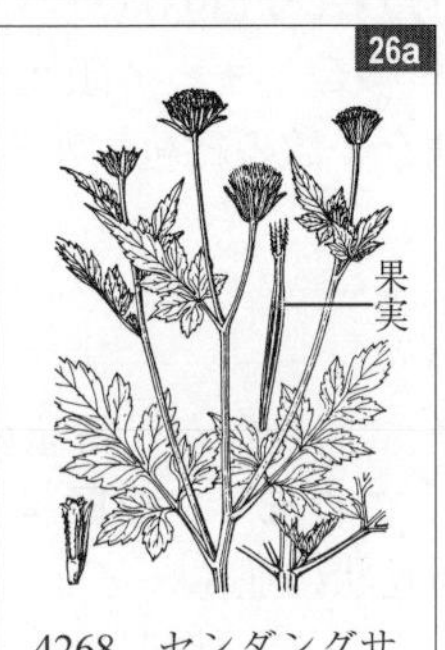

4268. センダングサ

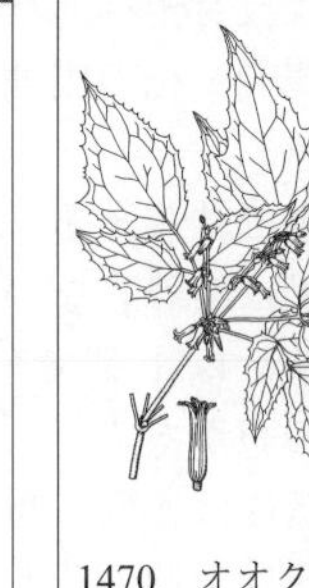

1470. オオクサボタン

検索 N

掌状脈をもつ単葉か掌状，三出または鳥足状複生の葉を互生する．

1a. 葉の少なくとも一部は楯着する ……………………………… **2**
b. 葉は全て楯着しない ………………………………………… **6**
2a. 木本 ……………………………………………………………… **3**
b. 草本 ……………………………………………………………… **4**
3a. 葉は全縁.南日本の海岸に生える ……**ハスノハギリ**(170)
b. 葉は鋸歯縁で掌状に分裂する……**ハスノハイチゴ**(1965)，**トウゴマ**(2405)，**ハリブキ**(4410)
4a. 葉は多数つき，表面に粘毛を密生する．食虫植物
……………………………………… **イシモチソウ**(2901)
b. 葉は少数つき，表面に粘毛はない ……………………… **5**
5a. 花は多数集まって頭花をつくる
……… **タイミンガサ**(4083)，**ヤブレガサ属**(4098，4099)
b. 花は頭花をつくらない．花被片は白色，6枚
……………………………………… **サンカヨウ**(1331)
6a. 多肉質の草本または半低木．葉は著しく左右非対称．雌雄異花．果実は蒴果………………………… **シュウカイドウ属**
(2229，2230➡検索L－6aにあり，2231)
b. 低木で葉はやや左右非対称．花は両全性，白色，葯は花被片と同数で黄色．果実は液果で暗青色に熟する
………………………………… **ウリノキ属**(3073～3075)
c. 葉は左右対称か，もし少し左右非対称の場合には上のようではない ……………………………………………… **7**

170. ハスノハギリ

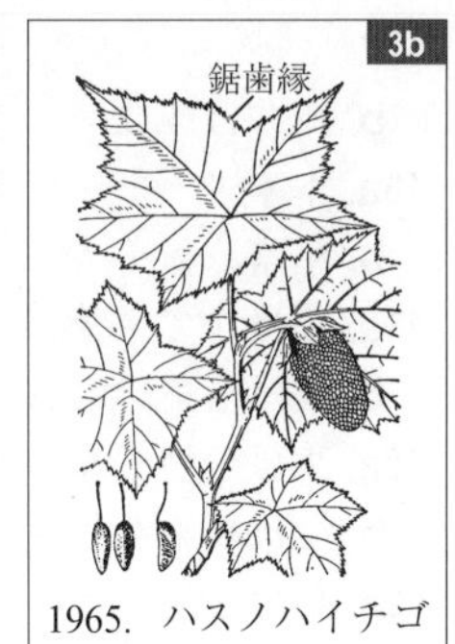

1965. ハスノハイチゴ

2901. イシモチソウ

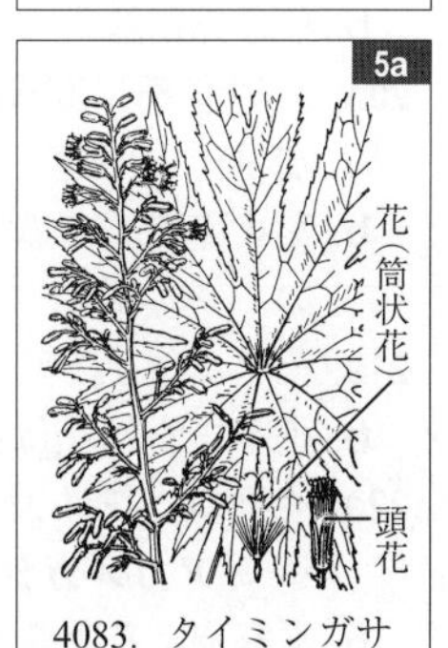

4083. タイミンガサ

7a. 草本. 葉は茎の一部に集まってやや輪生状をなすか, 茎の中部に 1 枚だけ葉をつける(実際は葉が根元から出ているが, 茎の中部まで偽茎をなしているものも含む) ……… **8**

b. 草本または木本. 葉は茎や枝に均等に配列するか, 木本の場合枝先に葉を叢生することがある ……………… **16**

8a. 葉は単葉(掌状に全裂することがあるが, その場合花は複数集まって頭花をつくる) ……………………………………… **9**

b. 複葉. 花は頭花をつくらない ………………………………… **13**

9a. 花は左右対称, 頭花をつくらず, 総状に配列する …………………… **オオウバユリ**(393)(ウバユリ(392)も見よ)

b. 花は放射相称, 1～多数集まって頭花をつくる. 花 1 個の場合, 花の周囲を多数の総苞片がきつく取り囲む(キク科) ……………………………………………………………… **10**

10a. 痩果は粘着する ……………………………… **ノブキ**(3929)

b. 痩果は粘着しない………………………………………………… **11**

11a. 総苞片は 1 列で全て同長だが, 総苞の直下に短い鱗片状の苞がある……… **コウモリソウ属**(4081, 4082, 4085)

b. 総苞片は多列, 覆瓦状に並ぶ ………………………………… **12**

12a. 頭花は 3 個の花からなり, 穂状につく ……………………………………… **モミジハグマ属**(3931～3936)

b. 頭花は 1 個の花からなり, 円錐状につく ……………… **オヤリハグマ**(3941), **センダイハグマ**(3942)

13a. 葉は鳥足状複葉 ……………………… **テンナンショウ属**(218～223, 226～255)

b. 葉は三出複葉………………………………………………………… **14**

14a. 地下に球茎(イモ)があり, 仏炎苞に囲まれた花序を 1 個つける……… **テンナンショウ属**(224, 225)(13a も参照)

b. 球茎を持たず, 多数の花をつける ………………………………… **15**

15a. 花弁は 5 個で蝶形花をなす ……………………………………… **ヌスビトハギ属**(1702 ～ 1705)

b. 花弁は 4 枚 ……………………… **ミツバコンロンソウ**(2753)

16a. 木本………………………………………………………………… **17**

b. 草本………………………………………………………………… **51**

17a. 葉は全て単葉……………………………………………………… **18**

b. 葉は複葉(単葉のものが少数混じる場合もある)……… **35**

18a. 葉は分裂しないかごく浅く 3 裂する ……………………… **19**

b. 葉は様々な程度に分裂する ………………………………… **31**

19a. 葉は全縁…………………………………………………………… **20**

b. 葉は鋸歯縁 ……………………………………………………… **25**

20a. 葉の基部に葉鞘があり, 3 脈が顕著で, 側脈は葉の先端付近まで達する………………………… **シオデ属**(367～369)

b. 葉の基部に葉鞘がなく, 側脈は葉の先端付近に達しない ……………………………………………………………… **21**

21a. 花序は頂生 ……………………………………………………… **22**

b. 花序または花は腋生 ………………………………………… **23**

22a. 落葉樹. 花は大きな円錐花序につく ……… **アカメガシワ**(2400), **フウセンアカメガシワ**(2655)

b. 常緑樹. 花は散形花序につく ………… **カクレミノ**(4413)

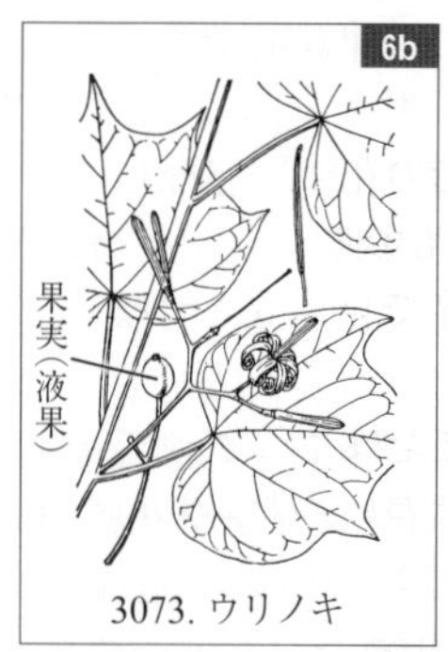

3073. ウリノキ

393. オオウバユリ

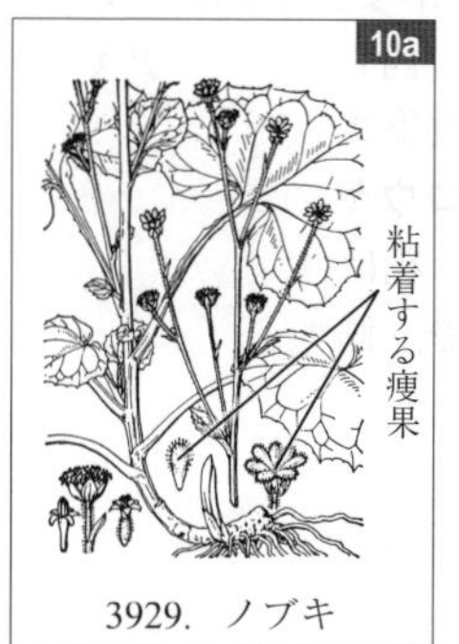

3929. ノブキ

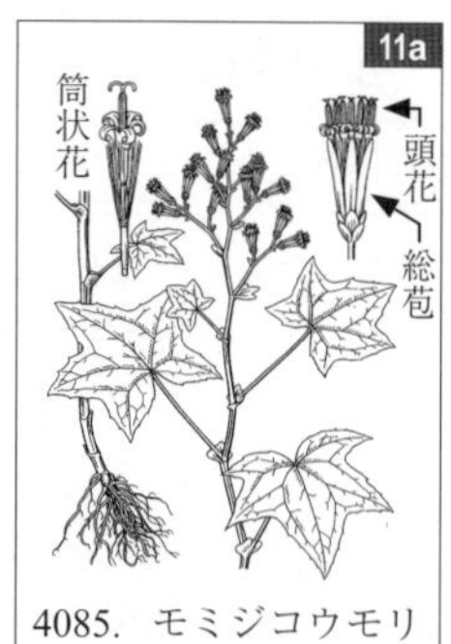

4085. モミジコウモリ

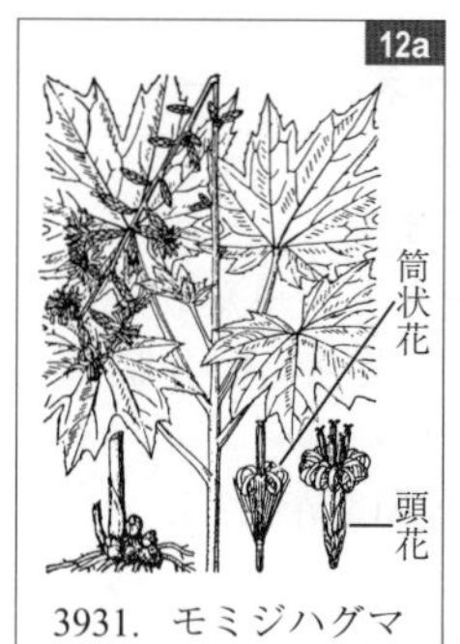

3931. モミジハグマ

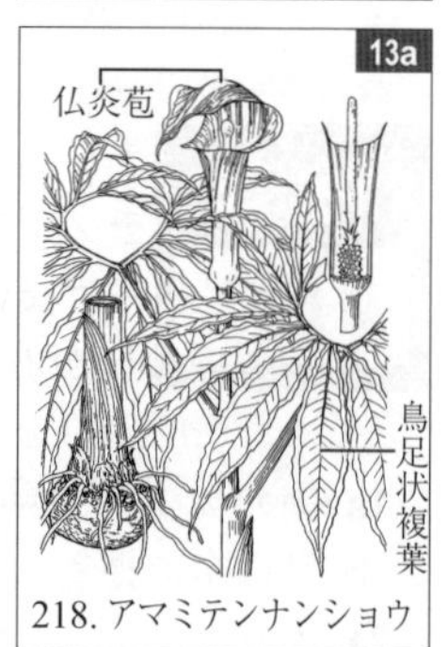

218. アマミテンナンショウ

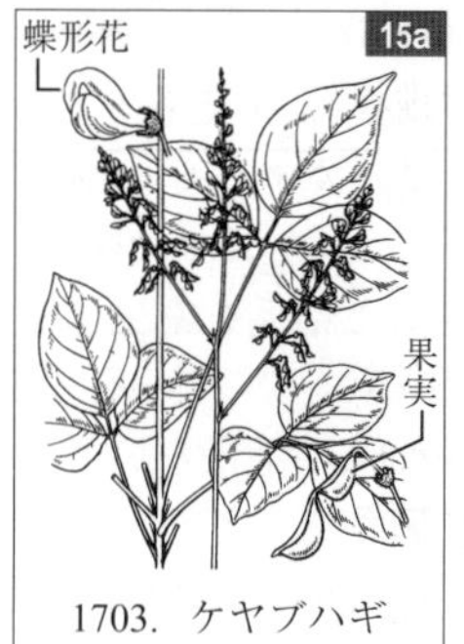

1703. ケヤブハギ

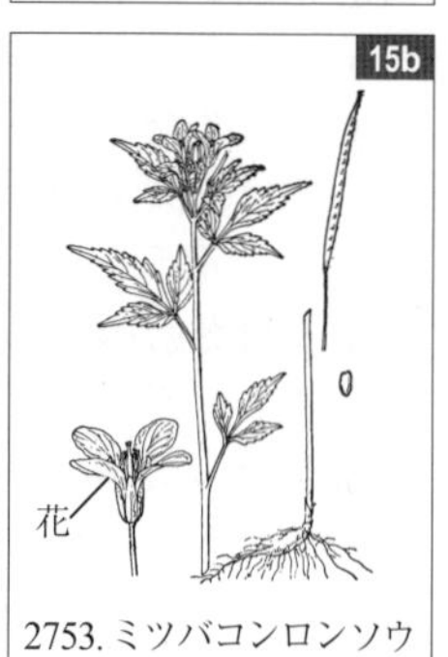

2753. ミツバコンロンソウ

368. サルマメ

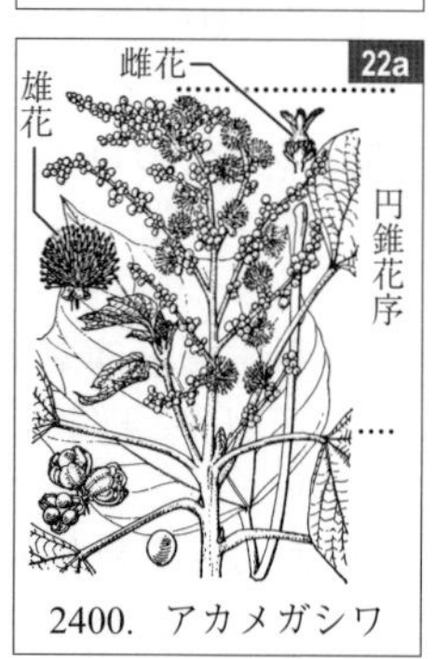

2400. アカメガシワ

23a. 常緑性．花は単生．沖縄県の海岸に生える
……………………… **サキシマハマボウ**(2694)(34c も参照)

b. 常緑性．花は壺形の花床の内面に多数つき(イチジク状花序(検索 S－32a も参照))，それが葉腋に 2 個ずつつく．熱帯アジアの原産で日本では暖地で栽培される
…………………………………… **テンジクボダイジュ**(2097)

c. 夏緑性．花は 2 または数個ずつつく ……………… **24**

24a. 果実は豆果．花は春に葉の展開に先立って開く．栽培
……………… **ハナズオウ属**(1629 ➡検索T－27aにあり，1630)

b. 果実はやや球形の蒴果で 2 個背中合わせに対生する．花は晩秋に開く．西日本に野生 …… **マルバノキ**(1508)

25a. 小低木．花は多数集まって頭花をつくる
…………………… **コウヤボウキ**(3945)(検索 Q－3a も参照)

b. 高木または低木．花は頭花をつくらない ……………… **26**

26a. 葉は 3 脈が顕著で，側脈は葉の先端近くまで達する(クロウメモドキ科) ………………………………………… **27**

b. 葉の側脈は葉の先端近くまで達しない ……………… **28**

27a. 花序は頂生の散房花序．果実期には花柄は肥厚し，多汁質となる ……………………………… **ケンポナシ**(2068)

b. 花序は腋生 ……………………………… **ハマナツメ**(2069)，**サネブトナツメ**(2070)，**ナツメ**(2071)

28a. 葉に星状毛がある
…… **キダチノジアオイ**(2652)，**シナノキ属**(2658～2664)

b. 葉に星状毛はない ………………………………………… **29**

29a. 多数の短枝があり，先端に 1 個(カツラ属)または数個の葉(と花序)をつける
………… **カツラ属**(1518，1519)，**ヤシャビシャク**(1533)

b. 短枝はない ……………………………………………… **30**

30a. 花序は側生し，短く密に花をつける．果実は蒴果
…… **マンサク属**(1510, 1511)，**オオバベニガシワ**(2399)

b. 花序は頂生し，円錐状で下垂し，まばらに花をつける．果実は液果で赤く熟する ………………… **イイギリ**(2368)

31a. 花はイチジク状花序をなす．植物体を傷つけると白い乳液が出る ………………………………… **イチジク**(2103)

b. 花はイチジク状花序をつくらない ……………………… **32**

32a. 植物体を傷つけると白い乳液が出る
………………………… **アブラギリ**(2406)，**マニホット**(2407)，**パパイヤ**(2714)

b. 植物体に白い乳液は含まれない ……………………… **33**

33a. 花は有柄で散形花序につく(ウコギ科)
…………………… **ハリブキ**(4410)，**ヤツデ属**(4411，4412)，**カクレミノ**(4413)，**ハリギリ**(4416)

b. 花は頭状に集まって下垂する球形の花序をつくる
…… **スズカケノキ属**(1489～1491)，**フウ属**(1506, 1507)

c. 花序は上記のようではない ……………………………… **34**

4413. カクレミノ

1508. マルバノキ

2068. ケンポナシ

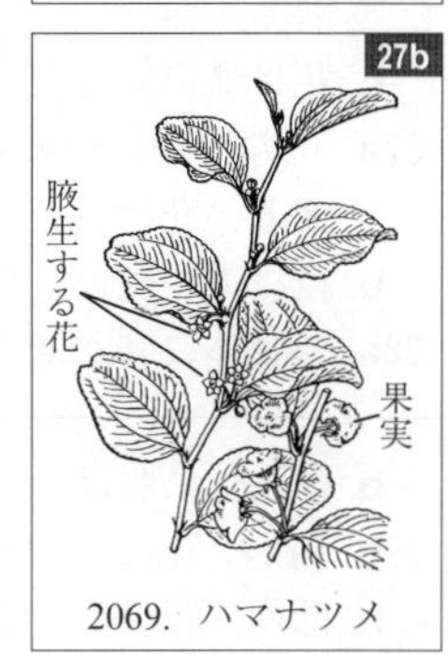

2069. ハマナツメ

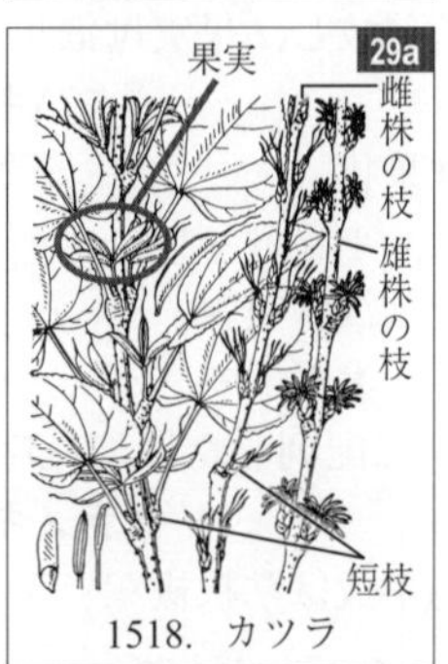

1518. カツラ

1510. マンサク

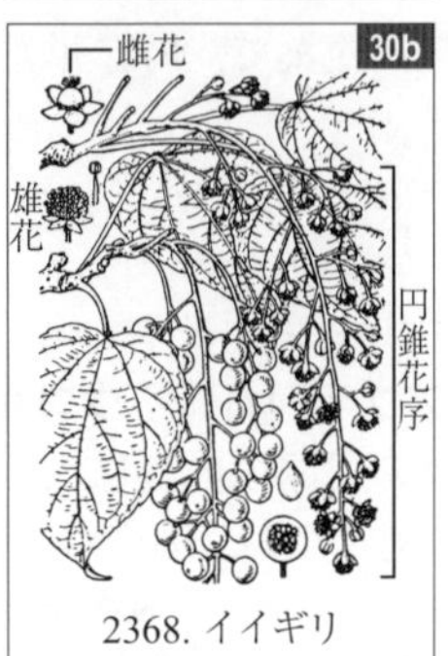

2368. イイギリ

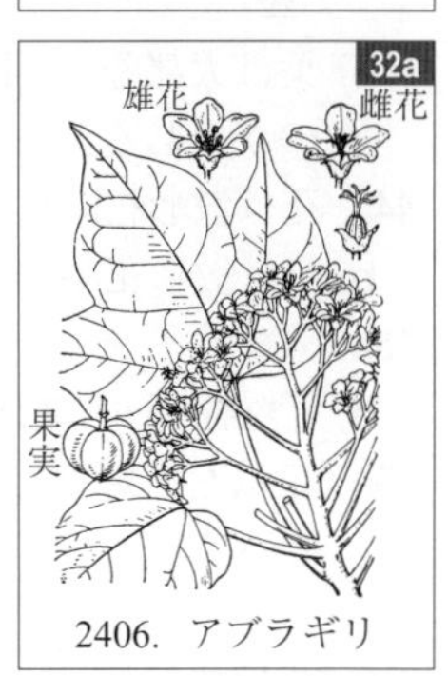

2406. アブラギリ

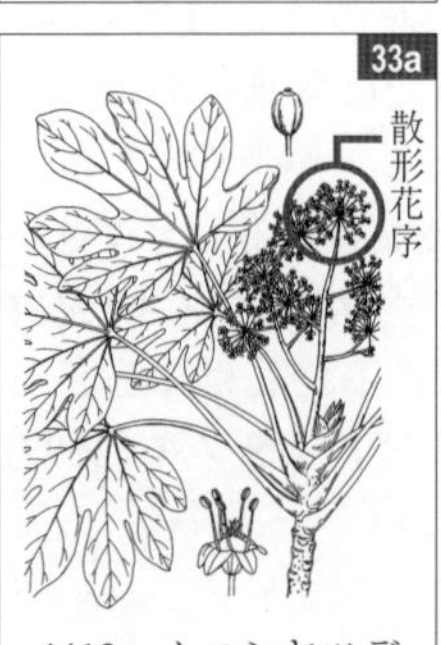

4412. ムニンヤツデ

1489. スズカケノキ

34a. 果実はキイチゴ状の集合果 ……………………… **キイチゴ属**（1937，1953～1957，1959，1963，1964，1966～1968）
b. 果実は液果 ……………………… **スグリ属**（1525～1533）
c. 果実は蒴果 ……………………… **フヨウ属**（2682～2691）
d. 果実は翼果状 ……………………… **アオギリ**（2656）
35a. 果実はキイチゴ状の集合果 ……………………… **キイチゴ属**（1936，1943，1944，1947～1951，1967，1968，1977）
b. 果実は上のようではない ……………………… **36**
36a. 花は蝶形，果実は豆果（ミヤマトベラでは液果状）（マメ科） ……………………… **37**
b. 花は蝶形ではない．果実は豆果ではない ……………………… **41**
37a. 花のつく枝は細くしなやか．葉は小さくしばしば退化する．花は黄色 ……………………… **エニシダ**（1652）
b. 枝は太く硬い．葉は大きい ……………………… **38**
38a. 植物体に刺がある．花は大きく朱赤色 ……………………… **デイゴ属**（1712，1713）
b. 植物体に刺はない ……………………… **39**
39a. 高木．花は淡黄色．豆果には翼がある ……… **シタン**（1654）
b. 低木．花は白～紫色．豆果には翼はない ……………………… **40**
40a. 落葉性．茎は多く分枝し，果実は液果状ではない ……………………… **ハギ属**（1674～1681）
b. 常緑性．果実は液果状 ……………………… **ミヤマトベラ**（1646）
41a. 葉は2回以上複生．小葉は9枚以上 ……………………… **42**
b. 葉は1回三出または掌状複生 ……………………… **43**
42a. 花は茎頂に単生し，大形 ……………………… **ボタン**（1505）
b. 花は茎頂に円錐状に配列した散形花序をなして多数つき，小形 ……………………… **タラノキ属**（4404，4405）
43a. 葉の少なくとも過半数は掌状複葉で，小葉は5枚以上 ……………………… **44**
b. 葉は大部分1回三出複葉で，時に単葉や小葉2枚のものが混じる ……………………… **48**
44a. 花は散形花序につく（ウコギ科） ……………………… **45**
b. 花は散形花序につかない ……………………… **46**
45a. 常緑性 ……………………… **フカノキ**（4424）
b. 夏緑性 ……… **コシアブラ**（4415），**ウコギ属**（4417～4422）
46a. 花は左右対称で葉の展開後の夏に大きな円錐花序をつくって咲く．幹に刺はない．温帯性 ……………………… **トチノキ属**（2552，2553）
b. 花は放射相称で落葉時または落葉後の冬または春に咲き，上部の葉腋または落葉痕の腋に数個ずつ束生する．幹に刺はないかある．熱帯性（アオイ科） ……………………… **47**
47a. 小葉柄はほとんどない．花は淡いピンク色または乳白色 ……………………… **パンヤノキ**（2696），**パキラ**（2698）
b. 明らかな小葉柄がある．花は朱赤色 ……………………… **インドワタノキ**（2697）➡検索T-32aにあり
48a. 花序は頂生 ……………………… **49**
b. 花序は腋生 ……………………… **50**

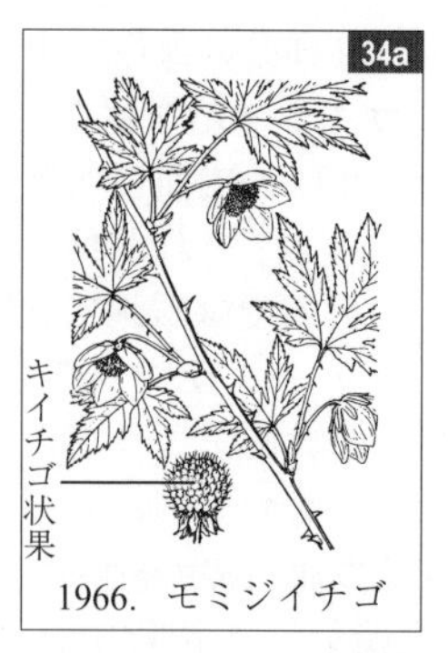

1966. モミジイチゴ

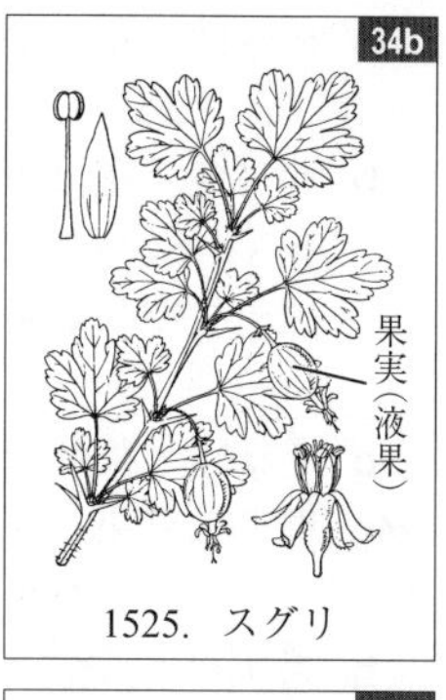

1525. スグリ

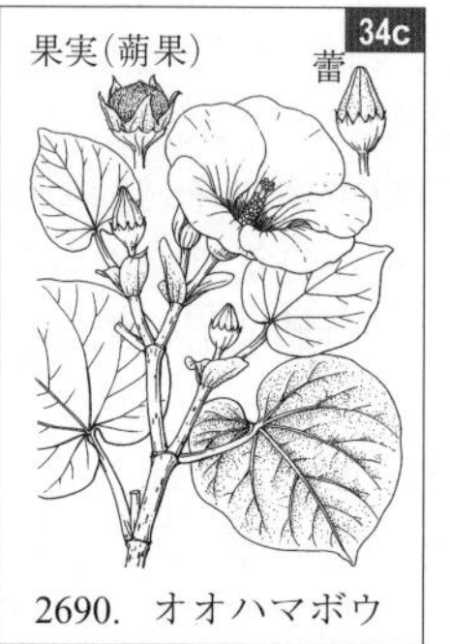

2690. オオハマボウ

2656. アオギリ

1712. デイゴ

1654. シタン

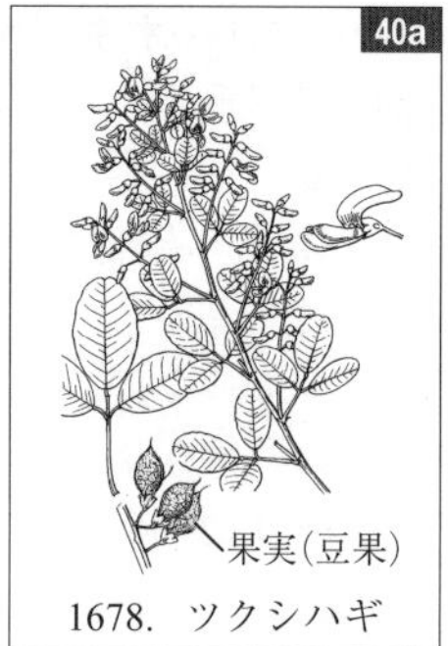

1678. ツクシハギ

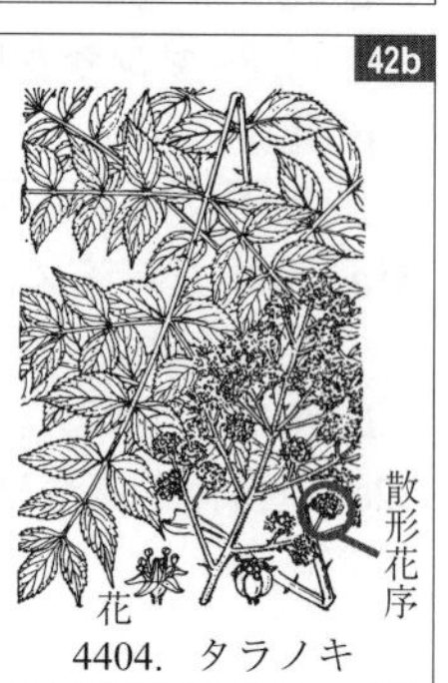

4404. タラノキ

4415. コシアブラ

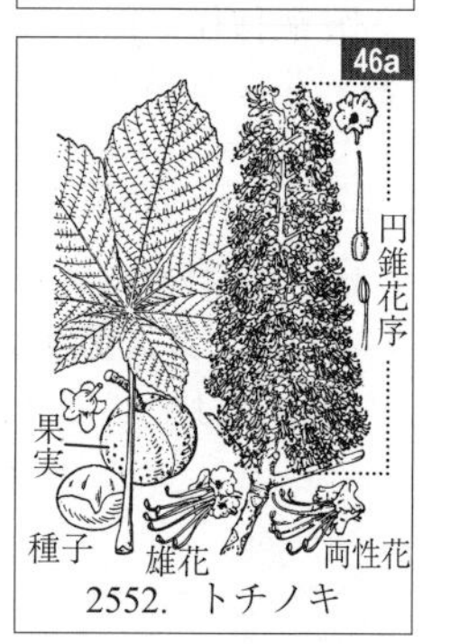

2552. トチノキ

49a. 花は散房花序につき，子房は上位で子房柄は長い ……… **ギョボク**(2717)
b. 花は複合した散形花序につき，子房は下位で子房柄はない……… **タカノツメ**(4414)(45b も参照)
50a. 葉に油点はない．花序柄は長く，花後に曲がって下垂する……… **アカギ**(2435)
b. 葉に油点がある．花序は開出または斜上するが，花序柄は短く，花後に曲がらない ……… **サルカケミカン**(2605)，**ハナシンボウギ**(2620)，**カラタチ**(2622)
51a. 葉は単葉(葉身が掌状に全裂するものを含む) ……… **52**
b. 葉は複葉……… **80**
52a. 花は多数集まって頭花をつくるか，球形の密な花序をつくる ……… **53**
b. 花は頭花をつくらない……… **60**
53a. 匍匐性の草本……… **54**
b. 直立する草本……… **55**
54a. 茎は地上を這う．花被は微小．総苞は不明瞭で花序はほぼ球形 …… **チドメグサ属**(4397～4403)，**ツボクサ**(4425)
b. 海岸の砂地に生え，茎は砂中に埋まる．花被は明らかで黄色，頭花は舌状花のみからなる．総苞は明瞭 ……… **ハマニガナ**(4046)
55a. 花には雌雄の別があり，雌花は 2 個ずつ紡錘形の総苞に包まれ，総苞の表面には鉤刺を密生する ……… **オナモミ属**(4299，4300)
b. 花には雌雄の別があり，雄花序は長柄があって集散状，葉より上に立ち上がり，雌花序は葉腋につきごく短い柄の先に花を密生する ……… **カテンソウ**(2137)
c. 花序は上のようではなく，花は普通両全性で頭花をつくる……… **56**
56a. 頭花には舌状花と筒状花がある ……… **57**
b. 頭花には筒状花のみがある ……… **59**
57a. 総苞片は 1 列で全て同長．栽培 ……… **フウキギク**(4119)
b. 総苞片は多列で不同長……… **58**
58a. 舌状花は黄色．栽培される …… **ヒマワリ属**(4294，4296)
b. 舌状花は白色．野生 ……… **シオン属**(4168，4169，4173)
59a. 花(小花)は白色 ……… **コウモリソウ属**(4081，4082，4084～4088，4091～4097)，**ヤブレガサ属**(4098，4099)
b. 花(小花)は黄色 ……… **オオモミジガサ**(4080)，**タマブキ**(4089)，**モミジタマブキ**(4090)
c. 花(小花)は紫色 ……… **ヤマボクチ属**(3985～3987)，**ゴボウ**(3988)，**トウヒレン属**(3991，3992，3999，4001，4003～4005，4008，4009)
60a. 花は散形花序につく ……… **テンジクアオイ属**(2464，2465)，**チドメグサ属**(4397➡検索N－54aにあり，4398～4403)
b. 花は散形花序につかない ……… **61**

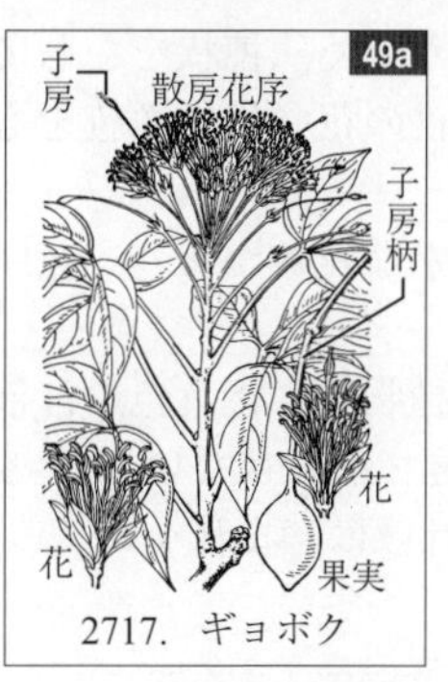

2717. ギョボク

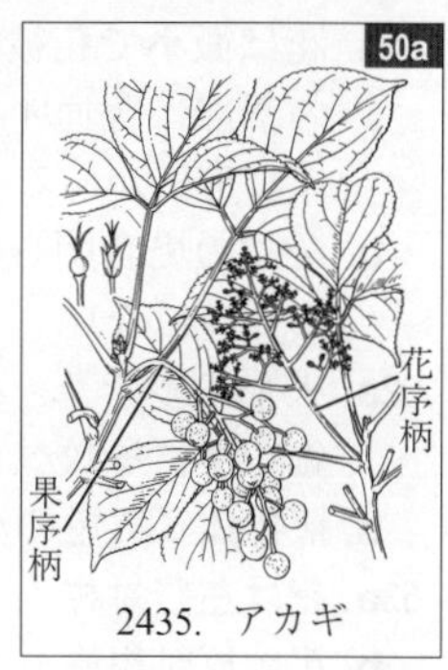

2435. アカギ

2605. サルカケミカン

4397. チドメグサ

4299. オナモミ

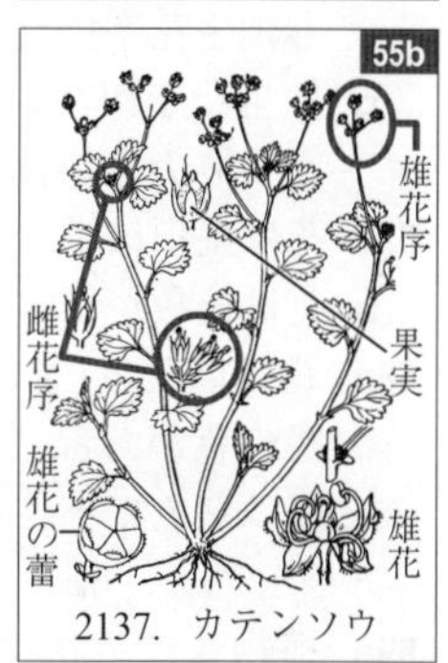

2137. カテンソウ

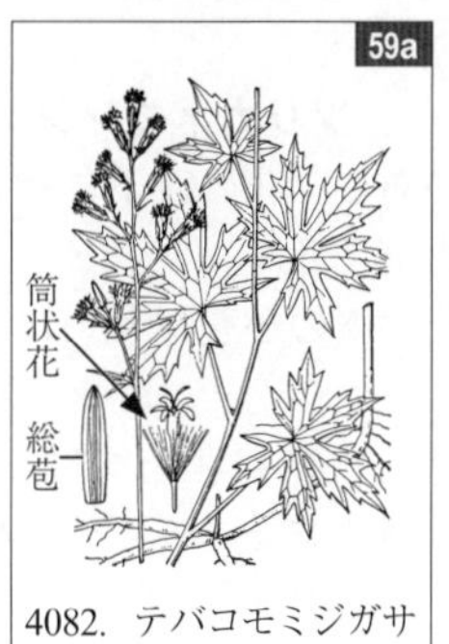

4082. テバコモミジガサ

4080. オオモミジガサ

3986. ヤマボクチ

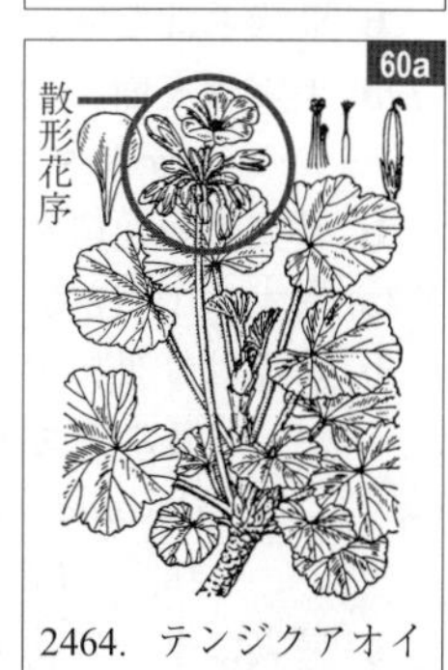

2464. テンジクアオイ

61a. 花は微小で花被がなく，穂状をなして密につき，花序の基部に普通4枚の花弁状の総苞をもつ．植物体に不快な臭気がある ………………………… **ドクダミ**(103)

b. 多くの場合明らかな花被があり，花序の基部に花弁状の総苞はない ……………………………………………… **62**

62a. 大形の多年草．植物体に橙黄色の汁液を含む．花は円錐花序に多数つき，花弁はない …… **タケニグサ**(1291)

b. 植物体に黄色の汁液は含まれない ……………………… **63**

63a. 花は左右対称………………………………………………… **64**

b. 花は放射相称………………………………………………… **66**

64a. 花序は頂生のみ ………… **モミジバセンダイソウ**(1538)，**ツノゴマ**(3652)

b. 腋生の花序(または花)をもつ ……………………………… **65**

65a. 花柄の先端は上を向く．托葉はない ……**トリカブト属**(1416～1420, 1422～1440)(検索 L－17a も参照)

b. 花柄の先端は下を向く．托葉(根出葉では明らかだが，茎葉では不明のものもある)がある ………………**スミレ属**(2304～2311, 2313, 2314, 2316, 2321, 2322, 2329)

66a. 花序(または花)は頂生のみか，側生花序がある場合でも頂生花序に比べるとごく小さい ……………………… **67**

b. 頂生花序がないか，ある場合でも頂生花序と同じ程度かより大きい側生花序がある …………………………… **71**

67a. 花は茎頂に単生する ……………………………………… **68**

b. 花は複数が花序をなしてつく …………………………… **69**

68a. 花は淡紫色(まれに白色)で大きく，直下に円心形鋸歯縁の苞がある………………………… **シラネアオイ**(1342)

b. 花は白色で小さく，直下に苞はない ……………………………………………… **ヤチイチゴ**(1935)

69a. 植物体に星状毛はない．花の直下には小苞はないか，あっても1枚のみ ……………………………… **ツリガネニンジン属**(3905, 3911)

b. 植物体に星状毛がある．花の直下に複数の小苞があり，しばしば互いに合着する ……………………………… **70**

70a. 花序は細長い．花の下の小苞は互いに合生する ……………………………………………… **タチアオイ**(2671)

b. 花序はつまって短く，密に花をつける．花の下の小苞は針状で，互いに離生する ………… **ノジアオイ**(2653)

71a. 星状毛がある………………………………………………… **72**

b. 星状毛はない………………………………………………… **75**

72a. 果実は表面に鈎毛を密生する ……… **ハテルマカズラ**(2648)，**ボンテンカ属**(2679, 2680)

b. 果実の表面に鈎毛はない ………………………………… **73**

73a. 果実は15程度の分果に分かれる……………**イチビ**(2668)

b. 果実は分果に分かれない ………………**ハナアオイ**(2673)，**ゼニアオイ属**(2674～2678)，**ヤノネボンテンカ** *Pavonia hastata* Cav.(西日本で観賞用に栽培され，しばしば野生化する半低木)

c. 果実は単一の蒴果で裂開する …………………………… **74**

103．ドクダミ

1291．タケニグサ

1538.モミジバセンダイソウ

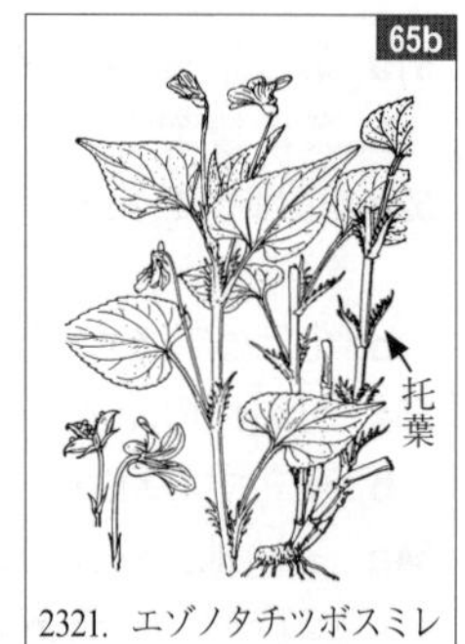

2321．エゾノタチツボスミレ

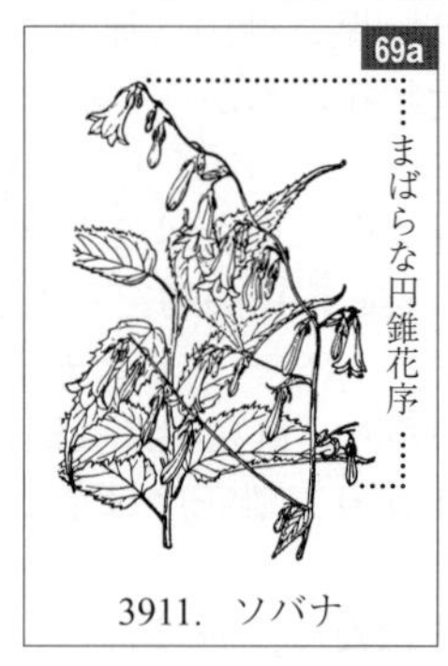

3911．ソバナ

2671．タチアオイ

2653．ノジアオイ

2648．ハテルマカズラ

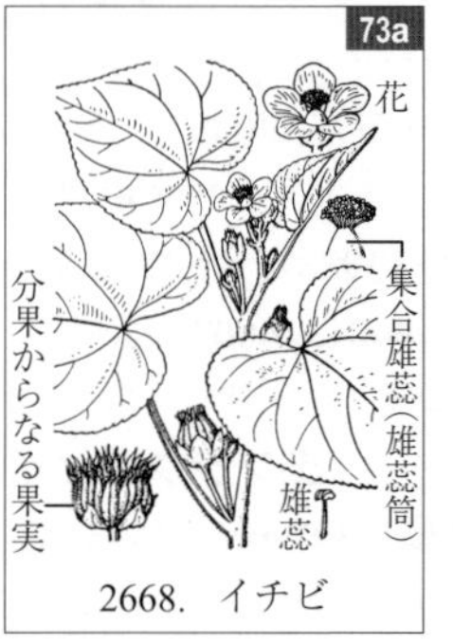

2668．イチビ

2674．ハイアオイ

74a. 花柱の先は 5 つに分かれ，種子に綿毛はない
………………………… **ギンセンカ**(2681), **モミジアオイ**(2692),
トロロアオイ(2693)

b. 花柱の先は分裂せず，種子に長い綿毛がある
…………………………………………………… **ワタ**(2695)

75a. 花は単性. 雄花序は集散状で長い柄があり, 葉より上に立ち上がる ……… **カテンソウ**(2137)➡検索 N-55b にあり

b. 花は両全性 …………………………………………… **76**

76a. 花は無柄．蒴果は窓状の構造で裂開する
…………………………………………… **キキョウソウ**(3917)

b. 花は有柄．果実は上のようではない ……………… **77**

77a. 海岸に生えるか，畑に栽培される匍匐性の草本でやや多肉質．花冠は漏斗形で大きい
……… **ハマヒルガオ**(3453), **サツマイモ属**(3460～3462)

b. 海岸に生えない多肉質ではない草本．花冠は小さい
………………………………………………………… **78**

78a. 市街地の道ばた等に生える匍匐性の小草本で，節から根を出して広がる………………… **アオイゴケ**(3465)

b. 林内に生え，茎は直立または斜上するが，基部を除き節から根を出すことはない ………………………… **79**

79a. 花冠は鐘形で 5 裂する………………… **タニギキョウ**(3894)

b. 花冠は 4 深裂し，平開する
………………………… **クワガタソウ属**(3627～3629，3631)

80a. 少なくとも一部の花は左右対称 ……………………… **81**

b. 花はすべて放射相称 ………………………………… **90**

81a. 花は複散形花序につく．果実は 2 分果からなり，裂開しない ……………… **シャク**(4443)，**オオハナウド**(4468)

b. 花は複散形花序につかない ………………………… **82**

82a. 花に距がある．果実は長角果，裂開する
……………… **キケマン属**(1301～1305)(検索 O－30b も参照)

b. 花に距はない．果実は豆果(マメ科) ………………… **83**

83a. 豆果は複数の節からなって裂開せず，熟すと節からばらばらになって散布される ………… **スナジマメ**(1653)，
ナハキハギ(1690), **ミソナオシ**(1691),
シバハギ属(1693～1695), **ヒメノハギ**(1698),
ヌスビトハギ属(1700～1706)

b. 豆果は 1 種子のみを含み，裂開しない ………………… **84**

c. 豆果は複数，まれに 1 個の種子を含み，裂開する … **86**

84a. 一年草で茎は単生し，下部で枝を分ける．小葉の側脈は平行で引っ張ると矢筈状にちぎれる
………………………………………… **ヤハズソウ属**(1688，1689)

b. 多年草で茎は叢生し，下部では枝を分けないことが多いが，分けることもある．小葉の側脈は網目状に広がり，矢筈状にちぎれない(ハギ属)(40a 参照) ………… **85**

85a. 花序は葉よりも長い …… **ミヤギノハギ**等(1674～1677)，
マキエハギ(1682)，**イヌハギ**(1684)

b. 花序は葉よりも短い ……………………… **ネコハギ**(1683)，
メドハギ等(1685～1687)

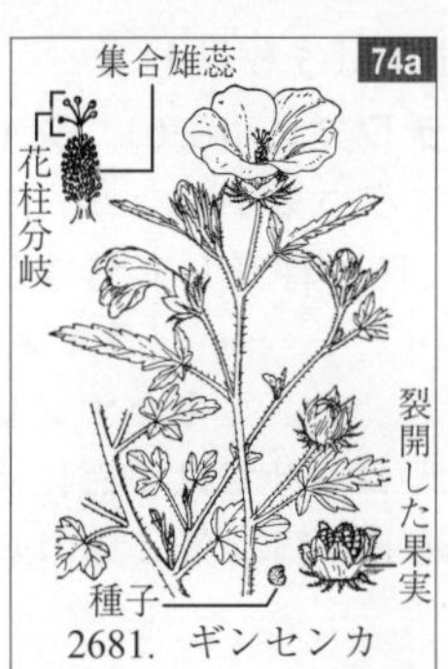

2681. ギンセンカ

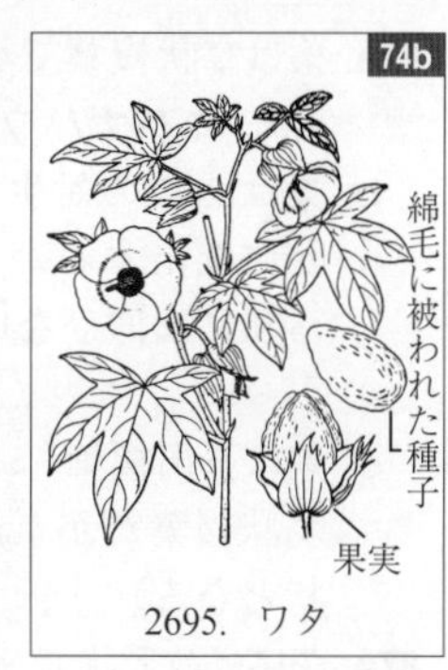

2695. ワタ

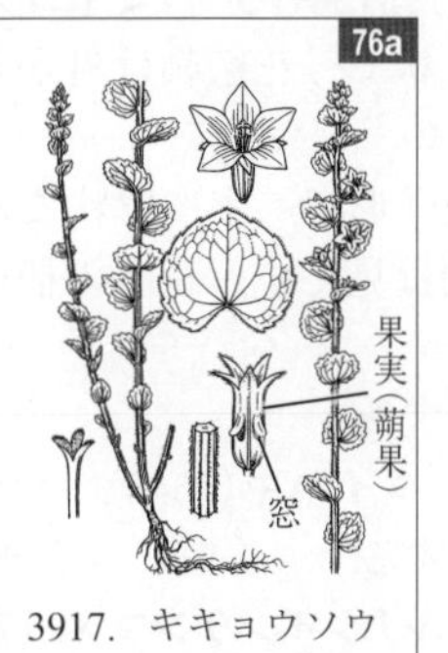

3917. キキョウソウ

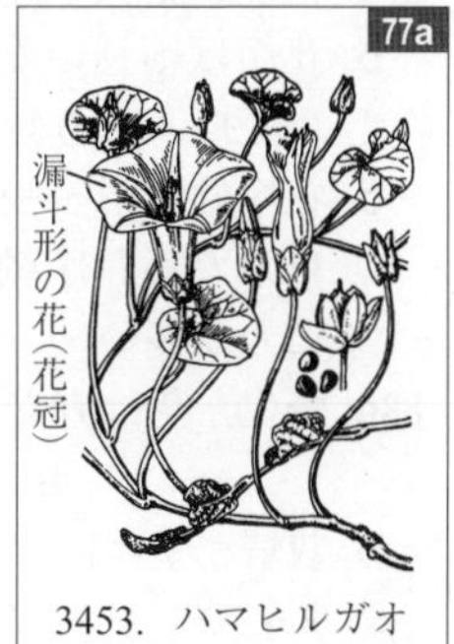

3453. ハマヒルガオ

3465. アオイゴケ

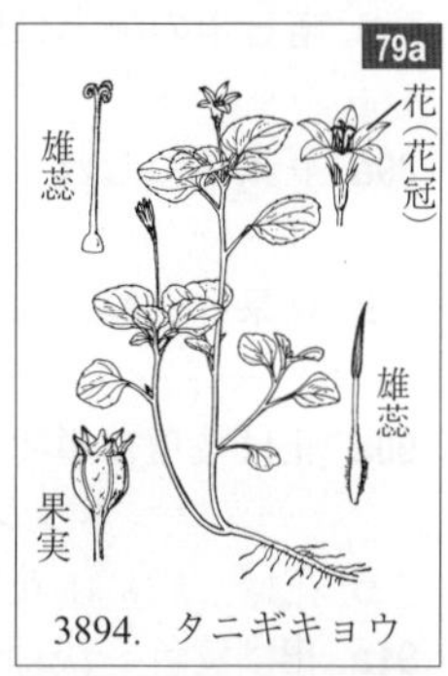

3894. タニギキョウ

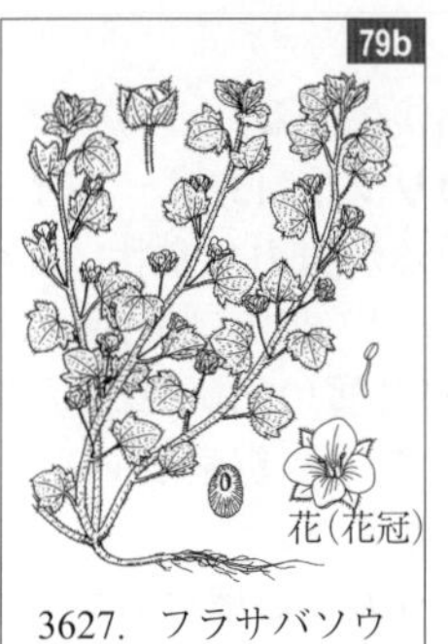

3627. フラサバソウ

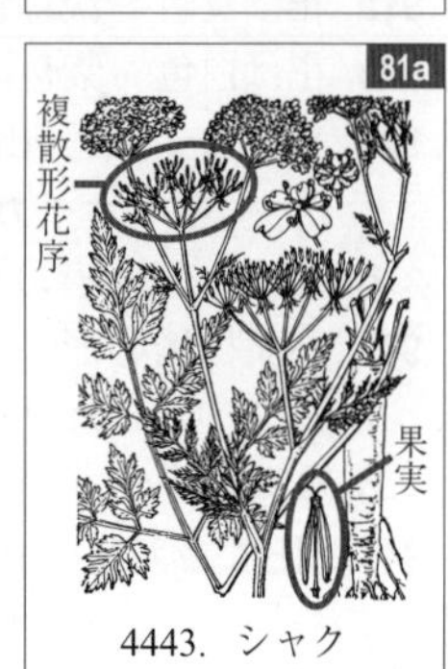

4443. シャク

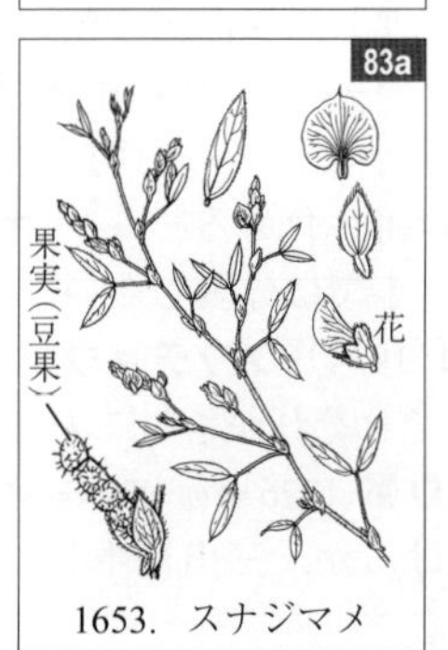

1653. スナジマメ

1683. ネコハギ

86a. 葉は掌状複葉で小葉は 5 枚以上
……… **キバナハウチワマメ**(1650), **シャジクソウ**(1756)

b. 葉は 2 枚の対生する小葉からなり, 中軸は針状でわずかに突出するか, 時に伸長して巻きひげとなるが, つる状には伸びない ……………… **ソラマメ属**(1778, 1779), **キバナノレンリソウ**(1785)

c. 葉は三出複葉(ミヤコグサでは正確には 5 小葉からなる羽状複葉だが, 最下の側小葉は葉の基部にあって托葉状となる) ……………………………………………… **87**

87a. 花序は散形状で, 長柄がある …… **ミヤコグサ属**(1732～1734)

b. 花序は細長い総状で, 花序軸は外から見え, 花序の柄は花序よりも短い ……………………………………………… **88**

c. 花序は球形～長球形で, 密に総状または穂状に花をつけるため花序軸は見えず, 花序の柄は花序よりも長いことが多い ……………………………………………… **89**

88a. 野生. 茎は直立する
…………………… **センダイハギ**(1648), **シナガワハギ**(1755)

b. 栽培. 茎は直立する …………………… **タチナタマメ**(1664), **ダイズ**(1719), **ツルナシインゲンマメ**(1722), **アズキ**(1724)

c. 南日本の海岸に野生. 茎は匍匐する
……………………………………………… **ハマアズキ**(1729)

89a. 豆果はねじれず, 宿存する花弁と萼に包まれる
……………………………………… **シャジクソウ属**(1757～1760)

b. 豆果は一般にねじれ, 萼から抽出する
……………………………………… **ウマゴヤシ属**(1761～1764)

90a. 花は枝頂に単生
……………… **ボタン属**(1502～1504), **チシマイチゴ**(1952)

b. 花は一般に 1 花序に複数つく ……………………………… **91**

91a. 花は黄色～淡緑色 ……………………………………………… **92**

b. 花は白色～紫色 ……………………………………………… **95**

92a. 葉は 2～3 回三出複生する
……… **キバナイカリソウ**(1324), **ルイヨウボタン**(1334)

b. 葉は 3 小葉をつけるか, まれに掌状に 5 小葉をつける … **93**

93a. 小葉は倒心形, 全縁. 果実は蒴果
………………… **カタバミ属**(2261～2263)(検索 L－40a も参照)

b. 小葉は先が丸いか尖り, 鋸歯がある. 果実は痩果 … **94**

94. 花托は果実期に肥厚しない
……………………… **キジムシロ属**(2015, 2022, 2025～2027)

b. 花托は果実期に肥厚し, 表面が赤色, 肉質となる
……………………………………… **ヘビイチゴ属**(2028, 2029)

95a. 葉は掌状複生し, 小葉がさらに羽状複生する. 栽培されるが, 暖地では野生化する ……… **オジギソウ**(1804)

b. 葉は掌状複葉で, 小葉は分裂しない
…… **コガネイチゴ**(1934), **フウチョウソウ属**(2718, 2719)

c. 葉は二出複生し, それぞれがさらに 2～3 枚の小葉に複生する …… **イカリソウ属**(1326 ➡検索L-35a にあり, 1327～1329)

d. 葉は 3 小葉をつけるか, 三出複生し, さらに三出または羽状に複生する ……………………………………………… **96**

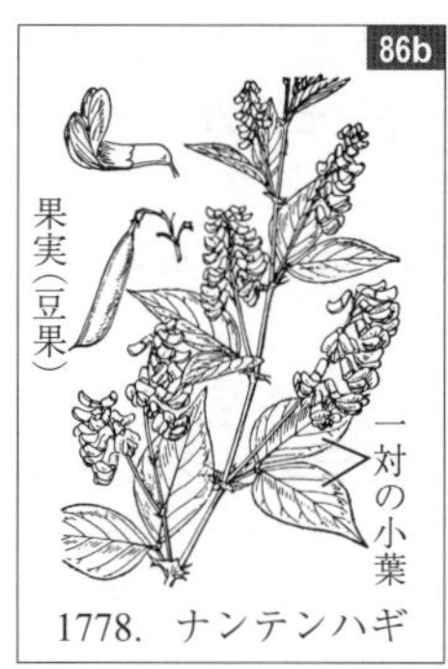

1778. ナンテンハギ

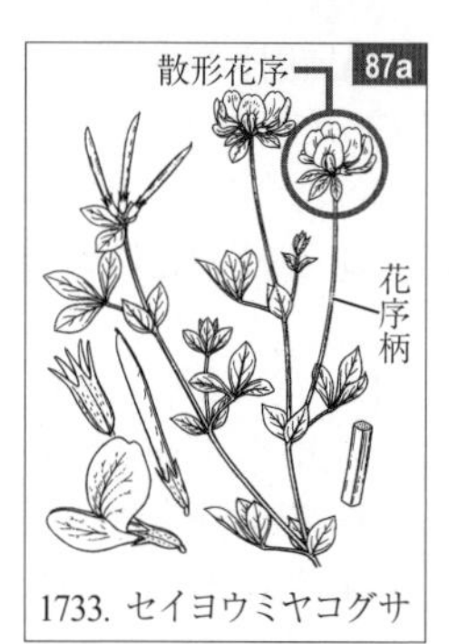

1733. セイヨウミヤコグサ

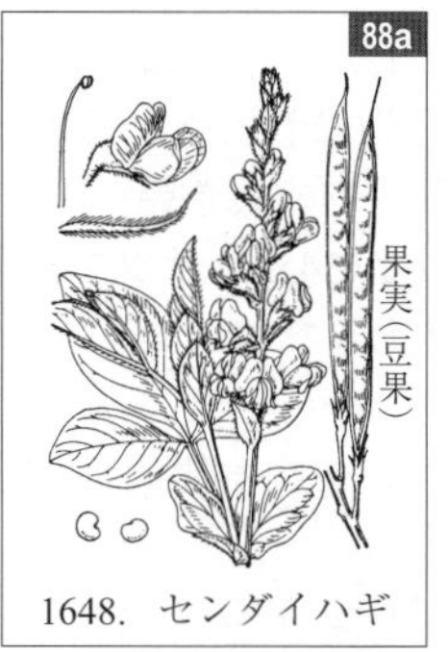

1648. センダイハギ

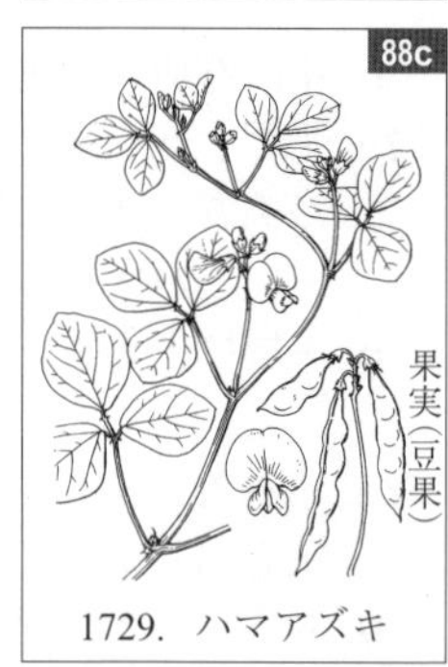

1729. ハマアズキ

1761. ウマゴヤシ

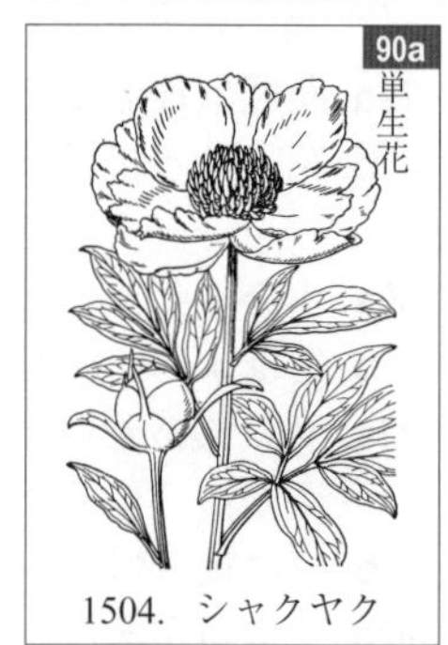

1504. シャクヤク

1334. ルイヨウボタン

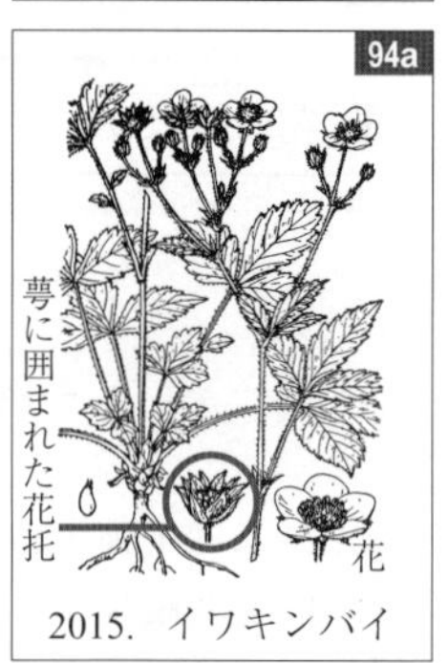

2015. イワキンバイ

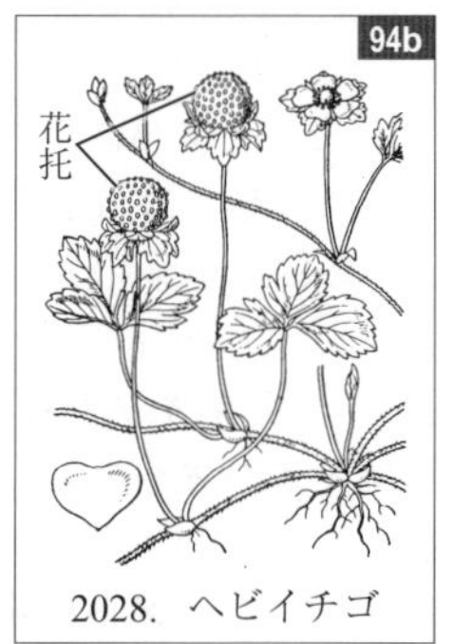

2028. ヘビイチゴ

1804. オジギソウ

96a. 花序は散房状で多数の花をつける
…………………………… **カラマツソウ属**(1368〜1371, 1373),
シモツケソウ属(1931〜1933)

b. 花序は円錐状で多数の花をつける
……………………………………………… **トキワイカリソウ**(1325),
カラマツソウ属(1363〜1367, 1372),
レンゲショウマ(1374), **サラシナショウマ**(1378),
ルイヨウショウマ(1379),
ヤマブキショウマ属(1868, 1869), **マツカゼソウ**(2617)

c. 花序は総状で数個〜多数の花をつける. 時に基部に枝を出すこともある
…………… **イカリソウ属**(1323 ➡検索 L-54a にあり, 1325),
ミツバフウチョウソウ(2720),
ミツバコンロンソウ(2753)

d. 花序は散形状で, 単純か様々に複合する ………………… **97**

97a. 花は頂生の単純な散形花序につき, 平坦に並ぶ. 果実は袋果 ……………………………… **チチブシロカネソウ**(1357)

b. 花は円錐状に集まった球状の散形花序につく. 果実は球状で多汁質, 大形の草本………… **タラノキ属**(4406, 4407)

c. 花は複散形花序につく. 果実は密着する 2 個の分果からなる(センキュウでは結実はしない)(セリ科)……… **98**

98a. 分果に鈎毛を密生する……………… **ウマノミツバ**(4426),
ヤブニンジン(4444), **ヤブジラミ属**(4445, 4446)

b. 分果に鈎毛はない…………………………………………………… **99**

99a. 海岸生で葉の裂片は幅広く, 鋸歯は少ないことが多い
…………… **マルバトウキ**(4442), **エゾノシシウド**(4474),
ボタンボウフウ(4499), **ハマボウフウ**(4500)

b. 多くは海岸生ではなく, 葉の裂片は多くは狭く, 多くの鋸歯がある ………………………………………………………**100**

100a. 葉(の少なくとも大部分)は 1 回三出複葉で, 小葉は鋸歯縁…………………… **タニミツバ**(4440), **ミツバ**(4441),
シムラニンジン(4455), **ミツバグサ**(4456),
ハクサンボウフウ(4497)

b. 葉は 2 回以上複生するか, 一部 1 回三出複葉のものが混じる ……………………………………………………………**101**

101a. 栽培される薬用植物で地下に太い根茎がある. 結実しない…………………………………………… **センキュウ**(4462)

b. 野生植物か, 栽培される薬用植物. 結実する ………**102**

102a. 分果の横断面は多角形かほぼ円形で, 扁平でない
………… **カサモチ**(4454), **カノツメソウ属**(4457, 4458),
イブキゼリモドキ(4463)

b. 分果の横断面は半円形に近く, 明らかに扁平
…………………………… **ミヤマセンキュウ属**(4451, 4452),
エゾノシシウド属(4473, 4474),
シシウド属(4475〜4481, 4483〜4485, 4492),
ハクサンボウフウ(4497), **カワラボウフウ**(4502)

1373. ハルカラマツ

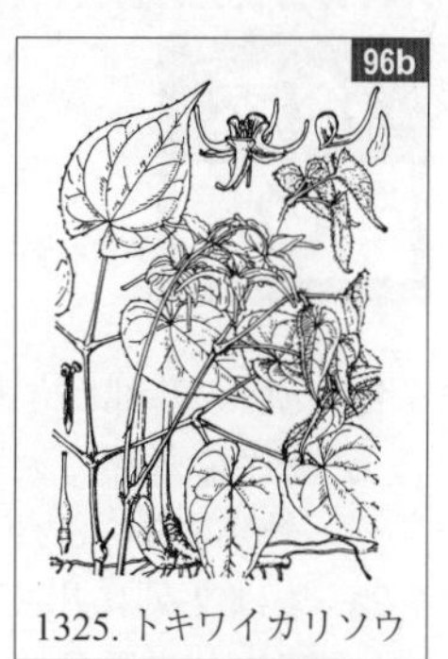

1325. トキワイカリソウ

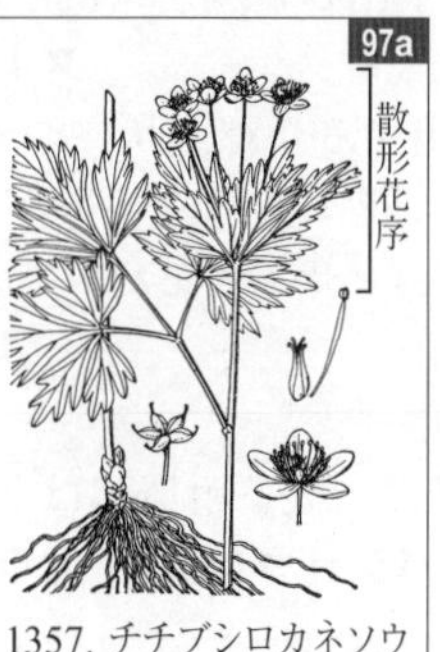

1357. チチブシロカネソウ

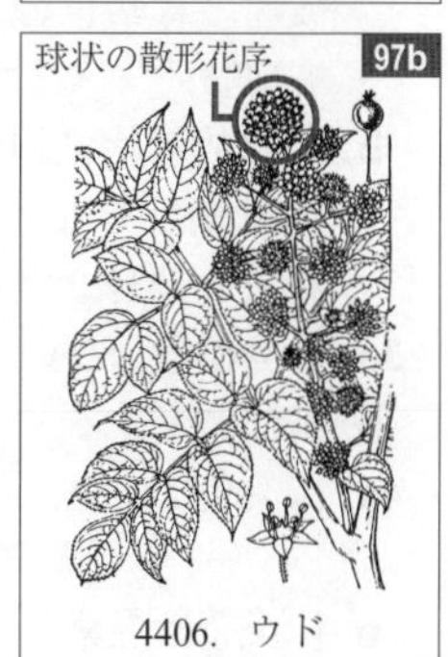

4406. ウド

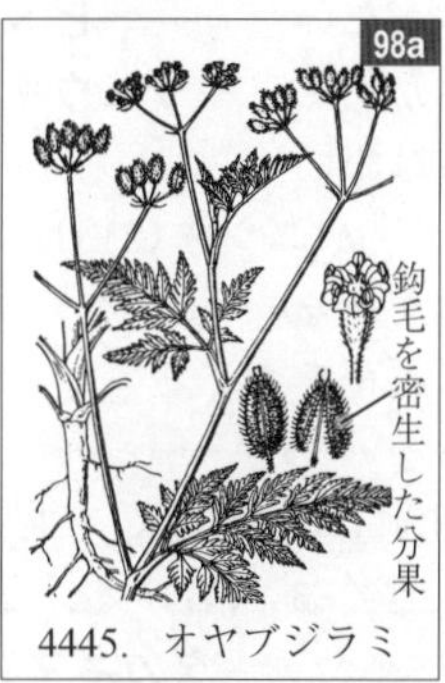

4445. オヤブジラミ

4442. マルバトウキ

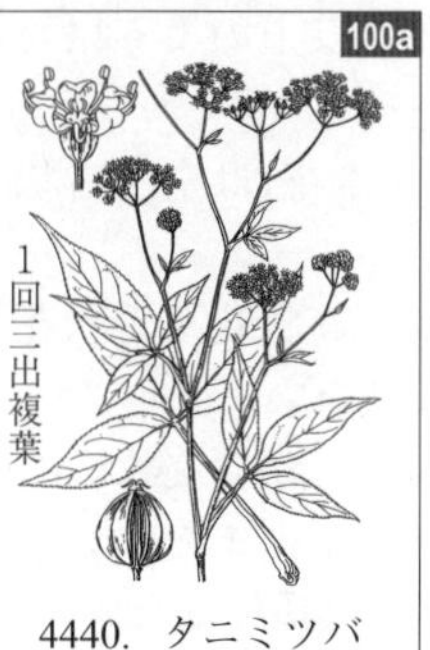

4440. タニミツバ

4462. センキュウ

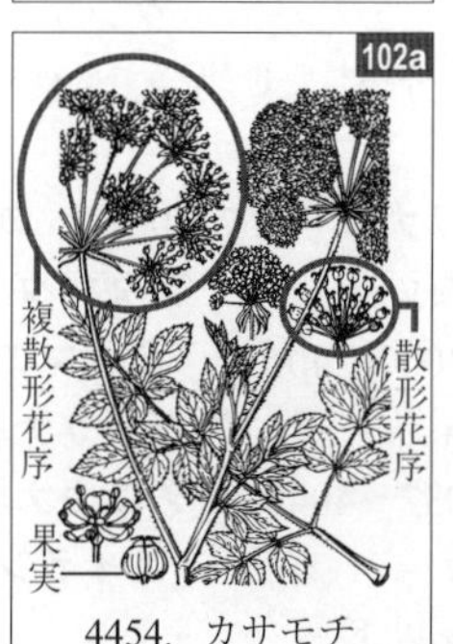

4454. カサモチ

4451. ミヤマセンキュウ

1a. 花序の基部に1枚の大きな苞があって花序を包む …… 2
b. 花序の基部に大形の1枚の苞はない(複数の小形の総苞片があることがある) …… 7
2a. 葉は2列に出て側脈は並行．花は大形で，橙色の外花被片と青紫色の内花被片を持つ．南アフリカ原産の栽培植物 …… **ストレリッチア**(674)
b. 葉は放射状に根出するか螺旋状につくことが多く，細脈は網目をなす．花は微小で多数が肉穂花序につき，花被片は目立たない(サトイモ科) …… 3
3a. 葉は楯着しない …… 4
b. 葉は楯着する …… 6
4a. 仏炎苞は白色．花序の先に附属体はない …… **ミズバショウ**(201)，**オランダカイウ**(210)
b. 仏炎苞は黒紫色 …… 5
5a. 花序の先に附属体がない …… **ヒメザゼンソウ**(203)
b. 花序の先に附属体がある …… **リュウキュウハンゲ**(256)
6a. 花序の先に附属体はない …… **ハニシキ**(213)，**クワズイモ**(215)
b. 花序の先に附属体がある …… **サトイモ**(214)
7a. 花は多数集まって頭花をつくる …… 8
b. 花は頭花をつくらない …… 28
8a. 頭花の周縁部の花冠は2唇形で，上唇は小さく2裂，下唇ははるかに大きく3深裂する．茎葉は対生で羽状全裂．高山植物 …… **タカネマツムシソウ**(4378)
b. 頭花の周縁部の花冠は上のようにならず，舌状か筒状(キク科) …… 9
9a. 小花(頭花を構成する花)は全て舌状．植物体は白い乳液を含む …… 10
b. 小花は全て筒状か，筒状花と舌状花とがある．植物体に白い乳液は含まれない …… 15
10a. 小花は多数(30個以上)が螺旋状に配列する …… 11
b. 小花は30個未満で，1列または2列に並ぶ …… 13
11a. 花茎は分枝せず，葉や鱗片はない …… **タンポポ属**(4019～4026)
b. 花茎は分枝するか,分枝しない場合でも葉や鱗片がある … 12
12a. 冠毛は羽状 …… **エゾコウゾリナ属**(4067, 4068)，**コウゾリナ**(4069)
b. 冠毛は羽状ではない …… **フタマタタンポポ**(4027)，**ノゲシ属**(4060，4061)，**ミヤマコウゾリナ**(4064)
13a. 頭花は直径9 mm以上 …… **アゼトウナ属**(4031～4034)，**ニガナ属**(4037～4040)，**ノニガナ属**(4041～4045)，**スイラン属**(4065，4066)
b. 頭花は直径8 mm以下 …… 14

674. ストレリッチア

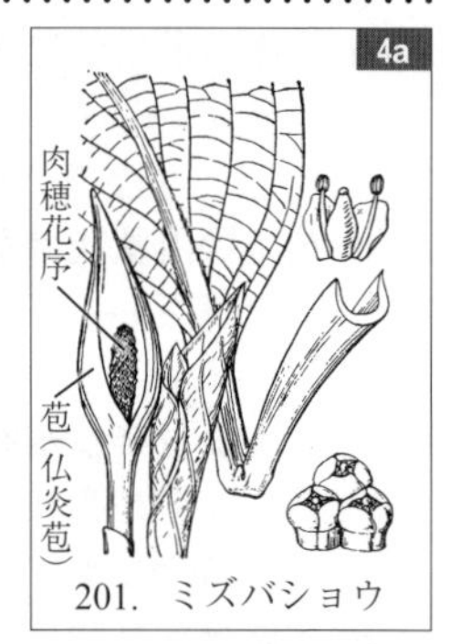

201. ミズバショウ

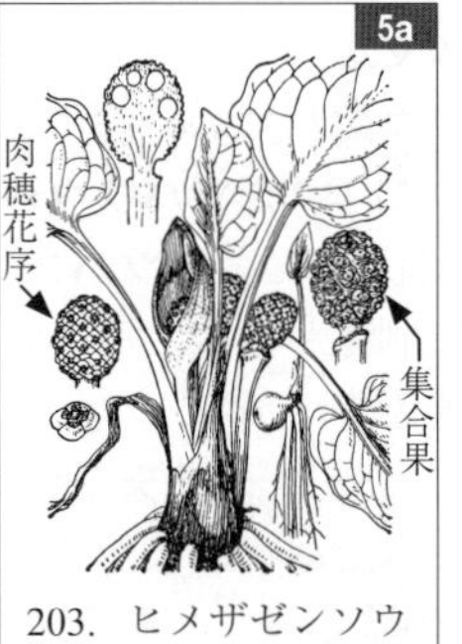

203. ヒメザゼンソウ

256. リュウキュウハンゲ

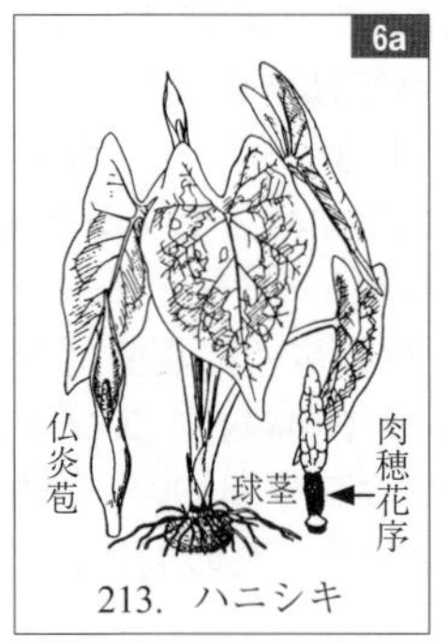

213. ハニシキ

214. サトイモ

4378. タカネマツムシソウ

4021. カントウタンポポ

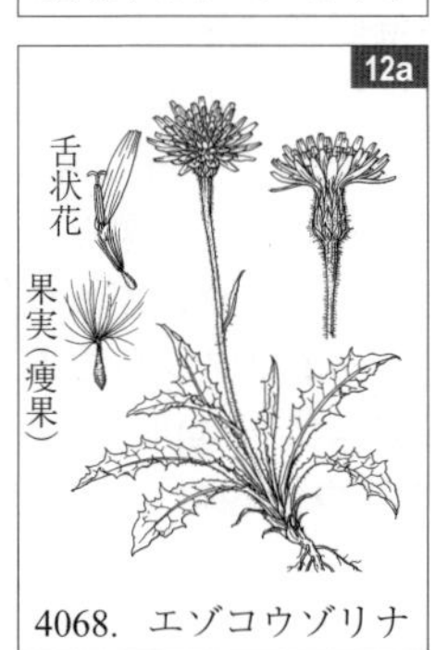

4068. エゾコウゾリナ

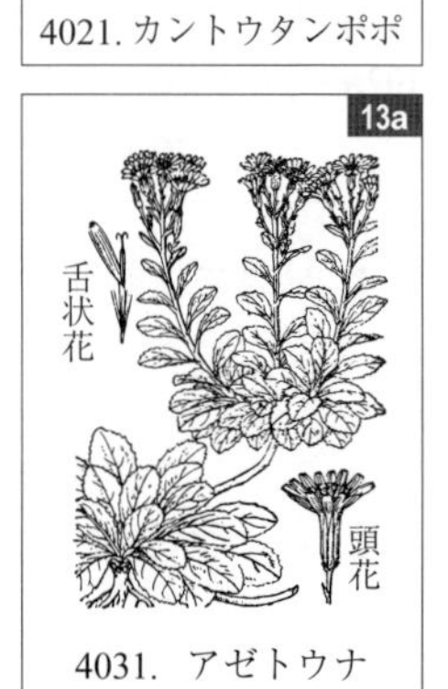

4031. アゼトウナ

14a. 冠毛はない …………………… **ヤブタビラコ属**(4048, 4049)
b. 冠毛がある …… **ノニガナ**(4043), **オニタビラコ**(4047)
15a. 黄色の舌状花がある …………………………………… **16**
b. 黄色の舌状花はない …………………………………… **18**
16a. 茎葉はない ………………………… **カンツワブキ**(4101)
b. 対生する茎葉がある ……… **ウサギギク属**(4304, 4306)
c. 互生する茎葉がある …………………………………… **17**
17a. 頭花は多数総状につく……………… **ヤマタバコ**(4102),
ミチノクヤマタバコ(4102 注)
b. 頭花は散房状につくか, 茎頂に単生する
……… **オカオグルマ属**(4075～4079), **ミズギク**(4255),
セリバノセンダングサ(4267)
18a. 小花は紫色(まれに白色)で全て筒状, 葉の縁に鋭い鋸歯があり, 時に刺状となる. 花柱の上部にふくれた部分があり, そこに刷毛状の毛がある ……………………… **19**
b. 筒状花は白色, 黄色または褐色で紫色ではない(まれに閉鎖花のみからなる頭花をつけることがある). 花柱の下部にふくれた部分はない …………………………… **20**
19a. 冠毛は全て同形で羽毛状. 葉の縁には刺状に硬質化した鋸歯があることが多い
………………… **アザミ属**(3951, 3954, 3955, 3957～3963)
b. 冠毛は 2 形あり, 内側のものは長く羽毛状, 外側のものはごく短く鱗片状. 葉の縁に刺状の鋸歯はない
………………… **トウヒレン属**(3991, 3995, 4004, 4010)
20a. 頭花は花茎に単生する……………………………… **21**
b. 頭花は花序をつくって数個～多数つく ……………… **22**
21a. 茎葉は鱗片状
………………… **センボンヤリ**(3930)➡検索 L-10a にあり,
コケセンボンギク(4164)
b. 茎葉は根生葉とほぼ同形
………………………………… **ムカシヨモギ属**(4145, 4146)
c. 茎葉はない ………………………………… **ヒナギク**(4143)
22a. 頭花は数個～数十個が密に茎頂に集まり, 周囲に他の葉とは異なる多数の総苞葉がある
…… **ウスユキソウ属**(4124～4127), **チチコグサ**(4135)
b. 頭花は上のようにはならない ………………………… **23**
23a. 明瞭な舌状花がある ………………………………… **24**
b. 舌状花はないか, あっても不明瞭 …………………… **25**
24a. 舌状花は線形で糸状 …… **ムカシヨモギ属** (4147～4150)
b. 舌状花は倒披針形で扁平
……………………… **シオン属** (4167, 4172, 4190～4192)
25a. 頭花はまばらな散房花序をつくる, 葉は鋸歯縁
………………………………………… **カイザイク**(4140),
ガンクビソウ属(4258, 4259, 4263)
b. 頭花は密な花序をつくる. 時にややまばらな複穂状花序となる場合があるが, その場合葉は羽状に深裂するか複生する ………………………………………… **26**

4043. ノニガナ

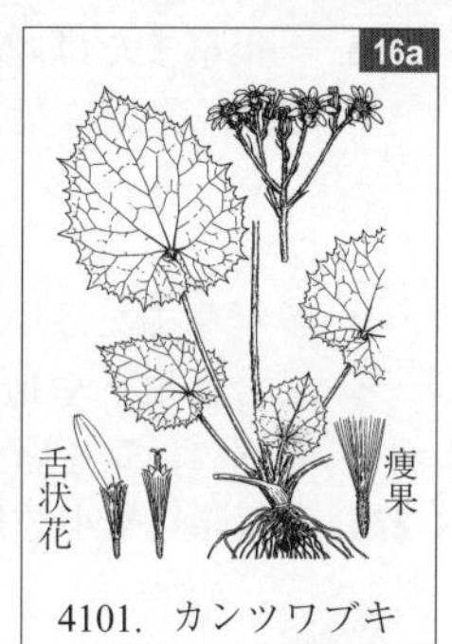

4101. カンツワブキ

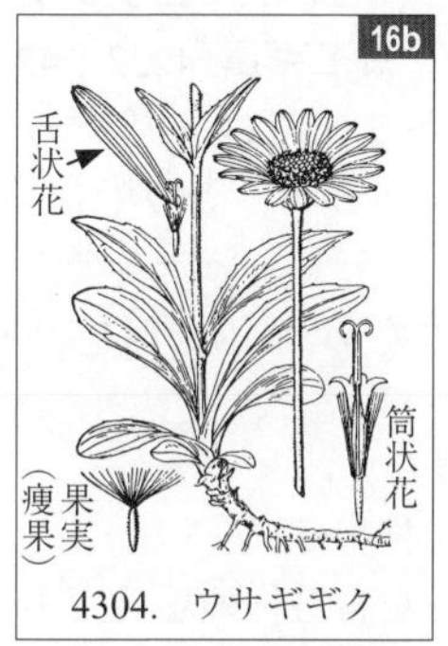

4304. ウサギギク

4102. ヤマタバコ

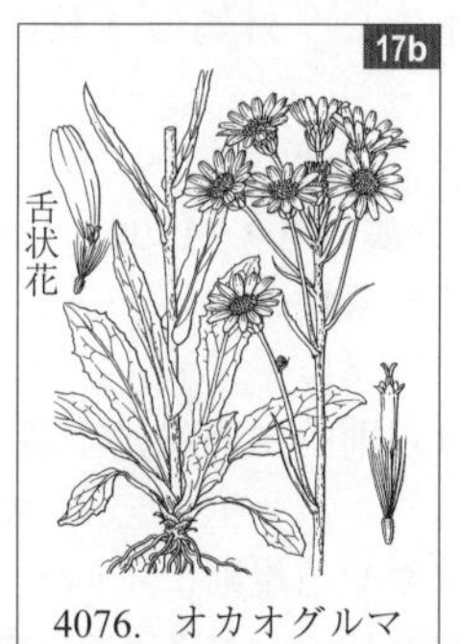

4076. オカオグルマ

3951. フジアザミ

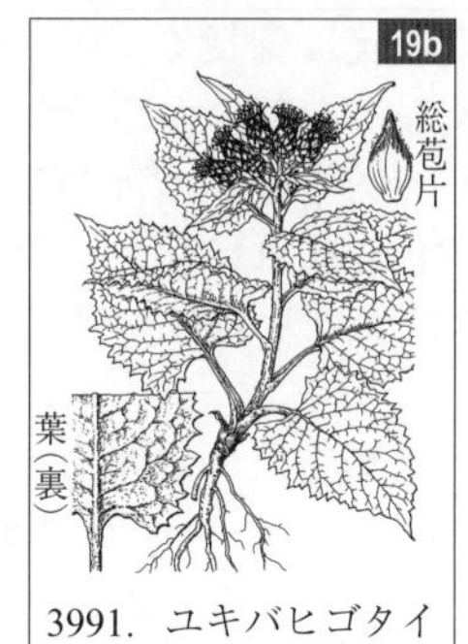

3991. ユキバヒゴタイ

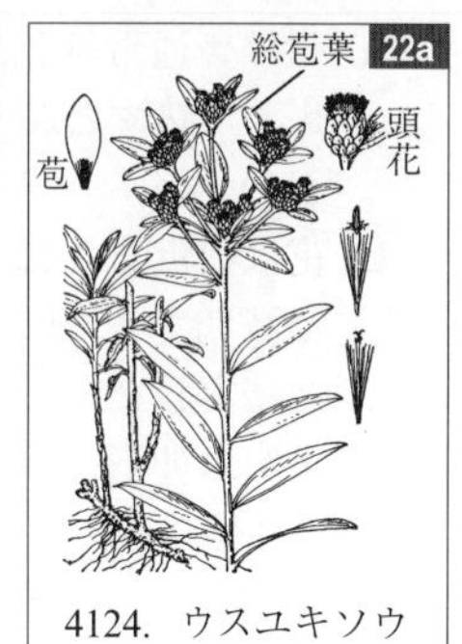

4124. ウスユキソウ

4147. エゾノムカシヨモギ

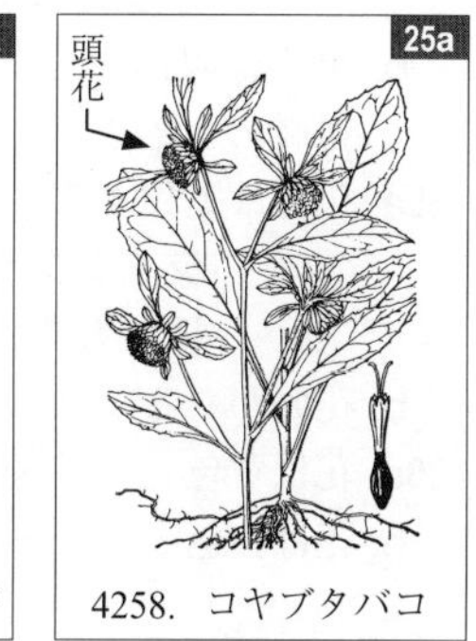

4258. コヤブタバコ

26a. 一年草または越年草，時に短命な多年草で茎は木質化せず，先端に葉を叢生する短枝もない
……………… **チチコグサモドキ**(4136)，**ハハコグサ**(4137)，**ワタナ**(4142)

b. 多年草または小低木．茎は木質化するか，そうでない場合は地下や地表で盛んに分枝し，花をつけない枝の先端には葉を密生する …………… **27**

27a. 南西諸島や小笠原の海岸岩場に生える小低木
……………… **モクビャッコウ**(4215)

b. 草本 ……………… **エゾノチチコグサ**(4134)，**ヨモギ属**(4222～4226，4232～4235)

28a. 花は 4 枚の花弁と 2 または 4 枚の萼片がある(まれに花弁がないことがあるが，その場合萼片は 4 枚，雄蕊は 6 本) …………… **29**

b. 花には 4 枚の萼片があり，花弁はない．雄蕊は 4 本または 8 本 …………… **41**

c. 花は上のようではない …………… **42**

29a. 花は著しく左右対称 …………… **30**

b. 花は放射相称か，左右対称の場合でも著しくない … **31**

30a. 花には距は発達しない．外側の 2 枚の花弁の先端は伸長し，反曲する ……………… **コマクサ**(1297)

b. 花に距がある
……………… **キケマン属**(1299，1300，1308，1310，1311)

31a. 萼片は 2 枚，時に早落性 …………… **32**

b. 萼片は 4 枚(アブラナ科) …………… **33**

32a. 雄蕊は 4 本．葉は規則的に羽状に全裂
……………… **オサバグサ**(1285)

b. 雄蕊は多数．葉はやや不規則に 1 回～ 2 回羽状複生
…… **リシリヒナゲシ**(1290)，**ヤマブキソウ属**(1293～1295)

33a. 花は普通帯紅色．果実は細長く，所々がくびれて裂開せず，熟すと細くなった部分から折れてバラバラになる ……………… **ダイコン属**(2800，2801)

b. 花は白色または黄色，まれに花弁がない．果実は熟すと裂開する(セイヨウワサビ(2735)では果実はほとんど結実しない) …………… **34**

34a. 果実は卵形，倒三角形または倒卵形で扁平，長さは幅の 2 倍以内，花は白色 ……… **ナズナ**(2726，2727)，**セイヨウワサビ**(2735)，**タカネグンバイ**(2761)，**トモシリソウ**(2778)

b. 果実は線形または長楕円形で円柱状かやや扁平，長さは幅の 2 倍以上(2 倍前後の場合は花は黄色) ……… **35**

35a. 花弁は退化する ……………… **ミチバタガラシ**(2738)，**ジャニンジン**(2747)(タネツケバナ属では他の種にも花弁が退化する個体が知られている)

b. 花弁がある …………… **36**

36a. 花は黄色 …………… **37**

b. 花は白色 …………… **38**

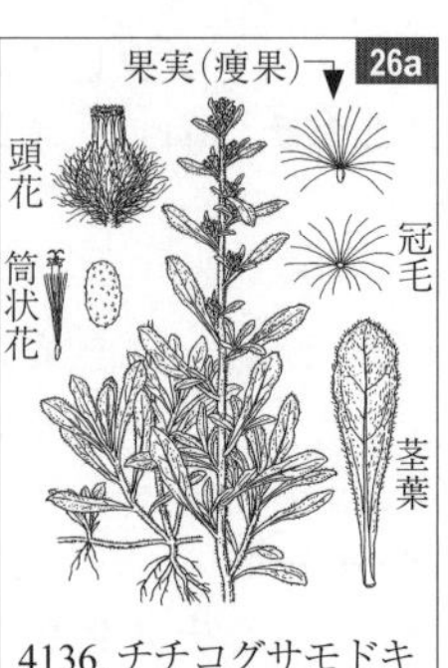

4136. チチコグサモドキ

4215. モクビャッコウ

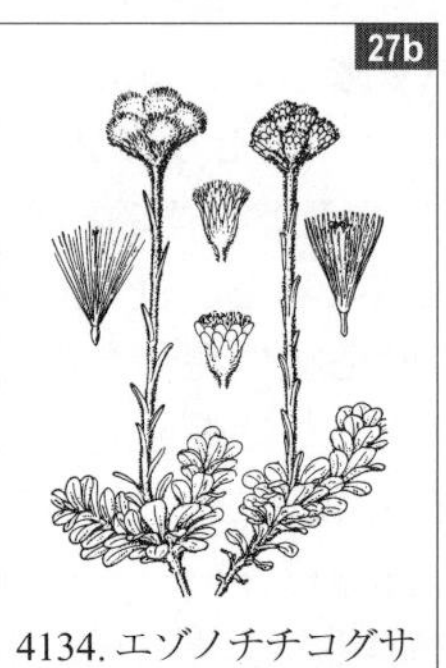

4134. エゾノチチコグサ

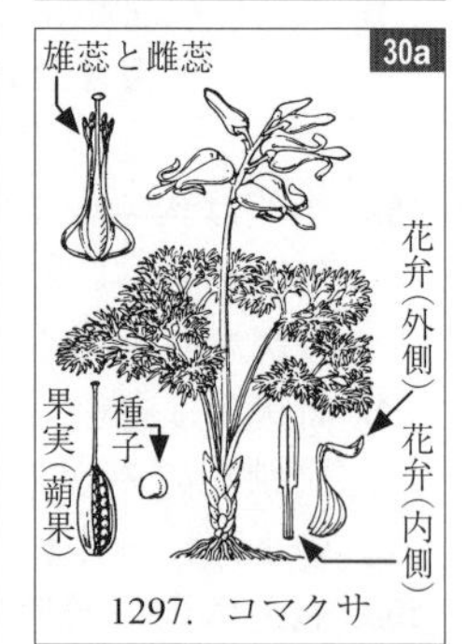

1297. コマクサ

1299. ホザキキケマン

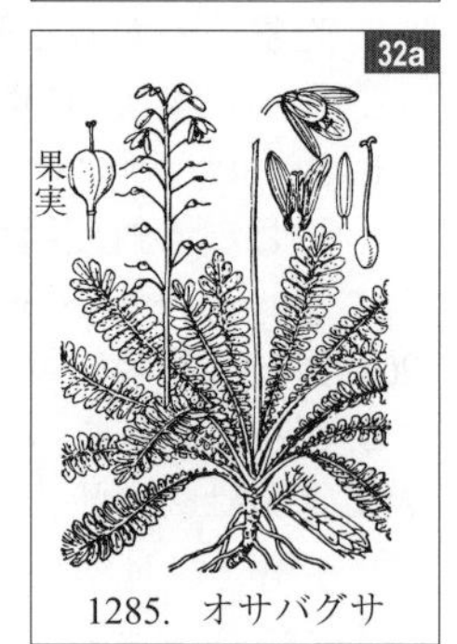

1285. オサバグサ

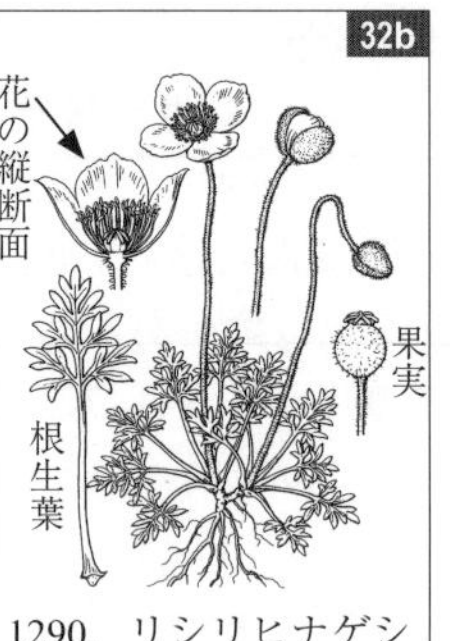

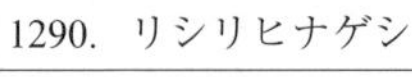
1290. リシリヒナゲシ

2800. ダイコン

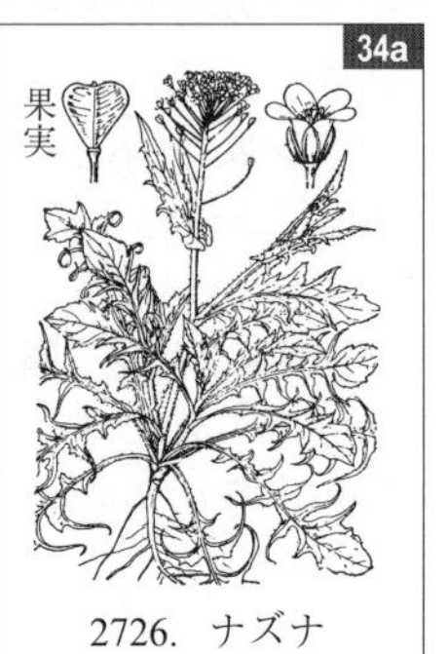

2726. ナズナ

2738. ミチバタガラシ

37a. 植物体は無毛……………………**ヤマガラシ属**(2733，2734)，
イヌガラシ属(2737，2740，2741)
b. 植物体は有毛…………………… **イヌナズナ属**(2771，2773)
38a. 葉は羽状複葉
……………………**タネツケバナ属**(2743〜2747，2749，2750)
b. 葉は単葉…………………………………………………………… **39**
39a. 果実の柄は果実よりも長い
………………………………………**イヌナズナ属**(2772，2774〜2777)
b. 果実の柄は果実よりも短い ……………………………………… **40**
40a. 茎葉の基部は明らかに茎を抱く ……… **ハタザオ**(2725)，
ヤマハタザオ属(2764，2765，2767〜2769)
b. 茎葉の基部は細まってほとんどあるいは全く茎を抱かない……………………**シロイヌナズナ属**(2729〜2732)，
ヤマハタザオ属(2766，2770)
41a. 花は茎頂に平坦な花序をつくるか，まれに単生
………………………………………**ネコノメソウ属**(1552〜1554)
b. 花は穂状花序をつくって密につく
…………………………………………**ワレモコウ属**(1986〜1992)
42a. 食虫植物で，葉は筒状をなすか，表面に腺毛を密生する ………………………………………………………………… **43**
b. 食虫植物ではなく，葉は袋状をなさない ………………… **45**
43a. 葉は筒状をなす ……………………………… **サラセニア**(3196)
b. 葉は筒状をなさず，表面に腺毛を密生する ……………… **44**
44a. 花は放射相称……………………**モウセンゴケ属**(2897〜2900)
b. 花は左右対称…………… **ムシトリスミレ属**(3672，3673)
45a. 雄蕊は多数(花被片数の 2 倍より多い)らせん状につく
…………………………………………………………………… **46**
b. 雄蕊は 10 本以下で，1 輪または 2 輪に配列する …… **49**
46a. 花は茎頂にまばらな花序をつくって数個〜十数個つく．柱頭は果実期に羽毛状に長く伸びることはない ……… **47**
b. 花は茎頂に単生する．柱頭は果実期に長く伸び，羽毛状となる…………………………………………………………… **48**
47a. 柱頭は短く，鈎状にならない
……………………**キジムシロ属**(2013〜2018，2026，2030)
b. 柱頭は果実期に長く伸び，鈎状になる
………………………………………**ダイコンソウ属**(1979〜1982)
48a. 葉は複葉………………………………**オキナグサ属**(1441，1442)，
チングルマ(1978)
b. 葉は単葉…………………………………**チョウノスケソウ**(1815)
49a. 花は蝶形．果実は豆果．高山植物
………………………………………**オヤマノエンドウ属**(1747〜1751)
c. 花は蝶形ではない．果実は豆果ではない ……………… **50**
50a. 花は複散形花序につく．花弁は互いにくっつかない．子房は下位．果実は裂開しない(セリ科) ……………… **51**
b. 花は複散形花序につかない(イワタバコ科では散形花序の一部がさらに分枝して複散形状になることがあるが，その場合花弁の基部は互いにくっつき，子房上位，果実は裂開する) ……………………………………………… **55**

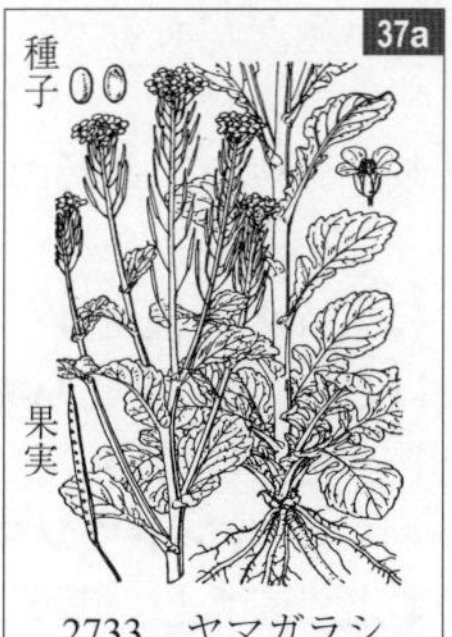

2733. ヤマガラシ

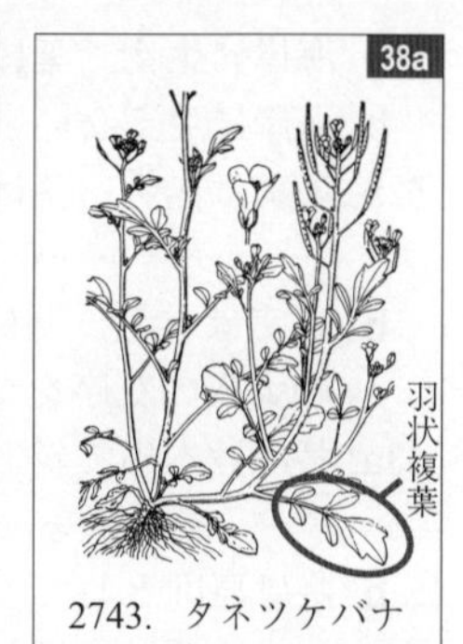

2743. タネツケバナ

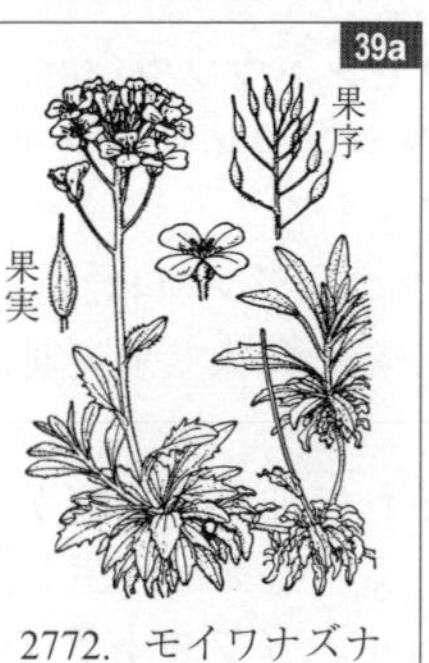

2772. モイワナズナ

40a
裂開した果実
2725. ハタザオ

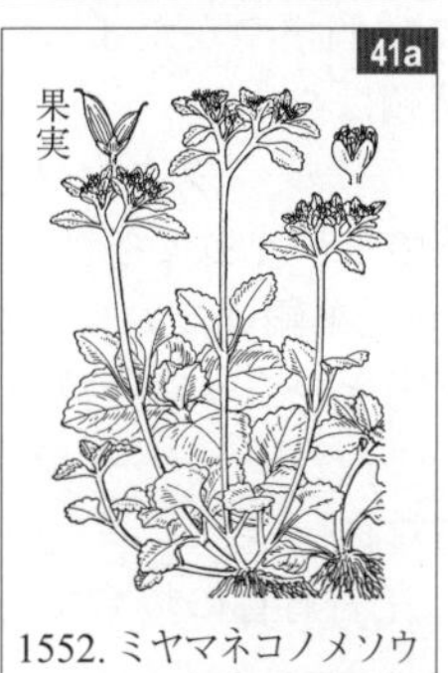

1552. ミヤマネコノメソウ

41b
穂状花序
根生葉
1986. ワレモコウ

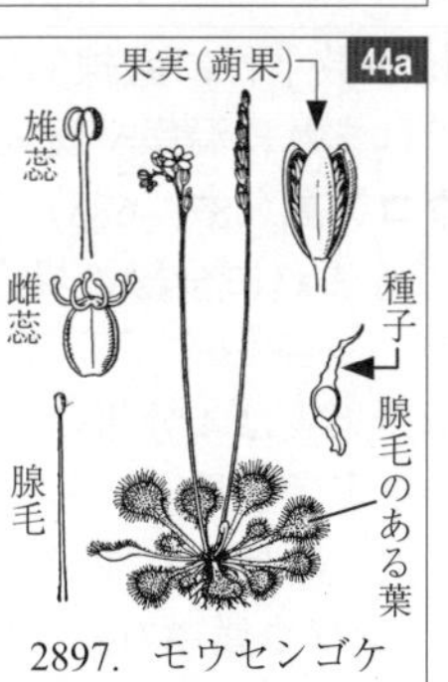

2897. モウセンゴケ

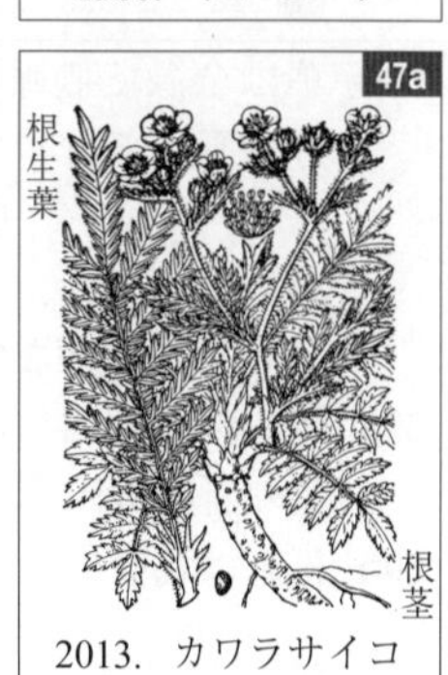

2013. カワラサイコ

1979. ダイコンソウ

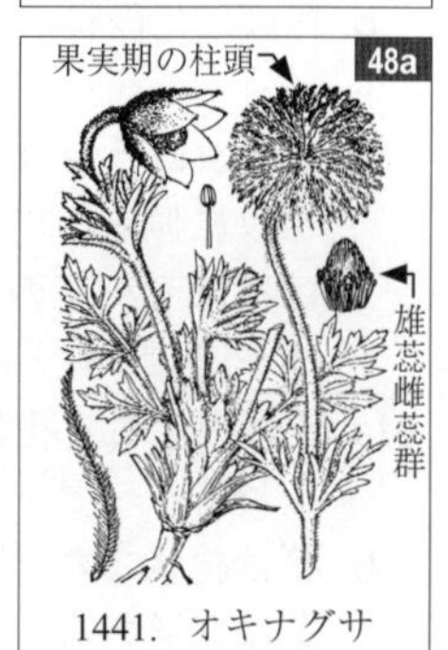

1441. オキナグサ

51a. 海岸に生え，葉に強い光沢がある ………………………… **52**
b. 海岸に生えない ……………………………………………… **53**
52a. 果実は無毛．茎は多く分枝し，多数の花序をつける
……………………………………………… **ハマゼリ**(4470)
b. 果実は有毛．茎はほとんど分枝せず，多くの場合 1 つの大形の花序をつける ………………… **ハマボウフウ**(4500)
53a. 茎は数本出て斜上し，茎葉はない
………………………………… **セントウソウ属**(4448, 4449)
b. 茎は原則として 1 本出て直立し，茎葉がある ……… **54**
54a. 分果の翼は発達しない………………………… **ニンジン**(4447), **イワセントウソウ**(4450), **セロリ**(4459), **シラネニンジン**(4464), **ヤマウイキョウ**(4465)
b. 分果の翼はよく発達する
…………………… **ミヤマニンジン**(4472), **ツクシゼリ**(4496)
55a. 花弁はなく, 萼はやや花弁状で果実期にも宿存する … **56**
b. 花弁と萼がある …………………………………………… **57**
56a. 花は茎頂またはそれに加えて葉腋から出る枝の先に花穂状の花序をつくる．茎葉は互生し，托葉鞘と葉鞘がある ………………………… **イブキトラノオ属**(2850〜2854)
b. 花は上部の葉腋に数個ずつかたまってつく．茎葉は互生し，托葉鞘や葉鞘はない
………………………………………… **フダンソウ属**(3020, 3021)
c. 花は茎頂に集散花序をつくって多数つく. 茎葉は対生または輪生し, 葉鞘や托葉鞘はない…… **ザクロソウ**(3032)
d. 花は茎頂に円錐花序をつくって多数つく．茎葉はない
……………………………………………… **イワユキノシタ**(1548)
57a. 花は明らかな左右対称……………………………………… **58**
b. 花は放射相称か，左右対称の場合でもあまり著しくない ……………………………………………………………… **69**
58a. 葉は全縁で側脈は多数平行に直線的に伸びる．熱帯地方の原産で日本ではまれに温室や暖地で栽培される
……………………… **ウコン属**(687, 688), **バンウコン**(689)
b. 葉は鋸歯縁か，ごくまれに全縁の場合でも側脈は少数で平行に伸びない …………………………………………… **59**
59a. 茎の断面は四角形．果実は 4 分果(シソ科) ………… **60**
b. 茎の断面は円形．果実は蒴果 …………………………… **61**
60a. 花冠は花後も残り，上唇はごく短い
……………………… **キランソウ属**(3712, 3713, 3720, 3721)
b. 花冠は花後脱落し，上唇はよく発達する
………………………………………… **ハルノタムラソウ**(3789), **ヒメタムラソウ** *Salvia pygmaea* Matsum.(ハルノタムラソウに似る．南西諸島の渓流沿いに生える)(シソ科には他にも花茎の基部に短い匍匐枝を出し，先端に葉をやや密につける種があるが，それらは**検索 R** 参照)
61a. 花は根生する花茎に単生し，距がある．茎葉はない(スミレ属) ……………………………………………………… **62**
b. 花は総状または穂状の花序に複数つき，距はない．茎葉は普通あるが，まれにないものもある ……………… **66**

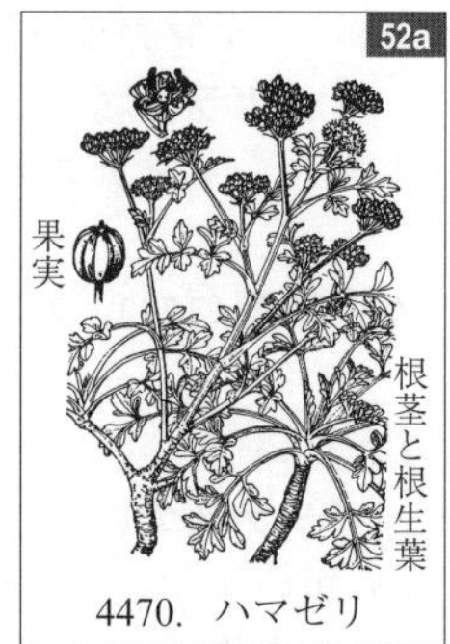

4470. ハマゼリ

4500. ハマボウフウ

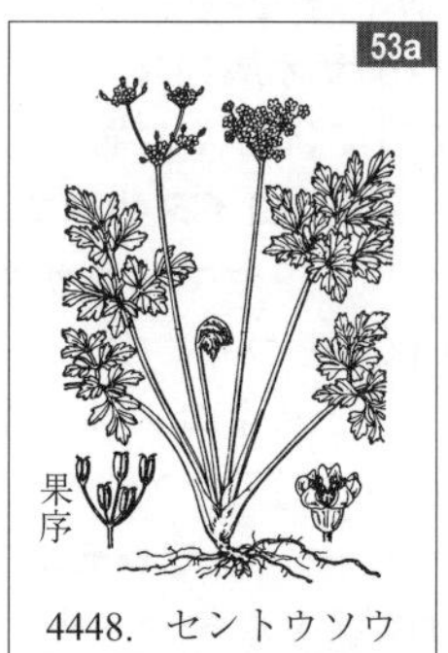

4448. セントウソウ

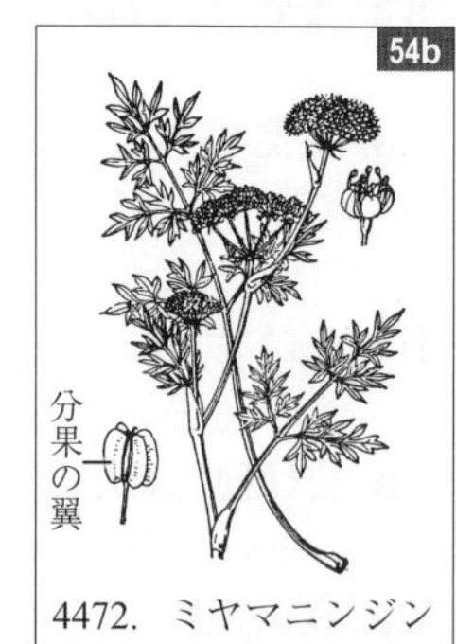

4472. ミヤマニンジン

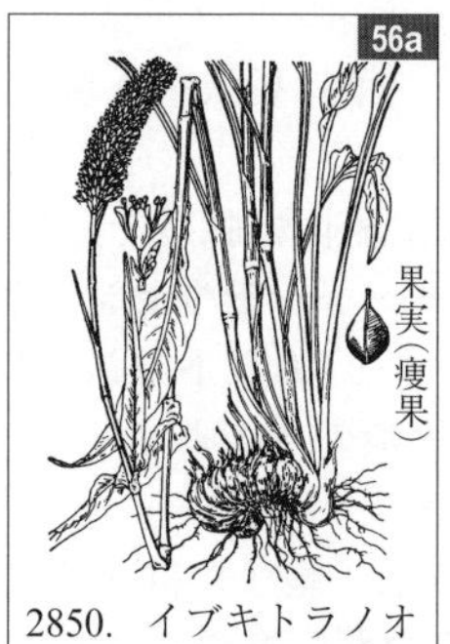

2850. イブキトラノオ

3020. フダンソウ

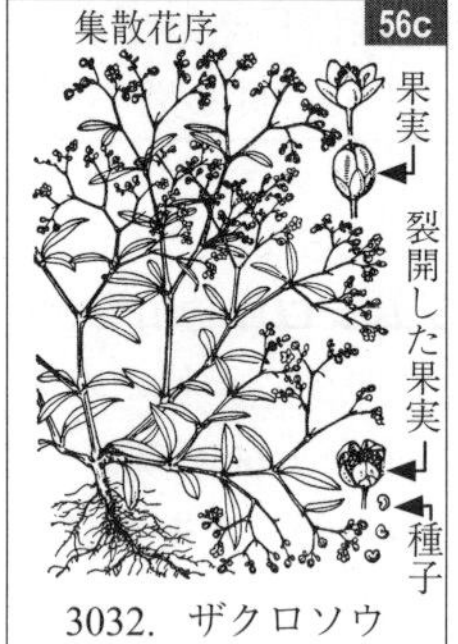

3032. ザクロソウ

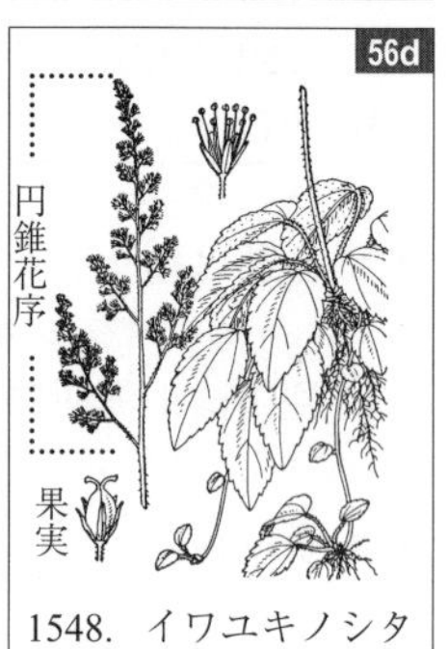

1548. イワユキノシタ

688. ウコン

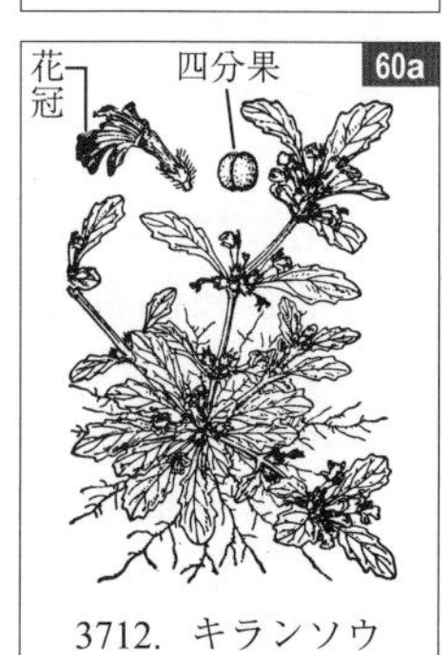

3712. キランソウ

62a. 開花時の葉の葉身の基部は心臓形 ……………… **63**
b. 開花時の葉の葉身の基部は切形～楔形 ……………… **65**
63a. 南日本の陽地にはえる …… **リュウキュウコスミレ**(2353)
b. 本土の林下にはえる ……………… **64**
64a. 開花時の葉はほとんど無毛
……………… **ナガバノスミレサイシン**(2332),
ヒナスミレ等(2339～2342), **ヒメキクバスミレ**(2360)
b. 葉は明らかに有毛……………… **コミヤマスミレ**(2347),
ヒカゲスミレ(2348), **サクラスミレ**(2356)
65a. 南日本の陰地にはえ, 地上または地下に匍匐枝を伸ばして繁殖する……………… **ツクシスミレ**(2312),
ヤエヤマスミレ(2345)
b. 本土の陽地, 時に半陰地にはえ, 匍匐枝は出ない
…… **スミレ**等(2350～2352, 2354, 2355, 2357～2359)
66a. 苞には刺状の鋸歯がある. 栽培 ……… **ハアザミ**(3654)
b. 苞には刺状の鋸歯はない. 野生または栽培 ……… **67**
67a. 花序は側扁性. 栽培 ……… **キツネノテブクロ**(3594)
b. 花序は側扁性ではない. 野生 ……………… **68**
68a. 花はほとんど無柄でやや密集してつく
……………… **シオガマギク属**(3850, 3851, 3854),
ウルップソウ属(3604～3606)
b. 花は有柄でまばらにつく …… **サギゴケ属**(3818～3820),
タイワンサギゴケ *Staurogyne concinna* (Hance) Kuntze(キツネノマゴ科. 八重山諸島の渓流沿いに生える)
69a. 花弁は互いにくっつかない ……………… **70**
b. 花弁は少なくとも基部では互いにくっついて筒状となる ……………… **73**
70a. 茎葉は対生 …… **ナデシコ属**(2970, 2971, 2974, 2976)
b. 茎葉は互生 ……………… **71**
71a. 岩場や屋根上等に生える多肉質の草本. 花序は穂状でロゼット葉の直上に密に花をつける
……………… **イワレンゲ属**(1578～1581)
b. 多肉植物ではないか, やや多肉質の場合は花柄があり花序は穂状ではない ……………… **72**
72a. 花は多数が穂状に近い総状につき, 黄色
……………… **ヒメキンミズヒキ**(1985)
b. 花は集散状または散房状につき, 白色または淡紅色(黄色の斑点があることがある)……… **シコタンソウ**(1539),
チシマイワブキ属(1557, 1560, 1561),
ヒマラヤユキノシタ(1568)
73a. 花は散形花序につくか, それに加えて茎に輪生する … **74**
b. 花は散形花序につかない ……………… **75**
74a. 葉は1～2枚. 葯は互いに合着して花柱を取り巻く
……………… **イワタバコ**(3572)
b. 葉は複数あってロゼット状. 葯は互いにくっつかない
……………… **サクラソウ属**(3110～3119, 3128, 3129),
トチナイソウ(3132), **イワギリソウ**(3573)

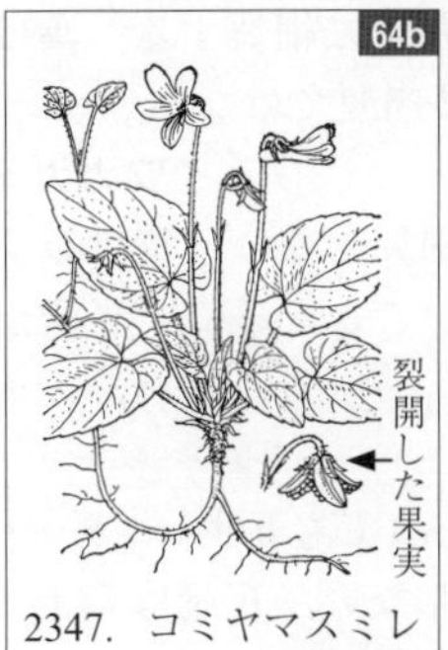

2347. コミヤマスミレ

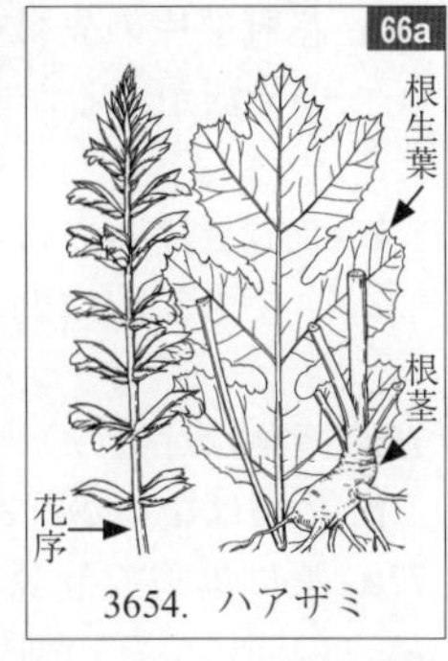

3654. ハアザミ

3594. キツネノテブクロ

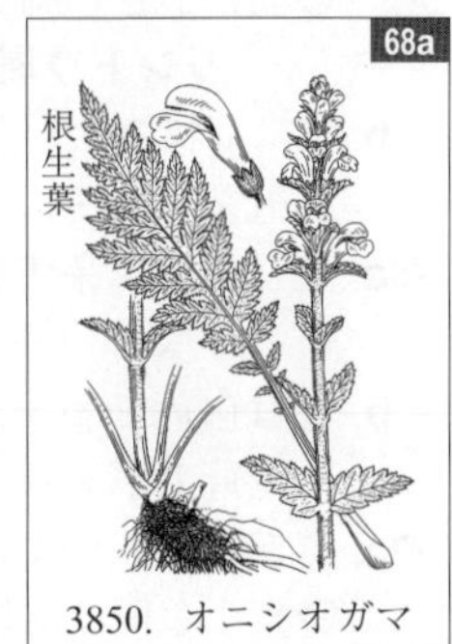

3850. オニシオガマ

3818. サギゴケ

1578. イワレンゲ

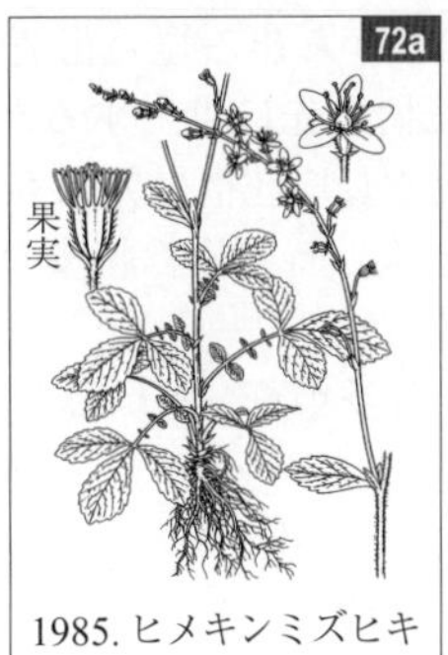

1985. ヒメキンミズヒキ

1539. シコタンソウ

3572. イワタバコ

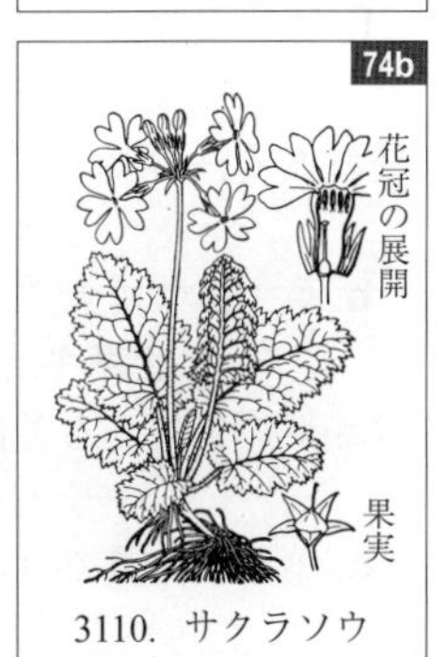

3110. サクラソウ

75a. 花冠裂片の先は糸状に細裂する．葉は常緑で硬く，強い光沢があるが多肉質ではない ……………… **イワカガミ属**(3187～3190)

b. 花冠裂片の先は細裂しない．葉は夏緑性か，常緑の場合でも光沢は弱いことが多く，光沢が強い場合は多肉質 ……………… **76**

76a. 茎葉は対生 ……………… **77**

b. 茎葉はないか，あっても互生 ……………… **79**

77a. 葉は単葉で分裂しない．花冠は鐘形．5 枚の花冠裂片の間に小さい副裂片がある ……… **リンドウ属**(3377，3389，3390)(検索 K－12a 参照)

b. 葉は羽状複葉か, 単葉でも羽状に分裂する. 花冠は幅状. 花冠裂片の間に副裂片はない ……………… **78**

78a. 花は黄色．果実には小苞が変化した翼があり，冠毛はない ……………… **チシマキンレイカ**(4384)

b. 花は白色でわずかに紅色を帯びる．果実には萼の変化した冠毛があり，翼はない …… **ツルカノコソウ**(4388)

79a. 萼筒は筒状か漏斗状で乾膜質，時に着色する．日本に野生する種は海岸の砂地や岩のすき間に生える ……………… **イソマツ属**(2822，2823 ➡検索 G-7a にあり)

b. 萼筒は上のようではない ……………… **80**

80a. 花は巻散花序につく．果実は 4 分果(ムラサキ科) … **81**

b. 花は巻散花序につかない．果実は蒴果 ……………… **83**

81a. 葉は有柄 ……………… **キュウリグサ属**(3523，3525，3526)

b. 葉は無柄 ……………… **82**

82a. 花冠は径 1 cm 以上 ……………… **ヤマルリソウ**(3521)，**ホタルカズラ**(3532)

b. 花冠は径 8 mm 未満 …… **ミヤマムラサキ**(3517)，**ワスレナグサ属**(3518, 3519)

83a. 花はロゼット葉の腋から出る短い花柄の先に単生 … **84**

b. 花は茎頂の長い花柄の先に単生するか，それに加えて上部の葉腋から出る長い花柄の先にもつく ……………… **86**

c. 花は総状または穂状，時に複総状または複穂状の花序をつくる ……………… **87**

84a. 平地の湿地に生える多年草．葉は薄く夏緑性 ……………… **キタミソウ**(3638)

b. 高山の岩礫地に生える小低木 ……………… **85**

85a. 葉は厚く常緑性，全緑 ……………… **イワウメ**(3184)

b. 葉は夏緑性，鋸歯縁で，葉脈は裏面に隆起し，目立つ ……………… **ウラシマツツジ**(3220)

86a. 匍匐性の矮小低木．葉は有毛．花は紅紫色 ……………… **エゾツツジ**(3232)

b. 草本．葉は無毛．花は普通紫色，まれに白色 ……… **ヒナギキョウ**(3893)，**ホタルブクロ属**(3899, 3900)

87a. 海岸に生える多肉質の草本で葉に光沢がある ……………… **ハマボッス**(3151)

b. 葉は多肉質ではなく，光沢はない ……………… **88**

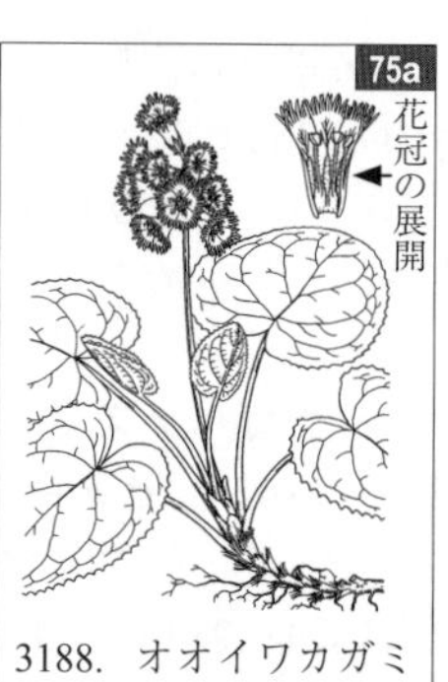

3188．オオイワカガミ

4384. チシマキンレイカ

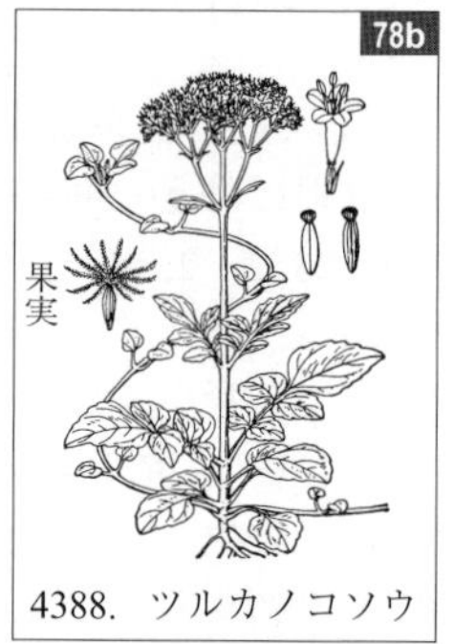

4388．ツルカノコソウ

3523．キュウリグサ

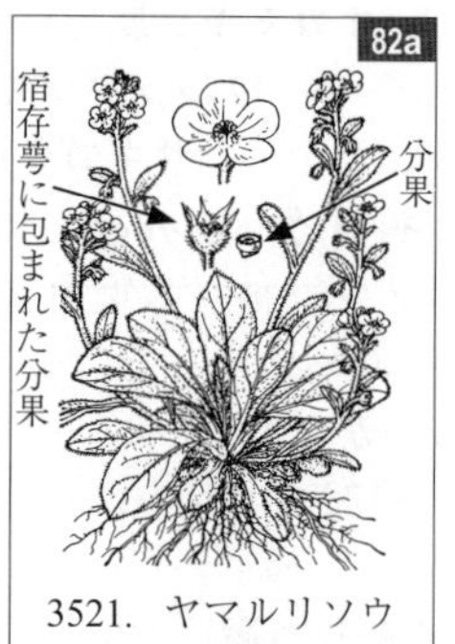

3521．ヤマルリソウ

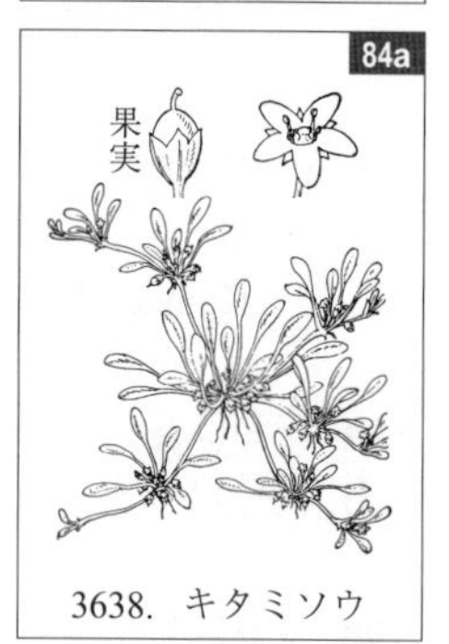

3638．キタミソウ

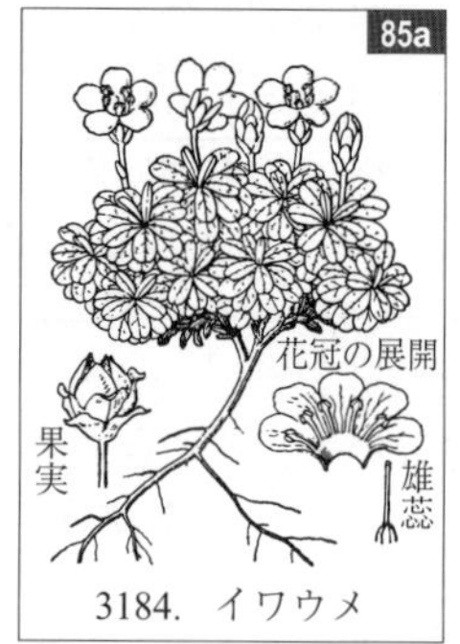

3184．イワウメ

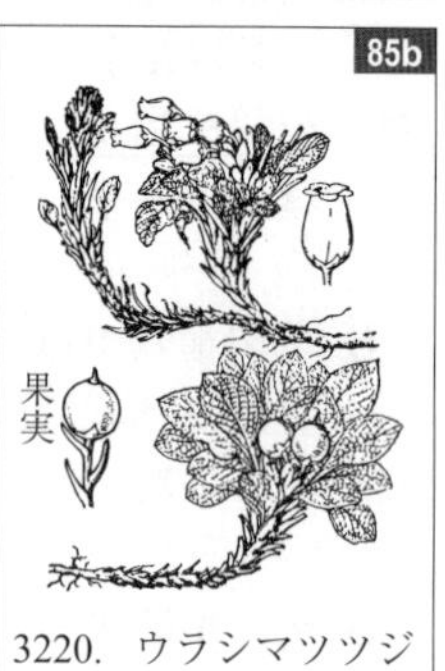

3220．ウラシマツツジ

3893．ヒナギキョウ

3151．ハマボッス

88a. 花冠は白色で直径 5 mm 以下
……………… **ハイハマボッス**(3108), **ホザキザクラ**(3133)
b. 花冠は黄色または紅紫色(まれに白色)で直径 1 cm 以上
……**ビロードモウズイカ**(3639), **ジオウ属**(3826～3828)

88a
3108. ハイハマボッス

88b
3639. ビロードモウズイカ

検索 P

葉が茎の一部に輪生するか輪生状に集まる草本か小低木.

1a. 葉は茎頂に輪生するか輪生状につき, その上に(上部の葉腋から出るものも含む)1～数輪の花または頭花を散状につける. 花(または頭花)は有柄(ツクバネソウではまれにほとんど無柄のこともある)で放射相称 ………… **2**
b. 花は上のようにはつかない ………… **6**
2a. 花は多数集まって頭花をつくる ………… **3**
b. 花は頭花をつくらない ………… **4**
3a. 総苞は白色で花弁状. 高山に生える
………… **ゴゼンタチバナ**(3081)
b. 総苞は緑色で帯褐色, 花弁状ではない. 本州北部太平洋側の海岸に生えるが, 時に栽培される
………… **ハマギク**(4237)
4a. 内花被(花冠)は無く, 萼片(外花被片)は 3 枚
………… **エンレイソウ属**(356～358)
b. 内花被は無く, 萼片は 4 枚……**ツクバネソウ属**(354, 355)
c. 萼片あるいは萼裂片は 5 枚
…… **ワチガイソウ属**(2920, 2922), **ウメガサソウ**(3210), **イナモリソウ**(3336), **フデリンドウ**(3387)
d. 萼片あるいは萼裂片は 7 枚以上 ………… **5**
5a. 萼片は披針形で緑色, 花弁よりも小さい
………… **ツマトリソウ**(3143)
b. 萼片は長楕円形で白色, 花弁よりもはるかに大きい
………… **キヌガサソウ**(359)
6a. 花は花弁や萼片がなく, 杯状花序をつくる. 杯状花序は茎頂に輪生する枝の先に集散状に配列し, 枝の基部には輪生する苞葉, 分枝点には対生する苞葉がある. 茎の中～下部からは先端に葉を密生する短い枝を出す. 愛知県渥美半島の海岸に生える
………… **ハギクソウ**(2418)(トウダイグサ属の他の種(2410～2417)にも時に葉を密生する短枝をもつことがある)
b. 花は杯状花序をつくらない ………… **7**

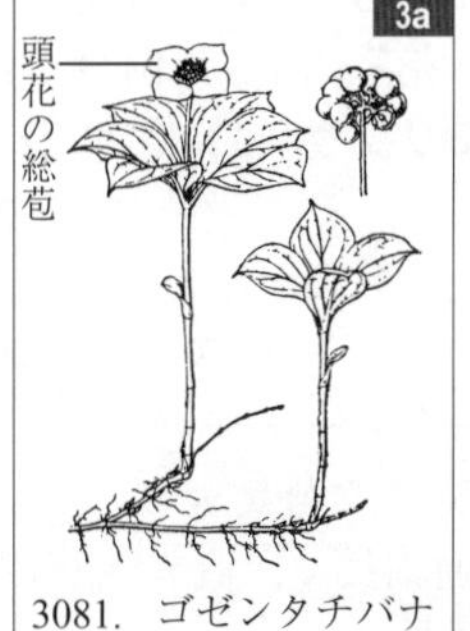

3a
3081. ゴゼンタチバナ

4a
356. エンレイソウ

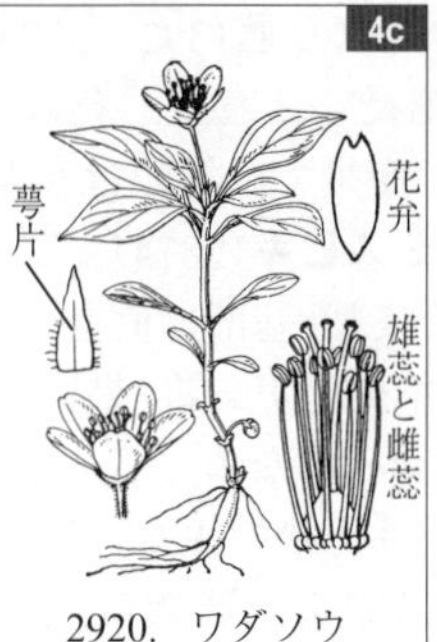

4c
2920. ワダソウ

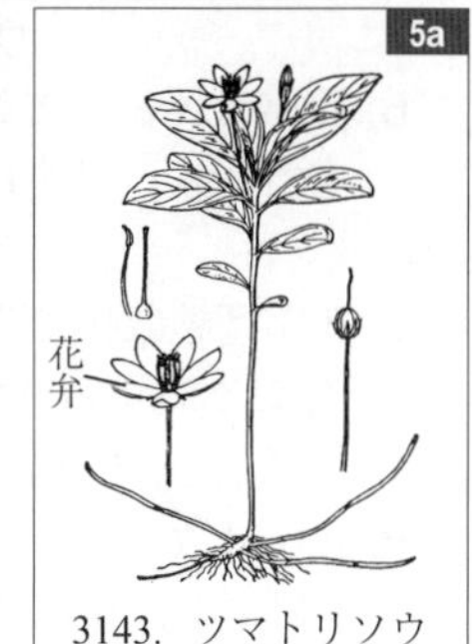

5a
3143. ツマトリソウ

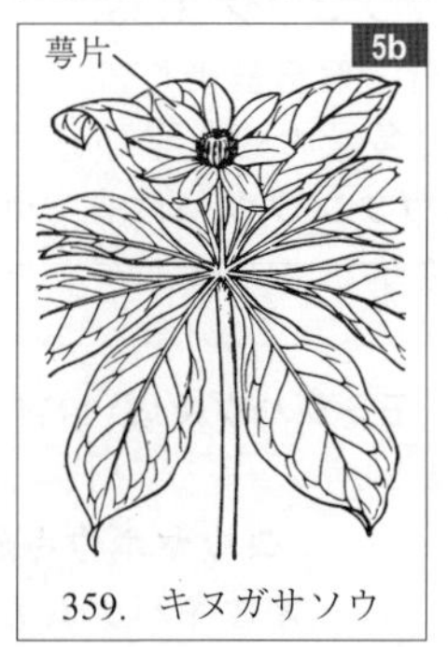

5b
359. キヌガサソウ

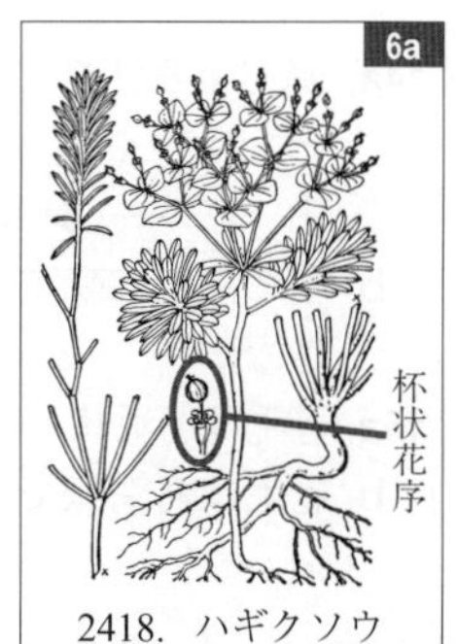

6a
2418. ハギクソウ

7a. 小形の木本あるいは常緑草本．葉は茎に数段にわたって輪生状につく ……………… **8**
b. 夏緑性の草本(コウヤボウキ属は例外)．葉(普通葉)は茎の1ヶ所のみで輪生状に集まる ……………… **10**
8a. 花序は総状または穂状 ……………… **フッキソウ**(1500)，**コイチヤクソウ**(3209)
b. 花序は散房状または複散房状，時に単生 ……………… **9**
9a. 葉に油点がある．花序は枝先につき，円錐形の複散房状．果実は液果 ……………… **ミヤマシキミ属**(2596 ➡検索 S-58a にあり，2597，2598)
b. 葉に油点がない．花序は直立する枝先に数花をつける．果実は蒴果 ……………… **ウメガサソウ属**(3210，3211)
c. 花序は明らかに腋生で斜上または下垂 ……………… **ヤブコウジ属**(3135〜3137)，**シシンラン**(3571)
10a. 葉は対生し，茎頂では時に輪生状となる ……………… **11**
b. 葉は互生する ……………… **12**
11a. 花序は穂状 ……………… **チャラン属**(97〜99)，**ホザキツキヌキソウ** *Triosteum pinnatifidum* Maxim.(スイカズラ科．山梨県の山中にごくまれに産する．葉は上半分が羽状に中裂する)
b. 花は低く直立する花茎に 1〜数個つく ……………… **イナモリソウ**(3336)，**ニシキゴロモ**(3715)，**ヤマジオウ**(3753)
c. 花は分枝する枝先に数個かたまってつき，無柄 ……………… **スベリヒユ属**(3037，3038)
12a. 花は頭花をつくらない ……………… **13**
b. 花は頭花をつくる(キク科) ……………… **14**
13a. 花序は総状で普通細長く，直立．花は大きくて花被片は6枚．果実は蒴果 ……………… **ウバユリ属**(392，393 ➡検索 N-9a にあり)
b. 花序は偽総状で細長く，直立．花は小さくて花被片は合計4枚．果実は痩果で，柱頭は宿存し，鉤状になる ……………… **ミズヒキ**(2874)，**シンミズヒキ**(2875)
c. 花序は巻散状で分枝し，基部は直立するが先端は内側に巻く．5裂する合弁花冠がある．果実は4分果で1〜2個が成熟し，先端は鉤状になる ……………… **サワルリソウ**(3531)
d. 花序は散房状または総状で短く，斜上またはやや下垂．5裂する合弁花冠がある．果実は液果 ……………… **ヤブコウジ**(3135)，**イワツツジ**(3302)
14a. 直立する茎の頂端に葉を密集してつけ，そこから総状またはやや穂状に多数の頭花をつける枝を放射状に出す ……………… **シュウブンソウ**(4178)，**ヤブタバコ**(4256)
b. 茎の中部に葉を密集してつけるが，その直上で枝を出さない ……………… **15**
15a. 冠毛は羽毛状 …… **モミジハグマ属**(3934, 3935, 3937, 3938)
b. 冠毛は羽毛状ではない ……………… **コウヤボウキ属**(3940〜3943)，**オオキバナムカシヨモギ**(4251)

8a 雄花 雌花 果実
1500．フッキソウ

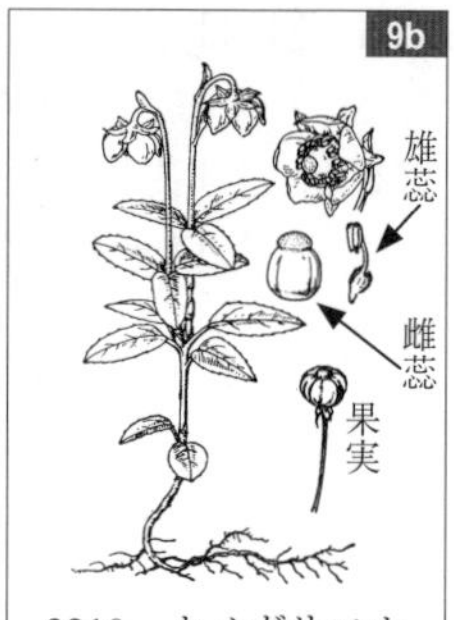

9b 雄蕊 雌蕊 果実
3210．ウメガサソウ

9c
3135．ヤブコウジ

11a 雌蕊 雄蕊 やく
97．ヒトリシズカ

11b 根茎
3336．イナモリソウ

11c
3037．スベリヒユ

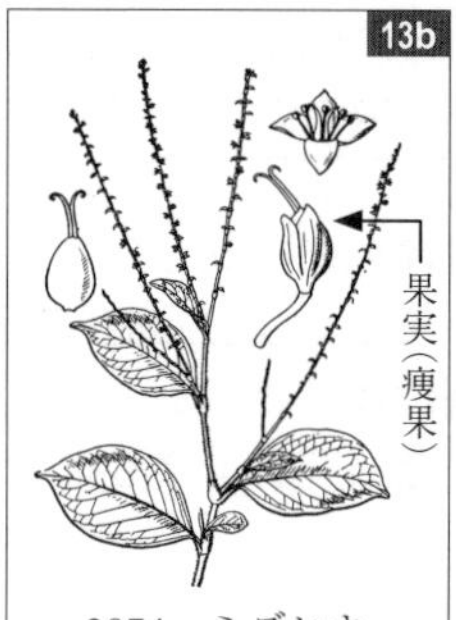

13b 果実(痩果)
2874．ミズヒキ

13c 巻散花序 果実 果序 花冠の展開
3531．サワルリソウ

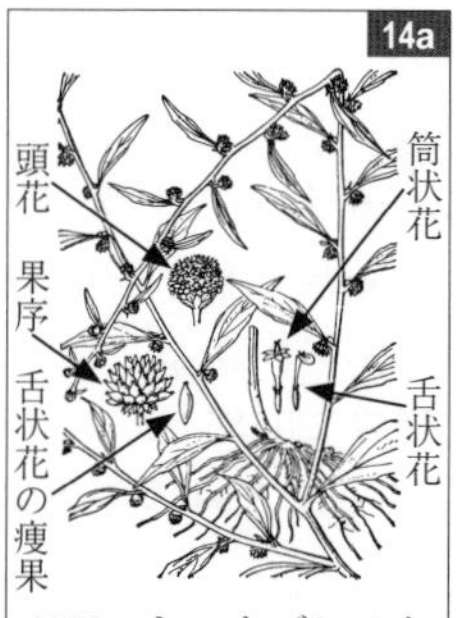

14a 頭花 果序 舌状花の痩果 筒状花 舌状花
4178．シュウブンソウ

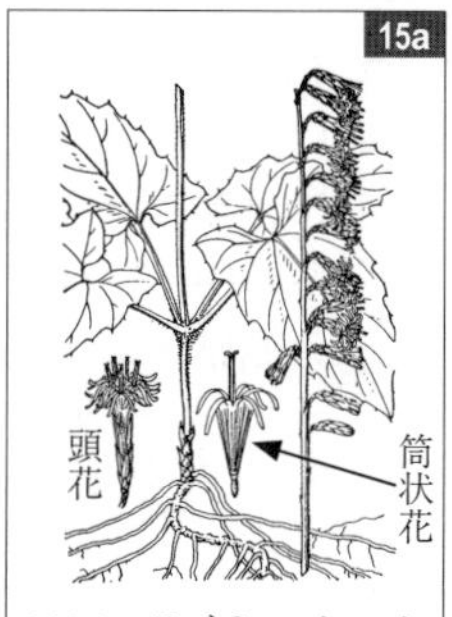

15a 頭花 筒状花
3934．テイショウソウ

検索 Q

葉を先端に輪生状につける，短枝がある木本．葉は幅広く，複数の側脈がある．

1a. 葉は1回または2回羽状複葉 ………… **ムレスズメ**(1752)，**サイカチ**(1792)
b. 葉は単葉 …………………………………………………………… **2**
2a. 植物体に白い乳液を含む ……………… **ハナキリン**(2430)
b. 植物体に白い乳液は含まれない ……………………………… **3**
3a. 花は多数集まって頭花をつくり，頭花は短枝上に単生 ………………………………… **ナガバノコウヤボウキ**(3946)
b. 花は頭花をつくらない …………………………………………… **4**
4a. 花序は細長い尾状花序で垂れ下がる ……………………………… **ヤマナラシ属**(2369，2370)
b. 花序は尾状花序ではない ………………………………………… **5**
5a. 常緑性で葉は質厚い ………………… **タチバナモドキ**(1887)，**アツバクコ**(3472)
b. 落葉性か，半常緑性の場合でも葉は質薄い ……………………… **6**
6a. 葉は全縁 ……………………………………………………………… **7**
b. 葉は鋸歯縁 ………………………………………………………… **10**
7a. 雄蕊は多数で弁化することもある．果実は大形で径2 cm以上 …………………………………………… **ザクロ**(2489)
b. 雄蕊は10本以下．果実は径8 mm未満 ……………………………… **8**
8a. 花冠はなく，萼が花筒をなす ……………………………… **ジンチョウゲ属**(2701，2702)
b. 花冠と萼がある ……………………………………………………… **9**
9a. 花冠は黄色，花弁は6枚(12a (1340 ヘビノボラズの花)を参照) ……………………………… **メギ属**(1338，1339)
b. 花冠は淡紅紫色, 合弁で5つに裂ける ………… **クコ**(3471)
10a. 花被はない．果実は裂開しない翼果 ………………………………………………… **フサザクラ**(1284)
b. 花被がある．果実は翼果ではない ……………………………… **11**
11a. 果実はナシ状果 …………………… **リンゴ属**(1888～1895)，**ナシ属**(1896～1900)，**ボケ属**(1918，1919)
b. 果実は蒴果，または八重咲きで果実ができない ……………………………… **シモツケ属**(1884，1885)
c. 果実は液果か核果 ………………………………………………… **12**
12a. 花序は短い総状で，葉のある短枝の先につく ………………………………………………… **メギ属**(1340，1341)
b. 花は葉腋に単生するか束生する ………… **クロウメモドキ属**(2056～2059)，**アオハダ**(3887)

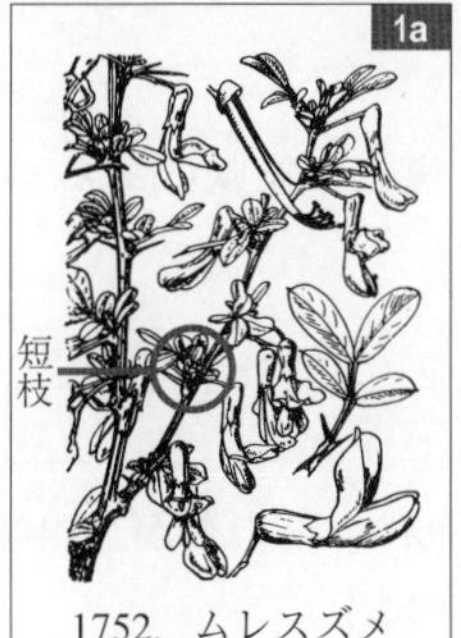

1752. ムレスズメ

2430. ハナキリン

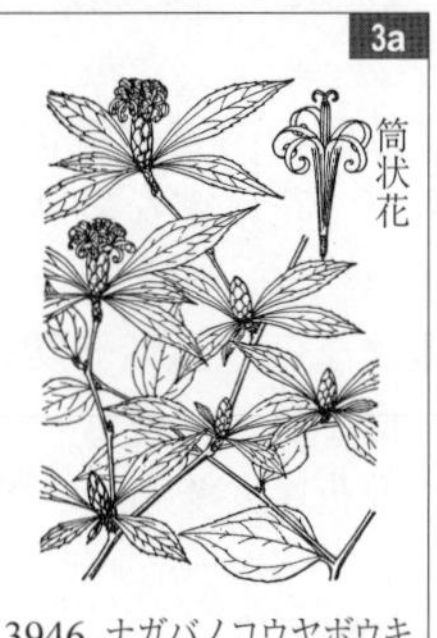

3946. ナガバノコウヤボウキ

2369. ヤマナラシ

2489. ザクロ

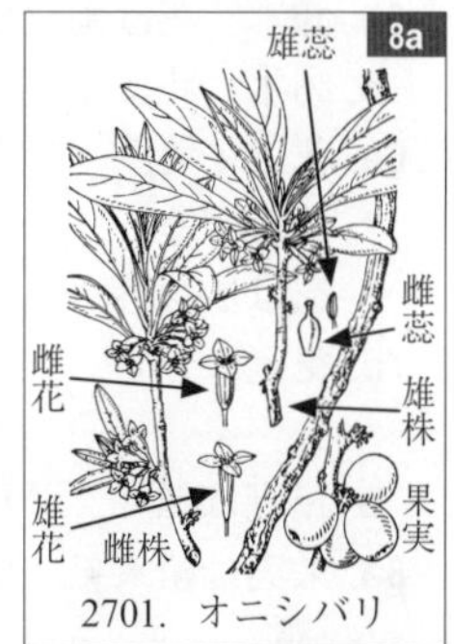

2701. オニシバリ

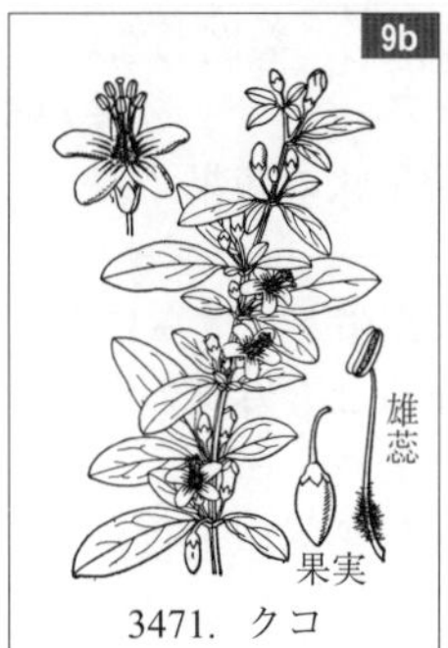

3471. クコ

1284. フサザクラ

1340. ヘビノボラズ

2056. クロツバラ

検索 R

幅広く複数の側脈のある葉を対生または輪生する.

1a. 木本 …… **2**
b. 草本 …… **72**
2a. 葉は羽状複葉(まれに一部の葉が三出複葉になることがある) …… **3**
b. 葉は全て単葉か，まれに一部の葉が三出複葉になる …… **9**
3a. 小葉の基部上面に数個の肉質の腺体がある．熱帯地方で栽培される高木で，花は密な総状花序につき橙赤色で漏斗状，大きい …… **カエンボク**(3671)
b. 小葉の基部に腺体はない．温帯〜暖帯に自生するか栽培される．花は一般に小さい …… **4**
4a. 花序は集散状か，雄花序が集散状，雌花序がまばらな総状 …… **5**
b. 花序は円錐状かやや散房状 …… **6**
5a. 低木．花は両全性 …… **ソケイ**(3537)➡検索 D-55a にあり
b. 高木．花は単性で雌雄異株 …… **ネグンドカエデ**(2557)
6a. 花は 4 数性．果実は翼果．萼片は微小, 花弁は細長いか, 欠落する …… **トネリコ属**(3542，3543〜3549)
b. 花は 5 数性 …… **7**
7a. 花冠は合弁，子房は下位，果実は核果 …… **ニワトコ属**(4333，4344)
b. 花冠は離弁，子房は上位 …… **8**
8a. 果実は蒴果で，中に黒色の種子 4 〜 5 個を含む …… **ゴシュユ属**(2603，2604)
b. 果実は核果で黒く熟し，裂開しない …… **キハダ属**(2601，2602)
c. 果実は鮮赤色で袋果状の蒴果．裂けて黒色の種子 2 個を露出する …… **ゴンズイ**(2536)
9a. 葉は全縁か微細な鋸歯がまばらにあり，基部から 3〜5 行脈が出て，少なくとも外側の脈は葉縁と平行に伸びて葉の先端付近に達する …… **10**
b. 葉の一番下の側脈は葉縁に平行にならず，葉の先端付近に達しない …… **14**
10a. 花は雌雄の別があり，少なくとも雄花は密な穂状につく …… **モクマオ**(2119)，**ドクウツギ**(2200)
b. 花は両全性で，穂状の花序をつくらない …… **11**
11a. 子房上位．雄蕊は 4 または 5 個で花弁と同数 …… **マチン**(3414)
b. 子房下位 …… **12**
12a. 雄蕊は多数 …… **テンニンカ**(2524)
b. 雄蕊は 10 個以下 …… **13**

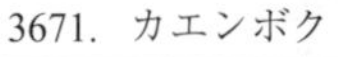
3671. カエンボク

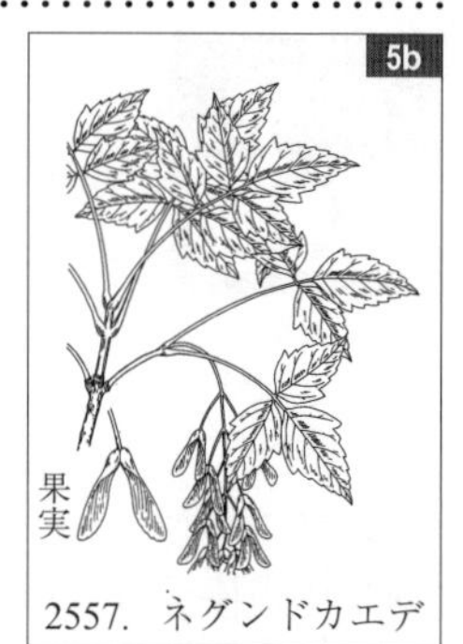

2557. ネグンドカエデ

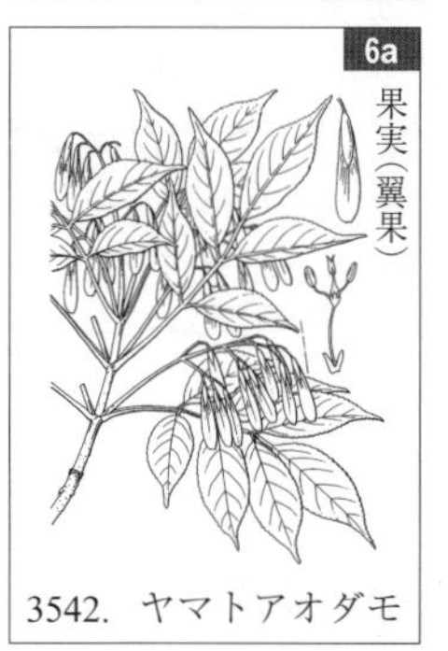

3542. ヤマトアオダモ

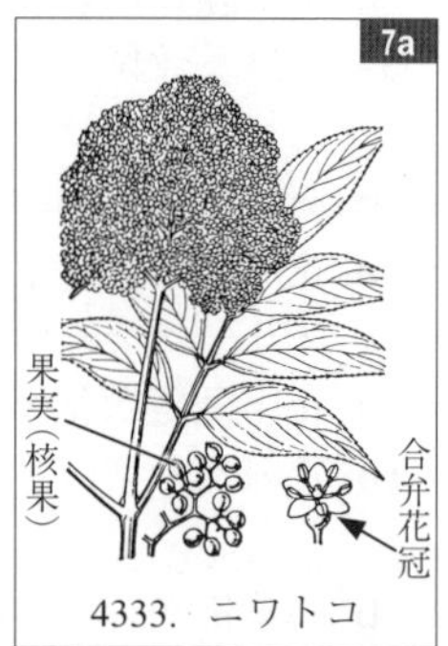

4333. ニワトコ

2603. ハマセンダン

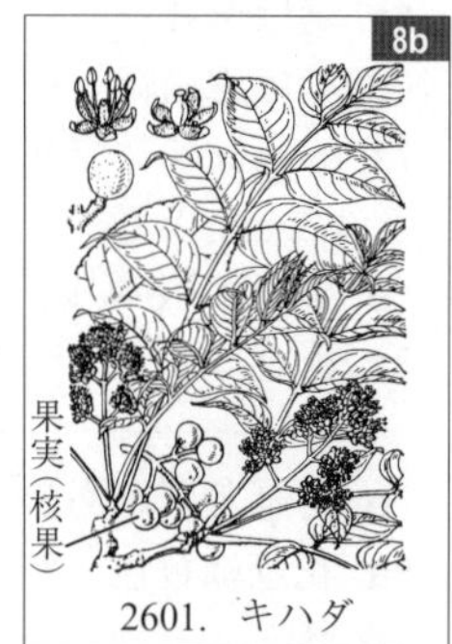

2601. キハダ

2536. ゴンズイ

2200. ドクウツギ

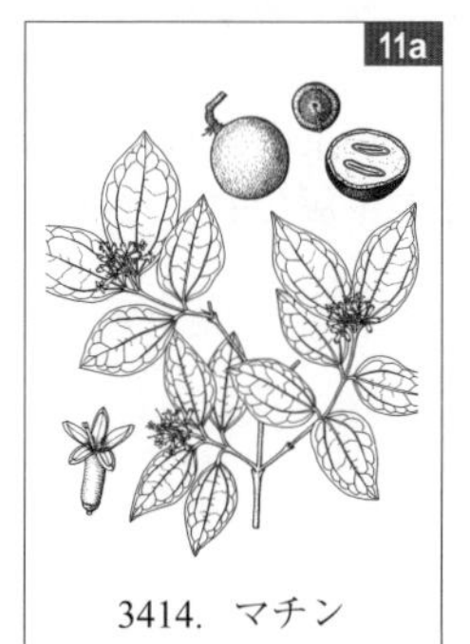

3414. マチン

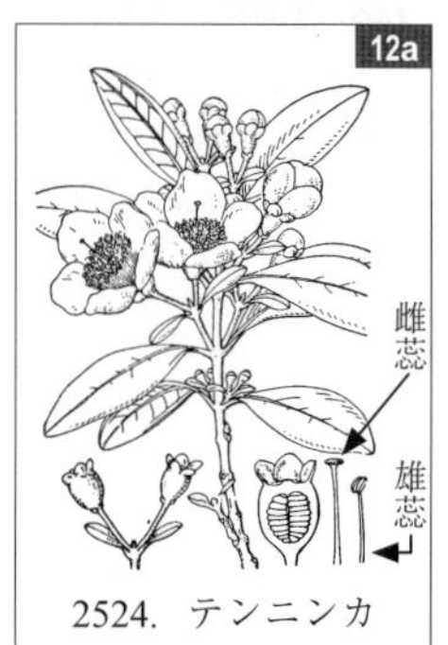

2524. テンニンカ

13a. 花序は腋生．雄蕊は花弁と同数
……………………………………… **ミヤマハシカンボク**(2528)

b. 花序は頂生．雄蕊は花弁の 2 倍数
…… **ハシカンボク属**(2529, 2530), **ノボタン属**(2531〜2533)

14a. 鹿児島県以南の潮間帯に生え，満潮時には幹の基部は水没する．呼吸根や支柱根等の特殊な根系を発達させるマングローブ植物 ………………… **ヒルギ科**(2275〜2277), **ハマザクロ**(2476), **ヒルギダマシ**(3667)

b. 潮間帯に生えない．呼吸根や支柱根はない ……………… **15**

15a. 花序または花は全て頂生か，ときに大形の頂生花序のほかに最上部の葉腋から小形の花序を出す ……………… **16**

b. 花序は全て腋生か，それに加えて枝頂にもつくことがある．後者の場合，頂生花序は側生花序と大きさはほとんど違わない ……………………………………………………… **43**

16a. 花序の周囲に装飾花がある．栽培される園芸品種の中には，花序の花が全て装飾花となるものもある ……… **17**

b. 花序の周囲に装飾花はない …………………………………… **18**

17a. 装飾花の花被片は複数あって互いに離れている
……………… **アジサイ属**(3053〜3060, 3062〜3066, 3071)

b. 装飾花の花被片は 1 枚しかないか，複数ある場合は互いにくっついている ………………… **バイカアマチャ**(3067), **コンロンカ属**(3370, 3371), **ガマズミ属**(4318, 4320, 4321)

18a. 花序は穂状あるいは複穂状で全体として直立，花は花被がなく微小………… **チャラン**(100), **センリョウ**(101)

b. 花序は穂状ではないか，穂状の場合は下垂する ……… **19**

19a. 雄蕊は多数 …………………………………………………… **20**

b. 雄蕊は 10 本以下 ……………………………………………… **26**

20a. 子房は下位 …………………………………………………… **21**

b. 子房は上位 …………………………………………………… **22**

21a. 花糸は鮮赤色．小笠原諸島父島に固有
…………………………………………… **ムニンフトモモ**(2519)

b. 花糸は白色，緑白色または淡紅色
…………………………………………… **フトモモ属**(2520〜2523)

22a. 花は黄色 ……………………… **オトギリソウ属**(2284, 2285)

b. 花は白色か帯紅紫色 ………………………………………… **23**

23a. 花は枝頂に単生し，径 3cm 以上 ………………………… **24**

b. 花は複数が集まって頂生する花序をつくり，径 2cm 以下 ……………………………………………………………… **25**

24a. 花被片は多数．外花被片は開出して白色，内花被片は直立または斜上して淡黄色，基部に淡紫紅色の斑紋がある．中国原産で日本ではまれに栽培される
…………………………………………………… **ナツロウバイ**(169)

b. 萼片と花弁各4 枚があり, 花弁は開出して白色. 日本にまれに野生し, 栽培もされる……… **シロヤマブキ**(1866)

25a. 花は 6 数性．花弁の基部は細まって爪状となる
…………………………………………… **サルスベリ属**(2473〜2475)

b. 花は 4 数性．花弁の基部は爪状にならない
…………………………………………………… **バイカウツギ**(3052)

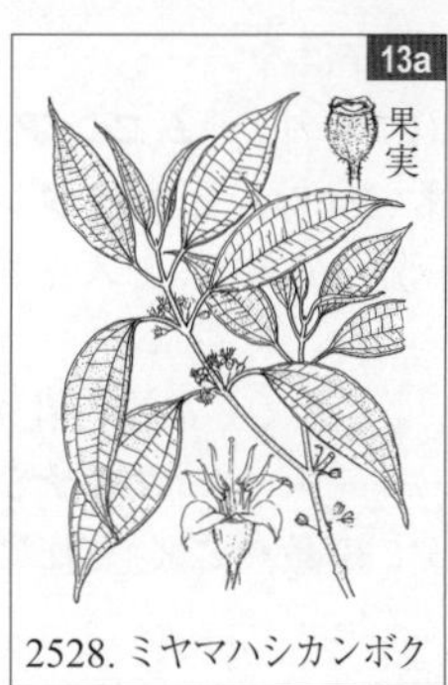

2528. ミヤマハシカンボク

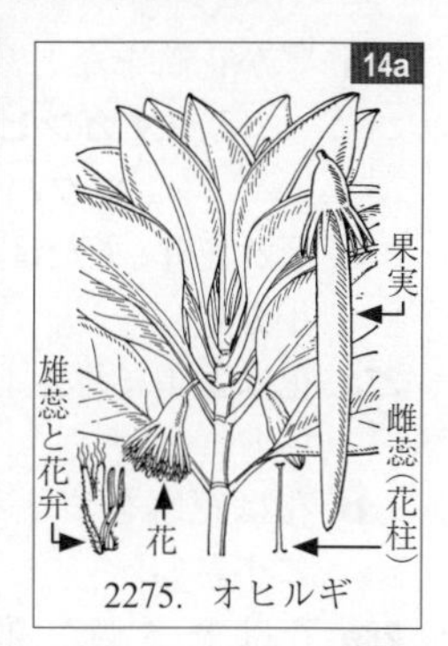

2275. オヒルギ

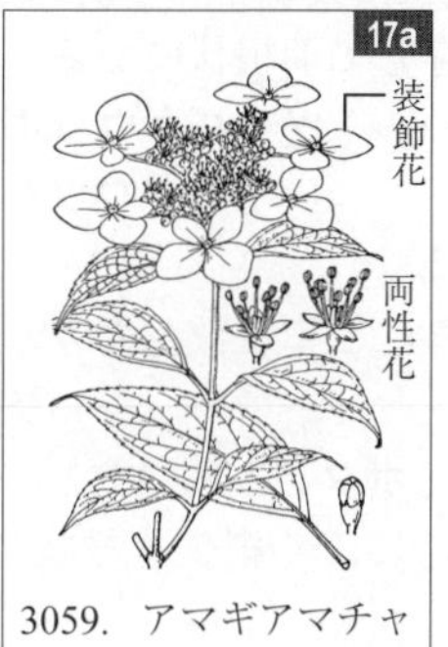

3059. アマギアマチャ

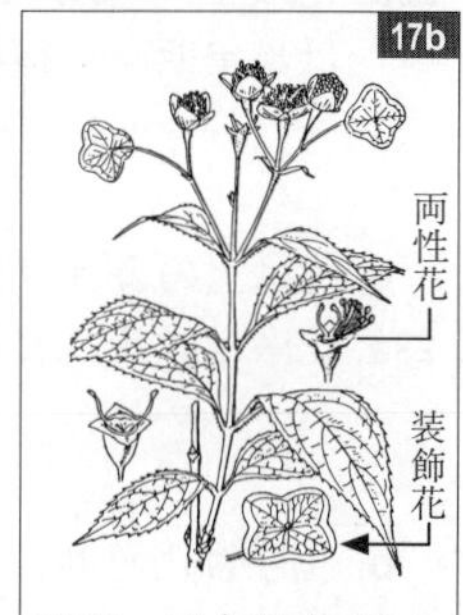

3067. バイカアマチャ

100. チャラン

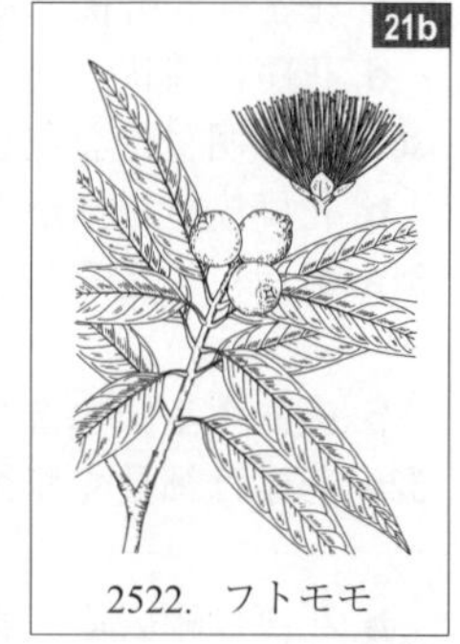

2522. フトモモ

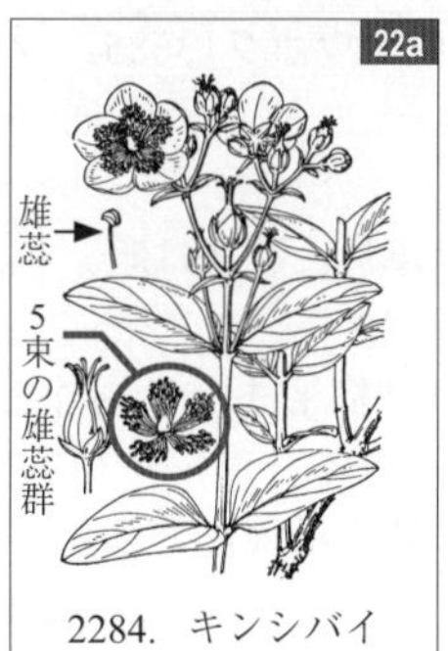

2284. キンシバイ

169. ナツロウバイ

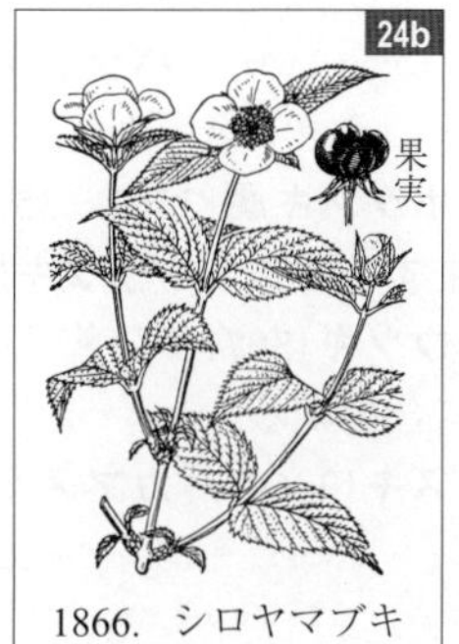

1866. シロヤマブキ

2474. シマサルスベリ

26a. 萼が花筒をなし，花弁はない ………… **キガンピ**(2709)，**ミヤマガンピ**(2709 注)，**ムニンアオガンピ**(2710)，**ツクバネ**(2808)，**ビャクダン属**(2811，2812)

b. 萼と花弁(または花冠)がある(ミズキ科では萼片がごく小さい) ………… **27**

27a. 花は茎頂に単生し，大きく，6 枚の花弁がある ………… **クチナシ属**(3374，3375)

b. 花は花序をつくって複数，ごくまれに 1 個つき，一般に小さい ………… **28**

28a. 花は 2〜5 個が頭状に集まり，子房は下位で細長く，萼は果実期にも宿存して羽根状になる ………… **ツクバネウツギ属**(4368〜4373)，**イワツクバネウツギ**(4374)

b. 花は上のようではない ………… **29**

29a. 花序は総状，ときにごく少数花のみからなる ………… **チドリノキ**(2559)，**イボタノキ属**(3552，3557)(36b も参照)

b. 花序は円錐状，時にごく細長く総状に見えることもある ………… **30**

c. 花序は散房状または集散状 ………… **38**

d. 花序は頭状 ………… **41**

30a. 花は明らかな左右対称 ………… **31**

b. 花は放射相称か不明瞭な左右対称 ………… **33**

31a. 海岸に生える匍匐性の低木で葉は円頭 ………… **ハマゴウ**(3699)

b. 直立する低木または小高木で葉は鋭頭 ………… **32**

32a. 花序は細長く側扁性．果実は蒴果で裂開する ………… **フジウツギ属**(3635〜3637)

b. 花序は幅広く，側扁性ではない．果実は裂開しない ………… **ボウシュウボク**(3685)，**ハマクサギ**(3698)

33a. 花は 4 数性 ………… **34**

b. 花は 5 数性 ………… **37**

34a. 子房下位．花冠は車形，花弁は暗紫色，ときに黄緑色 ………… **アオキ**(3313)

b. 子房上位．花冠は高杯形または漏斗形，花弁は白色または帯赤紫色(モクセイ科) ………… **35**

35a. 花冠は深く裂け，裂片は線形で細長い ………… **ヒトツバタゴ**(3560)

b. 花冠裂片は線形とならず，短い ………… **36**

36a. 果実は蒴果 ………… **ハシドイ属**(3550，3551)

b. 果実は液果 ………… **イボタノキ属**(3553〜3556，3558，3559)

37a. 花弁は互いに離生する ………… **ウツギ属**(3046〜3050)，**ノリウツギ**(3071；装飾花の発達しない型)

b. 花弁は基部互いに合生する ………… **アカミミズキ**(3364)，**ガマズミ属**(4322，4324)

38a. 葉は常緑性 ………… **39**

b. 葉は落葉性 ………… **40**

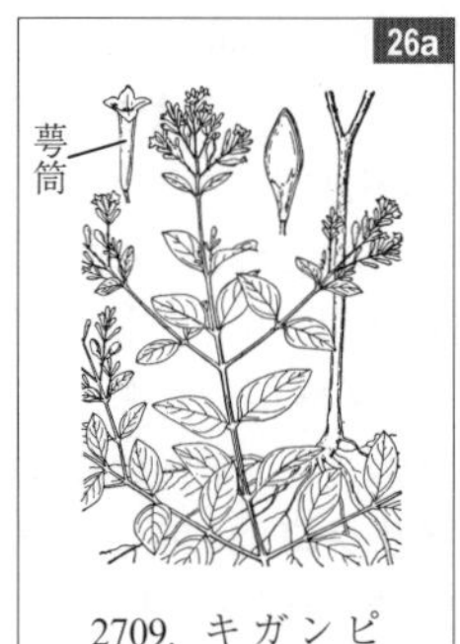

2709．キガンピ

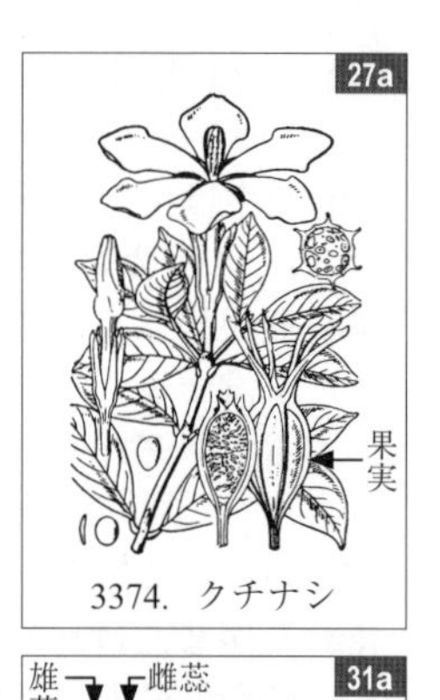

3374．クチナシ

4369．ツクバネウツギ

31a
雄蕊
雌蕊
果序
果実
3699．ハマゴウ

3635．フジウツギ

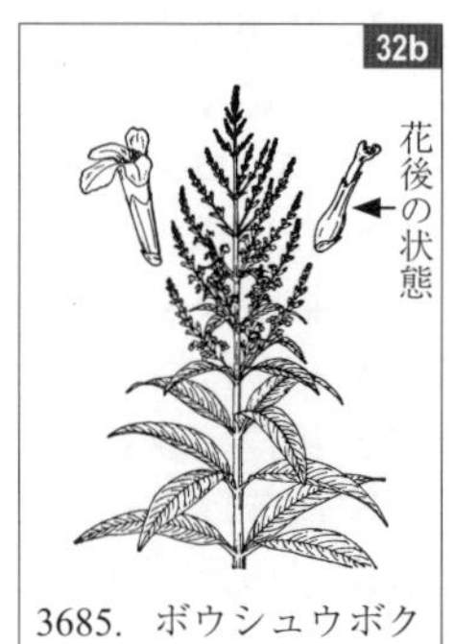

3685．ボウシュウボク

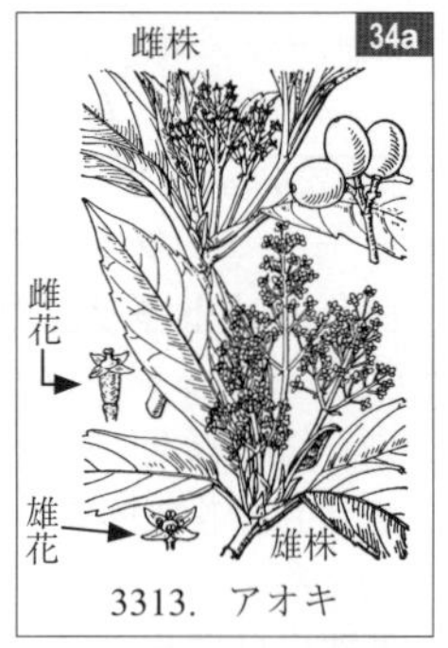

3313．アオキ

3560．ヒトツバタゴ

3551．ハシドイ

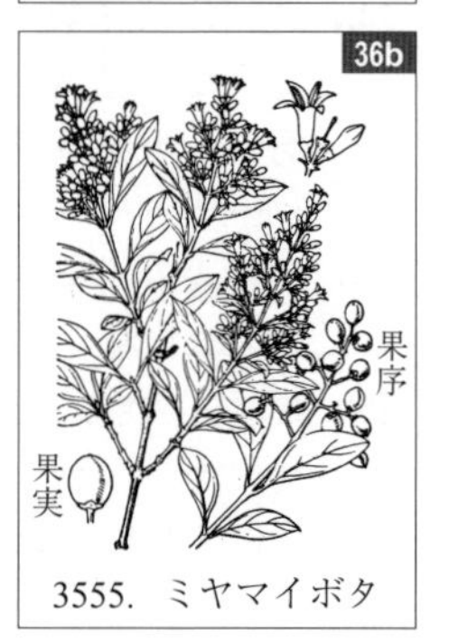

3555．ミヤマイボタ

39a. 子房は上位 ……………………… **クスノハカエデ**(2572),
マツリカ(3541),
タイワンウオクサギ *Premna serratifolia* L.
(シソ科．南西諸島に産する)

b. 子房は下位 …… **シマザクラ**(3329), **サンタンカ**(3369),
ギョクシンカ(3372), **ハクサンボク**(4332)

40a. 花は帯青紫色．果実は蒴果 ………… **コアジサイ**(3061)

b. 花は白色．果実は核果……………… **クマノミズキ**(3077),
チークノキ(3701),
ガマズミ属(4319～4321, 4323, 4325～4331)

41a. 花序は頭状で球形，基部に総苞片はなく，それがさらに総状に配列する……………………… **ヘツカニガキ**(3367)

b. 花序は単純な頭状で，基部に白色または帯紅色の総苞片がある…………………………………………………… **42**

42a. 総苞片は2枚で白色．花序は下垂する
……………………………………………… **ハンカチノキ**(3044)

b. 総苞片は4枚．花序は直立する
…………………………………………… **ミズキ属**(3078～3080)

43a. 葉は全縁……………………………………………………… **44**

b. 葉は鋸歯縁 ………………………………………………… **62**

44a. 葉は薄く落葉性，線形ではなく，開花後に展開する．果実は痩果 ……………………… **ロウバイ属**(167, 168),
フジモドキ(2704)

b. 葉は厚く常緑性，開花時にも葉はある．果実は痩果でないか，痩果の時には4分果となり，葉は線形……… **45**

45a. 花序は穂状か総状で細長い ………… **グネモンノキ**(6),
マカダミア(1494)

b. 花序は頭状でほぼ球形，有柄
…………… **ヤエヤマアオキ**(3321), **タニワタリノキ**(3366)

c. 花序は上のようではない ……………………………… **46**

46a. 花は単性で雌雄同株，短い総状花序につき，雌花は頂生し，雄花はその下に数個つく
……………………………………………… **ツゲ属**(1496～1499)

b. 花は上のようにはならない ……………………………… **47**

47a. 花は左右対称……………………………………………… **48**

b. 花は放射相称……………………………………………… **49**

48a. 子房上位………… **ローズマリー**(3786)➡検索 F-12b にあり

b. 子房下位……………………… **スイカズラ属**(4347～4362)

49a. 雄蕊は多数(ただしフクギでは5束に合着し，花糸は短い)．南西諸島や小笠原に生えるか，栽培される …… **50**

b. 雄蕊は12本以下 ………………………………………… **51**

50a. 子房上位
………………… **フクギ属**(2279, 2280), **テリハボク**(2281)

b. 子房下位……………………… **バンジロウ属**(2525, 2526)

51a. 植物体に白色の乳液が含まれる(キョウチクトウ科)
……………………………………………………… **ヤロード**(3418),
ホソバヤロード(3418 注), **キョウチクトウ**(3420)

b. 植物体に白色の乳液を含まない …………………… **52**

3329. シマザクラ

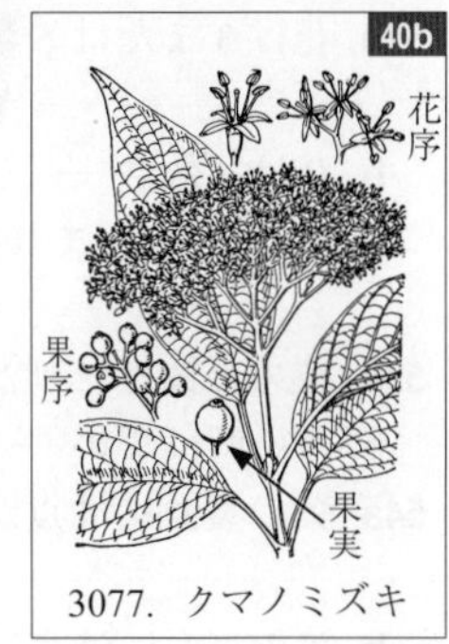

3077. クマノミズキ

3367. ヘツカニガキ

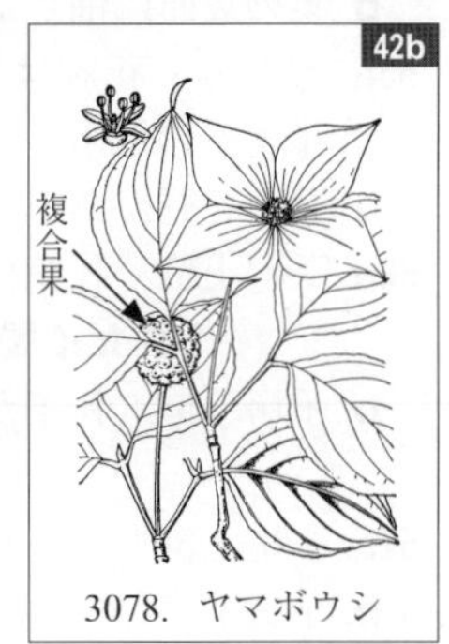

3078. ヤマボウシ

1494. マカダミア

3321. ヤエヤマアオキ

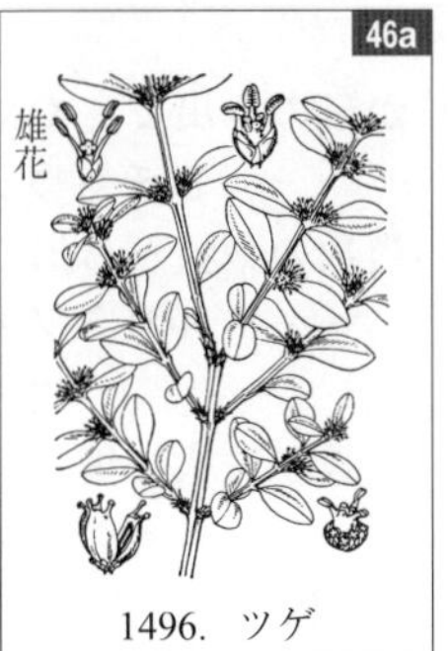

1496. ツゲ

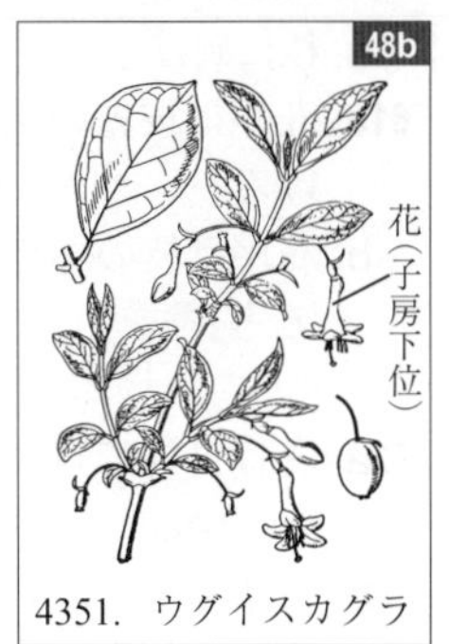

4351. ウグイスカグラ

2279. フクギ

3418. ヤロード

52a. 花は 3 または 6 数性
……………… **ヤブニッケイ**(174)，**ミズガンピ**(2488)

b. 花は 4 数性 ……………… **53**

c. 花は 5 数性(まれに 4 数性の花が混じることがある)
……………… **57**

53a. 枝の分枝点に刺がある……… **アリドオシ属**(3318～3320)

b. 枝に刺はない……………… **54**

54a. 葉の裏面に油点が多い．小笠原諸島に生える
……………… **アワダン属(シロテツ群)**(2615，2616)

b. 葉の裏面に油点はない……………… **55**

55a. 萼のみで花冠はない．小笠原諸島にごくまれに生える半寄生の低木……………… **ムニンビャクダン**(2812)

b. 萼と花冠がある ……………… **56**

56a. 子房上位．托葉はない．花冠裂片は反曲しない
……… **モクセイ属**(3562～3565，3567)，**オリーブ**(3568)

b. 子房下位．托葉がある．花冠裂片は著しく反曲する
……………… **ミサオノキ**(3373)

57a. 子房上位……………… **58**

b. 子房下位(アカネ科) ……………… **59**

58a. 小笠原諸島には生えない．果実は 赤色の種皮に包まれた大形の種子 1 個を含む ……………… **モクレイシ**(2235)

b. 小笠原諸島の固有．果実は多数の種子を含む
……………… **オガサワラモクレイシ**(3410)

59a. 西日本の渓流沿いの岩上にまれに生えるか，栽培される低木で葉は長さ 3.5 cm 以下．果実は蒴果
……………… **シチョウゲ**(3335)，**ハクチョウゲ属**(3338, 3339)

b. 葉は普通長さ 4 cm 以上．果実は液果……………… **60**

60a. 枝に刺がある……………… **ヒジハリノキ**
Benkara sinensis (Lour.) Ridsdale(石垣島にまれに生える)

b. 枝に刺はない……………… **61**

61a. 花序は枝先の葉腋からのみ出て，ややまばらに花をつける……………… **ボチョウジ属**(3324，3325)

b. 花序は枝の中部の複数の葉腋から出て，密に花をつける ……………… **ルリミノキ属**(3315, 3316)，
コーヒーノキ(3376)

62a. 花は単性で無柄，多数が球状に集まり，それが穂状に配列する……………… **ヤブマオ属**(2111，2119)

b. 花は両全性か単性，球状に集まらない ……………… **63**

63a. 花は密に頭状に集まって半球形の花序をつくる
……………… **ランタナ**(3687)

b. 花は頭状に集まらない……………… **64**

64a. 葉に星状毛がある……………… **65**

b. 葉に星状毛はない……………… **66**

65a. 花は大形で前年枝の葉腋につき，花冠は離弁．果実は蒴果……………… **ウメウツギ**(3051)

b. 花は小形で今年枝の葉腋に集散花序をなしてつき，花冠は合弁．果実は核果
……………… **ムラサキシキブ属**(3688～3697)

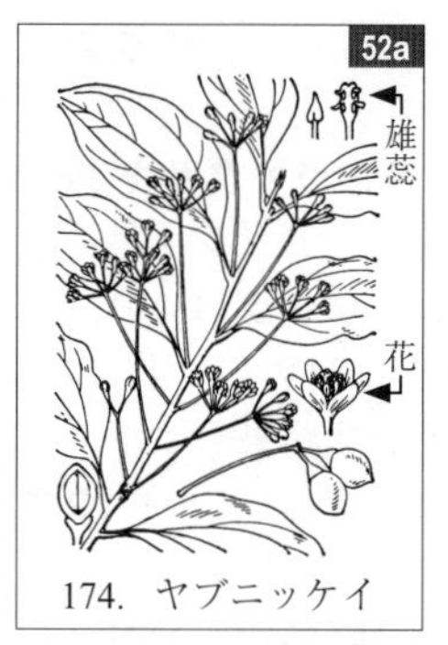

174．ヤブニッケイ

3318．アリドオシ

2615．シロテツ

3563．ウスギモクセイ

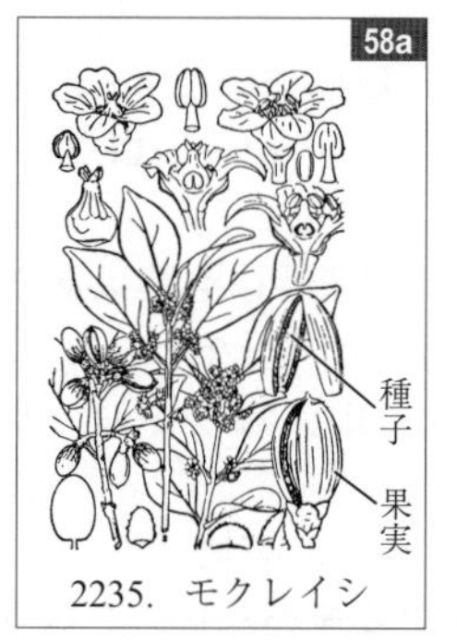

2235．モクレイシ

3335．シチョウゲ

3315．ルリミノキ

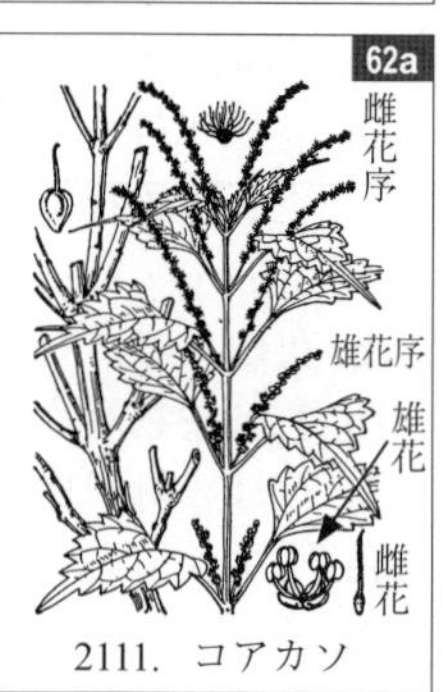

2111．コアカソ

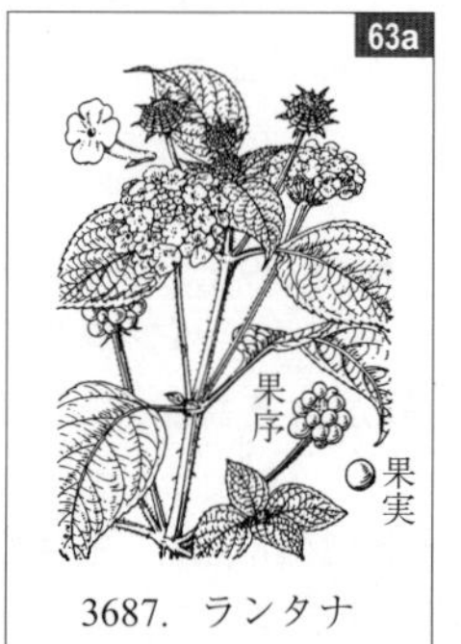

3687．ランタナ

3688．ムラサキシキブ

66a. 花は中〜大形で花冠は長さ 1 cm 以上，葉腋に単生するか，それに加えて頂生の花序をつくる．果実は 2 裂する蒴果 ………… **67**

b. 花は小形で花弁または花冠は長さ 5 mm 以下，葉腋に束生するか，腋生の集散花序につく．果実は核果か，3〜5 裂する蒴果 ………… **69**

67a. 花は 4 数性で黄色または黄緑色．果実は卵球形 ………… **レンギョウ属**(3535，3536)

b. 花は 5 数性で白色または帯紅紫色，時に黄色．果実は円柱形か紡錘形 ………… **68**

68a. 花は黄色．萼裂片は大きさが不同．葯は互いに合着 ………… **ウコンウツギ**(4337)，**キバナウツギ**(4338)

b. 花は白色または帯紅紫色．萼裂片はほぼ同大．葯は離生 ………… **タニウツギ属**(4338〜4345)

69a. 花序は集散状で有柄 ………… **70**

b. 花は葉腋に束生する．果実は核果 ………… **71**

70a. 花序柄は葉柄とほぼ同長，果実期にも直立する．果実は核果 ………… **シマムラサキ**(3696 注)

b. 花序柄は葉柄よりもはるかに長く，果実期には下垂する．果実は蒴果 ………… **ニシキギ属**(2243〜2257，2259)

71a. 葉は落葉性 ………… **クロカンバ**(2055)

b. 葉は常緑性 ………… **モクセイ属**
(3561，3562，3563 ➡検索 R-56a にあり，3565〜3567)

72a. 湿った場所に生える匍匐性の小草本で，節から発根して地表に広がるが，茎の上部が立ち上がることもある．葉は微小で全縁 ………… **73**

b. 上のようではない ………… **77**

73a. 子房や果実は扁平で凹頭 ………… **アワゴケ**(3591)

b. 子房や果実は扁平ではない ………… **74**

74a. 花は明らかに有柄．萼片(総苞片と解釈されることもある) 2，花被片 5，雄蕊 3，柱頭 3 ………… **ヌマハコベ**(3034)

b. 花は上のようではない ………… **75**

75a. 花は左右対称．萼片 5 ………… **スズメハコベ**(3821)

b. 花は放射相称．萼片 3 または 4 ………… **76**

76a. 花は 3 数性 ………… **ミゾハコベ**(2303)

b. 花は 4 数性 ………… **キカシグサ属**(2482，2485〜2487)

77a. 植物体を傷つけると白色の乳液を出す ………… **78**

b. 植物体に白色の乳液は含まれない ………… **84**

78a. 花被はなく，杯状花序をつくり，花序の縁の腺体が花弁状となる．子房は有柄で 3 室(トウダイグサ科) ………… **トウダイグサ属**(2419，2422〜2429)

b. 花被があり，杯状花序をつくらない ………… **79**

79a. 子房は上位，無柄で 2 室(キョウチクトウ科) ………… **80**

b. 子房は下位(ただしタンゲブでは萼は子房を包まない)，3〜5 室(キキョウ科) ………… **83**

80a. 花冠筒は長い ………… **81**

b. 花冠筒は発達しない ………… **82**

3535. レンギョウ

4337. ウコンウツギ

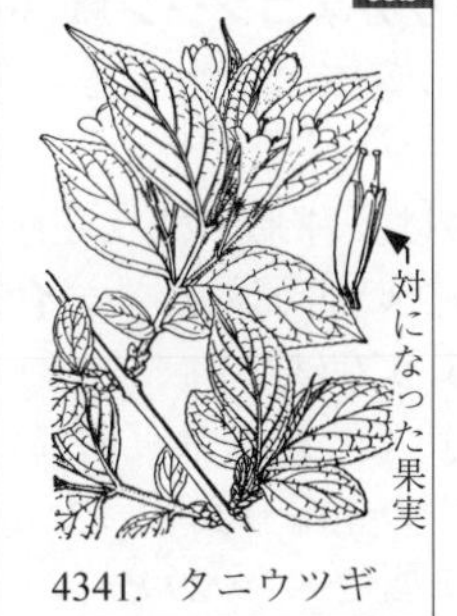

4341. タニウツギ

2251. ニシキギ

2055. クロカンバ

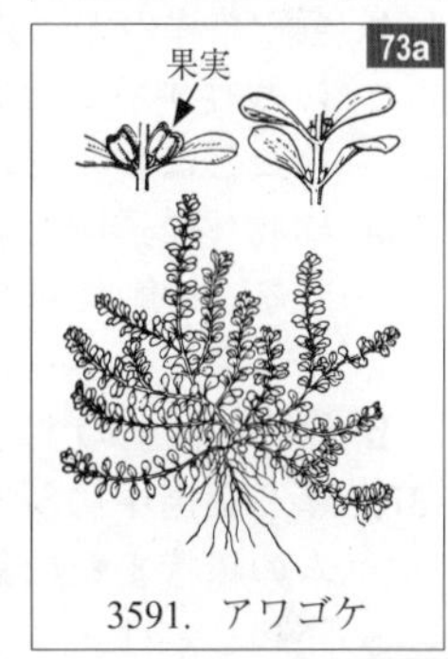

3591. アワゴケ

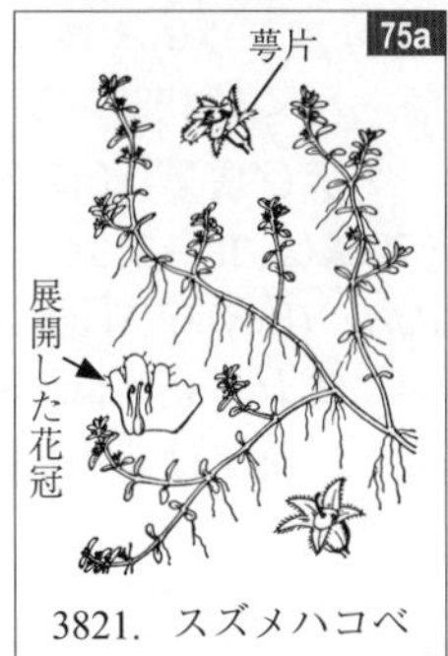

3821. スズメハコベ

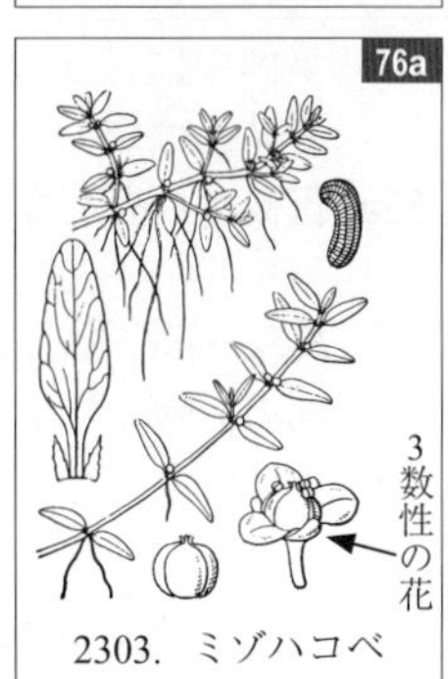

2303. ミゾハコベ

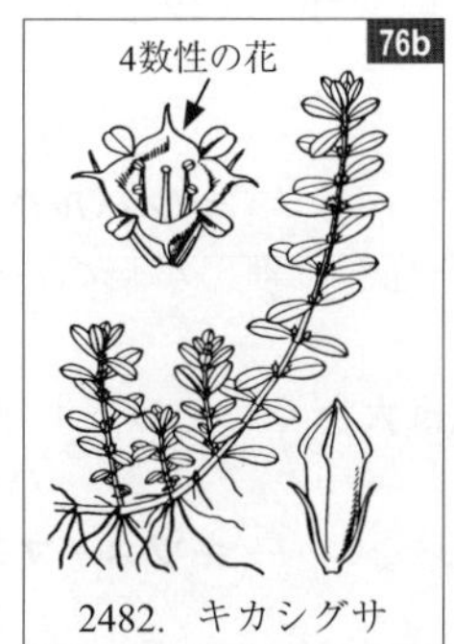

2482. キカシグサ

2426. ニシキソウ

81a. 花冠は狭鐘形で径 1 cm 未満．北日本の海岸に野生 ……………… **バシクルモン**(3423)

b. 花冠は高杯形で径約 3 cm．栽培 ……………… **ニチニチカ(ニチニチソウ)**(3416)

82a. 花は散形花序につかないか，少数が散形花序に集まる．副花冠は花冠から超出しない ……………… **カモメヅル属**
(3427 ➡検索 D-58b にあり，3428～3433, 3436, 3437)

b. 花は多数が散形花序につく．副花冠は花冠の上に超出する ……………… **トウワタ属**(3442，3443)

83a. 花序は頂生．果実は蒴果 ……………… **キキョウ**(3892)，**ツリガネニンジン属**(3906～3910，3915)

b. 花は茎頂と上部の葉腋に単生する．萼は花の基部につく．果実は液果 ……………… **タンゲブ**(3891)

84a. 茎は匍匐し, 花序は長球形の穂状花序で太く, 密に花をつけ, 花序よりも長い柄がある …… **イワダレソウ**(3686)

b. 花序や茎は上のようではない ……………… **85**

85a. 花序は穂状で細長く，花は果実期には反曲して下を向き，苞または萼片の先端は鉤状となる ……………… **イノコヅチ属**(2992～2995), **ハエドクソウ**(3824)

b. 苞や萼片の先は鉤状とならない(鉤状の柱頭が花の頂部に残存することはある)．花が果実期に反曲するようなことはない ……………… **86**

86a. 植物体に透明な刺毛があり，刺毛の中には蟻酸が含まれるため触れると鋭い痛みを感じる ……………… **イラクサ属**(2139～2142)

b. 植物体に上のような刺毛はない ……………… **87**

87a. 茎や葉肉中にシュウ酸カルシウムまたは炭酸カルシウムの棒状または針状の結晶が多数散在し，乾燥すると隆起して目立つ ……………… **88**

b. 葉肉中に目立つ炭酸カルシウムやシュウ酸カルシウムの結晶はないか，あっても球状で細長くない ……………… **92**

88a. 花被は目立たない．果実は痩果(イラクサ科) ……………… **ミズ属**(2128～2134)，**チョクザキミズ** *Lecanthus peduncularis* (Royle) Wedd.(山口県と九州中部の高地の渓流沿いにまれ．花序は頭状で長柄がある)

b. 花被は着色し，目立つ．果実は蒴果(キツネノマゴ科) ……………… **89**

89a. 花冠は 先が 5 裂し 2 唇形ではない ……… **イセハナビ属**(3656～3659)，**アリモリソウ**(3660)

b. 花冠は 2 唇形 ……………… **90**

90a. 花序は腋生 ……………… **オギノツメ**(3655)，**ヤンバルハグロソウ**(3662)

b. 花序は頂生し，それとは別に小形の花序が葉腋にもつく ……………… **91**

91a. 2 枚の対生する苞は大きく，花の下半部を完全に包む ……………… **ハグロソウ**(3661)

b. 苞は上のようにならない…… **キツネノマゴ属**(3663, 3664)

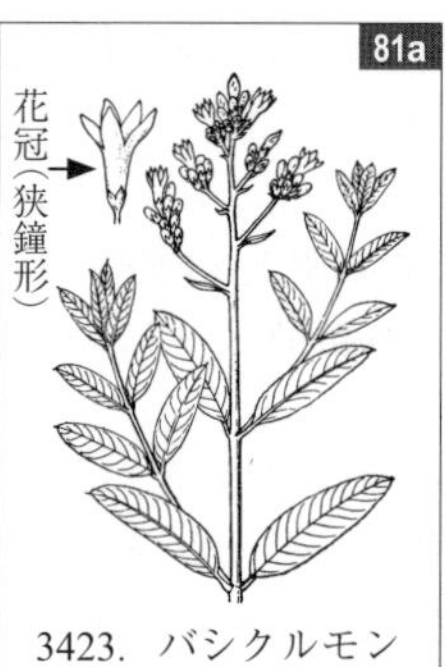

3423．バシクルモン

3442．トウワタ

3892．キキョウ

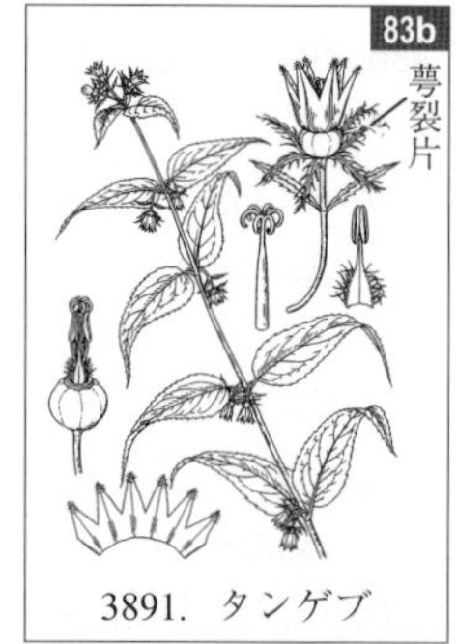

3891．タンゲブ

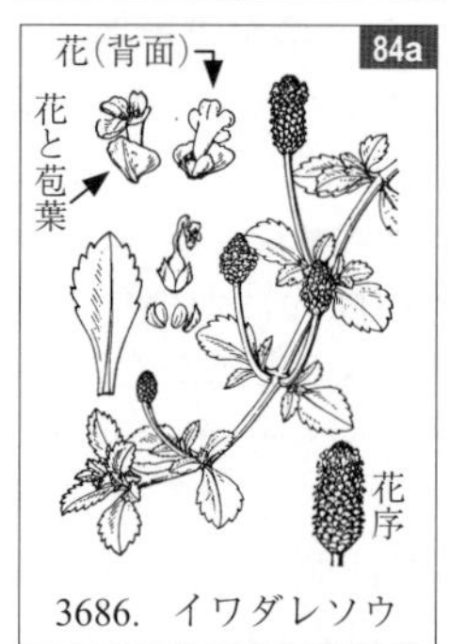

3686．イワダレソウ

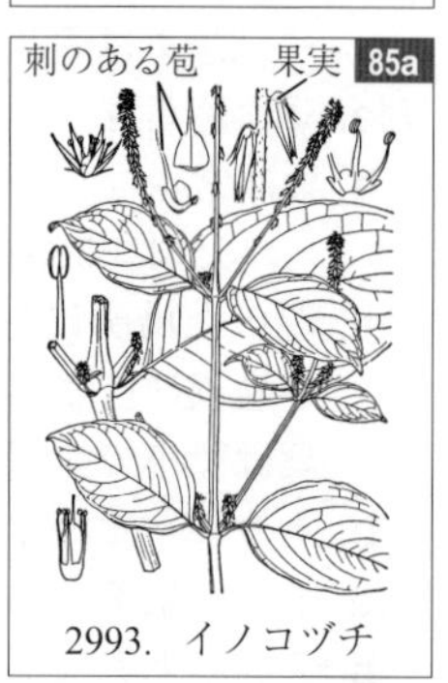

2993．イノコヅチ

2139．エゾイラクサ

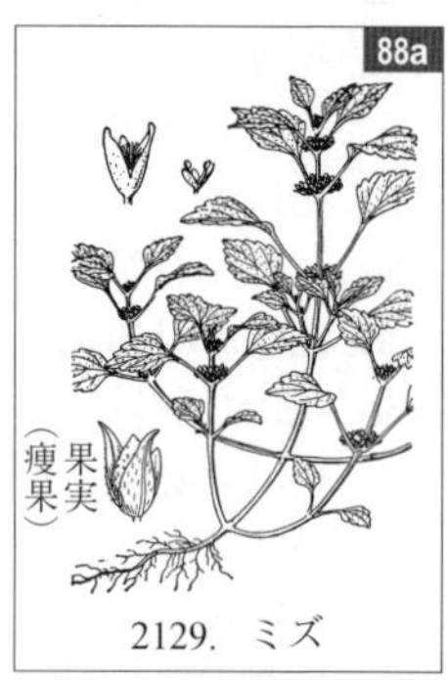

2129．ミズ

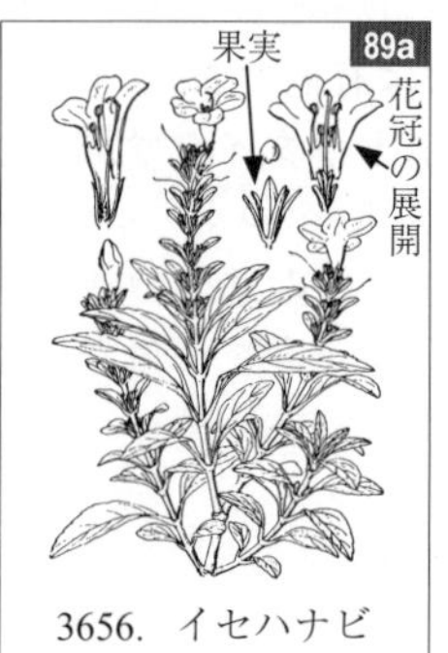

3656．イセハナビ

3661．ハグロソウ

92a. 葉は全縁(花序の苞のみに毛状の鋸歯がある場合がある) ……………… **93**
b. 葉は鋸歯縁か，羽状に分裂する ……………… **150**
93a. 葉は多肉か，厚くて堅い ……………… **94**
b. 葉は多肉ではなく，薄い ……………… **100**
94a. 花序は穂状で細長い ……………… **サダソウ属**(106～108)
b. 花序は穂状ではない ……………… **95**
95a. 花は枝先に総状花序をつくる．高山に生える小低木で，葉は 3 輪生する ……………… **コメバツガザクラ**(3287)
b. 花は枝先または葉腋に単生 ……………… **96**
c. 花は集散花序につくか，ときにやや頭状に集まる … **98**
96a. 萼片は 4 個，花弁は多数．栽培 ……………… **ハナヅルソウ**(3022)
b. 萼片または萼裂片は 5 個．花弁は 5 個か退化する．海岸に野生 ……………… **97**
97a. 萼と花弁がある ……………… **ハマハコベ**(2913)，**ソナレセンブリ**(3403)
b. 萼はあるが花弁はない ……………… **ウミミドリ** *Lysimachia maritima* (L.) Banfi et Soldano var. *obtusifolia* (Fernald) Yonek.(サクラソウ科．北海道，本州北部の海岸の塩性湿地に生える)
98a. 集散花序の枝は分枝し，放射状に広がる．子房の心皮は互いに分離 …… **マンネングサ属**(1591, 1600, 1605, 1606)
b. 集散花序の枝は放射状に分枝しない．子房の心皮は互いに合生する ……………… **99**
99a. 花弁の縁は細裂する ……………… **ナデシコ属**(2974，2976)
b. 花弁の縁は全縁 ……………… **ソナレムグラ**(3330)
100a. 花(または短くつまった花序)は腋生し，無柄かごく短い柄がある ……………… **101**
b. 花または花序は頂生するか，腋生の場合でも長さ 1 mm 以上の明瞭な柄がある ……………… **108**
101a. 葉に 3 行脈がある ……………… **ツルマオ**(2120)
b. 葉に 3 行脈はなく，葉脈は羽状 ……………… **102**
102a. 花は多数が頭状に集まり，主に葉腋につく ……………… **ツルノゲイトウ属**(2996，2997)
b. 花は上のようではない ……………… **103**
103a. 葉は明らかな柄がある ……………… **104**
b. 葉は無柄か，ごく短い柄がある ……………… **106**
104a. 托葉はない．葉裏に黒点がある ……………… **コナスビ**(3148)
b. 托葉がある．葉裏に黒点はない ……………… **105**
105a. 花糸は細長く，葯は下垂する ……………… **ヤマトグサ**(3340)
b. 花糸は短く，葯は直立する ……………… **ハシカグサ属**(3327，3328)
106a. 花は 6 数性 ……………… **ミソハギ属**(2470，2471)，**キバナミソハギ**(2481)
b. 花は 5 数性 ……………… **ミズオトギリ**(2283)，**オオアブノメ**(3579)
c. 花は 4 数性 ……………… **107**

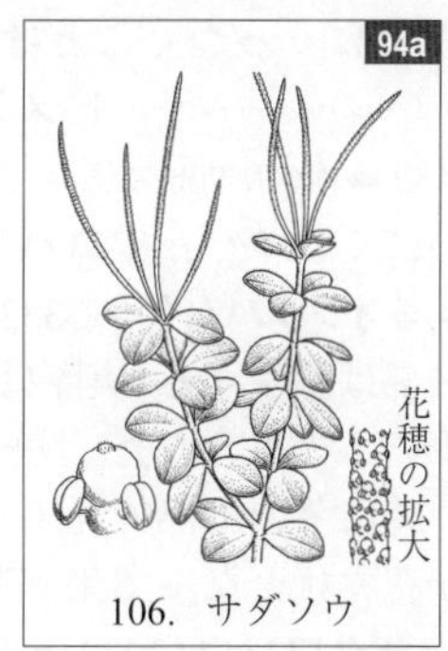

106. サダソウ

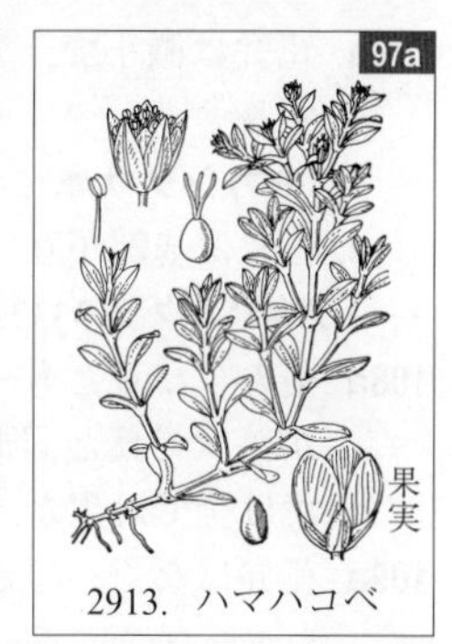

2913. ハマハコベ

1591. ツルマンネングサ

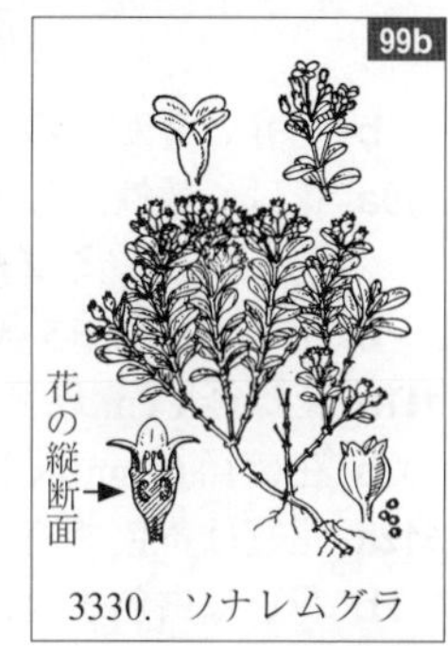

3330. ソナレムグラ

2120. ツルマオ

2996. ツルノゲイトウ

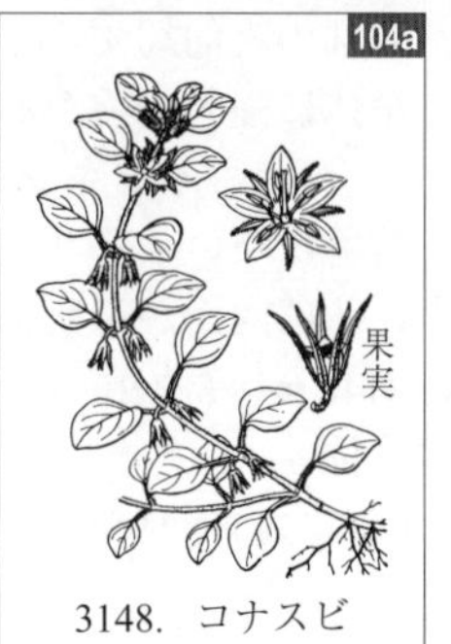

3148. コナスビ

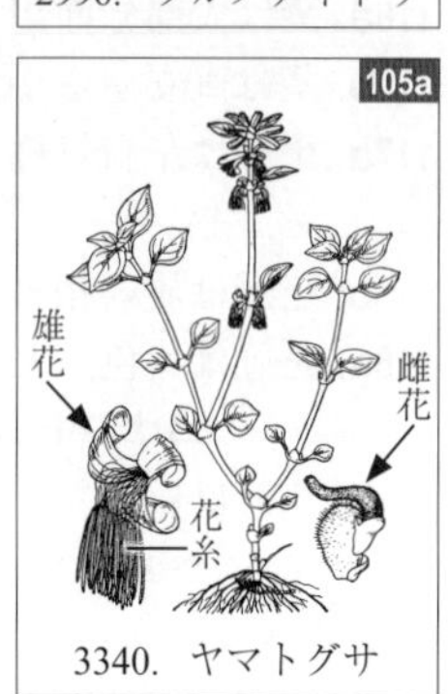

3340. ヤマトグサ

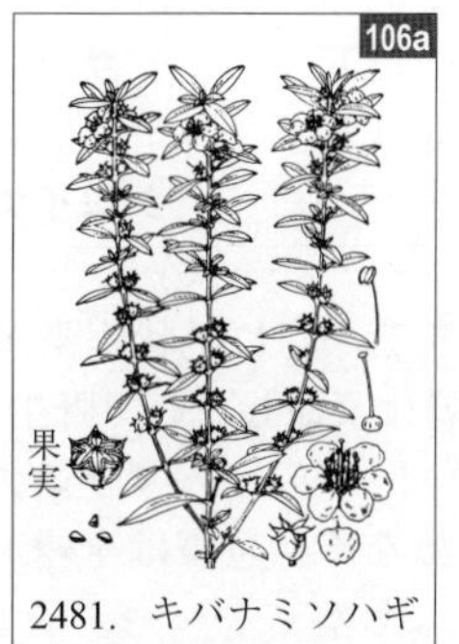

2481. キバナミソハギ

2283. ミズオトギリ

107a. 花弁は微小で，互いにくっつくことはなく，時に退化する …… **ヒメミソハギ**(2472)，**キカシグサ属**(2482 ➡検索 R-76b にあり，2483, 2486, 2487)

b. 花弁は基部が互いにくっつく …… **コバンムグラ**(3331)，**フタバムグラ**(3332)，**オオフタバムグラ**(3333)，**ムシクサ**(3616)

108a. 葉の少なくとも一部は輪生する(実際は対生だが，托葉が葉状で葉と同形のものも含む) …… **109**

b. 葉は全て対生か，時に茎の上部で互生 …… **114**

109a. 花弁はなく，萼が花弁状となって果実期にも宿存する …… **ザクロソウ**(3032)➡検索 O-56c にあり，**クルマバザクロソウ**(3033)

b. 花弁と萼がある …… **110**

110a. 花は 6 数性．萼裂片の間に小形の副片がある …… **ミソハギ属**(2470 ➡検索 R-127a にあり，2471)

b. 花は(3～)4～5 数性．萼裂片の間に副片はない …… **111**

111a. 花は径 1 cm 以上．子房は上位 …… **112**

b. 花は径 6 mm 以下．子房は下位 …… **113**

112a. 花冠は黄色で筒部は短い …… **クサレダマ**(3146)

b. 花冠は白色または帯紫色で筒部は長い …… **クサキョウチクトウ**(3089)

113a. 果実は痩果で，表面に疣状突起や鉤毛のあるものが多い …… **ヤエムグラ属**(3341～3344，3346～3357)

b. 果実は液果状 …… **アカネ属**(3361～3363)

114a. 葉は全て有柄 …… **115**

b. 葉は少なくとも上部のものは無柄 …… **123**

115a. 葉に 3 行脈がある …… **タチハコベ**(2917)，**オシロイバナ属**(3030，3031)

b. 葉脈は羽状 …… **116**

116a. 茎は大部分匍匐する …… **117**

b. 茎は直立するか，基部のみ匍匐する …… **119**

117a. 花冠は左右対称．全体に強い芳香がある …… **イブキジャコウソウ**(3799)

b. 花冠は放射相称，芳香はない …… **118**

118a. 花冠は黄色，ときに基部内面が帯紫色．子房上位 …… **コナスビ属**(3148 ➡検索 R-104a にあり，3149，3150)

b. 花冠は白色．子房下位 …… **ツルアリドオシ**(3317)，**ハシカグサ属**(3327, 3328)

119a. 花序は長い柄の先につく …… **120**

b. 花序は無柄か，ごく短い柄の先につく …… **121**

120a. 花冠は長さ 1.5 cm 以下 …… **サツマイナモリ**(3314)

b. 花冠は長さ 3.5 cm 以上 …… **ツノギリソウ**(3575)

121a. 花は放射相称 …… **シロイナモリソウ**(3337)

b. 花は左右対称 …… **122**

122a. 花序は側扁性．苞葉の縁に毛状鋸歯があるか，まれに全縁．花冠の上唇は反曲しない．野生 …… **ママコナ属**(3835～3839)

b. 花序は側扁性ではなく，苞葉は全縁．花冠の上唇は 2 裂し，反曲する．栽培 …… **ゴマ**(3653)

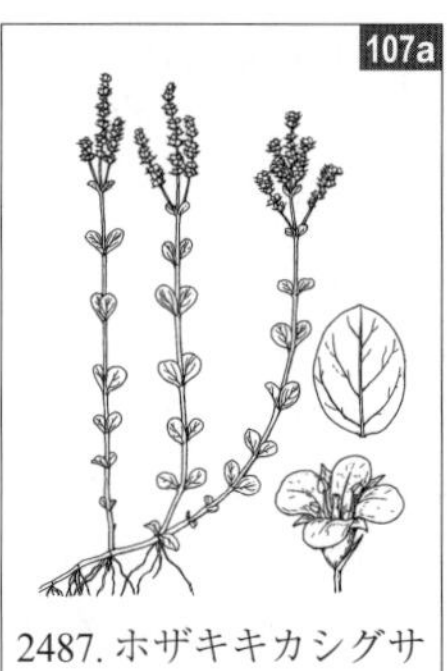

2487. ホザキキカシグサ

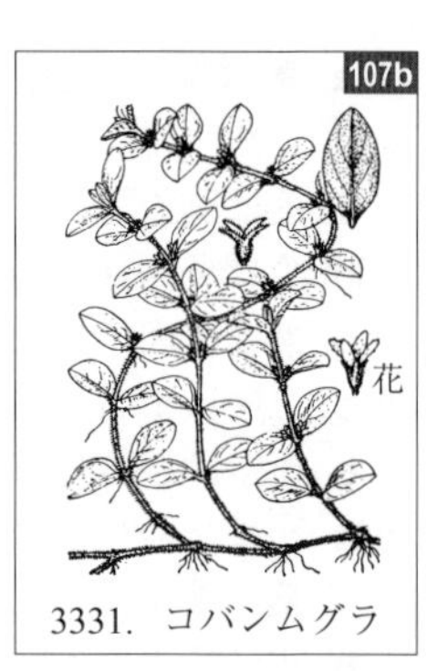

3331. コバンムグラ

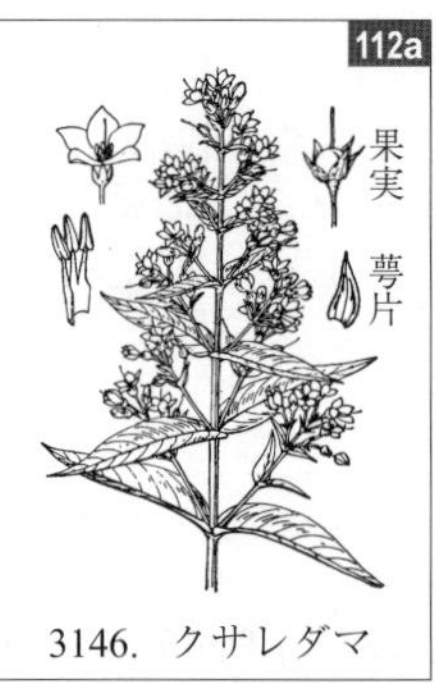

3146. クサレダマ

3343. ヤエムグラ

2917. タチハコベ

3317. ツルアリドオシ

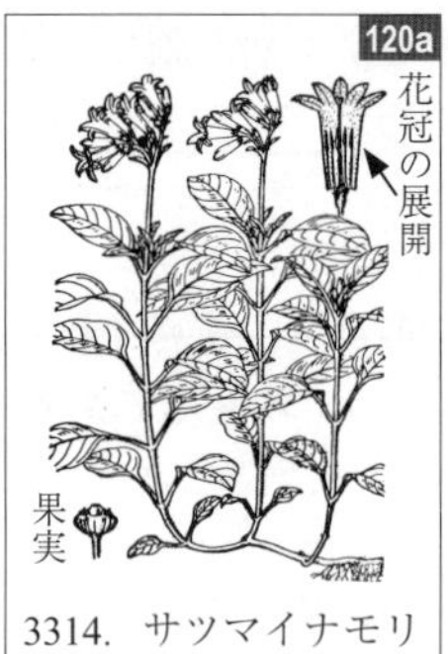

3314. サツマイナモリ

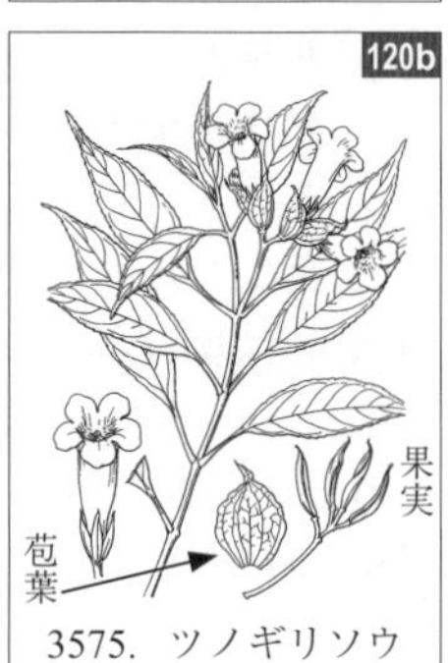

3575. ツノギリソウ

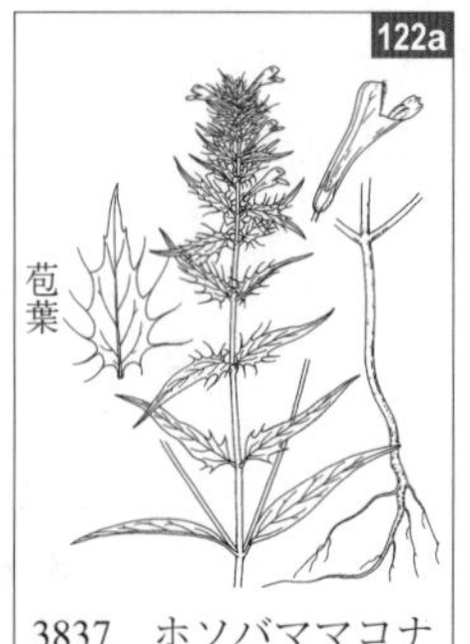

3837. ホソバママコナ

3653. ゴマ

123a. 花は多数が頭状花序に集まり，花序は枝先に単生する……**124**

b. 花は頭状花序をつくらない……**125**

124a. 北海道の湿原にまれに生える．総苞片は 4 枚で開出し，白色，花弁状．花は全て同型で黒紫色……**エゾゴゼンタチバナ**(3082)(検索 P－3a も参照)

b. 栽培される．総苞片は 2 枚，葉状．花は全て同形で，花被片は乾膜質，白色，淡紅色または紅紫色……**センニチコウ**(2998)

c. 栽培される．総苞片は多数あって小形．花には 2 型があり，頭花の外側に位置する舌状花は宿存性で色は様々……**ヒャクニチソウ属**(4291，4292)

125a. 子房下位……**126**

b. 子房上位……**128**

126a. 茎は基部から 2 叉分枝を繰り返す……**ノヂシャ**(4386)

b. 茎は 2 叉分枝を繰り返さない……**127**

127a. 花は 4 または 6 数性，花弁は互いに離れており，距はない……**ミソハギ属**(2470，2471)，**アカバナ属**(2508，2510)

b. 花は 5 数性，花冠は合弁，基部に距がある．まれに栽培される……**ベニカノコソウ**(4385)

128a. 花は左右対称……**129**

b. 花は放射相称……**131**

129a. 果実は 4 分果．花は紫色で長さ 25 mm 以上．多年草で根茎が発達する……**コガネヤナギ**(3739)，**ムシャリンドウ**(3783)

b. 果実は蒴果．花は長さ 26 mm 未満．1 年草で根茎は発達しない……**130**

130a. 萼の基部に 2 枚の小苞がある(ハマウツボ科)……**ゴマクサ**(3847)，**クチナシグサ属**(3848，3849)

b. 萼の基部に小苞はない……**アブノメ**(3580)，**マルバノサワトウガラシ**(3583)，**アゼナ**(3645)

131a. 花は黄色．葉に黒色，赤色，透明等の腺点がある……**132**

b. 花は白色，紅紫色，青紫色等様々であるが，黄色ではない．葉に腺点はない……**133**

132a. 花柱は 3～5 本……**オトギリソウ属**(2286～2300)

b. 花柱は 1 本で糸状……**オカトラノオ属**(3146，3147)

133a. 花は 4 数性で花冠は合弁……**アイナエ属**(3411，3412)，**テングクワガタ**(3615)

b. 花は 5 数性(4 数性の花が混じることがごくまれにあるがその場合は花冠は離弁)……**134**

134a. 花弁は回旋状に重ならず，互いに離れているか，時に退化する(ナデシコ科)……**135**

b. 花冠は合弁，離れている部分は回旋状に重なる……**148**

135a. 萼片は互いにくっつかない……**136**

b. 萼片は互いにくっついて筒状または鐘状となる……**139**

136a. 糸状に裂けた托葉がある……**ヤンバルハコベ**(2904)

b. 托葉はない……**137**

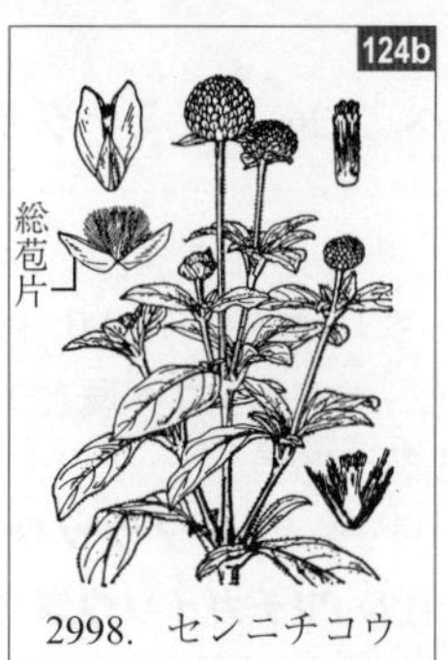

2998. センニチコウ

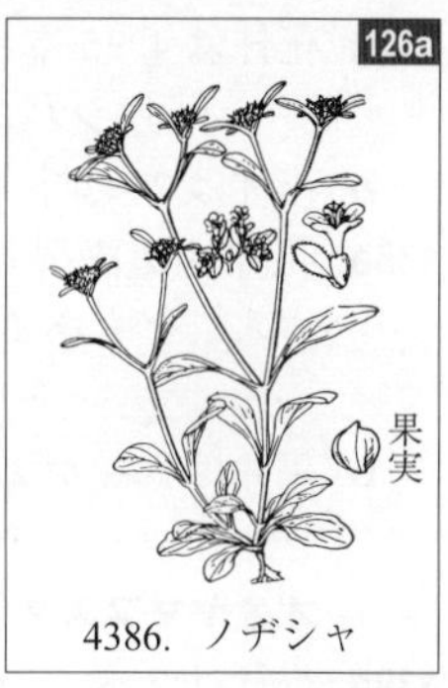

4386. ノヂシャ

2470. ミソハギ

4385. ベニカノコソウ

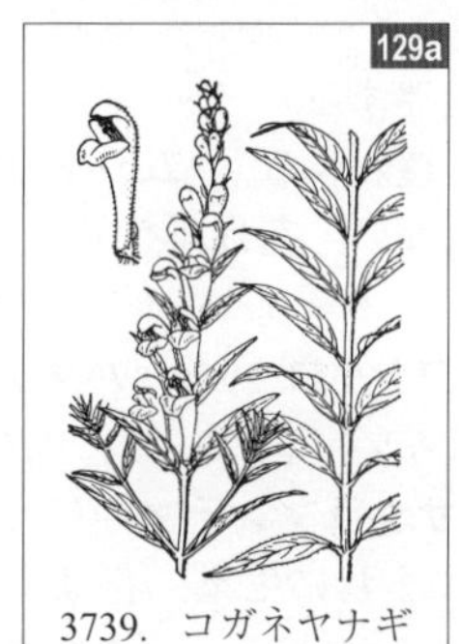

3739. コガネヤナギ

3847. ゴマクサ

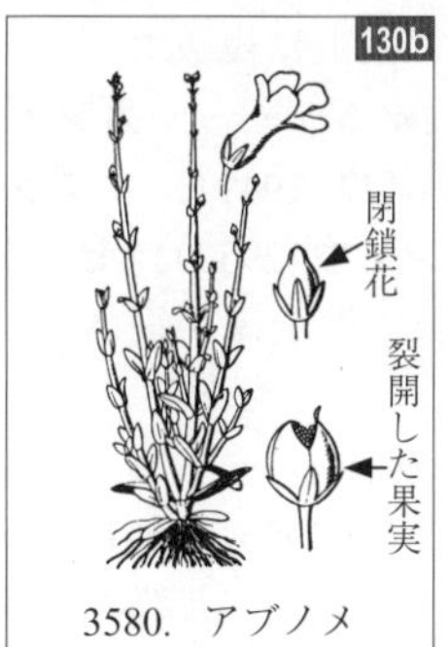

3580. アブノメ

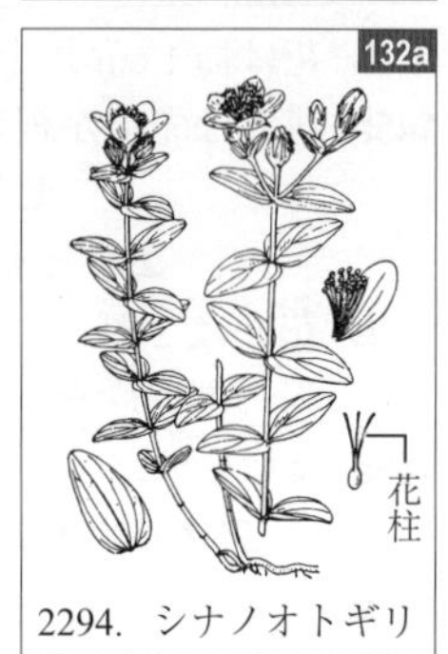

2294. シナノオトギリ

3147. ヤナギトラノオ

3411. アイナエ

137a. 花柱は 4～5 本
……………**ウシハコベ**(2926)，**ミミナグサ属**(2941～2946)

b. 花柱は 2～3 本 ……………………………………………………… **138**

138a. 花弁は 2 深裂し，それぞれの裂片がさらに糸状に細裂することもある．まれに花弁が退化する
……………………………………………… **ハコベ属**(2925，2927～2940)

b. 花弁は全縁か 2 浅裂する
……………………………………………… **ノミノツヅリ属**(2914～2916)，**オオヤマフスマ**(2918)，**ワチガイソウ属**(2921, 2923, 2924)

139a. 花柱は 2 本 ……………………………………………………… **140**

b. 花柱は 3～6 本 ……………………………………………………… **142**

140a. 萼筒はごく短い．花は普通直径 6 mm 以下
……………………………………………… **カスミソウ属**(2978，2979)

b. 萼筒は細長い．花は直径 1 cm 以上 ……………………………… **141**

141a. 花弁の縁は糸状に細裂するか，細かい鋸歯がある
……………………………… **ナデシコ属**(2970～2973，2975，2977)

b. 花弁の縁はほぼ全縁
……………………… **ドウカンソウ**(2919)，**サボンソウ**(2980)

142a. 一年草，越年草か短命な多年草で根茎は発達しない
……………………………………………………………………… **143**

b. 多年草で根茎が発達する ……………………………………… **144**

143a. 茎の一部が粘液で覆われる…… **ムシトリナデシコ**(2969)

b. 茎は粘液に覆われない．花は小さく径 1 cm 未満
……………………………………………………… **マンテマ**(2957)，**フシグロ**(2965)，**ケフシグロ**(2966)，**ハマフシグロ**(2966 注)

c. 茎は粘液に覆われない．花は一般に大きく径 1 cm 以上
……………………………… **サクラマンテマ**等(2955，2958，2960)

144a. 本州中部の高山にまれに生え，花は茎頂に単生して径 5 mm 以下 ……………………… **タカネマンテマ**(2962)

b. 花は径 1 cm 以上で茎上に複数つく ……………………… **145**

145a. 花弁は先端が細裂する……………… **ガンピセンノウ**(2948)，**センノウ**(2949)，**オグラセンノウ**(2952)，**エンビセンノウ**(2953)，**センジュガンピ**(2954)

b. 花弁は 2 裂し，裂片は全縁か鋸歯縁．花弁の下部に小形の副裂片を生じることもある ……………………… **146**

146a. 葉は全体に毛を密生する …………… **スイセンノウ**(2955)，**アメリカセンノウ**(2956)，**ヒロハノマンテマ**(2960)

b. 葉は無毛か毛を散生する．上部の茎葉に腺毛を生じることもある ……………………………………………………… **147**

147a. 萼筒は果実期に著しく膨らむ．全体無毛で帯粉白色．栽培されるか北地に帰化する ……… **シラタマソウ**(2963)

b. 萼筒は果実期に著しく膨らまない．全体粉白色を帯びない．野生するか時に一部の種が栽培される
…………………… **ビランジ**，**アオモリマンテマ**，**マツモト**，**フシグロセンノウ**等
(2950，2951，2959，2961，2964，2967，2968)

148a. 花冠は車形で筒部はない ………………… **ルリハコベ**(3144)

b. 花冠には長い筒部がある ……………………………………… **149**

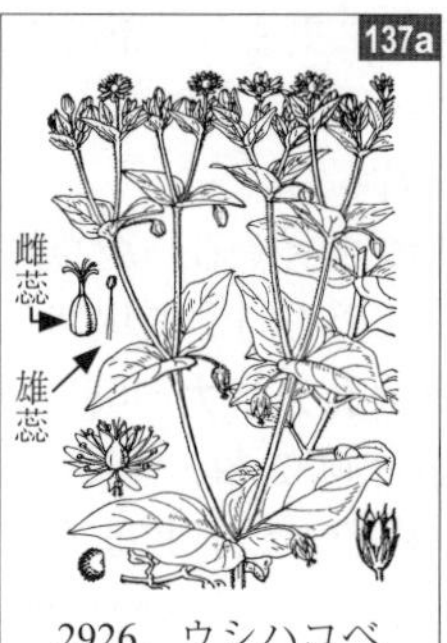

2926．ウシハコベ

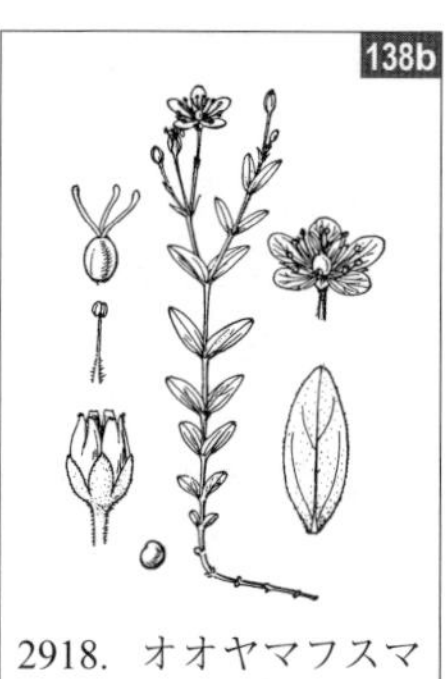

2918．オオヤマフスマ

2979．カスミソウ

2971．タカネナデシコ

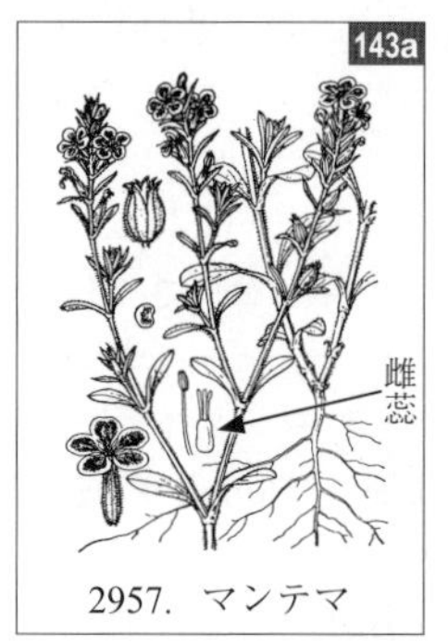

2957．マンテマ

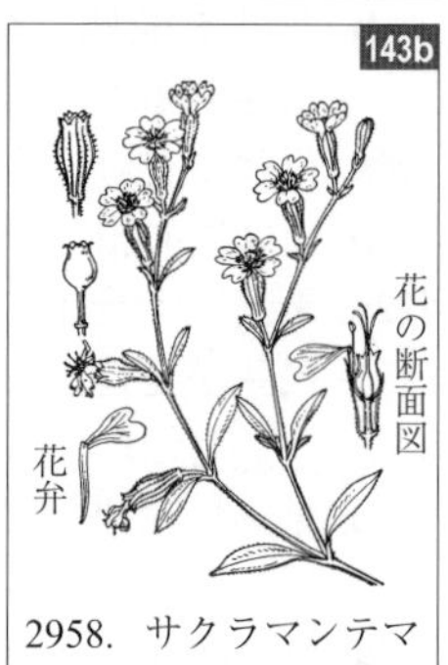

2958．サクラマンテマ

2962．タカネマンテマ

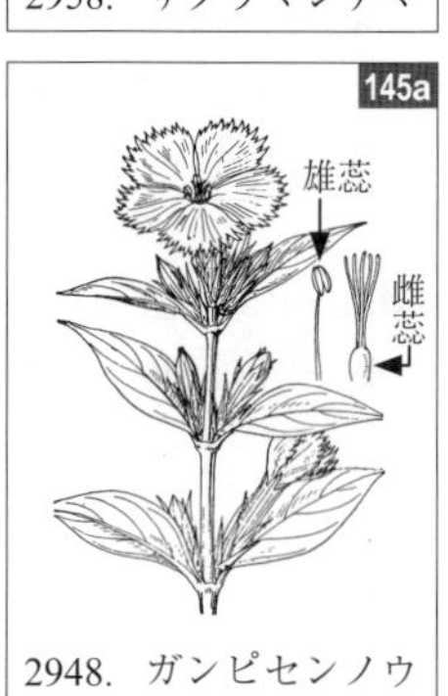

2948．ガンピセンノウ

2951．フシグロセンノウ

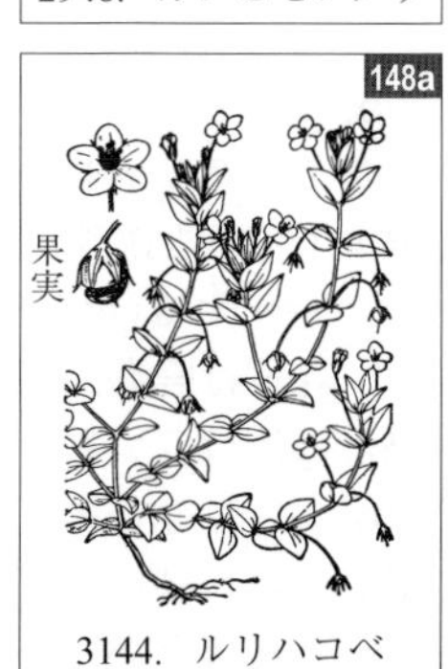

3144．ルリハコベ

149a. 花冠裂片の間に小形の副片がある．主に高山に野生する ……………………………… **リンドウ属**(3384～3387)

b. 花冠裂片の間に副片はない．栽培 ……………………… **クサキョウチクトウ属**(3089，3090)，**ツクバネアサガオ**(3466)

150a. 花は単性で，雌雄異花同株または雌雄異株 ……………… **151**

b. 花は全て両全性か，両性花と単性花とがある ………… **153**

151a. 花序は頂生して細長く，上部には雄花十数個を含む頭花を多数総状につけ，下部の1～数個の苞葉の腋に堅い総苞片に包まれた1個の雌花をつける．葉は数回羽状に分裂 ……………………………………… **ブタクサ**(4297)

b. 花序は腋生するか，ごくまれに頂生の花序をつくることもあるが，その場合でも花は上のようではない．葉は単葉 ……………………………………………………… **152**

152a. 葉は3行脈を持つ．花は数個～多数球状に集まり，それが穂状または円錐状の花序を形成する．果実は痩果 ……………………………… **ヤブマオ属**(2110，2112～2118)

b. 葉は羽状脈を持つ．雄花は1個ずつ穂状花序につく ………………………………………………… **ヤマアイ**(2402)

153a. 葉は多肉質(ベンケイソウ科) ……………………………… **154**

b. 葉は多肉質ではない ……………………………………… **156**

154a. 花は下向きに咲き，萼片は互いにくっついて萼筒をつくる …………………………………………… **トウロウソウ**(1571)

b. 花は上向きに咲き，萼片は互いにくっつかない ……… **155**

155a. 花は黄色 …… **リュウキュウベンケイ**(1570)，**ヒメキリンソウ**(1575)

b. 花は淡紫色または淡緑色で，黄色ではない …………………… **ベンケイソウ属**(1583～1586，1588～1590)

156a. 葉は輪生(一部の葉が対生することもある) ……………… **157**

b. 葉は対生(上部の葉は時に互生することがある) ……… **159**

157a. 葉は羽状に深裂～全裂…… **シオガマギク属**(3856～3858)

b. 葉は単葉 ……………………………………………………… **158**

158a. 花序は穂状または総状で密に花をつけ，花柄はごく短い ………………………………… **ヒゲオシベ属**(3740，3741)，**クガイソウ属**(3600, 3601)

b. 花は頭花をつくり，頭花は散房状に集まる ……………………………………………………… **ヨツバヒヨドリ**
(4312；サワヒヨドリ(4316；163aも参照)も見よ)

c. 花は葉腋に単生する …………………………… **シソクサ**(3584)

159a. 花は集まって頭花をつくる ………………………………… **160**

b. 花は頭花をつくらない ……………………………………… **175**

160a. 雄蕊は4本で葯は互いにくっつかず，花外に完全に抽出する(マツムシソウ科) ………… **ナベナ属**(4375，4376)，**マツムシソウ**(4377)

b. 雄蕊は5本で葯は雌蕊を囲んで環状にくっつき，花外に完全には抽出しない(キク科) ………………………… **161**

161a. 葉は羽状に分裂するか3裂する ………………………… **162**

b. 葉は単葉で分裂しない ……………………………………… **168**

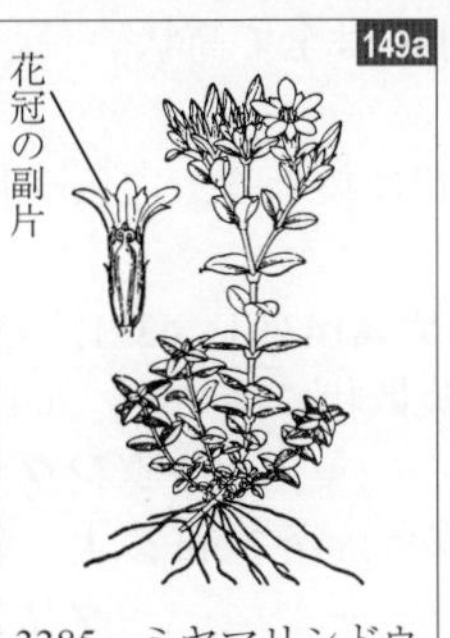

3385．ミヤマリンドウ

4297．ブタクサ

2110．ナガバヤブマオ

2402．ヤマアイ

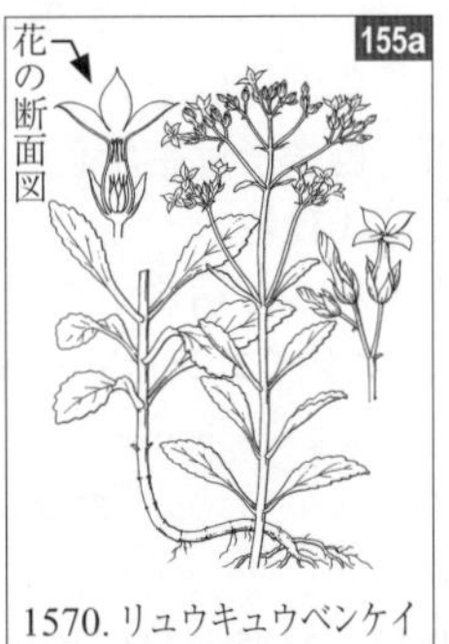

1570．リュウキュウベンケイ

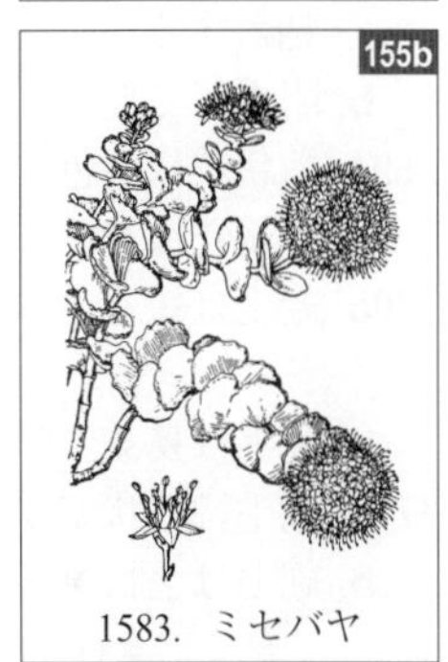

1583．ミセバヤ

3856．ヨツバシオガマ

3740．ミズネコノオ

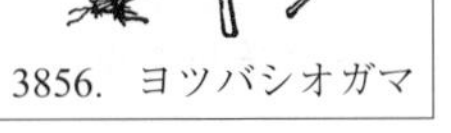

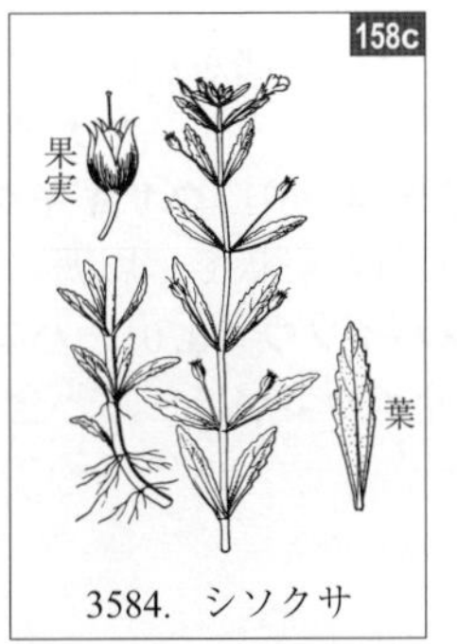

3584．シソクサ

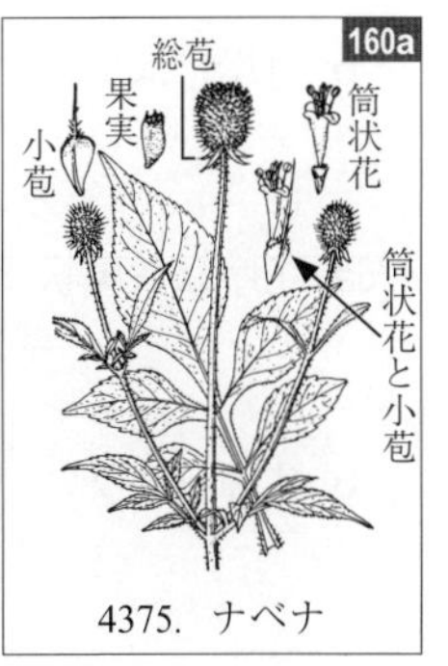

4375．ナベナ

162a. 舌状花はなく，小花は全て筒状 ……………………………… **163**

b. 舌状花がある ……………………………………………………… **164**

163a. 頭花は密な散房状に集まり，白色～帯紅色．冠毛は多数あって毛状

……… **ヒヨドリバナ属**(4310，4311，4313，4315，4316)

b. 頭花はまばらな集散状に集まり，黄色．冠毛は 2 本で芒状 ……………………… **センダングサ属**(4270～4274)

164a. 頭花は横向きに咲き，径 7 cm 以上．栽培

…………………………………………… **ダリア属**(4281，4282)

b. 頭花は上向きに咲き，径 6.5 cm 以下 …………………………… **165**

165a. 総苞片は 1 層，互いに合着する．栽培

……………………………………… **センジュギク属**(4283，4284)

b. 総苞片は 2 層，互いにくっつかない …………………………… **166**

166a. 冠毛は退化する …………… **ハルシャギク属**(4278～4280)

b. 2 本の芒状の冠毛が発達する ……………………………………… **167**

167a. 頭花は大きい．栽培 …………… **コスモス属**(4276，4277)

b. 頭花は小さい．野生

…… **センダングサ属**(4268 ➡検索M-26a にあり，4269～4270)

168a. 総苞外片は開出し，へら状で細長く，腺毛を密生して粘着する ………………………… **メナモミ属**(4302，4303)

b. 開出して粘着する総苞外片はない ……………………………… **169**

169a. 筒状花は白色，帯紅色または帯紫色 ………………………… **170**

b. 筒状花は黄色または淡緑色 ……………………………………… **172**

170a. 冠毛は短く，腺点があって粘着する

……………………… **ヌマダイコン**(4308)➡検索 M-14a にあり

b. 冠毛は長く，粘着しない ………………………………………… **171**

171a. 冠毛は芒状で少数 ………………… **カッコウアザミ**(4309)

b. 冠毛は毛状で多数 ………………………………… **ヒヨドリバナ属**

(4311，4313～4315，4316 ➡検索 R-163a にあり)，

マルバフジバカマ(p.88 参照)

172a. 花床は円錐形

……………………… **オランダセンニチ**(4293)➡検索 M-14b にあり

b. 花床は円錐形ではない …………………………………………… **173**

173a. 白色の舌状花がある

………………… **タカサブロウ**(4285)，**ココメギク**(4301)

b. 舌状花はないか，黄色の舌状花がある ………………………… **174**

174a. 海岸に生え，茎の少なくとも下部は匍匐する

……………………… **キダチハマグルマ属**(4286，4287)，

クマノギク(4288)

b. 海岸には生えず，茎は基部から直立する

……………………………………… **ヤナギタウコギ**(4275)，

キクイモ(4296)，**ウサギギク属**(4305～4307)

175a. 花序は散房状または散形状で，周囲に装飾花がある

…………………… **ギンバイソウ**(3070)，**ハコネクサアジサイ**

(クサアジサイの葉がほとんど全て対生する 1 型)

b. 装飾花はない ……………………………………………………… **176**

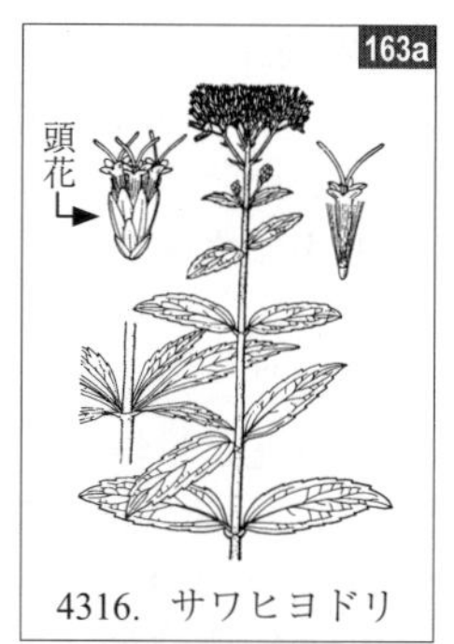

4316. サワヒヨドリ

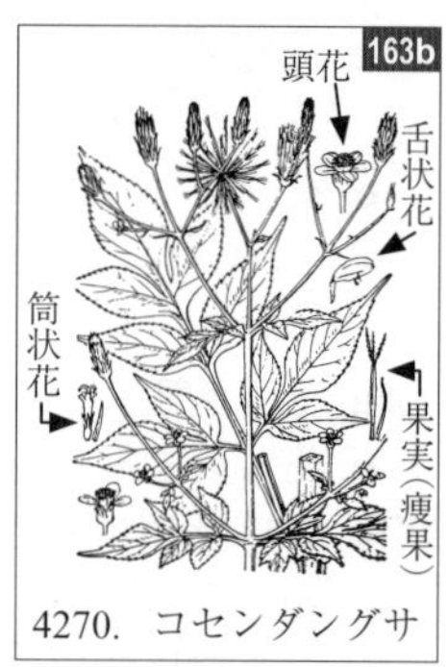

4270. コセンダングサ

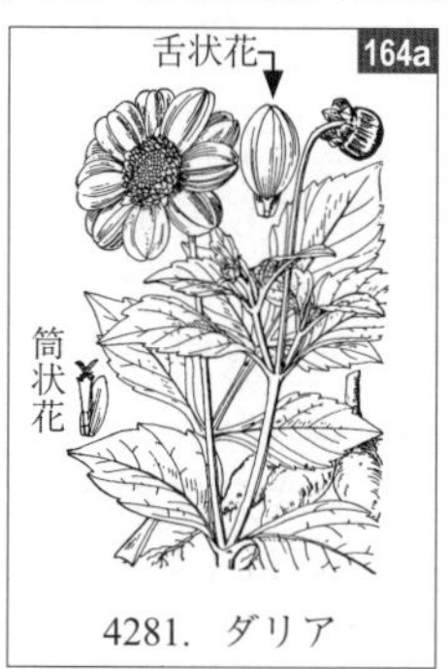

4281. ダリア

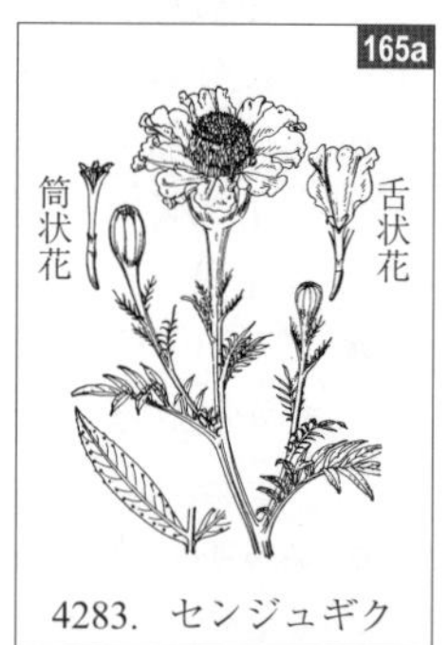

4283. センジュギク

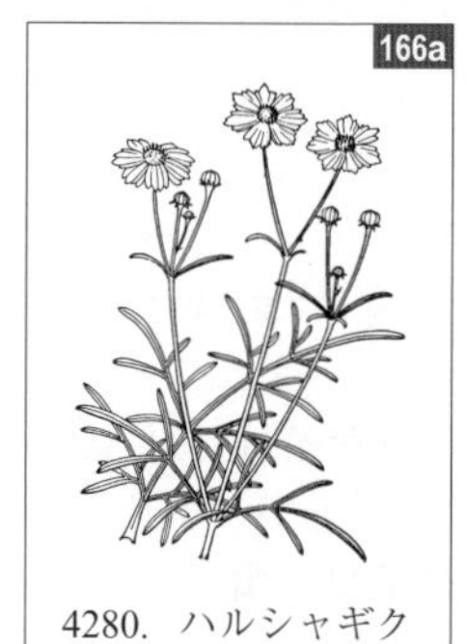

4280. ハルシャギク

4302. メナモミ

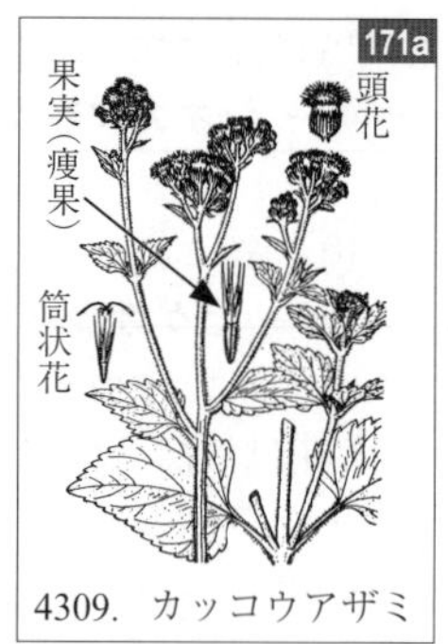

4309. カッコウアザミ

4285. タカサブロウ

4275. ヤナギタウコギ

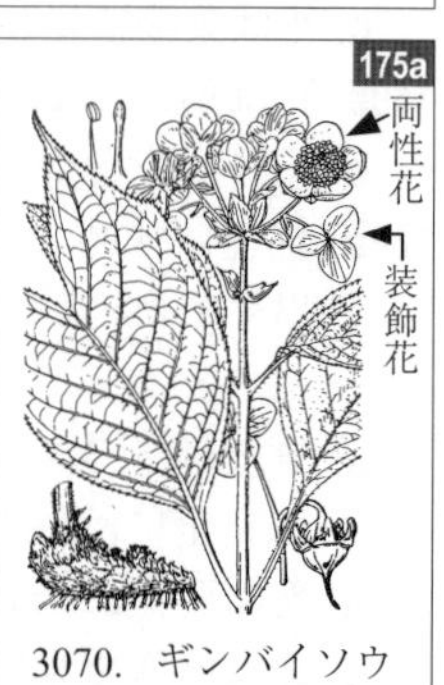

3070. ギンバイソウ

176a. 花弁はないが，4 枚の萼片が花弁状になることがある．雄蕊は普通 8 本，まれに 4 本 ………… **ネコノメソウ属**（1551，1552 ➡検索 O-41a にあり，1553，1554）

b. 花弁がある ………… **177**

177a. 子房は下位 ………… **178**

b. 子房は上位 ………… **185**

178a. 花は 2 数性で，果実の表面に鈎毛を密生する ………… **ミズタマソウ属**（2496～2500）

b. 花は 4 数性．果実の表面に鈎毛はない ………… **179**

c. 花は 5 数性 ………… **181**

179a. 子房は細長い．花は上向きまたはやや横向きに咲く ………… **アカバナ属**（2502～2510）

b. 子房は短い．花は下向きに咲く ………… **180**

180a. 花は大形．栽培 ………… **フクシア**（2495）

b. 花は微小．野生 ………… **アリノトウグサ**（1610）

181a. 葉は羽状に分裂するか，羽状複葉，時に 3 裂し，後者の場合頂裂片は側裂片よりもはるかに大きい ………… **182**

b. 葉は単葉で羽状に分裂しない ………… **183**

182a. 高さ 2 m を超える大形の草本．果実は核果 ………… **ソクズ**（4335）

b. 中形の草本．果実は痩果 ………… **オミナエシ属**（4379, 4380, 4383），**カノコソウ**（4387）

183a. 高山帯～亜高山帯の陰地に生える匍匐性の小低木．花は枝頂の長い柄の先に 2 個対になってつく ………… **リンネソウ**（4367）

b. 茎は匍匐しない．花は上のようにはつかない ………… **184**

184a. 葉は無柄で，対になる 2 枚の葉は基部互いに合着する．花はほとんど無柄で腋生 ………… **ツキヌキソウ**（4346）

b. 葉は有柄で互いに合着しない ………… **マルバキンレイカ**（4383）➡検索 R-182b にあり

185a. 花は長い柄の先の散形花序につく．果実には長い嘴がある ………… **オランダフウロ**（2463）

b. 花は散形花序につかない．果実には嘴はない ………… **186**

186a. 花冠は大型で太い花冠筒があり，外側は黄色，内側は赤紫色，垂れ下がる．花序はしばしば著しく伸長し，多数の無性芽を穂状につける．八重山諸島にごくまれに生える ………… **マツムラソウ**（3576）

b. 花冠は小形．大型である場合には黄色ではないか，内外ともに黄色．花序に無性芽は普通つかない ………… **187**

187a. 果実は蒴果 ………… **188**

b. 果実は 2 または 4 分果 ………… **197**

188a. 花冠は著しく 2 唇形で，上唇は 2 裂しない ………… **189**

b. 花冠は 2 唇形でないか，2 唇形の場合でも上唇は明らかに 2 裂する ………… **190**

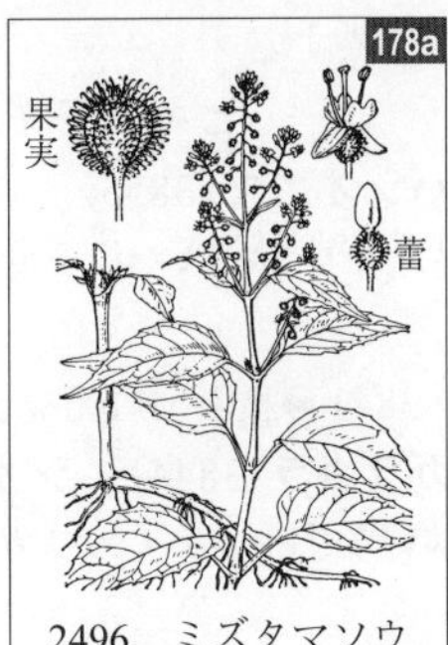

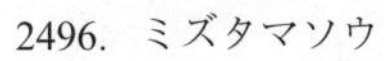
2496．ミズタマソウ

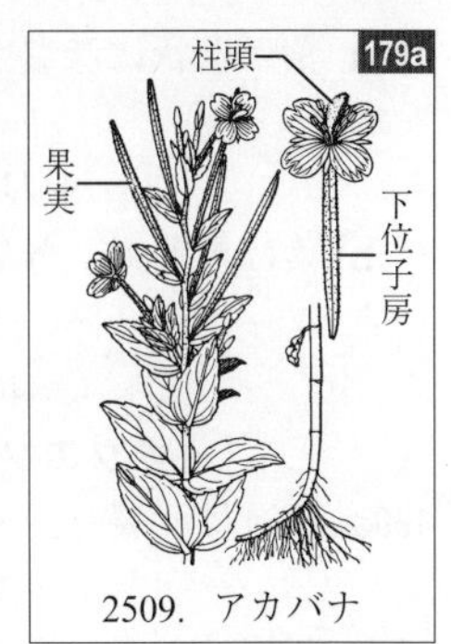

2509．アカバナ

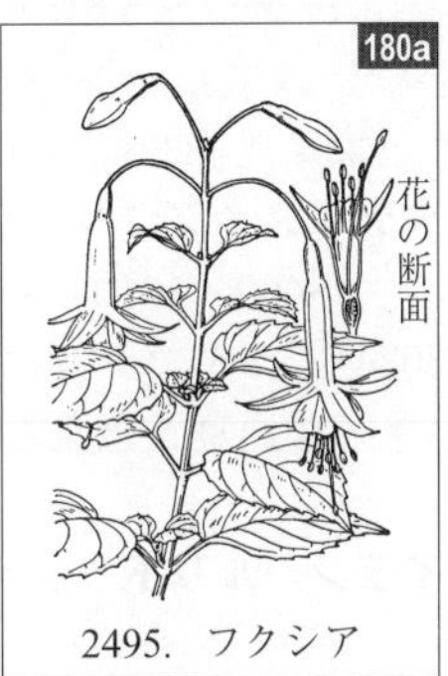

2495．フクシア

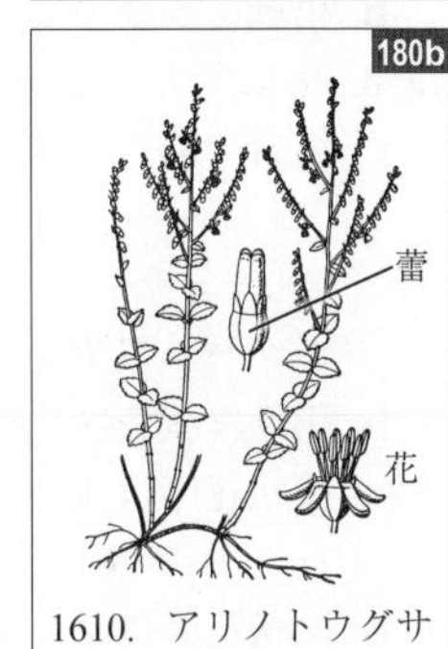

1610．アリノトウグサ

4335．ソクズ

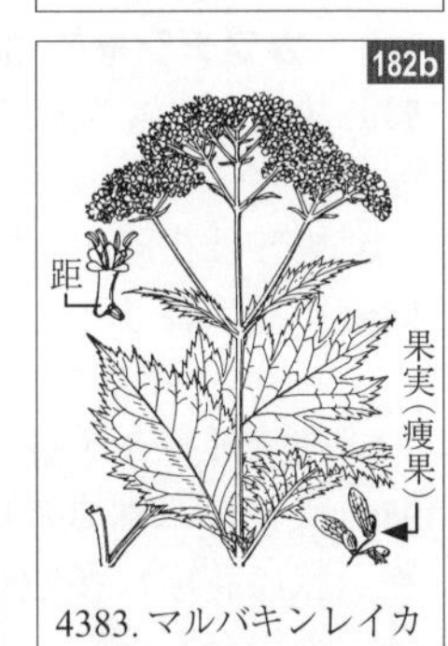

4383．マルバキンレイカ

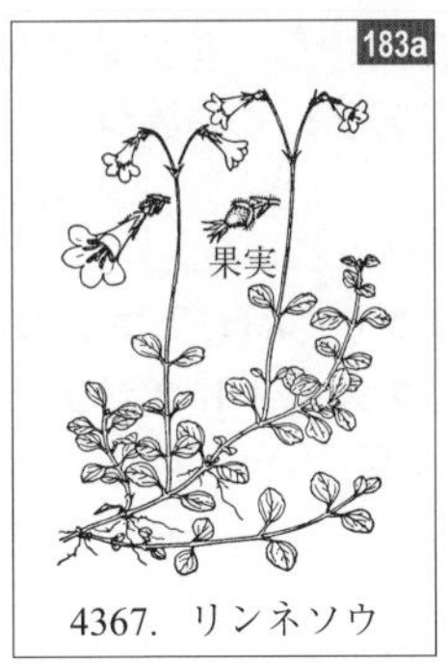

4367．リンネソウ

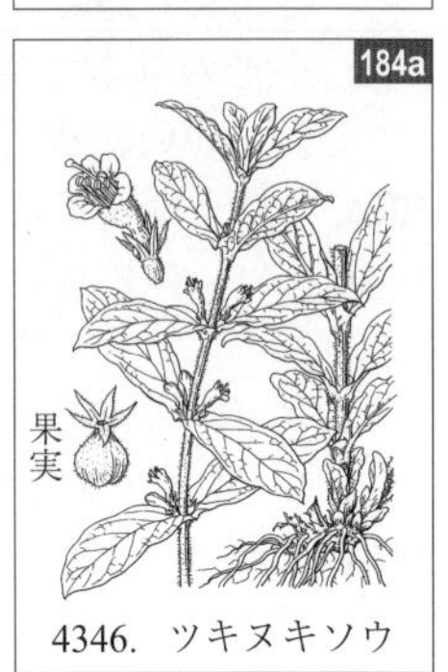

4346．ツキヌキソウ

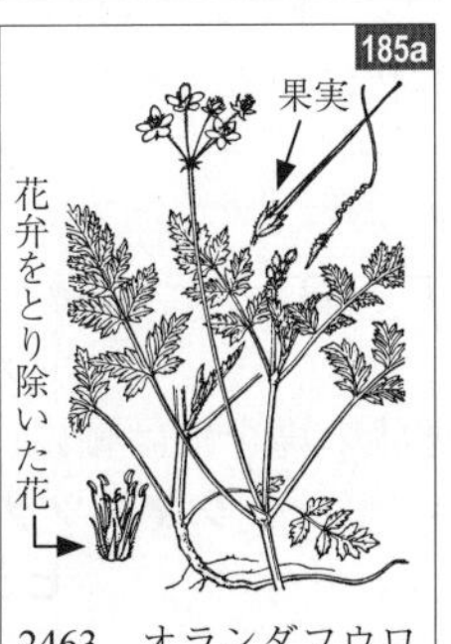

2463．オランダフウロ

3576．マツムラソウ

189a. 葉は羽状に深裂～全裂する ……………… **ヒキヨモギ属**(3845, 3846), **セリバシオガマ**(3855), **コシオガマ**(3859)

b. 葉は単葉で，分裂しないかせいぜい浅裂する ……………… **ココメグサ属** (3840, 3841 ➡検索 M-10b にあり, 3842, 3843), **オクエゾガラガラ**(3844), **シオガマギク**(3852)

190a. 花冠は 4 裂し，2 唇形ではない(クワガタソウ属) ……………… **191**

b. 花冠は 5 裂する ……………… **193**

191a. 花は全て上部の葉腋に腋生し，茎の先端が花で終わる場合でも普通葉と苞葉は連続的に変化する ……………… **タチイヌノフグリ**, **テングクワガタ**等 (3609, 3610, 3615, 3616, 3631) (キクバクワガタ(3624), ミヤマクワガタ(3625)も見よ)

b. 花は総状花序につき，普通葉と苞葉とは不連続 ……… **192**

192a. 総状花序は頂生 ……………… **トウテイラン**, **ルリトラノオ**等(3617～3626)

b. 総状花序は腋生 ……………… **ヒヨクソウ**, **カワヂシャ**等(3607, 3608, 3611～3614, 3630, 3632)

193a. 雄蕊は長く花冠から抽出する ……………… **カリガネソウ**(3706), **ダンギク**(3708)

b. 雄蕊は花冠から抽出しない ……………… **194**

194a. 花冠は長さ 2～3 cm ……… **イワブクロ**(3586), **オオバミゾホオズキ**(3823)

b. 花冠は長さ 2 cm 未満 ……………… **195**

195a. 大形の草本で茎は 4 稜形．花は円錐状または細長い総状の花序に多数つくが，まれに花序の先端が葉で終わる場合もある ……………… **ゴマノハグサ属**(3640～3643)

b. 小形の草本で茎は円柱形．花は葉腋に単生するか，茎頂に短い総状花序をなして少数つく ……………… **196**

196a. 花は一様に黄色 ……………… **ミゾホオズキ**(3822)

b. 花は一様に黄色ではない ……………… **シソクサ**(3584), **ウリクサ**(3644), **アメリカアゼナ**(3646), **スズメノトウガラシ属**(3647, 3648), **アゼトウガラシ属**(3649～3651), **トキワハゼ**(3819)

197a. 花冠は 5 裂し，5 裂片はほぼ同じ長さで平開し，唇形ではない ……………… **198**

b. 花冠は明瞭な 2 唇形，まれに 1 唇形(シソ科) ……………… **200**

198a. 花序は葉腋に集散状につき，それが集まってまばらな円錐花序をなす ……………… **ルリハッカ**(3707)

b. 花序は穂状か頭状 ……………… **199**

199a. 花序は細長い穂状で軸は太く，花の収まる凹みが多数ある．分果は 2 ……………… **ホナガソウ**(3681)

b. 花序は頭状か，穂状の場合には軸には花の収まる凹みはない．分果は 4 ……………… **クマツヅラ属**(3682, 3683), **ビジョザクラ**(3684)

189a 3845. ヒキヨモギ

191a 果実 3631. タチイヌノフグリ

192a 果実 3617. トウテイラン

192b 果実 3630. ヒヨクソウ

193a 宿存萼に包まれた果実 雄蕊 雄蕊 3706. カリガネソウ

194a 裂開した果実 3586. イワブクロ

195a 花 果実 3640. オオヒナノウスツボ

196a 萼に包まれた果実 雄蕊と雌蕊 花冠 3822. ミゾホオズキ

196b 果実 3644. ウリクサ

199b 果序 果実 3684. ビジョザクラ

200a. 葉(茎葉)は羽状に深裂～全裂するか，羽状複生
…… **メハジキ**(3756)，**ケイガイ**(3781)，
アキギリ属(3788～3792)

b. 葉は単葉で分裂しない…… **201**

201a. 花冠は果実期にも宿存し，分果を包む
…… **キランソウ属**(3714～3719)

b. 花冠は花が終わると脱落する …… **202**

202a. 花冠は 1 唇形で向軸側は深く裂ける
…… **ニガクサ属**(3709～3711)

b. 花冠は明らかな 2 唇形…… **203**

203a. 萼は 2 唇形で花後に開口部は閉じ，上唇は果実が熟すると脱落する．多くの場合花序は側偏性で花冠は S 字形に曲がり，筒部は長い
…… **タツナミソウ属**(3722～3739)

b. 萼は上のようではない…… **204**

204a. 花冠下唇は左右から 2 つ折になってボート形となり，その中に雄蕊がしまわれている
…… **ヤマハッカ属**(3810～3816)，**ニシキジソ**(3817)

b. 花冠下唇はボート形にならず，雄蕊は花外に抽出するか，上唇に沿って伸びる …… **205**

205a. 頂生の花序はないか，ある場合でも苞葉は葉に連続的に変化する …… **206**

b. 頂生の花序があり，花序の苞は葉とは全く形態や質感が異なる…… **212**

206a. 花は茎の 1 側を向いて咲く …… **207**

b. 花は茎の全方向を向いて咲く …… **208**

207a. 花は 1 節に 2 個ずつつく
…… **カキドオシ**(3779)，**ラショウモンカズラ**(3782)，
ヤエヤマスズコウジュ *Suzukia luchuensis* Kudô
(沖縄県に生えるカキドオシにやや似た多年草)

b. 花は葉腋に短い集散状の花序をつくって数個ずつつく
…… **ジャコウソウ属**(3745～3747)，**ミソガワソウ**(3784)

208a. 南西諸島の陽地に生え，萼歯は 10 個
…… **ヤンバルツルハッカ**(3760)

b. 萼歯は 5，ときに 4 個 …… **209**

209a. 茎に下向きの堅い剛毛がある
…… **チシマオドリコ**(3749)，
イヌゴマ属(3750，3751)

b. 茎に堅い剛毛はない …… **210**

210a. 花冠の筒部は短く，裂片は開出して杯状
…… **シロネ属**(3772～3776)，
ハッカ属(3800，3802)

b. 花冠の筒部は長いか，短い場合でも上唇は直立または背軸側に曲がり，雄蕊は花冠から著しく抽出しない
…… **211**

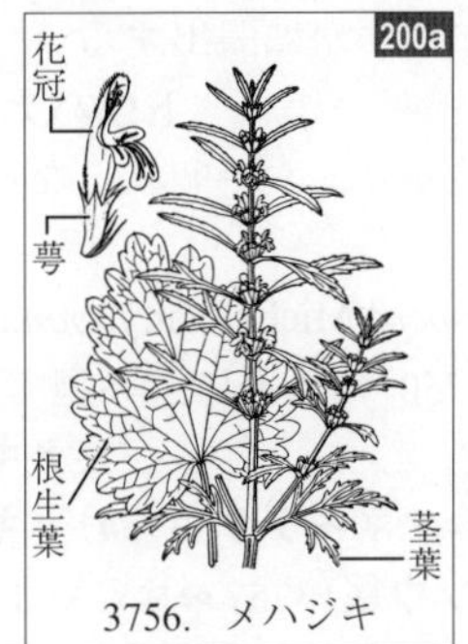

3756. メハジキ

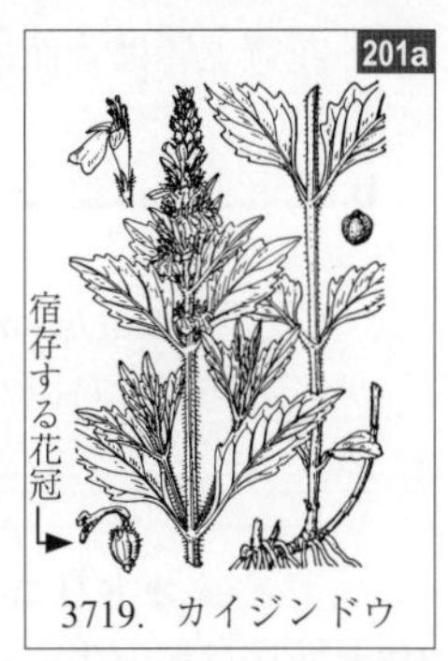

3719. カイジンドウ

3710. ツルニガクサ

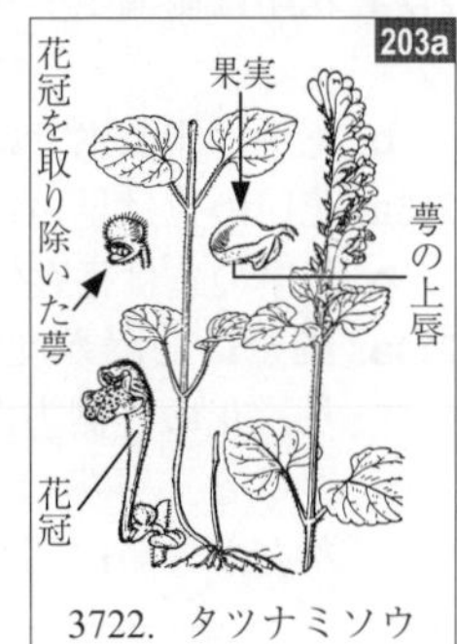

3722. タツナミソウ

3810. ヤマハッカ

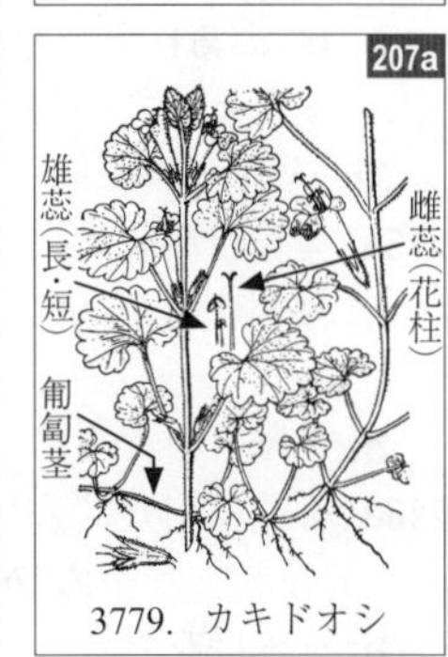

3779. カキドオシ

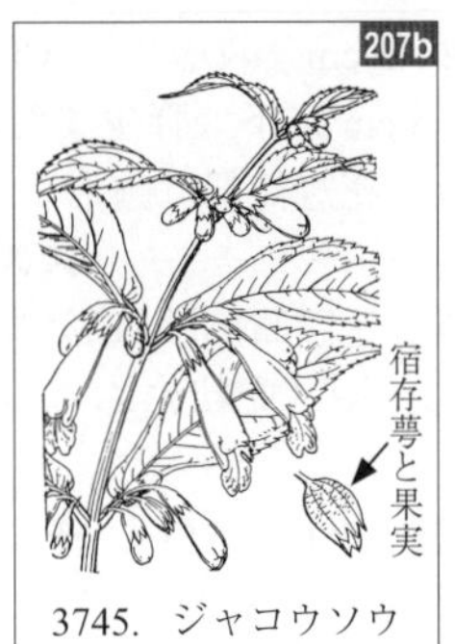

3745. ジャコウソウ

3760. ヤンバルツルハッカ

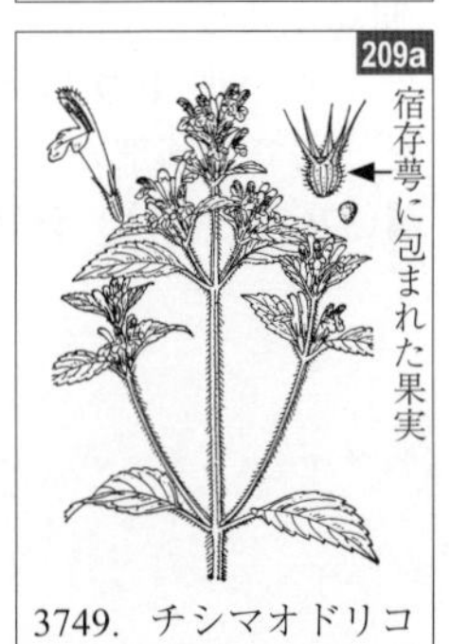

3749. チシマオドリコ

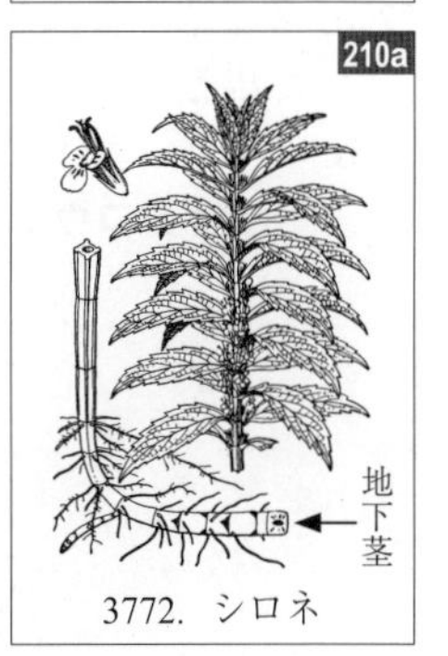

3772. シロネ

211a. 花冠上唇は背面にわずかに開出する
……………………………………… **トウバナ属**(3807～3809)

b. 花冠上唇は前に曲がり，やや兜状となってふくらむ
………………………………………………………… **ケナシイヌゴマ**

Stachys aspera Michx. var. *japonica* (Miq.) Maxim.
(イヌゴマ(3750)の無毛に近い型で西日本に多い)，
ヒメキセワタ(3752)，
マネキグサ(3754)，**キセワタ**(3755)，
オドリコソウ属(3757➡検索 M-10a にあり，3758)

212a. 花序は側偏生………… **ナギナタコウジュ属**(3762，3763)，
シモバシラ(3764)

b. 花序は側偏生ではない…………………………………………………**213**

213a. 花序の苞は早落性………… **テンニンソウ属**(3742～3744)

b. 花序の苞は宿存性…………………………………………………**214**

214a. 雄蕊は葯隔が花糸状に長く伸びるために T 字形となり，花の外側方向に伸びた葯隔の先端に 1 個の葯室をつける．萼歯は花後に開口部を閉ざすことがないか，左右から開口部を閉ざす
…………………………………… **アキギリ属**(3787，3796～3798)

b. 雄蕊は T 字形とならない．萼歯は花後に開口部を閉ざすことはないか，下唇が曲がって開口部を閉ざす
…………………………………………………………………………**215**

215a. 萼歯は明らかに 2 唇形，下唇は 2 歯からなり，花後向軸側に曲がって開口部を閉ざす
…………………………………………… **ウツボグサ属**(3777，3778)

b. 萼は上のようにならない ……………………………………………**216**

216a. 雄蕊は花外に著しく抽出する
………………… **カワミドリ**(3780)，**オランダハッカ**(3801)

b. 雄蕊は花外に抽出しない ……………………………………………**217**

217a. 花は大きく長さ 2～3 cm．栽培…… **ハナトラノオ**(3748)

b. 花は小さく長さ 1.5 cm 以下．野生または栽培 …………**218**

218a. 花は下向きに咲き，花冠筒部は鐘形
……………………………………………………… **スズコウジュ**(3761)

b. 花は横向きに咲き，花冠筒部は鐘形ではない …………**219**

219a. 花冠上唇は直立し，やや兜状にふくらみ，基部で少しくびれる
…………… **イヌゴマ属**(3750，3751)，**チクマハッカ**(3785)

b. 花冠上唇はやや背面に開出し，ふくらまない …………**220**

220a. 多年草．茎は基部匍匐するか，根茎から数本まとまって出る ………………………… **トウバナ属**(3803～3806)

b. 一年草．茎は 1 本だけ出て，基部から直立する
…… **イヌコウジュ属**(3765～3767)，**シソ属**(3768～3771)

211a
3809. ミヤマクルマバナ

212a
3762. ナギナタコウジュ

213a
3744. テンニンソウ

215a
3777. ウツボグサ

216a
3780. カワミドリ

217a
3748. ハナトラノオ

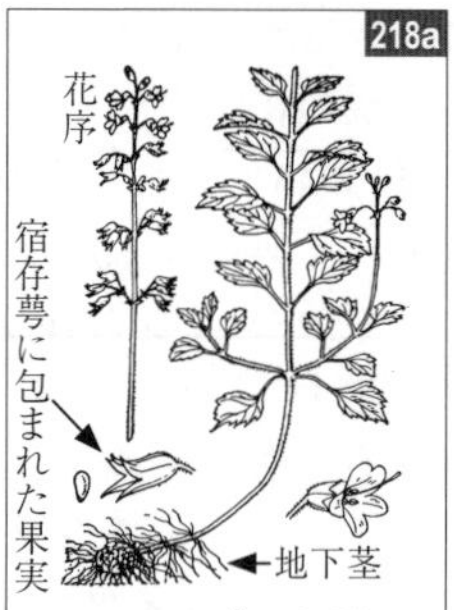

218a
3761. スズコウジュ

219a
3750. イヌゴマ

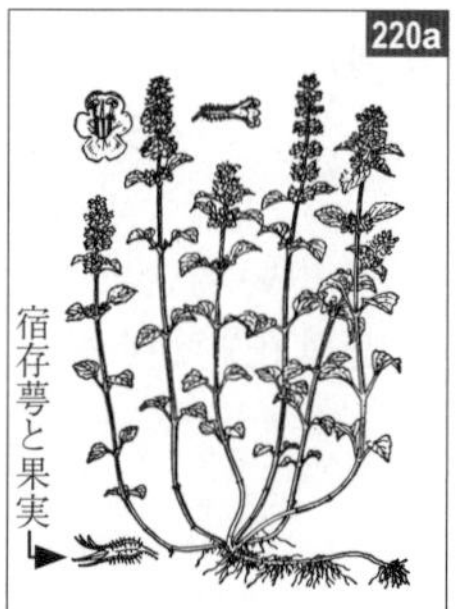

220a
3803. トウバナ

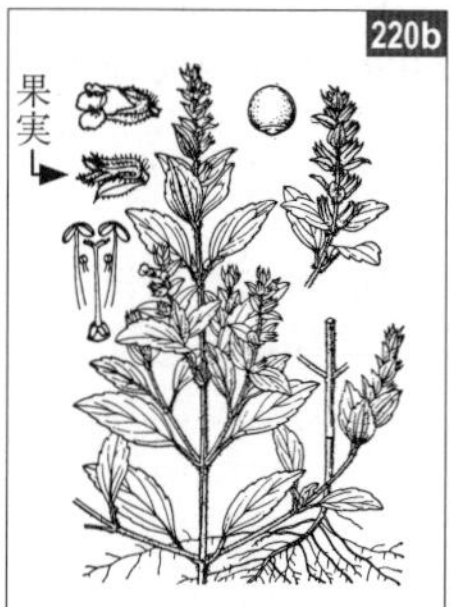

220b
3765. ヤマジソ

検索 S

幅が広く，複数の側脈のある葉または羽状複葉を互生する．

※なお，次の栽培植物は検索表中に含まれない；カカオ(2654)，ブラジルナットノキ(3093)，マテチャ(3876)

1a. 果実は豆果(タイワンミヤマトベラでは液果状だが，花は蝶形)．花は蝶形か，そうでない場合には花弁は微小で，多数の細長い雄蕊が花外に抽出し，葉は頂小葉のない2回羽状複葉となり，小葉は小さく夜には上側にたたまれる．花が蝶形の場合も葉は複葉である場合が多い……………… **マメ科**(**検索S－1**(p.152))

b. 果実はタシロマメ(1633)，タマリンド(1635)を除き豆果ではない．花は蝶形ではない．葉は様々であるが，2回羽状複葉の場合は頂小葉がある……………… **2**

2a. 花は舌状または筒状で，多数集まって頭花をつくる．果実は痩果．多くは草本 …… **キク科**(**検索S－2**(p.155))

b. 花は頭花をつくらない．もし球状に集まる場合，果実は痩果ではない ……………… **3**

3a. 木本 ……………… **4**

b. 草本かまたは主に高山に生える小低木 ……………… **207**

4a. 葉は複葉 ……………… **5**

b. 葉は単葉で，分裂しないか羽状に浅～中裂する ……… **31**

5a. 葉は1回羽状複葉 ……………… **6**

b. 葉は2回以上羽状複葉 ……………… **27**

6a. 枝に刺がある ……………… **7**

b. 枝に刺はない ……………… **9**

7a. 花は黄緑色で小さく，雄蕊は5本．果実は蒴果で種子は黒色，光沢がある

………… **サンショウ属**(2606, 2607, 2609, 2610, 2612, 2613)

b. 花は白色または帯紅紫色，まれに黄色で大きく，雄蕊は多数(八重咲きの園芸品種では少ないが，その代わり花弁が非常に多い)．果実は痩果だが，花托が肥厚して多汁質となり，液果状となる ……………… **8**

8a. 枝は細く，通常2年で枯死する．果実はキイチゴ状集合果 …… **キイチゴ属**(1943～1946, 1948, 1949, 1969～1976)

b. 枝は細いか太く，数年生存する．果実はバラ状果

…… **バラ属**(1993～1996, 1999～2002, 2006, 2008～2012)

9a. 小葉は対生し，頂小葉はないか，まれにあってもごく小さい ……………… **10**

b. 頂小葉があるか，ないように見える場合は小葉は互生する ……………… **12**

10a. 小葉は鋭頭 ……………… **シノブノキ**(1492)，**レイシ**(2594)，**リュウガン**(2595)，**チャンチン**(2645)，**ランシンボク**(**カイノキ**) *Pistacia chinensis* Bunge(ウルシ科．中国原産の落葉高木で，西日本でしばしば植栽される)(ドクウツギ(2200)も見よ)

b. 小葉は鈍頭，円頭または凹頭 ……………… **11**

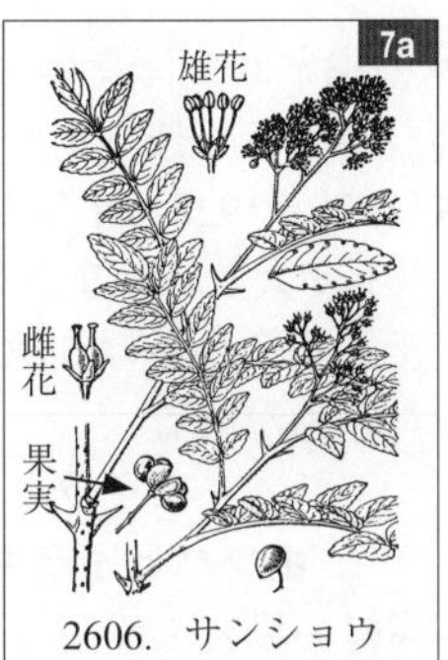

2606. サンショウ

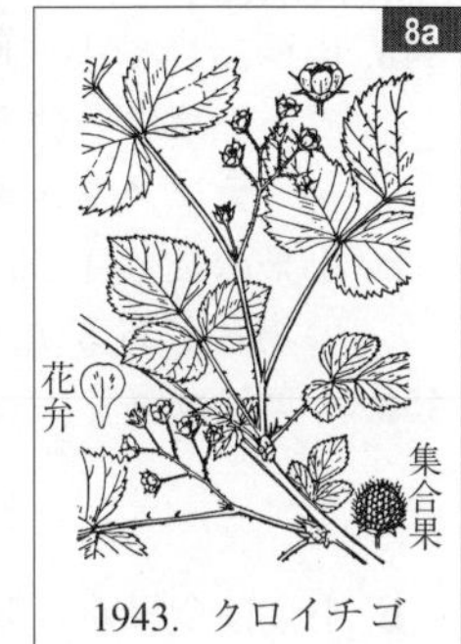

1943. クロイチゴ

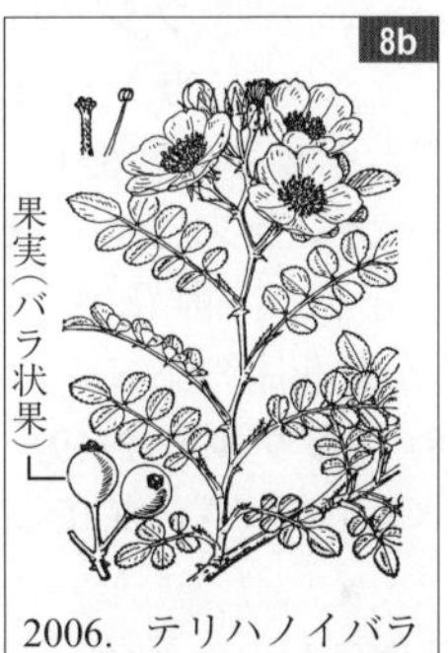

2006. テリハノイバラ

2594. レイシ

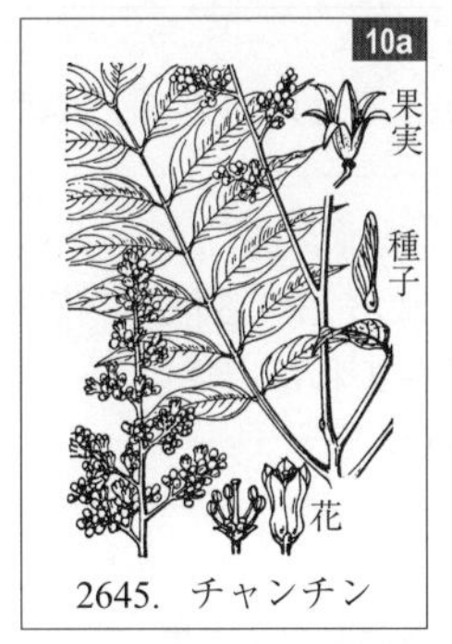

2645. チャンチン

1633. タシロマメ

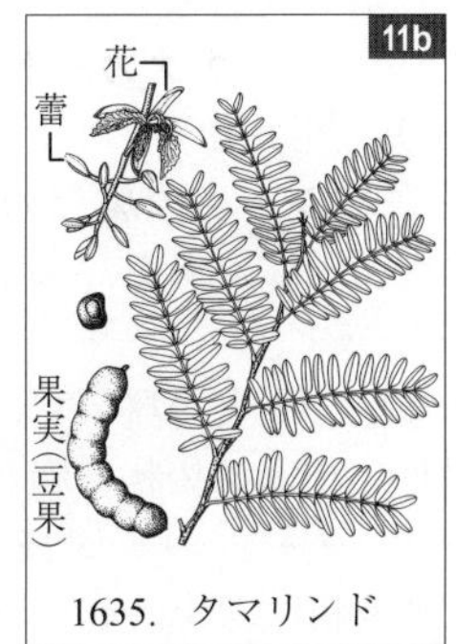

1635. タマリンド

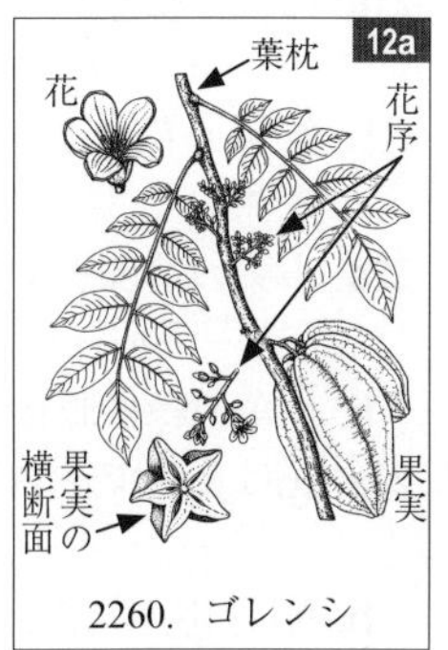

2260. ゴレンシ

11a. 小葉は 1〜3 対で大きく，長さ 7〜15 cm．果実は肉質ではない．八重山諸島の低地林にごくまれに生える高木 ………… **タシロマメ**(1633)

b. 小葉は多数ついて長さ 1〜1.5 cm．果実は多肉質．熱帯で栽培される ………… **タマリンド**(1635)

12a. 葉枕がある．果実は多汁質で大型，横断面は星形 ………… **ゴレンシ**(2260)

b. 葉枕はない．果実はそのようでない ………… **13**

13a. 常緑性 ………… **14**

b. 落葉性 ………… **17**

14a. 南西諸島や小笠原の主として海岸の岩場に生える低木で，小葉は多数あって小さく長さ 1 cm 以下 …… **テンノウメ属**(1926〜1928), **イワザンショウ**(2608)

b. 小葉は長さ 1 cm 以上で大きい．まれに 1 cm に満たない場合があるが，その場合小葉は 5 枚 ………… **15**

15a. 小葉には堅く尖った鋸歯がある ………… **ヒイラギナンテン**(1336)，**ホソバヒイラギナンテン**(1337)

b. 小葉は全縁か，鋸歯縁の場合も鋸歯は尖らない ………… **16**

16a. 花序は頂生する ………… **フシノハアワブキ**(1487)，**サンショウモドキ**(2545)，**ゲッキツ**(2621)，**キソケイ**(3538)

b. 花序は腋生する …… **カンラン**(2540), **ピスタチオ**(2544)

17a. 雄花序と雌花序が分かれ，雌花序は新年枝に頂生し，雄花序は腋生するか雌花序の下につく …… **ノグルミ**(2168), **サワグルミ**(2169), **オニグルミ**(2170)

b. 雄花と雌花が枝先の円錐花序に混在してつく ………… **ムクロジ**(2593)

c. 花序は上のようにならない．両性花をつけるか，または雌雄異株 ………… **18**

18a. 花序は頂生するか，それに加えて上部の葉腋からも出る ………… **19**

b. 花序は腋生する．雌雄異株 ………… **26**

19a. 高山に生え, 時に栽培される低木. 花序は 1 または少数の花からなり, 黄色まれに白色 ………… **キンロバイ**(2036)

b. 花序は多数花からなる ………… **20**

20a. 花序は散房状 ………… **21**

b. 花序は円錐状 ………… **22**

21a. 白色の花弁がある．果実は核果 ………… **ナナカマド属**(1903〜1909)

b. 緑色の花弁があるか，花弁と萼の境は不明瞭．果実は蒴果 ………… **サンショウ属**(2606, 2609, 2611)

22a. 小葉の基部近くの縁に腺体がある．果実は翼果 ………… **シンジュ**(2644)

b. 小葉の縁に腺体はない．果実は翼果ではない ………… **23**

23a. 花は黄色で左右対称．果実は袋状に膨れた蒴果 ………… **モクゲンジ**(2591)

b. 花は白色〜汚白色で放射相称. 果実は上のようではない ………… **24**

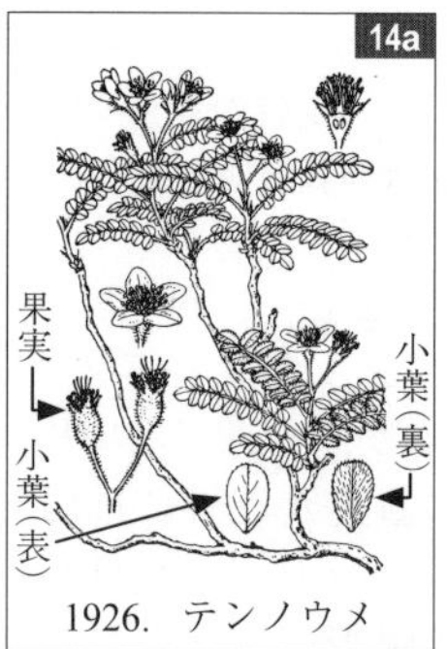

1926. テンノウメ

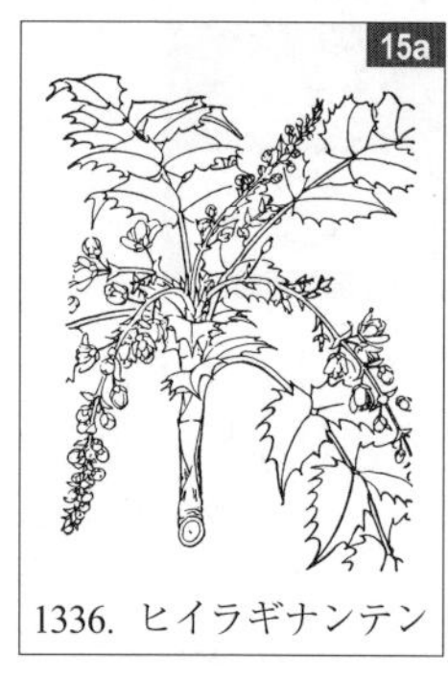

1336. ヒイラギナンテン

2545. サンショウモドキ

2540. カンラン

2168. ノグルミ

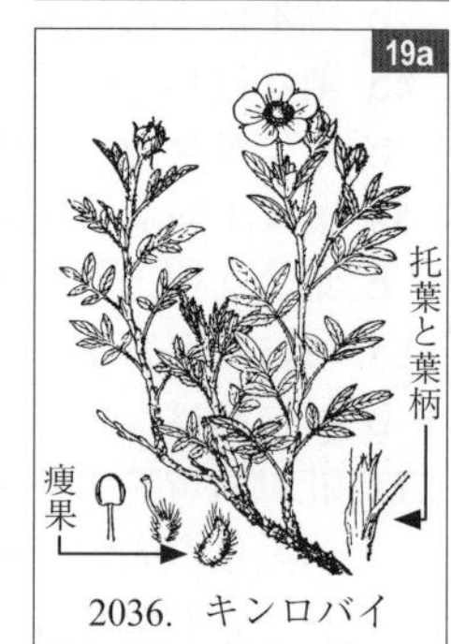

2036. キンロバイ

1903. ナナカマド

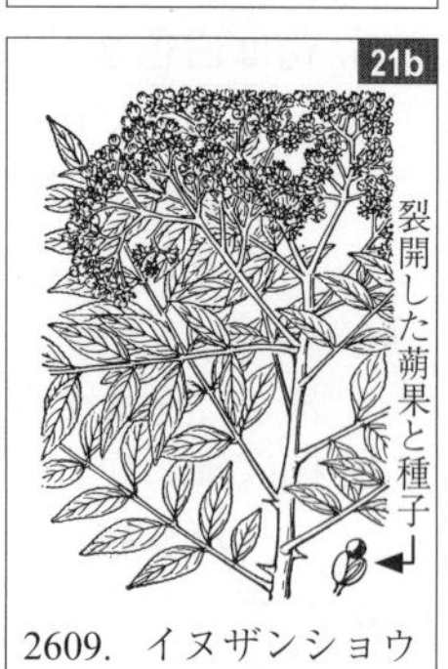

2609. イヌザンショウ

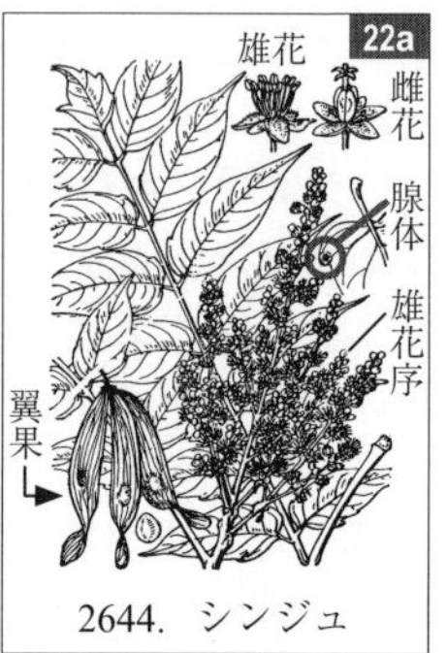

2644. シンジュ

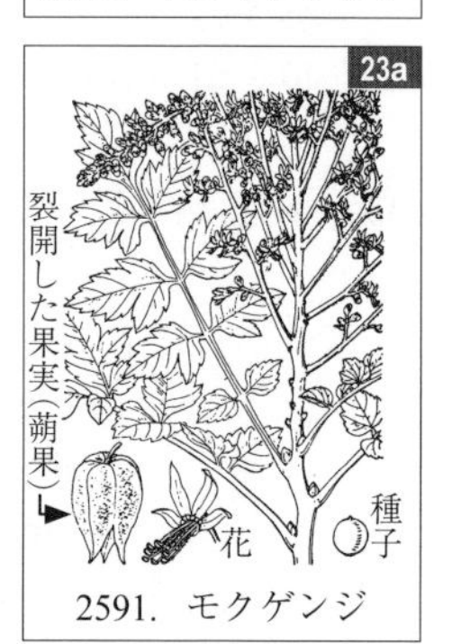

2591. モクゲンジ

24a. 雄蕊は多数．果実は 5 個の心皮からなる袋果 ……………… **ホザキナナカマド**(1867)

b. 雄蕊 5 本と仮雄蕊 5 本がある．果実は長楕円体の蒴果で，種子に翼がある ……………… **チャンチン**(2645)➡検索 S-10a にあり

c. 雄蕊は 5 本(いくつかが仮雄蕊となることがある)．果実は核果 ……………… **25**

25a. 雌雄異株．葉軸に翼がある．小葉は下面全体に毛を密生 ……………… **ヌルデ**(2546)

b. 両性花をつける．葉軸に翼はない，小葉下面は脈上を除き無毛 ……………… **フシノハアワブキ**(1487)

26a. 花序は複散房状または幅広い円錐状．核果は 1〜数個の小核からなる ……………… **ニガキ**(2643)

b. 花序は幅狭い円錐状．核果はレンズ形か長球形，小核が分離するようなことはない ……… **チャンチンモドキ**(2541)，**ウルシ属**(2547〜2550)

27a. 花は茎頂に単生し，径 20 cm に達し大きい ……………… **ボタン**(1505)

b. 花は小さく，多数集まって花序をつくる ……………… **28**

28a. 花は散形花序に集まってつき，それが円錐状に集まる ……………… **タラノキ属**(4404, 4405)

b. 花は散形花序につかない ……………… **29**

29a. 花は黄色で左右対称．果実は袋状に膨れた蒴果 ……………… **モクゲンジ**(2591)➡検索 S-23a にあり

b. 花は放射相称．果実は液果または核果 ……………… **30**

30a. 小葉は全縁．花序は頂生．花は 6 数性．果実は球形で径 6〜7 mm ……………… **ナンテン**(1335)

b. 小葉は鋸歯縁．花序は腋生．花は 5 数性．果実は長球形で長さ 1.5〜2.5 cm ……………… **センダン**(2646)

31a. 植物体を傷つけると白い乳液を出すか，ゴム質の糸をひく ……………… **32**

b. 植物体に白い乳液は含まれず，葉を切ってもゴム質の糸をひくことはない ……………… **42**

32a. 花序はイチジク状 ……………… **イチジク属**(2095, 2096, 2098, 2099, 2104, 2105)

b. 花序はイチジク状ではない ……………… **33**

33a. 花序は杯状で赤色の苞葉がある ……………… **34**

b. 花序は杯状ではない ……………… **35**

34a. 枝に刺はない ……………… **ポインセチア**(2421)

b. 枝に刺がある ……………… **ハナキリン**(2430)➡検索 Q-2a にあり

35a. 葉をちぎるとゴム質の糸をひく．花は単性で若枝の下部の葉腋に束生する．果実は翼果 ……………… **トチュウ**(3312)

b. 葉を切ってもゴム質の糸をひかない．花序や果実は上のようではない ……………… **36**

36a. 花序は単性で円柱状または球状の花序に密につき，雌花序は果実期には複合果となる ……………… **37**

b. 花序は肉穂状や球状ではない．雌花序は複合果を作らない ……………… **39**

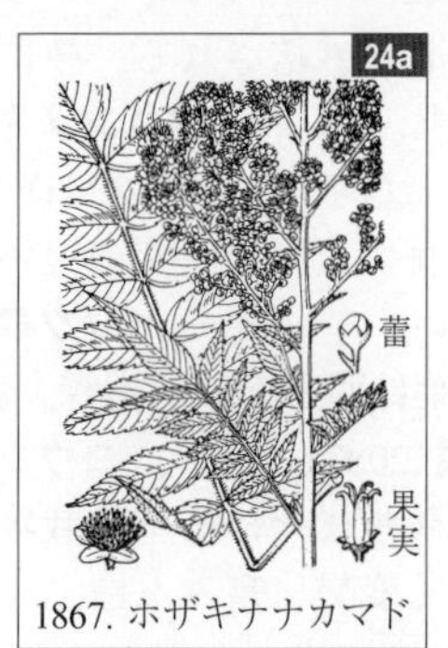

1867. ホザキナナカマド

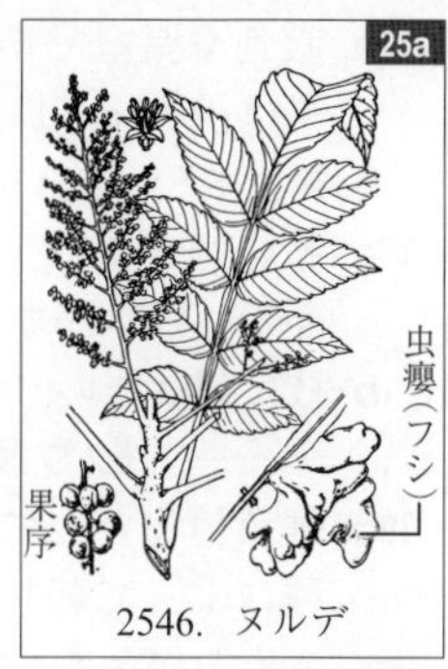

2546. ヌルデ

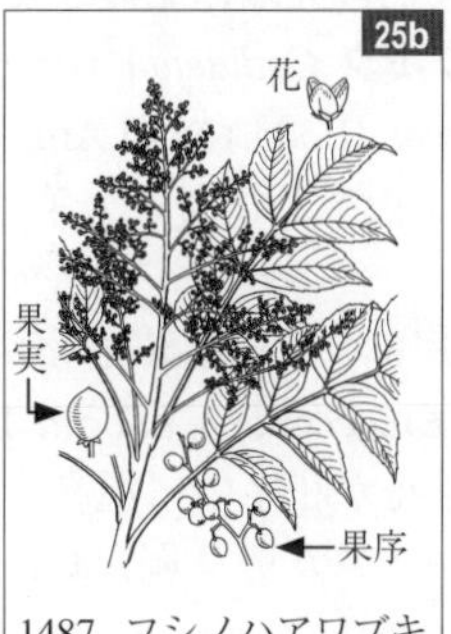

1487. フシノハアワブキ

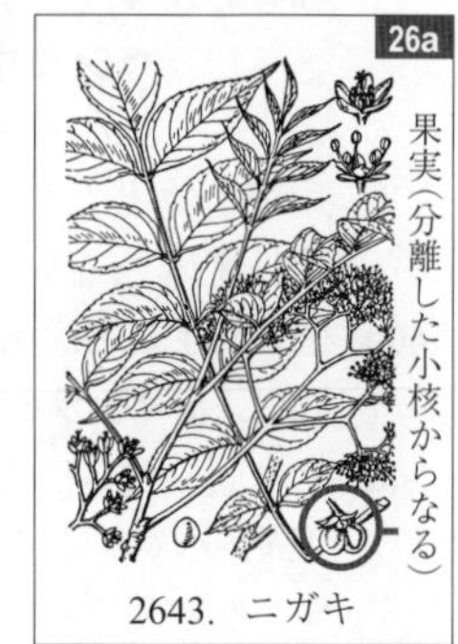

2643. ニガキ

2547. ハゼノキ

4405. リュウキュウタラノキ

1335. ナンテン

2646. センダン

2095. アコウ

2421. ポインセチア

37a. 暖地や温室でまれに栽培される．枝に刺はない．複合果は径 15 cm 以上……………… **パンノキ属**(2084，2085)

b. 野生するか本土で栽培される．複合果は径 2.5 cm 以下…… **38**

38a. 枝に刺がある．葉は全縁か波状の浅い鋸歯があり，表面はざらつかない……………… **ハリグワ属**(2093，2094)

b. 枝に刺はない．葉は明らかな鋸歯縁，表面はざらつく……………… **クワ属**(2087〜2089)，**コウゾ属**(2090〜2092)

39a. 観葉植物として暖地または温室に栽培される．葉は品種によって著しく変異に富み，白，赤，黄等の斑が入るものが多く，葉柄の先端は肥厚する……………… **ヘンヨウボク** *Codiaeum variegatum* (L.) A.Juss. var. *pictum* (Lodd.) Müll.Arg.(トウダイグサ科)

b. 観葉植物としては栽培されない．葉は緑色で葉柄の先端は肥厚しない……………… **40**

40a. 花は単性で穂状花序につき，雌雄異株．南西諸島の海岸に生える ……**シマシラキ** *Excoecaria agallocha* L.(トウダイグサ科)

b. 花は両全性か，雄花が花序中に混在することもある(小笠原のムニンノキ(アカテツ属)は雌雄異株とされる)が，穂状花序にはつかない……………… **41**

41a. 花は葉腋に束生する．南西諸島と小笠原諸島に野生する……………… **アカテツ属**(3099，3100)

b. 花は円錐花序につく．果樹として栽培される……………… **カシュウナットノキ**(2542)，**マンゴウ**(2543)

42a. 葉裏に楯状の鱗片を生じる……………… **43**

b. 葉裏に楯状の鱗状毛はない(葉の上面のみに鱗片を散生することがある)……………… **49**

43a. 花には合弁の花冠がある……………… **44**

b. 花には花冠がないか，ある場合でも離弁……………… **45**

44a. 葉裏の鱗片はまばら．花冠は漏斗形．葉は枝先に集まってつく……………… **ツツジ属**(3281〜3283)

b. 葉裏の鱗片は密．花冠は壺形．葉は規則的に互生する……………… **ヤチツツジ**(3290)

45a. 花は幹や太い枝につき，果実は長球形で長さ 20 cm を超え，表面に角錐状の刺を密生する．熱帯アジアで栽培される果樹……………… **ドリアン**(2667)

b. 花や果実は上のようではない……………… **46**

46a. 著しい板根を持つ高木．葉は長さ 15 cm 以上．南西諸島の海岸の主としてマングローブ林内に生える……………… **サキシマスオウノキ**(2657)

b. 高木または低木で板根はない．葉は長さ 15 cm 以下…… **47**

47a. 葉裏の鱗片に光沢はない．果実は広卵形体で 2 裂する蒴果……………… **イスノキ属**(1516，1517)

b. 葉裏の鱗片に光沢がある．果実は上のようではない…… **48**

48a. 葉は枝先や枝の分枝点付近に集まってつく．萼は筒状とならず，雌花では雌蕊が露出する．果実は 3 室からなる蒴果．南西諸島に生える……………… **グミモドキ**(2404)

b. 葉は枝先に集まらない．萼は筒状となり，雌蕊を完全に包む．果実は核果……………… **グミ属**(2041〜2051)

2084. パンノキ

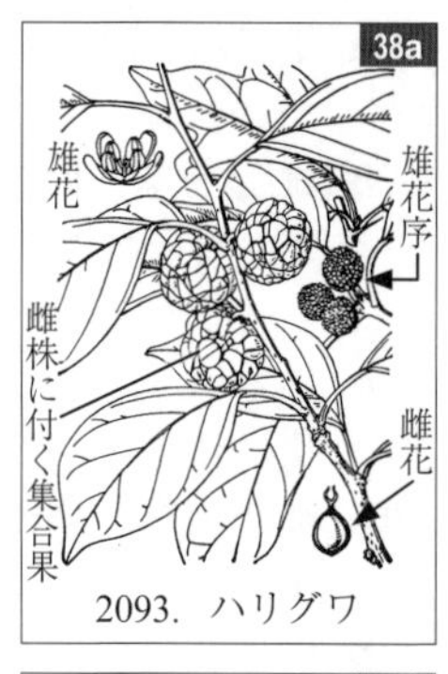

2093. ハリグワ

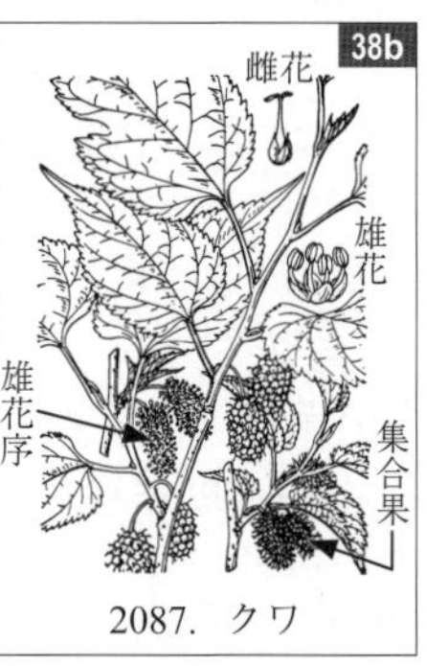

2087. クワ

3100. ムニンノキ

2542. カシュウナットノキ

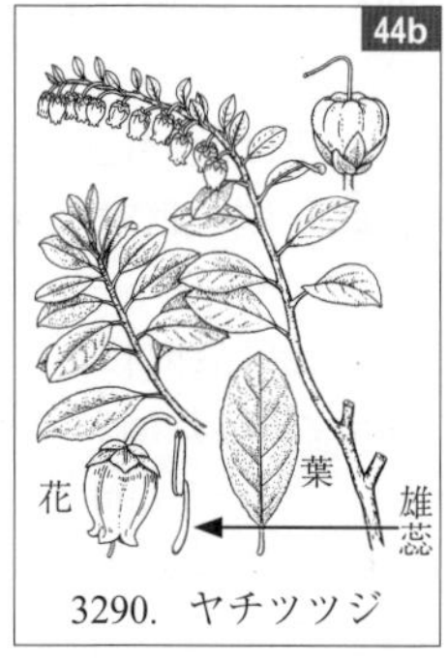

3290. ヤチツツジ

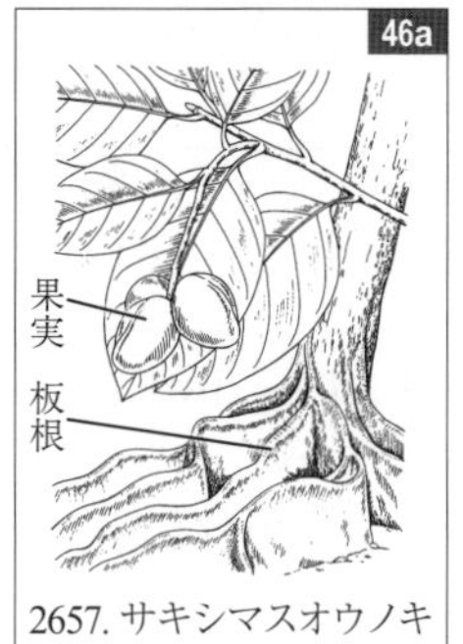

2657. サキシマスオウノキ

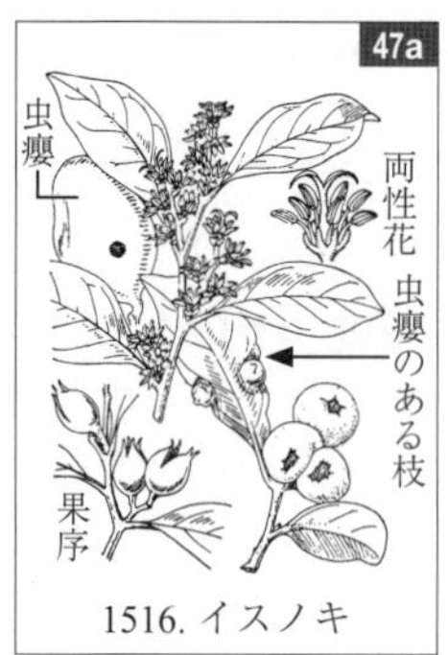

1516. イスノキ

2404. グミモドキ

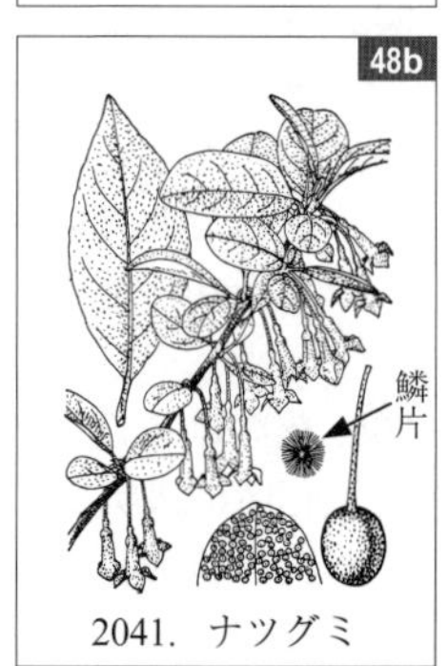

2041. ナツグミ

49a. 葉には透明または半透明の油点または腺点がある(毛にかくれて見えにくいこともある) ………………………… **50**

b. 葉には油点や粘着性の腺点はない(不透明な腺点がある場合がある) ……………………………………………………… **59**

50a. 北地や高山に生える小低木. 葉はコクサギ型葉序に配列せず, どこかに毛がある ………………………………… **51**

b. 暖地に生える低木. 葉は無毛 ………………………………… **52**

51a. 葉は全縁で縁は裏側に巻きこむ. 花序は頂生 ………………… **イソツツジ**, **ヒメイソツツジ**(3279, 3280)

b. 葉は鋸歯縁で縁は巻きこまない. 花序は腋生 …………………………………………………… **ヤチヤナギ**(2167)

52a. 葉は落葉性でコクサギ型葉序に配列し, 強い臭気がある ……………………………………………… **コクサギ**(2600)

b. 葉は常緑で光沢があり, コクサギ型葉序をなして配列しない ……………………………………………………………… **53**

53a. 葉は葉身と葉柄の境界が明らかで, 葉柄にはしばしば両端に向かって狭まる翼がある. 枝にしばしば刺がある. 果実はミカン状果 ………… **ミカン属**(2623～2642)

b. 葉は葉身と葉柄の境界が不明瞭か, やや明瞭な場合でも上のような翼はない. 枝に刺はない. 果実はミカン状果ではない ……………………………………………… **54**

54a. 葉は2型があり, 高い所の葉は互生し, 披針形で多小湾曲する. 萼は互いにくっついて帽子状となり, 開花の際に花弁ごと脱落する. 子房下位……………… **ユウカリジュ**(2527)

b. 葉は2型にならず左右対称. 萼は帽子状とならない. 子房上位……………………………………………………………… **55**

55a. 花は単性で花被はなく, 葉腋に短い穂状花序をつくる. 果実は球形の核果で多汁質 ……………… **ヤマモモ**(2166)

b. 花は両全性か単性で花被があり, 穂状花序をつくらない. 果実は核果ではない ………………………………………… **56**

56a. 葉表面の腺点は粘着性. 花は黄緑色で小さい. 果実は2～4枚の翼のある蒴果 ……………… **ハウチワノキ**(2590)

b. 葉の腺点は粘着しない. 花は白色または帯紫色. 果実には翼はない ……………………………………………………… **57**

57a. 花被片は多数で不同長. 雄蕊は多数. 果実は多数の心皮が環状に並んだ袋果 ………………………… **シキミ**(93)

b. 花被片は4または5枚で等長. 雄蕊は4または5本. 果実は液果か核果 …………………………………………… **58**

58a. 花序は円錐状で頂生 ……… **ミヤマシキミ属**(2596～2598)

b. 花序は束状で腋生……………………… **ツルマンリョウ**(3142), **ハマジンチョウ**(3633), **コハマジンチョウ**(3634)

59a. 葉は全縁か, 先端近くにやや不明瞭な鋸歯がある … **60**

b. 葉は羽状または三出状に浅～中裂. 雄蕊は多数………**132**

c. 葉は鋸歯縁で分裂しない(萌芽枝につく葉は分裂することもある)……………………………………………………………**134**

60a. 葉は今年枝の先に集まり, 常緑性の種ではそれに加えて前年枝の頂端付近にも集まってつく ……………………… **61**

b. 葉は枝上にほぼ均等に配列する …………………………… **91**

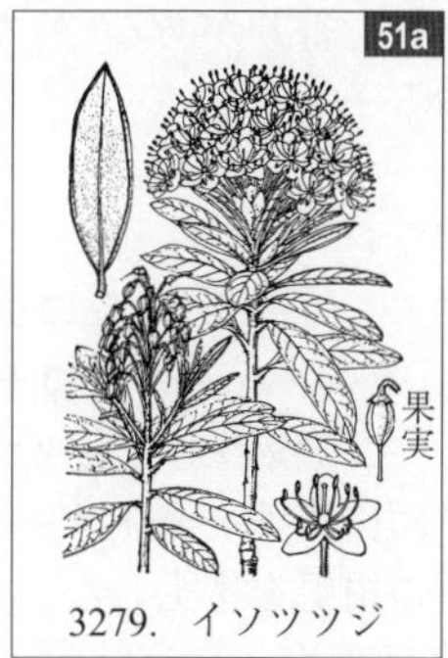

3279. イソツツジ

2167. ヤチヤナギ

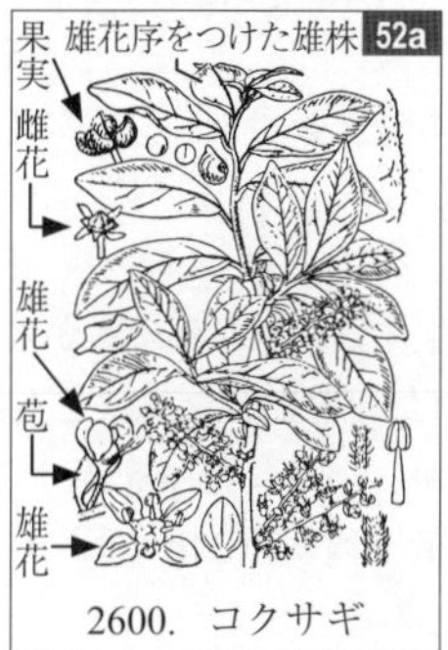

2600. コクサギ

2636. ユズ

2527. ユウカリジュ

2166. ヤマモモ

2590. ハウチワノキ

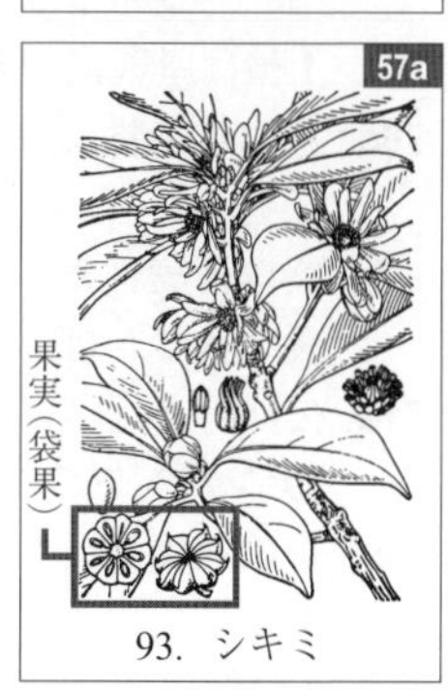

93. シキミ

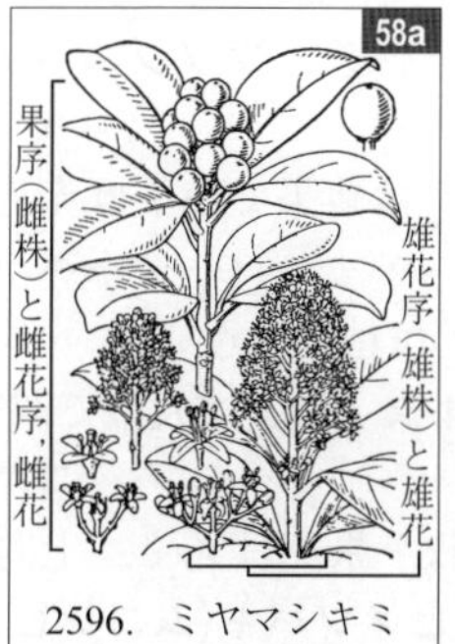

2596. ミヤマシキミ

3633. ハマジンチョウ

61a. 葉には3行脈があり，香りがある(クスノキ科) ……… **62**
b. 葉には羽状脈がある ……… **64**
62a. 花序柄がある ……… **クスノキ**(173)
b. 花序柄はほとんどない ……… **63**
63a. 葉は常緑性 ……… **シロダモ属**(183，184)
b. 葉は落葉性 ……… **クロモジ属**(191～193)
(検索S－84aクロモジの図も参照)
64a. 葉は両面，特に下面に絹毛を密生する ……… **65**
b. 葉は両面に銀白色の絹毛を密生しない ……… **66**
65a. 常緑小高木．花序は頂生し，分岐した巻散状．暖地の海岸に生える ……… **モンパノキ**(3511)
b. 落葉低木．花序は枝先に下垂してつき，頭状．和紙原料や，観賞目的で栽培される．花は葉に先立って早春に咲く ……… **ミツマタ**(2711)
66a. 花または花序は頂生する(花序の直下から葉をつける枝を出すために果実期には偽側生となることもある)か，それに加えて最上部の葉腋から小さな花序を出すこともある ……… **67**
b. 花または花序は腋生する(84bジンチョウゲ属の花序は，構造上は頂生する) ……… **78**
67a. 心皮はらせん状に配列する．花は枝頂に単生 ……… **モクレン属**(153，155～157，159)
b. 心皮はらせん状に配列しない．花は単生するか，花序をつくって複数つく ……… **68**
68a. 花弁はなく，萼が筒状の花筒をなす ……… **69**
b. 花弁と萼がある ……… **70**
69a. 葉は常緑性で光沢がある．果実は液果 ……… **ジンチョウゲ属**(2699，2700，2703)
b. 葉は落葉性で光沢はない．果実は乾果 ……… **シャクナンガンピ属** *Daphnimorpha*(日本に2種．1種は屋久島，もう1種は宮崎県北部にまれに産する)
70a. 葉は常緑性で光沢があり，無毛か若い時期にわずかに有毛 ……… **71**
b. 葉は落葉性か，越冬する光沢のある葉がある場合には剛毛状でしばしば扁平な宿存性の毛を散生する ……… **75**
71a. 花は円錐花序につく
ナンバンアワブキ(1485)，**マルバシャリンバイ**(1916)
b. 花は複集散花序につく．果実は楕円体の液果で悪臭がある ……… **クサミズキ**(3310)
c. 花は散房花序または単純な集散花序につく ……… **72**
72a. 花冠は合弁 ……… **ツツジ属**(3261，3271～3278)
b. 花冠は離弁 ……… **73**
73a. 雄蕊は5個．果実は蒴果で種子は赤色の粘液に包まれる ……… **トベラ属**(4389～4396)
b. 雄蕊は多数．種子は粘着しない ……… **74**
74a. 萼裂片，花弁は4枚，果実は大型で四稜形，下を向く ……… **ゴバンノアシ**(3091)
b. 萼片，花弁は5枚．果実は丸く，上向きで先が5裂する ……… **ヒメツバキ(ムニンヒメツバキ)**(3170)

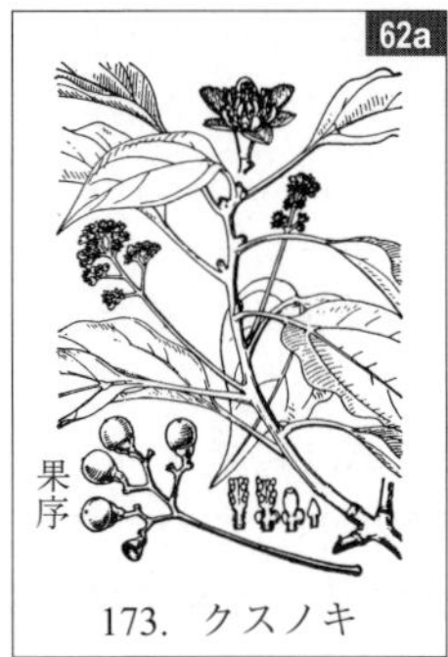

173. クスノキ

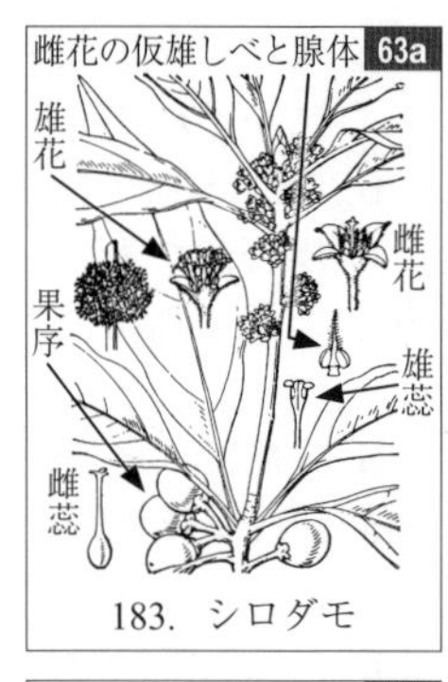

183. シロダモ

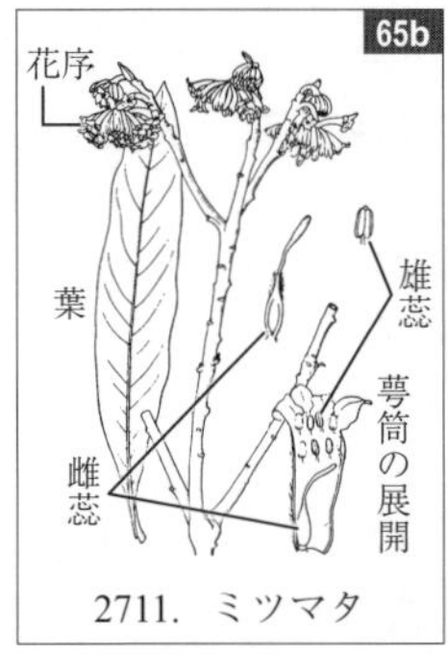

2711. ミツマタ

153. シデコブシ

2699. ジンチョウゲ

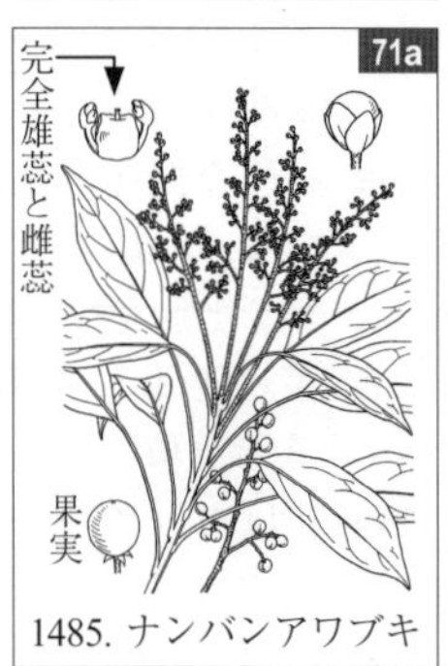

1485. ナンバンアワブキ

3310. クサミズキ

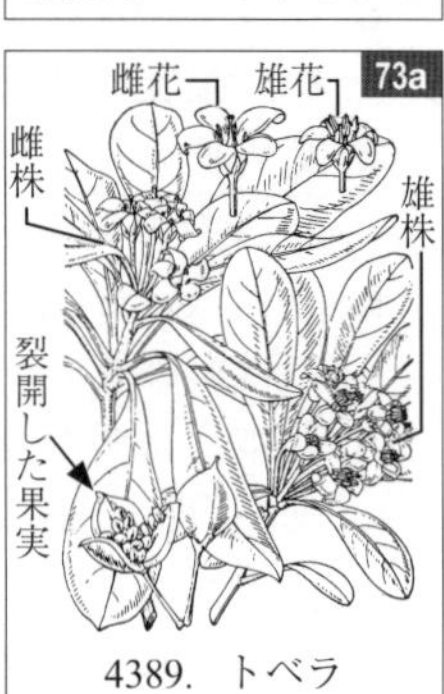

4389. トベラ

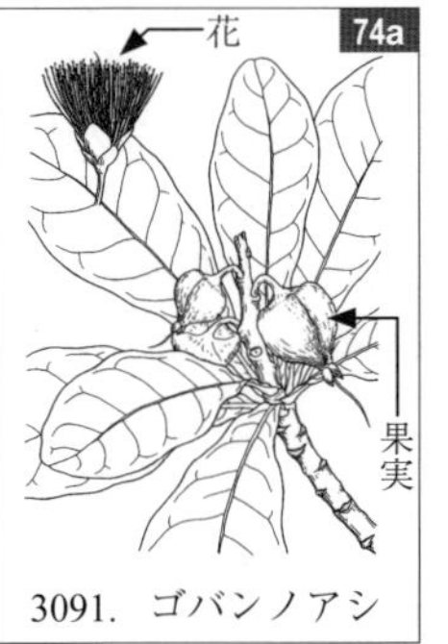

3091. ゴバンノアシ

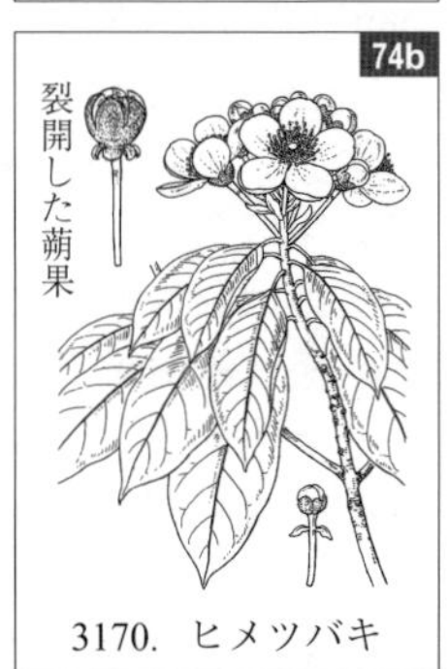

3170. ヒメツバキ

75a. 花は茎頂に単生．果実はナシ状果．栽培される果樹 ……………………… **セイヨウカリン**(1925)，**マルメロ**(1929)

b. 花は複数が花序をつくるか，まれに単生．果実は蒴果か核果 ……………………………………………………………………… **76**

76a. 花は 3 数性. 花序は総状か円錐状 …………………………………………………… **ホツツジ属**(3223, 3224)

b. 花は 5 数性 ………………………………………………………………………… **77**

77a. 花序は複集散状で有柄 ………………………………… **ミズキ**(3076)

b. 花序は散形状で無柄 ……… **ツツジ属**(3233～3239, 3241～3260, 3262～3270)

78a. 低木．植物体に星状毛を密生する ……………………… **ヤンバルナスビ** *Solanum erianthum* D.Don（ナス科．南西諸島に生える）

b. 植物体に星状毛はない ………………………………………………… **79**

79a. 花は全て葉腋または前年枝の頂端につく側芽に単生…… **80**

b. 花は花序をつくる（それに加えて葉腋に単生する花をつけることもある）…………………………………………………… **82**

80a. 花冠は離弁．果実は液果 …………………… **モッコク**(3094)

b. 花冠は合弁．果実は蒴果 ……………………………………………… **81**

81a. 花冠はやや高杯形に近い漏斗形で径 2 cm 前後，横向きに咲く ………………………………………… **バイカツツジ**(3240)

b. 花冠は漏斗形で長さ 20 cm を超え，下垂する．暖地に栽培され，しばしば野生化する ……… **キダチチョウセンアサガオ** *Brugmansia suaveolens* (Humb. et Bonpl. ex Willd.) Bercht. et C. Presl（ナス科）

82a. 葉は落葉性 ………………………………………………………………… **83**

b. 葉は常緑性で光沢がある ………………………………………………… **85**

83a. 葉は倒卵形で長さ 20～25 cm，円頭．果実は扁平で 2 稜がある．沖縄と小笠原の海岸に生え，しばしば街路樹として栽培される ……………………… **モモタマナ**(2468)

b. 葉や果実は上のようではない ………………………………………… **84**

84a. 大低木または高木．葉や材には芳香がある ……………………… **アオモジ**(189)，**クロモジ属**(191～194)

b. 小低木．葉や材には芳香はない ……………………………………… **ジンチョウゲ属**(2701, 2702)

85a. 冬芽の鱗片は多数．花は単性で雄花序は細長い尾状，果実は堅果で基部は椀状の殻斗に被われる ……**マテバシイ属**(2145, 2146)，**コナラ属**(2158, 2159)

b. 冬芽の鱗片は少ない. 花は両全性または単性で, 単性の場合雄花序はあまり長くない. 果実は液果か核果…… **86**

86a. 花は両性（181 コブガシでは両性花と雌花がある）．花序柄は葉柄よりも長く，花序は斜上またはやや下垂する ……………………………………………………………………… **87**

b. 雌雄異株．花序柄は葉柄よりも短く（果実期には花序の下の方の花が脱落するために見かけ上葉柄よりも長く見えることがある），花序は直立またはやや斜上する ………………………………………………………………………… **89**

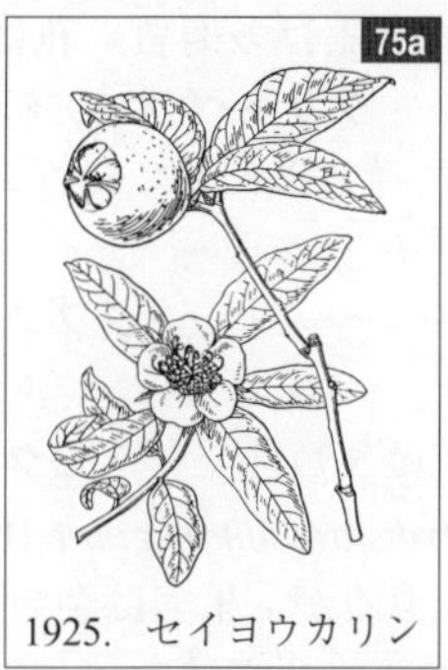

1925. セイヨウカリン

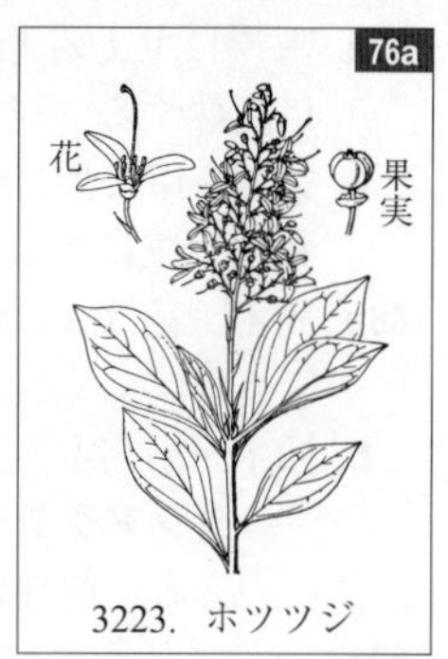

3223. ホツツジ

3076. ミズキ

3233. ムラサキヤシオツツジ

3094. モッコク

3240. バイカツツジ

2468. モモタマナ

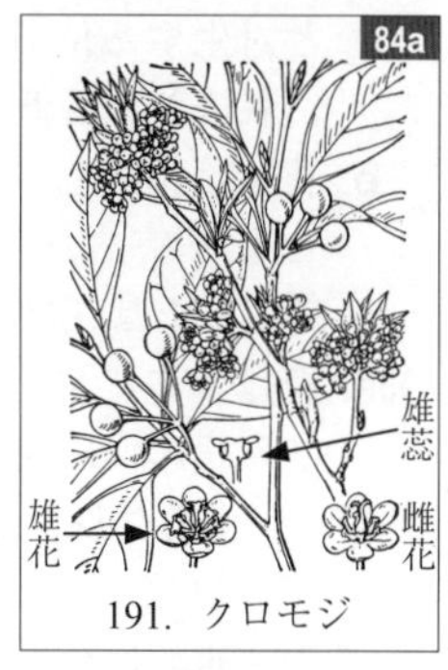

191. クロモジ

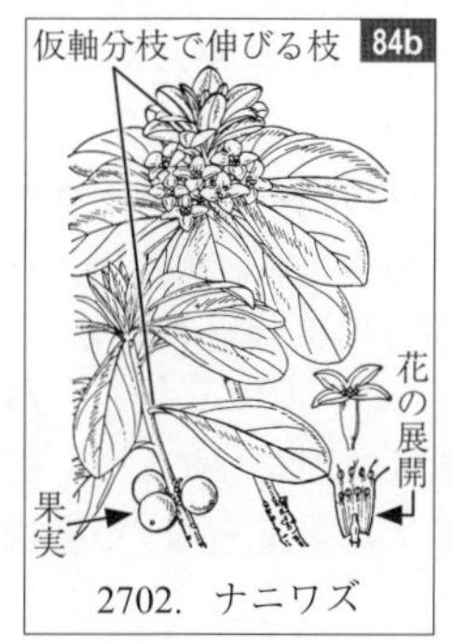

2702. ナニワズ

2145. マテバシイ

87a. 海岸に生える低木で葉は多肉質．花は左右対称．果実は白熟する ………… **クサトベラ**(3928)➡検索 G-9a にあり

b. 普通海岸に生えず，葉は多肉質ではない．花は放射相称．果実は主に黒熟する ……………………………………………… **88**

88a. 高木．花は 3 数性…………………… **タブノキ属**(179～181)，**アボカド**(182)

b. 低木～小高木．花は 5 数性 ……… **モクタチバナ**(3140)，**シシアクチ** *Ardisia quinquegona* Blume(南日本に生える．前種に似るが，果実は鈍い五角状になる)

89a. 花は総状花序につき，花被はない．葉身は長楕円形で全体無毛…………………………… **ユズリハ属**(1520～1522)

b. 花は散形花序をなすか葉腋に密集してつき，花被がある．葉身は有毛か，もし無毛の場合は長楕円形ではない ……………………………………………………………… **90**

90a. 短い花序柄があり，花は 3 数性，果実は長球形 ………………… **バリバリノキ**(185)，**ハマビワ属**(187，188)

b. 花序柄はほとんどなく，花は 5 数性，果実は球形 ……… **タイミンタチバナ**(3141)，**シマタイミンタチバナ** *Myrsine maximowioczii* (Koidz.) E. Walker(小笠原諸島産)

91a. 葉に 3 行脈がある……………………………………………… **92**

b. 葉に 3 行脈はない……………………………………………… **93**

92a. 花序柄は葉柄よりも長い ………… **シナクスモドキ**(171)，**クスノキ属**(174～176)(62a も参照)

b. 花序柄は葉柄とほぼ同長 ………… **イソヤマアオキ**(1317)，**クスノハガシワ**(2401)

93a. 海岸のマングローブ林に生える小高木 ……………………………………… **ヒルギモドキ**(2469)

b. マングローブ林に生えない …………………………… **94**

94a. 花序は腋上生(葉腋の上の節間から花序が出る)か，葉と対生する位置に出る．果実は長球形の液果．観賞用に栽培される低木…………………………… **ナス属**(3487，3488)

b. 花序は頂生し，それに加えて上部の葉腋からも出ることもある………………………………………………………… **95**

c. 花序または花は腋生 ……………………………………… **103**

95a. 花は枝先に単生し，雄蕊は多数，心皮は多数あって共にらせん状に配列する ……… **モクレン属**(147～154)(67a シデコブシの図も参照)

b. 花は複数が花序をつくり，まれに単生することもあるが，雄蕊は少数，心皮はらせん状に配列しない……… **96**

96a. 花は今年枝の先端に短い総状花序をなす．花は 5 数性で花冠は鐘形．高山に生える低木 ……………………… **ウワウルシ**(3221)，**クロマメノキ**(3303)

b. 花は茎頂および上部の葉腋に数個ずつ束生し，5 数性で花冠は高杯形．観賞用に栽培される ……………………………………………… **バンマツリ**(3467)

c. 花は茎頂に数個頭状に固まってつき，花は 4 数性 …… **97**

d. 花は頭状または束状に集まらない．星状毛はない …… **98**

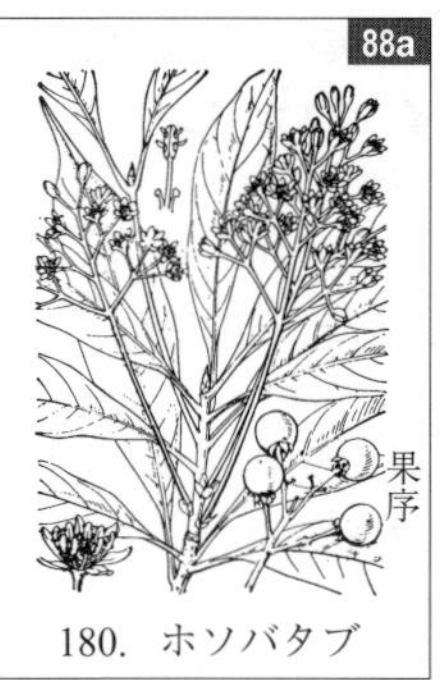

180. ホソバタブ

3140. モクタチバナ

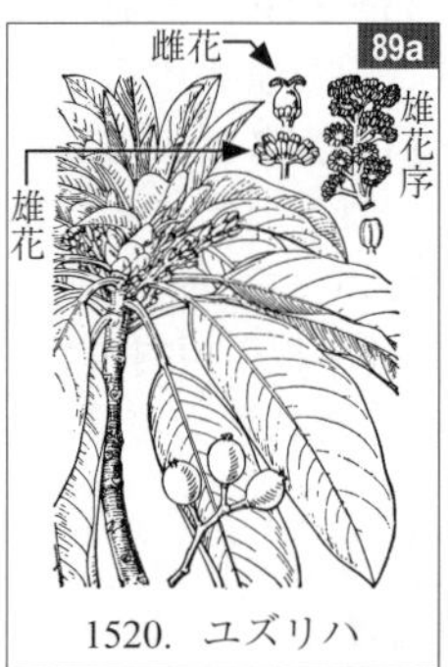

1520. ユズリハ

185. バリバリノキ

3141. タイミンタチバナ

1317. イソヤマアオキ

2469. ヒルギモドキ

3487. リュウキュウヤナギ

3303. クロマメノキ

3467. バンマツリ

97a. 花弁は4枚，白色(紅紫色の栽培品種もある)で広線形．葉には星状毛を生じる ………… **トキワマンサク**(1509)

b. 花弁はなく，萼が花筒をなす．葉には星状毛はない ……………………………………… **ガンピ属**(2705，2707，2708)

98a. 葉の側脈は直線的で多数平行に並び，葉縁近くまで達して内側に曲がり，細脈は不明瞭．果実は長球形の核果 ……… **クマヤナギ属**(2063, 2064)，**ヨコグラノキ**(2066)

b. 葉の側脈は少数で直線的ではない …………………………… **99**

99a. 花序は分枝する巻散状．栽培 … **ヘリオトロープ**(3514)

b. 花序は散房状または散房状集散花序．南西諸島に野生 ………… **イヌヂシャ**(3507)，**ヤエヤマチシャノキ**(3510)

c. 花序は円錐状で，枝先に花をやや密生する ……………………………… **ガンピ属**(2707，2708)(97b も参照)

d. 花序は総状または穂状で，基部に短い枝を出すこともあるが，枝先に花を密生することはない …………… **100**

100a. 花は単性で花被はごく小さく目立たない ………… **101**

b. 花は両全性で花被は明らか．果実は2または5室からなる蒴果 ………………………………………………………… **102**

101a. 葉は常緑性．雌雄異株．果実は核果で赤色を経て黒熟する …………………………………………… **ヤマヒハツ**(2436)

b. 葉は落葉性(暖地では半常緑)．雌雄異花同株．果実は3室からなる蒴果 …… **ナンキンハゼ**(2408)，**シラキ**(2409)

102a. 花は白色で離弁．果実は2心皮からなる ……………………………………………… **ヒイラギズイナ**(1524)

b. 花は淡緑色で合弁．果実は5心皮からなる ……………………………………………… **ハナヒリノキ**(3286)

103a. 当年枝は全て細長く水平または斜めに伸び，多数の左右非対称または左右対称の葉を2列につけ，ほぼ全ての葉腋に花を単生または束生する(コミカンソウ科) ……………………………………………………………………… **104**

b. 当年枝は長いものも短いものもあり，長枝につく葉は左右対称で少なく，一部の葉腋のみに花序をつけるか，前年枝のみに花序をつける ………………………………… **108**

104a. 枝に著しい稜角がある．果実は球形の蒴果 ……………………………………………… **ヒトツバハギ**(2437)

b. 枝に著しい稜角はない ………………………………………… **105**

105a. 果実は扁平な蒴果で1節当たり数個束生し，種子には仮種皮がある ………………… **カンコノキ属**(2445～2448)

b. 果実はやや扁球形の蒴果で1節当たり1個つき，種子には仮種皮はない ………………… **アカハダコバンノキ**
Margaritaria indica (Dalz.) Airy Shaw
(南西諸島にまれに産する)

c. 果実は液果状または核果状で1節当たり普通1個つく ……………………………………………………………… **106**

106a. 葉は鋭頭のことが多い．果実は1または2個の長球形の分果からなる核果 ………………… **マルヤマカンコノキ**
Bridelia balansae Tutcher (先島諸島産)

b. 葉は鈍頭．果実は球形または扁球形の液果 …………… **107**

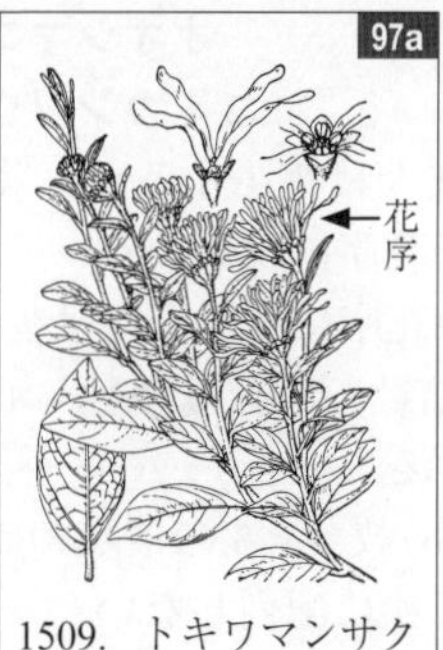

1509. トキワマンサク

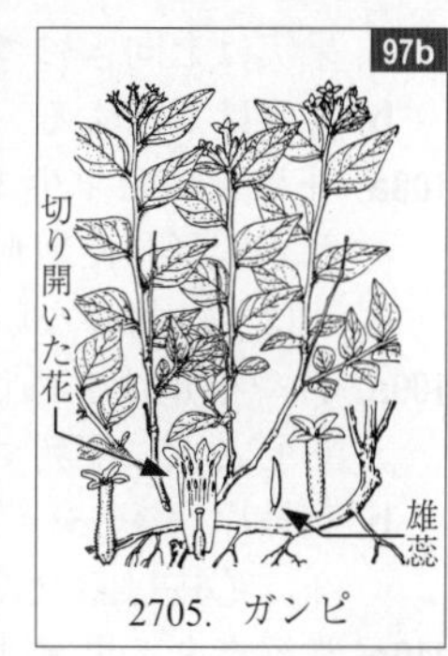

2705. ガンピ

2063. ミヤマクマヤナギ

3514. ヘリオトロープ

3507. イヌヂシャ

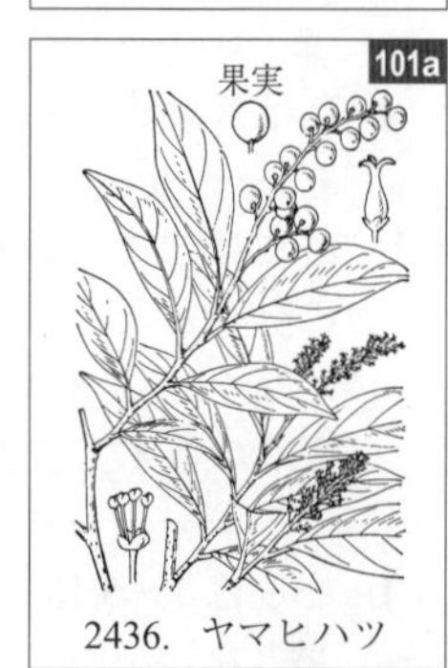

2436. ヤマヒハツ

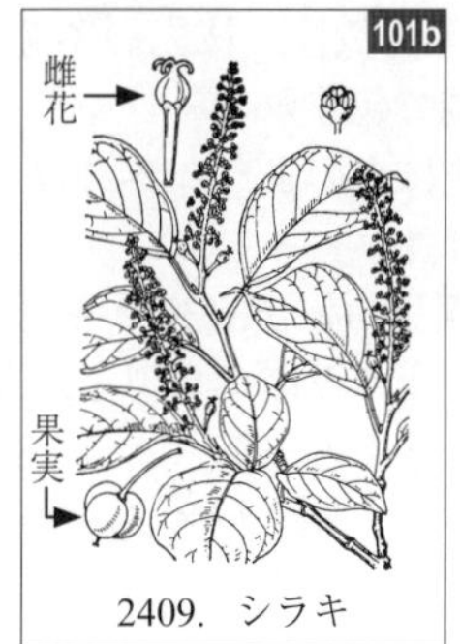

2409. シラキ

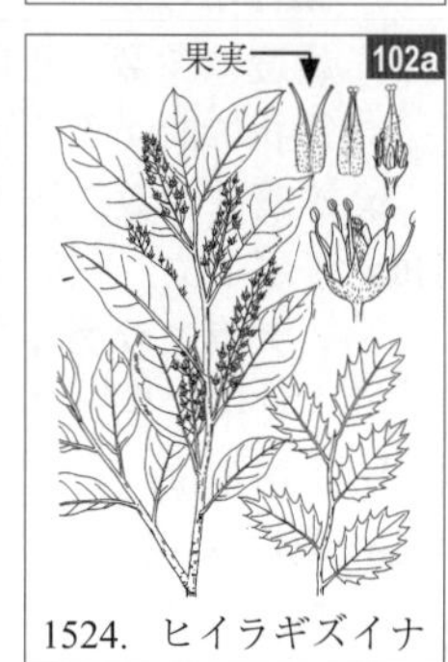

1524. ヒイラギズイナ

3286. ハナヒリノキ

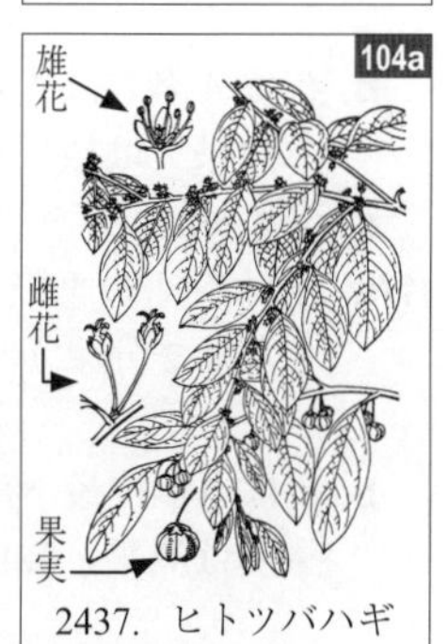

2437. ヒトツバハギ

107a. 果実は上向きにつく ………… **オオシマコバンノキ**(2438)
　b. 果実は下垂する ……………… **コミカンソウ属**(2443，2444)
108a. 花は葉腋に単生または束生するか，集散花序またはそれが変形した散形花序に少数つく ……………………………… **109**
　b. 花は集散状でない花序に多数または少数つく ………… **122**
109a. 萼や花弁は 3 の倍数．雄蕊は多数．心皮は多数あってらせん状に配列する ……………………………………………… **110**
　b. 花被片は 3～5(～6)枚で，3 の倍数の時には雄蕊は 6 以下．心皮はらせん状に配列しない ………………………………… **111**
110a. 常緑高木．果実は伸長した花托に不規則に並ぶ袋果
……………… **オガタマノキ**(160)，**カラタネオガタマ**(161)
　b. 落葉または常緑の低木または高木．果実は球形または卵球形の集合果となるか．花柄の先に多汁質のアケビ状または棍棒状の分果が束生する(バンレイシ科)
……………………………… **ポウポウ**(162)➡検索 T-18a にあり，
イランイランノキ(163)，**バンレイシ属**(164～166)
111a. 葉や枝に芳香がある ………………………………………… **112**
　b. 葉や枝に芳香はない ………………………………………… **113**
112a. 葉は常緑で光沢がある．花は 4 数性
…………………………………………………… **ゲッケイジュ**(186)
　b. 葉は落葉性で光沢はない．花は 3 数性
…………………………………… **クロモジ属**(190，196，198)
113a. 心皮は 5 または 6 個で離生し，果実は輪生する液果状の分果となる．雄蕊は多数．花被片は花弁と萼の区別がなく，5～8 枚でらせん状に並ぶ．ニューカレドニア固有の低木で日本ではごくまれに温室で栽培される
…………………………………………………… **アンボレラ**(82)
　b. 心皮は 1～5 個で，2 個以上の時には合生し，果実は分果とならない ………………………………………………… **114**
114a. 雄蕊は多数．花は 5 数性．枝先の冬芽は細長く，やや鎌状に曲がる芽鱗で包まれる ………………………………… **115**
　b. 雄蕊は少数．枝先に上のような冬芽はない ……………… **116**
115a. 子房上位．花柄は長い……………………… **サカキ**(3098)，
ナガエサカキ属 *Adinandra*(サカキ科．沖縄県の山地林中に生える．サカキにやや似るが花柄はより長い)
　b. 子房下位．花はほとんど無柄 ………… **ミミズバイ**(3177)
116a. 花は 3 数性(しかし，雌蕊は 5 心皮からなるものを含む)．果実は蒴果
………………………… **カンコノキ属**(2446～2448)(105a も参照)
　b. 花は 4 数性またはまれに 5 数性の花が混じることがある．果実は核果または液果 ……………………………… **118**
　c. 花は 5 数性 ………………………………………………… **117**
117a. 花は多くの葉腋につき，花冠は離弁．果実は小形の 1 または 2 分果からなる核果．先島諸島に産する
…………………………………………… **マルヤマカンコノキ**
　b. 花は当年枝最下部の葉腋のみに 1 個つき，花冠は合弁．果実は液果．高山に生える ………… **クロウスゴ**(3299)

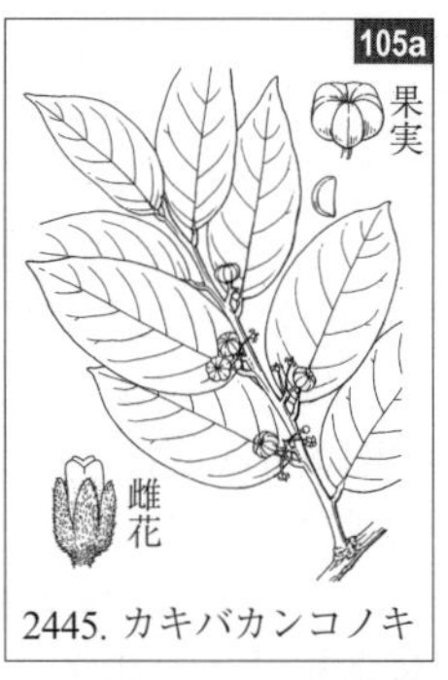

2445. カキバカンコノキ

2438. オオシマコバンノキ

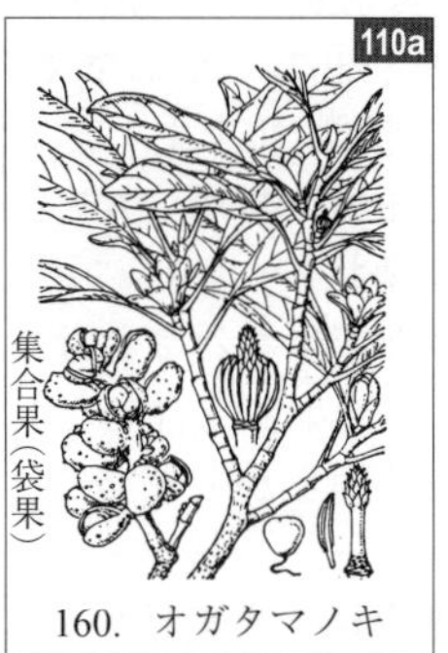

160. オガタマノキ

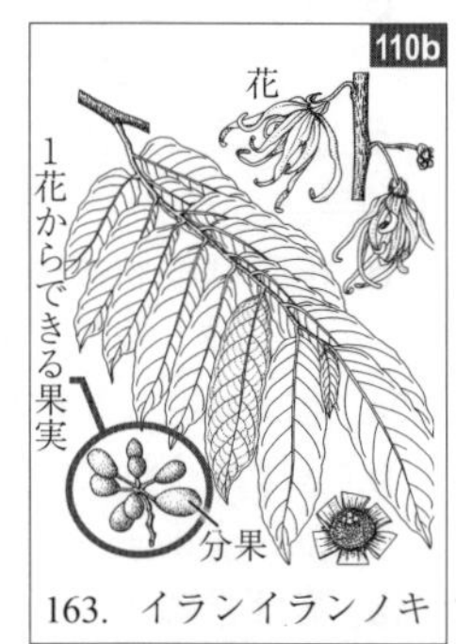

163. イランイランノキ

164. バンレイシ

186. ゲッケイジュ

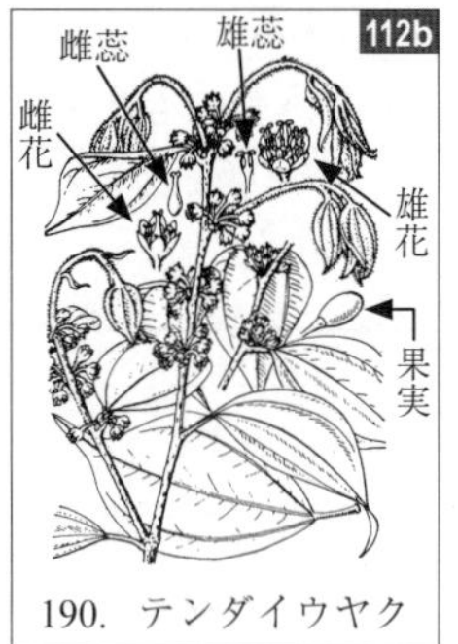

190. テンダイウヤク

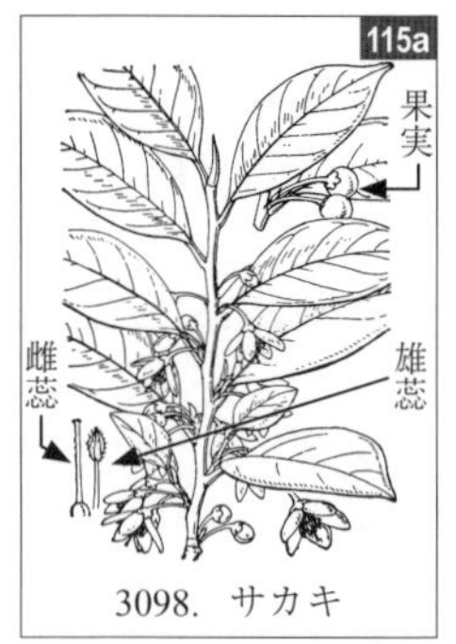

3098. サカキ

3177. ミミズバイ

3299. クロウスゴ

118a. 花冠は合弁．萼も合生し，果実期には椀状となって液果の基部を覆う ………………… **カキノキ属**(3101〜3106)

b. 花冠は離弁．果実は球形の核果で．基部は椀状の萼に覆われない ……………………………………………………… **119**

119a. 葉は左右非対称．果実は長さ 2 cm に達し，黄熟する …………………………………………………………… **ハツバキ**(2301)

b. 葉は左右対称．果実は長さ 1 cm 以下，赤または黒熟，まれに黄熟する(モチノキ属) ………………………………… **120**

120a. 葉裏に腺点を生じ，果実は黒熟する …………… **ムニンイヌツゲ**(3866)(イヌツゲ(3863)も見よ)

b. 葉裏に腺点はなく，果実は赤，まれに黄熟する ……… **121**

121a. 葉は全縁．雌株では葉腋に雌花を 1 〜数個，雄株では数個の雄花を集散花序につける ……………… **ソヨゴ**(3880)

b. 葉に低い鋸歯がある．雌株では葉腋に雌花を束生(花序柄はない)し，雄株では数個の雄花を集散花序(花序柄がある)につける …………………………… **ツゲモチ**(3867)

c. 葉は全縁．雄株・雌株共に数個の花を集散花序につける …………………………………………… **クロガネモチ**(3877)

d. 雄株・雌株共に数個の花を葉腋に束生する …………………………………… **モチノキ**等(3868〜3872，3878)

122a. 果実は堅果で殻斗に囲まれる (ブナ科) ……………… **123**

b. 果実は堅果ではない ……………………………………… **124**

123a. 常緑高木．葉の下面には灰褐色の微細な鱗状毛を密生する．果実は堅果で 1 個づつ殻斗に完全に包まれ，熟すと殻斗の先端は 3 裂する ………… **シイ属**(2163，2164)

b. 落葉高木. 葉の縁は波状となり, 側脈は直線的で平行し, 葉縁まで達し，少なくとも若い時期には絹毛を密生する．果実は 3 稜形の堅果で，2 個づつが殻斗に下半分またはほぼ全体を包まれる ………… **ブナ属**(2143，2144)

124a. 花序は集散状で少数の花をつける．果実は大きく液果状だが熟すと 2 裂し，中から赤色網目状の種衣に包まれた種子を露出する．香辛料として熱帯で栽培される ……………………………………………………… **ニクズク**(145)

b. 花序は総状または穂状. 果実は上のようではない …… **125**

125a. 葉身の基部付近に 1 対のやや不明瞭な腺体がある … **126**

b. 葉身の基部に腺体はない ………………………………… **127**

126a. 花は白色. 果実は核果. 枝に刺はない…… **リンボク**(1822)

b. 花は淡黄色．果実は液果．枝に刺があることが多い．沖縄の海岸近くの林に生える ……… **トゲイヌツゲ** *Scolopia oldhamii* Hance(ヤナギ科)

127a. 果実は翼のある蒴果．花冠は白色で車形，径 2.5〜4 cm．栽培 ………………………………… **リキュウバイ**(1863)

b. 果実は 2 心皮からなる円錐形の蒴果．花弁は白色で長さ 2.5〜3 mm，直立し，果実期にも宿存する ………………… **ヒイラギズイナ**(1524)➡検索 S-102a にあり

c. 果実は液果か核果，時に球形で翼のない蒴果 ………… **128**

128a. 葉は常緑性．果実は液果 ……………………………… **129**

b. 葉は落葉性 ……………………………………………… **130**

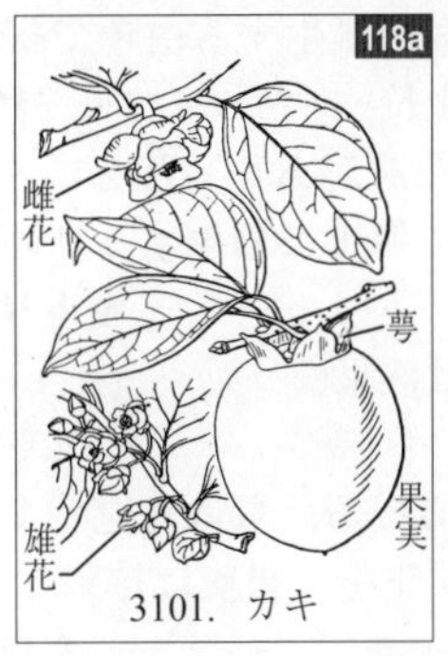

3101．カキ

2301．ハツバキ

3866．ムニンイヌツゲ

3880．ソヨゴ

3877．クロガネモチ

3868．モチノキ

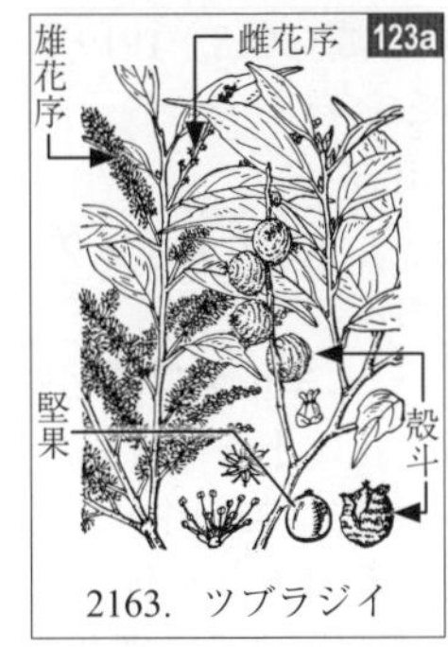

2163．ツブラジイ

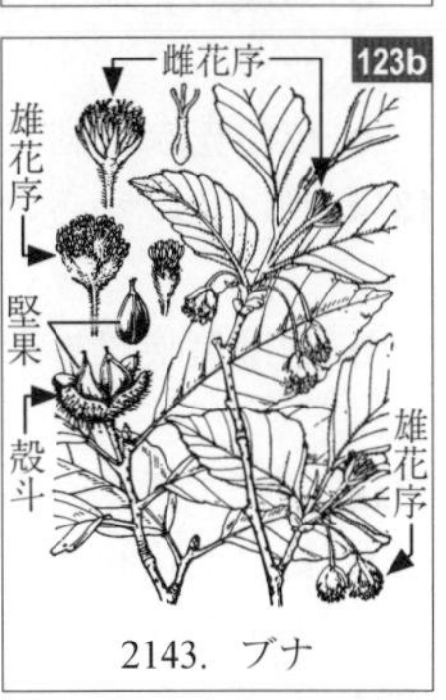

2143．ブナ

145．ニクズク

1822．リンボク

129a. 花弁はなく，4 個の離生する白色で線状の萼が花弁状となる．子房は上位 …………………… **ヤマモガシ**(1493)

b. 萼と壷状の合弁花冠があり，ともに 5 裂する．子房は下位．奄美大島で樹上に着生する極めてまれな小低木 ………………………………………… **ヤドリコケモモ**(3295)

130a. 葉は有毛．果実は液果……………………… **ナツハゼ**(3298)

b. 葉は無毛 ……………………………………………………… **131**

131a. 花序は今年枝から出る．萼は花冠状で 4 裂する．真の花冠はない．子房下位．果実は核果 ……………………………………………… **ボロボロノキ**(2815)

b. 花序は前年枝の腋芽から出る．花冠と萼があり，萼と花冠は 5 裂する．子房上位．果実は蒴果 ………………………………………………………… **ネジキ**(3289)

132a. 枝に刺がない………………… **スグリウツギ属**(1816，1817)，**ハゴロモナナカマド属**(ナナカマド属とアズキナシ属との属間雑種でまれに発見される)

b. 枝に刺がある ……………………………………………… **133**

133a. 花序は散房状で多数の花をつける．果実は核果 …………………………………… **サンザシ属**(1921～1924)

b. 花は枝頂に単生する．果実はキイチゴ状の集合果 ……………………………… **キイチゴ属**(1957，1958，1966)

134a. 枝に刺がある ……………………………………………… **135**

b. 枝に刺はない ……………………………………………… **138**

135a. 幹に分枝した刺を密生する ………… **クスドイゲ**(2367)

b. 幹に分枝した刺はない……………………………………… **136**

136a. 長枝の先端が刺になる ………………………………… **クロウメモドキ属**(2058，2059)，**ハリツルマサキ**(2236)

b. 短枝の先端または短枝と長枝の先端が刺となる ………………………… **ボケ属**(1918，1919)，**クロイゲ**(2060)

c. 枝の先端は刺にならない ………………………………… **137**

137a. 刺は葉腋からのみ出る ………………………………… **トゲイヌツゲ**(学名は 126b 参照)

b. 刺は葉腋以外から出る ……………………………… **キイチゴ属**(1939，1960～1962)

138a. 葉に 3 行脈がある．花は小さく目立たない ……………… **139**

b. 葉に羽状脈がある(栽培植物の中には掌状脈をもつものがあるが，その場合花は大きく目立つ) ………………… **148**

139a. 若芽や若葉は著しく粘着する．雌雄異株で花序は雄雌とも尾状…………………………… **セイヨウハコヤナギ**(2371)

b. 若芽や若葉は粘着しない ………………………………… **140**

140a. 花は集散状または束状花序につくかまれに単生し，時に花序柄の先に密集する ………………………………… **141**

b. 花は穂状または総状花序につき，花序は時に分枝する．果実は蒴果 ……………………………………………… **146**

141a. 葉脈はまっすぐに鋸歯の先端に達する．果実は核果 ……………………………………………… **ムクノキ**(2077)

b. 葉脈は葉縁に近づいた所で内側に曲がる ……………… **142**

1493．ヤマモガシ

3295．ヤドリコケモモ

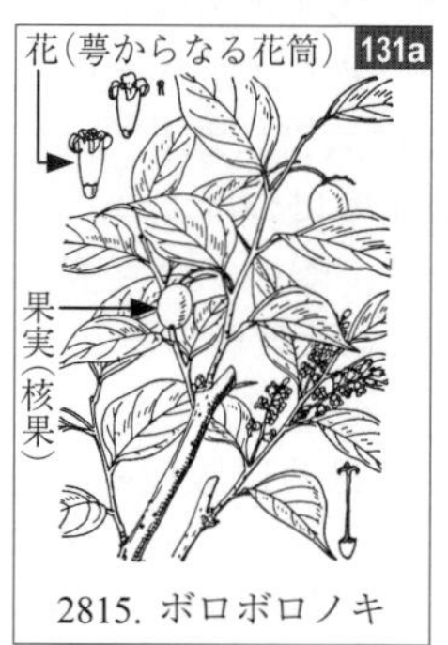

2815．ボロボロノキ

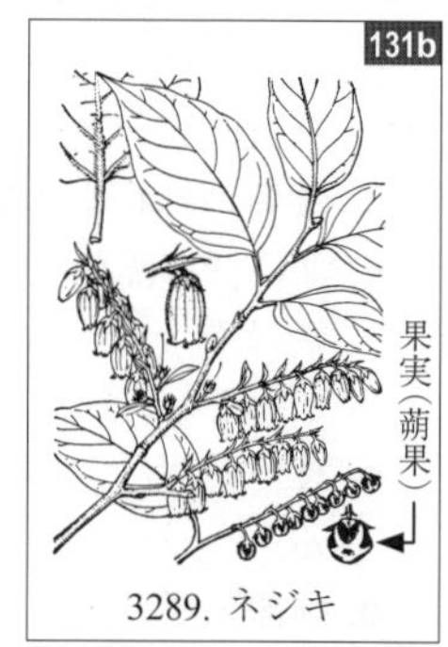

3289．ネジキ

1816．コゴメウツギ

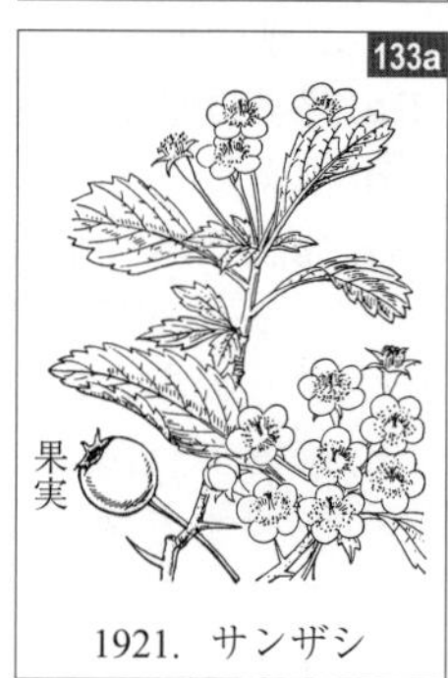

1921．サンザシ

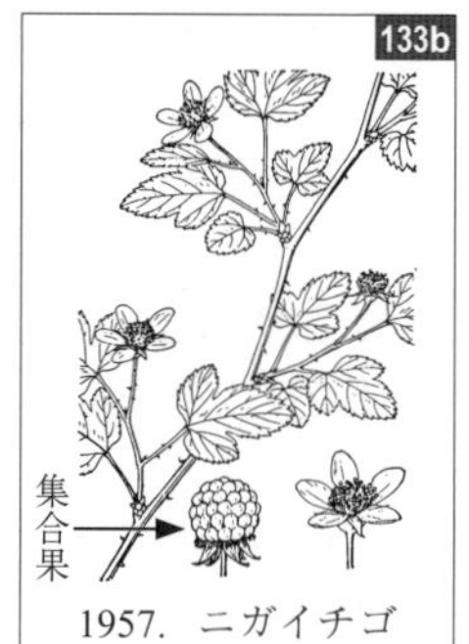

1957．ニガイチゴ

2367．クスドイゲ

1919．クサボケ

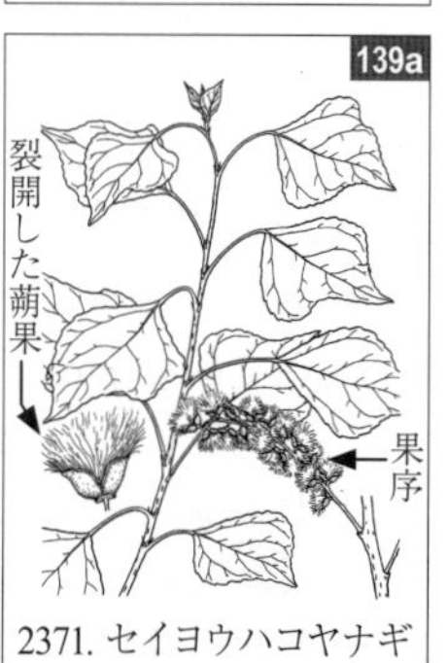

2371．セイヨウハコヤナギ

142a. 低木で盛んに分枝する．花は無柄で雌雄共に腋生または古い枝に側生する小枝上に密集してつく．果実は痩果だが，花被が果実期に多肉質となる ……………… **143**

b. 直立する高木.少なくとも雌花は有柄.果実は核果 …… **144**

143a. 葉裏に白毛を密生し，花序柄は明瞭で分枝する ……………… **ヤナギイチゴ**(2108)

b. 葉裏に白毛はないか，ある時には花序柄は発達しない ……………… **ハドノキ属**(2106，2107)

144a. 花序は下垂し，花序柄の途中にへら状の苞がある ……………… **ヘラノキ**(2660)

b. 下垂せず，花序柄に苞はない ……………… **145**

145a. 常緑高木．花は両性で，腋生の集散花序に多数つく．核果は径 5 mm 未満 ……………… **ウラジロエノキ**(2080)

b. 落葉高木．花は雄花と，両性花あるいは雌花がある. 核果は今年枝の葉腋に単生するか, 時に 2 個束生し, 径 5 mm 以上 ……… **エノキ属**(2078, 2079 ➡検索 T-16a にあり)

146a. 葉身の基部に腺体はない．観賞用に栽培される低木 ……………… **エノキグサ属**(2395，2397)

b. 葉身の基部または葉柄の先端に腺体がある ……………… **147**

147a. 雌雄同株．花序は分枝せず，下部に雌花，上部に雄花がつく ……………… **ハズ**(2403)

b. 雌雄異株．雄花序は分枝し，雌花序は単純な総状．南西諸島に生える ……………… **エノキフジ**
Discocleidion ulmifolium (Müll. Arg.) Pax et K. Hoffm.(トウダイグサ科)

148a. 葉身の基部または葉柄の先端付近に腺体がある ……… **149**

b. 葉に腺体はない ……………… **151**

149a. 花序は穂状(尾状)．果実は蒴果で種子には白綿毛がある ……………… **アカメヤナギ**(2372)

b. 花序は総状，散房状または散形状．果実は核果 ……… **150**

150a. 花序は明らかな総状で多数の花をつける ……………… **ミヤマザクラ**(1838)，**ウワミズザクラ属**(1818〜1821), **バクチノキ属**(1822〜1824)

b. 花序は散房状または散形状 …… **スモモ属**(1825〜1837), **サクラ属**(1837, 1839〜1862)

151a. 葉身の中央に花が単生するか，束状につく ……………… **ハナイカダ属**(3861，3862)

b. 花は葉上につかない ……………… **152**

152a. 葉は常緑性 ……………… **153**

b. 葉は落葉性 ……………… **179**

153a. 花序は分枝点に葉のない(腋生ではない)側枝(花序枝)上に頂生し, 花序枝の上部に数枚の葉があるか, 時にない. 花序は散形状またはやや散房状. 小低木 …… **ヤブコウジ属**(3138, 3139)

b. 花序は複数の花からなって頂生し，しばしばそれに加えて上部の葉腋からも花序を出す ……………… **154**

c. 花序は全て腋生．まれに茎頂に花を単生する(実際は偽頂生)こともあるが，その場合下の葉腋にも花をつけることが多い ……………… **157**

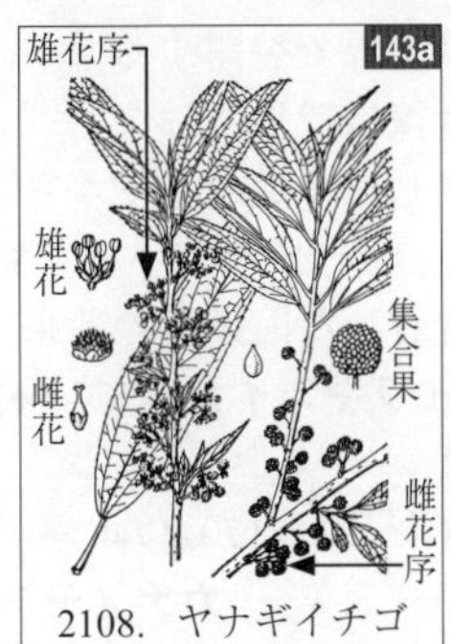

2108. ヤナギイチゴ

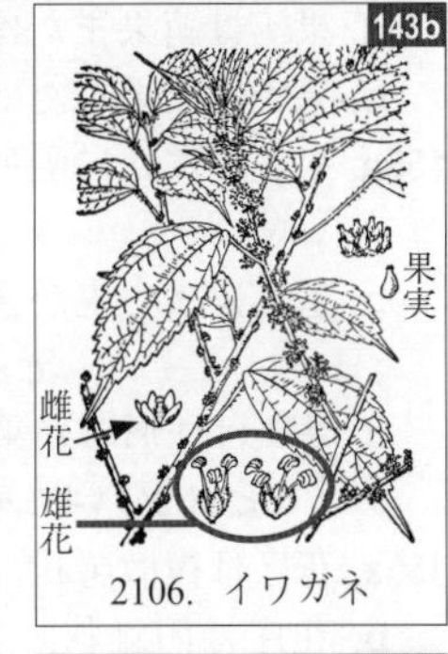

2106. イワガネ

2660. ヘラノキ

2080. ウラジロエノキ

2395. ベニヒモノキ

2403. ハズ

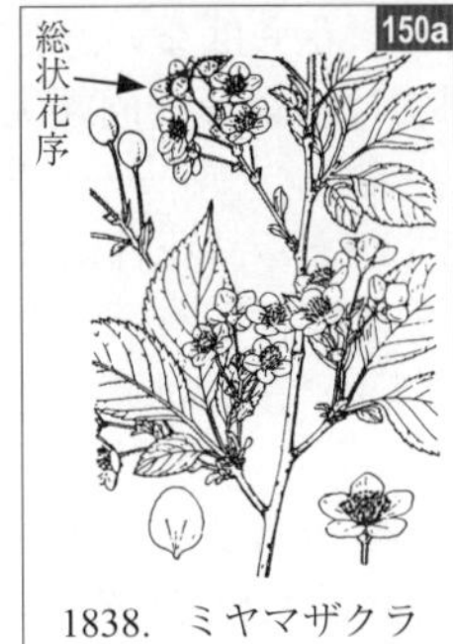

1838. ミヤマザクラ

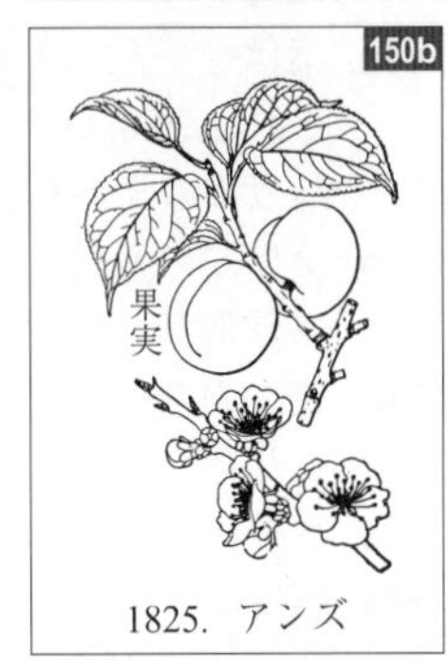

1825. アンズ

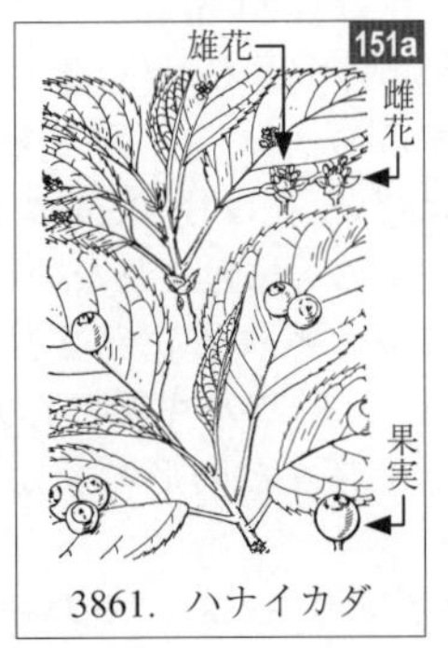

3861. ハナイカダ

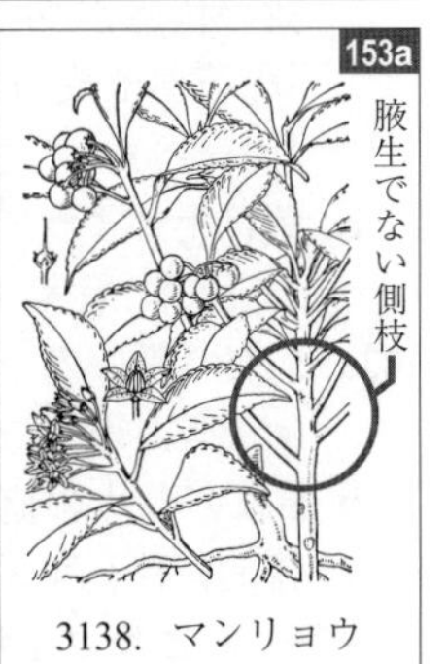

3138. マンリョウ

154a. 果実は蒴果または袋果で裂開する ……………… **155**

b. 果実は液果または核果で裂開しない ……………… **156**

155a. 果実は環状に配列した多数の心皮からなる袋果 ……………… **ヤマグルマ**(1495)

b. 果実は2心皮が合着した円錐形の蒴果 ……………… **ヒイラギズイナ**(1524)➡検索 S-102a にあり

c. 果実は球形の蒴果 …… **ヒメツバキ**(**イジュ**)(3170)(74b 参照), **アセビ**(3288)

156a. 花序は複散房状 ……………… **カナメモチ属**(1911〜1913)

b. 花序は円錐状, まれに総状に近くなることがあるが, その場合は花序は直立する ……………… **ヤマビワ**(1486), **ビワ**(1910), **シャリンバイ属**(1916, 1917)

c. 花序は総状で斜上する ……………… **スノキ属**(3300, 3301)

157a. 枝や葉の脈上に褐色の鱗片状の毛を密生する. 花序は古い枝の節から出るか, それに加えて今年枝の葉腋から出ることもあり, 集散状で1〜4花をつける. 果実は液果で白熟する. 八重山諸島の林内に生える小高木 ……………… **タカサゴシラタマ** *Saurauia tristyla* DC. var. *oldhamii* (Hemsl.) Finet et Gagnep.(マタタビ科)

b. 枝や葉の脈上に鱗片状の毛はない(鱗片状の毛がある時には葉の下面全体にある). 花序は普通古い枝からは出ない. 果実は白熟しない ……………… **158**

158a. 花は葉腋に単生または束生, または集散花序に密集, 時に1花が偽頂生 ……………… **159**

b. 花は普通多数が花序をつくる ……………… **167**

159a. 葉は乾燥すると黄色味を帯びる. 子房は下位. 果実は長球形または卵球形 ……………… **ハイノキ属**(3177〜3180)

b. 葉は乾燥しても黄色味を帯びない. 子房は上位. 果実は普通球形(ツゲモドキでは紡錘形) ……………… **160**

160a. 葉はやや左右非対称. 花弁はない. 花柱は3本でそれぞれ2裂する. 果実は紡錘形で両端尖り, 有毛. 屋久島以南の海岸林に生える ……………… **ツゲモドキ**(2302)

b. 葉は左右対称, 花弁がある. 花柱は2裂しない. 果実は球形で, 無毛かまたは有毛 ……………… **161**

161a. 花は両性, 径2cm以上. 果実は蒴果か, 肉質の萼に包まれた乾果 ……………… **162**

b. 雌雄異株. 花は径1cm未満. 果実は核果か液果 …… **164**

162a. 熱帯に生える高木で葉は大形, 直線的に平行して走る多数の側脈がある. 花は径20cmに達し, 多数の心皮があり, 花柱は放射状に反り返る. 集合果は肉質の萼に包まれ, 径15cmに達する ……………… **ビワモドキ**(1501)

b. 葉は上のようではない. 花は径10cm以下, 花柱の枝はふつう3本. 果実は肉質の萼に包まれない(ツバキ科) …… **163**

163a. 5枚の萼片の下に少し離れて苞が2枚ほどあり, 両者は大きさが異なる……… **ツバキ属**(3159〜3161, 3166)

b. 5枚の萼片の直下に萼片と同形の苞があり, 両者は連続的に移行する ……… **ヒサカキサザンカ**(3158), **ツバキ属**(3162〜3165)

1495. ヤマグルマ

3288. アセビ

1911. カナメモチ

1486. ヤマビワ

3300. シャシャンボ

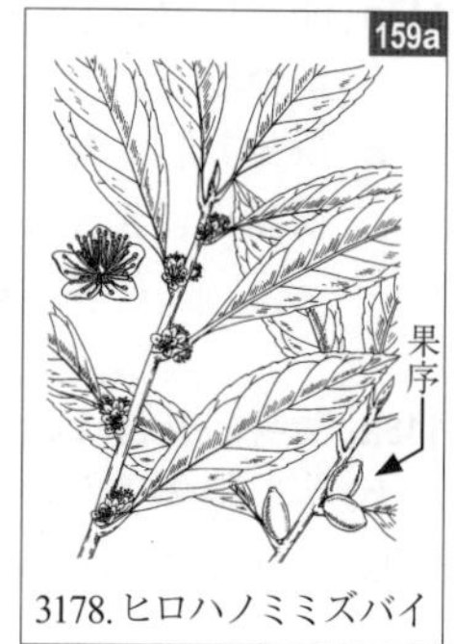

3178. ヒロハノミミズバイ

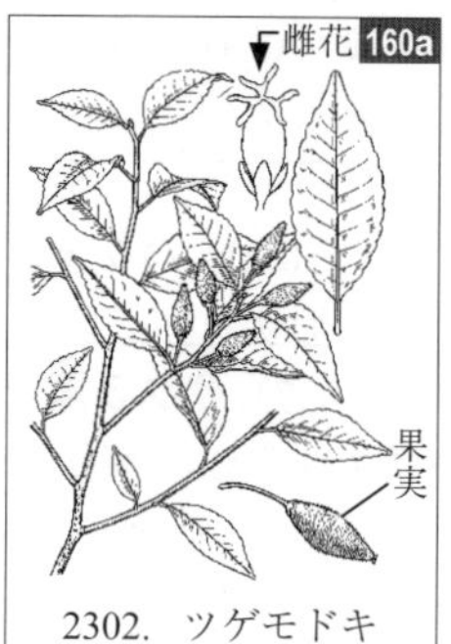

2302. ツゲモドキ

1501. ビワモドキ

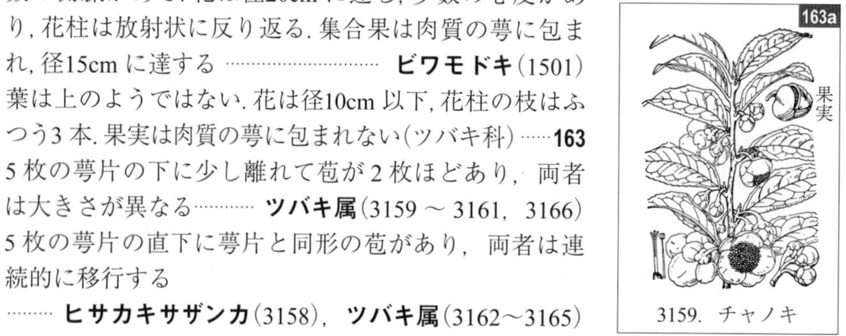

3159. チャノキ

3158. ヒサカキサザンカ

164a. 葉は 2 列に互生し，花や果実は下向きにつく．花は 5 数性．果実は液果……………… **ヒサカキ属**(3095～3097)

b. 葉はらせん状に配列し，花や果実は横向きにつく．花は 4 数性．果実は核果(モチノキ属) ……………………**165**

165a. 葉裏に腺点がある．果実は黒熟する
……………………………………… **イヌツゲ**他(3863～3866)

b. 葉裏に腺点はない．果実は赤または紫，ごくまれに黄熟する ………………………………………………………**166**

166a. 葉の上面の葉脈は著しく凹む．匍匐性の小低木
…………………………………………………… **ツルツゲ**(3874)

b. 葉の上面の葉脈は凹まない．匍匐性ではない低木～高木(多雪地などでは茎の下部が匍匐することもある)
…………………………… **シイモチ**，**リュウキュウモチ**等
(3870～3873，3875，3878，3879，3881，3882)

167a. 花序は集散状または複集散状で有柄
…………………………… **モチノキ属**(3879，3881，3882)

b. 花序は総状または穂状で，時に分枝する ……………**168**

168a. 花は単性…………………………………………………………**169**

b. 花は両全性 …………………………………………………………**173**

169a. 淡黄色の目立つ花被片がある．小笠原諸島にごくわずかに生育する………………………… **ナガバキブシ**(2539)

b. 花被片は目立たない ……………………………………………**170**

170a. 葉柄は長さ 7～9 cm で長い．花は雄雌とも有柄．小笠原諸島母島の石灰岩地にごくまれに生える
…………………………………………… **セキモンノキ**(2398)

b. 葉柄は長さ 3 cm 以下で短い．少なくとも雄花は無柄
…………………………………………………………………**171**

171a. 雌雄異株の低木．雄花は穂状花序につくが，雌花は葉腋に単生または数個束生．雄花の雄蕊は 3 個
…………………………………………… **ツゲモドキ**(2302)

b. 雌雄同株の高木．花は雌雄ともに穂状花序につく．雄花の雄蕊は多数．果実は堅果…………………………**172**

172a. 雄花序は下垂する．殻斗は椀状で堅果の基部のみを包む ……………………… **コナラ属**(2153～2157，2160～2162)

b. 雄花序は斜上または開出する．殻斗は堅果を完全に包み，熟すると裂ける
……………………… **シイ属**(2163 ➡検索 S-123a にあり，2164)

173a. 花弁の先端部は鋸歯縁か糸状に細裂する．葉は一年を通して入れ替わり，下部の葉から順に紅葉して落ちる
…………………………………… **ホルトノキ属**(2270～2274)

b. 花弁または花被片は全縁．枝に常に紅葉した葉が混じることはない ………………………………………………**174**

174a. 雄蕊は多数 ………………………………………………………**175**

b. 雄蕊は少数 …………………………………………………………**176**

175a. マングローブ林に生え，花序は葉よりも長くて下垂し，花は夜咲き ……………………………… **サガリバナ**(3092)

b. 山地に生え，花序は普通葉よりも短くて下垂せず，花は昼咲き………… **ハイノキ属**(3174～3176，3181～3183)

3096．ハマヒサカキ

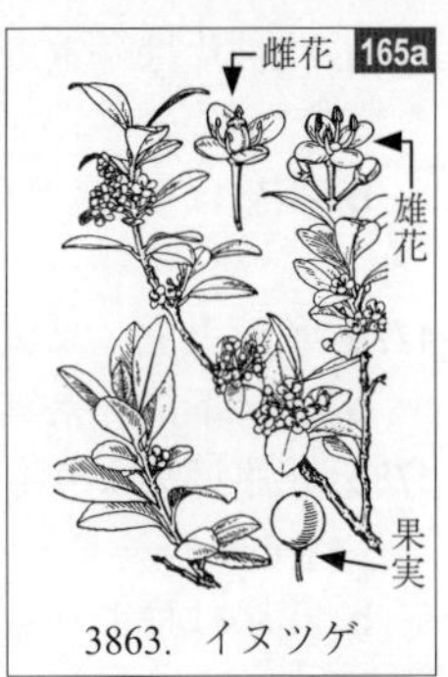

3863．イヌツゲ

3874．ツルツゲ

166b, 167a
3879．ナナミノキ

2539．ナガバキブシ

2398．セキモンノキ

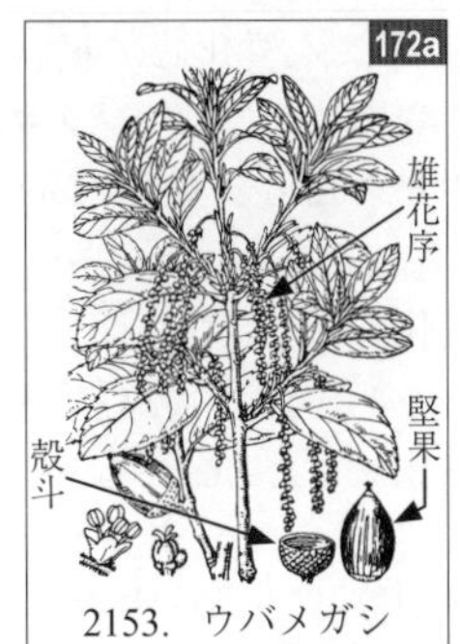

2153．ウバメガシ

2270．ホルトノキ

3092．サガリバナ

3176．ハイノキ

176a. 花被片は一重で基部まで離生
……………… **ヤマモガシ**(1493)➡検索 S-129a にあり

b. 花被は二重(萼と花冠の別がある)で，花冠は合弁
…………………………………………………………… **177**

177a. 子房上位．果実は蒴果……………… **イワナンテン**(3285)

b. 子房下位．果実は液果…………………………………… **178**

178a. 花序は葉よりも長く，苞は大きく目立つ
……………………………………… **スノキ属**(3300，3301)

b. 花序は葉よりもはるかに短く，苞は小さく目立たない
……………………………………… **イズセンリョウ**(3107)

179a. 葉の側脈は直線的で多数平行し，鋸歯の先端まで達する．多くの種では花の時期にまだ十分に葉が展開していないことが多い．そのような場合**検索 T** も参照
…………………………………………………………… **180**

b. 葉の側脈は葉縁に近づくにつれて内側に曲がり，鋸歯の先端に達しない ……………………………… **195**

180a. 果実は多汁質(液果または核果)ではない ………… **181**

b. 果実は多汁質(液果か核果) ………………………… **193**

181a. 果実は痩果または小堅果で，翼があるか，果実それ自体には翼はないが，果序の鱗片や枯葉が果実にくっついたまま風に乗って散布される ……………… **182**

b. 果実に翼はなく，風で散布されない(種子が風で散布されることはある) ……………………………… **187**

182a. 果実は裸出する(ニレ科) ………………………… **183**

b. 果実は多数の鱗片からなる円筒形または球果状の果序に含まれる(カバノキ科) ……………………… **184**

183a. 果実に翼がある ……………………… **ニレ属**(2073～2075)

b. 果実に翼はなく，熟すと枯れ葉にくっついた状態で風で散布される ……………………………… **ケヤキ**(2076)

184a. 果序は球果状，鱗片は木質化して楯状となり，熟してもばらばらにならない ……… **ハンノキ属**(2174～2181)

b. 果序は多数の鱗片からなり，鱗片の先は楯状とならず，熟すとばらばらになる ……………………………… **185**

185a. 果序の鱗片は木質化し，3 裂する
……………………………………… **カバノキ属**(2182～2191)

b. 果序の鱗片は木質化せず，3 裂しない ……………… **186**

186a. 果序の鱗片は扁平……………… **クマシデ属**(2193～2197)

b. 果序の鱗片は基部が筒状に合着する ……… **アサダ**(2192)

187a. 果実は堅果で，1～3 個ずつ木質の総苞に少なくとも基部を包まれる……………………………………… **188**

b. 果実は蒴果 ………………………………………… **190**

188a. 葉の鋸歯は側脈の先端とその間にも出る(重鋸歯)
……………………………………… **ハシバミ属**(2198，2199)

b. 葉の鋸歯は側脈の先端あるいは側脈の間のみに各 1 個出て，それ以外の部分は全縁(単鋸歯)………………… **189**

189a. 堅果は三稜形…… **ブナ属**(2143 ➡検索 S-123a にあり，2144)

b. 堅果はやや扁平 ……………………………… **クリ**(2165)

c. 堅果は卵球形(ドングリ) ……… **コナラ属**(2147～2152)

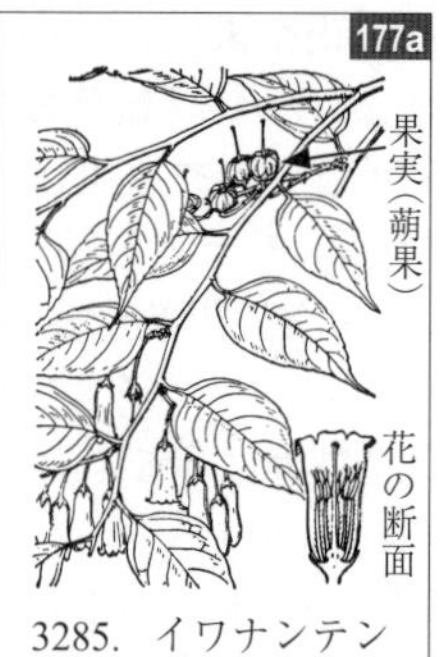

3285．イワナンテン

3301．ギーマ

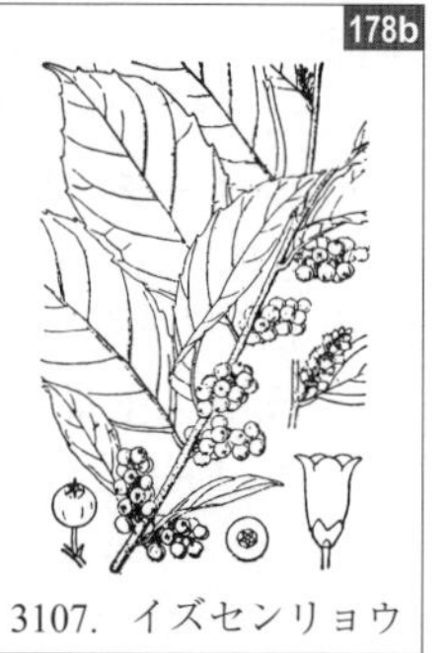

3107．イズセンリョウ

2073．ハルニレ

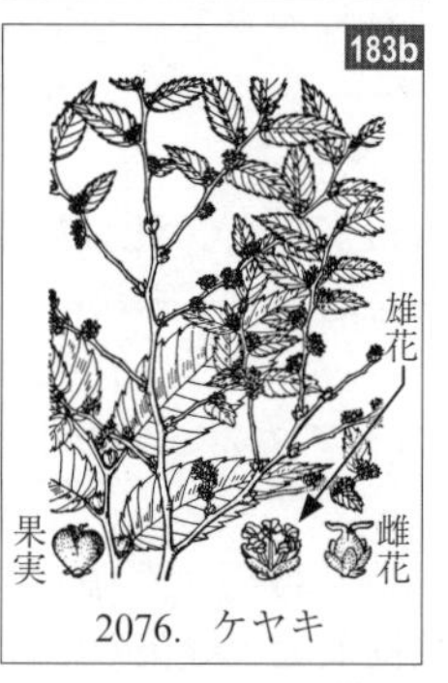

2076．ケヤキ

2174．ヤマハンノキ

2182．シラカンバ

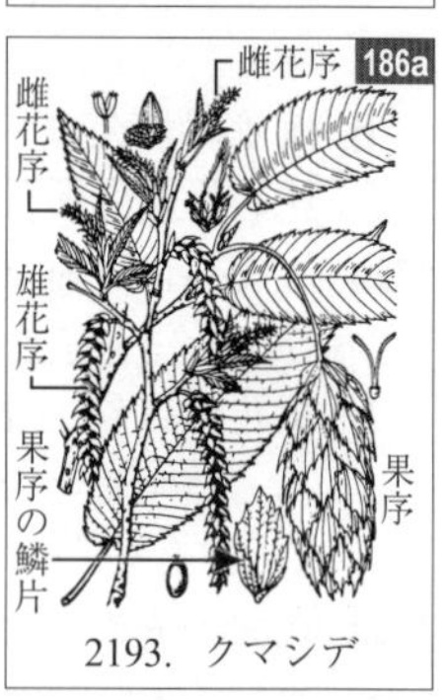

2193．クマシデ

2192．アサダ

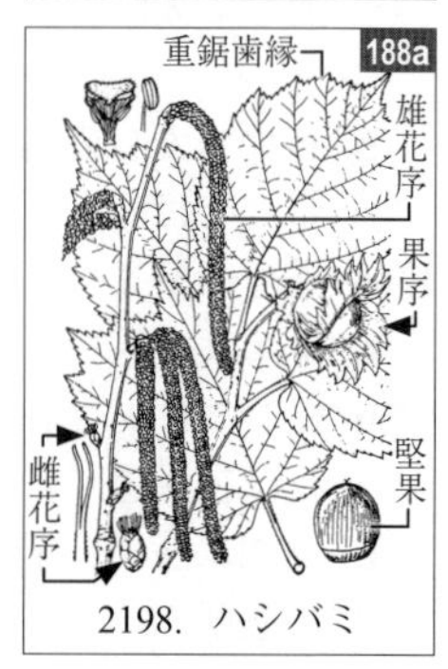

2198．ハシバミ

190a. 花は短枝頂に単生…………………… **ヤマブキ属**(1864, 1865)
b. 花は花序をつくるか, まれに枝頂に単生するが, 後者の場合でも数個つく枝が混じる ……………………………… **191**
191a. 花序は腋生し頭状. しばしば果実となるべき部分が虫こぶとなる…… **マンサク属**(1510 ➡検索 N-30a にあり, 1511)
b. 花序は頂生および腋生し穂状または総状 …………………… **192**
192a. 花は白色. 花序は上向し, 果実は円錐形 …… **ズイナ**(1523)
b. 花は黄色. 花序は下垂し, 果実は球形
…………………………………………… **トサミズキ属**(1512～1515)
(検索 T-22a トサミズキの図も参照)
193a. 果実はキイチゴ状の集合果
…………………………………………… **リュウキュウイチゴ**(1962)
b. 果実は核果 ……………………………………………………… **194**
194a. 花序は散房状…………………… **アズキナシ属**(1901, 1902)
b. 花序は円錐状…………………………… **アワブキ属**(1483, 1484)
195a. 湿地に生える高木または低木. 果序は球果状となる
…………………… **ハンノキ属**(2172, 2173 ➡検索 T-11a にあり)
b. 果序は球果状とはならない ……………………………… **196**
196a. 果実は蒴果. 種子は微小で長い綿毛をもつ(柳絮といわれる) …………………………………… **ヤナギ属**(2372～2393)
(検索 T-6a ネコヤナギ, 検索 T-8a トカチヤナギの図も参照)
b. 種子に綿毛はない……………………………………………… **197**
197a. 花序は頂生し, それに加えて上部の葉腋から小形の花序を出すこともある. 時に前年枝上に多数ついた短枝上に頂生するため一見腋生のように見えることがあるが, その場合には花序の基部に複数の小形の葉がつく
……………………………………………………………………… **198**
b. 花または花序は全て腋生 ………………………………… **202**
198a. 植物体に星状毛がある…………………………………… **199**
b. 植物体に星状毛はない…………………………………… **200**
199a. 果実に稜があるか, 茶褐色の毛を密生する
…………………………………………… **アサガラ属**(3191, 3192)
b. 果実には稜がなく, 茶褐色の毛もない
…………………………………………… **エゴノキ属**(3193～3195),
リョウブ(3202)
200a. 花は枝頂に単生. 果樹として栽培される
………………………… **カリン**(1920), **セイヨウカリン**(1925)
b. 花は複数で花序をつくる ………………………………… **201**
201a. 花序は束状
……………… **シモツケ属**(1883～1885)(検索 T－37a も参照),
ドウダンツツジ(3203)
b. 花序は散房状で直立 ……**シモツケ属**(1870～1883, 1886),
ウシコロシ(1914), **ザイフリボク**(1915)
c. 花序は総状かやや散房状で下垂
……………………………………… **ドウダンツツジ属**(3203～3208)
d. 花序は円錐状で直立か横向き
………………………… **ハイノキ属サワフタギ類**(3171～3173),
チシャノキ属(3508, 3509)

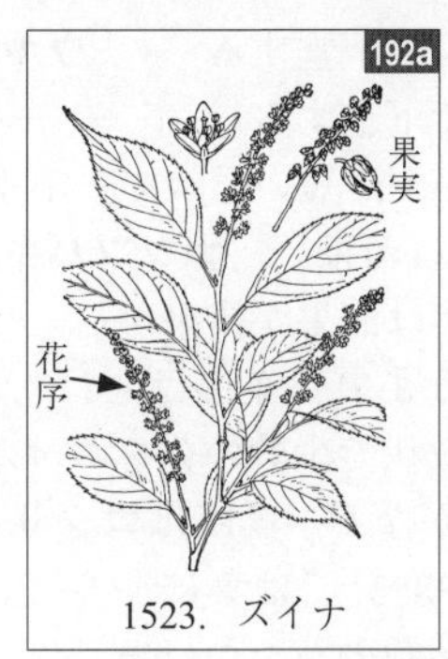

1523. ズイナ

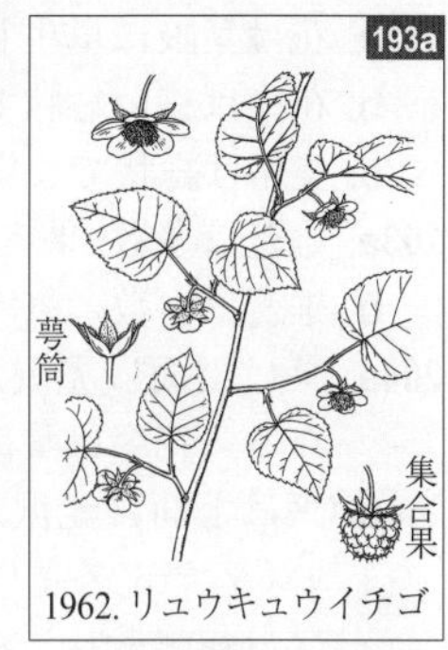

1962. リュウキュウイチゴ

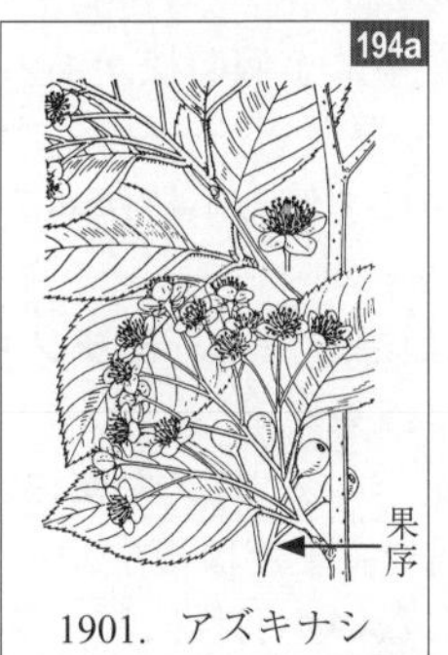

1901. アズキナシ

1483. アワブキ

3191. アサガラ

3193. エゴノキ

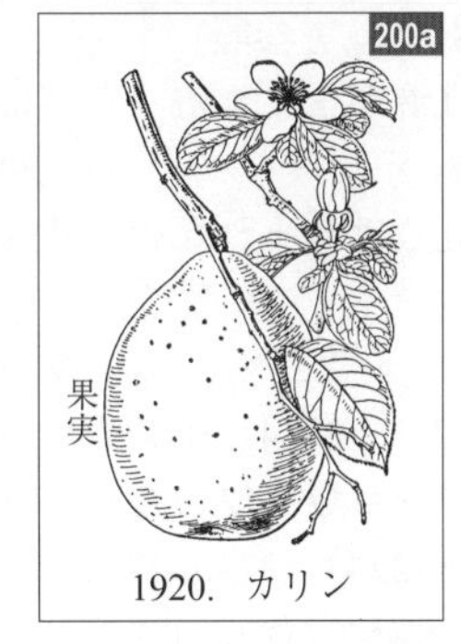

1920. カリン

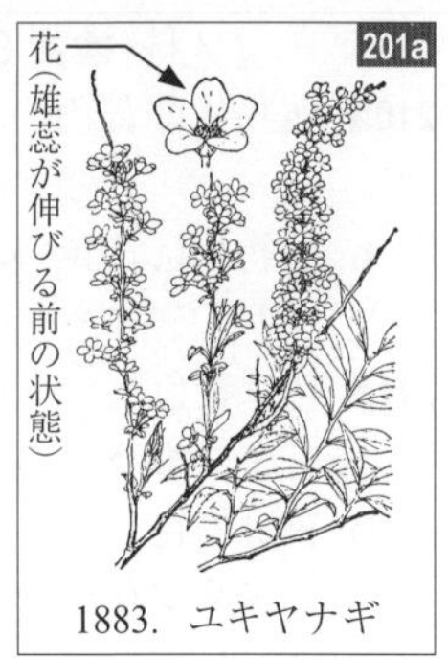

1883. ユキヤナギ

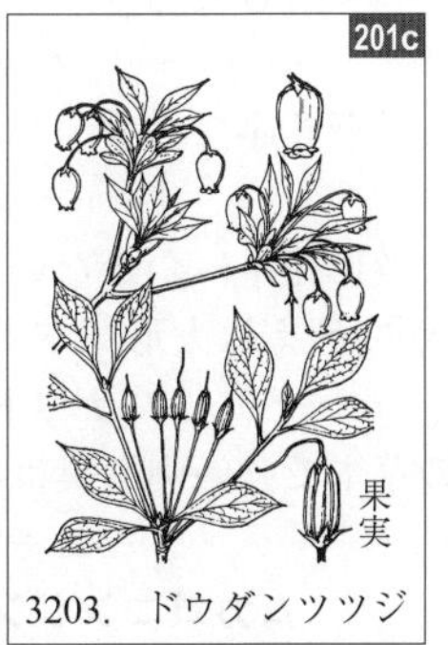

3203. ドウダンツツジ

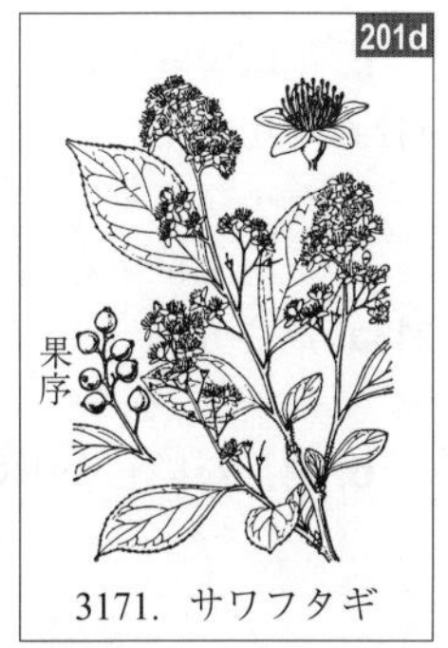

3171. サワフタギ

202a. 花は葉腋に単生し，下垂する ……… **ウキツリボク**(2669)

b. 花序は長い総状で下垂する …………………… **キブシ**(2538)

c. 花序は総状でないか，短い総状で，下垂しない ……… **203**

203a. 雄蕊は多数. 果実は蒴果 …… **ナツツバキ属**(3167～3169)

b. 雄蕊は少数．果実は液果か核果 ………………………… **204**

204a. 葉は上面に光沢があり，葉序はしばしばコクサギ型となる．花序は集散状で少数の花をつける ………………… **205**

b. 葉は上面に光沢がなく，葉序はコクサギ型とはならない(タマミズキ(3883)では葉にやや光沢があるが，花序は複集散状で多数の花をつける) ……………………… **206**

205a. 果実は長球形で，中に1個の核がある
………………………………………… **ネコノチチ**(2067)

b. 果実は球形で，中に3個の小核がある
………………………………………… **イソノキ**(2054)

206a. 子房上位．果実は核果 …………… **モチノキ属**(3883～3887)

b. 子房下位．果実は液果
…………………………… **スノキ属**(3296，3297，3308)

207a. 葉は1～数回羽状全裂または複生する ……………… **208**

b. 葉は単葉で分裂しないか羽状に浅～深裂 ……………… **239**

208a. 葉身は普通中部付近または中部より上が最も幅広く，両端に向かって細まり，1回羽状複葉で，小葉は全縁～羽状全裂 ……………………………………………… **209**

b. 葉は数回羽状全裂または複生, または三出羽状全裂または複生し, 下部が最も幅広い(クジラグサ(2721)は中上部が最も幅広いが, その場合果実は長角果) ………… **221**

209a. 花は2数性で花弁は4枚．果実は直立する線形の長角果か，扁平な短角果 ……………………………………… **210**

b. 花は5数性で花弁は5枚．果実は長角果や短角果ではない．(頂小葉がなく，果実が細長くて一見長角果状 →マメ科(**検索S－1**)を参照) ……………………… **212**

210a. 植物体に黄色い乳液が含まれる．花序は散形状
………………………………………… **クサノオウ**(1292)

b. 植物体に黄色い乳液は含まれない．花序は総状(アブラナ科) ……………………………………………………… **211**

211a. 花は黄色 ……………………………… **クジラグサ**(2721)，
ヤマガラシ属(2733, 2734)，**イヌガラシ属**(2739, 2740)

b. 花は白色 ………… **コショウソウ**(2723)，**クレソン**(2742)，
タネツケバナ属(2743～2745, 2747～2749, 2751, 2752)
(検索O－38a タネツケバナの図も参照)

c. 花は淡紅紫色 ……………………………… **ハナダイコン**(2787)

212a. 子房下位．花は複散形花序につき，小形(セリ科)
……………………………………………………………… **213**

b. 子房上位．花は複散形花序につかない ……………… **214**

213a. 高さ1mをはるかに超える大形草本で強い刺激臭がある ………………………… **ハナウド属**(4467，4468)

b. 中形ないし小形の草本で強い刺激臭はない
………………………………………… **エキサイゼリ**(4437)，
ムカゴニンジン属(4438～4440)

2669. ウキツリボク

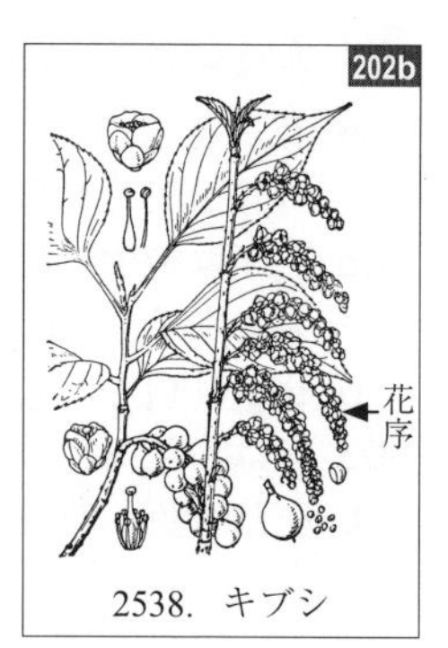

2538. キブシ

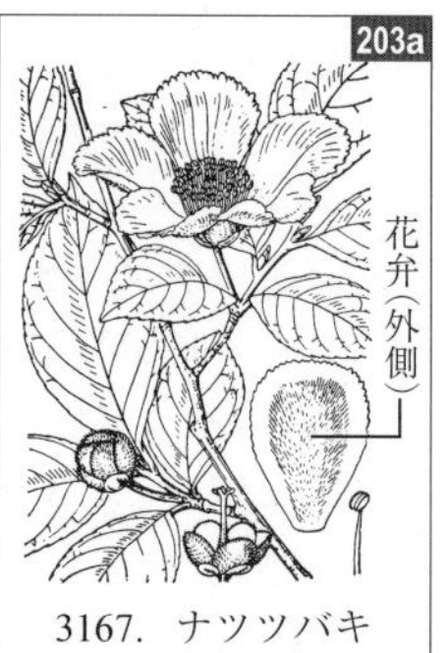

3167. ナツツバキ

205a
果実
2067. ネコノチチ

3883. タマミズキ

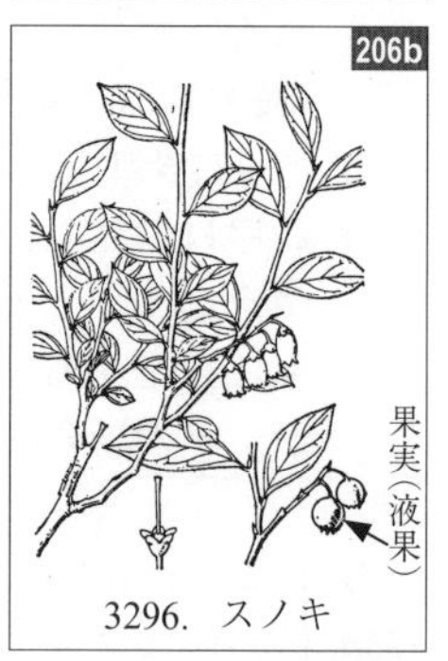

3296. スノキ

1292. クサノオウ

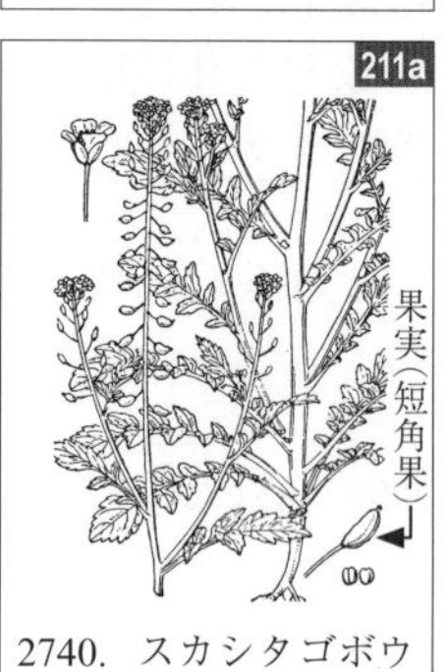

2740. スカシタゴボウ

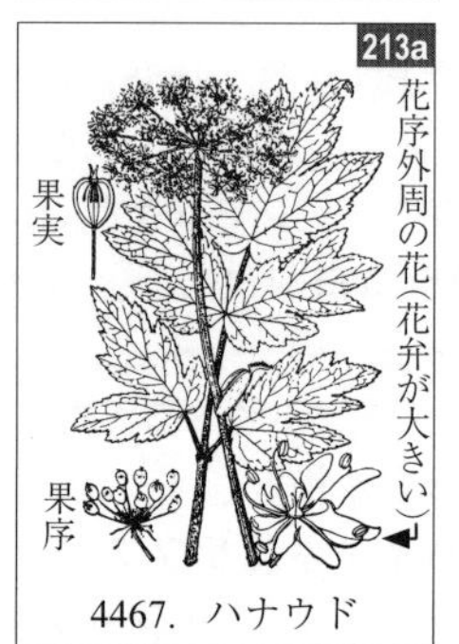

4467. ハナウド

4437. エキサイゼリ

214a. 頂小葉は側小葉よりもはるかに大きく，掌状脈をもつ．花序は散房状で多数の小さい花をつける
……………………………… **シモツケソウ属**(1930〜1933)

b. 頂小葉は側小葉とあまり大きさが異ならず，頂小葉が大きい場合でも羽状脈をもつ ……………………………… **215**

215a. 小葉は全縁 ……………………………… **216**

b. 小葉は鋸歯縁か羽状浅〜中裂 ……………………………… **219**

216a. 茎は匍匐する．花は葉腋に単生．果実は5分果からなり，刺がある……………………………… **ハマビシ**(1628)

b. 茎は直立する……………………………… **217**

217a. 地下に多数の塊茎がある．栽培
……………………………… **ジャガイモ**(3479)

b. 地下に塊茎はない……………………………… **218**

218a. 葉に油点がある．花冠は離弁
……………………………… **ヨウシュハクセン**(2599)

b. 葉に油点がない．花冠は合弁
……………………………… **ハナシノブ属**(3087，3088)

219a. 花序は腋上生(節間から出る)か，節の葉と反対側から出る．果実は液果
……………………………… **トマト**(3478)，**トゲナス**(3491)

b. 花序は葉腋に単生する．匍匐性の多年草．果実は蒴果で不規則に裂ける ……………………………… **キクガラクサ**(3593)

c. 花序は頂生し，また上部の葉腋にもつく．果実は乾果
……………………………… **220**

220a. 花は少数．果実に鈎刺はない
……………………………… **クロバナロウゲ**(2039)

b. 花は多数総状につく．果実は鈎刺を密生した萼筒に包まれる
………… **キンミズヒキ属**(1984，1985 ➡検索 O-72a にあり)

221a. 子房上位……………………………… **222**

b. 子房下位．花は散形状につく ……………………………… **229**

222a. 雄蕊は多数 ……………………………… **223**

b. 雄蕊は10本以下 ……………………………… **225**

223a. 花は左右対称……………………………… **ヒエンソウ**(1406)

b. 花は放射相称……………………………… **224**

224a. 花弁状の萼片は5枚
(本来の花弁は5枚あるが小さく目立たない)
……………………………… **クロタネソウ**(1481)

b. 花弁は多数 ……………………………… **フクジュソウ**(1473)

c. 花弁は4枚 ……………………………… **ハナビシソウ**(1296)

225a. 花は左右対称で下向きまたは横向きに咲く……………… **226**

b. 花は放射相称で上向きに咲く ……………………………… **228**

226a. 花序は散形状……………… **キクバテンジクアオイ**(2466)

b. 花序は総状 ……………………………… **227**

227a. 花には2個の袋状でごく短い距がある
……………………………… **ケマンソウ**(1298)

b. 花には1個の細長い距がある
……………… **キケマン属**(1299，1300，1307〜1311)

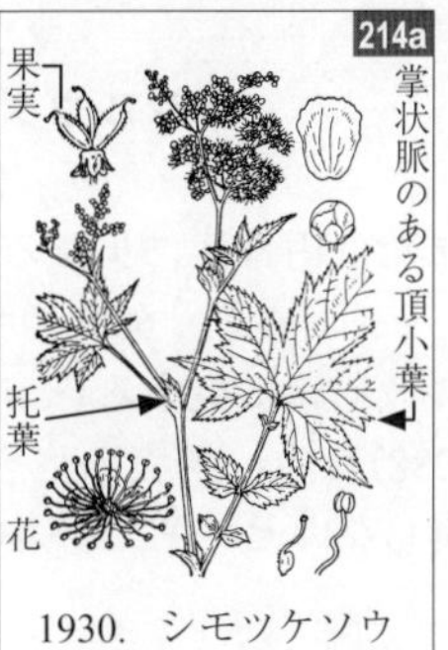

1930. シモツケソウ

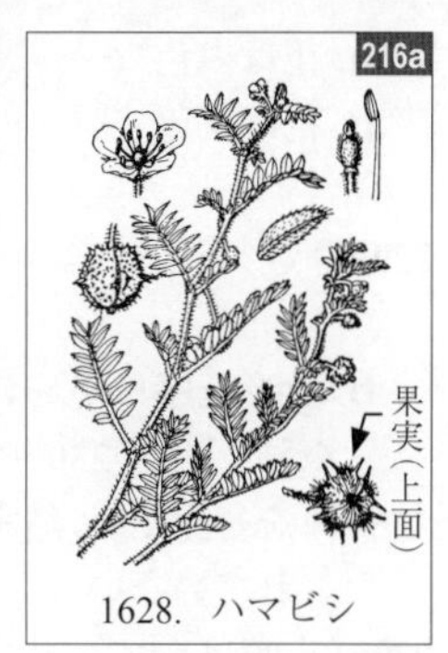

1628. ハマビシ

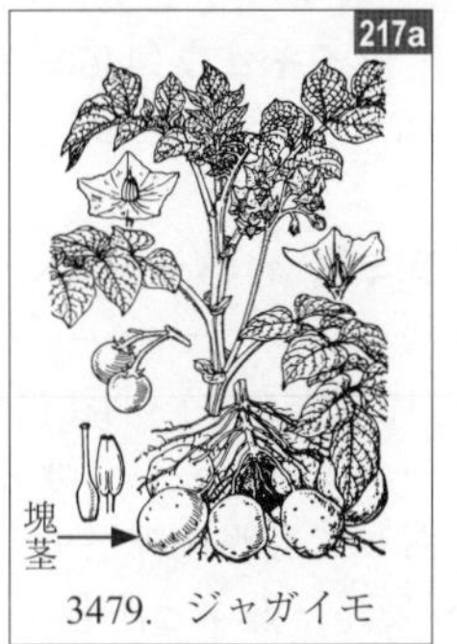

3479. ジャガイモ

3087. ハナシノブ

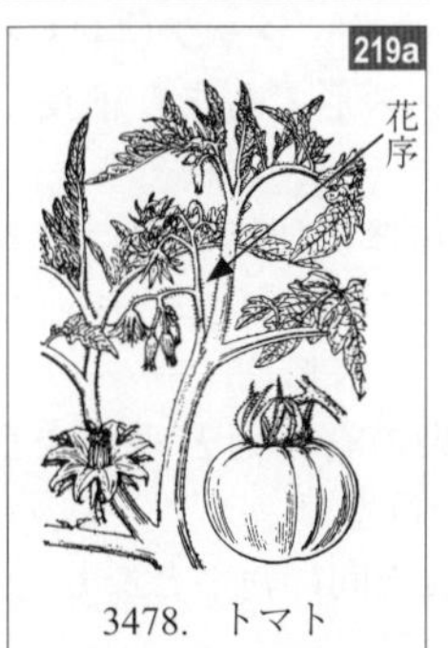

3478. トマト

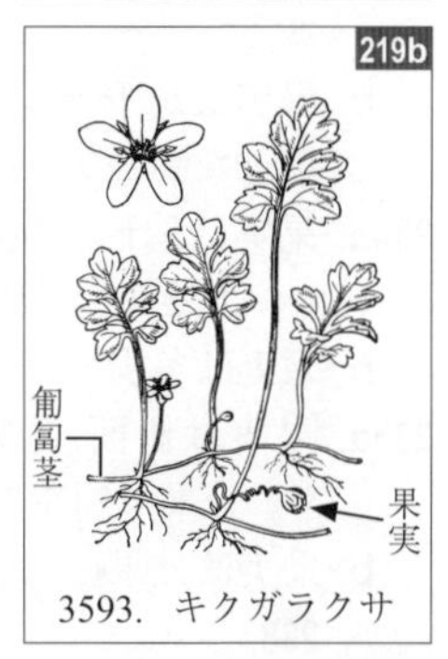

3593. キクガラクサ

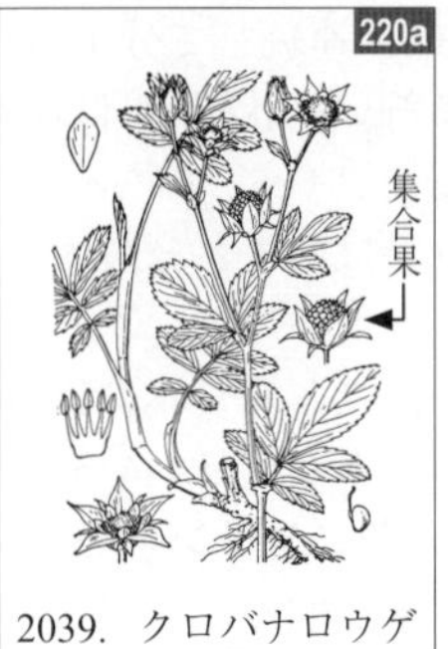

2039. クロバナロウゲ

1406. ヒエンソウ

1481. クロタネソウ

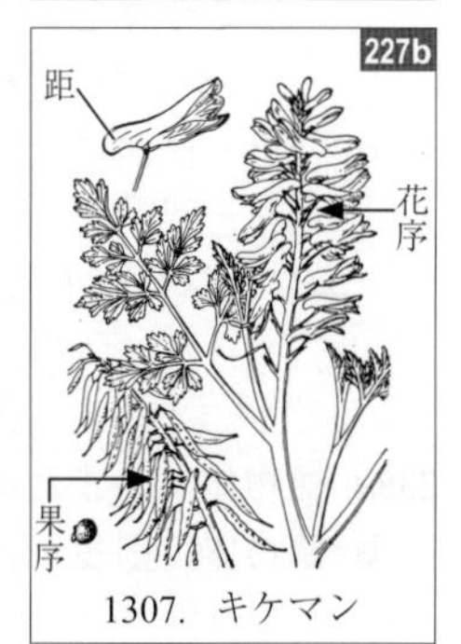

1307. キケマン

228a. 花は白色 …………………………………… **マツカゼソウ**(2617)
b. 花は黄色 ……………………………… **ヘンルウダ属**(2618, 2619),
クジラグサ(2721)
229a. 散形花序は総状または円錐状に集まる
……………………………………………… **タラノキ属**(4406, 4407)
b. 散形花序はさらに散形状に集まる(セリ科) ……………… **230**
※注;以下(230〜238)は主に果実の形態に基づいて検索を行うため,結実しないセンキュウ(4462)は検索表に入れていない.
230a. 小葉は全て糸状に細裂する
……………………………… **ウイキョウ**(4460), **イノンド**(4461)
b. 少なくとも下部の葉では小葉は糸状にならない ……… **231**
231a. 果実に鉤刺を密生
……………… **ヤブジラミ属**(4445 ➡検索 N-98a にあり, 4446)
b. 果実に鉤刺はない ……………………………………………… **232**
232a. 大形の草本で総苞片は大きく, 羽状に分裂する
……………………………………………………… **オオカサモチ**(4434)
b. 総苞片はないか,あっても普通線形で分裂しない …… **233**
233a. 果実は円柱形で細長く, 熟すと黒色になる
…………………………………… **シャク**(4443)➡検索 N-81a にあり
b. 果実は球形かレンズ形であまり細長くなく, 熟しても黒くならない …………………………………………………… **234**
234a. 果実は球形. 植物体に独特の匂いがあり, 野菜またはハーブとして栽培される ………………… **コエンドロ**(4469)
b. 果実は多少ともレンズ形 ……………………………………… **235**
235a. 果実は側面(分果の合生面と垂直な面)から扁平となり, 分果は扁平ではない ……………………………………… **236**
b. 果実は分果の背腹方向に扁平となり,分果は著しく扁平 **238**
236a. 分果柄(花柄の先端に連続して分果の合生部を通り, 分果の先端に達する細い柄状器官)はなく, 分果は熟しても分離しない …………………………………………… **セリ**(4436)
b. 分果柄があり, 分果は熟すと分離する ………………… **237**
237a. 果実は有毛 ………………………………………… **イブキボウフウ**
(4501;ただし北日本には無毛の変種がある)
b. 果実は無毛 ………… **ドクゼリ**(4435), **カサモチ**(4454),
シムラニンジン(4455), **ハマゼリ**(4470)
238a. 分果の側面に翼が発達する
…… **ミヤマセンキュウ属**(4451, 4452), **ヤマゼリ**(4471),
シシウド属(4477〜4491, 4495), **セリモドキ**(4498)
b. 分果の側面に翼は発達しない
…………………………………………… **アメリカボウフウ**(4466),
エゾノシシウド属(4473, 4474), **シシウド属**(4493, 4494),
ハクサンボウフウ属(4497, 4499),
カワラボウフウ(4502), **ボウフウ**(4503)
239a. 植物体に白または黄色の乳液が含まれる ……………… **240**
b. 植物体に白色や黄色の不透明な乳液は含まれない
…………………………………………………………………………… **244**

228a 2617. マツカゼソウ

228b 2721. クジラグサ

229a 4407. ミヤマウド

230a 4460. ウイキョウ

232a 4434. オオカサモチ

234a 4469. コエンドロ

237a 4501. イブキボウフウ

237b 4435. ドクゼリ

238a 4483. ハナビゼリ

238b 4502. カワラボウフウ

240a. 花は単性で花被がなく，杯状花序をつくり，杯状花序は茎頂に輪生する苞葉の腋から放射状に出る枝の上に複集散状に配列する．花序の分枝点には対生または 3 輪生する苞葉がつく……… **トウダイグサ属**（2410〜2417，2420）

b. 花は両全性で 2〜5 枚の萼片を持ち，杯状花序をつくらない………………………………………………………………**241**

241a. 萼片は 5 枚．花冠は合弁で裂片は 5 枚．果実は 2 個の対生する細長い袋果（キョウチクトウ科）
……………………**チョウジソウ**（3419），**バシクルモン**（3423）

b. 萼片は 2 または 3 枚．花弁は 4〜6 枚あるかまたはない．果実は蒴果（ケシ科）………………………………………………**242**

242a. 花弁がなく，花は茎頂に円錐花序を作って多数つく．果実は倒披針形で扁平 …… **タケニグサ**（1291）➡検索N-62aにあり

b. 花弁があり，花は茎頂に単生するか，それに加えて上部の葉腋から出る長い花柄の先にもつく．果実は長楕円体から倒卵形体 ……………………………………………………**243**

243a. 葉の縁の鋸歯は硬質化して刺状になる
……………………………………………………… **アザミゲシ**（1286）

b. 葉の縁の鋸歯は刺状にならない …… **ケシ属**（1287〜1289）

244a. 葉の表皮内または表皮上に炭酸カルシウムの球状または棒状の結晶（鍾乳体）が多数散在し，乾燥すると隆起して目立つ．花は単性で雄花と雌花は別に花序をつくり，花被は小さく目立たない（イラクサ科，クワ科） ………**245**

b. 葉に炭酸カルシウムの結晶はない ………………………………**249**

245a. 葉は左右対称………………………………………………………………**246**

b. 葉は左右非対称 ……………………………………………………**248**

246a. 植物体に刺毛がある …… **ムカゴイラクサ属**（2135, 2136）

b. 植物体に刺毛はない ……………………………………………………**247**

247a. 一年草．葉裏は緑色 ……………………………… **クワクサ**（2086）

b. 多年草．葉裏には白綿毛を密生するか，時に脈以外はほとんど無毛となって緑色 ………………… **クサマオ**（2109）

248a. 雌雄同株で雄花と雌花は共に無柄，同一の花序に混在する……………………………………………… **トキホコリ**（2127）

b. 雌雄同株で雄花序は有柄，雌花序は無柄．サンショウソウでは雌花序のみを付ける雌株があり，無配生殖で増える ……**サンショウソウ**（2124），**ウワバミソウ属**（2125, 2126）

c. 雌雄異株で雄花序は有柄，雌花序は無柄．オオサンショウソウでは無配生殖で増える雌株がある
……………………………………… **サンショウソウ属**（2122, 2123）

249a. 托葉鞘がある．果実は三稜形またはレンズ形の痩果（タデ科）……………………………………………………………**250**

b. 托葉鞘はない……………………………………………………………**257**

250a. 花は 3 数性で花被片は 6 枚，2 列に配列し，内花被片は果実期に大形となって果実を包む …… **ギシギシ属**（2826〜2836）

b. 花被片は 4 または 5 枚で 2 列に配列しない ………………**251**

251a. 花は頂生の花序をつくらず，葉腋または古い枝の節に束生する…………………………………………………………………**252**

b. 花は頂生または腋生の花序をつくる ……………………**253**

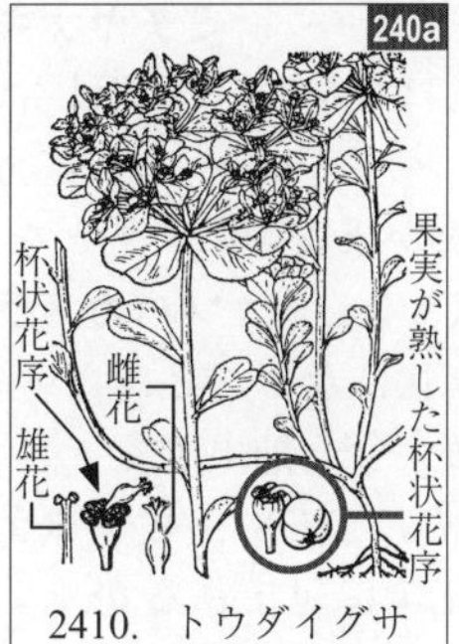

2410．トウダイグサ

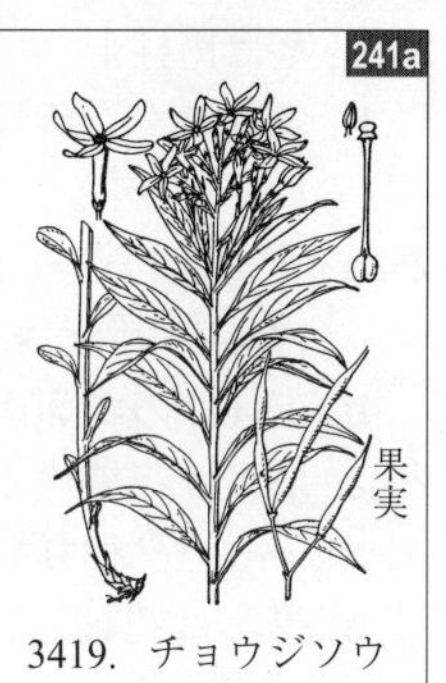

3419．チョウジソウ

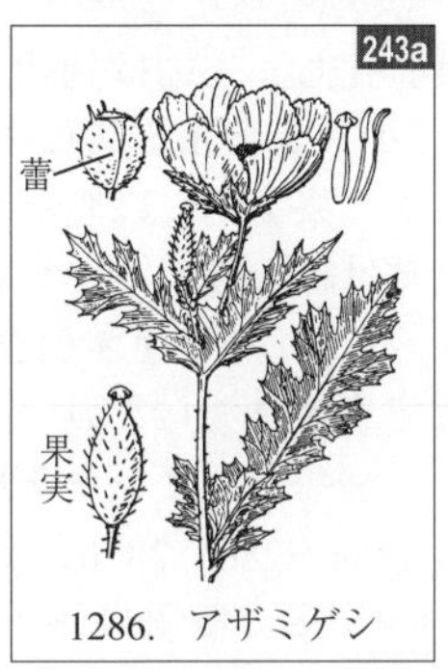

1286．アザミゲシ

1287．ケシ

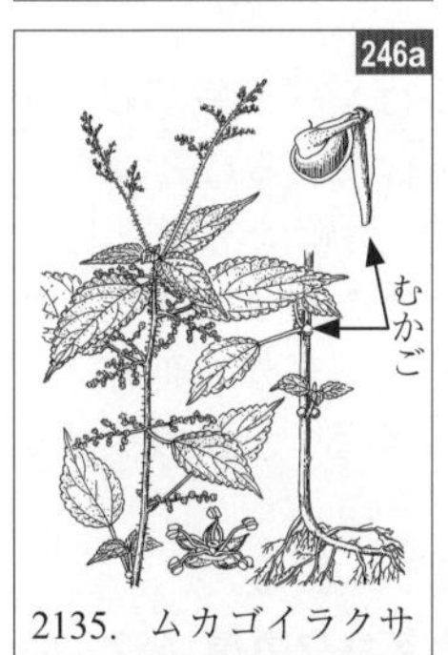

2135．ムカゴイラクサ

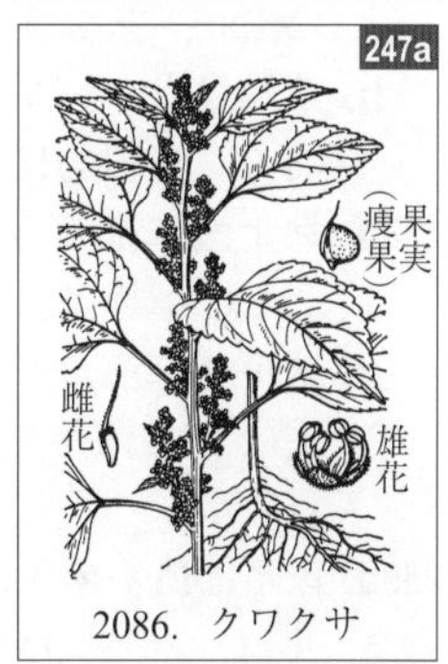

2086．クワクサ

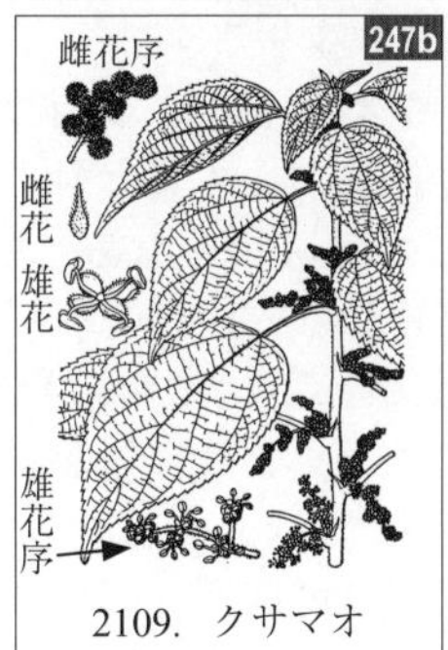

2109．クサマオ

2125．ウワバミソウ

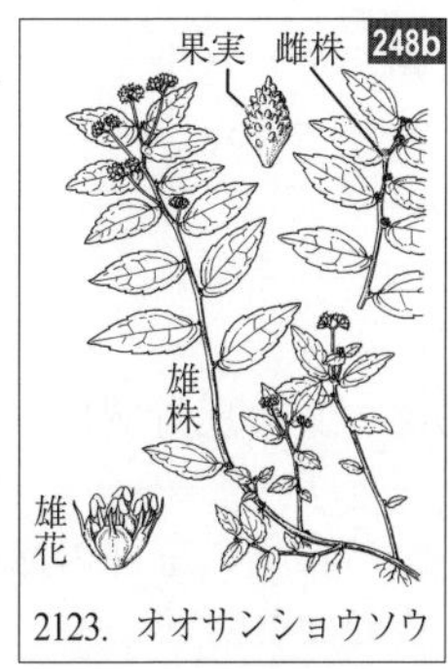

2123．オオサンショウソウ

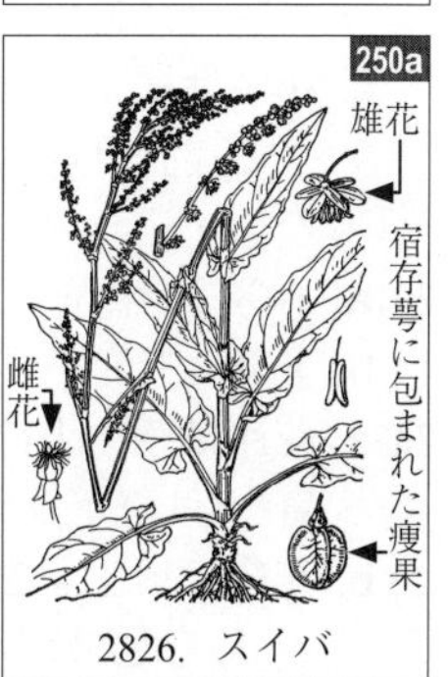

2826．スイバ

252a. 茎は円柱形 ……………………… **ミチヤナギ属**(2847〜2849)

b. 茎は扁平．新枝には葉をつけ，花は古い枝の節につく ……………………………………………………… **カンキチク**(2839)

253a. 花被片のうち 3 枚が果実期に大形となって果実を包み，背面の中肋が翼状となる…… **ソバカズラ属**(2840〜2842)

b. 花被片の背面が翼状になることはない ………………………**254**

254a. 果実は花被片から大きく抽出する ……………**ソバ属**(2837，2838)，**オンタデ属**(2857，2858)

b. 果実は花被片に完全に包まれるか，まれに先端のみが抽出する……………………………………………………………………**255**

255a. 花柱は果実期に硬質化し，先端は鈎状となる ………………………………… **イヌタデ属ミズヒキ類**(2874，2875)

b. 花柱は鈎状とならず，果実期には脱落する ………………**256**

256a. 上部の茎葉の托葉鞘は縁が広がって葉状となる ………………………………………………………… **オオケタデ**(2876，2877)

b. 托葉鞘は褐色膜質で葉状にならない …………………………………………………… **オンタデ属**(2855，2856)，**イヌタデ属**(2861, 2864〜2866, 2870〜2872, 2878〜2895)

257a. 葉鞘がある．葉身は全縁で側脈は多数が直線的に平行に走り，常緑性 ………………………………………………………**258**

b. 葉鞘はない．葉身は全縁か鋸歯縁，側脈はあまり多くなく，直線的に平行に走ることはない………………………**260**

258a. 地上茎に節があり, 葉鞘はあまり長くない. 1 枚の仮雄蕊だけが特に目立つことはない …… **カンナ属**(680, 681)

b. 地上茎に節はなく，基部から伸びる長い葉鞘が互いに重なって偽茎をつくる．1 枚の仮雄蕊が唇弁となって目立つ ……………………………………………………………………**259**

259a. 花序は偽茎の先端から出る ……………… **ハナミョウガ属**(682〜686)，**ウコン**(688)

b. 花序は偽茎とは別に根生する ……………… **キョウオウ**(687)，**ショウガ属**(690，691)

260a. 花序は頂生するか節において葉と対生し，総状または穂状，時につまって散房状となる．穂状花序の場合，花は大きく，密集しない ………………………………………………**261**

b. 花は枝先および葉腋に穂状または複穂状の花序をつくって密集してつくか，まれに先が刺に終わる頂生および腋生の集散花序につく．花被片は緑色か帯紅紫色，または白色〜帯紅紫色乾膜質で，小さく目立たず，時に完全に退化する(ヒユ科) ………………………………………**280**

c. 花序は様々であるが，葉と対生することはなく，頂生する場合は総状や穂状ではない．花被片は乾膜質ではない…………………………………………………………………………**283**

261a. 子房は上位 ……………………………………………………………**262**

b. 子房は下位 ……………………………………………………………**278**

262a. 花序は茎の上部の節の葉の反対側につく．果実は多汁質(ヤマゴボウ科)……………………………………………………**263**

b. 花序は頂生するか，時に茎の下部の節の葉の反対側につく．果実は多汁質ではない ……………………………………**264**

2847. アキノミチヤナギ

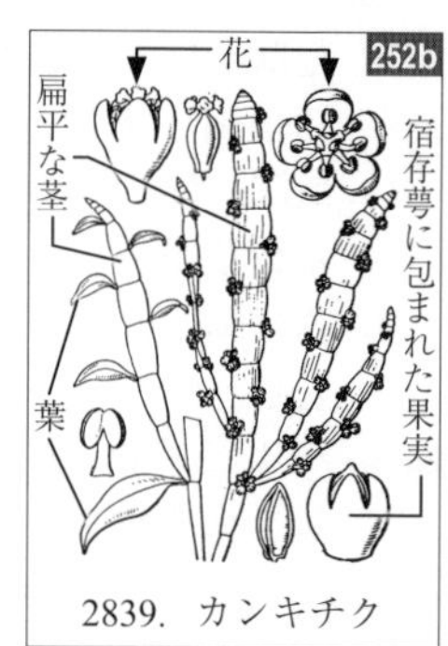

2839. カンキチク

2840. イタドリ

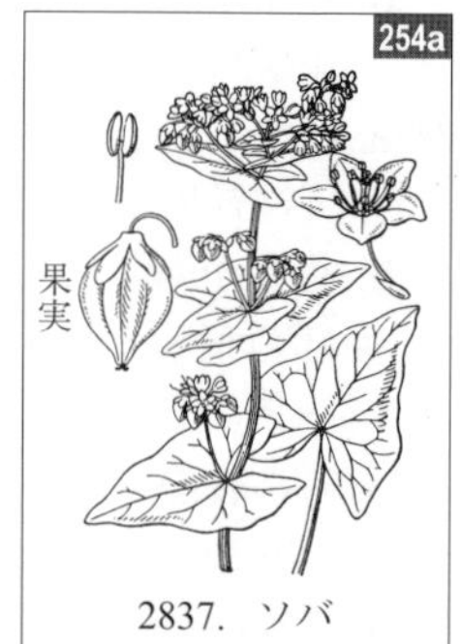

2837. ソバ

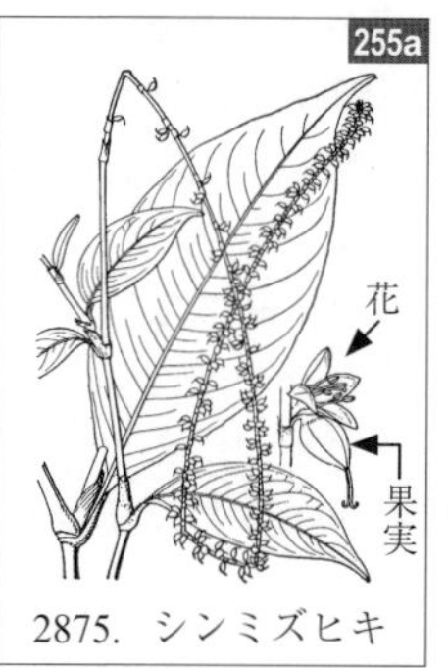

2875. シンミズヒキ

2876. オオケタデ

2893. サクラタデ

680. ダンドク

682. ハナミョウガ

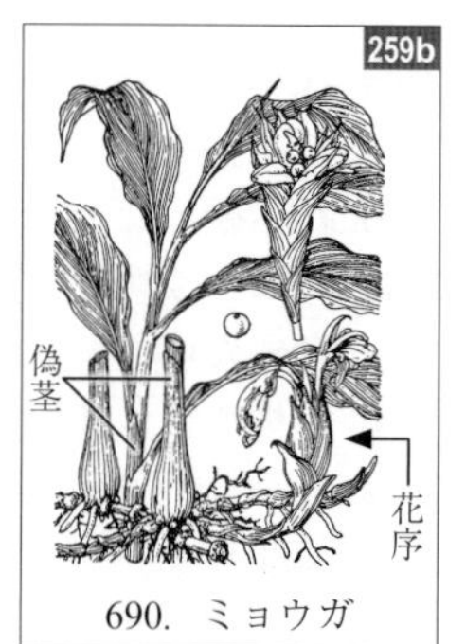

690. ミョウガ

263a. 心皮は多数あり，環状に配列して互いに離生し(果実期には合生)，柱頭は互いに分離する．果実は黒熟する ……………… **ヤマゴボウ属**(3025～3027)

b. 心皮は1個．果実は赤熟する ……… **ジュズサンゴ**(3028)

264a. 花は十字形で果実は長角果または短角果(アブラナ科) ……………… **265**

b. 花は十字形ではない．果実は長角果や短角果ではない ……………… **272**

265a. 子房柄は果実期に著しく伸びる．雄蕊は花弁よりも長い ……………… **ハクセンナズナ**(2762)

b. 子房に柄はない．雄蕊は花弁よりも短い ……………… **266**

266a. 果実は裂開せず，1個の種子を含む ……………… **タイセイ属**(2782，2783)

b. 果実は裂開する ……………… **267**

267a. 果実は短角果で，扁平な面の中心線から2つに裂開する ……………… **マメグンバイナズナ属**(2722～2724)，**マガリバナ**(2760)，**グンバイナズナ**(2781)

b. 果実は長角果，ごくまれに扁平な短角果で，後者の場合2つの扁平な面の接続部から裂開する ……………… **268**

268a. 植物体は無毛か，分枝しない毛がある．花は黄色 ……… **269**

b. 植物体には分枝毛か星状毛がある ……………… **270**

269a. 花は径1 cm以上 ……………… **ニオイアラセイトウ**(2755)➡検索S-271cにあり，**アブラナ属**(2788～2799)

b. 花は径8 mm以下 ……………… **ヤマガラシ属**(2733，2734)，**イヌガラシ属**(2736～2741)

270a. 果実は扁平 ……………… **ニワナズナ**(2759)，**ナンブイヌナズナ**(2773)

b. 果実は円柱形で細長い ……………… **271**

271a. 花は白色～帯紫色 ……………… **ハタザオ**(2725)，**エゾハタザオ**(2728)，**ハナハタザオ**(2756)，**ハナナズナ**(2763)，**ヤマハタザオ属**(2764，2768，2769)

b. 花は黄色，まれに橙赤色～赤色 …… **エゾスズシロ**(2754)，**ニオイアラセイトウ**(2755)，**カキネガラシ属**(2784～2786)

c. 花は濃赤紫色．栽培 ……… **ニオイアラセイトウ**(2755)，**アラセイトウ属**(2757，2758)

272a. 花は左右対称 ……………… **273**

b. 花は放射相称 ……………… **275**

273a. 花冠は離弁 ……………… **ヒメハギ属**(1809～1813)，**ヒナノカンザシ**(1814)

b. 花冠は合弁 ……………… **274**

274a. 花冠は仮面状で距がある．花序にある苞と葉は大きさが異なる ……………… **ウンラン**(3587)，**マツバウンラン**(3588)，**キンギョソウ**(3589)

b. 花冠は仮面状ではなく，距はない．花序にある苞は葉から連続的に移行する ……………… **ゴマ**(3653)，**シオガマギク属**(3852，3853)

3026．ヤマゴボウ

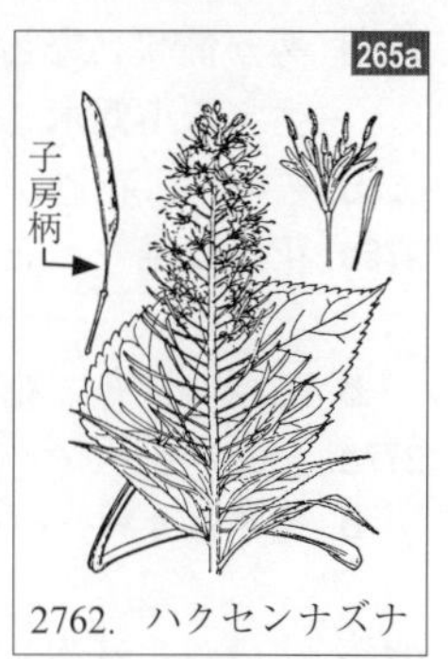

2762．ハクセンナズナ

2782．ハマタイセイ

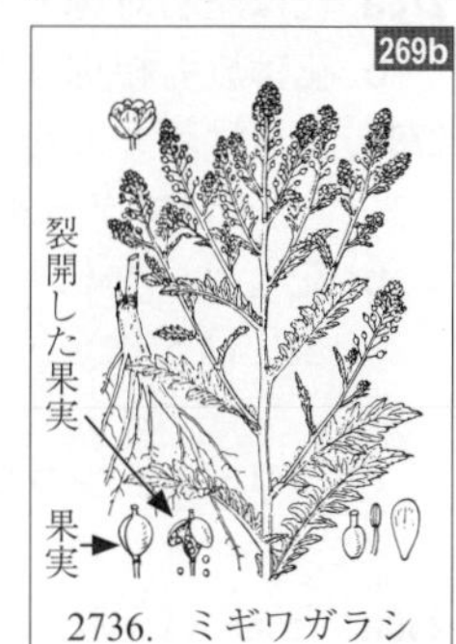

2736．ミギワガラシ

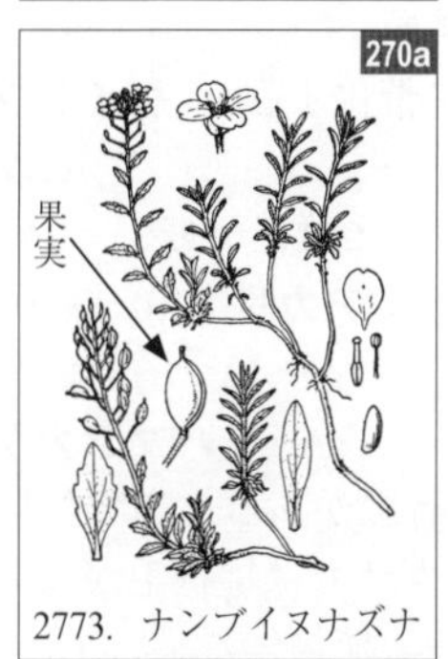

2773．ナンブイヌナズナ

2728．エゾハタザオ

2755．ニオイアラセイトウ

1809．ヒメハギ

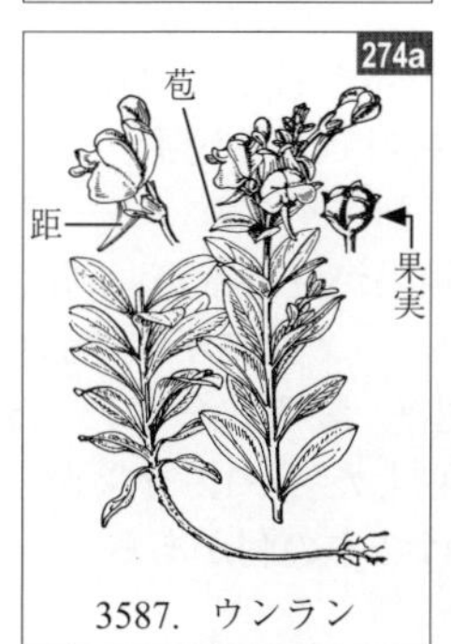

3587．ウンラン

3852．シオガマギク

275a. 萼が筒状になって先端が4裂し，花弁はない．草原に生える小低木……………………………… **コガンピ**(2706)

b. 萼の他に花冠がある．草本 ……………………………… **276**

276a. 花冠は離弁．花弁は細く裂ける ……………………………… **モクセイソウ属**(2715, 2716)

b. 花冠は合弁．花冠裂片(花弁)は細裂しない ……………… **277**

277a. 花弁は5枚 ……………………………… **コナスビ属**(3151〜3157)

b. 花弁は4枚 ……………………………… **ホソバヒメトラノオ**(3619), **タチイヌノフグリ**(3631)

278a. 花は左右対称……………………………… **ミゾカクシ属**(3919〜3922)

b. 花は放射相称……………………………… **279**

279a. 花冠は離弁で花弁は4枚 ……………… **ヤナギラン**(2501), **イロマツヨイ**(2511), **マツヨイグサ属**(2512〜2518)

b. 花冠は合弁(シデシャジンでは基部近くまで裂ける)で裂片は5枚 ……………………………… **キキョウ**(3892), **ホタルブクロ属**(3895〜3898, 3901), **ツリガネニンジン属**(3902〜3905, 3909, 3912, 3913, 3916), **シデシャジン**(3918)➡検索S-332aにあり

280a. 花被片は乾膜質で鋭頭……………………………… **281**

b. 花被片は草質で鈍頭 ……………………………… **282**

281a. 花序は穂状で時に帯化する…… **ケイトウ属**(2981, 2982)

b. 花序は円錐状……………………………… **ヒユ属**(2983〜2991)

282a. 花は両全性か,両性花と雌花がある…… **ハリセンボン**(3007), **アリタソウ**(3008), **ウラジロアカザ**(3010), **アカザ属**(3014〜3019)

b. 花は単性……………………………… **ホウレンソウ**(3009), **ハマアカザ属**(3011〜3013)

283a. 葉に3または5行脈がある．植物体に星状毛があることが多い(エノキグサでは星状毛がない) ……………… **284**

b. 葉に3行脈はない．植物体に星状毛はない ……………… **289**

284a. 葉身の基部付近に1対の尾状の附属体がある ……………………………… **ツナソ属**(2649〜2651)

b. 葉身の基部付近に尾状の附属体はない ……………… **285**

285a. 花は単性で小型．雄花は葉腋に側生する短い枝先に穂状花序につき，雌花はその下の心臓形の苞葉の腋に数個つく ……………………………… **エノキグサ**(2396)

b. 花は両全性．花序の基部に苞葉はない ……………… **286**

286a. 果実は円柱形で星状毛があり，裂開する ……………………………… **カラスノゴマ**(2665), **ヤンバルゴマ**

Helicteres angustifolia L.(アオイ科．汎熱帯性の半低木で日本では南西諸島に生える．葉身は倒披針状長楕円形，全縁か微細鋸歯縁)

b. 果実はほぼ球形で細長くない ……………………………… **287**

287a. 果実は蒴果で単純毛が生えるが，刺はない ……………………………… **ノジアオイ**(2653), **ゴジカ**(2666)

b. 果実は鈎毛を密生し,裂開しない…… **ラセンソウ**(2647)

c. 果実は環状に配列した5〜12分果からなり，分果の背面または先端には2本の刺がある ……………………………… **288**

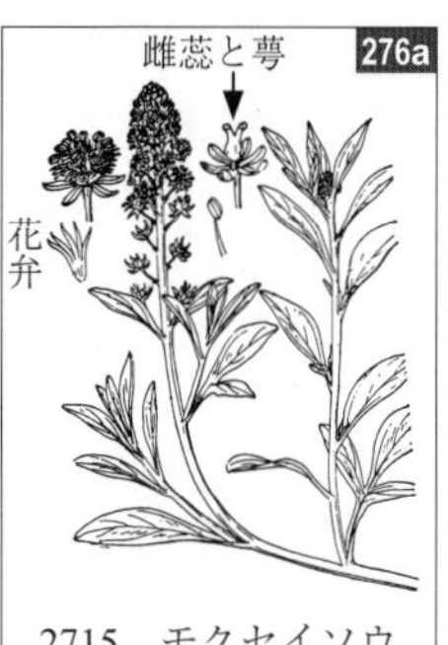

2715. モクセイソウ

3154. オカトラノオ

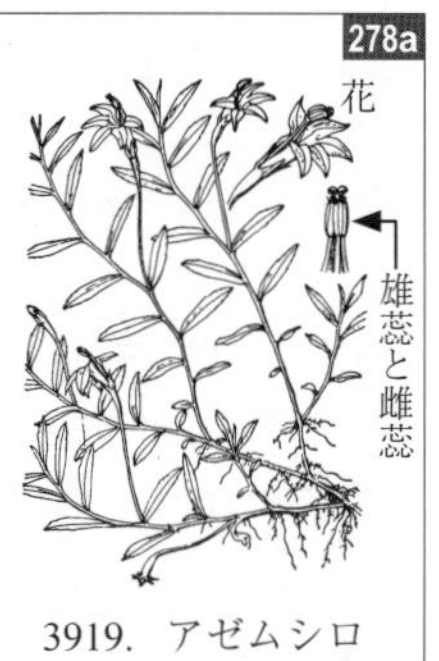

3919. アゼムシロ

2501. ヤナギラン

3897. シマホタルブクロ

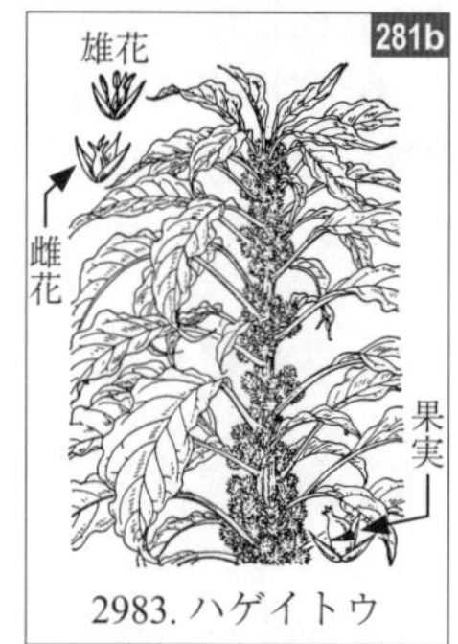

2983. ハゲイトウ

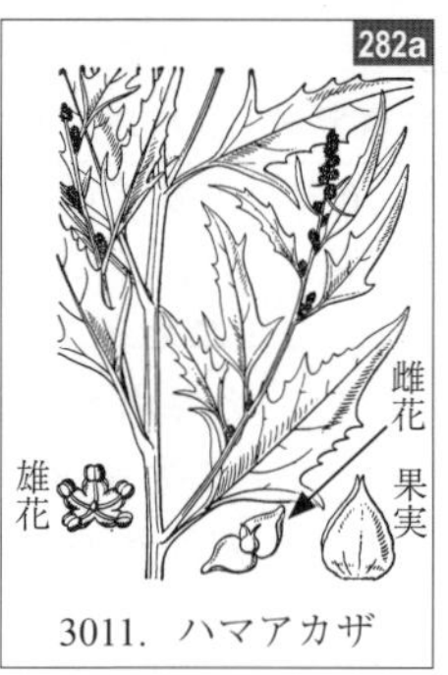

3011. ハマアカザ

2396. エノキグサ

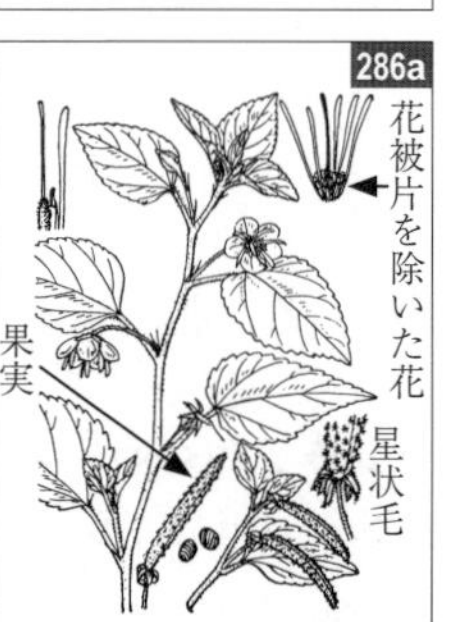

2665. カラスノゴマ

287b
果実(蒴果)
2647. ラセンソウ

288a. 萼の直下に 3 枚の線形の小苞がある
……………………………………………… **エノキアオイ**(2672)

b. 萼の直下に小苞はない…………………… **キンゴジカ**(2670)

289a. 葉は斜上する枝に多数 2 列に並び，一見羽状複葉のように見える．花は多数の葉腋に単生，時に数個束生し，下垂する……………………… **コミカンソウ属**(2439～2442)

b. 葉や花は上のようではない ………………………………**290**

290a. 花序は複散形状 ……………… **ホタルサイコ属**(4431～4433)

b. 花序は複散形状ではない ……………………………………**291**

291a. 花序の枝は集散状または巻散状で，茎頂から輪生状に出るか，上部の節から互生または対生し，全体として平頂または散房状の花序をつくる．心皮は 3 個以上で輪生し，柱頭は心皮ごとに分離して合生しない………**292**

b. 花序の枝は輪生状に出ない. 心皮は上のようではない……**297**

292a. 多肉植物．花は黄色，白色，または帯赤色(ベンケイソウ科) ……………………………………………………………**293**

b. 葉は多肉ではない．花は白色または帯紅紫色 …………**296**

293a. 葉は全縁……………… **マンネングサ属**(1601～1604，1607)

b. 葉は鋸歯縁 ……………………………………………………**294**

294a. 雌雄異株．心皮は果実期にも直立する．根茎の先(地上茎の直下)に多数の鱗片状の葉がある
………………………………………… **イワベンケイ属**(1576，1577)

b. 花は両全性．心皮は果実期には開出する．根茎の先(地上茎の直下)に鱗片状の葉がない ………………………………**295**

295a. 花は黄色. 花序は頂部平坦…… **キリンソウ属**(1572～1574)

b. 花は白色～淡緑色または帯紅紫色．花序は散房状複集散花序 ………………………… **ベンケイソウ属**(1585～1588)

296a. 花序の枝は輪生状に出て，巻散状で分枝しない
……………………………………………… **タコノアシ**(1609)

b. 花序の枝は輪生状に出ずに分枝し，花序は全体として散房状．花序の周囲には普通装飾花がある
……………………………………………… **クサアジサイ**(3069)

297a. 心皮は 2 個あって対生し，花柱は心皮ごとに分離しているため果実は 2 角状となる(ユキノシタ科) …………**298**

b. 心皮は複数あって互いに合生し，球状または円柱状の子房をつくる．花柱は少なくとも基部が合生する(アマ属では基部まで離生することが多い) …………………**299**

298a. 花は 4 数性．花序は上部まで大形の苞がある
………………………………………… **ネコノメソウ属**(1555，1556)
(葉が対生する種は検索 L-8a 参照)

b. 花は 5 数性．花序の苞はごく小さい
……………………… **シコタンソウ**(1539)，**クモマグサ**(1557)

299a. 花は左右対称…………………………………………………**300**

b. 花は放射相称…………………………………………………**303**

300a. 花は下垂してつき，距がある ………………………………**301**

b. 花は直立するか横向きにつき，距はない ………………**302**

301a. 托葉はない …………………… **ツリフネソウ属**(3083～3086)

b. 托葉がある……**スミレ属**(2315, 2320, 2364)(検索N-65b も参照)

2670. キンゴジカ

2439. コミカンソウ

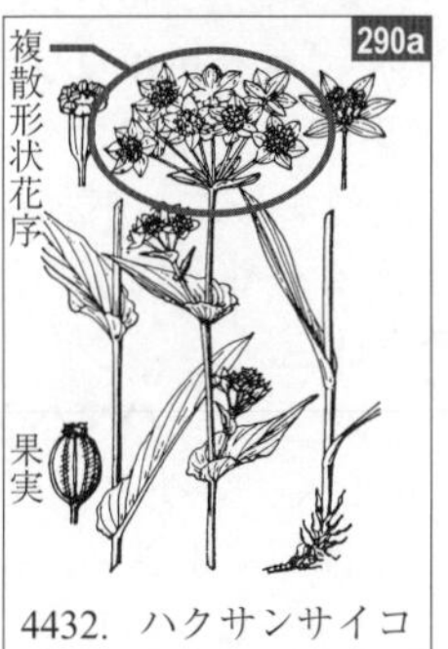

4432. ハクサンサイコ

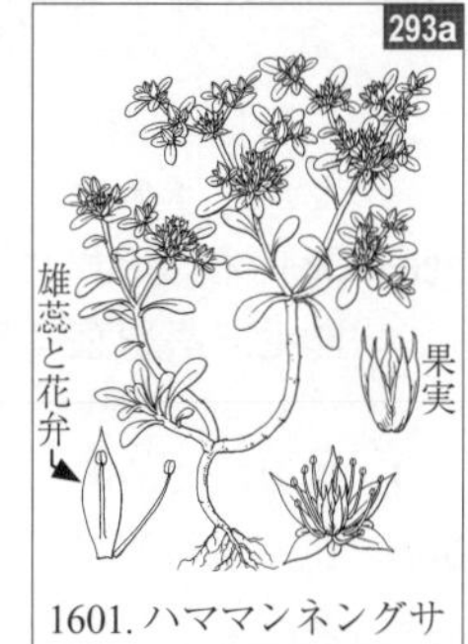

1601. ハママンネングサ

1576. イワベンケイ

1572. エゾノキリンソウ

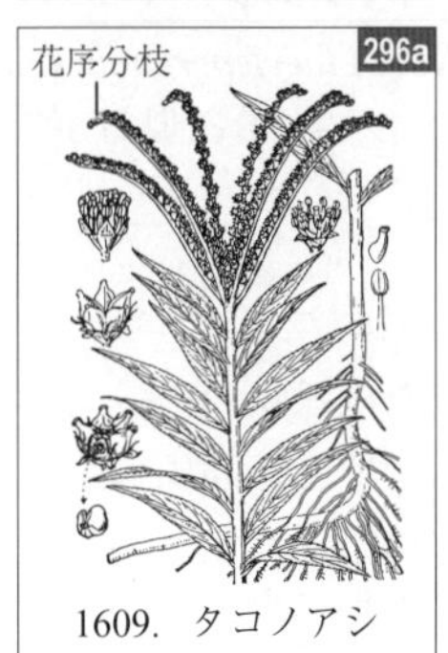

1609. タコノアシ

3069. クサアジサイ

1557. クモマグサ

3083. ツリフネソウ

302a. 花は腋生の総状花序につく ……**ヒメハギ属**(1809, 1810)
b. 花は葉腋に単生する
……**アゼムシロ**(**ミゾカクシ**)(3919)➡検索 S-278a にあり
303a. 子房上位……**304**
b. 子房下位……**326**
304a. 花序は巻散状で花冠は合弁．果実は分果を形成することが多い(ムラサキ科)……**305**
b. 花序は巻散状ではない(アマ属ではやや巻散状となることがある)．果実は分果に分かれない……**310**
305a. 子房は分裂しない．果実は 1 個の石果
……**キダチルリソウ属**(3512〜3514)
b. 子房は 4 裂する．果実は 4 分果に分かれるが，時に 1 ないし 2 個のみが成熟することがある……**306**
306a. 北日本の海岸に生えるやや多肉質の匍匐性草本で全体無毛．茎や葉は帯青白色
……**ハマベンケイソウ**(3515)
b. 植物体は多肉質ではなく，多少とも有毛……**307**
307a. 花冠は鐘形で，裂片はごく小さい．茎に多少とも翼のあることが多い……**ヒレハリソウ属**(3529, 3530)
b. 花冠は車形またはやや高杯形で，裂片は顕著で開出する．茎に翼はない……**308**
308a. 分果の先は長く伸長し，鈎状となる
……**サワルリソウ**(3531)➡検索 P-13c にあり
b. 分果の先は鈎状にはならない……**309**
309a. 分果には微細な鈎刺がある
……**ルリソウ**(3520)，**オオルリソウ属**(3527, 3528)
b. 分果には鈎刺はない……**ワスレナグサ**(3519)，**ハナイバナ**(3522)，**キュウリグサ属**(3523, 3524)，**ホタルカズラ**(3532)，**イヌムラサキ**(3533)，**ムラサキ**(3534)
エチゴルリソウ *Nihon laevispermum* (Nakai) A.Otero et al.
(ルリソウ(3520)に似るが分果に鈎刺がない)
310a. 花冠は離弁……**311**
b. 花冠は合弁……**312**
311a. 花序は円錐状……**ハゼラン**(3036)
b. 花序は複集散状または総状……**アマ属**(2431〜2434)
312a. 匍匐性の常緑小低木で主に高山に生える(ツツジ科)
……**313**
b. 草本で低地または山地に生えるか，栽培される……**315**
313a. 葉身は縁以外も有毛……**イワナシ**(3226)，**ハリガネカズラ**(3292)
b. 葉身は無毛か，縁のみ有毛……**314**
314a. 葉は披針形ではない．萼は果実期にも宿存し，多肉質となって果実を包む……**シラタマノキ属**(3293, 3294)
b. 葉は披針形．萼は多肉質とならない
……**ヒメシャクナゲ**(3291)
315a. 植物体に腺毛を密生し，粘る．栽培
……**タバコ属**(3469, 3470)，**ヒヨス**(3474)
b. 植物体に腺毛はない……**316**

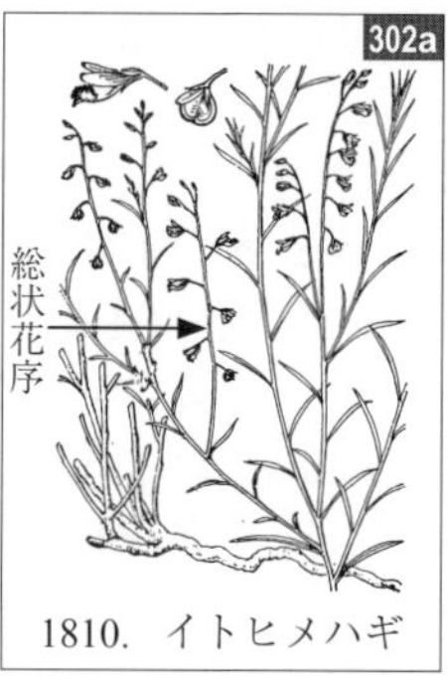

1810. イトヒメハギ

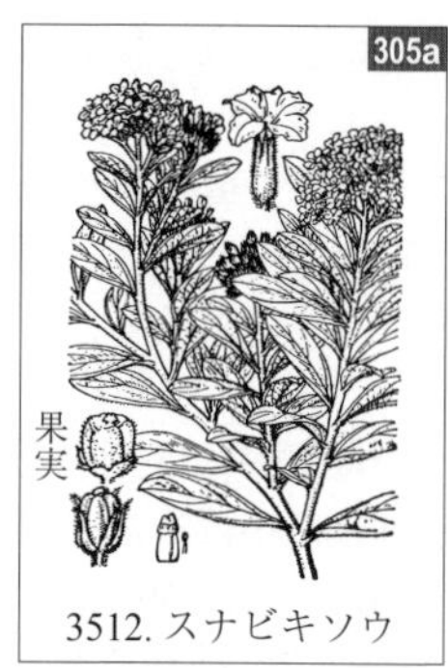

3512. スナビキソウ

3515. ハマベンケイソウ

3529. ヒレハリソウ

3520. ルリソウ

3036. ハゼラン

2432. シュクコンアマ

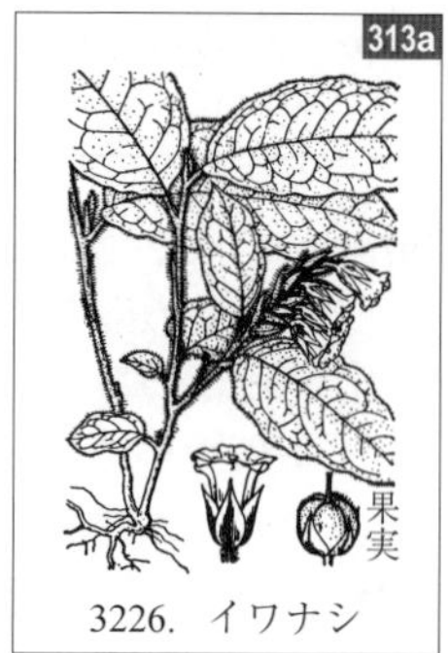

3226. イワナシ

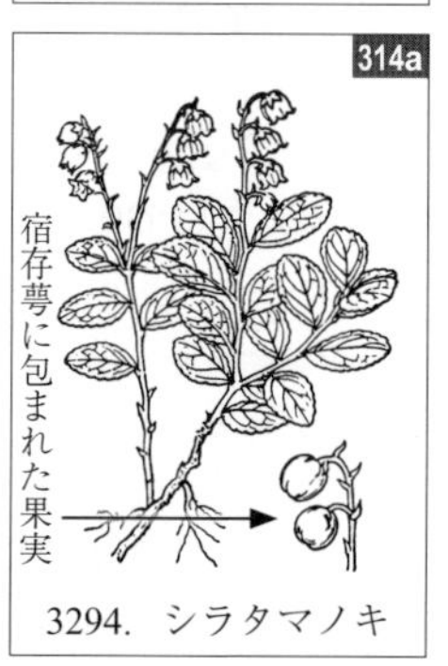

3294. シラタマノキ

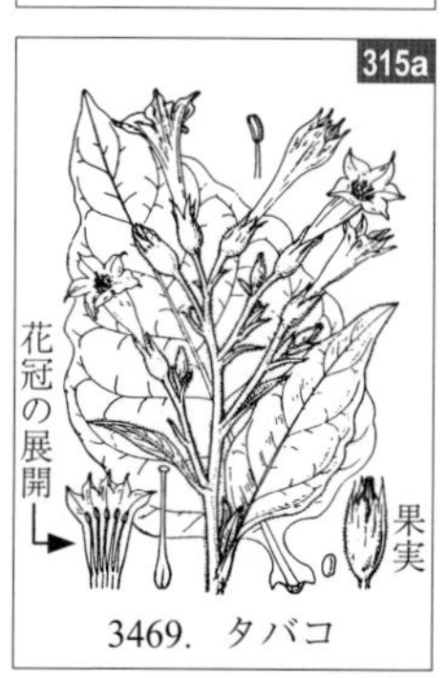

3469. タバコ

316a. 茎は長く伸び，先端は倒れて地面に着くとそこから発根して新たな個体となる．花序は腋生で密な穂状花序 ……………… **クガイソウ属**(3602，3603)

b. 茎は上のようではない ……………… **317**

317a. 萼は花後大きくなって果実を包む ……………… **318**

b. 萼は花後大きくならない ……………… **320**

318a. 果実は蒴果. 地下に太い根茎がある …… **ハシリドコロ**(3473)

b. 果実は液果．根茎はないか，あっても細い ……………… **319**

319a. 萼は果実に密着しない ……………… **オオセンナリ**(3475)，**ヤマホオズキ**(3502)，**ホオズキ属**(3503～3506)

b. 萼は果実に密着する ……… **イガホオズキ属**(3500，3501)

320a. 花は葉腋に単生する．果実は蒴果 ……………… **321**

b. 花は 2 個以上が花序をつくる(植物体の一部で葉腋に花が単生することがある)．果実は液果 ……………… **324**

321a. 匍匐性の多年草で，茎の先端に越冬芽をつくり，冬はその部分以外は枯死する．葉は羽状に深裂～全裂 ……………… **キクガラクサ**(3593)➡検索 S-219b にあり

b. 直立または斜上する一年草または多年草で，やや匍匐する場合でも茎の先に越冬芽はつくらず，葉は全縁～せいぜい羽状中裂 ……………… **322**

322a. 大形の草本．花冠は漏斗形で大きく，直立する ……………… **チョウセンアサガオ属**(3476，3477)

b. 中形～小形の草本．花冠は車形で小さい ……………… **323**

323a. 多年草または半低木だが栽培下ではしばしば一年草となる．花は下向きに咲く．蒴果は球形，紡錘形または円錐形で扁平ではない ……… **モロコシソウ**(3145)，**トウガラシ属**(3494～3498)

b. 一年草．花は下向きには咲かない．蒴果は扁平 ……………… **クワガタソウ属**(3627～3629，3631)

324a. 雄蕊は 4 本．果実は白熟する．南西諸島の林内に生える ……………… **ヤマビワソウ**(3574)

b. 雄蕊は 5 本．果実は赤，黄，紫，または黒熟する …… **325**

325a. 花は葉腋に 1～3 個束生 ……………… **メジロホオズキ**(3493)，**ハダカホオズキ**(3499)

b. 花は葉腋から離れた集散花序またはやや散形状の花序につく ……… **ナス属**(3480, 3481, 3486, 3489, 3490, 3492)

326a. 高山に生える匍匐性の小低木で果実は液果．ときに栽培される ……………… **スノキ属**(3303～3307)

b. 草本で果実は蒴果または痩果 ……………… **327**

327a. 海岸に生える多肉質の草本で全体に白い粉状毛を密生する ……………… **ツルナ**(3024)

b. 葉は多肉質ではなく，粉状毛はない ……………… **328**

328a. 葉は全縁．果実は蒴果 …… **チョウジタデ属**(2491～2493)

b. 葉は鋸歯縁 ……………… **329**

329a. 花は 4 数性で花冠は離弁 ……… **ハクチョウソウ**(2512)，**コマツヨイグサ**(2515)

b. 花は 5 数性で花冠は合弁(シデシャジンではほとんど基部近くまで 5 深裂) ……………… **330**

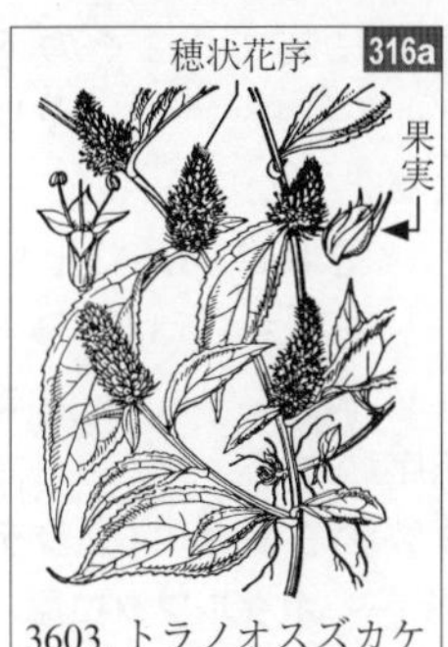

3603. トラノオスズカケ

3473. ハシリドコロ

3503. ホオズキ

322a 果実(蒴果)
3477. ヨウシュチョウセンアサガオ

3145. モロコシソウ

3628. イヌノフグリ

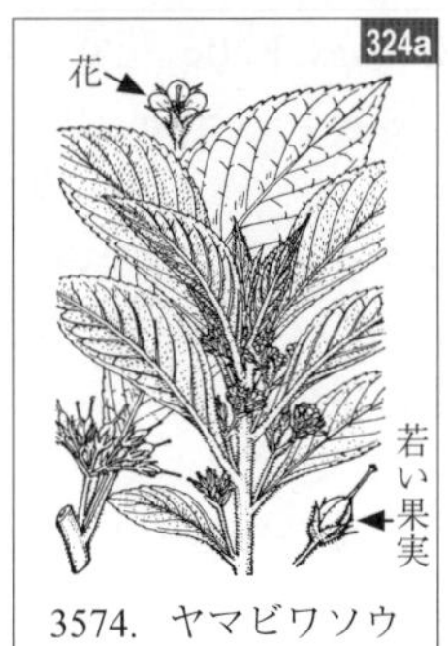

3574. ヤマビワソウ

3480. イヌホオズキ

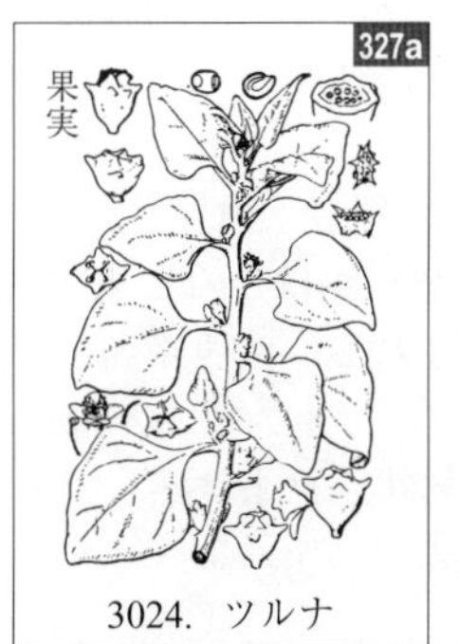

3024. ツルナ

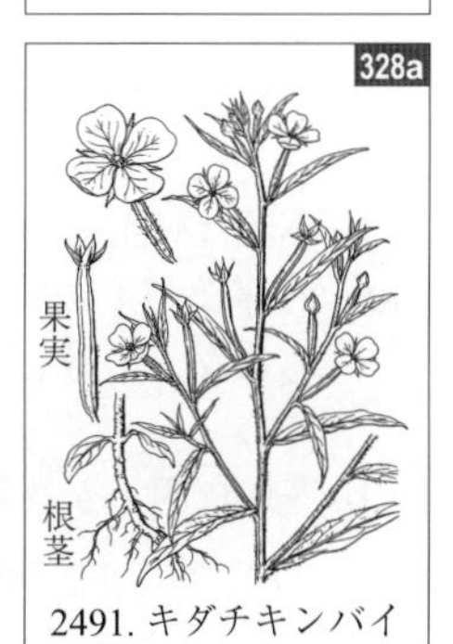

2491. キダチキンバイ

330a. 花は茎頂にやや頭状に集まり，その下の葉腋にも単生する……………… **ヤツシロソウ**(3898)
b. 花は茎頂に頭状に集まらない ……………… **331**
331a. 花は茎頂に単生し，それに加えて上部の葉腋から出ることもある ……… **キキョウ**(3892 ➡検索 R-83a にあり)，**タニギキョウ**(3894)
b. 花は頂生の円錐花序につく ……………… **332**
332a. 花冠は基部まで5裂する ……………… **シデシャジン**(3918)
b. 花冠は浅裂し，鐘形 …… **ホタルブクロ属**(3895〜3897, 3901)，**ツリガネニンジン属**(3902, 3903, 3911, 3914)
(検索 S-279b シマホタルブクロの図も参照)

2512. ハクチョウソウ

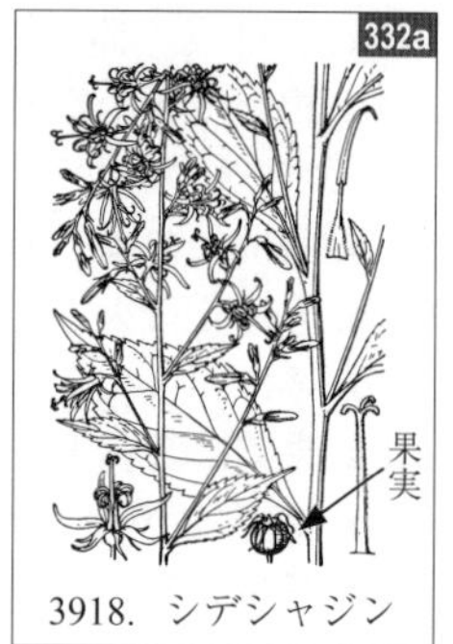

3918. シデシャジン

検索 S-1

マメ科．ただしつる性のもの(**検索 D** で扱った)，葉が円形で掌状脈を持っていたり，三出複葉のもの(**検索 N** で扱った)は除く．**検索 Q** で扱った種を含む．

1a. 木本 ……………… **2**
b. 草本 ……………… **18**
2a. 葉は単羽状複葉 ……………… **3**
b. 葉は2回羽状複葉で頂小葉はない．花冠は蝶形ではない ……………… **14**
3a. 頂小葉はない ……………… **4**
b. 頂小葉がある ……………… **7**
4a. 長枝と短枝の別が顕著ではない ……………… **5**
b. 長枝と短枝の別が顕著で，短枝上の葉は束生する．花弁は4〜5枚 …… **6**
5a. 小葉は1〜3対で大きく，長さ7〜15 cm．豆果は乾質．八重山諸島にごくまれに生える高木 ……………… **タシロマメ**(1633)➡検索 S-11a にあり，**ヤエヤマシタン**
Pterocarpus vidalianus Rolfe(花弁5枚，豆果は短く扁平で翼がある)
b. 小葉は多数ついて長さ1〜1.5 cm．豆果は多肉質．熱帯で栽培される ……………… **タマリンド**(1635)➡検索 S-11b にあり
6a. 花は総状花序に多数つき，蝶形ではない ……………… **サイカチ**(1792)
b. 花は葉腋に単生し，蝶形 ……………… **ムレスズメ**(1752)➡検索 Q-1a にあり
7a. 花序は頂生．10本の雄蕊は互いにくっつかない．果実は乾質の豆果 … **8**
b. 花序は腋生(タイワンミヤマトベラではふつう頂生)．10本の雄蕊のうち9本は互いに合生する．果実はタイワンミヤマトベラで液果状となるほかは乾質の豆果 ……………… **10**
8a. 豆果は数珠状にくびれる ……… **エンジュ**(1636)，**クララ属**(1639, 1642)
b. 豆果は数珠状にくびれない ……………… **9**
9a. 小葉は互生 ……………… **フジキ属**(1637, 1638)
b. 小葉は対生またはほとんど対生 ……………… **イヌエンジュ属**(1643〜1645)
10a. 花序はごく短い総状かほとんど束生．豆果は熟すると節ごとにばらばらになって散布される．南西諸島の海岸に生える小高木 …… **ハマセンナ**
Ormocarpum cochinchinense (Lour.) Merr.
b. 花序は明らかな総状．豆果は熟しても節ごとにばらばらにならない ……………… **11**

1792. サイカチ

1636. エンジュ

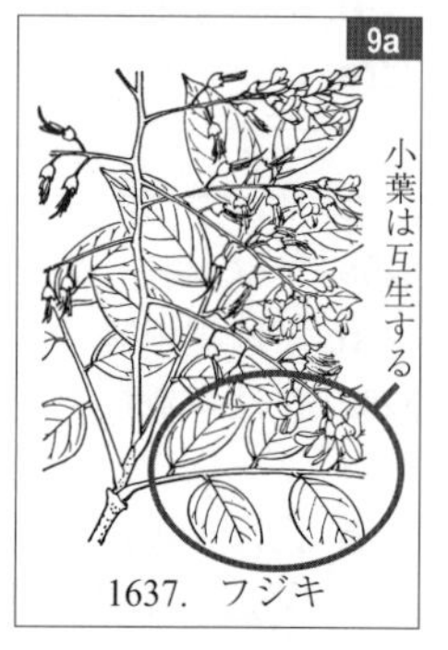

1637. フジキ

11a. 花序は下垂する．豆果は細長く扁平，多数の種子を含む …… **ハリエンジュ**（1731）

b. 花序は直立または斜上する …… **12**

12a. 豆果は円柱形で多数の種子を含む …… **コマツナギ属**（1659～1661）

b. 豆果は楕円形で 1 個の種子を含む …… **13**

13a. 豆果は扁平で果皮はコルク質．海岸に生える …… **クロヨナ**（1668）

b. 豆果は扁平ではなく，果皮は液質．沖縄県の内陸に生える …… **タイワンミヤマトベラ**（1647）

14a. 花冠は大形，花弁は鮮赤色で基部は著しく爪状に細まる …… **ホウオウボク**（1634）

b. 花冠は小さく，目立たない花弁は基部が爪状にならない …… **15**

15a. 幹に枝分かれする刺がある．花序は穂状で細長い．単羽状複生する葉が個体中に混じる …… **サイカチ**（1792）➡検索 S-1-6a にあり

b. 幹に刺はない．花序は頭状で，単生するか散房状または総状に複合する．葉は全て 2 回羽状複生 …… **16**

16a. 小葉は長さ 5～10 cm で大きく，少数つく．豆果はらせん状に曲がる．八重山諸島の林内にややまれな高木または大低木 …… **アカハダノキ**
Archidendron lucidum (Benth.) I. C. Nielsen

b. 小葉は長さ 4 cm 以下，一般には長さ 2 cm 以下で小さく，多数つく．豆果は真っすぐ …… **17**

17a. 頭状花序は枝頂に散房状に集まってつき，それに加えて上部の葉腋にも単生する …… **ネムノキ属**（1805，1806）

b. 頭状花序は腋生の枝上に多数総状に並ぶ …… **ギンヨウアカシア**（1807）

c. 頭状花序は腋生の長い柄の先に単生する …… **ギンネム**（1802），**ヒメギンネム**（1803）

18a. 葉は単葉 …… **タヌキマメ**（1649），**ササハギ**（1692）

b. 葉は複葉 …… **19**

19a. 頂小葉はない …… **20**

b. 頂小葉がある．頂小葉が巻きひげとなる場合もある …… **25**

20a. 葉柄または葉軸に腺体がある …… **センナ属**（1794, 1795）

b. 葉に腺体はない …… **21**

21a. 子房は開花後子房柄が伸長して地中に潜り，豆果は地中で熟する．栽培 …… **ナンキンマメ**（1655）

b. 豆果は地上で結実する …… **22**

22a. 小葉は 7 対以下 …… **23**

b. 小葉は 15 対以上 …… **24**

23a. 果実は熟すると節からばらばらになる …… **シバネム**（1656）

b. 果実は熟してもばらばらにならない …… **ソラマメ属**（1771，1780～1782）

1659. コマツナギ

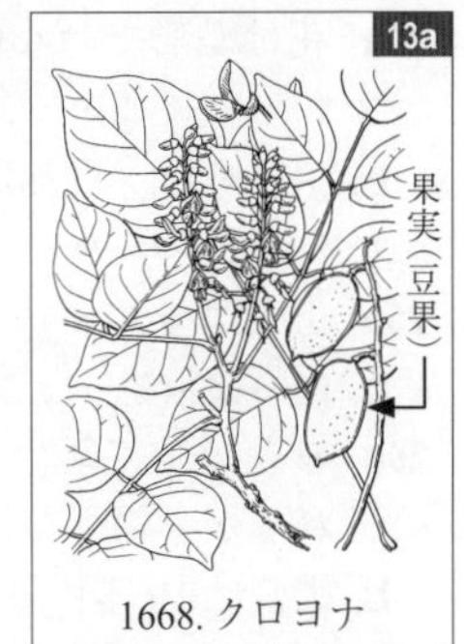

1668. クロヨナ

1634. ホウオウボク

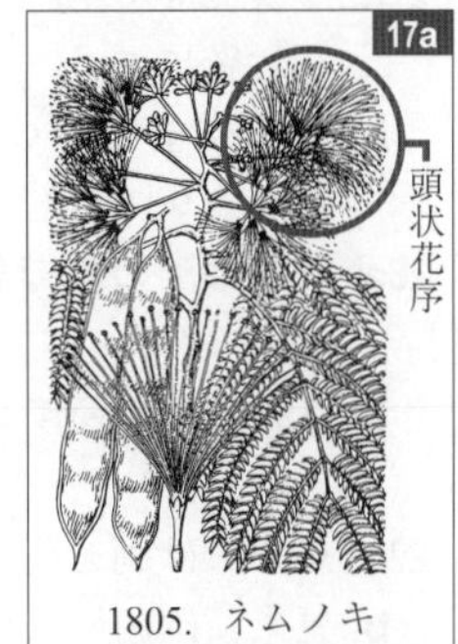

1805. ネムノキ

1807. ギンヨウアカシア

1802. ギンネム

1649. タヌキマメ

1794. ハブソウ

1655. ナンキンマメ

1771. ソラマメ

24a. 花は蝶形ではない．果実は熟してもばらばらにならない ……………………………… **カワラケツメイ**(1793)

b. 花は蝶形．果実は熟すと節からばらばらになる ……………………………… **クサネム属**(1657, 1658)

25a. 花序は頂生 ……………………………… **26**

b. 花序は腋生 ……………………………… **29**

26a. 雄蕊は全て離生．豆果は円柱形で，節のところでくびれるが，扁平ではない ………… **クララ属**(1640, 1641)

b. 雄蕊は 10 本中 9 本が合生．豆果は扁平 ………… **27**

27a. 豆果は節の所でくびれ，折りたたまれたようになる．花は密につく ………………… **フジボグサ属**(1696, 1697)

b. 豆果はまっすぐにのび，節の所でくびれるかまたはくびれない．花はまばらにつく ……………………… **28**

28a. 豆果は節の所で著しくくびれる ……………………………… **フジカンゾウ**(1707)

b. 豆果は節の所でほとんどくびれない ……………………………… **マイハギ属**(1698, 1699)

29a. 豆果には刺を密生する ……………… **イヌカンゾウ**(1736)

b. 豆果には刺はない ……………………………… **30**

30a. 豆果は熟すると節の所からばらばらになって散布される ……………………… **イワオウギ属**(1753, 1754)

b. 豆果は熟しても節からばらばらにならない ………… **31**

31a. 花は葉腋に単生または束生 ……………………… **ツルナシカラスノエンドウ**(1768)
(ヤハズエンドウ(1767)の品種)

b. 花は花序をつくって多数つく ……………………… **32**

32a. 頂小葉は巻きひげとなる ……………… **レンリソウ属**(1783～1789)(**検索 D も見よ**)

b. 頂小葉は巻きひげとならない ……………………… **33**

33a. 植物体に腺点が密にあって粘る ………… **カンゾウ**(1735)

b. 植物体は粘らない ……………………………… **34**

34a. 葉は 5 小葉からなり，下の小葉は葉の基部について托葉状となる
……… **ミヤコグサ属**(1732, 1733 ➡検索N-87a にあり, 1734)

b. 葉の最下の小葉は葉柄の先について托葉状とはならず，真の托葉はないか，あってもごく小さい ……………… **35**

35a. 小形の低木あるいは半低木，茎は這わない．小葉柄がある．茎や葉に丁字毛をつける．豆果は円柱形でふくらまない …………………… **コマツナギ属**(1659～1661)

b. 多年草または 2 年草で茎の下部が這うものがある．茎や葉は無毛か，無柄の 2 分毛をつける．小葉柄はない．豆果は紡錘形で多少ともふくらむ(モメンヅル(1741)ではほとんどふくらまない)…… **ゲンゲ属**(1741～1746)

1793．カワラケツメイ

1657．クサネム

1640．クララ

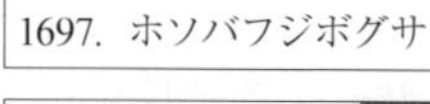

1697．ホソバフジボグサ

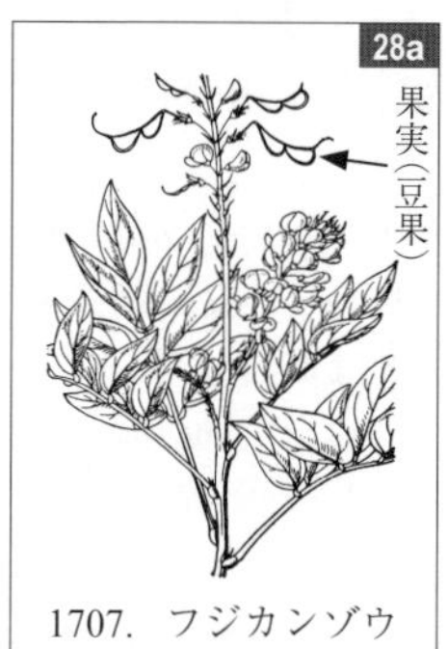

1707．フジカンゾウ

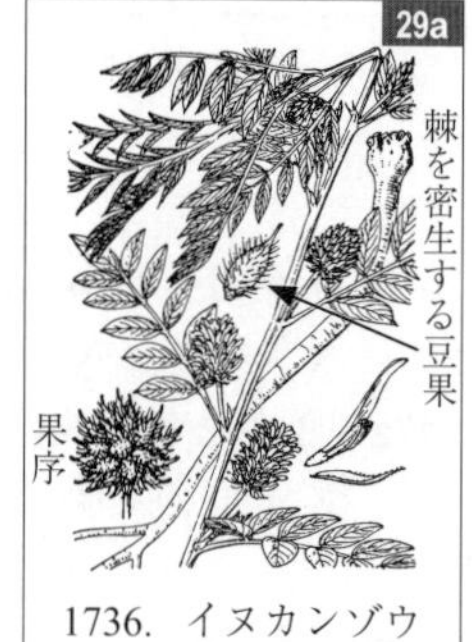

1736．イヌカンゾウ

1753．イワオウギ

1783．レンリソウ

1660．ニワフジ

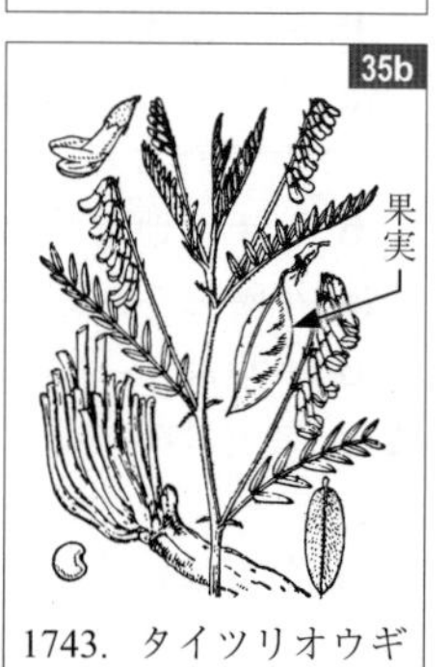

1743．タイツリオウギ

検索 S-2

キク科．ただし葉が対生のもの(**検索 M，R** で扱った)，著しい根生葉があるもの(**検索 I，L，O** で扱った)，葉が茎の一部に集まるもの(**検索 N，Q** で扱った)，葉身の長さ幅がほぼ等しく掌状脈をもつもの(**検索 N** で扱った)，平行脈を持つもの(**検索 I，K** で扱った)は除く．

1a. 小花は全て舌状花のみからなる．植物体に白色の乳液が含まれる ………… **2**

b. 小花には筒状花がある．植物体に白色の乳液が含まれない ………… **11**

2a. 毛状の冠毛はない(鱗片状で小さい) ………… **3**

b. 毛状の冠毛がある ………… **4**

3a. 小花は青紫色(まれに白色)．食用に栽培され，まれに野生化する ………… **キクニガナ属**(4017，4018)

b. 小花は黄色．北日本を中心に都市部にまれに出現する帰化植物 ………… **ナタネタビラコ** *Lapsana communis* L.

4a. 冠毛は羽状に枝分かれする ………… **コウゾリナ**(4069)

b. 冠毛は羽状ではない ………… **5**

5a. 小花は帯青紫色または赤紫色 ………… **ムラサキニガナ**(4052)，**エゾムラサキニガナ**(4053)

b. 小花は黄色〜淡黄色，まれに白色でかすかに帯紫色のことがある ………… **6**

6a. 小花は多数あって頭花当り 80 以上．冠毛は基部互いに合生し，痩果から脱落しやすい …… **ノゲシ属**(4060〜4062)

b. 小花は頭花当り 50 未満 ………… **7**

7a. 植物体に星状毛がある ………… **ヤナギタンポポ**(4063)

b. 植物体に星状毛はない ………… **8**

8a. 茎の下半部や葉の裏面中央脈上に刺状毛がある ………… **トゲチシャ**(4054)

b. 茎や葉に刺状ではない毛がある …… **オオニガナ**(4051)，**ヤマニガナ**(4058)，**ミヤマアキノノゲシ**(4059)

c. 茎や葉は全体無毛 ………… **9**

9a. 大形の一〜二年草．総苞は花後基部がふくれる ………… **アキノノゲシ**(4056)，**リュウゼツサイ**(4057)

b. 中〜小形の一〜多年草．総苞は花後に基部のみがふくれることはない ………… **10**

10a. 冠毛は汚白色か褐色を帯びる(特に乾燥標本で著しい) ………… **ニガナ**(4037)，**スイラン属**(4065，4066)

b. 冠毛は純白色 ………… **アゼトウナ属**(4028〜4030)

11a. 少なくとも下部の葉は羽状全裂するか複生する(少なくとも茎の下部で葉が対生していれば**検索 R** を参照) ………… **12**

b. 葉は単葉で鋸歯縁か羽状に浅〜深裂する ………… **21**

12a. 舌状花と筒状花とがある ………… **13**

b. 筒状花のみで舌状花はないか，目立たない舌状花がある ………… **18**

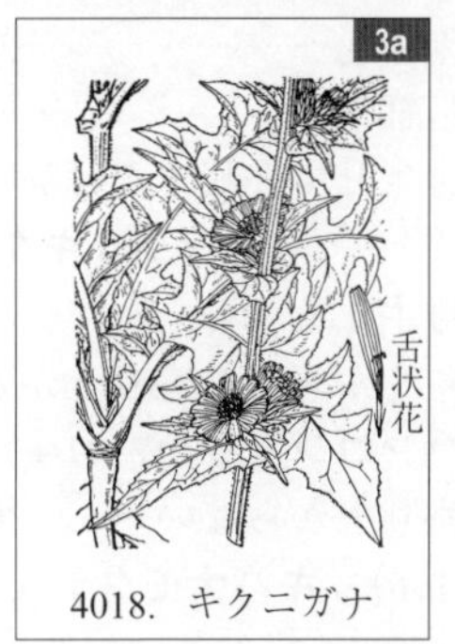

4018. キクニガナ

4069. コウゾリナ

4052. ムラサキニガナ

4060. ノゲシ

4063. ヤナギタンポポ

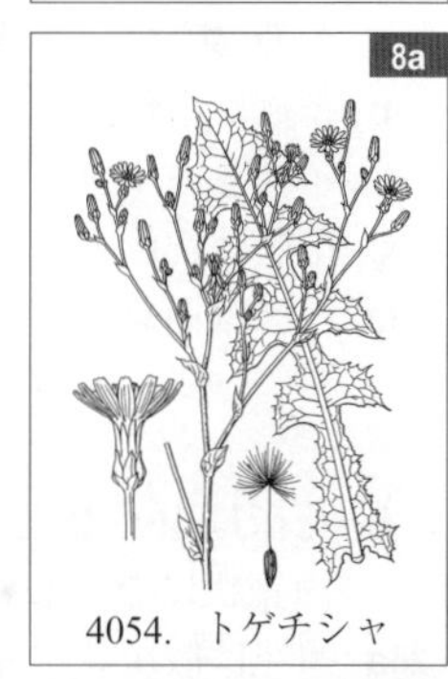

4054. トゲチシャ

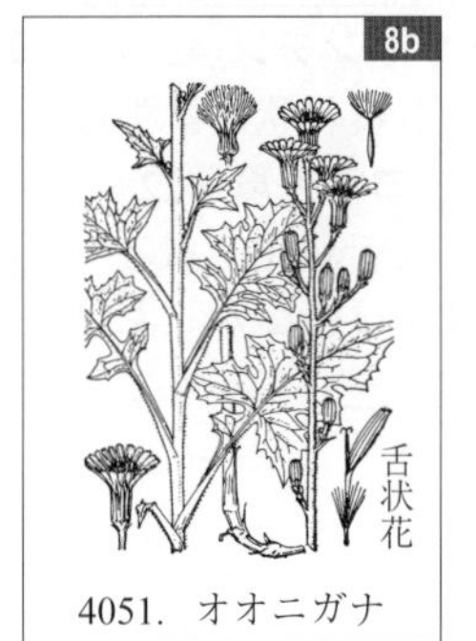

4051. オオニガナ

4056. アキノノゲシ

4037. ニガナ

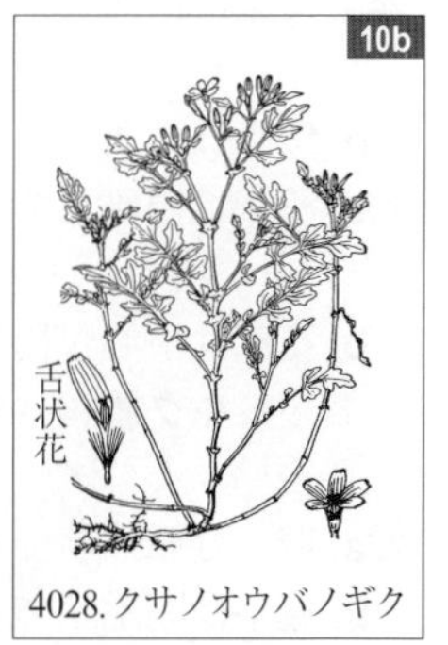

4028. クサノオウバノギク

13a. 舌状花は黄色〜朱赤色……………………………… **14**
b. 舌状花は白色〜帯紅色……………………………… **16**
14a. 総苞片は互いに合生して杯状または筒状の総苞をなす
……………………… **センジュギク属**(4283, 4284)
b. 総苞片は互いに離生する ……………………………… **15**
15a. 花床は円錐形で中心が著しく盛り上がる
……………… **オオハンゴンソウ**(4289)➡検索 S-2-25a にあり
b. 花床は円錐形に盛り上がらない ……… **サワギク**(4074), **コウリンギク**(4116), **キバナモクシュンギク**(4248 注)
16a. 一年草または越年草 ……………………… **シカギク**(4245), **カミルレ**(4246), **カミツレモドキ属**(4246 注；花床に鱗片がある点で上記 2 属と異なる)
b. 多年草または半低木 ……………………………… **17**
17a. 葉は無柄……………………… **セイヨウノコギリソウ**(4240), **アカムシヨケギク**(4244)
b. 葉は有柄……………………… **ナツシロギク**(4242), **シロムシヨケギク**(4243), **モクシュンギク**(4248)
18a. 花冠は紅紫色, まれに白色だが, 総苞の周囲には魚骨状の苞はない …… **キツネアザミ**(3989), **タムラソウ**(4012)
b. 花冠は白色. 総苞の周囲に魚骨状の苞が数枚ある
……………………………………… **オケラ**(3947)
c. 花冠は黄色〜黄緑色, 時に帯褐色 ……………………… **19**
19a. 花床は円錐状で中心が著しく盛り上がる
……………… **ブクリュウサイ**(**ブクリョウサイ**)(4141), **コシカギク**(4247)
b. 花床は中心が盛り上がらないか, 盛り上がる場合でも円錐状にならない ……………………………… **20**
20a. 頭花は散房状に集まる
……………… **イワインチン**(4214), **ヨモギギク**(4241)
b. 頭花は円錐状, まれに総状に集まる
……………… **ヨモギ属**(4228〜4231, 4234, 4236)
21a. 筒状花の他に顕著な舌状花がある ……………………… **22**
b. 筒状花のみで舌状花はないか, あっても不明瞭……… **42**
22a. 舌状花は黄色〜橙黄色……………………………… **23**
b. 舌状花は白色〜紫色 ……………………………… **30**
23a. 冠毛はない ……………………………………… **24**
b. 冠毛がある ……………………………………… **26**
24a. 痩果は湾曲し, 外側に刺状突起がある
……………………………… **キンセンカ属**(4122, 4123)
b. 痩果は湾曲せず, 刺状突起はない ……………………… **25**
25a. 花床は円錐形で中心は著しく盛り上がる
……………………… **オオハンゴンソウ属**(4289, 4290)
b. 花床は中心が円錐状に盛り上がらない
…… **キク属**(4196〜4198, 4200〜4204, 4212)(34aも参照), **シュンギク**(4249)
26a. 冠毛は鱗片状で少ない……………………………… **27**
b. 冠毛は剛毛状で多数 ……………………………… **28**

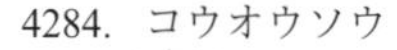
4284. コウオウソウ

4074. サワギク

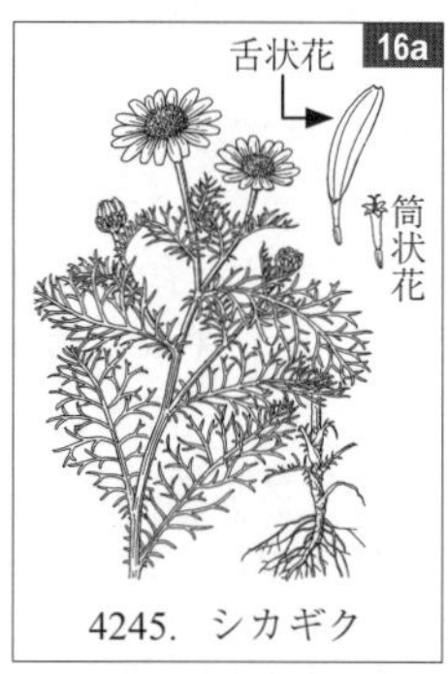

4245. シカギク

17a
舌状花
筒状花
4240. セイヨウノコギリソウ

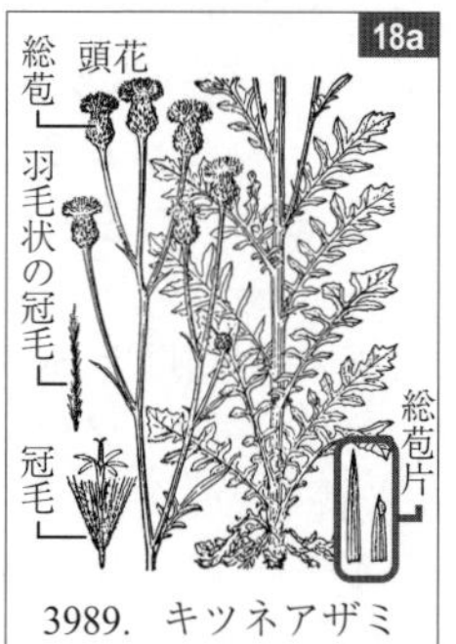

3989. キツネアザミ

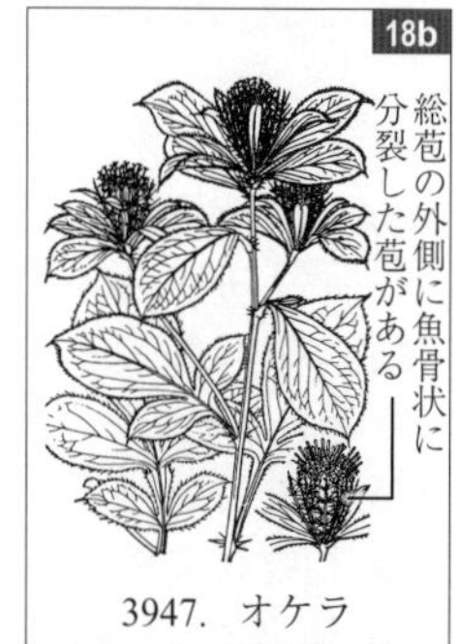

3947. オケラ

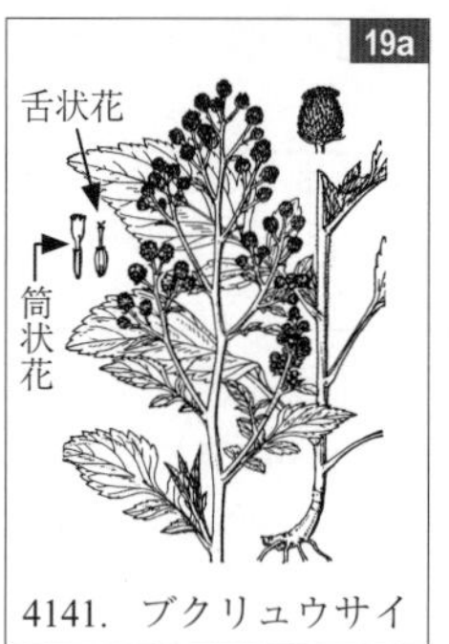

4141. ブクリュウサイ

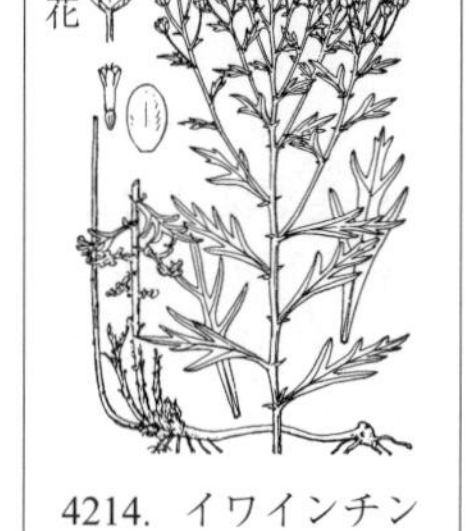

4214. イワインチン

4228. カワラニンジン

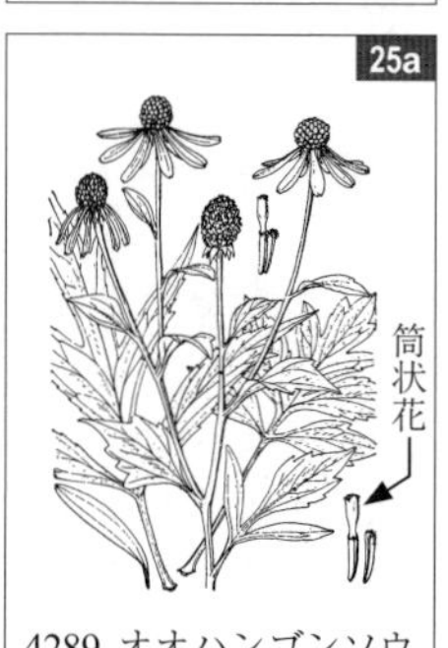

4289. オオハンゴンソウ

27a. 葉の基部は茎に延下して翼となる…… **ダンゴギク**(4265)
b. 葉の基部は茎に延下しない ……… **テンニンギク**(4266), **キクイモ**(4296)
28a. 総苞片は 1 列．植物体にわずかにくも毛があることが多い…………………………………… **キオン属**(4115, 4117, 4118)
b. 総苞片は 3～5 列．植物体にくも毛はない………………… **29**
29a. 頭花は小さく直径1cm 以下, 多くは花茎の先に大型の総状花序をつける ……… **アキノキリンソウ属**(4157～4161)
b. 頭花は大きく直径 2cm 以上，花茎上部の枝先に単生する ………………………………………… **オグルマ属**(4252～4255)
30a. ごく短い冠毛がある
…………………………………… **シオン属**(4186, 4187, 4189, 4190)
b. 冠毛はない ………………………………………………………………… **31**
c. 少なくとも筒状花には剛毛状またはやや扁平な長い冠毛がある……………………………………………………………………… **35**
31a. 花床に鱗片がある………… **ノコギリソウ属**(4238, 4239)
b. 花床に鱗片はない………………………………………………………… **32**
32a. 一年草～越年草．野菜としてまたは観賞用に栽培される ………………………………………………… **シュンギク**(4249)
b. 多年草．長い地下茎がある ……………………………………… **33**
33a. 葉は線形～長楕円形で無柄，幅は基部と中部とであまり変わらない………… **フランスギク**(4250), **ミコシギク** *Leucanthemella linearis* (Matsum.) Tzvelev(本州と九州の湿原にごくまれに生える．葉が深裂し，痩果は湿らせても粘着しない点でフランスギクと異なる)
b. 葉は有柄か，無柄に近い場合でも幅は基部が中部よりも明らかに細まる ………………………………………………… **34**
34a. 舌状花は紫色ではない．痩果は湿らせると粘着する
………… **キク属**(4196～4199, 4205～4210, 4212, 4213)
b. 舌状花は紫色．痩果は粘着しない
……………………………………………………… **ミヤマヨメナ**(4166)
35a. 舌状花冠は 5 深裂する．総苞片は著しく開出する
……………………………………………………………… **ルリギク**(4015)
b. 舌状花冠は分裂しない………………………………………………… **36**
36a. 総苞片はやや葉状となって開出する．栽培される一年草 ……………………………………………………… **エゾギク**(4165)
b. 総苞片は圧着するか，先端のみ開出する ………………… **37**
37a. 舌状花冠は糸状で幅狭い
…………………………………… **ムカシヨモギ属**(4148 ～ 4156)
(ホウキギク(4163)も見よ)
b. 舌状花冠は扁平で幅広い ……………………………………… **38**
38a. 中部以下の葉では葉身と葉柄の境界は明瞭
……………………… **タテヤマギク**(4169), **シラヤマギク**(4173)
b. 葉柄はないか，ある場合でも葉身との境界は不明瞭
……………………………………………………………………………… **39**
39a. 頭花は径 1 cm 以下で小さい
……………………………… **ホウキギク**(4163), **ヒメシオン**(4176)
b. 頭花は径 1.5 cm 以上でやや大きい…………………………… **40**

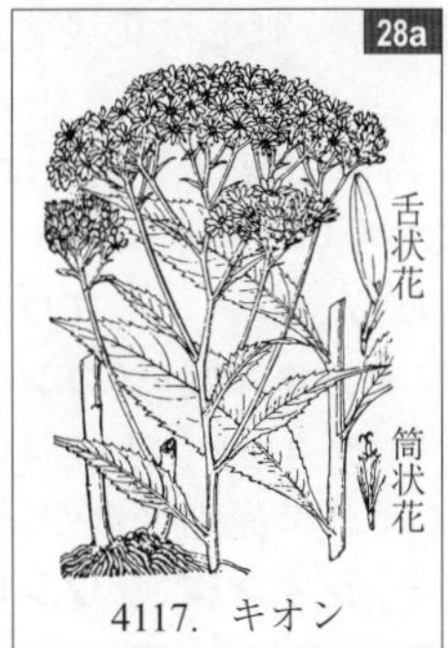

4117. キオン

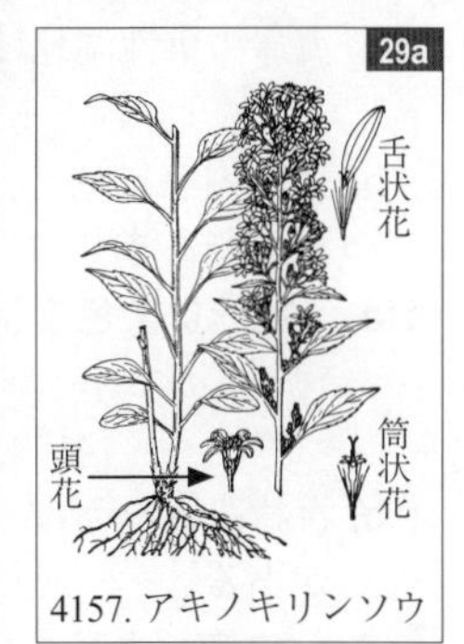

4157. アキノキリンソウ

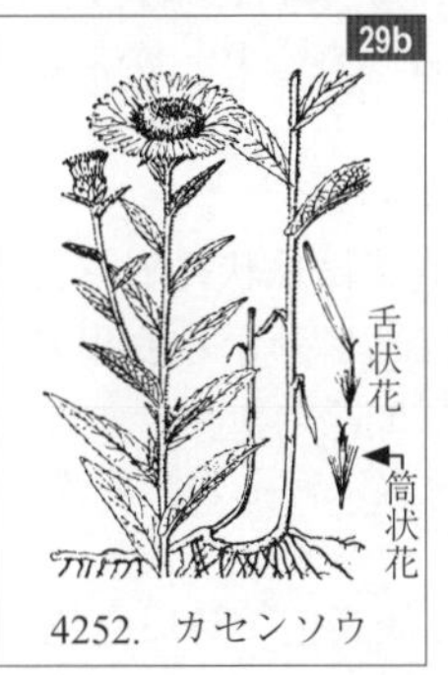

4252. カセンソウ

30a
4186. ヨメナ

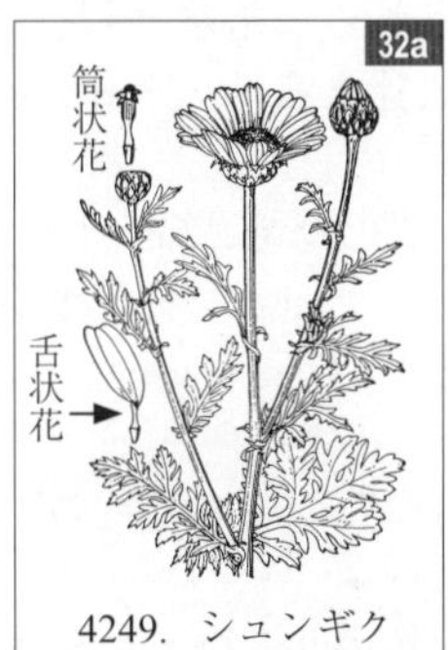

4249. シュンギク

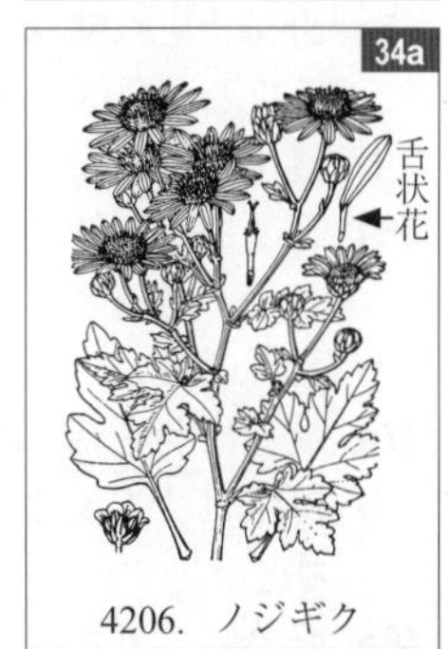

4206. ノジギク

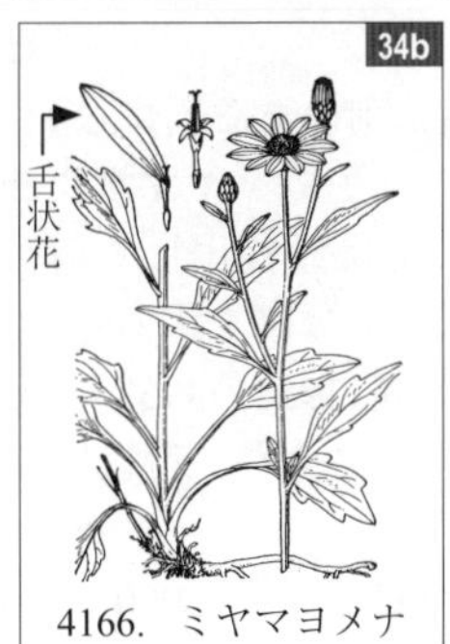

4166. ミヤマヨメナ

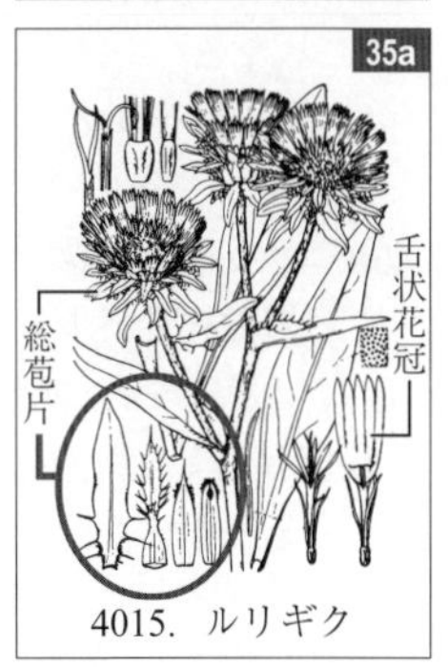

4015. ルリギク

4148. ヤナギヨモギ

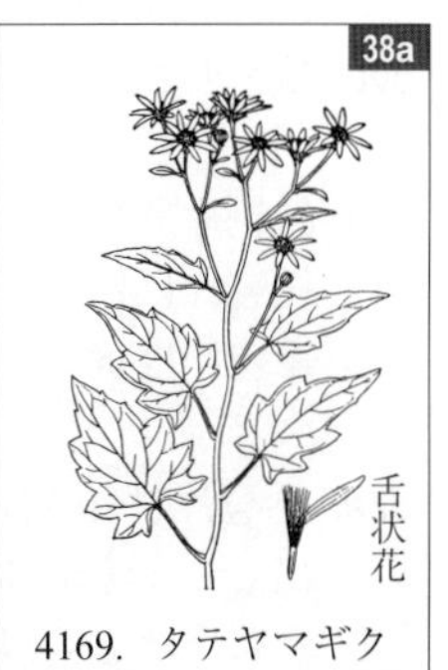

4169. タテヤマギク

40a. 海岸の塩性湿地に生え，冠毛は花後著しく伸びる ……… **ウラギク**(4144)
b. 普通内陸に生え，海岸の塩性湿地には生えない．冠毛は花後あまり伸長しない ……… **41**
41a. 舌状花は紫色を帯びる ……… **ユウゼンギク**(4162)，**シオン属**(**ノコンギク**，**シオン**等)(4174, 4175, 4181〜4183, 4185, 4193〜4195)
b. 舌状花は白色(ごくまれに先端付近が紫色を帯びることがある) ……… **シオン属**(**サワシロギク**，**ゴマナ**，**シロヨメナ**等)(4170，4171，4177，4179，4180，4184)
42a. 頭花は 1 小花のみからなり，密に集まって球状の花序をつくる ……… **ヒゴタイ**(3948)
b. 頭花は球状の花序をつくらない ……… **43**
43a. 花柱の分枝点の直下に球状に膨らんだ有毛の部分があり，筒状花冠の内部に葯から放出された花粉を花冠の外に押し出す役割をになう ……… **44**
b. 花柱の分枝点の付近に有毛の膨らんだ部分はない ……… **50**
44a. 花冠は橙赤色 ……… **ベニバナ**(4013)
b. 花冠は紫色または淡紅色，時に白色 ……… **45**
45a. 野菜として栽培される二年草. 頭花は茎頂に単生して直立し, 径 15 cm に達する ……… **アーティチョーク**(3950)
b. 頭花は径 9 cm 以下 ……… **46**
46a. 冠毛はごく短い．頭花の周辺部の小花は大形 ……… **ヤグルマギク**(4014)
b. 冠毛は長い．小花はほぼ同大 ……… **47**
47a. 冠毛は羽毛状にならない ……… **48**
b. 冠毛は少なくとも頭花の中心付近の小花のものは羽毛状 ……… **49**
48a. 晩春に開花する．葉の基部は茎に延下して刺のある翼となる ……… **ヒレアザミ**(3949)
b. 秋に開花する．茎に刺のある翼はない ……… **ヤマボクチ属**(3985〜3987)
49a. 葉の縁の鋸歯は多くは硬質化して刺状になる．花柱の枝は先端が少し開く他は直立する ……… **アザミ属**(3952，3953，3956，3964〜3984)
b. 葉の縁の鋸歯は硬質化せず，刺状にならない．花柱の枝は著しく開出する ……… **キツネアザミ**(3989)，**トウヒレン属**(3990〜3994，3996〜3998，4000，4002，4003，4005〜4007，4009，4011)
50a. 総苞片は全体的に乾膜質となり，白色または黄色半透明 ……… **51**
b. 総苞片は少なくとも中央部は草質 ……… **52**
51a. 総苞片は白色 ……… **ヤマハハコ属**(4128〜4133)
b. 総苞片は黄色〜黄褐色 ……… **ハハコグサ属**(4137，4138)，**ムギワラギク**(4139)
52a. 総苞片は 1 列に並ぶ(総苞の直下に数枚の線形の苞が出ることもあるが，それらは総苞に圧着しない) ……… **53**
b. 総苞片は 2 列以上 ……… **56**

4144. ウラギク

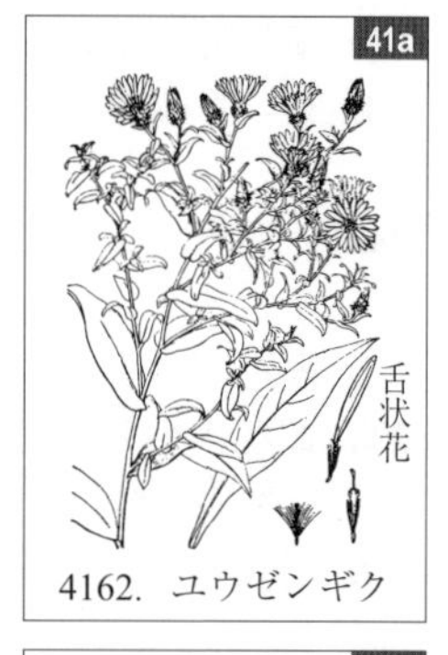

4162. ユウゼンギク

4170. サワシロギク

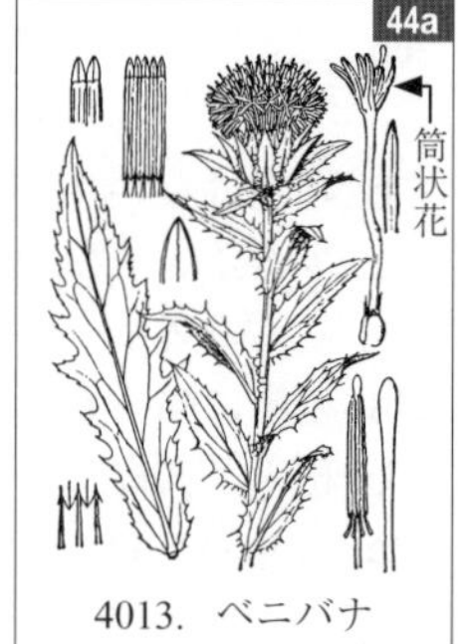

4013. ベニバナ

4014. ヤグルマギク

3949. ヒレアザミ

3985. オヤマボクチ

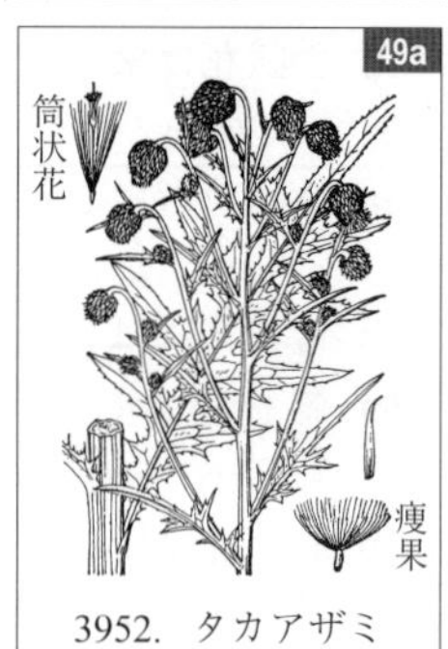

3952. タカアザミ

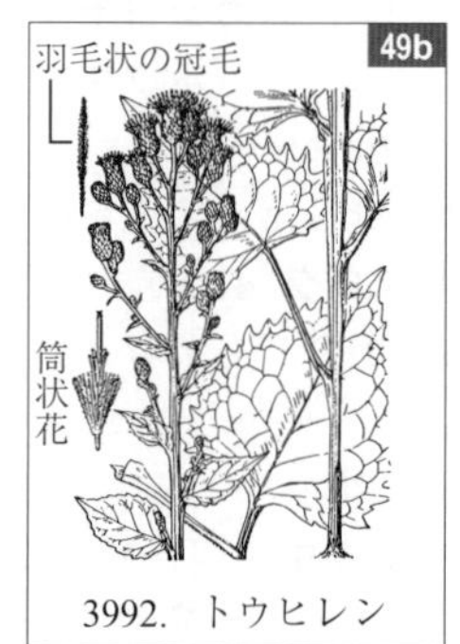

3992. トウヒレン

4128. ヤマハハコ

53a. 頭花は全て下向きに咲く ……… **ベニバナボロギク**(4111)
　b. 頭花は上向きに咲く(一部がやや横向きに咲くこともある) ……… **54**
54a. 多年草 ……… **サンシチソウ属**(4113, 4114)
　b. 小笠原諸島母島固有の低木で高さ 4 m に達する
　…… **ワダンノキ** *Dendrocacalia crepidifolia* (Nakai) Nakai
　c. 一年草 ……… **55**
55a. 植物体は粉緑色 ……… **ベニニガナ属**(4120, 4121)
　b. 植物体は緑色
　……… **タケダグサ属**(4109, 4110), **ノボロギク**(4112)
56a. 頭花は下向きに咲く ……… **57**
　b. 頭花は上向きに咲く ……… **59**
57a. 直立茎の先端から, 放射状に斜上する枝が出て, 枝の節ごとに葉とそれに隠れるように短い花序をつける
　……… **シュウブンソウ**(4178), **ヤブタバコ**(4256)
　b. 直立茎の先端から放射状に枝を出さない ……… **58**
58a. 葉は鋸歯縁で分裂しない ……… **ヒトツバヨモギ**(4221), **ヤブタバコ属**(4257, 4258, 4260〜4262)
　b. 葉は羽状に分裂する
　……… **ヨモギ属**(4216〜4220, 4222, 4227, 4235)
59a. 匍匐性の矮小草本で葉は長さ 2 cm 未満. 頭花は葉腋に単生する ……… **トキンソウ**(4264)
　b. 直立草本 ……… **60**
60a. 花冠は紅紫色. 頭花は小さく, 多数が散房状円錐花序につく ……… **ムラサキムカシヨモギ**(4016)
　b. 筒状花冠は黄色, 黄緑色, 緑白色, 白色または帯褐色 ……… **61**
61a. 剛毛状の冠毛がある ……… **62**
　b. 冠毛はないか, あっても冠状でごく短い ……… **63**
62a. 冠毛は多数. 花序は円錐状またはやや総状
　…… **カコマハグマ**(3944), **ムカシヨモギ属**(4153〜4156)
　b. 冠毛は 5 本. 頭花は数個が枝先に頭状に集まり, 3 枚の広卵形の苞で包まれる. 花冠は白色. 南アメリカ原産で沖縄や小笠原に広く帰化する
　……… **シロバナイガコウゾリナ** *Elephantopus mollis* Kunth
63a. 円錐花序に多数の頭花をつける
　……… **ブクリュウサイ**(**ブクリョウサイ**)(4141)
　➡検索 S-2-19a にあり,
　ヒメヨモギ(4220)
　b. 散房花序に多数の頭花をつける
　……… **キク属**(4211, 4213 注, 4214), **ヨモギギク**(4241)
　c. 頭花はまばらに分枝する多数の葉をつけた枝の先端に単生する ……… **ホシザキユウガギク**(4188)

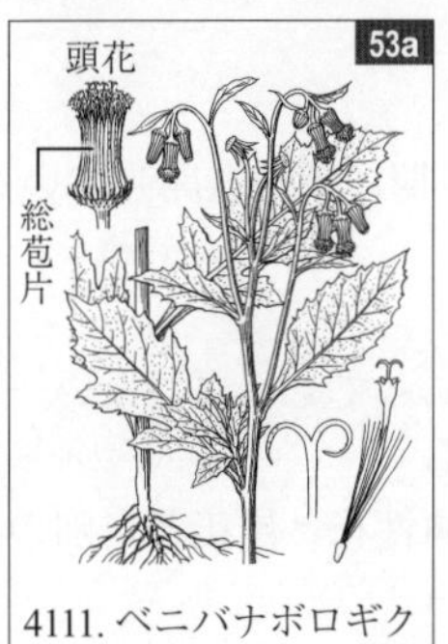

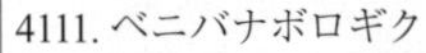
4111. ベニバナボロギク

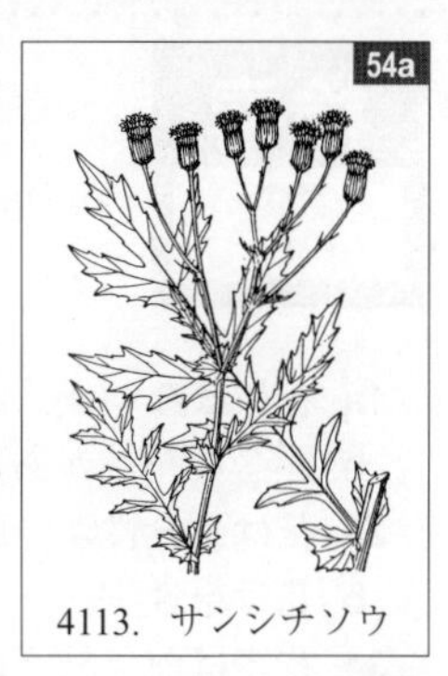

4113. サンシチソウ

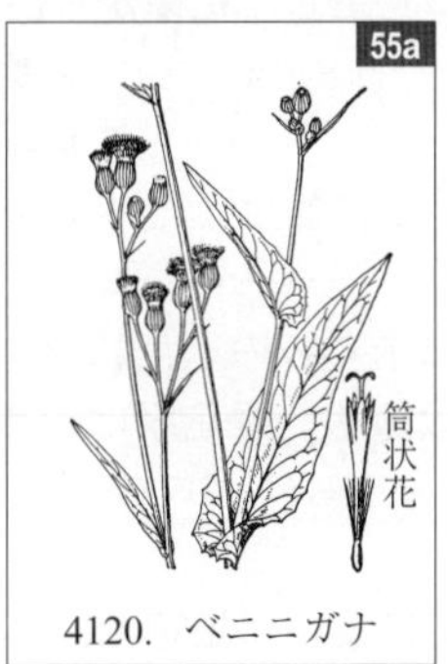

4120. ベニニガナ

4109. タケダグサ

4256. ヤブタバコ

4221. ヒトツバヨモギ

4216. カズザキヨモギ

4264. トキンソウ

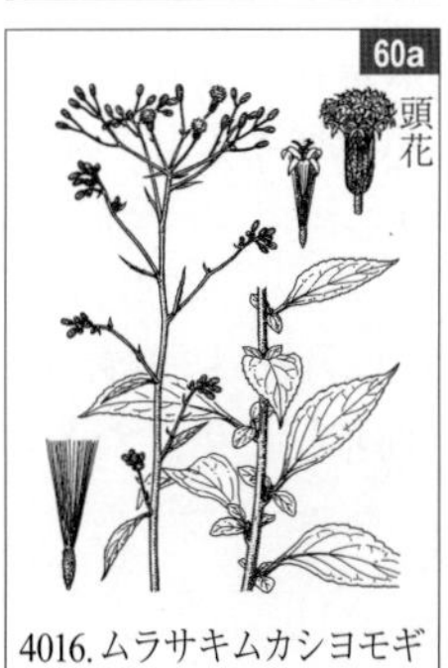
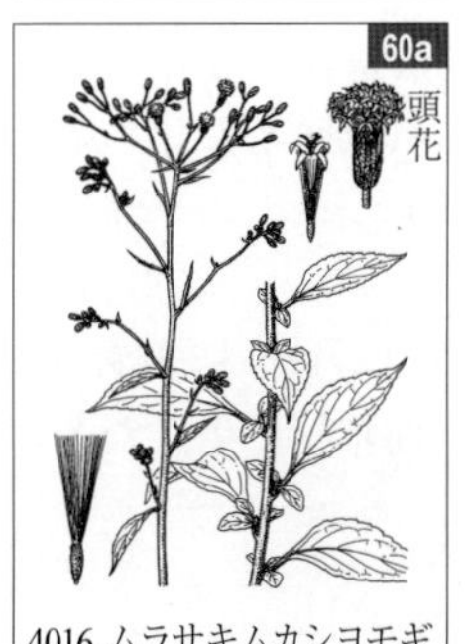

4016. ムラサキムカシヨモギ

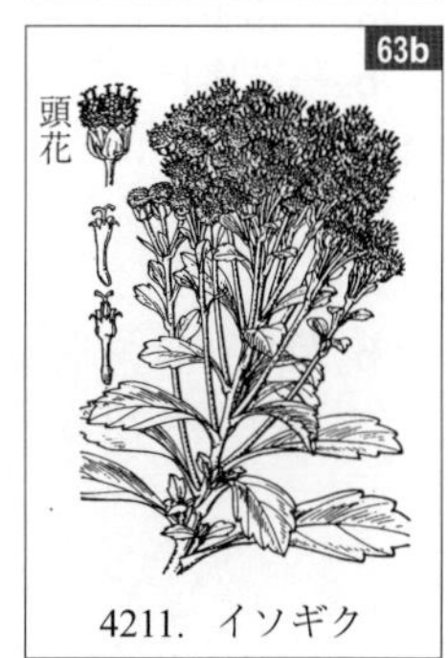

4211. イソギク

検索 T

花の時期に葉が展開していない木本

1a. 花被はないか，あっても目立たない ……**2**
b. 顕著な花被がある ……**18**
2a. 花は両全性か，両性花と雄花とが別の株につく ……**3**
b. 花は単性 ……**4**
3a. 花序は前年枝上に互生した花芽から出て，束状
…… **フサザクラ**(1284)➡検索 Q-10a にあり，
ニレ属(2073 ➡検索 S-183a にあり，2074)
b. 花序は前年枝の上部に対生した冬芽から出て，円錐状
…… **トネリコ属**(3547，3548)
4a. 花序は雄雌ともに前年枝の上部に対生した冬芽から出る短枝の先に下垂し，雄花序は散房状，雌花序は総状．花には雄雌ともに長い柄がある …… **ネグンドカエデ**(2557)
➡検索 R-5b にあり
b. 花序は上のようではない．雄花はほとんど無柄 ……**5**
5a. 雄花は頭状，総状または穂状の花序に多数つき，花序が球状の場合には長い花序柄があり，花序が円柱状の場合は花序柄はあるかまたはない．雌雄異株の場合は雌花も同様の花序につく ……**6**
b. 花序はほとんど無柄．雄花は束生するか，短い集散花序につき，雌花は単生するか束生，まれに短い穂状花序につく ……**15**
6a. 雌雄異株．花序は直立する(やや下垂する場合もあるが，その場合は枝も著しく下垂する) …… **ヤチヤナギ**(2167)➡検索 S-51b にあり，
ヤナギ属(2373～2375，2378～2393)(検索 S－196a も参照)
b. 雄花序は下垂する ……**7**
7a. 雌雄異株．雌花序は雄花序とほぼ同長で下垂する．花序は雌雄共に春に冬芽の中から現れる ……**8**
b. 雌雄同株．雌花序は雄花序よりも著しく短く，直立またはやや下垂する(ウダイカンバでは雌花序は雄花序の半分程度の長さがあり，著しく下垂するが，雄花序は冬芽に包まれない) ……**9**
8a. 側芽は向軸側で縁が重なり合う 1 個の鱗片で包まれる．花は無柄
…… **ヤナギ属**(2376，2377)
b. 側芽は数個の鱗片で包まれる．花は有柄
…… **ヤマナラシ属**(2369～2371)
(検索 Q－4a ヤマナラシ，S－139a セイヨウハコヤナギの図も参照)
9a. 雄花序は長い ……**10**
b. 雄花序はほぼ球形で長柄があり，当年枝の下部から出る ……**14**
10a. 雄花序には明らかな長柄があり，当年枝の下部から出る
…… **クワ**(2087)➡検索 S-38b にあり，
コナラ属(2147～2152)
b. 雄花序は無柄か，ごく短い柄があり，前年枝上に生じた葉を含まない冬芽から出るか，前年秋に生じた蕾が裸のまま越冬して開花する
……**11**

3548. ヤチダモ

2378. ネコヤナギ

2377. トカチヤナギ

2147. コナラ

11a. 雌花は球果状の花序をつくり，花序の苞は木質で熟してもばらばらにならず，翌年の開花期にも樹上や樹下に原型を保ったまま宿存する
……………………………………………… **ハンノキ属**(2172〜2181)

b. 雌花序は，もし球果状になる場合でも花序の苞は熟すとばらばらになるため，雌果序は翌年の開花期には残らない …………………………………………………………… **12**

12a. 雌花は少数が枝の先端近くに頭状に2〜4個つき，赤色の花柱が目立つ．低木 ………… **ハシバミ属**(2198，2199)

b. 雌花は多数が穂状につく．高木のことが多い ………… **13**

13a. 果序につく苞(果鱗)は硬く，先が3つに分かれる．雄花に花被があり，雌花には花被はない
……………………………………………… **カバノキ属**(2182〜2191)

b. 果序につく苞は葉状で分岐しない．雄花に花被はなく，雌花に花被がある
……………………………… **アサダ**(2192)，**クマシデ属**(2193〜2197)

14a. 高木. 若葉は絹毛で被われ波状の不明瞭な鋸歯がまばらにある花序の基部に苞がある
………………………… **ブナ属**(2143 ➡検索 S-123a にあり，2144)

b. 低木．若葉には絹毛はなく，明らかな鋸歯がある．花序の基部に苞はない …………………………… **コウゾ**(2090)

15a. 雄花，雌花共に今年枝の葉腋につく ………………………… **16**

b. 雄花，雌花共に前年枝に側生する冬芽か短枝上から出る …………………………………………………………………… **17**

16a. 雌花，果実は有柄．若葉の葉脈は6対以下で，基部の3脈が目立つ ……………………………… **エノキ属**(2078，2079)

b. 雌花，果実は無柄．若葉の葉脈は7対以上で，基部の3脈は目立たない ………………………………………… **ケヤキ**(2076)

➡検索 S-183b にあり

17a. 若葉は緑褐色．野生する高木．花をつける冬芽または短枝は対生
……………………………………………………… **カツラ属**(1518, 1519)

b. 若葉は赤色．栽培される低木．花序をつける冬芽または短枝は互生
…………………………………………… **オオバベニガシワ**(2399)

18a. 花は最初緑色，後に赤紫色から紫黒色に変化する．花は前年枝の葉の落ちた葉腋に単生し，やや下向きに咲く．萼片3，花弁6．果樹として栽培される
………………………………………………………… **ポウポウ**(162)

b. 花は黄色〜黄緑色系統…………………………………………… **19**

c. 花は白色〜淡紅色〜紅紫色系統…………………………………… **27**

19a. 枝は3叉分枝を繰り返す ………………………… **ミツマタ**(2711)

➡検索 S-65b にあり

b. 枝は3叉分枝を繰り返さない ………………………………… **20**

20a. 側枝と花序は互生する…………………………………………… **21**

b. 側枝や若葉は対生する．花序は枝上に対生するか，頂生する ………………………………………………………………… **24**

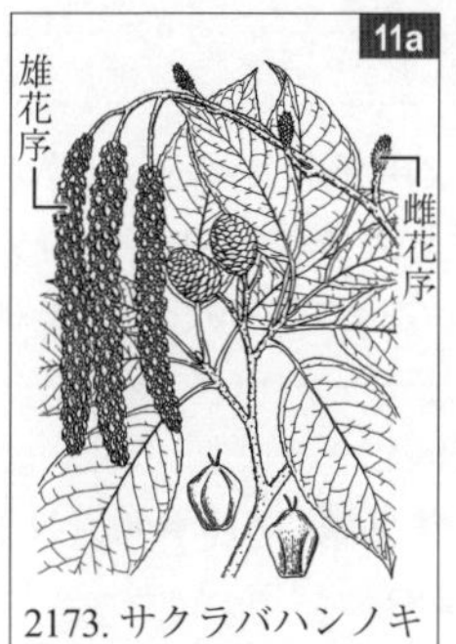
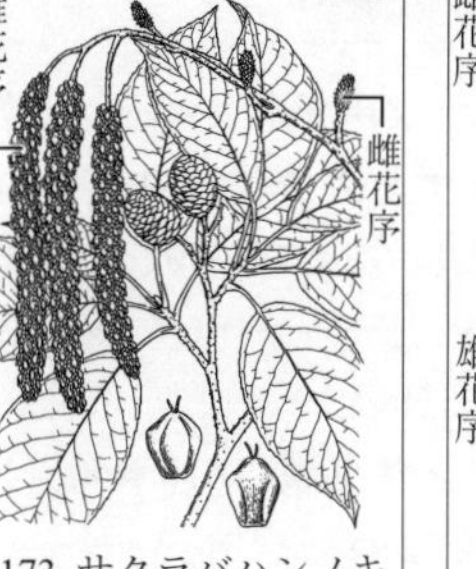

2173. サクラバハンノキ

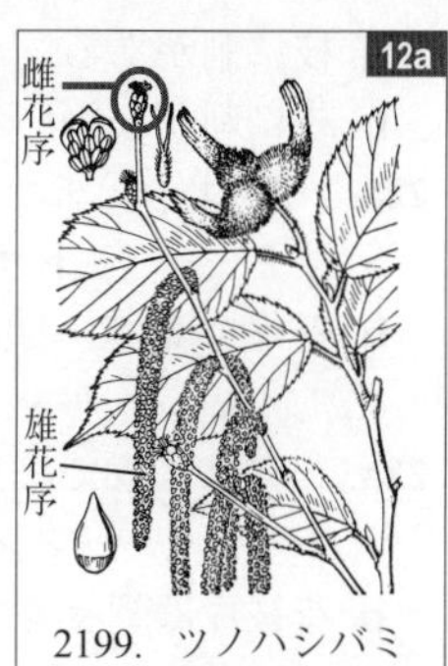

2199. ツノハシバミ

2189. アズサ

2195. イヌシデ

2090. コウゾ

2079. エゾエノキ

1519. ヒロハカツラ

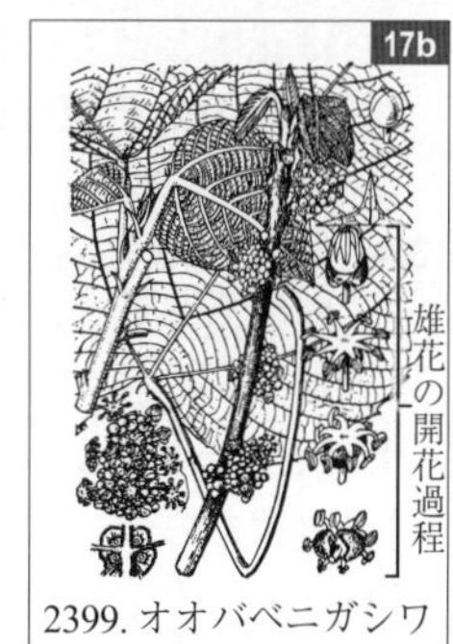

2399. オオバベニガシワ

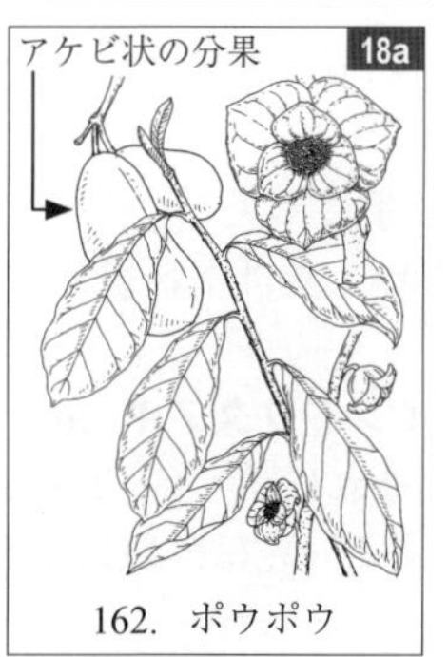

162. ポウポウ

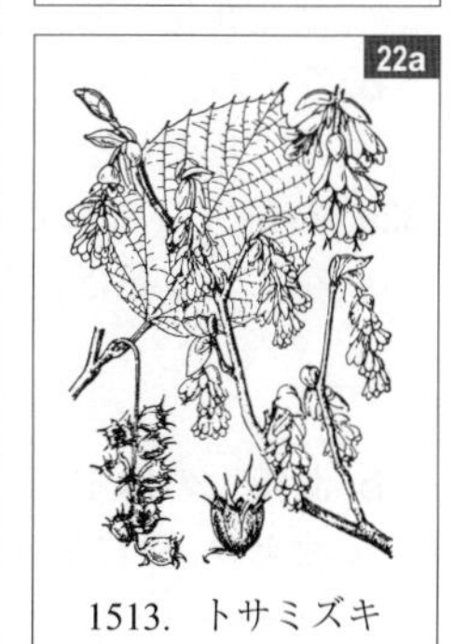

1513. トサミズキ

21a. 枝に刺がある……………………………… **メギ**(1338)
b. 枝に刺がない……………………………………… **22**
22a. 花序は総状または円錐状で普通多数の花をつけ，下垂する…………**トサミズキ属**(1512～1515)，**キブシ**(2538)
b. 花序は束状，頭状などで少数～多数の花をつけ，下垂しない……………………………………………… **23**
23a. 花弁は4枚で細長い
……………**マンサク属**(1510 ➡検索 N-30a にあり，1511)
b. 花被片は細長くない…………………… **アオモジ**(189)，**クロモジ属**(191～198)
24a. 花弁は多数で不同長………………… **ロウバイ属**(167，168)
b. 花弁は4～5枚で同長……………………………… **25**
25a. 花弁は基部で互いに合着し，筒状になる
…………… **レンギョウ属**(3535，3536)，**オウバイ**(3539)
b. 花弁は互いにくっつかない………………………… **26**
26a. 花は総状または散房状につき，下垂する
…………**カエデ属**(2554，2576～2582，2586～2588)
b. 花は密な散形花序につき，下垂しない
…………………………………………… **サンシュユ**(3080)
27a. 花は蝶形……………………… **ハナズオウ属**(1629，1630)
b. 花は蝶形ではない…………………………………… **28**
28a. 枝や若葉は対生する．花芽は対生するか，枝に頂生する……………………………………………………… **29**
b. 枝は互生する(やや輪生状に出ることもある)．若葉は互生するか，短枝上に束生し，輪生状となる………… **30**
29a. 栽培される低木．花は互生する苞葉のある短枝に集まってつき，無柄．花冠はなく，萼は花冠状で筒形
…………………………………………… **フジモドキ**(2704)
b. 高木．花は長柄があって下垂し(オオイタヤメイゲツでは花序とともに上向する)，同形の萼片と花弁がある
………**カエデ属**(2556，2560，2562～2567，2569，2570；特にハナノキ(2556)は花が葉に先立って開く)
30a. 雌蕊は軸上に多数の心皮がらせん状に配列する．花被片は大きく多肉質，やや不同長
…………………………………… **モクレン属**(147～153)
b. 雌蕊は上のようにならない．花被片は小さく，多肉質とはならず，同長のことが多い……………………… **31**
31a. 花弁は互いに分離している．雄蕊は多数あり，しばしば花弁化する……………………………………………… **32**
b. 花弁は互いにくっつき，漏斗形または壺形の花冠となる．雄蕊は5～10本……………………………………… **40**
32a. 熱帯生の高木で乾季に落葉し，その時期にあわせて開花する．花は大きい．葉は掌状複葉(アオイ科)
…………………………………………… **パンヤノキ**(2696)，**インドワタノキ**(2697)，**パキラ**(2698)
b. 温帯生の木本で春まれに秋～冬(ヒマラヤザクラ，カンヒザクラ)に開花する．花は一般に小さい(バラ科)
……………………………………………………………… **33**

192. オオバクロモジ

168. トウロウバイ

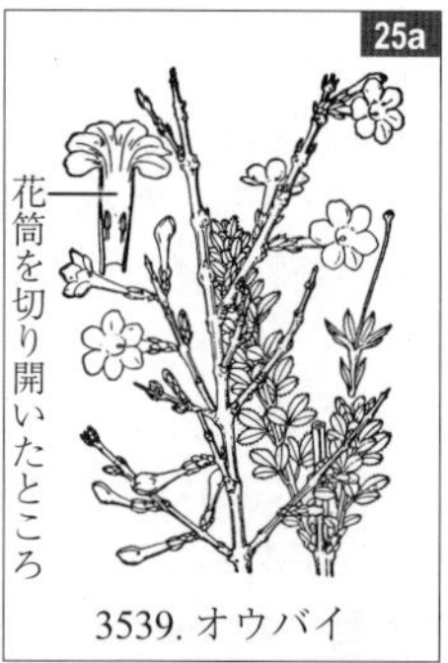

3539. オウバイ

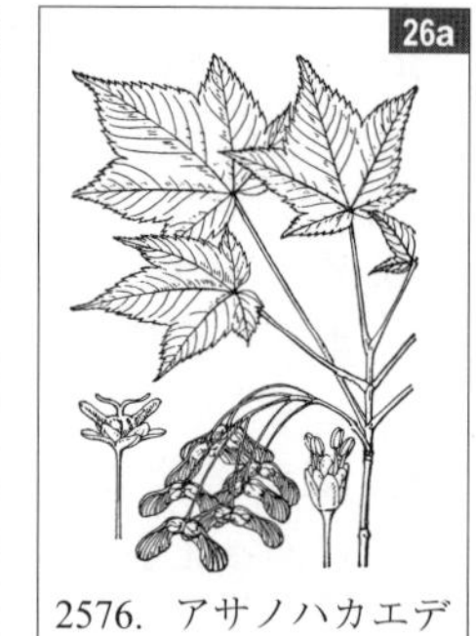

2576. アサノハカエデ

3080. サンシュユ

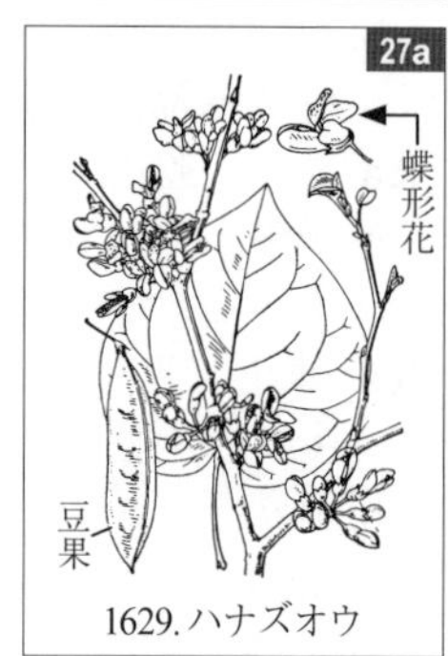

1629. ハナズオウ

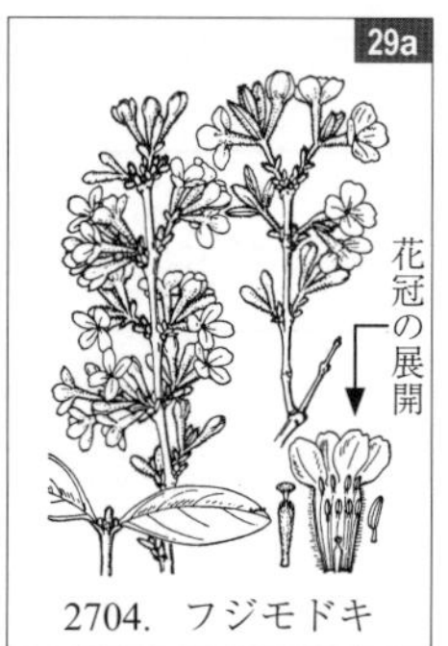

2704. フジモドキ

2556. ハナノキ

148. トウモクレン

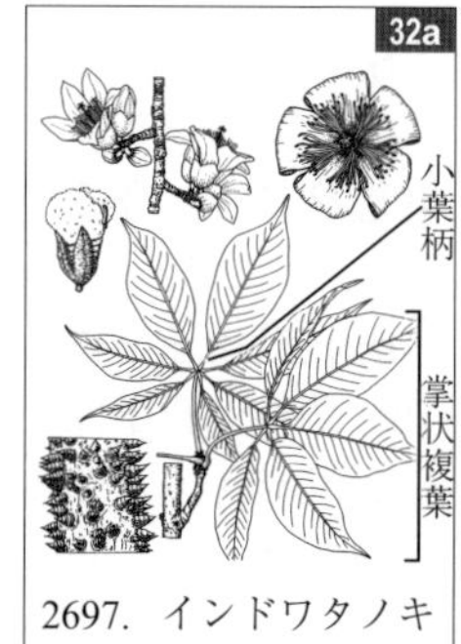

2697. インドワタノキ

33a. 花柱は 1 本で分裂しない …… **34**
b. 花柱は複数ある(基部が互いにくっつくこともある). …… **37**

34a. 花はほとんど無柄，花芽は 1 個の花を包む …… **スモモ属**(1825 ～ 1830，1834，1835，1837)
b. 花は有柄 …… **35**

35a. 花芽は 1 個の花を包む …… **スモモ属**(1831，1832)，**ニワザクラ**(1836 注)
b. 花芽は複数の花を包む(マメザクラなど 1 花を包む花芽が混じるものがある) …… **36**

36a. 冬芽は葉腋に 1 個つく …… **サクラ属**(1839 ～ 1862)
b. 冬芽は葉腋に 2 ～ 3 個つく …… **ニワウメ**(1836)

37a. 心皮は複数が分離して環状に並び，熟して袋果となる …… **シモツケ属**(1880，1883～1885)
b. 心皮は互いにくっついて球形の子房をつくり，熟してナシ状果となる …… **38**

38a. 花序は総状または複総状 …… **ザイフリボク**(1915)
b. 花序は束状 …… **39**

39a. 葉の鋸歯の先は芒状に尖らない．果実の表面は平滑 …… **リンゴ属**(1888～1894)，**ボケ属**(1918，1919)
b. 葉の鋸歯は芒状に尖る．果実の表面は皮目があってざらつく …… **ナシ属**(1896～1900)

40a. 葉は対生する．花は無柄で，花序柄の先に対になってつく．子房下位 …… **スイカズラ属**(4349，4353)
b. 葉は互生か輪生する．花は有柄．子房上位(スノキ属では下位)(ツツジ科) …… **41**

41a. 花冠は漏斗形 …… **ツツジ属**(3233，3241，3253，3265～3269，3282)
b. 花冠は壺形 …… **ドウダンツツジ**(3203)，**コヨウラクツツジ**(3238)，**スノキ属**(3297，3299)

1834. モモ

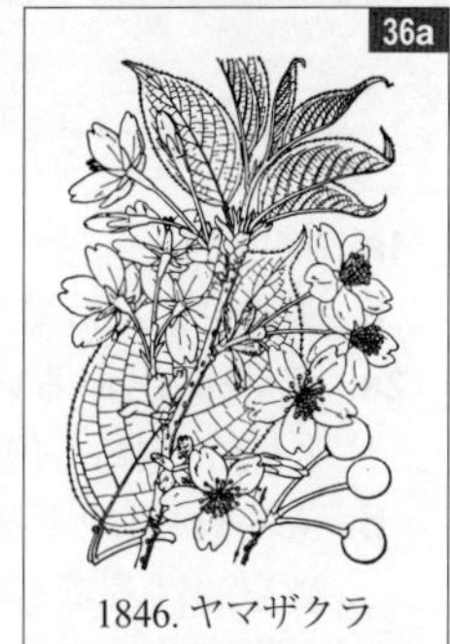

1846. ヤマザクラ

1836. ニワウメ

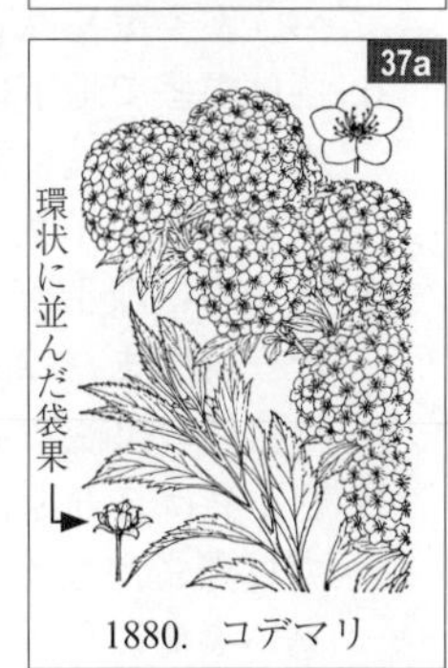

1880. コデマリ

1915. ザイフリボク

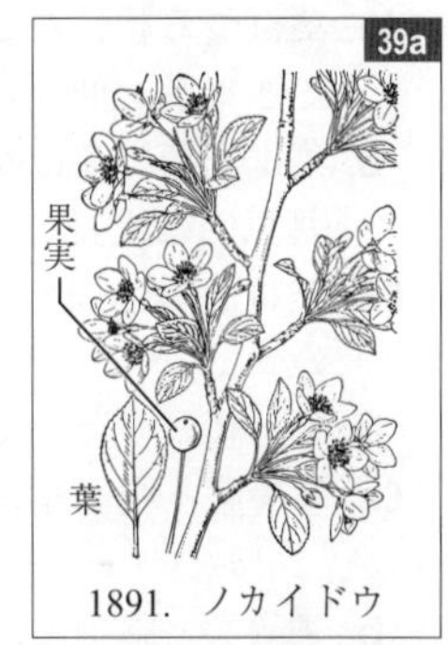

1891. ノカイドウ

1896. ミチノクナシ

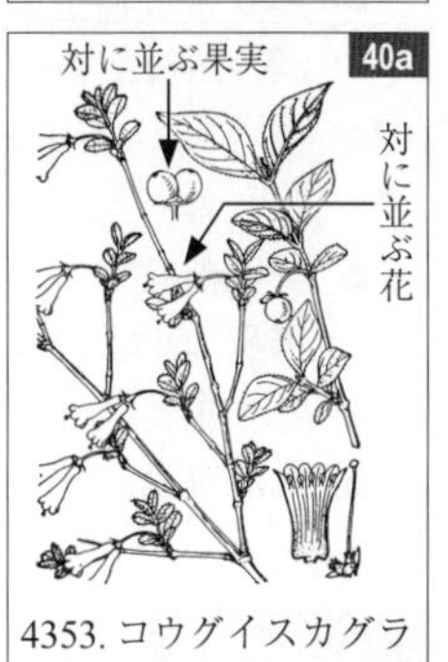

4353. コウグイスカグラ

3241. アケボノツツジ

3238. コヨウラクツツジ

シダ植物の検索

1a. 水生植物 ……………………………………………… **検索A**（p.164）
b. 地上生または着生で，水生植物ではない ……………………………… **2**
2a. 直立，開出あるいは匍匐する細長い地上茎があり，葉は鱗片状か，線形で中央脈以外の脈は不明瞭，または鞘状に茎を取り巻いて合生する …… **検索B**（p.165）
b. 茎は根茎（地下茎）．葉は根生し三角柱状，棒状またはやや扁平，先端に胞子嚢をつける線形の裂片を房状に束生するか，先端が2叉分枝を繰り返し，枝の先がやや房状となって胞子嚢をつける ………… **フサシダ属**（4548，4549）
c. 茎は根茎で地下にあるか，着生物の表面を這う．地上に立ち上がる場合は太くて葉が先端に混み合ってつく．葉は一般に大きくて平面的な広がりを持ち，分裂するか単葉．線形の時には先端に胞子嚢をつける房状の裂片はない …… **3**
3a. 胞子嚢は環帯がなく，径0.5 mm以上で個々を肉眼的に識別でき，光合成を行う羽片または葉とは独立した軸またはごく細い羽片の縁に密集してつき，時に軸の組織に半ば埋もれる ……………………………… **検索C**（p.166）
b. 胞子嚢は普通環帯があり，普通径0.5 mm未満で顕微鏡的（リュウビンタイ科では環帯がなく大きい），普通の葉の裏または縁につくか，形の異なる胞子葉の裏側に多数集まってつく ……………………………… **4**
4a. 葉はつる状になって1 m以上にわたって長く伸びるか，先端に休眠芽があって2年以上伸びる ……………………………… **検索D**（p.167）
b. 葉は先端に芽はないか，あって長く伸長する場合でも長さは30 cm未満，数ヶ月以内に成長を終了する ……………………………… **5**
5a. 葉は濃緑色膜質で半透明，脈を除き1～2層の細胞でできており，気孔はない ……………………………… **検索E**（p.167）
b. 葉は膜質ではなく不透明，気孔がある ……………………………… **6**
6a. 栄養葉と胞子葉が明瞭に分化し，胞子葉は胞子散布後まもなく枯死する ……………………………… **検索F**（p.168）
b. 栄養葉と胞子葉は明瞭には分化せず，胞子をつける葉も宿存する．時に，腐植質を溜め込むために分化した褐色の葉（保水葉）を根茎の基部に生じることがある …… **7**
7a. 茎は太く，円柱形で木質となり，直立するか，塊状となる．葉は長さ2 m以上 ……………………………… **検索G**（p.169）
b. 茎は細いか太く，匍匐するか斜上し，塊状とはならず，直立する場合でも高さ30 cm未満．葉は長さ1.5 m未満，まれにそれを超える時には根茎は明らかに匍匐する …… **8**
8a. 葉は単葉で，全縁～羽状全裂か，まれに縦に裂けて2小葉となる …… **検索H**（p.169）
b. 葉は複葉 ……………………………… **検索I**（p.171）

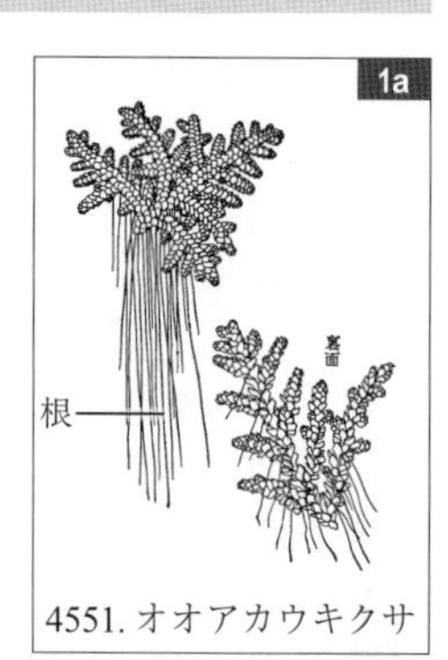

4551. オオアカウキクサ

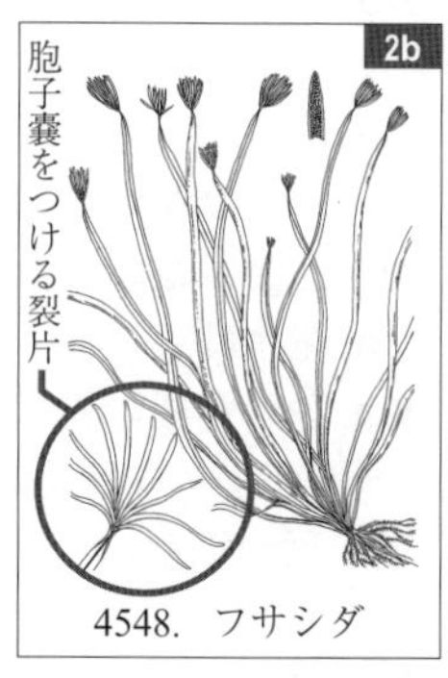

4548. フサシダ

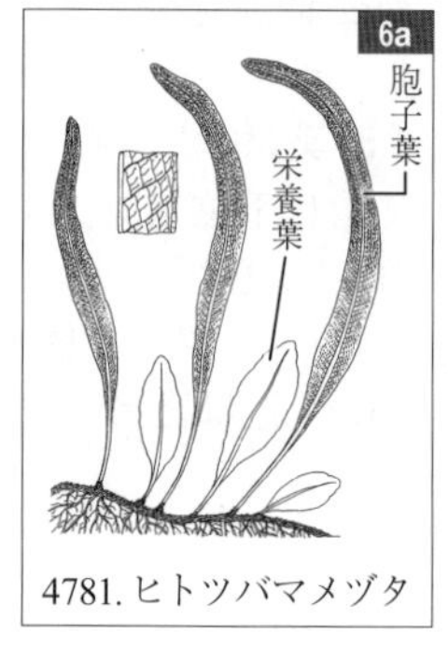

4781. ヒトツバマメヅタ

検索 A

1a. 植物体は水上を浮遊する ……………………………… **2**
b. 植物体は根で水底に固着する ……………………………… **3**
2a. 水上に出る葉は大きく，緑色．根に根毛がある ……………………………… **サンショウモ**（4552）
b. 水上に出る葉は鱗片状で小さく，帯赤紫色．根に根毛はない ……… **オオアカウキクサ**（4551）➡検索表 p.164-1a にあり

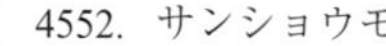
4552. サンショウモ

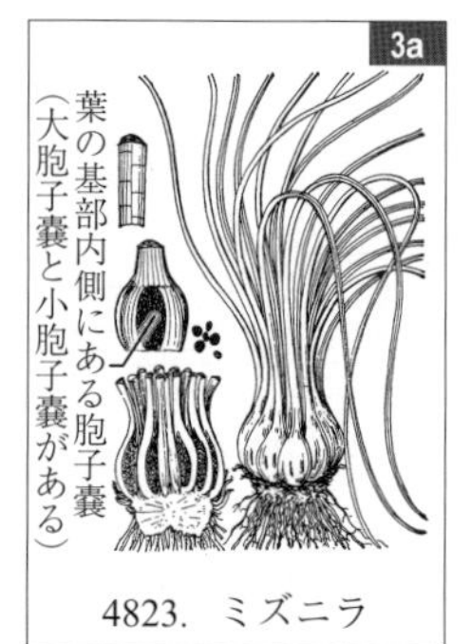

4823. ミズニラ

3a. 葉は線形で細長く，一見単子葉植物的 ……………………………………… **ミズニラ**(4823)

b. 葉は葉柄があり，扇形の 4 小葉を放射状につける ……………………………………… **デンジソウ**(4550)

c. 葉は 2～3 回羽状に分裂し，胞子葉と普通葉の 2 型がある ……………………………………… **ミズワラビ**(4589)

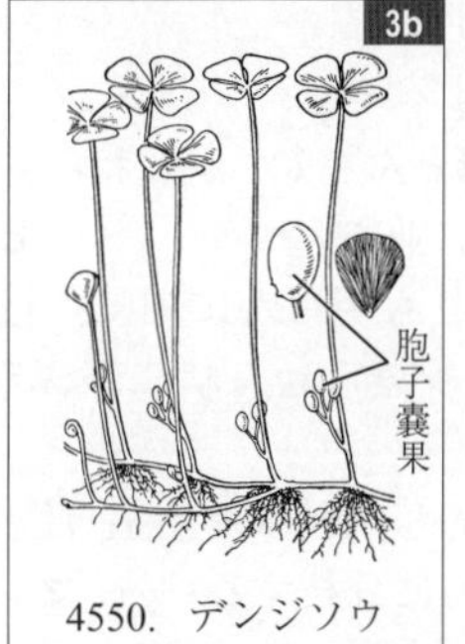

4550. デンジソウ

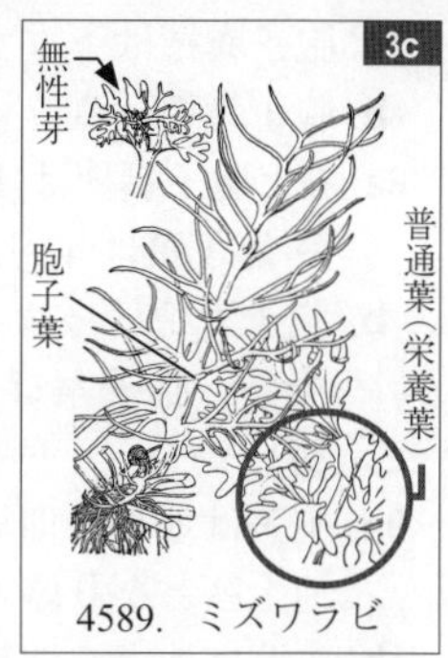

4589. ミズワラビ

検索 B

1a. 葉はごく小さい鱗片状に退化し，2 叉分枝を繰り返す茎にまばらに互生する．根はない ……………………… **マツバラン**(4514)

b. 葉は鱗片状で茎の節に輪生し，互いに合着して筒状となる．茎は節の部分で容易に分離する．根と根茎がある…… **トクサ属**(4515～4519)

c. 葉は茎の少なくとも枝では密につき，互いに合着して筒状になることはない．茎は節の部分で分離しない．根があるが根茎はないことが多い……………………………… **2**

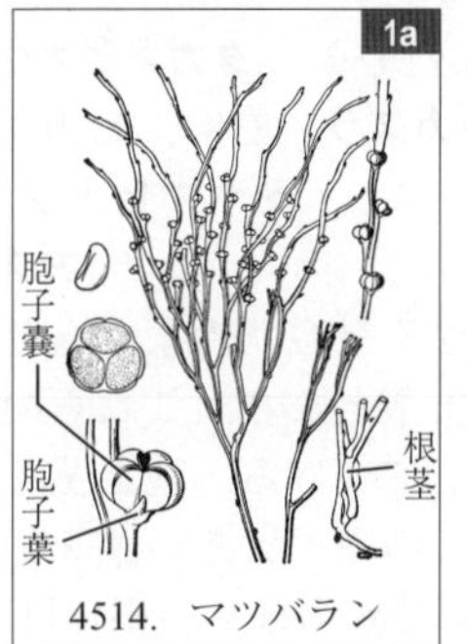

4514. マツバラン

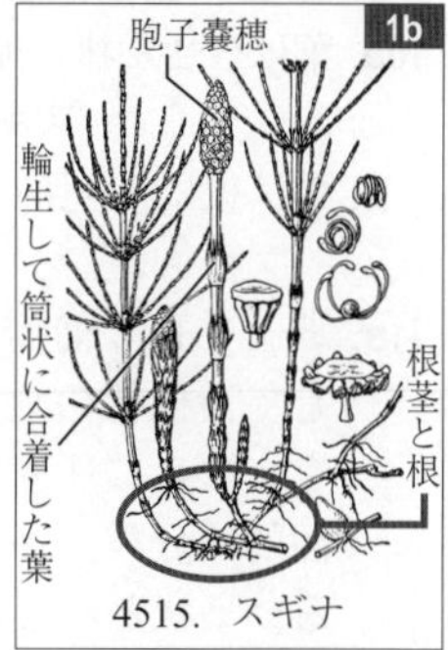

4515. スギナ

2a. 茎は針金状で細く直立し，互いにからみあって太い偽茎状の直立部をつくり，その先から枝を輪生状に出す．枝は平面的に分枝して多数の葉をつける……… **イワヒバ**(4831)

b. 茎は多数からみあって偽茎状の直立部をつくることはない……………………………………………………………… **3**

3a. 茎は短く，地面を匍匐して単一か 2 叉し，基部から枯れていく．茎の途中か分枝点から 1 本の直立する枝を出し，その先に胞子嚢穂をつける …… **ヤチスギラン**(4822)

b. 茎は単一か 2 叉分枝を繰り返し，主軸と側枝の区別がなく，直立または下垂するが，基部を除き匍匐することはない…… **4**

c. 茎に主軸と側枝の別があり，主軸は長く匍匐するか直立，または蔓状に伸び，葉をまばらにつける．胞子嚢穂は密に葉をつけた側枝につく ……………………………… **5**

4831. イワヒバ

4822. ヤチスギラン

4a. 胞子嚢は普通葉の葉腋につき，胞子嚢穂を形成しない ……………………………………… **コスギラン属**(4808～4810)

b. 胞子嚢は普通葉とは明らかに異なった葉の腋につき，胞子嚢穂を形成する ………… **コスギラン属**(4811～4814)，**コケスギラン**(4824)

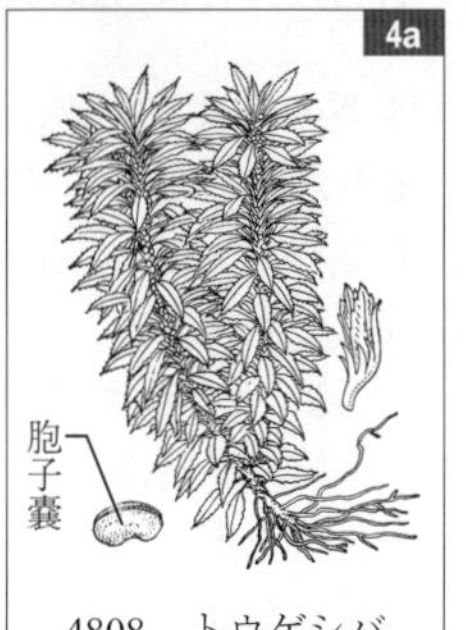

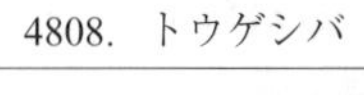
4808. トウゲシバ

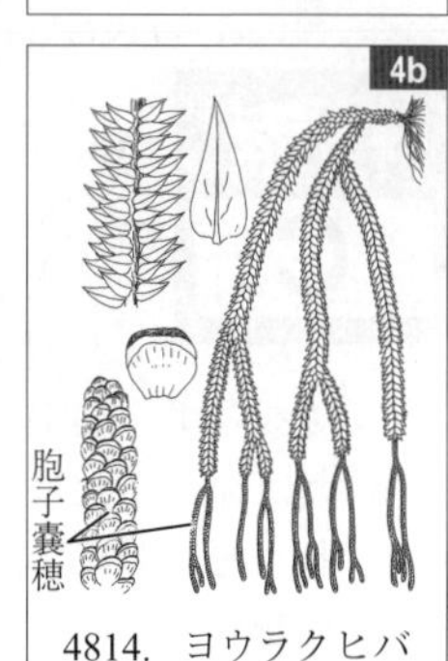

4814. ヨウラクヒバ

5a. 少なくとも主軸の葉は茎にらせん状に配列するか，やや輪生状となる．側枝の葉も普通はらせん状に配列するか輪生状となるが，時に 4 列に並ぶこともある．側枝に背腹性はないか，アスヒカズラではやや背腹性があるが，その場合葉には3 型(背葉，側葉，腹葉)がある……………… **6**

b. 全ての葉は茎に 4 列に配列し，側枝には背腹性があって葉には 2 型(背葉と腹葉)がある(イワヒバ属)……… **11**

6a. 茎はつる状に数 m にわたって伸び，樹木などにからみつく．西日本にまれに生えるが，屋久島ではやや多い ……………………… **ヒモヅル** *Lycopodium casuarinoides* Spring

b. 茎はつる状に伸びて物にからみつくことはない……… **7**

4821. ミズスギ

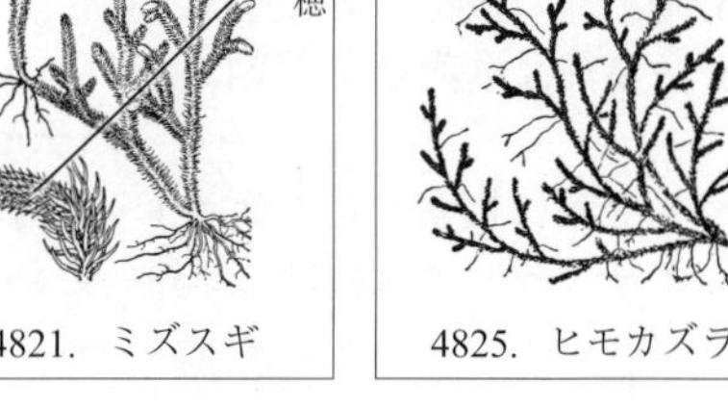

4825. ヒモカズラ

7a. 胞子嚢穂は下垂する ……………… **ミズスギ**(4821)
b. 胞子嚢穂は直立する …………………………………… **8**
8a. 枝と胞子嚢穂はほとんど太さが変わらず, やや針金状で細い. 胞子葉は 4 列に並ぶ ……………… **ヒモカズラ**(4825)
b. 胞子嚢穂は枝よりも明らかに細く, 枝は針金状とならない. 胞子葉は多数らせん状に並ぶ(ヒカゲノカズラ属) ………………………………………………………… **9**
9a. 主茎は地下を匍匐し, 側枝(地上茎)はまばらに直立する地上茎となり盛んに分枝する ……… **マンネンスギ**(4820)
b. 主茎は地上を匍匐する ……………………………… **10**
10a. 葉はらせん状に配列する …… **タカネヒカゲノカズラ**(4816), **スギカズラ**(4818), **ヒカゲノカズラ**(4819)
b. 葉は枝に 4 列に並ぶ …… **ミヤマヒカゲノカズラ**(4815), **アスヒカズラ**(4817)
11a. 地上を長く匍匐する針金状の茎があり, その先が直立して葉柄状の地上茎となり, これらの茎には小形の葉をまばらに圧着してつける. 地上茎の先は斜上して平面的に分枝, 多数のやや大きい葉を密に平面的につける. 葉状となる部分から根や担根体は出ない ……………………………………………… **カタヒバ**(4827)
b. 地表を匍匐する茎にも葉を平面的につけ, 所々から根や担根体を出す …………………………………… **12**
12a. 胞子嚢穂はほぼ直立し, 胞子葉はその下の普通葉(栄養葉)とほぼ同形 ……………… **タチクラマゴケ**(4828)
b. 胞子嚢穂は斜上または水平に広がる. 胞子葉はその下の普通葉(栄養葉)と形が大きく異なる ……………………………… **イワヒバ属**(4826, 4829, 4830)

1a. 葉は地下の細く短い根茎から 1～数本出て, 途中から胞子をつける部分(胞子葉)と胞子をつけずに光合成を行う部分(栄養葉)とに分離する. 若葉はわらび巻きにならず, 綿毛をつけない(ハナヤスリ科) ……………… **2**
b. 葉は地下または地表の太い根茎から放射状に多数出て, 胞子をつける葉と光合成を行う葉は独立するか, 光合成を行う葉の途中の数対の羽片または先端の羽片がごく細くなって縁に胞子嚢をつける. 若葉はわらび巻きになり, 褐色の綿毛をつける(ゼンマイ科) ……………… **7**
2a. 着生植物で葉は下垂し扁平, 時に 1～数回 2 叉分枝し, 中央部の上面に胞子葉をつける ……… **コブラン**(4513)
b. 地上性の植物で葉は基部が直立する ……………… **3**
3a. 栄養葉は単葉で胞子葉は線形 ……………………………… **ハナヤスリ属**(4511, 4512)
b. 栄養葉は複葉で胞子葉は 1～数回羽状複生(ミヤコジマハナワラビでは枝はごく短いために線形に見える) ………………………………………………………… **4**

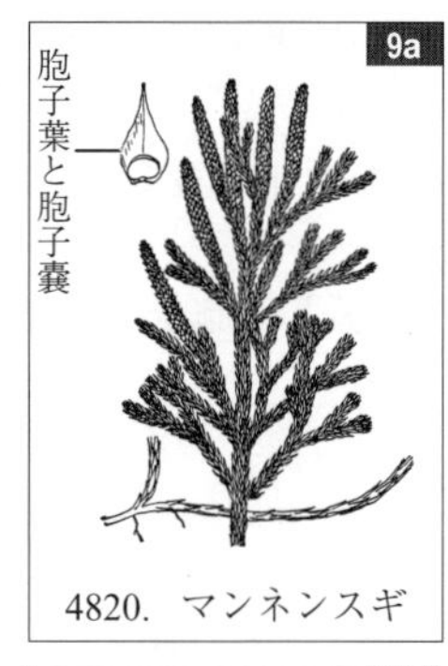

4820. マンネンスギ

4816. タカネヒカゲノカズラ

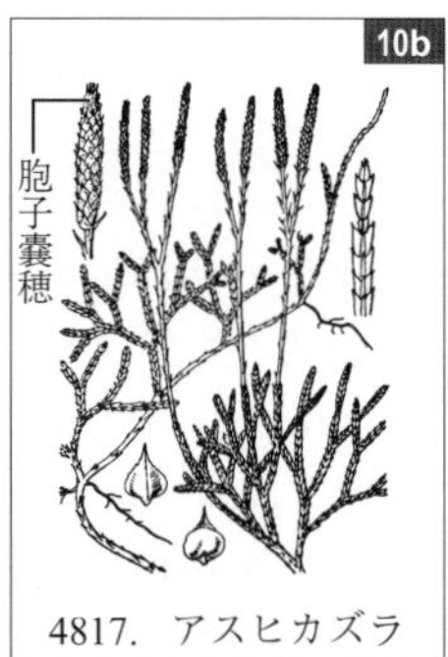

4817. アスヒカズラ

11a
葉柄状の地上茎
4827. カタヒバ

4828. タチクラマゴケ

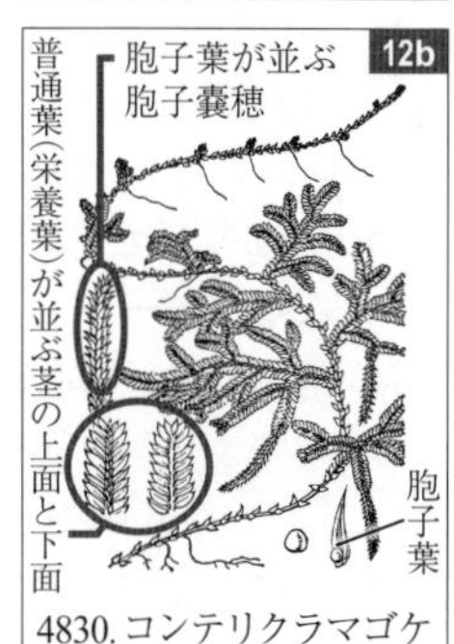

4830. コンテリクラマゴケ

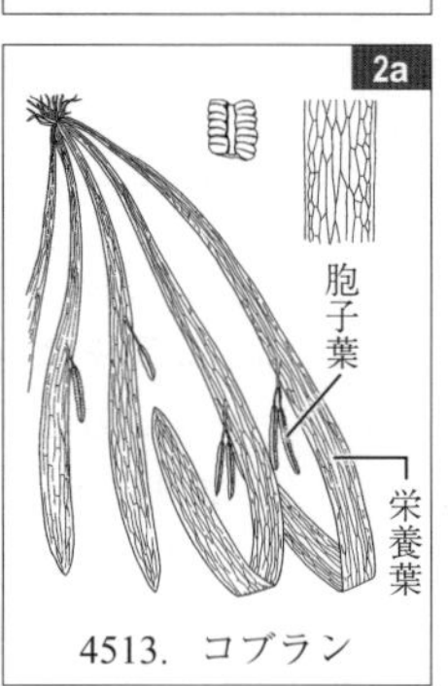

4513. コブラン

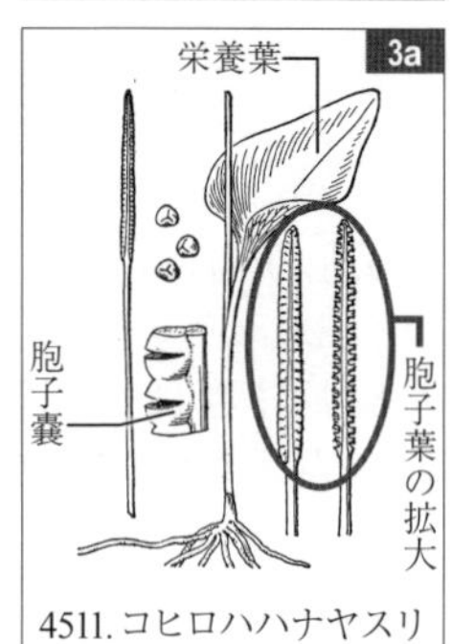

4511. コヒロハハナヤスリ

4510. ミヤコジマハナワラビ

4504. ナガホノナツハナワラビ

4a. 栄養葉は無柄，すなわち胞子葉との分枝点から 3 羽片に分かれる ……………… **5**

b. 栄養葉は有柄 ……………… **6**

5a. 栄養葉の 3 つの羽片はほぼ同形，少数の幅広い小羽片に不規則に分裂する．胞子葉はほとんど線形．南西諸島に生える ……………… **ミヤコジマハナワラビ**(4510)

b. 栄養葉の 3 つの羽片のうち 1 つは大きく，規則的に(1〜)2〜3 回羽状に複生する．残る 2 羽片は小さく，規則的に 1〜2 回羽状に複生する．胞子葉は明らかに 1〜2 回羽状複生．本土に生える ……………… **ナガホノナツハナワラビ**(4504)，**ナツノハナワラビ**(4505)，**ミヤマハナワラビ** *Botrychium lanceolatum* (S.G.Gmel.) Ångstr.（葉は小形．高山性）

6a. 栄養葉は 2〜3 回羽状複生 ……………… **ハナワラビ属**(4506〜4508)

b. 栄養葉は単羽状複生 ……………… **ヘビノシタ**(4509)

7a. 栄養葉は胞子葉とは独立するか，時に栄養葉の先端部の羽片が胞子葉となる ……………… **ゼンマイ**，**ヤマドリゼンマイ**等(4523，4525，4526)

b. 栄養葉の下部の数羽片が胞子嚢をつける ……………… **オニゼンマイ**，**シロヤマゼンマイ**(4524，4527)

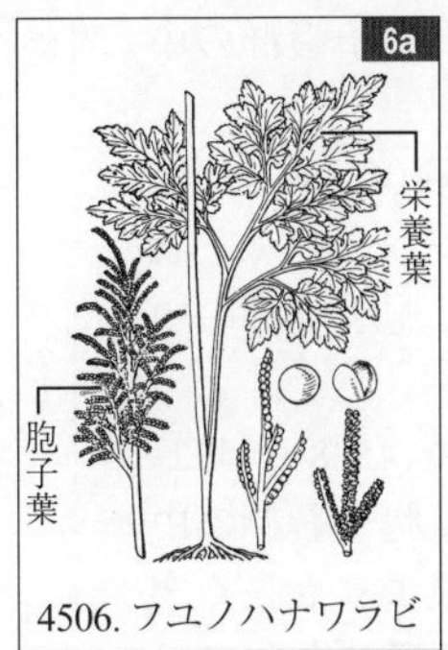

4506. フユノハナワラビ

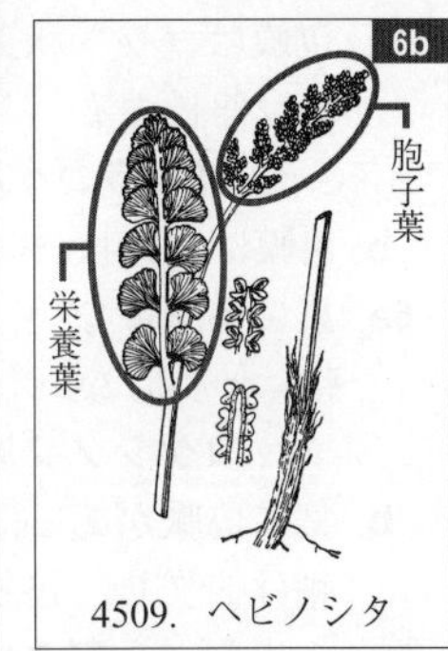

4509. ヘビノシタ

4525. ゼンマイ

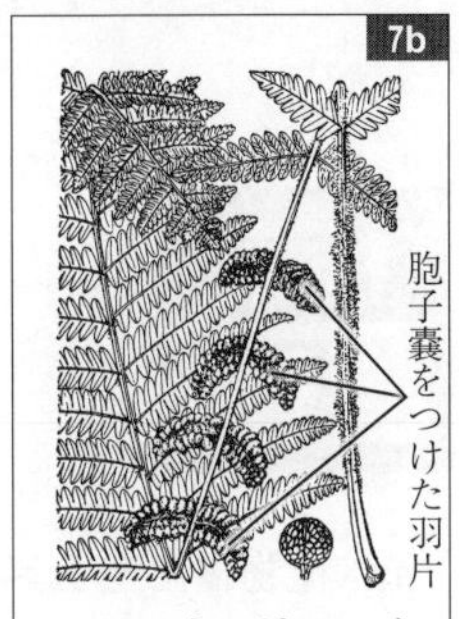

4524. オニゼンマイ

検索 D

1a. 葉はつる状に長くのび，葉の先端に休眠芽を持たない ……………… **カニクサ属**(4546，4547)

b. 葉はつる状ではなく，先端に休眠芽をつくり，寒冷地を除き 2 年以上成長を続ける ……………… **2**

2a. 葉の側羽片は 1〜数回 2 叉分枝する ……………… **コシダ**(4543)

b. 葉の側羽片は 2 叉分枝しない ……………… **ウラジロ属**(4541，4542)

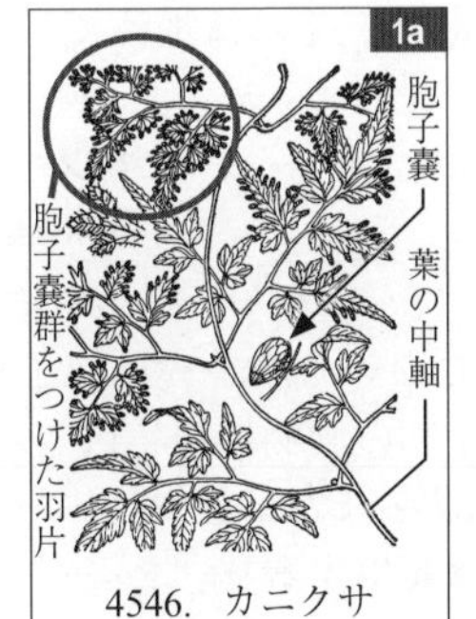

4546. カニクサ

4543. コシダ

検索 E

1a. 胞子嚢群は葉の下面につく ……………… **ヤクシマホウビシダ** *Hymenasplenium obliquissimum* (Hayata) Sugim.

b. 胞子嚢群は葉の縁の 2 弁状またはコップ状の包膜の中につく（コケシノブ科） ……………… **2**

2a. 葉は楯着する ……………… **ゼニゴケシダ**(4535)

b. 葉は楯着しない ……………… **3**

3a. 葉は長さと幅がほぼ等しく，不規則に扇形に裂ける ……………… **ウチワゴケ**(4540)

b. 葉は長さが明らかに幅よりも長く，羽状に分裂または複生する ……………… **4**

4a. 根茎は短く斜上またはやや直立し，葉は叢生する ……………… **オニホラゴケ**(4533)，**ソテツホラゴケ**(4534)

b. 根茎は細長く匍匐し，葉は間隔を置いてつく ……………… **5**

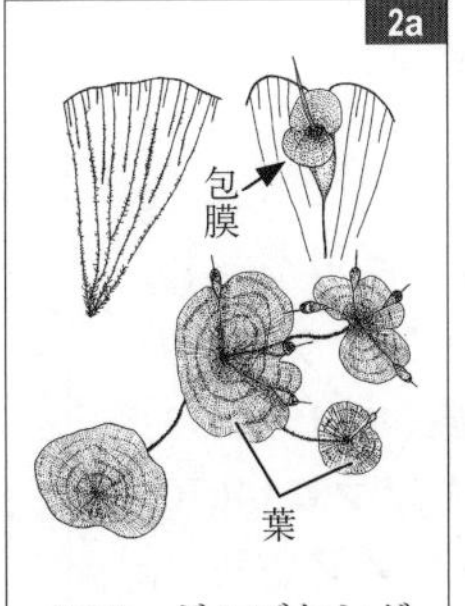

4535. ゼニゴケシダ

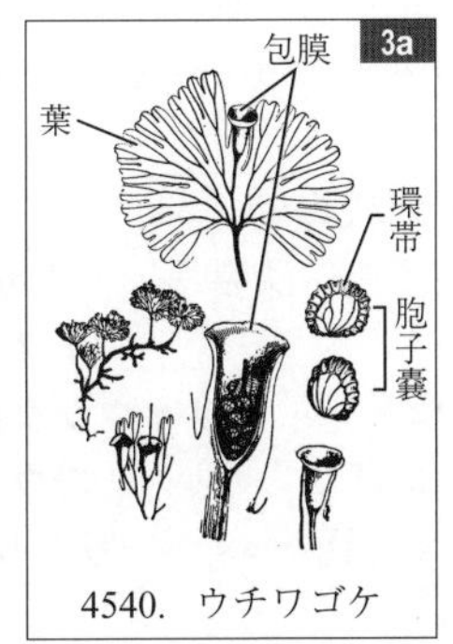

4540. ウチワゴケ

4533. オニホラゴケ

5a. 包膜はコップ状．胞子嚢群の中軸は伸長する ……**ハイホラゴケ属**(4536〜4538)

b. 包膜は２弁状…………………………… **6**

6a. 葉に偽脈はない．胞子嚢群の中軸は伸長しない ………**コケシノブ属**(4528〜4532)

b. 葉に偽脈がある．胞子嚢群の中軸は伸長し，包膜よりも長く突き出る …… **アオホラゴケ**(4539)

4536．ハイホラゴケ

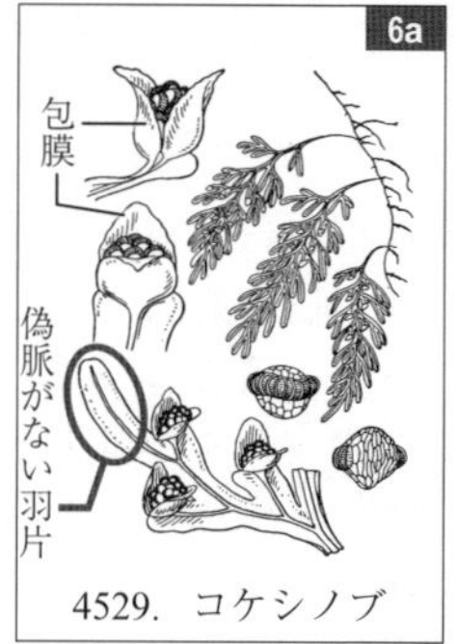

4529．コケシノブ

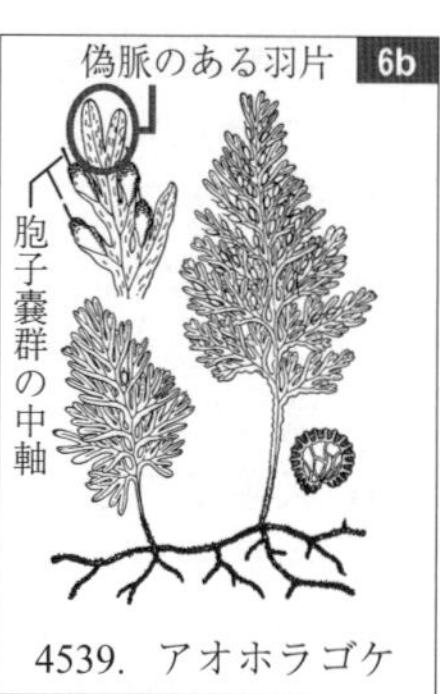

4539．アオホラゴケ

1a. 植物体に毛も鱗片もない．葉は栄養葉，胞子葉共に単羽状複生 ………………………… **キジノオシダ属**(4553〜4555)

b. 植物体に毛だけがある．葉は単葉で葉身は無毛，栄養葉は時に先端が２叉することがある ………………………………………………… **スジヒトツバ**(4544)

c. 植物体に鱗片があり，それに加えて毛があることがある ……………………………………………………… **2**

2a. 葉に星状毛がある…………………… **ヒトツバマメヅタ**(4781)

➡検索表 p.164-6a にあり

b. 葉に星状毛はない…………………………………………… **3**

3a. 葉は単葉で分裂しない．胞子嚢は胞子葉の下面全体を覆うか，下面の中肋の両側に線状に並ぶ ……………… **4**

b. 葉は 1〜2 回羽状深裂または複生……………………… **5**

4a. 根茎は短く，葉は叢生する…………………… **アツイタ**(4763)

b. 根茎は細長く，葉は間隔を置いてつく ………………………………………………… **マメヅタ**(4792)

5a. 葉の縁は裏側に巻き込み，胞子嚢群を覆う ……………… **6**

b. 葉の縁は裏側に巻き込まず，胞子嚢群は葉の下面全体を覆うか，円形で包膜に覆われる ………………………… **10**

6a. 湿地に生え，時に植物体が水没することもある．葉は軟質 ……………………… **ミズワラビ**(4589)➡検索 A-3c にあり

b. 中性地〜乾燥地に生える．葉は堅い ……………………… **7**

7a. 胞子葉は単羽状複生で鋸歯はない．栄養葉は単羽状複生 …………………………………………………………… **8**

b. 胞子葉は２回以上羽状複生 ……………………………… **9**

8a. 栄養葉の羽片は羽状浅〜深裂 ………… **クサソテツ**(4668)，**イヌガンソク**(4669)

b. 栄養葉の羽片は全縁 ……… **ヒリュウシダ属**(4671〜4673)

9a. 胞子葉の最終裂片は球状 …………… **コウヤワラビ**(4670)

b. 胞子葉の最終裂片は扁平 ………… **リシリシノブ**(4585)，**ホコシダ**(4593)

4553. タカサゴキジノオ

4544．スジヒトツバ

4763．アツイタ

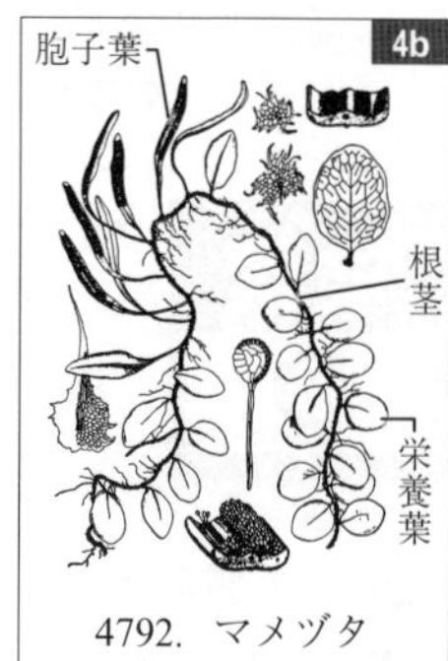

4792．マメヅタ

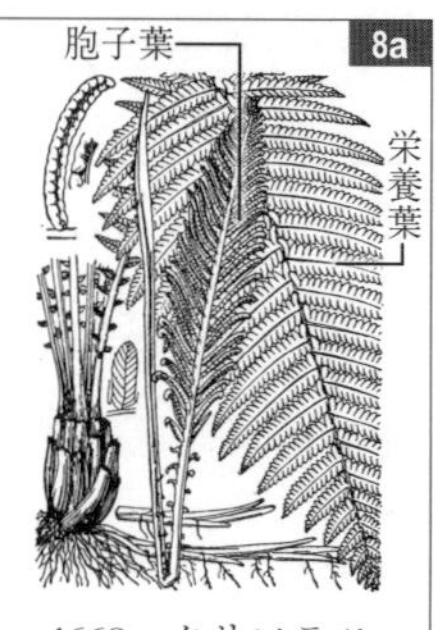

4668．クサソテツ

4671．シシガシラ

4670．コウヤワラビ

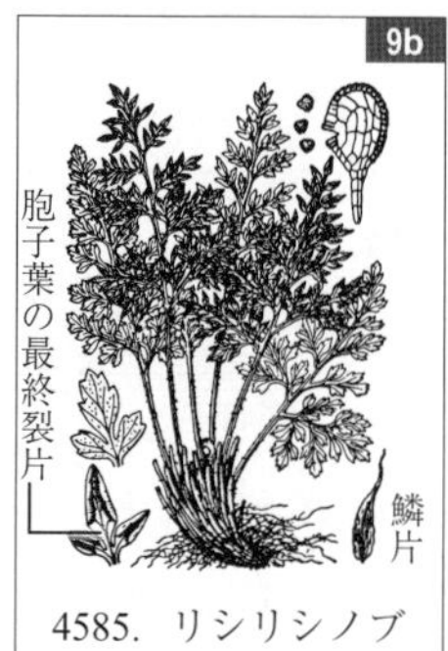

4585．リシリシノブ

10a. 胞子嚢群は円形で包膜に覆われる
……………**ホザキカナワラビ**(4731)，**ナナバケシダ**(4769)

b. 胞子嚢群は胞子葉の下面全体を覆い，包膜はない … **11**

11a. 根茎は細長く，葉は間隔を置いてつく
……………………………………………………… **ツルキジノオ**(4764)

b. 根茎は短く，葉は叢生する ……………**ヘツカシダ**(4762)，
ハルランシダ *Tectaria harlandii* (Hook.) C.M.Kuo
(側羽片は 1〜3 対で少ない．南西諸島産)

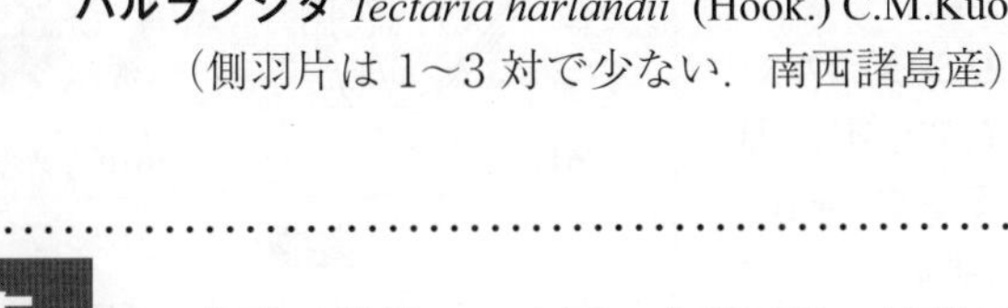

4731. ホザキカナワラビ

4764. ツルキジノオ

検索 G

1a. 根茎は塊状で，表面に肉質耳状の托葉が残存する．葉は 2 回羽状複生……………… **2**

b. 根茎は円柱状で，托葉はない．葉は 2〜3 回羽状複生………………………………………… **3**

2a. 羽片，小羽片は対生する．胞子嚢群は互いに融合し，単体胞子嚢群を形成する．小笠原諸島と火山列島にまれに生える ……………………**リュウビンタイモドキ**(4522)

b. 羽片，小羽片は互生する．胞子嚢群は互いに融合しない ……………………………**リュウビンタイ属**(4520，4521)

3a. 葉柄に刺はない．胞子嚢群は細長い(メシダ科)
…………**ヒロハノコギリシダ** *Diplazium dilatatum* Blume
(八丈島と紀伊半島以西の暖地に生える)

b. 葉柄に刺がある．胞子嚢群は円い(ヘゴ科) ……………… **4**

4a. 楕円形の葉柄の落ちた跡が幹にらせん状に残る
……………………………………**モリヘゴ**(4560)，**マルハチ**(4561)

b. 幹に葉柄の落ちた跡は目立たない
…………………………………………………… **ヘゴ**(4557)，**クロヘゴ**(4558)

4522. リュウビンタイモドキ

4520. リュウビンタイ

4560. モリヘゴ

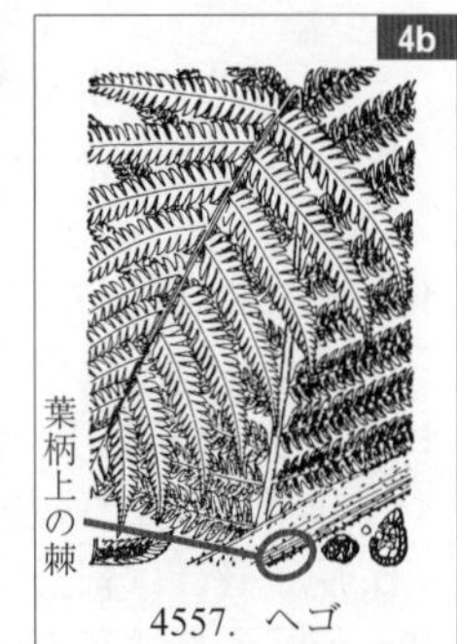

4557. ヘゴ

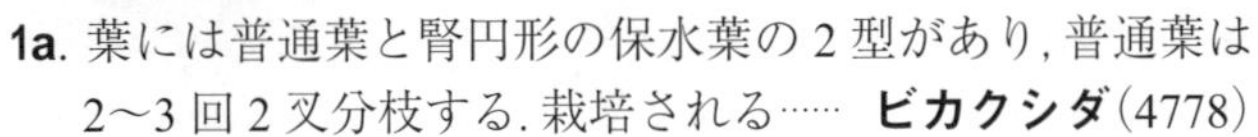

1a. 葉には普通葉と腎円形の保水葉の 2 型があり, 普通葉は 2〜3 回 2 叉分枝する. 栽培される…… **ビカクシダ**(4778)

b. 保水葉はない………………………………………………………… **2**

2a. 葉は先端から左右に等しく 2 裂し, 時に完全に裂けて 2 小葉となり, 左右の裂片または小葉はさらに掌状に分裂する. 八重山諸島に生える …… **ヤブレガサウラボシ**(4545)

b. 葉は細長く，全縁かやや波状となるか，ごく浅い規則的な欠刻がある ………………………………………………… **3**

c. 葉は 3 裂または羽状浅裂〜全裂する．時に 2 裂するが，その場合裂片は著しく不同長で，頂裂片と側裂片は明瞭に区別できる ……………………………………………… **10**

3a. 葉の先が伸長して芽(不定芽)をつくる
………………………………………………………… **クモノスシダ**(4644)

b. 葉の先は伸長しない ……………………………………………… **4**

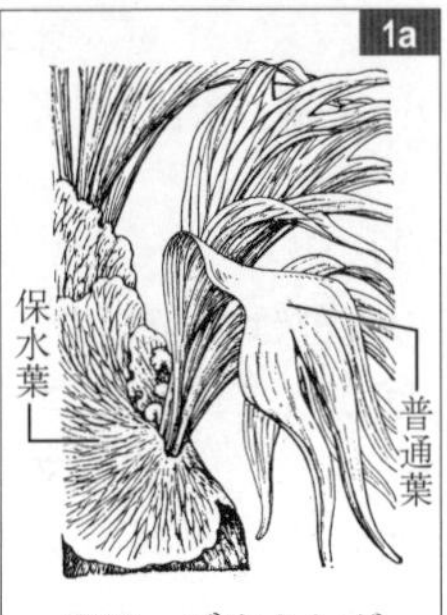

4778. ビカクシダ

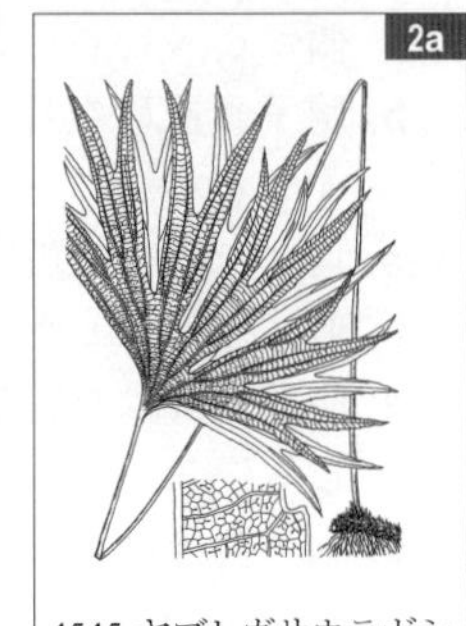

4545. ヤブレガサウラボシ

4644. クモノスシダ

4780. ヒトツバ

4a. 葉に星状毛がある……………………… **ヒトツバ属**(4779, 4780)
b. 葉に星状毛はない…………………………………………………………… **5**
5a. 胞子嚢群は細長く，長径は短径の 3 倍以上 …………………… **6**
b. 胞子嚢群は円いか，細長い場合でも長径は短径の 3 倍未満で，より短いものが混じる ……………………………………… **8**
6a. 胞子嚢は葉縁に平行な胞子嚢群をなし，しばしば反曲した葉縁に被われるか，葉縁にできた溝の中につく ……………**シシラン属**(4611～4613)，**クラガリシダ**(4785)
b. 胞子嚢は葉脈に沿って並び，細長い胞子嚢群が不規則な網目をつくる …………………………… **タキミシダ**(4610)
c. 胞子嚢は中肋と一定の角度をなして平行に並ぶ ………… **7**
7a. 包膜がある ………………………………… **ヒメタニワタリ**(4626)，**チャセンシダ属**(4634, 4635, 4637)，**ヘラシダ**(4684)
b. 包膜はない ……………………… **サジラン属**(4772, 4773)
8a. 胞子嚢群は葉の中肋の両側に各 1 列に並び，全て同形 ……… **ノキシノブ属**(4786～4791)，**ヒメウラボシ**(4806)
b. 胞子嚢群は葉の中肋に沿って 2 列以上並ぶか，不規則に散在する ……………………………………………………… **9**
9a. 側脈は明瞭 ……………………………………… **クリハラン**(4793)，**オキノクリハラン属**(4798, 4801, 4802)，**ミツデウラボシ属**(4775, 4776)，**ミヤマウラボシ**(4777)
b. 側脈は不明瞭…………………………………… **ヤノネシダ**(4794)，**ヌカボシクリハラン**(4795)
10a. 葉に星状毛がある……………………………… **イワオモダカ**(4782)
b. 葉に星状毛はない…………………………………………………… **11**
11a. 胞子嚢群は円いか，細長い場合でも長径は短径の 3 倍未満で，より短いものが混じる …………………………………… **12**
b. 胞子嚢群は細長い…………………………………………………… **18**
12a. 胞子嚢群は葉の中肋の両側に各 1 列に並び，1 裂片に 1 個つく ………………………………………… **オオクボシダ**(4805)
b. 胞子嚢群は裂片の中央脈に沿って並び，1 裂片に数個ずつ着く……………………………………………………………… **13**
13a. 葉は無柄で，基部は広がる ……………… **カザリシダ**(4774)
b. 葉は有柄で，葉身の基部は広がらない ………………… **14**
14a. 胞子嚢群は葉縁に向かって開いたコップ状の凹部に生じる……………………………………… **シマムカデシダ**(4807)
b. 胞子嚢群は葉の下面につき，コップ状の凹部には生じない…………………………………………………………………… **15**
15a. 葉は幅 5 mm 以下 ……………………… **キレハオオクボシダ** *Tomophyllum sakaguchianum* (Koidz.) B.S.Parris (*Ctenopteris sakaguchiana* (Koidz.) H.Itô)（ウラボシ科．本州，九州の深山にまれに生える）
b. 葉は幅 2 cm 以上 ……………………………………………… **16**
16a. 葉の羽片は鋸歯縁か，羽状浅裂 ……………… **エビラシダ**(4618)，**ゲジゲジシダ**(4652)，**ミョウギシダ**(4784)
b. 葉の裂片は全縁か，不明瞭な波状鋸歯がある ………… **17**

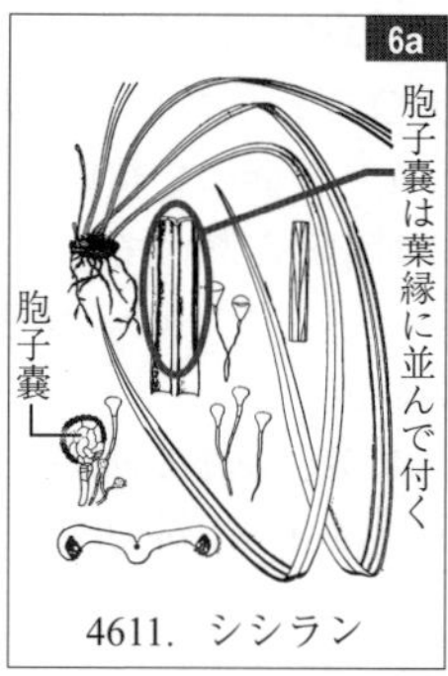

4611. シシラン

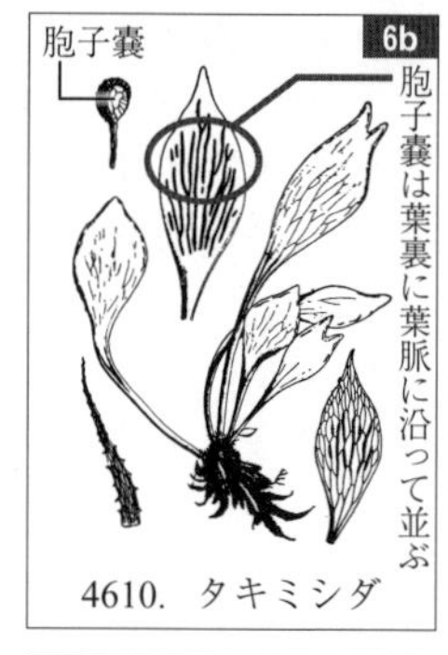

4610. タキミシダ

4626. ヒメタニワタリ

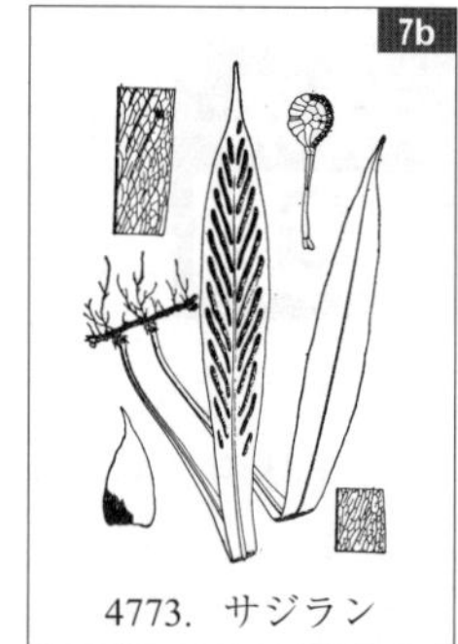

4773. サジラン

4786. ノキシノブ

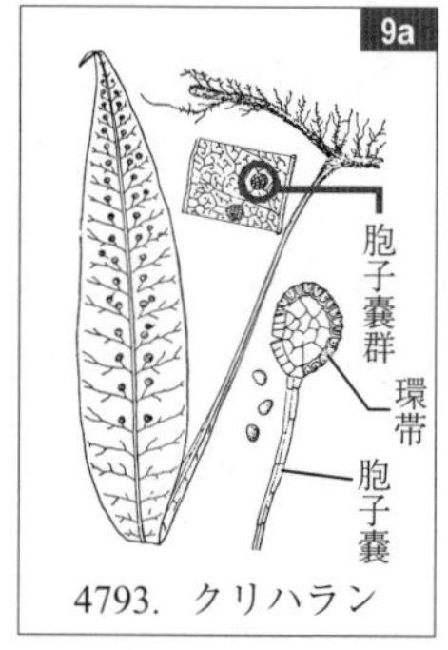

4793. クリハラン

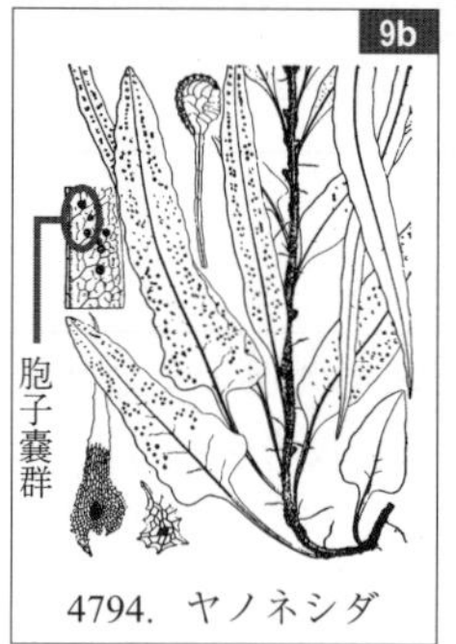

4794. ヤノネシダ

4805. オオクボシダ

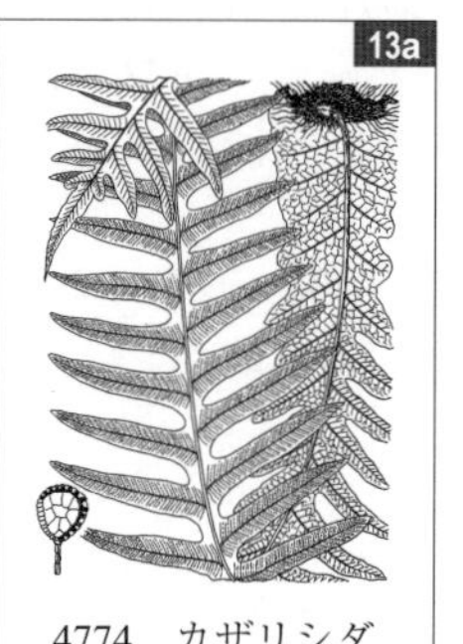

4774. カザリシダ

4618. エビラシダ

17a. 葉脈は全て遊離 ……………… **エゾデンダ属**(4803, 4804)

b. 葉脈は網状 ……………………………… **ミヤマウラボシ**(4777), **アオネカズラ**(4783), **タカウラボ**(4796), **オキナワウラボシ**(4797)

18a. 胞子嚢群は網目状の葉脈に沿って並ぶ．葉は有毛 …………………………………………………………… **アミシダ**(4663)

b. 胞子嚢群は葉の側脈に平行で網目状にならない．葉は無毛………………………… **オキノクリハラン属**(4799〜4801)

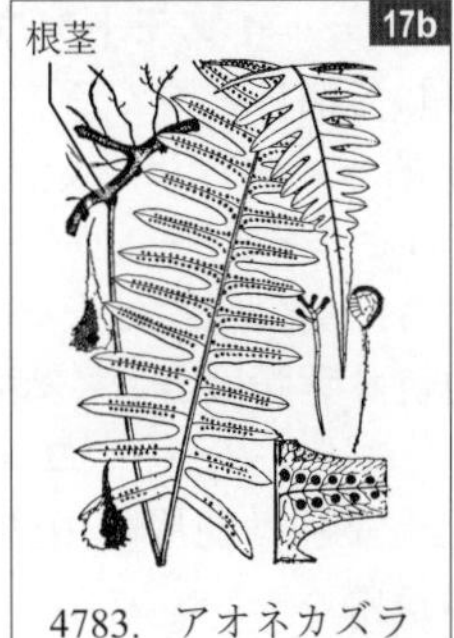

4783. アオネカズラ

4663. アミシダ

1a. 胞子嚢は葉の羽片の下面全体を覆い，胞子嚢群と呼ぶべきまとまりはない ……………………… **ミミモチシダ**(4588)

b. 胞子嚢は胞子嚢群をなす．すなわち一定の形をとって葉の下面または縁に集まる …………………………………… **2**

2a. 胞子嚢群は，葉の縁が折れ曲がってできた偽包膜で覆われるか，偽包膜の上につく …………………………………… **3**

b. 胞子嚢群は葉縁とは無関係の包膜があるか，包膜がない場合には葉縁で覆われない …………………………………… **11**

3a. 胞子嚢群は円く(ホウライシダ 4606 では楕円形)，葉縁に沿って連続しない ………………………………………………… **4**

b. 胞子嚢群は細長いか，楕円形で葉縁に沿って連続するため一見細長いように見える …………………………………… **5**

4a. 植物体に鱗片はなく，毛のみがある．胞子嚢群は葉の下面につく．暖地に生える大形の植物で高さ 1.5 m に達する ……………………………… **セイタカイワヒメワラビ** *Hypolepis alpina* (Blume) Hook.(伊豆半島以西屋久島までの太平洋側にまれ)

b. 植物体に鱗片がある．胞子嚢群は偽包膜の裏面につく．小形の植物で高さは 20 cm 以下 ……………………………………………… **ホウライシダ属**(4604〜4606)

5a. 胞子嚢群は偽包膜の裏面につく ……………………………………………… **ホウライシダ属**(4606〜4609)

b. 胞子嚢群は葉の下面につく ……………………………………… **6**

6a. 胞子嚢群は楕円形で，葉脈の先端につき，脈端を連ねる葉縁に沿った脈はない …… **ヤツガタケシノブ**(4584), **コナシダ属**(4614, 4615), **エビガラシダ**(4616)

b. 胞子嚢群は葉脈の先端を連ねて葉縁に沿って走る脈上に連続してつく ………………………………………………………… **7**

7a. 葉は細裂し，胞子嚢群のつく裂片は幅 2 mm 以下で鋭頭となり，両側の偽包膜は葉裏で互いに重なり合う ………………………………………………………… **タチシノブ**(4590)

b. 葉の最終裂片は幅 3 mm 以上，鋭頭または鈍頭，両側の偽包膜の先端は葉裏で重なり合うことはない……… **8**

4588. ミミモチシダ

4604. ハコネソウ(ハコネシダ)

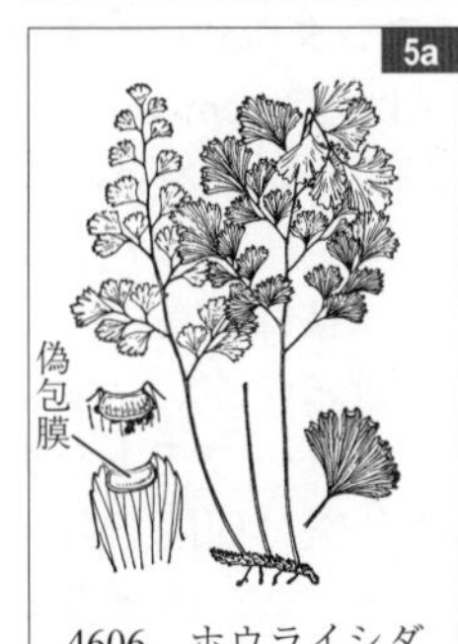

4606. ホウライシダ

4584. ヤツガタケシノブ

7a

4590. タチシノブ

4591. イノモトソウ

4581. ワラビ

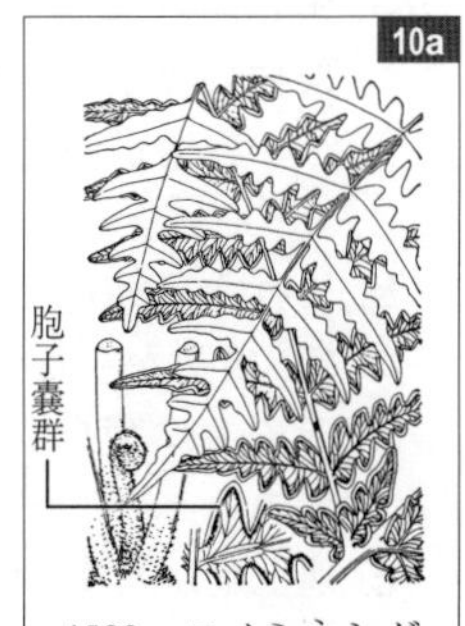

4582. ユノミネシダ

8a. 葉脈は全て遊離する ……… **イノモトソウ属**(4591～4601)
b. 葉脈は一部で結合して網目をつくる ……………………………… **9**
9a. 植物体に毛のみがあって鱗片はない．偽包膜の内側に1枚の真の包膜がある ……………………………**ワラビ**(4581)
9b. 植物体に鱗片がある．真の包膜はない ………………………… **10**
10a. 葉は下面が帯灰白色，葉脈は著しく網状 …………………………………………………… **ユノミネシダ**(4582)
b. 葉は下面が淡緑色，葉脈は羽片の中肋の両側に1列の網目をつくる他は遊離 ………………………… **ヒノタニシダ**(4602)，**ナチシダ**(4603)
11a. 植物体には毛のみがあって鱗片はない ……………………… **12**
b. 植物体には鱗片がある……………………………………………… **17**
12a. 包膜がある ……………………………………………………………… **13**
b. 包膜はない ……………………………………………………………… **16**
13a. 葉の下面は灰白色を帯びる．二枚貝のように胞子嚢を両側から包み込む厚手の包膜がある **タカワラビ**(4556)
b. 葉の下面は緑色で白色を帯びない．葉縁に向かって開いたコップ状またはポケット状の包膜がある ………… **14**
14a. 小形の植物で葉は幅 8 cm 以下 ………………………… **イヌシダ**(4571)，**オウレンシダ**(4572)
b. 中～大形の植物で葉は幅 10 cm 以上 ……………………… **15**
15a. 葉身は三角状長楕円形，胞子嚢は葉の鋸歯の先端付近につく ……………………………… **コバノイシカグマ**(4570)
b. 葉身は長楕円形または披針状長楕円形，胞子嚢は葉の鋸歯の間の凹みの付近につくか，葉縁から少し内側につく………………………………… **フモトシダ属**(4573～4577)
16a. 根茎は細長く匍匐し，葉は間隔を置いて出る．葉に無性芽はつかない ……………………… **イワヒメワラビ**(4583)
b. 根茎は短くつまり，葉は叢生する．葉の先が長く伸びて先に無性芽をつけるか，葉の中軸上に無性芽をつける ……………………………… **フジシダ属**(4578～4580)
17a. 胞子嚢群は円いか，一部に楕円形で長さが幅の 3 倍程度のものが混じることがあるが，その場合には包膜がない．また，やや細長く，葉縁に向かって開いたコップ状の包膜に覆われることもある ……………………… **18**
b. 胞子嚢群は全て細長い(時に馬蹄形で折れ曲がるために一見短く見えることがある)．包膜はないかまたはあり，コップ状にはならない …………………………………… **57**
18a. 密に鱗片で覆われた横走する根茎をもつ着生植物で，葉柄の基部に関節があるため古い葉は根元から脱落し，葉柄が根茎上に残らない(シノブ科) ………………………………… **シノブ**(4770)，**キクシノブ**(4771)
b. まばらに鱗片で覆われた横走する根茎をもつ着生植物で，根茎から長さ 2～3 mm の葉足と呼ばれる枝を出し，その上に葉をつける．葉柄の基部と葉足との間に関節がある ……………………………… **ワラビツナギ**(4767)
c. 地上生か着生で，後者の場合葉足や密に鱗片で覆われた横走根茎はない．古い葉の葉柄は根茎上に残る ……… **19**

4602. ヒノタニシダ

4556. タカワラビ

4571. イヌシダ

15a
ポケット状の包膜と胞子嚢群
4570. コバノイシカグマ

4573. フモトシダ

16a
4583. イワヒメワラビ

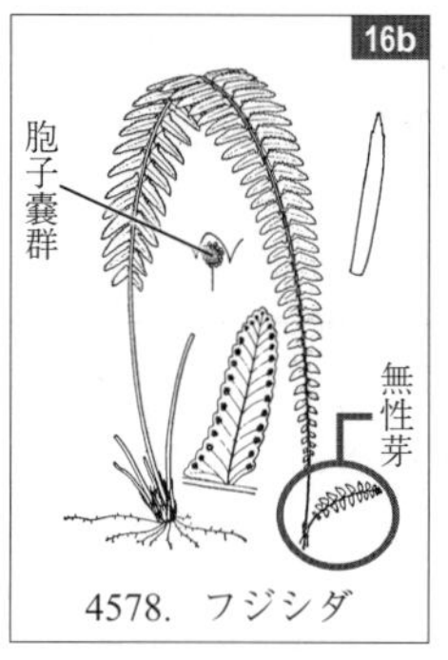

4578. フジシダ

4770. シノブ

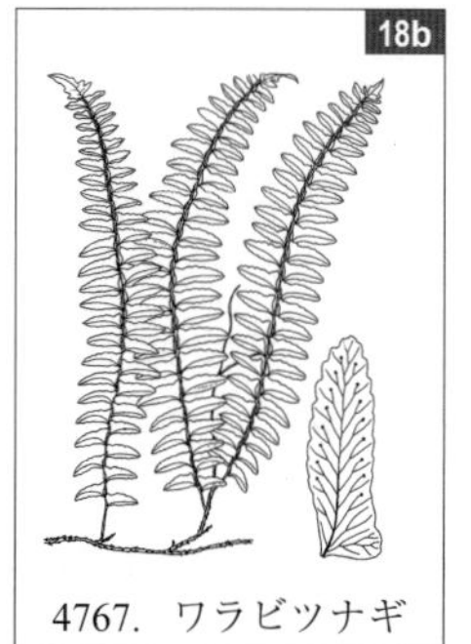

4767. ワラビツナギ

4765. タマシダ

19a. 葉は単羽状複生で，羽片の基部に関節があり，古い羽片は基部から脱落して葉軸のみが残る．タマシダでは根に球塊がある ……………… **タマシダ属**(4765，4766)
b. 葉の羽片の基部に関節はないか，ごくまれにある場合には 3～4 回羽状複生 ……………………………… **20**
20a. 葉柄に刺状突起がある……………… **クサマルハチ**(4559)
b. 葉柄に刺状突起はない……………………………… **21**
21a. 葉は 2～3 回羽状複生し，最終裂片は楔形で切頭，胞子嚢群は裂片の先端につき，基部側からややコップ状の包膜で覆われる ……………… **ホラシノブ属**(4562，4563)
b. 葉の裂片の先端は切形ではないか，切形の場合でも胞子嚢群はその部分にはつかない．包膜はないかまたはある……………………………… **22**
22a. 包膜は半円形でコップ状となる．葉は単羽状複生 ……………………………… **ゴザダケシダ**(4566)
b. 包膜は円形で楯着し，胞子嚢群を上から覆う ……… **23**
c. 包膜は腎円形で，基部で付着し，胞子嚢群を上から覆う ……………………………… **26**
d. 包膜は胞子嚢群の下について三角形，皿状または嚢状，胞子嚢が熟する頃にはその下敷きになるか，嚢状の場合は下から胞子嚢群を包み込む ……………… **44**
e. 包膜はないか，あっても小さく退化し，胞子嚢群中に埋もれる……………………………… **48**
23a. 葉の先が伸長して先に無性芽をつける ……………… **オリヅルシダ**(4716)，**ツルデンダ**(4717)
b. 葉の先は伸長しない(葉の中軸上に無性芽をつけることはまれにある)……………………………… **24**
24a. 葉は 2 回羽状複生か，最下小羽片のみ再度羽状全裂することがある……………… **イノデ属**(4720～4726)
b. 葉は単羽状複生か，最下羽片のみ再度羽状複生することがある……………………………… **25**
25a. 葉は夏緑性. 葉脈は全て遊離…… **イノデ属**(4718，4719)
b. 葉は厚く，常緑性．葉脈は結合して網目をつくる ……………… **ヤブソテツ属**(4712～4715)
26a. 葉柄には 3 本以上の葉跡が入る ……………… **27**
b. 葉柄には 2 本の葉跡が入る ……………… **36**
27a. 葉脈は結合して網目をつくる ……… **ウスバシダ**(4768)
b. 葉脈は全て遊離 ……………………………… **28**
28a. 葉身は有毛 ……………………………… **29**
b. 葉身は無毛(鱗片が生じることはある) ……………… **31**
29a. 葉身に腺毛があって匂いがある．岩上生の小形の植物 ……………………………… **ニオイシダ**(4759)
b. 葉身に腺毛はない(包膜に腺状突起があることがある)．地上生で中形～大形 ……………………………… **30**
30a. 葉の毛は単細胞性で先が尖る．葉身は夏緑性で質薄い ……………… **ナンゴクナライシダ**(4735)
b. 葉の毛は多細胞性．葉身は一般に常緑性か半常緑性 ……**カツモウイノデ**(4711)，**キヨスミヒメワラビ**(4761)

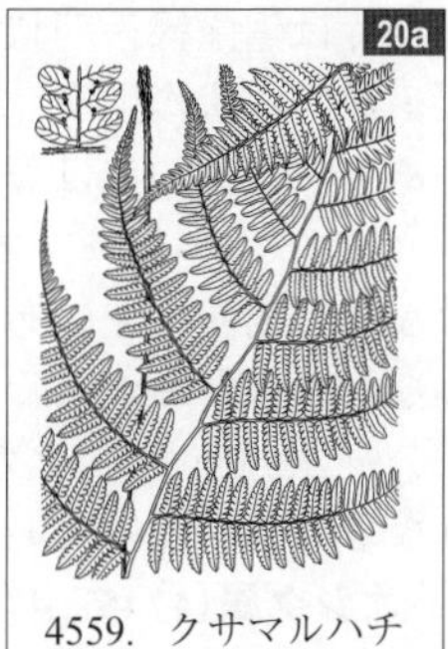

4559. クサマルハチ

4562. ホラシノブ

4566. ゴザダケシダ

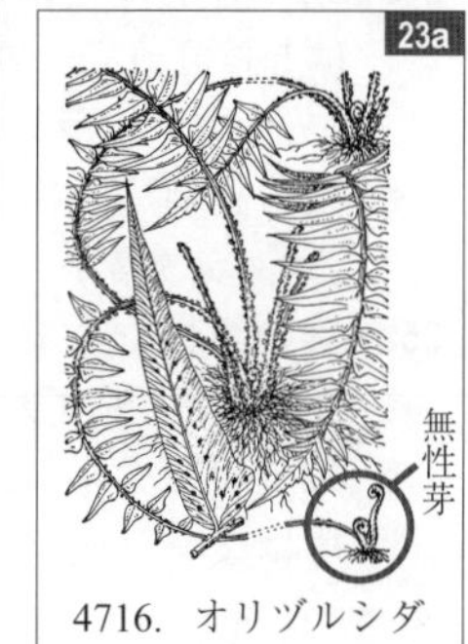

4716. オリヅルシダ

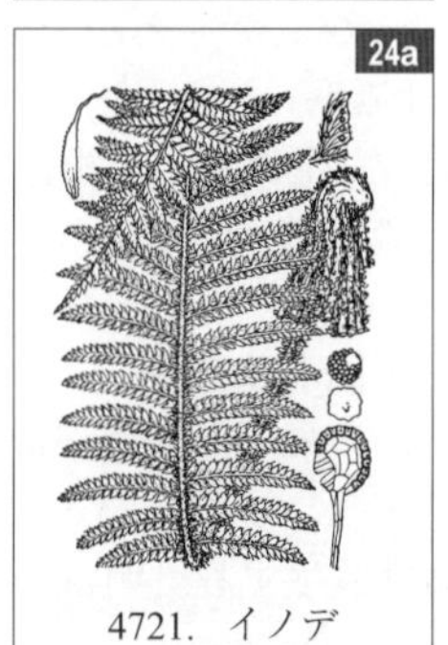

4721. イノデ

4718. ジュウモンジシダ

4712. ヤブソテツ

4768. ウスバシダ

4759. ニオイシダ

4735. ナンゴクナライシダ

31a. 葉は単羽状複生で羽片は鋸歯縁～羽状深裂 …… **32**
b. 葉は2回羽状全裂～数回羽状複生 …… **34**
32a. 葉の上面に光沢があり，鋸歯の先は著しく尖る …… **オトコシダ**(4729)
b. 葉の上面に光沢はなく，鋸歯の先はあまり尖らない **33**
33a. 側羽片と同じような形の頂羽片がある …… **ナガサキシダ**(4747)
b. 側羽片と同じような形の頂羽片はない …… **オシダ属**(4745，4749，4751～4755)
34a. 葉の各羽片を構成する最下の小羽片(最下羽片ではしばしば狂うことがあるので注意)は葉の先端側に出る …… **カナワラビ属**(4727～4734)，**ナンタイシダ**(4746)
b. 葉の各羽片を構成する最下の小羽片は葉の基部側に出る(オシダ属) …… **35**
35a. 葉の羽軸や小羽片の下面の中肋上に，基部の膨れた鱗片がある **イタチシダ**，**ベニシダ**等(4736，4740～4744)
b. 葉の羽軸や小羽片の下面の中肋上に，基部の膨れた鱗片はない …… **ヨゴレイタチシダ**，**ミヤマベニシダ**等(4737～4739，4748～4750，4756～4758)
36a. 葉の各部に鋭く尖った毛が生える．根茎の鱗片は有毛(キンモウワラビは無毛) …… **37**
b. 葉の各部に鋭く尖った毛はない．根茎の鱗片は無毛 **43**
37a. 葉は3回以上羽状深裂または複生で，最下の数羽片が最大となる …… **38**
b. 葉は単羽状複生～2回羽状深裂で，中部の羽片が最大となることが多いが，最下の羽片が最大のこともある …… **40**
38a. 根茎は斜上し，葉は叢生する．明るい地上に生える …… **ヒメワラビ**(4648)，**ミドリヒメワラビ** *Thelypteris viridifrons* Tagawa
b. 根茎は横走する …… **39**
39a. 葉柄基部の鱗片は長さ5 mm未満で有毛．森林生 …… **ヨコグラヒメワラビ** *Thelypteris hattorii* (H.Itô) Tagawa (本州中部以西の明るい林内にややまれ)
b. 葉柄基部の鱗片は長さ1 cm以上で無毛．岩上生 …… **キンモウワラビ**(4710)
40a. 葉の中部以下の羽片は基部方向に向かって次第に短くなるが，痕跡的になることはない．中軸と羽軸の分岐点に突起はない …… **ニッコウシダ**(4657)，**オオバショリマ**(4658)
b. 葉の基部付近の羽片は短くならないか，少し短くなる …… **41**
c. 葉の羽片は下部の数対を境界にして基部方向に向かって急に短くなり，痕跡的になる．中軸と羽軸の分岐点に通気孔と呼ばれる突起がある …… **42**

30b 4711. カツモウイノデ

32a 鋸歯 4729. オトコシダ

33a 側羽片 頂羽片 4747. ナガサキシダ

33b 4751. オシダ

34a 4727. ホソバカナワラビ

35a 4736. イタチシダ

38a 4648. ヒメワラビ

39b 4710. キンモウワラビ

40a 4657. ニッコウシダ

41a 4652. ヒメシダ

41a. 葉脈は全て遊離
……………… **ハシゴシダ**，**ヒメシダ**等(4652，4654～4656)

b. 葉脈は羽片の裂片の間の凹部で互いに結合する
……………………**ホシダ**，**テツホシダ**等(4653，4660，4661)

42a. 葉脈は全て遊離するか，羽片の裂片の間の凹部でかろうじて結合する ……………………………… **イブキシダ**(4659)

b. 葉脈は規則的に裂片の間の凹部で結合する．南西諸島産 …………………………………………………………… **コバザケシダ**
Thelypteris taiwanensis (C. Chr.) K. Iwats.
(葉の裂片は鈍頭で裏に腺毛がある)，
ナタギリシダ *T. truncata* (Poir.) K.Iwats.
(葉の裂片は切頭で裏は無毛)

43a. 葉の羽軸上面の溝は，中軸との分岐点で中軸の溝と合流せず，中軸の溝の縁によってふさがれる．植物体に多細胞の毛があることが多い
…………………………………………………… **オオヒメワラビ**(4678)

b. 葉の羽軸上面の溝は，中軸との分岐点で中軸の溝と合流する．植物体に多細胞の毛はない
……………………………………… **ウラボシノコギリシダ**(4694)，
カラフトミヤマシダ(4709)

44a. 包膜は放射相称で，皿状か嚢状．一般に葉柄の途中に関節があり，古い葉はそこから脱落する ……………… **45**

b. 包膜は左右対称で三角形，胞子嚢が熟するとその下敷きになる．葉柄に関節はない ……………………………… **46**

45a. 包膜は嚢状となり，胞子嚢群を包み込み，頂部に不規則に浅く裂けた孔がある ……………… **フクロシダ**(4667)

b. 包膜は皿状で，胞子嚢が熟する頃にはその下敷きになる ………………………………… **イワデンダ属**(4665，4666)

46a. 葉に多細胞毛がある ……………… **ウスヒメワラビ**(4620)

b. 葉に多細胞毛はない ……………………………………………… **47**

47a. 羽片の基部に関節がある．屋久島の山地にまれ
………………………………………………… **タイワンヒメワラビ**
Dryopteris nodosa (C.Presl) Li Bing Zhang(オシダ科)

b. 羽片の基部に関節はない．本土の高山に生える
……………………………………………………… **ナヨシダ**(4619)

48a. 葉柄には3本以上の葉跡が入る(オシダ科) ………… **49**

b. 葉柄には2本の葉跡が入る ………………………………… **50**

49a. 葉は無毛……………………………………………… **オシダ属**
(ヌカイタチシダ *Dryopteris gymnosora* (Makino) C.Chr., **タイトウベニシダ** *D. polita* Rosenst. 等)．他に，カナワラビ属，イノデ属にも包膜のない種がまれに知られる．

b. 葉は有毛…………………………………… **ホオノカワシダ**(4760)，
サツマシダ *Ctenitis sinii* (Ching) Ohwi

50a. 葉身は三角状卵形で，最下の数対の羽片が最も大きい
……………………………………………………………………… **51**

b. 葉身は披針形，長楕円状披針形または長楕円形で，下部の羽片は多少とも短くなる ……………………………… **53**

4660. ホシダ

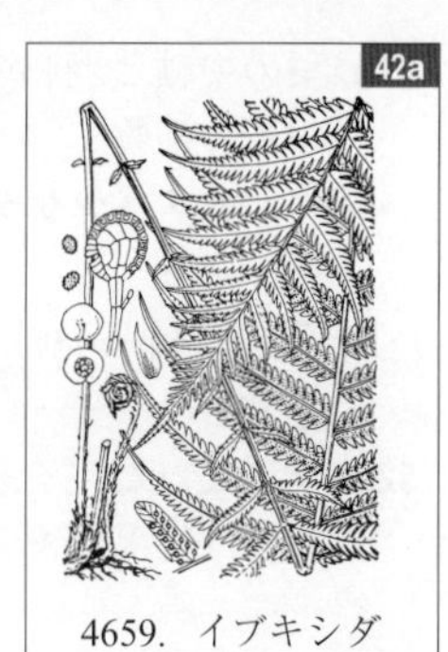

4659. イブキシダ

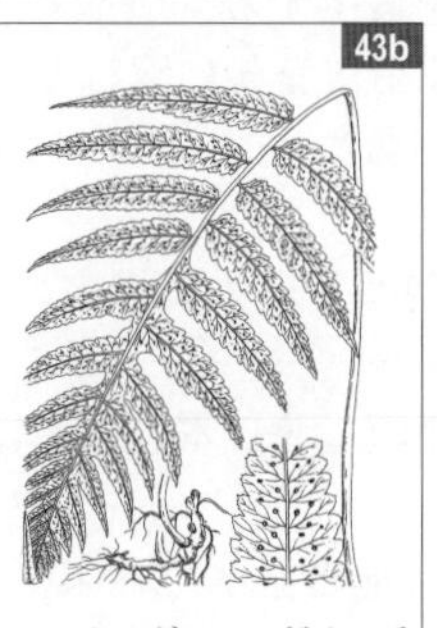

4694. ウラボシノコギリシダ

45a 嚢状(袋状)の包膜
4667. フクロシダ

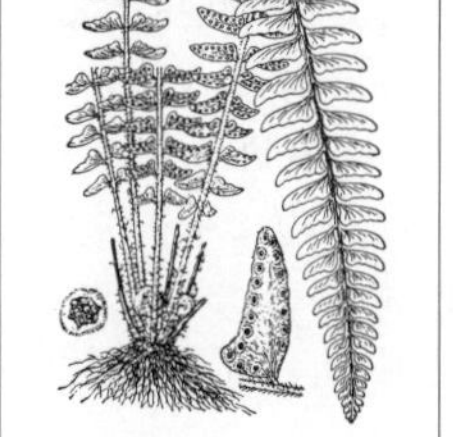

4665. イワデンダ

46a
4620. ウスヒメワラビ

4619. ナヨシダ

4760. ホオノカワシダ

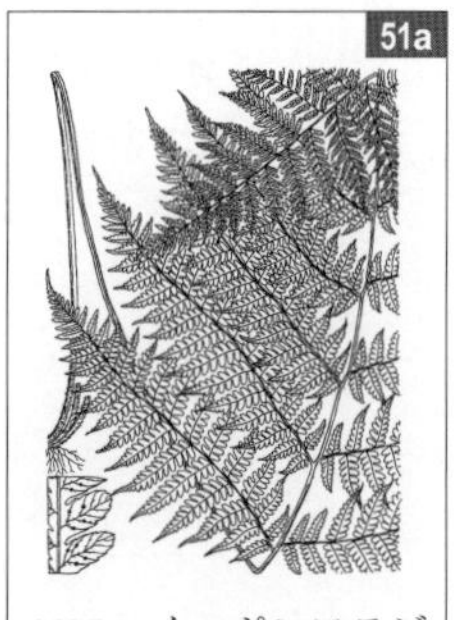

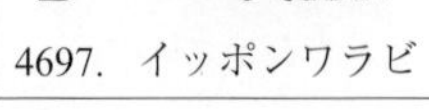
4697. イッポンワラビ

4651. ミヤマワラビ

51a. 葉の中軸と羽軸の分岐点に，数個の肉質の突起がある．中形の植物 …… **イッポンワラビ**(4697)，**ホソバシケチシダ** *Cornopteris banajaoensis* (C.Chr.) K.Iwats. et M.G.Price(屋久島産)

b. 葉の中軸と羽軸の分岐点に肉質の突起はない．小形の植物 …… **52**

52a. 葉に尖った毛を密生する …… **ミヤマワラビ**(4651)

b. 葉には腺毛があることがあるが，尖った毛はない …… **ウサギシダ**(4617)

53a. 根茎は短く，葉を叢生する …… **54**

b. 根茎は長く匍匐する．葉軸に翼はない …… **56**

54a. 葉軸に耳状の翼がある …… **ゲジゲジシダ**(4650)

b. 葉軸に翼はない …… **55**

55a. 小羽片の鋸歯は鈍頭．屋久島以南の南西諸島にまれに生える …… **ミミガタシダ**(4649 注)

b. 小羽片の鋸歯は鋭頭．北日本の高山に生える …… **オクヤマワラビ**(4708)

56a. 本州中北部の寒冷地の湿った林床に生える．羽片は最下部で最も幅広く，ほぼ対生する …… **タチヒメワラビ**(4649)

b. 暖地の林床に生える．羽片は中部以下で幅が同じか，最下部でやや幅が狭まり，互生する …… **ミゾシダモドキ** *Thelypteris leveillei* (Christ) C.M.Kuo

57a. 胞子嚢群は葉縁または中肋に平行する …… **58**

b. 胞子嚢群は中肋とは斜めに平行するか，中肋から伸びる側脈に沿ってある …… **62**

58a. 胞子嚢群は葉縁と中肋の間に複数の列をなして並ぶ．包膜はない …… **コウモリシダ**(4662)，**オオコウモリシダ**(4662 注)

b. 胞子嚢群は 1 列に並ぶ．包膜がある …… **59**

59a. 胞子嚢群は葉縁に沿って長く伸びる …… **ホングウシダ属**(4564，4565)，**エダウチホングウシダ属**(4567～4569)

b. 胞子嚢群は中肋に接して伸びる …… **60**

60a. 胞子嚢群は羽片の中肋に沿って連続的に長く伸びる …… **ヒリュウシダ**(4674)

b. 胞子嚢群は羽片の裂片または小羽片の中肋に沿って並ぶ …… **61**

61a. 葉は単羽状複生～2 回羽状全裂．葉脈は結合して網目をつくる …… **オオカグマ属**(4675～4677)

b. 葉は 3 回羽状複生．葉脈は全て遊離 …… **ヌリワラビ**(4621)

62a. 包膜がある …… **63**

b. 包膜はない …… **85**

4617. ウサギシダ

4650. ゲジゲジシダ

4708. オクヤマワラビ

4649. タチヒメワラビ

4568. エダウチホングウシダ

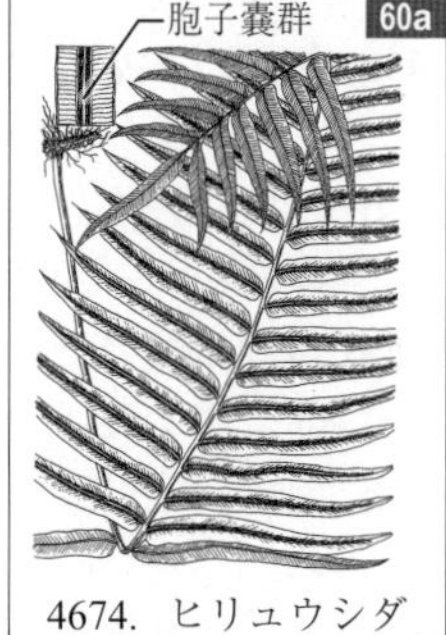

4674. ヒリュウシダ

4677. オオカグマ

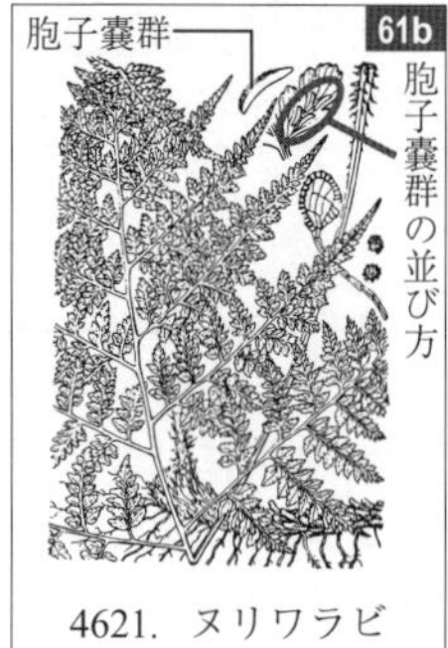

4621. ヌリワラビ

4622. イワヤシダ

4636. マキノシダ

63a. 葉脈は結合して網目をつくる ………… **イワヤシダ**(4622)，**クワレシダ** *Diplazium esculentum* Sw.(九州にまれに生える大形のシダで葉身は 2 回羽状複生)，**ジャコウシダ** *Deparia formosana* (Rosenst.) R. Sano (最下羽片を除き羽片は中軸に延着．屋久島産)

b. 葉脈は全て遊離 …………………………………………………………… **64**

64a. 葉は単羽状複生 ……………………………………………………………… **65**

b. 葉は 2 回羽状深裂または 2～4 回羽状複生…………………… **74**

65a. 根茎は短く斜上し，葉は叢生する ………………………………… **66**

b. 根茎は匍匐し，葉は間隔を置いてつくか，ややこみあってつく ……………………………………………………………………… **71**

66a. 羽片は細長く，最長のものの長さは幅の 4 倍以上 ……………………………………………………………………………… **67**

b. 羽片は短く，長さは幅の 3 倍以下 ………………………………… **69**

67a. 葉に多細胞毛がある．羽片は羽状に中裂～深裂 …… **ハクモウイノデ**(4680)，**ミヤマシケシダ**(4680 注)，**オオシケシダ** *Deparia bonincola* (Nakai) M. Kato(小笠原産)

b. 葉は無毛．羽片は全縁か鋸歯縁 ………………………………… **68**

68a. 側羽片に似た頂羽片はない …………… **クルマシダ**(4627)

b. 側羽片に似た頂羽片がある …………… **マキノシダ**(4636)，**ムニンシダ** *Asplenium polyodon* G. Forst(小笠原産)

69a. 葉身は幅(2～)1.6 cm 以下，羽片の基部前側に明瞭な耳片はない………………………… **チャセンシダ属**(4641，4642)

b. 葉身は幅(1.5～)1.8 cm 以上，羽片の基部前側に耳片がある………………………………………………………………… **70**

70a. 葉は有毛．屋久島にまれに生える ……………………… **ヒメホウビシダ** *Athyrium nakanoi* Makino

b. 葉は無毛……………… **チャセンシダ属**(4631，4639，4640)

71a. 一般に着生．根茎に背腹性があり，葉は根茎の上半部のみから出る……………………… **ホウビシダ属**(4623～4625)

b. 地上生．根茎に背腹性はない ……………………………………… **72**

72a. 葉に多細胞毛がある ……… **オオシケシダ属**(4681～4683)

b. 葉に多細胞毛はない …………………………………………………… **73**

73a. 側羽片に似た頂羽片がある ………… **キノボリシダ**(4692)

b. 側羽片に似た頂羽片はない ……………………………… **ノコギリシダ属**(4685，4686，4689)

74a. 根茎は斜上またはやや直立し，葉は叢生する ………… **75**

b. 根茎は匍匐する ………………………………………………………… **83**

75a. 葉の先端は長く伸びて，先端に無性芽をつける ……………………………………………………… **ヒノキシダ**(4633)

b. 葉の先端が長く伸びることはない …………………………… **76**

76a. 羽軸の上面には溝はなく，中心部は円く盛り上がる ………………………… **チャセンシダ属**(4628, 4629, 4632, 4647)

b. 羽軸の上面に溝がある……………………………………………… **77**

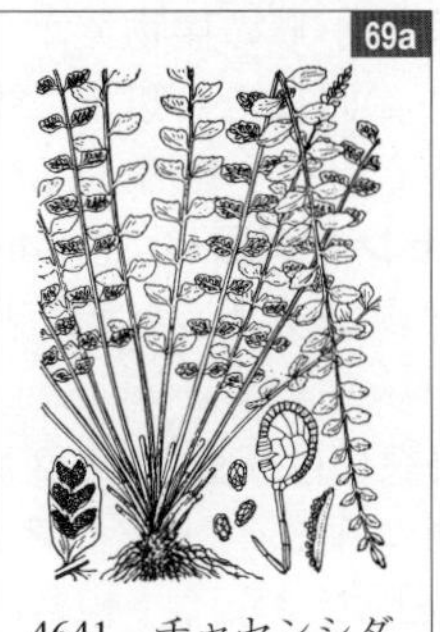

4641. チャセンシダ

4639. ヌリトラノオ

71a
羽片基部前側の耳片
根茎
4624. ホウビシダ

72a
4681. シケシダ

4692. キノボリシダ

4686. ノコギリシダ

4633. ヒノキシダ

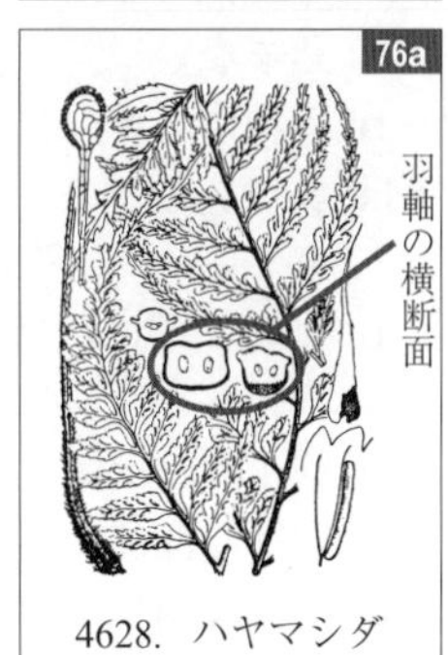

4628. ハヤマシダ

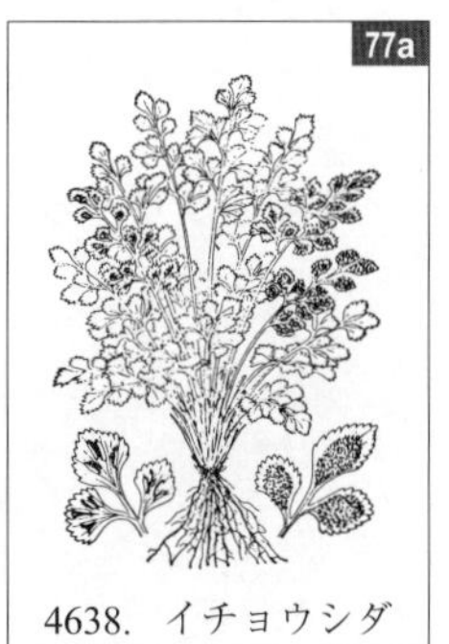

4638. イチョウシダ

4630. アオガネシダ

77a. 普通岩上に着生する小形の植物で葉(葉身＋葉柄)は普通長さ 20 cm 以下，時にそれ以上になる場合は葉身の基部はしだいに狭くなり，葉柄はごく短い …………………… **チャセンシダ属**(4638，4643，4645，4646)

b. 地上生の中形の植物で成熟した葉は普通長さ 30 cm 以上 …………………… **78**

78a. 葉は細裂し，最終裂片は楔形で 1〜3 脈があり，胞子嚢群を 1 ないし 2 個つける …………… **アオガネシダ**(4630)

b. 葉の最終裂片は楔形ではなく，複数の胞子嚢群をつける …………………… **79**

79a. 葉柄や葉軸は横断面が V 字形．包膜は背中合わせのものが混じらないことが多い(メシダ属) …………… **80**

b. 葉柄や葉軸は横断面が U 字形．包膜は背中合わせのものが混じることが多い …………… **82**

80a. 小羽片の中肋上に刺状の突起がまばらにつく …………………… **ホソバイヌワラビ**(4702)

b. 小羽片の中肋上に刺状の突起はない …………… **81**

81a. 包膜は縁が細裂する …………… **ミヤマメシダ**，**サトメシダ**等(4704〜4707)

b. 包膜は全縁か鋸歯縁 …………… **タニイヌワラビ**，**ヘビノネゴザ**等(4698〜4701，4703)

82a. 葉柄と葉の中軸は赤褐色で光沢がある．胞子嚢群は側脈の下部のみにつき，側脈は中肋から鋭角で分岐するため，胞子嚢群が中肋に沿って並んでいるように見える …………… **ヌリワラビ**(4621)➡検索 I-61b にあり

b. 葉柄と葉の中軸に光沢はないか，少し光沢がある場合には赤褐色ではない …………… **キヨタキシダ**(4688)

83a. 植物体に多細胞毛がある．羽軸の溝は基部の中軸との分岐点で中軸の溝の縁によって中断され，中軸に流れ込まない …………… **オオメシダ**(4679)

b. 植物体に多細胞毛はない …………… **84**

84a. 葉の先端はやや急に狭くなり，頂羽片は側羽片にやや似ている …………… **イヌワラビ**(4695)

b. 葉の先端は次第に狭くなり，側羽片に似た頂羽片はない …………… **ノコギリシダ属**(4687，4690，4691，4693)

85a. 胞子嚢群は網目をつくる …………… **イワガネソウ**(4587)

b. 胞子嚢群は網目をつくらない …………… **86**

86a. 羽片は羽状に中裂〜全裂 …………… **ミゾシダ**(4664)，**シケチシダ**(4696)

b. 羽片は鋸歯縁 …………… **イワガネゼンマイ**(4586)

c. 羽片は全縁かやや波状縁 …………… **オキノクリハラン属**(4799〜4801)

4702. ホソバイヌワラビ

4698. タニイヌワラビ

4688. キヨタキシダ

4695. イヌワラビ

4687. ミヤマシダ

85a
胞子嚢群の着き方
4587. イワガネソウ

4586. イワガネゼンマイ

86c
波状の葉縁
4799. オオイワヒトデ

新図解 牧野日本植物図鑑

1. ソ テ ツ 〔ソテツ科〕

Cycas revoluta Thunb.

琉球や九州南部に自生しているが，観賞品として各地に栽培されている常緑樹で茎は単立か，または根元からむらがって生える．茎の高さは 1〜4 m 位，粗大な円柱形で，色は黒ずみその表面全体に葉の落ちた跡があり，茎の頂端には多くの葉が広がる．葉の質は硬く羽状に深裂し，多数の細い小葉は中軸の左右に互生し，色は濃緑でつやがあり，ふちは裏側へ巻き気味になっている．これが学名の種形容語 *revoluta*（反巻する）のついた理由である．雌雄異株，雄花は夏に茎の頂端につき，長さ 50〜60 cm，幅 10〜13 cm 位の松かさ型で多数の鱗片からなり，鱗片の裏側に一面に葯がつく．花粉は雌花に入ってから精子を生ずる．雌花は茎の頂上に丸く重なり合って集まり，茎部に近い両側に 3〜5 個の無柄胚珠をもち，上部には黄褐色のらしゃ状の毛が密生している．種子の大きさはクルミ位，形はやや扁平形，外種皮は朱色でつやがある．茎からは澱粉がとれるが，水にさらさないと毒性分がまじる．また胚乳は食用とする．〔日本名〕蘇鉄の音よみで，蘇はよみがえる意味であって，衰弱して枯れそうになった時に，鉄くずを与えたり，鉄くぎをさすと元気をとりもどすといわれていることから来ている．〔漢名〕鳳尾蕉，番蕉，鉄樹，蘇鉄など．

2. ヒメオニソテツ 〔ザミア科〕

Encephalartos horridus (Jacq.) Lehm.

南アフリカ原産，乾燥地に茎を半ば地中に埋めて生育する．日本には明治の終わり頃に入って，温室内で植栽されている．茎は地上 50 cm くらいに直立し，上部は綿毛でおおわれる．葉はつやのない灰緑色で 1 回羽状に分裂，長さ 50〜100 cm，先端は彎曲する．羽片は広披針形でほぼ全縁，長さ 10 cm，幅 2.5 cm 内外，後側のふちにふつう 2 本の彎曲した大形のとげ状突起がある．雌雄異株で，雄球花は円柱形，長さ 20〜40 cm，径 6〜12 cm，多数の小胞子葉（雄しべ）が密生する．雌球花は卵形，長さ 20〜40 cm，径 15〜20 cm，大胞子葉は楯形で密生し，内側に 2 個の種子をつける．種子は赤く熟し，長さ 3〜3.5 cm，径 2.5 cm の卵形．〔日本名〕姫鬼蘇鉄．葉が厚くかたくとげをもつので鬼の名がついた．〔追記〕近縁のオニソテツ *E. villosa* Lem. は南アフリカ東部ナタール原産，明治の初めに日本に入った．葉は長さ 1〜2 m に達し，羽片も多数つく．葉柄は有毛，両面に 3〜5 個の大形の歯牙状突起があるので区別できる．日本ではこの 2 種が主に温室内で植栽されている．

3. フロリダソテツ（フロリダザミア，ホソバザミア） 〔ザミア科〕

Zamia integrifolia L. f.（*Z. floridana* A. DC.）

北アメリカフロリダ州の乾燥地に自生する小低木．茎は半地下性で，地下，地上ともに 20〜30 cm に直立する．雌雄異株で，雄株は径 3〜4 cm，雌株は径 5〜6 cm．ともにしわ状の環紋がある．葉は 1 回羽状に分裂し長さ 40〜60 cm，表面はつやのある緑色，裏面は淡緑色で半ばつやがある．羽片は 14〜20 対，線形または鎌形で下面に粗い毛がある．長さ 19 cm 内外，幅 6〜8 mm，平行脈が走る．雄球花は淡黄褐色，長さ 6〜15 cm，径 2.5〜3 cm，先端の丸い円柱形，亀の甲状に小胞子葉を密生する．雌球花は濃い紫褐色，長さ 5〜18 cm，径 3〜8 cm，褐色の微毛がある．大胞子葉は楯形で亀の甲状に密生し，内側に 2 個の種子を生ずる．種子は朱赤色，長さ 20〜25 mm，径 10〜12 mm の楕円体．日本には昭和のはじめに入った．〔日本名〕フロリダ産のソテツという意味．〔追記〕メキシコ原産のヒロハザミア *Z. pumila* L. もしばしば温室内で植栽されるが，葉は長さ 1〜1.2 m，羽片は少なく 9〜12 対，幅が広く，長さ 15〜20 cm，幅 4〜5 cm に達し，葉柄にはまばらに 2〜3 mm のつの状のとげがあるので区別できる．

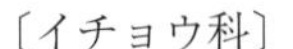

4. イ チ ョ ウ 〔イチョウ科〕

Ginkgo biloba L.

落葉性の大高木で時には高さ 30 m，径 2 m にもなる．時として“ちち”といわれる大きな気根が下がることがある．葉は長枝では互生し，短枝ではむらがっている．形は扇形で，幼木では中央の切れ込みが深いが，成木では浅くなり，ときにはなくなったりする．先端は波形で両側の辺はまっすぐである．葉脈は何回か二又分枝をくりかえし平行に走って結びつくことがない．秋，落葉前に美しい黄色となる．6 cm にもなる葉柄をもつ．雌雄異株．花は 4 月に新葉と共に出て，雄花は尾状花序のようになる．雄しべには縦に切れこみのある二つの葯室がある．雌花は花柄の頂端に二つあり，さかずき状の心皮の上に裸の胚珠が一つつく，花粉は春胚珠に入りその中の花粉室で生育し，9 月上旬に精子を出して受精する．種子は核果的で，熟すると外種皮は黄色く多肉で悪臭がある．内種皮は硬く白色で，そのまわりに 2〜3 の稜線がある．これをギンナン（銀杏）という，種子が葉上に出来たものを，オハツキイチョウという．中国原産で，昔わが国に渡来したもの．今では各地に盆栽，街路樹，庭園樹として植えられている．胚乳は食用にする．〔日本名〕「鴨脚」の中国宋時代の音よみ「ヤーチャオ」の転訛であるというのは，大槻博士が大言海に発表された説である．属名 *Ginkgo* は，Linné の原典である Kaempfer の著作で採用されたもので，従来これは「銀杏」の読みであるから Ginkjo とするのが正しいとされ，印刷間違いとの説が唱えられてきたが，Kaempfer は原稿の段階で Ginkgo と綴っていることが判明．近年は意図的な綴りであるとされる．〔漢名〕公孫樹，鴨脚子．

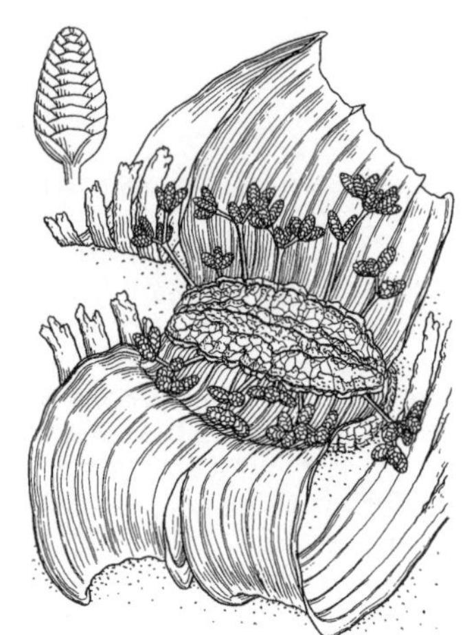

5. ウェルウィッチア（キソウテンガイ）　〔ウェルウィッチア科〕

Welwitschia mirabilis Hook.f.

南西アフリカからアンゴラ南部の沿岸砂漠（ナミブ砂漠）に生育する常緑性小形低木．幹はカブラ形で大部分は地下に埋もれ，長い直根を砂中深く水気のあるところまでのばす．幹の頂部はほぼ平らで溝で 2 分され，葉は 2 枚，幹頂の両側の裂け目からでて，終生，帯状に伸長しつづけるが，先端から枯死するので，長さは 2 m どまりである．幅約 20 cm．平行脈をもち，先端は脈にそって縦に裂ける．硬い革質の緑色であるが，多少とも粉白色を呈する．雌雄異株．幹頂の葉の内側の裂け目から分枝した複合花序をだす．各花序は扁平な球花のようである．雄花は十字対生する苞葉と花被でかこまれ，中に 6 本の雄しべと，中央の不稔性の胚珠がある．雌花は対生する花被がゆ着して胚珠を包みこむ．種子は径 2 cm ほど．〔日本名〕奇想天外．

6. グネモンノキ（グネツム）　〔グネツム科〕

Gnetum gnemon L.

マレーシア東部，東インド諸島から海南島までの湿った森林中に生える照葉高木．高さ 20 m に達する．葉は対生し，楕円状披針形，一見常緑のカシ類の葉のように硬い，つやのある濃緑色を呈し，網状脈系をもつ．長さ 13 cm，幅 8 cm 前後．裏面は淡緑色．雌雄異株．長さ 6 cm ほどの穂状の複合花序を枝先の葉腋から単生または束生する．花穂には節があり，節から多数の花を輪生する．雄花は 1 本の雄しべと不稔性の胚珠をもち，管状の花被でかこまれる．雄しべの先端には 1〜2 個の花粉のうがある．雌花は 1 胚珠とそれを包みこむ花被とからなるが，花被は花弁状にならずに胚珠を珠皮のように包む．種子は長さ 2 cm ほどの長楕円形で，黄または赤色に熟し，表面は平滑である．種子は食用となる．日本には昭和 10 年頃，京都大学の温室にもたらされた．〔漢名〕實麻藤．

7. マ　オ　ウ（シナマオウ）　〔マオウ科〕

Ephedra sinica Stapf

わが国にはないが，蒙古地方や中国北部の砂地に自生する草状の常緑小低木．高さ 30〜70 cm 位ある．根茎は木質で厚く曲がっている．その直径は 2〜3 cm 位，長さ 70 cm 位あり，黄赤褐色．上端は地面に近く上向いた枝を出し，枝の端から真直上にのびる緑の茎を出す．茎は細長く，分枝しやや扁平である，節が多く茎の中央の孔が非常に小さくほとんどつまっているようにみえる．葉は細かく白い小鱗片状となり，茎節に対生する．その基部は合体し，茎を包み短いさやとなり，茎の外観はイヌドクサに似ていて，しばしば間違えられることがある．雌雄異株．夏に茎の先端，または梢の端に小さな卵形の単性花序をつける．対生した数片の苞をもち，雌雄花序は各々二つの花をもつ．雄花は苞片が 2〜4 個，雄しべは 2〜4 本あり合生して黄色の葯をもつ．雌花は苞片の下部が合生し裸の胚珠をもつ．種子は長卵形で硬く黒褐色，1 花序内に二つ成熟する．時に苞片が肉質となって鮮やかに赤くなる．昔から薬用植物として有名．〔日本名〕漢名「麻黄」の音読である．

8. ヒマラヤスギ　〔マツ科〕

Cedrus deodara (Roxb.) G.Don

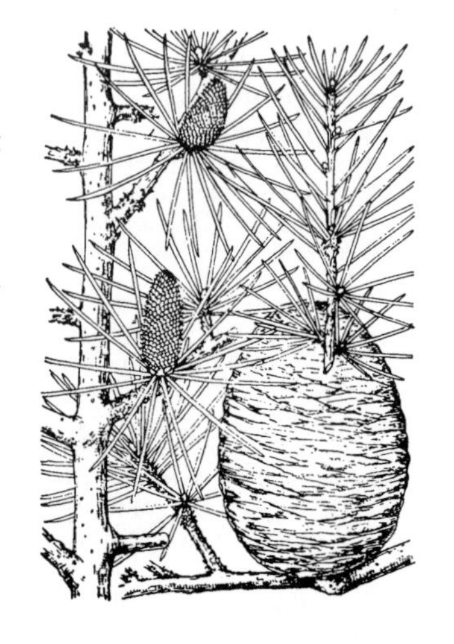

インドヒマラヤの原産で，明治初期（1870 年頃）にわが国に渡来した常緑の高木．現在では広く庭園に栽培されている．幹は直立し高さ 10 m 以上にもなる．枝は水平に広がり，それがやや下に垂れ下がっていて樹の姿が素晴しく美しい．樹皮は灰褐色で割れてはげる．葉は多数が短枝上に束生するか，または新しい枝の上に散在して生える．細い糸状で白味のある緑色．長さは 3 cm 位で，先端は鋭く尖る．カラマツよりもかたい．雌雄同株．老木になってから開花する．雄花は円柱状で直立し，長さは 3 cm 位．秋に開花し，淡黄褐色をしている．種鱗は沢山重なっていて，雄しべは小さい．球果も短枝上に直立し，楕円体をしていて長さ 10 cm 位．表面はなめらかで，緑がかった灰褐色をしている．種鱗は広い扇状三角形で平たく，なめらかで全縁，熟すと中軸から落ちやすくなる．種子に翼がある．〔日本名〕ヒマラヤ産のスギという意味．これは葉の形がスギの葉に似ていることから来ている．

9. イヌカラマツ　〔マツ科〕

Pseudolarix amabilis (J.Nelson) Rehder

中国中南部に固有の落葉樹. 幹は高さ 40 m, 直径 3 m になる. 樹皮は灰褐色で, 鱗状となって剥がれる. 樹幹は広い円錐状, 長枝は最初赤褐色あるいは樺色で, 光沢があり無毛, 2 年目, 3 年目は次第に黄灰色, 茶灰色, あるいはまれに紫褐色になり, 最終的には灰色, 暗灰色になる. 短枝は生長がゆっくりで葉を密に輪状に生じる. 冬芽は卵形, 芽鱗は先端で離生する. 葉は線形で鋭頭, わずかに曲がるか真っすぐで, 長さ 2〜5.5 cm, 幅 1.5〜4 mm, 向軸側はわずかに竜骨があり青緑色, 背軸側は気孔の列があり淡緑色, 中脈が突出する. 球果は緑色あるいは黄緑色, 熟すと赤褐色となり, 倒卵形から卵形, 長さ 5〜7.5 cm, 径 4〜5 cm. 種鱗は卵状披針形で, 長さ 2.8〜3.5 cm, 幅約 1.7 cm, 向軸側は中央の稜に沿って軟毛を密生し, 基部に 2 個の耳がある. 苞鱗は卵状被針形, 種鱗の長さの 1 / 4〜1 / 3 で, 鋸歯縁. 種子は白色, 卵形, 長さ 6〜7 mm. 翼は淡黄色あるいは樺色, 向軸側は光沢があり, 三角状被針形, 長さ約 2.5 cm. 4 月に授粉し, 10 月に種子が熟す. 〔中国名〕 金銭松.

10. ツ　ガ（トガ, ツガマツ）　〔マツ科〕

Tsuga sieboldii Carrière

福島県以南の山地に生ずる常緑の高木. 枝がこんでいてまた葉も密についている. 幹は真直に立ち, 大きいものは高さ 30 m, 直径 1 m にもなる. 樹皮は灰色で, 深く縦に裂ける. 1 年生の枝は全くなめらかで毛がない. 葉は小形で長いものと短いものとあり, 小枝の左右に並ぶ. 葉の形は線形で扁平, 先端がわずかに凹形, 基部は短い柄となり, 長さは 1〜2 cm 位ある. 樹脂道は下側の中央に 1 個だけある. 雌雄同株. 4 月に開花する. 雄花は長卵形体で小枝の端に単生する. 葯室は横に開き黄色花粉を出す. 雌花も小枝の端に生じ, 長卵形体で紫色. 種鱗には 2 胚珠がある. 球果は長卵形, 長さ 2〜3 cm で, 初め緑色をしているが, 熟すと褐色を帯び, 果柄をもち枝の端にさがる. 種鱗はほぼ円形で苞鱗は倒卵形で小さい. 種子は倒卵形で長さ 4 mm 位, 翼は披針形で種子より少し長い. 材は種々に用いられ, パルプにも使われる. 樹皮からはタンニンを採る. 〔日本名〕 語源は不明. 栂は漢名ではない.

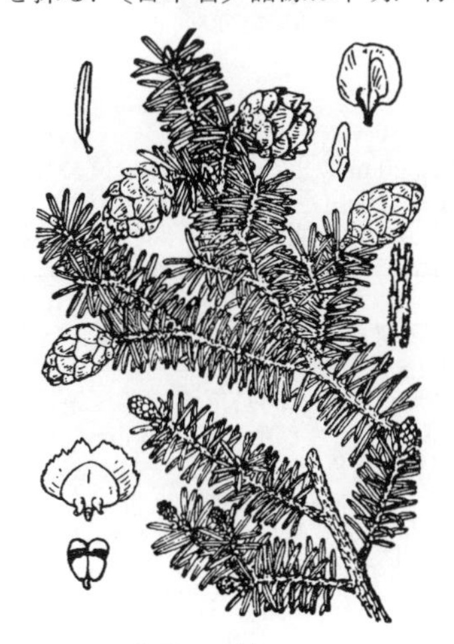

11. コ メ ツ ガ　〔マツ科〕

Tsuga diversifolia (Maxim.) Mast.

本州から九州の亜高山帯に生える常緑高木. 枝は茂り葉が密についている. 幹は直立し, 大きいものは高さ 20 m, 直径 70 cm 位にもなる. 樹皮は灰色で堅く, 浅い裂け目がある. 1 年生の枝は褐色の細い軟毛をもつ. 葉は枝上に多くつき. 小形で長いものと短いものがあり, 小枝の左右にほぼ 2 列に並ぶ. 形は線形で長さ 6〜15 mm 位, 先端が円形かまたはやや凹んでいる. また基部には短い柄があり, 背軸側の中央に維管束が 1 個ある. 雌雄同株. 6 月に開花する. 雄花は卵形体で小枝の端に単生し, 葯は横に開いて黄色の花粉を出す. 雌花も小枝の端に単生する. 卵形体で緑紫色を帯び, 種鱗には 2 胚珠がある. 球果は卵状楕円体で無柄, 時には短い柄がある. 長さは 3 cm 位で, 枝の端にさがる. 種鱗は円形, 苞鱗はきわめて小さい. 種子は卵形で翼がある. この種はツガによく似ているが分布圏がちがい, 1 年生の枝の小枝の溝に細い軟毛があること, 球果が小さく, かつ枝に対して曲がってつかぬこと (ツガでは強く曲がってつく), また葉が小形であることから区別できる. 材は種々の用途に使われる. 〔日本名〕 葉が小形であるのをコメにたとえたもの.

12. アブラスギ（テッケンユサン, カタモミ）　〔マツ科〕

Keteleeria davidiana (Bertrand) Beissner

中国中部以南の山地の日当たりのよい所に, 広葉樹と混じって生える常緑の高木. 日本ではまれに栽培されているが, 老木はない. 高さ 10 m, 幹は直立し, 樹皮は灰褐色で縦に割目がある. 若い枝は赤味がかった灰褐色で稜はない. 根元に多数の鱗片がある. 葉は広線形で, ほぼ左右 2 列になって斜めにつく. 長さは 3 cm 位で, 汚黄緑色. 中脈が高く両面に出ている. 先端は鋭く尖る. 球果は枝の端に立つようにつく. 円柱形で 8 cm 位の長さ. 淡褐色で円形の種鱗はまばらに重なり, その辺はしばしば外に反り返る. 苞鱗は軽く三つに分かれたへら形で小さく, 外からは見えない. 台湾には変種タイワンユサン var. *formosana* (Hayata) Hayata を産する. 〔日本名〕 漢名の音読み. 材に油が多いため. ただし現在中国では油杉の名は同属の別種 *K. fortunei* Carrière に対して用いられている. 〔漢名〕 油杉, 鉄杉.

13. モ　ミ　〔マツ科〕

Abies firma Siebold et Zucc.

常緑の大高木で山地に生ずる．幹は直立してそびえ，高さ 30〜50 m，直径 1〜1.5 m にも達する．樹皮は黒っぽい灰色で，粗い凹凸がある．葉は密に互生し，2 列に並んでいる．形は線形で先端は成木では鈍く少し凹み，若木の葉は鋭く尖った二叉をなす（ツバメモミという）．樹脂道は 2 個あり，断面では両側の背軸側の表皮に接して存在するが，成木の葉では葉肉中にある．雌雄同株．5 月に開花．雄花は前年の葉腋に生じ，円柱形をしていて黄色，黄色の花粉を出す．雌花は長卵状長楕円形で上向いている．緑色で種鱗には 2 胚珠がある．球果は直立した円柱形で長さは 10〜15 cm，幅 3 cm 位．苞鱗は先が鋭く尖って反巻し，褐色をしている．種鱗は広い扇形で，下部がくさび形をしている．熟すと中軸を残して脱落する．種子は倒卵状くさび形で，長さ 6〜10 mm，2 倍の長さの翼をもつ．材は種々の用途に使われる．〔日本名〕語源は明らかでない．一名サナギ．古名モムノキ，またオミノキという．〔漢名〕樅を漢名とするのは間違い．

14. ウラジロモミ（ダケモミ，ニッコウモミ）　〔マツ科〕

Abies homolepis Siebold et Zucc.

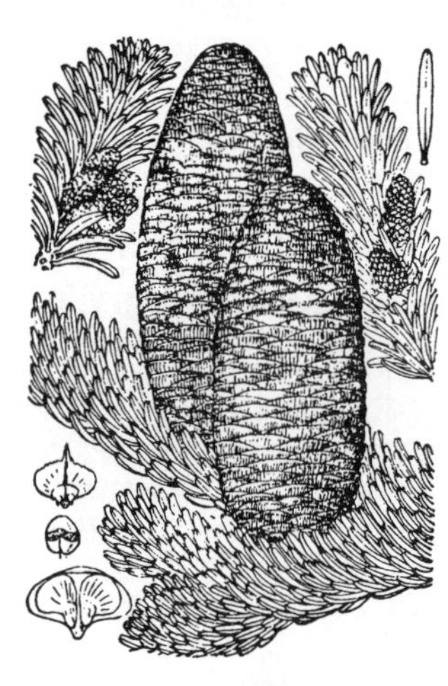

中部の亜高山に生ずる常緑の大高木．高さ 40 m 位，直径 1 m にもなる．その森林の下部はモミに接し，上部はシラビソとまじる．幹は直立し，密に葉をつける．樹皮は灰褐色で，かけらとなってはげおちる．この種はシラビソとよく似ていて区別しにくいが，幼枝が濃黄色で光沢があり，初めから無毛であることにより区別できる．葉は密に生ずる．その裏は白みがかった緑色をしていることが多い．断面でみると樹脂道は葉肉内にある（モミは辺に接する）．雌雄同株．5〜6 月に開花する．雄花は小枝上に群生し，長楕円状円柱形，葯は横に開き黄色の花粉を出す，雌花の多くは枝の先に生じ，紫色で細い卵形をしている．種鱗には 2 胚珠がある．球果は楕円状円柱形で暗紫色．長さは 10 cm 位ある．苞鱗は平たい円形で先端が尖っており，下部はくさび形でその長さは種鱗の半分位．それ故球果の外部からは見えず，モミのように苞鱗が尾状に点々と見えるのと違っている．種鱗には広い翼のある倒卵形の種子が 2 個ある．用材として用いられ, またパルプにも利用される．〔日本名〕別名の嶽モミは，高い山上に生ずるモミの意．日光モミは栃木県日光に産するからいう．

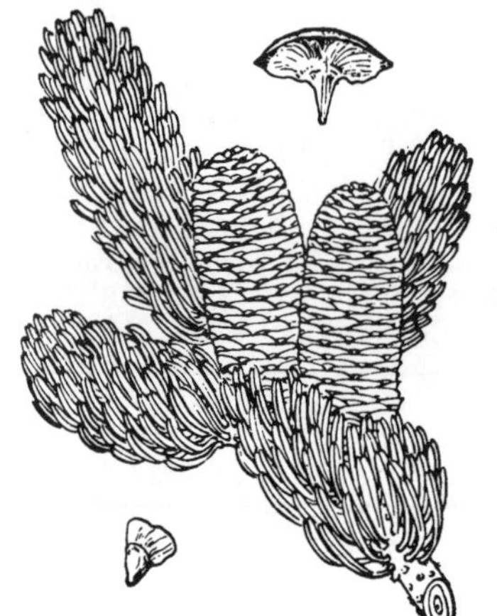

15. シ ラ ビ ソ（シラベ）　〔マツ科〕

Abies veitchii Lindl.

亜高山地帯に広く分布する常緑の高木．高さは 20 m 以上，直径 60 cm 位にもなる．幹は直立し密に葉をつける．樹皮は灰青色または灰白色をしていてなめらかで，樹脂が多い．葉はやや軟らかく枝上に 2 列に並ぶ．背軸側は白色，向軸側は濃緑色で，長さ 2〜3 cm．樹脂道は 2 個あり両側の葉肉中にある．雌雄同株で 6 月に開花する．雄花は小枝に群生し，卵状長楕円形で葯は横に開き，黄色の花粉を出す．雌花も小枝につき円柱形をしている．赤紫色を帯び，種鱗に 2 胚珠がある．球果は円柱形で黒っぽい青紫色，長さ 5〜7 cm，幅 2.5〜3 cm，種鱗は半円形，頭部が円く底部が楔形をしている．苞鱗は卵状くさび形，種鱗と同じ位の長さ．先端がそり返り短く球果の表面にあらわれる．種子は倒卵状くさび形，長さ 6 mm，翼は広いくさび形で種子の 1 倍半から 2 倍位あり．濃い紫色をしている．材は建築材，器具材，土木用材，パルプなどに使われている．〔日本名〕「白檜そ」で，白ヒノキという意味．それは葉の裏が白いからという．「そ」の意味は分らない．またリュウセン（竜髯の字を宛てる）という．横にのびた枝を竜のひげにたとえたもの．

16. ア オ ト ド（アオトドマツ）　〔マツ科〕

Abies sachalinensis (F.Schmidt) Mast. var. ***mayriana*** Miyabe et Kudô

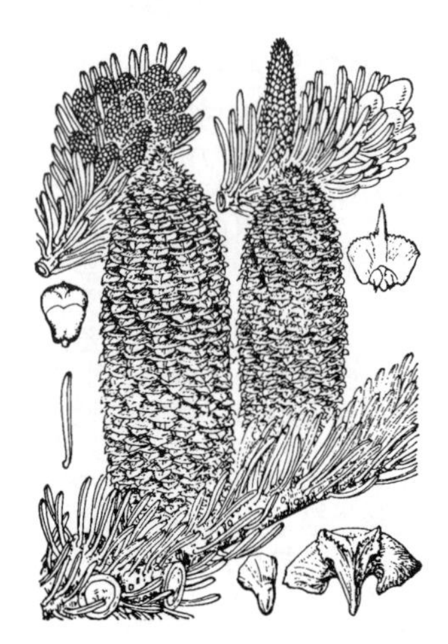

北海道の西南部の山野に生える常緑高木．同地方で主要高木となっている．高さは 30 m 以上にもなり，直径 1 m に達する．直立した幹は老木でも灰青色でなめらかで割目が入らない．若い枝には茶褐色の毛があり，シラビソよりも細い広線形の葉を左右につけている．葉の長さは 3 cm 位，先端が浅く割れ，濃緑色をしている．裏の気孔のすじが非常に白く目立つ．つかんでもモミのように硬くない．球果は円柱形で長さ 7 cm 位，熟すにつれ，灰黒紫色から次第に緑がかる．種鱗は腎臓形でくさび形の脚がある．外側に褐色の毛が密に生えていて幅は 15 mm，苞鱗は種鱗よりはるかに長く外にそり返っている．淡黄褐色で，特異な外観をしている．〔日本名〕トドはアイヌ名．アカトドに対して苞鱗の色が緑に近いことから名付けられた．パルプ用材として重要なものである．

17. トドマツ 〔マツ科〕

（アカトド，アカトドマツ，ネムロトドマツ，エゾシラビソ）

Abies sachalinensis (F.Schmidt) Mast. var. ***sachalinensis***

北海道の重要針葉樹で，西南部のアオトドに対して，北部から東部にかけて分布する．中央高地ではしばしば混じって生えているが，多くはアオトドより上位を占める．形態は似ているが，一般に大木になると樹皮が紫褐色を帯びて裂目を生ずること，球果の苞鱗の突出した部分が短く，赤褐色で後に褐色になること，また多くの個体でこれが種鱗と同じ長さか，かえって短いものもあることなどで区別される．利用面はアオトドと同じ，パルプ，土木建築用材として広く用いられる．南千島，樺太にも産する．〔日本名〕別名は赤トドマツの意味で苞鱗がひどく赤いからである．

18. オオシラビソ （アオモリトドマツ，ホソミノアオモリトドマツ）〔マツ科〕

Abies mariesii Mast.

中部以北の本州の亜高山に生える常緑の大高木．一般にウラジロモミより高い所に森林を形成し，コメツガ，シラビソと同地帯にある．幹は直立してそびえ，高さ 25 m 位，径 60 cm 位の大木になるが，高山上ではしばしば小さくなる．樹皮は黒っぽい灰色でなめらか．若い枝は赤褐色を帯びて軟らかい毛が密生しているのが特徴．葉は密に互生し，倒披針状線形で長さ 1.5 cm 位，頭部は鈍くかすかに凹みがある．モミのように硬くない．裏面は白く，また，断面では樹脂道が葉の下の辺に接している．雌雄同株．6 月に開花する．雄花は小枝上につき，長楕円形．黄色の花粉を出す．雌花も小枝の梢につく．球果は卵形，あるいは広楕円形で黒っぽい紫褐色．長さ 10 cm 位，頭部は円形．苞鱗は倒卵形，底部がくさび形をしている．その長さは扇形の種鱗の 2 / 3 で，球果の外にはあらわれない．熟すと中軸を残して脱落しやすい．〔日本名〕「大白檜そ」はシラビソに似ていて，しかも球果が大きいから．青森トドマツは青森県に多いからで，オオシラビソよりより新しい名．なおオオリュウセンの名がある．

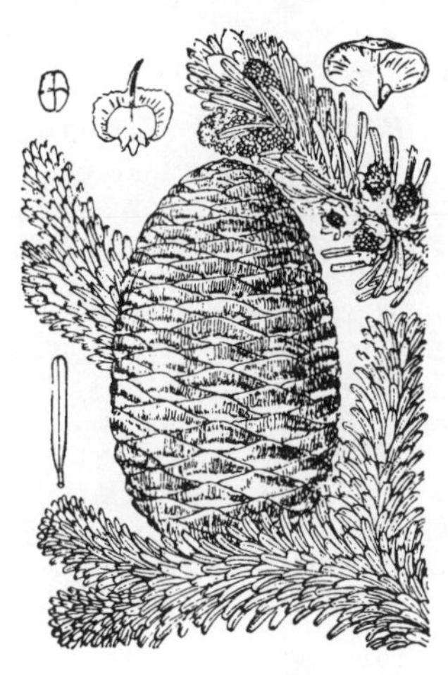

19. カラマツ （フジマツ，ニッコウマツ） 〔マツ科〕

Larix kaempferi (Lamb.) Carrière

（*L. leptolepis* (Siebolod et Zucc.) Gordon）

本州中部の亜高山帯の日当たりのよい乾いた山地に生える落葉高木．しかし今は北部に広く植林されている．枝が多く葉も繁っている．幹は直立し，高さ 30 m 直径 1 m 位になるものもある．樹皮は灰褐色で裂目ができ，長い鱗片となってはげる．枝は広がり，老枝ではしばしば下を向く．葉はやわらかな針状，短枝上に 20〜30 群生する．長さは 3 cm 位で，初め淡緑色であるが，後にあざやかな緑色となり，落葉の時には黄色くなる．雌雄同株で，4 月若葉の出るのと一緒に開花し，短枝の先に単生する．雄花は球形，卵形体か長楕円体で無数の黄色の葯からなり，葉を伴わず苞鱗に 2 個の葯がある．雌花は楕円体で下向き，種鱗に 2 胚珠がある．球果は上向き，広卵形体，長さ 2〜3 cm，幅 1.5〜2 cm．種鱗はほぼ円形で，熟すと先端が反り返る．苞鱗は卵状披針形，先端は円く鈍く尖り，長さは種鱗の半分よりも長い．種子は長さ 3〜4 mm，倒卵状くさび形で種子の 2 倍位の長さの広い翼をもつ．材は建築，土木用材として，樹皮は染料に用いられる．樹脂からテレピン油を採る．〔日本名〕唐松は，短枝上に集まった葉の状態が画に描く唐松風であるからという．〔漢名〕落葉松は正しい用い方ではない．富士松，日光松はともに産地に基づく名．

20. グイマツ 〔マツ科〕

Larix gmelinii Rupr. ex Kuzen. var. ***japonica*** (Maxim. ex Regel) Pilg.

色丹，エトロフ両島および樺太から沿海州，オホーツク，カムチャツカまで分布する落葉針葉高木で，湿地を好み純林を作る．北海道本島には現在野生はみられないが，植林がみられる．また泥炭地に花粉が検出されるから過去に分布していたことを指摘できる．カラマツに非常によく似ていて，区別が困難であるが，カラマツの分布圏との間に広い不連続があるし，また一般に葉が短いこと，1 年生枝が短毛を生ずること，球果の種鱗が卵円形で外側に乳頭毛を生じないこと，また外へ反り返らないことなどで区別できる．〔日本名〕アイヌ語のクイから来ており，それは黒い木の意味で冬に落葉したあと，枝が黒々と見えるからであるといわれている．

21. トガサワラ（サワラトガ） 〔マツ科〕

Pseudotsuga japonica (Shiras.) Beissner

本州の大峰山脈および高知の深山に生ずる常緑の大高木．幹は直立し高さ 30 m，直径 1 m 位になる．樹皮は灰褐色で縦に裂け，うすいかけらとなる．葉はほぼ 2 列に並び，枝には葉枕を生じない．形は先が鋭くなった針形で，多少向軸側に曲がる．長さは 2.5〜3 cm 位，向軸面は青緑色，背軸面は白く，モミ類に比べるときゃしゃな感じ．枯れた後もモミ類と異なり，容易には脱落しない．若い枝の基部には，夏をすぎても光沢のある赤褐色の冬芽の鱗片を残している．雌雄同株．4 月に開花する．雄花は小枝に群生し，楕円形で黄色の花粉を出す．雌花も小枝に生じ上向きになっている．球果は短枝上に点在し，卵円形をしていて．長さは 5 cm 位，熟すと藍黒褐色となる．種鱗は円形で厚手，内側に凹みがある．苞鱗は種鱗より長くて，外に見えている．これが球果を特徴づけている．またその先端は 3 裂し，中央の裂片は針状．種子は三角形で翼がある．材は軟らかくて良材ではない．〔日本名〕材がサワラに似ているツガという意味．別名にマトガ，カワキ．ゴヨウトガなどがある．

22. エゾマツ（クロエゾ，クロエゾマツ） 〔マツ科〕

Picea jezoensis (Siebold et Zucc.) Carrière var. ***jezoensis***

北海道以北に多い常緑の大高木．幹は高さ 40 m，直径 1 m 位にもなる．枝はなめらかで光沢があり，密に多くの葉が互生している．葉枕はその全面にあるが，葉はほぼ 2 列にならぶ．葉は線形で先端がのみのように尖り，下端は葉枕と接合し，乾くと脱落しやすい．多少内方に曲がってついている．葉の表裏は形態学上の表裏と異なり，裏面は濃緑色で光沢があり外面に向けて，表面のようにみえる．また本来の表面は気孔の列が存在し白色を帯び内側に向かっている．雌雄同株．5〜6 月頃開花する．雄花は楕円体で葯は縦に裂け黄色の花粉を出す．雌花は小枝の先につき，長楕円体，上向きにつき紫色がかっている．種鱗には 2 胚珠がある．球果は長楕円体で黄緑色から黄褐色がかったものとなり，長さは 6〜7.5 cm 位ある．上部の枝の端から垂れてつく．熟しても，苞鱗や種鱗がおちない．種鱗は倒卵状のくさび形で，翼をもった 2 種子がある.〔日本名〕蝦夷マツは，昔北海道地方を蝦夷といったことから来ている.〔追記〕この種は本州産のトウヒとよく似ているが，枝が赤味を帯びず黄褐色であること，また種鱗が長楕円形でないことにより区別される．

23. トウヒ（トラノオモミ） 〔マツ科〕

Picea jezoensis (Siebold et Zucc.) Carrière
var. ***hondoensis*** (Mayr) Rehder

本州の山地に生える常緑の高木．枝が繁っている．幹は直立し高さ 30 m 直径 60 cm 位になり，樹皮は黒っぽい赤褐色で多少灰色を帯び，小形の鱗片となってはげる．葉はやや扁平な線形で多少下の方に曲がり，密に接してらせん状に枝につく．葉の上面は緑色，裏面は白い．葉はねじれて表面が下に，裏面が上を向くものが多い．長さは 1〜2 cm 位あり，先端がするどく尖る．横断面は扁平で，樹脂道は表面に接している．葉が落ちたあとは葉枕が目立っている．雌雄同株．6 月に開花する．雄花は円柱形で小枝につく．苞鱗に 2 個の葯室があり，縦裂して黄色の花粉を出す．雌花は円柱形で，小枝の端に斜めに上向いてつく．紅紫色で，種鱗に 2 胚珠がある．球果は若いうちは紅色がかっているが，成熟すると黄緑色，枝端より垂れ下がる．円柱形で両端がやや狭くなり，長さは 4〜6 cm 位．種鱗は倒卵状披針形で，先端が凹みきょ歯がある．苞鱗は極めて小さく剣状．種子は倒卵状楕円形，長さ 2〜3 mm，翼は種子の 2 倍位の長さ，材はヒノキの代用品として用途が多くパルプにも使う．〔日本名〕唐檜はこの種を唐風(中国風)のヒノキと見立てたからといわれる．〔追記〕前種エゾマツに極めて近いが，その区別点はエゾマツの記述を参照．

24. ハリモミ（バラモミ） 〔マツ科〕

Picea polita (Siebold et Zucc.) Carrière
（*P. torano* (Siebold ex K.Koch) Koehne）

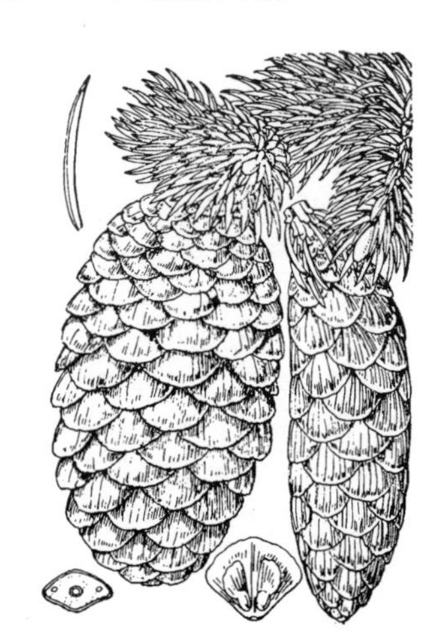

福島県以南の山地にある常緑高木．幹は高くそびえ，高さ 10〜30 m 以上，直径 1 m にもなる．枝は広がり針葉が多く，若い枝は黄褐色で光沢があり乾燥すると落葉しやすく，そのあとの枝に突起した葉枕を残す．葉は長さ 2 cm 位で多数が接してならぶ．粗針状の葉の先端は鋭い刺となっている．また葉には 4 稜があり，背腹よりも左右の方が幅が広く，上半分が内方に曲がっている．葉質は非常に硬く深緑色．その表裏を区別することはできないがその断面がはっきりした菱形をしていることから，この種を識別できる．雌雄同株．6 月に開花する．雄花は小枝に出て，黄色の花粉を出す．雌花も小枝の梢につき，緑色をしている．球果は褐色の長楕円形で乾くと鱗片が開いて楕円形となる．その長さは 10 cm 位で枝の端にさがる．種鱗は倒卵状円形で辺に不規則な細かい歯がある．熟してもおちない．苞鱗は線形で小さい．種子には広い翼がある．〔日本名〕針モミで葉の尖ることに基づく．

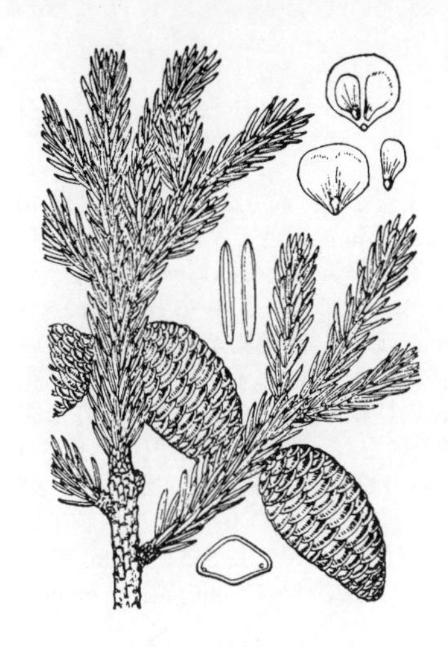

25. ヒメバラモミ（アズサバラモミ）〔マツ科〕

Picea maximowiczii Regel ex Carrière

秩父，八ヶ岳，北岳附近に限って分布する常緑高木．ブナ帯の上部に生じ，高さ 20〜30 m にもなる．幹の皮は灰褐色で，ばらばらな厚いかけらとなってはげる．若木では葉が細針状になっているが，大木では棒状になりその断面が鈍稜の正四角形に近い．長さは 1 cm 強．4 面に同じように気孔を持ち，ハリモミに似ていて，やせて短い．1 年生の枝は黄褐色で無毛．次の年に灰褐色になる球果は 4 cm 位の長さの長楕円体．両端は急に丸い．はじめ紫褐色，熟すと黄褐色となる．種鱗の上半分は半円で，下半分が広いくさび形となっている．〔日本名〕姫バラモミで，ハリモミ（バラモミともいう）に似て全体が小作りであることによる．

26. ヤツガタケトウヒ〔マツ科〕

Picea koyamae Shiras.

本州中部の八ヶ岳や南アルプスの一部にだけ生ずる常緑の高木で個体数は少ない．高さ 20 m，直径 50 cm 位になる．樹皮は灰褐色で，薄くて長いかけらとなってはげる．若木では枝は淡い赤褐色で，細い線形の葉をつける．葉の断面はやや扁平な菱形で，気孔の列は向軸面に多く，ヒメバラモミなどとはほとんど区別できないが，老木の枝では，葉は太い四角柱状となり先端が鈍く尖っており，断面は多少おしつぶされたような菱形で，樹脂道は側稜の下方に接している．球果は卵状楕円体で，上部が細く尖り，ハリモミにつぐ大きさでその長さは 9 cm 位，はじめは濃緑色，熟すると黄褐色となり光沢がある．種鱗は円形，辺に細かいきょ歯がある．〔日本名〕原産地の名に由来する．

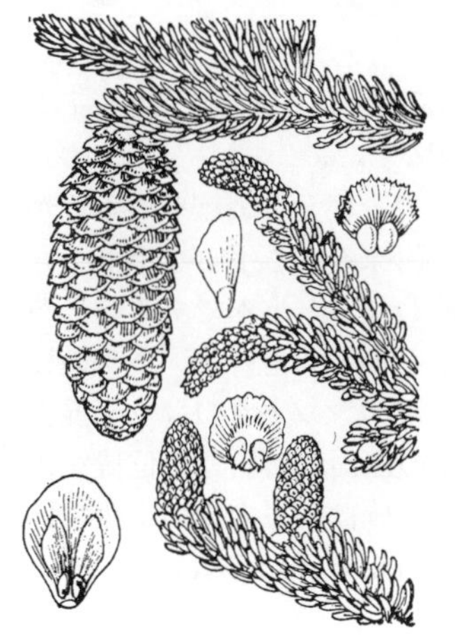

27. アカエゾマツ（シンコマツ）〔マツ科〕

Picea glehnii (F.Schmidt) Mast.

北海道と岩手県早池峰山に生ずる常緑の高木．特に北海道の北部や東部に多く，また樺太にも産する．エゾマツやトドマツと混じって林となることもあるが，湿潤な谷間や峰では純林となることも多い．エゾマツの樹皮が縦に裂けるのと違い，赤褐色の丸いかけらにささくれ立つ．若枝は赤褐色で密に毛が生えている．葉は若木では線形で，エゾマツほどに広い扁平とはならない．葉の両面に白色の気孔列がある．球果は長さ 8 cm 以上の円柱体．はじめ紫紅色をしているが，熟すと明るい褐色になる．種鱗は厚手で，その縁辺は円形でうねることがない．エゾマツは細かくうねる．この点で 2 者を区別できる．〔日本名〕エゾマツに比べて樹皮が赤いことによる．材はパルプ用材，建築，器具材などに使う．

28. ドイツトウヒ（ヨーロッパトウヒ）〔マツ科〕

Picea abies (L.) Karst.

ヨーロッパ北部・中部を原産とする常緑針葉樹で，公園や庭園にも広く植栽される．幹は直立し，高さ 30〜40 m，径 0.6〜1 m．上部の枝は斜上し，下部のものは垂れる．樹皮は暗褐色で鱗片状に剥げ，幼枝は淡褐色，冬芽は卵状円錐形，赤褐色で長さ 5〜7 mm，鋭頭．葉は針状線形で，断面は平たい四角形，長さ 1.2〜1.7 cm，鋭尖頭で多少曲がる．雌雄同株で雄花，雌花共に枝先につく．花期は 5 月．雌花は長卵形で紫色，球果は円筒形あるいは長楕円形で下垂し，長さ 10〜20 cm，径 3〜4 cm，苞鱗は倒卵状菱形で先は切形，種鱗痕より 6 mm 程度長く，長さ 25 mm に達する．成長が早く，クリスマスツリーに用いられる．

29. ギンサン 〔マツ科〕

Cathaya argyrophylla Chun et Kuang

中国南部の亜熱帯山地に固有の常緑針葉樹で，1属1種．高さ 20 m，胸高直径 40 cm に達する．樹皮は灰褐色で不規則に剥がれる．枝は黄褐色で，最初灰黄色の軟毛が生えるが，しだいに暗黄色で無毛になる．冬芽は鮮黄褐色で卵形～卵状円錐形．葉は肉厚で，葉痕は円形または四角形，長枝上につくものは長さ 4～6 cm，幅 2.5～3 mm，螺旋状に並ぶ短枝上につくものは長さ 3 cm 以下，向軸側が濃緑色，溝沿いに柔毛が密生し，背軸側は淡色で気孔群が２列に並び，縁はわずかに反り返る．花は枝の途中の短枝に頂生し無柄，雄花は開花時に円柱状で長さ 3 cm 程度，雌花は卵形で先が尖る．球果は緑色，当年に熟し，暗褐色になり，卵形から楕円形，長さ 3～5 cm，径 1.5～3 cm．種鱗は 13～16 個，円形あるいはつぶれた円形で，長さ 1.5～2.5 cm，幅 1～2.5 cm，外に出ている部分は有毛．苞は種鱗の長さの 1 / 4～1 / 3．種子は暗緑色で，鮮緑色が点々と入り，わずかにつぶれた倒卵形で，長さ 5～6 mm，幅 3～4 mm．翼は黄褐色，倒卵形あるいは楕円状卵形で，長さ 1～1.5 cm，幅 4～6mm.

30. アカマツ（メマツ） 〔マツ科〕

Pinus densiflora Siebold et Zucc.

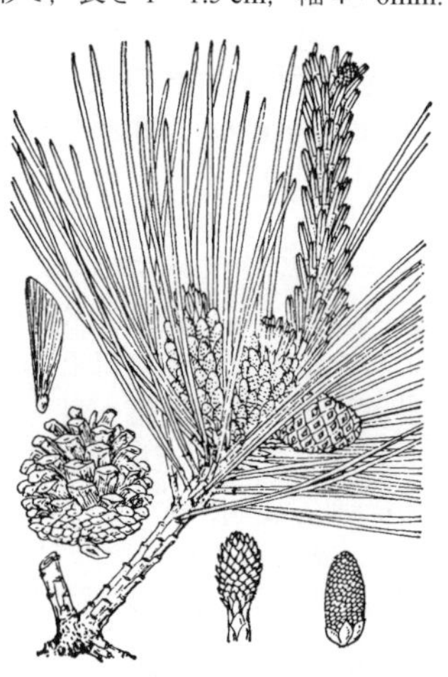

南は九州から，北は北海道の南部まで広くわが国に分布している常緑の高木．山野に最も普通に自生している．また植林も多く見られる．幹は直立し，主な枝は車輪状に枝分かれし，その枝の上に更に小さな枝が多く出る．葉も密に茂る．大きいものでは高さ 40 m，直径 1.5 m 以上にもなる．上部の樹皮は赤褐色．下部では暗褐色で亀甲状の裂け目が入る．葉は緑色で，2 本が対になって生じ，その基部は褐色の膜状のさやにかこまれている．葉の形は細長い針状で葉質は軟らかい．その横断面は半円形，維管束は 2 個，樹脂道は数個で表皮に接している．雌雄同株．4 月に新しい枝の頂上に 2～3 個の紫色の雌花をつける．種鱗には 2 胚珠がある．その下部に楕円体の雄花を群生する．苞鱗には，2 個の葯室があり，無数の黄色花粉を出す．球果は木質で硬く，卵状円錐形，長さは 4～6 cm．直径は 3 cm 位ある．種鱗は卵状長楕円形で先端の面は菱形かまたは不斉五角形をしていて中心にへそがある．種子は倒卵形で長さは 5 mm，約 3 倍の長さの披針形の翼がある．材は建築，器具，土木などに用いられ，また松脂をとりテレビン油の原料となる．いろいろの変種がある．〔日本名〕幹が赤褐色をしていることからきている．〔漢名〕赤松．ただしこれは日本語名に由来するもので，アカマツは中国では黄海沿岸地方を中心にわずかに見られるに過ぎず，一般的ではない．

31. タギョウショウ（ウツクシマツ） 〔マツ科〕

Pinus densiflora Siebold et Zucc. f. ***umbraculifera*** (Mayr) Beissner

（*P. densiflora* Siebold et Zucc.**'Umbraculifera'**）

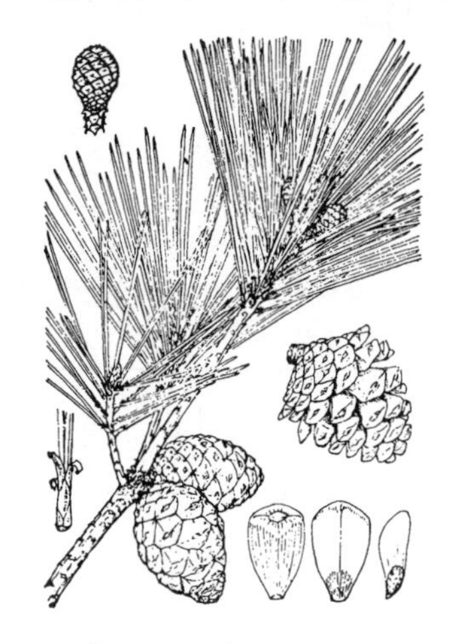

アカマツの品種の一つで，高さ 4 m 位まで．根元およびその附近から多数の枝に分かれ，それが斜め上にのび，円味のある平らな頂上をもった樹冠を作っている．庭園の植え込みに使われる．小木であるにもかかわらず，球果を作る現象がある．〔日本名〕多行松の意味で，多数の枝が並んで行をなしていることを示す．〔追記〕アカマツとクロマツが混生している地方には，しばしば樹型，樹皮，葉の断面の樹脂道の位置などに中間的な形質を示す株がみられる．その大部分は両方の種の自然雑種とみてよい．一括して，アイグロマツ *P.* ×*densithunbergii* Uyeki という．

32. クロマツ（オマツ） 〔マツ科〕

Pinus thunbergii Parl.

南は九州から北は東北地方にわたって，海岸地方に広く分布している常緑の高木．多く自生しているが，しばしば植林される．高さ 40 m，直径 2 m にもなる．樹皮は黒っぽく，下部は粗厚な亀甲状にさける．主枝は車輪状に出て枝分かれし，多数の葉をつける．若い枝の鱗片は白っぽい．葉は剛直の針状で濃緑色をしている．葉は 2 本が対になり，基部は褐色のさやでおおわれる．葉の横断面は半円形，維管束は 2 個，樹脂道は 3 個で葉肉中に埋まっている．4 月に直立した新しい枝の上端に，球形で紫紅色の雌花を数個つける．種鱗に 2 胚珠がある．雄花は新しい枝の下部に群生し長楕円状円柱形をしており，鈍頭で長さは 15～18 mm 位．苞鱗には 2 葯室があり，黄色の花粉を出す．球果は卵状円錐形，長さ 5～7 cm，直径 3 cm 位，種鱗は卵状長楕円形で先端面は不斉菱形，先端は円形．種子は各 2 個．菱形または楕円形で長さ 5 mm，種子の長さの約 3 倍の倒卵状披針形の翼をもつ．材は建築，土木などに用いられ，幹から松脂をとり，葉から香油をとる．いろいろの変種がある．なかでもニシキマツは，樹が小さくても亀甲状に厚く樹皮がはげて奇妙な外観をしている．瀬戸内海のある島で産するといわれる．〔日本名〕クロマツは，幹が黒っぽいからという．一名オマツは雄松で，メマツに対して荒々しい感じがするからである．〔漢名〕黒松は誤って用いられているもの．

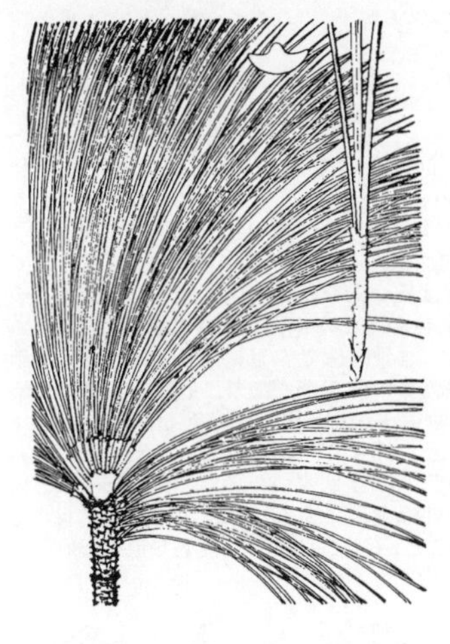

33. ダイオウマツ 〔マツ科〕

Pinus palustris Mill.

北米東海岸地方の原産で，暖地にしばしば栽培されている常緑の高木．高さ 30 m を越えるものであるが，日本ではまだ大木はない．粗大な分枝をしている．長い葉が筆状に枝の端に集合して垂れているのは特殊な形である．枝は灰褐色で，材には樹脂が多い．芽は灰白色の縮れた毛でおおわれ通常粘らない．葉は 3 葉束生，3〜4 年生存し，長さ 40 cm 位で青味がかった緑色をしている．断面では樹脂道が葉肉内に埋まり，下表皮とはなれている．球果は円柱形で長さ 20 cm にもなり，種鱗の末端部には鋭い稜がある．現在日本では開花はまれにしか見られない．〔日本名〕大王松は葉の長くて大きいのをたたえていったものといわれる．

34. キタゴヨウマツ（キタゴヨウ） 〔マツ科〕

Pinus parviflora Siebold et Zucc. var. ***pentaphylla*** (Mayr) A.Henry

わが国の中部以北の山地に多く，またよく庭園にも栽培されている常緑高木．次種より高い地方に分布し，その変種とみなされるもの．庭園では小樹が多い．幹は直立し，高さ 20〜30 m，直径 80 cm にもなるものもある．枝や葉が茂っている．樹皮の鱗片はゴヨウマツより大形．葉は 5 本ずつ束生．様子はゴヨウマツに似ているが，ゴヨウマツより短くて硬く，下面に白色の気孔のすじが目立つ．雌雄同株で 5 月に開花する．雄花は新しい枝につく，卵状楕円体あるいは長楕円体をしていて，苞鱗に 2 葯がある．雌花は新しい枝の頂上につく．紫紅色で楕円体．種鱗に 2 胚珠がある．成熟した球果は卵状円柱形で先端が尖っている．長さ 5〜6 cm，直径 3 cm 位．種子は楕円形で長さ 1 cm 位，翼は種子の長さよりやや長く，これでゴヨウマツと区別される．材は種々に使われる．シモフリゴヨウは葉に白色の気孔のすじが目立つ．〔日本名〕北五葉マツは新しい呼び名で，これが主に中部日本より北に多いからである．

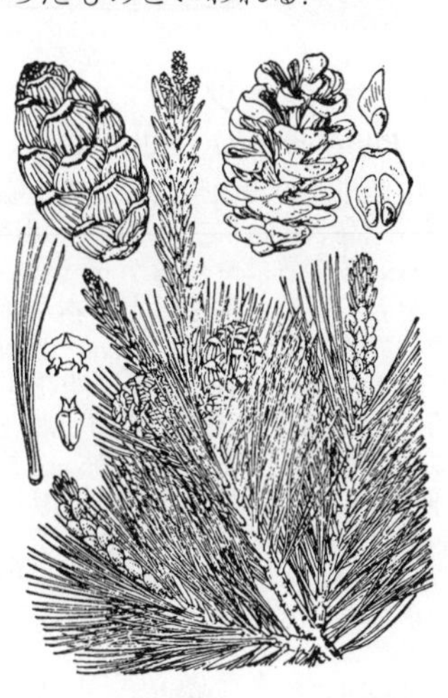

35. ゴヨウマツ（ヒメコマツ，マルミゴヨウ） 〔マツ科〕

Pinus parviflora Siebold et Zucc. var. ***parviflora***

わが国の南部から北部へかけての山地に生える常緑樹．庭園にも栽培される．幹は直立し高さ 30 m，直径 1 m 以上にもなる．樹皮は黒っぽい灰色で，老樹皮は不斉形の小さな鱗片となってはげる．葉は 5 本ずつ枝につく．形は細い針形で，硬くはない．長さ 3〜6 cm 位で多少彎曲している．上方の辺にまばらでかすかなきょ歯がある．上面は深緑色，下面は白色の気孔のすじがはっきりしないかまたはないものもある．葉断面は三角形，樹脂道は 2 個で上面の表皮に沿っている．5 月に開花．雌雄同株で雄花は新しい枝の下部につき，卵状長楕円体をしている．雌花は新しい枝の頂上につく．長楕円形で紫紅色か緑色をしていて，種鱗には 2 胚珠がある．球果は長卵形体，長さ 5〜6.5 cm，直径約 3〜4 cm，通常先端が鈍い形をしている．種鱗は厚くて強剛．円状くさび形で 17〜18 片ついている．熟して乾くと開いて両縁が内に巻く．種子は倒卵形で短い翼をもつ．〔日本名〕五葉マツはその葉が 5 本ずつ一束をしているからといわれ，昔から中部日本，南部日本で主としてよばれている名前．〔漢名〕五鬚松，五鈙松などが使われているが，葉が 5 本のマツの一般名であり，正しい使い方ではない．日本五須松が使われる．

36. ヤクタネゴヨウ 〔マツ科〕

Pinus amamiana Koidz.

九州の屋久島，種子島の一部にだけ自生する常緑の針葉高木．高さ 10 m，直径 1 m にもなるが，近年絶滅しつつあるのが惜しまれる．ゴヨウマツの類でチョウセンマツに近いが球果は小さく，長さ 8 cm 位で卵状楕円体．種鱗は広いくさび形で前縁がくちびる形に厚くなって外に巻き，内面には種子を貯える凹みがはっきりしている．種子は翼をもたない．葉は 5〜7 cm の長さで，青味がかった緑色．鹿児島にはまれに栽培されている．〔日本名〕屋久種子五葉で産地にちなんで名付けられたもの．〔追記〕本種は中国南部のカザンマツ *P. armandii* Franch. や台湾のタカネゴヨウ *P. armandii* var. *mastersiana* (Hayata) Hayata に近縁であり，その変種とする意見もある．

37. チョウセンマツ（チョウセンゴヨウ） 〔マツ科〕

Pinus koraiensis Siebold et Zucc.

元来は朝鮮半島に主として産するもので，わが国中部の山林中にも自生している常緑の高木．栽培もされている．幹は直立し，大きいものは高さ 30 m 以上，直径 1 m 位にもなる．樹皮はうすく，灰褐色で不斉の鱗片となってはげる．若い枝には細かい毛がある．葉は五つずつ束生し，粗強で尖り，三稜柱状をしていて，ほとんど真直．内面は白っぽく，長さ 8〜13 cm 位．上の方にかすかなきょ歯がある．横断面は三角形，樹脂道は三つあり，葉肉中に埋まっていて稜角の近くにある．若葉の基部には数個の鱗片からなる褐色のさやがあり，葉を保護しているが，成葉になるととれて，わずかに残片を残すだけになる．雌雄同株で 5 月に開花する．雄花は新しい枝の下部につき卵状楕円体をしている．紅黄色で苞鱗には 2 葯があり，花粉を出す．雌花は新しい枝の梢に出て卵状円柱形をしている．苞鱗は紫色がかり，種鱗は緑色で 2 胚珠をもつ．球果は大形で卵状円柱形，長さ 10〜15 cm 直径 6〜7cm に達する．菱形の広い卵形で鱗片は層をなしていて上部が反り返っている．種子は各鱗片の凹みに 2 個ずつならぶ，倒卵形で大きく長さ 1〜1.5 cm 位，翼はもたない．油を含んだ白い胚乳は食用になる．材は建築，器具材などに使われる．〔日本名〕チョウセンマツは，朝鮮に多いことから来ている．〔漢名〕海松，新羅松，紅松．

38. ハイマツ 〔マツ科〕

Pinus pumila (Pall.) Regel

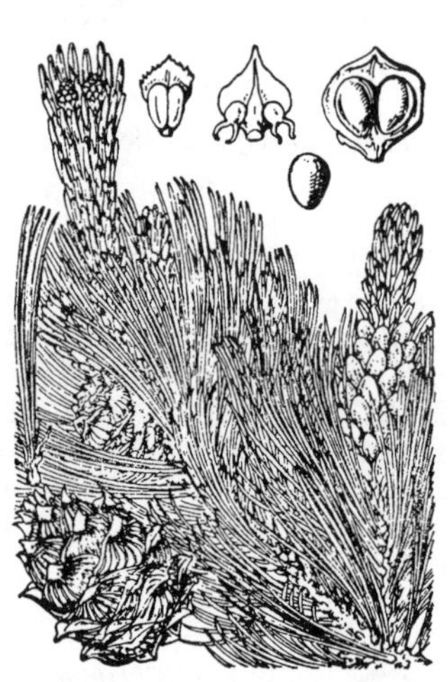

中部以北の高山帯に生える常緑の低木．幹ははい，枝は密に交叉し四方に広がる．高さ 1 m 位であるが，風の当たらない山腹では多少高木状になることもある．枝の質はやわらかく，若い枝には赤褐色の短毛がつく．老いた枝は黒褐色をしている．葉は短く 5 本が 1 束をして枝の上に密につき，葉鞘はなく，三稜状で尖り，長さ 5〜10 cm，濃緑色でゴヨウマツよりも硬い．断面に 2 樹脂道がある．雌雄同株．6 月に開花する．雄花は新しい枝の側面につく．苞鱗に 2 葯があり，黄色の花粉を出す．雌花は新しい枝の梢につく．種鱗に 2 胚珠がある．球果は卵状楕円体で，長さ 5 cm 位，初めは黒紫色で，後に黒っぽい緑色となる．種鱗は幅広く，数は少なく，厚くて硬質，端に黒紫色の線が平行している．内側に 2 個の凹みがあり，2 種子がならんでいる．種子は黒褐色で翼はない（類似しているゴヨウマツは翼をもつ）．〔日本名〕枝が山の斜面にはっていることからきている．

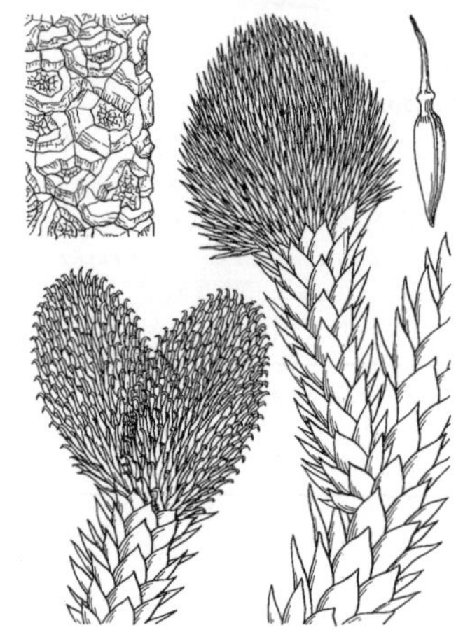

39. チリマツ（アメリカウロコモミ） 〔ナンヨウスギ科〕

Araucaria araucana (Molina) K.Koch

南アメリカのチリとアルゼンチン中部の山地に生える雌雄異株の常緑高木，高さ 50 m に達する．樹皮は厚いコルク質で鱗状に裂ける．枝は 5 本輪生し水平にのび，古い下枝は垂れ下がる．樹冠は傘形．日本ではまれに南関東以南の暖地で露地植えにされる．葉は卵形ないし卵状披針形，重なり合って密生する．硬い革質で，両面につやのある濃緑色．先端は鋭く尖り，ふれると痛い．主枝上の葉は長さ 5 cm，側枝上の葉は 2.5 cm ほど．平行脈をもち，中脈はない．球果は径 12×18 cm，2〜3 年かかって成熟して褐色になる．数百個の果鱗をつける．種子は無毛でつやがあり，翼を欠き，長さ 40 mm，幅 12 mm ほど，果鱗に 1 個ずつつく．雄花は長さ 8〜12 cm，径 5 cm の楕円体状．〔追記〕シマナンヨウスギ，クックナンヨウスギとは葉が大きい点で区別できる．ブラジルのパラナ州に多いパラナマツ（ブラジルマツ）*A. angustifolia* (Bertol.) Kuntze は本種に似るが，葉は軟質である．

40. シマナンヨウスギ 〔ナンヨウスギ科〕

（ノーフォークマツ，コバノナンヨウスギ）

Araucaria heterophylla (Salisb.) Franco

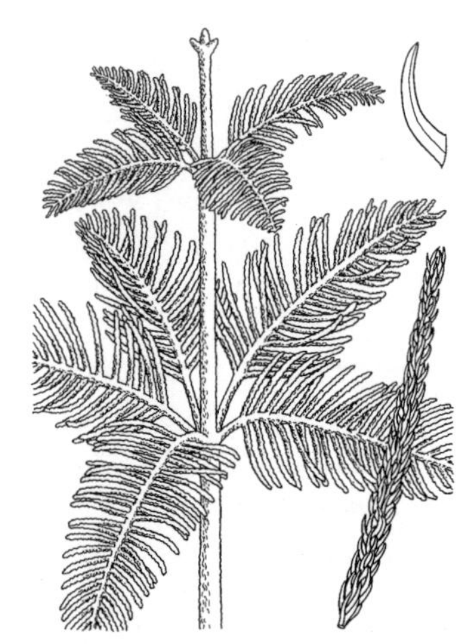

南太平洋のノーフォーク島原産．日本には明治 40 年に入り，各地の温室内または鉢物として植栽されている．雌雄異株の常緑高木で，高さ 60 m に達する．枝は 4〜7 本輪生し，水平にのび，先端はやや垂れ下がり，傘状円錐形の樹冠をつくる．側枝は主枝から羽状に 60 度の角度で分出する．ナンヨウスギ属中もっとも優美な樹形をもつ種の 1 つである．葉は 2 型であり，新枝や側枝上の葉はスギのような針葉で 4 稜形で内側に曲がる．やや軟らかく，鮮緑色，長さ約 10〜12 mm，幅 1 mm 以下，重なりあって密生する．古い枝上の葉は長さ 18 mm，幅 1.3 mm に達し，まばらに生える．ともに中脈は不明瞭．球果は高さ 10 cm，径 11 cm ほどの平たい球形，果鱗上に広い翼をもった種子を 1 個つけるが日本ではほとんどみられない．雄花は長さ 4〜5 cm の楕円体状．〔追記〕ニューカレドニア産のクックナンヨウスギ *A. columnalis* (G. Forst) Hook. は本種に似るが葉の中脈が顕著であり，南アメリカ産のパラナマツ，チリマツは葉が広披針形ないし長楕円状である．

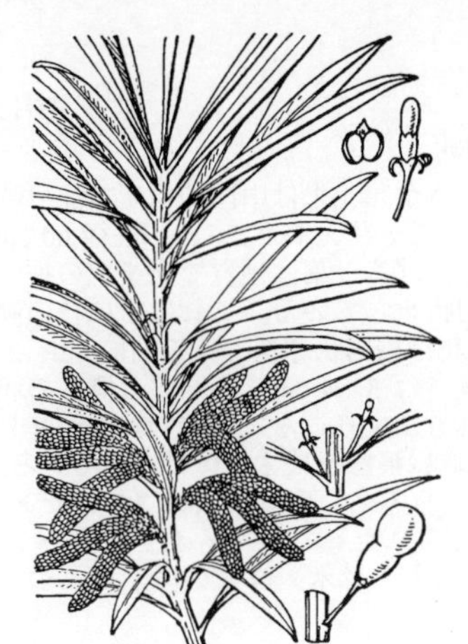

41. ラカンマキ　〔マキ科〕

Podocarpus macrophyllus (Thunb.) Sweet var. ***maki*** Endl.

中国原産で，わが国では庭園で栽培され，特に海岸に近い地方では垣根とする．幹は直立し，高さは 5 m 位，枝が多く葉が茂る．小枝はまっすぐでややまばら，葉は広線形または線状披針形で，長さは 5〜8 cm，葉質は厚く深緑色で先端は円みをもつが鋭くとがる．基部は細く鋭く尖って短い柄となる．中脈の隆起は両面にみられる．密に互生し四方に広がっている．雌雄異株．5 月開花．雄花は長さ 5 cm 位の長円柱形で葉腋に 2〜3 個ずつ束になってつき，開くと黄白色で斜めに垂れる．雄ずいは多数，三角の苞鱗の上につき．2 個の葯は縦裂する．雌花は柄をもち前年の枝の葉腋に単生，胚珠の下には大きな花托があり，その基部に 4 個の鱗片をもつ．秋に花托は多肉となり赤く熟す．種子は広楕円体で青緑色，白い粉をかぶる．〔日本名〕漢名の羅漢松に基づく．羅漢とは種子の形が坊主頭であるのを，まだ仏になり切らぬ羅漢にたとえたもの．〔追記〕イヌマキに比べると葉が短く密生し上向きになり，決して下向きにならないことで区別される．イヌマキの変種，亜種また独立種といろいろに扱われる．

42. イヌマキ（クサマキ）　〔マキ科〕

Podocarpus macrophyllus (Thunb.) Sweet var. ***macrophyllus***

暖かい地方の山林に自生している常緑の高木．高さは 20 m，直径 30〜60 cm 位，枝は広がり老木ではしばしば下に垂れる．樹皮は灰白色で，浅い縦裂ができ薄片となって落ちる．葉は扁平な線形または披針形で長さ 10〜15 cm，幅 8〜12 mm 位，先端は鈍くとがり，全縁で革質，表面は深緑色，裏面は淡緑色，中脈が隆起している．雌雄異株．5 月に開花する．雄花穂は短い柄をもち，小枝の側方に腋生する．3〜5 本の細長い円柱形で黄白色．苞鱗には縦裂する二つの葯をもち黄色の花粉がでる．雌花は葉腋に出るが小さな柄を具え，緑色の花托があり，その基部には鱗片がある．種子は球形に近く，10 月に熟しても緑色であるが，花托は大きく倒卵形となり，暗赤色に色づき，甘くて食べられる．〔日本名〕マキは円木（まるき）の略したものというがはたしてどうか．むしろコウヤマキ（ホンマキ）に対して，この種を卑しんで犬マキと呼んだもの．単にマキとも言い，俗に槇の字を使う．

43. ナ　ギ（チカラシバ）　〔マキ科〕

Nageia nagi (Thunb.) Kuntze

（*Podocarpus nagi* (Thunb.) Zoll. et Moritzi ex Makino）

暖かい地方の山中に自生しているが，また庭木としても一般に栽培されている常緑の直立高木で，大きいものでは幹の高さ 20 m，直径 60 cm 以上になる．樹皮はなめらかで紫褐色を帯び，枝多く葉が密生している．葉は楕円形または楕円状披針形で対生．葉の先端は鈍くとがり，基部は細く全縁．長さ 6 cm，幅 2 cm 位．20〜30 本の葉脈が縦走し，主脈はない．葉質は厚くて強い．表面はつやのある濃緑色，裏面は黄緑色を帯びる．雌雄異株．雄花は円柱状の花穂で 3〜4 個束になって生じ，短い柄を持ち，苞鱗の上には縦裂している 2 つの葯がある．雌花も短い柄をもち，柄の上には小さな数個の苞片がある．胚珠は倒生で，倒卵球形をしている．種子は 10 月に熟して球形となり，径 10〜15 mm 位．外種皮はオリーブ色で粉をふいており，多肉質である．内種皮は骨質で白く地面に落ちると芽生えやすい．子葉は 2．ウスユキナギは葉が白いものでかつて変種とされたが，普通のナギとごく近いものであることから今は品種として扱われている．〔日本名〕葉の形が，ミズアオイ科のナギ，即ちコナギに似ているからという．梛は俗字．〔漢名〕竹柏．

44. コウヤマキ（ホンマキ）　〔コウヤマキ科〕

Sciadopitys verticillata (Thunb.) Siebold et Zucc.

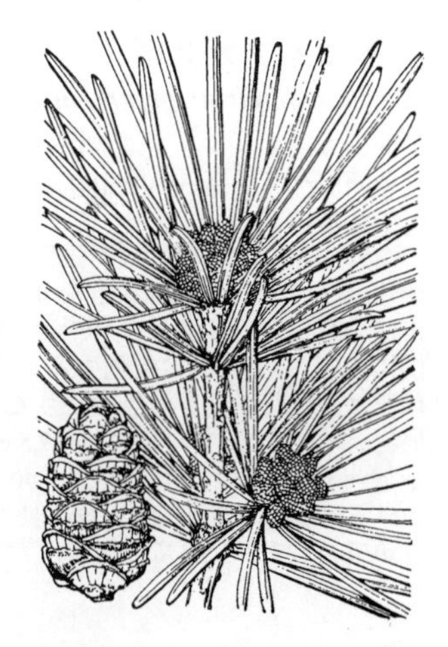

わが国特産の常緑高木．福島県以南の本州，四国および九州の山地に自生しているが，庭園にも多く栽培されている．高さ 15 m 位になる．葉は厚く，2 葉が融合しているのが特徴．15〜40 本が輪生して，倒傘形をしている．葉は細長い線形で，しなやかであり先が凹む．上面は濃緑色，上下面の中央に浅い溝がある．横断面には 2 個の維管束がある．雌雄同株．3 月に開花する．雄花は頭状で，枝の端に群生し，黄褐色．雌花は楕円体で枝の端に単生する．球果は卵状楕円体で直立している．種鱗は扁平で，先端が円状，内側の中央部に 6〜9 個の細い翼をもった種子が弧状についている．苞鱗は種鱗の中央まで融合している．材は建築，器具材として有用．〔日本名〕高野マキは，紀州高野山に多いからという理由で名づけられた．〔漢名〕金松を使うのは誤りで，その実物は中国特産のイヌカラマツ（9 図）である．

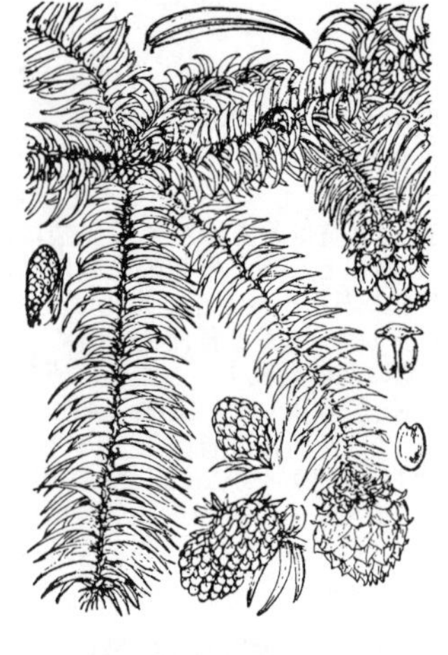

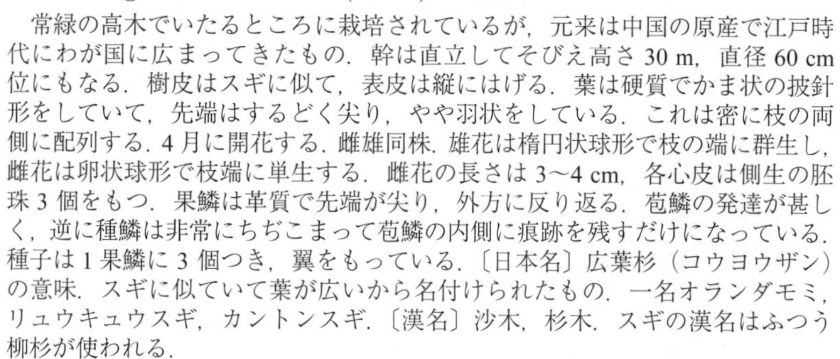

45. コウヨウザン 〔ヒノキ科〕

Cunninghamia lanceolata (Lamb.) Hook.

常緑の高木でいたるところに栽培されているが，元来は中国の原産で江戸時代にわが国に広まってきたもの．幹は直立してそびえ高さ 30 m，直径 60 cm 位にもなる．樹皮はスギに似て，表皮は縦にはげる．葉は硬質でかま状の披針形をしていて，先端はするどく尖り，やや羽状をしている．これは密に枝の両側に配列する．4 月に開花する．雌雄同株．雄花は楕円状球形で枝の端に群生し，雌花は卵状球形で枝端に単生する．雌花の長さは 3〜4 cm，各心皮は側生の胚珠 3 個をもつ．果鱗は革質で先端が尖り，外方に反り返る．苞鱗の発達が甚しく，逆に種鱗は非常にちぢこまって苞鱗の内側に痕跡を残すだけになっている．種子は 1 果鱗に 3 個つき，翼をもっている．〔日本名〕広葉杉（コウヨウザン）の意味．スギに似ていて葉が広いから名付けられたもの．一名オランダモミ，リュウキュウスギ，カントンスギ．〔漢名〕沙木，杉木．スギの漢名はふつう柳杉が使われる．

46. タイワンスギ 〔ヒノキ科〕

Taiwania cryptomerioides Hayata

中国，台湾に産する常緑高木で，高さ 75 m，直径 3.5 m に達する．樹皮は茶灰色，長く不規則な断片に剥がれる．樹幹は円錐状あるいは広い円形，若い枝は垂れ下がる．古い枝の葉は鱗片状で枝に向かって曲がり，密生し，長さ 1.5〜8(〜9) mm，幅 0.8〜2.5 mm，向軸側に 8〜13 列，背軸側に 6〜9 列の気孔がある．若木および新しい枝の葉はスギに似て，軸に 40〜70 度でつき，青緑色，長さ 1〜2.5 cm，幅 1.2〜2 mm，各表面に 3〜6 列の気孔がある．雄花は枝先に 2〜7 個が塊になってつき，小胞子葉は 10〜36 個，それぞれ 2 あるいは 3 個の花粉嚢を持つ．球果は枝先に 1 個ずつつき，4〜5 月に授粉し，10〜11 月に種子が成熟する．短い円筒形から楕円形あるいは狭い楕円形で，長さ 1〜2.2 cm，幅 6〜11 mm．鱗片は 15〜39 個，広い逆三角形で長さ 6〜7 mm，幅 7〜8 mm，爪は鱗片の長さの約 2 / 5．種子は狭卵形，狭い楕円形あるいは狭い楕円状倒卵形，長さ 4〜7 mm，幅 2.5〜4.5 mm．

47. セコイアメスギ（セコイア） 〔ヒノキ科〕

Sequoia sempervirens (D.Don) Endl.

アメリカ西海岸，オレゴン州からカリフォルニア州に分布し，霧の多い湿った場所に生える常緑高木．明治の中頃日本に入った．各地の庭園に植栽されている．高さ 90〜110 m，径 3〜5 m に達する．樹冠は円錐形，樹皮は赤褐色で厚く，深い溝をつくり，繊維状にはげ落ちる．枝は輪生し，やや垂れ下がる．葉は 2 形，多少軟らかい．脱落性の側枝の葉は線状披針形，長さ 6〜25 mm，幅 2〜3 mm，鋭角に櫛の歯状につく．上面は濃緑色，葉脈はくぼみ，裏面には突出した葉脈の両側に白色の気孔腺がある．雄球花は 1 個が腋生．雌球花は頂生し，卵形体，球果は卵形体で黒褐色，長さ 18〜25 mm，径 13〜18 mm，15〜26 個の楯形の果鱗からなる．種子は楕円形，長さ 5 mm，幅 4 mm くらい，狭い翼があり，果鱗上に 3〜7 個ができる．〔日本名〕セコイアオスギと比べ成木の樹幹が細いため．〔漢名〕北美江杉．〔追記〕概形はラクウショウ，アケボノスギに似るが，葉が濃緑色，葉脈が上面でくぼみ，裏面に突出するので区別でき，イチイにも似るが，葉が 2 形で，小枝の左右に鋭角に開出するので区別できる．後者はらせん配列する．

48. セコイアオスギ 〔ヒノキ科〕

Sequoiadendron giganteum (Lindl.) J.Buchholz

アメリカ，カリフォルニア州の数カ所に生育する世界最大の針葉樹，ヨセミテ国立公園が有名．高さ 50〜100 m，径 3〜7 m に達する．日本には明治の末頃入ったが赤枯病に冒されやすく，成樹にならず，樹高十数 m，径 25 cm くらいにしかならない．若い木は樹冠は円錐形，老樹では形はくずれ，不整形となる．樹皮は赤褐色，厚さ 15〜60 cm にもなり，深い溝ができ，繊維状にはげ落ちる．枝先の小枝は垂れ下がる．葉は濃青緑色の鱗片状またはスギに似た針状で，基部全体で小枝につき，らせん状に配列する．長さ 3〜5 mm で鋭く尖る．気孔が両面にある．雄球花は頂生し，淡黄褐色で長さ 6〜8 mm．雌球花は 1 個ずつ頂生し紫をおびた黄褐色．球果は卵形体，長さ 5〜7.5 cm，径 2.5〜4 cm で，赤褐色．2 年目に成熟し，種子放出後も残る．果鱗は 35〜40 個，4 面体状，長さ 2〜2.5 cm，多数の種子をつける．種子は扁平な楕円体，長さ 3〜6 mm，ふちに膜質の翼がある．〔日本名〕セコイアメスギに比して，樹幹が太くなることによる．〔漢名〕巨杉．

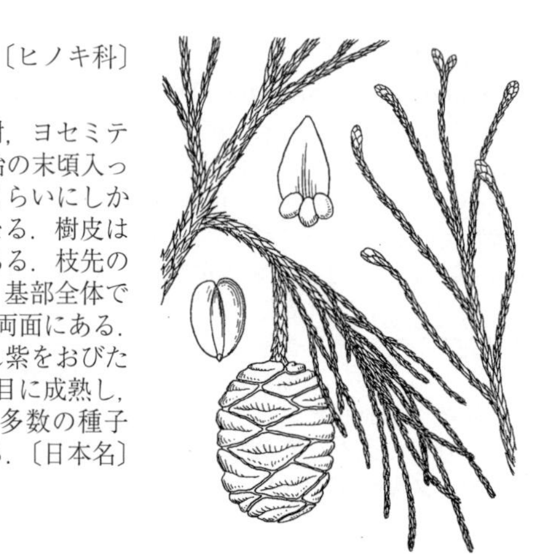

49. アケボノスギ（メタセコイア） 〔ヒノキ科〕

Metasequoia glyptostroboides Hu et W.C.Cheng

中国四川省（現湖北省），揚子江南側の一支流，磨刀溪の奥地で発見されたが，それ以前に日本では第三紀の化石として知られていたので有名．昭和 24 年日本に入った．全形はラクウショウに似て高さ 30 m を越え，円錐形の樹冠をなす．樹皮はスギに似て縦に裂けてはがれる．脱落性の小枝とそれをつける永存性の小枝とがあり，ともに無毛．葉は 2 列対生し，小枝の左右に水平に開出する．長さ 10 mm，幅 1.5 mm 前後．線形でわずかに内側に彎曲．先端は短く尖る．表面は鮮緑色で裏面はやや白色を帯びる．葉脈は 1 本．秋に紅葉し，小枝ごと落ちる．雄球花は長さ約 5 mm，多数の雄しべ（小胞子葉）が十字対生する．雌球果は長楕円体または短円柱形，長さ 20〜25 mm，広三角形の果鱗 20〜30 個が十字対生し，上の 3 対，下の 2〜3 対は種子を生じない．種子は果鱗上に 5〜9 個生じ，倒卵形，長さ約 5 mm，左右に広い翼がある．〔日本名〕日本の現在の植生成立の初期に生じていたという意味．〔漢名〕水杉．〔追記〕一見ラクウショウにそっくりであるが，ラクウショウは樹幹のまわりに呼吸根をだし，葉は互生するので区別できる．

50. ス　ギ 〔ヒノキ科〕

Cryptomeria japonica (L.f.) D.Don var. ***japonica***

日本の特産で，本州から九州に野生が見られるが，また広く栽培されている．野生地は屋久島，秋田などが有名．常緑の高木で，まっすぐな幹が直立してそびえ，高さ 45 m，直径 2 m 位にもなる．枝や葉が密についている．葉は小形で鎌のような針形で，らせん状にならぶ．雌雄同株．花は早春に開く．雄花は長さ 6〜9 mm，直径 3 mm 位の楕円体をしていて，枝の端に群生する．雌花は緑色で球形をしていて，小枝の端につく．球果は木質で卵状球形．長さ 2〜3 cm，苞鱗と種鱗が中部まで融合している．苞鱗の先端は三角になっていて，やや反り返っている．種鱗の先端には 4〜6 個の歯牙状突起がある．種子は種鱗の基部に 2〜5 個直生し，翼をもつ．材の用途は広く，わが国の主要樹木の一つ．栽培変種にヤワラスギ（葉がやわらかくて刺さない），ムレスギ（幹が根元から分かれて傾いて立っている）などがある．〔日本名〕スギは，幹が直立していることによる．即ちす（直）き（木）．またすくすくと立つ木の意味ともいわれる．古名マキ．〔漢名〕倭木，柳杉．漢名の杉はコウヨウザンのことである．

51. エンコウスギ 〔ヒノキ科〕

Cryptomeria japonica (L.f.) D.Don '**Araucarioides**'

スギの一園芸変種で，庭園に栽培される．高さは 1〜4 m 位．枝は多数出て，長く伸びるが，その長さは一様でない．また枝が斜めに出るのも，垂れ下がるのもある．葉は常緑で，濃緑色をしている．粗雑で丈夫な鎌状の葉の先端は尖って内側に曲がっている．これらの葉は小枝上に密生し，ある部分では長く，ある部分では短く，短葉と長葉が交互している．花はまだ知られていない．〔日本名〕猿猴スギは枝が長くのびていることから手長猿，すなわち猿猴の手になぞらえて，このように名付けたもの．

52. ヨレスギ（クサリスギ） 〔ヒノキ科〕

Cryptomeria japonica (L.f.) D.Don '**Spiralis**'

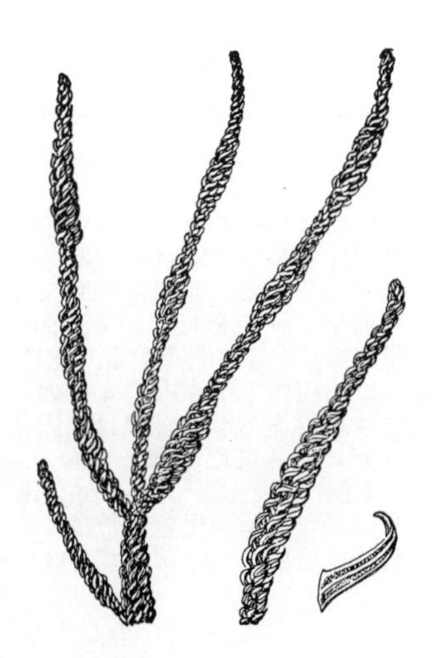

スギの一園芸品種で庭園に栽培されている．常緑の小木で高さ 2 m 位．枝は立っているのも，垂れているのもありまちまちである．葉は密に枝につき彎曲して尖り，枝の周囲を左方にらせん状にまき，見たところよじれた紐のような奇妙な様子を示す．要するに，エンコウスギの一品種．花はまだ見ない（牧野原文）．〔日本名〕ヨレスギは葉が一方によじれているから名付けられたものである．

53. スイショウ 〔ヒノキ科〕

Glyptostrobus pensilis (Staunton ex D.Don) K.Koch

広東，福建，江西など中国南部の水湿地を好んで生える常緑小高木．日本には明治の末頃入り，暖い地方で植栽されている．高さ 8～10 m，径 60～120 cm，樹皮は淡灰色，不規則に縦に裂ける．下方の枝は垂れ下がりぎみに開出し，上方の枝はやや直立する．葉は 2 形，枯落性の短枝上の葉は鎌状針形で長さ 8～12 mm，枝に鋭角につき，不規則に 2 列に配列する．裏面は赤黄色の気孔線がある．永存性の長枝や球果をつける枝の葉は鱗片状で重なりあう．ともに薄い緑色で，秋には濃褐色に紅葉する．雄球花はラクウショウに似て総状花序をなすが，球果は有柄，直立し，倒卵形体または西洋ナシ形，長さ 15～18 mm，径 10～15 mm．果鱗は薄く，先端部に小さな歯牙状突起がある．上面に 2 個の直生胚珠をつける．種子は卵形または楕円形，長さ 45～6 mm，幅 4～7 mm，種皮は薄く，末端に長さ 3 mm ほどのおの形の翼がある．〔日本名〕漢名の水松の音読み．水松は水辺を好んで生育する針葉樹という意味．

54. ラクウショウ（ヌマスギ） 〔ヒノキ科〕

Taxodium distichum (L.) Rich.

アメリカ南部，メキシコに分布，水湿地に生える落葉性高木．高さ 30～50 m になり，各地の庭園に植栽されている．樹冠は広円錐形．樹幹のまわりに呼吸根を直立する．樹皮は縦に繊維状にはげ落ちる．永存性の長枝と脱落性の短枝があり，前者には鱗片葉，後者には線形葉をつける．線形葉は長さ 15 mm，幅 1 mm くらいで軟らかく，鮮緑色．短枝上にらせん配列するが基部でねじれて，左右 2 列に互生し，羽状複葉のようにみえる．雄球花は前年の枝の末端に生じ，長さ 8～20 cm の軸上にたくさんの雄花を総状につける．雄花は 6～8 個の雄しべをつけた短枝で，基部は卵形の鱗片でおおわれる．雌球花は前年の枝の末端に単生または数個生じる．球果はほぼ球形，径 2～3 cm，10～20 個の果鱗からできている．果鱗は種鱗と苞鱗が完全にゆ着し，四面体状，上面基部に 2 個の種子をつける．種子はくさび形で 3 枚の狭い翼がある．〔日本名〕落羽松（沼杉）の意．ヌマスギは沼沢地を好んで生育するため．〔漢名〕落羽杉．〔追記〕アケボノスギに似るが，アケボノスギは葉は 2 列対生．球果の果鱗は十字対生する．

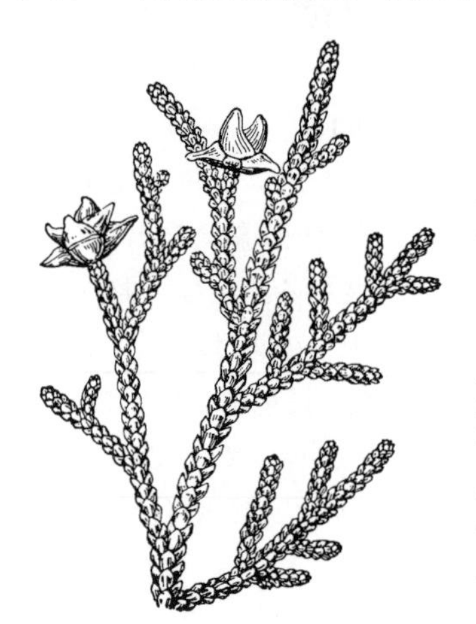

55. アスナロ（アテ） 〔ヒノキ科〕

Thujopsis dolabrata (L.f.) Siebold et Zucc.

山中に生え，しばしば大天然林となるが，また庭木ともされている日本の特産属．常緑の高木で幹は直立して分枝し，高さ 10～30 m 位，直径 90 cm 位にもなる．樹皮は灰褐色で薄く，縦に裂け，層をなしてはげおちる．枝は小枝を互生的羽状に出し平らである．葉は厚質で大きな鱗片状，小枝や細枝に交互に対生し，上下両面にあるものは舌形，または菱形の舌形をしていて先端は円形，または鈍形をなし，枝に密着し上面のものは緑色であるが，下面のものは雪のように白いろう粉がついている．左右両縁にあるものは舟形，あるいは卵状披針形で鈍くとがり上部は茎からはなれて斜めに傾き，下面の中央は白色．雌雄同株．5 月に開花し，花は大きくなく細枝の端に単生する．雄花は長楕円体，青色を帯びる．鱗片内に 3～5 葯があり黄色花粉を出す．雌花は 8～10 個の厚質の鱗片がありその内面に各々 5 つの胚株がある．球果はほぼ球形，長さ幅ともに 12～16 mm 位，種鱗は 4～5 対あり各々形が異なっているが，いずれも先端が三角形針となり鉤状をしていて 10 月頃開いて種子を出す．種子は各種鱗内に 3～5 個あり，基部に直立している．紡錘体，または卵状長楕円体で両側に広い翼がある．材は建築用その他いろいろに使われる．変種のヒノキアスナロ（ヒバ）var. *hondae* Makino は，北日本に産し，球果が丸い．〔日本名〕は「明日（あす）ヒノキとなろう」という意味をもっているというのは俗説で，アスヒがもとの名と思われるが，ヒはヒノキ，アスは意味がわからない．あるいはアテと通ずるものがあるかも知れぬ．〔漢名〕羅漢柏は正確ではない．

56. ク ロ ベ（クロビ，ネズコ） 〔ヒノキ科〕

Thuja standishii (Gordon) Carrière

本州中部以北と四国の深山の林の中に生ずる常緑の高木で，幹は直立し多く枝分かれしていてうっそうとしている．幹は高さ 10～20 m，直径 40～70 cm 位．樹皮は平らでなめらか，光沢があり薄質で赤褐色を帯び，まちまちの大きさの薄片となってはげ落ちる．枝は小枝を互生的に羽状に分けたようになっていて平らである．葉は深緑色で小さく，交互に小枝や細枝に密生して対生し，やや扁平で緑色をしていて裏面は白くならず，アスナロの葉より小形である．雌雄同株．5 月に開花する．花は小さく細枝の端に単生し，あい色をしている．雄花は楕円体で鱗片内に 4 つの葯をもち黄色の花粉を出す．雌花は短く，鱗片内に 3 胚珠をもつ．球果は楕円体，長さ約 1 cm，種鱗は 6～8 片あり，上の方の 2 対の鱗片にだけ種子をもつ．種子は線状楕円形で褐色を呈し，長さ 6 mm 位，両側に細い翼がある．材を建築，器具などに使う．〔日本名〕クロベの「くろ」は黒で，葉が黒色を帯びているから，「べ」は樹皮をいったものであろう．一名ゴロウヒバ（恐らくゴウロヒバで，ごうろは岩石の崩壊地である）．

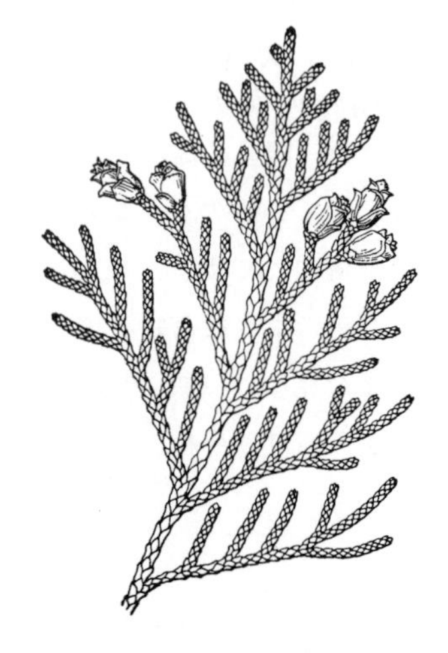

57. ヒ　ノ　キ　〔ヒノキ科〕

Chamaecyparis obtusa (Siebold et Zucc.) Endl.

各地の山林中に生え，幹は直立してそびえ分枝する常緑の高木で大木が多く，高さ 30〜40 m，直径 1〜2 m にもなる．時に純林となっている．一般によく植林される．樹皮は赤褐色で平らで滑らか，縦に裂けめが入り薄片となってはげ落ちる．枝は小枝を互生的に出して平らになっている．葉は緑色で小鱗片状．交互に対生し，小枝や細枝のものを含め密着している．上面，下面にある葉は短くて広卵状三角形で先は鈍い．左右の側面にあるものは鎌状の舟形で，下部は枝にそってつき，上部はややはなれて立ち，先端は鈍く，上面下面にある葉の約 2 倍の長さがある．下面では葉の間，葉の緑に白いろうの粉がある．雌雄同株．4 月に開花する．花は細かく，細枝の端につく．雄花は多数あり，広楕円体で紫褐色をしている．鱗片内に 3 葯あり黄花粉を出す．雌花は枝の梢につき，球形で鱗片内には 4 胚珠がある．球果はしばしば枝の上に群生してつき，直径 1 cm 位，木質で褐色の球形をしている．種鱗は楯形で，7〜9 個ある．種子は鱗片の基部につき，長さ 3 mm 位，左右に翼をもち，秋の終わり頃に散る．材は用途が多く建築材として最良品である．〔日本名〕火の木の意味で，この木をこすりあわせて火を出したことからきている．〔漢名〕扁柏，檜ともに正しくない．

58. チャボヒバ (カマクラヒバ)　〔ヒノキ科〕

Chamaecyparis obtusa (Siebold et Zucc.) Endl. '**Breviramea**'

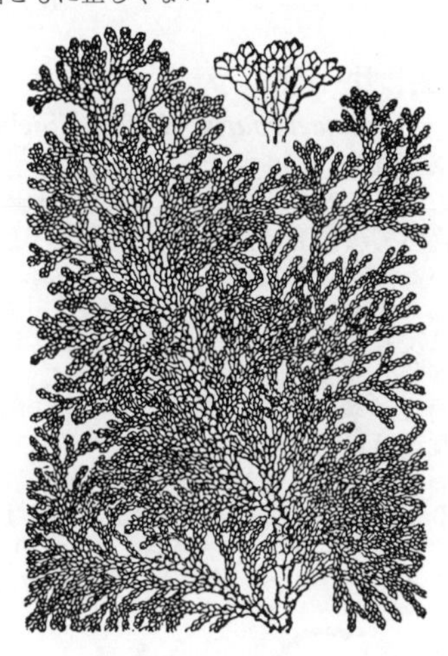

ヒノキの園芸品種．高さ 5 m 位になる真直な幹をもち，多数の枝が水平に短く出て，密に枝分かれし，分枝が互に重なりあっている．全体が細長い樹型のものが多い．色は濃緑色，正常型では節間に長短があり，分枝は通常一方の側のみにあるが，この品種では長い節間が短縮し，分枝は両側に出る．ごくまれには枝の一部が正常型にもどることがある．〔日本名〕チャボヒバは，枝の短縮した状態を足の短い鶏のチャボにたとえたものであろう．

59. シャモヒバ　〔ヒノキ科〕

Chamaecyparis obtusa (Siebold et Zucc.) Endl. '**Lycopodioides**'

ヒノキの園芸品の一つ．ヒノキは元来，二つの形の葉を交互につける背腹性の枝葉をつけるが，しばしば背腹性を失って，対生の葉すべてが同形となるものがある．葉は各々背部に中脈を稜状に隆起するため，4 個集まれば 4 角となり，このため枝はカタヒバの穂のように 4 稜をもった柱となる．これをカナアミヒバという．本品種はそれが更に複雑化して多輪性を生じたもので，対生葉がつくところに 3〜6 葉を生じ，全体として非常にちみつな感じになっている．一種の帯化的現象の結果かと思われる．〔日本名〕おそらくチャボヒバと対比してチャボより大型の鶏の品種シャモにたとえたものであろう．

60. クジャクヒバ (アオノクジャクヒバ)　〔ヒノキ科〕

Chamaecyparis obtusa (Siebold et Zucc.) Endl. '**Filicoides**'

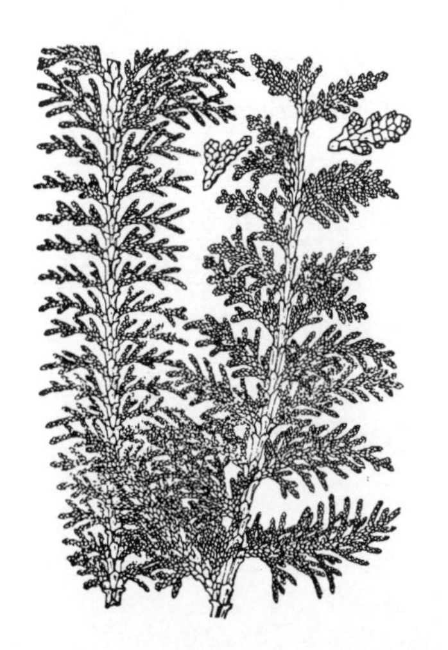

ヒノキの園芸品の一つ．いくつかの長枝が立ち，それに対する腋生の短枝が正しく対生して生じ，しかも細かく分枝するが，互いに重なり合わないため，極めて端正な外観をしている．この形をクジャクの尾羽の美しさにたとえたもの．チャボヒバの多少とも病的なのにくらべて伸び伸びとした感じで，通常芽立ちの時に葉緑素が欠けてあざやかな黄色を示し，後から次第に葉緑素の形成が行われ緑化する傾向をもっている．恐らく芽条変異として生じたものであろう．〔日本名〕孔雀檜葉．

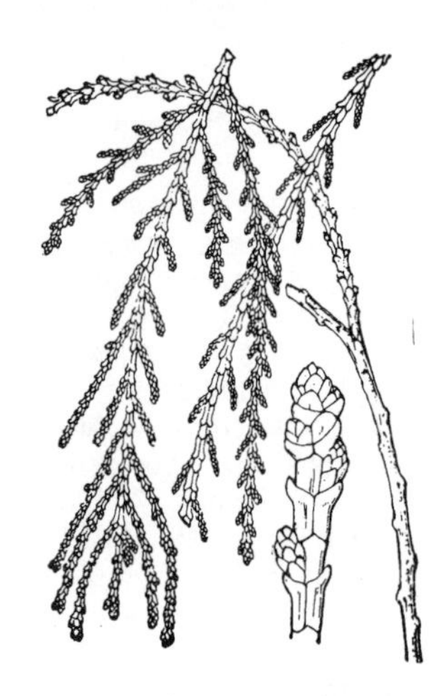

61. スイリュウヒバ 〔ヒノキ科〕

Chamaecyparis obtusa (Siebold et Zucc.) Endl. '**Filiformis**'
（*C. pendula* Maxim.）

ヒノキの園芸変種．これは前者と逆に節間が伸長し，また枝の垂れた性質がつけ加わったものである．分枝も特に長い枝のみに限られ，他は短枝的存在となる．また気孔帯を示すロウ質物のおおった面積が相対的に増すため，全面が淡緑色にみえる．ちょっとみると類似したのにサワラのこれと同じ樹型のもの（ヒヨクヒバ）があるが，鱗片葉の端の尖りが少なく，節間に長短が交互する点で区別できる．〔日本名〕垂柳檜葉で，枝の様子をシダレヤナギにたとえたもの．

62. サ　ワ　ラ 〔ヒノキ科〕

Chamaecyparis pisifera (Siebold et Zucc.) Endl.

山林中に自生している常緑の大高木で，またしばしば植林されている．真直にのびた幹が分枝し大きいものでは高さ 30～40 m，直径 1 m 以上になる．樹皮は灰褐色で縦に裂け，層をなしてはげおちる．枝は小枝を互生的羽状に出して平らである．葉は緑色でヒノキに比べるとやせている．交互に小枝や細枝上に対生し，上下両面のものは卵状三角形で短く鋭く尖っている．両側のものは多くがわずかに反りかえり，上部が舟形を示し鋭く尖っている．また下面には側生葉の面や上下葉の両局部に白いロウ粉がある．雌雄同株．4 月に開花する．花は小型で小枝の端につく．雄花は紫褐色の楕円形で鱗片内に 3 個の葯があり，黄色の花粉を出す．雌花は球形で鱗片内に 2 個の胚株がある．球果は球形でヒノキに比べるとやや小形で熟すると黄褐色を帯び，その鱗片は横向き長方形の面をもち，面に横溝がある．種子は褐色で広い翼がある．材はかるくやわらかくて黄紅色を帯びる．〔日本名〕サワラギの略．すなわちこの材はヒノキに比べると，「さわらか（軽鬆）」であることから「さわら木」とよんだものであろう．〔漢名〕花柏を使うのは誤り．

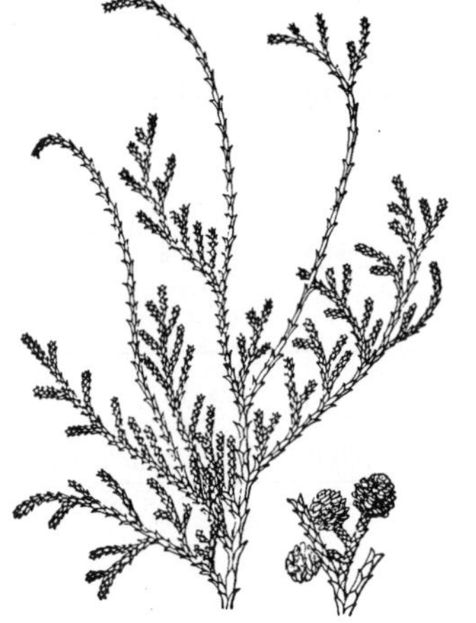

63. ヒヨクヒバ 〔ヒノキ科〕

Chamaecyparis pisifera (Siebold et Zucc.) Endl. '**Filifera**'

サワラの園芸的 1 変種で，一般によく庭園に栽培され観賞されている．幹は直立し，高さ 3 m 位，枝は多数に枝分かれし，小枝や細枝は長く伸び糸のように垂れる．この長さは一様でなく短いものも多いが，長いものでは 30 cm 位になる．葉は交互に対生し緑色で鱗状，鋭く尖った上部は反りかえり，下部は枝に沿ってつく．時に短い細枝の端に球果をつけるが稀である．球果は小さな球形でサワラの球果と同じ．〔日本名〕比翼ヒバは並んで垂れ下がった枝の様子に基づいて名付けたもの．

64. シノブヒバ 〔ヒノキ科〕

Chamaecyparis pisifera (Siebold et Zucc.) Endl. '**Plumosa**'

サワラの園芸的 1 変種で，いけがきとして多く用いられ，また観賞品として栽培される．常緑の低木で通常大木をみることはない．葉は緑色で交互に対生するが，サワラに似て薄質で細長く鋭く尖っており，反りかえって斜めに枝につく．これはサワラの葉の背腹二面性を失ったものである．まだ花や実を見たことがない．〔日本名〕シノブヒバは，この細くさけた枝の状態をシダのシノブに見たてて名付けたものである．

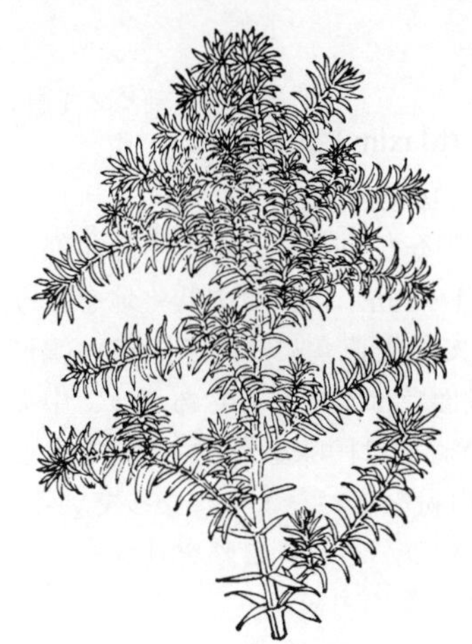

65. ヒ　ム　ロ（ヒメムロ，シモフリヒバ）　〔ヒノキ科〕

Chamaecyparis pisifera (Siebold et Zucc.) Endl. '**Squarrosa**'

サワラの園芸的 1 変種．常緑の小高木で高さ 5 m 位．観賞用の樹木として多く庭園に栽培されている．枝が非常に茂り，これに原始的な葉がつく．葉は線形で尖り長さ 5～10 mm，密に細枝上について開いていき，上面が緑色で下面が白色で軟弱な感じである．高さ 5 m 位の樹木では梢に花をつけ，のちサワラと同じような球果となる．幼形の葉をつけたままの木とみることができる．〔日本名〕ヒムロは，姫むろの略で，すなわち軟弱なムロノキの意味である．ネズを古名でムロノキとよび，本種がネズの概観に似たところがあることによる．

66. ネ　ズ（ネズミサシ）　〔ヒノキ科〕

Juniperus rigida Siebold et Zucc.

丘陵や浅山などの陽地に生える常緑の低木．時には小高木ともなる．幹は高さ 0.5～10 m，大きいものでは直径 30 cm にもなる．樹皮は赤褐色で灰色を帯び老木では縦に裂けめができる．枝は横に出，老木では小枝がよく下に垂れる．葉は 3 個ずつ輪生する．鋭く尖った硬質の葉はさわると痛い．上面は平らで中央に 1 本の白い気孔のすじがあり，下面は緑色で鈍い稜となる．この横断面はやや鈍い三角形で，維管束の下部に 1 個の樹脂道がある．雌雄異株．花は前年の枝の葉腋に単生し，4 月に開花する．雄花は楕円体で長さ 4 mm，緑色の鱗片内に 2 個の葯があり，黄色の花粉を出す．雌花は卵球形で厚質，緑色の 3 個の心皮の内面には各々 2 個の胚珠をもつ．球果は厚肉質で球形をしているが，先端に三つの突起がある．初めは緑色であるが後に熟して紫黒色となり直径 7～9 mm 位ある．これがいわゆる杜松子で薬用につかわれる．〔日本名〕ネズはネズミサシの略．これは針葉がネズミを刺してよく防ぐことができるからといわれているのに因る．古名ムロ，ムロノキ．〔漢名〕杜松．

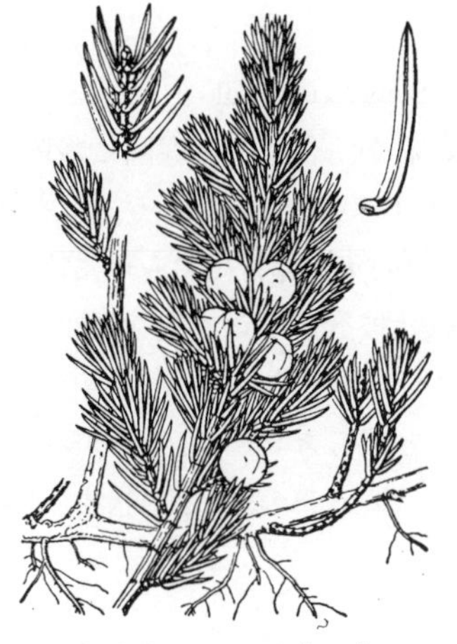

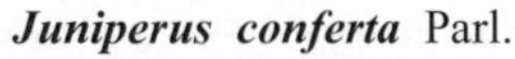

67. ハイネズ　〔ヒノキ科〕

Juniperus conferta Parl.

海岸砂地に生える常緑の低木．地をはう性質があり，幹は四方に枝分かれして広がり大群落をつくり砂浜をおおっている．枝は淡褐色で幹は灰黒色となる．葉は枝にちみつにつき，3 個輪生で枝に対して開出している．葉は針形で真直であるが基部が彎曲してやや内側にまがり，硬質で先が鋭どくとがり痛い．内面にはやや浅い縦溝状の白い気孔のすじがある．雌雄異株．花は前年の枝に単生し，4 月頃に開花する．雄花は腋出の短枝上につき，楕円体で黄褐色をしている．鱗片内には 2 個の葯があり黄色の花粉を出す．雌花は卵円体で緑色，厚質の 3 心皮からなり内面に各々 2 胚珠をもつ．球果は液果様で球形．直径 6～13 mm 位で，紫黒色でやや白粉がかかっている．ハイネズの群落の中でこれとネズとの間種と思われるものがあり，これは幹が斜めに立ち高さ時に 70 cm 位になり，葉もほとんどネズと区別できない．これをオキアガリネズという．〔日本名〕這ネズ．すなわち幹や枝がはっているからである．

68. オオシマハイネズ　〔ヒノキ科〕

Juniperus conferta Parl. var. ***maritima*** E.H.Wilson ex Nakai

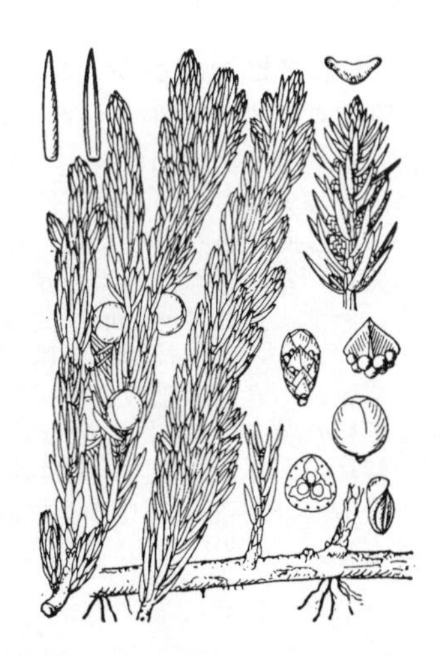

海岸性のハイネズの 1 型で，葉の先端に鋭い刺がないため，つかんでも痛くない．軽微な形質ではあるが，伊豆大島を中心とした附近海岸に自生するところをみると地理的変異とも考えられる．その点で南西諸島に産するオキナワハイネズ *J. thunbergii* Hook. et Arn. は，葉が淡緑黄色で濃緑白色でない点を除けばオオシマハイネズとほとんど区別できない．また，これらの植物は，小笠原諸島産のシマムロ *J. taxifolia* Hook. et Arn. とも似た点があり，両者を合一してシマムロの変種 *J. taxifolia* var. *lutchuensis* (Nakai) Satake とする説もある．〔日本名〕大島ハイネズで産地の伊豆大島に基づく．

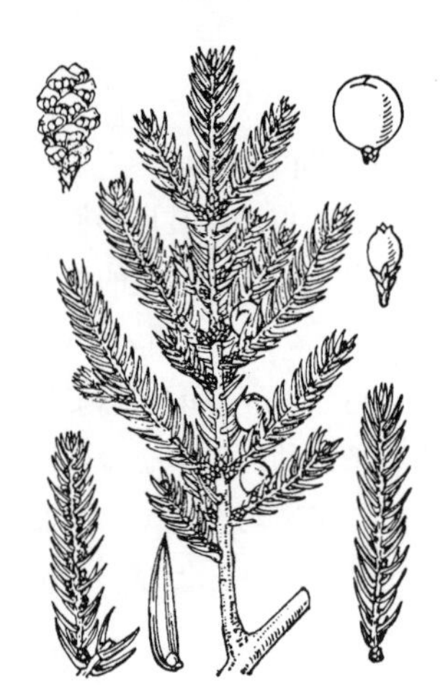

69. ミヤマネズ 〔ヒノキ科〕

Juniperus communis L. var. ***nipponica*** (Maxim.) E.H.Wilson

ヨーロッパから北米の寒帯に生える広義のセイヨウトショウ *J. communis* L. の日本における分化と考えれるもので，本州の中部北部の高山帯にハイマツと混生している．高さ 1〜2 m，時には丈低く地をはうこともある．葉は 3 個輪生，関節をもって枝と直角につづき，広い線形で長さ 1 cm 位，上面に強く彎曲し，向軸面では両縁がもちあがって中央全体に凹み，溝があり白くなっている．背軸面は円味を帯び，光沢をもった濃緑色．球果は径 8 mm 位，藍黒色で白粉をまいたようになっている．北海道以北には更に葉がつよく彎曲したものがあり，これをリシリビャクシン var. *montana* Aiton という．〔日本名〕深山ネズ．

70. イ ブ キ（カマクライブキ） 〔ヒノキ科〕

Juniperus chinensis L. var. ***chinensis***

本州から九州の島や海岸，時には山上に自生するが，多くは庭園や社寺境内に栽培されているし，また盆栽として観賞される常緑の小木で時に高木になる．小さいものは時に地をはうこともあるが大きいものは幹が直立し高さ 10 m，直径 70 cm 位になって分枝が多く全体がうっそうとした感じになる．樹皮は赤褐色で縦に裂けめが入る．葉は 2 型．即ち小鱗片状で交互に対生し枝上に密着して円い細紐のようなもの（普通形）と，スギの葉のように長針状で長さ 5〜10 mm 位になり交互対生するか，あるいは 3 個輪生するものとある．後者は原始形で多くは下部の枝に出現する．雌雄異株．花は 4 月に開く．小形で鱗片葉の小枝につき，短い柄がある．雄花は楕円形で鱗片内に 2 つの葯をもつ．雌花は紫緑色の厚質鱗片をもつ．球果は癒合した 3 つの種鱗からなり，やや肉質な球形で熟すと紫黒色となる．種子は楕円形で褐色．園芸的変種が多く，シンパク（真柏の意味）はその 1 品種．またカイヅカイブキはよくいけがきに用いられ枝が普通ねじれる傾向がある．ビャクシンは直立した樹の上に針状葉のみをもつ品種である．〔日本名〕イブキは「伊吹柏槙」の略で，伊吹は伊吹山に生えていたため，柏槙は柏子の音便といわれている．カマクライブキは昔から鎌倉に多くみられたからである．〔漢名〕檜（ヒノキではない）．

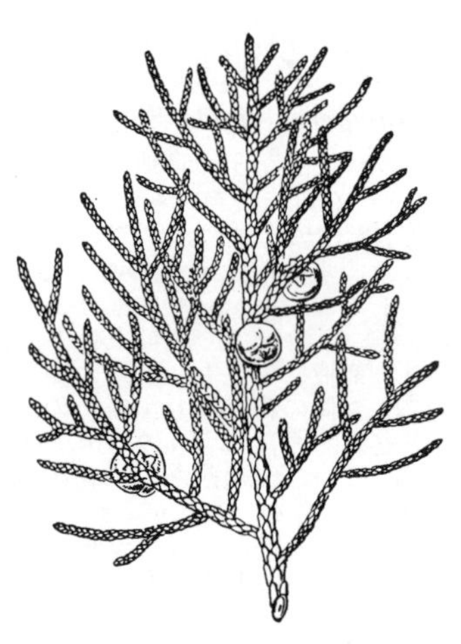

71. ハイビャクシン（ハイビャクシ，ソナレ） 〔ヒノキ科〕

Juniperus chinensis L. var. ***procumbens*** Siebold ex Endl.

対馬などに自生がみられるといわれているが，普通には庭園に栽培され，放置しておくと次第に広がって広く地面をおおってしまう．幹や枝が地をはい盛んに成長する常緑の低木で，緑の葉が非常にちみつに茂る．葉は針形で通常 3 輪生をしている．葉は線状披針形で鋭く尖り硬質，長さは 6〜8 mm 位ある．まだ果実ができたという報告がない．〔日本名〕這柏槙は幹や枝が横にのびてはっていることからきている．ソナレは磯馴れの意味で磯に生えて海風に従って丈低く育っていることを指す．〔漢名〕矮檜．

72. ミヤマビャクシン（シンパク，ツクシビャクシン） 〔ヒノキ科〕

Juniperus chinensis L. var. ***sargentii*** A.Henry

高山の岩壁や砂礫地に生える常緑の低木で，幹は横に成長し曲がるものが多い．枝葉はちみつに茂り低くおおう．高さはほとんど 50 cm にもならない．枝は灰褐色を帯びまた時に銅色となることもあり，皮はばらばらになってはげる．葉は白っぽい緑色で，イブキと同様に 2 型がある．下枝のものは針形で長さ 4〜5 mm，先端が刺状に尖り枝から開いて出，一見スギのようにみえる．上枝のものはイブキのようで菱形で短く先が鈍い．枝を通じて密につき円い紐のようになる．4〜5 月頃に開花する．花は小形．雄花は細枝の端につき楕円形をしている．黄色の花粉を出す．雌花は柄をもち，厚い鱗片があり紫緑色．球果は球形で液果状，直径 6〜8 mm 位，熟すと青黒くなる．〔日本名〕深山柏槙は高山地帯に生えることからきている．これの古木をシンパク（槙柏）といって盆栽用に愛玩する．

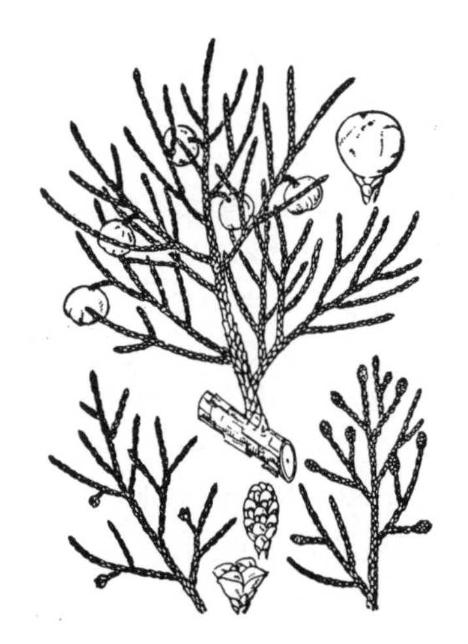

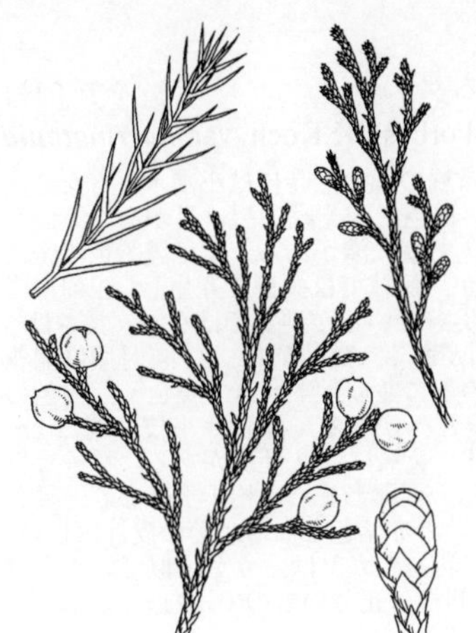

73. エンピツビャクシン（エンピツノキ）　〔ヒノキ科〕

Juniperus virginiana L.

アメリカ，ロッキー山脈の東側の山地，ハドソン湾からフロリダまで分布する常緑性高木．日本には明治の中期に入った．高さ 30 m, 径 1 m に達し，樹冠は細長く尖った円錐形．樹皮は赤褐色または灰褐色で細片となってはげ落ちる．末端枝は極めて細く，径 1 mm ほどで，ときに垂れ下がる．2 型葉をもち，幼木の葉は針状，長さ 3～10 mm，上面はくぼみ，白味をおびた緑色，下面はつきだし緑色，対生または 3 輪生する．成木の枝には鱗片葉が対生し，4 列に配列する．菱形状卵形で長さ 1～2 mm，瓦状に重なりあう．多くは雌雄異株で，まれに雌雄同株（この逆という説もある）．球果は球形または卵形，径 6 mm 前後．青味をおびた黒色で，4～6 個の果鱗からできている．果鱗には 1～2 個の褐色，卵形の種子を生ずる．材は堅く，細工しやすいので鉛筆，家具用材として適する．〔日本名〕鉛筆柏槇．

74. モントレーサイプレス　〔ヒノキ科〕

Hesperocyparis macrocarpa (Hartw. ex Gordon) Batrel

（*Cupressus macrocarpa* Hartw.）

アメリカ，カリフォルニア州のモントレー地方に生育する常緑高木．日本には明治の中頃に入った．高さ 20～25 m．樹冠はやや平らな広円錐形．枝をほぼ水平に，または上向きにはる．樹皮は赤褐色，老木ではやや灰色，質厚い鱗片となってはげ落ちる．葉は鱗片状で対生し，長さ 1～2 mm，幅 1～1.5 mm の卵状披針形，鈍頭，先端に向かって厚くなる．雄球花は長さ約 3 mm，6～8 本の雄しべからできている．球果は短枝上に 1～2 個直立し，球形，径 2.5～3.5 cm のつやのある褐色，8～14 個の楯形の果鱗からできている．各果鱗には 20 個ほどの種子を生じ，種子は長さ 1～2 mm，狭い翼と小塊状の突起がある．〔追記〕イトスギ（イタリアン・サイプレス，*Cupressus sempervirens* L.）は南ヨーロッパ・中近東に分布．樹冠は細く尖った円錐形，小枝は繊細で径 14 mm 以下，葉も小形で先端に向かってあまり膨らまない．種子はやや大きく，長さ約 4 mm，小塊状突起がないので区別できる．糸杉は小枝が繊細なことによる．

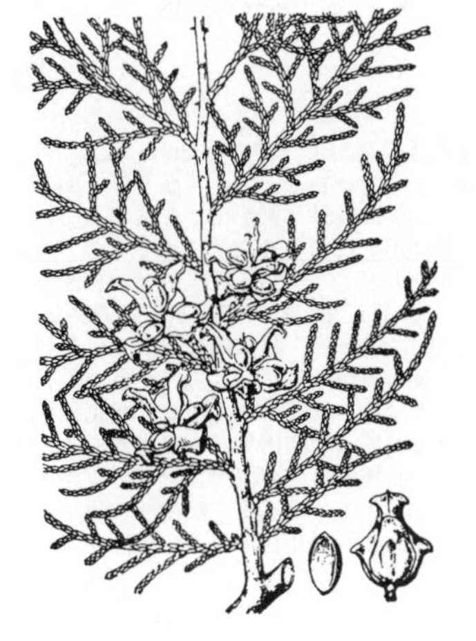

75. コノテガシワ　〔ヒノキ科〕

Platycladus orientalis (L.) Franco（*Thuja orientalis* L.）

北および西中国の原産で，今から約 200 年前にわが国に渡来したもの．今はいたるところに栽培されている．常緑の低木であるか，または小高木にもなる．幹は高さ 10～14 m 位，密に茂る．一つの幹が真直にのびることもあり〔ワビャクダン〕，根元の所から群生したようにもなる〔センジュ〕．葉はヒノキに似ているが向軸面と背軸面の区別はなく，側立する特殊な性質がある．雌雄同株．春に開花する．雄花は単生し，球形でほとんど柄がない．鱗片は十字対生で短い花糸をもつ．葯は 2～4 個の葯室をもつ．雌花は単生，卵球形または長楕円体．心皮は 3 対，十字対生し，上位の 1 対には胚珠はなく，他の 2 対に各々 1 個の胚珠をもつ．胚珠は直生で直立している．球果は木質で卵球形または長楕円体，種鱗の先端は尖り外方に巻いている．若い球果は青緑色で不規則な凹凸がある．種子は楕円形で翼はもたない．〔日本名〕児ノ手ガシワは枝が直立している有様が手のひらを立てているようだからという．〔漢名〕柏，側柏．

76. シシンデン　〔ヒノキ科〕

Platycladus orientalis (L.) Franco **'Ericoides'**

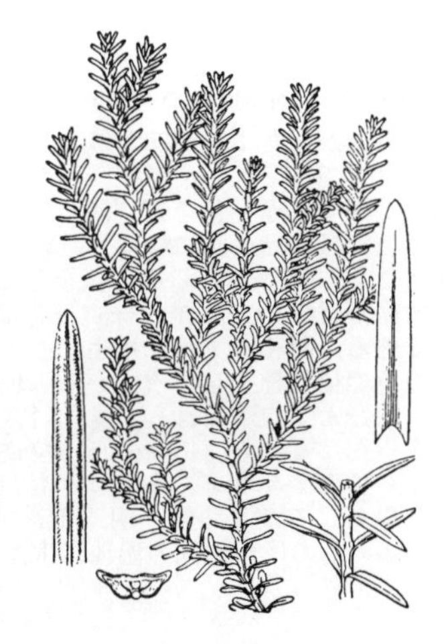

極めてまれに栽培されている常緑の針葉低木．性質が弱く育ちにくい．高さ 50 cm 以上のものを著者はまだみていない．また花も果実も生じた事実は知らないが，葉の形態の特殊性から 1938 年に独立属として *Shishindenia ericoides* Makino の名をつけたものである．茎は細く，少数の枝をうつ．葉は対生で長さ 1 cm 位の線状長楕円形で，無柄である．先端は鈍くとがり，革質で茎に直角につき，葉脚は多少茎の面に流れる．黒っぽい緑色で中脈がわずかに表に凹み，裏に突起している．これを切ってみると横断面で一つの樹脂道がある．気孔のすじがみられないのが特徴．概形はヒノキの初生葉に似た点がある．コノテガシワの幼形ではないかという説もある〔日本名〕園芸名「紫宸殿」に基づく．

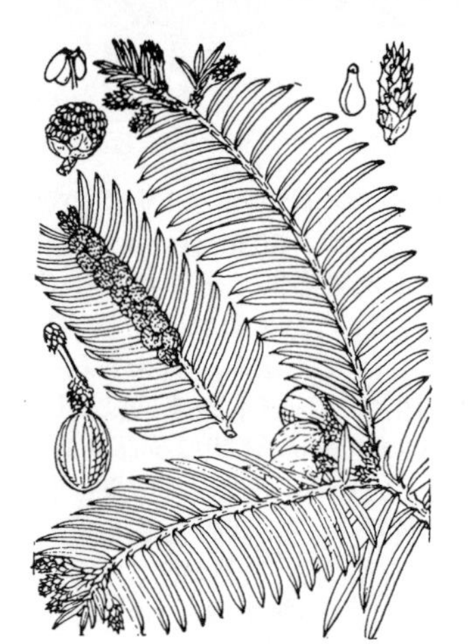

77. イヌガヤ（ヘボガヤ，ヒノキダマ，ヘダマ） 〔イチイ科〕

Cephalotaxus harringtonia (Knight ex Forbes) K.Koch var. ***harringtonia***

やや暖かい山地または平地の林の中に生ずる常緑の低木，時には小高木ともなり高さ 10 m，直径 30 cm 位になる．樹皮は黒っぽい褐色で浅く縦に裂け目があり，かさかさになっておちる．枝は横に広がり小枝は緑色で縦に溝がある．葉は濃緑色で密に枝につき，直立した枝ではらせん状に互生するが，側枝では両側に互生し，2 列に広がって並び羽状となる．線形の葉の両端は鋭く尖っているが硬質ではない．長さは 3〜5 cm 位で，裏側の中脈の両側に白い気孔の列がある．雌雄異株．3〜4 月頃に開花する．雄花は球形で葉腋に 6〜9 個集まって葉の下に並び，下向きで黄色く，褐色の鱗片に包まれている．一つの花に 7〜12 個の雄しべがある．雌花は小枝の端に 2〜3 個生じ，短い柄をもち緑色で球形または楕円体．苞鱗には 2 胚珠がある．種子は核果状で柄の端につき，1 個まれには 2 個が成熟し，倒卵形または楕円形となる．長さは 1.5〜2.5 cm，外種皮は未熟の時は緑色，成熟すると赤紫色となる．その皮汁は甘い．胚乳から油をしぼり燈用，理髪用にする．〔日本名〕犬ガヤは，カヤに似ていても核が苦くて食べられないからといわれる．〔漢名〕粗榧は正しいものではない．

78. チョウセンマキ 〔イチイ科〕

Cephalotaxus harringtonia (Knight ex Forbes) K.Koch '**Fastigiata**'

イヌガヤの園芸変種で庭園に栽培されている常緑の低木．高いものは 3 m にもなり，小さいものは 1 m 位．沢山出ている枝は真直で長く，枝には毛がなく，緑色で溝がある．葉はらせん状に配列し，長い葉の群と短い葉の群が若干の間隔をおいて交互にならぶ．葉は濃緑色で細い線形をなし，ちょっと尖っている．長さ 2〜5 cm 位で厚く，下の方に弓なりに曲がる．時に先祖がえりを示し，葉が 2 列羽状につく枝があり，母種がイヌガヤであることを自然に示す．またまれにはその中間型の葉をもった枝を生ずることもある．しかしまだ花や果実は見たことがない．ハイイヌガヤ var. *nana* (Nakai) Rehder は日本海側に分布，高さ 2 m ほど，種子は濃い紅紫色に熟す．〔日本名〕朝鮮マキは古い名前で，これを朝鮮半島のものと思ったからであろう．近頃，チョウセンガヤともよんでいる．

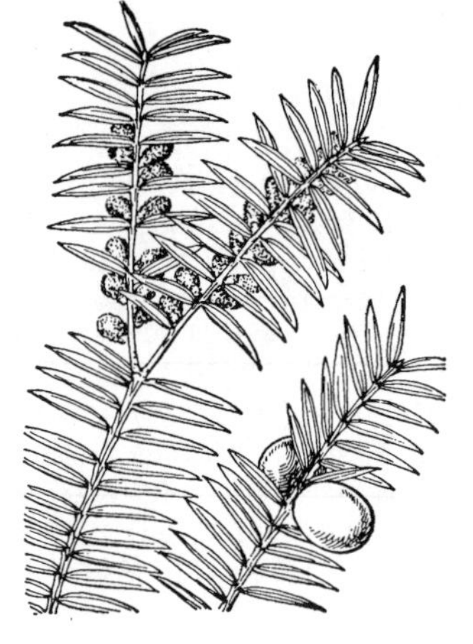

79. カ　ヤ 〔イチイ科〕

Torreya nucifera (L.) Siebold et Zucc.

宮城県以南に自生するが，庭樹としても植えられる常緑の高木で，高さは 20 m 以上，幹の直径は 90 cm 以上に達する．樹皮はなめらかで，青みがかった灰色か，時には黄色味をおびた灰色であるが，老木では縦にわれ，薄片となっておちる．葉は披針状線形で，先端が次第に細くなり硬く尖るが基部は急に細くなり短い柄となる．葉は元来枝にらせん状につくものであるが，ねじれて枝の左右に 2 列にならぶ．濃緑色でつやがあり長さ 2〜3 cm，表面は縦にふくらみ，裏面には 2 すじの黄白色の気孔線があり，断面中央に 1 維管束，その下に 1 樹脂道がある．雌雄異株．4 月に開花する．雄花は葉腋につき，枝の下面にならぶ．長楕円体で黄色，苞鱗には 3 個の葯がある．雌花は小枝の先端に群がり無柄．数層の細かい鱗片をもち，中央に 1 個の胚珠がある．種子は 10 月に成熟．長さ 2〜3 cm，直径 1〜2 cm の楕円体，初めは緑色で熟して紫褐色，外種皮は裂ける．内種皮はかたく赤褐色で両端が尖った楕円体．縦に溝がある．胚乳は食用，また油を採る．材は碁盤，将棋盤として有名．品種にツナギガヤ・ハダカガヤ・ヒダリマキガヤ・チャボガヤなどがある．〔日本名〕カヤは古名カヘの転化．蚊やりに用いたからだというのは俗説でとるに足らぬ．〔漢名〕榧を当てるが，これは中国産のもので，わが国のカヤとは種が違う．

80. イ　チ　イ 〔イチイ科〕

Taxus cuspidata Siebold et Zucc. var. ***cuspidata***

北海道から九州にかけての深山にあるが，しばしば人家にも栽培されている．幹は直立で枝を打ち葉が多い．木の高さは時に 20 m，径 70 cm に達することもあり，樹皮は赤褐色を帯び浅い裂目が入っている．葉は極めて細長く，上を向いた枝ではらせん状につくが，横にのびた枝では，葉がねじれて左右にぎっしりと 2 列に開いてならび羽状をしている．色は深緑色で，長さは 1.5〜3 cm 位で樹脂道はない，雌雄異株．雄花は 3〜4 月頃に葉腋に開く小さな楕円形の花序である．雌花も葉腋に単生し熟すと仮種皮は紅色多肉質となり，その中央には緑色の核状種子をもっている．仮種皮は甘くて食べられる．材は建築，器具などに好んでつかわれる．〔日本名〕一位の音よみで，昔この材から笏（しゃく）を作ったことから，位階の正一位従一位にちなんでこの名をつけたといわれている．またアララギ，オンコともいう．前者は樹容に疎密があるのでいうのかとも思われるが，語源不明．オンコはアイヌ語．漢名に水松を使うのは誤り．この名のものは南中国の湿地に生えるスイショウ（53 図）である．

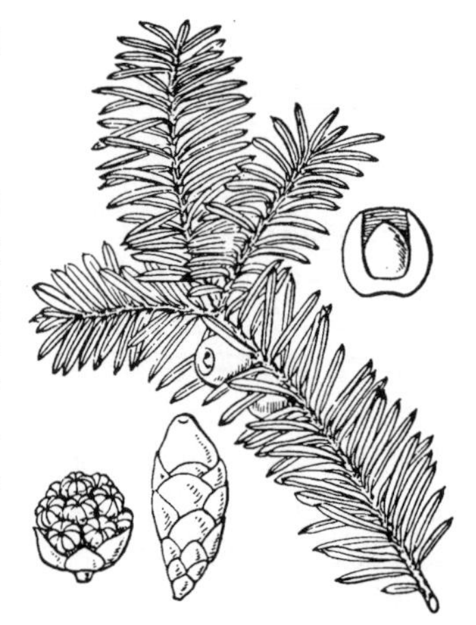

81. キャラボク 〔イチイ科〕

Taxus cuspidata Siebold et Zucc. var. ***nana*** Hort. ex Rehder

鳥取県にある大山の山頂に非常に多く繁茂しているしまた兵庫県の氷の山にもわずかに野生しているが，観賞用として庭園などに好んで植えられる常緑の低木でいつでも高さは低く横に広がっている．普通幹は直立しないで地面に対して斜めに横たわり，高さは 1〜2 m 位，時に幹の直径が 15 cm ほどにもなることがある．葉はイチイと同じような細長い形で，葉の先端はするどく尖り，やや厚手で深緑色をしている．また毛はなく，枝に密に互生していて 2 列の羽のようにみえる．雌雄異株．花は春に小枝の葉間につき，小さく，雄花は黄色．種子は緑色，熟すと赤く多肉質となる仮種皮によってかこまれている．〔日本名〕伽羅木は，この木の材を香料をとるジンチョウゲ科のジンコウ（伽羅）*Aquilaria agallocha* (Lour.) Roxb. に見立てたものといわれる．

82. アンボレラ 〔アンボレラ科〕

Amborella trichopoda Baill.

ニューカレドニア原産の無毛の常緑灌木で高さ 8 m に達する．雌雄異株で，性転換するとも言われる．維管束に導管を持たない．若枝は緑色でやや紅色を帯び，分枝して横に広がる．葉は 2 列に互生し，やや厚く光沢があり，長さ 8 cm 程度，長楕円形で両端やや尖り，不規則な波状の鋸歯がある．花は小さく直径 2〜5 mm，葯以外は茎や葉とほぼ同色で目立たず，秋から冬にかけて咲き，短柄があり，腋生する短い集散花序に数個から多数まとまってつく．つぼみは螺旋状に配列する花被片に覆われて球状，内側の 5 個程度の花被片が最も大きい．雄花には花被片より大きな雄蕊が多数螺旋状について半球状となり，葯は太い花糸に逆 V 字状につき白色．雌花には 5 個の雌蕊があり，子房は黄緑色，柱頭は葯に似て三角状で淡黄色，雌蕊の外側に少数の仮雄蕊があり，花被片は雄花に比べて目立つ．果実は長時間かけて稔り，楕円状で長さ 5 mm，赤紫褐色．DNA 塩基配列変異の解析により，被子植物で最も早く分岐した系統群であることが明らかとなった．栽培には温室が必要である．

83. ジュンサイ（ヌナワ） 〔ジュンサイ科〕

Brasenia schreberi J.F.Gmel.

池や溝に生える多年生の水草で，根茎は水底の泥中を横にはい，まばらに分枝する．茎は狭長な円柱形，水中に沈んでおりまばらに枝分かれする．葉は茎上に互生し，細長い葉柄があって水面に浮かび，葉身は楕円形で楯形，全縁で上面は緑色で光沢がありなめらか，下面は帯紫色，長径は 10 cm 内外で，葉脈は放射状，上半には中脈がある．茎および葉の裏面はよだれのような寒天様の透明な粘質物をかぶり，幼茎や若葉にはこの粘質物がまといついている．夏，葉腋から長い花梗を出し，先に暗紅紫色の小さい花を 1 個つけ，水面からわずかにあらわれる．花は径 1.5 cm ぐらい，花被は狭長で，がく片は 3 個，花弁も 3 個ある．雄しべは多数で花被よりも短い．雌しべは 6〜18 個あり，分立し，花柱は長く太い．果実群は宿存がくを伴い，果実は革質で，水中で熟し，卵形で基部は細く狭まり，頂に宿存する花柱がある．春から夏にかけて，粘質物を被った巻いた新葉を採って食用とする．〔日本名〕蓴菜の音読みである．古名のヌナワは沼なわの意味で，沼に生え，葉柄があたかもなわのようであるからである．〔漢名〕蓴．

84. ハゴロモモ（フサジュンサイ） 〔ジュンサイ科〕

Cabomba caroliniana A.Gray

北アメリカ東部原産の多年生の水草で，魚の水槽に入れられ，また時に池中に野生化している．茎は細長く，水中にあって分枝する．葉は対生，柄があり，大体の形は丸く，径 5 cm ぐらいで糸状に細裂している．夏，葉腋から花柄を出し，先端は水上に出て，1 個の花を開く．花は径 1.5〜2 cm，花被は 6 個，白色で淡紅色をおび，黄点があり，内部のものは基部の両側に耳状の小突起がある．雌しべは普通 3 個で，子房に毛がある．花の出る枝先の葉は時に互生し，長楕円形，全縁，楯形の浮葉となることがある．〔日本名〕羽衣藻または房ジュンサイはともに葉の細裂した水草であることから名づけられた．

85. コウホネ　〔スイレン科〕

Nuphar japonica DC.

名地の小川，小溝，細流あるいは池沼に生える多年生の水草．根茎は肥大し，水底の泥の中を横にはい，白色で硬い海綿質，しばしばまばらに分枝し，まばらに葉痕のあとがあり，多少凹凸がある．葉は根茎の先端部から出て，緑色の長円柱形の葉柄があり，水上にぬき出ている．葉身は長卵形ないし長楕円形で先端は鈍形あるいは円形，底部はへら形，長さは約 20～30 cm ある．表面は深緑色，裏面は黄緑色，支脈が多く無毛で，葉質はやや柔厚である．更に細長形の沈水葉があり，膜質で半透明，ふちはしわ状に縮みアオサのようである．夏に長く直立した緑色円柱形の花柄の先に 1 個の黄色の花を上向きに開く．花径 5 cm 内外．がく片は 5 個で花弁状，質やや厚く，広倒卵形で先端は丸く，内面は凹んでいる．花弁は多数小形の長方形で外曲する．雄しべは多数で黄色，外側に曲がる．子房は広卵形で多室，柱頭は楯状の放射形でふちに鈍歯がある．液果は水中にあり，緑色で宿存がくを伴い，熟すとくずれて開き多数の種子を放出する．花の中心部が赤変するものをベニコウホネ f. *rubrotincta* (Casp.) Kitam. という．〔日本名〕河骨の意味で，この草はよく河に生え根茎がちょうど白骨のようだからで，漢方ではこれを川骨（せんこつ）と呼んでいる．〔漢名〕萍蓬草．〔追記〕本種に似て小形のヒメコウホネ *N. subintegerrima* (Casp.) Makino が東海地方を中心に分布する．

86. シモツケコウホネ　〔スイレン科〕

Nuphar submersa Shiga et Kadono

栃木県の川や水路に自生する多年生の水草．根茎は細く横にはい，分枝する．葉は根茎の先に束生し，沈水葉，あるいは稀に浮葉となり，葉柄は平らで，たいていは中空，沈水葉の葉身は細長い台形で基部は浅い心形，長さ 10～18 cm，幅 2～5 cm，膜質，縁は全縁で波うつ．浮葉は狭卵形，基部は心臓形から鏃形．花は 6 月から 10 月に咲き，長い柄で水上に抽出し，直径 2～3 cm，雌性先熟．萼片は 5 枚，倒卵形，黄色，鈍頭，長さ 1～2 cm．花弁はへら形，黄色，長さ 5～7 mm．雄蕊は扁平で開花後強く反曲し，葯は向軸側につき長さ 1.5～2.5 mm，オレンジ色あるいは赤色を帯び，花糸との割合は 1:2～1:3．心皮は多数が癒合して先は柱頭盤をなし，柱頭盤は赤色あるいは暗赤色を帯び，直径 4～8 mm，7～9 本の筋があり，縁に浅い歯牙がある．果実は赤色を帯び，卵形，長さ 2～3 cm．種子は多数，狭卵形から卵形，長さ 3.5～4.5 mm，幅 2.5～3.5 mm.

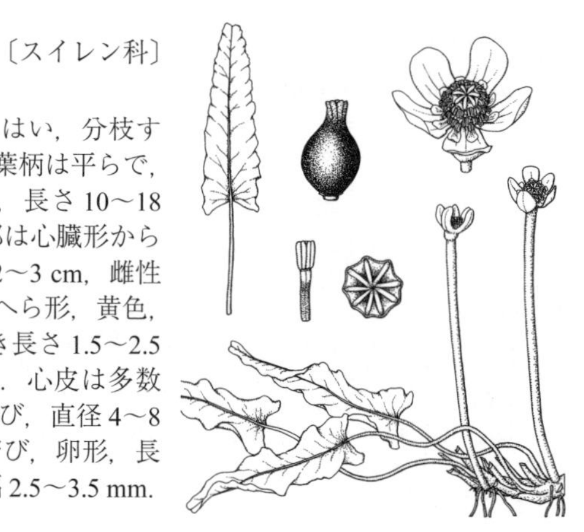

87. オグラコウホネ　〔スイレン科〕

Nuphar oguraensis Miki

本州中部以西および九州の池や沼地に自生する多年生の水草．根茎は白色で直径 3～5 cm に肥厚し泥の中を横にはう．葉は浮葉，水中葉の 2 形がある．コウホネのような挺水葉はもたない．浮葉は中空の長い葉柄をもち，葉身は長卵形で長さ 5～12 cm ほどで基部は深い心形になる．水中葉では葉柄は短く，葉身は薄い．7～9 月にかけて長い花茎を根茎から水面上に出し黄色の花を 1 個つける．花は径 3～4 cm．がく片は倒卵形で黄色，5 枚ある．花弁はへら形，小形で多数．雄しべは多数あり，葯は 2 mm ほどで花糸は葯の 3～10 倍の長さである．子房は多くの心皮が合生し広卵形で多数の室に分かれる．胚珠は子房の各室の壁面に多数つく面生胎座である．柱頭は柱頭盤をつくり黄色，ふちに浅い歯牙がある．種子は卵形，長さ 5 mm で多数が卵円形の果実に詰まる．よく似たものにヒメコウホネがあるが，花糸が葯の 1～2 倍の長さであること，葉柄が中実であることなどから区別される．〔日本名〕埋め立てられて現在はなくなった京都の巨椋池に因んでつけられた．

88. ネムロコウホネ　〔スイレン科〕

Nuphar pumila (Timm) DC. var. ***pumila***

本州東北地方や，北海道の池，沼などに生えている多年生の水草である．根茎は肥厚して泥の中をはいまわる．葉は根茎の先から出ており，非常に長い葉柄があり，基部は半円柱形で 2 稜があり，上部はほぼ 3 稜になる．葉身は広卵形で，基部は心臓形，裏面には細毛が密生し，コウホネの葉に比べると小形である．7～8 月頃，長い柄をぬき出し，柄の先に 1 個の黄色花をつける．花もまたコウホネより小さく径 2 cm ぐらい．がく片は 5 個で花弁状，楕円形で先端は鈍形である．花弁は多数あり，小形でくさび状長楕円形，頂端は切形か微凹形．雄しべは多数．子房は上位，広卵形で柱頭は盤状，ふちは 8～10 個に浅く裂ける．〔日本名〕根室河骨．日本では初め北海道根室で採集されたので，この名がついた．

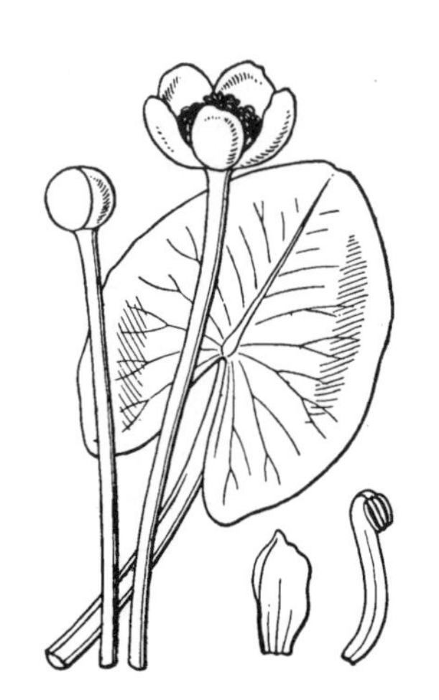

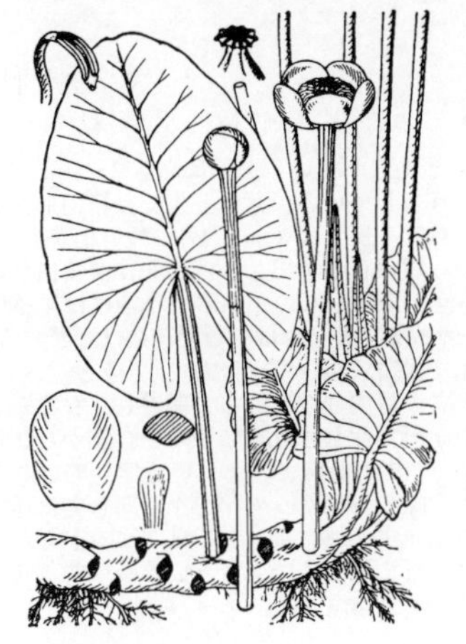

89. オゼコウホネ 〔スイレン科〕

Nuphar pumila (Timm) DC. var. ***ozeensis*** H.Hara

群馬県尾瀬ケ原以北の本州北部と北海道の一部の高山池沼に自生する多年生の水草である．根茎は太くて泥中をはっている．沈水葉は短い柄をもち，長卵形基部は心臓形で，葉質は薄く，波状をしている．他の葉は非常に長い 1～3 m の葉柄があり，葉身は水面に浮かび，長卵形で，基部は深い心臓形となり，長さ 10 cm ぐらいである．裏には細かい毛がある．夏，長い花茎を出し，先は水面に出て，黄色の花を 1 個つける．花は径 2～3 cm，がく片は 5 個，花弁状，内部に多数の小形の花弁と，多数の雄しべ，1 個の雌しべがある．柱頭は盤状で深紅色，放射状に 8～18 のすじがある．〔日本名〕尾瀬に生えるコウホネの意味である．〔追記〕ネムロコウホネとは柱頭盤が深紅色なので区別出来る．

90. ヒツジグサ 〔スイレン科〕

Nymphaea tetragona Georgi

各地の池や沼に自生する多年生の水草．全体に毛はない．根茎は短くて直立し，水中の泥の中にあって多数の根を出し，上に多数の根生葉を叢出する．葉柄は円柱形で非常に細長く，葉は水面に浮かび，馬蹄形で，基部は深く裂けてやじり形となり，全縁で，表面は緑色でなめらか，光沢があり，裏面は暗紫色を帯び葉質はやや厚い．葉の長さは 10～12 cm ばかり．7～8 月頃，細長い根生花柄の先に直径 5 cm ほどの白い花を開き夜間は閉じる．がく片は 4 個，長楕円形で先は鈍形，緑色で花托のところで四角形を作る．花弁は多数あり，多列に並び，内部の花弁はしばしば雄しべに変わる．雄しべは多数で葯は黄色．子房は上位．心皮は多数がゆ合して多室．柱頭は放射状である．花が終わると水中で球形の液果となり，がく片は宿存する．熟すとくずれて多数の種子を水中に放出する．種子には袋状の肉質仮種皮がある．〔日本名〕未草は未の刻，すなわち今の午後 2 時に開くから名づけられたものだが，開花時間は必ずしも一定ではなく，もっと早いことが多い．閉花の時間はたいてい午後 6 時頃である．花は 3 日間開閉をくり返す．〔漢名〕睡蓮，子午蓮．

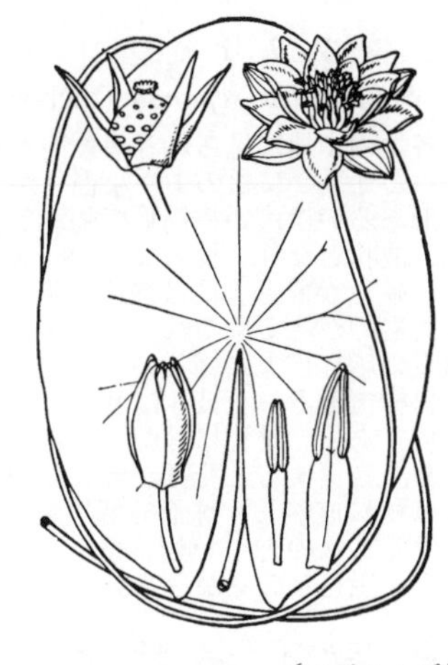

91. ルリスイレン（ネッタイスイレン） 〔スイレン科〕

Nymphaea caerulea Savigny

東アフリカの原産とされ，温暖な地域で広く栽培されている抽水生の多年草．根茎は楕円状の円筒形で水底の泥中に横たわり，多数の不定根を出す．葉柄は細い円柱形で水面まで，時に水面より高く伸び，葉身はほぼ水平にひろがり，円形から広楕円形で深い心脚，放射状に多数の葉脈があり，全縁から不整な波状縁，表面に光沢があり，径 40 cm に達する．花柄は水面より高く伸び，花を高く支える．花は香りがあり，径 10 cm 程度，朝開いて夕方閉じる．花被片は広披針形で多数あり，外周のものは外面が緑色，内面が淡色，内側のものはやや小さく淡紫色から淡青紫色，雄蕊は多数あり花糸は幅広く金黄色，葯と葯隔は紫色を帯びる．雌蕊は多数合着して柱頭盤を形成する．ネッタイスイレンと呼ばれ園芸的に栽培されるものの一つで，花を集め供花として用いる．

92. オニバス（ミズブキ） 〔スイレン科〕

Euryale ferox Salisb.

池沼中に生える一年生の巨大な水草で，体表に刺がある．根茎は短厚で多くのひげ根をもつ．葉は数枚が群がって生え，刺が多くて気道のある円柱形の葉柄があり，葉身は丸い楯形で水面に平らに浮かび，上面にはしわがあり光沢がある．下面は暗紫色で葉脈が隆起し，あみ目状で，短縮毛があり，両面とも脈の上に尖った刺がある．小さい葉は直径 20 cm 内外であるが，大きいものでは 3 m 余りにもなる．種子から初めて出る沈水葉は膜質のやじり形で小形である．次に出る葉はだんだんと大形となり切れ込みも浅くなり遂に完全な円形の楯形となる．夏，刺の多い円柱形の長い柄を出し，先端に 1 個の花をつける．花は昼間は開き夜間は閉じている．花径 4 cm ほどである．がく片は 4 個で尖り緑色である．花弁は多数で数列に並び，がく片よりも短くて鮮紫色である．雄しべは多数で花の中に閉ざされている．子房は下位で 8 室．柱頭は円盤状．果実は球形で刺が多く，宿存がく，花弁をいただき，閉じたがくは果頂で大きいくちばし状となる．種子は球形で肉質の仮種皮をかぶり，果皮は暗色で堅く，胚乳は白色粉質で食べられる．〔日本名〕鬼蓮は全体がハスに似ていて刺があるからで，一名ミズブキともいうが，これは草のようすがフキのような水草だからである．〔漢名〕芡．

93. シ キ ミ（ハナノキ）　〔マツブサ科〕

Illicium anisatum L.

各地の山林中に生える常緑小高木で，墓地などにも植えられている．幹は高さ 3〜5 m ぐらいで直立し，やや車輪様に分枝し，葉は繁ってうっそうとしている．葉は互生で長楕円形か倒卵状広披針形で両端は尖り，全縁で葉質は厚く平滑である．長さは 8 cm 内外．短い柄がある．葉を傷めると香気がある．4 月頃，小枝の上の葉腋から短い花柄を出し，柄の先に淡黄白色の両性花を開き，花径は 2.5 cm で，花弁にかすかに紅色を帯びるものがある．花柄には早落性の鱗状苞がある．花弁やがく片は線状長楕円形で 12 個ある．雄しべは多数で花糸は肥厚する．花の中心には輪状に並んだ心皮が 8〜12 個ある．秋に数個の袋果が星状に並び，径 2〜2.5 cm あり，外部は液質，内皮は硬質で核状であり，熟すと各々は内縫線に沿って開裂し，なめらかでつやのある黄色の 1 種子をはじき出す．有毒植物の 1 種．生枝を仏前にそなえ，葉から抹香を製造する．〔日本名〕シキミは果実が有毒なので悪しき実の意味で，アという字が略されたものだといわれている．また一説にシキミは臭き実の意味でシはクシの略でクサ即ち臭に通ずるともいわれている．また一説に重実即ちシゲミの意で，実が枝に重（シ）げくつくからだろうともいわれる．ハナノキは花の代りに墓前や仏前にそなえるからであるといわれ，昔，サカキといったのは本種であるという説もある．〔漢名〕莽草は別物である．

94. マツブサ（ウシブドウ）　〔マツブサ科〕

Schisandra repanda (Siebold et Zucc.) Radlk.（*S. nigra* Maxim.）

各地の山地に見られる落葉性木質のつるで，茎は長く伸び，まばらに分枝し，切るとかすかに松のような香りがする．葉には柄があり，互生で，托葉はなく，卵形あるいは広い楕円形で短く尖り，葉縁に低い疎歯牙があるか，あるいは全縁で波状となり，長さは 5〜8 cm 内外，短枝の上に数葉ずつ集まってつく．葉質は軟らかで，上面は緑色，下面は淡緑色である．1 品種に葉の裏の白味を帯びたものがある．これをウラジロマツブサ f. *hypoleuca* (Makino) Ohwi と呼ぶ．初夏の頃，枝上に細長い花柄を腋生し，淡黄白色の小さい花を垂れ下げる．雌雄異株である．花被片は 9〜10 個で，がく，花弁の区別はなく，内側のものは大形である．雄花には肥厚した数個の雄しべがある．雌花には多数の雌しべがあり，結実すると花托が著しくのび，液果をつけ穂状となって垂れ下がる．液果は秋に成熟し，球形で藍黒色，種子が 2 個ある．〔日本名〕松房．つるを傷つけると松の香りがし，実が房となって下垂するからである．牛ブドウは実が熟すと黒色となるからである．

95. チョウセンゴミシ　〔マツブサ科〕

Schisandra chinensis (Turcz.) Baill.

享保年間（1716〜1735）に種子が朝鮮半島から伝えられたというが，明治になって日本の山地にも自生していることが分かった落葉木質のつるである．茎はあまり長くはならず，まばらに分枝し褐色をしている．葉は有柄で互生し，楕円形，卵状楕円形，あるいは卵形で長さは 5〜8 cm，先端は鋭尖形，基部は鋭形，ふちにはまばらな腺状きょ歯がある．葉質は厚い膜質で表面は淡緑色，葉脈はやや落ち込んでいる．6〜7 月頃，一見した所葉腋に，正しくは新しい枝の基部の鱗片の腋に黄白色の花を 1 個つける．雌雄異株．花には細長い柄があって，やや垂れ下がっており，花径は約 1 cm，広い鐘形である．花被は大体 9 個あり，卵状楕円形である．雄花には 6 個の雄しべが中央に並び，雌花の雌しべは多数が集合して円形の花托の上に配列している．果実になると花托はのびて穂状となり小さい紅色の実をつける．果実には大小があってマツブサが同じ大きさの実をつけるのとは異なる．〔日本名〕初め朝鮮半島から伝えられたので朝鮮五味子と呼んだ．ゴミシは果実の皮と肉が甘酸っぱく，核の中は辛苦，全体には塩味があるので，五味子という．〔漢名〕五味子．

96. サネカズラ（ビナンカズラ，サナカズラ）　〔マツブサ科〕

Kadsura japonica (L.) Dunal

各地の山地に生え，また時には庭樹として植えられる常緑のつる性木本である．古い茎の径は約 2 cm ぐらいになり，褐色で柔軟な厚いコルク質の外皮を持ち，枝はその皮に粘液を含んでいる．葉は有柄で互生し，葉質は軟厚で表面に光沢があり，裏面はしばしば紫色を帯びている．夏の頃，淡黄白色の花が葉腋につき，花柄によって垂れ下がる．花径約 1.5 cm である．雌雄異株．花被片は 9〜15 個で，花弁とがく片との区別はあきらかでない．雄しべ，雌しべともに多数集まって小球状をしている．液果は径約 5 mm ぐらいの小球形となり，ふくらんで頭状となった花托のまわりにつき，秋になると花托と共に紅く熟す．〔日本名〕実葛は，多分，果実の時に美しく目立つからであると思う．また一説にサネカズラは古名のサナカズラの音転で，サナカズラは滑り葛（ナメリカズラ）の意味．このサは発語で，ナは滑（なめ）のナだという．美男葛は枝の皮の粘汁を水に浸出してその液で頭髪をととのえたからである．〔漢名〕南五味子は本種とは異なる．

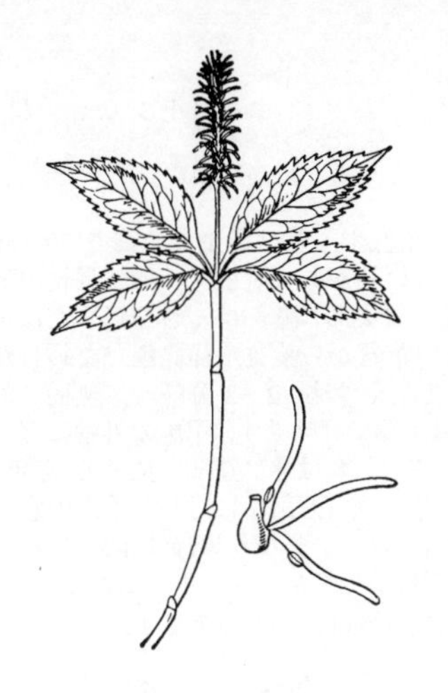

97. ヒトリシズカ（ヨシノシズカ）　〔センリョウ科〕

Chloranthus japonicus Siebold

浅い山の林内に生えている多年生草本．根茎は多節でしばしば短縮して塊状になり，灰褐色のひげ根を多数出す．茎は直立して，節が 3～4 個あり，液質，無毛，なめらかで暗緑に紫色をおびている．各節には 2 個の鱗片葉が対生している．茎の先には 4 個の葉が相接して対生していて一寸見ると輪生のように見える．葉には柄があり，形は楕円形で長さ 8～10 cm，短鋭尖頭，基部は円形または鈍形，ふちに鋭いきょ歯がある．葉の色は暗緑色で，ややつやがあり，膜質．早春，茎や葉がじゅうぶん伸びきらない頃，先端に直立した白色の長さ約 3 cm ばかりの穂状花穂を 1 個出す．花には花被がない．雄しべは 1 個で，花糸は 3 本に分かれ，白色糸状で水平に出る．外側の 2 本には基部の外側に葯の半分にあたるものがつく．中央の 1 本には葯はない．子房は 1 個．〔日本名〕花穂が 1 本なのでこの名がついた．同属に花穂の 2 本出るフタリシズカがある．また，吉野静については，倭漢三才図会に，「静とは源義経の寵妾にして吉野山に於て歌舞の事あり，好事者，其美を比して以て之に名づく」と出ている．〔漢名〕及己．ただし，現在中国では，及己はフタリシズカに対して用いられている．

98. キビヒトリシズカ　〔センリョウ科〕

Chloranthus fortunei (A. Gray) Solms.

岡山県，小豆島，九州北部，朝鮮半島，中国に分布し，林床に生える多年草．短い根茎から数本の茎を出し，高さ 30～50 cm に達する．茎に 3～4 節があり，下部に鱗片葉を対生し，上部には 2 対（まれに 3 対）の大形の葉を輪生状につける．葉は卵状楕円形で，鋭頭，基部も鋭形．葉縁には多数の尖ったきょ歯がある．春に 1 本の穂状花序を頂生し，多数の花をつける．苞は深く 3 裂し，長さ 1.5 mm，幅 3 mm．花被はなく，合着した 3 本の雄しべの葯隔は白色で，細長く，10 mm ほどになり，ヒトリシズカの 2 倍ほどの長さである．雄しべの内側に 4 個の葯がある．4 月の花期に葉はすでに展開しており，ヒトリシズカのように葉の展開前に咲くことはない．〔和名〕吉備ヒトリシズカの意で，日本では吉備国（岡山県）で最初にみつかったため．

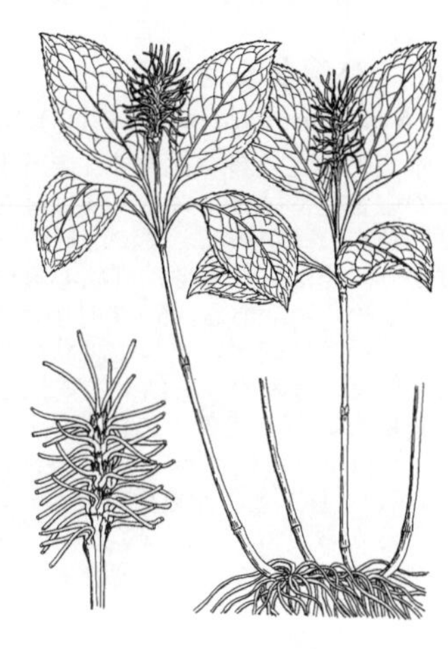

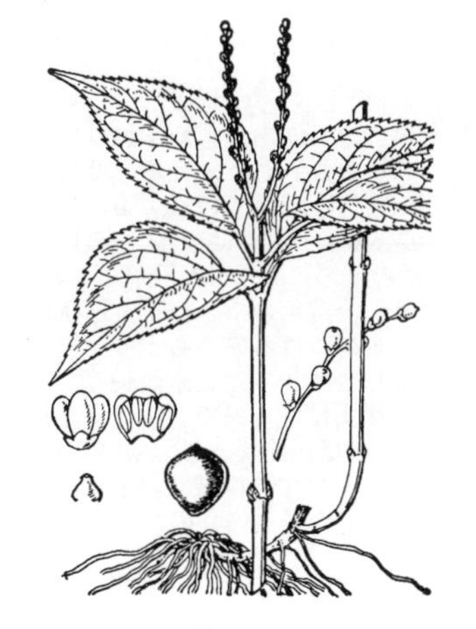

99. フタリシズカ　〔センリョウ科〕

Chloranthus serratus (Thunb.) Roem. et Schult.

山地や林野に普通にみられる多年生草本．地下には短い根茎があり，そこから多数のひげ根が群がって出ている．茎は 30～60 cm になり，緑色で無毛，茎の中ほどに 4～5 節があり，鱗片葉を対生する．多くは無枝単一である．上部の 2～3 節は節間が短くて葉を対生している．葉は楕円形，あるいは卵状楕円形で短柄があり，長さ 8～16 cm，鋭尖頭，鋭底で黄緑色，葉のふちは刺状で，かすかに尖ったきょ歯がある．このきょ歯のようすと葉が偽輪生をなさないことでヒトリシズカと区別が出来る．4～5 月頃，茎葉の若い時，茎の先に穂状花序を出し，無柄の細かい白花を点々とつける．花穂は普通 2～3 本である．裸花で花被はない．花が終わって，夏から秋にかけて閉鎖花を出す特性がある．雄しべは 1 個，花糸は 3 つに分かれているが，短く，内側に曲がって子房を抱き，各々の先に葯がある．果皮は淡緑色，液質．〔日本名〕二人静の意味．倭漢三才図会に「俗謡に云う，静女の幽霊二人と為り同じく遊舞す，此花二朶相並び艶美なり，故に之れに名く」と出ている．静女は静御前のことである．〔漢名〕及己．

100. チャラン　〔センリョウ科〕

Chloranthus spicatus (Thunb.) Makino

中国南部原産の常緑の草本状の小低木で観賞植物として栽培されている．茎は群生して上に向き，高さは 30～70 cm，緑色でやや軟らかく，明瞭にふくれた節がある．葉は対生で有柄，楕円形で長さは 5～8 cm，先端は漸尖形，基部はくさび形ないし鋭尖形，葉のふちは低い波状きょ歯があり，革質で厚く，暗緑あるいは深緑色，なめらかでつやがあり，様子が少しチャノキに似ている．5～6 月頃，茎頂で 2～3 分枝して円錐状の複穂状花序をまっすぐに立て，黄色無柄の小花をつける．これは裸花で花被はなく，香りがよい．雄しべは 1 個，多肉質で太く黄色，3 個に割れて各片の内側下部に葯をつける．雄しべにかこまれて雌しべが 1 個ある．果実は核果で楕円体，種子が 1 個あり，なまの時は緑色である．日本へは江戸時代に琉球方面から渡って来た．〔日本名〕茶蘭は葉が茶に似ているからである．〔漢名〕珍珠蘭，金粟蘭．

101. センリョウ　〔センリョウ科〕

Sarcandra glabra (Thunb.) Nakai

(*Chloranthus glaber* (Thunb.) Makino)

中部地方より南の山林の樹の下に生える常緑の小低木．茎は群生し，高さ 50～80 cm，緑色でやや草質，節が隆起している．葉には短い柄があり対生し，卵状長楕円形あるいは披針状長楕円形で長さは 6～14 cm，先端は鋭尖形，基部はくさび形または鋭形，葉の半ばから上には波状きょ歯をそなえ，薄い革質から葉質，鮮緑色，なめらかでつやがあり，平らである．夏，頂に短い複穂状花序をつけ，2～3 分岐し，無柄の黄緑色の細花をつける．花には花被がなく，雄しべは 1 個で分岐せず，子房の外壁にそってついている．花がすむと小さな球形の核果ができる．これは冬になって熟すと，赤色，まれに黄色になる．〔日本名〕サクラソウ科のマンリョウ（万両）に対して千両の意である．両者は一見非常に近縁のようであるが，花の構造は全く異なり類縁は非常に遠い．土佐（高知県）でセンリョウというのは本種のことではなくてマンリョウのことである．〔漢名〕接骨木．他に同名の別のものがある．漢名の珊瑚は別のものをさす．

102. ハンゲショウ（カタシログサ）　〔ドクダミ科〕

Saururus chinensis (Lour.) Baill.

水辺に生える多年生草本．草全体に一種の臭気がある．根茎は白色で太く，泥の中を横にはっている．茎は直立し 60～100 cm ぐらいになり，質は丈夫で，縦に数本の稜がある．葉には柄があって互生，長卵形か楕円形で長さ 8～15 cm ばかり，先は尖り基部は耳状心臓形で，明らかな 5 本の脈があり，表面は淡緑色でなめらかである．6～7 月頃茎の先のほうの 2～3 枚の葉は表面が白くなり，この白い葉に向かいあって穂状の総状花序を出し，多数の白い小さい花をつける．穂はつぼみのうちは下に垂れているが，開くのにつれて立ちあがってくる．総苞はないが，花の下には卵円形の苞がある．花には柄があり，花被はなく，雄しべは 6～7 本，その中に雌しべが 1 本ある．子房は 4～5 枚の心皮から出来ている．〔日本名〕半夏生（夏至から 11 日目即ち 7 月 11 日頃）の頃に白い葉をつけるからとも言い，また葉の半面が白いから半分化粧した意味だともいう．カタシログサ（片白草）は葉の半面が白いことから名づけられた．〔漢名〕三白草．

103. ドクダミ（ジュウヤク）　〔ドクダミ科〕

Houttuynia cordata Thunb.

どこにでも生えている多年生草本で，草全体に独特の悪臭がある．地下には白色で円柱形のやわらかい根茎があって長くのび，さかんに枝分かれしてふえる．茎は高さ 15～35 cm で，直立分枝し，平滑無毛，黒みをおびた紫色を帯びている．葉はまばらに互生し，卵状心臓形で，先は短く鋭尖し，基部は広心臓形，長さは 5 cm ぐらいで青味をおびた暗緑色，全縁，なめらかでやわらかい．葉柄の下部には托葉が沿着している．夏の初め頃，茎の上方から花穂を出し，花軸のまわりに淡黄色の小さな花を穂状につける．穂の下に白い花弁のような 4 枚の総苞片を十字形につけるのでちょっと見ると穂が 1 個の花のようにみえる．花には花被がなく，雄しべは 3 本で花糸が長く，子房は上位で 3 室に分かれており，細い花柱が 3 本ある．果実はさく果で，残存する花柱の間の所で裂け，淡褐色の細かい種子を出す．地下茎や葉は民間薬として用いられる．〔日本名〕ドクダミは毒痛みの意味だろうと言われる．ジュウヤクは蕺薬の字音に基づくとか，または馬に与えると十種類の薬の効能があるので十薬というのだとも言われている．〔漢名〕蕺．

104. フウトウカズラ　〔コショウ科〕

Piper kadsura (Choisy) Ohwi

関東以南の海岸林中に生える常緑の木本性のつるで，香気がある．茎は暗緑色で節から根を出してはったり樹にまつわりついたりする．葉は有柄，互生．若い株の葉は円味がかった心臓形で長さ 5～8 cm，裏に毛があるが，古い株の葉は長卵形または卵状楕円形をしており裏には毛がなくなっていて，全縁，先は鋭尖，基部は浅い心臓形，表面は暗緑色でつやがなく，5 本の縦の脈がはっきりしている．初夏，茎の先の葉と向かいあって黄色の穂状花序を垂れ下げ，ぎっしりと細かい花をつける．雌雄異株．雄花は花軸のへこんだところに半分うずまっており，3 個の雄しべがある．雌花には 1 個の雌しべがある．花が終わると小さい円い液果をつけて太い穂となり，冬を過ごすと赤く熟す．コショウと同属であるが辛味はなく実用価値がない．むかし，この植物をコショウと間違えていたことがあった．〔日本名〕風藤葛はむかし風藤（日本にはない）と間違えたための名である．

105. コショウ 〔コショウ科〕

Piper nigrum L.

インド南部の海岸地方に原産するつる性の木本である．茎は長くて他のものにまきつき高さ 5~6 m にもなり，茎の節は太く，下方では気根を出している．葉はまばらに互生し，柄があり，卵状広楕円形か卵状心臓形で長さ 10~15 cm，先はとがり基部は狭形または鈍形，全縁で数本の葉脈があり，革質でなめらかであり，表面は濃緑色，裏面は淡緑色で明点がある．夏，葉に向かいあって長い穂を垂れ下げて黄緑色の小さい花をつける．花の下に 1 個の苞があり，花被はない．雄しべは 3 本，中央に円い子房がある．熟すと赤い球形の液果になり乾くと黒く変わる．これを香味料にしたり薬用にしたりする．クロゴショウというのはまだ熟しきらない実をとって乾かし外皮の黒いのをつけたまま粉末にしたもので，シロゴショウは熟した実の外皮を取り去って内皮を種子といっしょにくだいたものである．〔日本名〕コショウは漢名の胡椒に由来する．〔漢名〕胡椒．

106. サダソウ 〔コショウ科〕

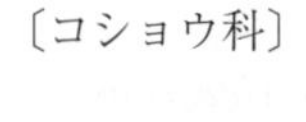

Peperomia japonica Makino

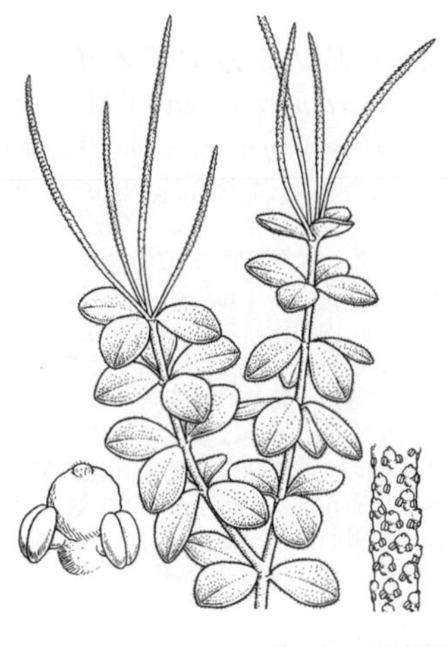

四国南部と南九州，南西諸島の海岸付近の照葉樹林内に生える多肉の常緑多年草．岩の上に生え，高さ 10~30 cm で直立する．茎は丸く太く，多汁質で緑色，葉とともに軟質の細毛をかぶる．葉は 1 節に 3~5 枚が輪生し，3~8 mm の柄があり，葉の形は細長い楕円形．長さ 1~2.5 cm，幅は 1 cm 前後で全縁，先は丸く，葉の質は厚い．夏に枝の先端に長さ 2~4 cm の棒状で肉質の花穂を数本，直立させる．花穂は淡緑色で表面に細かな緑色の花を多数，密につける．個々の花は微細で花被はなく，花穂上にやや凹入してつく．雄しべは 2 本あってごく短く，葯は紫黒色．雌しべの子房は球形でごく小さい．果実になっても径 0.5 mm に達せず，褐色に熟す．観葉植物として栽培されることがある．同属の植物は小笠原諸島のシマゴショウを始め，熱帯，亜熱帯に産し，本種はその北限にあたる．〔日本名〕佐田草は産地の佐田岬（鹿児島県）に由来する．

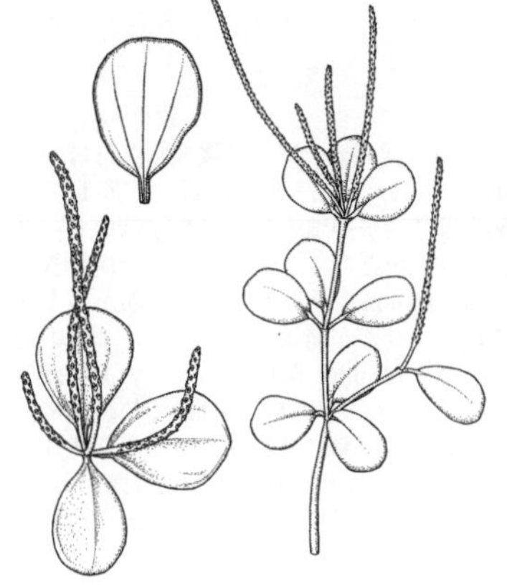

107. オキナワスナゴショウ 〔コショウ科〕

Peperomia okinawensis T.Yamaz.

沖縄本島と北大東島に産する全体無毛で肉質の多年生草本，海岸近くの日蔭の崖などに生育する．根茎は短く這い，ひげ根を多数出す．茎は直立し，単生あるいはわずかに分枝し，無毛，高さ 10~15 cm．葉は対生あるいは 3 輪生，水平に広がり，葉柄は長さ 5~13 mm，葉身は円形から卵形，長さ 1~3 cm，幅 0.8~2.5 cm，先端は円形，稀に鈍形，基部は楔形，両面無毛，3 行脈は基部から独立しており，基部で密接しているサダソウとの区別点となる．茎の先端に 4~8 cm の細長い穂状花序を数本つけ，苞葉は楯形で，先端は円形，直径 0.3 mm，赤い細点がある．花に花被はなく，雄蕊は 2 本，長さ 0.2 mm，花糸は短い．子房は卵球形，長さ 0.3 mm.

108. シマゴショウ 〔コショウ科〕

Peperomia boninsimensis Makino

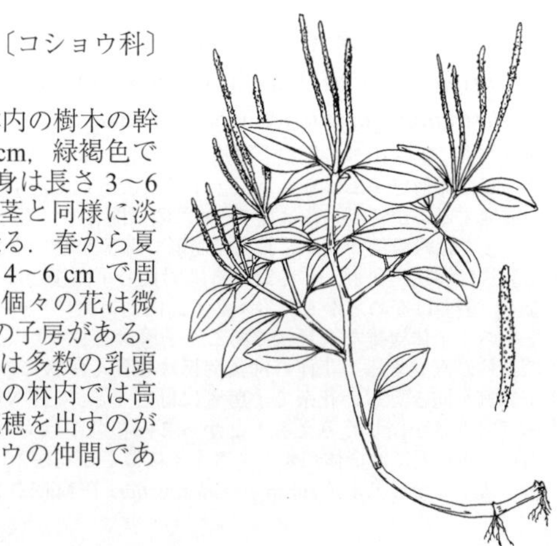

小笠原諸島に特産する小形の常緑多年草．父島，母島などで林内の樹木の幹上に着生し，また岩の上にも生える．全草多肉で高さは 10~20 cm，緑褐色で丸く，みずみずしい茎がのびる．葉は対生し，柄は約 1 cm，葉身は長さ 3~6 cm，幅 2~4 cm の楕円形ないし卵状楕円形で質が厚く，全縁で茎と同様に淡褐色をおびた緑色をしている．中央脈を含めて 3 本の脈が縦に走る．春から夏に枝の先端に太い肉穂状の花序を 2~3 本のばす．花穂の長さは 4~6 cm で周囲に多数の小花を密につける．花，花序の軸もともに淡黄緑色．個々の花は微小で粒状，めだつ花被はなく，2 本の短い雄しべと，小さな球形の子房がある．果実は径 4~5 mm の球形の液果で，秋に赤褐色に熟し，表面には多数の乳頭状の突起がある．湿度の高い雲霧林を好み，特に母島の脊梁山地の林内では高さ 30 cm にも育つことがあり，また夏を過ぎて秋までも次々と花穂を出すのがみられる．〔日本名〕小笠原諸島に特産し，広い意味でのコショウの仲間であることによる．

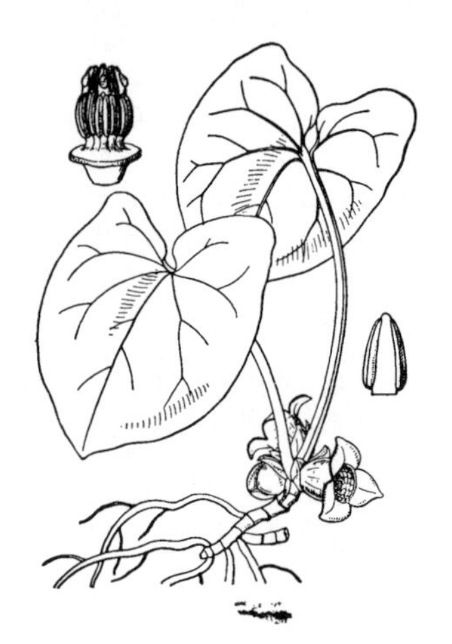

109. カンアオイ　〔ウマノスズクサ科〕

Asarum nipponicum F.Maek. var. ***nipponicum***

（*Heterotropa nipponica* (F.Maek.) F.Maek.）

本州中部の山地の樹の下に生えている芳香の強い常緑多年生草本．根茎は地表近くを斜めにはい，多節，多肉でなめらか，暗紫色で黄白色のひげ根をいくらか出す．茎は非常に短く，しばしば分枝し，茎の先に 1 個の葉と 1 個の花をつける．葉柄は汚紫色で長く，円柱形，多肉，葉身は卵状楕円形，あるいは卵円形で長さは 10 cm ぐらいある．葉の先端は鈍形で基部は深い心臓形，表面は平たくて，濃緑色，あるいは白斑や白脈があり，毛がまばらに生えている．晩秋から初冬にかけて開花する．花には短い柄があり，点頭または側向し，多くは半ば地にうずもれている．花の径は 2 cm ぐらい，暗紫色であるがしばしば緑黄色をおびることがある．がくは多肉で 3 片に分裂し，無花弁，下部で筒状となり，内部にはもり上がった網目がある．6 個の花柱は輪状に並び，先は尖り外側の先端から少し下がったところに点状の柱頭がある．雄しべは 12 個で花柱の外側にある．〔日本名〕寒葵．冬でも葉が枯れずに緑色であり，葉の形はアオイのようであるからである．〔漢名〕杜衡は正しくは中国原産の *A. forbesii* Maxim. にあてるべきものである．

110. アツミカンアオイ　〔ウマノスズクサ科〕

Asarum rigescens F.Maek. var. ***rigescens***

（*Heterotropa rigescens* (F.Maek.) F.Maek. ex Nemoto）

和歌山県，三重県南部の低山地林床に生育する多年草．葉は卵形または卵状楕円形で関東地方のカンアオイによく似るが，質が厚く，光沢があり葉脈が落ちこんでいる．また，ふつう葉には雲紋状の斑に点状の斑が加わる．花は 2〜3 月頃に開花し，全体暗紫色である．がく筒は長さ約 1 m，径 1 cm 内外の筒形で，上部はまったくくびれない．がく筒外面は無毛で，内面には格子状に隆起したひだが形成され，縦ひだは 9〜12 本，横ひだは 3〜4 本である．がく筒入口の口環はあまり発達せず，やや外側に隆起する．がく裂片は卵状三角形で，がく筒と同長あるいはやや短く，平開または後方にややそりかえり，表面に短毛を密生する．外側は無毛である．子房は上位で，がく筒内中央に低く盛り上がり，その上に 6 個の花柱が直立する．花柱背部は上方にのびて短い角状になり，その基部外面に楕円形の柱頭がある．雄しべは 12 個，やや大きさの異なる 2 型がある．ふつう花柱と向かい合う位置の雄しべは全体にやや小さく，短い花糸で子房壁に付着する．葯はすべて外側を向き，つねに柱頭より下部にある．〔日本名〕葉質が厚いという特徴に基づいたものである．

111. ツクシアオイ　〔ウマノスズクサ科〕

Asarum kiusianum F.Maek.

（*Heterotropa kiusiana* (F.Maek.) F.Maek.）

九州西北部の山地に産する多年草．茎の様子，葉の出方は他のカンアオイ属植物とほぼ同じである．葉は長楕円形または狭長楕円形，長さ 6〜10 cm，幅 3〜6 cm，先は鋭頭，基部は心形，表面は光沢がなく，短毛を散生する．雲紋状をはじめとするさまざまな紋様の斑がはいる．裏面は淡緑色で無毛．4〜5 月頃地ぎわの葉のつけ根から短い柄をだし，淡紫色の花を横向きに開く．がく筒はやや上方に広くなった筒形で，長さ 10〜15 mm，径約 12 mm，上部がわずかにくびれる．内面には縦に 12〜15 本，横に数本の隆起したひだが発達し，全体がやや規則的な格子状である．がく裂片は卵状三角形で開出し，長さ 8〜12 mm，幅約 12 mm，表面に短毛を密生し，基部にはゆるく隆起した不規則なうねをつくる．がく裂片外面及びがく筒表面は無毛．子房はほぼ上位，がく筒中央に低く盛り上がり，その上に 6 個の花柱が直立する．花柱背部はカンアオイなどと同じように上方に伸長して角状になり，上部の外側に円形の柱頭がある．雄しべは 12 個，ほぼ同形，ごく短い花糸で子房壁に付着し，葯はすべて外側を向く．〔日本名〕九州（筑紫国）に産することに因んだものである．

112. オトメアオイ　〔ウマノスズクサ科〕

Asarum savatieri Franch. subsp. ***savatieri***

（*Heterotropa savatieri* (Franch.) F.Maek.）

伊豆半島の天城山地，箱根，愛鷹山地などのいわゆるフォッサマグナ地域に特産する多年草．葉は卵形で，ふつうのカンアオイによく似て区別がむずかしいが，葉を隔年に 1 枚ずつ展開するのが特徴．花は夏 7〜8 月頃に開花し，翌年の 5〜6 月頃に熟する．がく筒は淡褐色または緑紫色，丸みをおびた筒形で上部が軽くくびれ，長さ 8〜10 mm ほどである．がく裂片は卵状三角形，がく筒とほぼ同長で平開またはやや斜上して後方にそりかえることなく，表面はなめらかである．がく筒内面は縦に 18〜27 個，横に 6〜8 個の隆起したひだをもち，全体複雑な網目状である．子房は上位，がく筒中央に盛り上がり，その上に 6 個の花柱が直立する．花柱の付属突起は細長く角状にのびる．雄しべは 12 個，すべての葯が外側を向き，短い花糸で子房壁に付着する．〔日本名〕花の姿が普通のカンアオイに比べていささか優しくみえることからこの和名が与えられた．〔追記〕伊豆半島中央部の低山地，西丹沢には全体がオトメアオイに似るが花が 10〜11 月頃に開花し，がく筒がカップ状のズソウカンアオイ subsp. *pseudosavatieri* (F.Maek.) T.Sugaw. がある．

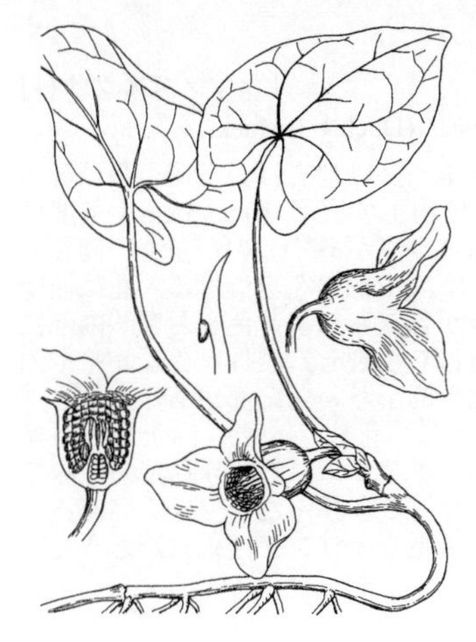

113. コシノカンアオイ 〔ウマノスズクサ科〕

Asarum megacalyx (F.Maek.) T.Sugaw.

(*Heterotropa megacalyx* F.Maek.)

長野県北部から秋田県南部にかけての日本海側の山地と，宮城県の石巻市周辺に固有の常緑多年草．葉は暗紫色の長い柄をもち，卵状広楕円形または卵状で，長さ 8〜14 cm，幅 6〜8 cm，鋭頭，基部は心形，質はやや厚い．表面は緑色で光沢があり無毛，ふつうは斑がないが，ときに白斑がはいる．花は 3 月末から 6 月初旬頃に開花し，全体が暗紫色である．がく筒は太く大きな筒形で，上部がくびれることもなく，長さ 1.5〜2 cm，径約 2 cm で，内面に縦に隆起した 15 本ほどのひだと約 7 本の横ひだが発達し，格子状になる．がく筒入口の口環はあまり発達しない．がく裂片は質厚く，広卵形で長さ約 12 mm，幅約 14 mm で平開し，表面は比較的なめらかである．子房は上位，がく筒内で上に高く盛り上がる．花柱は 6 個でそれぞれ直立し，背部が上方にのびて長い角状になり，その先端はがく筒入口付近にまで達する．柱頭は楕円形で角状突起の外側につく．雄しべは 12 個，ほぼ同形で，子房壁に短い花糸で 2 輪に付着し，葯は外側を向く．この種は 4 倍体で，日本海側の多雪気候に適応して分化してきた植物とみられている．〔日本名〕最初の発見地が新潟県（越後国）であることから「越」をつけた．

114. コトウカンアオイ 〔ウマノスズクサ科〕

Asarum majale T.Sugaw.

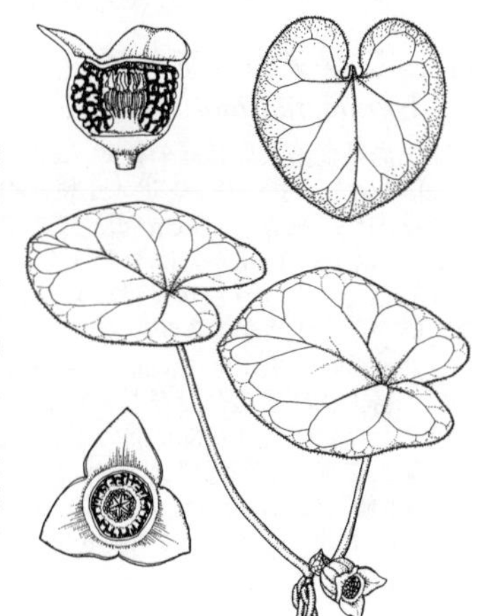

近畿地方の鈴鹿山脈に産する多年草．根茎は短く地を這い，その先端に毎年 1 枚葉を出す．葉柄は濃紫色，無毛で，長さ 5〜13 cm．葉身は円形から広卵形，長さ 4〜7 cm，幅 4〜6 cm，基部は心形，先端は鈍頭あるいはわずかに尖る．上面は濃緑色から緑色，光沢がなく，雲紋状に斑が入ることもあり，毛を散生する．下面は淡緑色で無毛．花柄は長さ 5〜10 mm．花は葉腋から単生し，5 月中旬〜下旬に開花．萼筒は鐘形で，緑色を帯びた紫色あるいは淡褐色で，長さ 7.5〜11 mm，幅 9〜13 mm，内面には縦横に襞が発達して網目状となる．萼裂片は三角形で斜上し，先端はわずかに鋭形，長さ 7〜19 mm，上面は比較的滑らか，下面は無毛．雄蕊は 12 本で，6 本ずつ 2 輪に配列する．葯は 2.5〜3.5 mm の長さで，外側に向き，縦に裂開する．花柱は 6 本が独立に立ち，先端は角状の突起となり，長さは 1.2〜2.2 mm で，萼筒入り口付近にまで達するが，突き出すことはない．柱頭は楕円形．

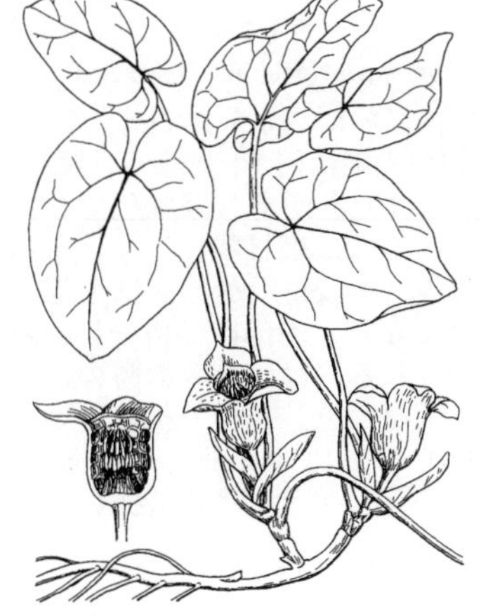

115. ヒメカンアオイ 〔ウマノスズクサ科〕

Asarum fauriei Franch. var. ***takaoi*** (F.Maek.) T.Sugaw.

(*A. takaoi* F.Maek. ; *Heterotropa takaoi* (F.Maek.) F.Maek.)

天竜川付近から西の東海，近畿地方から中国地方西部（広島県）まで，北は北陸の能登半島，富山県付近から，南は四国地方東南部に分布する．地に伏した短い茎の先から毎年 1〜2 枚の葉を展開し，そのつけ根にやや小さい花を 1 個横向きにつける．葉は腎円形または卵心形で，長さ 5〜8 cm，幅 4〜7 cm，先は鈍頭で，表面に短毛を散生する．花は 1〜3 月頃に開花し，全体淡紫褐色ないし暗紫色を示す．がく筒は短いカップ形で長さ 7〜9 mm，内面に縦・横のひだが多数形成され複雑な網目状をなしている．がく裂片は卵状三角形で開出し，先は鋭頭またはやや鈍頭，表面は比較的なめらかである．がく筒入口の口環はあまり発達せずわずかに厚みを増すのみである．子房は上位．花柱は 6 個，それぞれ直立し，背部は細長く上方に角状にのびて，先はがく筒入口付近にまで達する．花柱の角状突起物は 2 つに縦裂し，ふつう接着しているが，ときに二叉に分かれる．雄しべは 12 個で，短い花糸で子房壁に付着する．葯はいずれも外側に裂開する．この種には葉や花の形での地理的変異がかなりがみられ，その変異の状況はいまだ十分把握されていない．

116. ミチノクサイシン 〔ウマノスズクサ科〕

Asarum fauriei Franch. var. ***fauriei***

(*Heterotropa fauriei* (Franch.) F.Maek. ex Murai)

東北地方のブナ帯林床に生育する常緑多年草．ヒメカンアオイに近縁な種で，茎がやや長く地に横たわる．葉は円形または腎円形で，長さ 2〜4 cm と小形で，基部は心形，表面は濃い緑色で光沢があり，斑は普通入らない．花は 4〜5 月頃雪どけとともに開花し，全体暗紫色である．がく筒は小さく，浅い筒形で長さ 5 mm 内外，上部はくびれない．花柱は 6 個で，直立し，その付属突起は角状で二叉に分かれて上方にのびる．付属突起の先端はがく筒入口よりしばしば突出する．この特徴は果実の成熟につれてより顕著となる．雄しべは 12 個で，ごく短い花糸で子房壁に付着する．子房は上位で，内部は 6 室に分かれ，各室に 10 個ほどの胚珠がある．〔日本名〕陸奥（みちのく）に分布する細辛の意．〔追記〕長野県北部と北陸地方北部の北アルプス山麓，標高 700 m 付近から 2,000 m 付近にはミヤマアオイ var. *nakaianum* (F.Maek.) Ohwi ex T.Sugaw. が分布する．葉形はミチノクサイシンによく似るが，基部がより深い心形になる．またがく筒が浅い皿形になり，内部の花柱付属突起ががく筒の外に突出しないなどで区別できる．

117. ランヨウアオイ 〔ウマノスズクサ科〕

Asarum blumei Duch.（*Heterotropa blumei* (Duch.) F.Maek.）

静岡県と神奈川県の山地に生える多年生草本．茎は地をはい多節．葉は越年生で毎年 1 個ずつ生え，長い柄があり卵状楕円形で長さ 10～15 cm，基部は耳状の深い心臓形で表面にはつやがあり，白い斑点があるものが多く，肉質であるがカンアオイよりも薄い．早春，葉のそばに 1 個の花をつける．花は淡褐紫色で，がくの筒部は太鼓状，脈の落ちこみが目立ち，淡黄色をおび，内部には紫色の網状隆起があり，がくの上部は平開して 3 裂し，裂片は先端がやや内側にまきこみ，内面は平滑，花の中央には比較的小さい開口部がある．雄しべ 12 個は中央の突出した子房の外壁についている．花柱は 6 裂し，上部の外側に点状の柱頭がある．〔日本名〕ランヨウは卵葉ではなくて多分乱葉の意味であろう．即ち葉の表面に乱れ走る白斑があるのでこう呼んだのではないだろうか．あるいは蘭葉の意で，人の注意をひく白斑葉をオランダ渡来にたとえて呼んだものかもしれない．

118. フジノカンアオイ 〔ウマノスズクサ科〕

Asarum fudsinoi T.Itô（*Heterotropa fudsinoi* (T.Itô) F.Maek. ex Nemoto）

鹿児島県奄美大島特産の種で，ふつう沢沿いのやや湿った林床に生育する．茎の様子，葉の出方は多くのカンアオイ属植物と同様であるが，全体大形で，特に葉は大きい．葉柄は太く，長さも 20 cm ほどにまで達する．葉身は卵形または長卵形で長さ 12～23 cm，幅 7～13 cm，先はやや長く尖り，基部は心形，両面とも無毛，表面は光沢があり緑色で，ふつう白斑ははいらない．花は 2～3 月頃に開花する．がく筒の形，色などにかなり変異があるが，ふつうがく筒はやや上方に広がった丸みをもつ円筒形で，長さ 2～3 cm，径 1.5～2 cm，上部がややくびれ緑褐色を示す．がく筒内面は濃い紫色で，格子状に隆起したひだをもつ．がく裂片は卵形，長さ 1.5～2 cm で平開し，黄緑色または緑褐色，基部に弱いしわ状の隆起がある．子房は上位．花柱は 6 個，それぞれ離れて直立し，背部は上方に角状にのび，その外面に楕円形の柱頭がある．雄しべは 12 個，ほぼ同形で，花柱をとりまいて 6 個ずつ 2 輪になりごく短い花糸で子房壁に付着する．葯はすべて外側を向く．〔日本名〕和名と学名の種形容語は採集者藤野氏の名に因んだものである．

119. タマノカンアオイ 〔ウマノスズクサ科〕

Asarum tamaense Makino（*Heterotropa tamaensis* (Makino) F.Maek.）

関東地方多摩川附近の丘陵に特産する多年生草本．高さ 10 cm ぐらい，茎は葉柄とともに肉質で暗紫色．葉は円卵形，先端は円形，基部は心臓形，長さは 5～13 cm で，多少葉肉が厚く，表面は光沢があり深緑色でしばしば白い雲状紋があり，立毛がまばらに生え，脈は網目状になり落ち込んでいる．花は 4～5 月頃開き，暗紫色で径 3～4 cm，がく筒は上部が少し開いた筒形で入口に広いつばと突起が重なり，内部には格子目の隆起がある．がく片は広三角状卵形，ふちがうねるのはつぼみの時のひだの跡である．内側には短い毛が密生する．子房中位，花柱と柱頭とは長靴をさかさにしたような形で，これをとりまいて 12 個の雄しべがあり，大小 2 通りあって交互にならんでいる．〔日本名〕産地の多摩丘陵に基づいたものである．

120. アマギカンアオイ 〔ウマノスズクサ科〕

Asarum muramatsui Makino

（*Heterotropa muramatsui* (Makino) F.Maek.）

伊豆半島に局限して分布する多年草．短い茎の先から緑色の長い柄をもつ葉を毎年 1 枚ずつ展開する．葉は長楕円形または卵形で，長さ 5～8 cm，基部は心形，表面は鮮緑色で光沢があり葉脈が強くおちこみ，葉縁近くに短毛を散生する．5 月頃地ぎわの葉腋から 1 cm ほどの短い柄をもった花を横向きに開く．がく筒は淡褐色，径 2 cm 内外，長さ 1～1.5 cm の筒形で，上部がわずかにくびれる．がく筒内面には縦・横に隆起したひだが多数発達し，複雑な格子状の紋様となる．がく裂片は卵状三角形で，ふちがゆるく波うち，暗紫色の短毛を表面に密生する．舷部には板状に隆起したひだがあり白色をおびる．花柱は 6 個でそれぞれが独立して直立し，先端は強く外側に屈曲して長靴を逆さにしたような形の柱頭となる．雄しべは 2 輪に配列し，外輪（花柱と向きあう位置）に 6 個，内輪（花柱間）に 6 個の 12 個である．内輪の雄しべの葯は外側に向き，外輪の葯は側方を向く．子房は半下位となる．雄しべの付着部付近に突起状の退化花弁がまれにみられる．〔日本名〕はじめに採集された伊豆天城山に因んだものである．

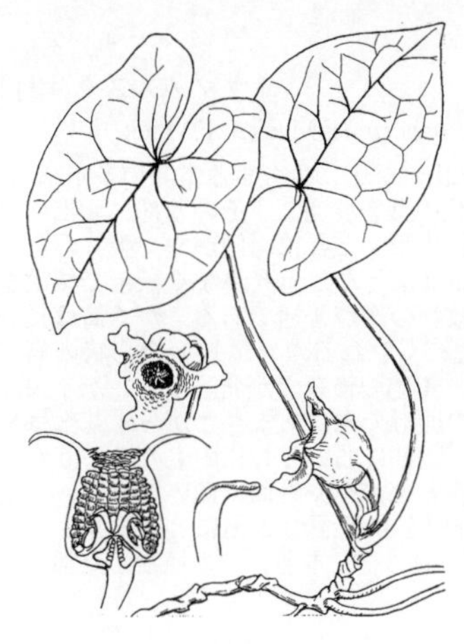

121. **カギガタアオイ** 〔ウマノスズクサ科〕

Asarum curvistigma F.Maek.

（*Heterotropa curvistigma* (F.Maek.) F.Maek.）

山梨県南部，静岡県中部の富士川流域から西は天竜川付近まで分布する常緑多年草．葉は暗紫色の長い柄をもち，長楕円形または卵形で，長さ 5〜10 cm，幅 4〜7 cm，基部は心形，表面はやや光沢があり，葉脈がほとんどおちこまず，葉縁に短毛を散生する．表面には雲紋状，霜降り状に斑が入り，ときにはないこともある．裏面は淡緑色で無毛である．花の全体の姿はタマノカンアオイやアマギカンアオイに類似するが，花が 10 月頃に開花し，がく筒が上方にやや細まった筒形となる点で異なる．またがく裂片が開出し，三角状卵形で先がやや尖り，ふちがあまり波うたず，舷部の板状隆起も上記の 2 種ほど発達しない．6 個の花柱は直立し，先がつき出たように外側にのび，長靴を逆さにしたような形で，その上面が柱頭になる．雄しべは 12 個で，花柱をとりまきながらごく短い花糸で子房壁に付着する．花柱と花柱の間にある雄しべの葯は外側を向く．一方，花柱と向かいあう雄しべの葯はやや側方を向く．子房の位置は一部下位である．〔日本名〕花柱の形がカギ形であることに基づいている．

122. **タイリンアオイ** 〔ウマノスズクサ科〕

Asarum asaroides (C.Morren et Decne.) Makino

（*Heterotropa asaroides* C.Morren et Decne.）

本州西部や九州の山地に生える多年生草本．しばしば観賞のため栽培されている．全体のようすはカンアオイに比べると大形である．葉は茎の先に 1 個つき，広く大きい卵状楕円形，あるいは卵状三角形で先端は鋭形あるいは鈍形，基部は深い心臓形で表面は鮮やかな緑色，淡緑ないし白色の雲紋状の斑があるか，あるいは暗緑色の地に白脈がある．裏面は淡緑色である．5 月頃，茎の先の葉柄のそばに花を 1 個つける．花径 3〜4 cm，暗紫色，がく筒は倒卵状のナシ形で軟骨質，外面はなめらかであるが，内面にははっきりした網目状の隆起がある．上部は強くくびれ，筒のふちにはあきらかな環がある．がくは 3 裂し，裂片は開出し卵状三角形で内面には乳頭状の毛があり基部には不規則な小板状の突起がある．花柱は 6 個で分立し，短くて広く，腹面の上半に広い翼がある．雄しべは 12 個で交互に大小があり，葯は小さい雄しべでは内側に，大きい雄しべでは外側に開裂する．〔日本名〕特に花が大輪であるためこの名がついた．以前はマルバカンアオイと呼ばれた．

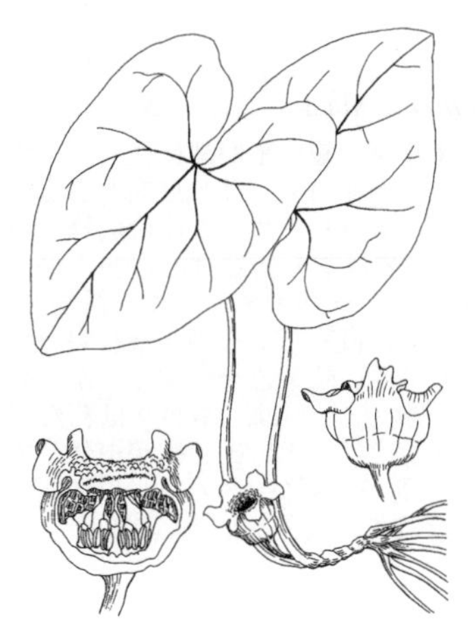

123. **サツマアオイ** 〔ウマノスズクサ科〕

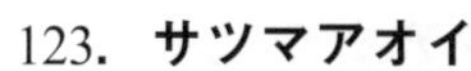

Asarum satsumense F.Maek.

（*Heterotropa satsumensis* (F.Maek.) F.Maek.）

鹿児島県薩摩半島に限って分布する多年草．葉はタイリンアオイに似て広卵状楕円形で長さ 7〜13 cm，鈍頭で基部は心形となる．葉の表面は光沢がなく緑色でしばしば雲紋状の斑が入り，ふちには短毛を散生する．裏面は無毛，淡緑色である．花は 4〜5 月頃地ぎわの葉腋から 1 cm ほどの短い柄をだし，1 個横向きに開く．がく筒は長さ 1.5〜2 cm，上方に広がったすりばち状で，最上部がややくびれ，淡褐色を示し，その入口は広くて筒内が外からよくみえる．がく筒内面には網状にひだが発達するが，特に上部で顕著で下部では発達が弱い．がく裂片は三角状卵形で長さ 8〜12 mm，幅 13〜16 mm，ふちが強く波うち，表面は濃紫色の短毛でおおわれる．がく片の舷部にはいぼ状の隆起が生じる．雄しべは 12 個，花柱をとりまいて 2 輪に配列する．内輪の葯は外側を向き，外輪の葯は側方を向く．花柱は 6 個で，それぞれが外側にやや傾いて立ち，先端は 2 叉に分かれて角状になる．柱頭は 2 本の角状突起物の間にあり，その先端は花柱の腹面に沿ってやや下方に伸びる．〔日本名〕和名と学名の種形容語はこの種の分布域の薩摩国に因んだものである．

124. **ウンゼンカンアオイ** 〔ウマノスズクサ科〕

Asarum unzen (F.Maek.) Kitam. et Murata

（*Heterotropa unzen* F.Maek.）

九州西北部の福岡県，熊本県，佐賀県，長崎県の山地林床に生育する多年草．葉は卵形または楕円形で，長さ 6〜9 cm，表面はほとんど光沢がなく緑色で，しばしば雲紋状の斑がはいる．花は 4 月頃に開花し，一見タマノカンアオイに似るが，がく筒の形，色，花柱の形などがやや異なる．がく筒は赤褐色でより赤色をおびる．またがく筒の形はほぼ円柱状の筒形で，長さ約 1.5 cm，幅約 1.3 cm，上部がわずかにくびれる．がく筒内面には格子状のひだが発達する．がく裂片は卵状三角形，長さ 1〜1.5 cm，幅約 1.5 cm で平開し，ふちがやや波うち，先端はそりかえり，表面は濃紫色の短毛でおおわれる．がく筒及びがく裂片の裏側は無毛である．花柱は 6 個でそれぞれ直立し，背部が上方に伸びて角状の突起物となる．この突起物がタマノカンアオイの花との大きな違いである．柱頭は楕円形で角状突起物の基部にある．雄しべは 12 個，ほぼ同形で，花柱のまわりを 6 個ずつ 2 輪にとりまいている．葯は外側に裂開する．〔日本名〕はじめに採集された長崎県雲仙岳に因んだものである．

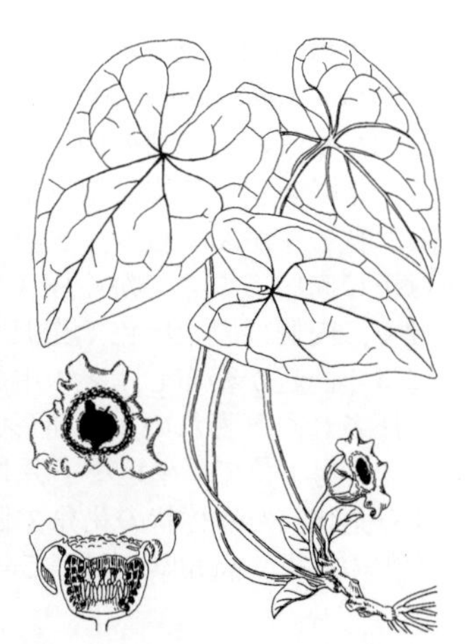

125. ミヤコアオイ 〔ウマノスズクサ科〕

Asarum asperum F.Maek.（*Heterotropa aspera* (F.Maek.) F.Maek.）

近畿地方から中国地方そして四国地方北部の低山地林床に生育する常緑の多年草．3月末から4月頃，地に伏した短い茎の先から1枚の葉を展開し，その基部に紫褐色の花を下向きに1個開く．葉は卵円形または卵状楕円形，ときに両側がやや張りだしてほこ形になり，長さ5〜8 cm，基部は心形，表面はほとんど光沢がなく緑色で短毛を散生する．葉身にはさまざまに斑がはいるが雲紋状の斑が普通である．がく筒は長さ6〜8 mm，径約9 mm，上方に細くなり，先が急にくびれるために短い台形状の筒になる．内面には隆起した15本ほどの縦ひだと2〜4本の横ひだが発達する．がく裂片は完全に平開せずやや斜上し，長さ8〜10 mmの卵形で先はあまりとがらず基部はややくびれる．がく裂片上面はなめらかであるが，基部に弱いしわ状のもりあがりが生じる．子房は下位，平坦な子房上に円柱状の花柱6個がやや外側に傾いて立ち，上端には柱頭が位置する．雄しべは12個，花柱の外側を6個ずつ2輪にとりまき，ごく短い花糸で子房壁に付着する．葯はすべて外側を向く．〔日本名〕この植物が京都ではじめて確認されたことからこの名がついた．

126. サンヨウアオイ 〔ウマノスズクサ科〕

Asarum hexalobum F.Maek. var. ***hexalobum***
（*Heterotropa hexaloba* (F.Maek.) F.Maek.）

中国地方西部，九州地方北部そして四国地方南西部の低山地林床に産する多年草．葉は卵形で長さ5〜10 cm，幅4〜8 cm，先端は尖り，基部は心形でしばしば雲紋状の斑がはいる．花は4月頃に開花し，ややミヤコアオイに似るが，それとはかなり異なる特徴を示す．がく筒は球を上下に押しつぶしたような扁球形で，径約1.5 cm，外側に6本の縦溝をもち，こぶが6個できたような形である．がく筒内面には外側の縦溝に対応した6個の縦のうねができる．また弱く隆起した横ひだも2〜3本形成される．がく裂片は卵形または卵状三角形でほぼ開出し，長さ1 cm内外，色は濃い暗紫色，ふちがゆるく波うち，基部には不規則な凹凸が生じる．子房は下位．花柱は6個，ミヤコアオイなどと比較してより短く，たがいにやや離れて直立する．柱頭は花柱の先端にある．雄しべは花柱のまわりを6個ずつ2輪に配列するが，外輪の雄しべ，すなわち花柱と向かい合う6個は葯が退化して短い突起となり，内輪，花柱間の6個だけが花粉を作る．まれに突起状の退化花弁が3個みられる．〔日本名〕この種が主に山陽地方に分布することからこの名がついた．

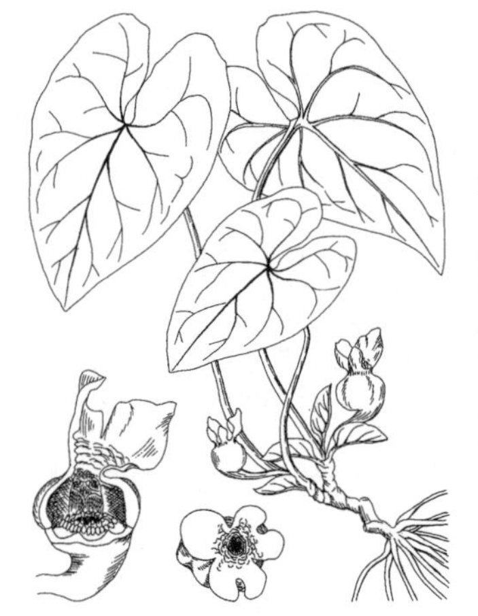

127. キンチャクアオイ 〔ウマノスズクサ科〕

Asarum hexalobum F.Maek. var. ***perfectum*** F.Maek.

九州中部以南と四国西部の山地に生育する多年草．短い茎が地に伏し，その先から長い柄をもつ葉を毎年1枚ずつ展開する．春4月頃，葉の展開とともにそのつけ根から1花を下向きに開く．葉の形はサンヨウアオイとほぼ同様で卵形または長楕円形，長さ6〜9 cm，幅6〜8 cm，先は尖り基部は心形，ふつう葉に斑紋が少ない．花の形，特にがく筒の形もサンヨウアオイによく似るが，全体やや小形で径約1.2 cm，がく裂片が平開せずに直立し，その先端は尖って内側に屈曲する．また上面には密に短毛があり，濃い暗紫色を呈する．がく裂片の裏側及びがく筒の外面は無毛である．12個の雄しべは，ふつうは葯が退化することなくすべて完全であるが，熊本県北部ではときに雄しべが退化してサンヨウアオイ型になり，サンヨウアオイとの区別がむずかしくなる．〔日本名〕がく筒上部が強くくびれ，花の形が“巾着（きんちゃく）”に似ることからこの和名がある．

128. サカワサイシン 〔ウマノスズクサ科〕

Asarum sakawanum Makino（*Heterotropa sakawana* (Makino) F.Maek.）

四国高知県の西半部の低山地に限って産する特殊なカンアオイの類である．常緑多年生草本．地下茎や葉のようすは他の類とほとんど同様である．秋に芽がふくらみ，次の年の4〜5月に根元に大輪の花をつける．花は下に向いてつき，がく片3個はウサギの耳状で長さ3〜5 cm，肉質で硬く，内側は濃紫黒色で光沢があり，ふちは白くくまどる．つばの部分には小凸起が密布し，その中央に小孔があって外側もくびれ，がく筒は偏圧された下膨れの短い筒形で壁は厚く，内側には縦のひだが通っている．子房下位で，平坦な子房上面に棒状の6個の花柱，12個の雄しべ，および退化した短棒状の花弁3個が集合している．〔日本名〕最初に牧野富太郎の郷里，高知県佐川町で発見されたことにちなんだものである．

129. オナガカンアオイ　〔ウマノスズクサ科〕

Asarum minamitanianum Hatus.

（*Heterotropa minamitaniana* (Hatus.) F.Maek. ex Y.Maek.）

九州宮崎県日向市周辺の低山地林床に稀産する常緑多年草．茎や葉の様子はサカワサイシンによく似るが，著しく長く尾状にのびたがく裂片が大きな特徴である．4〜5月頃，地に伏した短い茎の先端から1枚の葉をだし，その基部に花を下向きに開く．花のがく筒は上部が著しくくびれるために半球形となり，径約1cmほどである．がく筒内面には高く隆起した縦ひだが18本ある．がく裂片は卵状三角形で，上面暗紫色，ふちは黄白色をおび，その先端はむち状に長くのびて長さは10cmほどに達する．がく裂片の舷部からがく筒入口付近まで表面が隆起してしわ状になり白色をおびる．子房は下位．花柱は6個，円柱状で中央に集まって直立し，先端に点状の柱頭をもつ．雄しべは12個，花柱のまわりを6個ずつ2輪にとりまき，ごく短い花糸で子房壁に付着する．葯はすべて外側に裂開する．花弁はなくなっているが，ときに短棒状に退化した小さな花弁が3個雄しべの付着部付近に現われる．〔日本名〕がく裂片の先が尾のようにのびることからついた．また種形容語は採集者南谷忠志にちなんだものである．

130. オモロカンアオイ　〔ウマノスズクサ科〕

Asarum dissitum Hatus.

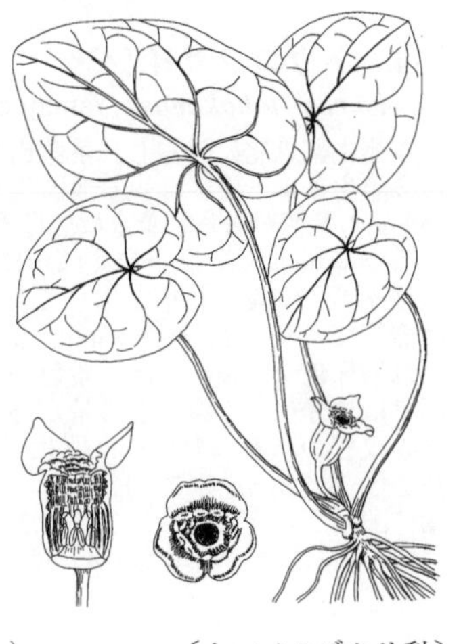

石垣島のオモト岳，西表島の古見岳に産する常緑の多年草．茎の様子，葉の出方は他のカンアオイ属植物とほぼ同様であるが，葉質がやや厚く，葉柄に縮れた褐色毛をもつ．葉身は広卵形，先は鈍頭，基部は心形で長さ5〜10cm，表面には光沢があり，脈が強くおちこみ，短毛を散生する．花は3〜4月頃に開花する．がく筒は淡褐色，円筒形で長さ約1cm，径7〜8mm，上方から約1/3のところで軽くくびれる．内面には隆起したひだが発達し，がく筒の軽くくびれた部位と対応する位置までは縦ひだのみであるが，それより上部では横ひだも形成され，やや不規則な格子状になる．がく裂片は卵状三角形で長さ約1cm，幅13〜15mm，斜上し，へりがややそりかえり，基部に弱い隆起が生じてしわ状になる．雄しべや花柱の数はふつうのカンアオイの半数，すなわち，花柱は3個でやや外側に傾いて直立し，頂部に柱頭がある．花柱背部はほとんど上方に伸長しない．雄しべは6個，ごく短い花糸でやや盛りあがった子房壁に付着する．〔日本名〕琉球に伝わる古代歌謡「おもろそうし」からきている．

131. ウスバサイシン（ニッポンサイシン）　〔ウマノスズクサ科〕

Asarum sieboldii Miq.（*Asiasarum sieboldi* (Miq.) F.Maek.）

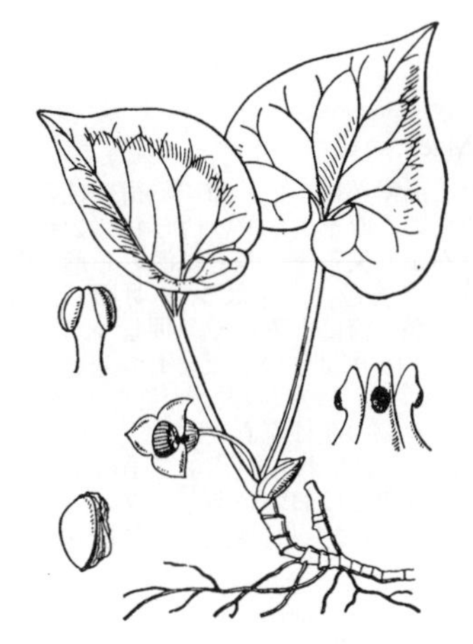

本州中部以西と対馬の山の樹のかげの湿ったところに生えている多年生草本．根茎は多節多肉であるが，カンアオイよりも細く辛味が強い．春，地面に接して茎の先から2個の葉を左右に開き，ちょっと見ると対生しているようである．長い葉柄は汚紫色，葉身は長さ5〜8cmぐらい，円卵形で先は鋭形，基部は深心臓形，葉質は薄く，なめらかであるが，光沢はなく，緑色，裏面は淡色，脈上にしばしば微毛がある．葉が開くよりもわずかに早く，2枚の葉のあいだに頂生して1花をつける．花の梗は細く，花径10〜15mm，淡汚紅紫色である．がく筒は扁球形，やや軟質で内面には縦溝があるのみで，上部口縁には何もなく，すぐに3裂し，反巻した卵形のがく片となる．子房上位．花柱は短く，6個で立ち上がり，先はおのおの二つに分かれ，外側に柱頭がある．雄しべは12個，花糸は長い．根を薬用にする．〔日本名〕ウスバサイシンは葉質が薄いからである．〔漢名〕細辛．〔追記〕関東以北で従来本種に当てられていたものは，2007年に新種トウゴクサイシン（134図）として分けられた．

132. イズモサイシン　〔ウマノスズクサ科〕

Asarum maruyamae Yamaji et Ter.Nakam.

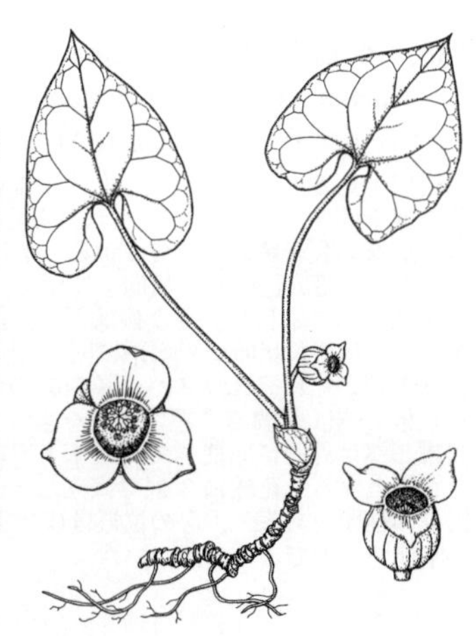

本州島根県に局限し，林床や林縁の川沿いに生育する多年生草本．根茎は短く地を這い，先端部に毎年1〜2枚の葉をつける．葉は葉柄が長く，9〜12cmなる．葉身は広卵形で，長さ6.5〜11cm，幅5〜9cm，先端は鋭尖形，表面脈上にまばらに軟毛があり，斑は入らない．3月下旬から4月上旬に開花．花柄は長さ2cm．蕚筒は丸みのある壷形で，長さ7.5〜10mm，直径10〜14mm，喉部は直径5〜7mm，外側は紫色を帯びたオリーブグリーン色，内側上部は濃紫色であるが基部は象牙色になり，毛が生え，縦に隆起した15〜17本の襞がある．蕚裂片は五角形で開出し，縁は波打ち，先端は鋭尖形，長さ5.5〜9mm，幅6〜9mm，表面には短毛が生える．雄蕊は12本，葯よりやや長い花糸で2輪に配列する．花糸は長さ2.5〜3.5mm，葯は長さ1.5〜2.0mm．子房は緑がかった象牙色で，長さ7〜10mm，幅6〜8.5mm，内部は6室に分かれる．花柱は6本で，それぞれ角状に伸び，長さは0.8〜1.1mmである．

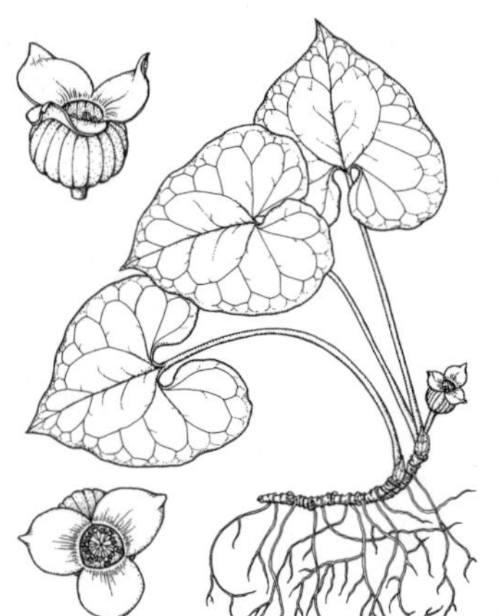

133. ミクニサイシン 〔ウマノスズクサ科〕

Asarum mikuniense Yamaji et Ter.Nakam.

群馬県，栃木県，長野県，新潟県南部に分布し，落葉樹林や混交林の林縁や林床に生育する多年生草本．葉身は広卵形で長さ 5～12 cm，幅 4～10 cm，先端は鋭尖形，脈上にまばらに軟毛があり，斑は入らない．葉柄は長さ 7～16 cm，花柄は長さ 1～2 cm．萼筒は丸みのある壺形で，長さ 6.5～10 mm，直径 11～14 mm，喉部は直径 5～8 mm，外表面はオリーブグリーン色から紫色，内表面は喉部で濃紫色，中部で象牙色から藤色，濃紫色の帯があり，基部は象牙色，軟毛で被われ，17～21 本の縦襞がある．萼裂片は五角形で開出し，縁は波打ち，先端は鋭尖形，長さ 7～11 mm，幅 8～11 mm．雄蕊は 12 本，内外 2 輪に配列する．花糸は長さ 2.7～3.2 mm，葯は長さ 1.2～1.4 mm．子房は緑がかった象牙色から藤色で，長さ 4～5.5 mm，幅 6～8 mm，6 室に分かれる．花柱は 6 本，長さ 0.6～1.5 mm.

134. トウゴクサイシン 〔ウマノスズクサ科〕

Asarum tohokuense Yamaji et Ter.Nakam.

本州中部以北に分布し，落葉樹林や針葉樹林の林床や林縁の川沿いに生育する多年生草本．根茎は短く地に伏し，毎年 1～2 枚の葉を出す．葉には長さ 3～16 cm の葉柄があり，葉身は広卵形で，長さ 5～13 cm，幅 3～13 cm，先端は鋭尖形で基部は心形，脈上にまばらに軟毛があり，斑は入らない．4～5 月に開花し，葉腋からやや長い花柄を出して花を横向きに開く．花柄は長さ 1～4 cm．萼筒は壺形で，長さ 6.5～10.5 mm，直径 10～15 mm，喉部は直径 5.5～11 mm，外面は象牙色から藤色，時に紫色の小さな点があり，内面は喉部では濃紫色，中部では象牙色で，濃紫色の帯があり，基部では象牙色で軟毛を密生し，15～21 本の縦襞がある．萼裂片は卵状三角形で斜上し，縁は波打ち，先端は鋭尖形，長さ 5～9.5 mm，幅 7～12 mm，表面に短毛を密生する．雄蕊は 12 本，内外 2 輪に配列し，花糸は長さ 2.2～3.2 mm，葯は長さ 1.0～1.6 mm．花柱は 6 本，先は短く角状に伸び，長さ 0.4～1 mm になる．

135. オクエゾサイシン 〔ウマノスズクサ科〕

Asarum heterotropoides F.Schmidt

（*Asiasarum heterotropoides* (F.Schmidt) F.Maek.）

東北地方中部から北の北海道，樺太，さらには千島南部にまで分布する宿根性の多年草．ウスバサイシン同様短い茎は地に伏し，初夏にその先から長い柄をもつ 2 枚の葉を向かいあうように開く．葉は広卵円形，先はあまり尖らず，基部は深い心形で表面に短い毛を散生する．葉は晩秋には枯れ，根茎で冬を越す．花は 5～6 月頃，葉の展開とともに開花し，紅紫色または淡褐色である．がく筒は上下にやや押しつぶされた形の偏球形で，径 1 cm 内外，内面に縦に隆起した 15 本ほどのひだをもつ．がく裂片は広卵形で，平坦，先が尖らずに後方にそりかえるのがこの種の大きな特徴である．子房は上位，がく筒内で高くもりあがり，その上に 6 個の花柱が直立する．花柱背部は上方にのびて短いつの状になる．雄しべは 12 個，それぞれ短い花糸で子房壁に付着する．葯はいずれも外側に裂開する．茎を切ると特異なにおいがあり，ウスバサイシンやクロフネサイシンとともに“細辛”として薬用にする．〔日本名〕和名は分布域（奥蝦夷＝樺太（サハリン））に因んだものである．

136. クロフネサイシン 〔ウマノスズクサ科〕

Asarum dimidiatum F.Maek.

（*Asiasarum dimidiatum* (F.Maek.) F.Maek.）

紀伊半島の中部から四国，九州中部の山地の林床に生育する宿根性の多年草．茎や葉の様子はウスバサイシンとほぼ同様であるが，全体やや小形で，葉は長さ 4～6 cm，卵円形ないし五角形状で先が尖る．4 月頃 2 つの葉柄の間から 2～3 cm の直立した花梗をだし，暗紫色の花を横向きに開く．がく筒は径約 10 mm，長さ 7～8 mm，やや上下からおしつぶしたような偏球形で，内面には縦に隆起したひだが 18 個ほどできる．がく裂片は三角状卵形で水平に開き，先端はやや内側に屈曲して尖る．この種は雄しべ，花柱の数がそれぞれウスバサイシンの半数になっているのが大きな特徴である．すなわち雄しべは 6 個で，短い花糸をもって子房壁に付着する．がくが開いてしばらくの間雄しべは外側に屈曲して葯は下方を向いた状態であるが，葯が開くときには直立した状態となる．花柱は 3 個で直立し，先は短く突出して 2 つに分かれ，その外側に楕円形の柱頭がある．子房の位置はほぼ上位である．〔日本名〕花の舷部の色が黒色に近い暗紫色なのでこの名がついた．

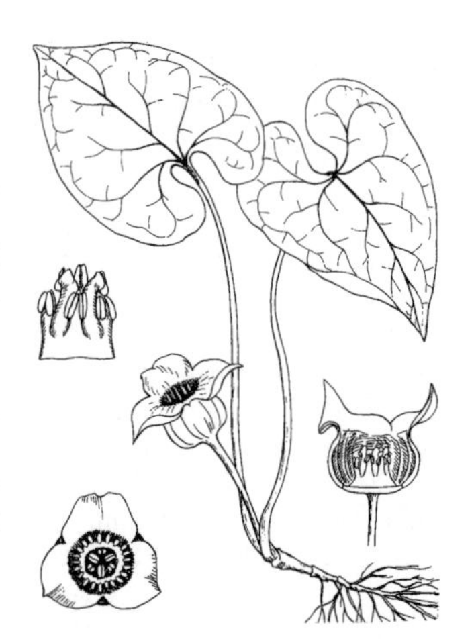

137. **オナガサイシン**（カツウダケカンアオイ）　〔ウマノスズクサ科〕

Asarum caudigerum Hance（*A. leptophyllum* Hayata）

沖縄本島の嘉津宇岳，安和岳と台湾，中国中南部の石灰岩山地の林床に生育する常緑多年草．全体白色の長毛でおおわれる．茎は比較的短く，地に伏し緑色をおびる．2〜3 月頃茎の先に長い柄をもつ 2 枚の葉を向かい合うようにつけ，その間から短い柄をもつ汚緑色の花を 1 個横向きに開く．葉は卵状楕円形あるいは三角状卵形で長さ 7〜15 cm，基部は心形となる．葉の表面は深緑色で光沢があり毛が少ないが，裏面は淡緑色で，葉柄とともに長い毛を密生する．花は花弁が退化し，3 枚のがく裂片が下半部で互いに接して径 1 cm ほどの筒状になる．その外面は緑褐色で長毛を散生する．がく裂片上半部は三角状卵形で水平に開き，先が細く尾状にのびて 1 cm ほどになる．子房は下位．6 個の花柱は合着して単柱状になるが先端は 6 つに分かれ，それぞれが柱頭になる．雄しべは 12 個，それぞれが長い花糸をもち，花柱のまわりを 6 個ずつ 2 輪にとりまいて付着している．〔日本名〕がく裂片の先が長く尾状にのびることからこの和名があり，一名カツウダケカンアオイは産地に因んだ名である．

138. **フタバアオイ**（カモアオイ）　〔ウマノスズクサ科〕

Asarum caulescens Maxim.

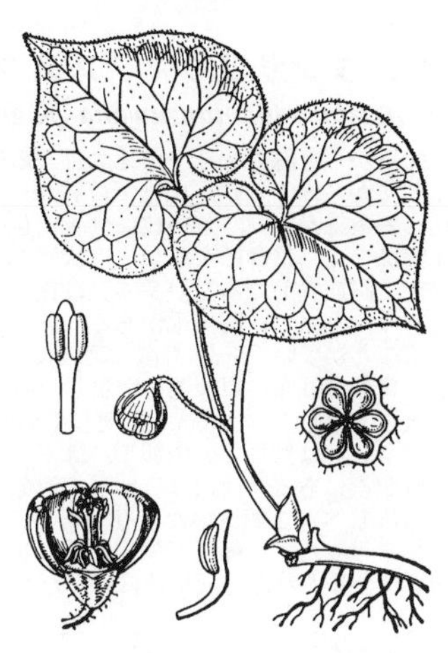

山中の樹かげに生える多年生草本．茎は多肉で平滑な円柱形，汚紫褐色，径 5 mm 内外，地上に横たわり，長い節間と 2〜3 の短い節間とが交互し，下面からは細いひげ根を出す．春，茎の先端に 2〜3 の鱗片が互生して，扁平な芽となり，後に芽の中から長い 1 本の茎がのび先端に 2 枚の葉が接近して互生する．葉には長い柄があり，直立し，散毛が立って生え，葉身は心臓状腎臓形，長さ 4〜8 cm，先端は短い尾状で急に尖り，基部には半円形の両耳があって深い心臓形となり，全縁であるが長い毛が列生し，薄質である．葉間に柄のある花を 1 個下向きにつける．花は淡紅紫色で径 1 cm ほど，子房下位で子房とともにがく筒の外面には巻縮毛が生える．がく筒はわん形で内部は平滑，隆起は全くない．がく片 3 個は無毛，強くそり返りがく筒の外側をおおっている．花柱は合して単柱状，先端は分裂して 6 個の柱頭となる．雄しべは 12 個，花糸は長く，外方へ曲がっている．〔日本名〕双葉葵は 1 株に必ず 2 葉が出るからである．また一名カモアオイは京都賀茂神社の祭礼にこのアオイを用いるからついた名で，徳川家の紋章はこれに基づいたものである．しかし葵の字をこれに用いるのは誤りである．

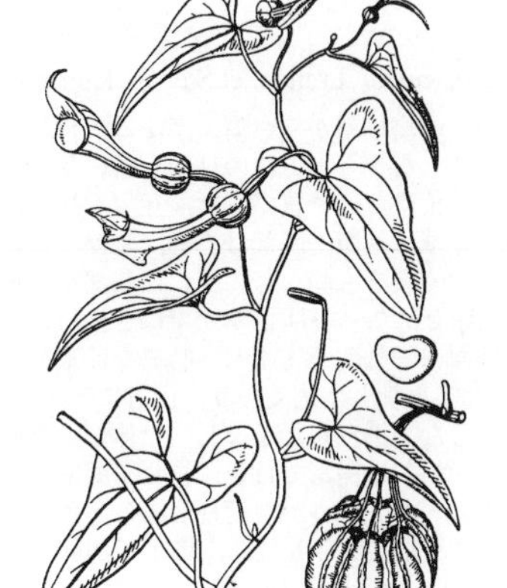

139. **ウマノスズクサ**　〔ウマノスズクサ科〕

Aristolochia debilis Siebold et Zucc.

原野，川の堤，茶畑などに生える多年生のつる性草本で，地下茎は長く地中にのび，ところどころから地上茎を出す．地上茎は初め暗紫色をしていて，茎や葉に一種の臭気がある．茎は細いけれども強靭で無毛，緑色，初めは直立するが上部は他物にすがって上昇し，長さ 1〜5 m ぐらいになり，まばらに分枝し　冬は枯れる．葉は有柄で互生し，葉面は卵状披針形あるいは卵形で中ほどがやや狭まり，先端は漸尖形あるいは鈍形，基部は心臓状耳形で，長さ 5 cm 前後，無毛平滑でやや厚く蒼緑色をしている．夏，葉腋から出る 1 本の細い柄の先に緑紫色の花が 1 個横に向いて開く．がくはラッパ状の筒形で長さ 3 cm 内外，上半はだんだん広がって，斜に開口し，側片は尖り，筒の下部は急に球状にふくらみ，筒の内面に長い軟毛が生え，膨球部内には 6 個の花柱が合一して多肉の短い柱となって立ち，その外側に雄しべが 6 個ついている．子房は下位で小柱形となり花柄とつながる．さく果は球形で基部から 6 裂し，同様に 6 裂した果柄の細糸で垂れ下がり，中に種子が多数ある．〔日本名〕馬の鈴草で，果実のようすが馬のくびにかける鈴に似ているからである．〔漢名〕馬兜鈴，土青木香．

140. **マルバウマノスズクサ**　〔ウマノスズクサ科〕

Aristolochia contorta Bunge

朝鮮半島から中国北部・ウスリーに分布する無毛のつる性多年草で，日本では山形県から島根県の日本海側，長野県，群馬県の山地の林縁などでまれに見られる．茎は細く粉白色で長さ 2〜3 m ほどになる．葉は薄い紙質，粉白色をおび，円心形〜卵状三角形，長さ 3〜13 cm，幅 3〜10 cm，円頭ないし鈍頭で，基部は浅い心彩，柄は長さ 2〜7 cm．花は 7〜8 月，枝先の葉腋に 2 個以上集まってつき，花柄は下位子房を含め 1〜3 cm，萼筒はふつう黄緑色で，長さ 2〜3 cm，舷部は開花前には袋状に綴じており，開花時に左右に分かれて開き，三角形で先は長く糸状に細まってねじれる．球形にふくらんだ萼筒の基部内側に半球形の髄柱があり，雌蕊先熟で，雄蕊 6 個はそれぞれ 1 個の柱頭部に覆われる．朔果は楕円形，長さ 3〜7cm，熟すと基部から 6 裂する．種子は扁平で心状三角形，膜状の翼がある．ウマノスズクサに似ているが，花が輪生し，萼筒舷部の先が糸状となることで区別できる．

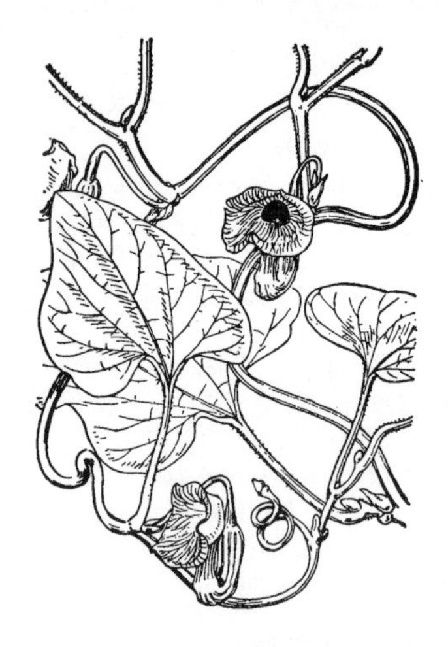

141. オオバウマノスズクサ 〔ウマノスズクサ科〕

Aristolochia kaempferi Willd.

関東以南から九州の海岸に近い山林に生える落葉の木性つる植物で一種の香気がある．つるは長くのび樹にからみつきまばらに分枝し，古くなると径 2 cm 内外になり木化して条線が目立つ．若い茎は細長い円柱形でなめらか，緑色である．若い枝や葉には微軟毛があり，後に灰白色となる．葉は広大で有柄，まばらに互生し，托葉はなく，葉面は広卵形，円状卵形あるいは 3 裂し先端は鈍形，基部は心臓形，全縁，黄緑色，両面に細毛があり，葉の表は後にほぼ無毛となりやや光沢をもつ．若い株の枝には基部が耳形となり中央裂片が細長い 3 裂葉がつくことが多い．4〜6 月頃，葉腋に柄を 1 本出し，花を 1 個垂れ下げる．花被は外面に短軟毛を密生し，特異な筒形で中央から上方にそりかえって曲がり，高さ 2〜4 cm，一度細い筒になってから急に展開して広くなり，側方に向かう．舷部は無毛で広倒卵形，縁が浅く 3 裂しやや反り返り，ふつう緑黄色をしていて紫褐色の条斑があり，筒口は広卵形で紫褐色の斑点が密にあるが，しばしば色や模様に多様な変異がみられる．筒の底には先が 3 裂し各裂片の外側に雄しべが 2 個ついた蕊柱がある．さく果は長さ 2.5〜5 cm ぐらいの長楕円形で 6 つの稜があり，熟すと先端から 6 裂する．〔日本名〕大葉の馬の鈴草の意味で，ウマノスズクサに比べると大形の葉をもつためこのように言う．

142. タンザワウマノスズクサ 〔ウマノスズクサ科〕

Aristolochia tanzawana (Kigawa) Watan.-Toma et Ohi-Toma

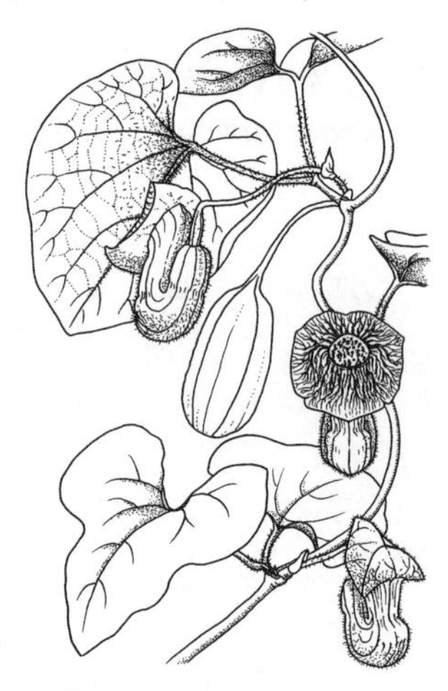

関東から東海の低地や山地に生える落葉の木性つる植物で，低地では長くのび他の樹木などにからみつくが，山地では林床で数十 cm 匍匐して開花することもある．古い茎は木化して条線があり，若い枝には灰白色の毛が密にある．葉は薄くやや革質で有柄，互生し托葉はなく，葉身は広卵形，円状卵形あるいは 3 裂し先端は鈍頭，基部は心形，全縁，黄緑色，両面有毛であるが葉の表は後にほぼ無毛となり光沢はない．葉の裏面には密に軟毛があり，葉脈上に開出毛がある．若い株には基部が耳形となり中央裂片が細長い 3 裂葉がつくことが多い．5〜7 月頃，葉腋にオオバウマノスズクサに似た花を 1 個まれに 2 個つける．花被は外面に短軟毛を密生し，特異な筒形で U 字形をなし，オオバウマノスズクサより大きく高さ 3〜4.5 cm，一度やや筒が狭くなってから急に展開して広くなり，側方に向かう．舷部は無毛で広倒卵形，縁が浅く 3 裂しやや反り返り，淡黄色をしていて濃紫色の条斑が密にある．筒口は広卵形で濃紫色の豹紋がある．筒の底には先が 3 裂し各裂片の外側に雄しべが 2 個ついた蕊柱がある．さく果は長さ 5 cm ぐらいの長楕円形で 6 つの稜はあまり目立たず，熟すと先端から 6 裂し，扁平で倒卵形の種子を多数放出する．〔日本名〕初めに記載された丹沢地域に因んだものである．

143. アリマウマノスズクサ 〔ウマノスズクサ科〕

Aristolochia shimadae Hayata（*Aristolochia onoei* Franch. et Sav. ex Koidz.）

兵庫県六甲山と北九州の山地に点在し，琉球列島の久米島以南から台湾に産する．林縁に生える木性のつる植物で，他の樹木にからみつき，分枝しながら上方にのびる．古い茎は木化して条線があり，若い枝には灰白色の毛が密にある．葉は薄い革質で有柄，互生し托葉はなく，葉身は多形で広卵形，円状卵形あるいは 3 裂し先端は鈍頭，基部は心形，全縁，黄緑色，両面有毛であるが葉の表は後にほぼ無毛となりやや光沢をもつ．若い枝には基部が耳形となり中央裂片が細長い 3 裂葉がつくことが多い．琉球では 2〜4 月頃，本州では 5〜6 月頃，葉腋に柄を 1 本出し，花を 1 個垂れ下げる．花被は外面に短軟毛を密生し，特異な筒形で U 字形をなし，高さ 2〜4 cm，一度細い筒になってから急に展開して広くなり，側方に向かう．舷部は無毛で，縁が浅く 3 裂していちじるしく反り返るため倒三角形をなし，全体が濃紫褐色もしくはしばしば黄緑色に濃紫色の条紋が密に入る．筒口は円形で黄色，まれに濃紫色の斑点がある．筒の底には先が 3 裂し各裂片の外側に雄しべが 2 個ついた蕊柱がある．さく果は長さ 5 cm ぐらいの長楕円形で 6 つの稜があり，熟すと先端から 6 裂し，扁平で倒卵形の種子を多数放出する．〔日本名〕牧野富太郎が有馬で発見した際にこのように称した．

144. リュウキュウウマノスズクサ 〔ウマノスズクサ科〕

Aristolochia liukiuensis Hatus.

奄美大島から沖縄島までの琉球列島と台湾の一部に産する木性のつる植物で，他の樹木にからみつき，分枝しながら上方にのびる．古い茎は木化して条線があり，若い茎は細長い円柱形でなめらか，緑色である．若い枝や葉には灰白色の微軟毛が密にある．葉は厚い革質で有柄，互生し托葉はなく，葉身は卵状心形または広卵状心形，先端は鈍頭，基部は心形，全縁，緑色，両面有毛であるが葉の表は後にほぼ無毛となり光沢をもつ．葉の裏面には密に軟毛があり，葉脈が著しく隆起する．2〜4 月頃，葉腋に花が 1 個または数個集まり花序をなす．花被は外面に短軟毛を密生し，特異な筒形で U 字形をなし，オオバウマノスズクサより大きく高さ 3〜4.5 cm，一度細い筒になってから急に展開して広くなり，側方に向かう．舷部は無毛で広倒卵形，縁が浅く 3 裂しやや反り返り，緑黄色をしていて赤褐色の条斑がある．筒口は超卵形〜圧平卵形で赤褐色の斑点が密にある．筒の底には先が 3 裂し各裂片の外側に雄しべが 2 個ついた蕊柱がある．さく果は長さ 6 cm ぐらいの長楕円形で 6 つの稜があり，熟すと先端から 6 裂し，扁平で倒卵形の種子を多数放出する．〔日本名〕分布域の琉球に因んだものである．

145. **ニクズク**（シシズク）　〔ニクズク科〕

Myristica fragrans Houtt.

まだこの植物の生きたものは日本には来ていないが，元来ニューギニア島西部のモルッカ群島に原産する常緑樹で，高さは 7〜10 m ぐらい，全体無毛である．幹は直立して，枝は横に広がり，小枝は緑色である．葉には短い柄があり互生，卵形あるいは卵状長楕円形で，全縁，両端は鋭形，長さ 12 cm ぐらいで葉質は厚く，香気がある．夏に枝先の葉腋に短い柄を出して分枝して花穂をつける．花穂は葉よりも短く，やや黄色をおびた白色の小さい花を開く．雌雄異株．がくはつぼ状鐘形で 3 裂し，下部には宿存性の小さい苞がある．雄花には雄しべが 9〜12 個あり，互に接着し，花糸は上方ではなれ，下方で合一している．雄花には子房がなく，雌花には 1 室の子房が 1 個あり，花柱は非常に短い．液果には短い柄があって下垂し，洋梨状球形で片側に縦溝がある．熟すと厚い肉質の 2 殻片に開裂し種子をあらわす．果実の長さは約 5 cm である．種子は果実中に 1 個あり，表面に鮮赤色の仮種皮をかぶっている．種子の中の仁すなわち，いわゆる肉豆蔻（ナッツメグ）は胚乳にしわがあり，香気があるので薬用または香味料に使われる．〔日本名〕漢名の字音である．旧名のシシズクのシシは肉の和名である．〔漢名〕肉豆蔻．

146. **ユリノキ**（ハンテンボク）　〔モクレン科〕

Liriodendron tulipifera L.

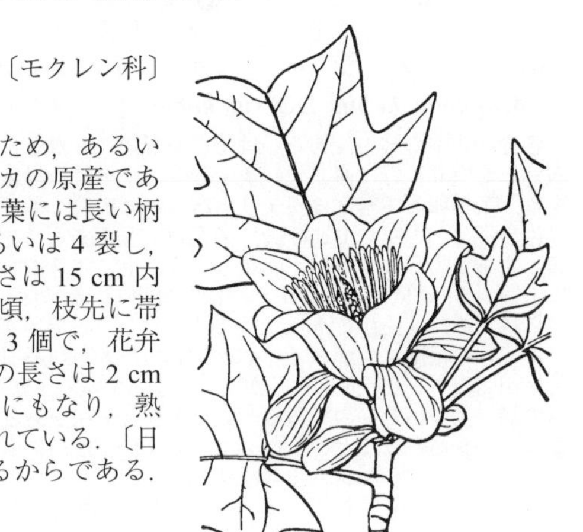

明治初年に初めて日本に渡って来て以来，あるいは観賞のため，あるいは街路樹として植えられている落葉高木で，元来は北アメリカの原産である．幹は直立分枝し，高大に成長し，高さは 20 m にもなる．葉には長い柄があり，互生で，先端は切形あるいはやや凹形，基部は 2 あるいは 4 裂し，淡緑色で葉質は薄くて硬く，無毛でかすかに香気があり，長さは 15 cm 内外である．托葉は大形ですぐ上の若芽を包んでいる．初夏の頃，枝先に帯緑黄色の大形の花を 1 個つけ，花径は約 6 cm ある．がく片は 3 個で，花弁は 6 個，長楕円形である．雄しべは多数で外向葯であり，葯の長さは 2 cm 以上ある．心皮は多数で花托に密着し，花がすむと長さ 7 cm にもなり，熟すと互に離れて先端は長い羽になり，中に 1〜2 個の種子を入れている．〔日本名〕百合の木は属名に基づいた名で，花のようすが似ているからである．ハンテンボクは葉の形が半纏のようであるからである．

147. **モクレン**（シモクレン，モクレンゲ）　〔モクレン科〕

Magnolia liliiflora Desr.

昔に輸入された中国原産の落葉性の大低木で観賞花木として人家に植えられている．幹は直立して分枝し，しばしば叢生し，高さ 4 m ばかりにもなる．葉には短い柄があって互生し，広くて大きい広倒卵形で先端は凸形，全縁で表面は無毛，裏面は脈に沿って細かい毛があり，長さ 8〜18 cm で質はやや硬い．3〜4 月頃，枝上に大形で暗紫色の花を開き陽が当たると平開し，多少芳香がある．つぼみには膜質の苞がある．がく片は 3 個で小形，卵状披針形で緑色をおびている．花弁は 6 個で 2 列生，倒卵状長楕円形で内面は淡紫色，約 10 cm の長さがある．雄しべ，雌しべ，ともに数多く集まっている．花がすむと果体は卵状長楕円体となり，褐色で，多数の袋果から出来ており，白い糸状の種柄のある赤色の種子を出す．〔日本名〕漢名の木蘭の音に基づいたもの．木蘭の近縁属を木連というから，あるいはこれと誤ったものかも知れない．モクレンゲは木蘭花，シモクレンは紫木蘭の意味．〔漢名〕辛夷，木筆．木蘭は *Magnolia* 類を指す．

148. **トウモクレン**（ヒメモクレン）　〔モクレン科〕

Magnolia liliiflora Desr. **'Gracilis'**

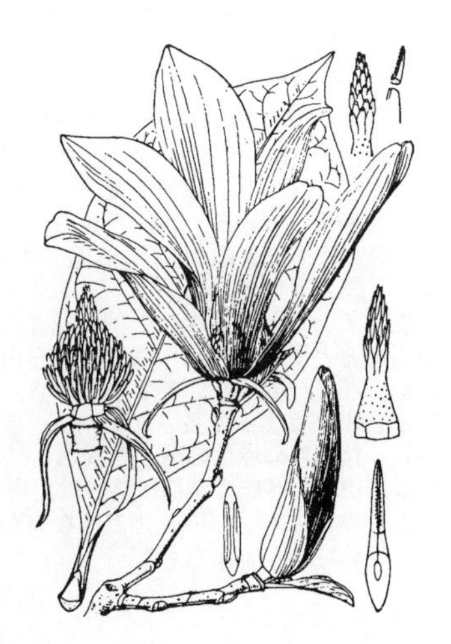

中国原産の落葉性低木で，観賞用花木としてわが国の庭園に植えられている．樹はモクレンより小さく，幹枝は叢生しよく伸長して細く，葉質の薄い一園芸変種である．葉は互生し，倒卵形で，基部はくさび形，薄い革質，全縁，先端は急に鋭く尖り，下面の脈上に細毛があり，短い柄がある．4〜5 月頃，葉に少し先だって枝先に半開の暗赤紫色で香りのある大形の花をつける．つぼみには膜質の苞がある．がく片は 3 個，狭披針形，淡緑色，花時には反り返る．花弁は 6 個，肉質で 2 列生，モクレンより小形で細く，先端はやや尖り，内面は色がうすく白けてみえる．雄しべは多数あって花托柱の基部に集まり，心皮もまた多数あって花の中に突出する花托の上につく．〔日本名〕唐モクレン，姫モクレン．

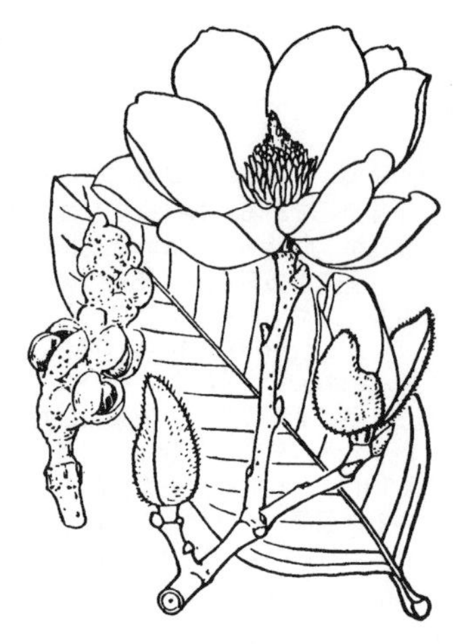

149. ハクモクレン 〔モクレン科〕

Magnolia denudata Desr.

昔，日本に入って来た中国原産の落葉高木で，庭に植えられている．幹は直立して分枝し，高さ約 5 m にもなる．葉には短い柄があって，互生し，広いくさび形か倒卵形，先端は鈍形で短凸頭，全縁で長さ約 10 cm，葉質は厚く，裏面には脈に沿って微毛がある．3 月頃，枝の先に白色の大きい花をつけ，日が当たると開き，樹の上にいっぱいに咲いて香りが高い．つぼみは毛皮状の大形の苞で包まれている．がくも花弁も外形は区別がなく，がく片は 3 個．花弁は 6 個で 2 列生，がく片とともに倒卵形，長さ 7 cm ぐらい．雄しべは多数．雌しべも多数．果体は長くのびて 10 cm ぐらいになる．各々の袋果は成熟して開裂すると白色の糸によって赤色の種子を垂れ下げる．本種の姉妹品に花被の外側が淡紅紫色，内側が白色のものがある．これをサラサレンゲ var. *purpurascens* (Maxim.) Rehder et E.H.Wilson という．〔日本名〕白木蘭はモクレンに似て花が白いからである．〔漢名〕玉蘭．

150. コ　ブ　シ（ヤマアララギ，コブシハジカミ） 〔モクレン科〕

Magnolia kobus DC. var. ***kobus***

各地の山地の林中，あるいは時に原野のへりなどに見られる落葉高木．高さは 8 m 内外にもなり，幹は直立し，多く分枝し，小枝は緑色で，折ると香気がある．葉は互生し，広倒卵形で基部は狭まり，あるいは広いくさび形で，先端は凸頭，下面は淡白緑色を帯び，長さは 10 cm 内外，若葉は有毛である．托葉は膜質で長形，早落性である．春，新葉が出るよりも早く開花し，枝の上に咲き満ちる．花は白色大形で，小枝の先に 1 個つき，香気がある．がく片は 3 個，披針形，外面に軟毛が密生する．花弁は 6 個，へら状倒卵形，長さ 6 cm ほど．雄しべ，雌しべとも多数で互生列，花がすむと袋果をつけている花托は 5 cm ぐらいにのび，いびつな長楕円体となり多少彎曲する．10 月頃，袋果が開裂すると赤色の種子が白糸によって垂れ下がる．〔日本名〕拳の意味で，つぼみの形に基づいたものである．実をかむと辛味があるので昔はこれをヤマアララギまたはコブシハジカミといった．ヤマアララギは山に生えて辛味があるから言ったものだろうし，コブシハジカミのハジカミはサンショウの事で，サンショウのように辛味があるという意味である．〔漢名〕辛夷は誤用で本来はモクレンのことである．

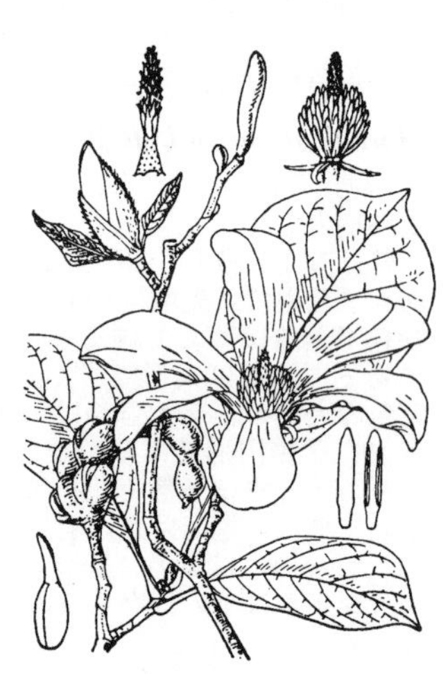

151. キタコブシ 〔モクレン科〕

Magnolia kobus DC. var. ***borealis*** Sarg.

北海道および本州中部以北の主として日本海側の山地に生える落葉高木．山林中に散生し，高さ 5～10 m に達する．コブシ同様，枝を折ると芳香があり，互生する葉は広卵形で，長さ 10～15 cm，幅も 6～8 cm となりコブシよりひとまわり大きい．葉の基部はくさび形となって短い柄に連なり，葉の先端は鋭く尖る．春早く，葉が展開する前に大形 6 弁の白花を開き，花は通常淡紅色をおびる．花の径は約 10 cm，コブシに比してやや大きい．花弁は倒卵形で長さ 6～8 cm，開花時に広く開出し，花弁どうしは重ならない．花の中心部に多数の雄しべが集まり，葯は黄色，やや幅広の花糸の上にのる．この雄しべ群の中央に多数の雌しべがらせん状に並ぶ．花の基部外側に小さながく片がつく．さらにそのすぐ下に通常 1 枚の葉がつく．花後に花托がやや彎曲してのび，数個の果実（袋果）がのる．秋にこの袋果が熟して開裂し，中から赤い種子を白い糸で垂らす．〔日本名〕キタコブシは北方に産するコブシの意．

152. タムシバ（カムシバ，サトウシバ） 〔モクレン科〕

Magnolia salicifolia (Siebold et Zucc.) Maxim.

山地生の落葉小高木．幹は直立し，枝分かれはまばらで，灰色，平滑，無光沢である．葉は有柄で互生し，葉柄の基部には托葉が左右から合わさって袋状となりその中に来年の芽が入っている．葉面は披針形か卵状披針形で先端は鋭尖形，基部は広いくさび形，葉質はやや薄く，硬く，無毛，平滑，裏面は白色を帯び，長さは 10 cm 内外である．早春，まだ芽ののびないうちに大きい白色の花を開き，径 15 cm，苞は毛が多くやや毛皮状である．がく片は 3 個，花弁と同質で長さがその半分である．花弁は 6 個，日が当たると平開し，各片は倒卵状楕円形で質はやや厚くて軟らかい．雄しべは多数で線形，花托柱の下部に集まってつき，花托柱の上部には雌しべが多数ついている．果体は袋果が集まって長さ 7～8 cm，不規則な凹凸がある．秋に熟すと各々の袋果は開裂し，楕円体の赤色の種子を垂れ下げる．〔日本名〕白井光太郎の説によると，タムシバは田虫葉の意味で葉面に時には皮膚病たむしのような斑点ができるからだというが，タムシバはカムシバの転化ではないかと思う．噛柴は葉をかむと甘いのでついた名である．砂糖柴も同様である．

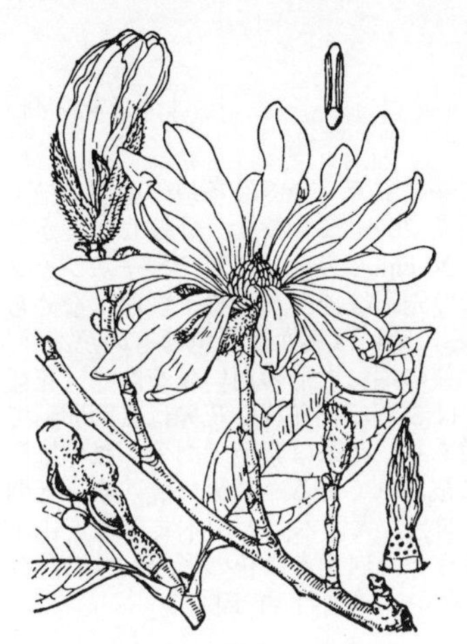

153. シデコブシ（ヒメコブシ）　〔モクレン科〕

Magnolia stellata (Siebold et Zucc.) Maxim.

本州中部の伊勢湾沿岸の湿地に固有だが，広く庭に栽培される．落葉低木あるいは小高木で分枝し，高さ約 3 m ほどになる．葉は互生で短い柄があり，長楕円形あるいは長倒卵形で先端は鈍形，基部は鋭形，若い時は葉の裏の脈にそって多少毛がある．葉の長さは 5～8 cm ぐらいである．春，小枝の端にわずかに紅色を帯びた白色の大きな花を開き，花径は 7～10 cm ほどで香気がある．がく片は小さく狭三角形で 3 枚ある．花弁は 12～18 片ほどあり，各片は狭長倒披針形で先は鈍形，長さ 4 cm ぐらいである．雄しべは多数，雌しべも多数あるが成熟する心皮の数は少ない．花時の花托の長さは 3 cm ほどである．袋果には普通 1 個の赤色の種子がある．花がやや小形で，色が濃く，樹も小形のものが栽培され，これをベニコブシ，一名ヒメシデコブシという．〔日本名〕幣拳の意味で，細長い花弁が散開したようすを玉くし，しめなわなどの垂れたシデにたとえたものである．別名のヒメコブシはコブシよりはるかに小形だからである．旧版では本種を中国原産としたが，これは誤りで本種は中国には産しない．

154. オオバオオヤマレンゲ（ミヤマレンゲ）　〔モクレン科〕

Magnolia sieboldii K.Koch subsp. ***sieboldii***

朝鮮半島原産の落葉低木で，しばしば観賞花木として庭園に植えられているのをみかける．幹は直立し，高さ 4 m 内外あり，まばらに分枝する．葉は互生で柄があり広倒卵形で先端は急に短く尖り，基部は鈍円形でふちは全縁である．長さは 13 cm 内外，表面は平滑，裏面は粉白色で白毛を密生する．托葉は上部の新葉を包み，膜質で早落性である．5 月頃，枝先に香りのある有柄の白花を 1 個つける．花径は 5～7 cm ぐらい，やや下向するかあるいは側向する．がく片は 3 個で紅色を帯び，花弁は 6～9 個で倒卵形，長さは 3.5 cm ほどである．雄しべは多数で花托柱の基部につき，葯は鮮紅色をしている．雌しべは多数で花托柱の上部につく．果体は秋には長さが 5～6 cm ぐらいになって赤く染まり，袋果は成熟して開裂し，各々赤色の 2 個の種子を出し白色の糸で垂れ下がる．〔漢名〕天女花は別物である．〔日本名〕大葉大山蓮花．以下に述べるオオヤマレンゲに比べ葉が大きいことによる．大山は本種の産地，大和（奈良県）の大峰山のこと，蓮花は花のようすに基づいたものである．一名，深山蓮花は深山に生えるから．〔追記〕オオヤマレンゲ subsp. *japonica* K.Ueda は本州，四国，九州の山地林間に産し，幹は斜上し，葯は淡紅紫色である．

155. ウケザキオオヤマレンゲ　〔モクレン科〕

Magnolia ×***wieseneri*** Carrière

時に庭園に観賞用花木として植えられている落葉性の小形の高木．ホオノキとオオバオオヤマレンゲとの雑種とされている．枝はやや太く，葉は有柄で，互生し，倒卵形または倒卵状長楕円形，長さ 15 cm 内外，先は鈍形，ふちは全縁，下面は粉白状で軟らかい絹毛がある．苞葉は帽子状で，一つ上の幼葉を包み，早落性．花は初夏の頃枝の先に 1 個つき，短く太い有毛の花柄があり，上向きに開き，白色でよい香りがある．花径は 12～15 cm ぐらい，浅い皿形である．がく片は 3 個で，背面は淡紅色，長楕円状舟形である．花弁は 10 個ほどあり，へら状倒卵形である．雄しべは多数あり紫紅色をおびていて，花中につき出した柱状の花托の基部に低くらせん状にならび，上半部には心皮が多数らせん状にならんでいる．結実しない．〔日本名〕受咲大山蓮花の意味．

156. ホ オ ノ キ（ホオガシワノキ，ホオガシワ）　〔モクレン科〕

Magnolia obovata Thunb.（*M. hypoleuca* Siebold et Zucc.）

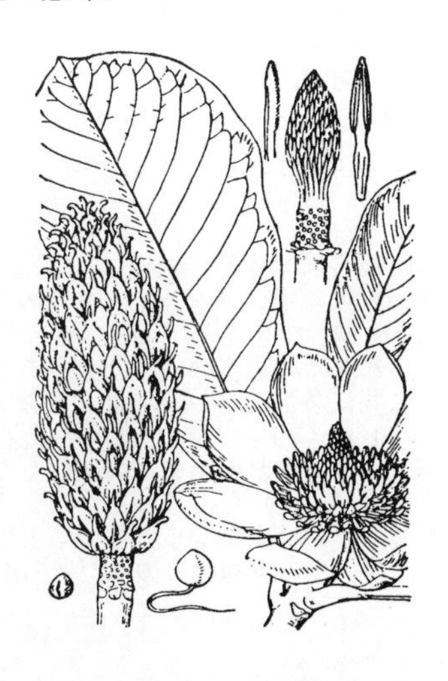

山地や平地の林中に生える日本特産の落葉高木で幹の高さは 20 m ほど，直径 1 m ぐらいになり，まっすぐに立ち，まばらに分枝する．葉は大形で枝端に集まって開出し，有柄で互生，倒卵状長楕円形で全縁，先は尖り基部は狭まる．葉の長さはしばしば 30 cm 以上にもなり，裏面は普通帯白色で細毛があり，葉質はやや厚く，あるいは薄くて硬く，若い葉は帯紅色で美しく，幼時には膜質大形の早落性の托葉（すぐ下の葉の）をかぶっている．5 月頃，香りの高い大形の花を枝の端に開く．花は黄色をおびた白色で，花径は 15 cm ぐらい，つぼみの時は緑色の大きい 1 個の鱗片に包まれている．花の柄は緑色で短く太い．がく片は 3 個，淡緑色で紅色を帯びている．花弁は約 9 個，狭倒卵形，長さは 6 cm ぐらい．花の中には雄しべと雌しべが多数かさなり，花糸は鮮紅色で葯は帯黄白色である．果体は大形の長楕円体で長さは 15 cm ぐらいあり．秋に成熟し，しばしば紅紫色に染まる．袋果は多数で開裂すると各々 2 個の赤色の種子を出し，白色の糸状の種柄で垂れ下がる．材は軟らかく，きめが細やかなので，昔から刀の鞘に賞用され，また版木などに用いられる．葉は食物を包むのに用いる．〔日本名〕古名のホオガシワは多分昔この葉に食物を盛ったのによるのであろう．今日でもなお食品を包むのにこの葉を使う地方もある．〔漢名〕厚朴，商州厚朴，浮爛羅勒はみなホオノキではない．

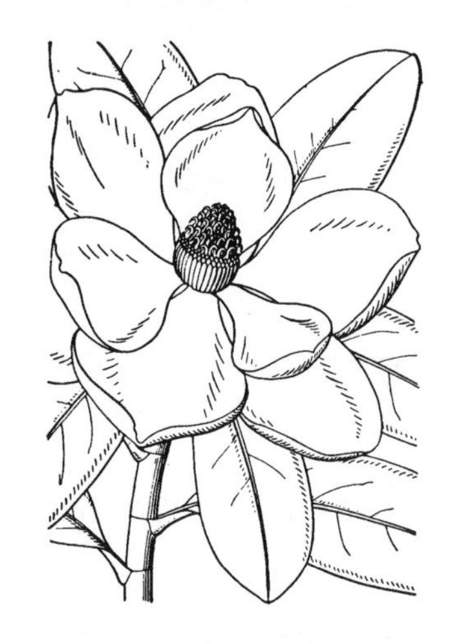

157. タイサンボク 〔モクレン科〕

Magnolia grandiflora L.

明治の初めに日本に入って来た北米原産の常緑高木で，今では各地の庭園に植えられている．幹は直立し，大きいものでは高さ約 20 m にもなり，分枝し，葉が多く密生する．葉は互生，柄があり，大形で長さ 20 cm ぐらい，革質で様子がシャクナゲの葉に似ており，長楕円形または長倒卵形で先端は鈍形，全縁で表面はなめらかで光沢があり，裏面には鉄さび色の密毛がある．時には裏面が緑色のものがあり，グランドギョクランと言っている．5〜6 月頃，枝の端に大形の白い花を開く．花径は 12〜15 cm もあり，強い香りを出す．がく片は 3 個で花弁状．花弁は広倒卵形で普通 6 個，まれに 9〜12 個ある．雄しべは多数あり，花糸は紫色である．果体は円柱状広楕円体で，長さは 8 cm，緑白色で短毛に被われている．袋果は成熟すると開裂して，各々から赤色の種子 2 個を出す．〔日本名〕大盞木，大山木または泰山木は花や葉が大きいので賞賛してつけたものだろうか．白蓮木は花の形がハスの花のようであるからである．これらはみな漢名ではない．〔漢名〕洋玉蘭．

158. ヒメタイサンボク 〔モクレン科〕

Magnolia virginiana L.

合衆国東岸に広く分布し，主に海岸沿いの低湿地に生える．北部のものは落葉性で株立ちとなり高さ 10 m，南部のものは常緑性で単幹，高さ 20 m を超える．庭園樹として温帯地域で植えられている．幹は灰白色で樹皮は鱗片状に剥がれ，若枝および葉芽は淡青緑色で絹毛に覆われ，ときに無毛．葉は長枝ではまばらに互生し，花の基部では輪生状に集まり，明らかな柄があり，葉身は楕円形で長さ 6〜22 cm，やや革質，表面は青緑色で光沢がなく，裏面は粉白色で無毛または絹毛がある．花は春に咲き，枝先に 1 個ずつつき，芳香があり，直径 5〜8 cm，花弁は乳白色で厚く，9〜12 個．雄蕊は多数つき，葯は黄白色，集合雌蕊は黄緑色．種子は朱赤色で目立つ．

159. トキワレンゲ 〔モクレン科〕

Magnolia coco (Lour.) DC.

中国広東省の山地に自生する常緑低木で，南方の各地に植えられ，日本でも暖地に稀に植えられている．高さは 2 m ぐらい．枝は細く，全体がなめらかである．葉は互生で披針状長楕円形，長さ 15 cm ぐらい，先端は尾状に尖り，基部はくさび形，全縁，ふちはやや波状になる．葉質はやや硬く，表面は暗緑色で光沢があり，主脈と側脈は凹入し，裏面は白味をおび，脈は隆起し，網目状の脈が明瞭である．葉柄は 2 cm ぐらい．初夏に枝の先から短い柄を側方に彎曲して出し 1 花をつける．つぼみは初めなめらかな大形の鱗片葉で包まれているが，後にはこれからぬけ出して乳白色半開状の花を開く．花径は 4〜5 cm ばかり．がく片は 3 個，倒卵状楕円形で紫色をおびる．花弁は 6 個，2 列性で，肉質，広倒卵形，先は丸く基部は狭まり，長さ 3 cm ぐらい．花期は非常に短く，花弁は落ちやすい．〔日本名〕常磐蓮花．

160. オガタマノキ 〔モクレン科〕

Magnolia compressa Maxim.（*Michelia compressa* (Maxim.) Sarg.）

日本西南部の温暖な地方の山地に自生するが，また神社の境内や庭にも植えられている常緑高木である．幹は直立し枝分かれ多く，多数の葉が密につく．高さ 16 m ぐらい．葉は互生，厚い革質でつやがあり，長楕円形，広倒卵形あるいは広倒披針形で葉柄は長さ約 1.5 cm，全体 8〜12 cm ほどである．春，葉腋から太く短い柄を出し，1 個の花をつける．花径は 3 cm 内外，初めは短毛のある鱗片で包まれている．がく片，花弁とも 6 個で，どちらも長倒卵形，白色，基部に紅紫色のいろどりがある．雄しべは花托の基部に，心皮は花托の上部に共に多数つき，その間に間隔がある．花托は花が終わると伸びて肥厚し，5〜10 cm ぐらいになり，各々の袋果は裂けて大きい紅色の種子を 2 個出す．〔日本名〕招霊（おきたま）の転化したもので，この樹の枝を神前にそなえて神霊を招禱（おき）たてまつるからオガタマという由．またオカダマすなわち小香実で，オカは小香つまり香のことで，タマは実の形が玉に似ているからともいう．サカキの本物はこの樹だとの説もある．〔漢名〕黄心樹は別物である．

161. カラタネオガタマ 〔モクレン科〕

Magnolia figo (Lour.) DC.（*Michelia figo* (Lour.) Spreng.）

中国南部原産の常緑低木で，庭木として栽培される．高さ 2〜3 m，盛んに分枝して横に広がった樹形となる．樹皮は灰褐色，若枝，蕾，葉柄には金黄褐色の毛が密生する．葉は密に互生し，葉柄は長さ 2〜4 mm，托葉痕は葉柄の先端に達する．葉身は狭楕円形から倒卵状楕円形で，長さ 4〜10 cm，幅 1.8〜4.5 cm，裏面の主脈上に茶色の伏した毛状突起があるが，他は無毛．表面は光沢があり無毛で，基部は楔形から広い楔形，先端は鈍頭．花は 3〜5 月，葉腋に単生し，花柄は太くて長さ 1 cm ほど，バナナに似た甘い香りがある．つぼみは毛に覆われた托葉由来の鞘に包まれ，花弁は 6 枚，淡黄色で，辺縁は時に赤色から紫色，長楕円形，長さ 1.2〜2 cm，幅 0.6〜1.1 cm，多肉で厚い．雄蘂は多数あり葯隔は紫褐色，葯は黄白色．雌蕊群は緑色で長さ約 7 mm，雄蕊群の中央から超出し，無毛．果実は 7〜8 月に熟し，長さ 2〜3.5 cm，熟した心皮は，卵形から球形，緑色で 1（〜2）個の種子がある．

162. ポウポウ（アシミナ，ポポー） 〔バンレイシ科〕

Asimina triloba (L.) Dunal

北アメリカ南部原産の落葉小高木．原産地では高さは 10 m になるといわれるが，日本で栽培した場合はせいぜい 3〜4 m にとどまる．樹皮はやや褐色をおび，細くて長い枝を四方にはる．葉は柄があって互生し，葉身は長さ 10〜25 cm の倒卵状長楕円形，先端は短く尖る．春に葉腋に短い柄のある花をつける．花は直径 4〜5 cm あり，がく片 3 枚と暗紅紫色の花弁 6 枚がある．雄しべ多数があり，中央に 5〜15 本の離生した雌しべがある．このうち，受精して果実になるのは通常 5〜8 個である．果実はややゆがんだ楕円形でアケビに似るが，熟してもアケビのように開裂はしない．果皮は暗紫紅色，果内は黄色で粘質，汁液にとみ，濃い甘味がある．また熟した果実は強い芳香を発散する．暖地はもちろん，東北地方でも屋外で結実する．ポウポウ（pawpaw）は英語名であるが，この名はパパイアをさして使われることもあって，まぎらわしい．

163. イランイランノキ 〔バンレイシ科〕

Cananga odorata (Lam.) Hook.f. et Thomson

熱帯アジア原産の高木あるいは低木．樹皮は淡灰色，枝は黒ずみ，若いうちは軟毛が生えるが後に無毛．葉柄は 1〜2 cm，狭い溝がある．葉身は卵形，楕円形，あるいは広楕円形で，基部は円形，鈍形，あるいは切形，先端は鋭頭から鋭尖頭，長さ 9〜23 cm，幅 4〜14 cm，膜質から薄い紙質，側脈は平行，主脈と側脈上に白色の軟毛が生える以外は後に無毛．花序は腋生，または新枝に頂生し，花序柄は短く，1 あるいは多数の花をつける．苞は微小で，早落性．花は下垂し，花柄は長さ 1〜5 cm，軟毛が生える．萼片は 3 個で卵形，つぼみを囲み，長さ約 7 mm，軟毛に覆われ，基部は合着し，先端は鋭頭で花時に反り返る．花弁は 6 個，黄緑色で次第に黄色に変わり，狭被針形で，長さ 5〜8 cm，幅 0.5〜1.8 cm，先は細長く尖り不規則にねじれる．雄蕊は多数あり黄色，花の中央部で雌蕊群を囲み，雌蕊は黄緑色で 10〜12 個，長さ約 4 mm．果実は楕円形で，長さ 1.5〜2.3 cm，明らかな柄があり，球状にまとまって集合果をなし，黒熟する．種子は各果実に 2〜12 個入り，淡褐色．熱帯で盛んに栽培され，香油を採り，薬用とし，また芳香がある花を集めて寺院などの供物として利用する．

164. バンレイシ（シャカトウ） 〔バンレイシ科〕

Annona squamosa L.

熱帯アメリカ産の半常緑小高木．葉のかなりの部分は秋に落葉する．樹高は 3〜7 m となり，葉は互生して長さ 12〜20 cm の長楕円形．葉柄は短く先端は鋭く尖る．全縁で葉の質は比較的に薄い．花は葉腋から束状につき，葉の裏側ないし下方に垂下する．花柄は長く，がく筒はごく短い．3 数性で花弁も 6 枚あり，内外 3 枚ずつ並ぶ．花の径は 2〜3 cm で果実に比してはなはだ小さく，雄しべと雌しべはともに多数あり，いわゆる多心皮花であるが，花後に多数の雌しべが互いにゆ合して，大きな卵球形の集合果を構成する各々の子房が網目状の模様を作り，各頂点の位置に突起を残すため，集合果全体としては多数のいぼ状突起をもつ．集合果を割ると褐色の種子が放射状に並び，果肉は白くて甘味に富む．果樹として熱帯各地で栽培される．〔日本名〕バンレイシ（蕃荔枝）は南蕃のレイシ（ライチー）の意．果実の形を仏像の頭に見たててシャカ（釈迦）頭という．英名はシュガーアップル，カスタードアップル．

165. チェリモヤ 〔バンレイシ科〕

Annona cherimola Mill.

南アメリカ熱帯原産の落葉小高木．高さ2〜3 mでよく分枝する．葉は互生し，長さ7〜10 cmの卵形で，バンレイシのように長くない．葉面は緑褐色で5〜7対の羽状の葉脈がめだち，裏面は褐色のビロード状の毛におおわれる．花は葉腋に短い柄でつき，バンレイシと同様に3数性で多数の雄しべと雌しべがある．果実は卵状球形の集合果を作り直径は10〜15 cmになる．外面は緑色ないし緑褐色で，集合果を構成する各々の子房が外面はやや凹面をなすので，全体としては多面体状にでこぼこする．果肉は白色でバターのように軟らかく，強い甘味と酸味があって美味であり，芳香をもつ．内部に放射状に黒い種子が配列する．デザート果実として生食するほか，シャーベットやジュースとしても賞味され，熱帯各地で広く栽培されている．〔日本名〕チェリモヤの名は現地（南米）名に由来した英語名（Cherimoya）．南米ではスペイン語のCherimollaでよばれこれが学名の種形容語となった．

166. トゲバンレイシ（シャシャップ） 〔バンレイシ科〕

Annona muricata L.

熱帯アメリカ原産の落葉小高木で，熱帯各地で果樹として栽培される．葉は互生し，楕円形で長さ12〜20 cm．形，質感ともにカキノキの葉によく似ている．花は夏に葉腋に1〜2個つき，がく片は3枚あって小さく，花弁は黄褐色で6枚，質はやや肉厚で花の径は3〜4 cm．果実（集合果）は特徴あるゆがんだ卵球形で長さ20〜30 cmと大きく，先端は彎曲してやや尖る．外面は緑黄色で，集合果を作る各々の子房の先端が突起して宿存するため果実全体がとげにおおわれる．果肉は白色で甘酸味があり，生食するほかジャムやジュース，冷菓に使用される．また発酵させて飲料とする．果実はビタミンCを多く含み，昔から壊血病の薬とされた．〔日本名〕刺バンレイシは果実の形状による．英名サワーソップ（Soursop），小笠原諸島ではこの英名をなまってシャシャップと呼んでいる．

167. ロウバイ（カラウメ） 〔ロウバイ科〕

Chimonanthus praecox (L.) Link var. ***praecox***

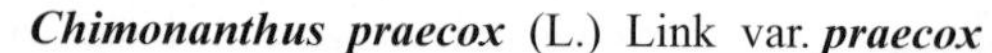

本種は後水尾天皇（1611〜1629）の時代に初めて朝鮮半島から渡来したもので，中国原産の落葉低木である．観賞花木として普通，人家に植えられている．高さは2〜4 mぐらい，幹は叢生して分枝する．葉は有柄，対生し，卵形，先端は鋭尖形，全縁，長さ15 cm内外，葉質はやや薄くて硬く，葉面はざらつき，羽状脈がある．1〜2月頃，葉がのびるよりも先によい香りの花を開き，それぞれの枝の節に密接下向してつき，花径は約2 cm前後である．花被は多数で小形の内層片は暗紫色，大形の中層片は黄色で薄くやや光沢があり，下層片は多数の細鱗片となる．雄しべは5〜6個，葯は外向きである．雌しべは多数で，つぼ状の花托の内にあり，花托のふちには不発育の雄しべがある．子房は1室で，中に胚珠が1個あり，柱頭は分岐しない．花がすむと，花托は成長増大し，長卵形の偽果となり，内部に1〜4個の深紫褐色，長楕円形の痩果がある．種子は無胚乳，子葉は葉状で巻いている．この種の中で花弁が広く，花の姿の美しいものをトウロウバイ（次図参照）という．花弁が普通品（var. *praecox*）よりやや広くトウロウバイより狭いのをカカバイ var. *intermedia* Makino 漢名，荷花梅といい，花全体が黄色のものをソシンロウバイ var. *concolor* Makino 漢名，素心蝋梅という．〔日本名〕漢名の蝋梅（臘梅は不可）の音よみで，古名の唐梅は中国から来た梅の意味である．

168. トウロウバイ（ダンコウバイ） 〔ロウバイ科〕

Chimonanthus praecox (L.) Link var. ***grandiflorus*** (Lindl.) Makino

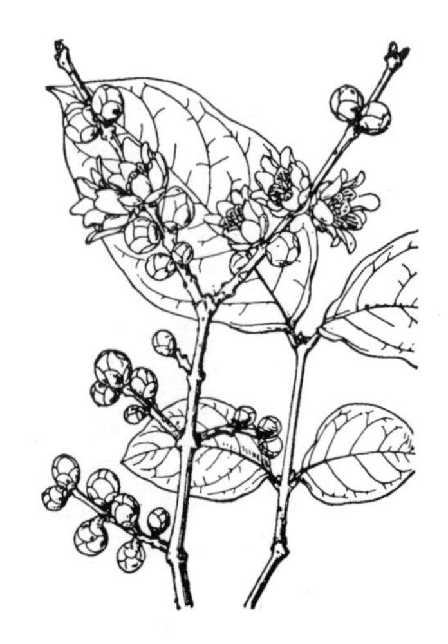

中国原産の落葉性低木で，観賞花木としてしばしば人家に植えられている．高さは2〜4 mぐらい，枝を対生し，多く分枝する．葉には短柄があって対生し，卵形または卵状楕円形，先端は鋭尖形，基部は円形，全縁，葉質は硬く，葉面はざらざらしている．花は早春に葉が展開するよりも先に，昨年の葉の腋に1個ずつ下向きに密接してつき，半開状で花径は2 cmぐらいである．花被は多数で，外層片は鱗片状，中層片は大形で強い光沢のある黄色，上半部のふちは多少内方に巻き，内層片は小形で暗紅色，雄しべは5個で，葯は外向き，雌しべは多数で凹形をした花托内にあり，ロウバイと比べると，花径はやや大形，花弁もまたやや広く，広長楕円形である．〔日本名〕唐蝋梅の意味である．〔漢名〕檀香梅．

169. ナツロウバイ 〔ロウバイ科〕

Calycanthus chinensis (W.C.Cheng et S.Y.Chang) P.T.Li

中国原産の落葉灌木で高さ 1～3 m．樹皮は淡青緑色あるいは灰褐色で，凸状の皮目を持つ．枝は無毛あるいは若いうちは軟毛が生える．葉は対生し，葉柄は長さ 1.2～1.8 cm，黄色の小剛毛が生える．葉身は広卵状楕円形，卵形，あるいは倒卵形で長さ 11～26 cm，幅 8～16 cm，両面に光沢があり，背軸側は茶色の小剛毛があるが次第に無毛になり，向軸側はざらついて無毛．基部は広楔形でわずかに非対称，全縁あるいは不規則な鋸歯があり，鋭頭．花は新枝に 1 個頂生し，径 4.5～7 cm．花柄は 2～4.5 cm，小苞は 5～7 枚で早落性．花被片は二形性で，外花被片は 10～14 枚，白色で縁に向かってピンク色を帯び，倒卵形から倒卵状箆形，長さ 1.4～3.6 cm，幅 1.2～2.6 cm，鈍頭．内花被片は 7～16 枚，厚みがあり淡黄色，楕円形，長さ 11～17 mm，幅 9～13 mm，鈍頭で内側に湾曲する．雄蕊は 16～19 本，長さ約 8mm．仮雄蕊は 11 あるいは 12 本．心皮は 11 あるいは 12 本，絹毛が生える．偽果は鐘形，長さ 3～4.5 cm，幅 1.5～3 cm，軟毛が生え，先端はわずかにすぼまり，内側の瘦果は楕円形，長さ 10～12 mm，幅 5～8 mm，絹状の毛状突起が生える．

170. ハスノハギリ 〔ハスノハギリ科〕

Hernandia nymphaeifolia (C.Presl) Kubitzki（*H. sonora* auct. non L.）

熱帯アジアから熱帯，亜熱帯の太平洋諸島の海岸に広く分布する常緑大高木．日本では琉球列島や小笠原諸島の海岸林の主要木となっている．樹高 15～20 m に達し，幹は胸高直径で 50 cm 以上にもなる．樹皮は灰白色で上部はよく分枝してうっそうとしげる．葉は 10 cm 余の長柄があって互生し，枝先に集まってつく．葉身は心臓形で，長さ 15～30 cm，全縁で上面は光沢がある．柄のつき方は楯形で特徴がある．この柄の付着点から放射状に葉脈が走る．夏に枝の先端に長い散房花序をだし，クリーム色で径 3～5 mm の花をつける．雄花 2 個と雌花 1 個の組み合わせを単位として複合花序をなす．果実は黄白色で透明感のある肉質の総苞に包まれる．この総苞は袋状で直径 3～5 cm，上端部に径 1 cm ほどの穴があって，底の部分に黒褐色卵球形の種子がみえる．総苞に包まれたこの果実は海面を漂流し散布される．〔日本名〕蓮の葉桐の意で，楯形の葉からハスの葉を連想したもので，材が堅く，桐に似ることに基づく．

171. シナクスモドキ 〔クスノキ科〕

Cryptocarya chinensis (Hance) Hemsl.

中国南部と台湾に分布する常緑高木．南九州の一部にも自生が知られる．高さ 20 m，胸高直径は 60 cm に達し，樹皮は黒褐色ですじ目が入る．枝には稜があって角ばる．葉は長さ 1 cm ほどの柄で互生し，細長い楕円形で長さ 6～12 cm，幅は 3～5 cm で全縁，先端はやや尖り基部はやや丸い．葉質は革質だが薄く，表面は光沢のある緑色，裏面は粉白をおびる．葉脈はいわゆる 3 行脈で，葉のつけ根のやや上で 3 本に分かれ，そのままほぼ平行に縦に走る．5 月に枝先近くの葉腋から円錐花序を出す．花序の軸は花枝と同様に綿毛が密におおう．個々の花は径 3 mm ほどで 6 枚の花被片があり，基部は筒を作る．花被片の外側にも花序と同様に細毛が生える．雄しべは 12 本．3 本ずつ 4 輪を作り，最外輪の 3 本は葯のない仮雄ずいになっている．雌しべの子房は花の基部の花筒に埋まっていて子房下位にみえる．このまま熟して球形の液果となり，熟すとはじめて花筒が裂けて黒い果実が露出する．〔日本名〕中国に産し，クスに似た木の意．同属の植物は旧大陸の熱帯に種類が多い．

172. スナヅル 〔クスノキ科〕

Cassytha filiformis L.

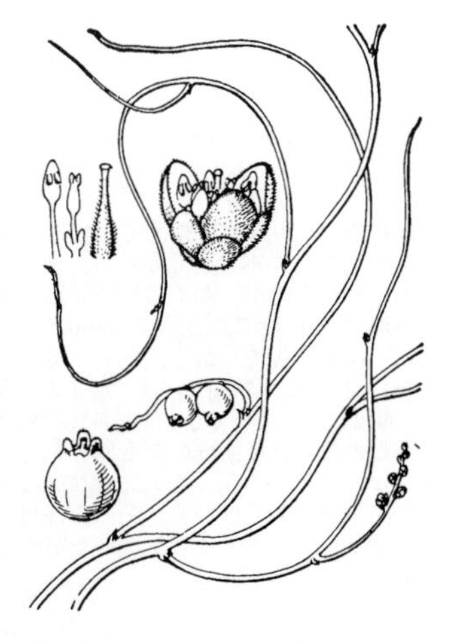

屋久島，小笠原以南の各地の海岸に生える無葉の寄生性つる植物である．茎は糸状で無毛，黄色または橙黄色で，長くのびてまつわりつき，茎の一側にできる長い盤状の吸収根で他の植物につく．葉は小形の鱗片に退化し，長い節間をへだてて互生する．1 年中，茎のところどころから長さ 3～4 cm の穂状花茎を直立して出し，多少屈曲して，数個の花をまばらにつけ，下から順に咲き上る．花には柄がなく，全体は卵形体で，花軸に密接して斜上向し，長さ 2.5 mm ぐらいあり，基部に小苞が 2 個ある．花被片は 6 個，無毛，外花被片 3 個は小形で卵形，先端は鈍形，内花被片 3 個は大形で卵状長楕円形，下部は互にゆ合し，果時には球状，あるいは鐘状で，子房を取りかこむ．雄しべは 9 個，3 輪に配列し，内側の 1 輪にある 3 個の雄しべは花糸の基部の左右に腺体がある．雌しべは 1 個，有毛，卵形体の子房があり，短い花柱は直立して花被の筒部の口から少し出る．宿存する花被に包まれた果実は 6 mm ぐらいで球形，熟すと白色になる．〔日本名〕砂蔓．海岸の砂浜に多く生えるつるの意味である．

173. クスノキ（クス）　〔クスノキ科〕

Cinnamomum camphora (L.) J.Presl

各地の暖地に多く自生する常緑高木で，またところどころに栽植されている．往々非常に大形の樹となり，多数の年月を経るものがある．幹の高さは 20 m 以上になり直径は 2 m にもなるものがある．葉は互生し，卵形で先端は細長くとがり全縁で長い葉柄があり，長さは葉柄を含んで 8 cm くらい，革質で表面には光沢があり，最下の側脈が明らかでやや 3 主脈状にみえる．5 月頃，やや散形状をした円錐花序を出し，初めは白色で後に黄色を帯びる小さい花を開く．花被は広い鐘形で 6 裂し，各裂片は広楕円形で 3 個ずつ内外の 2 重の輪を形成し，雌しべは 1 個，雄しべは 12 個で，雄しべは内外 4 重の輪を作り，最も内側の輪の雄しべは仮雄ずいとなる．11 月になると直径約 8 mm の球形の果実をつけ，黒く熟し，果皮の内部に円い種子が 1 個ある．木全体によい香があり，材を用いて種々の器具を作る．また樟脳を採り薬用とする．下総（千葉県）の神崎神社の庭に真正のナンジャモンジャが植えてあるがこれはクスノキそのものである．他所にあるナンジャモンジャはみな偽品である．〔日本名〕和訓栞に『奇（くすしき）の義也といえり，よく石に化し，樟脳を出すものなれば名くる成るべし』と出ているが定説とすることは出来ない．〔漢名〕樟．楠はクスではない．楠の本物は日本にはない．

174. ヤブニッケイ（マツラニッケイ，クスタブ，コガノキ）　〔クスノキ科〕

Cinnamomum yabunikkei H.Ohba（*C. tenuifolium* (Makino) Sugim. ex H.Hara ; *C. japonicum* Siebold ex Nakai, non Siebold）

日本の関東地方以南の温暖地に生えるが，ことに海に近い地方に多く，しばしば人家の周囲に植えられている常緑の高木．高さは 10 m ぐらいになり，幹は直立して分枝し，樹皮は暗色で，小枝は緑色をしている．葉は有柄で対生あるいは互生，長楕円形で先端はとがり，全縁で革質，長さは 6〜10 cm ぐらいある．葉の上面は深緑色で光沢があり，裏面は淡白緑色で，においはニッケイに似ているがうすい．6 月に枝先の葉腋から長い柄を出し，散形状の集散花序に淡黄色の小花をつける．がくは深く 6 片にさけ，裂片は 3 片ずつで内外 2 個の輪をつくり，広楕円形で先はとがり，長さは 2.5 mm ぐらい，外側に短い毛がある．雌しべは 1 個，雄しべは 12 個で，雄しべは 4 個の輪を作っており，最も内側のものは仮雄ずいになっている．液果は 11 月頃熟して黒色となり，楕円体で，長さは 1.3 cm ぐらいで，種子が 1 個入っている．種子中の子葉は肥厚している．〔日本名〕やぶに生える肉桂という意味．松浦肉桂は長崎県の松浦で樹皮を採って松浦桂心と呼んでいることからついた名である．タブ，コガの語原は明らかでない．〔漢名〕天竺桂は別の植物である．

175. マルバニッケイ（コウチニッケイ）　〔クスノキ科〕

Cinnamomum daphnoides Siebold et Zucc.

九州から北琉球の海岸に自生し，また温暖地に植えられている常緑小高木で，枝は多く分かれ，葉は密にしげる．小さい若枝には 4 稜があり，淡緑色で，ねた白色の細毛が生えている．枝は円柱形で，褐色，無毛．葉は小形，対生あるいは斜対生，短い柄がある．葉の形は，先が丸く，下部がくさび形の倒卵形で，全縁，葉質は厚く，上面は緑色，ねた細かい毛が薄く生えているが，下面には絹のような細毛が密生して白色を呈している．主脈は 3 本縦に通り，細脈は外からは見えにくい．葉の長さは 2〜4 cm，幅は 1〜2 cm で，葉柄には細かい毛があり，上面に溝がある．花序は腋生し，柄が長く，その先端に 3〜7 個の花がかたまってつく．果実は液果で，非常に短い柄があり，広楕円体，なめらかで無毛，初めは緑色であるが，後に黒く熟す．液果の下部にはさかずき状の厚質の宿存性のがくがある．果実中には無胚乳の大きい種子が 1 個あり，種子の中には肥厚した子葉があって幼葉はきわめて小さい．〔日本名〕ニッケイの類で，葉が円味をおびているので，マルバニッケイという．

176. ニッケイ　〔クスノキ科〕

Cinnamomum sieboldii Meisn.（*C. loureiroi* auct. non Nees）

享保年間（1716〜1735）に日本に伝わり，国内の所々に植えられるようになった常緑高木で，おそらく琉球の原産であろうと考えられる．幹は直立してそびえ，高さは 8 m 余に達し，さかんに枝分かれし，葉をたくさんつける．小枝は緑色で，葉とともに無毛である．葉は有柄で互生，卵状長楕円形で先端はだんだん尖り，長さは葉柄を含んで 12 cm ぐらい，はっきりした 3 本の主脈がある．夏に，小枝の葉腋から長い花柄を出し，集散花序に淡黄緑色の小花を開く．がくは短い筒形で 6 裂し，3 片ずつが内外の 2 輪に配列し，各片はほぼ同形，長楕円形で長さは 3.5 mm ぐらい．短毛がある．雌しべは 1 個，雄しべは 12 個ある．雄しべは 4 輪生で，最も内側の 1 輪は 3 個の仮雄ずいから出来ている．液果は楕円体で黒く熟し，長さは 1.5 cm ぐらい，種子が 1 個入っていて，子葉は厚い．根皮は辛く，香気があって，薬用にされている．〔日本名〕肉桂としているが，元来この語はこの種の名ではなくて，この類の根に近い樹皮の最も厚い部分の名であるので，本種をニッケイと呼ぶのは誤りであるが，古くから用いなれた名であるので，それにしたがった．〔漢名〕桂は慣用名．桂は元来本種の名ではなく，その主品は次掲のトンキンニッケイ，一名牡桂である．また後掲のセイロンニッケイすなわち，箘桂も桂の別種である．

177. トンキンニッケイ　〔クスノキ科〕

Cinnamomum cassia (L.) D.Don

中国南部を原産とする中型の高木．樹皮は灰褐色で，厚さ 13 mm に達する．1 年枝は暗褐色で円筒形，当年枝は黄褐色，縦方向に筋が入り，灰黄色の綿毛が密生する．頂芽は小さく，約 3mm，芽鱗は広卵形，鋭尖頭，灰黄色の綿毛が密生する．葉は互生あるいはやや対生，葉柄は長さ 1.2～2 cm，葉身の向軸側は緑色で光沢があり，狭楕円形から被針形，長さ 8～16（～34）cm，革質で背軸側はまばらに黄色の綿毛が生え，向軸側は無毛，三行脈が目立つ．円錐花序は枝先近くの葉に腋生し，長さ 8～16 cm，分枝した先に 3 個の花を集散状に付ける．花柄は長さ 3～6 mm，黄褐色の綿毛が生える．花は白色，径約 4.5 mm，花被は黄褐色の綿毛が密生し，花被片は 6 個，卵状楕円形で，長さ約 2.5 mm，鈍頭あるいはやや鋭頭．雄蕊は 9 本が 3 輪に並び，内側の 2 輪の花糸には中途にオレンジ色の腺体が 1 対つき，葯は 4 孔で弁開する．最内輪に 3 個の退化雄蕊があり，先に心臓形の腺体がある．子房は卵形で，長さ約 1.7 mm，無毛．花柱は細く，子房より大きい．果実は楕円体，長さ約 10 mm，熟すと黒紫色，無毛．花期は 6～8 月，果期は 10～12 月．樹皮を乾燥した桂皮は生薬として重要である．

178. セイロンニッケイ　〔クスノキ科〕

Cinnamomum verum J.Presl

スリランカ原産で，アジア各国で栽培されている常緑低木で，高さ 10 m に達する．樹皮は黒褐色で，内皮は桂皮アルデヒド臭がする．若枝は灰色で，やや四角形，白色で斑点がある．芽は絹毛が生える．葉はたいてい対生，葉柄は長さ約 2 cm，無毛．葉身の背軸側は緑白色，向軸側は緑色で光沢があり，卵形から卵状被針形で，長さ 11～16 cm，幅 4.5～5.5 cm，基部は尖り，鋭尖頭，全縁，革質で両面無毛，三行脈があり，主脈と側脈は両面に突き出る．円錐花序はふつう頂生で，長さ 10～12 cm．花柄は長さ 6 mm，絹毛が生える．花は黄色，径約 6 mm．花被筒は逆円錐形．花被片は 6 枚，楕円形，やや不同，外側は灰色の柔毛が生える．雄蕊は 9 本で花糸の基部に毛があり，3 輪に配列し，最内輪の 3 個には 1 対の腺体があり，3 個の仮雄蕊がその内側に互生する．子房は卵形，長さ 10～15 mm，無毛，花柱は短く，柱頭は円盤状．果実は卵形で径 10～15 mm，熟すと黒色になる．樹皮は食品や香辛料に用いられるシナモンの主要な材料である．

179. タブノキ（イヌグス）　〔クスノキ科〕

Machilus thunbergii Siebold et Zucc.

暖かい地方の主としての海岸地に多い常緑の大高木で，高さは約 13 m になり，幹の直径は 1 m になるものもある．葉は有柄で互生し，枝の先に集まってつき，革質で厚く，やや光沢があり，長楕円形あるいは長倒卵形で，先端はやや凸形，下部は狭まり，全縁で裏面は多少白色を帯びる．5～6 月頃，新葉とともに円錐花序を出し，多数の花が群がって開き，花序のつけ根には大形の芽鱗がある．花は両性花で，黄緑色をしており，花柄は 1 cm ばかりある．花被片は 3 個ずつ，2 輪に配列し，線状楕円形で長さは 5 mm ぐらい．雌しべは 1 個，雄しべは 12 個で，雄しべは 4 輪に配列し，最も内側にある 3 個は仮雄ずいになっている．液果はゆがみのある球形で長径 1 cm くらい，7 月頃に黒藍色に熟し，果柄は赤色をおびている．材質はやや硬く，多少クスの材に似ている．タマグスと呼ばれているものは，老樹の材の木目が巻雲紋を現わしているのを言ったもので，高く評価されている．〔日本名〕タブの意味は不明．犬樟（イヌグス）はクスに似ているがクスではなく，木質が劣っているからである．

180. ホソバタブ（アオガシ）　〔クスノキ科〕

Machilus japonica Siebold et Zucc. ex Blume

暖かい南方の山地に生える常緑高木で，幹の高さは約 13 m になり，直径は 70 cm にもなる．葉は有柄で，互生し，狭長な長楕円形あるいは披針形で，先端は鋭尖形，全縁で，薄い革質，長さは 12～20 cm ほどある．初夏の頃，枝の先に新葉とともにややまばらな円錐花序を出し，淡黄緑色の小さい花をつける．花には柄がある．花被は 6 つに深く裂け，3 片ずつ内外の 2 個の輪を作っている．花被片は長楕円形で，長さ 5 mm ぐらい，短毛がある．雄しべは 9 個，雌しべは 1 個あり，雄しべは 3 輪に配列している．花柄は長さ 6 mm ぐらい．果実は 8 月頃熟して，球形，緑黒色となり，直径は 9 mm ほどで，基部には花被片が残っている．〔日本名〕アオガシは緑色のカシの意味で，これは元来バリバリノキの一名である．

181. コブガシ 〔クスノキ科〕

Machilus kobu Maxim.

小笠原諸島に固有の常緑高木．高さ約 10 m に達する．小笠原各島と南北硫黄島の湿性林にふつうに生える．枝の節の部分がこぶ状に肥大する特徴があり，和名もこれに基づく．葉は長楕円形で長さ 10～17 cm，7～10 対の側脈があり全縁．新葉は紅色をおび，薄く軟質であるが，成葉では革質となる．若枝や葉の裏面，花序などに褐色の毛が密生する．春に葉腋に円錐花序を出すが，花序全体は葉より短い．花は淡黄緑色で直径約 5 mm，花被片は 6 枚あって表裏とも密に毛がある．雌花と両性花があり雌花では雄しべは退化して仮雄ずいとなる．両性花には雄しべが 12 本あり，うち数本は仮雄ずいである．夏に球形の液果を生じ，径 5～7 mm で初め緑色であるが，後に紫黒色に熟す．〔日本名〕榴樫は枝にこぶ状のふくらみがあり，葉が常緑のカシ類に似るため．〔追記〕小笠原諸島には本種と近縁の固有種としてタブガシ *M. pseudokobu* Koidz. とムニンイヌグス *M. boninensis* Koidz. がある．前者は本種と酷似するが枝葉の毛が成葉では脱落し，後者は全体にやや小形で全株無毛である．ただし，タブガシをコブガシの変異の範囲に入れて区別しない意見もある．

182. アボガド 〔クスノキ科〕

Persea americana Mill.

中央アメリカやカリブ海諸島，南アメリカ北部の原産とされる常緑高木で，新大陸発見以前にすでに広く栽培されていたという．樹高 10 m ほどでよく枝をはり，大きな樹冠をつくる．葉は柄があって互生し，長さ 10～30 cm の長卵形で全縁．葉の質はあまり厚くなく，平行に走る側脈がめだつ．花は円錐花序に小さな緑黄色の小花を多数つける．花弁は 5 枚あって小さい．果実は楕円体や球形など品種によってさまざまだが，最も代表的なものは洋ナシ形で緑紫色に熟す．表面は革質で凹凸があるが，果皮は薄く，内側に軟質でバター状の果肉があり，中心には大きな種子が 1 個，核のようにある．果肉には脂肪分が多く，栄養にとむため森のバターなどと呼ばれるが，甘味はなく，通常はサラダとして食べる．現在ではアメリカ合衆国のフロリダやカリフォルニアで栽培され，アリゲータペアーの英名で呼ばれるほか，南米や地中海地方でも広く栽培されている．〔日本名〕アボカド avocado はジャマイカでの現地語といわれ，南米ではパルタと呼ぶのがふつう．英名を直訳してワニナシの和名もある．

183. シロダモ（シロタブ，タマガラ） 〔クスノキ科〕

Neolitsea sericea (Blume) Koidz.

暖地生の常緑高木で，山地や平地に生え，幹の高さは 10 m にもなる．小枝は緑色円柱形で無毛．葉は有柄互生で革質，楕円形，全縁で両端は尖り，表面は緑色，裏面は白色をしており，3 本の主脈がある．長さは葉柄を入れて 15 cm ぐらいある．若葉は下に垂れ，黄褐色をおびた毛を密生しているが，後に平滑となる．秋の終わり頃，枝先の葉腋に黄褐色の小花が群がってつく．雌雄異株である．がくは浅い鐘形で，深く 4 裂し，各裂片は広卵形で長さは 2.5 mm ほどである．雄しべは 8 個で，葯は 4 室である．雌花には棍棒状の 1 花柱があり，柱頭は扁平である．果実は翌年の秋に赤く熟し，楕円体で長さは約 15 mm，果皮は平滑である．まれに果実が黄色のものがある（キミノシロダモ f. *xanthocarpa* (Makino) Okuyama）．果柄はやや肥厚し，長さは約 12 mm である．〔日本名〕白ダモは葉の裏が白いからであろう．ダモはタブと同様に，この類の総称であろうが，その意味は不明である．

184. イヌガシ 〔クスノキ科〕

Neolitsea aciculata (Blume) Koidz.

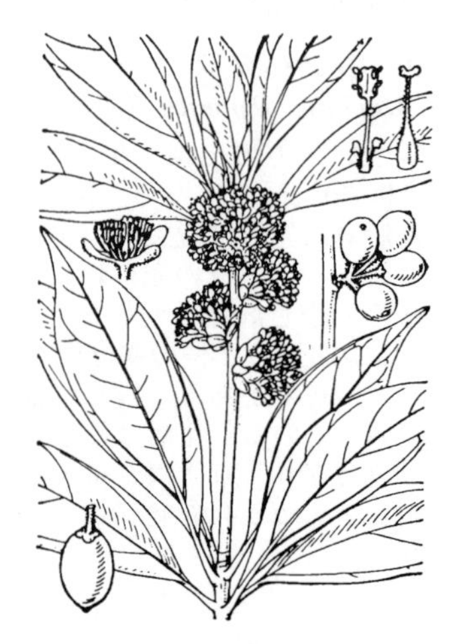

本州中部以西の各地の山地に生える常緑小高木．幹は高さ 4 m になる．葉は有柄で互生し，長楕円形，全縁で両端は尖り，薄い革質で，表面は緑色で光沢があり，裏面は帯白色，3 本の主脈が目立つ．葉の長さは葉柄を加えて 10 cm 内外である．若葉は平滑で無毛．3 月頃，葉腋や小枝の下部に赤色の小さい花が群がってつく．雌雄異株である．花被は 4 個に深く裂け，裂片は広楕円形で長さは 3 mm ぐらいである．雄しべは 18 個で 6 個ずつが 3 輪に配列している．雌花には長い花柱があり，これに細かい毛が生えている．果実は液果で 10 月頃黒紫色に熟し，楕円体である．〔日本名〕犬ガシはカシと似ているが本物ではないという意味である．

185. **バリバリノキ**（アオガシ，アオカゴノキ）　〔クスノキ科〕

Actinodaphne acuminata (Blume) Meisn.

（*A. longifolia* (Blume) Nakai ; *Litsea acuminata* (Blume) Sa.Kurata）

暖地の山地に生える常緑高木．高さは 5〜13 m である．枝は太くてまばらに分枝し，平滑である．葉は互生し，葉柄があり，長大な披針形で長さは 20 cm 内外，薄い革質で，先はだんだん尖って長い尾状となり，基部は鋭尖形，無毛で表面は濃い緑色，平坦，なめらかでつやがあり，裏面は多少粉白状である．古い葉はたいてい下向きに垂れている．秋になると，花は腋生の短柄の上に密集して小球状となり，外部は総苞片で包まれている．雌雄異株．花色は淡黄緑色．雄花には雄しべが 9 個，雌花には線状の仮雄ずい 9 個があるが，雌花，雄花ともに内側の 3 個の下部両側に腺体がある．液果は楕円体，長さ 1.5 cm，平滑無毛で，冬を越してから黒く熟す．〔日本名〕バリバリノキは硬質の葉がふれあう時の音に基づいたものであろう．

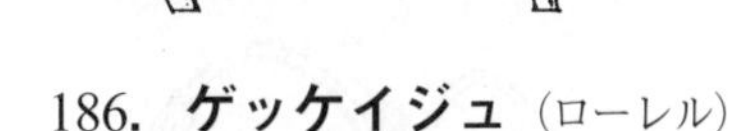

186. **ゲッケイジュ**（ローレル）　〔クスノキ科〕

Laurus nobilis L.

明治 38 年頃に渡来し，今では各地に植えられている南ヨーロッパ原産の常緑樹で，高さは 12 m ぐらいになり，枝は多く葉は繁り，小枝は緑色である．葉は互生し，長楕円形，長さ 8 cm ぐらい，全縁，波状で，平滑，革質，深緑色，葉を傷つけると一種のさわやかな香りがする．雌雄異株で，春に葉腋に黄色の小さい花を密集してつける．若いつぼみは球形になった総苞の中にある．花被は 4 つに深く裂け，裂片は倒卵形で，雄しべは 8〜14 個，普通は 12 個，花柱は短く，柱頭はやや頭状である．果実は楕円状球形で，10 月頃黒紫色に熟す．葉は香料として頭髪用「ベーラム」の原料となり，また料理に使う．ヨーロッパでは，古来，この枝葉の環を戦勝，あるいは「オリンピック」競技の名誉の表象とする．〔日本名〕月桂樹という美しい名は中国の月桂樹に基づいたものであるが，これは誤りで，ローレル（Laurel 正しくは Noble Laurel あるいは Victor's Laurel）を初めて月桂樹と訳したのは英華字典であろう．英語名はベイ（Bay 正しくは Sweet Bay）である．

187. **コガノキ**（カゴノキ，カゴガシ，カノコガ）　〔クスノキ科〕

Litsea coreana H.Lév.（*Actinodaphne lancifolia* (Blume) Meisn.）

暖地に生える常緑の大高木．高さ 15 m 内外．幹は樹皮が平滑で淡紫黒色をしているが，円い薄片となって点々と脱落し，そのあとが白くて鹿の子模様となる．それでカゴノキの一名がある．葉は有柄で互生し，倒披針状長楕円形で，長さは 5〜10 cm，革質で先は鋭く尖り頂端は鈍形，表面は暗緑色でなめらか，裏面はやや灰白色で微細な毛が密生している．夏に，葉腋に密集した散形状の花序を出す．花序の外部には鱗片がある．雌雄異株である．総苞片は黄色で花弁のように見える．花被は 6 裂し，目立たない．雄花には雄しべが 9 個あり，最も内側にある 3 個にだけ腺体がある．葯は 4 室で内側に向き弁で開裂する．液果は球形で径 1 cm 以内である．冬を越して翌年の夏に紅熟する．果実の柄は太くて短い．〔日本名〕コガノキの意味は不明．カゴノキは上に述べた通りである．カゴガシは鹿子ガシで，カノコガは鹿のコガであろうか．

188. **ハマビワ**（ケイジュ，シャクナンショ）　〔クスノキ科〕

Litsea japonica (Thunb.) Juss.

暖かい地方の海岸の林中に生える常緑高木．高さは 7 m ぐらいになり，樹皮は濃褐色をしている．葉は樹上にいっぱいにしげり，有柄で，互生し，長楕円形，厚い革質でシャクナゲの葉のようである．長さは 10〜15 cm，先端は鈍形で基部は鋭形，表面は暗緑色で著しく平坦なめらかであるが，裏面には褐色の綿毛が密生し，葉のふちは全縁で多少裏面に曲がりこんでいる．10 月頃，葉腋から 2〜3 個の黄白色の花をつける小球状の花序を短い柄の上に散形につけ，絹毛をかぶり，総苞片は 3〜4 個で，外面に褐色の毛がある．雌雄異株．花被は淡緑色で 6 深裂する．雄しべは 9 個で，花被よりも長くぬき出ている．葯室は円く，2 弁で開く．液果は楕円体で翌年になって熟し，碧紫色となる．〔日本名〕浜ビワはこの樹が海浜に生え，葉がビワに似ているからである．ケイジュは桂樹であろう．シャクナンショはシャクナン樹の意味で多分樹の姿がシャクナゲに似ているからであろう．

189. アオモジ　〔クスノキ科〕

Litsea cubeba (Lour.) Pers.（*L. citriodora* (Siebold et Zucc.) Hatus.）

西日本の山陽地方と西九州，屋久島や奄美諸島に分布する落葉小高木．高さ2〜4 m．全体に毛はなく枝は緑色で平滑．葉は互生し，長さ7〜15 cmの細長い長楕円形で両端とも鋭く細まる．葉の表面は緑色，裏面は淡緑色で粉白をおびる．葉柄は長さ1〜2 cm．質は紙質で葉縁にきょ歯はない．春，葉の開く前に枝の下部（前年葉の葉腋）から分かれる枝先に散形花序をつける．花は白色，花被片は6弁で丸みがあり，内側に彎曲して平開しない．雌雄異株で，雄花の雄しべは9本．葯は4つの室に分かれ，各々に弁で開く穴がある．雌花の雄しべは9本とも仮雄ずいとなって葯をつけない．果実は液果でやや長めの球形，長径は約6 mm，秋に黒色に熟す．マレーシアから台湾，中国南部にかけて広く分布する種類の北限にあたる．〔日本名〕アオモジは近縁のクロモジに対して幹，枝が緑色で，黒くならないからいう．〔追記〕近年，温暖化に伴って近畿地方にも広がりつつある．

190. テンダイウヤク（ウヤク）　〔クスノキ科〕

Lindera aggregata (Sims) Kosterm.

昔，享保年間（1716〜35）に中国から伝わって来た常緑低木で，原産地は中国であるが，今では九州や和歌山，大阪，静岡などの諸府県に野生化している．高さは約3 mになる．葉は薄い草質で広楕円形，先端はだんだんと細まり，3本の主脈が明らかで表面は緑色，裏面は白色である．若葉は密生した長柔毛で被われているが，後に全く平滑となる．根は特異で長い塊状をしており，ちょうどクサスギカズラの根のようで，暗褐色，木質である．花芽は，はじめは鱗片状の苞に包まれて葉腋上にあり，3〜4月頃，苞の中から淡黄色の小さい花が群がって開く．花被は6個に深裂し，各片は広楕円形で，長さ2 mm，花柄は長さ5 mm，短毛が密生する．雄花には雄しべが9個，雌花には雌しべ1個があり，雌雄異株である．果実は，初めは緑色，後に赤褐色となり，次いで黒熟し，楕円体で長さは1 cmぐらいある．根を薬用にする．〔日本名〕テンダイウヤク，ウヤクは天台烏薬，烏薬の音読みである．元来天台烏薬と言う漢名はなく，中国の天台山に産する烏薬が名品であるので，日本の本草学者が天台烏薬と呼んだものである．〔漢名〕烏薬．

191. クロモジ　〔クスノキ科〕

Lindera umbellata Thunb. var. ***umbellata***

（*Benzoin umbellatum* (Thunb.) Kuntze）

山地に多く生える落葉低木．高さは2〜3 mほどで枝が多く，幹は直立し，時には斜上する．樹皮は平滑で元来緑色であるが普通黒い斑点が見られる．葉は枝の上に互生し，葉柄があり，狭楕円形で，両端は尖り，長さは5〜9 cmぐらい，全縁で葉質は薄く，下面は帯白色で，時には平たく伏した軟毛がまばらに生えている．春，葉よりも早くまたは新葉とともに淡黄色あるいは淡黄緑色の小花を開く．花は散形花序につき葉腋に三々五々群がっている．花の柄には軟毛がある．雌雄異株で，雄花は雌花より少し大きく数も多い．花被は6片に深く裂け，各片は楕円形で長さは2〜3 mmぐらいである．雄しべは9個．花がすむと雌の木には小さい球形の実がなり，10月頃黒く熟して液果となる．樹皮によい香があるのでつまようじを作り，また樹皮の油を香水の原料として用いる．〔日本名〕おそらく黒文字の意味で，樹皮上の黒色の斑点を文字になぞらえたものだろうと思われる．「大言海」には「黒木，即ち，皮つきに削る故の名なり」とあるが，由来不明．〔漢名〕鉤樟は本種とは異なる．

192. オオバクロモジ　〔クスノキ科〕

Lindera umbellata Thunb. var. ***membranacea*** (Maxim.) Momiy. ex H.Hara et M.Mizush.

北海道南部から北陸地方までの日本海側の山地林内に生える落葉大形低木．根もとからよく分枝し，幹や枝は緑色，斑紋状に黒色となる点はクロモジと同様である．枝を折ると芳香がある．葉は互生するが枝先に集まる．葉柄は1〜2 cm．葉身は幅の広い長楕円形で長さ3〜12 cm，両端はくさび形に尖る．クロモジに比べて大形で豊かである．葉の質は膜質で薄い．しかしクロモジとの間に自然雑種を生じるらしく，中間的な形もしばしばみられる．春，新葉の展開とほぼ同時に葉腋に散形花序を出し，黄緑色の小花を10個余りかためてつける．花被片は6枚．雌雄異株で，雄花には9本の短い雄しべがあって，葯には内向きに2個の穴があって弁で開く．雌花の雄しべは葯のない仮雄ずいとなる．果実は球形の液果で秋に黒く熟す．〔追記〕クロモジとは分布域が異なることと，葉が丸みをおびた大形で，質が薄いことで区別される．

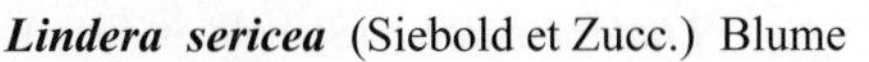

193. **ケクロモジ**　〔クスノキ科〕

Lindera sericea (Siebold et Zucc.) Blume

主に西日本の暖地に生える落葉低木で，紀伊半島や四国，九州の山地にふつうにみられる．高さ 3～5 m でよく分枝し，若枝は黄緑色．古い枝が黒色をおびる点もクロモジと同様である，葉は枝先に数枚が集まり，5～10 mm の柄がある．この柄は葉とともに軟毛が密生する．葉は長さ 10～17 cm の楕円形で両端はくさび形に細まって尖り，ふちにきょ歯はない．表面緑色で短毛があり，裏面は淡色で長くねた長毛が密に生える．また葉の裏面には，網目状に細かな葉脈が浮き立ってめだつ．春，葉の展開に先立って散形花序を出し，クロモジとよく似た黄緑色の小花を密につける．雌雄異株で，雌雄とも 1 花序に 5～8 花がつく．花被片は 6 枚で花の径は 4～6 mm，雄花には 9 本の雄しべがあり，最内側の 3 本には花糸の両側に付属物（腺体）がある．果実は径 6～7 mm の球形の液果で黒く熟す．〔日本名〕毛黒文字．〔追記〕全体はクロモジによく似るが，葉の両面と柄に密毛があり，葉裏に脈が隆起すること，葉の側脈の数が多いこと，雌雄花とも花梗がやや長目なことなどの点で異なる．

194. **カナクギノキ**　〔クスノキ科〕

Lindera erythrocarpa Makino（*L. thunbergii* Makino, nom. illeg.）

日本の中南部の各地の山地に生える落葉小高木．高さはおよそ 5 m ぐらいである．樹幹は直立して分枝し，樹皮は黄白色を帯び，古くなると小片となってはげ落ちる．葉は互生で，赤味をおびた短い柄があり，倒披針形全縁で鈍頭，裏面はやや白色をおび，若い時は裏面や葉脈にそって毛が多い．晩春に，旧枝の先の新枝の葉腋に散形花序を出し，柄のある淡黄色の小さい花を 10 数個開く．散形花序には 6～8 mm ほどの総柄があり，初めは鱗片に包まれて球形をしている．雌雄異株である．がくは 6 裂し，各裂片は楕円形で長さは 2 mm あまり，雄しべは 9 個，外側の輪には 6 個，内側の輪には 3 個があり，内側のものは下部に 2 個ずつ小腺体を持っている．雌花には球卵形の子房があり，花柱は先がやや広がっている．花柄は長さ 12 mm，やや柔毛を帯びている．液果は球形，直径 6 mm ぐらい，10 月頃赤く熟す．〔日本名〕材質は堅く密ではない．鐵釘の樹の意味であろうが，何のためにこのように名づけられたかは不明．一説には，この木の名は本来鹿の子模様の樹皮に由来するカノコギで，それがなまったものにさらに「～の木」がついたものともいわれている．

195. **ダンコウバイ**（ウコンバナ，シロジシャ）　〔クスノキ科〕

Lindera obtusiloba Blume（*Benzoin obtusilobum* (Blume) Kuntze）

各地の山地に生える落葉低木で，高さは 3 m 内外である．枝はやや太くまばらである．葉は有柄で互生し，広楕円形あるいは円状卵形で葉質はやや厚く，長さ 10 cm ぐらい，普通浅く 3 裂し，各裂片は先端が鈍形で全縁である．枝のもとの葉はしばしば裂けずに卵形をしていることがある．裏面には淡褐色の長い毛があり，樹によって多いものと少ないものがある．早春，2～3 月頃，葉よりも早く，あるいはほとんど同時に，軟毛のある鱗片状の総苞片の中から黄色の小花が散形状花序をなして密に開き，花柄には絹毛がある．雌雄異株．花被は 6 深裂し，各裂片は長さ 2.5 mm ぐらい，雄しべは 9 個，雌しべは 1 個である．花がすむと果柄は 2 cm にもなりやや肥厚し，液果は小球状で，直径約 8 mm，赤く熟す．〔日本名〕檀香梅は元来ロウバイの 1 品種に対する漢名を本種に転用したものであろう．欝金花は花が黄色であるのに基づいたものである．白ジシャは赤ジシャ（シロモジ）に対しての名である．

196. **ヤマコウバシ**　〔クスノキ科〕

Lindera glauca (Siebold et Zucc.) Blume

各地の山地に生える落葉低木．高さは 5 m になり，幹は直立して分枝し，樹皮は茶灰色，枝は硬くてもろい．葉には柄があり，互生し，長楕円形あるいは長楕円状倒卵形で，両端は尖り，裏面は緑白色で軟毛がある．春，新芽とともにその葉の腋に柄のある散形花序をつけ，淡黄緑色の小さい花が数個かたまって開く．雌雄異株である．花被は 6 裂し，花被片は楕円形，長さは 1.5 mm ぐらいである．雄しべは 9 個で．外側の輪に 6 個，内側の輪に 3 個あり，内側の雄しべはそれぞれ腺体を 2 個ずつそなえている．花柄は長さが 5 mm ぐらいで，軟毛が生えている．10 月頃，果実が熟して黒くなり，直径は 7 mm ぐらい，多少辛味がある．冬でもなお枯れた葉は落ちずに枝につき，翌春になってようやく落ちる．〔日本名〕山香しの意味であろう．枝を折ると多少香気があるからこのように言うのだと思う．〔漢名〕山胡椒は本種ではない．

197. シロモジ（アカジシャ）　〔クスノキ科〕

Lindera triloba (Siebold et Zucc.) Blume

（*Parabenzoin trilobum* (Siebold et Zucc.) Nakai）

中部地方より南の各地の山中に生える落葉低木．幹の高さは 4 m 前後．葉は有柄で互生し，淡緑色で，葉質は薄く，広倒卵形で，3 裂し，長さは 10 cm 内外，裂片は長楕円形で全縁，先端は長く尖り，葉の裏には時に短毛がある．春の頃，葉よりも先に，鱗片状の総苞片の中から散形花序を出し，黄色の小さい花をつける．花柄には毛がある．雌雄異株．花被は 6 個に深く裂け，裂片の長さは 2.5 mm ぐらいである．雄しべは 9 個で，そのうち 6 個は花被片と対生して外側の輪を作り，内側の輪には 3 個の雄しべがある．雌花では外輪の 6 個の雄しべは角状に，内輪の 3 個は腺体に変化し，中央に雌しべが 1 個ある．果実は秋の終わり頃，黄色に熟し，肥厚した果柄によって下向きにつく．果実は大形で，直径は 1.3 cm ばかりで球形，不規則に開裂して，大形の種子をあらわす．〔日本名〕白モジ．クロモジに対しての名で，一名をアカジシャというが，これはダンコウバイのシロジシャに対しての名である．

198. アブラチャン（ムラダチ，ズサ，ジシャ）　〔クスノキ科〕

Lindera praecox (Siebold et Zucc.) Blume

（*Parabenzoin praecox* (Siebold et Zucc.) Nakai）

枝が多く葉が密生する落葉性低木で，山地に生える．高さは 4 m 前後で，樹皮は灰褐色をしている．葉は互生し，卵形あるいは楕円形で先端はだんだん細まって尖り，全縁，基部はくさび形で細長な葉柄があり，葉の長さは 4～7 cm 内外，なめらかである．早春，葉がひらくよりも先に，淡黄色の小さい花をつける．花は柄のある小形の散形花序につき，つぼみの時は総苞の鱗片に包まれている．花序は小枝のもとから 2 個ずつ出て，前年にはすでに枝上に現われている．花柄にはまばらに毛がある．雌雄異株．がくは深く 6 裂し，長さ 2 mm ぐらい．雄しべは 9 個で，内輪に 3 個，外輪に 6 個ある．雌花の外輪のものは小角状となり，内輪のものは腺体となる．雌しべは 1 個ある．果実は秋の終わり頃帯黄色に熟し，球形で，直径は 1.4 cm ぐらいの大形の果実となり，後に不規則に開裂し，大きい種子を露出する．この実から油をしぼることができ，また油が多いのでもえやすい．〔日本名〕果実や樹皮に油が多くて，よく燃焼するからで，油とチャン（瀝青）を合わせて名としたものであろう．一名をムラダチ（群立）というが，樹枝が多数であるからである．また一名ズサ，ジシャの意味は不明である．

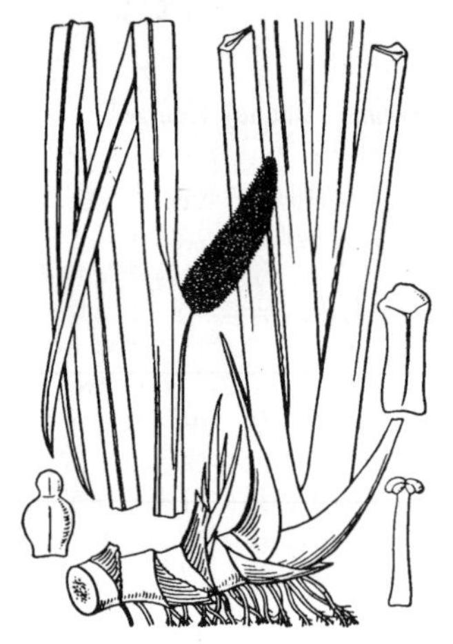

199. ショウブ　〔ショウブ科〕

Acorus calamus L.

日本各地の池や溝に群をなして生える多年草．根茎は粗大で横に長くのび，太く白色であるが，しばしば赤色を帯びることがある．節が多く，下にひげ根がある．葉は根茎から直立し，高さ 70 cm 位，幅 1～2 cm 位で剣状で尖っている．基部は互に抱き合って 2 列に並び，外縁の近くに厚い肋があり，緑色で厚く，なめらかでいい香りがする．花茎は葉に似て細く，葉よりも短く，初夏になると無柄の肉穂花序をつけ，その上部には葉状の苞葉が続く．肉穂花序は斜に出て，長さ 5 cm 内外の粗大円柱状をなし，淡い黄緑色である．花軸面にぎっしりと細かい花がつく．花は両性で，花被片 6 個は広線状長方形で鈍頭．6 個の雄しべは著しくとび出ており，花糸は白く葯は黄色い．雌しべは 1 個，子房は球状楕円体であり頭状の柱頭がある．薬用，また端午（たんご）の節句に使用する．〔日本名〕「菖蒲」に基づいたものだが，もともと「菖蒲」はセキショウの漢名である．古くアヤメまたはアヤメ草といったのは本種のことで，これは古代の宮中で漢女（あやめ）と称される女官が，端午の節句に，霊力があるとされた本種で薬玉をつくって舞ったことからその名がついたという．他に葉の平行した様子が文理（あやのある模様）のようであることに由来するとする説もあるが，これには音韻上の難点がある．端午の節句に軒に並べるので，ノキアヤメの名もある．〔漢名〕白菖．

200. セキショウ　〔ショウブ科〕

Acorus gramineus Sol. ex Aiton

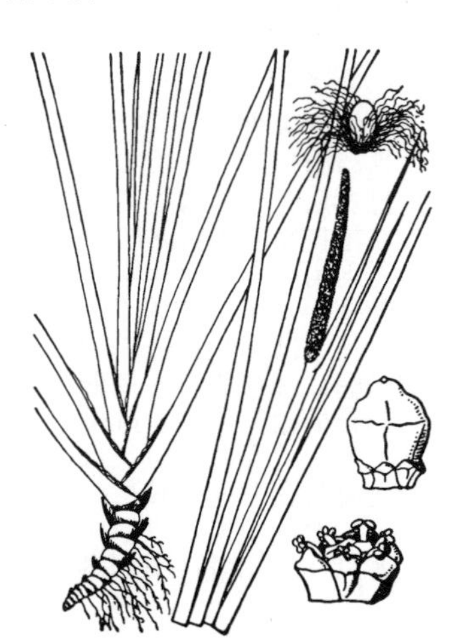

本州以南の渓流のふちに多く生える常緑の多年草で，ふつう群をなして繁り，また庭にもよく植えられている．根茎は堅く横たわり下にひげ根を出し，細いが香気に富んでいる．地中に入っているものは節間が割合長く白色であるが，地上に出ているものは節が多いため節間が短く，汚れた緑色をしている．葉は根茎の端から出てかたまって 2 列のはかま状をなし長さ 20～50 cm の線形で，全縁で先が尖り，暗緑色で強くなめらかである．4～5 月頃葉群中から緑色葉状の 1 茎を出し頂上に淡黄色の細長な肉穂花序をつけ，上部の苞葉は細長く尖った緑色の葉状で花序とだいたい同じ長さである．花は小さくぎっしりと穂軸につき，花被片 6 個は短く，外片 3 個はほぼ平らな三角形，内片 3 個はこれより小さくほぼ正方形で共に円頭である．雄しべは 6 個で花糸は幅広く黄色い葯がある．子房は低く六角形の山状をしている．さく果は卵球形で緑色，下に古い花被をともない，種子は上部の珠孔のまわりに軟毛がたくさんある．葉に緑白の縦じまがあるのをマサムネゼキショウ，小さいものをアリスガワゼキショウ，なお小さいものをコウライゼキショウとビロードゼキショウといい，その他の多数の園芸品種が栽培される．根茎を薬用にする．〔日本名〕石菖に基づくが，石菖は石菖蒲と同じで菖蒲の別名である．〔漢名〕菖蒲はもともと本種を指したもので，ショウブそのものではない．

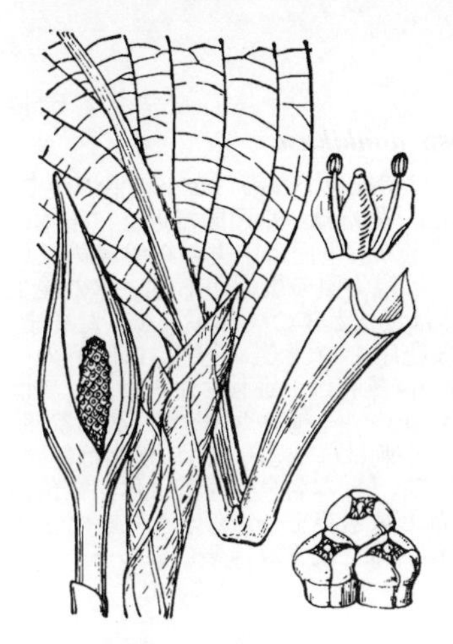

201. ミズバショウ　〔サトイモ科〕

Lysichiton camtschatcensis (L.) Schott

兵庫県以東の本州，北海道および北東アジアの寒地の湿原に生える多年草．地下に粗大な根茎があり，春に雪がとけるとすぐ高さ 20 cm 位の花序を出す．仏炎苞は白色，次第に大きくなり，基部は幅狭く花茎に密着し，上部は舟形で肉穂花序を囲む．花は細小多数で棒状の花軸上に密集し，両性花で淡緑色～黄色，花被は 4 個，雄しべは 4 本あって白い花糸と黄色の葯を持ち，雌しべは 1 本で子房は卵形，花柱は短く円錐形である．葉は花後に花序の横から伸び，大きいものは長さ 1 m に達する．葉身は長楕円形または長楕円状披針形で淡緑色全縁，上部は鈍円，先端がわずかに尖り基部は鋭形である．質はとてもやわらかく，葉柄は葉身よりも短い．果序が大きくなった頃には仏炎苞は落ちている．果実は液果で緑色に熟し，太くなった花軸内に埋もれている．〔日本名〕水芭蕉の意味で，水気の多い湿地に生え，葉が大きくてバショウ葉のようだからこの名がついた．〔漢名〕観音蓮を使うが妥当ではない．〔追記〕北米西岸には仏炎苞が黄色のアメリカミズバショウ *L. americanus* Hultén et St.John があり，しばしば栽培される．

202. ザゼンソウ　〔サトイモ科〕

Symplocarpus renifolius Schott ex Tzvelev

（*S. foetidus* Salisb. ex W.P.C.Barton var. *latissimus* H.Hara）

日本の本州中部以北，および北東アジアの寒地の湿地に生える多年草で，悪臭を放つ．葉は根生し，大きく長柄があり，葉身は広い円味を帯びた心臓形で長さ 30～40 cm 内外，支脈は曲がり葉脈は下面へ出ているので上面から見ると凹んでいる．4 月頃にまだ巻いたままの普通葉のそばに根元から花序を地上に出し，基部は鞘状葉で包まれている．仏炎苞は肉厚く，舟形をなし，紫黒色であるが，緑地に紫斑のあるウズラザゼンソウ，緑色のアオザゼンソウもある．肉穂花序は楕円体で両性花が密集してつく．花は花被片 4 個，雄しべ 4 個で葯は黄色，卵形の子房をとり囲む．果穂は球形で地上に横たわり液果は初夏に熟して落ちてしまう．北米東岸によく似たアメリカザゼンソウ *S. foetidus* (L.) Salisb. ex W.P.C.Barton が隔離分布し，同一に扱われることもある．〔日本名〕坐禅草．花序のようすが僧が坐禅しているのに似ているので名付けられた．〔漢名〕地湧金蓮（誤用）．真のチユウキンレンは中国南西部産のバショウ科の植物（679 図）である．

203. ヒメザゼンソウ　〔サトイモ科〕

Symplocarpus nipponicus Makino

北海道と本州の山地渓畔の多湿地に生える多年草で，朝鮮半島にも分布する．多肉の根茎から太いひも状の根が生える．葉には柄があり葉身は卵状長楕円形で長さ 10～20 cm，鈍頭で基部は心形，根もとから倒れ気味につき，汚れた黄緑色で，2 次脈は上面で凹む．葉は花序に先立って春に展開し，その後 6 月頃に根元から仏炎苞に包まれた花序を側出する．花後仏炎苞は崩れてしまうが，肉穂花序は緑色で長さ 2 cm 位の楕円体の果序となり，側方に点頭し，年を越して次年の開花後に成熟して落ちる．〔日本名〕姫坐禅草，小形のザゼンソウの意．〔追記〕岩手県から福井県にかけての主に日本海側によく似たナベクラザゼンソウ *S. nabekuraensis* Otuka et K.Inoue があり，果実が当年に熟すことで区別される．

204. ウキクサ　〔サトイモ科〕

Spirodela polyrhiza (L.) Schleid.

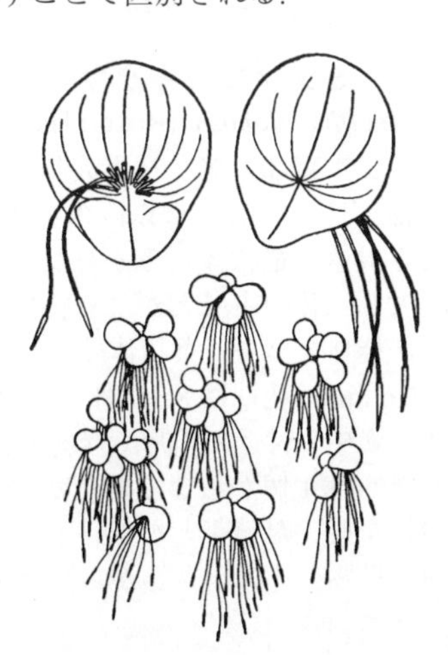

水田，溝，池沼等の水面上に浮遊する多年草．浮遊する葉状体は冬に枯死し，晩秋に母体から生まれた楕円形の冬芽が，母体を離れるとすぐ水底に沈んで年を越し，翌年暖かくなってから再び水面に浮んで繁殖をはじめる．葉状体は扁平な倒卵形で中央以下に軽くくびれのあるものが多く長さ 0.5～0.6 cm，先端円く，上面緑色でなめらか，下面紫色で，3～4 個集まって水面に浮かび，中央から 10 本以上の細い根を下垂する．根は中心に維管束 1 本を通じ，先端に根帽がある．根の着点の後方左右にある袋（低出葉とみなされる）から幼体を出す．夏，葉状体の下面に白っぽい花序をまれに出し，花序は 2 雄花，1 雌花からなり，外面にへら状苞を持ち短小で繊細である．〔日本名〕浮草は水面に浮いていることからいい，古名ナキモノグサ（無者草）は秋に水面から影を消し，春，忽然と現われるのでいう．また，カガミグサの古名もある．〔漢名〕紫萍，従来用いられていた水萍は本種とアオウキクサとの総称である．

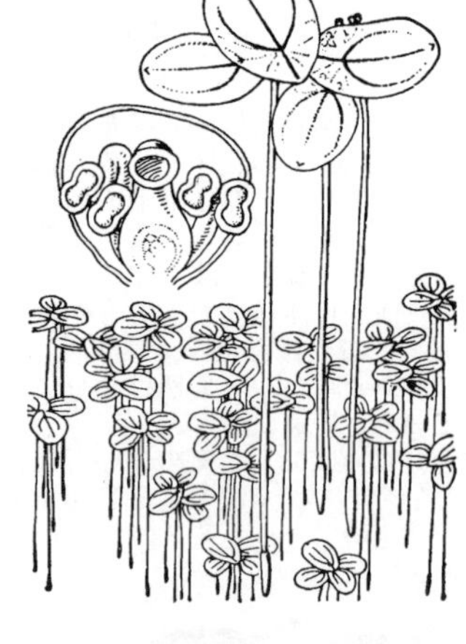

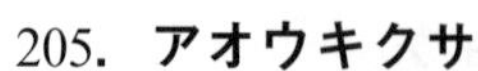

205. アオウキクサ　〔サトイモ科〕

Lemna aoukikusa Beppu et Murata subsp. ***aoukikusa***

水田，沼沢，溝の水面に浮かぶ一年草．葉状体は黄緑色でなめらかな扁平の茎で，葉はない．卵状広楕円形で全縁，長さ 2〜3.5 mm，先端はやや円頭で近くに 1 本の短い刺がある．上面には 3 主脈がやや隆起して走り，下面は中央から 1 条の長い糸状根を垂らす．根には維管束がなく，先端には鋭尖頭の根帽がある．体の後半左右にある袋から各 1 個の幼体を側出し，幼体は母体と体の一部が重なったまま，連結して水平に群生する．夏秋に体側に繊細な花序をつける．花序には円形のへら状苞 1 個があって，中に 2 雄花と 1 雌花を持つ．雄花は 1 雄しべからなり，葯は 4 室．雌花は 1 雌しべだけで雄花とともに花被がない．一種コウキクサ（次図参照）は本種に似て暗緑色，葉状体の先端の近くにある小刺ははっきりせず，根帽は鈍頭，へら状苞は大小 2 唇からなることのちがいがある．〔日本名〕青浮草は体が緑色のためにつけられた．〔追記〕北陸地方には多年草で越冬芽をつくるホクリクアオウキクサ subsp. *hokurikuensis* Beppu et Murata，西南日本には常緑性多年草のナンゴクアオウキクサ *L. aequinoctialis* Welw. がある．

206. コウキクサ　〔サトイモ科〕

Lemna minor L.

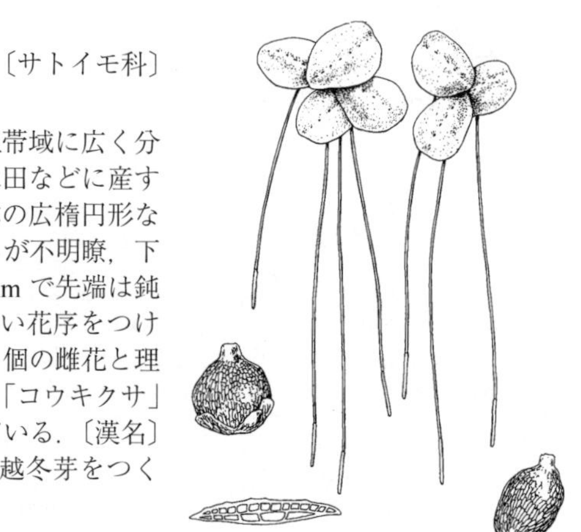

ユーラシア，北米，アフリカ，オーストラリアの亜寒帯から温帯域に広く分布する多年生の浮遊植物．北海道から九州までの湖沼，水路，水田などに産する．葉状体はやや凸状にふくらみ，光沢があり，左右やや不相称の広楕円形ないし倒卵状楕円形，長さ 3〜4 mm，幅 2〜4 mm，葉脈は 3 本あるが不明瞭，下面は淡緑色．根は 1 本で長さ 20〜40 mm，根帽の長さ 0.2〜0.3 mm で先端は鈍頭．花期は 6〜8 月．葉状体基部に仏炎苞をもった白い目立たない花序をつける．雄しべ 2，雌しべ 1 が認められるが，これは 2 個の雄花と 1 個の雌花と理解されている．なお，アジア東部には葉状体の裏が淡い赤紫色の「コウキクサ」が産し，ムラサキコウキクサ *L. japonica* Landolt として区別されている．〔漢名〕浮萍．〔追記〕本種は常緑性であるが，北海道東部には夏緑性で越冬芽をつくるキタグニコウキクサ *L. turionifera* Landolt が産する．

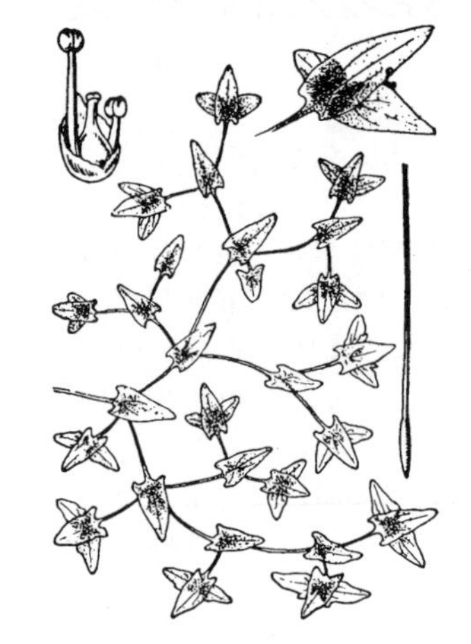

207. ヒンジモ（サンカクナ）　〔サトイモ科〕

Lemna trisulca L.

北海道から九州の池や沼の水中に生活する多年生小草本．冬季は葉状体はごく小さな冬芽だけが浮いて越冬する．葉状体は扁平で緑色．卵状披針形で基部は少し矢じり形，長さは 5〜6 mm，鋭尖または鋭頭で鈍端，少しきょ歯がある．質は薄く外面から内部の針状束晶が白い線状の点として認められる．幼体は体の中部から左右に出て母体と直角になる．後に幼体はのびて長さ 1〜1.5 cm の糸状の柄で母体とへだたって連絡し，再三分枝をくりかえすのでよく大きな群体を形成する．根は各葉状体に 1 本，その下面中央から出ているが，ないことも多い．夏にごく小さな白い花序を葉状体下面の中央両側に出し，へら状の苞葉は 1 個あって少し球形で不整の 2 唇となり，内に 2 雄花 1 雌花をもつ．〔日本名〕品字藻は体の左右に幼体があって品という字の観があるのでいい，サンカクナ（三角菜）は葉体が他のウキクサと違って三角に見えるからである．〔漢名〕品藻．

208. ミジンコウキクサ（コナウキクサ）　〔サトイモ科〕

Wolffia globosa (Roxb.) Hartog et Plas

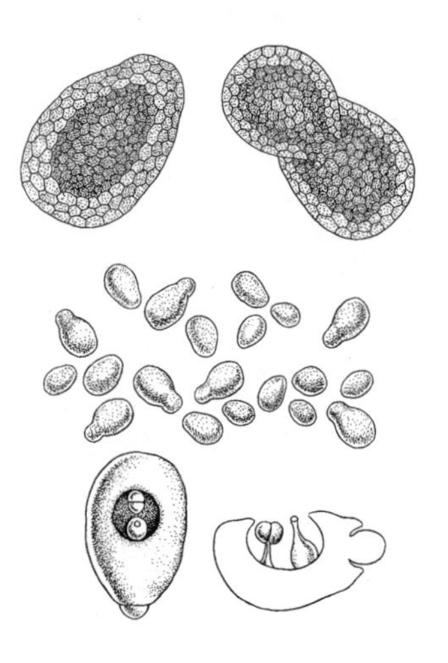

アジア東部とアフリカ大陸および北アメリカ（帰化）に分布する浮遊植物．日本では関東以西の各地のため池，水路，ハス田などに産する．根を欠き，葉状体のみからなる．葉状体は上面は平坦であるが，下面は肥大し，体の中ほどが最も幅広い楕円体となる．単独または 2 個の葉状体が群体をなす．葉状体は長径 0.3〜0.8 mm，短径 0.2〜0.3 mm，高さ 0.2〜0.6 mm．花期は 8〜9 月であるが，開花を見ない集団も多い．花は葉状体上面中央付近の円形で径約 0.1 mm の孔内に，雄しべ 1 個からなる雄花と雌しべ 1 個からなる雌花がつく．種子は球状．冬が近づくと葉状体が澱粉を貯えた殖芽となり，水底に沈んで越冬する．〔日本名〕最も小形の種子植物．その小ささから微塵子浮草と呼んだ．〔漢名〕微萍．

209. ホウライショウ　〔サトイモ科〕

Monstera deliciosa Liebm.

メキシコから中央アメリカにかけて分布する大型常緑つる植物で，熱帯雨林の林冠近くに着生する．また，鑑葉植物として広く栽培される．茎は最初緑色，多汁質で樹幹をよじ上り，古くなると木化し，太くて長い気中根を下ろす．分枝は少ない．葉は鮮緑色で厚い革質となり光沢があり，幼株では心形で全縁，成株の葉は長柄があり葉身の外周は広楕円形，長さ 60 cm に達し，辺縁から切れ込み，切れ込みの内側に穴があいて独特の葉形となる．花序は成株の枝先近くに数個つき，高さ 20〜30 cm，ミズバショウの花序に似て中央に太い肉穂花序があり，花被がない両性花を密集してつけ，仏炎苞は厚く乳白色でボート状，花後に脱落する．果実は 1 年以上かかって熟す．熟果も緑色だが，子房の上部がウロコ状にはがれると，白くて甘い果肉が表われ，熱帯果実独特の芳香を放って食べられる．

210. オランダカイウ（バンカイウ）　〔サトイモ科〕

Zantedeschia aethiopica (L.) Spreng.

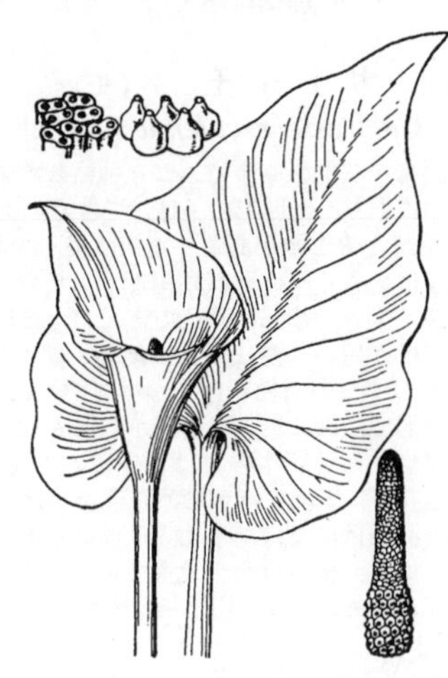

南アフリカ原産の強壮な多年草で，弘化年間（1844〜1848）に渡来し今では切花用として各地に栽培されている．葉は多数叢生し，粗大で太く長い葉柄を持ち，葉身は三角状卵形で長さ 20 cm 内外，先は短く尖り，基部は耳状心形である．夏に葉の間に長さ 1 m 位の花茎を出し，頂上に花を開き，よい香りがする．仏炎苞は白色で大きく，長さ 10 cm を超え，漏斗状に巻いてその中央に短い棒状の肉穂花序が直立している．花序の軸の長さは 6〜7 cm で白色，下方 1〜2 cm には雌花をつけ，残りの部分には全体に細かい雄花がついている．〔日本名〕和蘭海芋は，オランダ船で移入されたのでこういわれ，蕃海芋は海外産の海芋の意味である．飯沼慾斎の草木図説で本種をクワズイモ，野芋に当てたのは誤りである．園芸界では一般に旧属名であるカラー（Calla）と呼んでいる．〔漢名〕海芋という字を使うが，これは正しくはない．

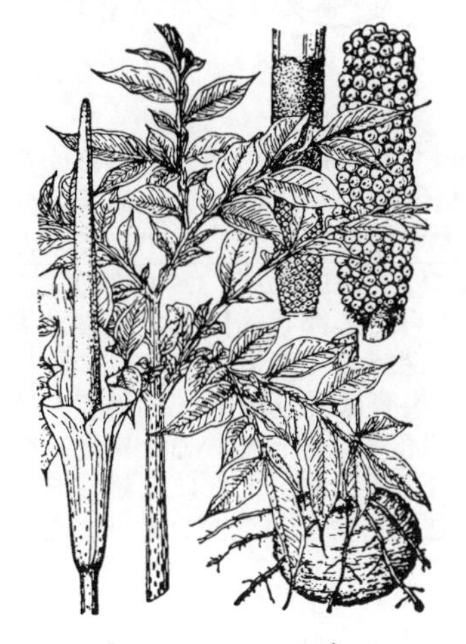

211. コンニャク　〔サトイモ科〕

Amorphophallus konjac K.Koch（*A. rivieri* Durieu ex Carrière）

畑地に栽培する多年草．インドシナの原産と考えられている．球茎（こんにゃくだま）は大きな扁球形で，直径は 25 cm をこえることもたびたびあり，太く短い走出枝の先に各 1 個の子球を作り繁殖する．普通葉は年 1 個生じ，球茎の頂上中央部から高く直立し，葉柄は多肉円柱形で，高さ 60 cm 位，淡緑色でにごった紫斑がある．葉身は 3 全裂し，さらに 2 全裂し，大小の裂片を羽状につける．軸部には不揃いの翼があり，小裂片は卵状披針形で長さ 4〜8 cm，鋭尖頭，基部はくさび形で，片側だけは軸の翼に続いており，緑色無毛柔軟である．開花時には普通葉を出さず，春に古い球茎から太く 1 m 近い長い花茎を出し，基部に 2〜3 枚の鞘状の鱗片があり，頂上に大きな 1 花序をつけて，ひどい悪臭を出す．仏炎苞は広卵形の漏斗状筒形，暗紫色で背に少し緑色を帯び，長さ 30 cm 位でふちにしわがよっている．肉穂花序は淡黄白色で仏炎苞の筒内に入っており，下部に紅紫のぼかしのある多数細小の雌花，これに接して上部は無数の小さい褐色の雄花をつけ，大きな暗紫色の附属体が高く仏炎苞をつき抜けて立っているようすは異様である．液果は球形または扁球形で太い円柱形の果序につき，熟すと黄赤色になる．球茎からコンニャクを作り，食用や工芸用にする．〔日本名〕漢名の蒟蒻の字音が転化したものである．古名コニヤク．〔漢名〕蒟蒻，魔芋．

212. ヤマコンニャク　〔サトイモ科〕

Amorphophallus kiusianus (Makino) Makino

（*A. hirtus* N.E.Br. var. *kiusianus* (Makino) M.Hotta）

四国，九州から台湾にかけて分布し，林縁のやぶなどに見られるが多くはない．球茎は扁球形で径 12 cm に達し，子球は直接つく．普通葉は年 1 個生じ，コンニャクに似るが全体に細く，葉身はやや小さい．開花年には普通葉を出さず，5〜6 月頃，筒状の鞘状葉の間から円柱状で高さ 70 cm に達する花茎をぬき出し，花序を頂生する．仏炎苞は開けば三角状の卵形で，長さ約 20 cm，下方は太い筒状に巻き，上方は次第に広がり，ふちは荒く波打ち，紫色を帯びた褐色で点状の白斑があり，外面は緑色を帯びる．肉穂花序は基部に雌花群がありその上に汚白色の雄花群があり，黒紫色で長円錐形の花序附属体に続く．花序附属体には多少の毛状の突起がある．子房はほぼ球形で 2 室があり，各室に 1 個の胚珠がつき，花柱は短く柱頭は 2 浅裂する．果実ははじめ緑色で部分的に赤味を帯び，後に深青紫色に熟す．球茎は結実すると通常枯れる．台湾産のものは全体大形で花序附属体上に毛状突起を多数生じる傾向がある．〔日本名〕山蒟蒻．野生のコンニャクの意味．

213. ハニシキ（ハイモ，ニシキイモ）　〔サトイモ科〕

Caladium bicolor (Aiton) Vent.

南米の熱帯に原産する多年草．カラジュームの名で知られ，夏に鉢植として，その美葉を観賞する．地下に球茎があり，その上部から多数の根が生える．葉は数個あってみな根生し，長柄を持って直立し，高さ 30〜50 cm 位になる．葉身は先端が下を向いて狭卵形で鋭尖頭，基部は矢じり形となり，その両側の裂片は三角状卵形で鈍頭，基部の 1 / 3 は合着するので葉身は葉柄に楯のような形につく．上面には赤，白，赤紫，緑などのまだらの模様があり，ふちと葉脈は他の部分と色がちがうこともある．まれに葉の間から長柄を出し，基部を仏炎苞に包まれた肉穂花序を出す．仏炎苞は緑白色の舟形卵形で中央下でくびれていて，それ以下は厚質になり，しばしば赤味がある．肉穂花序はくびれた部分以下では緑色卵形で，柱頭を持った雌花群，それより上部では褐黄色の雄花群でぎっしりとおおわれている．〔日本名〕葉錦で，葉の色とりどりの美しさを錦にたとえたもの．

214. サトイモ（タイモ）　〔サトイモ科〕

Colocasia esculenta (L.) Schott

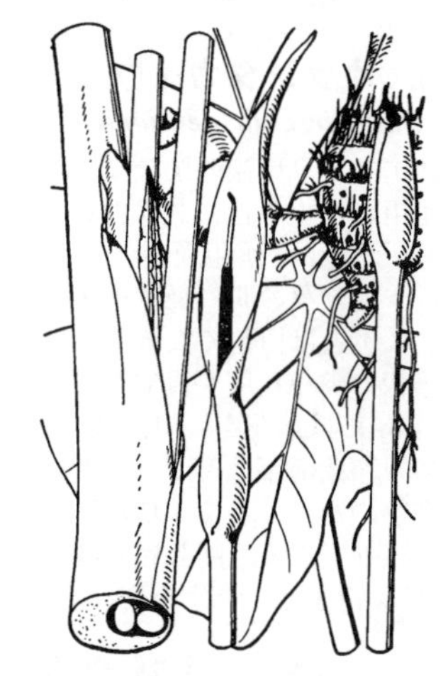

熱帯アジアの原産でふつう畑に栽培する多年草．根茎は外面褐色の繊維のある楕円体で地中にあり，倒卵形の子球ができる．葉は 4〜5 枚ずつ束になって根生し，大きくて高さ 1 m を超えることがある．葉柄は長く少し一方に傾いて立ち太くて多肉，多汁質で淡緑色．葉身は大きく厚い卵状楕円形で，長さ 30〜50 cm，青緑色で支脈はやや平行し，先端は短く鋭く尖る．基部は耳状で彎入した最深部は葉柄に達せず楯状となる．耳片は鈍頭で，末端だけが円い．夏にまれに葉鞘の間から 1〜4 本の花茎を縦並びに出し，その頂にそれぞれ 1 つずつの肉穂花序をつけて順々に花が咲く．仏炎苞は長さ約 30 cm，淡黄色で多肉，披針形で内側に巻き，基部から上 6〜7 cm の所でくびれ，そこから下部の苞は緑色でしかも厚い．肉穂花序の軸は仏炎苞の中央に立って，上端に短い附属体をもち，上部に黄色の雄花群，下部に緑色の雌花群をつける．雄花は 4〜5 個の雄しべの融合体で先端は切形．栽培品種ははなはだ多く，トウノイモ，ヤツガシライモ，ヤマトイモ，メアカ，ミズイモ等がある．根茎は重要食品であり，葉柄も食用となる．〔日本名〕里イモ，里，つまり村に作るイモの意味．田イモは田に作るイモの意味である．〔漢名〕芋．

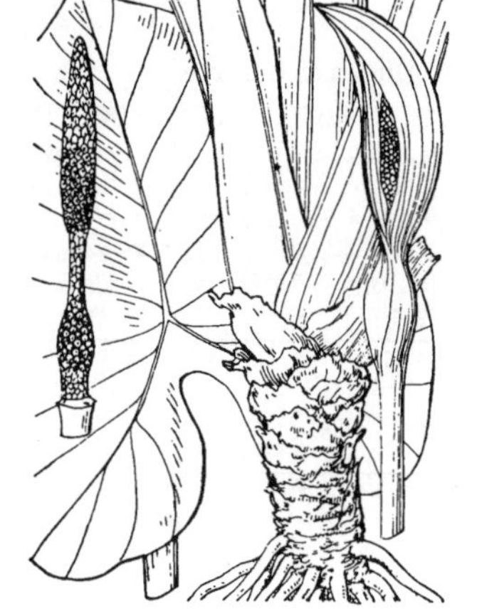

215. クワズイモ　〔サトイモ科〕

Alocasia odora (Lodd.) Spach

四国南部の暖地から，九州，琉球にかけて，常緑林のへりの湿度が高い所に生える多年草．アジアの熱帯・亜熱帯に広く分布する．高さは 50 cm〜1.2 m になり，巨大な葉をつける．太い根茎は地表に露出して横たわり，時には枝分かれし，葉痕が輪状につき，頂上から 3〜4 枚の大きな葉を出す．葉柄は太く淡緑色，葉身は平らで広卵状楕円形で先端は尖り，基部は深くえぐれ，楯状に柄がつき，深緑色で光沢がある．初夏に黄緑色の花序を葉柄の間から数個出す．仏炎苞は長さ 15 cm 内外で，下方 1 / 3 の所でくびれ，上方は前屈みに肉穂花序を囲っている．肉穂花序の下部に雌花群があり中程は不稔性の退化花となり，上部には雄花群がつく．〔日本名〕サトイモに似ているが，食用となるいもがなく，また有毒であることを不喰芋といったのである．

216. カラスビシャク　〔サトイモ科〕

（ハンゲ，スズメノヒシャク，シャクシソウ，ヘソクリ，ヘブス）

Pinellia ternata (Thunb.) Breitenb.

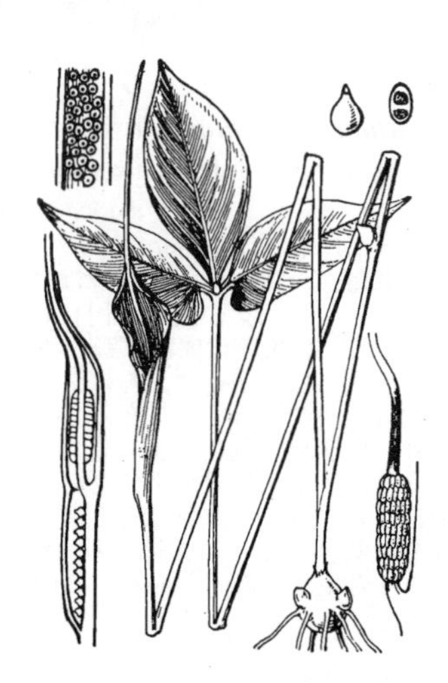

日本全土，東アジアに分布し，畑に多く生える多年草．地下に径 1 cm 内外の球形の球茎があって 1〜2 枚の葉を生じ，葉柄は細長く緑色で 10〜20 cm 位あり，下部上側にむかごが 1 つつく．葉身は 3 小葉からなり，小葉は卵状楕円形から楕円形を経て線状披針形に至る種々の形で全縁，先端は漸尖し，基部は鈍形，柄がほとんどない．3 小葉の合着点に小さいむかごができることも多い．6 月頃緑色の花茎が葉よりも高く出て，頂に肉穂花序がある．仏炎苞は緑色または帯紫色で長さ 6〜7 cm，中部以下は軽く巻いて筒を作り，舷部内面はビロード状を呈する．肉穂花序は下部に卵形尖頭の雌花を多数つけ，この部分は仏炎苞と完全に融合し，その上方から少しはなれて長さ 1 cm 位の間に雄花が密着し，それより上では中軸は痩せた鞭状の花序附属体となり斜めに立つ．雄花は無柄の葯だけからなり淡黄色，液果は細かくて，緑色．畑地に侵入するとその駆除は非常に困難である．球茎を薬用とする．〔日本名〕烏柄杓および雀の柄杓または杓子草はその仏炎苞葉の形によったもの，ハンゲは漢名の半夏の字音であり，ヘソクリ，ヘブスはともにその球茎に対する名で，ブスは恐らく附子（トリカブトの根）の意味であろう．〔漢名〕半夏．

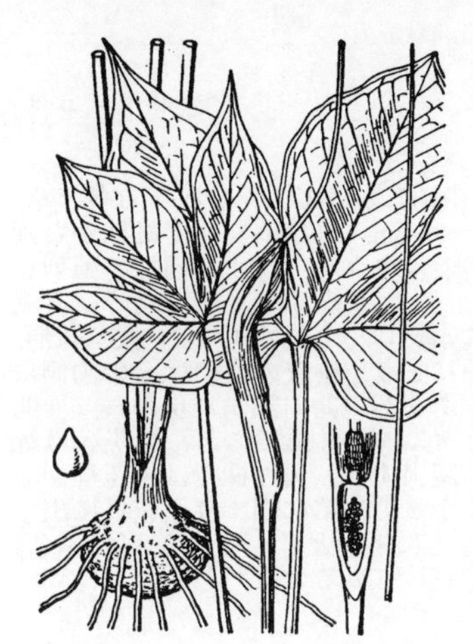

217. オオハンゲ 〔サトイモ科〕

Pinellia tripartita (Blume) Schott

本州西南部から西の温暖の地に生える多年草．地下には径 3 cm 内外の球茎を具え，その頂から 1〜2 葉を立て，葉柄は長さ 30 cm 内外あり，緑色の細長円柱形で多肉である．葉身は長さ 15 cm 内外で水平に広がり，3 深裂，ときに 3 全裂し，基部は心形，鮮緑色で光沢に富み，質は柔らかく，小葉は卵状楕円形，先端は尾状で鋭尖形，ふちには多少しわがある．6〜7 月頃に，根際から葉と同じ位の高さの花茎を出し，頂に 1 肉穂花序があって，その形はカラスビシャク同様であるがさらに大きい．全体が鮮かな緑色をしている．仏炎苞は長さ 5〜11 cm，下部 2〜4 cm の間は花軸の雌花の付着部分と合着し，その少し上から雄花の部分が分離する．花序附属体は長いむちの形をした附属体となって直立する．果実は淡緑色，外周は柔らかく，水に浮く．〔日本名〕大半夏の意味で，半夏に似て植物体全体が大きいのでいう．

218. アマミテンナンショウ 〔サトイモ科〕

Arisaema heterocephalum Koidz. subsp. ***heterocephalum***

奄美大島，徳之島の山地林下に生える多年草，高さ 15〜50 cm．雌雄偽異株で雄株から雌株へと完全に転換する．地下の球茎上に横並びの腋芽列を生じる．12〜2 月頃基部を数枚の鞘状葉に囲まれた葉 1〜3 枚を地上に展開し，花茎上に 1 個の花序を頂生する．鞘状葉は革質で筒状に巻く．普通葉の葉柄は下部が筒状に合着して偽茎部となり，上部は開出していわゆる葉柄となる．葉身は鳥足状に分裂し，小葉は 15〜19 枚，広線形から倒披針形で外側に向かって次第に小さくなる．雄株では花茎は葉柄とほぼ等長，仏炎苞は緑色で白い縦すじがあり，筒部はやや上に開いた筒状となり舷部は卵形で前に曲がる．花軸上には雄花がまばらにつき，花序附属体は下部に柄がなく，細い柱状で上部が肥大する．雌株では花茎は葉柄より著しく短く，仏炎苞の筒部はやや細く円筒状，花軸上には雌花が密集してつき，その上部に突起状の退化花があり，花序附属体は細棒状で先は肥大しない．種子の表面に紫斑がある．沖縄島には亜種オキナワテンナンショウ（219 図），徳之島には亜種オオアマミテンナンショウ subsp. *majus* (Seriz.) J.Murata がある．

219. オキナワテンナンショウ 〔サトイモ科〕

Arisaema heterocephalum Koidz. subsp. ***okinawaense*** H.Ohashi et J.Murata

沖縄島本部半島の山地林下の石灰岩崩壊地に生える多年草，雌雄偽異株で雄株から雌株へと完全に転換する．全体がアマミテンナンショウに似るがやや大型で，高さ 20〜50 cm．小葉はより幅広く，狭楕円形から楕円形，数はやや少なく 11〜19 枚．12〜2 月頃地上に芽を出し，葉 2〜3 枚を展開した後，花茎上に頂生する花序を開く．雄株では花茎は葉柄とほぼ等長．仏炎苞筒部はやや上に開いた筒状となり外面が紫緑色で白い縦すじがあり，内面は通常白色，舷部は外面が紫緑色，内面は紫褐色で光沢があり，筒部より長く，狭卵形で前に曲がって垂れる．花序附属体は柄がなく棒状〜細棒状，上部が紫褐色でやや急に肥大する．雌株では花茎は葉柄より著しく短く，仏炎苞の筒部はやや細い円筒状，花軸上には雌花が密集してつき，その上部に突起状の退化花があり，花序附属体は棒状で先は肥大しない．種子表面に紫斑がある．台湾にはよく似た *A. ilanense* J.C.Wang があり，花序付属体が太棒状で不規則にねじれ曲がる．これらの球茎は横並びの副芽列を持つことが特徴で，割れやすく，割れて分割されると腋芽が成長して子株ができる．

220. シマテンナンショウ（ヘンゴダマ） 〔サトイモ科〕

Arisaema negishii Makino

八丈島，三宅島，御蔵島の林下に生える多年草．高さ 20〜60 cm．雌雄偽異株で雄株から雌株へと完全に転換する．地下の球茎上に横並びの腋芽列を生じる．2 月頃地上部を出し，緑色の葉と花序を展開する．鞘状葉は革質で筒状に巻く．葉は通常 2 枚つきほぼ同大，葉柄の偽茎部はその上の葉柄部とほぼ等長，葉身は鳥足状に分裂し，小葉は 9〜15 枚，狭楕円形で両端は次第に狭まる．雄株では花茎は葉柄よりやや短く，仏炎苞は白い縦すじがなく，筒部はやや太い筒状．舷部は卵形で基部でやや狭まり，ふちはときに紫色を帯びる．花軸上には雄花がまばらにつき，花序附属体は無柄で上に向かって次第に細まり，仏炎苞の外にのび出す．雌株では花茎は葉柄より明らかに短く，花序附属体の基部に突起状の退化花がある．主に種子で繁殖するが，発芽した年は地上に葉を出さず，2 年目に，はじめて緑色の葉を展開することはウラシマソウと同様である．球茎は食用となる．中国大陸産の *A. hunanense* Hand.-Mazz. は本種によく似ており，近縁と考えられる．

221. マイヅルテンナンショウ　〔サトイモ科〕

Arisaema heterophyllum Blume

本州，四国，九州および朝鮮半島，台湾，中国にかけて広く分布する多年草．水辺の草地，疎林下に多く生える．高さ 40～80 cm．雌雄偽異株で雄株から両性株へと転換する．球茎に子球を生じるものではウラシマソウと同様の配列を示す．4～6 月頃地上に葉と花序を展開する．葉は 1 枚で偽茎部は長く，直立し，葉柄部ははるかに短い．葉身は鳥足状に分裂し，小葉は 17～21 枚，線形，長楕円形または倒披針形となり，先はやや急に尖り，中央のものはその両側に比べ著しく小さい．花序は葉が展開した後，偽茎部の開口部から現われ，展開時には葉身とほぼ同じ高さか，両性株ではときに著しく低くつき，仏炎苞は緑色で筒部は細長く，舷部は卵形で基部が広く開出する．両性株では雄花群が雌花群の上につき，花序附属体は無柄で先に向かって次第に細まり，苞外に出て直立する．北米産の *A. dracontium* (L.) Nutt. などに近縁と考えられる．〔日本名〕舞鶴天南星．花序と開いた葉の様子をツルが舞っているのにたとえた．〔漢名〕異葉天南星．

222. ウラシマソウ　〔サトイモ科〕

Arisaema thunbergii Blume subsp. ***urashima*** (H.Hara) H.Ohashi et J.Murata（*A. urashima* H.Hara）

北海道南部から本州および四国北部の林下，林縁に生える多年草．高さ 30～60 cm．雌雄偽異株．球茎には腋芽が発達した子球が多数つき，放射状に 5 列に並ぶ．3～5 月頃地上に葉と花序を展開する．葉は 1 枚で偽茎部が短く膜状の鞘状葉に囲まれ，葉柄部ははるかに長い．葉身は鳥足状に分裂し，小葉は 11～17 枚，狭楕円形で両端が狭まり，濃緑色で光沢があり，ときに白斑がある．花茎は短く，花序は地上近くに立ちあがり，仏炎苞は筒部が太い筒状で上にやや開き，舷部は広卵形で先は細く狭まり，舷部の外側では紫褐色，筒部の内側は白味を帯びる．花序附属体は無柄で基部は太く，次第に細く糸状にのび，仏炎苞外で立ち上がり，さらに下に垂れ下がる．まれに結実し，赤熟する．本州西部，四国，九州および朝鮮半島南岸の島嶼には亜種ナンゴクウラシマソウ subsp. *thunbergii* があり，花序附属体基部が黄白色で肥大し，著しいしわがあることで区別できる．台湾には秋咲きの亜種 subsp. *autumnale* J.C.Wang, J.Murata et H.Ohashi がある．〔日本名〕浦島草は糸状にのびる花序附属体を浦島太郎が釣糸を垂れているのに見立てたもの．

223. ヒメウラシマソウ　〔サトイモ科〕

Arisaema kiushianum Makino

本州中国地方西部および九州の林下に生える多年草．高さ 15～30 cm．雌雄偽異株で雄株から雌株に完全に転換する．球茎にはウラシマソウと同様に子球を生じるが各子球はやや先が尖る．5 月頃地上に葉と花序を展開する．葉の偽茎部は短く，膜状の鞘状葉に囲まれ，葉柄部ははるかに長く，斜面に生じる場合には下側に傾く．葉身は鳥足状に分裂し，小葉は 7～13 枚，長楕円形で両端が狭まり，中央のものが最も大きく，外側に向かって急に小さくなる．花茎は短く，花序は地上近くに立ち上がる．仏炎苞はウラシマソウに比べて小さく，筒部は太短く口部でいったん狭まり，舷部は三角状の広卵形で紫褐色，外面は緑色を帯び，白色の筋があり，舷部の内側に明瞭な丁字形の白斑があって目立つ．花序附属体は基部でやや太く，次第に細まり，ウラシマソウと同様に苞外にのび出すがそれほど長くはならない．果実は葉が枯れて後に完熟し，赤色となる．香港には近縁種 *A. cordatum* N.E.Brown がある．〔日本名〕姫浦島草の意味．ウラシマソウに似て小さいことをいう．

224. ムサシアブミ　〔サトイモ科〕

Arisaema ringens (Thunb.) Schott

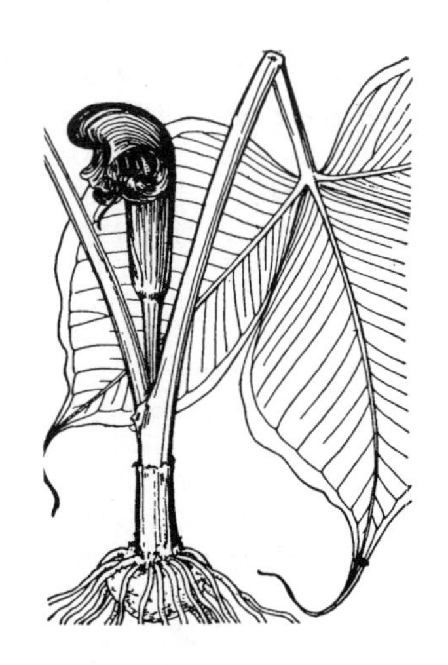

関東以西の日本および東アジアの暖帯から亜熱帯の沿岸地域の林中に分布する多年草．高さ 50 cm に達する．雌雄偽異株で雄株から雌株に完全に転換する．球茎上には腋芽がほぼ 2 列に並び，うち数個は子球に発達する．2～4 月頃地上に葉と花序を出す．葉は 2 枚で同大，偽茎部は短く，葉柄部は長く，葉身は無柄の 3 小葉に分裂する．小葉はひし状楕円形で長さは 15 cm 内外だが雌株ではときに 30 cm 以上に達し，先は細く尖り，ときにやや尾状となり全縁，上面には著しい光沢があり，下面はしばしば粉白色となる．花茎は短く，花序は偽茎部のすぐ上に位置し，仏炎苞は特異な形状で，外面は緑色，内面は黒紫色または緑色で両面に白い縞があり，筒部の口縁には内面と同色の著しい耳状部をもち，舷部は上半が卵形で前方に突出するが中央部は袋状になって彎曲し，一見兜または鐙（特に古代の鐙の舌部）のようである．花序附属体は白色，有柄で棒状，ゆるやかに前に曲がって仏炎苞舷部の袋状部に収まる．果実は赤く熟す．〔日本名〕武蔵鐙の意味で，その仏炎苞の形をむかし武蔵国で生産した鐙にたとえたもの．〔漢名〕普陀南星．

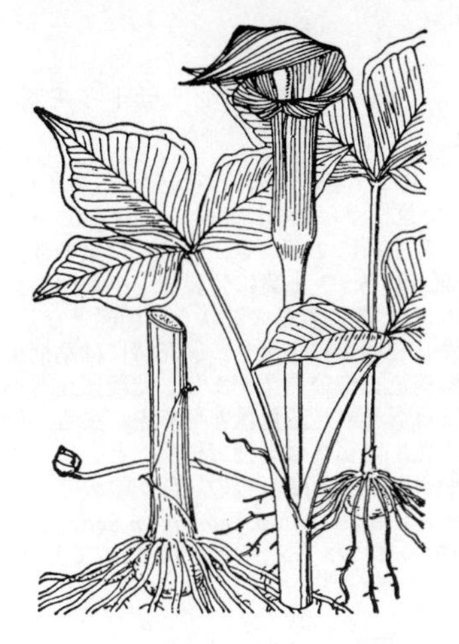

225. ミツバテンナンショウ 〔サトイモ科〕

Arisaema ternatipartitum Makino

九州，四国および静岡県の山地の林下に生える多年草で，急傾斜の岩礫地に多い．高さ 12〜30 cm．雌雄偽異株で雄株から雌株に完全に転換する．球茎上の腋芽はほぼ 2 列に並び，花後に白色の走出枝となって伸長し，先端に子球を生じた後に切れる．休眠芽は 4〜5 月頃に地上にのび出し，まず花序を展開し，次いで葉を開く．葉は 1〜2 枚つきほぼ同大，偽茎部と葉柄部はほぼ等長，葉身は 3 小葉に分裂し，小葉はひし状卵形，ふちに微細なきょ歯をもつことは独特である．花茎は長く，偽茎部とほぼ等長．仏炎苞は淡褐色で赤紫色を帯び，筒口部は耳状に広く開出する．舷部は卵形で先は短く尖り，前に曲がる．雄花群はややまばらに，雌花群は密集してつき，花序附属体は基部に柄があり，棒状から太棒状で直立する．果実は赤熟する．〔日本名〕3 つ葉天南星．〔追記〕日本では 3 小葉をもつ種として他にムサシアブミがあるが，本種は走出枝を出すこと，葉のふちに細きょ歯をもつこと，仏炎苞の形が全く異なることにより，後者と容易に区別することができる．

226. ヒロハテンナンショウ 〔サトイモ科〕

Arisaema ovale Nakai（*A. robustum* auct. non (Engl.) Nakai）

北海道西南部，本州の主に日本海側および九州北部に分布する多年草．高さ 20〜45 cm．球茎上にはふつう 3 つずつ横に並んだ腋芽群があり，子球に発達する．5〜6 月頃地上に葉と花序を出す．葉は通常 1 枚で，偽茎部は葉柄部よりやや短く，葉身は 5〜7 小葉に分裂し，小葉間の葉軸は発達しない．小葉は卵状楕円形で先が尖り，全縁．花茎は葉柄部より短くえり状に波うつ偽茎の開口部から抽き出る．仏炎苞は葉身に遅れて開き，緑色または紫褐色で著しく隆起する白色の縦条があり，筒部の口辺は狭く開出し，舷部は卵形で先が尖る．花序附属体は有柄で棒状，時に著しい太棒状．果実は赤く熟す．〔追記〕仏炎苞が紫褐色のものをアシウテンナンショウとして区別することもある．長野県には仏炎苞が楕円状卵形で花序附属体が短いイナヒロハテンナンショウ（227 図），兵庫県と岡山県には仏炎苞が葉よりも先に展開するナギヒロハテンナンショウ（228 図）がある．北海道北部から樺太に分布するカラフトヒロハテンナンショウ（233 図）は本種に似るが，腋芽は 1 節に各 1 個つき，仏炎苞に隆起する縦条がない．

227. イナヒロハテンナンショウ 〔サトイモ科〕

Arisaema inaense (Seriz.) Seriz. ex K.Sasamura et J.Murata

本州中部（長野県）の山地のブナ帯林下の沢沿いなどに見られる多年草．高さ 25〜50 cm．球茎上の腋芽は単生し，子球に発達する．5〜6 月頃地上に葉と花序を出す．葉は通常 1 枚で，偽茎部は葉柄部とほぼ同長，葉身は 5〜7 小葉に分裂し，小葉間の葉軸は発達しない．小葉は狭楕円形で先が尖り，全縁．花茎はえり状に波うつ偽茎の開口部から短く抽き出る．仏炎苞は葉に遅れて開き，淡紫褐色でやや緑色を帯び，筒部に著しく隆起する白色の縦条があって舷部に続く．筒部の口辺は狭く開出し，舷部は立ち上がり，倒卵形で先が尖り，筒部よりも長く，紫褐色で，細くて平行な白筋が目立つ．花序附属体は有柄で太棒状，先はやや頭状に膨らみ仏炎苞筒部から短く露出し淡紫褐色．

228. ナギヒロハテンナンショウ 〔サトイモ科〕

Arisaema nagiense T.Kobay., K.Sasamura et J.Murata

本州西部（兵庫県，岡山県）の山地の林縁の笹原などに生える多年草．高さ 10〜40 cm．球茎上の腋芽は単生し，時に子球に発達する．5〜6 月頃地上に葉と花序を出し，葉は通常 1 個で，偽茎部は葉柄部よりやや短く，葉身は 5〜7 小葉に分裂し，小葉間の葉軸は発達しない．小葉は線形〜狭披針形で先が尖り，全縁．花茎は葉柄部より短く，雌株では雄株より短く，えり状に波うつ偽茎の開口部から抽き出る．仏炎苞は葉身より早く開き，外面は緑色を帯びた紫褐色で，筒部に著しく隆起する白色の縦条があり，筒部の口辺は狭く開出し，舷部は内面が紫褐色で光沢があり，狭三角形〜三角状狭卵形で先が次第に狭まり，筒部よりも長い．花序附属体は有柄で棒状，仏炎苞筒部からほとんど露出せず，紫褐色で先は色が薄く黄色がかっている．果実は赤く熟す．ヒロハテンナンショウに近縁で，イナヒロハテンナンショウとともに染色体数 2n = 26 の 2 倍体である．

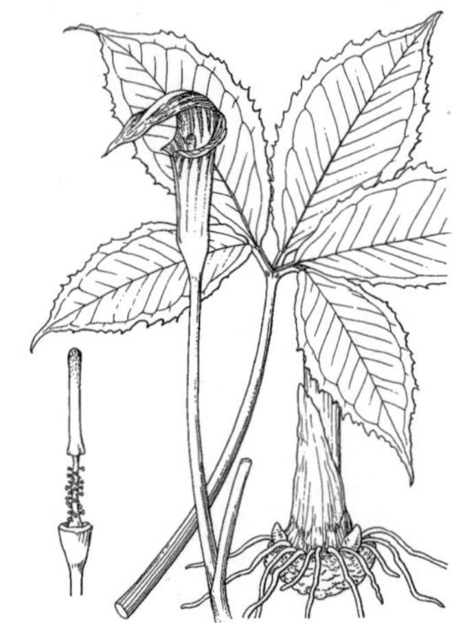

229. シコクヒロハテンナンショウ 〔サトイモ科〕

Arisaema longipedunculatum M.Hotta

山梨県以西の本州，四国，九州に点々と分布し，主にブナ帯の沢沿いに生える多年草．高さ 17～30 cm，地域的な変異がある．雌雄偽異株で雄株から雌株に完全に転換する．5～7月頃地上にのび出し，まず葉を展開する．葉は1個まれに2個つき，偽茎部は葉柄部より短く，偽茎部の開口部はえり状に広がらない．葉身は5～7小葉に分裂し，小葉間の葉軸はほとんど発達しない．小葉はひし状長楕円形で，ときに著しい波状きょ歯縁となる．花茎は葉が展開した後も伸長を続け，偽茎部の中から花序を抽き出し，開花時には葉柄よりやや短いくらいになる．仏炎苞は緑色，ときに紫褐色を帯び白条があり，他種に比べ小さく高さ 3～5 cm，筒口部は開出せず，舷部は長三角形ないし三角状卵形で先が尖る．雄花の葯はしばしば隣りどうし合着して輪状となる．花序附属体は有柄で棒状，ときにやや棍棒状，果実は赤く熟す．屋久島産のものは花茎がより長く，仏炎苞の舷部が幅広く，花序附属体が太い傾向があり，ヤクシマヒロハテンナンショウ var. *yakumontanum* Seriz. として区別されることがある．〔日本名〕四国広葉天南星．ヒロハテンナンショウに似ており，四国で発見されたことによる．

230. イシヅチテンナンショウ 〔サトイモ科〕

Arisaema ishizuchiense Murata subsp. ***ishizuchiense***

四国の山地の主にブナ帯上部に生える多年草．高さ 15～25 cm．雌雄偽異株で雄株から雌株へ完全に転換する．球茎にはしばしば子球を生じる．5月頃地上に葉と花序を出し，まず花序を展開する．葉は1個，まれに2個，偽茎部はやや短く，葉柄は葉身の展開時には偽茎部より長くなる．葉身は5（～7）小葉に分裂し，小葉間に葉軸はほとんど発達しない．小葉は長楕円形ないし披針形で両端は次第に狭まり，ときに不規則なきょ歯がある．花茎は通常葉柄より長く，仏炎苞は大形で，高さ 5～8 cm，紫褐色で斑があり，筒部は円筒状で上に向かって開き，口辺部はやや開出し，舷部は卵形で先が尖る．花序附属体は有柄で棍棒状．本種に似て花茎が短いカミコウチテンナンショウ *A. nikoense* Nakai subsp. *brevicollum* (H.Ohashi et J.Murata) J.Murata は本州の飛騨山脈および白山の亜高山帯の林下に見られる．この北側に分布域を接して，仏炎苞が小さく高さ 3.5～6 cm のものがあり，ハリノキテンナンショウ *A. nikoense* subsp. *alpicola* (Seriz.) J.Murata として区別される．〔日本名〕石鎚天南星．産地の愛媛県石鎚山にちなんでつけられた．

231. ユモトマムシグサ 〔サトイモ科〕

Arisaema nikoense Nakai subsp. ***nikoense***

本州中部以北の山地のブナ帯林下に生える多年草．高さ 15～30 cm．球茎にはしばしば子球を生じる．5月頃地上に葉と花序を出し，まず花序を展開する．葉は2個，ときに1個，偽茎部と葉柄部はほぼ等長，通常緑色，ときに黒紫色，偽茎部の開口部はえり状に開出しない．葉身の形状はイシヅチテンナンショウと同様．花茎は葉柄より長く，仏炎苞は緑色，まれに紫褐色，舷部は長卵形で先は次第に尖り，ときにやや鈍頭．花序附属体は太棒状で上がふくらむ．果実は赤熟する．亜種オオミネテンナンショウ subsp. *australe* (M.Hotta) Seriz. は紀伊半島および伊豆半島に分布し，全体小形，仏炎苞は紫褐色で明らかな白条があり，花序附属体はやや細い棒状．〔日本名〕湯本蝮草．栃木県日光湯本で採集されたことによる．〔追記〕オドリコテンナンショウ *A. aprile* J.Murata は伊豆半島から神奈川県に分布し，小葉にはしばしば著しい波状きょ歯があり，偽茎部の開口部がえり状に開出することで区別される．

232. オガタテンナンショウ（ツクシテンナンショウ） 〔サトイモ科〕

Arisaema ogatae Koidz.

九州中部の山地林下に生える多年草．高さ 15～27 cm．雌雄偽異株で雄株から雌株に完全に転換する．球茎上に多数の子球を生じる．5月頃地上に葉と花序を出す．葉は2個でほぼ同大，偽茎部は葉柄部と等長またはやや短く，偽茎部の開口部はえり状に開出する．葉身は5～7小葉に分裂し，小葉間の葉軸はわずかに発達する．小葉は倒披針形から倒卵状披針形で先は急に尖り，中央の小葉はその両側のものに比べやや小さい．花茎は葉柄部より短く，雌株では特に短く，仏炎苞は緑色で白条は目立たず，筒部は円筒形で上に開き，舷部は広卵形で鈍頭．花序附属体は有柄，太棒状で短く仏炎苞筒部からほとんど出ない．果実は赤く熟す．〔日本名〕緒方天南星．基準標本の採集者，緒方松蔵にちなむ．

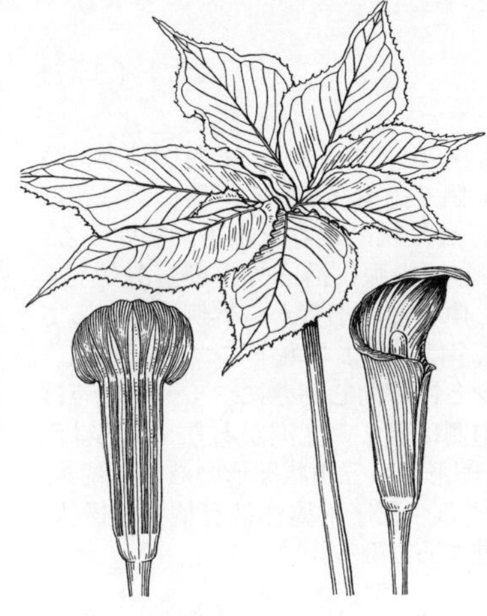

233. カラフトヒロハテンナンショウ 〔サトイモ科〕

Arisaema amurense Maxim. var. ***sachalinense*** Miyabe et Kudo

（*A. sachalinense* (Miyabe et Kudo) J.Murata）

北海道東北部（利尻・礼文島）から樺太にかけて分布する多年草．高さ 17〜50 cm．地下の球茎につく腋芽は単生し，ほぼ 2 列に並び，子球に発達する．5〜6 月頃地上に葉と花序を出す．葉は 1 または 2 個で，偽茎部は葉柄部とほぼ同長，斑紋はなく，開口部は斜めに開口し，わずかに反曲する．葉身は 5〜9 小葉に分裂し，小葉間の葉軸はやや発達する．小葉は楕円形〜被針形で先が尖り，全縁または細鋸歯縁．花茎は淡緑色で葉柄部より短く，花序は葉より低くつく．仏炎苞は葉身に遅れて開き，緑色から紫褐色で半透明な白色の縦条があり，筒部の口辺は狭く開出し，舷部は卵形で先が尖る．花序附属体は有柄で棒状．〔追記〕本種は和名の類似からヒロハテンナンショウと混同されたこともあるが，腋芽に副芽がなく，仏炎苞に隆起する縦条がなく，染色体数が 14 の倍数であることなどで明らかに区別できる．生育地の利尻島や礼文島ではコウライテンナンショウとの区別が難しいが，染色体数が 4 倍体であること，鞘状葉や偽茎，葉柄などに斑紋が無いことなどで区別できる．

234. ユキモチソウ 〔サトイモ科〕

Arisaema sikokianum Franch. et Sav.

紀伊半島および四国の林下に生える多年草．高さ 20〜60 cm．雌雄偽異株で雄株から雌株に完全に転換する．地下に球茎があり，腋芽がほぼ 2 列に並ぶが子球に発達することはまれである．5 月頃地上に葉と花序を展開する．葉は 1〜2 枚でほぼ同大，偽茎部は葉柄部とほぼ等長で膜状の鞘状葉に囲まれる．葉身は 3〜5 小葉に分裂し，小葉間に葉軸が発達する．小葉は楕円形で両端は次第にまたはやや急に狭まり，ときにきょ歯縁となり，緑色でしばしば白斑がある．花茎は葉柄よりやや短く，仏炎苞は葉と同時に開き，質厚く，外面は紫褐色を帯び，内面は緑白色から黄白色，筒部は上部でやや急に開き狭く開出し，舷部は倒卵形でほぼ直立し，先端はやや内に巻いて尖り，基部はいったん狭まる．花序附属体は基部に柄があり，棍棒状で先端部が著しくふくらみ白色．果実は赤く熟す．本種との自然雑種として，アオテンナンショウとの間にユキモチアオテンナンショウ，ムロウテンナンショウとの間にムロウユキモチソウが報告されている．〔日本名〕雪餅草は花序附属体の上部が白くふくらんで多少柔らかいので餅にたとえた．

235. キリシマテンナンショウ（ヒメテンナンショウ） 〔サトイモ科〕

Arisaema sazensoo (Buerge ex Blume) Makino

九州の山地林下に生える多年草．高さ 15〜40 cm．雌雄偽異株で雄株から雌株に完全に転換する．4〜5 月頃地上に葉と花序を出す．葉は 1 個で偽茎部は葉柄部より短く，葉身は鳥足状に分裂し，小葉間の葉軸はやや発達する．小葉は 5〜9 枚，楕円形から卵状楕円形，ときにきょ歯があり，白斑をもつこともある．花茎は葉柄部より著しく短く，仏炎苞は厚く革質で紫褐色，ときに緑色，白い縦条があり，筒部は上に開いた太い円筒状で口辺部は開出せず，舷部は三角状の長卵形で前に曲がり，中部から先はさらに下に曲がって筒口部をおおう．花序附属体は有柄で太棒状，しばしば白色となる．果実は赤熟する．中国に分布する *A. bockii* Engl. は本種に近縁と考えられ，ユキモチソウとともにしばしば混同されるが，葉は通常 2 個つき，仏炎苞は質薄く，舷部は卵形，花序附属体は先がふくらまないので日本産の 2 種から明らかに区別できる．〔日本名〕霧島天南星．九州の霧島山地に産することにちなんでつけられた．

236. アマギテンナンショウ 〔サトイモ科〕

Arisaema kuratae Seriz.

静岡県伊豆半島の林下の斜面に生える多年草．高さ 15〜30 cm．地下に球茎があり．4〜5 月頃地上に葉と花序を出す．葉は 1 個．または 2 個ともよく発達し．葉柄部は偽茎部よりやや長く．葉身は鳥足状に分裂し，小葉間の葉軸はやや発達する．小葉は 5〜7 枚，楕円形から長楕円形で両端が次第に尖り，しばしば不整な荒いきょ歯があり，やや質厚く．表面は暗緑色．中脈に沿って白斑をもつこともある．花茎は葉柄部より著しく短い．仏炎苞は葉に遅れて開き．厚く革質で紫褐色，ときに緑色，やや半透明の白い縦条があり，筒部は上に開いた円筒状で口辺部は開出せず，舷部は三角状の広卵形で前に曲がり，中央部は盛り上がる．花序附属体は太棒状で有柄，しばしば白色となる．1 子房中に 4〜6 個の胚珠がある．果実は赤熟する．〔付記〕キリシマテンナンショウによく似ているが．仏炎苞舷部が卵形で．筒部より明らかに短いこと，筒部が上に向かって次第に広がり．急に太くならないことで区別できる．

237. セッピコテンナンショウ 〔サトイモ科〕

Arisaema seppikoense Kitam.

兵庫県の山地の急斜面に生える多年草．高さ 20～50 cm． 5～6 月頃地上に葉と花序を出し．ほぼ同時に開く．葉は通常 1 個で偽茎部は短く，開口部は花茎に密着し．葉柄部ははるかに長くて斜上し，鳥足状の葉身を水平に展開する．小葉は 5～9 枚，狭披針形から広線形，しばしば中脈に沿って白班があり．先は次第に細まる．小葉間の葉軸は発達せず，中央部の小葉から外側に向かってやや小さくなる．花茎は雄ではごく短く．花序は葉身よりも下につき，直立し．雌では花茎が葉柄よりやや短く．花序は葉身とほぼ同じ高さにつく．仏炎苞は通常紫褐色で白条が目立ち，稀に黄緑色．内側は著しい光沢があり．筒部は円筒状で次第に上に開き，口辺部は開出せず，卵形から三角状卵形の舷部に続き，舷部の先は鋭尖頭で時に尾状にのび，斜上する．花序附属体は有柄で細棒状．1 子房中に約 13 個の胚珠がある．果実は赤熟する．

238. ホロテンナンショウ 〔サトイモ科〕

Arisaema cucullatum M.Hotta

紀伊半島の山地の林下に生える多年草．高さ 20～40 cm．雌雄偽異株で雄株から雌株へ完全に転換する．5～6 月頃地上に葉と花序を出す．葉は 1 個で偽茎部は短く，葉柄部ははるかに長くて斜上し，鳥足状の葉身を水平に展開する．小葉は 7～13 枚，狭披針形から狭楕円形，先は次第に細まる．小葉間の葉軸は発達せず，中央部の小葉から外側に向かってやや急に小さくなる．花茎は短く仏炎苞は葉身よりも下につき，直立し，淡緑色に淡紫色を帯び太い白条が目立ちやや半透明，筒部は円筒状で次第に上に開きやや前に曲がり，口辺部は開出せず，内巻きする長三角形の舷部に続き，舷部の先は長くのび，アーチ状に前曲する．花序附属体は有柄で棒状．果実は赤熟する．〔日本名〕幌天南星．仏炎苞の形状を乗物の幌にたとえた．〔追記〕セッピコテンナンショウ（237 図）は兵庫県に産し，本種に似るが仏炎苞は通常紫褐色で内巻きしない．

239. ヒュウガヒロハテンナンショウ 〔サトイモ科〕

Arisaema minamitanii Seriz.

九州南部の山地の暗い谷間などに生える多年草．高さ 20～50 cm．球茎上の腋芽には副芽がなく，ほぼ 2 列に並ぶ．葉は 1 枚で偽茎部は葉柄部よりやや長く，葉身は明らかな鳥足状に分裂し，小葉間には葉軸がやや発達する．小葉は 5～7 枚で，狭楕円形～楕円形で両端は尖り，全縁または細鋸歯縁，暗所では広がってやや垂れ下がり，明所では本図のようにやや立体的に配置する．花茎は短く，花序は偽茎にやや傾いてつき，仏炎苞は緑色で，半透明の白い縦すじが多数あり，筒部は淡色，やや上に開き，口辺部は狭く反曲し，舷部は三角状卵形で前傾する．花序付属体は基部に柄があり，太棒状で白色，先は仏炎苞の筒口部とほぼ同じ高さ．1 子房中に 6～9 個の胚珠がある．北九州以東に分布するヒロハテンナンショウ（226 図）によく似ているが，仏炎苞に多数の半透明な白筋があるが隆起しないこと，腋芽に副芽を生じないことなどで明らかに区別できる．また，分布域が重なるオガタテンナンショウ（232 図）からは，葉が 1 枚で小葉数がより多く，仏炎苞に白筋があることで区別できる．

240. タカハシテンナンショウ 〔サトイモ科〕

Arisaema nambae Kitam.

広島県，岡山県に分布する多年草．高さ 15～50 cm に達する．5 月頃地上に葉と花序を出す．葉は 1～2 個で偽茎部は葉柄部とほぼ等長またはやや長く，偽茎の開口部は明らかに開出して襟状となる．葉身は鳥足状に分裂し，小葉間の葉軸はやや発達する．小葉は 5～7 枚，楕円形～卵形で先は尖り，全縁または細鋸歯縁となる．花茎は葉柄部より短い．仏炎苞は葉より早く開き，淡紫褐色～紫褐色半透明で白条が目立たず，筒部は円筒状であまり広がらず，口辺部はごく狭く開出し，舷部は三角状の卵形～広卵形で先はしばしば反り返る．花序附属体は有柄で棒状，紫褐色を帯びる．〔付記〕仏炎苞が葉よりも早く開くこと，1 子房中に多数（12～19 個）の胚珠があることから，ヒガンマムシグサ *A. aequinoctiale* Nakai et F.Maek. に近縁と考えられているが，小葉数がより少なく，染色体数が異なる．仏炎苞が淡緑色のものはモエギタカハシテンナンショウ *A. nambae* f. *viride* H.Ikeda, T.Kobay. & J.Murata と名付けられている．〔日本名〕和名タカハシテンナンショウは基準標本産地の岡山県高梁にちなむ．

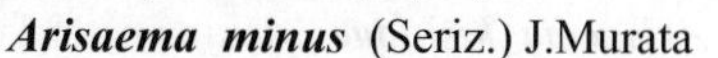

241. ハリママムシグサ　〔サトイモ科〕

Arisaema minus (Seriz.) J.Murata

兵庫県に分布し，多くは低山地の林下，林縁に生える多年草．ヒガンマムシグサに似て全体が小型，高さ 15～30 cm に達する．地下に球茎があり，腋芽はほぼ 2 列に並ぶ．3～4 月頃，地上に芽を出し，最初に花序を，次いで葉を展開する．葉は通常 2 枚でほぼ同大．偽茎部は葉柄部と同長またはやや長く，開口部は襟状に広がる．葉身は鳥足状に分裂し，小葉間には葉軸がやや発達する．小葉は 5～9 枚，広線形～披針形でときに細鋸歯または荒い波状の鋸歯があり，しばしば中脈に沿って白斑がある．花茎は少なくとも花時には葉柄より長く，仏炎苞は紫褐色から黄褐色でごくまれに緑色，やや半透明，筒部の口辺は狭く開出し，舷部は卵形～長卵形で先は次第に狭まり，前に曲がり，やや反り返る．花序附属体は有柄で棒状．一子房中に 11～22 個をこえる多数の胚珠がある．

242. ナガバマムシグサ（ナミウチマムシグサ）　〔サトイモ科〕

Arisaema undulatifolium Nakai subsp. ***undulatifolium***

伊豆半島に分布し，多くは低山地の林下に生える多年草．高さ 70 cm に達する．地下に球茎があり，腋芽はほぼ 2 列に並ぶ．3～4 月頃，休眠芽が地上にのび出し，まず花序を，次いで葉を展開する．葉は 1～2 枚，偽茎部は長く，葉柄部はより短く，葉身は鳥足状に分裂し，小葉間には葉軸がやや発達する．小葉は 9～21 枚，線形でときにきょ歯がある．花茎は少なくとも花時には葉柄より長く，仏炎苞は紫褐色から黄褐色でごくまれに緑色，筒部の口辺はやや狭く開出し，舷部は卵形で先がややのび，前に曲がる．花序附属体は有柄で棒状．一子房中に 12 個をこえる多数の胚珠がある．愛媛県には仏炎苞の筒口部が広く開出するウワジマテンナンショウ subsp. *uwajimense* T.Kobayashi et J.Murata がある．〔日本名〕長葉蝮草で，特に小葉が細長いため．

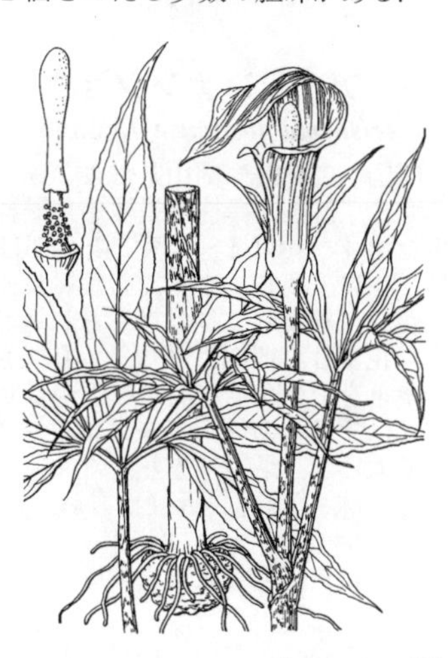

243. ミミガタテンナンショウ　〔サトイモ科〕

Arisaema limbatum Nakai et F.Maek.

東北地方の太平洋沿岸地域から関東地方，および西日本の一部の林下，林縁に生える多年草．高さ 70 cm に達する．雌雄偽異株で雄株から雌株に完全に転換する．葉の形状はナガバマムシグサと同様だが，小葉は数が少なく，幅広く，線形となることはない．花茎は少なくとも花時には葉柄部よりも長く，仏炎苞は黒紫色，紫褐色または黄褐色まれに緑色で白い縦条が目立つ．筒部は口辺部が耳状に広く開出し，舷部は卵形で先が尖る．果実は夏に赤熟する．〔日本名〕耳形天南星．仏炎苞の筒口部が耳たぶの様に広がることによる．〔追記〕徳之島産のトクノシマテンナンショウ（244 図）は本種に似るが，多数の子球を生じて栄養繁殖を行うこと，鞘状葉がよく発達しやや革質で，葉と花序がほぼ同時に開くなどの特徴をもつ．関東から中国・四国地方には仏炎苞の耳状部が発達しないヒガンマムシグサ *A. aequinoctiale* Nakai et F.Maek. が分布する．

244. トクノシマテンナンショウ　〔サトイモ科〕

Arisaema kawashimae Seriz.

徳之島の山地の頂上付近の，岩がちの湿った林下に生える多年草．高さ 50 cm に達する．球茎上に多数の腋芽がほぼ 2 列に並び，子球に発達する．このため，親株の周囲を小株が囲んでいるのが観察される．4 月頃，地上に芽を出し，花序と葉をほぼ同時に展開する．鞘状葉は革質で淡褐色，偽茎や葉柄と同様に斑が目立ち，アマミテンナンショウに似る．葉は通常 2 枚，偽茎部は長さ 14～32 cm，開口部は襟状に開がる．葉柄部は偽茎部より短く 9～14 cm，葉身は鳥足状に分裂し，小葉間には葉軸がやや発達する．小葉は 9～13 枚，狭楕円形で全縁．花茎は少なくとも花時には葉柄部とほぼ同長か短く，仏炎苞は紫褐色または黄褐色で白い縦条が目立ち，筒部はやや細い円筒形，口辺部が耳状に広く開出し，舷部は筒部より長く，三角状卵形～狭卵形で先が長く尖る．花序付属体は細棒状で，仏炎苞口部から明らかに外に出る．〔付記〕外部形態はミミガタテンナンショウに似るが，多数の子球を生じて栄養繁殖を行うこと，鞘状葉がよく発達しやや革質で，葉と花序がほぼ同時に開くなどの特徴をもつ．

245. キシダマムシグサ（ムロウマムシグサ）　〔サトイモ科〕

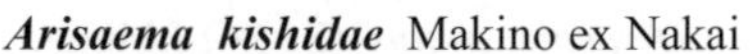

Arisaema kishidae Makino ex Nakai

愛知県，岐阜県から兵庫県にかけて分布し，林縁，林下に生える多年草．高さ 15〜50 cm に達する．5〜6 月頃地上に葉と花序を出しほぼ同時に開く．葉は 1〜2 個で偽茎部は葉柄部とほぼ同長またはやや長く，葉身は鳥足状に分裂し，小葉間の葉軸は発達する．小葉は 5〜7 枚，全縁または細鋸歯縁，しばしば中脈に沿って白斑があり，楕円形〜広楕円形で先が細まり，通常はやや尾状にのびる．花茎は葉柄部とほぼ同長，仏炎苞は半透明．淡紫褐色で微細な濃淡があり，白条がある，筒部は雄では上に開き，雌ではほぼ円筒形，口辺部は狭く開出し，舷部は三角状の長卵形で先は細長くのび斜上またはやや下に垂れる．花序附属体は有柄で棒状．仏炎苞口部より明らかに伸び出す．1 子房中に 4〜10 個の胚珠がある．〔日本名〕別名ムロウマムシグサは奈良県室生の地名にちなんだものであったが，ムロウテンナンショウとまぎらわしいので使用を避けている．

246. アオテンナンショウ　〔サトイモ科〕

Arisaema tosaense Makino

四国，広島県，岡山県および瀬戸内海の島嶼に生える多年草．高さ 70 cm に達する．雌雄偽異株で雄株から雌株に完全に転換する．5〜6 月頃地上に葉と花序を出す．葉は 1〜2 個で偽茎部は葉柄部とほぼ等長またはやや長く，葉身は鳥足状に分裂し，小葉間の葉軸はやや発達する．小葉は 9〜15 枚，長楕円形で先が急に細まり，通常はさらに糸状にのびて垂れ下がり，ときにきょ歯縁となる．花茎は葉柄部より短く，仏炎苞は葉に遅れて開く．仏炎苞は淡緑色，まれに紫色を帯び，半透明で白条が目立たず，筒部は上に開き口辺部はやや開出し，舷部は三角状の卵形で先は細長くのび内巻きして垂れ下がる．花序附属体は有柄で太棒状．果実は赤熟する．〔日本名〕青天南星．全体が緑色のテンナンショウの意味．〔追記〕近畿地方および愛知県に産するキシダマムシグサ（245 図）はアオテンナンショウに似るが，小葉はふつう 7〜11 枚で先が糸状とならず，仏炎苞は淡褐色で微細な紫斑を密布する．

247. ツクシマムシグサ　〔サトイモ科〕

Arisaema maximowiczii (Engl.) Nakai

九州に分布する多年草．高さ 60 cm に達す．雌雄偽異株で雄株から雌株へ完全に転換する．5 月頃地上に葉と花序を出す．葉は通常 1 個で偽茎部は長く，全体マムシグサにやや似るが小葉の先はやや尾状にのびる．花茎は葉柄部とほぼ同長または短く，仏炎苞は葉と同時またはやや遅れて開き，筒部は円筒状で口辺部は狭く開出し，舷部はしばしばふちに細突起があり，基部が三角状卵形で先は尾状に長くなり，ほぼ水平にのびる．仏炎苞舷部の白条はときに基部で幅広くなり集まって半透明となる．花序附属体は有柄で棒状．長崎県雲仙岳には，葉が通常 2 個つき，仏炎苞の舷部の先端が短く，花序附属体の上部がごく細まり径 1 mm 以下となるものがあり，ウンゼンマムシグサ *A. unzenense* Seriz. と命名されている．〔日本名〕筑紫蝮草で，九州に産するマムシグサの意味．〔追記〕ツクシヒトツバテンナンショウ *A. tashiroi* Kitam. は九州に分布し，葉は通常 2 個でホソバテンナンショウ *A. angustatum* Franch. et Sav. に似るが，仏炎苞舷部は卵形で先は急に尖りふちが内側に巻き込むことで区別できる．

248. ヒトツバテンナンショウ　〔サトイモ科〕

Arisaema monophyllum Nakai

本州中部以東に分布する多年草で，渓流沿いの暗い急斜面に多い．高さ 60 cm に達する．雌雄偽異株で雄株から雌株に完全に転換する．5〜6 月頃地上に葉と花序を出す．葉は通常 1 個で偽茎部は長く，葉柄部はより短く，葉身は鳥足状に分裂し，小葉間の葉軸はよく発達する．小葉は 7〜9 枚，長楕円形で両端が細まり，ときにきょ歯縁となる．花茎は葉柄部よりやや短く，仏炎苞は葉に遅れて開く．仏炎苞の筒部は円筒状で口辺部はほとんど開出せず淡緑色，舷部は三角状狭卵形で先は次第に狭まり，外面緑色，内面は基部にハの字形の濃紫色の斑がある．花序附属体は有柄で細棒状，中央部でいったん細まり，上部でやや前に曲がる．果実は赤熟する．仏炎苞舷部の内面全体が紫褐色となるものをクロハシテンナンショウ，まったく無斑のものをアキタテンナンショウと呼ぶ．〔日本名〕一葉天南星，葉が 1 枚のテンナンショウの意味．このような場合一般に，花序に最も近い葉は退化して短い鞘状となり，花茎の基部を囲んでおり，偽茎部にかくれ，外からは見えない．葉が 2 枚となる場合には，この葉が発達して葉身をもつようになる．

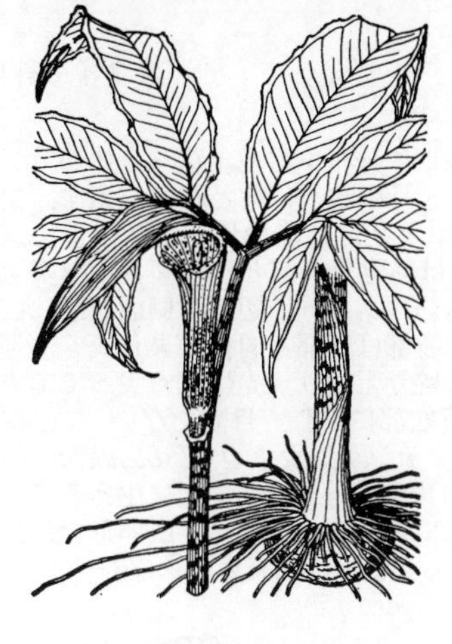

249. オモゴウテンナンショウ 〔サトイモ科〕

Arisaema iyoanum Makino subsp. ***iyoanum***

四国および中国地方西部の山地，特に渓流沿いの急斜面に生える多年草．高さ 20〜60 cm．雌雄偽異株で雄株から雌株へ完全に転換する．5 月頃地上に葉と花序を出す．葉は通常 1 個で偽茎部は長く，葉柄部はより短い．葉身は鳥足状に分裂し，マムシグサに似る．花茎は葉柄より短く，仏炎苞は葉に遅れて開く．仏炎苞の筒部はやや上に開いた円筒状，舷部は筒部よりやや長く，卵形でやや鈍頭，やや外曲し，外面は淡褐色で不規則な紫斑があり，舷部の内面は緑色で光沢がある．花序附属体は有柄で棒状，先がわずかに前に曲がる．四国には亜種シコクテンナンショウ subsp. *nakaianum* (Kitag. et Ohba) H.Ohashi et J.Murata があり，仏炎苞の筒口部は広く耳状に開出し，舷部は広卵形となり，全体濃色で舷部内面は紫褐色または赤紫褐色となる．しばしば基本亜種と混生し，雑種と思われる中間型が見られる．〔日本名〕面河天南星．本種の産地，愛媛県面河渓にちなんでつけられた．

250. マムシグサ (狭義) 〔サトイモ科〕

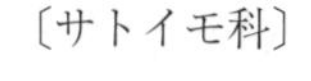

Arisaema japonicum Blume

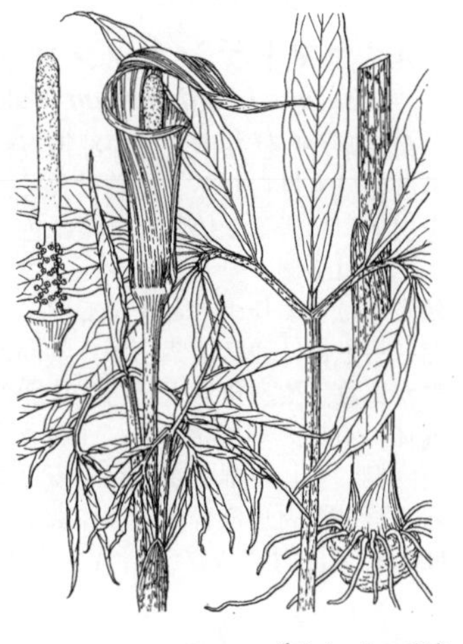

マムシグサ群の一種で，九州および四国に見られる．カントウマムシグサに比べより暗い林床を好む．高さ 1 m に達する．3〜4 月頃地上に葉と花序を出す．葉の形状はカントウマムシグサと同様．花茎は通常葉柄部より長く，仏炎苞は葉よりも早く開くので，花時にはナガバマムシグサに似る．仏炎苞の筒口部は広く開出せず，内面には隆起する細脈が認められない．花序附属体は棒状で先はふくらまない．ヒトヨシテンナンショウ *A. mayebarae* Nakai は九州南部に分布し，仏炎苞は葉よりも早く開き，通常黒紫色で白条がなく，舷部は中央部がもり上がる．ホソバテンナンショウ *A. angustatum* Franch. et Sav. は仏炎苞が緑色で葉よりも早く開き，筒口部はやや開出し，舷部は卵形で短く尖り，しばしばふちに細突起があり，花序附属体は細棒状となるもので，関東から中部地方東部，近畿地方に分布し，中国地方西部にもよく似たものが見られる．〔日本名〕蝮草は鞘状葉や偽茎部の色彩がマムシに似ることによる．

251. ムロウテンナンショウ 〔サトイモ科〕

Arisaema yamatense (Nakai) Nakai subsp. ***yamatense***

近畿地方および隣接する中国・中部地方に分布する多年草．高さ 80 cm に達する．雌雄偽異株で雄株から雌株に完全に転換する．3〜5 月頃地上に葉と花序を出す．葉は 1〜2 個で広義のマムシグサと同様．鞘状葉や偽茎部の斑は赤味が強く，特にホソバテンナンショウに似る．花茎は葉柄部よりやや短く，仏炎苞は葉身とほぼ同時に展開し全体緑色，まれに紫褐色を帯び，筒部はやや太い円筒形で口辺部は狭く開出し，舷部は広卵形で基部がやや横に張り出し，内面およびふちに多数の乳頭状突起があり，肉眼では白っぽく見える．花序附属体は有柄で下部はやや太く，上に向かって細まり，上部でやや前に曲がり，光沢のある円頭に終わる．亜種スルガテンナンショウ subsp. *sugimotoi* (Nakai) H.Ohashi et J.Murata は中部地方から山梨県にかけての主に太平洋側に分布し，偽茎の斑は暗紫色で 2 枚の葉のうち上方のものが小さく，仏炎苞舷部は卵形で，花序附属体の先は大豆状のふくらみで終わる．〔追記〕ツルギテンナンショウ *A. abei* Seriz. は四国の山地に分布し，本種に似るが，仏炎苞に乳頭状突起がなく，花序附属体は黄白色で棒状，上部にしわがあり前に曲がる．

252. カントウマムシグサ 〔サトイモ科〕

Arisaema serratum (Thunb.) Schott

日本および北東アジアの暖帯・温帯に広く分布し，きわめて変異に富むマムシグサ群（250〜255 図）の 1 種で，東北地方から九州の林下に生え，高さ 1 m に達する．雌雄偽異株で雄株から雌株に完全に変換する．4〜5 月頃地上に葉と花序を出す．葉は 1 個または 2 個つき，偽茎部は長く，葉柄部ははるかに短く，葉身は鳥足状に分裂し，小葉間には葉軸が発達する．小葉は 7〜17 枚，長楕円形で両端が尖り，ときにきょ歯がある．仏炎苞は葉に遅れて開き，主に紫褐色で筒部の口辺はやや開出し，舷部は内面に隆起する細脈が認められ，卵形で先が次第に細まる．花序附属体は有柄でしばしば太い棍棒状となる．コウライテンナンショウ *A. peninsulae* Nakai は寒地，多雪地に多く，全体緑色で仏炎苞の舷部は卵形で先が急に細まり，基部はいったん狭まり，花序附属体は細棒状となるものを指す．八丈島産のハチジョウテンナンショウ *A. hatizyoense* Nakai は外部形態的には区別が困難であるが，染色体の基本数が異なることが知られている．

253. ヤマザトマムシグサ 〔サトイモ科〕

Arisaema galeiforme Seriz.

本州の北関東から中部地方にかけての内陸地に分布する多年草．全体がカントウマムシグサに似て高さ 70 cm に達する．5 月頃地上に葉と花序を出す．偽茎は長く，開口部は襟状に開出し，鞘状葉や偽茎部は淡緑色〜淡紫褐色で斑がある．葉は 2 個，7〜17 小葉がある．花茎は通常葉柄部とほぼ同長，仏炎苞は葉と同時に開く．仏炎苞の筒部は筒状で白筋があり，口辺部は側面が急に広がり，三角状卵形〜広三角形の舷部に続く．舷部は筒部と同長かより長く，通常紫褐色で，基部で白筋が広がりドーム状に盛り上がり，先は長く尖って前方に伸びる．花序附属体は有柄，棒状，仏炎苞舷部に隠れ，目立たない．1 子房中に 5〜8 個の胚珠がある．よく似たヤマジノテンナンショウ *A. solenochlamys* Nakai ex F.Maek. は東北地方南部から中部地方東部に分布し，同所に生えることもあるが，典型的なものは仏炎苞舷部が筒部よりはるかに短く，広卵形で急鋭頭，外側がくすんだ緑色，内側が紫褐色であることで区別できる．

254. ヤマトテンナンショウ（カルイザワテンナンショウ） 〔サトイモ科〕

Arisaema longilaminum Nakai（*A. sinanoense* Nakai）

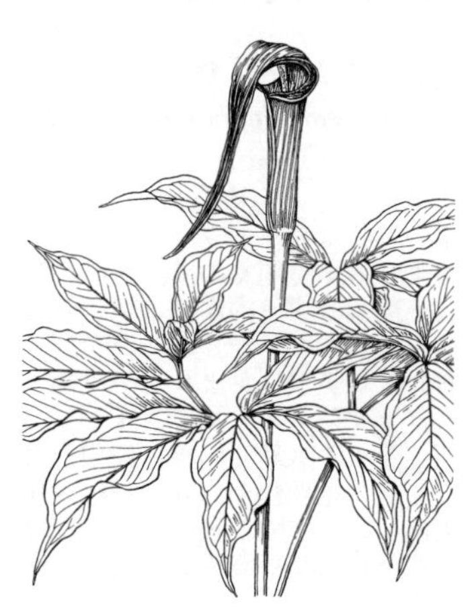

奈良県から軽井沢まで中部地方に点々と分布する多年草. 落葉樹の林床に生え，半湿地にも見られる．偽茎は長く．高さ 70 cm に達する．6 月頃地上に葉と花序を出す．鞘状葉や偽茎部は淡緑色で時に紫色をおび，ほとんど斑がないのがふつう．葉は 2 個，全形はカントウマムシグサに似る．花茎は通常葉柄部より長く，仏炎苞は葉よりずっと遅れて開く．仏炎苞の筒部は筒状で淡色，口辺部は狭く反曲し，舷部は通常黒紫色から紫褐色，稀に緑色で白条があり，内面に著しい隆起脈があり，狭三角形〜三角状狭卵形で長く前方に伸びるか，やや垂れる．花序附属体は有柄，細棒状で時に上部が前に曲がり，紫褐色の斑がある．〔付記〕仏炎苞内側に著しい細脈が隆起する点でオオマムシグサと共通で，半湿地では共存する．軽井沢周辺に普通で個体数が多く，カルイザワテンナンショウ *A. sinanoense* Nakai と呼ばれていたが，ヤマトテンナンショウと同一種と認められる．

255. オオマムシグサ 〔サトイモ科〕

Arisaema takedae Makino

マムシグサ群の一種で，北海道および本州に見られる．カントウマムシグサに比べより明るい湿った草原を好む．高さ 70 cm に達する．5〜6 月頃地上に葉と花序を出す．葉の形状はカントウマムシグサに似るが，葉軸の先が上方に巻き上がる傾向がある．花茎は通常葉柄部より短く，仏炎苞は葉に遅れて開く．仏炎苞の筒部は太い筒状で口辺部はやや広く開出し，舷部は通常黒紫色から紫褐色で白条があり，内面に著しい隆起脈があり，卵形から長卵形で前に曲がり，先は次第に細まりやや外曲し，垂れ下がる．花序附属体は棍棒状でしばしば白緑色となる．全体がよく似ているが，葉が 1 枚で偽茎部と葉柄部がほぼ等長となるものがあり，ヤマグチテンナンショウ *A. suwoense* Nakai と呼ばれる．

256. リュウキュウハンゲ 〔サトイモ科〕

Typhonium blumei Nicolson et Sivadasan

（*T. divaricatum* auct. non (L.) Decne.）

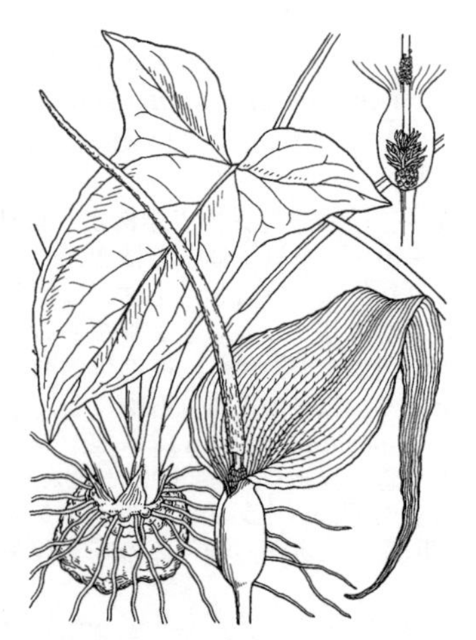

九州以南の日本，台湾，中国大陸に分布する多年草．地下に小形の球茎があり，子球を生じて盛んに繁殖する．葉と花茎は地下茎から直接出る．葉は 1 株に数個つき，次々に更新し，15 cm に及ぶ葉柄があり，葉身は三角状の矢じり形で基部はやや心臓形，長さ 5〜15 cm，幅 5〜10 cm．花序は短い花茎に 1 個つき，仏炎苞は筒部と舷部の間でいったんくびれ，舷部は三角状長卵形で内面は黒紫色，ビロード状の光沢があり，長さ 8〜15 cm，展開時にいったん平開し，その後反り返る．肉穂花序は両性で下部に淡色の雌花（子房）が密集し，すぐ上に線形で橙赤色の退化花が多数つき，その上に裸出した軸部がある．さらに仏炎苞のくびれのすぐ上に雄花群がつき，雄花群の上に細い柄部があり，花序附属体へと続く．花序附属体は黒紫色，基部は斜切形で細長い円錐状，下部にややしわがあり，先に向かって次第に細まり，仏炎苞舷部よりやや短い．強い悪臭を発す．〔日本名〕琉球半夏で，琉球産の半夏（カラスビシャク）のこと．〔漢名〕犁頭尖，土半夏．

257. イワショウブ　〔チシマゼキショウ科〕

Triantha japonica (Miq.) Baker（*Tofieldia japonica* Miq.）

本州中部以北の日本海側と西日本の山中の湿気の多い所に生える多年生草本．根茎は短く斜上し，外面に黒褐色の繊維がある．葉は花茎の下部に 2 列につき，直立し，剣状をしており，長さは 6～12 cm で先端は尖り，下の方はたたまれて半ば鞘状になっている．花茎は高さ 20～40 cm で直立し，細い円柱形で，下半になめらかな短い葉を 1～2 枚つけているが，上半になるとこれがなく花軸と共に粒状の腺毛を密生して粘着する．ここに小さい虫が飛来してつき固くなって死ぬので一名ムシトリグサの名がある．7～8 月頃茎の先に 2～3 花ずつに集合した小花序が穂状につき，白い花が咲き，つぼみは時々紅紫色になる．苞葉は膜質で花柄は苞葉より長く 3 mm 内外で頂に近く 3 個の尖った副がく片をそなえる．花被片 6 個は線状の長楕円形，長さは 6 mm 以内．6 個の雄しべは花被片より長く頂に黒い点のような葯がある．子房は 1 個で花柱は 3 つに分かれる．さく果は宿存する花被片より長く，3 裂する．種子は頂に長い 1 本の毛をもつ．〔日本名〕岩菖蒲の意味で，全体の様子を「ショウブ」に見立てたものだが，必ずしも岩上に生えるわけではない．

258. ヒメイワショウブ　〔チシマゼキショウ科〕

Tofieldia okuboi Makino

本州中部以北の高山低木帯の草地に生える多年生草本．根茎は短く細いひげ根を出す．葉は根生して 2 列にはかま状をして立ち，高さは 3～7 cm．剣状の倒披針形で先は尖り，突端は短い爪状となり，ふちはざらつき，基部に向かって細く，緑色で質が厚く丈夫である．8 月に入ると葉の間に花茎が 1 本出て小さい白花をつける．茎はやせて無毛でなめらかで，2～3 の小形の葉が散生し，花は白色で 3 個ずつ集合し，花柄はほっそりして花より短い．苞葉は花柄に比べてはなはだ短い．副がく片 3 個は小さく楕円形，鈍頭．花は上向きで長さは 2～3 mm，花被片 6 個はへら状の長楕円形．雄しべ 6 個は花被片とほぼ同じ長さで葯は黄色．さく果は長さ 5 mm を超え，楕円体で 3 つの溝があり，上部は 3 つに分かれる．外側に花被片が残っている．〔日本名〕姫岩菖蒲の意味でイワショウブより小さいからである．形容語の *okuboi* はこの草の発見当時東京帝国大学の植物学の助教授であった大久保三郎を記念したもの．

259. チシマゼキショウ　〔チシマゼキショウ科〕

Tofieldia coccinea Richards. var. ***coccinea***

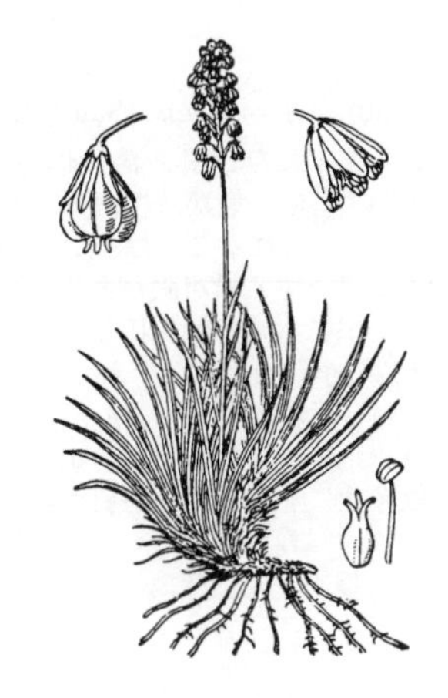

本州中部以北の高山草本帯に生える常緑の多年生草本で高さは 4～12 cm，根茎はやせて短く，分岐して大株を作ることがある．根は線状で硬く黄褐色をしている．葉ははかま状に 2 列に並びかたまって生え，狭線形，鋭尖頭で基部は互いに重なり，草質でふちは平滑である．7～8 月頃葉の間に 1 本の花茎を出し，下部と中央付近に 1 枚ずつの小形の葉をつける．花序は穂のような短総状で白い花が側向して開き，うすく赤味がかる．苞葉は卵形で先端は尖って長さは 1.5 mm 内外で花柄とやや同じ長さである．副がくは 3 裂し，裂片は三角形，鋭頭．花被片 6 個は 2.5～3 mm の線状長楕円形をして平開せず，すきまがあり，花がすんだ後も残っている．雄しべ 6 個は花被片よりわずかに長く，葯は紫色．さく果は強く下を向き球形，先端に 3 個の柱状花柱が残る．〔日本名〕はじめ千島列島で採集されたのでこの名がある．〔追記〕本州と北海道南部のものをチャボゼキショウ var. *kondoi* (Miyabe et Kudô) H.Hara として区別する意見もある．

260. ハコネハナゼキショウ（ミヤマゼキショウ）〔チシマゼキショウ科〕

Tofieldia coccinea Richards. var. ***gracilis*** (Franch. et Sav.) T.Shimizu

本州から九州の山地のやや湿った所に生える常緑多年生草本．根茎は細長くて短く横にはって枯れた葉鞘を残す．葉は根生して 2 列に並び線形剣状で先端はやや尖り，長さ 4～9 cm，ふちはざらつく．7 月頃，葉の間に花茎を出し短い総状に小さい白花をつける．茎は細く葉よりわずかに高く，下部に葉を 1～2 枚つけ，中央付近に細長い葉状苞がある．花は細い柄があり，柄の基部に卵形で長さが花柄と同じかより短い苞葉がある．副がくは漏斗形をして 3 浅裂し，裂片は三角形となって尖りヒメイワショウブのそれが楕円形で円いのとちがう．花被片 6 個は線状の長楕円形で長さ 2.5 mm 内外．雄しべ 6 個は花被片と同じ長さで葯は紫色をしている．〔日本名〕次種ハナゼキショウに似て，箱根で採集されたことに由来する．本種は高山性のチシマゼキショウに近いが，花が多少まばらにつき，花柄が長く，全体にやせた感じがあって株中の葉の長さにばらつきが大きいので区別できる．

261. ハナゼキショウ　〔チシマゼキショウ科〕

Tofieldia nuda Maxim. var. ***nuda***

本州中部の谷すじまたは湿った岩壁に生える多年生草本．根茎は短小で細い線形で灰黒色の根を出す．葉は根生し 2 列になってはかま状に並び，線形で多くは雞（おんどり）の尾のように彎曲し長さは 10～15 cm，先端は尖り，革質で深緑色でなめらかである．7 月頃葉の間に葉より高く 1 本の花茎を出し，頂に総状花序をつくってまばらに白い小花をつける．花柄は糸状，真直で長く 4～12 mm．苞葉はごく小さくて目立たない．副がくは 3 裂し，裂片は卵円形で急に鋭尖頭となる．花被片は 6 個，長さ 2～3 mm，線状のへら形で平開しない．雄しべ 6 個は花被片より少し長く，葯は淡褐色．さく果には花被が残っており，広い楕円体で長さ 3～4 mm，頂には花柱が 3 本残っている．〔日本名〕セキショウ（ショウブ科）に似た草に白い花が咲くことから来ている．

262. ヘラオモダカ　〔オモダカ科〕

Alisma canaliculatum A.Braun et C.D.Bouché

多年生の緑色草本で各地の水沢地または水田等に生える．根茎は短縮してひげ根を叢生する．葉は根元より叢生し，長さ 15～20 cm の葉柄があり，基部は鞘状，葉身は披針形あるいは広披針形で先端は鋭く，基部は次第に狭くなり，葉柄に流れ，全縁でやや厚い．長さ 10～30 cm，幅 2～4 cm，まれに 1 cm，支脈は 6 条あり，半数以上がやや平行し，下面に隆起する中脈から斜上する横小脈と連絡する．夏から秋にかけて長い花茎を出し，大形の輪生円錐花序をなし高さ 40～130 cm ほどになり，多数の枝に小形の白花を開き枝と花柄の基部に緑の苞がある．花は短い柄を持ち，がく片は 3，緑色で円卵形，多脈である．花弁は 3，倒卵円形で基部はやや黄色．雄しべ 6，花糸は糸状，葯は緑色で黄色の花粉を出す．雌しべは多数で花柱は子房より短い．果実は平らで多数，斜倒卵形，上方内側に宿存花柱がある．変種にホソバヘラオモダカ var. *harimense* Makino がある．葉は線状，支脈 2～4 で，花弁前縁に鈍歯があり，基部白色，葯は褐紫色．〔日本名〕箆面高はその葉形に基づいたもの．

263. サジオモダカ　〔オモダカ科〕

Alisma plantago-aquatica L. var. ***orientale*** Sam.（*A. orientale* (Sam.) Juz.）

多年草で沼沢または浅い水中に生える．根茎は短縮して下にひげ根を叢生する．葉は根元から叢生し，長い柄があり，長さは 30 cm 内外に達し，葉身は楕円形で長さ 10～20 cm，幅 6～13 cm で先は尖り，基部は円形で葉柄に流れることはない．中脈は下面に隆起し数条の支脈が縦走し，その間を連絡する斜上する横小脈がある．夏から秋の間に長い花茎を出し，高さ 60～90 cm に達し，上部に大形の輪生円錐花序をつける．枝の基部には緑色の苞があり，上部に多数の有柄の小花をつける．がく片は 3，緑色の楕円形である．花弁は 3，倒卵円形で白色，淡い紅紫色の部分があり，基部は黄色である．雄しべは 6 個，花糸はやや長く，葯は黄緑色で，黄色の花粉を出す．多数の雌しべがあり，花柱は子房より短い．果実は多数環状にならび平たい斜倒卵形で内側の上方に 1 個の花柱を残存する．〔日本名〕匙オモダカは葉形に基づいて名付けたものである．〔漢名〕澤瀉．従来澤瀉をオモダカというのは誤りで，澤瀉は本種の名である．

264. マルバオモダカ　〔オモダカ科〕

Caldesia parnassiifolia (Bassi. ex L.) Parl.

池や沼に生える多年草で株の基部にひげ根を叢生する．葉は根元から叢生し長い柄があり，水の浅深に従って長短があり，円形または腎臓形で先は円く，基部は心臓形に深く切れ込み，水面に浮かび，その後に出るものは水上にのび径 6～8 cm ほどある．緑色で 13～19 条の縦脈は中脈を除き他はみな彎曲してやや平行に走り，その間を連絡する横小脈は多数あって極めて接近し平行している．夏には高さ 30～90 cm ほどの花茎を出し，輪生円錐花序をなして多数の小形の白花をつける．がく片 3 枚は草状の緑色で宿存する．花弁 3 枚は膜質白色で開花後落ちる．雄しべは 6 個．雌しべは多数で長い花柱がある．果実はやや大形の倒卵球形，果皮は木化して宿存の花柱がある．本種の繁殖は種子により，また夏以降に花穂上に発生して後離脱し沈んで泥中に落ちる殖芽による．〔日本名〕円葉オモダカの意味である．

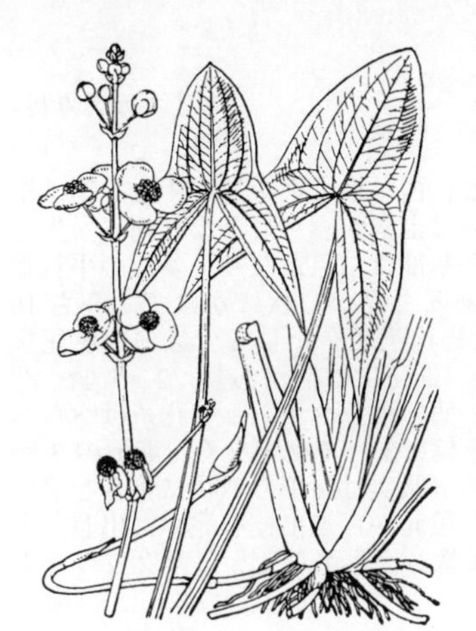

265. オモダカ（ハナグワイ）　〔オモダカ科〕

Sagittaria trifolia L. var. ***trifolia***

日本全土の溝や水田に生える多年草で根茎は短くひげ根を叢生する．葉は数個叢生して長い柄があり，葉柄の長さは 30〜60 cm で縦の稜があり，内部はスポンジ状で基部は鞘となって互に抱く．葉身は矢じり形で，基部両側の裂片は頂裂片より長細く，尖頭をなし葉脈は下面に隆起する．夏秋の間に花茎を出し，高さ 40〜70 cm に達し上部に総状あるいは円錐花序をつけ，白色の花を輪生し，節に苞がある．花は単性で下部のものは雌花，上部のものは雄花で多数つく．がく片は緑色で卵状楕円形，鈍頭で宿存する．花弁は 3 個，円形で薄い．雄花には多数の雄しべがあって，薄い黄色．雌花は雄花より少なく短い花柄を有し，多数の雌しべは球状に集まって緑色である．果実は密集し平たい球形をなし淡緑色，個々は扁平である．秋には株の間や葉の間からまばらに鱗片をつけた白色の地下枝を出し，頂端に小形の芽をつける．この芽の特に大きなものはスイタグワイと呼ばれ食用とし，大阪吹田の名産である．〔日本名〕オモダカは面高の意味で，人面状の葉身が高く葉柄上にある所からいう．〔漢名〕野茨菰．

266. クワイ　〔オモダカ科〕

Sagittaria trifolia L. **'Caerulea'**

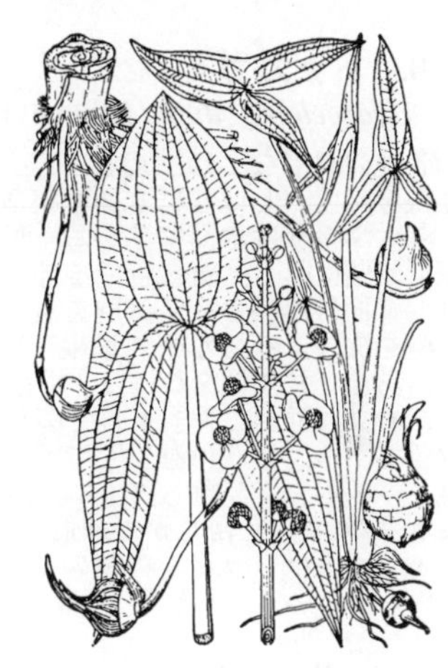

古く中国から渡来し，各地の水田に栽培される大形の多年草で，根茎は短く，下にひげ根を叢生する．葉は根元より叢生して長い柄を有し，葉身は大形の矢じり形で長さ 30 cm ほどのものもある．頂裂片は大きくて短く，基部両側の裂片は長く尖り，全縁で厚く，葉脈は下面に隆起し，葉柄は太く縦稜を有し基部は大きな鞘となり互に抱く．長さ 50〜70 cm．秋には葉の間から花茎を出し単一あるいはまばらに枝を分けて，白色の花を総状または円錐花序につける．花は有柄で輪生し，単性，卵形の宿存がく片 3 個と円形の花弁 3 個がある．雄花は雄しべ多数を具え花穂の上部にあり，葯は黄色，雌花には雌しべ多数があり花穂の下部にあって数は少ない．果実は球形に集まり淡緑色で扁平である．株の基部に数条の鱗片のある太い地下走出枝を四方に出し，枝端に球形の大きな淡藍色の塊茎を生じ鱗片でおおわれ，頂に嘴形の芽を有する（クワイ）．塊茎は往々白色のものがあり楕円体でこれをハクグワイという．ともに食用になる．〔日本名〕食べられるイ（燈心草）の意である．〔漢名〕慈姑．

267. カラフトグワイ（ウキオモダカ）　〔オモダカ科〕

Sagittaria natans Pall.

ヨーロッパからシベリア，カムチャツカ方面に分布する多年生の水草．日本では北海道の湖沼に稀産する．走出枝の先に塊茎をつくって越冬．葉は根生．線形の沈水葉をへて浮葉を形成する．葉身は初期のものは長さ 4〜9 cm，幅 6〜30 mm の狭長楕円形であるが，やがて浮葉を形成し，葉柄の長さ 10〜45 cm，矢じり形の葉身は長さ 7〜12 cm，幅 20〜55 mm，頂端は鈍頭またはやや突出，下の 2 つの裂片（側裂片）が上の裂片（頂裂片）と比べてかなり短い（半分以下）ことが特徴である．花期は 7〜8 月．花茎は 1〜2 本で抽水し，長さ 25〜40 cm，2〜3 輪生の総状花序で下部に雌花，上部に雄花がつく．がく片は 3 個，長さ 3〜5 mm でやや紫色を帯びる．花弁は白色で 3 枚，長さ 8 mm，幅 10 mm ほど．雌花，雄花にはそれぞれ多数の雌しべ，雄しべがある．果実は球形ないし扁球形で径 10〜13 mm，多数の痩果よりなる．痩果は扁平倒卵形で長さ 3〜4 mm，幅 2〜3 mm．〔漢名〕浮葉慈姑．

268. アギナシ　〔オモダカ科〕

Sagittaria aginashi Makino

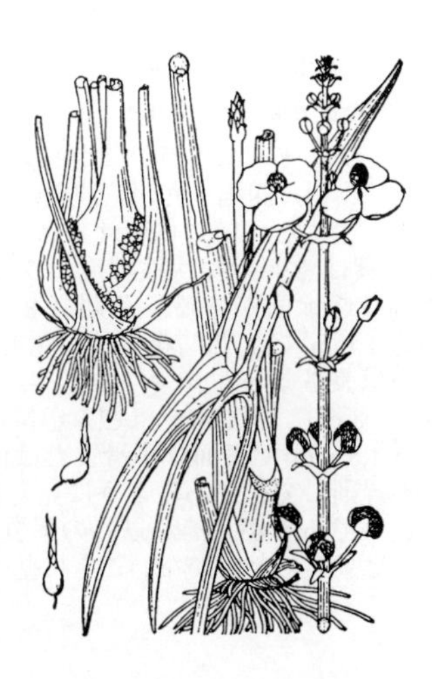

溝または水沢に生える多年草で，根茎は短縮肥厚，下に白いひげ根を出す．葉は根元から叢生して長柄を有し，葉身は矢じり形で長さ 15〜35 cm に達し，裂片は線形または長披針形で基部両側の裂片は頂裂片よりはるかに細く短く，頂裂片の先は非常に尖っているが，側裂片は先端がやや鈍い．葉脈は強く下面に隆起する．初期の葉は単純で側裂片がないかあるいは不完全に側裂片が出ることもある．葉柄は長く大きくて緑色で縦稜があり，長さ 15〜40 cm で基部は鞘となって互に抱く．秋になると葉柄の基部の鞘内に無数の小塊茎を有し大塊をなすが，オモダカのような走出枝を出さない．夏秋の頃 40〜80 cm ほどの花茎を出し，上部に総状花序をなして有柄の白花を輪生し，基部に苞がある．花は単性，雄花は花序の上部にあって数多く，雌花は下部にあって数が少ない．がく片 3 個は卵状長楕円形，淡緑色で宿存する．花弁 3 個は円形で，短い爪がある．雄花には多数の雄しべがあり黄色の葯を有し団集する．雌花には小さい仮雄しべがあり子房に 1 花柱あり，果実は淡緑色の扁球形である．〔日本名〕顎無しは初期の葉が単純で分裂しない所から来ている．

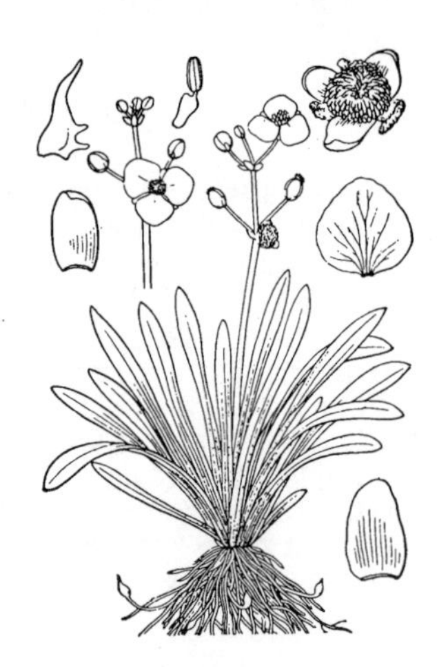

269. ウリカワ（オオボシソウ） 〔オモダカ科〕

Sagittaria pygmaea Miq.

沼地または水田に生える多年草で株の基部に白いひげ根を叢生する．葉は根元より叢生し線形または線状披針形，あるいは上部がへら形となり扁平，先端は狭まって鈍端となり，全縁で緑色であるが基部は白色となり，多数の平行脈がある．長さ 8～16 cm，幅 4～8 mm ほどある．夏から秋にかけて，高さ 10～30 cm 内外の花茎を出し，1～2 段の輪生総状花序をなして少数の白色花をつけ，花柄の基部には苞がある．花は単性，雄花には柄があり，2～5 個，卵形で緑色の 3 がく片，卵円形の 3 花弁と 12 個の雄しべがあり，花糸はへら形で黄色の葯を支えている．雌花は 1 個で最下輪にあって柄がなく，卵形の 3 がく片，卵円形の 3 花弁，多数の雌しべがある．果実は扁平の球状に集合し平らで宿存花柱に連なり背に少数の突起がある．根元から走出枝を泥中に出し，先に嘴状の小塊茎をつける．〔日本名〕瓜皮は葉の状態がちょうどマクワウリを縦に剥いだ様であるところからいう．

270. トチカガミ（ドウガメバス，スッポンノカガミ，カエルエンザ，ドチモ） 〔トチカガミ科〕

Hydrocharis dubia (Blume) Backer

各地の湖沼などに生える多年生の草本で長くはった茎をもち，その節からひげ根を出す．しばしば水面を集落でおおう．葉は基部に膜質の苞のある葉柄をもち，ふつうは水面に浮かぶ．葉は径 5～6 cm の円形，葉柄につづく部分は心臓形で質は厚く，黄緑色で 5 本の縦脈とこれを結ぶ多くの不明瞭な横小脈がある．下面に浮袋となる気胞をもつが，密集繁茂すると多くの葉は水面上に立ち気胞を失う．花は小形，単生，草質で柄があり，3 個のがく片と白色卵形でしわのある花弁 3 個をつける．雄花は花柄の先端から出た細長い小梗の先につき，1 つずつ水面上に開き 1 日で萎む．雄しべは 6～9 本，仮雄しべ 3～6 個，葯は黄色である．雌花は独立してつき基部に膜質の苞があり，太い小梗をもつ．仮雄しべ 6 本および雌しべ 1 本があり，柱頭は 6 個，下位子房は 6 室に分かれる．果実は淡い緑色，滑らかな球形で多数の種子をもった 6 室に分かれる．〔日本名〕トチカガミはスッポンの鏡の意味で，トチはスッポン，鏡は葉が円形で艶々しているからいう．〔漢名〕水鼈．

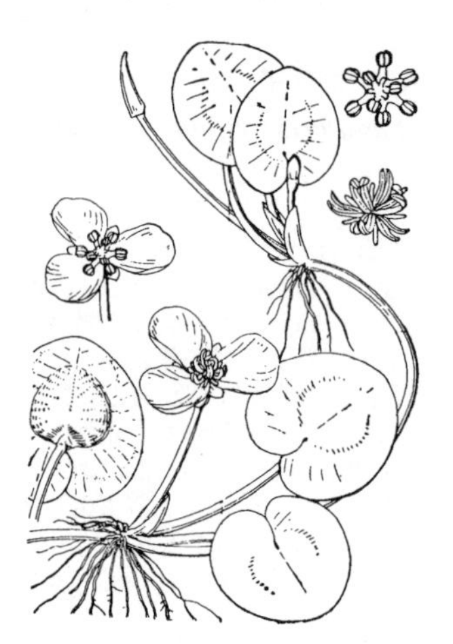

271. スブタ 〔トチカガミ科〕

Blyxa echinosperma (C.B.Clarke) Hook.f.

溝，水田など浅水の底に生える一年草で茎はなく，葉は密生し無柄，披針状，先はやや尖り，ふちに細かく鋭いきょ歯をもち，長さは 10～20 cm，幅は 5～7 mm，淡い紫褐色で，縦脈がある．夏秋に水面に白い花を開く．花は両性で小形，がく片は 3 個，線形で尖り，白色で線形の花弁 3 個，雄しべ 3 個および 3 裂した花柱 1 個をもつ．子房は細長く，膜質で筒形の苞鞘に包まれ，上部は非常に長く花梗状となり 1 株に数本．葉よりやや高くつく．花が咲き終わると子房と同じように狭長な果実を結び，中に多数の種子をもつ．種子は楕円体で長さ約 1.5 mm，表面に尖った突起が散在し，両端に種子の約 2 倍の長さの尖った刺をもっている．〔日本名〕名古屋地方では乱れた女子の頭髪をスブタガミというが，スブタは，この植物がぼうぼうと密生した株をつくる状態が，乱れた頭髪に似ていることに由来している．かつては本種に近縁なものとしてコスブタ，オオスブタなどが認められたが，現在は区別されていない．

272. マルミスブタ 〔トチカガミ科〕

Blyxa aubertii Rich.

アジア，オーストラリア北部およびアフリカの一部に分布する一年生の沈水植物．本州，四国，九州，沖縄の水田やため池に産する．茎は塊状で伸長せず，葉を叢生する．植物体のサイズは生育水深によって変異が著しく，全長 5～60 cm，葉は無柄で線状披針形．長さ 3～60 cm，幅 3～10 mm．鋭頭でふちには微細なきょ歯がある．花期は 8～10 月，花は両性でがく片は長さ 6～8 mm，幅約 1 mm で 3 個，花弁は白色で 3 個，線形でしばしばねじれる．雄しべ 3，花糸は長さ 4 mm まで，雌しべは線形で長さ 10～15 mm，果実は円柱状で長さ 3～8 cm，幅 5 mm ほど．中には長楕円体の種子が多数つまる．種子は長さ 1.2～1.8 mm で表面は平滑または何本かの縦条があるが，縦条に起伏があるため不規則に突起があるように見える．両端に針状の突起がないことがスブタとの違いであるが，それ以外の形質では差異は認められない．〔日本名〕丸実すぶたは果実にとげがないことに基づく．

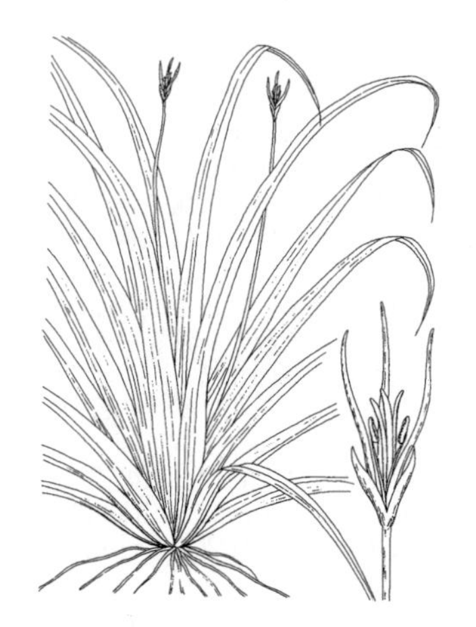

273. ヤナギスブタ

〔トチカガミ科〕

Blyxa japonica (Miq.) Maxim. ex Asch. et Gürke

各地の溝，水田などの浅水に沈生する軟らかい一年生草本．茎は細く，高さは約 8〜25 cm，時には 30 cm に達する．多くは 2 叉に分岐し，下部にひげ根を出す．葉には葉柄がなく，長さは約 5 cm，幅は 2〜3 mm，紫褐色を呈し，先端は尖って，上部のふちに細かいきょ歯があり，多数接近し茎にらせん状についている．花は両性で腋生，下部は長い筒状で膜質へら形の苞鞘に包まれた無柄の子房である．上部は長くのびて柄状となり，夏秋に水面に出て白色の小花を開く．がく片は 3 個，幅の広い線形で，先はあまり尖らず，淡緑色である．花弁は 3 個で白く細い．雄しべは 3 個．がく片より短い．花柱は 3 裂している．果実は長さ約 3 cm で中に多数の種子があり披針状の長楕円体である．種子は両端が細まり，表面は滑らかで，長楕円体である．〔日本名〕茎や葉が柳の枝のようであるから，柳スブタという．

274. ミカワスブタ

〔トチカガミ科〕

Blyxa leiosperma Koidz.

本州と九州の水田などにまれに産する一年生の沈水植物．茎はほとんど伸長しないかわずかに伸長する．葉は叢生し，線形で長さ 3〜6 cm，幅 2〜3 mm，鋭尖頭で細かいきょ歯がある．花茎は多数，腋性．長さ 3〜3.5 mm の苞鞘があり，中に 1 個の花がある．花は両性，がく片は 3 個，線形で長さ 6〜10 mm，花弁 3 個で狭線形，長さ約 14 mm，果実は長楕円体で長さ約 2 cm，幅約 2 mm，中に多数の種子がある．種子は長楕円体で両端は鈍形，表面は平滑またはごくわずかの突起がある．〔日本名〕本種は三河地方産の標本をタイプとして報告されたもので，和名もそれに基づくが，その正体については不明の点が多い．無茎のスブタ類とヤナギスブタとの雑種の可能性が考えられている一方で，ヤナギスブタの茎の発達が悪い一形にすぎないという考え方もある．

275. ミズオオバコ

〔トチカガミ科〕

Ottelia alismoides (L.) Pers.

アジアからオーストラリアにかけて広く分布する一年生または多年生の沈水植物．日本では北海道から琉球の湖沼，ため池，水田や水路などに産し，一年草としての生活史をもつ．茎は短く葉は集まってつく．植物体のサイズは水深によって著しい変異を示し，水田などの浅水中では草長 10 cm 足らず，やや深い所に生えると 50 cm をこえる．葉身は披針形ないし卵状広楕円形，長さ 5〜25 cm，幅 3〜15 cm，膜質で緑色またはやや紫褐色を帯び．花期は 8〜10 月．両性花をもつ株がふつうだが，九州からは雄花のみの株が知られている．両性花は苞鞘の中に 1 個で花弁は白色ないし淡紅色，3 枚，長さ 1〜3 cm，雄しべ 3〜6，花柱 3〜6 で下房下位．子房は 3〜9 室で外側に縦に翼状のひだがある．雄花は苞鞘内にふつう 20〜30 個あり，1 日に 1〜3 個ずつ開花する．果実は長楕円体で長さ 2〜5 cm，種子は長楕円体で長さ 1.2〜1.5 mm，径 0.5 mm，表面に細毛を密生する．〔追記〕ミズオオバコ *O. japonica* Miq. とオオミズオオバコ *O. alismoides* を分ける考え方もあるが，これは生育環境による変異なので，ここでは 1 種として扱う．

276. オオカナダモ

〔トチカガミ科〕

Egeria densa Planch.

多年生の沈水植物で南米原産の帰化水草．雌雄異株で日本には雄株のみ帰化．戦前，植物生理の実験用に導入されたものが逸出し，各地に分布を広げてきた．現在では本州，四国，九州の湖沼，ため池，河川，用水路に見られる．冬期も枯れず，植物体が水底に横たわるようにして越冬する．植物体は長さ 1 m を超える．葉は茎に密につき 3〜5 輪生（ふつう 4 輪生），広線形で長さ 1.5〜4 cm，幅 2〜4.5 mm で，ふちには細きょ歯がある．花期は 6〜10 月．雄花の苞には 2〜4 個のつぼみがあり，ふつう 1 日 1 個ずつ開花する．花柄は長さ 8 cm まで．がく片は 3，長さ 2.5〜4 mm，幅 1〜3 mm．花弁は白色で 3 枚，表面に数条のひだがあり長さ 5〜10 mm, 幅 3〜8 mm．雄しべは 9 本で花糸は長さ 4 mm 以下，葯の下は細くくびれる．日本では結実しないので, 植物体の断片（切れ藻）によって分布を広げる．〔日本名〕カナダモ *Elodea canadensis* Michx. より大形であることによる．本種はかつてカナダモと混同されたが，真のカナダモは日本には帰化していない．

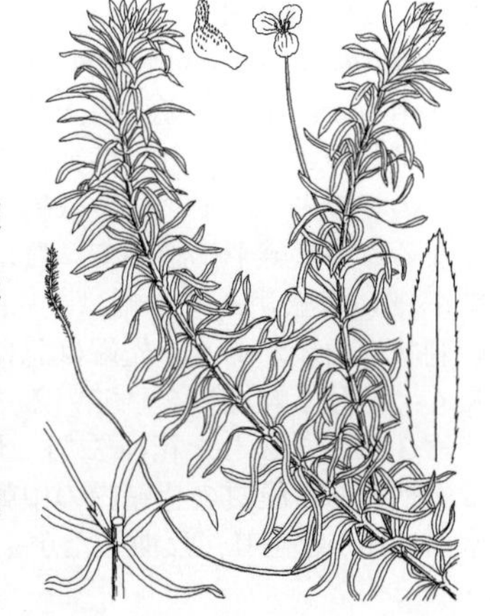

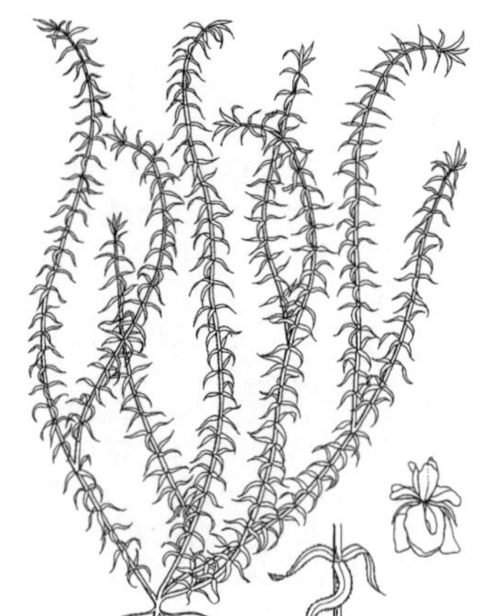

277. コカナダモ 〔トチカガミ科〕

Elodea nuttallii (Planch.) St.John

北アメリカ原産の多年生沈水植物．戦前，植物生理の実験用に導入されたといわれ，現在では本州，四国，九州の河川，水路，湖沼，ため池に広がっている．日本に帰化しているのは雄株のみ．全長は水深や水流に応じて変化し，ときに1.5～2 m に達する．上部の茎はよく分枝する．河川などでは横にねた茎の節から不定根を出してパッチ状をなす．葉は茎の基部をのぞいて通常 3 輪生．線形で長さ 5～15 mm，幅 1～2.5 mm，細かいきょ歯がある．ねじれたり，反り返ったりすることが多い．花は単性で雌雄異株．花期は 5～9 月．雄花は葉腋の苞鞘中に形成される．開花時，苞鞘が 2 裂してつぼみの状態で親植物から離脱し，水面に浮遊して開花する．がく片 3 枚で乳白色，長さ 1.7～2.8 mm，幅1.2～2 mm．花弁は長さ 0.5～1.5 mm，幅 0.2～0.6 mm で 3 枚，雄しべは 9 本．花粉は 4 分子の状態で放出される．日本での分布拡大は植物体の断片（切れ藻）からの栄養繁殖による．〔日本名〕小形のカナダモの意．

278. クロモ（エビモ） 〔トチカガミ科〕

Hydrilla verticillata (L.f.) Royle

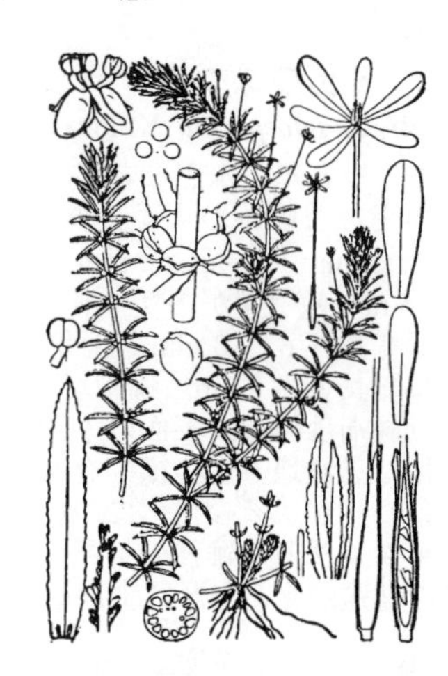

北海道から九州の池沼や流水中に沈んで生える濁緑色の多年生草本．芽体で越冬する．越冬芽には塊状で泥の中にあるものと，水底の泥上にある小枝状のものとがある．茎は密生して下にひげ根を出し，長さは約 30～60 cm，細長い円柱形で多くの節があり，多少分枝する．葉は数枚が輪生し，線形で先は尖り柄がなく両縁に細かいきょ歯があり，長さは 10～15 mm，幅 1～2 mm，質は薄い．雌雄異株だが西日本には雌雄同株のものもある．夏から秋にかけて小形の花をつける．雄花は葉腋の薄い苞内にあり，開花時には苞が横裂して花は水面に浮かんで開く．卵形のがく片 3 個は反曲して高く 3 個の雄しべを持ち上げ，花粉を放出させる．がく片と互生した淡紫色の細長い花弁 3 個と短い花糸，葯胞 2 個がある．雌花は葉腋に単生．初めは細長い苞鞘内にあるが，柄状をした子房の延長部が苞外に出て水面に平らに開く．へら形をしたがく片 3 個，花弁 3 個と柱頭 3 個がある．苞鞘内にある子房は無柄，細長く 1 室で数個の胚珠をもつ．〔日本名〕暗緑色をしている所から黒藻というが，流水中のものは緑色をしている．

279. セキショウモ（ヘラモ，イトモ） 〔トチカガミ科〕

Vallisneria natans (Lour.) H.Hara（*V. asiatica* Miki）

北海道から九州の湖，池沼，溝，流水中に沈生している多年生草本．白色の根茎が泥の中にあり，節からひげ根を出す．葉は根茎の節に密生し，線形，半透明，緑色である．長さは水の浅深に左右されるが約 50～70 cm，幅約 5～10 mm で，先は鈍く両端に微小なきょ歯がある．雌雄異株．夏秋に花をつける．雄花は雄株に腋生し，短い柄のある披針形膜質の苞鞘内の中軸に多数つき，おのおの短い小梗をもち，開花する時は苞鞘が破れて花は中軸から離れ，水面に浮かぶ．この時水面にぬかが浮かんでいるように見える．がく片は 3 個，みな灰色で深く裂けている．雄しべは 1～3 本，短い花糸と葯胞 2 個を持つ．雌しべ 3 個を持つ雌花は螺旋状をした長い糸状の梗に頂生し，水面に浮かぶ．花にはがく片 3 個，小形の仮雄しべ3 個，裂けた柱頭 3 個と長い筒状の苞鞘に包まれた狭長な下位子房 1 個がある．果実は線形で宿存がくをもち，苞鞘に包まれている．浅水に生える小形のものをコイトモという．〔日本名〕石菖藻も篦藻も葉の形に基づいた名である．

280. コウガイモ 〔トチカガミ科〕

Vallisneria denseserrulata (Makino) Makino

本州，九州の池沼の底に生える多年生草本．泥中を白い根茎がはい，所々に小刺状の突起があり，各節からひげ根を出し，葉を密生する．冬芽は泥中の枝の先に出て，長さは約 1.5 cm，突起があって笄（こうがい）状となる．葉は線形，扁平で，質は薄く，鮮緑色，平行脈とこれを所々で結ぶ細い横脈があり，幅は 1～1.3 cm，長さは 40～50 cm，両縁に細かい刺状の歯牙があり，先端は急に尖っている．雌雄異株，雌花の花柄は長く，著しく螺旋形をしている．雌花は水面に浮き上ってから開き，がく片 3 個と 2 裂した花柱 3 個，および狭長な下位子房 1 個がある．雄花は短柄のある膜質の苞鞘内の中軸に多数つき，開花直前に軸から離れて水面に浮かび上り，反曲したがく片 3 個と雄しべ 2 個がある．

281. イバラモ　〔トチカガミ科〕

Najas marina L.

湖水池沼あるいは流水中に生える淡水産の沈水生一年生草本で緑色.細長い円柱形の茎はまばらに分枝し，長さ 30～60 cm ほどあって，基部にひげ根を出す．葉は対生し，線形で長さ 3～4 cm，幅 2～3 mm ほどで，葉のふちに非常に鋭いきょ歯を有し，先端は鋭頭，基部は無柄で短い鞘をなす．雌雄異株．花は夏から秋にかけて出て，非常に小さく，上方の葉腋に単生して無柄である．雄花は長さ 3～4 mm，ビン形で膜質の苞に包まれており，雄しべが 1 個あり，葯は 4 室ある．雌花は裸出しており，2 柱頭がある．果実は楕円体で長さ 4～8 mm，階段状の紋様がある．〔日本名〕棘藻はそのとげ状のきょ歯のある葉に基づいてつけたものである.

282. トリゲモ　〔トチカガミ科〕

Najas minor All.

池沼の水中に生える沈水生一年生草本で，叢生し，濁った緑色をしている．茎は非常に細く，多くは二叉に分枝し，長さは 30 cm 内外である．葉は対生で外側へ反り，上に行くに従って細くなって尖り，長さ 1～2 cm，ふちには非常に尖ったきょ歯があり，茎の上方では多数密集して房状になっている. 雌雄同株で, 夏に葉腋に淡緑色の小形の単性花をつける. 雄花は 1 個のへら形の苞に包まれており 1 個の雄しべがあり，葯には 1 個の葯胞がある．雌花は裸出している．果実は線状の長楕円体で長さは 2～3 mm ほどある．〔日本名〕鳥毛藻はその反巻した葉の群がった姿を，指物のいわゆる鳥毛に見立てて名付けたものである.

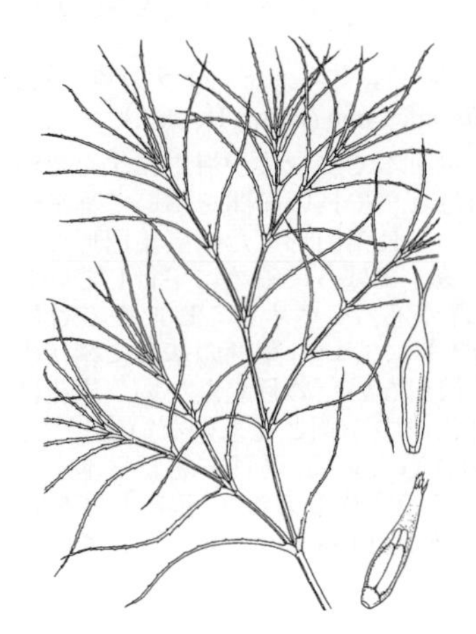

283. オオトリゲモ　〔トチカガミ科〕

Najas oguraensis Miki

日本と中国に分布する一年生の沈水植物．日本では北海道から九州の湖沼やため池に産する．全長 1 m 近くに達することもあるが，ふつうは 20～50 cm，盛んに分枝する．茎は直径 1～1.4 mm，もろくて折れやすい．葉は対生で針状，長さ 2～5 cm，幅 0.6～0.7 mm，ふちに多数のきょ歯がある．基部は長さ 2～3 mm の葉鞘となり，その先はやや円みをおびた切形で小刺が多い．花は単性で雌雄同株，花期は 7～9 月頃．葉腋に 1 個ずつ雄花あるいは雌花がつき，水中で受粉がおこる．雄花は苞鞘に包まれ，花被片はなく，葯は 4 室，花粉は長楕円体．雌花は苞鞘がなく裸出する．雌しべの柱頭は基部まで 2 裂する．果実は各節に 1 個ずつつき，中には 1 個の種子があり長楕円体で先はやや尖る．長さ 3～3.5 mm，幅 0.6～0.7 mm，表面には横長の網目模様がある．外部形態の変異は大きくトリゲモ（前図）に酷似することもあるので，正確な同定には雄花の葯室数を検することが必要である.〔日本名〕大形のトリゲモの意.〔漢名〕澳古茨藻.

284. ムサシモ（マガリミサヤモ）　〔トチカガミ科〕

Najas ancistrocarpa A.Braun ex Magnus

アジア東部に分布する一年生の沈水植物．日本では本州と四国のため池や水田にまれに産する．全長 10～30 cm，茎は細く盛んに分枝する．葉は対生し糸状で長さ 7～20 mm，幅約 0.3 mm で，ふちのきょ歯が著しい．基部は長さ約 1.5 mm の葉鞘となり，先は切形，小刺がある．夏以降の植物体では葉が外側に反り返る．花は単性で雌雄同株．花期は 7～9 月．花は葉腋につき雄花は苞鞘に包まれ葯は 4 室．花粉は長楕円体．雌花も苞鞘に包まれ，柱頭の先は 2 裂する．果実は三日月形に彎曲し，中に 1 個の種子がある．種子は長さ約 1.5～2.5 mm，幅約 0.4 mm，表面にはやや縦長の四角の網目模様がある.〔日本名〕ムサシモは，最初に武蔵国で見つかったことによる．マガリミサヤモ（曲がり実鞘藻）は果実の形と，雌花が苞鞘に包まれていることによる.

285. イトトリゲモ 〔トチカガミ科〕

Najas gracillima (A.Braun ex Engelm.) Magnus (*N. japonica* Nakai)

アジア東部に分布する一年生の沈水植物．本州，四国，九州の湖沼，ため池，水田などに産する．除草剤が普及する前はふつうの水田雑草であった．全長は約 30 cm まで，盛んに分枝する．茎は直径 0.5 mm ほどでもろく折れやすい．葉は細い糸状で 5 輪生状につき，長さ 10〜20 mm，幅約 0.2 mm，ふちには細かいきょ歯がある．基部は長さ約 1.5 mm の葉鞘となり，その先は円形でふちに小刺がある．花は単性で雌雄同株．花期は 6〜9 月．花は腋性で，1 節にふつう 1 個の雄花と 2 個の雌花が並んでつく．雄花は苞鞘に包まれ葯は 1 室．花粉は楕円体で水媒．雌花は苞がなく裸出，柱頭は 2 裂する．果実は各節に 1〜2 個つき，中には 1 個の種子がある．種子は長楕円体で長さ 2 mm，幅 0.5 mm，表面には縦長の網目模様がある．〔日本名〕糸のように細い葉をもったトリゲモの意．

286. ホッスモ 〔トチカガミ科〕

Najas graminea Delile

日本全土の湖沼あるいは溝や水田の水中に生ずる沈水性の一年生草本で，濁った黄緑色あるいは褐黄緑色を呈している．茎は細長く，長さ 30 cm 内外に達し，よく分枝し基部はひげ根を出す．葉は細長い線形で長さは 1〜3 cm ほどあり，ふちには微小なきょ歯があるが肉眼ではほとんど見えない．雌雄同株で夏から秋の間には淡緑色の小さい単性花を葉腋に生じて，雌雄花ともに裸出している．雄花は 1 雄しべ，雌花は 2 岐している柱頭のある 1 子房を有する．果実は細長い楕円体で，長さ約 3 mm 内外で果体と同長の宿存花柱を有し，表面の模様は短い長方形または多角形で細小である．〔日本名〕払子藻はその葉が相集まって枝先につく状態を払子にたとえた．

287. ヤマトウミヒルモ (ニッポンウミヒルモ) 〔トチカガミ科〕

Halophila nipponica John Kuo (*H. ovalis* auct. non (R.Br.) Hook.f.)

本州から九州の海底砂地に見る常緑の多年生草本で，全体が海中に沈んでいる．茎は細長く，横にはい，質は柔らかで白色，やや長い節間をおいて葉を双生する．葉には細長い葉柄があり海中に直立し，長楕円形または広楕円形で長さは 15〜20 mm，先は鈍く，下部は尖っている．まばらに斜めに平行している羽状葉脈と両縁にそってやや内側を一周する脈がある．オオウミヒルモ (次図) に比べて葉は幅狭く質は薄い．また周辺部分も厚くない．葉柄の基部に鞘状の托葉がある．雌雄異株ではあるが花には内花被がないため目立たない．雄花は葉間から出る短い柄の先に単生し，小形の外花被片 3 個と花糸のない雄しべ 3 個がある．雌花には柄がなく花柱は 3 叉に分かれている．〔日本名〕日本産の海蛭藻の意．海蛭藻は海中に生えるヒルムシロの意味である．〔追記〕本種は南西諸島以南に分布するウミヒルモ *H. ovalis* (R.Br.) Hook.f. と混同されていたが，2006 年に別種として記載された．

288. オオウミヒルモ 〔トチカガミ科〕

Halophila major (Zoll.) Miq. (*H. euphlebia* Makino)

関東地方南部以西南の浅い海底の砂上に生える常緑の多年生草本で，茎は白く円柱状で長く横にはい，まばらに分枝し，節間は約 3〜5 cm，各節から葉を双生し，また根を生ずる．葉は細長く紫色をした柄があり，直立し，楕円形または広楕円形．先はまるく基部は広い楔形，全縁，半透明，浅緑色で質はウミヒルモやヤマトウミヒルモより厚く，長さは 2〜2.5 cm，幅は約 1.0〜1.5 cm，縁にそって走る脈と中肋との間を結ぶ数多くの側脈がある．ときに 2 叉に分かれている．葉柄の基部に，膜質，白色，透明質で凹頭円形，長さ約 5 mm で，1〜3 脈ある托葉があり，茎をなかば抱きまたは幼茎の頂部を完全に包む．雌雄異株．雄花は 2 葉間に短柄を立てて単生し，内花被がなく外花被片 3 個と雄しべ 3 個がある．雌花は無柄，外花被片 3 個とくちばし状突起のある子房をもち，その柱頭は 3 裂している．〔追記〕ウミヒルモと同種とする意見もあったが，2006 年に再認識され別種とされた．

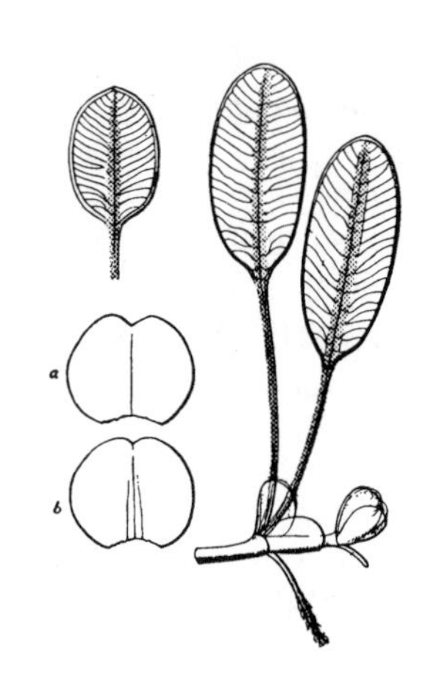

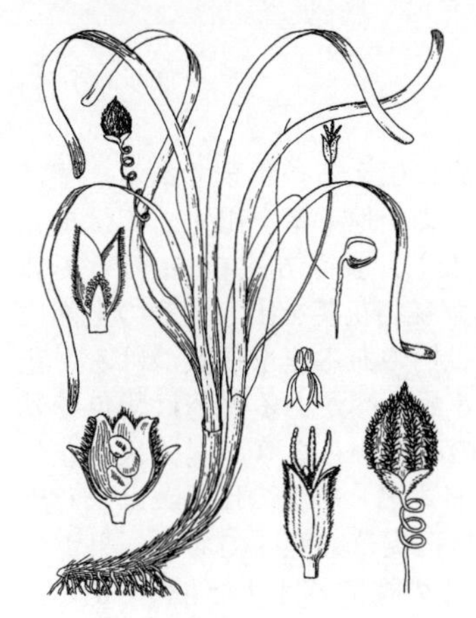

289. ウミショウブ 〔トチカガミ科〕

Enhalus acoroides (L.f.) Rich. ex Steud.

沖縄，太平洋，インド洋沿岸の（亜）熱帯に分布し，入江の浅い海底の砂に生える．多年草で，根茎は横にはい，多数の太いひげ根を出す．葉の基部は鞘となり，葉身はリボン状，長さ 50〜150 cm，幅 1〜2 cm，両縁に太く硬い維管束があり，これは葉が腐った後も針金状の繊維となって残る．雌雄異株で，夏の大潮の日の前後に咲く．雄花序を包む苞鞘は水面には出ない．苞鞘片は 2 個で，広卵形，長さ約 5 cm，中に小さい雄花が数十個つく．花柄は長さ 3〜10 mm で，開花時に切れて雄花は水面に浮く．花被片は 6 個，白色，長さ約 2 mm で反り返り，雄しべは 3 個．雌花は苞鞘内にただ 1 個つき，苞鞘の柄が水深に応じてのびて水面に達する．がく片は 3 個で帯赤色，花弁は 3 個でリボン状，長さ 4〜5 cm，白色で軟らかく，しわがある．花柱は 6 個で長さ約 1 cm，基部で 2 叉する．雄花は水面を流れて雌花の花柱につき受粉する．子房は不完全な 6 室で，数個の胚珠をもつ．花後に雌の苞鞘の柄はらせん形に巻き，子房を水面下に引き込む．果実は広卵形，長さ 5〜7 cm で，緑色のとげで被われる．熟すると裂開するが，この時に種皮も破れ，中から緑色，円錐状で長さ約 1 cm の幼植物が直接に出てくる．

290. リュウキュウスガモ 〔トチカガミ科〕

Thalassia hemprichii (Ehrenb.) Asch.

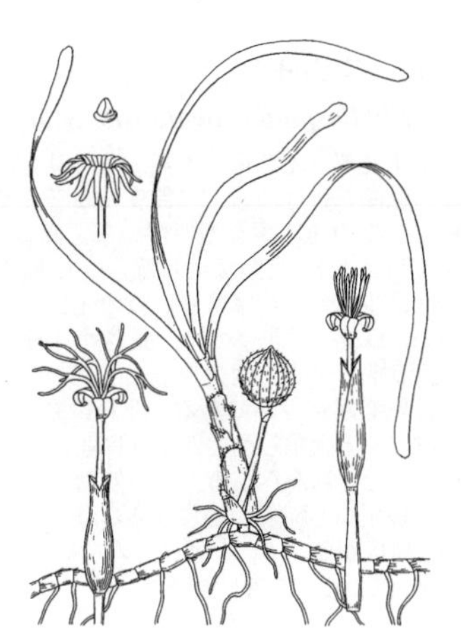

奄美諸島，沖縄，東南アジア，オーストラリア，太平洋諸島，東アフリカの（亜）熱帯に分布し，サンゴ礁で囲まれた浅い海底の砂に生える．多年草で根茎は砂の中をはい，径 3〜5 mm で，節から根と短枝を出し数個の葉を 2 列互生につける．葉の基部は鞘となって次の葉を抱いている．葉身は線形，扁平なリボン状で長さ 10〜30 cm，幅 5〜10 mm，10〜17 本の平行脈があり，ほとんど全縁で先は円い．雌雄異株．花期は一定しない．花は苞鞘の中にただ 1 個でき，水底近くで開花する．雄の苞鞘は片方が開いており，雄花の花柄は 2〜3 cm で切れることはない．花被片は 3 個，長さ 7〜8 mm，淡緑色で反り返る．雄しべは 3〜12 個，葯は長さ 7〜10 mm で，花粉は粘液でつながり数珠状となって水中に出る．雌の苞鞘は壷形で，先は 2 裂している．雌花の子房は苞鞘内にあり，がく筒が 2〜3 cm の長さになって開花する．花被片は雄花と同様である．花柱は 6 個，長さ 15〜20 mm で上部は 2 叉に分かれる．果実は球形，径 2〜2.5 cm，緑色のとげがあり，熟すると不規則に裂開する．種子は 3〜9 個あるが，果実の裂開と同時に種皮も破れ，緑色で長さ約 8 mm の円錐形の幼植物が直接，水中に出てくる．

291. ホロムイソウ（エゾゼキショウ，ホリソウ） 〔ホロムイソウ科〕

Scheuchzeria palustris L.

北海道，本州（近畿以東）の沼沢地に生える多年草で，地下茎は太く長く横にはい，古い葉鞘におおわれている．葉は細長く半円柱形をなし，長さ約 15〜25 cm あり，下部は大形の葉鞘となり，葉身の先端に 1 個の小孔を有する特徴がある．7 月頃に花茎を直立して数花を総状花序につける．花は小形で緑色，花柄の基部に苞がある．花被は 6 個に深裂して反曲し宿存する．雄しべは 6 個，長い外向の葯がある．子房は 3 心皮からなり，各心皮に 2〜3 胚珠を入れ，柱頭は無柄である．果実は 3 心皮が集まって大きく，心皮中に 1〜2 個の種子がある．〔日本名〕幌向草は北海道岩見沢市の幌向の湿地に生えるため，蝦夷石菖は全形がセキショウに似て北海道に生えるため，堀草は堀正太郎の学生時代に初めてこれを幌向で採集したため名付けられた．

292. シバナ(広義)（モシオグサ） 〔シバナ科〕

Triglochin maritima L.

海水の出入りする沼地に生える多年草で叢生して群をなす．地下茎は斜上して強いひげ根を出し，旧葉基部の繊維に包まれる．葉は根元より叢生し長さは 15〜30 cm 位，細長い線形で上部はやや平たく下部は鞘をなし緑色で厚い．夏から秋の間に葉の間から花茎を出し，その先に穂状様の総状花序をつける．花序には苞はない．花は紫色を帯びた緑色で柄があり，雌しべ先熟の風媒花で，花被片 6 個は二輪に並ぶ．雄しべは 6 個あり子房は卵球形で 6 室からなり，柱頭は羽毛状になっている．果実は長楕円体で熟すと革質，6 個の心皮は中軸より分離し前面が開いて種子が出る．葉は食用となる．〔日本名〕塩場菜の意味で時々塩田の辺に生えていることからこの様に呼ばれるので，これを芝菜と書くのは間違いである．〔追記〕西南日本（日本海側を除く近畿以西）のものは日本海側や関東以北の太平洋側のものと染色体数や果実の形態などが異なり，前者をシバナ（狭義）*T. asiatica* (Kitag.) Á. et D.Löve, 後者をマルミノシバナ（オオシバナ）*T. maritima* と分けることがある．また，東アジアの海岸のものを全て *T. asiatica* の学名で呼ぶこともある．

293. ホソバノシバナ（ミサキソウ） 〔シバナ科〕

Triglochin palustris L.

東北地方から北海道の沼地あるいは湿原に生える多年草である．茎は基部が膨らんでその下にひげ根を叢生し，また地下茎を出す．葉は根元から叢生し，糸状で細く断面は半円形をなし，長さ 6〜30 cm ほどで非常に柔らかい．7〜8 月の頃，葉の間から細長い花茎を出し，その上部に細長い穂状様の総状花序をつけ，ごく短い柄のある花を多数つける．花は小形で紫色を帯びた緑色で 6 花被片，6 雄しべがある．葯は紫色で外向き．果実は穂軸に沿って着生し，3 個の心皮からなり，棍棒状をなし下部は少し細まり，細かい種子がある．〔日本名〕細葉の塩場菜はシバナに似て葉が細いことによる．ミサキソウは三尖草の意味であり，果実の 3 個の心皮が破れれば下方が長く尖るのでこの様に名付けたものである．

294. スガモ 〔アマモ科〕

Phyllospadix iwatensis Makino

本州北部，北海道，千島，サハリン，朝鮮半島，中国東北部に分布し，海岸の波の荒い磯の低潮線付近の岩上に群生する多年草．根茎は短く，多数の根を出して岩のくぼみに固着し，根の間に砂を抱いている．葉は長さ 1〜1.5 m，幅 2〜4.5 mm で 5 脈があり，基部は葉鞘となる．花期は東北地方の太平洋岸では 3〜4 月．雌雄異株で群落内には雌株が多く，雄株は少ない．花序は短い枝の先にただ 1 個つき，苞の葉鞘に包まれる．苞の葉身は長さ 10 cm 以下．雄花序では，長さ約 3 cm の扁平な花序軸の片面だけに雄しべが 2 列に並び，1 個の雄しべは 2 個の無柄の半葯からなる．雄しべの外側の軸のふちに長さ約 4 mm の葯隔付属突起がついている．花粉は糸状である．雌の花序軸は長さ約 5 cm あり，片面だけに雌しべと仮雄しべとが交互に並んだものが 2 列につく．仮雄しべは長さが異なる 2 個の退化した半葯からなる．その外側に葯隔付属突起があり，長さ約 1 cm で固い．雌しべは 1 個の扁平な心臓形の心皮からなり，花柱は 2 叉に分かれている．果時には心皮の幅が約 5 mm に広がるので，1 列に並んでいるように見える．果皮は堅くなり，中にただ 1 個の種子を含む．〔日本名〕菅藻で，スゲのような藻の意味．

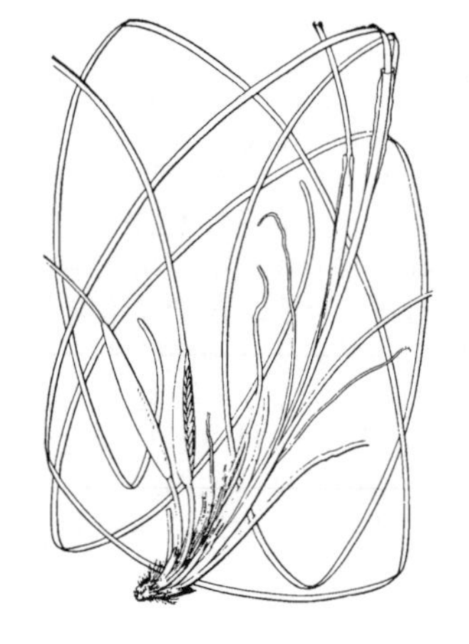

295. エビアマモ 〔アマモ科〕

Phyllospadix japonicus Makino

新潟，茨城県以南の海中岩上に沈水して生える多年草で海産顕花植物の一種である．根茎は短く横にはって岩に固定し，古い葉の繊維は黒色となって残る．葉は線形で幅 2〜2.5 mm あり，乾くと黒変し 3 本の脈を有し，下方は長い鞘となる．春に株より短い枝を出し，3〜4 cm ほどでへら状に曲がっている革質の総苞内に肉穂花序をつけるが，開花期であっても花は外部に現れないで包まれており，総苞頂には細長い葉身をつける．雌雄異株であるが，ときに雌穂に雄花が混合していることもある．苞は 1 花序につき 1 個で，花は相集まって左右 2 列に並び，斜卵状披針形で乾くと黒色に変り，花被はなく雌花は雌しべ 1 個と退化した雄しべ 1 個のみを有し，雄花は雄しべ 1 個のみを有し，花粉は糸状で海水中を流れて柱頭に受粉する．果実は革質で基部は心臓状矢じり形となり，上部はくちばし状である．スガモ（294 図）に似ているが，全体に葉が狭く根茎の古い葉の繊維は黒く苞がへら状で小形である．〔日本名〕蝦海藻で総苞が曲がってエビに似ているからである．

296. アマモ 〔アマモ科〕

（モシオグサ，リュウグウノオトヒメノモトユイノキリハズシ）

Zostera marina L.

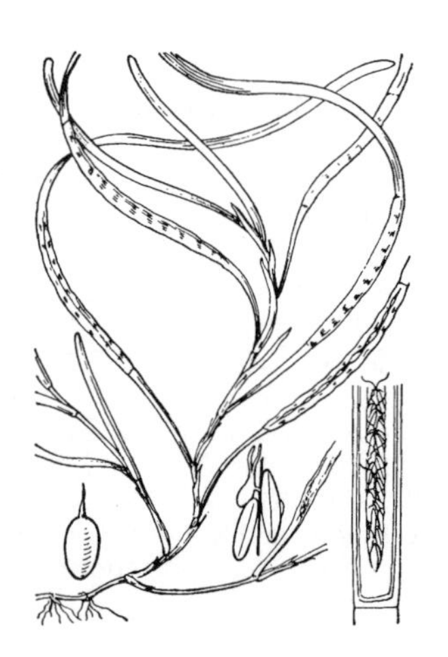

海産顕花植物のひとつで海中に生える沈水性の多年草．根茎は横に長く走り白色で肥厚しており，節からひげ根を出す．茎は長くてまばらに枝分かれして扁平で，淡緑色である．葉は互生し緑色で細長い線形，全体に縦脈を有し，幅 1 cm，長さ 50〜100 cm ほどあって柔らかく先端は鈍頭である．托葉は膜質で離生し幅狭く長い．初夏の頃に開花する花は小さくて緑色の長い線形をしたへら状の総苞の鞘内にあり，肉質花軸の片側の中脈に沿って雄花と雌花が交互に 2 列に並ぶ．花には花被はなくて裸出している．葯は卵形で黄色．子房は卵状の長楕円体，たがね形の花柱を有し，柱頭は 2 つで剛毛状である．〔日本名〕アマモは甘藻の意で根茎に甘味があることによるが，海藻（あまも）の意でも通じる．藻塩草は元来海藻を集めて積んだ上に海水を繰り返し注ぎ，そこから塩を採るその藻の意．

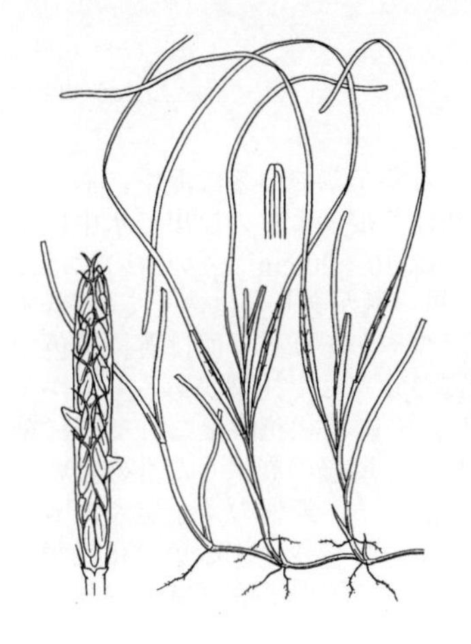

297. コアマモ 〔アマモ科〕

Zostera japonica Asch. et Graebn.

東アジアの海岸に広く分布し，湾奥や河口などの，干潮時には干上がるような浅海底の砂泥に生える多年草で，根茎は横走し，節から根，葉だけをつける枝，葉と花序とをつける枝を出す．葉は長さ 10〜40 cm，幅 1.5〜2 mm，3 脈がある．花期は気候や水面の季節的変化によって異なる．花序は水底に近い位置にあり，葉鞘に包まれ，長さ約 2 cm の扁平な軸の片面だけに，雄しべと雌しべが交互に並んだものが 2 列につく．雄しべは 2 個の無柄の半葯からなり，その側方に長さ約 1 mm の鱗片状の葯隔付属突起がある．花粉は糸状で長さ 1 mm 以上ある特異なものである．半葯の中では，花粉はまっすぐ平行に並んでいる．雌しべはただ 1 個の心皮からなり，花柱は 2 叉に分かれている．雄しべと雌しべのどのような組み合わせがふつうの植物の花に相当するのかはわかっていない．受粉時には葉鞘がわずかに開き，その隙間から花柱の先が出て，水中を流れてきた糸状花粉がそこに巻きつく．種子は心皮内にただ 1 個でき，種皮は褐色で堅く，平滑である．胚乳はなく，胚軸が肥大して貯蔵器官となる．

298. イトクズモ（ミカヅキイトモ） 〔ヒルムシロ科〕

Zannichellia palustris L.

世界の汽水域に広く分布する多年生の小形の沈水植物で，日本では北海道から九州まで海岸ぞいの湖沼や塩湿地中の水たまりなどに産する．細い地下茎が地中をはい，一節おきに水中茎がのびる．水中茎はまばらに分枝する．葉は互生，花のつく節のみ対生状になる．葉は細い線形で全縁，幅 0.5〜1 mm，長さ 3〜10 cm，先端は鋭頭で 1 脈．托葉は膜質で茎を抱く．花は単性で雄花と雌花は同じ葉腋に並んでつく．雄花は花被を欠き 1 個の雄しべからなり，細い花糸の先に 2 室の葯がつく．雌花は筒状の花被の中に 2〜5 個の離生の雌しべがあり柱頭はラッパ状．受粉は水中で行われる．果実は長さ 1〜3.5 mm の短い柄と，三日月状狭長楕円形で背面に突起のある長さ 2〜4 mm の果体，長さ 2〜4 mm の花柱部分からなり，ユニークな形をしたものである．柄の長さや果体の彎曲の程度は集団によって変異が大きく，いくつかの変種を認める考え方もある．〔日本名〕糸屑のように繊細な藻の意．別名は果実の形に由来．〔漢名〕角果藻．

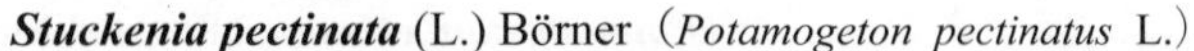

299. リュウノヒゲモ 〔ヒルムシロ科〕

Stuckenia pectinata (L.) Börner（*Potamogeton pectinatus* L.）

世界に広く分布する沈水性の多年生水草．北海道から九州までの海水の影響を受ける湖沼や河川に生育することが多いが，内陸部に産することもある．地下茎から一節おきに水中茎を出して群生する．8 月頃より，一部の地下茎の先端に塊茎の形成が始まる．これが越冬のための殖芽となる．水中茎は長さ 30 cm〜2 m，よく分枝し，沈水葉は線形で長さ 5〜15 cm，幅 0.5〜1 mm，先端は鋭尖頭，鋭頭，またはやや鈍頭，葉身には 1〜3 脈が認められる．葉の基部は托葉と合生して茎を抱き長さ 1〜2.5 cm の葉鞘となる．托葉の先端部は葉から離れ耳状になる．花期は 7〜9 月．花茎は長さ 5〜20 cm で細く直立できない．花序は長さ 1.5〜4 cm，まばらに花をつけ，水面上に横たわるのがふつうである．花は両性で花被様片 4 枚，雄しべ 4 本と，4 個の雌しべがあり，花粉は水面を漂って柱頭にたどりつく（水面媒）．果実は長さ 3〜4 mm で背面の稜は著しくなく全縁．〔日本名〕龍の鬚藻の意で線形で長い沈水葉の形に基づく．〔漢名〕龍鬚眼子菜．

300. オヒルムシロ 〔ヒルムシロ科〕

Potamogeton natans L.

北半球の温帯域から暖帯域の一部に広く分布する多年生水草．日本では北海道，本州（中部以北）の冷涼地の池沼や河川に群生するほか，中部以西の地域でも湧水のある池沼や河川にまれに産する．泥中をはう地下茎から一節おきに水中茎がのび，その長さは水深によって 2〜3 m に達する．沈水葉は長さ 15〜30 cm の針状葉で一種の仮葉とみなされる．ごくまれに先端部が広がって葉身状をなすこともある．上部には長楕円形ないし広楕円形の浮葉が発達する．浮葉は長さ 5〜12 cm，幅 2.5〜5 cm で鈍頭，ふちはしばしば波打ち，基部は浅い心臓形となる．流水中で形成される浮葉は小形で細長く，ヒルムシロのそれと区別できない．花期は 6〜8 月．花茎は長さ 6〜22 cm で太い．花序は長さ 3〜5 cm で花が密生．花は両性で花被様片は緑白色で 4 枚，雄しべと雌しべはともに 4 個．よく結実し，果実は緑褐色で長さ 3〜4 mm，背部の稜はやや翼をなす．〔日本名〕大形で雄々しい蛭蓆の意．〔漢名〕浮葉眼子菜．〔追記〕フトヒルムシロ（302 図）とは，沈水葉の形状，果実の形態で容易に識別できる．

301. ヒルムシロ　〔ヒルムシロ科〕

Potamogeton distinctus A.Benn.

広く各地の池や溝または水田等に浮んでいる多年草で根茎は泥中にあって盛んに繁殖し大群をなすこともある．茎は細長く根茎よりのび出て水中にあり，水の深さによって長短があり，短いものは 10〜20 cm，長いものはほぼ 60 cm 内外もある．葉には 2 型あり，沈水葉は短い柄があり質は薄くて細長い．浮葉は水面に浮んで長楕円形で上面は緑色でつやがあり，下面は黄緑褐色で葉脈は多少隆起し，葉柄は細長く基部に膜質の分立した托葉がある．夏から秋にかけて長さほぼ 7 cm 内外の花茎を出し，先に穂状花序をなして密に細花をつけ黄緑色となる．花には 4 個の花被様片（葯隔の展張したものといわれる）と 4 雄しべがあり，縦裂性の 2 葯胞を有する．無柄の 4 子房があって短い花柱がある．核果は広卵形体で先端は円く，やや残存する短い花柱がある．〔日本名〕蛭蓆はその葉をヒルの居所にたとえての呼び名である．

302. フトヒルムシロ　〔ヒルムシロ科〕

Potamogeton fryeri A.Benn.

アジア東部に分布する多年生水草で，日本では北海道から九州までの湿原内の池塘や水路，山間・丘陵地の腐植栄養ないし貧栄養の池沼などに生育する．冬期に特殊な殖芽は作らず，水中茎がそのまま越冬する．泥中をはう地下茎の一節おきに水中茎がのび，その長さは水深によって 2 m に達する．下部につく沈水葉は互生し，浮葉直下の 1〜2 枚を除き葉柄を欠き，狭長楕円形ないし倒披針形，鋭頭または鈍頭で長さ 8〜25 cm，幅 5〜30 mm．上部には浮葉が発達する．浮葉は 5〜15 cm の葉柄をもち，長楕円形ないし広楕円形，鈍頭，葉縁はやや波打ち，基部は円形または心臓形をなす．ふつう長さ 5〜13 cm，幅 2.5〜4 cm 程度であるが，生育の悪い場所では長さ 3〜5 cm，幅 1〜2.5 cm となりヒルムシロと区別できない．托葉は長さ 5〜10 cm で膜質．花期は 4〜6 月で花茎 5〜20 cm，花序は 3〜5 cm で小花が密生する．花はしばしば赤味がかる．花被様片，雄しべ，雌しべとも 4 個．果実は長さ約 4〜4.5 mm で，同属の他種の果実に比べ，縦長である．〔日本名〕太い葉の蛭蓆の意．

303. コバノヒルムシロ　〔ヒルムシロ科〕

Potamogeton cristatus Regel et Maack

北海道から九州の池や沼あるいは水田等の溝に生えて沈水浮水の両葉を有する多年草である．根茎は繊細で長くのび白色で節よりひげ根を出し，泥中にのびる．茎は繊細で分枝し，淡緑色である．葉は緑色で互生し，花茎を出す節のものは一見対生状となる．水中葉は糸状で上部は次第に尖り 1 脈があり，浮葉は茎の上部に出て小形の長楕円形で長さ 15〜25 mm，幅 7 mm 内外であり，鈍頭，基部は鈍形，5 本の縦脈があり，中脈は顕著で横小脈もまたはっきりしている．葉柄は 1 cm 内外でその基部にある托葉は膜質で長い．初夏の頃になると茎先端の浮葉の葉腋から葉より短い花茎を出し，短い穂状花序をなして細かい花をつけ淡黄緑色をしている．花には花被様片 4 個，雄しべ 4 本，子房 4 個がある．果実の背側に長短不同の鶏冠状の突起を有し，上部には長い花柱の残りがついている．本種は秋になって 2 本の針がある有柄の小形胎芽を葉腋に生じその後離脱して水底に沈み新しい芽を出すという特性がある．〔日本名〕小葉の蛭蓆の意味である．

304. ミズヒキモ（イトモ）　〔ヒルムシロ科〕

Potamogeton octandrus Poir. var. ***miduhikimo*** (Makino) H.Hara

（*P. miduhikimo* Makino）

湖水または沼沢等に生える多年草で群生し沈水葉と浮葉とがある．根茎は繊細で白色，泥中に横たわり節からひげ根を出す．茎は糸状で長さ 30〜60 cm あり，分枝する．葉は互生して緑色，水中葉は糸状で先端はしだいに鋭く尖り 3 脈がある．浮葉は小形の細長い長楕円形で鋭頭または鈍頭，基部は鈍く長さ 15〜25 mm，幅 5〜7 mm ほどあり，短い葉柄を持ち，茎の上部では通常一見対生状となっている．夏から秋の間に浮葉の間に花茎を出し，先端に小さな穂状花序をなしてまばらに小形の黄緑色の花をつける．花には花被様片 4 個，雄しべ 4 個，子房 4 個がある．果実は卵球形で残存花柱があり，背部にはやや突起があるがコバノヒルムシロのような著しいものではない．本種は秋になると有柄小形の無性芽を葉腋に生じ後に離脱して水底に沈み新植物を作る．〔日本名〕水引藻は水中に横たわる糸状の水中葉を水引に模したもので，糸藻は茎と葉の形に基づいた名である．

305. ヒロハノエビモ　〔ヒルムシロ科〕

Potamogeton perfoliatus L.

湖水や池に生える緑色の沈水性多年草で，地下茎は白色の円柱形で長く横にはい，節からひげ根を出す．茎は細長くて 30～50 cm ほどあり，まばらに分枝する．葉は薄質で半透明の鮮緑色で，茎に互生し節間は非常に接近し，花茎基部の葉は一見対生状となり無柄で卵形あるいは長卵形をなし，先端は非常に短く尖り，基部は心臓形となって茎を抱き，ふちは波状でゆるやかにうねっている．中脈を含めて主脈が数条縦走しその間に細い縦脈と横小脈とがある．夏から秋の間にかけて葉腋に花茎を出し，その頂に穂状花序をなして緑色の小花をつける．花には三角状の花被様片 4 個，雄しべ 4 本および子房 4 個がある．果実は倒卵状広楕円形で残存花柱が短い角状となっている．〔日本名〕広葉の蝦藻で，葉の幅が広いエビモの意味である．エビモは 309 図参照．

306. ササエビモ　〔ヒルムシロ科〕

Potamogeton* ×*nitens Weber（*P. nipponicus* Makino）

高地または低地の湖水中に生える沈水性の多年草で根茎は細長く泥中に横たわり，節からひげ根を出す．茎は細長く長さ 60～100 cm ほどで下部に短い枝を出す特性がある．葉は全部沈水するが時には多少不完全な浮葉がある．葉は茎に互生するが花茎下のものは一見対生状であり，短柄を有するかまたは無柄，狭披針形あるいは披針形をなし，先端は鋭く尖り，ふちは多少波うち，細かいきょ歯があり，3 本の主脈を有し横小脈も明らかである．質は薄く半透明で褐緑色，長さ 3～6 cm ほどある．托葉は離生して長く線状披針形である．夏から秋の間になると長い花茎を出し，その頂に穂状花序をなして小形の花をつける．花は緑色，花被様片 4 個，雄しべ 4 本，子房 4 個がある．果実はできない．〔日本名〕笹蝦藻の意でエビモの類で，葉の形が笹の葉に似ていることによる．〔追記〕本種はヒロハノエビモ（305 図）と本州中部以北に分布するエゾノヒルムシロ *P. gramineus* L. の雑種と考えられる．右の図版のうち果実の図はエゾノヒルムシロのものであろう．

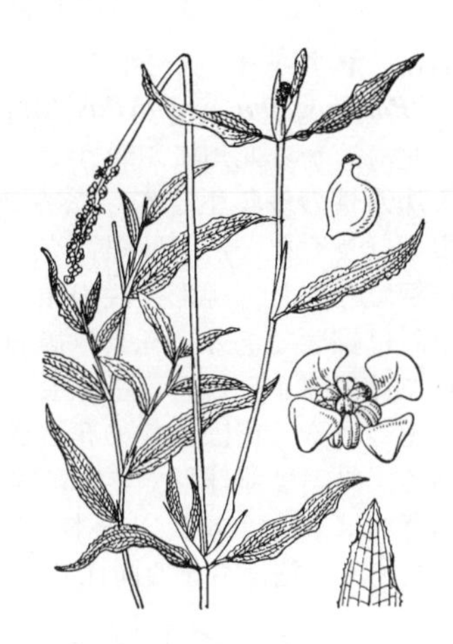

307. ササバモ（サジバモ）　〔ヒルムシロ科〕

Potamogeton wrightii Morong（*P. malaianus* auct. non Miq.）

北海道西部から琉球の主として河川の流水中に生える沈水性の多年草で群をなして繁茂し，長さは 1 m 内外に達し，通常浮葉はないが，まれに不完全な浮葉がつくことがある．葉には多くは長い柄があるが，また短い柄を持つものもあり，葉身は長大な線状長楕円形，先端は鋭凸頭をなし，基部は鈍形となり長さは 10～20 cm，幅 1～2 cm ほどで質薄く縁は多少波状に縮れており，中脈が大変顕著である．夏になると葉腋に葉より短い花茎を出し，その頂に穂状花序をなして，黄緑色の小花をつける．花には 4 個の花被様片，4 個の雄しべ，4 子房がある．果実は卵球形でくちばし状の突起を有する．〔日本名〕笹葉藻は葉の形に基づいた名前であり，また匙葉藻も同様である．

308. センニンモ　〔ヒルムシロ科〕

Potamogeton maackianus A.Benn.

北海道から九州の池や沼並びに山地の湖水に生える沈水性の多年草で，冬季にも枯死せず，あるいは枝条の先端が分離して越冬する．根茎は泥中を横にはう．茎は細く線形でまばらに分枝し，全部水中にあって直立し，浮葉はない．葉は互生し広線形で質は薄く長さは 1～3 cm，先端は微凸頭できょ歯はないが，そこ以外のふちはまばらにきょ歯状にざらつき，中脈とともに 3 脈あるいは 5 脈を有し，その基部は葉鞘となって茎を抱いている特徴がある．花茎は秋になると枝の先に直立し，先端に短円柱形で長さ 1 cm 内外の小形の穂状花序をなし，まばらに細かい花をつけ冬を越して 7 月頃成熟する．花には細小な 4 個の花被様片，4 個の雄しべ，2 子房がある．果実は平らな円形で背面に稜線を有し，基部近くに 1～2 の低い小突起を生じる．〔日本名〕仙人藻の意味で初めて採集した産地がちょうど仙人の住むような山間の湖水であった所からこの様に命名されたものである．

309. エビモ 〔ヒルムシロ科〕

Potamogeton crispus L.

日本各地に広く分布し，池や溝あるいは流水中に生ずる沈水性の多年草．常に群をなして繁茂し，緑褐色で，しばしば冬季にも葉を有することがある．茎は長さ 30〜70 cm 位，まばらに分枝し，細長くてやや扁平である．葉は無柄で互生し線形で長さ 3〜4 cm，幅 4〜6 mm，鈍頭あるいは円頭，基部は円形または鈍形，ふちは波状に縮れ細かいきょ歯がある．葉脈は 3 条あり，中脈は太くて大きい．初夏の頃，茎の頂上または葉腋に短い花茎を出し，穂状花序をなしてまばらに淡黄褐色で小形の花をつける．花には 4 個の花被様片，4 個の雄しべ，4 子房がある．果実は卵形で上部が狭まって長い花柱となり，先は鋭く尖り，果実の背は多少鶏冠状である．本種は往々短枝を生じそれが茎から離脱して 1 つの芽体を形成し，これに付着した葉は相接して基部が拡張肥厚し，そのふちに細歯がある（図の左上）．〔日本名〕蝦藻はエビの住む所に生える意味でつけられたものである．

310. ヤナギモ（ササモ） 〔ヒルムシロ科〕

Potamogeton oxyphyllus Miq.

北海道から九州にふつうで，主として小さい川や流れの水中に多く見る沈水性の多年生草本．水勢により下方になびいて生え褐緑色である．根茎は長くないが茎は細長く，まばらに分枝してやや平らである．葉は無柄で互生し，線形で鋭尖頭をなし，長さは 5〜10 cm，幅 3 mm 位で，中脈は顕著である．托葉は膜質で長く葉から分立して茎を包んでいる．夏には葉腋から短い花茎を生じ，頂に短い穂状花序をなして黄緑色の小花をつける．花は 4 枚の花被様片，4 個の雄しべ，および 4 個の子房がある．果実は卵球形で非常に扁平，極めて短く残存する花柱があり，その背面は全縁である．〔日本名〕柳藻はその葉の形に基づいて名付けたものであり，笹藻もまた同様である．〔漢名〕馬藻．

311. イトヤナギモ（イトモ） 〔ヒルムシロ科〕

Potamogeton berchtoldii Fieber（*P. pusillus* auct. non L.）

池沼や溝の中，または細流中に生える沈水性の多年生草本で，群生して緑褐色である．根茎は非常に細く，糸状をなし，まばらに分枝する．葉は無柄で互生し花茎の出る節のものは一見対生して，非常に細い線形で長さは 7 cm 内外，幅 2 mm ほどあり，先端になるに従って次第に鋭頭，ふちにはきょ歯がなくて中脈も顕著ではない．初夏の頃，茎の上部に葉よりはるかに短い長さ 2 cm 内外の短い花茎を出して，その末端に短く小さい穂状花序をなし花を少数つける．花は小形で淡黄緑色，4 個の花被様片，4 個の雄しべ，および 4 個の子房を有する．果実は卵状球形，長さ 2 mm 内外あり，短い突起がある．〔日本名〕糸柳藻でその非常に細い葉に基づいてつけたものである．

312. カワツルモ 〔カワツルモ科〕

Ruppia maritima L.

全草沈水する多年草で海水の出入する淡水中に多く生えるため海辺に特産する．全体褐色で群生する性質があり，茎は糸状で分枝し，長さ 30〜60 cm ほどあって下部にはひげ根がある．葉は糸状で長さ 10 cm 内外，幅 0.5 mm ほどで，基部に托葉状の葉鞘がある．花は両性で 2 個集まり，非常に細かくて初めは葉鞘内にあるが，その後花茎がのびて水面に達する．花には花被がなく裸出して，褐緑色をしている．花糸の無い 2 個の雄しべと，4 個に分離した心皮とを有し，心皮の基部は受粉後のびて 5 mm ほどの小梗となる．果実は楕円体で尖った嘴を有し，散形をして糸状の花茎の頂につき，長い花茎はしばしば曲がりくねっている．〔日本名〕川蔓藻の意味で，水中に生えてその茎がつる状であるからである．

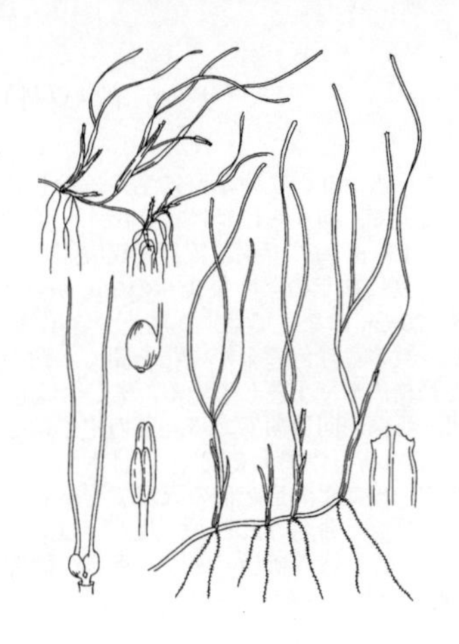

313. マツバウミジグサ 〔シオニラ科〕

Halodule pinifolia (Miki) Hartog

熱帯・亜熱帯に分布し，湾奥やサンゴ礁で囲まれた砂浜の低潮線付近に群生する．根茎は砂泥の中を横走し，径は約 1 mm，各節から数本の根と 1 本の短枝を出す．短枝には 1〜4 枚の葉がつく．葉の基部は長さ 1〜4 cm の鞘となっている．葉身は線形，扁平で，長さ 5〜15 cm，幅 0.5〜1.5 mm，中央に 1 脈と，両縁に不明瞭な 1 脈ずつとがある．花期は一定しないが，1 つの群落の中では多数の株が同時に開花する．雌雄異株で，花は葉腋に 1 個つく．雄花は 1〜2 cm の柄があって葉鞘の外に突き出し，先に長さ約 3 mm の葯と，その 2 / 3 ほどの長さのもう 1 つの葯とが背面で合着したものをつける．葯は白色で，熟すると長軸方向に裂開する．花粉は糸状で，長さ約 1 mm あり，曲がりくねって葯の中に詰まっている．雌花は 2 個の離生する心皮からなる．各心皮の子房は卵形で長さ約 0.5 mm，葉鞘に包まれ，外からは見えない．花柱は極めて細長く，長さ 2〜4 cm あって分枝せず，その先端だけが葉鞘の外に出ている．この部分に糸状の花粉が巻きつく．果実は球形で，果皮は熟すると黒色で硬くなり，表面は平滑である．内には種子が 1 個あり，種皮は薄く，胚軸が球形に肥大した胚が入っている．

314. ベニアマモ 〔シオニラ科〕

Cymodocea rotundata Ehrenb. et Hempr. ex Asch. et Schweinf.

奄美諸島，沖縄，アジア，太平洋諸島，オーストラリア，アフリカ東部の（亜）熱帯の海岸に分布し，サンゴ礁で囲まれた浅い海底に生える．多年草で根茎は砂の中を横走し，各節から 2〜3 本の根と，1 本の短枝を出す．短枝は 2〜7 個の葉をつけ，基部は枯れた古い葉の繊維でおおわれている．葉身は扁平なリボン状で，長さ 7〜15 cm，幅 2〜4 mm，9〜15 本の平行する脈があり，先端は円く，不明瞭なきょ歯がある．雌雄異株であるが，花が発見されることは極めてまれで，通常は根茎による栄養繁殖でふえている．記録によると，雄花は 1871 年にニューカレドニアで発見されて以来，1967 年にオーストラリアのサーズデイ島で再発見されるまで見つからなかった．またこのときに初めて雌花が発見された．果実は 1872 年にニューギニアで，次には 1929 年にバリ島でみつけられた．日本では雌雄の花がごく最近発見されたが，結実は確認されていない．花は葉腋に 1 個つき，花被はない．雄花は 1 本の柄の先に 2 個の同形の葯が合着したものをつける．雌花は 2 個の離生する心皮からなる．各心皮の花柱は 2 叉に分かれて細長くのび，3 cm 以上ある．果実は半円形，扁平で長さ約 1 cm，果皮は硬く，背面にとさか状の稜がある．

315. リュウキュウアマモ 〔シオニラ科〕

Cymodocea serrulata (R.Br.) Asch. et Magnus（*C. asiatica* Makino）

浅い海底に生え，分布域と生育環境，根茎の形状はベニアマモと同様である．古い葉の繊維が残ることは少なく，短枝の軸が裸出している．葉鞘は扁平で基部が狭まって逆三角状となり，内に次の葉を抱いている．葉身はリボン状で長さ 6〜15 cm，幅 4〜10 mm，13〜17 本の平行脈があって中肋がやや目立ち，先は鈍頭できょ歯がある．雌雄異株であるが，本種も生殖器官は極めてまれにしか発見されていない．雌花は 1869 年にニューカレドニアで，次には 1967 年と 1969 年の 2 度，ケニアで発見された．果実は 1967 年に，雄花は 1973 年にともにオーストラリア東北部で初めて採集された．日本では沖縄本島で雌雄の花と種子が最近発見されたが，ふつうは根茎による無性繁殖のみでふえている．花は葉鞘の中に 1 個つき，花被はない．雄花は 1 本の柄の先に 2 個の同形の葯が合着したものをつける．雌花は 2 個の離生する心皮からなる．各心皮は長さ約 3 cm の 2 叉に分かれる花柱をもち，先端だけが葉鞘の外に出る．果実には稜がなく，表面は平滑である．中に種子が 1 個できる．

316. シオニラ（ボウアマモ） 〔シオニラ科〕

Syringodium isoetifolium (Asch.) Dandy

奄美諸島，沖縄，アジア，太平洋諸島，オーストラリア，東アフリカの熱帯，亜熱帯に分布し，低潮線以下数メートルの海底に生える多年草．他の海産顕花植物とは異なり，干潮時にも水面下にあることが多い．根茎は径が約 2 mm で横にはい，節から数本の根と 1 本の短枝を出す．短枝には 2〜3 個の葉がつき，葉の基部は葉鞘となっている．別名をボウアマモというとおり葉身はミルに似た棒状円柱形で長さ 7〜30 cm，径が 1〜2 mm である．葉身の断面を見ると中心に 1 本の維管束があって，そのまわりを約 8 本の通気孔がとり囲み，さらに周辺部にも約 8 本の維管束がある．雌雄異株で，花期は一定せず，長くのびる花茎の先に集散花序をつくる．花序には葉身の退化した小形の苞が多数あり，その葉鞘の腋におのおの 1 個の花をつける．花被はない．雄花は約 7 mm の柄の先に，長さ約 4 mm の 2 個の葯が合着したものをつける．花粉は糸状である．雌花は離生する 2 個の心皮からなり，各心皮の子房は楕円体で長さ約 4 mm，花柱は 2 叉に分かれ，長さ約 1 cm ある．果実は卵形体で硬い．

317. オゼソウ　〔サクライソウ科〕

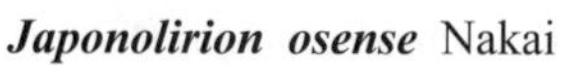

Japonolirion osense Nakai

群馬県の尾瀬至仏山と谷川岳，北海道北部の湿った日当たりのよい草原に生える珍しい多年生草本．根茎は狭い円柱状で横にはっており，丈夫で，節からはひげ根を出す．葉は緑色で根元から出ている様はスゲと似ている．長さは 15 cm 内外で狭い線形で鋭尖頭，ふちはざらつき，葉の基部は鞘状の葉で包まれている．夏に前年の葉の集まりの中心から 1 本花茎が出て新しい葉の集まりと並立し，高さは 5〜20 cm になって葉より高くつき出し，頂に細長い穂のような総状花序となって，柄のある多数の黄緑色の細かい花を開く．柄のもとに小さな苞葉がある．花は両性で花被片は 6 個，長楕円形で平開している．雄しべは 6，花被片とほぼ同じ長さでこれと対生し，花糸は糸状，葯は内向裂開である．花の中心に心皮が 3 個あって寄りあって立っている．さく果は小形の楕円体で上を向く．〔日本名〕尾瀬草は初め群馬県尾瀬で発見されたのでこの名がある．後に北海道北部の天塩でも発見され，そこのものは大形だったので別種とされてテシオソウと命名されたが，現在ではオゼソウと区別されていない．〔追記〕本属は日本特産の 1 属 1 種の植物であり，近年の研究でサクライソウ（318 図）に最も近縁であることが明らかとなった．

318. サクライソウ　〔サクライソウ科〕

Petrosavia sakuraii (Makino) J.J.Sm. ex Steenis

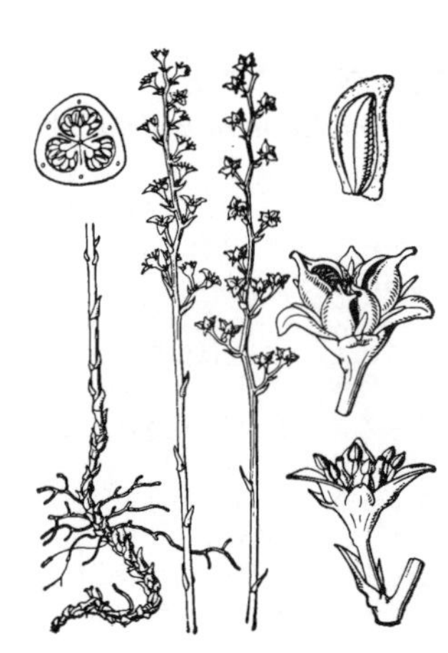

本州中部（岐阜，長野，石川，福井の各県）と鹿児島県の山中の林下に生える腐生の無色の多年草．東南アジアにも分布する．根茎は無毛，薄膜質の鱗片があり，少数のひげ根を出す．茎は細長く直立し，高さは 10〜20 cm 位，先に穂状に近い総状花序をつける．ときには花序の下の部分では花柄が分かれて円錐花序的となる．花ごとに細い柄があり，花は径 4 mm，花被片は 6 枚で斜めに開き，外片は小さく内片のほぼ 1 / 2 の長さ．雄しべは 6 本で花被片と対生し，子房は半下位で 3 室に分かれ，上部は各室が互いに分立し，短い花柱がある．花の後でさく果を結び内縫線で縦裂する．種子は外皮がゆるやかである．〔日本名〕この種類は初め桜井半三郎が採集した．〔追記〕牧野富太郎は当時東京帝国大学植物学の教授であった三好学を記念して新属 *Miyoshia* を設立したが，後にマレー半島の *Petrosavia* と同属と考定された．牧野は *Miyoshia* の属名を残すために *miyoshia-sakuraii* という形容語を作ったが，これは命名規約に反するので使用できない．本属は最近ではオゼソウ属と共に，独立のサクライソウ科とする意見が有力である．

319. ノギラン（キツネノオ）　〔キンコウカ科〕

Metanarthecium luteoviride Maxim.（*Aletris luteoviridis* (Maxim.) Franch.）

山野の多少日当たりのよい地に生える多年生草本．根茎は短く，強固で直立する．葉は根生し 10 個内外が平たく地にはってロゼットになり，倒披針状の広線形から倒卵状披針形までの種々の変化があって長さ 6〜15 cm で，急に先が鋭く尖り，基部は次第に細くなり，扁平でつやがあり黄緑色である．7〜8 月頃，葉の集まりの中心から 1 本の花茎を出し高さ 10〜45 cm になり，ときには基部に葉を 2〜3 枚出し，頂部に穂のような総状花序を出し，淡黄色花をつける．短い花柄の基部には長短の 2 枚の苞葉がある．花被片 6 枚は漏斗形をして咲き，各片は線形または線状の披針形をして尖り，長さ 6〜8 mm でふちは白色になる．雄しべは 6 個で花被片より短く，子房は上位にある．さく果は卵状の楕円体で直立し，花被片が残っている．外観はネバリノギラン（320 図）に大変似ているが，その方は花序が粘りまた下位子房であるのではっきり区別される．〔日本名〕芒蘭（ノギラン），つまりのぎを持ったランの意味で外観から見た花の形から来ている．狐の尾は穂の形をたとえたもの．

320. ネバリノギラン　〔キンコウカ科〕

Aletris foliata (Maxim.) Bureau et Franch.

北海道から九州の高山に生える多年生草本．根茎は短い．根生葉はロゼット状に平開し，細長く披針形で先は尖り，黄緑色で，茎より短い．8 月頃，葉の間から茎を出し，高さは 20〜30 cm 位で直立し，数枚の小形葉を互生し，茎の上部には多くの緑がかった黄色の花が細長い穂状につく．どの花も無柄に近く，苞葉は 2 枚あり，外側の苞葉は花の長さに近い．花被片は 6，下部は筒状で上部だけが裂片に分かれている．雄しべは 6，花糸は短く花筒の上部につく．子房は 3 室で花筒の下部と融合し，下位子房になっている．〔日本名〕この植物の外見がノギランに似て，花穂が粘るのを意味する．ノギラン（319 図）はまた花の色が橙色に近い黄であり，子房上位であるから区別できる．

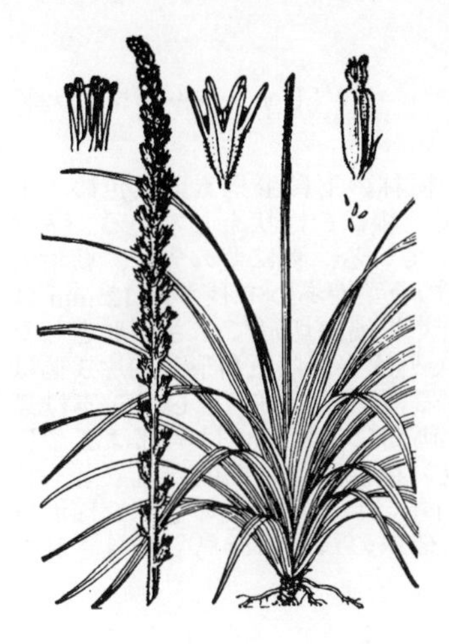

321. ソクシンラン 〔キンコウカ科〕

Aletris spicata (Thunb.) Franch.

南関東以西の暖地の路傍や低山等に生える多年生草本．根茎は短く，糸状の根を出す．葉は多数で根生し，線形で，先は尖り質は軟らかく縦に軽くひだがあり，淡緑色で時には赤味をさしたものもあり，長さ約 15〜20 cm．6 月頃，葉の集まりの中から花茎を 1 本出し，高さ 30〜50 cm，全体が軟細毛でおおわれている．花茎の上部は穂状に近い総状花序で細長く直立している．花は小形で筒状，長さは 6〜8 mm．花被は下部が集まって続き，子房と癒着し外面には細毛があり，上部は 6 裂していて，裂片は線形で淡紅色をしている．子房は下位，雄しべは 6，小さくて潜在し，1 花柱は糸状で直立する．さく果は楕円体で，頂上に花被が残る．種子はおが屑状である．〔日本名〕葉の束の中心から花茎を出すことによる「束心蘭」説と，葉の集まりが針を束ねたように見えることによる「束針蘭」説とがある．

322. キンコウカ 〔キンコウカ科〕

Narthecium asiaticum Maxim.

中部以北の高山の湿原，時に湿った岩上に生える多年生草本．根茎は細く横にはっている．葉は 2 列に開いて根生し，剣のような線形，長さ 10〜20 cm，先端は尖って少し内へ曲がり，下部は少し狭くなって半ば葉鞘となる．多数の葉脈が縦走しているが主脈はなくて質は厚手である．8 月に葉の集まりに並んで 1 本の花茎が立って高さは葉をこえ 20〜35 cm になり，下半に短い葉数片を散生し，頂に穂のような総状花序をつけ鮮黄色の花を開く．花柄と同じ長さの苞葉がある．花被片は 6 個，平開して星形，各片は線形で長さ 3 mm 内外，背側には緑色の脈があり，下部は少し広がる．雄しべ 6 個は花被片より短く，花糸には著しい白色の綿毛がある．子房 1 個は上位で，小さく，花柱は長く細い．さく果は狭い長楕円体で長さは 7 mm 内外，先端は長く鋭尖している．〔日本名〕花の色調を表現した金光花ではないかと思われる．

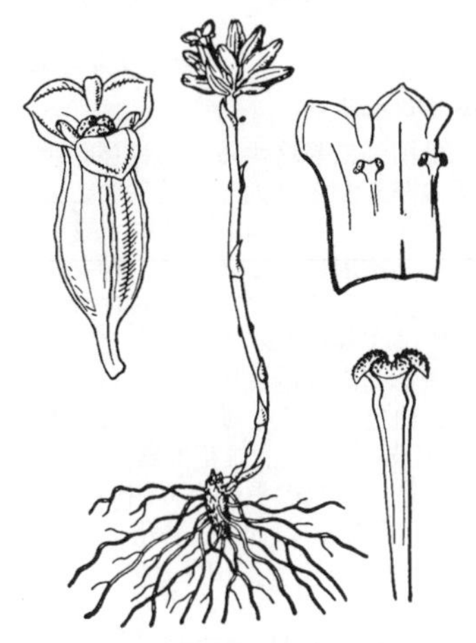

323. ヒナノシャクジョウ 〔ヒナノシャクジョウ科〕

Burmannia championii Thwaites

本州（関東以西）から琉球の暗い森林内に生える白色で腐生の多年生草本．根茎は小さい塊状，多くの細いひげ根を出す．茎は 1 本，細く直立し，長さは 3〜8 cm 位．まばらに小鱗片葉を互生する．夏おそく 2〜10 個の花が茎の先に集合して開花する．花は白色，長さ 6〜7.5 mm 位，花ごとに極めて短い柄がある．花被の筒部は長い楕円体で 3 稜があり，裂片は黄褐色で短く外片 3 個は卵円形，内片 3 個は非常に小さく倒卵状長楕円形の突起に見える．雄しべ 3 個は花被筒の上部に着生し，ほとんど柄がなく葯隔が広い．子房は下位，花柱は花被筒内に直立し，柱頭はふくらんで 3 裂片となり，乳頭状毛が密生している．〔日本名〕雛の錫杖であって，ツツジ科のシャクジョウソウに似て小形であることによる．

324. シロシャクジョウ 〔ヒナノシャクジョウ科〕

Burmannia cryptopetala Makino

本州（近畿以西）から琉球の湿った樹下に生える白色で腐生の小形多年草，高さ 6〜15 cm 位．根茎は狭細で地中に直下し，細いひげ根を出す．茎は 1 本で直立し，白色で細く，まばらに小さい鱗片葉を互生する．夏から秋の頃に茎の先に長さ 1 cm 位ある白色の 2〜7 個の花が集まってつき，花ごとにごく短い花柄があり，柄の下に鱗片状の苞葉がある．花被は筒形で筒外に大体くさび形をした縦翼が 3 枚あり，裂片は三角形をした外片 3 個のみがあって内片はない．無柄の雄しべが 3 本，花被筒内の上部につき，葯は大きな葯隔の両側に半葯をつけ，上部に突起が 1 つある．子房は下位，花柱は花被筒内に直立し，柱頭は大きく球形の 3 部分に分かれいる．〔日本名〕白錫杖で特に白色であることを強調した名．

325. ルリシャクジョウ　〔ヒナノシャクジョウ科〕

Burmannia itoana Makino

屋久島以南八重山群島までの琉球諸島の樹林の下に生える藍紫色の小形多年草．高さは 6〜12 cm 位，根茎は短小で，根はひげ状をしている．茎は 1 本細く直立し，小鱗片葉がまばらに互生している．夏に茎の先に，藍紫色の花を 1 つ開いて直立し，花の下に鱗片状の苞葉があって長さは 12 mm ばかり．花被は筒形，筒の外側には上方が広く先端が切形でくさび形をした翼が縦に 3 枚ついている．花被裂片は短小で外片 3 個は三角形，内片 3 個は極めて小さく，前者の間に小突起状を呈するにすぎない．雄しべ 3 本は無柄で花被筒内の上方につき，葯隔は大きく両側に半葯をつけ上部は 2 つに分かれ下部は突起状を呈する．子房は下位，花柱は花被筒内に直立し，柱頭は大きく卵円形の 3 裂片に分かれる．〔日本名〕瑠璃錫杖の意味で瑠璃はその草色，特に花色からついたもの．また琉球の八重山群島で発見されたのでヤエヤマシャクジョウともいう．

326. ヤマノイモ（ジネンジョウ）　〔ヤマノイモ科〕

Dioscorea japonica Thunb.

本州から琉球の山野に生える多年生のつる植物で地上部は一年生．地中に直下している長くて大きな円柱形の多肉根を持っている．この根は茎の基部についた枝の下側だけがのびた特殊のものである．茎は長くのび，まばらに枝分かれする．葉は対生で長柄を持ち，長卵形で先端は鋭く尖り，基部は心臓状耳形になっている．茎とともに緑色．葉腋にむかごができる．雌雄異株で，夏に葉腋に 3〜5 の穂状花序を出し，白色の花を開く．雄花の花序は立ち，雌花の花序は垂れ下がっている．雄花は花被片 6 と雄しべ 6 を持ち，退化した子房がある．雌花は花被片 6 と 3 室の下位子房を持ち，仮雄しべがある．果序は下に垂れ，さく果は平たく円形の翼を 3 個持っている．種子は扁平で広い円形の膜質翼を持ち果実が割れた時に飛び散る．多肉根は白くて柔らかく，すりおろして食用とする．〔日本名〕山の芋の意でサトイモに対して山地にあるからである．ジネンジョウは自然生で畑に栽培しなくとも山にあるイモの意味である．〔漢名〕従来本品を薯蕷とするのはまちがいで，これはナガイモの漢名である．

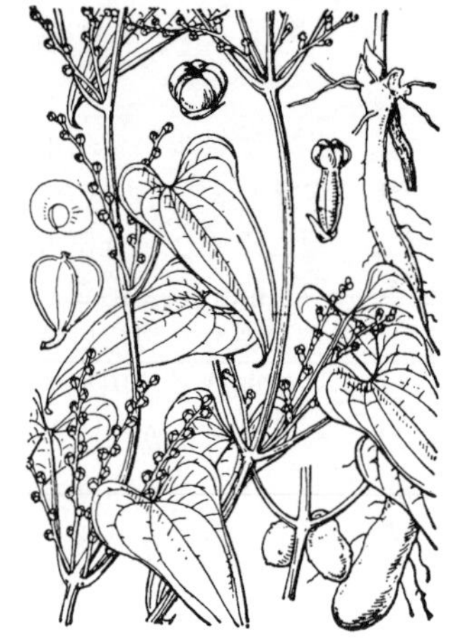

327. ナガイモ　〔ヤマノイモ科〕

Dioscorea polystachya Turcz.（*D. batatas* Decne.）

山野に野生化していることもあるが，ふつうは田畑に栽培するつる性多年生草本で地上部は一年生．根はひげ状だが，別に茎の基部から肥大した特殊のこぶを生じ，長さ 1 m 位に達し，肉質となって地中に直下し，毎年新しいものと交代しながら太る．質がやわらかで色白く，すりおろして食用にするが，また種々な形になるものもある．茎はふつう紫色を帯び強く丈夫に長くのび，まばらに分枝して稜がある．葉は長柄を持ち紫色を帯び対生または 3 輪生して無毛，矢じり状の三角状卵形で先端は尖り，基部はほこ形から心臓形で両耳端は円く，葉質はやや厚い．葉腋にむかごができる．雌雄異株で夏に乳白色の小花を穂状花序に咲かせる．雄花序は立ち，雌花序は垂れている．花は 6 花被片を持ち，雄花は雄しべ 6 個，雌花には短い花柱と緑色の下位子房がある．さく果は 3 枚の翼があり円い翼のある種子を入れる．〔日本名〕長芋は肉質根が長いからである．〔漢名〕薯蕷（ジョヨ）または山薬，山に生えるものを野山薬，田畑に栽培するものを家山薬という．

328. ツクネイモ　〔ヤマノイモ科〕

Dioscorea polystachya Turcz. **'Tsukune'**

ナガイモの栽培品種で畑に栽培する多年生つる植物．地上部は一年生．ナガイモとはその肉質根の形状がちがうだけである．肉質根は形状不規則の塊状であり，肉は白く質は緻密である．茎や葉はナガイモと異なった所はなく，葉腋にむかごのできる点も同じ，雌雄異株で夏に淡白色の無柄の小花を並んで開く．雄の花序は葉よりも短く，葉腋ごとに 1〜2 本ずつ出て立ち，雌花序は葉腋ごとに 1 本で葉より長く出て垂れ下がる．肉質根は食用とする．〔日本名〕捏ね芋の意味で，形が手で煉り固めてつくねたように見えることからついた．〔漢名〕仏掌藷．これも肉質根を仏の掌に見立てたもの．

329. トコロ（オニドコロ） 〔ヤマノイモ科〕

Dioscorea tokoro Makino

北海道から九州の山野に多く生えるつる性の多年生草本．地上部は冬に枯れる．茎は肥厚して横に長くのび，まっすぐになるものや，途中で曲がるものもあり，ひげ根を出す．これは真の根茎でヤマノイモのいもとは形態学的に全くちがう，葉は長い柄で互生し，心臓形で先端が尖り，質薄く無毛である．雌雄異株で夏になると葉腋から長い花序を出し，淡緑色の花を並べ咲かせる．雄花序は直立して花軸からさらに 2～5 花をつけた小花序に分かれるが，雌花序は垂れ下がって 1 花ずつ並んだ無柄の雌花をつけたものである．花被片は 6 個あり，雄花は雄しべ 6，雌花には 3 柱頭を持つ．さく果は 3 枚の翼があり，垂れ下った穂に上向きについており種子の一方には膜質の翼がある．長寿を祝うため正月の飾りに使い，そのひげ根を老人のひげ根にたとえ，ちょうどエビを海老と書くように，山に生えるというので野老と書く．根茎を食用とする所もあるが，味は苦い．〔漢名〕ふつう山萆薢が使われているが誤り．

330. ヒメドコロ（エドドコロ） 〔ヤマノイモ科〕

Dioscorea tenuipes Franch. et Sav.

関東以西の山地に生えるつる性の多年生草本で地上部は一年生．地下茎は肥厚して横にはい，茎は細く長くなる．葉は長い柄があって互生し，披針形か卵形で先端が長く尖り，基部は耳状心臓形で広く彎入し耳片は大きい．葉質は薄い．夏に淡緑色の花をつけ，雌雄異株である．花序は細く雌雄とも狭長の総状になって垂れ下がり，多数の小形花をつける．雄花は小さくて短柄を持ち，雌花は無柄である．花被片は 6 枚あり細長く，平開する．雄花には雄しべ 6 があり，雌花には下位子房と 3 花柱がある．さく果はほとんど円形の翼を 3 枚持ち，種子には周囲に膜質の翼がある．根茎は食用となる．〔日本名〕江戸ドコロは京都で江戸の産と思ってつけた名といわれる．〔漢名〕萆薢または川萆薢は誤り．

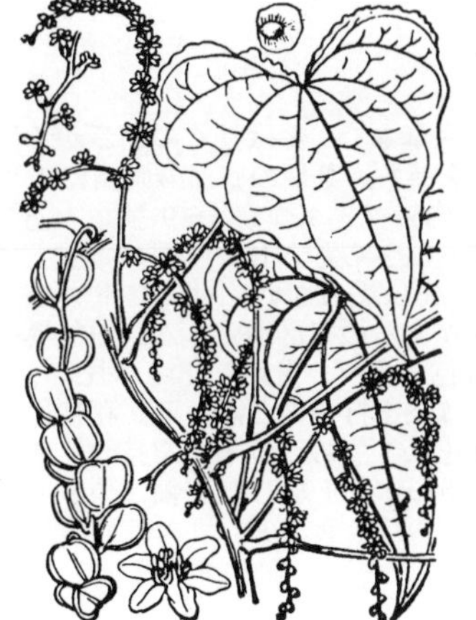

331. タチドコロ 〔ヤマノイモ科〕

Dioscorea gracillima Miq.

新潟・福島県以南の山地に生えるつる性の多年生草本で，根茎は肥厚して横たわる．地上部は一年生，他種に比べてつる性の程度が低く，茎は強く初めはほとんど直立し上部へ行くに従ってつる状になる．葉は長い柄があって互生し，やや三角形でふちは著しく波うち，先端は鋭く尖り基部は心臓形で無毛，質やや厚くかたい．雌雄異株．夏に葉腋から花序を出し，黄色の小形無柄の花を開く．雄花序は直立してまばらに分枝する穂状花序で，花軸は細長い．雌花序は垂れ下がる．花は 6 花被片を持って平開する．雄花には雄しべが 6 個あるが，そのうち 3 個だけが正常であとの 3 個は葯がなく線状のへら形となる．雌花は 3 室の下位子房を持つ．さく果は倒卵状扁球形で 3 枚の翼があり，種子は円形の膜質の翼を持っている．〔日本名〕立ちドコロの意味で，その茎が初め直立しているものが多いのでつけられた．〔漢名〕癩蝦蟇．

332. カシュウイモ 〔ヤマノイモ科〕

Dioscorea bulbifera L. **'Domestica'**

（*D. bulbifera* f. *domestica* Makino et Nemoto）

中国原産のつる性の多年生草本で，畑に栽培される．地上部は一年生である．根は外皮が真黒で，多肉豊大な球形で全体にひげ根がある．茎には毛がなく，淡緑色に紅紫色を帯び強く太い．葉は長い柄があって互生し，大きく円形または卵円形，全縁で先端尖り，茎部は心臓状耳形でその耳片の間が深くえぐれている．もともと雌雄異株であるが，日本では雌株しか見られない．夏から秋にかけて葉腋に垂れ下がった穂状の花序がつき，白色で，無柄の小花を並べ咲かせる．また葉腋に黄褐色で斑紋のある直径 2 cm 位の大きさの球形のむかごをつくり，煮て食用とするがうまくない．〔日本名〕何首烏芋の意味で，何首烏（タデ科のツルドクダミ）にも地中に塊茎があるから本種の塊茎をそれにたとえたからである．〔漢名〕土芋と黄獨の 2 つを一般に使うが，その実体はマメ科のクズイモ *Pachyrhizus erosus* (L.) Urb. である．

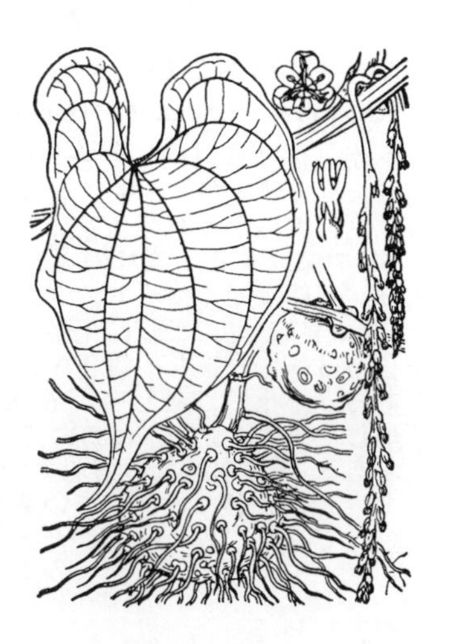

333. ニガカシュウ　〔ヤマノイモ科〕

Dioscorea bulbifera L.（*D. bulbifera* f. *spontanea* Makino et Nemoto）

関東以西の山裾や川岸の地に野生するつる性の多年生草本．前の品種の野生品であるから形態はほとんど差がない，地上部は冬枯れる．塊根は大きな扁球形で外皮が黒く，全体にひげ根が生えている．茎は長く紫を帯びた淡緑色で，上部で枝を分つ．葉は互生して長柄を持ち，円い心臓形となって末端が尖り，大きなものは幅 9 cm 位になり，彎曲して並んでいる 7～11 本の主脈がある．雌雄異株で，夏から秋に紫色の花を穂状につける．花被片は 6 枚あり狭長である．雄花はその数が多く，雄しべを 6 個持ち，雌花は 3 室の下位子房を持っている．柱頭は縦に 2 裂している．葉腋からむかご(肉芽）を出すが，皮が黒く，少し押しつぶされていて，塊根と共に苦味があって食べられない．〔日本名〕苦カシュウは，カシュウイモの類で，その味が苦いからである．〔漢名〕金綿弔蝦蟆．別に山慈姑の名を使うが，これには同名の別植物がある．

334. ウチワドコロ（コウモリドコロ）　〔ヤマノイモ科〕

Dioscorea nipponica Makino

本州中部以北の山地の主にブナ帯に生えるつる性の多年生草本．地上部は冬枯れる．根茎は多肉の円柱形で，地中に長く横たわる．葉は長柄があって互生し，長さ 5～12 cm の卵形または広卵形，やや 3 中裂し，中央の裂片は卵状披針形で大きいが，側裂片は短く，さらに 3～5 浅裂する．葉脈は下面に隆起し細毛のあるものが多い．質はうすく膜質に近い草質である．雌雄異株で雄花穂は複穂状になり，雌花穂は単一で垂れ下がる．夏に緑黄色の小花を開くが，鐘形で完全には開かない．花被片 6 枚は楕円形で鈍頭である．雄しべ 6 個は花被片より短い．さく果は垂れ下がった穂軸に上向きにつき，倒卵状楕円体で 3 枚の翼がある．種子は上部に長方形の翼がある．〔日本名〕葉の形を羽団扇にたとえたもの，別名コウモリドコロは動物のコウモリの羽根を広げた際の指の骨の感じと葉脈の感じの類似によったものである．

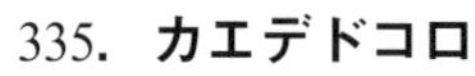

335. カエデドコロ　〔ヤマノイモ科〕

Dioscorea quinquelobata Thunb.

本州中部以西の山野に生えるつる性の多年生草本で，茎は長くのびるが冬は枯れる．肥厚した根茎は横たわる．葉は長柄を持ち，葉柄の基部の両側に 1 つずつの尖った突起がある．葉身は長さ 10 cm 内外で，ふつう 5～9 裂し，先端は鋭尖し基部は心臓形である．上面は平滑またはざらざらし，下面の葉脈上に毛が生えるのがふつうである．側方の裂片の先は尖らない．ウチワドコロに似ているが葉の切れ込みが深く，葉柄に突起があるので区別できる．雌雄異株で，夏に葉腋から出る花序に小さな花をつけ色は濁った黄色，花序は長さ 5～15 cm 位．雌雄とも穂は分枝しないか，雄では枝を打つことがある．花被片は 6 枚で水平に開く．雄花は 6 個の雄しべ，雌花は 3 室の下位子房を持つ．さく果は 3 枚の翼があって長さ 15 mm 位，広倒卵形体で下垂した穂軸につき上を向いている．種子には周囲に翼がある．〔日本名〕全形が少しカエデの葉に似ているので，カエデドコロの名がある．

336. キクバドコロ（モミジドコロ）　〔ヤマノイモ科〕

Dioscorea septemloba Thunb.

本州（福島県以南）から九州の山野に生えるつる性の多年生草本で，茎は長くのびるが一年生である．肥厚した根茎は横たわる．茎は円柱形で，質は割に柔らかく緑紫色を帯びている．葉は長柄を持って互生し，大形で 5～7 深裂する．葉身の大きなものは長さ 15 cm に達し，先端は鋭く尖り，基部は深く彎入し，ふちは細かい波状を呈し，乾くと黒褐色になる．雌雄異株．夏に葉腋に花序を出して淡緑紫色で無柄の単性花をつける．雄花序は多く分枝し，雌花序は単一で下垂する．雌花雄花共に 6 花被片がある．雄花には雄しべが 6 個ある．さく果は大きく 3 枚の翼があり，下垂した穂軸に上向きについていて，長さ 2 cm 位．種子には薄い円形の翼がある．〔日本名〕菊葉ドコロは，葉の分裂する状態に基づいてつけられた．カエデドコロと似ているが，葉の裂片が尖ってやせており，ふちは縮れていること，雄花に柄がないことなどで区別ができる．

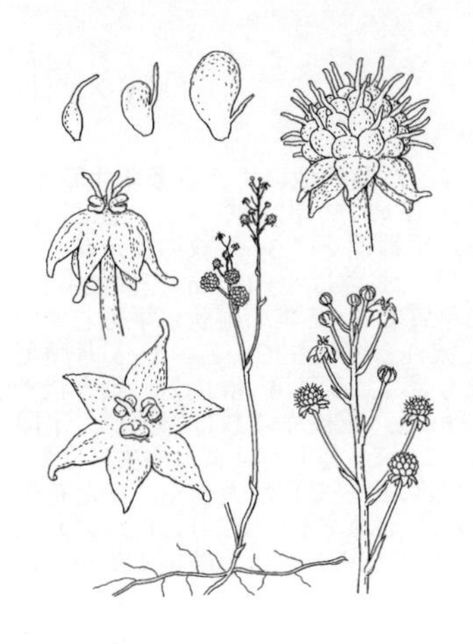

337. ホンゴウソウ 〔ホンゴウソウ科〕

Sciaphila nana Blume

（*S. japonica* Makino ; *Andruris japonicus* (Makino) Giesen）

宮城，新潟，栃木各県にも発見され，千葉県以西の林下に生える多年生菌根植物．東南アジアに点在する．全体は紅紫色から黒紫色．根は白色で細かい側根がある．植物体は地中の繊弱な白色の地下茎から出て，直立し，高さ 4～10 cm，まばらに鱗片葉をつけ，総状花序を頂生する．7～10 月に開花する．花柄の基部に小形の苞がある．雄花は上方につき径 2 mm 位，有柄で，花後離脱落下する．花被の裂片は薄質で，敷石状に接し，裂片はふつう 6 個，交互に広狭の披針形をなし，狭い方の裂片の先端は棍棒状またはやや球状にふくらんでいる．雄しべは 3 個，花托の中心に狭い方の裂片と相対し，葯は横長で外側で横方に開裂して花粉を出す．花糸は極めて短く，葯隔は円柱状，鈍頭で，葯の内方からやや直立する．雌花には 6 個の花被片があり，突出した花托に多数の心皮をつける．心皮の先端は尾状の柱頭をなし，心皮の成長後はその基部よりわずかに上方の側面に位置する．〔日本名〕三重県楠町（四日市市に編入）本郷で発見されたのでこの名がある．

338. ウエマツソウ（トキヒサソウ） 〔ホンゴウソウ科〕

Sciaphila secundiflora Thwaites ex Benth.

（*S. tosaensis* Makino ; *S. boninensis* Tuyama）

暖地の林下の落葉中に生える多年生無葉の菌根植物．全体に紅紫色を帯び，地下部は白色，細かい側根のある根を水平に広げる．花茎はふつう分枝せず直立し，やや角ばり，高さ数 cm から，南方では 20 cm 以上に達することもあり，頂の総状花序の上方には雄花，下方には雌花をつける．花茎上にも短い花柄の基部にも鱗片状の苞がある．花は数個～20 数個つき，帯紫紅色，径 5～7 mm ほど．雄花には 6 個の披針形，尾端に終わる裂片があり，互に敷石状に配列する．雄しべは 3 個，葯は極めて短い柄があり，横方向に長楕円体で，外方で裂開する．雌花ははじめ上向きまたは横向きに開花し，後に下向きになる．花被片は 6 個またはより多数あり，花の中心から突出した花托の周囲に密集している．柱頭は棍棒状で心皮の基部側方につき，子房は倒卵形体円頭．本州の新潟県，静岡県以西に点々と発見され，伊豆諸島，小笠原，琉球から東南アジア，スリランカにも分布する．〔日本名〕時久芳馬が高知で初めて発見し，次いで植松栄次郎が牧野に標本を送ったのでこの名がある．

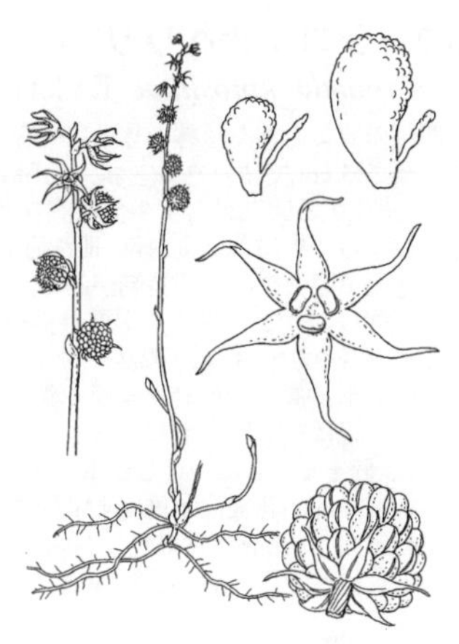

339. ビャクブ（ツルビャクブ） 〔ビャクブ科〕

Stemona japonica (Blume) Miq.

江戸時代に渡来した中国原産の多年生草本でもと薬用植物として栽培したが今は少ない．根茎は短小で，根は多数あって，クサスギカズラのように紡錘形に肥厚する．茎は直立して上部は他のものに巻きつく．葉は 3～4 枚ずつ輪生し，細い柄があって開出する．葉身は葉柄より長く，長さ 4.5～6 cm，卵状の広楕円形で先端は尾状に鋭尖し，基部は円形または広いくさび形で，ふちは多少波打ち，質は厚くて深緑色，5 行脈が平行している．7 月頃葉腋に 1～2 花ずつ開く．花柄は細く茎の上部に出るものでは葉柄と合着している．花被片 4 枚は半開し長さは 12 mm 位，淡緑色で披針形．雄しべ 4 個は中央に集まり紫色を帯び葯隔の先には長い附属物がある．根を薬用にする．〔日本名〕漢名の字音から来ている．〔漢名〕百部.

340. タチビャクブ 〔ビャクブ科〕

Stemona sessilifolia (Miq.) Miq.

中国原産で時に栽植される多年生草本．根は紡錘形，多肉で根茎から多数下垂することはビャクブと同じである．茎は直立してつる性とならず，高さ 30～40 cm，無毛で稜がある．葉は 3～4 枚輪生し，下部では往々 5 枚輪生し，段を作る．短い柄があって倒卵形で長さ 3～4.5 cm，先端は急に鋭尖し，基部はゆるく鋭尖し，質は厚く 3 行脈が縦走する．6～7 月頃中ほどの葉腋に 1～2 個の淡緑色の花が開く．花は葉の上に横たわり葉よりもはるかに短く，細い柄の下半分は葉と合着する．花被片は 4 枚，上向きで鐘形に開き，中に雄しべ 4 個が並んで立ち，紫緑色多肉の葯隔附属物は互いに接していて目立つ．江戸時代に渡来したもの．〔日本名〕つるにならず立性の「ビャクブ」の意味である．

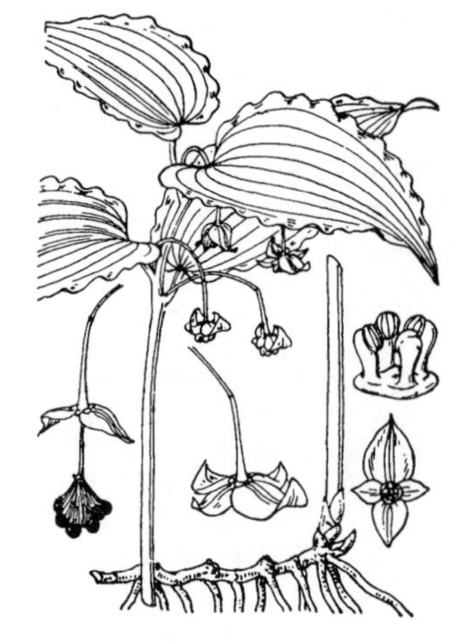

341. ナベワリ　〔ビャクブ科〕

Croomia heterosepala (Baker) Okuyama

本州（関東以南），四国，九州の山中の暗い湿った傾斜地に生える多年生草本．根茎は横にはって節が多く，大きいひも状の根を下の方へ出している．茎は真直に 1 本立ち，草質で円柱形，高さは 30〜50 cm，頂端近くに 3〜5 枚の葉が互生して多少曲がっている．葉には柄があり，卵状楕円形で長さは 8〜14 cm，先は鋭尖し，基部は浅い心臓形か多少切形で，淡緑色をした草質で 5〜7 本の縦脈が平行している所はハンゲショウに似ている．ふちは細かく波うって縮れている．4〜5 月頃葉腋に花が 1 つ出て垂れ下がる．花柄は葉柄よりも長く，長さ 4 cm 内外，細糸状で彎曲し，中部に小形の苞葉が 1 枚ある．花は淡緑色．花被片 4 枚は卵円形，平開して十字形に並び，1 枚は特に大形で長さは 1 cm になる．雄しべ 4 個は中央に立ち，花糸は太く葯は黄赤色をしている．ヒメナベワリに比べて花が大きく，また花被片のうち 1 枚が特に大きいことなどで区別できる．〔日本名〕ナベワリは「なめわり」（舐め割り）という意味で，この葉には毒があるのでなめると舌が破裂するからだという．毒草である．

342. シコクナベワリ　〔ビャクブ科〕

Croomia kinoshitae Kadota

四国の照葉樹林や杉林の林床に生育する多年生草本で高さ 40〜58 cm．根茎は地下を横走し，長さ 5 cm でネックレス状，節間は 3〜5（〜18）mm，根は糸状，多肉質，直径 2〜2.5 mm，束生する．茎は，下半分は直立し，上半分は垂れ下がり，下方 2/3 は紫色，無毛，浅く分枝する．根出葉は黄白色，長さ約 1 cm，卵状楕円形，膜質，鱗状．下部の茎葉は淡黄白色，やや透明で膜質，鱗状，葉鞘がある．上部の茎葉は 4〜7 枚，茎の上部で互生し，葉身は膜質，葉縁はわずかに厚く，上面は淡緑色，下面は淡青緑色で光沢があり，卵状楕円形から狭卵形，長さ 7〜14 cm，幅 2.5〜7.5 cm，5〜7 本の脈があり，先端は鋭尖形，基部は切形から浅い心形，あるいは時々楔形，鋸歯縁，葉柄は長さ 1.5〜2.5 cm，無毛，茎を抱き，耳状となり，縁は短く延下する．花は 5 月から 7 月に開花し，直径 8〜16 mm，腋生，集散花序に 2〜3 個をまばらにつけるか単生する．花柄は 3〜5 cm，無毛，苞葉は小形の披針形で膜質，長さ 1〜2 mm．花被片 4 枚は十字状につき，形も大きさもほとんど等しい広卵形，長さ 5〜8 mm，幅 3〜5 mm，黄緑色，鋭頭，乳頭状突起があり，果時にも宿存する．雄蕊は 4 本，花糸は黄緑色で円筒形，長さ 1 mm，直径約 1 mm，わずかに内側に湾曲し乳頭状突起がある．

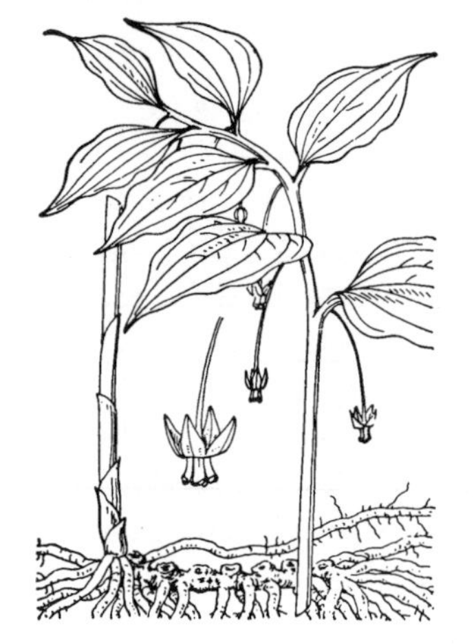

343. ヒメナベワリ　〔ビャクブ科〕

Croomia japonica Miq.

本州（中国地方），九州および奄美諸島の山地林下に産する多年生草本で，最近中国大陸からも報告された．根茎は太く地下を横走し，節間は短い．茎は高さ 20〜50 cm，下部は 3〜5 個の鞘状の葉に包まれている．葉は左右に開いてつき，長卵形で先は尖り，基部は円いが浅い心臓形で柄があり，長さ 5〜16 cm，幅 2〜8 cm，ふちは少し波をうち，5〜9 脈がある．4〜6 月，葉腋から細長い柄のある花序を出し，1〜4 花が垂れ下がって開く．花柄は長さ 4〜7 mm，基部に関節がある．花は淡緑色で径 7〜10 mm．花被片は 4 枚で十字状につくが少し後へ反り返り卵形で，内片は少し外片より幅が広くまた大きく，ともに内面に細かい乳頭状の突起がある．雄しべは 4 本で長さ 2〜3 mm，葯は橙黄色．ナベワリに比べて南日本のみに分布し，葉は数が多く光沢があるが，花はかえって小さく，花被片は後へ反り返り，その外花被片は 2 枚ともほぼ同じ大きさである．また雄しべは高く突き出て見えるなどの諸点で区別される．この属は北米の東部に近縁の一種があって，東アジアと北アメリカにのみ分布する特殊属の一つである．

344. ツルアダン　〔タコノキ科〕

Freycinetia formosana Hemsl.

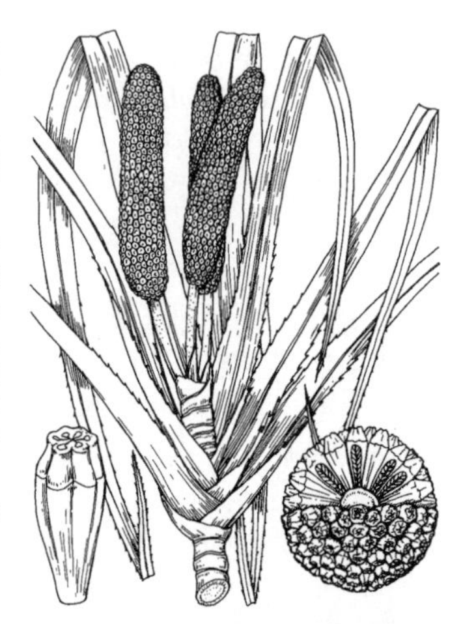

長くのびるつる状の低木で，節ごとに気根を出し樹木や崖をよじのぼる．大きなものでは主幹の長さは 10 m 以上となる．茎は径 3 cm ほどあり，落葉痕が輪のように目立つ．よく分枝し，葉は枝の先端近くに 3 列に生じ，束をなす．葉は長さ 50〜80 cm で線状披針形，質は硬く，先端は鋭く尖り，ふちには鋭いとげが並ぶ．特に下半部のふちと中央脈上にこのとげが著しい．葉の基部は葉鞘をつくって茎を抱く．雌雄異株．初夏に枝の先端の葉の束の中心から長い軸をもった肉穂花序を，散形に数本出す．花序の基部には淡黄色で葉状の苞があり，肉穂花序には無数の小花が並ぶ．雌雄異株．個々の花に花被はなく，雄花には多数の黄白色の雄しべが，また雌花には 1 個の雌しべがある．果実は花序ごとに太い円柱形の集合果となり，褐色で小球形の液果がぎっしりと並んで太い棒状をなす．八重山諸島に分布する．〔日本名〕アダンに似てつる状であることに基づく．〔追記〕小笠原諸島には本種とよく似たツルダコ *F. boninensis* Nakai があり，葉や苞がツルアダンよりやや大きく，集合果が赤色に熟す．

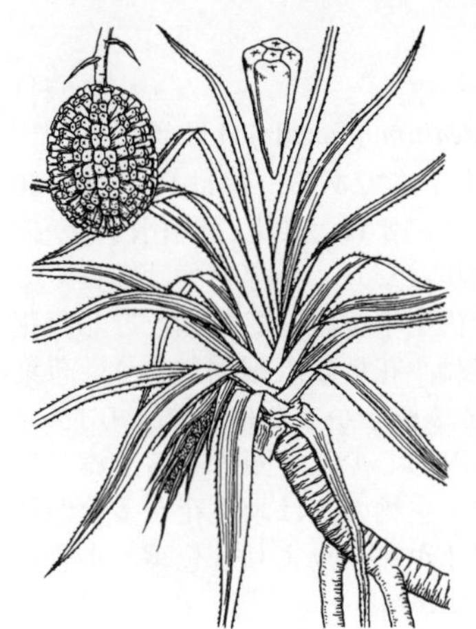

345. アダン　〔タコノキ科〕

Pandanus odoratissimus L.f.

熱帯アジアから台湾，さらに熱帯，亜熱帯の太平洋諸島の海岸近くや崖に広く分布する常緑の高木．日本では琉球列島のほぼ全島に自生が見られる．高さ3〜5 mになり上半部でよく分枝する．枝や幹には落葉痕がリング状に並び，多数の支柱根が長く垂れる．葉は硬く線状披針形で長さ1〜1.5 m，先端は鋭く尖りとげ状になる．葉の配列は3列生だが，枝の先端近くにらせん状に集まり，束をなす．ふちには鋭いとげが並び，中央脈の下半部にもこのとげが上向きにつく．雌雄異株．初夏に葉束の中心から黄白色の大きな苞に包まれた雄花序をのばし，やや下垂する．花序の長さは約50 cmで太い肉穂をなし，花被のない小花（雄花）が密に並ぶ．花には芳香がある．雌花序はパイナップルを想わせる松笠状の頭状花序で枝の先端につく．熟すと子どもの頭位の集合果となり，数十個の核果が集まる．個々の核果は多角錐状で橙赤色に熟し，集合果はバラバラに分解して落ちる．核果は厚いパルプ質に包まれ，中心に2〜3個の核がある．島によっては葉にまったくとげのない品種もあり，これをトゲナシアダンと呼ぶ．〔日本名〕アダンの意味は不明．〔漢名〕林投．

346. タコノキ　〔タコノキ科〕

Pandanus boninensis Warb.

小笠原諸島に特産の常緑樹で幹は5〜10 m位の高さであり，下部に多数の太い気根がある．葉は幹の頂上に密生して繁茂し，上部に行くほど細長く尖り，葉のふちには鋭く硬いきょ歯があり長さは120 cm，幅7 cmほどある．雌雄異株で，夏に開花し，雄花序は無数の細かい黄色い花が密集し，円柱状をなし苞葉の腋に生じそれ等が幾つも集まって枝先に1つの花序を形成している．雌花は多数集合して卵形の肉穂花序をなし，緑色の鋭く長い多数の苞葉に包まれて，成熟すると巨大な球状の集合果になり垂れ下がる．果実は長さ8 cmほどあり，老熟すると下部は黄色になりその上部は赤黄色に変じ，個々に離れて散落する．〔日本名〕タコノキは蛸の木の意味で気根がタコの脚腕の様であるからといわれる．〔漢名〕露兜樹はこの類の総称である．

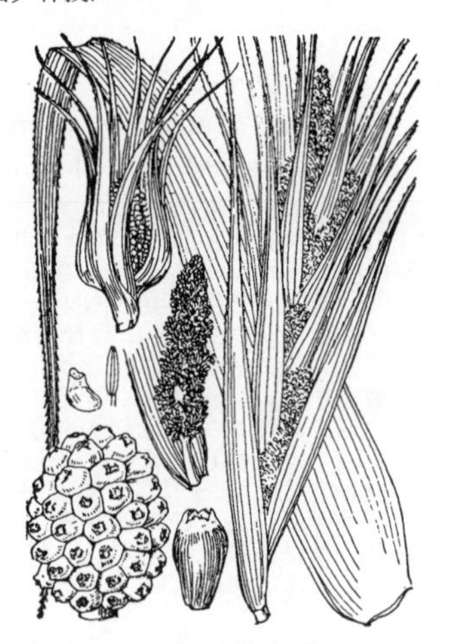

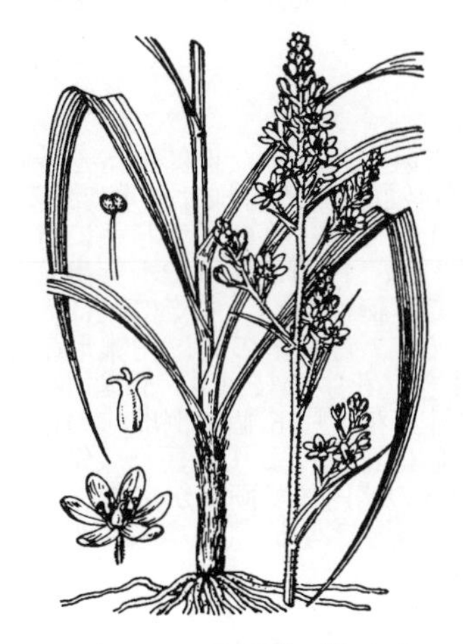

347. シュロソウ　〔シュロソウ科〕

Veratrum maackii Regel var. ***reymondianum*** (O.Loes.) H.Hara

本州（関東から近畿）の山地の林下に生える多年生草本．根茎は短く斜めに出て，下の方からひげ根を出し，外側は茎の基部とともに葉鞘が腐って残った黒褐色の繊維が重なってシュロの毛のようにおおわれている．茎は直立し質は堅くてかすかに縦条があり，高さは60 cm内外ある．葉は茎の下部に3〜4枚が互生し，細長い披針形で長さは20〜30 cm，先は少し尖り，基部は狭く，短い葉鞘に続き，多少反り返り低い縦ひだがある．上部の葉は線形となる．7〜8月頃茎の先に円錐形の複総状花序をつけ黒紫色の花を開く．花軸はざらついており，下部は雄花，中部以上は両性花である．花径は1 cm内外で花柄は披針形の苞葉より長い．花被片6枚は平開し，長楕円形で鈍頭である．雄しべ6個は中央に立って花被片の半分の長さ．子房は卵形体で3浅裂し，柱頭は3裂して反り返っている．さく果は長さ1 cm，楕円体で縦に長い3部分の集合からなり先端に柱頭が3本水平に向いて残っている．有毒植物である．〔日本名〕シュロソウは古い葉鞘がシュロの毛状なので名付けられた．〔追記〕オオシュロソウ var. *japonicum* (Baker) T. Shimizu は北海道と東北地方に産し，葉が楕円形で幅広い．

348. ヒロハアオヤギソウ（アオヤギソウ）　〔シュロソウ科〕

Veratrum maackii Regel var. ***parviflorum*** (Maxim. ex Miq.) H.Hara

本州中部以北の山地の林下に生える多年生草本で，北はオオシュロソウ，南はシュロソウの分布域に接し，これらとは花が緑色の点で区別されるが，分布の接する所では花に紫のぼかしがある中間型がしばしば観察される．根茎は短く，黒褐色のシュロの毛状の繊維におおわれている．茎は直立し，円柱形，長さ50〜70 cmで下部は互いに接して2〜3葉がある．葉は狭い長楕円形，先端は長鋭尖形，基部は漸尖形で柄があり短い葉鞘状をしている．色は緑で平行脈があり縦ひだがあって両面とも毛はない．7〜8月頃茎の先に複総状花序が出て緑色の花をつける．花軸には短毛があってひどくざらつく，花は径1 cm内外で花被片6枚は平開し，狭い長楕円形をして尖っており緑色かまたは淡紫がかっている．さく果は楕円体，3本の縦溝があって先は3つに分かれて尖る．有毒植物である．〔日本名〕広葉青柳草の意味で青は花の色で，柳は葉状をいったものである．〔追記〕本植物は一般にアオヤギソウと呼ばれているが，本来のアオヤギソウは西日本に見られるより葉の細長い植物であるので広葉の語をつけた．

349. タカネアオヤギソウ

〔シュロソウ科〕

Veratrum maackii Regel var. ***longibracteatum*** (Takeda) H.Hara

本州北中部の高山草地に生える多年生草本である．茎は高さ 20～60 cm，基部は前年の葉の繊維に包まれている．葉は互生し，長楕円形か披針形で先は長く尖り，基部は細まって柄状となり，上部の葉は細長くて小さい．7～8 月頃，長さ 7～20 cm の総状花序を出して黄緑色をした花が開き，下部は少数の枝に分かれる．花軸，花柄にも細毛があり，苞葉は線状披針形で長く，小苞葉も花柄と同じ長さかまたはそれより長い．花は径 1 cm 内外．花被片は 6 枚，長楕円形で少し鈍頭である．雄しべは 6 本，花被片よりずっと短い．3 心皮．主軸の花は両性花が多いが枝先のものは雄花になる．前図のヒロハアオヤギソウよりも苞葉，小苞葉が細長いので区別される高山に分化した型である．

350. バイケイソウ

〔シュロソウ科〕

Veratrum oxysepalum Turcz.（*V. album* L. subsp. *oxysepalum* (Turcz.) Hultén ; *V. grandiflorum* (Maxim. ex Miq.) O.Loes.）

北海道，本州の深山の林下の湿った所に生える多年生草本．全草粗剛で高さ 1～1.5 m ある．根茎は短大で横たわり，粗大な根を出す．茎は直立し，管状で中空，下部は径 2 cm になり紫色を帯びる．全長にわたって大形の葉をまばらに互生する．葉は広い楕円形で長さ 30 cm 内外，先端は短鋭尖頭で基部に向かって鈍くまたは狭くなり葉鞘に続いている．縦ひだが多数あり，下面にだけ短い軟毛がある．7 月に入って茎の先に円錐形の複総状花序を出し，花軸には短毛がある．花柄は花被片や苞葉より短い．花は白く臭気があり，径 2.5 cm 内外で広い漏斗形，花被片 6 個は楕円形で両端が尖り緑線があり，上半部のふちには毛のようなきょ歯のあるものが多い．雄しべ 6 個は長さが花被の半分くらい．さく果は卵状の楕円体で長さ 2 cm，褐紫色をして 8 月に入ると熟して中軸で 3 裂する．全体が有毒であり，特に根茎には猛毒があるので殺虫薬につかう．〔日本名〕梅蕙草の意味で花は白梅の感があり，葉は蕙蘭（本来はシンビデュームの類だがここではシランの意味に使われていた）に似ていることから来ている．〔漢名〕蒜藜蘆を使うがこれは妥当でない．

351. コバイケイソウ

〔シュロソウ科〕

Veratrum stamineum Maxim.

本州の中部以北の高山帯の日当たりのよい少し湿った地に生える多年生草本である．葉は緑で白い花をつけ，多数群生する有様は見事である．根茎は短く，茎は強壮で直立し，高さは 0.5～1 m．葉は互生し茎に対して斜めにつき，広い楕円形で長さは 8～17 cm，円頭で先はやや突出して下向きに凹むように曲がり，基部は鈍くて葉柄はなく，すぐに鞘に続いており，上面には縦ひだが多数走っている．7 月頃茎の先に円錐形の複総状花序をつけてたくさんの白い花を開き，花序の枝は 4～5 本．花軸には多くの短毛がある．花は径 8 mm 内外，花被片 6 個は倒卵状の楕円形で先が少し狭くなっている．雄しべ 6 個は花被片よりも長く，先端に点状の葯がある．さく果は長さ 2.5 cm 内外の楕円体で両端が尖り 3 部分からなり，先端は少し 3 裂している．有毒植物である．〔日本名〕小形のバイケイソウの意味である．

352. ショウジョウバカマ

〔シュロソウ科〕

Heloniopsis orientalis (Thunb.) Tanaka

（*Helonias orientalis* (Thunb.) N.Tanaka）

北海道から九州の山地の少し多湿な所に生える常緑多年生草本．根茎は短く直立している．葉は地表に広がってロゼット状，倒披針形で長さ 5～18 cm で鋭尖頭，基部は次第に狭くなり，少し革質で平滑，老葉の先端からは時に新しい苗を出す．春に新葉の出る前に 1 本の花茎が葉の集まりより 5～17 cm 位に高く立ち，花軸は円柱形で葉はなく中部以下では鱗片葉を数個つける．花は茎頂に散房状につき，淡紅から濃紫色までいろいろあり，広鐘形．花被片は 6 枚，線状倒披針形で長さ 1 cm 内外，扁平で質は厚い．雄しべは 6 個で花糸は長く，長さは花被片より長い．花がすむと花茎はのびて 30～40 cm になり，同時に花被片はそのまま色があせ，うすよごれた黄緑色または白化したまま残る．子房は球形だがさく果になると 3 つの突起状になり，胞間裂開をして中から両端が長く尖った細い糸のような種子がこぼれ出る．〔日本名〕猩々袴であるがその意味ははっきりしない．紅紫色の花を猩々の赤い顔にたとえ，下に敷きつめた葉を，それの袴（はかま）に見立てたのか．葉が霜に当たって紅紫色に近い色になるためかも知れない．

353. シライトソウ　〔シュロソウ科〕

Chionographis japonica Maxim.

本州から九州の山地や木陰に生える多年生草本である．根茎は短く，やや直立し，古い葉柄の基部の繊維におおわれている．葉は根生したロゼット状で地表に広がり，長楕円形，柄があり，長さ 4〜7 cm，先端は鋭尖，基部は鈍形または狭くなり，草質で毛は無く，ふちは多くは縮れた波状をしている．5 月頃葉の集まりの中心から 1 本の花茎が出て高さは 20〜35 cm になり，直立して角ばり，線状披針形で柄のない小形の葉を沢山つける．頂上に穂状花序がつき，花は白色で美しい．花被片は 6 枚，その内の上側の 4 枚は他の 2 枚よりはるかに長く，長さ 1 cm 位の糸状で，真直で放射状につく，短い方の 2 枚は極めて短く時には消失する．雄しべ 6 個も極めて短い．子房は球形をして 1 個あり，柱頭は 3 つに分かれている．さく果は長さ 3 mm 位の楕円体で胞間裂開をする．〔日本名〕白糸草は細くて白い花被がついた花の様子を巧みに表現した名である．〔追記〕紀伊半島，四国，および屋久島に産するチャボシライトソウ *C. koidzumiana* Ohwi は小形であり，花被片は糸のように細いことがふつうで，また時に紫色を帯びるものもある．

354. ツクバネソウ　〔シュロソウ科〕

Paris tetraphylla A.Gray

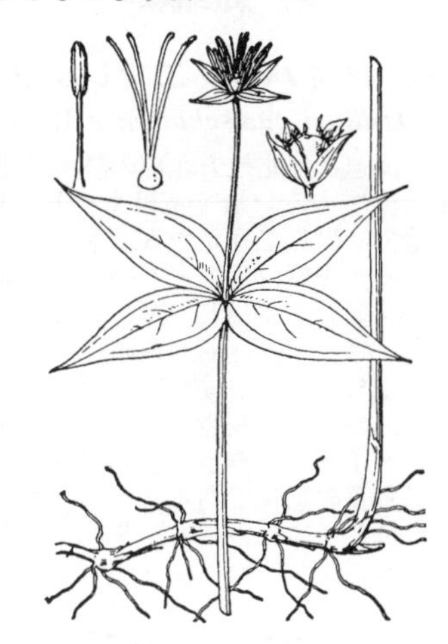

北海道から九州のやや深い山林内に生える多年生草本．地下茎は細長く白色で横にはって節が多く，先端から緑色円柱形の茎を 1 本出して直立する．茎の高さは 13〜40 cm 位になる．葉は茎の上端に 4 個(時に 5 個)輪生して葉柄はなく，広楕円形または長楕円状披針形で先端は尖り 3 主脈がある．5〜6 月頃茎頂に直立した花柄を 1 本出し，先に淡黄緑色の花を上向きに 1 個つける．外花被片は 4 個で長さ 1〜2 cm，披針形，内花被片は無い．雄しべは 8 個で花糸は長く線形で長い葯がある．葯隔は葯の上に突出しない．子房は球形で雄しべより長い線形の 4 花柱がある．花後球形の液果を結び熟して紫黒色となり宿存した花被片を伴っている．〔日本名〕衝羽根草は宿存する 4 枚の花被片を伴った球形の果実を正月に遊ぶ羽根つきの羽根にたとえたものである．

355. クルマバツクバネソウ　〔シュロソウ科〕

Paris verticillata M.Bieb.

朝鮮半島，中国，極東ロシア，シベリアおよび北海道から九州のやや深い山中の林内に生える多年草．地下茎は横にのび，先端から緑色の茎を 1 本真直に出し，高さは 30 cm 位である．葉はほとんど柄が無く，茎の先に 6〜8 枚輪生し，長楕円状倒披針形をして先端は尖り，下部は次第に狭くなっている．夏に茎頂に直立した 1 本の花柄を出し柄の先に淡黄緑色の 1 花をつける．外花被片は 4 枚で長さ 3〜4 cm の広披針形，先端は次第に鋭尖形をしている．内花被片 4 枚は線形，外花被片より短くしかもその間から外側に下垂しているので見落し易い．雄しべ 8 個は線形で，長い葯をつけ，葯隔は葯上に長く出ている．花柱は 4 個で短い．花後紫黒色の球形の液果を結ぶ．〔日本名〕ツクバネソウの 4 葉に比べて，車葉になっていることを示す．

356. エンレイソウ（タチアオイ）　〔シュロソウ科〕

Trillium apetalon Makino（*T. smallii* auct. non Maxim.）

北海道から九州の丘陵から深山にかけての林内に生える多年生草本．地下茎は短大で直下している．茎は 1〜3 本出て単一で分枝せず，基部は褐色の膜質の鱗片葉で囲まれており，高さは 15〜40 cm，先に無柄の 3 枚の葉を輪生している．葉は広卵円形で長さ 10〜15 cm．先端は尖り 3〜5 脈がある．5〜6 月頃その茎頂に直立した花柄を 1 本出し，帯紫色の花を横向きに開く．花被片はがく片に相当する 3 枚だけで花弁に相当する他の 3 枚はない．雄しべは 6 個あり，葯は細長く内側に向いている．子房は幅広く球形，3 室で，花柱は 3 本でごく短い．液果は球形，熟したときの色は緑色，紫黒色または緑紫色などと，株によって一様ではない．有毒植物の一つ．〔日本名〕延齢草または立葵の意味であって倭漢三才図会にはエンレイソウと出ている．延齢草は漢名ではなく比較的新しい名で，語源がよくわからないが，アイヌ語名エマウリの転訛とする説もある．タチアオイは葉形と花形とをアオイ，すなわちフタバアオイに比較し，それよりも丈高く立上がるからであろう．この属は染色体数が少なく，染色体も大きいことから核型解析のよい研究材料である．

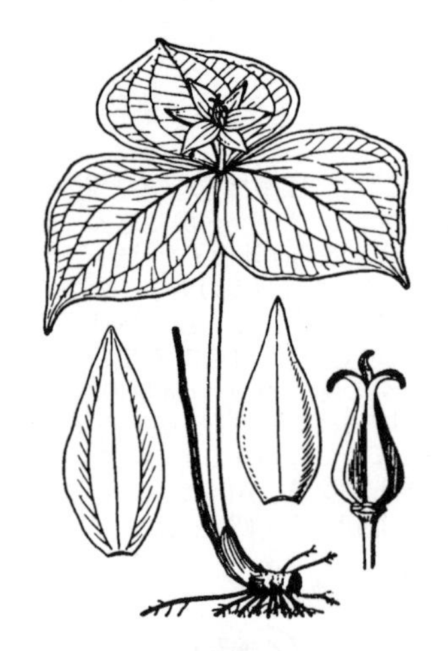

357. ミヤマエンレイソウ（シロバナエンレイソウ）　〔シュロソウ科〕

Trillium tschonoskii Maxim.

北海道から九州の山地に生える多年生草本で，関東以西では前種よりも高所に多い傾向がある．地下茎は太く短く直下している．茎は地下茎から 1～3 本出て直立し，高さ 20～35 cm 位，基部は鱗片葉に包まれ，先に 3 枚の葉を輪生する．葉は無柄で広卵形，大きいものは長さ 15 cm，幅 17 cm になり，先端は尖り 3～5 の主脈と網状の脈がある．5 月頃茎頂に直立した茎を 1 本出し，柄の端に花を横向きに 1 個つける．がくに当たる外花被片 3 枚は緑色で披針形，長さは 2～2.5 cm 位ある．花弁に当たる内花被片 3 枚は白色時に淡黄色を帯び外花被片より幅広く外花被片とともに先端が鋭尖形をしている．雄しべ 6 個の花糸は扁平で短く，葯はそれより長いが 8 mm を超えない．液果は卵状球形で緑色である．ごくまれに花弁が紫色を帯びる株があり，ムラサキエンレイソウ f. *violaceum* Makino という．

358. オオバナノエンレイソウ　〔シュロソウ科〕

Trillium camschatcense Ker Gawl.（*T. kamtschaticum* Pall. ex Miyabe）

北海道と東北地方北部の林下に生える多年生草本でサハリンやカムチャツカにも分布する．地下茎は太く短く直下し，その頂部に高さ 15～40 cm 位の茎を地上に出して直立する．茎の先に 3 枚の葉柄の無い葉を輪生し，広卵形で横に長く，先端は尖り，3～5 条の主脈と網状脈がある．5～6 月頃，茎頂に直立した花柄を 1 本出し，柄の先に可愛いい花を 1 個つける．がくである外花被片 3 枚は緑色で披針形，鈍頭で，花弁に当たる内花被片 3 枚は白色で広楕円形，長さ 2.5～4.5 cm，鈍頭で外花被片よりもはるかに大きく長い．雄しべは 6 個あり，葯は長く長さ 10～15 mm，花糸ははるかに短くて長さ 3～5 mm に過ぎない．子房は円錐形，花柱は 3 個で短い．液果は球形である．〔日本名〕大花の延齢草の意味である．ミヤマエンレイソウと似ているが雄しべの葯が花糸よりもはるかに長いこと，花被片が内外共に先端の尖り方が鈍形であることで区別できる．

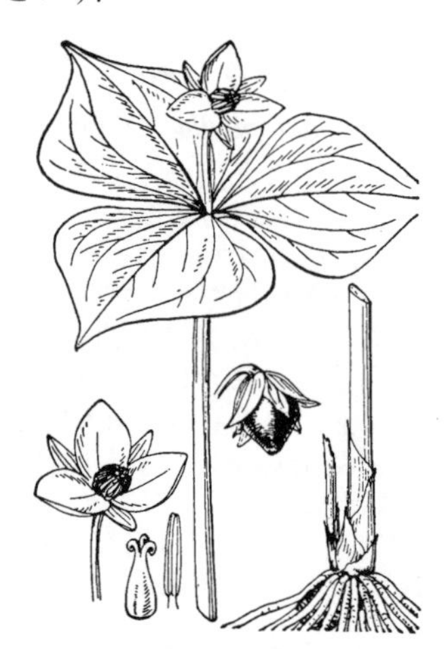

359. キヌガサソウ（ハナガサソウ）　〔シュロソウ科〕

Kinugasa japonica (Franch. et Sav.) Tatew. et C.Suto（*Paris japonica* Franch. et Sav.；*Trillium japonicum* (Franch. et Sav.) Matsum.）

本州中北部の主に日本海側の高山に生える多年生草本．地下茎は太く横にのび，径 1.5～2 cm あり，その先端から 70 cm 位の太い茎を 1 本出す．茎は直立し，少し太く無毛または葉の下面と共に軟毛がある．葉は 7～11 枚で多くは 8 枚，倒卵状披針形で長さ 20～30 cm，幅 3～8 cm あって茎頂に輪生して開出し，大きな傘状をしている．夏に茎頂に茎よりも細い花柄を 1 本出して直立し，先にはなはだ美しい帯黄白色の花を 1 個開く．花はあとで淡紅を帯びさらに淡緑色となる．外花被片は 7～9 枚で，同形，白色，平開し，披針形または長楕円形で 3～5 cm の長さがあり，両端は狭くなって末端は尖っている．同数の内花被片は縮小して線形の細片となる．雄しべは 2 列で，花被片と同数である．子房は球形，花柱は 8～10 個で短い．液果は卵球形で緑色．後に暗紫色に熟し，甘くなる．〔日本名〕衣笠草並びに花笠草は豊かに放射状に展開した葉状を奈良時代に高貴の人にさしかけた衣笠に見立てたものである．

360. チゴユリ　〔イヌサフラン科〕

Disporum smilacinum A.Gray

北海道から九州の丘陵地林中に生える多年生草本．地下茎は横走し，匍匐枝を出す．茎は高さ 15～40 cm で単一であるが，まれに分枝し，多少ジグザグに曲がり，下部は膜質の鞘状葉に包まれている．葉は互生し，卵状長楕円形で先端は尖り，基部は円く，短い葉柄があり質は薄い．4～5 月頃，茎の先に 1～2 個の花をつける．花被片は 6 枚でほぼ平開し，白色で同形，長さ 15 mm ほどで披針形，先端は鋭尖形，基部は円い．雄しべは 6 本で花被片の基部につき，花糸は長い．葯は線形で黄色，花糸の 1/2 の長さである．花柱は子房の 2 倍長い．子房は上位，倒卵形体で 3 室に分かれている．花後に球形の小さな果実を結び，熟して黒くなる．〔日本名〕稚児百合はその可憐で小形の花に基づいて名付けたものである．〔追記〕本州中北部，特に長野県周辺の山地にはオオチゴユリ *D. viridescens* (Maxim.) Nakai を産する．一見した所はチゴユリの大形のものが枝を数個打ったのに過ぎないように見えるが，花被片はうすく緑色を帯びており質も厚味があり，葯は花糸と同じ長さ，子房は球形で花柱とほぼ同長である点で明瞭な種であって，日本海をへだてて朝鮮半島からウスリーにかけて分布しており，シャジクソウやツキヌキソウなどと分布のタイプが同じものである．

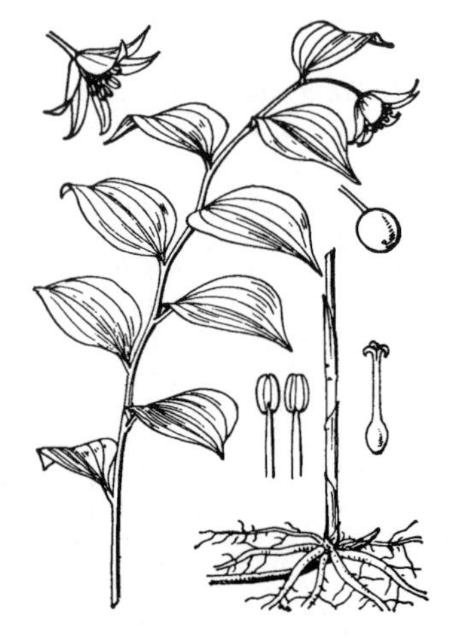

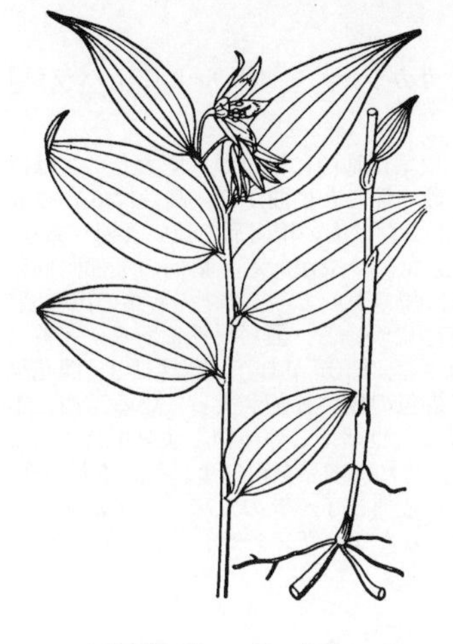

361. キバナチゴユリ　〔イヌサフラン科〕

Disporum lutescens (Maxim.) Koidz.

四国，九州および和歌山県の山地に生える多年生草本．茎は単一で高さ20 cm 内外，下部には鞘状の葉がある．葉にはごく短い柄があり互生し，下の葉は楕円形で長さ 3.5〜5 cm ある．上方のものは長楕円状披針形で先は少し尾状に長く尖り，長さ 7〜10 cm，幅 2〜3 cm，3〜5 の縦脈がある．春に茎の先に長さ 12〜18 mm の花柄を出して 1〜2 花をつける．花は下を向いて開き，淡黄色．花被片は 6 枚，披針形で長く尖り，長さ約 1.5 cm，幅約 3.5 mm あり，内面の下半部に乳頭状突起がある．雄しべは 6 本，花被の半分の長さで，葯は線形で花糸より短い．子房は広卵形体，花柱は上部で 3 裂する．液果は球形で黒く熟す．チゴユリに比べ，上部の葉は幅狭く長く尖り，花は淡黄色である．チゴユリから南日本に分化したものであろう．

362. ホウチャクソウ　〔イヌサフラン科〕

Disporum sessile D.Don ex Schult.

北海道から九州の丘陵の林中にふつうに生える多年生草本で高さは 30〜60 cm 位ある．根茎は小形で匍匐枝を出す．茎は直立し上方で分枝する．葉は長楕円形で先端は尖り，基部は円く柄はない．5 月頃，枝の端に短い柄のある 1〜3 花が下垂して開く．花被片は 6 枚，互いに接して筒状をなし平開せず，下部は白色で上部は緑色，長さ 3 cm 位の倒披針形で鋭頭または鈍頭，基部はふくらんで狭くなっている．雄しべ 6 本は花被よりも短く，雌しべは花被とほぼ同じ長さで，子房は上位，長球形で 3 室，花柱は無毛で 1.5 mm 位あり，先端で 3 本に分かれている．花後は球状の液果を結び黒く熟す．〔日本名〕宝鐸草の意味で下垂して狭鐘形をしている花の姿を寺院の軒や五重塔などの軒に下がっている風鈴に似た宝鐸にたとえた．〔漢名〕淡竹花は中国産の別種である．本種は中国に産しない．近時，本種によく似て黄花で開花時に一層強く葉と花と枝端とが垂れているものが栽培される．これはキバナホウチャクソウ *D. uniflorum* Baker で中国大陸の原産である．

363. イヌサフラン　〔イヌサフラン科〕

Colchicum autumnale L.

ヨーロッパおよび北アフリカの野原に群生する多年生草本．種子からアルカロイドの一種コルヒチンをとるためまたは観賞のために栽培される．地下に径 4〜8 cm の単一または複合した卵形体の鱗茎があり，外皮は淡褐色，内部は白い．春から夏の間だけ，広線形の長さ 15〜20 cm，幅 3〜5 cm の葉を数個直立してつけ，先端は鋭尖形，下部は狭まって茎を抱いて互いに重なり合っている．9〜10 月頃，葉のない時期に長い花筒を地上につき出して数花を開く．子房は鱗茎内に残り，花筒は黄白色を帯び，円柱状で長さ 8〜15 cm，幅 3 mm 位ある．花被片 6 枚は淡紅紫色で，倒披針形か長楕円形，薄質で半開しており，雄しべ 6 個，葯は黄色．雌しべ 1 個，花柱は白色で先端は 3 つに分かれている．花の後で花柄がのびて地上に出て長さ 20 cm ほどになり，先端は長地上に出て長さ 3〜4 cm 位の楕円体のさく果を結び，翌夏に成熟して 3 縦裂し，甘い粘液に包まれた黒色球状の種子を出す．〔日本名〕サフランに似た花形であることからついた．コルヒチン（またはコルキシン）は染色体を倍加するのに効果のある薬品として有名である．

364. カラスキバサンキライ　〔サルトリイバラ科〕

Smilax bockii Warb.

（*Heterosmilax japonica* Kunth; *S. japonica* (Kunth) P.Li et C.X.Fu, non A.Gray）

屋久島以南から琉球にかけて生えるつる性の半低木．茎は円く緑色でとげがなく滑らかである．葉柄は長さ 1〜3 cm で，基部に近い両側には 2 本の長い巻ひげを出し他のものに巻きつく．葉は常緑，狭卵形で先は急に尖り基部は円形または心臓形で長さは 5〜15 cm，幅は 3〜11 cm，生時は厚味があるが乾くと洋紙質で滑らか，主脈は 5〜7 本あり，脈は下面に細かく隆起している．8〜10 月に葉腋から花序を出し，散形花序に花をつけ，花柄は細長く花はうつむく．花被はくっついて筒状になり，色は淡黄緑色で，長さは 3〜4 mm，先は短く 3 つに分かれる．雌雄異株．雄花には雄しべが 2〜4 本で基部はくっついていて，花被より短く，葯は卵形で小さい．雌花には雌しべが 1 本と退化して糸状になった雄しべがあり，柱頭は 3 個に分かれる．果実は球形で直径 8〜10 mm，黒く熟す．〔日本名〕一説に唐鋤葉のサンキライで，葉形がからすきの広い刃に似ていることから来たという．

365. サルトリイバラ（ガンタチイバラ，カカラ）　〔サルトリイバラ科〕

Smilax china L.

山野に生えていて木質のつるでよじのぼる低木．根茎は地中に横たわり肥大して質は硬く，不規則に曲がり，まばらにひげ根を出す．茎は硬く節ごとに曲がり，高さは 0.7〜2 m 以上になり，まばらにとげがある．葉は互生し，円形または広い楕円形で短い葉柄があり，3〜5 脈があり，細脈は網状となる．丈夫な革質で上面につやがある．葉柄の下部両側に沿着した托葉があって先が巻ひげになっていて他物に強くからまる．初夏の新葉の出る頃，葉腋に花序柄を出して，黄緑色の小花を多数散形花序につける．雌雄異株である．花被は 6 裂し，反転する．雄花には雄しべ 6 本，雌花には 3 室の子房があり，花柱は 3．開花後 7 mm 前後の美しい紅色の球形の実を結び中には黄褐色の硬い種子が入っている．西日本地方で葉をモチを包む時に使い．根茎は民間薬になる．世間でこの植物をサンキライ（山奇粮すなわち土茯苓）というのはまちがいであるが，時には本品を和のサンキライという．つまり日本産のサンキライの意味である．〔日本名〕猿捕リイバラの意味でトゲがあって猿(サル)がひっかかるという意味である．西日本ではカカラやガンタチイバラの名もある．〔漢名〕恐らく菝葜であろう．

366. ヤマガシュウ　〔サルトリイバラ科〕

Smilax sieboldii Miq.

本州，四国，九州の山地に生えていて木質のつるでよじのぼる．茎は細長く緑色で硬い稜があり，他のものにからみまたは彎曲して立ち，高さは 1〜2 m 以上になる．茎には大小不同の強いとげが直角に出ている．葉は落葉性で互生して柄があり，葉柄の基部の上部には左右に 1 対の巻ひげが出て他のものに巻きつく．葉は卵円形または卵状心臓形で長さは 3〜5 cm，先は急に鋭尖し，ふちは時々波打ち，上面は濃緑色，光沢に富んでいて時には黄斑がつく．葉脈は 3〜5 本あり，はっきりと見える．夏に葉腋から 1 本の柄を出し，柄の長さは葉柄より長く，その端には多数の花が散形花序につく．雌雄異株．花は黄緑色で広い鐘形をしていて，長さは 2〜3 mm．花被片は楕円形で 6 個，多少肉質．雄花には雄しべが 6 あり，雌花には子房が 1 個ある．小さな球状の液果を結び，黒く熟する．〔日本名〕ヤマガシュウは山地に生え，その葉は「何首烏」（タデ科のツルドクダミの漢名）の葉に似ているためか，またはヤマノイモ科のカシュウイモの葉に似ているかで，名をつけたものであろう．

367. ヒメカカラ　〔サルトリイバラ科〕

Smilax biflora Siebold ex Miq. var. ***biflora***

屋久島と奄美大島の山地に生える小さい落葉低木．茎は高さ 8〜30 cm，硬い木質でよく枝をうち時々ジグザグに曲がり，外側に向かっている鋭いとげがまばらにある．葉は小さく群がって互生し，1〜3 mm の短い葉柄は托葉とくっついて幅広く，その肩にごく短い針状の巻ひげがある．葉身はゆがんだ円形または卵形で前方は円く先端は急に尖り，長さ 3〜15 mm，幅は 3〜8 mm，革質で滑らかであり下面は白っぽく，主脈が 3 本ある．4 月に葉腋から細い葉柄を出し，1〜2 個の淡黄緑色の小花が咲く．雌雄異株．雄花の花被片は 6，長楕円形で長さ 2 mm 位，雄しべは花被片よりずっと短い．葯は長さ約 0.3 mm．果実は球形で直径 4〜5 mm，赤く熟する．〔日本名〕小形のカカラの意味で，カカラはサルトリイバラの九州方言である．

368. サルマメ　〔サルトリイバラ科〕

Smilax biflora Siebold ex Miq. var. ***trinervula*** (Miq.) Hatus. ex T.Koyama (*S. sarumame* Ohwi)

本州中部（主に長野県と東海地方）の山地に生える小さい落葉低木で，茎は高さ 10〜30 cm，直立し細く，少しジグザグで，全く滑らかまたは少数の短いとげがある．葉は楕円形で小さく長さは 4 cm 以下で主脈が 3 本ある．葉柄の基部には 2 本のごく短い巻ひげがあり長さは約 3 mm である．5 月に葉腋から花柄を出し 1〜4 個の花を散形状につけ，小さな苞葉は線状披針形で先は糸状に尖っている．花は淡黄緑色で直径は約 6 mm，花被片は 6．雌雄異株で，雄花の雄しべは 6，雌花には 3 岐した柱頭をもった雌しべが 1 ある．果実は球形で赤く熟する．サルトリイバラの小形のものに似ているが，茎はいつも丈が低く長いつる状になることがなく，とげも少なく，葉は楕円形で小さく，巻ひげも短く，花序は少数の花からなり，苞葉は細長いので区別ができる．〔日本名〕猿豆．小形の実をマメに見立てて，サルトリイバラに類するのでサルの字をつけたもの．

369. マルバサンキライ

〔サルトリイバラ科〕

Smilax stans Maxim.（*S. vaginata* Decne. var. *stans* (Maxim.) T.Koyama）

本州，四国，九州の深山に生える小さい落葉低木で，つるにならないで直立する．茎は高さ 50 cm 内外で硬く緑色で枝分かれし，とげはない．葉は互生し，葉柄は長さ 6～12 mm，広い卵形で基部は多少切形で，先は短く鋭く尖り，長さは 3～8 cm，幅は 2～6 cm で質は薄く下面は灰白色を帯びていて，主脈は 5 本ある．5～6 月に葉腋から花茎を出して，少数の花を散形花序につける．花は淡黄緑色で，花被片は 6 枚，楕円形で長さは約 3 mm である．雌雄異株．果序は細く葉の下にかくれ，長さは 12～20 mm，果時の花柄は長さ 5～8 mm．果実は球形で直径 6～8 mm，完全に熟すると黒くなる．〔日本名〕円葉サンキライ．サルトリイバラに比べ，むしろ葉が尖っているが，葉の概形が素直な点を円で表現したものであろう．

370. シ　オ　デ

〔サルトリイバラ科〕

Smilax riparia A.DC.

（*S. riparia* var. *ussuriensis* (Regel) H.Hara et T.Koyama）

北海道から九州の原野や山林のへりに生える多年生のつる草でよじのぼり，茎は緑色で長くのびる．葉は互生し短い柄があり，卵状楕円形で先は鋭く尖り，基部は多少心臓形をしていて，全体に数本の縦脈がある．葉柄の基部に托葉の変形である巻ひげがあって，これで他のものにからむ．夏に葉柄よりも長い花序柄を出して，15～40 個の花柄をつけ淡黄緑色の花が球状の散形花序につく．雌雄異株．花被片は 6 枚，長さ約 4 mm，幅は狭くて水平に開く．雄花には花糸の長い雄しべが 6 本立つ．雌花の子房は 3 室，短い 3 本の花柱があり，まわりに仮雄しべを伴う．黒色の実を結ぶ．若い芽は山菜として食用となる．〔日本名〕シオデは北海道のアイヌの方言のシュウオンテによるものである．〔漢名〕牛尾菜をよくつかう．

371. タチシオデ

〔サルトリイバラ科〕

Smilax nipponica Miq.

本州から九州の山野に生える多年生草本．茎は初め直立するが上部はすこし他のものに寄りかかって成長し，高さは 1～2 m になり，円柱形で滑らか，とげはなく草質である．葉はまばらに互生し，広楕円形または長楕円形で，長さは 6～10 cm であり，先は鋭頭であるが急に尖り，基部はほとんど切形または広いくさび形，草質で上面は鮮緑色だが下面は多少粉白色を帯び，脈はとび出していて鮮明で，脈の上には短毛があることがある．葉柄は長く，基部の両側の托葉は巻ひげになる．5 月頃，長柄のある半球形の散形花序を腋生し，黄緑色の花をつける．雌雄異株である．花被は広鐘形，花被片は 6 枚で同形，長さ 4 mm 内外で狭い長楕円形，先は内側に曲がる．雄花には花被片と相対してやや短い雄しべが 6 本ある．雌花には球状の上位子房があって花柱は 3 本に分かれている．液果は夏から秋に黒く熟し，多少白っぽく見える．〔日本名〕シオデよりも立性であるからである．

372. ヤマホトトギス

〔ユリ科〕

Tricyrtis macropoda Miq.

関東以西の山地や丘陵の樹下に生える多年生草本で，高さ 30～50 cm．葉は下部のものは全く無毛で，倒卵状楕円形，基部は茎を抱かず，上面は白っぽい緑色で，濃い色の油滴状の斑点が非常にはっきりしているが，中部以上の葉の質はやや薄く草緑色となり，楕円形または広楕円形，両面ともに短毛が生え，基部は茎を抱いている．9 月頃，茎の頂や上部の葉腋に花のまばらな散房花序を出す．花軸の毛はやわらかい．花はホトトギスに比べると小形で花被片の開き方がちがい，上向きに開く．花被片は白地に紫の点があり，中央付近から先で急に平開し，外側に軟毛が生える．外花被片 3 個は広卵形で，基部に袋状の突起があり，内花被片 3 個は狭く長い．雄しべは 6 本で，花糸は互いに寄りそって立ち，上部は反り返り頂に葯がつく．子房は細長く，花柱は 1 本で上部で 3 本に分かれ，さらにその先で 2 本に裂け粒状の毛がある．さく果は真直に立ち，長さ 3 cm 位，披針状三稜形，熟すると 3 枚の心皮に裂ける．種子は楕円形で扁平である．〔日本名〕山地に生えるホトトギスという意味．

373. ヤマジノホトトギス 〔ユリ科〕

Tricyrtis affinis Makino

山地に生える多年生草本で，高さは 30〜50 cm 位．根茎は短くひげ根が出ている．茎は直立しているが多少曲がり，緑色で逆向する粗毛があり，ふつう単一で枝分かれしない．基部の近くでは，節から根を出す．葉は互生して，楕円形または狭楕円形で先端は鋭く，基部は茎を抱き，ふちは多くは波打ちまた縁毛があり，両面ともに粗毛が散生し，基部近くの葉は多くは濃蒼緑色と緑色の斑状の模様がある．花は 9 月頃に開き，1〜3 花ずつ葉腋に集まってつき，それぞれ有毛の小花柄がある．花被片は披針形で尖っていて，白色で紫の点があり，上部は平開しているが反曲はしない．外花被片 3 個は基部が袋状にふくれ，外面は細毛でおおわれ，内花被片は外花被片と同じ長さである．雄しべは 6，花糸は寄りそって立ち，上部は反巻し末端に葯がある．子房は狭く長く三稜形である．花の白い品種をシロバナヤマジノホトトギス f. *albida* (Makino) Okuyama という．本種は枝分かれした花序を茎の上部に出さないことでヤマホトトギスとの区別は簡単であるが，ヤマホトトギスが頂部を刈りとられた時は腋生の花序が出るので区別がまぎらわしい．〔日本名〕山路の杜鵑草という意味で，ふつう山路でよく出会うことから名付けられた．

374. ホトトギス 〔ユリ科〕

Tricyrtis hirta (Thunb.) Hook.

関東以西の山地に生える多年生草本．茎は直立するかあるいはがけから垂れ下がることもある．長さは 30〜70 cm，円柱形で粗い長毛が生え，多くは単一である．葉は 2 列に互生し，長楕円形あるいは披針状楕円形で，しばしば鎌状となり，長さは 6〜11 cm，尾状に鋭尖頭となり，基部は円く茎を抱き，上面は平坦で両面ともに軟毛が生えている．10 月に入ると，葉腋に 2〜3 花ずつの花序を出す．花は柄があり，上向きで，径 2.5 cm 内外，漏斗状鐘形で，花被片 6 個は斜めに開き，外面に毛があって白色，内面全体に濃紫斑があり，基部に近く黄斑がある．稀に白花が咲く．外片 3 個は基部に小袋状の突起が外方にふくれている．雄しべ 6 個，花糸には腺毛があり子房を囲んで立つ．花柱分枝は 3 本でその先がさらに 2 岐する．さく果は線状長楕円体で三稜形である．中に淡褐色の小円形の種子がある．〔日本名〕杜鵑草という意味で，花被片の斑点を鳥のホトトギスの胸にある斑点になぞらえて名がついた．〔漢名〕油点草を使うのは正しい使い方でない．

375. キバナホトトギス (キホトトギス) 〔ユリ科〕

Tricyrtis flava Maxim.

宮崎県の特産だが時には栽培される多年生草本で，高さは 30〜50 cm に達し，全株に短毛を散生する．根茎は短く，粗いひげ根がある．茎は暗紫色で直立し分枝せず，基部付近の節からひげ根を出す．葉は比較的密に 2 列状に互生し，広楕円形で長さ 10 cm 内外，鋭尖頭，下半分は折りたたまれて茎を抱き，緑色でしばしば紫の着色がある．夏おそく茎の上方の葉腋にそれぞれ 2〜3 花からなるごく短い散房花序をつける．花は短い柄があって上向きに開き，鮮黄色で暗紫色の斑点を散布する．直径は 25 mm 位．花被片は漏斗状に開くが先は反巻せず，狭い倒卵状長楕円形で全縁である．外花被片 3 枚は先端に小さい突起が 1 つあり，基部には短い袋状の部分があり外面には微毛が生える．内花被片は外花被片と同形同大であるが袋状の部分はない．雄しべは 6，花糸は寄りそって立ち，上部は反巻し先端に葯がある．雌しべは 1，花柱は 3 本に分かれ，分枝はさらに 2 本に分かれ，粒状の毛があり紫褐色の斑点がある．さく果は細い三稜形で長さ 25 mm 位で，種子は卵状楕円形で扁平である．〔日本名〕黄花のホトトギスの意味．

376. チャボホトトギス 〔ユリ科〕

Tricyrtis nana Yatabe

本州南部，四国，屋久島の山地の林下に生える多年生草本．全体に小さくて高さ 10〜15 cm を超えない．根茎は短くてひげ根を出す．茎は 1 本直立して短い．葉は比較的大形で茎の節間が短いために数枚重なって 2 列に出て水平に開き，倒卵状の長楕円形をしている．長さは 6〜12 cm，先は尖り，基部では深く茎を抱き，少し革質で上面はなめらかで光沢があり，多少白色を帯び濃緑色の斑紋のあるものが多い．花は 9 月に，葉腋に埋もれるように抱かれて咲き，短い柄があって上を向き，花冠は径 2 cm 内外で広い漏斗形，黄色で内面に褐紫色の細点を散布する．花被片は内外 3 枚ずつ計 6 枚あって，倒披針形で先が尖り，外花被片は淡緑色で外面に細毛が生えており，内花被片は外花被片より少し広く黄色である．雄しべは 6，花糸は寄りそって立ち，上部は反り返り先に葯をつける．子房は細長く，花柱は上部で 3 本に分かれ，分枝はさらに 2 裂し細かい毛を散生している．さく果は直立し，披針形体で 3 稜を持つ．種子は平たく倒卵形．葉の特に長いものをナガバチャボホトトギスというが区別する必要はない．〔日本名〕矮雞杜鵑で，全体が小形で寸づまりの点をチャボにたとえたもの．

377. タマガワホトトギス 〔ユリ科〕

Tricyrtis latifolia Maxim.

深山や谷すじの湿った所に生える多年生草本で，高さは 30〜50 cm 位あり，花柄のほかは全株に全く毛がない．地下に匍匐枝を出している．茎は大体直立または斜上し，多少ジグザグに曲がり，緑色をしている．葉は互生し広い楕円形，長さ 6 cm 内外で先は急に鋭尖形，基部は深い心臓形をしていて強く茎を抱き，上面は鮮緑色で平坦である．7 月に茎に散房花序を頂生して数花を開く．花は径 25 mm 位あって花被は平開せず，鮮黄色で，内面に紫褐色の細点を散布する．花被片は 6 枚で披針形，3 枚の外花被片の基部は袋状となる．雄しべは 6 個で花糸は寄りそって立ち，上の方は反り返って末端に葯をつけている．子房は細長く，花柱の上部は 3 つに分かれ，分枝はさらに 2 裂し，粒状の毛が多く，紫の斑点がある．さく果は披針形体で 3 稜があり無毛である．〔日本名〕玉川杜鵑の語源は少し文学的なしゃれが入っている．すなわち，本種の花の色を，まずヤマブキの色に見立て，このヤマブキの古い名所として京都府（山城）の井手の玉川が有名なので，このタマガワの文字を借りて黄花の意味を表現したものである．

378. ジョウロウホトトギス 〔ユリ科〕

Tricyrtis macrantha Maxim.

四国．九州に分布する多年草で，湿った崖に生え垂れ下がる．観賞用にも栽培される．根茎は短く・ひげ根がある． 茎は長さ 80 cm に達し，ほとんどジグザグに曲がらず，斜上する褐色の毛がある．葉は茎の左右に 2 列に互生し，長さ 7〜15 cm 位，卵状長楕円形で，先端は次第に尾状に尖り，基部は偏心形で片側の耳片が発達し，下面に毛がある． 花は 8〜10 月に葉腋に 1〜数個ずつ生じ，花序軸は短く，花柄は長さ 1 cm 程度あって基部に数枚の小さな鱗片がつく．蕾は上向き，花時には下垂し，花冠は筒状の鐘形で長さ 4 cm ぐらい，花披片は 6 枚，倒披針形で外面はつやのある濃黄色，内面はさらに濃色で紫褐色の大小の斑点を密につける．外花被片は基部に袋状の距があり，内花被片は基部内側に突起があって花糸を押さえるようになっている． 雄しべの基部に腺毛があり，葯は淡黄色，雌しべ 1 個は先が 3 岐し，さらに短く 2 分し，柄がある球状透明な附属物が多数つく．さく果は直立し，3 稜があり，上部は狭まって尖り，種子は平たく楕円形．名は，上品で美しい花を上臈（宮中に奉仕する貴婦人）にたとえたもの．

379. キイジョウロウホトトギス 〔ユリ科〕

Tricyrtis macranthopsis Masam.

（*T. macrantha* Maxim. var. *macranthopsis* (Masam.) Okuyama et T.Koyama）

紀伊半島の深山のがけに自生し，時に観賞用に栽培される多年生草本．根茎は短く，ひげ根がある．茎はたれ下がってジグザグに曲がり緑色．葉は茎の左右に 2 列に互生し，長さ 7〜13 cm 位，卵状長楕円形で，先端は次第に尾状に尖り，基部は深い心臓形をして両側の耳片で茎を抱き，黄緑色で脈は下面におちこみ，上面は無毛でつやがあるが下面は色うすく長毛が散生する．花は 8 月頃に茎の上半部の葉腋から出て下垂して咲き，有柄で柄の基部には堅く尖った数枚の小さな鱗片がある．花冠は長さ 4 cm 位，筒状の鐘形で平開しない．花被片は 6 枚，倒披針形でつやのある鮮黄色で美しく，内面には紫褐色の斑点を密につける．3 枚の外花被片は基部に袋状の距があり，内花被片は外花被片よりも少し幅広い．雄しべ 6 個，雌しべ 1 個は他の種と大同小異である．さく果は長楕円体で 3 稜があり，上部は狭まって尖り，種子は平たく楕円形．〔日本名〕紀伊に産するジョウロウホトトギスの意．ジョウロウホトトギス（378 図）は四国高知県に産し，葉の基部の耳が両方とも茎の表側に見える点で異なる．

380. サガミジョウロウホトトギス 〔ユリ科〕

Tricyrtis ishiiana (Kitag. et T.Koyama) Ohwi et Okuyama var. ***ishiiana***

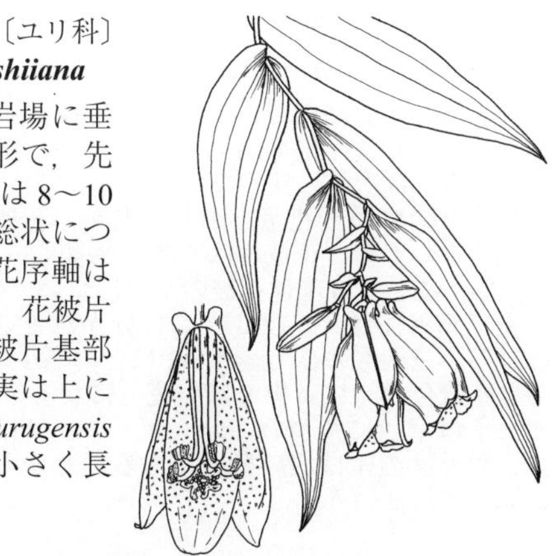

神奈川県の丹沢山地に見られる多年草で，林内の沢沿いの岩場に垂れ下がって生える．茎は長さ 60 cm に達する．葉は狭い楕円形で，先端は次第に尾状に尖り，基部は丸く狭まって狭く茎を抱く．花は 8〜10 月，茎の先で葉が急に小さく卵形の苞となって 1〜数個の花を総状につけ，大きな株ではさらに腋生の総状花序をつけることもある．花序軸は明らかで，花柄は短く 1 cm 以下，花はつぼみ時から茎と平行し，花被片は内外面ともに鮮黄色，内面の赤褐色の斑点はまばらで，外花被片基部の袋状の距は長さ 3 mm 以上で斜めに開出する．葯は黄色，果実は上に向く．静岡県東部には変種のスルガジョウロウホトトギス var. *surugensis* T.Yamaz. が認められ，葉は披針形に近く，外花被片基部の距は小さく長さ 2 mm 程度，葯が赤褐色であることで区別される．

381. ヒメタケシマラン　〔ユリ科〕

Streptopus streptopoides (Ledeb.) Frye et Rigg subsp. ***streptopoides***

本州中部以北，東シベリア，北米西部の主に高山の針葉樹林下に生える多年生草本であるが日本では個体数が次の亜種よりも少ない．地下茎は長く横にはい，節間は長く，節から根を束生する．茎は単一か時には二つに分かれ，高さ10〜20 cm，下部は鞘状の葉に包まれる．葉は柄がなく互生して左右に開き，卵形または長卵形で先は鋭く尖り基部は円く，長さ2.5〜6 cm，幅1〜3 cm，無毛でふちはざらつき，質は薄い．6〜7月に葉腋から細い柄を垂らして1花をつける．花は下向きで，径6〜8 mm，淡黄緑色で下半は紫褐色，花被片は6枚，披針形で外へ反り返る．雄しべは6本，花糸はごく短く葯は黄色．柱頭は3叉しているが極めて短い．液果はほぼ球形で紅熟する．タケシマランより小形で茎は多くは単一で葉は短く広く，ルーペでみるとふちに細かい柱状突起が散生するので区別できる．タケシマランよりもより北方に分化した一群である．北海道以北のものをエゾタケシマランと呼んで本州のものから区別する意見もある．

382. タケシマラン　〔ユリ科〕

Streptopus streptopoides (Ledeb.) Frye et Rigg subsp. ***japonicus*** (Maxim.) Utech et Kawano（*S. ajanensis* Tiling var. *japonicus* Maxim.）

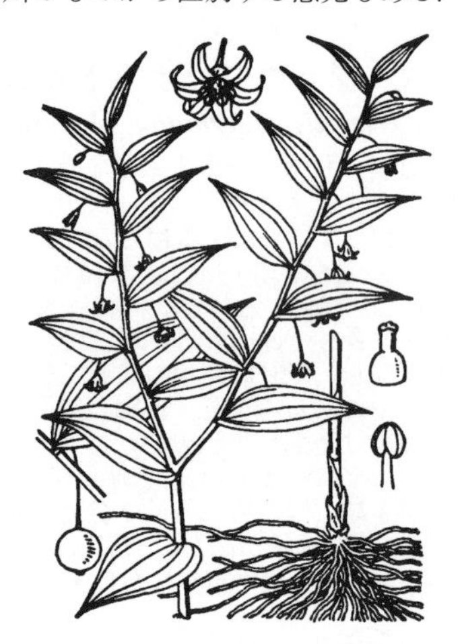

本州中北部の亜高山針葉樹林中に生える多年生草本．根茎は多少肥厚して節が多い．茎は高さ15〜20 cm，直立し，多くは中部で二つに分かれしばしば4〜5個の枝をうち全株無毛である．葉は枝の上で左右に広がって2列に並び柄がなく，卵状披針形で長さ2〜3 cm，先端は鋭尖形で基部は茎を抱かず，3脈が縦走しているのがはっきり見え，両面共に暗緑色で膜質である．ふちはなめらかで毛がない．7月頃葉腋に淡赤褐色の径4 mm位の花を1つずつつけ，長い柄をつけて垂れ下がっている．花被片は6枚で放射状につき，基部から反り返り，披針形で先は鋭尖形．雄しべ6個は短い．雌しべの花柱は短く柱頭は点状である．液果は球形で紅熟し，オオバタケシマランのそれに比べてずっと小形で径5 mm内外．〔日本名〕タケシマランのタケシマは恐らくその葉の状態に基づいてつけたものであろうが意味がはっきりしない，あるいは竹の葉状のすじがあることを縞といったものか．また一説に左右に規則正しい展開している有様を竹の葉でできた縞模様に見立てたかも知れない．

383. オオバタケシマラン　〔ユリ科〕

Streptopus amplexifolius (L.) DC. var. ***papillatus*** Ohwi

本州中部以北の亜高山帯の谷すじに生える多年生草本．茎は高さ50〜100 cm，中部で2叉状に2〜6回分枝し，葉を2列に多数互生している．葉は卵状楕円形，長さ5 cm内外，先端は鋭尖形で基部は茎を抱き，上面は黄緑色，下面は蒼白色を帯び，縦脈5〜7本が陥入して走り，縁は多少波打ち，微細な突起毛がある．7月頃各葉の下に緑白色の花を1つずつ垂れ下がって開く．長い花柄は途中で1回急にねじれている特徴がある．また，この花柄は実はそれが分かれている葉の1つ下の葉腋から出て，1節間分茎と合着している．花被は下半が鐘形，花被片は6枚で披針形，上半は強く反り返っている．雄しべは6個，葯は尖って大きい．雌しべの花柱は長い．液果は卵球形で長さ1 cm内外，8〜9月に紅熟する．タケシマランとは葉の色と茎を抱いた形，花柄が1回転することなどですぐ区別できる．〔日本名〕大葉をつけるタケシマランの意味．

384. ツバメオモト　〔ユリ科〕

Clintonia udensis Trautv. et C.A.Mey.

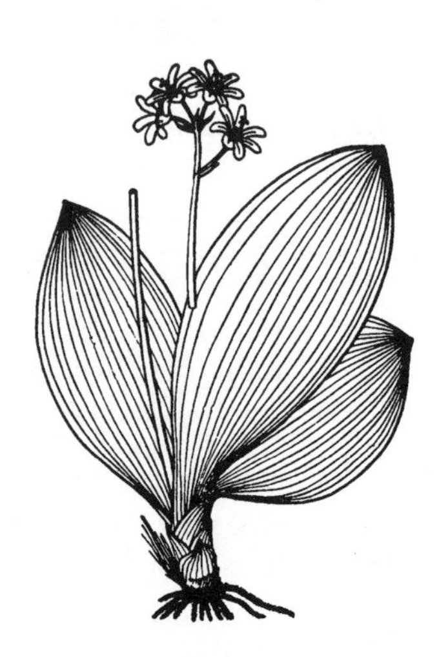

近畿以北の亜高山帯の樹陰に生える多年生草本．大陸にも分布している．地下茎は短くひげ根を出す．葉は2〜5枚が根生し，長楕円形で，先端は短く尖り下部は次第に狭くなっており，質は少し厚くやわらかい．6月頃，葉の集まりの中から花茎を出し，先端に花柄のある白い花を開き，小さい散房花序をつくる．花被片は6枚で平開し，披針形で長さ12 mm内外，鈍頭である．雄しべ6本は花被の基部についている．子房は3室，花柱は子房より長く細円柱形，柱頭は3つに分かれている．落花後その茎が非常に高くのび，小花柄ものびて径1 cmほどの多少いびつの球形の液果を結ぶ．熟すると暗青色，時には黒っぽい藍色になる．種子は細小で褐色．〔日本名〕燕オモトは草状に基づいていうが，ツバメはいかなる意味かわからない．一説にツバメの頭は濃い藍色であることから高い茎の上についた果実をそれに見立てたという．

385. ヒメアマナ 〔ユリ科〕

Gagea japonica Pascher

関東地方周辺の低湿な原野にまれに見出される多年生草本．早春に小鱗茎から芽を出し，高さは 10 cm 内外．鱗茎は卵球形，径 6 mm 内外で黒皮をかぶっている．鱗茎から茎も葉も 1 本ずつ出ていて，葉は広線形，長さ 10〜20 cm，径 2 mm で上面が凹んだ半筒状で，緑色で柔軟である．茎は上部に大小 2 個の葉状苞葉が接して出て，その間に 3〜4 の花を散形に開く．苞葉は針状披針形で尾状に尖り，葉と同質で，外側のものは長さ 5 cm 位ある．小苞葉ははなはだ小さい．花は黄色で径 1 cm 位，2 cm 内外の細い柄がある．花被片 6 枚は線状の楕円形で，先端は鈍形，長さ 8 mm ばかり．雄しべ 6 個は花被片の基部についてそれよりも短い．キバナノアマナに比べて全体小形で花数も少ない．〔日本名〕姫甘菜．アマナに似るが小形であるため．

386. キバナノアマナ 〔ユリ科〕

Gagea nakaiana Kitag.（*G. lutea* auct. non (L.) Ker Gawl.）

旧大陸の北部に広く分布し，日本では本州中部以北の山野に生える多年生草本．高さは 15〜20 cm．春に 1 茎 1 葉を出して黄色い花を開き，夏にははやくも鱗茎を残して枯れる．鱗茎はやや大きく径 1 cm で卵形をしている．葉は広線形で径 7〜8 mm あり，半筒状をして上面が溝となっており茎よりも長く，葉の下部が狭いために倒れるものが多い．茎は上部に 2〜3 の苞葉がある．苞葉は披針形で先端は長く尖り末端は鈍形である．花序は散形または複散形をしてふつう 6〜10 個の花をつけ，花柄は長短不揃いで長いものは 4〜5 cm になる．花は黄色．花被片 6 枚は長楕円形で 12 mm 内外の長さがあって先端は少し鋭形，外面の中央は淡緑である．雄しべ 6 個は花被片より短い．〔日本名〕黄花を開くアマナの意味であるが，大きな 2 苞葉のある散形花序をつける点だけを見てもアマナとは全く縁の遠いものである．

387. チシマアマナ 〔ユリ科〕

Gagea serotina (L.) Ker Gawl.（*Lloydia serotina* (L.) Rchb.）

本州中部以北の高山に生える多年生草本．北半球の寒帯に広く分布する．根茎は小さいが，古い葉鞘が灰黒色となって厚くこれを包み長さは 3 cm 内外ある．葉は線形で 2 枚が根生して長さは 5〜11 cm あり，松葉状で 3 つの円い稜がある．葉の腋から高さ 10 cm 内外の茎を 1 本出し，まばらに披針形の葉を 2〜3 枚互生する．茎葉の幅は根生葉よりも広い．7 月頃茎の先に花を 1 個つけ，広鐘形で径 1.5 cm 内外．花被片は 6 個で同形，長楕円形で白色を帯びた黄赤色のぼかしがあり，先端は尖っていない．雄しべ 6 個は花被片の半分の長さで，葯はその基部で花糸に連続している．子房は楕円体，花柱は子房よりも短い．さく果は褐色で 3 個の稜のある広い楕円体，長さは 7 mm 位である．〔日本名〕千島甘菜の意味でアマナに似た植物であり，また最初千島で採集したためである．

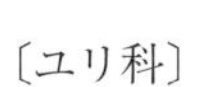

388. チューリップ 〔ユリ科〕

Tulipa gesneriana L.

小アジア原産の多年生草本でヨーロッパを経て輸入されたもので観賞用として広く栽培される．園芸品種は非常に多い．鱗茎は卵形体，茎は円柱形で直立し単一である．葉は 2〜3 枚が茎の下部に接した所に互生し，広い披針形または楕円状の披針形で長さは 20〜30 cm あり，先端は尖り，基部は軽く茎を抱いて，全体に少し内側に巻き，ふちは少し波うっている．上面はうすい青緑色で白い粉をふいたように見えるが下面は濃緑色である．4〜5 月頃，茎の先に上向きに大きい花を開く．花は広鐘形で長さ 7 cm 内外あり，花被片は平開せず，先端は円みをおびるが基部は凹面で幅広い．原種は白地に赤い縁どりのあるものだが，園芸品種には黄，白，赤，紫等の色がある．雄しべ 6 個，雌しべは長さ 2 cm 内外で緑色の柱状，先に急に外方へ曲がった骨質の柱頭が 3 個ある．切花用として盛んに栽培され，新潟，富山両県の産が特に多く，海外ではオランダが有名である．可憐な姿は人々に愛されている．〔漢名〕鬱金香を使っているが正しくない．〔日本名〕古くこれから日本名をもウッコンコウと呼んだ時代がある．牧野富太郎はボタンユリの新称を旧版で提案したことがある．

389. アマナ（ムギグワイ）〔ユリ科〕

Amana edulis (Miq.) Honda（*Tulipa edulis* (Miq.) Baker）

本州から九州の日当たりのよい原野に生える多年生草本．中国にも分布する．鱗茎は卵形体で長さ 1.5～2 cm あり，表面に紫褐色の薄い葉鞘と淡褐色の綿状の繊維とをかぶる．葉は 2 枚根生して地ぎわで平開し，広線形で長さ 13～25 cm，幅 4～6 mm，扁平柔軟で白っぽい淡緑色をして先端は尖り，基部は次第に細くなって抱きあっている．4 月に葉の間に葉よりも短くて軟らかい花茎を 1 本かまれに 2 本出し，中部に長さ 3 cm 内外の葉状包を 3 枚つけ，先に白い花を 1 つつける．花は広鐘形で日を受けて開く．花被片 6 枚は狭長楕円状披針形，基部は漸尖形で細く長さ 2.5～3 cm，外面には暗紫色の細いすじが数本縦走している．雄しべ 6 個は花被片の半分の長さで 3 個は長く 3 個は短い．雌しべは 1 個，雄しべより短く，子房は緑色で 3 稜ある楕円体，花柱 1，柱頭は切形．さく果は緑色，倒卵球形で 3 本の中脈が隆起している．夏に入ると地上部は枯死する．〔日本名〕アマナは甘菜の意味で鱗茎の白肉に苦味や刺戟味が無く食用となることからついた．一名ムギクワイは鱗茎の形からクワイの名がついたが，ムギの方は麦畑に野生する事をいうのかまたは葉の細さをムギにたとえたのかははっきりしない．〔漢名〕山慈姑をつかうが正しくない．

390. ヒロハアマナ（ヒロハムギグワイ）〔ユリ科〕

Amana erythronioides (Baker) D.Y.Tan et D.Y.Hong

（*A. latifolia* (Makino) Honda ; *Tulipa latifolia* Makino）

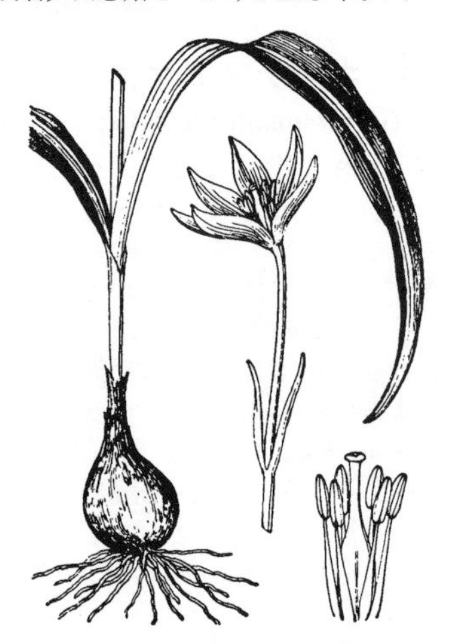

本州，四国の水田の間に残された低湿の原野に生える多年生草本．アマナと時には混生し，間違いやすいが，葉は幅がより広くやや暗い緑色でしかも中央に幅広く 1 本白い帯があり，雄しべは雌しべより短くしかも長短がないので区別することができる．アマナよりずっと数が少ない．鱗茎は卵球形でアマナと似ている．春に葉を 2 枚出す．葉は広い線形で長さが 30 cm 内外あり，幅は 1 cm かまたは 2 cm を超えることもあって，ふつう地ぎわに広がるが，質は軟らかくて上面は緑色，主脈にそって白い帯があり，葉先は狭くなって時には紅色をしている．花は 3 月に葉の間から出た茎の先に開き，白色で広鐘形，アマナに比べて少し大きく，外面にはうすい紫色のすじがある．雄しべは花と同じ高さ，雌しべはこれよりも高い．さく果は円みのある 3 稜の倒卵状円柱形で，基部は切形で柄は短く，先にはくちばし形の花柱が残っている．〔日本名〕広葉のアマナの意味．

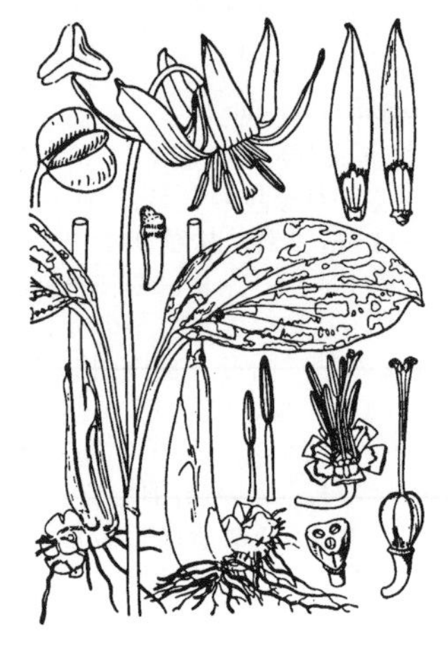

391. カタクリ（カタコ）〔ユリ科〕

Erythronium japonicum Decne.

北海道から九州の落葉樹林下に生える多年生草本だが西日本ではまれである．根茎は地中深くに横たわる数個連続した白色多肉の鱗片からなる．鱗茎は根茎の先から直立する筒状に癒合した肉質の鱗片からなり，円柱形で白色，長さは 4 cm 内外ある．早春に 15 cm 内外の茎を 1 本出すが下部の方に 1 対の葉がある．葉には長い柄があって平開し，狭卵形または楕円形で緑は多少波打ち，質は厚くやわらかく表面は淡緑色で紫色の斑紋がある．花は茎頂にただ 1 個で柄の端で急に下を向き，径 4～5 cm，淡紫色で可憐である．花被片 6 枚は狭い長披針形，先は尖り強く反り返っている．内面の基部近くに濃紫色の W 字の紋がある．雄しべ 6 本は長さが少し不同で葯は紫色，長さ 6～8 mm，広線形．柱頭は短く 3 裂する．鱗茎から良質の澱粉が取れる．しかしふつう町で片栗粉といって売っているのはジャガイモの澱粉である．〔日本名〕古名をカタカゴ，それからカタコの名も出た．これは傾いた籠状の花という意味であろう．カタクリは片栗でクリの子葉の一片に似ているという意味であろうが，本種にはぴったりせず，むしろコバイモがこれらの性質をよく示すからカタカゴの名はそれからこれへうつったものではないかという説がある．〔漢名〕車前葉山慈姑というのは日本で作られた漢字名で正しくない．

392. ウバユリ〔ユリ科〕

Cardiocrinum cordatum (Thunb.) Makino var. ***cordatum***

（*Lilium cordatum* (Thunb.) Koidz.）

本州から九州の山野の藪の中や林の中に生える多年生草本．高さは 0.5～1 m になる．鱗茎は白色で，これは 2～3 枚の根生葉の柄の基部が大きくふくれて重なった部分であるが，花序をつけた株ではすでになくなっている．そのかわりその株の側に少数の白色の小さい鱗茎がつく．茎は緑色で強く，太くて平滑，中部付近に長い葉柄のある 5～6 枚の葉が集まってつく．葉は平開し，楕円状心臓形，緑色で大きく，長さ 20 cm 内外，柔らかく，先端は鋭尖形，基部は深い心臓形，網状脈があり，つやがある．夏に茎の先に緑白色の花を 3～4 個側向して開く．花は長さ 10 cm 内外，長い筒形で少し左右相称をしており，花被片は 6 枚で内面に淡褐色の小点をつけ，先端は開く．雄しべ雌しべは一束になって長短不同で花被より短い．葯は淡褐色で灰色の花粉がある．〔日本名〕姥百合．花の咲く時はたいてい葉は枯れているので花の時，歯（葉）がもうないことを，歯の抜けたうばになるのにたとえてこの名ができたという．鱗茎から質の良い澱粉がとれる．〔漢名〕蕎麦葉貝母というがこれは和製のもので中国にはこのような名はない．しかし本種に極めて近い蕎麦葉大百合 *C. cathayanum* Stearn という種類が四川省を中心として分布している．

393. オオウバユリ　〔ユリ科〕

Cardiocrinum cordatum (Thunb.) Makino var. ***glehnii*** (F.Schmidt) H.Hara
(*Lilium glehnii* F.Schmidt)

本州中部のブナ帯以上の高山から北海道，サハリンの森林中に自生する多年生の大形草本で高さは 1.5 m 内外，時に 2 m を超える．西日本のウバユリとよく似ていて区別の困難なことがあるが，主な相違点は全体が壮大であること，葉が円味が強くて広楕円状心臓形であること，花序につく花数が多く 10〜20 花をつけることである．本変種は東北日本を中心としたより寒い山地を適地として西南日本のウバユリから分化したものであろう．〔追記〕ウバユリとともに古くからユリ属に入れられていたが，葉が網状脈を持つこと，花がおしつぶされたような左右相称の傾向を持つこと，葯がユリ属のような明瞭な丁字状にならないこと，鱗茎の鱗片にはその先端に葉身のあることなどではっきりと別属であることに牧野は気づき，永らく欧米の学者に無視されていたこの属を起用した．後にヒマラヤ産の壮大な一種 *C. giganteum* (Wall.) Makino が欧米で栽培されるに至ってようやく欧米でもその真意が理解された．この属は東アジアからヒマラヤに固有属の 1 つである．

394. アミガサユリ (バイモ)　〔ユリ科〕

Fritillaria thunbergii Miq.
(*F. verticillata* Willd. var. *thunbergii* (Miq.) Baker)

中国原産で時に栽培される多年生草本．鱗茎は白色の厚みのある鱗片 2 個が互いによって球形をしている．茎は直立し高さ 50 cm 内外あり，全草うすい青緑色である．葉は多数で柄はなく，茎上に 3〜4 個ずつやや不整に輪生し，広線形で，茎の上部のものは先端が尖って反り返る．長さは 10 cm 内外，上部の葉では先がかぎ形に曲がっている．3〜4 月頃茎の先端付近の葉腋に淡黄緑の花を 1 個ずつうつむいてつける．花は鐘形で長さは 2〜3 cm，花被片 6 枚は楕円形で少し鈍頭，外面に緑のすじがあり，内面には紫色の網状の紋がある．雄しべは 6 個で花被片より短く，花柱は細く，柱頭は 3 つに分かれている．さく果は短く広い 6 個の縦翼がある (附図左上)．種子は扁平の円い翼をもつ．夏に入ると茎葉ともに枯れる．球茎を薬用にする．〔日本名〕編笠百合．花被内面に網目状の紋があるため．古くはハハクリといった．バイモは漢名貝母の字音による．〔漢名〕貝母.

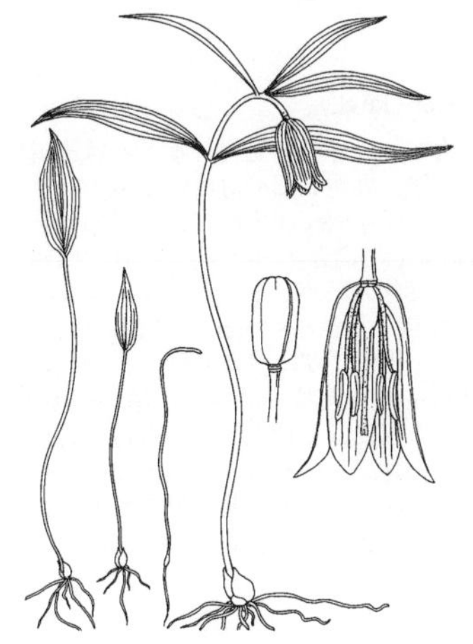

395. ホソバナコバイモ　〔ユリ科〕

Fritillaria amabilis Koidz.

中国地方および九州北部に分布し，落葉樹林下や林縁または常緑樹林のふちに生える多年草．鱗茎は小形で白色の鱗片 2 個からなる．茎は細く軟らかく高さ 5〜15 cm で上部に 2 枚の葉が対生し，さらに花の下に 3 枚輪生するだけである．葉には柄がなく，披針形または狭い披針形で長さ 5 cm 内外である．3〜4 月茎の先に 1 個の花を斜め下向きにつける．花の形は細い筒形で花被片に縦の線と暗紫色の斑点があり，花被片は全縁で先端は尖り，蜜腺は基部から 1 / 7〜1 / 9 の縁につく．柱頭はほとんど合生し，花柱や花糸に微細な突起がある．葯の色は黄白色．染色体数は 2n ＝ 22.〔日本名〕細花小貝母．ミノコバイモ(コバイモ) に比べて花が筒形で細いことによる．〔追記〕九州中部と四国に分布するトサコバイモ *F. shikokiana* Naruh. は花の形が細い筒型で本種に似るが，葯の色は紫で，花被片には縦の線のみで暗紫色の斑点がほとんど見られず，花被片の先端はやや丸い点で区別される．染色体数は 2n ＝ 24.

396. ミノコバイモ (コバイモ)　〔ユリ科〕

Fritillaria japonica Miq.

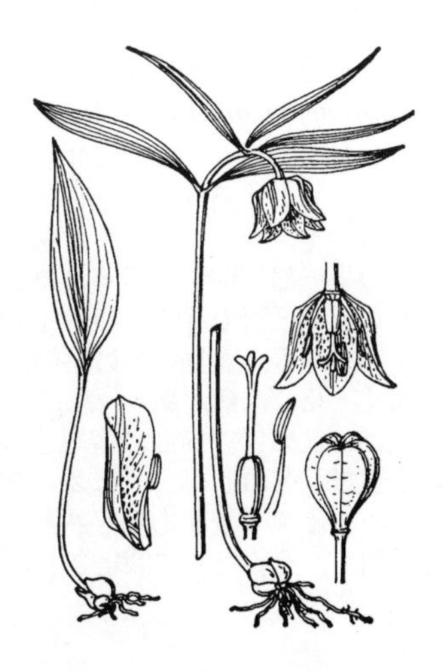

本州の近畿地方を中心に分布し，落葉樹林下や林縁または常緑樹林の縁に生える多年草．鱗茎，茎，葉および果実はホソバナコバイモに似ている．区別点は花の形が鐘形であり，花被片上の蜜腺は基部から 1 / 3 の位置にあることである．また，柱頭は 3 つに分かれており，花柱や花糸に小突起がないことでも異なる．葯の色は黄白色．染色体数は 2n ＝ 22．コバイモとは本来本種を指した名であるが，混乱があったため，現在はコバイモ類 7 種の総称名として使い，本種はこの名で呼ぶ.〔日本名〕美濃小貝母の意で，本種は美濃国北山村で最初に発見された.〔追記〕山形県から石川県の日本海側の地域と岐阜，愛知，静岡に分布するコシノコバイモ *F. koidzuminana* Ohwi は花被片のふちに突起があることでミノコバイモから区別される．葯の色は黄白色．染色体数 2n＝24．四国に分布するアワコバイモ *F. muraiana* Ohwi は花の形が鐘形で本種に似るが，葯の色が紫である点で区別される．花被片は全縁である．染色体数は 2n＝24.

397. カイコバイモ　〔ユリ科〕

Fritillaria kaiensis Naruh.

関東地方および富士山周辺に分布し，落葉樹林下や林縁または常緑樹林の縁に生育する多年草．鱗茎，茎，葉および果実はミノコバイモに似ているが，次の点で区別される．花の形が広鐘形であり，花被片は全縁か，またはわずかに突起があり，花被片上の蜜腺は基部から 1/4 の位置にある．柱頭は 3 つに分かれており，花柱や花糸に小突起がない．葯の色は黄白色．染色体数は 2n = 24. ふつうミノコバイモの花被片には暗紫色の斑点があるが，このカイコバイモではその出方が弱い．〔日本名〕甲斐小貝母で甲斐国（山梨県）産の小貝母の意味．〔追記〕本州中国地方の日本海側に分布するイズモコバイモ *F. ayakoana* Maruy. et Naruh. は花の形が広鐘形で本種に似るが，花被片はやや長く，先端はやや細くなり，花開時には先端はやや外に反り返る．また柱頭はほとんど合生し，花柱や花糸に微細な突起がある点で区別される．花被片は全縁で，蜜腺は基部から 1 / 4 の位置にある．葯の色は黄白色．染色体数は 2n = 22.

398. クロユリ　〔ユリ科〕

Fritillaria camschatcensis (L.) Ker Gawl.

本州（中部以北）の高山と北海道の林間に生える多年生草本．高さ 20～30 cm 位，北海道では時に 50 cm を超える．鱗茎は白色の小さい球形をした分厚い鱗片の集合で，この鱗片はそれぞれの中央よりやや下でひどく細くくびれている（附図下）．茎は直立し，中部以上に 4～6 枚の葉を 2～3 段（北海道ではそれ以上つくこともある）輪生し，上部にはさらに 2～3 枚の葉が互生している．葉は披針形または楕円状の披針形で，漸尖しているが先端は円く，基部は鈍形で葉柄がなく，長さ 5～8 cm で質が厚く上面はつやがある．7 月頃茎の先に急に下を向いた花を 1 個から数個つける．花は悪臭があり長さは 3 cm 内外であって，広鐘形，平開しない．花被片は菱形状の楕円形または倒披針状楕円形で暗紫色，内面にはさらに濃色の斑紋がある．雄しべ雌しべはともに潜在している．〔日本名〕黒百合は花の姿に基づいてつけた名である．ユリの名がついているがユリ属ではない．佐々成政と淀君とに関連した伝説で有名な高山植物として知られているが，花にも体にもそれにふさわしいなまめかしさとすご味とがある．もっとも北海道産は三倍体で単に大きいばかりでそういう味はない．

399. オニユリ（テンガイユリ）　〔ユリ科〕

Lilium lancifolium Thunb.（*L. tigrinum* Ker Gawl.）

山野に生える多年生草本で，また食用として栽培もする．一般に見られるものは三倍体で種子ができず，栽培品が逸出したものと考えられるが，九州北部や対馬には種子のできる二倍体が野生している．地下には白色の鱗茎があり，径 5～8 cm で全体は広卵形体をしている．各鱗片葉は卵形でヤマユリより狭い．茎は直立して高さ 1～1.5 m になり，円柱形で紫褐色または暗紫色の点が一面につき，また白いひげ状の毛があることが多い．葉は披針形で多数集まって茎を取り巻いて互生斜開し，深緑色，長さ 5～15 cm で先端は尖っている．葉腋には黒紫色でつやのある鱗片から成る珠芽を出す．夏に茎の上部に 2～10 余の花を開く．花はすべて柄があって急に下を向き径 10 cm 位．花被片は 6 枚で濃い橙赤色，ひどく反り返った披針形，内面には黒紫点を散布し，下部には多数の不揃いの短い突起がある．雄しべ 6 個は花外にのび，葯は暗赤色の花粉を出す．ふつう果実はできないが，二倍体では狭い長倒卵形体のさく果をつける．八重咲きの花をつける園芸品種をヤエテンガイという．〔日本名〕鬼百合は粗大なユリという意味で姫百合に対しての名であろう．天蓋百合は花のうつむいた姿を天蓋にたとえたもの．〔漢名〕巻丹．

400. コオニユリ（スゲユリ）　〔ユリ科〕

Lilium leichtlinii Hook.f. f. ***pseudotigrinum*** (Carriére) H.Hara et Kitam.（*L. leichtlinii* var. *maximowiczii* (Regel) Baker）

日当たりよく適湿の山地に生える多年生草本．オニユリに似ていて見分けがつきにくいが，一般に葉が狭いこと，茎には紫点がないこと，新しい鱗茎は茎の地下部に前年の鱗茎と離れてつくこと，茎の上には全然むかごがないことなどで区別できる．高さ 1～1.5 m，線状披針形の葉を多数互生し，鮮緑色をしている．盛夏の頃に茎の先が分かれて通常 2～10 花からなる総状花序を開く．花には柄があり，急に下を向き，通常オニユリより少し形が小さい．花被片は橙赤色で内面に紫黒色の小点を散布し，披針形で上部は反り返っている．雄しべ雌しべともにオニユリと同じである．さく果は長楕円体状円柱形で，少し鈍い稜がある．鱗茎は大きくて白色，苦味が少ないから食用として賞用し，そのために栽培される．〔日本名〕小鬼百合の意味である．

401. クルマユリ　〔ユリ科〕

Lilium medeoloides A.Gray

近畿地方以北の亜高山帯の草原や山地の林下に生える多年生草本．鱗茎は白色，球状で，鱗片葉はゆるやかに重なり，披針形で中部にはっきりした関節がある．茎は直立して高さは 35～80 cm．葉は倒披針形，先端は鋭尖形で，基部は漸尖形，長さ 7～13 cm，濃緑色で平滑，茎の中部付近に 6～15 枚が輪生し，上部には 3～4 枚がまばらに互生している．7～8 月頃茎の先に 1～5 個の柄を総状に分枝してその先に橙赤色の花を下向きにつける．花柄の下には葉状の苞葉がある．花径は 5～6 cm，花被片は狭い披針形で基部から広く開いて反り返り，内面には濃褐紫色の細点を散布する．雄しべ 6 個，雌しべ 1 個は中央に立ち，ともに花被より色がうすい，さく果は短く 3 稜がある．〔日本名〕車百合で放射状に輪生した葉を車輪に見立てたもの．

402. タケシマユリ　〔ユリ科〕

Lilium hansonii Leichtlin ex Baker

観賞品として栽培される多年草．韓国鬱陵島の特産で昔同島から朝鮮半島経由で日本に入ったものらしい．鱗茎は卵形体かまたは少し球形をして鱗片葉は三角形に近く，クルマユリのような関節はなくその上淡紅色を帯びている．茎は高さ 50～100 cm になり，クルマユリより壮大で，茎上に 6～7 葉が規則正しく 2～3 層の輪を作っている．各葉は披針形で長さは 10～18 cm あり，つやのある暗緑色．晩春に茎頂に 2～7 花を総状につける．花は軽くうつむき径 6 cm 位，柑黄色で内面に暗紅色の細点を散布し，花被片は基部から少し平開しているがクルマユリのように反り返らず，また多肉であり芳香もある．〔日本名〕竹島百合．原産地鬱陵島を竹島ともいったことから日本名もできた．

403. スカシユリ　〔ユリ科〕

Lilium maculatum Thunb. var. ***maculatum***

本州中北部の海岸に生える多年生草本で，しばしば観賞用に栽培される．鱗茎は白色，鱗片葉は非常に尖っている．茎は直立または斜上し，高さ 30 cm 内外，栽培品では時に 1 m に達し，稜角があり，また下部には短毛が密に生えるのがふつうである．葉は少しかたまって互生し，披針形，長さは 5～10 cm，質が厚く光沢がある．6～7 月頃茎の先に 1～3 花，栽培品ではより多くの花を上向きに開く．花被片は橙赤色で内面に細点があり，広倒披針形で，下半は急に狭くなるため各片の間にすき間ができる．このためスカシユリの名がある．園芸品種が多く，代表的なものにナツスカシユリとハルスカシユリがあって，前者は花が濃紅色で関西に多く，後者は紅黄色で関東に多い．野生品は茎葉共に短く，ソトガハマユリまたはハマユリ，イワトユリというが区別するほどのものではない．内陸の崖に生え，茎が下垂し葉の細いものをそれぞれヤマスカシユリ var. *monticola* H.Hara，ミヤマスカシユリ var. *bukosanense* (Honda) H.Hara という．エゾスカシユリ *L. pensylvanicum* Ker Gawl. は，本種に似るが花被片がやや薄く外側に綿毛が一面にあり，北海道と東北地方北部の海岸に生えるが，これをスカシユリの亜種とする意見もある．

404. ヒメユリ　〔ユリ科〕

Lilium concolor Salisb.

（*L. concolor* var. *partheneion* (Siebold ex de Vriese) Baker）

観賞のため栽培される多年生草本であるが，本州から九州の山地にも自生している．鱗茎は白色卵球形で数個集まってつき，広披針形の鱗片葉からなる．茎は直立し，緑色で無毛，高さは 30～50 cm で太くない．葉は散在して互生し，線形または線状披針形，長さは 5 cm 内外である．夏に茎の先に 2～3 花を直立して上向きに開く．花柄も直立し紫の点がある．花は濃赤色がふつうだが稀にはキヒメユリ f. *coridion* (Siebold ex de Vriese) E.H.Wilson という黄花品がある．径は 5 cm 位．花被片は基部から星状に開出し各片は狭く，先端は少し外側に反っている．内面には細点のあるものが多く，外面はつぼみの時は綿毛におおわれている．雄しべは雌しべと同じ長さであるが花被片よりは短く中央に立っている．花粉は花被片と同色で赤い．〔日本名〕姫百合は花が小さく可憐なためである．〔漢名〕山丹．

405. **ヒメサユリ** 〔ユリ科〕

Lilium rubellum Baker

新潟県と東北地方南西部の高山に生える多年生草本．高さ 30～40 cm で西南日本に産するササユリに似ているが丈低く，葉は短いがかえって幅広く，花数が少なく，雄しべが花外に出ないという違いがある．恐らくササユリから分化した種であろう．鱗茎は卵球形，鱗片葉は白色で長卵形をしている．茎は直立し，円柱形で細く，無毛である．葉は披針状長楕円形で先は鋭尖し，短い柄があって長さは 5～8 cm．盛夏の頃に，茎の先に 1～2 花を側向して開く．花は漏斗状鐘形で淡桃色で実に可憐である．花被片は倒卵状披針形で長さ 5～7 cm あり，鈍頭からやや鋭頭，上部は少し反っている．雄しべ 6 個は花被よりずっと短く花の内に潜在している．切花として市場に出す．〔日本名〕サユリ（ササユリ）に似て小形なのでいう．〔追記〕本図の花被の様子は正しく描かれておらずむしろササユリに近い．

406. **ササユリ**（サユリ） 〔ユリ科〕

Lilium japonicum Houtt.

本州（中部以西）から九州の山地に生える多年生草本．鱗茎は卵球形で扁平多肉，白色の鱗片葉が重なっている．茎はやせた長い円柱形をして立ち，つやがあり，高さは 0.5～1 m にもなって葉を互生する状態はヤマユリに似ている．葉は狭い披針形，または披針形で，長さは 10 cm 内外，基部は漸尖形で急に鈍形をして短い柄となる．8 月頃茎の先に 1～6 花を開く．花は大輪で長さ 10 cm 内外の漏斗状鐘形で淡紅色，なかなか可憐な姿である．花被片は倒披針形で下部は互いに重なって筒状となり，内面には細点はない．雄しべ雌しべは一束になって少し花外に出ている．葉が特に狭く長く花の香りが強いものをニオイユリとして区別することもある．また，葉に白く縁取りのある園芸品種をフクリンササユリ 'Albomarginatum' という．〔日本名〕笹百合は葉の感じがササの葉的な印象があるのでいう．また別名サユリは早く咲くユリという意味かまたはサツキ（旧暦 5 月）ユリの意味であろう．〔漢名〕百合は中国産の別種である．〔追記〕本図の花被の様子は正しく描かれておらず，むしろヒメサユリに近い．

407. **カノコユリ** 〔ユリ科〕

Lilium speciosum Thunb. f. ***speciosum***

四国および九州のがけに生える多年生草本であるが，また観賞のために栽培される．鱗茎は球状ではなはだ大きく径 10 cm 近くあり，鱗片葉は黄色または黄褐色をしている．茎は長さ 1～1.5 m 位で直立するか下垂し，円柱形で平滑である．葉は広い披針形または楕円形，長さは 15 cm 内外で先端は鋭尖形，基部は円形で有柄のものが多く革質でつやがある，盛夏に茎の先にまばらに枝を出して大形の花がつき急に下を向いている．花径は 10 cm 位で花被片は基部から平開し，先は著しく反り返り，白色で内面にうす赤色のぼかしがあり，さらに鮮紅色の点を一面に散布して大変美しい．また花被片の内面には基部付近に太い毛状の突起が目立つ．雄しべ 6，雌しべ 1 は花被より前方に突出し，花粉は暗褐色である．〔日本名〕鹿之子百合．花被内面の斑点を鹿子絞りにたとえていう．〔追記〕四国と九州北西部に生え，茎が細くてがけから下垂するものを変種タキユリ var. *clivorum* S.Abe et T.Tamura として区別することもある．タキユリは高知の地方名でタキとはがけのことである．

408. **シラタマユリ**（シロカノコユリ） 〔ユリ科〕

Lilium speciosum Thunb. f. ***kratzeri*** Duchartre ex Baker

（*L. speciosum* var. *tametomo* Siebold et Zucc.）

人家に栽培される多年生草本でカノコユリの品種である．茎は直立または斜上し高さ 0.5～1 m でカノコユリよりふつう小さく，全く緑色である．葉は茎全体に散らばり，広披針形で平開し短い葉柄がある．夏に茎の先に少数花からなる総状花序をつけ，白い花を開く．花はカノコユリに似ているが少し小輪で，側向し，花被片は基部から反り返っているが，純白で少しも赤い部分がない．基部の近くに白色の柱状の突起が疎生している．雄しべ 6 本は花被の中央に立ち，淡緑色をしている．葯は茶褐色である．鱗茎は黄色で食用にすることができる．〔日本名〕白玉百合で花の姿が丸みを帯びて白色なのでいう．

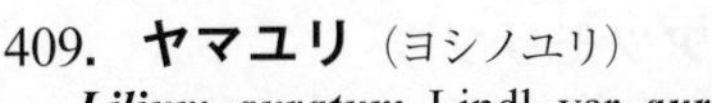

409. ヤマユリ（ヨシノユリ）　〔ユリ科〕

Lilium auratum Lindl. var. ***auratum***

本州近畿以東の山地に生え，また人家に栽培する多年生草本．茎は高さが 1〜1.5 m 位で直立しているが花が開くと花の重みのために少し倒れるものが多い．鱗茎は大形で，径 10 cm 内外あり，扁球形，鱗片葉は卵状披針形で厚みがありまた黄味がかっている．葉は茎に散在するが，横を向いている茎の場合はよく 2 列になっている．葉は披針形または広披針形で長さ 10〜15 cm，革質でなめらかで深緑色，先端は鋭尖形で基部は円く，短い柄がある．盛夏の頃，茎の先に数個の豊大な美花を開き強い香気がある．花被は径 15〜20 cm，椀状鐘形に開き，白色で内面に赤い小点を満布している．花被片は卵状披針形で先端は外に反り返り，基部は狭まった爪状にはならず，中脈に沿って黄色くなり基部は深く落ち込んでその附近には短柱状の突起が一面にある．雄しべ 6 個は花被と同じ高さで葯は長さ 2 cm 内外あり，暗紅褐色で花粉は紅褐色である．園芸品種にベニスジまたはハクオウ等がある．鱗茎を食用にする．〔日本名〕山百合の意味．別名ヨシノユリ，エイザンユリ，ホウライジユリはどれも産地吉野山，比叡山，鳳来寺山にちなんだものである．

410. サクユリ　〔ユリ科〕

Lilium auratum Lindl. var. ***platyphyllum*** Baker

（*L. platyphyllum* (Baker) Makino）

伊豆諸島に産する多年生草本．全形ヤマユリに似て壮大でヤマユリから伊豆諸島で分化した変種である．鱗茎は大きく黄色で，鱗片葉は肥大している．茎は粗大な円柱形で直立し，高さは 1 m 余りになる．葉は多数が茎に互生し，披針形または長楕円形で短く尖り，7 つの主脈がある．色は緑で質が厚い．7 月茎の先に短い総状花序が出て数花を開き，葉状の苞葉があり，中軸は短く，花柄は開出する．花は純白色で大きく芳香があり，広い鐘状．花被片は 6 枚で広く，先端は反り返り，中央脈に沿って黄色を帯び，赤点を散布し，下方に乳頭状の突起が多い．雄しべは 6 個で葯は赤褐色をしている．子房は円柱形で溝がある．さく果は長楕円体となる．日本産ユリ属の王者といえよう．〔日本名〕伊豆諸島青が島（八丈島の南方にある）の方言でサックイネラというのに基づく．イネラはユリを呼ぶ名だという．

411. テッポウユリ（タメトモユリ）　〔ユリ科〕

Lilium longiflorum Thunb.

琉球に自生する多年生草本であるが観賞のため栽培する．鱗茎は平頭の球形で径 5 cm 内外あり鱗片葉は淡黄色をしている．茎は剛壮で葉とともに淡緑色をし高さ 0.5〜1 m ある．葉は多数茎の上について散開し，披針形または長楕円形で先端は尖り，上面はつやがあって脈が陥入する．葉柄は無い．初夏の頃茎の先に 2〜3 花を側向して開く．花はラッパ形で長さ 15 cm 内外．純白で芳香があって大変清らかな感じであるので，米国でイースターの祭りの花として賞用される．花被片は外側主脈が強く隆起し時々緑のぼかしがある．雄しべ 6 個は潜在し，花粉は黄色である．切花用として賞用されるので鱗茎は外国へ盛んに輸出された．時々葉に白覆輪のあるものを栽培する．これを長太郎百合（チョウタロウユリ）'Albomarginatum' という．長太郎はこれを作出した植木屋の名であるらしい．〔日本名〕鉄砲百合は花被片が重なり合って細長い筒状となった花の形を昔の鉄砲に見立てた名．別名をタメトモユリともいうが，これは原産地を八丈島と誤解し，同島に流された源為朝にまつわる伝説から名付けたものである．しかし，カノコユリの白花品シラタマユリやサクユリもこの名で呼ばれることがある．

412. クマガイソウ　〔ラン科〕

Cypripedium japonicum Thunb.

北海道から九州の丘陵の木の下，時には竹林中に生える多年生草本で高さは 30〜40 cm 位．根茎は地中を横にはい，屈曲した太い針金状，節から少数の太い根を出す．茎は直立し，粗毛が多く下部には 3〜4 の鞘状の葉がある．上部には無柄の大きい葉 2 枚を接近して互生し対生に見える．葉は縦ひだが多く扇を広げたようで下面には軟毛がまばらにある．4〜5 月頃葉の間から高さ 15 cm 内外ある花柄を 1 本直立させ，頂に径 8 cm ほどの大きな花を横向きに 1 個つけ，花の下に緑色卵形の苞葉が 1 枚ある．花は黄白色に薄く緑色を帯び花被片は平開し，外花被片の背側の 1 個は披針形で尖り，側方の 2 個は合体して尖った広卵形で唇弁の後ろにより添う．内花被片 2 枚も披針形で尖り，下部の内面に細毛と紫点がある．唇弁は巨大な袋状で懸垂し，はなはだ奇観を呈し，袋の表面は淡白色地に紅紫色の網状の脈があり，基部は広く開いて後壁面に毛がある．ずい柱は前方に突出して袋の口をさえぎり頂にほこ形で広卵形の仮雄ずいがついて柱頭の背中にかぶさり，またずい柱の上部の両側には別に葯が 2 個ある．下位子房は円柱形で彎曲し細毛がある．〔日本名〕熊谷草はその袋形の唇弁を熊谷直実（くまがいなおざね）の背負った母衣（ホロ）にたとえたもの．

413. アツモリソウ 〔ラン科〕

Cypripedium macranthos Sw. var. ***speciosum*** (Rolfe) Koidz.

本州中部以北の山中の草原に生える多年生草本で高さは 30〜50 cm 位ある．根茎は短く横にはい，粗大で，細いひげ根が多い．茎は直立して粗毛が多く，幅広く大きい葉を 3〜4 枚互生する．葉は広楕円形で長さ 10〜20 cm 位，先は鋭尖形で基部は茎を抱き，両面に毛が生え，茎頂は上方に離れて緑色の 1 苞葉がある．5〜6 月頃，その先に大きな花を 1 個点頭して開く．花は径 5 cm 内外，紅紫色から淡紅色になり，白色花もまれにある．外花被片の背側の 1 枚は広卵形で尖り，側方の 2 枚は合体して卵円形，内花被片 2 枚は卵状披針形で尖り，ともに開出し上半部は少し内側に向く，唇弁は扁球形の袋状，上部に漏斗状の開口がある．ずい柱は唇弁の口にその頭部をさし入れ，上部柱頭の両側に 2 雄しべの葯がある．頂には広く大きい仮雄しべが柱頭の背面をおおっている．〔日本名〕敦盛草の意味でその袋状の唇弁を平敦盛（たいらのあつもり）の負った母衣に見立ててつけたもので熊谷草に対立させたものである．

414. キバナノアツモリソウ（コクマガイソウ） 〔ラン科〕

Cypripedium yatabeanum Makino

（*C. guttatum* Sw. var. *yatabeanum* (Makino) Pfitz.）

本州中部以北の亜高山に生える多年生草本，高さは 20 cm 内外あり，地上には細長い根茎が横にはい，節からひげ根を出している．茎は緑色で直立，円柱状で粗い毛を生じ，下部に鞘状葉がつく，葉は 2 枚，茎頂に向き合って互生し，広楕円形で先は微凸頭，基部は無柄で互いに抱き合い，下面の脈上に毛があり，乾くと暗色に変わる．葉の間から有毛で緑色のやせた花柄を出し，7 月頃頂に 1 花をつけて懸垂し，花の直下に 1 苞葉がある．花は淡黄緑色，紫褐色の斑点があり，上方の外花被片の上には広卵形，側方の 2 枚は唇弁の後ろで合着し先が少し 2 分している．内花被片 2 枚は楕円形，上部はへら形でしかも質が厚く円頭となる．唇弁は円筒状の袋形，広く開口し，口部の一部は内曲し，袋面は黄緑色で紫褐斑がはっきり見え，内面は軟毛を密生する．ずい柱は大きく，黄白色，上半は強く下曲し，上部の仮雄しべは肉質で半月形の 2 片がくっついた形状をなし，白色で先端に黄緑色の斑点があり，基部は黄色．〔日本名〕黄花の敦盛草並びに小熊谷草の意味である．

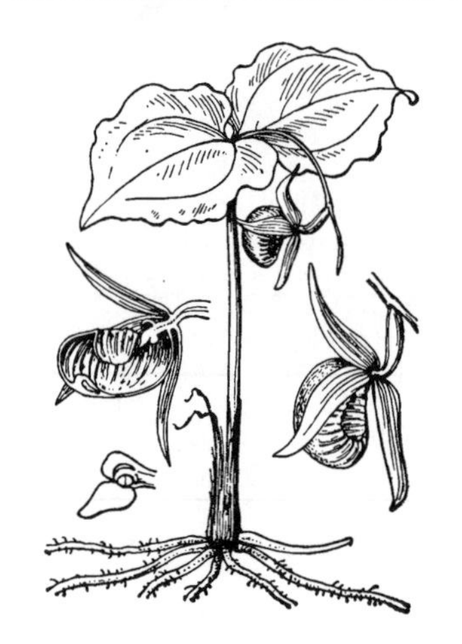

415. コアツモリソウ 〔ラン科〕

Cypripedium debile Rchb.f.

本州から九州の山中の針葉樹林の下の暗い場所に生える無毛の多年生草本で高さ 10〜20 cm 位，根茎は短小で，綿毛がある長いひげ根を出している．茎頂に広卵形または卵状円形で鋭頭，柄のない 2 葉が相対して展開し，上面にはひだは少しもなく，つやがあり，基部は円状心臓形で，主脈は 3，ふちはときには波をうつ．5〜6 月の頃，葉の間に細い小花柄を出し，淡紫のぼかしのある黄緑色の花を開き，花下に線状の苞葉が 1 ある．花径は 2 cm 内外，外花被片は卵形で尖り，上位の 1 枚は独立し，側位の 2 枚は合体して 1 枚となり舟形をして唇弁の後ろにつき，内花被片 2 枚は披針形で尖る．唇弁は扁球形の椀状で口縁部は内曲し，暗紫色の線がある．ずい柱は短小で，仮雄しべはへら形の帽状で突出し緑色．〔日本名〕小敦盛草の意味で，全草が小形なのでいう．

416. トキワラン 〔ラン科〕

Paphiopedilum insigne (Lindl.) Pfitz.

インド北東部とネパール東部の山地に分布し，石灰岩地の滝に近い露頭や低木林の明るい日陰に生える常緑の多年生草本．高さ 30〜50 cm になり，粗毛に覆われた太い根が株の下からやや水平に出る．葉は二列生で，3〜6 枚，革質，舌状，長さ 20〜35 cm，幅 2.5〜3 cm，先端はわずかに 2 裂．花茎は暗緑褐色で，紅紫色の短毛が密生し，冬，頂に径 7〜10 cm の 1 花が横向きに咲く．苞葉は長さ 4〜5 cm で無毛．上方の外花被片は緑色に褐色の斑点があり，ふちは白く，下方の外花被片は 2 つが合着して 1 枚となり，淡緑色で基部半分に淡褐色の斑点がある．側方に開く 2 枚の内花被片は帯黄緑色で，暗褐色のすじがあり，開口部が広い袋状の唇弁は長さ約 4 cm，黄褐色地に濃褐色の網脈が入る．花の中央にやや倒卵形，長さ約 1 cm の仮雄しべがあり，その表面に紅紫色の毛が生えている．変異に富み，園芸品種が多い．同属の各種は温室で栽培され，わが国では学名（属名を英語読み）で呼ばれることが多い．〔日本名〕常盤蘭で常緑葉に由来．

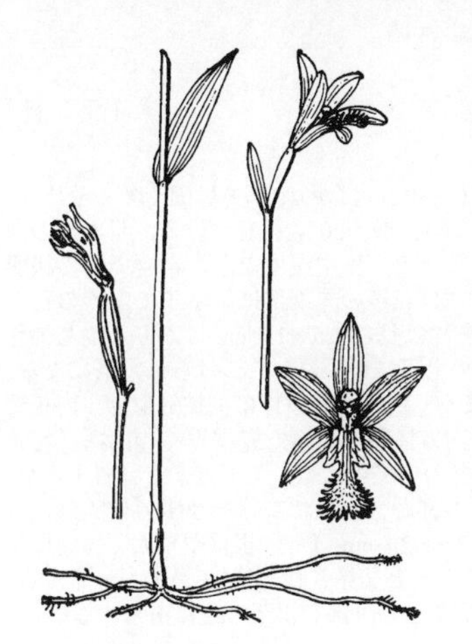

417. トキソウ　〔ラン科〕

Pogonia japonica Rchb.f.

北海道から九州湿原に生える多年生草本．ひげ根が数本水平に広がるほか，はっきりした根茎は見られない．茎は直立し高さ 15～20 cm で中途に 1 葉がある．葉は柄なく，長楕円形で扁平，黄緑色で少し直立し，基部は茎に延下している．5～6 月頃先に紅紫色の花を 1 個開く．花下には子房より長い葉状の苞葉がある．花は直立し径 2 cm 位，外花被片 3 個は長楕円状倒披針形をして上半は外曲し，内面は淡色である．内花被片は外花被片と同じ長さで直立し，倒披針形で鈍頭，外面中脈は濃色である．唇弁は 3 中裂し，側裂片は低くて内方へ倒れてずい柱を両側から抱き，中裂片は花被片の間からわずかに突出して見え，内面には多数の白色の突起がブラシ状につき，また縁には櫛の歯状の切れこみがある．ずい柱は生時花中にかくれている．〔日本名〕朱鷺草はトキ（朱鷺）の羽色の色，すなわち淡い紅色をした花の色に基づく．

418. ヤマトキソウ　〔ラン科〕

Pogonia minor (Makino) Makino

北海道から九州の山地向陽の草間に生える多年生草本．高さは 10～20 cm，茎は直立し，中央下部に 1 枚葉をつけ，また花の下にある 1 苞葉は葉と同様でただ小さいだけなので一見 2 葉あるように見える．大体の形はトキソウに似ているが，生える環境は違い，また葉は楕円形で長さが 3～7 cm，幅は広くまれには 18 mm 位になる．6 月頃茎の先に 1 花を直立して開き，花被は平開せずに閉じ，トキソウよりも短く長さ 10～16 mm 位ある．外花被片は狭く線状披針形，先端は尖っている．色は薄く白色にうす紫のぼかしがある．唇弁は内花被片とほとんど同じ長さでトキソウのように花外に出ることはまれである．〔日本名〕山朱鷺草で山地に生えるトキソウの意味である．

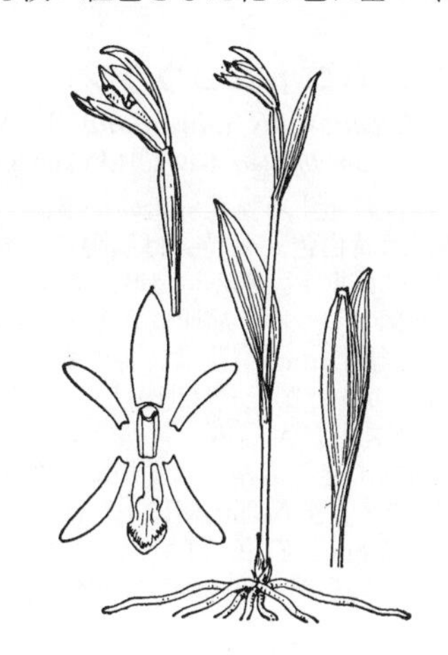

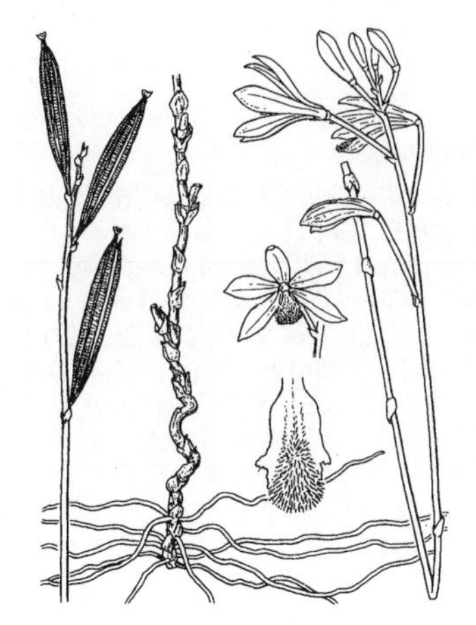

419. ムヨウラン　〔ラン科〕

Lecanorchis japonica Blume

宮城県より南の温暖の地の林内に生える無葉の菌根植物で高さは 30 cm 内外．地下には鞘状の鱗片のある細長い根茎が横にはいやや硬く多くは黒色をしている．茎は 1～3 本ばかりが 1 株から出て，無毛，白質で直立し，細いが強く，光沢がある．初夏の頃，茎の先に総状に見える穂状花序が出て 5～7 花をつけ，花下の細長い下位子房は細いので一見花柄のように見える．花は 2 cm 内外の長さで，淡褐色で時に紫色を帯び，微香がある．花被の基部で子房の上部に当たるところには短鐘状の突起があって，歯状に割れており，この存在が本属の特徴である．花被片は倒披針形，唇弁もまた同じく倒披針形であるが基部は細長いずい柱を囲み，上部は少し広がってビロードのような毛を密生する．さく果は狭長で熟して乾くと茎と共に黒色となる．〔日本名〕無葉蘭は葉がないので名付けられた．〔漢名〕玉蘭を用いるが正しくない．

420. ウスキムヨウラン　〔ラン科〕

Lecanorchis kiusiana Tuyama

静岡県から九州に至る暖地の常緑樹林に生える無葉緑の菌根植物．花茎は高さ 10～20 cm 位で，根茎は短く木質で黒色を呈し，やや太い根を地中に水平に広げる．花は散生し 3～7 個ばかり，茎は淡青紫色，長さ 4 mm 内外の鞘があり，茎を抱く．子房の基部の苞は小形で子房を抱くが，平たくすれば卵状三角形である．花は淡黄褐色で満開時にも広くは開かず，直立し，香はなく，子房は棒状で，先端に小きょ歯のある杯形の副がくがある．外花被片は倒披針形，鈍頭で長さ 14 mm 以下，内花被片は多少小形．唇弁は白色，下方はずい柱と合着して管を作り，上半部は浅く 3 裂し，裂片の先端部は浅い波状縁をなす．中央裂片は側裂片より大きく中央に毛が直立して密生し，下方ではこの毛は下方に向かって圧扁され漸次薄くなる．この毛は多細胞で，全体棍棒状，先端は紫色を帯び小突起がある．毛はほぼ下半部で互いに横方向に平たく扇状に合着している．唇弁は上端は外反して花被片の外方にわずかに表われ，また左右から内方に巻きこんでいる．果実は長さ約 2 cm，花軸は花後も伸長する．〔日本名〕ウスキは薄黄の意で液滲標本にした時の色である．ウスギはうす汚い感じがあるので避けた．

421. クロムヨウラン 〔ラン科〕

Lecanorchis nigricans Honda

林下に生える無葉緑の菌根植物．茎は細く，高さ 20〜30 cm ばかり，下方は固く多く分枝し，鞘をまばらにつけ，おのおのの枝の先に穂状花序をつけ，数〜20 数花をつける．日本産の同属の他の種と異なるのは花序が長期間のびつづけることと，室中湿度などの影響で蕾の状態のまま落下することが多いことである．状態がよければ花序の先端部に至るまで多くの花を開く．花柄のように見える子房は長さ 2〜3 cm，花被片は長さ 1.5〜1.7 cm ばかり，少し褐色を帯びる白色で，満開のときは花弁を広く開き，かつ上下に扁平におしつけられた形になる．満開の状態は 1〜2 日しか続かず，すぐに閉じてしまう．内外の花被片は倒披針形で，内花被片はやや短小．唇弁は先端が円く，3 裂せず，やや内方に巻き込み，先端近くの内面に乳頭状の短毛があり，その先端は紫色である．この毛は唇弁の中央線にそって下方まで分布するが，漸次にまばらになり，純白である．唇弁の基部はずい柱と合着して筒状をなす．果実は線状長楕円体で漆黒色を呈し，直立または開出し，長さ 2.5〜2.8 cm ほど．根はやや太く短い根茎から水平に広がる．茨城県以西から九州までの暖地に点々と発見され，伊豆諸島にも分布する．花は 7〜8 月に開く．〔日本名〕クロムヨウランは果実や茎の下部，根茎の色に由来する．

422. ムロトムヨウラン 〔ラン科〕

Lecanorchis taiwaniana S.S.Ying

（*L. amethystea* Sawa, H.Fukunaga et S.Sawa）

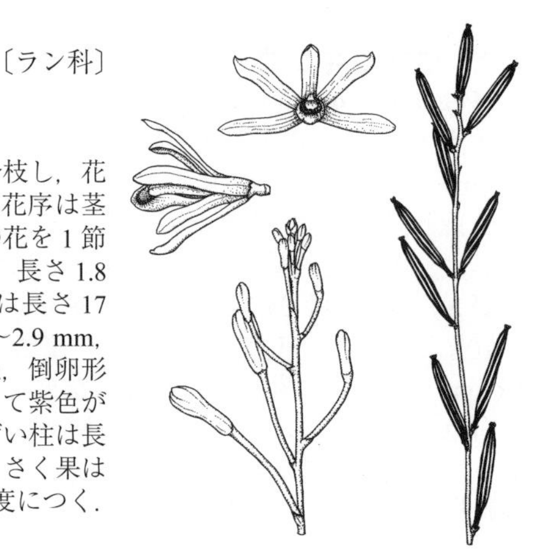

四国に産する無葉緑素の菌根植物で，高さ 20〜45 cm．茎は基部で分枝し，花時には黄白色，果時には黒褐色，無毛で直径 1.5 mm，鞘状葉は膜質．花序は茎の上部に単生，あるいは時に基部で分枝し，長さ 6〜15 cm，4〜15 個の花を 1 節に 1 個ずつつけ，節間は長さ 5〜10 mm，苞は鞘状葉と同様で倒披針形，長さ 1.8 mm，幅 1.1 mm．花は芳香があり，花柄のように見える細い子房部分は長さ 17 mm，萼片と側花弁は開出し，広線形で円頭，長さ 14〜16 mm，幅 2.5〜2.9 mm，3 脈があり，黄白色，唇弁は前に突き出し，長さ 14〜15 mm，幅 7 mm，倒卵形で内側に巻き込み，わずかに 3 裂し，5 脈があり，黄白色で先に向かって紫色が強くなり，先端部内側に毛があり，基部に白色の乳頭状突起がある．ずい柱は長さ 12.5 mm，白色，半分以上が唇弁と癒合する．花期は 7 月から 8 月．さく果は棒状，長さ 21〜30 mm，淡褐色で突起があり，花序軸に対して 20〜45 度につく．

423. バ ニ ラ 〔ラン科〕

Vanilla mexicana Mill.

（*V. planifolia* Andrews ; *V. fragrans* (Salisb.) Ames）

中央アメリカと西インド諸島原産で，今は熱帯地方で広く栽培される常緑の着生つる植物．多肉質の茎は長くはい，葉の反対側から白い着生根を 1 本出して，ふつう木によじのぼり，高さ 10〜15 m に達する．葉は互生，長さ 8〜25 cm，幅 2〜8 cm，先は尖り，基部ほぼ円形，脈は不明瞭．葉柄はごく短くて V 字状．花序は腋生，長さ 5〜8 cm，6〜30 花をつけるが，同時には 1〜3 花が咲き 1 日でしおれる．花は淡緑ないし黄緑色，径約 10 cm．花被片の長さ 4〜7 cm．唇弁は他の花被片より短く，基部中央に広い有毛部があり，前半分中央線に沿って数条の逆毛がある．ずい柱は長さ 3〜5 cm，やや前方に曲がり，腹部に毛がある．花粉塊は 2 個で軟らかい．果実は垂れ下がり，縦に鈍い 3 稜があり，長さ 10〜25 cm，径 8〜15 mm，はじめ緑色，熟して光沢のある黒紫色になる．種子は黒色でやや球形，径約 0.4 mm．果実を発酵熟成させると芳香が生じるようになり，それから香料が生産されるが，日本では標本用に温室で栽培される程度である．バニラはスペイン語の vainilla（小さな莢（さや））に由来し，果実の形にちなむものである．

424. ツチアケビ（ヤマノカミノシャクジャウ） 〔ラン科〕

Cyrtosia septentrionalis (Rchb.f.) Garay（*Galeola septentrionalis* Rchb.f.）

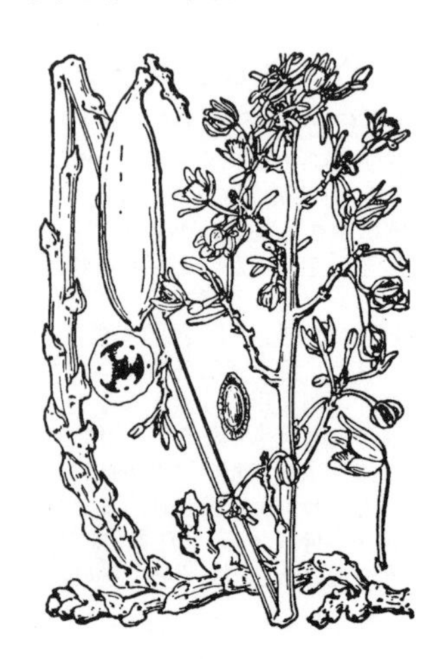

北海道から九州の深山の木陰の地に生える多年生の無葉蘭で黄褐色，高さ 30〜50 cm 位でときには 1 m に達する．根茎は粗大で鱗片を互生し，長く地中を横にはっている．茎は硬く直立し，上部で分枝し，鱗片を散生している．6 月頃枝先に複総状花序を出して多数の花をつけ，全体に大きな円錐状花穂となる．花は半開で径 2 cm ばかり，淡黄色，先端に淡紅色のぼかしを帯び短柄があって長い下位子房に連なり，あたかも長柄があるように見える．花被片は長楕円形または狭披針形で上位の外花被片は卵状を帯びている．唇弁は円形でふちは細裂し黄色である．ずい柱は長く立ち少し前へ曲がり，葯には 2 個の花粉塊がある．花後に肉質で赤色のバナナ形の果実を結び，短柄で枝端から懸垂し，長さ 10 cm 内外，径 15〜26 mm ばかりで頗る異彩を放ち，蘭とは思えない．〔日本名〕土アケビは土に生えてアケビのような実を結ぶのでいい，ヤマノカミノシャクジョウ（山の神の錫杖），キツネノシャクジョウは果実が茎の先から下垂するさまを錫杖に見立て，ヤマトウガラシは果実の形色がトウガラシに似ているのでいう．

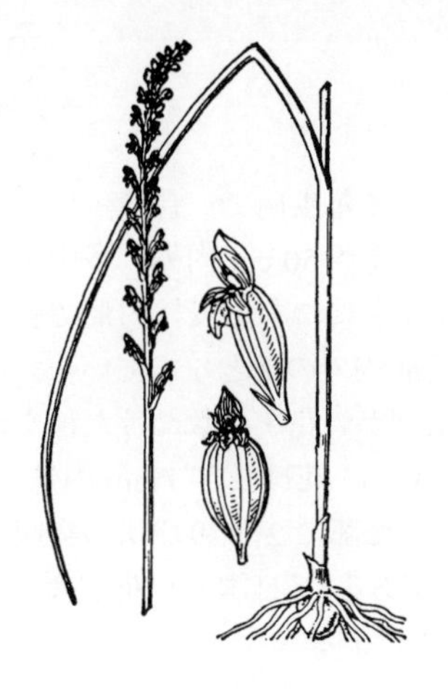

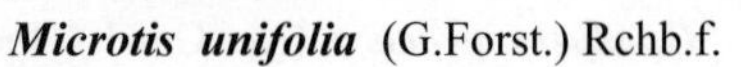

425. ニラバラン　〔ラン科〕

Microtis unifolia (G.Forst.) Rchb.f.

南方に広く産し，日本でも千葉県以西南の暖地の向陽の草原または海岸の塩性湿原に生える多年生草本．高さは 15〜30 cm，全草軟らかく淡緑色で球根 1 個と若干のひげ根を出し，ひげ根中の 1 本の先には別の球根をつけて次年に別株となる．葉は 1 個で円柱状，下部は葉鞘となる．4〜5 月頃，茎の先に 3〜6 cm の穂を出し，緑色の花をつける．上部が咲き終わらない内に下部は結実し，楕円体の子房が目立つ．花被片は 2 mm 内外で楕円形に近く，唇弁もまた楕円形で少し角張り，基部の両側には突起がある．〔日本名〕韮葉蘭で葉状をニラにたとえ，大久保三郎の命名．

426. コオロギラン　〔ラン科〕

Stigmatodactylus sikokianus Maxim. ex Makino

本州（紀伊半島），四国，南九州の深山林下の腐葉中に生える小形の蘭でまれにしかない．高さ 5 cm 内外で地下に綿毛のある小根茎があり，その先端に小球がある．茎は非常に弱々しく，途中に三角状の小形葉 1 個をつけている．9 月頃に茎の先に 2〜3 花を開く．花は径 1 cm ばかりで内外の花被片は線形で尖り開出し，淡緑色である．側方の外花被片 2 枚は唇弁の下にかくれている．唇弁はずい柱と直角に出て広い円形で淡紫色，中央は色が濃くなり，基部の内面に長さ 1.5 mm ほどの 4 裂した肉質棒状の附属物が突出している．ずい柱は中央部の腹面に附属物を有し，頭部は円く，柱頭の直下からは指状の突起が出て先が円くなっているのではなはだ珍らしい．〔日本名〕明治 22 年（1889）牧野富太郎が初めて高知県横倉山に発見命名したもので，唇弁の色と感じをコオロギの羽根に見立てたものである．〔追記〕属名はずい柱の特徴から与えられた．すなわち柱頭（Stigma）と指先（dactylos）の合成語である．対応種はヒマラヤ，マレーシア地域に産する．しばしば *Pantlingia* が属名として使われるが，*Stigmatodactylus* の方が早く発表されている．

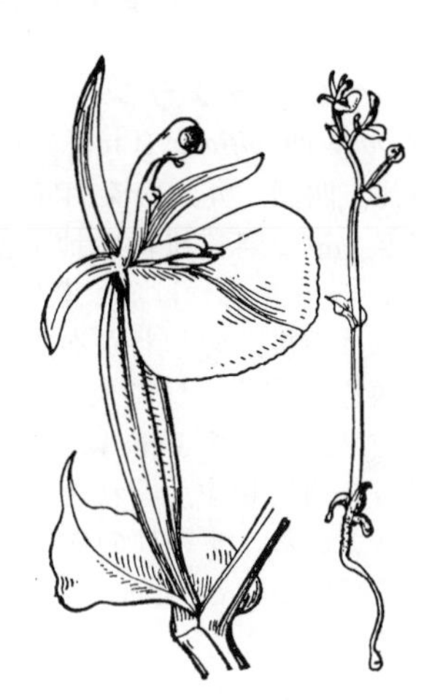

427. ネジバナ（モジズリ）　〔ラン科〕

Spiranthes sinensis (Pers.) Ames var. ***amoena*** (M.Bieb.) H.Hara

日本全国の原野や公園の芝地または田のあぜの草中に多い多年生草本．高さ 15〜30 cm．地下には白色多肉の紡錘根が 3〜4 本集まっている．葉は根生で斜開し，広線形をし，淡緑色で尖り全縁，主脈は凹み基部は短い鞘状をしている．夏に葉間に 10〜30 cm の茎を 1 本出し，淡緑色で断面は円く，上部にねじれた穂状の花序を出して多数の桃紅色の小花を綴り，その様子は大変可憐である．花軸には子房とともに立毛が生える．花は側向し，鐘形で平開しない．花被片は卵状披針形，唇弁は淡色で倒卵形，上部は広くふちに細かいきょ歯があり，反り返っている．子房は楕円体で上部は側向し緑色有毛である．〔日本名〕ネジバナはねじれた花序から付いた名．別名の捩摺は捩れ摺りの意でシノブモジズリの語に基づいてこの花がモジレて巻く様を説明した名である．〔漢名〕盤龍参．

428. アリドオシラン　〔ラン科〕

Odontochilus japonicus (Rchb.f.) T.Yukawa

（*Myrmechis japonica* (Rchb.f.) Rolfe）

四国および近畿地方以北の亜高山森林中に生える小形の多年草．茎は細いひものようで地上をはい，節がまばらにあって根を出すことは稀である．上部は斜上して，緑紫色で無毛，長さ 1 cm 内外ある卵円形の小さい葉を互生する．葉の先端は鈍形のものが多く基部は往々心臓形となり，短い柄があってさらに葉鞘となっている．7〜8 月に茎頂に花茎を出して高さ 10 cm 内外となり，白軟毛をまばらに生じている．花は白色で長さ 1 cm 未満，1〜2 個が茎の先に出て側向している．鐘形で外花被片は卵形，先端は鋭尖形をし，内花被片は長卵形，唇弁は丁字形をして花被片より少し超出している．ずい柱は先端に 2 歯あり，その左右に 2 柱頭を柱状に突出している．〔日本名〕蟻通し蘭の意味でその葉状がまるでアリドオシ（アカネ科）に似ているので名付けたというが，むしろ同科のツルアリドオシに似ている．

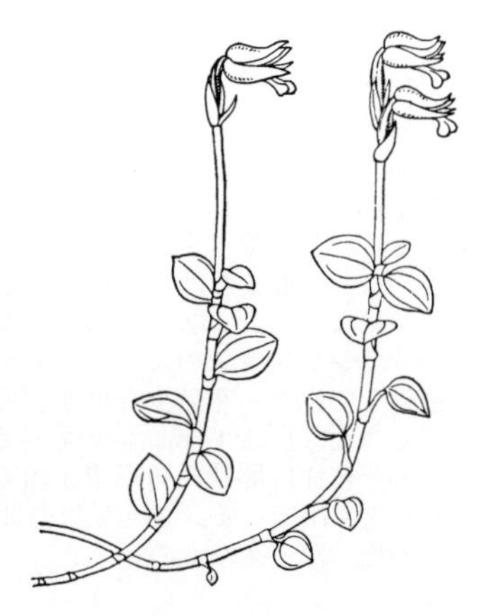

429. キンギンソウ 〔ラン科〕

Goodyera procera (Ker Gawl.) Hook.

ヒマラヤからマレーシアにわたって生える多年生蘭で，台湾，琉球を経て屋久島や小笠原諸島にもまれに生える．高さ 50 cm 内外，多肉茎の下部は傾上する．葉は茎の下部に少し密に左右につき，長楕円形で長さ 10 cm 内外，先端，基部ともに鋭尖形で 5 cm 内外の柄となっている．淡緑色で少し多肉質で光沢がある．4〜5 月頃細かい花を多数つけた穂を直立させ，白花を開くさまはミズチドリと似ている．花は長さ 3 mm 内外で，花被片は円く集まって立ち，唇弁は卵形で，舷部に 2 個の球状の突起があり，ふくらんだ基部の中に左右 2 列の毛がある．〔日本名〕花がはじめは白色であるが，やがて開くと黄色くなるのによる．

430. ベニシュスラン 〔ラン科〕

Goodyera biflora (Lindl.) Hook.f.（*G. macrantha* Maxim.）

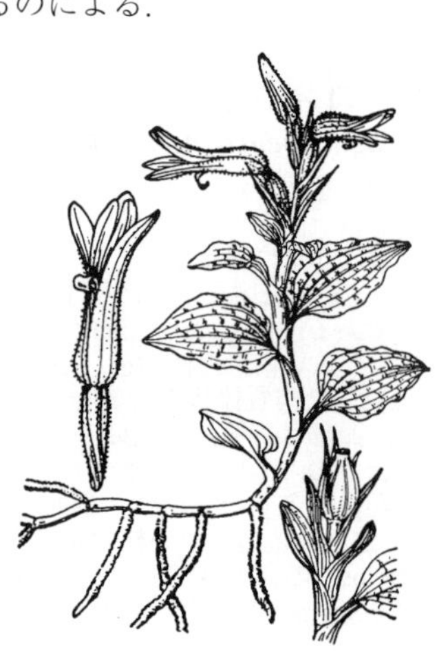

本州，四国，九州の深山で木陰の湿った所の林床に生える多年生草本．高さ数 cm で肉質紐状の地下茎が地上をはう．茎は斜めに立ち上がり，左右に 4〜5 葉をつける．葉は薄手の肉質，卵状楕円形で長さ 4 cm 内外，ふちには不規則のしわがある．上面は淡い灰緑色で，脈が不鮮明な格子目の模様を作る．夏に入ると茎頂に大きな花を 2〜3 個つける．苞葉は著しい．花は長さ 3 cm に近く，外花被片は赤味を帯びた淡褐色で各々より添って開出せず，縮れた毛が生える．唇弁はそれらより短く先端はそり返っている．ずい柱の先端は長く 2 裂して突出し，その上に長い柄のある花粉塊がのる．〔日本名〕紅繻子蘭で紅色の大花をつけるシュスランの意味である．

431. シュスラン（ビロードラン） 〔ラン科〕

Goodyera velutina Maxim.

日本の中部および南部の山地樹林下に生える常緑の多年生草本．茎は褐紫色で長く地をはい，各節から太いひげ根を出し，上部は斜上して 4〜5 葉をまばらに互生している．葉は長卵形または卵状楕円形で鋭頭，基部は鈍形，ふちは小さく波状となり，上面は暗紫緑色で中央に 1 条の淡白線があり，全面に短い乳頭状毛を密生し一見ビロード状をしている．8〜9 月頃茎の端に花茎を 10 cm 位出して白毛を密生し，偏側性の穂状花序をなして淡茶色の花を開く．花下の苞葉は針状で尖り子房より長い．花は広鐘形をし，長さ 6〜7 mm．花被片は鈍頭，外花被片は短毛におおわれ，唇弁は下部がふくらんで出ており，花柱先端の小嘴体は長く突き出ている．子房は外花被と共に巻いた縮れ毛があって，さく果となっても短毛が残っている．〔日本名〕繻子蘭並びに天鵞絨蘭は葉の色と感じとを織物のしゅすあるいはビロードにたとえたものである．

432. アケボノシュスラン 〔ラン科〕

Goodyera foliosa (Lindl.) Benth. ex C.B.Clarke var. ***laevis*** Finet
（*G. maximowicziana* Makino）

全国の山地林下に生える常緑の多年草で，地下部は根もと近くだけ越冬する．茎の下部は細長く地上をはい，節毎に 1 根を出し上部は傾上して 4〜5 葉を互生する．花茎を除き全株無毛である．葉は卵状楕円形でやや多肉，鋭頭で基部は広いくさび形または少し鈍形となり，ふちに少ししわがあり，上面は淡緑色，白すじはなく，シュスランのような色つやはない．秋に入って開花する．花茎は短くてシュスランのように葉のついた部分から高く抽け出ることをせず，葉に接近して生じ，花は少ないが密である．花下の苞葉は披針形で花よりわずかに短い．花は長さ 1 cm，淡い紫色がかった橙色で偏側性に並び，外面に毛はなく，外花被片は卵状三角形で鋭頭であるが，先端は鈍形である．唇弁は基部がふくらんで出ている．さく果は長卵形体で無柄無毛．〔日本名〕花色を早朝（曙）の空の色にたとえたもの．

433. ツリシュスラン 〔ラン科〕

Goodyera pendula Maxim.

北海道から九州の深山林中の古木の幹上，または岩上に着生，垂下する常緑の多年生草本．茎は懸垂し，下半に多数の葉を互生する．葉は狭長楕円形または披針形で，長さ 3〜4 cm，両端は鋭尖形をし，先端は尾状に巻き，基部は柄となっており，ふちは波うち，3〜5 本の縦脈がある．8 月頃，茎の先に，鉤の手状に立ち上がって，偏側性の穂状花序に多数の小花を密生して開く．花軸には縮れ毛がある．花は白色に黄が混じり，花冠は長さ 3〜4 mm で平開せず，花被片は長卵形，頭部は鋭尖形で先端は鈍形，唇弁は楕円形で基部は凹み，内部は平滑である．〔日本名〕釣蘭子蘭で茎がつり下がった形態をしていることによる．〔追記〕図示されたものは西日本に多い葉の狭いものであるが，北日本のものは概して葉の幅が広く，ヒロハツリシュスラン f. *brachyphylla* (F.Maek.) Masam. et Satomi として区別されることがある．

434. ハチジョウシュスラン 〔ラン科〕

Goodyera hachijoensis Yatabe var. ***hachijoensis***

伊豆諸島および九州周辺の島嶼から琉球の常緑樹林下に生える多年生草本．高さ 15 cm 内外でまばらに分岐した肉質の茎を地上に引き，頂に 1 茎が立つ．葉は卵状楕円形で基部は円形，さらに短い葉鞘となり，先端は鋭尖形，少し多肉でふちが少し波打ち，上面は暗緑色，主脈または附近の細脈が白い網目状をなすものが多いが，その程度は種々である．花序は 9 月頃のび，軸には短毛が生え，下部に葉状の苞葉 2〜3 個がある．花は密生し，汚れた白色で，苞葉は子房より長い．外花被片は卵形，内花被片は倒披針形で共に 4 mm 長，緑色を帯びた唇弁は多肉で下半はふくれ，内部には毛が生えている．ずい柱も嘴状体も短い．〔日本名〕八丈島産のシュスラン意味．

435. ミヤマウズラ 〔ラン科〕

Goodyera schlechtendaliana Rchb.f.

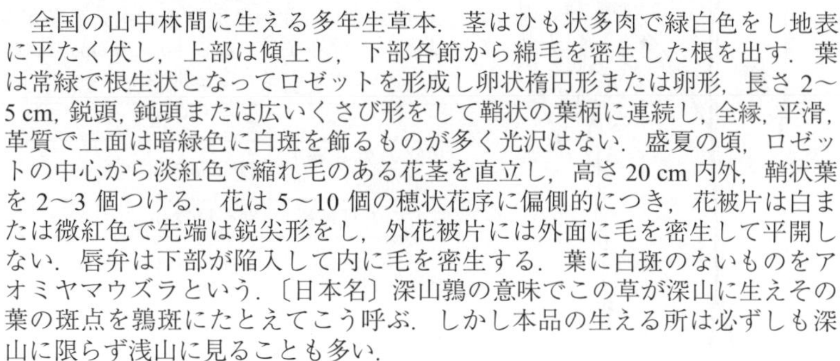

全国の山中林間に生える多年生草本．茎はひも状多肉で緑白色をし地表に平たく伏し，上部は傾上し，下部各節から綿毛を密生した根を出す．葉は常緑で根生状となってロゼットを形成し卵状楕円形または卵形，長さ 2〜5 cm，鋭頭，鈍頭または広いくさび形をして鞘状の葉柄に連続し，全縁，平滑，革質で上面は暗緑色に白斑を飾るものが多く光沢はない．盛夏の頃，ロゼットの中心から淡紅色で縮れ毛のある花茎を直立し，高さ 20 cm 内外，鞘状葉を 2〜3 個つける．花は 5〜10 個の穂状花序に偏側的につき，花被片は白または微紅色で先端は鋭尖形をし，外花被片には外面に毛を密生して平開しない．唇弁は下部が陥入して内に毛を密生する．葉に白斑のないものをアオミヤマウズラという．〔日本名〕深山鶉の意味でこの草が深山に生えその葉の斑点を鶉斑にたとえてこう呼ぶ．しかし本品の生える所は必ずしも深山に限らず浅山に見ることも多い．

436. サギソウ 〔ラン科〕

Habenaria radiata (Thunb.) Spreng.（*Pecteilis radiata* (Thunb.) Raf.）

本州から九州の陽の当たる湿地原野に生える多年生草本で往々観賞用にも栽培する．地下に径 1 cm 内外の楕円体の根があり，その上方に細い根茎を立てる．茎の着点附近からは細根並びに先端に小球のある長い匐枝を出している．葉は互生して少し茎の下部に集まり，広線形で開出または斜上し，先端は尖り，基部は柄がなくて茎を抱き葉鞘になっている．8 月頃，高さ 30〜40 cm の茎を 1 本直立し，先に 1〜4 個の花をつける．花は純白で径 3 cm に近く，優美で純潔な感がある．外花被片 3 枚は緑色，卵状披針形で尖り平開する．白色の内花被片 2 枚は平行して立って上部に向かい，卵形でふちに細かいきょ歯がある．唇弁は大きく 3 深裂し，中裂片は舌状全縁，側裂片は広く扇形に展開して多数の細かい切目が入り，後部には長い距が垂れている．葯は直立し基部は唇弁の基部近くの両側に著しく前方に突出している．〔日本名〕鷺草．花容が白鷺に似ているのでいう．

437. ダイサギソウ 〔ラン科〕

Habenaria dentata (Sw.) Schltr.

千葉県以西の暖地の草地で多少水湿のある地に生える多年生草本で，高さ 50 cm に達する．塊根は新旧 2 個あり，楕円体．茎は直立し，多数の葉をつけるが下方の 4〜5 枚は大きく，長楕円状披針形で長さ 10 cm 内外，青味のある緑色でふちは半透明となっている．他は小形で苞葉状である．9 月頃，茎頂に 5〜15 花をつけ純白で大輪で径 2 cm ほどあり，少し偏側性である．外花被片は卵形で開出し，内花被片は線状長楕円形で上方は外片に寄り添っている（図中央の花では上方の外花被片と離れているように描かれているが正しくない）．唇弁は大きく扇形で斜め前方に向かい，3 裂し，両側裂片は先端が細かく切れ込んでいる．中央裂片は舌状，距は長い．葯室は互いに離れ，基部が前方へ突出している．〔日本名〕大鷺草でサギソウに比べ丈が高いことによる．

438. ミズトンボ（アオサギソウ） 〔ラン科〕

Habenaria sagittifera Rchb.f.

北海道西南部から九州の水湿地に生える多年生草本で高さ 30〜50 cm 位ある．地中には小球根新旧 2 個があり，細いひげ根が数本，茎の基部から横にはっている．茎は直立し緑色で縦の溝があり，中部以下に 2〜3 葉をつける．葉は線形で先端は漸尖形，下部は長い葉鞘となる．9 月頃茎の先に穂状花序を出して 10 花内外を配列し直立するが，花は緑白色で径 15 mm，花被片は幅広く短く水平に開きかつ少しそり返っている．唇弁はずばぬけて大きく十字形，長さ 2 cm 内外，側裂片は線形全縁で逆向している．距は長く垂れ，先端は急にふくらんで小球形となる．下位子房は円柱形，上部漸次に狭くなる．本種は次のオオミズトンボと似ており，それでは花が白色で生品ではすぐわかるが標本にするとわかりにくい．区別点については次種をみよ．〔日本名〕水蜻蛉はこの種が水湿地に生え，その花をトンボにたとえたもの．アオサギソウ（青鷺草）はサギソウの類で花色が緑色なのでいう．

439. オオミズトンボ（サワトンボ） 〔ラン科〕

Habenaria linearifolia Maxim.

本州中部から北の水湿の地に生える多年草で．日本海をこえて朝鮮半島，中国東北部にも分布する．高さ 50〜70 cm，花は白色，習性と形態とはミズトンボによく似ているが下のような区別点がある．〔日本名〕大形のミズトンボの意．

	ミズトンボ	オオミズトンボ
上位の外花被片の側面観	倒卵状の四角形．	低平な半球状．
側方の外花被片	やや反巻する．	斜めに垂れる．
唇弁の側裂片	全縁，中裂片より短く，逆向きになることが多い．	きょ歯縁，中裂片よりも長くなることもある．ふつう斜め前方へ向かっている．
距の先端	急に緑色の球になる．	次第に太まりかつ白い．

440. ムカゴトンボ 〔ラン科〕

Peristylus densus (Lindl.) Santapau et Kapadia

（*Habenaria flagellifera* Makino ; *P. flagellifer* (Makino) Ohwi ex K.Y.Lang）

千葉県以西の暖地で粘土質の湿った草原に生える多年草．生時には淡灰緑色であるが，乾くと全体が真黒になる．高さ 20〜40 cm，多肉の紡錘形の根が 2 個ある．茎の中部以下に数葉が互いに距たって斜めについている．葉は楕円状披針形で先端は尖り，基部は鋭形で短い葉鞘となる．質は軟らかく，中脈は凹んでいる．9 月頃茎の先に 15 cm 内外の多少密生した花穂を出し，淡黄緑色の花を開く．上位の花被片 3 枚は卵形で互いにより添って立ち，側方の外花被片は長楕円形で後へ反り，唇弁は舌状，基部の両側に長さ 1 cm に近いひげ状の側裂片を直角に生じ，距は下部がふくれてハチなどの腹のように見える．〔日本名〕ムカゴソウとトンボソウの両者に似ているからである．

441. ムカゴソウ 〔ラン科〕

Herminium angustifolium (Lindl.) Benth. et Hook.f.

東アジア一帯にかけて分布し，日本では本州〜九州の草地に生える多年草で高さ 20〜40 cm ほどある．直立し，株全体緑色をして無毛，地下には塊根が 2 個あって下向し，かなり大形の楕円体をしている．茎は直立し下部には鞘状葉がある．葉は 1〜2 枚茎上に互生し，線形で先端は漸尖形で，基部は葉鞘となって茎を包んでいる．夏に茎の先に直立した細長い総状花序を出して，多数の淡緑色の細花を少し偏側的につけ，長さは 10〜15 cm ばかりある．花の下にやせた針形の苞葉があるが子房より短い．花は径 5 mm 位で横向きに開いている．花被片は卵状の楕円形，鈍頭で半開するが平開しない．唇弁は下垂して長く，先は 3 中裂するが中央裂片はごく短微であるため一見 2 裂しているように見える．側裂片は狭線形である．ずい柱ははなはだ短く，花粉塊は 2 個．下位子房は狭長で花被に比べて長い．さく果は狭長な長楕円体である．〔日本名〕零余子草でその球状の塊根をムカゴに見立てて付けた名である．〔追記〕琉球と台湾には，酷似するが春に開花するハルザキムカゴソウ *H. lanceum* (Thunb. ex Sw.) J.Vuijk var. *longicrure* (C.Wright ex A.Gray) H.Hara がある．

442. クシロチドリ 〔ラン科〕

Herminium monorchis (L.) R.Br.

ヨーロッパからシベリアを経て東アジアに分布する多年草．日本では北海道と青森県にまれに産する．高さ 15〜20 cm．地下に球状の塊根が 1 個のほかに細い根が横にはっていて，その先端からしばしば新苗を出す．葉は根生して 2 枚，卵状披針形で少し肉質，暗黄緑色．7 月頃に黄緑褐色の 5 cm 内外の穂状花序をつけ，花被片は細くかつ下向きに半開きとなるが，花序の印象はキンコウカ科のノギランに似ている．唇弁は中部より少し下方両側に小突起を具えた舌状で花には蜂蜜のような芳香がある．〔日本名〕日本では最初に北海道の釧路で採集されたことによるが，現在は釧路では見られない．

443. イワチドリ（ヤチヨ） 〔ラン科〕

Hemipilia keiskei (Maxim. ex Franch. et Sav.) Y.Tang, H.Peng et T.Yukawa
（*Amitostigma keiskei* (Maxim. ex Franch. et Sav.) Schltr.; *Ponerorchis keiskei* (Maxim. ex Franch. et Sav.) X.H.Jin, Schuit. et W.T.Jin）

本州中部から四国の山中の日陰の岩壁上に生える多年生草本．高さは 8〜15 cm ほど．地下に紡錘形の根と 2〜3 本の細根がある．細い茎は直立し，下部には膜質の鞘状の葉があり，中部に葉を 1 枚出している．葉は長楕円形，長さは 3〜7 cm，両端は尖り，基部は無柄で軽く茎を包み，下は鞘状をしている．5〜6 月頃，茎の先に淡紫色かまれに白色の数個の花を開き極めて可愛いい．花は径 10〜15 mm で花の下の苞葉はごく小さい．花被片は小形であるが唇弁だけが大きく目立つ．唇弁は 3 深裂し，中裂片はさらに 2 裂し，基部に紅紫色の斑点をつけ，裂片はいずれも広線形で鈍頭である．距はごく小さく鉤状に曲がっているものが多い．〔日本名〕岩千鳥の意味で岩上に生えるのでいい，千鳥は花の形によって付けられたもので，ヤチヨ（八千代）は美称である．

444. コアニチドリ 〔ラン科〕

Hemipilia kinoshitae (Makino) Y.Tang, H.Peng et T.Yukawa
（*Amitostigma kinoshitae* (Makino) Schltr.; *Ponerorchis kinoshitae* (Makino) X.H.Jin, Schuit. et W.T.Jin）

北海道，東北から北関東，北陸の亜高山の湿地または湿った岩壁に着生する多年生草本．高さ 10〜20 cm，多肉の紡錘形の根が大小 2 個と綿毛様の毛のあるひげ根が 2〜3 本出る．茎は斜上するがやせて細く，中部に広線形の葉を 1〜2 枚つける．葉は先端が尖り質は厚くない．7 月頃に少数の白っぽい淡紅紫色の花を茎の先につける．上位の外花被片 1 枚とその両側の内花被片は互いに寄り添い，側方の外花被片は開出している．唇弁は長さ 1 cm ほどで 3 深裂し，側裂片は斜めにつくため，基部は広いくさび形になっている．唇弁の本体より短い距がある．〔日本名〕小阿仁千鳥で最初の発見地（秋田県小阿仁）による．

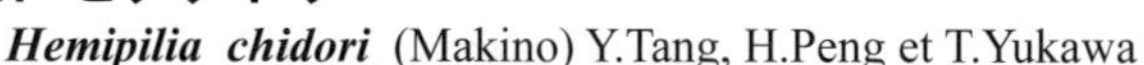

445. ヒナチドリ 〔ラン科〕

Hemipilia chidori (Makino) Y.Tang, H.Peng et T.Yukawa

（*Orchis chidori* (Makino) Schltr. ; *Ponerorchis chidori* (Makino) Ohwi）

静岡県から西の山地で湿った所の樹上や苔の上に生える多年生草本で高さ 7～12 cm 位ある．地下に多肉の長楕円体の根 1～2 個と少数のひげ根がある．茎は 1 本で中部または下部に 1 大葉を具えている．葉は長楕円形または長楕円状披針形で扁平，先端は鋭頭で基部は茎を抱いている．6～7 月頃，茎の先に短い穂状花序を出して 5～10 個ばかりの淡紫色の花をつけ，みな一方に偏向しており，花は径 1 cm 位でウチョウランの花に似ている．花の下に針形の苞葉があるが最下のものは花より長いことがある．外花被片の 1 枚と内花被片 2 枚とは小形で一緒に集まってかぶと状になり，側方の 2 枚の外花被片は同じ大きさであるが平開しない．唇弁は他に比べてはるかに広く 3 深裂し，紫斑をつけ，距は非常に長く後方を向いている．〔日本名〕雛千鳥はその草が特に小さいのでいい，千鳥は花の姿による．

446. ウチョウラン（イワラン，コチョウラン，アリマラン） 〔ラン科〕

Hemipilia graminifolia (Rchb.f.) Y.Tang, H.Peng et Y.Yukawa

（*Orchis graminifolia* (Rchb.f.) Tang et F.T.Wang ; *Ponerorchis graminifolia* Rchb.f.）

本州以西の浅い山の湿った岩壁，ときには屋根の上などにも着生する多年生草本で高さは 10～20 cm 位，地中に 1～2 個の楕円体の多肉根と少数のひげ根がある．茎はふつうは斜上し，下部に暗紫色の細点を密布し，中部に一方に傾いて 2～3 枚の葉をつける．葉は広線形で長さは 3～10 cm，幅 4～7 mm で，基部は漸尖形で短い葉鞘がある．7 月頃茎頂に短い穂状花序を出して 5～10 個の美しい紅紫色の花をつけて一方に向かって開き，花径は 1 cm ばかり．上位の 1 外花被片と 2 内花被片とはもとに直立し集まってかぶと状になるが，側位の 2 外花被片は水平に展開している．唇弁は広く 3 深裂し，中裂片は側裂片より少し広い．裂片の基部から喉部のあたりまでは白色で紫点を布き短毛が密生している．距は花に比べて太くまた長く子房と平行し，長さも同じである．たまに白花もある．〔日本名〕羽蝶蘭の意味で花の様子によって付けた名であって，これを烏頂蘭と書くのは当たらない．イワラン（岩蘭）は岩上に生えるので，コチョウラン（胡蝶蘭）はその花形に基づき，アリマラン（有馬蘭）は兵庫県有馬に産するのでいう．

447. ニョホウチドリ 〔ラン科〕

Hemipilia joo-iokiana (Makino) Y.Tang, H.Peng et T.Yukawa

（*Orchis joo-iokiana* Makino ; *Ponerorchis joo-iokiana* (Makino) Nakai）

日光，八ヶ岳，戸隠，南アルプス等の亜高山帯の草地に生える多年生草本でややまれである．全体に淡蒼緑色，高さは 10～35 cm，地下に球形に近い塊根が 2 個ある．茎は直立，1～2 葉をつけている．葉は線状の披針形で肉質，軟らかく，先端は尖り基部は葉鞘となる．8 月頃に茎の先に紅紫色の美花を少し偏側的に 4～10 個つける．苞葉は花よりも短いが明瞭で，上部の 3 花被片はより添って立っている．側方の 2 外花被片は開出し，唇弁は多肉質で四角に近い倒卵形で広く，反り気味に展開し，長さ 1.5 cm 位，紅点をつけ，上部で 3 浅裂する．〔日本名〕女峰千鳥で，最初に採集された日光の女峰山にちなみ，種形容語は城数馬と五百城文哉（日光に住んだ山草画家）を記念したもので城は明治時代（19 世紀末）に高山植物を愛好した弁護士であった．〔追記〕本図はあまりよいできでない．

448. ヒナラン（ヒメイワラン） 〔ラン科〕

Hemipilia gracilis (Blume) Y.Tang, H.Peng et T.Yukawa

（*Amitostigma gracile* (Blume) Schltr. ; *Ponerorchis gracilis* (Makino) X.H.Jin, Schuit. et W.T.Jin）

中部地方から西の暖地の山中岩上に生える多年生草本で高さは 8～15 cm ばかりある．地中に 1～2 個の多肉の紡錘形の根と少数の太いひげ根とがある．茎は細長くたいてい多少一方に傾く．葉は茎の基部から少し上方に通常 1 枚ついており，長楕円形で長さは 3～8 cm，鋭頭または少し鈍頭で，基部は鈍形で軽く茎を抱き，さらに短い鞘状をしている．夏に茎の先に 1 個の穂状花序を出して 10～15 個のはなはだ小形で淡紫色の花をつけ，みな一方に傾き，花径は 3～4 mm に過ぎない．花被片はどれも短小でかぶと状に集まっている．唇弁は他の花被片より長大で 3 深裂し，中裂片は側裂片より大形で前方に突き出し，基部に細く短い距が 1 個ある．さく果は長楕円状円柱形で 5～7 mm の長さがある．〔日本名〕雛蘭の意味でその花が小形でかつ可憐に見えるのでいう．ヒメイワラン（姫岩蘭）はイワラン（ウチョウランの一名）に似て小さいのでいう．

449. ミヤマモジズリ　〔ラン科〕

Hemipilia cucullata (L.) Y.Tang, H.Peng et T.Yukawa

（*Gymnadenia cucullata* (L.) Rich. ; *Neottianthe cucullata* (L.) Schltr.）

本州中部から北の深山の針葉樹林中に生える小形の多年草で高さ 10〜15 cm 位．地下に球状の塊根がある．根生葉は 2 枚でほぼ対生して展開し，広楕円形で平開し，上面は青みを帯びた緑色，質はやわらかい．葉の間に茎を 1 本出し，小さな披針形の茎葉 3〜4 個を互生し，上部は偏側性の穂状花序となり夏に開花する．花は淡紅紫色で径 1 cm 以下．多数の花は茎の上に連なってつき，花の下には小形の苞葉がある．花被片 5 枚は集まって前方に屈曲し，かぶと形となる．外花被片 3 枚は卵形，内花被片 2 枚は細長く尖る．唇弁は白色，表面に紫点があり，先端付近に紅紫色のぼかしがあり，他の花被片から離れて突出し倒卵形で少し長く 3 中裂している．裂片は細長く前方に向かい，距は小形で後方に出て鉤形に曲がり前に向かっている．ずい柱は短く，紅紫色，花粉塊は 2 個で粉質，短い柄がある．〔日本名〕深山モジズリでその花序の有様がモジズリ，すなわちネジバナに似ているが深山に生えるからである．

450. テガタチドリ（チドリソウ）　〔ラン科〕

Gymnadenia conopsea (L.) R.Br.

本州中部以北の高山の草地に生える多年生草本で旧大陸北部に広く分布する．高さ 30〜50 cm 位．地下には手の形をした白色多肉根と線形のひげ根とがある．茎は直立して 5〜6 葉をつける．葉は広線形または広披針形で淡緑色，下部の葉は先端が円みがあるが上部の葉は尖り，基部は茎を抱き，下は鞘状をしている．7〜8 月頃，茎の先に穂状花序が出て美しい多数の淡赤紫色の花が密集し，花径は 1 cm 未満．苞葉は細長く尖り，花と同長かまたは短い．外花被片の上位の 1 個は直立して卵形，側方の 2 個は長楕円形で開出する．内花被片は低いゆがんだ菱形で外花被の上位の 1 個とともにかぶと状に集まっている．唇弁は広倒卵形，3 中裂し，裂片の先端は鈍頭である．距は下に垂れ細長く彎曲し，子房より長い．ずい柱は短い．〔日本名〕手型千鳥は掌状の根があるため．千鳥草はその花を千鳥にかたどっていう．

451. ハクサンチドリ　〔ラン科〕

Dactylorhiza aristata (Fisch. ex Lindl.) Soó

（*Orchis aristata* Fisch. ex Lindl.）

本州中部以北の高山帯の草地に生える多年生草本で高さは 20〜35 cm 位．茎は単一で緑色，直立し稜がある．4〜5 枚の葉はまばらに互生し，倒披針形または長楕円形，鈍頭，全縁で基部は狭くなり，短い葉鞘をなして茎を包み，上部の葉は細狭で尖る．6〜7 月頃，茎の先に総状花序が出て 10 数花，北地ではしばしば数十花がかたまって咲き，苞葉は針形で多くは花よりも長い．花は紅紫色で径 15 mm 内外，花被片は卵形または卵状の披針形で先端が尖る．唇弁は広倒卵形で濃紅の紫斑があり，乳頭状毛が一面にあり前端が浅く 3 裂し，中裂片は先端が長く尖る．距は大きいが子房より短い．たまに白花の品がある．〔日本名〕白山千鳥は石川県の白山に生えているのでいう．チドリはランに多い名であるが，花形を飛ぶ鳥に見立てチドリの名を付けたものである．東北地方から北には葉に紫点のあるものがしばしば見られる．これがウズラバハクサンチドリである．

452. アオチドリ（ネムロチドリ）　〔ラン科〕

Dactylorhiza viridis (L.) R.M.Bateman, A.M.Pridgeton et M.W.Chase

（*Coeloglossum viride* (L.) Hartm. var. *bracteatum* (Muhl. ex Willd.) Richter ex Miyabe et T.Miyake）

本州中部以北の亜高山帯の湿地の森林縁等に生える多年生草本で高さ 20〜40 cm ばかりある．地下に掌状に分かれた白色の多肉根がある．茎は緑色で直立し稜がある．葉は茎上に 4〜5 枚互生し，長楕円形または披針状長楕円形で長さ 10 cm 内外あり，鈍頭であるが上部の葉は次第に尖り，上面はつやがあり，基部は葉鞘になっている．5〜6 月頃，茎の先に偏側生の穂状花序を出して淡緑色に汚れた紫色のぼかしのある花をつけ，花径は 10〜15 mm 位あり，花下の苞葉は披針形で長大で花よりはるかに長い．外花被片は長卵形，内花被片は線形でいずれも平開して内曲している．唇弁は紅紫緑色をして垂下し多肉で長楕円形，先端だけが 3 裂し，距は球形で小さく唇弁の背後にかくれている．〔日本名〕青千鳥は花色によって名付けられ，根室千鳥は北海道根室に産するのでいう．

453. ノビネチドリ　〔ラン科〕

Neolindleya camtschatica (Cham.) Nevski（*Platanthera camtschatica* (Cham.) Makino；*Galearis camtschatica* (Cham.) X.H.Jin, Schuit. et W.T.Jin）

四国から北のブナ帯やシラビソ帯の林縁や草地に生える多年生草本で高さ 30〜40 cm 位．根は少数で白色の粗く大きいひも状をして横にはい，かつ 1 本の直下した多肉根がある．茎は直立し，太く大きくて上部には稜があり，緑色で 5〜6 葉をつける．葉は茎上に互生し，楕円形または広楕円形で長さ 10 cm 内外で下方のは円く，上方のは細長いが，みな茎から斜開し，3〜5 脈がはっきりしてふちは少し波をうって曲がり，質は軟らかい．5〜6 月頃，茎の先に大きい穂状花序を出して淡紫色の小花がかたまってつく．花下の苞葉は狭い披針形で尖り，下方のものは花より長い．花は少し小形で，横向きに開いている．花被片は小さく狭卵形，上位の 1 外花被片は鈍頭，側方の外花被片と内花被片とは尖っている．唇弁は長さ 5 mm 内外で倒卵状楕円形，下部は次第に狭くくさび形となり，先端は 3 裂し，中裂片は側裂片より短小である．距は細く短く，先が鉤状に曲がっている．〔日本名〕延根千鳥は根ののびる千鳥草の意味でテガタチドリでは掌状に分岐した根を持つのに本種ではそういう根を持たないからである．

454. オノエラン　〔ラン科〕

Galearis fauriei (Finet) P.F.Hunt（*Orchis fauriei* Finet）

本州中部から東北地方の高山の向陽地に生える多年生草本で高さは 5〜15 cm 位, 地上部は冬枯れる．地下に太い線形の根が 5〜6 本あるが塊根はない．茎は緑色で細長く，基部は鞘状葉で包まれている．葉は茎の下部に 2 枚向かいあってついており，広楕円形または楕円形．先は鈍頭または鋭頭で基部は茎を包み，上部に小形の葉が 1 枚あるが針形をして尖る．7 月頃葉の間から出た茎頂に短い総状に見える穂状花序を出して 3〜4 個の花を一方に向けて開き，花の下にはいずれも緑色の針状の苞葉があって長さはほとんど子房と同じである．花は純白色で長さ 5 mm 内外あって平開しない．外花被片 3 個は卵形で，内花被片 2 個は線状の楕円形をしている．唇弁は倒披針状のへら形をして浅く 3 裂し，基部には円頭の短い距があって下に向いている．下位の子房は狭く長い．〔日本名〕尾上蘭で山上に生えるのでいう．

455. カモメラン（イチヨウチドリ，カモメソウ）　〔ラン科〕

Galearis cyclochila (Franch. et Sav.) Soó（*Orchis cyclochila* (Franch. et Sav.) Maxim.；*Gymnadenia cyclochila* (Franch. et Sav.) Korsh.）

本州中部以北の高木林下に生える多年生草本で高さは 10〜20 cm 位ある．根茎は非常に短く，長く太いひげ根を数本出している．茎は 1 本で単一，1 枚の葉とともに出て，下部は 2〜3 枚の膜質鞘状の葉に包まれる．葉は斜上し，円形または広楕円形，少し青味を帯びた鮮緑色で先端は少し円く，基部は急に狭くなって葉柄となっている．6〜7 月頃，茎の端に淡紅色の花を 2〜3 個つけ，花径は 1 cm 未満で基部に楕円形または披針形の緑色の苞葉がある．外花被片 3 個は卵状披針形，内花被片 2 個はさらに狭く，唇弁のみ大きく広楕円形をして不明に 3 浅裂し，中裂片は大きく円頭，濃紅紫斑を一面につけ，距は狭小で後方に向かって尖っている．まれに白花の品がある．〔日本名〕鴎草と鴎蘭はその花の姿から付けたのであろう．イチヨウチドリ（一葉千鳥）はチドリソウに似た花をつけるが，葉が 1 枚しかないのでいう．

456. トンボソウ（コトンボソウ）　〔ラン科〕

Platanthera ussuriensis (Regel et Maack) Maxim.

（*Tulotis ussuriensis* (Regel et Maack) H.Hara）

北海道から九州の山林下に生える多年生草本．根は少数で横にはってひげ状になっており，そのうち 1 本の途中に芽がある．茎は単一で直立し高さは 15〜30 cm，中部以上には小形の針状葉が 4〜5 個あって互生している．葉は茎の下部に 2 枚あって互生し，通常は接近していて対生しているように見え，倒披針状長楕円形で長さ 10 cm 内外，全縁で先端は尖り基部は次第に狭くなって短い葉鞘となり，深緑色で軟らかく光沢はない．夏に茎の先に総状に見える穂状花序を出して 20 個ぐらいの淡緑色の小花をつけ，花下の針状苞葉は細くて尖り子房より長い．花被片は小形で，上位の外花被片は卵円形で立ち，側方の外花被片は線形で少し反り返り，ともに草質であるが，内花被片と唇弁は肉質である．唇弁は舌状で下部の両側には各 1 個の歯状小突起をもつ（図ではこの突起がきちんと描かれていない）．距は細くて垂れ，長さは子房に近い．〔日本名〕蜻蛉草の意味でその花容に基づく．

457. イイヌマムカゴ 〔ラン科〕

Platanthera iinumae (Makino) Makino

（*Tulotis iinumae* (Makino) H.Hara）

北海道から九州の深山の林中に生える多年生草本．根は太い線形か線状紡錘形で 5～6 個集まって出て，綿毛におおわれ，最大の 1 根にはむかご状の芽を 1 個つけている．この芽が次年の株になる．茎は直立し高さ 20～35 cm で円柱形．葉は茎の中部に大きいものが 2～3 枚まばらに互生し，楕円形または倒卵状広楕円形で先端は短く尖り，基部は次第に狭くなって葉鞘になり茎を包む．上方の葉は苞葉状に縮小して狭い．7～8 月頃，茎の先にかたまった穂になって黄緑色を帯びた細花をつける．花下の苞葉は線状針形で細く尖り，子房と同長かまたは長い．花は長さがわずかに 2 mm しかなく，花被片は平開しないで集合して長さは同じである．唇弁は独り突出して肉質で尖り基部の左右に小突起がある．距は短く円筒状をして先端は円い．〔日本名〕飯沼ムカゴの意味．飯沼慾斎著の草木図説に本種がムカゴソウとして記載されているが，惜しいことに真正のムカゴソウは別の種類であるので，飯沼氏が記載したムカゴソウの意味で牧野富太郎が作ったもの．

458. ツレサギソウ 〔ラン科〕

Platanthera japonica (Thunb.) Lindl.

山地の日当たりのよい草中または湿った林下に生える多年生草本．高さは 50 cm になる．根は粗大なひも状でその一つには芽を具える．茎は粗大で直立し緑色である．葉は互生し，淡緑色でその数は少し多く，長楕円状披針形または長楕円形で長さ 10～20 cm，先端は鋭尖形で，基部は茎を包み，その下部はさらに長い葉鞘をしている．6 月頃茎の先に少し密な総状に見える穂状花序を出して白花を開くが，花径は 2 cm ばかりある．花下には花より長い細長い苞葉があって緑色をしている．側方の外花被片は反り返り，上位の外花被片は内花被片とともにかぶと形に集まる．唇弁は舌形で細長く，多肉でわずかに黄色を帯び，距は垂れて非常に長く 3～4 cm 位になる．葯は下部にはっきり突出し，葯隔は広い．〔日本名〕連鷺草の意味でサギソウに似た白い大きな花がつれ立って並ぶのを表現したもの．

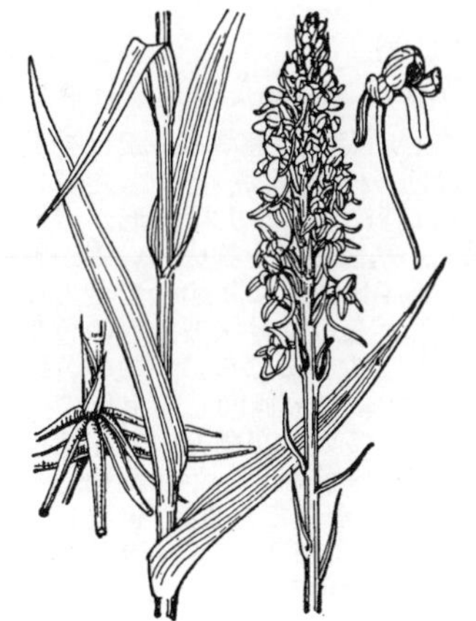

459. ミズチドリ（ジャコウチドリ） 〔ラン科〕

Platanthera hologlottis Maxim.

北海道から九州の湿原や沢地に生える多年生草本．根は太い紐状で，多肉根ではない．茎は直立し円柱状で緑色平滑，高さ 40～70 cm になる．葉は茎の下半部にまばらに互生し，線状披針形または線状長楕円形で斜上し，淡緑色で極めて平滑で光沢がある．長さは 10～15 cm 位，先端は漸尖形，下端は茎を抱いて短い葉鞘になっている．6～7 月頃，茎の先に長い総状に見える穂状花序を出して少しかたまった多数の純白花をつける．花下の苞葉は針状披針形で尖り子房より長い．花は径 1 cm 位でかすかによい香りがする．上位の外花被 1 枚は卵形で鈍頭，ゆがんだ菱形をした内花被片とともにかぶと形をして集まり，側方の外花被片は卵状の長楕円形で平開している．唇弁は分裂せず肉質，短い舌形，距は細長く下垂し子房より少し長い．〔日本名〕水千鳥は水湿地に生えてその花がチドリソウに似ているのでいい，ジャコウチドリ（麝香千鳥）は花に香気があるのでいう．

460. オオヤマサギソウ 〔ラン科〕

Platanthera sachalinensis F.Schmidt

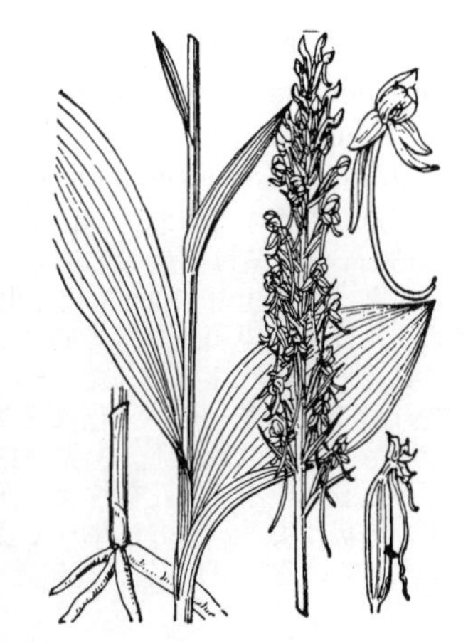

北海道から九州の亜高山に生える多年生草本で，高さ 30～60 cm，地下に 2～3 本の長大な白色の肉質根を出し斜め下に向いている．茎は直立し緑色で稜がある．葉は下部に 2 枚長大なものをつけ長楕円形または倒披針状楕円形で広く，先端は鋭尖形，基部は次第に狭くなりついに葉鞘となって茎を包み，上部の 2～3 葉は小形で細長く尖っている．夏に茎の先に少し偏側性の総状に見える穂状花序を出して，多数の緑白色の花をつける，花は径 7 mm 内外，花被片は卵形で鈍頭，外花被片は平開し，内花被片は外花被片より短く集まっている．唇弁は線状倒披針形で肥厚し，距は線形で下垂し，長さは子房の 2 倍．下位子房は細長くて緑色．さく果は長楕円状円柱形．〔日本名〕大山鷺草はヤマサギソウに似て大きいのでいい，大山のサギソウの意味ではない．〔追記〕牧野富太郎（1940）は旧版でオオバノトンボソウの名は本来本種のものと主張して改名したが，前川文夫（1961）は慣用に従って本種をオオヤマサギソウの名にもどした．

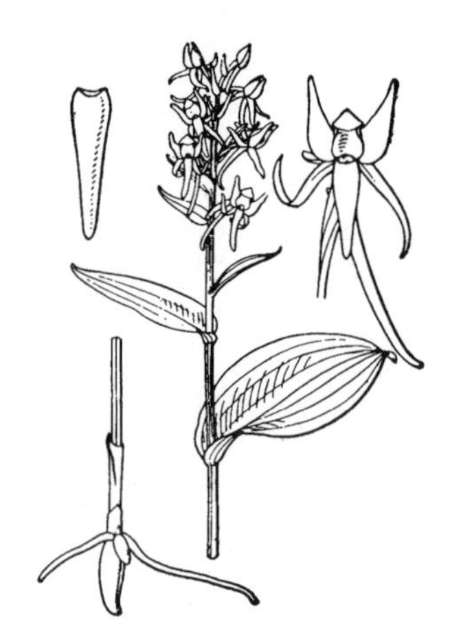

461. キソチドリ 〔ラン科〕

Platanthera ophrydioides F.Schmidt
（*P. mandarinorum* Rchb.f. subsp. *ophridioides* (F.Schmidt) K.Inoue）

深山の主に針葉樹林下に生える多年生草本であるが，地方的に分化が見られる．ふつうは高さ 20 cm 内外で茎は直立し，少し稜がある．葉は茎の下部に 1 枚だけ大きいのがあるが北方型では 2〜3 個つく，長さ 5〜10 cm で広楕円形，先端は鋭頭または鈍頭で基部は直接茎を包み，上部には小さい披針形のものが 2〜3 個ある．夏に頂に穂状花序を出して 10 花内外の淡緑色の花をつける．苞葉はふつう子房よりも少し短いが，最下部の苞葉だけは大きい．外花被片は卵状披針形で，上部は狭くなっているが，先端は尖らず後方にそりかえっている．唇弁は線形で他の花被片に比べてずっと長く垂れているが基部近くでやや急に広がっている．距は真っ直ぐなものが多く，唇弁より長く，後方に斜下している．雄しべの葯隔はとくに広い．葉形は種々に変化し，北方型（オオキソチドリ var. *ophrydioides*）は広く長いが東海道から九州にかけてのものは狭くてナガバキソチドリ var. *monophylla* Honda f. *australis* (Ohwi) K.Inoue といい，中部他方のものは広楕円形の小形葉が 1 枚しかつかずヒトツバキソチドリ var. *monophylla* Honda f. *monophylla* (Honda) Makino という．〔日本名〕木曽千鳥は初め信州木曽でとれたので名付けられた．

462. ミヤマチドリ（ニッコウチドリ） 〔ラン科〕

Platanthera takedae Makino subsp. ***takedae***

本州中部ことに日光地方を中心とした深山の高木帯または草本帯に生える多年生草本で大体の形はキソチドリに似ている．茎は直立し高さは 20 cm 余になる．葉は茎の中部に 2〜3 個あってまばらに互生し，最下のものは大形で広楕円形または円形に近く長さ 4〜6 cm, 鈍頭または少し尖り全縁で扁平, 葉柄はなく基部は茎を抱き，上部の 1〜2 個は卵状披針形で細く尖り，花より大きな苞葉に移行する．7 月に茎頂に黄緑色の花を 6〜7 個まばらにつけ，花径は 6 mm 内外ある．上位の外花被片は広卵形で，ゆがんだ卵状披針形の内花被片と一緒になり，側方の外花被片 2 個は長楕円形ではっきり反曲し，その基部は唇弁と癒合している．唇弁は多肉で単一，舌状になり基部は急に広がって距の入口を囲み，距は長短一様ではないが最も長くても子房の半分しかなく，短い時は小突起にすぎない．葯隔は先端が陥入している．〔日本名〕深山千鳥は深山に生えるのでいい，日光千鳥は日光山に生えるのでいう．〔追記〕東北地方の高山には，これに似て距が太くて基部がくびれ，長さが唇弁の 1 / 2 程度あるガッサンチドリ subsp. *uzenensis* (Ohwi) K.Inoue を産する．

463. オオバノトンボソウ（ノヤマトンボソウ） 〔ラン科〕

Platanthera minor (Miq.) Rchb.f.（*P. interrupta* Maxim.）

本州から九州の日当たりのよい低山や丘陵に生える多年生草本．根は少数で多肉，白色．茎は直立し，高さ 30〜50 cm で緑色，稜角がはっきりした翼にまで発達している．葉は茎の下部にある 2〜3 枚は特に大きく広楕円形から卵状楕円形，長さ 7〜11 cm，先端は鋭尖形，全縁で，基部は茎を抱いているが葉柄と葉鞘はない．上面は光沢があり，下面主脈の下半は翼状に隆起して茎の翼に延下している．茎の中部から上の葉は，急に小形となって針状披針形の苞葉に続く．7〜8 月に茎の先に総状の穂状花序を直立し，少しまばらに多数の黄緑花をつける．花は径 1 cm 内外で，子房上部が彎曲するため側向し，上位の外花被片は卵円形，内花被片は卵形で尖り，みな集まっているが側方の外花被片だけは強く後方に反曲している．唇弁は単一舌状で下垂前屈し，距は細長く，子房より長い．〔日本名〕トンボソウに似て大葉であるからである．〔追記〕牧野（1940）は本種の和名をノヤマトンボソウと新称し，オオバノトンボソウの名を *P. sachalinensis* に移したが, 前川（1961）は混乱を恐れて再びもと通りとした．

464. タカネサギソウ 〔ラン科〕

Platanthera mandarinorum Rchb.f. subsp. ***maximowicziana*** (Schltr.) K.Inoue（*P. maximowicziana* Schltr. ; *P. komarovii* Schltr. subsp. *maximowicziana* (Schltr.) Efimov）

北海道，本州中部以北の高山草本帯の湿った草地に生える多年生草本で高さ 10〜15 cm 位．茎は単生して直立し，緑色，根は少数の太いひげ状をして長くない．葉は茎の上部に 2〜3 枚互生し，最下のものが最大であり，長楕円形で鈍頭またはやや鋭頭，全縁で基部は茎を抱き，柄がある．8 月頃，茎の先に総状に見える穂状花序を出して 5〜6 個の花をまばらにつける．花下の苞葉は針状披針形で子房より長い．花は径 7 mm 内外で黄緑色，上位の外花被片は広卵状心臓形で先端は鋭尖形，3 脈が目立つ．側方の外花被片は線状楕円形で外側に反り返っている．内花被片はゆがんだ卵形で立ち，急に尖り，少し厚みのある短い尾状に尖る．唇弁は単一で長い舌状，距は花に比べて大きく子房より長く下垂している．〔日本名〕高嶺鷺草で高山に生えるサギソウの意味である．

465. ジンバイソウ（ミズモラン） 〔ラン科〕

Platanthera florentii Franch. et Sav.

北海道から九州の深山の山中樹林下に生える多年生草本で，高さ 20〜40 cm 位．根はひげ状で横走し，軟毛におおわれている．茎は単生して直立し緑色で縦の稜がある．葉は根際に接近して互生し，2 枚が向かいあって平開する様はフタバランの類に似ている．楕円形または卵状楕円形で長さ 5〜8 cm 位，先端は鋭尖形，基部は鋭形または鈍形で短柄があり，上面は光沢に富みふちは多少波打っている．茎の上部の葉は形がずっと小さくなって小鱗片のようになり，7 個内外がまばらに互生している．8 月に総状の穂状花序を出して，まばらに 10 数個の淡緑花をつけるが，花径は 7 mm 内外で花下の苞葉は狭く細い．上位の外花被片は卵状心臓形をしているが，側方の外花被片ならびに内花被片は狭い．唇弁は分裂しない舌形で下垂し，距もまた下垂して細く，長さは子房を超え，先端は尖りかつ曲がっている．〔日本名〕語源不明．ミズモランは水面蘭で葉の強い光沢を水面の光り具合に見立てたもの．

466. ホソバノキソチドリ 〔ラン科〕

Platanthera tipuloides (L.f.) Lindl.

本州中部以北および四国剣山の亜高山帯林下または草原に生える多年草で高さ 20〜30 cm 位，地下に紡錘形の根があって下向している．茎は直立して緑色をし，細長くて稜がある．葉は下部の 1 枚が長楕円形で大きく，長さは 10 cm 内外でふつうは鈍頭無柄であるが茎は抱かず，上部には披針形の小形葉を 5〜6 個つけている．7 月に茎の先に総状の穂状花序を出して，たくさんの緑色花をつける．花はキソチドリに比べると小形で径 3〜5 mm ばかりあり，細長くて尖った苞葉に腋生している．外花被片は卵形または卵状楕円形で反曲せず，内花被片は線形で直立し肉質，乾くと暗色になる点がキソチドリとのよい区別点である．唇弁は内花被片より少し長く，線状長楕円形で先端が円く肉質である．距は細長く苞葉より長い．また葯室が接近していてキソチドリのように葯隔が広くない．さく果は倒卵状円柱形である．〔日本名〕細葉の木曽千鳥でその葉がキソチドリより細長いのでいうが，キソチドリの細葉品ではないから誤解し易いこの名はあまりよくない．

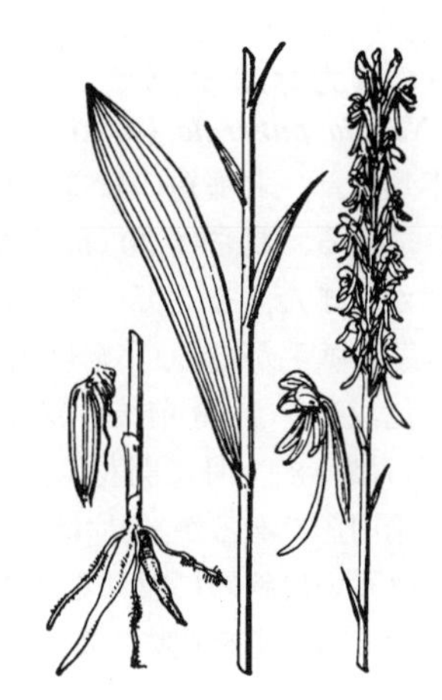

467. タカネトンボ 〔ラン科〕

Platanthera chorisiana (Cham.) Rchb.f.（*P. matsudae* Makino）

本州中部以北の高山帯に生える小形の多年草．北はベーリング諸島にまで分布する．高さは 10〜20 cm でまれには 30 cm を超える．塊根は細く，別に少数のひげ状の根がある．葉は 2 枚で茎の根際近くに互生しているが対生様になって平開し，卵円形または広楕円形で長さ 2〜5 cm ばかりある．全縁で円頭または少し鋭頭，基部は円形，下は短い葉鞘となり，上面は平らで光沢に富み深緑色である．7〜8 月に茎上にまばらな穂を出してはなはだ小形で黄緑色の花をつけ，花下の苞葉は針形で，子房より長い．花は径 4 mm ほどで外花被片は長楕円形で鈍頭，内花被片よりはわずかに長く，距も短く，少し前方に曲がっている．特に丈が高いものをミヤケラン var. *elata* Finet といって区別することもある．〔日本名〕高嶺蜻蛉で高山に生えるトンボソウの意味である．

468. コフタバラン 〔ラン科〕

Neottia cordata (L.) Rich.

種としては北半球の針葉樹林下に広く分布し，日本では本州中部以北の深山の樹陰の地に生える小形の多年草．高さおよそ 7〜9 cm で直立する．根はひげ状．茎は単一で稜があり，褐緑色で質はやわらかくもろい．葉は 2 枚で茎頂に対生し，三角状卵形で鋭頭，基部は少し心臓形をして無柄である．7〜8 月頃，葉の間から出た花茎の上部に総状花序をなして，少数またはかなり多数の褐緑色をした細小花をつけ，短小柄があり，小花柄の先に微細な苞葉がある．花被片は開出し，長楕円形で鈍頭，唇弁は 2 つに分かれ，距はなく，基部の両側に各 1 個の小裂片がある．葯はずい柱の頭部の後部にちょうつがい式に付着し，2 個の花粉塊があって粉質である．〔日本名〕小二葉蘭は同属中の他種に比べて小形なので小という．この類はすべて 2 葉しかつけないので二葉蘭の名がついた．

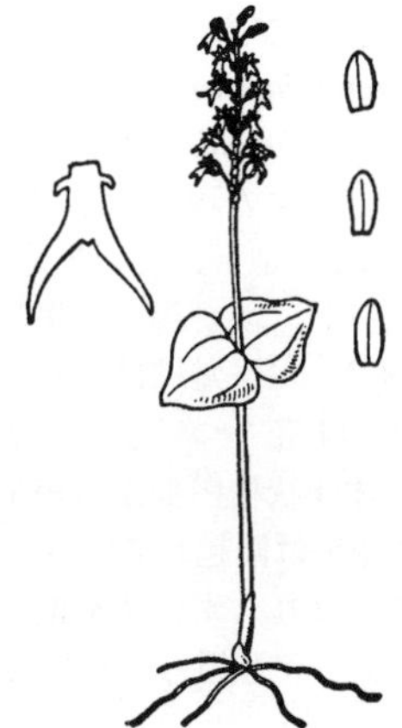

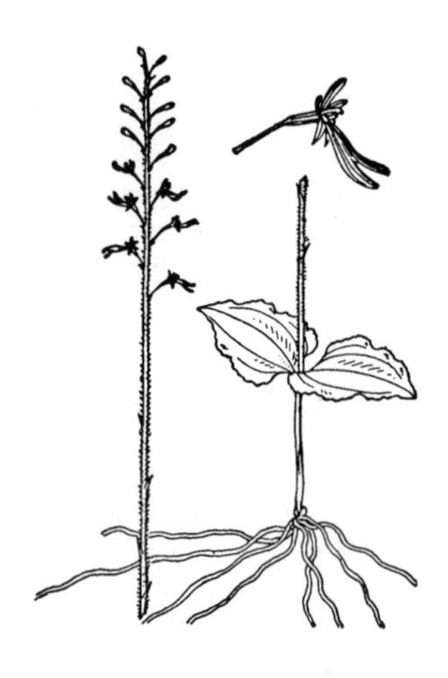

469. アオフタバラン　〔ラン科〕

Neottia makinoana (Ohwi) Szlach. (*Listera makinoana* Ohwi)

本州から九州の低山の疎林下など少し乾き気味の地によく集まって生える多年生草本. 高い花序は 15～20 cm になり, 地下には短い根茎がある. 茎は細く下部に 2 葉を対生し, 葉は平らで卵形, 基部は切形, 上面は青緑色で不鮮明な斑紋があり, ふちは細かく波打つ. 花は 7～8 月頃, 7～20 花を総状につけ, 全体淡緑色で紫色を帯びない. 花序の軸には毛がある. 外花被片は楕円状披針形で鈍頭, 内片は同長で線形, 唇弁はその倍の長さで 6 mm 長, 倒卵形で先端は 2 裂し, 裂片は円頭で, その上, 互に先で重なり合う. 基部の両側には附属片がない. 〔日本名〕青二葉蘭で全体に紫色を帯びることがないのによる.

470. タカネフタバラン　〔ラン科〕

Neottia puberula (Maxim.) Szlach. (*Listera yatabei* Makino)

本州中部, 北海道の針葉樹林帯の林中に生える多年生草本. 比較的にまれである. 高さは 20 cm 前後, 地下茎は細く糸状ではっている. 全草軟らかくまた, やせている. 葉は茎の中部より少し上につき, これから上は茎に軟毛がある. 葉形は円腎形で微凸頭, 基部は切形を帯びた心臓形, 淡緑色, 長さ 2 cm 前後, 乾けば膜質で茶褐色となる. 花は 10 花内外がまばらにつき 7 月に開花, 白味を帯びたの淡緑褐色, 外花被片の上片は狭長楕円形であるが, 側片は鎌形に曲がっている. 唇弁は先端が 2 裂して, 裂片は互いに斜めに離れる. 基部の両側には突起がない. 〔日本名〕高嶺二葉蘭で高山生を意味する.

471. ミヤマフタバラン　〔ラン科〕

Neottia nipponica (Makino) Szlach.
(*Listera nipponica* Makino)

本州中部以北の亜高山帯の林下に生える多年草で, 四国や九州の一部の山にもある. 葉は深緑色で光沢があり, 茎は角ばっていて, 高さ 10～20 cm, タカネフタバランに似ているが花の構造は違う. 即ち花は紫色を帯びた緑色で花被片は 5 枚ともに狭長楕円形で互に同型, 唇弁は幅広く (6 mm 内外) 広卵形で扇形に開き, 2 裂した裂片は広く, ふちに低いきょ歯がある. また基部両側の突起も 1.5 mm 長の楕円形で大きく, また基部でくびれている等の違いがある. 〔日本名〕深山二葉蘭の意味.

472. ヒメフタバラン　〔ラン科〕

Neottia japonica (Blume) Szlach.
(*Listera japonica* Blume ; *L. shikokiana* Makino)

宮城県以南の暖地の常緑林下の少し湿った地に生える多年生草本で高さ 13～22 cm, 地下に短い根茎があり, 年々 1 茎を出す. 茎は角張り, 軟らかいが直立し, 淡紅褐色. 葉は茎の中央部付近に 2 個対生し, 深緑色の三角状卵形で, 主脈だけは強く下面へ隆起している. 4～5 月頃に総状花序を出して 2～17 花をつける. 花は紫色を帯び唇弁は水平になっている. 花被片 5 枚は大体卵状楕円形から線形で鈍頭, 唇弁は 6～9 mm, 深く 2 裂し, 薄い肉質, 中央は隆起している. 基部の突起は細長く, しかも同属の他種と違って後方に反り, ずい柱を抱いている. 〔日本名〕やさしい出来のフタバランの意味. しかし姫といっても本属中むしろ大形に属する.

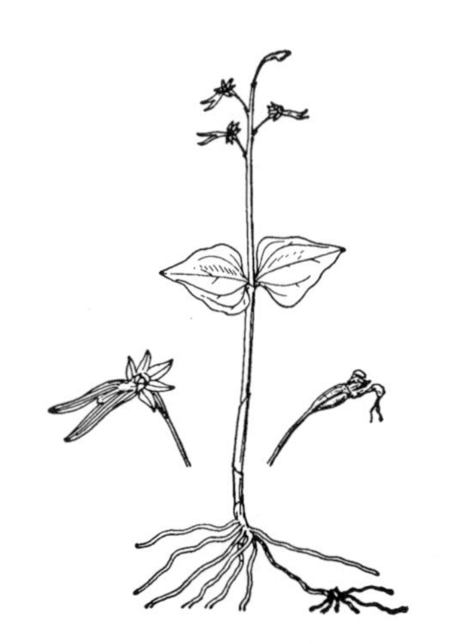

473. サカネラン 〔ラン科〕

Neottia papilligera Schltr.（*N. nidus-avis* (L.) Rich. var. *mandshurica* Kom.）

本州中部以北の深山の林中に生える無葉の菌根植物で高さ 20～30 cm 位ある．地下には多数の肥厚した根が束生し，上方に彎曲する．その形状を鳥巣に見立てて学名の種形容語に鳥の巣の名が与えられた．茎は淡汚黄色で円柱形，短毛を密布し，鱗片葉が互生し下部のものは鞘状になっている．6 月に茎頂に総状花序を出して多数の淡黄白色の花を密につける．花は径 1 cm 内外，極めて短い柄をそなえ，柄の下に苞葉がある．花被片は卵形で直立するが内曲している．唇弁は肥厚して基部は多少袋状をし，長くて少し下垂し上半は 2 裂し，裂片は離れて，舷部には陥入がある．ずい柱は細長く葯は 2 室，花粉塊は 2 個で粉質．下位子房は茎と同じに短毛が生えている．〔日本名〕逆根蘭の意味で根が逆に上を向いているのでいう．

474. ヒメムヨウラン 〔ラン科〕

Neottia acuminata Schltr.（*N. asiatica* Ohwi）

本州中部以北の針葉樹林の林下に生える多年生の菌根植物で高さ 15 cm 内外，ひどくやせている．根は針金様で多数束生する．茎上には 3～4 個の鞘状葉があるが緑色を帯びない．7 月頃，茎上に細い穂状の総状花序を出して 10～20 花を開く．花は淡褐色で花下に膜質の小形の苞葉があり径 3～4 mm, 内外の花被片は披針形で尖り, 開出する．各々 1 脈があり，唇弁は外片とほとんど同長で，三角状卵形，上半部では両縁が内方へめくれている．3 本の脈があって距はない，ずい柱ははなはだ短く，花粉塊は粉状．〔日本名〕緑葉なく，小形なので姫無葉蘭と名付ける．

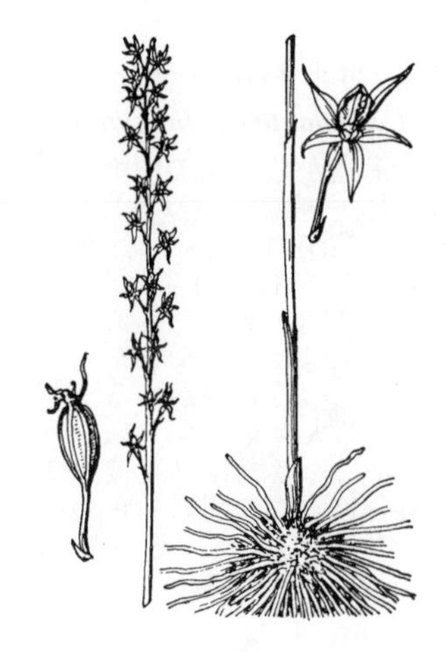

475. キンラン 〔ラン科〕

Cephalanthera falcata (Thunb.) Blume

本州から九州の低地の山林中に生える多年生草本．高さ 50 cm になる．葉は 10 個内外で鮮緑色，長楕円形で基部は茎を抱き，先端は尖っている．縦に粗いしわがあり，質はうすいが丈夫である．春にギンランと時期を同じくして黄花を 10 個内外つけた総状に見える穂状花序に開き，花下には短い苞葉をともなっている．花は直立して全開せず，長さ 1.5 cm 内外で広楕円体をしている．花被片は卵状披針形で鈍頭，基部は狭くなる．唇弁には距があり，3 裂し，側裂片は大きく低平な広卵形，内に赤橙色の縦のうねが数本ある．ずい柱の先端には円く大な葯がある．同属の他種に比べて生育できる環境の幅が狭いため，かつてはふつうに見られたが近年の里山の荒廃に伴って減少が著しい植物の 1 つである．〔日本名〕花色に基づいてギンランに対して金蘭という．

476. ギンラン 〔ラン科〕

Cephalanthera erecta (Thunb.) Blume

北海道から九州の山野樹陰の地に生える多年生草本で地下に軟骨質の細根を束生している．高さおよそ 15～20 cm，茎は直立しやせ細っている．葉は 2～3 個で茎の上部につき，楕円形または卵状楕円形で鈍頭，基部は軽く茎を抱き，質は薄く紙質である．4～5 月頃，茎の先に 3～4 個の白色小花を開く．短小な苞葉があって最下のものも花より短い．花は長さ 1 cm 内外，直立して平開しない．外花被片は 3 個で楕円状披針形をしている．内花被片は 2 個で外花被片より短い．唇弁に距があって内花被片の間から短いが角状に出ている．さく果は狭長楕円体で柄がない．〔日本名〕白花を開くので銀蘭といい金蘭に対しての名である．〔追記〕丈がより低くて葉も小さく，下部の苞葉がやや葉状となり，花が少し大きいものをユウシュンラン var. *subaphylla* (Miyabe et Kudô) Ohwi といい，東日本にまれに見られる．

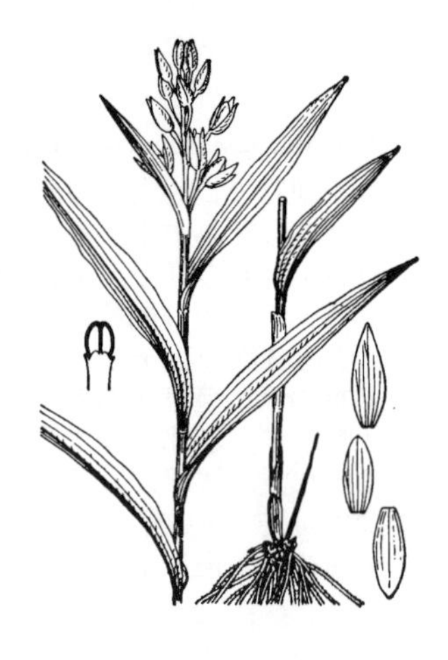

477. クゲヌマラン 〔ラン科〕

Cephalanthera longifolia (L.) Fritsch

（*C. erecta* (Thunb.) Blume var. *shizuoi* (F.Maek.) Ohwi）

本州（愛知県以東）の主に太平洋岸の海岸松林の中に自生する多年生草本で高さは 40 cm 内外で，全体強壮，ときに 2〜3 本束生する．葉状，花形はギンランに近いが，それに比べて壮大，葉数が多く，花はより大きく，唇弁の距は明瞭に突出することがない点で区別される．同じ分布をするハマカキランに類する新しい若い種とも見られ，水野忠款氏によればギンランに比べて染色体数が 2 本少ないのも一つの証査となろう．〔日本名〕鵠沼蘭で，鵠沼は神奈川県藤沢市に属する地名，服部静夫が同地で発見したのによる．

478. ササバギンラン 〔ラン科〕

Cephalanthera longibracteata Blume

北海道から九州の山野に生える多年生草本で直立し，高さ 30〜40 cm 位あり，一般にギンランに比べて壮大である．茎は細長く直立して淡緑色，全体に葉がついている．葉は互生し，広披針形，先端は鋭尖形，基部は茎を抱き，縦脈 10 条ばかりが顕著であって，ギンランに比べて質厚くてかたい傾向がある．春に茎の先に短い穂状花序を出して数花を開き，最下の苞葉は長大で葉状を呈し，狭長で先端は鋭尖形，長さは優に花穂の全長をしのぐ特徴がある．花は上向き，白色で平開せず，ギンランに比べて少し大きく長さ 1.3 cm 位．外花被片は広披針形，内花被片は少し小形である．唇弁は外花被片間にかくれ広大で先は鈍頭，距は短くわずかに外花被両片の間にあらわれているが，ギンランのように角状にならない．ずい柱は立ってその先端には直立した葯を有し，2 個の花粉塊がある．〔日本名〕笹葉銀蘭は笹の葉のような銀蘭の意味である．

479. カキラン（スズラン） 〔ラン科〕

Epipactis thunbergii A.Gray

日本全土の山野や谷すじの多湿の地に生える多年生草本である．地下に根茎があって横にはい多数のひげ状の根を出している．茎は 30〜50 cm の高さで下部は紫色をしているがその他は緑色無毛，円柱形で強く，中部に 7〜8 枚の葉を規則正しく 2 列に互生する．葉は卵状披針形で長さ 5〜10 cm で平開し，先端は漸尖形で基部は鈍形で葉鞘となり茎を抱く．質厚く深緑色，脈がはっきりして低いが隆起して見える．中部の葉は最大で下部のものは鞘状葉となり，上部のものは縮小して苞葉となる．7 月頃茎端に総状花序を出して 10 花内外を開く．苞葉は葉状で披針形で柄がなく，花後にもなお残存し平開する．花は少し尖り，柄があって側向し，花冠は広鐘形，外花被片は厚い膜質で鮮明な橙褐色である．内花被片は橙黄色．唇弁は白色で内面に紅紫点があり，上下 2 唇の間ではやや関節し，上唇の内部には縦のうねが 3 本あるし，下唇は内面が陥入している．〔日本名〕柿蘭はカキ色の蘭の意味でその外花被片が橙褐色をしているのに基づき，また鈴蘭はつぼみのときの花形を鈴に見立てたもの．

480. アオスズラン 〔ラン科〕

Epipactis papillosa Franch. et Sav. var. ***papillosa***

北海道から九州の亜高山帯高木林下に生える多年生草本．高さ 30〜50 cm になり全株細毛を布いている．葉は多数互生し，広楕円形または卵状広楕円形で，先端は鋭尖し，基部は茎を抱き，縦ひだがあり，かつ細毛があるためにざらつく感がある．夏に茎の先に総状花序が出て緑色の花を開く．苞葉は花と同じ長さか少し短い．花被片は緑色をして内曲し，楕円形で先端は尖っている．唇弁は少し白く，前後 2 部に分かれ，前部は三角形で扁平，直立し，後部は円い袋状となり，外側は光沢があり，ともに細紫点を飾る．〔日本名〕スズラン（カキラン）に似て緑花を開くのでいう．〔追記〕海岸に生えて本種に似ているのはハマカキランで，次図にのべるが，本種から分離した生態種であろう．

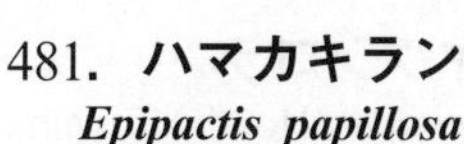

481. ハマカキラン　〔ラン科〕

Epipactis papillosa Franch. et Sav.
var. ***sayekiana*** (Makino) T.Koyama et Asai

相模湾沿岸から東北地方の海岸にかけて固定した砂丘上の松林下に生える多年生草本で，ふつう束生する．高さ 50～70 cm，暗黄緑色で 7 月に黄緑花を開く．概形，花の細部ともに深山北地生のアオスズラン（前図参照）と酷似するが，より唇弁の色が白く，他の花被片も黄色味を帯びる．現在のところ両変種間に産地は全く不連続になっているので，その間の関係はにわかには断じ難いが，相模湾を中心とした地域に新生した変種で，クゲヌマランなどと規を一にするものであろうという説がある．学名の種形容語は佐伯立四郎で本種の発見者である．〔日本名〕浜柿蘭で海岸生のカキランの意味．

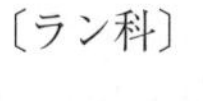

482. トラキチラン　〔ラン科〕

Epipogium aphyllum Sw.

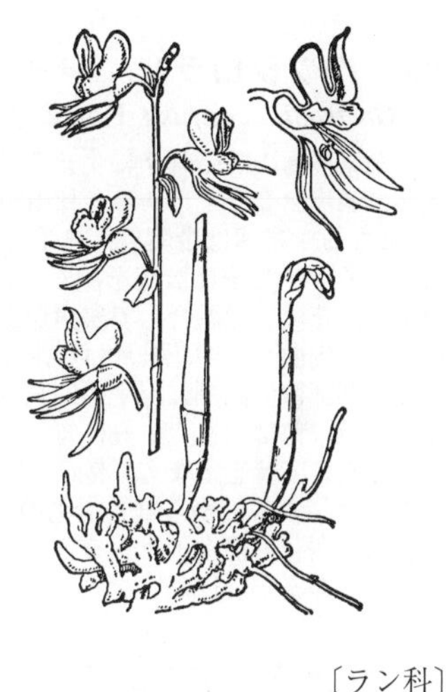

深山の林下にまれに見出される多年生の菌根植物で高さ 20～30 cm，地下に多数分岐した肉質の根茎がある．茎は基部にふくらみがあり，淡い桃色で，鞘状葉 2～3 がつく．9 月頃 1～6 個が開花し，花は株に似合わず大きく「タコ」の胴体と足の感じがあって異彩を放つ．この胴体に相当するふくらみは唇弁とその距で，子房がねじれないため，ふつうの蘭と逆に逆立ちしており桃色で内部に紅点が散在する．距は円く太く，口に 2 側裂片がある．足に相当する花被片 5 枚は細くて前方に突き出て淡褐色である．明治 35 年（1902）栃木県日光太郎山の山中で神山虎吉氏が発見したのにちなんで牧野富太郎が命名した．その後近年になるまで八ヶ岳，秩父，尾瀬等に少数見出されたに過ぎない．欧州にも産するが稀品である．

483. タシロラン　〔ラン科〕

Epipogium roseum (D.Don) Lindl.

関東地方以西から西南の暖地の林下または陽地にまれに発見される無葉緑の菌根植物．インド，マレーシア，メラネシア，オーストラリアに分布する．地下にやや扁平な有毛，かつやや固い鱗片のある塊茎があり，一端から直立した茎を地上に出し，総状花序を頂生する．茎の下方には鞘をつけ，おのおのの花柄の基部に広披針形で薄質小形の苞があり，反転する．花序ははじめは点頭垂下するが，下から花が開くのにつれてその部分は漸次直立して成熟し，最上部の花が開き終わる頃には下方の花は早くも種子を放出する．花後に茎は中空となり，倒伏腐敗する．鞘には紅紫の斑があるが，後に淡褐色，ついに濃褐色となる．花はほとんど白色．すぐ淡褐色となり，外花被片は 10 mm 内外，内花被片はより小形，唇弁の先端は濃い紫色，他の部分には大小・濃淡の紫斑がある．唇弁は広卵形で，短い距があり，上面にいぼ状の小突起がある．種子は極めて軽量で，風によって広い分布を可能にしている．〔日本名〕田代善太郎が長崎県諫早で発見したのでこの名がある．

484. オニノヤガラ（ヌスビトノアシ）　〔ラン科〕

Gastrodia elata Blume

北海道から九州の山野の林中に生える多年生の無葉緑の菌根植物．地下の長楕円体の塊茎は長さ 6～10 cm，時に 18 cm に達し，肥厚していてジャガイモ状である．茎は直立し高さ 1 m 以上に達し，中実の円柱形で平滑，無毛，上部の総状花序とともに黄赤色，暗色の鱗片葉を散生し，下部の鱗片葉は短い鞘状となっている．6～7 月頃に開花し，短小柄のある花は少し密に花序につき，花下の苞葉は子房より長い．外花被片 3 個は合着して腹面がふくらみ，ゆがんだつぼ状で口は 3 裂し，側方の裂片の内側の内部にやや小形の内花被片 2 個をつける．唇弁は卵状長楕円形で，細まった唇弁の基部（爪部）でつぼ状部の下面腹側に着生する．爪部左右には薄質の耳状突起がある．ずい柱は薄質で長く，両翼がありその下方の前面に柱頭がある．下位子房は倒卵形体．さく果も倒卵形体で頂に枯死した花被が残る．茎の緑青色のものをアオテンマ f. *viridis* (Makino) Makino ex Tuyama という．〔日本名〕鬼の矢幹は真直な茎を神の使用する矢になぞらえたもの，ヌスビトノアシ（盗人ノ足）は足形にも見える根茎を盗賊の足に見たてたもの．

485. ハルザキヤツシロラン 〔ラン科〕

Gastrodia nipponica (Honda) Tuyama

暖地の常緑樹下に生える無葉緑の菌根蘭．単細胞の毛のある紡錘形または棍棒状の地下茎が水平に横たわり，その一端から 4〜5 月頃高さ数 cm の茎を地上に直立して出し，頂に 1〜2 花をつける．茎には淡褐色で先端の細長く尖った鞘状葉を数個つける．花は長さ 2 cm ばかりのコップ状で，ふつう 1〜2 花，茎頂に不稔の蕾が 1 個ある．花筒は上半が 3 裂し，帯紫褐色，左右と中央の裂片の間に小形の側花弁が合着している．唇弁は長さ 5 mm，広卵形で，基部は細くなり，ここに左右に球状のこぶが 2 個ある．唇弁の先端は朱色で，他は白色，中央に縦に長短の 4 条の隆起線がある．花の後に花柄が急速に伸びて果実を高くつき上げる．ずい柱は細長く，左右に狭い翼がある．花期はふつう 5〜6 月．関東地方の南部から伊豆七島（八丈島），琉球列島までに点々と発見される．〔日本名〕最初の発見地熊本県八代（やつしろ）の地名による．近似のアキザキヤツシロランに対して春咲きであるのでこの名を得た．

486. ヤツシロラン（アキザキヤツシロラン） 〔ラン科〕

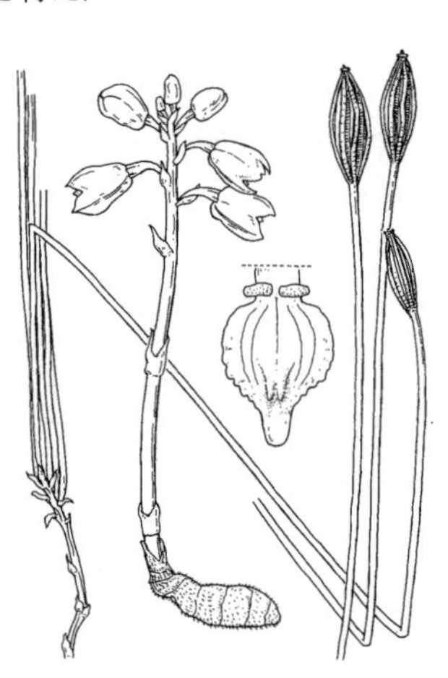

Gastrodia confusa Honda et Tuyama（*G. verrucosa* auct. non Blume）

千葉県以西の暖帯林下に生える多年生の無葉緑の菌根植物．腐葉中に横にはう地下茎は鱗片および毛がある．秋 10 月末頃，一端から花茎を直立して生じ高さ 5〜10 cm になる．花茎は帯紫色，無毛で，鞘状葉がまばらに数個ある．総状花序は頂生して短く，少し密に数花を開く．花は暗帯紫褐色，長さ 1 cm 内外，少し下向して開く．外花被片は融合して狭鐘形をなし，左右に稜があり，裂片は 3 個，三角状卵形で少し内曲し，内花被片は小形で裂片の間につく．唇弁は離生し，長さ 5 mm ばかり，茎部には両側に扁平短四角柱状のこぶ状体がある．唇弁の上半は広卵形，先端は朱色，他は白色，中央に短い縦条 2 個がある．ずい柱は唇弁と同長，腹面は平たく左右に広翼をそなえ，翼の先端は逆かぎがある．花後，花柄は急速に伸長する．また地上茎の基部から細長無毛の地下茎を 2〜3 条のばし，年経てこの上に再び有毛肥大な開花可能な地下茎を作る．このことはハルザキヤツシロランやナヨテンマと同様である．〔日本名〕ヤツシロは産地の九州八代の地名をとったもの．

487. ナヨテンマ 〔ラン科〕

Gastrodia gracilis Blume

暖地の林下に生える無葉緑の菌根植物．高さ 15〜30 cm でやや細い花茎を扁圧された有毛の地下茎の一端から直立して生じる．茎は淡灰色で，少数の茎に密着した細長い鞘をつけ，頂にやや短い穂状花序をつける．花柄は細長く，基部に小形鈍頭の苞をつけ，花は横向き，またはやや下向する．花はふつう数個であるが，ときに 20〜30 花をつけることもある．外花被片は鐘状に合着し，短い 3 裂片があり，淡褐灰色．側花弁は左右の裂片と中央の裂片の間に合着し，小形である．唇弁も小形で，鐘状の花冠とほとんど合着せず自由に動き，広卵形で，小波状縁．基部はやや心臓形をなし，先端は鮮朱色．先端の中央から中央線にそって 2 つの頭状の小突起がある．この突起は下半部では低くなり消失する．花柄は花後急速に直立して伸長し，長さ 30 cm にも達し，種子を散布した後に茎とともに全体が倒伏する．千葉県以西，東海，九州の諸地に発見され，台湾に及び，また伊豆諸島（八丈島，大島）にも発見された．〔日本名〕ナヨテンマは，天麻すなわちオニノヤガラに比して繊弱なことから牧野富太郎の同意を得て命名された．

488. サワラン（アサヒラン） 〔ラン科〕

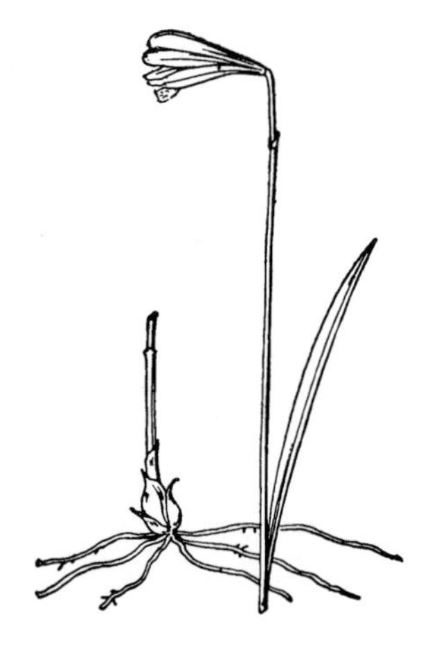

Eleorchis japonica (A.Gray) F.Maek. var. ***japonica***

（*Arethusa japonica* A.Gray）

北海道と本州の山中湿地に生える多年生草本．偽鱗茎は 1 個で，エンドウ豆位の緑色球を作り，先から 1 花茎と 1 葉とを出す．葉は長披針形または狭長楕円形で先端は尖り，基部は細くかつ花茎を抱き，質は強靱である．夏に花茎を葉よりも高く出して 15〜20 cm になり，中途に微細な鱗状葉を 1 枚つける．花は紅紫色で長さ 2 cm，茎の先に 1 個またまれには 2 個出る．少し前へ首をかしげ全開しない．花被片は倒卵状披針形で鈍頭をしている．唇弁は倒卵形で上半は不明に 3 裂しふちは不揃いの歯牙をめぐらしている．ずい柱は半円柱状である．〔日本名〕サワランは沢蘭の意味でその産地に基づいたもの，一名アサヒラン（旭蘭）は花を賞讃し付けた名である．〔追記〕よく似たキリガミネアサヒラン var. *conformis* (F.Maek.) F.Maek. ex H.Hara et M.Mizush. は本州中部の高層湿原に生え，唇弁が他の花被片と同型であり，また花の下の苞葉の先が鈍頭であるので区別できる．

489. シ　ラ　ン　〔ラン科〕

Bletilla striata (Thunb.) Rchb.f.

本州以西の湿原または崖上等に自生する多年生草本であるが観賞用にもふつうに植えている．鱗茎は大きな扁圧された球形で白色多肉である．葉は茎の下部に 5～6 個が互生し下部は葉鞘となって互いに重なってつき，長楕円形で長さ 20～30 cm，両端は尖り，背部は彎曲し，多数の縦ひだがあって膜質で強い．5～6 月頃，葉の集まりの中心から花茎を 50 cm 内外の高さに出し，その上部に紅紫色の美花を 6～7 個だけ穂状にまばらにつける．苞葉は開花直前に 1 枚ずつ落ちる．花径は 3 cm 内外で，花被片は平開し，狭楕円形で先端はみな尖っている．唇弁は淡色で倒卵状広楕円形であるが中裂し，側裂片はずい柱を半ば巻く姿勢をとり，中央裂片には縦の隆起線が数本あり，ふちは小さく波うっている．花が白色できわめて薄く紅色をしたものをシロバナシランという．仮鱗茎を白及根といって薬用とし，また糊として用いる．〔日本名〕紫蘭の意味でその花色による．〔漢名〕白及を用いる．

490. エ　ビ　ネ　〔ラン科〕

Calanthe discolor Lindl.

日本全土の山林や竹薮に生える多年生草本．地下茎は節が多く多数のひげ根を出し，連珠状をしてはっている．葉は越年生で 2～3 枚束生するが次年には伏臥して，倒披針状長楕円形で長さ 20 cm 内外，先端は鈍頭または少し尖り，基部は鋭尖形で細くはっきりした葉柄となる．暗紫色で縦にひだをつけ下面には短毛を生じる．春に新葉の間から 1 花茎を 30～40 cm の高さに出し，花数は 10 個内外で花径は 2～3 cm ある．花被片は平開し，外花被片はふつう紫褐色，内花被片と唇弁とは白色または淡紫または紅紫色をしている．唇弁は 3 深裂し，中央裂片は先端に凹入があり，内面には 3 枚の縦の隆起線がある．距は子房と平行し長さはそれよりも短い．〔日本名〕蝦根すなわち海老根の意味で，地下茎が屈んで連なる形をエビの体に見立てたもの．

491. タ　カ　ネ（ソノエビネ）　〔ラン科〕

Calanthe ×striata R. Br.

（*C. discolor* Lindl. var. *bicolor* (Sensu) Makino, p.p.）

西日本の山中樹下に生える多年生草本，またその花を賞して培養する．葉は二年生で 2～3 個束生して生え，初めは直立するが後には伏臥する．広楕円形または楕円形，長さ 15～25 cm，先端は急に短く尖り，基部の柄ははっきりしている．縦にひだがあって下面には毛を生じる．4～5 月頃，葉がまだ十分に開かない内にその間から 1 茎を出し，黄褐色花または黄緑花等を総状に開く．花は大きく径 3 cm になり，花被は内曲して広鐘形，鮮黄色または黄褐色になる．唇弁は帯黄色でエビネより広く，3 裂した中裂片は倒卵状へら形で鈍頭であるが，エビネと区別できない形のものもある．距は細く短い．この種の花色は一定せず実に株によって各様の花を開く．〔追記〕本種はエビネとキエビネの雑種と考えられる．キエビネ *C. citrina* Scheidw. は同じ範囲に分布し，花がより大きく全体鮮黄色である．旧版では本種とキエビネを合わせたものをエビネの変種とみなしてオオエビネの和名を用いたが，現在はキエビネは明瞭な種で，それに対してエビネが浸透交雑を起こしたために一見連続して見えるものと解釈されている．

492. キリシマエビネ　〔ラン科〕

Calanthe aristulifera Rchb.f.

近畿地方南部から九州の常緑広葉樹林の中に生える多年生草本．葉は 2～3 枚根生し，狭長楕円形で葉身の長さは 20 cm 内外あり先端は鋭尖形，基部は鋭形，割合に長くはっきりした柄となる．上面は多少滑らかで他種のような縦ひだは不明瞭であり質も厚味がある．5 月頃，葉の間から花茎を 20～30 cm の高さに出し，10 花内外を少しまばらにつける．花は下垂し全体に円味があって白色または薄い紫色のぼかしがある．径は 1.5 cm 内外，花被片は完全には平開せず（この点図は正確でない．これは標本から描いたためである），みな楕円形で先端は尾状に鋭尖している．唇弁は基部がずい柱と癒着し，3 深裂し，中裂片は大きくしばしば凹頭をしていると同時に表面に数条の隆起線と淡紫色の不明瞭な斑紋とがある．距は後方に斜上して長く，15 mm 内外あり末端は尖っている．〔日本名〕初め鹿児島県の霧島山中でとったのでいう．

493. ナツエビネ　〔ラン科〕

Calanthe puberula Lindl. var. ***reflexa*** (Maxim.) M.Hiroe

（*C. reflexa* Maxim.）

本州から九州の暖地山中林下に生える多年生草本．高さ 40 cm 内外．偽鱗茎は卵球形で 2〜3 個が連なっている．葉は 4〜5 枚が束生して立ち，越年生である．長楕円形で先端は鋭尖し，基部は次第に狭くなって柄となるがその境は不明瞭で，淡緑色で縦にひだがあり光沢はない．7〜8 月に葉腋から 1〜2 本の花茎を葉より高く出し，淡紫色の総状花序をまばらにつける．花には細い柄があって花径は 2 cm 内外．外花被片は卵状楕円形，有尾鋭尖頭で強く後方に反り返る特徴がある．内花被片は線状でこれも後方に向かっているためずい柱は露出して見えるのが特徴である．唇弁は芯柱と直角に下垂して前方を向き，肉質で 3 深裂し，中裂片は大きくふちにきょ歯があり，かつ尖っているが側裂片は鈍頭で小さい．距は全くない．〔日本名〕この種は日本本土産のエビネ属の中で例外的に夏に花が咲くのでこの名がある．

494. サルメンエビネ　〔ラン科〕

Calanthe tricarinata Lindl.

北海道から九州の深山のブナ帯の林中に生える多年生草本で，地上部は冬枯れる．葉は倒披針形，長さ 30 cm 内外あり，厚膜質を帯び，縦にひだがあるが比較的に平坦で，下部は広い柄になる．6 月頃葉の集まりの中から花茎を直立させ高さ 50 cm 前後あり，円柱形で上部に総状に 10〜15 花を少しまばらにつける．花径は 4 cm 内外あり，汚黄緑色で花被片 5 枚は開出，しばしば上半が内曲し，倒披針形で尖っている．唇弁は下垂し，距はなく，3 裂し，側裂片は四角形で小さく，開出平坦，中央裂片は広楕円形で大きく，赤褐色で波うち，あるいは縮れ，中央は高く隆起線が 3 本平行してさらに細裂することがある．中国からインド北部まで分布するが，日本では著しく減少している．〔日本名〕赤い唇弁の斑を猿面にたとえたもの．

495. ツルラン　〔ラン科〕

Calanthe triplicata (Willem.) Ames

九州南部からインド，ニューカレドニア，オーストラリアにかけて分布し，林床や草地に生える常緑の多年草．変異に富むが，日本や中国では高さ 40〜80 cm になる．卵形の偽鱗茎が 2〜3 個連なり，前年や今年のものには 3〜6 枚の葉がついている．葉は縦にひだがあり，長さ 20〜50 cm，幅 8〜15 cm，立ち上がり，狭披針形あるいは楕円形，先は尖り，基部は細い柄となり，下面に微毛がある．花茎は直立し，微毛が密生し，その上方にやや密な花序をつけ，6〜9 月に白色の花が次々と長期にわたって咲く．緑色の苞葉が目立つ．子房も白色で，長いものは長さ 5 cm にもなる．唇弁は長さ 13〜18 mm, 基部で 3 裂し, 中裂片はさらに 2 裂し，基部に黄または紅色で 3 裂の鶏冠状隆起がある．距は細く，長さ約 2 cm，多くは先で上向きに曲がる．他の花被片は長さ 12〜15 mm，平開する．〔日本名〕唇弁の色と形から丹頂鶴に見たてたものという．〔追記〕これに似て花は紅紫色系，唇弁の中裂片が広く，他の花被片が斜開するオナガエビネ *C. masuca* (D.Don) Lindl. も九州南部から熱帯アジアにかけて分布し，変異に富む．

496. オサラン（バッコクラン）　〔ラン科〕

Eria japonica Maxim.

（*E. reptans* (Kuntze) Makino ; *Pinalia japonica* (Maxim.) Ormerod）

伊豆七島および紀伊半島以西の暖地の林中岩上または老樹上に生える多年生草本で高さ 10 cm 内外ある．根茎は横にはい，これから毎年できる卵状円柱形の偽鱗茎が数年分密接して並び連続している．葉は通常 1〜2 個まれに 3 個出て，広披針形で尖り 5 脈がある．下部は狭くなり葉鞘は偽鱗茎に付着し，葉質は厚くなく，冬には偽鱗茎を残して落ちる．初夏の頃に葉の間に細長い花茎を 1 本出して白花を 1〜2 個開き，苞葉は膜質で細小である．外花被片は広披針形で側生の 2 個はその下部が距と合着する．内花被片 2 個は外花被片より少し長く，狭長で尖り，下部は広がる．唇弁は下部が狭く直立し上部は 3 裂して反曲して 5 本の隆起線があり，紫色のぼかしがあって内部は黄褐色，距は下方を指す．ずい柱は長く，花粉塊は 8 個．下位子房は狭長．〔日本名〕筬蘭は偽鱗茎の連生する様を筬（オサ）に見立てて名付けたもの．バッコクラン（麦斛蘭）は中国の麦斛と思い込んで付けた名．〔漢名〕雀髀斛を使うが誤りである．

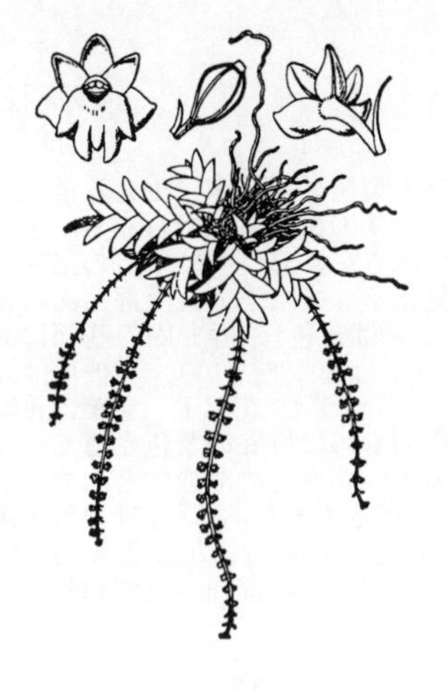

497. ヨウラクラン（モミジラン，ヒオウギラン）〔ラン科〕

Oberonia japonica (Maxim.) Makino

宮城県以南の暖地の木の幹や岩上等に着生して傾垂する小形の多年生の常緑草本で，成長程度の異なったものが大小集まって群になっている．茎は長さ 2〜5 cm 位ではかま状に 2 列に並んだ多数の葉がある．葉は長楕円形または披針形，その上，少し鎌状をして尖り淡緑色で多肉，平滑，無毛，基部は狭い鞘状で茎を抱いている．5 月頃，茎の先に細長い花序を垂れるが，全体は橙黄色で，花は極めて小形で径 1 mm 位．多数が長い花軸に輪生して短小柄があり，基部には針形の苞葉がある．花被片は平開して鈍頭，上位の外花被片は卵形，側方の 2 個は広卵形で，基部は合着する．内花被片は卵形，唇弁は広大で 3 裂し側裂片は小形，中裂片はさらに 3 裂するがその中央小片は短い．ずい柱は短く，葯は半円形，花粉塊は 4 個 2 対．淡緑花を開くものをアオバナヨウラクランという．〔日本名〕瓔珞蘭で花序の下垂している状を瓔珞になぞらえてつけたもの．紅葉蘭は葉の配列した様子がモミジの葉のようなのでいい，檜扇蘭は葉が扇状に配列する様をいう．

498. ヤチラン〔ラン科〕

Hammarbrya paludosa (L.) Kuntze（*Malaxis paludosa* (L.) Sw.）

ヨーロッパの湿原にはふつうであるが，東アジアおよび北米ではまれに生える多年生蘭である．日本では日光戦場ヶ原で明治 37 年（1904）はじめて発見され，著者が湿原（谷地）の産にちなんで命名した．高さ 7 cm 内外あり，茎の基部は小球状にふくらんでいる．葉は 3〜4 個で基部の葉は卵形，少し上部のものは楕円形，緑色，軟質で先は鈍頭となる．7〜8 月頃に小さい茎が立ち，先に密な穂状に小花をつける．花は黄緑色，他の蘭と違って，花は逆さで小さな唇弁が上を向いている．外花被片 3 個は卵状披針形，同大で内片はこれより小さく，唇弁はさらに小さく，距はないが，基部は心臓形，短いずい柱を包む．花粉塊は 4 個あり蝋質で柄はない．〔日本名〕谷地すなわち湿地生のランの意味．

499. ホザキイチヨウラン〔ラン科〕

Malaxis monophyllos (L.) Sw.

四国および近畿地方以北の亜高山森林中に生える多年生草本．鱗茎は短い鞘をかぶり，ほとんど地上に露出している．葉は根生して 1 枚，まれに 2 枚あり，葉柄は直立して葉身の基部とともに花茎を抱き，そのため茎の中部に 1 葉があるように見える．葉は広楕円形または円形に近く，鋭頭または鈍頭で全縁平滑で黄緑色をして軟質である．7〜8 月頃 20〜30 cm の花茎を出し，その上半に無数の小淡黄緑花を穂状につける．花は細かく径 2 mm 内外，花被は細くて尖り，上下は転倒しているので卵形で先端鋭尖形の唇弁が上側にある．内花被片 2 個と上位の外花被片とは下を向いている．距はなく，ずい柱は短円柱状である．さく果はかなり大きく長さ 6 mm になる．〔日本名〕穂咲一葉蘭の意味で穂咲は穂になって開く花に基づいていう．

500. コクラン〔ラン科〕

Liparis nervosa (Thunb.) Lindl.

関東から西の林下の湿った所に生える多年生草本．根茎はごく短く，横臥している茎（偽鱗茎）は新旧の数個が並立し，肥厚して多肉，2〜3 節あって緑色の円柱形で大きな膜質の鱗片があり，3〜10 cm の長さで，古いものは葉がとれてしまって茎だけが裸で立っている．葉は 2〜3 枚あり，卵形または卵状楕円形で先端は鋭尖形，多少膜質の草質で縦ひだが走り，3〜7 本の主脈があり，短い葉柄は基部が鞘状となって茎を抱いている．6〜7 月頃，新茎の頂の葉の間に緑茎を 10〜15 cm 出し，上部に総状花序をして黒紫色の 5〜6 花をつける．花は径 12 mm 位で，花被片は平開またはそり返っている．外花被片は鋭頭で上位の 1 個は長楕円状披針形，ふちは反り返り，側方の 2 個は上位のものより短く長楕円形である．内花被片は外花被片より長くへら状の線形，唇弁は中央から反り返り，倒卵形で先が凹みやや肉が厚く，基部の両側に針状の 2 突起がある．ずい柱は直立し，わずかに前方に曲がり，葯は半球形，花粉塊は 4 個 2 対である．下位子房は糸状．さく果は倒卵状円柱形，下部は狭い．〔日本名〕黒蘭でその花色に基づいて付けた名である．

501. ユウコクラン 〔ラン科〕

Liparis formosana Rchb.f.

九州南部から台湾および香港に知られ，常緑広葉樹林の林床に生える常緑の多年草．コクランに似ているが少し早く咲き，花茎の稜は翼状で目立ち，子房は先の方で上曲し，これに続くずい柱の下半分はさらに立つので子房の主部分の延長線から大きな角度で屈曲したずい柱に見える．またずい柱上部にある翼がより著しく，雄しべの葯帽は紅紫色（コクランは緑色），唇弁内の基部にある1対の突起はずんぐりした短い鉤状（コクランは曲がらない），花被片はより大きくて長さ8～10 mm，花序に花数が多くてふつう15花以上，苞葉は花時に反巻しているなどの違いがある．伊豆七島産のものは唇弁の紫色が薄く，ふちなどに緑色が混じり，花もやや小さいなどの違いがあるので変種として，シマササバラン var. *hachijoensis* (Nakai) Ohwi とされることがある．〔日本名〕幽谷蘭．谷を黒にかけたものだろうか．〔追記〕いくつかの近縁種が世界の熱帯地方に広く分布している．そのため本種はしばしば他種と混同されており，よりくわしく調べると分布域はもっと広がるかも知れない．

502. スズムシソウ（スズムシラン） 〔ラン科〕

Liparis makinoana Schltr.

北海道から九州の山地に生える多年生草本であるが，まれには観賞のために栽植する．偽鱗茎は卵球形で緑色，枯れた古い鱗片および古い葉鞘で包まれている．葉は前年の偽鱗茎の側方に出て2枚対生し，花時にはまだ十分開かない．広楕円形で先端は鋭尖し基部は鈍形，その下は葉柄となる．夏に葉の間に縦稜のある緑色の茎を1本出し長さ20～30 cmで上部は総状花序となって10数花をつける．花は淡い暗紫色で同属中最も大きい．花被片は唇弁よりわずかに長く，上位の外花被片は線状披針形で，側方の外花被片はそれより細く唇弁の背後にかくれている．唇弁は広大で暗紫色，中央に光沢のある溝が1本あり基部は爪となる．舷部は倒卵円形で，幅15 mmに達するのがこの特徴である．ずい柱は基部が急にふくらみ，上部は前に弓なりに曲がっている．下位子房は細長い．〔日本名〕鈴虫草でその唇弁の形状と色あいがスズムシの羽に似ているからである．

503. セイタカスズムシソウ 〔ラン科〕

Liparis japonica (Miq.) Maxim.

北海道から九州の少し深い山地の林下に生える多年生の蘭で，ややまれな種類であり，偽鱗茎，および葉状はクモキリソウおよびスズムシソウに似て区別は非常に困難であるが，花の形が違うのでわかる．すなわち唇弁は前者のように強く反り返らず，また後者のように舷部が急に折れて広く展開することもなく，淡紫色を帯びた倒卵状楕円形で，前方に多少下がり気味に突き出すが，長さは15 mm位．側方の外花被片は前者のように水平に側方に開出せず，後者のように唇弁の裏にそれを受け支えているかのようにより添うが，唇弁舷部がはるかに狭い．6～7月に開花する．〔日本名〕丈の高いスズムシで他種類のものより一般に花序が高いので，江戸時代（18世紀末）の本草家阿部櫟斎の命名である．

504. クモキリソウ 〔ラン科〕

Liparis kumokiri F.Maek.

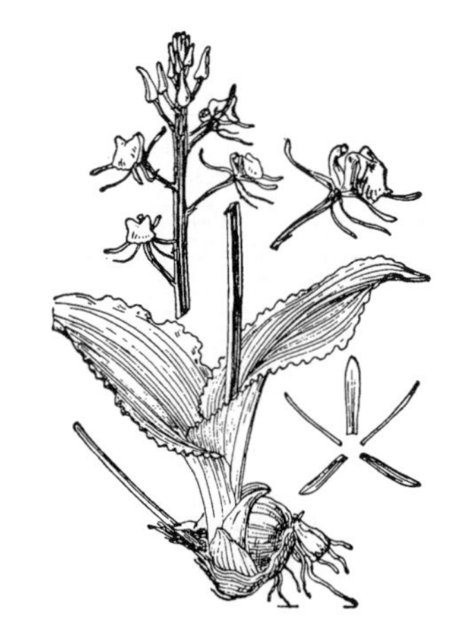

日本全土の山地の林内に生える多年生草本．地上部は年々枯れる．高さは15～30 cm，偽鱗茎は卵球形で緑色，多く地上に露出し，たいてい枯れた葉柄の残りで包まれている．葉は2枚ずつ前年の茎の側方に出て，それぞれが反対の方向に斜開し，楕円形または卵状楕円形で鈍頭，長さ5～10 cm，質は少し厚く鮮緑色，ふちは多くは細かく縮れ，基部は翼のある柄となって互いに抱いている．5～6月頃，葉の間から稜のある緑の茎を出し上部に総状花序が出て10個内外の淡緑色花をつけ，花径は1 cmばかり，花下の苞葉は微細である．外花被片は開出し線状披針形で鈍頭，内花被片はさらに細く背後に垂れる．唇弁には爪があり，倒卵円形で少し頭部が突出し，中程から強く外に反り返り，前から見ると倒三角形の唇弁のまわりに5花被片の先端がはみ出して見える．ずい柱は中途から前方へ屈み，腹面上部に柱頭がある．下位子房は細長い．〔日本名〕蜘蛛切草の意味で，花の形を名刀蜘蛛切丸によって両断されたクモの形に見立てたものとする深津正の説が説得力がある．

505. シテンクモキリ　〔ラン科〕

Liparis purpureovittata Tsutsumi, Yukawa et M.Kato

北海道および本州中部の林下に地生する多年生草本．全体はクモキリソウに似る．偽鱗茎は卵形，長さ 1～2 cm．葉は 2 枚，卵状楕円形で，全縁あるいはやや波打ち，鈍頭あるいはやや鋭頭，長さ 5～13 cm，幅 2～5 cm，無毛で緑色．葉柄は長さ 2～6 cm，翼がある．総状花序は，長さ 10～25 cm，4～14 個の花をつける．苞は卵形，鋭頭，長さ 2～5 mm，緑色．花柄のような子房はこん棒状で，ねじれ，長さ 8～11 mm，緑色，時に紫色に色づく．背萼片は線状披針形，やや鋭頭，時にわずかに外巻きで直立あるいはやや反り返り，長さ 8～9 mm，幅 2～2.5 mm，緑色を帯びた紫色．側萼片は倒卵形あるいは倒披針形，やや鋭頭，上部でねじれ，長さ 7～9 mm，幅 3～3.5 mm，緑色を帯びた紫色．側花弁は下垂し，線形，鈍頭，強く外巻きし，三日月状，長さ 8～9 mm，幅 0.5 mm，紫色．唇弁は全縁あるいは微細な鋸歯があり，卵状楕円形，鈍頭あるいは短突起があり，中央部で強く反曲し，縁は時にわずかに外巻き，基部はやや切形で短い爪があり，長さ 8～9 mm，幅 6～7 mm，淡黄緑色，基部から中央部の溝は淡紫色から濃紫色．ずい柱は円柱形，内側に湾曲し，先端に丸い翼があり，基部で広がり長さ 4～5 mm，腹部は淡緑色，花粉塊は 2 対で 4 個，黄色，葯帽は卵形，微突起があり緑色．

506. ジガバチソウ　〔ラン科〕

Liparis krameri Franch. et Sav.

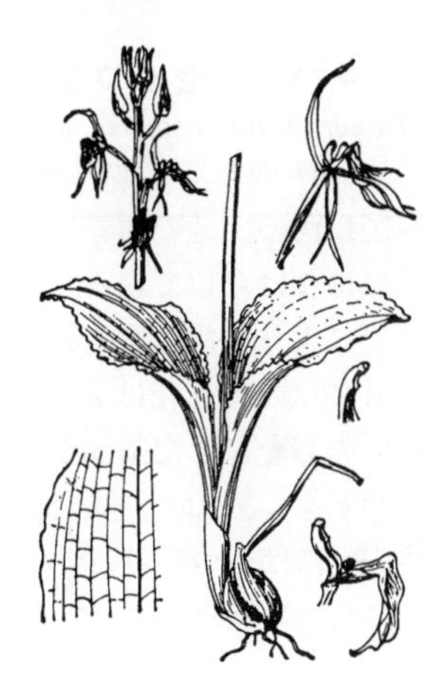

山地の林間または朽木上に苔とともに生える多年生草本で高さ 10～15 cm，偽鱗茎はほとんど地上に出て卵円形で緑色，枯れた鱗片に包まれている．前年の偽鱗茎の側方に 2 葉が向かいあって出て下は鱗片に包まれ，広楕円形で下部は狭くなり葉柄となる．葉質は膜質状の草質で少し多肉，ふちは縮れ，脈の網目が鮮明に見える．6～7 月頃，葉間にひれ状の稜がある緑色の茎を出して上部に総状花序をつけるが，花数は 10～20，花は暗紫色のすじがあるものが一般的だが，紫色を帯びない．淡緑色品（アオジガバチソウ）もある．花被片は非常に細い線形で細く尖り，上位の外花被片を除いた他の 4 個は唇弁の背後にかくれ唇弁よりずっと長い．唇弁は下部で屈折し，舷部は倒卵状長楕円形，先端は鋭尖する．〔日本名〕似我蜂草の意味でその花形をこの蜂に見立ててつけたもの．〔追記〕同属の他種とは唇弁の先が細く尖っている点で容易に区別でき，葉にも葉脈の網目が明らかである点で特徴的である．

507. ナカハララン　〔ラン科〕

Liparis nakaharae Hayata

台湾の山地岩上に生える常緑の多年草．日陰で湿った場所に大きなかたまりとなって育つ．たいていは傾いている偽鱗茎はやや扁平な球形で，径 2 cm 内外，頂に革質の 2 葉がある．葉身は狭披針形また線形，長さ 8～20 cm，幅 1.5～2.5 cm．花茎は平たく，ゆるやかにねじれ，新偽鱗茎の頂からのびて，高さ約 20 cm に達する．花は淡黄緑色で冬に咲き，径約 2 cm，まばらな総状花序につき，子房はねじれているが唇弁は上に位置する．背側の外花被片と側方の内花被片はやや後方に向けて広く開き，側方の外花被片と唇弁は途中から強く後方に反曲する．唇弁の先はほぼ切形，内面の基部に 1 対の肉質突起がある．ずい柱は長さ約 5 mm，上部腹側に 1 対の半円形翼がある．〔日本名〕この種を最初に採集した一人である中原源治を記念したもの．〔追記〕本種は温室で栽培され，しばしばチケイラン *L. bootanensis* Griff. と混同されている．チケイランは偽鱗茎が 1 葉性，ずい柱の翼は三角状に突出しており，南九州からヒマラヤ，ジャワにかけて広く分布する，姿がよく似た種類である．

508. セッコク　〔ラン科〕

Dendrobium moniliforme (L.) Sw.

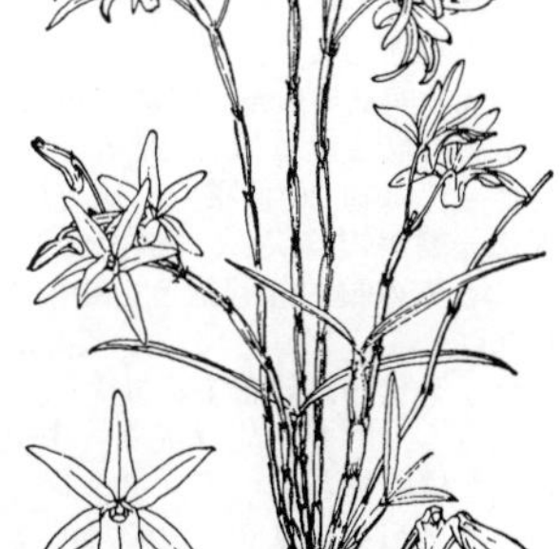

本州以南の森林の岩上または老木の上に着生する常緑多年生草本．根茎からは多数の強いひげ根を出している．茎は根際から多数束生し高さ 20 cm 内外で古いものは葉を失って緑褐色で節が多く，少しトクサに似ている．葉は 2～3 年生で互生し基部に厚膜質の長い葉鞘があって茎を包み，広線形または広披針形で鈍頭，長さは 3～5 cm，革質で暗緑色，すべすべしている．夏に葉の落ちてしまった茎に短い枝を側生して 2 花ずつ開く．花径は 3 cm 内外で白色または淡紅色を帯びる．花被片は楕円状披針形でやや開出し，先端は鋭尖形で，唇弁は少し短く卵状菱形，下半部はずい柱を両側から抱いている．基部に短く円い距がある．漢方薬に用いる．〔日本名〕漢名の石斛の音読み，セキコクがつまったもの．古名をスクナヒコノクスネ（少彦の薬根の意），スクナヒコグスリ（少彦薬の意）またはイワグスリ（岩薬の意）と称する．〔漢名〕石斛．

509. オキナワセッコク 〔ラン科〕

Dendrobium okinawense Hatus. et Ida

（*D. moniliforme* (L.) Sw. subsp. *okinawense* (Hatus. et Ida) T.P.Lin）

沖縄島北部に分布する多年草で常緑広葉樹の樹幹に着生する．台湾南部からも報告がある．茎は細い円柱状，硬い多肉質で縦筋があり，束生状に複数出て下垂し，太さ4〜7 mm，長さ30〜70 cm程度となる．葉は柔らかく緑色，互生し，長さ10 cm，幅8 mm程度の線状長楕円形で，短柄を持ち，全縁，鋭頭，両面共に無毛で，上面には光沢がある．12〜2月頃，茎の上部の葉の反対側の位置に，2〜3個ずつ花をつけ，全体として総状花序をなす．花は芳香があり白色〜淡桃色，径5〜8 cm程度，子房は白色で細く花柄状，長さ3 cm程度．萼片と側萼片は披針形，唇弁は狭三角状卵形で基部内側に2筋の隆起と淡緑色の模様があり，放射状に斜開する．髄柱は短く，唇弁の基部に納まる．

510. キバナノセッコク 〔ラン科〕

Dendrobium tosaense Makino

（*D. catenatum* auct. non Lindl.）

四国以西の山地の樹幹，岩石上に着生する常緑蘭で，大体の形はセッコクにはなはだ似ている．しかし次の諸点で区別ができる．花期が遅れて盛夏に入り，側生する花序は葉のある茎にもつき，数花からなる総状で2花ではなく，花は黄緑色で花被片は短く広く，殊に側方の外花被片は距の先端を包んだ基部からほとんど直線的に先端までのびるために広い三角形をしており，また唇弁の舷部の基部近くに暗紫斑がある．また花柱先端には3つの鋭い突起があることなどの違った点がある．〔日本名〕黄花の石斛の意味．よくできた株では1 mに近いものがある．

511. コウキセッコク（デンドロビュウム，ニオイセッコク） 〔ラン科〕

Dendrobium nobile Lindl.

温室に最もふつうに栽培する多年生の蘭．原産はヒマラヤから雲南．高さ30〜50 cmの茎が2〜3本束生し，高くなると倒れる．肉質で汚緑色，節間は2 cm内外で比較的短く，葉鞘が白茶色にこれを半ば包んでいる．葉は線状披針形で長さ8 cm内外，薄手の革質，2年たつと落葉する．花は12月から7月にわたり，茎の上半部に各節から短い総状花序を出して2〜3花をつける．花径7 cm位で花被片は開出し，倒卵状楕円形で肉質，上半部は桃〜紅紫色，基部に向かえば淡色で唇弁はずい柱を囲み，先端は短く尖り，中央には大きくビロード状の感じのある暗紫斑がある．〔日本名〕高貴石斛で，学名の直訳で大正2年（1913）牧野富太郎の命名．他種との交配で多くの園芸品が作られている．デンドロビュウムは属の名をとったもの．

512. オトメセッコク 〔ラン科〕

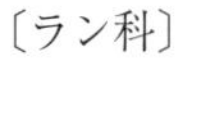

Dendrobium bigibbum Lindl.

オーストラリア北部に分布し，樹木の小枝に着生あるいは岩上に生え，日当たりを好む常緑の多年草．形態の変異にとみ，交配品も含めて園芸品種が多い．茎は多肉質で，上下で少し細くなり，径1〜1.5 cm，上半に3〜12葉がつく．葉は革質で披針形，長さ5〜12 cm，幅2〜3 cm，先は尖る．主に3月から7月にかけて，茎頂に長さ10〜40 cmの花茎を直立またはほとんど横向きに1〜4本出し，径3〜7 cmの紅紫色花が総状に，多いときには約20個咲く．側方の内花被片は外花被片と長さはほぼ同じだが幅広く，ときに先端が短く尖る．唇弁は短く，3裂，側裂片は立ってずい柱を囲み，中裂片は中央に5本の縦の隆起線とやや前方に白毛が密生する．側方の外花被片の基部と唇弁の基部は2段になった長さ1〜2 cmの突出した部分がある．変種でチモール島からオーストラリア北部に分布するコチョウセッコク var. *phalaenopsis* (Fitzg.) F.M.Bailey は花がより大きく，唇弁の先は尖り，中央の縦の隆起線が小さくて不明瞭である．園芸界ではしばしば両種とも“デンファレ”と呼んで市場に出荷している．〔日本名〕乙女石斛だが，何を乙女に見立てたのだろうか．

513. マメラン（マメヅタラン）　〔ラン科〕

Bulbophyllum drymoglossum Maxim. ex Okubo

福島県以南の暖地の樹幹または岩面上について生える小形で常緑の多年草．茎は糸状で硬く長く，2～3 節ごとに 1 葉を出し，偽鱗茎を作らない．葉は小形で互生し，倒卵形，先は円く，基部は短く尖り，革質で厚く，マメヅタの葉に外観が似ている．初夏に葉側から糸状の短い柄を出し，淡黄色の小形の花を開く，花下に小形の苞葉をつける．花は径 1 cm 位で横向きで半開きになる．外花被片は同長で上位の 1 個は披針形，側方の 2 個は卵状披針形で先端は短く尖る．内花被片 2 個はずっと小形で長楕円形．唇弁は卵状披針形で下部はずい柱の下端の曲がった爪部と関節する．ずい柱は短く，前面の両側は翼状をしている．花粉塊は 2 個，さく果は倒卵形体で下部は狭い．〔日本名〕マメランは葉が豆のように円い所から来ていて，昔からの名称である．マメヅタランは，シダ類のマメヅタに似る所から来ていて後の名である．

514. ムギラン（イボラン）　〔ラン科〕

Bulbophyllum inconspicuum Maxim.

宮城県以南の暖地の林中の岩面または樹幹などによく群をなして着生する小形で常緑の多年草．茎は糸状のつるでまばらに分枝して硬く，ひげ根を出してへばりつく．偽鱗茎は小形，卵球形で麦粒状をしており，溝があり，緑色で無毛，2～3 年すると葉が関節から落ちる．葉は偽鱗茎ごとに 1 枚で，倒卵状長楕円形か倒卵状楕円形で下部は狭く緑色または黄緑色，革様で厚く，長さ 1～3 cm，主脈のところが強く縦溝となって，夏に偽鱗茎の側方から鞘状鱗片葉をつけた短い柄を出し葉より低く，柄の先に 1～2 の細かい白花を葉にかくれるように開く．花は径 4 mm 位で自花受粉する．上位の外花被片は卵円形で短く尖るが，側方の 2 個はその 2 倍の長さで卵状楕円形である．内花被片は広楕円形で水平に開きふちに細かいきょ歯がある．唇弁は短小で卵形，厚く，ずい柱の基部から出る突起と関節する．ずい柱は短大，葯は半球形，花粉塊は 2 個．〔日本名〕偽鱗茎の形がムギ粒に似ているところからついたものでイボランは同じ部分をいぼに見立てた所からついた．〔漢名〕麦斛は誤りらしく，むしろ石豆が当たるかも知れない．

515. ミヤマムギラン　〔ラン科〕

Bulbophyllum japonicum (Makino) Makino

（*Cirrhopetalum japonicum* Makino）

中部以西の暖地の深山に見られる着生常緑草本．細い根茎が露出して横走し，これに卵球形で径 6 mm 内外，緑褐色の偽鱗茎がつき，1 葉ずつをつける．葉は披針状楕円形で薄い革質，硬くなくまた先が尖っている．この点でムギランと容易に区別できる．盛夏に偽鱗茎の側方に偽鱗茎の 4～5 倍長のやせた花茎を出して開出し，先端に 2～3 花が輪生して水平ないし斜め下向きに広がる．花は暗紅紫色で径 1 cm 位，側方の外花被片が上位の外花被片よりはるかに長く尖り，かつ先端が初めは接着している．内花被片はふちに毛がない．唇弁は関節し紫黒，肉質で舌状に反曲し，先端は球状にふくれる．ずい柱の先には両端に角状突起がある．〔日本名〕深山麦蘭．ムギランに似て深山に生えるからである．〔追記〕シコウラン *B. macraei* (Lindl.) Rchb.f. は種子島以南に生え，本種に似るが全体大形である．本種とシコウランを，側外花被片の先が接着する点を重く見て *Cirrhopetalum* 属に入れる説もあり，本種はこの群の中では最も北に分布する種である．

516. オガサワラシコウラン　〔ラン科〕

Bulbophyllum boninense (Schltr.) J.J.Sm.

小笠原諸島に分布し，林内の岩上や樹幹に着生する草丈 15～20 cm の多年草．茎はひも状で長く這い，偽鱗茎は節毎にやや離れて並び，葉を 1 個ずつつける．葉は革質で，光沢があり，長楕円形で，長さ約 18 cm，幅約 3 cm，鋭頭または鈍頭，基部は葉柄状に細くなる．花は 6～7 月頃，鱗茎の基部から長さ約 20 cm の花茎を斜めに下垂し，先に 3～5 個の花を半円状につける．花柄は長さ 1 cm ほどで基部に卵形で鋭頭の苞があり，花は縦長で長さ約 2.5 cm，萼片 3 個は大きく，おおむね淡黄色，頂萼片は倒卵形で鋭頭，側萼片は基部が丸く，途中から長楕円形で前方に突き出し，上側が内巻きして先が水平に接する．側花弁は小さく半月状長楕円形，側萼片基部と同様に内側が紫褐色を帯びる．唇弁は濃黄色，細長い舌状で小さく，前に曲がって側萼片の隙間に突き出し，基部は急に細くなって関節があり，揺れやすい．髄柱は側花弁に似てさらに小さくて立ち上がり，花粉塊は 4 個で橙黄色の葯帽子に覆われ，その左右に透明なひげ状の突起が開出する．〔追記〕種子島以南から台湾・中国をへてインド・ヒマラヤ地域に広がるシコウラン *B. macraei* (Lindl.) Rchb.f. は本種にくらべ花がやや紅色を帯び，萼片の先が細長く伸びて尖る点などで異なる．

517. ホテイラン（ツリフネラン）　〔ラン科〕

Calypso bulbosa (L.) Oakes var. ***speciosa*** (Schltr.) Makino

本州中部の高山の針葉樹林下の暗いところに生える多年生草本で稀である．根茎は多肉の楕円体で，その頂から 1 葉 1 茎を出す．葉は柄があり，卵状楕円形をし長さ 4～5 cm，鋭頭，基部は浅心臓形，5 脈が縦に隆起し，さらにふちおよび上面にしわがある．上面は緑色に紫の斑紋があって光沢があるが，下面は紫色で美しい．5～6 月頃 10 cm 内外の単一の細茎を立て，淡紅紫色で 2 個の膜質の長い鞘状葉があり，茎頂に狭く長い苞葉が 1 個あって香気のある大きな紅紫色の美花を 1 個開く．花被片は長披針形で尾状に尖り 5 個とも上向きに反り返っている．唇弁は大きく下垂し，白色，袋状で内面に淡褐斑がある．袋の先は前方に向かい舷部よりも長く，かつ先端が 2 つに分かれている．ずい柱は直立し，左右に広い翼があって紅紫色をしている．〔日本名〕唇弁の形状が布袋の腹を連想させるのによる．ツリフネラン（釣舟蘭）も唇弁の状に基づく．〔追記〕青森県のヒバ林下のものは欧州からシベリア産のヒメホテイラン var. *bulbosa* と本変種とを連絡する中間型であるが，むしろヒメホテイランの方に近い．

518. ショウキラン　〔ラン科〕

Yoania japonica Maxim.

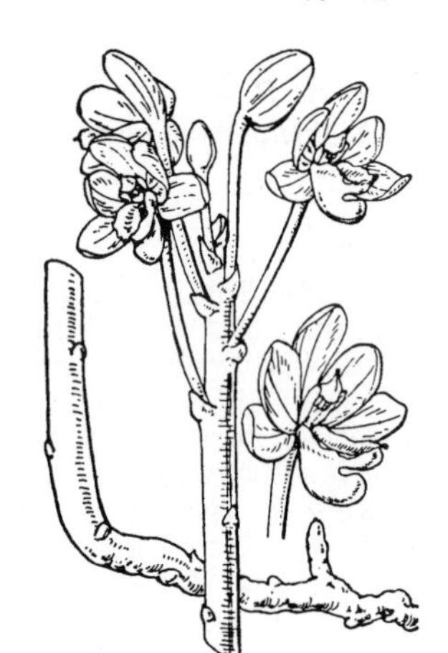

北海道から九州の深山の木陰，殊にネマガリダケ等の間に生える多年生無葉蘭．根茎は地中をはい，鱗片と短毛があって淡黄褐色，茎は直立し高さ 10～30 cm あり，淡紅を帯びた乳白色で無毛，鱗片を散生する．7 月頃茎の先に散房状の総状花序に少数の花をまばらにつけて開き，長小柄がある．花は径 3 cm，白に近い淡紅紫色，多肉質で少し香気がある．花被はほとんど平開し，花被片は多肉質で長楕円形で鈍頭．唇弁は袋状，前方に向いた短厚な淡黄褐色の距があり，上面は扁平で紫点を散布し，開口部は黄色の長毛が生えている．ずい柱は唇弁より短く，下面は凹み，頂部は鋭尖形で僧帽状の葯がある．その両側におのおの 1 個の角状突起をつける．〔日本名〕鐘馗蘭の意味．悪鬼を退治するいかつい鐘馗をなぜこの美しい蘭の名としたのか分からない．ランテンマの名もある．〔追記〕中部地方から関東へかけてのブナ帯にキバナノショウキラン *Y. amagiensis* Nakai et F.Maek. がある．黄色で花被片は半開し外側は褐色に近い色であり，また花数が多い．属名は蘭学者宇田川榕庵にちなんで Maximowicz の名付けたもの．

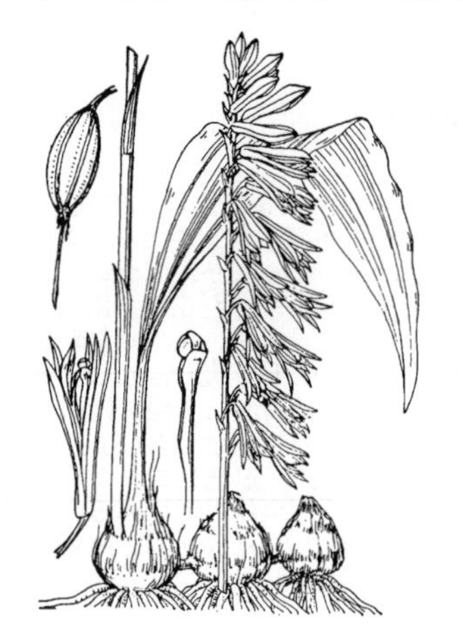

519. サイハイラン　〔ラン科〕

Cremastra appendiculata (D.Don) Makino
var. ***variabilis*** (Blume) I.D.Lund

山地の木陰に生える多年生草本．種としてはヒマラヤから日本をへてサハリンにまで分布する．高さは 40 cm 内外．鱗茎は浅く地下にあって卵球形をし，白色，多肉で肥厚している．葉は 1 または 2 個で鱗茎頭から出て，地に伏し冬を越してから枯れ，披針状長楕円形で尖り，長さ 20 cm 内外，基部は柄になっている．上面は暗緑色で質はやや厚くまた強く，全縁で縦に 3 主脈が通っている．5～6 月頃，葉に隣接して 1 花茎を 40 cm 内外の高さに直立させ，総状花序に淡紫褐色の花を 15～25 個つける．花は偏側生で下向きに咲く．花被片はいずれも線状倒披針形で尖り，半開にとどまり，長さ 3 cm 内外．唇弁は肥厚して軟骨質，上部は 3 裂して裂片は互いに平行し，中裂片基部には肉質の附属物がある．距はない．ずい柱は長く，唇弁と平行する．〔日本名〕采配蘭の意味で，細く長く切れた花被片をもつ花を多数下垂する花序の状態を軍陣を指揮するのに使った采配にたとえたもの．

520. トケンラン　〔ラン科〕

Cremastra unguiculata (Finet) Finet

北海道から四国の深山樹下に自生する多年生草本．鱗茎は卵球形多肉質で緑色，細い地下茎で連結している．葉は根生して 2 枚あり，多くは地表に平開して長楕円形で長さ 15 cm 内外，両端は次第に尖り全縁で細い葉柄がある．上面には多少の縦ひだがあり，ふつう下面に紫斑がある．5～6 月頃，鱗茎の側方から細茎を直立し，6～12 花を総状花序にまばらにつける．花被片は線状倒披針形で半開し，花径 3 cm 位，黄色で淡褐色を帯び，紫色の小点を散らしている．唇弁は途中で直角に曲がり，同所に関節がある．関節より基部側は細長く，ずい柱と平行し接しているが，先端側は 3 全裂し，中裂片は広くて倒卵形，円頭白色で，側裂片は線形，角のように立つ．距はなく，ずい柱は細長い．〔日本名〕杜鵑蘭の意味で葉に斑のあることをホトトギスの胸や羽裏の下部に斑があるのにたとえたもの．

521. コケイラン (ササエビネ) 〔ラン科〕

Oreorchis patens (Lindl.) Lindl.

北海道から九州の深山の木陰の地に生える多年生草本．地下には卵球形の偽鱗茎を具え，頂から 1〜2 葉，側方から 1 花茎を出す．葉は倒狭披針形または線状倒披針形でひだがあり，下部は葉柄状に尖っている．花茎は高さ 30〜40 cm で直立し，下部には鱗片をつけ，頂部は総状花序をして褐色を帯びた黄色花を 10〜40 個つける．初夏に開花し，花は側向し，径 1 cm 内外，花被片は線状倒披針形，先端は少し鈍頭で，唇弁は白色，倒卵形，3 裂し，側裂片は小形で立ち，中裂片は大きく爪があり，卵形円頭，内面の基部には縦の隆起 2 個を並列している．ずい柱は花被片より短く，花粉塊は 4 個が接し，細長い小柄を具えている．〔日本名〕小蕙蘭で蕙はシランまたはガンゼキランの類を指しており，それと葉が似ているが花が小さいので付いた名．ササエビネ (笹海老根) は多少エビネに似てその葉が狭く長いのでいう．

522. イチヨウラン (ヒトハラン) 〔ラン科〕

Dactylostalix ringens Rchb.f.

本州中部以北と四国の高山の針葉樹林の下に生える多年生草本．地表に近くひも状で屈曲した多肉の根茎が横たわり，長毛におおわれた根を数本出す．葉は根生し 1 個で葉柄は葉身より短い．葉身は広楕円形で長さ 3〜5 cm，鋭頭，基部は鈍形，多肉質で割にかたく，上面は青味を帯びた緑色で光沢はない．5〜6 月頃，葉の基部から 10〜20 cm の茎を 1 本出し，頂に 1 花を側向する．花径 2〜3 cm，大体シュンランのおもかげがある．花被片は狭長，肉質で平開し，淡緑色をしている．唇弁は広楕円形で下垂し，汚白色で淡紅紫斑が散在し，3 裂する．側裂片は小形であるが中裂片は広くてふちは多少縮れ，円頭または凹頭である．〔日本名〕一葉蘭の意味で唯 1 枚の葉があるという意味による．

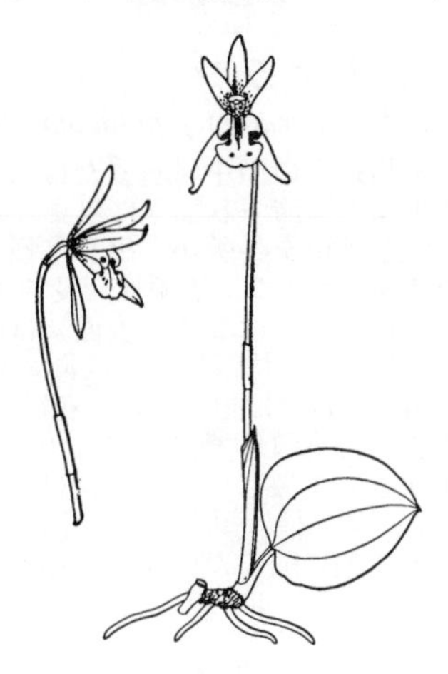

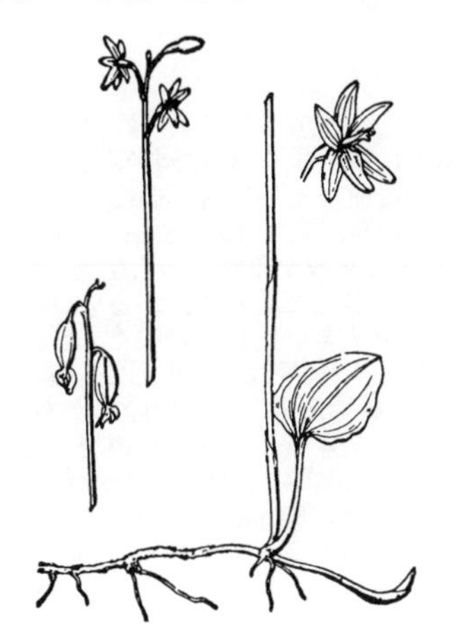

523. コイチヨウラン 〔ラン科〕

Ephippianthus schmidtii Rchb.f.

四国および本州中部以北の亜高山針葉樹林下，落葉の多い木陰の地に生える小形の多年草．細くて綿毛のある地下茎がはっていて 1 花茎および 1 葉を出す．葉は柄があり，卵円形で長さ 1〜2 cm，全縁で多くは先端が円く，基部は多少心臓形をしている．8 月頃葉柄の基部から 1 細茎を出し，頂に少数の小花をまばらにつける．花は 2〜6 個，径 7〜8 mm で白味がかった淡黄色，花被片は長楕円形，鈍頭，鈍脚でいずれも平開し，上部だけは内曲している．唇弁は楕円形で距はなく，花被片と同長，基部は急に狭くなって短い爪となり，爪部近くに結節が 2 つある．ずい柱は唇弁より短く，先端に明瞭な点状の花粉塊がある．〔日本名〕小一葉蘭の意味である．〔追記〕ハコネラン *E. sawadanus* (F.Maek.) Ohwi ex Masam. et Satomi は本種とよく似ているが，花は緑色で唇弁のふちに明瞭なきょ歯があり，また花柱の先端の両側に腕状の突起があるので別種とされている．東海道の山地のブナ帯を中心にまれにある．

524. カトレア (ヒノデラン) 〔ラン科〕

Cattleya labiata Lindl.

温室に栽培する大輪の蘭の 1 種．細かい種類が多数記載され，なおその間の交雑が多い上に，近縁の Laelia との交雑種さえあり，個体毎に差があり，種の決定は容易でないが，南米ギアナからブラジル東南部にわたって自生する広義の本種が基準となっているとみてよい．偽鱗茎は少し押しつぶされた棒状で上下共に細くなり，葉鞘がそれを巻き，長さ 20 cm 前後，革質の光沢ある葉を 1 個つける．花は 2〜3 個が頂生の総状花序につき，径 10〜15 cm，桃色から紫色系，多くは外花被片が淡色である．内花被片は外花被片より広く，ふちが縮れている．唇弁はずい柱を巻き，紅紫色，ふちは濃色でしかも縮れ，内部の地色は淡色である上に大小の黄斑がある．花粉塊は蝋質で 4 個ある．〔日本名〕属名から来た名．ヒノデランは牧野富太郎の命名で，明るく豊かな花容と色彩とを日の出の美しさに見立てたもの．

525. クモラン 〔ラン科〕

Taeniophyllum glandulosum Blume（*T. aphyllum* (Makino) Makino）

南関東から西の暖地の樹皮に着生する多年生の小形の蘭．葉が退化し，葉緑素をもつ根で光合成を行う．根は総て気根で四方に射出して扁平な線形で灰緑色，樹皮上に密着し，茎は極めて短く，5〜6 月頃 1〜2 cm の糸状の花茎を出して上部に 1〜3 花の短い総状花序がつく．花柄は短く，苞葉は小形，花は小形で白緑色，花被片 5 枚は卵状披針形で尖り，肥厚して下部は互いに合着して平開しない．内花被片は外花被片より短い．唇弁は花被内に入り舟形で上端には内曲した細裂片があり，基部には袋状の距をそなえている．ずい柱は極めて短い．葯にはふたがあり，花粉塊は対になって 4 個．さく果は長楕円体で尖り長さは 3〜6 mm 位で，一方だけが裂けて鋸屑状の種子を出す．〔日本名〕蜘蛛蘭でその気根を周囲に広げた様子がまるで足をはったクモに似ているのでいう．

526. カヤラン 〔ラン科〕

Thrixspermum japonicum (Miq.) Rchb.f.（*Sarcochilus japonicus* Miq.）

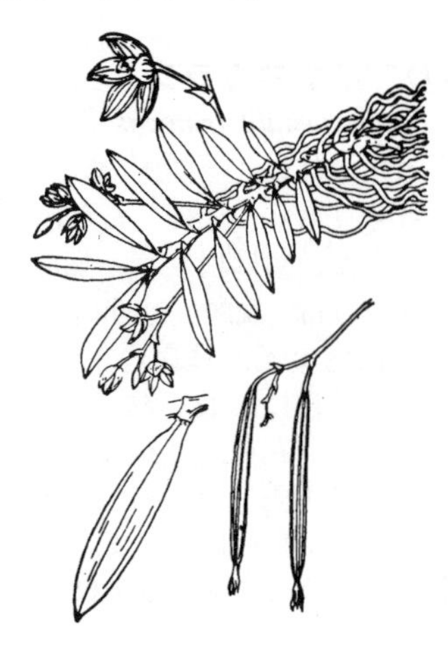

本州以南の山中岩石または樹皮上に着生する常緑多年生草本．茎は多数の葉鞘で関節するように包まれ長さは 5〜10 cm，灰色の扁平で波うった細長いひげ根を各所から出して軽く着生している．葉は 2 列に並び水平で狭い長楕円形または広線形，長さ 2〜3 cm で先は尖り，質は厚みがあり汚れた黄緑色で光沢はなく，表面には縦の溝がある．晩春から初夏の頃，中部の葉と対生する位置に 2〜4 cm の細柄を出し，まばらに淡黄色花を 2〜5 個ずつ開く．苞葉は短く広い．花径は 7 mm 内外で花被片は鐘形に集まり，外花被片は長楕円形で先は尖るかまたは少し鈍頭，内花被片はさらに細い．唇弁は短く 3 裂し中央裂片はほとんどなく側裂片は兎の耳のように突出している．ずい柱は短小．さく果は長く長さ 3.5 cm に達する．〔日本名〕榧蘭は葉が 2 列に並んだ所がカヤの葉に似ているので名づけられたが，むしろイヌガヤの方に近い感じである．

527. コチョウラン 〔ラン科〕

Phalaenopsis aphrodite Rchb.f.

台湾南部とフィリピンに分布し，低山地の樹上に着生する常緑多年草で，垂れ下がる傾向がある．茎は短く，下から多数の太くて曲がった付着根を出す．葉は多肉質，上面は緑色で光沢があり，下面は一般に紫色，長さ 10〜15 cm，幅 4〜5 cm のものが多く，先はふつう鈍く，3〜4 枚，ときに 9 枚が重なる．自生地では 3〜9 月，温室ではふつう冬に，葉よりものび出し，分枝して垂れた，あるいは弓なりに曲がった紫色の花序に径約 7 cm またはそれより大きい白色花が咲く．唇弁は基部より少し前方から広がって 3 裂，側裂片は立ち，中裂片は逆三角形で先端に 2 本のひげ状突起がある．側裂片の間あたりに黄色で紅紫斑のある肉質隆起があり，これは楯状で縦 2 列に広がる．〔日本名〕花の姿から胡蝶（チョウ）を連想したもの．〔中国名〕胡蝶蘭，台湾蝶蘭．〔追記〕台湾産のものは葉の下面や花茎が緑色で，これも温室でよく栽培されるチヨゴチョウ *P. amabilis* (L.) Blume に似たところがある．両種を変種関係とする説もあり，そのときのコチョウランの学名は *P. amabilis* var. *aphrodite* (Rchb.f.) Ames となる．

528. ムカデラン 〔ラン科〕

Pelatantheria scolopendrifolia (Makino) Aver.（*Sarcanthus scolopendrifolius* Makino；*Cleisostoma scolopendrifolium* (Makino) Garay）

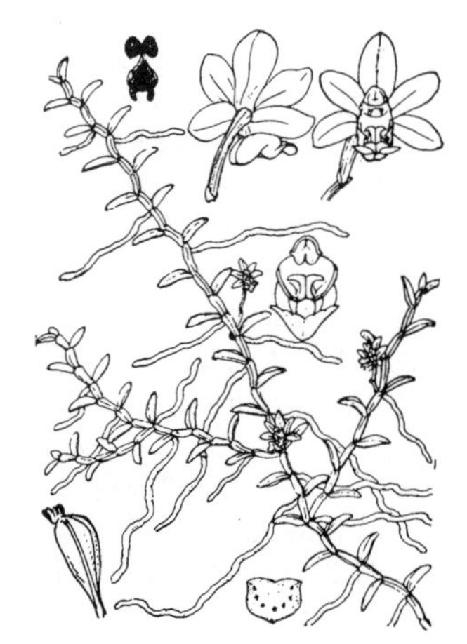

関東地方以西の暖地の岩上または樹皮に着生する常緑の蘭でまれである．茎は細長くて多節，硬質でなく，まばらに分枝して所々から長い根を出して木や石に附着する．葉は 2 列になってまばらに互生して開出し，長さ 3〜6 mm の剣状披針形で鋭頭，革質多肉で前面に縦溝が 1 本あり葉鞘は短くて茎と合着する．初夏の頃，茎に対生して短い花柄を側生し，淡紅色の小形花を単生，花径は 8 mm ばかりある．花被片は平開し，鈍頭のへら状楕円形，唇弁は多肉で基部は両側に広い壁があり，その中央には丁字形の附属体がある．背部には袋状の距をもち，舷部は三角状舌形で多肉質，黄色で紫点がある．ずい柱は短大，基部は唇弁に連なる．葯は僧帽形，花粉塊は 2 個で，柄は平たくて広卵形（附図左上のもの）．さく果は長倒卵形体．〔日本名〕蜈蚣蘭は多数並列する葉をムカデの足にたとえたもの．

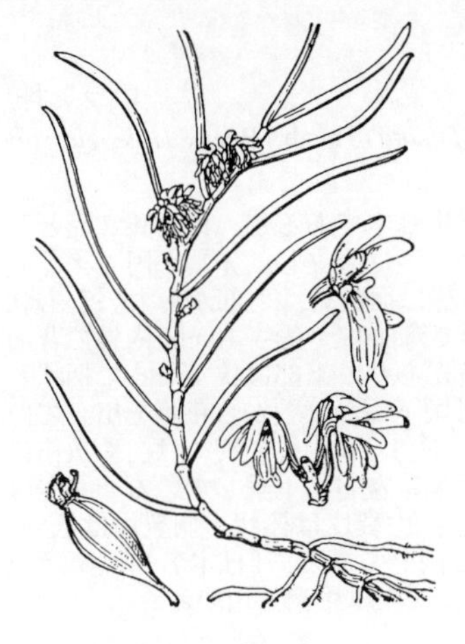

529. ボウラン 〔ラン科〕

Luisia teres (Thunb.) Blume

本州（紀伊半島以西）から琉球の樹上に着生する多年草．高さは 30 cm 内外でときに懸垂する．茎は針金様であるが，緑色の葉鞘が順々に外側をおおっているため直接には見えない．葉は長さ 10 cm 内外，径 4 mm 位の細い円柱形で硬い肉質，暗緑色，向軸側が浅く凹んでいるが発芽後の若い株では左右扁圧で剣状をしている．花は 6〜7 月頃，1〜5 花をつける短い総状花序を腋生する．ふつうは葉鞘を破って葉身の下に出る．花は径 1 cm で横向き，黄緑色，悪臭がある．花被片の 5 個は狭い長楕円形で円頭，内花被片は少し長く，唇弁は長さ 12 mm 位の楕円形で，紫黒色で下垂している．基部の側方と前端の両側とに小耳片がある．花粉塊はろう質で 2 個あり，粘着体は横向きの楕円形で大きい．〔日本名〕棒蘭で，葉の形状による．

530. カシノキラン 〔ラン科〕

Gastrochilus japonicus (Makino) Schltr.（*Saccolabium japonicum* Makino）

房総半島から西の林中老樹の樹皮に着生する常緑多年生草本．茎は傾上し短く，下部からは長く粗い灰色でひげ状の気根を多く出している．葉は茎の上部に集まり，2 列になって互生し，披針状長楕円形で長さ 2〜6 cm あり多少ゆがんでいる．上部は円く，先は少し突出し，平滑，深緑色，質は厚いがしなやかで，基部は非常に短い柄を経て葉鞘に続き，葉鞘は茎を包み短く連なって節の多い観を与える．8 月に葉よりも短い花序を下部の葉腋に出して細花を短い総状に開く．花は淡黄色で径 5 mm にならない．花被片は倒披針形，鈍頭で平開する．唇弁は比較的大きく下部は口の広い袋状になり，袋の先端は鈍円形，舷部は腎臓状倒三角状で平坦，ふちに細きょ歯があって，白色であるが，中央部は黄色となり，しかも細紫点がある．花粉塊は長柄の先に 2 個が並ぶ．さく果は倒卵状円柱形．〔日本名〕樫の木蘭はこの種がよくカシノキの幹について生えるのによる．

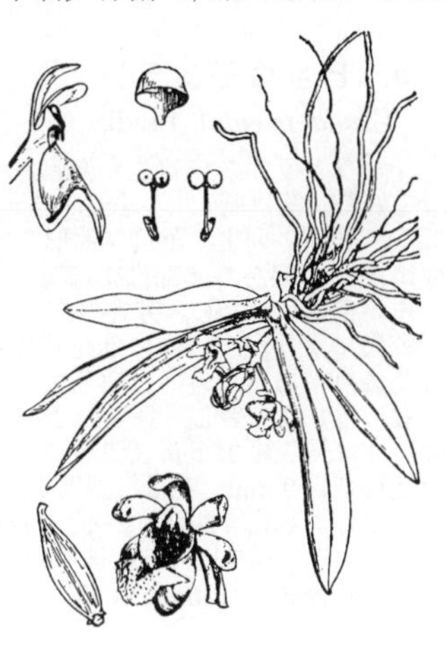

531. ベニカヤラン（マツラン） 〔ラン科〕

Gastrochilus matsuran (Makino) Schltr.（*Saccolabium matsuran* Makino）

東北地方南部以西の地に産する常緑の小形の蘭であって，多くはマツの幹に着生している．茎は短縮した節が多く，通常は分枝しないがまれには分枝し，茎側から出る白緑色のひげ状根で樹皮上に着生する．葉は肥厚した革質でぼてぼてした感じ，線状長楕円形で下方に弓なりに曲がる性質があり，長さは 1〜2 cm で，茎の両側に 2 列に生えて互いに接し，緑色であるが両面に紫斑点があり，ときにはほとんど紫色に見える．花柄は葉の反対側に出て葉よりも短く，その先に 1〜3 花の総状花序をつけ，苞葉は小さい広針形．花は径 6〜9 mm，黄緑色で紫の細点があり，短い広鐘形で下に子房がある．花被片はほとんど同形で長楕円形，唇弁はこれに比べると幅広く短大で水平の位置を保ち，下に杯形で鈍頭の距があり，舷部は腎臓形をしている．ずい柱ははなはだ短い．葯は半球形．花粉塊は球形で 2 個，細い柄がある．さく果は倒卵状長楕円体で鈍 3 稜を呈し紫斑がある．〔日本名〕紅榧蘭はカヤランに類して葉および花に紫点があるのでいい，松蘭は松の幹に生えるのでいう．

532. ナゴラン 〔ラン科〕

Sedirea japonica (Lindenb. et Rchb.f.) Garay et H.R.Sweet

（*Aerides japonicum* Lindenb. et Rchb.f.）

伊豆諸島および近畿地方以西南の暖地の樹上または岩上に着生する常緑多年草で．また隠岐島にも産する．茎は斜上し，下部からは粗く大きく長い気根を出している．葉は 1 株あたりおよそ 4〜5 枚で 2 列に並び，長楕円形で鈍頭であり，長さ 10〜15 cm，上面はなめらかで深緑色，主脈だけ凹み，質は厚いが多少軟らかい．夏に茎の下部の葉腋に 6〜15 cm の花茎を下垂し，4〜10 花を総状につける．花は径 1.5〜2 cm，淡緑色を帯びた白色で花被片は斜めに開き長楕円形で鈍頭である．外花被片の内面基部には淡紫褐色の横線 3〜4 を飾る．唇弁は倒卵形で先端は円くかつ櫛歯形に波うち，基部は柄となってその下方には袋状の距があり，距の先は嘴状に前方を向いている．花には微香がある．〔日本名〕沖縄の名護岳に生えるので付いた名である．

533. フウラン 〔ラン科〕

Neofinetia falcata (Thunb.) Hu（*Vanda falcata* (Thunb.) Beer；*Holcoglossum falcatum* (Thunb.) Garay et H.R.Sweet）

関東地方以西の山中老樹上に着生する多年生草本であるが，また観賞品として愛用され葉形の変異による園芸品種が多い．茎は直立し，先端が円くえぐれた葉柄が残り，2 列に並んで交互に抱擁する様は面白い．下部から太いひも状の根をまばらに出す．葉は多肉の固い広線形で彎曲し，長さ 10 cm 内外で背面には尖った稜があり，腹面には 1 本の深い溝があり，下部は狭くなって柄状となり，一冬を経ると関節から落ちる．7～8 月頃下部の葉腋から花茎を出して白花を開く．花柄は細長く 5 cm を超える．花は径 1 cm 内外で初めは白く次第に黄化する．花被片は細長く 3 個は上に並び 2 個は左右に下垂している．唇弁は多肉でずい柱と平行に前方へ突出して 3 裂し，中裂片は棒状，側裂片は低い．背後には細長い距が垂れ，長さはほぼ花柄と同じである．〔日本名〕風蘭は漢名の音読みによる．〔漢名〕風蘭（同名あり），または弔蘭を用いる．

534. ヒョウモンラン 〔ラン科〕

Vanda tricolor Lindl.

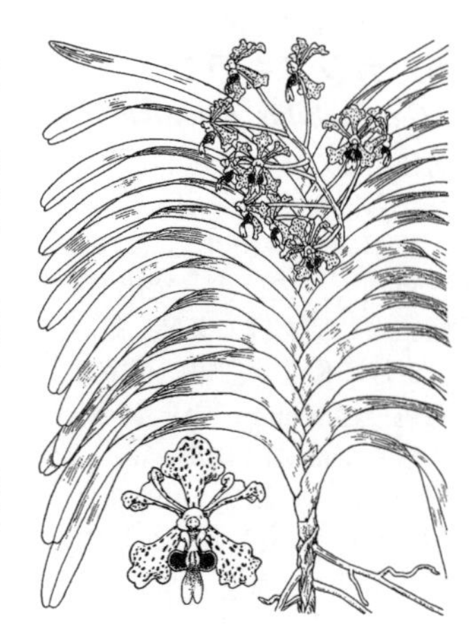

ジャワとラオスに自生が知られる着生の常緑多年草．林内のあまり暗くない場所を好む．茎は直立し，長さ 0.5～1 m，径約 14 mm で硬く，節々から太い気根がでる．葉は 2 列生，革質，舌形で反曲し，長さ 35～45 cm，幅 3～4 cm，先は非対称に浅く 2 裂し，基部は密に重なって節がある．冬，茎の上方の葉腋から葉よりも短い花序が斜上し，芳香のある，径 5～7.5 cm の花が 7～10 個程度咲く．花の色は変異に富むが，一般に外花被片と側方の内花被片は内面が淡黄色地に赤褐色の密な斑点があり，外面は白色で，ふちは波打ち，内花被片の方は基部でねじれている．唇弁は 3 裂し，長さ約 25 mm，幅約 18 mm，側裂片は小さくて内側に反り，中裂片は長さ約 25 mm で基部の内側に白色の隆起線と紫色または褐色の条がある．距は長さ約 9 mm．花は数週間もち，色の変異も多いので多くの品種があり，温室などでもよく栽培されている．〔日本名〕豹紋蘭の意で，花色に因む．〔追記〕花径 7.5～10 cm で，唇弁以外の花被片が円形で濃青色のモザイクが入り，平開するヒスイラン *V. coerulea* Griff. ex Lindl. もよく栽培される．

535. マヤラン 〔ラン科〕

Cymbidium macrorhizon Lindl.（*C. nipponicum* (Franch. et Sav.) Makino）

南関東以西の各地の林下に散発的に発生を見る無葉の菌根蘭．地下茎は太さ数 mm，肉質ひも状で分岐し，節は明瞭で多年生，数年続けて盛夏に高さ 10～25 cm の花茎を先端から出す．花茎はやせて硬く淡黄色，花序は総状で 2～5 花，花径 3～4 cm 内外．花被片はやせて披針状楕円形で尖り，端正であり，うるんだ白色から淡紅色，ときに黄色花も見られる．内花被片は外花被片よりも幅広く，下半部の中央に近く唇弁と同様の隆起線が 1～2 本あり，ときにないこともある．唇弁は軽く反りかつ中央下部で多少くびれ，中央に 2 条の隆起線が明瞭である．ずい柱はシュンランに似ている．〔日本名〕兵庫県摩耶山で最初に発見されたことから付けられた．

536. シュンラン（ホクロ） 〔ラン科〕

Cymbidium goeringii (Rchb.f.) Rchb.f.（*C. virescens* Lindl., non Willd.）

山林や低山地の乾燥した土地に多い常緑多年生草本．ひげ状根は粗大で肉質，白色で球状の鱗茎は密接して横に連なり，上部は枯葉の基部で包まれている．葉は多く 2 列の扇状に出て上半は彎曲して垂れ，長さ約 20～50 cm，広線形で質は非常に強剛で，暗緑色をしており，ふちは微細なきょ歯があってざらつく．早春に開花する．ふつう 1 茎 1 花（まれには 2 花開くこともある）で花茎は根際に側出して葉より低く，うす紫の膜質の鱗片数個に包まれている．花は径 3～5 cm，淡黄緑色で多少香気があるものもある．外花被片は倒披針形で先端は尖り，内花被片はそれより短いが，広くずい柱を抱いている姿勢である．唇弁は多肉で，強く反巻して密に短突起を生じ，白いが多少の紅紫斑がある．観賞用に培養され，また黄花，紅褐花，斑入り等の突然変異が見られるのでもてはやされる．ホクロはまたハクリ，エクリともいう．唇弁にある斑点を顔面のほくろにたとえたものであろう．シュンランは漢名の春蘭から来ている．中国産の春蘭（朶朶香）を別種 *C. forrestii* Rolfe とする説もある．花は香気が高く，また気品の高い諸品種が多数あって高価である．

537. カンラン 〔ラン科〕

Cymbidium kanran Makino

東海道から西の暖地の乾燥した山地南面の広葉樹林下に生える常緑多年生草本で観賞用として培養される．多くはシュンランと混生するが葉を調べれば質がより柔らかくしなやかで，しかもふちがざらつかないから区別できる．根は粗大なひげ状をしていて長い．葉は3～4本束生し，常緑で革質，広線形で先は次第に尖り，深緑色で上面は光沢があり，ふちは平滑またまれに少しざらつく．晩秋に葉側に1本ずつ葉よりも低い花茎が立ってその先に5～6花を総状に開く，花は直径5～6 cm位，幽雅な香りがする．花被片は線状披針形で尖り，外花被片は開出するが，内花被片はやや接近してずい柱を囲んで立つ．花色は淡黄緑色（セイカンラン），帯紅紫色（シカンラン），帯紅色（ベニカンラン），紫のぼかしがある緑色（ヨゴレカンラン），など変化がある．唇弁は無柄で花被片より短く，やや3裂して反巻し，白色で紫斑がある．〔日本名〕寒蘭は晩秋初冬の気候が寒冷なときに花が咲く所から来ている．〔漢名〕草蘭は正しくない．

538. カンポウラン 〔ラン科〕

Cymbidium dayanum Rchb.f.（*C. dayanum* var. *austrojaponicum* Tuyama）

インド，アッサムからマレーシアにかけて生じる常緑の蘭で，古くから日本に入り，少しは栽培されている．株は群がり，葉は30～50 cmの広線形で柔軟で草質，主脈が目立つ．先端は尖っている．冬に株の基部から白味がちの膜質苞を重ねた花序が出て，長さ30 cm，上部は軽く垂れ，白～淡紅紫花が開く．花被片は狭倒披針形，長さ3 cm位，内面中央に濃紫色の長い斑がある．唇弁は濃紫色，中央部は黄色，側裂片は広くずい柱を抱えており，中央裂片は強く反巻し，2つの隆起線が高い．ずい柱は紫黒色．香気がない．〔日本名〕寒鳳蘭で寒中に咲く鳳蘭という意味である．〔追記〕南九州から琉球には本種の花がやや小形のものが自生し，ヘツカラン var. *austrojaponicum* Tuyamaとして区別されることもある．

539. スルガラン（オラン） 〔ラン科〕

Cymbidium ensifolium (L.) Sw.

中国中南部に生育する多年生の常緑草本で観賞用に栽培される．駿河国（静岡県）に産するというのは（これから日本名がついたが）事実ではなく，中国南部の福建地方から日本に来たものと思われる．太いひも状の根が数本ある．葉は根生していて，長さ30～60 cmにもなり，広線形で幅は1.5 cm内外，質は硬く暗青緑色，生時は扁平でなめらかであるが乾くと多数の条線が現われる．夏から秋の間に葉束の腋から長い花茎を直立して7～8個の花をまばらに開く．花は直径4～5 cm，シュンランに似ているが淡紅緑色または黄緑色で芳香がある．外花被片は倒披針形で先は尖り平開し，内花被片は少し短く，ずい柱の上に平行してかぶさる．両者とも紅紫の細線がある．唇弁は硬い肉質で紅紫斑があって，3裂し，側裂片は低くずい柱を抱き，中裂片は大きくて強く反巻する．オラン（雄蘭）はメラン（雌蘭）に対しての名前であって葉質がかたく全体が強剛の故である．〔漢名〕建蘭．〔追記〕熊本県天草に自生するとされるコラン *C. koran* Makinoは本種の1型であると考えられ，その説に立てば本種は日本にも野生するということになる．

540. ナギラン 〔ラン科〕

Cymbidium nagifolium Masam.（*C. lancifolim* auct. non Hook.f.）

南関東から西の暖地の林中に生じる常緑の多年草で，ヒマラヤにまで分布する．高さは20 cm内外である．偽鱗茎は大きくなく，仮軸的で連珠状に並び，いずれも旧鱗片に包まれている．葉は2枚または1枚で長い柄があるのが同属他種との差であって，長楕円形で長さ10 cm位，両端に鋭尖し，ふちに細かいざらつきがあり，光沢のある革質で，下面に主脈が隆起する．夏に葉に並んで1花茎を出しまばらに3～4花の総状花序をつける．花は径4 cm内外，白色で淡黄または淡い桃色を帯びるが，香気はない．外花被片は平開，線状倒披針形で先は鋭く，内花被片は外花被片より短く披針形で，唇弁とともに集まって前方に向かう．唇弁は内花被片より少し短く，長楕円形で先は鈍形，浅く裂けており，白いか裏には紅紫斑がある．〔日本名〕竹柏蘭でこの葉がナギの葉に類していることからいう．〔追記〕西日本にはまれにアキザキナギラン *C. aspidistrifolium* Fukuy.がある．花は秋に開き緑色で花被片はナギランよりも短いが広く，また葉のふちは全く平滑である．

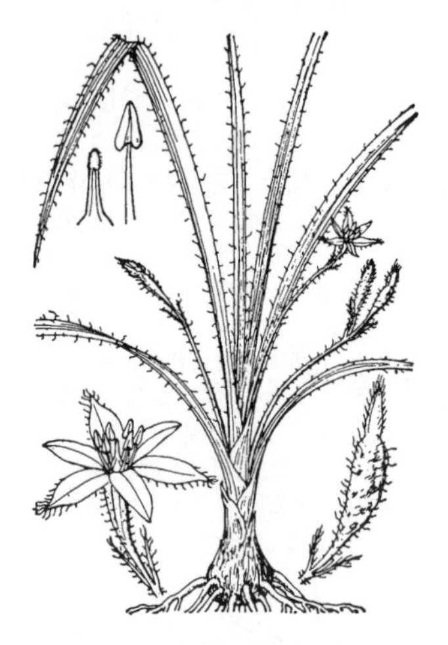

541. コキンバイザサ　〔キンバイザサ科〕

Hypoxis aurea Lour.

本州の宮城県以南，四国，九州，琉球の暖地の陽地に生える小形の多年草で，東南アジアに広く分布する．根茎は径 1 cm 位の塊状．頂に群がって生える数枚の葉は長さ 10〜25 cm，先端は細長く尖り，基部が狭まった狭線形で，中央より上部が最も幅広く，全体に長毛が生えている．花茎は下部の葉腋から出て，細長く 5〜10 cm 位，花部と共に淡黄色の長毛があり，線状の苞葉が 1〜2 個ある．花は黄色で径 1 cm 位，短い花柄があり，茎上に 1〜2 個ずつ上向きに開く．鈍稜の三角柱状の下位子房上に花被片 6 枚を平開し，全体に毛があるが，外花被片の背面先端部は特に長毛が密生する．花中に雄しべ 6 個と短花柱を持つ子房がある．花後，花被片は直立して残り，三角柱状円柱形で基部の狭まった長さ 8 mm 位の果実を結ぶ．種子は黒褐色，球形で先端が急に尖り，一方の側に鈎状の附属体がついている．〔日本名〕キンバイザサに比べ小形であるため．

542. キンバイザサ　〔キンバイザサ科〕

Curculigo orchioides Gaertn.

アジアとオーストラリアの熱帯圏に広く産し，日本では紀伊半島，中国地方から四国，九州の暖地の山地に生える多年生草本．根茎は円柱形で地中に直下し枯れた葉の基部に覆われ，頂上に葉を群がって出す．葉は長さ 10〜20 cm，先端が尖って狭長披針形となっており，薄質で縦にひだがあり，長い軟毛が生えている．6 月頃外部の葉腋にほとんど地表すれすれに，小黄花 2〜3 個からなる花序を出す．上部の花はたいてい雄性である．花下に膜質の長苞葉がある．花は径 1〜1.5 cm，高盃形で，細長い花被筒を持ち，子房と共に外面に毛がある．花被の舷部は 6 裂して平開し先端に長い毛がある．雄しべ 6 個は花糸が短い．子房は下位，細い楕円体で外面有毛，花柱は雄しべと同長．果実は肉質のさく果でくちばし状に尖り，裂開しない．コキンバイザサに似ているが葉が広く毛多く，花冠筒を持ち，果実が肉質であることで区別できる．〔日本名〕金梅笹で葉の形からササを，花色から金色のウメを連想してつけられたもの．

543. グラジオラス（オランダアヤメ，トウショウブ）　〔アヤメ科〕

Gladiolus* ×*gandavensis Van Houtte

南アフリカ原産の *G. natalensis* (Eckl.) Reinw. ex Hook. と *G. cardinalis* Curtis との交雑によってつくられた園芸種で，明治初年に渡来し，多く切花として賞用された．高さ 80〜100 cm の多年生草本で直立する．球茎は大きな扁球形で，上面は古い鱗片葉で被われている．茎は強直緑色，下は数枚の葉をつけ，上は花序となる．葉は青緑色の剣状で 2 列になって直立する．夏に茎頂に 1 花序を直立させ，偏側的に花をつけ，下から順々に開く．花の色は赤，淡赤，白，黄，まだら等がある．苞は常に 1 花を抱き，緑色で質厚く披針形で鋭尖頭である．花は外側を向き，下部は小苞葉に包まれる．花被は左右相称で径 3〜4 cm，6 裂して開き，各片は卵状楕円形，花被筒は漏斗状で少し彎曲している．雄しべ 3 個は一方に偏って並び，花柱と並んで花被筒の喉部に着生する．花柱は柱頭が 3 岐して雄しべより少し高い．〔日本名〕オランダアヤメは西洋から渡来したことを意味しトウショウブ（唐菖蒲）もまた同工異曲の命名で一段と旧式である．

544. フリージア（アサギズイセン）　〔アヤメ科〕

Freesia alba (G.L.Mey.) Gumbleton

（*F. refracta* auct. non (Jacq.) Ecklon ex Klatt）

南アフリカ，喜望峰原産の多年生草本で観賞用に栽培される．地下に球茎があり，狭卵形体で，繊維質の外皮に包まれる．根生葉は数個 2 列に出て，細い剣状で先端は長く尖り，黄緑色で，長さ 15〜30 cm，茎は円く，1〜2 枚の葉がある．春に茎の先端から急に曲がった花序を出し，黄色を帯びる白色の花が数個直立し，多少前向きに開く．花序の軸はジグザグに屈曲し，節ごとに卵状で鋭尖頭，緑色の 2 苞葉があり，この間から花筒が立つ．花筒は上方で膨れ，6 枚の花被片を水平に開出する．雄しべ 3 個，雌しべ 1 個は長い白色の花柱があり，先端は 3 本に分かれ，それぞれの分枝はさらに深く 2 裂しわずかに花被の上に出る．栽培するものは交配して改良された雑種性のものである．アサギズイセンは少し古い名で淡黄色の花をスイセンに見立てたもの．

545. ヒオウギズイセン 〔アヤメ科〕

Crocosmia aurea (Pappe ex Hook.) Planch.

熱帯アフリカから南アフリカの原産で高さ 1 m 内外，観賞用として栽培する多年生草本．明治年間（1868～1912）に輸入されたが今はまれである．扁球形の塊茎が地下にあり，厚膜で繊維質の葉鞘におおわれ，側方に匍匐枝を出して繁殖する．葉は根生，幅 2 cm 位の剣状で 2 列に並ぶ．下部は直立し上部は彎曲して下垂する．盛夏に 1 茎を出し，分枝した穂状花序をつけ，20 内外の花を開く．花は鮮黄橙色で径 3～4 cm，高盆状漏斗形で，花筒は細長く下向きに彎曲する．花被片は 6 枚でやや反曲し，倒披針形である．雄しべは 3 個あり，花糸は花柱とともに糸状で花冠上に高く直立抽出する．花柱は先端 3 個の短枝に分かれる．さく果は球形で 3 室よりなり凹頭である．〔日本名〕檜扇水仙は葉状はヒオウギに，花はスイセンに似ているからついた名．なお園芸方面でヒオウギズイセンというのは *Watsonia angusta* Ker Gawl. を指し別種である．〔追記〕本図はカーチスのボタニカルマガジン第 4335 図のコピーで，花が上向きに描かれているがこれは誤りであり，本種の花は下垂して開く．

546. ヒメヒオウギズイセン（モントブレチア） 〔アヤメ科〕

Crocosmia* ×*crocosmiiflora (Lemoine) N.E.Br.

本品はヒオウギズイセン（前図参照）とヒメトウショウブ *C. pottsii* (Baker) N.E.Br. の間にできた雑種で，明治の中頃（1890 前後）に渡来し，今ではふつうに庭園に栽培され，暖地では自生状態にさえなっている．高さ 50～80 cm 位の多年生草本で群生する．根茎は球形，繊維の多い膜質の鞘状葉で包まれ，側方から細い鞘状葉に包まれた匍匐枝を出す．茎は葉中から直立し，下部に 2 列生の葉を互生し，葉と葉は接触している．葉は鮮緑色，剣状の広線形で尖り，硬質で直立する．夏に茎の上部に 2～3 枝を分ち，多数の橙赤色の花を偏側的な穂状花序に開き，花下の苞は厚膜質で尖り紫のぼかしがある．花は径 2～3 cm 位．花被は漏斗状，筒部は細長でやや曲がり，花被片 6 枚は半ば平開し，長楕円形で鈍頭．雄しべ 3 個は花被筒の内部に着生，花糸は糸状，葯は線形で黄色．花柱も糸状で先端が 3 岐する．〔日本名〕姫檜扇水仙で，ヒオウギズイセンに似て小形であるためいう．モントブレチアは古い属名 *Montbretia* に基づく．

547. サ フ ラ ン 〔アヤメ科〕

Crocus sativus L.

南欧または小アジア原産の多年生草本で昔から広く栽培され，日本へは文久の末（1864）にはじめて渡来した．高さ 15 cm 内外．花茎は極めて短く，葉と共に基部は葉鞘に包まれている．葉はやせた線形で，花後には充分に成長する．10～11 月に短い新葉の間から淡紫色の優美な花を開く．花は漏斗状をなし，花筒は著しく長く細い．花被片は 6 枚で同形同色である．雄しべは 3 個，直立しアヤメの類と同様に線形の外向葯を持っている．花柱は上部で 3 本に分かれ，鮮やかな橙赤色で柱頭は多肉．花柱枝は薬用および染色に使う．〔日本名〕従来，この種の花柱を集めたものを薬用に Saffron と呼び，それを音訳して泊夫藍と書き，今では植物名のようになった．昔は誤ってサフランモドキ（ヒガンバナ科）をサフランといった．〔漢名〕番紅花．

548. スイセンアヤメ 〔アヤメ科〕

Tritonia lineata Ker Gawl.

南アフリカの原産で高さ 30～40 cm 位の多年生草本．弘化年間（1844～1848）に渡来し，ナルシスと呼ばれて観賞用として栽培されたが，今ではほとんど見られない．しかし外国では雑草化しているところもある．根茎はグラジオラスに似て楕円体，繊維の強い鞘状葉におおわれている．茎は直立し，下部に 2 列に並んだ 6～7 葉を直立させる．葉は狭長で剣状，鋭尖頭，主脈は隆起する．5 月に葉間から茎を立て 1～2 枝を分け，偏側性の穂状花序をなして淡黄花を横向きに開く．花下に剛草質の 2 苞があり，先端は褐色に染まり，他には 3 浅歯がある．花は径 3.5～4 cm 位，漏斗状広鐘形で狭筒部は極めて短く，裂片は倒卵状楕円形で円頭である．雄しべ 3 個は糸状の雌しべ 1 を囲んで立ち，葯は紫黒色．花柱の先端は 3 岐する．〔日本名〕水仙アヤメの意味で，水仙は花，アヤメは葉の形に基づいたもの．

549. アヤメ 〔アヤメ科〕

Iris sanguinea Hornem. var. ***sanguinea***

北海道から九州の山野に生える多年生草本で高さ 30〜50 cm 位，人家庭園にも栽培する．根茎は横にはい多数に分枝して繁殖し，赤褐色の繊維をつけ，多くの苗が群生する．茎は緑色円柱形で葉間に直立する．葉は直立し剣形で脈は弱く隆起し，多少青緑色で基部は鞘状になって淡紅色を帯びるものが多く，幅はハナショウブより狭くて 5〜10 cm 位．初夏に茎頂に紫色の花を開く．花は径 7〜8 cm 位，花柄を持ち，緑色でふちが紅紫色の直立した苞鞘の間に 2〜3 個あって順々に開く．外花被片は下垂し，舷部は円形，基部は急に狭まって爪となり，黄と紫の虎斑模様があり，内花被片は細狭で直立する．雄しべは 3 個で花柱の枝の下側につき，葯は暗紫色で外を向き，花柱の分枝も紫色で先端が 2 裂し，裂片がまた浅く細裂し，その下に柱頭がある．下位子房は狭長．さく果は柄を持って直立し，長さ 3.5〜4.5 cm の三稜柱形で質硬く，両端少し尖り，頂部が裂開して褐色の種子を出す．花が白色のものをシロアヤメ f. *albiflora* Makino といい外花被片がやや狭い．クルマアヤメ 'Stellata' は内花被片が大形である．チャボアヤメ 'Pumila' は全草小形で紫または白花を開く．〔日本名〕アヤメは文目の意味で，その葉が並列して立っている所から美しいあやがあると考えての名．昔アヤメといったのは今のショウブ（ショウブ科）つまり白菖であるから，これに対して古名ハナアヤメが花の咲くアヤメ（ショウブ）の意でつき，後にアヤメの名が本種に移った．旧版でアヤメは葉状に由来する文目の意味としたがこれには異論もある．〔漢名〕渓蓀，菖蒲ともに誤り．

550. カマヤマショウブ 〔アヤメ科〕

Iris sanguinea Hornem. var. ***violacea*** Makino（*I. thunbergii* Lundst.）

庭園に栽培する多年生草本．高さ 30〜40 cm，根茎は傾上し，外側の葉鞘は赤褐色を帯びている．葉は束生直立し，剣状でややねじれ，主脈が無く，深緑色にやや白霜を帯び，アヤメに比べて強い．初夏に葉間に花茎を出し頂上にアヤメに似た花を開く．花下の苞鞘のふちは赤味を帯びる．花は濃紫色で豊艶．外花被片 3 枚は開出下垂し，舷部は円形で円頭，下部は爪をなし，爪には黄斑がある．内花被片は外花被片より狭く，楕円形で直立し濃紫色である．さく果は未熟の時，脈が多少網状に隆起する．〔日本名〕カマヤマとは朝鮮の釜山を訓読したもので，昔同地から日本に渡来したのでこの名があるといわれていたが，近年の考証によるとガマアヤメ，すなわちガマの葉と同じ用途に葉を利用するのでガマアヤメが転訛したものらしいという．アヤメによく似ているが舷部がより大きいこと，つぼみの時に傾いていること，葉が丈高いことで区別ができる．

551. ハナショウブ 〔アヤメ科〕

Iris ensata Thunb. var. ***ensata***（*I. ensata* var. *hortensis* Makino et Nemoto）

水辺など湿った地に栽培する多年生草本．高さ 60〜80 cm 位で群生する．根茎は横にはい多数分枝して繁殖し，下にひげ根を出す．茎は緑色，円柱形で直立し，葉を 2 列に互生する．葉は直立し剣状で多少青味を帯びた緑色を呈し，隆起した中脈を持つのが特徴．初夏葉間から出る 1 茎はときにまばらに枝を分かち，頂に直立した 2 苞鞘があり，苞間からつぼみを出し小柄のある美花を開く．大きいものは径 15 cm に達し，紫，白，絞り等の色がある．外花被片の舷部は広円形，基部の中央は黄色く，中脈並びに大小多数の脈がある．内花被片も外花被片同様に大きくなるものが多い．雄しべは 3 本で花柱分枝の背面にあり，葯は外向きで黄色．花柱分枝の先端は全縁または切れこみのある 2 小片に分枝し，その下に柱頭がある．下位子房は狭長．さく果は長楕円体で 3 裂し，褐色の種子を出す．ノハナショウブから栽培化されたもので，ノハナショウブでは花色が赤紫で内花被片が直立し小さなへら形なのに対し，栽培品は花色，内花被片の形共に変化が多い．〔日本名〕花菖蒲で花の咲く菖蒲（ショウブ科）の意味である．

552. ノハナショウブ 〔アヤメ科〕

Iris ensata Thunb. var. ***spontanea*** (Makino) Nakai ex Makino et Nemoto

ハナショウブの原種の多年生草本．葉形はハナショウブと同じだが，幅が狭く 0.6 cm しかないものもある．茎は高さ 60〜120 cm 位，直立し円柱形，無毛，緑色，単一または分枝する．花は主茎または枝に頂生し，短柄を持ち赤紫色，花下に 2 枚の緑色の苞鞘が互生し，子房を包む．外花被片は 3 枚，爪は厚質で斜上し，舷部は下垂し，楕円形で円頭，全縁で薄質，縦脈が走り基部は黄色である．内花被片 3 枚は外花被片と互生して直立し小形でへら形，鈍頭，全縁，下部狭く，外花被片と同色．この点が最も栽培品とちがう点である．花柱は直立し花柱は 3 分し，分枝の端には直立した三角状の裂片がありその下に柱頭がある．子房は淡緑色で下位，直立．さく果は褐色で硬質，背面で裂開する．種子は赤褐色で扁平，多数ある．花期 6〜7 月．北海道から九州のやや湿った草地に生え，北東アジアに広く分布する．〔日本名〕野花菖蒲は野生のハナショウブの意で牧野富太郎の命名．中部地方にドンドバナの方言がある．よくこれをハナガツミというのはまちがいである．

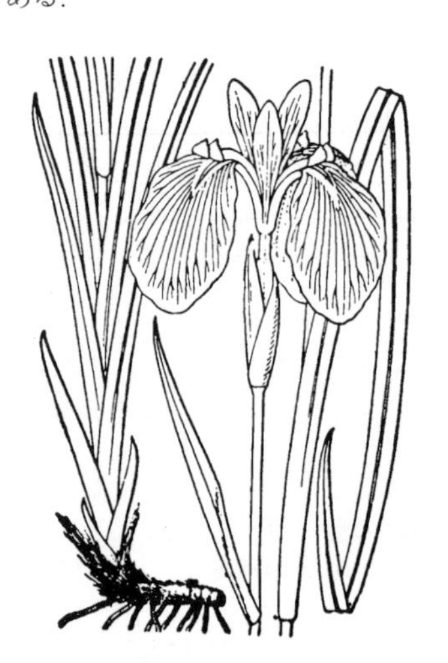

553. キショウブ 〔アヤメ科〕

Iris pseudacorus L.

欧州原産の多年生草本で，明治 30 年（1897）に輸入されて以来，性質が丈夫なので各地の池畔，湿地で繁殖し，一見自生種のように広がっている．地下茎は短大でよく分枝する．葉は 2 列生，長い剣状で，中脈は隆起し，やや軟質，幅 2～3 cm，長さは時には 1 m に及ぶ．5 月頃花茎を出して葉間に黄花を開く．花下に大形の 2 苞鞘があり，子房は下位で円筒形，緑色．外花被片は 3 枚，大きく広卵形で先端は垂れ下がり，基部は長い爪部となり，内花被片は 3 枚，小さな長楕円形で直立する．花柱は基部が細く糸状であるが，急に広がって 3 岐し広線形で開出し，各分枝はさらに 2 裂して狭卵形，細かく鋭いきょ歯のある裂片に終わる．3 個の雄しべは花柱の分枝の下に接してある．さく果は多少垂れ下がり，楕円体で 3 稜があって，先端はやや尖り，後に 3 裂して褐色の種子を多数出す．〔日本名〕黄菖蒲でハナショウブに似て花色が黄のことから出た．

554. カキツバタ 〔アヤメ科〕

Iris laevigata Fisch.

北海道から九州の水湿地に群生する多年生草本．高さ 50～70 cm 位．池辺等にも栽培する．根茎は横にはい多数分枝して古い葉の繊維に覆われる．茎は円柱形で直立し緑色，基部に 2 列に扇状に葉をつけ，上部には途中に 1 葉がある．葉は剣状広線形で尖り，基部は鞘となって茎を包み，質柔らかく隆起した中脈がなく幅 2～3 cm で高さは花茎を超えるものもある．初夏に茎頂の直立した 2 個の苞鞘間からふつうつぼみを 3 つ順次に出し，小柄のある濃紫色の花を開く．外花被片 3 枚は舷部の長さ 6～7 cm 位で垂れ，楕円形で鈍頭，下部の中央はほぼ白色，爪部は舷部の長さの半分である．内花被片 3 枚は倒披針形で直立し，先が少し尖っている．雄しべ 3 個は花柱分枝の背面にあり，葯は外向きで白色．花柱分枝は 3 個，先が 2 裂し，裂片はやや楕円形で切れ込みはなく，その下に柱頭がある．下位子房は狭長．さく果は長さ 5 cm の鈍 3 稜の長楕円体で両端は尖らず，3 裂する．種子は半円形で褐色，平滑で光沢がある．園芸品に花が白色のシロカキツバタ，紫斑のあるワシノオなどがある．〔日本名〕書き附け花の意でその転化である．書き附けとは，こすりつけることで花汁で布を染める昔の行事である．〔漢名〕燕子花を用いるのは誤りでこれはオオヒエンソウであり，杜若も正体はアオノクマタケランである．

555. シャガ 〔アヤメ科〕

Iris japonica Thunb.

本州から九州の湿った林下に群生する常緑多年生草本で高さ 30～70 cm 位ある．根茎は浅く地下に横たわり，汚黄色で細長い枝を分かって繁殖する．葉は 2 列に並び，幅 2～2.5 cm の剣形，鮮緑色でなめらかで光沢がある．4～5 月に葉間から出た茎の先に多数の花枝を互生し，分枝点には緑色の苞葉があり，各花枝に直径 5～6 cm の白紫色の花を開き，花柄は苞鞘より長い．花被片は開出し，花被筒は短い．外花被片は凹頭の倒卵形でふちに切れ込みがあり，中央に橙黄色の斑点を印し，中脈上に低小な黄色のとさか状の突起が少しある．内花被片は狭倒卵形で先端が 2 裂し，ふちに細かい切れ込みがある．雄しべ 3 個は花柱分枝の背面にあり，葯は外向．花柱分枝は内花被片より短く，先端が 2 裂し，各裂片は先が毛状に裂けている．子房は下位，緑色，内に胚珠があるが三倍体であるため熟さないので結実を見ない．〔日本名〕ヒオウギの漢名，射干からとったもの．〔漢名〕一般に蝴蝶花を使うが誤り．〔追記〕本種は中国大陸にも広く分布し，そこでは種子のできる二倍体も普通に見られる．おそらく本種は昔中国から渡来したものであろう．

556. ヒメシャガ 〔アヤメ科〕

Iris gracilipes A.Gray

北海道西南部から九州北部の主に日本海側の山地に生える多年生草本で，時に庭園にも栽培される．地下茎は細長で分岐する．葉は剣形で先端尖り，幅 0.8 cm 位，質薄く花茎とほぼ同長である．花茎は細くて長さ 20～30 cm．5～6 月頃に総状に 2～4 花をつける．花は直径約 5 cm，外花被片 3 枚は大きく長楕円形で，内花被片とともに凹頭，淡紫色，中央は白色で，紫色の脈があり，黄色の点がある．内花被片 3 枚は淡紫色．花柱は直立して 3 岐し，分枝は花弁状で花被と同色，末端には房状に切れ込みがある．雄しべは 3 個．まれに白色の品種がある．花後に球形のさく果を結ぶ．種子は小形で暗赤褐色である．〔日本名〕姫シャガと書き，草状シャガに似ていて，小形なのでこの名がついた．

557. ヒオウギアヤメ

〔アヤメ科〕

Iris setosa Pall. ex Link

本州中部の高層湿原から北海道の湿地に生える多年生草本．地下茎は肥大し古い葉の繊維でおおわれている．葉は剣状で花茎より短く，ふつう基部が紫色を帯び，幅 1～2 cm 位ある．花茎は高さ 70 cm 位に達し剛直である．夏に入って花茎が分枝し，少数の美しい紫色の花を開く．花径 8 cm ほどで外花被片 3 枚は円形または心臓形で大きく，細長い爪を持つ．爪は黄色を帯び紫赤色の脈がある．花筒は子房より短い．内花被片 3 枚は非常に小さくて披針形で長さ 1 cm 位の突起にすぎない．花柱は 3 岐して開き，花弁状で紫色である．雄しべは 3 個，葯は紫色．さく果は長さ 3 cm 位の楕円体．種子は淡褐色．〔日本名〕桧扇アヤメは草状に基づいてつけられたものでヒオウギは葉の状態を，アヤメはその花の形をあらわしている．

558. エヒメアヤメ（タレユエソウ）

〔アヤメ科〕

Iris rossii Baker

瀬戸内海西半を囲む山陽，四国，北九州の低山地に生える多年生草本．根茎はやせ，まばらに分枝し，赤褐色の古い葉の繊維に包まれて横たわる．葉は長さ 15～20 cm，幅 1～1.5 cm の狭線形で，2～3 枚直立して 2 列に並び，先端尖り緑色であるが，基部は紅くなる．6 月頃葉間に短い 1 花茎を出し，柄状の花筒をもつ花を開く．高さは葉より低く，苞葉 2～3．花は径 3～4 cm の紫色．外花被片は楕円形で水平に開き，中脈部は黄白色．内花被片はへら状倒卵形で円頭，外花被片よりずっと小さく直立．花柱分枝も紫色で，先端の裂片は長卵形である．さく果は小球形．〔日本名〕エヒメアヤメは愛媛県の腰折山に産するので牧野富太郎が命名した．誰故草は昔雅人が，誰ゆえにこんな可憐なる花を開くのだと讃美したことに基づいてつけられた．

559. ネジアヤメ（バリン）

〔アヤメ科〕

Iris lactea Pall.（*I. lactea* var. *chinensis* (Fisch.) Koidz.）

朝鮮半島，中国東北部およびモンゴルの原産で，日本では庭園に栽培される多年生草本．乾燥地に繁殖し，ときどき大きな株になる．葉は狭長な剣状でねじれ，下部は紫色，幅 0.5 cm 位，質は硬い．春にやせた淡碧紫色の花を茎頂の苞鞘間に開く．まれに白色の花があり，香気を放つ．花被片は狭長．外花被片 3 枚は上部開出し，内花被片 3 枚は立ち，外花被片より狭くへら形である．花柱分枝は 3 岐し分枝の末端は 2 裂する．下位子房はやせて長く上部は狭まっている．さく果は長さ 6 cm，径 1 cm 位で先端がくちばしのように尖っている．〔日本名〕捩アヤメは葉がねじれているのでつけられた．バリンは漢名の馬藺の字音である．〔漢名〕蠡実．

560. コカキツバタ

〔アヤメ科〕

Iris ruthenica Ker Gawl.（*I. ruthenica* var. *nana* Maxim.）

朝鮮半島，中国の乾燥した丘や草原に生える多年生草本で，昔日本に渡来して以来，よく庭園に栽培される小形の草である．地下茎は細く分岐し，古い葉の繊維で包まれている．葉はふつう斜上し，長さ 15 cm に達し幅 0.4 cm 位の線形である．花茎はごく短く，春の盛りにすみれ色の花を 1～2 個つける．苞鞘はふちが赤色を帯びている．外花被片 3 枚は倒披針形で開出し，白色の網目がある．内花被片 3 枚は狭長な披針形で直立している．花柱は 3 岐し，枝は花弁状で先端は 2 裂し裂片にはきょ歯がある．さく果は球形で，熟すると裂開する．種子は円形．〔日本名〕コカキツバタはカキツバタに似て小さいという意味．〔漢名〕紫石蒲が一般に使われているが誤りであろう．

561. イチハツ 〔アヤメ科〕

Iris tectorum Maxim.

中国の原産で日本では観賞用として栽培する多年生草本．高さ 30～50 cm，群生する．根茎は短大で分岐し黄色い．葉は 2 列に並び，幅 3～4 cm の尖った剣形で色は淡緑，主脈は不明だが，多少隆起した縦脈が多く，冬には枯れる．5 月に葉中から出す茎は 1～2 分枝して葉よりも少し高く，各枝の先の 2 苞鞘内の 2～3 のつぼみは順に開く．花は紫色で径 10 cm 位，基部の半分は苞鞘に包まれている．外花被片 3 枚は舷部が広楕円形で紫点があり，中脈の下半部に紫斑ある白色のとさか状の突起があり，爪状の部分は舷部の半分の長さで横斜した紫脈が多い．内花被片も平開し，倒卵状円形で基部は急に狭まって短い管状の爪となる．雄しべ 3 個は花柱分枝の背面にあり，葯は白色で外向き，花柱分枝 3 個は紫色で先端 2 裂し，裂片には不揃いの切れ込みがあって柱頭はその下にある．子房は下位．さく果は長さ 4 cm の楕円体で鈍い 6 稜がある．種子は黒褐色．〔日本名〕この類の中で最も早く花が咲くため一番お初に開くという意味でイチハツと命名されたといわれているが，確かなことはわからない．〔漢名〕鳶尾．

562. スペインアヤメ 〔アヤメ科〕

Iris xiphium L.

ヨーロッパ西南部および北アフリカに自生する多年生草本．明治末年（1910 前後）に輸入されたが，今ではこれと他種との交配種オランダアヤメ *Hollandica hybrids* が最も広く栽培される．その種はスペインアヤメより花葉が大形で早咲きの点が異なるだけである．地下に淡褐色の球茎がある．葉は 2 列互生，剣状で先端細く尖り，硬質，灰青緑色で多少白っぽい．春に太い花茎を出して葉の上に紫青色，時には黄色や白色の 2 花をつける．下位子房は円柱形で緑色．外花被片の先端は円形で反曲下垂し，基部は広線形で中央に黄条がある．内花被片は比較的大きく，倒披針形で直立または斜上する．花柱分枝は 3 個あり，広線形で開出し，外花被片の基部を覆い，下に各 1 個の雄しべを隠している．〔日本名〕スペイン原産のアヤメ属植物の意．

563. ヒオウギ（カラスオウギ） 〔アヤメ科〕

Iris domestica (L.) Goldblatt et Mabb.（*Belamcanda chinensis* (L.) DC.）

本州から琉球の山地の草原や岩場に生える多年生草本で高さ 50～100 cm 位，時に観賞用に栽培される．根茎は短く，分枝する．茎は緑色，下半は扇形に並んだ 2 列の緑葉をつけ，上半は花序になる．葉は平らな広剣形で多少白っぽい．夏に茎が何度もまばらに枝分かれし，枝端に有柄の数花をつけ，下部はへら状苞葉 4～5 枚に包まれる．花は径 5～6 cm，橙赤色で内面に濃い暗紅点がたくさんある．花被片 6 枚は水平に開き，楕円状へら形で鈍頭，基部は狭くなり，花被筒はごく短い．雄しべ 3 個は糸状で長い葯を持ち，雌しべを囲んで立つ．花柱は上部が次第に拡大し，横に傾斜する．下位子房は楕円体で緑色．さく果は長さ 2.5～3 cm のふくらんだ倒卵状楕円体で，光沢ある黒色の球形の種子が入っている．園芸品に花の赤いベニヒオウギ，黄色のキヒオウギ，矮生でずんぐりしたダルマヒオウギがある．〔日本名〕檜扇はその葉が檜扇形であるため，烏扇はその葉が檜扇のごとく，その種子黒色のゆえにいう．またこの黒い種子をヌバ玉またはウバ玉と呼ぶ．〔漢名〕射干．

564. ニワゼキショウ 〔アヤメ科〕

Sisyrinchium rosulatum E.P.Bicknell（*S. angustifolium* auct. non Mill.）

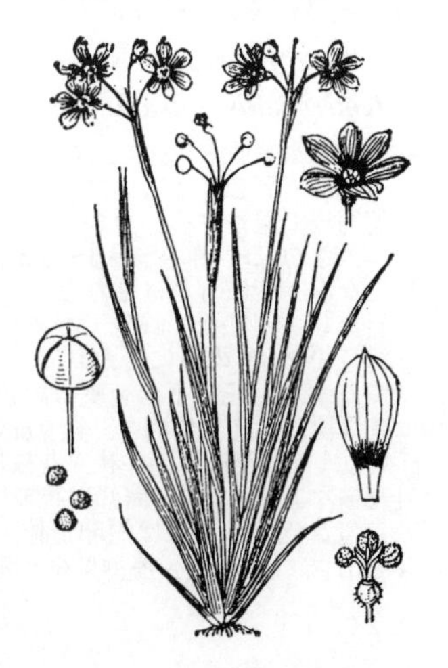

北アメリカの原産．高さ 10～20 cm の多年生小草本．明治 20 年（1887）頃日本に渡り，初め植物園で栽培されていたが，今は諸処の芝地に野生状態になっている．地下に細いひげ根を群生する．茎は扁平緑色で 2 枚の狭翼を持つ．葉は多数はかま状になって根生し，扁平な線形で次第に尖り，ふちに小さな歯を持ち，基部は葉鞘となり両縁は茎に延下する．5～6 月，茎頂にある長短不同の緑色へら状の 2 苞鞘間から 2～5 の細いひげ状の花柄を散形に出して次々に開花する．花柄の基部には苞がある．花は径 1.5 cm 位．花被は基部が短筒状となり，外面に白腺毛があり，花被片は星状に平開し，倒卵状長楕円形で尖頭，紫色または白紫色に紫条があり，基部は黄色，花は一日でしぼむ．雄しべ 3，雌しべ 1 は花心にあって小さい．下位子房は緑色の倒卵状楕円体で細かい腺毛がある．さく果は下曲した小果柄の先に下垂し，小球形で膜質の壁があり，無毛で光沢があり，ふつう褐紫色である．種子は細かい．〔日本名〕庭石菖の意味で，庭に生えその姿がセキショウのようであるからこの名がついた．また俗にナンキンアヤメともいう．近時これに近い種類が数種入っている．

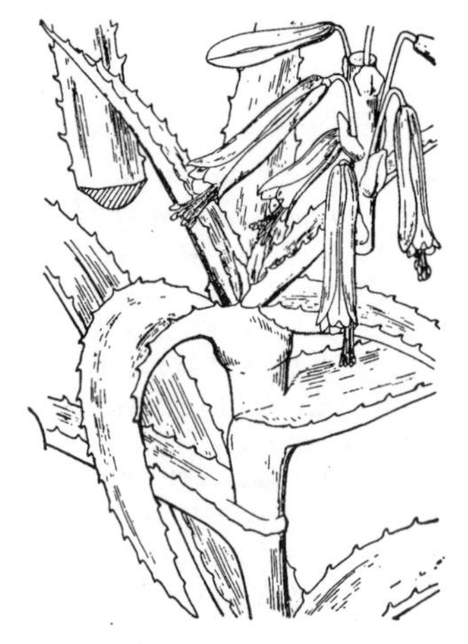

565. キダチロカイ（キダチアロエ）　〔ワスレグサ科（ススキノキ科）〕

Aloe arborescens Mill.

南アフリカ原産の多肉な低木状の草本で，わが国では観賞用または薬用に温室で栽培し，また暖地では屋外に栽植する．全体蒼白緑色で，茎は円く径 2.5 cm 位．葉は互生し，半円柱状で，背面は円く上面は少し凹み，線状披針形で先端は次第に細くなって尖る．ふちには鋭いとげがあり，とげは多少前方にかぎ形に曲がっている．葉の基部は広がって茎を半ば以上抱き，ふちは茎上に延下する．茎の表面は白緑色で，葉から延下した縁脈が通っている．夏に長い柄のある総状花序を葉腋から直立して出し，その先端に少し密に橙黄色で筒状の長さ 2 cm 位の花を下垂して開く．花筒は先端が 6 裂して小裂片となり，橙赤色で緑色を帯び，雄しべ 6 個，雌しべ 1 個.〔日本名〕キダチロカイは木立蘆会で江戸時代にこの植物の属名 Aloe をロエとよみ蘆会にあてたのを音読みにしたのに始まる．

566. ノカンゾウ　〔ワスレグサ科（ススキノキ科）〕

Hemerocallis fulva L. var. ***disticha*** (Donn ex Ker Gawl.) M.Hotta

本州から琉球の原野や溝のそばに生える多年生草本であるが，地上部は毎年枯れる．根茎は短く，枯葉の繊維に包まれ，下方に太いひも状の根を群がって出し，根は黄赤色で末端には時には多肉のふくらみがある．葉は 2 列になって束生し，上部は彎曲した広線形で幅 2 cm 内外で主脈は溝になって凹んでいる．夏になると葉の間から高さ 70 cm 内外の太くて強い花茎を出し，先は 2 分し，各枝に上向きに花をつけて下から順に咲く．1 日花で色は黄赤色で昼間だけ開き，径 7 cm 内外ある．花被片は 6 個でほとんど同形で長楕円形，上部の方だけは反り返って巻き，内面には汚黄色の斑点があるが外面は淡色である．下部は集まって見かけ上筒状になり一旦丸味を帯びて急に狭まり，こんどは合着して長さ 3～4 cm の細長い筒となり，その末端は黄緑色で中に子房がある．雄しべは 6 個で糸状，雌しべと並んで立ち先端は斜上する．花の色の特に深い赤色のものをベニカンゾウまたはコウスゲと呼ぶ.〔日本名〕野萱草．山野に生える萱草（ホンカンゾウ）の意味．

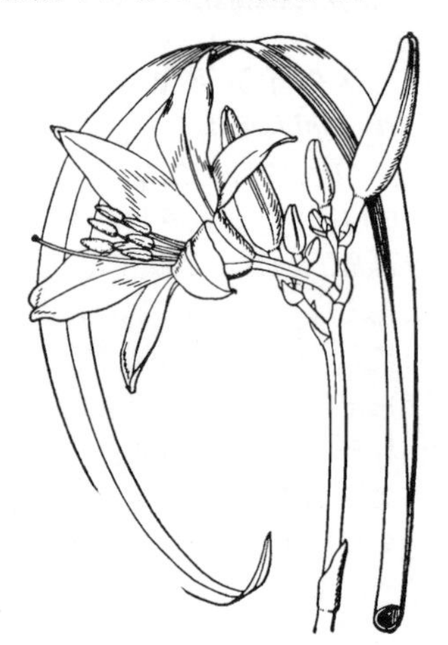

567. ヤブカンゾウ　〔ワスレグサ科（ススキノキ科）〕

Hemerocallis fulva L. var. ***kwanso*** Regel

野原の溝のふちや堤のそばに多い多年草で，地下に匍匐枝を出して繁殖する．ノカンゾウに似るが，全体に大きく丈夫であり，花被は合生した筒部が短く，その先で急に漏斗形に広がり，しかも八重咲きであるので区別できる．根は群がって出て黄色のひも状，端に紡錘形の黄色いふくらみがある．葉は多数 2 列に出て下部は互いに重なるが上部は次第に扇形に開いて先は下垂し，広線形で幅は時に 5 cm にもなり，鮮緑色で白い粉を帯びている．8 月頃外側に近い葉の間から高さ 1～1.5 m の太くて緑色の花茎がのび，先は 2 分し，時にはさらに枝を分けることがある．花は黄赤色で八重咲き，径 8 cm 位，下部は短い筒形で柄のようになっている．花被片は長楕円形で内面に暗紫色のぼかしがあり，雄しべは不規則に花弁化し時々 3～4 重になっている．果実はできない．若葉は食用になる.〔日本名〕薮に生える萱草（ホンカンゾウ）の意味．ホンカンゾウ var. *fulva* は中国に分布し，ヤブカンゾウに似るが一重咲きである．中国ではこの花を見て憂いを忘れるという故事があり，「忘れる」に萱の文字をあてることから萱草と称する．この故事からワスレグサの和名もあるが，ワスレグサの和名は日本では本属の異なる種に対して用いられてきた歴史があり，混乱を避けるため本種に用いないことにした．

568. ハマカンゾウ　〔ワスレグサ科（ススキノキ科）〕

Hemerocallis fulva L. var. ***littorea*** (Makino) M. Hotta

本州（関東以西），四国，九州の太平洋側の海岸に群生する多年生草本．根は群がって出て黄色で太く，所々にふくらみがある．地下に横にのびた節のある黄色の匍匐枝で繁殖する．葉は 2 列に出て毛がなく，上部は外に曲がり，長い広線形で，長さ 70 cm 内外，幅 15 mm 位，先端は次第に長鋭尖形となり，中脈は下面で稜となる．冬にも葉は枯れない．茎は葉の集まりの中から直立して高くなるが，時に斜上し，円柱形，緑色でなめらか，上部に緑色の 1 苞葉があり，先端は斜上する緑色の 2～3 の枝に分かれ，各々に 3～6 花からなる総状花序をつけ，下から順に開花する．花の下の苞葉は緑色，卵状三角形または卵状広披針形で鋭頭，全縁．花は秋に上向きに開き，径 9 cm ほどで濃い橙黄色，極めて短い小花柄があり，1 日でしぼむ．花冠は漏斗状，花被片は 6 枚で披針形，上端は反り返り，内花被片は外花被片よりも広い．筒部は花被片よりも短い．雄しべは花被片よりも少し短く，花糸は橙黄色．さく果は短卵形体，脈が浮き出る．しばしば古い花茎の苞の間から芽を出す.〔日本名〕海浜に生える萱草の意味．

569. ゼンテイカ（ニッコウキスゲ）　〔ワスレグサ科（ススキノキ科）〕

Hemerocallis middendorffii Trautv. et C.A.Mey. var. ***esculenta*** (Koidz.) Ohwi（*H. dumortieri* C.Morren var. *esculenta* (Koidz.) Kitam.）

近畿以東の山地に生える多年生草本で，草原に群生することがよくある．高さは 50 cm 内外でヤブカンゾウよりも小さいものが多い．根は赤褐色で所々に紡錘形のふくらみがある．葉は 2 列に扇形に出て，鮮緑色をしており，幅 1.5 cm 内外で上半部は彎曲して垂れている．7 月頃葉の集まりの中心から花茎を 1 本出し，先に短い枝をつけ，互いに接して 3〜4 花をつけ下から順に開く．花は濃い橙黄色で，昼間だけ開き，漏斗状の鐘形で径 7 cm 位あり，花冠の下部は長さ 1〜2 cm の短い筒となり，さらにその下にはなはだ短い柄があるかまたはほとんどない．花被片は 6 個，ほぼ同形同大，倒卵状披針形で上部はわずかに反り返っている．雄しべ 6 個は花被より短く，花柱は雄しべより長い．さく果は広い楕円体で 3 浅裂し，胞背裂開し，黒い種子を出す．〔日本名〕禅庭花の文字をあてているがその由来は不明である．〔漢名〕金萱は正しくない．〔追記〕基本種ヒメカンゾウ *H. dumortieri* は栽培される特に全体小形のもので，東北地方太平洋側の低地に生えるゼンテイカの中にこれに近いものが出ることがある．北海道のものをエゾゼンテイカ，本州の関東から中部の高原のものをニッコウキスゲとして分ける意見もあるが，区別は難しい．

570. ユウスゲ（キスゲ）　〔ワスレグサ科（ススキノキ科）〕

Hemerocallis citrina Baroni var. ***vespertina*** (H.Hara) M.Hotta

本州（関東以西）から九州の山地草原に生える多年生草本．全体ヤブカンゾウよりも小さく，葉の質がかたい．根は集まって出て黄色いひも状，ヤブカンゾウのようなふくらみはない．葉は 2 列に出て扇状に開くがほぼ直立し，上部だけわずかに下垂している．質は強く色は黄緑に近い．初夏になると葉の集まりの中心から 1 m 位のやせて長い茎を 1 本出し，先で分枝し，淡黄色の花をつける．花は夕方から開花し翌日の午前中にしぼみ，長さは 10 cm 内外で細い漏斗状の鐘形，下部は長い筒となる．花被片は 6 枚でほぼ同形同大，斜めに開き，上部は反り返らず，長楕円形で先端は尖る．6 個の雄しべは花被よりも短く，花柱は雄しべより長い．さく果は 3 浅裂した広楕円体で先端は凹み，胞背裂開して光沢のある黒い種子を出す．つぼみを食用とすることがある．〔日本名〕ユウスゲは夕方から咲き始める点がノカンゾウなどと対照的であるためである．スゲは葉に基づく．別名の黄スゲの黄は花色．

571. ニューサイラン　〔ワスレグサ科（ススキノキ科）〕

（ニュージーランドアサ，マオラン）

Phormium tenax J.R. et G.Forst.

ニュージーランドの原産で観賞のため庭園に栽植される多年生常緑草本．高さ 1.5 m 位．根茎は太く地表近くに横にはっている．葉はすべて根生し多数が集まって 2 列に出て扇状に開き，長い倒披針形で先端は鋭尖する．長さは 1 m 以上，幅 5 cm 以上にもなり，質ははなはだ強く，平滑で緑色をしているがまた黄白色の斑入りのものもある．夏になると葉の集まりの間から花茎をのばし，上部には枝を出し，枝の上に多数の暗黄赤色の花を直立してつける．花は長さ 4〜5 cm，花被片 6 枚は抱きあって筒形となり内片 3 個の先端は外へ反り返る．雄しべ 6 個は細くて花被の外へ出ており花糸は紅色である．さく果は長い 3 稜のある紡錘形で褐色．ニュージーランドでは葉から強力な繊維をとって種々利用している．〔日本名〕原産地を新西蘭と漢字で書き，うしろの 2 字をとって音読みにしたもの．マオランは繊維をイラクサ科のマオ（カラムシ）にたとえたもの．

572. キキョウラン　〔ワスレグサ科（ススキノキ科）〕

Dianella ensifolia (L.) DC

紀伊半島南部から琉球および小笠原の海岸近くに生える常緑多年生草本．高さは 50〜100 cm．根茎は太く地をはい，節が多くて外面に葉鞘の残骸をまとっている．葉ははかま状に 2 列に出ており，広い線形で長さ 50 cm 内外，上半が彎曲して垂れ質は強くてなめらかである．下部は急に両側から狭まって葉鞘に移行している．5〜6 月頃茎が 1 本葉の間から出て，中部に 2〜3 の線形葉をともなって，先端に円錐花序的な複総状花序を出してまばらに青紫色の花を開く．花被片 6 枚は平開し，長さ 6 mm 位で狭い長楕円形．雄しべ 6 個は花被片より短く，花糸は上半が太くかつ曲がっている．葯は長く，頂端から花粉を出す．液果はやや球形，多少浅く 3 部分に分かれ青紫色，径 1 cm 内外で中に少数の黒色の種子がある．〔日本名〕桔梗蘭は花の色に基づいていう．

573. ハナニラ

〔ヒガンバナ科〕

Ipheion uniflorum (Graham) Raf.（*Tristagma uniflorum* (Graham) Traub）

中央・南アメリカ原産の球根植物で観賞用に栽培され，時に野生化する．鱗茎は卵形体で径は 1〜2 cm．葉は数枚がほぼ向いあって束生し，線形で扁平，主脈は下面へ突出し，径 4〜8 mm で少し白っぽい．3〜4 月に葉間から高さ 10〜20 cm の花茎を出し 1 花をつけ，上部に 1 対の苞葉がある．苞葉は膜質で，長さ 2 cm 余り，下半は癒合して筒状になる．花は上を向いて開き径 3 cm 内外，下 1 / 3 は長さ 1 cm 余りの花筒となり，暗紫色の 6 脈がある．花被片は 6 枚，白味にわずかに紫色を帯び，楕円形で先は少し尖り，著しい中脈がある．花筒内には 2 段に並んだ雄しべ 6 個と雌しべ 1 個がある．〔日本名〕花韮は花が美しく，全草を傷つけるとニラのような臭気があるので名付けられた．丈夫で栽培容易な草である．

574. ステゴビル

〔ヒガンバナ科〕

Allium inutile Makino（*Caloscordum inutile* (Makino) Okuyama et Kitag.；*Nothoscordum inutile* (Makino) Kitam.）

本州（宮城県以南）の原野や畠のへりにまれに生える多年生草本．地下には白色で球形で径 1〜1.5 cm の鱗茎がある．葉は少数で皆根生し，秋に芽を出して冬中枯れず，真夏になって枯死する．細い線形で長さ 30 cm に達し，多肉で上面は平たく，下面は円くなり，さらに主脈は隆起している．葉が枯れた後，秋になってから角ばった高さ 20 cm 位の細い花茎を出し，その先端に薄い膜質の総苞葉 1 枚をつけ，その中から 5〜6 本の花柄を散形に出す．柄は比較的太く長さ 1.5〜2 cm で先に白い花を上向きに開く．花被片は 6 枚，基部は広鐘形に癒合し上半は開出し，線状披針形で先端は急に鈍形となっている．時に紅紫色のぼかしのあるものもある．雄しべ 6 個は短く花被片の半分の長さしかなく，葯は黄色．さく果は扁球形で 3 つの隆起があり，先は浅く広く，倒心臓形となって凹む．種子は倒卵形体．〔日本名〕捨小蒜でその草が貧弱で食用とするほどでないので人がこれを捨てて省みないヒルという意味である．ネギ臭がなく，また花被片が基部で互いにくっついている点で別属とする意見もある．

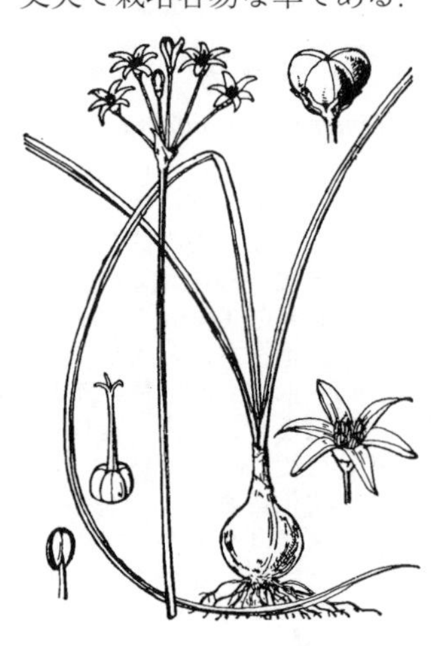

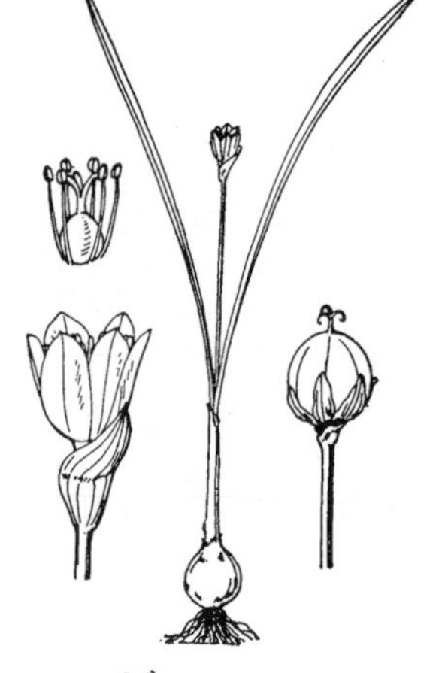

575. ヒメニラ

〔ヒガンバナ科〕

Allium monanthum Maxim.

北海道から九州の原野や山林中に生える多年生草本でややまれに見る．草全体に弱いニラの臭いがする．地下には卵球形の小さい鱗茎がある．春に葉を 2 個出してその間に 1 花を開く．葉は広線状の倒披針形をして，長さ 5〜10 cm，先端は尖り，基部は次第に狭まり扁平で蒼緑色，質が厚いが柔らかい．花は小さく，鐘形で長柄上に単生（時に双生のこともある）し，上向きにのびるが葉よりは低い．花下には膜質の総苞葉が 1 枚ある．花被片は白色に少し紫色がかり，広楕円形で長さ 4〜5 mm，花の後には球形で小形のさく果がみのる．この頃に細い地下茎がのびた先に新しい球ができ，夏になると葉は枯れて地上には草の影を全く見ないようになる．〔日本名〕姫韮．小形のニラの意味である．

576. ノビル

〔ヒガンバナ科〕

Allium macrostemon Bunge

（*A. grayi* Regel；*A. nipponicum* Franch. et Sav.）

全国の山野または堤の上などに生える多年生草本であるがはなはだ強い上に鱗茎が分かれて猛烈に繁殖する雑草でもある．草全体ニラの匂いがする．鱗茎は広卵形または円形をして白い．茎は柔らかい柱状をして立ち淡緑色で白粉をふいており，高さ 60 cm 内外で下部に 2〜3 の葉を出す．葉は茎と同質で細長く，下方は葉鞘となり中部以上は断面が少し三角状で，内面は凹入して溝になっている．初夏の頃，茎の先に散形の花序を立て，白紫色の花を開く．花序の基部には膜質で卵形の尖った総苞葉 2 個がある．花序の開く前は総苞葉は堅く包まれ白鳥のくちばしのようになっている．花序には小球状紫色の珠芽の混ざっているものやまたは珠芽だけのものがありむしろ後者が多い．花はまばらに出て，長さ 1.5 cm ほどの細い柄がある．花被片 6 枚は集まって筒鐘形となり，長さは 4 mm 位で卵状の披針形で先端は尖り，背に紫色の線がある．雄しべは 6 個，葯は淡紫色．〔日本名〕野に生えるヒルの意味である．ヒルはネギ，ニンニク等の総称で，その語源はかめばひりひりと口を刺戟するのでいう．〔漢名〕山蒜というが正しくない．

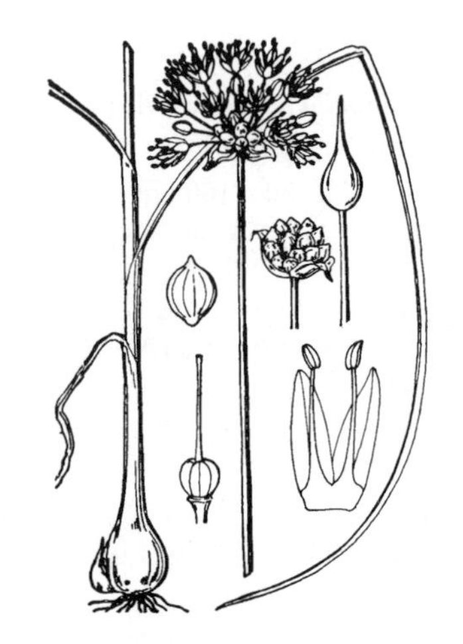

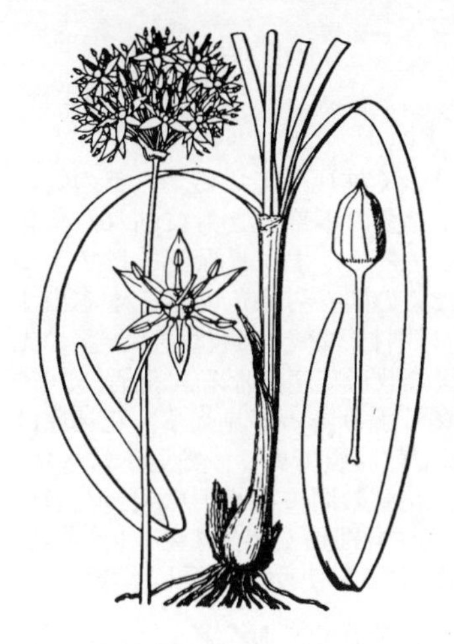

577. ニ　ラ　〔ヒガンバナ科〕

Allium tuberosum Rottler ex Spreng.

山野に時に野生化するが多くは畑に栽培する多年生草本で旧大陸の温帯に広く分布している．全草に特殊な匂いがある．鱗茎は狭い卵形体で，外面は鱗片葉が枯れて残った繊維で包まれている．葉は 2 列に並び立っていて幅 4 mm ほどの細い線形で扁平，緑色で柔く濃い緑色で秋に葉の間から 1 本の茎を出し，高さ 30〜40 cm に達し，少し押しつぶされている．その先端に半球状の散形に白花をつける．花は径 6〜7 mm で柄があって少し密生している．花被片は平開し，長楕円状の披針形で先端は鋭尖し，純白である．雄しべ 6 個は花被片より少し短く，基部は広がるがふちに歯はついていない．葯は黄色．さく果は倒心臓形で 3 部分に胞背裂開し，6 個の黒い種子を出す．葉を食用にする．〔日本名〕ニラは古くミラ（またコミラ）の転じたものといわれている．しかしミラの意味は不明である．〔漢名〕韮．〔追記〕もと本種に *A. odorum* L. の学名をあてたが，これは欧州産の別種である．

578. アサツキ　〔ヒガンバナ科〕

Allium schoenoprasum L. var. ***foliosum*** Regel

蔬菜として栽培する多年生草本．地上部は冬に枯れる．鱗茎はラッキョウに似て長卵形体，長さ 1〜2 cm で，表面の鱗片葉は紅紫色をしており，乾皮質である．茎は細い円柱形で直立し，30〜40 cm あり，淡緑色であるが下端は紫色を帯び，また下部に茎よりも少し短い葉が 2〜3 枚出て，円い細管状で茎と同色．5〜6 月頃に茎の先に紅紫色の花が密集して半球状をした散形花序に開く．花序は初め紫色をした膜質の総苞葉で包まれている．花被は広鐘形，花被片は 6 枚で，長さ 6〜7 mm，卵状披針形，先端は鋭尖形で主脈は濃紫色．雄しべ 6 個は花被片より短くて目立たず，葯は淡紫色．葉や根は食用にする．〔日本名〕浅つ葱．キはネギの類であって葉色がネギよりも浅い緑色であることからついた．浅葱（アサギ）色というのはこのアサツキの緑色を指し，うすい黄ではない．〔漢名〕糸葱を用いるが正しくはない．〔追記〕本種の学名にもと *A. ledebourianum* Schult. を使ったが，これは別の植物である．

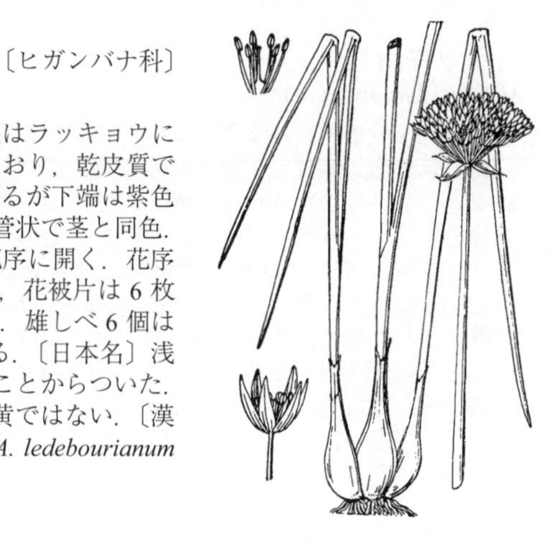

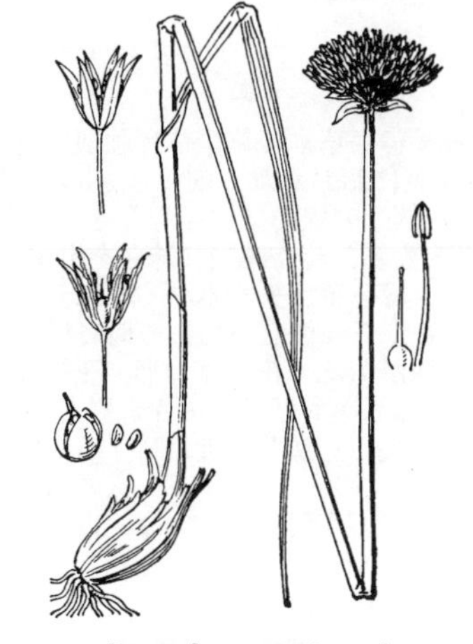

579. エゾネギ　〔ヒガンバナ科〕

Allium schoenoprasum L. var. ***schoenoprasum***

北海道，本州北部の海岸近くに自生する多年生草本．鱗茎は長卵形体で薄い鱗片葉に包まれ，アサツキと同様である．葉は円柱形をしており，中空で径 5 mm 内外．6 月に高さ 20〜40 cm 位の円柱形の花茎を出し，下部に 1〜2 枚の葉がある．先につく花序は初め膜質の苞葉に包まれるが，後に開いてほぼ半球形となる．花柄は長さ約 1 cm，花は淡紅紫色でやや鐘状に半開する．花被片は 6 個あり，卵状の披針形で先端は長く尖り，主脈は色が濃く，長さは 1 cm 位．雄しべは 6 本で花被片よりはるかに短くてその 1 / 2 から 1 / 3 位であり，花糸はほぼ針形で長さは約 5 mm，葯は初め淡紫色である．中央に雌しべ 1 個がある．全体ネギに似た匂いがあり，鱗茎と葉を食用にする．〔日本名〕蝦夷（北海道）に産するネギという意味である．アサツキの学名上の母種であるが北半球に広く分布しているシロウマアサツキによく似ているが，花がやや大形であり，雄しべが花被片よりもさらに短い点で区別される．

580. シロウマアサツキ　〔ヒガンバナ科〕

Allium schoenoprasum L. var. ***orientale*** Regel

本州中部から東北地方の高山の日の当たる地に生える多年生草本．全草アサツキに似ている．地下には狭い卵状の鱗茎があり，高さは 30 cm 内外で，株全体が白っぽい青緑色をし，柔軟である．茎は直立した円筒形で，下部には 1〜2 枚の葉があるが，葉は内側が扁平となった半円筒形で中空，茎とほぼ同じ長さで先端は尖っている．8 月頃に茎の先に球状の散形花序が出て，ややこみあって紅紫色の美しい花を開く．花被片は 6 個でいずれも長楕円状の披針形で長さ 5〜8 mm，先端は鋭尖形をしている．雄しべは 6 個で花被とほぼ同じ長さか，または少し短く，花糸の間に歯片はない．〔日本名〕長野県の白馬岳に多くあるのでこの名がついた．

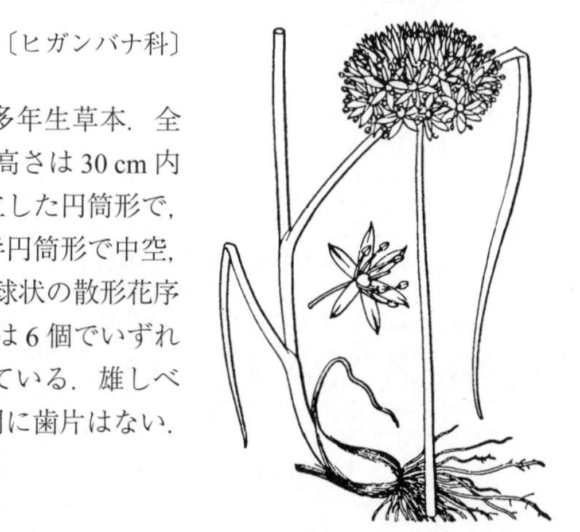

581. ヤマラッキョウ 〔ヒガンバナ科〕

Allium thunbergii G.Don（*A. japonicum* Regel）

山地に生える多年生草本で地上部は冬季は全く枯死している．ニラの匂いは少ない．鱗茎は長さ 2 cm 内外，長卵形体で茎の下部とともに枯れた葉鞘で包まれる．葉は茎の下部に 2～3 枚あって立ち，うすい青緑色をして 3 つの稜があり，下端は葉鞘となる．晩秋の頃に葉の間から緑色の茎を 1 本出すが高さは 30～50 cm で大体葉より少し低く，円柱形でその質は強い．茎の先に多数の紅紫花を束生して径 3～4 cm の球状の散形花序となる．花柄は 10～15 mm でラッキョウに比べて短く，花数は多く混みあって見える．花被片は長さが 5 mm 未満で平開せず，広楕円形，鈍頭で乾膜質である．雄しべは 6 個，花被片よりもはるかに長く突き出しており，花糸の間には小形の尖った歯片があり（附図右下），葯は紫色に染っている．花柱も細長く突出する．〔日本名〕山に生えるラッキョウの意味である．〔漢名〕山薤を使うのは正しくない．

582. ラッキョウ 〔ヒガンバナ科〕

Allium chinense G.Don

中国の原産で栽培される多年生草本．鱗茎はやや長い卵形体で 2～5 cm になり，汚白色の広い鱗片葉で包まれている．葉は鱗茎から束生し冬になっても枯れない．長さは 20～30 cm の線形で上面は扁平であるが下面は円く，うすい青緑色をしており質は柔らかい．晩秋に葉群のわきから高さ 40 cm 内外の茎を 1 本出し，先に半球形で紫色をした花を散形につける．花柄は長くて 2.5～3 cm にもなり花は少し下を向く傾向がある．花被は鐘形，花被片は 6 枚で円形または倒卵円形で円頭，長さは 5 mm 位．6 個の雄しべと 1 個の雌しべはともに花の外までのびている．鱗茎は漬けて食用にする．〔日本名〕辣韮の音読み（ラッキュウ）から転訛したもので，味が辛辣なニラの意味である．〔漢名〕薤．ヤマラッキョウに似ているが冬も葉があり，花序が少し大形であるのに花数はかえって少なく，しかも花柄が長いので区別できる．

583. ニンニク 〔ヒガンバナ科〕

Allium sativum L.

中央アジアの原産であるが今は畑に栽培する多年生草本で草全体に強烈な臭気がある．鱗茎は大形で淡褐色の乾膜質の鱗片葉におおわれ，内に 3～9 の小鱗茎を包んでいる．茎は直立し高さは 60 cm 内外，広線形で扁平な葉を 2～3 枚まばらに互生している．葉の下部は長い葉鞘となる．時々葉腋に珠芽を出す．夏に茎の先に散形花序を出し白紫色の花を開く．総苞葉は長く鳥のくちばし状をしていてはなはだ特徴的である．花の間にはむかごが混じっており時には全くむかごばかりになることもある．花には細い柄がある．花被は鐘形，花被片は 6 枚で楕円状披針形，外花被片の方が大きい．雄しべ 6 個は花被片より短く，基部に 2 個ずつの歯状突起があって先端は芒状に尖る．鱗茎を食用にするが特に強壮薬として賞用される．〔日本名〕忍辱（ニンニク）に基づく．忍辱はたえ忍ぶことで僧がこの劇臭も気にとめずに食するという隠語だという．古名はオオビルで大形のネギ類の意である．〔漢名〕葫．

584. ネギ（ネブカ，ヒトモジ） 〔ヒガンバナ科〕

Allium fistulosum L.

シベリア，アルタイ地方の原産であるが広く蔬菜として畑に栽培する多年生草本．地上部は冬を越して夏に枯れる．高さは 60 cm にもなるが，鱗茎はほとんどふくらまない．根は白色糸状で鱗茎の下端から多数出る．地上 15 cm 内外の高さの所で 5～6 葉を 2 列に出すが，下部は葉鞘になって重なって偽茎となり，葉身は太い管状で先端は尖り，少し白っぽい緑色で粘液を含んでいる．初夏に円い茎を葉の間から出し先に大きな球状の散形花序が 1 つできて多数の白緑色の花を密集して開く．初めはそのつぼみ全体を卵円形で先が尖っている膜質の一総苞葉が包んでいる．花ごとに柄がある．花被は鐘形で，長さ 7～8 mm，花被片は 6 枚で披針形，鋭尖し，外花被片は少し短い．雄しべ 6 個は花被から著しくのび出し，花糸間に歯片はない．白色の鱗茎と緑葉を食用にする．オオネブカまたはシモニタネギ．ヤグラネギはこれの栽培変種である．〔日本名〕ネギというのは根葱の意味．ヒトモジは一文字の意でネギの古い名はキであるから 1 個の文字で表現されることをいっている．ネブカは根深という意味である．〔漢名〕葱．

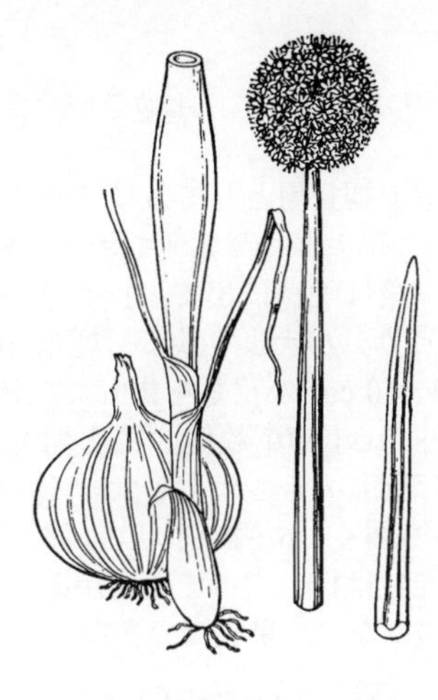

585. タマネギ　〔ヒガンバナ科〕

Allium cepa L.

中央アジアの原産で明治初年（1870 頃）に渡来し蔬菜として畑に栽培する越年生草本．鱗茎は大形で径 10 cm 内外の扁球形または球形をし，外部の鱗片葉は乾膜質で紫褐色であるが，内部は多肉で多重に重なっている．特異の刺戟性の臭気がある．茎は直立し円筒形で高さ 50 cm 内外，中部以下に紡錘様の肥厚部があり，下部には葉 2～3 枚をつけ，葉は濃い緑色で中空の細い管状であるがネギに比べて細く，花の咲く頃には大体なくなっている．秋に茎の先の大きな球状の花序に白色の花を密集する．花には花柄があり，花被片 6 枚は平開し，倒卵状披針形で尖り，雄しべ 6 個は立ち，内 3 個には花糸の基部の両側に小歯片を伴う．鱗茎を食用にし鱗茎の色がちがう品種がいろいろある．〔日本名〕球葱の意味で球は鱗茎の形に基づいている．〔追記〕リーキ *A. porrum* L. はタマネギに似た花序でニンニクに似た葉をつける．食用にし，また花茎を生花によく使うようになった．地中海沿岸の原産である．

586. ギョウジャニンニク　〔ヒガンバナ科〕

Allium victorialis L. subsp. ***platyphyllum*** Hultén

（*A. victorialis* var. *platyphyllum* (Hultén) Makino ; *A. latissimum* Prokh.）

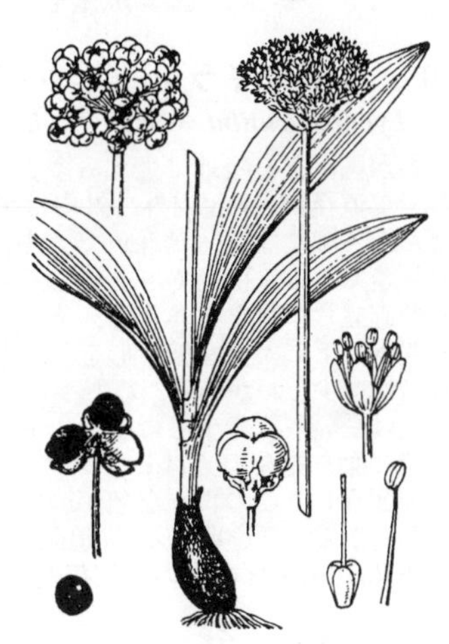

本州中部以北の深山や日本海沿いの林下に生える多年生草本で強い臭気がある．地上部は 1 年で枯れる．鱗茎は長さ 4～6 cm，長卵形体で多くは彎曲し，外面に網状をした淡褐色の繊維をまとっている．葉は 2 枚であるがまれには 3 枚ある．葉柄の下半は茎の下部を抱いており，上部には暗紫色の細点がある．葉身は広く大きく長さ 20 cm 内外，楕円形または狭楕円形で先端は尖るかまたは円く，基部は次第に細くなって柄に続き，柔らかくて光沢がなく，うす青緑色をしている．7 月頃葉の間から高さ 30～50 cm の茎を 1 本出し，頂上の散形花序に多数の白か時に淡紫色を帯びる花をつける．花下の総苞葉は膜質で 2～3 枚あり，花被片 6 枚は長楕円形で長さ 6 mm 内外，やや鈍頭である．雄しべ 6 本は花被より上にのび出しており，葯は黄緑色．さく果はふくれた 3 部分からなり，倒心臓形で凹頭である．〔日本名〕深山に生えるのを修行中の行者が食用にするということで名付けたもの．〔漢名〕茖葱．

587. ハマオモト（ハマユウ）　〔ヒガンバナ科〕

Crinum asiaticum L. var. ***japonicum*** Baker

関東南部以南の海岸の砂地に生える大形の常緑多年生草本．茎に見えるのは偽茎で直立し高さ 50 cm 位になり，太さ 5～10 cm の円柱状であるが，これは白く多肉の葉柄が何枚も巻き重なったものである．その基部だけが真の根茎ではなはだ短く，下から多数の根を出す．偽茎の上部から多数の大きな葉を四方に開出し，葉幅は広く，全縁で先にいくほど細くなり，葉質は厚く，滑らかである．夏に葉の間から花茎を出し，高さ 70～100 cm 位になり，先に 10 数個の白色の花が散形花序に咲き，よい香りがする．苞葉は 2 枚でへら形をしている．花被片は 6 枚で細長く，幅 4 mm 位，先は尖り，基部は互いに合着して長い筒となる．雄しべは 6，花被の喉の部分につき花柱と共に糸状で上部は紫色を帯びている．子房は下位で淡緑色．さく果は球形，熟すと砂上に種子が転がり出る．種子は白色を帯び少数でとても大きい．永く乾燥しても容易に発芽する．〔日本名〕海岸に生え，形がオモトに似ているので名がついた．またハマユウはふつう浜木綿と書き，巻き重なって偽茎を形づくる白色の葉柄による名で，花にあたかも白い幣（ぬさ）をかけたようなので名付けたと考えるのはまちがいである．〔漢名〕文珠蘭．

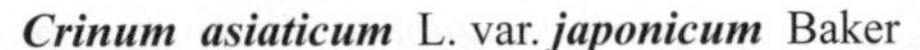

588. ヒガンバナ（マンジュシャゲ）　〔ヒガンバナ科〕

Lycoris radiata (L'Hér.) Herb.

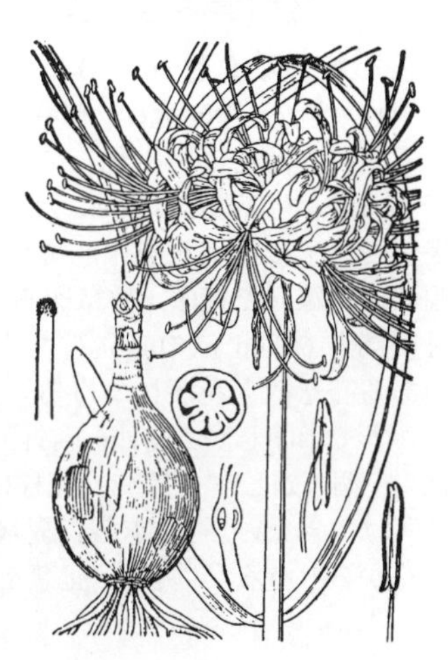

堤防，路傍，墓地等の人里の明るい場所に多く生える多年生草本．ラッキョウ型の鱗茎が地下にあり，外皮は黒い．秋のまだ葉がない時に鱗茎から 30 cm 内外の茎を 1 本出し，その先に有柄の赤色の美しい花が数個輪生して開き下に膜質の苞葉があり，これは初めつぼみを包んでいる．花被片は 6 枚で細長く外側に反り，ふちはひどく縮れている．雄しべ 6 本と雌しべが長く出て，花被と同色である．子房は下位で緑色，成熟しないので，種子はできない．花後に深緑色の葉を多く群生し，線形をした鈍頭で，葉質はやや厚く光沢があって軟らかい．葉は翌年 3 月頃に枯れる．有毒植物の一種であるが，この鱗茎をさらして澱粉をとり食用にすることがある．地方の俗名が多く 50 余の方言がある．〔日本名〕彼岸花は秋の彼岸頃に花が咲くのにより，マンジュシャゲ（蔓珠沙華）は赤花を表わす梵語によるものである．しかしそのもとは葉が出ない内にまず花を咲かせる意味で，先ず咲き，または真っ先が仏教との関係で上記の文字が当てられたものであろうか．

589. シロバナマンジュシャゲ（シロバナヒガンバナ）〔ヒガンバナ科〕

Lycoris* ×*albiflora Koidz.

九州に発見される多年生草本．時には人家で観賞用として栽植される．ヒガンバナとショウキランの雑種と推定される．地下のラッキョウ型の鱗茎は卵球形で黒褐色，直径は 4 cm 内外．葉は晩秋に出て，1～2 月頃最も繁り，線形でやわらかく，黄緑色で，ヒガンバナより淡く，幅は 10～15 mm，春に枯れる．9～10 月頃高さ 40～50 cm の花茎を出して，膜質の総苞葉を反転してつけ，散形花序に外向きに 10 数個の花を開く．小花柄は長短がある．花はヒガンバナとほぼ同じ大きさか少し大きく，6 枚の花被片は強くは反曲せず，ふちのしわも弱く，6 個の糸状の雄しべは彎曲して，長く花の外につき出している．花色は株によって変化があり，白に黄または淡紅を帯びていて，純白のものはない．果実はできない．

590. ショウキラン（ショウキズイセン）〔ヒガンバナ科〕

Lycoris traubii W.Hayw.（*L. aurea* auct. non (L'Hér.) Herb.）

わが国南方の暖地に生える多年生草本．地下に球形のラッキョウ状の鱗茎があって直径は 6 cm 内外，外皮は黒褐色．葉は群がり出て，広い線形で上部はだんだん細くなり，黄緑色で，上面には光沢があって質は厚く，30～60 cm 位の長さである．秋出て冬を越しても緑で夏に入ると枯れる．秋に高さ 60 cm 内外の直立した茎を 1 本出し，先に濃黄色の花を 5～10 個輪生し，外側に向かって開き，下に大きな披針形をした苞葉がある．花は漏斗形で花被片は 6 枚，ふちには多少しわがある．雄しべは 6 あって上方に彎曲し，少し花から出ている．花柱は長い糸状で少し彎曲し，下位子房は緑色で 3 室からなる．花の咲いている時に葉を見ない点はヒガンバナと似ている．〔日本名〕鐘馗蘭の意味であるが，どうしてこのような名がついたかわからない．別に同じ名の植物がラン科にあるから注意を要する．〔追記〕以前本種の学名とされていた *L. aurea* (L'Hér.) Herb. は中国南部のもので，花の時期に葉がある．

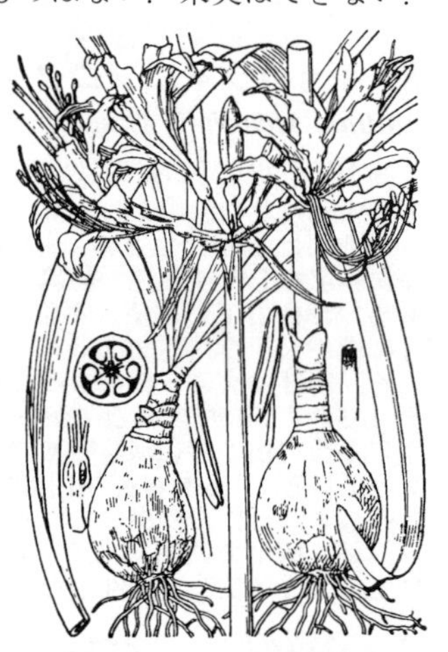

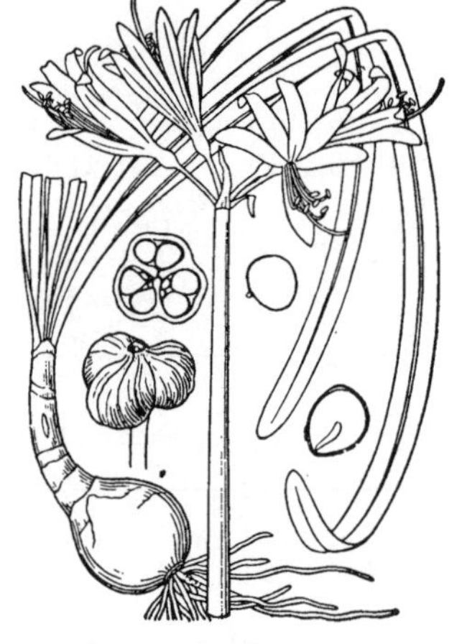

591. キツネノカミソリ〔ヒガンバナ科〕

Lycoris sanguinea Maxim. var. ***sanguinea***

本州から九州の原野や山麓に生える多年生草本．春に暗黒色をした球形のラッキョウ状の鱗茎から葉を出す．葉はやや幅の広い線形で鈍頭．葉質は軟らかく白緑色をしている．晩夏に葉が枯れ，その後に赤褐緑色で長さ 30～45 cm 位の質の軟らかい花茎を出し，その先の膜質の苞葉の中から長さ 5～7 cm の花柄を出し，橙赤色の花を開く．1 つの花茎に 3～5 花あって多少傾くことが多い．花被片は 6 枚で反巻せず，長さは 6 cm，幅 6 mm 位，下部は互いに合着して筒状となる．6 本の雄しべは花被の喉部に彎曲してつき，花被から突出しない．花柱は長い糸状で，子房は下位，緑色で 3 室からなり，実を結ぶ．種子は球形で大きい．有毒植物に数えられている．〔日本名〕狐剃刀（キツネノカミソリ）の意味でその葉の形によるものである〔追記〕オオキツネノカミソリ var. *kiushiana* Makino は関東以西の山地に生え，花が大きく花被片は長さ 9 cm 内外，雄しべは長く花被から突出する．

592. ナツズイセン〔ヒガンバナ科〕

Lycoris* ×*squamigera Maxim.

人里にしばしば野生化しているがふつうには観賞花草として庭園に栽培する多年生草本．地中に大きいラッキョウ状の鱗茎があり，外皮は暗褐色で，下にひげ根を出している．春に淡緑色の葉が群がり出る．葉は幅の広い線形で鈍頭，質は柔らかく多少白緑色を帯び，夏に枯死する．8 月頃高さ 60 cm 位の直立した花茎を出し，先に 4～8 個の淡紅紫色の柄のある花を散形花序につける．花は大きく外側に向かって開き，花被は漏斗形で半開し長さ 8 cm 内外，下部は筒状になって曲がり，花被片は 6 枚．6 個の雄しべを持つ．花柱は長くて糸状で曲がる．下位子房は 3 室．果実はできない．〔日本名〕夏水仙は葉がスイセンに似ており，夏に花が咲くからである．〔漢名〕鹿葱を一般に使っているが誤り．

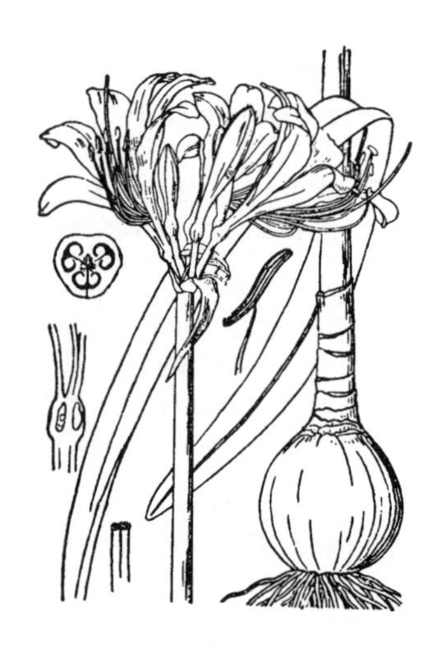

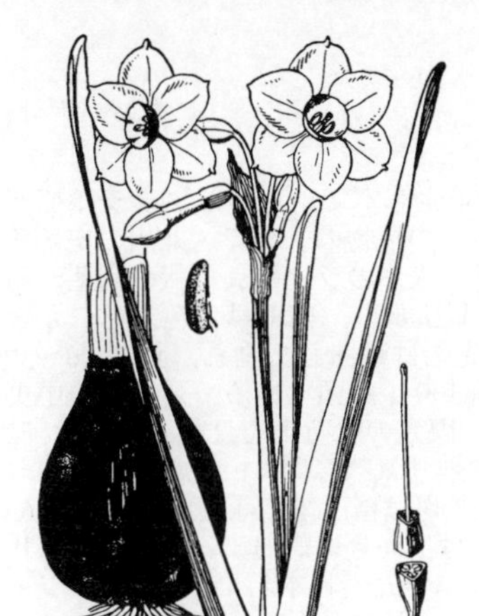

593. スイセン

〔ヒガンバナ科〕

Narcissus tazetta L. var. ***chinensis*** M.Roem.（*N. tazetta* L.）

わが国暖地の海岸近くに生え，また観賞品としてよく庭園に植えられる多年生草本．ラッキョウ型の鱗茎は卵球形で，外皮は黒く，下方に白色の多数のひげ根を出す．葉は 4〜6 枚が平たく重なり細長く線形で，先は鈍頭，白緑色を帯び質は厚い．1〜2 月頃，葉の間から高さ 20〜30 cm 位の直立した花茎を出し，茎の先端には膜質の 1 枚の苞葉があり，長い花柄をもった少数の花を抱く．花は子房の下で曲がり，横に向かって咲き，よい香がある．花被は 6 花被片からなって平開し，純白で下部は長い筒状である．花の喉部に濃黄色の盃形の副花冠がある．雄しべは 6 本で上下 2 輪になり，花糸はひじょうに短い．下位子房は 3 室，緑色で，果実はできない．品種として八重咲きのものと塞心緑花（多少緑色を帯び副花冠がはっきりしない八重咲き）とがある．本種はたぶん遠い昔に地中海沿岸地域から中国を経て伝わったものであろう．繁殖はラッキョウ型の鱗茎が分裂することによる．〔日本名〕漢名の水仙の字音による．〔漢名〕水仙.

594. キズイセン

〔ヒガンバナ科〕

Narcissus jonquilla L.

南欧の原産であるがわが国へは江戸時代の天保 13 年（1842）に渡来し，それ以来庭園に栽培される多年生草本．葉は地下の黒皮をかぶったラッキョウ型の鱗茎から群生し，深緑色で細長く半円柱状の線形をしている．3〜4 月頃に葉の間から中空の長い花茎を出し，その先に膜質の 1 個の苞葉をつけ，その中から長い柄のある少数の黄色花を散形につける．花は子房の下で曲がり，横向きに咲き，芳香がある．花被は 6 花被片からなって平開し，下は 3 cm 位の長い緑色の筒をしている．喉部にある副花冠は花被片と同じ黄色．子房は下位，3 室で緑色，花後にはよくさく果を結び，種子は黒色である．〔日本名〕黄水仙の意味．〔漢名〕長壽花とするのはたぶん正しくない.

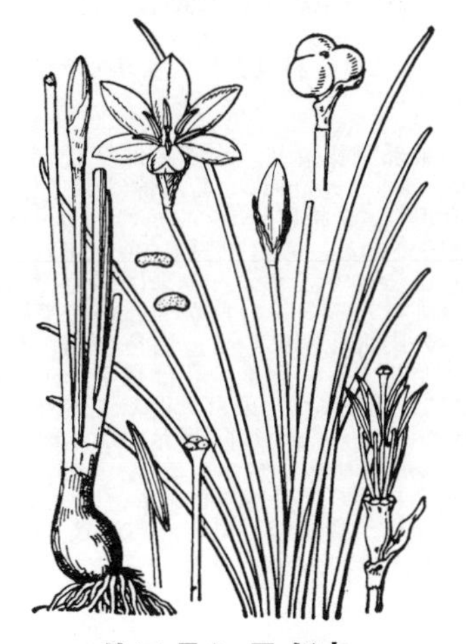

595. タマスダレ

〔ヒガンバナ科〕

Zephyranthes candida (Lindl.) Herb.

南米原産で明治初年（1870 年前後）に渡来し，観賞用の草花として庭園に栽植される多年生草本．地下に円形のラッキョウ型の鱗茎がある．葉は群がって根生し，細長く，質は厚く深緑色で，花茎よりも長い．夏に葉の間から高さ 30 cm 位の花茎を出し，先に 1 個の花をつけ上を向いて開く．膜質の苞葉は 2 裂し紅色を帯びている．花は白色で時々淡紅色のぼかしがある．花被片は 6 枚で長さ 2 cm ほどで長楕円形，基部は互いに合着して短い筒部となる．雄しべは 6 本．花柱は白色で柱頭は 3 個に分かれている．花は陰地では半開し陽地では平開し夜は閉じる．さく果はつぶれた球形で 3 部のふくらみに分かれ，初めは緑色，後に裂開し少数の種子が出る．〔日本名〕玉簾．たぶん葉が集まっている様をすだれにたとえ，花の白さを玉に見立てたのだろう.

596. サフランモドキ

〔ヒガンバナ科〕

Zephyranthes carinata Herb.（*Z. grandiflora* Lindl.）

中央アメリカのグアテマラ原産でわが国へは弘化 2 年（1845）に渡来し初めサフランとまちがえられた．また当時はこれをバンサンジコ（蕃山慈姑）ともいった．多年生草本で観賞用に栽培され，時に暖地に野生化する．地下にラッキョウ型の鱗茎がある．葉は 1 株に 5〜7 枚群生し，細長く線形をしていて，平たく柔らかく，下部は紅色をしている．夏に 30 cm 位の茎を 1 本最も外側の葉間から出し，先に淡紅色の美しい花を 1 個つける．花被は 6 花被片からなって平開し，下部は筒状で緑色をしている．雄しべは 6 本，動揺する黄色い葯がある．筒の下には下位子房があり，子房の下に花柄があって膜質の苞葉がこれを包んでいる．〔日本名〕明治 7 年頃（1874）につけられたもので，サフランに似て別物の意味.

597. ジャガタラズイセン　〔ヒガンバナ科〕

Hippeastrum reginae (L.) Herb.

嘉永年間（1850 前後）に外国から来た多年生草本で，もとはブラジル原産である．現在は栽植されることの少ない古渡りの植物の一つで，九州の南部その他の暖地にわずかにあるだけである．地下に大形のラッキョウ状の鱗茎があり，やや球形で，表皮は黒褐色，直径 5 cm 以上あり，内部は白色．そこから春になると葉を 2 列に出し，左右に開き，先端は彎曲して垂れ，長さ 20〜30 cm，幅 2 cm 位，濃緑色で先はだんだんと細まり，鈍頭である．夏に葉の中央から太い花茎を出し，高さ 30 cm 位になり，膜質の総苞葉を反転してつけ，2〜3 個の濃赤色の大形花を側方に向けてやや垂れ気味に開く．花柄は長さ 3〜4 cm，膜質で線状披針形の苞葉を伴い，下位子房は楕円体で緑色．花被片は 6，雄しべは 6 個で垂れて下の花被片に接し，先は上向きに彎曲する．花柱は糸状で，雄しべよりは少し長く，先は 3 個に分かれている．〔日本名〕ジャワ島のジャカルタから輸入されたスイセンの意味であって，ジャガイモと同工異曲．

598. アマリリス　〔ヒガンバナ科〕

Hippeastrum* ×*hybridum Hort. ex Valenovsky

植物学上は，*Amaryllis* でなく *Hippeastrum* に属する雑種性の多年生草本で，地下に黒褐色の外被のある大形のタマネギ状の鱗茎がある．ふつう花屋に見るものは，ベニスジサンジコ *H. vittatum* (L'Hér.) Herb.，キンサンジコ *H. puniceum* (Lam.) Kuntze，ジャガタラズイセン等の原種を祖先とする改良種である．春に地上に広線形で厚質，赤味を帯びた濃緑色の葉を 2 列に出す．先端は尖っているか，鈍いかのどちらかである．夏になると太くて多少白い粉をふいた中空の花茎を直立して生じ，先端に 3〜4 個の美しい大きな花が，散形花序に外側を向いて開く．花被片 6，雄しべ 6，雌しべ 1 があり，花は濃赤，白に赤い網紋のあるもの，赤に白条のあるもの等園芸品種が多い．純白色で広弁のものは特に珍重されている．〔日本名〕園芸方面で *Amaryllis* と誤認してついてしまったものである．

599. ドラセナ（センネンボク）　〔キジカクシ科（クサスギカズラ科）〕

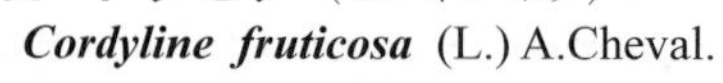

Cordyline fruticosa (L.) A.Cheval.

東部ヒマラヤから中国西部にかけてのアジア東部亜熱帯と，オーストラリア北部やインドネシアの一部に分布する常緑小高木．高さ 2〜3 m になる．幹は直立し，ときに 2〜3 分枝する．表面淡褐色で，落葉痕がリング状に目立つ．葉は 10〜15 cm の柄があり，互生するが，幹の上部では密に集まる．葉身は長さ 30〜50 cm，幅 10 cm 弱の細長い披針形で先端は尖り，ふちは全縁で波うつ．本来は緑色であるが，園芸品種では白や淡黄色，桃赤色などの斑が入る．この葉が美しいので観葉植物として栽培される．花は長さ 30〜40 cm の円錐花序につき，白色がふつうだがピンクを帯びるものもあり，葉の斑の色と相関する．個々の花は長さ 1〜1.5 cm の鐘形で 6 枚の花被片がある．寒さに対して比較的強く，東京付近でも屋外で越冬するが，日照量が足りないと葉の色は鮮やかにならない．園芸界ではふつうドラセナと呼ぶが，分類学上はドラセナ（*Dracaena*，リュウケツジュ属，613 図）から分けて扱う．〔日本名〕リュウケツジュ属の属名による．別名のセンネンボクは，千年木の意で長寿に基づくが，これはリュウケツジュ属についていうべきものであろう．センネンボク属では多くの種が観葉植物となっている．

600. クサスギカズラ（テンモンドウ）　〔キジカクシ科（クサスギカズラ科）〕

Asparagus cochinchinensis (Lour.) Merr. f. ***cochinchinensis***

本州から琉球の主に海岸の砂地に生える多年生草本．根茎は短く多数の紡錘形の根を束出している．茎は下部では木化しているが上部は他物にまとわりつき，長さは 1〜2 m になる．葉は細い枝では膜質でごく細かく，幹や太い枝では外曲した鋭い刺となる．葉のように見えるのは葉状枝で 1 節から 2〜3 個束生し，少し扁平な線形をして長さは 1〜2 cm あり，彎曲して，先端は尖り，表面は黄緑色をしてなめらかである．基部に関節があるので落ちやすい．夏に葉腋から淡黄色の小さな花を 2〜3 個ずつつけ，花柄は短く花被とほぼ同じ長さで，中央付近に関節がある．花被片 6 枚は平開し，狭い線状楕円形，雄しべは 6 個で花被片より短い．子房は壺形をしていて柱頭は 3 つに分かれる．果実は球形で径 6 mm 位，汚れた白色で中に黒くて丸い種子が 1 個入っている．根は薬用にし，また砂糖漬にする．〔日本名〕葉状枝が杉に似ており，つる性草本であるのでついたもの．〔漢名〕天門冬．別名のテンモンドウはこの音読みである．

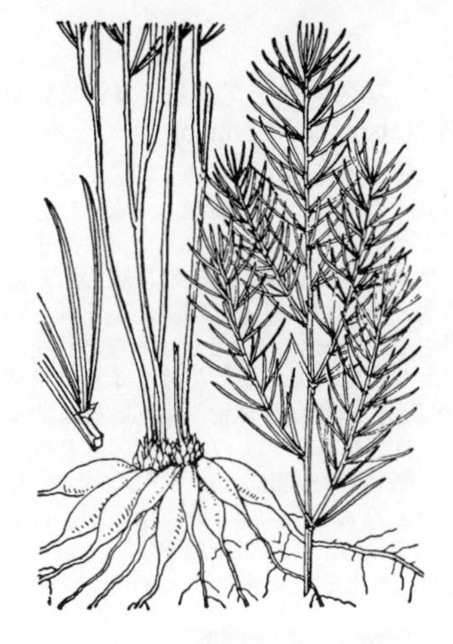

601. タチテンモンドウ 〔キジカクシ科（クサスギカズラ科）〕

Asparagus cochinchinensis (Lour.) Merr.
f. ***pygmaeus*** (Makino) Yamashita et M.N.Tamura

観賞のために庭園に栽培される多年生草本．地下に短い塊状の根茎があって，下方に向かって多数の多肉で紡錘形をした根を出し，その先端は長く糸状の根になっている．茎は束生し直立して細く，稜角があって緑色でなめらかになっており，高さは 15〜20 cm で基部には多数鱗状の葉が集合している．葉は膜質，針状，先は尖っているが，小形で目立たない．葉状枝は深緑色で，少し 4 稜のある線形で各節に 3〜4 個ずつあり，枝先では 4〜5 個ずつ束生し斜開しており，長さ 1〜2 cm で少し曲がり，光沢がある．まだ花が咲いたことがない．〔日本名〕立天門冬の意味でテンモンドウ（クサスギカズラ）に似て直立するのでいう．〔漢名〕特生天門冬としたのは和製の偽名で中国ではこのような名はない．

602. キジカクシ 〔キジカクシ科（クサスギカズラ科）〕

Asparagus schoberioides Kunth

北海道から九州の山中の草地に生える多年生草本で北東アジアに広く分布する．茎は立って高さ 50〜100 cm，幹は円柱状で稜線があり，上方で分枝する．細枝についている葉は白色の膜質であるが，太い枝や幹のものはひどく逆向した刺となっている．葉状枝は 3〜7 個で束生し，緑色の鎌形で 3 稜があり先端は尖り，長さは 7〜17 mm あって，クサスギカズラに比べて軟らかく細い．5〜6 月頃，葉腋に 3〜4 個の緑白色の花が集まって咲く．雌雄異株で花柄は短く，先端に関節がある．花被は筒状鐘形で花被片は 6 枚，雄しべは 6 個，雌花では発達せず小形となる．さく果は小さい球形で赤く熟する．葉状枝が特に細く糸状のものをホソバキジカクシというが区別する必要はない．〔日本名〕雉隠しは繁生した葉で山地のキジをかくすという意味である．〔漢名〕龍鬚菜である．

603. アスパラガス 〔キジカクシ科（クサスギカズラ科）〕

（オランダキジカクシ，マツバウド）
Asparagus officinalis L.

欧州の原産で食用のため栽培する多年生草本．地上部は 1 年で枯れる．根茎は塊状で短く，下方に太いひも状の根を出している．茎は円柱形で緑色，直立して高さは 1.5 m にもなり枝分かれする．若い茎は非常に多肉で太く径 1 cm 余りあって鱗片葉をまばらにつけているが，枝は細く，膜質針形のはっきりしない鱗片葉を互生する．葉状枝は細い糸状で各節に 5〜8 個ずつ束生している．夏に主茎またはこれに近い枝の，葉状枝がないか少ない葉腋に黄緑色の急に下を向いた小花を 1〜2 個ずつつける．花柄は弱々しくて長い．雌雄異株で花被は筒状鐘形をして平開せず，花被片は 6 枚．雄しべ 6 個は花被片より短い．雌花の雄しべは退化して小形になっている．液果は小球形で紅熟する．若い茎をそのまま，あるいはウドのように軟白して食用にする．〔日本名〕和蘭雉隠シの意味で欧州渡来のキジカクシの意味．またマツバウドは細い葉状枝を松葉，多肉の若茎をウドにたとえていう．

604. ユキザサ 〔キジカクシ科（クサスギカズラ科）〕

Maianthemum japonicum (A.Gray) LaFrankie
（*Smilacina japonica* A.Gray）

北海道から九州の山地の林の中に生える多年生草本．根茎は多肉であるが太くなく，長く横たわり節は多少盛り上っている．茎は直立しているが上半は傾斜し，高さは 20〜40 cm で上部に行くに従って粗毛が深い．葉は茎の上半に 2 列に互生して短い葉柄を持ち，卵状楕円形または広楕円形で長さ 5〜10 cm，緑色で両面に毛が一面に生えており，脈は縦に少し隆起して並び，先端は鋭尖形，基部は円形または切形となる．5〜6 月頃，茎の先の円錐花序に白い小花をつける．花軸にも毛が多い．花は両性花で花被片は 6 枚で楕円形，雄しべは 6 個，雌しべの花柱は柱状で立ち，柱頭はわずかに 3 裂している．花の後に液果を結び，初め緑色紫斑で後に赤く熟す．〔日本名〕雪白の花と笹の葉に似た葉状に基づいている．〔漢名〕鹿薬を用いるが正しくはない．〔追記〕本種に似て全体が大形となり，雌雄異株であるものがある．花が雌雄とも白色で，雌花では柱頭が深く 3 裂しているにとどまるのはミドリユキザサ（ヤマトユキザサ）*M. viridiflorum* (Nakai) H.Li である．雄花が緑色で，3 裂した柱頭がさらに外方に反り返るのがヒロハノユキザサ *M. yesoense* (Franch. et Sav.) LaFrankie である．前者の方が本州の南半で低山に多く，後者はそれより北方に，またより高所で亜高山帯に生える．

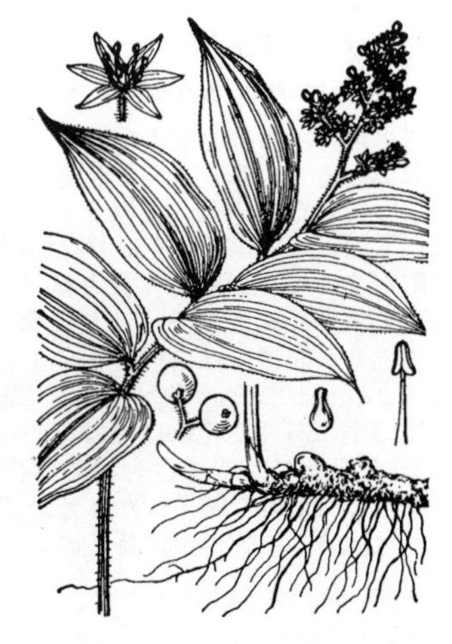

605. マイヅルソウ　〔キジカクシ科（クサスギカズラ科）〕

Maianthemum dilatatum (A.W.Wood) A.Nelson et J.F.Macbr.

北海道から九州に生える多年生草本で，北日本では海岸から高山まで林下に広く見られるが西日本では高山にまれである．根茎は白色で細長く，地表近くを横走し，盛んに分枝する．先端は節間が短縮し，頂部に 10〜25 cm の茎がついている．茎は細く平滑で，中部から上方に 2〜3 枚の葉を互生する．葉は心臓形または三角状心臓形，先端は鋭尖形，基部は深い心臓形，薄質，緑色で，ふちは全縁であるが，ルーペで見ると細胞がふくれているため丸い低い波状に見える．5〜6 月，茎の先に長さ 2〜3 cm 位の少しまばらな総状花序が出て白い小花を開く．花が 4 数からなるのは本科として特異である．花被片 4 枚は平開し上半は反り返っている．雄しべは 4 個．子房は卵球形．液果は小球形，半熟時には紫斑があって後に赤熟する．〔日本名〕舞鶴草は葉の脈の曲がり方をツルの羽根を広げた形に見立てている．〔追記〕この種に似たもので日光など東日本の一部にヒメマイヅルソウ *M. bifolium* (L.) F.W.Schmidt があり，世界的にはユーラシアの亜寒帯に広く分布するが，日本ではかえって珍しい，これは葉が狭三角形で，レンズで見るとふちの細胞が尖っているためにきょ歯状となり，同じような突起が葉の裏や花軸にも出るので区別できる．

606. アマドコロ　〔キジカクシ科（クサスギカズラ科）〕

Polygonatum odoratum (Mill.) Druce var. ***pluriflorum*** (Miq.) Ohwi

北海道から九州の山地または原野に生える多年生草本．地下茎は円柱形で横に長くのび細いひげ根を出す．1 年毎に 1 本の茎を地下茎の先端から出し，茎は少し斜めに立ち 6 本の稜があり淡緑色で時には下部は紫色を帯びている．葉は互生し無柄かごく短い柄があり，長楕円形で黄緑色，質は強く両面に軽く細かい脈が浮き出して見える．初夏の頃，葉腋に単一または基部で二つに分かれた花序を出し，美しい緑白色の花を下垂して開き，柄は時に紫色を帯びる．花は長さ 2 cm 内外で，花被片は 6 枚，合着して筒状となり，上部では離れて開いており，先端部は緑色，頂端に白色の短毛がある．雄しべ 6 個の下部は花筒に接着し，内向の葯をもち，花柱は単一，線形で子房の 2 倍の長さである．花の後に球形の液果を結び，熟すと暗緑色になり，後黒く変わる．〔日本名〕甘ドコロはトコロに似た地下茎が苦くなく少し甘味を帯びているということによる．〔漢名〕萎蕤（イズイ）．ただしこれは本変種を含む広義の本種に対する名である．

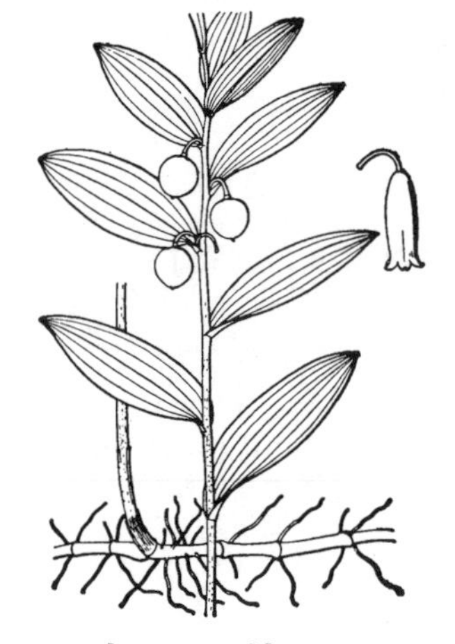

607. ヒメイズイ　〔キジカクシ科（クサスギカズラ科）〕

Polygonatum humile Fisch. ex Maxim.

主に本州中部以北の山地または海岸の草地に生え，また九州にもまれに産する小形の多年生草本である．根茎は長く地下をはい，円柱形，白色で径 2〜4 mm．茎は直立し，高さ 8〜30 cm，稜角がある．葉は長楕円形または楕円形で先は鈍頭または円頭，長さ 2〜7 cm，幅 6〜30 mm，下面は淡緑色で通常脈上に乳頭状の毛がある．5〜6 月に葉腋から細い柄を下垂し，長鐘形の 1 花をつける．花は緑白色を帯び長さ 1.5 cm 内外，先端は 6 裂し，裂片は卵形，緑色で先に白い短毛がある．雄しべは 6 本，花筒の中部につき，花糸は細く，微細な小突起がある．花柱は単一，液果は球形で黒く熟す．アマドコロに近い種類で，その貧弱なものと区別が困難な場合があるが，茎に紫色の部分がないこと，葉は両面同色で下面は白っぽくならないこと，また葉のふちに乳頭状の突起のあることなどで区別できる．〔日本名〕姫萎蕤．萎蕤はアマドコロの漢名であって，小形のアマドコロの意味である．

608. ナルコユリ　〔キジカクシ科（クサスギカズラ科）〕

Polygonatum falcatum A.Gray

関東地方以西の山中または原野に生える多年生草本．地下茎は横に長くのび，多肉で白色，1 年毎に 1 茎を先端から出す．前年以前の茎の跡ははっきり円形となって残っている．茎は立って少し一方に傾き，稜は無くて円柱状をし，大きいものは 1 m に達する．葉は互生して 2 列になり，披針形から卵状披針形，楕円形まで変化が多く，長さは 8〜15 cm 位，先端は次第に鋭尖形となり，基部は無柄か短柄がある．初夏に葉腋から花序を出す．花序は 3〜5 分枝して非常に細く，先端に緑白色の花を 1 個ずつ下垂する．花はアマドコロより小さく長さ 2 cm ほどで，花冠は筒状，先端は 6 つに分かれて緑色．雄しべ 6 本は花被筒の中にあり，花糸に毛はない．落花後に暗緑色の球状液果ができて垂れ下がる．〔日本名〕鳴子百合はその花が並んで下垂する状態を水田でスズメを追い払うのに用いた鳴子にたとえたことから来たもの．〔漢名〕黄精は正しくない．黄精は同属の別種で中国特産のもの．

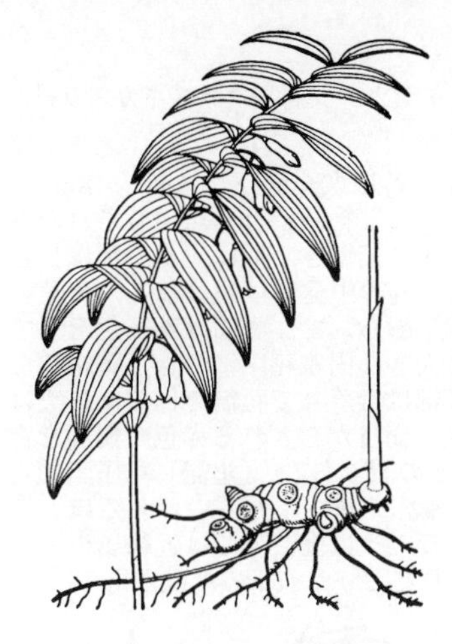

609. オオナルコユリ 〔キジカクシ科（クサスギカズラ科）〕

Polygonatum macranthum (Maxim.) Koidz. (*P. silvicola* Makino)

北海道から九州の山地に産する多年生草本で西日本ではナルコユリより少ない．根茎は太く横にはい，節間は短く少し連珠状になる．茎は 20～130 cm の高さになり，円く少し白っぽく，上部は弓状に曲がっている．葉は長楕円形か広披針形で先は尖り，長さ 6～20 cm，幅 1.5～7 cm，両面平滑である．5～7 月に葉腋から花序を下垂し，1～3 花をつける．花冠は漏斗状鐘形で長さ 2.5～3.5 cm，淡緑色を帯び，先端は 6 裂している．雄しべは 6 本，花糸は花筒の中部につき，長さ 7～10 mm，基部は肥厚し，かすかないぼ状突起があり，葯は長さ約 5 mm．液果は球形で黒熟する．ナルコユリよりも大体大形であり，葉は通常広く平滑，花も大形で花糸には細かい突起がある点が違う．本種には地方的な変異があって形によっては一見別種に見えるほどに違うことがある．

610. ミヤマナルコユリ 〔キジカクシ科（クサスギカズラ科）〕

Polygonatum lasianthum Maxim.

北海道から九州のやや乾いた丘陵地に生える多年生草本．根茎は白色多肉で浅く地下を横走し，肥厚した結節があり，径 3～8 mm．茎は高さ 30～60 cm，細いが強く，下半部は直立し，上半部は斜上し，稜がありまた紫色のぼかしのあるものが多い．葉は茎の上半に少しまばらに 2 列に並び，短柄がある．質は少しかたく卵状楕円形または広楕円形か長楕円形で，先端は鋭尖形，基部は切形または円形，平滑で光沢があり，下面は緑白色で無毛，ふちに小さいしわがある．初夏になって葉腋に硬くて細長い花序柄を出し，それが葉の裏側にかくれるようにして 2 つに分かれ，先に下を向いた白花をつけている．花冠は長楕円体状の筒形で，長さ 17 mm 内外，先端は浅く 6 裂し，裂片は反り返っていない．花冠内面には一面に細毛がある．雄しべは 6 個で花筒内に潜在し着生する．花糸にもまた細毛がある．液果は小球形で下垂し，黒く熟す．〔日本名〕深山に生えるナルコユリという意味である．

611. ワニグチソウ 〔キジカクシ科（クサスギカズラ科）〕

Polygonatum involucratum (Franch. et Sav.) Maxim.

北海道西南部から九州の山地の林下や草原に生える多年生草本．根茎は円柱状白色で長く地下を横走している．地上茎はアマドコロに似て細くほぼ円い．葉は長楕円形で短く尖り鈍端で全く平滑，多少灰色を帯びた暗緑色である．5～6 月に葉腋から長さ 1 cm 位の柄を垂下し，2 枚の苞葉の間に通常 2 花をつける．苞葉は卵形で先は尖り，長さ 1.8～3 cm，緑色葉状で平滑，花柄は短く 5 mm 以下である．花冠は長さ 2～2.5 cm，黄緑白色を帯び，筒状で先は浅く 6 裂し，裂片は広卵形である．雄しべは 6 本，花筒の上部につき，花糸は葯とほぼ同じ長さでざらついている．液果は球形で黒く熟す．〔日本名〕鰐口草は花をはさんだ 2 苞葉の形を神社の拝殿に下がっている鰐口にたとえたものであろう．

612. ケイビラン 〔キジカクシ科（クサスギカズラ科）〕

Comospermum yedoense (Maxim. ex Franch. et Sav.) Rausch.

(*Alectorurus yedoensis* (Maxim. ex Franch. et Sav.) Makino)

四国と九州の山中の崖に生える多年生草本であるが，地上部は冬に全く枯れる．根茎は短く，下方に粗く大きいひげ根がある．葉は根生で春になると芽を出し，はじめ平らな札を重ねたように見えるが，やがて一方に傾いて伸び，質は強くて厚く鎌状の広い線形で長さは 10～30 cm 位となり，先端は鋭尖し，下方に向かって次第に狭く，全縁で上面は緑色でつやがあり，下面はうすい緑白の線が数条ある．基部に関節があって枯れるとそこから離れ，冬になると葉は落ちる．雌雄異株．夏に葉の間に多少扁平で緑色の長い茎を出し，先端にまばらな円錐花序を出して多数の細花をつける．花序は通常葉より高く，枝は穂状のような総状花序をしている．花は鐘形で，白いが外面は淡紅褐紫色を帯びて径 3 mm 位，短い柄がある．花被片 6 枚は同形同大で雄花では長楕円形，雌花では楕円形．雄しべは 6 本で雄花では花被より長く，雌花では退化して，花被と同じ高さである．子房は球形で 3 溝があり，花柱は 1 本，細く直立し，雌花では短く，子房が多少大きくて後に実を結ぶが，雄花では長くて子房は小さく，後に萎縮する．さく果は小球形で，3 裂し，種子には毛がある．〔日本名〕雞尾蘭は葉の様子が雞（おんどり）の尾に似ているのでいう．〔追記〕この属は日本の特産で，一般に 1 種のみからなるとされているが，2 種からなるとする説もある．

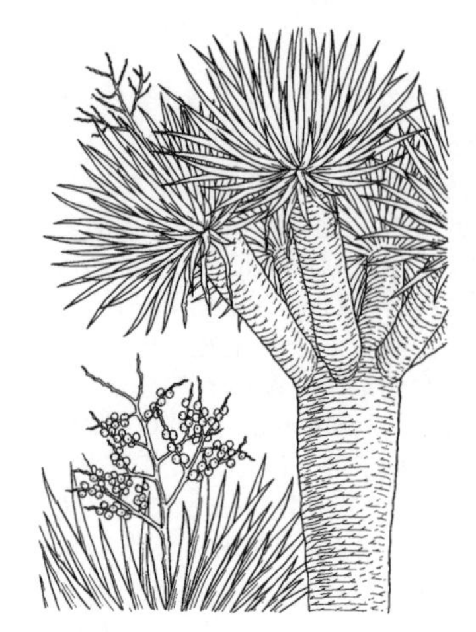

613. リュウケツジュ 〔キジカクシ科（クサスギカズラ科）〕

Dracaena draco (L.) L.

大西洋のカナリア諸島に特産する大形高木．幹は太く直立し，高さ 18 m にも達する．しかし原産地でも野生のものはほとんど絶滅に近く，植栽されたものだけが目立つ．葉は幹の頂端近くに密に集まってつき，柄は短く，葉は長さ 50～70 cm の剣状で，硬く，先端は鋭く尖る．幹の中途には葉はなく，落葉痕がリング状に並び，幹全体はややとっくり状に膨らんで，表面は茶褐色をしている．花は茎頂部の葉の集まりの間から出る大きな円錐花序につき，黄緑色で花被は 6 枚，長さ 1～1.5 cm ほどあって，基部は合着して花筒を作る．果実は径 2 cm ほどの球形で橙赤色に熟す．〔日本名〕樹皮からとれる赤色の樹脂を竜血（英名 Dragon's blood）といい，日本名はその訳である．〔追記〕単子葉植物としてはもっとも巨大な木本となり，また一説に 6000 年ともいわれるほどの長寿の植物として有名である．なお属名のドラセナは園芸界では近縁属のセンネンボク属 *Cordyline*（599 図）に対して使われており，若干の混乱がある．

614. ナギイカダ 〔キジカクシ科（クサスギカズラ科）〕

Ruscus aculeatus L.

観賞品として栽培する常緑の草状に見える小低木で明治初年（1860 年代）に欧州から渡来したもの．地中海地方の原産である．根茎は黄色で多肉かつ多節で横たわる．茎は多数束生し高さ 20～40 cm あり暗緑色で枝分かれしており，細かい縦溝が通っている．葉はごく小形で鱗片状を呈し，その葉腋から葉状枝が出ているが，葉状枝は基部がねじれて斜上し，卵形で長さは 1.5～2.5 cm あって，ちょうど葉のように見える．先端は鋭尖形で鋭いとげになっているが基部は狭くなり，強い革質で硬く深緑色でなめらかである．夏に白色を帯びた細かい花を葉状枝の中脈下部につける様子はハナイカダに似ている．雌雄異株で花にほとんど柄がない．花被は広鐘形で花被片は 6 枚，外片 3 枚は卵状楕円形で内片よりはるかに大きい（附図下）．雄しべ 3 個は筒状に集まる．雌しべは 1 個で子房は球形，周囲に仮雄しべがある．液果は径 1 cm 内外で赤く熟す．〔日本名〕葉状枝がナギの葉に似ており，かつ花をのせた様子が筏のようなので名付けられた．

615. ヤ ブ ラ ン 〔キジカクシ科（クサスギカズラ科）〕

Liriope muscari (Decne.) L.H.Bailey（*L. platyphylla* F.T.Wang et Ts.Tang）

本州から琉球の樹林の陰に生える多年生草本．根茎は太く短く，かたい木質である．地下に匍匐枝は出ない．ひげ根は細長く，時おりふくれた部分がある．多数の葉はスイセンと同じ型式に重なって根生し，線形または線状披針形で長さは 50 cm 内外，幅 1 cm 内外，鈍頭，基部は細まって不明瞭な葉柄になり，上面は深緑色で光沢があり，上部は垂れ下がる．花茎は葉と同じ長さまたはそれより短く，苞葉は細かい．花は 3～5 個集まり，下には向かない．花被片は 6，雄しべは 6，花糸は屈曲していて，葯は長い．子房は上位，花柱は単一である．果実は未熟のうちに破れ，裸出した種子が稔り，緑黒色．根は薬用に使う．〔漢名〕麦門冬または松寿蘭（植物名実図考）とするのは共に間違いである．次のリュウキュウヤブランと似ているが，花は少し小形で密生し，紫色がずっと濃い．また地下に匍匐枝が出ないからすぐ区別できる．〔日本名〕藪蘭はやぶに生え，葉状がランに似ているからである．

616. リュウキュウヤブラン（コヤブラン）〔キジカクシ科（クサスギカズラ科）〕

Liriope spicata Lour.

本州中部以西の暖地の林下に生える常緑多年生草本．大体ヤブランに似ているが，地中に匍匐枝を伸ばして盛んに新しい株を作るため，多数の株がややまばらに群生し，ヤブランのような横にはった木質の根茎から株立ちになることはない．花はヤブランより一カ月早く開き，花序は花が少しまばらであり，花色は淡紫色か白色に近く，花被片は長さ 4 mm 内外で少し大きいなどの諸点で区別できる．朝鮮半島南部にも分布する．葉には異種と思われるほどに幅の広いものや狭いものがあり，全体として幅は 3～8 mm．〔日本名〕琉球ヤブランで，最初琉球で発見されたことによる．

617. ヒメヤブラン　〔キジカクシ科（クサスギカズラ科）〕

Liriope minor (Maxim.) Makino

北海道西南部から琉球の日当たりのよい原野等に生える小形の多年生草本．ジャノヒゲよりも小形である．根茎は短いが，横に長い匍匐枝を出す．ひげ根は細長い．葉はみな根生し，線形で高さ 10～20 cm，幅 1.5～2.0 mm 位，根本近くから外方に向かっていることが多い．夏に葉よりも短い花茎をまっすぐに出して，その上部に総状に淡紫色かまれに白色の花が咲く．花柄は短く膜質の苞葉から 1 つずつ出る．花は上向きに咲き，花被片は 6 枚で平開し，長楕円形で全て同形．雄しべは 6，葯は長形で黄色．子房は上位で 3 室，おのおのに 2 個の胚珠があり傾下している．花柱は円柱形で柱頭は小形．小さい種子は果実から裸出し，球形に黒く熟する．ちょっとみるとジャノヒゲに似ているが，それよりも葉が軟らかく，花序は直立して曲がらず，花被は基部が漏斗状に狭まらず鐘形に開出しているので区別ができる．果実に見誤まる種子も青くなくて黒い．〔日本名〕姫ヤブラン．小形でやさしい姿のヤブランの意味．

618. ジャノヒゲ（リュウノヒゲ）　〔キジカクシ科（クサスギカズラ科）〕

Ophiopogon japonicus (Thunb.) Ker Gawl.

北海道から琉球の山林の陰に生える多年生草本で，また人家にも植え，長い匍匐枝が地中を浅くのびてよく繁るが，ひげ根は根茎から多数出て長く，所々が小さくふくれている．葉は多数群がり，細長い線形をなし，質は硬く先は鈍頭で，長さは 10～30 cm 位，幅 2 mm 位ある．初夏に，葉の間に葉より短い花茎を出し上部に偏側性のまばらな総状花序をつけ，淡紫色かまれに白色の小花が咲く．花は膜質の苞葉の間から出た短い柄に 1 個ずつ下向きにつく．花被片は 6 枚で平開し，同形，ほぼ長楕円形である．雄しべは 6，花糸は短く葯は長い．子房は半下位で 3 室．花柱は小円柱状で，3 分した柱頭を持っている．花が開いた後，濃青色で球形の果実状に見えるものは，じつは果実ではなく種子であり，果皮が発達せず破れて裸出したものである．この種子をハズミ玉などといって女児が遊びに使う．根の塊状部は薬用となる．〔日本名〕蛇の鬚ならびに龍の鬚はその葉状に基づいた名である．江戸時代にはジョウガヒゲの名もあり，このジョウは能面の尉のことで，これにも髭がある．〔漢名〕書帯草といって机上の上品なかざり物にするのも本品である．

619. オオバジャノヒゲ　〔キジカクシ科（クサスギカズラ科）〕

Ophiopogon planiscapus Nakai

本州から九州の山林中の陰地に生える多年生草本．根茎は短い．長い匍匐枝が地中を浅くのびてよく繁る．多数の長いひげ根があり，所々が小さくふくれている．葉は群がり細長く，高さは 15～30 cm，幅 4～6 mm 位で厚味があり，また丈夫である．6～7 月頃，やや平たくて丈夫な，しかも多少曲がり気味の花茎を出してその上部に淡紫色の小さい花を点々とつける．まれに白花もある．花には細い花柄があり，2～3 個ずつ集まって，横向きか下向きになる．花被片は同形の 6 枚で，離れて漏斗形に開いてつき，やや長楕円形，雄しべは 6，花糸は短く，葯は長い．子房は半下位で 3 室，各室には 2 個の胚珠がある．花柱は円柱状，小さい 3 分された柱頭を持っている．花がすんだ後には，子房が破れてむき出しになった種子が灰黒色に熟し，すこし長めの球形で，果実のように見える．ジャノヒゲに比べて，葉は幅広くまた厚みがあり，花序の軸がはるかに太いので，区別は容易である．

620. スズラン（キミカゲソウ）　〔キジカクシ科（クサスギカズラ科）〕

Convallaria majalis L. var. ***manshurica*** Kom.

（*C. keiskei* Miq.; *C. majalis* var. *keiskei* (Miq.) Makino）

本州中北部の高山および北海道に多いがまれに多少南地の関西，九州などの山地にも生える多年生草本．地下茎は細長く，横走し，多数のひげ根を出す．膜質の鞘状の葉の間から 2～3 枚の普通葉がでて，その形は長楕円形，先端は尖り下部は狭くなり，上面は濃緑色，下面はうすい緑でしかも白っぽい．5 月頃，鞘状葉の中に仮軸的に花茎を 1 本出すが高さは 15～25 cm 位で葉に比べて低い．上部に総状花序をつけ，可憐な白色の花を開き芳香がある．花柄の基部に小さな苞葉がある．花被は長さ 7 mm 位，鐘状で，上部は 6 裂し，先端は外へ反り返っている．雄しべ 6 個は花被の下部に附着し，葯は長形である．子房は卵球形で 3 室あり，花柱は短い．液果は赤い球状．〔日本名〕鈴蘭は花形を鈴に見立てたもの．君影草というのは可愛らしい花を思ってつけた名であろう．〔追記〕近年は花の香りを観賞するようになったが栽培されるものは多くは日本のものではなくて欧州原産のドイツスズラン var. *majalis* であると思われる．これは葉の下面が逆に濃緑色であり，花茎が葉と同じほどの高さになるので区別がつく．

621. キチジョウソウ　〔キジカクシ科（クサスギカズラ科）〕

Reineckea carnea (Andrews) Kunth

本州（関東以西），四国，九州から中国にかけて樹林内の陰地に繁茂して生える多年生草本．茎は地表をはい，所々にひげ根を出し，上方に狭長の葉を束生する．葉は長さ 30 cm 余り，幅 12 mm に達し，先端は尖っている．晩秋葉束の間に短い花茎を出し，まばらに淡紫色の小花を穂状花序につける．花には苞葉があり，花被片は 6 枚で下半は合着して筒状になり，上半は反り返る．花序の下部にある花は両性花で雄しべ 6 個と 3 室をもつ上位子房とがある．花柱は長く糸状で葯の上に出る．花序の上部にある花はただ雄しべ 6 本だけあり，花糸は糸状，葯は長い．花の後に紅紫色の球形の液果を結び，翌年になっても残っている．〔日本名〕漢名の字音をつかったものである．この草は常には花がなく，もしその栽植している家に吉事があると花が開くという伝説から，吉祥とはめでたいことをいうので，吉祥草とつけたという．〔漢名〕吉祥草．

622. オモト　〔キジカクシ科（クサスギカズラ科）〕

Rohdea japonica (Thunb.) Roth

関東地方から西の山地の樹下に自生するが，また観賞用にも栽培される常緑多年生草本．中国にもある．地下茎は肥厚し，粗いひげ根を出し，茎の先から多数の緑葉を束生している．葉は大きく 30〜50 cm にもなり，披針形で先端は尖り，質は厚みがあってつやがある．春に葉の間から 10〜20 cm 位の短大な花茎を出し，厚みのある淡黄色の花を穂状につけている．花被片は 6 枚あり，下部は盤状に融合し，上部は短く広い裂片となっている．雄しべは 6 個で花糸はほとんど花被片に合着し，葯は卵形である．子房は球形で 3 室あり，各室に 2 胚珠を包んでいる．花柱はごく短く，柱頭は 3 裂する．液果は球形でふつう赤熟するがまれに黄色のものもある．昔から広く人々に愛好されている植物なので園芸品種も数多い．〔日本名〕大本（オオモト）の意味でその丈夫そうな大きい株を表現した名であろう．〔漢名〕万年青である．

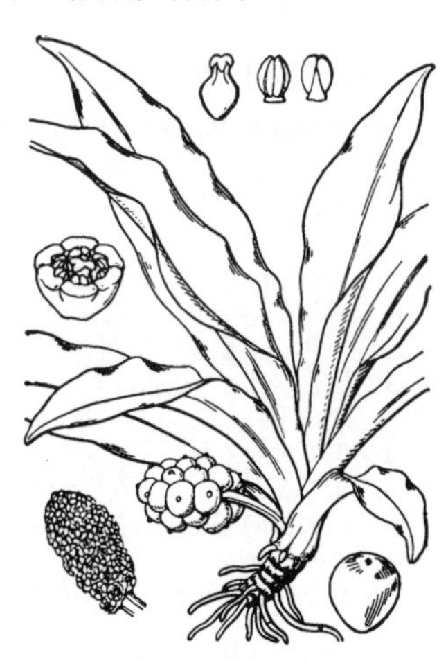

623. ハ ラ ン　〔キジカクシ科（クサスギカズラ科）〕

Aspidistra elatior Blume

庭園に栽培される多年生草本で，鹿児島県薩摩半島の沖にある宇治群島と黒島の原産である．地下茎は横にはい，所々に大きい深緑色の葉をかたまって出す．葉は長さ 30〜45 cm ほどの長楕円形をして尖り，基部は狭くなり緑色の長い柄となる．草質で深緑色，両面とも同一色でつやがあり，主脈は隆起し左右非相称である点は特徴的である．若葉は巻いて出る．つぼみは 11 月の頃，根茎の鱗片の腋から出て小柄があり，次第に地上に現われ，4 月頃半ば地に埋れるかまたは地面の中で開花する．花被の若い時は緑色であるが後に褐紫色になる．花は直径およそ 2〜3 cm で，花被は短筒状または盤状となり，上部は 8 裂し，内面は褐紫色，外面に同色の斑点がある．8 個の雄しべは花被片と向いあってその筒部に出て花糸は非常に短い．子房は上位にあって 4 室あり，柱頭は傘形をして大きく，花の内部を覆っている．液果は緑色をした球状で後に帯黄色となって不揃いに裂開し，数個の種子を散布する．〔日本名〕葉蘭の意味で広い緑葉の感じを端的に述べている．〔漢名〕蜘蛛抱蛋でつぼみの感じをある種のクモが卵嚢を抱えた有様にたとえている．本種は永らく中国原産と考えられてきたが，中国には本種の野生が無いことが現在では確認されている．

624. ハナスゲ　〔キジカクシ科（クサスギカズラ科）〕

Anemarrhena asphodeloides Bunge

中国東北部に自生するが，昔薬用植物として日本に導入され，今なおたまに栽培される多年生草本．根茎は形が短く，少しかたまって横にはっている．葉はみな根生でかたまって出て，長さ 20〜70 cm の広い線形をして上面は U 字状に凹み，先に向かって次第に細くついに糸状になり，基部は互いに重なっているが鞘状にはならず，質は少し堅く，上面は淡緑白色で光沢がなく，下面は緑色で光沢があるが毛が無い．夏に葉の間から直立した 60〜90 cm の長茎を出し，茎上に卵形で尾のように尖った苞葉をつけ，上部は 2〜3 花ずつ集まった花序を長い穂のようにつける．花は狭い筒状，長さ 7〜8 mm，白色でうすい紫色のすじがあり，線形の裂片は深く 6 裂しているが平開しない．雄しべは 3 個で小形，内花被片の中央についている．さく果は 12 mm 位の長楕円体で両端は長く尖り，3 室があり，各室に黒い 3 翼のある種子が 1 個ずつ入っている．根茎を薬用にする．〔日本名〕葉がスゲに似ているがそれよりは美しい花をつけるからである．〔漢名〕知母．

625. **オリヅルラン** 〔キジカクシ科（クサスギカズラ科)〕

Chlorophytum comosum (Thunb.) Baker

原産は南アフリカであるが観賞用として栽培する常緑多年生草本．葉の間から長い枝を出して多くは分枝し，先端に葉を出し，さらに根を出して新しい株を作る．枝には鱗片状の葉を互生する．葉はむらがって根生し，ロゼット状になり，広い線形で長く尖り，長さは 10〜30 cm で質は強く緑色，通常は白線がある．6〜7 月頃になると枝の葉腋に 2〜3 花ずつ集まり，または枝の端の葉の集まりの中に混じって白い花を開く．花は径 15 mm で花柄はその中辺に関節がある．花被片 6 枚は平開し，倒卵状披針形で鈍頭，外片は内片に比べて形が小さい．雄しべ 6 個は花被片よりも短く糸状をしている．雌しべは 1 個で花柱は長い．さく果は扁球形で 3 つの部分からなり，基部には花被が残っている．〔日本名〕折鶴蘭の意味で，観賞用に釣り下げておくと，茎が垂れた先に新株のついた有様がいかにも折鶴を糸で釣ったように見えるのにたとえたものである．

626. **タマノカンザシ** 〔キジカクシ科（クサスギカズラ科)〕

Hosta plantaginea (Lam.) Asch. var. ***japonica*** Kikuti et F.Maek.

（*H. plantaginea* var. *grandiflora* auct. non Asch. et Graebn.）

中国原産の栽培する多年生草本．葉群の高さは 30〜50 cm で花茎は 1 m に達する．多肉強剛の根茎があり，葉は長い柄のある長卵状楕円形で 15 cm 内外，明るい黄緑色で光沢に富み，両面とも同一色でふちは軽く波打っている．夏から秋にかかる頃に花序を高く出して純白花をつける．苞葉は緑色肉質で開出し宿存性．花はユリとも思われる大輪で長さ 10 cm 内外で夕方開き朝しぼみ芳香がある．ギボウシの類であるが雄しべの先端の屈起の程度が極めて軽いこと，また花被の細筒内の基部に雄しべが癒合しているのが特徴である．〔日本名〕漢名の訓読みからきたもので，長大なつぼみを玉（ぎょく）で作ったかんざしにたとえたものである．〔漢名〕玉簪花.

627. **オオバギボウシ** （トウギボウシ） 〔キジカクシ科（クサスギカズラ科)〕

Hosta sieboldiana (Lodd.) Engl. var. ***sieboldiana***

本州から九州の山地に広く自生し，また観賞用に庭園に栽培される多年生草本．根茎は太い．葉は根生してむらがり，葉柄は太い溝状で長いものは 30 cm を超え，緑白色をしている．葉身は大形で広い楕円形または楕円形をしており先端は鋭尖形，基部は心臓形または少し柄に流れ，支脈は縦走して各側に 10〜15 あり濃緑色でつやがあり，下面は淡色，または往々白い粉をふいている．7 月頃葉の集まりの中心より長い花茎を出すが多少前方に倒れ，多数の紫白色をした花が総状に出る．花の下にある苞葉は卵状の楕円形をして扁平であり，多くは白質化する．花は長さが 4〜5 cm で花被は細い漏斗状をして広がり，6 裂片は平開するというほどでない．株全体は生育地によってその大小が大いに違い，別種かと思われるほどである．山間ではウルイと呼ばれ，若い葉柄は食用にする．葉のふちが黄色の園芸品種をキフクリントウギボウシという．また次図のトクダマへの移行型がしばしばある．〔日本名〕大形の葉を持つギボウシの意味.

628. **トクダマ** 〔キジカクシ科（クサスギカズラ科)〕

Hosta sieboldiana (Lodd.) Engl. **'Tokudama'** (*H. glauca* (Makino) Stearn)

観賞用に栽培している多年生草本で高さ 30 cm 内外で，オオバギボウシに移行するので区別しにくいものがあるが，典型的なものは，葉身は円形，水平に開き，質は強く，はじめ白い粉をつけた暗緑色で，径は 12 cm 内外，上面は支脈の間が種々に凹むため，不規則な凹凸となり，ふちは多少盛上がって下側に凹む．花序は 6 月頃出るが多くは葉より丈が低く，淡い桃色か白色をした花が頂上に少数集まって咲く．花被は開かずに倒卵状のつぼみがわずかにほころびた程度で終わる．本図に描かれたものは葉はトクダマ的であるが，花ではオオバギボウシと区別できず，典型的なものではない．〔日本名〕花を愛でることの多い園芸植物にあって，本植物は花が退化しており葉のみを愛でることから，中国の古典「韓非子」の一節「櫝を買いて珠を返す」にかけて命名されたとする深津正の説がある．日本でオオバギボウシより出た園芸品と思われるが，海外産と考えたことに由来するチョウセンギボウシの別名もある.

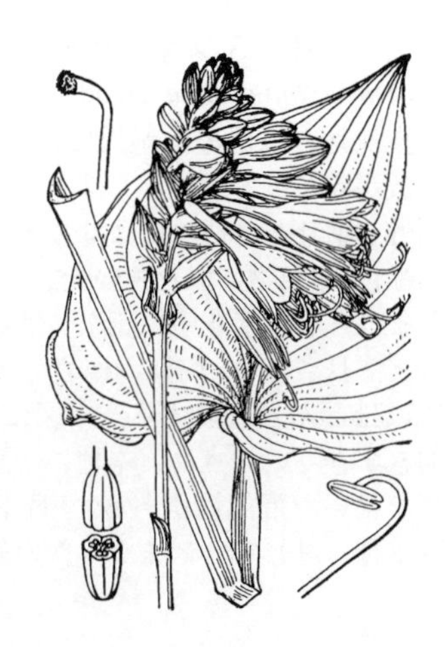

629. ギボウシ（オハツキギボウシ）〔キジカクシ科（クサスギカズラ科）〕

Hosta undulata (Otto et Dietr. ex Kunth) L.H.Bailey var. ***erromena*** (Stearn ex L.H.Bailey) F.Maek.

ギボウシの名はふつうに本属を総称するものであるが，また一般に栽培されている本種を指すこともある．多年生草本で葉は根ぎわに集まり，葉柄は直線的でU字状をして太く，斜上し，長さは30～40 cm 位ある．葉身は広い楕円形または卵状楕円形，長さは10～15 cm，先端は急に短く鋭尖し，基部は大体に円形で，上面は平らで少し光沢があり，暗緑色をしていて支脈は主脈の各側に8～9 ある．初夏に入ると葉の集まりの中心から2 m を超える高い茎を出し，うす紫色の花を咲かせる．茎は初めは立つが，花が開くにつれて前の方へ倒れ，中央付近に2～3 枚の葉状苞がついている特徴がある．それでオハツキギボウシともいう．花の下の苞葉は緑色で質が厚くて尖り舟形で花柄を抱き，尖っている．花被は朝開いて夕方しぼみ，最下部は細い筒をしており，中部は漏斗状に広がり，裂片6 個は楕円形をして尖り多少反り返っているが漏斗状部よりも長い．果実は全然できない．本種は雑種起源の園芸種と考えられ，次図のスジギボウシも本種に由来するものと考えられるが，スジギボウシの学名が早いために，母型の本種が変種になっている．〔漢名〕紫萼の名がよく使われるがこれはタマノカンザシ以外のギボウシ属で紫色系の花をつける種類の総称である．

630. スジギボウシ〔キジカクシ科（クサスギカズラ科）〕

Hosta undulata (Otto et Dietr. ex Kunth) L.H.Bailey var. ***undulata***

ギボウシ類の中で最もふつうに栽培する多年生草本．葉は多数むらがって根生し，柄があり葉身は楕円形または卵状の楕円形で，長さは10 cm 内外，先端は鋭尖し，ふちは大きく2～3 の波をうっており，主脈の周囲は白色または黄白色の縦の幅広い斑入りとなり，ふちだけわずかに緑色をしているので緑と白との入り混じった様は大変美しいものである．夏を過ぎてから出る葉は倒広披針形で柄に流れ，多くは緑色である．初夏の頃葉の間に長さ1 m 内外の花茎を出し，淡紅紫色の花を多数総状につける．花の下の苞葉は緑色をして巻き，つやがある．花被は漏斗状で半開し，前にのべたギボウシ（オハツキギボウシ）と全く同じである．雄しべは6 個あって花被より少し長く，葯は暗紫色である．果実はできない．本品は恐らくギボウシから枝変わりとして生じたものであろう．〔日本名〕スジギボウシというのは葉に白いすじがあるからである．

631. コバギボウシ〔キジカクシ科（クサスギカズラ科）〕

Hosta sieboldii (Paxton) J.W.Ingram var. ***sieboldii*** f. ***spathulata*** (Miq.) W.G.Schmid

本州から九州の水ぎわや溝のそばの湿地に生える多年生草本．根茎は多肉で白く，時々はって枝分かれする．葉はむらがって出ており葉身は開出している．葉は極めて変異に富むが最もふつうの形は次のようなものである．葉柄は長さ10～20 cm で時には翼状をして葉身より流下する．葉身は長楕円形または卵状披針形で長さは10 cm 内外，先は尖り基部はやや円く，両面共に深緑色で多少つやがあり，ふちは平らだがときに小さい波状をしており，支脈は主脈の各側に4～5 ある．8 月に入ると葉の集まりの中心から細い1 m 内外の茎を直立させ，先端に総状花序を出す．花は斜めに下垂し，花被は漏斗状の鐘形をして長さは5 cm 内外，裂片は6 個で長楕円形，反り返って開出する．色はうす紫でまれには白いものがある．雄しべは6 個で1 本の雌しべとともに長く花被より突出している．長楕円体のさく果ができて熟すと3 裂し，黒色の扁平な種子を飛ばす．〔日本名〕小さい葉のギボウシの意．ミズギボウシとも呼ばれ，水辺や湿地に多いが，現在では次種ナガバミズギボウシに対してこの和名が用いられるようになっている．

632. ナガバミズギボウシ（ミズギボウシ）〔キジカクシ科（クサスギカズラ科）〕

Hosta longissima Honda ex F.Maek.

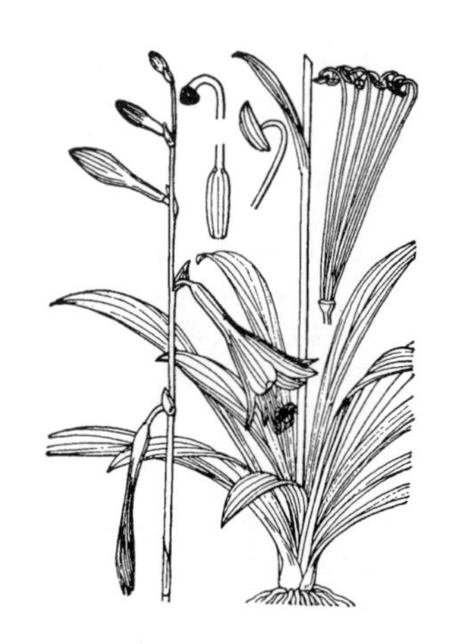

東海地方以西の水湿地に生える多年生草本で根茎は短い．葉は比較的少数が群がって出て多くは立っており，広線形で長さ10～30 cm，幅1 cm 内外，葉身と葉柄の境ははっきりせず，質はやわらかく多少厚く，上面は灰緑色，瀬戸物に似た強い光沢がある．盛夏に茎を直立させ，少しかたよったまばらな総状花序に花をつける．苞葉は舟形で緑色．花は斜め下向きに咲き，長さ4 cm 内外，極めて細い棍棒状に近い漏斗状，淡紫白色，花被片はほとんど直立する．本図に図示されたものは，葉が多いこと，花が開きすぎている点など本種に一致しない点があり，前種コバギボウシの1 型を描いた可能性がある．〔日本名〕葉の長いミズギボウシの意．最近では本種に対してミズギボウシの和名が用いられることが多い．

633. ナンカイギボウシ　〔キジカクシ科（クサスギカズラ科）〕

Hosta tardiva Nakai

栽培され，また時に野生化する多年生草本で，四国には野生があるが，本来の自生かどうかは明らかではない．株立ちとなり，葉群の高さは 30 cm 内外．葉には直線的な少し傾いた長い柄があり，葉柄は汚緑色で暗紫色の点をつける．葉身は葉柄よりも短く少し平らに開き，卵形または卵状の楕円形で長さは 13 cm 内外，暗黄緑色で多少光沢があり，側脈は各側に 5〜6 ずつある．9 月頃に長さ 50 cm 内外の花茎が斜めにのび，先端に偏った総状花序をつける．花の下の苞葉は多少膜質で淡紫を帯びている．花は暗灰紫色で長さ 4 cm 位，上半部は急に広がって漏斗形となる．果実はできない．〔日本名〕南海道（近畿南部，四国）に産するギボウシの意味．

634. イワギボウシ　〔キジカクシ科（クサスギカズラ科）〕

Hosta longipes (Franch. et Sav.) Matsum. var. ***longipes***

主に関東から東海地方の山中の谷すじや岩石または木の幹の上に着生する多年生草本．根茎は短く，前年の葉の繊維が残ったかたい毛におおわれる．葉は根生で斜めに開き，長い柄があってその基部にはふつう暗紫色の細点を多数つけている．葉身は楕円形または卵円形で長さは 5〜15 cm で先端は鋭尖形をしており基部は円く，質は厚く強く暗緑色で多くは光沢がある．下面は淡色で細い横脈がはっきりついている．側脈は主脈の各側に 7〜10 ずつある．初秋に入って葉の間に長さ 20〜40 cm の花茎を出し，苞葉は薄い膜質であるが，多数集まって淡紅紫色をしているのはなかなか美しい．花柄は長く，花は淡紅紫色，花被は漏斗状の鐘形で長さ 4 cm 内外，細い筒部は長く，裂片は反り返っている．雄しべは 6 本で花糸が長く花外に出ている．さく果はうつむかず，細長い楕円体である．〔日本名〕岩に着生するギボウシの意味．

635. キミガヨラン　〔キジカクシ科（クサスギカズラ科）〕

Yucca gloriosa L. var. ***recurvifolia*** (Salisb.) Engelm.
(*Y. recurvifolia* Salisb.)

北米原産の常緑半低木で，関東以南では戸外で越冬できるのでよく庭園に栽植される．茎は高さ 2 m 位，直径は 10 cm になり，先に四方に広がった多数の長い葉がかたまってついている．葉は革のように強いが多少垂れ下り，長さ 0.5〜1 m，幅 4〜7 cm，ほとんど平らで青緑色，ふちに糸は出ない．初夏または秋に高さ 1 m 以上に及ぶ花茎を出し，苞葉を互生し，円錐花序にたくさんの花をつける．花は下を向いて半開し直径 5〜7 cm，花被片は 6 枚，質は厚く黄白色を帯び，背面は少し暗紫色である．雄しべは 6 本，雌しべは 1 本．果実は長楕円体で直立し，長さ 8 cm 位，内に多数の黒色の種子がある．〔日本名〕基本種のアツバキミガヨラン var. *gloriosa* は葉が厚く直立するので区別されるが，過去には混同された．この種形容詞は栄光あるという意味なので君が代は栄えるという意味でキミガヨランと名付けられた．

636. イトラン　〔キジカクシ科（クサスギカズラ科）〕

Yucca flaccida Haw. (*Y. smalliana* Fernald)

北米東南部原産の常緑多年生草本で観賞用として庭園に栽培される．茎は短くて立ち上らず，四方に多くの長い葉を広げる．葉は革質で直径 2〜3 cm，上部は細長く尖り垂れ下り，ふちから繊維が糸の様にほぐれて離れる．6〜7 月に葉よりずっと高い直立した太い花茎を出し，大きな円錐花序となり多数の花をつける．花軸には乳頭状の毛が多く，卵形鋭頭の苞葉の腋に長さ 1 cm 位の 1〜2 個の花柄を出す．花は下向きに開き，直径は 6 cm 位，花被片は 6 枚，楕円形で先は長く尖り幅 1.5 cm 位，緑白色を帯び，雄しべは 6 本，雌しべは 1 本である．〔日本名〕糸蘭は葉のふちから糸が離れる性質から出たものである．キミガヨランに比べて茎が立たずまた葉がしなやかなので区別できる．昔別種の *Y. filamentosa* L. に誤って当てられていた．

637. チトセラン 〔キジカクシ科（クサスギカズラ科）〕
Sansevieria nilotica Baker（*S. trifasciata* auct. non Prain）

アフリカ亜熱帯原産の常緑多年草．地下に太く短い根茎が走り，数枚の根生葉を直立させる．葉は長さ 30〜60 cm，幅 4〜6 cm の剣状で，肉は厚く，先端は鋭く尖る．ふちは全縁でとげはない．表面に横方向に濃い緑色の縞模様がある．夏に根ぎわから総状の花穂を直立させ，高さ 20〜30 cm で葉よりも短い．花は淡黄色で小さく，多数つき，花被片は 6 枚あって，糸状に細い．花後に赤色で径 1 cm 弱の球形の液果をつける．観葉植物として栽培され，サンセベリヤ，トラノオランなどとも呼ばれる．熱帯地方では本属の植物の葉からサイザルアサ同様の繊維をとるために栽培されることもある．日本では小笠原諸島などで崖の土留めを兼ねて栽培されたことがあり，そのまま野生状態となっている．観葉植物としては葉のふちと，横縞の部分が淡黄色を帯びるフクリンチトセランがふつうである．〔日本名〕千歳蘭は葉が常緑であること，虎の尾蘭は葉の表面にある濃淡の横縞模様をトラの尾に見立てたものであろう．

638. リュウゼツラン（マンネンラン）〔キジカクシ科（クサスギカズラ科）〕
Agave americana L. **'Marginata'**

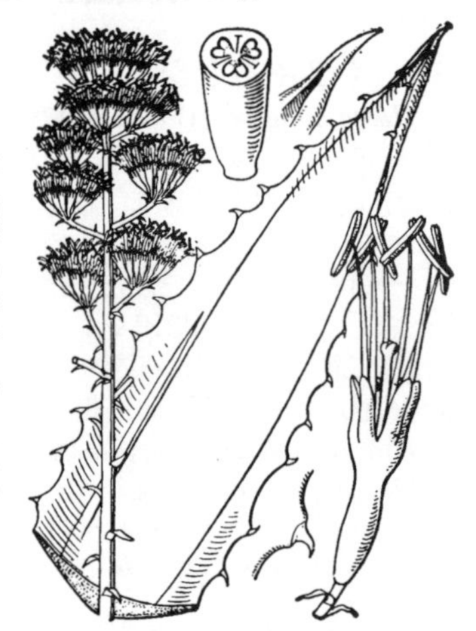

メキシコ原産の大形で常緑の多年草で，ふつう庭園に栽培されている．また暖かい地方では野生化している．短い匍匐枝によって繁殖する．葉は多数集まって根生し，多肉で長さ 1〜2 m の倒披針状へら形，ふちは黄色で硬い針が並び先端は鋭く尖っている．数十年を経た後，高さ 6〜9 m に達する円柱形の茎を葉の間に出し，上部で枝を分ち多数の黄色の花を咲かせ，大きな円錐花序をなす．花被は 6 裂するが，完全には開かない．6 つの雄しべは長く出て，下にある子房は花後円柱状長楕円体の果実になる．花をつけることはまれで，出せばその株は枯れてしまう．葉が完全に緑色のものをアオノリュウゼツランといい，学名上の基本型であって，今日では日本でもめずらしくはない．本種は俗に Century plant（百年植物）というが，百年目にはじめて開花するというのは当たっていない．〔日本名〕リュウゼツランは，葉形を龍の舌にたとえたもの．マンネンランは万年蘭で多年保つからである．

639. サイザルアサ 〔キジカクシ科（クサスギカズラ科）〕
Agave sisalana Perrine ex Engelm.

メキシコのユカタン半島原産といわれる多肉の多年草．外観はアオノリュウゼツランによく似る．繊維をとるため熱帯各地で栽培され，小笠原諸島や硫黄島でもかつて栽培されたものが逸出して，現在野生状態になっている．株は大きく，根本から厚い剣状の葉を密に出す．葉の長さ 1〜2 m，幅は 10 cm 前後で，柄はなく，先端は鋭く尖り，その先は硬く鋭いとげに続く．ふちは直線状だが，ときに短いとげが出る．株の中央から柱のような花茎をのばし，長さ 7〜8 m に達する．上部は枝分かれして円錐花序となり，白色で鐘形，6 弁の花を多数上向きにつける．雄しべ 6 本と雌しべがあり，花外に飛び出して見えるが，結実することはなく，花後に雌しべが珠芽（むかご）状に肥大してそのまま幼植物となり，落下して繁殖する．葉をたたいてつくる繊維は強靭で，海水に強く，マニラ麻同様に船舶用のロープとして世界的に利用され，また帽子やシートにも使われた．〔日本名〕サイザル麻はメキシコの積出港シサールに基づき，英名もサイザルヘンプ Sisal hemp という．

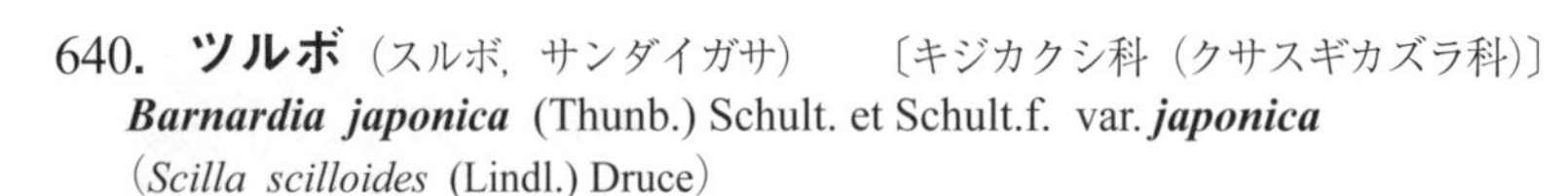

640. ツルボ（スルボ，サンダイガサ） 〔キジカクシ科（クサスギカズラ科）〕
Barnardia japonica (Thunb.) Schult. et Schult.f. var. ***japonica***
（*Scilla scilloides* (Lindl.) Druce）

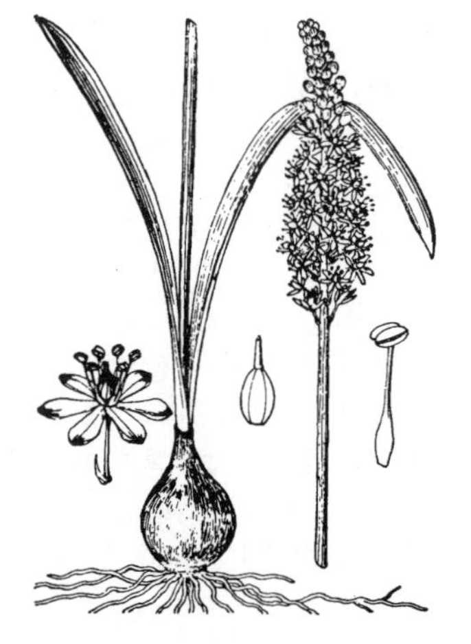

北海道から九州を経て，中国や台湾にまで広く産する種類で原野に生える多年生草本．鱗茎は卵球形で長さは 2〜3 cm，外皮は黒褐色，下部には細い根を束生している．葉は春秋の 2 季に出て春のものは夏に枯れる．2 個向いあった葉は広線状の倒披針形で淡緑色，直立して上面は U 字状に凹み，先端は鋭尖形をして下に向かって細くなっている．初秋になると葉の間に直立した 30 cm 内外の茎を 1 本出し，先に 4〜7 cm 位の少し密な穂のような総状花序を出して淡紫色の花を開く．花被片 6 枚は平開し，倒披針形，背面は濃色である．雄しべ 6 個，花糸は紫色で糸状であるが下の方で披針形に広がっている（附図右）．雌しべは 1 本，子房は楕円体，短毛が縦に 3 列に並ぶ．花柱は長さ 1.5〜2 mm で短い柱状．さく果は楕円体で長さ 5 mm あり，上向いて上部で胞背裂開して中からつやのある真黒色の細長い種子を出す．〔日本名〕ツルボ，スルボは共に意味不明だが，平滑な鱗茎に由来する「つるん坊」がなまったものとする説もある．サンダイガサは参内傘の意味でその花穂の状態がちょうど昔公卿が参内する時，供人がその後から差しかける長柄傘のたたんだ形に似ているためである．〔漢名〕綿棗児である．

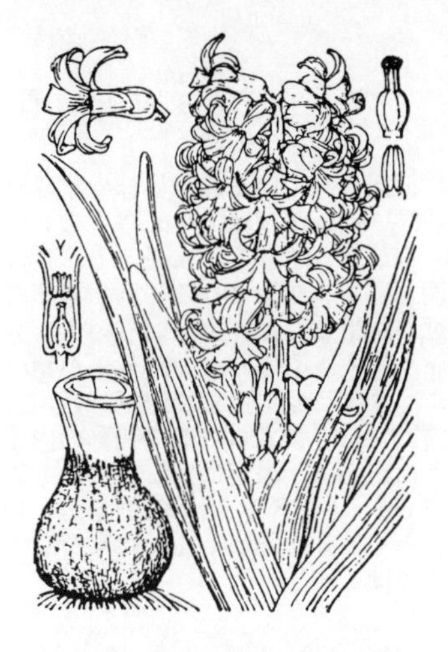

641. ヒヤシンス 〔キジカクシ科（クサスギカズラ科）〕

Hyacinthus orientalis L.

小アジア原産で観賞のために栽培する多年生草本．地下に卵球形の鱗茎があって長さ 3 cm 内外で外皮は黒褐色をしている．葉は根生で 4〜5 葉を束出して斜上し，広線形で長さは 15〜30 cm，先端は急に細くなっているが，基部の方は狭くならず多肉で内面に凹んで U 字状となる．春に葉の集まりの中心から花茎を葉より少し高く出し，太い直立した総状花序をつける．花はうつむき，漏斗状で径 2〜3 cm，大体うすい青紫色であるが園芸品種には紅，白，紫，黄等多数の色彩がある．花被は合着するが上半は 6 裂して反り返り，多肉で平開しない．雄しべは 6 個で花被筒内の上部に着生し，短くて外にあらわれていない．さく果は卵球形で種子は粒状である．属名はギリシャ神話の美青年の名をとったもので，誤まって太陽神アポロの投げた円盤に当たって死んだが，その時に地面に流れた血の中から咲き出したといわれる．一名ニシキユリ，明治時代（19 世紀後半）にはヒアシントといった．

642. ト ウ 〔ヤシ科〕

Daemonorops margaritae (Hance) Becc.

台湾，海南島および香港付近の低地林に自生するつる性の植物．茎の長さは 70 m を越えることが多く，径 3〜5 cm，葉は互生し，長さ 1〜2 m 位，線形の小葉をもつ羽状複葉，下部は鞘状となって茎を固く抱いている．葉の中脈および葉柄に逆向きの刺が沢山あり，葉鞘にも短刺があり，これによって他の植物にからまり，それを覆って繁る．古い茎の葉腋から穂状花序を出す．雌雄異株．雄花序は複穂状，筒状で先端が 3 裂する膜質のがく筒と，やや厚質で線状長楕円形の花弁 3 個および 3 雄しべを持った黄緑色，径 3 mm 位の雄花が密集して咲く．雌花はジグザグに屈折する花序枝の左右に 10 数個つき，花被片 6 個は小形，中央に大形の子房がある．果実は楕円体で長さ 2.2 cm 位，よく熟せば黄色になり，表面に覆瓦状に配列した小鱗片がある．茎は弾力があり皮は光沢を伴い滑らかで，はがして籐細工にする．いわゆる籐（トウ）というのは本種の他，東南アジア産の同属の他種，および *Calamus* 等他属植物の各種の総称である．

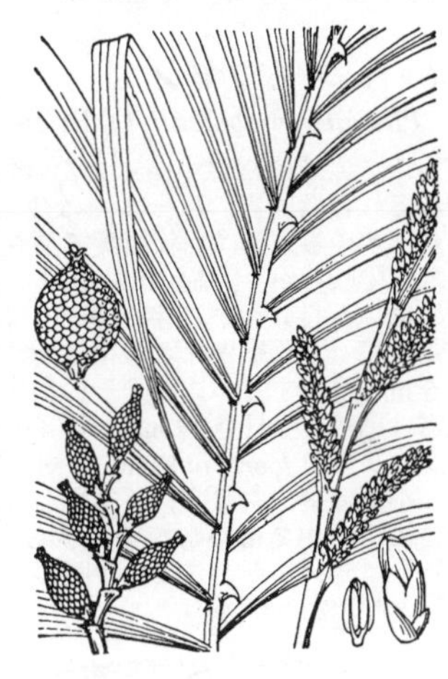

643. ニッパヤシ 〔ヤシ科〕

Nypa fruticans Wurmb.

マレー半島やインドネシア，タイなど東南アジア熱帯に生える中形のヤシ．河口付近の海水の混じる川岸に半ば水につかって群生し，独特の景観をつくる．アジア熱帯の水辺の代表的な景観の 1 つである．地上の茎はほとんどなく，根もとから葉を生じる．葉は羽状に裂け，黄緑色で長さ 2〜3 m となり，上向きにのびる．この葉は熱帯では屋根葺きの材料として最上といわれる．葉柄にとげはない．株の中から大きな花茎を直立し，先の尖った卵形の大きな苞に包まれた花序を何段にもつける．雌雄同株で雌花序では多数の花が集合してひとかたまりとなり，果時にはタコノキのような集合果をつくる．この花序の柄を切ると糖を含んだ樹液を出し，発酵させて酒をつくるほか，甘味料にも用いる．また若い種子も食用とされる．ニッパの名は現地名に由来し，英名も Nipa palm という．〔追記〕日本では沖縄県西表島とその属島にごく少数の個体が産し，世界における本属の自生の北限をなすが，果実はできない．

644. ナツメヤシ 〔ヤシ科〕

Phoenix dactylifera L.

おそらくメソポタミア地方原産で，今では特に中近東，北アフリカの乾燥地方で広く栽培されている雌雄異株の常緑高木．日本では南部で主に標本用または修景用に植えられている．幹は直立，高さ 30 m に達し，径 30 cm を越えることはほとんどなく，古い葉柄でおおわれ，基部の周辺から小角が出て，頂部には 20〜200 枚の葉が集まる．葉は羽状複葉，長さ 4〜7 m．小葉は硬く，白粉のある青緑色，長さ 20〜40 cm，基部に近いものは 4 列生で針状となる．雄花序は直立，100〜150 分枝し，長さ約 8 mm で先が鈍い 3 枚の内花被片をもつ多数の淡黄色の花をつける．雌花序は長さ約 120 cm に達して，果実が大きくなるにつれて垂れ下り，10〜30 分枝する．雌花には内花被の長さの約半分の外花被がある．果実は長楕円体で長さ 2.5〜10 cm，径約 2.5 cm，約 6 カ月かかって黄色から赤褐色に熟する．果実は甘く，生または乾かして食用にする．わが国の店頭では果実は“デーツ”（date = 英語）と呼ばれている．〔日本名〕果実がナツメに似ているヤシであることからこの名がついた．

645. カナリーヤシ 〔ヤシ科〕

Phoenix canariensis Hort. ex Chabaud

カナリア諸島原産で日本暖地の公園や街路に植えられている雌雄異株の常緑高木．幹は直立し，高さ 20 m に達するが，日本で見られるものは 10 m 以下のものが多い．ふつう幹は古い葉の基部で囲まれているため，径約 1 m に見える．葉は約 200 枚，幹の頂に密に集まり，全方向に展開してアーチ形となる．羽状複葉で長さ 4〜6 m 余り．小葉は濃緑色，150〜200 対が対生または互生，いろいろな方向によじれ，葉の基部では針状だが，これは徐々に大きくなり，披針形の小葉になる．花序は葉の間から直立し，長さ約 2 m，よく分枝し，黄色の花を多数つける．雄花は 3 枚の狭楕円形の内花被片が離生，長さ約 9 mm．雌花は 3 枚の円形の内花被片が互いに重なり，外側にほぼ同長の外花被筒がある．果実ははじめ黄色，後に橙色になり，楕円体，長さ約 2 cm，径約 1.5 cm．ナツメヤシは幹の径が約 30 cm，葉はより上向きにのびて灰緑色，果実は大きくときに長さ 10 cm にもなることで見分けられる．〔日本名〕原産地にちなんでつけられた．

646. シンノウヤシ 〔ヤシ科〕

Phoenix roebelenii O' Brien

ラオス原産の常緑小高木または低木で，日本ではふつう室内装飾用に鉢植えにされる．幹は直立，単一または数本集まり，高さ約 2 m，径 5〜10 cm，古い葉柄の基部が残る．葉は羽状複葉で長さ 1 m 余り．小葉は長さ約 20 cm，幅 5〜7 mm，明緑色で軟らかく，約 50 対が同一平面上に対生し，下面脈上に帯黄色または帯灰色の鱗片が目立つ．花序は垂れ，よく分枝し，長さ約 45 cm になり，黄白色の花が多数咲く．雌雄異株．雄花は長さ約 8 mm で内花被片の先は急に尖る．雌花は長さ 5 mm 足らずで，周囲をその約半分以下の長さの 3 裂した外花被筒に囲まれる．果実は黒熟し，長さ 12 mm，径 4 mm ほどの楕円体．一時台湾と中国に分布するソテツジュロ *P. loureiroi* Kunth と同一視されたこともあるが，ソテツジュロは葉が硬く，小葉は葉の中脈上に不規則に配列する．〔日本名〕親王椰子のことで，おそらくこの属の中では小形で葉も軟らかく，全体が優美なため親王にたとえたものであろう．シンノウヤシはわが国の園芸業界で学名の形容語を短縮し，ただ単に“ロベ”と呼ぶことが多い．

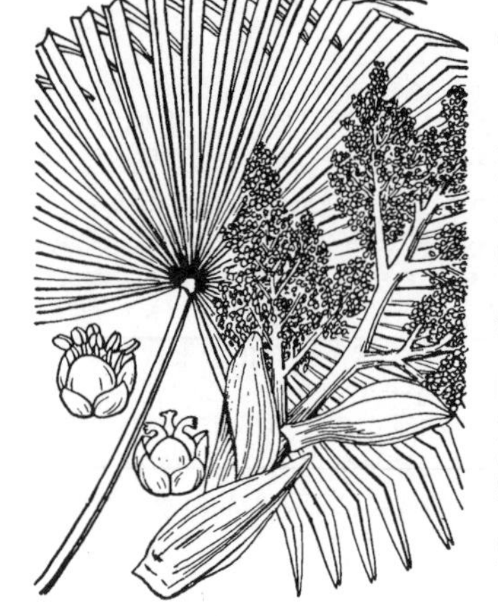

647. シュロ（ワジュロ） 〔ヤシ科〕

Trachycarpus fortunei (Hook.) H.Wendl.

本来は南九州の原産であるが，今ではもとからの野生はなく，広く暖地に栽植されている常緑高木(現在野生状態のものは栽植品から逸出したもの)．幹は粗大で大きくまっすぐにのび分枝しない．高さは 3〜5 m あり，年越した多くの暗褐色の繊維でおおわれている．葉は幹の頂上に出て傘状に平らに開き古くなったものは下を向いて柄は長く大きい．柄は硬く強く内面は平らで両側のふちは稜をなし下部には小さな歯がある．長いものは 1 m に達し，基部は大きな鞘になって茎を抱いており，繊維質である．葉身は円い扇型に深く裂け，さらに 3〜4 の小さな裂片に分裂し，裂片は広線形で幅 1.5 cm 内外．硬く平滑で暗緑色であり，先端はたいてい浅く 2 裂し縦に長く折りたたまれている．主脈は下面にとび出し，ふちは平滑，上半分はしばしば垂れ下がる．雌雄異株．初夏に葉の間に大きな円穂花序が出て下を向き，下部に大きな黄色の鞘型の苞葉があり，非常に細かい黄白色の粒状の花が無数に開く．花被片は 6 個，雄花には雄しべが 6 個，雌花には雌しべが 1 個あって子房が 1 個，花柱は 3 つに分かれ，基部に細かい毛がある．果実は穂の上に群がっており，扁球形で堅く，直径 1 cm 位の大きさで黄色に熟するが，しまいに黒くなる．〔日本名〕漢名の棕櫚を音読みした名である．次種を参照．古名スロ，またはスロノキ．〔追記〕本種はおそらくトウジュロと区別できず，日本のものは中国のどこかの地方から古い時代に渡来したものであろう．

648. トウジュロ 〔ヤシ科〕

Trachycarpus fortunei (Hook.) H.Wendl. **'Wagnerianus'**

(*T. wagnerianus* Hort. ex Becc.)

中国中南部原産の常緑高木で，よく人家の庭に植えられ，ことに関西に多い．葉は一本の幹の頂上にかたまって生え，長い柄によって四方に平らに開いたり，垂れ下がったりしている．葉柄は三角柱状で上面は平らで背面は円く，左右の稜には小歯があり，幹を包む繊維質の葉鞘に続く．葉身は円形でシュロより小さく扇状に深く裂け，裂片は広線形で先端は浅く 2 つに裂け，シュロよりも質が硬くまた短いので垂れ下がることがない．ふつう背面の中央に針状のひげのような附属物が 1 本つき出ていることが多い．初夏に葉腋から大きな黄褐色の鞘状苞葉に包まれた花序を出して，細かい花を咲かせる．雌雄異株であり，雄花は黄色で花被片 6 個，雄しべが 6 個あり，雌花は黄緑色で花被片は 6 個，雌しべは 1 個である．花が開いた後，扁球形の果実ができ，はじめは帯黄色であるが，後に黒藍色になって白い粉がふき出てくる．〔日本名〕中国から渡来したシュロの意味であるが，漢名の棕櫚（椶櫚）の本物は実はこの種類である．〔漢名〕椶櫚．〔追記〕本種はシュロとは別種ではないと考えられる．

649. シュロチク（イヌシュロチク）　〔ヤシ科〕

Rhapis humilis Blume

南中国の原産であるが江戸時代に琉球から渡って来て，今では観賞植物として至る所の庭園に植えられている．常緑低木で叢生し，短い地下茎を横に出して繁殖する．幹は高さ3 m内外に達し，まっすぐな円柱形で節が多く直径は1〜2.5 cm．幹は古い葉鞘の纖維で包まれ幹の表面が露出した時には緑色になる．幹の頂上に7〜8枚の葉を開出し，葉柄は細長いが強剛な半円柱状で，葉身は扇形に展開し，10〜18裂片に掌状に深裂し，裂片は広線形，先端は次第に尖りまた2〜3の裂け目があり，平らで縦ひだは目立たず，主要脈が3〜4本縦走し薄い革質で暗緑色あるいは鮮緑色で滑らか，ふちにわずかなきょ歯がある．雌雄異株である．夏に葉腋に花序を出し，基部には褐色でかたい苞葉がある．穂状花序が集まって円錐形となりまばらで多少垂れ下がる．花は小さく無柄，小球状の花被は淡黄色で，外花被は短く杯状で浅く3つに裂け，内花被は倒卵状球形で3つに裂けている．雄しべは6，子房は3．葉はシュロに近いが裂片は小形，中脈はなく質は薄く，ふちにきょ歯があり，乾けば横脈が現われることで区別できる．〔日本名〕棕櫚竹で，葉はシュロに類し，幹は竹に似ていることから来ている．イヌシュロチクは元はこの種の名で，カンノンチクの一名ではなかった．またシュロチクの名はもとはこの類の総称である．〔漢名〕棕竹または棕櫚竹．

650. カンノンチク（リュウキュウシュロチク）　〔ヤシ科〕

Rhapis excelsa (Thunb.) A.Henry ex Rehder

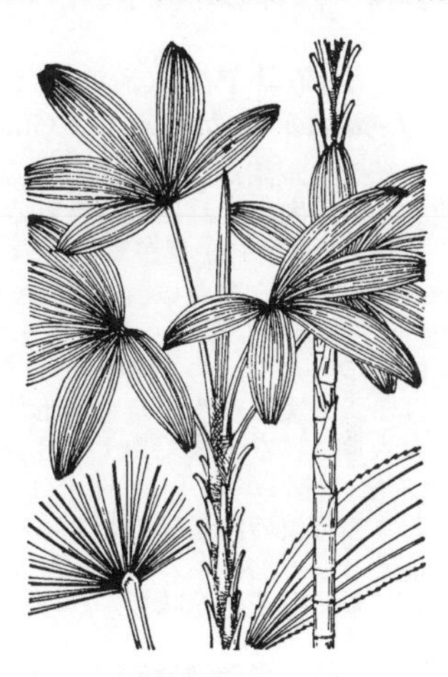

南中国の原産で江戸時代に琉球から渡来し，今日は各所に観賞植物として植えられている常緑の低木．短い地下茎を横に出して繁殖する．幹は直立し高さ1〜2 m位，直径は2 cmばかり，分枝はなく幹は古い葉鞘の纖維でかたく包まれているがこれをはぐと緑色である．葉は頂上で四方に出て，葉身と同長の葉柄は細長いが，強くて堅く，基部の葉鞘部の両側には黒褐色の纖維があって，茎を包んでいる．葉身は扇形で掌状に4〜8深裂し長さ15〜25 cm位，裂片は狭長楕円形，幅3 cm位，縦ひだがあって先端に近く多くはふくらんでおり，先端は割れている．質は堅く，緑濃く滑らかである．葉のふちには鋭い歯がある．雌雄異株で初夏にしばしば花が開く．穂状花序は長さ20〜30 cmで，まばらな円錐形に集まる．花は無柄で小形，球状，淡黄色，外花被は短く杯状で浅く3裂し，内花被は倒卵状球形で3裂する．雄しべは6，子房は3．果実は広楕円状球形で，外側は反り返った硬い鱗片で包まれている．シュロチクに比べ葉の裂片の数が少ないが，広く，先端は葉身がふくらみ質が堅いことで区別する．〔日本名〕観音竹の意味だが，これは漢名ではなく，多分琉球の寺院の山号である観音山から出たもので，多分同寺院に植えられていたことから名前がついたものらしい．〔漢名〕筋頭．

651. ビ　ロ　ウ　〔ヤシ科〕

Livistona chinensis (Jacq.) R.Br. ex Mart. var. ***subglobosa*** (Hassk.) Becc.

九州，琉球列島，台湾の暖地の島および海岸に近い森林中にまれに自生する常緑高木で幹は高さ3〜10 mに達し，シュロよりも太く，直立し，枝分かれせず，基部は膨大する．葉は掌状葉で長い柄は背面の円い三角柱状であり，左右に稜がある．下半は稜上に短大な刺があり，下部は纖維質の葉鞘となる．葉身はシュロより広く，白茶けた緑色で円形に近い．裂片は線形で先端が2裂し，先は尖り，垂れ下ったものが多い．葉柄の延長としての主脈は葉身の中央に達している．春に葉腋から舟形の大きな苞葉を伴いやせた花序を横に出し，黄白色の細かい花を開く．雌雄異株で，花にがく片，花弁が各3個，雄花には6雄しべ，雌花には1雌しべがある．花後，楕円体で長径1.5 cm位の果実を結び，初め緑色で後，青磁色になる．〔日本名〕ビロウは別の種類，檳榔（ビンロウ）の発音がうつったものであろう．古くはアジマサといった．〔漢名〕蒲葵(ただしこれは基準変種の名)．

652. オガサワラビロウ　〔ヤシ科〕

Livistona chinensis (Jacq.) R.Br. ex Mart. var. ***boninensis*** Becc.

（*L. boninensis* (Becc.) Nakai）

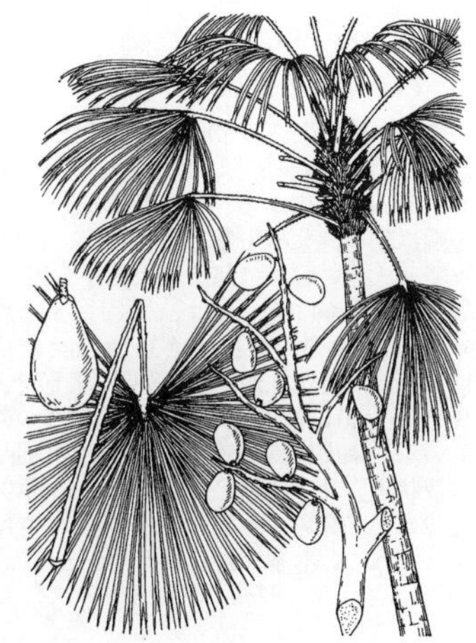

硫黄列島を含む小笠原諸島の全域に自生する常緑高木．高さ5〜10 m，ときにはさらに伸長する．シュロに似た掌状葉を幹の上部に集めてつける．葉柄は長く1 mに達し，両側に鋭い逆向きのとげが並ぶ．このとげの密度や長さには変異があって，特定の島のものでは少ないといわれる．幹の下部の葉は順次下から落葉するので，幹の大部分は裸に見える．葉の直径は60〜90 cmにもなりほぼ円形．放射状に深裂し，各裂片は先端でさらに2裂する．春から初夏に上部の葉腋から枝分かれする花序を出し，淡黄色の小花を多数，複穂状につける．花序の基部には大きな黄褐色の苞があって花序を包む．花は両性花．果実は長さ2〜3 cmの長めの球形で初め緑色，熟すと青紫色となる．タコノキとともに小笠原諸島の海岸植生の代表的な景観をつくる植物である．またかつては小笠原ではこの葉で屋根をふくのが一般的であった．南九州から琉球列島に分布するビロウ（前図参照）とは変種の関係にあり，両者に共通の母種は中国大陸に分布する．

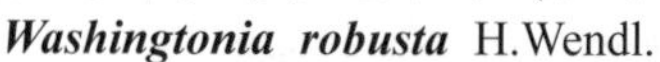

653. オキナヤシモドキ（オニジュロ）　〔ヤシ科〕

Washingtonia robusta H.Wendl.

メキシコ北西部に自生し，日本では暖地の街路樹などに用いられる常緑高木．幹は高さ 30 m を越すものがあり，基部は径が大きく，褐色を帯びるが，自然状態では垂れた枯葉が重なっている．樹冠にある生葉の葉柄は赤褐色，長さ 1.2 m 以下，葉身は鮮緑色，掌状に中ないし深裂し，径 1〜2 m，幼時を除けば裂片間の細い繊維はほとんどなく，下面の葉柄の基部付近に黄褐色部分がある．花序は長さ約 4 m，初め直立するが後に垂れ，よく分枝し，多数の黄白色の花をつける．外花被は筒状．内花被片は 3 枚で早落性．雄しべは 6 個．心皮は 3 個が離生するが頂部で合着し，1 本の花柱になる．果実は黒ないし褐色の楕円体，中に卵円体で長さ約 8 cm の種子が 1 個ある．〔日本名〕葉に繊維の多いオキナヤシ（翁椰子）に似ているが別種であるため．〔追記〕これによく似たオキナヤシ，一名ワシントンヤシ *W. filifera* (Linden ex André) H.Wendl. ex De Bary も時々植えられている．幹は太くて低く，基部は太くならず，葉柄は緑色，葉身は灰緑色で，裂片間から細い繊維が垂れ，下面に黄褐色部がない．成長が遅く，栽培がややむずかしいといわれる．

654. フタゴヤシ（オオミヤシ）　〔ヤシ科〕

Lodoicea maldivica (J.F.Gmel.) Pers. ex H.Wendl.

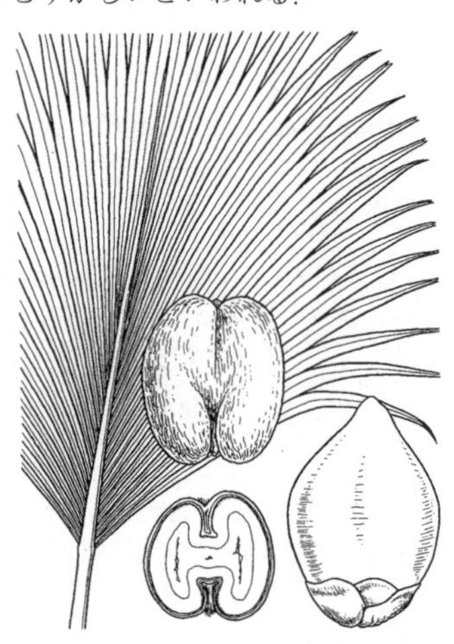

セイシェル諸島のプラスリン島およびキュリューズ島原産の常緑高木．熱帯地方や温室内でまれに栽培される．雌雄異株．幹は高さ 30 m，径約 30 cm になり，頂部に 12〜20 葉が集まり，完全に成長するのに 18〜25 年かかる．掌状に 1 / 3 ほど裂けた葉身は，長さ 4〜6 m，幅 2〜4 m，光沢があり，葉柄は長さ 2.5〜4 m．下方の葉腋から長さ 1〜2 m で人間の腕のように太い花序が出る．雄花序はふつう単一，多数の花がつき，雌花序は分枝し，ふつう 4〜5 個の果実をつける．果実はやや平たい卵形体，大きいものでは長さ約 50 cm になるが，完全な大きさになるまで樹上で 1 年，熟するまで 5 年かかる．ふつう 1，まれに 2〜3 個の種子があり，1 種子は 2 個の楕円体をくっつけたような形で，外側をおおう繊維質の内果皮の厚さは約 2.5 cm にすぎない．このため植物の中で最大の種子となる．日本では標本室や博物館で種子の標本をみることができる．〔日本名〕双子椰子の意味で，種子の形に由来する．

655. トックリヤシ　〔ヤシ科〕

Hyophorbe lagenicaulis (L.H.Bailey) H.E.Moore

（*Mascarena lagenicaulis* L.H.Bailey）

モーリシャス諸島のラウンド島原産の常緑小高木で，日本では温室内または日本南部の庭園などに植えられている．幹はふつう高さ 1.5〜1.8 m，下半分から幹もと近くまでふくらみ，びん状であるため英名を bottle palm という．ふくらんだ部分の径は約 45 cm，表面には脱落した葉の跡が環状に規則正しく，ほぼ水平についている．葉は茎の上に集まり，数枚．葉柄は長さ 30〜45 cm の鞘となり，赤味を帯び，幹上部の細い部分を円筒状に包み，葉身部は長さ 1〜1.5 m，羽状複葉，弓なりに反り，ねじれる．小葉は長さ約 45 cm，幅約 5 cm，下面の中脈と両側 2 本ずつの側脈が目立つ．花序は葉柄の下の幹から斜上し，長さ 60〜70 cm，後に脱落する長さ約 45 cm の苞葉が幼花序を包んでいる．雌雄同株．小さい花の集まりの部分では基部に 1 雌花，その先に 3〜6 雄花が並ぶ．果実は楕円体で長さ約 25 mm，径約 13 mm，紫色を帯びる．〔日本名〕幹の形から徳利（酒入れ）を想像したもの．

656. ヤ　シ（ココヤシ）　〔ヤシ科〕

Cocos nucifera L.

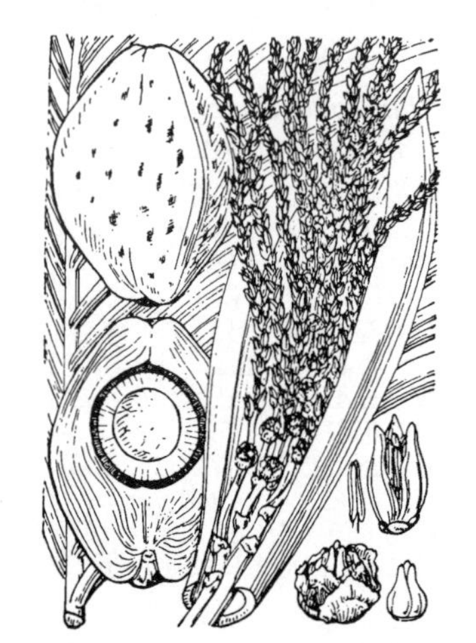

熱帯一般に生える常緑高木で，海岸の砂地や珊瑚礁などによく生育する．高さ 20〜25 m に達し，幹は単一で径 20〜30 cm，基部はふくれ，頂上に 20 数個の大形の羽状葉がかたまって生え四方に広がる．葉は帯黄緑色，長さ 4〜5 m，小葉は線形で革質，長さ 50〜70 cm，先端は尖り，葉柄の基部は拡大して幹を抱き，褐色の繊維質の粗毛が生える．葉腋から舟形で，大きい苞葉に包まれた花序を出し，ほうき状に分枝して，先に雄花を多数，基部に雌花を少数つける．花は 3 がく片，3 花弁があり，雄花は径 2 cm，花弁は披針状長楕円形で，6 雄しべがある．雌花は径 3〜4 cm，がく片は花弁とともに広く，円状卵形で径 2 cm，3 つに分かれた短花柱がある．核果は大形で，3 稜形をおびた卵状の長楕円体で稜の尖りは鈍く，長さ 25〜40 cm，先端は狭くなって 3 つのこぶがあり，基部に発育肥大した宿存がくを持っている．果皮は繊維質で中に骨質の内果皮が核となりその中に大きな 1 種子がある，種子の液状の胚乳は飲料となり，その周囲の固まった胚乳がコプラで脂肪に富み，熱帯の植物資源として有数である．〔日本名〕ヤシは椰子の音読み，英名 Coco Palm を直訳してココヤシということも多いが，単にヤシと呼んでよい．〔漢名〕椰または椰樹．

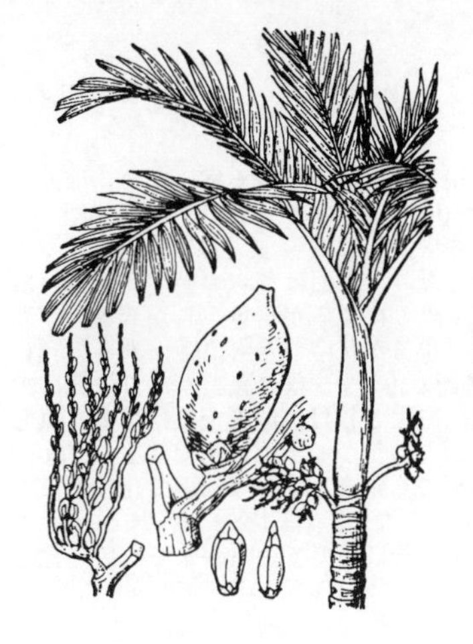

657. ビンロウジュ　〔ヤシ科〕

Areca catechu L.

マレー地方原産の常緑高木で，時には温室で培養される．幹は単一．まっすぐで枝はなく高さ 4〜10 m 位．基部は少し膨大し，若い部分は鮮緑色で光沢があり，白い輪状の落葉痕がたがをはめたように見える．葉は羽状複葉で頂上に集まっており，長さ 1〜2 m，成葉はしばしば下方に曲がる．各小葉は広線形，先端が尖り縦にひだがある．葉柄はやや短く，背面は円く，左右に稜があり，下方は急に広がって緑色平滑の葉鞘となる．花序は最下の葉鞘の腋から出るが，この葉鞘は花序で押し開かれて落ちてしまうので一見裸の茎から出たようになり，ほうき状に分枝して 50〜70 cm 位に達する．上方に多数小形の雄花を，下方に少数大形の雌花をつけ，ともにがく片，花弁各 3 個があり雄花には雄しべ 6 個，雌花には仮雄しべ 3 個および大形の子房 1 個がある．果実は長さ 7 cm 位，ゆがんだ卵形体で初め緑色，後に橙黄色となる．熱帯の土地の人は未熟の果実を石灰とともにかむ習慣がある．〔日本名〕漢名の檳榔に樹をつけた音読みである．また古く日本ではビロウをこれと混同したのでビロウにも同じ起源の名がついてしまった．〔漢名〕檳榔．

658. ヤエヤマヤシ　〔ヤシ科〕

Satakentia liukiuensis (Hatus.) H.E.Moore

八重山諸島の石垣島と西表島に特産する大形の常緑高木．高さは 15〜20 m にも達し，大きなものでは幹の直径も 30 cm に及ぶ．直立する幹は灰褐色で，落葉痕がリング状に並ぶ．葉は長い柄のある羽状複葉で互生するが，幹の頂部に集まってつき，外観はココヤシに似る．複葉の長さは柄を含めて 5 m にもなる．中肋の左右に多数の羽片が並び，各羽片は長さ 60〜70 cm の細い剣状，全縁で質は硬く，先端は 2 つに裂ける．4〜6 月頃に，葉の集まりの最下部あたりの葉腋から太い花序を出し，扇形に多数枝分かれした穂状花序に多数の小花をつける．花は花序軸上に対生してつき，軸の下部には雌花，上半部には雄花だけがつく．花被片は黄緑色で 6 枚，長さ 3〜4 mm と小さく，雄花には 6 本の雄しべがある．雌花の花被片はやや大きく雌しべ 1 個．果実は長さ 1.5 cm ほどの楕円体で赤く熟す．琉球（八重山）列島固有の 1 属 1 種のヤシで，石垣，西表両島の自然群落は天然記念物になっている．分類学上は小笠原諸島のノヤシと比較的近縁と考えられている．

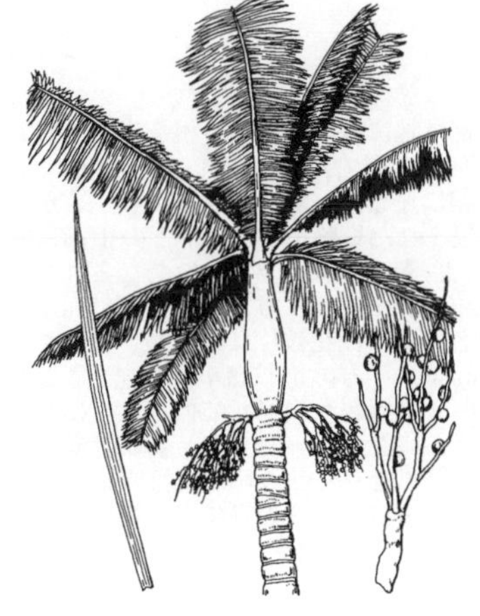

659. ノ　ヤ　シ（セボリーヤシ）　〔ヤシ科〕

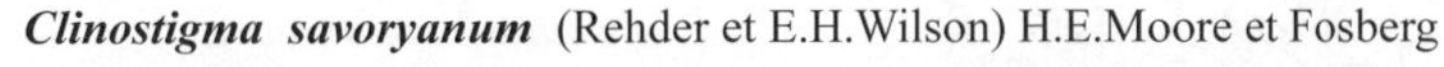

Clinostigma savoryanum (Rehder et E.H.Wilson) H.E.Moore et Fosberg

小笠原諸島に固有の常緑高木．幹は灰白色で高さ 10 m 以上に直立する．葉は下部から順次脱落するので，つねに幹の上部にだけ集まって見える．葉は太い葉柄をもった羽状葉で葉身の長さは 2 m に達する．葉柄の下部は長い葉鞘となって幹を抱き，このため幹の最上部 1 m ほどは白粉を帯びた鮮緑色でややふくらんで見える．葉身は櫛の歯のように中肋まで羽裂し，裂片の数は 100 対にもなる．夏に幹の頂部の葉鞘（鮮緑色にふくらんだ部分）の直下から房状の花序を出し，多数の黄白色の小花を密集して垂下する．花序の基部にはこれを包むように鞘状の苞がある．果実は径 1 cm ほどの球形で，花序の枝の中ほどまでにつき，はじめ緑色だが赤く熟す．若芽はアスパラガスか筍のようで食用となるが，芽をとると枯死するため一時は絶滅が危惧された．この属は南太平洋に分布の中心があり，小笠原諸島はその北限にあたる．また琉球列島のヤエヤマヤシとも近縁といわれている．〔日本名〕野椰子は栽培でない野生のヤシの意で別名のセボリーヤシは小笠原諸島の最初の移住者である Savory 一家の名にちなむ．

660. イボクサ　〔ツユクサ科〕

Murdannia keisak (Hassk.) Hand.-Mazz.

本州から琉球の水田や沼地に生える一年生草本．茎は葉と同じく全体が淡緑色でうす紅紫色を帯びており下部は枝分かれして泥の上に横にはい，各節からひげ根を出すが，上部は斜上する．葉は 2 列に互生し，線状披針形で長さ 3〜4.5 cm，先端は漸尖し基部は柄がなく短い葉鞘となって茎を包み，草質で柔らかく，滑らかで光沢がある．夏から秋にかけて茎頂または頂に近い葉腋に細い柄を出して小花を開く．花は 1 日花で，外花被片 3 枚は平開し狭長楕円形で緑がかり，内花被片 3 枚は倒卵円形で長さ 5 mm 位，白色で淡紅色を帯び，平開するが質は非常にもろい．雄しべ 3 個は淡紫色の棒状をしている．さく果は楕円体で長さ 6 mm 位，宿存する外花被片がこれを包む．〔日本名〕この草をいぼにつけると取れるのでついた名前で，別名イボトリグサという．〔漢名〕水竹葉というのは誤りである．学名の形容語は江戸時代の本草家二宮敬作のことである．

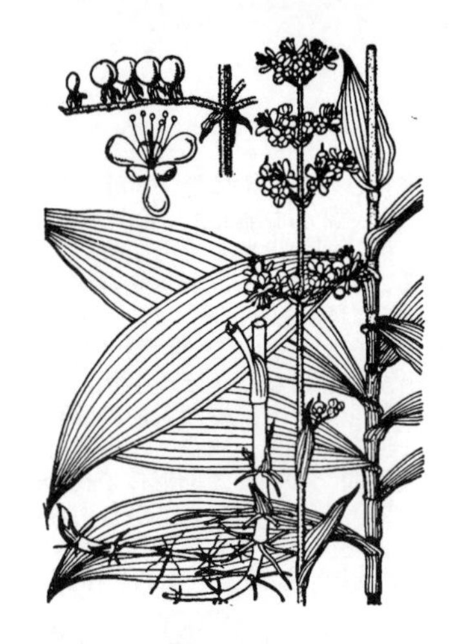

661. ヤブミョウガ 〔ツユクサ科〕

Pollia japonica Thunb.

宮城県以南の林ややぶに生える多年生草本．根茎は白色で細長く横にはい，節からひげ根を出す．茎は直立し高さは花茎とともに 50〜70 cm あり草質でやわらかく，茎の上部に 6〜7 葉を輪状に平開互生する．葉は長楕円形で広く，長さは 20〜30 cm，先端は鋭尖形，基部は漸尖して茎を抱く短い葉鞘となり，上面はざらついて暗緑色，縦脈が平行し，下面は淡色である．大体の形はミョウガに似るが暗色，しかも葉は平開して香気がない．夏に茎の先から細い花茎を直立するが花序とともに毛があり，頂に 5〜6 層をした円錐花序をつけ小白花を開く．各層とも 5〜6 枚の苞葉があり，花序の枝は平開する．外花被片 3 枚は円く肥厚し，内花被片 3 枚は倒卵形で質は薄い．雄しべは 6 個で花糸は長い．一株上に両性，雄性の両方の花がつき両性花では雄しべが少し短く花柱は長く出ているが，雄花では雄しべがよく発達し子房は細小で花柱もごく小さい．果実は小球形，藍色に熟し，乾いても裂開しない．〔日本名〕全草ミョウガに似てやぶに生えるのでこの名がある．従来これを杜若にあてているがよくない．杜若はアオノクマタケラン（ショウガ科）である．

662. マルバツユクサ 〔ツユクサ科〕

Commelina benghalensis L.

関東以西から琉球，台湾，中国，東南アジアからアフリカの暖帯，熱帯に広く分布し，主に海岸近くの砂地に生える．茎は地表をはい，上部は斜上し，多く分枝する．葉は卵形または広卵形，ふちは波状，茎と同様な毛が両面にあり，長さ 3〜7 cm，幅 1.5〜4 cm．鈍頭，基部は短い柄があり，膜質の葉鞘に続く．花は 7〜10 月．花序は数個の花が苞葉に包まれ，1 個ずつ順次咲く．苞葉は漏斗状に癒合し，外側に白色の短毛と長毛がある．花は径 8〜10 mm，外花被片は 3，緑色，上部 2 枚は倒卵形，長さ 4 mm，下部 1 枚は広披針形，内花被片は藍青色で 3，うち 2 個は大きく開出し，広卵形，長さ約 4 mm，1 個は小さく卵形，尖頭，長さ 3 mm．完全雄しべは 3 本，葯は長楕円形．子房は 3 室で 2 室は 2 胚珠を，1 室は 1 胚珠を有する．さく果に 5 種子がある．種子は長楕円体．秋に地中に多くの閉鎖花をつくる．〔追記〕ツユクサとは花が小さく，花弁の色が淡く，苞葉はふちが癒合して漏斗状になることで，またホウライツユクサ *C. auriculata* Blume とオオバツユクサ *C. paludosa* Blume にも似るが，前種は葉が披針形で鋭尖頭となり，後種は葉身の長さが 10〜18 cm と大形になることで区別できる．

663. ツユクサ（アオバナ，ボウシバナ，カマッカ） 〔ツユクサ科〕

Commelina communis L.

道ばたや荒れ地に生える一年生草本．茎の下部は地にはって節から根を出し，盛んに枝分かれし上半は斜上し，無毛で節は太い．葉は 2 列で互生し，長さ 5〜7 cm，卵状披針形で漸尖し，基部は切形で直接膜質の葉鞘に連なり，無毛緑色，柔らかいが葉鞘の縁には毛がある．夏に葉と対生して苞葉に包まれた集散花序（一番下の 1 節はふつう花はつかない）が苞葉外に出て青色花を開く．苞葉は緑色，2 つにたたまれているがふちは癒合せず，ゆがんだ卵円形で長さ 2 cm 位，先端は尖り，平滑だが外面に散毛のあるものがある．外花被片 3 枚は小形で無色膜質．内花被片は 3 枚で，上方の 2 枚は爪のある円形で立ち上がり，青色で幅 6 mm 位，下方の 1 枚は小形で無色．2 個の雄しべは花糸が長く葯は花粉を出すが，残りの 4 個は葯が変形して仮雄しべになっている．さく果は楕円体，白色多肉だが後に乾いて 3 裂する．〔日本名〕露草は露を帯びた草の意味，青花は花弁の色により，帽子花はぴったりくっついた苞葉の様によるもので，カマッカの意味は不明である．ツキクサは古名．着草の意味で，花で布を刷り染めしたからである．月草と書くこともある．〔漢名〕鴨跖草．

664. オオボウシバナ 〔ツユクサ科〕

Commelina communis L. **'Hortensis'**

（*C. communis* var. *hortensis* Makino）

実用のため，滋賀県山田村（現草津市）の畑などに栽培され時には観賞品として人家に栽培される一年生草本．ツユクサの園芸品で全株壮大，花がずっと大輪という違いがある．高さ 50 cm 位，茎は斜上し枝分かれする．葉は卵状楕円形または卵状披針形でまばらに 2 列で互生し，長さ 10〜15 cm，幅 2〜3 cm，弓形に曲がり，先端は漸尖し，基部は浅心臓形で長さ 1.5 cm 位の葉鞘に連なり，ふちは少し波状になり，上面は深緑色で多少ざらつく．夏に葉腋から出る短い枝の上にまたは葉に対生して細い柄を出し，頂に大きな半円形の葉状の苞葉をつけ両縁がくっつくが癒合しない．苞葉外に現われて大きな青色の美しい花を開き，1 日花である．有色花弁の直径は 4 cm 位で円形で爪がある．花被片および雌しべ，雄しべ，果実はツユクサと同じで，ただ少し大きいだけである．花の青い色素を採って紙を染め青紙を作るのに用いる．〔日本名〕大帽子花の意味である．

665. アオイカズラ 〔ツユクサ科〕

Streptolirion lineare Fukuoka et Kurosaki（*S. volubile* auct. non Edgew.）

山陽地方の一部に稀産する一年生のつる草で他物にからまって 2～3 m の長さに達する．また朝鮮半島と中国北部に分布する．茎は平滑，径 3～5 mm，離れて葉を互生する．葉は長柄のある卵状心臓形で長く鋭尖し，基部は心臓形で長さ 4～8 cm，軟質で平滑，淡緑色でほとんど平坦，脈は彎曲して先端に集まる．葉柄の基部は短い葉鞘となり，その縁には短い毛がある．8～9 月に，枝の葉腋や末端に左右交互の集散花序をつけ，径 8 mm 内外の白花を開く．一日花で，がく片は長楕円形で質は少し厚く，花弁 3 枚は線形で質がもろい．雄しべ 6 本は細長く，葯隔が広い．果実はさく果，先がくちばし状になった三角柱状楕円体で 3 裂する．〔日本名〕アオイ（フタバアオイ，ウマノスズクサ科）に似た葉を持つつる草の意である．

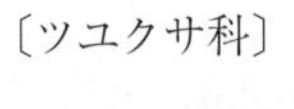

666. ムラサキツユクサ 〔ツユクサ科〕

Tradescantia ohiensis Raf.

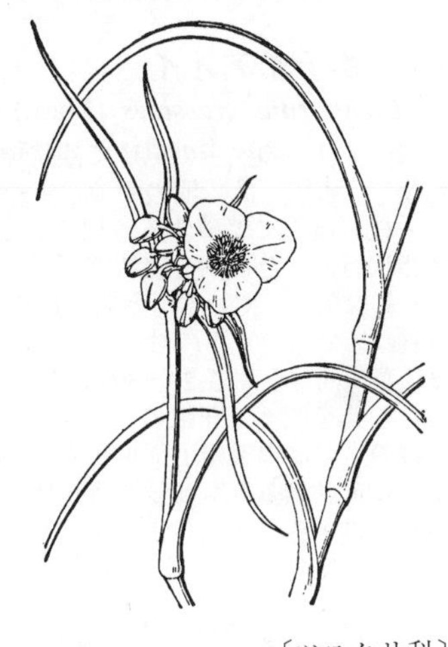

北米原産の多年生草本であるが明治初年（1870 年前後）渡来し，観賞用に各地の庭で栽培される．高さは 50 cm 内外で多数束生する．茎は円柱形で多汁平滑，径 1.5 cm 内外あって立ち，青みのある緑色で，葉を散生する．葉は広線形で長さ 30 cm 内外で多くは彎曲し，茎と同色同質，先端は尖り，内面は U 字状に凹み，基部は葉鞘になっている，5 月頃から夏の間，枝先に多数の花が集まって開く．花には細い柄があり，紫色で一日花，径 2～2.5 cm，外花被片 3 枚は紫緑色を帯びた厚味のある草質であるが内花被片 3 枚は幅広く質ははなはだもろくて弱い．雄しべ 6 個はみな完全，長い糸状の花糸には多数の紫色の毛がある．この毛は念珠状をしていて 1 列の細胞からなり，細胞学上の研究材料に都合がよい．葯隔は極めて広い．〔日本名〕ツユクサに比べ花が紫だからである．〔追記〕この種はかつて，わが国で *T. virginiana* L. と誤認されたものである．

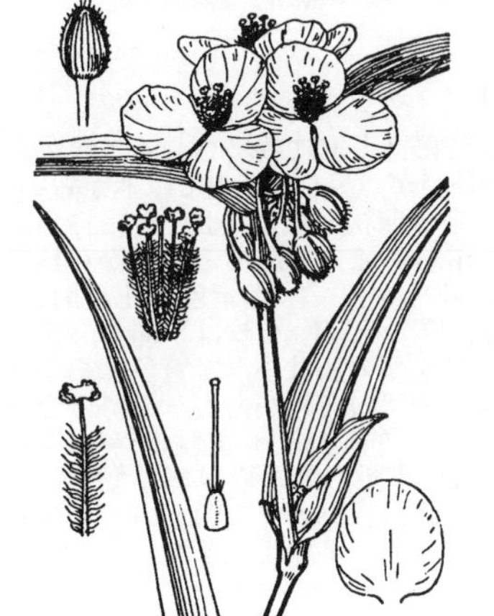

667. オオムラサキツユクサ 〔ツユクサ科〕

Tradescantia virginiana L.

北米東部の原産の多年生草本で近年栽植されている．高さ 70～100 cm で束生．ムラサキツユクサに似ているが，それに比べて全体に青緑色の程度がうすく，また茎上の葉はムラサキツユクサの幅狭く断面 U 字状となるのとは異なり，幅広く（2.5 cm 内外）2 つ折れになるので断面が V 字状になり，基部附近が最も幅広くて茎を抱く形をとる点で区別できる．葉上には散立した毛があることが多い．花は大輪で径 3～5 cm に達する．園芸品種には花色が白，青，紅紫，また重弁等のものがある．花の基本構造はムラサキツユクサに同じ．〔追記〕本種の学名を従来誤ってムラサキツユクサそのものに適用していた．

668. ムラサキオモト（シキンラン） 〔ツユクサ科〕

Tradescantia spathacea Sw.（*Rhoeo spathacea* (Sw.) Stearn）

メキシコ，西インド原産の常緑多年生草本．琉球ではときに自生状態となっているが，ふつう観葉植物として温室で栽培，生理学実験の材料として表皮を利用する．日本本土では屋外で越冬しにくい．茎は短くて直立するが年数がたったものは長くのびてまばらに分枝する．葉は茎の先端に集まって斜めに開き，長楕円状披針形で長さ 15～25 cm，幅 3～4 cm，先端は尖り基部はやや細まり，さらに広がって茎を抱く．質は柔らかく，上面に光沢がなく緑色で紫がかって中央がやや凹み，下面は平滑な紅紫色で美しい．まれに白色のすじ入り，黄すじ入り，完全緑色などの変わり物がある．夏に葉腋に埋もれて短い花序を出し，花序の基部にたたまれた大形の紫色の苞葉が 2 個あってちょうどハマグリのように両側から包んでいる．苞葉の間から小さな白花を開く．花は短柄を持ち平開する．外花被片 3 枚，内花被片 3 枚で内花被片の方が広い．6 個の雄しべの花糸は細長く 1 列の細胞からできている白い長毛を持ち，葯隔は黄色で広い．子房は卵球形，1 花柱．さく果は楕円体で種子は平たい．〔日本名〕紫万年青は葉の全体がオモトに似ていて葉の下面が紫色だからであり，またシキンランは紫錦蘭（漢名でない）と書く．

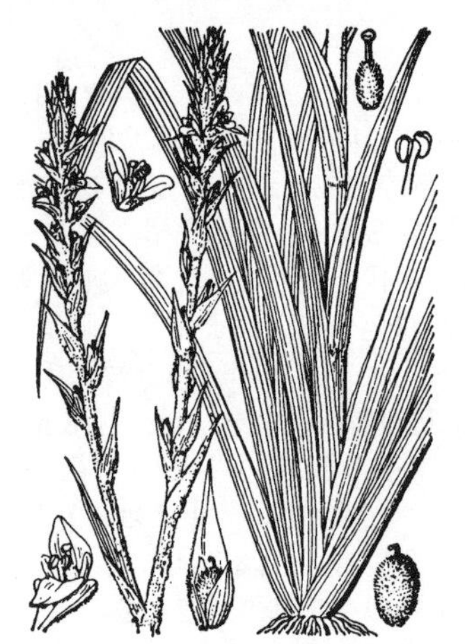

669. タヌキアヤメ

〔タヌキアヤメ科〕

Philydrum lanuginosum Banks et Sol. ex Gaertn.

九州の五島列島を北限とし，琉球からインド，マレーシア地方に広く分布する多年生草本で，水湿地に生え，九州では地上部は冬になると枯れる．根茎から出る茎と葉とはまったく無毛でまた平滑，赤色がかった暗黄緑色で，葉は剣状で幅 2 cm 位，2 列に並ぶ．夏の盛りになると茎は 1 m 位になり，苞葉を伴った穂状花序を出し，毛を密生する．花は黄色で，苞葉内に半分埋まり，上下 2 唇をなし，上唇は外花被片 2 個の合着したものである．側方の 2 小片は花弁で卵形．雄しべ 5 本は退化し前方の 1 本だけが発達している．子房は上位，毛を密生し，果実にも毛が残る．〔日本名〕葉の状態がアヤメに似ていながら，花序に褐色の毛を密生するのをタヌキにたとえたもの．

670. ホテイアオイ

〔ミズアオイ科〕

Eichhornia crassipes (Mart.) Solms

南アメリカの熱帯の原産で観賞植物として栽培されるが，暖地では非常によく繁茂し，水田，溝，池の中で水上をおおって害草化する多年生草本．時々根ぎわから枝を出して繁殖する．根ぎわから無数のひげ根が生えており，葉は束生し，倒卵状円形または倒心臓状卵形で，先端はわずかに突出し滑らかで厚質，光沢があり鮮緑色をしている．葉柄は長さ 10～20 cm，その中央部は倒卵形に膨大して多胞質なので浮ぶくろの役をしているが，陸上に生えるとやせて，目立たなくなる．夏に葉の間から高さ 20～30 cm 位の茎を出し，上部の総状花序に直径 3 cm 位の淡紫色の花を開く．花被の下部は細い筒になり上半分は漏斗状鐘形で裂片は 6 個，外輪のものは幅狭く上部正面の 1 個は広く淡紫色のぼかしがあって，しかもその中央に黄点がある．雄しべは 6 個，3 個は長く，残りは短く，花糸には毛がある．雌しべは 1 本，子房は上位，花柱は糸状．〔日本名〕布袋葵（ホテイアオイ）で，葉柄のふくれている部分がまるで布袋の腹のようだからである．

671. ミズアオイ

〔ミズアオイ科〕

Monochoria korsakowii Regel et Maack

北海道から九州の水田や沼の中に生えるが時には人家に栽培される一年生草本．高さ 30 cm 位．葉は根生するものは柄が長いが，茎上のものでは柄が短い．葉柄は多汁，基部は広がって葉鞘となる．葉身は卵状心臓形，長さ 7～13 cm，先端は急に鋭尖し，深緑色で肥厚していて，滑らかで光沢がある．夏から秋の間に茎の先に葉よりも高い総状に見える円錐花序が出て，青紫色の花が開く．花序の基部を苞葉が取り巻く．花は直径 3 cm 位，花被片 6 枚は平開し，楕円形で鈍頭．雄しべ 6 個は花被片よりも短く，内 5 個の葯は小形で黄色であるが他の 1 個のは大形で紫色，しかも花糸に一つの鉤状の突起がある．子房は上位で花柱は細く，雄しべより長い子房が熟すにつれて下を向き，熟した実は懸垂するようになる．〔日本名〕水葵の意味で，水に生え，葉の形が葵に似ているからである．また古名ナギは菜葱の字をあて野菜としたネギの類という意味で昔はこれの葉をゆでて食用にしたことによる．〔漢名〕浮薔は王圻の「三才図会」によるもので雨久花とか水葱というのは誤りである．

672. コナギ

〔ミズアオイ科〕

Monochoria vaginalis (Burm.f.) C.Presl ex Kunth

水田中に生える一年生草本．全株平滑で無毛．ミズアオイに似ているが小形で，また花序は葉よりも短いという違いがある．茎は 5～6 本束生し，緑色で多汁，1 枚の葉がつく．茎上の葉は柄が長く，柄は長さ 4～6 cm，基部は 2 裂して片面だけ鞘状になり，その間から花茎を出す．葉身は幼株の時は卵状披針形，成株では卵形になり長さ 3～5.5 cm，先端は漸尖し，基部は切形またはごく浅い心臓形，深緑色で質は厚い．夏から秋にかけて開花する．花は少数で総状花序につき，基部に 1 枚の苞葉があり，高さは葉よりも低い．花は青紫色で直径 1.5 cm 位，ほぼミズアオイに似ている．大形の雄しべは 1 個で花糸に鉤状の突起がある．花がすむと花序は基部から急に曲がって下を向く．さく果は楕円体で，先端は鋭尖形，多数の細かい種子が入っている．〔日本名〕小形のナギ（ミズアオイ）の意味．ササナギは葉が細長く笹のような形の時の名で，これは環境の影響で固定した形ではない．〔漢名〕鴨舌草．蕕草というのは誤りであろう．

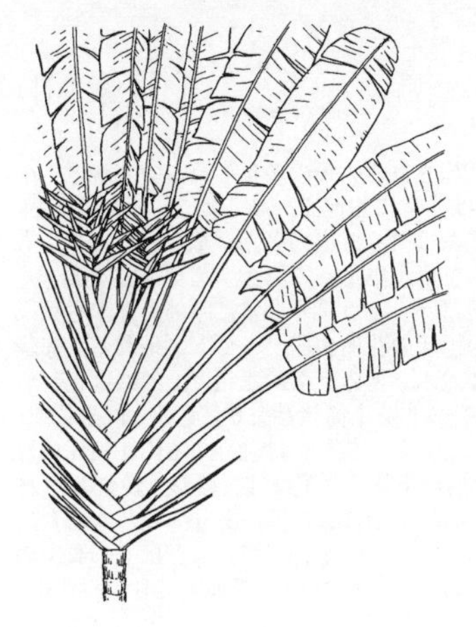

673. オウギバショウ 〔ゴクラクチョウカ科〕

Ravenala madagascariensis J.F.Gmel.

マダガスカル島原産の大形高木．高さ 10〜20m，ときに 30 m にも達することがある．主幹は直立し，左右 2 列に長い柄のある大きな葉を扇状に互生する．葉柄の長さだけでも 4〜5 m にもなり，その先にバナナの葉に似た長さ 3〜4 m もの葉身をつける．葉の基部は長い鞘となって互いに抱き合い，主幹に見える部分はこの鞘が重なったものである．花序は葉腋につき，互い違いに重なる舟形の苞に包まれた白花で，6 本の雄しべがある．果実はさく果で 3 室，熟すと開裂し種子には肉質の仮種皮がある．壮大で特異な外観から熱帯では公園や庭園樹として広く栽培される．〔日本名〕扇芭蕉はバショウの仲間で扇形の外観に基づく．また英名の travellers tree を直訳して旅人木（りょじんぼく），タビビトノキなどと呼ぶこともある．長い葉柄のつけ根に水を貯めているので，旅人の渇きをいやすといわれての名であるが，原産地では湿地帯の植物であるので，いささか疑わしい．

674. ストレリッチア（ゴクラクチョウカ） 〔ゴクラクチョウカ科〕

Strelitzia reginae Banks ex Aiton

南アフリカのケープ地方原産の大形多年草．観賞用に世界的に栽培される．日本では明治の初期に渡来して，温室で栽培されたが，沖縄や小笠原諸島，八丈島などでは屋外で植えられる．地下に太い根があり，長い柄のある根生葉をほぼ直立させる．葉身はバショウの葉に似て，長さ 40〜60 cm の長楕円形で先はやや尖り，基部は円い．全縁で上面緑色，下面は粉白を帯びる．中央脈から左右に平行に走る側脈が密に並ぶ．葉柄は葉身の長さよりはるかに長く，ときに葉全体で 2 m 近くになる．冬から春に株の中央から葉とほぼ同じ高さの花茎を出し，先端に独特な形の花をつける．花の基部には，大きな舟形で緑紫色の苞が斜め横向きにあり，この苞にのる形で 6〜8 個の花がつく．個々の花は 3 枚のがく片（外花被）と 3 枚の花弁（内花被）があり，花弁 2 枚は癒合して，中に雄しべを包む．もう 1 枚は小さな唇弁で，これら 3 枚の花弁は鮮やかな青紫色をしている．鳥によって花粉を媒介される花として有名である．〔日本名〕極楽鳥花は，英名の bird of paradise flower の直訳である．

675. バショウ 〔バショウ科〕

Musa basjoo Siebold ex Iinuma

中国原産の温帯性の多年生の大形草本．日本中部以南の暖地では観賞用植物としてふつうである．根茎は大きく塊状を呈し，次の代の根茎が側生し，下に粗雑なひげ根が生える．根茎の頂上から直立する幹は偽茎で，緊密に重なり合う長い葉鞘ででき上がっており，高さ 5 m 内外，径 20 cm 内外．若葉は巻いて出て直立しているが，開くと四方に広がり，葉身は大形で広い長楕円形，長いものは 2 m 位，鮮緑色で中脈は淡緑色で下面に高く太く隆起し，その左右には多数の支脈が平行し破れ易い．夏に偽茎の中央を突きぬけて粗大で太い緑色円柱形の花茎が立ち，一方に傾いて，1 本の花穂が出る．花穂は黄褐色大形の多数の苞葉で包まれ，各苞葉の内側には 15 内外の花が横並びに 2 列に列生し，下位の苞葉から開いた順に開花する．下方の苞には雌花，上方の苞に雄花がつき，花は長さ 6〜7 cm，下位子房は緑色，花被は黄白色で唇状を呈し，上唇は外花被片 3，内花被片 2 が癒合し，上部だけが 5 裂する．下唇は独立する 1 枚の内花被の片で，ほぼ卵形で尖り袋の中に多量の蜜がある．雄しべは 5 個で大形，雄花では長い葯があり花被より長い．まれに果実がなるが種子は黒い．〔日本名〕漢名の芭蕉の音読みであるが，実は芭蕉は本種だけをさす名ではなく広くバナナ類つまり甘蕉の一名である．〔漢名〕芭蕉．

676. ヒメバショウ 〔バショウ科〕

Musa coccinea Andrews（*M. uranoscopos* Lour.）

中国南部およびベトナムの原産で，観賞用としてふつう暖地の人家または温室に栽培される多年生草本．群生し高さ 1〜2 m 位あり，バショウよりははるかに小形である．葉は数枚で，茎頂に集まって開き，長い葉鞘は重なり合って直立した偽茎となり，葉身は長楕円形で，主脈は下面に隆起して支脈が多い．夏から秋にかけて偽茎の中から無柄の大きな花穂を出して直立する．花序には卵状披針形の苞葉が多数に重なりつき，その先端はたいてい黄色を帯びた鮮赤色で見事であるので観賞用として適している．苞葉ごとに 1〜2 花があって苞葉よりも短い．花被は唇形で，上唇は外花被片 3 と内花被片 2 とが合生し長筒状になり，黄色で上部は淡緑色，先端は 5 裂し，下唇は内花被片 1 枚で上唇の筒内に独立し線形で濃黄色，大体上唇と同長．雄花と雌花とがあり，雌花は少なく花序の下の部分にある．雄しべは 5，花被より短い．花柱はわずかに雄しべより高く，柱頭は先が広がる．子房は下位にあり，緑褐色で裸出する．果実は卵状長楕円体で少し扁平，滑らかで黄赤色，先端に花被が残る．九州南部ではときに野生の状態を呈する．〔日本名〕姫芭蕉はバショウに似て小形であるのでいう．〔漢名〕美人蕉．

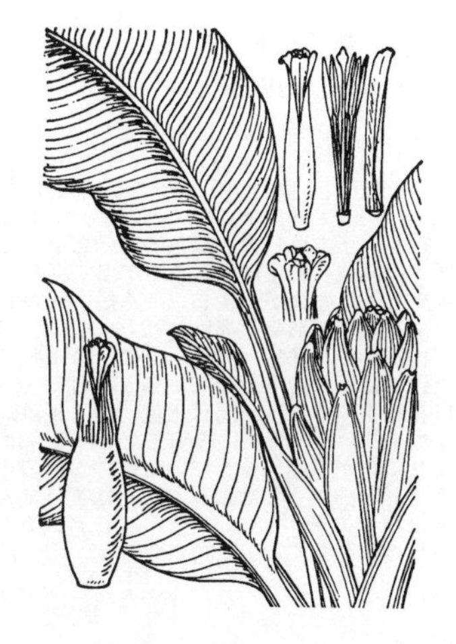

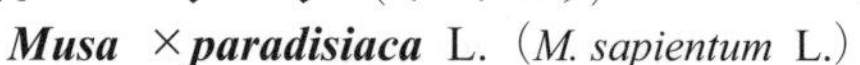

677. バナナ（ミバショウ）　〔バショウ科〕

Musa* ×*paradisiaca L.（*M. sapientum* L.）

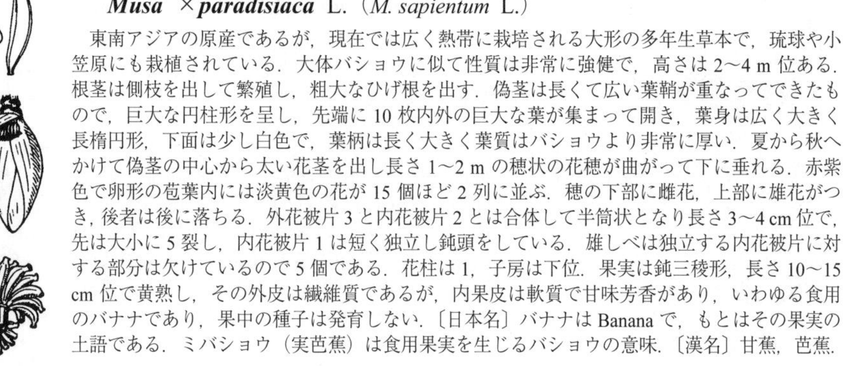

東南アジアの原産であるが，現在では広く熱帯に栽培される大形の多年生草本で，琉球や小笠原にも栽植されている．大体バショウに似て性質は非常に強健で，高さは2～4 m位ある．根茎は側枝を出して繁殖し，粗大なひげ根を出す．偽茎は長くて広い葉鞘が重なってできたもので，巨大な円柱形を呈し，先端に10枚内外の巨大な葉が集まって開き，葉身は広く大きく長楕円形，下面は少し白色で，葉柄は長く大きく葉質はバショウより非常に厚い．夏から秋へかけて偽茎の中心から太い花茎を出し長さ1～2 mの穂状の花穂が曲がって下に垂れる．赤紫色で卵形の苞葉内には淡黄色の花が15個ほど2列に並ぶ．穂の下部に雌花，上部に雄花がつき，後者は後に落ちる．外花被片3と内花被片2とは合体して半筒状となり長さ3～4 cm位で，先は大小に5裂し，内花被片1は短く独立し鈍頭をしている．雄しべは独立する内花被片に対する部分は欠けているので5個である．花柱は1，子房は下位．果実は鈍三稜形，長さ10～15 cm位で黄熟し，その外皮は繊維質であるが，内果皮は軟質で甘味芳香があり，いわゆる食用のバナナであり，果中の種子は発育しない．〔日本名〕バナナはBananaで，もとはその果実の土語である．ミバショウ（実芭蕉）は食用果実を生じるバショウの意味．〔漢名〕甘蕉，芭蕉．

678. マニラアサ　〔バショウ科〕

Musa textilis Née

フィリピン原産の大形多年草で，外観はバナナによく似ている．大きな株立ちで，根もとから多くの太い偽茎を直立し，高さ3～5 mになる．偽茎の太さ20～40 cmにも達するが，バナナと同様この偽茎は葉鞘が互いに抱き重なった部分で，草質である．葉柄は長さ1～2 mあり，葉身はバショウに似て長さ1.5～2 m，先端がやや尖った長楕円形で，中央脈から左右に斜めに平行な側脈が走り葉縁に達する．葉の上面は緑色で下面はワックスをかぶり粉白色をしている．茎頂に長い花穂を出し，各段に紅紫色の大きな苞に抱かれて，10個ほどの橙黄色の花を横に並べてつける．この苞は開花後間もなく脱落するが，花穂の先端部の苞はいつまでも残って，長めの球状に包み合っている．この植物の葉柄と葉鞘から丈夫な繊維がとれ，海水に強く，腐らないため船舶用のロープ材として重用された．スペイン領有時代以降，フィリピンの重要な農産物となり，また南米エクアドルでも栽培された．マニラ麻の和名は英名Manila hempの訳で，マニラ港から積み出されたことによる．

679. チユウキンレン　〔バショウ科〕

Ensete lasiocarpum (Franch.) Cheesman

（*Musella lasiocarpa* (Franch.) C.Y.Wu ex H.W. Li）

中国（雲南省・貴州省）原産の多年草，急斜面や湿った土地に生え，園芸植物としても栽培される．根茎は横走し，株脇に多数の小苗を生じる．偽茎は径約15 cm，葉身は多数放射状に斜上し，粉白がかった青緑色，狭楕円形，左右相称，長さ50 cm，幅20 cm，基部は丸く，先端は鋭頭．花序は葉束が枯れ始める頃，その中央に出て直立し，偽茎を除き高さ20～25 cm，多数の黄色で外側が赤みをおびた苞が螺旋状につき，基部から順に開いて卵状三角形でボート状をなし，その腋に8～10個の花が2列に横並びにつき，花序の基部の花は雌花，上部の花は雄花，葉が枯れた後も長く咲き続ける．花は筒状で長さ3 cm程度，花冠は片側に集まって下部が合着し卵状楕円形，先は5裂し反り返る．果実は長さ約3 cm，幅約2.5 cm，緑色に熟し，枯れて宿存する苞の間にのぞく．種子は黒褐色．

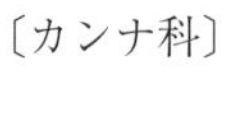

680. ダンドク　〔カンナ科〕

Canna indica L.

熱帯アメリカ原産の多年生草本．高さは1.5～2 mあまりあり，群生する．根茎は多肉粗大で分枝し短い鞘状の葉があり，白色で粗いひげ根を出している．茎は直立し粗大で緑色，円柱形で葉を散生し，頂上は花序となる．葉は大形で互生，長さ30～40 cmばかり，卵状長楕円形で全縁，先端は尖り，基部は広いくさび形，葉質は厚く光沢がある．中脈の両側には支脈が多数斜めに平行し，下方は長大な緑色の葉鞘となって茎を包む．夏～秋の頃に葉の中から茎を1本出すが多くは分枝して頂に総状花序が出て真紅色の花を開く．花は長さが5 cm内外，多くは花軸節に双生し下に苞葉がつきまたごく短い柄がある．がく片3は短く分立し暗紅色．花弁3は基部が合生して短筒形で上部は3裂して長く，各裂片は長披針形で先端は尖る．雄しべ3は変形して倒披針形の花弁状となり，その中の1枚には片側に紅黄色の葯が1個つく，仮雄しべの変形した唇弁は下にそり返っている．花柱は1，花の中央に立ち，扁平で先に柱頭があり，片側にだけ花粉をつける．子房は下位，さく果は球形，全面に細かい粒がある．種子は暗色で球形，堅くて平滑．江戸時代に渡来したもので今は少ししかないが九州以南には方々にまだ残っている．まれに花が橙赤色をしているものがあるが，カバイロタンドク f. *rubro-aurantiaca* Makino という．形が小さく葉は細長く，花は黄色で先端に赤いぼかしがあるのは，オランダダンドク一名ホソバダンドクという．これも江戸時代に来たものというが今はなくなった．〔日本名〕よく檀特の字をあてるが梵語であろう．〔漢名〕曇華である．

681. **ハナカンナ**（カンナ） 〔カンナ科〕

Canna* ×*generalis L.H.Bailey

明治の末（1910 年前後）頃に渡来し今は広く観賞用に栽培されている多年生草本．高さは 1～2 m に達する．地下茎は粗大で，地上部は冬に枯れる．茎は円柱形で直立し，紅紫色または緑色，切ると粘液を出す．葉は立ち気味で広大な楕円形，長さ 30～40 cm，両端は尖り，下部は葉鞘となり，革質でつやがあり，支脈ははっきり平行している．夏～秋の間に茎頂に花穂を出して次々に晩秋まで開花する．花はダンドクに比べて大輪，しかも花の色は紅，黄等変化がある．直径 10 cm 内外，3 個のがく片は短く，花弁は 3 個でがく片より長大．花弁化した雄しべ 3 個は広く大きい倒卵状円形，径 5～7 cm，1 個は狭い唇弁状，他の 1 個には片側に葯がついている．花柱は黄赤色，軟骨質，広線形で扁平．下位子房は球形で乳頭状突起が一面につき，緑色．さく果は球形，表面に細粒を生じ，熟すと暗色に変じて表面の細粒は落ちやすい．果中には黒色をした球形のかたい種子があって果皮が裂開すると落ちる．本種は人工交配によって園芸的に作られた雑種である．〔日本名〕Flowering Canna の意である．

682. **ハナミョウガ** 〔ショウガ科〕

Alpinia japonica (Thunb.) Miq.

本州（関東南部以西），四国，九州の山中樹陰地に生える多年生草本で高さ 40～60 cm 位で束生する．根茎は太く分枝し節に鱗片葉があり若い部分は紅色をしている．偽茎は二年生で斜上し，2 列に 3～4 葉を互生する．葉身は長楕円形または倒披針状長楕円形，長さ 20～35 cm 位で上下端ともに鋭尖し，質は厚みがないが強い．上面は暗緑色でつやがなく無毛であるが，下面はビロードのように一面に軟毛をしいている．5～6 月頃，前年の葉の中から細毛のある茎を 1 本出し，頂に総状花序を 1 本立て，赤い条のある白花を開くが，花軸にも細毛がある．花は長さ 25 mm 位，がくは筒状で花冠とともに外側に絹毛をかぶっている．花冠は舷部が長楕円形の 3 裂片となり，背後の 1 枚は突出した雄しべを包んで立ち．他の 2 枚は前に下垂している．唇弁は開出し，倒卵形，白く紅線がある．雄しべは 1 個．花柱は糸状で柱頭は少し球形．子房は下位につき 3 室ある．花の後に細毛のある広楕円形の果実ができ晩秋から冬にかけて赤く熟し表面に細毛を生じ，内に白色の仮種皮のある多数の種子がある．これを伊豆縮砂と呼んで薬用にする．真正の縮砂は縮砂密 *Amomum xanthoides* Wall. ex Baker である．花を観賞用にするシュクシャは *Hedychium coronarium* J.Koenig で正しくはハナシュクシャというべきである．〔日本名〕花咲くミョウガの意味で，ミョウガに似た葉の先に花序を出して開くのでいう．〔漢名〕山薑は正しくない．

683. **クマタケラン** 〔ショウガ科〕

Alpinia* ×*formosana K.Schum.（*A. kumatake* Makino）

南九州（薩摩，大隅両半島以南）および琉球に野生し，次種ゲットウとアオノクマタケランの雑種と考えられる．多年生草本で暖地ではときに観賞植物として人家に培養する．一株に束生し，ふつう群がって分枝する多肉の根茎があり，壮大で高さ 1～2 m 位になり，葉のふちを除いてはみな無毛である．葉身は大形の長楕円状披針形，長さ 40～60 cm，両端に長く鋭尖し，質は強く，多数の平行脈は斜めに走っている．葉のふちには前方に向かった細毛があり，下部には短い柄があって，下は長い鞘となり，鞘の先には耳状の小片がある．7 月に葉鞘の集まった偽茎の中心から総状の円錐花序を出し，紅いぼかしのある白色の花を開く．花は長さ 3 cm 内外，初め 1 苞葉に包まれている．がくは筒形白色，先は切形でふちに切れこみはない．花冠筒部はがくよりも短く，舷部は 3 裂して白色で，背側の 1 枚は長楕円形，他は広披針形である．仮雄しべの変形した唇弁は広大な広卵形で長さ 3 cm 位．白質で黄色のぼかしがある紅い斑と紅い脈が美しく，前部のふちはしわがよって曲がり，基部の附属体 2 個は線状の針形である．雄しべは 1 個で長く前方に出ており葯間に細い花柱をはさんでいる．葉鞘を乾して縄を作り船をつなぐのに使う．〔日本名〕熊竹蘭の意味で熊というのは恐らくその草が強いことを表わし，竹はその強直な葉状に基づいていうのであろう．〔漢名〕高良薑は正しくない．

684. **ゲットウ** 〔ショウガ科〕

Alpinia zerumbet (Pers.) B.L.Burtt et R.M.Sm.

（*A. speciosa* (J.C.Wendl.) K.Schum., non Dietr.）

九州南端から琉球をへてインドにまで分布する常緑多年草で，暖地では繊維用または観賞用に栽植される．束生直立した偽茎は高さ 2～3 m になり，葉は紙質で 2 列に互生し，葉身は楕円状披針形で先端は長く鋭尖し，上面は光沢強く，縁毛があり，下は長い葉鞘となって茎を包んでいる．夏に偽茎頂から大形の総状花序を垂下し，密に美花を開く．花は長さ 4 cm ばかり，有柄で，初めは早落性の白色で強い光沢のある苞葉に包まれている．下位子房は球形，がくは筒状で一側が裂け，花冠は 3 裂して白色に紅色を帯び鈍頭で，唇弁に対する 1 個は大形，内に仮雄しべから変形した唇弁があって最も大形の舟形となり，ふちには歯牙があり，白に黄および紅色の条がある．果実は倒卵状球形，長さ 2 cm で赤熟し，表面に縦稜と毛とがある．〔日本名〕漢名月桃の音読みから来た．〔漢名〕月桃．

685. チクリンカ 〔ショウガ科〕

Alpinia nigra (Gaertn.) B.L.Burtt（*A. bilamellata* Makino）

日本では小笠原父島のみにあり，湿った林床や水田跡に生える常緑の多年草．草丈は1.5〜2 m で，全体が前種ゲットウに似るが，これより小形で，葉形，花形ともこれと異なる．葉は 2 列に互生して短柄あり，下部は長鞘状で茎を抱いて偽茎をつくる．葉身は質厚く，上面鮮緑色で光沢あり，下面は淡緑色で，長楕円状披針形，長さ 30〜40 cm，幅 10〜12 cm，先端，基部とも鈍形で全縁，両面無毛．葉脈は主脈のみ明瞭で短毛がある．葉舌は卵形，褐色で，葉柄より長く，有毛．花期は 7〜8 月頃．偽頂に長さ 20〜30 cm の円錐花序を伸ばす．花軸は短黄褐色毛を密に生じ，苞は早落性．小苞は広卵形で背面に短毛を生じる．萼は鐘状で 3 裂し，各裂片は卵円形．花冠は淡紅色で，萼筒から超出し，筒部は萼と同長で，外面に短毛を生じる．花冠裂片はへら形で筒部より長く，唇弁は楕円状へら形で，半ば近くまで 4 片に切れこみ，裂片は長楕円形で，淡紅色．果実は 11 月頃黒紫色に熟し，球形で径 13〜15 mm．個体数が少なく絶滅が危ぶまれる．〔追記〕従来小笠原固有と考えられてきたが，最近，インドから東南アジア原産の *A. nigra* であることがわかった．小笠原にはおそらく人為的に持ち込まれたものだろう．

686. アオノクマタケラン 〔ショウガ科〕

Alpinia intermedia Gagnep.

伊豆七島，紀伊半島，四国，九州，琉球の暖地の湿った林下に生える多年生常緑草本．偽茎は高さ 1〜1.5 m，葉身は狭い長楕円形で 2 列に互生し，先端は長く鋭尖し，薄い紙質でふちには細毛がまばらに生え，全体は鮮緑色で赤味がどこにもない．葉柄は短く，基部は葉鞘となって互いに重なり，偽茎をつくる．花序は 10〜20 cm 位で偽茎頂に直立し，いかにもやせた感じで，短い側枝を分かって多数の白花をややまばらにつける．花は長さ 2 cm 位，苞葉は柄があり緑白色，膜質で早落性である．下位子房は小球形，がくは黄緑色で筒状，花冠の筒部はがくよりずっと長く出て 3 裂し，裂片は広線形，鈍頭白色である．仮雄しべの変形した唇弁は卵形で先端は往々不規則に 3 裂して赤いぼかしがある．雄しべは 1 個だけ完全で直立彎曲して前方に向かい，葯隔は厚く，下面に 2 室の葯があり，葯の間に糸状の花柱の上部をはさんでいる．果実は球形で径 1 cm ばかりあって赤熟する．〔日本名〕クマタケランに比べて全体に緑色だけで赤味がないことを示す．古くは本種に *A. chinensis* Roscoe の学名をあてたが，これは別種である．

687. キョウオウ（ハルウコン） 〔ショウガ科〕

Curcuma aromatica Salisb.

インド全土に野生する多年生草本で，琉球には早くから入って時に自生状をなすが，本土には江戸時代に渡って来たものでまれにしかない．根茎は粗大な塊状をして分かれ，内部は黄色で香気がある．全草は草質で緑色，高さは 1 m 内外になる．葉身は長楕円形で長さは 50 cm 内外で大きく，先端は尾状に鋭尖し，下部は長い葉柄が鞘状となり，下面には細毛をしく．5〜6 月頃若葉の出る頃別にその側に高さ 30 cm 内外の花茎を直立する．花序は大形で多数の緑白色の鱗状苞葉が重なって抱き合い，苞葉の上部はそり返り，頂部では紅色をしている．花は 2 個ずつ苞葉の腋につき苞葉より短い．がくは長さが 1 cm 位で 3 歯がある．花冠筒はがくの 3 倍の長さで，上部は漏斗状，舷部は長楕円形の 3 裂片となり，白色に赤いぼかしがある．雄しべ 4 個は，すべてが黄色い花弁状になり，前方の 1 個は漏斗状の大きな唇弁となり，先端に凹みがあり，その中央小片の内面に 1 個の葯があって，獣の角に似た突起をその両側に垂らしている．子房は下位．根茎を薬用にする．〔日本名〕キョウオウは漢名薑黄の音読みで，ハルウコン（春鬱金）は春の終わりか初夏にその花が咲くのでいう．〔漢名〕薑黄．

688. ウ コ ン 〔ショウガ科〕

Curcuma longa L.

熱帯アジアの原産で国内の暖地で時に栽培され，種子島や琉球には野生状になっている多年生草本．地下には多肉の根茎があって楕円体または長楕円体の枝を出し黄色をしている．葉は 4〜5 枚集まり，長い柄が立ち，葉身は長楕円形，長さは 40 cm 内外である．葉の先端は鋭尖形，基部は幅狭く，緑色で斜走した平行脈が沢山あり，質は少し厚みがあって両面とも平滑無毛である．秋に葉の間から高さ 20 cm 内外の大きな花序を直立して花を開く．花序は多数の大きな緑白色の苞葉を鱗状に次々に重ね，各苞葉の上部はそり返って開出し頂部の苞葉は花をつけずに白色にうすい紅色のぼかしがある．花は淡黄色で苞葉の腋に 3〜4 個ずつつき，がくは小形で花冠筒は長い．舷部は短く 3 裂し，雄しべは 4 個あるが，すべて花弁化し，かつ下半分は 1 つになり，殊に最下部の 1 個は腋唇弁となっており，黄色で倒卵形のその中央片にだけ葯をつけている．子房は下位につく．根茎を薬用にしまた黄色の色素をとり，またカレー粉の一原料にする．〔日本名〕ウコンは漢名，鬱金の語音から来たもの．

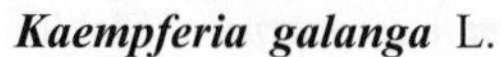

689. バンウコン　〔ショウガ科〕

Kaempferia galanga L.

インドおよび東南アジアの原産でわが国には江戸時代（19 世紀半ば）に渡来し，今はたまにしか栽培されない多年生草本で高さは 10 cm 内外ある．根茎の形はウコンに似て小さく，黄色で香気がある．葉は広くて 2 枚が相対し，水平に開出した広い楕円形，長さは 10 cm 内外，先端は急に尖り，基部は心臓形で短い柄となり，上面は濃い青緑色でつやがあるが，下面はまだらの茶色を帯びた赤色で白毛がある．夏に葉の間から短く大きい花序を低く立てる．苞葉は順次重なり，その間から細長い花筒のある大きな白い花が出て開く．花は径 3〜4 cm 位，未明に開いて昼頃にはしぼむ．がくは狭針形の裂片に 3 深裂して花冠筒の下部を包み，花冠の筒の部分は狭長で舷部は細長い披針形の 3 裂片に分裂している．その内部に花弁化した雄しべが 3 個あるが，そのうち 2 個は雄しべの両側にあって楕円形に平開し，1 個は唇弁で大きく，2 深裂し，基部に紫のぼかしがある．子房は下位．〔日本名〕蕃欝金で南国から渡来したウコンの意味．天保 13 年（1842）に移入された．〔漢名〕山奈を当てるのは誤り．

690. ミョウガ　〔ショウガ科〕

Zingiber mioga (Thunb.) Roscoe

中国南部の原産であるが今は広く人家に栽培されている多年生草本．高さは 40〜100 cm 位で特異な芳香がある．根茎は多節多肉で地下を横行し淡黄色で，白色の匐枝を出し，鱗片状の鞘葉がある．根は粗いひげ状をしている．偽茎は一年生で少し斜めに直立し，上部に多数の葉を互生して 2 列になっている．葉身は長楕円状披針形で長さ 20〜30 cm に達し，先端は長く鋭尖し基部はくさび形をして葉柄となり，下は長い葉鞘となり，鮮緑色をし葉質は薄くてやわらかい．盛夏の頃に根茎から鞘状の鱗片をつけた新しい茎を出して先に肥厚した 1 花序を出す．多数の重なった紅緑色で紫脈が密に平行する苞葉をつけ，苞葉腋から大きな淡黄色の花を続出し，花は 1 日でしぼむ．がくは膜質の短筒形．花弁の筒状部は細長く，がくから超出する．花弁 3 個は披針形で尖りその背後の 1 個は少し広い．仮雄しべから変形した唇弁は大きく広卵形で質が薄くもろく，基部の左右に小裂片がある．雄しべは 1 個で線形，唇弁に向かって立ち，黄色の長い葯隔の先端はかぎ形に曲がり，葯は黄褐色で縦裂し，糸状白色の長い花柱がその間を貫いている．子房は下位，ときには液果を結んで裂開し，果皮の内面は赤い．種子は黒色で白色の仮種皮をかぶっている．花序と若芽は食用にする．〔日本名〕古名をメガといい今日の日本名は以前メウガと綴りその呼音ののびたものといわれている．〔漢名〕蘘荷であって，この字音が訛ってメガとなったかと考えている．一説にショウガを男に見立て，本種を女に見て女（メ）オガであったというのはとるに足らない．

691. ショウガ（ハジカミ）　〔ショウガ科〕

Zingiber officinale (Willd.) Roscoe

熱帯アジアの原産であるが今は広く世界に栽培する多年生草本でわが国へは古くに渡来し，今日ではふつうに栽植されるようになった．根茎は多肉で地中に横たわりその様子は曲げた指を並べたようである．淡黄色で辛味と佳香とがあり，各節から偽茎が上方に並んで直立している．偽茎の高さは 30〜50 cm 位あり，草質で上部に葉を 2 列に互生する．葉身は線状披針形で基部は漸尖形をし，長い葉鞘がある．夏から秋の頃たまに根茎から高さ 20 cm 内外の花茎を出し，先に緑色の苞葉が重なり合った短く太い花序をつける．花は苞葉の間から出て開く．がくは短い筒状で花冠舷部は 3 裂し，裂片は披針形の橙黄色で尖る．仮雄しべの変わってできた唇弁は倒卵状円形で，下部の両側に小裂片があり，紫色の地に淡黄色の細点がある．雄しべは 1 個で抽出し黄色い葯がある．淡紫色で糸状をした花柱が縦に貫き，柱頭は放射状をしている．子房は下位．根茎は食用および薬用にする．オオショウガ 'Madcrorhizomum' は根茎が特に大きい．ベニショウガ 'Rubens' は鱗片が紅色で美しい．〔日本名〕生薑または生姜から出た呼名．ハジカミは元来サンショウの古名であるが同じように辛味があるのでこの種を呼ぶようになった．ハジカミとは開裂した実で，サンショウの実の形態に基づく．古くクレノハジカミと呼んだのは呉の山椒の意味で呉は中国を指しており該地から渡来した歴史を示す．〔漢名〕薑を用いる．

692. ミクリ　〔ガマ科〕

Sparganium erectum L. var. ***stoloniferum*** (Graebn.) H.Hara

（*S. stoloniferum* (Graebn.) Buch.-Ham. ex Juz.）

北海道から九州の池や沼あるいは溝の中等に生える多年草で直立し高さは 70〜100 cm ほどある．根茎は短くて走出枝を出し，葉は叢生し茎より長く軟らかく，緑色，先の円い線形で背面に 1 本の稜があり，幅は約 1〜2 cm ある．夏秋の間に葉の間から緑の茎が直立してその上部が分枝して花穂となる．花穂枝は葉状苞に腋生する．花は単性で頭状花序をなし白色を呈し雄花序は多数で枝の上方につき，雌花序は約 5 個あって枝の下方につき緑色である．雄花には花被片 3 個，雄しべ 3 個がある．雌花は 3 個の花被片と 1 個の子房があり花柱は 1，雌花序は熟すれば径 15〜20 mm の集合果球となり緑色で突起が多い．核果には稜があり長倒卵形体で先は尖り下部はくさび形にすぼみ，線状へら形の乾皮質の花被片が残存する．〔日本名〕ミクリは本来カヤツリグサ科のウキヤガラの名で，その三稜形の茎の稜間が刳ったように凹んでいるから「三刳り」の意味でつけられたものであるが，ウキヤガラと本種が共に「三稜」の漢名をもつために混用され，さらに本種の果実が栗のいがに似ているために「実栗」ともとれるこの名が本種の名に移ったものである．〔漢名〕黒三稜．

693. オオミクリ（アズマミクリ）　〔ガマ科〕

Sparganium macrocarpum Makino

（*S. erectum* L. var. *macrocarpum* (Makino) H.Hara）

本州の湿地に生える大形の多年草．高く水上に伸び出て高さは約 1 m ほどあり，地下に白色多肉の太い根茎を張っている．葉は根際から叢生し上部は細長く尖り中脈部は厚く，幅 12～15 mm あり，下部は三稜形をなし，葉鞘部は重なり合い多胞質である．茎は直立し緑色で稜線があり，頂に雄性の小さな頭状花序 10 個内外を穂状につけ，その下方に 1～数個の雌性頭状花序を有する花序柄 3～4 本を出す．果球は径 2 cm ほどあり，枝は葉状苞より短く，また中軸と癒合しない核果は大形でその成熟したものは比較的少なく，その形は短い倒円錐形で頂部はやや平らで広く急に尖っており，その径は 8 mm ほどあり，同属中果実の最も大きいものである．〔日本名〕大ミクリの意味でその草状が大形の所から来ている．アズマミクリは東国，すなわち関東地方にある所からこの様に呼ばれる．

694. タマミクリ　〔ガマ科〕

Sparganium glomeratum (Beurl. ex Laest.) L.M.Newman

近畿地方以東の湿地に生える多年草で，地中には小さな塊状の根茎がある．茎は葉と共に水上に伸び出し高さ 30～50 cm ほどになるが，冬季は上部が枯死する．葉は多胞質で幅 7 mm 内外，断面は多少 V 字状をなし，緑色で茎よりも低い．7 月頃開花し単一の花茎に球状の頭状花序を 5～10 個つけ，上部にあるものは雄性で黄色をなし，相接して穂状をなし，下部にあるものは雌性で短い枝の頂に単立している．元来が腋生であるが，枝の下半または全長が中軸と癒合しているために，上方の葉と対生している様に見える．花は小形で 3 個の花被片があり，雄花には 3 個の雄しべ，雌花には 1 子房があり 1 花柱，2 柱頭がある．果球は径 10 mm 内外，核果は紡錘形で先は鋭く尖り果球はいが状に見える．熟せば黒褐色となり個々に分かれて散落し，各果の下半にある花被を残す．〔日本名〕球ミクリは花序が球状であることによる．〔追記〕本図はタマミクリではなくヤマトミクリ（696 図）である．真のタマミクリは雄花序が 1 個まれに 2 個しかなく，最上部の雌花序のすぐ上に接してつく．

695. ナガエミクリ　〔ガマ科〕

Sparganium japonicum Rothert

日本とアジア大陸の極東地域にのみ分布する多年生の抽水植物．日本では北海道南西部から九州のため池や河川，用水路などに産する．走出枝を出して横に広がる．全高約 80 cm まで．根生葉は長さ 35～80 cm，幅 5～10 mm で先の方は稜がなく平面的でふつう花序より高い．先端は鈍頭．花期は 6～8 月，花茎は長さ 40～70 cm で分枝しない．最も下の苞は長さ 12～40 cm で頭状花序（頭花）より長い．雌性頭花は腋生で 3～6 個，下の 1～3 個の頭花には花序柄があるが，上部の頭花には花序柄がなく葉腋に着生．雌花の花被片はさじ形，長さ 4～5 mm，柱頭の長さ 1～1.5 mm．雄性頭花は 5～9 個，直径約 10 mm．雄花は雄しべの花糸 4～5 mm，葯は 0.7～1.0 mm．雌性頭花は果実期になると直径 15～20 mm に肥大する．果実は紡錘形で長さ 4～6 mm，幅約 2 mm で，中ほどでくびれるものもある．先端はやや細くなりくちばし状．〔日本名〕長柄ミクリで，頭花（果球）に，比較的長い柄があるため．

696. ヤマトミクリ　〔ガマ科〕

Sparganium fallax Graebn.

アジア東部に分布する多年生の抽水植物．日本では本州，四国，九州の湖沼やため池，河川などの水湿地に産する．植物体は走出枝を出して横に広がる．全高 40～100 cm，根生葉は長さ 40～100 cm，幅 5～20 mm の三稜形で通常は水面につき抜けて立つが，ときに水面に浮遊することもある．花期は 6～8 月．花茎は 30～60 cm で直立する．花序は分枝しない．最も下の苞は長さ 20～35 cm に達する．雌性頭花は 3～5 個で花序の下方に離れてつき，花序柄が花茎と合着する（腋上生）．そのため苞の反対側に雌性頭花が位置するように見える．雌花の花被片はさじ形，長さ 3.5～5.5 mm，花柱と柱頭の長さ約 2 mm．雄性頭花は 5～8 個で上方にまばらにつく．雄花には 6 mm 以下の花糸をもつ雄しべがあり，葯の長さ 1～2 mm．果実は紡錘形で，長さ 5～6 mm，幅 2～2.5 mm．〔日本名〕大和ミクリで，本種の異名 *S. yamatense* Makino ex H.Hara が奈良県（大和国）から記載されたことによる．〔追記〕694 図参照．

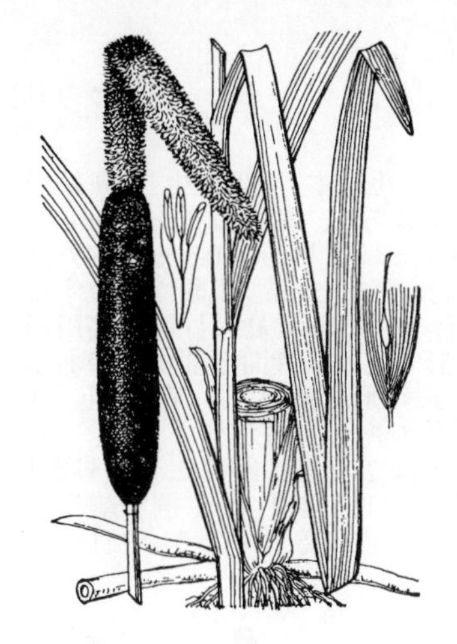

697. ガ　マ　〔ガマ科〕

Typha latifolia L.

北海道から九州の池や沼に生える大形の多年生草本で，根茎は泥の中を横にはって広がり白色である．茎は円柱形で直立し，単一で緑色，平滑で硬く，高さは 1〜2 m ほどある．葉は長く幅広い線形で，葉身は上下に扁平，緑色でやや厚く柔らかく，茎より高くのび，幅は 1〜2 cm 位で平滑である．下部は長い鞘状で茎を包む．夏に花茎の先に穂をつけ早落性の葉状苞 2，3 枚があり，雄花穂は上部について黄色，雌花穂は雄花穂の下に密接し長さ 15〜20 cm ほどの円柱状で緑褐色である．花は小形で花被はなく，雄花は 3 雄しべと剛毛からなり，花粉は黄色で 4 個合着する特徴がある．雌花には長い花柄があり小苞はなく，子房の先の長い花柱の頂に斜菱状披針形の柱頭を有し，花柄の基部に数本の長毛がある．果穂は無数の果実を含み赤褐色の円柱形で長さ 20 cm ほどあり上部に針状の雄花穂軸が残る．この状態を俗にがまほこ（蒲槌）という．果実は紡錘形で淡黄褐色．基部に長い白色の毛がある．花粉を蒲黄（ほおう）と称し薬用とする．〔日本名〕ガマはかまと同語．松岡静雄の説ではガマは朝鮮語のカムと同じ語源という．カムとは材料の意で，ガマの葉を編んで，むしろや敷物とすることに関係があろうと牧野富太郎は旧版で論じた．〔漢名〕香蒲．

698. コ　ガ　マ　〔ガマ科〕

Typha orientalis C.Presl

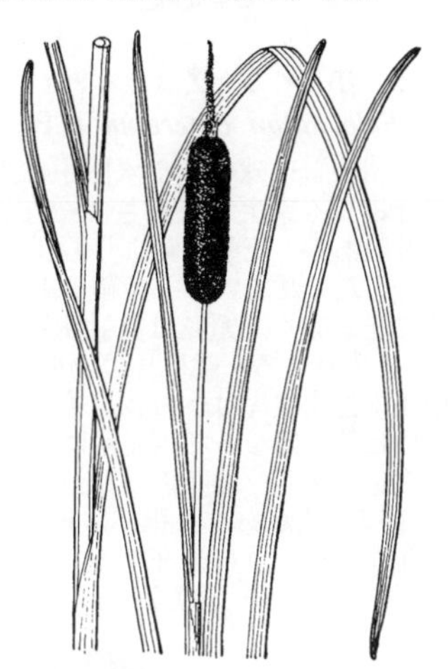

本州から琉球の川や池の近くまたは沼地に生える多年草．ガマより小形で，高さは 1〜1.5 m である．根茎は地中に横たわり白色でひげ根がある．茎は直立し，滑らかな円柱形で緑色である．葉はガマより細長く幅 1 cm 以下である．下部は長い葉鞘となり茎を包んでいる．夏，開花し，花穂には早落性の苞葉が 2，3 枚ある．花序は茎の先に直立し，雄花穂は上部にあり，雌花穂はその下にあって相接している事はガマと同様である．小形の花が無数にあり，雌雄ともに基部に白毛があるのみで花被はない．雄花はガマと同様に黄色であるが，花粉は単一で接着していない．雌花は小苞がなく，子房に柄があり，花柱先端の柱頭はへら状披針形をなし，子房柄の基部に生える白毛は柱頭と同長．果穂は直立し長楕円体で長さは 7〜10 cm ほどの赤褐色である．全体に小形であるので，ガマと区別する．〔日本名〕小ガマは小形のガマの意味である．

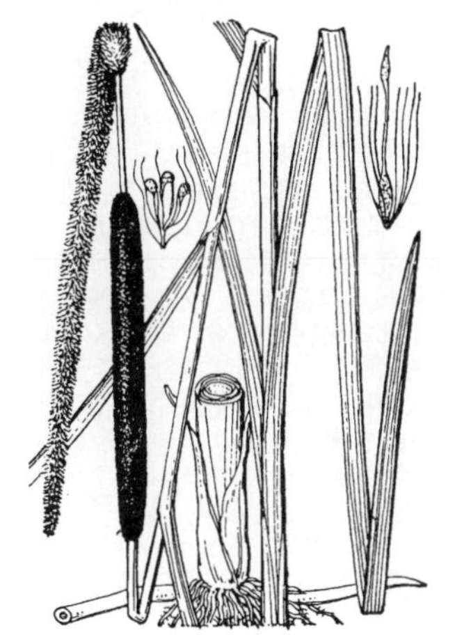

699. ヒ メ ガ マ　〔ガマ科〕

Typha domingensis Pers.（*T. angustifolia* auct. non L.）

日本全土の川や池のふち，あるいは沼沢に生える多年生草本で，根茎は泥の中に広がり白色のひげ根がある．茎は真直に立ち緑色で，硬い円柱形である．葉は線形で長さ 80〜130 cm，幅 6〜12 mm ほどある．夏に直立した花穂を出し，苞葉が 2〜3 枚あるが早く落ちる．花穂は細長い円柱状で無数の細かい花からなり，雌花穂は緑褐色で下部にあり，雄花穂は黄色で上部にあり，その間に花をつけない軸が露出する．花は花被がなく雌雄花とも下部に白毛があり，毛の末端は鋭く尖る．雄花には 3 個の葯があり単一な黄色い花粉を出し，雌花には小苞があり無柄，子房の先の花柱は線形の柱頭に終わる．小苞は柱頭と同じ高さで共に鬚毛より長い．果穂は細長い円柱形で，赤褐色，15 mm ほどの太さがある．ガマに比べて全体に小さい．コガマとの区別は雌雄花穂の間に柄が露出している点である．〔漢名〕長苞香蒲．水燭は本種としばしば混同されるホソバガマ *T. angustifolia* L. の名である．

700. パイナップル（アナナス）　〔パイナップル科〕

Ananas comosus (L.) Merr.

熱帯アメリカの原産であるが小笠原，琉球等の暖地に広く栽培される多年生草本．茎は高さ 30〜50 cm で直立して太い．葉は広披針形で長さ 30〜50 cm，ロゼットになり，互いに接して互生斜開し，質は厚く強く，先端は尖り，中部以下は断面 U 字状になり，ふちには鋭いとげのあるきょ歯がある．全体に帯白色の緑色である．夏に茎頂に長球形の肉穂花序をつけ，果実が熟する頃花序の先から再び茎を出す．花は初め小形の葉状包に包まれ，外花被片 3 枚は小形，内花被片 3 枚は大きく寄り合って筒となり，雄しべ 6 個は閉じており子房は下位，果実は互いに接着して楕円体，その長さは 15〜20 cm，各果は少し六角形で多肉，黄色に熟し佳香を放ち食用にする．海外では缶詰やジュース用としての大規模な栽培も盛んである．〔日本名〕英名の Pine apple からきた．松かさ状のリンゴの意．アナナスは属の名．〔漢名〕鳳梨．また露兜子という．

701. イトイヌノヒゲ 〔ホシクサ科〕

Eriocaulon decemflorum Maxim.

北海道から九州の水辺やあぜに生える一年生草本. 葉は束生し, 狭線形, 多脈, 先端は鋭尖形, 基部は窓状の孔が多数あり, 長さは 5〜10 cm, 幅 1〜2 mm 内外. 花茎は束生し高さ 10〜30 cm になり, 幅 0.5 mm 内外, 4〜5 の縦溝があり, ねじれている. 葉鞘は長さ 3〜5 cm, 鋭頭で斜裂する. 秋に開花する. 頭花は広い倒円錐形で, 径 3〜5 mm, 総苞片は長楕円形, 鋭頭, 花盤より長い. 苞葉は倒卵状へら形で鋭頭, 背面上部に毛がある. 雄花の柄は短く, 外花被片は 2 個あり, 披針形で鋭頭, 基部合着し, 内花被片は筒形, 先端は 2 裂し, 金色の腺体がある. 雄しべは 2 本, 葯は藍黒色で球形. 雌花の柄は少し長く, 子房は 2 室で柱頭は 2 分. 外花被片は 2 個, 離生して線形, 上部に毛がある. 内花被片は 2 個で離生し, 線状へら形, 少し毛があり, 上部の内側に黒色の腺体がある. 〔日本名〕糸犬のヒゲの意味で花茎が糸状をして長いのでいう.

702. ホシクサ (ミズタマソウ) 〔ホシクサ科〕

Eriocaulon cinereum R.Br.

本州から琉球の沼や水田中に生える一年生草本. 根は白色でひげ状である. 葉は細長く束生し, 長さ 2〜8 cm, 幅 1.5 mm 以下で先端は鋭尖形, 窓状の孔が多数ある. 花茎は葉よりも長く, 高さ 6〜12 cm, 束生し, 5 本の縦溝があって少しねじれている. 葉鞘は 1〜2.5 cm の長さで, 先端は白膜質で 2 斜裂する. 秋に花が開く. 頭花は放射状に出た花茎に頂生し, 灰白色, 卵状球形, 径 3〜4 mm 内外ある. 総苞片は倒卵状長楕円形で花序よりも短く, 白色膜質である. 雄花の外花被片はへら状, 苞葉状に合着して先端は縦に 3 つの歯があり, 内花被片は筒状になって, 先端は 3 裂し, 裂片は披針形, 雄しべは 6 本, 葯は円形で白色である. 雌花の外花被片は 3 個で狭線状で離生し, 内花被はなく, 子房は 3 室で柄があり, 花柱は長く先端は 3 つに分かれる. 〔日本名〕星草はその頭花が星のように点在することにより, ミズタマソウ (水玉草) は花序を水滴に見立てたもの. 〔漢名〕穀精草.

703. クロホシクサ 〔ホシクサ科〕

Eriocaulon parvum Koern.

本州から九州, 朝鮮半島に分布し, 湿地に生える一年草. 葉は束生し, 長さ 1.5〜10 cm, 中部の幅 0.5〜3 mm, 3〜8 脈あり窓状の孔がある. 花期は 8〜9 月. 花茎は高さ 4〜20 cm. 頭花は球形, 径 3〜5 mm, 藍黒色を帯びる. 総苞片は倒卵形〜広倒卵形で鈍頭, 膜質で頭花より短く長さ 1.5〜2 mm. 花床は有毛. 苞葉は倒卵状くさび形, 上部背面に白色の突起毛がある. 雄花の外花被片は筒状で, 先端は浅く 3 裂し, 上縁に白色の突起毛がつく. 内花被片は 3 個, 下部で筒状に合着. 雄しべは 6 個, 葯は黒色. 雌花の外花被片は 3 個で離生し, 長楕円状卵形〜楕円状披針形で藍黒色, 上部背面に毛がつく. 内花被片は離生し 3 個, 線状倒披針形, 外花被片とほぼ同長, 上縁に毛がある. 上部の内側には黒腺がある. 子房は 3 室, 柱頭は 3 つに分かれる. 種子は長さ 0.48〜0.54 mm, 広楕円体で表面は円柱状突起がつく. 〔日本名〕花が藍黒色を帯びるホシクサの意. 〔追記〕本州中部から九州に分布するゴマシオホシクサ *E. senile* Honda とホシクサに似るが前種の葉の幅は広く (幅 4〜7 mm), 花床が無毛であること, 後種の頭花は黒色を帯びず, 雌花に内花被片がないことで区別できる.

704. アズマホシクサ (ミヤマヒナホシクサ) 〔ホシクサ科〕

Eriocaulon takae Koidz. (*E. nanellum* Ohwi)

本州の関東北部以北の高山湿原に分布する一年草. 葉は束生し, 長さ 1〜4 cm, 中部の幅 0.5〜1.5 mm, 3〜5 脈あり, 窓状の孔がある. 花期は 8 月末〜9 月. 花茎は高さ 1〜8 cm, 頭花は倒円錐形, 径 1〜3 mm で濃褐色, ときに淡緑色. 総苞片は長楕円形で鈍頭, 膜質で頭花とほぼ同長または長く, 長さ 2〜3 mm. 花床は無毛. 苞葉は長楕円形でやや鋭頭, ふつう黒色を帯びる. 雄花の外花被片は筒状で, 先端はほとんど無毛または微短毛があり, 浅く 3 裂または不規則に浅裂し, 藍黒色. 内花被片は 3 個, 下部は筒状に合着し, 無毛. 雄しべは 6 個, 葯は黒色. 雌花の外花被片は合着して, へら状苞葉状となる. 先端はほとんど無毛または微短毛があり, 2〜3 裂, ときに不規則に浅裂し, 藍黒色, 内外面は無毛. 内花被片は離生し 3 個, へら状披針形, 外花被片とほぼ同長, 上部の内側には黒腺がある. 子房は 2〜3 室, 柱頭は 2〜3 本. 種子は長さ 0.80〜0.95 mm, 三日月状楕円形. 〔追記〕クロイヌノヒゲと北海道と東北地方北部の高山湿原に生えるカラフトホシクサ *E. sachalinense* Miyabe et Nakai に似るが, 前種は花床, 雌花の外花被片および内花被片内側に長毛があることで, 後種は雌花の外花被片が 2 個でほとんど離生することで区別できる.

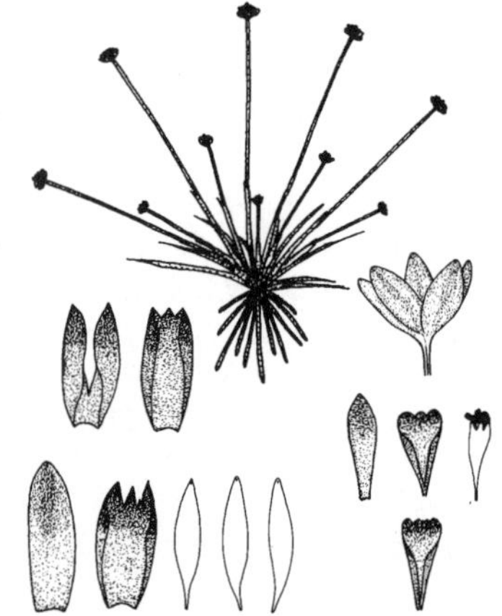

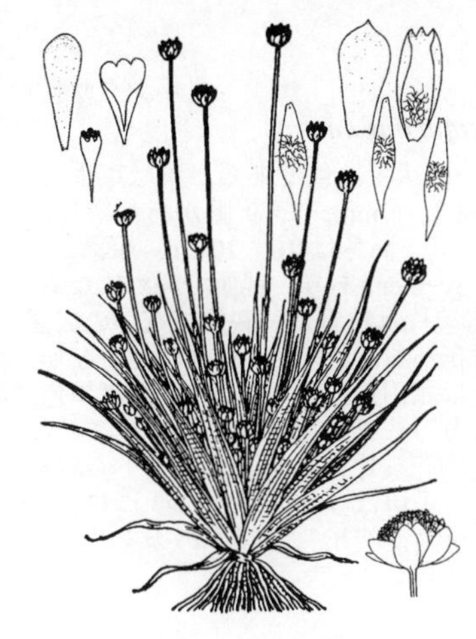

705. ヒロハイヌノヒゲ（オオミズタマソウ）〔ホシクサ科〕

Eriocaulon alpestre Hook.f. et Thomson ex Koern. var. ***robustius*** Maxim.（*E. robustius* (Maxim.) Makino）

北海道から九州の水辺や水田に自生する一年生草本．葉は束生し，線形，長さは 10〜15 cm，幅 3〜5 mm で脈は 7〜10 あり，下部は窓状の孔が多数ある．花茎は高さ 8〜16 cm，径 1 mm 未満で 4〜5 の稜線がある．秋に開花する．頭花は半球形で径 5 mm 内外ある．総苞片は倒卵形，白色膜質で花盤より短い．苞葉は倒卵形，鋭頭，上部背面に突起毛がある．雄花の外花被片は筒状，先端は 3 裂，裂片は鋭頭，雄しべは 6，葯は黒色である．雌花の外花被片は雄花のものに似て少し広く薄膜質をしている．内花被片は 3，へら状線形で離生し，無毛で先端に腺体があり，子房は 3 室で柱頭は 3 つに分かれている．イヌノヒゲに似ているが総苞片は花序より短い．〔日本名〕葉が広いことによる．

706. ニッポンイヌノヒゲ〔ホシクサ科〕

Eriocaulon taquetii Lecomte（*E. hondoense* Satake）

北海道から九州，朝鮮半島に分布し，水田や沼地に生える一年草．葉は束生し，長さ 5〜22 cm，中部の幅 1.2〜6 mm，5〜15 脈あり窓状の孔がある．花期は 9〜10 月．花茎は高さ 4〜25 cm，4〜5 稜線があり，葉鞘は円筒形で 2〜9 cm．頭花は倒円錐形から半球形，径 3〜8 mm，淡緑色で黒味を帯びることはない．総苞片は披針形または線状披針形で，頭花より長く 0.5〜1.7 cm．花床はふつう無毛．苞葉は倒卵状披針形で無毛，頭花とほぼ同長，雄花の外花被片は筒状で，先端は浅く 3 裂し，無毛．内花被片は 3 個で無毛，下部で筒状に合着，雄しべは 6 個，葯は黒色．雌花の外花被片は合着して，へら状苞葉状（仏炎苞状）となり先端は浅く 3 裂し，内面に長毛があるほかはほとんど無毛．内花被片は離生し 3 個，へら状披針形，外花被片とほぼ同長かやや短く，内面にのみ長毛がある．上部の内側には黒腺がある．子房は 3 室，柱頭は 3 つに分かれる．種子は長さ 0.6〜0.8 mm，三日月状楕円形で表面は錨状突起がつく．〔日本名〕日本産イヌノヒゲの意．〔追記〕イヌノヒゲまたはシロイヌノヒゲにも似るが花に白色の突起毛がなく，またヒロハイヌノヒゲからは総苞片が頭花より長く，革質であることで区別できる．

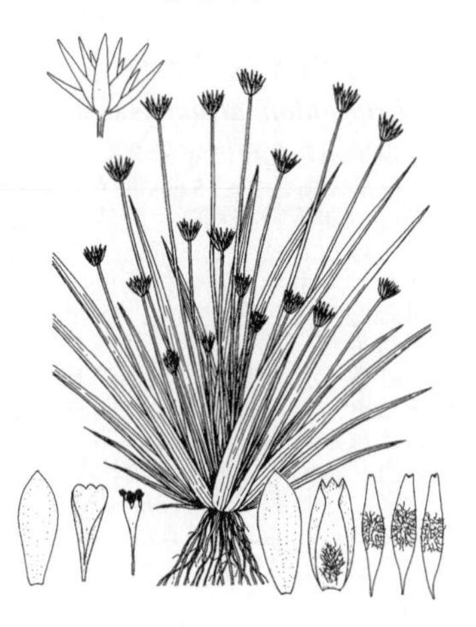

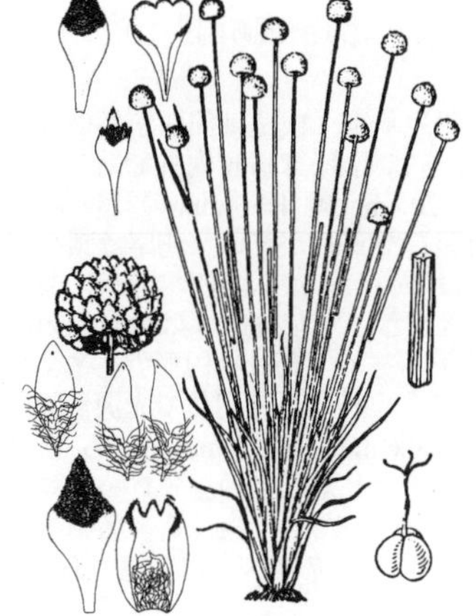

707. シラタマホシクサ（コンペイトウグサ）〔ホシクサ科〕

Eriocaulon nudicuspe Maxim.

伊勢湾と三河湾に面した本州中部地方の丘陵地の水辺に生える一年生草本．葉は束生し，線形で長さ 10〜20 cm，幅 2 mm ある．花茎は長く葉上に出て，高さ 20〜40 cm になり，稜線が 5 本あってよじれている．葉鞘は長さ 6〜7 cm，鈍頭で斜裂する．秋に開花する．頭花は球形，径 5〜6 mm 位で白色である．総苞片は倒卵形，円頭，花序よりも短い．苞葉は菱状の披針形，鋭頭，上部背面に白色の軟らかい毛がある．雄花の外花被片はへら状の苞状に合生し，ふちには軟らかい毛があり，先端は切形で短い 3 裂片となる．内花被片は筒状，先端は 3 裂し，裂片は不同の卵状三角形で黒色の腺体がある．雄しべは 6 本で葯は黒色である．雌花の外花被片は雄花のものと同じ，内花被片は狭披針形，内側に毛があり，上部の内側に黒色の腺体があって，子房は 3，柱頭は 3 裂．頭花を色々染めて花かんざしを作ることがあった．〔日本名〕白玉星草は雪白色の頭花を白玉にたとえて名付け，またコンペイトウグサ（金米糖草）も白い花序を菓子の金平糖にたとえたもの．

708. シロイヌノヒゲ（オオイヌノヒゲ）〔ホシクサ科〕

Eriocaulon miquelianum Koern. var. ***miquelianum***（*E. sikokianum* Maxim.）

水辺に生える多年生草本．葉は束生し，線形で上側が凹み，長さは 10〜20 cm，幅 2〜4 mm で，7〜9 脈あり窓状の孔がある．花茎は多数で高さ 10〜30 cm，径 1 mm 内外で 5〜6 の稜線がある．葉鞘は長さ 5〜7 cm，鈍頭，2 斜裂している．秋に花が開く．頭花は半球形，白色をし，径 5〜7 mm で総苞片は長卵状披針形，花序より長く出ている．苞葉は倒卵形，鋭頭，上部背面に突起毛がある．雄花の外花被片はへら状の苞葉状に合生し，上縁に突起毛がある．内花被片は筒状，先端は 3 裂し，雄しべ 6，葯は黒色である．雌花の外花被片はへら状の苞葉状に合生し，上部は 3 歯縁，突起毛があり内面に毛が多い．内花被片はへら状棍棒状で先端に黒色腺体と突起毛がある．子房は 3 室で柱頭は 3 つに分かれ，種子は楕円体，長さ 1 mm で全体に短毛がある．〔日本名〕白犬ノヒゲは白色を帯びた頭花に基づいたもので白犬のもつひげという意味ではない．〔追記〕本種は最近はイヌノヒゲ（次図）の 1 型に過ぎないものと考えられている．

709. イヌノヒゲ 〔ホシクサ科〕

Eriocaulon miquelianum Koern. var. ***miquelianum***

水田や水辺に自生する一年生草本．根はひげ状で白色である．葉は束生し，線形，先端は漸尖形で高さは 10〜15 cm，幅 3〜6 mm，7〜9 脈があり網目が窓状の孔に見える．花茎は多数が群がって出て，高さは 10〜20 cm，縦溝が 4〜5 あって少しねじれている．葉鞘の長さは 3〜6 cm あり，鈍頭で斜めになる．秋に開花し，頭花は半球形，径 4〜5 mm，総苞片は披針形，鋭頭で花序の周囲よりものび出しており，中心に雄花，周辺に雌花がある．苞葉は倒卵状くさび形，雄花の外花被片は筒状，先端は 3 裂し，裂片は楕円形，雄しべは 6，葯は黒色．雌花の外花被片は合生してへら状苞葉状となり，先端には 3 歯があり，この部分に突起毛があり，また内外には毛が多い．内花被片は離生し 3 個，へら状棍棒状で内部に毛が多く，上端に突起毛がある．子房は 3 室，柱頭は 3 つに分かれる．〔日本名〕犬ノヒゲの意味で，その総苞葉が突出した花序の姿をイヌのひげに見立てたもの．

710. クロイヌノヒゲ 〔ホシクサ科〕

Eriocaulon atrum Nakai

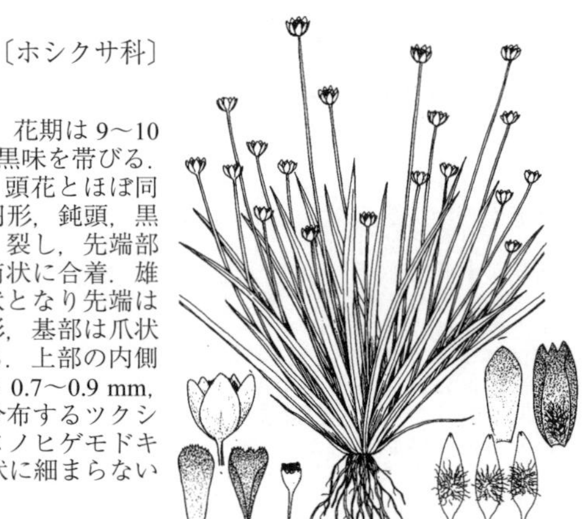

北海道から九州に分布する一年草．葉は束生し，長さ 2.5〜16 cm．花期は 9〜10 月．花茎は高さ 3〜15 cm，頭花は倒円錐形から半球形，径 2〜6 mm で黒味を帯びる．総苞片は卵状長楕円形，膜質，鈍頭，淡緑色または藍黒色を帯び，頭花とほぼ同長または短く長さ 2〜5 mm．花床は有毛である．苞葉は倒卵状楕円形，鈍頭，黒色を帯び無毛．雄花の外花被片は筒状で黒色を帯び，先端は浅く 3 裂し，先端部に単細胞の突起毛がある．内花被片は 3 個で短毛があり，下部で筒状に合着．雄しべは 6 個，葯は黒色．雌花の外花被片は合着して，へら状苞葉状となり先端は浅く 3 裂し，藍黒色，内面に長毛がある．内花被片はへら状披針形，基部は爪状に細まり，外花被片とほぼ同長かやや短く，内面にのみ長毛がある．上部の内側には黒腺がある．子房は 3 室，柱頭は 3 つに分かれる．種子は長さ 0.7〜0.9 mm，三日月状楕円形で表面は錨状突起がつく．〔追記〕関東地方以西に分布するツクシクロイヌノヒゲ *E. kiusianum* Maxim. と本州北部に分布するクロイヌノヒゲモドキ *E. atroides* Satake に似るが，前種からは雌花の内花被片の基部が爪状に細まらないこと，後種とは総苞片が頭花より短いことで区別できる．

711. ハナビゼキショウ (ヒロハノコウガイゼキショウ［同名異種あり］) 〔イグサ科〕

Juncus alatus Franch. et Sav.

本州から九州の山野の湿地などに自生する多年生草本．根茎は節間が短い．茎の高さは 30〜50 cm，扁圧されて翼があり翼とともに幅 3〜4 mm 内外である．下方の葉は形が小さいが，一般に長剣状で長さ 15〜20 cm，幅 4〜5 mm の多管質で，横の隔壁がはっきりしている．葉鞘のふちは白膜質で葉耳が無い．花序は頂生で最下の苞葉は葉状，花序よりも低い．頭状花序は多数がまばらな凹集散状につきおのおのは数花からなっている．花は初夏に開き小さい．花被片 6 は披針形の同じ長さで 3 mm 位である．雄しべは 6，花被片よりも短く，葯は楕円形で花糸よりはるかに短い．成熟したさく果は長さ 4 mm 内外で，三稜状長楕円体で光沢が強く赤褐色である．種子は倒卵形，鉄さび色で，長さは 0.6 mm，幅 0.3 mm である．〔日本名〕花火石菖は花序の形を花火が空に上った形にたとえたもの．ヒロハノコウガイゼキショウはコウガイゼキショウより葉の幅が広いため．実はこの名の方が本種にとってハナビゼキショウより古い名であるが同名の 714 図とは別種である．

712. ミヤマイ 〔イグサ科〕

Juncus beringensis Buchenau

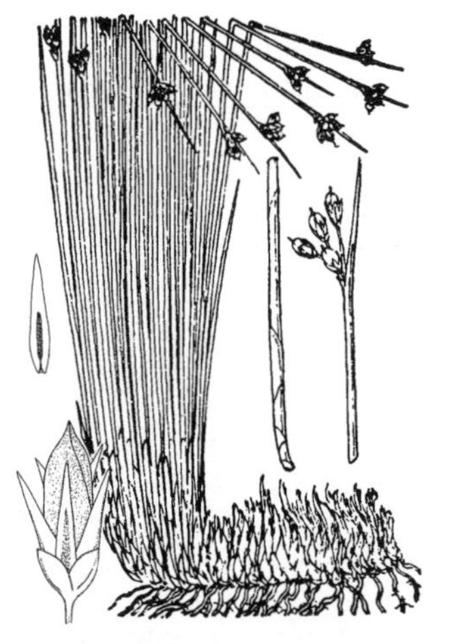

本州中部以北の高い山の湿地に生える多年生草本で多くは密生した群落をつくる．高さは 20〜40 cm 位，根茎は横にはって沢山茎を出す．茎は直立した円柱状で比較的粗く暗緑色，はっきりしない溝がいくつもあり下部にはつやのある褐色で鞘状の葉がついている．夏に茎の先に小さな散形花序に 3〜6 花がつく．苞葉は花序より長く直立して尖っており 20〜35 mm 位の長さがあるので花序は一見茎の横から出るように見える．花はごく小さい．6 枚の花被片は披針形で，先はゆるく鋭尖し，乾皮質で黒紫褐色，平らに開き，長さは 4〜5 mm．雄しべは 6，長さは花被片より短く，花糸もまた葯の 1/2 にも満たない．子房は大体球形で花柱は上方で 3 本に分かれる．さく果は 3 稜のある広楕円体で先が円く花被片よりも長い．〔日本名〕深山藺で深山に生えるイの意味．

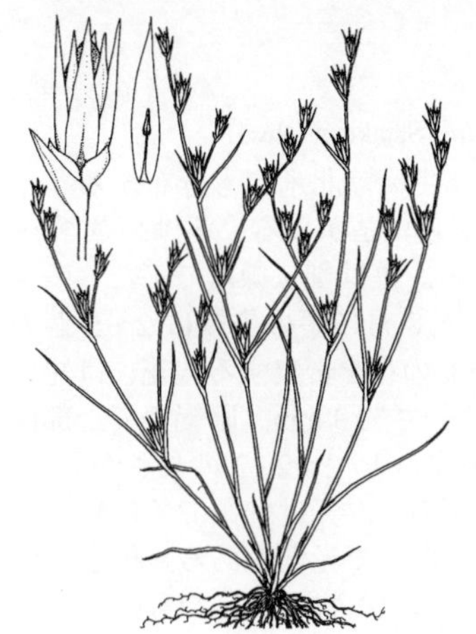

713. ヒメコウガイゼキショウ　〔イグサ科〕

Juncus bufonius L.

北海道から九州，全世界の温・暖帯に分布し，湿った草地または砂地に生える一年生草本．茎は束生し，円柱状で細く，高さ 5〜30 cm．葉はやや扁平で細線形，茎より短い．鞘部は短く長さ 1〜3 cm，葉耳はほとんどない．花は 6〜9 月頃凹集散花序に単生してつく．葉状苞は針形または細線形，花序より著しく短い．小苞は膜質で卵形，長さ 1.5〜2 mm．花被片は淡緑色で披針形，鋭尖頭，外片は内片に比べやや長く，長さ 4〜6 mm．雄しべは 6 本で，花被片の約 1/2，葯は花糸の 1/2〜1/3．成熟したさく果は黄褐色，長楕円体，長さ 3〜5 mm で花被片より短く，3 室．種子は倒卵状楕円形で長さ 0.5〜0.6 mm．〔日本名〕小さいコウガイゼキショウの意．〔追記〕クサイに似るが，一年草で小さく，苞が花序よりも短いことで区別できる．

714. ヒロハノコウガイゼキショウ　〔イグサ科〕

Juncus diastrophanthus Buchenau

北海道から九州の山地の湿地に生える多年生草本で北地に多い．根茎は短く，白色のひげ根を多数出す．茎は数本集まってはえ，高さは 30 cm 内外である．葉は茎よりも短く，剣状で先が尖り幅 3〜5 mm 位でコウガイゼキショウよりも広く，往々鎌状をしている．茎は扁平で翼状の 2 鋭稜がある．夏に茎の先に多少集まった集散花序をつけ，葉状苞は直立しその長さは花まで届かない．小頭花はほぼ球状で，花被片 6 個は狭披針形，長さ 3〜4 mm，長尖頭をして緑色または赤褐色を帯びている．雄しべは 3 本あってほぼ花被片の半分の長さ．さく果は三稜柱形，先端が鋭く尖って花被片の上に出ている．〔日本名〕広葉の笄石菖の意味で，葉がコウガイゼキショウより広いことによる．

715. イ（イグサ）　〔イグサ科〕

Juncus decipiens (Buchenau) Nakai（*J. effusus* L. var. *decipiens* Buchenau）

日本全土の原野の湿地に生えるふつうの多年生草本．根茎は横にのび，節間は短い．茎は円柱形でなめらか．濃緑色で，不規則で不明な溝が縦にあり，高さは 0.5〜1 m．ふつうの葉はなく茎の下方に鞘状の葉が数枚ついている．花は夏に開く．花がまばらについた凹んだ集散花序は見かけ上側出するが，花序よりも高く一本直立して尖った緑色の円柱形の茎に見えるのは苞葉である．花は小さくて緑褐色．花被片は同長，披針形で 2〜3 mm．雄しべは 3，花被片の 2/3 の長さで葯と花糸とはほぼ同じ長さ．果実は三稜状倒卵形体，鈍頭で長さ 2〜3 mm で淡緑褐色．本種に似て山地に生え全形がやせて細長いのをヒメイ f. *gracilis* (Buchenau) Satake というが場所による変異にすぎない．また花が密に集まって球状になるのをタマイ f. *glomeratus* (Makino) Satake という．この茎の髄をとって燈心にする．〔日本名〕イの意味は谷川士清の和訓栞に「席（むしろ）にする物なれば居の義なるべし」とあることによるとされるが，疑問である．〔漢名〕燈心草．漢字として「藺」を使うが確実でない．

716. コヒゲ　〔イグサ科〕

Juncus decipiens (Buchenau) Nakai **'Utilis'**

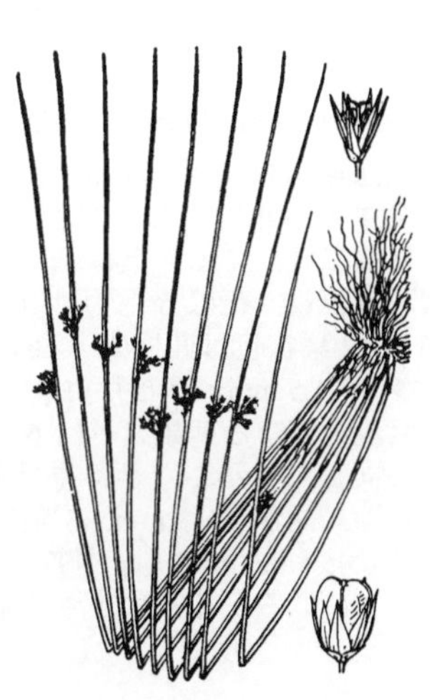

イの栽培品種で水田に冬から夏にかけて栽培される多年生草本．根茎は横にのびるが節間は短いので茎は密に並ぶ．茎は細長い円柱状，高さ 0.7〜1.5 m になる．葉は茎の下部に赤褐色の鞘状となっている．夏に開花．花はイに比べると小形であり，数も少なく 5〜6 個でまばらに凹んだ集散花序について 1 花序になり，見かけ上側出する．1 本長く尖って茎のように見えるのは苞葉である．花被片，雄しべ，雌しべはイと同じである．果実もまたイに似て形が小さい．茎を刈って乾かし織って畳表にする．岡山県に産するので備後表というのは左右から織った細い先端部が中央部で 2 列に並ぶので商品名を「中継ぎ」といい上等品である．近江表と丹波表とはそれぞれ滋賀県と京都府の産物で 1 本ずつの茎が通っているので太さが不揃いになりまた編み方が粗く品質は落ちる．イを植える水田を藺田という．別の栽培品種に茎も苞葉もらせん状に巻いたものがあり，ラセンイ 'Spiralis' という．偶然に生じた突然変異の結果で，観賞用に植えている．〔漢名〕石龍芻は誤り．

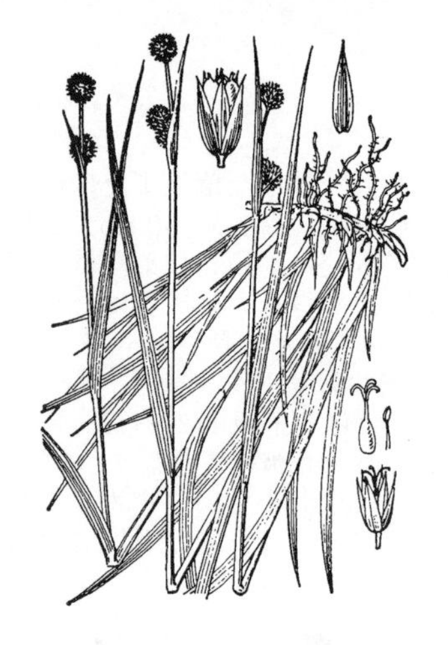

717. ミクリゼキショウ

〔イグサ科〕

Juncus ensifolius Wikstr. (*J. oligocephalus* Satake et Ohwi)

本州北中部，北海道の高山湿原にまれに生え，北米にも分布する多年生草本．根茎は細くて横にはい，多少まばらに茎が出る．茎は高さ 20〜50 cm，平たく狭い翼があり，葉を互生する．葉は剣状線形で平たく多管質で，幅 3〜6 mm，葉鞘も長く平たい．7〜8 月に茎の先端に 2〜5 個の球形の頭状花序をつけ，径 8〜10 mm，多くの花を密集する．花には短い柄があり，花被片は 6 枚，披針形で尖り，長さ約 3 mm，暗褐色で上部は黒ずみ，3 脈がある．雄しべは 3 本，花被片の 1 / 2〜2 / 3 の長さがあり，葯は花糸の半長．さく果は楕円体で 3 稜があり，先は鈍頭で急に短突端となり，花被片とほぼ同じ長さがあり，黒褐色で光沢がある．種子は倒卵状楕円形である．〔日本名〕花序の印象をミクリにたとえたもの．

718. イヌイ

〔イグサ科〕

Juncus fauriei H.Lév. et Vaniot (*J. yokoscensis* (Franch. et Sav.) Satake)

北海道，本州の主に海岸に近い湿った砂地に生える多年生草本．地下茎は長く横にのびて茎は少しまばらに並んで立ち，高さ 20〜50 cm，径 1〜2 mm，やや平たくよじれる．葉は鞘状で茎の下部を包み，下のものは短く長さ 1〜2 cm で褐色，上部のものは長さ 4〜7 cm で黄褐色である．最下の苞葉は茎の先に連続し長さ 3〜15 cm．5〜8 月に，集散花序が茎の横から出たようにつく．花序は 5〜25 花からなり，小苞葉があり，花は単立する．花被片は 6 枚，広披針形で長さ 3〜5 mm あり，ふちは白膜質である．雄しべは 6 本，花被の半分の長さであるが葯は花糸の 3 倍である．さく果は長卵形体で先が突出し，花被片より少し長く 4〜5 mm，黒褐色で光沢がある．〔日本名〕イに似るが本物の役をしないイの意味である．植物名にはイヌという名をこのように使用する例は多い．イヌナズナ，イヌガヤ，イヌムギなど．

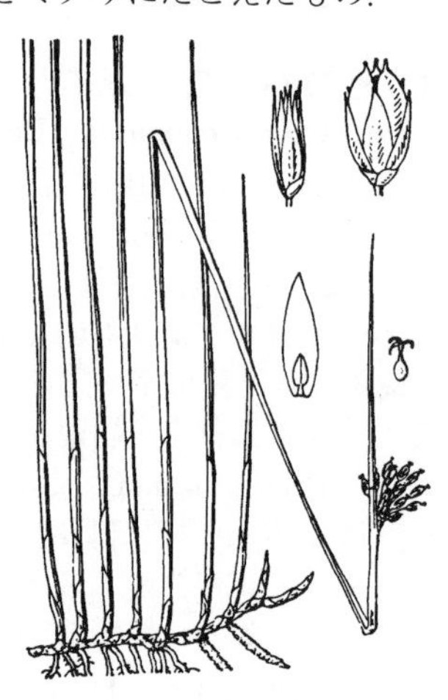

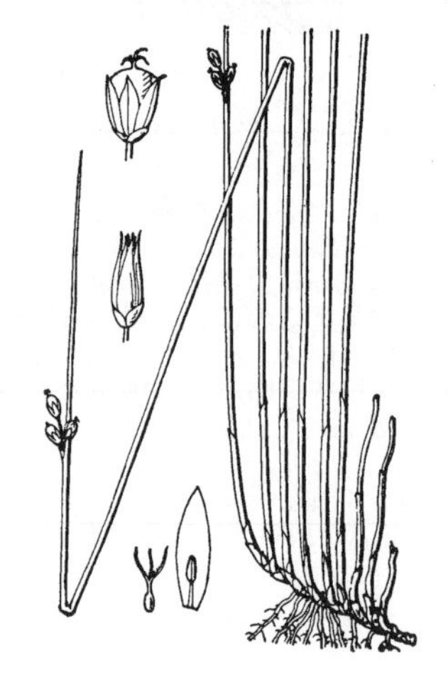

719. エゾホソイ

〔イグサ科〕

Juncus filiformis L.

本州の北中部や北海道の高山湿地に生える多年生草本．地下茎は横にはい，茎はやや密に並んで立ち，高さ 20〜90 cm で細く，径 1 mm 位，断面はほぼ円く表面には浅い縦溝がある．茎の下部を包んだ葉は鞘状で褐色を帯び，先は短い芒状に尖る．最下の苞葉は茎の延長のように見え長さ 5〜20 cm，夏に長さの不同な短い柄を出し，3〜6 花が側方から出るようにつく．花の基部に小苞葉があり，花被片は 6 枚，披針形で長さ 3〜5 mm，ふちは白膜質である．雄しべは 6 本，花被片の半分の長さで，葯は花糸の半分の長さである．さく果は長楕円体で 3 つの稜があり，花被片とほぼ同じ長さの黄褐色で光沢がある．種子は楕円形，赤褐色で長さは 0.6〜0.7 mm である．〔日本名〕北海道産のホソイの意味．

720. ドロイ

〔イグサ科〕

Juncus gracillimus (Buchenau) V.I.Krecz. et Gontsch.

北海道から九州，北東アジアの温帯に分布し，水湿地または塩湿地に生育する多年草．根茎は長くはい，節間は短い．茎は高さ 20〜70 cm，円柱状で直立する．葉は細く線形，扁平で白緑色，鞘部は長さ 3〜6 cm，葉耳は膜質．花は 5〜7 月頃凹集散花序に単生してつき，花序の長さ 6〜16 cm．葉状苞は花序より長いかやや短い．小苞は広卵形，鈍頭で膜質，長さ 1〜1.5 mm．花被片は卵状長楕円形で鈍頭，長さ 1.5〜2 mm，背部は暗紫色を帯びる．雄しべは 6 本，花被片の約 1 / 2〜2 / 3 の長さ，葯は花糸と同長．成熟したさく果は光沢のある褐色で楕円体，鈍頭，花被片より長く，長さ 2〜3 mm，3 隔室（不完全な 3 室）．種子は倒卵状楕円形で長さ 0.45〜0.6 mm.〔日本名〕泥湿地を好んで生育するイグサの意.〔追記〕クサイに似るが花被片がさく果より短いことで区別できる．

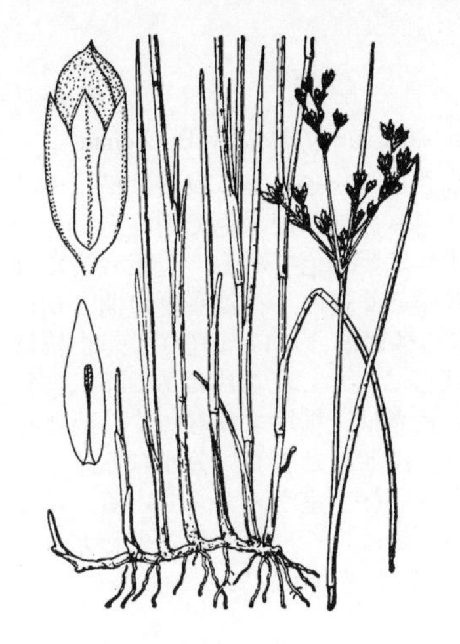

721. タチコウガイゼキショウ 〔イグサ科〕

Juncus kramerii Franch. et Sav.

北海道から琉球の多少湿った地に生える多年生草本．根茎は横にはい，節間は短く，または少し長いものもある．茎は円柱形で直立し，高さ 30～50 cm になり，径 2～3 mm ばかりである．茎葉は円柱形で長さは 10～20 cm，径 1～2 mm，単管質で横の隔壁は明瞭で葉耳は卵形である．頭状花序は多数あって 5～7 花からなり，さらに集まって凹んだ集散花序をして頂生する．夏から秋にかけて開花し，花は小さく緑色をしている．花被片はほぼ同長または内花被片が少し長く，外花被片は披針形で先が尖り，内花被片は披針形の鋭頭またはやや鈍頭で，ふちは膜質である．いずれもさく果より短い．雄しべは 6，花被片の約 1 / 2 の長さで葯は花糸より短い．成熟したさく果は三稜状の楕円体で，鈍頭，先は急に尖り長さは約 3 mm．種子は倒卵形，鉄さび色で長さ 0.5 mm，幅 0.2 mm 内外である．雄しべの数もまた異なる．〔日本名〕茎が直立していて人目をひくのでこの名がある．〔追記〕ホソバノコウガイゼキショウとよく似ているが，花序がやや密につき，果実も少し大形であるため，頑丈な感じを受ける．

722. イトイ 〔イグサ科〕

Juncus maximowiczii Buchenau

本州中部，北海道の深山の岩の上に生える多年生草本で群生している．淡緑色をした葉は根元から出て細くやわらかく，長さ 10～20 cm，幅 1 mm 以下で 3～5 脈がある．花茎は細長く，直径 0.5 mm 以下でふつうは葉よりも短く，長さは 7～14 cm である．夏に茎の先に頭状の花序を 1 つつける．最下の苞葉は花序と長さが同じかまたは少し長い．花序は 1～4 個の花からなる．苞葉は白色の膜質披針形．花被片は内外とも同じ長さで線状披針形，白色の膜質である．雄しべは 6，花被片より突き出ていて，葯は長楕円形で花糸よりはずっと短い．成熟したさく果は三稜状の楕円体で長さ 6 mm 内外，うすい緑白色で果皮は質がうすい．種子は長楕円形，鉄さび色で長さ 0.7 mm，幅は 0.3 mm で両端に白色の長い附属物がある．〔日本名〕糸藺の意味で全体の形と感じによってついたもの．

723. ホソバノコウガイゼキショウ（アオコウガイゼキショウ）〔イグサ科〕

Juncus papillosus Franch. et Sav.

原野や湿地に生える多年生草本．根茎は短く，地中に短くはった枝を出し，晩秋になると地中に多肉の芽ができるが，この芽は白く肥厚した鱗片葉が沢山重なっている特別な形である〔図左下〕．茎は直立して群生し，高さ 20～30 cm，径 1～2 mm 内外の円柱形をしている．茎葉は円柱形で長さ 7～15 cm 内外，単管質で乾けば横の隔壁が隆起して明瞭になる．葉耳は小さい．花序は大きく，頂生または腋生する．頭状花序は多数がやや密集した集散状に集まりおのおのは 2～3 花からなっている．花は夏に開き，小さくて緑色である．花被片は披針形で内花被片は少し長くおよそ 2 mm ばかり．雄しべは 3，外花被片より少し短く，葯は長楕円形で花糸より短い．成熟したさく果は長さ 4 mm 内外で披針状三角錐形，鋭尖頭をしている．種子は狭い倒卵形で長さは 0.65 mm，幅は 0.25 mm ばかりである．〔日本名〕コウガイゼキショウに似て葉が細いことをいい，実際には茎と葉との断面が円くて扁平でなく，単管質である点で区別が容易である．

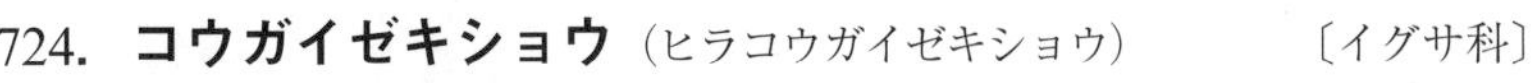

724. コウガイゼキショウ（ヒラコウガイゼキショウ） 〔イグサ科〕

Juncus prismatocarpus R.Br. subsp. ***leschenaultii*** (J.Gay ex Laharpe) Kirschner (*J. leschenaultii* J.Gay ex Laharpe)

水田や湿地に生える多年生草本．茎の長さは 30 cm 内外で扁平な二稜形，無翼かまたは狭い翼があり，幅 2～3 mm である．葉は扁平で長さは 15～20 cm，幅 3～4 mm 内外，鋭尖頭，多管質で多数の横の隔壁があり，葉耳は極めて小さい．花序全体は中央が凹んだ集散花序的なこの類独特の形で頂生し，多数の頭状花序が集まってつく．頭状花序は 7～10 花が集まりほぼ球形をしている．花は夏に開き，小さく緑色，花被片は披針形，ほとんど同長で長さは 4 mm 内外，雄しべは 3，外花被片の 1 / 2 の長さ，葯は花糸より短い．成熟したさく果は長さ 4～5 mm の長楕円状の三角錐形で鋭頭である．種子は倒卵形で鉄さび色，長さ 0.65 mm，幅 0.3 mm ばかり．葉の大小，さく果の長短等非常に多形である．〔日本名〕笄石菖の意味．笄（こうがい）とはむかし日本髪を結うのに使った平らな長い用具で，上等のものはべっ甲で作った．葉の平たい感じがこれに似ているとしてついた名である．セキショウはショウブ科の草で全体の形が同じ印象を与えることによる．

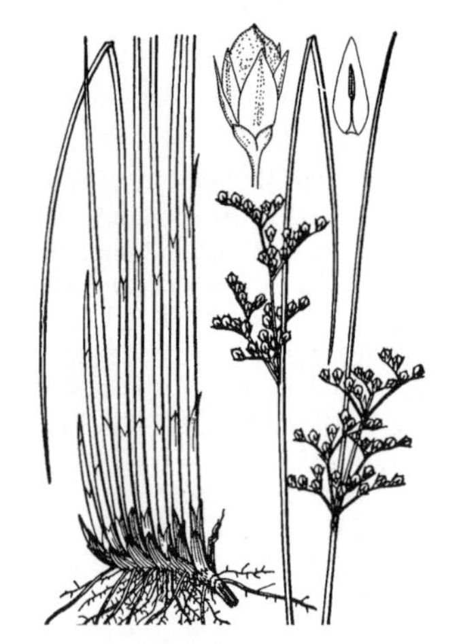

725. ホソイ

〔イグサ科〕

Juncus setchuensis Buchenau (*J. setchuensis* var. *effusoides* Buchenau)

本州以南の水湿地に生える多年生草本で高さは 30〜50 cm. 根茎は横にのびこれから茎が列を作って密生している. 茎は白みを帯びた緑色で円柱形, その面には沢山の浅い溝が縦に通り, 下部の鞘状葉は紫褐色である. 苞葉もまた細い円柱形で直立し, 茎と同じ形で花序よりもひどく長い. 花は盛夏に開き秋に実を結ぶ. 集散花序にははっきりと 4〜5 本の柄があってほぼ直立し, 小枝は開出する. 花は小さく淡緑色で枝の上にまばらにつく. 花被片は 6, 卵状披針形で尖り, 長さは 2 mm 位. 雄しべは 3 個, 長さは花被片よりも短く, 葯と花糸とはほぼ同じ長さである. 子房は 1 個, 花柱は上部で 3 つに分かれる. さく果は黄褐色, 長卵形体で花被片より長く, 不完全な 3 室からできている. イに似ているが茎は白緑色, 縦に溝が多く, 花序の軸は長く, さく果は少し大きくまばらなのですぐ区別できる. 〔日本名〕やせて細いイの意味.

726. クサイ

〔イグサ科〕

Juncus tenuis Willd.

アメリカ原産の多年生草本で, 帰化して日本各地にふつうに見られる. 茎は群がり出て, 高さ 15〜50 cm, 細く円柱状, 下部に数枚の葉をつける. 葉はふつう茎よりも短く細く, 直径 1 mm 内外, 平らで縁は上方に巻き, 葉鞘は比較的短く, 葉耳は膜質で長く 2〜3 mm ある. 6〜10 月に茎頂に葉状の苞葉をつけ, 一番下の苞葉はごく長く, 長短のある数本の集散花序をつける. 花はほとんど無柄で基部に小苞葉があり, 花被片は 6 枚, 披針形で長さ 3〜4 mm, 背部は緑色を帯びていて縁は白色で膜質である. 雄しべは 6 本, 花被片の半分の長さで, 葯は花糸の半分位の長さがある. さく果は卵形体で 3 稜があり, 花被片よりやや短く, 淡褐緑色で光沢がある. 種子は倒卵形で長さ 0.4 mm, 水にぬれると粘る. 〔日本名〕草藺でイと違って葉が目立ち, ふつうの草のように見えるからである.

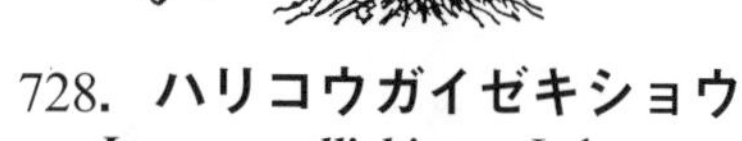

727. タカネイ

〔イグサ科〕

Juncus triglumis L.

本州中部の長野県の白馬岳や北海道の大雪山の砂利質の土地にだけ生える多年生草本で珍しい. 根茎は密集し, 茎と葉とは束生する. 茎は直立し高さは 10〜15 cm である. 葉は茎より短く, 細い線形で先は鈍頭, 下部で茎を抱いている. 8 月に茎の先に 5〜6 花からなる頭状花序をつける. 苞葉は 2 個あって花より短く, また茎と同質ではない. 6 枚の花被片は鐘形に集まり, 長楕円状披針形で先が鈍形, 長さ 4 mm ある. 雄しべは 6 本あって花被片と同じ長さであり, 子房は長い楕円体で花柱の上の方は 3 分している. さく果は花被片よりも長く突き出ていて, 赤褐色で光沢があり, 先が円い. 種子は長さ約 2 mm. 〔日本名〕高嶺藺で高山生のイの意味.

728. ハリコウガイゼキショウ

〔イグサ科〕

Juncus wallichianus Laharpe

北海道から琉球, 東アジアからヒマラヤの温帯・亜熱帯に広く分布し, 湿地に生える多年生草本. 根茎はごく短くはう. 茎は円柱状またはやや扁円柱状で翼はなく, 直立し, 高さ 10〜50 cm. 葉は茎より短く, 円筒状単管質で隔膜は完全, 鞘部は葉身より短く, 長さ 5〜10 cm, 葉耳は膜質. 最下の苞は葉状で花序よりはるかに短い. 花は 3〜6 花よりなる頭状花序が凹集散花序に多数つく. 花被片は披針形, 鋭尖頭, 内外片はほとんど同長で, 長さ 3〜4 mm. 雄しべは 3 本で外花被片の約 1/2, 葯は花糸より短く 1/3〜1/4. 成熟したさく果は褐色で光沢があり一室, 長楕円状の三角錐形で長さ 4〜5 mm, 花被片よりやや長い. 〔日本名〕花被片の先が長く尖るコウガイゼキショウの意. 〔追記〕本種は変異が多く, 水湿地に生育するものでは, ときに頭状花序に無性芽を生ずることがあり, これにコモチゼキショウ *J. koidzumii* Satake の名前があるが, 一種の生態型と思われる. 本種はホソバノコウガイゼキショウにも似るが, 成熟したさく果が花被片の 2 倍長にはならないこと, 頭状花序あたりの花の数が多いことで区別できる. また小形のタチコウガイゼキショウにも似るが, 根茎が長くはわないこと, 雄しべが 6 本ではないことで区別できる.

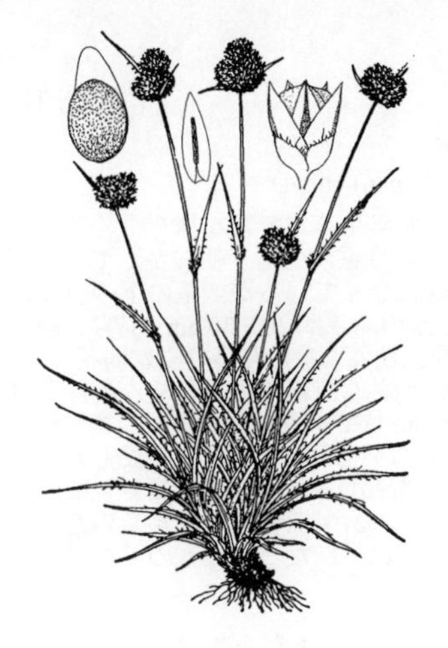

729. スズメノヤリ（スズメノヒエ）　〔イグサ科〕

Luzula capitata (Miq.) Miq. ex Kom.

東アジア各地の原野や芝地に多く生える多年生草本で，春早く根茎から多数の緑葉が群れをなして生え，冬には紫色を帯びる．葉は線形で長さ 5〜15 cm，幅 2〜3 mm，ふちに白色の長い毛を出し，先端は次第に細まって尖りついに指頭状に終わる．春に多数の花茎を出し長さは 10〜30 cm 内外になり，頂についた赤黒褐色の頭状花序は大体球形または卵形体をしているがまれに 2〜4 個の小頭状花序に分かれることもある．最下の苞葉は頭状花序より長い．花被片 6 個は赤褐色または黒褐色で，ふちは白色，内外とも同長の披針形鋭頭である．雄しべは 6，葯は長楕円形，花糸は極めて短い．さく果は卵形体で花被片とほとんど同じ長さ，長さは 2.5 mm ばかり．種子は球形または広卵形体で濃青黒色，長さ 1.2 mm 内外である．種枕は大形，白色で種子の半分の長さ．地中に小さい塊状になる地下茎があるので一名シバイモの名もある．〔日本名〕雀の槍という意味である．もとスズメノヒエといったがイネ科の別種に同一名の植物があって，混乱するのでスズメノヤリの名を使用した．スズメノヒエは細かい果実の粒を穀物のヒエに見立てた．細かいものをスズメに帰する名は植物に多い．スズメノトウガラシ，スズメノカタビラ，スズメノエンドウなどがある．〔漢名〕地楊梅．この名は果序の色感をヤマモモの果実にたとえたもの．

730. ヤマスズメノヤリ（ヤマスズメノヒエ）　〔イグサ科〕

Luzula multiflora (Ehrh.) Lejeune

北海道から九州の山野に生える多年生草本．茎は群がって出て高さが 30 cm にもなる．株全体は長い散毛におおわれている．葉は茎の下の方に出て，線形または広線形をして次第に鋭尖頭となり，ふちには長い白毛が多くついている．初夏の頃，茎の先に花が咲き，花序の基部に長い葉状苞がある．頭状花序は散形に配列するか一部の枝がさらに集散状に花序をつけ，頭状花序は 5〜10 個で球形，径 6 mm 内外，大体 15 花内外からなり，柄は長短不揃いでほとんど直立に近い．花被片 6 個は赤褐色で楕円状の披針形，鋭尖頭である．子房上の花柱は上部で 3 つに分かれている．さく果は長さ 2.5〜3 mm, 濃い褐色で花被片より長い．種枕は種子の半分の長さ．スズメノヤリに似ているが茎は一層長く，また頭状花序が長い枝の先に散形状に並ぶ点で区別しやすい．〔日本名〕山地生のスズメノヤリの意味．

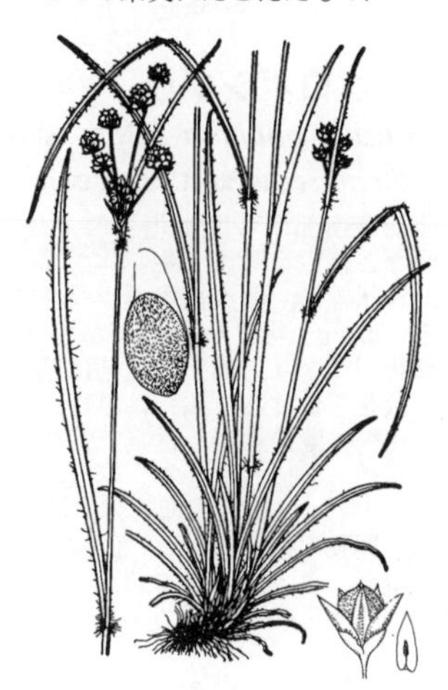

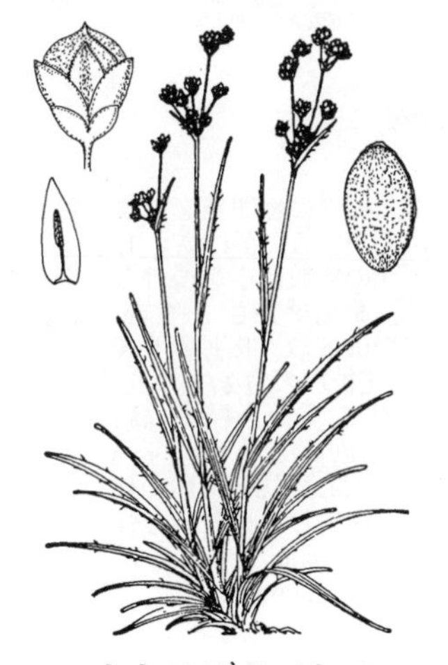

731. タカネスズメノヒエ（タカネスズメノヤリ）　〔イグサ科〕

Luzula oligantha Sam.

中部以北の高山に生える多年生草本．茎は 2〜3 本集まって出て長さは 15 cm 内外である．葉は茎の下部にかたまって互生し，中部ではまばらに互生し，線形で次第に狭くなる鋭尖頭でふちにはむらなく長い白毛が出ている．茎の先の花序は散形状に出た枝先についた少数の小形の頭状花序からなり，花序柄は長短不揃いでやや直立し，ヤマスズメノヒエに似ているが苞葉は花序より短い．頭状花序は 5 花内外からできており 6〜7 月頃に花が開く．花被片 6 個は披針形で尖がっている．雄しべは 6，葯は花糸の半分の長さ．子房上の花柱は上の方で 3 つに分かれている．さく果は短く長さは 2〜2.5 mm で黒褐色. 花被片より長い. 種子は種枕が非常に短い.〔日本名〕高嶺雀の稗は高山に生えるスズメノヒエの意味でスズメノヒエはスズメノヤリのことである．そのため一名タカネスズメノヤリともいう．

732. オカスズメノヒエ　〔イグサ科〕

Luzula pallidula Kirschner

北海道から九州，朝鮮半島，中国，千島，サハリン，カムチャツカ，シベリア，北ヨーロッパの温帯に分布し，山地の草原に生える多年草．茎は束生し，高さ 10〜20 cm．茎葉は狭線形，長さ 2〜5 cm，幅 2〜3 mm，根生葉は線形，長さ 3〜8 cm，幅 2〜4 mm，ふちに白色の長毛を生ずる．花は 5〜7 月．花序は頂生で散形状に配列した数個の頭状花序からなり，最下の苞葉は葉状で花序とほぼ同長，頭状花序は 3〜5 花よりなり，小苞は卵形，膜質で全縁．花被片は披針形，鋭尖頭で黄褐色または緑褐色，長さ 2〜2.5 mm，内外片は同長．雄しべは 6 本, 花被片の長さの約 2 / 3．葯は花糸と同長．成熟したさく果は三稜状卵形体，褐色で花被片と同長またはわずかに長い．種子は長楕円体，長さ 0.5〜0.7 mm, 小さい種枕がある.〔日本名〕丘陵地や山地に生えるスズメノヒエの意味.〔追記〕ヤマスズメノヒエとタカネスズメノヒエに似るが，前種の小苞のふちは細裂すること，後種の葯は花糸の 1 / 2 の長さであることで区別できる．

733. ヌカボシソウ 〔イグサ科〕

Luzula plumosa E.Mey. subsp. ***plumosa***

(*L. plumosa* var. *macrocarpa* auct. non (Buchenau) Ohwi)

北海道から九州の原野や山のふもとに生える多年生草本で密な株をつくる．葉は線形で長さ 10～15 cm．幅 3～5 mm 位でふちには毛が生え，軟らかくて光沢があり，両端が細くなり先端はやや硬質の指頭状になっているが，茎の下の方では次第に小さくなり膜質の鱗片状になっている，茎の高さは 20～30 cm 内外に達し，3～4 枚の小さい茎葉をつけている．花序は頂生，凹んだ集散花序で夏に開花する．花序の枝は割に長く，多少うねっている．花は小さく淡褐緑色，花被片の長さはほぼ同じで，披針状卵形でふちは白色，長さ 3 mm 位で果実よりも短い．雄しべは 6 本で花被片より短く，葯は花糸より長いかまたは同じ長さである．成熟したさく果は三稜状広卵形体をして長さは 3.5 mm ほど，緑褐色またはうすい褐緑色で凸頭である．種子は楕円体で同じ長さの種枕をもっている．〔日本名〕糠星草の意味で黄色味のある花序がぱらぱらと散らばった感じを糠星にたとえたもので糠星とは満天に散りばめた無数の小星という意味．

734. クロボシソウ 〔イグサ科〕

Luzula plumosa E.Mey. subsp. ***dilatata*** Z.Kaplan

(*L. rufescens* auct. non Fisch.)

北海道南部から九州北部の主として日本海側の温帯に分布し，山地の渓流沿いの斜面などに生える多年生草本．茎は束生し，高さ 10～20 cm，走出枝を生ずる．茎葉は披針状線形，漸次鋭尖頭．長さ 2～5 cm，幅 2～3 mm，根生葉は線形，鋭尖頭，長さ 5～20 cm，幅 2～6 mm，ふちに白色の長毛を生ずる．花は 5～7 月．花序は頂生で散形花序となり，最下の苞葉は葉状で花序より著しく短く，花序の枝はしばしば集散状に数花をつける．頭花は単性，小苞は広卵形，膜質で先端部のふちは細裂または毛裂．花被片は披針形，鋭頭で背部は濃赤褐色，ふちは白色膜質，長さ 2～3 mm．内外片は同長．雄しべは 6 本，花被片の長さの 3 / 4，葯は線形，花糸より 2 倍長い．成熟したさく果は三稜状広卵形体，淡黄色で花被片とほぼ同長．種子は卵形体，長さ 0.9～1 mm，同長の種枕をもつ．〔日本名〕花被片が黒味を帯びるヌカボシソウの意．〔追記〕ヌカボシソウとミヤマヌカボシソウに似るが前種の葯は花糸と同長またはやや長く，後種の葯は花糸の 1 / 2 であることから区別できる．

735. ジンボソウ 〔イグサ科〕

Luzula jimboi Miyabe et Kudô subsp. ***jimboi***

(*L. rostrata* auct. non Buchenau)

北海道や本州北部の高山に生える多年生草本で，地下に匍匐枝を出す．根生葉は長さ 5～12 cm，幅 3～5 mm あり，ふちに長い白毛がある．茎は高さ 15～30 cm，ふつう 3 枚の茎葉があり，夏にまばらなやや散形状の集散花序をつける．茎葉は長さ 3～5 cm，幅 3～5 mm，上部で最も幅が広く，葉鞘は長さ 1～3 cm．苞葉は花序よりずっと短く卵形で先は尖っている．花被片は 6 枚，広披針形で長さ約 3 mm．赤褐色でふちは白膜質である．雄しべは 6 本で花被片の約 2 / 3 の長さがあり，葯は花糸より明らかに短い．さく果は三稜状広卵形体で，先はくちばし状に突出し，花被片より長く淡緑色である．種子は広卵形体，黒褐色で長さは約 1 mm，上部に種子と同じ長さの彎曲した種枕がある．(図左上．ただし種枕の彎曲の様子は描かれ方が不正確である)．〔日本名〕千島列島で本種を採集した地質学者神保小虎にちなんだもの．〔追記〕ミヤマヌカボシソウ subsp. *atrotepala* Z.Kaplan は本州中北部（宮城県以南）の高山に産し，花被片が小さく長さ約 2.5 mm．

736. ミヤマスズメノヒエ 〔イグサ科〕

Luzula nipponica (Satake) Kirschner et Miyam.

(*L. sudetica* DC. var. *nipponica* Satake)

北海道，本州中部以北の高山の草本帯に生える多年生草本で株全体が緑色であるが，時々赤色がかることもある．葉は根生し，幅は 2～3 mm，ふちに毛がまばらに生えている．茎は少数あって細いが強く，高さは 15～20 cm 位．夏に 1～5 個の頭状花序を散形状に出た枝先に集散状につけ，最下苞は大体花序よりも長い．各頭状花序は黒褐色で小さく，5～8 花からなる．花被片は黒褐色で披針形鋭頭でふちは膜質となる．内花被片は外花被片より短い．雄しべは 6，花被片より短く，葯は花糸と長さがやや同じまたは少し長い．種子は倒卵形体の鉄さび色で種枕はほとんどない．〔日本名〕深山雀の稗の意味でスズメノヒエ（スズメノヤリ）に似ているが高山に生えるのでいう．〔追記〕タカネスズメノヒエに似るが，小苞の縁は細かく裂け，さく果は花被片よりも短いので区別できる．

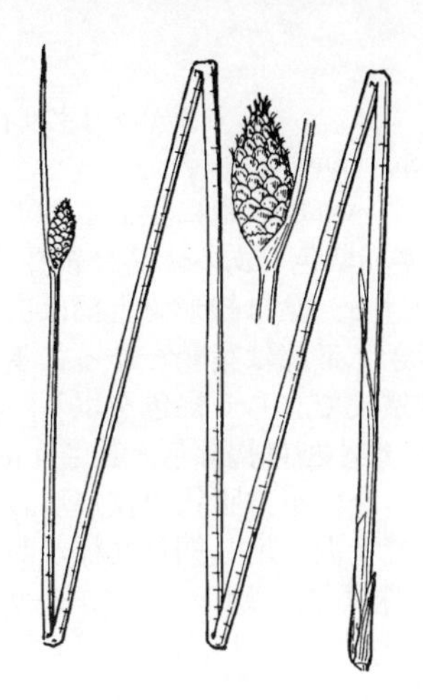

737. アンペラ　〔カヤツリグサ科〕

Lepironia articulata (Retz.) Domin (*L. mucronata* Rich.)

アジア南方，オーストラリア等の湿地に広く分布する多年草で，その茎を打って，むしろを織るために東南アジアなどで広く栽培する．地下茎は泥中を横に走り，赤褐色硬質の鱗片葉があり，その上に強剛な茎が列生直立する．葉は退化して鱗片状となり，赤褐色を呈し，茎の下部を包む．茎は円柱形，無葉で夏に茎の頂部から側方に小穂 1 個を生じ，その上に茎と同質の苞葉 1 本を茎に続けて立てるので小穂は側生するように見える．小穂は長さ 1～1.2 cm，長楕円体で褐色，卵形鈍頭の鱗片はらせん状に配列し，雌花を頂部に，雄花を側部につける．雌花には長く 2 裂する花柱があり，雄花には雄しべ 2～3 個があり，花時に鱗片外に超出する．〔日本名〕アンペラは本来マレー辺の言語に由来するという．この茎を用いて製した粗い蓆もこの名で呼ぶ．

738. ヒトモトススキ（シシキリガヤ）　〔カヤツリグサ科〕

Cladium jamaicense Crantz subsp. ***chinense*** (Nees) T.Koyama
（*C. chinense* Nees）

関東地方，能登半島以西の海岸に生える強剛で壮大な多年生草本で高さ 2 m に達する．茎は円柱形で叢生して直立し，硬質で平滑，多くの茎葉をつける．根生葉は幅 1 cm ほどあって，長く幅広い線形をなし，上部は次第に狭く細く尖り，下部は鞘状をなし茎と同じ高さで非常に強く，葉のふちおよび中脈の背面には微刺があるので非常にざらつく．秋に茎の上部の葉腋に密集した複散房花序を 5～6 個つけ，花序軸は数回分枝する．小穂は濃褐色で幅広い楕円体，鈍端をなしている．雄しべは 2 個，花柱は 3 岐する．痩果は幅広い楕円体で先端は急に凸端となり，濃褐色で平滑である．〔日本名〕一本ススキは 1 株から多数の葉が出る所からいい，猪切ガヤはその葉が強靱で小刺があり極めて粗くざらつくため，イノシシすら切るという意味でこのようにいう．

739. カガシラ　〔カヤツリグサ科〕

Diplacrum cairicum R.Br.
（*Scleria caricina* (R.Br.) Benth.）

関東地方以南，アジア東南部，オーストラリア等の水湿地に見る一年生の小草本．茎は単一かまたは基部から叢生し，高さ 5～20 cm で著しい 3 稜がある．葉は短小で長さ 1～3 cm，幅 2～3 mm，先は短く尖り質は軟らかく，長さ 2～10 mm の鞘部がある．夏秋，葉腋にかたまって小穂をつける．小穂は長さ 2～3 mm，雌雄別である．雌小穂は中央にあり 1 花からなり，2 鱗片は長楕円形で緑色を帯び 5～8 脈，先は小芒となり，花柱は 3 岐する．雄穂はまわりにつき，鱗片は広披針形白膜質で 1 脈がある．果実はほぼ球形で細い 3 稜があり，長さ約 0.8 mm，表面に脈状の隆起があり，鱗片と密着していて一緒に脱落する．

740. シンジュガヤ　〔カヤツリグサ科〕

Scleria levis Retz.（*S. hebecarpa* Nees）

伊豆七島および和歌山県以西の丘陵地の日当たりのよい湿った草地に生える剛質の多年草で，高さ 50～90 cm 位．根茎は横にはって硬く，暗赤色の鱗片があり，下にひげ根を出す．茎は直立し三稜状で緑色．葉は互生し長さ 30 cm 位に達し，幅広い線形で尖り，やや硬くほぼ 3 脈があり，ふちはざらつき，葉鞘は 3 個の翼を持つ．夏時に開花する．小穂は茎の頂に円錐状につき，長さ 10～15 cm 位あり，苞は葉状，小苞は芒針状．小穂には雌小穂と雄小穂とあって，ともに針状の苞の腋につく．花は鱗片にかこまれ雄花に 3 個の雄しべ，雌花に 1 個の雌しべがあって花柱は 3 岐する．痩果は球形，骨質で灰色を呈し，果面に微毛があるが後に光沢を帯び，基部に三角形で鋭頭の基盤がある．〔日本名〕真珠ガヤの意味で，その果実が真珠に似ていることによる．

741. コシンジュガヤ

〔カヤツリグサ科〕

Scleria parvula Steud.（*S. fenestrata* Franch. et Sav.）

本州以南の原野または山麓の日当たりのよい草原湿地に生える多年草でふつう多少叢生し，根はひげ状で短く，濃赤紫色である．茎は細長く，高さは 40〜50 cm 位あり，三稜形で葉をつける．葉は線形で上部は次第に狭まり先端は鈍形をなし，ふちはざらつき，下部は葉鞘となって茎を包む．夏秋の頃開花する．円錐状の花穂は狭長で立ち，褐色を呈し，枝は互いに離れ，その基部に葉状の苞がある．雌小穂は褐緑色，長さ 4 mm 位ある．痩果はやや球状で初め白色を呈し，後に小方眼状の紋が現われて赤褐色の細毛を帯びるようになり，次いで光沢を増し網目文様が明らかとなる．花柱は 3 岐する．〔日本名〕小真珠ガヤは草状がシンジュガヤより小さいことに基づいて名付けられた．

742. ケシンジュガヤ

〔カヤツリグサ科〕

Scleria rugosa R.Br. var. ***rugosa***（*S. pubigera* Makino）

関東以西，四国，九州を経て琉球および台湾，マレーシア，オーストラリアにも自生する一年草で，次図のマネキシンジュガヤに酷似するが，全草，すなわち茎，葉，苞のすべてに白い長い毛が密に生えているので一見して区別できる．また葉は中肋の両側に 1 条ずつ折れたたみの稜線が走り，葉鞘が一層広い差があるが，往々痩せて毛の少なく，かつ短い株を見るので，これらを変種関係に置くのが適当であると考える．痩果の下にある基盤は白と褐色とが交互する円盤状で 3 裂片とはならない．全体淡緑色，乾けばやや銅色を帯びた暗色となる．〔日本名〕毛真珠茅である．

743. マネキシンジュガヤ

〔カヤツリグサ科〕

Scleria rugosa R.Br. var. ***onoei*** (Franch. et Sav.) Yonek.（*S. onoei* Franch. et Sav.；*S. rugosa* var. *glabrescens* (Koidz.) Ohwi et T.Koyama）

関東以西の低地の溝のへりや湿地などに自生を見る一年草．全体に無毛のほかケシンジュガヤと同じである．高さ 20 cm 内外，根茎はなく多数の茎を叢生しやや開出して斜立する．全体淡緑色，茎は痩せて細く草質．葉は線形，幅 3 mm 内外，平坦で無毛，下部は葉身よりも狭いが緩やかな葉鞘となる．9 月頃に中部以上の各葉腋から彎曲した 2〜3 cm の枝を出し，先に花序をつける．雌小穂は長さ 2〜4 mm，葉状苞を伴う．痩果は先端わずかに凸頭となった小球形で径 1.5 mm，全体が白く光沢あり，またやや輪廓が鈍い網状紋がある．〔日本名〕招き真珠茅で花枝が曲がっているのを招く手にたとえた．

744. ミカワシンジュガヤ

〔カヤツリグサ科〕

Scleria mikawana Makino

千葉県以西，北九州に至る間の湿地に生える一年草で，インド，アフリカ，マレーシアにも分布する．高さ 40 cm 前後，根茎はなく，多数の茎と葉とが叢生して立つ．また痩果は全体に光沢なく初めから淡黄褐色の網状突起が隆起し，網目底のみ白色，後にかえって網よりも濃色となる違いがある．〔日本名〕最初，三河国（愛知県）で採集されたのによる．〔追記〕全体はコシンジュガヤに似ているが，硬い感触があり，葉鞘はやせてそのまま節間にうつりかわり，コシンジュガヤでは葉鞘に幅広い翼が縦に 3 枚つき，基部は急に鈍形となって節に終わる．

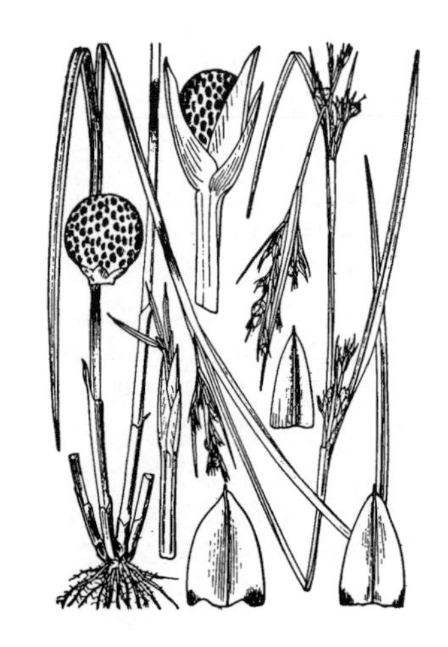

745. クロガヤ　〔カヤツリグサ科〕

Gahnia tristis Nees

熱帯アジアに広く分布するやや大形の多年草．中国大陸南部と琉球列島の各島に見られる．山地の明るい林内や林縁に生え，茎や葉は密集して株立ちとなる．葉は硬く幅 5〜8 mm でやや内側へ巻き込み，先は糸状となり，上部のふちや下面は刺があって著しくざらつき，基部付近は暗紫褐色を帯びる．茎は高さ 60〜100 cm，質が硬く平滑で鈍い稜がある．3〜6 月，茎の先の葉状の苞の腋に多数の黒褐色を帯びた小穂を密集してつけ，穂状の花序なす．小穂は長楕円状披針形体，長さ約 1 cm で短い柄があり，約 10 個の鱗片からなり，上方の 3 個は果を包み，広卵形で先は鈍く尖り，頂の 1 個だけが両性花となり，他の鱗片は広披針形で硬く先は尾状に長くのびる．痩果は倒卵形でやや鈍い 3 稜があり，長さ 4〜4.5 mm，はじめ淡黄白色で先端は黒褐色で光沢があり，成熟すると全体が黒褐色になる．柱頭は 3 個．〔日本名〕黒ガヤの意味で，花穂が黒色を帯びるため．〔追記〕小笠原によく似たムニンクロガヤ *G. aspera* (R. Br.) Spreng. が分布する．

746. ネビキグサ（アンペライ，ヒラスゲ）　〔カヤツリグサ科〕

Machaerina rubiginosa (Sol. ex G.Forst.) T.Koyama

（*Cladium glomeratum* R.Br.）

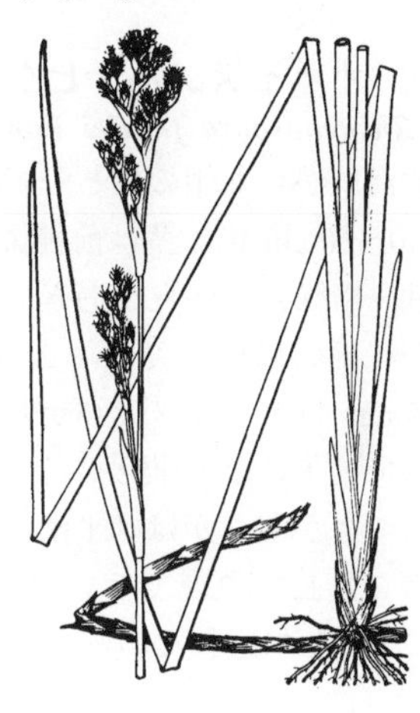

中部地方以南の日当たりの良い湿地に生える強直緑色の多年生草本である．高さ 60〜90 cm，強壮で鱗片におおわれている長い根茎が泥中に横たわり繁殖する．葉は細長く，多くは根生して 2 列生をなし，茎状をした上半部は円柱形またはやや三稜形をなし平滑である．根生葉は長さ 45 cm 余りに達する．夏から秋にかけて，節のある茎を直立し，茎頂の苞間にふつう数個の有柄の赤褐色の散房花穂を生じる．小穂は 2〜6 個あって大体頭状に集合し，各々 1 花を有し，卵球形をしている．鱗片は細長く，先は尖っている．雄しべは 3 個で花柱は上部が長く 3 岐する．痩果は長楕円状卵形体で小さいしわがあり，嘴は短く黒色をしている．〔日本名〕アンペライは従来からの名前であるが，その形状が全く相異なるアンペラ（*Lepironia*）と混同するから，これを異名としてここには根引草の名を採用する（牧野富太郎）．株を抜けば長い横走根茎がつながって出るからネビキグサといわれている．扁スゲはその葉がやや平らである所からである．

747. ノ　グ　サ（ヒゲクサ）　〔カヤツリグサ科〕

Schoenus apogon Roem. et Schult.

本州以南の近海の地で日当たりの良い湿地や野原に生える硬質の一年生草本で密に集まって叢生し，葉は細長く，先端が針状をなし茎より短い．葉の間から非常に細く硬い茎を多数出し，高さ 15〜20 cm 位で稜があり，茎上に 2〜3 個の小形葉を互生し，その下部は葉鞘となって茎を包み，暗赤色をしている．初夏になると茎の頂，並びに上部の葉腋に小柄を出し，紫褐色の小花穂 2〜6 個を密着する．小穂は長さ 5〜6 mm の披針形体をなし，扁平で 2 花があり，鱗片は 2 列に並び，下部の 3 個は卵形で花はなく，上部のものは倒卵状披針形で花を包んでいる．雄しべは 3 個ある．花柱は長く，中部から 3 岐する．痩果は鋭角の三稜状広倒卵形体，刺針状花被片は 6 本あって，その長さは果の 2 倍程あり帯赤色をしていて小刺がある．〔日本名〕野草で，野にある雑草という意味．ヒゲ草はその草状に基づいている．

748. ミカヅキグサ　〔カヤツリグサ科〕

Rhynchospora alba (L.) Vahl

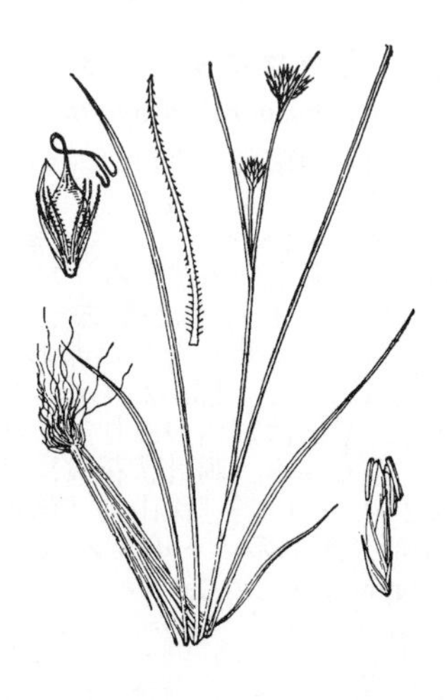

日当たりの良い高原の湿地に生える多年草で緑色，やや密集して生え根茎はない．茎は高さ 15〜30 cm あって細い三稜形をなし，上部は少しざらつく．葉は茎と同じ高さあるいは短く，細い線形，上部のみ三稜状をしている．秋に茎の頂に小穂が密に束生する花序をつけ下部に線形で 1 個の葉状苞があって花序より少し長い．ときにその下の葉腋からさらに 1 枝を出して枝端に花序をつけることがある．小穂は生の時は白色で乾けば淡黄褐色に変わり，柄が短くやや頭状に集まり，披針状紡錘形をなし，長さは 5〜6 mm ある．鱗片は卵状楕円形，先は鋭形で微凸点がある．痩果は幅広い楕円体で表面は平滑，長さ 1.5 mm 内外あって淡褐色をなし，基部に生える刺針状花被片は 11〜14 本あって果より長く，長短不同で，小さい逆刺があり，嘴は尖り花柱は長く，柱頭は 2.〔日本名〕三日月草は緑色の植物体中の白穂を夕闇の空に浮かぶ三日月に見立てたものか，あるいは細長い白色の小穂を三日月に似せたものであろうか．

749. イヌノハナヒゲ

〔カヤツリグサ科〕

Rhynchospora japonica Makino（*R. chinensis* Nees, non Nees et Meyen）

本州中部以西の原野あるいは山側等の日当たりのよい湿地に生える多年草で叢生し，高さは 50～130 cm ほど，茎葉ともに細長く粗剛である．茎は直立し細長く，まばらに葉を互生する．葉は茎より短く，幅狭い線形で幅は約 3.5 mm ほどあり，上部は稜をなしてざらつき，先端はやや鋭い．秋に茎の先端にやや離れて腋生の 1～2 本の花序枝を出し枝端に赤褐色の小穂を 2～9 個位束生する．小穂は長さ 7 mm ほどあって披針状をなし，先は鋭く尖り 5 個の鱗片をつけている．うち無花の鱗片は 3～4 個で卵形，花をつけた鱗片は 1～2 個で楕円状卵形．花には 2～3 個の雄しべと 1 個の雌しべがある．痩果は完全に鱗片内に包まれ幅広い楕円状倒卵形体で両凸レンズ状をなし，栗色に熟し，嘴は円錐形，花柱は長くて深く 2 岐し，刺針状花被片は 6 本あって，微細な上向きの刺がある．〔日本名〕狗ノ鼻ヒゲは，やせ細った草の姿に基づく．

750. オオイヌノハナヒゲ

〔カヤツリグサ科〕

Rhynchospora fauriei Franch.

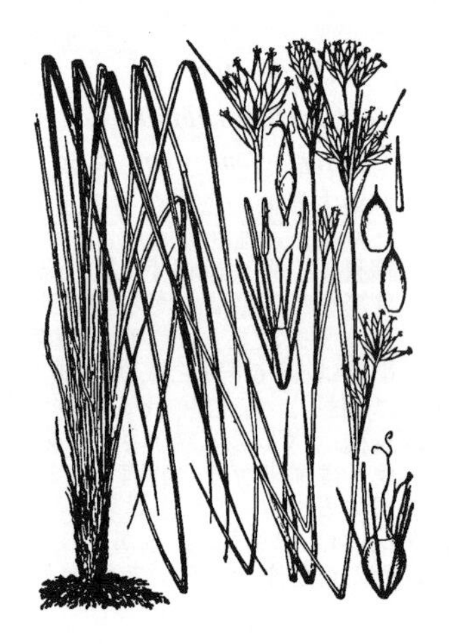

北海道から九州の主として日本海側の山間の湿地に生える多年草で高さ 40～60 cm 位．茎は前種より低く，数本が叢生する．全体に強剛で直立性，暗緑色．盛夏を過ぎてから茎の頂に近い葉腋に短い枝を出し，その先に濃い褐色で尖った 2～4 個の披針状紡錘形の小穂をつけ，その長さ 8 mm ほどでイヌノハナヒゲとよく似ている．しかし刺針状花被片は前種で痩果の 2 倍程度になるのに比べ 3～4 倍に達し，少数の下向きのざらつきがあるかほぼ平滑，嘴は鋭く尖り円錐形で痩果と同長，花柱はその 3 倍長で中央まで 2 岐するので区別できる．イヌノハナヒゲの東日本における対応種である．

751. トラノハナヒゲ

〔カヤツリグサ科〕

Rhynchospora brownii Roem. et Schult.

愛知県以西の暖地の低湿地に生える多年草で，叢生し，高さ 60 cm 内外，広く熱帯アジアにわたって分布する．イヌノハナヒゲに似ているが，小穂が長さ 4 mm 内外で短く，狭卵形体をなし，各個に柄があり，数はさらに多く，花序の柄が長くて多少傾く傾向があり，痩果は長さ 2 mm 未満，倒卵状楕円体で，濃赤褐色，明らかな横紋があり，嘴は果体とほぼ同じ長さで，花柱は深く 2 岐する．刺針状花被片は 6 本，痩果より多少短く，上向きにざらつく．〔日本名〕イヌノハナヒゲの狗に対比して虎を用いたもので，牧野富太郎が名付けた．

752. ミヤマイヌノハナヒゲ

〔カヤツリグサ科〕

Rhynchospora yasudana Makino

北海道西南部，近畿以北の日本海側の亜高山から高山帯の湿原に群生する多年草．茎は叢生し，匐枝は出さない．葉は根生または茎につき糸状で幅 1～2.5 mm，ふつう茎より高くならない．茎は直立し高さ 10～40 cm で細く，稜がある．7～9 月，まばらに散房状の花序をつける．小穂は直立し 1～5 個が集まってつき披針状，濃褐色で長さは 5～6 mm ある．鱗片は舟状をなした卵形で先は芒状に突出し，褐色である．果実は狭長楕円体で上部がわずかに広く，長さ 2～2.5 mm，淡黄褐色で光沢がある．基部は短柄があり，上端には長さ 1.5～2 mm の花柱の基部が宿存し，細く尖る．刺針状花被片は 6 本あり，果実よりわずかに長い．柱頭は 2 個．〔日本名〕深山狗ノ鼻ヒゲで深山に生えるイヌノハナヒゲの意味．〔追記〕類似のイトイヌノハナヒゲは果実が広い倒卵形体で，長さは 1.5～2 mm で少し小さい．

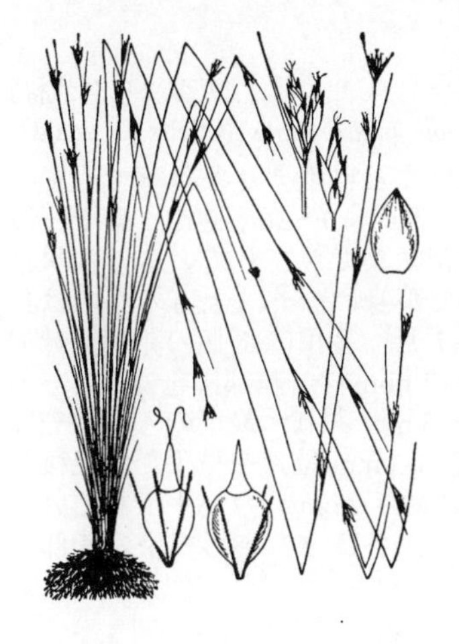

753. イトイヌノハナヒゲ（ヒメイヌノハナヒゲ）〔カヤツリグサ科〕

Rhynchospora faberi C.B.Clarke

北海道から九州，朝鮮，中国，ウスリーに分布し，低湿地に生える多年草，根茎は短小，茎葉はやや叢生し，全体に痩せ，汚黄緑色，茎は針金様で繊細だが軟らかくはない．葉もまた茎と似た線形．盛夏を過ぎると茎頂に近い葉腋に 2～3 個ずつのほとんど無柄の小穂をつけるが，その重味で茎はふつう彎曲する．小穂は淡褐色，長さ約 3 mm．痩果は倒卵形体で，長さ 2 mm 未満，暗褐色で横紋あり，頂はほとんど平らで長い円錐形の嘴がつく．刺針状花被片は 6 本，痩果の本体より少し長く，下向きにざらつくのがふつうだが，平滑あるいは上向きのものも混じることがある．

754. コイヌノハナヒゲ〔カヤツリグサ科〕

Rhynchospora fujiiana Makino

北海道から九州までの水湿地に生える多年草で根茎は出さない．茎は高さ 20～100 cm で細く，上部は少しざらつく．葉は細くやや硬く，幅 1～2 mm で内へ巻いている．夏秋，上部の葉腋に短い柄を出し，やや少数の小穂からなる 1～5 個の花穂をつける．小穂は赤褐色，披針状紡錘形で長さ 5～6 mm，3～4 個の鱗片からなり，うち 1 個のみが花を抱く．鱗片は披針状卵形で先はやや尖る．雄しべは 3 本，花柱は 2 岐．痩果は狭倒卵形で長さ 2 mm 位，褐色で細かい横紋があり，基部に果より少し長い平滑あるいはざらついた 6 本の刺針状花被片がある．先端の嘴は長円錐形で果よりやや短い．

755. イガクサ〔カヤツリグサ科〕

Rhynchospora rubra (Lour.) Makino

房総半島以西の暖地の日当たりのよい低湿地に生える多年草で，株立ちとなり，高さ 30～40 cm，全体に淡緑色，やや硬く乾いた感じがある．葉は線形，幅 2 mm 内外，軽く溝状．茎は中部より上に葉をつけず直線的で 9 月頃に頂上に頭状に密集した小穂をつけ，基部に数個の葉状苞がある．小穂は線状披針形体，長さは 8 mm ほどで淡赤褐色，光沢あり，最下に 1 雌花をつけ，その上部 3～4 鱗片は雄花を抱くか無花．痩果は長さ 1.5 mm の倒卵形体で断面凸レンズ状，黄赤褐色，上部の肩に細かい突起を有し，頂に小形の嘴を帽子状に乗せ，その先はふつう分岐しない長い柱頭に続く．刺針状花被片は 4～6 本で果体の半長，上向きにざらつく．〔日本名〕花穂を栗のイガに例えたもの．

756. ミクリガヤ〔カヤツリグサ科〕

Rhynchospora malasica C.B.Clarke

台湾，マレー半島，インドネシアに分布し，日本では本州の東海道以西，九州，琉球列島などの低湿地に生える多年草．茎は単生し，太く長い根茎がある．茎は高さ 40～10 cm で，中部より上に葉を叢生する．葉は広い線形で幅 5～10 mm で平たく，茎より高く超え，基部は長い葉鞘となる．8～10 月，茎の上部に 3～5 個の頭状花序をつける．花序は開出した長い葉状の苞の腋につき，球形で径 1.5 cm ほどあって，多数の小穂をクリのいが状に密生する．小穂は 1 花からなり，披針状卵形体で長さ 6～7 mm，先は鋭く尖り，淡い赤褐色である．痩果は広倒卵形体で光沢があり，長さは約 2 mm，平滑で嘴は細長くのびる．花柱も細長く，柱頭は 2 個あって長さ約 2 mm ある．刺針状の花被片は 6 本で平滑，果体の倍の長さがある．〔日本名〕小穂のつき方がガマ科のミクリに似ているからで，カヤは屋根をふくイネ科やカヤツリグサ科草本の総称である．

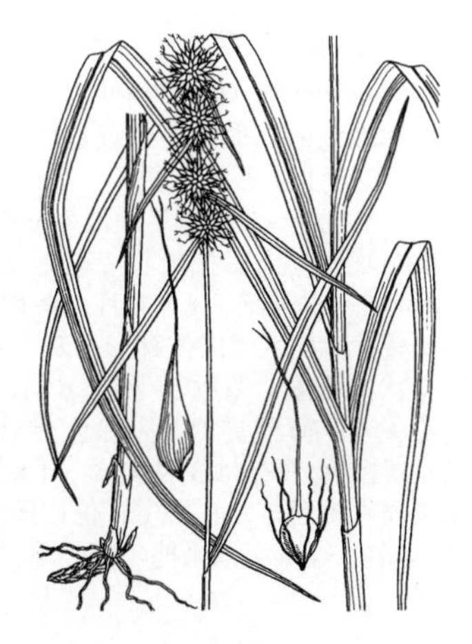

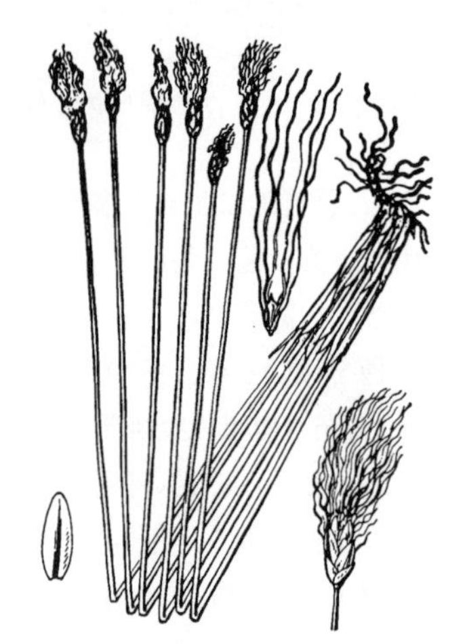

757. ヒメワタスゲ 〔カヤツリグサ科〕

Trichophorum alpinum (L.) Pers.（*Scirpus hudsonianus* (Michx.) Fernald）

本州八甲田山以北の北半球寒地の湿地にまれに生える多年草で，根茎は短く横にはい，茎は密にならんで立ち，高さ 10〜30 cm で，やや三稜形をなし，稜はざらつき，基部は数枚の鞘状葉で包まれている．鞘状葉は褐色を帯び，下部のものは短く円筒形で葉身はなく，上方のものは長さ 5〜10 mm の針状の葉身をつける．6〜7 月，茎頂に 1 個の卵状披針形体で赤褐色の小穂をつけ，小穂は長さ 5〜7 mm で，基部に苞はなく 5〜10 花からなる．鱗片は長楕円形で長さ 4〜5 mm あり，最下のものは先に長い突起がある．痩果は長倒卵形体で長さ 1.3 mm 位，やや平たい三稜形をなし，花柱は 3 中裂し，基部には 6 本の長さ 2 cm に及ぶ平滑な白い刺針状花被片がある．ワタスゲに似ているが，各部とも小形で果の基部の白毛は 6 本だけである．

758. ミネハリイ 〔カヤツリグサ科〕

Trichophorum cespitosum (L.) Hartm.（*Scirpus cespitosus* L.）

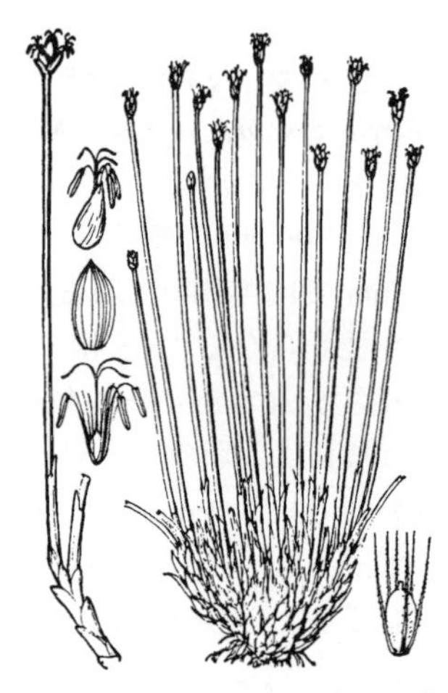

本州中部以北の高山や北半球亜寒帯の水湿地に生える多年草で，根茎は短く斜上分枝し，枯れた葉で密におおわれ，茎は多数叢生し，高さ 5〜30 cm，円く縦にすじがありほぼ平滑，基部は鞘状葉に包まれている．葉は基部のものは披針形でかたく，淡黄褐色で光沢があり，最上部のものは円筒状で先に長さ 3〜5 mm の針状の葉身がある．7〜8 月，茎の頂に 1 個の小穂をつけ，苞葉はない．小穂は披針状卵形体で長さ 3〜5 mm，栗褐色で 2〜5 花からなる．鱗片は下の 2 個は広卵形で先は長い突起となり，長さ 3〜4 mm，他は卵形でやや小さく先は鈍形である．痩果は倒卵形体で 3 稜があり，長さ約 1.5 mm，基部には果の 1.5 倍程度の長さのほぼ平滑な刺針状花被片が 6 本あり，花柱は 3 岐する．

759. サギスゲ 〔カヤツリグサ科〕

Eriophorum gracile K.Koch

神戸六甲山および中部以北の高原の向陽湿地に生える多年草で，まばらに叢生しよく群をなして繁茂し，根はひげ状．葉は少数で非常に細長く正面に溝があり，三稜形で先端は鈍い．茎葉は下部長い葉鞘となって茎の下部を包む．茎は細長く緑色で直立し三稜柱形，高さ 35〜50 cm 位．6 月，茎頂に散形で長短不同の 2〜3 個の花序枝の先に数個の小穂をつけ開花し，果時には柄が伸びて点頭する．苞は 1〜2 個あって長さ 2〜3 cm 位，葉状で下部は多少広がる．小穂は長さ 1 cm 位で楕円体．鱗片は広卵形で先は鈍く灰黒色，鱗片内に 3 雄しべがあり，刺針状花被片は果時長くのびて長さ 2 cm に達し鱗片外に超出する．果実は鈍い三稜状狭線形で灰褐色，柱頭は 3 岐する．〔日本名〕サギスゲはその果穂を白サギに見立てての呼び名である．

760. ワタスゲ 〔カヤツリグサ科〕

Eriophorum vaginatum L.

中部以北の高原向陽の湿地に生える多年草で，多くの株が集まって群をなして繁茂し，根茎は短く，下にひげ根を出す．葉は線形で 3 稜があって叢出し，上部 1〜2 個の茎葉はやや膨大する葉鞘のみになって互生する．茎は叢生し葉より上に抽出して立ち下部円柱形，上部三角形で緑色を呈し高さ 30〜40 cm 位ある．6〜7 月，茎頂に小形の花を密集する 1 小穂をつけ，穂下の苞は鱗片状で広披針形，ふちは白色の膜質で長さ 6 mm 位．小穂は直立し卵状楕円体で多数の花をつけ長さ 1.5 cm 位．鱗片は広卵形で先端は長く鋭く尖り，薄膜質で濁黒緑色を呈する．痩果は扁平の三稜状倒卵形で先は鈍く黄白色, 花柱は 3 裂する．子房下の刺針状花被片は多数で白色の絹毛状，花後長くのびて 2〜2.5 cm 位に達し，広がって白綿球状をなし大変美しい．〔日本名〕綿スゲは果穂の白い綿毛に基づく呼び名である．

761. タカネクロスゲ 〔カヤツリグサ科〕

Scirpus maximowiczii C.B.Clarke（*Eriophorum japonicum* Maxim.; *Maximowicziella japonica* (Maxim.) Khokhr.）

本州北中部，北海道，極東ロシア，朝鮮半島などの高山水湿地に生える多年草で，根茎は太く短くはい，枯葉に包まれ，多くの根を生じる．葉は線状披針形で幅 3〜6 mm，やや堅くふちはざらつく．茎は高さ 12〜40 cm で，3 稜があり，茎葉は長い鞘部をもち，その上部は黒褐色を帯び，先に長さ 2〜7 cm の葉身をつける．7〜8 月，茎の頂に 1〜2 枚の短い黒い苞葉をつけ，細い枝を分かっておのおの 1〜5 個の小穂をつける．小穂は長卵形体で長さ 7〜12 mm，灰黒色で多くの花からなる．鱗片は長楕円形で長さ 3〜4 mm，膜質で薄い．花柱は長さ 4〜5 mm，3 岐する．痩果は倒卵形体で長さ約 1.3 mm，基部には長さ 5〜6 mm の白っぽい 6 本の刺針状花被片があり，刺針状花被片はざらつき屈曲している．

762. アイバソウ 〔カヤツリグサ科〕

Scirpus wichurae Boeck. f. ***wichurae***

（*S. cyperinus* Kunth var. *wichurae* (Boeck.) Makino）

北海道から九州の山麓等の湿地に生える壮大な多年草だが特に日本海側に多い，株を作り下にひげ根を叢出する．茎は丈高く高さ 1 m 以上に達し，硬く鈍三稜柱形，緑色，表面は滑らか．葉は根生および茎に互生し幅広い線形で先は長く尖り，幅 1 cm 内外あり，質は硬く緑色，上面は滑らかであるがふちはざらつき，茎上には 3〜4 枚の葉があり，その下部は長い葉鞘となり茎を包む．秋，茎頂に大形で褐色の花序を出して一方に傾き，小穂の長さ 4〜5 mm 位あり，広楕円体．アブラガヤに酷似するが小穂はいずれも単立し，広楕円体で，側方のものは長い柄をもつことによって区別できる．痩果は広楕円体で前後に扁平, 平滑, 6 本の長い刺針状花被片を伴う．

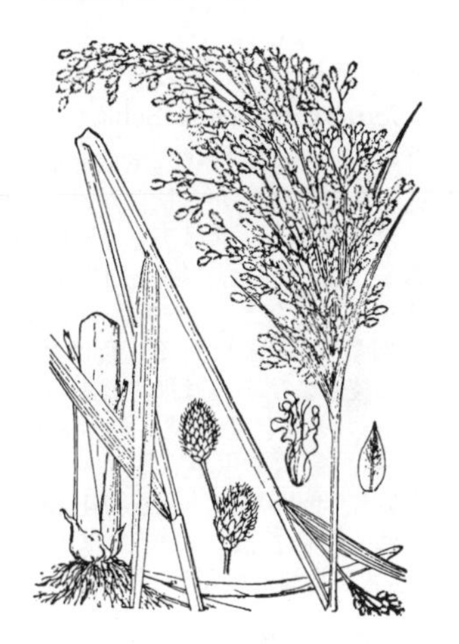

763. アブラガヤ（ナキリ，カニガヤ） 〔カヤツリグサ科〕

Scirpus wichurae Boeck. f. ***concolor*** (Maxim.) Ohwi

（*S. cyperinus* Kunth var. *concolor* (Maxim.) Makino）

山地や丘陵地等の湿地に生える大形の多年草で，叢生し，下にひげ根を叢出する．葉は根生および茎に互生し，長い線形で先は漸次に尖り，長さ 40〜60 cm，幅 1 cm 位, 少し硬く緑色で, 表面には光沢があり, 茎葉の下部は長い葉鞘となって茎を包む．茎は高く真直に直立し，鈍三稜形で光沢があり黄緑色．秋，茎頂の葉腋から細長い長短不同の花序枝を数本出し，各々さらに数回分枝して小枝の頂に 2〜3 個の小穂が頭状に集まってつき，各小穂は茶褐色の卵状長楕円体で先は鈍く，長さ 6〜9 mm 位．鱗片は小形，長楕円形で先端尖り暗褐色．痩果は長く屈曲する 6 本の刺針状花被片を伴い，扁平で三稜の長楕円体，先端は短い嘴となり黄白色で花柱は 3 裂する．しばしば小穂が細長いものが混生し，シデアブラガヤ f. *cylindricus* (Makino) Nemoto というが, これはアブラガヤと他種との雑種であるとする説が有力である.〔日本名〕油ガヤは，花穂が油色を帯びかつ油くさいのに基づいて名付けられた．

764. エゾアブラガヤ（ヒゲアブラガヤ） 〔カヤツリグサ科〕

Scirpus asiaticus Beetle

（*S. cyperinus* Kunth var. *eriophorum* auct. non (Michx.) Kuntze）

山地あるいは山麓の湿地等に生える大形の多年草で，株を作り下にひげ根を叢出する．葉は基部のものは根生し，茎上のものは互生し，長く幅広い線形，先は次第に尖り，質は硬く滑らかで緑色，ふちはざらつき，茎葉の下部は長い葉鞘となって茎を包む．茎は高く直立し頂端に数個の葉状苞とアブラガヤ同様に複散形状に分枝する花序をつけ，小枝の先に頭状に球形の小穂をつける．概形はアブラガヤに酷似し，秋に小穂が赤褐色となるのもまた同じであるが，小穂は長さ 3 mm 位の小球形（アブラガヤでは長さ 6〜9 mm 位）で，かつふつう 2〜4 個（アブラガヤは 2〜3 個）集合し，果時に子房下の刺針状花被片が伸びて小穂の大半は糸でおおわれて見える．痩果の状態はアブラガヤと同じ．〔日本名〕蝦夷油ガヤは初め北海道で知られたこと基づいて名付けられたが，今はさらに本州，四国および九州にまで知られ，中国南西部に分布している．

765. ツクシアブラガヤ 〔カヤツリグサ科〕

Scirpus rosthornii Diels var. ***kiushuensis*** (Ohwi) Ohwi

九州南部の湿地に生える多年草．地下に長い匐枝を出す．葉は根生するほか茎にもつき，幅 5～8 mm，やや軟らかくふちはざらつく．葉の先端は尾状に鋭く尖り，茎葉の基部は葉鞘となって茎をゆるく包む．茎は直立し高さ 50～100 cm，三稜形で硬く，5 個ほど節がある．8～10 月，大形の散房花序を茎の頂につける．葉状の苞は 3～4 個あり，葉と同様にふちがざらつき，花序より長く放射状にのびる．花序の枝や小枝も上端近くがざらつく．小穂は 2～6 個ずつ密に集まってつき，柄はなく，楕円体で長さは 3～4 mm，先は尖る．鱗片は広楕円形で薄く黒褐色を帯び，長さ 1～1.5 mm，緑色の中脈があって先は芒状に突出する．痩果は鱗片より少し短く，淡黄緑色で 3 稜のある倒卵形体，長さは 0.5～7 mm ある．刺針状の花被片はない．柱頭は 2 個．学名上の母種は中国に分布し，痩果はほぼ球形または楕円体で，果体よりわずかに長い刺針状の花被片が 2～3 本ある．〔日本名〕筑紫油カヤで，アブラガヤに似て九州に分布するところから名付られた．

766. ツルアブラガヤ（ケナシアブラガヤ） 〔カヤツリグサ科〕

Scirpus radicans Schk.

ヨーロッパおよびアジア東北部に分布し，日本では北海道，本州中北部の湿地に生える多年草．夏から秋にかけて花序をつけない枝をのばして倒伏し，翌年その先に新苗を生じる．茎は高さ 1～1.5 m，三稜形で上部は少しざらつき，7～10 個の節がある．葉は軟らかく幅 7～10 mm，ふちと下面の中脈はざらつき，基部は葉鞘となって茎をゆるく包む．7～9 月，茎の頂に大きく数回分枝した花序をつけ，小枝の先に 1 個ずつ小穂をつける．苞は葉状となり 2～3 個ついて，ふつうは花序より長く，花序の枝および小枝は平滑である．小穂は狭い長楕円状卵形で長さ 5～7 mm，幅 1.5～2 mm，黒褐色を帯び，鋭く尖る．鱗片はやや直立し卵形または長楕円形，長さ約 2 mm，膜質で黒色を帯び，背面に緑色の 1 脈があって先は鈍い．痩果は扁平で 3 稜があり倒卵形体，長さ約 1 mm，刺針状の花被片は果体の 3～4 倍の長さがあって縮れ，先端近くに水平または上向きの刺毛があるほかは平滑である．柱頭は 2 個．〔日本名〕蔓油ガヤでアブラガヤに似て地上に走出枝を出すから付けられた名．

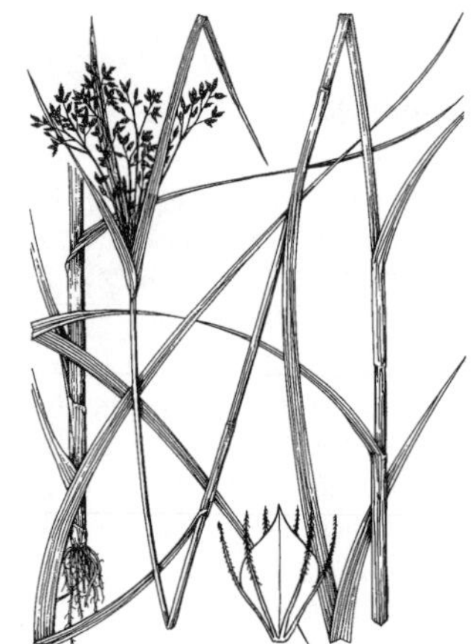

767. クロアブラガヤ（ヤマアブラガヤ） 〔カヤツリグサ科〕

Scirpus sylvaticus L. var. ***maximowiczii*** Regel（*S. orientalis* Ohwi）

北東アジアに分布し，日本では北海道，本州中部以北の水辺や湿地に生える多年草．葉は幅 5～10 mm，ふちはざらつき，先は次第に細くなって尖るが鈍端に終わり，茎上の葉鞘は茎をゆるく包む．茎は直立し，高さ 80～120 cm，花序のすぐ下は著しい三稜形でざらつく．7～9 月，茎の頂に散房状の花序が直立または少し点頭し，密に小穂がつく．花序の枝はざらつき，葉状の苞は長く 3 個ほどあって四方へ開出する．小穂は 1～3 個が集まってつき，卵状の長楕円体で先は尖り，長さ 3～5 mm，黒色を帯びる．鱗片は倒卵形で長さ 1.5 mm 内外，ふちは薄く黒みがかり，背面は淡褐色，脈は緑色で先は鈍く尖る．痩果は白く，平凸レンズ形の倒卵形体で長さ 1～1.2 mm ある．刺針状の花被片は 5～6 本で果実より少し長く，全体に逆刺がある．〔日本名〕黒油ガヤでアブラガヤに似て小穂が黒いことによる．〔追記〕類似のアブラガヤでは小穂は茶褐色である．学名上の母種はヨーロッパやシベリア，北アメリカなどの周北極地方に広く分布する．

768. イワキアブラガヤ 〔カヤツリグサ科〕

Scirpus hattorianus Makino

福島県の水湿地にまれに生える大形の多年草で北米に分布する．茎は高さ 1 m 以上に及び，太い三稜形をなし多くの葉をつける．茎葉は長さ 20～30 cm，幅 8～12 mm，ふちと下面中肋はざらつき，葉鞘は長さ 4～5 cm で平滑である．7～8 月，茎頂に 2～3 枚の細く長い苞をつけ，長短不同の枝を分かって，小穂が径 5～10 mm 位の球状花穂に多数集まってつく．小穂には柄がなく，卵形体で長さ 2～3 mm，灰緑黒色を帯び，多くの花からなる．鱗片は卵形で長さ約 1.5 mm，先は尖り小突起があり背部は灰緑色を帯びる．花柱は 3 中裂．痩果はほぼ三稜形で長さ約 0.8 mm，基部に 4～5 本の細い果より短い刺針状の花被片がある．〔日本名〕イワキアブラガヤは福島県（旧磐城国）三春で発見されたことによる．

769. マツカサススキ 〔カヤツリグサ科〕

Scirpus mitsukurianus Makino

本州から九州の日当たりのよい草原湿地に生える大形の多年草で，叢生し高さ 1 m 位．葉は茎に互生し，狭長な広線形で先端は次第に尖り，長さは 30〜60 cm，幅は 6〜10 mm 位，緑色平滑で硬くふちはざらつき，基部は筒状の葉鞘となり茎を包む．茎は平滑緑色で鈍三稜形．秋に上部の葉腋から花序を出し，枝の先端にある小形で葉状の苞数個の中心でさらに 1〜2 回分枝し，その小枝の頂に長楕円体で褐色の小穂 10 数個頭状につけ，その径 1.5 cm 位である．小穂は長さ 5 mm 位．鱗片は小形で赤褐色の線状披針形，先端は鋭く短く尖り中脈は緑色．痩果は極めて長くかつ屈曲する 6 本の刺針状花被片を伴い，小形で狭倒卵形をなし，やや扁平で，先端は嘴となり黄白色，花柱は 3 裂する．学名の形容語は牧野富太郎の勤務当時の東京帝国大学学長・箕作佳吉に捧げたものである．〔日本名〕松毬ススキは頭状に集まる小穂の状態に基づいて名付けられた．

770. コマツカサススキ 〔カヤツリグサ科〕

Scirpus fuirenoides Maxim.

本州から九州の日当たりのよい平地あるいは山麓の湿地に他草とまじって生える多年草で，茎は叢生し三稜状円柱形で高さ 60〜70 cm 位，表面は滑らか, 緑色で硬い．葉は茎に互生し狭長な線形で先端はしだいに狭く尖り，質硬くふちはざらつき，下部は筒状の葉鞘となって茎を包む．秋，茎の上部の葉腋に短い枝を出して 1〜2 回分枝し，その先端に小穂を頭状球形につけ径 1 cm 位．小穂は長さ 4 mm 位，長楕円体．生時暗緑色で乾けば濃褐色に変わる．苞は小形の葉状，狭線形で下部は広がる．鱗片は広披針形，先は鋭く，緑褐色．痩果は 6 本の長い刺針状花被片を伴い，扁平倒卵形で黄白色，先端は嘴となり，マツカサススキのそれより 1.5 倍以上大形で，花柱は 3 岐する．〔日本名〕小松毬ススキは，姉妹品のマツカサススキより小形であることに基づいて名付けられた．〔追記〕本図の花被片は 2 本が欠落している．

771. タガネソウ（ササスゲ） 〔カヤツリグサ科〕

Carex siderosticta Hance

北海道から九州の山地に生える多年草で，中国大陸にも分布する．根茎は短いが長い地下茎を出して繁殖し群をなす．葉は 5〜6 枚叢生平開し，長楕円形あるいは長披針形で長さ 12〜32 cm，幅 1.5〜3 cm 位でスゲ類中では特異であり，先は次第に尖り下面にはふつう軟毛が散生する．5〜6 月頃，葉を失った前年の根茎から青緑色の茎数本を出し，高さ 20〜30 cm に達し，基部は赤褐色の鞘状葉で包まれ，下部を除いて全長にわたり小穂を散生する．小穂は長楕円体，長さ 1〜2.5 cm 位，柄があって直立し，柄の基部は緩い鞘状苞で包まれる．小穂は総て雄雌性，上部は雄花部で褐色を帯び，下部は緑色の雌花部で雌花は少数，非常にまばらである．鱗片は長楕円形で尖り，汚赤色の細かい点がある．果胞は鱗片より短く，長楕円体で脈が隆起する．柱頭は 3 個．〔日本名〕葉形が鍛冶職の用いるタガネに似ていることに基づくので高嶺草の意味ではない．笹スゲもまた葉の形による．

772. ケタガネソウ 〔カヤツリグサ科〕

Carex ciliatomarginata Nakai

東海地方から九州の丘陵や浅山の日陰の草地に生える多年草で，朝鮮にも分布する．根茎は多く地上に露出して短い．タガネソウに似た草状であるが，概形はそれよりも小形であり，葉のふちに短いまつげ状の毛が列生し，頂小穂は雄性であるのが区別点である．雌花の鱗片，果胞にも短く縮れた毛がある．若葉は淡紫紅色を帯び，葉鞘はことに着色が著しい．前年の古い株から花序を側生する点はタガネソウおよび次のササノハスゲに共通の特徴である．

773. ササノハスゲ（タキノムラサキ）　〔カヤツリグサ科〕

Carex pachygyna Franch. et Sav.

本州の関西から中国および四国にかけての林下に生える多年草で，根茎は木質化した膨らみがあって横にはい，先端から葉を 5〜6 枚叢生する．葉は幅広い線状倒披針形でタガネソウよりは狭く幅 2 cm まで．質は厚味があり，濃鮮緑色で光沢があり，ほとんど縦じわを生じることなく伸び，根元は強く紫紅色に染まり，基部から広がるから丈ははなはだ低い．4 月頃に丈夫で太目の花茎を前年の根茎から出し，長さは 15〜20 cm，頂小穂は雄性，あとは側生の雌小穂で 5〜6 段つき，緩やかな上向きの鞘の間に 2〜3 本ずつ生じ，やや頭状に密集した果胞は緑色, 後に褐色を帯び, 長さ 4 mm．雌花の鱗片は果胞よりはるかに短い．〔日本名〕笹の葉スゲで，葉の形状による．〔追記〕タガネソウや本種のように葉の幅が広く，花茎は前年の根茎から出る特徴を持ったスゲの一群は，中国西南部の山地と日本にあり，染色体数ははなはだ少なく，形は特に大きく，形態学的に非常に原始的と考えられる特徴が多く，興味深いグループである．

774. ヒゲハリスゲ　〔カヤツリグサ科〕

Carex myosuroides Vill.

（*Kobresia myosuroides* (Vill.) Fiori ; *K. bellardii* (All.) Degl.）

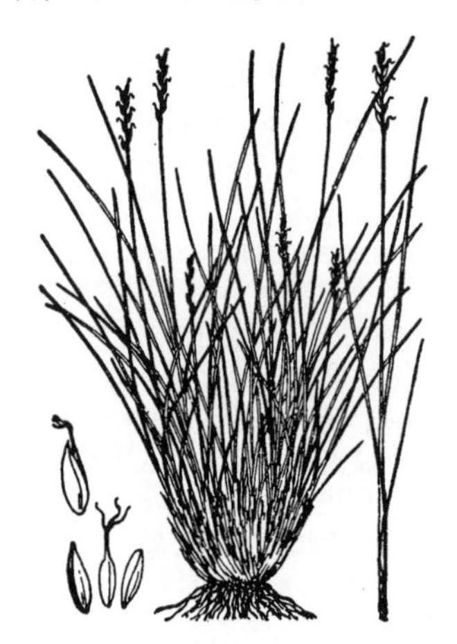

北半球の北地に広く分布し，日本では本州中部および北海道の高山帯に生える多年草で，根茎は分岐し，密に糸状の茎と葉とを叢生する．茎は直立し高さ 10〜20 cm，鈍稜の三稜形で細く，下部は赤褐色の葉鞘で包まれる．葉は糸状でやや硬く，茎とほぼ同高．夏開花する．花穂は頂生し線形で長さは 2 cm 内外あってややまばらに小穂をつける．頂生の小穂は少数の雄花からなり，側生の小穂は雌雄の 2 花からなり，雄花は上に，雌花は下につく．鱗片は幅広い楕円形で先は鈍形，平滑で赤褐色を呈す．果胞は鱗片と同長で同一色，外側において縦裂し完全な袋状でない点がスゲ属と異なる所である．痩果は三稜状の倒卵形体あるいは倒卵状長楕円体，花柱は 1 個，柱頭は 3 裂する．〔日本名〕鬚針スゲはそのやや硬質でひげ状の葉に基づいた牧野富太郎による命名．

775. タカネハリスゲ（ミガエリスゲ）　〔カヤツリグサ科〕

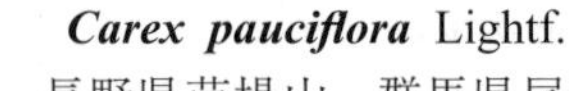

Carex pauciflora Lightf.

長野県苗場山，群馬県尾瀬等から北のミズゴケ湿原に生える多年草で周北極要素の 1 つ．高さ 15 cm 内外，細い地下茎は横にはい，長くのびる．葉は黄緑色で茎より多少低く，幅 1 mm，ふちは内側へ巻く．茎は斜上し，苞を伴わず，先端に 1 個の小穂をつける．小穂は長さ 1 cm 位，花時には細いが，結実時には鱗片は脱落し，熟した果実が横へ開出し反曲して広がる．茎の先端の 2〜3 個の花のみが雄性．雌花の鱗片（図右）は長さ 5 mm 位で鉄さび色．果胞（図左上）は鱗片より超出し，細い鈍三稜形で黄緑色，成熟するにつれて反り返るので実返りスゲの名がある．〔追記〕図は果実の若い時の状態で反り返っていない．

776. コハリスゲ　〔カヤツリグサ科〕

Carex hakonensis Franch. et Sav.

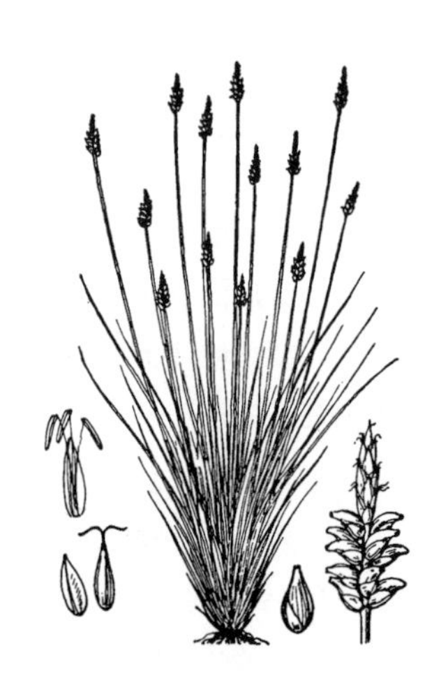

北海道から九州の山地のやや湿った林下に多い小形の多年草である．根茎はなく，細い葉と茎が密に叢生して高さ 15〜30 cm の株を作る．葉は毛状で平滑，茎より短い．茎ははなはだ細く，三稜形で平滑である．5 月から 6 月頃に開花する．小穂は茎の頂部にただ 1 個あり，楕円体または球形，長さ 3〜5 mm，上部の雄花部は非常に短く，脱落し易い．雌花部にはやや密に少数の花をつける．雌花の鱗片は卵状楕円形で膜質, 淡い褐色で先は尖り, 果時には脱落していることが多い．果胞は平開し，卵状楕円形で黄緑色を呈し，長さは 2 mm 位，表面は平滑で約 2 本の脈がある．基部は円く先は急に尖って短い嘴となる．熟すれば非常に落ち易い．果実は三稜形，柱頭は 3 個である．〔追記〕ヒカゲハリスゲ（次図）は本種に似て，茎の上部はざらつき, 果胞はわずかに大形である．コハリスゲほどふつうではない．〔日本名〕小針薹（スゲ）でその細い花茎の状態による．

777. ヒカゲハリスゲ（ハリスゲ）〔カヤツリグサ科〕

Carex onoei Franch. et Sav.

朝鮮半島，ウスリーなど東北アジアに分布し，北海道と本州（関東から近畿地方）の山地の林内や湿った草地に生えるまれな多年草．茎や葉は群がって株を作る．茎は高さ 15〜30 cm，鋭い三稜形で上部はざらつき，基部の鞘は褐色である．葉は茎より低く線形で幅 1.5〜3 mm，軟らかでざらつく．5〜7 月，茎の頂に雌雄性の小穂を 1 個直立する．小穂は球形で長さ 4〜6 mm，上部にごく少数の雄花がつき，雌花は少数の花を密につける．雌花の鱗片は広卵形で赤褐色を帯び，先は尖る．果胞は斜めに上向くかまたはやや開出し，淡緑色で鱗片より長く，卵形で長さ 2.5〜3 mm，細かい脈があり，平滑である．先は次第に細くなって短い嘴状となり，口部は浅く 2 裂し，褐色に染まる．柱頭は 3 個．〔日本名〕日陰に生える針スゲの意味で，針スゲは針状の茎にちなむ．〔追記〕類似のエゾハリスゲ *C. uda* Maxim. は茎は平滑でざらつかず，果胞は大きく長さ 3.5〜4 mm で反り返る．

778. ニッコウハリスゲ（ヒメタマスゲ）〔カヤツリグサ科〕

Carex fulta Franch.

本州中部以北および岡山県に分布し，水辺や林内のやや湿った草地に生えるまれな多年草．葉や茎が密に集まって株となり，茎は高さ 15〜50 cm，軟らかく鋭い三稜形で稜の上は著しくざらつき，基部は繊維状に裂けた紫褐色の鞘がある．葉は線形で薄く軟らかで，幅 2〜3 mm，茎より低い．6〜7 月，茎の端に雌雄性の小穂を 1 個直立する．小穂は卵球形，長さ 5〜7 mm，径 4〜5 mm，上部に短く細い雄花部がつき，雌花部は多数の花を密につける．雌花の鱗片は卵形または卵状楕円形で淡緑色，長さ約 2 mm，先は尖り，下方の 1〜2 花の鱗片の先は長い芒となる．果胞は鱗片より長く水平に開出，下部のものは反り返り，広卵形で長さ 2〜2.5 mm，細かい脈があり，緑色，平滑である．先は急に細くなって短い嘴状となり，先端は全縁で，基部は円くなり短い柄がある．柱頭は 3 個．〔日本名〕日光針スゲの意味で，最初の発見地にちなむ．

779. ユキグニハリスゲ 〔カヤツリグサ科〕

Carex semihyalofructa Tak.Shimizu

本州中北部の日本海側の亜高山帯の湿地や沢沿いに生える軟弱な多年草．根茎は長く横にはって分枝し，茎を間隔をおいてつける．茎は高さ 20〜45 cm，鋭い三稜形で上部はざらつく．葉は線形で軟らかく，幅 1.7〜2.8 mm，茎より少し低い．6〜8 月，茎の先端に雌雄性の小穂を 1 個つける．小穂は長楕円体で長さ 5〜8 mm，上部に短い雄花部がつき，下部は雌花部で花を密につける．雌花の鱗片は広卵形で淡褐色，中脈は緑色，先はやや尖る．果胞は鱗片より長く，斜め上を向き，狭卵形体で長さ 2.4〜3.1 mm，淡緑色，平滑で，縁近くに太い脈があり，先はしだいに細くなる．柱頭は 3 個．〔日本名〕雪国に生える針スゲの意．〔追記〕本種は 2005 年に新種として発表されたもので，それ以前はヒカゲハリスゲやエゾハリスゲと混同されていた．この図も旧版ではエゾハリスゲの図であったものである．

780. マツバスゲ 〔カヤツリグサ科〕

Carex biwensis Franch.（*C. rara* Boott var. *biwensis* (Franch.) Kük.）

北海道から九州の低地から低い山地の水湿地に生じる多年生草本で密に叢生して大株を作る．茎は高さ 15〜30 cm あり，細く，鈍い三稜形で平滑である．葉は茎の下部に少数個あり，細い線形で茎より短く，幅は 2 mm に満たない．5 月頃開花する．小穂は茎の先端にただ 1 個を生じ，直立して，上部に雄花部があり，線形で長さ 6〜12 mm 位，下部の雌花部は短い円柱状で長さ 5〜10 mm，径 3〜4 mm あり，やや密に多数の花をつける．雌花の鱗片は幅広い楕円形で，先は鈍くまたは鋭く尖り，茶褐色の膜質である．果胞は斜に向かい，わずかに鱗片より長く，卵状の広楕円体，長さは 1.5 mm 位，先端は急に短い嘴となって尖り，先は 2 裂する．基部は円く，表面は平滑で少数の脈がある．柱頭は 3 個．〔日本名〕松葉スゲで細く多数の花茎に由来する．

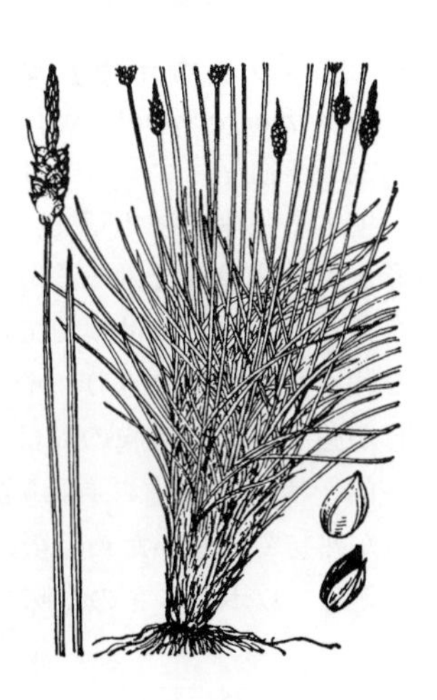

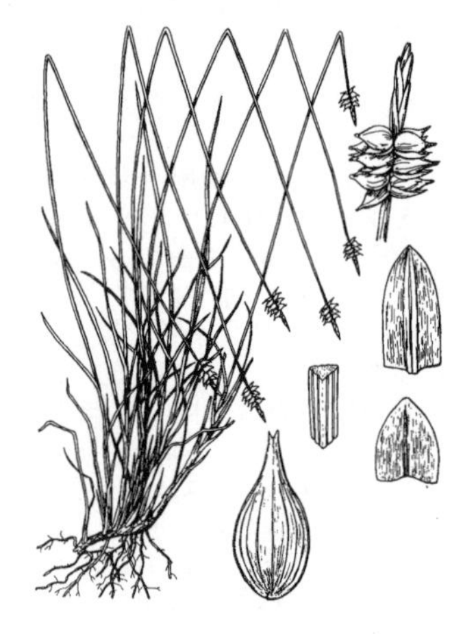

781. ハリガネスゲ（エゾマツバスゲ）〔カヤツリグサ科〕

Carex capillacea Boott

オーストラリア，インド，中国，朝鮮半島などアジア大陸の熱帯から温帯に広く分布し，北海道，本州，九州の低地から山地の湿った草地や林内に生える多年草．茎や葉は群がって株を作り，茎は高さ 10～30 cm，鈍い三稜形，平滑である．葉は線形，幅 0.5～1 mm で茎より低い．4～6 月，茎の頂端に 1 個の小穂を直立する．小穂は上部に細長い雄花部がつき，長さは 3～6 mm，その下に幅の広い雌花部があり，長さ 3～6 mm，径 5 mm 位あり，5～10 花をつける．雌花の鱗片は広い卵形で茶褐色，先は鈍く尖る．果胞は鱗片よりわずかに長く開出し，広い卵形体で長さ 2.5～3 mm，細い脈があり，平滑である．先は次第に細くなって短い嘴状となり，先端は浅く凹む．柱頭は 3 個．ミチノクハリスゲ var. *sachalinensis* (F. Schmidt) Ohwi は北海道，本州（中北部）に分布し，果胞は大きく長さ 3 mm 以上ある．〔日本名〕針金スゲの意味で，茎ののびた様子に基づく．〔追記〕類似のマツバスゲ（780 図参照）は，花穂が大形で雌花は多くつき，果胞は開出しないで斜上し，長さは 1.5 mm 位あって小さいので区別できる．

782. マスクサスゲ（マスクサ）〔カヤツリグサ科〕

Carex gibba Wahlenb.

本州から九州の低地の路傍，林縁等の湿った所に生える多年草で高さ 50 cm 内外，茎は叢生し全株暗緑色，時に黄緑色．葉はすべて茎上生，線形で幅 4 mm 内外，質は軟らかく，下へ彎曲することが多く，ふちはざらつく．茎は鈍三稜形で滑らかである．夏頃茎の頂に小穂を穂状につけ，下部はまばらに，上部では相接し，各小穂の基部には長い苞をつける．小穂は緑色で長さ 5～10 mm の卵球形，下端は短小な雄花部，他は雌花部である．雌花の鱗片は卵円形，先端に芒がある．果胞は鱗片より長く，扁平，不整の円形で長さ 3 mm 位，表面は平滑，両縁には中部以上に狭い翼があり，先端は急に短い嘴となり，末端はわずかに 2 裂しその間から 3 個の柱頭を現わす．〔日本名〕桝草スゲの意味で子供が茎を前後から裂き桝形を作って遊ぶことに由来するが，それは多分マスクサの別名があるカヤツリグサを本種と間違えたものであろう．

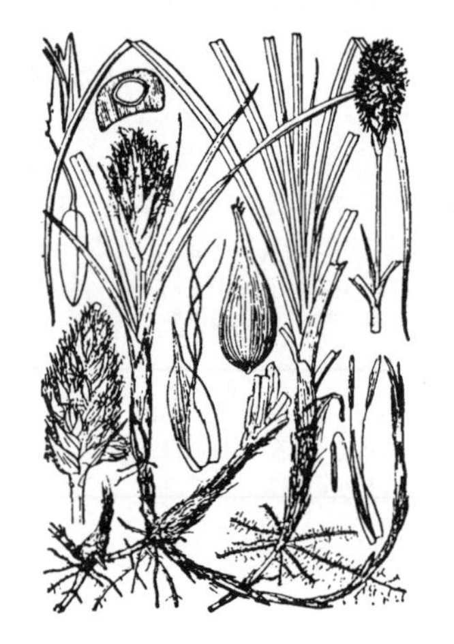

783. コウボウムギ（フデクサ）〔カヤツリグサ科〕

Carex kobomugi Ohwi

（*C. macrocephala* Willd. ex Spreng. f. *kobomugi* (Ohwi) Makino）

北海道南西部から琉球および伊豆諸島の海岸砂浜に生える多年草で，全体粗剛である．根茎は長く砂中に横たわり木質，紫黒色を呈し節には暗褐色の古い葉鞘の繊維がある．茎および葉は所々の節から砂上に出てその基部は黒褐色の古い葉鞘の繊維に包まれ永く残存する．葉は彎曲し強靱で広線形，長さ 20～30 cm，幅 5～8 mm，両面なめらかでふちに鋭いきょ歯がある．晩春から夏にかけて，前年の株のわきに茎が出て，先端に 1 個の大形の花穂をつける．雌雄異株．茎は 3 稜形で平滑．雄花穂は長卵形体で黄色の葯が著しい．雌花穂は長さ 6 cm 内外，粗大で強剛な小穂が密集し小穂は先が鋭く尖り汚黄色を呈する．果胞は大きく鱗片より短く，被針形で長い嘴状をし，硬く厚い壁からなり，なめらかで褐色をして長さ 1 cm 以上ある．〔日本名〕弘法麦の意味で，その実が麦に似ているからいうが，食用にはならない．また筆草は根茎の節に古い葉鞘の繊維が集まって筆の穂先に似るのでいう．この筆から能筆家の弘法大師を連想して弘法麦の名ができた．〔漢名〕篩草．

784. エゾノコウボウムギ〔カヤツリグサ科〕

Carex macrocephala Willd. ex Spreng.

北太平洋沿岸（オレゴン州以北，北海道東部および北部に至る）の砂浜に生える強剛の多年草で，北海道西南部以南のコウボウムギとは果胞の形と質の相違等ではっきりした別種と思われる．花茎は鋭三稜形でざらつき，雌花の鱗片は膜質で中肋に 3 脈のみあり，果胞は熟すと中央以上で強く背面に反り返り，そのために穂全体がいが状あるいははじけた感じが強く，また果胞の嘴は一層長いが平滑でそのかわりにその下方に鋭い歯牙状のきょ歯のある幅広い翼を有している．本図は若い雌株で，果胞が熟していないため特徴があまりよく出ていない．〔日本名〕北海道に生えるコウボウムギの意味である．

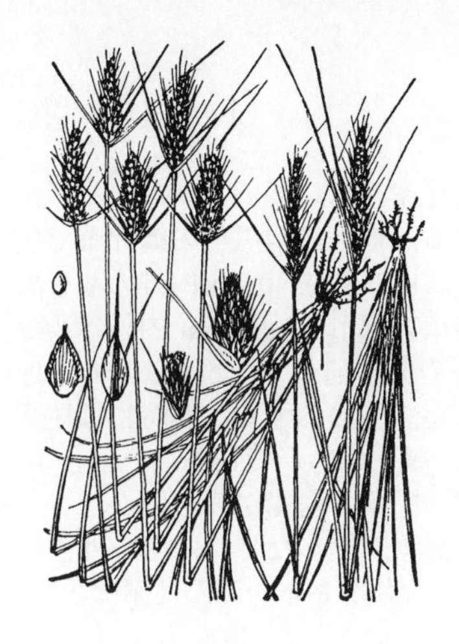

785. ミコシガヤ　〔カヤツリグサ科〕

Carex neurocarpa Maxim.

本州の湿った草地や田の畔に生える多年草で，根茎は短く，葉は茎とともに密に束生し，高さは 30〜50 cm，全体に乾くと微細な暗紫色の点が見える．葉は茎の下部につき，幅 2〜3 mm の線形をしており，下部は長い葉鞘となっている．6〜7 月頃茎が出て，その先端に長さ 3.5〜7 cm 位ある円柱形の花穂をつける．花穂は初め緑色で，熟して暗茶褐色を呈し，やや球形で長さ 5 mm 内外の小穂を密に多数つけ，下部の小穂には長い葉状苞がある．小穂の先端部は雄花部，下部は雌花部となっている．雌花の鱗片は長楕円形，膜質で先端に芒がある．果胞は鱗片より長く，褐色で暗紫色の点があり，長さ 3〜4 mm の扁平な卵状楕円体で先端は長く嘴状をなしていて，両側には中央より境にかけて膜質の広い翼が著しい．果実は微小，果胞内にゆるく包まれてレンズ状広楕円体，両端がふくれている．〔日本名〕御輿ガヤで，花穂の形に由来している．

786. ミノボロスゲ　〔カヤツリグサ科〕

Carex nubigena D.Don ex Tilloch et Taylor subsp. ***albata*** (Boott ex Franch. et Sav.) T.Koyama（*C. albata* Boott ex Franch. et Sav.）

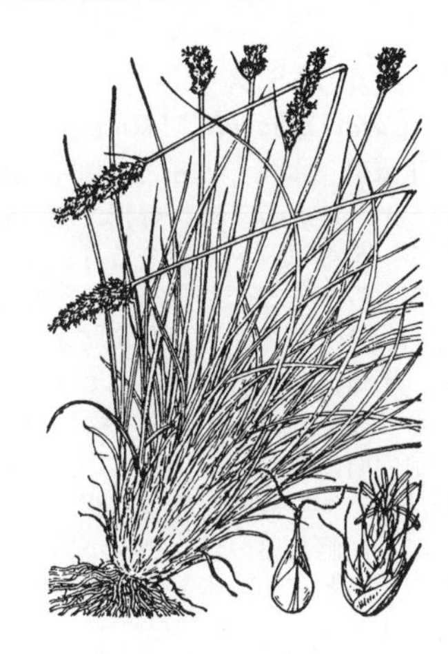

中部，関東以北の山地に生える多年草で根茎は短く，茎とともに葉を叢生し，根は灰褐色で強い．葉は線形で茎より低く，幅 2〜3 mm あって平滑である．茎は高さ 30 cm 内外，細い三稜形で稜にそって多少ざらつく．6，7 月頃に茎の先端に長さ 2.5〜4 cm 位の円柱形の花穂をつけ，基部に花穂より短い線形の苞がある．花穂は緑色で後に茶褐色を帯び，長さ 5 mm 内外の卵球形の小穂が穂状に集まった集団からなり，下方の小穂は多少まばらで少し大きい．雌花の鱗片は広楕円状卵形を呈し，茶褐色，先は鋭く尖り，中脈は緑色で縁は白色の膜質である．果胞は鱗片より長く，平開あるいは斜開して長さ 4〜5 mm，レンズ状の卵状披針形体で先端は長い嘴となり，嘴の両縁には狭い翼があって鋭いきょ歯がある．柱頭は 2 個．〔日本名〕その花穂がイネ科のミノボロに似ているスゲという意味である．本種の母種はヒマラヤに分布する．

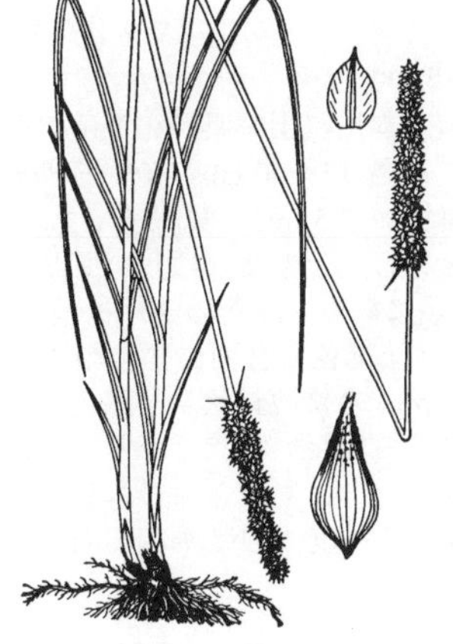

787. キビノミノボロスゲ　〔カヤツリグサ科〕

Carex paxii Kük.

岡山県南部の神社の境内の向陽地にまれに生える多年草で，朝鮮半島，中国にも分布．地下茎は密な塊で，横にはわない．茎は高さ 60 cm に達し，イグサ状で多少三稜形．葉はやや硬く，幅 2 mm 内外，小穂はみな雌雄性で，上部が雄花部，長さ 5 mm 内外，多数集合して茎の先端に不規則な円柱状に並ぶ．各小穂下の苞は下方の若干だけが細く突出している．鱗片は長さ 3 mm，白味を帯びた淡褐色の膜質で 3 脈が著しい．果胞は鱗片より長く，やや開出し，皮質で，上部の嘴部の両側のふちは狭い翼になり，また赤い点があるのはミコシガヤに似ている．〔日本名〕吉備国（岡山県）に産することによる．

788. クロカワズスゲ　〔カヤツリグサ科〕

Carex arenicola F.Schmidt

北海道から九州の荒地または海辺に生える多年草で，根茎は細いが強く，地下を横に広がり紫褐色で繊維質の鞘状葉があり分枝して地上に茎と葉を出す．葉は叢生し茎より低く，幅 2〜3 mm の線形で非常に強い．春から夏にかけて高さ 10〜80 cm の茎を出し，先端に卵状楕円形で茶褐色の花穂をつける．花穂は無柄で長さは 1〜3 cm 位，卵球形をなし 5〜6 個の小穂の集合である．小穂は先端にわずかの雄花があるほかはみな雌花からなる．雌花の鱗片は幅狭い卵形で茶褐色を呈し，先は鋭く尖っている．中脈は隆起し縁は幅広く白色の膜質である．果胞は鱗片より長く，レンズ状をした卵形体で長さは 3〜4 mm 位，濃い褐色，上部の両縁は鋭く，きょ歯を具え，次第に尖って嘴となり先端は浅く 2 裂する．柱頭は 2 個．〔日本名〕黒蛙スゲで，花穂が黒いことにより，全体がカワズスゲに似ているという意味である．

789. **ウスイロスゲ**（エゾカワズスゲ）　〔カヤツリグサ科〕

Carex pallida C.A.Mey.

旧大陸の寒帯に分布し，やや湿った路傍や林縁に多い多年草で，わが国では北海道と本州北部にまれに見られる．地下に紫黒色の鱗片葉で包まれた丈夫な地下茎が横にはい，ややまばらに高さ 40 cm 内外の茎を出し，下部に数枚の葉をつける．葉は幅の広い線形で幅 4 mm 内外，淡緑色で質は薄くかつ平坦である．6 月頃茎の先端に長さ 1 cm 以内の小穂 10 個位を円柱状の花穂につけるが，下では多少断続する．花時には柱頭が著しい．各小穂の上部は雄花からなる．鱗片は卵形で長さ 2.5 mm，中脈は緑色，淡褐色またはほとんど白色で，膜質の両縁が著しいから，ウスイロスゲの名がある．果胞は鱗片より長く，熟した時にはやや外側に反り，圧扁された長卵状で両側に翼があり，全体がざらつく．柱頭は 2 個．

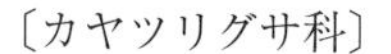

790. **ヤガミスゲ**　〔カヤツリグサ科〕

Carex maackii Maxim.

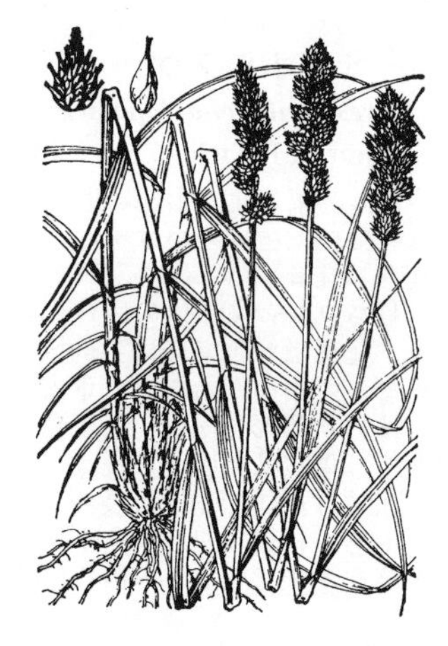

北海道，本州，九州の原野や路傍の湿地に生える多年草で，茎は叢生し高さ 50 cm 内外ある．葉は線形で幅 3 mm 位，茎の中部以下に数枚ついて質は軟らかく，下部は長い葉鞘をなす．茎は細長い三稜形で先端近くではざらつく．6, 7 月，茎の先端に長さ 4 cm 内外の円柱形の花穂をつける．花穂はややまばらな穂状で球形の小穂の集団である．小穂は下方はややまばらに配列し苞葉がなく，穂体はやや球形であるが果胞の開出した形はあたかも金平糖の様な外観で長さは 5 mm 内外．雌花の鱗片は卵形で小さく，膜質，先は鋭く，中脈は緑色，果胞の間に隠れて見えにくい．果胞は長さ 4 mm 以下，鱗片の長さの 2 倍余り，先は鋭く尖り両縁は膨れて厚く，上半部には微歯があり，表面は平滑，背面中央には明瞭な 3〜5 条の脈がある．〔日本名〕ヤガミの意味は明らかでないが，あるいはどこかの地名に由来するという考え方もある．

791. **カヤツリスゲ**　〔カヤツリグサ科〕

Carex bohemica Schreb.（*C. cyperoides* Murray）

北半球の寒帯に広く分布し，日本では北海道，本州（山梨県）の湖畔の砂質地などに群がって生える多年草．茎は叢生し，高さ 15〜40 cm，鈍い三稜形をなし平滑である．葉は茎より低く軟らかで，幅 1.5〜2.5 mm，黄緑色である．6〜7 月，茎の頂に多数の雌雄性の小穂が頭状をなし，その基部に長い葉状の苞が 2〜3 個のび，その姿がカヤツリグサ属の種類に似る．雌花の鱗片は披針形，長さ 2.5〜3.5 mm，先は鋭く尖って芒に終わり，淡褐色で背面に緑色の 1 脈がある．果胞は直立し鱗片より長く，長さ 7〜10 mm の狭披針状，淡緑色，表面は多数の脈がある．先端は著しく長く，次第に尖って長い嘴状となり，口部は深く 2 裂し，基部は次第に細くなって長い柄がつく．ふちはざらつき狭い翼がある．柱頭は 2 個．〔日本名〕蚊帳釣スゲの意味で，全体の姿や花序のつき方がカヤツリグサ属に似るから付けられた．

792. **ヒロハオゼヌマスゲ**　〔カヤツリグサ科〕

Carex traiziscana F.Schmidt

樺太から北海道をへて群馬県尾瀬に至る間の水ゴケ湿原に生える多年草で，短い地下茎からややまばらに地上茎を生じ，高さは 50 cm 内外，葉は白味の強い灰緑色で軟らかく，幅 3〜4 mm，多くは断面 M 字状．茎はやせ，上部はざらつき，頂部数 cm 間に小穂数個をまばらに，しかし上方ではやや密につけ，その部分の茎は節ごとに曲がる．小穂は長さ 1 cm 未満，10 個内外の雌花と基部に若干の雄花があり，最上のものでは基部の雄花部は細長い．鱗片は淡い赤褐色で，縁は淡色，果胞はそれより長く，長さは約 3 mm，2 稜の鋭い楕円体で両面に縦脈が隆起し，先端は極めて短い嘴となり，黄緑色，熟してやや褐色に近づく．〔日本名〕尾瀬沼に生えることに由来する．本種と次種はかつて混同され，共にオゼヌマスゲと呼ばれていたが，後に分けられた．

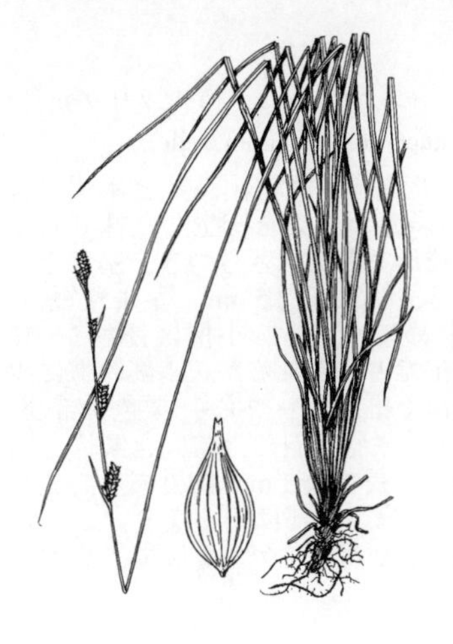

793. ホソバオゼヌマスゲ 〔カヤツリグサ科〕

Carex nemurensis Franch.

千島列島，樺太から北海道を経て本州中部に至るまでの水ゴケ湿原に生える多年草．茎や葉は密に叢生し，茎は細く高さ 40〜70 cm，鋭い三稜形で上部はざらつく．葉は濃緑色で幅 2〜3 mm，ふちはざらつく．6〜7 月，茎の上部に 4〜7 個の小穂がつき，上方のものは接近し下方のものは離れる．最上部の小穂は棍棒状で頂に雌花を密に，基部に雄花をつけ，側方の小穂は柄がなくやや球状，基部に少しの雄花があるほかは大部分が雌花である．雌花の鱗片は卵形で先は鋭く尖り，茶褐色で光沢があり，長さは 3 mm 内外，背面は緑色の中肋がある．果胞は上を向き鱗片より少し長いかまたはほぼ同長，長卵形で淡褐色，長さは 3 mm 内外．細い脈が多数ある．先端は次第に細くなり，短い嘴状となって口部は凹み，基部は円くなり短い柄がある．柱頭は 2 個．〔日本名〕尾瀬が原湿原に生えることに由来し，ヒロハオゼヌマスゲに対し葉が細いので名付けられた．ヒロハオゼヌマスゲの葉は幅が 3〜4 mm ある．

794. ハクサンスゲ 〔カヤツリグサ科〕

Carex canescens L.（*C. curta* Gooden.）

北半球の極地および高山の水湿地に生え，南米，ニュージーランドにも分布する．日本では中部地方以北の高山に見られる．株立ちとなって全体ややややせ，葉，花，果実等すべて密に乳頭突起を生じるために白っぽい緑色を帯びる．葉は幅 3 mm 内外，断面 V 字形．茎は高さ 30〜50 cm，三稜で上部は多少ざらつき，頂部に断続して数個の小穂をつける．小穂は基部の短い雄花部が細い脚部をなして目立つ．鱗片は淡黄色で広卵形．果胞はそれより長く，長さ 2 mm で，丸々と太った卵状楕円体，灰緑色で短いが明瞭な嘴が急に突出している．〔日本名〕最初の発見地，石川県白山にちなむ．

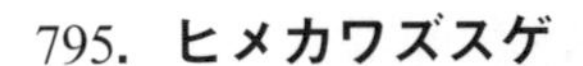

795. ヒメカワズスゲ 〔カヤツリグサ科〕

Carex brunnescens (Pers.) Poir.

北半球の高山の湿り気のある草地，または疎林下に生える多年草で，日本では中部地方以北の高山に生える．全体としてハクサンスゲによく似ていて特に標本では区別がむずかしくなる．しかし全体に細く，生時は鮮緑色であり，丈低く 30 cm 内外，葉の幅は 2 mm 以下，鱗片の中脈や果胞が緑色であるために小穂全体に緑色味が強く，かつまた果胞は急に尖らず，やや長めに尖った嘴をなすので区別でき，また図にも示されているように，最下の小穂の基部には短いが明らかな芒状の苞がある点でもハクサンスゲと異なる．〔日本名〕カワズスゲに似て穂が小形であるという意味．〔追記〕日本を含む北太平洋沿岸のものを亜種 subsp. *pacifica* Karela として分ける説もある．

796. シロハリスゲ（イッポンスゲ） 〔カヤツリグサ科〕

Carex tenuiflora Wahlenb.

北半球の水ゴケ湿原に生える多年草で，日本では北海道および本州中部（日光戦場ケ原，長野県）に稀産する．根茎は多少はい茎は散生し，高さ 40 cm 内外．葉は茎より低く，細い線形で幅 1〜1.5 mm．一見，茎の頂端に白色の 1 小穂をつけるようだが，実は 3〜4 小穂の密集したものである．雌花の鱗片は膜質でやや光沢があり，緩く果胞を抱く状態はコメガヤを思わせる．果胞は鱗片と同長，またはそれより多少長く，長さは 2.5〜3 mm，白味を帯びた楕円体で縁は明瞭な稜をなし，細い縦脈数本，先端は極めて短い突起がある程度で丸味を帯びる．〔日本名〕白花をつけるハリスゲの意味．また別名の一本スゲは孤立して茎を立てることによる．

797. タカネヤガミスゲ 〔カヤツリグサ科〕

Carex lachenalii Schkuhr（*C. bipartita* auct. non All., nom. rejic.）

北半球の北地，高山に分布し，日本では北海道（大雪山系）と本州（吾妻山および中部地方）の高山草原に生える多年草．葉を密生した株立ちとなる．茎は直立し高さ 10〜30 cm，鋭い三稜形で上部はざらつき，基部を包む鞘状葉は褐色を帯びる．葉は少しざらつき，幅 1.5〜2.5 mm，茎より短い．7〜8 月頃茎の先端に 3〜4 個の小穂をまとめてつける．小穂は長さ 5〜10 mm，幅 3〜4 mm の長楕円体，大部分は雌花で占められるが，基部の方に少し雄花がつく．雌花の鱗片は広卵形で先は鈍くまたはやや尖り，栗色を帯び，背面は緑色の 1 脈があり，長さは約 2.5 mm．果胞は斜め上に向き鱗片と同じ長さかまたは少し長く，倒卵形体で淡褐色，長さは 3 mm 内外ある．先端は急に細くなって短い嘴状となる．口部は全縁，基部は円くなり，ふちはやや平滑である．柱頭は 2 個．〔日本名〕高嶺ヤガミスゲの意味で，高地に生えるヤガミスゲの意である．

798. ヤチカワズスゲ 〔カヤツリグサ科〕

Carex omiana Franch. et Sav. var. ***omiana***

北海道から九州の主として低地の湿地に生える多年草で，茎は叢生し高さ 25〜35 cm，地下茎を生じない．葉は線形，斜上して茎より短い．茎は細長い鈍三稜形でほとんど平滑である．5〜6 月の頃，茎の頂に 4〜5 個の短い卵球形の小穂をつけて全体断続した円柱形の花穂となり，下部の小穂はやや隔たる．小穂は長さ 5〜8 mm，基部には鱗片と同様のやや大形な苞があって小穂を包み，果胞は熟して外側へ反るためいが状にはじけた感じとなり栗褐色，下端部は雄花部であるが頂小穂（図右下）以外では非常に短く不明，他は雌花部である．雌花の鱗片は乾いた膜質で長卵形，先は鋭く尖り縁は多少白い．果胞は鱗片より長く突出し長さ 5 mm 位，上部は長い嘴となり，その末端は浅く 2 裂し，鱗片と同色．柱頭は 2 個．〔日本名〕谷地蛙スゲの意味で，蛙の棲むような湿地に生えるスゲの意味である．山地にはやや小形の一変種カワズスゲ var. *monticola* Ohwi がある．

799. ヤブスゲ 〔カヤツリグサ科〕

Carex rochebrunei Franch. et Sav.

本州，四国の山野の日陰のやや湿った草地に生える多年草で，やや太い地下茎を中心として密に叢生する．葉は草質で，緑色，細い線形で茎よりもやや低く，先は次第に長く尖る．茎は細長く，下部には鞘状葉があり，上部に花穂をつけ，各小穂下には線状の長い苞を伴うが上部の 2〜3 個は急に短小となる．小穂は緑色の広楕円体で多少扁平，長さ 1 cm，雌雄性であるが基部の雄花部ははなはだ不顕著，鱗片は楕円形で先は鋭形，緑色の中脈がある．果胞は鱗片より長く，上半部の両縁に細い歯を具え先端は浅く 2 裂する．果実は卵形体のレンズ状で，柱頭は 2 個である．〔日本名〕樹下の陰地に生えることによる．〔漢名〕日本では時々これを中国の書帯草にあてているけれども，元来書帯草そのものはヤブスゲではない．

800. カラフトスゲ（ノルゲスゲ） 〔カヤツリグサ科〕

Carex mackenziei V.I.Krecz.

北半球の北地一帯の海岸湿地に生える多年草で，日本では北海道東南部にまれに見られる．根茎は短く斜めに走り，茎は 5〜6 本叢生し，高さ 30 cm 内外のやや肉質の三稜形で，基部 1 / 3 は葉鞘で包まれる．葉は灰緑色で軟らかく，平滑であるが，強ルーペ下には乳頭突起が見える．小穂は 3〜5 個，茎の頂にやや密集し，赤褐色で長さ 1〜2 cm の楕円体，頂小穂では基部に向かって細まった雄花部が明瞭である．鱗片は膜質，果胞は長さ 3 mm 位でそれと同高，しかし灰緑色で，赤褐色の鱗片との対照が著しい．本種はもと *C. norvegica* Willd. ex Schkuhr（1801 年）の学名を使用したが，別種により古い同名が存在するために改名された．ノルゲスゲの名は旧学名に基づいている．

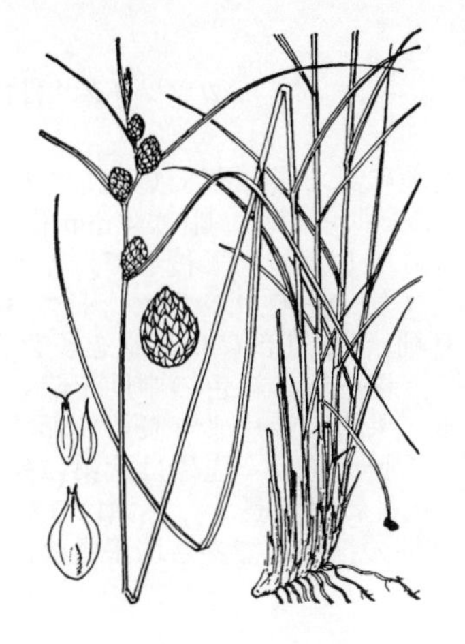

801. タカネマスクサ　〔カヤツリグサ科〕

Carex planata Franch. et Sav.

日本特産のスゲで，北海道から九州の多少湿った路傍，林縁に生え，大きな株立ちとなる．タカネの名を持つが決して高山植物ではない．全体に軟質，細長く，淡緑色で，果穂も同色，葉は茎より高い．5月頃に卵球形の小穂を数個茎頂につけ，下部のものほど離れ，また長い苞を伴う．小穂の最上のものはやせて雄花部が長い雌雄性，側小穂は雌花部が長い雌雄性で長さ1cm位，基部に少数の雄花をつける．鱗片は白っぽい緑色で膜質，倒卵形，有芒．果胞は鱗片より超出し，長さ4mm，扁平な卵状楕円体で淡緑色，両面に顕著に細い脈が走り，両縁は翼となり細かいきょ歯をそなえる．〔日本名〕マスクサに近縁でそれよりは山寄りの地に生えることによる．

802. オオカワズスゲ　〔カヤツリグサ科〕

Carex stipata Muhl. ex Willd.

本州中部以北から北海道の湿地や溝辺に生える多年草で，北米にも分布する．高さ50cm内外，全体に軟らかみがあり鮮緑色で，ややまばらに叢生する．茎は太く直線的，稜は強くざらつき，面は内側へ凹んでいるから鋭い三角柱に見える．中部以下に葉がつくが，その幅5mm内外，断面M字状である．小穂は果胞が熟すと強く開出するためいが状をなし，やや穂様の円錐状に茎頂につく．各小穂とも雄雌性で，頂部若干の花が雄性．鱗片は卵形で緑背1脈，後に暗褐色となる．果胞は鱗片より長く5mm，はじめ直立，成熟して開出し，淡い黒褐色となり，下膨れの長卵形体で多脈，基部は海綿質である．〔日本名〕大形のカワズスゲの意味である．

803. ヤマジスゲ　〔カヤツリグサ科〕

Carex bostrychostigma Maxim.

関西以西のやや高い山地の乾いた林縁に生える多年草で，朝鮮半島，中国東北部，ウスリーにも分布する．根茎は群生するが緩く四方に茎と葉とを斜めに展開し，全体軟らかく暗黄緑色である上に，雌花序の果胞が細く緑色を呈するため，その印象はスゲというよりもトボシガラの叢に似ている．茎は痩せ上部が垂れるので高さ15cm内外，基部には繊維が残る．葉も軟質，幅3mm位．雄小穂は頂生，雌小穂は多数互に隔たって側生し，長さ3cmほどで花はまばらにつく．雌花の鱗片は卵状楕円形，緑色，果胞は長さ8mmの狭長楕円状披針形体，膜質で緑色，柱頭は3個，長さ1cmで宿存性，生時汚白色で後に淡暗紫色となる．〔日本名〕山路スゲで，山地路傍の踏み跡に多いことからつけられた．

804. ミヤマジュズスゲ　〔カヤツリグサ科〕

Carex dissitiflora Franch.

南千島から九州までの間の山地の林内，湿り気の多いところにある多年草で，高さ40〜60cm，全体に軟らかく鮮緑色．茎の根元には淡褐色の鞘状葉を伴い，後に暗色の繊維となる．葉は幅4mm前後，葉鞘は緩く，膜質部は広がっている．6月頃に茎の中部から上の各葉腋に小穂を隔たってつけ，果胞もまたまばらに生じ，頂小穂は雄雌性で上部のみ雄性．雌花の鱗片は楕円形で多少褐色，果胞はその2倍位の長さで突出しており，長さ10〜12mm，長卵状紡錘形で三稜を帯び，乾けば膜質で多少光沢を生じ，淡緑色．柱頭は短く，かつ早落性．ヤマジスゲに近縁のものと考えられている．

805. シラコスゲ 〔カヤツリグサ科〕

Carex rhizopoda Maxim.

北海道から九州の原野や低い山地の多湿地に見る多年草で短縮した根茎を中心に株を作る．葉は密に叢生し，線形で軟らかく，幅は 4 mm 位．茎は 5 月頃にのび，葉と同高あるいは葉より少し高く，三稜形で，先端にただ 1 個の小穂をつける．小穂は直立して細い円柱状をなし，長さ 3〜5 cm, 上部 1〜2 cm は雄花部で雌花部より細い．雌花部には果胞を多数，少しまばらに生じる．雌花の鱗片は膜質で，楕円形，緑色の中肋を除いてほとんど無色であり，やや長い芒がある．果胞は鱗片より長く，卵状楕円体，淡緑色，無毛，数本のはっきりした脈があり，先端は次第に長い嘴部となる．痩果は広倒卵状の三稜形，花柱は細く長く，柱頭は 3 個である．〔日本名〕白子スゲはこの植物の初期の採集地である埼玉県の白子（現在和光市）の地名によっている．

806. アブラシバ 〔カヤツリグサ科〕

Carex satzumensis Franch. et Sav.

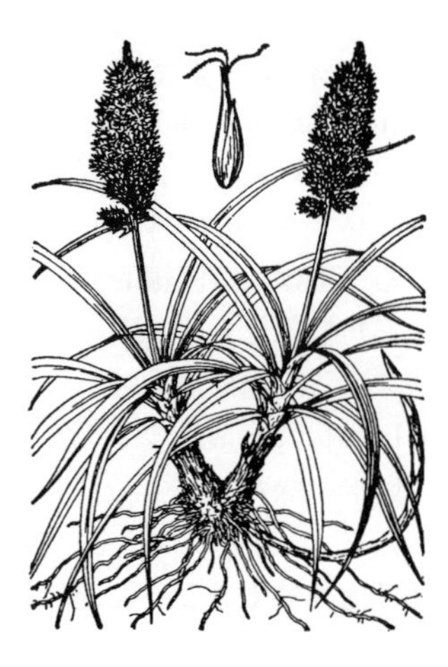

福島県以南の山地の崩壊した砂礫地に多く生える多年草で，短い根茎から 2〜3 本の茎を出し，また細長い匐枝を出す．葉は根生し，ちょうどコウボウムギのように平開し，長さは 10〜15 cm 位，幅 5 mm 内外の幅広い線形で質は強靱，ふちはざらつくが上面は平滑で濃い緑色である．5〜6 月頃高さ 10〜15 cm 位の強靱な細い茎を出し，その頂に光沢ある黄褐色の密集した花穂をつける．花穂は円錐形を帯びた円柱形で多数の小穂からなり，上部の小穂は次第に小形となる．小穂は開出し，総て雄雌性で先端に短い雄花郡があるほか雌花からなり，長さ 5〜10 mm 位，下部のものは基部に細い線形の苞をつける．雌花の鱗片は卵状披針形で先は尖り，果胞は鱗片より長く，基部は強く外側へ曲がり，卵状披針形体で無毛，長い嘴は腹面が深く 2 裂し，その間から長い 3 個の柱頭を出す．〔日本名〕油芝の意味で，黄褐色の花穂が油気を帯びているように見えるからである．〔追記〕本種は形態的にはインド，マレーシア地方に多い Indocarex という群に属し，かつてはスゲの中で原始的なものと考えられた．

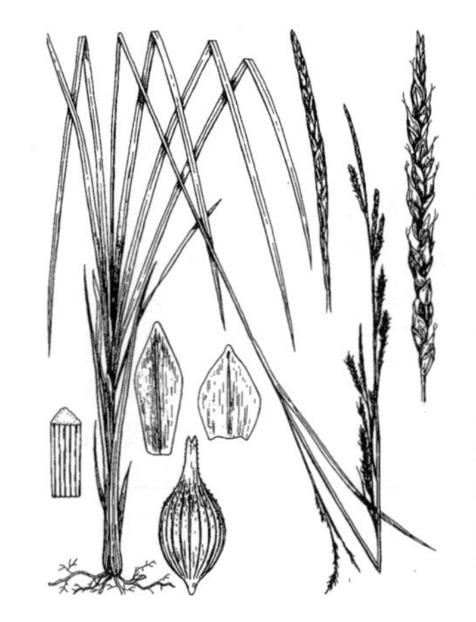

807. オオナキリスゲ 〔カヤツリグサ科〕

Carex autumnalis Ohwi

本州（近畿，中国地方），四国（剣山）の林内に生える多年草．大きな株立ちとなる．茎は高さ 70〜80 cm，基部には葉身がなく糸網を生じる暗褐色の鞘がある（図では葉身があるように描かれているがこれは不正確である）．葉は線形，硬くざらつき，幅 2.5〜3 mm．9〜10 月，葉の間に茎を出し，10 個内外の小穂が円錐状をなし，垂れ下がる．頂の小穂は狭線形，長さ 1.5〜2 cm，雄花のみからなり，側方の小穂は広く，長さ 1〜3 cm，大部分が雌性で，ときに上部に短く細い雄花部がある．雄花の鱗片は倒卵状長楕円形，雌花の鱗片は広卵形，先は鈍く尖り，褐色で背部に緑色の中脈がある．果胞は鱗片より長く広楕円体，長さ約 3 mm，多数の脈があり，先は急に細くなって長い嘴状となり，上部のふちはざらつき，口部は 2 裂する．果胞の基部はくさび形をなして短柄をつける．柱頭は 2 個ある．〔日本名〕ナキリスゲに比べ大形で，大きい菜切りスゲの意味．ナキリスゲに似るが，頂の小穂は雄性，側方の小穂は雌雄性で花がまばらにつく点で区別できる．

808. キシュウナキリスゲ 〔カヤツリグサ科〕

Carex nachiana Ohwi

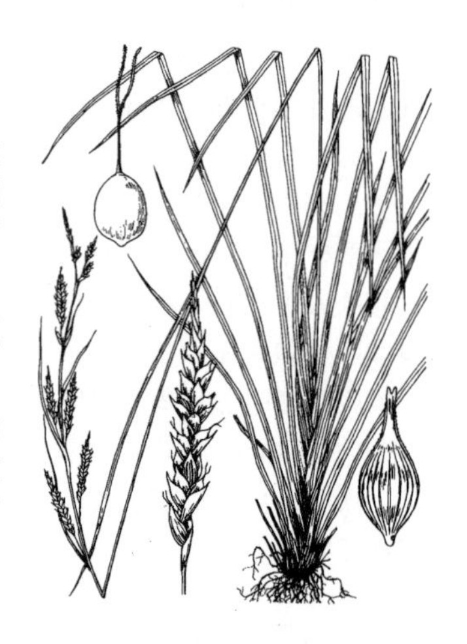

本州（静岡県以西），四国，九州の林内に生える多年草．葉や茎を密生して大きな株となる．茎は高さ 1 m 位に達し，鋭い三稜形で基部は黒褐色の細裂した鞘がある．葉は線形で硬くざらつき，幅 3〜4 mm，類似のナキリスゲに比べ幅が広い．9〜10 月頃，葉の間に茎を直立し，多数の小穂が円錐状をなし，先は点頭する．小穂は狭円柱状，すべて雄雌性で，上方にわずかの雄花部がつくほか，大部分は雌花部で長さは 1.5〜3 cm，赤褐色である．雌花の鱗片は卵状長楕円形，長さ約 3 mm で先は鋭く尖り，赤褐色で背面に緑色の中脈がある．果胞は鱗片より長く，広卵形体または広楕円体，長さ 3.5〜4 mm，幅 1.5 mm ほどあり，先は次第に細くなって長い嘴状となる．基部は円く，くさび形をなして短柄に移行する．多数の脈があり，ふちは硬い毛があってざらつき，口部は 2 裂する．柱頭は 2 個で宿存しない．〔日本名〕紀州菜切りスゲで，最初紀州那智山で発見されたことによる．

809. アマミナキリスゲ　〔カヤツリグサ科〕

Carex tabatae Katsuy.

奄美大島の渓流沿いの岩上に生える多年生草本で，高さ 15〜60 cm．根茎は短く，密に叢生する．基部の鞘は葉身があり，暗褐色，繊維状である．葉は幅 1.5〜3 mm で平らで硬く，平滑である．花茎の上部 1 / 5〜1 / 3 に 3〜6 個の小穂からなる総状花序を作り，9〜10 月に開花する．小穂は雌雄性，雄花部は雌花部より短く，下方の小穂は時に分枝し，狭円筒形，長さ 1〜2.5 cm，幅 2 mm，多数の花をつける．苞は有鞘，上方のものは葉身が短く，下方のものは小穂より長い葉身がある．雌鱗片は果胞より短く，長さ 1.5〜2 mm，茶色を帯びる．果胞は楕円形で長さ 2.5〜3 mm，幅 1 mm，膜質で細脈が多数あり，無毛，先端は急に細い嘴となり，口部は 2 裂する．痩果は楕円形で長さ約 1.5 mm，幅約 0.8 mm，茶褐色から黒色．柱頭は 2 個．

810. ココメスゲ（ココメナキリスゲ）　〔カヤツリグサ科〕

Carex brunnea Thunb.

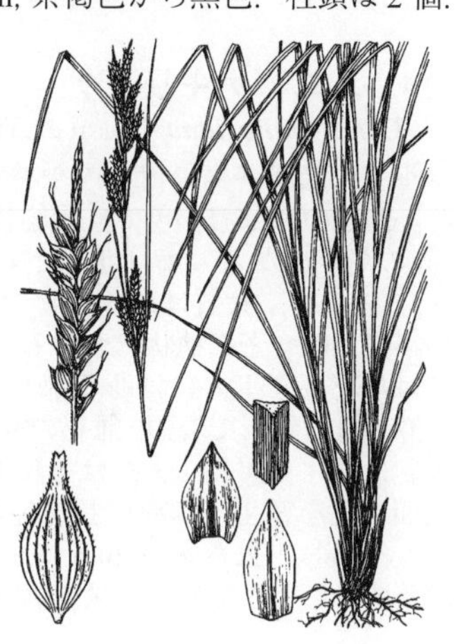

フィリピン，中国，台湾および日本では本州の千葉県以西，四国，九州，琉球に分布し，海岸近くの疎林内や草地に生える多年草．多数の葉と茎が集まって大株となり，茎は高さ 40〜80 cm，三稜形，少しざらつき，基部は細裂した暗褐色の鞘がある．葉は線形，少し硬くざらつき，幅 2〜3 mm，黄緑色から鮮緑色である．8〜10 月，葉の間に多数の茎を出し，多数の小穂を点頭する．小穂は 1 節に 2〜3 個をつけ，狭円柱形，長さ 1〜3 cm，幅 2〜3 mm，雄雌性で頂に細長い雄花部をつけるほか，大部分が雌花部である．雄花の鱗片は長楕円形，雌花の鱗片は卵形，先は尖り，赤褐色で背部に緑色の中脈がある．果胞は斜め上を向き鱗片より長く，楕円体で長さ 2.5〜3 mm，多数の脈ととげ状の毛があり，光沢のある赤褐色を帯びる．先は急に細くなってやや長い嘴状となり，口部は 2 裂し，基部はくさび形をなして短柄をつける．柱頭は 2 個で宿存しない．〔日本名〕小米スゲの意味で，果胞を小さい米に見立てたもの．小米菜切りスゲはナキリスゲに似て果胞が小さいから．

811. センダイスゲ　〔カヤツリグサ科〕

Carex lenta D.Don ex Spreng. var. ***sendaica*** (Franch.) T.Koyama

（*C. sendaica* Franch.）

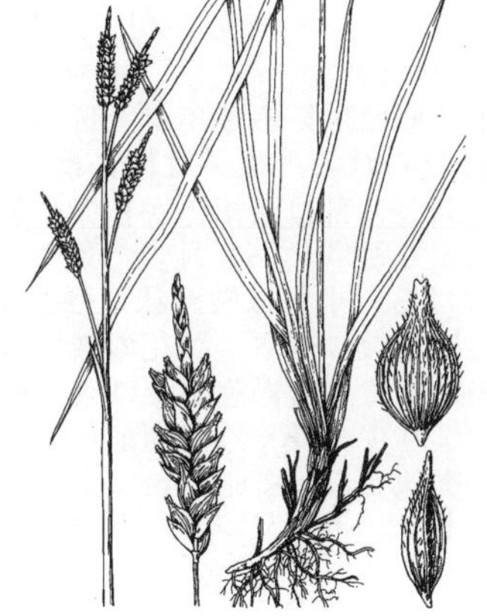

中国から朝鮮半島，日本では岩手県以南の本州と四国，九州の海岸近くの林内に生える多年草．根茎は横にはい，茎は彎曲し高さ 10〜35 cm，三稜形で上部はざらつき，基部の鞘は細裂し茶褐色である．葉は線形で幅は 1.5〜2.5 mm あり，硬く，両面やふちはざらつく．8〜10 月頃，葉の間に茎を出し，3〜5 個の長楕円体の小穂を接近し，または最下部のものは離れてつく．小穂は上方に雄花部，下方に雌花部がつくが，ときに雌花だけのこともある．雌花の鱗片は卵形，長さは 2.5 mm 内外で，先は尖り淡褐色でふちは白く背面に緑色の中脈がある．果胞は鱗片より長く，広楕円体で長さ 3〜3.5 mm，先は急に細くなって短い嘴状となり，基部はくさび形をなして短柄をつける．多数の隆起した脈があって全面に毛があり，口部は 2 裂する．柱頭は 2 個．ココメスゲやナキリスゲに似るが，本種は横走する根茎があり，草丈は低く，小穂の数は少なく，1 節に 1 個ずつつく点で区別できる．〔日本名〕日本の植物を採集したフランスの宣教師ユルバン・フォーリーが仙台で発見したので，この名が付けられた．

812. ナキリスゲ　〔カヤツリグサ科〕

Carex lenta D.Don ex Spreng. var. ***lenta***

（*C. sendaica* Franch. var. *nakiri* (Ohwi) T.Koyama）

本州（宮城県以南）から九州の路傍あるいは林下に生える多年草で，多数の茎と葉は密生して大株となり，地下匐枝はない（センダイスゲには匐枝がよく発達する）．茎の下部には茶褐色をした葉鞘が残存する．葉は線形，長さ 30 cm を超え，幅 2.5 mm 位，2 つに折れて断面は V 字形，直立して上半部は垂れ，暗緑色で両面はざらつき質は硬い．9〜10 月頃に葉の間に細い茎を出し，まばらに 5〜10 個の小穂を円錐状につける．小穂は狭楕円体，長さ 1.5 cm 内外，黄褐色で上部は短い雄花部となり，その下の雌花部には粟粒状に果胞をつける．鱗片は卵形で先は鋭く，緑色の中脈があり質は薄い．果胞は長さ 2.5 mm 位の卵球形，先端は嘴となりまた全面に粗毛を散生する．柱頭は 2 個．〔日本名〕菜切スゲの意味で，その硬い葉を軟い菜を切るのに利用したのではなかろうかと牧野富太郎は考えた．〔追記〕秋に果実をつけるふつうのスゲはほとんど本種と見て良く，アキカサスゲ（917 図）も秋に花穂を生じるがふつうの所には見られない．

813. フサナキリスゲ　〔カヤツリグサ科〕

Carex teinogyna Boott

秋に結実する点でナキリスゲに類する一種．葉は常緑に近く，叢生する．地下匐枝はない．関西から西の林下や渓畔の多少湿気のある所に生え，インド，東南アジアから中国中南部にも分布する．ナキリスゲとの異点は金褐色に熟した果実に，果体の数倍の2本の同色の宿存性の柱頭（長さ8 mm）があることで，そのために穂がにぎやかである．果胞は薄い膜質で，汚緑色の果実をぴったり包み，毛が散在し，雌花の鱗片は長楕円形で膜質，長さ5 mm位，金褐色で縦脈が多数通る．〔日本名〕花序の姿に基づく．

814. ムニンナキリスゲ　〔カヤツリグサ科〕

Carex hattoriana Nakai ex Tuyama

小笠原諸島各島の樹林内や林縁に自生する多年草．根茎は短く密に叢生し，基部の鞘は濃褐色で，繊維状に細く裂ける．花序をつけた茎は40〜100 cmの高さになる．葉は花茎と同長，またはそれよりも長くなり，幅は1.5〜3.5 mmで，葉質は硬くざらつく．1年を通じて適宜開花し，花茎に多数の小穂をやや密に穂状につける．各小穂は短い円柱状で長さ1〜3 cm，上方には雄花部を下方には雌花部をつける，いわゆる雄雌性小穂をなす．雄花の鱗片は披針形で鋭頭，雌花の鱗片は狭卵形で鋭頭，いずれも褐色を帯びる．果胞は鱗片と同長，またはそれよりもやや長く，狭楕円形で長さ4〜5 mm，表面に毛を密生し，嘴は長く伸び，口部は2つに裂ける．柱頭は果胞より長く突出し，長さ4〜5 mmになり，先が2つに分岐し，果胞が成熟しても脱落することなく残る．果実は密に果胞に包まれ，卵形で長さ2〜2.5 mm.

815. カラフトイワスゲ　〔カヤツリグサ科〕

Carex rupestris Bellardi ex All.

北半球の北地一帯の風当たりの強い高山草原に生える多年草．日本ではまれで南アルプス仙丈岳と北海道だけに見られる．根茎は横にはい，茎は直立し高さ5〜15 cm，三稜形でざらつき，基部は暗褐色から赤褐色の葉鞘に包まれる．葉は彎曲し，幅1〜3 mmで硬い．7〜8月頃，葉より高い茎の頂にただ1個の直立した小穂をつける．小穂は披針状で長さ1〜2 cm，上部に雄花，下部に雌花をまばらに少数つける．雌花の鱗片は卵円形で基部は広くなって中軸を抱き，先は円く，暗褐色または茶褐色でふちには透明な部分がある．果胞は鱗片より少し長く，倒卵形体，長さ3〜4 mm，上部は急に狭くなって，短い嘴状となって暗褐色に染まり口部は全縁である．柱頭は3個．〔日本名〕樺太（サハリン）で発見された岩場に生えるスゲの意味.

816. キンスゲ　〔カヤツリグサ科〕

Carex pyrenaica Wahlenb. var. ***altior*** Kük.（*C. tschonoskii* V.I.Krecz.）

周北極地域の湿地一帯に分布，日本では南アルプス以北の高山帯のやや湿った陽地に生える多年草で，葉を密生した株立ちとなり，高さ20 cm内外．葉は茎より低く，幅1〜2 mmでやや剛質で濃緑色，ふちは多少内に巻く．茎はほとんど直立し，鈍三稜形で細く，ほとんど平滑．7月に茎の頂に小穂を1個つけるがその長さ1〜2 cm，上部の花のみが雄性，鱗片は雌花部雄花部ともに光沢のある黄褐〜赤褐色．小穂ははじめ広線形，果実が稔るにつれて次第に太く，ついには開出反捲した果実が毛槍状となる．果胞（図右端）は鱗片より超出，長さ4 mm内外，これも鱗片と同一色に熟するので，その色から日本名が生じた．〔追記〕イトキンスゲに近いがやや硬く，かつ巻き気味の葉，鈍稜で平滑の茎，強くそりかえる果胞によって区別できる．茎高く，果胞が5 mm以上のものをセイタカキンスゲというが区別するに当たらない．日本産のものを固有の別種 *C. tschonoskii* とする意見もある．

817. イトキンスゲ 〔カヤツリグサ科〕

Carex hakkodensis **Franch.**

本州中部以北の高山に生える多年草で，短く横にねた根茎を中心に株を作る．葉は茎とともに密に叢生し，茎より明らかに短く，幅広い線形で幅は約 2 mm，軟らかい．茎は 7～8 月頃伸び出し，高さ 20～40 cm，細く，先は果時多少垂れてただ 1 個の小穂をつける．小穂は淡い茶褐色で多少の光沢があり．上部は雄花部で下部の雌花部より細く短い．雌花部は長楕円体で長さ 3 cm 内外，長い果胞をややまばらにつける．雌花の鱗片は淡茶褐色で，質は薄く，披針状の楕円形，先端は切形で，下位のものではやや長い芒がある．果胞は斜めに立ち，鱗片より長く超出し，狭長な披針状で長さ 7 mm 位，鱗片と同色，扁平，上部は次第に尖って嘴状部となり，下部には柄がある．柱頭は 3 個．〔日本名〕糸金スゲの意味で，細い花茎と金色を帯びた花穂による．キンスゲ（前図参照）は本種に似てより小形で，穂は直立して，果胞が果時反曲するので区別される．

818. タカネナルコ 〔カヤツリグサ科〕

Carex siroumensis **Koidz.**

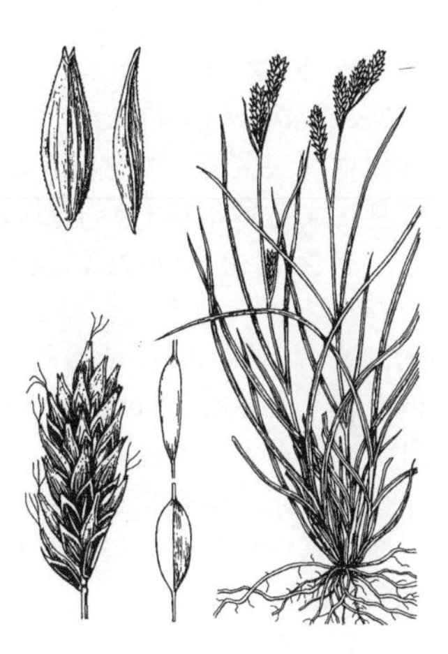

中国東北部，朝鮮半島北部と本州中部に分布し，高山帯の風衝草原や岩場に生えるまれな多年草．茎は大きな株立ちとなり，彎曲して高さ 20～30 cm，三稜形で上方はざらつき，基部は濃褐色の繊維状に細裂した鞘状葉に包まれる．葉は薄く密に叢生し，幅は 1～2 mm ある．7～8 月，茎の頂に 1～5 個の小穂が垂れ下がる．頂端の 1 個の小穂は雌雄性，ほかの側方の小穂は雌性でともに長さ 1～2 cm，下部の 1 個だけ長い柄があってやや離れてつくほかは，互いに接近してつく．雄花の鱗片は披針形，雌花の鱗片は楕円状卵形，先は尖り，長さは 4 mm 内外，ともに紫褐色で中脈は緑色である．果胞は鱗片より長く，長楕円状紡錘形で扁平，先は次第に細くなり，長さ 5～6 mm，基部はくさび形に細くなり，淡緑色で紫褐色の点が密生し，全面に剛毛がある．口部は 2 裂して紫褐色に染まり，柱頭は 3 個．〔日本名〕高嶺鳴子で，ナルコスゲ（838 図参照）に似て高山に生えるのでいう．

819. カブスゲ（クロオスゲ） 〔カヤツリグサ科〕

Carex cespitosa **L.**

ユーラシア北部の湿原に生える多年草で，日本では北海道に分布する．密生した株をつくり，茎は高さ 30～70 cm，茎，葉ともにやせ，小形の小穂は貧弱なアゼスゲの印象がある．基部には赤褐色の鞘葉を伴う．茎は鋭い三稜形で径 1.5 mm 内外，強剛でざらつきが著しい．小穂は茎の頂に相接近して直立し，頂小穂は雄性，他は雌性，細くて長さ 1 cm 位，時により長い．最下のものにのみ小穂と同長の剛毛状の苞がある．雌花の鱗片は卵状楕円形で紫黒色，中脈はわずかに淡色，先は鈍形，果胞は 2 mm 長で，鱗片と同長，またはより少し長く，やや直立し広楕円体，極めて短い嘴があり，表面にはルーペ下で細かい突起を密布するので白みを帯びる．〔日本名〕カブスゲは株立ちの習性，クロオスゲは黒色の花序を尾にたとえたものである．

820. アゼスゲ 〔カヤツリグサ科〕

Carex thunbergii **Steud. var. *thunbergii***

沖縄と小笠原を除く全国の湿地にふつうな多年草で高さ 30～50 cm 位，茎葉ともに直立し，根茎は短く叢生し，横にはった匐枝を出す．葉は狭い線形で幅 3 mm 以下，茎と同高ないしはそれより低く，鮮緑色で縁はざらつく．春，葉とともに茎を出し頂に 1～2 個の雄小穂をつけ，その少し下部に 2～3 個の雌小穂をつける．雄小穂は線形で長さ 1～4 cm 位で茶褐色．雌小穂は長さ 1.5～4 cm 位の線状長楕円体で黒褐色，下方のものには短く細い柄があり，かつ長い苞を伴う．雄小穂の鱗片は狭い長楕円形で先端は鋭く尖り，紫黒褐色，上半は両縁に白い膜質の部分があり，中脈は緑色を帯びる．果胞は鱗片とほぼ同長であるが幅広く，鱗片の左右に露出しレンズ状の広楕円形でやや密に重なり，初め緑色で鱗片との対照が顕著であるが後に暗色となり，光沢はなく，先端は鈍頭，極めて短い嘴がある．柱頭は 2 個，早く脱落する．〔日本名〕畔スゲの意味で，この種が多く田の畔に生えることによる．〔追記〕匐枝を出さず大株をつくるものをオオアゼスゲ var. *appendiculata* (Trautv. et C.A.Mey.) Ohwi といい，北日本に多い．

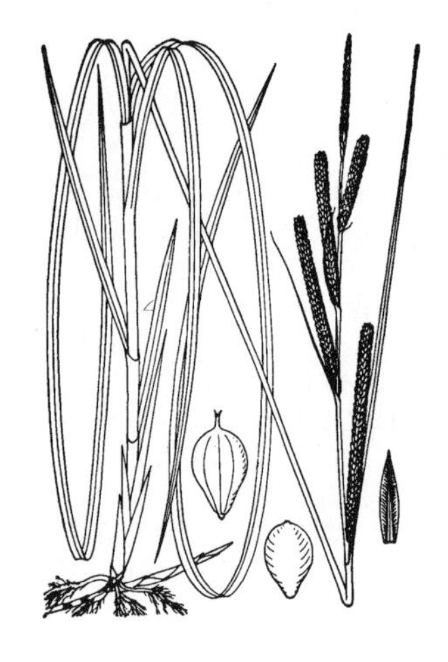

821. ヤマアゼスゲ　〔カヤツリグサ科〕

Carex heterolepis Bunge

中国東北部，朝鮮半島から日本（北海道から九州）にかけ山間の渓流の縁や低地の水辺に生える多年草．丈夫な匐枝が横にはい，所々に数本の茎がやや密生して，高さ 60 cm 内外の粗雑な茂みとなり，下部に黄褐色の鞘葉を伴う．葉は幅 1 cm 未満で広狭種々，下面は蒼白色，ふちはざらつく．茎は鋭い三稜形で剛く上部はざらつき，頂に近く 5～6 個の小穂を直立する．頂の小穂は雄性で線形，他は雌性で太い円柱形，中央付近のもので長さ 3～4 cm，上方では短く，下方では長くかつ苞がある．雌花の鱗片は線状楕円形で淡黄緑色の中脈をはさんで紫黒色．果胞は淡色で時々紫点があり，レンズ状の倒卵形，長さ約 2.5 mm，開出してつくので小穂を通じて 8～9 条の縦列が見え，鱗片の紫と果胞の緑色が混ざり美しい．果胞の先端は急に短く尖った嘴となり，口部は小さく 2 裂する．柱頭は 2 個，早く脱落する．〔日本名〕アゼスゲに似てしかも山間渓流に見られることに由来する．

822. サドスゲ　〔カヤツリグサ科〕

Carex sadoensis Franch.

本州中部（主として北陸）から北方，樺太までにわたって，泥質の渓畔に群生する多年草で，木質の匐枝が深く横走し，所々に剛直な茎を叢生し，高さは 30～40 cm に及ぶ．葉は幅 4 mm 内外で軟らかい．茎は鋭い三稜形でざらつき，基部に多少網状に分かれる赤褐色の鞘葉がある．小穂は 5 個内外，頂小穂のみ雄性で痩長，雌小穂は径 5 mm 内外の棒状で直立し，長さ 2～5 cm，下方のものには苞があり，雌花の鱗片は卵状披針形で紫黒色．果胞はレンズ状卵形で長さ 2.5 mm，淡緑色で紫点があり，平滑，先端はやや長い扁平な嘴となり，宿存性の花柱を出す．紫黒色の小穂に赤褐色の長い宿存花柱がからみつく特徴は著しい．〔日本名〕産地の佐渡による．

823. カワラスゲ（タニスゲ）　〔カヤツリグサ科〕

Carex incisa Boott

北海道，本州のやや湿った山麓林縁等に生える多年草で，全体軟らかいがひげ根は強い．根茎は短いが強固で，多数の茎はやや斜めに出た基部から立ち上がり，長さ 20～40 cm 位，細長く，5～6 月に上部に 5～6 個の小穂を稲穂様につけ，茎の下部は線形で稜はざらつき，4～5 個の軟らかい葉を互生し，その葉鞘が重なって太い三稜状を呈し，基部に淡褐色の鞘状葉がある．小穂はほぼ線形で緑色，頂の 1 個は雄小穂（往々その一部は雌花部に変わる）他はみな雌小穂で長さ 4～8 cm 位あって，側方に垂れ，下部のものには細長い柄がありかつ葉状の苞を伴う．雌花の鱗片は倒卵状楕円形で中脈のみ緑色．両縁は広く白膜質であり，凹んだ先端部には中脈が短く突出する．果胞は長さ 2.5～3 mm で鱗片より長く，熟すと黄緑色になり脱落し易く，麦粒状で先は次第に尖りごくわずかに 2 裂する．柱頭は 2 個．〔日本名〕河原スゲは河原に生えるスゲの意味，また谷スゲは谷に生えるスゲの意味である．

824. ナガエスゲ　〔カヤツリグサ科〕

Carex otayae Ohwi

北陸地方と東北地方の日本海側の亜高山帯の湿った斜面に群生する多年草で，密に叢生し株立ちとなる．葉は軟質で幅 4～10 mm，淡緑色．茎はやや斜上し高さ 70～120 cm，鋭三稜形で稜は上部で多少ざらつく．茎葉には短い葉身があり，基部には赤褐色の鞘葉が重なる．小穂は 5～7 個つき，上部の 2～4 個は雄性で細長く紫褐色，下部のものは雌性か雌雄性で長い柄があり，円柱形で長さは柄を除き 3～10 cm，やや下垂する（図では直立するように描かれている）．鱗片（右中）は斜開して果胞よりも長く，赤褐色で中肋は淡緑色．果胞は卵状長楕円体で長さ 3～3.5 mm, 淡緑色で平滑, 両縁は稜となり, 内方へ膨れ上半は弓なりに外方へ反る．〔日本名〕長柄スゲで，雌小穂に長い柄があることに由来する．〔追記〕タテヤマスゲ *C. aphyllopus* Kük. は本種に近縁でかつては混同されたが，長い根茎があって茎がまばらに叢生し，茎が低く 30～60 cm，雄小穂は 1～2 個で少なく，雌小穂の柄が短く直立するので区別される．北陸地方と東北地方の高山草原に生える．

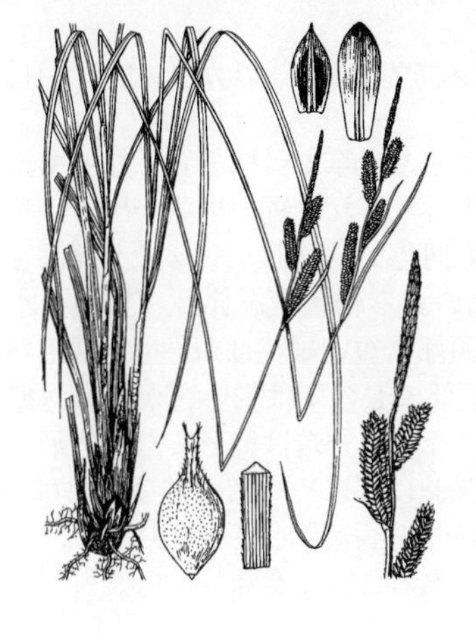

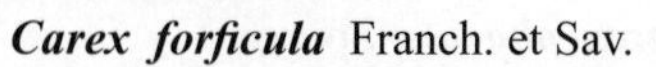

825. タニガワスゲ　〔カヤツリグサ科〕

Carex forficula Franch. et Sav.

中国東北部から朝鮮半島および北海道（西南部），本州，四国，九州の渓畔や水辺に生える多年草．茎や葉は密に群がって株立ちとなり，短い匐枝を出す．茎は高さ 30〜60 cm，鋭い三稜形をなし，強靭で，基部は濃褐色の葉身のない鞘状葉に包まれる．葉は幅 2〜4 mm，下面は少し粉白色，ふちはざらつく．5〜6 月，茎の上部に 3〜6 個の小穂を上向きにつける．頂の 1 個の小穂は雄性で長さ 2〜5 cm の線形，側方の小穂は雌性で円柱形，長さ 2〜5 cm，径 2〜4 mm，密に花をつけ下方のものを除いて柄はない．雌花の鱗片は長楕円形，長さ 2.5〜3 mm，先は尖り芒状に突出し，暗褐紫色，背面に緑色の 3 脈がある．果胞は鱗片より長く，広い楕円形，長さ 3.5 mm 内外．緑色で赤褐色の微小な点を密布する．上部は急に細くなって長い嘴状となり，口部は 2 裂して，先は紫色を帯び，上半部のふちは刺状の毛があってざらつき，基部は短柄がある．柱頭は 2 個で早落性．〔日本名〕谷川スゲの意味で，多くは川岸に生えるから名付けられた．

826. ゴ　ウ　ソ（タイツリスゲ）　〔カヤツリグサ科〕

Carex maximowiczii Miq.

日本全土の田の畔等の湿地に生える高さ 30〜50 cm 位の多年草で叢生して大きな株を作り，茎葉ともに淡緑色．根は強く長い．茎の下部は 4〜5 枚の淡褐色の鞘状葉で包まれ，さらに 2〜3 個の葉がある．葉は線形で幅 4 mm 位，ふちはざらつき，下部は長い葉鞘となり，鞘の外面には短い粗毛がある．茎は細長い三稜形で，頂に 1 個の雄小穂，その下方に 3〜4 個の雌小穂をつける．雄小穂は線形で長さ約 3 cm，雌小穂には細長い柄があって垂れ下がり，柄の基部に長い葉状の苞を伴う．果穂は径 7 mm 内外の太い 6 角柱形で長さは 1.5〜3.5 cm 位，淡緑色で粉白を帯び，かつ鱗片の赤褐色が混じる．鱗片は卵形，赤褐色，背に 3 脈があって鱗片の先端から針状の芒が出る．果胞はやや長く，倒卵状楕円体でふくらみ，全面に乳頭状の小突起があり，嘴は極めて短い．柱頭は 2 個．〔日本名〕ゴウソのゴウは多分郷で，ソは麻糸（ソ）と同義で多分この葉で物をむすぶのに用いたのであろう，つまりゴウソは郷麻の意味で田間のソという意味ではないのだろうかと考えられる．

827. ホロムイスゲ（クロスゲ，トマリスゲ）　〔カヤツリグサ科〕

Carex middendorffii F.Schmidt

長野県以北，東北，北海道から遠くオホーツク海沿岸の水ゴケ湿原に生える多年草で，根茎は太く硬く斜上しつつ分岐して叢生，茎は高さ 50 cm 内外あり，下部には淡褐色の鞘状葉を伴う．葉は乾いた感じで剛く，多少白味を帯びた淡緑色，中脈で軽く折りたたまれる．茎も剛直で鋭い三稜形，頂に 3〜4 個の小穂をつけ，頂の 1 個は雄小穂で線形，他は多くは両性で，頂端に尾状の短い雄花部があり，長さは 2 cm 内外の太い円柱状．下方のものには長い柄があって軽く点頭する．雌花の鱗片（上）は黒紫色，長楕円形で先は尖り，中肋は幅狭く緑色となり，先はまれに短い芒がある．果胞（下）は白緑色，片面平らのレンズ状の広楕円形で長さ 4 mm 内外，斜めに開いてつき，鱗片の両側にはみ出して見え，柱頭は 2 個である．この点が近似のヤチスゲ *C. limosa* L. との区別によい．後者では果胞は幅広い鱗片に全く被われており，柱頭は 3 個である．〔日本名〕幌向スゲ産地の北海道の地名による．トマリスゲはサハリンの地名による．また黒スゲは黒っぽい穂の色による．

828. キリガミネスゲ（オニアゼスゲ）　〔カヤツリグサ科〕

Carex ×leiogona Franch.

（*C. middendorffii* F. Schmidt var. *kirigaminensis* (Ohwi) Ohwi）

前種と混生するがまれなものである．前種に比べて，雌小穂が長く細くなり，無柄となる傾向が強く，最下のものでも柄は短く，どの小穂もほとんど直立する．鱗片は幅狭く，果胞の露出部が一層広いから雌小穂はほとんど淡緑色に見える．北海道から長野県にわたって湿原に点在するが，産地の多くはオオアゼスゲの混生した地であるから，諸形質とにらみ合せて，ホロムイスゲとオオアゼスゲとの雑種と考えられる．〔日本名〕産地の一つである長野県霧ヶ峰に由来する．別名はアゼスゲに似て粗大であるという意味．

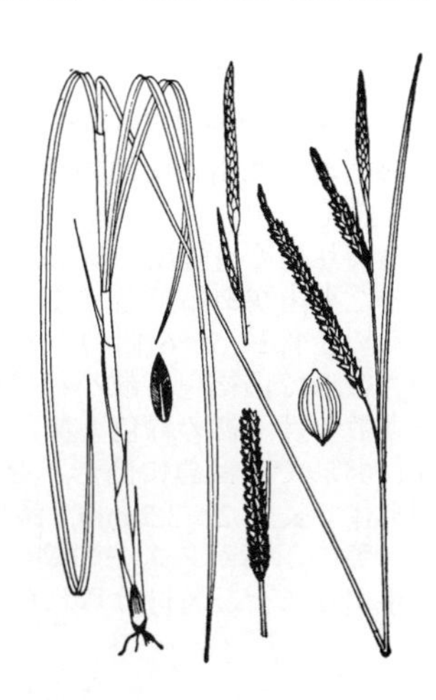

829. アオゴウソ（ヒメゴウソ，ホナガヒメゴウソ）　〔カヤツリグサ科〕

Carex phacota Spreng.

インドから中国を経て日本全土に分布する多年草で，株立ちとなって湿り気のある草地に叢生する．高さ 60 cm 内外，まれに短い根茎が出る．葉は幅 5 mm 位，白味を帯び淡緑色で，茎も同色で三稜形，やせて上部はざらつき，基部には黄褐色膜質で少し糸網のある鞘状葉を伴う．茎頂の小穂は狭長で雄性，側小穂は雌性で多くは頭部に短い雄花部があり，長さ 5 cm 内外，細い柄があってやや点頭し，下部のものには長い苞がある．雌花の鱗片は膜質で淡緑色，乾いて赤褐色となり，先端は鈍形または凹形で長い芒をそなえ，芒は穂外に突出する．果胞は互にやや密に並び多くは 6 列，長さ 3 mm 内外の灰緑色で乳頭状突起を布き，両端は短く鋭尖する．〔日本名〕青ゴウソでゴウソに似て穂が緑色であるという意味．

830. アゼナルコスゲ　〔カヤツリグサ科〕

Carex dimorpholepis Steud.

本州から九州の平野低地の湿地にふつうな多年草で高さは 40〜70 cm 位，大きな株となる．根茎は強く，短縮し地下茎を出さない．茎の基部は茶褐色の鞘状葉に包まれ，葉は上部が傾垂した幅広い線形で幅は 5〜7 mm 位，ふちは強くざらつく．茎は細長い三稜形で先端に垂れ下がった 5〜6 個の小穂をつける．小穂にはざらついた細長い柄があって，かつ長い葉状の苞葉をそなえる．最上位の小穂はふつう雌雄性で先端の雌花部は下部の雄花部より短く，その他の小穂は雌小穂で長さ 2〜5.5 cm の狭長な円柱形をなし花は密集する．雌花の鱗片は倒卵形で先端は切形あるいは凹む．中肋は明瞭な 3 本の脈を有し，先端は長くざらついた芒となって突出する．果胞は長さ 2.5〜3 mm，レンズ状をおびた卵形体で表面に乳頭状突起を密生，茶褐色，先端は尖った短い嘴になる．柱頭は 2 個．〔日本名〕畔鳴子スゲの意味で鳴子は垂れ下がった花穂の連なる形に基づき，畔は生育地による．

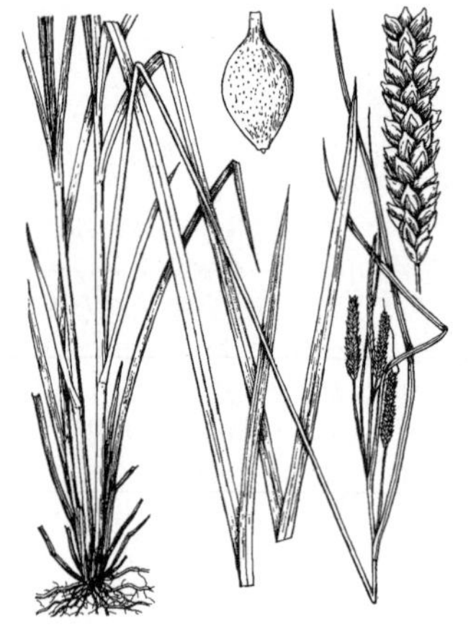

831. オタルスゲ　〔カヤツリグサ科〕

Carex otaruensis Franch.

北海道，本州，四国，九州の湿地や渓畔に生える多年草．茎や葉は群がって立ち，大きな株となる．茎は上部が垂れ下がり，高さ 30〜60 cm，鋭い三稜形でざらつき，基部は褐色または紅色を帯びた光沢のある鞘状葉に包まれる．葉は幅 3〜5 mm，ふちはざらつき下面は灰緑色を帯びる．5〜6 月，茎の上部に 4〜5 個の小穂をつける．小穂には長い柄があり，その基部には長い葉状の苞をつける．最上部の 1 個は雄小穂で長い線形，長さ 3〜6 cm，その他は雌小穂で長さ 3〜6 cm の円柱形をなし，花を密集してつけ，中部以下のものは下垂または点頭する（図において，すべて上向きに描かれているのは，標本から描いたためであろう）．雌花の鱗片は果胞より狭く狭長楕円形，淡色で背面は 1〜3 本の脈をもち，先は尖って芒となって突出し，長さは約 2 mm ある．果胞は斜め上向き，鱗片より少し長く，長さは 2.5〜3 mm，卵形体または倒卵形体，オリーブ色で褐色の微細な点を密布する．先は急に細くなって短い嘴状となり，口部は凹む．柱頭は 3 個．〔日本名〕小樽スゲの意味で，発見地である小樽にちなんだ名である．

832. テキリスゲ　〔カヤツリグサ科〕

Carex kiotensis Franch. et Sav.

北海道から九州の山地の多湿地に多い多年草で高さ 40 cm 内外，密生して大株を作り，茎の基部は濃褐色で糸網のある鞘状葉におおわれる．葉は茎より高く，幅広い線形，幅は 7〜8 mm 位，質は強靭でふちには細く尖った小歯があって著しくざらつく．茎は硬い三稜形，稜はざらつき，初夏その上部に 5〜6 個の小穂を出す．小穂は垂れ下がり，雄小穂は頂につき線形で淡褐色．雌小穂は円柱形で長さ 10 cm 内外，密に小さい果胞を多数つけ，初め緑色，後にやや褐色に変わり熟すと脱落し易くなる．鱗片は卵形で先は急に凸形となり短い芒があり，質は薄い膜質．果胞は広卵形体で長さ 2〜2.5 mm，鱗片より幅広く，緑褐色．柱頭は 2 個．〔日本名〕葉のふちがススキの葉のようにざらつき，さわるとよく手を切るので手切りスゲと名付けられた．

833. ヤマテキリスゲ 〔カヤツリグサ科〕

Carex flabellata H.Lév. et Vaniot

北海道から本州の山地，主として日本海側に見る多年草でテキリスゲに似ているが，全体軟らかく，茎は平滑で葉の下面は白っぽいので区別できる．叢生して株を作り，地下茎を欠く．茎は高さ 40〜60 cm，全く平滑，鋭 3 稜がある．葉は線形，幅 4〜8 mm，白っぽい緑色，基部の鞘はやや無葉身，濃い褐色，前面糸状に分裂する．小穂はほぼ同高，3〜5 個，頂小穂は雄性，長線状，側小穂は長円柱形，長さは 2〜5 cm，下方のものには長い柄があって先は下垂している．最下位の苞は葉状で花序より長い．雌花の鱗片は長楕円形で淡色，中脈は切形の鱗片先端部から短芒状に突出する．果胞は鱗片よりやや長く，楕円体，ふくれた両凸レンズ形，長さ 2.5〜3 cm，細い脈があり，はなはだ短い嘴がある．〔日本名〕山に生えるテキリスゲの意味である．

834. ミヤマナルコスゲ（アズマナルコ） 〔カヤツリグサ科〕

Carex shimidzensis Franch.

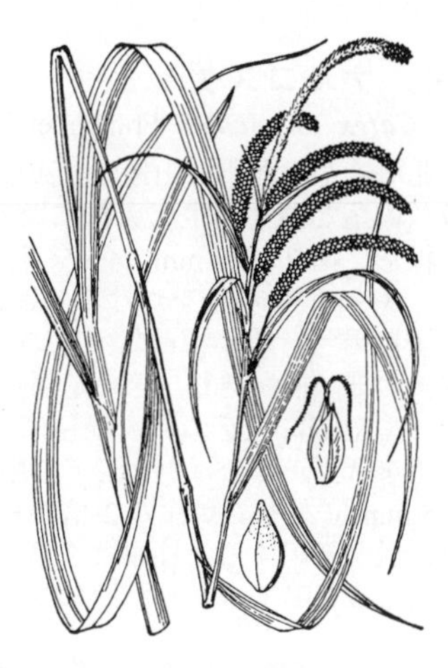

北海道から九州の山地の林下で多少湿った所に生える多年草で地下茎はない．茎は 1 株から数本やや斜めに立ち上がり，高さは 50〜70 cm，基部は赤褐色を帯びた鞘状葉で包まれ，細長い三稜形，稜に沿って多少ざらつき，中部以下に間隔をおいて数枚の葉を互生する．葉は幅広い線形で幅 1 cm 内外，軟らかく，暗緑色でふちはざらつく．初夏に穂を出す．雄小穂は 1 個茎頂につき，多くは上部に雌花部があって多少傾き淡黄褐色で線形，長さ 5〜9 cm 位．雌小穂は雄小穂より下位にあり，稲穂の如く垂れ，下部のものは細長い柄と長く幅広い葉状の苞とを具え，長円柱形で長さ 3.5〜7.5 cm 位，全体緑色で果胞を密に生じる．雌花の鱗片は卵形，膜質で先端は鋭く短い芒となっている．果胞はほとんど鱗片と同長で開出し，長さは 3 mm 位，レンズ状の卵球形で先端は短い嘴となり，平滑である．柱頭は 2 個．〔日本名〕深山鳴子スゲの意味で鳴子は垂れ下がった果穂に基づき，また東鳴子は東国に生えるナルコスゲの意味である．

835. アワスゲ（トダスゲ） 〔カヤツリグサ科〕

Carex aequialta Kük.

中国揚子江沿岸に知られ，日本では関東，濃尾，熊本の諸平野の大河の汎濫した高水位の草原，あるいは疎林下に生える多年草で，3〜5 本の茎が集まった株が点在し，決して群落を作らない．茎はほぼ直立し，高さ 50〜80 cm，全株淡緑色，乾けば穂のみ急速に赤褐色に変わる特徴がある．葉は幅 5 mm，平坦，やや軟らかい．茎は鋭い三稜形で，頂に数個内外の小穂を総状にほぼ同じ高さにつけ，雄小穂は細く，雌小穂より短く目立たない．雌小穂は円柱状，長さ 4 cm 内外，膨らんだ粟粒状の果胞が重なってつくので，牧野富太郎がアワスゲという日本名をつけた．鱗片（図上）は膜質，果胞（図右）は長さ 2.5 mm 強，両端のわずかに尖ったやや扁平の球状に近く，質は厚い膜質で紙袋状に膨れ，両縁のほか縦に不明瞭の縦脈があって平滑．柱頭は 2 個．〔日本名〕トダスゲは戸田スゲで，埼玉の南部，荒川の戸田ケ原のことで産地の一つであった．

836. ヌマクロボスゲ（シラカワスゲ） 〔カヤツリグサ科〕

Carex meyeriana Kunth

シベリア，中国東北部，日本（中部地方以東および大分県）の湿地に分布する多年草．高さ 30〜50 cm，葉が密生直立した株立をなし，地下茎はない．葉の基部には黒褐色で光沢のある硬い鞘状葉があり，強剛である．葉は線形，暗緑色，鞘状葉などの感じは多少イ（715 図）に似る．初夏に茎頂に赤褐色を帯びた細い雄小穂を出し，これに接近して 1〜2 個の短い楕円体の雌小穂をつけ，柄はない．雌花の鱗片は卵状楕円形，鈍端．果胞は卵状広楕円形で長さ 3〜3.5 mm，乳頭状突起を密生して白味がある．柱頭は 3 個．〔日本名〕クロボスゲの一種で沼地に生えるという意味，また別名は白河スゲで，産地の福島県白河を指し，同地方では刈って農家のミノを作ったことがあるという．

837. ヒラギシスゲ 〔カヤツリグサ科〕

Carex augustinowiczii Meinsh. ex Korsh.

シベリアから南下して北海道の湿地および渓畔にゆるい大株を作っている多年草で，中部以北の本州にも産する．高さ 30〜50 cm，根茎は短く茎は叢生し，茎と葉は淡緑色で軟らかい．茎は直立し，葉とほぼ同高，基部の淡黄褐色の鞘状葉は多少繊維に分解する．葉は 2 つ折れの稜が走り，幅 3 mm 前後．6 月頃に茎の上部に 5 個前後の円柱状小穂をつけ，最下のものは長く，時にやや垂れ，長さは 2 cm 内外，時にはなはだ短く，雌花の鱗片の暗紫黒色と果胞の淡緑色とが対照をなして美しい．雌花の鱗片は狭い卵状楕円形，長さ 2 mm，背部には 1 脈があって淡緑色．果胞は熟すると開出し三稜状狭卵形体で短い嘴がある．柱頭は 3 個．〔日本名〕最初の採集地，北海道札幌郊外の平岸による．

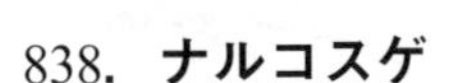

838. ナルコスゲ 〔カヤツリグサ科〕

Carex curvicollis Franch. et Sav.

北海道から九州の山地の渓流に沿って生える多年草で，高さ 30 cm 内外，多数の茎と葉を密生し大株になり，細い匐枝を出す．葉は淡緑色で軟らかく線形，幅 2〜3.5 mm．4〜5 月に軟弱で細い茎を出し多くは垂れる．頂に近く 3〜4 個の小穂をつける．雄小穂は頂生し，長さ 1.5 cm 内外の狭楕円体で淡黄褐色．雌小穂は雄小穂の下方に側生し，下方のものには小穂とほぼ同長の細い柄があり，その基部には細い苞があり，長円柱形で長さ 2〜4 cm 位，やや密に花をつけ，緑色に褐紫色が混じる．雌花の鱗片は卵形で，紫褐色を帯び，はなはだ小形で，中脈は緑色である．果胞は長披針状で長さ 4〜5 mm 位あって鱗片の 2 倍の長さに達し，平滑で先端は次第に長く尖り，縦に脈が隆起する．柱頭は 3 個．〔日本名〕鳴子スゲで，垂れ下がった花穂が連なって鳴子のような形となることに由来する．

839. ミヤマクロスゲ 〔カヤツリグサ科〕

Carex flavocuspis Franch. et Sav.

中部地方以北の高山に生える多年草で高さ 45 cm 内外に達し，植物体の基部はやや肥厚し，下に強いひげ根を出す．葉は叢生し幅狭く，先は長く鋭く尖り，幅 3〜6 mm 位．7〜8 月，葉の間から茎を出し，頂に少数の小穂をつける．雄小穂は 1 個で頂生して細く，雌小穂は 2〜3 個で短い葉状苞の腋につきやや傾き，褐紫色で長さ 3 cm 内外，短い柄があるが最上位のものはほとんど無柄．雌花の鱗片は長卵形で中脈は長く先は短い芒状となり，両縁は濃い紫褐色．果胞は卵形体で尖り，極めて短く小さい嘴があり，白緑色で無毛．柱頭は 3 個．〔日本名〕深山黒スゲで，本種が高山に生え花穂が暗色であるからそう名付けられた．

840. ミヤマアシボソスゲ 〔カヤツリグサ科〕

Carex scita Maxim. var. ***scita***

本州南アルプス等の太平洋側の高山の草原に生え，高さ 30 cm 内外に達する多年草で，概形はシロウマスゲ（本州中北部の日本海沿岸の高山に生える）に似ているが，鱗片は短く，逆に果胞は幅広くかつ先端は円くしわがあり，先端部は急に尖ってごく短い嘴となって鱗片の方に曲がる傾向を持ち，小穂全体として狭い鱗片の後に果胞が明らかにはみ出してみえる形となるので区別できる．北海道，樺太には 1 変種リシリスゲ var. *riishirensis* (Franch.) Kük. があり，果胞の頂部がやや狭く先は次第に短い嘴となる．

841. シコタンスゲ　〔カヤツリグサ科〕

Carex scita Maxim. var. ***scabrinervia*** (Franch.) Kük.

北海道釧路，根室，色丹，礼文等の海岸に近い岩場の草地に生える多年草で，茎は高さ 50 cm 内外で群がり立ち，全体に強剛，三稜形で上部はざらつく．葉は基部に濃紫褐色の鞘状葉数個を伴い，幅 5 mm 内外，下面は白味を帯びる．初夏に 3～4 個の小穂を茎頂につけ，下部の 2 個には長い苞がある．頂小穂は雄性，側小穂は雌性，時折その上半部が雄となることがあり，径 1 cm 内外，卵形体ないし円柱形ではなはだ黒い．鱗片（図右）は倒卵状楕円形でざらつく長芒を生じ，果胞（図下）は密につき，鱗片と同高で広楕円形，長さ 5 mm，平たくつぶれ，緑褐色，上半のふちに微細な毛状のきょ歯がある．〔日本名〕色丹スゲはその産地を示す．〔追記〕シコタンスゲはミヤマアシボソスゲの数多い変種のうちの一つで，同じく北海道にあるリシリスゲに比べて植物体は一段と強剛，果胞がずっと幅広いので区別できる．

842. シロウマスゲ　〔カヤツリグサ科〕

Carex scita Maxim. var. ***brevisquama*** (Koidz.) Ohwi

日本の北アルプスおよび白山の高山性草原に生える多年草で，匐枝はない．茎は多数叢生して株になり高さ 30～50 cm 位，下部は紫色の鞘状葉で包まれ，中部以下に 2～3 枚の葉を互生する．葉は幅 3～4 mm 位の線形で茎より短い．7～8 月に茎頂の葉よりも高い位置に小穂をつけ多少垂れる．小穂は頂生の 1 個は雄小穂，他はみな雌小穂で長楕円体，長さ 1.5～2.5 cm 位，黒紫色に淡緑を混ぜ，細い柄をもち，下のものは無鞘の長い苞を伴う．雌花の鱗片は長披針形，黒紫色で先端は長い尾状で次第に尖る．果胞は楕円体で緑色，その長さは小穂の中部以上にあるものは鱗片を超え，長さ 4 mm 位，先は鋭く尖った極めて短い嘴になり，両縁には鋭い刺がある．〔日本名〕産地の長野県白馬岳による．〔追記〕外観コタヌキランに似ているが 3 個の柱頭をもっている異点がある．

843. イワキスゲ（キンチャクスゲ）　〔カヤツリグサ科〕

Carex mertensii Presc. var. ***urostachys*** (Franch.) Kük.

中部地方以北の主として火山性の高山に生える多年草で株を作り，また太い地下茎を出す．葉は茎より低く，幅 4 mm 内外，草質で軟らかい．茎は細長く円く，上部にやや垂れた 4～5 個の花穂をつけ，雄小穂は細長く，頂につき，雌小穂は広楕円体で先は円く，長さは 2～2.5 cm 位，みな細い柄があり，下方の 1～2 穂は長い葉状苞を伴う．雌花の鱗片は披針形で紫黒色．果胞は鱗片よりはるかに広大で長さ 5 mm あり，菱形状楕円形で著しく扁平，うすい膜質で全く無毛，黄緑色を呈する．痩果は極めて小さく，ゆるやかに果胞に包まれ，柱頭は 3 個である．〔日本名〕岩木スゲは初め青森県岩木山で採られたことによる．別名，巾着スゲは花穂の形をきんちゃくに見立てての呼び名である．〔追記〕本種の母種 *C. mertensii* Presc. は北米の西岸アラスカからブリティッシュコロンビア，ワシントン州までに生じ，いわゆる北太平洋要素といわれる植物の一つであろう．

844. タヌキラン　〔カヤツリグサ科〕

Carex podogyna Franch. et Sav.

中部地方以北の山地の湿所に生える多年草で，地下茎はない．茎は高さ 60 cm 内外で叢生する．葉は長さ 20～30 cm，幅 6～8 mm 位の広線形で質は軟らかく，縁はざらつき，下部は葉鞘となって，片側は淡褐色の膜質である．7～8 月頃葉とともに小形の葉若干を持つ茎を出し，頂に紫褐色に淡緑を帯びた大形の小穂 4～5 個が下垂し，その頂生の 1 個は雄小穂，他はみな雌小穂でいずれも細長い柄があり，また下方のものには花穂より長い無鞘の苞があり，雌花穂の形は球状広楕円体，長さ 2 cm 位．鱗片は楕円形，紫褐色で芒がある．果胞は幅の狭い長披針形で長さ 6 mm を超え，また基部にある細い柄の長さは遥かに鱗片より長く，背面は褐紫色，両縁に毛を生じ，先端は浅く 2 裂して尖る．柱頭は 2 個あるが早落性．〔日本名〕狸蘭で，その花穂を狸の尾に見立てての呼称である．

845. ヤマタヌキラン 〔カヤツリグサ科〕

Carex angustisquama Franch.

東北地方の火山の硫気孔周辺のやせた草原や礫原に生える多年草で，全体はコタヌキランに似ているが，果胞の先端が短く，ほとんど2裂しないので区別できる．高さ 30 cm 内外，強固な地下茎が分岐し，茎は三稜形で硬く上方でざらつく．基部には赤褐色の鞘状葉があって，古いものは網状にほどける．葉は茎より低く，幅 4 mm 内外で平たく，下面は乳頭状突起で白い．小穂は紫黒色（主に鱗片の色）で長さ 1〜3 cm 位，短柱状ないし卵形体，頂の1個は細くて雄性，最下の穂は長柄と長い苞があって垂れる．鱗片は卵形，中脈は緑色．果胞は鱗片より長く，長さは 4 mm，鱗片よりやや淡い色に色づき，卵形で膜質，両縁は尖って上部に微毛がある．嘴は極めて短い．柱頭は2個．

846. コタヌキラン 〔カヤツリグサ科〕

Carex doenitzii Boeck.

北海道，本州および屋久島の亜高山の草地または礫地に生える多年草で，根茎は短く，密に叢生し匐枝はなく，根は黄褐色の根毛が多い．葉は叢生し長さは 20 cm 位，幅 3.5 mm 内外の幅広い線形で下面は粉白色で下部は長い葉鞘になり，基部は光沢のある紫褐色の鞘状葉で包まれる．6〜7 月頃扁平で二稜形の細い茎を出し頂に近く 3〜4 個の小穂をつけ，高さは 30〜50 cm 位．雄小穂は1個，茎頂につき光沢のある濃紫褐色，長さ 1〜2 cm 位の倒披針状紡錘形．雌小穂は 2〜3 個あって下位のものには短く細い柄があってやや垂れ，花穂より長い無鞘の苞があり，雄小穂と同色である．鱗片は披針形で長く先は次第に尖り，ほとんど直立して密に重なり，黄白色の中脈が著しい．果胞はやや短く，長披針状で長さ 5 mm 位，長い嘴の両縁はきょ歯状となり，先端は深く2裂する．柱頭は2個あって長く，宿存性．〔日本名〕小狸蘭で，タヌキランに比べて小さいという意味である．

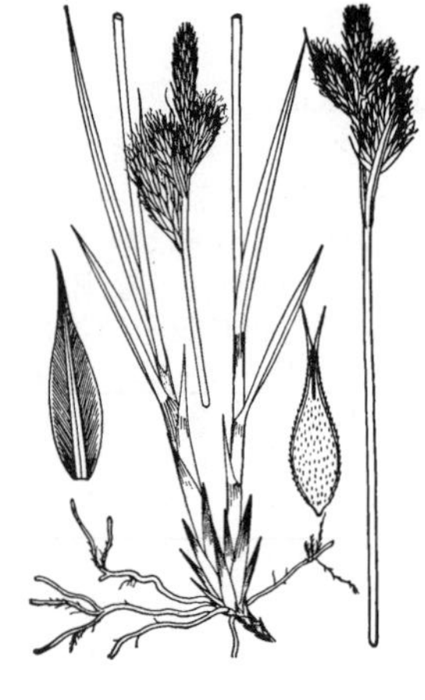

847. シマタヌキラン 〔カヤツリグサ科〕

Carex okuboi Franch.

（*C. doenitzii* Boeck. var. *okuboi* (Franch.) Kük. ex Matsum.）

伊豆七島の山地の礫地に生える多年草で，大株となりよく乾燥に耐える．茎の下部には強剛な鞘状葉が重なって赤紫色を呈し，光沢がある．葉は質は薄いが強剛，濃い緑色，幅は 6 mm 内外，下面は白味を帯びた緑色で 4〜5 月の開花後によく伸びる．茎は三稜形で平滑，斜めに出て，頂に小穂5個内外をやや密集してつける．小穂にはほとんど柄がなく，豊かに膨れた感じは黒紫色の鱗片の先端に淡色の長芒が尾毛状に突出しているからである．果胞はほぼ直立し（図右），長さ 4〜5 mm，鱗片でかくれているが，淡緑色で上部は深く2裂する．本州の高山にあるコタヌキランが伊豆七島で分化した島嶼型で乾燥に対する抵抗力を増したものか．

848. イワスゲ 〔カヤツリグサ科〕

Carex stenantha Franch. et Sav. var. ***stenantha***

本州の高山に生える多年草で，高さは 15〜30 cm，根茎はまばらに叢生し，短い地下茎を出すことがある．葉は茎より低く叢生し，狭線形で弱く，微毛を生じる．7 月の頃，葉の間から細い茎を出して花穂を 3〜5 個傾垂してつけ，雌雄の花穂とともに糸状の長い柄をもち，小穂の長さは 3 cm 内外，紫褐色，花はまばらにつき，苞は線形で長い鞘がある．雄小穂は頂生する．雌小穂の鱗片は楕円形で先は円くしかも急に鋭く尖り芒がある．果胞は鱗片より長く，三稜状の狭披針形体で長さ 6 mm 内外，長い嘴があり，その先端は2裂する．果実は果胞よりはるかに短く，柱頭は3個．〔日本名〕岩スゲで岩石地に生えるスゲの意味．〔追記〕タイセツイワスゲ var. *taisetsuensis* Akiyama は北海道の高山に生え，果胞が少し幅広い．

849. コカンスゲ 〔カヤツリグサ科〕

Carex reinii Franch. et Sav.

本州から九州の山地にややふつうに見る多年生の常緑草本で，日本特産．やや暗い林下の多湿の傾斜地を好む．根茎ははい，強剛で分枝し，時々群生して地を被う．葉は丈夫な硬い革質で広い線形，幅 5 mm 内外，暗緑色で直線的に伸び，地際から開出して立たない．基部の外側には暗褐色の鞘状葉を伴う．5 月頃に淡緑色の 3 稜のある針金状の花茎を倒れた様に出し，全長にわたって斜上して分枝し，それぞれの頂に黒褐色で長さ 3 cm ほどの小穂を出す．小穂はいずれも雄雌性で，下部 1 / 3 程がまばらな雌花部となるのは特徴．雌花の鱗片は卵状楕円形，果胞は両端が鋭く尖った三稜状楕円体で長さ 5 mm，上半彎曲しており，柔らかい短毛がある．〔日本名〕小寒スゲはカンスゲのように常緑性で小型であることによる．

850. ショウジョウスゲ 〔カヤツリグサ科〕

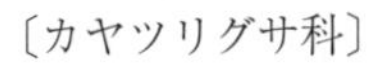

Carex blepharicarpa Franch.

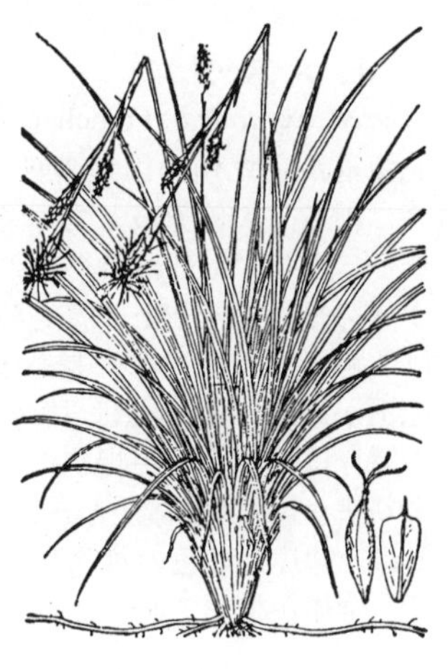

山地に生える多年草で密に叢生し，高さ 60 cm 内外ある．根は太いひげ状で質は非常に強靱である．茎は密生した葉の間から出て扁三稜形で葉より高い．葉は狭い線形で先は次第に尖り強剛である．春から夏に開花し，茎の頂にやや近接して少数の赤褐色の小穂を出す．雄小穂は頂生し，棍棒状で長い柄があり，雌小穂は短い円柱状で 2〜3 個を雄小穂の下につけ，短い柄はほとんど短い苞の鞘の中にある．果胞は倒卵状長楕円体で密に毛があり末端に小さい 2 歯のある短い嘴があり，基部は細くすぼむ．痩果はほぼ倒卵形体で長い柄がある．柱頭は 3 個．本種は産地の生態的な条件によって非常に大小の差がある．〔日本名〕猩猩スゲは花穂が赤褐色であることによる．〔追記〕近縁のツクバスゲ *C. hirtifructus* Kük. は渓谷に沿った岩の上に生え，果胞の嘴が長く先に鋭い 2 歯がある．

851. アキザキバケイスゲ 〔カヤツリグサ科〕

Carex mochomuensis Katsuy.

屋久島南部に分布し，岩の多い斜面や川沿いの岸壁に生育する多年生草本で，高さ 30〜70 cm．根茎は短く密に叢生する．葉は幅 3〜5 mm で，上面および縁はざらつき，下面は平滑，基部の鞘は繊維状で暗褐色．3〜5 個の小穂からなる総状花序を作り，10〜12 月に開花する．頂小穂は雄性で，線形，長さ 6〜15 cm，幅 2〜3 mm．側小穂は雌性でまばらにつき，線状円筒形，長さ 2〜10 cm，幅 3〜4 mm．苞は長い鞘があり，葉身は上部のものは刺状，下方のものは短く，多数つける．雄鱗片は狭楕円形で鋭尖頭，長さ 5〜9 mm，中肋付近は淡緑色から薄茶色，両側は茶色を帯び，縁は薄膜質で有毛．雌鱗片は楕円形で鋭尖頭，短い芒となり，長さ 3〜5 mm，中肋付近は淡緑色，両側は茶色を帯び，縁は薄膜質で有毛．果胞は狭長楕円形で，長さ 5〜6 mm，幅約 1.2 mm，脈が多数あり有毛，先端は長く嘴となり，口部は深く 2 裂する．痩果は長楕円形，長さ 3〜4 mm，幅約 1 mm，先端はわずかに尖る．柱頭は 3 個．

852. カタスゲ（シャリョウスゲ） 〔カヤツリグサ科〕

Carex macrandrolepis H.Lév.

伊豆大島，東海地方以西の本州と九州，さらに台湾や済州島に分布し，山地の草地に生える多年草．茎や葉が密集して株を作り，匐枝を出す．茎は高さ 15〜45 cm，三稜形，平滑で果時は倒れ伏す．基部の鞘は赤紫色または暗褐色である．葉は薄く，幅 2〜3 mm で，ふちはざらつく．4〜5 月頃，密生した葉の間から茎を出し，3〜4 個の小穂をつける．頂の 1 個は雄小穂で線形，長さ 1〜4 cm，雌小穂は長楕円体，長さ 1〜3 cm でまばらに花をつける．下方の小穂には長い柄があり，しばしば根生状，基部には葉状の苞があり穂より長い．雌花の鱗片は倒卵状長楕円形，先は円く淡褐色で，背面の中脈は緑色で芒状に突出し，長さ約 4 mm ある．果胞は斜め上を向き，鱗片より長く，菱形状の広楕円体で淡緑色，光沢があり，長さ 5〜6 mm．先は次第に細くなって長い嘴状となる．口部は 2 裂しその裂片は尖り，基部も次第に狭くなり柄となる．柱頭は 3 個．〔日本名〕カタスゲは硬スゲで果胞が硬く見えるためという．別名シャリョウスゲは本種が採集された台湾の地名に基づく．

853. ジングウスゲ（ヒメナキリスゲ）　〔カヤツリグサ科〕

Carex sacrosancta Honda

伊豆三宅島および伊豆半島以西，九州までの山地の林下に生える多年草で，習性，形態ともにナキリスゲに近いが，全体にやせて細く，雌花の鱗片は倒卵状楕円形で，淡黄褐色，暗色の脈が走り，果胞はナキリスゲのものよりも長く，しかもかえって細くやせた楕円体で両端が尖り，長さ 3～4 mm である点で区別される．柱頭は 2 本，果胞よりも短く，また果時には脱落する点で，フサナキリスゲと区別できる．〔日本名〕神宮スゲで最初に伊勢神宮神域に発見されたことによる．別名のヒメナキリスゲは小形のナキリスゲの意．

854. ヒメスゲ　〔カヤツリグサ科〕

Carex oxyandra (Franch. et Sav.) Kudô

北海道から九州の山地の日当たりの良い草地に多く生える多年草で，根茎は細く，よく分岐してゆるい株になる．葉は幅狭い線形，多数が束となって生じ，下部は紫褐色の鞘状葉に包まれる．6～7 月頃，葉の間から 1 本の細い茎を出し，高さは 10～20 cm 位，頂に小穂が密集し，雄小穂は 1 個あって頂生し，長さ 5～10 mm の線状披針形体，鱗片は黒紫色で光沢があり，雌小穂は 3～4 個が接近してつき，卵状球形である．雌花の鱗片は狭卵形で黒褐色で光沢があり，中肋は明瞭である．果胞は鱗片より狭く，倒卵形体かときに披針状で長く，淡緑色，熟すと白色となり，黒っぽい鱗片との色の対照が著しい．柱頭は 3 個．〔日本名〕姫スゲの意味で，全体が小形であるという意味．

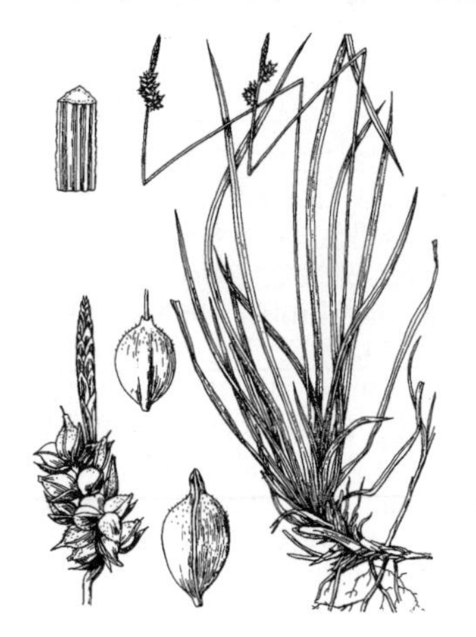

855. ヌイオスゲ（シロウマヒメスゲ）　〔カヤツリグサ科〕

Carex vanheurckii Müll.Arg.

東北アジア，北海道，本州中部以北に分布し，風当たりの強い高山草原に生える多年草．根茎は分岐し短くはう．茎は彎曲し，長さ 10～30 cm，鈍い三稜形で少しざらつき，基部の鞘は赤紫色である．葉は茎より低く，幅 1.5～2 mm，軟らかでざらつく．7～8 月，茎の先に柄のない小穂を 2～3 個接近してつける．雄小穂は 1 個あって頂生し，長さ 1～2 cm の線形，暗赤紫色を帯び，雌小穂は長さ 4～7 mm，卵状球形である．雌花の鱗片は卵形，暗赤紫色で先は尖り，長さ約 3 mm，背面に緑色の中脈がある．果胞はやや開出し鱗片とほぼ同じ長さかまたは少し長く，倒卵形で長さは 2.5～3 mm，淡緑色で短毛を密生する．先は急に細くなって短い嘴状となり，口部は浅く凹み，基部は円く短い柄がある．柱頭は 3 個．〔日本名〕ヌイオスゲのヌイオはサハリン（樺太）北部の地名で，ここで本種が初めて認識されたことによる．別名の白馬姫スゲは白馬岳で発見され，ヒメスゲによく似るところから名付けられた．

856. アズマスゲ　〔カヤツリグサ科〕

Carex lasiolepis Franch.

北海道，本州，四国（徳島県），九州に分布し，山地の乾いた明るい林内や草地に生える多年草．叢生しごく短い根茎がある．葉は根生し，前年の葉が多数残り，線形で幅は 3～5 mm，軟らかく，鮮緑色でふちや下面に白い毛が密にある．茎は糸状で彎曲し，高さは 5～15 cm，鈍い三稜形で短い毛がある．4～5 月，茎の頂に柄のある 1 個の雄小穂，その下方に離れて 2～3 個の雌小穂がつく．ともに鱗片の色は暗赤褐色である．雄小穂は長さ 5～8 mm，多数の花をつけ，雌小穂は長さ 5～7 mm，倒卵形体で柄があり，下方のものは根生状となる．雌花の鱗片は長楕円形で短毛があり，先は円く突形となる．果胞は上向き，鱗片より著しく長く，倒卵状長楕円体で短毛を密布し，長さ 4～4.5 mm，2 個の中脈がある．先は急に細くなって短い嘴状となり，褐色に染まる．口部は浅く凹み，基部は次第に狭くなって長い柄になる．柱頭は 3 個．〔日本名〕東スゲで，東日本に多く生えるところから付けられた名である．

857. ヒカゲスゲ 〔カヤツリグサ科〕

Carex lanceolata Boott

（*C. humilis* Leyss. var. *subpediformis* (Kük.) T.Koyama）

北海道から九州のやや乾いた林下に生える多年草で密に叢生し大株になることが多く，匐枝はない．葉は根生し狭い線形で叢生し，幅 1.5 mm 位，ふちはざらつき，往々わずかに越年する．4〜5 月の頃葉の間に多数の茎を出し高さ 15〜30 cm 位，細長く直立し，頂に 1 雄小穂，その下方に 2〜3 個の雌小穂を離れてつけ，ともに鱗片が紫褐色で白縁の特色ある外観をしている．雄小穂は長さ 1.5 cm 内外，倒披針状で，雌小穂は長さ 1.5 cm 内外，少数のまばらな花をつけ，細長い柄をそなえ，基部は長さ 1〜2 cm 位の淡紫褐色膜質の苞の鞘にゆるくに包まれる．鱗片は楕円形で長さ 5 mm を超え，多くは切頭短尖端で中脈は白色．果胞はわずかに鱗片より短く一面に短毛がある．柱頭は 3 個．〔日本名〕日陰スゲの意味で，よく光の当たらない樹下の地に生えることによるが，実際には明るい林床や林縁に多い．〔追記〕近縁のホソバヒカゲスゲ（859 図参照）は本種に似て全体一段と細く，花序が短く根生状であることで区別され，より乾いた場所に生じることが多い．

858. ビッチュウヒカゲスゲ 〔カヤツリグサ科〕

Carex bitchuensis T.Hoshino et H.Ikeda

岡山県北西部，および三重県の一部の石灰岩地域に特産する多年生草本．根茎は短く横走し斜上する．葉身は線形で長さ 7〜12 cm，幅 2.5〜3 mm でふちはわずかにざらつき，花後に伸びる．葉鞘は鉄さび色から栗色で繊維状に裂ける．稈は高さ 12〜23 cm，根出葉とほとんど同じかわずかに長く，上部がわずかにざらつく．花穂は 3〜4 個が直立し，頂生の雄小穂は線形からこん棒形で，長さ 15〜20 mm，幅 1.5〜3(〜3.5) mm で，その下方につく雌小穂よりも長い．雄鱗片は狭長円形から広倒披針形で長さ 6〜7 mm，幅 1.4〜2.2 mm，先端は尖るか短い芒があり，中央は淡栗色から鉄さび色，ふちは透明な白色．側生の雌小穂は線形で長さ 5〜15 mm，まばらに 2〜5 個の花をつける．雌鱗片は卵形から広卵形，長さ 3〜3.5 mm，幅 2〜2.5 mm，先端は尖るか芒がある．果胞は倒卵形で短毛を密生する．先端は著しく短く，急に反り返り，先端は全縁．痩果は果胞に包まれ三角形，長さ 2.2〜2.4 mm，幅 0.7〜1.1 mm で無毛．染色体数は 2n = 36.

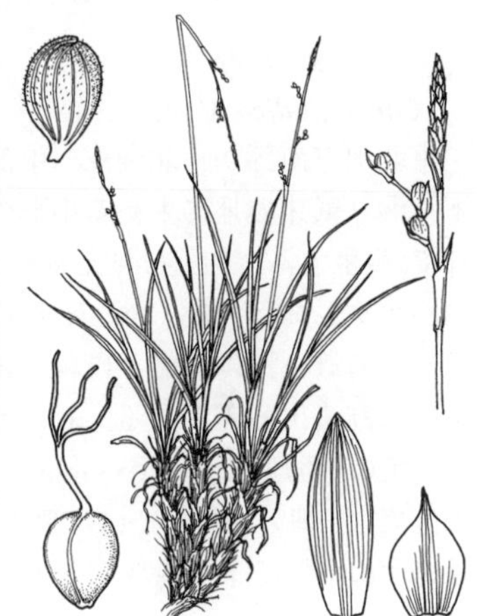

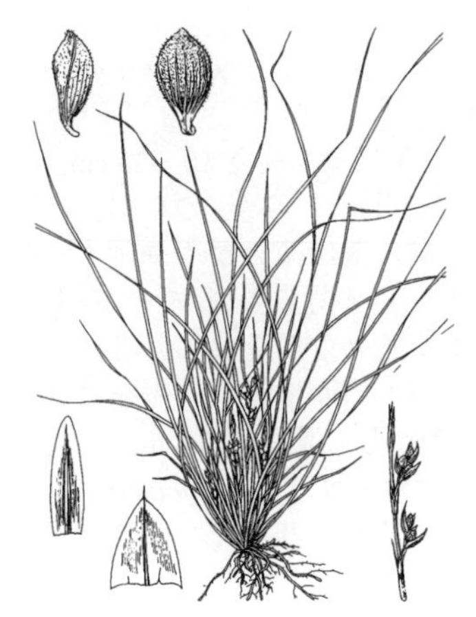

859. ホソバヒカゲスゲ（ヒメヒカゲスゲ） 〔カヤツリグサ科〕

Carex humilis Leyss. var. ***nana*** (H.Lév. et Vaniot) Ohwi

北東アジアの各地にみられ，北海道から九州の乾燥した山地の岩上や疎林地の斜面に生える多年草．密に叢生して大株となり，匐枝はない．茎は葉より低く，根ぎわに出て，葉に隠れて見えない．茎は高さ 2〜6 cm で直立し，鈍い三稜形，平滑である．葉は根生し，狭線形，幅 0.5〜1.5 mm，軟らかでざらつく．4〜5 月頃，葉の間に茎を立て，頂に雄小穂を 1 個，その下に雌小穂を 2〜4 個をつける．雄小穂は線形で長さ 5〜10 mm，雌小穂は卵形でまばらに少数花をつけ，長さ 5〜7 mm ある．雄花の鱗片は長楕円形，赤褐色，雌花の鱗片は卵形，長さ 4〜6 mm，赤褐色を帯び，ふちは淡色，中脈は緑色で先は尖る．果胞は鱗片より短く，広い倒卵形体で短毛を密生し，長さ約 3 mm，先は急に狭くなり，著しく短い嘴状となり，基部は太い柄がある．柱頭は 3 個．〔日本名〕細葉日陰スゲの意味で，ヒカゲスゲに比べ，葉がやや細いから付けられた．ヒカゲスゲ（857 図参照）は葉は幅 1.5 mm 以上あり，葉より高く小穂を立てる．

860. ヒナスゲ 〔カヤツリグサ科〕

Carex grallatoria Maxim. var. ***grallatoria***

東北地方から主に太平洋側を四国，九州にまで分布し，乾いた山地の林下や岩間に生える多年草で，葉は枯れたまま年を越し，春に血褐色ないし紫褐色の穂が新葉間に立つ時にも残る．小さい株立となり細い地下茎がある．葉は繊弱，幅約 1〜2.5 mm，花後に伸長する．茎は高さ 5〜15 cm，雌雄異株で茎頂に長さ 1〜1.5 cm の小穂を単生．鱗片（図左）は長さ約 3.5 mm，光沢があり，濃色ときに淡色に着色する．果胞（図右）は鱗片とほぼ同長，斜開してつき，3 稜が著しく全体に微毛がある．柱頭は 3 個．葉が一般に広く，かつ雌雄同株となり，穂の上部 1〜2 花が雄花化した変種をサナギスゲ（次図参照）といい，ほぼ基本種と同地方に産する．

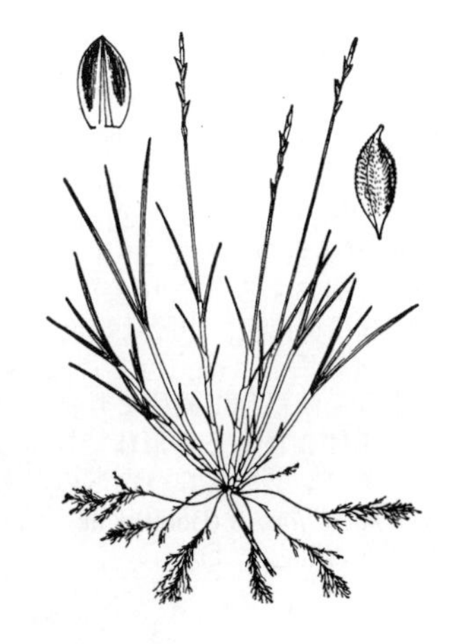

861. サナギスゲ

〔カヤツリグサ科〕

Carex grallatoria Maxim. var. ***heteroclita*** (Franch.) Kük. ex Matsum.

本州，四国，九州から台湾にかけて分布し，林内の岩上に生える多年草．小さい株立ちとなり，前年の枯れた葉がついている．葉は軟らかく，ふちは少しざらつき，幅 1〜2.5 mm で花後に伸長する．4〜6 月，茎の頂に小穂をつけ，上部の 1〜2 個が雄花で，下方に 2〜6 個の雌花をまばらに斜め上向きにつける．雄花の鱗片は赤褐色で雌花のものより色が濃い．雌花の鱗片は楕円形，先は鋭く尖り，淡褐色で背面に緑色の 1 脈がある．果胞は鱗片とほぼ同長，倒卵状楕円体，長さ 3〜3.5 mm，先は急に細くなり短い嘴状となって口部は全縁で上部は細毛があり，基部は次第に狭まり短い柄がある．学名上の母種はヒナスゲ（前図参照）で雌雄異株であるのに対し，本変種は雌雄同株である．〔日本名〕蛹スゲの意味で，雌花の形から昆虫のサナギを連想したものであろうか．

862. マメスゲ

〔カヤツリグサ科〕

Carex pudica Honda

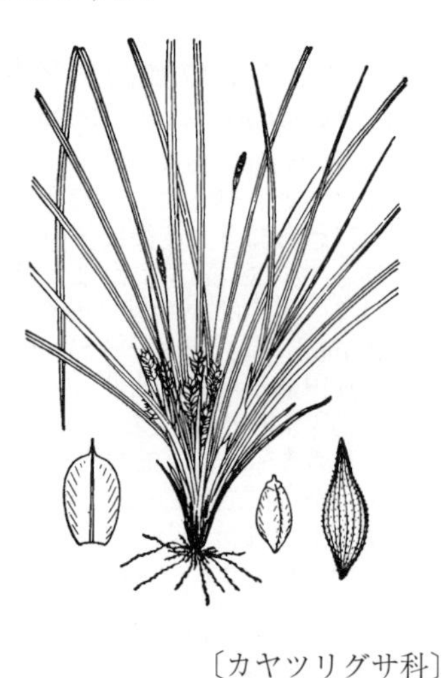

東北地方南部から北関東，中部山地をへて関西に至る間の丘陵地の林下，湿り気味の地に生える小形の多年草で，雌小穂がすべて葉の間に隠れて，根生するが如くに見える点で著しい．その点でアズマスゲ（856 図）やハガクレスゲ（869 図）に似ているが，アズマスゲやハガクレスゲでは一部の雌小穂は葉叢上に現れるが，本種では雄小穂のみ長柄をもって葉中に高く出る差がある．春に開花し，雌花の鱗片は，わずかに赤味ある褐色の倒卵形で，長さ 3 mm，先端は急に尖り，中脈は緑色．果胞はやや直立し，細い紡錘形でほぼ鱗片と同長，まばらに短毛がある．〔日本名〕豆スゲは小形で葉に隠れた小穂によると思われる．

863. ノゲヌカスゲ

〔カヤツリグサ科〕

Carex mitrata Franch. var. ***aristata*** Ohwi

宮城県以南の暖地の林縁や草地等に生える多年草．高さ 10〜25 cm，密生して大きな株を作り，地下茎はのびない．根元には褐色のやや長い鞘状葉を伴う．葉は，暗緑色，幅は 2 mm 未満，質は薄いがやや硬く，ざらつき，開花時には低いが花後にのびる．花序は 4 月にのび，やせて細く，頂生の雄小穂は褐色で短い線形，隣りの雌小穂と並びそれよりも低いことがある．雌花鱗片は倒卵状楕円形，縁は白く中肋は緑色，先端には長い芒がある．果胞は鱗片（芒を除く）より超出し，長さ約 2.5 mm の紡錘形で青味ある緑色でわずかに微毛がある．母種ヌカスゲ var. *mitrata* は関東地方以西に産し，雄小穂が長く雌花鱗片に芒がほとんどないので異なる．〔日本名〕細かい果実を糠にたとえたもの．

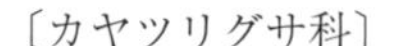

864. モエギスゲ

〔カヤツリグサ科〕

Carex tristachya Thunb. var. ***tristachya***

関東から九州の山野の日向の草地に多く生える多年草で，根茎は密集し，地下茎を出さない．葉は密に叢生し花茎より短く，線形で幅 3 mm 内外，黄色を帯びた淡緑色．春に高さ 20 cm 内外の茎を葉の間に出し，頂に線形で長さ 15〜25 mm の緑色の小穂を 2〜4 個をほとんど同じ高さにつける．形は他種と外見を著しく異にする．雄小穂 1 個は頂生し雌小穂より長く細い．鱗片はほとんど円形，縁は黄白色，中脈は緑色．雌小穂は最下のものには線形の長い苞があり，鱗片は広楕円形，緑白色で背部に緑色の中脈がある．果胞は卵状狭楕円体，3 稜を帯び，淡緑色で鱗片より長く，微毛があり，先端は短い嘴となり 2 歯がある．痩果は 3 稜ある卵形体で柱頭は 3 個である．一変種に雄花の鱗片のふちが癒合してコップ形となったものがあり，果胞も少し小形なのでコツブモエギスゲ var. *pocilliformis* (Boott) Kük. という．〔日本名〕萌黄スゲで葉が黄色を帯びた緑色であることによる．

865. クモマシバスゲ（オオシバスゲ）　〔カヤツリグサ科〕

Carex subumbellata Meinsh. var. ***verecunda*** Ohwi

本州中部や関東北部の高山草原に生える多年草．茎や葉は群がって株を作る．茎は彎曲し，長さ 20～35 cm，三稜形で細く滑らかである．葉は茎より低く，幅 2～3 mm の線形で軟らかい．7～8 月，長くのびた茎の頂に 3～4 個の小穂を密接してつける．雄小穂が頂生し，長さ 1 cm，雌小穂は側生し，長楕円状円柱形で，長さ 1～1.5 cm ある．雌花の鱗片は倒卵形で，先は鋭く尖り，ときに芒があり，長さは 3 mm 内外，茶褐色である．果胞は上向き，鱗片と同長または少し短く，倒卵状長楕円体で長さ 3～3.5 mm，褐色を帯びた淡緑色で，先は急に細くなって短い嘴状となる．口部はほとんど全縁，基部は白く厚い短柄がある．柱頭は 3 個．〔日本名〕雲間芝スゲで，高山に生えるシバスゲの意味である．学名上の基本種はミヤケスゲ var. *subumbellata* で本州北部と北海道の高山に分布する．

866. シバスゲ　〔カヤツリグサ科〕

Carex nervata Franch. et Sav.

（*C. caryophyllea* Latour. var. *nervata* (Franch. et Sav.) T.Koyama）

北海道から九州のやや乾燥した草地に生える多年草で，根茎は短く，わずかに 1～2 本の茎を出し，また長い地下匐枝が横にのびるので植物体は密集しない．茎は直立して高さ 10～30 cm 位，細長く平滑，基部に少数の短い葉があり，その下には枯れた葉が残存する．葉は長さ 6～18 cm，幅 2～3 mm の線形で黄緑色を帯び，質はやや硬くふちが多少ざらつく．5 月頃，頂に 3～4 個の淡茶褐色の短い小穂をつけ，雄小穂は頂生し，長さ 10～15 mm の幅狭い長楕円体．雌小穂は側生し，長楕円体で長さ 8～12 mm 位で直立し，最下位のものには細く雌小穂とほぼ同長の苞がある．雌花の鱗片は倒卵状広楕円形で，先は鋭く尖り，時に芒がある．果胞は倒卵状披針形体で長さ 2～2.5 mm，鈍三稜でまばらに粗い毛がある．柱頭は 3 個．〔日本名〕芝スゲの意味で，芝地に生えるという意味である．

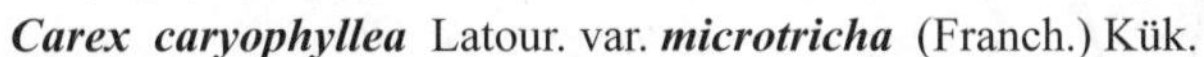

867. チャシバスゲ　〔カヤツリグサ科〕

Carex caryophyllea Latour. var. ***microtricha*** (Franch.) Kük.

北海道から北陸地方にかけて分布し，海岸砂丘あるいは山中の砂地に見る多年草で，基本種は北半球亜寒帯に広く分布している．砂中に暗褐色の鱗片のある細い匐枝を長く引いて広がり，株は離れて散生するが広い面積をしめる．一見シバスゲに似ている．シバスゲでは雌小穂が緑色，果胞には毛を生じ，果実の頂部にある花柱の基盤は顕著に円盤形をしているが，本種では小穂は栗褐色，やや不整形，果胞には毛はほとんどなく，また基盤も短く尖るので区別できる．シバスゲが主に太平洋斜面に多いのに反してチャシバスゲは日本海斜面に多いのも興味がある．〔日本名〕茶芝スゲで穂の色による．〔追記〕本図はチャシバスゲではなくヒメカンスゲを描いたもののようである．真のチャシバスゲは上のシバスゲの図の小穂をより太くしたような感じのものである．

868. アオスゲ　〔カヤツリグサ科〕

Carex leucochlora Bunge（*C. breviculmis* auct. non R.Br.）

各地の低地，丘陵地等の草地に極めてふつうの多年草で，非常に変化が多い．多数の茎葉を叢生して大株となり，根茎はない．葉は緑色の線形で長さ 10～15 cm 位，幅 2 mm 内外でやや四方に広がる．茎は細い三稜形で上部はわずかにざらつき軟弱で多少倒れることが多い．4～5 月，茎の頂に 3～4 個の短い穂を出す．雄小穂は 1 個で頂生し，淡黄白色，線形で長さ 1 cm 位，その少し下方に雌小穂を側出し，相接してやや直立し，下部のものは短く細い柄をもちまた花序より長い苞を伴い，穂体は短円柱形で長さは 1 cm 内外，緑色で光沢がある．雌花の鱗片は楕円形，先は円形，中肋は緑色，両縁は幅広く白膜状，典型的なものでは緑色の長い芒がある．果胞は狭倒卵形体で長さ 2.5 mm 内外，両端は次第に尖り短い毛がある．痩果は三稜形で頂に平たい僧帽状の基盤がある．柱頭は 3 個．〔日本名〕青スゲの意味で，全体が緑色であることによる．

869. ハガクレスゲ

〔カヤツリグサ科〕

Carex jacens C.B.Clarke（*C. geantha* Ohwi）

千島列島，北海道，中部地方以東の山地や亜高山の草原，林のへり，道ばたなどに生える多年草．小さな株を作り，根茎はなく，茎は高さ 7〜15 cm，三稜形でほとんど平滑，基部の鞘は濃褐色である．葉は茎とほぼ同長で軟らかく，幅 2 mm ほどある．6〜7 月，3〜7 個の短い小穂をつける．上部のものは接近してつき，下方の 1〜2 個は常に根ぎわにつき，葉にかくれている．雄小穂は 1 個が頂生し，淡緑色，長さ 6〜7 mm，ほかは雌小穂で密に花をつけ，長楕円状の円柱形，長さ 6〜10 mm ある．雌花の鱗片は倒卵形で薄く，背面の中央部は緑色，ほかは淡褐色で先は尖り微凸頭となる．果胞は鱗片より長く，長楕円体，上部は少し急に狭くなって長い嘴状となり，口部は 2 裂し，基部は次第に細くなって短い柄となる．長さ 2〜2.5 mm 内外．柱頭は 3 個．果胞にふつうは毛はないが，ときに毛のあるものがあり，ケハガクレスゲという．〔日本名〕葉隠スゲで，下方の雌小穂が葉に隠れるのでいう．

870. ハマアオスゲ（スナスゲ）

〔カヤツリグサ科〕

Carex fibrillosa Franch. et Sav.

（*C. leucochlora* Bunge var. *fibrillosa* (Franch. et Sav.) T.Koyama）

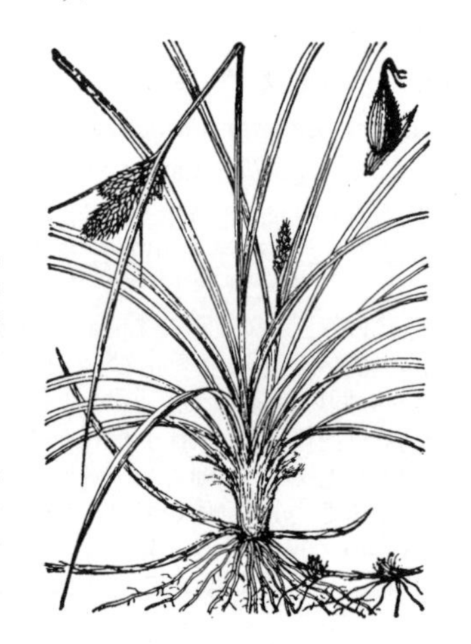

本州以南の海浜の砂地に多く生える多年草で，概形はアオスゲに類似し，長い匐枝を引いて繁殖する．葉は叢生し，濃い緑色の線形でやや硬く先は鋭く尖り，茎と同長あるいは茎より高い．幅 2〜4 mm 位でふちはざらつき基部は葉鞘となり口部は切形．茎は葉の間から出て緑色を帯び，下部は葉鞘に包まれ，ほぼ三稜形．夏に開花する．小穂は 3〜4 個あって緑色，これをアオスゲに比較すると短く太い．雄小穂は茎頂につき卵状の長楕円体でその下に続いて雌小穂をつける．雌小穂は上方のものは無柄，下方のものは有柄，卵形体で花が密集する．果胞は楕円体で粗い毛をまばらに生じ，基部は長い柄状で先端は短い嘴になる．痩果は倒卵形体，3 稜，柱頭は 3 個である．〔日本名〕浜青スゲで青スゲに似て海岸地帯に生えることにより，砂スゲは砂地に生えるスゲの意味である．

871. クサスゲ

〔カヤツリグサ科〕

Carex rugata Ohwi

山野に生える多年草で，乾燥すると全体に黒味を帯びる．根茎は短く分岐し，線形の葉を密生する．葉は軟らかく，幅 2〜3 mm 位．茎は高さ 10〜20 cm 位で初夏の頃，頂部に数個の小穂を生じる．雄小穂は頂生し，線状楕円体で小さい．雌小穂は長楕円体で長さ 5〜10 mm 位，淡緑色を帯び，短い柄があり，小穂より長い苞を伴う．全株がアオスゲに良く似ているが，鱗片は倒卵状楕円形，先端は円形で急に芒状に尖るが長い芒がなく，また果胞に全く毛がないので区別できる．果胞は鱗片より少し長く，長さ 3 mm 位，やや直立して三稜状をした紡錘形をなし，先端は鋭く尖り浅く 2 歯がある．痩果は三稜状楕円体，頂部には花柱の基部が膨大して僧帽状の盤をなし，柱頭は 3 個である．〔日本名〕草スゲで全体が軟らかいことによる．〔追記〕上記の記述の他に，果胞が中部付近でわずかにくびれるのも本種の特徴である．図ではその感じはあまりよく描き表されていない．

872. ホンモンジスゲ

〔カヤツリグサ科〕

Carex pisiformis Boott

関東南西部および静岡県の丘陵地の林下に生える多年草で，根茎は短く質は硬く，細長い匐枝を出す．葉は淡緑色で無毛，長さ 30 cm 内外，幅 2 mm 位の幅狭い線形でやや直立し質は硬い．茎は 3〜4 本叢生し，繊細で直立し往々葉より短く，4 月頃その頂に 1 個の雄小穂をつけさらにその下に 2〜3 個の雌小穂を側生し，下位のものには細い柄がある．苞は線形，下部は長い鞘となる．雄小穂は淡黄褐色，細い長楕円体で長さ 3 cm 位，多少棍棒状で，広楕円形，先端の円い鱗片が密に鱗状に並び，縁は白色で魚鱗状である．雌小穂は長さ 1.5〜2 mm 位の線状長楕円体で緑色，果胞はややまばらである．雌花の鱗片は広楕円形あるいは倒卵状を帯び，多くは先が円く往々短い芒を突出する．果胞は両端次第に尖った紡錘形で長さは 3 mm 位，微毛を生じる．柱頭は 3 個，〔日本名〕日本人の最初の採集地である東京の池上本門寺による．

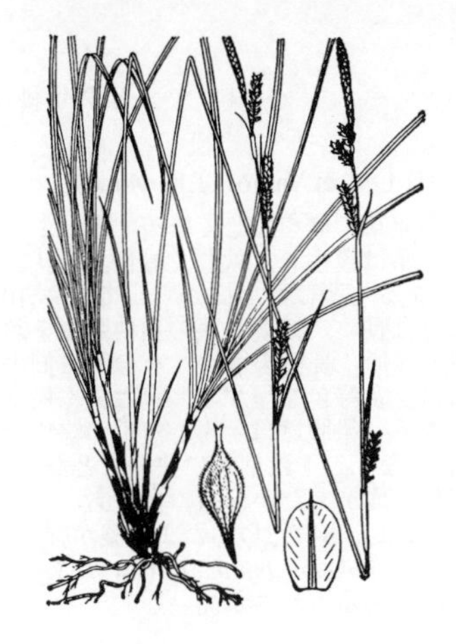

873. ニシノホンモンジスゲ 〔カヤツリグサ科〕

Carex stenostachys Franch. et Sav. var. ***stenostachys***

新潟県以西の本州の日本海側にふつうに見られる多年草で，林下の多少乾いた地に生え，密な株立となり半常緑性である．高さ 40 cm 内外，関東から東海道に多いホンモンジスゲに似ているが，それよりも遥かに密集した株となり，鞘状葉は暗褐色でヒメカンスゲに類し，葉は硬くて直線的に立ち，果胞がやや開出して密に集まり，雌花の鱗片は褐色を帯びるため，雌小穂はより太い短円柱状で長さ 2 cm，黒味を帯びて見えるので区別できる．果胞は三稜形で両端に細く尖った卵状楕円体で一面に毛がある．柱頭は 3 個．〔日本名〕西の本門寺スゲで本州西部に多いことを示す．〔追記〕東北地方には長い匐枝をひくミチノクホンモンジスゲ var. *cuneata* (Ohwi) Ohwi et T.Koyama がある．

874. ヤマオオイトスゲ 〔カヤツリグサ科〕

Carex clivorum Ohwi

やや暗い林下で湿気のある傾斜面に生える多年草で半常緑性である．関東山地から中部山地にかけての割に狭い分布をする．しばしば株立ちとなるが匐枝はない．葉は長く垂れ気味で明緑色，ルーペでみると細かい突起が一面にある．基部には紫黒色で多少光沢のある鞘状葉を伴う．4～5 月頃に葉とほぼ同高の細い花茎が多数出て，頂上の雄小穂は淡緑白色，長さ 3 cm 内外の線形で高くそびえ，茎の中部より上に短い鞘状苞の腋に緑色の細い円柱状でまばらに花をつけた雌小穂が柄をもってつく．雌花の鱗片は長楕円形で白味を帯び，果胞はそれより超出して立ち，長さ約 4 mm，両端は鋭く尖って楕円体，緑色有毛，柱頭は 3 個．〔日本名〕山地に生える大糸スゲの意味である．

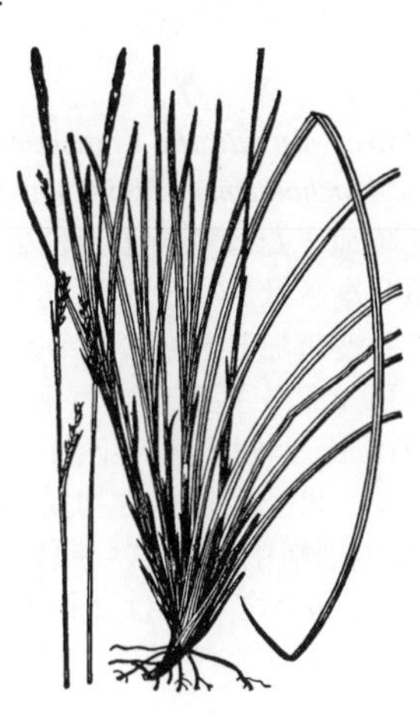

875. ゴンゲンスゲ（コイトスゲ） 〔カヤツリグサ科〕

Carex sachalinensis F.Schmidt var. ***iwakiana*** Ohwi

本州中北部のブナ帯の林下で湿度の高い地に多く生える多年草で，細い根茎が盛んに横走し，株はまばらな群落を作る．高さは 20 cm 内外，全体鮮緑色で多少軟らかい．茎は細く鈍稜の三稜状で平滑．葉は幅 2 mm で，質は薄く先端は垂れる．7 月頃に茎頂に長さ 1 cm ほどの細い緑色の雄小穂をつけ，それから距たってやせた雌小穂を側生するが下部のものには細い柄があり，苞が穂より短いのがオオイトスゲ（次図参照）との区別点である．雌小穂は長さ 15 mm 内外，淡緑色，雌花鱗片は卵形で短い芒があり，背には 3 脈が不鮮明にある．果胞は長さ 2～3 mm，後に褐色を帯び，微毛がある．〔日本名〕権現スゲで，日光に生え，東照宮大権現から生じた名である．〔追記〕従来ゴンゲンスゲとされていたもののうち，北海道と岩手県早池峰山のものは，葉が半常緑性で少し幅広く，基部の鞘が褐色を帯びることからサハリンイトスゲ var. *sachalinensis* として最近分けられた．

876. オオイトスゲ 〔カヤツリグサ科〕

Carex sachalinensis F.Schmidt var. ***alterniflora*** (Franch.) Ohwi

（*C. alterniflora* Franch.）

本州の太平洋側の山地の林内に生える多年草．小さな株立ちとなり，横にはう長い匐枝がある．茎は直立し高さ 20～50 cm，鈍い三稜形で平滑，基部の鞘は淡黄褐色である．葉は線形，幅 2～3 mm で軟らかい．4～6 月，茎の上部に淡黄色の小穂を 2～4 個，上向きにつける．頂の 1 個の小穂は雄性で線形，緑白色で長さ 1.5～4 cm，側方の小穂は雌性，狭円柱形でまばらに花をつけ，長さ 1～2 cm，下方の小穂は柄があり，基部に小穂よりも長いか同長の苞がある．雌花の鱗片は広楕円形，淡色で中脈は緑色，長さは約 2.5 mm で先は尖り，ときに芒状に突出する．果胞は斜め上向き，広楕円体，黄褐色で細脈があり上部はざらつく．果胞の長さ 3 mm 内外，先はやや急に細くなって長い嘴状となり口部は 2 裂し，基部は短い柄がある．柱頭は 3 個．ここではサハリンイトスゲの変種としたが，独立種とする意見もある．この仲間は日本全土に多数の変種が知られている．〔日本名〕大糸スゲは，茎や葉が糸状でイトスゲに似て大形であるところから名付けられた．

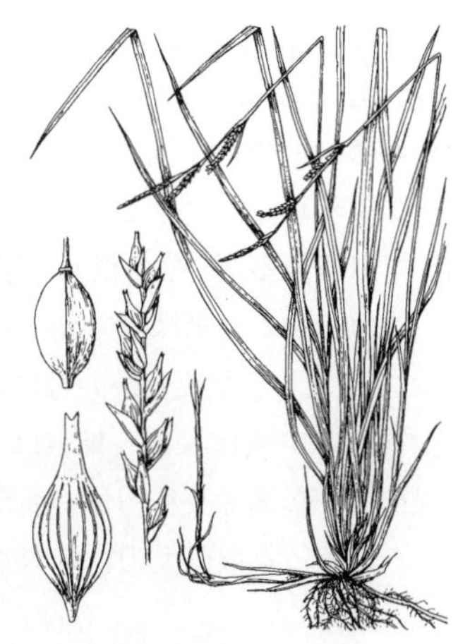

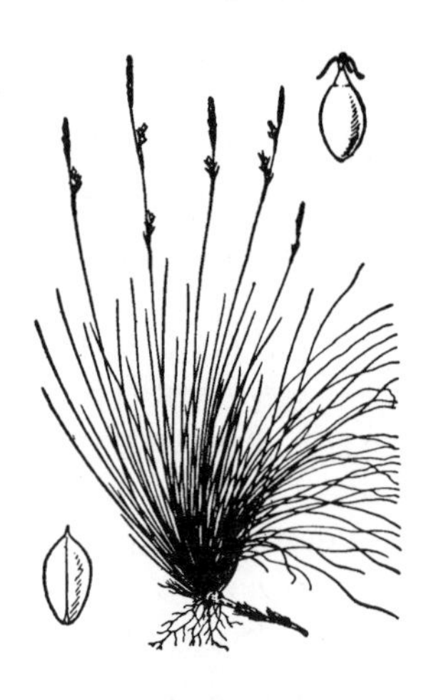

877. イトスゲ 〔カヤツリグサ科〕

Carex fernaldiana H.Lév. et Vaniot

（*C. sachalinensis* F.Schmidt var. *fernaldiana* (H.Lév. et Vaniot) T.Koyama）

山中の乾き気味の陰地あるいは半陰地に生える多年草で群をなして繁茂する．ふつうはかなり大きい株となり繊細な匐枝が繁殖する．葉は叢生し，軟弱で緑色，糸状で幅は 1 mm 以下，先端は次第に尖り下部は葉鞘となる．茎は葉の間から出て高さ 10～20 cm 位の繊細な三稜形，緑色で葉より短くまたは長い．初夏，茎の頂に間隔をおいて 2～3 個の小穂をつける．頂のものは雄小穂で線形，長柄をもつ．その下に側生する小穂は雌小穂で線形，雌花をややまばらにつけ，黄緑色を呈する．苞は細く最下のものは小穂よりも長いかほぼ同長，下部は鞘になる．果胞はほとんど無毛の緑色で鱗片より長く，倒卵状楕円体で 3 稜，先は鈍く嘴となり，下は柄状に狭い溝となる．痩果は卵形体で花柱は 3 岐する．〔日本名〕糸スゲで葉があたかも糸の様であることによる．〔追記〕宮城県から静岡県の太平洋側山地には，本種に似るがより葉が細く，苞の葉身が小穂よりもはるかに短いハコネイトスゲ *C. hakonemontana* Katsuy. がある．本図はイトスゲよりもハコネイトスゲを描いたものである可能性が高い．

878. ケ　ス　ゲ 〔カヤツリグサ科〕

Carex duvaliana Franch. et Sav.

（*C. sachalinensis* F.Schmidt var. *duvaliana* (Franch. et Sav.) T.Koyama）

丘陵地または低い山地に生える多年草で，地中に細長い匐枝を引いて繁殖し高さは 30 cm 内外ある．葉はややまばらに叢生し，線形で先は鋭く尖り葉鞘部とともに細毛がある．茎は細く，緑色で下部に細毛がある．雄小穂 1 個を茎頂につけ柄があって線形，淡緑色で長さ 1～1.5 cm．雌小穂は 1～3 個，茎の上部に側生し直立して線形をなし，まばらに小形の花をつけ，淡緑色，初夏の頃に果穂となる．果胞は鱗片より長く，ほぼ倒卵状楕円体で鈍い 3 稜があり，下部は柄状にすぼまり，長さは 2.5～3 mm あって嘴には 2 歯がある．柱頭は 3 個．関東地方以西の太平洋側に分布する．〔日本名〕毛スゲで葉に細毛があることによる．

879. ツルナシオオイトスゲ（チャイトスゲ） 〔カヤツリグサ科〕

Carex tenuinervis Ohwi

四国，九州の山地に特産する多年草で，大株を作るが匐枝はない．全体は黄緑色で軟らかい感じが強い．葉の幅 2 mm 前後で平坦，茎は高さ 30 cm 位，基部の鞘状葉はわら色で，後に裂ける．4～5 月頃に開花し，頂小穂は雄性で淡緑色，大きく，長さ 3 cm，高く立つ．雌小穂は側生し，鞘状苞の腋から出る細い柄の先に直立し，穂体はややまばらな花つきの細い円柱状で長さ 2 cm 位，緑白色．雌花の鱗片は広楕円状倒卵形．果胞は超出し，倒卵状紡錘形で長さ 3～3.5 cm，緑色の膜質，毛を全く生じないで，上部は多少外に反る嘴となる．〔日本名〕蔓無し大糸スゲの意味でオオイトスゲに似るが匐枝を生じないことによる．

880. ダイセンスゲ 〔カヤツリグサ科〕

Carex daisenensis Nakai

福井県以西から中国地方をへて北九州にわたって山間の渓畔に多い半常緑の多年草で，高さ 20～40 cm，全体の感じはヤマオオイトスゲ（874 図）に似ているが，葉の根元に暗褐色の繊維を多数つけ，その状態はシュロ毛に似ている．葉は少し硬く緑色で幅 5 mm 位，花は 5 月頃に出るが，多少なよなよした軟らかい軸に淡緑色のやせた穂がつき，雌花の鱗片は多少褐色，中脈は緑色，果胞はこれより長く直立し，長さ 4 mm 内外の淡緑色で 3 稜ある長楕円体，嘴があり，浅く 2 裂する．柱頭は 3 個．〔日本名〕産地，鳥取県大山に基づく．

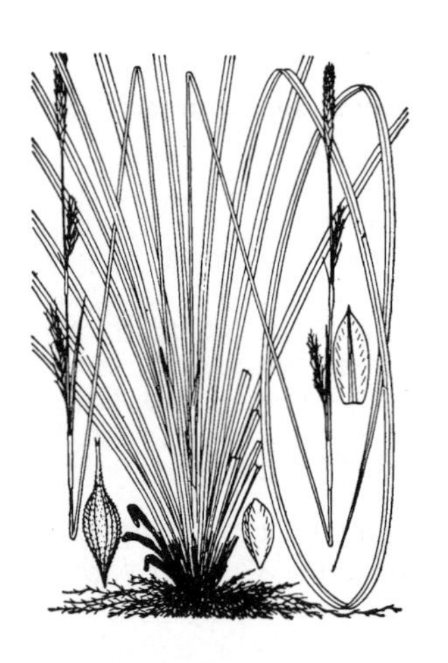

881. ミヤマカンスゲ　〔カヤツリグサ科〕

Carex multifolia Ohwi

(*C. dolichostachya* Hayata var. *glaberrima* sensu T.Koyama)

北海道から九州の山地に生える常緑多年草で，根茎はやや長くのび，多数の葉を叢生する．葉は幅広く 5～10 mm 位あって質はややかたく，暗または明緑色，ふちはざらつきその状態はカンスゲを思わせるがはるかに軟らかい．初夏の頃，花茎は葉の間に出て高さ 30 cm 内外，まばらに 4～5 個の小穂をつける．雄小穂は頂生し，線状円柱形で長さ 3～5 cm 位．赤～淡褐色で密に倒卵状披針形の鱗片が鱗状に並ぶ．雌小穂は雄小穂より短く，細い柄があって下部は鞘状の苞に包まれ，まばらに果胞をつける．雌小穂の鱗片は広楕円形，黄白色または黄褐色で，先端は微かに突端に終わる．果胞はややまばらに穂面に着生し鱗片より長く，緑色で上部は鋭く尖り嘴となり，その先端に 2 歯がある．痩果は狭倒卵形体で上端は短い嘴となる．〔日本名〕深山寒スゲで深山に生えるカンスゲの意味である．〔追記〕琉球から台湾に分布するナガボスゲ *C. dolichostachya* Hayata は本種に近縁で，ミヤマカンスゲをその変種や亜種とする意見もあるが，葉がより硬く雄小穂がより細長く，果胞は幅広く先端は急に短い嘴となる．

882. タシロスゲ　〔カヤツリグサ科〕

Carex sociata Boott

琉球を中心に，北は九州南端，南は台湾にまで分布する常緑多年草で，密な株立ちとなり高さ 30 cm 内外，基部には暗褐色の繊維を伴う．葉は剛直で根元から開出するがふつう茎よりも長くなり，幅 5 mm 位，ふちは平滑．春から初夏にやせた花茎を多数出し，黄褐色の小穂をつける．頂小穂は雄性，側小穂は雌性，円柱状，長さ 2 cm 内外で雌花の鱗片の先が穂体から突出して見える．小穂が 2～3 個ずつ，1 個の苞から長柄をもって出ているのはカンスゲ類では珍しい．雌花の鱗片は長楕円形で芒があり白味を帯びる．果胞は立った後，彎曲して上半開出，長さ 2.5～3 mm の淡緑色で剛毛があり，両端へ細く尖る．〔日本名〕田代スゲで琉球地方を中心とした植物採集家の田代安定を記念した．〔追記〕四国南部と九州に分布するツクシスゲ *C. uber* Ohwi は，小穂が各節から 1 個ずつしか出ない他は本種とほとんど異ならないが，染色体基本数が異なることが知られている．

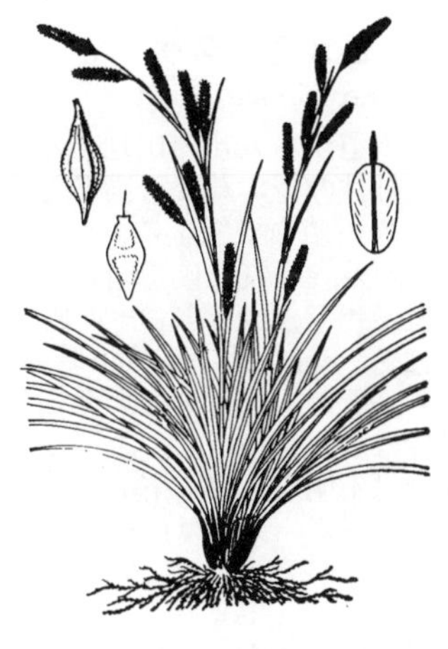

883. カンスゲ　〔カヤツリグサ科〕

Carex morrowii Boott

本州（宮城県以南）から九州の主に太平洋側の山地の樹陰に多い強壮な多年草で高さ 40～70 cm 位．葉は根生し多数密生して常緑で上面は平坦でやや光沢があり，広線形で先端は狭く尖り，硬く，ふちはざらつき基部は褐紫色である．4～5 月頃，葉の間に多くの花茎を出し，茎頂に線形の赤褐色の雄小穂 1 個をつけ，長さ 4 cm 位．その下方に黄褐色を帯びた雌小穂数個を疎生し長さ 2.5 cm 位，小穂軸上に開出してやや密生した多数の果胞をつける．果胞は鱗片とほぼ同長で長楕円状卵形体，長さ 3 mm 位あり，先端の長嘴は下方に曲がって 2 歯をもつ．柱頭は 3 個．葉縁の白色のものをシマカンスゲ ‘Albo-marginata’ といい観賞用として栽植する．葉を用いて蓑，籠を作る．〔日本名〕寒スゲは常緑性の葉に基づき，スゲは清浄，すなわちスガの転音であるという説と住宅の敷物をスガタタミといい，これに用いる材料であるのでスガの名があるという説とがあって，いずれもその根拠がはっきりしない．あるいは叢生して巣のように見える細い葉を毛に見立てて巣毛といったことに由来するのかも知れない．

884. オクノカンスゲ（エゾカンスゲ）　〔カヤツリグサ科〕

Carex foliosissima F.Schmidt

北海道，本州，四国，九州の山地から亜高山の林の下に群がって生える常緑の多年草．大きな株立ちとなり，匐枝を出す．葉は根生し多数叢生し，幅 5～15 mm，上面に 2 脈，下面へ 1 脈が隆起し，断面で M 字形をなしている．茎は高さ 15～50 cm，三稜形で平滑または少しざらつき，基部は暗紫色の鞘状葉に包まれる．4～6 月頃，茎の先に 3～5 個の小穂をつける．頂の 1 個は雄性で長さ 1.5～4 cm，他は雌性の小穂で離れてつき，円柱形で長さ 2～4 cm ある．苞は花穂より一般に短いものが多く，下部は太くて長い鞘となる．雌花の鱗片は長楕円状の卵形，赤褐色で先は鋭く尖り，ときに尾状に尖って芒となる．果胞は鱗片より短く，熟して水平に開出し，広卵形体，淡緑色で細い脈があり，長さ 2.5～3.5 mm，先は急に細くなって長い嘴状となり，口部は 2 裂し，裂片は尖る．柱頭は 3 個．葉の幅が広く 15～20 mm に達するものをハバビロスゲといい，西日本に多いが，変異は連続的ではっきりとは区別できない．〔日本名〕奥の寒スゲの意味で，東北地方に多いところからつけれた名である．

885. オオシマカンスゲ 〔カヤツリグサ科〕

Carex oshimensis Nakai

伊豆七島の向陽の裸地に生える常緑多年草，同地方におけるヒメカンスゲの代替種である．高さ 40 cm 内外，密生した大株になる．根元には褐色の繊維が多量につく．葉は濃い暗緑色で幅 5 mm 内外，ふちはざらつき厚く，やや硬い．4 月頃に剛直の茎を直線的に出し，頂には太い雄小穂がつき，側方に長さ 3 cm 内外の雌小穂（各々の頂は少部分雄性）がつき，いずれも明るい赤褐色に着色する．苞は鞘が長くかつ緩く，短い葉身があり，小穂はそれより長い柄をもつ．果胞は密生して開出し，倒卵状の紡錘形，長さ 3.5 mm，時に少し散毛があり，雌花鱗片はそれより超出し，急に芒となる．白色の斑があるものをフイリオオシマカンスゲ f. *variegata* Hid.Takah. といい観賞用に栽培される．〔日本名〕大島寒スゲはその産地伊豆大島による．葉を家畜の飼料とする．

886. ヒメカンスゲ 〔カヤツリグサ科〕

Carex conica Boott

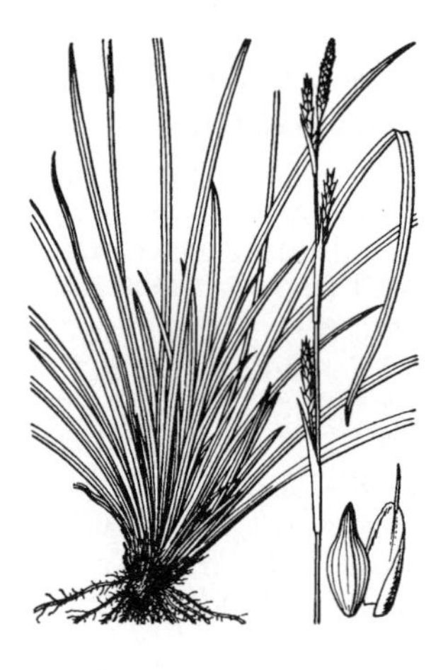

北海道から九州の山地あるいは平地でやや乾いた樹下に極めてふつうな常緑性の多年草で，高さ 20 cm 内外．根茎は株立ちとなり，密に黒褐色の古い鞘の繊維を被り，また往々匐枝を出す．葉は幅狭い線形で幅 3 mm 内外，革質で硬く暗緑色，基部は暗褐色の鞘となる．早春，葉の間に茎を出し，上部に 3〜4 個の小穂をつける．雄小穂は頂生し，楕円体で長さ 2 cm 内外，鱗片は暗褐色．雌小穂は相隔たって直立し，細い柄をもち，その下部は著しい紫褐色の苞で包まれ，円柱形で長さ 2 cm 内外．鱗片は広卵状楕円形，ふつう白黄色で先は円く，しかも急に芒状に尖る．果胞は不明な 3 稜の楕円体で長さ 3 mm 位，上部は嘴になり，黄緑色で微毛がある．果実は広楕円体，花柱の頂の盤は小さい．〔日本名〕姫寒スゲで草状がカンスゲに似て小形であることによる．

887. ヒゲスゲ（オニヒゲスゲ） 〔カヤツリグサ科〕

Carex wahuensis C.A.Mey. var. ***bongardii*** (Boott) Franch. et Sav.

（*C. wahuensis* var. *robusta* Franch. et Sav. ; *C. boottiana* Hook. et Arn.）

海浜の岩場に生える強壮で常緑の多年草．高さ 30〜40 cm 位あり，往々大きな株となり，葉は多数密に集まって叢生し，広線形で質は厚く先は鋭く尖り，緑色で上面に光沢がある．春に葉の間から数本の茎を出し，ふつう葉より短く，頂に長紡錘形の雄小穂 1 個を直立し長さは 5 cm 内外あり，その下方に大形で直立した雌小穂 2〜4 個をつけ，小穂の上部は時々急に狭まり雄花部となる．雌花の鱗片の先端は長い芒になり全長 1.5 cm 位で，果胞はほぼ倒卵状で嘴は深く 2 裂し，大形で長さ 8 mm に及ぶ．柱頭は 3 個．〔日本名〕鬚スゲはその花穂が粗大，かつ長い芒の多い状態に基づく．本州（千葉県以西）から琉球，伊豆諸島，小笠原諸島に分布し，母種はハワイ諸島に分布する．

888. セキモンスゲ 〔カヤツリグサ科〕

Carex toyoshimae Tuyama

小笠原諸島母島の林下にまれに産する多年草．叢生し根茎はやや木質化する．根は長く繊維状．根生葉は束生し，線形で先が尖り，長さ 50〜60 cm，幅 3〜7 mm，花茎より長く，両面は無毛で緑はややざらつく．花茎は根出葉に側生しやや直立または開出し，ごく細く，3 稜あり，無毛．小穂は 1 節に 1 個，やや離れて 3〜5 個つき，上位の苞は芒状，下位の苞は葉状．小穂は長さ 8〜23 mm，側小穂は雌性，頂小穂は雄性で，まれに雌雄が混在する．雌鱗片は淡緑色，軟膜質で線状〜卵状の長楕円形，長さ 3.5〜4.5 mm，先は長く尖り有毛，背面に緑条があり，縁は無毛．果胞は披針状で長さ 4.5〜5.5 mm，幅 1〜1.3 mm，雌鱗片よりやや長く，10〜12 脈があり，先は長い嘴状で 2 歯がある．柱頭はふつう 2 岐する．果胞はレンズ状または平たい 3 稜形，果実の頂部は肥厚する．キノクニスゲに似るが，果胞が雌鱗片より長いことで区別できる．

889. キノクニスゲ（キシュウスゲ）　〔カヤツリグサ科〕

Carex matsumurae Franch.

九州の海岸から日本海岸は富山湾，太平洋岸は三河湾までの海岸の常緑樹林下に生える多年草で，根茎は斜めになり多数の葉を斜めにつけ，冬季花序が芽を出す頃には根元に黒褐色の繊維を伴うが，5月頃にはすでに失う．葉は厚みのある革質で，幅1cm内外，やや光沢があり，常緑性．5月には果序が目立ち，緑色の細くない茎の上半に，葉身の短い鞘状苞葉から直立した3〜4個の雌小穂とやせた頂生の雄小穂を生じる．小穂は長さ3cm内外．雌花の鱗片は膜質，白緑色で短く，果胞はほぼ直立し緑白色で倒卵形体，上部は急に嘴となり脈が多い．〔日本名〕紀之国スゲで産地に基づいている．

890. ヒロバスゲ　〔カヤツリグサ科〕

Carex insaniae Koidz. var. ***insaniae***

主に北海道から北陸地方にわたって，多少湿度の高い林に生える常緑の多年草で，根茎は倒れた様になり，葉もまた広く開出して立たない．葉は長さ30〜40cm，広狭種々混生するが広いのは幅2cmに達し，鮮かな濃緑色で光沢があり，厚味のある草状革質，縦にひだがある．5月頃葉の間から短い花序を出すが，しばしば根際に短いうねった花序をも出す．頂小穂は雄性で，長さ15mm，やや太く，側生小穂は雌性で緑色，太目の円柱状，長さ2cm，雌花鱗片は円頭で凸端，淡緑色，果胞は超出し，長さ約5mm，斜めに開出し暗緑色で微毛を生じ，痩果（図右上）は中央で3稜上にくびれがある．柱頭は3個．〔日本名〕葉の広いスゲの意．

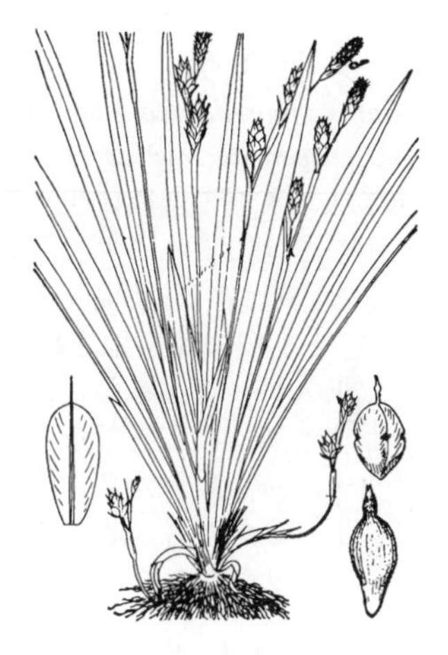

891. アオヒエスゲ　〔カヤツリグサ科〕

Carex insaniae Koidz. var. ***subdita*** (Ohwi) Ohwi（*C. subdita* Ohwi）

関東南部から四国に至る太平洋側に分布する多年草で，林下に生え，ヒロバスゲの表日本型である．それに比べて全体は小形で細く，葉は幅狭く4mm以下，質は薄くわずかに硬い感じの草質．雌小穂は短くかつ少数の花をつけて緑色，各花は開出し，嘴が多少長いのでムギスゲの様に見える．別に中部地方から関西を経て四国，九州の山間には葉質が厚く幅もわずかに広く6mm前後のものが分布する．それをアオバスゲ var. *papillaticulmis* (Ohwi) Ohwi という．この植物の果胞の嘴が短く，葉が幅を拡大したものがヒロバスゲの本体である．

892. サンインヒエスゲ　〔カヤツリグサ科〕

Carex jubozanensis J.Oda et A.Tanaka

鳥取県から福井県の日本海側のアカマツ林などの痩せた土地に見られる多年生草本．匐枝をさかんに伸ばし，花茎は高さ20〜40cm．無花の茎もしばしば見られる．基鞘は淡褐色，葉は淡緑色で線形，長さは花茎とほぼ同長，幅は4〜8mm．小穂は2〜3個，頂小穂は雄性で淡褐色，棍棒状で長さ2〜3cm，長い柄を持つ．側小穂は雌性で1〜2個が離れてつき，長さ1.5〜2cm．苞は長さ2〜4cm，有鞘で葉身は短く，小穂より短い．雄鱗片は狭倒卵形，中央は緑色，縁は薄緑色の淡錆茶色，先端は凹形で短い芒がある．雌鱗片は卵形で淡緑色，または淡褐色で中央に緑色を帯び，長さ6〜7mm，先端は凹形で短い芒がある．果胞は卵形，無毛，長さ5.5〜8mm，先は嘴となりざらつき，口部は2歯．痩果は倒卵形で3稜，短い柄があり，花柱につながる先端は強く湾曲する．柱頭は3個．

893. チュウゼンジスゲ 〔カヤツリグサ科〕

Carex longirostrata C.A.Mey. var. ***tenuistachya*** (Nakai) Yonek.

（*C. tenuistachya* Nakai；*C. longirostrata* C.A.Mey. var. *pallida* (Kitag.) Ohwi）

本州（宮城県から中部地方），九州北部の山中ブナ帯の草原に生える多年草で，匐枝が長く伸びるため 1 茎ずつ離れて出る．葉は幅 2〜3 mm，草質で緑色，鞘部は淡い褐色で後に繊維状に裂ける．初夏に果序を見る．雄小穂は頂生し，長さ 1〜2 cm で多少棍棒状，淡黄褐色，少し下に普通 1 個の雌小穂を側生する．雌小穂は長さ約 1 cm，柄があるが鞘中に収まる．果胞は少数の緑色草質で開出し，倒卵形体で先端に長い嘴があり，長さは嘴を含め 7〜8 mm，短い毛がある．柱頭は 3 個．北海道と本州中北部には匐枝を伸ばさず大株となるマツマエスゲ var. *longirostrata* がある．〔日本名〕中禅寺スゲで，日光中禅寺で最初発見されたことによる．

894. ダケスゲ 〔カヤツリグサ科〕

Carex magellanica Lam. subsp. ***irrigua*** (Wahlenb.) Hiitonen

（*C. paupercula* Michx.）

北半球の寒地の湿原に生える多年草で，日本では本州中北部の限られた高山の湿地にまれに生じ，高さは 20 cm 内外，叢生し，新茎は斜上して広がる．葉は線形，多少灰色を帯びた緑色．7〜8 月頃に茎端に雄小穂を，側方に 2〜3 個の雌小穂を出し，やや垂れる．雌小穂は色，形，姿勢ともにヤチスゲ（次図参照）に似るがやせて小さく，径 5 mm 内外，赤褐色の雌花の鱗片は広披針形で尖り，果時脱落しやすく，果胞は広楕円体でテウチグルミに似た形に膨らみ，長さ 3 mm 位．表面には乳頭状突起を密に生じるため白っぽく見える．柱頭は 3 個．〔日本名〕岳スゲで長野県御岳に発見されたことによる．

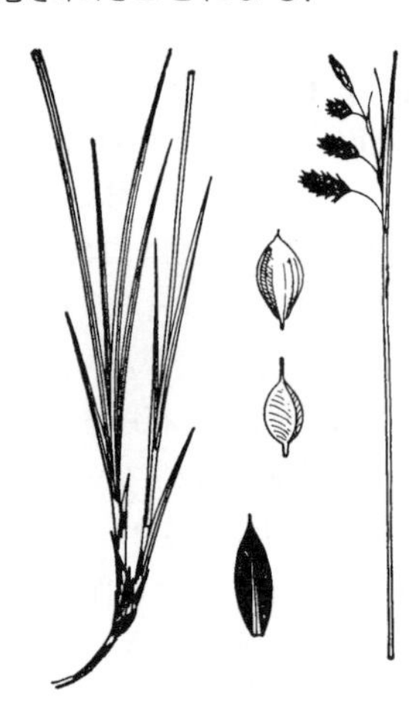

895. ヤチスゲ（アカヌマゴウソ） 〔カヤツリグサ科〕

Carex limosa L.

北半球に広く分布し，日本では北海道，本州兵庫県以東の亜高山帯から高山帯の水ゴケ湿原や浅い池に群生して生える多年草．地下茎は横にはい，茎は高さ 20〜70 cm，基部は赤褐色から黒褐色の鞘状葉に包まれる．葉は線形，幅 1.5〜2.5 mm，硬いふちはざらつく．6〜8 月，茎の頂に 2〜3 個の小穂をつける．頂の細長い小穂は雄性で，長さ 2〜2.5 cm，赤紫色で直立する．側方の小穂は雌性または雌雄性で長さ 1.5〜2 cm，幅 4〜6 mm，細い柄について下垂する．雌花の鱗片は卵状楕円形で長さ 4.5〜5.5 mm，赤紫褐色または褐色で先は鋭く尖り，または微凸頭で，果時も宿存し脱落しない．果胞は鱗片より幅が狭くて短く，卵形体または楕円体，長さ 3.5〜4 mm，乳頭状の微突起が密生して細い脈がある．果胞の上部は急に細くなって短い嘴状となり，口部はくぼんで茶色，基部は円くなり短い柄がある．柱頭は 3 個．〔日本名〕谷地スゲの意味で湿地に生えるところから，赤沼ゴウソは日光戦場ケ原の赤沼で発見され，ゴウソに似ているから付けられた名である．

896. グレーンスゲ 〔カヤツリグサ科〕

Carex parciflora Boott var. ***parciflora***（*C. glehnii* F.Schmidt）

北海道から本州までの主に日本海側の山地の湿った草地，林下などに生える多年草で，高さ 40 cm 内外，大株になることもあるが，茎は緩やかに叢生する．全草軟らかく淡緑色で，白味をあまり帯びない．葉は幅 5〜12 mm．6 月頃に開花，頂生の雄小穂は長さ 1 cm 強の線形，雌小穂は短い柱状で長さ 2 cm 内外，最上位のものは雄小穂に接して無柄，下に向かって次第に間隔が空き同時に細い果胞がまばらにつくようになり，長い柄があって斜めに傾き，淡緑色．雌花の鱗片は長さ 4 mm，白色，緑色の中脈は短い芒となる．果胞は長さ 4〜5 mm，長卵形体で上部開出，乾いて暗緑褐色となる．〔日本名〕本種の異名 *C. glehnii* の学名に出てくる本種の採集家の名に基づく．なお本種の学名はタカネハリスゲの学名 *C. pauciflora* と混じやすく注意を要する．ヒマラヤの *C. jackiana* Boott に非常に近く，ときにその極東アジアにおける亜種という見解がとられることもある．

897. ナガボノコジュズスゲ（アオジュズスゲ）　〔カヤツリグサ科〕

Carex parciflora Boott var. ***vaniotii*** (H.Lév.) Ohwi（*C. vaniotii* H.Lév.）

本州中部以北の日本海側の亜高山から高山帯にかけて，林内や林縁の湿った草原に生える多年草．株立ちとなり，根茎は横にはう．茎は直立または斜上し，高さ 20〜80 cm，基部は淡褐色の鞘状葉に包まれる．葉は薄く柔らかで幅 2〜7 mm ある．小穂は 3〜4 個つき，最上部の細長い 1 個が雄性で柄はなく，長さ 5〜15 mm．上部の雌小穂は雄小穂と接近してつくが，他の雌小穂は離れてつく．雌小穂は長さ 1〜3 cm，乾燥すると暗褐色になる．雌花の鱗片は著しく短く，長さ 2.5 mm 内外，先は鈍く尖り，白色で中脈は緑色である．果胞は卵状披針形体で緑色，長さ 4.5〜5.5 mm，毛はなく脈が多い．先は次第に細くなって長い嘴状となり，口部は全縁である．柱頭は 3 個．〔日本名〕長穂の小数珠スゲでコジュズスゲに似て小穂が長いからいう．

898. コジュズスゲ　〔カヤツリグサ科〕

Carex parciflora Boott var. ***macroglossa*** (Franch. et Sav.) Ohwi

北海道から九州の山麓あるいは低地の草原，湿地，溝などに生える多年草で高さ 15〜25 cm 位あって，やや軟弱で叢生する．葉は狭線形で先は尖り幅 2〜10 mm，緑白色．根生葉は短く長さ 10 cm 内外あり，茎葉は互生して多少茎より上に超出する．晩春の頃，葉の間に数本の弱い茎を出し，茎頂に柄をもった長さ 1.5 cm 位の淡緑色の雄小穂をつけ，その下方の葉腋に長さ 1〜2 cm 位の淡緑色の雌小穂 2〜3 個を出す．果胞は少数で穂軸上にやや疎生し，鱗片より長く緑色で三稜状狭卵形体，上部は長い嘴になり，長さ 5〜7 mm．柱頭は 3 個．ムギスゲはこの一型で長さ 6〜9 mm に及ぶ大形の果胞を有する．母種グレーンスゲに比べ，葉が白色を帯び，雌小穂が短いことで区別される．〔日本名〕小数珠スゲの意味で，ジュズスゲ（908 図）に似てそれよりも小形であるという意味である．数珠というのは，穂軸に配列する果胞の形に基づく．

899. タマツリスゲ　〔カヤツリグサ科〕

Carex filipes Franch. et Sav. var. ***filipes***

本州から九州の湿り気味の疎林下に生える多年草．全体蒼緑色で，軟弱，叢生するが茎は放射状に倒れて乱れた姿になる．地上部基部の鞘は濃い暗紫褐色．茎は三稜形で長さ 40〜60 cm に達する．葉は短い線形で葉鞘は顕著．4〜5 月頃に茎頂に長さ 1 cm 位でやや赤紫色を帯びた雄小穂を割に太い短柄の先につけ，これは次の雌小穂とほぼ同高，茎の中部以上の苞葉腋からは細い糸状の柄の先に雌小穂を下垂してつける．雌小穂は茎葉と同一色，はなはだ疎花で，球形の果胞が間隔を置いてつくので，玉釣スゲの名がついた．果胞は長さ 6 mm 内外の球状楕円体，頂部は急に細い嘴となる．〔追記〕本種は形体分化があり，変化が多く，オオタマツリスゲ var. *rouyana* (Franch.) Kük. は雄小穂が長い柄をそなえて次の雌穂より明らかに高く，鞘が褐色の変種で，関東ではよくタマツリスゲと同一産地に見出される．四国，九州にヒメジュズスゲ var. *tremula* (Ohwi) Ohwi，山陰から北陸にヒロハノオオタマツリスゲ var. *arakiana* (Ohwi) Ohwi，東北にオクタマツリスゲ var. *kuzakaiensis* (M. Kikuchi) T.Koyama がある．

900. サッポロスゲ（ハナマガリスゲ）　〔カヤツリグサ科〕

Carex pilosa Scop.

ヨーロッパからシベリア，朝鮮半島，樺太，千島などに広く分布し，日本でも北海道，本州中北部の林下に生える多年草．長く横にはう匐枝があり，まばらに株を作る．茎は高さ 30〜60 cm，三稜形で少し毛があり，基部は暗赤色の鞘状葉に包まれる．葉は軟らかで薄く，幅 5〜10 mm，下面やふちにふつうは毛がある．6〜7 月，茎の上部に著しく離れて 3〜4 個の小穂をつける．頂の小穂は雄性で赤褐色，長い柄があって直立し，長さ 1〜2.5 cm あり，側方の小穂は雌性で長さ 2〜3 cm の円柱形，まばらに花をつけ下方のものは長い柄があって点頭する．小穂の柄の基部につく葉状の苞には軟毛がある．雌花の鱗片は卵形，長さ 3〜5 mm，暗赤紫色および中央脈は緑色，先は鋭く尖り，微凸端に終わる．果胞は外側へ曲がり鱗片より長く，長さ 4〜5 mm の卵形体で脈が多く，毛はなく，上部はやや急に細くなって長い嘴状となる．口部は 2 裂し，赤褐色を帯び，基部は鈍く尖って短い柄に移行する．柱頭は 3 個．〔日本名〕札幌スゲの意味で日本で最初に発見された札幌にちなんだ名．鼻曲がりスゲは果胞の嘴が長く外側へ曲がった形から名付けたものであろう．

901. クジュウツリスゲ 〔カヤツリグサ科〕

（ホソバハネスゲ，カルイザワツリスゲ）

Carex kujuzana Ohwi

（*C. kujuzana* Ohwi var. *dissitispicula* (Ohwi) T.Koyama）

長野県，岩手県等および九州北部の山地の草地に生じ，朝鮮半島にも分布する多年草．タマツリスゲに似るが根茎はやや木質で長く横にはい，節から葉と茎をまばらに出す．葉は軟らかく，幅狭い線形で，幅は 3～4 mm，花後伸長して長さ 50 cm に及び，基部は長い鞘となり，葉舌は長さ 0.5 mm 位．花茎は細い三稜形，高さは 30～60 cm，基部には無葉身の鞘が数個があり，帯赤紫色である．小穂は 2～3 個，相離れて生じ，苞は葉状で花序より短い．頂小穂は雄性，狭披針状，褐紫色，側小穂は雌性で，糸状の長い柄があって下垂し，穂体は長さ 10～20 mm，ややまばらに 5～13 花をつける．雌花の鱗片は淡緑色，卵状楕円形，長さ 5 mm 位．果胞は開出し，鱗片より長く，卵状を帯びた紡錘形，長さ 6～7 mm，細い脈があり，先端は長さ 3～3.5 mm の長い嘴となる．果実は倒卵三稜形．

902. タチスゲ 〔カヤツリグサ科〕

Carex maculata Boott

熱帯アジアに広く分布し，日本でも南西諸島から北上して宮城県に達する多年草で，水湿のある林下渓側を好み，株立ちとなる．全体に淡青緑色でやや軟らかいが，根茎は強剛で抜き難い．茎の高さ 40～60 cm，鈍い三稜形で直立し，基部はわら色に枯れた旧葉鞘を伴う．葉は茎より短く，幅 4 mm 前後で，下面には乳頭状突起がある．6 月頃茎頂に細い雄小穂 1 個，やや下がって狭円柱状で長さ 25 mm 内外の雌小穂 2～3 個を出し，茎葉と全く同一色，直立し，苞があり，乾くと濃黄褐色となる．雌花の鱗片は長楕円形，約 2 mm，果胞は卵形体，頂は短い嘴となり，全体にはなはだしい乳頭状突起を生じ，数脈が竜骨状に隆起する．

903. オノエスゲ（レブンスゲ） 〔カヤツリグサ科〕

Carex tenuiformis H.Lév. et Vaniot

中部以北の山地に生える多年草で，根茎は叢生し匐枝を出さない．葉は線形，幅 3 mm 内外で草質．茎は葉より高く，細く，時に一方に傾き上部に 2～3 個の小穂をつける．雄小穂はやや線形で頂生し，長さは 1 cm 内外，淡赤褐色．雌小穂には糸状の長い柄があって，苞は柄と同長あるいは短く，小穂の長さは 1.5 cm 内外．果胞はまばらで，鱗片は楕円形，赤褐色，先端やや尖り短い芒がある．果胞はわずかに鱗片より長く 3～4.5 mm，やや直立し，卵状楕円体，表面は緑褐色で無毛，先は長い嘴となり，そのふちはざらつく．果実は三稜状倒卵形体で柱頭は 3 個．〔日本名〕尾上スゲで，高山の稜線上に生えることにより，礼文スゲはその産地の一つ北海道礼文島から来る．

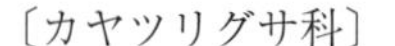

904. タカネシバスゲ 〔カヤツリグサ科〕

Carex capillaris L.

北半球の周極地方の寒帯や高山に広く分布し，日本では北海道（夕張岳），本州（早池峰山，白馬連峰）の高山の蛇紋岩のれき地に生えるまれな多年草．小さな株立ちとなり，茎は高さ 5～20 cm，鈍い三稜形で基部は褐色の鞘状葉に包まれる．葉は線形で硬く幅 1～2 mm で茎より短い．7～8 月，茎の上部に 3～5 個の小穂を点頭してつける．頂端の雄小穂は線状披針形体で長さ 5～10 mm，雌小穂は側方に 2～3 個つき，長楕円体，長さ 8～15 mm，幅 2.5 mm ほどあって，細い柄の先について下垂し，上方の 1～2 個は雄小穂より高くのびる．雌花の鱗片は長楕円状の卵形，黄金色で光沢があり，背面の中脈は緑色でふちは薄く白い．果胞は鱗片より長く，卵形体，長さ 3～3.5 mm で淡緑色，無毛で脈はなく，上部は次第に細くなって長い嘴状となる．果胞の口部は全縁である．柱頭は 3 個で花後もしばらく宿存する．〔日本名〕高嶺芝スゲは，シバスゲに似て高山に生えるところから付けられた．

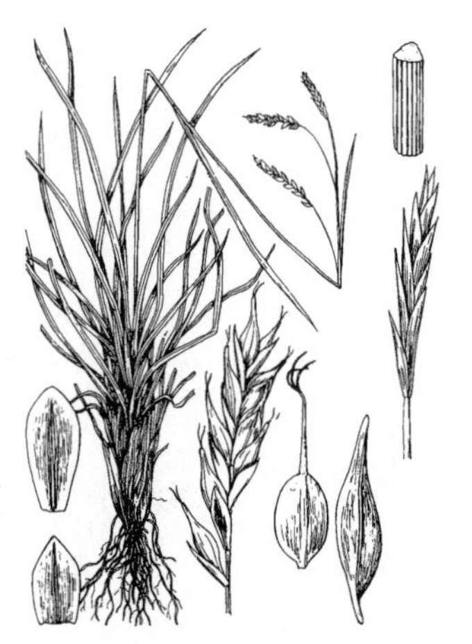

905. アイズスゲ

〔カヤツリグサ科〕

Carex hondoensis Ohwi

福島，新潟地方から北陸に分布する多年草で，山地のやや湿り気味の草地に生じ，株立ちとなる．高さ 50 cm 内外，全体に淡緑色で柔軟な感じが強い．葉は幅 6 mm ほどで，基部の鞘は白味が強いが，その外の鞘状葉は繊維状に破れ褐色になり厚く根茎を含む．早春に花序を出し，花軸は細くしなやかで上部は彎曲し，各小穂は細い柄があって垂れ，ことに雌小穂は淡緑色で光沢があって美しい．雄小穂は頂生で細い．雌小穂は長さ 5 cm，径 5 mm 程度の円柱形，雌花の鱗片は卵状披針形で淡黄緑色，先端は長く尖って芒となる．果胞は長さ 5 mm，楕円体の本体にそれと同長の長い嘴があり，膜質三稜形で光沢がある．柱頭は 3 個で長く，著しい宿存性を示す．〔日本名〕会津スゲで同地方に多いことによる．〔追記〕アムールや中国東北部，樺太に生えるオクエゾアイズスゲ *C. arnellii* Christ の対応種で，本種をその変種または亜種とする意見もある．

906. ミヤマシラスゲ

〔カヤツリグサ科〕

Carex olivacea Boott subsp. ***confertiflora*** (Boott) T.Koyama

（*C. confertiflora* Boott）

北海道から九州まで広く分布し，深山の渓畔に多い大形の多年草であるが，時に平地の流れにも生える．太い根茎から少数の茎が直立し，別に褐色の鱗片のある太い匐枝を横走する．全体剛性で粗大，茎は三稜形で草緑色，高さ 60 cm 以上，剛直で平滑．葉は幅広く 1 cm 以上あり，上面は緑色，下面は乳頭状突起があるために白味が強い．5〜7 月頃，茎の中部から上の各葉状苞の腋に長さ 3〜7 cm，径 8 mm 内外の太い円柱状の雌小穂をつけ，茎頂には線形の雄小穂を 1 個つける．雌小穂には果胞が膨れて倒卵形をしたものが圧し合って密に並び，生時緑白色だが，アワボスゲやヤワラスゲと同じく乾いて黒褐色化するのが著しい．先端の嘴部は長く急に突出する．〔日本名〕深山に生えるシラスゲの意．

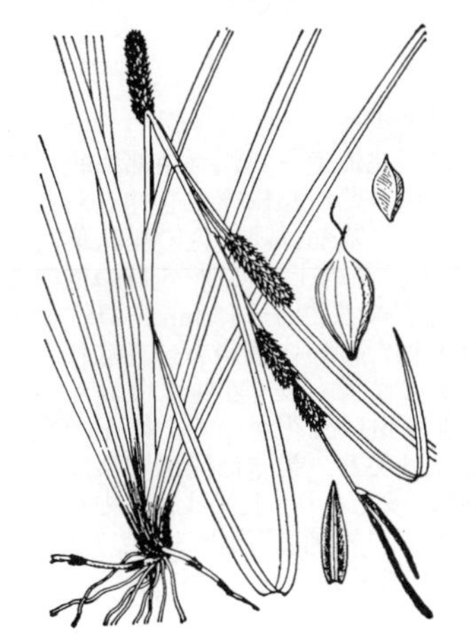

907. リュウキュウスゲ

〔カヤツリグサ科〕

Carex alliiformis C.B.Clarke

九州南部以南，沖縄を経て遠く台湾，インドシナにまで分布する常緑多年草で，根茎は短く 2〜3 茎を叢生するが，別に褐色の鱗片に包まれたやや太く長い匐枝を生じる．茎は高さ 30 cm 内外，葉は幅 1 cm を超える倒披針状広線形で鮮緑色，縦に著しく 3 脈があり，生時断面 M 字形となる．茎は春から夏にわたって葉叢中に出て三稜形でやや硬い．茎の中部以下の葉は葉鞘が暗赤紫色に染まり，中部以上では雌小穂をつけた葉の基部が 2 cm 位の鞘となり，膜質部に同様の着色が著しい．雄小穂は頂部に 1〜2 個つき，細くて紫褐色，雌小穂は長さ 3 cm 内外，太さ 8 mm 位の円柱状，雌花の鱗片は紫色で緑色の中脈がある．果胞は超出し長さ約 4 mm，淡緑青色で乾いた膜質，脈が隆起し，卵状楕円体で光沢が強い．

908. ジュズスゲ

〔カヤツリグサ科〕

Carex ischnostachya Steud. var. ***ischnostachya***

日本全土の低い山地に生える多年草で，高さ 50 cm 内外，密に叢生するが地下茎はない．茎の基部に紫褐色の鞘状葉がある．葉は幅広い線形で幅 6〜8 mm 位，暗緑色で軟らかい．5〜6 月頃，葉の間に細い三稜形の茎を出し，直立した小穂をつける．雄小穂は頂生し汚黄色の線形でその下に 1〜2 個の雌花穂をつける．雌小穂は穂体よりも長い苞を伴い，細い柄があって葉鞘に包まれ，狭円柱形で長さ 3〜4 cm 位．果胞は多少まばらにつき，生時緑色で乾けば暗色になる．雌花の鱗片は小形，卵形で淡黄色．果胞は卵状披針形体，斜めに穂軸についてはるかに鱗片より長く，長さ 4 mm 内外，縦脈が著しく無毛で，先端は長い嘴となり，末端は斜めに 2 裂し，その間から 3 柱頭がわずかにあらわれる．〔日本名〕数珠スゲの意味で，果穂に基づくものであるが，仮にヤワラスゲと本種の日本名を交換すると，より実状に合致するように思われる．

909. アワボスゲ 〔カヤツリグサ科〕

Carex brownii Tuck.（*C. nipposinica* Ohwi）

北海道南部以南の湿った草地に生え，中国，台湾，ニューギニアからオーストラリアにまで分布するが比較的まれである．強直な根茎から数茎が緩やかに叢生し，茎は高さ 30〜60 cm の三稜形，直立し基部には暗紫黒色の硬い鞘状葉を伴う．葉は茎より低く，幅 3〜5 mm，やや硬い草質で下面は淡緑色．5 月頃に茎頂に近く 2〜3 個の小穂をつける．雄小穂は頂生，やせて細く，雌小穂は円柱形，長さ 2 cm 内外，淡緑色で長い苞があり，また雌花の鱗片の先端の長い芒が穂面から突出してささくれて見える．果胞は長さ 3 mm の卵球形で開出してつき，生時淡緑褐色，乾いて暗色を加え，縦脈がある．先端は急に嘴となる．〔日本名〕粟穂スゲで，球形にふくらんだ果胞の状に基づく．アワスゲともいう．

910. ヤワラスゲ 〔カヤツリグサ科〕

Carex transversa Boott

北海道から九州各地のやや湿った原野あるいは林下に生える多年草で高さ 30〜50 cm 位，叢生し，匐枝はない．茎の本には短い葉が集まって紫褐色．葉はやや暗緑色で軟らかく，幅 3.5〜5 mm の線形で，ふちは少しざらつく．5 月に三稜形の茎を出し，頂に 2〜3 個の小穂をつける．雄小穂は頂生し，淡黄褐色の線形で長さ 15〜25 mm 位，他はみな雌小穂で直立し太い短円柱状，長さ 15〜25 mm 位，初め緑色，乾いて暗色となり，下のものには細い柄があり，また鞘のある苞を伴う．雌花の鱗片は卵円形，先端は極めて長い尾状の芒となって尖る．果胞は平開し卵形体で先端は鋭く尖って長い嘴となり，長さ 5〜6 mm 位，無毛で脈が明瞭に隆起する．柱頭は 3 個．果実は淡黄色の 3 稜楕円体．〔日本名〕柔らスゲの意味で，全体が柔軟であることによる．

911. エゾサワスゲ（ヒメサワスゲ） 〔カヤツリグサ科〕

Carex viridula Michx.（*C. oederi* auct. non Retz.）

北アメリカ，カムチャツカ，サハリン，千島，北海道，本州（中部以北）に分布し，少し湿った草原にまれに見られる多年草．茎や葉は密生し株立ちとなり，茎は高さ 10〜30 cm，茎は鈍い三稜形で平滑，基部は淡褐色の鞘状葉に包まれる．葉は少し硬く，幅 1.5〜2.5 mm．6〜7 月，茎の上部に 3〜5 個の柄のない小穂を固めてつける．頂端の 1 個の小穂は雄性で長さ 7〜15 mm，雌性の小穂と接近してつく．ときに雌性の穂は下方の 1 個だけ短い柄があって離れてつく．雌小穂の基部に葉状の苞があり，最下のものが最も長く小穂より高くのびる．雌小穂は長楕円体で長さ 5〜10 mm，ときに頂に雄花がつく．雌花の鱗片は広卵形で褐色を帯び，長さは 2 mm 内外で先は尖る．果胞は開出し鱗片より長く，広卵形体，長さ 2.5〜3 mm，隆起する細脈が多くあり，上部は急に細くなって長い嘴状となり，口部は 2 裂する．柱頭は 3 個．〔日本名〕蝦夷沢スゲの意味で，北海道で発見され，サワスゲ（ヒメシラスゲ）に似るから付けられた．

912. ヒメシラスゲ 〔カヤツリグサ科〕

Carex mollicula Boott

北海道から九州まで広く山地の樹下に生える多年草で，細長い匐枝があり，株は疎生する．葉は幅広い線形で草質，幅は 5〜8 mm，茎は低く出て，高さ 20 cm 内外，中部に 1 個の葉を生じ，頂に 4〜5 小穂をほぼ同じ高さにつける．雄小穂は 1 個で頂生し，線形で直立し，長さ 2 cm 内外，雌小穂はやや太く，円柱状で，長さ 1.5〜3 cm あって無柄で密に花をつけ，最下のものには広線形の葉状苞がある．鱗片は卵形で小さく，果胞は 5〜6 列をなして鱗片の 2 倍長，披針状楕円体で穂軸に対して開出し，無毛で黄緑色の膜質をなし，頂端に向かって次第にすぼまって嘴となる．柱頭は 3 個．〔日本名〕姫白スゲで，シラスゲに似て小形であるという意味である．

913. ヒゴクサ 〔カヤツリグサ科〕

Carex japonica Thunb.

北海道から九州の山野の林下等に多く生える多年草で，高さ 20～35 cm 位あり，やや叢生し直立する．根茎は細長く地中を横にはい，その末端に新株を作る．葉は互生し軟弱で線形，先は次第に尖り，上部の葉は茎より長い．初夏，茎頂に淡緑色で線形の雄小穂 1 個をつけ長さ 1.5～3 cm 位あり，その下方に短く細い柄をもった 2～3 個の雌小穂をまばらにつけ長さ 1～2 cm 位ある．花柱は 3 岐してはなはだ長く，花時には白色で雌小穂は特異の形となる．果時の雌小穂は繊細な柄をもちやや垂れる．果胞は遙かに鱗片より長く，熟せば開出し三稜状卵体で先端は 2 歯をもつ長い嘴となり，長さ 3～4 mm 位，黄緑色で，柱頭は細く長く宿存性である．〔日本名〕肥後草の意味ではないのになぜ肥後というか不明である．あるいは初め肥後で採ったゆえこういうのであろうか．一説には細い茎がちょうど竹ひごの感じなので籤草の意味とも考えられる．

914. シラスゲ 〔カヤツリグサ科〕

Carex alopecuroides D.Don ex Tilloch et Taylor
var. ***chlorostachya*** C.B.Clarke（*C. doniana* Spreng.）

山麓等のやや湿った林下に生える多年草で高さ 30～60 cm 位ある．匐枝は地下を長く横にはい，その先端に新苗を生じて繁殖する．茎は太い三稜をなし稜は鋭く時に多少翼状となり少数の葉を互生する．葉は幅広い線形で先は鋭く尖り時に幅 1.5 cm に達し，茎より長く超出し，白色を帯びた緑色で軟らかく弱い．5～6 月頃茎の上部にまばらに集まった淡緑色の花穂をつけ，茎頂に 1 個の直立する雄小穂をつけ長さ 6 cm 位あり，その下部に 3～4 個の雌小穂をつけ長さ 6 cm 位．果時の雌小穂は果胞を密生し円柱状でやや一方に傾垂し緑色である．果胞は鱗片より長く，卵形体で長さ 3.5～4 mm 位，先端は長い嘴となり，柱頭 3 個を残存する．〔日本名〕白スゲで葉が白色を帯びることによる．〔追記〕ヒゴクサに近く，区別点は全体が大きいこと，葉の下面が白いことである．時々ヒゴクサに近い型が見られる．

915. ヒカゲシラスゲ 〔カヤツリグサ科〕

Carex planiculmis Kom.

北東アジア，日本では北海道，本州北・中部の針葉樹林帯の沢筋や湿地に生える多年草で，茎や葉は群がって立ち，匐枝が横にはう．茎は高さ 40～60 cm，鋭い三稜形で稜が翼状に突出しざらつく．葉は少し薄く，幅 5～12 mm，目立った 3 脈があり，ふちや下面はざらつく．6～8 月，茎の上部に 4～5 個の小穂が集まり斜上する．頂小穂は線形，雄性で，長さ 3～5 cm，褐色である．側小穂は円柱形，雌性で，長さ 2～5 cm，多数の花を密につけ，下方の 1 個はやや離れてつき，長い柄がある．雌花の鱗片は狭卵形で果胞より狭く，長さは 3 mm 内外，先は鋭く尖り淡褐色で中脈は緑色である．果胞は鱗片より長く水平に開出し，楕円状卵形体で緑色，細い脈があり，長さは 3.5～4 mm，先は次第に細くなって長い嘴状となって口部は 2 裂し，基部は円く柄はない．柱頭は 3 個．〔日本名〕日陰白スゲの意味で，低地の日陰に生え，紛白を帯びるシラスゲに形が似るから付けられた名である．しかし本種は白味は帯びない．

916. エナシヒゴクサ (サワスゲ) 〔カヤツリグサ科〕

Carex aphanolepis Franch. et Sav.

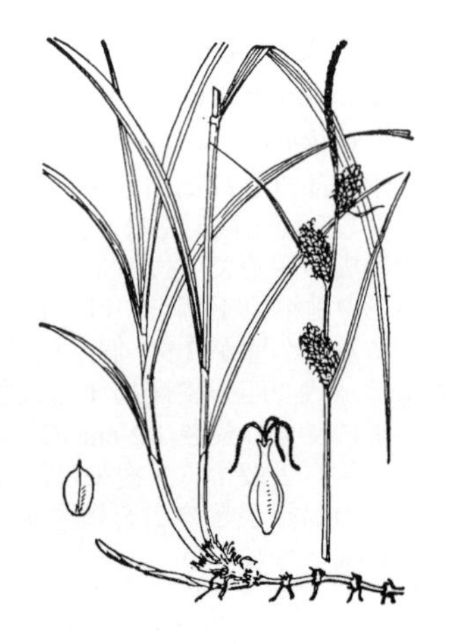

北海道から九州にわたって丘陵の林下の多少湿気ある地にふつうな多年草で，高さ 30 cm 内外，匐枝が地中を横にはい，株はやや離れて立ち，群生する．全体に黄褐色，柔弱な性質であるが，茎は直立する．ヒゴクサに似ているが，雌小穂にふつう柄がなく直接に葉腋につき，果胞は長卵形体で急に嘴状に尖るため，ヒゴクサの如く緩い穂とならず，柱状の穂体に突起を生じたように見え，柱頭は同じく白色であるが，ヒゴクサのように長大かつ宿存性でない点で区別される．〔日本名〕柄無しヒゴクサは雌小穂の性質に基づいて名付けられた．

917. アキカサスゲ 〔カヤツリグサ科〕

Carex nemostachys Steud.

インドから南中国を経て，日本の関西地方にまで分布する大形の多年草で，地上部は半常緑性，沢沿いの砂上に群生する．根茎は強剛で多数の茎が直立群生し，また太い匐枝を出して殖える．高さ時に 60 cm に達する．全体の形と感じとはカサスゲに似ているが，花期がおそく 10〜12 月にわたって小穂をつけ，雌小穂は汚緑色で，褐色化せず，果胞は鱗片より短く倒卵形体で長い嘴をもち，長さ 3〜4 mm，膜質で突起状の毛を生じている点等で区別できる．〔日本名〕秋笠スゲで開花が秋にかかるからである．

918. カサスゲ（ミノスゲ，古名スゲ） 〔カヤツリグサ科〕

Carex dispalata Boott

北海道から九州の沼沢水辺の地に生える大形の多年草で，また往々水田に栽培される．茎は多数叢生し多くは群落をなし高さ 1 m 内外ある．根茎は短く太い地下茎を泥中に横走する．茎は直立し太いが鋭い三稜形でざらつき，基部には褐紫色の鞘状葉がある．葉は根生および茎に互生し，葉鞘の内側は網状の繊維に分裂し，葉身は幅広い線形で幅は 5〜8 mm 位，平滑で強靱である．5〜6 月頃茎の頂に長さ 5〜8 cm 位の広線形汚紫褐色の雄小穂をつけ，そのやや下方に 4〜6 個の円柱状雌小穂を斜めに出してつける．雌小穂は長いものは 10 cm を超え，最下のものは顕著な葉状苞を伴い，往々先端は雄花部となることがある．雌花の鱗片は卵状披針形で鋭く尖り，紫褐色，縁は白色，中脈は緑色．果胞はわずかに鱗片より長く卵状披針形体，先は鋭く尖り無毛．柱頭は 3 個，早落性．〔日本名〕葉を乾かして蓑（みの）や菅笠（すげがさ）等を作るので，この名がある．

919. キンキカサスゲ 〔カヤツリグサ科〕

Carex persistens Ohwi

（*C. dispalata* Boott var. *takeuchii* (Ohwi) Ohwi）

関西以西の本州の山間の渓流の畔に生える多年草で，同じ地方の沼沢にも生えているカサスゲによく似ている．それに比べて全体として丈低く 70 cm 位まで，葉は軟らかみがあり，茎基部の鞘状葉の色は紫褐色よりも淡い傾向があり，果胞は淡い緑黄色で，穂に対して開出することなく直立し，上部の嘴はむしろ内方へ曲がる位であるから雌小穂は色淡く，かつやせて見える．柱頭は 3 個で宿存性であるのも異点である．〔日本名〕近畿笠スゲでその分布地域に基づく．

920. ミタケスゲ 〔カヤツリグサ科〕

Carex michauxiana Boeck. subsp. ***asiatica*** Hultén

（*C. dolichocarpa* C.A.Mey. ex V.I.Krecz.）

本州中部以北の高山地帯の湿地に生える多年草で叢生する．茎はやや硬く直立し，鈍三稜形をなし，少数の葉があり高さは 20〜50 cm 位ある．葉はやや幅広い線形で尖り，あまり長くなく，茎に互生する．夏，茎頂に無柄で小形の雄小穂 1 個をつけ，長さ 1 cm で淡褐色を呈する．その下方に細い柄のある雌小穂が 3〜4 個，相離れて葉腋に着生する．雌小穂は短く淡緑色でほぼ球状，四方に開出する果胞があり特殊な形態を示す．果胞は鱗片より非常に長く，長さ 1.2 cm 前後の披針状でほぼ三稜形，上部は嘴となり先端は小さく 2 裂する．瘦果は鈍稜の倒卵形体で，柱頭は 3 個．〔日本名〕御嶽スゲの御嶽がどの山を指すか不明である．あるいは単に高嶺に生えるスゲの意味であろうか．

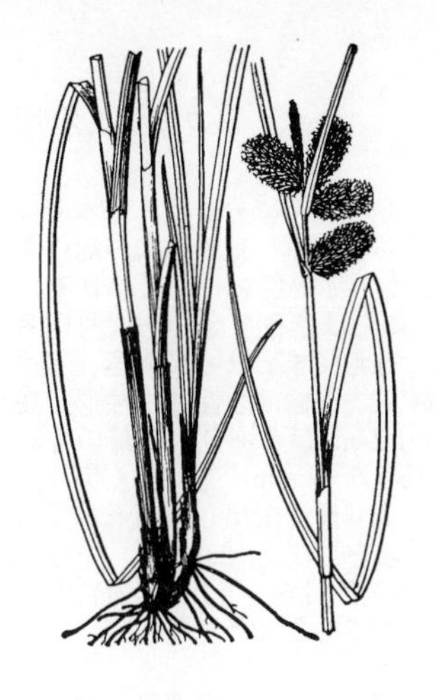

921. ジョウロウスゲ　〔カヤツリグサ科〕

Carex capricornis Meinsh. ex Maxim.

北海道，本州の湖水の水辺砂質の湿地に生える多年草で叢生し緑色である．茎は直立し太い三稜形をなし，高さ 30〜60 cm 位．葉は広線形で尖り幅 1 cm 位に達し，茎上に互生し，上方の葉は花穂より長い．初夏から夏にかけて茎の頂に線状円柱形で長さ 2 cm 位ある無柄の雄小穂 1 個をつけ，その下方の苞葉腋から相接近した 2〜5 個の雌小穂をつけ，黄緑色の楕円体で長さ 2 cm 位，小穂の柄は短い．果胞は多数，雌小穂に密生し披針状で長い鱗片から超出し，長さ 6 mm 位，先端の長い嘴の末端は 2 裂し，裂片は外曲する．熟すと全体が下方に曲がる特性がある．痩果は細小で三稜状楕円体，著しく果胞より短く，花柱は長く先端が短く 3 裂する柱頭となる．〔日本名〕上﨟スゲはその高尚で顕著な姿をした果穂の状態に基づく．

922. オニスゲ（ミクリスゲ）

〔カヤツリグサ科〕

Carex dickinsii Franch. et Sav.

北海道から九州の平野の湿地に生える多年草で叢生し長い匐枝を出して繁殖する．茎は直立し高さ 20〜40 cm 位ある．葉は互生し，広線形で先は尖り，幅は 4〜10 mm 位あり，上部の葉は花穂より超出する．初夏の頃，茎頂に雄小穂を 1〜2 個つけ，長さ 2.5 cm 位，細い柄があり，その下に 2〜3 個の腋生の雌小穂が集まり，長さ 2 cm 位の球状広楕円体で大きな果胞を密生し黄緑色である．果胞は広卵形体で長さ 10 mm 位，よくふくらみ，上部は長い嘴となり浅く 2 裂する．痩果は三稜状紡錘形で，花柱は長く柱頭は 3 個．〔日本名〕鬼スゲは大形の果胞に基づく．実栗スゲはその果穂がちょうどミクリの果穂に似ていることによる．

923. ウマスゲ　〔カヤツリグサ科〕

Carex idzuroei Franch. et Sav.

関東以西の平野の湿地に生える多年草で高さ 20〜40 cm 位あり，長い匐枝を引いて繁殖する．葉は茎に互生し，長く幅広い線形で先は鋭く尖り，上部のものは花穂より上方に超出する．4〜5 月の頃，直立する茎頂に長い柄のある雄小穂 1〜3 個をつけ，長さ 5 cm 位，細長い柄があり，その下方に互いに隔たって 3〜4 個の雌小穂を着生する．雌小穂は太く長さ 3 cm 位に達し，極めて短い柄をもって直立し，淡緑色の果胞を斜めにややまばらにつける．果胞は 10〜12 mm あって鱗片の 3 倍の長さに達し，三稜状狭卵形体で縦脈は明瞭，先端は長い嘴となり 2 裂する．痩果は果胞より著しく短く三稜状卵形体で，花柱は短く柱頭は 3 個．〔日本名〕馬スゲは全体が大形であるという意味で牧野富太郎が名付けた．〔追記〕種形容語 *idzuroei* は伊藤圭介の息子伊藤謙（ゆずる）を記念するものである．

924. オニナルコスゲ

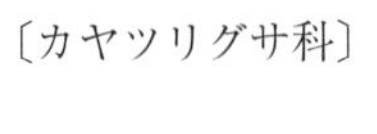

〔カヤツリグサ科〕

Carex vesicaria L.

北半球全般の温帯の原野の湿地に生える多年草で日本でも北海道から九州に産し，往々群生する．茎は高さ 40〜50 cm 位あって直立する．葉は細長い線形で幅は 3〜8 mm あってほぼ茎と同長，上方の葉ははるかに花穂より超出する．初夏の頃，茎頂に長い柄のある 1〜3 個の雄小穂を直立し，狭円柱状で淡緑色，長さ 4 cm 位あり，その下方にやや接近して 2〜3 個の雌小穂を腋生し，果時の雌小穂は太い円柱状で長さ 5 cm 位に達し，黄緑色で短い柄があり，穂の上半部はまれに雄花部となる．果胞は円錐状卵形体で密生し，長さ 7 mm 位，先端はやや短い嘴となり 2 裂する．痩果には短い柄があり，三稜状卵形体で，花柱は長く，柱頭は 3 個で短い．〔日本名〕鬼鳴子スゲは鳴子スゲより大形の草状，ことに太い花穂に基づく．

925. オオカサスゲ 〔カヤツリグサ科〕

Carex rhynchophysa C.A.Mey.

アジア東北部のシベリアから日本海をとりまく地域一帯に分布し，日本では北海道と本州中・北部の湿地や池畔に群がって生える多年草．地下に太い匐枝をひく．茎は高さ 60～100 cm，三稜形で基部は赤色から赤褐色を帯びた鞘状葉に包まれる．葉は幅広い線形で幅 8～15 mm，強靱でふちはざらつく．6～8 月頃茎の頂に小穂をつける．上部の小穂 3～7 個は雄性，線形でまとまってつき，長さ 3～6 cm，淡褐色または赤紫色で柄はない．下部の 2～5 個は雌性で円柱形，長さ 5～10 cm，密に多数の花をつけ，太いもので径 1.2 cm ほどあり，下部のものは短い柄がある．雌花の鱗片は長楕円状披針形，長さ 5～8 mm，先は鋭く尖り，芒が突出し，栗色または褐色を帯びる．果胞は鱗片より長く開出し広卵形体でふくらみ，長さ 5～6 mm で脈があって褐色から淡緑色を帯び光沢がある．先は急に細くなって長い嘴状となり，口部は 2 裂し，その裂片は短い．〔日本名〕大笠スゲの意味で，蓑や笠などを作るカサスゲに似て大形であることから呼ばれた．

926. サツマスゲ 〔カヤツリグサ科〕

Carex ligulata Nees

インド，中国，台湾など熱帯アジアから日本の関東以南，四国，九州にかけて林内に生える多年草．茎や葉は群がって株立ちとなり，全草に紫色の小さな点がある．茎は直立し，高さ 40～70 cm，三稜形でざらつき，基部は暗赤紫色の鞘がある．葉は茎より高くのび，やや薄く，幅 4～8 mm，下面は少し灰色がかる．5～7 月，長い葉状苞の腋に 5～7 個の小穂をつける．頂小穂は雄性，線形で長さ 1～3 cm，短い柄があり，他の小穂は雌性，長さ 1.5～4 cm の円柱形で密に多数の花をつけ，基部は鞘の中に隠れた短い柄がある．雌花の鱗片は卵形，淡褐色で長さ 2 mm 内外，先は尖り上部のふちに毛がある．果胞は斜めに上向き，鱗片より長く，広い倒卵形体，褐色で長さ 4～5 mm，密に白い毛がある．先は急に細くなって長い嘴状となり，口部は 2 裂し，基部はくさび形に狭くなる．柱頭は 3 個．〔日本名〕薩摩スゲの意味で，日本で最初に発見された鹿児島県にちなんで付けられた名である．

927. シオクグ（ハマクグ） 〔カヤツリグサ科〕

Carex scabrifolia Steud.

海水の多少出入りする海浜の湿地に群生する多年草で，地中に長い根茎を引いて繁殖し，全体細長いが強剛である．葉は狭長の線形で長さ 20 cm に達し茎より長い．初夏に細長い花茎を出し，茎頂に 1～2 個の有柄の雄小穂をつけ，長さ 2～4 cm．その下方に 2～3 個の雌小穂が少し相離れてつき長さは 2 cm 位，やや密に多数の果胞がつく．果胞は長さ 6～8 mm，淡緑色で膜質の鱗片より長く，生時黄緑色で長楕円形体，短嘴があり，先端は浅く 2 裂する．夏秋にその葉を刈りくぐ縄という細い縄を作る．〔日本名〕クグは古来からの名称でその意味は不明である．今日日本でふつうクグと呼ぶものはイヌクグ *Cyperus cyperoides* (L.) Kuntze である．

928. オオクグ（オオムシャスゲ） 〔カヤツリグサ科〕

Carex rugulosa Kük.

東アジアに広く分布し，日本では北海道，本州の海水と真水の接する塩沼の池畔に生える多年草．地中に長い根茎を引いて繁殖する．葉は茎より長くのび，幅 5～10 mm でやや硬い．茎は高さ 40～70 cm，鋭い三稜形，平滑で基部の鞘は濃赤紫色の部分がある．5～6 月，茎の上方に 3～5 個の雄小穂とその下に 2～4 個の雌小穂をつける．雄小穂は細く，長さ 2～4 cm で互いに接近し，雌小穂は円柱形で斜上し長さ 3～8 cm，密に多数の花をつけ，ともに濃褐色である．雌花の鱗片は卵形，茶褐色で先は鈍く尖って芒がつき，背面に緑色の 3 脈がある．果胞は斜め上向き，鱗片より長く，長さ 6～7 mm の長楕円体，コルク質で細い脈があり褐色を帯びる．先端は次第に狭くなって短く太い嘴状となり，口部は 2 裂し，その裂片の先は太く，基部は円くなり短い柄がある．柱頭は 3 個．〔日本名〕シオクグに比べ大形であるところから呼ばれたもの．〔追記〕シオクグに比べ全体に大形で葉は幅が広く，雌小穂が長いことなどで区別できる．

929. コウボウシバ 〔カヤツリグサ科〕

Carex pumila Thunb.

東アジアと豪州およびチリに分布し，海浜砂地にふつうに生える多年草．高さ 6〜25 cm 位あり，太く長い地下茎が砂中に蔓延し，強い赤褐色のひげ根を出す．茎は丈低く三稜形で直立し，上部に小穂をつける．葉は茎より長く，幅狭い線形で先は尖り，革質強靱でふつうは白味のある緑色，幅 4 mm 内外ある．夏，茎頂に 3 個位の雄小穂をつけ，狭円柱形で長さ 1〜2.5 cm 位，褐色，その下部の葉腋に 1〜3 個の短い柄のある雌小穂をつける．果時の雌小穂は短く太く，円柱形で相接してつき，果胞をやや密生する．果胞は披針状卵形の鱗片より少し長く，卵状長楕円体で長さ 5〜8 mm あり，上部は短嘴となり嘴口は 2 裂し，質は厚い．痩果は長楕円状卵形体で短い柄をもち，柱頭は 3 個．本種はまれに海から遠い湖畔の砂地にも生えることがあり日光の中禅寺湖畔はこの例である．〔日本名〕弘法芝は，この姉妹品に実の大きい弘法麦があるので実の小さい本品をシバといった．

930. ビロードスゲ 〔カヤツリグサ科〕

Carex miyabei Franch.

（*C. fedia* Nees ex Wight var. *miyabei* (Franch.) T.Koyama）

北海道から九州までの間の河原の砂地，または泥質の湿地にまばらな群落を作る多年草で，地下茎が長く横にはい，根には黄褐色で線状の毛があり，茎は円柱形で下部には汚赤色の鞘状葉がある．葉は汚黄緑色で断面 V 字状，幅 4 mm 位．茎は直立して 5 月頃に花序をつけ，側生の雌小穂は白く太いひげ状の柱頭で飾られて美しい．成熟すると円柱状，ややまばらに果胞がつき，果胞は斜開し，倒卵形体で長さ 4 mm，先端は長い嘴となり汚白色の毛を密生し．嘴の先端と雌花の鱗片とは汚血色に着色がある．〔日本名〕果胞の毛の状態に基づいて名付けられた．〔追記〕インド北部に分布する *C. fedia* に近縁で，その変種とされることもある．

931. ハタベスゲ 〔カヤツリグサ科〕

Carex latisquamea Kom.

中国東北部，ウスリー，本州，九州の湿地に生える多年草．茎や葉は群がって株立ちとなり短い根茎を出す．茎は高さ 40〜80 cm，鋭い三稜形でまばらに毛があり，基部に葉身のない赤褐色の鞘がある．葉は線形で軟らかく幅 3〜6 mm，ふちや両面に毛がある．6〜7 月，上部に 3〜4 個の小穂をつける．頂小穂は雄性，線形で直立し長さ 1.5〜2.5 cm，ほかの小穂は雌性で長楕円体，斜め上向き，長さは 1〜2 cm で葉状の苞の腋につき，下部のものは長い柄がある．雄花の鱗片は上部のふちに細毛をつける．雌花の鱗片は卵形で背面に緑色の 3 脈があって，先は鋭く尖り芒状に突出する．果胞は鱗片より長く斜め上向き，卵形体で褐色を帯び，長さは 5〜6 mm，細い脈があり，先は次第に細くなって長い嘴状となり，口部は 2 裂する．柱頭は 3 個．〔日本名〕端辺スゲで，発見地である熊本県阿蘇の端辺原野に基づく．

932. ミスミイ 〔カヤツリグサ科〕

Eleocharis acutangula (Roxb.) Schult.

（*E. fistulosa* Link ex Roem. et Schult.）

中国，台湾，インドからとんでオーストラリアに分布し，日本では本州（千葉県，愛知県，近畿地方），四国，九州，琉球の湿地や水辺に群がって生える多年草．泥中にはう長い匐枝を出す．茎は直立し，高さ 40〜80 cm 位に達し，径 2.5〜4 mm．太い円柱形で黄緑色，鋭い 3 稜があり，中空で横隔膜はない．葉は茎の基部に鞘となり，葉身はなくその口縁は斜切形で，基部は褐色を帯びる，8〜10 月，茎の先に 1 個の円柱形の小穂を直立する．小穂は先が尖り，長さ 2〜3 cm，幅 3〜5 mm で茎より少し太く，黄緑色である．鱗片は広卵形で長さ 4〜5 mm，斜めに上向き，背面に 5 脈があり，先は鋭く尖る．痩果は果体より長い 6 本の刺針状の花被片を伴い，凸レンズ形をした倒広卵形体で，長さ 1.5〜2 mm，黄褐色で光沢がある．表面は格子状の紋があって頂に長三角形の柱基がつく．柱頭は 3 個．〔日本名〕三隅イで，茎に鋭い 3 稜があるところから付いた名．

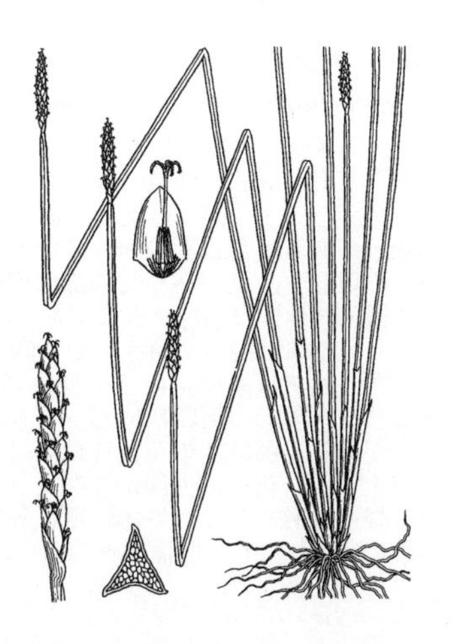

933. クログワイ 〔カヤツリグサ科〕

（クワイヅル，イゴ，ゴヤ，ギワ，スルリン，アブラスゲ，古名クワイ）

Eleocharis kuroguwai Ohwi

本州から九州の沼沢の水中に群をなして生える多年草で泥中にひげ根とともに細長い地下茎を出し，秋にその先に径 7〜18 mm 位の塊茎がある．塊茎は球形で，前方に嘴があり，黒褐色の幅広い鱗片におおわれ，内部は白色で食べられ，次年はこれから新芽を出して株になる．茎は叢生し緑色で軟弱，最初に出るものはより細く，後で出るものは円柱形で平滑，中空で壁は薄く横隔膜が多くあり，高さ 40〜70 cm 位．葉は変形して総て膜質の筒状鞘となって茎の下部を密に包み，口縁は斜切形である．秋に茎の頂に淡褐緑色で線状円柱形の小穂を単生し，長さ 3 cm 位．鱗片は多数あり，覆瓦状に並び淡褐色の楕円形で鈍頭，宿存する．2 個の雄しべがあり，痩果は 6 本の刺針状花被片を伴い，淡緑白色の広倒卵形で表面は滑らか，小網紋があり，花柱は 2〜3 岐する．〔日本名〕黒グワイは黒褐色の塊茎に基づいて名付けられた．また慈姑（クワイ）の古名白グワイに対していう．古名クワイは食用になるイの意味ではないかと考えられる．

934. イヌクログワイ（シログワイ） 〔カヤツリグサ科〕

Eleocharis dulcis (Burm.f.) Trin. ex Hensch.

アジアに広く分布し，日本では本州（三浦半島，紀伊半島），九州，琉球の池沼や水田に群がって生える多年草．泥中に長い匐枝を出して先端に塊茎をつける．塊茎は暗褐色の皮におおわれ，クログワイ同様に澱粉質で食用となる．茎は叢生し，高さ 50〜100 cm あり，軟弱で円く中空．壁は薄く横隔膜が多数あり，径 4〜6 mm ある．葉は筒状の鞘に変形して茎の下部を包み，口縁は斜めに切れ，赤褐色を帯びる．秋の頃，茎の頂に淡褐緑色を帯びた円柱形の小穂を 1 個つけ，長さは 2〜4 cm，幅 3〜4 mm，茎と径は同じであるか，または熟すと少し径が広くなる．鱗片は多数あり，広楕円形で長さ 5〜6 mm，白緑色を呈し，先は緩やかな円みがある切形で尖らない．痩果は倒卵形体で長さ約 2 mm，黄褐色で光沢がある．先端に円錐形の柱基を果体と連続してつけ，表面は微細な斑紋がある．刺針状の花被片は 6〜8 本あって，果体より少し長い．柱頭は 2 個．類似のクログワイは鱗片の先は鈍く尖り，果体と柱基の間に盤があって連続しない．〔日本名〕犬黒グワイはクログワイに似ているところから，白グワイは穂の鱗片の色に基づいた名．〔追記〕オオクログワイ var. *tuberosa* (Roxb.) T.Koyama は特に大形の塊茎をもち，食用に栽培される．塊茎を烏芋，一名馬蹄という．

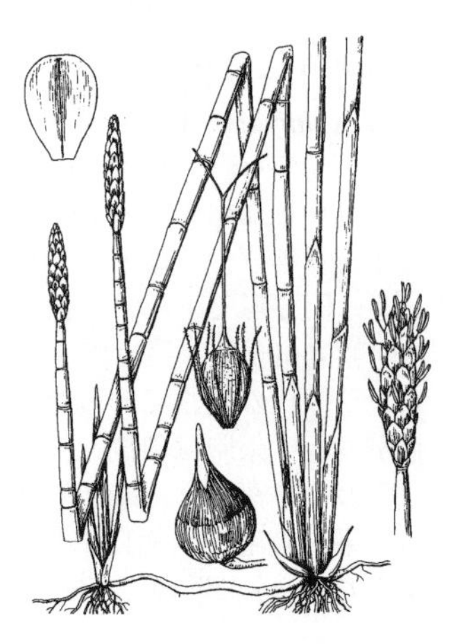

935. クロハリイ（ヒメハリイ） 〔カヤツリグサ科〕

Eleocharis kamtschatica (C.A.Mey.) Kom.

北海道から九州の主に海岸近くの日当たりのよい湿地に生える多年草で，まばらに叢生し，ひげ根を出し，また地下茎を出す．茎は細長い円柱形で直立し高さ 30 cm 内外，葉は退化して鞘状となり，口縁は切形で黒褐色，基部は暗紫色．夏から秋の頃，茎頂に直立する長楕円体の小穂を単生し，長さ 1.5 cm に達し，黒紫色である．鱗片は卵形で先端はやや鋭く，暗紫色で中脈は黄褐色，ふちは白色の膜質，痩果はふつう 4〜6 本の短い刺針状花被片を伴い，円状倒卵形体でやや圧扁し黄色，表面には微小な網状紋がある．花柱は 3 裂し柱基は白色のスポンジ質，拡大して果実上に宿存する．〔日本名〕黒針イは，その小穂が暗紫褐色を呈することに基づいて名付けられた．〔追記〕刺針状花被片があるものをヒメハリイ f. *kamtschatica*，全くないものをクロハリイ（狭義）f. *reducta* Ohwi として分けることもある．

936. マシカクイ 〔カヤツリグサ科〕

Eleocharis tetraquetra Nees

オーストラリア，東南アジアから，中国にかけて分布し，日本では本州中国地方，四国，九州，琉球の低地の湿地や水中に生える多年草．茎は多数群がって叢生し，短い根茎を出す．茎は直立し，高さ 40〜80 cm，鋭い四稜形をなし，径 1〜2 mm，鮮緑色である．葉は葉身がなく，全部鞘に変形して茎の基部を包み，口縁はやや斜めの切形で凸点があり，基部は赤褐色を帯びる，6〜9 月，茎の頂に一方に傾いた茶褐色の 1 個の小穂を直立する．小穂は長楕円体，長さ 10〜18 mm，径 5 mm ほどあり，先端は尖る．鱗片はやや直立し，楕円形，長さ約 4 mm，先は円いかまたは鈍頭，ふちは濃い茶色で中脈は緑色である．下方の鱗片には花がつかない．痩果は凸レンズ形の倒卵状球形，長さ約 1.5 mm，表面は滑らか，黄緑色で基部は短い柄がある．刺針状の花被片は 6 本で果体の先につく柱基とほぼ同長，白い逆刺を密生する．花柱は先端が 3 岐し，基部は広がり，白色でときに暗紫色の細点のある長三角形となり，果体の頂に残留する．〔日本名〕真四角イでシカクイに比べ茎の稜はより鋭く，断面が真四角であるところから名付られた．

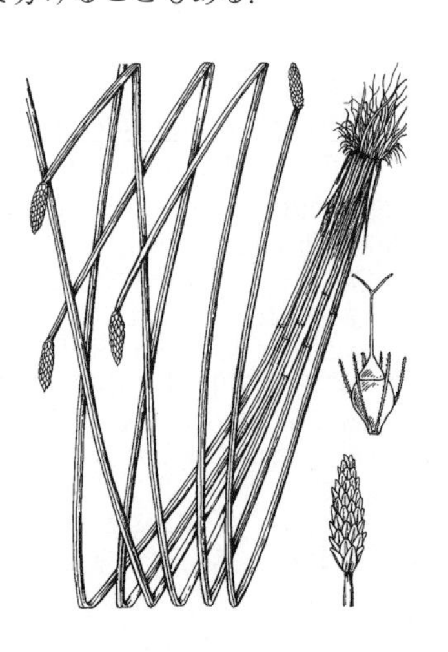

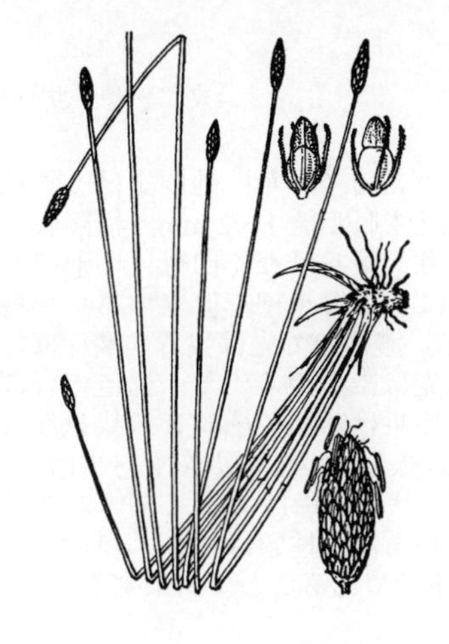

937. シカクイ　〔カヤツリグサ科〕

Eleocharis wichurae Boeck.

(*E. tetraquetra* Nees var. *wichurae* (Boeck.) Makino)

日本全土の山麓原野の湿地に生える多年草で，叢生し，時に短い地下茎を出す．茎は多数あって直立し高さ 30〜40 cm 位，細長く淡緑色でふつうほぼ四角柱状をなし，葉は変形して全部鞘となり茎の基部を包み，口縁は切形，黒褐色で，下部は暗赤紫色，秋，茎の頂に長楕円状卵形体の小穂を単生し，長さは 1.3 cm 位あり，先端は尖る．やや直立する鱗片は楕円形で先は鈍く，淡褐色でふちは白色，中脈は緑色である．痩果にはやや長く白い毛を密生する 6 本の刺針状花被片があり，倒卵球形で表面は滑らか，緑黄色で縦方向に長い微小な紋がある．花柱は先端 3 岐し基部は広がり，白っぽい扁平な柱基となり果実の頂に残る．〔日本名〕四角イはその茎の形に基づいて名付けられた．

938. スジヌマハリイ　〔カヤツリグサ科〕

Eleocharis equisetiformis (Meinsh.) B.Fedtsch.（*E. valleculosa* Ohwi）

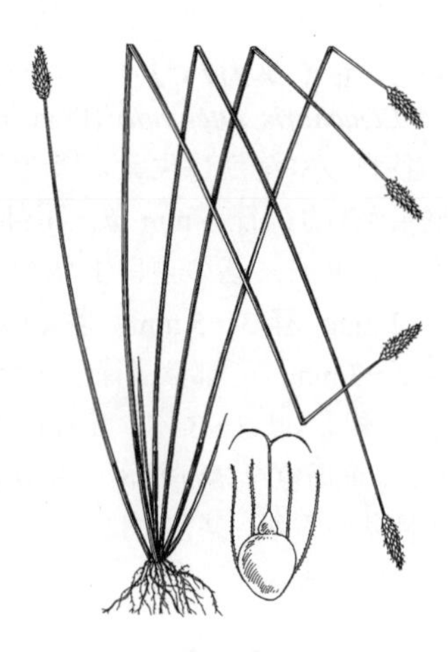

朝鮮半島，中国から九州，本州に分布し，池沼や水辺に群がって生える多年草．泥中をはう根茎がある．根茎は黒褐色で太く節があり，細かいひげ根を出す．茎は高さ 30〜60 cm 位あり，円柱形で条線があって，横隔膜はなく，径 1〜2 mm で硬い．葉は茎の基部に鞘となるだけで葉身はなく，その最上部の口縁は切形で，基部は赤紫色を帯びる．夏から秋にかけて茎の先に 1 個の小穂を直立する．小穂は長楕円体で長さは 1〜2 cm，黒褐色である．鱗片は倒卵状長楕円形，長さ約 5 mm，赤褐色で先は鈍く尖るかまたは丸く，ふちは白い．痩果は 4 本の刺針状花被片を伴い，凸レンズ状をした広倒卵形体，平滑で光沢があり，頂に三角錐状の柱基をつける．熟すとオリーブ色になる．柱頭は 2 個．〔日本名〕筋沼針イの意味で，沼に生え茎に条線があるから名付けられた．

939. クロヌマハリイ　〔カヤツリグサ科〕

Eleocharis palustris (L.) Roem. et Schult.

(*E. palustris* var. *major* Sonder ; *E. intersita* Zinserl.)

池沼あるいは水辺の湿地に群生する多年草で，泥中を横にはう根茎をもち，根茎はやや太く節があり，ひげ根を出す．茎は直立し高さ 20〜40 cm 位あり，太い円柱形，緑色で横隔膜はなく，基部は紫黒色である．葉は茎の基部に鞘となり，葉身はなく，その最上位の鞘の口縁は切形である．小穂は直立して頂生し，長楕円体，長さ 1.5 cm に達し，黒褐色または黄褐色，鱗片は狭卵形で先はやや鋭形である．痩果は約 4 本の刺針状花被片を伴い，両凸レンズ状の倒卵形体で黄色を呈し，表面に紋様はなく，頂に小さな柱基をつけ，花柱は 2 裂する．本種は北海道や東北地方にやや稀産し，茎は乾いても扁平とならない．北海道から九州に広く分布し，本種よりもふつうに見られるものはヌマハリイで，茎が非常に軟らかく乾くと扁平になり，刺針状花被片がふつう 6 本である．

940. ヌマハリイ（オオヌマハリイ）　〔カヤツリグサ科〕

Eleocharis mamillata H.Lindb. var. ***cyclocarpa*** Kitag.

(*E. ussuriensis* Zinserl.)

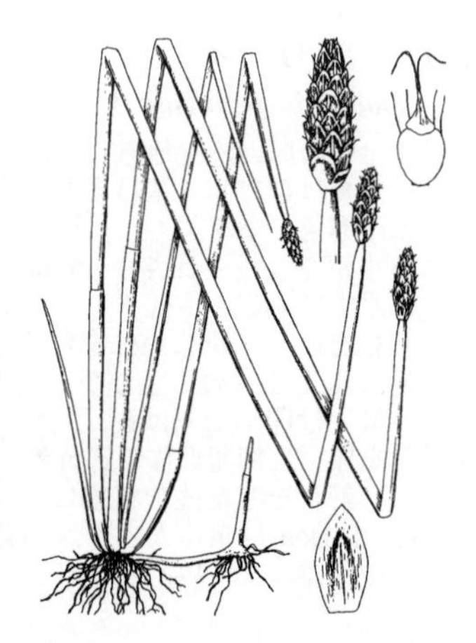

東アジアに広く分布し，北海道から九州の湿地や池沼に群がって生える多年草．株は叢生し長い黒色の匐枝をつける．茎は高さ 30〜80 cm の円柱形で径 2〜5 mm，横隔膜はなく軟らかで，乾くと扁平となる．葉は茎の基部に鞘となり葉身はなく，茎に密着し，口縁は斜切形で，基部付近は褐色または赤色を帯びる．7〜10 月，茎の頂に 1 個の濃褐色を帯びた小穂を直立する．小穂は長楕円体，褐色を帯び，長さ 0.8〜3 cm，径 3〜6 mm で茎よりも少し幅広く，先は鈍く尖る．鱗片は広披針形で薄く，長さ 4〜5 mm，先はやや鈍く尖り，背面の脈は緑色，ふちは幅広く白い．痩果は凸レンズ状をした広い倒卵形体，長さ 1.5〜2 mm あり，はじめ黄緑色であるが熟して黄褐色から濃褐色となり，光沢がある．刺針状花被片は 5〜6 本で果体の倍の長さがあり，逆刺をつける．果体の頂には長さが 0.5 mm ほどの扁平な三角錐をなした柱基が宿存する．柱頭は 2 個．〔日本名〕沼針イで，沼に生え全体の形がハリイに似ているから付けられた．

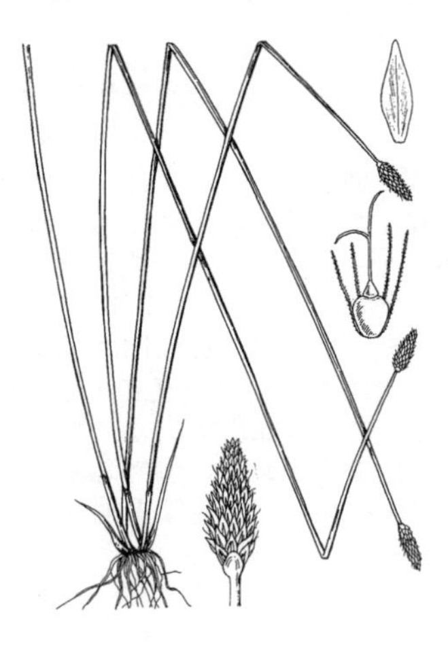

941. コツブヌマハリイ　〔カヤツリグサ科〕

Eleocharis parvinux Ohwi

主に関東地方の池畔や湿地に群がって生える多年草．地中をはう匐枝がある．茎はやや硬く高さ 30～60 cm，円柱形で径 1～2 mm，横隔膜はなく平滑である．葉は茎の基部に鞘となり，葉身はなく口縁は切形で基部は赤紫色を帯びる．6～10 月，茎の先に 1 個の小穂を直立する．小穂は長楕円体，長さ 7～15 mm，幅 3～4 mm，濃褐色で先は尖る．鱗片は披針状長楕円形，長さ 4 mm 内外で薄く，先はやや鋭く尖り，褐色で背部の脈は緑色を帯び，ふちは幅広く白い．痩果は断面で凸レンズ状をなした広倒卵形体，長さ 1～1.2 mm，熟して黄緑色，少し光沢をもち平滑で，頂に長い三角錐状の柱基が残留する．刺針状花被片は 4 本で果体の 2 倍以上の長さがあって直立し，微細な逆刺がある．柱頭は 2 個．〔日本名〕小粒沼針イは，ヌマハリイよりも果実が小粒であることに由来する．

942. セイタカハリイ（オオハリイ）　〔カヤツリグサ科〕

Eleocharis attenuata (Franch. et Sav.) Palla

各地の水湿地に生える多年草で，茎は密生し高さ 20～60 cm，円く縦条があり，径 1 mm 位，下部は鞘状葉に包まれ，基部は紫紅色を帯びる．6～9 月，茎の頂に 1 個の小穂をつける．小穂は長卵形体で長さ 6～12 mm，径 3～5 mm，多くの花からなる．鱗片は卵形で先は円く，長さ 2～3 mm，背部は淡緑色または赤褐色を帯び，ふちは白色で膜質である．雄しべは 2～3 本，花柱は 3 中裂する．痩果は倒卵形体で長さ約 1.2 mm，黄褐色を帯び平滑，先端に長さ幅ともに 0.4～0.5 mm の広三角形の柱基があり，基部には果よりやや長い微細な逆刺のある 6 本の刺針状花被片がある．

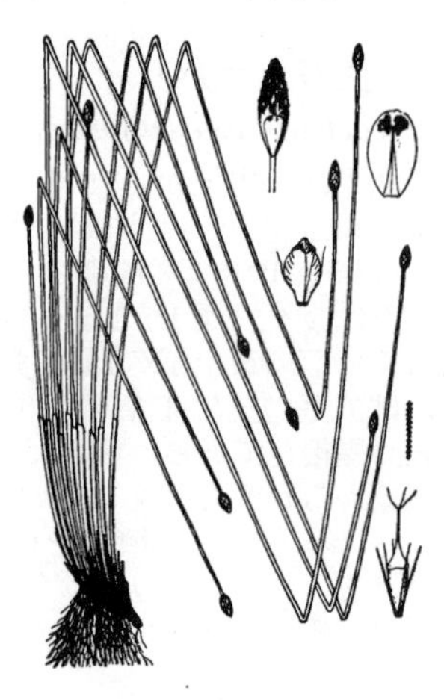

943. マルホハリイ　〔カヤツリグサ科〕

Eleocharis ovata (Roth) Roem. et Schult.

ユーラシア大陸に広く分布し，日本では北海道，本州の水湿地に生える多年草．茎は叢生し株立ちとなる．茎は細く高さ 6～40 cm，円く縦条があり，径 1 mm 位ある．葉は葉身がなく，短い鞘となって茎を包み，口縁は切形，基部は淡褐色である．7～10 月，茎の頂に 1 個の褐色の小穂を直立する．小穂は広い卵形体で長さ 4～8 mm，幅 3～4 mm，先は円く密に多数の花をつける．鱗片は長卵形で，長さ 2～2.5 mm，先は鈍く尖り，赤褐色を帯び，中脈は緑色でふちは白い．痩果はレンズ形をした倒卵形体で長さ約 1 mm，はじめ白色，熟して褐色となり，光沢があって表面は滑らかで，先端には長三角形状の柱基が宿存する．6 本の刺針状花被片は果体の 1.5～2 倍の長さがある．柱頭は 2 個．〔日本名〕丸穂針イで，ハリイに似て穂が球状であるところから名付られた．

944. ハ　リ　イ　〔カヤツリグサ科〕

Eleocharis pellucida J. et C.Presl（*E. congesta* auct. non D.Don）

日本全土の原野の湿地あるいは水田，時に池沼中にふつうに生える一年生の小草で，根はひげ状．茎は多数叢生し繊細で円く，高さ 8～18 cm 位，緑色で基部は暗赤色，葉を欠く．夏秋の頃，茎の頂に卵形体，楕円体，長楕円体で直立する小穂をつけ，長さ 3～6 mm 位あって淡紫褐色．もし水中に生えその茎が倒れ水中に入ると小穂下にさらに枝を分け，枝端にはさらに小穂をつけ，根本から根を出して新しい株を作る特性があり，この状態をミズヒキイという．また陸に生えるものも茎が倒れて地面に接する時は同様の状態を示すことがある．鱗片は卵形で先は鋭く，紫褐色，中脈は緑色．痩果は 5～6 本の刺針状花被片を伴い，倒卵形体で鮮黄色，表面は滑らか，花柱は 3 裂する．〔日本名〕針イは，針状をした茎の状態に基づいて名付けられた．〔追記〕オオハリイ *E. congesta* D.Don は全体大きく，刺針状花被片は痩果の 2 倍近くの長さがある．ハリイや次種エゾハリイを全てオオハリイと同一種に含める説もある．

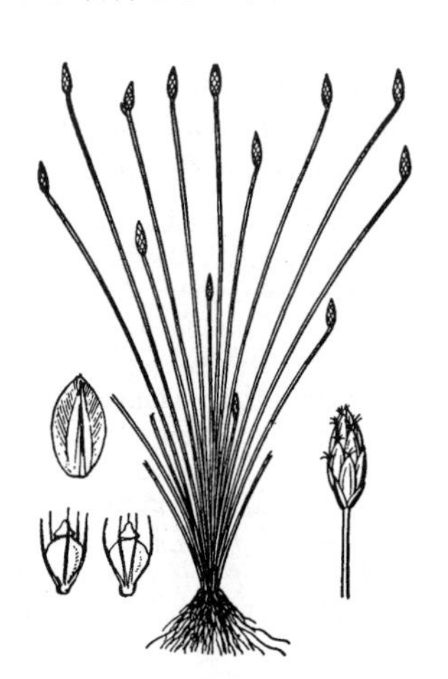

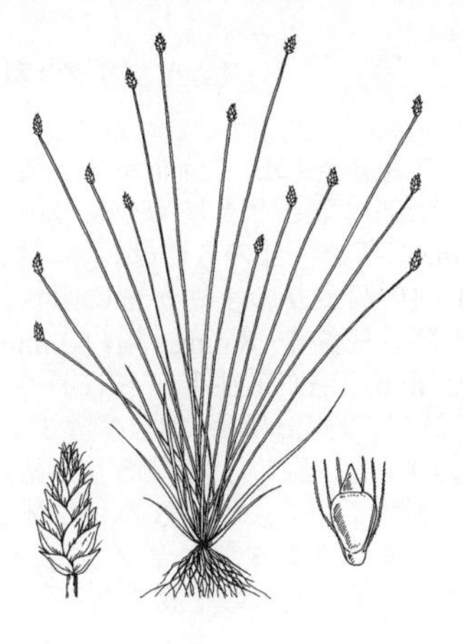

945. エゾハリイ 〔カヤツリグサ科〕

Eleocharis maximowiczii Zinserl.

（*E. congesta* D.Don var. *thermalis* (Hultén) T.Koyama）

東アジアに広く分布し，日本では北海道，本州，四国，九州の湿地や浅い池沼中に生える小形の一年草．多数の葉や茎を密集して放射状に広がった株を作る．茎は繊細で円く緑色，高さ 8〜15 cm，基部は葉身のない鞘があり暗赤色を帯びる．夏から秋にかけて，茎の頂に卵状楕円体または卵形体の直立する小穂をつけ，長さ 4〜8 mm 位あって濃い赤紫褐色である．鱗片は卵形で先は尖り，中脈だけは緑色である．痩果は倒卵形体で鈍い 3 稜があり，長さは約 1.2 mm，濃いオリーブ色をしている．刺針状花被片は 6 本あって，果体と同長かまたは少し長い．花柱は 3 裂する．類似のハリイは茎が水中や地面に倒伏して小穂に球芽をつける特性をもつが，本種ではほとんどそれがみられない．またハリイの果実は小さく長さ 0.7〜1.2 mm，鮮黄色である点なども異なる．〔日本名〕蝦夷針イで最初に蝦夷（北海道）で発見され名付けられたものだが，北海道以外にも分布する．

946. マツバイ（コゲ，コウゲ） 〔カヤツリグサ科〕

Eleocharis acicularis (L.) Roem. et Schult. var. ***longiseta*** Svenson

日本全土の水田中，または湿地に生える多年草で広い面積を占めて密に繁茂し，緑黄色である．根茎は糸状で泥中を横にはい，節からひげ根を出す．茎は糸状で根茎の節に叢生して立ち，高さ 3〜6 cm 位，毛状である．夏秋の頃，茎の頂に各 1 個の小形卵状楕円体で淡褐色の小穂をつけ長さ 2〜4 mm 位．鱗片は舟状卵形，先は鈍く淡褐色でふちは白色，中脈は緑色．鱗片内に 1 個の痩果があって 2〜3 本の刺針状花被片を伴い，黄褐色で長楕円状倒卵形，表面に扁平格子状の紋があって頂に 1 個の短い嘴状の柱基があり，花柱は 3 岐する．〔日本名〕松葉イはその茎状に基づいて名付けられ，コゲは小毛の意味であろうか，あるいは苔毛の略名か，これもまた茎状に基づき，コウゲはコゲをのばしていったのではないだろうか．〔漢名〕牛毛氈．〔追記〕刺針状花被片がないか，あっても少数で痩果よりも短いものをチシママツバイ var. *acicularis* といい，北半球に広く分布するが日本ではごくまれである．

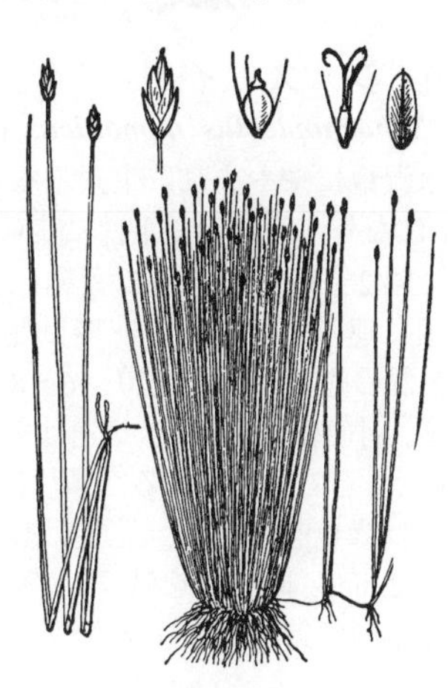

947. ウキヤガラ（ヤガラ） 〔カヤツリグサ科〕

Bolboschoenus fluviatilis (Torr.) Soják subsp. ***yagara*** (Ohwi) T.Koyama

（*Scirpus yagara* Ohwi；*S. fluviatilis* auct. non (Torr.) A.Gray）

北海道から九州の沼沢地の水中に生える大形の多年草で，高さ 1〜1.5 m 位あり，泥中に太い根茎を出し長く横にはってまばらに分枝し，末端にクワイ形の塊茎をつけ後に黒色となり質は硬い．茎は太く直立し三稜形，光沢があり，緑色．葉は茎上に互生し線形で尖り，幅の広いものは 1 cm を超え，下部は筒状となって茎を包み口縁は斜切形．夏，茎頂に葉状で長く開出する苞葉数枚を出し，その間から花序枝数本を散形に出し，無柄あるいは有柄の小穂 1〜4 個をつける．小穂は長さ 1〜2 cm，長楕円体で濃褐色．鱗片は膜質で長楕円形，中脈は緑色，先端は小芒状に突出する．痩果は 3〜6 本の刺針状花被片を伴い，鈍角三稜状の倒卵形体，白褐色を帯び，花柱は 3 岐する．〔日本名〕浮矢幹の矢幹はその茎に基づき，冬枯れると軽く水に浮かぶのでこう名付けられた．古代の「みくりの簾」のミクリは本種と考えられる．〔漢名〕荊三稜．

948. エゾウキヤガラ（コウキヤガラ） 〔カヤツリグサ科〕

Bolboschoenus koshevnikovii (Litv. et Zinger) A.E.Kozhevn.

（*Scirpus planiculmis* auct. non F.Schmidt）

北東アジアに広く分布し，日本では北海道から琉球の海岸の湿地に群生して見られる多年草．長い匐枝を出す．茎は直立し高さ 40〜100 cm，三稜形で径 2〜5 mm，基部は肥大し塊茎をつくる．葉は線形で幅 2〜3 mm，長く伸長し，扁平で下部は筒状となり，茎を包む．7〜10 月，花序は茎の頂につき，頭状に密集した 1〜5 個の無柄の小穂からなる．苞は葉状で 1〜3 個つき花序より著しく長い．小穂は広卵形体，長さ 8〜15 mm，径 6〜8 mm，熟して暗褐色となる．鱗片は卵状楕円形で長さ約 6 mm，表面に微毛があり，先は 2 裂してその中間に 1〜2 mm の芒を突出する．痩果はやや扁平な逆三角形で長さは約 3 mm あり，中央部は少し凹み黒褐色で光沢がある．刺針状花被片は 2〜4 本あるが短く脱落しやすい．柱頭は 2 個．〔日本名〕蝦夷浮矢幹で，最初の発見地の蝦夷（北海道）にちなんで名付られた．〔追記〕イセウキヤガラ *B. planiculmis* (F.Schmidt) T.V.Egorova（*S. iseensis* T.Koyama et T.Shimizu）は本種に酷似するが，葉の断面が三角形で小穂はほとんど常に 1 個である．なお，この学名をエゾウキヤガラに当てる説もある．

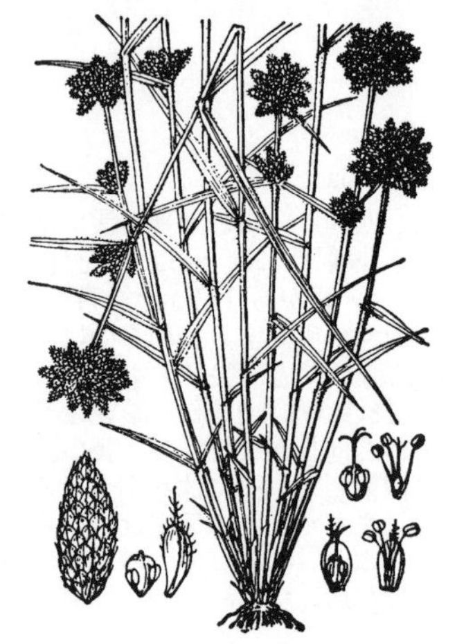

949. クロタマガヤツリ 〔カヤツリグサ科〕

Fuirena ciliaris (L.) Roxb.

千葉県以西の暖地に生える一年草で，アジア東南部に広く分布する．茎は叢生し高さ 10～40 cm，やや三稜形をなし，上部は葉とともにやや長い毛が密生している．葉は長さ 3～15 cm，幅 3～7 mm，茎の下部のものは短い．秋，茎頂にふつう 1～2 本の短い枝を分かち，3～10 個余りの小穂が密に頭状にかたまってつく．小穂は長卵形で暗緑色を帯び，長さ 4～8 mm，幅約 3 mm，多くの花からなる．鱗片は卵形で長さ約 1.5 mm，毛が散生し，先に長さ 1 mm 位の毛のある芒があり，背部は緑色で上部縁辺は黒っぽい．雄しべは 3 本，花柱は 3 裂．痩果は倒卵形体で凸頭，長さ約 1 mm，鋭い 3 稜があり，基部に 6 本の刺針状花被片があり，外側の 3 本は刺状で短く，他の 3 本は果体とやや同じ長さがあり，先に四角な弁状片をつける．クロタマガヤツリというが，カヤツリグサ属とは関係がうすく，ホタルイ属に近縁の植物である．

950. シ ズ イ 〔カヤツリグサ科〕

Schoenoplectus nipponicus (Makino) Soják（*Scirpus nipponicus* Makino）

水湿地にややまれに生える多年草で，長い根茎を出す．茎は高さ 40～60 cm になり，三稜形で下部に長い葉をつける．下部の葉は茎より長く，三稜形で幅 2～3 mm，下部は葉鞘となって茎を包む．苞は長さ 10～20 cm あり，茎頂に連っているので花序は側方から出るように見える．花序は基部に 1～2 個の短い小苞があり，6～8 月少数の枝を分かって 3～8 個の小穂をつける．小穂は長楕円体で先はやや尖り，茶褐色，長さ 8～15 mm，径 4～6 mm，多くの花をつける．鱗片は長楕円形で長さ 4～5 mm，先は凸形で背面中肋は緑色を帯びる．花柱は長さ 6～8 mm，2 岐する．痩果は倒卵形で長さ約 2 mm，暗褐色を帯び，基部に果のほぼ倍の長さのあるざらついた褐色の 4 本の刺針状花被片をもつ．北米の *S. etuberculatus* (Steud.) Soják に近い．

951. サンカクイ（サギノシリサシ） 〔カヤツリグサ科〕

Schoenoplectus triqueter (L.) Palla（*Scirpus triqueter* L.）

日本全土の近海の泥湿地または原野の湿地に生える多年草で，地中に太く長い地下茎を引き，往々群をなして繁茂する．茎は少数でやや列生し，鈍い三稜形で平滑，緑色，高さは 50～90 cm 位．葉は変形して鞘となり茎の下部を包む．夏秋の頃，茎頂に長短不同の小さい花序枝数本を放射状に出し，その先に茶褐色で楕円状または長楕円体の小穂 2～5 個位を頭状につけ，小穂の長さは 1～1.5 cm 位．苞は 1 個で三稜形，ほぼ花序と同長，直立する．鱗片は覆瓦状に配列し，卵形，先は鋭形，褐色で中脈は緑色を帯びる．痩果は鱗片内にあって 3～6 本の刺針状花被片を伴い，広倒卵状で一方平面，他方凸面に圧扁し，淡褐色で，花柱は 2 岐する．内地ではその利用を聞かないが台湾ではこれを用いて，いわゆる大甲蓆（むしろ）をつくる．ゆえにタイコウイの別名があり，また台湾で蓆草の名がある．〔日本名〕三角イは茎の状態に基づいて名付けられた．〔漢名〕藨草．

952. フ ト イ（オオイ，トウイ，マルスゲ） 〔カヤツリグサ科〕

Schoenoplectus tabernaemontani (C.C.Gmel.) Palla（*Scirpus tabernaemontani* C.C.Gmel.；*Scirpus lacustris* L. var. *tabernaemontani* (C.C.Gmel.) Döll）

日本全土の池沼中に大群をなして生える多年草であるが，また往々庭池に栽植して観賞する．根茎は太く長く泥中を横にはい，節からひげ根を叢出する．茎は長大で高さ 1.5～2 m 位あり，円柱形，平滑，緑色で堅くなく中実である．葉は褐色で鞘状または鱗片状，先端は尖る．夏から秋，茎の頂に散状で長短不同の花序枝数本を出し長さ 4～7 cm 位，各枝はさらに分枝して無柄あるいは有柄の黄褐色の小穂をつけ，花序の基部に 1 個の緑色の苞があり長さ 1～4 cm 位．各小穂は楕円体で長さ 8 mm 位．鱗片は楕円形でふちは褐色，背部緑色，先はわずかに凸頭．痩果は 5～6 本の刺針状花被片を伴い，倒卵形体で圧せられ，平凸レンズ状で表面に光沢があり，黒っぽく熟し，花柱は 2 岐する．園芸品にシマフトイ‘Zebrinus’があり，茎に緑白両色が交互に出る．〔日本名〕太イは草状が大きいのに基づいて名付けられ，大イもまた同意味．唐イは唐の品と誤認した名，円スゲはその茎が円いのに基づく．〔追記〕オオフトイ *S. lacustris* (L.) Palla（*Scirpus palustris* L.）は花柱が 3 岐する点で区別され，日本ではフトイよりもまれ．

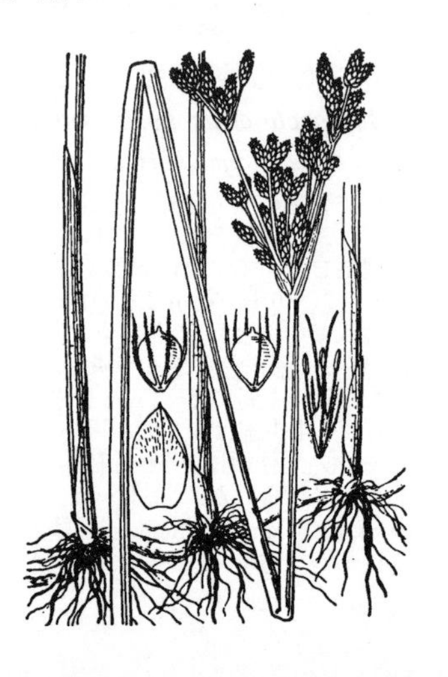

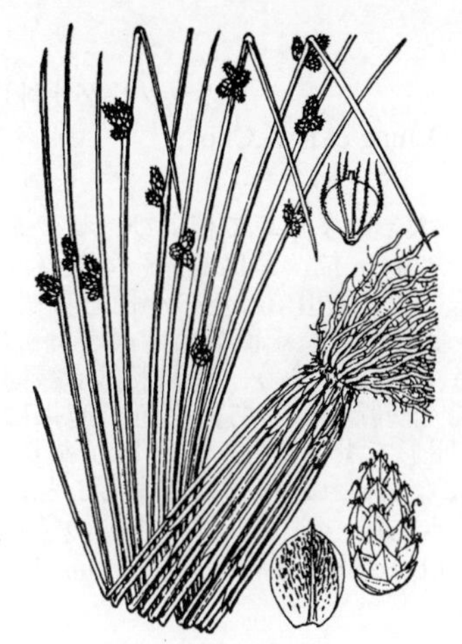

953. ホタルイ　〔カヤツリグサ科〕

Schoenoplectiella hotarui (Ohwi) J.D.Jung et H.K.Choi
（*Scirpus erectus* auct. non Poir.）

北海道から九州の低山地の山間の小湿地等に生える一年草で叢生し，高さ 40〜50 cm 位，ひげ根がある．茎は細長く緑色でほぼ円柱状をなし，葉は鞘状に退化し茎の下部を包みその口縁は斜切形．夏秋の頃，茎の頂に無柄の小穂数個を頭状に生じ苞は茎状で長さ 5〜9 cm，茎に連続して立ち，小穂はあたかも側生する様に見える．小穂は緑褐色の広卵形体，先は鈍形で長さ 6〜9 mm 位．鱗片は覆瓦状に並び，円形，淡褐色，中脈は緑色で先はわずかに尖る．痩果はそれとほぼ同長の 6 本の刺針状花被片を伴い，黒色で扁三稜状広倒卵形，表面には細い横皺があり，花柱は 3 岐する．水田に多いイヌホタルイ *S. juncoides* (Roxb.) Lye はよく本種と混同されるが，多年草で根茎があり，刺針状花被片は痩果よりも短いものが多く，花柱はしばしば 2 岐する．〔日本名〕螢イはなぜそういうか不明であって，螢籠にこの草を入れることがあるのか否かこれもはっきりしない．

954. ミヤマホタルイ　〔カヤツリグサ科〕

Schoenoplectiella hondoensis (Ohwi) Hayas.（*Scirpus hondoensis* Ohwi）

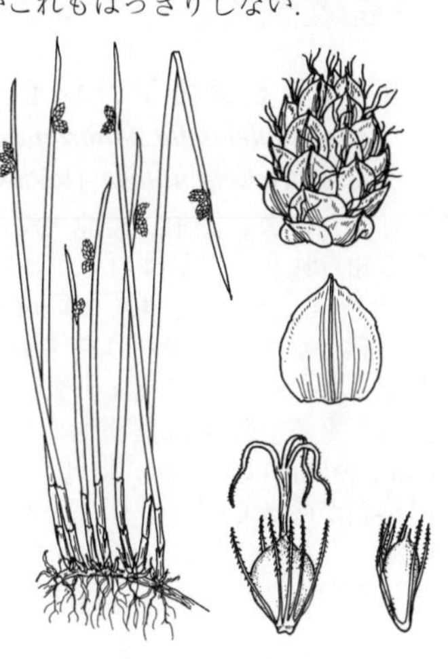

本州中部以北に分布し，高山帯の湿地や池畔に群がって生える多年草．茎は円柱形で，高さ 15〜40 cm，径 1〜2 mm，基部に葉身のない葉が褐色を帯びた鞘となって茎を包み，口縁は斜切形をしている．7〜9 月，茎の頂に 2〜4 個の小穂をかためてつける．花序に続き長さ 2〜6 cm の葉状の苞が 1 個上向きにつき，先は尾状に鋭く尖る．小穂は若いうちは緑色だが，成熟して褐色となり広卵形，長さ 5〜8 mm，幅 3〜4.5 mm，柄はない．鱗片は薄く，卵形，長さ 3〜4 mm，淡褐色で中脈は緑色，先は微凸形をしている．果実は広倒卵形，長さ約 1.5 mm，扁平で 3 稜があり，熟して黒褐色となり光沢がある．刺針状の花被片は 5〜6 本で果実の 1.5 倍の長さがある．柱頭は 3 個．〔日本名〕深山螢イでホタルイに似て深山に生えるから付けられた．〔追記〕類似のミチノクホタルイ *S. orthorhizomata* (Kats.Arai et Miyam.) Hayas. は東北地方と北海道の低山〜亜高山帯に生え，茎がより太く小穂の数が多く，果期には苞が反曲する点で区別できる．ホタルイにも似ているが，それは小穂が大きく果実は 2〜2.5 mm あって大形であるので区別できる．

955. ヒメホタルイ　〔カヤツリグサ科〕

Schoenoplectiella lineolata (Franch. et Sav.) J.D.Jung et H.K.Choi
（*Scirpus lineolatus* Franch. et Sav.）

北海道から琉球の水湿地に生える多年草で，根茎は細長く横にはう．茎はややまばらに並んで立ち，円く，高さ 10〜30 cm，径 1〜2 mm，基部は 1〜2 個の茶褐色を帯びた鞘状葉に包まれている．苞は長さ 1〜4 cm で円く，茎の先に連なり，夏秋，1 個の小穂が側方に出る．小穂は長楕円体で先はやや尖り，長さ 7〜10 mm，径約 3 mm，多くの花からなる．鱗片は長楕円形で先は尖り，黄褐色を帯び，長さ 4 mm 位，多くの脈がある．花柱は長さ 4〜5 mm，先は 2 岐する．痩果は倒卵形で先に小突起があり，長さ 1.5〜2 mm，黒っぽく光沢があり，基部にある刺針状花被片は 4〜5 本で果体のほぼ倍の長さがあり，赤褐色で逆向きの小刺がありざらついている．雄しべは 2〜3 本，葯は線形．

956. タイワンヤマイ　〔カヤツリグサ科〕

Schoenoplectiella wallichii (Nees) Lye（*Scirpus wallichii* Nees）

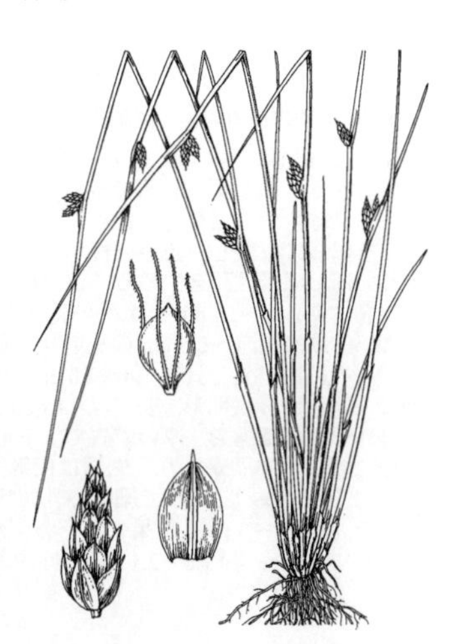

アジアに広く分布し，本州から琉球の湿地や池畔に生える多年草．ホタルイによく似て叢生する．茎は円柱形，高さ 10〜40 cm，基部は葉身のない鞘が筒状をなして茎を包む．鞘は褐色を帯び，口縁は斜めに切れ突起がある．8〜10 月，1〜5 個の小穂が集まってつく．茎に続いて直立する苞が 1 個あり，長さ 6〜15 cm に伸長し，あたかも茎の途中に花がついているように見える．小穂は長楕円状の披針形体，淡緑色，長さ 0.8〜2 cm，幅 3〜4 mm，先はやや鋭く尖る．鱗片は覆瓦状に並び楕円形または卵状楕円形，長さ 3.5〜4 mm，先は鈍形で中脈がわずかに突出する．果実は凸レンズ形をした倒卵形体，長さ 1.5〜1.8 mm，熟して黒褐色となる．刺針状の花被片は 4 本あり，果実の倍の長さに達する．柱頭は 2 個．類似のホタルイは柱頭が 3 個であるので区別できる．〔日本名〕台湾山イで，発見地の台湾にちなんで名付られた．〔追記〕コホタルイ *S. komarovii* (Roshev.) J.D.Jung et H.K.Choi は柱頭が 2 個の点で本種に似ているが，一年草で苞が茎と同じ位長く，小穂の数が多く鱗片が緑色なので区別できる．

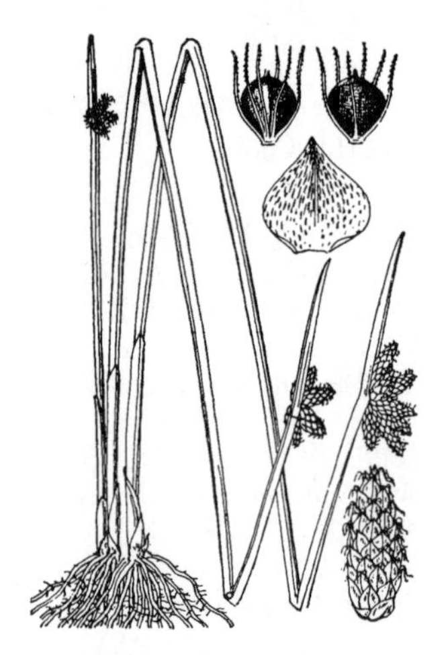

957. カンガレイ　〔カヤツリグサ科〕

Schoenoplectiella triangulata (Roxb.) J.D.Jung et H.K.Choi
(*Scirpus triangulatus* Roxb.)

各地の湿地，泥地あるいは沼沢地に生える大形の多年草で根はひげ状．茎は多数叢生し，緑色で鋭い三稜形，長さ 60〜80 cm 位．葉は変形して葉身はなく，鞘状で茎の基部を包み，口縁は斜切形．夏，茎頂に緑色の小穂を数個，一見して側生の頭状につけ，茎と同質の 1 個の緑色苞を直立し，長さ 4〜7 cm 位あり，先端は尖り，小穂は無柄で長さ 1.3 cm 位あり，狭卵形体で緑褐色．鱗片は覆瓦状に並び，広卵形で先は鈍く淡緑色．ふちは褐色．瘦果は 6 本の刺針状花被片を伴い，扁三稜状の広卵形で黒色に熟し，横皺があり，花柱は 3 裂する．〔日本名〕寒枯イは，冬になお枯れた茎が残存することに基づいて名付けられたのであろう．〔漢名〕水毛花．〔追記〕従来本種の学名として用いられた *S. mucronata* (L.) J.D.Jung et H.L.Choi（*Scirpus mucronatus* L.）は日本にも稀産するヒメカンガレイである．

958. イヌヒメカンガレイ　〔カヤツリグサ科〕

Schoenoplectiella mucronata (L.) J.D.Jung et H.K.Choi
var. ***antrorsispinulosa*** (Iokawa, K.Kohno et Daigobo) Hayas.

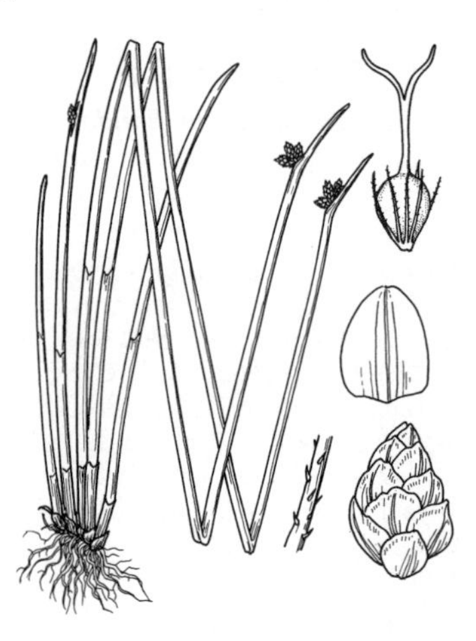

日当りのよい湿地，溜池，湖沼などに生育する中型の多年草で，岡山県のみで知られる．根茎は短く，茎は叢生し，基部を鞘状葉で囲まれ，やや細く，太さ 2〜4.5 mm 高さ 40〜80 cm になり，横断面は 3 稜形で稜角は鈍く，質はやや軟らかく折れ曲がりやすい．苞葉は花茎に続き，長さ 2〜5 cm．花序は偽側生し，小穂は無柄で卵形，長さ 6〜10 mm，先が尖り，3〜8 個集まって頭状となる．瘦果は倒卵形から広倒卵形，細かい横皺があり，長さ 1.5〜1.8 mm，横断面は 3 稜形．刺針状花被片は 6 本で瘦果と同長または短く，上向きの小刺があってざらつく．花糸は扁平，葯は短く長さ 1.7 mm 以下．柱頭は 3 岐する．ユーラシアに広く分布するヒメカンガレイ var. *mucronata* は本州・九州にややまれに見られ，刺針状花被片の小刺が下向きであることで異なる．

959. ツクシカンガレイ　〔カヤツリグサ科〕

Schoenoplectiella multiseta (Hayas. et C.Sato) Hayas.

抽水性の多年生草本．地下茎は横走し，節間は長く 10〜25 mm，鞘は筒状あるいは開口し，長さ 10〜20 mm，紙質．地下茎から 1.5〜5 cm 間隔に三稜形の地上茎を直立させ，長さ 56〜134 cm，中部の幅は 4〜7 mm，先端に向かって狭くなる．葉は葉身のない筒状の鞘で，下部のものは褐色から黒色，上部のものは長さ 9.5〜22.5 cm，淡緑色で茎を硬く包み先端は尖る．花序は偽側生で 5〜16 個の小穂からなる．花序から上に伸びる苞片は単生し，茎状で，長さ（1〜）1.5〜3.5 cm，果時には直立あるいは湾曲する．小穂は無柄で，楕円形から卵形，長さ 7〜11.5 mm，幅 3〜4.5 mm，多数の花を密につける．苞穎は卵形，浅い船形，長さ 3〜4.5（〜5）mm，幅 2〜2.6 mm，紙質で，ほとんど平滑，先端は繊毛がある．雄蕊は 3 本，リボン状で淡茶色，葯は線形，長さ（1.5〜）1.8〜2.3（〜2.4）mm，淡黄色，花柱は 3 裂し，繊毛があり，淡褐色．花被片は 3〜10 個，剛毛状，長さは不均一．瘦果は倒卵形から広倒卵形，嘴まで含めると長さ 1.6〜2.4 mm，幅（1〜）1.1〜1.6（〜1.7）mm，熟すと黒褐色で光沢がある．

960. ハタベカンガレイ　〔カヤツリグサ科〕

Schoenoplectiella gemmifera (C.Sato, T.Maeda et Uchino) Hayas.

関東から九州にかけて分布する多年生草本．地下茎は短く横に這うか斜上，稀に直立し，時に分枝する．沈水葉は線形で 6〜12 個，長さ 15〜55 cm，基部で幅 1〜3 mm，平らで，柔らかく，淡緑色から濃緑色，沈水性，やや浮遊性．茎は流水中に抽水あるいは浮遊し，密あるいはまばらに束生し，鋭い三稜形，濃緑色から黄緑色，高さ 40〜100 cm，浮遊する茎の先端からしばしば無性芽を生じる．葉の基部には，ふつう葉身のない膜状の鞘を 2〜3 個つける．下方の鞘は長さ 8〜18 mm，上部の鞘は長さ 14 cm に達する．花序は側生するように見え，3〜11 個の小穂が径 1〜2.5 cm の放射状に並ぶ．苞片は単生，三稜形，果時には直立あるいは基部で斜めに曲がり，長さ 1.8〜7.0 cm，1 本の溝があり，先端に向かって鋭く尖る．小穂は無柄で，卵形から狭卵形，長さ 7〜15 cm，幅 3〜7 mm，基部は丸く，先端は鋭形から鈍形．鱗片は卵形から楕円形，厚い膜質で，舟形，長さ 3.5〜5.2 mm，幅 1.7〜3.2 mm，黄緑色から黄褐色，多数の中肋があり，先端は円形，あるいはやや尖る．花柱は長さ 1.3〜3.1 mm，柱頭は 2 個，稀に 3 岐し，糸状で細かい乳頭状突起がある．花被片は 3〜8 枚（ほとんど 5〜7 枚），剛毛状で，長さ 2〜3 mm，瘦果よりもわずかに長いかほとんど同長，黄褐色．瘦果は広惰卵形，長さ 1.7〜2.6 mm，幅 1.2〜2.1 mm，熟すと茶褐色，光沢がある．

961. ビャッコイ 〔カヤツリグサ科〕

Isolepis crassiuscula Hook.f.

（*Scirpus crassiusculus* (Hook.f.) Benth.；*S. pseudofluitans* Makino）

福島県白河市の清水流中にまれに生える多年草で，全体淡緑色，茎は叢生し，円く軟らかく，葉を互生する．葉は線形で厚く，背面は円く，平滑，長さ 5～15 cm，幅 0.8～2 mm，長い円柱状の鞘部がある．8～9 月，長さ 5～15 cm の花茎を出し，茎頂に 1 個の小穂をつける．小穂は長楕円体でやや尖り，長さ 5～8 mm，灰緑色を帯びた多くの花からなる．鱗片は長卵形で長さ約 4 mm，背部はややかたく緑色を帯び，最下の鱗片は長く，時に穂と同じ長さになり苞状にのびる．痩果は長倒卵形体で長さ 1.5 mm 位，灰褐色で密に細点があり，花柱は細長く長さ 5 mm 余，深く 2 岐する．刺針状花被片はない．雄しべは 3 本．〔日本名〕最初産地が同じ福島県下の会津にある戊辰戦争の激戦地戸ノ口原と間違えられ，白虎隊の悲劇にちなんで名前がつけられたものである．

962. コアゼガヤツリ 〔カヤツリグサ科〕

Cyperus haspan L. var. ***tuberiferus*** T.Koyma

本州から琉球の水田のような湿地に生える多年草で，根茎は横にはって分枝し，ひげ根は紅紫色．葉は茎の下部に少数あり茎より短く，幅狭い線形で多くは無葉身の鞘または鱗片状の葉身をもつ程度となる．茎は軟らかい三稜柱形で緑色，高さ 25～40 cm 位ある．夏から秋の頃，やや幅広い線形の苞 3 個位を茎の先端につけ，その中心から長短不同の花序の枝を多数出し，その中の 2，3 は先端にさらに 1～2 回散状に小枝を分枝して多数の小穂をまばらに線香花火のようにつけ，大きな花序は横径が 15 cm に達することもある．小穂は長さ 4～12 mm 位，線状長楕円形，褐赤色で，20～30 個の花を 2 列につける．鱗片は舟状で長楕円形，中脈は緑色である．痩果は 3 稜の広倒卵形体で淡黄色，柱頭は 3 個である．〔日本名〕小畦蚊帳釣でアゼガヤツリに比べて小形であるという意味．〔追記〕本種は多型で，中にはミズハナビのように根茎がごく短い型もあるが，小穂の鱗片が密に並んですき間がないので区別できる．将来的にはいくつかの種に分けられる可能性がある．

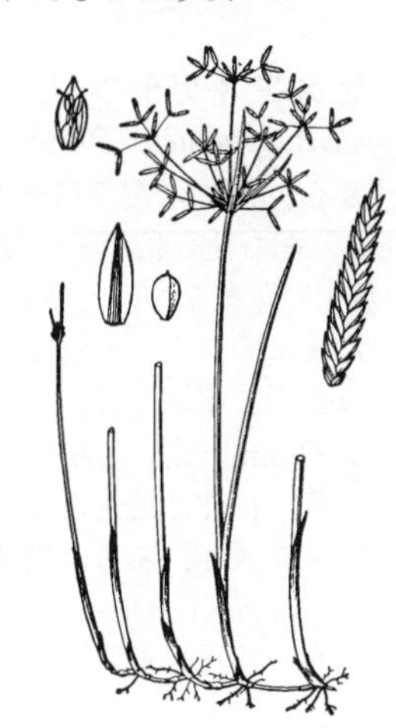

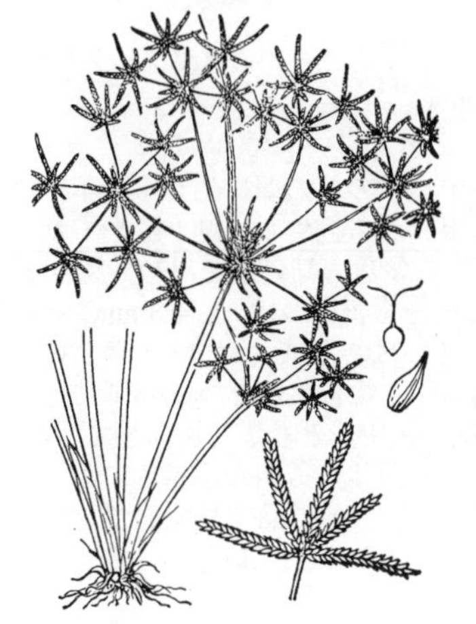

963. ミズハナビ（ヒメガヤツリ） 〔カヤツリグサ科〕

Cyperus tenuispica Steud.

よく水田中に生える一年草でまばらに叢生し，質は柔弱で緑色，根茎がないのでコアゼガヤツリと異なる．葉はみな根生で鞘状，茎より短い．茎は細長く三稜柱状で緑色，高さは 15～30 cm 位．茎の先端に長い苞 2～3 個を出し，その中央から長い花序の枝十数本を出し，長いものは 10 cm に達し，各先端にさらに 1～2 回散形に小枝を出し，多数の小穂をつける．小穂は扁平，線状長楕円形，長さ 3～5 mm 位，赤褐色または緑褐色で，20 個前後の小形の花を 2 列につけ，花の間にはわずかにすき間がある．鱗片は舟状で長楕円形，先端は切形でわずかに凸頭になり，多少外側へ反る．両側は赤褐色を帯び，中脈は緑色である．痩果は三稜状倒卵形体で表面に小瘤状の突起があり，淡黄色で，柱頭は 3 個である．〔日本名〕水花火の意味で，水湿地に生え花穂が散開してちょうど線香花火のような形をしていることによる．姫蚊帳釣は草状が弱小であることに由来する．

964. ヒナガヤツリ 〔カヤツリグサ科〕

Cyperus flaccidus R.Br.（*C. hakonensis* Franch. et Sav.）

平地の湿所または水田に生える小形の多年草で叢生し，質は柔弱で全体淡緑色，株下に紫赤色のひげ根を出す．葉は根生し細長い線形で先は次第に尖り長短不同，長いものは 20 cm 位に達し茎より長い．秋，葉の間から多数の茎を出し，茎の先端に長い葉状の苞 2～3 個をつけ，その中心から長い数本の花序枝を出し，先端にさらに短い小枝を散形に出しその先に小穂数個を頭状に集めてつける．小穂は緑色で長さ 8 mm 内外，長楕円形で扁平，2 列に 20～30 個の花をつける．鱗片は舟状の楕円形で緑白色，先端は尖り外側へ反る．痩果は三稜状倒卵形体で黄褐色，表面に微小の瘤状の突起がある．花柱は 3 分岐する．〔日本名〕雛蚊帳釣で全体が弱小であることに由来する．図示されたものはかなり大きく成長した個体である．

965. アオガヤツリ（オオタマガヤツリ） 〔カヤツリグサ科〕

Cyperus nipponicus Franch. et Sav.

本州から九州の多少湿った平地に生える一年草で叢生し，ひげ根を出す．葉は根生して軟らかく，幅狭い線形で先は次第に尖り，茎より短く，基部には淡赤紫色をしたやや長い葉鞘があって茎を包む．夏秋の頃，葉の間から高さ 30 cm 内外の茎を叢生し，三稜状，平滑，緑色でその頂に開出する長い葉状の苞数個を出し，その間に淡緑褐色の小穂が密集し，時に 2〜3 個の短い花序の枝を出しその先端にも頭状に密集する小穂をつける．小穂は長さ 6 mm 内外で長楕円形あるいは狭卵形で 20 花位を 2 列につける．鱗片は卵形で先は鋭く，中脈は緑褐色で先はわずかに凸形となる．痩果は褐色の楕円体で背腹に扁平なレンズ形，花柱は 2 裂するが，ときどき三稜状で 3 柱頭を持った果実が混じる．〔日本名〕青蚊帳釣はその全体が緑色であることに基づいて名付けられた．大球蚊帳釣はその花穂がタマガヤツリより大きいことに基づいている．

966. ヒメアオガヤツリ 〔カヤツリグサ科〕

Cyperus pygmaeus Rottb.（*C. extremiorientalis* Ohwi）

本州から九州の水湿地にまれに生える一年草である．茎は叢生し高さ 3〜30 cm，葉は細長く，幅 1〜2 mm で軟らかい．夏秋，茎の頂に長さ 3〜12 cm の数枚の苞葉をつけ，多数の無柄の小穂が密に径 5〜15 mm の頭状の花序にかたまってつく．小穂は長さ 3〜5 mm，幅約 1.5 mm で平たく，多くの花がほぼ 2 列に並ぶ．鱗片は広披針形で鋭く尖り，先にごく短い小芒があり，長さ 1.5〜2 mm，白い薄膜質で 3〜5 脈があり，先端付近の背面稜上に細かい歯がある．花柱は細長く 2〜3 岐する．痩果は鱗片よりずっと短く，楕円形でほぼレンズ形，ふちは翼状にはならず，淡褐色である．〔追記〕シロガヤツリ *C. pacificus* (Ohwi) Ohwi は本種に非常に似ているが，小穂の鱗片は少なくとも一部らせん状につき，背面の稜は平滑，痩果のふちは翼状になる．

967. ヒンジガヤツリ 〔カヤツリグサ科〕

Cyperus zollingeriana (Boeck.) T.Koyama

（*Lipocarpha microcephala* (R.Br.) Kunth）

本州以南の湿った低地あるいは田んぼの中などの草の間に生える一年生草本で叢生し，根はひげ状をしている．葉は根元から叢生し，細い線形で軟らかく，緑色である．夏から秋の頃，葉の間から多数の細い茎を出し，高さ 10〜30 cm ほどあり，茎の頂に球状で緑褐色の小穂を密につけ，直径 3 mm 内外，柄はない．小穂はふつうは 3 個であるが，時には 2 個または 4〜5 個ということもある．花穂の直下に長く放射状に開出する総苞葉が 2 本あって，その長さは不同である．鱗片は細い倒卵形で先端が鋭尖形となって反曲している．痩果は小形で，鱗片とほぼ同じ長さの線状長楕円体，透明な小鱗片によって包まれている．花柱は先端が 2 岐している．〔日本名〕品字蚊帳釣で，品字は本種の穂が 3 個集まって品の字をかたどっていることによる．

968. シチトウ（リュウキュウイ） 〔カヤツリグサ科〕

Cyperus malaccensis Lam. subsp. ***monophyllus*** (Vahl) T. Koyama

（*C. monophyllus* Vahl）

日本では関東以西で水田に栽植され，また南方の地では多少海水の出入する近海の浅い水中に生える多年草．長く横にはった根茎を引き，ひげ根を生じる．葉は短く披針形で，大部分は長い葉鞘となって茎の下部を包む．茎は真直に立ち高さ 1〜1.5 cm 位あり，やや太い三稜柱形で緑色，平滑である．秋，茎頂に 2〜3 個の剣状で尖った緑色の苞を出し，花穂よりやや短く，その中心から長短不同の花序枝を出し，時にさらに 1〜2 回散形に分枝し，狭線形で黄褐色の小穂がかたまってつき，小穂は長さ 1〜4 cm 位あり，小花を 2 列に生じる．鱗片は長楕円形で淡黄褐色，先は鈍形，中脈も赤褐色を呈する．果実は 3 稜のある楕円体で暗色を呈し，花柱は 3 岐する．茎を刈り裂いて乾し，粗い畳表をつくる，七島表または琉球表という．〔日本名〕七島は薩南（鹿児島県）の七島がその畳表の産地であることに基づき，また琉球イも琉球がその産地であることによる．

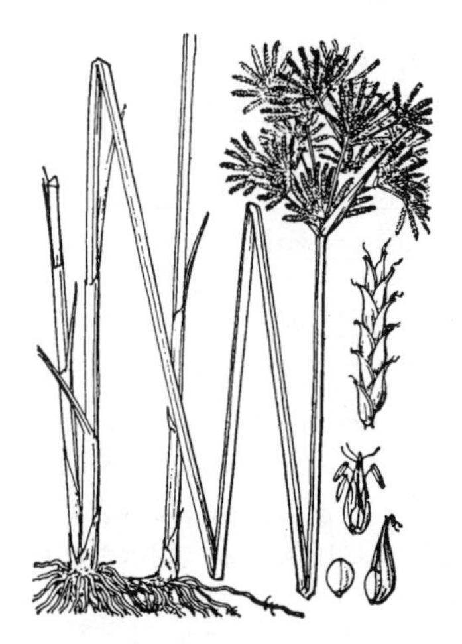

969. ハマスゲ（コウブシ） 〔カヤツリグサ科〕

Cyperus rotundus L.

本州以南の海辺河原等日当たりのよい砂地に多く生え，また原野にも見る多年草で，長い根茎を地中に引いて繁殖し，その先端に小形の塊茎を生じ，ひげ根があり，塊茎の内部は白く香気があり，また茎の基部には 1 個の旧塊茎がある．葉は数枚叢生し，幅狭い線形で先は次第に尖り，質はやや硬く光沢ある深緑色で，下部は葉鞘となり茎を包む．夏秋の頃，茎を葉の間から出し高さ 20〜30 cm 位，茎頂に狭線形の苞 2〜3 枚を生じ，その中心から長短ある花序枝数本を出し，先端に濃い茶褐色で線形の小穂をややまばらに集合してつける．小穂は長さ 1.2 cm 内外あり 10 数花を 2 列につける．鱗片は長楕円形で舟状，緑色の中脈の両側は褐色．果実は三稜長楕円体，暗褐色で花柱は 3 岐する．古来その塊根を薬用とし，いわゆる香附子はこれである．〔日本名〕浜スゲは海浜附近の砂地に多く生えることに基づいて名付けられた．〔漢名〕莎草，香附子．

970. カヤツリグサ（マスクサ） 〔カヤツリグサ科〕

Cyperus microiria Steud.

本州から九州の畑，荒地，草地にふつうに生える一年生草本でまばらに叢生し，紫色のひげ根があり，全体に一種の香りがある．葉は根生し細長く線形で先は次第に尖り質は堅くない．茎は葉の間からふつう 1 株に数本立ち，鈍三稜柱形で平滑，緑色を呈し，高さは 30〜40 cm 位ある．7〜8 月頃，茎の先端に葉状をした長い苞を 3〜5 個つけ，その中央から花序の枝を 4〜9 本出しそれぞれの先に 1〜6 個位の花穂をつける．花穂はやや頭状に集まり多数の小穂を配列する．小穂は黄褐色の線形で，20 個内外の花を 2 列につけ長さは 1〜1.5 cm 位ある．鱗片は舟状，楕円形で褐色，中肋は緑色で先端は短く尖っている．果実は黒褐色で三稜あり，長楕円状倒卵形，花柱は小形で 3 個の柱頭がある．〔日本名〕蚊帳釣草の意味で，2 人の子供が互に茎を両端から裂くと 4 本に分かれて四角となるので，この遊びを蚊帳をつるのに模してこの名がついた．升草の意味も同じで，4 本に裂けたのを四角のマスとして遊ぶ．植物学界では本種をカヤツリグサとするが世間一般にはコゴメガヤツリ（972 図）もまたカヤツリグサという．

971. チャガヤツリ 〔カヤツリグサ科〕

Cyperus amuricus Maxim.

日本全土の畑地や路傍等にふつうに見る一年生草本である．茎は高さ 10〜60 cm，三稜形である．葉は細く軟らかい．夏から秋にかけて，茎の先に数枚の長い葉状の苞をつけ，その間から長短不同の枝を出し多くの穂をつける．花穂には多数の小穂が広卵形体に密に集まり長さ 1.5〜2.5 cm．小穂は線形で平たく，赤褐色を呈し長さ 7〜15 mm，幅 1.5〜2 mm，8〜20 個の花が左右 2 列に並ぶ．鱗片は広卵形で長さ 1.5 mm，先にやや長い芒状の突起があり，中脈は緑色である．花柱は短く，先端は 3 裂する．果実は長倒卵形体で 3 稜があり，暗色の細点がある．カヤツリグサに比べて，鱗片は赤味を帯び先端の突起が長くやや外へ反り返る．〔日本名〕茶ガヤツリは鱗片の色によって名付けられた．

972. コゴメガヤツリ 〔カヤツリグサ科〕

Cyperus iria L.

本州から琉球の日当たりの良い畑地，原野のやや湿った所にふつうな一年生草本で，叢生し紫色のひげ根を出し，全体に一種の香気があり，全体はカヤツリグサによく似ておりその姉妹品でもある．葉は軟らかく細長い線形で先は長く尖り，下部は鞘となって茎の下部を包んでいる．夏から秋の間に高さ 20〜40 cm 位の茎をふつう 1 株に数本出す．鈍三稜形で平滑，緑色である．茎の先に長い葉状の苞 3 個位を出してその間から 4〜10 本の枝を出し枝上に 3〜7 個の花穂をつけ，下部のものは時にさらに枝を分かつ．花穂軸上には長楕円状線形の小穂を少数あるいは多数つけ，小穂は長さ 0.5〜1 cm 位あって淡黄色で 2 列に 20 個内外の花をつける．鱗片は倒卵形で黄褐色を呈し中脈は緑色で先端は鈍く円形となり，また少し凹む．果実は 3 稜状で狭倒卵形体で黒色を呈し，花柱は 3 裂している．この 1 型にココゴメガヤツリ f. *paniciformis* (Franch. et Sav.) Makino がある．小穂にはふつう 2〜4 個の花があるが，母種との間に中間形があってはっきりせず，近年は区別されていない．〔日本名〕小米蚊帳釣で，その花が小形であることに由来する．本品もまた俗に蚊帳釣草という．

973. ウシクグ 〔カヤツリグサ科〕

Cyperus orthostachyus Franch. et Sav.

北海道から九州の低い山地または低地の湿地に生える一年生草本でまばらに叢生し，往々群をなして繁茂し，高さは 30〜60 cm 位ある．葉は多くは根生し，硬くなく，広線形で先が長く尖り，ふちはざらつき，時に幅 1 cm に達することがある．秋の頃，太く緑色で三稜形の茎を葉の間から出し，先端に 3〜6 個の長い苞をつけ，その葉状苞の間から散形に長短不同の枝を数本出し，その先端に楕円体をした花穂をつける．花穂は時にさらに分枝し，多数の小穂をつける．小穂は線形でうすい褐色または褐紫色，14〜15 個の花を 2 列につける．鱗片は広楕円形で緑色の中脈があり，ふちには白色膜質の部分がある．果実は灰白色，3 稜があり幅狭い倒卵状長楕円体で花柱は 3 個，時に 2 個である．〔日本名〕牛クグでその果穂が紫黒色であることに由来する．あるいは全体が大形であることに由来するのかも知れない．クグとはカヤツリグサ類の一種の古い呼び名である．〔漢名〕三輪草．

974. クグガヤツリ 〔カヤツリグサ科〕

Cyperus compressus L.

関東地方以西の日当たりのよい平野の路傍または近海の砂質地に生える一年生草本で叢生しひげ根を出す．葉は数枚叢生し茎より短く，細い線形で先端は次第に尖り下部は葉鞘になる．茎は葉の間から出て高さ 15〜25 cm 位で緑色の三稜柱状で平滑，質はやや硬直である．茎の先端に出た苞は 3 個位あって葉状で長い．7〜8 月の頃，10 個余りの小穂を茎の先端の苞葉の間から出し，ときにその中から 1〜3 本の枝を出してその先に散形状に小穂をつける．小穂は長さ 1〜1.7 cm，やや幅広く線状長楕円形で強く圧扁され，鱗片は舟状で卵形，淡緑白色，中脈は緑色で先端は凸形となる．瘦果は黒色で三稜状広倒卵形体をし，花柱は 3 個．〔日本名〕クグに似ている蚊帳釣草の意味である．

975. タマガヤツリ 〔カヤツリグサ科〕

Cyperus difformis L.

日本全土の水の浅い湿地あるいは水田中に生える一年草で叢生し，質は軟らかく緑色で下部にひげ根を出す．葉は線形で先は次第に尖り中肋は 1 個で下面で稜となり，上面で溝になり，下部は葉鞘になる．夏秋の頃，葉の間から三稜柱形の茎を出し，その先端に長い苞が 2〜3 個ある．花穂はその苞の中心から出て，数本の短い花序の枝の先端に径 1 cm 内外の小頭状をなして密に多数の細かい小穂が集まる．小穂は長さ 2〜3 mm 位，長楕円形で褐紫色，極めて小形の花十数個を 2 列につける．鱗片は舟状で広倒卵形で先は切形をなし，黄褐色で両側に赤色の斑があり，中脈は緑色．瘦果は三稜状楕円体で黄白色，花柱は 3 裂する．〔日本名〕球蚊帳釣の意味でタマは花穂が球形であることによる．

976. メリケンガヤツリ（オニシロガヤツリ） 〔カヤツリグサ科〕

Cyperus eragrostis Lam.

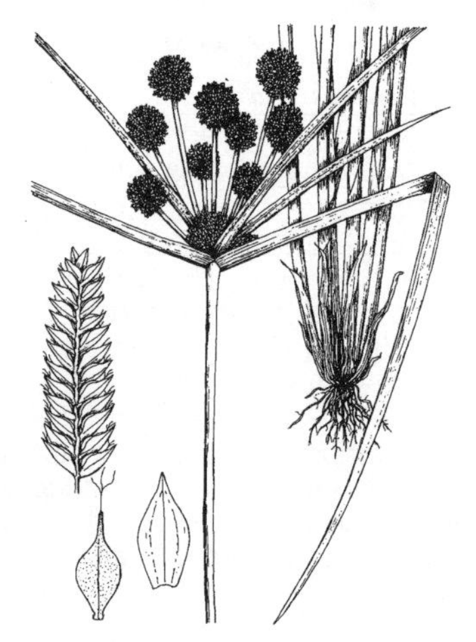

北アメリカ西部から南アメリカにかけて分布し，日本へは戦後に入ってきた帰化植物．河川敷の湿地や水辺に生える多年草．叢生し多数のひげ根を生じる．葉は茎より短く，幅の広い線形で幅 5〜10 mm あり，下部は赤褐色を帯びた葉鞘となって茎を包む．茎は 1 株に多数出て強く硬く，高さは 30〜100 cm，三稜形をなし平滑である．秋に茎の先端から著しく長い葉状の苞を四方へ開出し，その中心に多数の枝を散形状にのばし，先に径 1.5 cm ほどの球状に密集した花穂をつける．各小穂は長楕円形で扁平，長さは 6〜15 mm，幅 3 mm，淡緑色で少し褐色を帯び，6〜10 個の花を 2 列につける．鱗片は舟状で広い倒卵形，長さは 2 mm 位で先は尖り微凸端，淡緑色でふちは淡褐色または白い．鱗片のなかにある瘦果は倒卵形で 3 稜があり，長さは約 1 mm，オリーブ色である．1958 年に沖縄で記録され，オニシロガヤツリと呼ばれた．流水によってふえ，いまは関東以西の各地にも見られるようになった．〔日本名〕原産地のアメリカに由来するもの．

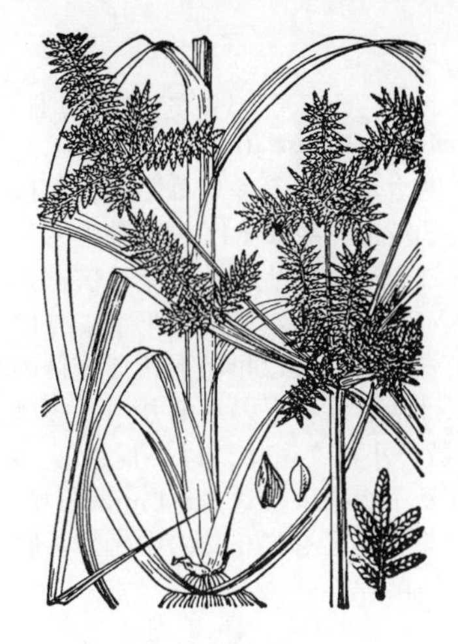

977. オニガヤツリ

〔カヤツリグサ科〕

Cyperus pilosus Vahl

本州の東海地方以南の水湿地に生える多年草で，細長い地下茎がある．茎は高さ 30～80 cm，三稜形で上部はややざらつく．葉は茎の下部に生じて茎よりも短く，幅 5～10 mm．夏秋，茎の先端に 3 個ほどの長い苞をつけ，散形に数本の長さ 5～15 cm の花序をつける．花序の先には 3～6 個の長楕円体無柄の花穂が頭状にかたまり，花穂は長さ 2～4 cm，径 1.2～2 cm，軸には密に褐色の短毛があり，多くの小穂がつく．小穂は線形で平たく，長さ 5～20 mm，幅 1.5～2 mm，褐色または赤褐色を帯び，10～40 個の花が 2 列に並ぶ．鱗片は広卵形で先は尖り，長さ約 2 mm，数脈があり背部は緑色，ふちは白色で膜質である．花柱は 3 岐する．痩果は鱗片より短く，広卵形体褐色で 3 稜がある．〔日本名〕鬼ガヤツリは大形の草状に基づく．

978. ヌマガヤツリ

〔カヤツリグサ科〕

Cyperus glomeratus L.

関東以西の本州の湿地に生える大形の一年草で多少叢生し，太いひげ根を出す．葉は幅広い線形で末は長く次第に尖り，茎と同高で質厚く幅 1 cm あり，下部は暗褐色の葉鞘になり茎の根元を包む．茎は高さ 50～80 cm，太い三稜柱状で基部はときどき太まる．秋，茎頂に 3～6 個の長い葉状苞を出してその中に数個の複生の散形花序を出し，花序枝の長いものは 10 cm 以上．花穂は円柱形または長楕円体あるいは楕円体で，初め白緑色であるが後に黄褐色になり，密に多数の小穂をつける．小穂は線状披針形で 15 個内外の花を 2 列につけ，長さは 5 mm 内外ある．鱗片は乾皮質，長楕円状披針形で先は鈍形，背部は緑色を帯び，小穂軸に対しほとんど開出しないので，小穂は著しく尖って見える．3 個の雄しべがある．果実は長楕円体で 3 稜，鱗片より短く暗色で花柱は 3 岐する．〔日本名〕沼蚊帳釣で沼地に生えるカヤツリグサの意味である．

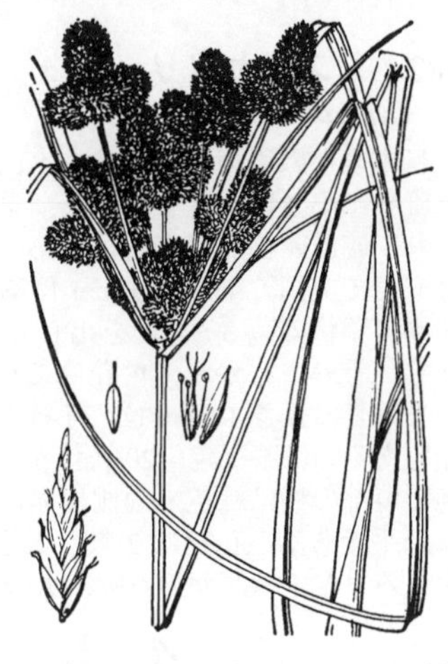

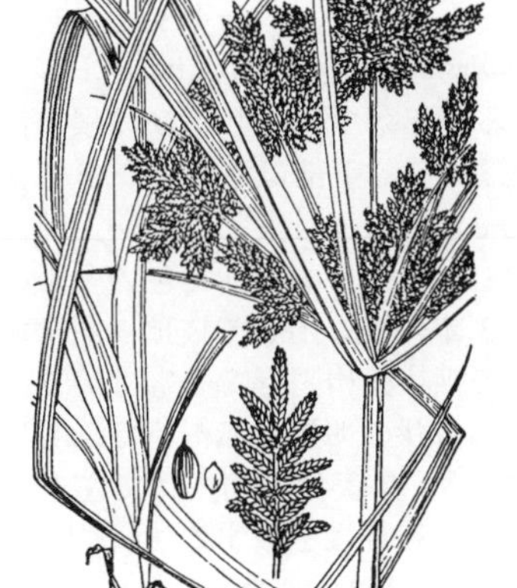

979. カンエンガヤツリ

〔カヤツリグサ科〕

Cyperus exaltatus Retz. var. ***iwasakii*** (Makino) T.Koyama

（*C. iwasakii* Makino）

東京上野不忍池，埼玉，宮城，青森などの湿地にまれに生える大形の一年草または短命な多年草である．茎は太く高さ 40～100 cm で，三稜形．葉は幅 5～15 mm，上面に 2 稜があり，下面中肋は上部で鋭く浮き出している．秋，茎頂に長さ 10～30 cm の大形の花序を頭状につけ，苞は非常に長い．枝は長短不同で先に 1～8 個の花穂をつけ，花穂は細長く，多くの小穂がつき，長さ 2～4 cm，径 1～1.5 cm．小穂は線形で平たく，長さ 5～8 mm，褐色を帯び，軸には狭い翼があり，10～20 花が左右に 2 列に並んでいる．鱗片は卵形で先は短く突出し，長さ 1.5～2 mm，背部の稜は緑色である．花柱は長く 3 岐する．痩果は長さ約 0.8 mm で三稜形，黄褐色を帯びる．〔日本名〕本草学者，岩崎灌園にちなむ．

980. ヒ メ ク グ

〔カヤツリグサ科〕

Cyperus brevifolius (Rottb.) Hassk. var. ***leiolepis*** (Franch. et Sav.) T.Koyama

（*Kyllinga brevifolia* Rottb. var. *leiolepis* (Franch. et Sav.) H.Hara）

各地の日当たりのよい湿地にふつうで，他の草と混じって生える多年草．叢生し，紫色を帯びた根茎が横にはって繁殖し，ひげ根を出し全体に一種の香りがある．葉は軟らかく，狭線形で先は次第に尖り下部は淡紫色を帯びた葉鞘となる．茎は葉の間に出て直立し，痩長の三稜柱形で緑色を呈し，高さ 10～25 cm 位ある．苞は 3 個位あり，葉状で，花序下に接して 2～4 枚出て長く開出し，往々下方へ曲がる．夏秋の間，茎頂に緑色で球状の，直径 7～12 mm 位の頭状花序を単生し，多数の小穂が頭状にかたまってつく．小穂は長楕円形で長さ 2.5 mm 位ある．鱗片は軸上に 2 列に並び，舟状をした卵形で先端は尖り，中脈は緑色で平滑である．痩果は褐色でやや扁平，倒卵形，先端は小さく尖り．花柱は 2 裂する．〔日本名〕姫クグは全体が小形であることに基づいて名付けられた．本種の母種 var. *brevifolius* はタイワンヒメクグと呼ばれ，本州の関東以西から熱帯に分布し，鱗片の中脈がざらつくからヒメクグと異なる．〔漢名〕水蜈蚣．

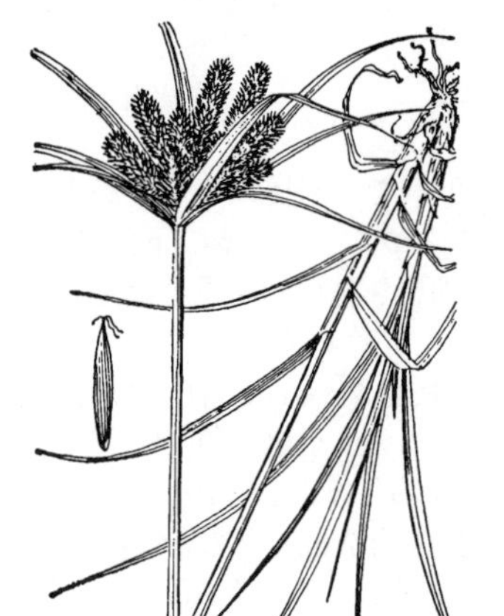

981. **イヌクグ** 〔カヤツリグサ科〕

Cyperus cyperoides (L.) Kuntze (*Mariscus sumatrensis* (Retz.) J.Raynal)

関東南部以南の日当たりのよい草地に生える緑色の多年草で，根茎はやや肥厚し下にひげ根を出し，高さ 30〜50 cm．茎はまばらに叢生し三稜柱形で下部に茎より短い 3〜4 個の葉をまばらに互生する．葉は広線形で中脈で左右に折れ，淡緑色で軟らかい．苞は緑色の葉状で花序よりはるかに超出して 6〜7 個あり，長短不同である．花序は単散形状で夏秋の頃に出て，10 個内外の花穂をつけ，中には柄をもつものもあり，長短は一様でない，花穂は円柱形で開出する多数の小穂を密につけ，長さ 2〜3 cm 位あって緑色を呈し，後に褐色を帯びる．小穂は長さ 3〜4 mm あり，線状の円柱形で 1〜2 花からなり，熟すと果実とともに花穂の中軸から脱落する．痩果は細長い楕円体．〔漢名〕磚子苗．

982. **ミズガヤツリ**（オオガヤツリ） 〔カヤツリグサ科〕

Cyperus serotinus Rottb.

日本全土の原野の沼沢地や水田などに生える大形の多年草で根茎の先端には晩秋に小さい塊茎をつける．葉は 1 株に数個あって長く，長さ 50〜60 cm 余り，幅広い線形で先端は次第に尖り，下部は葉鞘になる．茎は葉の間から直立して丈高く，50〜70 cm 位あり，太い三稜柱形，緑色である．秋，茎の先端に葉状の苞 3〜4 個を出して長く開出し長さ 50 cm 以上に達するものもあり，その中心から太い花序の枝数本を出し時にさらに 2〜3 回分枝し，ややまばらに長さ 1.5 cm 位の小穂を総状に互生する．小穂は長楕円状線形で紫赤色あるいは茶褐色，20 花位を 2 列につける．鱗片は黄色の広卵形で先端は鈍く背部の稜は緑色，両側は赤褐色を帯びる．痩果は黄褐色で楕円体，背腹に扁平である．花柱は 2 岐，ときに 3 岐する．〔日本名〕水蚊帳釣は水辺に生えるカヤツリグサの意味．大蚊帳釣は全体が大形であることに基づく．

983. **イガガヤツリ** 〔カヤツリグサ科〕

Cyperus polystachyos Rottb. (*Pycreus polystachyos* (Rottb.) P.Beauv.)

本州以南の近海地の湿った平地に生える一年草で叢生し，ひげ根を出す．葉は叢生し軟らかく細長い線形で先は尖り，下部は葉鞘となって茎を包む．茎は 1 株に数本出て高さ 20〜30 cm 位に達し葉より高い．秋に至って先端に 3〜5 本位の葉状の苞を開出し，その中心に赤褐色の多数の小穂を頭状に密集し，しばしばさらに 2〜3 本の枝を出して枝頂に同様に小穂をつける．小穂は長さ 1.2 cm 位あって線状長楕円形で先端は尖りその軸上に 20〜30 花を 2 列につける．鱗片は舟状の卵形，赤褐色でふちは白く中脈は緑色，先端は尖るが芒とならない．果実は長楕円体で左右から扁平，褐色で表面に微小な粒状突起があり，花柱は 2 岐する．〔日本名〕毬（いが）ガヤツリは花穂の状態に基づいて名付けられた．

984. **アゼガヤツリ** 〔カヤツリグサ科〕

Cyperus flavidus Retz. (*C. globosus* All.)

本州から琉球の原野または低い山地の湿地，田の畔等に多く生える一年生草本で，叢生し多くのひげ根を出す．葉はほとんど根生し，やや硬く細い線形をして先は次第に尖り下部は葉鞘になっている．茎は直立し細長く硬く，高さ 30〜40 cm 位ある．茎の先端の苞は細長い葉状で 2〜3 個あり，長短不同である．夏から秋にかけて苞の間から数本の枝を出し，先端に小穂を多数つけて開出し，まれにまばらな頭状となることもあり，またその下部が短く分枝して複穂状になることもある．小穂は線状狭披針形で長さは 1.5 cm，緑褐色ではなはだ扁平，2 列に数個の花をつける．鱗片は舟状で卵形を呈し先は鈍く黄褐色，中脈は緑色である．果実は両凸レンズ形でその稜は小穂の軸に面し，楕円体で黒褐色を呈し先端は少し凸頭，柱頭は 2 裂している．〔日本名〕畦蚊帳釣で，この植物がよく田の畦に生えることによる．

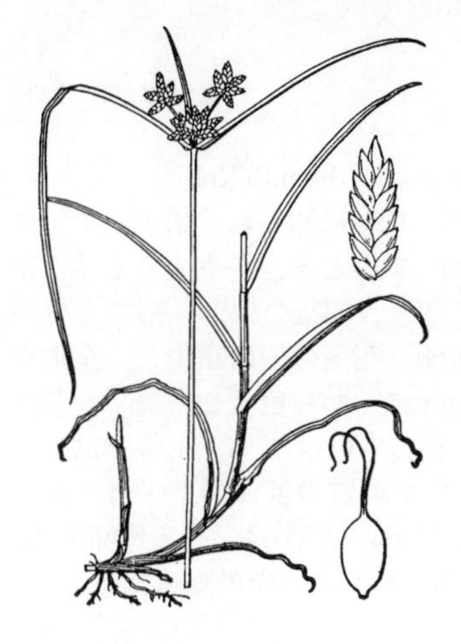

985. カワラスガナ　〔カヤツリグサ科〕

Cyperus sanguinolentus Vahl

日本全土の原野の山麓の湿地または水田に生える一年草または短命な多年草で叢生し，ひげ根を叢出する．葉は茎より短く狭長な線形で先端は次第に尖り，下部は葉鞘となって茎を包む．茎は直立するがその基部は分枝し多少横にはい，高さ 25〜35 cm 位ある．秋，茎頂に長く開出する狭線形の苞 3 個位を生じ，その中心に小穂を頭状につけ，それに加えて，ときに短い少数の花序枝を出し，同じくその先端に頭状に小穂をつける．小穂は長楕円形，扁平で淡褐色あるいは紫褐色，長さ 6 mm 内外，20 個前後の花を 2 列につける．鱗片は舟状をした卵形，淡褐色，中肋は緑色で時に両側赤褐色を帯び，先は鋭い．痩果は両凸レンズ形で側方から扁平，円状楕円形で褐色または黄褐色，花柱は 2 岐する．一形にシデガヤツリ f. *spectabilis* (Makino) Ohwi があってその小穂は多数で長さ 3 cm，幅 4 mm 余り，集まって四方に射出し奇観を呈する．〔日本名〕河原スガナは河原にも生えることに基づいて名付けられた．一方スガナは多分スゲクサという意味であろう．

986. ハタガヤ　〔カヤツリグサ科〕

Bulbostylis barbata (Rottb.) Kunth

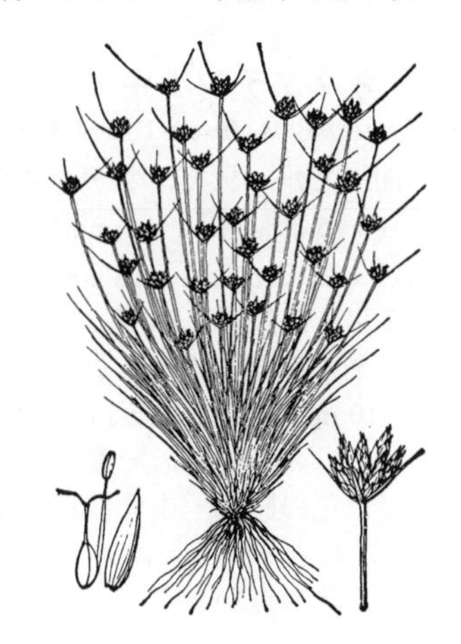

本州以南の海辺の日当たりの良い砂地あるいは海に近い日当たりの良い土地などに多い一年生草本で，1 株から多数の葉と茎を叢生する．葉は緑色の狭い線形で茎よりも短く，下部は広がって淡褐色で膜状の鞘をなしている．茎はやせて細く，多数直立してのび，基部に葉を有し，高さ 12〜18 cm ほどある．秋になると茎の頂上に各々 1 個の花序をつけ，淡褐色の小穂が密集し頭状をなす．総苞葉は針形で大小不同，長さ 2 cm に達するものもある．小穂は長楕円状披針形体で長さは 6 mm ほどある．鱗片は卵状の舟形をなし．ふちに毛があり，先端は鋭く尖り緑色で外反する．雄しべは 1 個．花柱は 3 裂している．痩果は刺針状花被片がなく，三稜形で卵球形をなし，果頂の嘴は黒褐色で瘤状をしている．〔日本名〕畑ガヤは畑地に生えることによる．

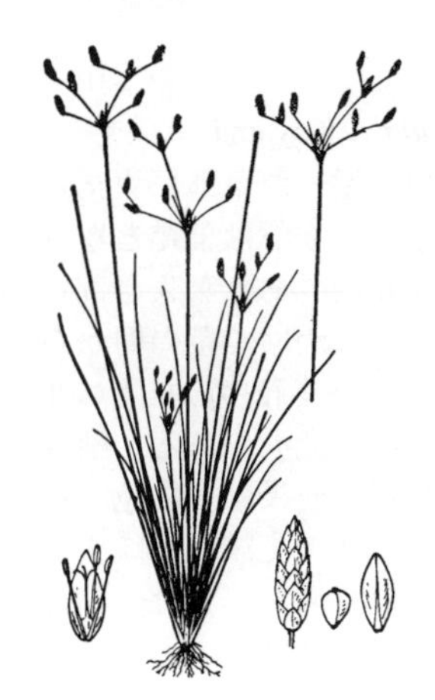

987. イトハナビテンツキ　〔カヤツリグサ科〕

Bulbostylis densa (Wall.) Hand.-Mazz. var. ***densa***

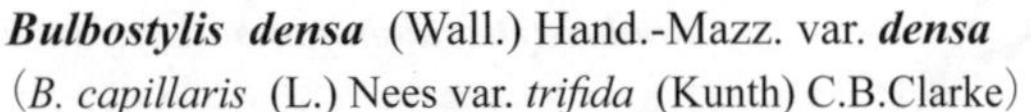

（*B. capillaris* (L.) Nees var. *trifida* (Kunth) C.B.Clarke）

日本全土の日当たりの良い芝地や山地などに生える一年生草本で叢生し，根はひげ状である．葉は根生状，糸状で非常に細く，基部がやや広がって淡褐色の鞘となり縁に毛がある．夏から秋にかけて葉の間から繊細な茎を多数出し，高さは 15〜25 cm 位になる．花序は散形で数個の枝を生じ，再三分枝して各小柄の上端に茶褐色の小穂を単生する．小穂は幅狭い卵形体で長さは 4 mm 位，鱗片は茶褐色の卵形で先は鈍形をなし，中脈は緑色，鱗片内には三稜倒卵形体で黄白色の痩果を持ち，刺針状花被片はない．花柱は細く，先端が 3 岐し，その基部は果頂に残存して瘤状体となる．〔日本名〕糸花火点突きの意味で，糸はその葉と茎が糸状であり，花火は分枝した花序の様子によるものである．点突きはテンツキ属の植物に外観が似ることによる．

988. イトテンツキ（クロハタガヤ）　〔カヤツリグサ科〕

Bulbostylis densa (Wall.) Hand.-Mazz. var. ***capitata*** (Miq.) Ohwi

（*B. capillaris* (L.) Nees var. *capitata* (Miq.) Makino）

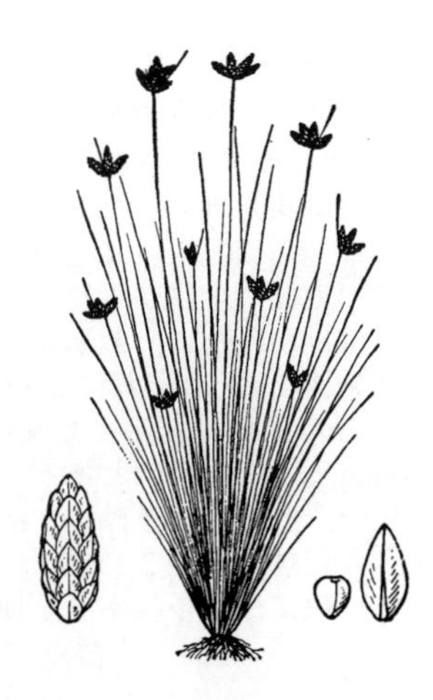

本州中部以南の日当たりの良い芝地などに生える一年生草本で叢生し，根はひげ根状である．葉はすべて根生状の細い線形で，茎より短く，下部のふちには毛がある．秋に多数の糸状の茎を葉の間から出し，その高さはおよそ 20 cm 内外，茎の頂に数個の茶褐色の小穂が頭状に集まり，時にはさらにその中から短い柄のある小頭状花穂を出すこともある．総苞葉は数個あって長短は不同で長さ 1.5 cm に達するものもある．小穂は長さ 3〜6 mm ほどの長楕円体である．鱗片は幅広い卵形で先は鈍形，紫褐色をして中脈は緑色である．痩果は淡黄色で 3 稜があり，倒卵形体で刺針状花被片はない．花柱は 3 岐し，その基部は果頂に残存して小瘤状をなしている．〔日本名〕糸点突きはその葉や茎が糸状をなしているからいう．テンツキ属のイソテンツキも別名をイトテンツキというので注意が必要である．

989. ヤリテンツキ　〔カヤツリグサ科〕

Fimbristylis ovata (Burm.f.) Kern

（*F. monostachya* (L.) Hassk.; *Abildgaardia ovata* (Burm.f.) Král）

三浦半島，紀伊半島等本州南部から九州，琉球に知られ，南アジア，マレーシアにも分布する多年草．根茎は短縮して葉と茎を叢生する．茎は細い針金状で高さは 15～40 cm，葉は茎より短く，幅狭い線形，幅は 2 / 3～1 mm，小穂はふつうただ 1 個（まれに 2 個）花茎の先に頂生し，全形ヤマイに似る．長さは 1～1.5 cm，幅は 4～6 mm，わら色でやや扁平，基部に 1～2 個の鱗片状の苞があり，鱗片は下部のものは 2 列，上方ではややらせん状につき，灰色を帯びたわら色，やや革質の広卵形，平滑，長さは 4～6 mm，中脈はやや鈍く突出し，先端は尖る．痩果は三稜広倒卵形体，長さ 2.5～3 mm，白っぽく熟する．〔日本名〕槍テンツキの意味である．

990. オノエテンツキ　〔カヤツリグサ科〕

Fimbristylis fusca (Nees) C.B.Clarke（*Abildgaardia fusca* Nees）

四国，九州，東南アジアの水湿地に生える多年草で，葉は多数叢生し長さ 3～15 cm，幅 1～2 mm，質は厚く平たく，先は細まってやや鈍端，下面に少し毛があり，ふちはざらつく．夏～秋に高さ 20～40 cm の細長い茎を出し，頂に 2～4 枚の苞葉をつけ，5～10 本の長短不同の細い枝を分けて柄のある小穂をつける．小穂は披針形体でやや平たく暗褐色，長さ 6～10 mm，幅 2～2.5 mm，3～10 花からなる．鱗片は 2 列に並び，中部のものは卵状披針形で尖り，長さ 4～5 mm，暗褐色で微細な伏毛があり，ふちは白色の膜質，中肋は顕著である．雄しべは 3 本，花柱は長さ 4～5 mm で 3 岐する．痩果は広倒卵形で 3 稜があり，長さ約 1 mm，白っぽく，小形で疣状の点がある．

991. テンツキ　〔カヤツリグサ科〕

Fimbristylis dichotoma (L.) Vahl var. ***tentsuki*** T.Koyama

日本全土の路傍，田間等日当たりの良いやや湿った草地に生える一年草で叢生し，根はひげ状．葉は細長くやや堅く，下部は葉鞘となり鞘部には細毛がある．茎は細長く直立し高さ 30 cm 内外あり葉より高い．苞は長大で葉状，数本あって長短不同．夏から秋にかけて苞の間から花序枝を出し，単一ないしは 2～3 回，散形に分枝し各小花序の枝上に小穂をつける．小穂は卵形体で長さ 5 mm 位，茶褐色で光沢がある．鱗片は卵形で先端は鈍く，中脈は緑色，先は微かに凸形．痩果は黄白色，扁圧された倒卵形で表面に格子状の紋がある．花柱は扁平で先端は 2 岐する．〔日本名〕点突きは，その小穂で点をつけ得るとの意味か，または小穂が上向きなので天を衝くとの意味であろうか．〔漢名〕飄拂草．

992. クグテンツキ　〔カヤツリグサ科〕

Fimbristylis dichotoma (L.) Vahl var. ***diphylla*** (Retz.) T.Koyama

（*F. diphylla* (Retz.) Vahl）

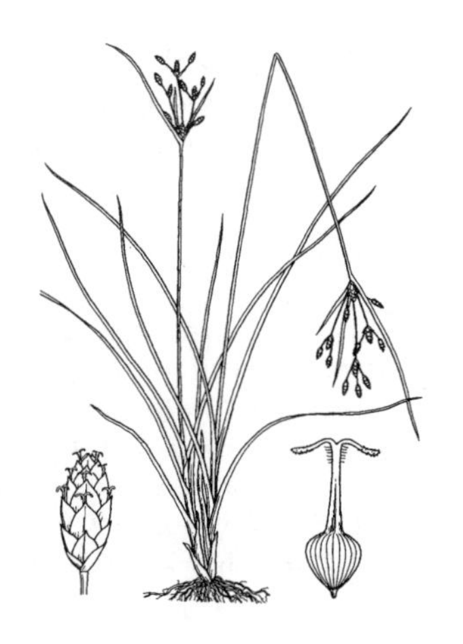

本州（関東以西）から琉球および小笠原の日当たりのよい草地に生える多年草．茎は直立し，高さ 20～50 cm，無毛である．葉は群がって根生し，線形でやや硬く全体が平滑で，幅 1.5～5 mm，先は次第に細くなって尖る．本州では夏から秋に，散形花序を頂生し，花柄は 3～8 個が斜上し，さらに 2 回分枝し，それぞれに 2～4 個の小穂をつける．苞葉は 3 個ほどあり，そのうちの 1 個は花序より長い．小穂は楕円体または卵状楕円体，長さ 4～8 mm，径 3 mm ほどあって先は尖り，赤褐色を帯びる．鱗片は膜質，長楕円形，凸頭，長さは約 3 mm，赤褐色で中脈は淡緑色である．雄しべは 3 個，花柱は長さ 2.3 mm ほどあり，先端は 2 岐する．痩果は白色，倒卵形体で縦に稜が多数あり，横長楕円形の格子紋がある．

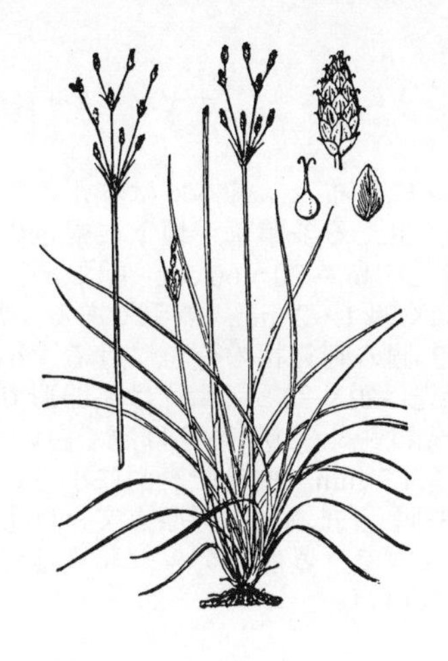

993. クロテンツキ 〔カヤツリグサ科〕

Fimbristylis diphylloides Makino

宮城県以南の日向の湿地に生える多年草で高さ 25〜40 cm，茎や葉はともに叢生する．茎は直立し細く，鈍い 5 稜があり，基部に無葉身の鞘がある．葉は根生し茎より短く，狭い線形で上端はざらつく．秋に茎の頂にまばらな散形花序を出す．苞は非常に短く披針形をなし，下部は鞘状となる．花序の枝は 4〜9 本あって直立あるいはやや斜上して細く，稜線がある．小穂は卵状楕円体，先端は尖り，生時は淡黒褐色であるが乾けば変じて淡褐色となり，長さは 4〜5 mm ほどある．鱗片は密に覆瓦状に配列して光沢はなく，卵形で中脈は隆起し，ふちは幅広く白色の膜質をなし，先端が鈍形になっている．雄しべは 1 個ないし 2 個．痩果は扁平なレンズ状，倒卵形体で長さ 0.8 mm，淡黄褐色で表面には不規則の瘤状の小突起をつけている．花柱は 2 岐し，果実ができる頃に脱落する．〔日本名〕黒点突きの意味で黒はその生時の小穂の色に基づいている．

994. ナガボテンツキ 〔カヤツリグサ科〕

Fimbristylis longispica Steud. var. ***longispica***

朝鮮半島南部，中国および日本の本州，四国，九州に分布し，海岸の草地に生える多年草．茎ははじめ直立しているが，果期には下垂し，高さは 40〜80 cm，基部は肥厚して塊茎状をなし，緑色である．葉は幅 2〜4 mm，先は急に尖り，基部の鞘は褐色である．8〜10 月，2〜3 回分枝した長さ 4〜8 cm の散形花序をつける．苞葉は 2〜5 個つき，長いものでは花序を著しく超えて，ときに 30 cm ほどに達することがある．小穂は細長く，狭長楕円体で長さ 7〜15 mm，幅 3〜4 mm，褐色で少し光沢があり，先は尖る．鱗片は広卵形で長さ 3.5〜4 mm，先は鈍形，褐色を帯び背面に隆起する緑色の 3 脈があり，その先端は突出する．痩果は凸レンズ状で倒卵形体，はじめ黄緑色で熟して褐色となり，表面は光沢をもち，やや四角い網状紋があり，基部は柄がある．花柱と柱頭に開出毛がある．柱頭は 2 個．〔日本名〕長穂点突きで，花穂が長いところから名付られた．

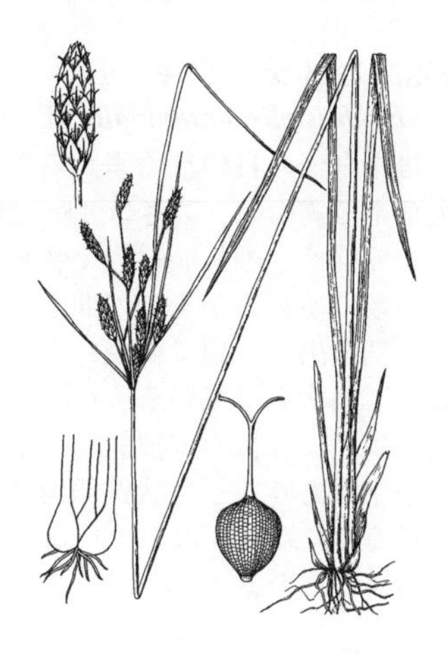

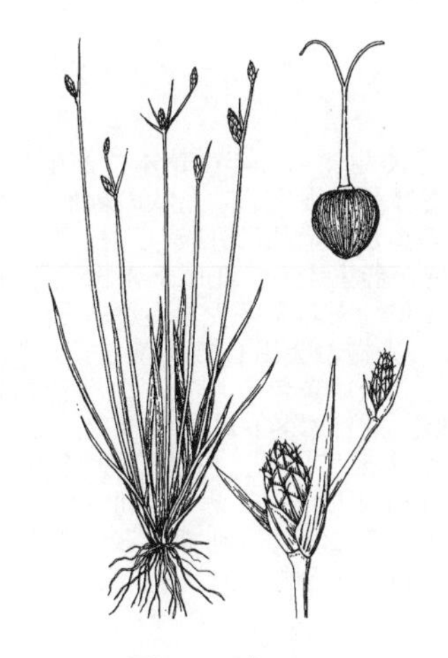

995. イッスンテンツキ 〔カヤツリグサ科〕

Fimbristylis kadzusana Ohwi

千葉県，東海道の湿った草地に生えるまれな一年草．小さな株立ちとなる．茎は 1 または数個が直立し，高さは 4〜20 cm，細く稜があり，径 0.5 mm ほどある．葉は根元に集まって叢生し，長さ 2〜6 cm，幅約 1 mm，先は急に尖り，基部は鞘となって茎を包み赤褐色を帯びる．9〜10 月，茎の頂に 1〜3 個の小穂をつけた花序をつける．苞は刺針状で 1〜2 個ついて短い．小穂は有柄または無柄で長楕円体，長さは 5〜8 mm，先は鈍く尖る．鱗片は薄く長楕円形をなし，長さ 3 mm で濃い赤褐色，先はくぼみ，その間から緑色の中脈が芒状に突出し，ふちに少し毛がある．果実は凸レンズ状の倒卵形体で，長さは約 1 mm あって，熟して黒褐色，光沢があって平滑である．柱頭は 2 個．〔日本名〕一寸点突きで，丈が低いことで名付けられたもの．

996. ノテンツキ 〔カヤツリグサ科〕

Fimbristylis complanata (Retz.) Link

原野あるいは山裾などの日当たりよい湿地に生える多年草で叢生し，根は強いひげ状である．葉は根生して，やや 2 列生，茎より非常に短く線形でやや幅広く，先端は短く尖り，下部は鞘状となり，全体に無毛である．茎は高くのび出して直立し，緑色で扁平，2 稜があり，高さは 30〜40 cm ほどある．7 月頃になると他の同属の植物より早く開花し，茎の頂に約 2 個の苞葉があり，苞腋から数本の枝を直立し，さらに分枝して各小柄の先端に少数個の小穂をつける．小穂は長さ 5 mm ほどの披針状長楕円体をなす．鱗片は長楕円形，先は鋭形で中脈は緑色である．鱗片内に三稜状倒卵形の 1 個の痩果を有し，表面はなめらかで光沢があり，花柱は 3 岐している．〔日本名〕野点突きの意味で野外に生える所からこの様にいわれる．

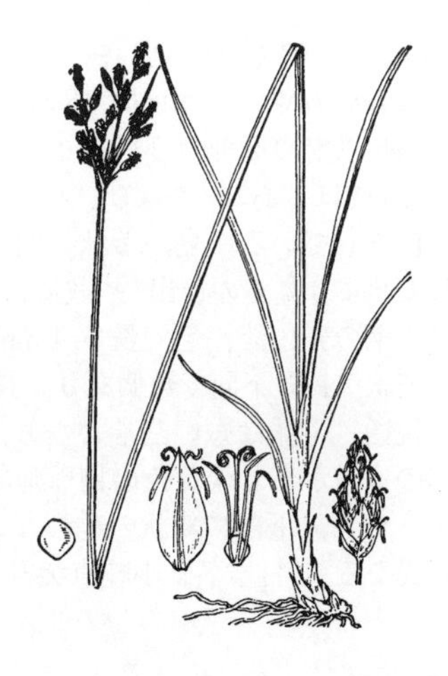

997. ノハラテンツキ（ブゼンテンツキ） 〔カヤツリグサ科〕

Fimbristylis pierotii Miq.

朝鮮半島，中国，インドからフィリピンに分布し，日本では本州の静岡県以西，四国，九州，琉球の山地草原に生える多年草．地下に褐色の鱗片に包まれた根茎が横走する．茎は単生し，高さ 20～60 cm，毛はなく，基部に少数の葉を叢生する．葉は茎より低く幅 1～2 mm，無毛である．7～10 月，茎の頂に 3～10 個の小穂と 2～3 個の刺針状の苞をつける．小穂は広披針形体，長さ 7～15 mm，栗色で先は鋭く尖る．鱗片は狭卵形で長さ 5～6 mm，栗色で背面は 3 脈があり，先は鋭く尖り，ふちは薄く白い．瘦果は 3 稜がある幅の広い倒卵形体で長さ 1.2 mm，白色で表面に小さい泡状の突起がある．花柱は長く，柱頭は 3 個．〔日本名〕野原点突きは生育地が野原であるところから付けられたもので，豊前点突きは発見地である九州豊前地方（福岡県）にちなんで付けられた．

998. ヒメテンツキ（ヒメヒラテンツキ） 〔カヤツリグサ科〕

Fimbristylis autumnalis (L.) Roem. et Schult.

日本全土の日の良く当たる路傍または田のあぜの湿地等に生える一年生草本で叢生し，高さは 15～25 cm ほどあり，根はひげ状である．葉は茎より低く，細長い線形で軟らかく，下部は葉鞘となっている．夏から秋の頃に多数の茎を葉の間から出し，花序は散形状で枝はさらに分岐して小柄を出し，頂に細長いの小穂を単生する．花序の下に総苞葉が数個あって葉状をしている．小穂は長さ 6 mm ほどで線状の長楕円体で濃褐色，鱗片は舟状の広披針形，中脈は緑色で先端は尖る．鱗片の内に 1 個の瘦果があり，三稜状倒卵形体で表面には浅い小網状の紋がある．花柱は短くて先端は 3 岐している．〔日本名〕姫点突きで果穂は細くやせている所からこのように呼ばれている．

999. アゼテンツキ 〔カヤツリグサ科〕

Fimbristylis squarrosa Vahl

北海道，本州の日当たりの良い田の畦等に多く生える一年生草本で叢生し，高さ 8～15 cm ほどあってひげ根を有する．葉は多数根生し，糸状の線形で茎より短い．茎は多数葉の間からのび出し，茎の頂が散形状に分枝し，枝はさらに 1～2 回分岐して小柄となり，淡褐色の小穂が群生する．花序下の総苞葉は芒状をしている．小穂は長楕円体で長さ 5 mm 位であるが多少大小がある．鱗片は幅広い披針形で淡褐色で中脈は緑色をなし先端が突出して反巻している．果実は倒卵形体，表面はなめらかで光沢があり，淡い黄色をしている．花柱は先端が 2 岐し下部に長い白絹状の毛が長く残る．〔日本名〕畦点突きで，この草は田んぼの畦に多く生えるのでこのようにいわれている．〔追記〕よく似たメアゼテンツキ *F. velata* R.Br. は鱗片の先の芒が外反しないことで区別され，また次種コアゼテンツキとは花柱の下部に毛が生えることで区別できる．メアゼテンツキをアゼテンツキの変種 var. *esquarrosa* Makino とする意見もある．

1000. コアゼテンツキ 〔カヤツリグサ科〕

Fimbristylis aestivalis (Retz.) Vahl

本州以南の原野の日当たりの良い湿地に生える一年草で叢生し，高さ 10～20 cm ほどあり，根はひげ状である．葉は多数根生し，細長くてやや短く，緑色をしている．夏から秋の間，多数の葉の間から，直立した茎を多数出して葉より高くのび出し，散形に分枝して各枝の先はさらに 1～2 回分枝し，各小柄の先に淡褐色で長さ 4 mm ほどの長楕円体の小穂を生じる．総苞葉は芒状，長短不同で数個あり，長さ 3 cm に達するものもある．鱗片は卵形で鋭頭，中脈は短い凸端となり，淡褐色で中脈は緑色である．鱗片内に 1 個の瘦果があり淡黄色の倒卵形状をなし，表面は平滑である．花柱は先端が 2 岐し，下部に絹状の毛のない点と瘦果が幾分小さいのでアゼテンツキと異なる．〔日本名〕小畦点突きで，アゼテンツキに似て小形であるから．

1001. イソヤマテンツキ 〔カヤツリグサ科〕

Fimbristylis sieboldii Miq. ex Franch. et Sav.

（*F. ferruginea* (L.) Vahl var. *sieboldii* (Miq. ex Franch. et Sav.) Ohwi）

関東以西の日当たりの良い海岸の砂性湿地または島に生える多年草で叢生し，ひげ根は地中に深く入って強い．葉は幅狭い線形をなし，質は硬く，下部は褐色で膜質の葉鞘をなす．夏から秋にかけて，葉の間から茎をのばし，長さは 20〜35 cm ほどになり茎の頂に単純な散形をして少数の細かい枝を出し，枝端に小穂をつけ，花序下の総苞葉はその内 1 個だけ長くのびて花序より長くなる．小穂は長さ 1〜1.5 cm に達し，線状長楕円体で茶褐色をしている．鱗片は卵形で先は鈍形であるが微凸端を有し，中脈は緑色をなす．鱗片内に雄しべ 3 個とやや扁平で倒卵形の痩果を有し，表面はなめらかで光沢があり褐色である．花柱は扁平で先端は 2 岐している．〔日本名〕磯山点突きといって，海辺に生える所から名付けたものである．

1002. アオテンツキ 〔カヤツリグサ科〕

Fimbristylis dipsacea (Rottb.) C.B.Clarke var. ***verrucifera*** (Maxim.) T.Koyama（*F. verrucifera* (Maxim.) Makino）

本州から九州の砂地の湿地に生える一年生の小草本で，叢生してひげ根を出し，高さ 7〜15 cm ほどある．葉はやや短くて根生し，狭い線形で下部はやや広く大きくなり淡褐色をしている．夏から秋にかけて，葉の間から多数の繊細な茎を出し，先端に 1〜2 回散形状に，淡褐緑色を帯びた卵形体または球形の小穂を多数つけており，各小穂は長さ 3〜5 mm ほどある．総苞葉は数個あり，葉と同質で花序より長くのび出す．鱗片は緑白色で狭倒卵状の楕円形をなし，中脈は緑色でその先端が長く突出している．鱗片内には 1 個の痩果があり，黄白色の紡錘形で横に扁平な網状の紋を有し，往々小瘤状の突起を側方に生じることがある．柱頭は 2 個.〔日本名〕青点突きはその小穂がいつも緑色をしているからこのように呼ばれる．

1003. トネテンツキ 〔カヤツリグサ科〕

Fimbristylis stauntonii Debeaux et Franch. var. ***tonensis*** (Makino) Ohwi ex T.Koyama（*F. tonensis* Makino）

本州の湿地にまれに見られる一年草．叢生して小さな株を作る．茎は高さ 7〜30 cm ほどあり，短い葉を根生する．葉は狭線形，幅 1〜2.5 mm ある．8〜10 月，葉の間から多数の繊細な茎を立て，長さ 1.5〜4 cm の複散形状花序をつける．小穂は単生し，倒卵状の楕円体，長さ 5 mm，径 2.5 mm ほどあり，熟して褐色を帯び，柱頭が毛状に著しくのびて開出する．この姿が小穂に毛が生えているように見えるので，よい識別点となる．総苞葉は 2〜3 個あり，葉と同質で花序より短いものが多い．鱗片は披針形で長さ 1.5〜2 mm，淡褐色で中脈は緑色，その先端は長く突出する．鱗片内には 1 個の痩果があり，円柱状の長楕円体で白色，長さ 0.8〜1 mm ある．長い柱頭が 3 個ある．〔日本名〕利根点突きの意味で，発見地である利根川にちなんで名付けられた．

1004. ビロードテンツキ 〔カヤツリグサ科〕

Fimbristylis sericea (Poir.) R.Br.

関東以西の海辺の砂地の日当たりの良い場所に生える小形の多年草．根茎は斜上して長いひげ根を生じ，香気がある．葉は多数叢生し，幅狭い線形，上面は溝があって緑色であり，下面には灰白色の細毛を密につけて常に外方へ彎曲してその基部は葉鞘となっている．茎は密集した葉の間から数本のび出て高さ 10〜20 cm ほどになり，硬質で茎の面は葉と同様に灰白色の細毛をつける．夏から秋の間に茎の頂に散形花序をなし，単純または複生して基部に短い少数の苞がある．小穂は枝先に 3〜5 個集まってつき，やや大形の卵状長楕円体をなし，緑褐色を呈する．鱗片は直立して相接しており，卵形で中脈は鋭い．痩果は鱗片より短く，両凸レンズ状の倒卵形体で，花柱は痩果と同じ長さで 2 岐している．〔日本名〕ビロード点突きはその体上の軟らかい細毛に基づいて付けられた．

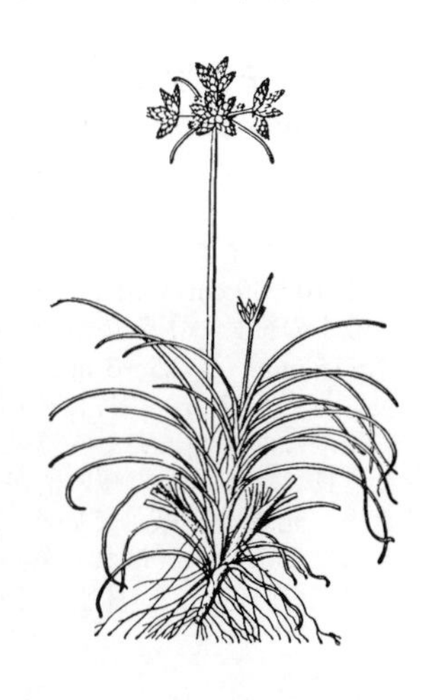

1005. シオカゼテンツキ（シバテンツキ）　〔カヤツリグサ科〕

Fimbristylis cymosa R.Br.

中国，台湾，インドやマレーシアからオーストラリアに分布し，日本では関東地方以西，四国，九州，琉球，小笠原の海岸岩場に生える多年草．茎や葉は叢生して株を作り，枯れた葉を密につける．多数の葉が根生し，狭線形で幅 1.5〜3 mm，硬くて毛はなく，多少内側へ巻き込み，ふちは少しざらつき，先は急に狭くなって尖る．茎は密集した葉の間から抽き出て，長さは 15〜40 cm，細く針金状，平滑である．8〜10 月，頂に複散形状の花序をなし，長さ 1〜3 cm の枝先に多数の小穂をつける．葉状の苞は花序より短い．小穂は長楕円体で長さ 3〜5 mm，幅は 2 mm 内外で先は鈍く尖る．鱗片は広卵形で先は鈍く尖り，長さ 1.5〜2 mm，濃い褐色で背面に隆起した脈があり，ふちは薄く白い．瘦果は凸レンズ形をした倒卵形体で長さ約 1 mm あり，熟して暗褐色となり表面は瘤状の突起がある．柱頭は 2 個．〔日本名〕潮風点突きで，海岸の潮風の当たるような最前線に生えるテンツキの仲間という意味．

1006. ヒデリコ　〔カヤツリグサ科〕

Fimbristylis littoralis Gaudich.（*F. miliacea* (L.) Vahl, p. p., nom. rej.）

本州以南の田のあぜまたは原野の日当たりのよい湿地にふつうに生える一年生草本で叢生し，根はひげ状をしている．葉は 2 列に並び茎より短く，下部が広がって鞘となり互いに抱き合わさっており，左右から扁平である．葉身は細長く先は次第に尖る．夏から秋にかけて葉の間から数本の茎を直立し，高さ 25〜40 cm ほどになり，茎の頂に複散形状に分枝した花序をつくり，多数の小梗を出し，数十から数百の褐色の小穂を沢山つけて群をなす．数個の総苞葉は幅の狭い葉状で花序より短く長さは 2 cm ほどある．小穂は大体球状で小さく，直径は 2 mm ほどで，鱗片は楕円形で鈍頭であり赤褐色を呈し，鱗片内には三稜状の倒卵形体で黄色の瘦果がある．瘦果は表面に網状紋があり，やや瘤状の突起があり，花柱は短く 3 岐している．〔日本名〕日照子は夏の日照りをも恐れず繁茂することから来ている．子は苗という意味である．

1007. ヤ　マ　イ　〔カヤツリグサ科〕

Fimbristylis subbispicata Nees et Meyen

日本全土の日当たりの良い原野，山麓等の湿地に生える多年草で叢生して大きい株を作り，強いひげ根がある．葉は茎より短く，細長くて強く，緑色で光沢があり，下部は葉鞘となっている．夏から秋の頃に葉の間に数本の細長い緑色の茎を出して直立し，高さは 30〜40 cm 位，頂端に 1 個，極めてまれに 2 個の褐色で長卵形体の小穂をつけ，長さは 1.5 cm ほどある．総苞葉は 1 個で長さ 1〜3 cm ほどある．鱗片は細い卵形で先端が尖り，褐色，中脈はやや緑色をして先端はわずかにに尖る．鱗片内には 1 個の瘦果があり，扁平の広倒卵形体で褐色，基部に短い柄があり，表面はなめらかで光沢がある．花柱は扁平で有毛，先端が 2 岐している．〔日本名〕山イは山地に生えるイという意味で，イはその茎が燈心草に類することからいう．

1008. イソテンツキ（イトテンツキ［同名あり］）　〔カヤツリグサ科〕

Fimbristylis pacifica Ohwi

伊豆諸島，四国，九州から琉球列島に分布し，海岸や河岸の岩場の湿地に生える多年草．葉や茎は群がって叢生し，大きな株となり，短い根茎で分けつする．葉は根生し茎より低く糸状で，幅 0.5〜1 mm で毛はなく，内側へ巻き込む．茎は高さ 10〜30 cm で細く，鈍い稜があり，表面は平滑である．8〜9 月，葉の間に数本の細長い茎を立て，頂端に 1 個の小穂を直立する．小穂は長楕円体，長さ 7〜15 mm，径 2.5〜3 mm で褐色，基部につく苞葉は小穂より短いが，ときに長いものがある．鱗片は楕円形，長さ 3〜4 mm で淡黄褐色，中脈は緑色をして先端はわずかに尖る．瘦果はレンズ状をなした倒卵形体で，熟して褐色となり，長さ約 1 mm で短い柄があり，表面は滑らかで光沢がある．花柱は扁平で有毛，先端は 2 岐している．〔日本名〕磯点突きで，石のごろごろした磯に生えるところから呼ばれ，糸点突きは葉が糸状であることから名付けられた．ヤマイに似ているが，全体小さく小穂の色が淡い．

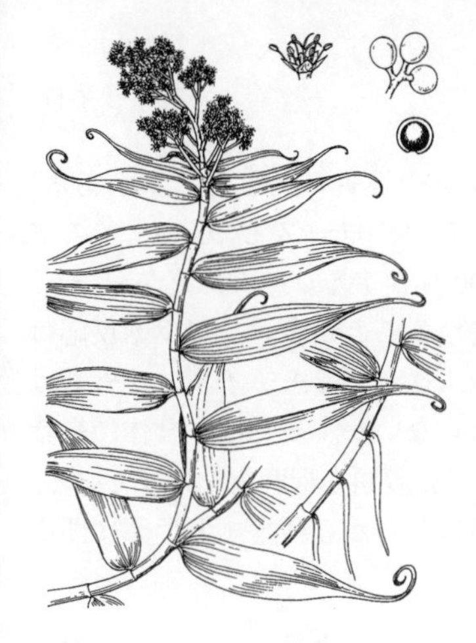

1009. トウツルモドキ 〔トウツルモドキ科〕

Flagellaria indica L.

熱帯の海岸付近の雑木林のふちに生育する木本性のつる植物．日本では徳之島以南の南西諸島に自生が見られる．茎は他の樹木によじのぼり，葉の先端が巻ひげ状に巻くので，他の植物とすぐ識別できる．茎は長さ 15 m におよび，無毛，葉鞘におおわれ，中空にはならない．葉は無柄，葉身は披針形．長さ 10～20 cm，幅は変異の幅が大きい．葉先は細長く，巻きひげ状になる．葉鞘は先端に葉耳が 2 個あり，節より長く，そのため葉鞘は重なりあう．円錐花序は茎の先端につき，不規則に分枝し，径 5～10 cm．花は無柄で，多数が集まってつく．花被片は 6 枚あり，やや花弁状で，黄白色，うすい革質で，長さ 3 mm ほどである．雄しべは 6 本あり，花から長く突き出る．葯は基部で深く 2 裂する．子房は幅が狭く，三角錐状で 3 本の花柱がある．核果は球形，外果皮は薄く，内果皮は骨質で硬く，内に種子を 1～2 個もつ．果実は成熟すると赤色に変わる．〔日本名〕ヤシ科の籐（トウ 642 図参照）のように茎がつる性になるが，科属とも異なるので，もどき（擬）の語尾がついた．〔漢名〕印度鞭藤．

1010. サヤヌカグサ 〔イネ科〕

Leersia sayanuka Ohwi

各地の低地の湿地にややふつうの細長い多年草で，茎は細長く，横にはった基部から立ち上り，分枝し，高さは 50 cm 内外，節に細毛がある．葉はまばらに互生し，葉身は線状披針形で，長さは 8～15 cm，幅は 5～10 mm，鮮緑色でやや軟らかく，両面および縁は多少ざらつく．穂は秋に出て，長さ 15 cm 位の円錐状で，細い枝を分かち，まばらに小穂をつける．花序の基部は多少葉鞘内にあるのが特徴である．小穂は概形イネのもみに似て，楕円状の長楕円形，1 花からなり，苞穎を欠く．護穎は楕円形で扁平の舟形，長さは 6 mm 位，先は尖るが芒はなく，初め緑色であるが熟して黄緑色となり，全面に短い剛毛があってざらつく．熟せばたやすく脱落する．〔日本名〕サヤヌカ草はイネのもみがらに似た護穎の形によっている．

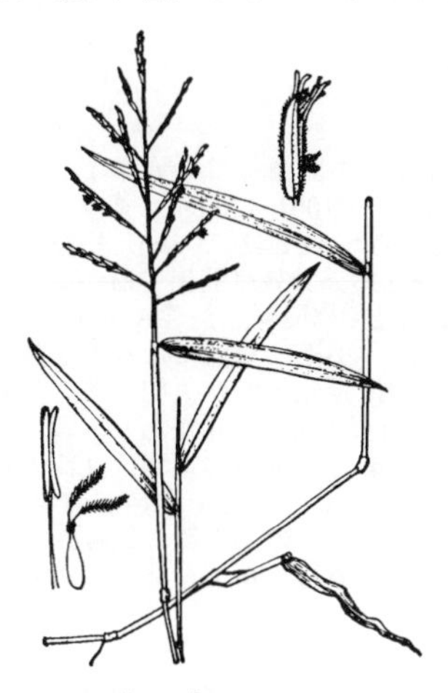

1011. アシカキ 〔イネ科〕

Leersia japonica (Honda) Makino ex Honda

本州から九州の浅い水辺に生え，特に近海の湿地等に見る多年草．茎は短い根茎から数本出て，長く水中をはった基部から立ち上り，上部は水上に出て，高さ 50～60 cm におよび，節には密に短毛がある．葉はまばらに互生し，葉身は短く，先は尖り，長さは 8～15 cm，質はうすいがむしろ硬く，明るい緑色である．夏から秋に短い円錐花序を出す．花序の枝は開出し短く，長さは 2～3 cm，ざらつき，軸に平行にややまばらに小穂をつける．小穂は淡緑色で一部，ときに淡紫色を帯び，長さ 5 mm，1 花からなる．苞穎はなく，護穎は扁平な舟形，長さ 5 mm 位，3～5 本の脈があり，ルーペで見ると脈上と内縁は小刺があってざらつく．内穎はほぼ護穎と同長であるが，中は狭い．ともに芒はない．雄しべは 6 本．〔日本名〕足掻きの意味で，この草全体がざらつくため，素足でふれれば足に掻き傷をつけるからである．

1012. イ　ネ 〔イネ科〕

Oryza sativa L.

インドまたは東南アジアの原産といわれ，古く日本に伝わった一年草である．株となり，茎は高さ 50～100 cm，数節があり，葉を互生する．葉は広い線形，先は次第に尖り，長さは 30 cm，幅は 3～5 mm，質はやや硬く，両面とふちはざらつき，葉舌は楕円状の披針形で 2 裂する．花序は円錐形で，開花時には直立して細いが果時には垂れた「稲穂」となる．小穂は多数，細長い花序の枝に短い小柄をもって互生し，3 花からなるが，1 花のみが正常で残る 2 花は鱗片状に退化し，苞穎のように見える．真の苞穎は退化する．護穎は大形の長楕円形，長さは 6 mm 位，左右から扁平のため深い舟形となり，ふつう全面に粗く短い毛があり，芒は短くまたは長く，ときに全く欠く．内穎はやはり舟形で護穎とほぼ同長．雄しべは 6 本．茎をわらとして用いる．〔漢名〕稲．〔追記〕栽培されるイネには日本型（ジャポニカ）とインド型（インディカ）の 2 つの型がある．

1013. **モチイネ**（モチゴメ）　〔イネ科〕

Oryza sativa L. **Glutinosa Group**

日本で栽培されるイネには胚乳デンプンの性質の異なる 2 型がある．すなわち，粳と糯で，前者は 15～30 %のアミロースと 70～85 %のアミロペクチンとからなるが，糯はほぼ 100 %がアミロペクチンからなり，粘りが強く乾燥すると不透明な乳白色になることが多い．ヨウ素反応は粳は青色，糯は反応が弱く赤褐色になる．糯が実るモチイネは，外観はほとんど粳のできるふつうのイネと異ならないが，多くは，全体に褐紫色を帯び，苞穎は多少鱗片状となって黒紫色，護穎も暗紫色を帯びている．芒はあるものとないものとがある．護穎は左右から扁平，上半部に開出した白色の粗い毛がある．〔漢名〕糯．

1014. **ナガノギイネ**　〔イネ科〕

Oryza sativa L.

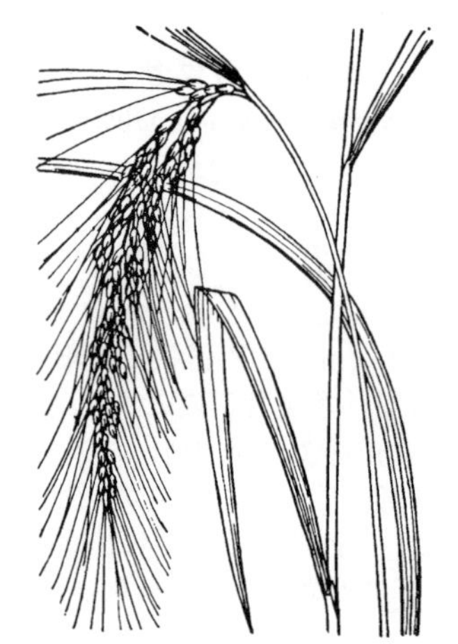

イネの護穎の芒の長いものである．芒は長いものではときに小穂の 6～8 倍に達するものがある．他はふつうのイネと同様である．小花柄の上方は多少太くなり．ここに襟状の突起が 2 個あって，小花柄を半ば取り囲むが，これが著しく退化した 2 枚の苞穎であり，苞穎のように見えるものは 2 個の退化した小花である．イネの内穎は左右から偏圧され，イネ科の他属のものと大変異なった構造をしており，小穂の構造についても異説がある．

1015. **ツクシガヤ**　〔イネ科〕

Chikusichloa aquatica Koidz.

山形，奈良と九州の湿地に生育する水生の多年草．中国東部にも分布する．根茎は短く，分岐する．茎は叢生してつき，斜上し，高さ 100～120 cm．葉身はざらつき，長さ 30～70 cm，幅は 8～12 mm．葉舌は切形で，長さ 2～3 mm．円錐花序は茎の先端につき，長さ 40～50 cm，径 20 cm に達する．分枝は開出するが成熟時は直立し，単一でまばらに小穂がつく．小穂は 1 花性で楕円形，長さ 3 mm，ざらつき先端から芒が出る．芒は直立し，長さ 5～6 mm．小穂の基部には基盤が長くなって柄状になり，長さ 5～6 mm，ざらつく．苞穎は退化して，欠如する．護穎は楕円形で，円柱状，5 脈がある．内穎は護額と同じ長さで，3 脈があり，背中は丸く隆起する．葯は 1 本，線形で，長さ 1.3～1.5 mm.〔日本名〕筑紫は九州の古い名前で，最初に九州で発見され，そこに生育する茅ということで和名がついた．語尾の「chloa」はイネ科植物のラテン名である．京都大学の小泉源一教授が命名者である．〔追記〕沖縄県西表島の山間の水湿地には，本種に似て全体小形のイリオモテガヤ *C. brachyanthera* Ohwi を産する．

1016. **マ　コ　モ**（ハナガツミ）　〔イネ科〕

Zizania latifolia (Griseb.) Turcz. ex Stapf

沼地に群落を作る大形の多年草．泥の中に太く短い根茎と，多肉の匐枝があって，葉と茎を叢生する．葉は長く，幅広く，長さは 1 m に達し，幅は 2～3 cm，ふちはざらつき，下部は次第に狭まって丸い多胞質の鞘となり，ちょうどガマの鞘に似ている．茎は太い円柱形で平滑，中空，高さ 2 m に達する．夏から秋にかけて長さ 30～50 cm の大形の円錐花序を出し，やや密に分枝して多数の単性の小穂をつける．上部の小穂は雌性，線状披針形で，1 個の雌花からなり，淡黄緑色，先は長い芒となり，護穎と内穎の 2 個からなる．下方の小穂は雄性で，淡い紫色を帯び，長さ 6 mm の狭披針形，先は尖るが芒とならず，護穎，内穎および 6 本の雄しべからなる．雌雄小穂とも非常に脱落し易い．菰白（コモヅノ）というものは一種の菌におかされた若い茎であって琉球，台湾および中国で食用とする．〔漢名〕菰．

1017. マダケ（ニガタケ）　〔イネ科〕

Phyllostachys reticulata (Rupr.) K.Koch（*P. bambusoides* Siebold et Zucc.）

元来は中国が原産地であったが，現在は東北以北の寒地を除いた日本各地に見られるふつうの竹である．太く長い地下茎は横にはい，春に筍を出す．筍の皮には暗色の斑点があり，ほとんど毛がない．稈は直立し，高さは 20 m 内外，直径約 3〜13 cm の太い中空の円筒で，表面は毛がなく滑らか，鮮緑色または黄緑色，節は輪状で多少高い．節間は約 25〜45 cm．節に 2 本の主枝がつく．小枝の先端に 5〜6 葉が掌状につく．葉鞘の縁に開出した肩ひげがあり，永く脱落しない．葉は長楕円状披針形，長さ 6〜15 cm，先端は尖り，基部は鈍形，表面は黄緑色，裏面は白色を帯び，質は厚い．まれに開花する．花穂は集まり円柱形となり，腋生または頂生で長さは 4〜10 cm，10 個内外の重なり合った仏炎苞様の鞘内に多数の小穂をもった鞘苞があり，その先端には尖った卵形で小形の葉身がある．護穎と内穎は細長い．鱗被は 3 個．雄しべ 3 個，外に突出し花糸は白色で長糸状．花柱 3 個，花は稈全体に出て開花中の稈は葉が少ないかまたはないことが多い．〔日本名〕真竹の意味．〔漢名〕苦竹．

1018. ホテイチク（ゴザンチク）　〔イネ科〕

Phyllostachys aurea Carrière ex A. et C.Rivière

ふつうに栽培される．地下茎は地中を水平にのび，稈は高さ 5〜10 m，直径は 2〜3 cm，ときには 7 cm に達する．マダケに似ているが，茎の下部は節間が狭くなりまた奇形的に膨れている．上部は一方に溝のある円筒形，中空で節の部分はわずかに膨れる．各節から 2 本の枝を出すが枝はさらに分枝している．筍の皮には毛がなく，暗色の斑があり，退化葉身は長線形でマダケに似ている．葉は披針形で基部は円く，先端は尖り幅 1 cm，長さ 10 cm 程度．小枝から細い円柱形の花穂が出る．花穂はマダケに似ているがやや小形である．鞘苞には退化葉身があり，苞内には 1〜2 個の花をもった小穂がある．花には鱗被 3 個，葯が細長い花糸によって垂れ下った雄しべ 3 本，花柱 3 個がある．筍は食用になる．〔日本名〕短い節間が膨れているのが「七福神の布袋」の腹を連想させる所からホテイチクという．〔漢名〕多般竹．

1019. モウソウチク　〔イネ科〕

Phyllostachys edulis (Carrière) Houz.（*P. pubescens* Mazel ex Houz.）

中国原産で沖縄，鹿児島を経由して現在では寒地を除いた日本各地に見られるふつうの竹となっている．巨大な稈は長く横にはう地下茎から直立し，円筒形，中空で肉は厚く，高さは約 12 m に達し，直径約 20 cm で，枝葉を多くつける．表面は滑らかで，芽の出始めには短く細い毛で被われている．色は緑色または黄緑色．主枝は稈節に 2 本あり，さらに分枝しており節は高い．褐紫色の毛で被われた筍の皮は大きく，頂に肩毛があり，針形の退化葉身がある．葉は小枝の先に 2〜8 枚つき，やや小形，披針形で尖っている．葉鞘口に早落性の肩毛がある．花はまれに開花し，全株に無数につき，細長い円筒形で，重なり合った鞘苞の中に集まっている．鞘の頂に披針形の退化葉身がある．護穎，内穎は細長い．鱗被，雄しべ，花柱，おのおの 3 個ある．穎果は細長い．日本にある竹類中では最も大きいもので，筍は食用になる．〔日本名〕孟宗竹は中国名ではなく，冬に母のために筍を掘り採った孝行な子供の孟宗にちなんで名付けられたものである．

1020. ハチク（クレタケ，カラダケ）　〔イネ科〕

Phyllostachys nigra (Lodd. ex Loud.) Munro
var. ***henonis*** (Bean ex Mitford) Stapf ex Rendle

中国原産で，現在では日本原産と見誤られるほど一般に栽培されている．多年生常緑竹で稈は地中を横走した根茎から直立し，高さ 10 m 内外，直径は約 3〜10 cm で大形である．節間は中空で円筒形，質は硬く表面は滑らかで，薄く白蝋粉をつけ，上部の一側に溝がある．主枝は 2 本．葉は多数の小枝の先に 4〜5 枚つき，披針形，先は鋭く基部は鈍く，長さは 5〜13 cm，幅は 8〜16 mm，洋紙質で上面は緑色，下面はやや白色を帯びている．下に細長い葉鞘がある．筍の皮は幅広く大形，革質，紫色で頂に肩毛があり，稈が成長するにつれて脱落する．退化葉身は披針形．花はまれに開花する．緑色の花穂は枝先に束状に密生し，紫色の細い毛がある．穂の下に 5〜6 個の鱗片がある．小穂は 3〜4 個の花からなり，頂花はふつう発育不良である．第 1 苞穎は第 2 苞穎より短く，内穎は披針形で長楕円状披針形の護穎より短く，先端は 2 裂し背に 2 脈がある．鱗被，雄しべ，おのおの 3 個．花糸は糸状，葯は線形，子房は倒卵形体．花柱は糸状で 3 岐している．〔日本名〕ハチクは白竹のなまりではないかといわれているがはっきりしない．〔漢名〕淡竹．

1021. **クロチク**（シチク）　〔イネ科〕

Phyllostachys nigra (Lodd. ex Loud.) Munro var. ***nigra***

観賞用または食用に栽培される．概形はハチクに似ているがそれよりやや小さい．地下茎は横にはい，稈は直立し，円筒形．中空で直径約 2〜5 cm，高さは約 3〜10 m．稈の表面は 1 年目は緑色でハチクと違わないが，2 年目から次第に黒紫色が加わりついに純黒色となってしまう．根茎が地表に露出した部分も稈と同様である．葉は先の尖った披針形である．花はまれに開き，多数全株に満開し，花が終わると稈も枯死する．花穂は細い毛をもち，束生して小枝上につき柄はない．鞘苞は大きくなく苞内に 2〜5 個の小穂を包んでいる．小穂はおのおの 1〜4 個の両性花と先端に 1 個の無性花をもっている．内穎護穎は細長い．鱗被は 3 個．3 個の雄しべは長く，花の中から下垂している．3 個の花柱がある．本品はハチクから変わったものであるが，学名上はハチクの方が本品の変種として扱われている．〔日本名〕クロチクは黒竹で稈の色が黒色であることからいう．〔漢名〕紫竹．

1022. **マチク**　〔イネ科〕

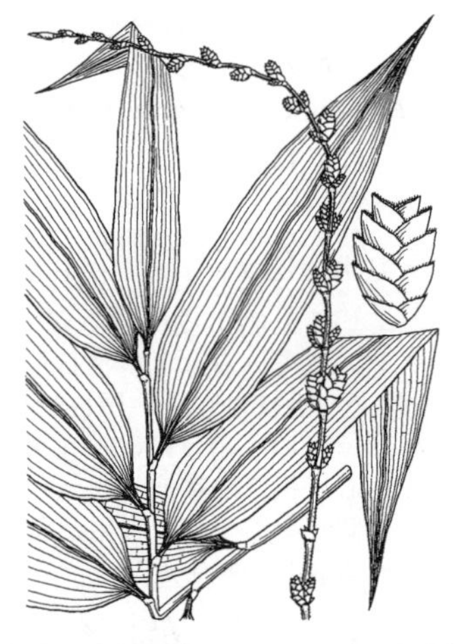

Dendrocalamus latiflorus Munro（*Sinocalamus latiflorus* (Munro) McClure）

中国南部やベトナムでふつうに栽培される大形の竹である．筍は直径が 20 cm にもなる．稈は高さ 20〜25 m，直径は 10〜30 cm，節間はふつう長さ 45 cm に達し，表面は粉白を帯びる．筍の皮はスコップ状で，背中に短くて脱落しやすい濃褐色の刺毛がある．筍の皮の葉舌はやや長い毛のふちどりになり，長さ 3 mm．葉身は長楕円形で，長さ 15〜35 cm，幅は 4〜7 cm．葉柄は長さ 5〜8 mm，無毛．花序は穂軸の節に半輪生状に小穂が 1〜7 個並ぶ．穂軸は 80 cm に達し，節間は 1.5〜4 cm．小穂は卵形で，長さ 12〜15 mm，幅 7〜13 mm，紫紅色または濃紫色，小花を 6〜8 個つける．苞穎は幅の広い卵形で，長さ 5 mm，幅 4 mm，ふちにまつげ状につく毛列があり，背中には微毛がある．雄しべは 6 本あり，葯は長さ 5〜6 mm．筍はしばしば夏期の野菜として用いる他，乳酸発酵させて，乾燥加工した「メンマ」が輸入され，ラーメンで欠かすことのできないものになっている．茎は筏を組んだり，建築材などにする．葉は巨大で，チマキを包んだり，笠や舟の幌を編んだりする．〔日本名〕漢名（麻竹）の日本語読み．

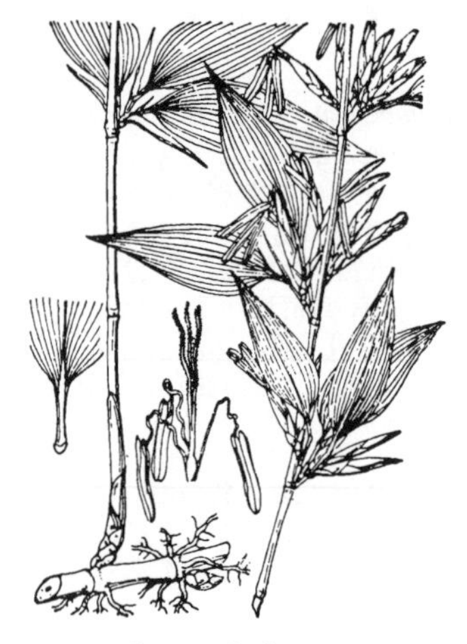

1023. **オカメザサ**（ブンゴザサ，ゴマイザサ，メゴザサ）　〔イネ科〕

Shibataea kumasaca (Zoll. ex Steud.) Nakai

庭園に栽培されている小形の竹で密集した群落を作って繁茂している．根茎は地中を横にはい，上下にやや扁平で横断面に特異な輪状紋がある．筍は細長く特に扁平である．稈は細く直立し，高さは約 0.5〜1.5 m，緑色平滑で，節は高く，節間は約 6〜10 cm で稜角をもった半円筒状である．枝は節から 5 本出て非常に短く，その先端に 1〜2 枚の葉をつける．枝先の細長い皮は枯れて灰白色を呈する．葉は長楕円形ないし披針形で，長さは 7〜12 cm，先は鋭く基部はやや鈍く尖っている．ときにふちが外に巻いて長さ約 1 cm の柄となる．葉身は洋紙質で上面は黄緑色で滑らかであるが，下面は白っぽく，軟らかい毛が密生している．大部分の葉には葉鞘はない．まれに初夏花を開く．花穂は束生して柄がなく，小穂には 3 個の花がある．花には雄しべ 3 個，花柱 3 個がある．〔日本名〕オカメザサは東京浅草の酉の市で「おたふく」の面をこの竹竿につり下げたことからつけられた．

1024. **カンチク**　〔イネ科〕

Chimonobambusa marmorea (Mitford) Makino

一般に観賞用または生垣用として栽培される．葉に白斑のあるものをチゴカンチク‘Variegata’という．根茎は地中を横に走る．稈は群生し，高さは約 2〜3 m で直立して細く，直径約 1 cm 内外，中空の円筒形で基部の節には時々短い刺状の気根を放射状に出し，節はやや高く，節間は 7〜14 cm，暗紫色を帯びた緑色である．筍は秋に出て，皮は節間より少し短く，薄い洋紙質で褐紫色の斑点があり，稈を包み越年すると腐り，頂の退化葉身は小形，基部の両側にのみ肩毛がある．枝は稈の節から 3〜5 本出て分枝し，細く，密に繁る．葉は枝先に 3〜4 枚つき，披針形または細長い披針形で長さは約 4〜12 cm，幅 1 cm 内外，先端は次第に鋭く尖り，基部も鋭形．両面とも鮮かな黄緑色で滑らか，質は薄く洋紙状．ときに花穂を作り穂は長くない．小穂は線形で 3〜6 個の花からなり，紫色で，長さ 1 cm 内外の花はまばらに互生し線状披針形．雄しべ 3 個，花柱は 2 又に分かれている．〔日本名〕寒竹は寒中に筍が出る意味だが実際は秋に出る．〔追記〕本種はかつて九州に野生すると考えられたが，これは誤りで，中国から渡来したものと考えられる．

1025. シカクダケ（シホウチク）〔イネ科〕

Chimonobambusa quadrangularis (Franceschi) Makino

（*Tetragonocalamus angulatus* auct. non (Munro) Nakai）

中国原産であるが現在では各地の庭園に栽培され藪を作っている．筍が秋に出ること，皮に紫色の小さい点があり，退化葉身が非常に小さいこと等カンチクに非常に類似して，両者の縁が近いことを示している．根茎は長く地中をはい，節から筍を生じる．稈は直立し，高さは約 3～7 m，直径約 4 cm に達し，中空の鈍い四稜形で，初め刺があるが後になくなる．節の上に環形に並んだ刺状の気根を出す．葉は冬でも枯れず，細い披針形で小枝の先に 3～5 枚をつけ，15～30 cm の長さで下面にははじめ軟らかい毛があるが後次第に無毛となる．葉鞘口に粗い肩毛がある．日本では開花はまだ確認されていない．稈は四角形であるため特異であるが，材質はもろく用途は少ない．〔日本名〕四角竹，四方竹は稈の形に基づいてつけられた．〔漢名〕方竹．〔追記〕本種は一時花の形質の違いに基づいてカンチクとは別属とされたことがあるが，ほどなくして別属の竹の花序を本種のものと誤ってカンチクと比較していたことがわかった．最近中国で得られた本種の花の観察によれば，本種の花の基本的形質はカンチクと大差ない．

1026. メ　ダ　ケ（オンナダケ，ニガタケ，カワタケ，ナヨタケ）〔イネ科〕

Pleioblastus simonii (Carrière) Nakai

（*Arundinaria simonii* (Carrière) A. et C.Riviére）

本州から九州の丘陵河岸海辺等に生えるふつうの常緑竹で，藪を作り繁茂する．地下茎は地中を横走し，その側枝は地上に出て直立し稈となる．稈は高さ 3～6 m，直径約 1～3 cm，中空の円筒形，緑色で滑らか，上部は密に分枝し，節は低く節間は長く 15 cm 内外ある．枝は節に 5～7 本つく．葉は掌状に枝先から斜に開き，細長い楕円状披針形，先端は長く尾状に鋭く尖り，基部は急に狭まり，ふちに細かいきょ歯があり，長さは約 10～25 cm ある．葉の両面や葉鞘には毛がない．筍は 5 月頃出て，皮は暗緑色で後に白黄色と変わり，稈を堅く巻いて脱落しない．時に開花し，開花した部分はその後多くは枯れる．花穂は稈の先端ならびに枝先に束生して密集し，一般に古い葉鞘を伴っている．披針形で尖った 15 mm 内外の花が 5～11 個からなる小穂は線形扁平で長さは約 3～10 cm である．苞穎は 2 個で小形．護穎は大きく，先は尖り，内穎には 2 竜骨がある．鱗被，雄しべ，花柱はおのおの 3 個，穎果は長楕円体で尖り長さ 14 mm.〔日本名〕メダケは女竹でマダケを男竹ということに対し小形であることからいう．

1027. アズマネザサ（アズマシノ）〔イネ科〕

Pleioblastus chino (Franch. et Sav.) Makino var. ***chino***

関東東北地方に広く群生する多年生の常緑または半常緑の竹．非常に小形のものや高さ 5 m 内外にまで達するものがある．根茎は地中を横にはい，稈は直立し中空，円筒形，表面は滑らかで緑色，長いあいだ枯れた皮をつけ，直径は小形のものは約 2 mm，大きいものは 2 cm 内外ある．枝は各節から密生する．葉は小枝の先に 3～7 枚つき，下部に長い鞘をもち口縁に肩毛がある．葉身は線状または長披針形で先は鋭く尖り基部は鈍く，洋紙質でふつう両面に毛がなく，長さは 5～22 cm，幅約 5～17 mm．筍は細長く皮は暗緑色，ときに紫色を帯び，退化葉身は線形で尖っている．花序は密生して下部は古い葉鞘で包まれている．小穂は緑色，ときに紫色でふつう柄をもち線形で，多数の花を長い小軸に互生し，基部に小形の内外の苞穎がある．花は柄がなく尖った披針形．2 本の竜骨のある内穎は護穎より少し短い．鱗被，雄しべはおのおの 3 個．花糸は糸状．葯は線形で緑黄色．子房は長楕円体，花柱は 3 岐している．〔日本名〕東国に産する根笹の意である．

1028. ハコネダケ〔イネ科〕

Pleioblastus chino (Franch. et Sav.) Makino var. ***chino***

（*P. chino* var. *vaginatus* (Hack.) Sad.Suzuki）

アズマネザサの一型で箱根山周辺に多い常緑で小形の竹．山腹で藪を作る．地下茎は分岐して地中を横にはう．稈は真直に立ち高さは約 2～3 m．直径 1 cm 内外，滑らかで中空の円筒形，先端の各節に 5～7 枝を束生し，それらは再三分枝して繁茂する．節はやや高く，節間は長く 10～30 cm ある．皮は滑らかで紫緑色，後に灰白色となり堅く稈を巻き脱落しない．葉は最先端の小枝に 3～7 枚を 2 列につける．葉身は線形または細長い披針形で先は鋭く尖り基部は鈍く，洋紙質で短い柄をもち，ふつう両面に毛がなく，周りに細かいきょ歯があり，長さは 5～22 cm，幅は 5～17 mm．葉鞘は毛がなく口縁に肩毛がある．花は 4～5 月頃開く．花穂は稈や枝に束生し古い葉鞘を伴う．小穂は幅の広い線形で数個の花からなり紫緑色である．苞穎は小形で 2 枚，護穎は大きく尖り，内穎は 2 竜骨がある．鱗被，雄しべ，花柱おのおの 2 個．穎果は淡緑色，長楕円体で先は尖っている．〔日本名〕箱根山に多く生えるため．〔追記〕アズマネザサが火山地帯に生えて小形になったものに過ぎず，分類群として区別する必要はない．

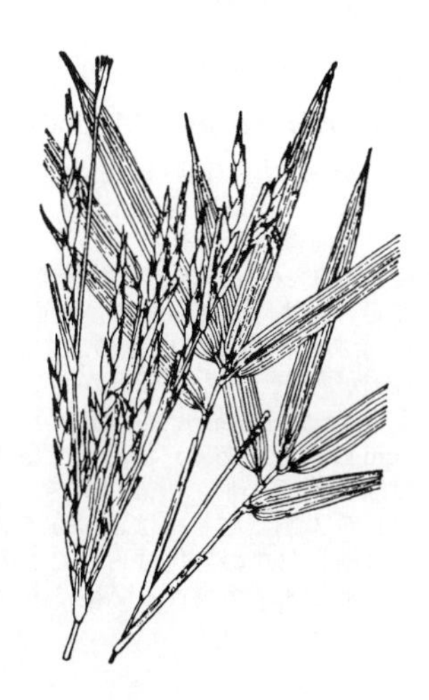

1029. ネザサ　〔イネ科〕

Pleioblastus argenteostriatus (Regel) Nakai f. ***glaber*** (Makino) Murata

（*P. chino* (Franch. et Sav.) Makino var. *viridis* (Makino) Sad.Suzuki）

西日本の山野に群生する常緑の竹で小形であるが年を経たものは約 3 m に達する．地下茎は強く，地中を横に走る．稈は直立し，直径は 3～10 mm，中空の円筒形，緑色で滑らか，節間は長く，節に色があるものとないものとがあり一諸に混生している．新しい稈は単一であるが古いものは分枝し，節から数本の枝を出す．葉は枝先に 2～10 枚つき，披針形で先は急に鋭く尖り基部は鈍い．柄は短く洋紙質で下面に毛がなく，長さは 4～23 cm，幅は約 1.5～3.5 cm で葉鞘の口縁に肩毛がある．4～5 月頃開花する．花穂は枝側に出て古い葉鞘を伴い，数個の花からなる小穂をつける．小穂は広線形で淡緑色または緑紫色，花は披針形である．苞穎は小形で 2 個ある．護穎は大きく尖り，内穎には 2 竜骨ある．鱗被，雄しべ，花柱おのおの 3 個からなる．〔日本名〕ネザサは根笹の意味で低く地をはって繁茂する所からいう．〔追記〕本種に似ていて葉の下面に毛があるものをケネザサ *P. shibuyanus* Makino ex Nakai var. *basihirsutus* Sad.Suzuki といい，ネザサとは別種とされているがおそらく別種ではあるまい．

1030. タイミンチク　〔イネ科〕

Pleioblastus gramineus (Bean) Nakai

九州南方諸島および琉球の原産であるが，現在ではふつう観賞用として栽培されている常緑の竹．地下茎は短く横に走る．稈は直立し，密に束生してうっそうと繁茂する．高さは約 3～5 m に達し，中空の円筒形で直径は約 2～3 cm，表面は多数の細かい縦線に沿って暗緑色を帯びている．上部の多数の枝に多くの緑色の葉をつける．葉は線形または線状披針形で長さは 10～30 cm，幅は約 5～15 mm ある．花穂は稈の側方から出て，その柄は非常に細い．4～8 個の花からなる小穂は淡緑色，1～2 個ずつ花柄の先端につく．本品より葉が細く線形のものをツウシチク（通糸竹）という．〔日本名〕タイミンチクは大明竹で中国産の竹と思われていた所からつけられたのであろう．大明は以前の中国の国号明（ミン）に基づく．〔追記〕本種は同じく琉球産のリュウキュウチク *P. linearis* (Hack.) Nakai の変異の中に入ると考えられる．

1031. カンザンチク　〔イネ科〕

Pleioblastus hindsii (Munro) Nakai

観賞用として庭園に栽培される中形の常緑竹．地下茎は地中を横行するが，多数分岐するため稈は接近して生える．稈は直立して高さ 3～5 m，直径 1.5～4 cm で深緑色である．上部の各節から 3～5 条の枝を出し，さらに分枝して密生する．枝や葉が上を向いているため全体がそびえ立っているようで特異である．葉は小枝の先端に 4～5 枚が接近して斜めに上を向き，葉身は細長い披針形で先は尾状で長く鋭く尖り，基部はくさび形で狭く，長さは 15～25 cm，幅は 1～2 cm で質は厚く，強剛で鮮緑色である．筍は初夏に出て皮は毛がなく，はじめ緑色で枯れると灰白色となる．まれに開花し，稈や枝に古い葉鞘をつけて束生し淡黄色である．線形の小穂は数個～20 個の花からなり，小形の苞穎がある．花には護穎，内穎各 1 個および，鱗被，雄しべ，花柱各 3 個がある．大正の初期に全国的に開花し枯死したため今日では非常に少なくなった．〔日本名〕カンザンチクは寒山竹で，寒山拾得のうち寒山が箒を持っており，本種がほうきに適する所からいう．

1032. アズマザサ　〔イネ科〕

Sasaella ramosa (Makino) Makino

本州から九州の山野に生える小形の常緑竹で特に東日本に多い．地下茎は地中を横にはう．稈は高さ 2 m 以上に達し，径は 9 mm 内外の中空の円筒形で，上部で分枝し表面は紫色を帯びている．枝は節にふつう 1 本，まれに 2～3 条生じる．葉は枝先に 3～6 枚つき，披針形で先は鋭く尖り，基部は円形または円状鈍形，薄い革質で上面はややざらつき，下面にはふつう細かい毛がある．長さは 15 cm，幅は 2 cm 余あり，冬季には葉のふちが多少白っぽくなる．葉鞘は毛がなく，葉耳は初め肩毛があり，肩毛は下部がざらつく．稈に側生する花梗の先端に 3～5 個の小穂がでて 4～5 月頃開花し，柄は鞘に包まれる．小穂は線形で 5～9 個の花からなり 3～6 cm の長さがあり，淡緑色で紫色を帯びている．花は披針形で長さ 12～16 mm，苞穎は 2 枚で小形，護穎は大きくて先は尖り，内穎には竜骨がある．鱗被，花柱おのおの 3 個．雄しべはふつう 6 個．〔日本名〕アズマザサは東笹で関東地方で初めて採集したため名付けられたもの．〔追記〕本種の属するアズマザサ属は現在ではササ属とメダケ属との交雑に由来することがわかっている．

1033. スズタケ（スズ，ミスズ）〔イネ科〕

Sasa borealis (Hack.) Makino et Shibata
（*Sasamorpha borealis* (Hack.) Nakai）

北海道から九州の主に太平洋側の山地に広く分布している．多くは樹木の下草となって一面に密集繁茂しているが，開花して実を結ぶと枯れ，残った小苗から再び生え始める．地中を横にのびる地下茎の先端から筍を出す．筍は細長く，緑紫色で粗い毛をかぶっている．稈は細長く直立していて高さは 1〜3 m，直径 5〜8 mm 程度に達する．節は隆起しない．稈の上部で節ごとに 1 本ずつ枝を出す．枝は葉鞘に包まれ，まばらに小枝を出している．葉は相接して 2〜3 枚枝の先につき，披針形で先端は次第に細くなり，基部は尖らず短い柄に連続し，長さ 16〜30 cm，幅 2.5〜6.5 cm の薄い革質，毛はない．葉舌は短く，葉柄は古くなると毛を失う．円錐花序は多くは上部の枝から出て葉と同じ高さとなり，10 個内外の花をつけた披針形の小穂からなる．花は長さ 7〜10 mm の披針形で尖り，苞穎は 2 枚，護穎は卵形，内穎は竜骨 2 本をもつ．鱗皮は 2 枚，雄しべ 6 本，柱頭は 3 個．穎果は狭卵形体で暗褐色，長さ約 6〜8 mm ある．〔日本名〕スズはススキと同様であるといわれている．

1034. チマキザサ（クスザサ，ウマザサ）〔イネ科〕

Sasa palmata (Lat.-Marl. ex Burb.) E.G.Camus

北海道と本州の主に日本海側の山地に大群落を作って繁茂する常緑の竹．硬い地下茎は横にはい，節から硬いひげ根を出し，先端はやや斜上または直立して稈となる．稈は高さは約 1.5 m に達し，中空の円筒形で直径 5〜8 mm で細く，まばらに分枝し，節にはふつう毛がないが時にはある．葉は幅広く大形，短い柄があり，稈の先端に 5〜9 枚を生じ，長さ約 12〜35 cm，幅 3〜8 cm で長楕円形，先は急に細くなり鋭く尖り，革質で上面は無毛，下面は無毛．葉のふちにごく細かいきょ歯があり冬にはふちが多少枯れる．葉鞘は革質，縁以外は無毛．夏にまれに開花する．葉のない鞘をもった淡緑色の花茎を稈の基部から葉よりも高く直立し，頂に円錐花穂をつけ，まばらに分枝して線形で 4〜11 個の花からなる小穂をつける．花は長さ 7〜9 mm の披針形，淡緑色または褐紫色．苞穎は 2 個で小さく，護穎と内穎はほとんど同じ長さ．鱗被は 3 個．雄しべ 6 個．花柱 3 個．穎果は長楕円体．〔日本名〕チマキザサはこの葉で粽（チマキ）を包むため．〔追記〕本種はクマザサとは筍の皮が無毛で冬に葉のふちがはっきりとくまどらないこと以外には大きな違いはない．

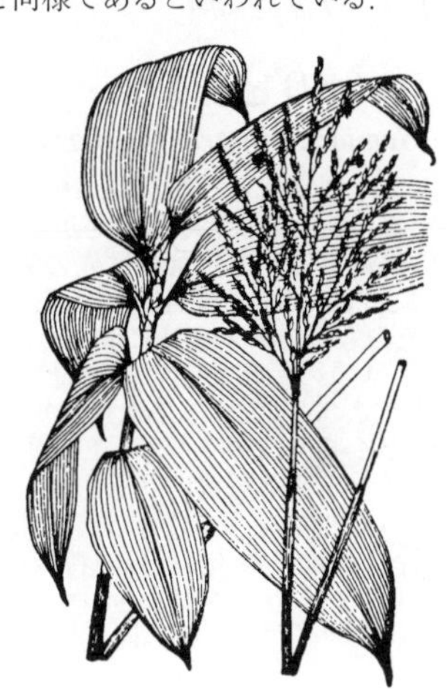

1035. クマザサ（ヤキバザサ，ヘリトリザサ）〔イネ科〕

Sasa veitchii (Carrière) Rehder

京都盆地周辺の原産だが，各地で観賞用に栽培され，しばしば野生化して繁茂する常緑の竹である．地下茎は細長く強く，地中を横にはい，先は直立して稈となる．稈は細長く中空の円筒形で，高さは約 40〜100 cm，上部はまばらに分枝し各節から枝を出す．稈の下部の節には粗い毛の密生する皮が残る．葉は枝先に 4〜7 枚並び，幅広い長楕円形，長さ 13〜24 cm，幅 4〜7 mm で先は急に細くなって尖り，基部は下部の葉では切形から円形，上部では鈍形または鋭形で短い柄に続き，洋紙状で革質，上面は滑らかで深緑色で下面は白色を帯びて毛がない．冬は葉のふちが白色になり美しい．まれに開花し，花柄は細長く，稈の下部から直立し，葉よりも高く出て，頂生の短い円錐花穂がつき，まばらに出た分枝に小穂をつける．小穂は数個の花からなり 6 mm 位の長さで紫色を帯びた緑色である．苞穎は 2 枚で小形．護穎は大きく，先は尖りそれより短い内穎には竜骨がある．鱗被，花柱おのおの 3 個．雄しべは 6 個．穎果は長楕円体．〔日本名〕クマザサは隈笹で葉の縁が白色にくま取られていることからいう．

1036. ミヤコザサ〔イネ科〕

Sasa nipponica (Makino) Makino et Shibata

北海道南部から九州の主に太平洋側の山地の樹陰に群生する竹である．地下茎は細長く堅く，地中を横に走って繁殖する．稈は直立し，高さは 1 m 以下で細く，分枝することはまれで多くは単一，多くは 1 年で枯れる．筍の皮は節間よりも短く，ふち以外は無毛．節は著しく膨らみ高い．葉は稈の先端に数枚つき，長楕円状披針形で先は急に鋭く尖り，質は薄く，下面に細かい毛がある．冬期にはクマザサのように葉のふちが白くなる．初夏にまれに開花する．花茎はふつう稈の基部から立ち，葉より高く出て小形で短い円錐花穂をつける．枝は少なく，その先に細長い褐紫色の小穂をつける．小穂は 5〜6 個の花からなり，花は披針形で尖り 8〜10 mm の長さである．苞穎は 2 個で細く小さく，互いに相離れている．護穎は先端尖り，内穎は護穎よりやや短く背に稜がある．鱗被，花柱おのおの 3 個，雄しべ 6 個．穎果は長楕円体で暗紫色．〔日本名〕ミヤコザサは都笹で本種が京都近郊の比叡山で初めて発見されたことから名付けられた．

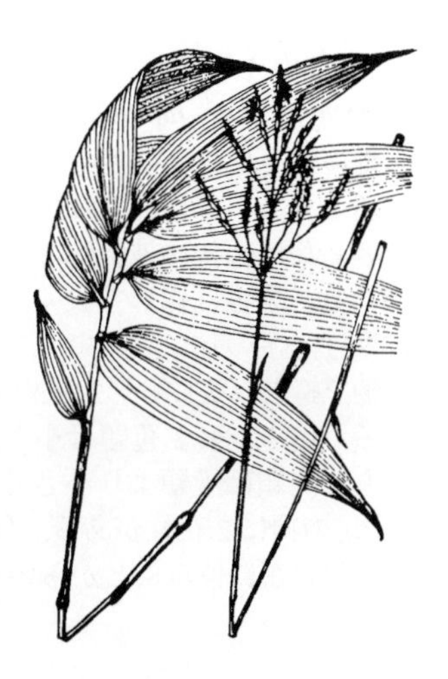

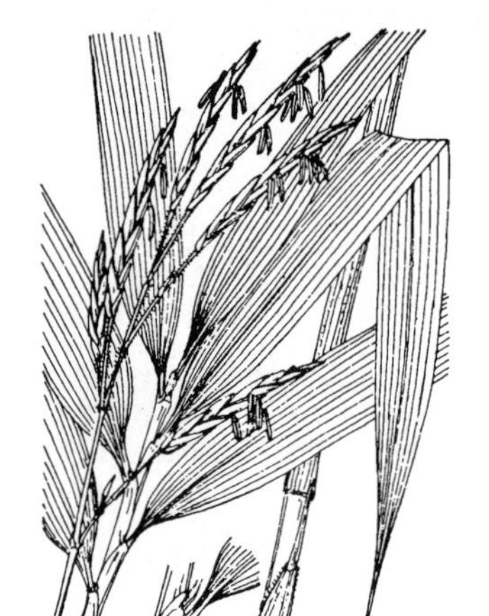

1037. ヤ　ダ　ケ（シノベ，ヤジノ）　〔イネ科〕

Pseudosasa japonica (Siebold et Zucc. ex Steud.) Makino ex Nakai

日本各地に群落を作って野生あるいは栽培されている竹で，地中を横にのびた地下茎の先から粗い毛の生えた皮をもつ稈が出る．稈は直立し高さ 4 m，直径 2 cm 程度に達する．上部の節から各 1 本の枝を出し，枝はさらに多数の小枝に分かれる．葉は小枝の先に 3～10 枚つき，細い披針形で先端は尖り，基部は狭まって短い柄に連続し，葉質は革質で上面は緑色，下面はやや白色を帯びている．葉のふちはざらつき，葉舌は切形．筍の皮は革質で表面に粗い剛毛がある．退化葉身は線形で先は次第に細くなり，先端で鋭く尖っている．鞘口の毛はふつうないが，まれにあるものもある．春期に稈の上の長い柄をもった円錐状の花穂をつけ，中軸から出る枝の先端に小穂がつく．小穂は細長い披針形で尖り，長さは 13～14 mm 位，約 10 個の緑色または帯紫色の花からなり，花は中軸上に密着している．護穎は卵形で，16～17 本の脈をもつ．内穎は護穎より短く，竜骨 2 本をもつ．雄しべは 3～4 本ある．〔日本名〕ヤダケはこれで矢を作ったことからつけられた．

1038. ナリヒラダケ　〔イネ科〕

Semiarundinaria fastuosa (Mitford) Makino ex Nakai

ふつう観賞用として庭園に栽培されている．根茎は地中を横にのび，所々に筍が出る．筍の皮は紫緑色で毛がないが，稈の節に付着したまましばらく垂れ下がり，後に脱落する．退化葉身は先の尖った線形である．稈は直立し高さ 5 m 内外，直径約 3.5 cm あり，中空の円筒形で上部は半円柱形である．表面は一般に緑紫色で（緑色のものをアオナリヒラ var. *viridis* (Makino) Makino ex Sad.Suzuki という）節は高く，2 重の輪がある．枝は短く稈の節に束生する．葉は小枝の先に 4～5 枚つき披針形で，先は尖り基部は鈍く短い柄があり，上面は緑色，下面は多少白色を帯び，毛がなく葉舌は短く，葉鞘口に長い肩毛がある．花序は鞘苞をもち数個の小穂からなり，小穂は数個の花をもつ．花は披針形で尖っている．雄しべは 3 個．結実しない．〔日本名〕ナリヒラタケは業平竹で，その容姿の端麗な所，またはマダケ（男竹）とメダケ（女竹）の特徴を合わせ持つことから歌人在原業平になぞらえてつけられたらしいがはっきりしない．〔追記〕本種の属するナリヒラダケ属は，マダケ属とメダケ属との属間交雑によってできたと推定されている．

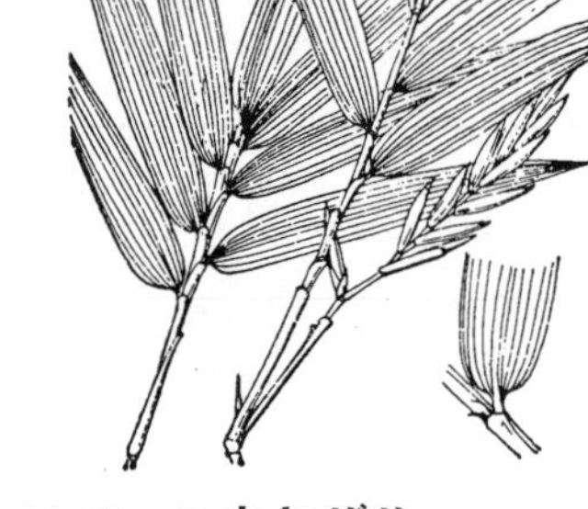

1039. ホウライチク（ドヨウダケ）　〔イネ科〕

Bambusa multiplex (Lour.) Raeusch. ex Schult. et Schult.f.

原産はベトナムで，現在では日本の暖帯に広がり，栽培されるものも野生化したものもある．常緑の竹で密生し，高さは 5 m 内外に達する．地下茎は仮軸分枝を繰り返し，節間は短い．茎は地下茎から斜めに立ち上り，地上では直立し，中空の円筒形で肉厚である．表面は黄緑色で，細い伏毛が散在しているが，脱け落ちるとその跡は凹痕となる．節は高くない．枝は節に大小多数が密生する．筍の皮には毛がなく，先端に大きな針形の退化葉身がある．葉は小枝の両側に並び，披針形で尖り，上面は緑色，下面は淡緑色である．花穂は小形で小枝につき，数個の小穂で構成されている．小穂は細い披針形で平たく，約 4～6 cm，5～10 個の花をもっている．護穎は卵形，内穎は細長く，細長い脈がある．鱗被は長楕円形．雄しべは 6 本，花柱は 3 本ある．〔日本名〕ほうらい（蓬莱）は中国の伝説上の神仙境の意味で，ホウライチクはこの竹を賞讃した呼び名としてつけられた．

1040. コウヤザサ　〔イネ科〕

Brachyelytrum japonicum (Hack.) Hack. ex Honda

山地の林下に生える多年生草本で高さ 50 cm 位ある．茎は基部直立または斜上し，下部は往々節で曲がる．痩長で緑色，毛はなく，枝分かれしない．葉は幅狭い披針形で先は鋭く尖り，質は薄くふちに細かいきょ歯がある．葉舌は線形で長く，葉鞘は細長く平滑，緑色である．夏から秋にかけ，茎の頂に狭長でまばらな円錐花穂をつけ開花する．小穂は少数で柄を持ち，狭披針形で先が尖り，緑色で長さ 8 mm 位の 1 花からなっている．第 1，第 2 苞穎は小さく針形をしている．護穎は大きく長い芒を持ち，内穎は護穎より小さくて末端が 2 つに分かれている．雄しべ 2 個，子房の頂に 2 花柱がある．〔日本名〕高野笹は和歌山県高野山に生え，葉がササの類に似ることからいう．

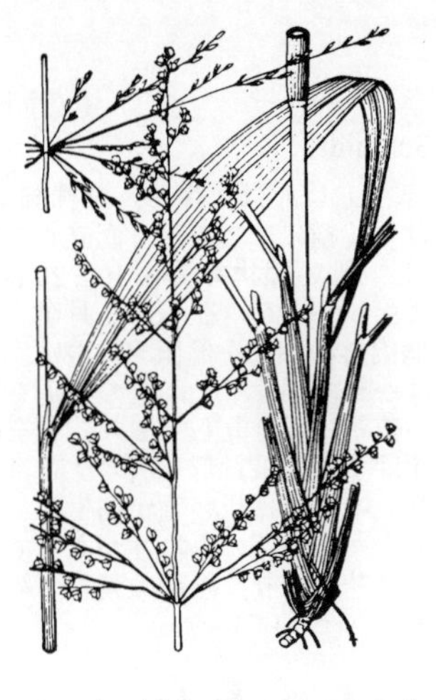

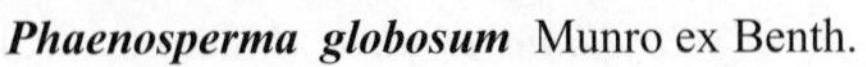

1041. **タキキビ**（カシマガヤ）〔イネ科〕

Phaenosperma globosum Munro ex Benth.

本州（中部以西）から九州の海岸近くの山地に自生する大形の多年生草本で叢生し，根茎は短く，ひげ根を出す．茎は直立し，葉より高く抽出し，高さは 1～1.5 m 内外に達する．葉は長大で披針形，先端は細く尖り，表裏は反転して下面（実は上面）は白色を帯び，葉舌は披針形で先は鈍形．葉鞘は長く大きい．秋，茎の頂に散開した大形の円錐花序を出し，下部の枝穂は輪生する．小穂は小形でややまばらに枝上につき，互生して緑色を帯び，芒はない．第 1 苞穎は第 2 苞穎の半分位の長さ．穎果はやや大形でほぼ球形，内穎や護穎に包まれるが上半は裸出して，暗緑色であり，果穂はその重みで下垂する．渋味があるので食用には適さない．〔日本名〕タキキビは山崖に生じるキビの意味である．カシマガヤのカシマは産地の名で愛知県宝飯郡（現在蒲郡市）の鹿島であろう．

1042. **ヒゲナガコメススキ**〔イネ科〕

Ptilagrostis alpina (F.Schmidt) Sipliv.（*Stipa alpina* (F.Schmidt) Petrov）

北東アジアの高山草原に分布する多年草．日本ではまれに本州中部の高山に見られる．根系が発達し，比較的に硬くて強い．茎はウシノケグサのように密に株立ちし直立する．葉身は内巻して針状になり，長さ 2～4 cm，分枝につくものでは 10 cm に及ぶ．葉舌は先端が鋭形で，長さ 1～3 mm．円錐花序は開出し，分枝は細長く毛細管状で，その基部は小穂がつかず，長さ 5～15 cm．分枝はさらに 1～2 回分枝し，腋間または小穂柄の基部はふくらむ．小穂は灰色であるが，しばしば紫色を帯びる．苞穎は膜質，2 枚ともほぼ同じ大きさで，長さ 5～7 mm，先端は鋭形で 3～5 脈があるが，側脈は極端に短い．護穎は長さ 5～6 mm，5 脈あり，基部付近に毛があって，先端部はほとんど無毛，先端は 2 裂する．基盤は鈍形で，長さ 1 mm，短い毛がある．芒は護穎から出て，長さ 15～25 mm，全長にわたって羽状に軟毛があり，中程で屈曲し，円柱部はねじれ巻く．穎果は長楕円体で，浅い溝をもつ．〔日本名〕外形がコメススキに似て，小穂に羽状の長い芒があり，それを髭に見立てて，この和名がついた．

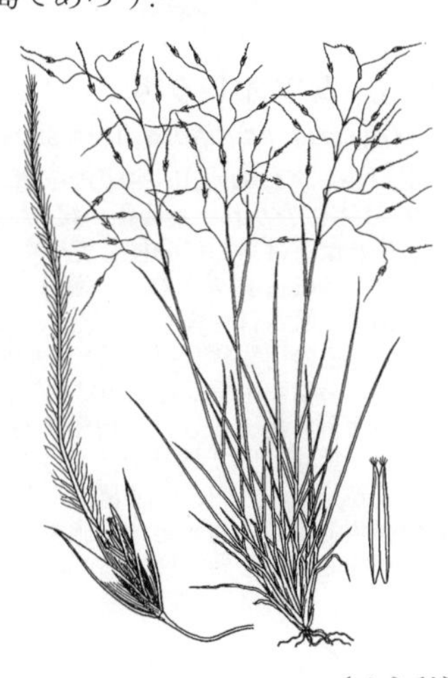

1043. **ヒロハノハネガヤ**〔イネ科〕

Paris coreana (Honda) Ohwi var. ***kengii*** (Ohwi) Ohwi

（*Orthoraphium coreanum* (Honda) Ohwi var. *kengii* (Ohwi) Ohwi）

山地の林下に生える多年生草本で，短くはう地下茎から 1～数本の茎が出て高さ 60～100 cm 位になる．葉は狭長な狭披針形，長さ 20～40 cm，幅 7～13 mm，葉鞘の上部および縁に短毛がある．夏，直立した線形の円錐花穂を茎の頂につけ，長さ 10～20 cm 位，少数の小穂をまばらに生じる．小枝は双生し長短があり，主軸に圧着する．小穂は披針形で，長さ 10～13 mm，緑色で 1 花からなり，花下に関節がある．苞穎は披針形，長く，先は鋭形，平滑で毛はなく，背面は丸く，互いに抱き合い，3 脈がある．護穎は 12 mm 位，革質，扁平で短毛が多く，基部に長い白毛があり，黄緑色で先端に芒を直生する．

1044. **ハネガヤ**〔イネ科〕

Achnatherum pekinense (Hance) Ohwi（*Stipa pekinensis* Hance）

山野の草地に生える多年生草本で叢生し，高さ 1 m 余りにも及ぶ．茎は直立し細長く，淡緑色である．葉は幅広い線形で上部は次第に狭まり，先端は長く鋭く尖り，縁に微細なきょ歯がある．質はやや硬く，長さ 30 cm，幅は 12 mm 位で下部は長い葉鞘となる．夏から秋にかけ，茎の頂に 30～50 cm 位の大きくまばらな円錐花穂を直立し，細長く真直な中軸の各節から 3～4 個の細長い枝を輪生し，枝上に淡紫色を帯びた小穂をつける．小穂は細長く 1 花からなり，短い柄がある．2 苞穎は同形で同大，9 mm 位の長さである．護穎はその表面に毛が多く長さ 25 mm 位の長い芒を持ち，芒はねじれている．〔日本名〕羽茅は，かつて本種が含められていた *Stipa* 属の基準となった種 *S. pennata* L. が羽状の芒をもつことからつけられたものであるが，日本のハネガヤは芒が羽状にならない点で全く異なり，別属とする意見も根強い．

1045. ホガエリガヤ 〔イネ科〕

Brylkinia caudata (Munro ex A.Gray) F.Schmidt

北海道から九州の山地の樹陰に生える多年草でしばしば叢生し，全株細く，高さは 30〜60 cm ほどある．茎の下部は多くは短く横にはった後，直立して非常に細く，緑色である．葉は茎の下部に互生し，細い線状で長さ 10〜20 cm，幅 5〜7 mm，先端は次第に尖り，表面とふちはざらついている．6〜7 月頃，茎の頂に緑色のまばらな総状花序を直立し，10 個内外の小穂を偏側的につけ，それぞれ下方に向かい，小穂の柄は長さ 3 mm ばかりで細く，上向きの長毛を生じる．小穂は平たい楕円状の倒披針形で，長い芒がはっきりしており，芒を除いて長さ 7〜8 mm で，3 個の花からなる．苞穎は 1 個で披針形，次の 2 花は退化してただ護穎のみを残し，舟形で中脈は顕著，中脈上に粗い毛が列生しており披針形で苞穎よりはるかに長く，長い芒がある．第 3 花のみ稔性があって護穎は第 2 花の護穎に似てそれより長く，最も長い芒があり，内穎は護穎の約半長である．〔日本名〕穂反り茅で，逆向きの小穂に基づいていう．

1046. ムツオレグサ（ミノゴメ，タムギ） 〔イネ科〕

Glyceria acutiflora Torr. subsp. ***japonica*** (Steud.) T.Koyama et Kawano

本州から琉球の水田や溝の中に繁茂する多年草で叢生する．茎は秋に既に株元から 2〜3 本に分かれ，葉は細い線形で紅紫色となり軟らかく，水面に浮かんで越冬し，春が来れば茎はさらに分枝して土中を横にはい，各節から枝とひげ根を出し，茎や枝はのびて 50 cm 内外となる．葉は互生し線形で先は尖り，長さは 5〜10 cm ほどで平滑であり，葉舌は白膜質で広く，円頭，葉鞘は完全な筒状である．5 月には茎の頂に細長い緑色の円錐状花穂を出し，分枝は小穂とともに直立するので一見細い単一の穂のようである．小穂は線状円柱形で長さ 3 cm 内外，8〜9 個の花が規則正しく互生し，熟すると落ち易く，遂には穂軸を残すだけになる．苞穎は長さ 3〜5 mm の卵形膜質である．護穎は卵状披針形，長さ 7〜8 mm で先は尖り，上部の縁は膜質，ルーペ下で微刺が見える．内穎は護穎より少しく長く，先端は 2 裂する．穎果は長楕円体，大形の緑色で平滑，食用とする人もある．〔日本名〕ムツオレグサは，ばらばらに折れ易い意味で脱落し易い穂に基づいた名であり，ミノゴメは，みの米の意だがみのの意味は不明．田麦は田んぼの麦の意味で，食べられる穀粒という意味である．

1047. ドジョウツナギ 〔イネ科〕

Glyceria ischyroneura Steud.

日本全土の溝，水辺，ならびに水湿地に生える多年草で叢生し，質は多少軟らかくて平滑無毛，高さは 40〜60 cm ほどある．茎の下部が節で曲がり，上部は斜上してのび出し，ふつう径 3 mm 内外であるがときどきより大きなものもある．葉は線形で長さ 15〜20 cm，幅 4〜5 mm，先端は急に細くなり，多少ざらざらしている感じがある．葉舌は半円形で，葉鞘は完全な筒となり，その上縁に耳状の附属物がある．5〜6 月頃，茎の頂に長い円錐花序を出し，多数の緑色小穂をつけ，ほとんど平滑である．小穂は広線状で長さは 6 mm 内外，小さな 5〜6 花が正しく左右に並び，小穂の中軸は細く，小穂間をジグザグに曲がっている．苞穎は卵形で膜質透明，第 2 苞穎は第 1 苞穎より大形で長さ 1 mm ほどの卵形をしている．護穎は広卵形，基部はふくらみ 7 脈が明確に隆起し，先は急に尖り芒がなく，長さ 2 mm ほどである．〔日本名〕泥地で子供が取ったドジョウをその茎に刺して持ち帰った昔の習慣による．

1048. ヒロハノドジョウツナギ 〔イネ科〕

Glyceria leptolepis Ohwi

北海道から九州の低山地の水辺に生える大形の多年草で，高さは 1〜1.5 m ほどある．根茎は非常に短いが，側枝状の分枝を出す．茎は太く直立し，平滑である．葉は幅の広い線形で先端が尖り，長さ 30 cm，幅 8 mm 内外で両面ともにざらつき，葉鞘は完全な筒となって平滑，口部の葉舌は低平で先は切形である．7〜8 月頃茎の頂に長さ 20 cm ほどの大きな円錐花序をなして，密に多数の小形の小穂をつける．枝は細く，斜めに開き，非常にざらついている．小穂は卵状楕円形で長さ 7 mm 内外，5〜6 花からなり，淡緑色で往々褐紫色を帯びている．苞穎は膜質，長卵形で護穎より短い．護穎は長楕円状の披針形をなし，長さ 3 mm 内外，5 脈が隆起し，鋭頭鈍端である．内穎は護穎より少し長い．〔日本名〕広葉のドジョウツナギで，この種類が他のものより葉の幅の広い所からこのようにいわれる．〔追記〕本種と前種ドジョウツナギとの雑種マンゴクドジョウツナギ *G.* × *tokiana* Masumura がしばしば見られる．

1049. ミヤマドジョウツナギ 〔イネ科〕

Glyceria alnasteretum Kom.

本州中部以北の諸高山にはえ，ときどき群落を作る多年草で，茎は直立して細長く，叢生して高さ 60 cm 以上 1 m ほどに達するが，全体無毛で質は軟らかく緑色である．葉は長い線状で上部は次第に尖り，幅は 5～8 mm ほどあって葉舌は短い．7～8 月頃に散開した円錐花穂を茎の頂に出し，まばらに小穂をつけて一方に傾いて垂れ下がる．穂軸は細長く，枝および小枝はひげ状をしている．小穂は小花柄の端に単生し，ふつう緑紫色を帯びて 5～10 数個ほどの花からなり，卵状楕円形または卵状長楕円形をなし，成熟すると脱落し易い．苞穎は護穎より短い．護穎は披針形で 7 脈があり，先は鈍形で芒はない．本種は一見非常にイチゴツナギ属 *Poa* に外観が似ているので，初めはこれを深山苺繋（ミヤマイチゴツナギ）と名付けたのである．

1050. コメガヤ（スズメノコメ） 〔イネ科〕

Melica nutans L.

北海道から九州の山地あるいは山裾の少し湿った林下に生える多年草で叢生し，高さ 40 cm 内外ある．根茎は細く，横に走っている．茎は直立し，下部には紫色の鞘状葉を有し，上部は非常に細く一方に傾く．葉は幅広い線状披針形で先は次第に尖り長さは 5～12 cm，質は少し硬く，上面にまばらな毛があるが下面は平滑で濃い緑色を呈し，葉鞘は細長く，茎を包み完全な筒をなしている．6～7 月頃，茎の頂に偏側性の穂状様にまばらに 4～10 個の小穂を 1 列につけた枝を出す．小穂は長さ 3～4 mm の糸状の小花柄に横向きまたは傾下してつき，幅広い楕円形で白色，長さ 5～6 mm ほどあって非常にはっきりしており，一見米粒の様子をしているのでコメガヤという．苞穎は紫色の広い楕円形で，極めて鈍頭で 2 個がが互いに向き合って，上半は無色の透明な膜となる．内には正常の 2 花と退化して棍棒様になった 1 花とを有する．護穎は苞穎より少し長く，舟形で 7～9 脈がある．雄しべは 3 個．〔日本名〕米茅は稲米に似ていることにより，雀の米は雀の食べる米の意味である．

1051. ハナビガヤ（ミチシバ） 〔イネ科〕

Melica onoei Franch. et Sav.

本州から九州の山地に生える多年草で茎は細長く直立し，高さ 90～120 cm に達し，単一で分枝しない．葉は互生して硬質，幅広い線形をなし，上部は次第に尖り下部は次第に細まり，葉鞘は粗い毛があり常に節間より長く，それゆえに茎の節は外部に現われることがない．夏から秋にかけて，まばらな大形の円錐状花穂を高く茎の頂に立て，間をおいて，層をなして細長い枝を開出する．小穂は細い小花柄を持ち，幅狭い披針形で緑色，5 mm ほどの長さがあって 2 個の小花と 1 個の不発育花とからなっている．苞穎は膜質で 7～9 脈ある．雄しべは 3 個．花柱は短い．〔日本名〕花火茅はその散開した花穂の様子に基づいていい，道芝は路傍の草という意味であるが，カゼクサにもこの名がある．

1052. フォーリーガヤ（ミヤマチャヒキ） 〔イネ科〕

Schizachne purpurascens (Torr.) Swallen subsp. ***callosa*** (Turcz. ex Griseb.) T.Koyama et Kawano

北海道および本州中部以北の針葉樹林中に生える多年草で，北東アジアに広く分布する．地下に細い根茎があり，根元で多く分枝して叢生，直立して高さ 40～70 cm になる．茎は非常に弱々しく，葉は細い線形で薄質，幅 1～2 mm である．初夏の頃に円錐花序が高くのび出し，その長さは 5～8 cm ほどで先端は少し点頭し，数個の小穂を生じる．小穂はやや平らな細長い楕円形で，長さ 12～15 mm，3～5 個の小花があり，各花の基部に関節があり，帯紫または帯褐の黄緑色をしている．第 1，第 2 苞穎は膜質で広い披針形，長さは不同で 3～8 mm 位，第 1 苞穎は 6 脈があり，護穎は幅広い披針形で 7 脈があり，長さ 8～11 mm ほどで先端より少し下部から穎の 2 倍の長さの長芒を生じ，基部に長い白毛を生じる．〔日本名〕本種を日本で初めて採取したフランス人宣教師 U. Faurie を記念した名．

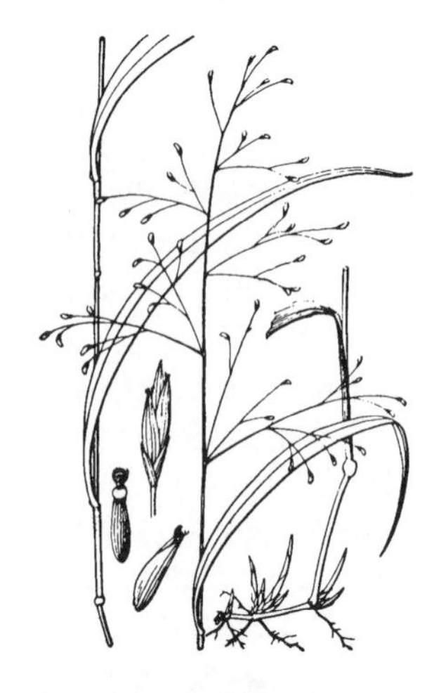

1053. タツノヒゲ　〔イネ科〕

Diarrhena japonica Franch. et Sav.

（*Neomolinia japonica* (Franch. et Sav.) Honda）

山地の林下のやや湿った所に生える多年草で，根茎は茎と同じ太さで節間が短縮し，横に走り節から芽を出す．茎は基部斜上して上部は直立し，高さは 30～50 cm で，質はやや硬い．葉はまばらに互生し，幅広い線状披針形で先は次第に尖り，長さ 15 cm 内外で上半は曲がって下に垂れ，先端は長尾状に狭まり，基部は細く緑色をなし，上面とふちは粗くざらついている．秋に茎の頂にまばらな円錐花序をなして小穂をつける．分枝は非常に細く，1～2 回 2 岐し，少しざらついている．小穂は緑色，長さ 5 mm ほどの披針形で 3 花からなるが，上部の 1 花（まれには 2 花）は不稔で間もなく脱落する．苞穎は小形膜質で第 1 苞穎は短くて披針形，第 2 苞穎は卵形で鋭尖頭である．護穎は卵形で鋭尖頭をなし 3 脈を有する．穎果は卵状の楕円体で長さ 3 mm，穎よりのび出しており青緑色で平滑，特異の外観をなして熟すれば脱落し易い．〔日本名〕龍ノ鬚は，ひげ状をしている花穂の様子からいう．

1054. セイヨウヤマカモジ（ミナトカモジグサ）　〔イネ科〕

Brachypodium distachyon (L.) P.Beauv.

北アメリカから渡来し，人里付近に帰化している一年草．茎は根もとで分岐し，基部の節で膝折れして，高さは 15～30 cm ほどになり，斜上する．節はややふくらみ，軟毛がある．葉身は線状狭披針形で扁平，長さ 2～6 cm，幅 3～4 mm，葉鞘とともにときに毛がまばらにつく．葉舌は長さ 1.5～2 mm あり，軟毛がある．総状花序は長さ 3～9 cm，1～5 個の小穂が互生し，主軸は直立し縦に溝がある．小穂の柄は短い．小穂は多数の小花が重なって並び，芒を除いて長さ 2～3.5 cm，幅 5～6 mm．成熟すると小花は小穂軸の節から脱落し，苞穎だけが小穂柄の先端に残る．苞穎 2 枚は長さが異なり，披針形で，長さ 7～9 mm，先端は尖り，それぞれ 5 脈と 7 脈をもつ．護穎は長楕円形で，長さ 1～1.4 cm あって，ざらつき，先端から直立した芒がのび出る．芒の表面もざらつき，長さ 1～2 cm.〔日本名〕植物全体はヤマカモジグサに似るが，西洋から帰化したものということでこの名前がついた．

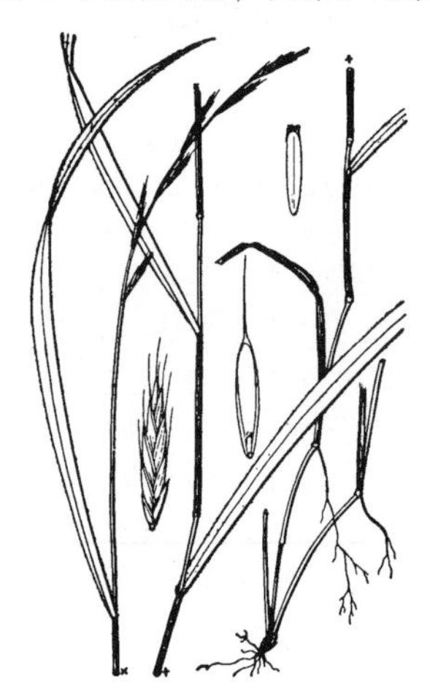

1055. ヤマカモジグサ　〔イネ科〕

Brachypodium sylvaticum (Huds.) P.Beauv.

原野または山地の林下に群生する多年生草本．茎は細長く，叢生し，基部はふつう膝曲し，高さは 30～50 cm，節に毛がある．葉はまばらに互生，葉身は狭長な披針形で，先は次第に尖り，淡緑色，よじれていわゆる裏葉となり，軟らかく両面にまばらな毛がある．6～7 月頃，カモジグサに似て貧弱な穂を出して直立またはわずかに傾く．小穂は 4～8 個，まばらに互生し，非常に短い柄があり，芒を除き線状紡錘形，両端狭まり，長さ 2～3 cm，6～8 花からなり，緑色である．苞穎は卵状披針形，護穎より短く，不同長，護穎は長楕円形の舟状，先端は急に細まって芒となり，ふちに毛がある．内穎は護穎とほとんど同長．穎果は長楕円体，正面に溝があり先端に毛がある．〔日本名〕山寄りに生えるカモジグサの意味．

1056. スズメノチャヒキ　〔イネ科〕

Bromus japonicus Thunb.

日当たりのよい荒地に往々群をなして生える一年生草本で，高さは 50～60 cm 位，単生あるいは叢生し，茎は直立あるいは斜上し，その下部は少し曲がっている．葉は幅広い線形，長さ 20 cm，幅 5 mm 内外で先端が急に尖り，両面は筒状となっていて葉鞘とともに開出した白色の軟毛が生えている．6～7 月頃に，茎の頂に大きな円錐花序をつけて一方に傾き，淡緑色の小穂を多数つけ，穂軸はやせて細長くざらざらしている．小穂は熟すと垂れ，披針形で先端は尖り下部はやや鈍形をなし，扁平で長さは 2～2.5 cm 位ある．10 花内外からなって非常に軟らかい毛がある．苞穎は 2 個あり護穎に似て小形で第 1 苞穎に 3 脈，第 2 苞穎に 5～7 脈がある．護穎は楕円形で背稜は鋭くなく，9 脈があり，先端は浅く 2 裂して，その間の背後から芒を生じる．内穎は護穎内にかくれて短く，2 脈があって脈上にひげ毛を生じる．〔日本名〕雀の茶挽は，花穂がチャヒキグサ（＝カラスムギ）に似て小さいのでこのようにいう．〔漢名〕雀麦．

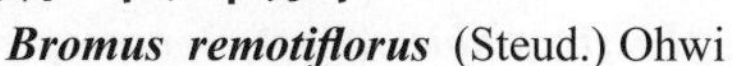

1057. キツネガヤ　〔イネ科〕

Bromus remotiflorus (Steud.) Ohwi

(*B. pauciflorus* (Thunb.) Hack., non Schum.)

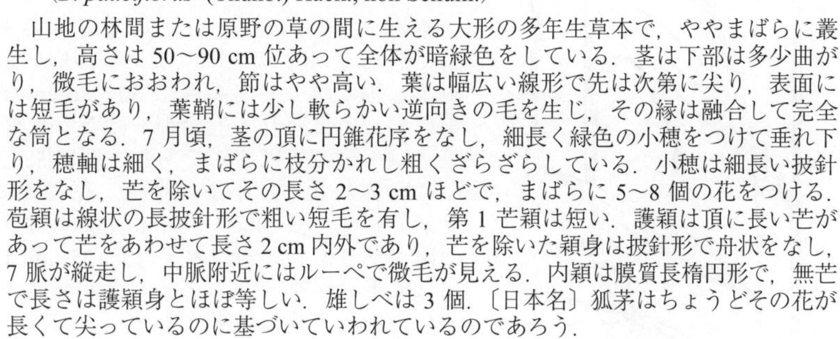

山地の林間または原野の草の間に生える大形の多年生草本で，ややまばらに叢生し，高さは 50〜90 cm 位あって全体が暗緑色をしている．茎は下部は多少曲がり，微毛におおわれ，節はやや高い．葉は幅広い線形で先は次第に尖り，表面には短毛があり，葉鞘には少し軟らかい逆向きの毛を生じ，その縁は融合して完全な筒となる．7 月頃，茎の頂に円錐花序をなし，細長く緑色の小穂をつけて垂れ下り，穂軸は細く，まばらに枝分かれし粗くざらざらしている．小穂は細長い披針形をなし，芒を除いてその長さ 2〜3 cm ほどで，まばらに 5〜8 個の花をつける．苞穎は線状の長披針形で粗い短毛を有し，第 1 苞穎は短い．護穎は頂に長い芒があって芒をあわせて長さ 2 cm 内外であり，芒を除いた穎身は披針形で舟状をなし，7 脈が縦走し，中脈附近にはルーペで微毛が見える．内穎は膜質長楕円形で，無芒で長さは護穎身とほぼ等しい．雄しべは 3 個．〔日本名〕狐茅はちょうどその花が長くて尖っているのに基づいていわれているのであろう．

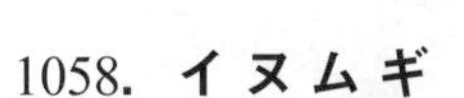

1058. イヌムギ　〔イネ科〕

Bromus catharticus Vahl (*B. unioloides* Kunth)

明治初年に渡来し，今は広く路傍あるいは原野に帰化した米大陸原産の大形の多年生草本である．茎は 3〜4 本叢生して立ち，高さ 60〜100 cm ほどにもなり，平滑で緑色をなし，やや大きい．葉は広い線形で先はしだいに尖り，幅 1 cm 位に達し，ざらつくが無毛で，葉舌ははっきりしている．小穂は緑色の線状披針形をなし平たく，両縁は稜をなし，長さ 25 mm 内外でやや下に垂れ，5〜6 花からなる．苞穎は護穎に似てやや小形で，第 1 苞穎はさらに小さい．護穎は舟状の披針形で鋭い背を有し，先端が細く尖って短芒となり，その表面には微刺があって粗い．7 月に入るとすぐに穂は熟して黄色となり脱落する．〔日本名〕犬麦は麦に似ていて役に立たないのでこのようにいわれる．

1059. カギムギ (ヤギムギ)　〔イネ科〕

Aegilops cylindrica Host

アメリカ経由でヨーロッパから渡来し，道ばたなどに帰化する中形の一年草．ばらばらになって脱落する花穂の節は基部が非常に鋭く，ざらつく芒をもつことと相まって，家畜の体や羊毛のなかに紛れこむので，原産地では有害雑草として嫌われる．茎は直立し，基部で分岐して立ち，高さ 40〜60 cm，平滑で無毛である．葉身は扁平な線形で，幅 2〜3 mm になり，穂状花序は円柱形で，長さ 5〜10 cm，花穂の節は成熟時に基部近くからばらばらになって脱落し，長さ 6〜8 mm，各花穂軸の先端は拡大し，基部は細まる．小穂は花穂の軸にぴったりついて，背中は扁平，長さ 8〜10 mm，無毛または毛がある．苞穎には数本の脈をもち，片側に竜骨がある．竜骨は先端から芒が 1 本のび出る．他の脈は先端までのび出てきょ歯状になる．護穎は先端が小凸頭になり，最も先端部につくものは苞穎状になる．芒は非常にざらつき，穂の先端部のものは長さ 5 cm もあるが，基部に近くなるにつれて徐々にそれが短くなる．〔日本名〕タルホコムギ属に属し，芒にかぎのような効用があって，人畜や羊毛につきやすいのでこの名前がついた．

1060. アズマガヤ　〔イネ科〕

Hystrix duthiei (Stapf) Bor subsp. ***longearistata*** (Hack.) Baden, Fred. et Seberg

(*H. longearistata* (Hack.) Honda ; *Asperella longearistata* (Hack.) Ohwi)

山地の林下に生える多年草で，北海道から九州に分布するがふつうではない．茎は短い根茎からややまばらに叢生し，高さ 60〜100 cm，コムギに似て濃緑色，基部は淡紫褐色の鞘に包まれ，上部に密に毛がある．葉はまばらに互生し，葉身は狭披針形で先は次第に尖り，よじれて表裏反転し，下面深緑色上面淡緑色のいわゆる裏葉となり，上面に毛がある．長さは 10〜20 cm，幅 1〜2.5 cm，葉舌は半円形で非常に短く，葉鞘は長い．初夏に開花する．花序は単一の穂状で長さは 10〜20 cm，ややまばらに小穂をつけ，中軸には毛がある．小穂は双生または単生，1〜2 花からなる．苞穎は小形で針状，長さ 6〜12 mm，護穎は披針形または広披針形，先端は 1.5〜3 cm の長い芒となる．内穎は披針形で護穎とほぼ同長．穎果は披針形体で腹面に溝があり，長さ約 9 mm，熟すと護穎および内穎とともに脱落し，苞穎は花序の軸上に残る．〔日本名〕産地の一つである福島県吾妻山に基づく．

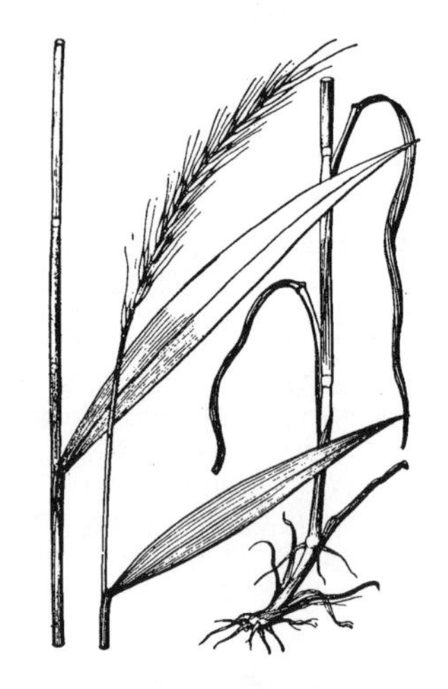

1061. イワタケソウ　〔イネ科〕

Hystrix duthiei (Stapf) Bor subsp. ***japonica*** (Hack.) Baden, Fred. et Seberg（*H. japonica* (Hack.) Ohwi ; *Asperella japonica* Hack.）

本州（長野，三重，山口の各県）および北九州の山地に特産する多年草で概形アズマガヤに似る．茎は短い根茎から多少叢生し，基部はやや斜上，細く単一で，高さは 60〜80 cm ある．葉は線状披針形で，先は次第に尖り，よじれて上面が下になる裏葉の状態である．葉鞘は長く無毛，葉舌は小形で先は切形である．夏に開花する．穂状花序は長さ 15 cm 位，やや一方に傾く．小穂は単生，花軸上に互生し，1 花からなる．苞穎は針形で短く，長さは 4〜5 mm，護穎は狭披針形で長さは 12 mm，5〜7 本の脈があり，長い芒は長さ 15〜25 mm に及ぶ．内穎は線状長楕円形．花には卵形の鱗被と 3 本の雄しべがある．〔日本名〕本種の原産地北九州犬ケ岳山中の岩岳に由来する．

1062. エゾムギ（ホソテンキ）　〔イネ科〕

Elymus sibiricus L.

北海道と長野県の山地，原野に生える多年草．茎は叢生し，細い平滑な円柱形で，高さは 90 cm に達する．葉は線状の披針形，やや白味を帯び，端と先縁はざらつき，長さ 10〜20 cm．夏，緑色の穂状花序を出す．花穂の形はややカモジグサに似てより密，より太く，長さは 15〜20 cm，やや一方に傾き，中軸は扁平で細い毛がある．小穂は軸の各節に双生，2〜少数花からなり，長さは 10〜15 mm．苞穎は狭長で先は尖り，約 3 脈．護穎は披針形で，苞穎の約倍の長さがあり，先端は長さ 2 cm 位の長い芒となる．〔日本名〕北海道に生じて概形ムギに類似した草の意味である．

1063. ハマムギ　〔イネ科〕

Elymus dahuricus Turcz. ex Griseb.

北海道，本州，北九州の海岸に見られる多年草である．茎はやや叢生し，太く，直立，高さ 60〜90 cm，ほとんど全体にわたって葉をつける．葉身は線状の披針形，長さは約 30 cm，幅は 1 cm 位，先は次第に尖る．葉舌は小形，葉鞘に毛がない．夏，長さ約 15 cm の 1 個の穂状花序を出し，コムギに似て，全体ゆるく一方に傾く．小穂は花穂中軸の両側に規則正しく 2 個ずつ生じ，芒を除き長さ 8〜12 mm，2〜3 花からなる．苞穎 2 個はほぼ同長，3〜5 本の脈がある．護穎は披針形，5 脈，芒は細く軟らかく，長さは 15 mm．穎果は長楕円体，先端に毛がある．

1064. カモジグサ（ナツノチャヒキ）　〔イネ科〕

Elymus tsukushiensis Honda var. ***transiens*** (Hack.) Osada（*Agropyron tsukushiense* (Honda) Ohwi var. *transiens* (Hack.) Ohwi ; *A. kamoji* Ohwi）

路傍，原野，畠地等にふつうの多年生草本．叢生して匐枝はなく，茎は高さ 50〜70 cm，下部は斜上する．葉は線状披針形，幅は 15 mm 位，質はやや厚く，上部はやや垂れ，多少白っぽい緑色である．初夏に開花する．花序は単一の穂状で紫色を帯びた白緑色，長さは 20 cm 位，一方に傾き，十数個から 20 個内外の小穂をまばらに 2 列に互生する．小穂は無柄で，芒を除き長さは 2〜2.5 cm，紡錘形を帯びた長楕円形で，やや扁平，数花からなる．苞穎は幅狭く，2 枚ほぼ同長．護穎は披針形で先は次第に尖り，長い芒となる．内穎は護穎と同長で，長楕円形，先は円い．穎果は熟すと内穎とともに脱落し，狭長な楕円体で先端に毛がある．〔日本名〕女の子が本植物の若い葉を集めて揉み，女の雛人形を作ったことからカモジグサの名が出た．夏の茶挽草は初夏に花が出ることによる．〔漢名〕鵝観草．燕麦は誤り．

1065. アオカモジグサ 〔イネ科〕

Elymus racemifer (Steud.) Tzvelev
(*Agropyron racemiferum* (Steud.) Koidz.)

カモジグサとともに路傍，原野等にふつうの多年生草本でカモジグサと同様の外形をしているが，小花の内穎は常に護穎より短く，穂は常に鮮緑色であるのが区別点である．茎は叢生し，短く斜上する基部から立ち上り，高さは 60〜90 cm．葉はカモジグサに似るが，より鮮かな緑色である．初夏に開花する．花序は単一の穂状で，一方に傾き，緑白色，十数個の小穂をややまばらに 2 列に互生する．小穂に毛が多く，また小穂が枯れる頃には芒が外曲する特徴がある．

1066. オオムギ（フトムギ，カチカタ） 〔イネ科〕

Hordeum vulgare L.

古く日本に渡来し，作物として栽培される越年草である．茎は叢生，直立し，高さは 1 m 位，円柱形，中空で平滑，節は無毛でやや高く，節間は長い．葉は互生し，葉身は幅広い長披針形，幅 1〜1.5 cm，硬く真直で，白っぽい緑色である．葉鞘は無毛でゆるやかに茎を包む．4〜5 月頃に開花する．穂は太い円柱形で直立し，長さは 5〜8 cm，密に穂をつける．小穂は 3 個ずつ一団となり軸の両側に並ぶので 6 列に見える．小穂は卵状で長さ 1 cm 弱，ほとんど柄はなく，1 花からなる．苞穎 2 個は針形，護穎には非常に長い芒がある．無芒の形をボウズムギという．〔漢名〕大麦．

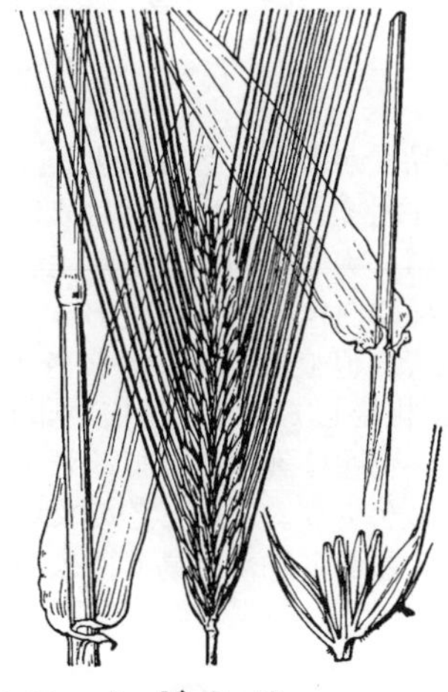

1067. ヤバネオオムギ（サナダムギ） 〔イネ科〕

Hordeum distichon L.（*H. vulgare* L. var. *distichon* (L.) Alefeld）

オオムギに近縁の種類で明治の初めに日本に伝わった．各地に栽培されているが，オオムギほど多くない．茎や葉はオオムギとほぼ同じであるが，茎は高さ 1 m に達し，節は多少紫色を帯び，全体にオオムギより白っぽい．花穂は扁平で，長さ 7〜10 cm，有花小穂は規則正しく 2 列に並び，長い芒が並行して立ち，花穂より長く伸びて，ちょうど矢羽状となる．3 個ずつ並んだ小穂のうち，中央のみが結実小穂で，両側の 2 個は雄性または不稔性に退化し芒は発達しない．苞穎は線形で毛がある．護穎が平滑で先端が長い芒となる点オオムギと同様である．〔日本名〕矢羽大麦，真田麦で後者は扁平な穂を真田紐に見立てての呼称である．

1068. ムギクサ 〔イネ科〕

Hordeum murinum L.

ヨーロッパおよび南西アジア原産の一〜二年生草本で，日本の所々に帰化している．荒地や路傍等に叢生し，茎は高さ 10〜60 cm，平滑無毛．葉は淡緑色，線状披針形，長さは 10〜20 cm，幅は 4〜8 mm，両面無毛かまばらに毛がある．葉鞘は下部を除いて毛はない．晩春から夏にかけて，短柄の先に穂状花序を直立し，長い芒におおわれ，長さは 3〜13 cm，緑色または紫色を帯びる．小穂は 3 個ずつ集まって一団となり，その基部に関節があり，中軸上に 2 列に並ぶ．中央の小穂のみ無柄で稔性がある．苞穎 2 個は剛毛状，護穎は苞穎より長く，先端にはなはだ長い芒がある．〔日本名〕麦のような草の意．

1069. ハマニンニク（クサドウ，テンキ，テンキグサ）　〔イネ科〕

Leymus mollis (Trin. ex Spreng.) Pilg.（*Elymus mollis* Trin. ex Spreng.; *E. arenarius* L. var. *mollis* (Trin. ex Spreng.) Koidz.）

太平洋側は関東北部以北，日本海側は九州以東の海岸砂浜に生える大形の多年草で概ね群落をつくる．株は叢生し，また太く長い地下茎を出す．茎は強剛の円柱形で，高さ 1～1.5 m に達し，中空，上部に軟毛がある．葉は細長く，先は尖り，やや内巻して刺様に見え，長さは 30～60 cm，幅は 1 cm ほどある．葉鞘は太く，長く縦に溝が多い．夏，茎の先に円柱形で単一の穂状花序を直立し，長さ 15～25 cm，初め緑色で後に緑白色となり，芒はなく，中軸には毛がある．小穂は双生または単生，5～7 個の小花からなる．苞穎は広披針形で草質，先は尖り，ふちは膜質で軟毛がある．護穎はやはり披針形で軟毛があり，先は尖る．内穎には 2 竜骨があり，上方に毛がある．葉を編み物に利用する．〔日本名〕浜蒜（ニンニク）本種が海浜生で葉がニンニクに似ている所から出ており，草籐は葉が強靱で籐のようであることを意味する．テンキは籐の意味のアイヌ語である．

1070. ライムギ（クロムギ，ナツコムギ）　〔イネ科〕

Secale cereale L.

南部ヨーロッパから西南アジア方面の原産であるが，現在では世界各地に栽培される越年草で，日本へは明治の初め英国から渡来したが余りふつうに見ない．茎は叢生し，短く膝曲した基部から直立し，高さは約 1 m，平滑で白味を帯びた緑色，花序の直下のみ多少有毛である．葉は幅広い線形，長さ 30 cm 内外，幅 6～15 mm，下面は平滑，上面はざらつき，葉身の基部に葉耳がある．初夏に開花する．花序は単一の直立した穂で，長さ 10～15 cm でやや扁平，中軸の両側には白い毛がある．各小穂は 2 列に並び，2 小花からなる．内外の 2 苞穎は針形で短く，護穎は披針形で長さ 13 mm 位，中脈には鋭い小刺があり，左右非対称で，片面は膜質で内巻き，先端に長い芒がある．雄しべは 3 本．〔日本名〕Rye 麦の意味で，Rye は本種の英名．黒麦は一番古い名であるという．

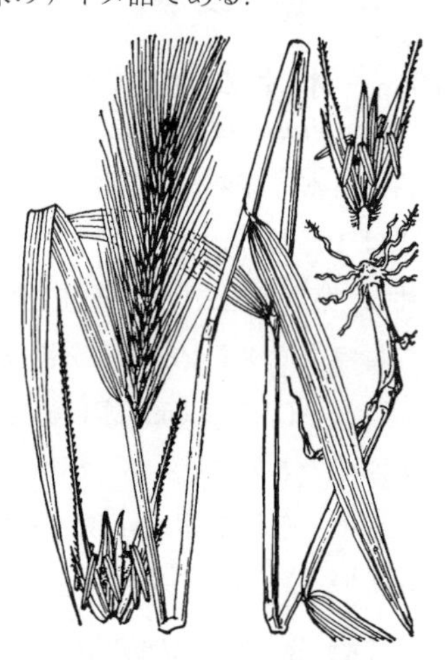

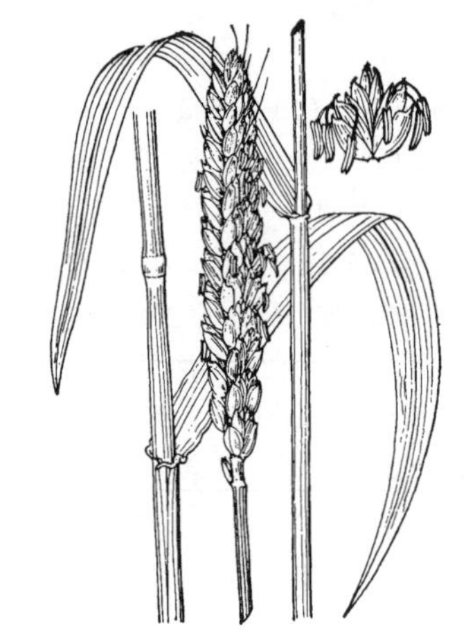

1071. コ　ム　ギ　〔イネ科〕

Triticum aestivum L.

古く日本に渡来した作物の一つで，栽培品種が多い．茎は叢生し，高さは 1 m 弱に達し，真直で中空の円柱形，平滑で節は高い．葉はまばらに互生し，葉身は幅広い披針形，先端は次第に尖り，両面とも無毛，質は軟らかく，先端は垂れる．鞘は長く，口部に白色の附属物があって茎を抱く．五月頃開花する．穂は単一の穂状で，直立して太く，長さは 6～10 cm．小穂は無柄で花穂の中軸の両側に相接して着き，幅広い卵形，長さは 1 cm 内外，4～5 個の小花からなる．苞穎は護穎に似てそれより小形，護穎は卵形で先端に芒があるもの（ヒゲナガムギ）と芒のないもの（ボウズムギ）とがある．穎果は大形で，穎から脱落し易く，広楕円体で褐色である．〔漢名〕小麦．

1072. カラスムギ（チャヒキグサ）　〔イネ科〕

Avena fatua L.

平野または荒地等に生えるユーラシア大陸原産の二年草で，叢生し，ひげ根を出す．茎は高さ 60～100 cm で直立し，緑色の円柱形で中空である．葉は互生し，細い披針形または幅広い線形で，先は次第に尖り，長さは 10～25 cm ほど，鮮緑色でざらつき，葉鞘は長く，外面は茎と同様に平滑，葉舌は舌形鈍頭で縁は不規則に細裂する．初夏に茎の先にまばらな円錐花序を直立し，枝は非常に細く輪生し，単一またはまばらに分枝し，先端に大きな緑色の小穂を下垂する．2 枚の苞穎は同形で大きく，長さ 2 cm 前後，左右に開き，卵状披針形で鋭尖頭，7～11 脈あって緑色，中に 3 個の花を包むが，最上の花は不稔性である．護穎は黄褐色で卵状楕円形で先端は 2 裂し，外面に粗い長毛を散生し，基部には絹状の毛を束生し，背面には曲がった暗褐色の長い芒がある．穎果は紡錘形で一方に溝を有し頂に粗い毛を生じ，熟すると落ち易い．〔日本名〕烏麦はからすの食べる麦の意味で，茶挽草は子供がその穂を採り，唾をつけた爪の上にのせ，吹けば茶臼をひくように廻るのでこのようにいう．

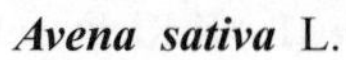

1073. オートムギ（マカラスムギ）　〔イネ科〕

Avena sativa L.

本種はユーラシア大陸の原産で野生のカラスムギ（前種）から変化したものといい，わが国へは牧草として徳川末期あるいは明治初年に入り畠に栽培する二年草である．概形カラスムギに似ているが，これに比べてさらに高く成長し，1 m を越えるものもある．株は叢生しひげ根がある．茎は直立し平滑で緑色の中空の円柱形をしている．葉は互生し，幅広い線形で尖り，幅は 6～12 mm，長さは 15～30 cm ほどあり，鞘は長く葉舌は短くて細裂する．茎の先にややまばらな円錐花序をつけ，その枝は輪生してさらに小枝に分かれる．小穂は小花柄の先に下垂し，緑色である．第 1，第 2 両苞穎は大きく左右に開き数脈がある．護穎の背にはふつう芒はないが，ときにあるものもある．穎果は細長く護穎とともに苞穎に包まれ有毛，前面に 1 溝があり，食用あるいは馬の飼料とする．〔日本名〕マカラスムギは真正のカラスムギの意であるが，カラスムギはもとより前種 *A. fatua* の名前であり，本種本来のものではないのでオートムギを正称とする．オートムギは英名 Oat に基づく．

1074. ミナトカラスムギ　〔イネ科〕

Avena barbata Pott ex Link

ヨーロッパやアメリカから渡来し，各地の道ばたに帰化する中形の二年草．カラスムギやオートムギは六倍体であるのに対して本種は四倍体で，染色体を 28 本もっている．また花序の分枝や小穂の柄が非常に細く，毛細管状になっていて，彎曲し，護穎の脈が先端で芒状に飛び出るので区別できる．茎は直立し，高さ 60～90 cm，平滑で無毛．葉身は扁平な線形をしている．円錐花序は輪生状に枝が広く開出し，先端はやや垂れ下がり，小穂が枝の先端にまばらにつく．小穂は大形で，長さは 2.5 cm におよび，しばしば小花が 2 個ある．苞穎は大きく，小穂とほぼ同じ長さで，7～11 脈があり，内に強く彎曲した芒をもつ小花がある．上位小花は種子ができず，やや小形，下位小花とともに直立した毛に包まれ，背中の中央付近から中肋が突き出て芒になる．護穎は深く 2 裂し，側脈が裂片の先端部から突き出て，芒状になり，質が硬く，長さは 4 mm．芒は非常にざらつき，発達した円柱状の柱状部はねじれ巻き，色が濃く，細長い先端部に移行する．この移行部は膝状に屈折する．〔日本名〕横浜港などの埠頭に初めて渡来して，帰化したので，港に生える外来のカラスムギということでこの名前がついた．

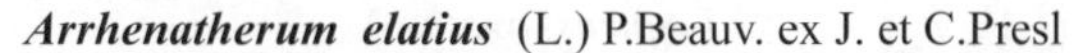

1075. オオカニツリ　〔イネ科〕

Arrhenatherum elatius (L.) P.Beauv. ex J. et C.Presl

欧州の原産で明治初年に牧草として輸入し，それ以来栽培している多年草で，しばしば逸出して野生状となり，高さ 60～90 cm ほどある．茎は直立し，節間は長く無毛である．葉は線状の長い披針形で，長さ 15 cm 内外，下面は無毛であるが，上面は有毛であってざらつく．5～6 月に，茎の頂に長大な穂様の円錐花序を出す．枝は非常に細く，小穂は長さ 8～9 mm になり，淡緑色あるいは淡黄褐色で直立する．小穂は 2 花からなり，上方の花は両性花，芒はない．下方の花は雄性花で有芒，芒を除いてともに苞穎内に包まれている．苞穎は上方のものが大きく，卵状楕円形で先は鋭く尖り，膜質で 3 脈を有し，芒はない．下位の花の護穎は長楕円形で尖り，基部に近く背面から穎の 2 倍の長さがある芒を出し，芒はその中辺で曲がっている．園芸品に，リボンザサグラスという一変種 var. *bulbosum* (Willd.) Spenner があって，根茎がチョロギ状をしているので，チョロギガヤの名があり，葉に白条があって美しい．

1076. カニツリグサ　〔イネ科〕

Trisetum bifidum (Thunb.) Ohwi

各地の草原や路傍に多い多年草であり，茎は少数叢生し，基部は節で曲がっているが上部は直立している．葉は線状の披針形で茎の下半部に多くつき，長さ 5～15 cm．下面は平滑であり上面は有毛であるが，下部の葉においては鞘とともに多毛となる．4～5 月頃茎の頂に幅広い楕円体状の円錐花序をなし，多少横に傾き，初め緑紫色をなすが，後に黄褐色または緑褐色に変わり，一種の光沢がある．枝は初め開出するが，後には直立して互いに相接し，細くてやや密に小穂をつける．小穂は 3～4 個の花からなり，最上の 1 花はふつうは不稔性である．第 1 苞穎は線状披針形で小さくて 1 脈がある．第 2 苞穎はずっと長く，長さ 5 mm ほどの細い長楕円形で 3 脈を有し，上半部のふちは白膜質あるいは紫色を帯びている．護穎は長楕円状披針形，苞穎より少しのび出し，背面は円味を帯び，全面に細い刺毛があってざらつき，先端は 2 裂しておりその間から長い芒を出す．雄しべ 3 個．〔日本名〕カニ釣草は，小供がその茎でサワガニを釣り遊ぶのでこのようにいう．

1077. リシリカニツリ（タカネカニツリ）　〔イネ科〕

Trisetum spicatum (L.) K.Richt. subsp. ***alaskanum*** (Nash) Hultén

中部地方以北の高山草原に生える多年草で茎は曲がった基部から直立して叢生し，高さ 20〜30 cm でふつうは全株白い軟毛に被われている．葉は茎の下部に互生し，葉身は長さ 5〜10 cm で線状の長披針形で直立し，先端は尖る．葉舌は幅広い卵円形で縁は細裂している．6〜7 月頃に茎頂に一見穂状様の花穂を直立し，花穂の直下の茎は白毛を密生しているものが多い．穂の長さは 4〜6 cm ほどあり，分枝が直立するために穂状円柱形をなし，初め緑色で後に緑褐色となる．小穂にはほとんど柄がなく，数花からなり，特異の光沢がある．苞穎は外のものが少し短く，長楕円形で先は鋭形であり，上部には薄膜状の縁がある．護穎は長さ 6 mm ほどで，細長い舟形，上方が針状に鋭く尖り，その先端がわずかに 2 裂し，背面の中央上部から芒を出す．表面は多少粒状でざらつく．芒は長さ 6 mm ほどで，よじれて曲がっている．〔日本名〕最初の採集地北海道利尻島に基づいて名付けられた．高嶺カニ釣りは高山に生える所からいわれるが，別種にも同名がある．

1078. ミノボロ　〔イネ科〕

Koeleria macrantha (Ledeb.) Schult. et Schult.f.

（*K. cristata* (L.) Pers., nom. illeg. ; *K. tokiensis* Domin）

北海道から九州の原野の草地等に生える多年草．短く分岐した根茎から叢生し，高さ 30〜50 cm 位ある．葉は細い線形で茎の下部に多く，やや剛質でざらざらしている．葉鞘は無毛，葉舌は卵円形で，葉のふちは細かい櫛の歯状のきょ歯になっている．茎は細長い円柱形で直立し，白い軟毛が生え花穂に近くなるに従って最も多毛となる．5 月頃茎の頂に細長い穂様の円錐花序を直立し，淡緑色をしている．小穂は長さ 4〜5 mm，披針形をなして芒を持たない．第 1 苞穎は線状の倒披針形で先端が鋭く尖り短い芒状に突出し，第 2 苞穎はやや長く，幅広く，楕円形をなし，両者ともに中脈が隆起して細かい刺を持っている．護穎は苞穎より少し長く，披針状の長楕円形で，はっきりした中脈を有し，脈上はざらついて先端は鋭く尖っている．雄しべは 3 個．〔日本名〕ミノボロのみのは簑で，その集まった花穂をみのに似せたものであろう．

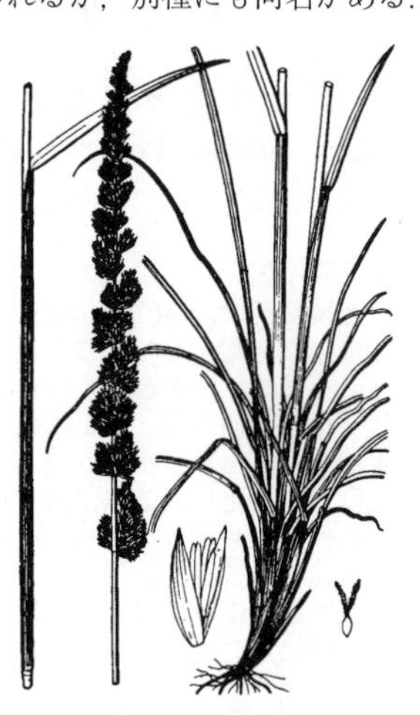

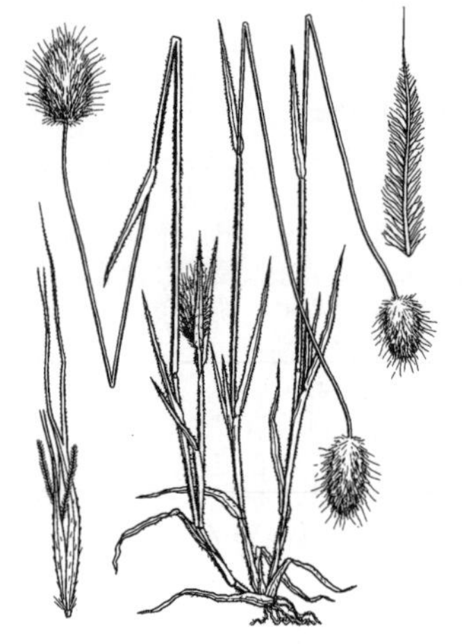

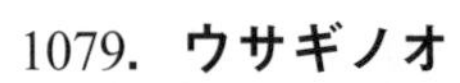

1079. ウサギノオ　〔イネ科〕

Lagurus ovatus L.

地中海地方の原産で，日本に渡来し，中部地方や九州に帰化する小形の一年草．観賞用に栽培される．植物全体に毛がある．茎は基部で分枝し，細長く，高さ 10〜30 cm，数本が株立ちし，直立する．葉身は狭披針形で，扁平，基部は多少円形になり，ゆるく茎につく．葉鞘は多少扁平でまばらに毛がある．円錐花序は茎の先端につき，卵形体で，長さ 2〜3 cm，径は芒を含めて長さよりやや短い．枝は極端に短縮していて，密に小穂がつき，全体が灰色がかり，ふかふかした感じで，濃色の芒が花序から密に出る．苞穎は 2 枚がほぼ同じ大きさで，質が薄く，線状披針形で，長さ 1 cm，1 脈があり，長軟毛が密につき，先端は羽状の毛になった突頭に終わり，小花は苞穎の上から脱落する．護穎は苞穎より短く，質が薄くて平滑，先端は 2 裂し，裂片の先端は芒状になる．護穎の背中の中央上部から，やや膝折れした長い芒が出て，その長さは護穎より長い．内穎は幅が狭く，質が薄く，竜骨が 2 本あり，その先端はやや切形で，竜骨は微凸頭に終わる．〔日本名〕花序は密に小穂がつき，全体がふさふさした卵形体の毛の塊になるので，それをウサギの短い尾に見立てて，名前がついた．

1080. クサヨシ（ホソボクサヨシ）　〔イネ科〕

Phalaris arundinacea L.

原野の水辺の日当たりよい草地に，まばらに群をなして生える多年草で，地下茎を引いて繁殖する．茎は細長い円筒形をして直立し，草質で，高さ 1.5 m 位あり，花後もずっと残存し，晩秋になってもなお緑色で節から分枝して葉をつけ，冬に入って枯れる．葉は互生し，幅広い線形で先は次第に細まり，ふちに細かいきょ歯がある．5〜6 月頃，丈の高い茎の頂に円錐花穂を直立する．穂はやや狭長で 10〜17 cm 位の長さがあり，紫色を帯びた淡緑色で，2 回位分枝してやや密集して小穂をつける．小穂には 1 花があり，柄を持ち，卵形で左右より圧せられて，往々紫色を帯び，芒はない．2 苞穎は大形で長さ 6 mm 位ある．護穎，内穎は小形で下部にやや長い毛がある．2 鱗被，3 雄しべおよび 2 花柱を持つ 1 子房がある．〔日本名〕草葦はヨシに比べると小形で軟らかい草質であるからこのようにいう．〔追記〕上記の記載は在来の個体に基づくものであるが，最近見られるものの中にはヨーロッパ方面から帰化した系統も多く，それらは花序がより幅広い傾向がある．従来，花序の細いものにホソボクサヨシの名が与えられたことがあったが，これは程度の差こそあれ在来の個体に共通する特徴のようである．

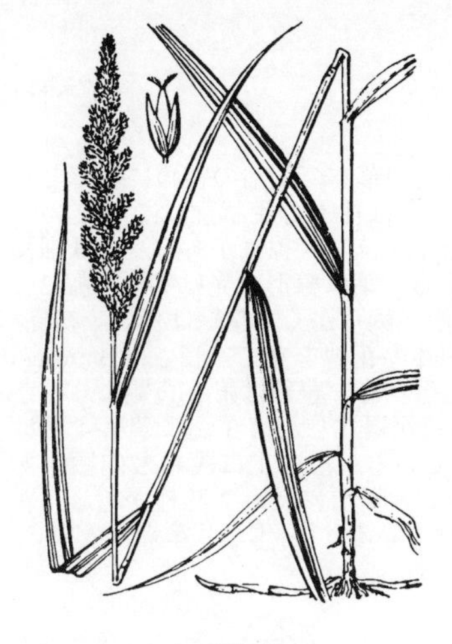

1081. チ　グ　サ（リボングラス，シマヨシ）　〔イネ科〕

Phalaris arundinacea **L. 'Picta'**

ふつう庭園に植えられる多年草．根茎は地中を横にはい，その先端に新しい苗を作り繁殖するので一カ所に群生するようになる．茎は直立し基部は淡紅色になる．中空で細長い緑色の円柱形で，葉鞘に包まれ，秋になって短く分枝して葉をつけ冬に枯れる．葉は互生し，幅広い線形で上部は次第に細まり，ふちに細かいきょ歯があり，鮮緑色で広くまた狭い白条が縦に走り，ふちのあたりでは淡紅色になり美しい．葉鞘は長く，毛はなく，緑色でときどき白条が通っている．5～6 月頃，高く抽出して直立した茎の頂に，クサヨシと同様な穂を立て，小枝は初めは広がるが後に密集する．花の構造はクサヨシに同じ，小穂には 1 花があり，左右から圧せられた卵形で往々紫色を帯びる．2 苞穎は大きく長さ 6 mm 位，中に花を包む，護穎は幅広く，内穎は小さく基部に毛がある．2 鱗被がある．雄しべ 3 個，2 花柱のある 1 子房がある．クサヨシの 1 園芸品種で，葉に白い縦縞がある点で異なる．詩経に鷊といわれているのはこれであろう．〔日本名〕血草は葉を横断してしばらくすると，その白条部が赤色を帯びてくることからいう．縞葦はその葉に白条があるからいう．

1082. コウボウ　〔イネ科〕

Anthoxanthum nitens (Weber) Y.Schouten et Veldkamp
（*Hierochloe odorata* (L.) P.Beauv.）

原野または丘陵上の草地に生える多年草で，地中に細長く白色で香気のある根茎を引いて繁殖する．葉は線形または短い線状披針形をして，先は尖り，植物体の下部に多く，長さは 5～20 cm，幅は 3～6 mm 位，質はやや厚く白味ある緑色で，上面に細かい毛があり，ふちに細かいきょ歯がある．葉鞘は緑色で平滑，葉舌は長い．4～5 月頃，20～40 cm 位の細長い緑色円柱形の茎を直立して，上部にはほとんど葉をつけず裸出しているか，またはわずかに短い葉をつけ，先端に長さ 5～8 cm 位の，淡褐緑色で短く広い円錐花穂をつけ，小枝は斜上または開出してひげ状となり淡緑色である．小穂は短い柄を持ち，長さ幅とも 4～6 mm で幅広く，左右より扁平である．芒はなく，1 花と 2 不稔花があり，光沢のある薄い膜質の 2 苞穎に包まれている．先端の 1 花が護穎，内穎のある両性花で，雄しべ 2 個と 2 花柱のある子房を持ち，横の 2 不稔花は雄性で雄しべ 3 個を持ち，護穎のふちに毛がある．〔日本名〕香茅の意味で，その草に香気があるからいう．〔追記〕日本産のコウボウを上の学名の植物の変種としたり，独立種として *A. glabrum* (Trin.) Veldkamp の学名を当てる意見もある．また，日本産に複数の型を認める意見もある．

1083. ミヤマコウボウ　〔イネ科〕

Anthoxanthum monticola (Bigel.) Veldkamp subsp. ***alpinum*** (Sw. ex Willd.) Soreng（*Hierochloe alpina* (Sw.) Roem. et Schult.；*H. alpina* var. *intermedia* Hack.）

北海道と本州中部の高山地帯に生える多年草．高さ 20～30 cm 位．根茎は短く，葉をつけた枝を出し，ひげ根を叢生する．葉は下部に叢生して，狭線形で先端は鋭く尖る．葉鞘は長く，ゆるく茎を包む．夏，狭長で直立した茎の頂に，短縮した円錐花穂を直立し，短い少数の髪毛状の小枝を分かち，数個または十数個の小穂をつける．小穂は黄褐色で各 3 花からなる．2 苞穎は大きく花より少し長く，光沢があり，中部は暗紫色である．頂生の花は護穎・内穎を持った両性花で，雄しべ 3 個と 1 子房を持ち，側生の花はそれぞれ雄しべ 2 個を持つ雄性花で，その最下の小花の護穎には短い芒がある．中間の花の護穎には，膝曲した長い芒があって，花外に超出し，護穎のふちに毛が生えている．〔日本名〕深山香茅の意味である．

1084. タカネコウボウ（シラネコウボウ）　〔イネ科〕

Anthoxanthum horsfieldii (Kunth ex Benn.) Mez var. ***japonicum*** (Maxim.) Veldkamp（*A. japonicum* (Maxim.) Hack. ex Matsum.）

本州の山地または高山の草地に生える多年草で，高さ 50 cm 位，淡緑色で毛はなく軟らかい．根茎は細く横にはい，または斜上し，ひげ根を出し，多少香気がある．茎は直立し細長く中空の円柱形，緑色である．葉は互生し，線形で上部が次第に尖り，細い毛が生えて，長い葉鞘があり，葉舌は膜質で卵形または長楕円形である．夏から秋にかけ，葉よりもぬき出た茎の項にやや狭長な円錐花穂をなして，ふつう一方に傾き，短い側枝を分けて褐緑色の小穂をつける．小穂は淡緑色で左右から圧せられ,披針形となり，短い柄がある．長さ 5 mm 位あって，3 花からなり，2 本の芒を持つ．苞穎も護穎もともに楕円形．雄しべは 3.〔日本名〕高嶺香茅の意味で，山上に生えることからいう．白根香芽は日光白根山に生えるからいう．

1085. ハルガヤ　〔イネ科〕

Anthoxanthum odoratum L.

ヨーロッパ北部，北アフリカ，北アジア原産の草本で明治の初めに牧草として輸入し，畠地に作ったが，すぐに逸出して今は往々野生状態になっている多年生の帰化植物である．叢生し高さ 35～45 cm 位で，香気がある．茎は細長く直立し，単一である．根はひげ状で叢生する．葉は線形で先は尖り，幅 2～4 mm 位，茎や葉はふつうほとんど無毛で平滑，軟らかく，葉鞘は長い．初夏，葉よりはるか上方にぬき出た茎の頂に長楕円体の花穂を立て，長さは 3～6 cm 位，小穂を密集する．小穂は 1 花からなり，その第 1 苞穎は第 2 苞穎より小さく両方とも先端がやや芒状となり，2 個の小花が退化した第 3 および第 4 穎は長い芒を持ち表面は褐色の長毛でおおわれている．その上に護穎と内穎がある．鱗被はない．雄しべ 2 個があり葯は大きい．子房に長い 2 花柱がある．穎果は円柱形で尖り，護穎と内穎によって包まれている．〔日本名〕春茅の意味で，これは Vernal grass という英名を訳したものである．

1086. コバンソウ（タワラムギ）　〔イネ科〕

Briza maxima L.

欧州の原産であるが，明治年間に渡来し観賞品として栽培した一年草で，現在では逸出して帰化状態を呈している．茎は細くて直立し，高さ 30～40 cm で上部は非常に細くなっている．葉は立ち，線状の長披針形をなし，長さは 8 cm ほどあり，多少ざらつき，葉鞘は無毛である．葉舌は卵形で先端が裂けている．6 月に茎の頂にまばらな円錐花序を出し，非常に細い枝数本を分かち，各枝の先端に大形の小穂を下垂する．小穂は扁平であるが厚く，卵状楕円形で長さは 1～2 cm，幅 1.2 cm 内外に達する．初めは緑色で熟してから後に黄緑色になり美しい．小花は 15 個内外が左右に並び，広大な護穎は鱗状に重なり上半部には毛がある．第 1，第 2 の 2 苞穎があって護穎と同様である．護穎は広い卵円形で長さ 8 mm 内外で左右からたたまれて円くなり，基部は深い心臓形．内穎は護穎に比べてはなはだ小形である．〔日本名〕小判草および俵麦はともに花穂の形に基づくものである．

1087. ヒメコバンソウ（スズガヤ）　〔イネ科〕

Briza minor L.

元来欧州の原産であるが今は本州以南の各地の原野路傍に帰化している．全体が緑色の一年草で叢生し，高さは 30～40 cm 位ある．茎は細くて直立し，葉は茎上にまばらに互生し，細長い楕円状披針形で長さ 6～14 cm，幅 5～10 mm ほどある．質は軟らかく，茎とともに無毛で先端は尖り，基部は斜めに葉鞘に流れる．葉舌は卵状披針形である．夏に茎の頂に長さ 10 cm 内外の円錐花序をつけ，特異な形をした多数の小穂を糸状の分枝上につけて非常に可愛らしい．小穂は同属のコバンソウに比べてはなはだ小形，長さ 4 mm ほどで平たい三角状の卵形，緑色で平滑である．10 花内外の護穎が左右に鱗状に並び，苞穎と護穎は同形で基部は心臓形をしている．〔日本名〕姫小判草の意味である．スズガヤもまた，その小穂の形容による．

1088. エゾヌカボ　〔イネ科〕

Agrostis scabra Willd.

（*A. hyemalis* auct. non (Walter) Britton, Sterns et Poggenb.）

北日本一帯に生える多年草で叢生し，高さは 30～40 cm 位ある．茎ははなはだ細く分枝せず，その下部にやや短い葉が多くある．葉は線形で先は次第に尖り長さ 5 cm，幅 2 mm 内外，ふちに細かい歯がある．夏秋の間，茎の頂に長さ 20 cm 内外の散開した円錐花穂をつけ，中軸の各節から 2 ないし数本のひげ状で細い花序の枝を輪生して開出し，その先端部に総状あるいは複総状に微細な小穂をつけ，中軸と花序の枝は非常にざらつく．小穂は 1 花からなり，紫色を帯び，長さは 1.3 mm 位ある．内外の 2 苞穎はほぼ同形同大で披針形，中脈上に毛があり，護穎とともに芒はない．雄しべは 3 個，子房に 2 花柱がある．この種は晩秋にその花穂がやや赤色を呈し，ざらつく花序の枝に白く朝露のついた様は美しい．〔日本名〕蝦夷糠穂は北海道に多く生えるヌカボの意．

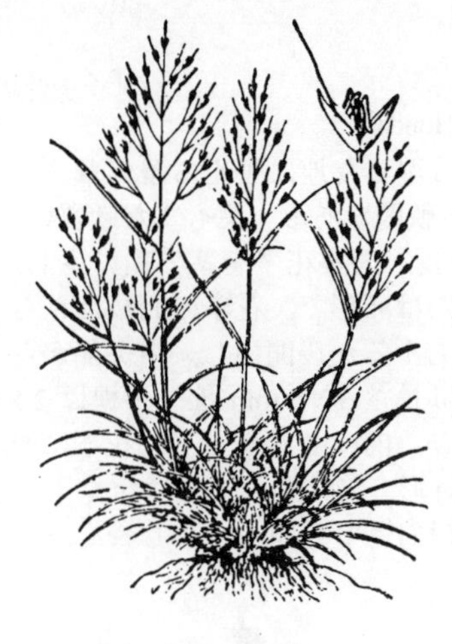

1089. ミヤマヌカボ 〔イネ科〕

Agrostis flaccida Hack.

北海道から九州の高山地帯に生える多年草で密に叢生し，高さ 15～30 cm 位．茎は繊細で長く直立または斜上する．葉は狭線形，長さ 5～10 cm，幅 1～2 mm で多く茎の基部に集まって出る．夏秋の間，茎の頂にゆるく散開した卵形体の円錐花穂をつけて直立し，長さ 4～8 cm 位，中軸の各節から 2～3 本の短く細い枝を出し，総状または複総状に細小の小穂をまばらにつけ，小穂の柄は小穂自体より長いかまたは同長．小穂は 1 花からなり，長さ 1 mm 余りあって淡緑紫色である．内外の 2 苞穎はほぼ同形同大で芒はなく，護穎は苞穎より短く，背面の基部付近から繊細で長い芒が出て花の外に超出する．雄しべは 3 個．子房に 2 花柱がある．〔日本名〕深山糠穂の意味．

1090. ヤマヌカボ 〔イネ科〕

Agrostis clavata Trin. var. ***clavata***

北海道，本州，四国，九州のやや高い山地に多い多年草で，よく叢生し，茎は高さ 20～80 cm 位，葉はヌカボよりやや細く，長さ 7～15 cm，幅 1.5～4 mm 位，茎の頂にまばらに散開した円錐花序を生じる．花序の側枝は輪生して長く，花時には開出し，下半部には小穂がない．小穂は長さ 2 mm，ふつう緑色で，内外の 2 苞穎はほぼ同長，披針形で，芒はなく背面に竜骨があり，その上部には短い剛毛があってざらつく．護穎は長さ 1.5 mm で 3 脈があり，披針形で先端は鈍く，ヌカボのごとく先端は鋭くない．内穎はごく小さく 0.2 mm ほど．

1091. ヌ　カ　ボ 〔イネ科〕

Agrostis clavata Trin. var. ***nukabo*** Ohwi

北海道から九州の原野，路傍等に生える二年草で高さは 30～40 cm 位あり，叢生して直立し，緑色である．茎は細長く分枝しない．葉は幅の狭い線形で先は次第に尖り，幅 2～5 mm 位ある．5～6 月，茎頂にやや密な円錐花穂をつけ，長さ 10～15 cm 位あり，中軸の各節から 2～3 個の上向するひげ状の細い枝を輪生し，各小枝に総状または複総状に微細な小穂をつける．小穂は 1 花からなり，長さ 1 mm 余で緑色．2 苞穎はやや不同長で第 1 苞穎の方が少し長く，先端は鋭く尖り，護穎とともに芒を欠く．内穎はごく小さい．2 個の鱗被がある．雄しべは 3 個，子房に 2 花柱があり，穎果は微細．〔日本名〕糠穂は花穂が糠のような細小な小穂をつけていることに基づいて名付けられた．

1092. コヌカグサ 〔イネ科〕

Agrostis gigantea Roth（*A. palustris* auct. non Huds.）

江戸時代末期ないしは明治初年に日本に入った帰化植物の一つで今は原野または山原に群をなして繁殖する多年草．茎は細長く高さ 60 cm～1 m 位あって直立し，節はやや高い．葉は線形で先端は次第に尖り，長さ 10～20 cm，幅 3～5 mm 位，上面ははなはだざらつき，ふちに細かい歯がある．夏，茎頂に散開した円錐花穂をつけ，長さ 10～20 cm 位あり，中軸の各節からは 3～6 本位の細い枝を開出して輪生し，複総状に緑色あるいは紫色を帯びた小穂をつける．小穂は細小で 1 花からなる．内外の 2 苞穎はほぼ同形同大で中脈に毛があり，先端は鋭く尖り，芒はない．護穎は小形で苞穎より短い．内穎は護穎の 1 / 2～2 / 3 の長さ．雄しべは 3 個．子房に 2 花柱がある．〔日本名〕小糠草は花穂上の小穂が細小で糠に似ていることによる．

1093. ヒメコヌカグサ 〔イネ科〕

Agrostis valvata Steud.（*A. nipponensis* Honda）

本州，四国，九州の林下の陰所あるいは湿った地に生える多年草．茎はやや多数叢生して高さ 40〜70 cm，全体軟弱である．葉もまた軟質で，無毛，淡緑色，線形で長さ 7〜15 cm．初夏，円錐花序を茎の頂に生じ，その高さ 10〜15 cm 位，概形は披針形または卵形で，花序の側枝はざらつき，5〜7 個輪生し，初め中軸沿いに立ち上るが後開出し，中央部から上に小穂をややまばらにつける．小花柄は長さ 3〜5 mm 位，小穂は 2.5〜3 mm，淡緑色，ときに少し紅紫色を帯び，内に 1 花をもち，花下に関節がある．内外の苞穎はほぼ同形で広披針形，先は鋭く，芒はなく 1 脈があり，背面上方はざらつく．護穎は淡緑白色で苞穎より少し長く，膜質で芒はない．内穎ははなはだしく小形．

1094. ヒエガエリ 〔イネ科〕

Polypogon fugax Nees ex Steud.

本州から琉球の日当たりのよい原野の溝辺あるいは湿地に生える二年草で基部に枝を出して叢生し，ときに大きな株をなし，長さ 30〜50 cm 位ある．茎は直立または斜上し，下部は往々節で折れ曲がる．葉は細長く線形で，先は鋭く尖り，長さ 4〜10 cm 位，質は厚くなく，やや軟らかく，ふちはざらつく．夏，茎の頂に円柱状の円錐花穂をつけ，長さ 5〜7 cm 位あり，緑紫色で，多数の小穂が集まってつく．小穂には 1 花がある．内外の 2 苞穎は同形同大で，毛を生じた中脈を中心として 2 つ折りとなり，先端に苞穎自体よりやや短く弱い芒があり，護穎にも短い芒がある．雄しべは 3，子房に 2 花柱がある．〔日本名〕稗還りはヒエが変化して生じたものとの意味である．

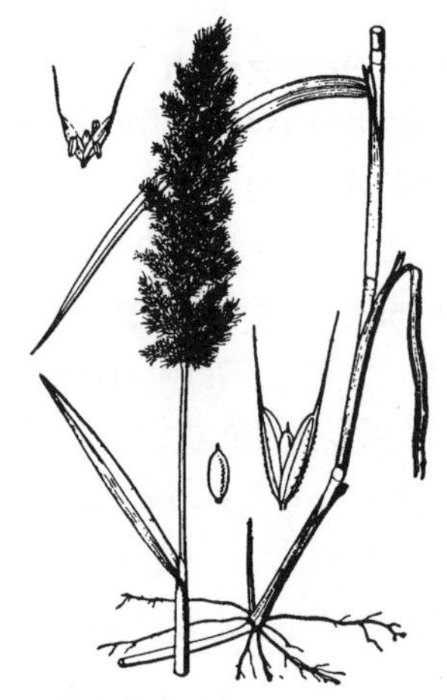

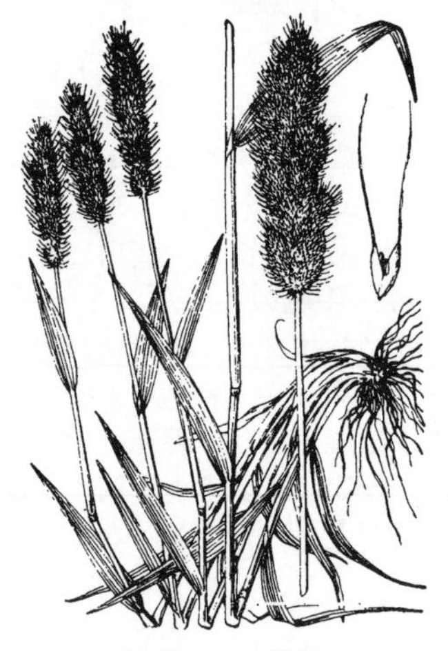

1095. ハマヒエガエリ 〔イネ科〕

Polypogon monspeliensis (L.) Desf.

本州から琉球の日当たりよい湿地に生える二年草で特に海岸近くに多い．高さは 30〜40 cm 位．茎は叢生，直立し細長い．葉は線状披針形で先が鋭く尖り，ふちに細かいきょ歯があり，長さは 6〜12 cm，幅は 4〜7 mm 位である．夏，茎の頂に凸凹の多い円柱形の円錐花序をつける．淡い緑色の小穂が密に集まり穂面に軟らかい芒が多い．花序は長さ 3〜8 cm，直径 7〜12 mm 位．小穂はごく細小で 1 花からなる．内外の 2 苞穎はともに長さ 5 mm 位で中脈上とふちに毛があり，苞穎の 2 倍半位の長さの細長い芒を持ち，内部に護穎，内穎のある 1 花を包む．〔日本名〕浜稗還りの意味で海に近い土地に生えるヒエガエリの意味．

1096. オオハマガヤ 〔イネ科〕

Ammophila breviligulata Fernald

アメリカから渡来し，海岸付近の砂地に帰化する中形の多年草．根茎は硬く，鱗片におおわれていて，地下で横に長くのびる．根がよく発達し，砂丘の安定用に使われる．茎は株立ちし，直立，基部は幅が広くて互いに重なりあう多数の葉鞘におおわれる．高さ 40〜60 cm になり，平滑で無毛．葉身は質が硬く，長さ 30 cm，上側に円く巻いていて細長く，先端部は垂れ下がり，ざらつく．葉舌は硬く，長さ 1〜3 mm．花序はほぼ円柱形，両端はやや細まり，長さ 15〜30 cm，茎の先端につき，灰色で，円錐状だが枝はごく短く直立するので穂状に見え，密に小穂がつく．小穂は 1 花性で，扁平，長楕円形で，長さ 11〜14 mm．苞穎 2 枚はほぼ同じ長さで，小穂と同じ長さ．第 1 苞穎は脈を 1 本もち，第 2 苞穎は脈を 3 本もつ．護穎はざらつき，第 1 苞穎と同じ長さで，基部に基盤が発達し，そこから長さ約 2 mm の束毛が生える．小穂軸は発達していて，小花の基部からのび出て，先端に毛があり，長さ 3 mm．内穎は護穎とほぼ同じ長さ．〔日本名〕ハマガヤに比べて大形である所から名前がついたが，花穂は 1 本のように見え，花穂を多数出すハマガヤ（1266 図追記参照）とは花序の形が異なり，属も異なる．全体はむしろハマニンニクに似ている．

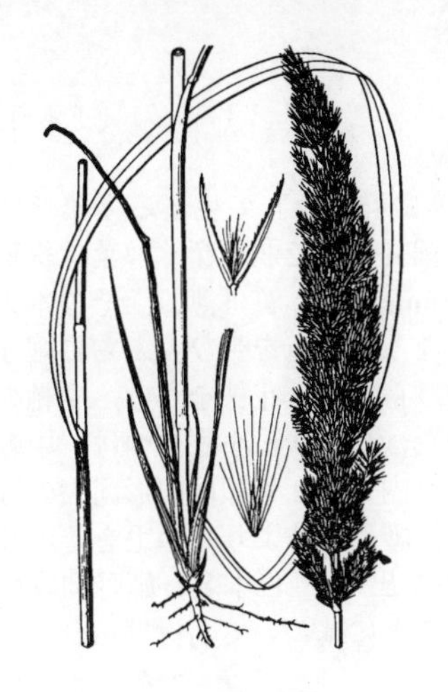

1097. ヤマアワ 〔イネ科〕

Calamagrostis epigeios (L.) Roth

北海道から九州の平原，山原または林間の地，あるいは近海の砂質草地等に生える多年草で高さ 1 m 内外あり，短い地下茎を出して繁殖する．茎は直立し淡緑色の円柱形である．葉は細長い線形で上部は次第に鋭く尖り，長さ 20〜40 cm 位，幅 3〜4 mm 位で上面はざらつき，ふちに細かいきょ歯がある．夏の頃，茎の頂に長さ 15〜20 cm 位の円柱状の円錐花穂をつけて短く枝を分かち，密に小穂をつけ，淡緑色をしている．小穂は 1 花からなる．内外 2 苞穎はほとんど同形同大で長さ 6 mm 余り，線状披針形で先端は尖り，中脈にきょ歯状毛がある．護穎はその基部に多くの毛があり，毛は苞穎よりも短く，かつ 1 個の短い芒がある．〔日本名〕山粟は山地に生え，花穂の状態がアワに似ていることによって名付けられた．

1098. ホッスガヤ 〔イネ科〕

Calamagrostis pseudophragmites (A.Haller) Koeler

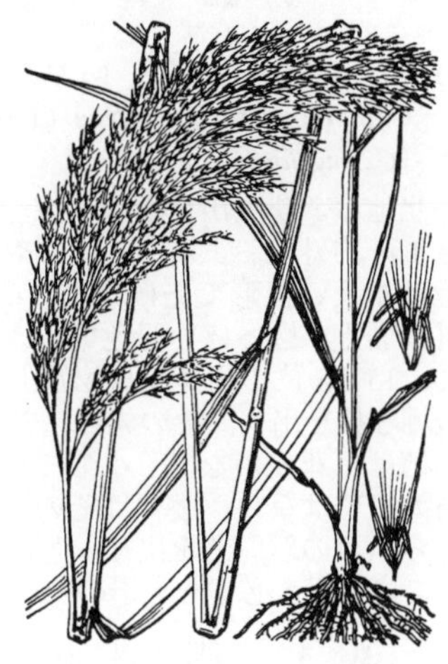

北海道，本州の日当たりのよい河原の砂地に生える強壮な多年草で高さ 100〜120 cm 位あり，根茎は横にはう．茎は太く，高く直立し，円柱形で枝分かれしない．葉は長い線状で上部は次第に狭まり，先は鋭く尖り，粉緑色で長さ 30〜45 cm 位，ふちに細歯があり，下部に長い葉鞘があって，葉舌は長楕円形．夏秋の頃，茎の頂に緑紫色の長大な円錐花序をつけ，その分花序は軟弱で一方に傾き，密に多数の小穂をつける．小穂は 1 花からなり，幅狭く，先は尖り，長さ 8 mm 位ある．内外の 2 苞穎は大小不同の狭披針形で上部は長く尖り，護穎と内穎は苞穎より短く，護穎の芒は真直である．〔日本名〕払子茅はその花穂の状態が払子に似ていることによって名付けられた．

1099. ノガリヤス 〔イネ科〕

Calamagrostis brachytricha Steud.

（*C. arundinacea* auct. non (L.) Roth）

各地の林野地に生える多年草．茎は細長く強硬で高さ 1 m 内外あり，叢生して直立する．葉は表裏転倒し，細長い線形で先は次第に尖り，長さ 30〜50 cm，幅 3〜5 mm 位，剛質で上面はざらつき，ふちに細かいきょ歯がある．秋，茎の頂に長さ 20 cm 内外の円錐花穂をつけ，ややまばらに狭く集合し，中軸の各節から上向する短い花序の枝を出し，総状あるいは複総状に小穂をつける．小穂は 1 花からなり細長い．内外の 2 苞穎はほとんど同形同大で芒はなく，護穎は苞穎とほぼ同大，その基部から穎自体よりはるかに短い多くの毛を生じ，かつ中脈の下方から繊細な芒を生じて苞穎外に超出する．〔日本名〕野刈安は野に生えるカリヤスの意味．

1100. サイトウガヤ 〔イネ科〕

Calamagrostis brachytricha Steud.（*C. arundinacea* var. *sciuroides* Hack.）

原野あるいは山地の林間等の草地に生える多年草で叢生し，高さ 1 m 余りに達する．茎は直立し，質はかたく細長い．葉は表裏転倒し，細長い線形で上部は次第に狭まり，先は鋭く尖り，長さ 30〜50 cm，幅 4〜8 mm 位あって質はかたく，上面はざらつき，ふちに細かい歯をもつ．秋，茎の頂に長さ 20〜25 cm 位の長楕円状の円錐花穂をつけ，中軸の各節から斜上する数本の細い花序の枝を出し，総状あるいは複総状に緑色あるいは紫色を帯びた小穂をつけ，中軸，枝条および小穂の柄はともに逆向する小短毛によりざらつく．小穂は 1 花からなる．内外の 2 苞穎は同形同大で芒はなく，護穎は基部に短毛があり，かつ繊細な長い芒がその下部から出ることはノガリヤスと同じである．全体をノガリヤスに比較すると一般に大形で，かつ花穂の中軸のざらつきがはなはだしい．〔日本名〕サイトウガヤは西塔茅の意味で，最初京都比叡山西塔の付近で採集されたことに基づき名付けられたのであろう．〔追記〕現在では本植物は特に前種ノガリヤスとは区別されていない．

1101. ヒメノガリヤス 〔イネ科〕

Calamagrostis hakonensis Franch. et Sav.

北海道から九州の主として山地の斜面等に群をなして生える多年草でまばらに叢生し，高さ 30〜40 cm 位．茎は細長くまた弱く傾く．葉は線形で先は次第に尖り，長さ 20 cm 内外，幅 5 mm 内外，質は薄く，その本来の下面は上面となり，本来の上面は下面となって白色を帯び，ふちに細かい歯がある．夏，茎の頂に 5〜8 cm 位のまばらな円錐花穂をつけ，中軸の各節から 2 本位の細い枝を斜上し，総状または複総状に小穂をつけ，中軸および枝はざらつく．小穂は 1 花からなる．内外の 2 苞穎は同形同大の線状披針形で先は尖り，長さ 5 mm 位．護穎は護穎自体より短い毛をその基部に生じ，かつその下部から 1 個の短い芒を出す．〔日本名〕姫野刈安の意味でノガリヤスよりも全体が小形であることに基づいて名付けられた．

1102. イワガリヤス（イワノガリヤス） 〔イネ科〕

Calamagrostis purpurea (Trin.) Trin. subsp. ***langsdorfii*** (Link) Tzvelev
（*C. langsforfii* (Link) Trin.）

北地および高山地帯の草原や湿原に生える多年草で多くは群生し，高さ 1 m 内外におよぶ．茎はやや大形，平滑な円柱形でまばらに分枝する．葉は細長い線形で先は次第に尖り，長さ 10〜20 cm 位，幅 5 mm 内外，質は弱く，白っぽい緑色で，ふちに細かい歯がある．夏，茎の頂に長さ 10〜15 cm 位の円錐花穂を出し，淡紫色を呈し，中軸の各節から数本の繊細な枝を出し，その先端に総状または複総状に小穂をやや密につける．小穂は 1 花からなり，小形で長さは 4 mm 位．内外の 2 苞穎はほぼ同形同大で芒はない．護穎はその基部に多数の白色の短毛を生じ，かつ下部から 1 個の短い芒を出し，芒は苞穎の上に出ない．〔日本名〕岩刈安の意味であるが，必ずしも岩の上に生えるとは限らない．

1103. ミヤマノガリヤス 〔イネ科〕

Calamagrostis sesquiflora (Trin.) Tzvelev

本州中部以北の高山帯の草地に生える多年草で叢生し，茎の基部は古い枯葉でおおわれ，高さは 25〜30 cm 位．茎はやせて長く直立する．葉は細かい線形で先は次第に尖り，長さ 10〜30 cm 位，幅 2〜4 mm 位，ふちに細かい歯がある．夏，茎の頂に長さ 5〜10 cm 位のやや円柱状をした円錐花穂をつけ，やや密に小穂をつける．小穂は 1 花からなり，やや大形で長さは 1 cm 位．内外の 2 苞穎は線状披針形で先端は鋭く尖り，同形同大で芒はない．護穎はさらに小さく基部に多くの短毛があり，その中脈の下部から 1 個の長い芒を生じ長さは 1.3 cm 位ある．〔日本名〕深山野刈安の意味で深山に生えることによって名付けられた．

1104. カニツリノガリヤス 〔イネ科〕

Calamagrostis fauriei Hack.（*Ancistrochloa fauriei* (Hack.) Honda）

本州北中部の日本海側の高山の向陽の草原，岩場等に生える多年草で，根茎はなく，叢生し，高さは 20〜40 cm 位に達し，茎の基部に膜質の鱗片葉がある．葉は幅狭い線形，やや軟質で長さ 30 cm 位，幅 2〜4 mm，無毛で大きく彎曲して先端は垂れ下がる．7〜8 月頃茎の頂から概形狭卵状の円錐花序を葉よりも高く出し，長さは 5〜10 cm 位に達する．小穂は紅紫色を帯び，長さ 5〜7 mm，1 小花がある．小穂の内外の 2 苞穎はほぼ同形，披針形，長さ 5〜7 mm 位，先端は長く鋭く尖り，護穎は苞穎より著しく短く，5 脈があり，側脈は上端に突出して直立平行する長さ 1〜4 mm の小芒となり，中央の芒は護穎の背面先端より少し下方から生じて太く，著しく膝折れして，捻転し，小穂の 2〜3 倍の長さがある．小花の基毛は護穎の半分より短く，花の下から生じる小軸突起は小穂の外に抽出し，下方に毛がある．〔日本名〕草姿がカニツリグサに似るゆえである．

1105. ヒゲノガリヤス 〔イネ科〕

Calamagrostis longiseta Hack.

本州北部，中部および近畿地方北部の高山地帯に生える多年草で，地下茎はなく叢生して高さ 30〜70 cm 位あり，葉は長さ 15〜30 cm，幅 2〜5 mm，ときに上面に毛があり，基部は無毛の葉鞘となる．夏に茎の頂に長さ 10〜15 cm の紫色を帯びた円錐花序を出し，花序の枝はやや輪生状でざらつく．小穂は多数密につき，長さ 4〜5 mm，光沢がある．内外の 2 苞穎は披針形，ほぼ同形で，竜骨があり，上方に短い剛毛があり，内に 1 小花がある．護穎は苞穎より少し短く，5 脈があり，背面の中央またはやや上部から，膝折れして護穎の 2 倍以上ある長い芒を生じる．小花の基毛は護穎より少し短い．〔日本名〕鬚野刈安の意味で，長い芒をひげに見立てたもの．〔追記〕本州中北部の高山に生えるオオヒゲガリヤス *C. grandiseta* Takeda は本種と前種カニツリノガリヤスとの交雑に起源する植物と考えられ，ヒゲノガリヤスとは全体小さく芒が護穎の背面中部よりも下から出ることで，カニツリノガリヤスとは小軸突起が小穂から抽出しないことで区別される．

1106. シラゲガヤ 〔イネ科〕

Holcus lanatus L.

欧州原産の多年草で，広く北米その他に帰化し，日本にも所によりふつうに見る．叢生し，全体に白色の軟毛がある．茎は膝曲する基部から斜上して高さ 20〜100 cm に達する．葉は線形で先端尖り，灰白緑色または緑色，長さ 10〜30 cm，幅 5〜10 mm，葉鞘には下向きの毛を密生する．円錐花序は晩春から夏に出て，長楕円形または卵形，白緑色，ときに紫色を帯び，長さ 10〜20 cm．小穂は長楕円形，扁平，長さ 4〜6 mm，2 花からなり，ふつう上方の花は雄性，下方の花は両性，小穂下に関節がある．内外の苞穎は膜質，楕円形でほぼ同形，小穂を覆い，脈上に剛毛，全面に短毛があり，第 1 苞穎は 1 脈，第 2 苞穎は 3 脈があり，はなはだ短い芒がある．護穎は長さ 2.5 mm 位，光沢があり，上方に竜骨があり，不明の脈があり，雄性花では背面から芒を生じ，芒は乾けば外方に鉤状に反曲する．

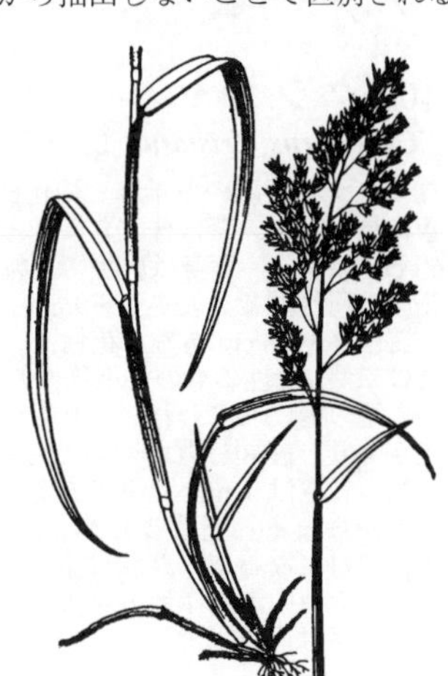

1107. ヒロハノコメススキ（ミヤマコメススキ） 〔イネ科〕

Deschampsia cespitosa (L.) P.Beauv. subsp. ***orientalis*** Hultén var. ***festucifolia*** Honda

北海道から九州の深山や高山等の湿地に生える多年草で叢生し，高さ 50〜70 cm 位．茎は多く叢生し，細長く強い．葉は株の基部に多く生じ，狭長の線形で先は尖り，長さ 5〜20 cm，幅 1〜2 mm 位あり，質はやや厚くふちはざらつき，葉鞘は平滑である．夏，茎の先端に大形でまばらな円錐花穂をつけ，中軸の各節から 2 本の枝を出しさらに枝分かれしてその小枝の先端に長さ 4 mm 位の小穂をつける．小穂は緑褐色で光沢があり，2 個の小花からなる．内外の 2 個の苞穎はやや同形同大．護穎は基部に多くの短毛をつけ，中脈の下部から短い繊細な芒を生じ苞穎外に出ない．鱗被は 2 個．雄しべは 3 個．子房に 2 個の花柱がある．本種はコメススキに比較すると葉が幅広く，花穂は大きい．〔日本名〕広葉の米ススキ，並びに深山米ススキの意味．

1108. ヌカススキ（コゴメススキ） 〔イネ科〕

Aira caryophyllea L.

ヨーロッパの原産で明治の初めに渡来し，今は野生化している一年草．叢生し，直立して高さは 5〜30 cm 位．茎は多数出て上部には葉をつけず，基部は往々屈曲する．葉は繊細で短く，長さは 5 cm 位，細く刺毛状で，細長い葉鞘があり，葉舌は長い．6〜7 月の頃茎の頂に長さ 5〜10 cm 位の円錐花穂を出し，中軸から多数分枝してさらに小さい花序の枝を出し，枝端に各 1 個の小穂をつける．小穂ははなはだ小形で長さ 2 mm 位，相対する 2 花からなる．内外の 2 苞穎は同形同大で質は薄く，芒はない．護穎と内穎は苞穎よりはるかに小形，護穎は先端尖り，中脈の中央部から繊細な芒を生じる．〔日本名〕糠ススキはその花が糠（ぬか）のごとく小さいことに基づき，同じく小米ススキもその花の小さいのに基づき名付けられた．

1109. コメススキ 〔イネ科〕

Avenella flexuosa (L.) Drejer (*Deschampsia flexuosa* (L.) Nees)

高山帯および北地に生える多年草で茎は多数集まって叢生し，高さ 20〜40 cm ほどある．茎は細長く上部には葉がない．葉は細長く，糸状をなし，長さ 10 cm 内外あって多数株の基部に集まり，茎とともに平滑で淡緑色であるが古くなると赤褐色になる．夏に茎の頂にまばらな円錐花穂をなしてひげ状の小枝の末端に 1 個の小穂をつけ柄は小穂より長い．小穂は長さ 5 mm 内外で褐色を帯び，2 個の小花からなり，その 1 花に短い柄がある．第 1，第 2 の 2 苞穎はほとんど同形同大で膜質であり芒はない．護穎は基部に短い毛があり，その下部から非常に細い芒を生じ，苞穎より上に出ており，内穎は護穎とほぼ同長で細長い．雄しべは 3 個．子房に 2 花柱がある．〔日本名〕米ススキはその小穂を米に似せたものである．

1110. クシガヤ 〔イネ科〕

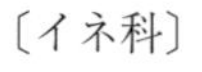

Cynosurus cristatus L.

ヨーロッパ原産の多年草．帰化植物として，日本に渡来し，北海道や中国地方にときに見られる．茎は株立ちになって，直立し，基部はしばしば膝折れし，高さ 30〜60 cm になる．葉身は扁平で，幅 1〜4 mm，根際につくものは比較的に短い．円錐花序は円柱状で，長さ 2〜9 cm，分枝が極端に短縮し，穂状になり，多少彎曲して，長さは 3〜8 cm ある．花軸は一部を除いて小穂におおわれ，ジグザグに曲がる．小穂は二型，稔性のものと不稔性のものが対になって軸につく．稔性小穂は無柄で，有柄小穂の柄におおわれ，それらが密に瓦状に重なって軸につく．無柄小穂は 2〜3 小花があり，護穎は背中がふくらみ，幅が広く長さ 5 mm，披針形で先端に芒があり，芒の長さは 1 mm 以下である．無柄小穂は 2 個の苞穎と数枚の狭披針形になった護穎からなる．苞穎の上で小花が脱落し，苞穎だけが残る．〔日本名〕花軸につく小穂が対になって，瓦状に重なり，一見，櫛の歯状になるため，櫛茅の名がついた．同属で地中海沿岸地方原産のヒゲガヤ *C. echinatus* L. は葉身の幅が広く（3〜10 mm），花序は円錐形で短く（1.5〜4 cm），小穂の芒が長いので本種と区別できる．

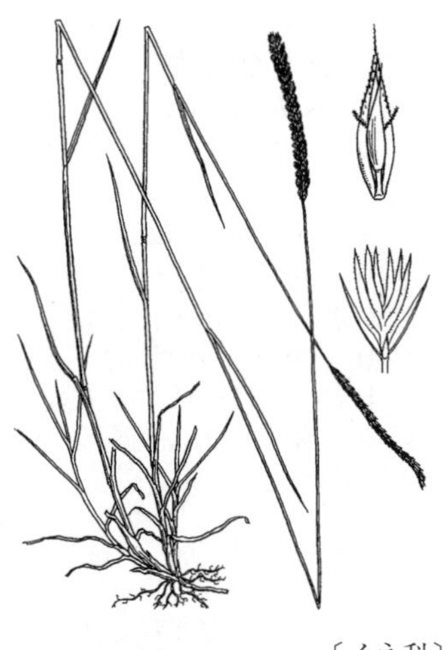

1111. ドクムギ 〔イネ科〕

Lolium temulentum L.

ヨーロッパの原産で明治年間に日本に入った帰化植物の 1 種．畠地ことに麦圃に混生することの多い一年草．茎は叢生して直立し，高さ 50〜180 cm．葉は線形で長さは 10〜30 cm，質はやや厚く，上面は多少ざらつく．5 月頃，茎の先端に細長い単一の花穂を出して開花する．花穂の中軸は平滑，小穂はややまばらに交互に 2 列に並び，その片側は花穂の中軸の凹所に接する．小穂の基部に 1 個の芒状の穎があり，ふつうは小穂より長い．護穎は楕円形で緑色，先端は純く，先端の背面から芒が出ている．芒を失った型をノギナシドクムギという．雄しべは 3 個，花柱は短い．〔日本名〕穎果に有毒な菌が寄生することがあるためという．

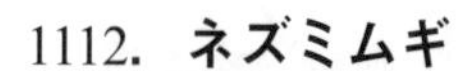

1112. ネズミムギ 〔イネ科〕

Lolium multiflorum Lam.

中南部ヨーロッパ，アフリカ北西部からアジア南西部にかけての原産で，世界各国の温帯に帰化して雑草となった一〜二年草である．日当たりのよい草地を好み，茎は高さ 30〜100 cm，ふつうは 60 cm 位，単生または叢生，やや直立し，基部以外では枝分かれしない．葉は線形で平滑，無毛，長さは 50 cm，幅は 8 mm 位．基部は左右に細く突出して茎を抱き，小耳となる．穂状花序は強剛，長さ 20 cm，多少ジグザグに曲がり，無柄の小穂をややまばらに互生する．小穂は長楕円形，扁平で長さ 1.5 cm 内外，小花が 8〜15 個ある．小花の基部に関節があって，第 1 苞穎は頂生の小穂にのみあり，他は持たない．第 2 苞穎は長楕円形，ふつう鈍頭で数脈があり，護穎は第 2 苞穎と同長で，広披針形，先端が 2 つの微歯になり，長さ 5〜8 mm，5 脈あって長さ 10 mm 位の芒がある．

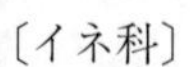

1113. トボシガラ 〔イネ科〕

Festuca parvigluma Steud.

各地の山野の林下またはその縁に多い二年生草本で茎は多数叢生して高さ 30～50 cm ほどあり，下部は一般に直立しているが，ときに短く斜上することもあり全株が暗緑色をしている．葉は細い線形で幅 2～3 mm ほど，質は柔軟で，彎曲して垂れ下り，平らである．葉身は細長い．初夏に茎の頂にまばらな円錐花序をなして先は傾き，少数の小穂をまばらにつける．枝は弱く軟らかく，少しざらつき，中軸は曲がっている．小穂は緑色の卵状披針形で長さ 7 mm 内外，3～5 花からなる．苞穎は小形，第 1 苞穎は短いが第 2 苞穎は少し長く卵形，長さ 1.5 mm 内外，鋭頭で白膜縁がある．護穎と内穎は長さ 5～6 mm，花時には良く開くが果実となれば閉じる．護穎は長楕円状の披針形，鋭尖頭で 5 脈あり，中脈は隆起し，先端は非常に細く護穎より長い芒となり，平滑で生時は 1 種の光沢を有する．雄しべは 1 個．〔日本名〕点火茎の意味で「から」は茎をいい．とぼすは点火することをいう．即ち茎を燃やすことであるが，何故また何時このようにするかは不明である．

1114. ヤマトボシガラ 〔イネ科〕

Festuca japonica Makino

本州から九州の山地に産する多年生草本で，茎は叢生して高さ 30～70 cm．葉は細い線形で軟弱であり，長さ 5～15 cm，幅 1.5～2.5 mm ほどある．茎は非常に弱い．初夏に茎頂に大きく広がった円錐花序を出し，その長さ 8～15 cm ほどで節から細い側枝をふつう 2 本ずつ生じ，先の方で分枝して小穂をまばらに生じる．小穂は長楕円形で長さ 4～6 mm，中に 3～4 個の小花があり，各小花の下には関節がある．2 苞穎は膜質で披針形，第 1 苞穎は長さ 1.5 mm，第 2 苞穎は 2.5 mm ほどあり，護穎は長さ 3～4 mm ほど，先は鋭形である．護穎がトボシガラより小形であり，また無芒の点で異なっている．

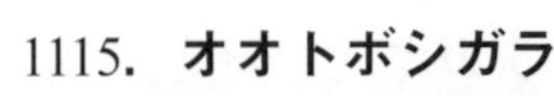

1115. オオトボシガラ 〔イネ科〕

Festuca extremiorientalis Ohwi

本州中部以北の山中の多湿の地に生える多年生草本で，高さは 60～90 cm ほどあり，根茎は短くて細い．茎は直立して平滑，節間は長い．葉は少数，まばらに互生し，幅広い線状の長披針形で長さ 20～30 cm，幅 1 cm 余りあり，質は柔軟で上面のみがざらつく．6 月頃に茎の頂に大きな円錐花序を出して多数の小穂をまばらにつけて一方に傾く．分枝は軟弱で細く，非常にざらつく．小穂は淡緑色でしばしば紫色を帯び，長さ 7 mm 内外で多少扁平な披針状楕円形，4～5 花からなる．苞穎は護穎より細く短い．護穎は楕円状披針形で 5 脈があり，長い鋭尖頭，その先端から穎体とほぼ同じ長さの軟らかい芒を直立している．内穎は護穎と同じ長さで長楕円形，先端は尖り芒がない．雄しべは 3 個ある．

1116. ウシノケグサ(広義)（ギンシンソウ） 〔イネ科〕

Festuca ovina L.

山地あるいは山裾の乾燥地に生える多年草であるが，また高山の草本帯にも生える．根茎は短くて多数の茎と葉とを叢生し，根元より側枝を出さない．茎は直立して葉より高くのび，30～50 cm にもなり細く，緑色で平滑である．葉は針形で立ち，淡緑色または白緑色，長さは 5～15 cm，幅はわずかに 1 mm ほど，両縁は内巻きとなるためちょうど松葉のようであって硬い．葉鞘は膜質で頂部に 2 耳片からなる葉耳を有する．6～7 月頃になると茎の頂に花穂を直立し，長さ 6～10 cm ほどになり，穂軸の節から 2～3 本の分枝を出してのび，やや偏側生の穂様花序をなし，穂軸には短毛がある．小穂は長さ 6～7 mm で細く，3～5 花からなり白緑色または紫緑色をしている．苞穎は護穎より短く，細い．護穎は長さ 3.5 mm 内外，長楕円状の披針形で，先は長く鋭く尖り短い芒がある．雄しべは 3 個．〔日本名〕牛の毛草は細長い葉を見立てたもので，銀針草は稚苗の針状葉が特に銀白色をしているのでいう．〔追記〕本種は変異が大きく，多数の種内分類群が認められている．

1117. オオウシノケグサ(広義) 〔イネ科〕

Festuca rubra L.

北日本を中心にの各地の海辺の地に生え，または高山に生える多年草で高さは 30〜60 cm ほどあって叢生する．根茎は細く，地下茎様で広がり，茎は基部で少し曲がって直立する．葉は細い線形で多くは根元から叢生し，幅は 3〜4 mm で両縁が内側に丸く巻き，上面は溝状をなして内面に粗毛がある．ウシノケグサに比べて幅が広く，多少質は軟らかい．葉鞘の縁は重なり合わず，微毛があり，その大部分は紫色である．夏から秋にかけて茎の頂にあまり大形でない円錐花序を出して，枝は少数で直立している．小穂は長楕円形で長さ 1 cm 内外，多少扁平，淡緑色でやや霜白色であり，ときどき汚紫色に染まり，5〜6 花からなる．苞穎は護穎よりも短く細い．護穎は長楕円状披針形で，先は鋭く尖り長さ 4 mm ほどで芒があるが，長短は一定していない．

1118. タカネソモソモ 〔イネ科〕

Festuca takedana Ohwi

本州中部の高山草原にまれに産する多年生草本で全株ほとんど無毛，茎は少数で高さ 20〜30 cm ほどあって短い側枝がある．葉は少数で線形をなし，長さ 5〜10 cm，幅 4 mm ほどあり，上面は粉白で細い縦の脈がある．7〜8 月頃茎の頂に重みで少し傾いたようになった長さ 4〜7 cm 程のまばらな円錐花序をつける．側枝は 2 本ずつ出て平滑．小穂は数少なく，帯褐色で光沢がなく，長さ 7 mm ほどで数個の小花をつける．各小花の下には関節がある．内外の 2 苞穎は円形で，長さ 3〜4 mm ほどの披針形をなし，先は鋭形，3 脈を持っており，背面には鋭い稜がある．護穎は長さ 5 mm ばかりで細い卵形をなし，鋭頭で 3 脈がある．芒はなくて背面は多少稜をなし，子房は先端に微毛がある．〔日本名〕高山にも生えるソモソモの意で，ソモソモはおそらくアイヌ語源の言葉で，小穂が大きなイチゴツナギ属の植物をさし，本種がかつてイチゴツナギ属植物に入れられていたためにこう命名された．

1119. ナギナタガヤ(ネズミノシッポ，シッポガヤ) 〔イネ科〕

Vulpia myuros (L.) C.C.Gmel. (*Festuca myuros* L.)

欧州南部原産の一年生草本で，明治初年ごろに日本に入り，今は各地で野生の状態となっており，主として海辺，河原等の砂地に群をなして繁茂する．叢生してひげ根を有し，高さ 30〜50 cm ほどある．茎は細長くて基部は大体斜上している．葉はふつう両縁が内巻きして剛毛状を呈している．葉舌は短い．夏には茎の頂に細長い総状の円錐花穂を直立し，ふつう少し偏側性をして長さ 15〜30 cm ほどとなり，下部の分枝は穂軸に寄り添って上部の分枝は短い．小穂は小形で緑色をなし 3〜5 個の花からなり，開花時には基部はくさび形をなしており，小軸は無毛である．第 1，第 2 苞穎は針状で小さい．護穎には長い芒を有する．雄しべは 1〜3 個．〔日本名〕薙刀茅の意味で，その花穂が一方に傾いて，やや曲がっている所からいう．鼠の尾ならびに尻尾茅はともにその穂形に基づいて命名したものである．

1120. カモガヤ 〔イネ科〕

Dactylis glomerata L.

ユーラシア大陸の原産で，牧草としてアメリカから導入され，今は雑草化している多年草．高さ 1 m 内外で大きい株を作っている．茎は多数直立し，葉は互生し広線形で尖り，質は粗く硬い．葉鞘の大半は完全な筒で表面はざらざらしている．5〜6 月頃，茎の頂に長さ 50 cm 内外の円錐花序を出し，多数の小穂は集合して球形状，緑色または暗紫色，長さ 5〜8 mm で 3〜4 個の花からなっている．苞穎は小さく，護穎，内穎に似ており，護穎，内穎は披針形で舟状，5 本の脈があり，背部は特に著しく，またひげ毛を列生し，先端は尖って短い芒状になっている．〔日本名〕鴨茅は明治 13 年頃，俗名 Cock's foot grass の Cock を Duck と間違えたもので本来はトリノアシガヤとでもするものであろう．

1121. **カタボウシノケグサ** 〔イネ科〕

Desmazeria rigida (L.) Tutin

ヨーロッパ原産で，日本に渡来し，各地の人里に帰化する全体が硬直した一年草．茎は基部が少し地面をはうが，先端は斜上して直立し，高さ 35 cm に達する．先端に花序をつけ，茎は硬い．円錐花序は長さ 1～12 cm，分枝は硬く，花序の基部近くの節には 1～2 本の分枝があり，花序の片側にだけ小穂がつき，枝の基部は袋状にふくらむ．小穂は狭卵形で，長さ 4～10 mm，小穂柄は粗大で太く，長さ 0.3～3 mm．小花は 5～10 個あり，容易に脱落する．苞穎 2 個は質が硬く，革質で，長さがほぼ同じで，鈍形，毛はなく，多少竜骨があり，脈は顕著である．第 1 苞穎は 1.3～2 mm，3 脈がある．第 2 苞穎は長さ 1.5～2.3 mm，3 脈をもつ．護穎は側面から見て狭卵形，革質で先端部は凸頭，上部に竜骨があるが，背中の部分はふくらみ，脈を 5 本もつ．小穂軸の節間は長さ 0.5～1 mm．葯は長さ 0.4～0.6 mm．〔日本名〕片穂牛の毛草の意で花穂の片側にだけ小穂がつき，植物全体がウシノケグサに似ているのでこの和名がついた．

1122. **スズメノカタビラ** 〔イネ科〕

Poa annua L.

各所に生える一～二年生草本．一般には秋に発芽して緑色の葉を叢生して冬を越し，春に穂が出るが，早いものは 2 月頃すでに開花する．全草が緑色無毛で平滑，軟弱であり，高さは 10～25 cm ほどある．茎は叢生して下部が節で曲がっている．葉は線形，長さ 2～8 cm，幅 2～4 mm，先端は急に鈍形をして微凸頭があり，基部も同じく急に鈍形となって葉鞘に連接する．円錐花序は茎の頂に直立し，卵形体の淡緑色で長さ 3～8 cm，枝は平開してふつう各節に 2 本ずつ出て平滑である．小穂は長楕円状卵形で，長さ 3～5 mm，5 花内外からなる．第 1 苞穎は大体膜質，長楕円状披針形で 1 脈を有し，第 2 苞穎は少し大形，卵状披針形で 3 脈がある．護穎は幅広い楕円形で中脈は明瞭，先端が広く尖り，ふちは膜質の無色である．雄しべ 3 個がある．〔日本名〕雀の帷子は，細く小さい小穂をつけた花穂の状態に基づいていうのであろう．

1123. **オオイチゴツナギ**（カラスノカタビラ） 〔イネ科〕

Poa nipponica Koidz.

北海道から九州の原野や路傍に生える一～二生草で高さ 30～50 cm ほどあって叢生し，スズメノカタビラよりも壮大である．茎は下部が曲がっているが上部は立ち，平滑で葉とともに緑色を呈し，柔弱である．葉はまばらであるが一様に茎に互生し，線形で長さ 5～12 cm，幅 5～7 mm，やや直立し先端は急に尖り，基部は円形となり，濃緑色で柔軟であるがふちはざらつき，葉鞘は平滑で円筒状である．5 月に茎の頂に長さ 10 cm 内外で緑色の円錐花序をつける．枝は斜開してざらつく．小穂は卵形で長さ 4～5 mm，4～6 個の花からなり緑色であるが，ときに紫色を帯びることもある．第 1 苞穎は披針形で 1 脈，第 2 苞穎は卵形で 3 脈，両者とも先は次第に尖形になり脈上に細刺がある．護穎は舟形で側面は披針状長楕円形，5 脈があって鋭頭，中脈およびふちにはひげ毛と微歯を生じる．〔日本名〕烏の帷子は雀の帷子に似て大きいのでいい，大苺繋は，イチゴツナギに似て大形なのでいう．〔追記〕スズメノカタビラに似て壮大で，花序の枝はざらつき，苞穎には微歯があり，護穎にはひげ毛が著しいので区別できる．

1124. **ミゾイチゴツナギ** 〔イネ科〕

Poa acroleuca Steud.

各地の陰地や溝のふちの湿地に生える越年生草本で，まばらに叢生し，高さは 40～50 cm ほどあり，全体が深緑色で柔弱である．茎は下部は曲がり上部は直立し，細長く平滑である．葉は線形で先は次第に尖り，平開あるいは斜開し，多少ざらつき，質は薄い．葉舌は明確で鈍頭細裂，葉鞘は平滑で，上部はやや扁平である．5～6 月頃，茎の頂にまばらな円錐花序をつけ，長さ 20 cm 内外の長楕円体をなし，分枝は糸状で多少ざらつき，各節から 2 本ずつ出て開出し，その上半に小穂をつけるが，花時になると立ち上る．小穂は卵形，長さ 3～4 mm，5～6 個の小花からなり緑色である．第 1 苞穎は卵状披針形で白色膜状のふちがあり，1 脈を有し，第 2 苞穎は少し長く，卵状で鋭頭，3 脈を有する．ともに脈上に少数の微歯を有する．護穎は舟状の長楕円形で先端は白膜質の鈍頭，5 脈があって隆起し，全面に白ひげ状の毛がまばらに出る．熟して穎果を包んだまま脱落し易い．〔日本名〕溝苺繋はこの種が溝辺に生えることが多いことによる．

1125. イチゴツナギ（ザラツキイチゴツナギ，カワライチゴツナギ）〔イネ科〕

Poa sphondylodes Trin.

北海道から九州の日当たりよい路傍，土堤，河原等に多く生える多年草でときどき密に叢生して大株となり，高さは 50〜70 cm 位．茎は密に叢生し，細長く硬質で葉とともに深緑色で直立し，平滑であるが花穂下の部分は著しくざらつく．葉は細い線形で真直に開出するかあるいは斜開し，長さ 10〜15 cm，幅 2 mm 以下で質は少し軟らかく縁はざらつき，葉耳は披針形．5 月になると茎の頂に淡緑色の細長い円錐花序を直立し，長さ 10〜15 cm，枝は各節に 4〜5 本ずつ出て細いがざらついている．小穂は長さ 4〜5 mm，楕円状の卵形で 4〜5 花からなる．苞穎は長楕円状の披針形で鋭尖頭，長さは護穎より高く 3 脈を有し，全面に微刺がある．護穎は舟状の長楕円形，先は短く尖り上部は白膜縁，中脈は隆起してひげ毛を生じる．下部に微粒のあることもある．〔日本名〕莓繫は村の子供等が莓の実をこれに刺したのでいう．ザラツキ莓繫は花穂下の茎にさわると特にざらざらしているのでいう．〔追記〕タチイチゴツナギ *P. nemoralis* L. は本州の深山に自生するといわれ，また牧草として栽培され野生化している．イチゴツナギに比べ，株立ちにならず，葉舌は短く切形，葉身が葉鞘よりも著しく長いなどの違いがある．

1126. ナガハグサ 〔イネ科〕

Poa pratensis L. subsp. ***pratensis***

明治初年に牧草として欧州から渡来したものであるが，今日では各地の林野に野生した状態となっている多年草で，北地では芝生を作るのに用いられることもある．高さ 50〜70 cm ほどでふつうは多数叢生して林立し，特徴のある様相を呈する．根茎があって地中を横走し，方々に苗を出す特徴がある．茎は細長くて直立し，緑色で無毛，平滑である．葉は細い線形で茎の下半部にのみつき，長さ 15〜30 cm ほどになるが，幅は 3 mm に満たない．鈍端で深緑色を呈し，ふちはざらつき，上面に多少の光沢がある．5〜6 月頃に，茎の頂に長さ 10 cm ほどの緑色の円錐花序を出す．枝は各節より 2〜5 個出て，斜上してざらつく．小穂は卵形で長さ 4 mm ほど，緑色あるいは紫色を帯びる．苞穎および護穎の形状はイチゴツナギと似ているが，護穎のひげ毛はふちの中部以下に限られている．〔日本名〕長葉草はその葉が特に長いという意味．

1127. ヌマイチゴツナギ 〔イネ科〕

Poa palustris L.

欧州，北米など北半球の温帯一般に分布する多年草で，わが国では北海道，本州中北部の平地の河川，池や沼の縁など湿地に帰化している．まばらに叢生し，茎は直立するが下方は曲がり，あるいは短くはい，節から発根することがある．中部以下では分枝せず葉は葉鞘とともに無毛で，細い線形，長さ 10〜20 cm，幅 2〜4 mm ほどあり，全体的に軟質である．円錐花序は卵形または長楕円形で長さ 10〜30 cm，黄緑色あるいはまれに帯紫色で，枝は輪生するが下方は分枝せず，上方で再三分枝し，初め束状に集まるが，後には開いて小穂をまばらに散生する．小穂は平らで卵形または長楕円形で長さ 3〜5 mm，3〜5 個の小花があり．小花の下に関節がある，第 1，第 2 苞穎は同形または第 2 苞穎がより大きく，披針形または細い卵形で先端が鋭く尖り，ざらつく竜骨があり，長さ 2〜3 mm ほどで 3 脈を有している．護穎は内穎と同じ長さ，竜骨があり，先端はふつう黄褐色，内方へ側脈に沿って白色短毛がある．〔追記〕北海道〜九州の低地に多いオオスズメノカタビラ *P. trivialis* L. は本種によく似るが，長い地下茎をひき，葉がやや幅広く，護穎の側脈と竜骨の間にはっきりした細脈がある．

1128. ムカゴツヅリ 〔イネ科〕

Poa tuberifera Faurie ex Hack.

本州，四国，九州の山地に生える多年草で，地下茎はなく，茎は軟弱で平滑，高さ 20〜50 cm ほどで基部の 1〜2 節は短くて大きく，卵形体または紡錘形で肥厚し，白色または帯紫色．葉は細い線形で長さ 10〜15 cm，幅 2〜4 mm の軟質で葉鞘の下半部は筒状にくっつき，背に稜がある．円錐花序は非常にまばらで，長さ 10〜15 cm，側枝は 1 節に 2 本ずつ出て，後には開き，小穂には長い柄がある．小穂は扁平な楕円形で 2〜4 個の小花を有し，2 枚の苞穎は不同であり，第 1 苞穎は細い披針形，第 2 苞穎には 3 脈があり幅広い倒披針形．護穎は長さ 3.5〜4.5 mm で苞穎より長く，長楕円状披針形で先は尖り，中助および側脈の下半に圧毛があり，基部には縮毛がない．〔日本名〕茎の基部のふくれた節間をつながったむかごに見立てた名で，1892 年に牧野富太郎によって命名された．

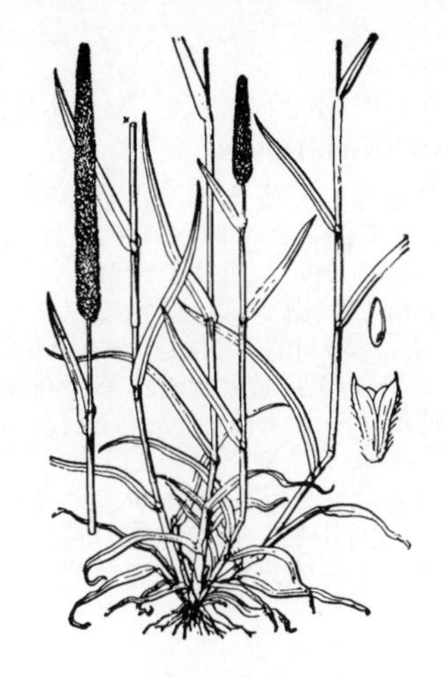

1129. アワガエリ

〔イネ科〕

Phleum paniculatum Huds.（*P. paniculatum* var. *annuum* (M.Bieb.) Honda）

本州から九州の原野の日当たりよい地に生える一年生草本で高さは 25～50 cm 位．茎は叢生して直立し，長短不揃いに花穂を立てる．茎の下部は往々に節で曲がり，茎は細長い円柱形で，強く真直である．葉は線状披針形で先は次第に尖り，やや丈夫で，下に長い葉鞘を持ち，葉舌は高さ 2～4 mm で著しく大きい．夏，茎の頂に直立した細長い円柱形の円錐花穂をつけ，多数の小穂を密集し，初めは淡緑色であるが熟すと黄色になる．小穂は 1 花からなり，苞穎は護穎より長く，左右より圧せられて中脈は竜骨となり尖った先端を持つ．護穎は膜質で芒はなく，内穎は小さい．2 つの鱗被があり，雄しべは 3 個，子房に長い 2 花柱がある．穎果は扁平である．〔日本名〕粟還りの意味で，その果穂の形がアワに似ているから粟から復原したものとの意味である．

1130. コアワガエリ

〔イネ科〕

Phleum paniculatum Huds.（*P. japonicum* Franch. et Sav.；
P. paniculatum f. *japonicum* (Franch. et Sav.) Makino）

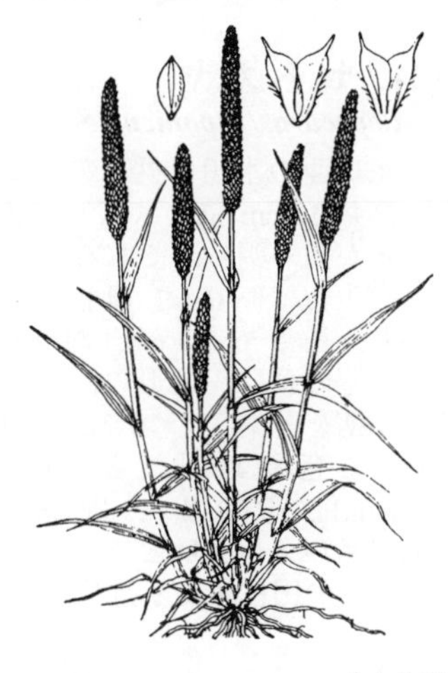

前植物の小形の一型で日当たりのよい山の斜面や野原に生える一年生草本．高さ 18～25 cm 位ある．茎は叢生して直立し，単一で分枝せず，細長く緑色である．葉は線形で先が鋭く尖り，長さ 5～10 cm，幅 5～7 mm 位でふちに細かいきょ歯がある．夏，茎の頂に 3～7 cm 位の細長い円柱形の円錐花穂を立て，淡緑色．第 1，第 2 の 2 苞穎は同形同大で，左右から圧され 2 つに折れて花を包み，先は尖り背は竜骨となって毛が生えている．護穎は軟らかい膜質で芒はない. 内穎は小さい. 雄しべは 3 個, 子房には 2 花柱ある．穎果は細小で扁平．アワガエリよりも植物体がやや低く小さい，またやや軟らかい．〔日本名〕小粟還りはアワガエリに似てやや低いのでいう．〔追記〕本植物は現在では前図アワガエリと特に区別されてはいない．

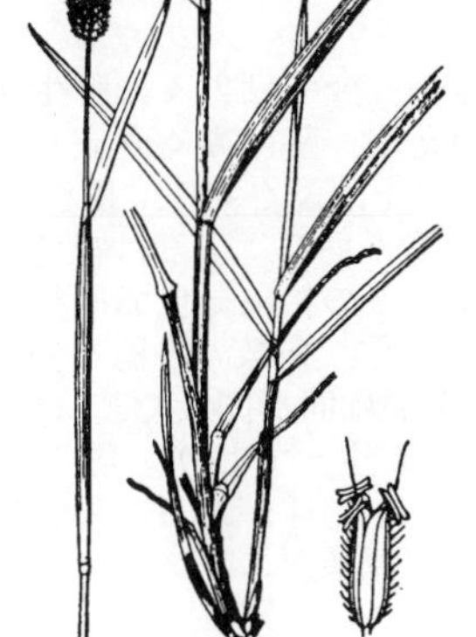

1131. ミヤマアワガエリ

〔イネ科〕

Phleum alpinum L.

北海道と本州中部の高山帯の草地に生える多年草で高さ 15～30 cm，株立ちになる．茎は直立して，細長く硬い．葉は線形で長さ 10 cm 位，幅 5～8 mm 位，両面はやや平滑で縁に細かいきょ歯がある．葉鞘は葉身とほとんど同じ長さかときには葉身より長く，上部の葉鞘はやや膨らみ，葉舌は短い．夏，茎の頂におよそ 3 cm 位の短い円柱形をした円錐花穂を立て，多数の小穂を密につけ，暗紫色または緑色になる．小穂は 1 花からなり，苞穎は左右から圧せられ，先端は切形をして先に短い芒がある．背は竜骨となって剛毛がある．護穎に芒はない．雄しべは 3 個，子房には 2 花柱がある．〔日本名〕深山に生える粟還りの意味である．

1132. オオアワガエリ

〔イネ科〕

Phleum pratense L.

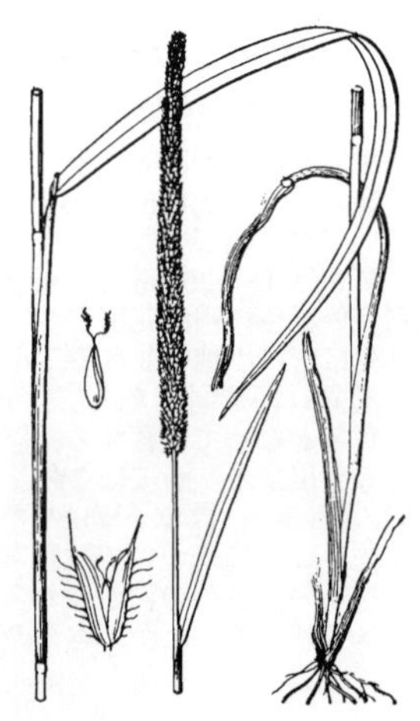

明治の初め頃に牧草として日本に輸入されたものであるが，今は日本各地に野生化して帰化植物となった．無毛の多年草で高さ 1 m 以上にもおよぶ．茎は束生し，直立して，単一で細長い円柱形，緑色で強く丈夫である．葉は細長い線形で鋭く尖り，幅 6～10 mm 位，葉鞘は長く緑色で葉舌は円形である．夏，茎の頂に細長く長さ 10～20 cm 位の円柱形の円錐花穂を立てる．色は淡緑色で多数の小穂を密着する．小穂は 1 花からなり，2 苞穎は同形で同じ大きさ，左右から圧せられて背の竜骨によって折りたたまれ，中に 1 花を包み，頂に短い芒がある．護穎は薄く苞穎より小さい．雄しべは 3 個，子房には 2 花柱がある．本種は優秀な牧草で一般にチモシー（Timothy）と呼ぶ．この種を盆に播けば，一斉に発芽して鮮緑色で非常に美しい．一般人はこれを絹糸草という．〔日本名〕大粟還りは大形のアワガエリという意味である．

1133. スズメノテッポウ（スズメノマクラ，ヤリクサ）　〔イネ科〕

Alopecurus aequalis Sobol. var. ***amurensis*** (Kom.) Ohwi

主として水田に多く，また湿った平地に群をなして生える二年草で高さは 30 cm 内外ある．茎は叢生し直立または基部で節ごとに曲がって斜上し，細長い中空の円柱形で，淡緑色，葉とともに軟らかい．節はやや高い．葉は線形でゆるく尖り長さ 5〜8 cm，幅 4〜6 mm 位．白っぽい緑色でふちには細かいきょ歯がある．葉鞘はやや膨れる．春，茎の頂に，長さ 5〜8 cm 位のやせた円柱形の円錐花穂を立て，淡緑色で多数の小穂を密着する．花穂面には黄褐色の葯が多くついて目立つ．小穂は 1 花からなって，左右から圧せられ短い柄がある．苞穎はほとんど同形同大で，やや長い毛を持ち芒はない．護穎は膜質でその外側の下部より短い芒が生えているが，ほとんど外に現われない．子房の頂に 2 花柱がある．〔日本名〕雀の鉄砲，雀の枕はともに小形で円柱状の花穂を雀の使用するサイズの鉄砲，枕になぞられていい，槍草はその花穂の形に基づいていう．

1134. セトガヤ　〔イネ科〕

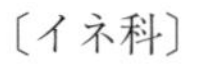

Alopecurus japonicus Steud.

関東以西の水田に見る二年草で，よくスズメノテッポウと混って生える．高さ 30 cm 位，スズメノテッポウによく似ているが，花穂がやや粗大で芒が長く明らかであること，葯が白色であることによって区別する．茎は叢生して直立し，細長く，平滑で緑色である．葉は線形で先は次第に尖り，長さ 5〜13 cm，幅 4〜6 mm 位，葉鞘はふつう葉身より長い．5 月頃，茎の頂に円柱形の円錐花穂を立て，長さ 3〜6 cm 位の淡緑色の多数の小穂を密集してつける．小穂は 1 花からなって，左右から扁平である．内外の 2 苞穎はほとんど同形，同大で毛がある．護穎は背面下部から長さ 6 mm 位の芒を出す．雄しべ 3 個，葯は白色，子房は 2 花柱を持つ．〔日本名〕瀬戸茅の意味とも考えられるが瀬戸の意味は不明．あるいは背戸茅で裏口の田に生える意味であろうか．

1135. オオスズメノテッポウ　〔イネ科〕

Alopecurus pratensis L.

牧草として明治初年に輸入したものであるが，今では方々に野生化している．多年草で叢生し，地下茎を出して殖える．茎は高く直立し，高さ 1 m 位．細長く緑色をしている．葉は線形で先は鋭く尖り，長さ 20〜40 cm，幅 3〜5 mm，緑色でふちに細かいきょ歯がある．下部は緑色の長い葉鞘となってその上部は膨れる．7〜8 月頃，茎の頂に緑色で円柱状の円錐花穂を立て，長さ 4〜6 cm，直径 8〜10 mm 位，多数の小穂を密集してつけ，軟らかい．小穂は 1 花からなり，2 苞穎は同形同大で芒はなく，背面に毛がある．護穎の背面下部から繊細な芒が生えており，長さ 1 cm 位である．雄しべ 3 個．葯は褐色，子房の上に 2 花柱がある．果実は細小で扁平である．〔日本名〕大雀の鉄砲の意味．花穂がスズメノテッポウに似て，はるかに大きいのでいう．

1136. カズノコグサ（ミノゴメ）　〔イネ科〕

Beckmannia syzigachne (Steud.) Fernald

水田中および田の畔等に多く生える二年草で鮮緑色，質はやや軟らかくかつ無毛平滑で高さは 35〜50 cm 位ある．茎は叢生し，やや太く中空の円柱形，単一で節はやや高い．葉は幅広い線形で先は鋭く尖り上面はざらつき，ふちに細かいきょ歯があり，長さは 15〜20 cm 位，幅 5 mm 内外あり，葉鞘は茎の節間より長い．春，茎の頂に長い緑色の円錐花穂をつけ，長さ 10〜20 cm 位，側枝は短く直立し，その片側に 2 列に密に小穂を並べる．小穂は長さ 2〜3 mm，1 まれに 2〜3 花からなる．内外の 2 苞穎は同形同大で，左右から圧せられてやや袋状となり内部に花を包み，熟すると黄色となって脱落する．護穎と内穎は小形で，護穎の尖った先端は短く両苞穎の上に突出する．鱗被は 2 個．雄しべ 3 個．子房に 2 花柱がある．穎果は極めて小さい．〔日本名〕数の子草は小穂の並列する状態があたかも数の子（ニシンの卵塊）に似ていることに基づいて牧野富太郎が命名した．この草の穀粒はその外廓をなしている苞穎の大きいのにかかわらず極めて小形で食用にならない．従来この植物をミノゴメと呼んでいたが，本当のミノゴメはムツオレグサのことである．

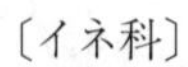

1137. イブキヌカボ　〔イネ科〕

Milium effusum L.

北海道から九州の山地の草原や林下に生える軟らかく，無毛で淡緑色の多年生草本．茎は叢生し丈高く，直立して高さ 1 m 内外ある．葉は広線形で，質薄く，先端は急に尖り，葉身はほとんど平滑で幅 1 cm 位，葉鞘は平滑で緑色，葉舌は長く，末端鈍形である．夏，高く抽き出た茎の頂に 13〜20 cm 位のまばらで長い穂を直立し，その中軸は真直で狭長，各節に相隔たって，長短のある 3〜5 本の糸状の枝を開出輪生する．各枝はその上部に，短い柄のある小穂を 5〜6 個総状につける．小穂はただ 1 花のみからなり，芒はない．2 苞穎は，ほとんど同形同大で卵形をしている．護穎，内穎は硬くて光沢がある．雄しべ 3 個と 2 花柱を持つ 1 子房，2 鱗被がある．穎果は円柱形で硬い穎に包まれている．〔日本名〕伊吹糠穂は，滋賀県の伊吹山に産し，その小穂がヌカボを連想するように細小であるからいうのであるが，ヌカボ類とはむしろ縁遠い植物である．

1138. セイヨウヌカボ　〔イネ科〕

Apera spica-venti (L.) P.Beauv.

ヨーロッパから渡来して，人里付近に帰化する一年草．茎は基部で分枝し，株立ちになり，高さ 20〜60 cm．葉身は細長く扁平，長さ 7〜25 mm．葉舌は膜質で舌状，長さ 6 mm になる．円錐花序は大形で，長さ 10〜20 cm，幅は長さの半分程度，茎の先端につく．分枝は毛細管状で，節に輪生し，開出した分枝の基部付近には小穂がつかず，裸で枝だけが目立ち，先端部に小穂が多数つく．小穂は 1 花性で，長さ 2〜2.5 mm．苞穎 2 枚は披針形でやや不同長，小花は基部に短い毛があり，苞穎の上で脱落し，苞穎は小穂柄の先端に残留する．第 1 苞穎はやや短くて，幅が狭い．護穎は第 2 苞穎とほぼ同じ長さでざらつき，先端のやや下から細長くて直立する芒がのび出る．芒の長さは第 2 苞穎の倍以上ある．内穎はほぼ護穎と同じ長さで，竜骨を 2 本もつ．小花の基部に退化した小軸が突出し，その長さは 0.5 mm．〔日本名〕植物全体がヌカボに似ているが，西洋から渡来したということで，この名前がついた．

1139. ヒロハノコヌカグサ　〔イネ科〕

Aniselytron treutleri (Kunze) Soják var. ***japonicum*** (Hack.) N.X.Zhao

(*Aulacolepis treutleri* (Kuntze) Hack. var. *japonica* (Hack.) Ohwi)

本州中部以西の深山林中にまれに生える多年草で，茎は高さ 80〜120 cm，やや軟質で無毛，葉は鮮緑色，薄質で上面はざらつき，長さ 20〜30 cm，幅 10〜22 mm，下部は葉鞘となって茎を包み，節間より長く無毛，夏，円錐花序を茎の頂に生じ，広卵形，花序の分枝はざらつき，輪生状で開出し，さらに再三分枝して，末端に小穂をややまばらに圧着して生じる．小穂は緑色，長さ 3.5 mm 位，扁平，1 花があり，花下に関節がある．内外の苞穎は長さ不同で，広披針形，1 脈を具え，長さ 1〜2 mm あり，護穎は広披針形で苞穎よりも長く，長さ約 3.5 mm，5 脈があり，緑色である．

1140. フサガヤ　〔イネ科〕

Cinna latifolia (Trevir.) Griseb.

本州中部以北の深山の林下に生える多年草で，北半球に広く分布するがわが国においては稀品である．茎は直立し，高さ 60〜90 cm 位．葉は平坦な線形で上部は次第に尖り，軟らかく薄く，長さ 30 cm に達し，下に長い葉鞘がある．夏，茎の頂にやや大形の円錐花穂をつけ，長さ 15〜25 cm，多く分枝し軟弱で一方に傾垂し，緑色の小穂を多数密集してつける．小穂は細小で長さ 4 mm 位．狭披針形で，1 花があり非常に短い柄がある．内外の 2 苞穎は狭長で尖り，中脈上に毛があってざらつく，護穎は苞穎より短く中脈に沿ってざらつき，先端下部から非常に短い芒を生じる．内穎は護穎よりやや短小．鱗被は 2 個．雄しべは 1 個．子房に 2 花柱がある．〔日本名〕総芽の意味でふさふさする花穂の状態に基づいて名付けられた．

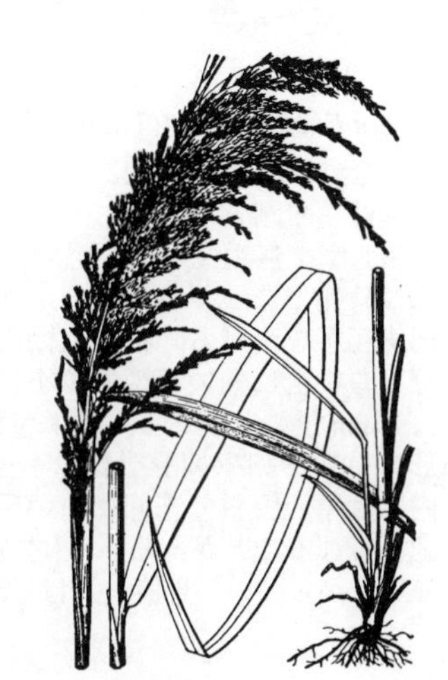

1141. **オオマツバシバ** 〔イネ科〕

Aristida takeoi Ohwi

奄美大島，徳之島と沖縄島固有の多年草．茎は密に株立ちし，細長く直径は 0.5～0.7 mm，高さ 30 cm．葉身は糸状円柱状で内巻きし，断面はほぼ円形，長さ 15～20 cm．葉舌は環状に並ぶ毛になり，ひげ状をなす．円錐花序は長さ 20 cm に及び，茎の先端につき，まばらに小穂がつく．分枝は斜上し，節に 1～2 本あり，長さ 5～8 cm．小穂は狭披針形で，小花を 1～2 個もち，長さ約 9 mm．小花は苞穎の上で脱落し，小穂軸と小花の間は斜めに関節し，鋭く尖る．第 1 苞穎は 1 脈があり，長さ 1.2 mm．第 2 苞穎は革質で，3 脈があり円柱状でざらつく．護穎は針形で，質は硬く，長さは第 2 苞穎と同じで，先端は 3 裂して 3 本の芒に終わる．基部は結節があり，結節は硬く，毛がある．芒は中央のものが直立し，太くて長く，長さ 18 mm，側生の 2 本はやや斜上し，長さ 15 mm．〔日本名〕近縁で小笠原に産するマツバシバ *A. boninensis* Ohwi et Tuyama よりも大形であることによる．マツバシバの名は針形で松葉に似たその葉に基づく．学名の形容語は基準標本の採集者で台湾植物研究家の伊藤武夫を記念したもの．

1142. **ササクサ**（シャシ） 〔イネ科〕

Lophatherum gracile Brongn.

関東以西の山林に生える多年草で叢生する．根茎は木質で，ひげ根はふつう黄白色の紡錘状の塊を有する．茎は高さ 40～60 cm で細長く直立し，葉と同様に緑色である．葉は茎の中部以下に 5～6 枚を生じ，左右 2 列に並び，幅広い披針形で長さ 15～20 cm ほど，幅 2～3 cm で先端はやや尖り，基部は円形で下部は短い柄となり葉鞘に接続し，鮮かな緑色で大きく，外観は笹と非常に似ているので笹草といい，葉質は非常に薄く，ふちはざらついている．秋には茎の頂に大きな円錐花序を直立し，まばらに真直な枝を斜めに出し，その下側に偏って小穂をつける．小穂は無柄，披針形で緑色，長さ 1 cm 未満で硬く尖っている．苞穎は楕円形で先は鈍形，第 2 苞穎は長い．小穂の上部に数個重なり合ったものはいずれも不稔小花の護穎で先端に 2～3 の短芒がある．全部の護穎にいずれも芒を持った 1 型をコササクサと呼ぶ．芒は集まって筆毛状をなし，よく衣服に付く．〔漢名〕淡竹葉．

1143. **トウササクサ** 〔イネ科〕

Lophatherum sinense Rendle

本州の新潟および近畿以西，四国，九州の暖帯林に産する多年草で，中国中部にも分布する．根茎は木化して硬く，茎はササクサより強剛で，太く硬く，1～2 本を直立し，高さは花序とともに 60～90 cm 位に達する．葉は幅広い披針形，深緑色，斜開して互生し，長さ 15～20 cm，幅 3～4 cm ほど，先端は少し尖り，基部は円形で，短い柄を経て長い鞘部となる．夏から秋の間に茎の頂から大形の円錐花序を出し，花序の軸から左右に互生的に側枝を出し，平たく細い卵形の長さ 1 cm，幅 3 mm ほどの小穂を少し密につけ，初めは開いていないが後に開出する．第 1，第 2 苞穎はやや硬質の卵状楕円形で先は鈍形，芒がなく光沢がある．上方背面および縁辺の内方に粗毛が列生し，内に小花を含んでいる．護穎は幅広い披針形で先は鈍形，数個が重なり合い，短い芒があり，光沢があって背面は膨出する．〔日本名〕唐笹草で中国に産するササクサの意．

1144. **トダシバ**（バレンシバ） 〔イネ科〕

Arundinella hirta (Thunb.) Tanaka

日本全土の山野，原野にふつうな多年草で，地下茎を引いて繁殖し叢生する．茎はやや剛質で直立し，高さ 1 m 以上にも達し，痩長で節がある．葉は互生しやや無毛または有毛で幅広い線形，上部は細まって尖りやや硬い．下部は葉鞘となって時に粗い毛がある．夏から秋の頃，茎の頂にやや長大な円錐花序をつける．花序は緑色または帯紫色で長さ 20～30 cm 位，小枝を分かち枝上に短い柄のある小穂を密につける．小穂はふつう芒がないが時に 3 mm 位の芒がある．第 1 苞穎，第 2 苞穎はほとんど同形，鋭く尖った卵形で，中に 2 個の花を包み，上位の 1 花はやや小型の雄性花である．護穎と内穎は厚い膜質で基部に白い毛がある．変異が大きく，いくつかの変種が認められることがある．〔日本名〕戸田シバは埼玉県の戸田原辺に多く生えていたからいい，馬簾シバはその花穂の形によっていうのであろう．

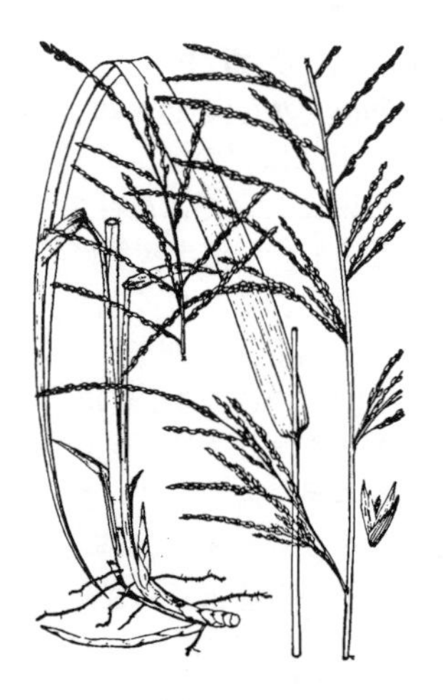

1145. **イワトダシバ**（ミギワトダシバ）　〔イネ科〕

Arundinella riparia Honda subsp. ***riparia***

日本固有の多年草．茎は叢生してつき，株立ちし，渓流の岩場の斜面絶壁に生育し，茎葉はトダシバより軟らかく，多少垂れ下がる．根茎は短い．円錐花序は茎の先端につき，長さ約 20 cm，分枝は斜上し，小穂はやや総状に花軸につき，しばしば紫色を帯び，2 花性で，楕円体，先端は鋭形で，芒が出る．芒は膝折れし，長さ 3〜3.5 mm．苞穎は 2 個あり，長さがほぼ同じで，下位小花の護穎と同じ質で，卵形．下位小花は雄しべをもつが，種子ができない．上位小花は小穂より短く，革質で両性，芒をもち，稔性があってその基部には短い束状の毛がある．〔日本名〕トダシバに似るが，全体がやや小さく，本州南部の渓流の岩の上だけに見られるので，岩戸田芝の名前がついた．トダシバの変種として扱われることもある（*A. hirta* (Thunb.) Tanaka var. *riparia* (Honda) Ohwi）．水際の崖縁で分化した 1 つの型と考えられる．

1146. **コブナグサ**（カイナグサ，カリヤス，古名カイナ，アシイ）　〔イネ科〕

Arthraxon hispidus (Thunb.) Makino

全国いたる所の田畔や原野に多い一年草．茎はその下部が傾いて地上をはい，節々から根を出し，上部は斜上または直立して 30〜40 cm 位に達し，痩長な数本の枝に分かれる．葉は互生し披針状卵形で基部は心臓形，両面とも毛はなく，ふちの下部にひげ状の毛があり，葉鞘には粗い毛を開出する．秋，枝の頂や上部の葉腋に花序をつける．花序は 5〜10 本，しばしば分枝して茶せん状となり，長さは 3 cm 位でしばしば紫色を帯びる．小穂は各分枝の節々に 1 個ずつあり，披針形で長さ 4 mm 位．第 1 苞穎は舟形でざらつき，第 2 苞穎は膜質．護穎と内穎は薄い膜質ではるかに小さく，内穎は先端が 2 つに分かれて芒は第 1 苞穎の 2 倍位の長さがある．八丈島では八丈絹（黄八丈）の黄色染料として使う．〔日本名〕小鮒草はその葉の形に基づいていい，カイナは染めることをかくというので掻成草（かきなしぐさ）の意味であろう．または腕をカイナというからその曲がった茎によっていう名であろうか．アシイは脚藺で茎が膝折れしていることからいうのであろう．

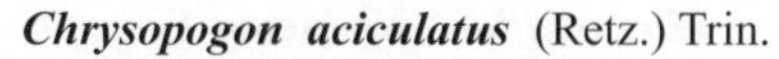

1147. **オキナワミチシバ**　〔イネ科〕

Chrysopogon aciculatus (Retz.) Trin.

琉球列島や小笠原諸島の放牧地などにふつうに見られ，やせた赤土や乾燥した陽地に群生する多年草．地下茎と走出枝を両方もち，ともによく発達していて，節から根が出るほか，鱗片葉や葉鞘が茎を密におおい，花茎は直立する．葉舌は切形で膜質，短い毛があり，長さ 0.5 mm．円錐花序は花茎の先端につき紫色，長さは 5〜10 cm，分枝は輪生してつく．小穂は 3 個が分枝の先端につき，1 個は無柄で稔性があり，他の 2 個は柄があり不稔性で小さい．無柄の小穂は披針形で，長さ 4 mm，基部に非常に鋭い基盤があり，その柄状の基盤は長さ 5 mm に及ぶ．2 個の苞穎は革質で，同じ長さ．第 1 苞穎は上半分のふちに竜骨があり，竜骨に刺毛がつき，下半分は背中が円く平滑無毛．第 2 苞穎は舟状で，先端に竜骨と直立した芒があり，ふちは膜質でまつげ状につく細毛がある．上位小花は透明で，先端は鈍形．葯は 1.3 mm ほどである．〔日本名〕暖地の道ばたや牧場の陽地にしばしば群生して見られ，現地で芝として用いられることから，この名前がついた．〔漢名〕竹節草．根茎に節や鱗片葉が密生して竹の地下茎に見えることに基づく．

1148. **ベチベルソウ**　〔イネ科〕

Vetiveria zizanioides (L.) Nash

インド原産の多年草．暖地に導入され，かつて小笠原諸島で砂防用に栽培が見られた．根茎は香料の充填料として利用される芳香油を抽出する他，工芸品を編むのに利用され，それらは水にあたると益々香りがよくなると言われている．茎は粗大で，密に叢生してつき直立する．葉鞘は茎の基部でややはかま状に互い違いにつき，両側から扁平である．葉身は広線形で幅が 1 cm ほど．葉舌は切形で，先端に長い毛のふちどりがある．円錐花序は大形，分枝は花序軸に輪生状に並ぶ．分枝に小穂が有柄のものと無柄のものが 1 個ずつ対になってつく．有柄小穂は小さく，無柄小穂は大きい．無柄小穂は長さ 3 mm．第 1 苞穎はいぼ状のとげがあり，3 脈をもち長さは小穂と同じ．第 2 苞穎は竜骨を 1 本もち，竜骨に剛毛があって，ふちに長い毛のふちどりがある．下位小花は退化して護穎だけになり，5 脈をもち，ふちは長い毛のふちどりがある．下位小花の内穎は退化する．上位小花の護穎は披針形で，長さ約 2.5 mm，1 脈をもつ．いわゆるハーブの一種として栽培される．〔日本名〕属名 *Vetiveria* からついた．〔漢名〕培地茅．*Vetiveria* の音訳．

1149. ジュズダマ（ズズゴ，トウムギ，古名ツシダマ，タマヅシ，ツス）〔イネ科〕

Coix lacryma-jobi L. var. ***lacryma-jobi***

各地の郊外の水辺等に生える大形の一年草または多年草．茎は往々群生し，高さ1～1.5 m位あり，直立して枝分かれし，平滑で緑色．葉は互生し細長い披針形で，先は次第に尖り，幅は3 cmに達し，硬い洋紙質，緑色でふちはざらつき，下部は大きな鞘となる．初秋，葉腋から長短不同の柄をもった穂状花穂1～6個位を散形状に出し，雌性小穂はその基部につき，葉鞘の変化した硬質の苞に包まれ，内部に3個の花があるがただ1花のみ正形を保ち，子房上には2花柱があって苞外に超出する．雄性花穂は硬質の苞を貫いてその上にのび出し，長さ3 cm位あって小軸の各節に1～3の小穂をもち，2花からなり，その1個は無柄で，花中に雄しべ3個がある．果実が成熟する時は苞は骨質となり，初め緑色であるが次に黒色に変わり，遂に灰白色を呈し，光沢があってはなはだ硬く，卵状球形をなし，長さは9 mm位あり，先端は短い嘴となり，中に1個の穎果がある．〔日本名〕数珠玉の意味，玉は球形の実に基づき，ズズゴは数珠子，トウムギは唐麦の意味，〔漢名〕薏苡，回回米，川穀（誤用）．

1150. ハトムギ（シコクムギ）〔イネ科〕

Coix lacryma-jobi L. var. ***ma-yuen*** (Roman.) Stapf

古くわが国に渡来しその後各地の畑に栽植される一年草で，高さは1～1.5 m位．葉は互生し，細長い披針形で先端は次第に尖り，硬質のもろい洋紙質で緑色を呈し，ふちはざらつき，幅は2.5 cm位，下部は著しい葉鞘となる．茎は太く直立して分枝し緑色を呈し，平滑．夏秋の頃，葉腋から長短不同の柄を持った花穂数個を散形状に出し，下部の1個の雌花穂は変形した硬質の葉鞘に包まれ内部に3花があるが，その1花のみ正形を保ち他は不稔である．子房には2個の花柱があって花外に抽出する．果実成熟の時は鞘は堅くなり，楕円体を呈し，長さ1.2 cm位あり，暗褐色で，ジュズダマのそれより質は薄く，中に1個の穎果がある．雄花穂は雌花穂を貫いてその上に出て，長さは3 cm位，紡錘形をなし，穂軸の各節に1～3個の小穂をつけ，各小穂は2花からなり，その1花は無柄．花中に3個の雄しべがある．葉鞘に包まれた穎果を通常薏苡仁（よくいにん）と称して薬用としまた食料とするが，薏苡は元来ジュズダマの漢名である．〔日本名〕ハト麥は近代の呼称で，古くはこの名はなく，多分鳩の食う麦の意味であろう，四国麦は山口の方言で，多分往時四国地方から山口県に入り，このように呼ばれたのであろう．〔漢名〕川穀．

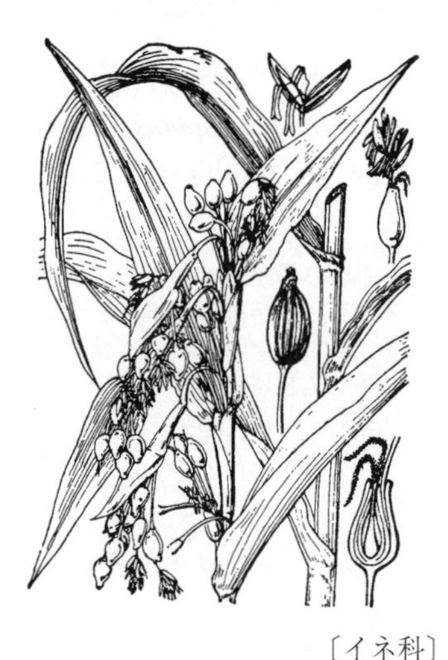

1151. アシボソ〔イネ科〕

Microstegium vimineum (Trin.) A.Camus

日本全土の原野に多い一年草で長さ60～90 cm位ある．茎は弱く痩長の円柱形で緑色，平滑で節はやや高く，下部は枝分かれしまた多少横にはい，各節から根を生じる．葉はまばらに茎に互生し，線状の披針形で先は尖り，薄質で短毛があり，下部は長い葉鞘となって茎を包む．秋，茎の頂に細長い緑色の花穂をつけ，ほぼ掌状に並ぶ1～3本の支穂からなり，穂上の各節に長さ5 mm位の小穂を2個ずつ生じ，その内の1個は無柄である．第1，第2の2苞穎は緑色で軟質．内に細小な護穎のみに退化した下方小花と稔性のある上方小花各1個があり，上方小花の護穎には長芒があって芒の長さは小穂の2倍である．また無芒のものがあり，これをノギナシアシボソ（ヒメアシボソ）という．〔日本名〕アシボソは多分脚細の意味で，その基部の茎が上部より繊細であることにより名付けられたのであろう．

1152. オオアブラススキ〔イネ科〕

Spodiopogon sibiricus Trin.

北海道から九州の山野の日当たりのよい草地に生える大形の多年草で叢生する．茎は直立し狭長で剛直な円柱形，葉より高く，高さ100～120 cm位ある．葉は長大で広線形をなし，先は尖って硬質，上面に粗い短毛があり，下部は長い葉鞘となる．秋，茎の先に大形の円錐花序を直立し，紫褐色を呈し，枝穂は真直な穂軸から出て斜上し，短柄があり，相互に相接する．小穂は枝穂軸上の各節から2個ずつ生じ1個は無柄，1個はやや先端の太まった柄をもち，熟すると柄から離れて脱落する．各小穂は長さ6 mm位で披針形をなし，第1，第2の苞穎は外面に粗毛があり，護穎は膜状，上方小花の護穎は短く先端は深く2裂しその間から小穂の約2倍長の紫褐色の芒を生じる．〔日本名〕大油ススキはアブラススキに似て粗剛であることによる．

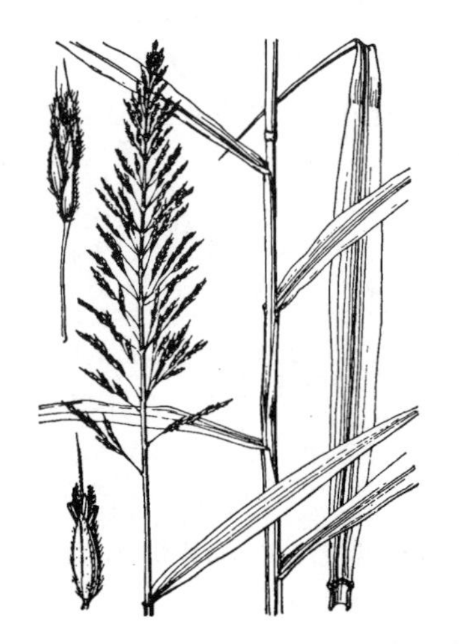

1153. コアブラススキ（ミヤマアブラススキ）〔イネ科〕

Spodiopogon depauperatus Hack.

本州中北部の日本海側の深山に多い多年草で叢生し，根茎は短く，不規則の塊様をなして硬質．茎は直立し高さは 60〜90 cm 位あり，狭長，しばしば基部節のところでわずかに曲がる．葉は互生し披針形また線状披針形で，先は鋭く尖り，毛はない．下部は長い葉鞘となり茎を包む．夏，葉より高く茎を抽出して円錐状をした淡緑色の花穂をつけ，花穂はやや短小で，枝穂は毛髪状の柄をもち，少数の小穂をつける．小穂は有柄のものと無柄のものとが対になって生じ，披針形で長さ 4〜5 mm，内外の苞穎は白色の長軟毛におおわれ，上方小花の護穎に屈曲する 1 個の長い芒がある．〔日本名〕小油ススキで小形の油ススキの意味，深山油ススキは深山に生えることによる．

1154. アブラススキ〔イネ科〕

Spodiopogon cotulifer (Thunb.) Hack.（*Eccoilopus cotulifer* (Thunb.) A.Camus）

北海道から九州の山野に生える大形の多年草で叢生する．茎は直立し高さは 90〜120 cm 位あって葉より高く，平滑な円柱形で油気がある．葉は根生および茎に互生し線状披針形で，先端は次第に尖り，幅は時に 2 cm に達し，粗い毛があり，下方のものは特に長い柄をもち，下部は長い葉鞘となる．秋，茎の頂にまばらで大形の円錐花序を出して多くは一方に傾き，主軸の各節から輪生状に数本の糸状の枝を出してその先に穂状小花序をつけて垂れ，穂軸の各節に 2 小穂をつけ，1 個は短柄，1 個は長柄をもち，熟すると柄を残して脱落する．小穂は長さ 5 mm 位．第 1，第 2 の苞穎は淡緑色，外面に白毛を生じ，護穎は薄膜質，上方小花の護穎の先端は深く 2 裂しその間から長さが小穂の 3 倍で紫色を帯びる長い芒を生じる．雄しべは 3 個，柱頭は長く筆毛状を呈する．〔日本名〕油ススキは茎に油気油臭のあるのに基づいて名付けられた．〔漢名〕狼尾草，油芒．

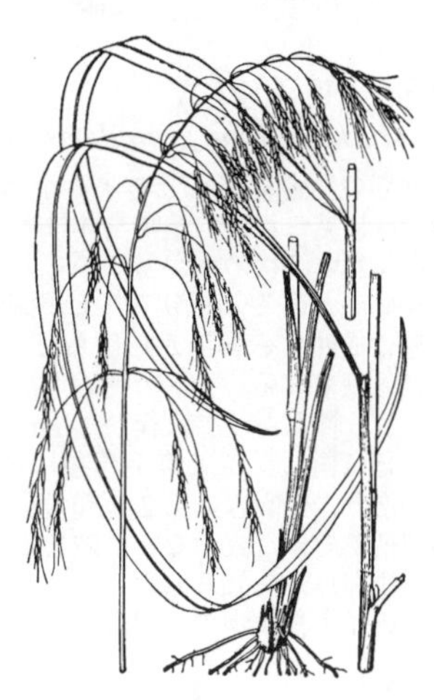

1155. トウモロコシ（トウキビ，ナンバン）〔イネ科〕

Zea mays L.

元来熱帯アメリカの原産であるがわが国へは天正の初め（16 世紀後半）に渡来し，今は広く栽培される一年草である，茎は単一で直立し，巨大な平滑緑色の円柱形をなし，節があり，高さは 3 m 位に達し，下に太いひげ根を生じ，茎の基部の節からも根を出す．葉は互生し大形で狭長の披針形，先は反曲し，次第に尖り，洋紙質で上面は有毛，長さ 1 m に達することがあり．下部は大きな葉鞘となって茎を包み，無毛，また極めてまれに有毛のもの（ケバカマトウモロコシ）がある．夏から秋，茎の頂に大形の円錐状の雄花序をつけて長い枝を分かち，枝上に各 2 花をもった小穂を密につけて穂状となり，各花は 3 個の雄しべをもち苞穎に細毛がある．雌花穂は茎の上方の葉腋に生じ，太い円柱状肉穂花序をなし，多くの花は密に花軸面に配列し各花は膜質の穎と 1 個の子房とをもち，赤褐色の花柱は多数で長く鬚状をなして花穂の先から垂れる．穎果は多数で長さ 20〜30 cm 位に成長した肥厚した軸面に密生して数列に並び，ふつう黄色で扁平な球形をなし，下方は短く尖り，径 6 mm 位．穀粒が小形でポップコーンをつくるハナキビ‘Fragosa’，葉に白色の縦斑条があるフイリトウモロコシ‘Japonica’等の品種が栽培される．〔日本名〕唐モロコシで唐とはこの場合海外から渡来したことを示す．〔漢名〕玉蜀黍．

1156. ツノアイアシ〔イネ科〕

Rottboellia cochinchinensis (Lour.) Clayton（*R. exaltata* auct. non L.f.）

粗大な一年草．アジア熱帯の原産で日本では琉球列島に見られる．地上茎は叢生してつき，直径は 1 cm．葉身は長さ 30 cm，幅 6 mm ほどになる．葉舌は切形で膜質，長さ 2 mm．総状花序は葉腋または茎の先端につき，円柱状で，長さ 10 cm，直径は 3.5 mm ほどある．花穂の軸は成熟すると節ごとに小穂をつけたまま，ばらばらに脱落する．小穂は小穂柄と花穂の軸が癒着してできた凹みの中に対になってつき，有柄のものと無柄のものの 2 型がある．有柄の小穂は多少退化し，無柄小穂より小さい．無柄小穂は花穂軸にできた穴の内に納まり，長さ約 4.2 mm．第 1 苞穎は革質で広披針形，小穂と同じ長さで，7〜9 脈をもち，先端部で脈は格子状に連結する．第 2 苞穎は背中が軸側に向き，舟状で脈を多数もち，花穂軸の陥没の中につく．下位小穂の護穎は長楕円形で，苞穎と同じ長さ，3 脈があり紙質である．上位小花は膜質で稔性があり，長さ 2〜3 mm．〔日本名〕アイアシに似るが，花序が太く，円柱状で先端が細長くなり，ツノに見立てられることから，この和名がついた．〔漢名〕羅氏草．属名となったデンマークの植物学者 C. F. Rottboell の音訳．筒軸茅ともいう．

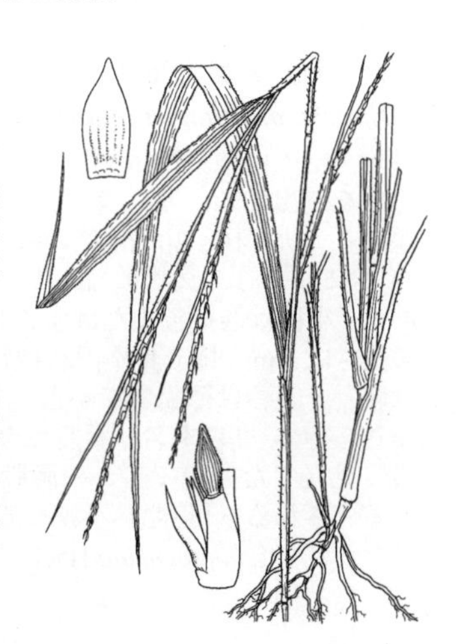

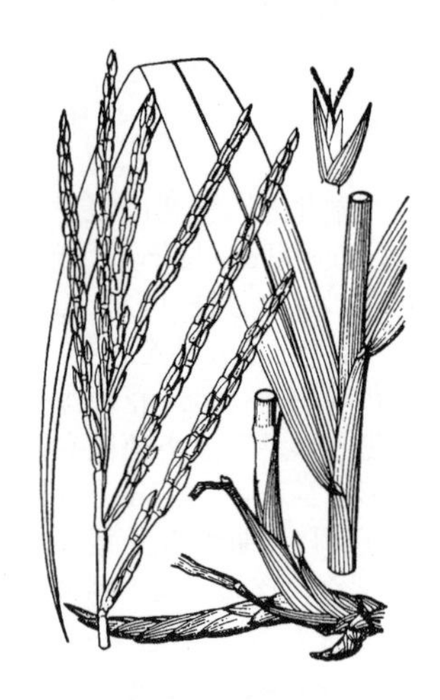

1157. アイアシ　〔イネ科〕

Phacelurus latifolius (Steud.) Ohwi（*Rottboellia latifolia* Steud.）

北海道から九州の海にのぞむ湿地に群生する大形の多年草で根茎を引いて繁殖する．茎は直立し高さ 1.5 m 内外に達し，葉とともに硬質で無毛，下部は往々やや露出する．葉は長く，長さ 20〜40 cm，幅 2 cm 以上に達し質は厚く，先端は鋭く尖り，下部は長い鞘となって茎を包む．6 月，茎の頂に数個の穂状花序を密に互生し，紫色を帯びる．花序は粗剛で各節に 2 小穂をつけ，1 個は無柄，他は太い柄をもち，互に集まって扁平な棒状をなす．各小穂は長さ 8 mm 位，披針形で内外の 2 苞穎は硬い革質，先端は硬く尖り，護穎と内穎は紙質で芒はない．〔日本名〕アイアシは多分間葦の意味で，真のアシとは異なる間ひ物のアシという意味であろう．言い換えればアシモドキというような例である．〔漢名〕束尾草．

1158. ヤエガヤ　〔イネ科〕

Hackelochloa granularis (L.) Kuntze

世界の熱帯に広く分布する小形の一年草．日本ではトカラ列島から南の琉球列島だけに見られる．植物全体は毛におおわれる．茎は高さ 30 cm．葉鞘は基部がふくらんだいぼ状の毛が密につく．葉身は線状披針形で，長さ 8 cm，幅 4 mm，伏した長い毛がある．総状花序は葉腋と茎の先端につき，長さ 1〜2 cm，幅約 2 mm，花軸は成熟すると節からばらばらに脱落する．小穂は対になってつき，小穂軸と花軸は癒着する．上位小穂は柄があり，雄性でいびつな楕円形．下位小穂は柄がなく，稔性があって直径が 1 mm の球形．この稔性の小穂は苞穎の質が硬く 2 枚あり，ほぼ同じ長さで第 1 苞穎は球形，表面にはゴルフボールのような格子状の陥入があり，外向き，第 2 苞穎は広披針形，3 脈があって，背中が内向きで，花軸と小穂柄でできた穴のなかに納まる．小花は質が薄く膜質，内に穎果がある．〔日本名〕八重山諸島から知られたことによりこの和名がついた．〔漢名〕亥氏草．オーストリアのイネ科植物の専門家 E. Hackel を記念した名がつけられた．球穂草ともいう．

1159. ウシノシッペイ (バリン)　〔イネ科〕

Hemarthria sibirica (Gandog.) Ohwi（*Rottboellia japonica* (Hack.) Honda）

本州から九州の郊外原野のやや湿った地に生える多年草で根茎を出す．茎は叢生しやや扁平，剛質で直立し，高さは 50〜70 cm 位に達する．葉は茎上に開出して互生し，細長く，長さ 10〜25 cm，幅 4〜8 mm，先端は鋭く尖り，やや白緑色を帯び，下部は長い葉鞘となって茎を包む．夏秋の頃，上部の葉腋から細長い円柱状の穂状花序を生じ，茎の頂部では束生状となる．小穂は各節から 2 個ずつ生じ，1 個は無柄，他は有柄で，柄は主軸とほとんど上方まで癒合する．無柄小穂は癒合する所に凹みを生じて花軸に接着する．各小穂は長さ 5 mm 位，披針形または長楕円形で内外の 2 苞穎は革質，護穎と内穎は薄い膜質で小形．花柱は紅色を帯びた紫色，2 裂し羽毛状である．〔日本名〕牛ノ竹箆の意味で，またバリンはバレンの誤りであろう，バレンは馬簾で叢出する草状に基づいて名付けられたものであろう．

1160. カリマタガヤ　〔イネ科〕

Dimeria ornithopoda Trin. var. ***tenera*** (Trin.) Hack.

日本全土の山原や平野の日当たりのよい草地に生える一年草で下にひげ状の根を叢出する．茎も葉も叢生し，葉は狭線形で先は尖り，ふちに長い毛がある．秋，10〜30 cm 位の痩長な多数の茎を出し，葉より高い茎の頂に 2〜3 本に分枝して叉状になった花序をつける．枝穂は細長く長さ 3〜7 cm 位ある．小穂は淡緑色またはすこし紫色を帯び，軸上の各節に 1 個ずつつき，その長さは 3 mm 位で長楕円状披針形である．第 1 苞穎は厚い膜質，第 2 苞穎は膜質，護穎は薄膜質で小形，先端に小穂の 3〜5 倍くらいもある長い纖細な芒を持つ．〔日本名〕雁股ガヤはその花序がふつう 2 分枝しているのを雁股に見立てたもので，この雁股は元来蛙股（かえるまた）の変化した語であるとされる．〔追記〕小穂に芒がないか，あってもごく短いものをヒメカリマタガヤ f. *microchaeta* Hack. という．

1161. **カモノハシ** 〔イネ科〕

Ischaemum aristatum L. var. ***crassipes*** (Steud.) Yonek.

(*I. aristatum* var. *glaucum* (Honda) T.Koyama)

本州から九州の原野あるいは近海の草地に生える多年草で叢生する．茎は直立し高さ 60 cm に達し，下部は節で曲がり，多少地に臥し，葉とともに平滑である．葉は狭長な披針形で先は鋭く尖り，下部の葉鞘はふちに長毛をもつ．夏秋の頃，細長い柄を出し先端に 2 個の半円柱がぴったりと合わさった形の円柱形の穂状花序をつけて，紫赤色を帯び長さ 6 cm 内外に達する．小穂は花軸上の各節に 2 個ずつ生じ，1 個は無柄，他は有柄で，柄は扁 3 角柱状で稜部には毛がある．小穂の長さは 6 mm 内外，長楕円状披針形で内外の 2 苞穎は革質，熟すると第 1 苞穎を外側へ開出する．護穎と内穎は膜質で先端は尖り芒はない．〔日本名〕鴨ノ嘴は 2 部分からなる花穂をカモの嘴に似せて名付けられた．〔漢名〕鴨嘴草．〔追記〕タイワンカモノハシ var. *aristatum* は九州南部以南に産し，無柄小穂に長い芒がある．

1162. **ケカモノハシ** (ヒザオリシバ) 〔イネ科〕

Ischaemum anthephoroides (Steud.) Miq.

北海道から九州の海浜砂地に叢生する多年草で，下方の節からは太くて硬いひげ根を出し，茎は膝曲した基部から立ち上り高さ 60〜80 cm 位，線状披針形の葉を互生する．葉身，葉鞘および節に白い短毛がある．夏，茎の頂に半円柱状の穂状花穂 2 個を生じ，互に接して長さ 4〜7 cm 内外のやや肥厚する円柱体をなし白い短毛をもつ．小穂はその柄とともに長い白毛におおわれ長さ 8 mm 内外，長楕円形で先端は尖り，花穂上の各節に 2 個ずつ生じ，1 個は有柄，1 個は無柄である．内外の 2 苞穎は膜質で内穎は先端が 2 裂し第 1 苞穎の 2 倍長の芒をもつ．〔日本名〕毛鴨ノ嘴でカモノハシと同様の花穂をもち，かつその葉と花穂に毛が多いことを示す．またヒザオリシバは茎の下部が膝折れすることによる．

1163. **ヤエヤマカモノハシ** 〔イネ科〕

Ischaemum muticum L.

アジアとオーストラリアの暖地の海岸付近に分布する多年草．日本では琉球列島に見られ，しばしば隆起珊瑚礁の上や砂地に群生する．茎は斜上し，節で膝折れして，直径は 2.5 mm，節は目立つ．葉身の基部と葉鞘の間には短い柄状のくびれがあり，しばしば赤褐色を帯び，長さ 7〜8 cm，幅 1 cm，両面に伏した毛がある．葉舌は切形で，長さ 0.3〜0.7 mm．総状花序は半円柱状の 2 本がくちばし状につき，葉鞘のなかに半分入っている．小穂は対になってつき，有柄のものと無柄のものがある．花軸は太く翼があり，成熟するとばらばらになって脱落する．無柄の小穂は大きく，長さ 7 mm ほどで広披針形．第 1 苞穎は革質で，小穂と同じ長さ，背中は扁平で脈は不明瞭，先端部の脈は網状につながり，ふちには竜骨があって翼をもつ．第 2 苞穎は舟状で，背中に竜骨を 1 本もち，先端は尖る．下位小花は長さ 6 mm，護穎と内穎は長い毛のふちどりがある．上位小花は稔性があって膜質，内に穎果が包まれる．葯は長さ 2.3 mm．〔日本名〕花穂がカモノハシ同様で，八重山諸島で最初に発見されたので，この和名がついた．〔漢名〕無芒鴨嘴草．

1164. **コモロコシガヤ** 〔イネ科〕

Sorghum nitidum (Vahl) Pers. var. ***nitidum***

アジアの暖地にふつうに分布し，日本では八重山諸島の陽地に生育する多年草．茎は直立し単一，高さ 90〜120 cm，節に毛がある．葉身は狭線形で，長さ 10〜15 cm，基部にいぼ状の毛がある．中央脈は幅が広く，葉身の幅のかなりの部分を占める．葉鞘は上部に竜骨があり，多少軟毛をもち，特に口部では絹状の毛が密生する．葉舌は切形で紙質，長さ約 1.2 mm．円錐花序は茎の先端につき，長楕円形で，長さ 10〜30 cm．枝は毛細管状で，基部につくものは輪生し，それぞれの先端に総状の小花序がつく．小花序は長さ 8〜35 mm，2〜8 節があり，赤褐色で褐色を帯びた毛がある．小穂は 2 個対になり有柄小穂は幅が狭くて小さく，披針形で，柄と花軸は長さ 2〜3 mm，芒はない．無柄小穂は長楕円形で，長さ 3〜4 mm，粗毛が密生し，3〜5 脈があり，革質で，背中の中央部は無毛で光沢がある．第 2 苞穎は披針形で，先端は鋭形，1 脈があり，上部は毛があり，護穎の先端から 1 本の長い芒が出る．〔日本名〕モロコシガヤに似るが，小穂が小さく，有柄小穂は芒をもたないので和名がついた．〔漢名〕光高粱．

1165. モロコシガヤ 〔イネ科〕

Sorghum nitidum (Vahl) Pers. var. ***dichroanthum*** (Steud.) Ohwi
(*S. nitidum* var. *majus* auct. non (Hack.) Ohwi)

本州（和歌山県と中国西部），四国，九州，琉球の暖地の山野で日当たりのよい草地に生える多年草である．茎は高さ 1 m 内外に達し，節に毛がある．葉は狭長で先は細く尖る．葉鞘は円筒形で口辺に絹毛が生え，短く小さい切形の葉舌がある．夏から秋にかけて開花する．まばらな円錐花序は長さ 10〜25 cm で長楕円体，花序の枝は細長く輪生し，枝の端に長さ 10〜12 mm 位の短い小花序をつける．小穂は有柄のものと無柄のものが 1 個ずつ対になってつき，赤褐色または紫色の短毛が密にはえて，長さは 4〜5 mm 位ある．全ての小穂に中途で曲がった長い芒がある．〔日本名〕花穂の様子がモロコシに似ているのでいう．

1166. モロコシ（モロコシキビ，タカキビ） 〔イネ科〕

Sorghum bicolor (L.) Moench

天正年間に日本に入り，現在では全国いたる所の畑に栽培されている一年草である．根は太くひげ状で，単一の茎は直立し粗大で高さ 2 m 内外あって平滑な円柱形，中空ではなく節がある．葉は互生して長い葉鞘があり長大で長さ 50〜60 cm 位，幅は 6 cm 内外あり，上部は次第に細まって尖り，先端は垂れ下がる．葉も茎も緑色であるが後になると赤褐色を帯びることがある．夏，茎の頂に多数の花を密集した大形の円錐花序をつけ，後に赤褐色の穎果を稔らせる．小穂は密について，花序の小軸各節に両性で柄のないもの 1 個と雄性で柄のあるもの 1〜2 個がある．両性の小穂は広倒卵状楕円形で長さは 5 mm 位，下部に短い総苞毛があり，苞穎は厚い革質で第 1 苞穎は上方に毛があり，護穎と内穎は膜質で毛があり，内穎は長さ 6 mm 位の屈折した芒を持つ．中国東北部でふつうに栽培される高粱は本種と同じものである．この種はアフリカの原産といわれているが，その正確な原産地は未詳である．〔日本名〕モロコシはモロコシキビの略で，中国から渡来したキビの意．別名の高キビは丈が高いからいう．〔漢名〕蜀黍．高粱は中国北部における異名．

1167. ホウキモロコシ 〔イネ科〕

Sorghum bicolor (L.) Moench **'Hoki'**（*S. bicolor* var. *hoki* Ohwi）

古くから畑に栽培する一年草で全体の形はモロコシに似ている．茎は長く高く，3 m にも達し，緑色の円柱形で節がある．夏，茎の頂に大きい花序をつける．花序は枝が散形状に出て多数に分枝し，各枝は細長く硬質で先端に緑褐色の小穂を無数につける．両性の小穂は長楕円形で先端が尖り，苞穎には白い軟毛が生え，護穎と内穎は膜質，内穎は小さく，長さ 8 mm 位の屈折した芒を持ち，狭長楕円形で柄のある雄性小穂を 1〜2 個伴っている．果穂は穎果を取除いてから箒（ほうき）を作る．それゆえに箒モロコシの名がある．

1168. セイバンモロコシ 〔イネ科〕

Sorghum halepense (L.) Pers.

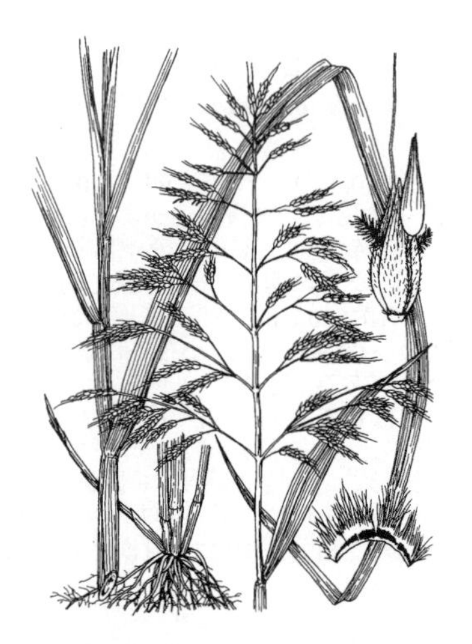

おそらく地中海地方の原産とされる大形多年草．アジア南部やアメリカ大陸の暖温帯に広く帰化し，道端や空地，土手などに野生化しているが，古い時代に栽培品から逸出したものと考えられる．日本では宮城県以南の暖地に野生状態で見られる．地下茎は長くはい，節から高さ 1〜1.5 m の粗大な茎を直立させる．茎は基部でまばらに分枝する．葉は幅 2〜3 cm，長さ 20〜25 cm の幅広い線形で先端は尖り，下部は葉鞘となって茎を抱く．茎頂に大きな円錐花序を生じ，長さは 50〜60 cm もあって多数の小穂をつける．小穂は柄のないものと柄のあるものが対になってつき，柄のない小穂は楕円形で長さ 5 mm 前後，黄褐色を帯びた外穎があり，密に毛におおわれる．中央で曲がる長い芒はあることもないこともある．栽培のモロコシと同属であるが，家畜の餌料としてまれに牧場に栽培される程度で，むしろそれからの逸出が雑草化を引きおこしたと考えられる．〔日本名〕西蛮モロコシは西方の異国からきたモロコシの意．

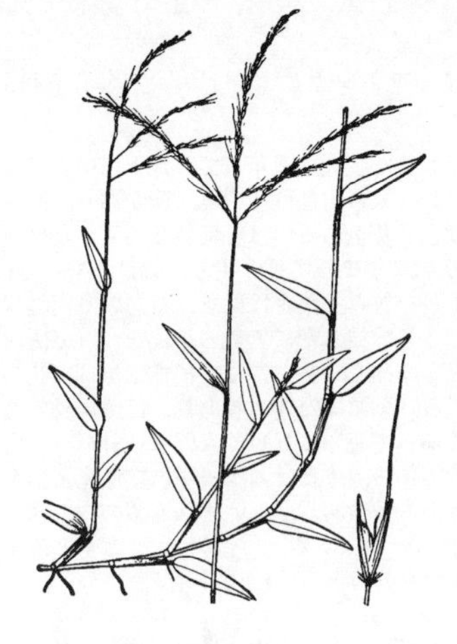

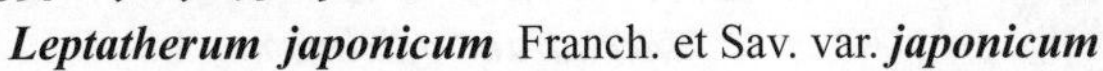

1169. ササガヤ 〔イネ科〕

Leptatherum japonicum Franch. et Sav. var. ***japonicum***
（*Microstegium japonicum* (Miq.) Koidz.）

日本全土の山野の陽地または半陰地に多く生える多年草で，茎の下部は地面を横にはい各節からひげ根を出して越冬し，細長くやや硬質．春，その節からやせた緑色の茎を側生して斜上し，ふつう群をなして繁茂し，高さは 20〜30 cm 位あって全株無毛．葉は小形で互生し狭線形で先は尖り，やや薄弱，下部は葉鞘となって茎を包む．秋，茎の頂に少数の細長い枝穂を分枝し，ほぼ掌状に並び，往々一方に傾き，緑色である．小穂は長さ 3 mm 位，花穂軸の各節に 2 個ずつ生じ，1 個は長柄，1 個は短柄をもつ．第 1，第 2 苞穎は淡緑色，下方小花の護穎は薄膜質でほぼ苞穎と同長，上方小花の護穎は小形で褐色を帯び，先端に長い芒があり，芒の長さは小穂の数倍に達する．〔日本名〕笹ガヤはササに似た葉に由来する．〔追記〕ミヤマササガヤ *L. nudum*（Trin.）C.H.Chen, C.S.Kuoh et Veldkamp は本種に似ていてかつては混同されたが，対になる小穂の一方は無柄である．本州中部以西に分布する．

1170. ウンヌケ 〔イネ科〕

Eulalia speciosa (Debeaux) Kuntze（*E. tanakae* (Makino) Honda）

本州（東海地方西部，近畿地方）の原野の日当たりのよい草地に生える大形の多年草で，叢生し，高さは 80 cm 内外ある．茎は太く，直立し円柱形で平滑．葉は狭線形で上部は次第に尖り，下部は長い葉鞘となって茎を包み，基部の鞘面には黄褐色の軟毛を密生する．秋，葉より高い茎の頂に数本の細長い花穂をほぼ掌状につけて一方に傾き，密に多数の小穂をつける．小穂は双生し 1 個は無柄，他は有柄，狭披針形で 1 花からなり，苞穎には黄褐色の長毛を生じ，護穎には濃黄褐色で長い芒があり，総苞毛は著しいが苞穎より短い．全体がコカリヤス（ウンヌケモドキ）に非常に似ているがさらに大形である．この植物に初めて注目した田中芳男を記念して *Pollinia tanakae* Makino と命名されたが，後にインドから記載された *E. speciosa* と同一とわかった．〔日本名〕ウンヌケは牛の毛の転訛したもので愛知県地方の方言である．〔漢名〕金茅．

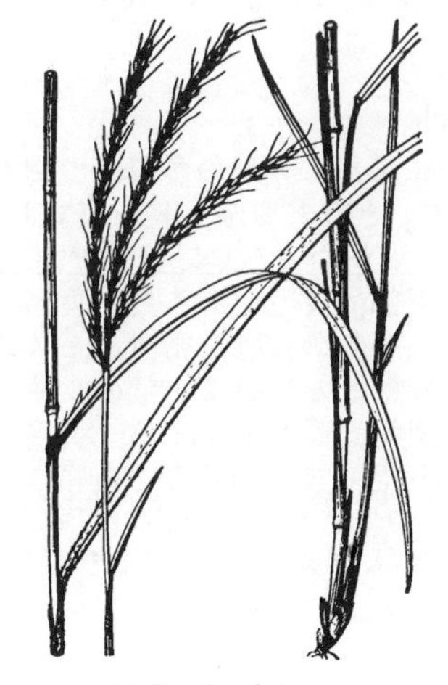

1171. コカリヤス（ウンヌケモドキ） 〔イネ科〕

Eulalia quadrinervis (Hack.) Kuntze

東海以西のわが国の温暖な各地の山野，日当たりのよい乾燥地に生えるやや大形の多年草で叢生し，高さは 80〜90 cm 位．茎は狭長で平滑な円柱形，節に毛がある．葉は幅狭い線形で先は長く尖り，両面に伏毛をまばらに生じ，下部は長い葉鞘となって茎を包み，通常白毛を生じる．秋，葉より高い茎の頂にやや掌状の花序をなして 3〜5 本の花穂をつけ，淡黄褐色を呈し，やや一方に傾き，穂は長さ 10 cm 位あり，相接して多数の小穂をつけ，穂軸は白色あるいは淡紫色の細毛におおわれる．小穂は双生し，1 個は無柄，他は有柄でともに広披針形で長い芒を具え，総苞毛は長い．〔日本名〕小カリヤスは小形のカリヤスという意味である．ウンヌケモドキは全体がウンヌケによく似ることによって名付けられた．

1172. ワセオバナ（ハマススキ） 〔イネ科〕

Saccharum spontaneum L. var. ***arenicola*** (Ohwi) Ohwi

関東から近畿の太平洋岸の海岸の砂地に生える大形の多年草で叢生し，やや太く短い円柱形の根茎を分かって盛んに繁殖し，高さは 1 m 以上に達する．茎は直立し平滑な円柱形で単一．葉は互生し幅狭い線形で長く，先端は次第に狭まって細長く尖り，硬質で下部は長い葉鞘となり，葉鞘の口部には長毛が生える．葉舌は高さ 2〜3 mm．夏，茎の頂に長さ 30 cm 位の狭長の円錐状花穂をつけ，主軸は太く白い軟毛を密生し，枝穂は斜上してやや密に無柄の小穂を互生する．小穂は脱落し易く，長さ 4 mm 位，披針形で芒はなく，基部に多数の白色の長い軟毛を生じ，護穎の 3 倍長に達する．内外 2 個の苞穎は軟らかい革質で褐色を呈し，護穎と内穎は白色の膜質である．根茎と茎には多少の甘味を含みサトウキビ（甘蔗）属の 1 種であることを示している．〔日本名〕花穂が早く出るので早生尾花といい，海浜に生えることにより浜ススキと名付けられた．〔追記〕ナンゴクワセオバナ var. *spontaneum* は九州南部以南の熱帯アジア，アフリカ，オーストラリアに広く分布し，葉鞘の口部の毛が少なく，葉舌は短い．

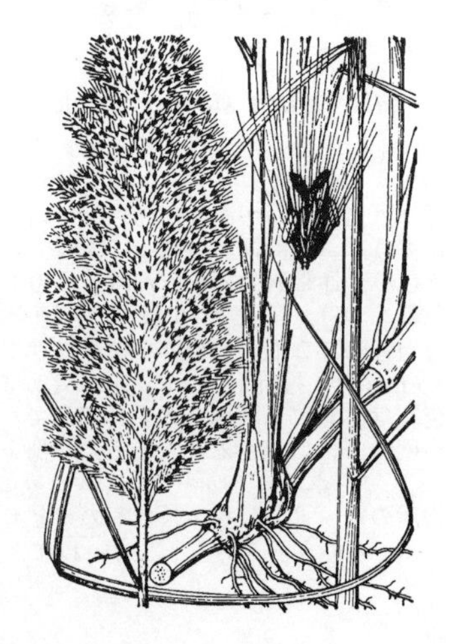

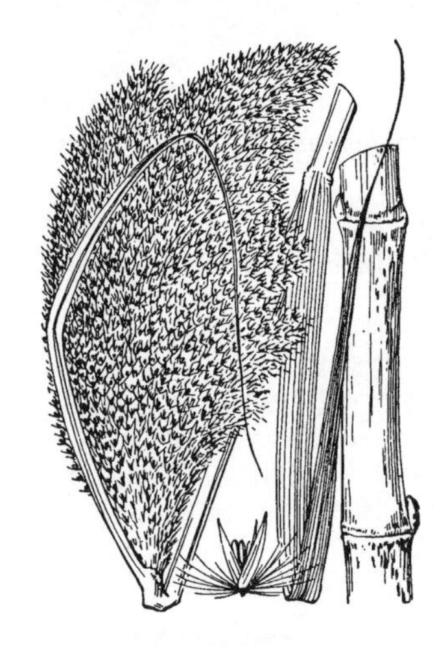

1173. サトウキビ（カンショウ，カンショ，カンシャ） 〔イネ科〕

Saccharum officinarum L.

今から 200 余年前の享保年間に琉球を経て内地に伝わった壮大な多年草で，地下に中実で節のある地下茎をもつ．茎は叢生し単一で分枝せず直立し，太い円柱形，中実，節があり，高さ 2〜4 m，直径 2〜4 cm 位あり，平滑で光沢があり淡緑色，黄色あるいは紅紫色である．葉は数多くやや 2 列に互生し，大形で幅広い線形，上部は次第に狭まって長く尖り，幅は 1.5〜5 cm 位あり，中脈は硬く厚く，下面に隆起し，葉鞘は長く茎を包み．葉舌ははなはだ短い．円錐状花穂は茎の頂につき，大形で長さ 50〜60 cm 位あり，多く分枝し密に無数の小穂をつけて灰白色をしている．小穂は細小で両性の 1 花からなり，対をなしてつき 1 つは有柄他は無柄，花の基部に輪生する絹毛を具え，穎果成熟の時小枝を離れる．苞穎は内外 2 枚あり，ほぼ同長で長楕円状披針形．先は尖り芒はない．護穎は多くは 1 枚あって苞穎より短く，卵状披針形．子房には 2 個の花柱があって上部は羽毛状をなし，暗紫色である．本種はニューギニア原産と推定され，今は広く世界の各地に広まり栽培され，その品種も多数あるが，いずれも茎の中の糖汁を搾って砂糖をつくる，すなわち最も顕著な有用植物の一つである．〔日本名〕砂糖をとるキビの意味で，カンショウは甘蔗の音を長く引いて呼んだものである．〔漢名〕甘蔗．

1174. チ ガ ヤ（チ，フシゲチガヤ） 〔イネ科〕

Imperata cylindrica (L.) Raeusch.

日本全土の郊外原野あるいは山地にふつうで，多数群をなして叢生する多年草．根茎は細長く，白色で節があり長く地中を横にはう．葉は細長く，茎とともに立ち質は硬く，幅 1 cm 位，長さ 30〜60 cm 位ある．春の末に葉に先立って花穂を生じ，これをツバナ（茅花の意味）といい，後にその茎は長くのびて葉の中から抽出し，茎の頂に白毛を密生し褐色の雄しべが目立つ円柱状花序をなす．花序は主軸から 1〜2 回分枝し，各小分枝上の節に 2 個ずつ小穂をつけ長短不同の柄がある．小穂は長楕円形で長さ 2.5 mm 位，総苞毛および内外の 2 苞穎上の毛は長い白色の絹毛で，長さは 15 mm 位あり，護穎と内穎は極めて小さく，芒を欠く．柱頭は 2 裂し，長く超出し，黒紫色の羽毛状．ふつうは茎の節に白毛があるが，白毛のないものをケナシチガヤという．根茎を茅根といって薬用とし，子供等は若いツバナを食べることがある．〔日本名〕チなるカヤという意味で，チは千で草が叢生することからこういわれるのであろう．〔漢名〕白茅．

1175. オ ギ（オギヨシ） 〔イネ科〕

Miscanthus sacchariflorus (Maxim.) Benth.

北海道から九州の原野の水辺または湿地に生える大形の多年草で高さ 2 m 以上になる．根茎は地下を縦横に走り，その末端から茎を直立し，花時には往々茎の下部が露出するのでススキと異なる．葉は長大で幅 25 mm 以上に達し，平滑でふちはざらつき，下部は長毛がある長い葉鞘となって茎を包む．秋，茎の頂に花穂を出し，多数の枝穂を密生し，ススキの花穂に比較して大きくかつ密である．枝穂上の各節に 2 個の小穂を生じ，柄はやや繊細で長短あり，小穂は披針形，長さ 6 mm 位，黄褐色で基部の総苞毛は絹白色，長さは 15 mm に達し，また内外の 2 苞穎は薄膜質で外面に白色長毛をつけ，護穎，内穎は膜質で芒をもたない．〔日本名〕オギの語原は不明．古来和歌に詠まれ，従ってネザメグサ，メザマシグサ，カゼヒキグサ等，種々の雅名がある．〔漢名〕荻．

1176. ス ス キ（カヤ） 〔イネ科〕

Miscanthus sinensis Andersson var. ***sinensis***

各地の山野いたる処に多く生える大形の多年草で叢生し，往々大群をなして斜面をおおうことが多く，高さ 100〜150 cm 位．根茎は短く多数分枝し，硬質で節は緊密．茎は直立して節があり，円柱形で緑色，無毛．葉は互生し細長く線形で，先端は次第に尖り，ふちに細歯があってざらつき，緑色で中脈は白く，下部は長い鞘となって茎を包み，通常無毛であるが時にその下方のものに長い毛がある．秋，茎の頂に大きい花穂をつけ，細長い 10 数本の枝穂を中軸から出し黄褐色または紫褐色を呈する．枝穂の各節に 2 個の同形の小穂をつけ 1 個は短柄があり 1 個は長柄がある．小穂は長さ 3.5 mm 位，披針形，下部に白い毛があって，長さは小穂の 1.5 倍に達する．内外の 2 苞穎は洋紙質，護穎と内穎は膜質で，ときに紫色を帯び，内穎の先端は深く 2 裂し，小穂の 3 倍に達する芒がある．花穂をおばな（尾花）といい秋の七草の一つに数えられる．〔日本名〕ススキはすくすく立つ木（草）の意ともいわれ，また神楽に用いる鳴物用の木，すなわちスズの木の意ともいわれる，またカヤは刈屋根の意で刈って屋根をふくという意であろうともいわれる．〔漢名〕芒．

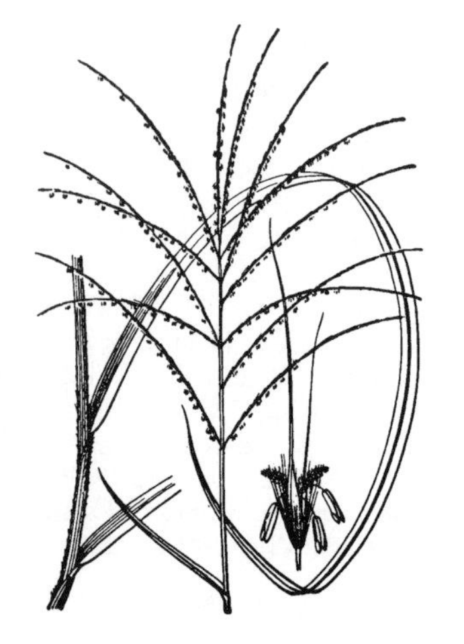

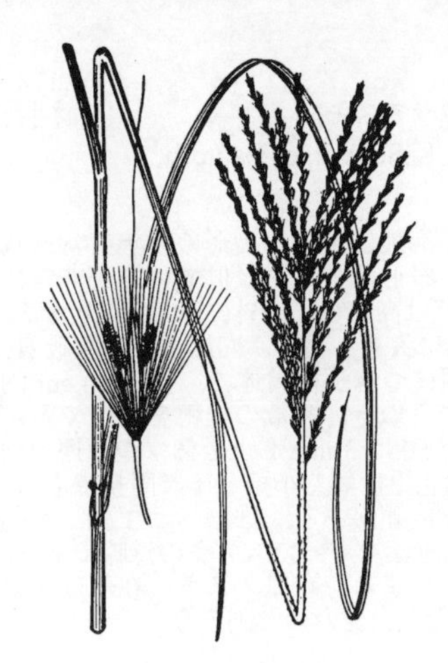

1177. イトススキ

〔イネ科〕

Miscanthus sinensis Andersson f. ***gracillimus*** (Hitchc.) Ohwi

ススキの狭葉の1品種で往々日当たりの良い山地，海岸近くなどに自生し，観賞のため庭に植えまたは盆栽とする．根茎はススキと同様に短い節をなし，再三分岐して入り組み大塊をなすが，ススキより細く，茎は高さ60〜120 cm位，直立し，多数叢生する．葉は狭線形で大きく彎曲して先端は垂下し，質はやや硬く，ふちに細かいきょ歯があってざらつき，幅3〜6 mm位あり，中脈は白く，葉の幅に比して広い．秋に茎頂に大形の穂を生じ，十数個の枝穂の上に小穂をやや密生する．小穂は軸に双生し，柄は長短不同である．

1178. タカノハススキ

〔イネ科〕

Miscanthus sinensis Andersson **'Zebrina'**

人家に栽植して観賞するススキの1品種で，葉はやや幅が狭く，硬質で著しくざらつき，上面に淡黄色の矢羽形の斑が2〜3 cmの間隔をおいて現われ，下面は淡緑色で光沢がある．秋に茎頂に穂を出し，多数の糸状の枝穂を分かって，枝穂上に小穂を密に双生し，柄に長短のあることなど，すべてススキと同様である．別の品種で葉に縦に白斑の現われるものにシマススキ（縞ススキ）がある．

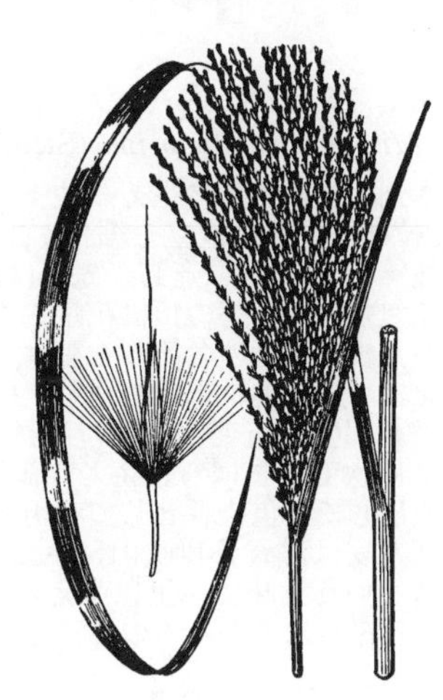

1179. ムラサキススキ（マスウノススキ）

〔イネ科〕

Miscanthus sinensis Andersson f. ***purpurascens*** (Andersson) Nakai

ススキの一品種で山地に生え往々群をなす．茎は直立し，円柱形で中実である．葉は狭長な線形で先端は次第に尖り，ふちはざらつき緑色で中脈は白く，下部は長い葉鞘となって茎を包む．秋，茎頂に花穂をつけ10枝内外を短い中軸から分かつ．枝穂軸上の各節に2個ずつの小穂をつけ1は長柄，1は短柄を具える．小穂基部の毛は紫色を帯び，第1苞穎は外部に微毛があり，第2苞穎とともに洋紙質をなし，護穎は膜質で内穎は先端が2裂しその間から長さ小穂の2倍に達する芒を出す．〔日本名〕紫芒はその穂色に基づいて名付けられ，古名であるマスウノススキはその本来の形はマソホノススキで赤いススキの意味，すなわちその穂色に基づいて名付けられた．マスホ（十寸穂）のススキはススキのたんに大きな花穂をつけるものでこれとは別である．

1180. ハチジョウススキ

〔イネ科〕

Miscanthus condensatus Hack.

（*M. sinensis* Andersson var. *condensatus* (Hack.) Makino）

主として関東以西の暖地の海辺に生える半常緑，あるいは夏緑性で大形の多年草．叢生し概形ススキに似て一般に大形，高さは1〜2 m位ある．茎は直立し円柱形で中実，太い．葉は互生し幅広い線形で，幅は広いものでは2 cm位に及び，白緑色で中脈は白く，葉のふちのざらつきがほとんどないものがあり，下部は長い鞘となり，茎を包む．花穂は茎の頂に出て，伊豆諸島の典型品では枝穂が多数上を向いて密集し，花軸，小穂柄がみな太いことにより容易にススキと識別できるが，本土のものは次第にススキに連絡し花穂も次第にまばらとなり，葉も次第に狭長となって葉縁もざらつき，葉の色も緑色となって両者の区別は判然としない．秋に開花し，小穂の状態はススキと同じ，八丈島ではマグサと称し栽植して牛馬の飼料とする．〔日本名〕八丈芒は八丈島に産するススキの意味である．

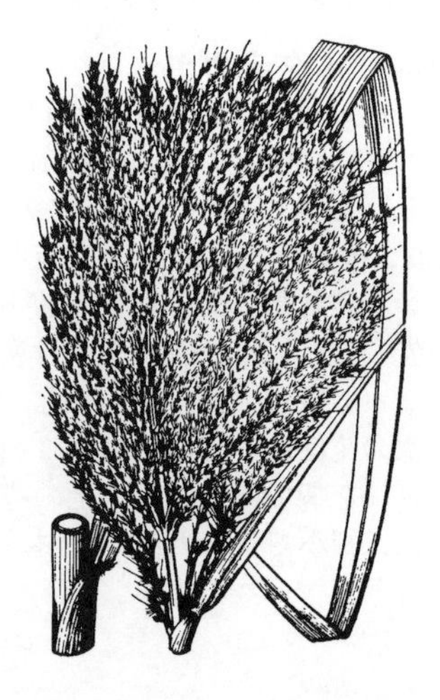

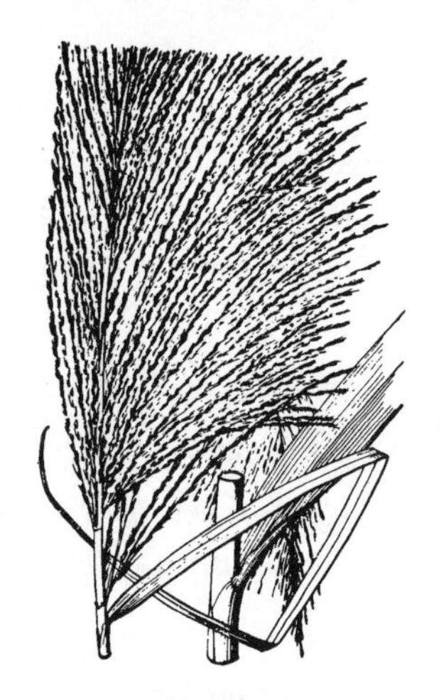

1181. **トキワススキ**（カンススキ，アリワラススキ）〔イネ科〕

Miscanthus floridulus (Labill.) Warb. ex K.Schum. et Lauterb.

（*M. japonicus* Andersson）

関東南部以西の暖地，原野の山麓，または近海地に生える大形の多年生常緑草本で，叢生し，大きい株となり，往々群生し，概形はススキに似ているが非常に壮大である．根茎は短く硬く，密に分岐する．茎は高さ 2 m 内外に達し，直立する．葉は互生し，長大で，幅広い線形で，先は次第に尖り，葉のふちはざらつき硬質，下部は長い葉鞘となり茎を包む．花穂は茎の頂につき長楕円体で，長さ 40 cm 内外あって，真直な中軸は長く穂全体の中央をつらぬき，多数の枝穂を分けて密に無数の小穂をつける．小穂はススキより小形で長さは 3 mm 位，2 個ずつ枝穂の軸につき 1 個は長柄をもち他は短柄をそなえ，総苞毛は短く小穂とほぼ同長である．小穂には内外の 2 苞穎，芒を持った護穎および内穎がある．雄しべは 3 個．7〜8 月に開花する．〔日本名〕常盤ススキの意味で常緑葉をもったススキの意味である．また，寒ススキは葉が冬寒中にも枯れないことによる．在原ススキの在原は多分在原業平の姓をとり，この優雅な花穂にちなんだ名としたのであろう．

1182. **カリヤス**（オウミカリヤス，ヤマカリヤス）〔イネ科〕

Miscanthus tinctorius (Steud.) Hack.

本州中部の山地に生え，往々群をなして叢生する多年草で高さは 90〜120 cm 位あり，茎は直立し細長く平滑な円柱形である．葉は互生し広線形で幅は往々 15 mm 位に達し，先端は次第に尖り，薄質，下部は長い葉鞘となり，茎を包む．秋，茎の頂に花序をつけ，短い中軸から 3 ないし 5 本の枝穂を分かち，枝穂の軸の各節に 2 個ずつの小穂をつけ，1 個は長柄をもち，他は短柄をもつ．小穂は褐色を呈し，披針形で長さ 5.5 mm 位あり，芒をもたない．小穂基部の総苞毛は小穂の半長に達し，内外の 2 苞穎は軟らかい革質で外面は白軟毛をまばらに生じ，護穎および内穎は膜質である．古来茎葉ともに煎出して黄色染料として利用した．〔日本名〕刈安は「刈り易い」意味で，近江刈安は滋賀県伊吹山に生えることにより，山刈安は山地に生えるカリヤスという意味で，里に生えるコブナグサ（1146 図）もカリヤスと呼ばれて黄色染料に使われるので，それと区別するためにつけられたものである．

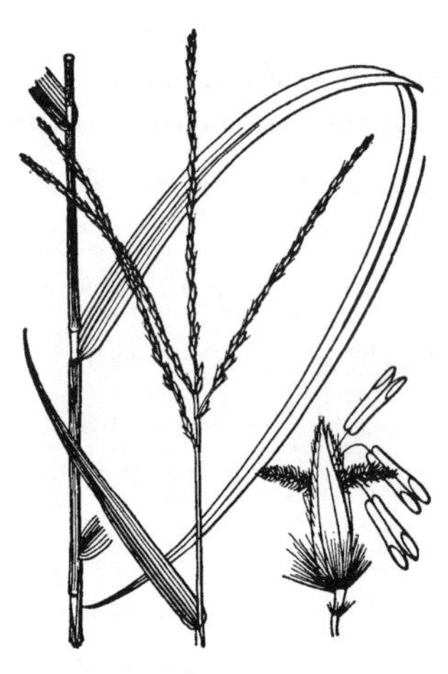

1183. **カリヤスモドキ**〔イネ科〕

Miscanthus oligostachyus Stapf

本州から九州の高原または山地に見る多年草で高さ 1 m 内外に達し，茎は数本束生するか単生する．葉は狭長で長さ 30〜40 cm 位あり，下部は長い葉鞘となり，直立する茎とともに無毛で硬い．秋，茎の頂に数本の枝穂を分かってつける．小穂は枝穂上の各節に 2 個ずつ生じ，1 個は長柄をもち，他の 1 個は短柄をもち，長さ 8 mm 位の披針形，褐紫色である．総苞毛は小穂の 1 / 2 より長く白色で，内外の 2 苞穎は洋紙質で白色の長い軟毛をもち，護穎と内穎は膜質，上方小花の護穎の先端は 2 裂し，長さが小穂の 2 倍以上に達する芒をもつ．〔日本名〕カリヤスに似て非なるものの意味である．

1184. **イタチガヤ**〔イネ科〕

Pogonatherum crinitum (Thunb.) Kunth

わが国の暖地の各地の山麓斜面に多く生える多年生小草本で，直立叢生し，高さは 15〜30 cm 位あり，硬いひげ根を出す．茎はやせて質硬く，平滑無毛で中部以上に互生する数本の枝を分かつ．葉は互生し細く短い狭披針形で，先は鋭く尖り，薄質で下は狭長の葉鞘となる．秋，茎の先に狭形の穂状花穂をつけ密に多数の小穂をつける．小穂は 2 個 1 組になってつき，1 小穂は無柄，他の 1 小穂は有柄．小穂は 2 花からなり，下部の花はたいてい芒がなく，上部のものは長い芒をもつ．雄しべは 1 個，まれに 2 個である．子房上の花柱は 2 個で長い柱頭は羽毛状をしている．穎果は細小で長楕円体．〔日本名〕鼬ガヤは果穂の形と色に基づく．〔漢名〕金絲草．

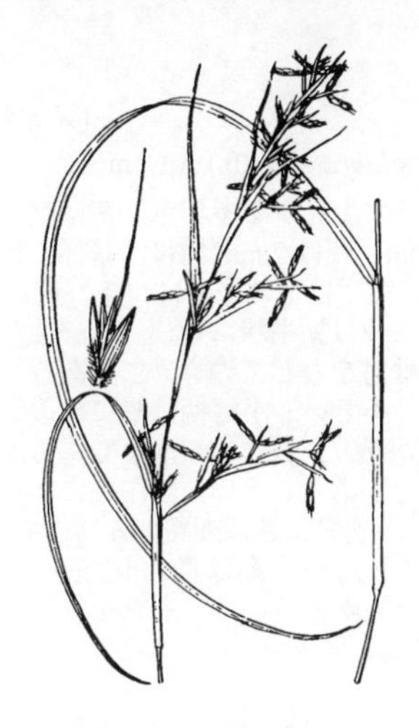

1185. **オガルカヤ**（スズメカルカヤ，カルカヤ）　〔イネ科〕

Cymbopogon tortilis (J.Presl) Hitchc. var. ***goeringii*** (Steud.) Hand.-Mazz.

ふつうに本州以南の山野の乾燥地に生える多年草で叢生し，高さ 1 m 内外に達する．茎は狭長，硬質で葉とともに香気がある．葉は幅狭い線形で先は次第に尖り，茎より短く白色を帯び，下は長い鞘となる．秋，上方の葉腋に花序を出し円錐状となる．花序は長さ 1～2 cm の舟形で褐色を帯びた葉状苞を伴い，その間から小総状花序を 2 個ずつ開出し，この花序の軸上の各節に 2 個ずつ小穂を生じ 1 個は無柄で両性，他の 1 個は有柄で雄性．無柄の小穂は扁平で長さ 5 mm 位，第 1 苞穎は長楕円形で白縁，第 2 苞穎は披針形，護穎および内穎は膜質，内穎の先端は 2 裂し長さ 1 cm 位の赤褐色で屈折した芒をもつ．雄性小花はやや小形である．〔日本名〕雄刈カヤは雌刈カヤに対しての名である．雀刈カヤはその花穂の状態に基づいて名付けられた．

1186. **アカヒゲガヤ**　〔イネ科〕

Heteropogon contortus (L.) P.Beauv. ex Roem. et Schult.

暖地の乾燥陽地に生育する中形の多年草．しばしば群生し，日本では九州（天草）や琉球列島にまれに見られる．根茎は短い．茎は株立ちし，高さ 60 cm，葉身は長さ 15 cm，ざらつき，ときに毛がある．葉舌は質が硬く，長さ 1 mm，先端のふちにはまつ毛状につく細毛がある．葉鞘は扁平で竜骨があり，節間より長い．総状花序は 1 本，円柱状で，長さ 3～6 cm，基部に不稔性の小穂が 3～10 個瓦状につき，先端部には長い芒をもつ稔性小穂と不稔で芒のない有柄の小穂が対になったものが 10 個ほどつく．稔性の無柄小穂は円柱状で，長さ 7 mm，褐色の毛がある．苞穎は革質．護穎は膜質で，苞穎のなかに位置し，穎果を包み，先端部に長さが 10 cm もある大形の芒がある．その基部には真直ぐで太い，らせん状に巻く柱状部があり，湿気にあうとそれを吸収してドリルのように回転運動を起こす．このため細長くて膝折れしている芒の先端部が地面を押さえつけて回り，小穂をまるごと地中深く，または家畜の皮の奥にさしこむ仕組みになっている．〔日本名〕花穂は多少赤みを帯び，小穂につく長い芒を髭に見立てての名である．〔漢名〕黄茅．

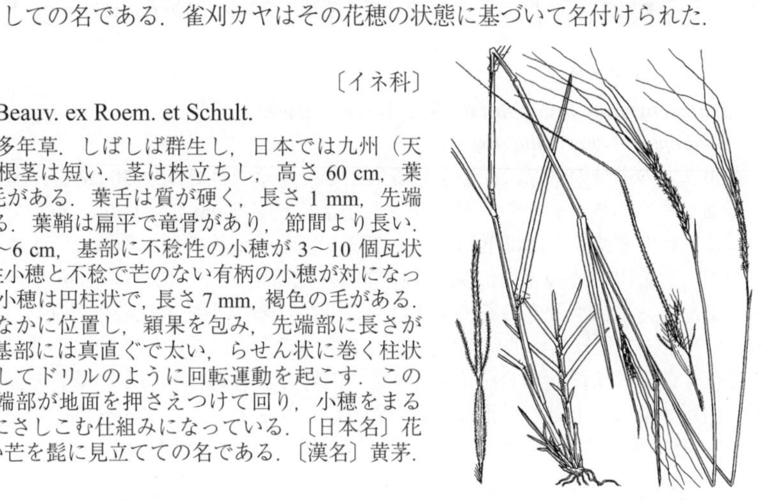

1187. **メガルカヤ**（カルカヤ）　〔イネ科〕

Themeda barbata (Desf.) Veldkamp

（*T. japonica* (Willd.) Tanaka ; *T. triandra* Forssk. var. *japonica* (Willd.) Makino）

本州から琉球の山地あるいは原野に生える多年草で多くの葉と茎を叢生する．葉は幅狭い線形で下部は粗い毛がある長い葉鞘となっている．秋，茎の高さ 1～1.5 m 位に達し，茎の上方の葉腋から細い柄を出し，頭状に見える総状の花穂をつけ，全体として長くまばらな円錐花序をなす．頭状の花穂は葉状あるいは鱗片形をした苞葉を伴う小穂群からなり，各小穂群は内に輪状に配列する 4 個の雄性小穂の中央に 1 個の無柄の両性小穂と 1 個の有柄の雄性小穂をつける．両性小穂は基部に褐色ビロード状の総苞毛があり，内外の 2 苞穎は白色の革質で上方に短い毛があり，その内部から長さ 6 cm に達する黒色の長い芒を生じる．周囲にある無柄の雄小穂は長さ 1 cm 位，軟らかい革質で赤色を帯びた苞穎に包まれ，第 1 苞穎の上方に剛毛がある．〔日本名〕刈カヤは一般に屋根ふきのため刈り採る草（かや）の名であったが，今は本種やオガルカヤの特称になったといわれる．

1188. **ヒメアブラススキ**　〔イネ科〕

Capillipedium parviflorum (R.Br.) Stapf

（*Bothriochloa parviflora* (R.Br.) Ohwi ; *Andropogon micranthus* Kunth）

千葉県以西の山地，山足等の乾燥地に生える多年草で叢生し，硬いひげ根をもち，高さは 50～70 cm 位ある．茎は細く硬く，分枝し，節には白い短毛をつける．葉は狭長な披針形で先端は剛毛状に尖り，幅は 7 mm，茎上に互生し下部は葉鞘となる．秋，茎や枝の先にやや密に円錐花序をなし，主軸から数回分枝し，紫色を帯びた緑色で，先端の尖った長楕円形の長さ 2.5～3 mm 程度の小穂を各節に 2～3 個ずつ生じ，その中の 1 個は無柄．無柄小穂は両性で総苞毛は短く白色で内外 2 苞穎は軟らかく革質，護穎は膜質，内穎は小形で長さ 2 cm 弱の繊細な芒を持つ．有柄の小穂は芒なく雄性．〔日本名〕姫油薄で，アブラススキに比べ小形であるのでいう．〔漢名〕細柄草．

1189. モンツキガヤ　〔イネ科〕

Bothriochloa bladhii (Retz.) S.T.Blake（*B. glabra* (Roxb.) A.Camus）

沖縄以南の暖地の荒地，墓地や道ばたなどの陽地に生育する多年草．茎は直立して強く，直径は約 3 mm．葉身は線形で，長さ 20 cm，幅は 7 mm 前後，基部に長い毛がある．葉舌は円形で，背中に微毛がある．円錐花序は茎の先端につき，長さ 10～20 cm，径 3～8 cm，紫褐色を帯びることが多く，枝は輪生状に並び，単一または 1 回分枝し，先端に総状の小花序をつける．小穂は対をなしてつき，2 形ある．無柄小穂は稔性があって大きく，有柄小穂は不稔性で小さい．小穂柄は縦に半透明な溝がある．第 1 苞穎は披針形で，革質，3 本の脈があり，長さ 3.6 mm でふちが内巻する．第 2 苞穎は脈を 7 本もち，背中とふちに毛があり，その上部中央に丸い孔が 1 個ある．下位小花の護穎は先端に長い芒をもち，芒の長さは護穎の 6 倍もあり，膝折れする．上位小花は透明で，線状披針形，長さ 2.2 mm．葯は長さ 1.2 mm．〔日本名〕第 1 苞穎の上方中央部に陥没した円形の浅い孔があるので，それを紋付に見立てて，名前がついた．〔漢名〕臭根子草．根を掘ると異様な臭いがする．

1190. ウシクサ　〔イネ科〕

Schizachyrium brevifolium (Sw.) Nees ex Büse
（*Andropogon brevifolius* Sw.）

本州以南の山野の草原に群をなして生える一年草で高さ 15～30 cm 位．茎は繊細で多くの枝を分かつ．葉は互生し小形で長さ 3 cm 位，幅広い線形で先は鈍く質は薄く，下部は葉鞘となって茎を包む．夏秋の頃，葉腋から 1 本ずつ細い柄を出しその先端に繊細な円柱状の花穂をつけ，長さは 3 cm 位ある．また，茎頂にも数本の花穂をまばらに互生する．小穂は花穂の各節に 2 個ずつ生じ，1 個は無柄他は有柄，極めて小形で先端は芒状．無柄の小穂は紫赤色を帯び，狭披針形で長さ 3 mm 位，内外の 2 苞穎は軟らかい革質で護穎と内穎は膜質，上方の小花の護穎の先は深く 2 裂し，長さ 7 mm 位の芒をもつ．〔日本名〕牛草の意味ではないのになぜ牛と名付けたかは不明．

1191. メリケンカルカヤ　〔イネ科〕

Andropogon virginicus L.

北アメリカから渡来し，本州，四国や九州の都会の付近にふつうに見られる一年生帰化植物．茎は直立し，高さ 50～100 cm，やや株立ちし，上半分はしばしば分枝する．古い葉鞘は基部に残留していて，背中に鋭く突出した竜骨があり，基部全体が扁平になる．葉鞘はふつうふちにそって多少毛がある．葉身は細長く，長さ 4～20 cm，幅 2～5 mm，上面は基部近くに毛がまばらにつき，先端が垂れ下がる．葉舌は環状に並んだ毛になり長さ約 0.5 mm．花序は細長く，主軸の上に互いに遠く離れて総状の花穂が 2～5 本ずつつき，それぞれの長さは 2～3 cm あって，部分的に葉鞘状の総苞から出る．総状花序の軸は長い毛が密生し，細長い葉鞘状の総苞がそれの基部にある．小穂は総状花序の軸に有柄のものと無柄のものが 1 個ずつ対になって生じ，無柄小穂は披針形で長さ 3 mm，先端に細長い直立した芒がある．芒の長さは 2 cm にもなる．有柄小穂は退化し小形で，柄は長さ 4～5 mm，無柄小穂よりも長い毛が密生し，毛は開出する．〔日本名〕アメリカからきたカルカヤ（メカルガヤ）という意味の名前である．

1192. ツルメヒシバ　〔イネ科〕

Axonopus compressus (Sw.) P.Beauv.

南アメリカ熱帯原産の多年草であるが，暖地で芝生として栽培され，沖縄では一部が逸出して野生化している．日陰に強く，熱帯では果樹園のいわゆるグランドカバーとして用いられる．カーペット・グラスとも呼ばれる．走出枝は地上を長くはい，節部には密に軟毛がある．茎は扁平で，高さ 15～30 cm．葉鞘は基部で袴状に互い違いになり，ゆるく茎を抱く．葉身は質が軟らかく，先端は鈍形，しばしば両面に軟毛があり，ふちにまつげ状につく軟毛がある．茎葉の葉身は長さ 5～20 cm，幅 8～12 mm．走出枝につく葉は比較的葉身が小さい．総状花序は 2～5 本あり，掌状につき，最先端の 2 本は対になってつく．小穂は長楕円状披針形で，長さ 1.8～2 mm，まばらに軟毛がある．第 1 苞穎は退化．第 2 苞穎は下位護穎と同じ長さで，先端は尖る．上位護穎は長さ 1.8～2 mm，先端はまばらに軟毛がある．〔日本名〕花穂がメヒシバに似ているが，長い走出枝が地面をはい，蔓状になって，芝生に利用されることに基づく．〔漢名〕地毯草．Carpetgrass の訳名．強く刈り込むとシバのように背丈が低くなって，密に葉がつくようになって，地面を密におおい，緑色の質の軟らかいカーペットを敷いたように見える．

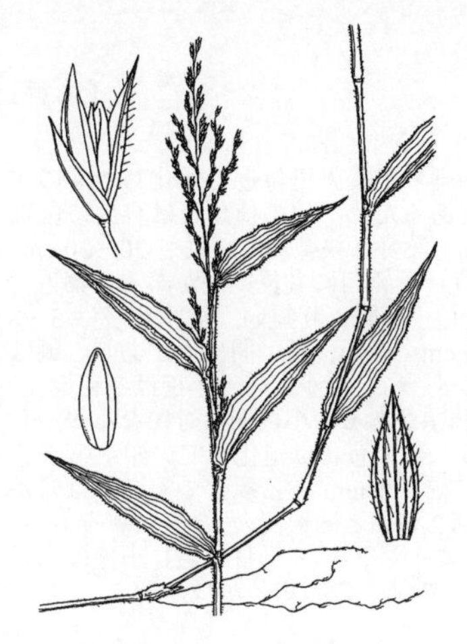

1193. タイワンササキビ 〔イネ科〕

Ichnanthus pallens (Sm.) Benth. var. ***major*** (Nees) Stieber

(*I. vicinus* (F.M.Bailey) Merr.)

世界の熱帯・亜熱帯の林床に群生する一年草．日本では琉球列島に見られる．茎は長く地上をはい，節から根を出し，高さは 15〜50 cm．葉身は卵形または卵状広披針形で，長さ 3〜8 cm，幅 1〜2.5 cm ほどあって舟形になる．葉鞘はやや節間より短く，ふちは密に毛がある．葉舌は膜質で，先端部はまつ毛状につく細毛になり，長さ約 1 mm．円錐花序は頂生するか，または葉腋につき，15 cm 以下，腋部には微毛がある．小穂は 2 花性で，やや側面から扁平，長さ 3.5〜5 mm になる．苞穎 2 枚は長さが異なり，先端は披針形，3〜5 脈がある．第 1 苞穎は小穂の 1/3 で，第 2 苞穎との間に顕著な節間がある．第 2 苞穎は下位護穎と同じ長さで，5 脈がある．下位小花は不稔性または雄しべをもつ．上位小花は質が硬く鈍形で，長さ 2〜2.5 mm，柄があり，基部近くの側面にそれぞれ陥入した部分がある．〔日本名〕ササキビに似ていて，台湾で最初に和名がつけられた．〔漢名〕距花黍，下位小花と苞穎の間に長い節間がある黍（きび）という意味．

1194. スズメノヒエ 〔イネ科〕

Paspalum thunbergii Kunth ex Steud.

本州から琉球の原野の日当たりのよい草地に多い多年草で，叢生して高さは 50 cm 内外である．葉は茎の下部に集まり，線形で先が次第に細まって尖り，幅 7 mm 位である．葉身と葉鞘にはともに軟らかくて長い毛を開出散生する．秋，抽き出た茎の頂に中軸に互生した 3〜5 個の枝穂からなる花序をつける．枝穂の軸はやや扁平で，基部に少数の長毛がある他は毛はなく，下に向いた軸面に淡黄緑色の小穂を 2 列につける．小穂は短い柄を持ち，扁平で平凸 2 面をなし，長さ 2.5〜2.6 mm 位，微毛があり，ほとんど円形に近くて先端がわずかに尖っている．第 1，第 2 の両苞穎は膜質で，中に革質淡黄色で同形の護穎と内穎を包み，護穎は内穎を固く抱いている．〔日本名〕雀ノヒエはその穎果を雀の食べるヒエになぞらえたものである〔漢名〕雀稗．

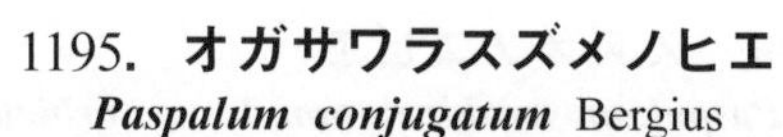

1195. オガサワラスズメノヒエ 〔イネ科〕

Paspalum conjugatum Bergius

熱帯アメリカの原産で，現在は広く世界の暖地に帰化する多年草．日本では琉球列島や小笠原諸島に見られる．小穂に長い毛があって，人や動物によくつくため，遠くまでもって行かれる．日陰にも強く，道路沿いや林縁に群生し，走出枝は地面を長くはう．走出枝の節間は長く，節は密に軟毛があって，根を下ろし，そこから花茎が立ち上がる．花茎は高さ 20〜30 cm，やや扁平で，中空の部分が少なく，ほぼ実心．総状花序は二叉状に開出し細長く，長さ 6〜12 cm．花軸は幅 0.8 mm，小穂が片側に 2 列に並び，小穂柄は長さ約 1 mm．小穂は 2 花性で広卵形，先端はやや尖り，長さ 1.5〜1.8 mm．第 1 苞穎は退化．第 2 苞穎と下位護穎は同じ形で薄く，ふちに長い毛の列がある．ふちどりの毛は小穂とほぼ同じ長さになる．下位護穎は背中が扁平で，小穂と同じ長さ．上位小花は質が硬く，卵形で稔性がある．穎果は長さ約 1.2 mm，胚は全長の 1/3 になる．〔日本名〕小笠原諸島で最初に和名がつけられ，スズメノヒエの仲間であるため．〔漢名〕両耳草，花穂が対になって，細長く，二叉状になるので，それを耳に見立てた名という．繁殖力が強く，走出茎があって群生するため，田畑の主要雑草の一つとして嫌われる．

1196. シマスズメノヒエ 〔イネ科〕

Paspalum dilatatum Poir.

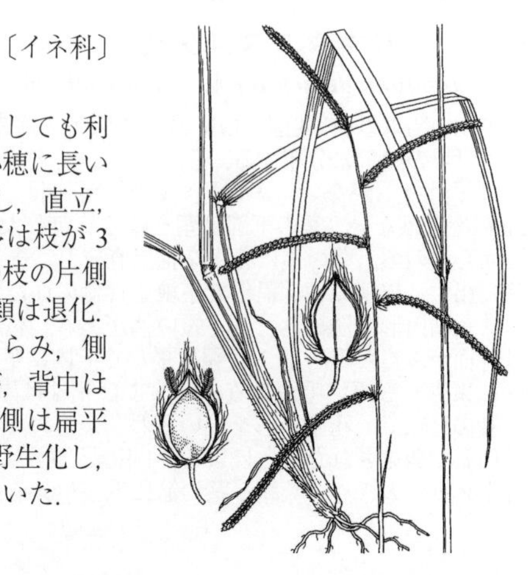

南アメリカ原産の多年草．現在は広く世界の各地に帰化し，牧草としても利用される．日本でも雑草化して関東以西の道ばた，陽地に生える．小穂に長い毛があって，人畜につきやすく，遠くまで散布される．茎は株立ちし，直立，高さ 40〜100 cm．葉舌は半円形で，長さ 2〜4 mm，膜質．総状花序は枝が 3〜7 本あり，長さ 8〜12 cm，基部に長い毛がある．小穂は総状花序の枝の片側に 4 列に並び，卵形で鋭形，長さ 3〜3.5 mm あって，2 花性．第 1 苞穎は退化．第 2 苞穎は小穂と同じ長さで，長い毛のふちどりがあり，背中がふくらみ，側脈はふちの近くに局在する．下位護穎は第 2 苞穎と同形同大であるが，背中は扁平である．上位小花は質が硬く，広楕円形で，稔性があり，内穎側は扁平で護穎側は背中側がふくらむ．〔日本名〕最初に小笠原で栽培品から野生化し，島にふつうに見られるスズメノヒエの仲間ということでこの和名がついた．

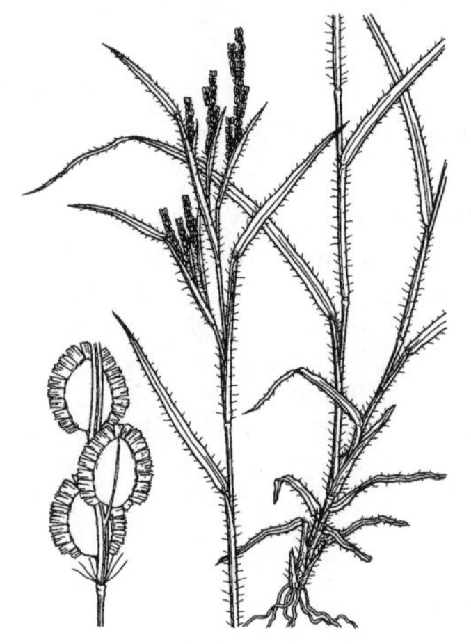

1197. ハネススズメノヒエ　〔イネ科〕

Paspalum fimbriatum Kunth

南アメリカ原産の多年草. 日本ではまれに沖縄で戦後人里付近で帰化したものが見つかる. 小穂に展開した幅の広い翼が顕著であるため, 他の種類とは容易に区別がつく. 茎は株立ちし, 直立, 高さ 30〜100 cm. 葉身は狭線形で, 長さ 20〜30 cm, 幅 3〜15 mm, ふちにまつげ状につく剛毛があり, 葉鞘口にも長い毛がある. 葉舌は切形で膜質, 長さ 2 mm. 葉鞘は長い毛が散在し, 節間より短い. 総状花序は 3〜8 本あり, 花穂は主軸に総状につき, 長さ 2.5〜8 cm, 基部に長い開出毛があり, 軸は扁平で, 翼があり, 長さ 8〜10 cm. 翼はきょ歯があって, 幅が広い. 小穂は 2 花性で, 卵形, 対になってつき, 長さ 2 mm, 先端に微凸頭がある. 小穂柄は対になるが, しばしばそのうちの 1 本は退化した小穂をつける. 第 1 苞穎は退化して欠如. 第 2 苞穎と小穂は同じ長さで, 3〜5 脈をもち, ふちに幅が 1 mm ある翼がつく. 翼は質が硬く, ふちは細く裂ける. 下位の小花の護穎は第 2 苞穎と同形同大, ともに翼をもつ. 上位の小花は光沢があり, 広卵形で円頭, 小穂よりやや短い. 〔日本名〕小穂はふちに幅の広い翼があり, スズメノヒエの仲間であるので, この和名がついた.

1198. タチスズメノヒエ　〔イネ科〕

Paspalum urvillei Steud.

南アメリカ原産の多年草. 日本では関東以西の暖地の人里付近に帰化する. シマスズメノヒエと同様に小穂に長い毛があるが, 枝穂の数が多い上, 茎が高さ 2 m にも及ぶので, 区別できる. 根茎は短くて小さい. 茎は叢生してつき, 無毛で高さ 50〜200 cm. 葉身は無毛または基部近くに毛があり, 長さ 15〜35 cm, 幅 0.5〜1.5 cm. 葉鞘は密に刺状の毛があり, 口部に長い白色の毛がある. 葉舌は先端に長い毛のふちどりがあり, 長さ 3〜5 mm. 花序は長さ 15〜40 cm, 枝穂が 10〜20 本総状につき, 枝穂の長さは 8〜15 cm, 軸に小穂が 2〜3 列に並ぶ. 小穂は卵形で, 先端に微凸頭があり, 長さ 2〜3 mm, やや紫色を帯び, ふちに糸状で長い毛が密につく. 第 1 苞穎は退化して欠如. 第 2 苞穎は背中が軸側に向き, 卵形で 3 脈があり, 側脈はふち近くにつき, ふちと平行する. 下位の小花の護穎は第 2 苞穎と同じ大きさで, 背中は扁平. 上位の小花は稔性があり, 革質, 平滑, 楕円形. 柱頭と葯はともに黒紫色である. 〔日本名〕茎が直立し, 背丈が高く, スズメノヒエの仲間であることに基づく.

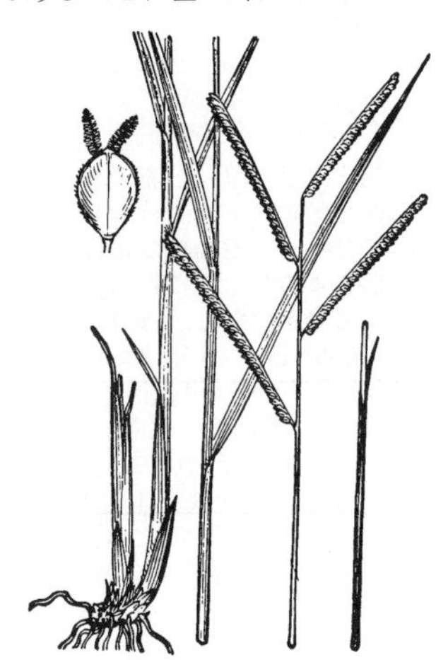

1199. スズメノコビエ　〔イネ科〕

Paspalum scrobiculatum L. var. ***orbiculare*** (G.Forst.) Hack.

(*P. orbiculare* G.Forst.)

本州東海道以西, 四国, 九州の暖地で日当たりのよい草原に多い多年草で, 基部で多く分枝して叢生し, 高さ 50〜80 cm に達し, ときどき非常に大きい株になる. 葉は線形で長さ 20〜30 cm, 幅 5〜10 mm で先端は細く尖り, 基部は葉鞘となって, 鞘口にのみ毛があり, 他は平滑である. 夏, 茎の頂に長く花序を出して, 直立または斜上し, まばらに数個の枝穂を互生斜開する. 枝穂は扁平で基部に長い毛があり, 下面に小穂を偏側的に 2 列に密生する. 小穂は扁平で, 倒卵状の広楕円形または楕円形で, 先は円形, 長さは 2〜2.5 mm 位, ふちに微毛があるか無毛. 苞穎は膜質で 3 脈があり, 第 1 苞穎は背面がふくらみ, 第 2 苞穎は平面で革質, 熟すと光沢がある. 苞穎の内部には褐色の護穎がある. 花柱は紅紫色である. 〔日本名〕スズメノヒエに似て小穂が少し小さいことによる. 小穂の大きさ以外に, 護穎の色も異なり, また全体に毛の少ないことでも区別できる. 〔漢名〕圓果雀稗.

1200. カリマタスズメノヒエ (キシュウスズメノヒエ)　〔イネ科〕

Paspalum distichum L. var. ***distichum***

本州の関東以西, 四国, 九州, 琉球の暖地の海岸や河辺の湿地に群生する多年草で, 広く世界の熱帯に分布する. 茎は長くはい, 各節から発根し, 多く分枝して繁殖する. 茎は平滑で毛がない. 葉は短い線形で斜開し, やや軟質で長さ 5〜8 cm, 幅 3〜5 mm 位, 毛はない. 葉の下部は茎をゆるく包む太い葉鞘となり, 鞘口に白い毛がある. 夏から秋の頃, 茎の頂に花序を抽出直立し, 先端に, 枝穂を 2 個, まれに 3 個, 叉状に出す. 枝穂の軸は扁平で小穂を外側の面だけに 2 列に生じる. 小穂は扁平で鋭頭な長楕円形で淡緑色, ごく短い柄がある. 苞穎は膜質で短い毛があり, 第 1 苞穎は背面がふくらみ, 第 2 苞穎は平たく, 内に革質淡緑色鋭頭の護穎があり, その頂端に束生する短い毛がある. 葯および花柱は黒紫色である. 〔日本名〕カリマタは雁股の意味で, 花序の形をいい表わしたものである. 紀州スズメノヒエは最初に和歌山県で発見されたことによる. 〔追記〕チクゴスズメノヒエ var. *indutum* Shinners は全体少し大きく, 葉鞘や茎の節に毛が生える. 西日本にまれに帰化する.

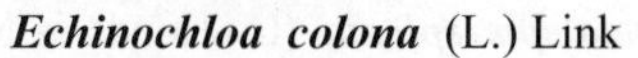

1201. **ワセビエ** 〔イネ科〕

Echinochloa colona (L.) Link

アジアとアフリカの熱帯に広く分布する一年草．日本では沖縄に見られる．イヌビエに似ているが，より乾燥に適応し，花穂が短く，特に花序の下部につくものは花穂の長さがその節間より短いので，花穂が互いに離れてみえ，他のものと区別ができる．茎は無毛で，斜上し，株立ちの基部付近で分枝し，高さ 20〜80 cm．葉身は長さ 6〜15 cm，幅 3〜8 mm，ふちがざらつく．葉鞘は不明瞭であるが竜骨をもち，節間より短い．葉舌はない．円錐花序は長さ 5〜15 cm，花穂は総状に花序軸に互いに離れてつき，花穂の長さは 1〜2 cm．小穂は 2 花性で，剛毛があり，長さ 2〜3 mm．苞穎と下位護穎はしばしば刺状の毛があり，特に脈に顕著である．第 1 苞穎は卵状三角形で，小穂の長さの 1 / 3〜1 / 2，5 脈がある．第 2 苞穎は下位小花の護穎と同じ長さで，7 脈があり，先端は芒状になり，背中は扁平．上位小花は革質で硬く，平滑で光沢があり，長さは小穂よりやや短い．葯は長さ約 0.8 mm．〔日本名〕イヌビエに似ているが，早生で，夏から冬にかけて暖地で花穂が出るので，名前がついた．〔漢名〕芒稷．

1202. **イヌビエ**（サルビエ，ノビエ） 〔イネ科〕

Echinochloa crus-galli (L.) P.Beauv. var. ***crus-galli***（*Panicum crus-galli* L.）

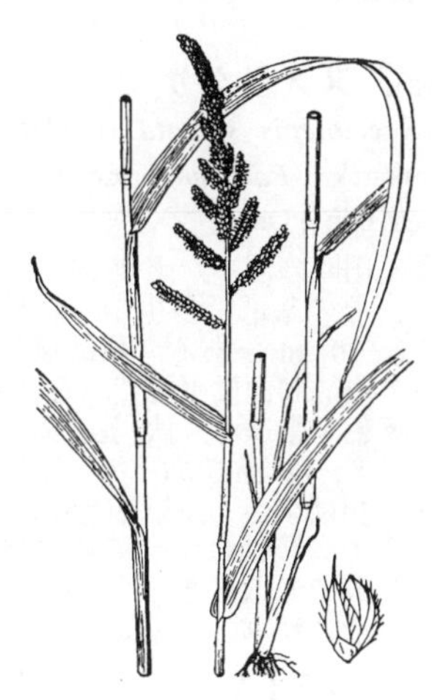

日本全土の原野の荒地，路傍，溝辺等に生える一年草で，ふつう叢生する．高さ 60〜100 cm 位あって株下にひげ根を叢出している．茎は狭長，扁形，平滑．葉は長い葉鞘を持ち，広線形または線形で先は次第に細まって尖り，ふちに細かいきょ歯があり，長さ 25 cm 位，幅 4〜10 mm．上部にある葉は短く葉舌を欠いている．夏，高く抽き出た茎の頂に円錐花穂をつけ，緑色花を多数密につける．小穂にはただ 1 個の両性花とその直下に 1 個の不稔花をもつ．第 1 苞穎は小さく，第 2 苞穎と護穎は多少短い芒を持ち，芒は緑色または紫色である．苞穎の表面に毛があり，第 2 苞穎，護穎はともに軟骨質で光沢がある．両性花には雄しべ 3 個と 1 個の雌しべがある．穎果は長さ 3 mm 位．〔日本名〕犬稗は食用にならないヒエの意味，猿ビエはおそらく熊ビエに対する名で粗毛がないからであろう．ノビエは野稗の意味で，栽培するヒエに対して野生種の総称である．〔漢名〕野稗．

1203. **ケイヌビエ**（クロイヌビエ） 〔イネ科〕

Echinochloa crus-galli (L.) P.Beauv. var. ***aristata*** Gray

（*E. crus-galli* (L.) P.Beauv. var. *caudata* (Roshev.) Kitag.）

野外の水辺，湿地に多い一年草．形状がイヌビエに非常によく似ているが，茎が一層壮大で高さ 90 cm 位になり，互生する葉はやや線状の披針形で先が次第に細まって尖り，ふちに細かいきょ歯があり，下に長い葉鞘を具えている．夏から秋にかけ，茎の頂に 15〜20 cm 位の粗大な円錐花穂をつける．非常に強壮で水田に栽培するクマビエに似ているが，それよりもやや小形である．小穂には極めて長い芒をもち，芒はふつう紫褐色で人目を引く．小穂は 1 両性花と 1 不稔花からなり，第 1 苞穎は細小で，第 2 苞穎と護穎は硬質である．両性花には雄しべ 3 個と 1 個の雌しべがある．〔日本名〕毛犬稗は穂に長い芒があるため．黒犬稗はその芒が黒紫色であるからで，これを水稗と称するのは誤りである．ミズビエ，一名クサビエという種は田に野生する *E. oryzicola* (Vasing.) Vasing.（*E. crus-galli* var. *hispidula* auct. non (Retz.) Honda）で，これをタビエというのは誤りである．

1204. **ヒ エ** 〔イネ科〕

Echinochloa esculenta (A.Braun) H.Scholz（*E. utilis* Ohwi et Yabuno ; *Panicum crus-galli* L. var. *frumentaceum* auct. non (Link) Trin.）

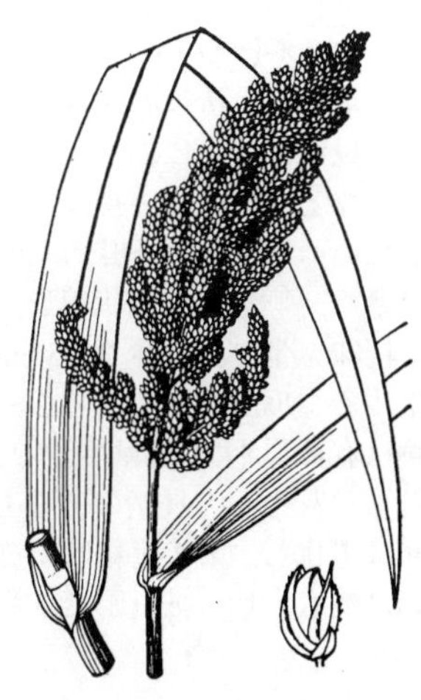

田や畠に栽培される一年草で，高さ 1〜2 m に達する．茎は粗大で直立する．葉は線状披針形で先は次第に細まって鋭く尖り，ふちに細かいきょ歯がある．葉の幅は 3 cm 位で長い鞘を持ち，葉舌はない．秋，茎の頂に円錐花穂をつけ穂は粗大でやや長円錐形，枝穂も円柱状で非常に密に淡緑色または紫褐色の花をつけ，穂軸には白色の剛毛がある．小穂は小さく 1 両性花と 1 不稔花を有し，芒はないものもあるのもある．第 1 苞穎は小さく，第 2 苞穎と護穎はほとんど同形同大，表面に毛がある．第 2 苞穎と護穎は軟骨質で光沢がある．両性花には雄しべ 3 個と雌しべ 1 個があり，穎果は小さいが食用になり，また鳥の飼料に利用する．ヒエには畑に作る品種と水田に植える品種とあって，前者をハタビエ，後者をタビエと呼ぶ．長い紫色の芒がある 1 型をヒゲビエ，一名クマビエといい（湖南稷子はこれを指す），芒のない種をワサビエといい（光頭稷子？），短い芒がある種をムクロモチという．〔日本名〕ヒエは日毎に盛んに茂るので日得の意味といわれている．またヒエは稗の字音から出た語で，エはヒを伸ばして補った音であるともいわれている．〔漢名〕稗．

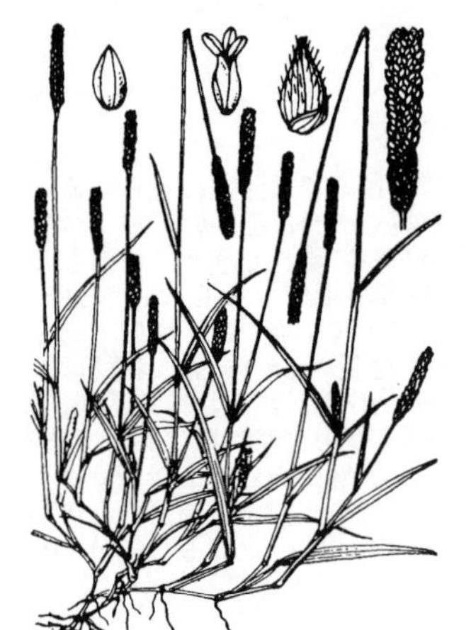

1205. ハイヌメリ 〔イネ科〕

Sacciolepis spicata (L.) Honda ex Masam. var. ***spicata***
(*Panicum indicum* L.; *S. indica* (L.) Chase)

本州から琉球の原野の多少湿った土地，田畔または芝地等に生える一年草．茎は基部で分枝して膝折れし，多少四方に広がって斜上し，細長く淡緑色，高さ 20〜35 cm ある．葉は線形で先は尖り，短くて，下に葉鞘がある．秋，茎の頂に円柱状の花穂を直立し，穂状に見える円穂状に密に淡緑色の小穂をつけ，長さ 1.5〜4 cm 位ある．小穂はそれよりも長い柄の先につき，卵形体でやや尖り，短い毛が生えている．第 1 苞穎は護穎より短くて 2 脈がある．第 2 苞穎は卵形で，数本の脈があり，護穎は第 2 苞穎と同長でやはり数本の脈があり，内穎は微小である．両性花には雄しべ 3 個と 1 個の雌しべがある．ヌメリグサに似ているが，茎は下部で地面をはい，葉は短く，花穂が緑色で短く紫黒色でないことによって区別される．〔日本名〕ハイ滑メリの意味で，茎が横に広がって，はっているようであるからいう．

1206. ヌメリグサ 〔イネ科〕

Sacciolepis spicata (L.) Honda ex Masam. var. ***oryzetorum*** (Makino) Yonek. (*Panicum oryzetorum* (Makino) Makino; *S. indica* var. *oryzetorum* (Makino) Ohwi)

多く田畔の湿った土地や田中に生える一年草で，数本の茎を叢生し，直立して，その基部は多少ふくれ軟らかく，はわない．下にひげ根を出し，高さ 25〜40 cm 位ある．葉は線形で長く，葉先は次第に細まって尖り，長さ 10〜30 cm，両面は平滑でふちに極く細かいきょ歯があり，質は軟らかで薄く，往々紫色を帯びる．秋，茎の頂に細長い穂状に見える円柱状の花穂を直立し，長さは 8〜12 cm 位あって，密に多数の小穂をつけ，緑色で暗紫色を帯びる．第 1 苞穎は小さく，第 2 苞穎と護穎はほとんど同形同大で，およそ 3 mm 位の長さで，穎にはすべて芒がなく，緑色で紫色を帯びる．護穎と第 2 苞穎は軟骨質で光沢がある．両性花には雄しべ 3 個と 1 個の雌しべがある．〔日本名〕滑メリ草の意味で，葉をもむと粘質で滑めるからいう．

1207. メヒシバ（メシバ，ジシバリ，ハタカリ） 〔イネ科〕

Digitaria ciliaris (Retz.) Koeler (*D. adscendens* (Kunth) Henrard)

日本国内いたる所の荒地，路傍に見られる一年草．株元から数本の茎を分けて，周囲に広がり，下部ははい，節からひげ根を出し，長さ 40〜70 cm 位．茎は細長く節に細い毛がある．葉は線状披針形で，先は次第に細まって尖り，ふちに細かいきょ歯があり，薄く軟らかく，長さ 10〜20 cm 位．夏から秋にかけ，細長い柄の頂に 5〜12 本位のやせた花序の枝をやや放射状に分かち，開出し緑色となる．花序の枝は大形のものは 20 cm 位にもなり，軸は翼があり，翼のふちはざらつく．小穂は 2 個 1 組でつき，1 個はほとんど柄がなく，もう 1 個は短い柄があり，いずれも扁平で 1 両性花と 1 不稔花からなる．第 1 苞穎はごく小さく，第 2 苞穎と護穎はほぼ同形同大，すべて芒はなく，外面には毛があり，第 2 苞穎と護穎は軟骨質である．護穎の両縁に特に開出した粗毛があり，内に小さい穎果を包む．両性花には雄しべ 3 個と雌しべ 1 個がある．この雑草は茎の節より根を下して，非常に抜きにくく，農夫のきらうものである．〔日本名〕雌ヒシバは雄ヒシバに対しての呼称．

1208. コメヒシバ 〔イネ科〕

Digitaria radicosa (J.Presl) Miq. (*D. timorensis* (Kunth) Balansa)

関東以西の各地にふつうな一年草で，南方にも広く分布し，路傍，人家の周辺など日光の弱い裸地に多い雑草である．茎は繊細，帯紫色で長く地表をはい，各節から発根，斜上し，高さ 20〜30 cm に達する．葉は互生し，質は薄く，無毛，披針状線形，深緑色でメヒシバのように蒼緑でなく，小形で円味を帯び，長さ 3〜5 cm，下方は葉鞘となり，鞘口附近に長い毛が疎生する．初秋に，枝の頂に 2〜3 個の細長な枝穂を開出して掌状に生じる．穂軸は有翼扁平で，縁は平滑な点でメヒシバと大きく異なる．小穂は扁平，披針形，双生し，長柄のあるものと短柄のあるものとが一組になる．第 1 苞穎は退化し，第 2 苞穎は膜質披針形，3 脈があり，白い毛が生えている．護穎は最も大形，披針形で 5 脈あり，ふちに白い軟毛がある．

1209. ヘンリーメヒシバ 〔イネ科〕

Digitaria henryi Rendle

海岸付近の陽地に群生する多年草．日本では鹿児島県南部および沖縄に見られる．掌状に並ぶ花穂は互いに寄りあって，束状になり，植物全体が灰色を帯びるので，他のメヒシバの仲間と区別できる．茎は繊細で，基部で節から根が出て，上半分は斜上し，高さ 20〜50 cm になる．葉身は長さ 3〜8 cm，幅 2〜5 mm．葉舌は膜質で切形，長さ 1〜2 mm．総状花序は掌状に集まって束状をなし，茎の先端につき，花穂は 4〜10 本，長さ 3〜8 cm．花序軸は扁平で，幅の広い翼があり，幅 0.5 mm，きょ歯がある．小穂は披針形で，長さ 2.5 mm．第 1 苞穎は非常に小さいが，顕著で，長さ 0.2 mm．第 2 苞穎は小穂の長さの 1 / 2，5 脈があり，ふちに毛がある．下位の護穎は小穂と同じ長さで，毛がある．上位小花は長さ 2.1 mm ほどで，先端が尖り，灰色，革質である．護穎のふちは膜質になって，内穎を抱く．穎果は長さ 1.5 mm，幅 0.8 mm 前後．〔日本名〕イギリスの植物採集家 A. Henry を記念し，メヒシバに似るので和名がついた．〔漢名〕亨利馬唐．

1210. アキメヒシバ 〔イネ科〕

Digitaria violascens Link

日本全土の野外の路傍，丘陵の山道等に多く生える一年草で，高さ 20〜50 cm 位ある．株元から叢生して，数本の茎が地面に横斜して四方に広がるが，下部の茎の節からひげ根を下すことは少ない．茎は細く分枝し平滑である．葉は狭披針形で先は細まって尖り，平滑で葉鞘と茎とともにしばしば赤紫色を帯びて，葉鞘にはふつう毛はなく，背に稜がある．秋，ぬき出た茎の頂に 5〜10 本の糸状の枝穂をやや掌状につけ，緑色または紫色を帯び，直立または斜上あるいは斜開して，長さ 5〜8 cm 位あり，下面に 2 個ずつ並んだ多数の小穂をつけ，1 個は柄がなく 1 個は柄があり，小さく，各小穂は 1 両性花と 1 不稔花からなる．第 1 苞穎は護穎とほぼ同長，第 2 苞穎は 5 脈あり，護穎は長卵形で毛がない．両性花には雄しべ 3 個と雌しべ 1 個がある．穎果は非常に小さい．〔日本名〕秋雌ヒシバの意味で，本種は秋になってから穂を出すことによる．

1211. ヒメチゴザサ 〔イネ科〕

Cyrtococcum patens (L.) A.Camus

東南アジアから沖縄，小笠原にかけて分布する一年草．しばしば林床に群生し，雑木林や湿潤な所に見られる．茎は繊細で，高さ 15〜50 cm，基部は分枝し節から不定根が出る．茎の上部は斜上し，先端にやや枝がつまる円錐花序をつける．葉身は狭卵形または線状披針形で，長さ 4〜12 cm，幅 4〜8 mm，多少倒伏した短い毛がある．葉舌は切形で，膜質，長さ 0.5〜1 mm．葉鞘はふちにまつげ状に細毛があり，口部にも長い毛がある．円錐花序は長さ 5〜15 cm，分枝は毛細管状で細い．小穂は弓状に曲がり，両側から扁平し，長さ 1.5 mm，しばしば紫色を帯びる．第 1 苞穎は卵形で，長さは小穂の 1 / 2，3 脈がある．第 2 苞穎は舟状で鈍形，3 脈があり，やや小穂より短い．下位小花の護穎は小穂と同じ長さで，ふちに短いまつげ状につく細毛があり，5 脈がある．上位小花は革質で平滑，長さ 1.5 mm ほどあって，背中は弓状に彎曲し，先端に陥入した部分があり，基部に短い柄がつく．〔日本名〕チゴザサに全体が似ているが，それより小形で，「姫」の形容詞がつく．しかし，実際には小穂の形がかなり異なり，属も違う．〔漢名〕弓果黍．左右に扁平し，背中が弓状に隆起した上位小花をもつ黍（きび）のこと．

1212. チヂミザサ 〔イネ科〕

Oplismenus undulatifolius (Ard.) Roem. et Schult. var. ***undulatifolius***

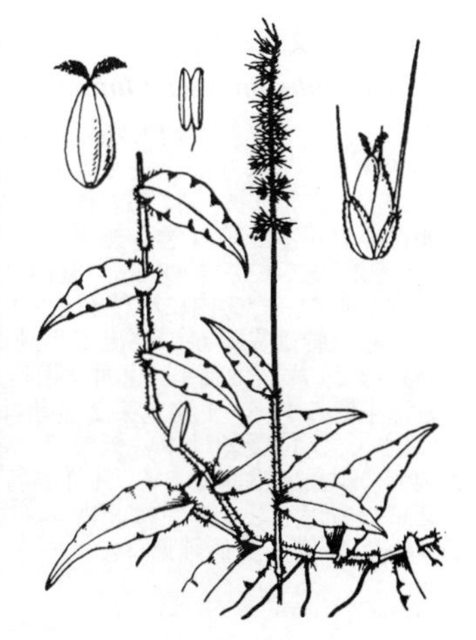

日本全土の山野樹下に生える多年草で，茎の下部は地面を横にはい，節から根を下し，質は硬く冬でも枯れない．葉は互生し，披針形で先は鋭く尖り，わずかに毛があり，深緑色で薄く，ふちに皺がある．葉鞘には一面に開出した粗い毛が生えている．秋，斜上して直立した茎は高さ 30 cm 内外になって，頂に直立した花穂をつけ，花穂軸に多くの毛がある．花穂は花穂軸からさらに 1 回短く分枝し，その上に無柄の小穂をつける．小穂は緑色で長さ 2 mm 位，長楕円体で 3 枚の苞穎（最上の 1 枚は実は不稔花の護穎）があり，穎にはすべて毛があり緑色で薄い洋紙質で，外側から各 7 mm，3 mm，0.6 mm 位の長さの芒を持つ．護穎と内穎は黄白色で革質，固く相抱いている．熟す頃になると芒の上に粘る露を出し，穎果を伴った小穂を衣服等に粘着させ，一種の臭気がある．〔日本名〕縮ミ笹はその葉が笹に似ているがふちが皺曲しているからいう．

1213. コチヂミザサ 〔イネ科〕

Oplismenus undulatifolius (Ard.) Roem. et Schult. var. ***undulatifolius*** f. ***japonicus*** (Steud.) T.Koyama ex W.T. Lee

広く山野の樹下等，やや日陰の土地に生える多年草で，茎の下部は長く地面をはい，節毎にひげ根を下ろして，質硬く冬にも枯れ残る．上部は斜上して直立し，往々下部で枝を分けて，高さ 30 cm 位になる．葉は互生し披針形となり，先が尖り，質は薄くてふちに皺がある．葉の下部は葉鞘となって茎を包み，ただそのふちに毛があるだけで他は毛がない．このことがチヂミザサと異なる点である．秋，茎の頂に直立した花穂をつけ，チヂミザサに似た緑色の小花をつづる．しかしチヂミザサのように花穂軸に著しい密毛を持っていないことでも区別できる．穎果が成熟する頃になると芒上にある粘りのある露によって小穂は衣服等に粘着しやすくなる．また一種の臭がある．〔日本名〕小縮ミ笹で全体がチヂミザサに比べてやや小形であるからいうが，実際には大きさの差はあまりない．

1214. エダウチチヂミザサ 〔イネ科〕

Oplismenus compositus (L.) P.Beauv. var. ***compositus***

伊豆七島，四国南部，九州から琉球の暖地の林縁や樹下等に生える多年草で，中国およびアジア，太平洋諸島などに広く分布する．茎は基部は盛んに分枝して地面をおおう．葉はチヂミザサより厚く披針形でふちは波状となり，往々葉の下面および葉鞘に密に短い毛がある．夏秋の頃，茎の頂に総状花序を抽出直立し，高さ 20〜40 cm 位になる．花序の枝は斜上してのび長さ 2〜5 cm 位ある．枝上に小穂をややまばらにつけ，小穂は緑色，時には紫色を帯びる．小穂は狭卵形で苞穎は 3 個あり，第 3 穎（実は不稔花の護穎）は時に雄花を持つ．第 1 苞穎は第 2 苞穎の 1 / 2，第 3 穎は小穂と同長で，どれもやや太い芒を持つが，第 2 苞穎の芒が最も長く，小穂の倍位の長さである．〔日本名〕チヂミザサよりも花序の枝が長く，はっきりと枝を打っているのでこの名がつけられた．

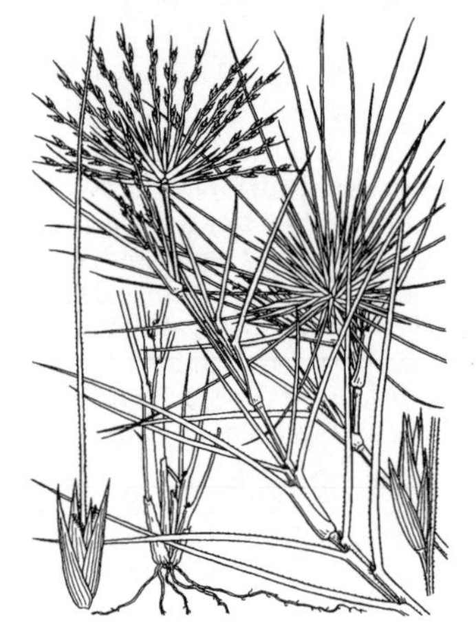

1215. ツキイゲ 〔イネ科〕

Spinifex littoreus (Burm.f.) Merr.

屋久島から南の海岸の砂浜に生育する低木状の多年草．雌雄異株．茎は質が硬く粗大，粉白色で，長さ 30〜100 cm，分枝し全体が半球形の株になる．葉身は針形で内巻し，刺状で彎曲し，長さ 5〜20 cm，幅 2〜3 mm．葉鞘は幅が広く，瓦状に重なる．葉舌は環状に並ぶ毛になり，長さ 2〜3 mm．雄性小穂は散形につく花穂につき，穂軸は長さ 4〜9 cm，先端が尖る．花序の基部は退化した葉鞘に部分的に包まれる．雌性花序は球形で，穂軸は長さ 8〜15 cm，小穂は葉鞘の退化した刺状の苞片で包まれ，ハリネズミ状になる．球形のこの花序は成熟すると茎の先端から脱落し，浜風に乗って，砂浜の表面を風車のように転んで，種子を播き散らす．雌性小穂は 2 花性，狭披針形で，長さ 1〜2 cm．第 1 苞穎は脈を多数もち，第 2 苞穎は 7〜9 脈をもつ．下位小花の護穎は卵状披針形で，長さ 1 cm，5 脈をもつ．上位小花は質が硬く，革質で披針形．〔日本名〕ツキは「突き」と思われ，イゲは沖縄の方言で刺のことを表すことから，刺状の苞片に包まれた花序にちなんだ名前と考えられる．

1216. イヌシバ 〔イネ科〕

Stenotaphrum secundatum (Walter) Kuntze

アメリカ，アフリカ両大陸の大西洋岸熱帯原産の多年草で，暖地で芝草として栽培される．茎は基部が長く地面をはい，節から根を下ろし，花茎は直立し，高さ 25 cm．葉身は披針形で扁平，長さ 4〜7 cm，幅 3〜8 mm，平滑，先端は鈍形．葉鞘はゆるく茎を取り巻き無毛．葉舌は短く，環状に並ぶ毛になる．花序は質が硬く，円柱状で長さ 5〜8 cm，直径は 2 mm，枝穂は長さ 10 mm 未満，花軸に陥没した穴があり，その内に小穂が 1〜2 個つく．軸のふちおよび小穂の基部に細長い毛があり，軸は先端がのび出て小穂の後方で小さな微突起になる．小穂は長楕円状披針形で，片面は扁平，片面は隆起し，長さ 3 mm．苞穎は膜質で，2 個とも微小，長さは小穂の 1 / 5〜1 / 4，第 2 苞穎はやや長く，脈は不明瞭，先端は鈍形または切形に近い．下位護穎は厚い紙質で，竜骨が 2 本あり，竜骨の間は扁平で，中央脈の両側に細長い縦溝がある．〔日本名〕茎の基部が長く地面をはって，一面をおおう芝になるが，芝より見ばえがよくないので，役に立たない芝ということで名前がついた．〔漢名〕側鈍葉草．

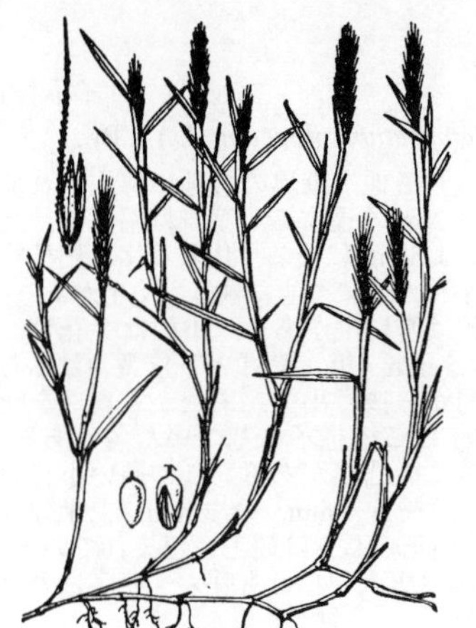

1217. ウキシバ 〔イネ科〕

Pseudoraphis sordida (Thwaites) S.M.Phillips et S.L.Chen

(*P. ukishiba* Ohwi)

本州から九州の水中または水辺に生える柔軟で，毛のない多年草である．茎は叢生して四方に広がり，細長く多く枝を分け，水面に浮かび，水が乾いたときには泥の上で繁茂し，長さ 30〜60 cm 位ある．葉は互生し，葉身は短い線形で緑色，葉鞘とほぼ同じ長さである．葉鞘は茎の節間より長いのがふつうで，多少膨らむ．夏から秋にかけ，茎の頂に短く小さい有柄の狭長な円錐花穂を出し，真直で緑色である．小穂は 1 ないし 2 花からなり，花穂中軸の各分枝に 1 個ずつつき，針状披針形となり，枝の末端はすべて剛毛で終わり，芒があるように見える．第 1 苞穎は極く小さく，第 2 苞穎は最も長くて尖り，護穎は披針形で刺尖を持ち，第 2 小花の護穎は非常に小さく透明．内穎も透明質である．〔日本名〕浮芝は水に浮いて生育するからいう．

1218. チカラシバ（ミチシバ） 〔イネ科〕

Cenchrus purpurascens Thunb.（*Pennisetum alopecuroides* (L.) Spreng.）

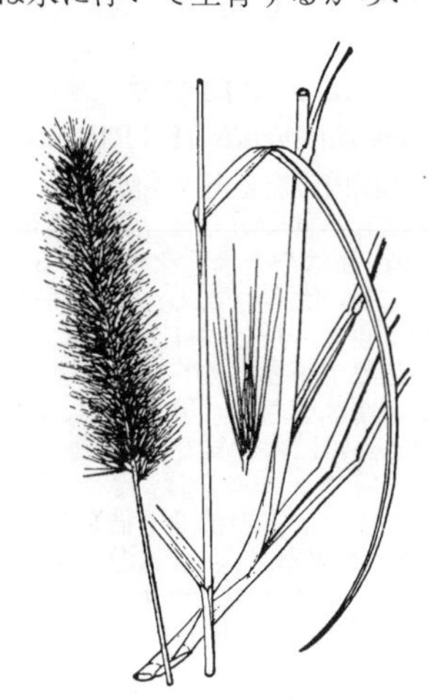

日本全土の原野，路傍，土堤等の日当たりのよい草地に多く生える多年草．非常に強いひげ根を地中に下し，抜くのが難しいほど丈夫な株となる．茎は高さ 60〜70 cm 位，細長い円柱形で基部はふつう斜上し，葉鞘で包まれている．葉は細長い線形で次第に細まり，幅 4〜7 mm 位，根生葉の基部は紫色．秋，ふつう一株に多数，葉の間より出る真直な茎の頂に黒紫色の円柱形花穂を直立し，穂の長さは 17 cm 位ある．小穂の基部，すなわち柄の頂には多数集まってつく黒紫色の長い剛毛があり，また細毛を密生し，剛毛は 2.5 cm 位の長さがある．小穂は 1 個の両性花と 1 個の不稔花からなる．第 1 苞穎は非常に小さい．第 2 苞穎は護穎よりも小さい．護穎は大きく，内穎を包み，苞穎も護穎もすべて芒はない．両性花には雄しべ 3 個と雌しべ 1 個がある．一品種に花穂が淡緑色のものがあって，これをアオチカラシバという．〔日本名〕力芝の意味で，この草は土にしっかり生えるので力強く引いても容易に抜けないのでこういう．路芝は路傍に多いのでいう．

1219. ツリエノコロ 〔イネ科〕

Cenchrus latifolius (Spreng.) Morrone（*Pennisetum latifolium* Spreng.）

明治年間に輸入した南米ウルグアイ原産の一年草で，高さ 1.5 m 内外におよぶ．葉は互生し大形で広線形，先端は鋭く尖り，幅は 2 cm 位あり，ふちに細かいきょ歯があり，葉鞘は長い．夏から秋の間，3〜4 本の細長い枝を葉腋に出し，各枝の頂に長毛のある円柱状花穂を下垂し，その形がエノコログサによく似ている．穂の長さ 5 cm 位，淡緑色で密に花をつける．小穂は 1 花を有し，そのすぐ下の短い小花柄に接する所に多数の淡緑色の剛毛がある．剛毛には長短があって，長いものは 3 cm 位ある．2 苞穎は非常に小さい．護穎は大きく披針形でその長さは苞穎の 3 倍以上ある．護穎，内穎および雄しべ 3 個と雌しべ 1 個がある．〔日本名〕吊エノコロはそのエノコログサに似た花穂が吊ったように垂れ下がるからいう．

1220. ナピーアグラス 〔イネ科〕

Cenchrus purpureus (Schumach.) Morrone

(*Pennisetum purpureum* Schumach.)

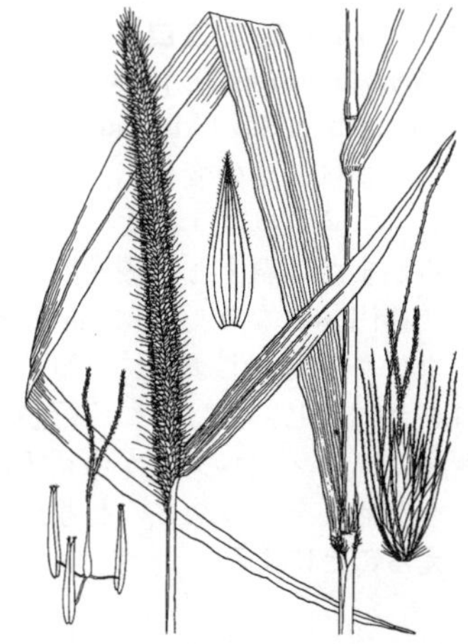

熱帯アフリカ原産の大形の多年草．牧草として価値があり，日本では沖縄に導入され，その野生化したものが村落付近にふつうに生える．飼料用に大面積で植えられ，成長が速いので，世界の暖地で盛んに栽培が見られる．茎は直立し，高さは 3 m に及ぶ．葉舌は切形で，先端に長い毛のふちどりがある．円錐花序は枝が極端に短縮して，穂状になり，円柱状で長さ 15 cm，軸に毛が密生する．小穂は 2 花性で長さ 5 mm，多数の剛毛が小穂柄の先端から出て，小穂を包み，剛毛は小穂といっしょに脱落する．苞穎 2 枚は質が膜質で，長さが異なる．第 1 苞穎は微小で，長さ 0.8 mm．第 2 苞穎は三角形で，長さは小穂の 1 / 4．下位小花の護穎は披針形で膜質，ふちにまつ毛状につく細毛があり，5 脈をもち，内穎は欠如する．上位小花は披針形で，下半分が特に硬くなり，ふちは膜質で扁平，稔性をもつ．葯は先端に束状の毛がある．英名は Napier grass.〔漢名〕象草というが，ゾウの牧草として好まれるためだという．

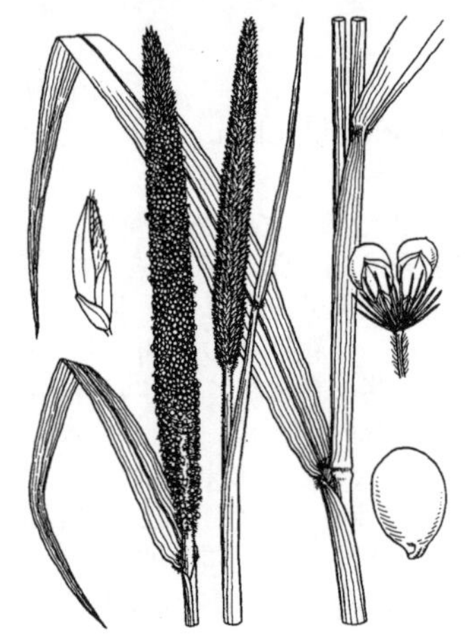

1221. パールミレット（トウジンビエ）　〔イネ科〕

Cenchrus americanus (L.) Morrone（*Pennisetum glaucum* (L.) R.Br.）

アフリカの原産で，現地で食糧として用いられる他，世界の各地に導入されて飼料として利用される．巨大な一年草で，茎は 2 m に達する．葉身は扁平で，基部は心臓形，ときには長さが 1 m におよび，幅は 5 cm になる．円錐花序は円柱状で，長さ 40〜50 cm，直径は 2〜2.5 cm，強壮で小穂が密につき，軸は太く毛があり，短縮した分枝が見られる．花序を支える花序軸は密に毛がある．小穂は 2 花性で短い柄があり，倒卵形体で膨張し，長さ 3.5〜4.5 mm．第 1 苞穎と下位護穎はふちに毛があり，上位小花が成熟すると，両者の間から抜け出て，あたかも真珠を吐き出しているように見える．英名の Pearl millet はこの様子に基づいた名である．上位小花は硬く，広楕円体で光沢があり，先端に微凸頭がある．この硬い小花のなかに穎果が包まれている．穎果は倒卵形体で，長さ 4 mm，径 2 mm，上半分は小花から露出し，しばしば灰色または深褐色．小花のふちは硬毛に包まれている．〔日本名〕Pearl millet のカナ表示．トウジンビエ（唐人稗）とも呼ぶ．花序はガマの穂または西洋ろうそくを思わせる．〔漢名〕御穀．

1222. エノコログサ（ネコジャラシ）　〔イネ科〕

Setaria viridis (L.) P.Beauv. var. ***minor*** (Thunb.) Ohwi

日本国内いたる所の平野にふつうな一年草で高さ 40〜70 cm 位．全体が緑色，茎は直立し基部で分枝し．往々基部は節で膝折れし，下部上部ともに分枝し，細長く平滑，節はやや高くなっている．葉は線形または線状披針形で，先は次第に尖り，下部に長い葉鞘がある．夏，茎の頂に緑色の円柱状円錐花穂を出して直立するか一方に傾き，長さは 4〜10 cm 位あって，多数の花を密につけている．1 小穂は 1 両性花と 1 不稔花からなり，基部にあるごく短い柄の下に数本の長い剛毛がある．第 1 苞穎は小さい，第 2 苞穎と護穎はほとんど同形，苞穎も護穎も芒はない．第 2 苞穎と護穎は軟骨質である．雄しべ 3 個，2 花柱のある 1 子房がある．穎果は楕円体．〔日本名〕エノコロ草は，犬の子草の意味で，その穂が子犬の尾に似ているからいう．猫ジャラシはその穂で子猫をじゃれさすからいうので，これは東京の方言である．〔漢名〕狗尾草，莠．〔追記〕本図はアキノエノコログサ（1226 図参照）の可能性がある．エノコログサは日本在来の系統ではふつうこの図ほどには花穂は垂れず，第 2 苞穎と護穎は同長で中の花は全く見えない．

1223. ムラサキエノコロ　〔イネ科〕

Setaria viridis (L.) P.Beauv. var. ***minor*** (Thunb.) Ohwi f. ***misera*** Honda

（*S. viridis* var. *purpurascens* Maxim.）

河岸，原野，河原，砂地等に生える一年草で，エノコログサと非常によく似ている．しかし全体やや痩せたものが多く，また花穂の剛毛が褐紫色であることにより見分けるが，中には多少帯紫色のものもあって，ふつうのエノコログサに近いことがある．茎は細長く，直立し，高さ 40〜80 cm 位ある．葉は線形または線状長披針形で先が次第に細まり，やや硬く，往々紫色を帯び，ふちに細かいきょ歯がある．秋，茎の頂に長さ 4〜8 cm 位の円柱状花穂を出し小穂を密につける．小穂には 1 両性花と 1 不稔花があり，その基部には長い剛毛がある，第 1 苞穎は小さく，苞穎および護穎には芒はない．第 2 苞穎と護穎は軟骨質で光沢がある．穎果は小さく楕円体である．〔日本名〕紫エノコロはその穂の色が紫であるからいう．

1224. ハマエノコロ　〔イネ科〕

Setaria viridis (L.) P.Beauv. var. ***pachystachys***
(Franch. et Sav.) Makino et Nemoto

エノコログサの変種で，海岸または海に近い日当たりのよい草地に生える．エノコログサに比べて全体はやや低く，高さ 10〜20 cm 位．直立するかまたは斜上して円座状の株をつくる．花穂は短縮し，楕円体または長楕円体となり，2〜4 cm 位あって直立し，下垂することはない．エノコログサと同じように，夏，穂を出し秋まで残る．小穂の形もエノコログサと同じ．穂はふつう緑色であるが，ときに赤紫色を帯びる．この変種は，エノコログサが海辺の環境に適応して，草丈が短縮して，このような形態をとったものと考えられる．〔日本名〕浜エノコロは，浜辺に生えることによる．

1225. **オオエノコロ** 〔イネ科〕

Setaria* ×*pycnocoma (Steud.) Henrard

アワとエノコログサの自然雑種で，ときどき粟畑中にアワと混ざって，高く抽き出ている．茎は高さ 70～120 cm におよび，基部から直立または多少節で膝折れし分枝して立つ．葉は大形で，茎の上方まで互生し，葉身は長さ 15～35 cm，幅 1.5～2 cm，ときにふちに横皺がある．夏に茎の頂に円柱状の円錐花穂を出し，上半は多少一方に傾いて曲がり，長さ 10～20 cm，幅 2～2.5 cm 位あり，主軸には開出した軟毛が密生し，側枝は複雑に分枝して多数の小穂を密集して生じる．小穂下から多数の剛毛が生え，小穂はエノコログサより少し大形であるが，アワのように豊満ではない．小穂には 2 個の小花があり，上方の花が稔り，下方の花は不稔であり，関節は両者の下にあって，ともに脱落することはエノコログサに同じで，アワのように，稔った上位小花が単独で脱落することはない．

1226. **アキノエノコログサ** 〔イネ科〕

Setaria faberi R.A.W.Herrm.

各地に多い一年草．近年，都会附近では，エノコログサよりよく繁殖している．茎は叢生して高さ 50～70 cm に達し，葉は互生ししばしば葉身の基部で捻れて上面を下にして展開し，上面はやや粉白，下面は光沢があり，線状披針形で先端は長く鋭く尖り，基部は狭窄して鈍脚を呈し，エノコログサのように円脚とならない．葉鞘は長く茎を包み，ふちに毛がある．9～10 月頃，茎の頂から長い柄を出して円柱状の円錐花穂をつける．花穂は長い円柱状で，成熟すると彎曲して，半ば垂下し，エノコログサでは往々直立するのとは異なる．小穂は卵形体，鈍頭で，長さ 3 mm 位，エノコログサより大きく，基部に刺毛が多く，第 2 苞穎は広卵形，小穂の長さの 2 / 3～4 / 5 位で，両性花の護穎の先端部がその上に露出して見える点がエノコログサとの大きな違いである．

1227. **キンエノコロ** 〔イネ科〕

Setaria pumila (Poir.) Roem. et Schult.（*S. glauca* auct. non (L.) P.Beauv.）

日本全土の野外の荒地，路傍，畑等にふつうに生えている一年草．茎は基部で分枝，叢生して直立またはときどき斜上し，長さは 20～60 cm 位，細長く平滑である．葉は細長い線形で，先は次第に細まって尖り，質は軟らかでふちに細かいきょ歯がある．葉鞘は背に稜がある．夏，茎の頂に円柱形で長さ 3～8 cm 位ある花穂を立て，多数の花を密着する．小穂は 2 花からなり 1 つは両性花，1 つは不稔花で護穎のみに退化し，基部にはごく短い柄があってその基部に金黄色の剛毛多数がある．第 1 苞穎は小さく，第 2 苞穎と護穎は軟骨質で，内部に小さい穎果を包み，護穎の背面に横皺がある．苞穎，護穎はすべて芒を持たない．雄しべ 3 個と雌しべ 1 個とがある．〔日本名〕金エノコロはその花穂が黄金色であるからいう．

1228. **ア　ワ**（オオアワ） 〔イネ科〕

Setaria italica (L.) P.Beauv.

古く日本へ渡来し，近年まで全国各地の畠に栽培されていた強壮な一年草で，高さ 1～1.5 m 位ある．茎は単一で直立し，粗大な円柱形となり平滑である．葉は披針形で，先端は次第に尖り，質はやや厚くふちに細かいきょ歯があり，下に葉鞘を具えている．秋，茎の頂に単一な花穂を立て，一方に傾き，非常に大型で長さ 15～20 cm 位，円柱形で多数の小枝を分けて無数の小粒形の小花を密集する．1 個の小穂は 1 両性花と 1 不稔花とを持ち，基部に長いかまたは短い剛毛を具える，第 1 苞穎は小さく，第 2 苞穎と護穎はほぼ同形，同大．第 2 苞穎と護穎には光沢があり芒はない．穎果は小球状で黄色を帯びている．多くの品種があり，モチアワは穀粒に粘りがあるものをいい，また穂の先端が分かれて数条となるものをネコマタ，ネコノテまたはネコノアシ ‘Ramifera’ という．〔日本名〕アワは五穀のうち，味が淡いのでいうといわれているが，本当だろうか．また粟の朝鮮音ホアと同源かもしれないともいわれている．大アワは大形であるからいう．〔漢名〕粱．

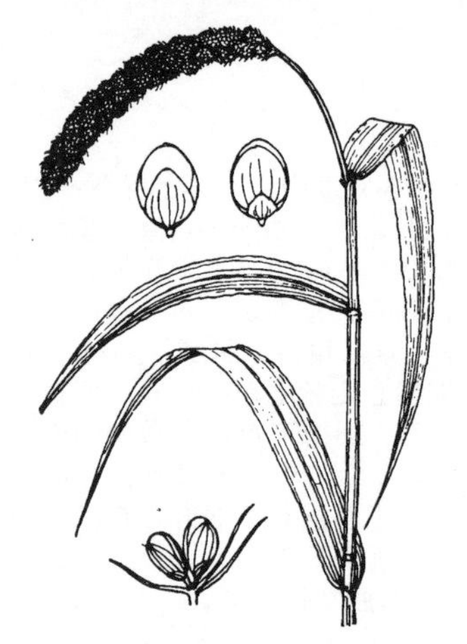

1229. コ　ア　ワ（エノコアワ）　〔イネ科〕

Setaria italica (L.) P.Beauv. **'Major'**

（*S. italica* var. *germanica* (Mill.) Schrad.）

アワと同様に古くから畠に植えられている一年草で，高さ 90〜110 cm 位，茎は単一で直立し，狭長な円柱形で平滑である．葉は狭長な披針形で先は次第に細まって尖り，質はやや硬い．夏から秋にかけ，茎の頂に狭長な円柱形の花穂をつけて一方に傾き，長さおよそ 10〜15 cm 位あって多数の小穂を密につけ，初めは緑色，熟すると黄色または赤黄色となりふつう毛は短い．小穂には 1 両性花と 1 不稔花とがある．第 1 苞穎は小さく，第 2 苞穎と護穎はほぼ同形同大で芒はない．穎果は平滑な小球形で黄色である．〔日本名〕小アワの意味でその果穂がふつうのアワに比べると小形であるからいう．粟の字はふつう「アワ」に使用するが厳格にいうとコアワである．エノコアワは狗の子粟の意味である．〔漢名〕粟．

1230. ザラツキエノコログサ　〔イネ科〕

Setaria verticillata (L.) P.Beauv.

本州以南の人里近くの荒地，ごみ溜め付近にまれに見られる一年草だが，琉球ではやや多い．茎は基部近くで膝折れし，高さ 20〜100 cm になる．葉身は質が薄く，微毛があり，幅 5〜18 mm．葉鞘はふちにまつ毛状につく毛があり，上面は平滑または毛がある．葉舌は環状についた毛となり，長さ 1 mm ほどである．円錐花序は分枝が極端に短縮して，外見のうえで円柱状になり，長さ 2〜10 cm，所々で花序軸が露出する．小穂は 2 花性で，長さ 1.8〜2 mm．小穂の基部に扁平になった剛毛がつき，小穂を囲む．この剛毛は逆向きのきょ歯状のとげがあり，成熟後，人の衣服や家畜の体毛にからみつき，散布されることが多い．第 1 苞穎は長さ 1 mm．第 2 苞穎は小穂と同じ長さで，5 脈がある．下位小花は不稔で，護穎は第 2 苞穎に似て，ほぼ同じ長さ．ときに微小な内穎がつく．上位小花は両性で，護穎は革質で，横に長いしわがあり，長さ 1.5 mm．葯は長さ 0.7 mm．〔日本名〕エノコロクサに似るが，小穂の基部についてそれを囲む剛毛に逆向きのとげがあって，ざらつくことによる．〔漢名〕倒刺狗尾草．

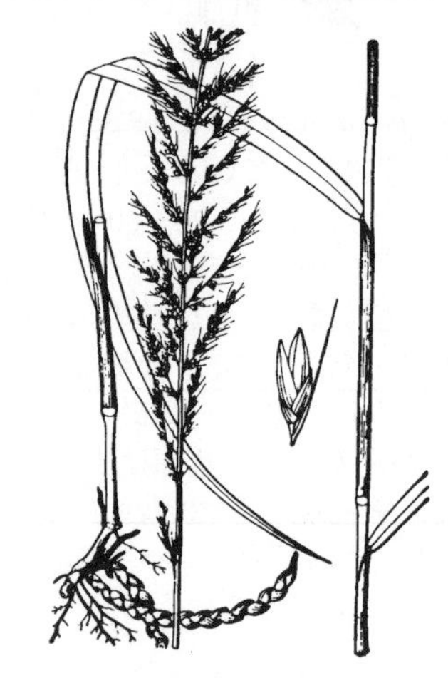

1231. イ ヌ ア ワ　〔イネ科〕

Setaria chondrachne (Steud.) Honda

本州から九州の原野の草地に生える緑色の多年草で高さ 1 m 以上になりふつう分枝しない．地下茎は横にはい，粗大な匐枝を出し，密に鱗片でおおわれている．茎は硬く，やせ，平滑で基部は通常節で膝折れする．葉は長く，線状披針形，ゆるく尖り，長さ 30 cm 内外，幅 12 mm 位，ふちに細かいきょ歯があり，長い葉鞘を持つ．秋，茎の頂に狭長な円錐状の花穂をつけ，長さは 30 cm 位ある．小穂は 1 両性花と 1 不稔花とを持ち，小穂の下には長い剛毛がある．第 1 苞穎はごく小さく，第 2 苞穎と護穎はほぼ同長で芒はなく，無毛でともに軟骨質である．両性花には雄しべ 3 個と雌しべ 1 個がある．穎果は長さおよそ 2.5 mm 位．〔日本名〕犬粟はその穂が多少粟に似ているが役にたたないものであるからいう．

1232. サ サ キ ビ　〔イネ科〕

Setaria palmifolia (J.König) Stapf

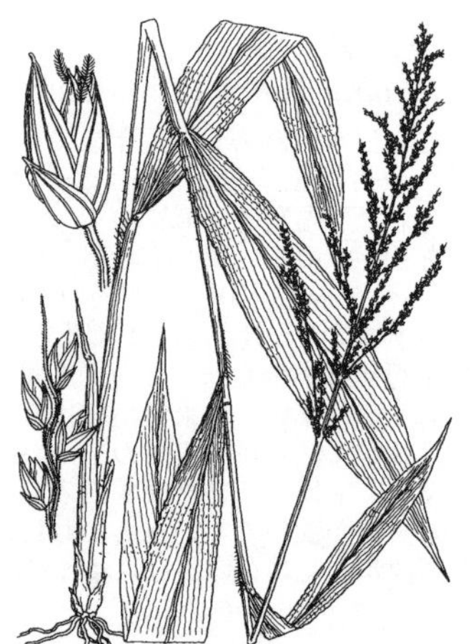

九州南部以南のやや日陰になった山野に自生する多年草．茎は叢生してつき，斜上し，高さ 60〜180 cm，まばらに葉がつく．葉身は披針形で，プリーツ状にひだが縦につき，長さ 30〜60 cm，幅 3〜7 cm，シュロの葉を思わせる．葉鞘は背中に竜骨があり，いぼ状に剛毛がつく．葉舌は三日月形で，基部が紙質であるが，先端部は毛になり，長さ 1〜2 mm．円錐花序は大形で，まばらに小穂がつき，長さ 40 cm．枝の先端は小穂を超出して剛毛状になる．剛毛はざらつき，長さ 5〜15 mm．小穂は 2 花性で，楕円状披針形，長さ 3〜4 mm．苞穎は下位小花の護穎とともにふちが半透明になる．第 1 苞穎は卵形で，長さは小穂の 1 / 3〜1 / 2，3〜5 脈がある．第 2 苞穎は卵形で，小穂の半分，5〜7 脈があり，上位小花の背中が露出する．下位小花の護穎は脈を 5 本もち，先端は短く尖る微凸頭に終わる．上位小花は質が硬く，革質で，卵形，先端は微凸頭があり，光沢をもち，不顕著なしわがある．葯は長さ 1.4 mm．〔日本名〕葉はササに似てそれより大形で，横隔脈があって，やや舟状になり，小穂はキビに似るので，名前がついた．〔漢名〕台風草．台湾の人たちは葉身に横ひだが何本つくかで，その年の台風来襲の回数を占う．

1233. ムラサキノキビ　〔イネ科〕

Eriochloa procera (Retz.) C.E.Hubb.

用水路近くの湿地などに多く見られる中形の一年草．日本では琉球列島に生える．茎は株立ちになるかまたは 1 本立ちで，高さは 1 m になる．葉鞘は無毛，ゆるく茎を抱き，上部に竜骨をもち，無毛．葉身は長さ 5～20 cm，幅 2～5 mm，無毛，乾くとしばしば内巻して，円柱状になる．葉舌は環状に並ぶ毛になり，長さ 0.6～0.8 mm ほどある．花序は多数並んだ総状花序で，花序軸は扁平で微毛があり，幅約 0.5 mm．小穂柄は長さ 1.5～2 mm，長い剛毛がある．小穂は長楕円状披針形で，長さ 3 mm，2 個が対になってつくか，または数個が集まり，まれに単一，全体に圧着した毛があって，先端は鋭尖形．小穂の基部には硬い基盤があり，基盤はクッション状で，長さ 0.3 mm．上位小花は長楕円形で，長さ 2 mm，点状の陥没があって分厚く，先端に長さ 0.5 mm の微凸頭がある．〔日本名〕小穂がしばしば紫色を帯び，野生していて，一見黍（きび）の仲間であることによる．〔漢名〕野黍．ナルコビエと同じ属で，小穂の基部に球状に発達した「基盤」が見られる．小穂の基部に球状基盤があり，2 花性であれば本種の仲間であるといえる．

1234. ナルコビエ（スズメノアワ）　〔イネ科〕

Eriochloa villosa (Thunb.) Kunth

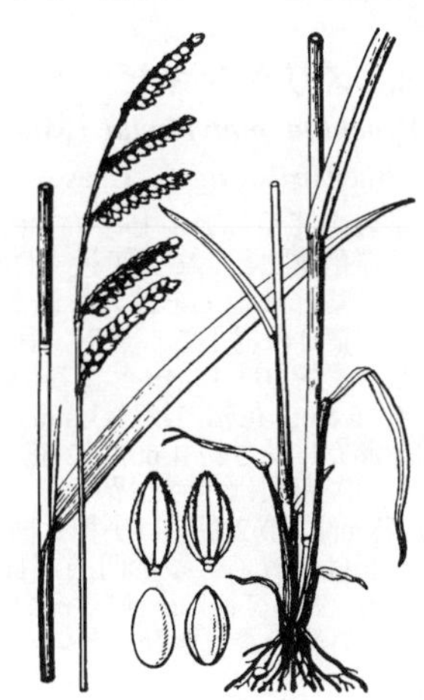

日本全土の原野または川原等に生える多年草で高さ 60～70 cm 位．基部から分枝して直立する．葉は互生し長披針形で上端が細く尖り，幅は 1.5 cm 位，質は薄く軟らかい毛がある．夏，茎の頂に花序を出して，一方に偏した数個の柄のない枝穂をやや離れてつける．枝穂は長さは 7～10 cm 位，穂状で密に白色の短毛を穂軸に生じ，軸上の一方の側に短い柄のある小穂を密に 2 列につけて，熟すと落ち易くなる．小穂は長さ 4 mm 位で扁平，楕円形で先端が尖り，全体に短い毛が生え，基部には白色環状の硬い基盤があり，その下部には白色の総苞毛を具えている．苞穎は洋紙質，白色で緑色の脈があり，中に角質で鋭頭卵形で淡緑色の護穎と内穎を持つ．〔日本名〕鳴子ビエはその枝穂の上に並んだ小穂の形に基づいていい，雀ノ粟は穎果を雀の食べるアワになぞらえていう．

1235. ビロードキビ　〔イネ科〕

Urochloa villosa (Lam.) T.-Q.Nguyen (*Brachiaria villosa* (Lam.) A.Camus)

和歌山県以西の暖い地方の山野または畠の中など，日当たりのよい地に生える一年草である．茎は分枝して上向き，高さ 25 cm 位，その基部は往々斜上して，節からひげ根を出す．葉の両面と葉鞘は花軸とともに白色の短い毛を密に生じる．葉は互生し，卵状の披針形で短く，葉先は尖り，基部は円形で全縁であり，縁にときどきしわがある．夏から秋にかけて茎の頂にふつう偏側性の小さい複総状花序をつけ，10 個位の穂状枝穂を持つ．小穂は小さくて楕円体で緑白色，密に毛が生えている．第 1 苞穎は非常に短く，半月状で第 2 苞穎は鋭頭卵形，護穎は長卵形，内穎は倒卵形で多少細かい皺がある．〔日本名〕ビロードキビはその葉に軟らかい毛が一面に生えていることによる．

1236. パラグラス　〔イネ科〕

Urochloa mutica (Forssk.) T.-Q.Nguyen

(*Brachiaria mutica* (Forssk.) Stapf)

熱帯アメリカの原産で，好んで用水路付近や湿潤な土地に生育し，日本では沖縄に見られる．牧草用に栽培されたものが，垣根などにそって野生化し，群生する多年草．茎は太く膝折れし，地上をはい，節に毛が密生してそこから不定根を下ろし，直径は 5～8 mm．花茎は斜上し，先端に花序をつけるが，日本では花をみることは少ない．葉身は毛があり，長さ 10～30 cm，幅 10～15 mm．葉鞘も毛があり，口部に毛が密生する．葉舌は切形で，短く，長い毛のふちどりがある．花序は複総状で，枝穂は長さ 12～20 cm，総状につき，ときに分枝する．小穂は 2 花性で，楕円体，長さ 3.5 mm，対になって花序軸の片側に多数が集まってつき，無毛．小穂柄は長い剛毛が数本ある．第 1 苞穎は三角形で，長さは小穂の 1 / 3，1 脈がある．第 2 苞穎と下位小花の護穎は同じ長さで，ともに 5 脈がある．上位小花は楕円形で，革質，点状の細かい陥入部があり，先端は鈍形．葯は長さ 2 mm．〔日本名〕ブラジルのパラ州にちなむ英名 paragrass の日本語読み．暖地で群生し，特に水湿地を好み，ブタが喜んで生食する．沖縄以南の地で期待がもてる匍匐性の牧草である．

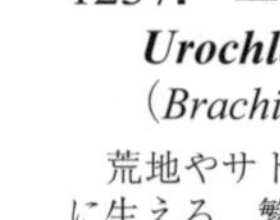

1237. ニクキビ 〔イネ科〕

Urochloa subquadripara (Trin.) R.D.Webster
(*Brachiaria subquadripara* (Trin.) Hitchc.)

荒地やサトウキビ畑に生える雑草で，現在は全世界の熱帯に広く分布し，日本では沖縄に生える．繁殖力が強く，いったんはびこると根絶し難い多年草．茎は細長く地面をはい，節から根を下ろしてしばしば一面に群生し，上部は斜上して花序をつける．葉身はふちがざらつき，長さ 3〜15 cm，幅 4〜8 mm．葉鞘は節間より短く，ふちにまつげ状につく細毛がある．葉舌は環状に並ぶ毛になり，長さ 1〜2 mm．花序は 3〜6 本の花穂が総状に並び，花穂は開出し，花序軸の片側にややまばらに小穂がつく．花序軸は扁平で，きょ歯がふちにある．小穂は狭楕円体で，長さ約 4 mm，単一，対にならない．第 1 苞穎は小穂の 1 / 2〜2 / 5，小穂の基部を包み，両端は重なりあう．第 2 苞穎は下位の護穎と同形同大，7 脈がある．上位の小花は革質で，灰色，横皺がある．〔日本名〕黍（きび）に似るが，花序軸や花穂が肉質に見えるので名前がついた．〔漢名〕四生臂形草．花穂が 4 本あって，腕状に出ることを意味する形容語による．キビでは開出した円錐花序をもち，花序の分枝も細長く，分枝の先端に小穂をつけるが，パラグラスやニクキビでは花序が非常に単純化し，花穂は花序軸（主軸）に総状につき，小穂は花穂の片側にだけつく．

1238. メリケンキビ（メリケンニクキビ） 〔イネ科〕

Urochloa platyphylla (Munro ex C.Wright) R.D.Webster
(*Brachiaria extensa* Chase)

北米の南部からアルゼンチンにかけて分布する一年草．日本に戦後渡来し，沖縄では帰化植物として人里近くに見られる．茎は直径が約 2 mm，高さ 30〜60 cm ほどで，基部は地上をはい，節から根を下ろす．盛んに分枝し，基部の節で膝折れする．葉身は扁平で，無毛，長さ 5〜10 cm，幅 7〜10 mm．茎の先端から花序をのばし，長さ 10〜15 cm となる．花穂は 5〜6 本あり，総状に主軸に斜上してつき，長さ 4〜5 cm．花軸の幅は 3 mm，扁平で，片側に小穂が 1 列につく．小穂は無柄．卵状球形で，長さ約 4 mm．2 花性で，下位小花は不稔性，上位小花は質が硬く稔性をもつ．苞穎は長さが異なり，背中は軸側に向く．第 1 苞穎は先端が鈍形で長さ約 1.5 mm．第 2 苞穎は小穂と同じ長さで，下位小花の護穎と同質，5〜7 脈がある．上位小花は革質で，多少凹凸が目立ち，ふちは内巻し，内穎を抱き，先端に微凸頭がある．〔日本名〕小穂はキビに似ているが，全体がそれより小さく，アメリカからきた外来の黍（きび）ということでメリケンの接頭語がある．

1239. ホクチガヤ 〔イネ科〕

Melinis repens (Willd.) Zizka（*Rhynchelytrum repens* (Willd.) C.E.Hubb.）

アフリカの熱帯地方原産で，世界の各地に帰化した多年草．日本では琉球列島と小笠原諸島に見られる．小穂はピンク色の長い毛があり，成熟すると小穂ごとに花序の軸から簡単に脱落して遠くまで風に運ばれて伝播する．乾燥に非常に強く群生し，しばしば屋根の上にも生える．根茎は太いが短い．茎は分枝して直立し，長さ 1 m に及ぶ．節間にはいぼ状の毛があり，節に軟毛がある．葉身は長さ 20 cm，幅 2〜5 mm．葉舌は環状につく長い毛となり，長さ 1 mm ほどである．葉鞘は節間より短い．円錐花序は開出し，長さ 15 cm，分枝は毛細管状で，小穂柄に長い毛がある．小穂は左右から扁平，卵形で長さ 5 mm，糸状の長い毛がある．毛の長さは 6 mm にもなる．第 1 苞穎は微小で，長さ 1 mm，短くて硬い毛がある．第 2 苞穎は下位護穎と同形同大，5 脈があり，先端はともに 2 裂し，裂片の切れ目から短い芒が出る．上位小花は平滑で，光沢があり，長さ 2 mm．〔日本名〕小穂が火打石で起こした火を移す火口（ほくち）に似ていることによる．小穂がピンク色をしているので，ルビーガヤとも呼ばれる．〔漢名〕紅毛草．

1240. キ　ビ（コキビ，キミ） 〔イネ科〕

Panicum miliaceum L.

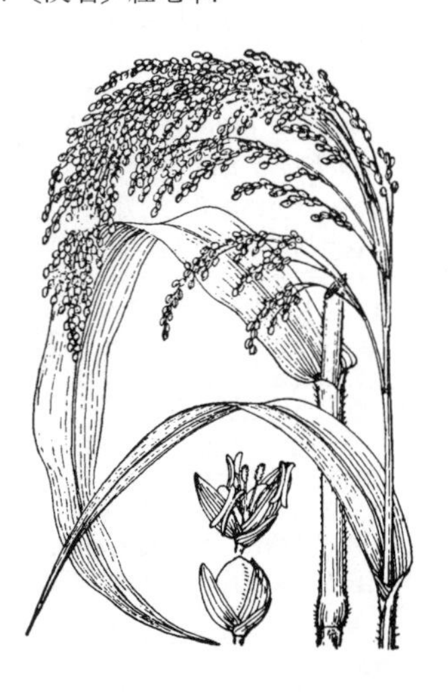

上古時代に渡来して，今は広く畠に栽培されている一年生の穀類草本でインドの原産ではないかと考えられている．茎は直立し緑色の円柱形で，高さ 1 m 以上になり，やや粗大で節がある．葉は互生して長い広線形，先は次第に細まって尖り，幅は 13 mm 位，粗毛が散生して，下部は長い鞘となって開出した長い毛が密に生えている．秋，茎の頂，ときにはそれに加えて上方の葉腋から，無数の花を持つ花穂を抽出して多くの枝を分かち，分枝の先端に 1 個ずつの小穂をつけ，果時には傾垂する．小穂は長さ 4.5 mm 位，卵形で先端が尖り第 1 苞穎はやや小形，第 2 苞穎と不稔花の護穎は同形で洋紙質である．その内部の護穎と内穎は相抱いて穎果を包み，ほぼ球形で，通常，淡黄色で「粟粒」に比べるとより大きい．ウルチキビ，一名ウルキビ，モチキビ，アカキビ，クロキビ等の品種がある．〔日本名〕キビは，古名キミが変わったもので，キミは黄実の意味である．小キビはモロコシキビに比べると小さいからいう．〔漢名〕稷（ウルチキビを指す），黍（モチキビを指す）．

1241. ヌカキビ　〔イネ科〕

Panicum bisulcatum Thunb.

原野，路傍，林縁等に生える一年草で下部で分枝し，草質は弱く軟らかで毛はない．茎は直立し，平滑な円柱形で中空，高さは 1 m 以上にもなり，ふつう緑色であるが暗紫色を帯びることがある．葉は互生し，狭長な披針形で，上部は次第に細まって尖り，幅は 1 cm 内外で，薄く軟らかい．下部は葉鞘となって縁毛がある．秋になると茎の頂に散開した大きい円錐花序をつけ，その主枝から細かく分かれる小分枝の先にまばらに多くの小穂をつける．小穂は長さ 2 mm 位あり，楕円体で緑色，ときに暗紫色を帯びる．第 1 苞穎は小さく，第 2 苞穎と不稔花の護穎はほとんど同形で内に革質の光沢がある護穎，内穎に包まれた穎果が 1 個ある．〔日本名〕糠キビはその小穂がキビに比べて細かいことによる．

1242. オオクサキビ　〔イネ科〕

Panicum dichotomiflorum Michx.

原産地の北アメリカからわが国に渡来して，都市付近の湿った土地，荒地や道ばたに広く帰化する一年草．植物体は無毛．茎は比較的太く，分枝して斜上，高さ 40〜90 cm になる．葉身は長さ 25〜50 cm，幅 1〜1.5 cm，中央脈は比較的強くて太く，上面では白色をしている．葉舌は短く，環状に並んだ毛になる．円錐花序は茎頂または葉腋につき，長さ 30 cm，枝はやや斜上して輪生状に並ぶ．軸の表面はざらつき，基部にはこぶ状の突起がある．小穂は 2 花性で卵状長楕円体，長さ約 2.3 mm，しばしば紫色を帯びる．第 1 苞穎は小さく，小穂の基部を抱き，鈍形で長さは小穂の 1 / 5．第 2 苞穎と下位護穎は同じ形で，5〜7 脈あり，小穂と同じ長さである．上位小花は先端が鈍形で，光沢があり，稔性がある．〔日本名〕台湾などに分布するクサキビ *P. brevifolium* L. に似ているが，それより茎や葉が太く，小穂も大きいことによる．〔漢名〕洋野黍，西洋から渡来した黍（きび）の意味．南日本の海岸に生えるハイキビ *P. repens* L. は第 1 苞穎が小穂の長さの 1 / 5 程度で短い点で本種に似ているが，多年草で地下に長い根茎がある点で区別できる．

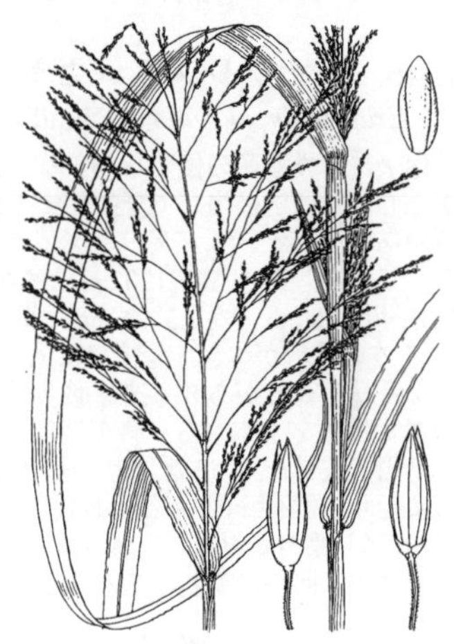

1243. ギネアキビ　〔イネ科〕

Panicum maximum Jacq.

熱帯アフリカ原産の多年草で，世界の暖地でしばしば栽培が見られる．わが国でも四国から琉球では逸出して野生状態になっている．茎は大きな株になって，直立し，節や節間は密に短い毛がある．根茎は発達する．葉身は長さ 30〜75 cm になるが，幅は 3.5 cm 以下と細長い．葉鞘は短い毛があるか，または無毛．葉舌は切形，先端のふちは不規則に細かく裂け，長さ 4〜6 mm．円錐花序は広く開出し，長さ 20〜35 cm，分枝は輪生状につき，基部に長い軟毛がある．小穂は 2 花性で長楕円体，長さは 3〜3.3 mm，鈍形，しばしば紫色を帯びる．脈は不明瞭，無毛．苞穎 2 枚は長さが異なる．第 1 苞穎は小穂の長さの 1 / 3，1〜3 脈あるか，または脈をもたない．第 2 苞穎は 5 脈があり，小穂と同じ長さ．下位小花は雄しべをもち，まれに中性，護穎は 5〜7 脈がある．上位小花は両性，護穎は革質で，顕著なひだが見られる．〔日本名〕黍（きび）の仲間であることと，英名の Guinea grass の訳に基づく．

1244. パンパスグラス　〔イネ科〕

Cortaderia selloana (Schult. et Schult.f.) Asch. et Graebn.

南アメリカ原産の栽培植物で，しばしば植物園などに観賞用に植えられる大形の多年草．花穂の外形はヨシを思わせるが，植物全体はススキに似て，花序は大形で太く，ススキやヨシに比べてはるかに立派である．花序は銀白色の毛におおわれているため，チガヤの花序を巨大化させたような形を取り，昔の軍帽の飾りにいかにも似合うものである．茎は叢生し，粗大で高さは 2〜3 m にもなる．葉身は長さ 1〜3 m．葉舌は環状に並ぶ毛からなり，その毛は長さ 2〜4 mm ほどある．円錐花序は長さ 30〜100 cm，雄花序は幅の広い円錐状で，雌花序は比較的幅が狭く，銀色またはピンク色になる．各小穂は小花を 2〜3 個もち，雌小穂は糸状で長い軟毛があるが，雄小穂は無毛である．苞穎は質が薄く，白色で薄い紙質，細長い．護穎は先端が伸び出て，細長くて弱い芒になる．花序は茎葉から抽き出て，花序柄が太くて長く遠くからでもよく目につき，見事である．〔日本名〕南アメリカの草原（パンパス）に育つことによる．英名 Pampus grass に基づく．〔漢名〕蒲草．

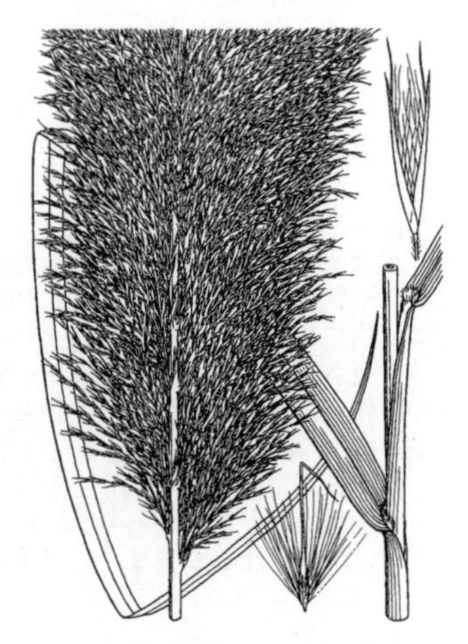

1245. ニワホコリ 〔イネ科〕

Eragrostis multicaulis Steud.（*E. niwahokori* Honda）

日本全土の庭や，畑あるいは路傍など，至る所に見られる非常に細い無毛の一年生草本で，高さは 15～25 cm ほどある．茎は根元から多数出て，下部がやや地について曲がり，その上部は直立する．葉は軟らかく，長さ 5～7 cm ほどあって，線状の長披針形で先端が長く尾状に尖り暗緑色で平滑である．夏から秋にかけて，茎の頂に円錐花序をなして多数の淡紫色の小穂をつける．花序の枝は真直でほとんど平開し，非常に細く，波曲している．小穂軸には透明な部分はない．小穂は緑色あるいは汚紫色を帯び線形で，長さ 3 mm 内外，幅はわずかに 1 mm 内外であり 5～7 個の花からなる．第 1，第 2 苞穎ともに幅は狭く，第 1 苞穎は短い．護穎は卵形で長さは 1.5 mm ほど，先端は尖り膜質で平滑である．内穎は護穎より少し短い．オオニワホコリ *E. pilosa* (L.) P.Beauv. は本種に非常に似ているが，葉鞘の口縁に毛を生じ，また花序分枝点にも長い腋毛を出すので区別することができる．〔日本名〕庭ホコリは庭によく繁茂するという意味である．〔漢名〕多稈畫眉草．畫眉草はオオニワホコリの漢名である．

1246. シナダレスズメガヤ 〔イネ科〕

Eragrostis curvula (Schrad.) Nees

南アフリカ原産の優美な多年草．日本では砂防用に道路や法面に植えられたものが，しばしば逃げ出して野生化する．穂や葉の先端が細長く，垂れ下がっていて風情があり，ウィーピング・ラブグラスとも呼ばれるゆえんである．茎は大きな株になって直立，高さ 50～120 cm．葉身はざらつき，しばしば内巻して円柱状になり，長さ 40～50 cm，幅 1.5～2 mm，葉鞘の口縁に長い毛がある．円錐花序は輪生状に 2～5 本の分枝がつき，分枝点に毛があり，花序の長さは 20～35 cm．小穂はやや紫色を帯びることがあり，披針形，扁平で，7～11 小花からなり，長さ 0.6～1 cm．苞穎 2 個は脈を 1 本もち，第 1 苞穎は長さ 1.5 mm，第 2 苞穎は長さ 2.5 mm．護穎は長楕円状披針形で，3 脈あり，長さ 2.5 mm．内穎は幅が狭く，長楕円形で，脈はふちに走り，護穎とほとんど同じ長さ．穎果は赤褐色で，成熟すると裸のまま脱落する．〔日本名〕葉身が細長く，優美に垂れ下がり，スズメガヤの仲間であるのでついた名前だが，同時に英名の Weeping lovegrass の意訳でもある．〔漢名〕湾葉畫眉草．

1247. カゼクサ（ミチシバ） 〔イネ科〕

Eragrostis ferruginea (Thunb.) P.Beauv.

本州以南の土堤，道端等に生える非常に強い多年草である．茎は分枝せず単一で多数根本から斜上し，高さは 40～60 cm に達し大きい株を作る．葉は多数の葉鞘が跨状をなして茎の下部を包むため外観は扁平である．葉身は線形で尖り，長さは約 20～30 cm，質は強い．葉鞘の口縁に白色の細い毛を密生する．秋に長さ約 25～35 cm の円錐花序を茎の先端に直立し，紫色で光沢のある小穂を多数つける．花序の枝は斜めに直線的に分かれ，小穂の柄は糸状，中央附近に 1 個の関節があり生のときは透明である．小穂は長さ 6～7 mm，扁平な披針状長楕円体で 7 個前後の花からなる．苞穎は先端鋭く尖り，透明である．護穎は卵状楕円形，鋭い中肋があり，先端は尖りふちに微きょ歯がある．内穎は短い．穎果はやや角のある楕円体で赤褐色を呈し，長さは 1 mm ある．〔日本名〕風草で，漢名知風草に由来する．牧野富太郎によれば知風草は元来別の植物であるとのことであるが，現在中国では本種に対して用いられている．別名の道シバは路傍に多いところからいうが，同じ科のハナビガヤも同じ名で呼ばれる．

1248. オオスズメガヤ（スズメガヤ） 〔イネ科〕

Eragrostis cilianensis (All.) Link ex Janchen

（*E. megastachya* (Koeler) Link）

荒地または田畑等に生える一年草で高さは 30～50 cm に達する．茎は 5～6 本株を作り，下部がわずかに曲折して直立し，緑色で質は硬く，表面は滑らかである．葉は茎にまばらに互生し，線形で先は次第に尖っており，長さは 6～13 cm，質はやや軟らかく平滑で，ふちに円盤状の腺体が並ぶ．葉鞘は節間より短く，口縁には白色のひげ毛がある．夏から秋にかけ茎の頂に大きい円錐花序をつける．花序の長さは約 15～25 cm．花序の枝は真直に斜上し，小穂の柄は先端近くに環状の腺体がある．小穂は卵状楕円体で長さは 7～8 mm，扁平で左右に規則正しく 12 個内外の花をつけ，緑色または暗紫色を帯びている．苞穎は細く先端は尖っている．護穎は幅広い楕円形，やや袋状に内穎を包み，両端は鈍く，3 本の脈があって全体に細かな刺があり，背面は竜骨となってその上に腺体がある．〔日本名〕雀ガヤは小穂が小さく，また花穂も小さい所からいわれているのであろう．

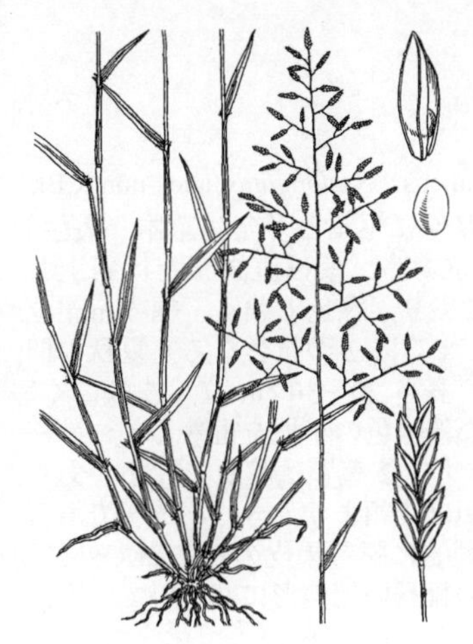

1249. コスズメガヤ 〔イネ科〕

Eragrostis minor Host (*E. poaeoides* P.Beauv. ex Roem. et Schult.)

全世界の暖地に広く分布する一年草．日本でも本州以南の各地で路傍や廃棄耕地にしばしば見られる．茎は株立ちし，斜上する．葉身は線状披針形で，長さ 3〜5 cm，幅 2〜5 mm，ふちに円盤状の腺体を 1 列もつ．葉身や葉鞘に糸状の毛がまばらにつき，葉鞘の口部で特に毛が目立つ．円錐花序は茎の先端につき，分枝は開出し，長さ 7 cm，幅 3 cm．小穂柄に腺体をもつ．小穂は長楕円形で，小花を 4〜12 個もち，長さ 6 mm，幅 2 mm．苞穎は紙質で，披針形，1 脈があり，竜骨に腺体をもつ．第 1 苞穎は卵状三角形で，第 2 苞穎よりやや短く，長さ 1.3 mm．最下位の護穎は卵形で，3 脈があり，側脈はほぼ平行し，中央脈に腺体をもつ．内穎は護穎が脱落した後も，しばらく宿存してつき，楕円形で，基部は細くなり，竜骨は 2 本，竜骨のふちに粗毛がある．穎果は楕円体で，蜂の巣状の格子紋があり，長さ 0.6 mm．胚は穎果の全長の 1 / 2〜1 / 3．〔日本名〕スズメガヤ（オオスズメガヤ）に似ているが，それより全体が小さいので，名前がついた．〔漢名〕小畫眉草．

1250. ココメカゼクサ 〔イネ科〕

Eragrostis japonica (Thunb.) Trin.

本州以南の田の間に生える一年草．茎は多数叢生して株を作り，長さは 15〜50 cm で一定していない．葉は細い線形で先端は次第に尖り，長さは 3〜15 cm，両面とも毛がなくふちはざらつく．夏から秋にかけ茎の頂に細長い円錐花序を直立し，多数の微細な小穂をつける．花序は長さ約 25 cm に達するが径は 3〜4 cm でふつう全部の穂が赤色を帯びて大変美しい．花序の枝は細く短く，穂軸に対し斜めに開く．小穂は卵状を帯びた幅広い楕円形，長さは約 1.5 mm，扁平で先は鈍く 3〜9 個の花からなっている．苞穎は 2 枚，不同長で，幅広の楕円形，先端はときに凹んでいる．護穎は内穎よりやや長く，広楕円形で先端は鈍く，中脈は明らかで表面は滑らか，芒はない．〔日本名〕小米風草の意味で，小米は細かな小穂に基づいている．近時生け花に利用される．

1251. シ バ 〔イネ科〕

Zoysia japonica Steud.

日本全土の山野路傍等の日当たりの良い土地にふつうな多年草である．茎は強く細長で平滑な針金状，長く地面をはい，各節から細いひげ根を出す．葉は互生し短縮した 3 節に 2 葉が近接しており，線形で先端が細く尖り，幅は 3 mm 位で質はやや硬く，下部は葉鞘となってその口縁にひげ毛が生える．5〜6 月頃，細い茎を直立し高さ 5〜20 cm 位になる．茎の頂に長さ 3〜5 cm の短い穂をつけ，花軸には関節はなく，各小分枝の先端に 1 花を生じる．苞穎は 1 枚で長さ 3〜4 mm 位，狭卵形でやや紫色を帯びて光沢がある．中に 1 個の膜質の護穎があり芒はない．この種に似たコウシュンシバ *Z. matrella* (L.) Merr. は葉が繊細で幅 1 mm ほど，柔らかく地面を被って生えるので，暖地を中心に芝草として庭などの日当たりのよい土地に植えられる．〔日本名〕シバは細葉の意味であるといわれる．また繁葉（しばは）の意味かとも思われる．〔追記〕本種は園芸上はコウライシバの名で呼ばれるが，真のコウライシバ *Z. pacifica* (Goudswaard) M.Hotta et Kuroki は九州南部以南の海岸岩場に生える別種である．

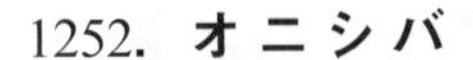

1252. オニシバ 〔イネ科〕

Zoysia macrostachya Franch. et Sav.

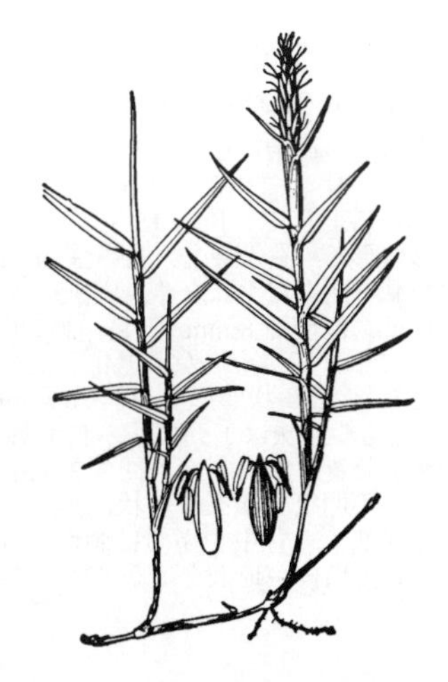

全国の海辺砂地に生える多年草である．根茎は細くて硬く，針金状で砂中をはい節からひげ根を出し，節から茎を出して砂面に直立する．茎は葉や花穂をつけるが，葉だけをつけるものが多い．葉は互生して開出し，狭披針形で先は鋭く尖り，緑色で質はやや厚く硬い．葉は乾くと内側に巻いて刺状になり，また葉鞘上部に白いひげ毛を具えている．6 月頃，茎の頂から長さ 3 cm 位の短く大きい穂を 1 個直立し，小形の花を密集してつける．花は短い柄を持ち，長さ 7 mm 位の長楕円形で先端は尖り，紫色を帯びて光沢がある．苞穎は革質で 1 個あり，その先は時に短く芒状に突出し，中に膜質で小形の護穎 1 個がある．〔日本名〕鬼シバはその草状が粗く強いからいう．

1253. ネズミノオ　〔イネ科〕

Sporobolus fertilis (Steud.) Clayton

(*S. indicus* (L.) R.Br. var. *major* (Büse) Baaijens ; *S. elongatus* auct. non R.Br.)

本州から琉球の日当たりのよい原野，路傍に生える多年生草本．叢生して強く地に根をはり，高さは 50〜70 cm 位ある．茎は直立または斜上し，細長く丈夫である．葉は線形で先は次第に尖り，緑色で強く，幅 5 mm 位．ふちに細かいきょ歯があって，少し乾くとすぐに 2 つ折となる．夏秋の間，茎の頂に細長い穂状の円錐花穂をつける．長さ 20〜30 cm 位，枝はごく短く，ほとんど花穂中軸に沿い，多数の微細な淡緑色の小穂を密着してつける．小穂には 1 花があり芒はなく，長さ 2 mm 位．2 苞穎は膜質で大小があり，第 1 苞穎は第 2 苞穎より小さい．護穎，内穎は苞穎より大きく不透明である．穎果は護穎に包まれ，赤褐色の種子は自動的に膜質果皮の頂に出て外に現われる性質がある．〔日本名〕鼠の尾はその細長い穂の形に基づいていう．

1254. ヒメネズミノオ　〔イネ科〕

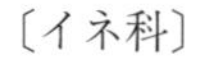

Sporobolus hancei Rendle

河川が海に入る三角州などの泥砂地にしばしば群生する多年草．日本では九州南端から琉球列島にかけて自生が見られ，海水と淡水の混じる汽水域の泥地に生育する．茎は叢生してつき，直立．葉身は線形で，長さ 7 cm，幅 1.5 mm．葉舌は微小で切形，先端部は長い毛のふちどりがあり，長さ 0.2 mm．円錐花序は小形で，長さ 7 cm，分枝は短く，輪生状に並ぶ．小穂は 1 花性で，長さ 2 mm ほどになる．第 1 苞穎は披針形で，紙質，長さ 1.4〜1.8 mm，1 脈をもち，脈は不明瞭．第 2 苞穎は長さ約 2 mm．護穎は披針形で，長さ 1.6 mm ほどあり，脈が見られない．内穎は舟状で，脈を 2 本もつ．穎果は左右から扁平，楕円体で，横断面は両凸レンズ状，長さ約 1 mm，赤褐色．胚は穎果の片側につき，長さは全長の半分に及ぶ．〔日本名〕ネズミノオより小形なことによる．〔漢名〕韓氏鼠尾草．英国の植物学者 H. F. Hance を記念した種形容語にちなむ．また，原産地にちなみ広州鼠尾草ともいう．

1255. ヒゲシバ　〔イネ科〕

Sporobolus japonicus (Steud.) Maxim. ex Rendle

本州から九州の日当たりのよい原野，丘陵などにややまれに生える小草本で高さ 10〜15 cm 位，叢生して基部から枝分かれする．やせたものはわずかに枝を分けて立ち，下に硬質のひげ根を出す．茎は短く硬く，細長で直立，あるいは斜上する．葉は線形で尖り，やや強く，長さ 3〜5 mm，幅 2〜3 cm 位でふちに繊細な白色の長毛を疎生して開出する．葉鞘は細長い．秋になると茎の頂に細長い円錐花穂をつけ，花序の枝は直立して穂状となり，つやのある褐色の，長さ 2〜2.2 mm ある小穂を密集する．小穂は 1 花からなって芒はない．2 苞穎は不同長で，第 2 苞穎は第 1 苞穎よりも大きい．しかし護穎や内穎に比べると小さい．穎果中の種子は果皮と離れて外に出る．〔日本名〕鬚芝はその葉の縁に生える長毛による．小笠原に帰化しているオヒゲシバ属のカセンガヤ *Chloris radiata* (L.) Sw. もヒゲシバと呼ばれることがあるので注意が必要である．

1256. シラミシバ　〔イネ科〕

Tragus racemosus (L.) All.

全世界の温帯に広く分布する大陸性の一年生雑草．日本でも近畿地方や九州に，ときに帰化している．根茎は弱く，茎は地面を横にはう．基部は株立ちになり，先端は斜上して，長さ 15〜35 cm になる．葉鞘は節間より短く，無毛．葉身は線状披針形で，質が硬く，長さ 3〜8 cm，幅 2〜4 mm，ふちに刺状の毛がある．葉舌は環状に並んだ毛になる．円錐花序の分枝は短縮して，全形が穂状になり，長さ 3〜6 cm，直径は 8 mm 内外，軸に短い毛が密生する．小穂は長さ 3〜4.5 mm，2 個が対になってつくほか，退化した第 3 の小穂がある．第 1 苞穎は微小で，薄い膜質となり，三角状卵形で，長さ 0.8 mm 内外．第 2 苞穎は革質で，先端に突頭があり，7 脈をもつ．脈は 1 列に並ぶ刺がある．刺の先端はかぎ状に彎曲する．護穎は長楕円形で膜質，脈は弱く，長さ 3 mm．内穎は質が薄く，護穎よりやや短く，脈はなおさら不明瞭．穎果は卵状円形で，長さ 2.5 mm ほどである．〔日本名〕小穂は苞穎が革質で，背中やふちに刺があり，全形がシラミに似ている．また草形は芝のように走出枝が地上をはうので，この和名がある．〔漢名〕大虱子草．

1257. ネズミガヤ 〔イネ科〕

Muhlenbergia japonica Steud.

北海道から九州の原野，山のふもとの路傍等に多く生える多年草で，茎は硬くやせて基部は地下茎となり，その下部は地に沿ってはい，節から根を出す．本茎は節から出た側枝とともに斜上して 20～35 cm 位の高さとなる．葉は狭線形で，先は次第に尖り，長さは 8 cm 内外，幅 4 mm 位で，薄く軟らかい．秋，長さ 7～15 cm 位の細く弱々しい円錐花穂をつけ，多少一方に傾き，細い枝を分けて，微細な多数の小穂をつける．小穂は淡緑色で少し紫色を帯び，1 花からなって，2 苞穎はほぼ同形，同大で長さ 1.5～2 mm，芒はなく，護穎は基部有毛で先は浅く 2 裂し，その間から長さ 8 mm 位の繊細な芒が出る．〔日本名〕鼠茅はその花穂が鼠の尾に似ているからか，またはその穂の色によるのであろう．

1258. オオネズミガヤ 〔イネ科〕

Muhlenbergia huegelii Trin.（*M. longistolon* Ohwi）

北海道から九州の山地に生えるやや大形の多年草．日本産の本属中で最も大きい種である．根茎は横にはい，節から新しい枝を横に出し，鱗片で包まれている．茎は直立して分枝し，高さは 90 cm におよび，中空の円柱状となるが，壁は薄く平滑で折れ易い．節はやや高くなる．葉は広線形または線状披針形で，上部は次第に尖り，薄く，葉鞘は長く毛はない．秋，茎の頂に，紫色を帯びた円錐状の花穂を出し，披針状となって一方に傾き，長さは 30 cm 位となり枝穂は上向きで相接して密集し，細小な多数の小穂をつけ，繊細な芒がある．芒の長さは 1～2 cm ある．小穂は 1 花からなって長さ 3 mm 前後，内外の 2 苞穎は卵形で先は鈍形，長さ 1 mm 未満で護穎に比べてはるかに短く小さいのが特徴である．〔日本名〕大鼠茅で，大形のネズミガヤの意味である．

1259. タチネズミガヤ 〔イネ科〕

Muhlenbergia hakonensis (Hack.) Makino

関東以西の本州，四国，九州の山地，林縁等に生える多年草で地中に匐枝を引いて繁殖する．匐枝は前種に比べて，やや細く，直径 2 mm 位，背面に竜骨があって膨らむ鱗片でおおわれる．茎は直立し，高さ 60～100 cm に達し，分枝はないか，または上方でわずかに分枝する．葉は線状披針形で薄く，深緑色で長さ 10～20 cm，幅 2～4 mm 位ある．秋，茎の頂に直立して紫色を帯びた線形の円錐花穂を出し，その長さ 4～4.5 cm，花穂の分枝は圧着する．小穂は 1 花からなり，花下に関節あり，長さ 4～4.5 mm，2 苞穎は狭披針形，先は鋭く尖り，膜質で，護穎の長さの 2 / 3～4 / 5 位あり，護穎は先がわずかに 2 裂し，その間に 6～10 mm 位の長い芒を直立する．〔追記〕ミヤマネズミガヤ *M. curviaristata* (Ohwi) Ohwi var. *nipponica* Ohwi は本州中部以北の深山に生え，本種に似るが小穂は小さく長さ 3～3.5 mm.

1260. キダチノネズミガヤ 〔イネ科〕

Muhlenbergia ramosa (Hack.) Makino

（*M. japonica* Steud. var. *ramosa* Hack.）

本州中部以西，九州の山林中に生える多年草で，横臥した匐枝は長さ 10 cm 位になり，圧着した硬い鱗片でおおわれ，その節から茎を出す．茎は直立し，高さ 40～100 cm に達し，上方で盛んに斜上分枝する．葉は線状披針形，質は薄く，深緑色で，長さ 8～15 cm，幅 2～5 mm 内外である．秋に茎の頂に細長い円錐花序を直立してつけ，その長さ 10～15 cm 位，1～2 回分枝して，やや密に紫色を帯びた小穂をつける．小穂は長さ 2.5～3 mm，披針形で 1 花からなり，花下に関節がある．内外の 2 苞穎は膜質で広披針形，先は鋭く，1 脈があって護穎の長さの 2 / 3 位ある．護穎は先端に 2 個の微歯があり，その間に長さ 5～8 mm の長い芒がある．

1261. **アゼガヤモドキ** 〔イネ科〕

Bouteloua curtipendula (Michx.) Torr.

北アメリカから渡来し，道ばたに帰化する中形の多年草．根茎は鱗片におおわれ，地中を短くはう．茎は株立ちし，基部で分枝して立ち，高さ 50～80 cm ほどになる．葉身は扁平であるが，しばしばふちがやや内巻きして円柱状になり，幅 3～4 mm，表面はざらつき，基部に毛がある．葉鞘は短い毛があり，葉舌は質が硬く，長さ 1 mm．穂状花序は花穂が 35～50 本つき，長さ 8～18 mm，紫色を帯び，それぞれ 5～10 個の小穂をつける．これらの穂状花序は長さが 2～3 mm ある総柄をもち，花穂軸の片方に間隔をもってつき，しばしばねじれ曲がって，垂れ下がる．花穂軸は細長く，長さ 15～20 cm．小穂は無柄，長さ 4.5～5.5 mm．苞穎 2 枚は披針形で，長さが異なり，脈を 1 本もつ．第 1 苞穎は長さ 2.5 mm，第 2 苞穎は長さ 4 mm．下位護穎は長さ 4.5 mm，先端は浅く 2 裂し，側脈が先端から突き出て，短い芒状の凸頭に終わる．〔日本名〕花穂の片方にだけ小穂がつくことがアゼガヤに似ている．しかし，属が異なり，花穂の長さも違うので，「もどき」の語尾がついたもの．

1262. **タツノツメガヤ** 〔イネ科〕

Dactyloctenium aegyptium (L.) P.Beauv.

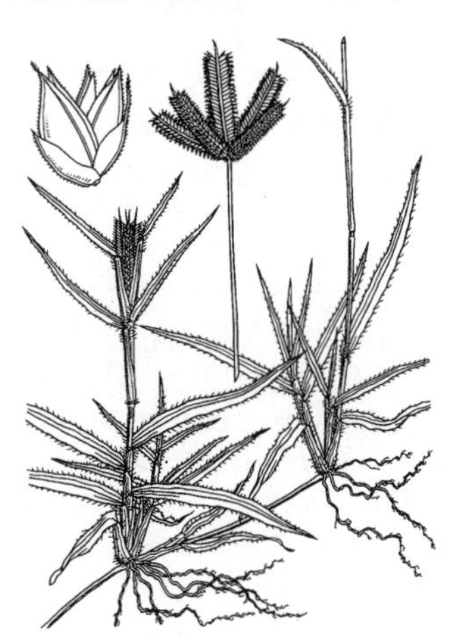

暖地の海岸近くの砂地や道ばた，荒地などの陽地に生育する一年草．茎は地面をはうかまたは斜上し，基部は走出枝状で，しばしば分枝する．葉身は多少毛があり，基部で特に顕著である．葉舌は膜質で切形，長さ 1～2 mm，背中に微毛がある．総状花序は茎の先端につき，長さ 1.5～3.5 cm，太くて強く，花穂が 4～5 本，十字状または掌状につき短い．花序軸の先端が突出して刺状になり，瓦状に小穂が片側に密生する．小穂は扁平で，長さ 3～4 mm，ふつうは小花を 3 個もつ．苞穎は 1 脈，竜骨があり，竜骨は粗毛がある．第 1 苞穎は長さ 1～2 mm の芒が先端につき，側面は半卵形で，長さ 2.5 mm．第 2 苞穎は卵状披針形で，長さが 1 mm の芒が先端につく．最下位の護穎は側面が楕円形で，3 脈があり，側脈はふち近くにつき，長さ 3 mm，芒がある．内穎は竜骨を 2 本もち，先端は 2 裂し，ふちは翼状に広がり，毛がある．葯は 0.5 mm．穎果は長さ 1 mm，袋状になり，しわをもち，種皮と種子は離れやすく，ふつうの穎果と趣が異なる．〔日本名〕掌状につく花穂は粗大で短く，先端が爪状に尖るので，それを竜の爪に見立てての名である．〔漢名〕龍爪茅．

1263. **オヒシバ**（チカラグサ） 〔イネ科〕

Eleusine indica (L.) Gaertn.

原野，路傍等の向陽地に生える一年草で，ひげ根を出し，叢生し，緑色で高さは 30～50 cm 位．茎は直立または斜上してまばらに分枝し，質は強靱，扁平で平滑，葉は強く，細長い線形で先は次第に尖り，長さ 8～20 cm，幅 3～5 mm 位，平滑でふちに長く軟らかい白色の毛をまばらにつけ，下部は扁平な長い葉鞘になり，葉舌は極めて短い．夏，茎の頂に散形に緑色の枝穂をつけ，枝穂は長さ 5～8 cm 位の穂状をなし，その軸の下半面に多数の小穂を密につける．小穂は扁平で数花からなり芒はなく，長さ 6 mm 位．第 1 苞穎は第 2 苞穎よりやや小さい．護穎と内穎は中に両性花をもち，ともに苞穎とやや同形同大である．〔日本名〕雄ヒシバはメヒシバに対してその大形の草状に基づいての呼名で，ヒシバとは夏の烈しい日にかかわらず盛んに繁茂することによるものと考えられるが，ヒエに似たシバという意味のヒエシバが縮まったものという異説もある．力草はその根や茎が強く抜き難いのでいわれる．〔漢名〕牛筋草．

1264. **シコクビエ**（コウボウビエ） 〔イネ科〕

Eleusine coracana (L.) Gaertn.

（*E. indica* (L.) Gaertn. var. *coracana* (L.) Makino）

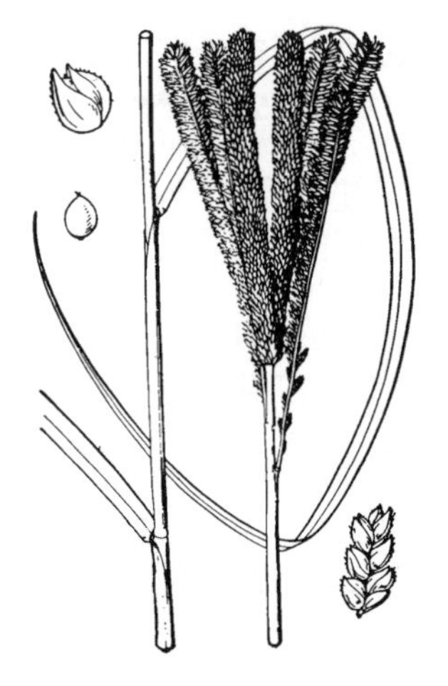

インド，中央アジア原産で，日本には古く中国から渡ったものであろう．山畑に栽植される一年草．強健で，高さは 60～90 cm あり，概形がオヒシバに似ているが大形である．茎は緑色．葉は長い線形で上部は長く尖り，長さ 40 cm，幅 7 mm 内外あって平滑で緑色．夏，茎の頂に花穂をつけ，その枝穂は長さ 7～10 cm，幅 1 cm 位あり，果時には内曲する．小穂は無柄で扁平，長さ 7 mm 位で 5～6 花からなり，芒はない．第 1 苞穎は 第 2 苞穎より小さい．護穎と内穎は両性花を包む．鱗被は 2 個．雄しべは 3 個．子房に 2 花柱がある．穎果すなわち穀粒はやや大形の球形で熟すれば黄赤色となり，食料または飼料とする．〔日本名〕四国稗は四国地方に作ってあったのに基づき名付けられ，弘法稗は，弘法大師は民を救うのに努力した僧であるので，この民益のある穀草をこのように名付けた．〔漢名〕穇，龍爪粟．

1265. **アゼガヤ**　〔イネ科〕

Leptochloa chinensis (L.) Nees

本州以南の水田のあぜ等に生える一年草で高さ 30〜70 cm 位あり，単立あるいは叢生する．茎は細長く直立し，基部は往々横に傾き，まばらに分枝する．葉は線形で上部は次第に尖り長さ 10〜20 cm，幅 3〜5 mm 位，質は薄く軟らかく，両面はざらつきふちに細かいきょ歯があり，下に長い葉鞘がある．夏秋，主茎および枝の頂にまばらな長楕円体の円錐花穂をつけ，長さは 15〜25 cm 位あり，褐紫色を呈し，枝は斜上し，開出して糸状で分枝せず，長さは 3〜6 cm 位あって多数の細小な小穂をつける．小穂は 4〜5 花からなり，長さ 3 mm 位，扁平で芒はない．第 1 苞頴は第 2 苞頴よりも小形．護頴は長さ 1〜1.2 mm で先は円い．鱗被は 2 個．雄しべは 3 個．子房に 2 個の花柱がある．〔日本名〕畦茅はよく田の畦に生えることに基づいて名付けられた．〔追記〕ハマガヤ *L. fusca* (L.) Kunth は本州と九州の海岸にときに群生する一年草で，本種にやや似ているが，茎は叢生して分枝せず，葉は白緑色で内巻きし，小穂は長さ 7〜10 mm で 7〜13 花からなる．

1266. **ムラサキシマヒゲシバ**　〔イネ科〕

Chloris barbata Sw.

東南アジアから沖縄，小笠原諸島に帰化する陽地性の一年草．海岸近くの砂地にしばしば群生して生育し，花穂が出たての頃はピンク色で目をひく．中央アメリカ原産で世界の暖地に広く帰化する．茎は叢生してつくが，基部で膝折れし，多少地面をはうこともある．葉舌は切形で，先端は長い毛のふちどりがあり，長さ 1 mm．葉鞘は左右に扁平，竜骨がある．穂状花序は 4〜9 本が花茎の先端に掌状に並ぶ．小穂は通常 3 小花があり，最も基部につく小花は大きくて稔性があり，無柄．上位の小花は退化して護頴だけになるが，ふくらんだ形になる．苞頴は宿存してつき，不同長で，長さ 1.5〜2 mm，1 脈をもち，第 2 苞頴は長さ約 2 mm．最下位の護頴は倒卵形で，長さ 1.5 mm，3 脈があり，竜骨と側脈に長いまつげ状に並ぶ毛がある．芒は 2 裂した護頴の先端の切れ目からのび出て，細長く，長さ約 4 mm．内頴は長さ約 1.8 mm，2 竜骨があり，竜骨上に微毛がある．不稔性の小花は切形で，芒をもつ．穎果は紡錘形で，長さ 2 mm，やや断面が三角形になる．〔日本名〕別名をヒゲシバ（同名あり）ともいうカセンガヤ *C. radiata* (L.) Sw.（小笠原に知られる）に似ているが，花穂が紫色を帯び，また最初に台湾島で生育が確認されたことによりシマが加えられた．ムラサキヒゲシバ，シマヒゲシバともいう．

1267. **アフリカヒゲシバ**　〔イネ科〕

Chloris gayana Kunth

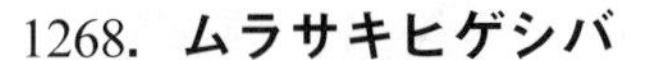

アフリカ原産の多年生牧草で，しばしば導入栽培したものが，逸出して野生化する．ローズソウとも呼ばれる．茎は直立し，叢生してつくが，基部に走出枝をもつ．葉身は基部に長い毛があり，幅 0.5 cm．葉舌は質が厚い紙質，切形で，先端は不規則に裂けて長い毛のふちどりになり，長さ 6 mm．穂状花序は掌状に約 10 本集まって茎の先端につき，長さ約 10 cm．小穂は長さ 4〜4.5 mm，多数の小花があり，無柄．花序軸は刺状の毛がある．苞頴は披針形で，1 脈があり，膜質，先端は芒状になる．第 1 苞頴は第 2 苞頴の 2 / 3 程度の長さがある．最下位の小花の護頴は長楕円形で，やや革質，ふちに短い毛があり，3 脈をもち，先端は 2 裂し，その切れ目から芒が出る．基盤には軟毛がある．内頴は 2 竜骨があり，先端は凹み，やや護頴より短い．小花は上位につくほど徐々に退化して小形になる．〔日本名〕牧草としてアフリカから導入され，ヒゲシバ（この場合カセンガヤの別名で第 1255 図のヒゲシバではない）の仲間であるので，和名がついた．〔漢名〕蓋氏虎尾草，フランスの植物学者 F. Gay を記念したラテン名による．暖地性の優良牧草．芒がある花穂を虎の尾に見立てて漢名がつけられている．

1268. **ムラサキヒゲシバ**　〔イネ科〕

Enteropogon dolichostachyus (Lag.) Keng

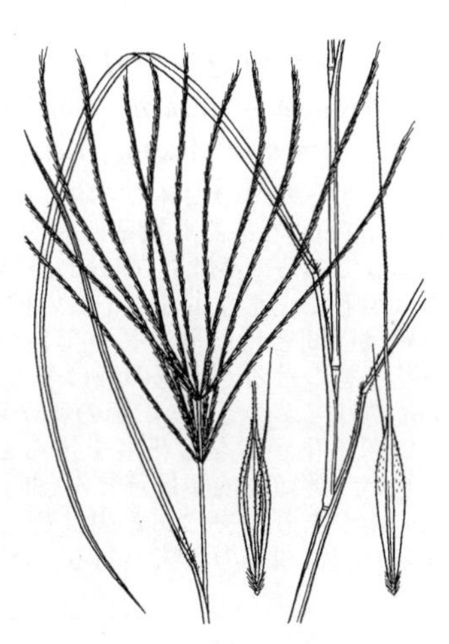

台湾以南の東南アジアにふつうに見られる中形の多年草．走出枝は地上を横にはい，節間が長く，質が硬い．茎は直立し，やや扁平で，高さは 90 cm，しばしば分枝する．葉鞘は扁平で巻き方はゆるく，節間より長く，無毛でふちと口部には軟毛がある．葉身はざらつき上面には基部がいぼ状となる毛があり，長さ 10〜25 cm，幅 3〜7 mm．穂状花序は 4〜8 本が掌状に茎の先端に 2 層になってつき，長さ 12〜18 cm．穂軸はざらつき細長く，幅 0.5 mm．小穂はしばしば紫色を帯び，長さ 5 mm ほどになる．小穂軸は節間に毛がなく，長さ 1.5 mm．苞頴 2 枚は膜質で透明，脈が 1 本ある．第 1 苞頴は卵形で，長さ 1.5〜2 mm．第 2 苞頴は披針形で，長さ 4〜5 mm．下位護頴は小穂と同じ長さで，背中はざらつき，基部の両側に長さが 1 mm の毛がある．芒は細長く，ややざらつき，長さ 10〜15 mm．内頴は護頴よりやや短い．葯は長さ 2 mm．不稔性の護頴は長さ 1〜2 mm，芒の長さは 5 mm．穎果は長さ約 3 mm である．〔日本名〕ヒゲシバ（カセンガヤ）に似るが，花穂が細長く，それが紫色を帯びることによる．〔漢名〕腸鬚草．属名のラテン語の意訳．

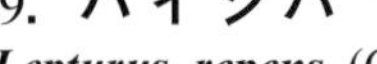

1269. ハイシバ 〔イネ科〕

Lepturus repens (G.Forst.) R.Br.

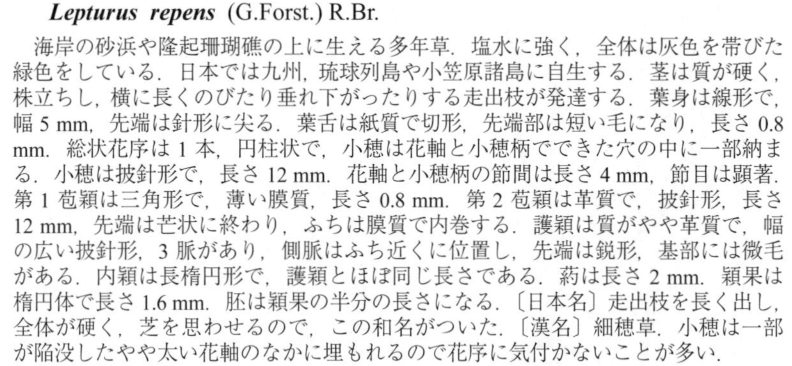

海岸の砂浜や隆起珊瑚礁の上に生える多年草．塩水に強く，全体は灰色を帯びた緑色をしている．日本では九州，琉球列島や小笠原諸島に自生する．茎は質が硬く，株立ちし，横に長くのびたり垂れ下がったりする走出枝が発達する．葉身は線形で，幅 5 mm，先端は針形に尖る．葉舌は紙質で切形，先端部は短い毛になり，長さ 0.8 mm．総状花序は 1 本，円柱状で，小穂は花軸と小穂柄でできた穴の中に一部納まる．小穂は披針形で，長さ 12 mm．花軸と小穂柄の節間は長さ 4 mm，節目は顕著．第 1 苞穎は三角形で，薄い膜質，長さ 0.8 mm．第 2 苞穎は革質で，披針形，長さ 12 mm，先端は芒状に終わり，ふちは膜質で内巻する．護穎は質がやや革質で，幅の広い披針形，3 脈があり，側脈はふち近くに位置し，先端は鋭形，基部には微毛がある．内穎は長楕円形で，護穎とほぼ同じ長さである．葯は長さ 2 mm．穎果は楕円体で長さ 1.6 mm．胚は穎果の半分の長さになる．〔日本名〕走出枝を長く出し，全体が硬く，芝を思わせるので，この和名がついた．〔漢名〕細穂草．小穂は一部が陥没したやや太い花軸のなかに埋もれるので花序に気付かないことが多い．

1270. ギョウギシバ 〔イネ科〕

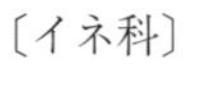

Cynodon dactylon (L.) Pers.

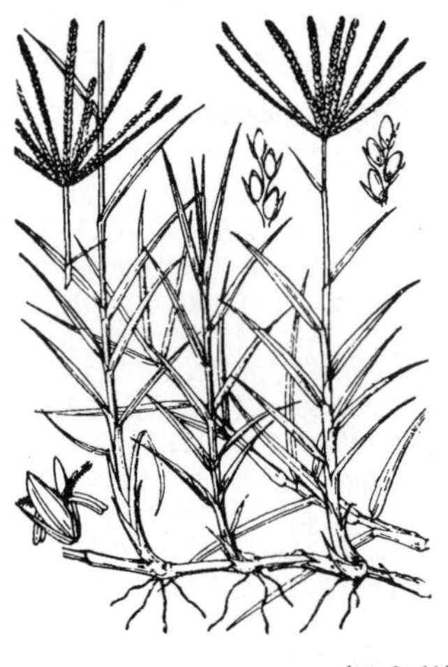

日本全土の日当たりのよい荒地，路傍，堤上，海辺の地等に生える多年草で常に群落をなし，また海辺には壮大なものがある．茎は縦横に地面にはい，硬質で節があり，まばらに分枝して節からひげ根を出す．花穂をつける枝は直立し，高さは 10〜25 cm 位．葉は線状で先端は尖り，長さ 5〜10 cm，幅 2 mm 位でふちに細かいきょ歯があり，やや短い葉鞘があり，大抵茎上に 3 葉相接して出る．初夏の頃，直立する茎頂に散形に枝穂をつけ，枝穂は数本あり，斜上して開出し，長さ約 3〜5 cm あり，小穂を穂状につけ緑紫色をしている．小穂は細小で 1 花がある．第 1 苞穎は第 2 苞穎より小形で芒はなく，内穎と護穎は苞穎より大きい．雄しべは 3 個．子房に 2 花柱がある．〔日本名〕おそらく行儀芝の意味であろうが，草体中どれを目標としてこの名を付けたかはっきりしない．

1271. ハキダメガヤ 〔イネ科〕

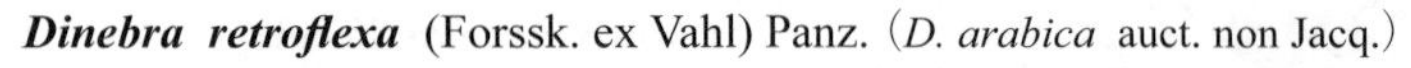

Dinebra retroflexa (Forssk. ex Vahl) Panz.（*D. arabica* auct. non Jacq.）

アフリカ原産で，日本に渡来し，山形，関東，近畿や四国に帰化が見られる一年草．茎は節で膝折れし，直径は約 2 mm，高さ 50〜70 cm，盛んに分枝する．葉身は線形で，長さ 10〜20 cm，幅 5〜7 mm．葉舌は環状に並ぶ密生した毛になり，長さ 1〜1.5 mm．葉鞘は節間より短い．花序は長さ約 20 cm，主軸は溝があり，花穂が 2〜5 本ずつやや輪生して節につく．花穂は長さ 3〜18 mm，基部に短い毛がある．花軸は扁平で，両側に翼があり，片側に 2 列に並んだ小穂が 4〜20 個つく．小穂は 3〜5 小花があり，長さ 4〜6 mm．苞穎はほぼ同じ大きさで，長さ約 6 mm，狭披針形，先端が鋭尖形，1 脈をもつ．脈は緑色でざらつき，先端は芒状に突出する．小花は楕円形で，長さ 1.8〜2.3 mm，側脈は不明瞭．小軸は発達し，長さ 0.5〜0.8 mm．〔日本名〕最初に発見されたのが山形県農業試験場のごみ捨て場であったことにより名付けられた．

1272. チョウセンガリヤス（ヒメガリヤス） 〔イネ科〕

Cleistogenes hackelii (Honda) Honda（*Diplachne serotin* Link var. *chinensis* Maxim.；*Kengia hackelii* (Honda) J.G.Packer）

本州から九州の山林の乾燥した場所に生える多年生草本で密生し，高さは 40〜100 cm である．根茎は硬質で細く短いが，先端は太く初めは小さい筍のようである．茎は直立し細く硬い．節間は短く長さは約 2〜4.5 cm である．葉は小形で硬く互生し，細長い披針形で先は次第に尖り，長さは 3.5〜7 cm，葉鞘は節間とほぼ同じ長さで白色の軟毛がある．秋，茎の先端に小形の円錐花序をつけるが，花の数は多くはない．小穂には細い柄があり，長さは 7 mm 内外でふつう 3〜4 個の花からなっている．別に茎の頂部の葉鞘内にときに閉鎖花からなる花序を包んでいる．苞穎は膜質，卵状楕円形で護穎より短い．護穎，内穎はほとんど同じ長さで先は紫色を帯び，護穎の先端に 3 個の歯があり中央にある歯は芒となる．柱頭は紫色で羽状をしている．〔日本名〕朝鮮刈安の意味である．〔漢名〕藎草．

1273. ヒナザサ 〔イネ科〕

Coelachne japonica Hack.

本州から九州の湿潤な土地にマット状に生育する小形の一年草．植物体は茎や葉が互いにからまって団塊状になり，一本一本では貧弱であるが，分枝した茎が横にねて，株全体があたかも中央部が隆起したクッションを敷いたようになる．茎の基部は地面をはい，分枝し，先端に花序をつけ，高さ 5〜20 cm，節に短い毛が密生する．花序の一部は葉鞘のなかに納まる．葉身は披針形で，質が軟らかく，長さ 1〜3 cm, 幅 2〜6 mm．葉鞘は節間より短く，口部に毛がある．葉舌は退化し，欠如する．円錐花序は卵形体で，長さ 1.5〜3 cm，幅 1〜2 cm，まばらに小穂がつく．小穂は長さ 2.5 mm，2 花性で，上位小花は雌性，下位小花は両性．第 1 苞穎は卵形で，先端は鈍形，長さ 0.7 mm あり，不明瞭だが 1 脈がある．第 2 苞穎には 3 脈があり，先端近くに硬い刺状の毛がある．護穎は卵形で，長さ 2.5 mm，膜質で無毛．雄しべは 2 本あり，楕円形で長さ 0.2 mm の葯がある．穎果は卵形体で，光沢がある．〔日本名〕チゴザサに似るが，それよりはるかに小さいので，「雛」を接頭詞としてつけたものである．

1274. チゴザサ 〔イネ科〕

Isachne globosa (Thunb.) Kuntze

日本全土に分布し，群をなして水辺の湿地に生える多年草．茎は長くはった地下茎から立ち上り，細く，まばらに枝を分かち，高さ 30〜40 cm ある．葉は茎に互生し，葉身は披針形で長さ 4〜6 cm，幅 7 mm 位，先は尖り，ざらつく．葉舌は毛の列となる．初夏から夏にかけて，茎の先に円錐花序を出し，花序の枝は細く，数回分枝し，小形の小穂を多数つける．小穂は楕円状球形，長さ 2 mm 位，柄の途中に淡黄色の腺がある．1 個の小穂は 2 個の結実花を有する．内外の苞穎 2 個は楕円形で小穂と等長，先は円い．護穎は革質で黄色を帯び，先は円く，苞穎とほぼ等長，内側に草質の内穎を抱く．花柱は淡紫色で羽毛状．花時は穎の外にとび出していて美しい．〔日本名〕稚児笹（チゴザサ）の意味で，葉が笹に似て細く小形の草状によっている．

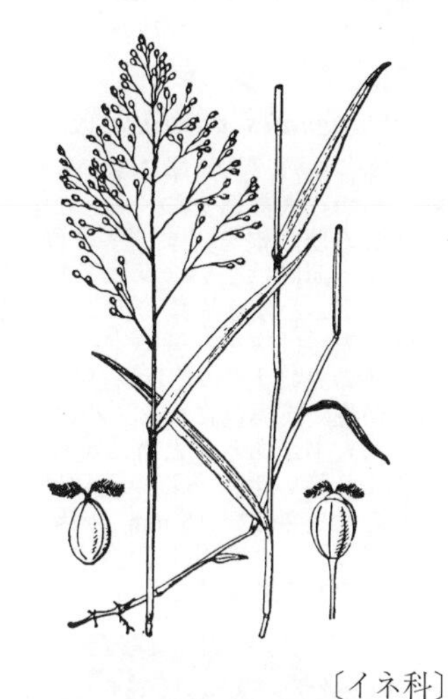

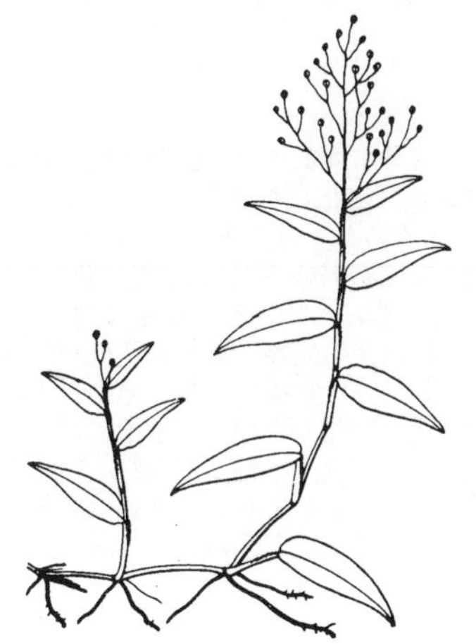

1275. ハイチゴザサ 〔イネ科〕

Isachne nipponensis Ohwi

本州（関東以西），四国，九州の暖地の湿地に群生する多年草で，朝鮮半島南部や中国にも分布する．茎は基部が倒伏し長くはい，節から発根し，高さは 5〜10 cm 位，全体は繊細である．葉は互生し楕円状広披針形で先は鋭く尖り，薄質で両面に散生する毛があり，長さ 1〜3 cm，幅 4〜8 mm 位で，下は長い白色縁毛のある鞘となって茎を包んでいる．秋，茎の頂に短い円錐花序を生じ，再三斜開分枝して，小枝は多少波状に屈曲し，先にまばらに小穂をつける．小穂は淡緑色で長さ 1.2 mm 内外，広楕円体，内に 2 花がある．苞穎は膜質で広楕円形，円頭，第 1 第 2 の両苞穎はほとんど同形で，上半に長短の白毛がまじって散生し，熟すと開いて護穎が現われる．護穎と内穎は長さ 1.2〜1.3 mm 位，下の花の護穎には背面にやや密な微毛がある．

1276. ヌマガヤ（カミスキスダレグサ） 〔イネ科〕

Moliniopsis japonica (Hack.) Hayata（*Molinia japonica* Hack.）

山野の湿地に生える多年生草本でしばしば大群落を作る．剛直な感じのする草で高さは約 40〜110 cm ある．根茎は短くて強く，粗強なひげ根がある．茎は直立して細く，滑らかな円柱形で基部から花穂の下まで節がない．葉は幅広い線形で長さ 30 cm 内外，幅は約 1 cm である．葉は直立することが多く，上面は地面を向き，色は淡く，多少ざらざらしており，下面は上向きで濃緑色，滑らかで光沢がある．葉鞘は長く茎を包んでいる．秋に茎の頂に細長い淡紫緑色の円錐花序を出し，多数の小穂をつける．小穂は細い柄の上に直立し，長楕円形で長さは約 1 cm，独特の光沢があり 8 個の花からなっている．苞穎の長さは不定．護穎は披針形，背面は円く 3 本の脈があり，先端は鋭く尖り基部には小穂の軸とともに長い白色の毛が生え，両縁は膜質である．内穎は先端にわずかに 2 個の尖りがある．〔日本名〕沼ガヤは沼地に生えることからいう．

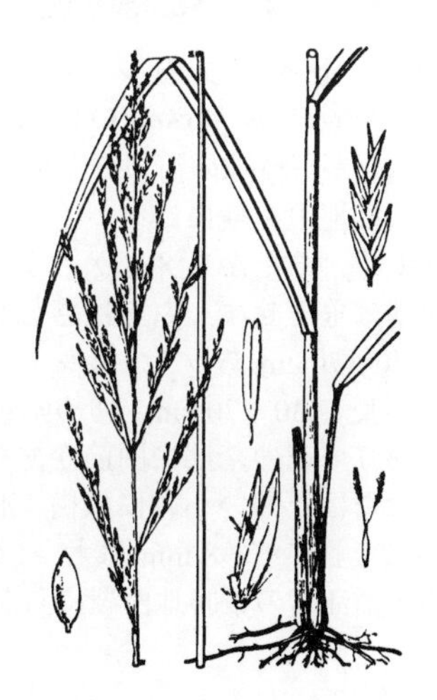

1277. ウラハグサ（フウチソウ）〔イネ科〕

Hakonechloa macra (Munro ex S.Moore) Makino ex Honda

神奈川県から和歌山県の太平洋側の山地や渓谷の崖などに群落を作って沢山生える多年生草本であるが，盆栽などにも用いられる．繊細な茎は密生し，高さは約 30〜50 cm に達する．節の多い細く硬い枝を地中にはって繁殖する．葉は細い披針形で先端は次第に尖っており，上面は白色を帯びて，常に下を向いているため表裏が転倒している．夏から秋にかけ茎の先端に緑色またはやや紫色を帯びた円錐状の花穂を出し，小穂をまばらにつけて一方に傾いており，長さは 9 mm 前後である．小穂は細長く数個の花からなり，長さは 1 cm 余りある．内外 2 個の苞穎がある．護穎には短い芒がある．雄しべは 3 個．穎果は長楕円体である．〔日本名〕裏葉草で，葉の表裏が転倒していることに由来する．俗に風知草といわれているが，文法上は知風草とされるべきであり，また中国では知風草は別の植物（現在ではカゼクサ）に対して用いられている．本種は箱根山に多く生えることから上記の属名があり，日本特産のものである．葉に黄色斑のあるものをキンウラハグサ，また白黄色斑のあるものをシラキンウラハグサという．

1278. ヨ　シ（アシ）〔イネ科〕

Phragmites australis (Cav.) Trin. ex Steud.（*P. communis* Trin.）

日本各地の沼，河岸にふつうに生える大形の多年生草本で，高さ 2〜3 m に達する．ふつう大群落をつくる．根茎は黄白色扁平で長く泥中に横たわり，その節から多数のひげ根を出す．茎は硬く，中空の円柱形で緑色，毛はなく滑らかで節があるが，節間は長い．茎は分枝しない．葉は 2 列に互生し（風向によっては片側に寄ったいわゆる片葉のアシとなる）大形で細長い披針形で，長さ 50 cm，幅 4 cm 程度，先端は次第に細く尖っている．葉質はごわごわしてふちはざらついている．秋に茎の先に大形の円錐花序を出す．花序は多数の小穂からなり，初めは紫色であるが後に紫褐色になる．小穂は 5 個の花で構成され，細長く尖っている．苞穎 2 枚には大小があるがともに護穎の 1 / 2 よりも短い．花をつける小軸には絹のような花より長い毛がある．護穎はなめらかで長披針形，先は内巻きして尖り，最下のものは長さ 12〜15 mm．内穎はずっと短い．若芽は食用になる．〔日本名〕アシは桿（はし）の変化したものであろう．これをヨシというのはアシが「悪し」に通ずるのでこれを嫌ったからである．〔漢名〕蘆．

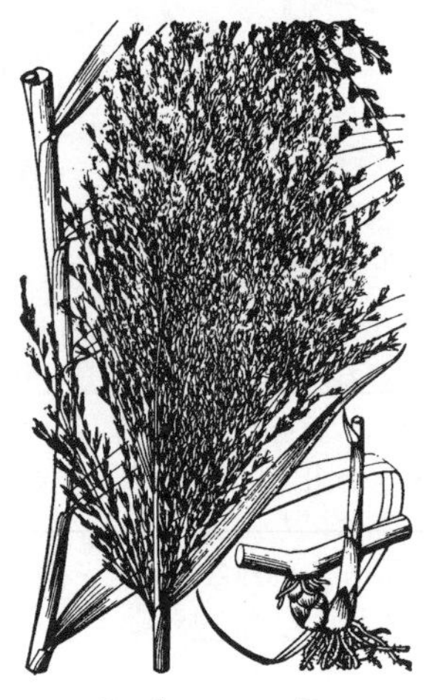

1279. ツルヨシ（ジシバリ）〔イネ科〕

Phragmites japonicus Steud.

日本各地の河岸の砂地，谷川の岸に群落をつくる多年生草本で，根茎は地表をはい，ときに 3〜5 m にも及び，細長い円柱形で紫色，節毎に分枝しひげ根を出し，節間が枯れても双方が新しい株となる．したがってその繁殖力は極めて盛んである．茎は滑らかな円柱形，中空で高さ 1.5〜2 m に達し，節に短い軟毛がある．葉は互生し，狭い披針形で先端は尖り，葉質は厚く，ふちはざらざらしている．葉鞘は細長く，茎を包み，紫色である．葉鞘の口に毛はない．秋には茎の先端に紫色の花穂が直立する．花穂は長さ 25〜35 cm，多くの小穂からなり，後に紫褐色になりその形はヨシの花穂によく似ている．1 次分枝は 2〜4 本で花穂の中軸から出る．小穂には非常に細い柄があり，数個の花をつけ，長さは 8〜12 mm 程度，小軸には多数の絹のような毛をつける．苞穎は内外 2 枚で披針形，護穎の 1 / 2 よりも長い．護穎は細長く針のように尖り最も下の 1 枚は裸である．雄しべ 3 本．花柱は羽毛のようである．〔日本名〕ツルヨシはつるのようにのびた根茎に由来している．

1280. セイコノヨシ（セイタカヨシ）〔イネ科〕

Phragmites karka (Retz.) Trin. ex Steud.

本州から琉球の河辺の湿地，または海辺に自生する大形の多年生草本．根茎は地中を横にはい，茎は直立して高さ 2〜4 m，幅約 2 cm でヨシより太く，あたかもメダケのようである．葉は狭長な披針形，質は強剛で先端は垂下せず，ふちはざらざらしており，上面は淡緑色を呈し，長さ約 40〜70 cm あって，ヨシより長い．夏，茎頂に大形の円錐花序を出し，その長さ 30〜70 cm，初め紫色で後に褐色を呈する．小穂には数個の花があり，花の基部に関節があり，最下の花は雄性で子房を欠く．花の下のはなはだ短い小軸には白く長い絹のような毛がある．小穂はヨシより小形で長さ 5〜8 mm ほど．〔日本名〕西湖のヨシで花屋の雅称であり，中国浙江省の景勝地西湖にちなんだものである．

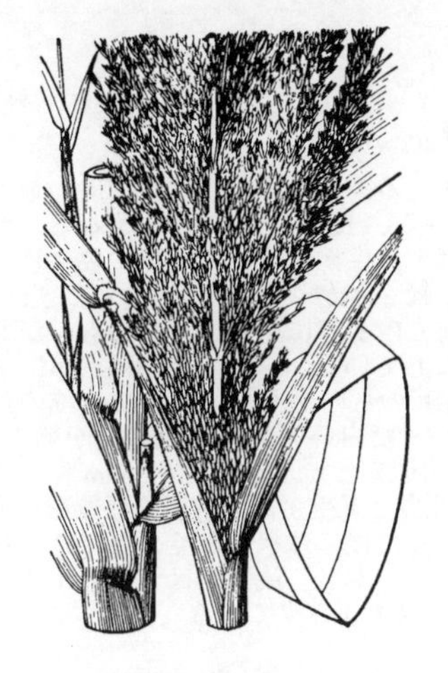

1281. ヨシタケ（ダンチク）〔イネ科〕

Arundo donax L.

本州以南の暖地の海辺または河岸などに生える大形の多年生草本で，ふつう大群落を作って繁茂する．根茎は地中を横にはい，茎は太く，直立，ときには斜上しており葉と同じく緑色で中空の円柱形，節があり高さ3m内外に達する．前年の茎は多くは分枝し，茎の質は硬い．葉は互生し長さ60cm内外で幅は広く，葉の基部は茎を抱き上部は次第に尖っており，上半分はふつう垂れ下がっている．葉鞘は大形で茎を包み，細毛をもった葉舌は半月形に突出している．秋，茎頂に大形で長楕円体の円錐花穂を直立し，多数の小穂を密集して紫色を呈し，淡紫白色となって結実する．穂の長さは30～50cmあり，中軸が縦に通っている．小穂は3～4個の花からなり，内外2個の苞穎はほぼ同じ長さ，長楕円状の披針形で3本の脈がある．護穎はかすかに2個の歯があり，短い芒をもち背に長い絹のような毛がある．雄しべ3個．穎果は長楕円体である．〔日本名〕ヨシ竹はタケに似たヨシの意で本種の太い茎に基づいている．

1282. オキナダンチク（フイリノセイヨウダンチク，フイリダンチク）〔イネ科〕

Arundo donax L. **'Versicolor'**

大形の多年生草本で，欧州原産の白斑葉をもつ品種であり，観賞用に栽培される．地下茎は太く短くはい，叢生する茎は直立して高さ1.5～2mに達し，中空で，葉身は長く，長さ30～60cm，幅2～7cmばかりもあり，上半分は彎曲して垂れ下がっており，ふちはざらつき，葉の基部は耳状をして茎を抱いている．年を経た茎は質が硬く，節から多く枝を出して葉を沢山つける．新葉には白色の縦縞があって美しいが，夏を過ぎるとこの縞は次第に緑色となる．秋に茎頂から大形の円錐花序を出して無数の白紫色の花をつける．日本に自生するダンチクに比べて全体に大きく，花序の枝はやや太く，小穂もまた少し大形である．〔日本名〕オキナダンチクは翁ダンチクの意味である．

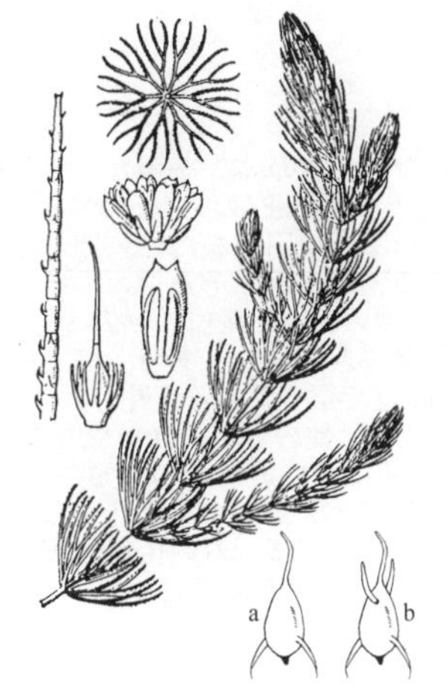

1283. マツモ〔マツモ科〕

Ceratophyllum demersum L.

どこの池や沼にもある草質のもろい多年生草本で，暗緑色あるいは褐緑色の葉を密生し，水中に沈んで生えている．茎は長さ20～40cmぐらいで，基部は泥の中に入っているが普通根はなく，細長い円柱形でまばらに枝分かれする．葉は茎の節ごとに輪生し，柄はなく，長さ1～2cmぐらい．数回叉状に分かれ，裂片は針状線形で表面にはかぎ状に曲がった小さいきょ歯がある．夏から秋にかけて葉腋に柄のない紅色をおびた小さな花を1個つける．花には雌雄の別があり，ともに8～10片に深くさけた宿存性の総苞があり，裸花で花被はない．雄花は多数の雄しべからできており，花糸はほとんどなく，葯は群生し，長楕円形で，先には2個の小さい尖った突起がある．雌花は1個の雌しべからできていて，子房は長卵形で，先には宿存性のかぎ形の花柱が1個ある．果実は堅くて，楕円形，2個の細い刺がある（図a）．今日，一般の書物にキンギョモと書いてあるのは誤りで，キンギョモというのはいわゆるホザキノフサモの名でなければならない．〔日本名〕松藻は葉のようすに基づいたものである．〔追記〕果実に4本の刺があるものをヨツバリキンギョモ（ゴハリマツモ）*C. platyacanthum* Cham. subsp. *oryzetorum* (Kom.) Les という（図b）．これをマツモの変種や品種にする説もある．

1284. フサザクラ（タニグワ）〔フサザクラ科〕

Euptelea polyandra Siebold et Zucc.

山中に生える落葉高木で，幹は直立して分枝し，高さ8m位になる．葉は枝の上に互生して細長い柄があり，広卵形または扁円形で先は急に尾状に尖り，基部はやや切形で，ふちにはふぞろいの鋭いきょ歯があり，裏面の脈上に毛があり，大きいものは径10cmにもなる．3月頃，葉に先だって短枝の上に花を群生する．花は両性花で，短い柄があり，裸花で花被はない．雄しべは多数あり，花糸は極めて細く，葯は線形で暗紅色をしている．雌しべも多数ある．子房には柄があって，上部は柱頭になる．果実には細い柄があり，扁平な翼状をしており，片側が凹み開裂しない．〔日本名〕総桜はその花序のようすからで，谷桑は谷に生え，葉の形がクワのようであるからである．〔漢名〕雲葉は別物である．

1285. オサバグサ　〔ケシ科〕

Pteridophyllum racemosum Siebold et Zucc.

本州北部および中部の高山の針葉樹林内に生える多年生草本．短くて太い地下茎をもち，ひげ根を出している．葉は多数が根生し，長さ 6〜15 cm にもなる．形は鈍くとがった倒披針形で，葉面に粗毛がまばらに生え，多数の羽状の裂け目が規則的に入っている．各裂片は線状長楕円形で鈍くとがり，上部にはめだたない小さなきょ歯がある．底部はふぞろいな形で前方の基部に小さな耳状のものがあり，2〜3 歯のようになり毎歯の端がひげ状をなしている．下部の小葉は次第に小さくなりついになくなる．葉柄の基部には鱗片状のものがある．夏 20 cm 位の花茎を出し，まばらな総状花序をつけ，ややとがった白い 4 弁の有柄の花を開く．苞は小さい．小花柄は細い．がく片は 2 個で楕円形をしていて長さは 2 mm 位．花弁は長楕円形で，長さ 6 mm．雄しべは 4 個で花弁と互生する．子房は扁球形，花柱は糸状で柱頭は 2 つに裂けている．花が終わった後，球状のさく果ができ，熟すと 2 つに裂け，やや長い種子を 2〜4 個出す．〔日本名〕筬葉草は葉の形がくしの歯のようで機織（ハタオリ）のおさに似ていることから来ている．

1286. アザミゲシ　〔ケシ科〕

Argemone mexicana L.

江戸時代の末頃にわが国に入って来たメキシコ原産の一年生草本．観賞のため栽培されている．茎は直立し，高さは 70 cm 位，上方でまばらに分枝し，茎葉とも多数の刺をもつ．葉は互生し，柄はなく底部は茎を抱いている．長さは 10〜20 cm, 羽状に中裂している．各裂片には鋭いきょ歯があり，きょ歯の先端は刺となっている．葉面に白い斑点がある．茎や葉に黄色の汁がある．7 月頃梢に短い柄をもった 6 弁あるいは 4 弁のあざやかな黄色の花を開く．がく片は 2〜3 個，外面にとげがあり先端は剛毛状の突起となっているが早落性．花弁は倒卵形で，長さ 3 cm 位．多数の雄しべがある．さく果は長さ 3 cm 位，長楕円体で刺がある．柱頭は円盤状で 5 裂している．〔日本名〕葉がアザミに似，花がケシに似ていることから名付けられたもの．別種には白い花の咲くものもある．

1287. ケ　シ　〔ケシ科〕

Papaver somniferum L.

ヨーロッパ東部の原産で，昔中国から入ってきた越年生草本．薬用として栽培されている．高さ 1.7 m にもなる茎は直立し，普通上の方でまばらに分枝する．葉は互生で白っぽい緑色，もとが茎を抱いている．形は長楕円形または長卵形で長さ 3〜20 cm，上の方に行くに従い次第に小さくなる．縁にはふぞろいな大きさのきれこみがある．5 月頃茎の先に花を開く．1 日花でつぼみは下を向いている．花の色には紅，紫，白，しぼりなどがあり，また八重咲きのものもある．がく片は 2 個，緑色で楕円状の舟形をしていて，長さ 1.5 cm 位で早く落ちる．花弁は 4 個，大形で円形または楕円形，長さ 6 cm 位，相対する 2 個は他のものよりやや大きい．多数の雄しべと，1 本の雌しべがある．子房の先は平たく，放射状の柱頭がある．さく果は楕円体あるいは球形で長さ 4〜5 cm 位，熟すと上部の小さな孔から細かい種子を出す．阿片は白色の品種の未熟の実を傷つけて採る．若い苗は蔬菜になる．〔日本名〕中国から渡来した時に芥子という字を用いた時の音であろう．〔漢名〕罌子粟，罌粟．なお御米花または米嚢花などの異名がある．

1288. ヒナゲシ　〔ケシ科〕

Papaver rhoeas L.

ヨーロッパ原産で江戸時代にわが国に入り，観賞用として庭園によく植える．高さ 50 cm 位で全体に粗毛がある．茎は直立して，まばらな分枝がある．葉は互生で羽状に深裂し，裂片は線状披針形で鋭く尖り，縁はぎざぎざになっている．2 個あるがく片の外面には粗毛があり，緑色で白いふちどりがある．これは楕円状舟形で花が開くにつれて先に落ちる．5 月頃各枝の先端に 4 弁の花を開く．つぼみは下を向いている．花弁はほぼ円形をしているか広円形で光沢があり，長さは 3〜4 cm 位で相対する 2 弁は他の 2 弁よりも大きい．花の色は真紅が主であるけれどもいろいろな栽培品種がある．多数の雄しべをもつ．中央には倒卵形体で基部が狭くなった子房がある．子房の長さは 1.3 cm 位，柱頭は放射状で頂上を傘のようにおおっている．〔日本名〕雛げし（または美人草）は，そのかわいらしい花の様子にもとづいている．〔漢名〕麗春花，虞美人草．

1289. オニゲシ 〔ケシ科〕

Papaver orientale L.

地中海地方からイランあたりにかけての原産で，明治時代にわが国に入って来た多年生草本．観賞用として庭園に栽培される．高さ 1 m 以上になる茎は真直に立ち，茎や葉にはかたい毛が生えている．葉は互生で羽状に深裂し，裂片は線状長楕円形で縁に大きなきょ歯がある．根生葉は長い柄をもち，茎上の葉は長さ 20～30 cm 位ある．5 月頃茎の先端に深紅の大きな美しい花を開く．花弁は 4～6 個．がく片は 2～3 個で外面には密に粗毛がある．花弁は広い倒卵形で長さ 10 cm 位，基部が細くなり，下の方に黒い斑点がある．多数の雄しべと，1 本の雌しべをもつ．さく果はやや球形で，毛はない．柱頭は小さく星状，各々の先端は鈍頭になっている．この種によく似たものにハカマオニゲシがある．これは花の下に緑色の葉のような苞があり，学名を *P. bracteatum* Lindl. という．〔日本名〕鬼ゲシはケシに似ていて大形であることから名付けられたもの．〔追記〕一般に栽培されているオニゲシは，*P. orientale* L. とは異なる種 *P. pseudo-orientale* (Fedde) Medw. であるという説もある．一方，ハカマオニゲシをオニゲシの変種とする説もある．

1290. リシリヒナゲシ 〔ケシ科〕

Papaver fauriei (Fedde) Fedde ex Miyabe et Tatew.

北海道利尻島の高山帯の岩礫地に特産する多年草．全体に粗い毛が生える．短い根茎から多数の葉がでて，大きな株をつくる．葉は根生し，柄があり，葉身は卵形，長さ 1～2.5 cm，幅 1～1.5 cm で，1 回または 2 回羽状に全裂または深裂する．裂片は卵形または線形で，幅 1.5～2.5 mm，先は鈍形，まれに鋭形となる．花茎は高さ 10～20 cm になり，根生葉よりも丈が高く，頂に 1 花をつける．花は 7～8 月に咲く．がく片は長さ約 1 cm で，赤褐色の軟毛が密生し，開花の直前に散り落ちる．花弁は 4 個あり，黄緑色，狭倒卵形または倒卵状長円形で，先は円形で，長さ 1.5～2 cm になる．雄しべは多数つき，花糸は黄緑色．子房は球形で，花柱は発達せず，黄色で盤状の柱頭が子房の上部をおおう．さく果は球形で，直径 1 cm ほどになり，剛毛が生える．〔日本名〕利尻ヒナゲシで，利尻島に特産することにちなむ．

1291. タケニグサ（チャンパギク） 〔ケシ科〕

Macleaya cordata (Willd.) R.Br.

山野に普通にみられる直立した大形の多年生草本．根は粗大でオレンジ色，茎も粗大な中空の円柱形で高さ 1～2 m にもなり，全体がほとんど平滑である．互生している葉は柄をもち，形は円い心臓形，葉縁は鈍く浅い裂け目が入り，裂片に歯がある．裏面は白色でしばしば短い毛がある．夏，茎の先端で分枝し，多数の小花をつけ大きな円錐花序をつくっている．花は白いが時に紅色を帯びることもある．広いへら形で白い縁のついた 2 個のがく片は約 1 cm の長さで開花と同時に落ちる．花弁はない．多数の雄しべと 1 本の雌しべがある．花のあと，細長い楕円形で先が鈍く，もとが尖った扁平なさく果をつくる．さく果は長さ 2.5 cm 位で先端に花柱が残り，中には細かい種子を含む．茎や葉に黄褐色の汁を含み有毒植物の一つに数えられる．〔日本名〕この草を竹と一緒に煮ると，竹がやわらかくなることから，竹煮草というといわれるが正しくない．竹似草の意味で，中空の茎を竹に似ていると名付けたものか．チャンパギクは占城菊で，チャンパから来たキクの意，チャンパはメコン河下流にあった国の名でそこから渡来したと思ったからである．〔漢名〕博落廻．

1292. クサノオウ 〔ケシ科〕

Chelidonium majus L. subsp. ***asiaticum*** H.Hara

北海道，本州，四国，九州の低地の道ばた，林のふち，石垣の間などの陽地に生える越年生草本．主根は地中に真直に下り，細長い円錐状をしていて，分枝し，オレンジ色をしている．茎は真直に立ち高さ 50 cm 位になる．軟質でオレンジ色の液を含む．葉は互生で，1～2 回羽状に分裂し，裂片の先は鈍くなっている．表面は緑色，裏面は白っぽい色で，細かな毛がある．初夏に枝の先に散形状をして数個の黄色の 4 弁の花が咲く．各花は長い柄をもつ．がく片は 2 個あり楕円形で，長さ 9 mm 位，外面にはまばらにやわらかい毛がある．花弁は長卵形で長さ 12 mm 位，その中に多数の雄しべと 1 本の雌しべをもつ．さく果は細い円柱形，果柄と同じ長さで長さ 3.5 cm になる．元来有毒植物の 1 つであるが，薬用にも使われる．〔日本名〕草の黄という意味で，草が黄色の汁を出すからといわれている．また丹毒を治すから瘡（くさ）の王であるともいい，また草の王であろうという説もあり，定説はない．〔漢名〕白屈菜．

1293. ヤマブキソウ（クサヤマブキ）〔ケシ科〕

Hylomecon japonica (Thunb.) Prantl et Kündig f. ***japonica***

本州の山野の樹の下に生える柔らかな多年生草本．茎の高さ 30 cm 位．茎や葉は黄色の液を含み，なめらかであるが茎の上部，葉脈上にはやや毛がある．根生葉は長い柄をもち頭大羽状複葉である．長さは 30 cm にもなる．小葉は 5 または 7 個，円形あるいは菱状卵形，時には 3～5 裂している．縁は不規則でまばらなきょ歯になっている．茎生葉は短い柄で 3 または 5 個の小葉をもち，この小葉もまばらなきょ歯をもつ．4～5 月頃に葉腋にあざやかな黄色の 4 弁の花を開く．がく片は 2 個あり，緑色で先の尖った卵形，長さは 1.5 cm 位あり，花が開く前に落ちる性質がある．花弁は円卵形で長さ 2.5 cm．多数の雄しべがあり，雌しべは 1 個で柱頭は 2 裂する．さく果は細い円柱形で長さ 3 cm 位．〔日本名〕山吹草は，花の形と色がヤマブキ（バラ科）に似るからである．

1294. ホソバヤマブキソウ〔ケシ科〕

Hylomecon japonica (Thunb.) Prantl et Kündig f. ***lanceolata*** (Yatabe) S.Akiyama

ヤマブキソウの 1 品種で，山地の樹の下に生える多年生の草本．高さ 30 cm 位で茎は真直に立ち，葉と同じようにやわらかである．根生葉には長い柄があり，5～7 個の小葉をもち．各小葉は円形あるいは長楕円形である．茎生葉は 3～5 小葉をもつ．小葉は柄がなく，長楕円状披針形または線状披針形で，葉の縁に規則正しい細かいきょ歯がある．小葉の長さは上の方で 6～10 cm 位．4～5 月頃，花柄を上部の葉の葉腋にだし，1～4 個の黄色の 4 弁花を開く．がく片は 2 個，緑色で早く落ちる．花弁は 4 個で，ほぼ円形をしていて，長さは 2 cm 以上．花のあとで細い円柱形の長さ 3 cm 位にもなるさく果が直立する．

1295. セリバヤマブキソウ〔ケシ科〕

Hylomecon japonica (Thunb.) Prantl et Kündig f. ***dissecta*** (Franch. et Sav.) Okuyama

ヤマブキソウの 1 品種で，山地の樹の下に生える多年生の草本．茎の高さは 10～30 cm 位．根生葉には長い柄があり，頭大羽状複葉である．小葉は 5～7 個．各小葉は菱形卵形で深くあらくさけめが入る．各裂片の先端は尖っている．茎生葉は 3～5 個の小葉をもち同じように細く裂けている．4～5 月頃に花柄を出し，黄色の 4 弁の花を開く．がく片は 2 個，緑色で早く落ちる．花弁は，ほぼ円形で，長さ 2 cm 以上になる．多数の雄しべと 1 個の雌しべをもつ．花のあとで細い円柱形のさく果が直立する．〔日本名〕芹葉山吹草で，これは葉の分裂した様子をセリの葉に見立てたもの．

1296. ハナビシソウ（キンエイカ）〔ケシ科〕

Eschscholzia californica Cham.

明治のはじめ頃（1870 年頃）わが国に入ってきた観賞植物．北米カリフォルニアの原産．元来は多年生の草本であるが普通一年草のようにみえる．茎の高さは 30～50 cm 位，全体が白っぽく．互生した葉は柄をもっている．この葉は糸状に細かくさけ，葉質はやわらかい．夏，群生した葉の間から花柄を出し，柄の先に 1 つの黄色の大きな花を開く．花床は漏斗状で直径 4 mm 位．がく片は 2 個で広楕円形の帽子状をしていて長さは 2 cm 位，開花の時に落ちる．花弁は 4 個，扇形で光沢があり，日光をうけて開く．花の中には多数の雄しべと 1 つの雌しべをもつ．雄しべは花糸が短く葯が長い．花柱は，ふぞろいな大きさに 4 つにさける．花のあと長いさく果がつき，その長さは 8 cm 位になり全長にわたって 2 つにさけ，黒い粒状の種子を散らす．〔日本名〕花菱草は花の形が花菱紋に似ていることからきている．金英花は黄色の大きな花による．

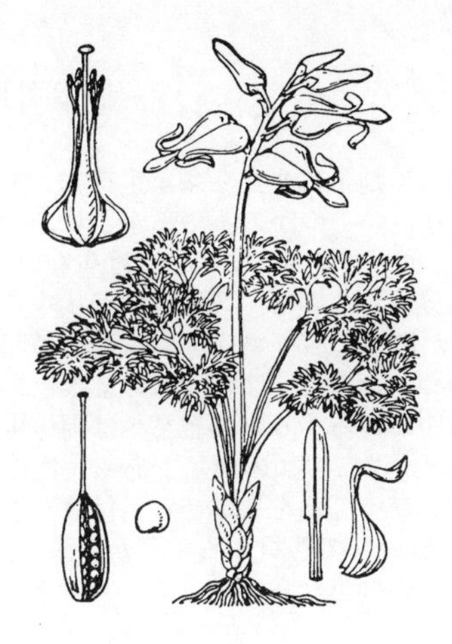

1297. コマクサ 〔ケシ科〕

Dicentra peregrina (Rudolphi) Makino

北海道，本州中部および北部の高山帯の砂礫地にまれに生える多年生草本．高さは8〜13 cm 位．根はひげ状になっている．葉は根生で長い柄をもつ．多数に細かい裂け目が入り裂片は線状長楕円形で先端が尖っている．全体がなめらかでやや厚みがありやわらかい．色は白みがかった緑色．7〜8 月頃花茎を 2〜3 本出す．花茎の先が垂れて 1〜6 個の紅紫色のかわいい花を開く．花の色と白みがかった葉の緑色の調和が特に美しい．がく片は 2 個で卵形をしていてその長さは 2 mm 位．花冠の外側の 2 弁は下の方がふくろ状で前端が反り返り，長さは 1.3 cm 位ある．内側の 2 弁は下の方が狭くなり互に合着して前方に出て，その長さは 1.8 cm 位ある．雄しべは 6 個，3 個ずつ中央に近く合着し，外の花弁に対立する．3 個のうち中央の雄しべは彎曲して外側の花弁のふくろに入る．花柱は 1 個で長さ 1 cm 位，子房は円柱状で 8 mm 位の長さ．さく果は長楕円体をしていて多数の細かい種子を含む．これは 2 つに裂ける．長野県の御嶽では「おこまぐさ」とよび，信仰から山にのぼる人々が乾かしたこの草を受けてもちかえる．〔日本名〕駒草は細長い花冠の形が馬の顔に似ているからである．

1298. ケマンソウ（タイツリソウ） 〔ケシ科〕

Lemprocapnos spectabilis (L.) Fukuhara

（*Dicentra spectabilis* (L.) Lem.）

中国原産の多年生草本で，昔中国から入って来て，観賞用に庭園に栽培されている．茎は高さが 60 cm 位にもなり，全体が白っぽい緑色をしている．葉は大きく，葉柄があり羽状に裂け，最終裂片は倒卵状くさび形で長さは 4〜 7 cm 位，鋭頭でへりにあらいきょ歯か小裂片がある．4 月頃一方にやや傾いた総状花序をつける．柄のある淡い紅色の花を垂らし，優美である．2 個あるがく片は披針状長楕円形で鈍頭，長さは 6 mm 位，開花前に落ちる，花弁は 4 個が集まっておしつぶされた心臓形体で，外側の 2 弁は長さが 2 cm 位，下部が広いふくろ状の距となり先端が細くなって外に曲がる．内側の 2 弁は細長く，合着していて冠状突起となり，長さは 2.5 cm 位．6 本の雄しべは両体雄しべになり，花糸の大部分は大きく彎曲する．〔日本名〕華鬘草で，花がたくさんに並んで垂れ下がった有様を仏殿の装飾の華鬘（けまん）に見立てたのによる．別名タイツリソウ．〔漢名〕荷包牡丹．

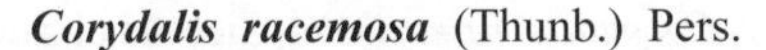

1299. ホザキキケマン 〔ケシ科〕

Corydalis racemosa (Thunb.) Pers.

沖縄，九州，四国に分布し，中国，台湾にも産する，柔軟で無毛の越年草．高さ 20〜60 cm になる．茎はよく分枝して，横に広がり，多数の葉を間隔をおいてつける．葉は互生し，柄があり，葉身は卵形で，長さ 5〜10 cm，幅 3〜5 cm あり，2 回羽状に細かく裂ける．小葉は広卵形で，先は鈍形，基部は切形または浅い心形となり，深く羽状に切れ込む．花は 3〜4 月に咲き，淡い黄色，長さ 6〜7 mm で，はじめは頂生，後には葉と対生する長さ 5〜10 cm の総状花序につく．花の基部には線形の苞がある．距は花弁の部分よりも明らかに短く，先は丸く細くならない．さく果は直線形で，長さ 3.5〜4.5 cm，幅 2.5〜3 mm あり，くびれがなく，やや下を向いてつく．種子は直径 1 mm くらいで，表面に微細な円錐状突起がある．

1300. ムラサキケマン（ヤブケマン） 〔ケシ科〕

Corydalis incisa (Thunb.) Pers.

各地の山麓や路ばた，畑地の近くなどに生えるやわらかな感じの越年生草本．秋に発芽する．乳液はなく水液がある．地下茎は小形で多肉，長楕円形をしていて通常地面に横わっている．茎は直立し高さ 17〜50 cm，稜がある．葉は長い葉柄をもち，根生と茎生と両方があり，2〜3 回羽状に細かく裂け，裂片は卵状くさび形で深い切れ込みがありやわらかい．春の終わりから夏のはじめにかけて，梢がやや分枝して多数の紅紫色の花を総状花序につける．苞はくさび状楕円形で切れ込みがある．花冠は筒状唇形で一方が開き一方が距となっている．雄しべは 3 本ずつ両体になっている．さく果は長楕円体で両端が狭くなり，熟すと果皮がすばやくまくれて開き，黒い光沢のある種子がとび散る．〔日本名〕花が紫色のケマンソウという意味．〔漢名〕紫菫は誤り．

1301. ジロボウエンゴサク 〔ケシ科〕

Corydalis decumbens (Thunb.) Pers.

関東から西の本州，四国，九州の原野や山ろく地帯に生える多年生草本．地下茎は不定形のかたまりで直径 1 cm 位になり，いくつかの茎や葉がこれから出ている．茎の高さは 17 cm 位，弱々しく，やや傾いてのびている．葉は少ない．根生葉は長い柄を，茎葉は短い柄をもち 2 回分裂している．裂片は倒卵状くさび形で全縁，または 2～3 分裂し先端がわずかにとがっている．苞は菱形の卵形で先が尖り分裂しない．春にまばらに花のついた総状花序に少数の紅紫色の花を開く．花冠は一方が唇状に開き，一方に距がある．6 本の雄しべは両体雄しべとなる．〔日本名〕次郎坊延胡索で，延胡索はこの類の漢名である．次郎坊というのは，伊勢地方でスミレを太郎坊とよび，これを次郎坊と名付け，子供がおたがいに花の距をからませてひっぱり合いして勝負することから来た．時々これをビッチリとかヤブエンゴサクというのは当たらない．

1302. ミチノクエンゴサク（ヒメヤマエンゴサク） 〔ケシ科〕

Corydalis orthoceras Siebold et Zucc.（*C. capillipes* Franch.）

本州中部および東北地方の日本海沿岸地域に分布する小形で繊細な多年草．地下に球形の塊茎があり，それからただ 1 個の花茎をだす．花茎は高さ 15 cm くらいになり，2 個の普通葉と基部に 1 個の鱗片葉がある．普通葉は柄があり，葉身は 3 個の小葉からなるが，小葉はさらに 3 小葉に分かれることもある．小葉は楕円形または線状楕円形で，先は鈍形またはやや鋭形，基部は鋭形で，長さはふつう 1～2 cm になる．花は 4～5 月で，花茎の先端に総状につき，基部に葉状の苞がある．苞は倒卵形または広線形で，ふつう先が欠刻状に 3 裂または 2 裂する．花は淡い青紫色で先端ほど濃く，長さ 10～13 mm である．さく果は披針形体または狭卵形体で，熟して 2 片に裂ける．〔日本名〕陸奥エンゴサクで，地名による．ヒメヤマエンゴサクの名はヤマエンゴサクに似て一層繊細なことによる．〔追記〕ヤマエンゴサクに似るが，花の長さが 15 mm を越えず，小さいこと，小葉が幅狭く，ふつう楕円形または線状楕円形であることで区別される．エゾエンゴサクも本種に類似するが，苞には欠刻がなく全縁で，さく果は円柱形で幅は狭い．

1303. ヤブエンゴサク（ヤマエンゴサク） 〔ケシ科〕

Corydalis lineariloba Siebold et Zucc. var. ***lineariloba***

山野にみられるやわらかな多年生草本．地下に直径 1 cm 位で球状の 1 つの塊茎があり，それから繊細な 1 本の茎が出て，高さ 17 cm 位になる．地下部には塊茎から約 5 cm はなれて卵状披針形で長さ 1.8 cm 位の 1 鱗片がある．葉は柄があり，2 回分裂し，裂片は卵形または楕円状卵形で下面は白っぽい．晩春に総状花序をつけ，5～10 個の淡い紅紫色の花をつける．苞は菱状の卵形で先端が 3～5 裂して指のようになっている．花冠は一方が唇のように開き，他方が真直かあるいは多少彎曲したやや長い距となっている．1 型にササバエンゴサクがあり，葉の裂片が細く線状楕円形をしている．〔日本名〕藪延胡索で，やぶに生えているからである．エンゴサクはこの類一般の漢名である．

1304. ヒメエンゴサク 〔ケシ科〕

Corydalis lineariloba Siebold et Zucc. var. ***capillaris*** (Makino) Ohwi

九州，四国，本州の山地の樹林下に生える多年草．地下に球形の塊茎があり，それからただ 1 個の花茎をだす．塊茎の中味は白色で，黄色をおびない．花茎は高さ 10～20 cm で，基部には 1 個の鱗片葉があり，中部には 2 個の普通葉をつける．普通葉は有柄で，葉身は長い柄のある 3 個の小葉に分かれるが，小葉はさらに 2 または 3 個の小葉に分裂することもある．小葉は広楕円形または楕円形，あるいは線状楕円形で，先は鈍形または円形，基部は円形あるいは切形で，長さは 5～8 mm，幅 3～5 mm．花は花茎の先に総状につき，4～5 月に咲き，基部に葉状の苞がある．苞は先が欠刻状に 2 または 3 裂するか，2 または 3 個の歯状のきょ歯がある．花は青紫色で，花序にまばらにつき，長さ 1.5～2.5 cm になる．さく果は狭卵形体または広披針形体で，長さ 1～1.3 cm，幅 2.5～4 mm で，熟して 2 片に分かれる．キンキエンゴサク *C. papilligera* Ohwi は本種に似るが，種子の縁辺に乳頭状突起がある．

1305. エゾエンゴサク 〔ケシ科〕

Corydalis fumariifolia Maxim. subsp. ***azurea*** Lidén et Zetterlund

北海道に生える多年生草本．地下に直径 1.5 cm 位の球形の 1 塊茎があり，茎はこの塊茎から 1 本出ているが，塊茎から 5〜10 cm はなれた所に，長卵形で長さ 1.5 cm 位の 1 つの鱗片があり，その腋から分枝している．茎の高さは 23 cm 位．葉は葉柄があり，1〜2 回分裂している．最終裂片は大形で倒卵形か長楕円形で，時に 1〜2 個の切れ込みがある．5 月頃花軸が頂生し，濃青紫色の花を総状に開く．苞は卵状長楕円形で分裂しない．花冠は一方に大きく唇形に開き，他方が真直か，または先端のやや彎曲した細い円柱形の距となっている．6 本の雄しべは両体となる．さく果は長楕円体状円柱形．〔日本名〕蝦夷延胡索という意味で，えぞ地（北海道の古名）に生えるエンゴサクという名である．〔追記〕従来本州の東北地方から北陸地方でエゾエンゴサクとされていたものは，距がより長く花数も少なく，別種オトメエンゴサク *C. fukuharae* Lidén として区別される．

1306. ツルキケマン（ツルケマン） 〔ケシ科〕

Corydalis ochotensis Turcz.

本州中部及び関東の山地に生える二年生草本で，地下に塊茎がなく，全体が白粉をかぶったような緑色をしている．毛はなく，茎は軟らかくて長く伸びて広がり，枝や花序はななめに立つ．葉は卵形で柄があり互生し，再三全裂し最終小葉は全縁か，または 2〜3 裂していて柄をもっている．裂片は細い倒卵形．夏から秋にかけて，総状花序を葉腋から出し，淡黄色の数個の花をまばらに偏側して開く．花柄は細く斜めに下向き，基部に花柄とほぼ同じ長さの披針状卵形で全縁の苞をもつ．花は一方は二唇状に開き，他方はやや彎曲して長い距となり先端は細くなる．花の中には両体をなす 6 本の雄しべがある．さく果は扁平で細い倒卵状長楕円体でやや下向きに垂れる．〔追記〕ナガミノツルケマン *C. raddeana* Regel は本種に似ているが，さく果が細く果実が 1 列に並ぶ（ツルキケマンでは 2 列）ので区別され，北海道南部から九州までの山地にツルキケマンより普通に見られる．

1307. キケマン 〔ケシ科〕

Corydalis heterocarpa Siebold et Zucc. var. ***japonica*** (Franch. et Sav.) Ohwi

関東以西の本州，四国，九州の低地や海岸地方に生える越年草．茎や葉が大きくよく枝を張出している．全体が白っぽい緑色で，折れたり傷ついたりするといやな臭いがする．体内には乳液がなく水液があるだけである．葉は柄をもち粗大で，3〜4 回羽状に分裂し，各裂片は卵状くさび形で深いきれこみがある．春，茎に長い総状花序をつけ，黄色の花を沢山咲かせる．苞は小さく披針形，長さは花柄とほぼ同じ．花冠は長さ 15 mm 位で，一方が唇状に開き，他方はやや短めの鈍頭の距となっている．花の中には 6 本の雄しべが両体をなす．さく果は狭披針形で，ほとんどじゅず状にならず，先端が細く尖っている．黒い種子は表面がざらつく．〔日本名〕黄色の花が咲くケマンソウという意味である．〔漢名〕黄菫というのは誤って使われたもの．〔追記〕ツクシキケマン var. *heterocarpa* は，本州（中国），九州に分布し，さく果は広線形で，じゅず状にくびれる．

1308. シマキケマン 〔ケシ科〕

Corydalis balansae Prain（*C. tashiroi* Makino）

沖縄と九州に分布し，海岸に生える，台湾，中国南部にも産し，全体に粉をおびる無毛の越年草．茎は高さ 15〜40 cm になる．茎の基部には根生葉があり，花時まで残る．根生葉と茎につく葉はともに長さ 5〜15 cm の柄があり，葉身は広卵形で，長さ 8〜20 cm，幅 10〜15 cm になり，2 回羽状に分裂する．小葉は長さ 5 cm ほどで，さらに羽状に深裂または全裂し，裂片は広卵形で，ふちはさらに切れ込む．花は 3〜4 月に咲き，長さ 12〜18 mm，黄色で葉に対生する総状花序につく．花の基部には披針形の苞がある．距は花弁の部分よりも明らかに短く，長さ 1.5〜2 mm で，先は細長くならない．さく果は直線状で，くびれがなく，長さ 3.5〜4.5 cm になる．種子は扁球形，直径約 1.2 mm で，表面には微細な凹点がある．

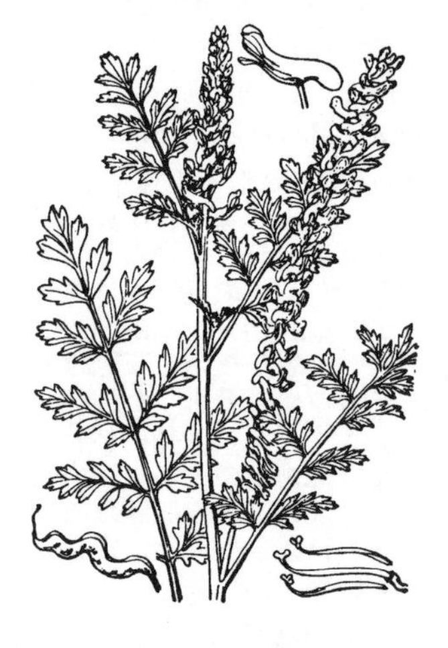

1309. ヤマキケマン　〔ケシ科〕

Corydalis ophiocarpa Hook.f. et Thomson

関東から西の本州，四国の山中に生える二年生草本．高さ 50 cm になり茎はよく分枝する．葉には葉柄があり，薄質で白味がかり，数回羽状に分裂している．各裂片は卵形で基部はくさび形，先端が 3～6 裂している．裂片はにぶく尖り，かすかに突端がある．6～7 月頃，梢に花軸を出し，多数の淡黄色の小さな花からなる大きい総状花序をつける．苞は細い披針形であるか，またはくさび状卵形で先端にしばしば切れ込みが入り，その長さは花柄より長かったり短かったりする．花冠は長さ 9 mm 位で，一方が唇状に開き他方の先端が曲がって少しふくれた距となっている．雄しべは 6 本で，両体となる．さく果は細い円柱形で，長さ 2 cm 位になり，ねじれ曲がる．種子は黒く細かい．〔日本名〕山黄ケマンで，山地に生えるキケマンという意味．

1310. ミヤマキケマン（広義）（フウロケマン）　〔ケシ科〕

Corydalis pallida (Thunb.) Pers.

本州から九州の山中にみられる二年生草本．全体が大形にはならない．葉は葉柄をもち，やや白っぽい緑色でふつう紫褐色をおびる．2 回羽状に裂け，最終裂片は卵形で各々が更に 1～2 回羽状に深裂し，各々線状長楕円形となっている．1 株で多数の茎が出，4 月頃各枝の先に，少数の黄色いやや大形の花をもった総状花序をつける．苞は披針状卵形，または卵形で先端が尖り，時に深い歯状に切れる．花冠は長さ 17 mm 位，一方に大きく，唇状に開き，他方はややふくれた鈍頭の距となる．6 本の雄しべは両体となる．さく果は 3 cm にもなり，細く円柱形でじゅず状にくびれる．〔日本名〕深山黄ケマンで，深山に生えるキケマンという意味である．〔追記〕近畿地方付近を境として，より東方のものは，西日本のものに比べて花序が長くエゾキケマン（次図参照）に似た形となり，ミヤマキケマン（狭義）var. *tenuis* Yatabe として分けられることがある．図示されたような花序の短い西日本のものが学名の基準型で，フウロケマンという．

1311. エゾキケマン　〔ケシ科〕

Corydalis speciosa Maxim.

本州東北部，北海道に分布するが，さらに朝鮮半島，中国，サハリン，シベリア東部にも分布し，日当たりのよい山地の草地に生える越年草．全体に毛がない．茎は高さ 20～40 cm になり，基部は斜上するが，上方ではほぼ直立し，花時まで残る根生葉がある．根生葉も茎につく葉も柄があり，葉身は卵形または狭卵形で，長さ 10～15 cm，幅 4～6 cm あり，羽状に分裂する．小葉はさらに細かく羽状に裂け，裂片のふちには欠刻がある．花はやや濃い黄色で，5～6 月に咲き，長さ 2～2.3 cm で，頂生の総状花序にやや密につく．花序は長さ 3～7 cm で，果期にはのびて 10 cm に達することもある．苞は披針形．距は花弁よりも短く，先は円形となる．さく果は線形で，多少とも彎曲し，種子の間がくびれるため，数珠状となる．種子は直径 1.5 mm くらいで，表面には微細な凹点がある．〔追記〕ミヤマキケマン（前図説明参照）は本種に似るが，種子の表面に円錐形の突起があるので区別できる．

1312. ア　ケ　ビ（アケビカズラ）　〔アケビ科〕

Akebia quinata (Houtt.) Decne.

山野に普通に見られる無毛の落葉つる性低木．つるは長くのびて分枝し，大きいものでは直径が 1.5 cm もあり，枝は細長くて褐色である．葉は短柄のある 5 小葉からなる掌状複葉で，長い柄があり，柄の先と小葉柄との間には節がある．小葉は狭長な長楕円形あるいは長倒卵形で，先端は凹形，全縁，長さ 6 cm 前後．葉は新枝に互生し，老茎では鱗片のある短枝の上に叢生する．4 月頃，新葉とともに開花し，短枝の葉の間から有柄の短い総状花序を出して下に垂れ，柄のある淡紫色の花をつける．雌雄同株で，1 花穂の中に小形で多数ある雄花と，大形で少数の雌花とが混じっている．ふつう花弁はない．がく片は 3 個，卵円形または円形，内面がくぼみ，やや多肉質．雄花には雄しべ 6 個があり，雌しべの痕跡がある．雌花には粘性の柱頭のある短い円柱形の心皮が 3～6 個あり，不稔の雄しべがある．液果は長さ 6 cm 内外で太い果柄の先に 1～4 個つき，楕円体あるいは長楕円体で，果皮は厚く，熟すと縦に開いて，黒色の種子を含んだ白い果肉があらわれる．果肉は甘いので食べられる．〔日本名〕アケビは果実の名であってこの植物を指して言う時はアケビカズラと呼ぶべきである．アケビの語源には色々の説がある．果実が熟すと 1 方に縦裂して白い肉をあらわすから開け実，欠び，および開けつびであるという多肉説．またアケウベの短縮形であるという説もある，これはムベは果実が開かないがアケビは開くからである．〔漢名〕野木瓜，木通，通草．ただし後 2 者はセンニンソウ属の植物に対して用いられることもある．

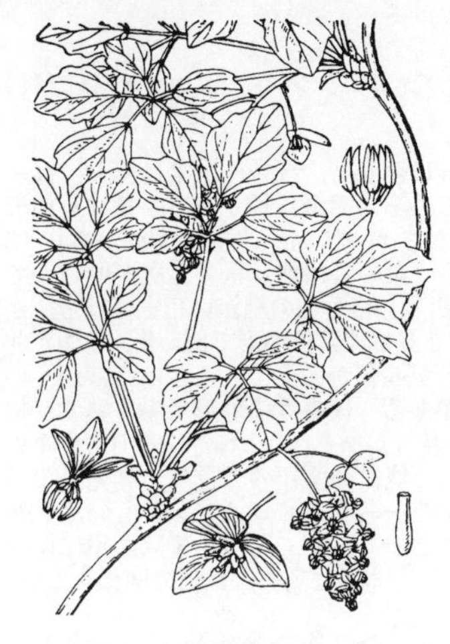

1313. ゴヨウアケビ 〔アケビ科〕

Akebia* ×*pentaphylla (Makino) Makino

アケビとミツバアケビの雑種と認められているもので，山野でしばしば見かける落葉木性のつるである．新しい枝には葉がまばらに互生するが，古い枝の短枝には叢生状につく．葉には長い柄があり，掌状複葉で，小葉は5個，小葉柄があり，卵形で先端は鋭形，微凹頭，基部は広いくさび形でやや鈍形，中央の小葉は最大で，基部の2個の小葉は小形，ふちに波状の粗い歯牙がある．4月頃，短枝の葉の間から長い柄を出し，先は垂れ下がって総状花序となり，がく片3個，無花弁，暗紫色の花を多く開く．雌花は大形で柱状の心皮が数個あり長い柄で花序の基部に2～3個まばらにつく．雄花は小形で，雄しべは6個あり，短い柄で花序の先の方に群がってつく．〔日本名〕五葉アケビ．1葉に小葉が5個あるからである．

1314. ミツバアケビ 〔アケビ科〕

Akebia trifoliata (Thunb.) Koidz.（*A. lobata* Decne.）

山野に多い落葉木性のつる植物で茎は他物にまきついて高くのぼり，大きいものでは直径約2 cm ぐらいある．茎の根元から出る匐枝はやせて細く，地上を遠くまで横走する．葉は互生で長い柄があり3出複葉で，柄と小葉柄との間には節があり，小葉は卵形あるいは広卵形で長さ4～6 cm，先端は鈍形，粗きょ歯があり，小葉柄と節合し，葉は新しい枝では互生し，古い茎では短枝上に叢生する．4月頃，短枝の葉の中から長い柄を垂下して，先に総状花序を出し，多数の黒紫色の花をつける．雌雄同株で単性花を有し，花軸の先には短い柄のある十数個の小形の雄花が群がりつき，基部には長い柄のある大形の雌花が1～3個つく．花には花弁がない．がく片は3個で，雄花のがくは長さ2 mm，雌花のがくは長さ8 mm ぐらいで円形，あるいは広卵形である．雄花には雄しべが6個，雌花には粘性のある短い柱状の心皮が4～6個ある．液果は長楕円体で果皮は厚く，熟すと紫色になり，縦にさけて黒色の種子を含む白色の果肉が露出する．果肉は甘いので食用となり，つるはバスケットを造るのに用いられる．

1315. ム　ベ（トキワアケビ，ウベ） 〔アケビ科〕

Stauntonia hexaphylla (Thunb.) Decne.

山地に生じ，また庭園にも植えられる常緑のつるで，茎は長くのび，時には直径が6 cm にもなる．葉は互生し，長い柄があり，5～7個の小葉からなる掌状複葉で，小葉は楕円形，全縁，平滑，革質，3本の主脈がある．葉の裏は淡色で，細脈が明瞭である．小葉柄は長さ3 cm 前後，下部は葉柄と節合し，上部は葉面と節合する．若いつるでは葉はしばしば3小葉である．5月頃，新葉の腋や鱗片の腋から総状あるいは散形状の花穂をぬき出し，白色でやや淡紅紫色を帯びた花を3～7個つける．雌雄同株．花にはがく片が6個あり，花弁はない．雄花のがくは外側の3個は広披針形で長さ13 mm ぐらい，内側の3個は線形で，外側のものよりもやや長い．雌花は，雄花よりも数が少なく，花は大形で，内側にある線形のがくは外側の披針形のがくよりも短い．雄花には雄しべ6個と雌しべの痕跡がある．雌花には子房が3個あり，不稔性の雄しべがある．果実は紫色の液果で，卵球形，長さ5 cm，裂開せず，果肉は白色で甘く，果肉中に黒色の種子が多数ある．〔日本名〕ムベはオオムベの略である，昔この果実をわらかごに入れて朝廷に献上したので大贄（オオニエ）即ち苞苴（オオムベ）と云う．これがウムベとなり次いでウベと略せられた．昔ムベを郁子と書いたが，これは詩経にある薁（エビヅルのこと）をムベと訓読したのでムベに同音の郁の字を用いたのだという．一名トキワアケビはアケビに似て常緑であるからである．

1316. アオツヅラフジ（カミエビ，チンチンカズラ，ピンピンカズラ） 〔ツヅラフジ科〕

Cocculus trilobus (Thunb.) DC.（*C. orbiculatus* (L.) DC.）

どこの山野でも普通にみられる落葉木本性のつるで，つるは長くのび，下部は時には径7 mm ぐらいになり，枝のつるは細長で緑色，細毛がある．葉には長さ1～3 cm ぐらいの葉柄があり，互生し，卵形または広卵形で全縁，先端は鋭形あるいは鈍形，時には株によって3浅裂し，表裏ともに短毛があり，葉の長さは5～8 cm ぐらいである．雌雄異株．夏の頃，やや狭長な円錐花序を葉腋や枝の先から出し，穂の長さは3～9 cm ぐらいで，多数の黄白色の細かい花をつける．がくも花弁もともに6個，両方ともに長楕円形で2輪に配列している．雄花には雄しべ6個があり，葯は横裂する．雌花には6個の仮雄ずいがあり，さらに中央に6個の心皮がある．花柱は円柱形で柱頭は分枝しない．秋に球形の液果状の核果をみのらせ，黒く熟し，果面は白粉を帯び，径は5～8 mm ぐらいある．核はいびつな馬蹄形で，背部に小突起がある．〔日本名〕アオツヅラフジは，つるが生時は緑色（枯れると黒色）であるからで，このつるで編んだかごをつづらと呼ぶ．カミエビのカミは神のことで，エビはエビヅルに基づいた名であろう．一名をピンピンカズラ，チンチンカズラというが，これは，多分つるを張りつめてはじくと音を出すので，これに基づいたものであろう．

1317. **イソヤマアオキ**（イソヤマダケ，ゴメゴメジン）〔ツヅラフジ科〕

Cocculus laurifolius DC.

九州南部から琉球の暖地に生える常緑低木．幹は直立し，枝多く，葉は繁り，高さは 3 m 前後である．枝は細長で緑色，毛はなくなめらかで縦に稜がある．葉は有柄で互生し，披針状長楕円形，先端は鋭尖形，全縁，長さ 8〜15 cm，革質で光沢があり，3 本の葉脈が目立ち，ニッケイの葉とよく似ている．葉の裏は網目状の葉脈が明らかである．4 月頃，葉腋から，非常に短い円錐花序を出し，橙黄色の細かい花をつける．がく片は 6 個，卵円形，内輪の 3 個は大形である．花弁は非常に小形で倒卵形，6 個が並んで 1 列の輪となる．雌雄異株．雄花には雄しべが 6 個があって，長さはほぼがくの長さと同じである．雌花には 3 心皮と仮雄ずいがある．核果は扁球形で黒く熟す．根や幹は二次形成層によって特異な肥大成長をする特性がある．〔日本名〕磯山アオキの意味．一名をイソヤマダケというが，これは薩摩（鹿児島県）の方言で，鹿児島市の磯山に生えるヤマダケ（アオキ）ということ．また一名をゴメゴメジンともいうが意味は不明．また，コウシュウウヤクと呼ばれることがあるが，衡州烏薬は衡州に産する烏薬，すなわち *Lindera aggregata* (Sims) Kosterm. で，本種は烏薬とは何の関係もない．

1318. **ツヅラフジ**（ツタノハカズラ，オオツヅラフジ）〔ツヅラフジ科〕

Sinomenium acutum (Thunb.) Rehder et E.H.Wilson
（*S. diversifolium* (Miq.) Diels）

山地の林中に生える落葉性木本のつるで，茎は長くのび，木質で硬く，生時は緑色でなめらかな円柱形であるけれども，枯れると暗色となり，細い縦すじが現われる．茎の基部はしばしば肥大し，また主茎も大形になることがある．また株の根本から細長い匐枝を出して地上をはい遠くまでのびる．葉は互生で長い柄があり，円形，広卵形，掌状多角形あるいは掌状多浅裂などで，基部は心臓形，普通無毛であるが，若葉の裏には若い枝と同様に毛がある．夏に頂生あるいは腋生して，長い柄の先に淡緑色の細花をつけた円錐花序をつくる．雌雄異株．花はがく片，花弁ともに 6 個で，がく片の外側には毛がある．雄花には雄しべが 9〜12 個ある．雌花は 3 個の仮雄ずいと 3 個の心皮があり，花柱はそり反り，柱頭は分裂していない．花がすむと黒色球形の核果が実り，核は扁半月形で，背部には横にうね状の突起がある．本種から「シノメニン」という薬品を作り，また匍匐茎を種々に用いるので，ツヅラという名で売られている．〔日本名〕ツヅラフジのツヅラはつるの意味でカズラと同じである．ツヅラフジの名は葛龍（つづらこ）を略した呼び名でもある．また，一名オオツヅラフジともいう．またツタノハカズラともいうが，葉がツタに似ているからである．〔漢名〕防己．漢防己は別物である．

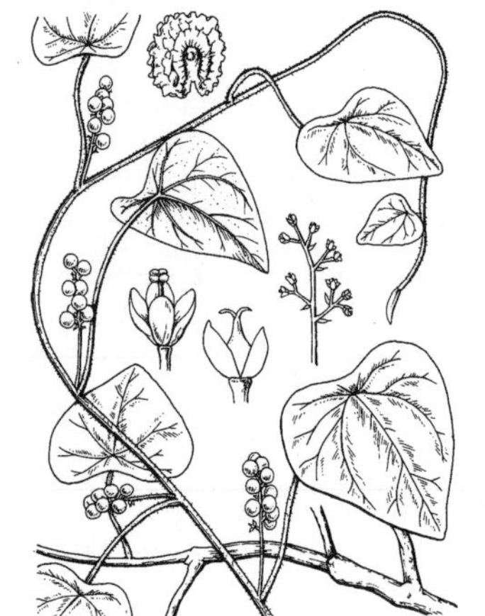

1319. **ミヤコジマツヅラフジ**〔ツヅラフジ科〕

Cyclea insularis (Makino) Hatus.

本州（紀伊半島と山口県），四国，九州，琉球列島の暖温帯から亜熱帯に生える常緑のつる性木本．若い茎，葉の両面には軟毛を密生するが，後にやや無毛．葉は互生，全緑の三角状円心形で，鈍頭，基部は心形となる．葉柄は楯状につく．雌雄異株．夏に径約 1.0 mm の淡黄緑色の小さな花を葉腋の円錐花序につける．雄花のがく片は 4〜5 個，有毛，しばしば基部がわずかに合着する．花弁はないか，または 2〜5 個の痕跡的な突起がある．雄しべは合生して円卓状となり，周囲に横裂する葯をつける．雌花のがく片は 2 個，わずかに毛があり，花弁はない．雌しべは 1 個で，柱頭は 3 裂する．核果は球形で径約 5.0 mm，柱頭の痕が基部付近にある．種子はほぼ円形，背中の中肋をはさんで両脇に 2 本ずつの縦稜があり，その上に丸い突起が並ぶ．〔日本名〕宮古島に生えるツヅラフジの意味．

1320. **ホウライツヅラフジ**〔ツヅラフジ科〕

Pericampylus formosanus Diels

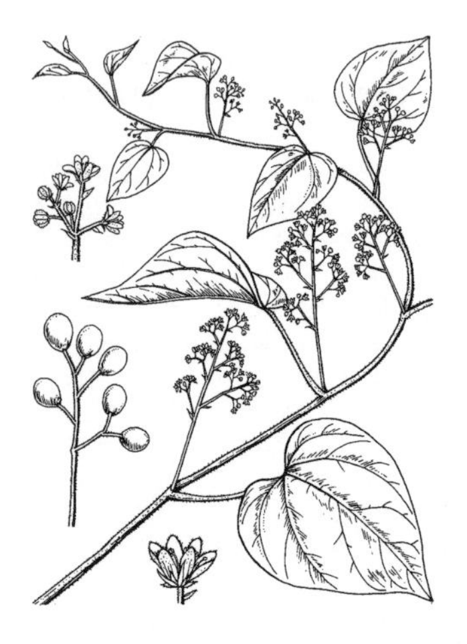

琉球（宮古島），台湾，中国南部に生える常緑のつる性木本．若枝，葉には絹毛状の密毛があるが，後に無毛となる．葉は互生し，全緑の広三角状卵形で鈍頭，基部は切形またはややくさび形．5 本の掌状脈が明瞭である．葉柄は基部につき，楯状にならない．雌雄異株．夏に径約 1〜2 mm の淡黄緑色の花を，葉腋の円錐花序につける．雄花，雌花とも，がく片は 9 個で，3 個ずつ 3 輪に配列する．倒卵形で一番外側の輪のがく片は小さい．花弁は 6 個，楕円形，片縁が内側に折れ曲がり，花糸または仮雄ずいの基部を抱く．雄花では雄しべが 6 個，花糸の基部はしばしば合着する．花糸の上部が外向きに屈曲し，葯は外側に向けて横裂する．雌花には仮雄ずいが 6 個あり，棒状で，先端は丸い．心皮は 3 個，柱頭は 2 裂してそりかえる．〔日本名〕台湾（ほうらい）に生えるツヅラフジの意味．日本では宮古島のみに報告があり，稀産種であるが，台湾ではごく普通にみられる．〔漢名〕蓬莱藤．

1321. コウモリカズラ 〔ツヅラフジ科〕

Menispermum dauricum DC.

各地の山地や山ぎわに生える落葉木本性のつるで，茎は長くのび，細長な円柱形，無毛，生きているうちは平滑無毛である．葉は互生で，長い柄があり，楯形の三角形ないし七角形で，時には掌状に浅裂し，基部は心臓形である．幅は約 5～12 cm，上面は平滑，下面は無毛あるいはわずかに毛がある．雌雄異株．夏に，葉腋から短い円錐花序を出し，小柄のある淡黄色の細花をつける．雄花は頂生のものはがく片 6 個と，がく片より短い 9～10 個の花弁をもち，雄しべは 20 個で葯は 4 裂するが，側生の雄花は頂生花と比べるとおのおのがやや少数である．雌花には心皮が 3 個あり，花柱は短く，柱頭は 2 岐する．核果は球形で黒く熟し，径 6 mm ぐらいである．核は腎臓形，種子は馬蹄形である．種形容語を *davuricum* とするのは誤りである．〔日本名〕葉の形に基づいて名づけられた．

1322. ハスノハカズラ（イヌツヅラ，ヤキモチカズラ） 〔ツヅラフジ科〕

Stephania japonica (Thunb.) Miers

東海以西の海岸や海に近い所に生える多年生の常緑木本性のつるで，茎は細長な円柱形で，緑色をしており，長くのびて繁茂する．葉は互生で，長い柄があり，楯形の広卵形またはやや三角状, 全縁, 葉質は厚くない. 雌雄異株. 夏から秋にかけて, 葉腋から柄のある花穂をぬき出して複散形花序に多数の淡緑色の細花をつける．雄花にはがく片 6～8 個，花弁は 3～4 個があり，各々倒卵形，肉質である．雄しべは 6 個で互に合着し，葯は横裂する．雌花のがく片と花弁はともに 3～4 個で，倒卵形，雄しべはなく，子房は 1 個，柱頭は数個に分裂している．核果は球形でなめらか，径 6 mm ぐらい，熟すと朱紅色となり，内果皮は扁圧して背部は小卵形のいぼ状突起となり，側部に凹形がある．種子は馬蹄形である．〔日本名〕ハスノハカズラは葉が楯形であることがハスの葉のようであるからである．一名を犬ツヅラともいうが，これはツヅラフジに似ているが役に立たないからである．また，ヤキモチカズラは焼餅蔓の意味であろうか．〔漢名〕多分，金線吊烏亀であろう．

1323. イカリソウ 〔メギ科〕

Epimedium grandiflorum C.Morren var. ***thunbergianum*** (Miq.) Nakai

丘陵や山すそなどの樹の下に生える多年草．根茎は横にはい凹凸に屈曲し，質は硬く，褐色，硬い多数のひげ根があり，ふつう数本の茎が叢生する．茎の高さは 15～25 cm ぐらい，基部に鱗片がある．根生葉には長い柄があり，ふつう 2 回 3 出複葉である．小葉にはやや長い小柄があり，長さ 3～10 cm，卵形で先は鋭尖し，刺毛状の細かいきょ歯があり，基部は心臓形，両側の小葉はやや左右不同形である．茎葉は葉柄が短い．4 月頃，茎の先に総状花序を出し，小さい柄のある淡紫色の花を数個つけ，下向きに開く．がく片は 8 個で花弁状，4 個ずつ内外の 2 輪となる．外輪の 4 個は卵状披針形で早落し，内輪の 4 個は大型で卵状長楕円形，先は尖り，紅紫色または白色である．花弁は 4 個, 拡大部は白色円形で, 内輪のがく片よりも短く, 非常に長い距があり，その長さは 2 cm，四方につき出し，前方に弓形に曲がる．雄しべは 4 個で，葯は長形の弁でひらき，その弁は後に葯の先端の所に萎縮する．雌しべは 1 個，花がすむと袋果となる．〔日本名〕碇草あるいは錨草で，花の様子がいかりのようであるからである．〔漢名〕淫羊藿は同属の別種のものである．

1324. キバナイカリソウ 〔メギ科〕

Epimedium koreanum Nakai

（*E. grandiflorum* C.Morren et Decne. subsp. *koreanum* (Nakai) Kitam.）

近畿地方以北の主に日本海側を北海道中部まで分布する．また朝鮮半島北部からウスリー地方にかけて分布している．主として落葉樹林の林床に生え，しばしば大きな群落を作る．高さは 30～40 cm．地下の根茎は短くはい，まれにやや長くはう．根茎の頭部に数本の茎を叢生する．葉は 2 回～3 回 3 出複葉，小葉は卵状楕円形，先端は鋭尖頭，基部は深い心臓形で，多数の刺毛状の細かいきょ歯がある．5 月に総状花序に数個の花をつける．花は淡黄色，花径は 30～40 mm くらい．花時にみられる 4 個のがく片は比較的幅広く，広卵形．花弁は 4 個で，20 mm 前後の長い距をもち，先端に蜜を貯えている．〔追記〕東北地方中南部では，浸透交雑のためにキバナイカリソウとイカリソウとの様々な中間型が自生しており, 両者の厳密な区別は難しい．また，近畿地方でソハヤキイカリソウと呼ばれたものも本種である．関東北部の至仏山と谷川岳の蛇紋岩地には，葉のきょ歯が少なく，丸みをおびた形をしたクモイイカリソウ var. *coelestre* (Nakai) Yonek. が知られるが，形態的にキバナイカリソウに連続する．

1325. トキワイカリソウ

〔メギ科〕

Epimedium sempervirens Nakai ex F.Maek.

山陰地方から北陸地方にかけて林下に生える多年草．高さは 20〜30 cm．地下に木質の根茎があり，塊状をしているが時には長く伸びて別種のような状態を示す．葉は花の時にはまだ伸びきっていない．2 回 3 出複葉で，小葉は広楕円形で，基部は深い心臓形，またはしばしばほこ状となり，葉質は厚い膜質で光沢があり，鮮緑色，葉脈は凹み，裏は粉白色または淡緑色，冬でも枯れずに紅色に美しく染まる．花序は 1 葉と対生し，円錐状で，花は表日本側に分布するイカリソウと同様に大輪で距が長く，花径は 3〜4 cm である．北方では白花のもの，若狭湾附近では紅花のものがまじっていることが多い．〔日本名〕常磐イカリソウの意味で，葉が常緑であるからである．

1326. バイカイカリソウ

〔メギ科〕

Epimedium diphyllum (C.Morren et Decne.) Lodd. subsp. ***diphyllum***

暖地の山や山のふもとなどに生える多年生草本. 高さは 15〜25 cm ぐらい．根茎の質は硬く，褐色で塊状，硬いひげ根を多数出し，頭部には膜質の鱗片がある．根生葉は柄が長く，2 回 2 出複葉で，小葉には小柄があり，卵状楕円形，先端は鈍形，基部は心臓形でやや斜形，全縁であるが基部の耳のふちにだけ刺毛がある．茎葉は 2 個の小葉からできている．4 月に，茎の先に 1 個の総状花序を出し，やや下垂して柄のある白色の花を数個開く．花径は 10〜12 mm ぐらいである．がく片は 8 個，内外 2 列で外側のがく片は膜質，楕円形で早く落ちてしまい，内側のものは卵状披針形で花弁とほぼ同長である．花弁は 4 個，倒卵形，先端は鈍形で基部に距または腺がなく，長さ 6 mm ぐらい．雄しべは 4 個，葯は長い弁で開く．雌しべは 1 個．〔日本名〕梅花イカリソウの意味で，花の形に基づいたものである．

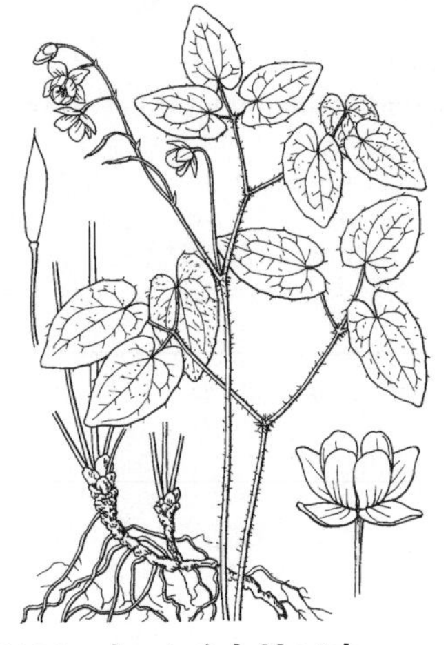

1327. サイコクイカリソウ

〔メギ科〕

Epimedium diphyllum Lodd. ex Graham subsp. ***kitamuranum*** (T.Yamanaka) K.Suzuki

四国の吉野川流域に特産する多年草．高さは 15〜20 cm．地下の根茎は硬く，短くはい，ときに塊状となる．その頭部に数本の茎が叢生し，膜質の鱗片がつく．葉は 2 出し，それぞれに 3 小葉をつける複葉で，小葉は卵状楕円形，先端は尖り，ときに丸い．基部は心臓形で，ふちには少数の刺毛状の細かいきょ歯がある．葉上面に宿存性の細毛がある．4 月に総状花序に数個〜十数個の花をつける．花は白色，花径は 12〜15 mm くらいで，バイカイカリソウより少し大きい．内側のがく片 4 個は花弁と同色，ほぼ同大．花弁は 4 個あり，倒卵形で先端は丸い．基部に距または腺がない．雄しべは 4 個，雌しべは 1 個．〔日本名〕西国イカリソウの意味で，西日本に分布することによるが，九州には分布しない．九州産の一見サイコクイカリソウのようにみえるものはバイカイカリソウの一型で，葉の上面は無毛である．サイコクイカリソウはバイカイカリソウとイカリソウの交雑起源の一型が固定したものと考えられる．

1328. ヒメイカリソウ

〔メギ科〕

Epimedium trifoliatobinatum (Koidz.) Koidz. subsp. ***trifoliatobinatum***

四国の蛇紋岩地域に生える多年草．茎の高さは 15〜20 cm．地下の硬い根茎は短くはい，ひげ根を多数出す．頭部には膜質の鱗片があり，数本の茎が叢生する．根生葉，茎葉ともに同形で，葉は 2 出し，それぞれに 3 小葉をつける複葉で，小葉は卵状楕円形，先端は鋭頭，基部は心臓形で少数の刺毛状の細かいきょ歯がある．4 月に総状花序をだして数個の花をつける．花は白色ないし淡紅紫色，花径は 20〜30 mm ぐらいで，8 個のがく片のうち外側の 4 個は膜質で開花の頃には落ちる．内側のものは花弁と同色．花弁は 4 個，15 mm 前後の距をもち，先端に蜜を貯えている．〔日本名〕姫イカリソウで，イカリソウに比べ小形のため．〔追記〕近縁の亜種シオミイカリソウ subsp. *maritimum* K.Suzuki が九州の東部海岸付近，島部に分布する．母種とよく似ているが葉は常緑で 2 小葉のことが多く，1 つの小葉はより大きく，きょ歯が少ない．この種はバイカイカリソウとイカリソウの交雑起源と考えられる．

1329. オオバイカイカリソウ（スズフリイカリソウ）〔メギ科〕

Epimedium* ×*setosum Koidz.

中国地方の低い山や丘陵地に生える多年草．地下の根茎は短くはい，塊状となる．根茎の頭部に数本の茎が叢生する．葉は 2 回 2 出から 2 回 3 出形までのさまざまな形がある．小葉は卵状楕円形で先端は鋭頭ないし鈍頭，葉縁の刺毛状きょ歯は数個から多数．花は 5 月に咲き，白色〜紅紫色で，距をもたないもの（狭義のオオバイカイカリソウ）から長い距をもつもの（スズフリイカリソウ *E.* ×*sasakii* F.Maek.）までさまざまな変異がある．バイカイカリソウとトキワイカリソウの交雑に由来する群で，形態の変異が大きく，葉形，小葉の形，花形，花色などバイカイカリソウ様の特徴をもつものから，トキワイカリソウ様の特徴をもつものまである．各特徴とも連続してしまい，またさまざまな組み合わせで出現するので，一様の形態を示さない．

1330. ホザキイカリソウ〔メギ科〕

Epimedium sagittatum (Siebold et Zucc.) Maxim.

多分天保年間（1830〜1843）に日本に入ってきた中国原産の常緑多年草で，まれに日本で栽植されている．高さは 30〜40 cm ぐらい．根茎は硬質で，硬い多数のひげ根を出す．葉質は硬くて，冬を越すことができる．根生葉は 2 回 3 出複葉で，小葉は卵状披針形，基部は心臓形またはやじり形で，時にはやや左右不同形で，縁に刺毛があり，茎の上部で 3 出葉を 2〜3 個出し，柄がある．4 月頃，茎頂の葉の間から 1 個の円錐花序を立て，多数の有柄小形の白色花をつける．花径は 6 mm ぐらい．がく片は 8 個あり，そのうち外側の 4 個は楕円形で長さ 4 mm ほど，内側の 4 個は白色で卵状楕円形で，先端は鋭形，花弁よりも少し短い．4 個の花弁は黄色で蜜槽状を呈し，短い距がある．雄しべは 4 個で，葯は長い弁で開裂する．雌しべは 1 個で子房の花柱は長い．この種が近江の国（滋賀県）に野生するというが，これは誤りである．〔日本名〕穂咲イカリ草．花穂のようすからついた名である．〔漢名〕三枝九葉草．

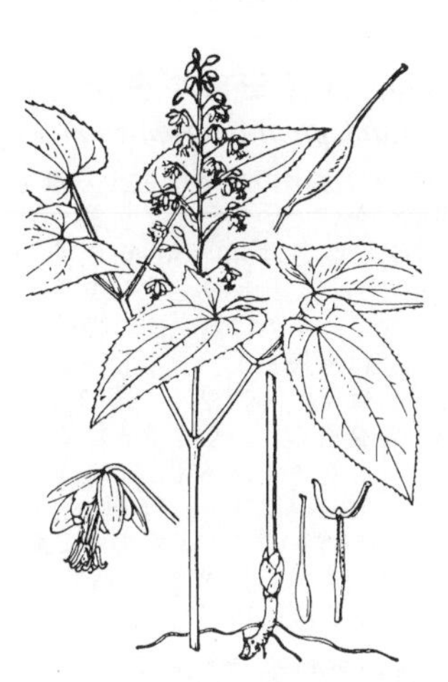

1331. サンカヨウ〔メギ科〕

Diphylleia grayi F.Schmidt (*D. cymosa* Michx. var. *grayi* (F.Schmidt) Maxim.)

深山の樹の下に生える多年生草本で根茎は横にはい，凹状の古い茎の基部がつらなり，下にひげ根を出す．茎は 1 株 1 本で直立し，高さ 50 cm ぐらいある．全体に短毛があるが特に葉の裏の脈にそって著しい．根生葉には長い柄があり，大きい楯状で広腎形，深く 2 つに裂けている．茎葉は 2 個あるいは 3 個あり，下部の葉には長い柄があり，楯状の広腎形で 2 深裂し，葉のふちに大小の歯牙があり，時に深く裂け込む．上部の葉はほとんど無柄で，形は下部のものと同形であるが，やや小形で基部は深心臓形である．夏に，茎の先に散形状の花序を出し，白色の花を数個つける．がく片は 6 個で，早く落ちてしまう．花弁も 6 個で広倒卵形，長さ 1 cm，雄しべは 6 個あり，葯は弁によって開裂する．雌しべには子房が 1 個あり花柱は短い．液果は球状で碧黒色に熟し種子が数個入っている．〔日本名〕漢名の山荷葉に基づいたものであるが元来，山荷葉は本種の漢名ではない．

1332. トガクシソウ（トガクシショウマ）〔メギ科〕

Ranzania japonica (T.Itô ex Maxim.) T.Itô

中部や北部の深山の樹の下に生える多年生草本．地下に横にはった節の多い根茎があり，その先から茎をのばして直立し，高さ 30 cm ぐらいになる．茎の先に 2 個の 3 出葉がある．花がすむと葉は伸び，小葉は円形あるいは卵円形で，先端は鋭形，基部は心臓形で，あらい欠刻状のきょ歯があり，膜質，無毛である．5 月頃 2 個の葉の間から散形花序を出し，長い柄のある美しい淡紫色の花を開き，やや点頭する．花径は約 2〜3 cm である．がく片は 6 個，卵状披針形で花弁状，先は鋭形で，ふちがやや波状である．花弁はがく片よりはるかに小形で，6 個が集まって鐘形となり，雌しべと雄しべを囲んでいる．雄しべは 6 個で，葯は弁で開き，雄しべが物に触れた瞬間に運動するのは，メギと同様である．雌しべには子房が 1 個ある．秋になると卵状楕円形の液果が実る．〔日本名〕長野県の戸隠山で初めて採集されたのにちなんだものである．一名を戸隠升麻ともいう．〔追記〕属名は，有名な本草学者小野蘭山に献名されたものである．Maximowicz は本種に *Yatabea japonica* Maxim. という学名を与えたが，この名は公にならなかった．

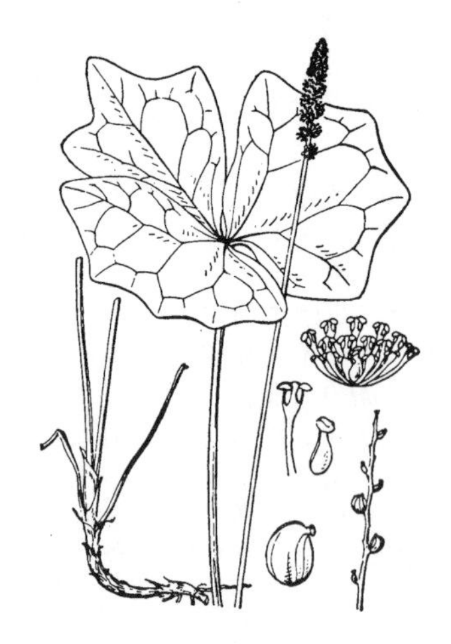

1333. ナンブソウ　〔メギ科〕

Achlys japonica Maxim.

東北地方や北海道の山地に生える多年生草本．地下には細い根茎が横にはっている．葉は根茎の先端からのび，細長い葉柄で立ち，高さは 5～10 cm，3 小葉があり，葉の直径は 3～5 cm，小葉は無柄で平開し，中央の小葉は菱状広卵形，両側の小葉は左右不同の卵形，ともに上部には 2～3 の波縁があり，ふつう欠刻状をしている．葉身は膜質でなめらかである．花茎は根茎の端から出て直立し，葉柄状で細長であり，葉よりも高い．花序はこの先に穂状となり，夏に開花する．花は無柄，細小で白色，裸花であって，花弁やがくはない．雄しべは 9～15 個，花糸はへら形で長いものや短いものが混じる．雌しべは 1 個で，心皮は 1 個．果実は袋果で，腎臓形，長さは 3～4 mm，種子が 1 個入っている．〔日本名〕岩手県盛岡地方一帯の地名である南部に基づいたものである．

1334. ルイヨウボタン　〔メギ科〕

Caulophyllum robustum Maxim.

各地の深山の林下に生える無毛の多年生草本で，根茎は横にはい，古い茎の基部をつないでいて，その先端から 1 本の茎を立てる．茎は直立して，基部に鱗片がある．高さは 40～50 cm ぐらい．葉は 3 回 3 出複葉で互生し，茎の上には 2 個の葉があり，無柄あるいは短い柄を持ち，第 1 小柄は非常に長く，第 2 小柄は極めて短い．小葉は側生のものは無柄，中央のものには短柄があり，卵形，長楕円形，あるいは広披針形，長さは 6 cm ぐらい，全縁，時には 2～3 裂し裏面はやや白色で葉質は薄い．初夏に，茎の頂部から円錐花序を出し，径 7～8 mm ぐらいの緑黄色の花を開く．がく片は 6 個で大きく花弁状で，その外側に 3～4 個の小苞がある．がく片と対生する 6 花弁は縮形して小腺状となる．雄しべは 6 個，葯は弁で開裂する．雌しべは 1 個．子房は 1 室で，胚珠は 2 個ある．花がすむと子房はすぐに成長をとめるので，子房の中にある胚珠は外に露出し，成熟すると約 8 mm の明らかな種柄を持った球形の裸種子が 2 個ずつ並んで双頭状になり，あたかも果実のようである．〔日本名〕類葉牡丹．葉がほぼ牡丹の葉のようであるからである．

1335. ナンテン　〔メギ科〕

Nandina domestica Thunb.

日本中部および中部以南の暖地の山林中に自生状となるが，普通は装飾植物として人家の庭園に植えられている常緑低木である．幹は叢生して直立し，通常単一で円柱形，粗面で暗色，材は黄色である．枝の上部には普通枯死してのこっている短い葉柄がある．高さは 2 m 内外が普通で，大きいものは稀に 3 m にもなる．葉は大形で，茎の頂に集まっていて開出し，有柄，互生し，数回羽状複葉である．小葉は表面はなめらかで，葉質は革質，披針形で先は鋭尖形，全縁である．小葉の下および葉柄のもとには関節があり，葉柄の基部はしばしば暗赤色を呈して鞘となり茎を抱いている．6 月頃，茎の先に大きい円錐花序を出し，多く分枝して多数の小白花をつける．がく片は多数で重なり合っている．花弁は 6 個で舟状披針形，なめらかで光沢がある．雄しべは 6 個，黄色の葯は縦に裂ける．子房は 1 個，花柱は短くて柱頭は掌状．秋から冬にかけて多数の球形の液果が赤く熟し，美しい．時には白実のシロナンテン，一名シロミナンテン 'Leucocarpa' また稀に淡紫実のフジナンテン 'Porphylocarpa' というものがある．果実には種子が 2 個入っている．〔日本名〕南天燭あるいは南天竹の南天からついた．〔漢名〕南天竹，南天燭．南燭はシャシャンボ（ツツジ科）の漢名で，本種とは関係がない．

1336. ヒイラギナンテン（トウナンテン）　〔メギ科〕

Berberis japonica (Thunb.) R.Br.（*Mahonia japonica* (Thunb.) DC.）

天和，貞享の頃（1681～1687）日本に伝えられたもので，古くから観賞品として庭園に植えられている無毛の常緑低木である．台湾原産である．幹は直立してまばらに分枝し，コルク質のあらい樹皮があり，材は黄色である．葉は枝の先から傘状に開出し，奇数羽状複葉で，基部のものも入れると 5～8 対の小葉から出来ている．小葉は先端のもの以外は無柄，卵状披針形，あるいは長楕円状披針形で下部の小葉は卵形，小葉の先は長い披針形の尖歯となり，ふちには粗大な歯牙があり，歯牙の先はとげとなる．葉質は革質で，表面は緑色でつやがあり，裏面は黄緑色である．葉軸は有節，葉柄は短く，基部はさやとなって，茎を抱いている．早春，葉の中心から数本の花軸をぬき出し総状花序をやや下向きに開出し，有柄の小花を開く．穂の長さは 13 cm ぐらい．花軸は細長く硬質，小柄の基部には広針形の宿存苞がある．がく片は 9 個，花弁は 6 個で，花弁の先は 2 裂し，基部には蜜腺が 2 個ある．雄しべは 6 個で，葯は弁によって開裂する．雌しべは 1 個で子房は 1 室である．液果はほぼ球形で，熟すと紫黒色となり，表面には白粉をかぶり，中に少数の種子がある．〔日本名〕ヒイラギ南天の意味で，ナンテンの類で，粗歯のある葉がヒイラギに似ているからである．トウナンテンは唐から伝わってきた南天の意味である．〔漢名〕十大功労．現在中国では次種ホソバヒイラギナンテンと区別するため，台湾十大功労と称している．

1337. ホソバヒイラギナンテン 〔メギ科〕

Berberis fortunei Lindl.

(*Mahonia fortunei* (Lindl.) Fedde ex C.K.Schneid.)

明治初年に渡って来た中国原産の無毛常緑の低木で，庭に植えられている．高さは 1～2 m ぐらいである．幹は叢生し，細長で直立し，材は黄色．葉は有柄で互生し，奇数羽状複葉で，長さは 12～25 cm，葉柄の基部は鞘となって茎を抱き，小葉は無柄で，7～9 個対生し，狭長披針形，先端は鋭尖形，ふちに低いきょ歯があり，きょ歯の先は針状となる．葉は革質，葉面にはやや光沢があり，葉軸に節がある．秋に茎の先から数本の総状花序を出し，長さは約 6 cm，黄色の小花が群がってつく．花には短い柄がある．苞は小形の鱗片状で，長さ 1 mm ぐらい．がく片は 9 個．花弁は 6 個，基部に蜜腺がある．雄しべは 6 個，葯は弁によって開裂する．雌しべは 1 個．子房は 1 室．液果は藍黒色である．〔日本名〕細葉ヒイラギ南天．葉が細長いからである．〔漢名〕十大功労．

1338. メ　ギ（コトリトマラズ，ヨロイドオシ） 〔メギ科〕

Berberis thunbergii DC.

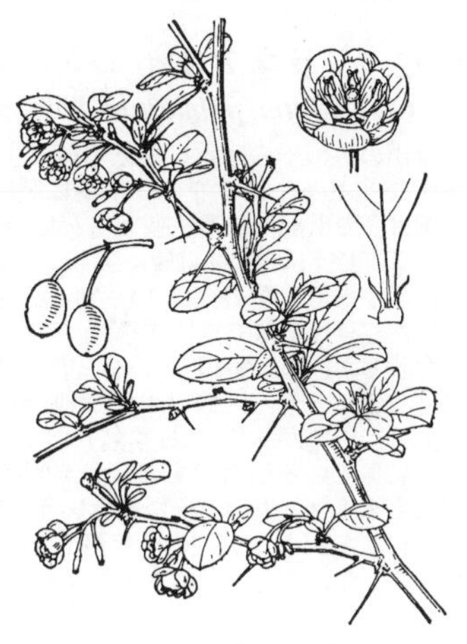

山地や山原，野原などに生える落葉小低木．高さは約 2 m になる．幹は直立して，多数分枝し，葉が多くついて，密な叢をなし，枝には稜があり，褐色で，刺がある．葉は小形で倒卵形，あるいは狭倒卵形で下部はくさび形で，全縁，長さは 2～3 cm ぐらい，葉の裏は淡緑色で，後しばしば白味をおびる．葉は新枝には互生，短枝には叢生する．葉叢の下には葉の変形した単一または 3 岐した刺針がある．若木の葉は円形で関節のあるひげ状の長い柄がある．4 月に，新葉が出る頃，小総状花序を出し，少数の黄色の花を下向きに開く．がく片は 6 個で，長楕円形，淡緑色，かすかに紅色を帯びている．花弁も 6 個でがく片よりも小さく，長楕円形で長さは 2 mm ぐらいある．雄しべは 6 個で，開花の時，触れると内曲運動を起こす特別な性質がある．葯は弁で開裂する．雌しべには子房が 1 個あり，1 室である．液果は長楕円体で秋から冬にかけて紅熟する．葉の裏の白いものをウラジロメギというが，白さの程度はさまざまなので，これを変種として扱わない．葉が白くなるのはふつう老葉にだけに見られる．〔日本名〕目木．木を煎じて洗眼薬に使うからである．一名コトリトマラズは枝に多くの刺があるから小鳥もとまれないという意味．一名ヨロイドオシは尖った刺を小刀にたとえたものである．〔漢名〕小蘗は多分誤用であろう．

1339. オオバメギ（ミヤマヘビノボラズ，ミヤマメギ，シコクメギ）〔メギ科〕

Berberis tschonoskyana Regel

わが国南部の各地の山地に生える落葉小低木．概形はメギに似ているが枝がまばらに分枝し，円柱形で稜がなく，普通は刺がないが，時には多少の小さい刺があることもある．葉は広倒卵形で全縁，長さ 3～7 cm ぐらい，下部は急に狭まっていて，短枝の上に数個の葉を叢生する．初夏の頃，短枝上の葉の中から総状花序を出し，小さい柄のある黄色の花を数個開き，花穂はたいてい葉よりも短く，花軸や，小花柄は細長である．がく片や花弁はそれぞれ 6 個．雄しべは 6 個で，葯には 2 個の葯室があり，上方に反転する弁で開裂する．雌しべには子房が 1 個あり，花柱は短い．液果は長楕円体で赤く熟し，長さは 1 cm ぐらいある．〔日本名〕大葉目木．メギに似ているが葉が大形であるからである．別名ミヤマヘビノボラズ（深山蛇上らず），深山目木は文字の通りの意味である．一名シコクメギは四国に産するメギという意味である．

1340. ヘビノボラズ（トリトマラズ，コガネエンジュ） 〔メギ科〕

Berberis sieboldii Miq.

本州（東海西部から近畿南部）と宮崎県の山野に生える無毛の落葉小低木で，高さは 50～70 cm．幹は直立して分枝し，小枝は円柱形，かすかに細い稜があり，暗灰色で，材は黄色である．葉は長倒卵形または倒披針形，先端は鋭形で，先は小針状となり，ふちに小刺毛があって基部はくさび形に狭まり，無柄あるいは短い柄となり，枝と節合する．葉の上面は緑色，下面は古くなると白色をおびる．葉叢の下に，単一または 3 岐した刺針がある．初夏の頃短枝上の葉叢の中から，ほぼ散形状の総状花序を出し，黄色の花を数個つける．穂の長さは約 3 cm である．がく片は 6 個で広倒卵形，先端は鈍形，長さは 6 mm ぐらいである．花弁も 6 個で，小形である．雄しべは 6 個，葯は 2 室で，それぞれ上方に反転する弁があり，ここで開裂する．雌しべには子房が 1 個あり，花柱は短い．液果はほぼ球形で赤く熟し，直径 6 mm ぐらいである．〔日本名〕蛇上らずは，枝に刺があるので蛇でさえのぼれないという意味．一名トリトマラズ（鳥とまらず）も刺が多いためで，コガネエンジュは花が黄色であるからである．

1341. ヒロハヘビノボラズ（ヒトハリヘビノボラズ）　〔メギ科〕

Berberis amurensis Rupr.

中部以北の山地に生える落葉低木で，高さは 1〜3 m ぐらいである．幹は直立して密に分枝し，枝は細長で稜角があり，灰色をしており，毛はなく，3 岐した大形の鋭い刺がある．この刺は葉の変形物である．葉は刺の腋から出る短枝の上に叢生し，楕円形あるいは倒卵状披針形で，先端は鈍形，長さは 3〜5 cm ぐらい，下部はくさび形に狭まって葉柄状となり，枝と節合し，葉のふちには鋭い刺のある細かいきょ歯があり，膜質で，裏面は葉脈が網状に隆起して目立つ．初夏の頃，短枝の先端にやや一方に傾いた総状花序を出し，密集した淡黄色の小花をつける．一つの穂につく花の数は 10 個内外である．がく片は 6 個．花弁も 6 個で，倒卵円形で平開しない．基部に 2 個の小形の腺がある．液果は楕円体で長さは 1 cm ぐらい．霜の下りる頃に紅熟する．〔日本名〕広葉蛇上らずで，他のヘビノボラズと比べると葉が広いからである．

1342. シラネアオイ（ハルフヨウ，ヤマフヨウ）　〔キンポウゲ科〕

Glaucidium palmatum Siebold et Zucc.

深山の樹の下の陰地に生える多年生草本で，高さは花のある時で 20 cm ぐらい，花がすむと 40 cm にもなる．根茎は肥厚し，茎の基部には数個の鞘状膜質の葉がある．茎葉は茎の上部に普通 2 個互生してつき，有柄で腎臓状円形，基部は心臓形，掌状で 5〜7 個に尖裂し，裂片は鋭く尖り，鋭いきょ歯があり，脈は上面で凹み，両面とも脈上には毛がある．葉の径は 10〜30 cm．6〜7 月頃，茎の先に 1 個の美花をつける．花の下にある苞は葉状で無柄，腎臓形で鋭い欠刻がある．花は径 7 cm ぐらい．がく片は 4 個，花弁状で紫色，広倒卵形である．無花弁．雄しべは多数．雌しべは 2 個，さく果も 2 個，扁平でほぼ方形，内側の 1 側でゆ合し，外側の 3 側の縫線にそって裂ける．種子は倒卵形で広い翼がある．〔日本名〕白根葵は栃木県日光の白根山に多くあり，花がタチアオイに似ているからであり，春芙蓉は花がフヨウに似て早く開花するから，山芙蓉は山に生えるフヨウのような花という意味である．〔追記〕本種は北アメリカの *Hydrastis* と共に，キンポウゲ科の中で最も早い時期に分岐した歴史の古い群であることが明らかとなっており，キンポウゲ科から分立させてシラネアオイ科とする意見もある．

1343. ヒイラギナンテンモドキ　〔キンポウゲ科〕

Xanthorhiza simplicissima Marshall

北アメリカ東部原産の小型の落葉灌木で，日陰の川岸や林床などの直接日光が当たらない場所に生育する．茎は高さ 20〜70 cm，径 3〜6 mm．樹皮は滑らかで，葉痕に取り囲まれ，樹皮内側は黄色．葉は羽状複葉で茎の先端近くにまとまって付き，葉柄は全長の半分程度，全体の長さ 18 cm に達する．小葉は 3〜5 枚，長さ 2.5〜10 cm，幅 2〜8 cm，無柄あるいは短い柄があり，不整の鋸歯縁で，一部は深く切れ込む．花期は 4〜5 月．花序は新葉とともに冬芽から開き，細長い総状花序からなる円錐花序で，長さ 6〜21 cm，花序軸は短い毛に覆われる．花は 2〜5 mm の花柄があり．紫褐色から淡緑褐色，萼片は 5 枚で披針形，鋭尖頭，平開し，花弁は短く，2 裂して蜜腺が付き，雄蕊は 5 個，雌蕊は 5〜10 個ある．袋果は黄褐色，光沢があり，やや膨らみ，長さ 3〜4 mm，先端に繊毛がある．樹皮や根茎に苦味成分を含み，薬用植物としてよく知られる．また，グラウンドカバーとして植栽される．

1344. ミツバオウレン　〔キンポウゲ科〕

Coptis trifolia (L.) Salisb.

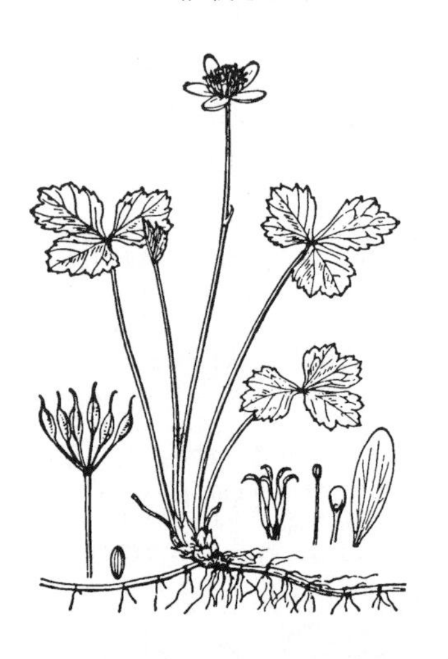

高山地帯の林下や湿原に生える常緑多年生の小草本．根茎は糸状で横に走り，黄色をしている．葉は根生し，長い柄があり，3 出複葉で各小葉は広いくさび形か広倒卵形で時には 3 裂し，葉質は厚く上面はなめらかでつやがある．7〜8 月頃，高さ 5 cm 内外の直立した 1 本の花茎を出し，先端に 1 個の白色の花をつける．花茎上に広いへら形の小苞が 1〜2 個ある．花は両性花で，がく片は 5 個あり，花弁状で長楕円形，高さは 7 mm ぐらいある．花弁 5 個は退化してさじ形となり，黄色の蜜槽となる．花には雄しべが多数と数個の心皮がある．花がすむと袋果が散形に並び，卵形体で長さは先端の長いくちばしをあわせて 8 mm ぐらい，柄はこれと同長かあるいはこれよりも長い．〔日本名〕三葉黄連は葉の形に基づいたものである．

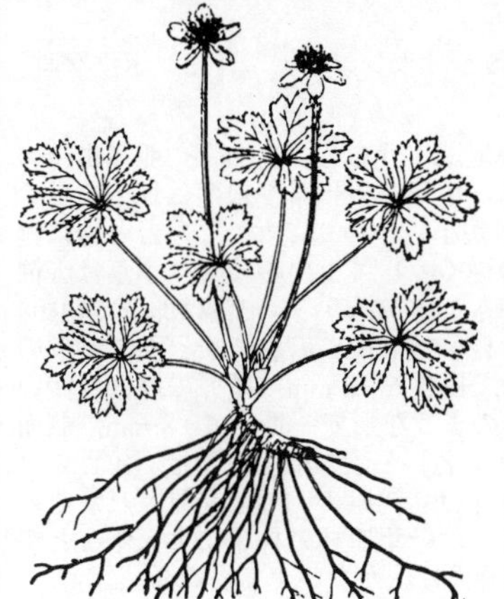

1345. **バイカオウレン**（ゴカヨウオウレン） 〔キンポウゲ科〕

Coptis quinquefolia Miq.

各地の山の半陰地に生える多年生常緑の小草本で高さは 8 cm 内外である．根茎は多少肥厚してやや長く，黄色のひげ根を多数出す．葉は根生で叢生し，長い柄があり 5 裂する．小葉は厚質で倒卵形，基部はくさび形で 2〜3 浅裂し，鋭歯がある．春，根生葉の中心から直立した帯紫色の花茎を出す．花茎は単一で茎の中ほどに鱗片状の小苞が 1 個あり，頂に白色の両性花を 1 個つける．がく片は 5 個で花弁状，倒卵状長楕円形で先端は鈍形，長さは 5〜9 mm である．花弁は有柄で黄色のひしゃく状となり蜜槽に変わっている．花には雄しべ多数と心皮数個がある．花がすむと袋果が輪状散形に並ぶ．袋果の長さは約 8 mm である．根茎が伸びるものをツルゴカヨウオウレンとして区別することもあるが，一種の生態型と思われる．〔日本名〕梅花黄連の意味で花のようすに基づいたものである．また一名ゴカヨウオウレンともいうが，これは五加葉黄連で，葉がウコギ（五加）に似ているからである．

1346. **シコクバイカオウレン** 〔キンポウゲ科〕

Coptis quinquefolia Miq. var. ***shikokumontana*** Kadota

本州（山形県〜山口県）に分布するバイカオウレンから，四国山地の高所に分布するものを区別した変種．相違点は，バイカオウレンでは花弁の舷部が皿状であるのに対して，本変種はコップ状であることがあげられる．根茎は細く，長く，匍匐枝を出す．根生葉は光沢があり，5 裂，長い葉柄を持つ．小葉は倒卵形，基部は楔形で 3 中裂し，鋭い鋸歯がある．早春に帯紫色の花茎を出し，1 個の白色の両性花をつける．萼片は花弁状で 5 枚，倒卵形，鈍頭，白色．花弁は黄色．雄蕊は多数．心皮は数個．最近の研究により，四国産で葉が 5 全裂するものにはシコクバイカオウレンだけではなく，バイカオウレンそのものなど複数のオウレン属植物があるらしいことが分かっている．

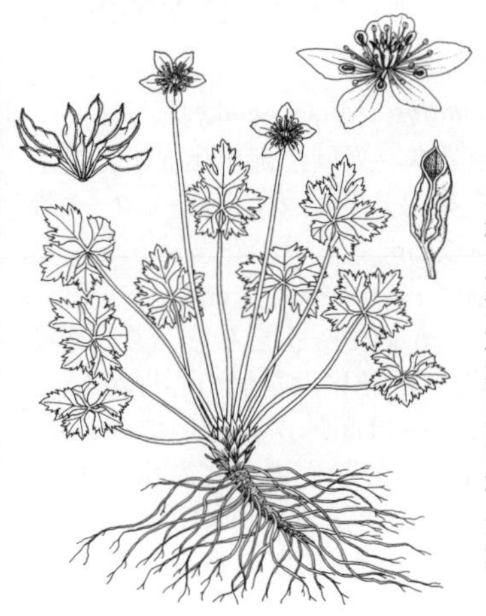

1347. **ヒュウガオウレン** 〔キンポウゲ科〕

Coptis minamitaniana Kadota

宮崎県中部の低地の常緑広葉樹林内に生育する常緑の多年生草本で，高さ約 10 cm，果時には 15 cm に達する．根茎は太くやや長く，径 3〜4 mm，分枝して横走するが，匍匐枝は出さない．花茎は紫褐色で，無毛，基部は卵形の革質の鱗片に被われる．葉は全て根生で，5 小葉からなる掌状複葉．葉身は広倒卵形から菱形で，基部は心形，長さ 10〜18 mm，幅 8〜14 mm，洋紙質で鈍い光沢があり 3 深裂して裂片は楔形，先端は芒状となり，無毛あるいは向軸側の脈上に短い屈毛がまばらに生える．葉柄は長さ 3〜8 cm，無毛，基部に短い葉鞘がある．花は 1〜3 月に咲き，単生，径 1〜1.4 cm，苞がある．苞は倒卵形，全縁，鋭頭．萼片は 5 枚，狭卵形から楕円形，長さ 6〜7 mm，幅 3〜4 mm，白色，鈍頭．花弁は 5 枚，さじ形，長さ 3〜4 mm，黄橙色，長い柄を持つ．雄蕊は 2〜4 mm，葯は楕円形，長さ約 0.5 mm，花糸は長さ 1〜3 mm．袋果は 5〜9 個，楕円形で長さ 5〜6 mm，幅約 2 mm，屈毛のある長い柄がある．嘴は長さ約 1 mm 以下で，鉤状に曲がる．

1348. **キタヤマオウレン** 〔キンポウゲ科〕

Coptis kitayamensis Kadota

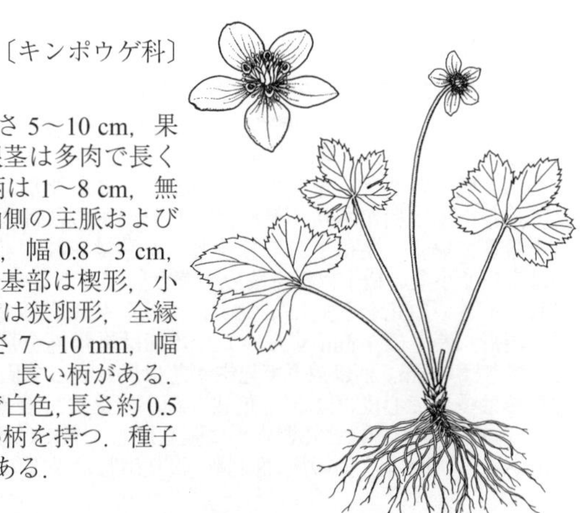

暖温帯〜亜寒帯の林下や湿草原に生える常緑多年生草本で高さ 5〜10 cm，果時には 15 cm に達する．匍匐枝を出し，長さ 10 cm になる．根茎は多肉で長く木質，径 3〜5 mm．花茎は暗紫褐色で無毛．葉は根生し，葉柄は 1〜8 cm，無毛，基部に葉鞘がある．葉身は 3 裂，革質で光沢がある．向軸側の主脈および側脈に沿って剛毛が生える．頂小葉は倒卵形で長さ 1〜5.5 cm，幅 0.8〜3 cm，側小葉は倒卵形から卵形で長さ 0.7〜4.5 cm，幅 0.8〜3.5 cm，基部は楔形，小葉柄は不明瞭．花は単生し，径 1.5〜2 cm，3〜6 月に咲く．苞は狭卵形，全縁あるいは鋸歯縁で長さ約 8 mm．萼片は 5 枚，狭倒卵形で，長さ 7〜10 mm，幅 5 mm，白色で鈍頭．花弁は 5 枚，橙黄色でへら状，長さ 4 mm，長い柄がある．蜜腺はひしゃく形で径約 1 mm．雄蕊は 4〜6 mm．葯は楕円形で白色，長さ約 0.5 mm．袋果は 4〜9 個，楕円体で長さ 7〜8 mm，幅 3 mm，長い柄を持つ．種子は平らな楕円体で淡茶色，長さ 2 mm，幅 0.7 mm，細かい筋がある．

1349. ミツバノバイカオウレン（コシジオウレン）　〔キンポウゲ科〕

Coptis trifoliolata (Makino) Makino

東北地方から中部地方にかけての日本海側地域に分布し，高山帯や亜高山帯の雪田の周囲あるいはそれが融けた跡地に生える小形の多年草．根茎は地中を長く横走する．茎は高さ 5〜10 cm，直立し，全体が小さいわりに太く，葉とともに無毛で，褐色をおびる．葉は常緑で，厚くかつ硬く，1 回 3 出の複葉．小葉は広倒卵状のくさび形，長さ 2〜3 cm，上半部に粗いきょ歯があり，きょ歯は卵形で鋭頭．花は 5〜8 月，花茎の先に単生し，白色，径 12〜15 mm．花茎にはときに 1 個の苞葉がある．がく片は花弁状，5 個，楕円形，長さ 6〜8 mm．蜜弁の舷部は浅い杯状で，全体の半長の柄がある．袋果は箱舟のような形で，長さ 6〜8 mm，側面に各 1 本の脈があり，柄は長さ約 5 mm.〔日本名〕三葉の梅花黄蓮はバイカオウレンに似て，小葉が 3 枚であるため．越路黄蓮は新潟県の山地で発見されたためである．ミツバオウレンは本種に似るが，これは針葉樹林の林床に生えることが多く，茎が細くて緑色で，かつ袋果が卵形で側面に脈がない点で異なる．

1350. オウレン（キクバオウレン）　〔キンポウゲ科〕

Coptis japonica (Thunb.) Makino var. ***anemonifolia*** (Siebold et Zucc.) H.Ohba

山地樹林下の湿ったところに生える多形的の常緑の多年生草本．根茎は多肉で肥厚して地下を斜めにはい，黄色で多数の黄色のひげ根を出す．根生葉ははっきりした柄で 3 分し，各々は更に分裂して鋭歯牙縁がある．雌雄異株．早春 10 cm ぐらいの花茎を出し，白色で柄のある花を 2〜3 個互生してつける．花柄は花がすむと著しく伸び 5〜10 cm にもなる．花は直径 1.2 cm ぐらい，がく片は 5〜7 個で披針形．花弁は 5〜6 個で線形，がく片よりも小形である．雄花には雄しべが多数あり，雌花には心皮が数個ある．心皮は花が終わるとすぐ内縫合線に沿って裂け，胚珠が見える．花がすむと有柄で長さ 1.3 cm ぐらいの袋果が輪状につく．薬用植物の 1 種で，根茎を使用する．図示したものはキクバオウレンの型で，薬用として用いられるのはもっぱらこの型である．〔日本名〕オウレンは漢名の黄連に基づいたものであるが，元来の黄連は中国産の *C. chinensis* Franch. のことなので，日本産のオウレンにこの漢名を適用するのは誤りである．

1351. セリバオウレン　〔キンポウゲ科〕

Coptis japonica (Thunb.) Makino var. ***major*** (Miq.) Satake

各地の山の樹の下に生える多年生常緑草本．葉は全部根生して，多裂した 3 出の羽状複葉となり多数の小葉を持ち，各小葉は厚質で 2〜3 裂し鋭頭欠刻がある．雌雄異株．春，高さ 7 cm ぐらいの花茎を出し，茎上に白色で柄の有る 2〜3 の小さな花を開く．花の径は 1 cm ぐらい．がく片は 5〜7 個で披針形である．花弁は 5〜6 個で線状をしており，がく片よりも短い．雄花には雄しべが多数あり，雌花には数個の心皮がある．花がすむとすぐに心皮の内縫合線にそって裂け胚珠がのぞいて見える．花がすむと果実は長さ 1 cm ばかりの袋果となり柄があって輪状に並ぶ．花後，花茎や花柄は著しく伸長して葉の上にぬき出る．〔日本名〕芹葉黄連の意味で，葉が細かく裂けているのに基づいたものである．

1352. サバノオ　〔キンポウゲ科〕

Dichocarpum dicarpon (Miq.) W.T.Wang et P.K.Hsiao var. ***dicarpon***

日本の西南部各地の山の樹の下に生える草質の軟らかい多年生草本で，高さは 8〜12 cm ぐらいある．茎は直立し，1 本または 2〜3 本を叢生する．根生葉は長い柄があり柄の基部は広がって膜質の鞘となり広卵形である．葉片は鳥足状三出複葉で，各小葉は柄があり，菱形状広卵形でふちには欠刻状鈍きょ歯があり，紫褐色を帯びている．茎は上方で分枝し，茎葉は花枝や花柄の下に対生し，3 出あるいは単一で小葉の様子は根生葉の小葉と同様である．春に茎の先に花柄 2〜3 本を出し，小さい白花を下垂してつける．がく片は 5 個で花弁状をしており，倒卵状長楕円形，長さは 7 mm ぐらいで，背部は黒紫色を帯びている．花弁は 5 個で小形，長さは 4 mm，柄は線形で先端が急に反り返って円く曲がり，黄色をしている．雄しべは多数で心皮は 2 個，花柱は細小である．袋果は線状長楕円形で長さは 9 mm，無柄で 2 個がほとんど水平に張り出し，果皮は膜質で，中に平滑な球形の種子である．〔日本名〕鯖の尾は両側に張り出した果実の様子に基づいたものである．

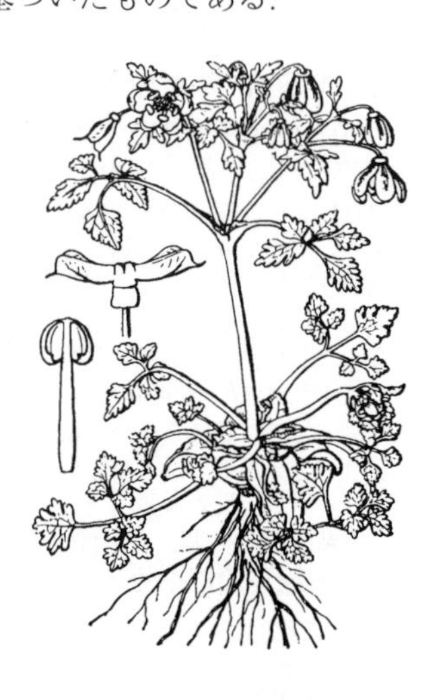

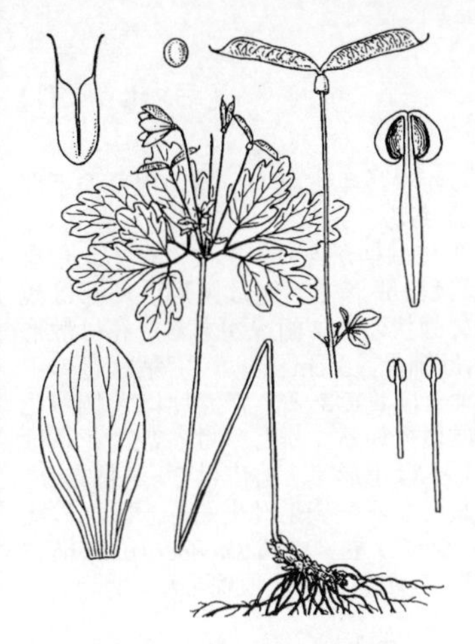

1353. **アズマシロカネソウ**（アズマシロガネソウ）〔キンポウゲ科〕

Dichocarpum nipponicum (Franch.) W.T.Wang et P.K.Hsiao

東北地方（秋田県以南）から中部地方（兵庫県以東）にかけての日本海沿岸地方に分布し，山地帯の落葉広樹林内に生える小形の多年草．根茎は太く，短く地中を横走し，鱗片に密におおわれる．茎は高さ 10〜30 cm，直立し，分枝せず，葉とともに無毛．根生葉はふつうないが，ときに 1 個ある．茎葉はやや対生し，1 回 3 出の複葉，柄は短く長さ 2〜5 mm，小葉は菱状倒卵形，長さ 1〜4 cm，円頭の粗いきょ歯があり，基部はくさび形．花は 5〜6 月，茎の先に散形状に数個つき，淡黄緑色，径 7〜10 mm，斜め下向きに咲く．がく片は花弁状，楕円形で鈍頭，長さ 5〜8 mm，斜開し，上側の 1 個の背面は紫色をおびる．花弁は 5 個，蜜腺のある舷部は 1 個，広倒心形で長さ約 1 mm，柄は長さ約 3 mm．雄しべは多数で，長さ約 3 mm．袋果は線状長楕円形で，長さ約 9 mm，無毛，ほとんど水平に開出する．種子は球形で平滑，褐色で鈍い光沢があり，径約 0.8 mm．〔日本名〕東白銀草で，東国に生えるシロカネソウの一種の意味である．

1354. **ハコネシロカネソウ**（イズシロカネソウ）〔キンポウゲ科〕

Dichocarpum hakonense (F.Maek. et Tuyama ex Ohwi) W.T.Wang et P.K.Hsiao

本州中部の箱根および伊豆地方に分布し，山地帯の落葉広葉樹林の林床に生える小形の多年草．繊細な感じがする．根茎はやや太く，短く地中を横走し，鱗片をまばらにつける．茎は直立し，高さ 10〜20 cm，葉とともに無毛．ときに短い走出枝を出す．根生葉は 1〜2 個あるいは数個あり，2 回 3 出の複葉で，柄は長さ 2〜7 cm で葉身より長い．茎葉は対生し，2 回 3 出の複葉，柄は長さ約 3 mm ほどでより短い．小葉は長さ 6〜20 mm，広卵形ないし菱状広楕円形，鈍頭の粗いきょ歯があり，基部は浅いくさび形，花は 5 月，茎の先に数個散形状につくかあるいは単生し，白色，径 6〜9 mm，横向きにつき，ふつうやや半開の状態で咲く．がく片は花弁状，楕円形で鈍頭，長さ 4〜6 mm．花弁は T 字状，舷部は楕円形で長さ 0.5 mm，柄は長さ 1.5 mm，雄しべは約 10 本，長さ 3〜4 mm．袋果は線状倒披針形，長さ約 1 cm，ほとんど水平に開出する．種子は球形，褐色で光沢があり，径約 0.7 mm．〔日本名〕箱根白銀草あるいは伊豆白銀草で，ともに最初に発見された場所．

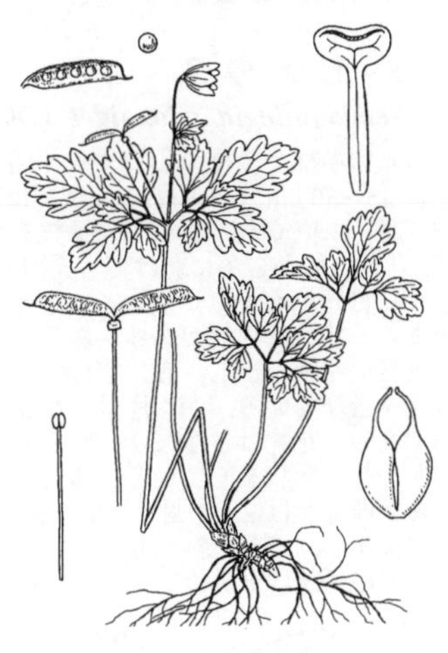

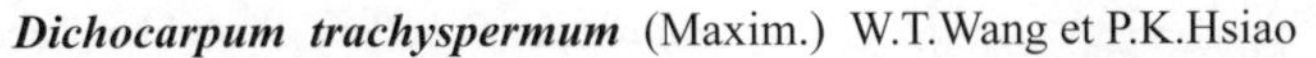

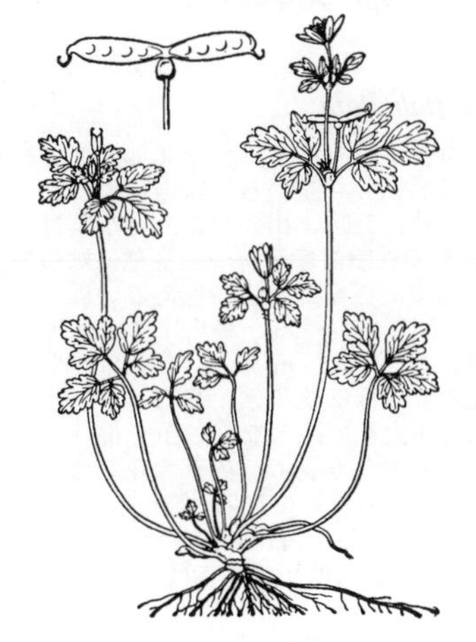

1355. **トウゴクサバノオ**〔キンポウゲ科〕

Dichocarpum trachyspermum (Maxim.) W.T.Wang et P.K.Hsiao

岩手県以南の山中の湿ったところに生える多年生草本で高さは 10 cm 内外，草全体は柔軟で無毛である．根はひげ状で，短い根茎から出ている．葉は根もとから生え，葉柄のもとには軟骨状の鞘があり，卵形で夏まで残っている．葉片は径 3 cm 内外，3 出あるいは鳥足状 5 出，小葉は円卵形，ふちに鈍きょ歯がある．茎は 1 株から 3〜4 本出て，葉よりも高くなり，斜めにのび上り，4 稜があり，汚紅色をしており，上部に 2 個の苞葉が対生し，柄は短くて 3 出する．4 月頃茎の先に淡黄緑色の花を開き，細い花柄がある．がく片は 5 個で花弁状である．花弁は黄色の蜜槽状となり，がく片よりも短い．雄しべは 15 個内外．袋果は 5〜6 月頃熟して水平に開き，幅は 2 cm 内外である．がく筒は多汁となり果実の柄の先端を包んでいる．種子は小円形，こぶ状の突起がある．夏に根のそばに閉鎖花をつける．〔日本名〕東国鯖の尾で，この種が関東地方の山に生えるサバノオの一種であるからである．

1356. **ツルシロカネソウ**（シロカネソウ）〔キンポウゲ科〕

Dichocarpum stoloniferum (Maxim.) W.T.Wang et P.K.Hsiao

富士山から紀伊半島の陰地に生える質の軟らかな多年生草本で，地中を横にはう白色の根茎によって繁殖する．茎は繊細で緑色をしており，高さは 12 cm 内外になる．根生葉には長い柄があり，柄のもとはやや広がって小さい鞘となり，鳥足状の 5 出葉で小葉は広卵形，欠刻状鈍きょ歯がある．上部に細枝を分枝し，分枝点に茎葉を叢生する．5〜6 月頃，細枝の先から直立した細い柄を出し，柄の先に白花をつけ上向きに開く．花の径は 1.3 cm ほどである．がく片は 5 個で長楕円形．花弁は 5 個で退化し，長さ 2 mm ぐらい，上部は円形，黄色，下部は糸状の柄となる．花には多数の雄しべと 2 個の心皮がある．袋果は 2 個がほとんど水平に開出し，果皮は膜質で先端に糸状の花柱が宿存する．〔日本名〕白銀草は多分花の色が白く，茎や葉が緑色で他の色がまじっていないのでこのような名をつけたのだろう．ツルシロカネソウは地下茎がつる状をしているからである．

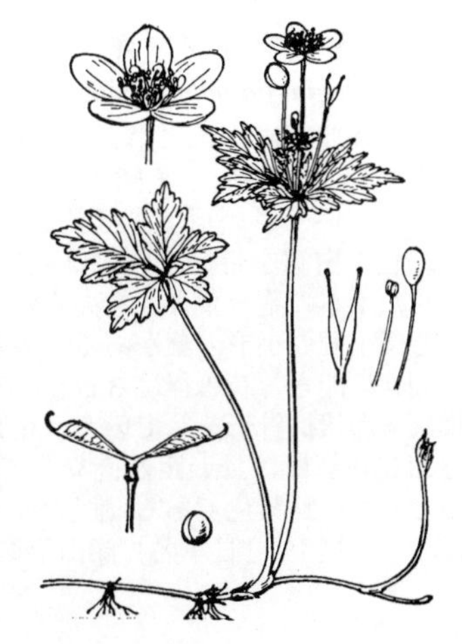

1357. チチブシロカネソウ 〔キンポウゲ科〕

Enemion raddeanum Regel

本州中北部の山地の陰地に生える草質の軟らかい多年生草本．短い根茎の下部から多数のひげ根が出ており，上部には鱗片がある．茎はやせて細く，直立し．中ほどから上のところに 1 枚の葉をつける．葉には柄があり，3 枚の小葉からなる複葉で，小葉にも小柄がある．小葉の形はほぼ卵形で，先は鋭形，基部は浅い心臓形，更に 3 つに深く裂け，各裂片には欠刻状のきょ歯縁がある．花は散形につき，数個の白色の花が茎頂に開く．花柄は細長，3 cm ぐらいで葉状苞の中心から出ている．苞には柄がなく，茎葉の小葉と同質である．がく片は 5 個，花弁状で平開し，楕円形で，様子はニリンソウに似ている．雄しべは多数，花糸は糸状で雌しべより長く，葯は黄色である．雌しべは小形で，心皮は 3～5 個あり，柄はなく，上部は狭まって，先端は点状の柱頭となる．袋果は平開し，腹部の縫線にそって開裂する．〔日本名〕秩父白銀草．シロカネソウ属 *Dichocarpum* 植物に似ていて，埼玉県秩父で知られたことによる．〔漢名〕東北仮扁果草．

1358. ヒメウズ 〔キンポウゲ科〕

Semiaquilegia adoxoides (DC.) Makino

日本の中部や南部の山のすそや路傍，石垣の間などに生える多年生小草本で，高さは 15～30 cm ぐらいある．塊茎は暗色で形は不定形である．茎は塊茎から出て繊細で長く，直立し，まばらに分枝している．葉はほとんど常緑で，裏面は紫色を帯び，新葉は秋から冬にかけてもえ出る．根生葉は叢生し，長い柄があり，3 出複葉で，小葉には短柄があり，広いくさび形で 3 尖裂し，尖裂片は先は円形で 2～3 の欠刻がある．茎葉は短柄があり，あるいは無柄で，2 回 3 出している．4～5 月頃，茎上に細長い花柄を出し，頂に点頭するオダマキ状の小花をつける．花は白色でやや淡紅色を帯びている．がく片は 5 個あり，花弁状で長さ 7 mm ぐらい，がく全体は鐘形である．花弁は 5 個で上方は黄色をしており，がく片の半分の長さで，基部は膨出して短い距状をしている．雄しべは 9～14 個，内側のものは薄い鱗片に変わっている．雌しべは 2～4 個，子房は狭長．袋果は小さくて 2～4 個あり，長披針形で星状に開出し，心皮は薄い．種子はほぼ球形で黒色をしており表面にはしわがある．〔日本名〕姫烏頭はトリカブトに似ているが小形であるからである．〔漢名〕天葵．

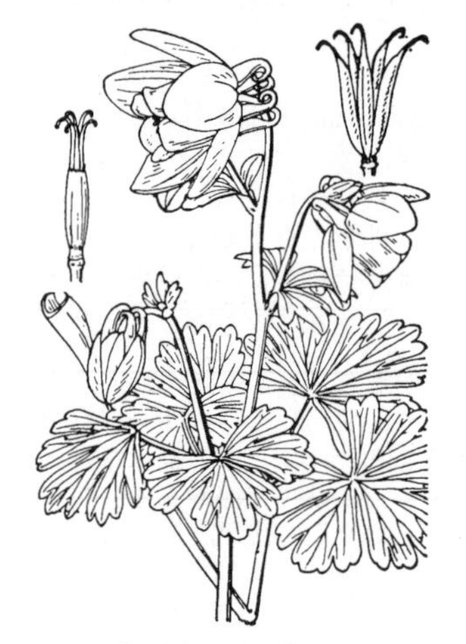

1359. オダマキ 〔キンポウゲ科〕

Aquilegia flabellata Siebold et Zucc. var. ***flabellata***

観賞花草として広く人家の庭に植えられている多年生草本で，多分北地の原産だろうと思われる．高さは 20～30 cm ぐらい．茎は直立し，なめらかな円柱形で粉白緑色である．根生葉は長柄があり帯白色で 2 回 3 出，3 回 3 出の複葉で，小葉は更に 2～3 裂し，裂片は広いくさび形で扇状に分裂して鈍頭歯牙を持つ．茎葉には短柄があり 1 回 3 出である．初夏に枝上に長柄を出してあざやかな碧紫色あるいはまれに白色（f. *albiflora* Makino）の美花を柄の先に下向きにつける．がく片は 5 個でほぼ開出し，花弁状で円状楕円形，先端は鈍円形で，長さは 2 cm ある．花弁は 5 個でがく片と交互に並び長楕円形で先端は平たい鈍形で上部は淡黄色，基部は下方に伸長し，強く内側に鉤状に曲がり，先端は小球状に膨大して距となり，距を併せて花弁の長さは 2 cm ぐらいある．雄しべは多数，花糸に長短があり，内部の花糸は最も長く，雄しべの内側に白膜質の長鱗片があって子房をとりまいている．雌しべは 5 個，子房は狭長，花柱は長い．袋果は 5 個，直立，無毛である．〔日本名〕苧環すなわち苧手巻の意味で，花のようすに基づいた呼名である．〔漢名〕耬斗菜は本種とは異なる．

1360. ミヤマオダマキ 〔キンポウゲ科〕

Aquilegia flabellata Siebold et Zucc. var. ***pumila*** (Huth) Kudô

中部以北の高山帯に生えている多年生草本で太い根茎がある．葉は 4～5 個根生し，柄は長く，1 回 3 出あるいは 2 回 3 出の複葉で，小葉は 3 全裂し，裂片は広いくさび形で先は鈍形，更に鈍頭の裂片に細裂する．葉の色は帯紫緑色で白霜を帯び下面には軟毛がまばらに生え，葉質は厚い．真夏に直立した 1 本の茎を葉よりも高くぬき出し，高さ 10～20 cm ぐらい，茎上にしばしば 1 個の小形の葉がある．茎の頂には大きい鮮紫色の美しい花をつけて下向きに開き，花の径は 3 cm ぐらいある．がく片は 5 個で広くひらき，各片は広卵状披針形をしている．花弁は 5 個でがく片より短く，長方形で黄色をおび基部には長い距が直立しており，その先端は内側に巻きこみ，がく片とともに鮮紫色である．雄しべは多数．雌しべは 5 個．袋果は 5 個で並立し，ほとんど無毛．〔日本名〕深山苧環で，深山に生えるからである．

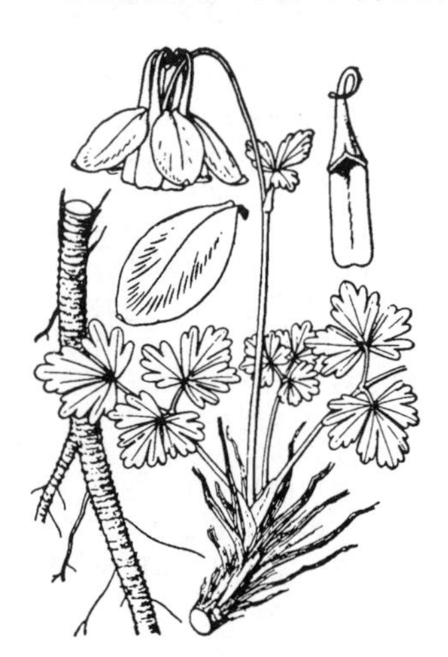

1361. ヤマオダマキ 〔キンポウゲ科〕

Aquilegia buergeriana Siebold et Zucc. var. ***buergeriana***

あちこちの山地に生える多年生草本で，ときには庭にも植えられている．高さは30〜50 cm ぐらい．茎は直立し，まばらに分枝し，しばしば褐紫色をしている．根は暗褐色で主根が地中にのびる．根生葉には長柄があり，2回3出の複葉で，小葉は広いくさび形または切形状くさび形で2〜3深裂，あるいは尖裂し，裂片はくさび形で更に2〜3の鈍頭歯牙があり，葉の上面は緑色，下面はやや粉白色をしている．5〜6月頃，上方で分枝し，上端が花柄となって大きい花が下向きに開く．がくは褐紫色で5個，半開し，卵状披針形で先端は狭鈍形，長さ17 mm ぐらい．花弁は5個，直立してがく片と互生し，ほぼ切形の長楕円形でがく片より短く，上部は淡黄色で基部はやせた距となり，わずかに内方に弓状に曲がり花の外に長くつき出し，距はだんだん狭まって遂に小球状となる．距はがくと同様に褐紫色をしている．雄しべは多数，長短不同，内部に白い膜質の狭長な鱗片があり子房のまわりをとりまいている．雌しべは5個，子房は狭長で細毛があり，花柱は長い．袋果は5個，直立し短い細毛がある．〔日本名〕山オダマキで，山地に生えるオダマキであるからである．

1362. ヒメカラマツ 〔キンポウゲ科〕

Thalictrum alpinum L. var. ***stipitatum*** Y.Yabe

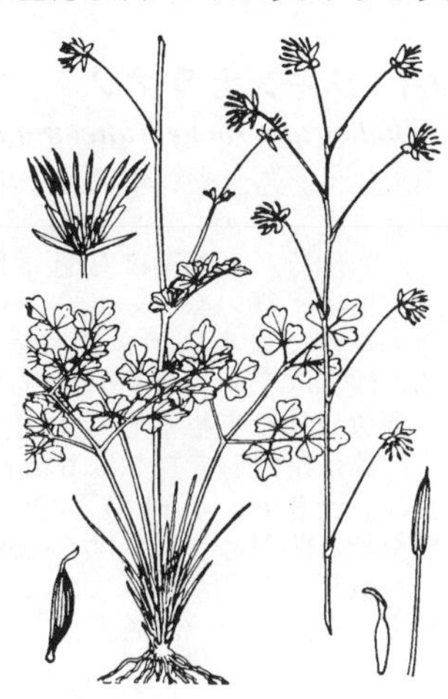

高山地帯に生える多年生の小さい草本．高さは約10〜20 cm で，無毛，株の根元に枯れた古い葉柄がついている．根はひげ状．茎は繊細で長く，直立し，緑色．根生葉には長い柄があり，2回3出で，小葉はやや無柄で小形，先端鈍形，3〜5個の鈍きょ歯あるいは裂片がある．上部の葉は形が簡単で，時にはこれがない場合もある．8月に茎の先に1個のまばらな総状花穂を出し，花柄は長さ1〜2.5 cm ぐらいで，斜め上方に向き，基部に全縁小形の鱗片状の苞がある．花は黄白色でやや下を向く．がく片は4個で淡紫色，長楕円形で長さは2.5 mm ばかり．花弁はない．雄しべは多数で叢生し，径約8 mm，葯は長く花糸は糸状である．雌しべは少数で子房は細長い．痩果は長さ5 mm ぐらい，平たくて倒披針形，やや縦にすじがあり，下に短い柄があり，先には柱頭が残存している．〔日本名〕姫唐松で，草体が小形であることを示す．本種は日本産の同属中で最も小形である．

1363. ノカラマツ 〔キンポウゲ科〕

Thalictrum simplex L. var. ***brevipes*** H.Hara

山原や平野に生える多年生草本で高さは60〜80 cm ぐらいあり，地中に横にはう細長い黄色の走出枝があってこれで繁殖する．茎は直立して上部で分枝し，緑色で稜があり，茎質は硬く，葉と同様に毛はない．葉は互生で茎の下部につく葉には短い柄があるが上部のものには柄はなく，2回3出または3回3出の羽状複葉で，基部に膜状の托葉があり，小葉はくさび形あるいは長楕円状くさび形で，先端は3〜5裂し先は鋭形である．7月頃，茎の先に大きい円錐花序を出し，淡黄色の小花が密に群がってつく．がく片は4〜5個で広卵形，早落性である．花弁は無い．雄しべは多数で輪状に集まって並びその径は6 mm ぐらい，花糸は糸状である．雌しべは少数で子房は広卵形，無花柱の柱頭がある．痩果は柄が無く両方の尖ったやや扁圧された楕円形で長さは4 mm ぐらい，縦稜が多数あり，先に柱頭が残存している．〔日本名〕野唐松で野原に生えるからである．花の色が黄色いのでキカラマツともいう．〔漢名〕短梗箭頭唐松草．

1364. アキカラマツ 〔キンポウゲ科〕

Thalictrum minus L. var. ***hypoleucum*** (Siebold et Zucc.) Miq.

山野に普通に見られる多年生草本で，高さは1〜1.5 m ぐらいある．茎は直立し，円柱形で緑色，葉と共に無毛，上部でさかんに分枝する．葉は互生，柄は無く，大形で緑色，裏面はやや霜白色，3出多裂で多数の小葉がある．小葉は円形，楕円形，広いくさび形，倒卵状くさび形などいろいろで，小柄があり，先端は3裂，時には5裂し，裂片の先端は尖っている．晩夏から初秋にかけて茎の先に大きい円錐花穂を出し，淡黄白色の小花を無数につける．花の径は8 mm ぐらい．がくは花弁状で3〜4個，卵形をしている．花弁はない．雄しべは多数，花糸は糸状．雌しべは少数で，子房は紡錘形，柱頭は短い．痩果は無柄，紡錘状楕円形で長さ4 mm ぐらい，多数の縦すじがあり，先に短く小さい柱頭が残存している．〔日本名〕秋唐松で，秋に開花するからである．〔漢名〕東亜唐松草，小果白蓬草．

1365. ニオイカラマツ　〔キンポウゲ科〕

Thalictrum foetidum L. var. ***foetidum***

岩手県の石灰岩地帯に分布し，岩まじりの草地や岩壁に生える小形の多年草．茎は高さ 15〜50 cm，上部で分枝し，葉とともに短い腺毛があり，基部は褐色の鱗片に被われる．根生葉はしばしば花時にも生存し，茎葉よりも小型で，長い柄がある．茎葉は 3〜6 回 3 出の複葉，灰青色をおび，托葉は褐色で膜質，小托葉はなく，柄は葉身より短い．小葉は長さ 5〜15 mm，倒卵形ないし円形，卵形の粗いきょ歯があり，下面は葉脈が隆起する．花は 6 月，円錐状にまばらに 10 数個つき，淡紅紫色，径約 5 mm，下向きに咲く．花柄は長さ 1.5〜4 cm，開出する．がく片は 4〜5 個，楕円形，紅紫色をおび，早落性．花弁はない．雄しべは長さ 8〜10 mm，葯は黄色で長さ 2.5〜3 mm，葯隔は突出し，花糸は紅紫色．痩果は 1〜7 個，長さ約 3 mm，腺毛があり，隆起する脈がある．柱頭は狭三角形，長さ約 0.5 mm．〔日本名〕臭唐松で悪臭があるため．〔漢名〕腺毛唐松草．〔追記〕チャボカラマツ（矮鶏唐松）var. *glabrescens* Takeda は悪臭がなく，かつ葉の上面に腺毛を欠く．これは北海道に分布し，中部以南の高山や河岸，海岸の岩壁や崩壊地に生育する．

1366. シキンカラマツ　〔キンポウゲ科〕

Thalictrum rochebruneanum Franch. et Sav.

山地に生える大形無毛の多年生草本．全体粉白色で，高さ 1 m 余にもなる．茎は直立し，なめらかな円柱形で普通紫色をおび，上部で分枝する．葉は互生，大形で，下の葉は有柄，上の葉は次第に無柄になり，2 回 3 出羽状複葉，葉柄は下部のややふくらんだ短い鞘となり，ふちは淡緑の膜状となる．多数の小葉には小柄があり，普通卵形または広いくさび形で，全縁または先端が浅く 3 裂し，基部は円形またはやや心臓形である．7〜8 月頃，茎の先で多数分枝して拡散した大円錐花序を出し多数の淡紫色の小花をつける．がく片は長楕円形で長さは 6 mm ばかり，花弁はない．雄しべは多数で輪状に並び，径 8 mm ぐらいで，花糸は糸状，葯は黄色，雌しべは多数．痩果にはやや長い柄があり長さは 5 mm ぐらいで，長楕円形，すじがあり，先端に柱頭が残存して微凸頭状である．〔日本名〕紫錦唐松．紫錦は美しい紫色の花のようすに基づいた名称である．

1367. タイシャクカラマツ　〔キンポウゲ科〕

Thalictrum kubotae Kadota

広島県帝釈峡の石灰岩地域に固有で，植物体全体に腺毛が密生する多年生草本．高さ 30〜40 cm．根茎は径約 4 mm，横走し，褐色で膜質の鱗片で被われる．根は細いひも状で肥厚しない．茎は斜上し，1〜2 回分枝し，基部は褐色の鱗片で被われ，匍匐枝はない．根生葉は花時には枯れる．茎葉は 4〜5 枚，2 回 3 出から 5 回 3 出羽状複葉．葉身は上面は灰緑色，下面は淡青緑色，長さ 4〜16 cm，幅 4〜22 cm．小葉は普通卵形で，長さ 12〜33 mm，幅 9〜22 mm，3 歯があるかあるいは 3 浅裂し，粗い鋸歯縁で，側脈は下面で隆起し，基部は楔形から円形．葉柄は長さ（3〜）15〜30 mm，托葉は長さ 3〜5 mm，暗褐色で，膜質，葉鞘がある．5〜6 月，径 1〜1.5 cm の花を長さ 7〜17 cm の円錐花序につける．萼片は 4 枚，楕円形で長さ 4〜5 mm，淡紫褐色で，開花後も宿存する．雄蕊は 10〜12 本，長さ 7〜12 mm．葯は淡黄色で，花糸は糸状で白色，葯隔は淡紫褐色．花柱は長さ 1〜1.5 mm，柱頭は三角形．痩果は 1 花当たり 1〜2 個，斜上し，紡錘状で長さ約 3 mm，4 肋があり，無柄，嘴は長さ約 1 mm で三角錐状．本種はカラマツソウ属としては花期が早い．

1368. カラマツソウ　〔キンポウゲ科〕

Thalictrum aquilegiifolium L. var. ***intermedium*** Nakai

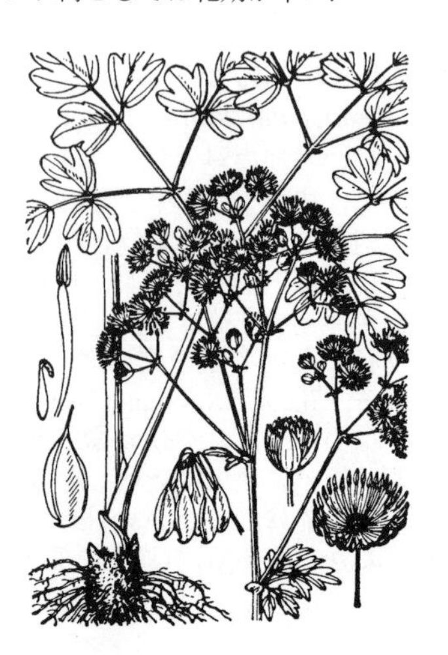

山地あるいは山原に生える無毛の多年生草本で，時には人家に植えられ，高さ 90 cm ぐらいになる．根茎は短厚でひげ根がある．茎は直立し，中空の円柱形，緑色あるいは紫色をおびている．葉は互生で，下部につく葉は柄があり，上部の葉はだんだんと無柄になる．数回羽状複葉で開出し，葉柄や小葉柄の下部にある托葉状葉鞘は広くて目立ち白色をしている．各小葉は広卵形または時に広いくさび形で，先は 3〜4 裂し，裂片の先は鈍形で，更にその先端部にはしばしば鈍きょ歯がある．7〜8 月頃，茎の先に多くの枝を出し，多数の白色の花を集めてつけ，散房状となる．がく片は 4〜5 個で楕円形，早落性で，つぼみの時は紫色を帯びている．花弁はない．多数の長い雄しべが輪状に集まって並び，輪の直径は 1.5 cm ぐらいである．花糸は長く細いへら形である．雌しべは数個で子房は細い披針形である．痩果は長さ 7 mm で狭倒卵形，3〜4 個の翼稜があり，先端には糸状の柱頭が残っている．果柄は痩果とほぼ等しい長さで下に向いている．高山に生えるものは茎が低く，小葉は数が多く小形でくさび形をしており，先端にあらい数個の鈍きょ歯があり，花色は白，がく片はつぼみの時白色，時には紫色を帯び，痩果はやや小形で紫色であり，ヤマカラマツソウとして区別されることもあるが，これらの違いは連続的である．〔日本名〕唐松草で花のようすに基づいたものである．

1369. ミヤマカラマツ 〔キンポウゲ科〕

Thalictrum tuberiferum Maxim.

山地に生える多年生草本で高さは約 30〜50 cm である．根はひげ状をしているがなかには細い紡錘状をしていることも多く，時には地下をはう根茎をそなえている．茎は直立し，細い円柱形で，平滑である．根生葉は 1 株から 1 個出て長い柄があり，2 回 3 出あるいは 3 回 3 出の複葉，茎葉は 2 回 3 出または 1 回 3 出の複葉で上部の茎葉はしばしば単葉となり，短柄かあるいは無柄である．小葉は裏面が粉白色で長楕円形あるいは菱状卵形で先端は鈍形，基部は広いくさび形から心臓形まで色々に変化し，小葉のふちには大きい鈍きょ歯がある．7〜8 月頃，茎の先が分枝して多数の白色の花が群がってつく．がく片は広倒卵形で早く落ちる．花弁は無い．雄しべは多数で輪状に並び，直径が 1 cm ぐらい，花糸は上部は扁平で狭長倒披針形をしており下部は糸状である．雌しべは数個で，子房は広い紡錘形である．瘦果には長い柄があり，柄とともに長さは 7 mm くらいでやや半月形，扁平で縦すじがあり，頂部は微少凸形で下部が急に細まり細い柄に続いている．〔日本名〕深山唐松で深山に生えるからである．

1370. ホソバカラマツ（サマニカラマツ，ナガバカラマツ）〔キンポウゲ科〕

Thalictrum integrilobum Maxim.

北海道南部に産する無毛の多年生草本．高さはおよそ 30 cm 内外．根茎は短小でひげ根を出し，根には肥厚して紡錘状または球状をしている部分がある．茎は繊細で長く，直立し，緑色．根生葉は 3 回 3 出で長い柄がある．茎葉は 1 回 3 出，または 2 回 3 出で小葉には短い柄があり，線状楕円形で先は鈍形または微凹頭，全縁あるいは 1〜2 個の裂片がある．夏，花茎を長く出し，集散花序を作り白い花をつける．がく片は広いへら形で早く落ちてしまう．花弁は無い．雄しべは多数で輪状に並び，その直径は 1 cm ぐらい，花糸は上部が扁平で倒披針状，下部は糸状である．雌しべは少数，子房には柄がある．瘦果は 3〜4 個集まり，長柄をもち，柄と共に長さ約 8 mm，扁平でやや鎌形，頂に微凸頭がある．〔日本名〕細葉唐松で狭小な葉のようすに基づいた名．サマニカラマツは北海道日高支庁の様似（サマニ）で初めて採集されたのでついた名である．

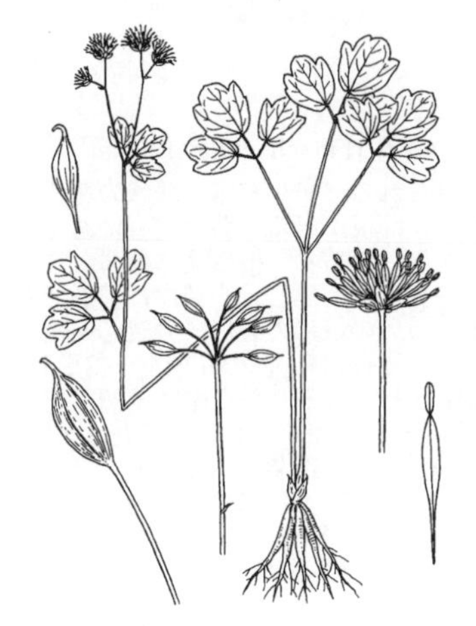

1371. ヒメミヤマカラマツ 〔キンポウゲ科〕

Thalictrum nakamurae Koidz.

新潟県と群馬県北部（越後山脈・三国山脈）に分布し，山地帯の渓谷の日当たりのよい湿った岩の上に生える多年草．茎は高さ 10〜25 cm，葉とともに無毛，分枝せず，繊細な感じがする．根は基部が紡錘状に肥厚する．根生葉は 1（〜3）個，花時にも生存し，2 回 3 出の複葉で，長い柄がある．小葉は長さ 0.6〜2 cm，広倒卵形ないし円形，粗い円頭のきょ歯が数個あり，基部は円形ないし浅い心形．茎葉は小形で，1 回 3 出の複葉，短い柄がある．花は 7〜8 月，小形でまばらな総状花序に 2〜5 個つき，白色，径 0.7〜1 cm．花弁はない．がく片は花弁状で，楕円形ないし卵形，長さ約 2 mm，開花と同時に落ちる．雄しべは多数，長さ 5〜6 mm，葯は長さ約 1 mm，花糸は上半部が著しく広がる．瘦果は狭倒卵形で左右から扁平，長さ 5〜6 mm，柄は長く，瘦果と同じくらいの長さになる．花柱は短く外曲し，柱頭は狭卵形で目立たない．〔日本名〕姫深山唐松で，ミヤマカラマツに似てそれよりも小形であるため．ミヤマカラマツも同じような場所に生えるが，本種の産地ではミヤマカラマツはみつからない．

1372. シギンカラマツ 〔キンポウゲ科〕

Thalictrum actaeifolium Siebold et Zucc. var. ***actaeifolium***

日本の中部および南部の山地あるいは山林中に生える無毛の多年生草本で，高さは 50 cm ぐらいである．茎は細くて質はやや硬い，葉は互生で，基部に膜質で短い鞘のある葉柄があり，2 回 3 出または 3 回 3 出の複葉で，小葉には柄があり，大形で時には 5 cm にもなり，広卵形で基部は円形あるいは心臓形，側生の小葉ではやや左右不同形，時には浅く 3 裂し，ふちに粗きょ歯があり，裏面は粉白色，葉脈は隆起している．初夏の頃，茎上で分枝して疎な円錐花序を出し，まっすぐな花柄のある小花をつける．がく片は 4 個で白色，外面は紅紫色を帯び，倒卵状楕円形で早く落ちる．花弁はない．雄しべは多数，白色で輪状に並び，径 8 mm ぐらい，花糸は糸状，上部は少し広い．雌しべは少数．子房は卵形体でやや長い花柱がある．瘦果は長さ 5 mm ぐらい，無柄で多数の縦溝があり，先端はだんだん細まり長いくちばし状となる．〔日本名〕紫銀唐松．花が紅色をおびた白色なので，姉妹品の紫錦唐松に対して紫銀と呼んだもの．

1373. ハルカラマツ 〔キンポウゲ科〕

Thalictrum baicalense Turcz. ex Ledeb.

北海道と本州（福島・栃木・群馬・埼玉の各県）の山地帯の林縁や草原，あるいは原野に生える多年草．茎は直立し，高さ 50〜100 cm，上部で 2〜3 回分枝し，葉とともに無毛．根生葉は花時に生存しない．中部の茎葉は三角形状卵形，2〜3 回 3 出の複葉で，青灰色をおび，柄がある．小葉は長さ 1〜3.5 cm，倒卵形，円頭で微突端に終わる粗いきょ歯があり，基部はくさび形．托葉は膜質で褐色，へりは不規則に切れ込み，小托葉はふつうないがときにあって披針形で膜質．上部の茎葉は同形で小形，無柄．花は 6〜7 月，やや小形の散房花序につき，わずかに黄色あるいは緑色をおびた白色，径約 1 cm，花弁はないが，がくは花弁状で，倒卵形，長さ 3〜4 mm，早落性．雄しべは多数，長さ約 6 mm，葯は長さ約 1 mm，花糸は上部が広がる．痩果は長さ約 3 mm，楕円体あるいは広倒卵形体で，球形にふくらむ．痩果の柄は長さ 0.5 mm 以下で短く，花柱は太く短く，柱頭は倒卵状披針形でめだたない．〔日本名〕春唐松．春に咲くわけではないが，同属のアキカラマツなどに比べて開花時期が早いため．〔漢名〕貝加尔唐松草．貝加尔はバイカルと読む．

1374. レンゲショウマ 〔キンポウゲ科〕

Anemonopsis macrophylla Siebold et Zucc.

山中の樹下に生えるかなり大きい無毛の多年生草本で，高さは 40〜60 cm ぐらいある．茎は直立する．葉は大形で互生，根生葉と茎葉とがあり共に有柄，2 回 3 出，3 回 3 出または 4 回 3 出複葉で，小葉は卵形，先端は鋭尖形でふちに鋭尖形の粗大な不規則なきょ歯がある．茎葉は上に行くにつれて小形となり簡単になる．総葉柄の基部は鞘となっている．夏，茎の上部に長い花枝を分岐し，上部はまばらな総状花序となり，有柄のかなり大きい淡紫色の花をやや下向きにつける．花の径は 3.5 cm にもなり，非常に優雅な趣がある．がく片は多数で楕円形または長楕円形をしており，長さ 1.5 cm ぐらい．花弁も多数で倒卵状長楕円形で長さ 1.2 cm ぐらい，基部に蜜槽がある．雄しべは多数で花弁より短い．雌しべは少数で立ち，子房は狭くて長い花柱がある．袋果は 2〜4 個，長さ 1.5 cm，先端に長いくちばしがある．中に多数の種子が入っている．本種は日本特産植物の一つである．〔日本名〕草がショウマの様で，花がハスのようであるからついた名である．

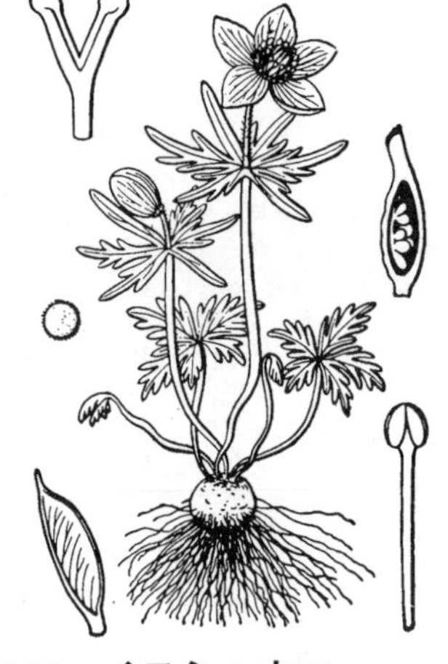

1375. セツブンソウ 〔キンポウゲ科〕

Eranthis pinnatifida Maxim.

（*E. keiskei* Franch. et Sav.；*Shibateranthis keiskei* (Franch. et Sav.) Nakai）

本州の関東地方以西の山すその半陰地などにみられる多年生草本．球状の塊茎が 1 個地中にあり，その頂から茎葉がのび，下からひげ根が出る．茎は真直にあるいは傾いてのび，草質は軟弱で高さは 8〜14 cm ぐらいである．根生葉は繊弱な長い柄であり，3 深裂し，側裂片は更に 2 深裂し，各裂片は羽裂し，小裂片は線形で先が鈍形である．総苞葉は茎の先につき無柄で不ぞろいの線形の裂片に分裂し，輪状に並んでいる．3〜4 月頃，総苞葉の中心から直立した 1 cm ばかりの花柄を 1 本出し，その先に白色の花を 1 個つける．花の径は 2 cm ほどである．がく片は 5 個で花弁状，卵形で縦脈があり，ふちには多少ふぞろいの鈍きょ歯がみられる．花弁は 5 個，退化して 2 岐した黄色の蜜槽になる．雄しべは多数，葯は淡紫色．披針形の心皮が 2〜3 個ある．袋果は短柄があって半月形，先端はくちばし状でこの部分も含めて 1 cm ぐらいの長さである．種子は大形で円形．〔日本名〕節分草．寒さをしのいで芽を出し，節分の頃開花するのでこの名がある．〔漢名〕莵葵は別のものである．

1376. イヌショウマ 〔キンポウゲ科〕

Cimicifuga biternata (Siebold et Zucc.) Miq.

丘陵，山地，渓側などの樹の下に生える多年生草本で高さは 70 cm ぐらいになる．根生葉は少数で，長柄があり，1 回 3 出あるいは 2 回 3 出，あるいは中間の形などがあり，また 1 株の中にこれらがまじって存在するものもあって一定しない．小葉はほぼ円形，あるいは卵円形で基部は心臓形，葉のふちは数個に尖裂し，裂片のふちには先が鋭形の歯牙があり，葉質は硬い．7〜8 月頃，茎の先端から葉よりも高く暗緑色の長い花茎をぬき出して立ち，単一，あるいは分枝し，長い穂の上に多数の無柄の小白花をひらく．花の下に小さい苞があり，花序の軸は長くて細毛がある．がくは 5 個で凹面の楕円形，あるいは倒卵形，長さは 4 mm ぐらいで早く落ちてしまう．花弁はない．雄しべは多数で広がり，その直径は 4 mm ぐらいである．雌しべは 1〜2 個あり，子房はやせ細った長楕円形で非常に短い柄と花柱があり，袋果は 1〜2 個，長楕円形，無毛，短柄があり，中に数個の種子が入っている．〔日本名〕犬升麻は利用価値のない升麻の意味である．

1377. **オオバショウマ** 〔キンポウゲ科〕

Cimicifuga japonica (Thunb.) Spreng.

山地の樹の下や渓側等の陰地に生える多年生草本で高さは 30～60 cm ぐらい，根生葉は 1 個あるいは 2 個で暗緑色の長い葉柄があり，1 回 3 出である．小葉には小葉柄があり大形で，表面はやや光沢があり，葉質はふつうやや厚く，ふちは浅裂し，裂片には不ぞろいの歯牙がある．側生の 2 片は少し左右不同形で，基部は深い心臓形，あるいは時に楯形（キケンショウマ，イブキノキケンショウマ var. *peltata* (Makino) H.Hara）をしている．秋，長い花茎を出し，直立して葉よりも高く，上方は疎に分枝し，穂状花序を出し，やや密に無柄の白色小花を多数つける．花軸に細毛がある．がく片は 5 個で楕円形あるいは卵形，早落性で長さは 4 mm ある．花弁はない．雄しべは多数で広がり，その直径は 3 mm ぐらい，花糸は長くて糸状である．雌しべは 1～2 個，子房は線状長楕円形．袋果は 1～2 個，長楕円形で外側を向いた短い花柱があり，下に短柄がある．種子には横じわがある．〔日本名〕大葉升麻は葉が大きいからである．

1378. **サラシナショウマ** 〔キンポウゲ科〕

Cimicifuga simplex (DC.) Wormsk. ex Turcz.

山地の樹の下，または山中の草地などに生える大形の多年生草本で，高さは 1 m にもなる．茎は直立し，円柱形で緑色をしている．葉は互生で，長い柄があり，大形の 2～3 回 3 出複葉で，多数の小葉は卵形または長楕円状卵形で，更に 2～3 裂し，裂片は欠刻状の鋭頭歯牙があり，葉柄のつけ根は短い鞘になっている．7～8 月頃，茎頂に長い花茎を出し，単一あるいはまばらに分枝した花軸に総状花序を出し，密に有柄の白い花をつける．花には両性花と雄花とがある．がく片は楕円形で長さ 4 mm ぐらい，外面に短い毛があり，早落する．雄しべは多数で長い．雌しべは 2 個，子房には短柄があり，披針形で多少毛がある．袋果には長柄があり，長さ約 1 cm で長楕円形，上端にはかぎ状に曲がった短い花柱があり，果面に微毛がある．〔日本名〕晒菜升麻で若い葉を煮て水で晒し，味をつけて食べるからである．別名ヤサイショウマも同様に野菜として食べるからである．〔漢名〕升麻，単穂升麻．現在中国では，升麻は中国から東シベリアに分布する *C. foetida* L. に対する名として用いられている．

1379. **ルイヨウショウマ** 〔キンポウゲ科〕

Actaea asiatica H.Hara

山地の樹下の陰地に生える多年生草本．高さは 60 cm ぐらいになる．根茎は短くてひげ根が多い．茎は粗大で直立し，単一で多少くの字形に曲がる．葉は大形で長い柄があり，2 回 3 出，あるいは 3 回 3 出複葉で，短茎上に 2～3 個の葉がある．小葉は卵形，または卵状披針形で先端が尖り，葉のふちには大小不同の鋭い大形のきょ歯がある．6 月頃葉の中心から直立した 1 本の茎を出し，上部に 1 回 3 出，あるいは 2 回 3 出の小形の葉をつけ，頂部に短い総状花序を出し，やや多数の白色の小花をつける．がく片は 4 個，早く落ちる．花弁は 4 個，広いへら形で長さ 3 mm ぐらい．雄しべは多数，長さ 6 mm ぐらい．雌しべは 1 個，子房は卵形，柱頭は扁平．果実は液果様で球形，黒く熟し，径 6 mm ぐらい，花軸に対して横向きあるいは斜め下向きに出てやや肥厚した果柄の先につき，中に多数の種子がある．〔日本名〕類葉ショウマで，葉がショウマに似ているからである．

1380. **キタダケソウ** 〔キンポウゲ科〕

Callianthemum hondoense Nakai et H.Hara

南アルプスの北岳に分布し，高山帯の岩の多い草地に生える小形の多年草．根茎は太くかつ短く，直立する．茎は直立し，全体が小さいわりに太く，高さ 10～20 cm，分枝しないか 1 回分枝し，葉とともに無毛．根生葉は花時にも生存し，3 回 3 出の複葉で，青灰色をおび，長さ 12 cm にもなる長い柄がある．小葉は扇状円形，長さ 1～2 cm，3 深裂して終裂片は楕円状披針形で鈍頭，基部は広いくさび形．茎葉は 1～2 個，1～2 回 3 出複葉で，柄は短い．花は 6～7 月，花茎や枝の先に単生し，白色，径約 2 cm，がく片は 5 個，倒卵状楕円形，長さ 7～8 mm，花弁は 6～8 個，倒卵形で先端はへこみ，長さ 9～12 mm，基部は暗赤橙色で，杯状の蜜腺があり，しばしば小鱗片がある．雄しべは多数で，長さ約 5 mm．痩果は楕円形，長さ約 5 mm，短い柄がある．花柱は短く太く，柱頭は狭長楕円形．〔日本名〕北岳草．北岳で発見されたため．〔追記〕朝鮮半島北部のウメザキサバノオ *C. insigne* Nakai は全体が大形のほか，花弁が円形で，基部の蜜腺が小凹点状でより小さい点で本種とは異なる．

1381. ヒダカソウ 〔キンポウゲ科〕

Callianthemum miyabeanum Tatew.

北海道の日高山地に生えている多年生草本．高さは 10〜20 cm．根茎は短くて肥厚し，ひげ根を出す．葉は根生し，長い葉柄があり，花時には葉は伸びていない．2 回 3 出複葉，裂片は広卵形で更に細片に分裂している．裂片は鈍頭で葉質はやや厚く，初め白霜をおびているが，表面は後に黄緑色となる．5 月に葉の間から花茎を出し，1〜2 回分枝して頂に径 2 cm ぐらいの白花を上向きにつける．がく片は 10 個内外で，1 輪に並び花弁状で，倒卵状楕円形，底部近くに赤褐色の斑点がある．花弁はない．雄しべおよび雌しべは多数，果実は痩果で卵円形．〔日本名〕日高草は産地に基づいた名である．〔追記〕キタダケソウ（前図参照）に似ているが，これは葉面が著しく粉白で，秋になってもそれがあせずに残り，がく片は先端に凹点があるので区別することが出来る．

1382. トゲミノキツネノボタン 〔キンポウゲ科〕

Ranunculus muricatus L.

南ヨーロッパ原産の一年草．高さ 50 cm ほどで全草に毛がない．葉は根生葉も茎葉とほぼ同形で全体はほぼ円形ないし腎臓形．直径 3〜5 cm で掌形に浅く裂ける．葉面は鮮緑色で光沢がある．花はキツネノボタンとよく似て，やや緑色をおびた黄色の小花を茎頂と葉腋につける．花の直径は 3〜6 mm，がく片と花弁は各 5 枚，多数の雄しべと雌しべがある．雌しべの子房は大きく，花柱は 3 mm ほどになる．花後に生じる痩果はやや扁平な楕円体で，左右両側に円周状の稜があり，両面に鋭いトゲがある．痩果の大きさは長さ 7〜8 mm で，頂端に 3 mm ほどのくちばし状の突起がある．キツネノボタンにくらべて葉が横に伸びる傾向があり，葉の切れこみも 3 裂することが多い．日本では関東以西を中心に路傍や，水田のあぜなどに帰化が知られている．

1383. イトキンポウゲ 〔キンポウゲ科〕

Ranunculus reptans L.

本州中部以北の湿地，あるいは山中の湖畔の砂地に生える無毛の多年生草本．根はやや粗なひげ状で束になって生え，株の元から葉を叢生する．茎は緑色の糸状で横にはい，節からは白いひげ根を出し，長さ 20 cm 内外になる．葉は緑色で糸状，上部のものはしばしば狭いへら形，長さは 3〜5 cm ばかりで，基部はやや広がって短い鞘となり，茎を抱いている．数個の葉が集まって匐枝の節に生じ，また株の元に群生している．夏から秋にかけて，匐枝の節から長さ 2〜3 cm ぐらいの緑色の花柄を出し，頂に小さい黄色の花を 1 個つける．花の径は 1 cm ぐらいである．がく片は 5 個で円形無毛，花弁は 5 個で著しく光沢があり，内側の基部に小さい鱗片が 1 個ある．雄しべは多数で黄色．雌しべも多数ある．果球は球状で径 4 mm ぐらい，痩果は小卵球形で先端に突起がある．〔日本名〕糸金鳳花．イトは茎や葉のようすに基づいたものである．〔漢名〕松葉毛茛．

1384. キタダケキンポウゲ 〔キンポウゲ科〕

Ranunculus kitadakeanus Ohwi

本州中部・赤石山脈の北岳と間ノ岳に特産する小形の多年草で，高山帯の岩礫地や岩壁に生える．高さは 10〜20 cm になり，全体は灰緑色となる．根茎は短く，直立し，前年の枯れた葉柄の繊維が残り，根は紡錘状にやや肥厚する．茎と葉の上面とふちには短軟毛がまばらに生える．根生葉は 2〜4 個，柄があり，葉身は腎円形で幅 5〜25 mm，掌状に 3 深裂し，裂片は 3 中裂し，終裂片は狭披針形．茎葉は茎の下半分につき，3〜5 深裂し，裂片は線形で幅 0.5〜1.5 mm，柄はない．花は 7〜8 月，単生した花茎あるいは分枝した枝の先に 1 個ずつつき，黄色で直径 10〜12 mm．花弁は狭倒卵形でがく片よりもわずかに長く，有柄，鈍い光沢があり，平開せず，基部に蜜腺があるが鱗片はない．がく片は 5 個，舟形，有毛．狭円錐形の花托には白毛がある．雄しべと雌しべは多数．集合果はやや円錐状．痩果は広倒卵形体で長さ約 1.5 mm，無毛，花柱はわずかに内曲する．〔日本名〕北岳金鳳花で，発見されたところに因む．〔追記〕ヤツガタケキンポウゲ（次図参照）は本種に似ているが，全体が灰色をおびず，花や痩果が小さく，花弁がほぼ円形で，がく片より明らかに長い点などで異なる．

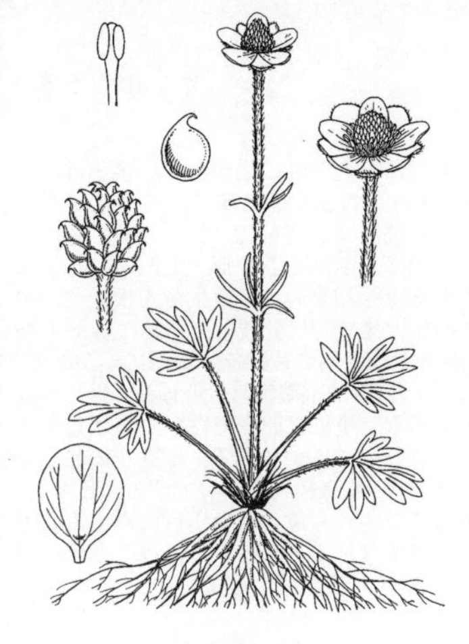

1385. ヤツガタケキンポウゲ 〔キンポウゲ科〕

Ranunculus yatsugatakensis Honda et Kumazawa

本州中部の八ヶ岳山系に特産する小形の多年草で，高山帯の岩礫地に生える．高さは 5〜20 cm になる．根茎は短く，直立し，前年の枯れた葉柄の繊維が残り，根は基部がわずかに紡錘状に肥厚する．茎の全体または上半部と葉の両面には粗い斜上毛か伏毛が生えるか，あるいは無毛．根生葉は 2〜4 個，柄があり，葉身は腎円形で幅 5〜18 mm，掌状に 3 深裂し，裂片は中裂して，終裂片は披針形から広披針形．最上部の茎葉は 5 深裂し，裂片は披針形で幅 0.5〜1.5 mm，柄はない．花は 7〜8 月，単生した花茎の先に 1 個つき，黄色で，直径 7〜8 mm．花弁は広楕円形ないし円形でがく片よりも明らかに長く，光沢があり，やや平開し，明らかな柄があり，内面の基部に蜜腺があるが鱗片はない．がく片は 5 個，舟形，有毛．狭円錐形の花托には白毛がある．雄しべと雌しべは多数．集合果はやや球状．瘦果は広倒卵形体で長さ約 1 mm，無毛，花柱は内曲する．〔日本名〕八ヶ岳金鳳花で，その発見されたところに因む．

1386. クモマキンポウゲ 〔キンポウゲ科〕

Ranunculus pygmaeus Wahlenb.

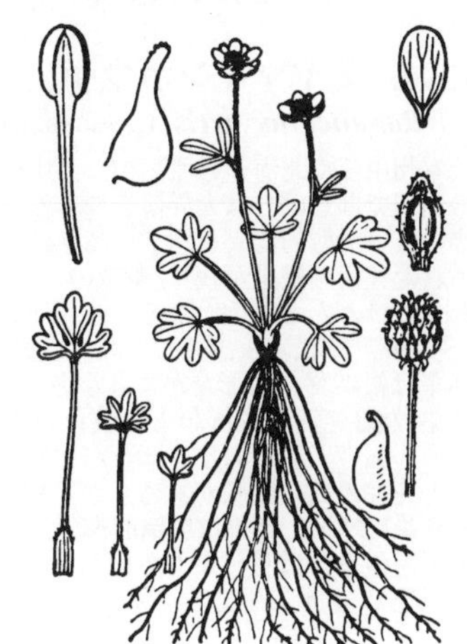

本州中部の高山地帯の岩礫地に生える小形の多年草で，高さは 5 cm に満たない．全株に細毛がある．根生葉は 4〜5 個で叢生し，長柄があり，円状腎臓形で長さは 5〜10 mm ぐらい，掌状に 5〜7 深裂あるいは尖裂し，裂片は楕円形で円頭，平滑であり，葉のふちには微細な毛が生えている．夏の頃，葉間から細い茎をまっすぐに出し，茎の中ほどに短柄のある 3 深裂した葉をつけ，茎頂に 1 個の小さい黄色の花をつけ上向きに平開する．花径は 1 cm 弱．がく片は 5 個，微毛があり，花弁は 5 個で梅花のようであり，楕円形，円頭で光沢があり，がく片よりやや長い．雄しべは多数．雌しべも多数ある．球果は小形で広い楕円体である．瘦果は平滑，緑色，先端には，ややかぎ状に曲がった柱頭が残っている．〔日本名〕雲間金鳳花の意味．この草は雲よりも高い山に生えるので，クモマという名がついた．

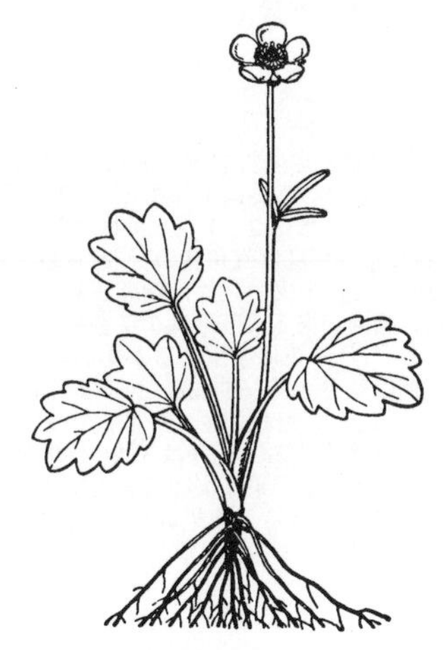

1387. タカネキンポウゲ 〔キンポウゲ科〕

Ranunculus altaicus Laxm. subsp. ***shinanoalpinus*** (Ohwi) Kadota

（*R. sulphreus* auct. non C.J.Phillips）

本州中部の白馬山系の高山帯に生える小形の多年草で，稀な植物である．高さは 10 cm 内外で全体が平滑である．根生葉には長い柄があり，円形あるいは広卵円形で長さは 1〜1.5 cm，先端は鈍形，基部は切形，上半部のふちに鈍歯牙があり，下半部は全縁，暗緑色をしておりなめらかでつやがある．葉質はやや厚い．茎は直立して葉よりも長く，茎の中ほどに無柄の葉を 1 枚つけ掌状に 3〜5 個に深く裂け，その裂片は線状楕円形である．8 月頃，茎の先に黄色の花を 1 個上向きに開く．花径は約 1.5 cm である．がく片は 5 個で外側に褐色の毛がある．花弁は 5 個で倒卵形で平開し，先端は切形あるいは鈍形で表面に光沢がある．果球は長楕円状円錐形で，瘦果は緑色平滑である．〔日本名〕高嶺金鳳花の意味である．

1388. オオウマノアシガタ 〔キンポウゲ科〕

Ranunculus grandis Honda var. ***grandis***

岩手県と青森県に分布する多年草で，山地の落葉広葉樹林の林床に生える．高さは 30〜100 cm となる．茎や葉には白く粗い開出毛あるいは反曲する毛がある．根茎は短く直立し，多数のひげ根をだし，横走する短い地下茎がある．根生葉は数個あり，柄は長く，葉身は腎円形で幅 8〜15 cm，掌状に 3 中裂し，裂片は倒卵状楕円形で浅く切れ込む．終裂片は披針形，鋭頭．花は 6 月茎頂や葉腋からのびた集散花序につき，黄色で直径約 2 cm．花弁はくさび状倒卵形，光沢があり，基部に倒台形の鱗片があって，この鱗片と花弁の間に蜜腺がある．がく片は 5 個，有毛．集合果は球形．瘦果は広倒卵形，柱頭は短く，外曲する．〔日本名〕大馬の脚形で，同属のウマノアシガタに比べて全体が大形のためである．〔追記〕山梨県の山地と栃木県の低地には，小形で茎が高さ 20〜30 cm になり，地下茎が長い変種があり，グンナイキンポウゲ（郡内金鳳花）var. *mirissimus* (Hisauti) H.Hara という．また北海道と東北地方北部の海岸沿いの湿地には，茎や葉に斜上毛か伏毛があり，瘦果の花柱がさらに外曲する別の変種，シコタンキンポウゲ（色丹金鳳花）var. *austrokurilensis* (Tatew.) H.Hara がある．

1389. ウマノアシガタ　〔キンポウゲ科〕

Ranunculus japonicus Thunb.

陽なたの山野に普通に見られる多年生草本で，茎にも葉にも直立性の毛がある．根茎は非常に短く下に多数のひげ根を出す．葉は単葉で，根生葉は叢生して長い柄があり，やや深く掌状に 3 深裂し，中央の裂片はしばしば 3 つに尖裂し，両側の裂片は 2 尖裂で，株によって裂片の幅の広いものと狭いものがあり，倒卵形あるいは狭倒卵形で基部はくさび形，上部のふちには粗きょ歯がある．茎葉はほとんど無柄で線形の 3 裂片がある．初夏の頃，叢生する根生葉の中から直立した花茎を出し，高さ 40〜60 cm ぐらい，茎の先は集散的に分枝し，枝端に各々 1 個の黄色の花を開く．花径は 1.5〜2 cm ばかりである．がく片は 5 個で黄緑色，背面に毛がある．花弁もまた 5 個で平開し，くさび状倒卵形，つやがあり，基部に小鱗片が 1 個ある．雄しべは多数．雌しべもまた多数で，子房は球形，柱頭は無柄である．痩果は卵形で短いくちばしがあり，多数集まってほぼ球形の集合果を作り，その径は 5〜7 mm ぐらいである．重弁花の品種をキンポウゲすなわち金鳳花 f. *pleniflorus* (Makino) Honda という．有毒植物の一つである．〔日本名〕馬の脚形で，根生葉の周縁が浅く 5 裂し，裂片が鋭尖形でないから遠目には円形にみえるのでこの名がついた．一名コマノアシガタも同様である．一名オコリオトシというのは，多分この草を服用すると熱病が治るといわれているからである．〔漢名〕毛茛，五虎草．

1390. ミヤマキンポウゲ　〔キンポウゲ科〕

Ranunculus acris L. subsp. ***nipponicus*** (H.Hara) Hultén

本州中部や北海道の亜高山，高山の湿った草地に生える多年草で，渓流沿いや雪田の周辺ではしばしば大群落をつくる．代表的な日本の高山植物の一つで，また著しく幅の広い形態的変異を示す．高さは 10〜50 cm になる．根茎は短くて直立し，前年の枯れた葉柄の繊維が残り，多数のひげ根がある．茎や葉に粗い斜上毛か伏毛があるが，ときにほとんど無毛となる．根生葉は 3〜5 個あり，葉柄は長く，葉身は腎円形で幅 1〜8 cm，掌状に 3 深裂し，裂片は倒卵形，円頭でさらに切れ込み，終裂片は披針形．茎葉は根生葉と同形だがより小さく柄が短い．7〜8 月，直立した花茎の先端や葉腋に集散状に直径 2 cm ほどの黄色い花をつける．花弁も 5 個で平開し，くさび状広倒卵形，強い光沢があり，ほとんど無柄，内面の基部に倒台形の鱗片があって，この鱗片と花弁の間に蜜腺がある．がく片は黄緑色で 5 個，有毛．雄しべ，雌しべは多数．集合果は球形．痩果は広倒卵形で，少くふくらみ，長さ約 2 mm，ふちに狭い翼があり，無毛．痩果には花柱がくちばし状になって残り，かぎ状に外曲する．〔日本名〕深山金鳳花で，低地に生えるウマノアシガタ（キンポウゲ）よりも深山に生えるからである．

1391. ヒバキンポウゲ　〔キンポウゲ科〕

Ranunculus hibamontanus Kadota

広島県北東部の比婆山系に分布する多年生草本．上部温帯の塩基性岩地からなる草原に生育する．根は細いひも状．茎は高さ 4〜20（〜25）cm，単純あるいは中部から 1〜2 回分枝し，下部はやや開出する長毛が，上部は伏毛が生える．根生葉は 2〜4 枚，葉柄は長さ 3〜13 cm，やや開出する長毛が密生し，基部は葉鞘に被われる．葉身は五角状の腎形，長さ 0.8〜2.5 cm，幅 1.2〜3.7 cm，基部は心形，両側に伏毛が密生する．中央の裂片は倒卵状菱形で，長さ幅共に 0.5〜1.2 cm，縁には幅 2〜4 mm の鋭頭で丸い鋸歯がある．茎葉は 3 深裂するか，3 小葉からなる複葉となり，短い葉柄があるか無柄．5〜7 月，花は単生するかあるいは 2〜6 個が集散花序につき，鮮黄色，径 1.4〜1.6 cm．花柄は長さ 3.5〜6.5 cm，上部は伏毛が密生する．小苞は線形で長さ 3〜5 mm，花柄の中部につく．萼片は 5 枚，広卵形，長さ 4〜5 mm，幅 4 mm，舟状で花時にも宿存し，背軸側は長毛が密生する．花弁は 5 枚，倒卵形，長さ 6〜8 mm，幅 4〜6 mm，柄は長さ 0.5 mm，蜜腺は浅い杯状．集合果は広卵状または卵状，径 5〜6 mm，果托は無毛あるいは時に長い開出毛がまばらに生える．痩果は平たい倒卵形で，長さ 2〜2.5 mm，無毛あるいは長い斜上毛がまばらに生え，表面には細かいくぼみがあり竜骨は幅広く，嘴は長さ約 0.5 mm で弱く鉤状に曲がる．

1392. ソウヤキンポウゲ　〔キンポウゲ科〕

Ranunculus horieanus Kadota

宗谷地方のポロヌプリ山南部から空知地方の空知川流域にかけて分布し，多年生草本で，高さ 50〜80 cm．茎は 2〜4 本が叢生する．根はひも状で基部はわずかに肥厚する．根茎は太く短く，径 0.8〜2 cm，長さ約 1.5 cm，直立する．茎は円柱形で条があり，2〜3 回分枝し，果時には広角度に伸長し，上部は伏毛があるが，下部は無毛，基部には枯れた葉柄が繊維状になって残り，前年の枯れた茎がしばしば残る．根生葉は 2〜4 枚，葉柄は長さ 8〜20 cm，無毛，基部には長い葉鞘があり，長毛が密生する．葉身は光沢がなく，腎形，長さ 4〜9 cm，幅 6.5〜10 cm，掌状に 3 裂し，基部は心形，両面共に無毛．中部の茎葉は長さ 6〜8 cm，幅 9〜10 cm，基部は浅い心形，両面共に無毛，あるいは下面に長毛があり，葉柄は長さ 1〜3 cm，基部には葉鞘がある．上部の茎葉は長さ 5〜7 cm，幅 7〜9 cm，3 深裂し，上面は毛が密生し，下面は無毛，ほぼ無柄，基部は抱茎し，葉鞘がある．花は 6〜7 月に咲き，鮮黄色，径 1.5〜2.7 cm，集散花序に 4〜5 個つく．花柄は長さ 1.5〜5 cm，果時には伸長し 13 cm に達する．小苞は狭披針形，長さ 2〜7 mm，幅約 1 mm．萼片は 5 枚，楕円形，長さ 4〜8 mm，幅 2〜3 mm．花弁は 5（〜8）枚，長さ 12〜15 mm，幅 8〜10mm，倒卵形で互いにわずかに重なる．柄は長さ 0.5〜1mm．蜜腺は半球形で径 0.8 mm，鱗状の付属体で被われる．葯は狭楕円形で長さ約 2 mm．花糸は長さ 3〜4 mm，上部は平たい．集合果は広倒卵形で径 4.5〜5mm，長さ 5 mm，花托は無毛．痩果は倒卵形，平たく，長さ 2 mm，無毛．嘴は長さ約 0.5 mm で著しく曲がる．標高 100〜200 m の，水流がゆるやかな渓流沿いに生育する渓流植物の一つである．

1393. **ウリュウキンポウゲ**　〔キンポウゲ科〕

Ranunculus uryuensis Kadota

北海道道北地方の湿性蛇紋岩崩壊地とその周辺に生育する小型の多年生草本．根茎は長く，各節から紡錘状の根およびひげ根が出る．節間は長さ約 2.5 cm．茎は花時には高さ 15〜20 cm，果時には高さ 35 cm にまで伸長し，直立〜斜上，上部で 1〜2 回分枝し，多少とも長い伏毛が生える．根生葉は 2〜5 枚，葉身は腎形で長さ 1.7〜5.5 cm，幅 2〜4 cm，膜状，基部は浅い心形から心形，掌状に 3 裂し，裂片は卵形から披針形，両面に伏毛が生える．茎葉はない．6 月，径 15〜16 mm の鮮黄色の花を 2〜4 個をまばらな集散花序につける．花柄は長さ 3〜6.5 cm，金色の伏毛を密につける．苞葉は葉状，形は根生葉と同形，長さ 2〜3.5 cm，幅 2〜5.5 cm，深裂し，両面に伏毛がある．小苞は花時には線形，長さ 5 mm，幅 0.5 mm，果時には披針形，長さ 2.8 cm，幅 3 mm に達する．萼片は 5 枚で卵形，長さ約 6 mm，幅約 3 mm，縁は膜状，背軸側は伏毛が密に生える．花弁は 5〜9 枚，広倒卵形で長さ 7〜8 mm，幅 5〜6 mm．柄は長さ約 0.5 mm，蜜腺は杯状で径約 1 mm，鱗片状の付属体は楕円形で長さ約 1 mm，幅 0.5 mm．葯は披針形で長さ 1 mm，花糸は長さ 6 mm で扁平．熟した集合果と痩果は知られていない．未熟な集合果はやや球状で径 4 mm，花托は無毛．未熟な痩果は卵形で扁平，長さ 2 mm，無毛，嘴は長さ約 1 mm で短く曲がる．

1394. **ハイキンポウゲ**　〔キンポウゲ科〕

Ranunculus repens L.

原野の湿り気の多い土地に生える多年生草本で，緑色の長い匐枝をわきに出し，地面に横たわって繁殖する．茎には普通やや粗な毛があり，高さは 40 cm 内外である．根生葉には長柄があり，1 回 3 出複葉あるいは 3 回 3 出に全裂し，小葉は更に 2 裂または 3 裂し，各片に粗歯牙がある．茎葉は無柄で 2〜3 個に全裂し裂片は狭くて先端は尖っている．夏に，茎の先でやや分枝し，径 2 cm ばかりの黄色の花を開く．がくは 5 個で卵形，長さ 5 mm，外側には毛がある．花弁は 5 個，平開し，各片の基部に細かい 1 個の鱗片がある．雄しべは多数, 黄色である．雌しべも多数．果球は径 7 mm ぐらいでほぼ球状，痩果は卵状円形で先に短いかぎがある．〔日本名〕這金鳳花の意味で, 茎がはうからである．〔漢名〕匍枝毛茛．

1395. **シマキツネノボタン**（ヤエヤマキツネノボタン）　〔キンポウゲ科〕

Ranunculus sieboldii Miq.

本州（島根県・山口県)，四国，九州，そして南西諸島に広く分布し，低地の水湿地に生える多年草．根茎は短く，根は肥厚しない．茎は地上をはって節から根をだし，よく分枝して枝は立ち上がり，長さ 10〜60 cm，葉柄とともに開出毛が密生する．葉は 1 回 3 出の複葉で，葉身は腎円形，長さ 2〜7 cm，小葉はさらに 3 中裂ないし 3 深裂し，広卵形の粗いきょ歯があり，両面に伏毛が生える．根生葉には長い葉柄があるが，茎葉の葉柄は上部にいくにしたがってしだいに短くなる．花は 3〜6 月, 茎葉に対生して単生し, 黄色, 径 0.6〜2 cm．花弁は 5 個，平開せず，楕円形で鈍頭，がく片より少し長く，柄があり，基部に円形の小鱗片があってその内側に蜜腺がある．がく片も 5 個，花時には真下にそりかえり，背面に長毛がある．集合果はほぼ球形，径 0.6〜1 cm．痩果は広卵形で扁平，長さ約 4 mm，無毛，花柱は長く，先端はわずかに外曲する．〔日本名〕島狐の牡丹，八重山狐の牡丹．ともに南西諸島で最初に採集されたため．〔漢名〕揚子毛茛．

1396. **コキツネノボタン**　〔キンポウゲ科〕

Ranunculus chinensis Bunge

川原や池畔の草地で陽のよくあたる湿地に生える越年生草本．葉や茎には開出した毛があり，高さ 40〜50 cm ぐらいである．根茎は短くて多数の白色のひげ根を出す．茎は直立して分枝し円柱形で中空である．葉は 3 全裂し，小葉は分裂してくさび形か倒披針状くさび形となり，粗歯牙縁がある．根生葉や下部の葉は長柄があり，柄は上部のものほど短くなり，ついに無柄となり，葉もまただんだん小形となり，ついには単葉となる．4〜5 月頃，枝上の花柄の端に小さい黄色の花を開く．花径は 8 mm ほどである．がく片は 5 個で外面に長い毛がある．花弁も 5 個で平開し，つやがあり，広倒卵形で基部に円形の小鱗片が 1 個ある．雄しべは多数．雌しべも多数．痩果は小形で楕円形，多数集まって卵状長楕円体の集合果となりその長さは 1 mm ぐらいである．〔日本名〕小狐の牡丹．普通のキツネノボタンと比べると，やや各部が細く小形であるからである．〔漢名〕回回蒜．

1397. キツネノボタン 〔キンポウゲ科〕

Ranunculus silerifolius H.Lév.

道端や，溝のわき，山すそ，流れのそばなどの湿地に生える越年草で，秋になってもまだ開花結実し，茎も葉もともに毛が少ないことが多い．茎は高さ 20〜60 cm ぐらいで直立して分枝し，中空の円柱形で無毛，時には下部に多少の毛がある．根生葉は長い柄があり，柄のもとはさやとなる．葉は 3 小葉から出来ており，小葉は 2 裂あるいは 3 裂し，不規則なきょ歯がある．茎葉は互生で短い柄があり，3 つに全裂し，柄のもとはさやとなる．春，夏，秋にわたって各枝の先に黄色の花を開く．花の径は 1〜1.3 cm ほどである．がく片は 5 個で淡緑色，外面に毛があり，花弁は 5 個で平開し，つやがあり，倒卵状長楕円形で基部に微細な鱗片がついている．雄しべは多数，雌しべも多数，子房は長卵形で花柱はかぎ状に曲がっている．痩果は楕円形で先端は曲がったくちばし状，多数集まって球状となり，金平糖状で，直径 7〜10 mm ぐらい．味は辛い．ハイキツネノボタン f. *prostratus* (Nakai) Kadota は特別の品種ではなくて，草地あるいは湿地に生えて茎が傾いてたおれるために節から根が出たものにすぎない．〔日本名〕狐の牡丹．野原に生えて，葉が牡丹のようであるからである．〔漢名〕禺毛茛．

1398. ケキツネノボタン 〔キンポウゲ科〕

Ranunculus cantoniensis DC.

田の間などの湿地に生える越年生草本．高さは約 45〜60 cm．草体には毛がある．茎は普通少数が叢生し，直立し，対生的にまばらに分枝し，円柱形で中空，緑色である．根生葉は長い柄があり，柄のもとは鞘となる．葉身は 3 小葉に分かれ小葉は 2〜3 片に尖裂し，ふちには不ぞろいのきょ歯がある．茎葉は互生で短柄があり 3 全裂し，柄のもとは鞘となる．小葉は 3〜5 尖裂し，裂片は卵状長楕円形でふちは不規則なきょ歯がある．春から夏にかけて各々の茎の先に黄色の花を開く．花径は 12 mm ぐらい．つぼみの時は球形で，がく片で包まれている．がく片は 5 個，下方にそり反り凹面となり，草質，淡緑色，外面の上方には毛がある．花弁は 5 個で平開し，つやがあり，倒卵状長楕円形で縦に細い脈があり，倒卵状長楕円形，先端は円形全縁で基部に 1 個の小さい鱗片があり蜜槽となっている．雄しべは子房より下につき，多数，黄色，花糸は糸状，葯は楕円形，雌しべは多数が集合している．子房は無柄で長卵形，花柱は短く，ほぼ直立して尖る．痩果は 5〜6 月に熟し，径 10 mm ばかりのやや長い球形に多数が集合し，楕円形で平たく，無柄，無毛，緑色で，先端の短いくちばし状の突起は多少曲がるがほぼ真直，味は辛く，熟すと散り落ち，水面に落ちると浮いて流れる．6 月頃に茎や葉は枯れるので秋まで残らない．有毒植物の一つ，〔日本名〕毛のある狐の牡丹の意味．〔追記〕本種はキツネノボタンと似ているが全体に毛が多く，痩果の先端がほぼ真直で強く曲がらないので簡単に区別出来る．この種は山地や渓流には生えず，ただ田の間などにみられるだけである．

1399. オトコゼリ 〔キンポウゲ科〕

Ranunculus tachiroei Franch. et Sav.

山原や山麓の湿ったところに生える越年生草本で，草の様子はコキツネノボタンに似ているが，オトコゼリの方が葉は狭く毛が少ない．高さは 70 cm 内外で茎は直立して分枝する．下部の葉は 2 回 3 出複葉で長い柄があり，第 1 回小葉柄は細長，第 2 回小葉柄は頂生のもの以外は無い．小葉は狭いくさび形，先端には不ぞろいの粗歯牙縁がある．枝先の葉は無柄で 3 裂し，裂片は線形である．夏から秋にかけてまばらな集散花序を出して分枝し，枝端に小さい黄色の花をつける．花径は約 1 cm である．がく片は 5 個で外面に毛があり，淡緑色である．花弁は 5 個で基部に小鱗片があり蜜槽となっている．雄しべは多数，黄色．雌しべも多数．集合果は径 1 cm ほどの球状で，痩果は円卵形で残存している花柱はやや長いくちばし状で尖っている．〔日本名〕男芹の意味で，セリは葉の形に基づいたもの，オトコは草体がセリよりも大形であるからである．〔漢名〕長嘴毛茛．

1400. ヒキノカサ（コキンポウゲ） 〔キンポウゲ科〕

Ranunculus ternatus Thunb. var. ***ternatus***（*R. extorris* Hance）

原野の湿ったところに生える小形の多年草．株のもとからひげ根や数個の紡錘状の小塊根が出ている．葉は高さ 5〜15 cm ほどでひよわく，毛がない．根生葉は数個が束生し，長い柄があって 3 裂し，裂片は狭長な線形である．4〜5 月頃，枝上の花柄に黄色の花をつける．花径は 1.3 cm ぐらい．がく片は 5 個で長さ 3 mm ばかり，やや無毛．花弁は 5 個，楕円形で光沢があり，各片の基部に小さな鱗片が 1 個ある．雄しべは多数で黄色．雌しべは多数．集合果は長楕円体，長さは 4〜6 mm ぐらいある．痩果は小形でやや球状，短いかぎがある．〔日本名〕蛙（ヒキ）の傘の意味，蛙の住む湿ったところに生え，花を蛙の小傘にたとえたものである．別名コキンポウゲ（小金鳳花）はキンポウゲに似ていて，花が小形であるからである．〔漢名〕小毛茛，猫爪草．

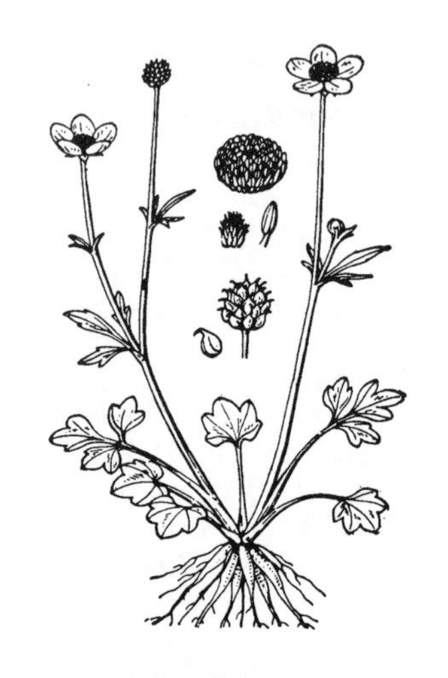

1401. エゾキンポウゲ　〔キンポウゲ科〕

Ranunculus franchetii H.Boissieu

北海道の低地の湿潤な草地や林内に生える多年草．根茎は短く直立し，わずかに肥厚する多数のひげ根がある．茎は高さ 10〜20 cm になり，ほとんど無毛だが上部に上向きの伏毛がある．根生葉は 2〜5 個あり，葉身は腎円形で幅 2〜6 cm，3 深裂あるいは 3 全裂し，裂片はさらに羽状に切れ込み，円頭の粗いきょ歯となるかあるいは披針形で鋭頭の終裂片となる．根生葉の葉柄は長く，その基部は膜質となって広がり，茎を抱くため，根茎の上部に前年の葉柄が枯れた繊維となって残ることはない．茎葉は無柄で 3 全裂する．花は 5〜6 月，花茎の先に 2〜3 個つき，鮮黄色，径 1.5〜2.5 cm．花弁は 5 個，狭倒卵形で平開し，光沢があり，がく片より明らかに長く，短い柄があり，蜜腺は小凹点状で鱗片はない．がく片は 5 個，舟形，伏毛がまばらに生える．雄しべと雌しべは多数．集合果は球形，果托は卵状で無毛．痩果は広倒卵形でややふくらみ，長さ約 2 mm，全面にやや開出する短毛があり，花柱は著しく外曲する．〔日本名〕蝦夷金鳳花．最初に北海道で発見されたため．〔漢名〕深山毛莨．

1402. タガラシ（タタラビ）　〔キンポウゲ科〕

Ranunculus sceleratus L.

各地の田の中や溝の中などに普通にみられる草質の軟らかい無毛の越年生草本で，泥の中に白色のひげ根を出す．茎はしばしば大形で，直立し，緑色で筒状，高さは 40〜50 cm ぐらいで分枝する．根生葉は叢生，茎葉は互生で，光沢があり，単葉で深く掌状に 3 裂し，裂片は先が鈍形のくさび形で，更に中裂片は 3 尖裂し，側裂片は 2〜3 尖裂し，両者とも少数の鈍歯がある．根生葉や下部の葉には長柄があり，上葉は短い柄があるか，あるいはほぼ無柄で，3 つに深く裂け，裂片は細長い．春，上部で多く分枝して柄の先に小さい黄色の花を多数開く．花径は 8 mm ぐらいである．がく片は 5 個で外面に毛があり，花の時は反転し，大きさはほぼ花弁と同じである．花弁は 5 個で平開し，光沢があり，基部に 1 個の小鱗片がある．雄しべは多数，雌しべもまた多数で，子房は小さい．痩果は小形で楕円形，側面に小じわがあって，先端に 1 個の小さくて短いくちばしがあり，多数集まって円柱状の集合果となり，長さは 8〜12 mm ぐらいである．有毒植物の一つ．〔日本名〕田辛し．この草が田の中に生え味が辛いからである．また一説に田枯しで田に大いに繁殖して稲を枯らすからだともいうが，実際にはそのようなことはない．一名タタラビともいうがこれは多分タタラすなわち炉の火の意味で，草の辛味に基づいたものだろう．〔漢名〕石龍芮．

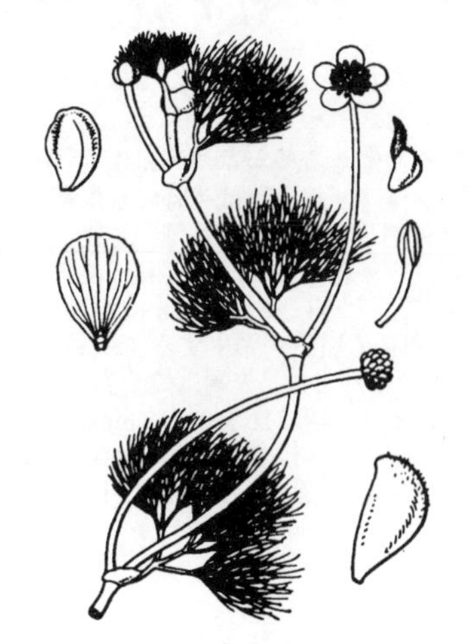

1403. バイカモ（ウメバチモ）　〔キンポウゲ科〕

Ranunculus nipponicus Nakai var. ***submersus*** H.Hara

平地や山中の水底に群がって生え，水中に沈んでおり，流れにそって下流になびく多年生草本．長さは 50 cm 内外で，根はひげ状で白色である．茎は細長く，緑色で，まばらに分枝し，下部の節からひげ根を出す．葉は緑色で互生し，基部はふくらんで短い鞘となり，細毛のある短い柄があって 3〜4 回 3 出に細かく裂け，最終裂片は糸状である．夏に葉と対生して茎の節から 1 本の長い柄を水面上に出し，梅花状の白い花を開く．花径は 1 cm ぐらい．がく片は 5 個で緑色，無毛．花弁は 5 個，倒卵形で基部は黄色，1 個の小さい鱗片がある．雄しべはやや多数で黄色．雌しべも多数．集合果は球状で径 4 mm ぐらい．痩果は小形でほぼ卵球形，小じわがあり，短い毛をかぶり，先端には小凸起がある．〔日本名〕梅花藻，梅鉢藻で，花の形に基づいたものである．備中（岡山県）ではこれを食用とするのでウダゼリという方言がある．〔追記〕浮葉をつくるものをイチョウバイカモ var. *nipponicus* という．

1404. ヒメバイカモ（ヒメウメバチモ）　〔キンポウゲ科〕

Ranunculus kadzusensis Makino

（*R. trichophyllus* Chaix var. *kadzusensis* (Makino) Wiegleb）

本州，九州に点々と分布し，低地の河川や池沼に生える多年生沈水植物．根はひげ状で白色．茎は長さ 60 cm ほどになり，まばらに分枝して枝は伸長し，無毛．沈水葉は 1 回 3 出の複葉で扇状に広がり，葉身は長さ 1〜4 cm，裂片はさらに 3〜4 回切れ込み，終裂片は糸状となる．葉柄は長さ 0.5〜3 cm，基部が鞘状に広がって抱茎し，この鞘の部分に伏毛がある．浮葉はない．花は 6〜8 月，沈水葉に対生し，単生して水面で開き，白色で中心部は黄色をおび，径 5〜9 mm．花柄は長さ 1〜4 cm．花弁は 5 個，平開し，楕円形で円頭，長さ約 4.5 mm，柄があり，蜜腺は小凹点状でほとんど発達せず，鱗片はない．がく片も 5 個，無毛．集合果は球状，径 3〜4 mm，果托に開出毛がある．痩果は広楕円形，長さ約 1 mm，横しわがあり，無毛あるいは先端部に短い伏毛があり，花柱はごく短い．〔日本名〕姫梅花藻あるいは姫梅鉢藻で，バイカモに比べて全体が繊細な感じがするため．バイカモ類の著しく細裂する沈水葉は，光合成に有利なように表面積を大きくしかつ水流の抵抗を少なくするためと考えられる．

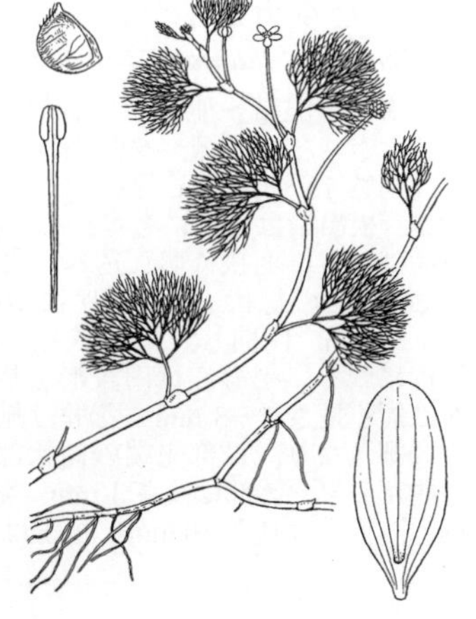

1405. モミジカラマツ（モミジショウマ）〔キンポウゲ科〕

Trautvetteria caroliniensis (Walter) Vail var. ***japonica*** (Siebold et Zucc.) T.Shimizu

主に日本の中部や北部の山地に生える多年生草本で，茎の高さは 50 cm ぐらいになり，上部に短毛が密生する．葉は掌状にさけ，根生葉には長柄があり，葉面は大形で往々幅 20 cm 以上になり，5〜10 に裂け，各裂片は更に深く欠刻し，その上に微凸頭のあるきょ歯がある．上葉は短柄あるいは無柄で長卵形または全縁の線形である．夏，茎上に散房花序を出し，やや多数の白色で花弁のない花を開く．花には柄がある．がく片は小さく卵形で早く落ちる．雄しべは多数で白色，散開し，外側のものはだんだん短くなっている．雌しべは多数ある．果球は球状で径 13 mm ぐらいである．〔日本名〕モミジ唐松．モミジは葉の形に基づき，唐松は花がカラマツソウに似ることに由来したものである．一名をモミジショウマというが，草のようすがショウマのようであるからである．

1406. ヒエンソウ（チドリソウ）〔キンポウゲ科〕

Delphinium ajacis L.（*Consolida ajacis* (L.) Nieuwl.）

明治初年に日本に渡って来たもので，草花として庭園に植えられている．南ヨーロッパ原産の越年生草本である．茎の高さは 90 cm ぐらいで直立し，上部には短毛が少しばかり生えている．葉は互生し，下部の葉にはやや長い柄があり掌状に 3 裂し，各裂片は更に 2〜3 回細裂して狭線形となり，上部の葉は無柄で小形である．初夏，茎の先に直立した総状花序を作り，多数の花を側方に向けて開く．花は青紫色が普通であるが，更に淡紫色，淡紅色，白色などもあり，また，八重咲の品種もある．5 個のがく片は大形で開出し大小不同である．このがく片のうち，一番大きくて後方についている 1 片には狭い筒状の長さ 1.5 cm ほどの距がある．花弁は上方と左右の 2 対が 1 つに合着し，上方は 2 岐し，下部は合一してがくの距の中に入っている．雄しべは多数．花糸は下部が扁平．雌しべは 1 個，袋果は長楕円形で密毛でおおわれている．〔日本名〕飛燕草，千鳥草はともに花のようすにちなんだものである．

1407. エゾレイジンソウ（エゾノレイジンソウ）〔キンポウゲ科〕

Aconitum gigas H.Lév. et Vaniot

北海道の亜高山帯の湿った草原やまばらな林内に生える多年草．茎は高さ 50〜100 cm，直立または斜上し，上半部に下向きの屈毛がある．根生葉は花時にも生存し，長さ 6〜25 cm，薄質で 7〜9 中裂し，裂片はさらに欠刻し，終裂片は披針形で，鋭尖頭，両面ともに有毛，柄は長く無毛．茎葉は小形で柄も短い．花は 7〜8 月に開き，淡黄色，長さ 25〜30 mm，外面に屈毛がある．花序は総状で，ときに長さ 30 cm にも達することがある．花柄は長さ 8〜40 mm，内曲し，下向きの屈毛が密生する．かぶとは高さ約 20 mm，円筒状の僧帽形で上部はしばしばやや外曲し，先端は短く尖る．蜜弁の舷部は幅約 2 mm，距に向かってしだいにすぼまり，柄は長さ 8〜15 mm，距はやや長く多少内曲するか，ときに短く袋状となる．雄しべは無毛．雌しべは 3〜4 個で無毛，ときに有毛．袋果は直立し，長さ約 15 mm．〔追記〕よく似たオオレイジンソウ *A. iinumae* Kadota は本州（福井県以東）の日本海側山地に生え，花が大きく蜜弁も長く，先の距が著しく内曲する（図中の※印参照）．

1408. ヒダカレイジンソウ〔キンポウゲ科〕

Aconitum tatewakii Miyabe

北海道の温帯〜亜寒帯の林縁や林間の草地，ときに高山草原に生える多年性草本．日高山脈，夕張山地，大雪山系に分布するものは本種に当たる．茎は高さ 70〜100 cm，直立あるいはやや斜上し，中部から分枝しよく伸長する．根出葉は花期にも宿存し，葉身は腎円形，径 12〜32 cm，7〜11 中裂，裂片はさらに羽状に切れ込み，欠刻片は披針形．花期は 6〜7 月．花は長さ 15 cm ほどの総状〜円錐花序に 10〜20 個つき，黄色．長さ 2 cm．花柄は長さ 1〜2 cm，内曲し，屈毛が生え，小苞は線形で長さ 2〜5 mm，花柄の中部付近につく．上萼片は円錐形，長さ 10〜15 mm，幅 8〜10 mm，やや鋭頭．嘴は短く長さ 2〜3 mm．花弁は無毛．舷部は長さ 4 mm，距に向かってしだいに細くなり，舷部先端の筒状部は長さ 1 mm，距は短く嚢状，長さ 1 mm で曲がらず，唇部は長さ 1 mm，全縁．雄蕊は有毛または無毛．雌蕊は 3 個，無毛．袋果は長さ 10 mm，種子は長さ 2 mm，三角錐状で翼がある．

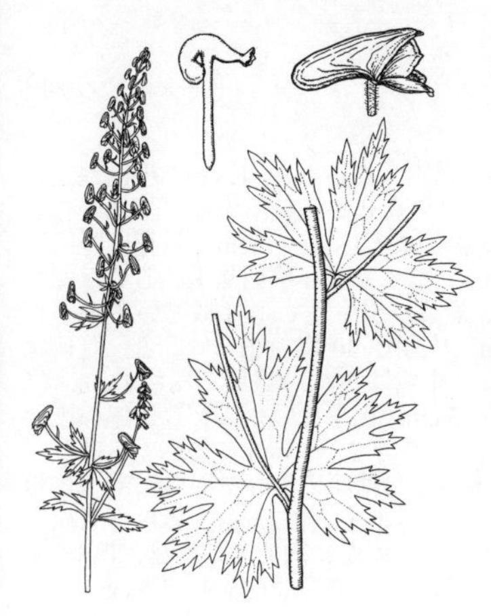

1409. オシマレイジンソウ 〔キンポウゲ科〕

Aconitum umezawae Kadota

北海道の渡島半島から積丹半島にかけての地域の夏緑林の林縁に生育する多年生草本. 高さ 1～1.2 m. 根は直径 1～2 cm, 分枝する. 茎は円柱形で直立または斜上し, 中部から分枝し, 先端に屈毛が生える. 根生葉は花時に生存し, 葉柄は長さ 37～46 cm, 無毛で 4 稜があり中空. 葉身は腎円形, 基部は心形で, 長さ 20～39 cm, 幅 23～39 cm, 掌状に 9～11 裂し, 背軸側の脈に沿って屈毛が生える. 茎葉は根生葉と似ており, 有柄または無柄. 長さ 33～47 cm の総状花序に約 20～40 個の花をつける. 小苞は一対, 線形で長さ 8～17 mm, 幅 1.5～2 mm, 花柄の中部以上につく. 花は 6 月に咲き, 黄白色で時々茶紫色を帯び, 長さ 2.4～3.0 cm, 背軸側は無毛, 兜は円筒形, 長さ 26～30 mm, 幅 11～12 mm, 高さ 17～18 mm, 鈍頭, 長さ約 1 mm の短い嘴がある. 側萼片はやや倒卵形で, 長さ 12～13 mm, 幅 10～11 mm, 向軸側に長毛がある. 蜜腺は黄白色, 長さ 3 mm, 幅 2 mm. 距は太く短く, 長さ 4～5 mm で内曲する. 唇部は長さ 1 mm, 先が凹み不規則に小さな鋸歯があり, 長さ 9～10 mm の柄がある. 雄蕊は無毛, 葯は長さ 0.5 mm, 花糸は長さ 5～7 mm. 心皮は 3 個, 無毛, 袋果は 7～10 mm, 種子は黒色, 三角錐状, 長さ 3 mm, 幅 2 mm.

1410. ソウヤレイジンソウ 〔キンポウゲ科〕

Aconitum soyaense Kadota

北海道道北地方の蛇紋岩地域に固有の多年生草本で, 高さ 70～90cm, 夏緑林の林縁や草むらに生える. 根茎は長さ 10cm, 径 1cm に達する. 茎は細く中空で, 直立あるいはわずかに斜上し, 下部で 2～3 回分枝し, 滑面伏毛が生える. 根生葉は花時にも残る. 葉柄は 25～40cm, 無毛, 中空で 4 稜がある. 葉身は膜質, 腎形, 長さ 9～14cm, 幅 10～20cm になるが, 果時には長さ 19cm, 幅 26cm に達する. 7～9 裂し, 長い滑面伏毛があり, 基部は心形. 上部の茎葉は根生葉と形は同じであるが, 小型で葉柄がある. 花は 6 月に咲き, 長さ 15～20cm の総状花序に 6～7 個つく. 花柄は長さ 2～4cm, 内曲あるいはほぼ直立し, 粗面屈毛および滑面開出毛が生える. 小苞は 0～2 枚で, 線形, 長さ 1～6mm, 幅約 0.5mm, 花柄の中部あるいは基部につく. 花は淡黄白色で, 高さ 22～27mm, 滑面屈毛が密生する. 兜は円筒状で高さ 15～19mm, 幅 13～17mm, 長さ 2～3mm の短い嘴がある. 側萼片は倒卵形で, 長さ 9～12mm, 幅 6～8mm, 向軸側に長い滑面屈毛が密生する. 花弁は長さ 4mm, 幅 2mm, 距に向かってすぼまる. 距は長さ 2mm, 袋状あるいはわずかに内曲する. 唇部は長さ 1mm, 浅く 2 裂する. 心皮は 3 個, 滑面斜上毛が密生する. 袋果は長さ 9～15mm, 種子は三角錐状で翼があり, 長さ 2.5mm.

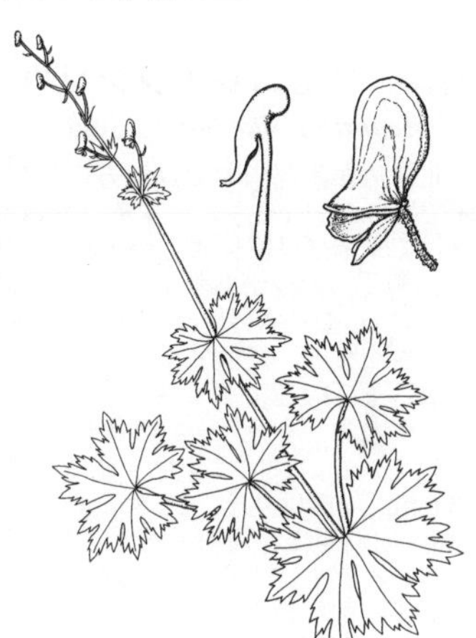

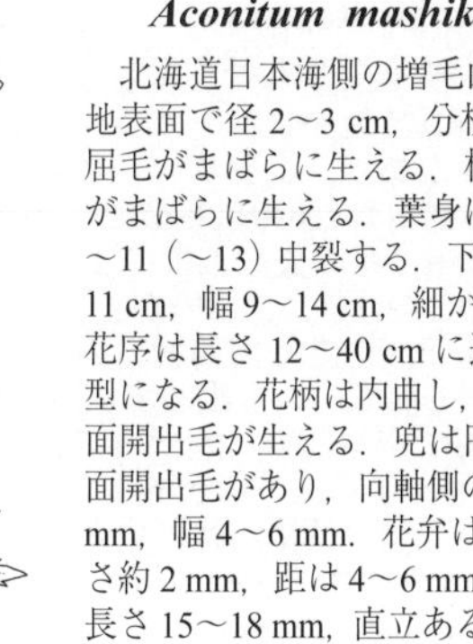

1411. マシケレイジンソウ 〔キンポウゲ科〕

Aconitum mashikense Kadota et Umezawa

北海道日本海側の増毛山地, 樺戸山系に固有の多年生草本, 高さ 1.5 m に達する. 根は地表面で径 2～3 cm, 分枝する. 茎は叢生し, 上部で分枝し, ほぼ無毛であるが, 上部は屈毛がまばらに生える. 根生葉は花時に宿存する. 葉柄は長さ 30 cm に達し, 中空, 屈毛がまばらに生える. 葉身は膜質で, 長さ 16～24 cm, 幅 19～26 cm, 腎円形から円形で, 7～11（～13）中裂する. 下面の脈上に屈毛が生える. 裂片は倒卵状菱形で, 鈍頭, 長さ 7～11 cm, 幅 9～14 cm, 細かい鋸歯がある. 基部は深い心形. 花は総状花序に 20 個ほどつき, 花序は長さ 12～40 cm に達する. 苞は葉状で, 3 深裂あるいは線形で, 上部にいくほど小型になる. 花柄は内曲し, 長さ 2～4.5 cm, 粗面開出毛が生える. 花は淡黄色で, 金色の粗面開出毛が生える. 兜は円筒形で, 短い嘴がある. 側萼片は丸く, 径約 10 mm, 金色の粗面開出毛があり, 向軸側の中心部に長毛が生える. 下萼片は楕円形で, 鈍頭, 長さ 10～12 mm, 幅 4～6 mm. 花弁は無毛, クリーム色. 舷部は長さ 2～3 mm, 径約 2 mm. 唇部は長さ約 2 mm, 距は 4～6 mm, 270° 内曲する. 雄蕊は無毛. 心皮は 3（～4）個で無毛. 袋果は長さ 15～18 mm, 直立あるいはわずかに広がる. 種子は三角錐状, 長さ約 2 mm, 翼がある.

1412. カムイレイジンソウ 〔キンポウゲ科〕

Aconitum asahikawaense Kadota

北海道旭川市と周辺の蛇紋岩地域にのみ生育する多年生草本. 茎は高さ 0.7～1 m, 地表部で径 0.5～1 cm, 直立または斜上し, 中部から分枝する. 先端部に粗面屈毛を有する. 根生葉は花時にも生存し, 葉柄は長さ 30～40cm. 葉身は長さ 12～22 cm, 幅 14～24 cm, 丸い腎臓形で 7～9 裂し, 背軸側の脈上に伏毛があり, 基部は浅い心臓形. 裂片は倒卵形から菱形, 長さ 6～11 cm, 幅 5～9 cm, 鋭頭, 鋸歯縁を持つ. 茎葉は根生葉に似ており, 上部のものは無柄. 花は 12～24 個が長さ 15～30 cm の総状花序につき, 最下部の花柄は長さ 3～8.5 cm, 内曲し, 粗面屈毛がある. 小苞は 2 枚, 線形で長さ 1～2 mm, 幅 0.5 mm 以下, 花柄の基部近くにつく. 花は 6 月から 7 月に咲き, 各萼片は鈍い黄色で先端に紫褐色の斑紋があり, 長さ 2.3～2.7 cm, 背軸側に粗面屈毛がある. 上萼片（かぶと）は円筒形で長さ 17～23 mm, 幅 13～15 mm, 先端は丸く, 長さ 3～5 mm の嘴がある. 側萼片はゆがんだ倒卵形で, 長さ 7～10 mm, 幅 5～8 mm. 蜜弁は無毛, 黄白色で, 舷部は長さ 2～3 mm, 幅 1 mm, 距に向かって膨らまず, 距は太く短く, 長さ 1～2 mm. 唇弁は長さ 1 mm. 雄蕊は無毛, 葯は長さ 0.5 mm, 花糸は長さ 4 mm. 心皮は 3 個で粗面屈毛があるかまれに無毛. 袋果は長さ 15～18 mm, 開出する. 種子は黒色で長さ 2.5 mm, 幅 1.5 mm, 三角錐形.

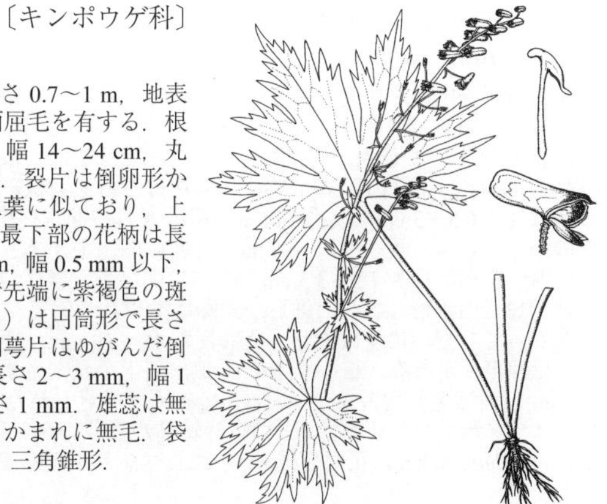

1413. コンブレイジンソウ　〔キンポウゲ科〕

Aconitum hiroshi-igarashii Kadota

北海道に固有な夏緑林の林縁に生育する多年生草本．高さ 0.8〜1.2 m．根は地表で径 0.5〜2 cm，分枝する．茎は叢生し，円柱形，やや直立から斜上する．下部から分枝し，先端部では粗面屈毛が生える．根生葉の葉柄は長さ 22〜45cm，葉身は腎円形で，基部は心形，長さ 22〜28 cm，幅 26〜36 cm，7〜9 裂し，両面無毛あるいは背軸側の脈に沿って金色の長い粗面屈毛が生える．茎葉は根生葉と形は似ているが小さい．総状花序は頂生し，長さ（20〜）25〜45 cm，約 30〜40 個の花を付ける．花柄は長さ 4.5〜11 cm で内曲し，粗面屈毛が密生する．小苞は 2 枚，線形で長さ 1 cm，幅 1 mm．花は 6 月に咲き，淡い赤紫色で，長さ 2〜3 cm．上萼片（かぶと）は幅の広い円筒形で長さ 22 mm，幅 11〜12 mm，先端は丸く，長さ 2 〜3 mm の短いくちばしがある．側萼片は倒卵形で長さ約 1 cm，幅 7〜8 mm．向軸面に長い滑面開出毛（集粉毛）が密生する．蜜腺は無毛，黄白色，舷部は長さ 4 mm，幅 2 mm，膨らまず徐々に細くなり距につながる．距は太く短く，長さ 2 mm，わずかに内曲する．雄蕊は無毛，葯は長さ 0.5 mm，花糸は長さ 4 mm，心皮は 3 個で無毛．袋果は長さ 1〜1.5 cm.

1414. ニセコレイジンソウ　〔キンポウゲ科〕

Aconitum ikedae Kadota

北海道西南部のニセコ地方に分布する多年生草本で，高さ 0.7〜1.2 m．根は地表面で径 0.5〜1 cm，分枝する．茎は丈夫で，やや直立あるいは斜上し，中部から分枝して先端部は滑面伏毛が生える．根生葉は花時にも宿存する．葉柄は長さ 20〜55 cm，無毛，4 稜があり中空．葉身は腎円形，基部は深い心形，長さ 18〜24 cm，幅 21〜32 cm，7〜9 裂し，粗面伏毛が生える．茎葉は根生葉に似るが，上部へ行くほど小さくなり，無柄になる．花は約 20〜30 個が長さ 17〜30 cm の総状花序につく．花柄は下部の花で長さ 3.5〜7 cm，わずかに内曲し，粗面伏毛および先端部には腺毛が生える．小苞は一対，線形で長さ約 5 mm，幅約 0.5 mm．花は淡赤紫色で，長さ約 2.5 cm，表面は無毛，兜は円筒形長さ 20〜25 mm，幅 11〜12 mm，高さ 15〜18 mm，先端は丸く，2〜3 mm の短い嘴がある．側萼片は倒卵形で長さ 9 mm，幅 6 mm，向軸側に粗面曲毛が生える．花弁は黄白色，舷部は長さ 4 mm，幅 1 mm，距に向かってすぼまる．距は細く短く，長さ 3 mm，わずかに内曲する．唇部は長さ 1 mm，不規則な細かい鋸歯がある．柄は長さ約 1 cm．雄蕊は無毛，心皮は 3 個で無毛．

1415. レイジンソウ　〔キンポウゲ科〕

Aconitum loczyanum Rapaics

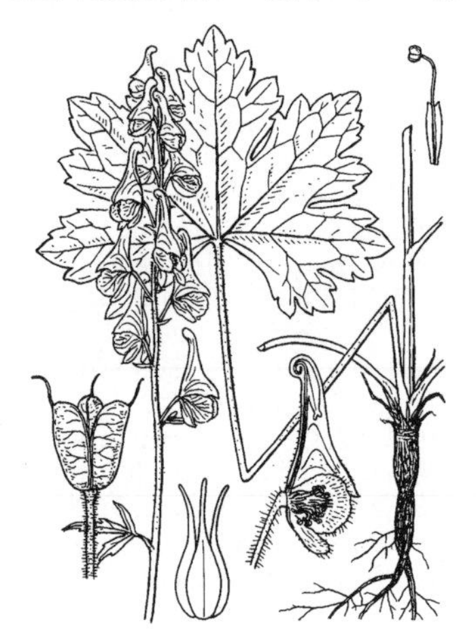

各地の山中に生える多年生草本で，高さは 40〜60 cm ぐらいである．根は黒褐色をしており主根があって地中に直下するがあまり大形ではない．茎は直立して普通紫色を帯びやや稜があり，上部には短毛が密生する．根生葉は長柄があり掌状に 5〜7 裂し，各裂片には鋭頭の欠刻または歯牙がある．上部の葉は柄は短くて形は簡単である．夏の頃，茎の先や葉腋に 2〜3 の総状花序をまっすぐに立て，ややまばらに淡紫色の花をつける．5 個のがく片は花弁状で粗毛が密生している．上部のがく片はカブト状で，上方は円筒状にのび先端は少し曲がり，長さは 17 mm ぐらい，また細く尖って前方につき出している．側方の 2 個のがく片は広倒卵形，下部の 2 個は長楕円形でやや前方に向かって垂下している．花弁 2 個は蜜槽状となり，先が反り返って曲がり，長い柄があって，上部のがく片の頭部に入っている．雄しべは多数，花糸の下部は長楕円状に広がる．子房は 3 個．袋果は普通 3 個で先端には花柱が残っていて反り返っている．〔日本名〕伶人草．花の形が舞楽の時に伶人の使う冠に似ているからである．

1416. ダイセツトリカブト　〔キンポウゲ科〕

Aconitum yamazakii Tamura et Namba

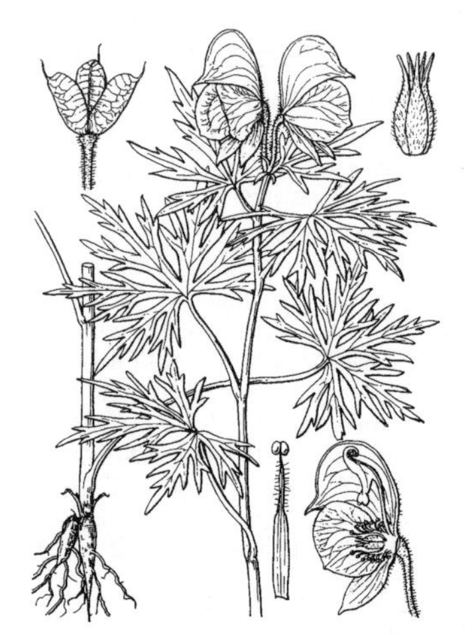

北海道石狩山地の亜高山帯ないし高山帯の草原や林縁に生える多年草．塊根は小さく径 0.2〜1 cm．茎は直立あるいはやや斜上し，長さ 15〜60 cm，あまり分枝せず，上部に屈毛がある．花時に根生葉と下部の茎葉はしばしば生存する．中部の茎葉の葉身は長さ 4〜11 cm，腎円形，3 深裂し，裂片はさらに羽状に切れ込み，終裂片は狭披針形，葉柄は長さ 0.5〜3 cm，屈毛がある．花は 8 月に開き，濃紫色ないし菫色，全体の大きさのわりに大きく長さ 30〜45 mm，外面に開出毛があり，散房状につくかあるいは単生する．花柄は長さ 1.5〜3.5 cm，全体に開出毛が密生し上端部に腺毛を交える．かぶとは半球状円錐形ないし円錐形，先端はやや長く尖る．蜜弁の舷部は幅 2〜3 mm，距に向かってしだいにすぼまり，柄は長さ 18〜19 mm，距は細長くかつ屈曲する．雄しべには開出毛がある．雌しべは 4〜6 個，斜上毛が密生する．袋果は直立し，長さ 12〜15 mm.〔日本名〕大雪鳥兜．大雪山で初めて発見されたため．〔追記〕石狩山地では本種とエゾノホソバトリカブトとの自然雑種が数多くみられる．ヒメトリカブト（姫鳥兜）*A. monanthum* Nakai は花柄や雄しべ，雌しべなどが無毛で，朝鮮半島と中国に分布する．

1417. エゾノホソバトリカブト 〔キンポウゲ科〕

Aconitum yuparense Takeda var. ***yuparense***

北海道の石狩山地から道南地方にかけての高山帯の草原や林縁に生える多年草．塊根は小さく径 0.2〜1 cm．茎は直立あるいはやや斜上し，長さ 15〜110 cm，あまり分枝せず，上部に屈毛がある．花時に根生葉と下部の茎葉はしばしば生存する．中部の茎葉の葉身は長さ 4〜14 cm，腎円形，3 深裂し，裂片はさらに羽状に深く切れ込み，終裂片は狭披針形，葉柄は長さ 0.5〜15 cm，屈毛がある．花は 7〜9 月に開き，濃紫色ないし菫色か淡紅紫色，まれに黄白色．長さ 30〜50 mm，外面に屈毛があり，散房状ないし総状につくか，あるいは単生する．花柄は長さ 1.5〜5 cm，全体に下向きの屈毛が密生する．かぶとは丸みをおびた円錐形，先端はやや長く尖る．蜜弁の舷部は幅 2〜3 mm，距に向かってしだいにすぼまり，柄は長さ 12〜18 mm，距は細長くかつ屈曲する．雄しべには開出毛がある．雌しべは 3〜5 個，上向きの屈毛が密生する．袋果は直立し，長さ 12〜15 mm.〔日本名〕蝦夷の細葉鳥兜．本州のホソバトリカブトに似た切れ込みの深い葉をつけ，かつ北海道に特産であるため．日高山脈全域の高山帯（南部では低山帯にもある）には雄しべと雌しべが無毛であるヒダカトリカブト var. *apoiense* (Nakai) Kadota が分布する．

1418. サンヨウブシ 〔キンポウゲ科〕

Aconitum sanyoense Nakai

本州（群馬県から島根県・広島県まで）と四国（高知県）の山地帯の林縁や林内に生える多年草．塊根は径 1〜4 cm．茎は太く，斜上して上部で彎曲し，長さ 60〜200 cm，無毛．花時には根生葉と下部の茎葉は生存しない．中部の茎葉の葉身は長さ 7〜20 cm，腎円形で掌状に 5〜7 中裂し，裂片には卵形の粗いきょ歯があり，下面に脈が隆起し，両面とも無毛だが，まれに下面の基部に屈毛があり，葉柄は長さ 3〜10 cm で無毛．花は 7〜11 月に開き，濃紫色ないし菫色，まれに黄白色，長さ 35〜45 mm，外面は無毛で，総状または円錐状に多数つくか単生する．花柄は長さ 2〜8 cm，全く無毛．かぶとは高さ 15〜21 mm，円錐形，先端は長く尖る．蜜弁の舷部は幅 3〜4 mm，距に向かってしだいにつぼまり，柄は長さ 12〜17 mm，距は長くかつ屈曲する．雄しべはふつう無毛だが，ときに開出毛がある．雌しべは 3 個，無毛または斜上する直毛がある．袋果は斜上し，長さ 15〜22 mm．茎の葉腋にむかご（無性芽）をつける個体をジョウシュウトリカブト（上州鳥兜）といって区別することもある．〔日本名〕山陽附子．最初山陽地方に多いと考えられたためだが，実際には山陰地方に多い．

1419. イイデトリカブト 〔キンポウゲ科〕

Aconitum iidemontanum Kadota, Y.Kita et K.Ueda

東北地方南部の飯豊山地に生育する高さ 120〜200 cm の擬似一年草．塊根は倒卵形で径 1〜3.5 cm，長さ 5〜10 cm．茎は斜上し無毛，3〜10 回ほど分枝し，枝はよく伸長する．根生葉は花時には枯れる．中部の茎葉の葉柄は長さ 4〜8 cm，まばらに屈毛がある．葉身は，膜質からやや革質で腎円形，幅 9〜17 cm，長さ 8〜15 cm，掌状に 5〜9 中裂し，基部から 2.5〜5 cm まで切れ込む．裂片は倒卵形から菱形，鋭頭で長さ 2.5〜6 cm，幅 6〜9 cm，基部は楔形から切形あるいは広心形．花序は総状で長さ 4〜18 cm，1〜6 個の花をつける．花柄は長さ 3〜6 cm，全面開出毛があり，先端部分には腺毛が混じる．一対の小苞があり，花柄の中部以下につく．花は 8 月から 9 月に咲き，紫青色，時に暗紫色から淡紫青色，長さ 35〜45 mm，ほぼ無毛であるが開出毛をまばらにつける．兜は円錐形で幅 15〜19 mm，長さ 19〜27 mm，高さ 15〜24 mm で短い嘴が突き出る．側萼片は円形，長さ幅共に 14〜16 m，下萼片は楕円形で，長さ 12〜14 mm．花弁は幅 3〜4 mm，長さ 11〜14 mm，距へ向けて細くなる．唇部は卵形，凹形，長さ 2〜4 mm，中心は紫青色，強く反り返る．柄は長さ 13〜16 mm，やや内曲する．雄蕊は多少とも開出毛があるが時に無毛．心皮は 3〜4 個，無毛あるいは斜上毛がある．袋果は楕円形，広角度に開き，長さ 2〜3 cm，花柱は長さ 4〜5 mm，種子は三角錐状で長さ 4 mm.

1420. ガッサントリカブト 〔キンポウゲ科〕

Aconitum gassanense Kadota et Shin'ei Kato

山形県月山周辺，朝日連峰，吾妻山（福島県にも）に分布する，高さ 1〜1.7 m の擬似一年草．塊根はニンジン形から倒卵形，長さ 5 cm，径 1.5 cm．茎は斜上し，基部で径 8〜12 mm，屈毛があり，良く分枝し，茎に対して鈍角的に伸びる．葉は膜質，半円形で，上面は無毛，下面は脈上に屈毛が生え，主脈と側脈には翼がある．根生葉および下部の茎葉は，花時には枯れる．中部の茎葉の葉身は幅 11〜18 cm，長さ 10〜12 cm，基部から 3.5〜5cm まで掌状に 3 中裂する．中央の裂片は倒卵形から菱形，鋭頭，幅 2.5〜5.5 cm，長さ 6〜8 cm，粗い鋸歯がある．両側の裂片はゆがんだ卵形で鋭頭，幅 4.5〜7.5 cm，長さ 9〜11 cm，更に 2 分裂し，先の狭まった卵形，鋭頭から鋭尖頭，葉柄は長さ 4〜6.5 cm，屈毛がある．花は 8〜9 月，3〜4 個が総状花序につき，長さ 7 cm，幅 3.5 cm．苞葉は葉状で，楕円形．花柄は湾曲し，長さ 3〜4 cm，花よりも長く，短い屈毛が密生する．小苞は一対あり，線形，長さ 5 mm，幅 1 mm，花柄の中部につく．花は青紫色で，高さ約 3 cm．兜は僧帽形，幅 15 mm，高さ 21 mm．側萼片は円形で長さ幅共に 12 mm，下萼片は楕円形，鈍頭，幅 4 mm，長さ 10〜12 mm．花弁は無毛，舷部は距に向かって次第にすぼまり幅 3 mm，長さ 8 mm．心皮は 3 個で短い斜上毛，腺毛が生える．袋果は楕円形で，幅 6 mm，長さ 25 mm，長さ約 5 mm の曲がった嘴がある．種子は長さ 5 mm，三角錐状で翼がある．東北地方に普通に分布するオクトリカブトに一見似ているが，葉が軟くて質が薄く，花柄に生える屈毛もより短いことなどで区別できる．

1421. ハナカズラ 〔キンポウゲ科〕

Aconitum ciliare DC.（*A. japonovolubile* Tamura）

九州の低地や山地帯の林縁や草原に生える多年草で，日本産のトリカブト属では唯一つる性となる．塊根は径 6〜10 mm．茎は成長の初期の段階では直立し，後に上部が伸長して他の植物などにからみつき，長さ 1〜2 m，よく分枝し，枝もまた伸長してつる状となり，屈毛か開出毛あるいはその両方がまばらに生える．花時には根生葉と下部の茎葉は生存しない．中部の茎葉の葉身は長さ 6.5〜13 cm，五角形状腎円形，3 全裂あるいは 3 深裂し，裂片は浅く羽裂するか粗いきょ歯があり，葉柄は長さ 2〜4 cm，屈毛か開出毛あるいはその両方が生える．花は 8〜11 月に開き，濃紫色ないし青色．長さ 30〜40 mm, 外面に屈毛があり，散房状あるいは円錐状につく．花柄は長さ 1〜6 cm，全体に下向きの屈毛が密生する．かぶとは円錐形，先端はふつう短く尖るが，ときに長く尖る．蜜弁の舷部は幅 3〜6 mm，ふくらみ，柄は長さ 13〜15 mm, 距は太くかつ短く屈曲する．雄しべは無毛または開出毛がまばらにある．雌しべは 3〜5 個，無毛，ときに斜上毛が生える．袋果は直立し，長さ 12〜18 mm．〔日本名〕花蔓．美しい花を咲かせるつる植物であるため．〔漢名〕巻毛蔓烏頭．

1422. カラフトブシ 〔キンポウゲ科〕

Aconitum sachalinense F.Schmidt subsp. ***sachalinense***

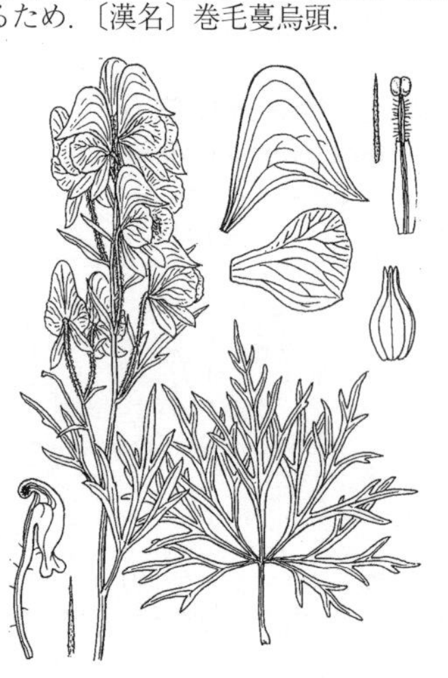

北海道の道東と道北地方（礼文島と利尻島を含む）の原野や山地，ときに高山草原に生える多年草．形態的変異が著しい．塊根は径 1〜2 cm．茎はふつう直立するが，ときに林縁に生えて茎は斜上して上部は彎曲し，長さ 50〜250 cm，分枝し，上部に屈毛がある．花時に根生葉と下部の茎葉は生存しない．中部の茎葉は長さ 5〜27 cm，五角形状腎円形，3 全裂し，裂片はさらに羽状深裂し，終裂片は狭披針形ないし披針形，葉柄は長さ 0.5〜9 cm，多少とも屈毛がある．花は 8〜9 月に開き，青菫色まれに黄白色あるいは白色，長さ 25〜40 mm，外面には屈毛があり，花序はふつう円錐状，風衝地では散房状．花柄は長さ 1〜5 cm，全体に下向きの屈毛が密生する．かぶとは高さ 10〜22 mm，僧帽形，先端はふつう長く尖る．蜜弁の舷部は幅 3〜6 mm，ふくらみ，柄は長さ 11〜16 mm，距は短く屈曲する．雄しべには開出毛がある．雌しべは 3〜4 個，ふつう無毛であるが，ときに多少とも屈毛か斜上毛あるいはその両方がある．袋果は直立し，長さ 15 mm．〔日本名〕樺太附子．樺太で最初に発見されたため．全体が小形で花柄に開出毛が混じるものをリシリブシといい，利尻島や礼文島などに生える．雑種起源のものであろう．

1423. エゾトリカブト（テリハブシ，ウスバトリカブト） 〔キンポウゲ科〕

Aconitum sachalinense F.Schmidt subsp. ***yezoense*** (Nakai) Kadota

道東と道北地方を除く北海道の低地から亜高山帯にかけての林縁や林内，草原に生える多年草．形態的変異が著しい．塊根は径 1〜2 cm．茎は林内や林縁などに生えるとき，斜上して上部は彎曲し，草原に生えるとき直立し，長さ 70〜250 cm，ときによく分枝して枝が伸長し，上部に屈毛がある．花時に根生葉と下部の茎葉は生存しない．中部の茎葉の葉身は長さ 9〜28 cm，五角形状腎円形，3 全裂し，裂片には卵形の粗いきょ歯があるか羽状に浅裂ないし中裂し，葉柄は長さ 2〜9 cm，屈毛がまばらに生える．花は 8〜10 月に開き，青色ないし菫色，まれに黄白色，長さ 25〜40 mm，外面に屈毛があり，花序は茎が斜上するとき総状ないし円錐状，直立するとき散房状．花柄は長さ 1〜5 cm, 全体に下向きの屈毛が密生する．かぶとは高さ 10〜22 mm，円錐形あるいは背の高い円錐形，先端はふつう短く尖る．蜜弁の舷部は幅 3〜6 mm，ふくらみ，柄は長さ 11〜16 mm，距は短く屈曲する．雄しべには開出毛がある．雌しべは 3〜4 個，ふつう無毛であるが，ときに背側の縫合線上に屈毛がある．袋果はふつう斜上し，長さ 15〜22 mm．

1424. カワチブシ 〔キンポウゲ科〕

Aconitum grossedentatum (Nakai) Nakai

本州の太平洋側（神奈川県・群馬県から和歌山県まで）と四国の山地帯の林内，林縁そして草原に生える多年草．形態的変異が著しい．塊根は径 0.5〜3 cm．茎は林内や林縁に生えるとき斜上して，上部はしばしば彎曲し，草原に生えるとき直立し，長さ 50〜180 cm，分枝するが枝はあまり伸長せず，無毛で光沢がある．花時には根生葉と下部の茎葉は生存しない．中部の茎葉の葉身は長さ 5〜19 cm，五角形状腎円形，3 深裂ないし 3 全裂し，裂片には粗いきょ歯があるか，ときに羽状に深裂して終裂片は披針形ないし線形となり，葉柄は長さ 1〜6 cm，無毛あるいは屈毛がある．花は 8〜10 月に開き，青紫色まれに黄白色，しばしば光沢があり，長さ 30〜55 mm，外面は無毛．花序は林縁などに生えるときは総状，草原に生えるときは散房状となる．花柄は長さ 1.5〜4.5 cm，全体が全く無毛．かぶとは円錐形で先端は長く尖る．蜜弁の舷部は幅 4〜6 mm，ふくらみ，柄は長さ 14〜18 mm，距はふつう長く屈曲する．雄しべは無毛，まれに開出毛がまばらに生える．雌しべは 3〜5 個，無毛，袋果は長さ 15〜27 mm，多少とも開出する．〔日本名〕河内附子．基準産地の大阪府金剛山が河内国に属するのにちなむ．

1425. センウズモドキ 〔キンポウゲ科〕

Aconitum jaluense Kom. subsp. ***iwatekense*** (Nakai) Kadota

青森県から茨城県までの太平洋の沿海山地と，長野県の内陸山地の林縁に生える多年草．塊根は径 0.5～1.5 cm．茎は斜上して上部は彎曲し，長さ 50～150 cm，よく分枝するが枝はあまり伸長せず，上部に屈毛がある．花時に根生葉と下部の茎葉は生存しない．中部の茎葉の葉身は長さ 9～19 cm，五角形状腎円形，3 深裂ないし 3 全裂し，裂片には粗い卵形のきょ歯があるか，ときに羽状に中裂して終裂片は狭卵形ないし披針形となり，葉柄は長さ 3～7 cm，無毛あるいは屈毛か開出毛あるいはその両方が生える．花は 8～10 月に開き，青紫色あるいはしばしば黄白色または白色，長さ 30～40 mm，外面に開出毛がある．花序は総状ないし散房状．花柄は長さ 1～5 cm，全体に開出毛が密生し，上端部に腺毛を混じえる．かぶとは背の高い円錐形で先端は長く尖る．蜜弁の舷部は幅 3～6 mm，ふくらみ，柄は長さ 10～16 mm，距はふつう長く屈曲する．雄しべには開出毛が生える．雌しべは 3～5 個，無毛あるいは斜上毛がまばらに生える．袋果は長さ 13～15 mm，直立する．〔日本名〕川烏頭擬き．センウズつまりオクトリカブトに似ているがそれとは異なるトリカブトという意味である．

1426. ウゼントリカブト 〔キンポウゲ科〕

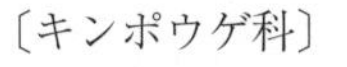

Aconitum okuyamae Nakai

東北地方（岩手県以南）から関東地方北部（群馬県）の奥羽山脈を中心とした地域の山地帯の林内，林縁や草原に生える多年草．塊根は径 2.5 cm ほどになる．茎は林内や林縁に生えるときは斜上してしばしば彎曲し，草原に生えるとき直立し，長さ 50～180 cm，よく分枝するが枝はあまり伸長せず，上部に屈毛がある．花時に根生葉と下部の茎葉は生存しない．中部の茎葉の葉身は長さ 8～20 cm，腎円形，掌状に 5～7 裂し，裂片には粗いきょ歯があるか，ときに羽状に浅裂して終裂片は狭卵形となり，葉柄は長さ 3～9 cm，ふつう屈毛があり，ときに開出毛を混じえる．花は 8～10 月に開き，青紫色ないし淡菫色，長さ 30～45 mm，外面に開出毛がある．花序は総状ないし散房状．花柄は長さ 2～4 cm，全体に開出毛が密生し，上端部に腺毛を混じえる．かぶとは円錐形または僧帽形で，先端は短く尖る．蜜弁の舷部は幅 4～5 mm，ふくらみ，柄は長さ 10～12 mm，距はふつう太くかつ短く屈曲する．雄しべには開出毛が生えるかまれに無毛．雌しべは 3～4 個，多少とも斜上毛が生えるか，ときに無毛．袋果は長さ約 20 mm，直立する．〔日本名〕羽前鳥兜．蔵王山の山形県（羽前国）側で最初に採集されたため．

1427. ヤマトリカブト 〔キンポウゲ科〕

Aconitum japonicum Thunb. subsp. ***japonicum***

関東地方北部（栃木県）から中部地方（愛知県）までの太平洋側に偏った地域の低山帯ないし山地帯の林縁，林内そして草原に生える多年草．形態的変異が極めて著しい．塊根は径 1～3 cm．茎は林内や林縁に生えるときは斜上してしばしば上部は彎曲し，草原に生えるとき直立し，長さ 60～200 cm，上部に屈毛がある．中部の茎葉の葉身は長さ 6～17 cm，五角形ないし五角形状腎円形，3 深裂ないし 3 中裂し，裂片は羽裂して終裂片は披針形ないし卵形となるかあるいは粗い卵形のきょ歯縁となり，葉柄は長さ 2～8 cm，無毛あるいは屈毛がある．花は 8～11 月に開き，青紫色ないし菫色，ときに黄白色，長さ 30～50 mm，外面に屈毛がある．花序は茎が斜上するとき総状，茎が直立するとき散房状となる．花柄は長さ 3～10 cm，全体に下向きの屈毛が密生する．かぶとは背の高い円錐形ないし僧帽形で先端は短く尖る．蜜弁の舷部は幅 3～7 mm，ふくらみ，柄は長さ 18～20 mm，距はふつう細くかつ長く屈曲する．雄しべには開出毛があるか，ときに無毛．雌しべは 3～5 個，無毛あるいは屈毛が生える．袋果は長さ 10～15 mm，直立する．〔日本名〕山鳥兜．低山に生えるトリカブトの意味であろう．

1428. オクトリカブト（センウズ） 〔キンポウゲ科〕

Aconitum japonicum Thunb. subsp. ***subcuneatum*** (Nakai) Kadota

北海道西南部から本州（新潟県，群馬県までの日本海側にかたよった地域）の低地ないし山地帯の林縁，林内そして草原，ときに高山草原に生える多年草．形態的変異が著しい．塊根は径 1～3 cm．茎は林内や林縁に生えるときは斜上してしばしば上部は彎曲し，草原に生えるとき直立し，長さ 60～200 cm，上部に屈毛がある．中部の茎葉の葉身は長さ 7～16 cm，腎円形，掌状に 5～7 裂するか 3 裂し，裂片は羽裂して終裂片は狭卵形となるか，あるいは粗いきょ歯縁となり，下面で脈は隆起し，葉柄は長さ 2～8 cm．花は 8～10 月に開き，青紫色ないし菫色，ときに黄白色，長さ 30～50 mm，外面に屈毛がある．花序は総状または散房状，ときに円錐状．花柄は長さ 3～10 cm，全体に下向きの屈毛が密生する．かぶとは背の高い円錐形ないし僧帽形で先端は長く尖る．蜜弁の舷部は幅 3～4 mm，ふくらみ，柄は長さ 18～20 mm，距はふつう細くかつ長く屈曲する．雄しべには開出毛がある．雌しべは 3～6 個，無毛あるいは屈毛が生える．袋果は長さ 16～25 mm，直立する．〔日本名〕基準産地が青森県（陸奥国）八甲田山であるため陸奥（みちのく）に因み，奥鳥兜としたものと思われる．

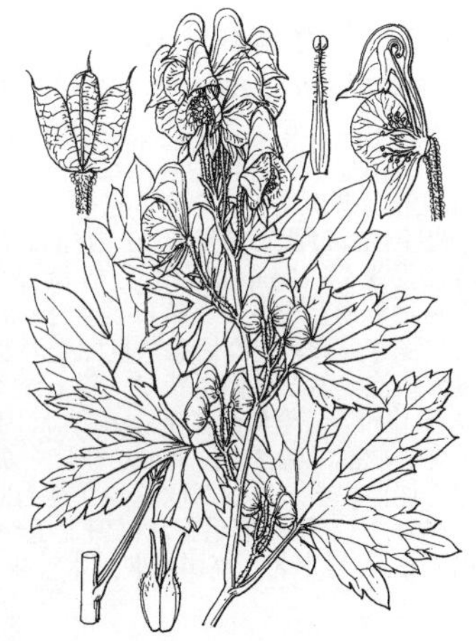

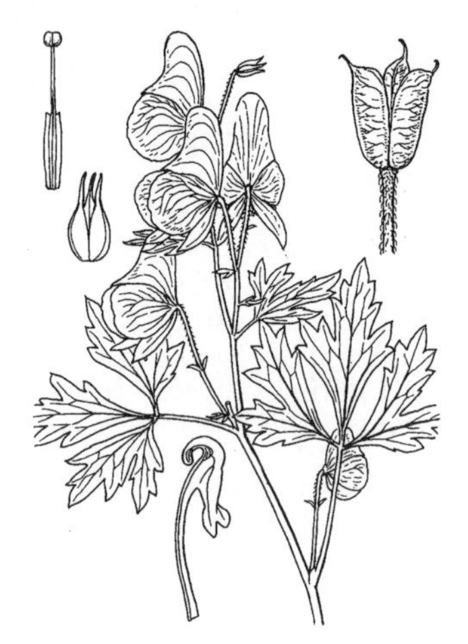

1429. タンナトリカブト 〔キンポウゲ科〕

Aconitum japonicum Thunb. subsp. ***napiforme*** (H.Lév. et Vaniot) Kadota

中国地方以西の低地や山地の林内や林縁に生える多年草．西日本では最も普通のトリカブトである．塊茎は径 1〜2 cm．茎は斜上またはやや直立し，長さ 15〜150 cm，上部に屈毛がある．中部の茎葉の葉身は五角形ないし五角形状腎円形，長さ 4〜14 cm，3 全裂あるいはまれに 3 深裂，裂片は羽裂して終裂片は披針形となるかあるいは卵形の粗いきょ歯縁となる．花は 9〜11 月に開き，濃青紫色ないし菫色，長さ 30〜45 mm，外面に屈毛がある．花序は散房状ないし総状ときに円錐状．花柄は長さ 3〜7 cm，全体に屈毛が密生する．かぶとは僧帽状円錐形ないし背の高い円錐形，先端は著しく尖る．蜜弁の舷部は幅 3〜4 mm，ふくらみ，柄は長さ 11〜15 mm，距はふつう細くかつ短く屈曲する．雄しべは無毛．雌しべは 3〜5 個，無毛あるいは屈毛が生える．袋果は長さ 8〜13 mm，直立する．〔日本名〕耽羅鳥兜，耽羅（たんな）は済州島の古い呼び名で，同島が基準産地であるため．

1430. アズミトリカブト 〔キンポウゲ科〕

Aconitum azumiense Kadota et Hashido

長野県安曇野地方に産する高さ 90〜145 cm の擬似一年草．塊根は狭倒卵形，暗赤褐色で，径 1〜1.5 cm．茎は斜上し，ほとんど無毛だが上部にはまばらに屈毛があり，8〜10 回分枝，枝は長さ 4〜17 cm．葉はやや革質で広倒卵形，両面ともにほとんど無毛であるが下面基部に屈毛がある．根生葉および下部の茎葉は花時に枯れる．中部の茎葉の葉柄は長さ 3〜7 cm，ほとんど無毛だが向軸側の溝に沿って屈毛がある．葉身は幅 12〜20 cm，長さ 10〜22 cm，3 全裂し，基部は深い心形，裂片は倒卵形で鋭頭，幅 5〜10 cm，長さ 8.5〜15 cm，深く羽裂する．条裂片は卵形で鋭頭，幅 6.5〜10 cm，長さ 8〜9.5 cm，2 深裂する．頂生の花序は総状あるいは散房状で，幅 4cm，長さ 7 cm，5〜6 個の花を付ける．腋生の花序は散房状，2〜5 個の花を付ける．花柄は長さ 3.5〜4.5 cm で無毛，一対の小苞がある．小苞は長さ約 3 mm で花柄の中部につく．花は青紫色または暗紫色で，長さ 30〜35 mm．兜は浅い円錐形または舟形で，高さ 8〜13 mm，幅 15〜18 mm．側萼片は円形で幅，長さ共に 18 mm．雄蕊はほぼ無毛であるが，花糸の基部にまばらに開出毛をつける．心皮は 3(〜5) 個，無毛．成熟した種子はこれまでのところ知られていない．

1431. トリカブト（カブトギク，カブトバナ，ハナトリカブト）〔キンポウゲ科〕

Aconitum chinense Siebold ex Paxton

古くから観賞用植物として栽培されている多年生の有毒草本．根は倒卵形の塊状で地中に真直にのび，両側にあるものは新根である．茎は直立し，高さは 1 m ぐらいで平滑な円柱形であるが，上方には微毛がある．葉は互生で有柄，掌状に深裂し，ほとんど基部にまで裂け込み，裂片には更に大形の粗きょ歯があり，先端は尖り，葉質は厚く緑色で光沢がある．春の若葉は裂片が細く褐紫色をしている．秋の頃，枝の先や上方の葉腋に円錐花序をつけ，多数集まって，深紫色の大形で美しい花を開く．がく片は 5 個で花弁状をしており，無毛，有色，上部のがく片は大形の帽子状で立ち，長さ 3 cm ほどで前に向かって短く尖り，中部の 2 個のがく片はやや円形で側方に向き，下部の 2 個のがく片は長楕円形で斜めに下方に出ている．花弁 2 個は直立して上部のがく片の中に閉ざされて立ち，変形して蜜腺状となり，頭部はそり反り下部は柄となっている．雄しべは多数あり，上部は青紫色で外側の雄しべは反曲し，花糸の下半分は白色で薄い翼状となる．子房は 3〜5 個で緑色，袋果は 3〜5 個，狭長な長楕円体で先端は細く尖り，ひだのある多数の種子が入っている．本種は普通草花として植えられているものだが原産地では明らかでない．種形容語 *chinense* は Siebold が中国種であると思ったため．〔日本名〕鳥兜は花の形が舞楽の時に使う伶人の冠に似ているからで，兜菊，兜花も同様である．〔漢名〕鳥頭，双鸞菊は共に別のものである．

1432. タカネトリカブト 〔キンポウゲ科〕

Aconitum zigzag H.Lév. et Vaniot subsp. ***zigzag***

本州中部，中央アルプス，御岳，乗鞍岳などの高山帯から亜高山帯の草原や林縁，ときに山地帯の林縁や林内に生える多年草．形態的変異が著しい．塊根は径 1〜4 cm．茎は草原に生えるときは直立し，林内や林縁に生えるときには斜上して，しばしば上部は彎曲し，長さ 50〜150 cm，ほとんど無毛で光沢がある．中部の茎葉の葉身は長さ 6〜17 cm，腎円形，3 深裂ないし 3 中裂し，裂片は羽裂して終裂片は線形から披針形となり，葉柄は長さ 1〜8 cm，無毛あるいは屈毛が生える．花は 7〜10 月に開き，青紫色ないし菫色で光沢があり，長さ 30〜45 mm，外面は無毛．花序は茎が直立するとき散房状で，斜上するときには総状あるいは円錐状となる．花柄は長さ 1〜9 cm，全体が無毛．かぶとは円錐形または背の低い円錐形で先端は短く尖る．蜜弁の舷部は幅 3〜10 mm，著しくふくらみ，柄は長さ 11〜18 mm，距は太くかつ短く屈曲する．雄しべはふつう無毛であるが，ときに開出毛がまばらに生える．雌しべは 3〜5 個，無毛まれに斜上毛がまばらに生える．袋果は長さ 13〜25 mm，開出する．〔日本名〕高嶺鳥兜．木曽駒ヶ岳の高山帯で最初に発見されたため．

1433. リョウハクトリカブト　〔キンポウゲ科〕

Aconitum zigzag H.Lév. et Vaniot subsp. ***ryohakuense*** Kadota

本州中部，両白山地の高山帯から亜高山帯の草原や林縁，ときに山地帯の林縁や林内に生える多年草．形態的変異が著しい．塊根は径 1〜4 cm．茎は草原に生えるとき直立し，林内や林縁に生えるときには斜上して，しばしば上部は彎曲し，長さ 50〜200 cm，ほとんど無毛で光沢がある．中部の茎葉の葉身は長さ 8〜17 cm，腎円形，3 中裂ないし 3 浅裂し，裂片は羽裂して終裂片は披針形から卵形となり，葉柄は長さ 1〜8 cm，無毛あるいは屈毛が生える．花は 8〜10 月に開き，青紫色ないし菫色で光沢があり，長さ 30〜45 mm，外面は無毛．花序は散房状または円錐状となる．花柄は長さ 1〜9 cm，全体が全く無毛．かぶとは丸みをおびた円錐形，先端は長く尖る．蜜弁の舷部は幅 3〜6 mm，ふくらみ，柄は長さ 11〜18 mm，距は細くかつ長く屈曲する．雄しべはふつう無毛であるが，まれに開出毛がまばらに生える．雌しべは 3〜5 個，無毛まれに屈毛がまばらに生える．袋果は長さ 13〜25 mm，開出または直立する．〔日本名〕両白鳥兜．両白山地に固有であるため門田裕一が名付けた．〔追記〕ハクサントリカブト（白山鳥兜）*A.* ×*hakusanense* Nakai は本植物とミヤマトリカブトとの雑種起源と推定される．

1434. ナンタイブシ　〔キンポウゲ科〕

Aconitum zigzag H.Lév. et Vaniot subsp. ***komatsui*** (Nakai) Kadota

本州中部，日光山地と赤城山の亜高山帯から山地帯の林縁や林内に生える多年草，形態的変異が著しい．塊根は径 1〜3 cm．茎は亜高山帯のダケカンバ林縁に生えるときやや直立し，山地の林内や林縁に生えるときには斜上してしばしば上部は彎曲し，長さ 15〜150 cm，ほとんど無毛で光沢がある．中部の茎葉の葉身は長さ 5〜15 cm，腎円形ないし五角形状腎円形，3 深裂から 3 中裂し，裂片は羽状に深裂して終裂片は狭披針形または披針形となり，葉柄は長さ 1〜6 cm，無毛あるいは屈毛が生える．花は 8〜9 月に開き，青紫色ないし青色あるいは淡青色で鈍い光沢があり，長さ 23〜40 mm, 外面は無毛．花序は散房状ないし総状となる．花柄は長さ 1〜6 cm, 全体が無毛．かぶとは僧帽形で，ときに頂部が前屈し先端は長く尖る．蜜弁の舷部は幅 3〜5 mm，ふくらみ，柄は長さ 11〜18 mm，距は細くかつ長く屈曲する．雄しべは開出毛が密生するか，ときにまばらに生える．雌しべは 3〜5 個，ふつう屈毛がまばらに生えるが，ときに開出毛あるいは斜上毛がまばらにあるかまたは無毛．袋果は長さ 13〜25 mm，直立する．〔日本名〕男体附子．日光・男体山で初めて採集されたため．

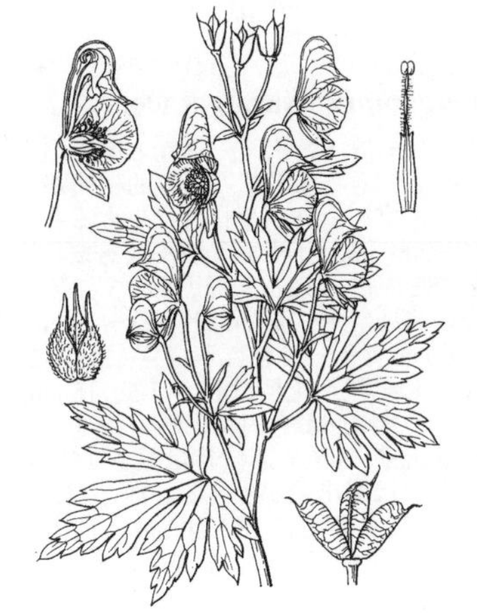

1435. ハクバブシ　〔キンポウゲ科〕

Aconitum zigzag H.Lév. et Vaniot subsp. ***kishidae*** (Nakai) Kadota

本州中部，志賀高原から谷川連峰および頸城丘陵の高山帯ないし亜高山帯の草原，山地帯の林縁や林内に生える多年草．形態的変異が著しい．塊根は径 1〜4 cm．茎は草原に生えるとき直立し，山地の林内や林縁に生えるときには斜上してしばしば上部は彎曲し，長さ 50〜200 cm，ほとんど無毛で光沢がある．中部の茎葉の葉身は長さ 7〜17 cm，腎円形，3 中裂ないし 3 浅裂し，裂片は羽裂して終裂片は披針形または卵形となるか，粗いきょ歯縁となり，葉柄は長さ 1〜8 cm，無毛あるいは屈毛が生える．花は 7〜9 月に開き，青紫色ないし菫色で光沢があり，長さ 30〜45 mm，外面は無毛．花序は散房状または円錐状となる．花柄は長さ 1〜9 cm，全体が全く無毛．かぶとは僧帽形あるいはやや円筒状で先端は短く尖る．蜜弁の舷部は幅 3〜6 mm，ふくらみ，柄は長さ 11〜18 mm，距は細くかつ長く屈曲する．雄しべは開出毛が密生する．雌しべは 3〜5 個，ふつう屈毛が密生するが，とくにまばらに生え，まれに斜上毛がまばらに生える．袋果は長さ 13〜25 mm, 開出する．〔日本名〕白馬附子．基準産地が北アルプス・白馬岳であるためだが，白馬岳ではその後採集されていない．

1436. ホソバトリカブト　〔キンポウゲ科〕

Aconitum senanense Nakai subsp. ***senanense***

本州中部，南アルプス，八ヶ岳，奥秩父，日光白根山の高山帯から亜高山帯の草原あるいは林縁や林内に生える多年草．形態的変異が著しい．塊根は径 1〜4 cm．茎は草原に生えるとき直立し，山地の林内や林縁に生えるときには斜上してしばしば上部は彎曲し，長さ 15〜200 cm，分枝するが枝はほとんど伸長せず，上部に屈毛がある．根生葉や下部の茎葉は花時に生存することもある．中部の茎葉の葉身は長さ 7〜14 cm，腎円形，3 深裂ないし 3 中裂し，裂片は羽裂して終裂片は線形ないし披針形，葉柄は長さ 1.5〜9 cm, ふつう屈毛があり, ときに開出毛を混じえる．花は 7〜11 月に開き，青紫色ないし青色，まれに黄白色，長さ 30〜40 mm，外面に開出毛がある．花序は散房状ないし総状．花柄は長さ 1〜9 cm，斜上し，全体に開出毛が密生し，上端部に腺毛を混じえる．かぶとは舟形ないし円錐形で先端はやや長く尖る．蜜弁の舷部は幅 4〜7 mm，ふくらみ，柄は長さ 13〜20 mm，距は太くかつ短く屈曲する．雄しべは開出毛が密生する．雌しべは 3〜5 個，多少とも斜上毛がある．袋果は長さ 9〜20 mm，開出する．〔日本名〕細葉鳥兜．ヤマトリカブトなどに比べて終裂片が細いため．

1437. ヤチトリカブト　〔キンポウゲ科〕

Aconitum senanense Nakai subsp. ***paludicola*** (Nakai) Kadota

本州中部，北アルプスと乗鞍岳の高山から山地の草原あるいは林縁や林内に生える多年草．形態的変異が著しい．塊根は径 1〜4 cm．茎は草原に生えるとき直立し，山地の林内や林縁に生えるときには斜上して上部は彎曲し，長さ 60〜200 cm，分枝して枝はしばしば伸長し，上部に屈毛がある．根生葉や下部の茎葉は花時に生存しない．中部の茎葉の葉身は長さ 7〜14 cm，腎円形，3 中裂ないし 3 浅裂し，裂片は羽裂して終裂片は披針形か狭披針形，葉柄は長さ 2〜9 cm，ふつう屈毛があり，ときに開出毛を混じえる．花は 7〜11 月に開き，青紫色ないし青色あるいは淡青色，長さ 30〜40 mm，外面に開出毛がある．花序は散房状ないし円錐状．花柄は長さ 1〜9 cm，開出し，全体に開出毛が密生し，上端部に腺毛を混じえる．かぶとは舟形から円錐形で先端はやや長く尖る．蜜弁の舷部は幅 4〜7 mm，ふくらみ，柄は長さ 13〜20 mm，距は太くかつ短く屈曲する．雄しべは開出毛がまばらに生えるか無毛．雌しべは 3〜5 個，多少とも斜上毛がある．袋果は長さ 9〜20 mm，開出する．〔日本名〕谷地鳥兜．最初長野県上高地・梓川沿いの水湿地で採集されたためだが，むしろ北アルプスの稜線部に普通に生える．

1438. ミヤマトリカブト　〔キンポウゲ科〕

Aconitum nipponicum Nakai subsp. ***nipponicum***

山形県月山から石川県白山までの日本海側地域の高山帯から山地帯の草原，あるいは林縁や林内に生える多年草．形態的変異が著しい．塊根は径 0.5〜3 cm．茎は草原に生えるとき直立し，山地の林内や林縁に生えるときには斜上して上部はしばしば彎曲し，長さ 60〜200 cm，分枝して枝はしばしば伸長し，上部に屈毛がある．中部の茎葉の葉身は長さ 6〜15 cm，腎円形，3 中裂ないし 3 浅裂し，裂片は羽裂して終裂片は卵形から披針形．葉柄は長さ 1〜10 cm，屈毛があるか無毛．花は 8〜9 月に開き，青紫色ないし青色，まれに黄白色，長さ 25〜45 mm，外面に屈毛がある．花序は散房状から円錐状．花柄は長さ 1.5〜15 cm，開出し，全体に下向きの屈毛が密生する．かぶとは円錐形で先端は長く尖る．蜜弁の舷部は幅 3〜8 mm，著しくふくらみ，柄は長さ 15〜18 mm，距は細くかつ短く屈曲する．雄しべは無毛あるいは開出毛がまばらに生える．雌しべは 3〜5 個，無毛あるいは屈毛がある．袋果は長さ 15〜20 mm，開出あるいは直立する．〔日本名〕深山鳥兜．本種も高山植物であるが，同属のタカネトリカブトとの混同をさけるためにミヤマトリカブトとしたと思われる．

1439. キタザワブシ　〔キンポウゲ科〕

Aconitum nipponicum Nakai subsp. ***micranthum*** (Nakai) Kadota

本州中部，南アルプス，御岳，中央アルプス，八ヶ岳，奥秩父，日光・白根山の高山帯から亜高山帯の草原，あるいは林縁や林内に生える多年草．形態的変異が著しい．塊根は径 0.5〜3 cm．茎は草原に生えるとき直立し，林内や林縁に生えるときには斜上して，上部はしばしば彎曲し，長さ 15〜200 cm，分枝するが枝はあまり伸長せず，上部に屈毛がある．中部の茎葉の葉身は長さ 6〜15 cm，腎円形，3 深裂ないし 3 中裂し，裂片は羽裂して終裂片は線形ないし披針形，葉柄は長さ 1〜10 cm，屈毛があるか無毛．花は 8〜9 月に開き，青紫色から青色，まれに黄白色，長さ 25〜45 mm，外面に屈毛がある．花序は散房状ないし総状．花柄は長さ 1.5〜15 cm，斜上し，全体に下向きの屈毛が密生する．かぶとは僧帽形から円錐形あるいはやや円筒状で，先端は短く尖る．蜜弁の舷部は幅 3〜6 mm，ふくらみ，柄は長さ 15〜18 mm，距は太くあるいは細く，長く屈曲する．雄しべは開出毛が生える．雌しべは 3〜5 個，ふつう無毛であるが，ときに屈毛がある．袋果は長さ 15〜20 mm，開出あるいは直立する．〔日本名〕北沢附子．南アルプスの北沢峠で最初に発見されたため．

1440. キタダケトリカブト　〔キンポウゲ科〕

Aconitum kitadakense Nakai

南アルプス・北岳の高山帯の岩混じりの草地に特産する多年草．塊根は径 0.5〜1 cm．茎は直立あるいはやや斜上し，長さ 15〜35 cm，上部でよく分枝して枝は伸長し，上部に屈毛がある．根生葉と下部の茎葉はしばしば花時にも生存する．中部の茎葉の葉身は長さ 3〜7 cm，腎円形，3 深裂し，裂片はさらに羽状深裂して終裂片は線形ないし狭披針形，葉柄は長さ 1〜5 cm，無毛あるいは屈毛がある．花は 8〜9 月に開き青紫色，長さ 30〜35 mm，外面に屈毛がある．花序は散房状．花柄は長さ 1〜3 cm，斜上し，全体に下向きの屈毛が密生する．かぶとは円錐形あるいはやや僧帽形で，先端は長く尖る．蜜弁の舷部は幅 3〜4 mm，わずかにふくらみ，柄は長さ 18〜19 mm，距は太くかつ短く屈曲する．雄しべは開出毛が密生する．雌しべは 3〜5 個，ふつう無毛であるがまれに屈毛がまばらに生える．袋果は長さ約 16 mm，直立する．〔日本名〕北岳鳥兜．南アルプスの北岳で最初に発見されたため．〔追記〕南アルプスに普通に生えるキタザワブシのうち高山風衝地に生える小形の個体は本種によく似ているが，茎がほとんど分枝しないこと，蜜弁の距が長く屈曲することで本種と区別される．

1441. オキナグサ　〔キンポウゲ科〕

Pulsatilla cernua (Thunb.) Bercht. et C.Presl

普通山野の草原に生える多年生草本．花時には高さ 10 cm ぐらいで，全体に長い白毛が密生している．根はまっすぐでやや多肉，疎に分枝し暗褐色．根生葉には葉柄があり，主根の頸部から叢生し，2 回羽状に分裂し，各小葉は更に 2〜3 深裂している．裂片はくさび形または線形で先端に 2〜3 の歯牙がある．総苞は直立した円柱形の茎の頂にあり，3 片まれに 4 片で無柄，細裂し，裂片は長線形である．春，1 本の花柄を苞葉の中心からぬき出し，その先が一方に傾き，点頭して暗赤紫色の花を 1 個つける．がく片は 6 個で長楕円形，長さは約 2 cm ぐらい．外面は白色の絹毛で被われている．雄しべは多数，葯は黄色．雌しべも多数，子房や長い花柱には毛があり，花柱の上部は紫色をしている．瘦果は長卵形で柄の先に集まってつき，宿存し増長した有毛の長い花柱があり，風が吹くと次第に吹き飛ばされていく．その頃，茎は成長して高さは花柄を入れて 30 cm ぐらいになっている．〔日本名〕翁草の意味で，果時に長花柱が集まっている状態がちょうど老人の白髪のようであるからである．〔漢名〕白頭翁を用いるのは誤である．白頭翁というのは中国に産するヒロハオキナグサ *P. chinensis* Regel である．〔漢名〕朝鮮白頭翁．

1442. ツクモグサ　〔キンポウゲ科〕

Pulsatilla nipponica (Takeda) Ohwi

本州中部や北海道の高山に生える多年生草本で，株全体に毛が密生している．根茎は傾いてのび，太くて木質化し，上部は葉柄の枯れたものに囲まれている．葉は花よりも遅くのび，すべてが根生して長い柄があり，2 回 3 出複葉で裂片はさらに 2〜3 回羽状に分裂し，最終の裂片は線状披針形で先端は鋭形，裂片は多くは内側に巻き込む傾向がある．葉の間から直立した茎が出て先端に柄の無い葉状の苞がつき，3 全裂し，根生葉と同様に欠刻する．夏，苞葉の中心から直立した花柄を 1 本出し，先端に上向きに花を開く．花は淡黄色で径 3 cm である．がくは花弁状で 6 個，内外の 2 輪になり，楕円形で広く大きく，外側には毛がある．花弁はない．多数の雄しべに埋まって有毛の雌しべが多数ある．果球は球状で瘦果は黄色の長い尾があり，これに毛があって様子がチングルマに似ている．〔日本名〕九十九草の意味で，山草愛好家の弁護士城数馬が明治 35 年（1902）長野県の八ヶ岳で初めてこの草を採り，同氏の祖父の名にちなんで命名したものである．

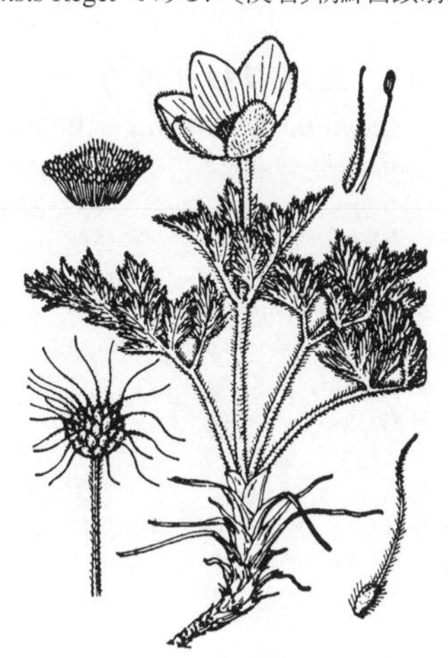

1443. イチリンソウ（イチゲソウ，ウラベニイチゲ）　〔キンポウゲ科〕

Anemone nikoensis Maxim.

山すその草地に生える多年生草本で，高さは 18〜25 cm ぐらいである．根茎はかなり長くて地下を横にはい，やや多肉質で白色である．茎は根茎の上部から真直にのび，単一で，細くて長く，葉と同様に毛はない．根生葉には長い柄があり，2 回 3 出複葉で，小葉は羽状に切れ，裂片には大きい欠刻縁がある．花柄の基部には 3 個の苞葉が輪生している．苞葉には柄があり，3 出葉で小葉はさらに深く切れ込んでいる．4 月頃，苞葉の中央から長さ 5〜7 cm ぐらいの直立した花柄を出し，その先に花を 1 個つける．花径は 4 cm ぐらいである．がく片は花弁状で 5 個，楕円形をしており白色で外面がしばしば淡紫色をおびていて美しい．花弁はない．雄しべは多数で黄色である．雌しべは多数，子房には細毛が生えている．瘦果は多数，細小で，細かい毛がある．〔日本名〕一輪草は柄の上に 1 個の花がつくからである．一名をイチゲソウともいう．『尺素往来』に一夏草と出ているが一花草とするのが正しいだろう．裏紅イチゲは花弁状のがくの裏面がしばしば紅色を帯びるからである．〔漢名〕雙瓶梅は清（シン）の俗語だといわれている．多分イチリンソウではないであろう．

1444. キクザキイチゲ（キクザキイチゲソウ，ルリイチゲソウ）〔キンポウゲ科〕

Anemone pseudoaltaica H.Hara

山野に生える多年生草本で，高さは 10〜20 cm ぐらいである．根茎は地中を横にはい，細く長くて節線がある．茎は単一で直立する．根生葉は 2 回 3 出複葉で柄があり，小葉は卵形で欠刻や欠刻状歯牙がある．苞葉は茎の先にあって 3 葉が輪生し，各々は有柄の 3 出葉で柄のつけ根は鞘となって広がる．小葉の様子は根生葉と同じである．4〜5 月頃，苞葉の中心からまっすぐにのびる花柄を 1 本出し，先端に淡紫色の花を開く．時には白い花もある．花径は 2.5〜4 cm ほどで，日が当たると平開し非常に美しい．がく片は花弁状で 10〜13 個ぐらいあり，線状長楕円形である．花弁はない．雄しべは多数で黄色である．雌しべも多数で卵形体の子房には白色の短毛が密生している．瘦果は卵球形で細毛があり，集まっている．〔日本名〕菊咲一輪草または菊咲一花草で，花が菊に似ているからである．一名ルリイチゲソウは花の色に基づいた名である．

1445. アズマイチゲ 〔キンポウゲ科〕

Anemone raddeana Regel

北海道から九州の山地の樹下に生える多年生草本．根茎は横にのび，大形にはならず先端には鱗片がある．根生葉は花後にのび，長柄があって長さ 10〜15 cm，2 回 3 出複葉で，小葉は有柄倒卵形で基部はくさび形，更に 3 尖裂し最後の裂片は鈍頭，蒼緑色で全く毛はなく平滑である．早春，葉よりも高く茎を出し，先端に 3 個の葉状苞をつけ，苞には柄があって平開し，3 つに全裂し，裂片は楕円状倒卵形で先は鈍形，形も質も根生葉と同様である．苞葉の中心から直立した花茎が 1 本のび，その先に花が 1 個咲く．花は初めは下向きであるが，のち上向きとなり，日が当たると開く．花径は 2〜3 cm ほどである．がく片は花弁状で 10 個内外あり，狭い長楕円形で白色，外面はわずかに紫色をおびる．花弁は無い．雄しべは多数で黄色．雌しべは多数，細い卵形体の子房には細毛がある．〔日本名〕東イチゲの意味で，関東地方に見られるからである．〔漢名〕多被銀蓮花．

1446. ユキワリイチゲ（ルリイチゲ） 〔キンポウゲ科〕

Anemone keiskeana T.Itô ex Maxim.

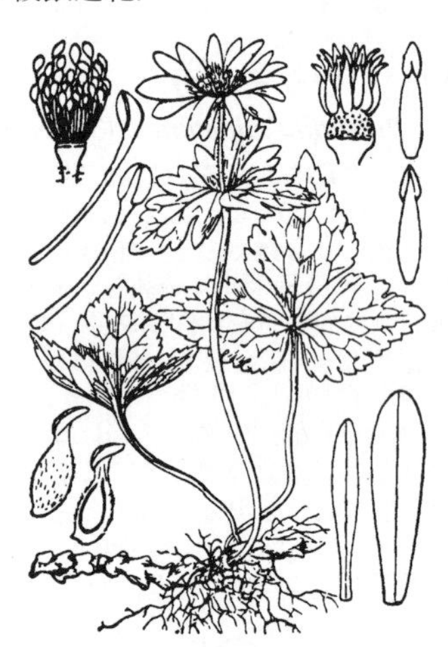

関西各地の竹やぶや山すその林下などに群がって生える草質の軟らかい多年生草本で，11 月にはすでに新葉を出し，冬を越す．根茎は地中を横たわり，多肉で紫色を帯び，ひげ根を出す．葉は根生し，長い柄があって立ち，平開する無柄の 3 小葉からなり，概形は三角形で，小葉もまた三角状卵形あるいは菱形で先端は鋭形，不ぞろいの鈍きょ歯があり，基部は全縁，中央の小葉は広いくさび形，両側の小葉は左右不同形である．葉の上面は緑色に褐紫色の斑紋があり，下面は紫色で美しい．葉は葉柄と同様に無毛，草質である．早春の頃葉よりも高く 10 cm 内外の茎を 1 本出し，茎頂に葉状苞を 3 個つけ，無柄で，卵状披針形，2〜3 の欠刻がある．苞の中心からは細毛のある 1 本の花柄を真直ぐに立て，その先に花を 1 個つける．花は日が当たると開き，上部はやや白色で下部は淡紫色をおびている．がく片は 15 個ぐらいで線状楕円形，ちょうどキクザキイチゲのような感じである．花弁はない．雄しべは多数で黄色，長短がある．雌しべも多数，子房は細い卵形である．〔日本名〕雪割イチゲで，雪の中ですでに芽が出ているからである．一名をルリイチゲともいう．これは花の色に基づいたものであるが，キクザキイチゲにも同名がつけられている．

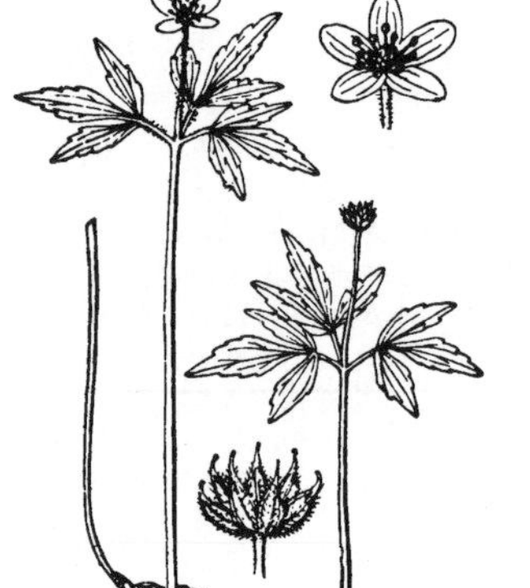

1447. ヒメイチゲ（ルリイチゲソウ） 〔キンポウゲ科〕

Anemone debilis Fisch. ex Turcz.

山地に生える小形の多年草で，高さは 6〜10 cm ぐらいである．根茎は短くて地下を横にはう．茎は直立して繊細．葉は根生し，細い葉柄があり 3 出複葉で広卵形をしており，不ぞろいなきょ歯がある．葉状の総苞は 3 個で，茎の先に輪生し，各々に短い柄があり，各小葉は披針形でふつう粗きょ歯があり，時には全縁である．5〜6 月頃，総苞の中心から直立した 2 cm ばかりの花柄を 1 本出し，その先に白色の小さい花を 1 個つける．がく片は花弁状で 5 個あり，長楕円形で長さは 7 mm ぐらいである．花弁はない．雄しべは多数で黄色．雌しべもまた多数で，子房には短毛が密生している．花がすむと雌しべ群は球状となり，痩果は長楕円体で先端はとがり短いくちばし状となる．〔日本名〕姫イチゲで，全体が小形であるからである．

1448. エゾイチゲ（ヒロハヒメイチゲ） 〔キンポウゲ科〕

Anemone soyensis H.Boissieu

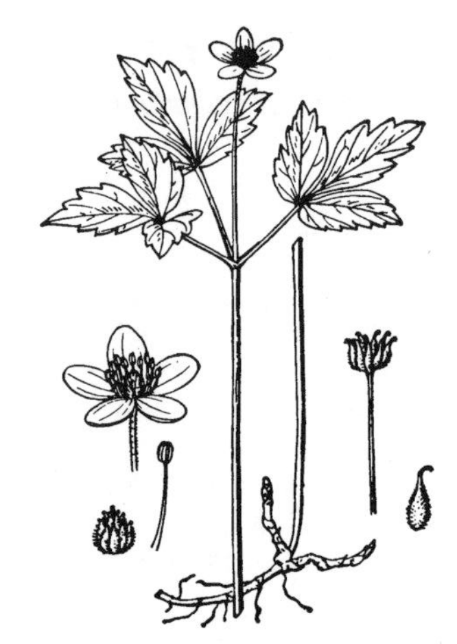

北海道に生える多年生草本で，高さは約 12 cm ぐらいあり，毛が生えている．根茎は細くて地中を横に走っている．根生葉は 2 回 3 出の複葉で，各小葉には葉柄があり，3 個に全裂し，裂片は広披針形であらいきょ歯があり，中央の裂片は基部がくさび形，両側の小葉は基部が鈍形，左右不同で，全体に短毛がまばらに生えている．葉状の総苞は直立した茎の頂に 3 個つき，各々は 3 個に全裂している．初夏の頃，総苞葉の中央から直立した 1 本の花柄をぬき出し，柄の頂に 1 個の白色花を開く．がく片は花弁状で 6〜7 個，まれには 5 個で，ヒメイチゲより少し大きい．雄しべは多数で黄色．雌しべはやや多数，子房は細い卵形体で，細かい毛がある．痩果は卵状楕円体で細毛をかぶり先端に短いかぎ状の突出物がある．

1449. ニリンソウ（ガショウソウ）〔キンポウゲ科〕

Anemone flaccida F.Schmidt

山地や山すその林下に生える草質のやわらかな多年生草本で，しばしば群がって繁殖し，真夏と秋冬には茎葉は枯れている．高さ 15 cm ぐらいで全体にまばらな毛がある．根茎は地下を横にはい，あるいは斜めにのび，多肉質でむしろ短く，まばらにひげ根を出し，節線があり，先端に鱗片がある．根生葉は薄い鱗片のある根茎の先から少数が叢生し長い柄があり，心臓状円形の外観で 3 つに深く裂け，中央の裂片は 3 尖裂，両側のものは 2 尖裂し，基部はくさび形で，尖裂片は更に鈍頭の欠刻状歯牙縁をもち，葉面には淡白色の斑点がある．総苞葉は 3 個で茎の先にあり無柄で 3 裂し，歯牙縁がある．4〜5 月頃総苞葉の中心から 1〜3 本の長い花柄を出し，先端に白い花をつける．花径は 1.5〜2.5 cm である．がく片は花弁状で 5 個が普通であるが時には 7 個あり，広卵形で外側には毛があり，しばしば紅色をおびる．花弁はない．雄しべは多数で黄色．雌しべも多数で，子房は白色の絹毛をかぶり，柱頭は無柄である．瘦果は集まって卵状楕円体，有毛緑色である．〔日本名〕二輪草は茎の上に 2 個の花があるという意味であるが必ずしもそうではなく，1 個または 3 個のこともあり一様ではない．姉妹品の一輪草に対してつけた名である．一名をガショウソウというがこれは多分，鵝掌草の意で，葉の形に基づいた名であろうか．〔漢名〕鵝掌草，林陰銀蓮花．

1450. サンリンソウ 〔キンポウゲ科〕

Anemone stolonifera Maxim.

山地の樹陰などに生える多年生草本で，高さは 15〜20 cm ぐらい，株のもとには古い葉柄の繊維が残っている．根茎は短くてひげ根を出す．茎は数本が叢生して直立する．根生葉は長い柄があり，3 出複葉で各小葉には短柄があり，卵形で，更に 2〜3 裂し，各裂片は倒披針形で欠刻状きょ歯がある．総苞葉は 3 個で，柄があり，根生葉と同様に分裂している．7 月頃，総苞の中心から 2〜3 本の長い花柄を出し，その先に各々 1 個の白色花をつける．花径は 1〜1.7 cm ぐらいである．がく片は 5 個で花弁状，卵形で外面に短毛がある．花弁はない．雄しべは多数で黄色．雌しべはやや少数で微毛のある子房がある．〔日本名〕三輪草は 1 本の茎に 3 個の花をつけるという意味で，これの姉妹品に一輪草，二輪草がある．〔漢名〕匍枝銀蓮花．〔追記〕本種の種形容語 *stolonifera* はほふく枝を出すという意味であるが，基準産地の岩手県以外ではほふく枝を出す個体はまれである．

1451. ハクサンイチゲ 〔キンポウゲ科〕

Anemone narcissiflora L. subsp. ***nipponica*** (Tamura) Kadota

本州中部の高山に生える多年生草本で全体が緑色で粗毛があり，花の時の高さは 15〜20 cm ほどである．株は太くて下にひげ根を出し，周囲に古い葉柄の繊維が残り，長い柄のある根生葉が叢生する．葉は掌状で 3 ないし 5 出複葉，裂片は無柄で 2〜3 裂し，小裂片は更に分裂して線状となり，先端は鋭形，あるいは鈍形の細裂片となる．花茎の先の総苞葉は無柄で 3 個あり，根生葉の小葉と同様に 3 裂する．夏に総苞葉の中心から散形状に数本の短い花柄を出し，柄の先に各々 1 個の白花を開き，花径は 2 cm ほどである．がく片は花弁状で 5 個あり，卵形．花弁はない．雄しべは多数で黄色．雌しべも多数．花がすむと花柄は伸長し，しばしば 30 cm ぐらいになり，柄の先には瘦果が密着する．瘦果は緑色あるいは暗色で扁平な楕円体，先端に小形の曲がったかぎがある．〔日本名〕白山イチゲで，初めに石川県の白山で見たものに名づけたからである．〔追記〕本州北部と北海道には，よく似たエゾノハクサンイチゲ subsp. *crinita* (Juz.) Kitag. var. *sachalinensis* Miyabe et T.Miyake を産する．

1452. フタマタイチゲ（オウシキナ）〔キンポウゲ科〕

Anemone dichotoma L.

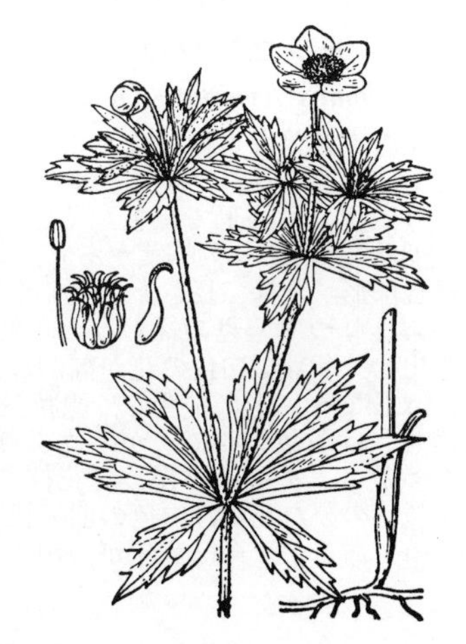

北海道に生える多年生草本で，全体に細かい毛がある．茎は直立し，高さは凡 50 cm 内外，上部は叉状に分枝する．根生葉は 3 深裂し，裂片は更に 2〜3 個に深裂し，小裂片には欠刻歯がある．茎葉は無柄で対生して茎を抱き，3 深裂し，裂片は線状長楕円形で上部には欠刻状歯牙縁があり，先端は鋭形である．上葉も同様であるが小形である．夏，叉状枝の中間，すなわち対生した苞葉の中心から直立した 1 本の長い柄を出し，柄の先に 1 輪の白花を開き，花径は 2.5 cm ばかりである．がく片は 5 個，稀には 4 個あるいは 6 個で花弁状，広倒卵形で鈍頭である．花弁は無い．雄しべは多数で黄色．雌しべも多数で，子房は微毛を帯びている．瘦果は集まってつき，扁平で細毛がある．〔日本名〕二叉イチゲで，枝が二叉状であるからである．またオウシキナともいうが，これはアイヌ語であろう．〔漢名〕草玉梅，二岐銀蓮花．

1453. シュウメイギク（キブネギク）〔キンポウゲ科〕

Anemone hupehensis (Lemoine et E.Lemoine)Lemoine et E.Lemoine var. ***japonica*** (Thunb.) Bowles et Stearn

観賞花草として人家の庭に植えられ，しばしば山野に野生化する多年生草本で，高さは約 70 cm 内外で，地下に長い地下茎を引いて繁殖する．茎は強直で立ち上がり，まばらに分枝し，緑色で葉と同様に短毛がある．根生葉には長柄があり，3 出複葉で小葉には柄があって，卵形，基部は円形あるいは心臓形で 3～5 裂し，不ぞろいの歯牙縁がある．茎の上部の葉は短柄で，単一，根生葉の小葉と同様に 3～7 裂する．秋，上部で分枝し，葉状苞を輪生して生じ，花柄の先に各々 1 個の大きい淡紅紫色の花を開く．花径は 5 cm ほどで外側には短くて厚い緑色のがく片があり，内部には多数の色のついたがく片があって平開し，菊花状である．有色のがく片は長楕円形あるいは線状楕円形で，外面に白色絹毛がある．雄しべは多数，黄色．雌しべも多数で細かい無柄の子房は球状の花床面に集まり，花の後に果実としては成熟しない．〔日本名〕シュウメイギクは秋明菊だろうか．思うに秋に開花しさわやかに見えるという意味だろう．貴船菊は山城（京都府）貴船山に多く生えるからである．〔漢名〕秋牡丹．〔追記〕本種と *A. vitifolia* Buch.-Ham. ex DC. との雑種が日本にも伝わっている．これはがく片が広く，数が少なく，普通は白色で時には淡紅色のものもある．これをボタンキブネギク *A.* ×*hybrida* Paxton，一名，バラザキシュウメイギク，チョクザキシュウメイギクという．

1454. スハマソウ（ユキワリソウ）〔キンポウゲ科〕

Hepatica nobilis Schreb. var. ***japonica*** Nakai f. ***variegata*** (Makino) Nakai

山地の樹下に生える多年生草本．花茎は斜めにはい，細長くて節が多く，暗色のひげ根を出す．葉は根生で叢生し，斜めにのび上がって長い柄があり，冬にも枯れない．葉身は基部は心臓形で 3 尖裂し，裂片は広卵形で先は鈍形，葉質はやや厚く，暗緑色で光沢はなく，時には白斑がある．裏面は淡色で長毛がまばらに生え，新葉は内方にたたまれ，白絹毛をかぶり，花がすんでから開きのびる．早春，古い葉の間に 2～3 あるいは数個の花を開く．花には長い柄があり，初めは点頭しているが開くと上に向き，柄には絹毛が密生している．花は径 1～1.5 cm，花の下に接して卵状楕円形の緑色の総苞が 3 個ある．がく片は花弁状で 6～8 個あり長楕円形で白色が普通であるが時には紅色あるいは紫色のものがある．花弁はない．雄しべは多数，黄色．雌しべも多数，子房に細かい毛がある．瘦果は多数あり，細かくて細毛があり，下には宿存した緑色の苞がある．〔日本名〕洲浜草．葉の形が島台の洲浜に似ていることから出たものである．次図のミスミソウにもユキワリソウの別名がある．〔漢名〕獐耳細辛は別物である．

1455. ミスミソウ（ユキワリソウ）〔キンポウゲ科〕

Hepatica nobilis Schreb. var. ***japonica*** Nakai f. ***japonica*** (Nakai) Yonek.

山地の樹陰などに生える多年生草本で高さは 5～10 cm ぐらい．根茎は細長で斜めにはい上がり，節が多く，暗色のひげ根を出す．葉は全部根生で叢生し，長い柄があり，葉面は基部が心臓形で 3 尖裂し，裂片は全縁で先端は鋭形，葉質はやや厚く葉面に多少つやがある．葉の裏や葉柄には長い毛がまばらに生えている．早春の 3 月頃，長い柄を数本出し，柄の先に白色花をつける．花の下に接して 3 個の卵形の総苞があり，緑色で外面に白毛がある．花は径 1.7 cm 内外．がく片は花弁状で 6～9 個あり，披針形あるいは卵状披針形である．花弁は無い．雄しべは多数で黄色．雌しべも多数，子房は有毛．瘦果は多数，下に宿存する緑色の苞がある．〔日本名〕三角草は葉の形に基づいたもので，一名ユキワリソウは雪の中で開花するからである．〔追記〕本種は変化が多く，他にオオミスミソウ f. *magna* (M.Hiroe) Kitam.（全体大形），ケスハマソウ f. *pubescens* (M.Hiroe) Kadota（葉が有毛），エチゼンスハマソウ f. *lutea* Kadota（花が黄色）の諸品種がある．

1456. センニンソウ〔キンポウゲ科〕

Clematis terniflora DC.

山野，路傍など，日なたの土地に生える多年生のつる草本で，有毒植物である．茎は長くのびてまばらに分枝し，太いものでは径 7 mm ぐらいにもなり，枝は円柱形で緑色，葉と同様に無毛である．葉は有柄で対生し，奇数羽状複葉で 3～7 小葉があり，茎上にまばらにつく．小葉は卵形，あるいは長卵形，全縁で長さ 3～5 cm ぐらい，小葉柄は曲がりくねって他物によくからまりつく．夏の終わりから初秋にかけて，茎頂または葉腋に集散花序を出し，多数の白色の花が群がってつき，花径は 2.5～3 cm である．がく片は 4 個で十字形に平開し，線状長楕円形で花弁状をしている．花弁はない．雄しべは多数あって，がく片よりも短く，花糸は糸状，葯は狭い．雌しべも多数で，子房は細長くて花柱に細毛がある．瘦果は扁平な倒卵形でミカン色，のびた花柱は白色の羽毛状で長さは 3 cm ぐらいである．〔日本名〕仙人草であるが，今は意味がわからない．〔漢名〕円錐金綫蓮，黄葯子．

1457. キイセンニンソウ 〔キンポウゲ科〕

Clematis uncinata Champ. ex Benth. var. ***ovatifolia*** (T.Itô ex Maxim.) Ohwi ex Tamura（*C. ovatifolia* T.Itô ex Maxim.）

紀伊半島南部と九州（熊本県）に分布し，丘陵地ないし低山の林縁や低木林に生える半常緑草質のつる植物．植物体は乾くと黒く変色する．茎は生きているときは緑色で，無毛．葉は対生し，2 回 3 出の複葉，無毛で光沢があり，有柄．小葉は卵状長楕円形ないし長卵形あるいは卵形，長さ 2〜9 cm，尾状鋭尖頭ないし鋭頭，基部は円形，全縁．葉柄と小葉柄には関節があり，乾くとそこから脱落しやすい．花は 8 月，その年に伸びた枝の葉腋から出た円錐状集散花序に多数つき，白色，径 2〜3 cm，上向きに平開して咲く．花序は長さ 7〜25 cm．花柄は長さ約 2 cm，無毛，基部近くには小形で狭披針形の 1 対の小苞がある．がく片は 4 個で花弁状，長さ約 1 cm，倒披針形で先端は微凸端に終わり，無毛．花弁はない．雄しべは多数，長さ 1 cm 内外，葯は長さ約 2 mm，花糸は細く無毛．痩果は狭長卵形，長さ 6〜7 mm，無毛．花柱は長さ約 2.5 cm，羽状に開出毛が密生する．〔日本名〕紀伊仙人草．和歌山県で発見された特産植物と考えられたため．

1458. ボタンヅル 〔キンポウゲ科〕

Clematis apiifolia DC. var. ***apiifolia***

陽あたりのよい原野に普通に見られる落葉木質のつる植物で，茎は長く伸びてまばらに分枝し，大きくなったものでは径 1.5 cm ぐらいあり，茎の面にはやや縦溝があり，淡褐色の皮ははがれやすく，枝はやせて細く，緑色であるが，しばしば暗紫色を帯びる．葉は有柄で対生し，1 回 3 出複葉で全体にかすかに短毛があり，小葉は小葉柄があって卵形，先端は短い鋭尖形で基部は円形，ふちには小数の欠刻状の粗歯があり，長さは 3〜6 cm ばかりである．葉質はやや厚い．夏の頃，茎の先，あるいは枝の葉腋に有柄の集散状の短い円錐花序をつけ乳白色の小さい花が群がってつく．花の径は 1.5〜2 cm ほどで，これをセンニンソウの花と比べるとやや小形である．4 個のがく片は十字形に平開し，長楕円形で，外面に白色の短毛が生えている．花弁はない．雄しべは多数で，がくよりもやや短く，花糸は扁平である．雌しべも多数ある．痩果は狭い卵形で，宿存する花柱はのびて長さが 1 cm ぐらいになり羽毛状である．〔日本名〕牡丹蔓．葉のようすがボタンの葉のようで，しかもつる性であるからである．〔漢名〕女萎花木通．

1459. コボタンヅル 〔キンポウゲ科〕

Clematis apiifolia DC. var. ***biternata*** Makino

関東各地の山野に生える落葉木質のつる植物で，茎は丈夫で皮は縦に裂けやすく，枝は細長くしばしば暗紫色をしている．葉には長柄があり，対生し，2 回 3 出複葉，小葉は長楕円状披針形のものが多く，長さは 2〜4 cm，先端は鋭形，基部は鈍形またはやや鈍形，小葉の上半部にはあらい大きい鋭きょ歯があり，乾燥すると洋紙質となり，生きている時は表面が暗緑色で裏面は淡色，毛は少ない．夏から秋にかけて葉腋に柄のある短い円錐状の集散花序を出し，多数の白色の小花が群がってつく．花径は 1.5 cm ぐらいである．がく片は 4 個で十字形に平開する．花弁はない．雄しべは多数でがくよりも短い．雌しべも多数．袋果には花柱が宿存して羽状の長い尾となることはボタンヅルと同様である．本種は大体の形がボタンヅルに似ているが，葉が 2 回 3 出なのでたやすく区別出来る．〔日本名〕小牡丹蔓．ボタンヅルに似ていて，葉が小形であるからである．

1460. メボタンヅル（コバノボタンヅル） 〔キンポウゲ科〕

Clematis pierotii Miq.（*C. parviloba* auct. non Gardner et Champ.）

四国，九州，琉球などの山地に生え，全体に短毛がある草質のつる性多年草で茎は長くのび細長である．葉は有柄で対生，1 回 3 出あるいは 2 回 3 出複葉で小葉は狭卵形または長楕円形，先端は尖り，2〜3 の裂片があり，さらに粗いきょ歯がある．秋の頃，枝先や葉腋から有柄の集散花序を出し，ふつう葉よりもややぬき出て 1〜3 の白花を開き，花径は約 3〜4 cm である．花穂には対生した葉状苞がある．がく片は 4 個，十字形に平開し，長楕円形で外面に短毛がある．花弁はない．雄しべは多数で，がく片よりも短く，葯は短くて花糸は扁平である．雌しべも多数ある．痩果は卵形で短毛をかぶり，宿存する花柱は尾状にのびて羽毛状，長さは 15 mm ほどである．〔日本名〕女牡丹蔓の意味で，これよりもたくましい様子のボタンヅルに対してつけたものである．コバノボタンヅルは葉がボタンヅルと比べると非常に小形であるからである．〔漢名〕裂葉鉄綫蓮．

1461. サキシマボタンヅル（シナボタンヅル）〔キンポウゲ科〕

Clematis chinensis Osbeck

（*C. benthamiana* Hemsl.; *C. liukiuensis* Warb.）

九州から南西諸島に分布し，丘陵地の林縁や路傍の草むらに生える半常緑草質のつる植物．植物体は乾くと黒変する．茎は生時緑色，葉とともに脱落性の縮れた毛がある．葉は対生し，5 個の小葉からなる 1 回羽状複葉かあるいは 1 回 3 出の複葉，有柄，小葉は卵形ないし長卵形，長さ 1.5～9 cm，ふつう鋭頭または尾状鋭尖頭，基部は円形あるいは浅心形，全縁，有柄．花は 5～8 月，長さ 10 cm 内外の円錐状集散花序に多数つき，白色，径 1～2 cm，上向きに平開して咲く．花柄は長さ 1～2 cm，有毛，基部近くに小形の小苞が 1 対ある．がく片は花弁状で 4 個，長さ 7～15 mm，長楕円形で先は微凸端，有毛．花弁はない．雄しべは多数，長さ 5 mm 内外，葯は長さ 1.5～3 mm，葯隔は突出し，花糸は長さ 2～2.5 mm．瘦果は卵形，長さ約 3 mm，花柱は長さ約 2.5 cm，果体ともに開出毛が密生する．〔日本名〕先島牡丹蔓および支那牡丹蔓で，ともに産地に因んだもの．ボタンヅルの名がついているがむしろセンニンソウに似ている．〔漢名〕威霊仙，鉄脚威霊仙．

1462. トリガタハンショウヅル（アズマハンショウヅル）〔キンポウゲ科〕

Clematis tosaensis Makino

本州（宮城県以南）から四国にかけて分布し，山地や丘陵地の林縁や明るい林内に生える落葉木質のつる植物．茎は淡褐色で無毛．葉は対生し，1 回 3 出の複葉，両面ともにまばらに伏毛があり，有柄．小葉は長卵状楕円形ないし楕円形，長さ 2～8 cm，鋭頭，基部はくさび形ないしやや円形，短い柄がある．花は 4～6 月，前年枝の葉腋から単生し，鐘形，淡黄白色，長さ 15～25 mm，径 10～15 mm，半開の状態で下向きに咲く．花柄は長さ 2～7 cm，葉柄より短く，有毛，1 対の小苞は芽鱗のなかにあるため外からは見えない．がく片は花弁状で 4 個，楕円形，やや厚質，先端は少しそりかえり，有毛，花弁はない．雄しべは多数，長さ 1 cm 内外，葯は長さ約 2 mm，花糸に斜上毛が密生する．瘦果は長卵形，長さ 5～6 mm，無毛．花柱は長さ約 2.5 cm，羽状に開出毛が密生する．〔日本名〕鳥形半鐘蔓は高知県の鳥形山で発見されたため．東半鐘蔓は最初関東地方で採集されたためである．ハンショウヅルに似るが，本種はそれよりも標高が高い所に生える．

1463. ハンショウヅル〔キンポウゲ科〕

Clematis japonica Thunb.

各地の山地林中に見られる落葉木質のつるで，茎は細長でしばしば暗紫色をおびる．葉は有柄で対生し，1 回 3 出の複葉である．小葉には非常に短い柄があるか，あるいはほとんど無柄で，卵形または楕円形，先端は短い鋭尖形で粗いきょ歯があり，長さは約 4～9 cm，葉質はやや硬く表裏ともに短毛が生えている．初夏の頃，枝上に叢生している葉の間から長い柄をぬき出し，柄の中ほどに 1 対の小苞があり，先端に紅紫色の花を 1 個つける．花は鐘形で下垂し，全開はせず，長さは 2.5 cm ほどである．がく片は 4 個で長楕円形で白縁がある．がくの外面のふちには毛がやや密生している．花弁はない．雄しべも多数で，葯は短く小さく，花糸はやや扁平で白色の短毛がある．雌しべも多数ある．瘦果は狭卵形で頭部に宿存した花柱が 1 個つき尾状となり，白色羽毛状で長さは 4 cm ぐらいである．〔日本名〕半鐘蔓．花がつり下がった半鐘の形に似ているからである．

1464. コウヤハンショウヅル〔キンポウゲ科〕

Clematis obvallata (Ohwi) Tamura var. ***obvallata***

紀伊半島と四国に分布し，低山の林縁や林内に生える落葉木質のつる植物．茎は無毛．葉は対生し，1 回 3 出の複葉，やや質が薄く，両面ともに伏毛が密生し，柄は長さ 3～10 cm．小葉は楕円形ないし卵形，あるいは長楕円形．長さ 2～8 cm，長鋭尖頭，粗いきょ歯があり，基部は円形ないし広いくさび形，葉柄と小葉柄に縮れた毛が密生する．花は 6～7 月，前年の枝の葉腋に単生するか 2～3 個散形状につき，紅紫色，径約 1.5 cm，下向きに咲く．花柄は長さ 6～12 cm，葉柄より長い．花の真下に 1 対の小苞があるのが特徴．小苞は長さ 3～20 mm，大形のとき紅紫色をおび，上半部にきょ歯がある．がく片は楕円形，長さ 2～2.5 cm，辺縁に毛があり，先端は少し外曲する．花弁はない．雄しべは長さ約 1.5 cm，葯は長さ約 3 mm，花糸の中部以上に斜上毛が密生する．瘦果は卵状楕円形で長さ約 5 mm，有毛．花柱は長さ約 3 cm，羽状に開出毛が密生する．〔日本名〕高野半鐘蔓．和歌山県高野山で発見されたため．〔追記〕四国に分布し，小苞が小形のものをシコクハンショウヅル var. *shikokiana* Tamura として区別することもある．

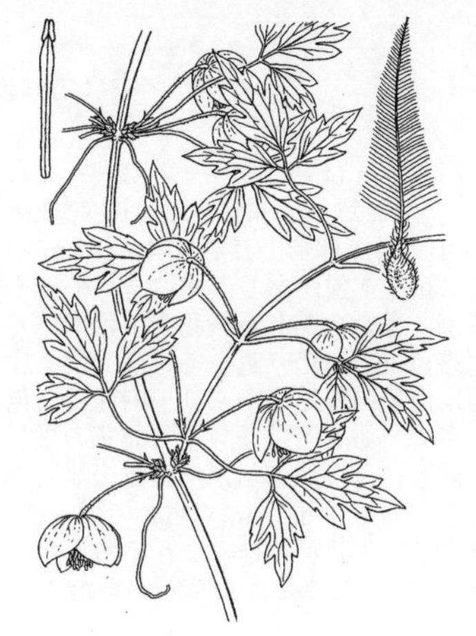

1465. シロバナハンショウヅル 〔キンポウゲ科〕

Clematis williamsii A.Gray

本州（神奈川県から和歌山県までの太平洋側），四国，九州に分布し，丘陵地あるいは低山の林縁や低木林に生える落葉木質のつる植物．石灰岩地に多い．茎は淡褐色でわずかに紫色をおび，無毛，若枝には長軟毛がある．葉は有柄，対生し，1 回 3 出の複葉，両面に伏した長軟毛があるが上面ではまばらに生える．小葉は長卵形ないし楕円形，長さ 3～8 cm，鋭尖頭ないし尾状鋭尖頭，基部はくさび形あるいは円形，3 浅裂し，裂片には少数の粗いきょ歯があり，有柄．花は 4～6 月，その年に伸びた枝の葉腋に単生し，椀形ないし広鐘形，淡黄白色，長さ 16～20 mm，径約 2.5 cm，半開の状態で下向きに咲く．花柄は長さ 1.5～5 cm，長軟毛が密生し，中部ないし基部の近くに広線形で 1 対の小苞がつく．がく片はほぼ円形の 1 対と広楕円形の 1 対の 4 個からなり，外面に長軟毛がある．花弁はない．雄しべは多数，長さ 1 cm 内外，葯は長さ約 2 mm，無毛，乾くと黒く変色する．瘦果は卵状楕円形，長さ約 5 mm，有毛．花柱は長さ約 2.5 cm，羽状に開出毛が密生する．〔日本名〕白花半鐘蔓．文字どおり花が白いため．

1466. タカネハンショウヅル 〔キンポウゲ科〕

Clematis lasiandra Maxim.

本州（近畿地方以西），四国，九州に分布し，山地や丘陵地の林縁に生える落葉木質のつる植物．茎は褐色で紫色をおび，無毛．葉は有柄，ふつう対生するが若い枝では互生し，1～2 回 3 出の複葉，ほとんど無毛であるが各小葉の基部にのみ上向きに曲がった縁毛がある．小葉は長卵形ないし卵形，長さ 2～8 cm，尾状鋭尖頭，基部はくさび形ないし円形あるいは浅い心形，やや粗いきょ歯があり，有柄または無柄．花は 9～10 月，その年に伸びた枝の葉腋に集散状にふつう 3 個つき，鐘形，淡紅紫色，長さ 12～18 mm，径約 1 cm，半開の状態で下向きに咲く．花柄は長さ 2～5 cm，無毛．頂生の花には小苞がないが，側生の花には 1 対の小苞がある．がく片は花弁状で 4 個，楕円形，先端が少しそりかえりかつ密毛がある．花弁はない．雄しべは多数，長さ 1 cm 内外，葯は長さ約 2 mm，花糸に斜上毛が密生する．瘦果は卵状楕円形，長さ約 3 mm，扁平で，斜上毛が密生する．花柱は長さ約 3 cm，開出する密毛がある．〔日本名〕高嶺半鐘蔓であるが高山植物ではない．ハンショウヅルよりも高い山地に生えるためと思われる．〔漢名〕毛蕊鉄綫蓮，小木通．

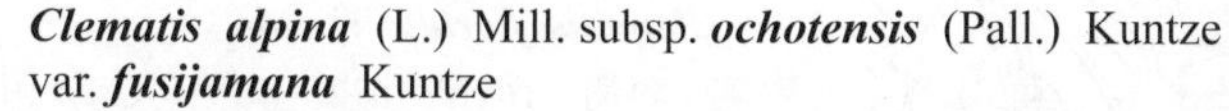

1467. ミヤマハンショウヅル 〔キンポウゲ科〕

Clematis alpina (L.) Mill. subsp. ***ochotensis*** (Pall.) Kuntze var. ***fusijamana*** Kuntze

本州中部や北部地方の高山に生える落葉木質のつる植物で，茎は細長である．葉は有柄で対生し，2 回 3 出複葉で各々の 3 出葉には柄があり，小葉は卵形または卵状披針形で葉質は薄く，粗きょ歯がある．7～8 月頃，叢生した葉の間から長い花柄を出し，柄の先に大きい濃紫色の美しい花を 1 個つける．花は鐘形で半開である．がく片は 4 個で狭卵形，先端は鋭尖形，長さは 2.5 cm ほどである．花弁は 10 個ほどでへら形，がく片よりも短く，幅 1.5～3 mm．雄しべは多数で，葯は小形，花糸は扁平．雌しべは多数．瘦果は広卵形で，花柱は宿存し，長くのびて尾状となり長さ 2.5 cm になり，やや褐色をおびた羽毛状をしている．〔日本名〕深山半鐘蔓．深山に生えるハンショウヅルであるからである．〔追記〕エゾミヤマハンショウヅル var. *ochotensis* (Pall.) S.Watson は北海道から北東アジアに広く分布して漢名を半鐘鉄綫蓮といい，花弁が幅広く 3～4 mm，がく片も少し大きい．

1468. クロバナハンショウヅル（エゾハンショウヅル） 〔キンポウゲ科〕

Clematis fusca Turcz.

日本では北海道に生える落葉性の木質のつる植物で，枝は草質である．葉は有柄で対生し，羽状複葉でまばらに 2 ないし 4 対の小葉をつけ，小葉には非常に短い柄があり卵形あるいは卵状披針形で，先端は鋭形，全縁で，時に 2～3 深裂し，葉の裏面の脈にそって短毛がある．夏に，葉腋に葉よりも短い花柄を出し，先端に暗紫色の花を 1 個つける．花は鐘形で半開する．柄の中央には苞が対生している．がく片は 4 個で卵形，長さ 1.7 cm ぐらい，花柄とともに暗褐色の毛でおおわれている．花弁はない．雄しべは多数で，葯はやや長く，花糸は扁平で上部に白毛がある．雌しべも多数ある．瘦果は楕円形で細毛があり，花柱は宿存して羽毛状となり，やや褐色を帯び長さ 3 cm になる．〔日本名〕黒花半鐘蔓で，花の色が黒褐色であるからである．エゾハンショウヅルのエゾ(蝦夷）は北海道の古名で，北海道に産するからである．〔漢名〕褐毛鉄綫蓮．

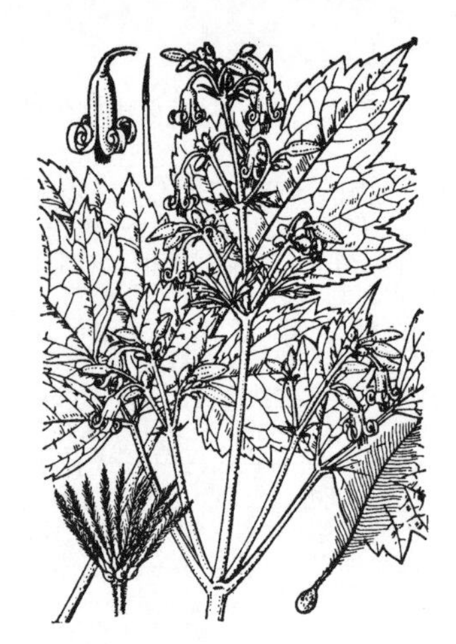

1469. クサボタン 〔キンポウゲ科〕

Clematis stans Siebold et Zucc.

山地に生える落葉低木．茎は木質で直立し，高さ 1 m ほどになり，幹は大きいものは稀に直径が 1.5 cm になり，全体に毛がある．葉には長い柄があり，対生で 3 出複葉，葉質は硬く葉脈が裏面に隆起している．小葉は広卵形で長さは 4〜10 cm ぐらい，先端は尖りしばしば 2〜3 裂し，ふちには粗きょ歯がある．秋に，茎の先や葉腋に短い集散花序が集まって円錐花序をつくり，多数の美しい紫花を下に向けて鐘状に開く．花の下部は筒状をしているが，上端は外側にそり返っている．がく片は 4 個で広い線形，長さは 1 cm 内外で，外面は白色の綿毛をかぶり，内面は紫色である．雌雄異株で，雌花は雄花よりもやや小さい．雄しべは多数で，雌花の雄しべは葯が小形，花糸はやや扁平，短毛がある．雌しべは多数あるが，雄花の雌しべはみのらない．痩果は卵形で花柱が頂端に宿存し，長さは 1.5 cm ぐらいで羽毛状，ちょうど尾のようである．〔日本名〕草牡丹の意味で，葉が牡丹のようであるからである．本種は木本であるが全体のようすは草本のようであるから草といった．

1470. オオクサボタン 〔キンポウゲ科〕

Clematis speciosa (Makino) Makino

四国・九州の石灰岩地などでまれに見られる落葉低木で高さ 1 m になる．雌雄異株と推定される．木質茎は直立し，先に対生する葉を数対つける．葉は 3 出複葉で 5〜15cm の長い柄があり，小葉は表面に鈍い光沢があり，裏面は淡色で網状脈が明らか，葉柄とほぼ同長で，頂小葉は長い葉軸の先につき狭卵形〜菱状卵形，側小葉は短い小葉柄があり，偏った狭卵形で後ろ側が幅広く，少数の荒い歯牙と細かく低くて目立たない鋸歯がある．10 月頃，葉束の上位に短い集散花序が集まった円錐花序をつけ，花序軸や花柄，萼には白い微軟毛を密生する．花は 5〜20 mm の花柄があり，下向きに咲き，長さ 2〜2.5cm，淡赤紫色，4 個の萼片が蕾時に長円錐状卵形の花筒を形成し，雄蕊群，雌蕊群ともに花筒よりはるかに短く，開花時には萼片がそれらの先端近くまで反曲する．痩果は扁平な狭卵形で羽毛状の長い宿存花柱がある．

1471. テッセン 〔キンポウゲ科〕

Clematis florida Thunb.

寛文年間（1661〜1672）に渡って来た中国原産の落葉木質のつる植物で，観賞用として人家の庭園に植えられている．茎は細長で質は厚く冬でも枯れず，全体に短毛がまばらに生えている．葉は有柄で対生，1 回 3 出または 2 回 3 出複葉で葉柄はよく他物にからみつく．小葉は卵形，あるいは卵状披針形で全縁あるいは 2〜3 の欠刻がある．5〜6 月頃，葉腋から長い柄を出し，その中央より下に広卵形の苞が 2 個対生し，柄の端に白色大形の花が 1 個開く．花径は 6〜8 cm ぐらいである．がく片は 6 個で平開し，花弁状であり，卵形，先端は鋭形でふちは多少波状となり，中央に 3 本の主脈が縦に通り，外側に斜めに走る支脈が多く，外面は中央脈にそってやや紫色をおび短い毛がある．花弁は無い．雄しべは多数，ふつうは変形していて花糸は扁平に拡大し，暗紫色をしている．雌しべもまた多数ある．花の後に普通のものは結実はしない，しかし，雄しべが変形せずに正形のものがあると結実することがある．〔日本名〕鉄線．漢名の鐵線蓮の鉄線に基づいたものである．すなわちつるが強く針金のようであるからである．〔漢名〕鐵綫蓮．

1472. カザグルマ 〔キンポウゲ科〕

Clematis patens C.Morren et Decne.

本州から九州に野生し，庭園に栽植されている落葉木質のつるでテツセンに似ている．茎は細長で褐色，長く伸びる．葉は長い柄があり対生で普通は 1 回 3 出あるいは 2 回 3 出複葉で，小葉は卵形あるいは狭卵形で先端は鋭形，基部は円形あるいはやや心臓形，全縁，長さ 2〜6 cm ぐらい，表裏とも脈にそって細毛がある．葉柄は長く，他のものにからまる性質がある．5 月頃枝端に 1 本の花柄を出し，柄の先端に大きくて美しい花を 1 個開き，花径は 10 cm 内外，花色は通常紫色であるが淡紫色や紅紫色の品種もある．がく片は普通 8 個あり，車輪状に平開し，各片は長楕円形で先端は鋭尖形である．花弁はない．雄しべは多数で，葯は細長く紫色で，花糸は白色で扁平である．雌しべもまた多数．痩果は頭状に集まって卵形となり，宿存する花柱は褐色の毛が多いが羽毛状にはならずに短い．今日人家に植えられているものは多分昔，テッセンと同様に中国から伝えられたものであろうが，日本の各地に見られる野生のカザグルマは紫色を帯びた淡白色の花をつける．多分園芸品のカザグルマとは関係がないと思われる．〔日本名〕風車．花のようすが玩具の風車に似ているからである．〔漢名〕轉子蓮，大花鉄綫蓮．

1473. フクジュソウ（ガンジツソウ）〔キンポウゲ科〕

Adonis ramosa Franch.（*A. amurensis* auct. non Regel et Radde）

国内に一般に野生するが，中部以南では稀にしか見られず北地に多く産す．草質の軟らかい多年生草本で，普通には花草として好んで植えられる．根茎は短くてやや肥厚し，多数の暗褐色のひげ根を出す．茎は直立し緑色で葉とともに毛がなく，下部には数個の広いさやがあって茎を抱き，茎の高さは花後に 15〜25 cm にもなる．葉は互生で長い柄があり，3 回羽状複葉で小裂片は卵形あるいは長卵形で羽状に深裂し，終裂片は更に先の尖った線状披針形の裂片に分かれ，葉柄のもとには裂けた小形の葉片が対生し，茎の根本の葉は大形の鱗片状の鞘にかわっている．2〜3 月頃，新葉とともに茎頂に黄色の美しい花を 1 個つけ，日が当たると上向きに平開し，花径は 3 cm ほどである．貧弱な苗では 1 株に 1 個の花をつけるが，大きく育った苗では分枝して数個の花をつける．がく片は数個あり，暗紫緑色を帯びる．花弁は多数で細い長楕円形で上部のふちには微歯があり，光沢がある．雄しべは多数で黄色．雌しべも多数，子房は短小で緑色，毛がある．花柱はやや長くて柱頭はわずかに広がっている．痩果は頭状に集まり，ほぼ球形で細毛がある．〔日本名〕福寿草で，新年を祝う花として元日に用いるので，祝福してこの佳い名をつけたものである．〔漢名〕側金盞花，冰涼花．

1474. キンバイソウ〔キンポウゲ科〕

Trollius hondoensis Nakai

本州中部の高山地帯に生える多年生草本で，根はひげ状，茎は緑色，直立する．高さは 40〜60 cm ぐらいある．根生葉には長い柄があり，ほぼ円形で 3〜5 個に深く裂け，裂片は倒卵形で，さらに 2〜3 個に尖裂し，先の鋭い欠刻状歯牙縁となり，葉面はなめらかで，つやがあり，葉質はやや硬くて厚い．茎葉は短柄または無柄で，根生葉と同様に分裂する．夏，茎上に 3〜5 本の枝を出し，各々の枝の先に黄色の花をつける．花の径は 3 cm ぐらい．がく片は花弁状で 5〜7 個あり卵形．花弁は 8〜18 個あり，変形して線形となり，あざやかな黄色，長さ 2 cm ぐらいで，雄しべより長く，蜜腺は基部より 3 mm ばかり上にある．雄しべは多数，花糸は長い糸状．心皮は多数，子房は無柄，卵状広針形，尖った長い花柱がある．袋果は無柄で頭状に群がってつき，粘着性があり，長卵状長楕円形で，先は長いくちばし状，種子は円い．〔日本名〕金梅草の意味で，梅のように咲く黄色い花にちなんだものである．

1475. シナノキンバイ（シナノキンバイソウ）〔キンポウゲ科〕

Trollius shinanensis Kadota（*T. japonicus* auct. non Miq.）

本州中部以北の高山地帯に生える多年生草本で，高さ 30 cm ぐらい，全体無毛である．根茎は短く，直立して太い．根生葉は 2〜3 枚で，長い柄をもち，立ち上り，大体の形は円形で，掌状に 5 つに全裂し，基部は深い心臓形，各裂片は広倒卵形，基部はくさび形，欠刻状の尖ったきょ歯がある．葉質はやや厚く，深緑色．茎は葉よりも高く，柄のない茎葉を 2〜3 枚つけ，形は根生葉に似ているが小形である．8 月頃，茎の先に黄金色の花を開く．花の径 4 cm ぐらい．がく片は 5〜7 個, 花弁状で美しい．花弁は非常に小さく，雄しべの集団の外に接しているが，雄しべより短く，線状倒披針形である．雄しべおよび雌しべは多数，袋果は集まって球形をなし，その頂は平らで，各々の袋果の先端には残存した花柱がとび出している．〔日本名〕信濃金梅の意味で，長野県に産するからである．

1476. チシマノキンバイソウ（キタキンバイソウ）〔キンポウゲ科〕

Trollius riederianus Fisch. et C.A.Mey.

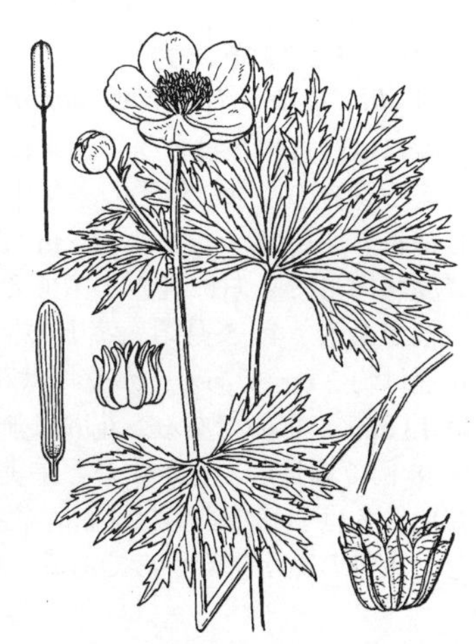

北海道の石狩山地から知床半島にかけての亜高山帯と高山帯の草原に群生する多年草．茎は直立し，分枝しないか，上部で数回分枝し，葉とともに無毛．根生葉は花時にも生存し，長い柄がある．葉身は 3 全裂．花は 7〜8 月，花茎や枝の先に単生し，鮮黄色，径 3〜6 cm．がく片は 5〜7（〜14）個，広楕円形で花弁状．花弁は長さ 6〜13 mm，雄しべより短いか等長，ときに雄しべより長く，さじ形ないし広線形あるいは狭倒卵形，先端は鈍頭ないし円頭または切頭，基部に蜜腺があり，柄は長さ 0.5〜2 mm．花弁はオレンジ色で，質がやや厚い．雄しべの葯は長さ 2〜5 mm．袋果は 7〜40 個, 長さ約 1 cm, 直立する．〔日本名〕千島の金梅草．千島列島で発見されたため．北金梅草は日本の北方に生育するキンバイソウの意味であろう．礼文島産の植物はこれに近いが花弁が雄しべよりも長くかつ萼片の数が多いので，レブンキンバイソウ *T. rebunensis* Kadota として区別される．

1477. ボタンキンバイソウ（ボタンキンバイ） 〔キンポウゲ科〕

Trollius altaicus C.A.Mey. subsp. ***pulcher*** (Makino) Kadota

北海道の利尻島に分布し，その高山帯の草原に群生する多年草．茎は直立し，高さ 20〜60 cm，分枝しないか上部で数回分枝し，葉とともに無毛．根生葉は花時にも生存し，長い柄がある．葉身は長さ 12〜18 cm，3 全裂，裂片はさらに羽状に切れ込み，終裂片は狭披針形で鋭頭．花は 7〜8 月，花茎や枝の先に単生し，鮮黄色，径 3〜5.5 cm．がく片は 9〜16 個，広楕円形で花弁状，半開の状態で咲くため花はやや球状となる．花弁は長さ 4.5〜10 mm，やや直立し，雄しべより短く，広線形，先端は鈍頭，基部の蜜腺は比較的大形であるが浅く，背軸側にわずかにふくらみ，柄は長さ 1 mm 以下．花弁はオレンジ色で，質が厚い．雄しべの葯は長さ約 2 mm．花柱は長さ 1〜2.5 mm と短い．袋果は 6〜13 個，長さ約 1 cm，直立する．〔日本名〕牡丹金梅草で，花弁状のがく片の数が多くかつ半開の状態で咲く様子がボタンの花に似ているためである．サハリン南部にごく近縁な別の亜種が産する．母種は南シベリアに分布する．

1478. ヒダカキンバイソウ（ピパイロキンバイソウ） 〔キンポウゲ科〕

Trollius citrinus Miyabe

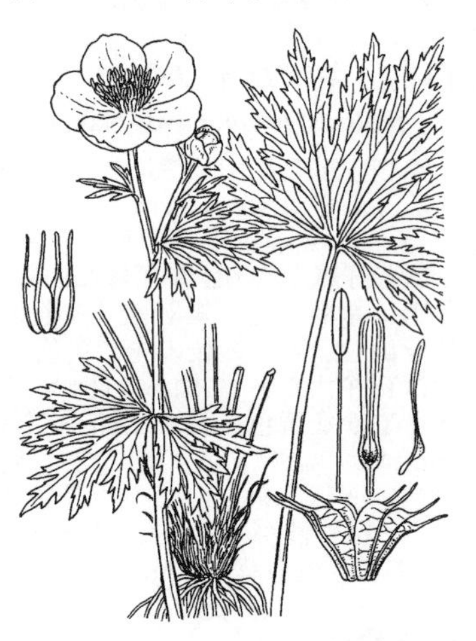

北海道の日高山脈に特産し，その全域の高山帯の草原に群生する多年草．茎は直立し，高さ 30〜70 cm，分枝しないか上部で数回分枝し，葉とともに無毛．根生葉は花時にも生存し，長い柄がある．葉身は長さ 5〜20 cm，3 全裂，裂片はさらに羽状に切れ込み，終裂片は披針形で鋭頭．花は 7〜8 月，花茎や枝の先に単生し，鮮黄色ときにレモン色，径 3.5〜7 cm．がく片は 5 個，広楕円形で花弁状，平開する．花弁は長さ 4〜10 mm，外曲ないし斜上し，雄しべより短いか等長，さじ形ないし広線形，先端は切形ないし鈍頭，基部の蜜腺はよく発達して背軸側にふくらみ，柄は長さ 0.5〜2 mm．花弁はオレンジ色で，質が厚い．雄しべの葯は長さ 2〜4 mm．花柱は長さ 2〜5 mm と長い．袋果は 3〜8 個，長さ約 1 cm，開出する．〔日本名〕日高金梅草．日高山脈で発見されたため，美生金梅草は発見地の美生（ピパイロ）岳に因んだもので，美生は川貝のあるところへの路を意味するアイヌ語ピパ・イ・ルへのあて字．本種はシナノキンバイと合一されることが多いが，それとは花弁が外曲して蜜腺が発達し，袋果が開出する点で明瞭に異なる．

1479. エンコウソウ 〔キンポウゲ科〕

Caltha palustris L. var. ***enkoso*** H.Hara

山地の湿ったところに生えるがしばしば観賞用植物として人家に好んで植えられる多年生草本．根は白色ひげ状．茎は 50 cm ぐらいでやわらかく，直立せずに横に傾き四方に広がる．根生葉は叢生し，長い葉柄があり，腎臓状円形で葉のふちに鈍きょ歯があり葉質は軟らかである．上部の葉は互生し，短柄があるかあるいは無柄である．初夏の頃，茎の先に 1〜2 個の黄色の花を開く．がく片は 5 個であるが時には 6〜7 個もあり，楕円形で長さは 1.3 cm ぐらいである．花弁は無い．花には黄色の雄しべが多数と，狭小な心皮が数個ある．花がすむと心皮は無柄の袋果となり，頭状に集まる．袋果の先端は短いくちばし状で全体の長さは 1 cm ぐらいある．〔日本名〕猿猴草は花茎が長くのびて猿猴，すなわち手長猿の手のようであるからである．

1480. リュウキンカ 〔キンポウゲ科〕

Caltha palustris L. var. ***nipponica*** H.Hara

時には観賞用植物として人家に植えられているが，元来は沼地や湿地に生える草質の柔軟な無毛の多年生草本で根は白色ひげ状である．茎は直立し緑色，中空で，高さは 60 cm ぐらい．根生葉は叢生し，長い柄があり，腎臓状円形でふちに鈍きょ歯あるいは歯牙がある．茎葉は 1〜2 個で，短い柄がある．4〜5 月頃，茎上の柄の先に各々黄色の花を 1 個ずつつける．花径は約 2 cm である．がく片は花弁様で 5〜7 個あり，卵状楕円形で長さは 13 mm ぐらいである．花弁は無い．雄しべは多数，黄色である．子房は 5〜8 個で細長い．花がすむと果実は無柄の袋果となり，長楕円形，先端は短いくちばし状で長さは 1 cm ぐらいである．〔日本名〕立金花は茎が直立し，金色の花が咲くからである．〔漢名〕驢蹄草は大陸産の var. *palustris*.

1481. クロタネソウ　〔キンポウゲ科〕

Nigella damascena L.

江戸時代の末に日本に渡って来た一年生草本で，庭園に植えられている．ヨーロッパ原産である．茎は直立し，高さは 50 cm ぐらいで，葉は茎の根もとから先まで通じてある．葉は互生で卵形，先端は尖り，3～4 回羽状に細裂している．夏の頃，枝の先が 2～3 分枝し，各々の枝の先に大形の花を 1 個つけ，花は細裂した総苞葉でかこまれている．花径は 2 cm ばかりある．がく片は 5 個で花弁状をしており，淡青色あるいは白色である．花弁は 5 個で，極端に縮小し，長さは 5 mm ぐらいで，先端は 2 岐している．雄しべは多数，心皮は 3～10 個あり基部で合一し，先端に尾状の柱頭がある．さく果は大形でふくれ，長さ 2 cm ぐらい，上端で開裂し，黒色小形の種子を多数散らす．〔日本名〕黒種子草は種子が黒色であるからである．

1482. アオカズラ　〔アワブキ科〕

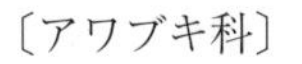

Sabia japonica Maxim.

四国，九州に生える落葉のつる性植物で，新しい枝は緑色でうねり曲がる．葉は柄をもち，互生し，全縁の卵状楕円形で先が鋭く尖り，基部は鈍く，革質で光沢があり，深緑色，落葉後に葉柄の基部が茎の上に残り，短い刺状となり，その先がわずかに 2 分する特徴がある．春に葉より先に 1～2 の黄色い柄のある花を腋生する．花の下には数個の鱗片がある．5 個あるがく片は小形，花弁，雄しべとも 5 個，雌しべは 1 本．核果は双生または単生で，熟して青くなる．〔日本名〕青葛という意味で，枝が緑色をしていることに基づく．〔漢名〕清風藤は正しい使用法ではない．

1483. アワブキ　〔アワブキ科〕

Meliosma myriantha Siebold et Zucc.

本州，四国，九州の山地に生える落葉高木で幹の高さ 10 m 位になる．小枝は褐色で細毛がある．葉は互生し，有柄，長楕円形かまたは倒卵状長楕円形で短く尖り，基部は鋭形，ふちにはきょ歯があり，羽状の支脈が多数並んでいる．両面とも多少細かな毛があるが，ことに下面はその毛が茶色である．夏には枝の先に大きな円錐花序をつけ，分枝が非常に多く，小さな白い花が群生している．がく片，花弁とも 5 個．花弁 5 個のうちの外側の 3 個は円形，残り 2 個，時には 3 個は線形をしている．雄しべは 5 本，そのうち 3 本は鱗片状で，他の 2 本（まれには 3 本）は完全である．雌しべは 1 本．核果は小さな球形で赤く熟す．〔日本名〕泡吹の意味で，枝を切り燃やすと切口からさかんに泡が出るので名付けられたもの．

1484. ミヤマホオソ（ミヤマハハソ）　〔アワブキ科〕

Meliosma tenuis Maxim.

本州，四国，九州の山地の林に生える落葉小高木で高さ 3 m 位．枝が長く，細毛がある．葉は互生し，有柄，倒長卵形で尖り，基部は狭まってくさび形となり，ふちに尖ったきょ歯がある．薄質でやわらかい．羽状の支脈が多数あり，斜めに平行に走っている．夏に枝の先に円錐花序をつけ，多数の帯黄色の小花を開き，軽く下方にたわんでいる．がく片は 3～4 個．5 個の花弁のうち，外の 3 個は円形で，内の 2 個は鱗片状である．5 本の雄しべのうち 2 本は完全で，他は鱗片状となる．雌しべは 1 本．核果は小さい球形で，熟すと暗紫色となる．〔日本名〕深山ホウソの意味でホウソはもとハハソと書き，コナラのことで，それに葉が似ているので名付けられた．

1485. ナンバンアワブキ　〔アワブキ科〕

Meliosma squamulata Hance

奄美諸島から沖縄，久米島に見られ，台湾，中国南部にも分布する常緑の小高木．高さ4mほどになり，平滑で茶褐色の樹皮をもつ．葉は革質の単葉で互生し，長さ5〜10cmで基部が急にふくれる柄があり，葉身は長楕円形または卵状長楕円形，先は漸尖形となり，基部はくさび形，長さ8〜11cm，幅2.5〜4cmで，全縁．両面とも無毛で，上面は平滑で光沢があり，下面は淡白色となる．葉にはふつう3対の側脈があり，細脈とともに下面に隆起する．花はふつう3〜5月で，枝の頂に直立する長さ10〜15cmほどの円錐花序につく．花序の軸と枝には濃褐色の短い硬毛が密生する．花は小形で，白色．花弁は5個，瓦重ね状につき，大きさは不同で，外側の3個は大きく円形で，内側の2個は小さい．雄しべは5個，内2個は完全で，花糸の先は洋杯状となり，その中に葯があり，3個は仮雄ずいで洋杯状となる．子房は1室，花柱は短い．核果は球形，径5〜6mmで，黒く熟する．〔日本名〕南蛮アワブキはアワブキに似るが，葉が厚く常緑で南蛮渡来種のようであることによる．

1486. ヤマビワ　〔アワブキ科〕

Meliosma rigida Siebold et Zucc.

東海道，近畿南部，四国，九州など暖地の山林に生える常緑の小高木で高さ7m位になる．若い枝は短い褐色の綿毛でおおわれる．有柄の葉は枝の先に互生し，長倒卵形または長楕円形，葉先は急に尖り，基部は狭まってくさび形となる．ふちには粗い尖ったきょ歯をもつ．夏に枝の先に円錐花序をつけ，多数の小さな白い花を群生する．花はほとんど柄がない．5個のがく片には褐色の毛がぎっしり生えている．5個の花弁のうち3個が大きく円形をしているが，他は小さい．雄しべは5本あり，そのうち2本が完全である．雌しべは1本．核果は小さな球形で赤く熟す．伊勢神宮の神事でヒノキと摩擦して火をつけるのに昔から使っている．〔日本名〕山枇杷の意味で，葉の形がビワに似ているところから来ている．

1487. フシノハアワブキ（リュウキュウアワブキ）　〔アワブキ科〕

Meliosma arnottiana (Wight) Walp. subsp. ***oldhamii*** (Maxim.) H.Ohba var. ***oldhamii*** (Maxim.) H.Ohba

本州（山口県），九州（対馬），琉球に分布する落葉または半常緑の高木．高さ20mに達する．幹は直立し，樹皮は褐色で，平滑．冬芽は鱗片葉がなく幼芽が裸出し褐色の毛が密生する．枝は太く，顕著な葉跡がある．葉は互生し，奇数羽状複葉で，長さは柄とともに15〜30cmになる．小葉は9〜15個，ごく短い柄があり，狭卵形から長楕円形，先は鋭形または鋭尖形，基部はくさび形，長さ4〜10cm，幅2〜3.5cm，下面はわずかに脈上に毛があるほかは無毛．花期は6月．花序は頂生し，複円錐状で，長さ，幅とも20cmに達し，花軸には褐色の短剛毛がある．花は両性，径3〜4mm，汚白色で，短い柄がある．がく裂片は4個，長さ1mmほどである．大形花弁は3個，円形で，長さはがく裂片の約3倍．2個の雄しべと3個の仮雄しべがある．子房には毛が密生する．核果はほぼ球形，径約5mmで，赤熟する．〔日本名〕フシとはヌルデのことで，羽状複葉をもつ本種が外形上ヌルデに似ていることによる．〔追記〕伊豆諸島特産のサクノキ var. *hachijoensis* (Nakai) H.Ohba は，小葉は13〜19個，ほぼ全縁または低い芒状のきょ歯があり，基部は多少ゆがみ，果実は黒く熟するなどの違いがある．

1488. ハス（ハチス）　〔ハス科〕

Nelumbo nucifera Gaertn.

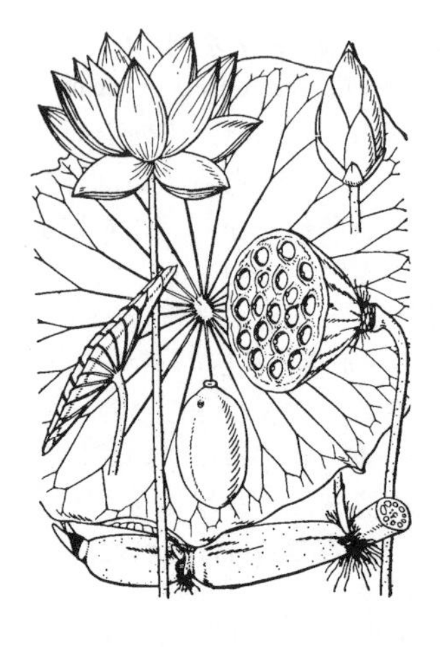

非常に古い時代に中国から渡って来た多年生の水草で，今は広く各地の池や沼，あるいは水田などに植えられている．地下茎は節が多く，白色で，長く水底の泥の中をはい，疎に分枝し，細長い円柱形であるが，秋の終わり頃，末端部がはなはだしく肥厚し，いわゆる蓮根となる．葉は地下茎から出て，柄は長く，直立して水上に出る．葉身は扁円形で楯形，両側がやや凹んで，先がわずかに凸形，上面はくぼみ，径40cm前後，白味をおびた緑色で洋紙質，葉脈は四方に放射している．葉柄は緑色，円柱形で短いとげがまばらにあり，ざらざらしている．夏，長く直立した花柄の先に紅色，淡紅色，白色などの大きく美しい花をつける．がく片は4〜5個で小形である．花弁は多数，倒卵形で縦脈が多い．雄しべは多数，葯は黄色．果実は楕円形，果皮は堅く，暗黒色で，中に肥厚した白色の子葉と緑色の幼芽（苦薏）がある．この果実は肥大して短倒円錐形となり海綿状になった花托の上面の平らな部分にある孔の中に入っている．普通蓮根を食用とする．種子も食べられる．〔日本名〕ハスは古名の蜂巣（ハチス）の略で，果実の入った花托のようすが蜂の巣のようであるからである．〔漢名〕蓮．

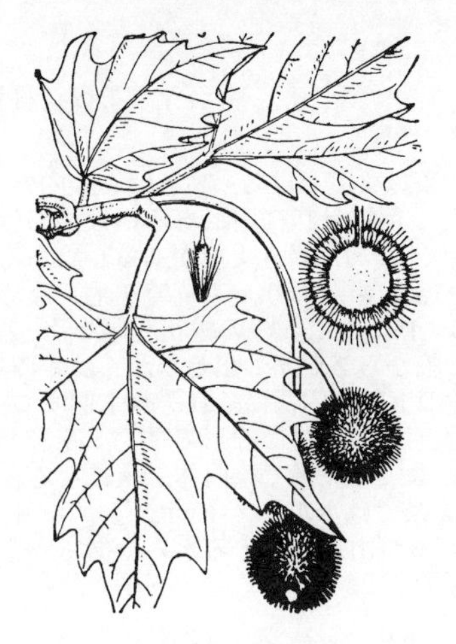

1489. スズカケノキ 〔スズカケノキ科〕

Platanus orientalis L.

小アジア附近原産の落葉高木で明治年間（19 世紀後半）に日本に入り，今では普通の街路樹となっている．高さ 10〜30 m 内外に達し，樹皮は大きくはがれて落ち痕がだんだらになる．葉は有柄で互生し，大形，広卵状円形，5〜7 中裂し，裂片は卵形，先端は鋭く尖ってふちには不規則な欠刻状のきょ歯があり，基部は切形である．初めのうちは星状毛が多いが，後にやや無毛となる．托葉は小形で全縁．葉柄の基部は新芽を包んでいる．春に雌雄花を別々の頭状花序につける，雌雄の頭花 3〜4 個が穂状に 1 花軸につき，したがって球状果は 3〜4 個花軸について下垂するようになる．痩果は上部が鋭く尖るので，球状果の表面は高い突起が密生したように見えるのが普通である．〔日本名〕鈴懸の木の意味で，その球状果が花軸に連なって垂れ下がる様子を山伏の首にかける装飾になぞらえていう．したがってこれを篠懸の木と書くのは全くまちがっている．〔追記〕本種はアメリカスズカケノキに似ているが樹皮が剝げ易く，葉の分裂が深く，托葉が小形，球状果が数個ずつ花軸につき，痩果の先端が鋭く尖っていることで区別できる．

1490. モミジバスズカケノキ（カエデバスズカケノキ）〔スズカケノキ科〕

Platanus* ×*acerifolia (Aiton) Willd.

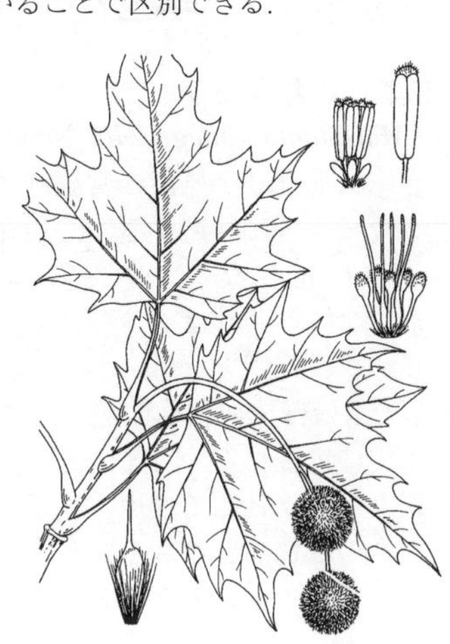

スズカケノキとアメリカスズカケノキの交配種．世界で広く街路樹として用いられ，日本には明治末期に移入された．大きな株は高さ 35 m，径 1 m に達する．樹皮は淡い灰褐色で，まだらにはがれ，大きめの網目状の模様ができる．枝ははじめ灰白色で星状毛を密生するが，後に無毛になる．葉柄は長さ 2〜4 cm，葉身は広卵形，基部は切形または心臓形，長さ 10〜18 cm，幅 12〜22 cm で，掌状に浅く 3 または 5 裂し，裂片は三角状卵形，先は鋭形または鋭尖形，ふちには少数の不揃いな粗い切れ込みがあり，頂裂片ではふつう長さは基部の幅よりわずかに長く，両面には脱落性の灰白色の星状毛が密生する．花期は 5 月．雄花序は径約 1 cm，柄は長さ約 2 cm になる．雌花序は径 1.5〜1.7 cm で，長さ 10〜15 cm になり，枝にふつう 2 個，まれに 3 個つき，下にある方は無柄または短い柄がある．雌花には花弁はなく，仮雄ずいは棍棒状，長さ 2 mm で，先には褐色の毛を密生する．痩果は倒円錐形，長さ約 11 mm で，褐色の長毛を密生する．

1491. アメリカスズカケノキ（ボタンノキ） 〔スズカケノキ科〕

Platanus occidentalis L.

北アメリカ原産の落葉高木で明治年間（19 世紀後半）に日本に移入され，街路樹として用いられる．高さは 30〜50 m に達し，樹皮はただ縦に皮目があって，はがれることはない．葉は互生し，長い葉柄があり，広卵形，3〜5 つに浅裂し，裂片はやや三角形の粗いきょ歯があるかあるいは全縁，基部は切形または心臓形，径は 10〜20 cm ぐらい，最初は両面に綿毛が多いが，のちにはただ下面の脈の上に短毛が認められるだけである．托葉は大形で全縁あるいは波形の歯状縁．葉柄の基部は新芽を包んでいる．雄花雌花は別の花柄に着いて頭状花序となり，春に新葉とともに咲く．雄性の頭花は暗赤色，腋生の花柄につき，雌性の頭花は淡緑色，頂生の長い花柄につく．雄花のがくは鱗片状の 3〜6 個のがく片に分かれ，花弁はがく片の倍の長さ，3〜6 個，くさび状で薄い膜質，雄しべはがく片と同数，対立，花糸は短く，葯は長い．雌花のがくは 3〜6 裂，通常 4 裂し，裂片は円形，同数の鋭く尖った花弁よりはるかに短い．雄しべは鱗状，上部には毛がある．子房はがく片と同数で長楕円形，基部に長い白毛があり，上部は赤色の長い花柱となる．球状果は 1 花軸にただ 1 個だけ着いて下垂し，多数の痩果からなり，直径が 3 cm 内外．痩果は長倒卵形体，先端は鈍形，基部に白い毛がある．〔日本名〕別名の釦の木はこの木の俗名 Buttonwood に基づく．本種とスズカケノキとの雑種があってモミジバスズカケノキ（前図参照）といい，最も普通に見られる．

1492. シノブノキ（ハゴロモノキ） 〔ヤマモガシ科〕

Grevillea robusta A. Cunn ex R.Br.

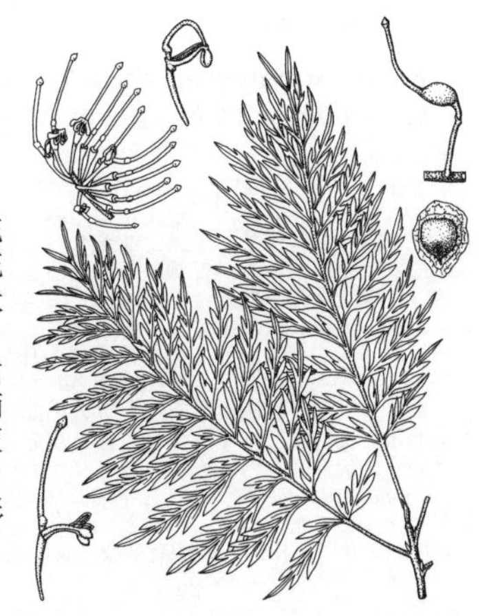

オーストラリア東部に固有で，街路樹･観賞用に熱帯，亜熱帯に広く植栽される．直立する常緑高木で，高さ 10〜25 m．葉は互生し，長さ 15〜33 cm，羽状に分裂し，小葉は長さ 3〜12 cm，ほぼ全縁または羽状に切れ込み，全体としてシダの葉のようで，上面はオリーブグリーン，下面は銀白色で絹のような毛が生える．総状花序は長さ 5〜15 cm，古い枝につき，単生，あるいは数本まとまってつく．花は花序軸に多数列生し，花柄は長さ 1〜1.5 cm，花よりも濃色．花冠はなく，萼は筒状に合着し，開花時に花柱が伸びるのと同時に片側が裂けて先端のみが柱頭にひっかかるようになり，その後先端が 4 裂し柱頭から外れて反り返り，基本的に橙黄色で下部内側は暗赤色．雄蕊は無柄，葯は長さ約 1 mm で萼の基部で開く．子房柄は長さ 2〜3 mm，子房は無毛，花柱はレモン色，長さ 1〜2.5 cm，先端は頭状，灰黄色で長さ 1 mm の柱頭をつける．袋果は長卵状で花柱が宿存し，種子が 2 個入り，長さ 1.5〜2 cm，幅約 1 cm，銀灰色からオリーブグリーン，裂開する．種子は卵形で，長さ 1〜1.5 cm，幅 0.5〜1 cm，広い翼があり，薄い．

1493. ヤマモガシ（カマノキ） 〔ヤマモガシ科〕

Helicia cochinchinensis Lour.

暖地に生える常緑小形の高木で，枝は多く，葉はよくしげる．高さは6m内外．幹は直立し，枝は紫褐色．葉は有柄で互生し，倒披針状楕円形あるいは倒卵状楕円形で長さ5〜15cm，両端は鋭尖形，上半部にあらいきょ歯があるか，あるいは全縁で，若い木の葉は明瞭なあらい鋭尖きょ歯があり，革質で無毛，なめらか，淡緑色をしている．夏に葉腋から10〜15cmぐらいの総状花序を出し，多数の柄のある花をつける．花は白色で苞の腋から2個ずつ出る．がくは4個，質は厚く線形で開花時にはそり返り，がく片の上部の内側にそれぞれ1個ずつ，雄しべがついており，花糸はない．雌しべは1個，花柱は線形で長く，花冠と同じ高さで，柱頭は棍棒状をしている．果実は硬い液果で楕円体，秋になると黒く熟す．〔日本名〕山モガシ，モガシは鹿児島県ではホルトノキ（ホルトノキ科）のことをいい，この種はホルトノキに似ているが山地に生えるからである．また一名カマノキともいうが，この意味は不明である．

1494. マカダミア 〔ヤマモガシ科〕

Macadamia integrifolia Maiden et E.Betche

オーストラリア原産の常緑高木で，南東部のクィンズランドとニューサウスウェルズに特産するが，現在ではハワイなどでも栽培されている．樹高10〜15mになり，短い柄の葉を輪生する．葉身は長さ30cmもの長楕円形で全縁，両端はくさび形で，葉の質は比較的薄い．枝先と上部の葉腋に長い総状花序をだし，小さな白花を多数つける．花弁は4枚，雄しべも4本で，ほぼ放射相称に並ぶ．果実は長さ3〜4cmの楕円体で，非常に硬い果皮に包まれる．内部にある種子がマカダミアナッツで，脂肪分にとみ，高級なナッツとして食用，菓子用に賞用され，とくにアイスクリームに加えたものは逸品とされる．しかし，世界的に生産量が少ない．原産地の名に因んでクィーンズランドナット（Queensland nut）と呼ばれることもある．

1495. ヤマグルマ（トリモチノキ） 〔ヤマグルマ科〕

Trochodendron aralioides Siebold et Zucc.

日本の中部以南の各地の山中に生える常緑高木で，幹は直立し，輪生状に分枝し，高さは17mぐらい，直径60cmほどになる．葉は枝先に集まってつき，やや輪生状を呈し，長い柄があり，狭倒卵形ないし広倒卵形で先端は急に尖り，基部はくさび形で，上部のふちには鈍きょ歯があり，長さ5〜12cmほど，革質で光沢がある．6月頃，枝先に総状花序を出し，黄緑色の両性花を開く．苞は糸状の線形で早く落ちる．花柄は非常に長く，裸花で花被はない．雄しべは多数で花糸は細く，葯は淡黄色である．心皮は5〜10個，基部はゆ合している．果実は5〜10個の袋果からできていて，径1cmほどである．樹皮をはがして水に入れ腐敗させて，つきくだき，鳥もちを作る．品種に長葉のものがありこれをナガバノヤマグルマ f. *longifolium* (Maxim.) Ohwiという．〔日本名〕山車は山に生えて枝先の葉が車輪状であるからである．また一名トリモチノキは樹皮からとりもちを作るからである．

1496. ツ　ゲ（ホンツゲ，アサマツゲ） 〔ツゲ科〕

Buxus microphylla Siebold et Zucc. subsp. ***microphylla***
var. ***japonica*** (Müll.Arg. ex Miq.) Rehder et E.H.Wilson

関東から西の本州，四国，九州など暖地の山地に生える常緑高木．幹は直立し高さ1〜3m位，直径8cm位ある．小枝は角ばる．葉は対生，楕円形，倒卵形，または長楕円形，長さ1.5〜3cm，幅7〜15mm位，先は円いかまたは凹み，基部は鈍形，鋭形またはくさび形で非常に短い葉柄がある．全縁でふちは狭く下側に曲がり，革質，上面は深緑色でなめらかで光沢があり，下面は淡緑色で支脈が沢山あるが外側からははっきりしない．春に淡黄色の小さな花を小枝の葉腋に群生する．花序は雄花が集まっていて頂上に1個の雌花がある．花には4個のがく片がある．雄花は4本の雄しべと1本の雌しべの痕跡をもつ．雌花は1個の雌しべをもち子房は3室，花柱は短く柱頭は厚くふくらむ．さく果は楕円体か球形で，3室からなり，室の背が裂開する．種子は長楕円体で3稜があり，黒くて光沢がある．材は黄色で硬質で緻密であるから版木，櫛，印判などに使われる．摂州（兵庫県東南部）等の山間の渓流の側に葉はヒメツゲに似ていて幹の直立したものがある．これをアリマツゲという．川岸に生え小低木を作るものが多く葉も小さいものをコツゲという．奈良県大台ヶ原山にコメツゲというのがある．枝や葉が繁り葉が最も小さいものでは6〜10mm位のものである．〔日本名〕次（つぐ）というのが変化したものといわれる．すなわち葉が層をなして密につき，次々とついているからという．本ツゲはツゲの本物．朝熊ツゲは三重県朝熊（アサマ）山のものが有名なのによる．

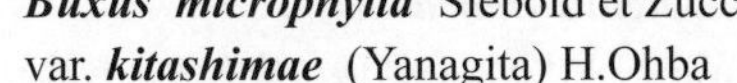

1497. ハチジョウツゲ（ベンテンツゲ）〔ツゲ科〕

Buxus microphylla Siebold et Zucc. subsp. ***microphylla*** var. ***kitashimae*** (Yanagita) H.Ohba

ツゲの 1 変種で伊豆七島の一部御蔵島，八丈島など暖地の山地に生える．細かく枝分かれした樹冠は丸く，幹は直立し高さ 4～5 m，直径 10 cm 以上にもなることがある．小枝は四角い．対生の葉はほとんど柄をもたず，倒卵状楕円形または倒卵状長楕円形をしており，全縁で厚い革質，平行に斜めに通った側脈が多数目立つ．長さ 3～4 cm，幅 1.5～2 cm 位．先は円いかまたは凹んでいる．春に淡黄色の小さな花を小枝の葉腋に群生する．雄花は花序の下方に多数つき，雌花は頂上に 1 個ある．花には 4 個のがく片があり，雄花は雄しべ 4 本と退化した雌しべ 1 個をもち，雌花には雄しべがなく 1 個の雌しべがある．葉が大形で厚く革質であるところがツゲと異なっている．〔日本名〕八丈ツゲは八丈島に産するからの名．弁天ツゲは，この材を婦人の櫛にすることからの連想によるもの．

1498. ヒメツゲ〔ツゲ科〕

Buxus microphylla Siebold et Zucc. subsp. ***microphylla*** var. ***microphylla***

自生はないがツゲの変形品で通常観賞のため庭に植えられている．常緑の小さな低木で枝葉が密に茂って，全体が丸くなる．高さは 60 cm 位になり，小枝は小さく四角い．葉は小形で小枝に対生し，形は長楕円形または倒卵状長楕円形で，先は円いか凹んでいて，基部はくさび形に狭まり，柄はほとんどない．長さ 1～1.5 cm 位．全縁で辺が狭く反り返り，支脈は多いが外からは見えない．3～4 月頃枝先の葉腋に淡い黄緑色の小さな花を沢山咲かせる．雄花が集まり，その頂上に雌花が 1 個つく．各花は 2 個の苞葉，4 個のがく片をもつ．雄花には 4 本の雄しべ，雌花には 3 室をもった子房をもつ 1 個の雌しべがある．花柱は 3 個，短い柱頭はふくらんでいる．さく果は広楕円体で背側で 3 枚の殻に開裂するが，残っている花柱は角（つの）状．〔漢名〕黄楊木は近縁のタイワンアサマツゲ subsp. *sinica* (Rehder et E.H.Wilson) Hatus. の名である．

1499. オキナワツゲ〔ツゲ科〕

Buxus liukiuensis (Makino) Makino

沖永良部島以南の琉球と台湾の石灰岩地に生える常緑小高木．通常は高さ 1～3 m，樹皮は灰褐色をし，若枝にはツゲと同様の稜があって断面は四角く，緑黄色を帯びる．葉はごく短い（1～2 mm）柄があって対生し，長卵形ないし細長い卵状楕円形．長さ 3～6 cm，幅 1～3 cm もあり，ツゲに比べてはるかに大きい．葉の先端がやや凹む傾向がある．上面は光沢があってやや緑褐色，中央脈以外の葉脈は目立たない．全縁で革質，やや厚味がある．雌雄異株で，秋，9～11 月にかけて開花する．雄花には小さな黄緑色の 4 個のがく片と 4 本の雄しべがあり，花の径は約 5 mm，雄しべも 5 mm ほどの長さがあり，雌花はがく片 6 枚があり，丸みがあって長さ 3～4 mm の球状となり，中央に丸い子房をもった雌しべがある．果実は翌年の夏に熟し，直径 6 mm ほどの長球形，熟すと 3 つに開裂する．沖縄では庭園樹として植え込みに使われ，生垣やグリーンベルトにも栽植される．

1500. フッキソウ（キチジソウ）〔ツゲ科〕

Pachysandra terminalis Siebold et Zucc.

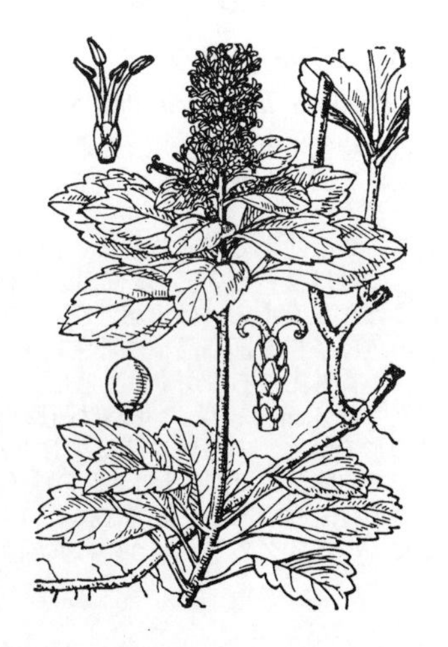

北海道から九州の山地の林内の樹の下に生える常緑の草木状の低木．庭園に植えられることもある．地下茎は横に走り白くて，まばらにひげ根を出す．茎は根茎から傾いて立上り，その下部はしばしば地につく．高さは 30 cm 位になり緑色で，まばらに群生して広がる．柄をもった葉は断続的に群がって互生し，卵状長楕円形，下部はくさび形，上半部のふちには粗いきょ歯がある．葉質は厚手で上面が濃緑色，下面は淡緑色である．春から夏にかけて茎の先に直立した短い花序がつき，時々まばらに分枝する．雄花は密につき少数の雌花は点在している．花は 4 個のがく片があり花弁はない．雄花には 4 本の雄しべがあり花糸が白くて大きい．葯は褐色．雌花には 2 花柱をもった子房があり，これは 4 室に分かれていて各室に 1 胚珠を含む．果実はさく果．〔日本名〕富貴草も吉次草もともにこの植物の常緑の葉とこんもり茂る状態から繁殖を祝う意味を表わしている．

1501. ビワモドキ　〔ビワモドキ科〕

Dillenia indica L.

熱帯アジアと周辺地域に分布する常緑高木で，高さ 30 m，直径約 1.2 m になり，栽培もされる．樹皮は赤褐色で，剥離し，若い枝は茶色の軟毛に覆われる．葉痕はくっきりと残る．葉柄は長さ 3 cm 程度で狭い翼を持つ．葉身は楕円形あるいは倒卵状楕円形で，長さ 15〜40 cm，幅 7〜14 cm，側脈は 30〜40 本が平行し，辺縁には鋸歯がある．花は枝先に単生し，やや下向きとなり，直径は蕾で 5cm 以上，開くと 12〜20 cm となり，芳香がある．萼片は 5 枚，丸く，直径 4〜6 cm，厚い肉質．花弁は白色で５枚，倒卵形，7〜9 cm．雄蕊は異なる 2 グループからなり，外側は多数，蕾の中でわずかに内曲し，内側は約 25 本，蕾から先端が反り返る．葯はオレンジ色，2 孔で孔開する．心皮は 16〜20 個，伸長した柱頭は乳白色，完全に開出し，各心皮に多数の胚珠がある．集合果は球形で，直径 10〜15 cm，裂開せず，肉質の萼片は宿存し，厚く発達して緑黄色となり果実を囲む．種子は各心皮に 5 個あるいはそれ以上で，仮種皮はない．elephant-apple と呼ばれ，果実は食用となる．

1502. ベニバナヤマシャクヤク　〔ボタン科〕

Paeonia obovata Maxim.

北海道から九州にかけて分布し，山地帯の落葉広葉樹林の林床に生える多年草．根はやや紅紫色をおび，よく分枝し，紡錘状に肥厚する．茎は高さ 40〜60 cm，しばしば紅紫色をおび，基部に大形の鱗片があり，無毛．葉は 2 回 3 出の複葉，小葉は長さ 6〜12 cm，倒卵形ないし広倒卵形，全縁，裏面にはふつう毛がある．花は 5〜6 月，茎の先に単生する．種子は径 5〜6 mm，黒色で光沢がある．形態的にもまた生態的にもヤマシャクヤクに似ているが次の点で異なる．葉の下面はふつう有毛である．花弁は淡紅色まれに白色となる．雌しべの柱頭は長く，著しく外曲する．袋果はわずかに弓状に彎曲する．〔日本名〕紅花山芍薬．花が淡い紅色であるため．〔漢名〕草芍药，卵葉芍药，山芍药，など．〔追記〕従来はボタン属をキンポウゲ科としてきた．しかし胚の成長様式や雄しべの形成過程と維管束の入り方，さらには染色体の基本数がキンポウゲ科と異なる．このため現在ではボタン属は独立したボタン科とする見解が受け入れられている．

1503. ヤマシャクヤク　〔ボタン科〕

Paeonia japonica (Makino) Miyabe et Takeda

山地の樹の下に生える多年生草本．高さ 40 cm ぐらい．全体はシャクヤクより小形である．根は肥厚している．茎は直立し，基部に数個の鞘状葉があり，茎に互生して普通 3 個の有柄葉がある．下部の葉はたいてい 2 回 3 出，上部の葉は 3 出あるいは単葉で，小葉は倒卵形あるいは楕円形で先は鋭尖形，葉の裏は白色をおびて毛は無い．5〜6 月頃，茎の先に白色の花を 1 個つける．がく片は 3 個，卵形で不同．花弁は普通 5 個，あるいは 7 個ばかりのものもあり，倒卵形．雄しべは多数，雌しべは 2〜4 個．袋果は大きくて，開裂すると内面は赤色，心皮のふちに紅色で不稔の種子とルリ色をおびた黒色の成熟種子をつけ，非常に美しい．ベニバナヤマシャクヤクに近縁である．これはふつう淡紅色の花を開き柱頭が大きく，葉の裏に微軟毛があることが多い．〔日本名〕山シャクヤクで，山地に自生するからである．〔漢名〕草芍薬は正しくない．

1504. シャクヤク　〔ボタン科〕

Paeonia lactiflora Pall. var. ***trichocarpa*** (Bunge) Stearn

古い時代に中国から渡って来た花草で，普通は庭に植え，観賞される多年生草本．元来はアジア大陸東北部の原産である．根はやや数多く，細長い紡錘状で肥厚する．茎は数本が直立して 1 株から出て，高さは 60 cm ぐらいになり，葉と同様に無毛である．葉は互生で下部の葉は 2 回 3 出複葉で小葉は披針形または楕円形または卵形で，時には 2〜3 裂し，脈部および柄は赤色を帯び，上部の葉は形が簡単になりついには 3 出葉あるいは単葉となる．初夏に枝先に大形の美花を開く．紅，白その他，花の色は多様で園芸品種が非常に多い．がく片は 5 個で緑色をしており宿存し全縁で，一番外側にあるがくは，しばしば葉状をしている．花弁は 10 個ぐらい，倒卵形で長さは 5 cm になる．花盤は凹形．雄しべは多数，黄色．雌しべは 3〜5 個，子房は卵形で無毛，あるいは時に少し毛があり，柱頭は短くて外側にそり返る．袋果は大形で内縫合線で開裂し，球形の種子をあらわす．根を薬用にする．〔日本名〕漢名，芍薬の音読みである．一名をエビスグサともいうが，これは異国から来た草の意味，また，エビスグスリというのは異国から来た薬草の意味である．〔漢名〕芍薬．

1505. **ボ　タ　ン**（ハツカグサ，フカミグサ，ナトリグサ）　〔ボタン科〕

Paeonia suffruticosa Andrews

古い時代に日本に渡って来た中国原産の落葉低木で，今は一般に観賞花木として庭園に栽培されている．高さは 50〜180 cm ぐらい．幹は直立して分枝する．葉は柄があり，互生で，2 回 3 出，または 2 回羽状に分裂し，小葉は卵形，ないし披針形で，先は 2〜3 裂するか全縁で先端は鋭形である．5 月頃，枝の端に大形の花を 1 個つける．花は紫，紅，淡紅，白色など，色々あり，まれには黄色の品種もある．花径は約 20 cm で非常に美しい．がく片は 5 個あって宿存する．花弁は 8〜多数，不同で，倒卵形，ふちには不規則な切れ込みがある．雄しべは多数．花盤は袋状となり，心皮を包んでいる．袋果は 2〜5 個あって開出し，短毛を密生している．これは内縫合線に沿って開裂し，中から大きい種子があらわれる．根の皮を薬用とする．〔日本名〕漢名，牡丹の音読みである．

1506. **フ　ウ**　〔フウ科〕

Liquidambar formosana Hance

台湾および中国に自生する落葉高木で，日本へは享保年間（1720 年頃）に中国から入り，時に庭園に植えられる．樹脂には蘇合香の芳香がある．幹は高さ 20 m，直径 1〜2 m に達するものがある．葉は互生し，長柄があって掌状に 3 裂する．裂片は卵状三角形，先は鋭形，ふちには細かいきょ歯がある．基部は円形，長さ幅ともに 7〜10 cm 内外，乾くと洋紙質で両面無毛．秋には多少紅葉する．花は単性で雌雄が同じ株につく．雄花は頭状に集まったものがさらに総状に集まり，雌花は頭状に集まって単生する．花には花被がない．雄花は雄しべの数は不定で小鱗片と混生し，葯は 2 室，花糸は平滑で長さ 1.5 mm ぐらい．雌花には長さ 10 mm ばかりの花柱があって，その基部に 4〜5 個の刺状の鱗片があり，これと交互に短い仮雄しべが 4〜5 本ある．さく果は球形の集合果で，互いにゆ着し，直径 2.5 cm 内外である．完全な種子は楕円形で長さ 7 mm ぐらい，翼がある．〔日本名〕漢名楓の音読みである．日本でよくカエデに楓の字を用いるのは間違っている．

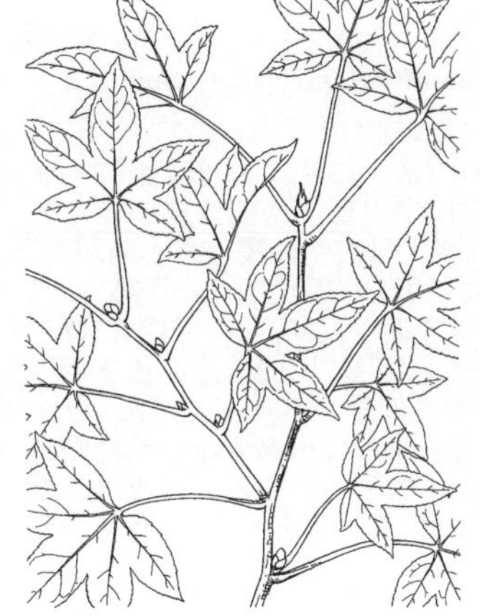

1507. **モミジバフウ**（アメリカフウ）　〔フウ科〕

Liquidambar styraciflua L.

北アメリカの東部から中南部にかけて分布する落葉大高木．原産地では高さ 40〜50 m に達する．幹は灰白色で平滑，直立してよく分枝し，こんもりとした大きな樹冠をつくる．日本では街路樹としてよく植えるが，剪定をくりかえすため本来の樹形にはならない．高さも通常は 5〜10 m どまりである．葉は長い柄があって互生し，掌状に深く 5〜7 裂する．葉身の直径は 8〜15 cm，裂片は細長い三角形で先は尖り，へりには細かいきょ歯がある．葉の質は薄い革質で表面は濃い緑色，光沢がある．4〜5 月に枝の先端から雌雄の花序を別々に出す．雄花序は長さ 5〜10 cm で球形に集まった雄花が総状に集まり，雌花序も球形をなす．果時には径 3〜4 cm の集合果となり，長い柄の先に垂れ下がってスズカケノキの集合果に似る．秋には真紅に紅葉して美しい．この属の植物は東アジアと北アメリカに 2 種ずつ知られ，ユリノキなどと同様の特異な分布である．〔日本名〕モミジ葉楓は葉形がカエデに似るフウ（楓）であるため．

1508. **マルバノキ**（ベニマンサク）　〔マンサク科〕

Disanthus cercidifolius Maxim. subsp. ***cercidifolius***

本州（中部地方，広島県），四国（高知県）の山地に見られる落葉低木で高さ 1〜3 m．葉には長い柄があって互生し，卵円形あるいは円形，先端は鋭形あるいは鈍形，基部は心臓形，全縁，長さ 5〜10 cm，厚膜質で毛がなく上面は緑色，下面は帯白色，秋に紅葉して美しい．晩秋に葉がまさに落ちようとする頃，葉腋に短い柄を出し，その頂に背中合わせに接着した 2 つの暗紅色の花を開き，なまぐさいにおいがある．花柄の基部は数個の鱗片で包まれている．がくは小形，花弁は 5 個で開出して星形となり，各花弁は狭く長く上部は次第に細くなって先端は糸状となる．5 本の雄しべは短い．花柱は 2 個，子房は 2 室．さく果は年を越して，次の年の花の時期と同時に熟し，大形で，肥厚しやや扁平な球形で，先端は凹み，2 つのさく果が並び，硬くて緑色を帯びた白色で，のちに暗褐色に変わり，短く 4 つに裂けて，各室に黒色の光沢ある種子を 3 個以上入れている．〔日本名〕円葉の木はその葉がまるいことに基づき，紅満作はその花が赤色であることに基づいた名前である．

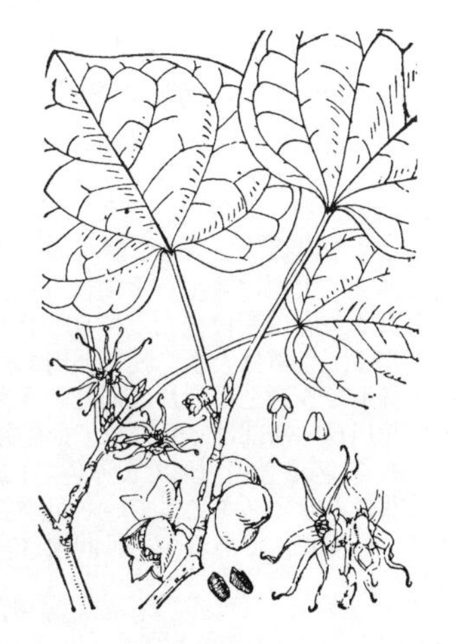

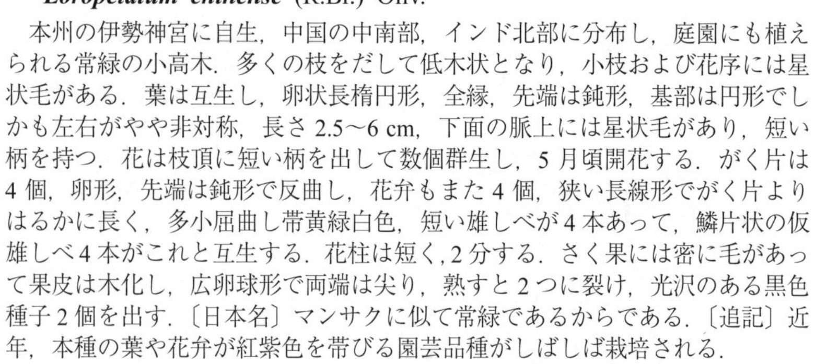

1509. トキワマンサク　〔マンサク科〕

Loropetalum chinense (R.Br.) Oliv.

本州の伊勢神宮に自生，中国の中南部，インド北部に分布し，庭園にも植えられる常緑の小高木．多くの枝をだして低木状となり，小枝および花序には星状毛がある．葉は互生し，卵状長楕円形，全縁，先端は鈍形，基部は円形でしかも左右がやや非対称，長さ 2.5〜6 cm，下面の脈上には星状毛があり，短い柄を持つ．花は枝頂に短い柄を出して数個群生し，5 月頃開花する．がく片は 4 個，卵形，先端は鈍形で反曲し，花弁もまた 4 個，狭い長線形でがく片よりはるかに長く，多小屈曲し帯黄緑白色，短い雄しべが 4 本あって，鱗片状の仮雄しべ 4 本がこれと互生する．花柱は短く，2 分する．さく果には密に毛があって果皮は木化し，広卵球形で両端は尖り，熟すと 2 つに裂け，光沢のある黒色種子 2 個を出す．〔日本名〕マンサクに似て常緑であるからである．〔追記〕近年，本種の葉や花弁が紅紫色を帯びる園芸品種がしばしば栽培される．

1510. マンサク　〔マンサク科〕

Hamamelis japonica Siebold et Zucc. var. ***japonica***

全国の山地に生え，また時に庭園に植えられる落葉小高木．葉は互生し，ややゆがんだ形をした菱形状の楕円形あるいは倒卵形，先端は鈍形，基部は切形またははわずかに心臓形，長さ 7〜12 cm，幅 5〜7 cm，ふちは中央から上は波状のにぶいきょ歯を持ち，それより下部は全縁，質は厚くて上面は無毛，ややしわがあり，主脈と支脈は落ち込んでいる．下面は平滑で脈は隆起し，脈上には星状毛がある．支脈は主脈の両側に 5〜6 本ずつある．葉柄は短く，星状毛がある．春に，葉より先に開花し，黄色で葉腋に単生あるいはかたまってつく．がく片は 4 個，卵形で反り返り，内面は無毛で暗紫色，外面には乳頭状の毛が密生する．花弁は 4 個，線形，長さは 1 cm 内外．雄しべは 4 本，非常に短い．子房は 2 本の花柱をもっている．さく果は卵状球形で外面には短い綿毛が密生し，2 つに裂け，黒色の光沢のある種子をはじきとばす．〔日本名〕満作の意味で，満作は豊作と同様，穀物が豊かにみのることをいい，この木が枝いっぱいに花を咲かせるので，このようにいう．またある人はマンサクを早春にまっ先に咲くの意味にとっている．〔漢名〕金縷梅は中国産の別種である．

1511. マルバマンサク　〔マンサク科〕

Hamamelis japonica Siebold et Zucc. var. ***discolor*** (Nakai) Sugim. f. ***obtusata*** (Makino) H.Ohba

北海道西南部と本州（日本海沿岸地方の山地）に産する落葉小高木または低木で，葉は互生し，菱形の卵形，先端は半円形，基部は広いくさび形で左右が多少不同，短柄があり，ふちは中部以上は波状の浅いきょ歯があり，革質で主脈と支脈は上面が落ち込み，下面は著しく隆起する．春に，葉に先だって葉腋に 4 花弁の花を開く．がく片は 4 個で反り返り，外面には毛があって，花弁はこれと互生し長さ 1〜1.5 cm，線形で屈曲し，赤色または紫黄色を帯び，短い雄しべ 4 本とこれに互生する仮雄しべ 4 本とがあり，1 本の雌しべの花柱は短く，2 つに分かれる．さく果には宿存するがく片があって，卵球形，果皮は木質，外面に密毛があり，2 裂し，裂けた果皮は先端がさらに浅く 2 裂して，光沢の強い黒色球形の種子 2 個を出す．〔日本名〕マンサクに比べ葉の先が円いからである．

1512. ヒュウガミズキ　〔マンサク科〕

Corylopsis pauciflora Siebold et Zucc.

本州（近畿地方北部，福井県，岐阜県，石川県）の山地に自生するが，多く観賞用の庭樹として人家に栽培される落葉低木である，高さは 2〜3 m ばかり，多く分枝し，枝は細長くて折れやすい．葉は互生し，小形で枝上に多く，卵形，先端は鋭形，基部はやや心臓形で長さ 2.5〜4 cm，幅 1.5〜2 cm，ふちには波形のきょ歯があって質は薄く，上面は無毛，下面は有毛，中央脈の両側に各 5〜6 本の明らかな支脈が見られる．春に葉に先だって枝一杯に咲き 2〜3 花ずつ短い穂状の花序をなして垂れ下がる．苞葉は大きく膜質卵円形．花はほとんど柄がなく鮮やかな黄色．がくは短い鐘形で 5 裂し，裂片は同じ大きさ，卵形，先端は鈍形である．花弁は 5 個で倒卵状楕円形，基部はくさび形で，先端は円形．雄しべは 5 本，花弁と同長かまたは少し短く，葯は長楕円形で黄赤色．子房は 2 室，花弁より長い 2 花柱をそなえている．さく果はトサミズキに似ているが小さく，2 つに裂けて，その頂に花柱が残る．〔日本名〕日向水木であるが，日向国（宮崎県）にはまだ野生が知られていない．

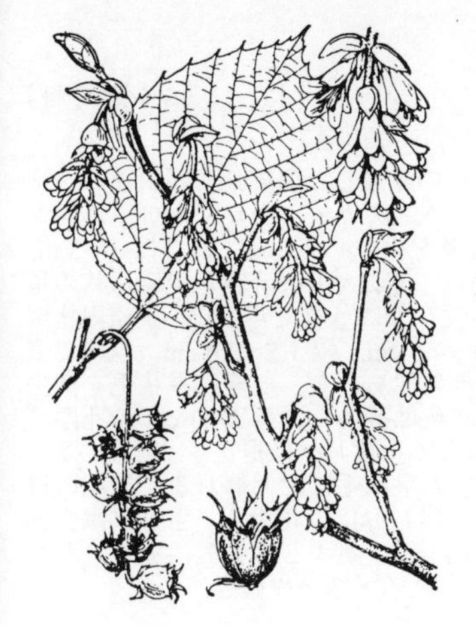

1513. トサミズキ　〔マンサク科〕
Corylopsis spicata Siebold et Zucc.

高知県の山地に自生するが，普通庭園に植えて観賞される大形の低木である．幹は高さ 2～3 m に達する．葉は互生し，円形あるいは倒卵状円形，先端は鋭形または鈍形，基部は心臓形，長さ，幅ともに 4～10 cm 内外あって，厚く，主脈の両側に各 8 本ばかりの明らかな支脈があり，上面には毛はないがしわがあり下面には柔らかい毛が多く，ふちには波状のきょ歯がある．春に葉に先だって花を開く．花は淡黄色で 7～8 個が穂を作って垂れ下がる．花序の軸には毛が密生する．苞葉は卵状円形，全縁，毛があり，後に落ちる．花柄は非常に短い．がくには乳頭状の毛があり，5 つに裂け裂片は等しくなく，卵状披針形．花弁は 5 個，長いへら形，先端は鈍形，長さは 7 mm 内外で基部は爪が明瞭である．雄しべは 5 本で花弁より短く，葯は帯紅色．子房は 2 室，各室には 1 つの胚珠がある．花柱は長さ 8 mm 内外，花弁より長い．さく果は 2 室で 2 つのくちばしがあって，堅い 2 つの果皮に裂け，細長い楕円体の種子を出す．〔日本名〕土佐水木の意味で，この種が土佐（高知県）に自生することから名付けられた．

1514. ミヤマトサミズキ（コウヤミズキ）　〔マンサク科〕
Corylopsis gotoana Makino

中部以西の山地に生える落葉低木．幹は群生して高さ 1～2 m に達する．枝はまばらで，皮目が散在し，やせて細い．葉は有柄で互生，卵状長楕円形あるいは卵状心臓形などいろいろあり，葉のふちは多くは整った波状の鋭く尖った歯状で，先端は鋭く尖り，基部は心臓形でときおりゆがんだ形を示し，外観はトサミズキの葉に比べて小形で質も薄い．支脈は規則正しく平行に並び，左右両側に 8 本内外ある．早春に，古い枝の葉腋から淡黄色の穂状花序を垂らす．花序の基部には同じ色の大きな膜質の鱗片が数個ある．花序の軸は完全に無毛でトサミズキに比べて細い．花弁は 5 個，長い倒卵形．雄しべは花弁とほぼ同じ長さ．秋にさく果は熟し，先端が 2 つに裂けて黒い光沢のある 4 個の種子を出す．

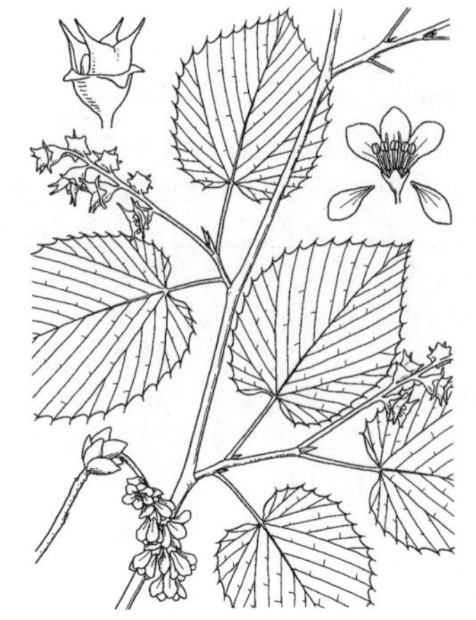

1515. キリシマミズキ　〔マンサク科〕
Corylopsis glabrescens Franch. et Sav.

九州の霧島山系に生える，高さ 2～3 m の落葉低木．鹿児島県霧島市から宮崎県えびの市にかけてのえびの高原に多いが，最近四国でも，高知県と愛媛県の海抜 1,000～1,300 m の石灰岩地帯に産することがわかった．若枝は無毛．托葉は披針形で長さ 1～1.5 cm．葉は互生し，柄があって，上面無毛．下面ははじめ多少の星状毛と脈上に伏毛があるが，のち無毛となり粉白をおびる．葉柄は長さ 15～30 mm，葉は卵円形で急鋭頭，基部は多少心臓形で長さ 5～10 cm，幅 3～8 cm，きょ歯は三角形かまれに波状で，先端にやや長い芒がでる．側脈は 9～10 対で脈上に伏した長軟毛が散生する．花期は 4 月．花序には数花を下垂する．苞葉は広楕円形で長さ 5～7 mm．がく筒は長さ約 1.5 mm の鐘形で無毛，先は 5 裂し，裂片は鐘形で長さ約 1.5 mm．花弁は 5 個で黄色，長さ約 15 mm の長倒卵形，雄しべの長さは花弁の長さの半分．葯は紫色．仮雄しべは線形に 2 深裂する．子房は無毛．さく果は秋に熟し，径約 7 mm．種子は黒色で長さ約 7 mm．ミヤマトサミズキ（前図参照）に似るが，花期や葉の形態も異なり，雄しべが長い．〔和名〕霧島山に産するトサミズキ属の種類の意．

1516. イスノキ（ユスノキ，ヒョンノキ，ユシノキ）　〔マンサク科〕
Distylium racemosum Siebold et Zucc.

本州（関東以西）から琉球の山中に自生する常緑高木で，大きなものは高さ 20 m，幹の直径 1 m 内外に達する．葉は互生し長楕円形，先端は鈍形，基部はくさび形，長さ 5～8 cm，幅 2～4 cm，全縁，両面とも無毛で光沢はない．主脈はやや著しいが羽状の支脈ははっきりしない．ときおり大きな虫えいを作り，子供がその孔を吹いて笛にする．春に開花し，花は紅色で総状花序となって腋生し，上方には両性花．下方には雄花を着ける．花には花弁がなく，がく片は 3～6 個，披針形，緑色で大きさは不同．外面には褐色の星状毛がある．雄しべは 5～8 本，太い花糸をそなえている．雌しべは雄花では退化し，両性花には 1 本ある．子房は 2 室で外面に星状毛があり，花柱は 2 分する．さく果は木質，卵球形，外面には密に毛があり，長さ 8 mm 位で 2 つに裂けて種子を出す．〔日本名〕語源が不明で，これまでに正しい解釈がない．この木の材をくしに作ることからくしの木の名がある．これはユシノキと発音が似ている．ヒョンノ木はその虫えいを吹く時，ひょうひょうと鳴る音に基づく名である．〔漢名〕蚊母樹は不適当な名である．

1517. シマイスノキ（マルバイスノキ）〔マンサク科〕

Distylium lepidotum Nakai

小笠原の聟島，父島（兄，弟島を含む），母島の乾燥した風衝地や緩斜面の台地に生える固有の常緑小高木で，同じく固有のコバノアカテツやシマムロ，ムニンネズミモチなどとともに，独特の低木性植物群落を構成している．高さは 3〜5 m，径 7〜10 cm で，下部より分岐し，樹皮は灰褐色，若枝や芽に赤褐色で鱗片状の星状毛がある．托葉は卵形で長さ約 3 mm，早落性．葉は革質で互生し，長楕円状倒卵形，先端は鈍形，基部はくさび形，長さ 3.0〜4.5 cm，幅 1.5〜3.0 cm，全縁で表面は灰緑色で光沢あり無毛，裏面は黄褐色で無毛であるが，ときに星状毛を散生する．葉柄は長さ 4〜7 mm．花期は 11〜3 月．花は腋生で長さ 2〜3 cm の花序に総状につき，雌雄異花．雌花は紅紫色で花弁はなく，雄しべは退化し，2 分する花柱は子房と同長で外方に開出し，外面は赤褐色の星状毛におおわれる．雄花の雄しべは 5〜7 本で短く，葯は紅紫色，約 2 mm．雌しべは退化する．さく果は広卵球形で黄褐色の星状毛を密布し，長さ約 10〜12 mm，熟すと 2 裂し，先端に花柱が宿存する．種子は長さ約 7 mm.〔和名〕島に生えるイスノキの意.

1518. カ ツ ラ（オカヅラ）〔カツラ科〕

Cercidiphyllum japonicum Siebold et Zucc. ex Hoffm. et Schult.

各地の山地に生える落葉大高木で，幹は真直にそびえ立ち，分枝し，高さ 27 m，直径 1.3 m ほどになり，しばしば 1 株で数本の幹を出すものもある．枝上には多数の短枝を対生する．長枝の葉は対生，短枝の葉は芽鱗と互生して 1 個だけつき，共に細長い柄があり，広卵形，基部は心臓形で先端はやや鈍形，ふちに鈍きょ歯があり，長さも幅もともに 3〜7 cm ぐらい，下面は粉白色で 5〜7 本の掌状脈がある．雌雄異株で 5 月頃，短枝の先に 1 個の花を出して葉よりも早く咲く．裸花で花被はない．雄花には雄しべが多数あり，花糸は極めて細く，葯は線形で紅色である．雌花は 3〜5 個の雌しべからできていて，柱頭は糸状で淡紅色である．果実には短柄があり，袋果は円柱形で彎曲し，種子は一方に翼がついている．〔日本名〕カツラのカツは香出（かづ）であろうと言われる．この木は葉に香りがあり，落葉はよく香る．カツラのラは語尾の添え詞だという．古名の雄カヅラはヤブニッケイを雌カヅラというのに対していう．

1519. ヒロハカツラ〔カツラ科〕

Cercidiphyllum magnificum (Nakai) Nakai

本州中北部，特に奥日光に多く生えている落葉高木．幹は高くそびえ，分枝し，高さ 10〜15 m になる．前種カツラと似ているが，樹皮は樹齢 20 年のものでも裂目が出来ない．また葉は非常に広く大形で，円形また心臓状円形であるので区別出来る．長枝の葉は対生，短枝の葉は芽鱗と互生して 1 個だけつき，有柄，径 7〜10 cm，先は円形で基部は心臓形，掌状の葉脈と細脈は凹んでいるので表面はしわ状となり，ふちには浅い鈍きょ歯がある．雌雄異株で，4〜5 月頃，まだ葉の出ない時に開花する．花は短枝に 1 個頂生し，裸花で花被はない．雌しべは多数．フサザクラの雄しべに似ていて，暗紅色である．雌しべは 4〜5 個で，花柱は長く，暗赤色を帯びている．袋果は淡緑色でなめらか，小形のソラマメのさやのようで，熟すと開き中から両端に翼のある種子を出す．〔日本名〕広葉カツラ．

1520. ユズリハ〔ユズリハ科〕

Daphniphyllum macropodum Miq. subsp. ***macropodum***

宮城県以南の本州，四国，九州の林の中に自生し，あるいは庭樹として植えられる常緑高木．高さは 4〜10 m ばかりで，幹は直立し，太い枝を出す．葉は枝の先に集まって互生し，赤色または淡紅色あるいは緑色の長い柄があり，長楕円形，先端短く尖り，基部は鈍形，全縁，質は厚く滑らかで上面は深緑色，下面は白緑色，長さ約 15〜20 cm．初夏に新しい葉の出る頃，枝の先の葉腋から花序を出し総状花序を作り．緑黄色の小花を開く．雌雄異株．花は無花被，雄花は 8〜10 本の雄しべ，雌花はやや球形の子房に 2 本の花柱をもち，子房の下部に退化した雄しべがある．後に楕円体で黒みがかった藍色の実を結ぶ．わが国のならわしで，この葉を新年の飾りとする．葉柄の緑色の品をイヌユズリハという．〔日本名〕譲葉は，その葉の新旧入れかわりが著しく目立つためにいう．〔漢名〕楠および交譲木はともに正しい使い方ではない．

1521. エゾユズリハ（ヒナユズリハ）　〔ユズリハ科〕

Daphniphyllum macropodum Miq. subsp. ***humile*** (Maxim. ex Franch. et Sav.) Hurus.（*D. humile* Maxim. ex Franch. et Sav.）

北海道，本州中部以北の主に日本海側の山地に多い常緑の低木．高さ 1～3 m ぐらい，下部で枝分かれして叢生し，枝は緑色で滑らか，密に葉をつける．葉は互生，有柄，楕円あるいは倒卵状長楕円形，長さ 10～15 cm，先端は急に鋭く尖り，葉の基部は鋭形またはやや鈍形，上面は淡緑色で滑らか，下面は白い粉をしく．支脈数は 8～10 個でユズリハに比べて少ない．雌雄異株．5 月頃前年の枝の上部の葉腋に花序を出し，総状花序をつくってまばらに花をつける．果実は楕円体で長さ 1 cm ぐらい，黒みがかった藍色である．本種はユズリハに似ているが，低くて小さい枝の多い低木で，葉も比較的薄く両面共に多少の白粉があり，支脈の数はやや少なくて，互いにへだたっているという差がある．裏日本から北方にかけての深雪地帯で分化した地方型とみられる．

1522. ヒメユズリハ　〔ユズリハ科〕

Daphniphyllum teijsmannii Zoll. ex Kurz

本州（中南部）から琉球の海岸の樹林の中に生える常緑高木で，その幹はときどき巨大になるものがある．高さは 3～10 m ほど．葉はユズリハに似ているが小さく長さ 8 cm 内外，長楕円形，全縁，ただし若木ではよく 2～3 の浅い切れ込みがある．葉先は鋭形あるいは鈍形，質はやや硬くかつ厚く，上面は光沢がない．下面は多少白味を帯びるが．ユズリハの白さには比べられない．雌雄異株．前年枝の葉腋にまばらな総状花序をつけ，5 月頃，小花を開く．花軸は非常に長くしかも立っている．がく片は著しいが，果実ができると落ちる．花弁はなく 8 本の雄しべがある．果実は広楕円体，大きさはユズリハに比べて小さく，冬を越して黒く熟する．本種はユズリハに比べて葉は小形で硬く，ユズリハのように下垂せず，葉の下面の細脈は著しく，花には明らかながくがあり，雄しべが 8 本であることから区別される．〔日本名〕ヒメユズリハはその葉がユズリハに比べて小さいことからいう．しかし幹はユズリハに比べればはるかに巨大なものがある．

1523. ズ　イ　ナ（ヨメナノキ）　〔ズイナ科〕

Itea japonica Oliv.

関西から西の地方の山地に生える落葉低木または小高木ともなる．高さは 1～2 m，株全体に毛がなく滑らかで，枝は細長く緑色．互生の葉は柄を持ち，托葉はない．形は卵状楕円形で長さ 5～12 cm．先端が鋭く尖り，基部はくさび形かまたは細くなり，ふちに細かなきょ歯がある．薄質で黄緑色を示し，平行した支脈が葉の裏に突出しているのが目立つ．5 月に枝先に穂状の総状花序をつけ，多数の小さな白い広い鐘形の花を開く．花序の長さは 10 cm 位で，多くは斜めに傾いている．がく裂片は小さくて 5 個ある．5 個の花弁は長楕円形でがく片より大きい．5 本の雄しべは花弁と互生し花盤上に立つ．花柱は 1 個，短い柱状，子房は卵球形で半下位．真夏に果実が穂状に垂れ下がる．さく果は熟すと，短い柄で反りかえり，これは卵球形で縦に裂ける．外面には花弁やがく片がいつまでも残っている．色は黄褐色に近い．〔日本名〕ズイ菜という意味であるが，ズイの意味はわからない．菜というのはこの新葉を食用にするからである．

1524. ヒイラギズイナ　〔ズイナ科〕

Itea oldhamii C.K.Schneid.

奄美大島，徳之島，沖縄，久米島，石垣島，西表島など琉球列島から台湾に分布する常緑小高木．高さは 6～10 m に達し，若枝には微毛が散生する．互生の葉は有柄で托葉はない．葉は厚く，革質で無毛，形は卵状長楕円形から卵形．長さ 6～9 cm，幅 3～5 cm，先端は円くまれに尖る．ふちは全縁，または左右それぞれに 2～10 個の粗いきょ歯があり，若木につく葉は特にきょ歯が深く，ヒイラギ状となる．5～11 月頃にかけて，枝先または葉腋に穂状の総状花序をつけ，多数の白い花を開く．花序の長さは 3～10 cm，短毛がある．がく筒は広い鐘形，径約 2 mm，三角形をした 5 個のがく裂片があり宿存する．花弁は 5 個，白色で，披針形，がく裂片より長く，長さ約 2.5 mm，幅約 1 mm，さく果が熟しても残る．雄しべは 5 本，花弁と互生し，花弁より長い．子房は上位で 2 室，花柱は 1 本．さく果はつぼ形で，長さ 5～6 mm，先端から 2 片に裂開して，多数の種子を出す．種子は両端が尖り，紡錘形．〔日本名〕若木の葉がヒイラギ状となるので，この名がつけられた．

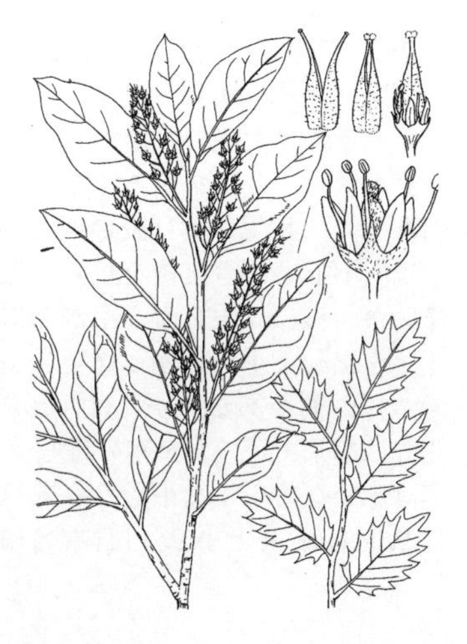

1525. スグリ 〔スグリ科〕

Ribes sinanense F.Maek.

長野及び山梨県特産の落葉低木で群生し，沢山分枝する．高さは 1 m 位で，葉腋の下に 3 つの針がある．葉は互生するかまたは短枝に群生し，葉柄を持ち，やや円形で基部は切形またはほぼ心臓形，浅く 3〜5 裂し，裂片のふちは粗い鈍いきょ歯となっている．表裏ともに毛があり，またふちにも毛がある．葉身は長さ幅ともに 3 cm 位．葉柄は 2 cm 位で毛が多い．花は 5 月に葉腋に単生し，白くて垂れ下がっている．がくは卵形体で，ほとんど毛がない．裂片は長楕円形で，長さ 6 mm 位，多くは反りかえっている．花弁は披針形で，がく裂片の半分位の長さがあり，多くは直立する．5 本ある雄しべは花弁と同じ長さである．花柱は雄しべと同じ長さで先端が 2 裂している．果実はなめらかで広楕円体かまたは球形をした液果で垂れ下がり，熟すと赤褐色になり食べられる．西洋スグリ（グースベリー）に似ているが別種のもの．〔日本名〕酸塊（すぐり）という意味で，すっぱい実ということを意味する．塊は，割栗石，くりくり坊主，くりくり眼玉などというような場合と同じで，丸いことを指すのであろう．

1526. セイヨウスグリ（マルスグリ） 〔スグリ科〕

Ribes uva-crispa L.（*R. grossularia* L.）

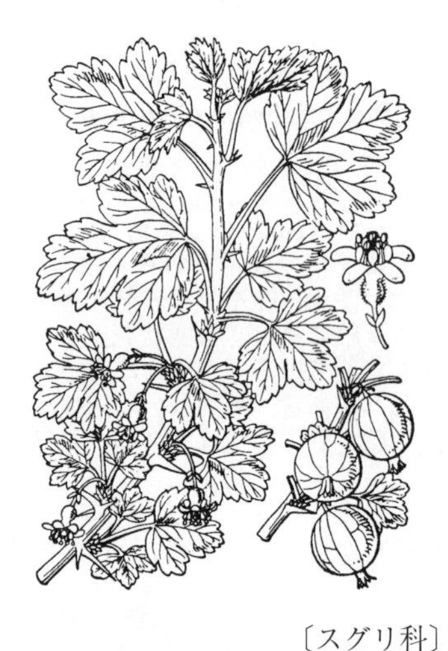

ヨーロツパ，北アフリカ，西南アジアの原産で明治初期（1870 前後）にわが国に入ってきた落葉低木であちこちに栽培されている．高さは 1 m 位で，群生し分枝する．葉腋の下に 1〜3 分した大きな針を持ち，茎には時に刺毛がある．葉は互生かまたは短枝に群生し，葉柄があり，ほぼ円形で，長さ幅とも 2〜3 cm 位で，基部は心臓形に近く，3〜5 裂し，裂片は粗い鈍いきょ歯を持つ．表裏ともに毛が多く，ふちにも毛がある．4〜5 月頃に花を短枝の葉腋から出す．普通 1 つの白い花が垂れ下がる．花柄は短く，上の方に 2 小苞をもつ．がくは楕円体で毛があり，裂片は 5 個あり，長楕円形で反り返っている．5 個の花弁は小さく，倒卵形で直立している．5 本ある雄しべは花弁よりやや長い．果実は球形の液果で直径 2 cm 位．多少毛が生え，熟すと黄緑色になり食べられる．普通にこれをスグリというのは間違いである．西洋では Gooseberry とか English gooseberry という．

1527. エゾスグリ 〔スグリ科〕

Ribes latifolium Jancz.

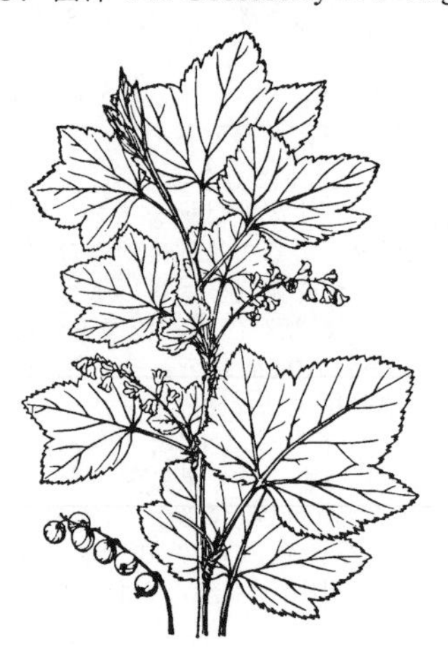

北海道，南千島，樺太，朝鮮半島北部，中国，ウスリーに分布する落葉低木．直立した枝は比較的太く，刺はない．若い枝には白い柔らかな毛がある．葉柄にも白い柔らかな毛があり，時に腺毛がまばらに生えている．葉は長さ幅とも 4〜10 cm で，基部は心臓形で，普通 5 裂し，裂片は三角状広卵形でやや尖っている．ふちに重きょ歯を持ち，表面にははじめ毛があるが後にほとんど落ちてしまう．裏面には毛が多く腺点はない．5〜6 月に 6〜20 花の総状花序をつける．花序の軸には柔らかな毛がある．がく筒は鐘形で，ほとんど毛はなく，裂片は 5 個あり長さ 2.5 cm 位の倒卵形．花弁は小形で 5 個．雄しべ 5，雌しべ 1．果実の柄は短く，長さは 2〜4 mm．液果は滑らかな球形で長さ 6〜9 mm，紅く熟する．〔日本名〕北海道産のスグリの意味．

1528. フサスグリ（アカスグリ） 〔スグリ科〕

Ribes rubrum L.

ユーラシア大陸の原産で明治年間（19 世紀後半）にわが国に入ってきた落葉小低木．今はあちこちで栽培される．高さは 1 m 位になり，枝は毛も刺もない．互生の葉は長い柄を持ち，5 つに掌状に裂けている．裂片のふちは，不揃いのきょ歯を持ち，先端は鋭形，基部は心臓形，表面には毛がないが，裏には柔らかな毛がある．葉柄には毛が少ない．春に葉腋に総状花序を出し，垂れ下がった花を多数開く．花は緑かまたは紫をおびた白色で，短い柄がある．がくは杯形で毛はなく，裂片は広倒卵形，平開する．花弁は小形で直立．5 本の雄しべは花弁と同長．花柱は 2 分している．果実は赤いなめらかな小形の液果で，食用となる．西洋では Red currant または Wild currant とよぶ．〔日本名〕房状に実がなるスグリという意味である．

1529. コマガタケスグリ 〔スグリ科〕

Ribes japonicum Maxim.

北海道，本州，四国の高山や林地に見られる落葉低木で，群生し，高さ 2 m 内外で，まばらに分枝する．葉には長い柄があって互生し，柄の基部には長い毛がある．ほぼ円形で，掌状に 5〜7 浅裂し，その外観はオガラバナ（ムクロジ科）を思い起こさせる．長さは 6〜8 cm．裂片は卵形披針形で．先端はゆるやかに尖り，ふちには欠刻状のきょ歯があり，厚質，表面の葉脈は落ち込み，裏面には短毛があって腺点をまじえ，独特の臭気を持っている．7 月に前年の枝の下部にある細短枝の端に穂のような総状花序を出して，やや下垂し多数の花をつける．花軸には細かい毛が密生している．花は直径 6 mm 内外．がく筒は卵球形，裂片 5 個は長楕円形で平開する．花弁もまた 5 個でがく裂片より短い．共に紅色を帯びた緑色である．時がたつと小球状の液果となり，果穂は垂れ下がり，熟せば赤黒色になる．〔日本名〕初めて木曽駒ヶ岳で採集されたのでその山の名がとられた．

1530. トガスグリ 〔スグリ科〕

Ribes sachalinense (F.Schmidt) Nakai

北海道から本州中部および四国の深山に産する落葉低木で，幹は地をはい，枝は立ち上がる．若枝にはごく細かい白色の曲がった毛があり，葉柄は長くて腺毛が散生し，托葉のふちには非常に長い腺毛が並んで生えている．葉は深く 5〜7 裂し，基部は心臓形，長さ幅共に 2〜9 cm，裂片は卵形で先は長く尖り，ふちに欠刻状のきょ歯があり，下面の脈上には腺毛が散生する．6 月に葉腋から総状花序を出し両性花を着ける．花は淡黄緑色で時に紫紅色を帯びる．花柄は細長く花軸と共に長い腺毛がある．がく筒はつぼ状で暗紫色の腺毛が密生し，裂片は 5 個，広い倒卵形で長さ約 2.5 mm．内側には小形の 5 花弁と 5 本の雄しべがある．液果はほぼ球形で長い腺毛があり，長さ 6〜9 mm，熟せば紅色になる．

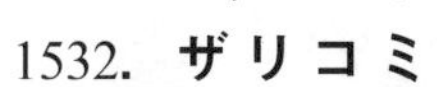

1531. ヤブサンザシ（キヒヨドリジョウゴ） 〔スグリ科〕

Ribes fasciculatum Siebold et Zucc.

本州，四国，九州の山野にまれに産する落葉低木で，群生し，枝は細長く，高さは 1 m 内外に達する．葉は互生で卵状楕円形，鋭く 3〜5 裂し，裂片には欠刻状のきょ歯があって基部は心臓形あるいは切形で，長さ幅ともに 2〜3 cm ぐらい，両面ともにほとんど無毛．葉柄は 2 cm 内外でかすかな毛がある．雌雄異株でその単性花は春に，新葉とともに腋生し，小形で黄緑色である．雌花は 2〜4 個がかたまってつき，がく筒は倒卵形，無毛，裂片は長卵形で花弁状，多くは平開あるいはやや背面へ反り返る．花弁は倒卵形，がく片よりはるかに短い．雄しべは 5 本，花弁とほぼ長さが等しい．雄花ではがく筒は杯形で，他は雌花とほとんど同じ．果実は球形で，枝上で多数が紅く熟する．直径は 5 mm 内外，食用には適しない．〔日本名〕藪サンザシの意味で，藪の中に生えてその果実がサンザシ（バラ科）のようなのでこう呼ぶ．キヒヨドリジョウゴは，赤い実がヒヨドリジョウゴ（ナス科）に似ているが，木本であるのでいう．

1532. ザリコミ 〔スグリ科〕

Ribes maximowiczianum Kom.

本州と四国の深山の林の下に生える落葉低木で高さ 1 m ぐらい，枝はやせて灰色である．葉は互生で，細長い葉柄があり，葉身は長さ 2 cm 内外，掌状に 3 つに鋭く裂け基部は広心臓形．裂片は披針状の卵形で尖り，中裂片は側裂片の倍近い長さがあって，どれにも欠刻状の重きょ歯があり，膜質，表面は平らで散毛がある．5 月に葉腋の短枝の端に傾斜する穂状の総状花序を出し，黄緑色の小花をつけ，雌雄異株．雄性の花序はやや長く 2 cm ばかり，がく片は 5 個，花弁より大きい．雄しべは 5 本，子房は下位．秋に赤い液果が熟し，球形で垂れ下がり，頭部にがく片が残っている．〔日本名〕ザリコミの「ざり」は砂利地の意味，「こみ」は恐らくグミの転じたもので，これはザリグミであろう．すなわち，礫地に生えるグミの意味であるらしい．グミはこの植物の赤い実をそれになぞらえたものであろう．

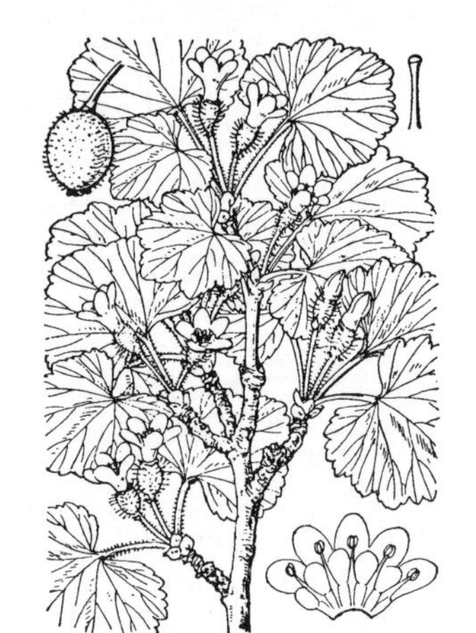

1533. ヤシャビシャク（テンバイ，テンノウメ）　〔スグリ科〕

Ribes ambiguum Maxim.

本州，四国，九州の深山の樹上に生える落葉の小低木で，茎は下部が時には横にねる．年をへて大きくなったものでは，高さ 1 m 内外にもおよび，幹の直径が 3 cm ほどになるものがある．葉には柄があって互生，あるいは短枝の端に群生し，円腎臓形で 3〜5，あるいは 7 つに浅く裂け，ふちには鈍いきょ歯がある．長さ幅ともに 3〜4 cm ぐらい，基部は心臓形で両面に軟毛が多い．葉柄は長さ 2〜3 cm ぐらいで軟毛が密生している．雌雄異株．夏に短枝の腋に 1〜3 個の柄のある花を着ける．花は単性で淡緑白色，外観はほぼウメの花に似ている．がくは筒状倒卵形体で子房に着生し，外面には腺毛が密生する．先端は 5 裂して花弁状となり，裂片は倒卵状長楕円形で長さは 7 mm ぐらいである．5 個の花弁は倒卵形で長さはがく片の半分．雄しべは 5 本で花弁と同じ長さ，内側を向いた葯をもっている．子房は下位で 1 室，花柱は柱状である．球形の液果には腺毛が密生し，熟してもなお緑色である．〔日本名〕夜叉柄杓の意味で果実の形に基づく名前であるといわれている．天梅，天の梅は花の形による．〔漢名〕蔦（不適当な名前で蔦はマツグミのような寄生植物の名である）．

1534. ユキノシタ　〔ユキノシタ科〕

Saxifraga stolonifera Curtis

半常緑多年生草本で，本州，四国，九州の湿った地上や岩上に自生するが，また庭園にも栽培される．全体は長い毛におおわれている．ほふく枝は紅紫色の糸状で長く地上を伸び，新しい株を作る．葉はロゼットにつき，長い葉柄があり，腎臓形で基部は心臓形，ふちはごく浅く裂け，低いきょ歯がある．上面は黒っぽい緑色で白っぽい脈があり，裏面は暗赤色である．花茎は高さ 20〜50 cm，下部には葉がついていることが多い．5〜7 月に茎の上部に多数の白花が円錐花序となって開く．花序には紅紫色の腺毛が密に生える．がくは 5 つに深く裂け，裂片は卵形．花弁は 5 個あって，上の 3 個は小さく，長さ 3 mm 位．卵形で短い柄があり，淡紅色で，濃い紅色の斑点がある．下の 2 個は上弁の 4〜5 倍の長さがあり，披針形で白色，垂れ下がる．雄しべは 10 本．花柱は 2 本．花盤は黄色．さく果は先端が 2 個のくちばし状である．ホシザキユキノシタ，アオユキノシタ，シロミャクアオユキノシタなどの品種がある．〔日本名〕雪の下は多分白い花が咲くのを雪にたとえ，その下に緑色の葉がちらちら見える形を表現して名づけたものであろう．〔漢名〕虎耳草．

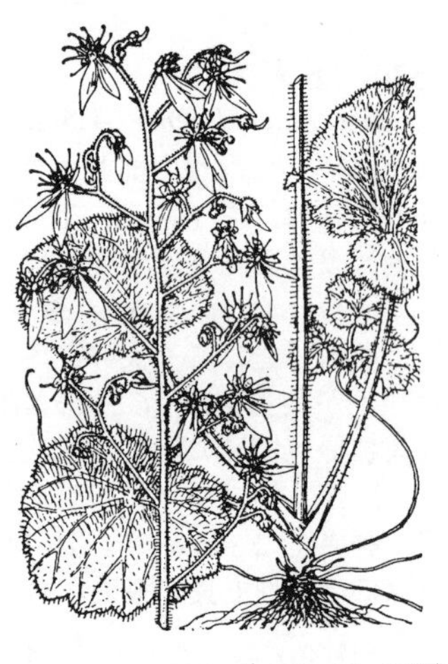

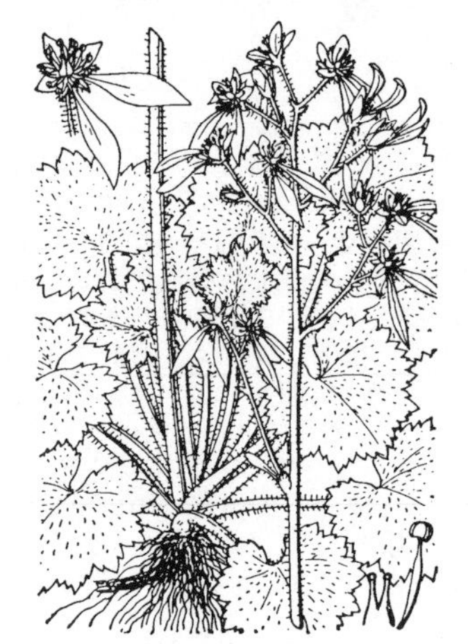

1535. ハルユキノシタ　〔ユキノシタ科〕

Saxifraga nipponica Makino

本州（関東，中部，近畿地方）の湿ったがけなどに生える多年生草本．秋の終わり頃葉が出て冬を越す．全体は白色の腺毛におおわれ，うす緑色で美しい．ほふく枝はないが，太い地下茎が横に走り，分枝する．多数の葉は根茎の上部から出て，長い葉柄があり，多肉で円形，あるいは円腎形，基部は心臓形で，ふちは掌状に浅く裂け，さらに重きょ歯がある．表面にはつやがあって，一見したところ毛がないように見える．5 月頃，葉の間から出る高さ 30 cm 内外の長い花茎の上部にやや一方に扁する円錐花序をつけ，白色の花を開く．花は径 8 mm 位，がくは 5 裂し，裂片は緑色針形で先端は尖る．花弁は 5 個，全部平開し，上方の花弁 3 個は卵形，円頭で基部は円く，短い爪がある．基部には黄色の点があり，下方の 2 個は倒披針形で上弁よりずっと長大で垂れ下がり，両端は次第に尖る．雄しべは 10 個，長さは上方の花弁より少し長い．花糸は扁平の糸状．先端に点状の葯がある．雌しべの花柱は 2 本，子房は緑色．果実は熟すると 2 つの尖った先端をもつ円錐状となり夏に開裂する．〔日本名〕春虎耳草はユキノシタに似ているが開花が早いことによる．

1536. ダイモンジソウ　〔ユキノシタ科〕

Saxifraga fortunei Hook.f. var. ***mutabilis*** (Koidz.) H.Nakai et H.Ohashi

各地の山地あるいは高山の湿気のある岩の上などに生える多年生草本．全体に毛のあるものとないものがあり，ほふく枝はない．葉は根生して長い柄があり，腎臓形またはほぼ円形，基部は心臓形，掌状に浅く裂け，ふちに欠刻状のきょ歯がある．葉の裏面は常に白色を帯びるが，また黒っぽい紫色のもの，あるいは両面暗紫色のものもある．夏から秋にかけて高さ 10〜30 cm の花茎を出し，まばらな円錐花序を出して白色の花を開く．がくは 5 つに深く裂け，裂片は卵形．花弁は 5 個，上の 3 個は小さく長楕円形で基部は細まり，下の 2 個は長く細い披針形で垂れ下がり，先端が尖らず，全体として「大」の字に似ているので大文字草の名がある．雄しべは 10 本，花柱 2 本．さく果は卵形体で先端に 2 個の突起がある．アカバナダイモンジソウ，ウチワダイモンジソウ，ナメラダイモンジソウ，ミヤマダイモンジソウ，イズノシマダイモンジソウなどの変種や品種がある．

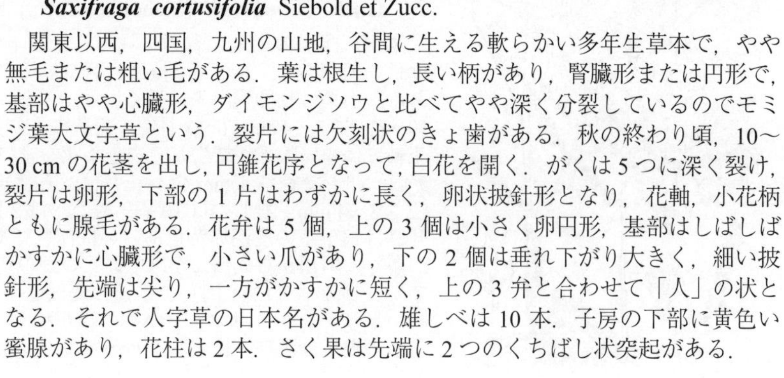

1537. ジンジソウ（モミジバダイモンジソウ）　〔ユキノシタ科〕

Saxifraga cortusifolia Siebold et Zucc.

関東以西，四国，九州の山地，谷間に生える軟らかい多年生草本で，やや無毛または粗い毛がある．葉は根生し，長い柄があり，腎臓形または円形で，基部はやや心臓形，ダイモンジソウと比べてやや深く分裂しているのでモミジ葉大文字草という．裂片には欠刻状のきょ歯がある．秋の終わり頃，10〜30 cm の花茎を出し，円錐花序となって，白花を開く．がくは 5 つに深く裂け，裂片は卵形，下部の 1 片はわずかに長く，卵状披針形となり，花軸，小花柄ともに腺毛がある．花弁は 5 個，上の 3 個は小さく卵円形，基部はしばしばかすかに心臓形で，小さい爪があり，下の 2 個は垂れ下がり大きく，細い披針形，先端は尖り，一方がかすかに短く，上の 3 弁と合わせて「人」の状となる．それで人字草の日本名がある．雄しべは 10 本．子房の下部に黄色い蜜腺があり，花柱は 2 本．さく果は先端に 2 つのくちばし状突起がある．

1538. モミジバセンダイソウ　〔ユキノシタ科〕

Saxifraga sendaica Maxim. f. ***laciniata*** (Nakai ex H.Hara) Ohwi ex Yonek.

四国，九州の深い山の岩上にまれに産する多年生草本．茎は直立し太く高さ 5〜10 cm，膜質さや状の葉に包まれている．茎の先には長い柄のある尋常葉を出し，卵円形で，基部はやや心臓形，先は鋭く尖り，ふちに粗いきょ歯があり，厚く，上面には初め少し毛があるが後ほとんど無毛となる．秋，茎の先から花茎を出し，平たい散房花序に白色の花をつける．花柄は細く，長さ 2〜10 mm，がく片は 5 個．長卵形で長さ約 4 mm ある．花弁は 5 個，白色披針形で，下側の 1〜2 個は他のものよりずっと長大になり，長さ 2 cm にも及ぶ．雄しべは 10 本，雌しべは 2 個の心皮からなる．基本種センダイソウ f. *sendaica* は，本品種よりまれで紀伊半島，四国，九州にまれに見られ，葉の裂け方が浅い．

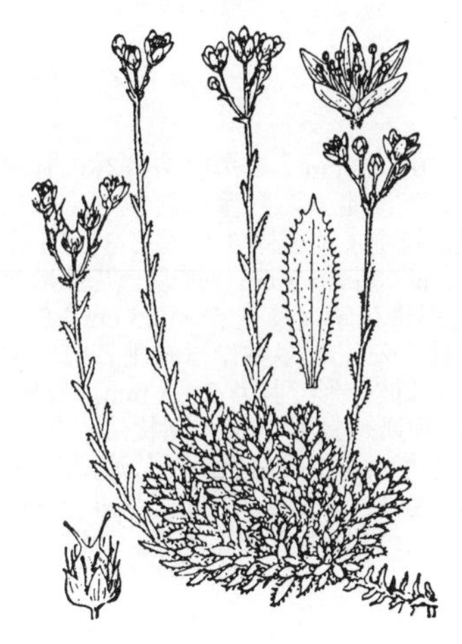

1539. シコタンソウ　〔ユキノシタ科〕

Saxifraga bronchialis L. subsp. ***funstonii*** (Small) Hultén var. ***rebunshirensis*** (Engl. et Irmsch.) H.Hara

中部以北の高山帯の岩のすき間などに生える小形の多年草で茎は多数かたまって出る．葉は密生し，披針状線形，先端は芒状に尖り，柄はなく，ふちに短く堅い毛があり，裏面はときどき黒っぽい紫色をおびる．長さ 5〜10 mm，幅 1〜2 mm 位．花茎は高さ 3〜10 cm で線形の茎葉を互生し，短い腺毛が散在する．7〜8 月頃，茎頂に集散花序を出して，数個の小花を開く．がくは 5 つに裂け，裂片は楕円形，先端はやや鋭い．花弁は 5 個，長さ 5〜7 mm 位，黄色を帯びた白色で，通常先端に近く紅色，下部に黄色の細かい点がある．雄しべは 10 本．花柱は 2 つに分かれる．さく果には 2 個のくちばし状突起がある．〔日本名〕色丹草の意味で，この草は初め色丹島から知られたので名づけられた．

1540. ムカゴユキノシタ　〔ユキノシタ科〕

Saxifraga cernua L.

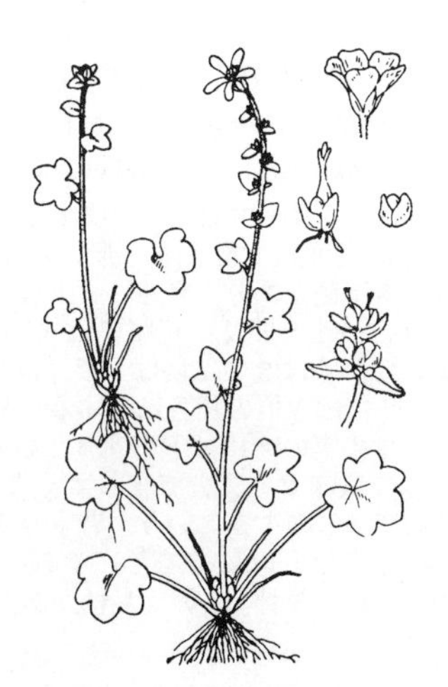

本州中部の高山，草本帯に生える小形の多年草．根生葉には長い柄があり，腎臓形で基部は心臓形，掌状に 5〜9 浅裂し，多肉質．茎は高さ 7〜17 cm，茎葉を互生し，茎と葉柄には軟らかい毛がある．茎葉は短い柄があるかまたは全くなく，5〜7 に浅く裂け，苞葉は卵形で分裂しない．花は通常茎頂に 1 個つき他の苞葉の腋には紅色の珠芽をつけるという特性がある．花柄には短い腺毛が密生し，はじめ点頭しているが，後に直立し，8 月頃に白色の花を開く．がくは 5 つに裂け，裂片は卵形．花弁は 5 個，倒卵形．雄しべは 10 本．花柱は 2 個ある．〔日本名〕零余子虎耳草の意味でムカゴは苞葉の腋につく珠芽に基づく．

1541. アカショウマ 〔ユキノシタ科〕

Astilbe thunbergii (Siebold et Zucc.) Miq. var. ***thunbergii***

本州，四国の山地に普通に見られる多年生草本で，太く短い根茎がある．葉は長い柄があり，3 回三出複葉，柄の基部や分かれ目に褐色の長い鱗片状の毛がある．小葉は長卵形，先は長く尖り，ふちには重複したきょ歯があり，長さ 4～10 cm，幅 2～4 cm．6～7 月頃，花茎の先に長さ 10～25 cm の複総状花序をつけ，花軸には短い腺毛が密生し，白色小花を密に開く．花は短い柄があり，がく片は 5 個，卵形で長さ 1 mm 位．花弁はへら状線形で先は鈍頭，基部は長く細まり，長さ 3～4 mm，雄しべは 10 個．雌しべは 2 個，さく果は下を向く．〔日本名〕赤升麻は地下茎の皮が赤黄色あるいは赤色であるためにいう．〔追記〕本種は変化が多く，本州から九州にかけていくつかの変種が知られている．また，次のトリアシショウマ（1544 図）を本種の変種とする意見もある．北海道や北陸地方に多いトリアシショウマより小葉の幅が狭く，基部は細まり，きょ歯はやや浅く，花序の横枝は再び分枝することが少なく，花序がまばらに見えるので区別する．

1542. シコクショウマ 〔ユキノシタ科〕

Astilbe shikokiana Nakai var. ***shikokiana***

四国に固有で低山地に見られる多年生草本．茎は高さ 50～100 cm，基部は赤褐色の絨毛で覆われる．根茎は太く，長く這う．根生葉は葉柄があり，基部は赤褐色の絨毛で覆われる．葉身は二回三出あるいは三回三出で，頂小葉は楕円形から卵形，先端部を除くと長さ 4～11 cm，幅 2.5～7.5 cm，鋭頭，基部は心臓形から楔形，縁は不規則な重鋸歯状．葉身の下面は主脈および側脈上に赤褐色の伏毛（長さ 3～4 mm），上面は細脈上に白色の直毛（長さ約 0.2 mm）が生える．7 月に長さ 10～30（～40）cm の円錐花序をつける．分枝しないか最下部のみ分枝し，花軸には短い腺毛が密生する．萼片は白色あるいは極く淡いオレンジ色，長さ約 1 mm．花弁は白色，幅の狭いへら状線形から線形，長さ約 3 mm，幅 0.5～0.7 mm．雄蕊は 10 本，長さ 1.5～2.5 mm，葯は裂開前は淡黄色．子房は中位．さく果は長さ約 3 mm.

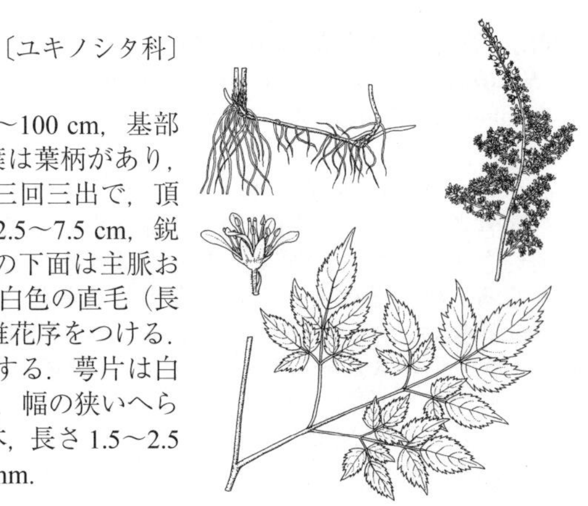

1543. ツシマアカショウマ 〔ユキノシタ科〕

Astilbe tsushimensis Kadota

長崎県対馬に固有の多年生草本で，高さは 50～80 cm となり，夏緑林の林縁に生える．根茎は肥厚し，径約 1.5 cm に達し，横走する．茎は斜上し，基部に暗褐色の毛状の鱗片がある．葉は草質で光沢はなく，2 回 3 出から 3 回 3 出複葉，小葉は卵形から狭卵形，長さ 7.5～14 cm，幅 4～8 cm，鋭頭，基部は浅い心形から楔形，粗い鋸歯縁で腺毛がある．円錐花序は長さ 5～19.5 cm，幅 3～15 cm，上部はわずかに垂れ，下半部は分枝する．花序軸には短毛と暗紫褐色の腺毛が混在する．花柄は長さ約 1 mm．苞は披針形で長さ 2～3 mm，有柄，花柄より長い．萼は長さ 1.5 mm，萼裂片は広楕円形，長さ 1 mm，瓦状に重なり，円頭，濃紫褐色の短腺毛がまばらに生える．花弁は 5 枚，白色，さじ形，鈍頭，長さ 5～7 mm，幅約 1 mm．雄蕊は 10 本，長さ約 3 mm．心皮は長さ約 2 mm，上部で合生する．アカショウマ類やトリアシショウマなどに比べて，花序がふくよかであることが特徴の一つである．

1544. トリアシショウマ 〔ユキノシタ科〕

Astilbe odontophylla Miq.

（*A. thunbergii* (Siebold et Zucc.) Miq. var. *congesta* H.Boissieu）

北海道，本州中北部の山地に生える多年生草本．高さ 60 cm 内外．葉は 2～3 回 3 出複葉，小葉は薄く卵形あるいは長卵形，先端は尾状に鋭く尖り，ふちには重きょ歯があり，長さ 3～10 cm 位，6～7 月の頃，茎の上に円錐花序を出して白色の小花を開く．花序には短い毛が密生し，下部の分枝は通常長く，花柄は短い．がくは 5 つに裂け，裂片は長卵形．5 個の花弁はへら状線形，がくより長く，時には 3 倍の長さに達する．雄しべは 10 本，がく片より長い．花柱は 2 個．花柄は果実の時には下を向き，さく果は先端が 2 つに分かれる．〔日本名〕鳥脚升麻の意味で，丈夫でまっすぐな茎を鳥の足にたとえ，草の形が升麻に似ているので，このようにいう．昔トリアシグサといったのは，サラシナショウマ（日本の学者は升麻にあてた）であって本種ではない．薬用にする升麻のよい品質のものに「鶏骨」という品種があるが，日本名トリアシはこれになぞらえたもの．

1545. チダケサシ 〔ユキノシタ科〕

Astilbe microphylla Knoll

本州，四国，九州のしめった山野に生える多年生草本で，高さ 50 cm 内外．葉は 2～3 回羽状複葉で，小葉は卵形，あるいは倒卵形で，鈍頭または鋭頭，ふちに不整の鋭きょ歯があり，長さ 1～4 cm 位，両面に毛が散在する．茎の下部と小葉柄の付着点などにも長い毛がある．7～8 月頃，上部に細長い円錐花序を出してうす紅色，あるいはほとんど白色の小花が集まってつき，花序には短い腺毛が密生する．各花の小花柄は大変短い．がくは 5 つに裂け，裂片は卵形．花弁は 5 個あって，へら状線形，がくの 3～4 倍の長さがある．雄しべ 10，花柱 2．〔日本名〕乳蕈刺の意味．長野県の山地に住む人々はチダケ（傷をつけると白色の乳液を分泌する食用キノコの名前）を取るとこの草の茎に刺し持ち帰ることに由来する．

1546. ヒトツバショウマ 〔ユキノシタ科〕

Astilbe simplicifolia Makino

富士山周辺山地の岩上に産する小形の多年草．根生葉は細い柄があり，卵形で先端は鋭く尖り，基部は心臓形，ときどき浅く 3～5 裂し，ふちに不整のきょ歯があり，長さ 2.5～8 cm，毛が散生し，上面に少し光沢がある．花茎は高さ 10～30 cm，茎葉は 1 個または 0．花序はまばらに枝を分け，長さ 5～20 cm，6～7 月に白い花を開く．花軸や花柄には腺毛があり，がくは長さ 1.5 mm 位で 5 つに深く裂ける．花弁は線形で鈍頭，基部は長く細まり，長さ約 2.5 mm．雄しべは 10 本で花弁とほぼ同じ長さであり，雌しべは 2 個ある．さく果は下へ向いて長さ 3～4 mm．この属は複葉をもつ種類が多いが，本種は単葉である点が特徴である．〔日本名〕一葉升麻．ヒトツバは複葉でないという意味で葉が 1 枚しか出ないのではない．

1547. アワモリショウマ（アワモリソウ） 〔ユキノシタ科〕

Astilbe japonica (C.Morren et Decne.) A.Gray

本州（近畿地方以西），四国，九州の山地や谷川の岩上に自生するが，またしばしば観賞植物として庭園に植えられる多年生草本．高さ 50 cm 内外．葉は 2～4 回三出複葉，小葉は披針形，先端は長く鋭く尖り，基部はくさび形，ふちに不整のきょ歯があり，堅くて光沢がある．初夏の頃，上部に円錐花序を出して，多数の白い小花をつける．花序には短い腺毛があり，花柄はがく片とほぼ同じ長さである．がくは 5 裂し，裂片は卵形で鈍頭．花弁は 5 個，へら形でおよそがく片の倍の長さがある．雄しべは 10 本．花柱は 2 本．さく果は先端が 2 つに裂ける．〔日本名〕泡盛升麻および泡盛草の意味で，白い泡が集まったような白色の花序を形容して名づけた．

1548. イワユキノシタ 〔ユキノシタ科〕

Tanakaea radicans Franch. et Sav.

東海地方や四国の深山岩上にまれに産する小形の常緑多年草．根茎は横にはい，長い糸状のつるを出し，小形の葉を互生し，先は地について新苗をつくる．葉は粗い毛の生えた長い柄があり，長卵形で基部はやや心臓形，ふちにきょ歯があり，長さ 2～8 cm，幅 1～5 cm，厚くて下面は紅紫色を帯び，粗い毛を散生する．5～6 月に高さ 12～20 cm の花茎を出し，円錐花序をつけ多くの白色小花を開く．がく片は普通 5 個，長卵形でやや尖り，長さ 1～1.5 mm あり，花弁はない．雌雄異株．雄花には長い 10 本の雄しべがあり，雌花には雄しべがなく，半ば以上癒合した 2 心皮からなる雌しべがある．〔日本名〕岩雪之下で生育地を示す名．

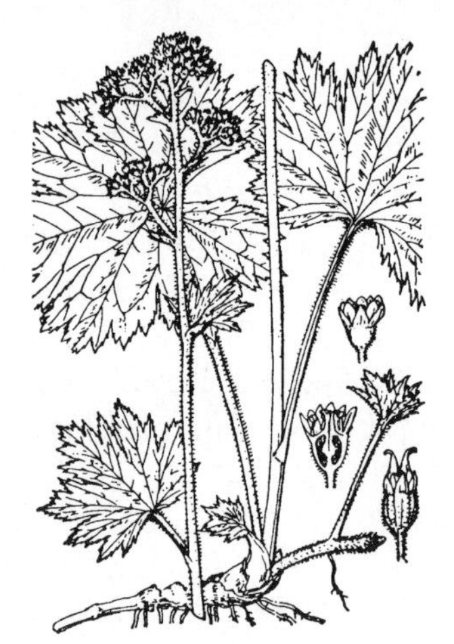

1549. アラシグサ　〔ユキノシタ科〕

Boykinia lycoctonifolia (Maxim.) Engl.

北海道，本州の中部および北部の高山の湿った草地に生える多年生草本．茎は高さ 20〜40 cm，根茎は横にはい，ほふく枝を出す．葉は長い柄があり，全体の形は円形で，掌状に鋭く裂け，不整の欠刻状のきょ歯がある．茎の下部や葉柄には褐色の毛があり，茎の上部と花序には短い腺毛が密生する．7〜8 月頃，茎の上に集散花序をつけ，黄緑色の小花を開く．がくは 5 つに裂け，裂片はやや三角形，長さ 2 mm 位，花弁も 5 個，へら形でがく片とほぼ同長．雄しべは 5 本．花柱は 2 個．さく果は半ばがくにくっつき，先端は 2 つに裂け，その頂は横に 1 本の縫線があって裂開し，内部に微細な種子がある．〔日本名〕暴風草の意味．それは初め，石川県白山で採集されたので，気象の変化のはげしい，よく荒れる高山に生えるところからこの名がある．

1550. ヤワタソウ（タキナショウマ）　〔ユキノシタ科〕

Peltoboykinia tellimoides (Maxim.) H.Hara

谷川のそばの木の下などに生える多年生草本で，本州北部および中部に産する．根茎は短く太く，ほふく枝はない．根生葉は大形でかなり長い柄があり，円い楯形，一般に 7 つに浅く裂け，不整の鋭きょ歯があり，細かい毛を散生する．茎の下部，および葉柄はやや無毛かまたは毛がある．6〜7 月頃に 50 cm 内外の茎を出し，普通 2 枚の葉を互生し，頂は集散花序となって，うす黄色の花をつける．茎葉は下部の葉では基部が楯状，上部の葉では心臓形．5 個の花弁はへら形，先端に少数の鋭い歯があり，がく片よりはるかに長く，長さ 15 mm 位．花が終わると落ちてしまう．雄しべ 5 本，花柱は 2 本．さく果は鐘形，先端は 2 つに裂け，長さ 15 mm 位．微細な種子にはとげ状の突起が並んでついている．〔日本名〕八幡草であろうが，何の意味かわからない．タキナショウマは多分滝菜升麻で滝菜は深い山のがけ地に生える菜という意味であろう．

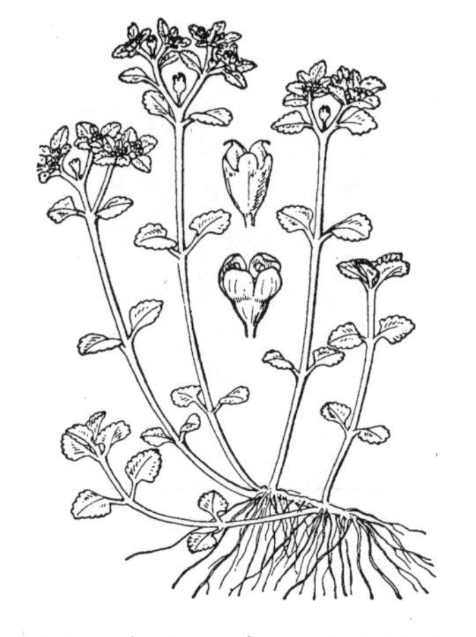

1551. ネコノメソウ　〔ユキノシタ科〕

Chrysosplenium grayanum Maxim.

各地の山中やふもとの湿った地に生える多年生草本で，全体はうす緑色．茎は横に伏し，節から根を下ろす．花茎は高さ 5〜20 cm，葉は対生し，葉柄があり，卵形で鈍きょ歯があり，長さ 5〜15 mm ある．花に近い葉は多くは特に黄色をおびる．3〜4 月頃，茎頂にうす黄色の小花が集まってつく．花は直径 2 mm 位．がく片は 4 個．やや四角形で先端は円く，直立し内側はくぼむ．花弁はない．雄しべは 4 本．がく片と対生し，それより短く，葯は黄色．花柱はごく短い．さく果は深く 2 つに裂け，裂片は不同，先端に 1 本の縫線がありネコの昼間の目（瞳孔）に似て細いので猫の目草という名ができた．これは，猫児眼睛草という漢名から思いつかれたのだが，この漢名の植物の正体はトウダイグサ科のトウダイグサである．種子は微小で，つるつるして褐色，顕微鏡で見ると小さい乳頭状の突起がある．

1552. ミヤマネコノメソウ（イワボタン，ヨツバユキノシタ）〔ユキノシタ科〕

Chrysosplenium macrostemon Maxim. var. ***macrostemon***

本州，四国，九州の山地谷川のふちなどに生える多年生小草本．茎は通常高さ 10〜20 cm 位．紫色を帯びる．葉は対生し，長い柄があり，下部およびほふく枝の先端の葉はしばしば大形となって，対生葉がはっきりしている，葉身は卵形あるいは広卵形，ふちに明らかなきょ歯があり，緑紫色で，一般に葉面によごれた白い斑がある．4 月頃，茎頂に枝を出し，淡黄緑色の小花を開く．花序の葉は細長い．がく片は 4 個，卵形でほぼ平開し，花弁はない．雄しべは 8 本，がく片より長く，花の上に超出し，葯は黄色または黒紫色で黄色の花粉を出す．さく果は深く 2 裂し，種子は縦に 10 数本の稜線があり，その上にいぼ状の突起が並んでいる．〔日本名〕深山猫眼草の意味．岩牡丹は枝の葉が大形でボタンの花のようであることに基づき，四葉雪の下は同じくその葉が対生ししかも接近して 4 葉が著しく見えることに基づく．〔追記〕種としては東北地方から九州南部まで分布し，いくつかの変種が知られている．

1553. ハナネコノメ 〔ユキノシタ科〕

Chrysosplenium album Maxim. var. ***stamineum*** (Franch.) H.Hara

主として関東及び中部の山間の谷川のふちに生える多年生草本．花茎は高さ 5 cm 内外，直立して頂端部に花序があるが，その他の茎は花が終わってから根の近くから出て，四方にはって伸長する．いずれも黒っぽい紫色を帯び細くて水分を多く含み，軟らかく，白色の縮れた毛がある．葉は小形で葉柄があり，一般に対生であるが時に互生もまじり卵円形，長さ 5～8 mm，少数の鈍きょ歯があって，黒っぽい緑色．花序は頂生し 2～3 個の花がまばらにつき早春の頃開く．花弁はない．がく片は白色で 4 個．直立し，鐘状に開き，長さ 5 mm 位．長倒卵形で先端は鈍形，縦の脈がはっきり見える．雄しべは 8 個，花糸は細長く直立し，がく片より超出し，葯は紫黒色の点状であるから，白いがく片との対照が著しい．雌しべは 1 個，花柱は 2 つに分かれ，高さは雄しべと同じ．さく果は互いに広がった両角状となり，腹側の縫線にそって縦に裂ける．種子は微小，ルーペで見ると縦の脈があり，脈上に乳頭状の突起がある．〔日本名〕花猫の眼は花の白さが特に著しく感じられることによる．〔追記〕シロバナネコノメソウ var. *album* は西日本に分布し，がく片の先がとがる．

1554. コガネネコノメソウ 〔ユキノシタ科〕

Chrysosplenium pilosum Maxim. var. ***sphaerospermum*** (Maxim.) H.Hara

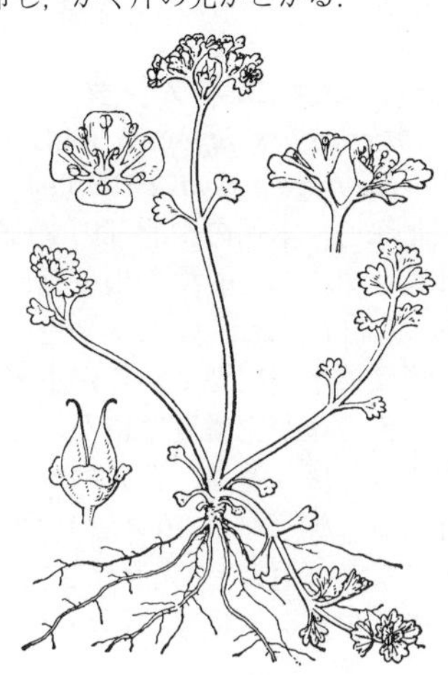

本州，四国，九州の山地や谷川のへりに生える多年生の小草本．白く軟らかい毛がある．花茎は 3～10 cm，1 対の扇形，鈍きょ歯のある小さい葉をつけ，頂部に集散花序となって小形の黄色花が密に集まる．根元から側枝を出し，花が終わってから伸びて横に広がり，腎臓円形で円いきょ歯のある葉を対生する．早春に開花し，がく片は 4 個，円くて立ち，鮮やかな黄色，花弁状で長さ 2～3 mm，花がすむと緑色になる．雄しべは 8 本，がく片より少し短く，葯は鮮やかな黄色．さく果には不同の 2 つの角があり，微細な種子は卵球形，縦に 10 数本の稜があり，その上に小さい乳頭状の突起が並んでいる．〔日本名〕黄金色の花を開くネコノメソウの意味である．〔追記〕東日本のものは全体大形となり，変種オオコガネネコノメ var. *fulvum* (A.Terracc.) H.Hara として区別されることもある．

1555. ヤマネコノメソウ 〔ユキノシタ科〕

Chrysosplenium japonicum (Maxim.) Makino

各地の人家附近の日かげ，あるいは石垣の間などに生える多年生草本．全体に長い毛が散生し，うす緑色，著しく液汁に富み，もろい．根元に長さ 2～3 mm のよごれた紫色の肉芽をつける特性があり，ほふく枝はない．3～4 枚の根生葉は円形，基部は心臓形，長い柄があり，ふちに低い鈍きょ歯がある．茎は高さ 10～15 cm．3～4 の鋭い稜があり，小形の葉を 2～3 枚互生する．早春に茎の先に集散花序をつくり，花弁のない細かい緑色の花を開く．花の下に倒卵形あるいは卵円形の葉状の苞葉がある．がく片は 4 個，広卵形，先端は鈍形，開出して緑色．雄しべは 8 本で花糸は短い．2 個の花柱は平板状の子房上壁に互に反り返って立つ．さく果は初め 2 角状であるが，5 月頃開裂し，低く平らな 4 個の小片が開いて，杯状となり，径 5 mm に達し，底に暗褐色の小さい種子を現わす．種子は楕円体，片側に肋があり，ルーペでみると全面に微小の毛がある．日本では本属の種類は多いが，ほとんど対生葉で，互生の種類は少ない．

1556. ツルネコノメソウ 〔ユキノシタ科〕

Chrysosplenium flagelliferum F.Schmidt

北海道，本州中部地方以北と近畿地方北部，四国に産する多年生草本で，谷川の岸や湿った岩の上に生え，花茎は高さ 5～15 cm ある．茎葉は互生し，長い柄があり，小形で倒卵形あるいはやや円形，上半に深い少数の鈍い歯がある．ほふく枝は細長く，先端は地面について根を下ろす．根生葉には長い柄があり，円形で基部は心臓形，ふちに鈍い歯があり毛が散生して大形になる．4～5 月頃に茎の頂が枝分かれして，淡黄緑色の小花を開く．がく片は 4 個，卵形で平開し，花弁はない．雄しべは 8 本でがく片より短く，葯は黄色い．さく果は浅く 2 つに裂け，種子はつるつるしているが，顕微鏡の下では微細な乳頭状の突起がある．〔日本名〕蔓猫眼草は，ほふく枝が長く伸びるのでいう．

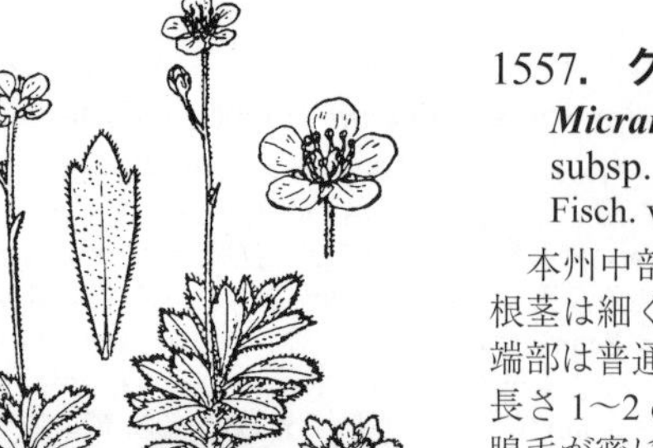

1557. クモマグサ　〔ユキノシタ科〕

Micranthes merkii (Fisch. ex Sternb.) Elven et D.F.Murray subsp. ***idsuroei*** (Franch. et Sav.) Tkach（*Saxifraga merkii* Fisch. var. *idsuroei* (Franch. et Sav.) Engl. ex Matsum.）

本州中部の高山の岩礫地に生える小さい多年草で，高さは普通 10 cm 以内．根茎は細く，横にはう．葉はかたまってつき，へら形あるいはくさび形で，先端部は普通 3 つの切れ込みがあり，柄はほとんどない．上面と縁に毛が散生し，長さ 1〜2 cm 位．7〜8 月頃に花茎を出し，1〜3 個の花をつける．花茎には短い腺毛が密に生え，苞葉は小さく長楕円形．がくは 5 つに裂け，裂片は卵円形．5 個の花弁は白色，広い卵形，短い花爪があり，長さ 4〜5 mm．雄しべは 10 本で花弁より短く，花柱は 2 本．さく果は先端が 2 つに裂ける．〔日本名〕雲間草は時々雲が往来する高山に生えるので，この名がある．亜種の形容語 *idsuroei* は伊藤圭介の子息伊藤謙（ゆずる）の名をとったものである．〔追記〕北海道の高山には，葉に切れこみのほとんどないチシマクモマグサ subsp. *merkii* を産する．

1558. フキユキノシタ　〔ユキノシタ科〕

Micranthes japonica (H.Boissieu) S.Akiyama et H.Ohba（*Saxifraga japonica* H.Boissieu）

北海道，本州の中北部の深山の谷川べりに生える緑色の多年生草本，茎は高さ 20〜60 cm 位．根生葉には長い葉柄があり，腎臓形，あるいは広卵形，基部は心臓形，ふちにやや三角状の粗いきょ歯がある．茎葉は数個あって形は根生葉に似ているが小形である．夏に直立する長い茎を出し，多数の白色の花が円錐花序になってつく．がくは 5 つに裂け，裂片は卵形，花がすむと反り返る．花弁は 5 個，長楕円形で基部は細まり，長さ 3 mm 内外ある．雄しべは 10 本，花弁よりも長く，花柱は 2 つに分かれる．さく果はなかば癒合し，先端は 2 裂，くちばし状に外側へ反っている．〔日本名〕フキユキノシタは葉の形がフキ（キク科）に似ていることによる．

1559. クロクモソウ（イワブキ）　〔ユキノシタ科〕

Micranthes fusca (Maxim.) S.Akiyama et H.Ohba var. ***kikubuki*** (Ohwi) S.Akiyama et H.Ohba（*Saxifraga fusca* Maxim. var. *kikubuki* Ohwi）

本州中部，四国の高山または深い山の谷川のふちなど湿った地に生える多年生草本．根生葉はかたまってつき，長い柄があり，腎臓形，あるいはほぼ円形で，基部は心臓形，縁にごく粗い切れ込みがあり，多肉質で毛はない．7〜8 月の頃，高さ 15〜30 cm の花茎を伸ばし，頂上に円錐花序を出して暗紅紫色の花をつける．花茎には縮れた毛があり，茎葉はない．がくは 5 つに裂け，裂片は卵形．花弁は 5 個，長楕円形で頭部は円みを帯び，末端は凹み，長さ 2 mm 位．雄しべは 10 本，花弁よりずっと短い．花柱は 2 個．北海道，本州北部には花柄が糸状に長く，花の色が緑褐色の 1 変種を産し，エゾクロクモソウ var. *fusca* という．〔日本名〕黒雲草は，その花の色に基づいていい，岩ブキはこの植物が岩地に生え，葉がフキに似ているのでいう．

1560. クモマユキノシタ（ヒメヤマハナソウ）　〔ユキノシタ科〕

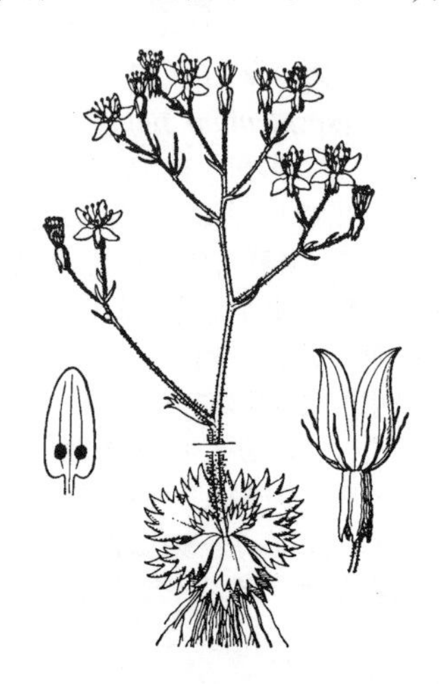

Micranthes laciniata (Nakai et Takeda) S.Akiyama et H.Ohba（*Saxifraga laciniata* Nakai et Takeda）

北海道，樺太，朝鮮半島の高山にまれに見られる小形の多年草．葉は地表に横に開いてロゼットを作り，長倒卵形，下半部は長くくさび状に細まり，上部には 5〜11 個の深く鋭いきょ歯があり，長さ 1〜3 cm，幅 5〜10 mm，肉質でふちに長い腺毛がある．時に地中に糸状のほふく枝を出す．夏に高さ 4〜10 cm の花茎を出し，ややまばらな散房花序となって白色の花をつける．花茎や花柄には腺毛が多い．がくは 5 裂し，裂片は長楕円形で長さ 2〜3 mm，花が開くと下へ反り返る．花弁は 5 個，長楕円形で長さ 5〜6 mm，白色で下部に 2 つの黄色い斑点があり，雄しべは 10 本．さく果は長さ 5〜7 mm，2 心皮は下半分がくっつき合っている．〔日本名〕雲間雪之下で雲の去来する高山に生えるからで，姫山端草は小形のヤマハナソウの意味．

1561. ヤマハナソウ　〔ユキノシタ科〕

Micranthes sachalinensis (F.Schmidt) S.Akiyama et H.Ohba
（*Saxifraga sachalinensis* F.Schmidt）

北海道，樺太，千島の高山，あるいは谷川べりの岩上などに生える多年生草本．葉はかたまってつき，卵形，基部は狭くなって柄となり，ふちに不整のきょ歯があり，両面とも軟らかい毛でおおわれ，裏面はときどき黒っぽい紫色を帯びる．長さ 2～8 cm 位．6～7 月頃，葉心から 10～40 cm の花茎を出し，円錐花序となって多数の白色小花をつける．花茎，花柄には短い腺毛を密生する．がくは 5 つに深く裂け，裂片は長卵形，花がすむと反り返る．5 個の花弁は長卵形，基部は急に細まって短い爪となり，下部には黄の斑点があり，長さ 4 mm 内外．雄しべは 10 本．花糸は上部が扁平になり，倒披針形，葯はアンズ色である．雌しべは 2 個，さく果は深く 2 つに分かれる．〔日本名〕山端草．北海道札幌の附近に山端（ヤマハナ）という場所があって，本種は初めてそこで採集されたので名づけられた．

1562. ズダヤクシュ　〔ユキノシタ科〕

Tiarella polyphylla D.Don

北海道，本州（近畿地方以東），四国などの亜高山帯の林の下に生える多年生草本．根生葉はややチャルメルソウに似て，3～5 に浅く裂け，不整のきょ歯があり，腺毛がある．花茎は高さ 10～25 cm 位，2～4 枚の柄のある葉を互生する．6～7 月頃に頂上に総状花序をつくって白色の小花をつける．がく片は 5 個，広い披針形で白色．長さ 2 mm 位．花柄にも花茎にも微小な腺毛がある．花弁は線形で目立たない．雄しべは 10 本で，がく片より長い．さく果の 2 枚の心皮は大小があり，一方は 1 cm 位．他方はその半分位の長さである．〔日本名〕喘息薬種という意味である．長野県ではぜんそくをズダというが，この植物がぜんそくによく効くというので名づけられた．

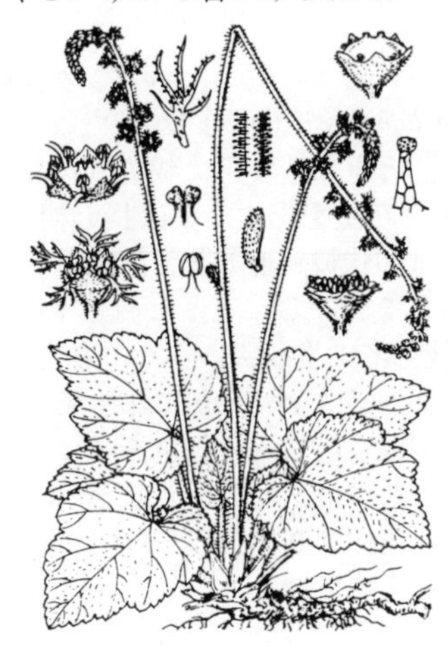

1563. シコクチャルメルソウ　〔ユキノシタ科〕

Mitella stylosa H.Boissieu var. ***makinoi*** (H.Hara) Wakab.

四国および九州の谷川近くの湿った場所に生育する多年草．根茎は斜めに立ち，走出枝を出さない．葉は根生し，葉柄および葉両面に長毛が密生し，さらに葉柄および葉裏面には腺毛が散生する．基部に膜質で無毛の托葉があり，葉身基部は心形，広卵形で浅く 5～7 裂し先端はとがり，表面は濃緑色でふつう不規則に淡い斑が入り，裏面は赤みがさす．花は春，高さ 25 cm 内外の数本の花茎が立ち，上部にまばらに暗紅色の花をつける．花は径 7～8 mm．萼筒は釣鐘型で萼裂片は直立する．花弁は 5 枚で羽状に 5 裂する．5 本の雄しべは花弁と対生する．花後上向きに裂開するさく果をつける．種子は褐色で表面には突起がある．〔日本名〕四国チャルメルソウ．果実の開いた形をラッパに似た中国楽器チャルメラにたとえていう．〔追記〕本州には本種の変種であるタキミチャルメルソウ var. *stylosa* のほか，次種コチャルメルソウやチャルメルソウ *M. furusei* Ohwi var. *subramosa* Wakab. などが分布する．

1564. コチャルメルソウ　〔ユキノシタ科〕

Mitella pauciflora Rosend.

本州，四国，九州の山地や谷川附近の湿地に生える多年生小草本で，花後走出枝を出して繁殖する．根生葉は長い柄があり，葉柄および葉両面に長毛が生え，さらに葉柄および葉裏面には腺毛が散生する．葉身は心臓状円形で幅 2.5～7 cm，幅も長さもほぼ同じ，基部は深い心臓形，ふちは浅く裂け，さらに不整のきょ歯がある．4～5 月頃，高さ 8～18 cm 位の花茎を出し，少数の花をつける．がくは 5 つに裂け，裂片はほぼ三角形で開出する．花弁は 5 個，淡黄緑色で羽状に細かく裂け，裂片は線形で普通 7～9 個ある．雄しべは 5 本，花弁と対生し，ごく短く，花糸は花盤につく．子房はがくに付着し，花柱は 2 個で分枝せず短い．種子は緑褐色～褐色で表面に突起はない．〔日本名〕小チャルメルソウである．〔追記〕本州にはやや背が高く，前図のシコクチャルメルソウに似て走出枝を出さないチャルメルソウ *M. furusei* Ohwi var. *subramosa* Wakab. も分布する．

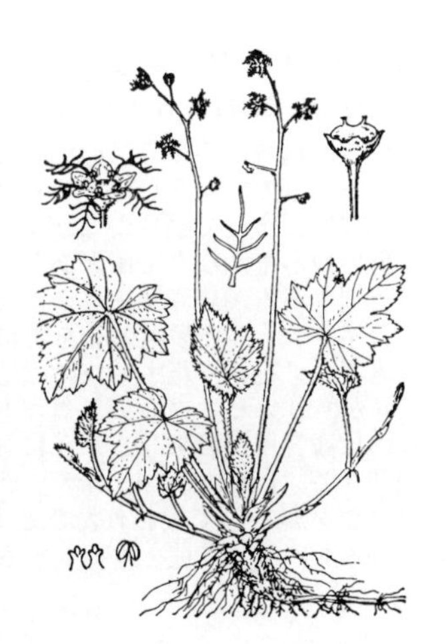

1565. モミジチャルメルソウ　〔ユキノシタ科〕

Mitella acerina Makino

福井県から京都府にかけての日本海側山地の渓流沿いに生える雌雄異株の多年草．根茎は斜上し，あるいは走出枝を出して横に這い，長さが 15～30 cm の長い柄のある葉を束生する．葉身は広卵形または卵円形で，長さ 4～10 cm，幅 4～9 cm，掌状に 5～7 裂し，基部は深い心形で，表面のみに毛を散生するほかは無毛である．4～5 月に開花し，20～40cm に伸びた長い花茎の先に総状に小さな花を多数つける．花は 5 数性を示す．萼は基部で子房と合着して浅い倒円錐形の萼筒を形成し，先は 5 裂する．花弁は 5 個で，ときに紅紫色を帯び，平開して羽状に 3～5 裂し，裂片は針状線形となる．雄花では，花粉を形成する雄蕊が 5 個，花弁と対生し，直立した 2 個の花柱を残す．一方雌花では，花柱が 2 個直立し，その周りに花粉を形成しない退化的雄蕊が 5 個配置する．〔日本名〕葉がモミジに似ることによる．

1566. ヤグルマソウ　〔ユキノシタ科〕

Rodgersia podophylla A.Gray

北海道，本州の深い山に生える大形の多年生草本で高さ 1 m 内外．葉は大きいものは直径 50 cm にも達し，おおむね掌状五出複葉，長い柄がある．小葉は倒卵状くさび形，先端は 3～5 裂し，裂片は先端が尾状に鋭く尖り，ふちには不整のきょ歯がある．全体に微毛が散布し，托葉は膜質で，ふちは鱗片状に細かく裂ける．茎の上部の葉は短い柄があって掌状三出複葉である．6～7 月頃，上部に多数の小花からなる集散状の円錐花序をつける．花序には短い縮れた毛が密生する．がくは 5 つに深裂し，裂片は長卵形，鋭頭，白色で，長さ 3 mm 位．花弁はない．雄しべは 10 本あり，がく片よりやや長い．花柱 2 個，さく果は楕円体で，先端に平開した宿存の花柱をつけている．〔日本名〕矢車草は葉の形が端午の節句の時，鯉のぼりに添える矢車に似ているので名づけられた．〔漢名〕鬼燈檠．恐らく不適当であろう．

1567. イワヤツデ（タンチョウソウ）　〔ユキノシタ科〕

Mukdenia rossii (Oliv.) Koidz.（*Aceriphyllum rossii* (Oliv.) Engl.）

朝鮮半島，中国東北部に自生する多年草で，ときに観賞用に栽培される．横に伏した太い根茎があり，春に新しい葉と花茎を出す．葉は長い柄があり，円心形で掌状に 5～11 中裂し，裂片は卵状披針形できょ歯があり，やや厚くつるつるして，下面は黒っぽい紫色を帯びる．花茎は高さ 10～30 cm，ごく細かい腺毛を密生し，先は分枝して，集散状に多くの白花を密につけ，花枝の先は初め外側に巻いている．がくは 5～6 に深く裂け，裂片は狭い披針形で長さ約 5 mm，白色花弁状で，時にうす紅色を帯びる．花弁は 5～6 個，白色でがくより短く長さ約 3～5 mm．雄しべも 5～6 本で花弁より短く，葯は初めは黒っぽい紅色．花柱は 2 本．〔日本名〕岩八手は岩地に生え，葉の形がヤツデに似ている意味である．

1568. ヒマラヤユキノシタ　〔ユキノシタ科〕

Bergenia stracheyi (Hook.f. et Thomson) Engl.

ヒマラヤ地域の原産で，同山系では標高 4,000 m 以上にまで分布する．大形常緑の多年草で，大きな株をつくり根生葉はロゼット状になる．葉身は倒卵形で，基部は細まって柄につながる．葉の長さ 20～30 cm，質は軟らかく，ふちには低いゆるやかなきょ歯があり，さらに長い毛（縁毛）がある．表面は濃緑色で光沢がある．早春から夏にかけて，太い花茎を株の中心から出し，大きな円錐花序をつくって多数の花を密につける．花茎の高さは 30 cm にもなり，葉よりも高い．花茎や花序の枝には毛が多い．花は径 2～3 cm の深いカップ状で 5 花弁があり，ピンクないし紅紫色をしている．緑色のがく片には毛が多い．日本へは観賞用に渡来し，寒さに強いため東北地方以南で屋外で栽培され，よく開花する．〔日本名〕ヒマラヤ産のユキノシタの意で，この植物はかつてはユキノシタ属として扱われたこともある．〔追記〕現在日本でこの名で栽培されているものは，本種を片親とする交配種であることが多い．

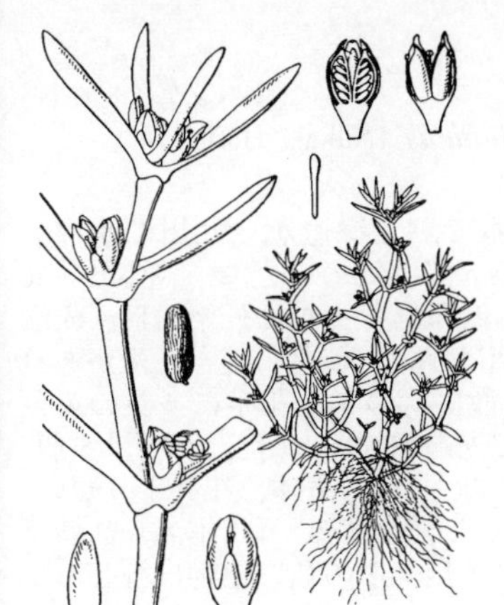

1569. アズマツメクサ 〔ベンケイソウ科〕

Tillaea aquatica L.（*Crassula aquatica* (L.) Schönl.）

北海道や本州の湿地に生える一年生小草本で高さ 2〜6 cm．茎は単一あるいは分枝し，うす緑色で下部はしばしば紅色を帯びる．葉は対生し，線状披針形，先端は尖り，葉柄はなく，対生する 2 枚の葉の底部が連結し，やや多肉で長さ 3〜7 mm 位．5〜6 月の頃，葉腋に白色の小花をつける．花は左右の葉腋に交互に 1 個ずつつき，柄はなく長さ約 1.5 mm である．がくは深く 4 裂する．花弁は 4 個あり，卵形，完全には開かない．雄しべも 4 本，花弁と互生し，これより短い．子房の下にある鱗片は 4 個，線形で短い．子房は 4 個，分生し，長楕円体，花柱は非常に短い．果実は袋果で腹側の縫線から裂開し，中に 10 個の種子がある．〔日本名〕東爪草の意味で，全体はツメクサ（ナデシコ科）に似ている上に，関東地方で初めて見つけられたのでこの名前がある．

1570. リュウキュウベンケイ 〔ベンケイソウ科〕

Kalanchoe spathulata DC.

与論島，沖縄本島，伊江島，宮古島の岩れき地や岩上に生える多年草．中国，東南アジア，インドからアフリカ，南アメリカ（ブラジル）にかけて広く分布している．茎は斜上または直立し，高さ 30〜160 cm で，ふつう分枝しない．葉は対生し，長楕円形で基部が細まって柄状となり，上部の葉は線形，中ほどの葉はときに三出葉となる．鋭頭または鈍頭，長さ 5〜20 cm，多肉質，ふちには鈍きょ歯がある．冬から早春に集散花序を頂生し，上向きの黄色い花を多数つける．がく片はほぼ完全に離生し，長三角形ないし披針形で，長さ 4〜10 mm，4 個．花冠は高杯形，黄色または橙黄色で基部は緑色をおび，花筒はやや四角形でいくらかつぼ状となり，長さ 15 mm くらい．裂片は 4 つで平開し，卵状楕円形，鋭尖頭，筒部より短い．雄しべは 8 個．2 輪で花冠の中ほど（花筒上部）につき，長さ 1 mm くらいで短い．雌しべは 4 個の心皮からなり，直立する．花柱は約 3 mm で子房よりやや短い．種子は褐色で楕円体，長さ 0.8 mm くらい，縦の隆条がある．〔日本名〕琉球弁慶．

1571. トウロウソウ（セイロンベンケイ） 〔ベンケイソウ科〕

Bryophyllum pinnatum (L.f.) Oken（*Kalanchoe pinnata* (Lam.) Pers.）

熱帯アフリカ原産と推定される多年草で，世界の熱帯に広く分布するが，日本では南西諸島，小笠原に帰化し，日当たりのよい岩上，岩れき地に生える．また観賞用・薬用に温室で栽培もされている．茎は直立し，高さ 1〜2 m にまでなることがあり，木化するが，あまり分枝しない．葉は対生し，単葉ときに一部羽状複葉となり，単葉には柄がある．葉身は楕円形で鈍頭，長さ 5〜10 cm，多肉質．ふちには鈍きょ歯があり，むかごを生じることがある．冬から早春に円錐花序をつけ，鐘形の花を下向きにつける．がくは紙質，円筒形，紅色をおびた黄色で，長さ 3〜4 cm．三角形に裂ける．花筒は淡緑色または黄色で，基部は赤味をおび，先端が 4 つに裂ける．長さおよそ 2〜4 cm．8 個のひだがある．裂片は卵状披針形で先端は尖り，花時には反り返る．雄しべは 8 本，花筒と同じくらいの長さで，花筒の基部につく．雌しべは緑色で 4 個の心皮からなり，直立する．花柱は子房より長く約 3 cm．〔日本名〕灯籠草．花を灯籠に見立てたもの．

1572. エゾノキリンソウ 〔ベンケイソウ科〕

Phedimus kamtschaticus (Fisch.) 't Hart（*Sedum kamtschaticum* Fisch.）

北海道，千島・カムチャツカに分布し，岩れき地に生える多年草．根茎は肥厚せず，細くよく分枝して地表をはい，地下には走出枝がある．根茎からは多数の花茎が出て，長さ 5〜10 cm，下半分は地表をはい，上方は斜上する．葉は互生し，倒披針形，鋭頭ないし鈍頭で，長さ 1〜2 cm，基部はくさび形で，ふちには欠刻状のきょ歯があり，ふつう深緑色，肉質．7 月に茎の先端に散房状の集散花序をつけ，黄色の花を咲かせる．花は 5 数性，雄しべは 10 本で，裂開直前の葯は赤色．心皮は 5 個で，果時には腹側が著しくふくらんで水平に開くため，星形に見える．本種はしばしばキリンソウと同種とされてきたが，根茎が肥厚せず地表をはう点，葉にはっきりした切れ込みがある点で明確に区別される．〔日本名〕蝦夷の麒麟草．北海道に産する麒麟草の意．

1573. キリンソウ　〔ベンケイソウ科〕

Phedimus aizoon (L.) 't Hart var. ***floribundus*** (Nakai) H.Ohba
（*Sedum kamtschaticum* auct. non Fisch.）

山地の岩の上などに生える多年生草本で，北海道から九州にかけて分布する．太い根茎から茎を群生し茎の下部は斜めに立ち，高さ 5〜30 cm，円柱形で緑色．葉は一般に互生し，倒卵形，または長楕円形，先端はやや円く，底部はくさび形でほとんど柄はない．ふちに鈍きょ歯があって緑色．肉質，6 月に茎の先端に平らな散房状の集散花序に多数の黄色花をつける．がく片は 5 個，披針状線形で先端は鈍く，緑色．花弁は 5 個，披針形で先端は鋭く尖り，長さ 5 mm 位．雄しべは 10 本，花弁より短い．雌しべは 5 個．袋果は 5 個あって星状に並び開裂する．〔日本名〕麒麟草は何の意味であるか不明．〔漢名〕費菜は誤用．この名の植物はむしろホソバノキリンソウの一型と思われる．

1574. ホソバノキリンソウ　〔ベンケイソウ科〕

Phedimus aizoon (L.) 't Hart var. ***aizoon***（*Sedum aizoon* L.）

北海道および本州の山地の草原の中に生える多年生草本．茎は普通群生せず円柱形で直立し，高さ 40 cm 内外，上部は淡緑色で基部は褐色．葉は互生し，披針形あるいは倒卵状披針形，鋭頭または鈍頭，底部はくさび形となり，ふちにはキリンソウと比べて尖ったきょ歯があり，緑色で肉質．7 月頃，茎の先端に平らな散房状集散花序を出して，多数の黄色の花を密につける．緑色のがく片は 5 個，披針状線形で先端は鈍い．花弁も 5 個．披針形で先端は鋭く尖り，長さ 6 mm 位．雄しべは 10 本．花弁より短い．雌しべは 5 個，果実は袋果で 5 個ある．キリンソウに比較すると，花が密に咲き，葉は狭く，きょ歯が尖っているので区別される．〔日本名〕細葉の麒麟草．

1575. ヒメキリンソウ　〔ベンケイソウ科〕

Phedimus sikokianus (Maxim.) 't Hart（*Sedum sikokianum* Maxim.）

四国の山地に産し，岩れき地に生える多年草．根茎は短く，花茎は直立し，高さ 8 cm 内外．葉は対生し，数は少なく 3〜4 対，広倒披針形ないし倒卵形，鈍頭で，長さ 1〜1.5 cm，基部はしだいに細まり，ふちの上半分には波状のきょ歯がある．7 月に茎の先端に花数 10 個以下の小形の集散花序をつけ，黄色の花を咲かせる．花は 5 数性で，がく裂片は線形．花弁は線状披針形で先端は鋭く尖り，長さ約 8 mm．雄しべは 10 本で，裂開直前の葯は赤橙色．心皮は 5 個で果時には広く開出する．本種はキリンソウと同種とされてきたが，花茎の長さ，葉がつねに対生する点，花序が小形である点で明らかに区別される．またキリンソウやホソバノキリンソウの幼苗は，葉が対生するためヒメキリンソウに似るが，花序をつけず，葉の形が楕円形または卵形であることから区別できる．〔日本名〕姫麒麟草．小形の麒麟草の意．

1576. イワベンケイ　〔ベンケイソウ科〕

Rhodiola rosea L.（*Sedum rosea* (L.) Scop.）

北海道の海岸および高山，本州中北部の高山の岩地に生えている多年生草本．根茎は短くて太く，多数の鱗片に被われる．茎はかたまって立ち，高さ 30 cm 内外，多数集まって球状の集団となることがある．葉も茎も著しく白っぽい．葉は茎の上に多数重なり合って互生し開出し，倒卵状楕円形で長さ 2 cm 内外，扁平，多肉，上半は表面がくぼんで曲がり，先端は鋭頭あるいはやや鈍頭で上半部に鈍きょ歯があり，表面は平らで，脈は外面に現れない．茎の上端部では葉はあたかも苞葉のように見える．7 月に茎頂に密集した集散花序をつけ，上面は平らな球状でうす黄色の花を開く．雌雄異株．花弁は細く 4〜5．雄花では平らに開いて著しいが，雌花では短くて貧弱である．雄花には雄しべ 8〜10 本，雌花には雌しべ 4〜5 がある．袋果は獣の角のような形で 4〜5 個並んで立ち，熟すると腹面で縦に裂け，細かい種子を出す．〔日本名〕岩上に生ずるベンケイソウの意．

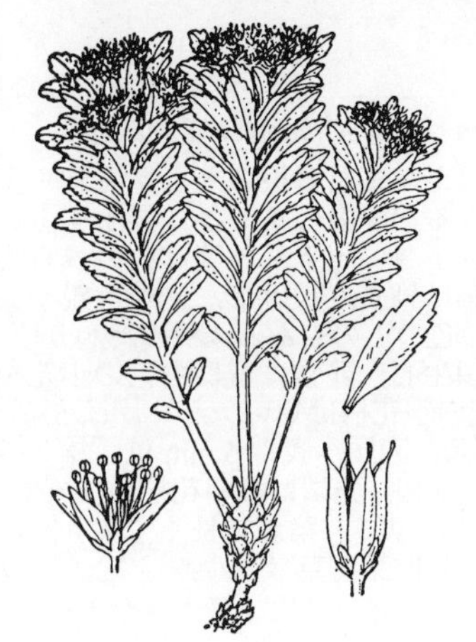

1577. ホソバイワベンケイ　〔ベンケイソウ科〕

Rhodiola ishidae (Miyabe et Kudô) H.Hara
（*Sedum ishidae* Miyabe et Kudô）

北海道，本州（北部，南は日光附近まで）の高山の日当たりのよい所に生える多年生草本．根茎は太く，多数の鱗片におおわれる．茎は多肉円柱形，群生し，高さ 30 cm 内外，多数集まってやや球状の集団になり，全株は緑色で毛はない．葉は多数集まって互生し，倒披針形，白っぽくなく，長さ 3 cm 内外，鋭頭，底部は広いくさび形，または鋭形，上半部のふちにきょ歯がある．葉は表面に向かって曲がらず，また中央脈は陥入している．真夏の頃，茎の先端に上部が平らな球形の集散花序を出して，多数のうす黄色の花が密集してつく．雌雄異株．花弁は 4 個，時に 5 個，披針形でがく片よりもずっと長い．雌花の雌しべは 4 個，分かれて立ち互に接している．イワベンケイに似て葉は細く，白味がなく，中央脈が明らかに陥入している点で識別できる．

1578. イワレンゲ　〔ベンケイソウ科〕

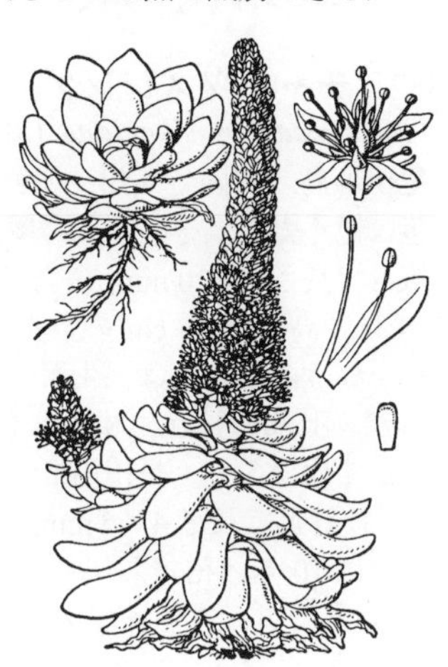

Orostachys malacophylla (Pall.) Fisch. var. ***iwarenge*** (Makino) H.Ohba
（*Sedum iwarenge* Makino ; *O. iwarenge* (Makino) H.Hara）

岩上に生える多年生草本で，しばしばわらぶきの屋根の上に繁茂し，また広く観賞用に栽培される．葉は多肉で青味を帯びた白色，へら状長楕円形で，普通先端は鈍形，多数の葉が重なり合いハスの花に似ている．秋の頃，葉心から 15〜28 cm 位の茎を伸ばし，茎葉を互生し，一般に分枝し，枝先に総状に白色の小花を密生する．苞葉は卵形でやや鋭頭．花には短い柄があり，2 個の細い小苞葉を持つ．うす緑色のがく片は 5 個，披針形．花弁も 5 個あり，倒披針形で鋭頭，がく片の 2 倍の長さがある．雄しべは 10 本，花弁より少し長い．子房は 5 個，花柱は短く，鱗片は微小で四角形．袋果は長楕円形で両端は尖る．〔日本名〕岩蓮華の意味で岩はその生えている所を，蓮華はハスの花を意味し，葉が重なりあっている状態をたとえたものである．

1579. コモチレンゲ　〔ベンケイソウ科〕

Orostachys malacophylla (Pall.) Fisch. var. ***boehmeri*** (Makino) H.Hara
（*Sedum boehmeri* (Makino) Makino ; *O. boehmeri* (Makino) H.Hara）

北海道（函館・日高・積丹半島，礼文島）と青森県の海岸の岩上に生える多年草．イワレンゲに似るが小形で，ロゼットの径は 3 cm 前後，葯に赤みがある．花茎の下部やロゼットの葉腋からしばしば走出枝を出して，先に小さいロゼットをつくる．〔日本名〕子持ち岩蓮華の意味で，しばしば走出枝を出して小さなロゼットをつけることによる．〔追記〕礼文島のものはしばしばレブンイワレンゲとして分けられることもある．アオノイワレンゲと分布が重なっており，よく似ているが，アオノイワレンゲは葉が帯粉せず緑色なのに対して，コモチレンゲは帯粉するので青白色を呈し区別される．かつて両者をまとめてコイワレンゲとしていた．

1580. アオノイワレンゲ　〔ベンケイソウ科〕

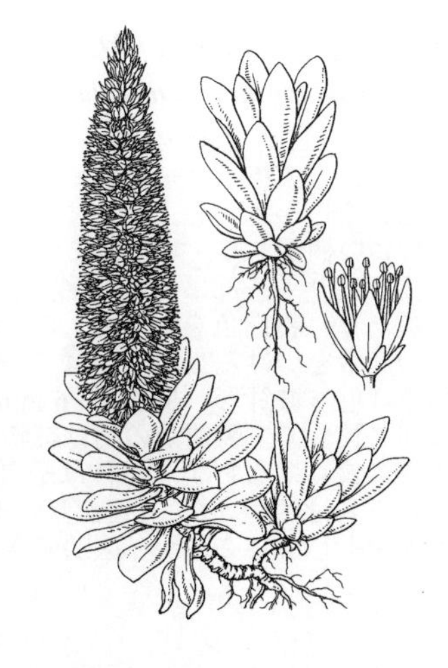

Orostachys malacophylla (Pall.) Fisch. var. ***aggregeata*** (Makino) H.Ohba

北海道，本州東北地方，ウスリー，樺太に分布し，海岸まれに内陸部の岩上に生える多年草．根生葉は四方へ開きロゼット状をなし，多肉で緑色，帯粉しない．葉の長さは 1〜7 cm，倒卵状披針形で鋭頭，あるいはへら状長楕円形で円頭のこともある．秋に中央から 10〜20 cm の花茎を出し，密な穂状花序となって白色の花を開く．花序には葉状の苞があり，花はほとんど柄がなく，基部に 2 枚の小苞がある．がくは 5 深裂し，花弁は 5 個，白色，倒披針形または広線形，長さ 5〜7 mm，鈍頭，基部は合生し，半ば斜めに開く．雄しべは 10 個，花弁よりやや長く，裂開直前の葯は赤紫色．雌しべは直立し 5 個．花柱の長さ約 1〜2 mm．開花した株は枯れ，葉腋から腋芽や走出枝を出してふえる．花弁や葯が淡紅色になるものをウスベニレンゲ f. *rosea* (Sugaya) H.Ohba という．ゲンカイイワレンゲ var. *malacophylla* は全体大形で，九州北部，朝鮮半島，中国，東シベリアに分布する．〔日本名〕緑色の岩蓮華の意味で，葉が帯粉せず緑色をしていることによる．

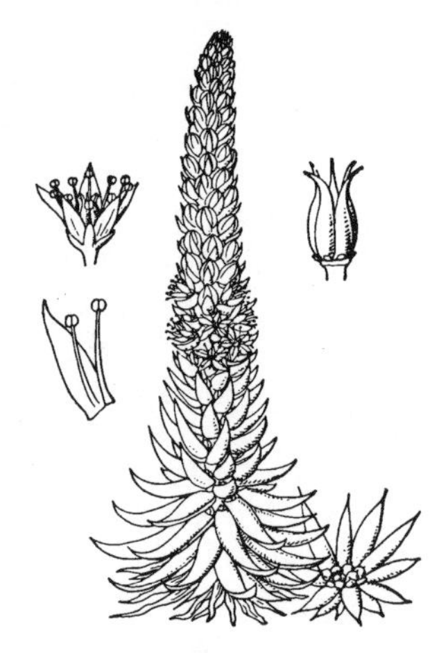

1581. ツメレンゲ　〔ベンケイソウ科〕

Orostachys japonica (Maxim.) A.Berger（*Sedum japonicola* Makino）

関東以西，四国，九州の山地の岩上に生え，また屋根の上に見られる多年生草本．株は短い側枝を出して子苗を作る．多肉の葉が茎に群生することはイワレンゲに似ているが，これよりも小さい．下部の葉は狭いへら形で葉の先に1本の小さいとげがある．茎葉は細長く披針形，先端は鋭く尖り，緑色でしばしば紫色を帯びまた白っぽい色のものもある．秋の終わり頃，長いものでは15 cmに達する総状花序を頂生し，非常に密に白色の小花をつける．苞葉は披針形で先端は尖り，各花の小花柄は短い．がく片は5個，披針形，うす緑色．花弁も5個あって披針形，鋭頭，長さ6 mm位．雄しべは10個あって花弁よりやや長い．雌しべは5個，先端は細い花柱となって，鱗片は微小．〔日本名〕爪蓮華はイワレンゲに似て，葉が細長くて尖り，けものの爪のように見えるためにいう．〔漢名〕昨葉荷草はトウツメレンゲ *O. spinosa* (L.) A. Berger に当てるべきである．

1582. チャボツメレンゲ　〔ベンケイソウ科〕

Meterostachys sikokiana (Makino) Nakai

紀伊半島，四国，九州，朝鮮半島の山地岩上にまれに見られる多年草．根茎は短く太く，その頭部に多数の葉を密につけてロゼット状をなす．葉は線形で長さ8～20 mm，多肉でわずかに扁平，先は尖り，短い針で終わる．7～8月に高さ2～6 cmの数本の花茎を立て，集散花序を出しやや少数の白花をつける．茎葉は根生葉より少し小さく，下部ではときどき3枚輪生するが，上部では互生する．苞葉は小さく，花柄は下部の花ではやや長い．がく片は5個，長楕円形鋭頭で，多肉である．花弁は5個，白色で半開し，披針形で長さ4～5 mm，やや厚く，背中の稜は著しく突き出ている．雄しべは10本，花弁よりずっと短く，葯は黒っぽい紫色．雌しべは白色，花柱は短い．〔日本名〕ツメレンゲに似ているが小形であるからである．

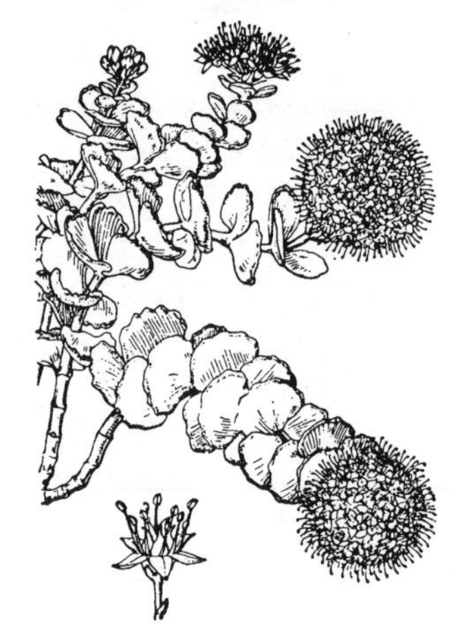

1583. ミセバヤ（タマノオ）　〔ベンケイソウ科〕

Hylotelephium sieboldii (Sweet ex Hook.) H.Ohba var. ***sieboldii***
（*Sedum sieboldii* Sweet ex Hook.）

古くから人家の庭にも，また盆栽として植えられる香川県小豆島原産の多年生草本．茎は1株に多数集まって出て，たわんで垂れ下がり，節があり長さ30 cmに達し，丈夫であり，少し紅色を帯びることがある．葉は3枚ずつ輪生して層をなし，多肉質で円形，基部は広いくさび形，長さ2.5 cmに達し上部の縁に鈍いきょ歯があり，白味を帯びる．10月の頃，茎の先端に多数の淡紅色の花が球状に集まってつく．がく片は5個，長さは花弁の半分位に達し，針状披針形．5個の花弁は広い披針形，先端は尖り，雄しべは10本あり，外輪の5本は花弁と互生しそれよりもわずかに長く，内輪の5本は花弁と対生しわずかに短く，その基部に付着する．子房は5個，卵形体で下部は短柄状となり，上部は花柱になって尖り，子房の下にある小鱗片は倒卵状四角形で，上部のふちは切形である．〔日本名〕見せばやは誰に見せようかという意味で，その花の優美なことを表し，玉の緒はその花序を玉にたとえ茎をその緒になぞらえたものである．

1584. ヒダカミセバヤ　〔ベンケイソウ科〕

Hylotelephium cauticola (Praeger) H.Ohba（*Sedum cauticola* Praeger）

北海道（日高·十勝·釧路）の海岸や山の岩上に生える多年草．根茎は細く，よく分枝し，花茎は一年生で，長さ10～15 cm，斜上または垂れ下がる．基部はいくらか木化し，枯れずに残って，基部の葉腋から新しい花茎がでる．葉は短い柄があり，対生，まれに互生し，多肉質で卵円形または楕円形，先は少し尖り，基部はくさび形，長さ2.5 cmに達し，ふちに波状のきょ歯が少数あり，粉白色をおびる．8～9月頃，花茎の頂きに散房状で葉状の苞をもつ花序をつける．がく片は5個，三角状卵形，長さ1.5 mm．花弁は5個で濃紅色，披針形，長さ5～6 mm，鋭頭．雄しべは2輪で10本，花弁とほぼ同じ長さで，裂開前の葯は紅紫色．雌しべは直立し，4つの子房の基部は極端に狭くはならず，花柱は子房より短い．〔日本名〕日高で見出されたことから名付けられた．〔追記〕ミセバヤに似るが，根茎が発達しないことや葉が輪生しないことから区別できる．

1585. ベンケイソウ（イキクサ）　〔ベンケイソウ科〕

Hylotelephium erythrostictum (Miq.) H.Ohba

（*Sedum erythrostictum* Miq.；*S. alboroseum* Baker）

山地の日の当たる草地に野生するが，また観賞用に栽培される多年生草本．茎は円柱形で直立し，高さ 50 cm 内外．全体は白っぽい緑色で，葉は対生または互生し，短い柄があり，楕円形あるいは倒卵形，ふちに浅い波状のきょ歯があり，肉質で，通常上面が凹みやや舟形となる．秋に茎頂に散房状集散花序を出して，多数の小花が集まってつく．がく片は白緑色で 5 個，長三角形．花弁は 5 個，披針形白色で紅色のぼかしがあり，長さ 5 mm 位．雄しべは 10 本，花弁とほぼ同長．雌しべは 5 個で淡紅色を帯びる．〔日本名〕弁慶草．この草を切り取ってつり下げておいても何日経てもしおれず，再びこれを土に挿すとよく活着するのでその強いことを弁慶にたとえたものである．〔漢名〕景天を使うが，これは次の種類，オオベンケイソウを指す．

1586. オオベンケイソウ　〔ベンケイソウ科〕

Hylotelephium spectabile (Boreau) H.Ohba（*Sedum spectabile* Boreau）

中国原産で多分大正年間（1920 前後）に日本に入った多年生草本．高さ 30〜45 cm 位で，全体は強壮で白緑色，地下にいくつか集まった長い塊状の根があって，その基部から数本の直立茎を出す．茎は円柱形，つるつるして無毛，肉質，分枝しない．葉は開出し，対生または 3 個輪生し，肉質で厚く柔らかく，卵形，倒卵形，あるいはへら形で全縁，時には多少の波状きょ歯があり，長さ 8〜10 cm 位，幅 5〜6 cm 位ある．秋に開花する．花序は茎頂に大形の散房花序となり，分枝して多数の紅紫色の花を密集してつける．（株によって花の色には濃淡がある）花は直径 1 cm 位，小花柄があり上向きに開く．5 個のがく片は淡白色，線状披針形，鋭尖頭．雄しべは 10 本，明らかに花弁の上に超出し，葯は黄色．子房は 5 個，上部は狭くなって花柱となり，子房の下の鱗片は微小．袋果は 5 個，直立して尖る．〔日本名〕大弁慶草の意味でベンケイソウより大きいので名づけられた．〔漢名〕景天．〔追記〕ベンケイソウに似るが，雄しべが花の上にとび出していることで区別される．

1587. ムラサキベンケイソウ　〔ベンケイソウ科〕

Hylotelephium pallescens (Freyn) H.Ohba

（*Sedum telephium* auct. non L.）

北海道の海岸にまれに生えるベンケイソウ（1585 図参照）によく似ている多年生草本．高さ 50 cm 内外．茎は直立し，円柱形，緑色，葉にも茎にも毛はなく，つるつるしている．葉は通常互生し，長楕円形，先端は鈍く，ふちに不整の小鈍きょ歯があり，肉質で白色を帯びた緑色．秋に茎頂に花枝を分けて散房状の集散花序を出し，多数の淡紅紫色の小花が集まってつく．がく片は 5 個，三角状披針形で淡緑色．花弁も 5 個で披針形．雄しべは 10 本で花弁とほぼ同長．雌しべは 5 個．果実は袋果で 5 個，直生する．〔日本名〕紫弁慶草の意味で，紫は花の色に基づく．

1588. チチッパベンケイ　〔ベンケイソウ科〕

Hylotelephium sordidum (Maxim.) H.Ohba var. ***sordidum***

（*Sedum sordidum* Maxim.）

多年生草本で，本州中部以北の山地の岩上や樹上にまれに生える．茎は群生し，高さ 15〜30 cm．葉は互生または対生し，卵形でふちに波状のきょ歯があり，基部は急に細まって明らかな葉柄となり，長さ 2〜4 cm，幅 1.5〜3 cm，多肉で通常暗紫色を帯びる．秋に茎頂に集散花序を出し，多数の花を密につける．花は直径 6〜8 mm で淡黄色．がく片は短く，三角形で長さ 1 mm 位．花弁は 5 個，長楕円形で尖り，長さ 3.5〜5 mm，中部より下方で急に外へ平開する．雄しべは 10 個，花弁より長い．果実は 5 個の心皮からなり，ほぼ直立する．〔日本名〕汚れた感じの葉のベンケイソウであろうという説がある．〔追記〕福島県と茨城県の阿武隈山地には，本種に似て植物体に乳頭状突起を生じるオオチチッパベンケイ var. *oishii* (Ohwi) H.Ohba et M.Amano を産する．

1589. アオベンケイ　〔ベンケイソウ科〕

Hylotelephium viride (Makino) H.Ohba（*Sedum viride* Makino）

本州（中部地方以西）から九州の山地の樹上あるいは岩上に生える多年草．根茎があり，花茎は長さ 20〜50 cm に達し，斜上する．葉はふつう対生し，卵形で，長さ 3〜6 cm，円頭または鈍頭，ふちは全縁か低い波状きょ歯があるが目立たない．基部は急に狭まり長さ 1〜2 cm の明らかな柄がある．9〜10 月頃散房状の花序をつける．がく片は 5 個，三角形，長さ約 1.5 mm．花弁は 5 個，淡黄緑色，楕円状倒披針形，長さ約 5 mm，鋭頭．雄しべは 10 個，裂開直前の葯は淡褐色．花柱は花弁とほぼ同じ長さ．心皮は 5 個で下部が短い柄状になる．〔日本名〕緑色をした弁慶草の意で，チチッパベンケイと区別してこう呼んだのであろう．〔追記〕チチッパベンケイとよく似ているが，アオベンケイは，ふつう地上部が全体に草緑色で，まったく赤みがない．また，ミツバベンケイソウの中にも，葉が対生して明らかな柄をもつ個体（ショウドシマベンケイソウ）があるので，注意が必要である．

1590. ミツバベンケイソウ　〔ベンケイソウ科〕

Hylotelephium verticillatum (L.) H.Ohba var. ***verticillatum***
（*Sedum verticillatum* L.）

各地の山地に生える多年生草本．茎は直立し高さ 30〜50 cm に達し，円柱状，多肉で強い．表面はつるつるして毛はなく，緑色で白っぽく，時々紫色となる．葉には短い柄があり，通常 3 輪生，時には 4〜5 葉輪生することもある．また若い茎では対生のことが多い．楕円形から披針形で長さ 3〜5 cm，厚く，鈍頭あるいは鋭頭，底部は鋭形，ふちに波状の低いきょ歯があり，うす緑色で，初め多少白っぽい．秋に茎頂に球形で上部が平らの集散花序をつけ，淡黄緑色の花を密に開く．花は 5 数からなり，花弁は平開し，長楕円状披針形で，がく片よりずっと長い．雄しべは 10 本，花弁より少し超出し，裂開直前の葯はふつう淡黄色．袋果は 5 個に分かれて立ち，秋も深くなってから熟す．腹側の縫線にそって縦に裂け，褐色の細かい種子を散らす．〔日本名〕三葉弁慶草の意味で，葉がふつう 3 輪生することによる．〔追記〕ショウドシマベンケイソウ var. *lithophilos* H.Ohba は主に西日本の岩上に生え，葉が対生して明らかな柄がある点でアオベンケイに似るが，葉や葯の色などはミツバベンケイソウと同じである．

1591. ツルマンネングサ　〔ベンケイソウ科〕

Sedum sarmentosum Bunge

朝鮮半島，中国に分布し，日本では都市近郊や温泉場の石垣，崖地，山地の林縁，川原などに帰化する多年草．茎はふつう紅色をおび，基部で枝分かれし，地上または崖をはい，上方で斜めに立ち上がる．葉はふつう 3 個が輪生してつくが，対生または互生することもあり，菱状狭楕円形または菱状披針形，先は鋭形で，長さ 1.3〜2.5 cm，幅 3〜8 mm となり，濃黄緑色で，無毛．5〜6 月，茎や枝の先に集散花序を出し，黄色の小さな花を多数開く．日本のものは結実しない．オノマンネングサに類似するが，茎が紅色をおびること，葉が黄緑色で線状や線状披針形ではなく，菱状楕円形または菱状披針形となること，裂開前の葯が黄色でなく橙赤色となることなどで明確に区別できる．〔日本名〕蔓マンネングサで，茎の性状に基づく命名である．

1592. メキシコマンネングサ　〔ベンケイソウ科〕

Sedum mexicanum Britton

本種はメキシコでの栽培品に基づいて記載されたが，原産地は不明である．近年，東京を中心にして，本州（関東以西）から九州に帰化している．路傍や空地に生える．多年草で，花茎は直立し，高さ 10〜15 cm になり，全体に鮮緑色で赤みがない．葉は鮮緑色，ふつう 4 輪生し，線状楕円形，長さ 1.3〜2 cm，幅 2〜3 mm になる．花期は 4〜5 月．花序は集散状で頂生し，枝を水平に広げ，20〜40 個の花を互生につける．花は 5 数性で，柄がない．がく片は長さ 3〜6 mm．花弁は濃黄色，菱状狭卵形で，先は鋭形，長さ約 4 mm で，花時に平開する．裂開直前の葯は濃黄色で，裂開直後に赤みを帯びる．〔追記〕オノマンネングサやツルマンネングサに似るが，花茎は直立し，あまり匍匐しないこと，葉はふつう 4 輪生すること，葉は円柱形で扁平とならないこと，植物体が黄色や赤色を帯びないことなど花部以外の形にも大きい違いがある．

1593. オノマンネングサ（マンネングサ，タカノツメ）〔ベンケイソウ科〕

Sedum lineare Thunb.

本州，四国，九州の山地に生える多肉の多年生草本．また観賞用に人家の庭にも植えられる．基部から多数に分枝して群生し，柔らかく地面をはい．節からひげ根を出す．長さはしばしば 30 cm 以上にも達する．花茎は円柱状で，緑色，直立し高さ 15 cm 位ある．葉は線形，先端は次第に尖り，長さ 2〜3 cm．多肉質，3 個の葉が輪生する．6 月頃茎の先が分枝し，各枝はさらに 2 分枝し，1 列に黄色い花をつけ，苞葉がある．がく片は 5 個，やや開出し，花弁は長楕円形で先端は細く尖る．雄しべは 10 本あり，内輪の 5 個は花弁と対生し，その基部に付着する．5 個の心皮はほぼ直立し，その基部に短い小鱗片がある．ふつう結実しない．葉のふちが白い園芸品をフクリンマンネングサという．〔日本名〕雄の万年草．雌の万年草に対する名でそれより大きいことと，なかなか枯れず永く生育することからきた．鷹の爪は鋭く尖った葉に基づく．〔漢名〕佛甲草．

1594. メノマンネングサ（コマノツメ，ハナツヅキ）〔ベンケイソウ科〕

Sedum japonicum Siebold ex Miq. subsp. ***japonicum*** var. ***japonicum***

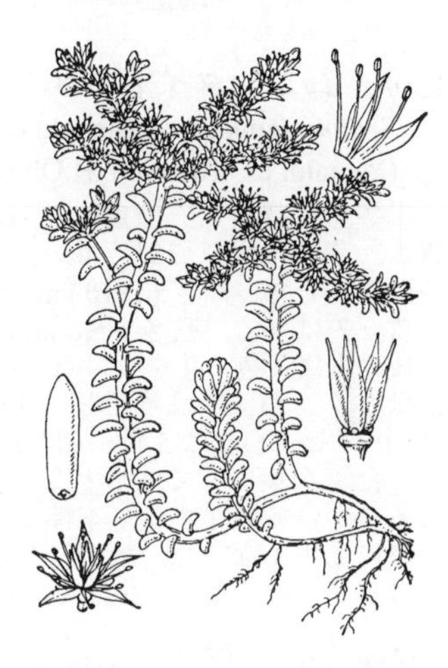

各地の山のふもとや道ばたの岩の上に生える多年生草本．茎はひげ根を出して短くはい．上部および側枝は直立してまばらに群生し，高さ 10 cm 内外に達する．茎は円柱形でしばしば暗紫色となる．葉は多数ややまばらに茎の上に互生し，多肉性の円柱形で，やや平たく，時々紅色になることがある．5〜6 月頃，主茎および側枝の先端に開出する枝を出し，1 列に黄色の花をつける．苞葉がある．がく片は小円柱状で 5 個，花弁は長楕円状披針形．10 本の雄しべがあって，内側の 5 個は花弁と対生し，その基部に付着しやや短い．子房は 5 個あって，花柱の先端は芒状，初め直立するが成熟すれば水平に開出する．心皮の基部の小鱗片は短く広く，先端は円状切形．〔日本名〕雌の万年草．この姉妹種に「雄の万年草」があって，両方を合わせて「万年草」という．体は多肉であるために，つみ取って捨ててもなお枯れずに生き残るためにこの名がある．すなわち長生草の意味である．駒の爪は先端円みを帯びた葉の形に基づき，花続きは花が連続して多く開いた状態に基づく．〔漢名〕仏甲草は誤った名前である．

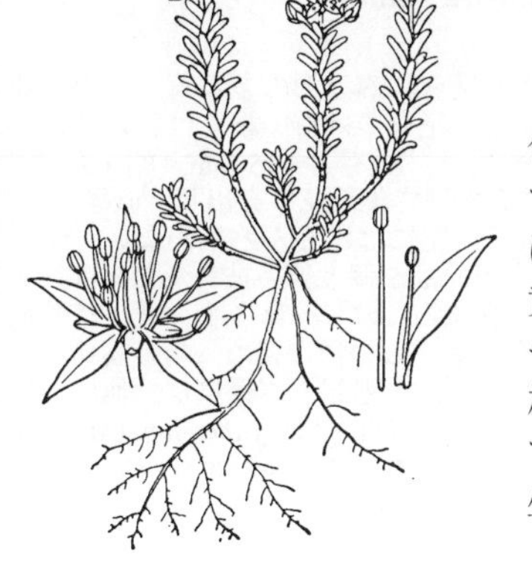

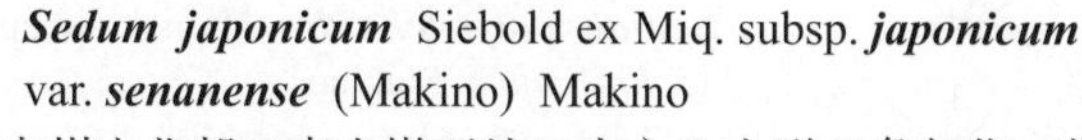

1595. ミヤママンネングサ〔ベンケイソウ科〕

Sedum japonicum Siebold ex Miq. subsp. ***japonicum*** var. ***senanense*** (Makino) Makino

本州中北部の高山岩石地に生える小形の多年草．茎は横にはい暗赤紫色を帯び，花枝は立ち上り高さ 3〜9 cm．葉は互生し，花のつかない枝では特に密につき，やや円柱形，鈍頭で多肉，長さ 2〜8 mm，下面はしばしば紅色を帯びる．7〜8 月に枝先に直径 1〜2.5 cm の集散花序をなし，黄色の花を開く．花は径 6〜8 mm，がく片は 5 個，長さ 2〜4 mm でやや不同，披針形で多肉である．花弁は 5 個，卵状披針形で長さ約 4 mm．雄しべは 10 個．雌しべは 5 個．メノマンネングサに比べ，全体は小形で茎は細く，葉は小形で普通紅色になる．〔日本名〕深山万年草．深山に生えるによる．

1596. タイトゴメ〔ベンケイソウ科〕

Sedum japonicum Siebold ex Miq. subsp. ***oryzifolium*** (Makino) H.Ohba（*S. oryzifolium* Makino）

関東以西，四国，九州の海岸岩石のすき間やがけなどに生える多年生草本．茎は細い円柱形，緑色，地上をはって多数分枝し，主茎の上方は側枝とともに直立して群生状となり，高さ約 5〜7 cm 位．花は側生する枝上につき，主茎の先端には花をつけない．葉は小形で多肉質，円柱状倒卵形または倒卵状楕円形で互生し，花をつけない茎では密に重なってつき，しばしば赤色になる．夏に茎の先が分枝し 1 列に黄色の花をつけ，苞葉がある．がく片は 5 個，短く円柱状，花弁もまた 5 個，広い披針形で尖る．雄しべは 10 個あり，その内輪の 5 個は花弁に対生し，その基部に付着する．心皮は 5 個でやや直立し，熟するに従って斜めになる．心皮の基部にある小鱗片は短く，倒卵状楕円形，先端は円状切形．〔日本名〕大唐米の意味で高知県幡多郡柏島の方言である．大唐米はダイトウマイで，時にはタイマエと呼ぶ下等な米で漢名を秈，一名占稲といい，米粒が細長く赤白の 2 種があり，古く植えた．本種の葉の形がこの米の形に似ているためである．

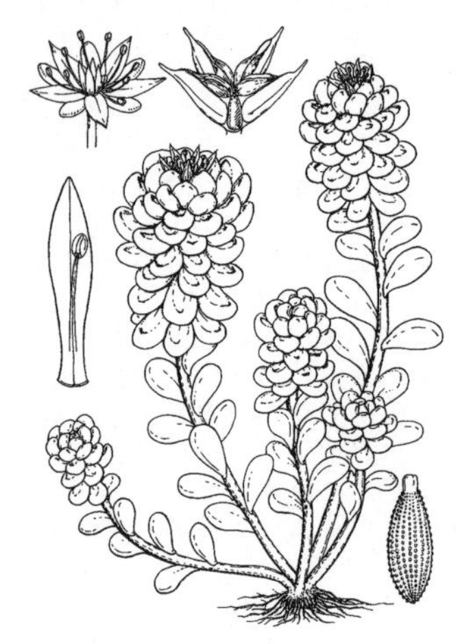

1597. ココゴメマンネングサ（タイワンタイトゴメ）　〔ベンケイソウ科〕

Sedum japonicum Siebold ex Miq. subsp. ***uniflorum*** H.Ohba

九州南部から琉球列島，台湾の海岸の岩上に生える多年草．茎は基部で多数分枝し，直立する枝を密生する．花のつかない枝は高さ 2 cm ほどで，花枝は高さ 5〜10 cm になる．葉は小さく肥厚した円柱状で，先は丸く，枝には密につき，長さ 5 mm 前後．花期は 5〜6 月で，花枝の先端に 1 個（まれに数個）だけつき，花は 5 数性．がく片は楕円状披針形，長さ 2.5 mm．花弁は黄色，長楕円形で，長さ約 5 mm，雄しべは 10 個で花弁とほぼ同長か短い．裂開直前の葯は橙赤色．従来メノマンネングサ，ミヤママンネングサ，タイトゴメ，ムニンタイトゴメ，および本種は別種とされていたが，いずれも葉の形態，花の形態がよく似ていることから，すべて同一種内の亜種または変種とされている．〔日本名〕小米万年草．葉が小さく形が米粒に似ていることによる．

1598. ムニンタイトゴメ　〔ベンケイソウ科〕

Sedum japonicum Siebold ex Miq. subsp. ***boninense*** (Yamam. ex Tuyama) H.Ohba

小笠原に特産し，山頂の日当たりのよい岩場やがれ地に生育する多年生草本．茎は黄緑色で短くはい，いくらか枝分かれして，枝の上部および側枝は直立して，高さ 6〜10 cm 位になる．葉は小さく，肥厚した円柱状で多肉質，先は丸く，長さ 5〜8 mm，互生し，花枝にはやや密につく．4〜5 月に枝の先に黄色の花をつける．花序は集散状で 3〜10 花つき，花は 5 数性で柄はなく，がく片は離生し，花弁は濃い黄色で披針形，先は尖る．雄しべは 10 個で，心皮は 5 個．開花後，夏には地上部が枯れて，地中に多数の退色した葉が集まって球形となったむかごをつくって乾燥期を過ごし，秋から冬にかけて発芽する．本種はタイトゴメやコゴメマンネングサに似るが，海岸には生えない点，地中にむかごを生じる点で相違する．〔日本名〕ムニンは小笠原のことで，小笠原に産するタイトゴメの意．

1599. ウンゼンマンネングサ　〔ベンケイソウ科〕

Sedum polytrichoides Hemsl. subsp. ***polytrichoides***
（*S. kiusianum* Makino）

九州北部，朝鮮半島などの山地岩壁にまれに見られる小形の多年草．茎の下部ははい，上部は直立し，高さ 10 cm 内外に達し，花をつけない枝では特に葉が密につく．葉は互生し，披針状線形で先はやや尖り，長さ 6〜15 mm，幅 1.2〜2.5 mm，多肉であるが平たい．6 月頃，茎頂に枝を分けて集散花序を出し，直径 1 cm 内外の黄色の花を開く．苞葉は花より少し長く，花にはほとんど柄がない．がく片は 5 個，長さ 2 mm 内外でやや不同である．花弁は 5 個，狭い披針形で先は長く尖り，長さ 5〜6 mm．雄しべは 10 個．花弁より短い．雌しべは 5 個，花柱は細長く約 1.5 mm，子房は下部で癒合している．〔日本名〕この種が初め長崎県雲仙（ウンゼン）岳で見出されたことによって名づけられた．〔追記〕本種には，他に，対馬にツシママンネングサ subsp. *yabeanum* (Makino) H.Ohba var. *yabeanum* (Makino) H.Ohba，本州西部と香川県の小豆島にセトウチマンネングサ subsp. *yabeanum* var. *setouchiense* (Murata et Yuasa) H.Ohba の種内分類群が知られる．

1600. マルバマンネングサ　〔ベンケイソウ科〕

Sedum makinoi Maxim.

本州，四国，九州の各地の岩上あるいは石垣上に生える多肉性の多年生草本．茎は円みのある四角柱で，緑色，花をつけない茎は地をはい節からひげ根を出す．花をつけるものは下部は倒れるが上部は直立し高さ 10 cm 内外に達する．葉は対生し，長さ 1 cm 内外．多肉で倒卵形または円状倒卵形で下部は狭くなり全縁で先端は短くやや尖り，表面にはつやがある．7 月頃，茎頂が分枝し，枝は開出して多数の黄色い花をつけた集散花序をつけ苞葉がある．5 個のがく片は緑色，へら形，やや反り返り，上部は多肉で長さは花弁の半分に達しない．花弁は 5 個，披針形で尖り，雄しべは 10 本，内外 2 輪からなり，内輪の 5 個は花弁と対生しその基部に付着する．5 個の子房は斜めに立ち先端は尖り，成熟すると開出する．心皮の基部の鱗片は倒卵形で先端はへこむ．〔日本名〕円葉万年草の意味．

1601. **ハママンネングサ** 〔ベンケイソウ科〕

（シママンネングサ，タカサゴマンネングサ）

Sedum formosanum N.E.Br.

九州南部から琉球列島，台湾，フィリピンに分布し，海岸の岩上に生える多年草．茎は直立し，高さ 10〜25 cm，基部はあまりはわず，ふつう赤みをおび，基部で 1 回ときに 2 回，3（まれに 2）又分枝する．葉は互生し，ややまばらについて柄はなく，倒卵形ないしさじ形で先は丸く，長さ 1.5〜3.5 cm，黄緑色で基部は細まって柄状となる．4〜6 月に 3 出する集散花序をつけ，黄色の花を咲かせる．花序の枝は 2〜7 cm で多数の葉状の苞がある．花は 5 数性で柄はなく，ややまばらにつく，がく片は離生し，ごく短い距（約 0.5 mm ）があり，さじ形ないし長円形，円頭，長さ約 3 cm，花時に斜上する．花弁は黄色，披針形または長円状披針形，鋭尖頭，長さ 5〜6 mm，基部でわずかに合生し，花時には直立または斜上する．雄しべは花弁よりわずかに短く，裂開直前の葯は濃黄色．雌しべは花弁よりやや長く，短い花柱があり，子房は基部から 1.5 mm ほど合生する．果時に心皮の腹側はふくれ，心皮はやや斜めに開く．種子は狭楕円形，長さ 0.7 mm，褐色で縦方向に微細な凹凸がある．〔日本名〕浜万年草．海岸に生える万年草の意．

1602. **ナガサキマンネングサ** 〔ベンケイソウ科〕

Sedum nagasakianum (H.Hara) H.Ohba

九州の西部から南部に特産し，海岸付近の岩上にまれに生える多年草．茎は長さ 15〜25 cm，基部は長く地表をはい，上部は斜上するか，岩上から垂れ下がる．葉は互生し，柄はなく，倒披針形，鈍頭，基部は柄状にならない．全体に白みをおび，淡黄緑色で長さ 1〜2.5 cm．6〜7 月に集散状の花序を頂生し，花序の枝は長さ 1〜2 cm．花は 5 数性で，柄はない．がく片は基部でわずかに合生し，距はなく裂片は広線形ないし長楕円形，先は丸味をおび，花時には斜上する．花弁は濃黄色で，基部でわずかに合生し披針形，先は尾状となって鋭く尖り，長さ 4〜7 mm，花時には平開する．雄しべは 2 輪で 10 本，花弁よりも短く，裂開直前の葯は橙赤色．雌しべの子房は 5 個で，基部から 1 / 2 くらい合生し，長さ 3.5〜4.5 mm，花柱の長さ 1〜1.5 mm．果時には心皮の腹側がふくれるので，著しく斜開する．〔日本名〕長崎万年草．長崎で見出されたことによる．〔追記〕ハママンネングサ（前図）に似るが，本種は葉が粉白色で，基部が柄状にならない点，がく片に距がないなどの点で異なる．

1603. **ヤハズマンネングサ** 〔ベンケイソウ科〕

Sedum tosaense Makino

四国の石灰岩地に生える小形の多年草．茎はやや太く，下部は地面をはい，高さ 12 cm になる．葉は互生し，倒卵形で先端はくぼみ，下部は細まって長い葉柄状となり，長さ 1〜4 cm で扁平，多肉である．春に茎頂に短い開出した枝を分け黄色の花を開く．集散花序は径 1.5〜4 cm，苞葉は葉状で細長く先端はわずかに凹み，花はほとんど柄がなく，径約 1 cm である．がく片は 5 個で細く大きさが不同である．花弁は 5 個，披針形で尖る．雄しべは 10 個，花弁より短い．雌しべは 5．花柱は短い．果実は 5 心皮が横に平開し，基部で癒合している．〔日本名〕矢筈万年草の意味で，この植物の葉の先端が矢はず状にへこんでいる特性によって名づけられた．

1604. **タカネマンネングサ** 〔ベンケイソウ科〕

Sedum tricarpum Makino

本州西部，四国，九州の山地の岩場に生える小形の多年草．茎は高さ 6〜15 cm，やや太く，しばしば暗紫色を帯びる．葉は互生し，倒卵形で先はやや短く尖り，基部はくさび状に細まって長く葉柄状になり，長さ 12〜30 mm，幅 4〜10 mm，扁平多肉で厚い．初夏に上部に開出した集散花序をつけ，葉状の苞葉があり，黄色い花を開く，花はほとんど柄がなく，径約 1 cm．がく片は 5 個，へら状で大きさが不同である．花弁は 5 個，披針形で先は長く尖る．雄しべは 10 個．花弁よりも短く，葯は赤い．雌しべは通常 3 個で，これはこの種の特性である．果実は 3 個の心皮からなり，基部で癒合し，熟すると横に開出する．〔日本名〕高嶺万年草．初め四国の高地で見出されたからである．

1605. ヒメマンネングサ 〔ベンケイソウ科〕

Sedum zentaro-tashiroi Makino

本州（福井県），九州（福岡県および対馬）に特産する軟弱な多年草で，落葉広葉樹林下のコケにおおわれた地表や岩上に生える．茎は基部で分枝してやや密生して，高さ 5〜12 cm になり，無毛で，多少多肉質となる．葉は 4 または 5 個が輪生してつき，線状倒披針形，先は円形，長さ 7〜13 mm，幅 1.5〜2.5 mm で，ふちにはきょ歯がなく，基部は左右平行で，長さ 0.5 mm ほどの距がある．4〜5 月に，茎頂にやや大形の集散花序を出し，多数の花が咲く．花序には葉と同長かそれよりも長い葉状の苞があるため，茎の上方では葉が互生するように見える．がく片は長さ 3 mm ほどあり，ほぼ離生し，線状三角形または線状披針形で先は鈍形または円形となり，多肉質をおびる．花弁は長さ 4〜5.5 mm で，がく片より長く，黄色で，花時には平開する．雄しべは 10 個で，花弁より短く，裂開前の葯は橙黄色．雌しべは雄しべよりも長く，淡緑色で，腹側の下から 1 / 3〜1 / 4 が合着する．〔日本名〕姫マンネングサで，植物体が軟弱であることに因むと考えられる．牧野富太郎によって 1910 年に命名された．

1606. ヒメレンゲ（コマンネンソウ） 〔ベンケイソウ科〕

Sedum subtile Miq.

本州，四国，九州の谷間の石上あるいは湿った山地の石の上や岩壁の間などに生える柔らかい多年生草本．茎は繊細で緑色，多く分枝して横にはい，花をつけない茎は低く直立しあるいはやや平らにはって，その末端に長さ約 1 cm の円形の葉を多数つける．葉には明瞭な葉柄があり，かすかに尖っている．花茎は直立し，高さ 5〜10 cm 位で，互生する線形の葉をつける．初夏に茎の上部は分枝し，枝上に苞葉と多数の黄色の小花をつける．がく片は 5 個，広い披針形で先端は尖り，また内外 2 輪の雄しべ計 10 本があり，外輪の 5 本は花弁と互生し，内輪の 5 本は花弁の基部に付着する．子房は 5 個あってほぼ直立し，基部の小鱗片は扁平な小棍棒状．〔日本名〕姫蓮華の意味で，群をなして平らに生えている葉の状態をハスの花にたとえたもので，小万年草は，マンネングサに似て小形であることによる．

1607. コモチマンネングサ 〔ベンケイソウ科〕

Sedum bulbiferum Makino

各地の田のあぜや道端に普通に生える二年生草本．全体は柔らかい．茎の下部は横に伏し節から根を出し，高さ 7〜22 cm 位ある．茎の基部にある葉は対生し，小さい柄があり卵形であるが，茎の上部のものは互生し，へら形で，先端は鈍頭，底部は狭くなって長さ 8〜18 mm．6 月頃，茎頂に枝が開出した集散花序を出し，偏側生に黄色い花が並んでつき，下方のものから次々に開く．花の下に 1 枚ずつ苞葉がある．花は直径 10〜14 mm．花柄はない．がくは 5 つに裂け，裂片はへら形，不同．花弁は 5 個，披針形で先端は鋭い．雄しべ 10 本，花弁より短い．雌しべは 5 本，基部は合生する．果実は袋果で放射状に並列する．葉腋に肉芽を作り，それが地に落ちると新苗になる．〔日本名〕子持ち万年草の名は葉腋のむかごによる．

1608. マツノハマンネングサ 〔ベンケイソウ科〕

Sedum hakonense Makino

本州（埼玉県・神奈川県・山梨県・静岡県）に分布し，主にブナなどの太い樹幹上にコケなどとともに着生する多年草．茎は基部で枝分かれし，多数の花枝と花のつかない枝を密生する．花枝は斜上または直立し，長さ 5〜10 cm，濃紅紫色をおびる．葉は互生し，柄はなく，線形で円頭，深緑色で赤みはなく，長さ 1〜2.5 cm，幅 1〜3 mm．肉質でやや扁平である．7〜8 月に花枝の先に集散状の花序をつけ，10〜20 個の黄色の花をつける．花序の柄は短く，花は 4 数性で柄はなく，つぼみの先端が赤みをおびる．がく片は基部で合生し，距はなく，がく裂片はがく筒とほぼ同じ長さで，広線形ないし広三角形，花時には斜上する．花弁は濃い黄色で，楕円状披針形または狭卵形，長さ 3.5〜4 mm，基部がわずかに合生し，花時には平開する．雄しべは 8 個，花弁より長い．裂開直前の葯は赤色または橙色．雌しべは長さ 3〜4 mm で花柱はごく短く，心皮は 4 個で果時に斜めに開く．種子は線状披針形で 1 mm くらい，褐色，縦方向に微細な凹凸がある．〔日本名〕松の葉万年草．葉が線形で松の葉のようであることから名付けられた．

1609. タコノアシ（サワシオン） 〔タコノアシ科〕

Penthorum chinense Pursh（*P. sedoides* L. var. *chinense* (Pursh) Maxim.）

本州，四国，九州の湿地などに生える多年生草本．茎は円柱形，直立し，黄赤色で高さ 70 cm 内外．葉は茎上に多数互生し，狭い披針形，先端は鋭く尖り，基部は狭く，ほとんど葉柄はなく，ふちに微細なきょ歯があり幅 1 cm 以内．夏に上部に数本の枝を分け，枝ごとに総状花序をつけ，花軸の片側に黄白色の小花を開くが，はじめは巻いている．花序には短い腺毛が散在し，小花柄は非常に短い．がくは 5 裂，裂片は卵形で先端は尖る．花弁はなく裸花である．雄しべは 10 本，がくよりも長い．子房は 5 個，基部が合体し，卵形で花柱は短い．さく果は 5 室，輪状に並び，下部は合体して，各室の上部は帽状のふたとなって裂開して細かい種子を出す．〔日本名〕蛸ノ足．花序の分枝に花が吸盤のように並びタコの足状に見えることにより，また沢紫苑は沢地に生えるシオンの意味である．〔漢名〕扯根菜を使うが正しくない．

1610. アリノトウグサ 〔アリノトウグサ科〕

Gonocarpus micranthus Thunb.

（*Haloragis micrantha* (Thunb.) R.Br.）

山や野原にふつうに生える小形の多年草，茎は束生して細長く，しばしば赤褐色で，初め地面に伏してひげ根を出し，花をつける茎は直立し，高さ 12〜25 cm 位になる．葉は対生し，小さな卵円形，ふちに鈍きょ歯があり，無毛，葉柄はない．秋に茎の頂に数本の枝を出し，これに下を向いた黄褐色の小さな花が点々とつき，貧弱な花序となる．がく片は小形で 4 個，花弁は 4 個で淡黄褐色．雄しべは 8 本，葯は紫褐色で黄色い花粉を出す．縦に稜のある下位子房の頂には 4 本の花柱があり，柱頭は淡紅色の毛が密生する．〔日本名〕蟻の塔草は本植物を蟻塚，細かい花をアリにたとえた名であろうか．〔漢名〕小二仙草．

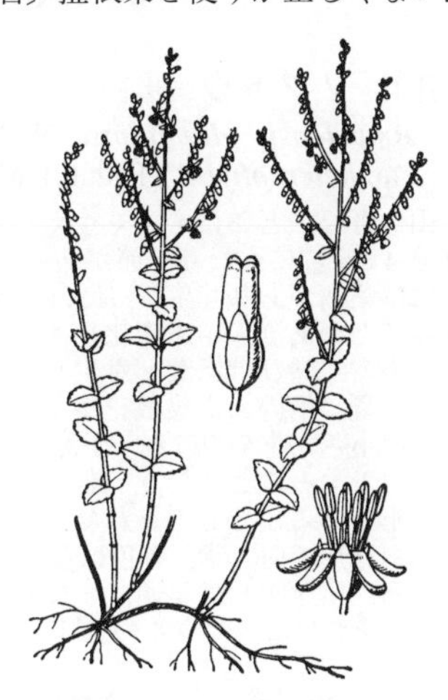

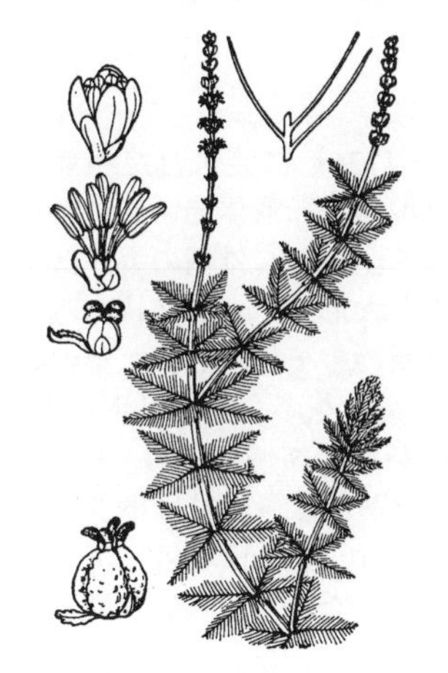

1611. ホザキノフサモ（キンギョモ） 〔アリノトウグサ科〕

Myriophyllum spicatum L.

北半球に広く分布し，みぞや池に生える多年生の水草で，時々 1 株に多数集まって生え，茎は細長い円柱形で，水の深さに従って長短があり，長いものは 1 m 以上にも成長し，まばらに分枝する．たまり水に生えるものは全体が褐緑色であるが，流水中に生えるものは鮮やかな緑色である．葉は節に 4 個輪生し，葉柄はなく，糸状に羽裂する．夏から秋の頃，穂状花序を水面に出し，柄のない淡褐色の小さな花が層状に輪生する．花序の下部に雌花，上部には雄花があり，細かい 4 個のがく片，4 個の花弁．下位子房があり，雄しべは 8 本，葯は黄色．果実は卵球形で，背面は堅い．〔日本名〕金魚藻は，本種を金魚鉢に入れることによるが，一般にはマツモを誤ってキンギョモとも呼んでいる．〔漢名〕聚藻．

1612. フ　サ　モ（キツネノオ） 〔アリノトウグサ科〕

Myriophyllum verticillatum L.

池や沼あるいはたまり水の中に生える多年生の水草，長く成長したものは 50 cm にも達する．茎の下部は地下茎となって泥の中に入り，節からひげ根を出し，上部は細長い円柱形で先端部は空気中に出る．全体柔らかい．葉は茎の節に 4 枚ずつ十字形に輪生し，葉柄はなく，羽状に全裂し，水中にある葉は羽片が細く，毛状で褐緑色，空気中に出る葉は羽片がやや広く短く，白色を帯びた鮮やかな緑色．夏に水面上に出た上部の葉腋に柄のない白色の小さい花を開き穂状花序となる．花序の下部に雌花，上部には雄花があり，花は葉よりも短く，小さながく片は 4 個，花弁は 4 個で倒披針形，雄しべは 8 本で葯は黄色，下位子房．果実は球形で小さい．冬期には水中に側生の越冬芽を出す．〔日本名〕総藻は葉のつき方を総にたとえた．狐ノ尾も藻のふさふさした感じを狐の尾にみたてたもの．

1613. タ　チ　モ　〔アリノトウグサ科〕

Myriophyllum ussuriense (Regel) Maxim.

東アジア一帯に分布する水生の多年生草本．水中に生えるものは長さ50 cm 内外に成長するが，水の乾いた湿地に生える場合は高さわずか 6〜10 cm 位にしかならない．下部は地下茎となってひげ根を出す．茎は細長く淡緑色．葉は茎の節に 3 枚ずつ輪生し，小さく羽状に深く裂け，裂片は糸状で短い．夏から秋の頃，上部の葉腋に柄のない小さな花をつける．雌雄異株．がく片は 4 個で微細，花弁 4 個．雄花には 8 本の雄しべがあり，雌花では下位子房で柱頭に毛がある．〔日本名〕立藻は水面上に植物体が立ち上がって見えるからである．

1614. ノブドウ（ザトウエビ）　〔ブドウ科〕

Ampelopsis glandulosa (Wall.) Momiy.
var. ***heterophylla*** (Thunb.) Momiy.

山や野原にどこにも多く生える落葉つる植物で茎は長く成長し，大きなものは直径 4 cm 位にもなり，節があって，ややジグザグ状に曲がり，茶色の皮がある．葉には葉柄があり互生し，ほぼ円形で基部は心臓形で，3〜5 裂し，時には深く裂けることがあり，中々変化が多い．ふちにはきょ歯があり，無毛あるいは下面に毛がある．巻ひげは葉と対生し，二叉に分かれブドウ属とちがって各節毎に出ている．夏に柄のある集散花序を葉に対生の位置に出し，二叉に分かれて，多数の緑色の小さい花をつける．がくはほとんど切形で，5 個の花弁はブドウのように先端で合着することはない．雄しべは 5，雌しべは 1，また花盤がある．液果は小さい球形であるがむしろまれで，ふつうは昆虫が入った虫えいとなり，不規則にゆがんだ球形で白，紫，青色になり食べられない．〔日本名〕野にあるブドウの意味である．座頭エビは座頭，すなわち盲人の眼玉に似た感じの実（これは虫えいである）をつけるエビヅルの意味．〔漢名〕蛇葡萄であるが野葡萄の名もある．

1615. ビャクレン（カガミグサ）　〔ブドウ科〕

Ampelopsis japonica (Thunb.) Makino

中国原産のつる植物で，享保年間（1716〜1736）に渡来した．葉と対生する巻ひげをもち，茎は冬に枯れる．根は塊状，卵形体でいくつか束になっている．葉は葉柄をもち互生し，掌状に 5 全裂し，外側の裂片は小さく 3 裂し，次の裂片および中央の裂片はずっと大形でしかも羽状あるいは掌状に裂け，各裂片はくさび形で，ふつうは粗いきょ歯をもつ．葉の軸には翼がありまた関節している．夏に柄のある集散花序を葉と対生に出し，淡黄色の小さい両性花が多数集まってつく．がくは 5 個で歯形．5 個の花弁，5 本の雄しべ，1 本の雌しべ，および花盤がある．液果は小さい球形で白，紫，青などの色がある．根は薬用に使われる．〔日本名〕漢名の音読み，カガミグサは古い名であるが意味がわからない．〔漢名〕白薟．

1616. ウドカズラ　〔ブドウ科〕

Ampelopsis cantoniensis (Hook. et Arn.) Planch. var. ***leeoides*** (Maxim.) F.Y.Lu（*A. leeoides* (Maxim.) Planch.）

紀伊半島，中国，四国，九州など西南日本と琉球列島の一部の山地に生えるつる性落葉低木．つるは長くのび，巻ひげで他の樹木にからむ．茎，枝は褐色で円く，皮目が散在する．互生する葉は大形の羽状三出複葉で長い柄があり，頂小葉のほかに 2〜4 対の小葉が羽状につき，最下部の 1 対はさらに 3 小葉の複葉となる．全体の長さは柄を含めて 12〜30 cm，各小葉は長さ 4〜7 cm の長めの卵形でそれぞれに小葉柄があり，小葉にはゆるいきょ歯がある．巻きひげは葉と向きあって生じ，二叉に分かれる．夏に大きな散房状の花序を出し，多数の黄緑色の小花をつける．花序の軸には毛がある．個々の花は径約 2 mm，5 枚の花弁は星形にほぼ平開し，中心に円形で平坦な花盤がある．雄しべ 5 本は花弁と対生して直立する．果実は球形の液果で径 7〜8 mm，秋に赤く熟す．〔日本名〕ウドカズラは羽状複葉がウドの葉に似ていて，つる性であるのに基づく．〔追記〕中国大陸と台湾に産する *A. cantoniensis* と同じものであるとする見解もある．

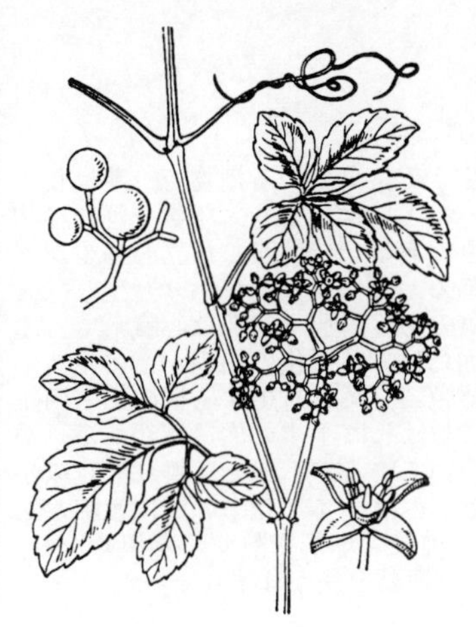

1617. ヤブガラシ（ビンボウカズラ）〔ブドウ科〕

Cayratia japonica (Thunb.) Gagnep.

熱帯アジアから東アジアにかけて自生し，日本でもいたる所に生える多年生のつる植物で林木の害草である．地下茎は柔らかいひも状で盛んに地中をのびてところどころに芽を出すが，若芽は濃い赤褐色である．緑紫色の茎には稜があって成長が速く他の植物にからみつきそれをおおってしまう．巻ひげは葉の反対側に出る．葉は葉柄があり互生し，鳥足状の掌状複葉で質は柔らかく5小葉は短い柄をもち，卵形または長卵形で，粗いきょ歯があり，中央の小葉は他の小葉よりも大きい．夏に，柄のある散房状集散花序を葉の反対側に出し，第1枝は3つに分枝し，多数の淡緑色の小花が集まって平らな配列をする．がくは切形，花弁は4個，雄しべは4本，雌しべ1本で，花盤は濃い赤色であるが，緑色の花弁，花後の色あせた淡紅色の花盤と入りまじって美しい．液果は球形で熟すると黒くなる．〔日本名〕やぶを枯らして盛んに繁茂することからやぶ枯らしの意味であるし，ビンボウカズラはこの植物が他の植物の上に繁って山林を枯らし，そのために家が貧乏になるという意味である．〔漢名〕烏蘞苺．〔追記〕九州にはこれとよく似るが小葉が狭く，茎や葉に毛が出ず，果実は一時赤味を帯びてから黒くなり，種子の背中に幅広い縦みぞのあるものがある．これをアカミノヤブガラシ *C. yoshimurae* (Makino) Honda という．

1618. ツ　タ（ナツヅタ，アマズラ）〔ブドウ科〕

Parthenocissus tricuspidata (Siebold et Zucc.) Planch.

日本および中国に産し，岩壁，石垣，壁面，山林などに生ずる落葉のつる植物で，茎は大きいものでは直径約4 cmに達する．巻ひげは葉の反対側に出て2節続いて出ると次の1節には出ないくせがあるが，小形で枝分かれし，先端部に吸盤があって，他物に吸着する．葉にはきょ歯があって，葉柄があり互生し，長枝の葉は卵形，あるいは2ないし3の深い切れ込みがあるか，または三出複葉であるが短枝では先端部に2枚の葉があり，葉は3裂し，各片は尖り，葉柄は特に長い．秋に落葉の時には先ず葉身が落ち，後に葉柄が落ちる．夏，短い花序を短枝の先端に出し，黄緑色の小さい両性花が集まってつく．がくは切形．花弁は5個，雄しべは5本，雌しべは1本．液果は小さい球形で熟すると黒紫色になり，落葉後も残るが肉は乾き食べられない．昔，平安時代には早春にこの幹から液をとり，煮つめて甘味料を作ったのでアマヅル，アマズラ（甘い液のでるつるの意）といった．葉は秋に紅葉し，いわゆるツタモミジである．「蔦」をこの種に使うのは間違いである．また「地錦」という漢名も誤りである．〔日本名〕「伝う」の意味であるといわれる．〔漢名〕常春藤．

1619. アメリカヅタ〔ブドウ科〕

Parthenocissus inserta (J.Kern.) Fritsch.（*P. quinquefolia* (L.) Planch.）

北米東部の温帯落葉樹林に生えるつる性の落葉低木．カナダ東部から南はフロリダ，テキサス両州を経てメキシコにまで分布する．つるはよくのび，ツタと同様に吸盤をもった巻ひげで他の物にからまる．葉は長い柄で互生し，掌状複葉で通常は5枚，ときに3〜7枚の小葉をもつ．小葉の形は卵形または長楕円形で長さは6〜15 cm，先端はくさび形に細まって尖る．ふちには粗いきょ歯があり，質は薄く，表面は淡緑色で日本のツタのような光沢はない．夏に葉と対生する位置に大きな集散花序を出し，この花序の軸はツタに比べるとあまりジグザグにならない．1花序につく花の数は25個から200個と変化が大きい．個々の花は淡黄緑色で小さく，目立たない．果実は直径5〜7 mmの球形で黒色に熟し，中に1〜3個の種子がある．ヨーロッパで観賞用や垣根に植え，日本にも20世紀のはじめに渡来した．北アメリカでは野生のもののほか，栽培品からの逸出が多く，都会地で野生化している．〔日本名〕アメリカ産のツタの意で，英名はVirginia creeper.

1620. ブ　ド　ウ（ヨーロッパブドウ）〔ブドウ科〕

Vitis vinifera L.

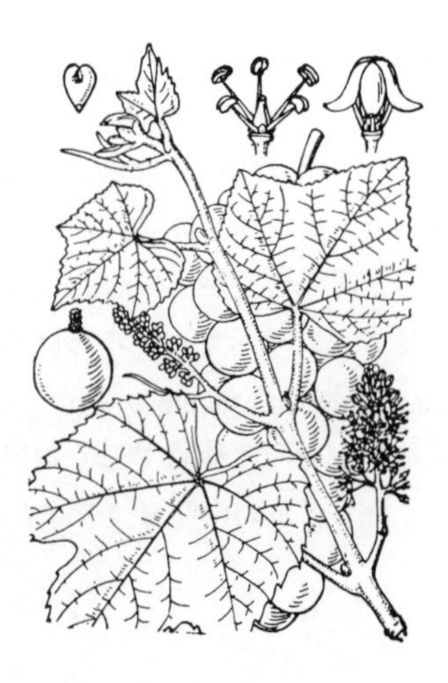

アジア西部地方の原産で，今では世界に広く栽培される落葉のつる植物である．茎は葉と対生する巻ひげによってよじのぼり，長くのび，古い茎はやや平らで年を経たものはかなり大きくなる．枝には節があって多少ジグザグに曲がり，若い枝には毛がある．葉は互生し葉柄があり，掌状に浅い切れ込みがあり，基部は心臓形でふちにはきょ歯がつき，下面には綿毛が密に生える．夏の初めに新しい枝の葉に対生して円錐花序を出し，黄緑色の小さい花が集合してつく．がくは輪状の切頭．花弁は5個．先端部で互いにくっつき，基部からはずれて落ちる．雄しべは5本で，花糸の間に蜜腺がある．液果は房状につき，垂れ下がり，球形で汁が多く，熟すると茶褐色となり，甘みがあって生のまま食用にするし，ぶどう酒をつくる．果実の内部に2〜3の種子がある．〔日本名〕ブドウは葡萄の字音から出たもので，葡萄は蒲桃に由来し，その蒲桃は大宛国（現在のウズベキスタンのタシケント付近）における古代の呼称Budawに基づく音訳字である．日本で植えているものは改良されたもので本種以外のものと交配の結果になるものが多い．

1621. ヤマブドウ　〔ブドウ科〕

Vitis coignetiae Pulliat ex Planch.

四国から北のブナ帯を中心にした山中に生える落葉のつる植物で，茎は長く成長し，葉の反対側に生ずる巻ひげで他の木の上にはい上り，年数を経た植物ではその幹の直径が数 cm となり，濃い茶色である．枝は節くれ立ち多少ジグザグに曲がり，また若い枝には茶色の毛がある．葉には葉柄があり互生し，大形で長さ 15〜30 cm，3 または 5 の尖った角のある円形，基部は心臓形で，ふちには低いが尖ったきょ歯がある．葉の下面には，茶褐色の綿毛が密に生えている．秋にはよく紅葉する．花は小さく黄緑色で，葉と対生する柄のある円錐花序に集まってつき，花序の下方の柄の上にしばしば 1 本の巻ひげがある．がくは輪形．5 個の花弁は先端で互いにくっついているが下部では離れ，花床から離れて落ちるのがこの属の特徴である．雄しべは 5 本，花糸の間に蜜腺がある．液果は房になって垂れ下がり，径 8 mm 前後の球形で熟すると黒くなり，食べられる．〔日本名〕山葡萄の意味．〔漢名〕紫葛を使うは誤り．

1622. エビヅル（エビカズラ）　〔ブドウ科〕

Vitis ficifolia Bunge（*V. thunbergii* Siebold et Zucc.）

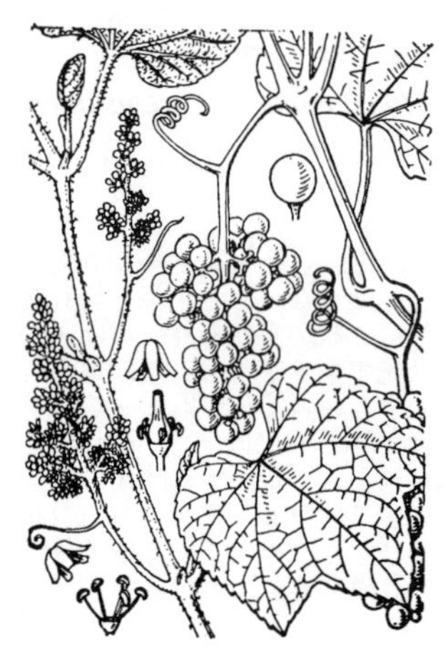

山野にふつうにある雌雄異株のつる植物で，茎は葉と対生する巻ひげによってよじのぼる．巻ひげはふつう 2 節ついては 1 節休む．古い茎は褐色でやや平たく節があり，多少ジグザグに曲がる．若い枝には白い毛がある．葉は葉柄があり，心臓状円形で，3〜5 の切れ込みがあり，時にはこの切れ込みは深く，ふちにきょ歯があり，上面は無毛で，下面は白色あるいはうす茶色の綿毛が密にある．ことに若い葉と茎とにはびっしりとうす赤紫の毛があって美しく．この色をエビの色に見立ててエビヅル，古くはエビカズラといったのである．小さい柄のある円錐花序は葉と対生し，淡黄緑色の小さい花が密につき，夏に開花する．花序の柄には時々 1 本の巻ひげがある．がくは輪形．5 個の花弁は先端で互いにくっついているが，下部では離れ，花床から離れ落ちる．雄しべは 5 本であるが雌花では熟さず，また雌しべは 1 本で雄花のものは熟さない．液果は房となり，小さい球形で径 5 mm ぐらい，黒く熟し，食べられる．〔日本名〕エビカズラは本種の古い名前で，後にブドウの名となった．色でえび色というのはこの植物の果実の汁の色でうすい紫をさす．〔漢名〕蘡薁．

1623. ギョウジャノミズ（サンカクヅル）　〔ブドウ科〕

Vitis flexuosa Thunb. var. ***flexuosa***

各地の山地に生える落葉つる植物で，雌雄異株である．茎は葉と対生する巻ひげによってよじのぼり，若い枝に毛はない．葉は葉柄があり互生し，卵円形あるいは三角状卵形で，粗いきょ歯があり，両面に毛はなく，若い株の葉には時々深い切込みがある．夏に葉に対して反対側に小さい柄のある円錐花序を出し，淡黄緑色の小花が集まってつく．がくは輪形で，5 個の花弁は頂端部ではくっつき，下部では離れる．雄しべは 5 本で雌花のものは熟さない．雌しべは 1 本で雄花のものは熟さない．液果は小さい球形で，小さい房を形成し，熟すと黒くなり，食べられる．〔日本名〕行者之水の意味で，山中で修行する行者がこのつるを切ってその中の水でのどをうるおすという伝説からついたが，実際このつるを長く 2 カ所で切りはなし，先端に近い方を口にくわえて吹くと基部の方から水がよく出る．別名サンカクヅルは葉の形から来ている．〔漢名〕葛藟，千歳藟を使うのは誤り．

1624. ケサンカクヅル　〔ブドウ科〕

Vitis flexuosa Thunb. var. ***rufotomentosa*** Makino

サンカクヅルの 1 変種で，本州中部以西から九州にかけて産し，葉は幼い時には上面に黄褐色のクモ毛があって後にぬけ落ちるが，下面はびっしりと同様の毛があり，しかも後まで残っていることで母種のギョウジャノミズ一名サンカクヅルと区別される．また変種にウスゲサンカクヅル var. *tsukubana* Makino があり，本州（関東から近畿）に産する．葉は上面は無毛，下面に極めて薄く黄褐色のクモ毛があるもので，母種と上記のケサカンヅルの中間をつなぐものといえよう．

1625. **オトコブドウ**（アマヅル） 〔ブドウ科〕

Vitis saccharifera Makino

本州中部以西，四国，九州に産する落葉つる植物．枝は円く，縦に走るすじがあり，葉を互生し，節部は少しふくらむ．葉は三角状卵形，基部は心臓形または切形，低い波状のきょ歯があり，鋭頭または鋭尖頭，ほとんど無毛であるが，下面の葉脈上に，初め赤褐色のクモ毛があり，後に脈の基部にだけこの毛が残る．巻ひげは葉の反対側に出る．夏に葉の反対側に長さ数 cm の柄をもつ小円錐花序を出し，多数の淡黄緑色の小花をつける．がくは細く小さい輪状で切形，花弁は 5 個あって早く落ちる．雄しべは 5 本で雌花のものは熟さず，雌しべは 1 本で雄花のものは熟さない．液果は球形で熟すると黒くなり，直径は 5 mm 位である．〔日本名〕ブドウ（ここではエビヅルをさす）に比べてやせているためであり，アマヅルはこれをかつて古書に出るアマヅルと誤認した名残りである．アマヅルの正体はツタであった．〔追記〕本種はギョウジャノミズとよく似た種類であるが，葉の質が厚味があり，両面ともに光沢が強く，ふちのきょ歯は低くて先の突出する程度が低いため波状に見えるので区別できる．

1626. **シラガブドウ** 〔ブドウ科〕

Vitis shiragae Makino（*V. amurensis* auct. non Rupr.）

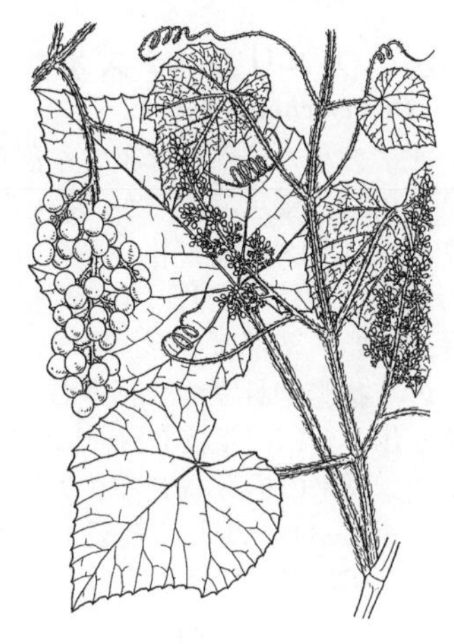

岡山県の山地に稀産するつる性の落葉低木．茎は太く，稜角があって淡褐色，若い枝には灰白色の縮れた毛が生え，稜は鋭くとがる．互生する葉は長い柄があり，直径 7～15 cm の大きな円形で，全体はやや五角形状に角ばり，基部は心臓形をなす．上半部で浅く 3 裂する傾向がある．葉の下面には淡褐色を帯びた灰色の縮れ毛（クモ毛）が密生していて，ビロード状の感触がある．葉柄にもこの毛が見られる．花序は 6 月頃に生じ，円錐状で葉と向きあって出る．花序軸は下部で二叉に分かれ，一方は巻ひげとなる．花序の長さは 10～12 cm で葉よりも短い．〔日本名〕シラガブドウは白神（シラガ）壽吉に基づく命名で，若枝や葉をおおう白毛のことではない．

1627. **クマガワブドウ** 〔ブドウ科〕

Vitis kiusiana Mimoy.

（*V. romanetii* auct. non Rom.Caill.；*V. quinqueangularis* auct. non Rehder）

九州の山地に稀産する落葉のつる性木本．茎は長くのび，淡褐色で縮れた毛が密に生え，黒く短いとげが目立つ．葉は長い柄があり互生し，葉身は長さ 7～15 cm の大きな心臓形で，五角形状に角ばる．茎の基部の葉には浅く 3 裂するものもある．葉の下面には褐色の縮れた毛が密生して，ビロード状になるが上面はほとんど無毛である．葉のふちには波状のまばらなきょ歯がある．夏に葉と向きあって花序を出し，特に雄の花序は葉よりも長い総状花序で長さ 20 cm 以上にもなる．この花序軸の下部は枝分かれして巻ひげとなり，他の樹木にからみつく．花は小さくて緑黄色，5 個の花弁があるが上部でゆ合していて開かず，開花とともに花弁は脱落する．雄しべ 5 本．果実は球形の液果で，直径 7～8 cm，黒色に熟す．〔日本名〕発見地の熊本県球磨川に由来し，ツクシガネブの別名もあるが，ガネブはおそらく琉球語．

1628. **ハマビシ** 〔ハマビシ科〕

Tribulus terrestris L.

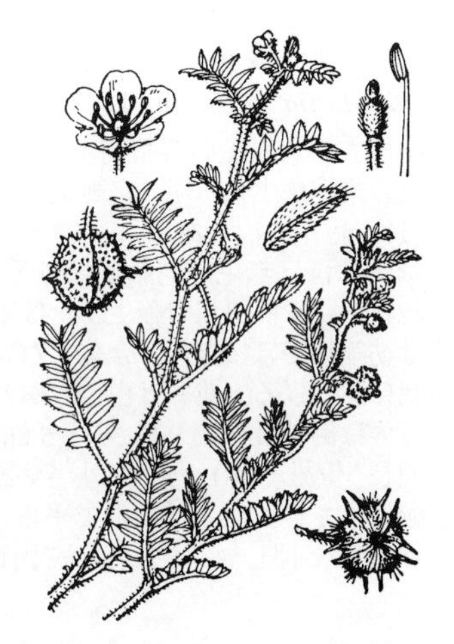

本州（関東および福井県以西），四国，九州の海岸砂地に生える一年生草本．茎は基部から分枝して地面に伏し，あるいは斜めに立ち，長さ 1 m 内外に達することがあり，柔らかい毛がある．葉は対生し，偶数羽状複葉で 4～8 対の小葉からなり，葉柄および小形の托葉があり細かい毛におおわれる．小葉は対生し長楕円形，両側は非対称で小さい柄があり，長さ 7～15 mm 位，先端はやや鋭頭あるいは鈍頭．夏に葉腋に黄色い花を単生する．花は小さく，短い花柄があり，がく片は 5 個，がく片とほぼ同じ長さで楕円形の花弁が 5 個，10 本の雄しべ，1 個の子房がある．果実は直径 1 cm 位，果皮は堅く，10 本のとげとそれより短いとげ状の毛とがある．根と種子は薬用に使う．〔日本名〕浜菱は海岸砂地に生え，果実にヒシの実のようなとげがあることによる．〔漢名〕蒺蔾．

1629. ハナズオウ 〔マメ科〕

Cercis chinensis Bunge

中国の原産で野生のものは落葉の亜高木であるが，栽培品は通常低木状である. 現在では広く人家に栽植される. 高さ 4 m にもなり, 葉は有柄で互生し, 円形, 先端は短く尖り，基部は心臓形，長さ 5～8 cm，幅 4～8 cm，葉質はやや厚く，なめらかで光沢がある．裏面は黄白緑色で，葉脈は基部から 5 岐し，葉柄は葉身より短く，両端がふくらみ，中央部が細い．托葉は針形で早落性．4 月に葉よりも先に枝上の所々から紅紫色の小形の蝶形花を束生する．がくは筒形で浅く 5 裂する．花弁は 5, 形はそれぞれ不同である．雄しべは 10 本あるが離生している．豆果は平たく, 線状長楕円形で両端が尖り, 長さ 5～7 cm, 外縫線に狭い翼があり．乾くと豆果の表面に細かい網状脈が見える．豆果内に 2～5 個ぐらいの種子を生ずる．〔日本名〕花蘇方の意味で，花が紅紫色で，あたかもスオウ *Caesalpinia sappan* L. の木の染汁の赤色に似ているのでこの名がついた.

1630. アメリカハナズオウ 〔マメ科〕

Cercis canadensis L.

北アメリカ東部に分布する落葉低木で主幹は明らか，高さ 10 m に達する．幹は灰褐色で滑らか, 老木では裂け目ができてはがれる．若枝は細く，ややジグザグに曲がり，不明の皮目がある．冬芽は小さく，丸みがあり，赤褐色．葉は互生し，葉柄の長さは葉身の 1 / 2 程度，葉身は広卵形で全縁，鋭頭，基部は心形，長さ 7～13 cm，紙質で裏面はやや有毛，基部からの掌状脈が目立つ．花序および花はハナズオウに似て，全体が紅紫色，葉が出る前に旧年枝や樹幹に多数混み合ってつく．一般に花柄は花よりも長く，豆果の柄もハナズオウより長くなる．葉形はマンサク科のマルバノキに似ており，美しく紅葉する園芸品種が知られる．南ヨーロッパから西南アジアにかけてはよく似た *C. siliquastrum* L. があり, 同様に栽培される.

1631. ハカマカズラ 〔マメ科〕

Phanera japonica (Maxim.) H.Ohashi（*Bauhinia japonica* Maxim.）

紀伊半島，四国，九州および琉球などの海岸附近の森林内に生える常緑性の木質のつるで，幹は太く，褐灰色．縦に溝が走る，幼枝は葉とともに赤褐色の伏毛があるが，後には無毛になる．葉はうすい革質で長い柄をもって互生し，円状心臓形, 先端は 2 裂し，特に幼枝の葉は深く裂け裂片の先は次第に細くなって尖るが，老枝の葉では裂け方も浅くなり先端も短く鋭形でしかも鈍端となる．基部は深い心臓形，表面には少しばかりの毛が残り，長さ 6～10 cm．巻ひげは平たく分枝しない．初夏の頃，茎の頂または葉腋から赤褐色の短毛を密生する総状花序を直立して生じ多数の淡緑黄色の花をつける．花は径 2 cm ぐらい．がく筒は鐘形で先端は 5 裂し，花弁は 5，円形，大きさは一様でなく，基部は細く尖って短い爪となる．外面には密毛がある．雄しべは 10 本，長さは一様でなく，中の 3 本は特に長くとび出している．豆果は平たい長楕円形，長さ 5～8 cm で熟すると裂け革質で短毛があり，中に 2～3 個の種子を生ずる．〔日本名〕袴蔓は，先端が 2 裂した葉の形を袴（ハカマ）に見立てたもの.

1632. ソシンカ 〔マメ科〕

Bauhinia variegata L.

中国雲南省原産の落葉高木で，高さ 15 m．樹皮は暗褐色で滑らか．若枝は灰色の柔毛が生えるが後に無毛．葉柄は 2.5～3.5 cm，葉身は長さ 5～9 cm，幅 7～11 cm, やや円形あるいは広卵形で, 基部は心形, 先端は 2 裂し, 裂片は円頭, 背軸側はほぼ無毛，向軸側は無毛，主脈は 9～13 本，側脈は浮き出る．花序は総状，時に散房状で腋生または頂生．花期は 2～5 月，新葉よりも先に開き，蕾は紡錘状でほぼ無柄，合着した萼に囲まれ，萼は開花時に下側で裂けて仏炎苞状に反り返る．花弁は白色，あるいはピンク色か紫色の斑点があり，倒卵形あるいは倒披針形で，長さ 4～5 cm，爪がある．雄蕊は 5 本，花糸は花弁とほぼ同長. 仮雄蕊は 1～5 本で小さいか無い. 子房柄は柔毛が生え, 花柱は曲がり，柱頭は小さい．豆果は線形で平ら，長さ 15～25 cm，幅 1.5～2 cm．種子は 10～15 個で，押しつぶされたやや円形で，径約 10 mm．果期は 3～7 月.

1633. タシロマメ 〔マメ科〕

Intsia bijuga (Colebr.) Kuntze

東南アジアから西はマダガスカル，東は太平洋諸島を経てオーストラリア，また，中国南部および台湾に広く分布し，日本では石垣島と西表島のみに自生する高木で，高さ 20 m に達する．樹皮は灰色，青灰色から赤色を帯びる．滑らかであるが，多数の小さな朧疱性皮目がある．葉は偶数羽状複葉，葉柄は長さ 1〜5 cm，小葉は 2 対，時に 1 対，広卵形，広楕円形あるいはほぼ円形，長さ 6〜15 cm，幅 4〜9 cm，無毛，全縁，先端は広い鋭頭からやや円頭．花期は 5〜6 月．花序は頂生の円錐花序で密に花がつき，長さ 4〜9 cm，細かい軟毛が生える．花柄は長さ 15 mm 程度．萼は伸長した萼筒に 4 枚の裂片が生じ，うろこ状に重なり，卵状楕円形で，長さ 6〜13 mm，細かい軟毛が生える．花弁は 1 枚，長さ 1.3〜3.3 cm，軟毛が生え，長い爪を持ち，白色から淡紅色．雄蕊は 3 本，赤色，花弁よりはるかに長く，開出する．仮雄蕊は 4〜7 本．雌蕊の外観は雄蕊に似て前方に伸び出す．豆果はほとんど裂開せず，つぶれた楕円形，長さ 10〜25 cm，幅 4〜7 cm，3〜6 個の種子がある．種子は扁平で径 25 mm ほど，へそは小さく，やや窪む．

1634. ホウオウボク 〔マメ科〕

Delonix regia (Bojer ex Hook.) Raf.

マダガスカル島原産の落葉高木で，高さ 10 m を超える．広場では横に枝を広げて傘状の樹形となり，熱帯花樹として広く栽培される．樹皮は灰褐色，樹冠は半球状になる．葉は 2 回偶数羽状複葉で長さ 20〜60 cm，葉柄は 7〜12 cm，無毛あるいは軟毛が生え，基部は膨らむ．羽片は 15〜20 対，長さ 5〜10 cm．25 対程度の小葉がつき，小葉は楕円形，長さ 4〜8 mm，主脈は顕著，全縁，鈍頭．大型の円錐花序を新枝に頂生する．花は夏に咲き，鮮赤色から橙赤色，径 7〜10 cm．花柄は長さ 4〜10 cm．花托は円盤状あるいはこま状．萼片は花弁の半長，長楕円形で開出し，内側は赤味を帯び，縁は緑黄色．花弁はさじ形，長い爪があり，長さ 5〜7 cm，幅 3.7〜4 cm，開花後反り返り，黄色を帯びた赤色，旗弁には白色などの斑点がある．雄蕊は内側へ曲がり，赤色，長さは不等で 3〜6 cm．子房は長さ約 1.3 cm．柱頭は小さい．豆果はリボン状でわずかに曲がり，長さ 30〜60 cm，幅 3.5〜5 cm，暗赤褐色，熟すと黒褐色，先端は花柱が宿存する．種子は 20〜40 個，黄色で茶色の斑点があり，長さ 15 mm，幅 7 mm，滑らかで堅い．〔追記〕本書の編集段階ではホウオウボクをタマリンドに近いものと考えてタシロマメ亜科としたが，これは誤りであることがわかった．正しくはジャケツイバラ亜科のハスノミカズラ（1799 図）の後に移すべきである．

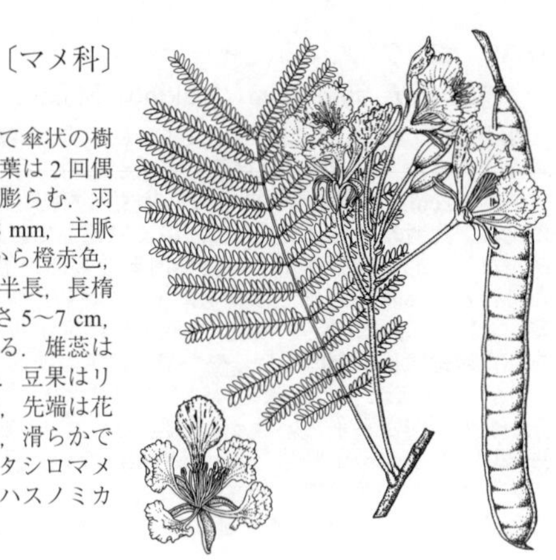

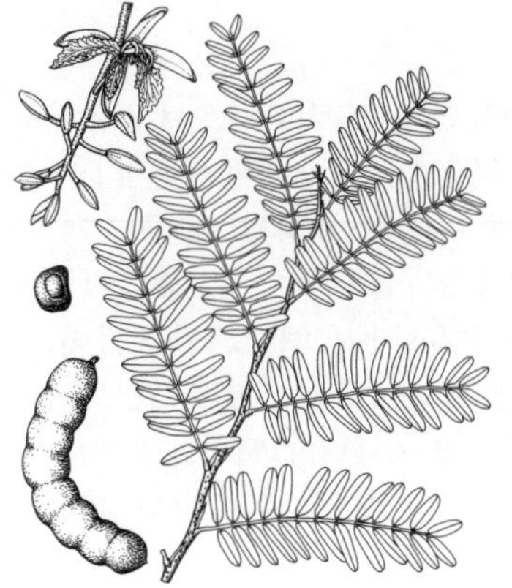

1635. タマリンド（チョウセンモダマ） 〔マメ科〕

Tamarindus indica L.

アフリカ原産で熱帯・亜熱帯に広く栽培される高木で，幹は太く，高さ 20 m になる．樹皮は暗灰色，不規則に縦方向に裂ける．葉は互生し偶数羽状複葉，小葉は無柄で多数つき楕円形，長さ 1.3〜2.8 cm，幅 5〜9 mm，無毛，基部は丸く，先端は丸いか凹型．花期は 3〜8 月，総状花序が葉のある新枝に頂生し，赤色を帯びた早落性の苞 1 枚と小苞 2 枚に包まれた蕾をつける．花は直径 3 cm 程度，ふつう上下が逆転しており，萼筒は約 7 mm，萼裂片は 4 個（まれに 5 個）で被針状楕円形，緑白色で反り返り，花弁は 5 個のうち 2 個は著しく退化し，他の 3 個は水平に広がり，狭倒卵形，縁は波うち，赤褐色の細脈がある．雄蕊は 3 個で長さ 1.2〜1.5 cm，基部は軟毛で被われ，約 7 mm の花糸の部分は無毛，雌蕊とともに花弁に向かって曲がり，葯は楕円形で，長さ約 2.5 mm．子房は円筒形，長さ約 8 mm，毛が生える．豆果は茶色で硬く，まっすぐか弓形，円筒状楕円形で不規則にくびれ，長さ 5〜14 cm．種子は 3〜14 個で，黒褐色，縁取り模様がある．果肉は酸味が強く，調味料として広く利用される．〔日本名〕タマリンドは英名 tamarind に由来し，英名はアラビア語 tamar hindi（=Indian date）（インドのナツメヤシ）に由来する．〔漢名〕酸豆．

1636. エンジュ 〔マメ科〕

Styphonolobium japonicum (L.) Schott（*Sophora japonica* L.）

中国の原産で古くから日本に渡来して，現在では公園，街路，人家に植えられている落葉高木で，高さ 15〜25 m ぐらいになる．幹は直立して分枝し，小枝は円柱形で緑色．葉は互生して葉柄をもった奇数羽状複葉，長さ 15〜25 cm．小葉は 4〜7 対つき，長楕円形あるいは長卵状楕円形，先端はやや鋭尖形，基部は円形でごく短い柄があり，上面は緑色，下面は白色をおび，短い柔毛がある．小形の托葉があるが早落性．夏から秋にかけて，梢の小枝の先に複総状花序を出して淡黄白色の蝶形花を多数つける．がくは鐘状で，ふちは歯状に浅く 5 裂し，短毛がある．旗弁は広心臓形で基部は細く尖って，短い爪となる．雄しべは 10，花糸は合着せず，長短不ぞろいである．豆果は長さ 2.5〜5 cm，中に 1〜4 個の種子を生じ，種子の間は狭くくびれて，肉質のじゅず状になって垂れ下がり中は粘る．種子は腎臓形で褐色．〔日本名〕エンジュは古名のエニスから転訛したものである．しかし恐らくエニスとはイヌエンジュのことであろう．それで牧野富太郎は本種にシナエンジュの名を与えたが，前川他（1961）から混乱を避けて旧にもどした．〔漢名〕槐．

1637. フ　ジ　キ（ヤマエンジュ）　〔マメ科〕

Cladrastis platycarpa (Maxim.) Makino

福島県以西の山中に生える落葉高木．幹は直立して高くそびえて分枝する．葉は奇数羽状複葉で互生し，長さ 20〜30 cm ぐらいになり，短い葉柄がある．小葉は互生して対にはならず，8〜13 枚，長楕円形または卵状長楕円形，先端は鋭尖形，基部は鈍形または円形，ふちは全縁，上面は主脈上にだけ細毛が生え，下面には細かい伏した毛があり，淡緑色．葉柄の基部はふくらんで中に葉芽を抱く．夏に梢の枝先から長さ 15〜25 cm ぐらいの複総状花序を出して，多数の白色の蝶形花をつける．花は美しく長さ 15 mm ぐらい．花柄にはがくとともに褐色の伏毛がある．がくは鐘形で上部は 5 裂し，雄しべは 10，合着しない．花が終わってから，平たく両側に翼のある長い豆果を生じ，通常熟しても裂けず，表面の網状脈は著しくない．中に 2〜3 個の種子を生ずる．種子は平たい長楕円形で褐色．〔日本名〕藤木は葉をフジの葉に見立てたもの．山槐は葉がエンジュやイヌエンジュの葉に似ているからついた．

1638. ユクノキ（ミヤマフジキ）　〔マメ科〕

Cladrastis sikokiana (Makino) Makino

関東以西，四国，九州の深山にまれに生える落葉高木で大木となる．枝は無毛でなめらかであるが，若い枝には褐色の綿毛がある．芽は葉柄の基部に包まれている．葉は長さ 20〜30 cm，小葉を 9〜11 枚ぐらいもった奇数羽状複葉で，長さ 2〜3 cm の短い葉柄がある．葉柄の基部はふくらんで中に白色毛でおおわれた腋芽を完全に包む．小葉は羽軸上に互生し，短柄がある．長楕円形で基部の上側は少しふくらんで，左右不相称となり，ゆがんだ円形または鈍形．下方の小葉は卵形，葉の先は鋭尖形でその先端は鈍形，全縁，下面は白色をおび，主脈上には毛がある．夏に枝先から葉よりも短い円錐状をした複総状花序を頂生し，やや密に白色の蝶形花をつける．花は長さ 2〜2.4 cm ぐらい，がくは鐘形で上部は歯状に浅く 5 裂し，短い軟毛がある．雄しべは 10，合着しない．花が終わってから平たいほとんど翼のない長い豆果を生じ，中に数個の種子を生ずる．豆果はふちがやや肥厚し，熟しても裂けない．〔日本名〕ユクノキは秩父地方のこの木の方言で恐らく花の白さを雪にたとえたものであろう．〔追記〕フジキとは葉の下面が白色をおび，下面の網状脈が隆起せず，豆果の両側に翼がないこと等の点で区別できる．

1639. ツクシムレスズメ　〔マメ科〕

Sophora franchetiana Dunn

中国と日本に分布し，日本では九州南部の照葉樹林内にわずかに見られる高さ 2〜3 m の低木．よく分枝し，褐色の伏した軟毛が密生し，のち無毛となる．葉は互生し，奇数羽状複葉である．小葉はふつう 5 対で，楕円形，先は鋭形で，長さ 2.5〜3 cm となり，洋紙質で，上面はほとんど毛がなく，下面は褐色の伏した毛が密生する．小托葉はない．5 月頃に，枝の先に総状の花序を出す．花序は長さ 5〜15 cm ほどである．花は白色．小苞はない．がくは幅広く，がく裂片はごく短い．翼弁は竜骨弁より長い．子房には毛がある．豆果は長さ 2.5〜5 cm で，表面は無毛，念珠状にくびれる．〔日本名〕筑紫群雀の意といわれる．

1640. ク　ラ　ラ　〔マメ科〕

Sophora flavescens Aiton

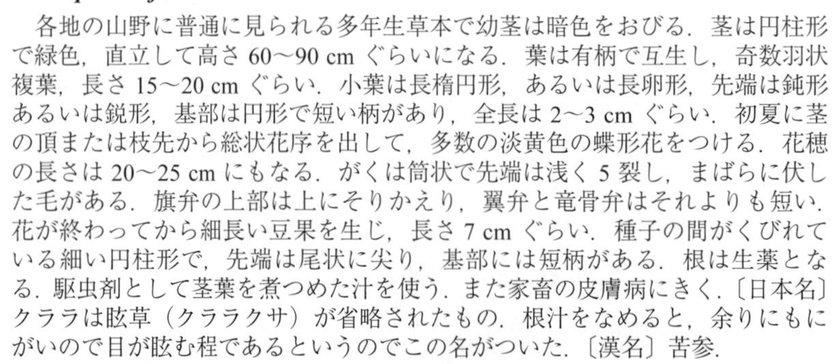

各地の山野に普通に見られる多年生草本で幼茎は暗色をおびる．茎は円柱形で緑色，直立して高さ 60〜90 cm ぐらいになる．葉は有柄で互生し，奇数羽状複葉，長さ 15〜20 cm ぐらい．小葉は長楕円形，あるいは長卵形，先端は鈍形あるいは鋭形，基部は円形で短い柄があり，全長は 2〜3 cm ぐらい．初夏に茎の頂または枝先から総状花序を出して，多数の淡黄色の蝶形花をつける．花穂の長さは 20〜25 cm にもなる．がくは筒状で先端は浅く 5 裂し，まばらに伏した毛がある．旗弁の上部は上にそりかえり，翼弁と竜骨弁はそれよりも短い．花が終わってから細長い豆果を生じ，長さ 7 cm ぐらい．種子の間がくびれている細い円柱形で，先端は尾状に尖り，基部には短柄がある．根は生薬となる．駆虫剤として茎葉を煮つめた汁を使う．また家畜の皮膚病にきく．〔日本名〕クララは眩草（クララクサ）が省略されたもの．根汁をなめると，余りにもにがいので目が眩む程であるというのでこの名がついた．〔漢名〕苦参．

1641. ムラサキクララ 〔マメ科〕

Sophora flavescens Aiton f. ***galegoides*** (Pall.) H.Ohashi

（*S. flavescens* f. *purpurascens* (Makino) Sugim., nom. nud.）

観賞品としてしばしば人家に植えられている多年生草本．茎葉の形はクララとほとんど同じであるが，花が暗紅色をおびる点で異なる1品種である．茎は直立して高さ90 cm内外，葉は短柄をもった奇数羽状複葉で互生し，小葉は10〜20対つき，長楕円形，長さ2〜3 cmぐらい．先端は鋭形，基部も鋭形で短柄がある．初夏に，茎の頂から総状花序を出し，多数の暗紅色をおびた蝶形花をつける．花序はやや大形で花には短い花柄がある．花の長さ15 mmぐらい．がくも大形で斜めにゆがんだ筒形で長さ7 mmぐらい，先端はごく低い歯状に5裂する．雄しべは10，子房には毛がある．花が終わってから，細い円柱形の，くびれのある豆果を生ずる．

1642. イソフジ 〔マメ科〕

Sophora tomentosa L.

熱帯の海岸に広く分布し，日本では琉球と小笠原の海岸にみられる低木で，高さ2 mぐらいになり，灰白色の毛が密生する．葉は互生し，奇数羽状複葉で，長さ15〜30 cm，5〜10対の小葉からなる．小葉はやや多肉質で，卵状楕円形または倒卵形，先は鈍形，基部は円形で，長さ2.5〜5 cm，幅1〜3 cm，上面はほぼ無毛，または毛があり，下面は密毛が生える．枝の先に総状または円錐状の花序を出す．花序は長さ5〜20 cmで，多数の花がつく．花は長さおよそ5 mmほどの柄があり，鮮黄色である．がくは広鐘形，先は斜切形となり，長さ6〜12 mmで，がく裂片はごく小さい．豆果は長さ10〜15 cmとなり，表面は灰色で，密毛が生え，数珠状にくびれる．種子は6〜8個つく．〔日本名〕磯藤で，海岸に生える藤の意．

1643. イヌエンジュ（オオエンジュ） 〔マメ科〕

Maackia amurensis Rupr. et Maxim.

（*M. amurensis* var. *buergeri* (Maxim.) C.K.Schneid.）

北海道から九州の山地に生え，時には人家に植えられている落葉高木で高さ9〜14mぐらい．幹は径60 cmにもなる．葉は有柄で互生し，3〜6対の小葉をもった奇数羽状複葉，中軸と小葉の裏面には細毛を密生し，特に若葉においては著しい．小葉は長さ6 cmぐらいの長楕円形，または卵形，先端はやや鋭尖形．基部は鈍形または円形，ごく短い柄がある．夏に小枝の先にさらに枝を分枝して総状花序をつけ，黄白色の小形の蝶形花を密集して開く．花は長さ10 mmぐらい．がくは鐘形，長さ5〜6 mm，毛を密生し，元来は浅く5裂するが，上側の2裂片が合着するので，4裂片となる．旗弁は広く，翼弁と竜骨弁は狭い．雄しべは10，下部は合着する．豆果は平たく，披針形または長楕円形，時には卵形．長さ6〜9 cm，幅8〜10 mm，はじめは伏毛があり，上側のふちには狭い翼があり，表面には網状脈があり熟すると裂ける．中に3〜6個の種子を生ずる．種子は平たくて褐色．〔日本名〕犬エンジュはエンジュすなわち槐に似ているが，品がないのでイヌと名付けた．山の人はこれを単にエンジュと呼ぶので，槐のエンジュと混同することがある．エンジュにエニスという古名があるところを見ると，いわゆるエンジュは昔から日本にあった本種のことであって，槐のエンジュのことではあるまい．〔漢名〕一般には檟槐があてられている．

1644. ハネミイヌエンジュ 〔マメ科〕

Maackia amurensis Rupr. et Maxim.（*M. floribunda* (Miq.) Takeda）

イヌエンジュのうち，中部地方以西に産する個体は，小葉が少し小さく数がやや多く，花が7〜10 mmでやや小さく（狭義のイヌエンジュでは9〜12 mm），豆果の上側の縫合線上の翼が幅1〜2 mmとやや広いことで別種ハネミノイヌエンジュとして区別されてきた．図はこの型を描いたものだが，実際には変異が多いため，両種は区別できない．〔日本名〕羽実犬槐の意味で，果実に翼があることに由来する．旧版の跳実犬槐は誤り．〔追記〕旧版では本種が台湾や中国にもあるとされたが，少なくとも台湾のものは別種 *M. taiwanensis* Hoshi et H.Ohashi である．

1645. シマエンジュ 〔マメ科〕

Maackia tashiroi (Yatabe) Makino

和歌山県，四国，九州，琉球の山地や海岸近くの林に生える落葉低木．高さ 2～3 m になり，よく分枝して広がる．小枝には伏した毛があり，折ると悪臭がする．葉は互生し，奇数羽状複葉で，5～7 対の対生する小葉からなり，長さ 15～20 cm，托葉がない．葉軸と小葉柄には毛がある．小葉は長楕円形または楕円形，両端は尖り，長さ 2～4 cm となり，やや革質で，裏面に短い伏した毛がある．小托葉はない．夏に枝先に円錐状または複総状の花序を出す．花序は 1～4 個の総状花序からなり，長さ 5～12 cm，褐色の毛が密生し，やや密に花がつく．花は短い柄があり，淡黄白色で，長さ 7 mm ほどである．がくは広鐘形，がく裂片は三角形で短い．旗弁は開花時にそりかえる．雄しべは 10 個で，多少とも合着する．豆果は長楕円形，長さ 1.5～4 cm，幅 1～1.2 cm，上側は狭い翼があり，裂開しない．種子は 1～3 個．〔日本名〕島槐の意で，最初奄美大島で発見されたことに由来する．

1646. ミヤマトベラ 〔マメ科〕

Euchresta japonica Hook.f. ex Regel

茨城県以西の暖かい地方の深山の林中に生える常緑性の小形低木で，高さ 30～60 cm ぐらい．根は多少肥厚する．茎は円柱形で直立し，基部はしばしば横に伏して，ひげ根を生ずる．葉は互生して長い葉柄をもった三出複葉．葉質は厚く深緑色でつやがあり，下面には微毛がある．小葉は長楕円形，全縁，長さ 5～7 cm ぐらい，先端も基部も円形で側小葉ではほとんど無柄．初夏の頃，茎の末端から頂生の総状花序を出し，白色の蝶形花を多数つける．花は長さ 1 cm ぐらい，がくは盃形で浅く歯状に凹凸が 5 個あり，細毛でおおわれる．花弁は細長く基部は細くなって尖り短い柄となる．雄しべは 10 本，上側の 1 本と，残り 9 本が 1 つに合体したものと，2 体となる．子房には長い柄がある．豆果は広楕円体でやや肉質．黒紫色に熟し，長さ 15 mm ぐらい．中に 1 個の種子が生じ，種子を播けばよく発芽する．〔日本名〕深山トベラ．深山に生えるトベラという意味で，小葉の形状がトベラ科のトベラの葉に色と光沢とが似ているからである．〔漢名〕山豆根．

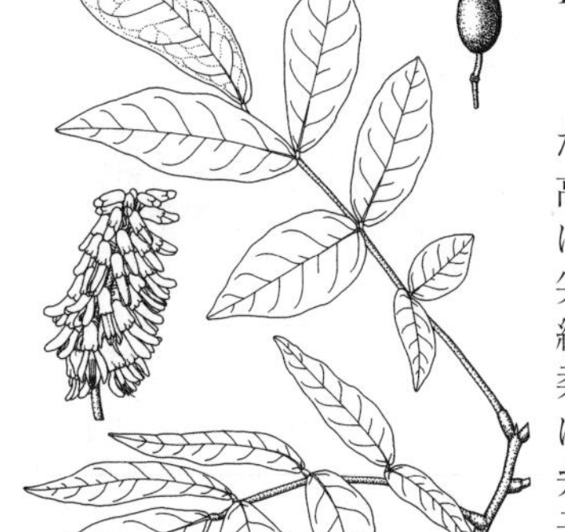

1647. タイワンミヤマトベラ 〔マメ科〕

Euchresta formosana (Hayata) Ohwi

台湾，フィリピンに分布し，日本では沖縄本島と西表島の低標高の湿った常緑林内にまれに自生する常緑低木で，全体緑色，茎は細く分枝は少なく，高さ 2 m に達する．葉は互生し，奇数羽状複葉で，5～9 小葉があり，小葉は狭倒卵形から狭楕円形，全縁，長さ 7～13 cm，幅 2～5 cm，鋭頭から鋭尖頭，表面は無毛，深緑色で光沢があり，裏面は灰色の短い伏毛が密生する．総状花序は頂生し，長さ 20 cm，直立し，密に小花がつき，花弁を除き短い柔毛が密生する．花期は 6 月．花柄は長さ 0.6～1 cm，苞は爪状で微細．萼は鐘形，5 裂し，基部は向軸側にふくらみ，長さ 7～8mm，幅 4～5 mm，花弁は白色，無毛，旗弁は先がくぼみ斜めに開出する．果実は花柄と同長の子房柄があり，本体は楕円形，長さ 1.8～2.2 cm，径 1～1.2 cm，果皮は膜質，液果で裂開せず，暗青紫色に熟し，種子が 1 個ある．

1648. センダイハギ 〔マメ科〕

Thermopsis fabacea (L.) DC.（*T. lupinoides* auct. non (L.) Link）

東北地方と北海道の海岸に生える多年生草本．茎は高さ 90 cm ぐらいになり，分枝しないか，または上部で少し分枝し，多少低い稜をもった淡緑色の円柱形．葉は互生して有柄の三出複葉．小葉は倒卵形あるいはやや菱形，先端は鈍形で，末端はわずかに凹み，基部は鋭形で無柄，ふちは全縁．上面は無毛で鮮緑色，下面には軟毛があって，白色をおびる．托葉は 1 対，大形の葉状で，卵形または卵状長楕円形，ほぼ葉柄と同長か，時にはそれよりも長い．春に茎の頂から総状花序を直立して，深黄色の美しい蝶形花を互生する．花柄はごく短く，卵状長楕円形の苞葉がある．がくは短い鐘形，先端は 5 裂し，上側の 2 裂片はほとんど合着して一体となる．旗弁は他の花弁よりも短く，翼弁は楕円形で竜骨弁を包む．雄しべは 10，ほぼ同長で合着しない．豆果は平たい線形で長さ 8 cm，幅 6～7 mm ぐらい，軟毛があり，中に茶褐色の平たい種子を 12～15 個ぐらい生ずる．〔日本名〕先代萩の意味で，本種は北地に見られ，宮城県の仙台も北方にあり，しかも歌舞伎十八番に仙台に関係のある先代萩という下題があるので，その名を採用したものであろう．要するに北地の萩とでもいう意味である．

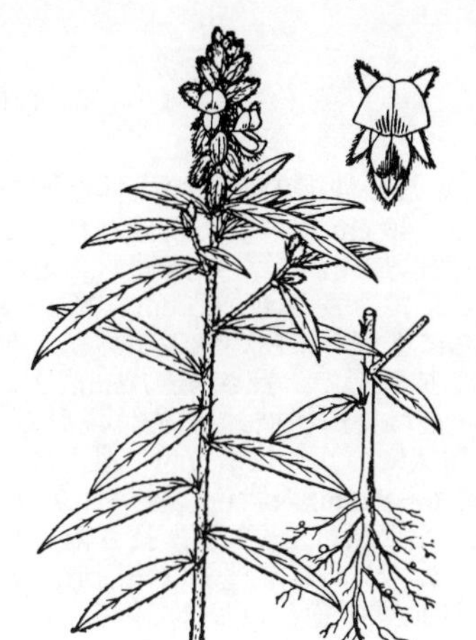

1649. タヌキマメ 〔マメ科〕

Crotalaria sessiliflora L.

東北地方の南部以南の原野に生える一年生草本．茎は高さ 20〜60 cm ぐらい．通常分枝しないで 1 本立ちする．葉は互生し線形または披針形，上面は深緑色で無毛，下面は茎とともに褐色で光沢のある細い毛を密生する．葉の先端は鋭尖形，基部は鋭形で無柄．1 対の小形の線形の托葉がある．夏から秋にかけて茎の頂に穂を出して多くの青紫色の蝶形花を密生する．がくは大形で深く 2 裂し，さらに上側のものは 2 裂，下側のものは 3 裂し，褐色で光沢のある毛を密に生じる．旗弁はほとんど円形，先端は凹む．翼弁は楕円形，竜骨弁は旗弁とほぼ同長．雄しべは 10，下側の 9 本は下部が合着して筒状となる．花柱ははなはだしく曲がる．豆果はふくらみ長楕円体．表面は無毛でなめらか，中に多数の種子を生ずる．〔日本名〕狸豆は褐毛の多いがくをタヌキに見立て，それに包まれた豆果に由来した名であろう．花を正面から見た様子がタヌキの顔のように見えるためともいわれるが，疑わしい．〔漢名〕野百合．

1650. キバナノハウチワマメ（ノボリフジ） 〔マメ科〕

Lupinus luteus L.

南ヨーロッパ原産の一年生草本で大正年間（1920 年前後）に日本に渡来して，現在では広く庭園に植えられ，また切花としても利用されている．茎は高さ 60 cm ぐらい，ほとんど分枝しないで 1 本直立する．葉は互生して茎の下部から多く生じ，10 枚ほどの小葉をもった掌状複葉で，長い葉柄がある．小葉は線状披針形か長楕円形，または倒披針形．先端は短く尖り，基部はくさび形でほとんど無柄．茎とともに白色の毛を密生する．初夏の頃，茎の頂端から，葉よりも高く直立した総状花序を出し，多数の黄色の蝶形花を幾層にも輪生する．花柄は短く花はほとんど花軸に接して芳香を放つ．がくの上部は 2 片となり下部は歯状に浅く 3 裂する．旗弁は卵形，翼弁と竜骨弁は細長い．豆果は平たい広線形で細毛を生じ，種子は大きく，灰色で光沢があり褐色の斑紋がある．〔日本名〕黄花ノ羽団扇豆という意味で掌状の葉を羽団扇に見立てたもの．昇り藤は花戸の呼び名であって，花穂が直立するのでこの名がついた．

1651. レ ダ マ 〔マメ科〕

Spartium junceum L.

地中海沿岸地方およびカナリー諸島の原産で，今から 300 年ほど前に日本に渡来して，観賞品として庭園に植えられている落葉低木で，高さ 3 m ぐらいになる．枝は長く上に向かって伸び緑色でまばらに葉をつけ，無葉の枝も多い．葉は互生し，小形で倒披針形あるいは線形，先端は鋭形，基部はくさび形でほとんど無柄．全縁で長さ 3 cm ぐらい．托葉はない．夏から秋にかけて，枝の先端に直立する総状花序をつけ，大きな黄色の蝶形花を数個まばらにつけ，芳香を放つ．がくの頂部は歯状に浅く 5 裂する．大形の旗弁をもち，竜骨弁の先端は鋭く尖る．さく果は長く 6 cm ぐらいになり細毛があり，多数の種子を生ずる．ヨーロッパでは昔野菜として利用し，また若い枝を編物細工の材料に用いる所もある．〔日本名〕レダマはポルトガル語とスペイン語の Retama から由来した名である．〔漢名〕一般には鷹爪と鶯織柳をあてているがともに誤りである．

1652. エ ニ シ ダ（エニスダ） 〔マメ科〕

Cytisus scoparius (L.) Link

（*Sarothamus scoparius* (L.) Wimm. ex W.D.J.Koch）

ヨーロッパ原産の落葉低木で，延宝年間（1673〜1681）に日本に渡来して，現在観賞品として庭園に植えられている．通常高さ 1.5 m ぐらいであるが，古木では 3 m にもなるものがある．枝は細くて緑色，葉は有柄で互生し，単葉または三出複葉．小葉は小形で，倒卵形あるいは倒披針形，先端は鋭形またはやや鈍形，基部は鈍形のくさび形で無柄，全縁で有毛．初夏の頃，葉腋から 1〜2 個の黄色の蝶形花を出し，花には短い花柄がある．がくは上下に 2 裂し，上裂片はさらに歯状に浅く 2 裂し，下裂片は浅く 3 裂する．旗弁は楕円形で頭部は凹み，雄しべは 10，長短あり，下部は合着して 1 体となる．花柱は永存性で後まで残り，上方に巻く．花が終わってから両縁に毛のある豆果を生じ，熟して黒色になり，果皮はねじれて裂ける．中に多数の種子を生ずる．翼弁に暗赤色のぼかしの入った園芸変種があり，ホホベニエニシダ ‘Andreanus’ という．〔日本名〕かつて本種が含まれていた *Genista* 属の名から由来したもの．

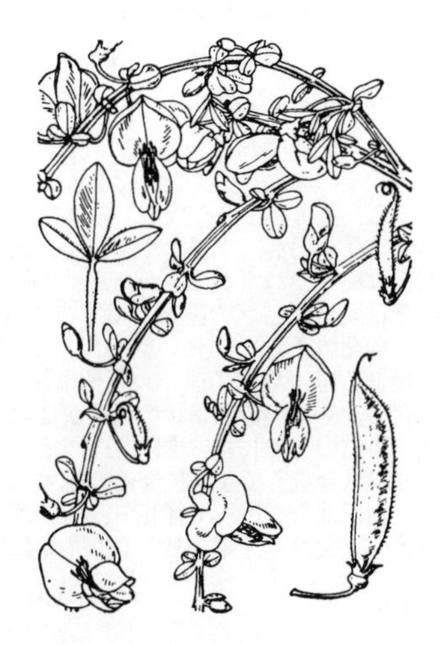

1653. スナジマメ 〔マメ科〕

Zornia cantoniensis Mohlenbr.

東南アジアの熱帯に分布し，日本では高知県と沖縄の海岸の松林などの砂地に生えるほふく性の多年草．茎は長さ 5〜40 cm で，よく枝分かれして広がる．葉は互生し，2 小葉からなる．小葉は長楕円形から披針形，先は鈍形から鋭形で，先端は尖り，基部はくさび形で，長さ 1〜1.5 cm，幅 2〜4 mm となり，上面はほぼ無毛で，下面とふちにまばらに白い軟毛があり，下面には腺点が散在する．托葉は楯状につき，披針形で，長さ 4〜7 mm，3〜5 脈がある．6 月頃苞に包まれた花序を出す．苞は楕円状披針形，先は鋭形で，長さ 6〜8 mm，幅 2〜3 mm，5 脈があり，楯状につく．花は黄色，長さ 8〜10 mm．がくは長さおよそ 3 mm．旗弁は長さ 6〜8 mm，淡紫色の脈が目立つ．豆果は扁平で，長さ 1〜2 cm，幅 2〜3 mm．小節果は 2〜7 個，長さ幅ともにおよそ 2 mm で，扁平な楕円形，有毛で，とげがある．種子は楕円形，褐色，長さ約 1.5 mm，幅約 1 mm．〔日本名〕砂地豆の意といわれている．

1654. シ タ ン（サンダルシタン） 〔マメ科〕

Pterocarpus santalinus L.f.

インド，ビルマに産する常緑の小形高木．高さ 7〜15 m ぐらい．葉は有柄で互生し，小葉は卵形または広楕円形，先端は凹むかまたはやや凸形で，基部は円形または鈍形，側小葉は短柄がある．濃緑色で上面には光沢があり，下面には伏した毛がある．茎の先端または葉腋から総状花序を直立して出し，10 数個の淡黄色，長さ 1 cm ぐらいの蝶形花を開く．花柄は短く，がく筒は鐘形，短毛を生じ先端は 5，歯状に切れ込み，花弁は基部は細くなって短い爪となり，竜骨弁の他はそりかえる．雄しべは 10．子房は有柄で有毛，柱頭は糸状．豆果は平たくほぼ円形，径 3〜4 cm ぐらい．まわりに広い翼があり，ふちは波状，基部は左右不同でゆがんでおり先端は側方にある．柄は長さ 1 cm ぐらい．中に 1 個の種子を生じ，種子は径 1 cm ぐらい．黒褐色無毛でなめらか．豆果は熟しても裂けない．辺材は白色，心材は黒紅紫色で材質はかたく，建築家具材として重用される．普通世間でいっている紫檀材は本種の他に，同属の他の種や同じマメ科に属する *Dalbergia* 属の心材を含んでいる．〔漢名〕紫檀．〔追記〕沖縄県石垣島にヤエヤマシタンと呼ばれる本属の植物をわずかに産する．これを旧版ではインドシタン *P. indicus* Willd. と同じとしたが，それとは異なるようである．

1655. ナンキンマメ（ラッカセイ，トウジンマメ） 〔マメ科〕

Arachis hypogaea L.

南米原産と考えられる一年生草本．江戸時代に日本に渡来した．茎は根元から分枝して横に伏して四方に広がる．長さ 60 cm ぐらい．先端部は斜上し，茎には毛が生える．葉は互生して長い葉柄をもち，2 対の小葉をもった偶数羽状複葉，小葉は倒卵形あるいは卵形，全縁で先端は円形で細いわずかな突起があり，基部は広いくさび形で無柄，鮮緑色である．托葉は非常に大きく，先端は長く伸びて尖る．夏から秋にかけて，葉腋に無柄の蝶形花をつけ，花の下の花柄状のものは，がく筒が長く伸びたものであり，上端にがく片，花弁と雄しべがつき，がく筒の底部に 1 個の子房がある．子房の頂から糸状の長い花柱が出て，がく筒の中を貫いて花の中に出る．子房の中の胚珠が受精して花がすんだ後は，子房の下の部分が長柄状に伸びて，子房を前方に押して，地下にもぐらせ，しまいには地中で豆果を実らせる．豆果はくびれた長楕円体，果皮は厚くてかたく，黄白色となり，隆起した網状脈があり，中に 1〜3 個の大きな種子を生ずる．種子は楕円体または長楕円体，赤褐色の種皮におおわれ，胚は黄白色で，子葉が肥厚して油を含み，食用となる．〔日本名〕南京豆，唐人豆は外来の豆であることを表わし，ラッカセイは漢名の落花生の音よみであり，より正しくはラッカショウとよむべきであった．〔漢名〕落花生．

1656. シバネム（シバクサネム） 〔マメ科〕

Smithia ciliata Royle

本州（紀伊半島，山口県），四国，九州の草原に生える一年生の草本．茎は円柱形，無毛でなめらか，高さ 40〜50 cm ぐらいになり，ジグザグに曲がり，節から小枝を分枝する．葉は長さ 2〜3 cm，短柄をもち 3〜9 対の小葉をもった偶数羽状複葉で互生し，小葉は長楕円形，上部がやや広く，先端は円形で，末端は 1 本のひげ状の毛で終わる，基部は鈍形でわずかに柄がある．下面は白色をおび，ふちには羽軸とともに粗毛がある．托葉は膜質で刀状の披針形で下方に耳があり中央部でつくので楯形である．秋に茎の上方の葉腋から，細長い柄を出して，短縮した総状花序をつけ，白色をおびたあい色の蝶形花を密集して開く．花柄は短く，基部に披針形の小形の苞葉が 1 枚ある．さらに花の近くに大形の葉状の苞葉が 2 枚つく．がくは唇状の 2 片で，上側のがく片には 2 個，下側のものには 3 個の歯状突起がある．ふちには粗毛がある．雄しべは 10，下側の 9 本は合着して 1 体になる．豆果は 2 枚のがく片の間にはさまれて生じ，約 7 節あって，節間はやや円形で径 1〜1.5 mm ぐらい．表面に乳頭状の突起がまばらにある．〔日本名〕芝合歓，芝草合歓．クサネムに似ていて，シバのように小形であるため．

1657. クサネム　〔マメ科〕

Aeschynomene indica L.

水田，池または河のほとりなどの湿地に多く生える一年生草本．高さ 60 cm ぐらい．茎は直立し，無毛でなめらかな緑色の円柱形で，やわらかく，上部は中空であるが，下部は軽い白色の髄組織で埋まる．まばらに分枝することがある．葉は互生して短柄があり，偶数羽状複葉でカワラケツメイの葉に似ているが，葉質はやわらかい．小葉は 20～30 対，互に接近してつき，長さ 6～9 mm の線状長楕円形，先端基部ともに円形でほとんど無柄，末端には微突起がある．下面は粉白色をおびる．托葉は披針形．膜質で先端は尖り葉柄の基部より少し上につき，長さ 7～12 mm．夏から秋にかけて，葉腋から短い花茎を出し，1～2 枚の葉を出した後，少数の黄色の小形蝶形花を，総状花序を作ってつける．花柄の基部には披針形の苞葉がある．花は長さ 1 cm ぐらい．がくは深く 2 裂し，さらに上裂片は 3 歯状に，下裂片は 2 歯状に浅く裂ける．花弁は落ちやすく，旗弁はほぼ円形．雄しべは 10，長短まじり，5 本ずつ合着する．豆果は線形，長さ 3～5 cm，幅 5 mm ぐらい，6～8 個の節があり，熟すると節ははなれて落ち，中にそれぞれ 1 個の種子がある．〔日本名〕草合歓の意味で，葉がネムの葉に似ていてしかも草本であるからである．〔漢名〕田皁角，合萌．

1658. エダウチクサネム　〔マメ科〕

Aeschynomene americana L.

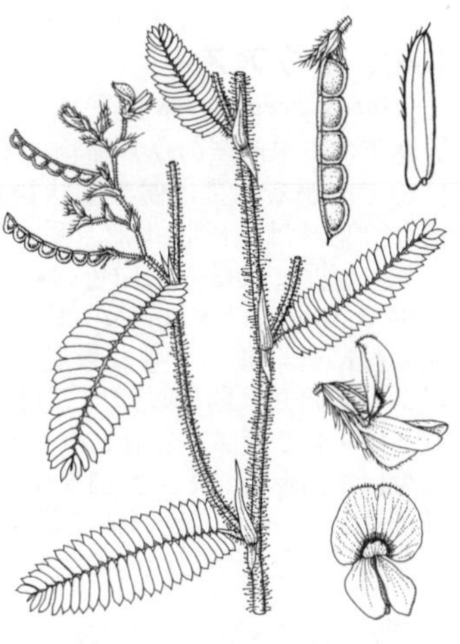

熱帯アメリカ原産の一年草で，外観は木本のように見え，琉球でも野生化している．主茎は直立し，高さ（0.4～）1.5～2 m，無毛，多数分枝し，枝は緑色で有毛，腺毛が混じる．托葉は被針形，長さ 10～12 mm，幅 1～3 mm，膜質で基部は耳形，鋭頭．葉は羽状複葉で長さ 3～7 cm，30～40 枚の小葉をつけ，小葉は線状楕円形で，長さ 8～10 mm，幅 2～4 mm，紙質，鋭頭あるいは棘状突起がある．花期および果期は 10～11 月．花序は腋生で総状，ゆるく分枝し，2～4 個の花がつく．苞は心臓形，膜質，小苞は線状卵形．萼は深く 2 裂する．花柄は糸状で短く，またはやや長く，花冠は白黄色から黄赤色で，旗弁の基部に向かって赤味が強まり，中央に黄色の蜜目標があり，長さ約 7 mm．豆果は楕円形，長さ 2.5～3 cm，幅 2.5～3 mm，草質から革質，半円状の 4～8 節からなり，背側は直線状に縫合し，腹側は深く切れ込む．小節果に 1 個の種子があり，ばらばらになって落ちる．種子は茶色，腎臓形．

1659. コマツナギ　〔マメ科〕

Indigofera bungeana Walp.（*I. pseudotinctoria* Matsum.）

至る所の原野，道端等に生える草本状の小形の低木．根はかたくて丈夫．幹は高さ 60～90 cm ぐらい，径 1.5 cm ぐらいになり，多数の枝を分枝し，枝は細長く緑色．葉は互生して，短い葉柄をもった奇数羽状複葉．小葉は 4～5 対ついて，長楕円形あるいは倒卵形，先端は円形で細い微突起があり，基部も円形でごく短い柄がある．長さ 1～1.5 cm で全縁，葉の両面には若枝とともに，やわらかい伏毛が多い．夏から秋にかけて，葉腋から花序柄を出し，長さ 3 cm ばかりの総状花序をつけ，紅紫色の美しい蝶形花を開く．花は長さ 5 mm，花柄はがくよりも短い．がくは筒状で，5 裂し，有毛である．花が終わってから，長さ 3 cm ぐらいの円柱形の豆果を生じ中に数個の種子を含む．〔日本名〕駒繋ぎという意味で，茎が丈夫なので馬をつなぐことさえできるという意味である．〔漢名〕馬棘．〔追記〕中国産のものは日本産よりも大形で直立し，高さ 3 m に達するが，葉や花には違いはない．近年道路工事後の緑化のために中国産の種子が日本国内各地に散布される．

1660. ニワフジ（イワフジ）　〔マメ科〕

Indigofera decora Lindl.

中部地方以西の山地の川岸等に自生する低木状の多年生草本．しばしば庭園に植えられている．茎は高さ 30～60 cm，細長い円柱形でかたく，まばらに分枝する枝もまた細長い．葉は奇数羽状複葉で互生し，やや長い葉柄がある．小葉は 3～5 対ついて，長楕円形，先端はやや鋭形で鋭い微突起があり，基部は鋭形または鈍形で短い柄がある．上面は鮮緑色で無毛，下面は白色をおび，白色の腹着の伏毛がまばらに生える．夏に葉腋から大形の総状花序を出し花序の長さ 15 cm ぐらい．紅色，時には白色の蝶形花を開く．花は長さ 15 mm ぐらい，がくは小形，旗弁は長楕円形．豆果は長さ 5 cm ぐらいの円柱形で熟すると 2 片に分裂する．〔日本名〕庭藤または岩藤の意味で，生育場所に由来した名である．〔漢名〕庭藤，胡豆．

1661. チョウセンニワフジ 〔マメ科〕

Indigofera kirilowii Maxim. ex Palib.

朝鮮半島，中国に自生する落葉性の半低木で，高さは 40〜60 cm ぐらい，日本ではまれに栽培されるが，九州北部には自生も知られている．茎はかたく束生し，直立または斜上し，枝をまばらに分枝する．葉は互生し，短い葉柄をもった奇数羽状複葉．小葉は 4〜5 対つき，楕円形または広卵形，先端は鈍形で，微突起がある．基部は円形または鈍形でごく短い柄がある．上面は淡緑色で光沢はなく，下面は白色をおびる．両面ともにまばらに伏した毛がある．托葉は早落性．初夏の頃，葉腋から長い総状花序を出して淡紅色の蝶形花をややまばらにつける．花序は葉よりも高く伸びるが，ニワフジよりもやや短い．花は長さ 1.5 cm ぐらい，がく裂片は小さな三角形で微毛がある．花が終わってから，円柱状の長い豆果を生ずる．〔日本名〕朝鮮庭藤の意味である．〔追記〕ニワフジとは，小葉が広卵形で幅広いこと，上面にも毛があること，葉柄が短いことなどによって区別される．

1662. トウアズキ 〔マメ科〕

Abrus precatorius L.

熱帯アジア原産のツル植物．茎は細く，白色の剛毛がまばらに生え，巻き付いて広がる．葉は偶数羽状複葉で，小葉は 8〜13 対が対性し，小葉枕があり，葉身は楕円状矩形，長さ 1〜2 cm，幅 0.4〜0.8 cm，質薄く，表面は無毛，裏面にまばらに白色の剛毛が生える．花期は 5〜6 月，偽総状花序は腋生で，長さ 3〜8 cm．花は小さく，長さ 10 mm 程度，房状のまとまりが花序軸に密に並ぶ．萼は鐘形で 4 歯があり，白色の剛毛が生える．花冠は淡紫色，旗弁は卵形鋭頭で三角形の爪があり，翼弁および竜骨弁は幅狭い．雄蕊は 9 本で下部は合着しボート状．雌蕊は雄蕊の半長で子房に毛が生える．豆果は楕円形で，長さ 2〜3.5 cm，幅 0.5〜1.5 cm，革質で，褐色となり裂開し，種子は 2〜6 個つき楕円体で長さ 5〜7 mm，光沢があり，基部は黒色，上部は鮮赤色，色が美しいので装飾に使われるが内部は有毒である．

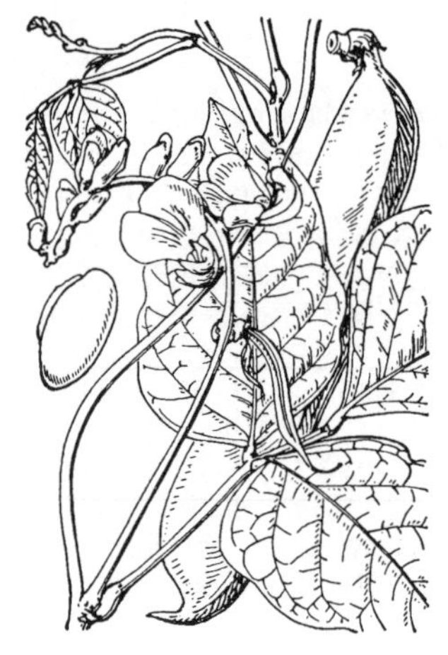

1663. ナタマメ（タテハキ） 〔マメ科〕

Canavalia gladiata (Jacq.) DC.

（*C. ensiformis* (L.) DC. var. *gladiata* (Jacq.) Makino）

アジア熱帯地方の原産で，昔から畑に栽培されている一年生のつる状草本．茎は緑色無毛で長く伸びる．葉は互生して長い柄をもった三出複葉で無毛．小葉は卵状長楕円形，先端は鋭形，末端には微突起がある．基部は円形あるいは頂小葉では鋭形または広いくさび形，長さ 10 cm ぐらいでごく短い柄がある．夏に葉腋から長い花序軸を出し，上部に，そりかえってやや垂れ下がる穂状の総状花序をつけ，淡紅紫色または白色の蝶形花を開く．穂は長さ 7 cm ぐらい．花はやや大形で，ごく短い柄があり，がくは鐘形で 2 片に裂け，旗弁は円形で上部はそりかえり先端は凹む．雄しべは 10，下側の 9 本は合着して 1 体となり，雌しべは 1．豆果は大きく長さ 30 cm，幅 5 cm ぐらい，平たく，弓形に曲がり，緑色で，背側の稜は太くて丈夫である．中に 10〜14 個の種子を生ずる．種子は平たく紅色または白色（シロナタマメ f. *alba* (Makino) H.Ohashi）で，細長いへそ（胚柄の落痕）はほとんど豆粒と同じ長さである．若い豆果は食べられる．〔日本名〕ナタマメは曲がった豆果の形を鉈（ナタ）に見立てたもの．タテハキは，タチハキともいい帯刀の意味で，豆果を太刀になぞらえたものであろう．〔漢名〕刀豆．

1664. タチナタマメ（ツルナシナタマメ） 〔マメ科〕

Canavalia ensiformis (L.) DC.

西インド原産といわれ，まれに畑に栽培される一年生草本．茎は無毛で直立あるいは斜上して，長さは 1 m ぐらい，葉は互生して長い葉柄をもった三出複葉で無毛．小葉は卵状長楕円形，先端は鋭形または鈍形，末端には微突起がある．基部は円形または鈍形でごく短い柄がある．夏に葉腋から長い花序軸を葉よりも高く出し，上部に総状花序を作って，短い柄をもったやや大形の淡紅紫色の蝶形花をつける．花は多数つき，やや下に傾いて開く．がくは鐘形で，2 片の唇状に裂け，雄しべは 10，下側の 9 本は合着して 1 体となり，雌しべは 1．豆果はナタマメよりも細く，種子は白色で小さく長さ 2 cm ぐらい，へそも短く，そのまわりだけが赤褐色をおびる．〔日本名〕立鉈豆でつるにならぬ立性のナタマメの意味である．

1665. ハマナタマメ　〔マメ科〕

Canavalia lineata (Thunb.) DC.

暖地の海辺に野生する丈夫な多年生草本．茎は砂地あるいは岩の上を横にはい，多くの葉を出して繁茂して，強くて折れにくい．葉は互生し，長い葉柄をもった三出複葉で，葉質は厚く緑色である．小葉は楕円形，頭部はやや円形で末端は急に短く尖って微突起となり，基部は広いくさび形でごく短い柄があり，全縁で長さ 6～10 cm ぐらい．夏から秋にかけて，葉腋から花序軸を出して，上部に穂状の総状花序をつけ，淡紅紫色の蝶形花を多数開き，ナタマメの花に似ている．花はやや大形で長さ 25～27 mm ぐらい．がくは緑色で紅色のぼかしが入り，鐘形で頂端は 5 裂し，上側の 2 裂片は大きく，下側の 3 裂片は小さい．旗弁は幅広く，先端は凹み，翼弁と竜骨弁は細長い．雄しべは 10，下側の 9 本は互いに合着する．雌しべは 1，子房は細長く，細毛がある．花柱は弓状に曲がって長い．豆果は大きく，長さ 6～9 cm の長楕円形でやや平たく，中に 2～5 個の種子を生ずる．種子は褐色で楕円形，長さ 15 mm ぐらい．へそは長い．〔日本名〕浜鉈豆の意味である．

1666. ハギカズラ　〔マメ科〕

Galactia tashiroi Maxim. f. ***tashiroi***

トカラ列島，奄美，琉球の海岸の岩場や草地に生えるつる性の多年草で，半木質化する地下茎がある．茎は細長く，密毛がある．葉は長さ 4～7 cm，3 小葉からなり，葉軸はほとんどない．小葉はごく短い有毛の柄があり，革質，楕円形または楕円状倒卵形で，ふちはすこし外曲し，先は円形またはややへこみ，基部は円形で，長さ 2～2.5 cm，幅 1.2～2 cm で，上面は無毛またはほとんど無毛，下面には灰白色の伏した軟毛が密生する．托葉は狭卵形，長さ 2～2.5 mm，先は鋭形である．5～8 月に葉腋から総状の花序を出す．花序は細長い柄があり，長さ 2～7 cm で，2～10 花をまばらにつける．花は長さ 1.5～3 mm の柄があり，淡紅紫色，長さ 13～15 mm である．小苞はがくの基部にあるが，しばしば花柄の上部につくことがある．がくは長さ 7～8 mm で，がく筒は長さ 2～3 mm である．がく裂片は狭披針形で，最下の裂片が最も長く 5 mm ほどで，密に伏した毛がある．竜骨弁は翼弁より長い．豆果は長さ 3～6 cm，幅 6～7 mm，両端は尖り，伏した白短毛がある．種子は 5～6 個．ヤエヤマハギカズラ f. *yaeyamensis* (Ohwi) H.Ohashi は葉の表面に伏した軟毛がある．

1667. デ　リ　ス　〔マメ科〕

Paraderris elliptica (Wall.) Adema（*Derris elliptica* (Roxb.) Benth.）

熱帯アジア原産といわれ，東南アジアで殺虫剤をつくるために栽培されている．日本でも大正時代から栽培され，現在では小笠原や琉球に野生状態で生える．木性のつる植物で，長さ 10 m になり，枝には皮目がある．根は長くのび，殺虫成分であるロテノンが多く含まれる．若枝，葉柄，葉軸には褐色の毛が密生する．葉は互生し，奇数羽状複葉で，長さ 20～35 cm，4～6 対の小葉からなる．小葉は楕円形から長倒卵形，先は鈍形または鋭形，基部は円形，長さ 7～15 cm で，下面には毛が密生する．葉腋から総状または複総状の花序を出す．花序は長さ 18～30 cm になり，枝には褐色の毛が密生する．花は 1 節に 1～3 個ずつつき，紅紫色または白色で，長さ 1～1.5 cm になる．がくは広鐘形で，長さおよそ 4 mm，褐色の毛が密生する．がく裂片は狭三角形で，ごく短い．旗弁は円形で，基部付近に 2 個の突起がある．翼弁と竜骨弁はほぼ同長で，長楕円形である．豆果は楕円形，長さおよそ 10 cm，幅 2.5 cm で，2～4 mm の翼がある．〔日本名〕ラテン語の属名の日本読みを和名とした．

1668. クロヨナ　〔マメ科〕

Pongamia pinnata (L.) Pierre（*Millettia pinnata* (L.) Panigrahi）

屋久島から琉球の海岸近くに生える高木で，高さ 10 m 以上に達し，枝は無毛である．葉は互生し，長さ 20～30 cm，対生する 2～3 対の小葉からなり，托葉は小さく，三角形である．小葉は広卵形から卵状楕円形，先は鋭尖形，基部は円形から鈍形で長さおよそ 1 cm の柄がある．ふちは全縁または若いときにやや波うち，長さ 6～15 cm，幅 4～9 cm，無毛，側脈は 6～7．上方の葉腋から総状の花序を出す．花序は長さ 15～20 cm で，多数の花をつける．花は帯紫色，淡紅色またはやや帯白色，長さ 1.5 cm ぐらいである．がくは広鐘形，長さおよそ 3 mm，幅およそ 5 mm，毛がある．旗弁は広卵形，基部には爪があり，背面は毛がある．翼弁は楕円形，基部には爪がある．竜骨弁の先は鈍形．子房はほとんど柄がなく，胚珠は 2 個つく．豆果は木質となり，扁平な楕円形，長さ 4～7 cm，幅 2～3 cm，厚さ 5～8 mm，上側の縫合線はややまっすぐで，下側の縫合線は彎曲し，先端はくちばし状に短く尖り，表面は無毛であるか，または伏した毛がある．種子は 1 個．〔日本名〕黒ヨナであるが「ヨナ」の意は不明．沖縄では同じマメ科のタシロマメ（1633 図）をシロヨナというのでこれに対応した名と考えられる．

1669. ホ　ド（ホドイモ）　〔マメ科〕

Apios fortunei Maxim.

各地の山野に生える多年生のつる性草本．地下に球形で表面が黄褐色，内部が白い塊根を生ずる．茎は細長くつる状に伸びて他物にからみつく．葉は互生し長い葉柄をもった羽状複葉で，3〜5 枚の小葉がある．小葉は卵形あるいは長卵形，先端は次第に細くなって鋭尖形，基部は円形または鈍形でごく短い柄があり，長さ 4〜8 cm で葉質はうすい．夏に葉腋から花序軸を出し，総状花序を作って，小形の蝶形花をつける．花はごく短い花柄をもち，緑黄色で紫色のぼかしが入り，長さ 6〜7 mm ぐらい．がくは鐘形で，頂端は歯状に 5 裂し，上側の 2 歯は合着し下側の 3 歯は三角形．旗弁は幅広く，上部はややそりかえって立ち，翼弁は極めて小形で，末端は紅紫色．竜骨弁はねじれている．雄しべは 10，下側の 9 本は合着して 1 体となり，雄しべ雌しべともに下側に曲がる．豆果は長さ 5 cm ぐらい．地中にある塊根は焼いて食べられる．〔日本名〕塊，あるいは塊芋の意味で，塊（ホド）状の根をもつからである，〔漢名〕土圞兒．また九子羊，山紅豆花等ともいう．

1670. トビカズラ　〔マメ科〕

Mucuna sempervirens Hemsl.

中国中部に分布し，日本では熊本県山鹿市の相良観音の境内の林中にだけ見られる常緑の木性つる植物で，茎の直径 40 cm ぐらいになる．小枝は無毛で，有柄の三出複葉を互生し，小葉は長楕円形，先端は急に細くなって鋭尖形，基部は円形で，ごく短い柄があり，葉質は革質，全縁，上面は深緑色で光沢があり，長さ 7〜14 cm ぐらい，側小葉は基部が左右不同でゆがんだ円形となる．5 月頃，幹上から垂れ下がる総状花序を出して，長さ 7 cm ぐらいの暗紫色の花を 10 数個つける．小花柄は長さ 1.5 cm ぐらい．がくは筒形，筒部は広く短く，外面には短毛がある．旗弁は卵形で，ややそりかえって直立し，翼弁は長楕円形で真直に伸び，基部は淡色．竜骨弁は刀剣状にそりかえり軟骨質，翼弁よりも長い．〔日本名〕トビカズラは遠方からこの植物が飛んで来たという古い伝説に由来した名である．〔漢名〕油麻藤．〔追記〕最近，長崎県九十九島からも本種が報告された．

1671. ウジルカンダ（イルカンダ）　〔マメ科〕

Mucuna macrocarpa Wall.

九州南部から琉球の林内に見られる常緑の木性つる植物．小枝は稜があり，若いときは下向きの圧毛を散生する．葉は互生し，3 小葉からなり，洋紙質，長さおよそ 10 cm の葉柄がある．頂小葉は卵状長楕円形，先はやや尾状に尖り，基部は円形，長さ 8〜13 cm，幅 4〜7.5 cm，側脈は 4〜6 対，上面は無毛，下面は短い圧剛毛が散生し，網状脈はわずかにもりあがる．側小葉は斜卵状披針形で，長さおよそ 9 mm の柄がある．初夏の頃，幹や枝から総状の花序を出す．花序は，垂れ下がり，長さ 10〜30 cm，褐色の短い圧毛が密生し，多数の花がつく．花は長さ 9〜15 mm の柄があり，長さ 5〜7 cm．がくは長さ 1〜1.2 cm，全体に褐色の剛毛が密生し，外側には長さおよそ 1 mm の毛がまじる．側裂片は三角状卵形，長さ 4〜5 mm．旗弁は帯緑色，円状卵形，長さ 3〜3.5 cm，上縁には毛がある．翼弁は赤紫色，長さ 4〜5.5 cm，狭長楕円形，竜骨弁より短い．竜骨弁は下部は紅白色，上部は帯緑色，倒披針形，先はくちばし状に尖り，長さ 5〜6.5 cm．子房には褐色の微毛がある．豆果は長楕円形，長さ 20 cm 以上，幅およそ 3 cm，微毛があり，上下両側に翼はなく，種子の間でくびれない．種子は 5〜8 個．

1672. ワニグチモダマ　〔マメ科〕

Mucuna gigantea (Willd.) DC.

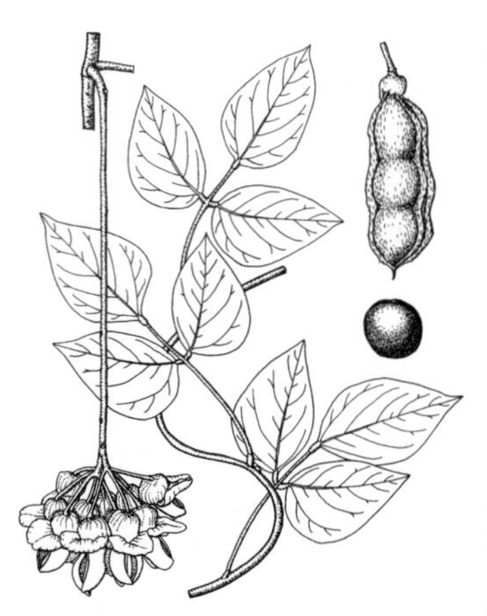

東南アジアから太平洋諸島，オーストラリア，インドにかけて，また中国海南島と琉球，小笠原にも分布する大型の常緑木性つる植物．海岸沿いなどの林内，林縁に生育する．茎は無毛．葉は 3 小葉に分かれ，葉柄は 6〜14 cm，托葉は線形，長さ 3〜5 mm，葉身は薄い紙質，無毛あるいは短い伏毛がまばらに生え，頂小葉は楕円状卵形，時に菱形あるいは卵形，長さ 7〜11 cm，基部は円形あるいはわずかに心臓形，4〜6 対の側脈が明らか．花期は 3 月．花序は垂れ下がる散房花序で，花序柄の長さ 8〜25 cm，花数は 30 個に達する．花は白色で，淡黄緑色を帯び，長さ 3〜4 cm，萼は細軟毛および早落性で刺激性の剛毛が生え，萼筒は長さ 8〜12 mm，幅 11〜15 mm，裂片は短く幅広い．旗弁はやや反り返り，翼弁は強く湾曲して竜骨弁を抱き，竜骨弁は圧着して鋭く尖る．豆果は楕円形で扁平，狭い翼に囲まれ長さ 7〜14 cm，細かい毛および刺激性のある剛毛が生え，後に無毛．種子は 1〜3 個，広楕円形，へそは種子の外周の 2 / 3〜3 / 4 を占める．

1673. ハッショウマメ 〔マメ科〕

Mucuna pruriens (L.) DC. var. ***utilis*** (Wall. ex Wight) Baker ex Burck

熱帯アジア原産と考えられ，広く栽培されている．日本でも古くから食用や家畜の飼料，緑肥として栽培されていたが，最近はほとんど見られない．つる性の一年草で，茎は長く数 m に達し，他のものに巻きついてのびる．葉は互生し，3 小葉からなる．頂小葉はしばしば明らかに側小葉より小さく，長さ 6.5〜15 cm，幅 4.5〜10 cm である．夏から秋にかけて，葉腋から下向きの総状の花序を出す．花は黒紫色または白色をおび，長さ 3〜4 cm．旗弁は翼弁と竜骨弁より短く，翼弁は竜骨弁よりやや短い．豆果は十数本が房になって垂れ下がり，線形で，多少 S 字形に曲がり，長さおよそ 10 cm で，表面に白色の粗毛が密生し，完熟すれば黒色となり，裂開しない．種子は扁平，灰白色，橙色，黒色，または斑がはいる．若い莢，若い種子または成熟した種子を食用とする．〔日本名〕豆の収穫が多く，1 本から 8 升もの豆がとれるからといわれる．また，八丈島を経て伝わったので，八丈豆が正しいという説もある．

1674. ミヤギノハギ 〔マメ科〕

Lespedeza thunbergii (DC.) Nakai subsp. ***thunbergii*** f. ***thunbergii***

人家に植えられる落葉性のやや草本状の低木．茎は束生し上部はそりかえって曲がり，花が咲く頃には枝先がしばしば地につくようになる．高さ 1〜1.5 m ぐらい，全株に絹状の伏毛があり，茎は汚紫色をおびるものがある．葉は互生して葉柄をもった三出複葉．小葉は楕円形，両端とも次第に細くなって鋭形，上面は深緑色で無毛，下面は淡緑色で毛が多い．通常 9 月に入って，梢の小枝上の葉腋から総状花序を出し，美しい花を多数つける．花期は長くその花序軸は著しく伸びる．がくは深く 5 裂し，裂片は披針形で先端は尖る．旗弁は楕円形で強く外側にそりかえり，紅紫色であるが，翼弁は濃色，竜骨弁は翼弁よりも長く紅紫色で鎌状に曲がる．雄しべは 10 本．豆果は広楕円形で細毛があり，中に 1 個の種子を生じ，熟しても裂けない．しかし種子の実るものは少ない．〔日本名〕宮城野萩の意．萩の産地として名高い宮城野（仙台市内）にあやかって名付けられたものであるが，宮城野にはツクシハギがあり，本種の野生はない．本種はケハギ（1677 図）に最も似ているが，起源に関しては未だ定説はない．

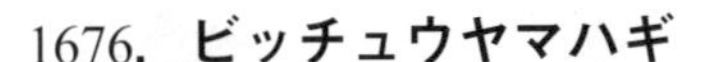

1675. シラハギ 〔マメ科〕

Lespedeza thunbergii (DC.) Nakai subsp. ***thunbergii*** f. ***alba*** (Nakai) H. et K.Ohashi（*L. japonica* L.H.Bailey）

古くから人家に植えられている落葉性の草本状低木．高さ 1.5 m ぐらいになり，茎は根元から束生し，多少しだれて大きな株となる．ふつう茎は冬になるとほとんど根元まで枯れる．葉は長柄をもった三出複葉．小葉は楕円形で先端はやや鋭形，基部は鈍形，側小葉はほとんど無柄，上面は深緑色でふつう虫眼鏡で見える程度の伏した微毛がある．花は白色．花が紅紫色，旗弁が円形のものはニシキハギ‘Nipponica’という．花が白色と紅紫色のまじりとなったり，また 1 株に白色の花と紅紫色の花をつけるものはソメワケハギ‘Versicolor’という．〔追記〕本種はビッチュウヤマハギ（1676 図）をもとに，他の複数の種との交雑によってできたものと考えられている．

1676. ビッチュウヤマハギ 〔マメ科〕

Lespedeza thunbergii (DC.) Nakai subsp. ***thunbergii*** f. ***angustifolia*** (Nakai) Ohwi（*L. formosa* (Vogel) Koehne subsp. *velutina* (Nakai) S.Akiyama et H.Ohba）

日本では本州中部以西，九州の日当たりのよい道ばた，草地に生える落葉低木．高さ 0.5〜2 m になり，茎は直立するかまたは基部より分枝する．枝や茎の基部近くに冬芽をつくり，先の方は冬季に枯れる．葉は 3 小葉からなり，托葉は褐色，線状三角形，長さ 2〜7 mm，残存する．頂小葉は楕円形から卵形，先は鈍形または鋭形．基部は円形またはくさび形で，長さ 2〜6 cm，幅 1.5〜3.5 cm，上面は長さ 0.1〜0.15 mm の短毛が密生し，下面は伏した毛がある．8〜10 月に葉腋から総状の花序を出し，花序は長さ 4〜15 cm，1 節に 2 個ずつ花がつく．花は長さ 10〜14 mm．がくは鐘形，長さ 3.9〜4.4 mm．がく裂片はがく筒より長く，上側の 2 裂片は合着がすすみ，最下のものが最長で，三角状披針形，先は鋭形．旗弁は竜骨弁とほぼ同長かやや長く，紅紫色，基部には爪があり，基部付近の耳状突起は小さく，開花時には基部付近よりそりかえる．翼弁は最も短く，濃紅紫色．竜骨弁は紅紫色．豆果は扁平な広楕円形，長さ 7〜8 mm，幅 4〜5 mm，密にまたはまばらに毛があり，熟しても裂開しない．種子は 1 個．〔日本名〕備中山萩の意で，最初備中国（岡山県）から記載されたことに由来する．

1677. ケ　ハ　ギ　〔マメ科〕

Lespedeza thunbergii (DC.) Nakai subsp. ***patens*** (Nakai) H.Ohashi
（*L. patens* Nakai）

本州日本海側の多雪地の日当たりのよい所に生える多年生の大形草本．高さ1～1.5 m ぐらい．茎は角張り下部は木化するが，地上部の大部分は毎年枯れる．枝は多く分枝して直立するもの，しだれるもの等いろいろである．茎と枝には立毛のあるものから，全く伏した毛しかないものまで，種々変異がある．葉は三出複葉，茎の下部につくものは長柄をもつが，小枝上のものは短柄をもつ．小葉は狭い楕円形から，ほとんど円形に近いものまで，いろいろに変化し，長さ3.5～9 cm ぐらい，先端は鋭形または鈍形，基部は鈍形，薄い膜状の草質で淡緑色．花は早いもので5月に咲くが，たいていは夏から初秋に開き，花の色は濃紅紫色（竜骨弁は紅紫色）である．時には人家に植えられる．〔日本名〕毛萩の意味で，本種のタイプが立毛が多い個体であったことに基づく．〔追記〕ミヤギノハギに似るが，旗弁が長楕円形ではなく，円形に近い楕円形～倒卵形となる傾向がある．

1678. ツクシハギ　〔マメ科〕

Lespedeza homoloba Nakai

日本に固有で，本州（岩手県以南），四国，九州の日当たりのよい林縁，道ばた，またやや日陰のところにも生える落葉低木で高さ1.5～2.5 m になる．茎は直立し，高さ0.5～1 m，径1～3（～5）cm になり，上方でよく分枝する．枝の基部近くに冬芽をつくり，先の方は冬季に枯れる．葉は3小葉からなり，ときに赤味をおびる．托葉は褐色，線状三角形，長さ2～7 mm で，残存する．頂小葉は楕円形から卵形，先は鈍形または微凹形，基部は円形で，長さ2～6 cm，幅1.5～3.5 cm となり，上面はほぼ無毛，下面は伏した短毛がある．8～10月に葉腋から総状の花序をだす．花序は長さ9～15 cm，1節に2個ずつ花がつく．花は長さ9～14 mm．がくは筒状，長さ3.6～4.4 mm．がく裂片はほぼ同形，がく筒より短いかまたはほぼ同長で，広楕円形から楕円形，先は鈍形または鋭形となる．旗弁は竜骨弁より短いかほぼ同長，淡紅紫色，基部付近に顕著な耳状突起があり，開花時には基部付近よりそりかえる．翼弁は最も短く，濃紅紫色．竜骨弁は旗弁より白味をおびた淡紅紫色．豆果は扁平な円形から広楕円形，長さ5～7 mm，幅4～5 mm，熟しても裂開しない．種子は1個．〔日本名〕筑紫萩の意である．

1679. ヤマハギ　〔マメ科〕

Lespedeza bicolor Turcz.（*L. bicolor* var. *japonica* Nakai）

各地の山地に広く分布して生える落葉性低木．高さ2 m 内外．多くの細い枝を分枝し枝には短い微毛がある．葉は互生して1～5 cm ほどの細長い葉柄をもった三出複葉で，小葉は広楕円形または広倒卵形，先端は円形～鋭形，あるいは多少凹む．基部は円形でごく短い柄がある．上面にははじめ微毛があるが後には無毛となることもあり緑色，下面には短い微毛がある．夏から秋に梢の頂部の小枝の葉腋から多数の長い総状花序を出し，紅紫色の花をつける．がくは中央部まで深く4裂し，上側の裂片は全縁かあるいは浅く2裂する．花弁は長さ約1 cm．翼弁の色は濃く，ほぼ竜骨弁と同長，竜骨弁は多少内側に曲がって，先端は鈍形．豆果は平たい楕円形，熟しても裂けない．中に1個の種子を生ずる．〔日本名〕ハギは生え芽（キ）という意味で古い株から芽を出すのでこの名がついた．昔はハギを芽子と書きまた芳宜草とも鹿鳴草とも書いた．萩という字は日本字で，本種が秋に花を咲かせるので，草冠りに秋と書いて，ハギとよませた．したがって，漢名ではない．〔漢名〕胡枝子．

1680. マルバハギ　〔マメ科〕

Lespedeza cyrtobotrya Miq.

各地の山野に生える落葉低木で，高さ2 m ぐらいになる．多くの枝を分枝し，枝は伸びて開出し，垂れ下がり，あるいは直立する．縦に稜線が走り，白い短毛がある．葉は互生し，有柄の三出複葉．小葉は楕円形，円形，倒卵形等であり，先端は円形，やや切形，またはやや凹む．基部は円形または鈍形．側小葉はほとんど無柄，裏面には短毛が多く生え淡白色となる．葉柄は茎上の葉では長いが，枝上の葉では短く，白い短毛が生える．夏から秋に葉よりも短い総状花序を葉腋から出し，紅紫色の旗弁，濃紫色の翼弁，淡紫紅色の竜骨弁をもった蝶形花を密集して開く．がくは中央部まで深く4裂し，多少毛が生え裂片は披針形で先はかたくなり針状に尖る．雄しべは10本で下側の9本は基部で合着する．豆果は平たい楕円形で熟しても割れず，中に1個の種子がある．〔日本名〕円葉萩の意味．ヤマハギとは花序が基部の葉よりも短いこと，がく裂片がかたく針状に尖ること，翼弁が竜骨弁より長いことによって区別できる．

1681. キ ハ ギ 〔マメ科〕

Lespedeza buergeri Miq.

各地の日当たりのよい山野に生える落葉低木．高さ 1.5〜2 m 以上にもなり，幹の直径は 4 cm にもなることがある．枝には微毛が密生する．葉は左右に互生し毛を密生する葉柄をもった三出複葉．小葉は長卵形あるいは長楕円形，先端は鋭形または鈍形，基部は鈍形または鋭形．側小葉はほとんど無柄，ふちは全縁，裏面は白色をおび，絹毛がある．托葉は細くて長い．夏から秋に葉腋から 1〜3 個の総状花序を出し，蝶形花をつける．花序はほとんど無柄，花柄の基部に小形の苞葉がある．がくは 4 裂し，裂片は卵形，上側の裂片は浅く 2 裂する．先端は尖るが軟らかく，針状にはならない．花弁は長さ 8〜10 mm，旗弁は淡黄色で基部付近に紫斑があり，翼弁は紅紫色，竜骨弁は淡黄白色．花が終わってから，長楕円形の豆果を生じ，表面には細毛と網状脈があり，中に楕円形で平たい種子を 1 個生ずる．〔日本名〕木萩の意味である．対馬，朝鮮半島にあるチョウセンキハギ *L. maximowiczii* C.K.Schneid. はがく片の先がかたく針状に尖り，花は紅紫色であるので区別される．

1682. マキエハギ 〔マメ科〕

Lespedeza virgata (Thunb.) DC.

草地あるいは松林等に生える多年生草本あるいは半低木，茎は高さ 30〜60 cm，多少束生して，広がって立つ．多少分枝し，枝は細く，稜が走り，角張っており，紫色をおび多少毛がある．葉は互生し，有柄の三出複葉，小葉は短い柄をもち長楕円形，先端は円形で，頂部に 1 本の剛毛があり，時にはやや鈍形あるいは凹むこともある．基部は円形，裏面には短毛がある．秋の初め頃，葉腋から毛のように細長い花序柄を出し，その上部に少数の花をつける．花は開放花と閉鎖花がある．開放花は通常 2 個ならび，白色の蝶形花で，旗弁の基部付近には赤斑があり，がくは基部の近くまで深く 4 裂する．竜骨弁は真直に立ち先端は円形．豆果は楕円形で上下両端とも尖り，熟しても割れず，毛はないが網状脈がある．中に 1 個の種子を生じる．閉鎖果もつける．〔日本名〕蒔絵萩は，細い花柄が直線的にのびている有様が蒔絵の筆法を思わせるので名付けられたもの．

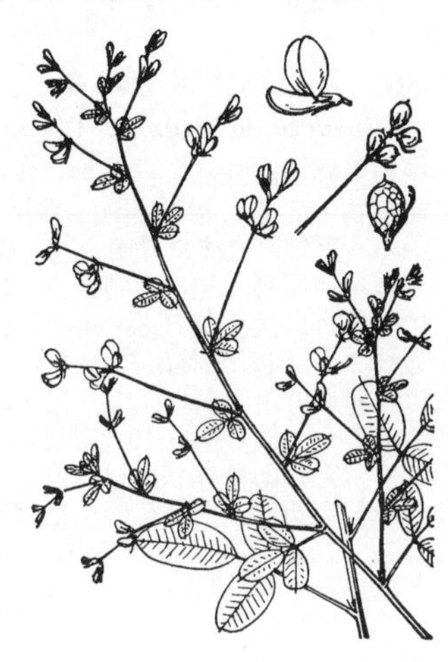

1683. ネ コ ハ ギ 〔マメ科〕

Lespedeza pilosa (Thunb.) Siebold et Zucc.

各地の日当たりのよい草地や畑地に生える多年生草本．茎は細い針金状で地面をはって広がり，長さ 30〜60 cm にもなり葉とともに細毛を密生する．葉は互生して短い葉柄をもった三出複葉．小葉は長さ 1〜2 cm ぐらい，広楕円形または円状楕円形，先端は円形またはわずかに凹み，基部は円形，ごく短い柄がある．両面とも短毛がある．夏から秋にかけて葉腋から短柄をもった，あるいは無柄の花序を出し，2〜6 個の花を密集してつける．花は白色の小形蝶形花，旗弁の基部は紫色をおびる．がくは深く 5 裂して長毛があり，裂片は長く尖って 3〜5 本の脈が走る．上側の裂片はさらに深く 2 裂する．花弁は長さ 6〜8 mm ぐらい．豆果は円卵形，長毛と網状脈とがある．中に種子を 1 個生ずる．開放花よりも閉鎖花の方がよく実る．〔日本名〕猫萩は同属中のイヌハギに対する名で，全株に毛が多く生えているからであろう．〔漢名〕鐵馬鞭．

1684. イ ヌ ハ ギ 〔マメ科〕

Lespedeza tomentosa (Thunb.) Siebold ex Maxim.（*L. villosa* Pers.）

山原あるいは海に近い砂地に生える多年生草本で，しばしば半ば低木状となり，根は木質となる．茎は直立して高さ 60〜90 cm ぐらい．葉は互生し，短い葉柄をもった三出複葉，小葉は楕円形または長楕円形，両端とも円形，上面は緑色で微毛がある．下面は白色をおび，葉柄や茎とともに，褐色の縮れた毛を生じ，主脈と支脈は明らかに隆起する．夏に，枝の頂部の葉腋から，長い総状花序を出して，多数の白色の蝶形花をつける．花序には長い有毛の柄がある．がくは 5 裂し下側の 3 裂片は細長く線状に尖り，上の 2 裂片は短く，全体に褐色の縮れた毛がある．花は長さ 7〜8 mm，旗弁の先端は尖り，中央に赤い線が走る．開放花はほとんど結実しないが，閉鎖花は総状花序の基部ときには先端に生じ，無柄，雄しべの痕跡があり，よく結実する．豆果は円形，網状脈と密毛がある．〔日本名〕犬萩の意味で，ハギに比べて花は小形，植物体は多毛のため，観賞の価値がないので，イヌハギと名付けたものであろう．〔漢名〕山豆花．

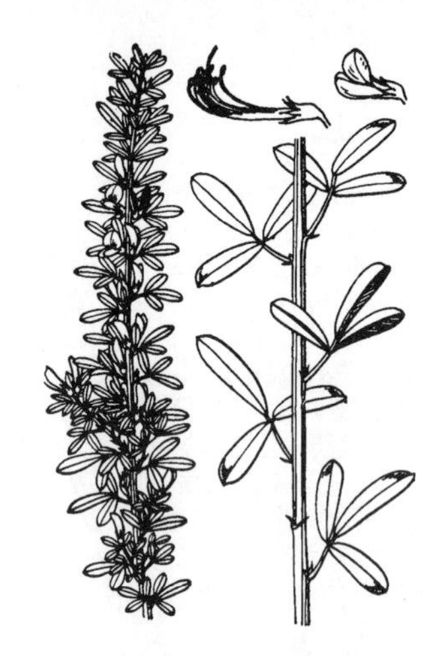

1685. メドハギ 〔マメ科〕

Lespedeza cuneata (Dum.Cours.) G.Don

各地の原野に普通の多年生草本で半ば低木状になる．茎は直立し，高さ 60〜90 cm ぐらい．葉は互生し，3 小葉の複葉．小葉は線状のくさび形，先端は切形または凹み，基部はくさび形，側小葉ではほとんど無柄．裏面には絹毛がある．夏に葉腋から少数の小形の蝶形花をやや散形につける．がくは深く 5 裂し，長さ 2〜3 mm, 裂片は披針形で毛でおおわれる．花弁は長さ 7 mm ぐらい，白色，旗弁の中央部は紫色である．雄しべは 10，下側の 9 本は基部で合着する．豆果はレンズ形で網状脈は著しく，微毛があり，中に 1 個の種子がある．〔日本名〕目処萩の意味で筮（メドギ）萩が省略されたものである．中国の蓍になぞらえて，本種の茎をとって占いの筮竹の代用品として用いたという．〔漢名〕鉄掃箒．〔追記〕土木工事後の緑化に中国原産のメドハギ近似種が各地で播種されている．次種アカバナメドハギやオオバメドハギ *L. davurica* (Laxm.) Schindl.，カラメドハギ *L. inschanica* (Maxim.) Schindl. などがあり，同定には注意が必要である．

1686. アカバナメドハギ 〔マメ科〕

Lespedeza lichiyuniae T.Nemoto, H.Ohashi et T.Itoh

中国中部の内陸部に自生する多年生草本．土木工事後の緑化に他の中国産ハギ属植物とともに播種され，本州（愛知県，島根県），四国でまれに野生化している．茎は直立または斜上し，高さ 50〜120 cm．葉は互生し，3 小葉の複葉．小葉は狭倒卵形，先端は鈍形または切形で基部はくさび形，上面は無毛，下面にはやや密に伏毛がある．夏に葉腋から短い花序を出し，1〜2 mm の短い花柄をもつ 2〜4 個の蝶形花をつける．がくは深く 5 裂し，軟毛があり 3〜4mm，裂片は狭卵形で 1 脈が目立つ．花弁は 7〜7.5 mm, 淡赤紫色，旗弁の中央部は濃赤紫色である．雄しべは 10，下側の 9 本は基部で合着する．開放花の豆果は楕円形で，密毛があり網状脈は目立たず，がくよりもわずかに長いか同等，中に 1 個の種子がある．閉鎖花の豆果は円形または広楕円形で密毛があり，がくよりも著しく長い．〔日本名〕葉の形はメドハギに似るが，花色が赤紫色で異なることによる．〔中国名〕紅花截葉鉄掃箒．

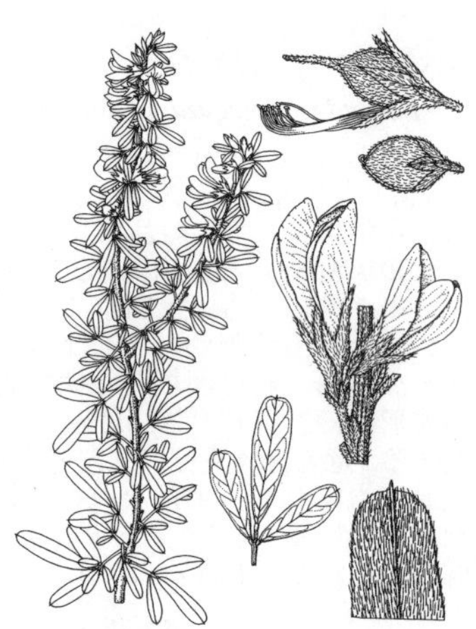

1687. シベリアメドハギ 〔マメ科〕

Lespedeza juncea (L.f.) Pers.

北海道と本州の原野，河川敷にまれに生える多年生草本．最近，本州と四国の造成地などで中国から導入された種子由来の個体も確認されている．茎は直立し，高さ 50〜90 cm ぐらいで黒赤色を帯びる．葉は互生し，3 小葉の複葉．小葉は長楕円形，先端は円形で基部は漸尖形またはくさび形，上面は無毛，下面には疎らに伏した短毛があり，側脈の間に網目状の細脈が目立つ．夏に葉腋からふつう約 3 mm の花序柄が出て，先端に 2 mm を越える花柄をもつ 4〜6 個の小型の蝶形花を散形状につける．がくは深く 5 裂し，長さ 4.5 mm ぐらい，裂片は披針形で幅がやや広く，互いに重なり 3〜5 脈が目立つ．花弁は 8 mm ぐらい，やや赤紫色を帯びた白色，旗弁の中央部は赤紫色である．雄しべは 10，下側の 9 本は基部で合着する．開放花の豆果は狭倒卵形で，密毛があり網状脈は目立たず，がくよりも短く，中に 1 個の種子がある．閉鎖花の豆果は倒卵形で密毛があり，がくよりも短い．〔日本名〕葉の形はメドハギに似るが，シベリアから記載されたことによる．〔中国名〕尖葉鉄掃箒．〔追記〕本種は以前カラメドハギと呼ばれていたが，カラメドハギ *L. inschanica* (Maxim.) Schind. は本種よりも小葉の幅が広く，花柄が短い．朝鮮半島〜中国に自生するが，法面緑化等で日本にも導入され，まれに野生化している．

1688. ヤハズソウ 〔マメ科〕

Kummerowia striata (Thunb.) Schindl.

(*Lespedeza striata* (Thunb.) Hook. et Arn.)

各地の原野や道端に普通に生える一年生の小形草本．茎の高さ 10〜30 cm ぐらい，根元から多くの茎を分枝して細長く緑色で丈夫で折れにくく，下向きの毛があり，多数の葉を密生する．葉は互生し，長倒卵形の 3 小葉をもった複葉で短柄がある．小葉は長さ 1〜1.5 cm ぐらい．先端は円形，または多少凹む．支脈は斜めに開出し，平行して走り，はっきりしている．夏から秋にかけて，葉腋から花序を出し数個の花が順次咲き，淡紅色の花は短い花柄をもち，小さい苞葉は楕円形である．がくは鐘形で 5 裂し，花弁の長さはがくの 2 倍ぐらい．雄しべは 10 本のうち 9 本が合着している．花が終わってから 1 個の種子をもった小形の豆果を生ずる．豆果は熟しても割れず，永存性のがくをつけ卵形で細毛がある．本種は牧草として適当であり，外国では Japan clover と呼んで利用している．〔日本名〕矢筈草は，小葉の先を指先でつまんで引っ張ると，斜上する支脈に沿って，矢筈状に切れるからである．〔漢名〕鶏眼草．

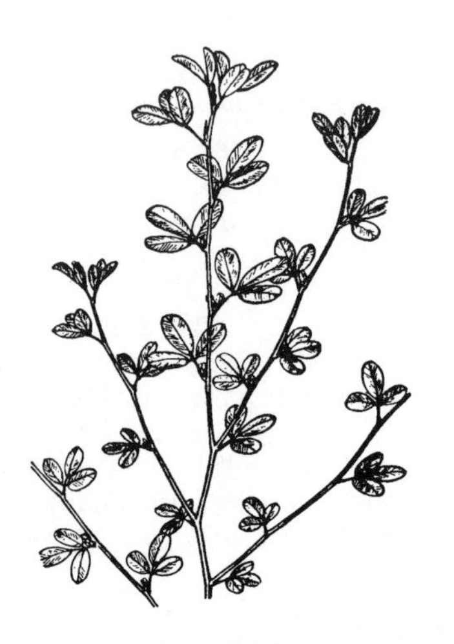

1689. マルバヤハズソウ　〔マメ科〕

Kummerowia stipulacea (Maxim.) Makino
(*Lespedeza stipulacea* Maxim.)

道端や原野等に普通に生える一年生の小形草本．茎の高さ 10～20 cm ぐらい．根元から多くの枝を分枝して開出または斜上し，枝は細いが強くて折れにくく，上を向いている伏毛がある．葉はやや密に互生し，短柄をもった三出複葉．小葉は倒卵形，先端部は凹み基部は鈍形状のくさび形，ごく短い柄がある．はっきりした支脈が平行して斜上する．托葉は狭い卵形，先端は鋭頭，夏から秋にかけて，葉腋から花序を出す．花は紅紫色をおびた小形の蝶形花と，花弁のあまり発達しない閉鎖花を生ずる．がくは鐘形で，先端は 5 裂し，裂片は卵形．卵形の小さい苞葉をもつ．雄しべは合着した 9 本と，離生した 1 本の 2 体である．花が終わってから 1 個の種子をもった小形の豆果を生ずる．豆果は円形，先端に小突起があり，平たく，乾いても割れない．半分以上はがく筒の上に露出している．〔日本名〕円葉矢筈草．

1690. ナハキハギ　〔マメ科〕

Dendrolobium umbellatum (L.) Benth.

台湾から東南アジア，太平洋諸島，オーストラリア，また東アフリカ，マダガスカルにかけて沿海地に分布し，日本では琉球の海岸に自生する小型の木本で，高さ 4 m．若枝は淡緑色で伏した絹毛が密生する．葉は 3 出葉，小葉は楕円形，倒卵形あるいは卵形で，長さ 5.5～8.5 cm，幅 3～4.5 cm，両面に伏した絹毛が密生し，表面は無毛になる．花序は腋生で，長さ 1 cm 程度の花序柄の先に，多数の花が螺旋状に密生する．花期は 6～7 月．花柄は 3～6 mm，萼は長さ 4～5 mm，5 深裂し，最下の裂片は卵形，長さ 2.5～3 mm，側裂片，上裂片とほぼ同じ長さ，外側に絹毛が密生する．花弁は白色，旗弁は広卵形で鋭頭，翼弁は竜骨弁と同じ長さ．雄蕊は 10 個で下部は合着して単体にまとまり，花盤は花柱の基部に存在する．豆果は無柄，あるいは短い柄があり，3～5 節，やや円筒状で数珠状にくびれ，長さ 2～3.5（～5）cm，幅 4～6 mm，若いときは伏した柔毛が密生するが，無毛になる．小節果は広楕円形，長さ 5～10 mm.

1691. ミソナオシ（ウジクサ）　〔マメ科〕

Ohwia caudata (Thunb.) H.Ohashi
(*Desmodium caudatum* (Thunb.) DC. ; *D. laburnifolium* DC.)

関東地方以西の山地または道端に生える小形低木であるが，しばしば草本状になる．茎は直立して分枝し，若枝は緑色で，高さ 30～90 cm ぐらいになる．全体に少し毛がある．葉は互生し，長い葉柄があり，三出複葉．小葉は長楕円形あるいは披針形，緑色で下面にはまばらに短毛が生える．頂小葉は最大で先端は鋭形，基部はくさび形でやや長い柄があり，側小葉は基部が鋭形でほとんど無柄．夏に枝の頂部の葉腋から花軸を出し，長さ 8～15 cm ぐらいの直立した穂状の総状花序をつけ，白色で黄色のぼかしの入った小形の蝶形花を開く．花は長さ 5～6 mm．豆果は線形，長さ 5～7 cm，平たく，4～6 個の節があり，節は長楕円形．表面には細かいかぎ形の毛があり，衣服等に附着しやすい．〔日本名〕味噌直しの意味で，味噌がわるくなっても，この葉茎を入れると味を回復することができるという意味である．蛆草は，味噌に蛆がわいた時，この葉茎を入れると，蛆が死ぬのでこの名がついた．〔漢名〕小槐花．〔追記〕属名は大井次三郎を記念した大橋広好の命名．

1692. ササハギ（マルバダケハギ）　〔マメ科〕

Alysicarpus vaginalis (L.) DC.

台湾，中国，東南アジアからインド，西アジア，アフリカに分布し，日本では奄美大島以南に自生する多年生草本，背の低い乾いた草地に生え，踏圧にも耐える．茎は匍匐あるいは斜上し，長さ 10～60 cm．托葉は乾膜質，淡褐色で宿存し長さ 7～20 mm．葉は短い葉柄と単小葉からなり，葉身は狭卵形から卵形，あるいは楕円形，長さ 1.5～4 cm，幅 5～12 mm，鋭頭，基部は円形．花序は頂生で長さ 2～7cm，20 個ほどの花が密につく．萼は長さ 5～5.5mm，軟毛に被われ，萼筒は長さ約 2 mm．萼裂片は 4 個で狭卵形，長さ 3～4 mm，鋭尖頭．花冠は赤色から赤紫色，旗弁は倒卵形で反り返り，長さ 4～6 mm，幅約 3 mm，側弁はやや濃色．雄蕊は二体雄蕊．節果は無柄，筒状，長さ 1.5～2.5 cm，幅 2～3 mm，3～8 個の小節果からなり，節間はくびれず，かぎ状毛で被われるが次第に無毛，網状のしわが多く，熟すと黒色になる．

1693. シバハギ 〔マメ科〕

Desmodium heterocarpon (L.) DC.

本州中西部から沖縄の暖地の陽当たりの良い所に生える草本状の低木で，中国，東南アジア，太平洋諸島にも広く分布する．茎は細く，根元から分枝して，地をはい，先は斜上する．全株に灰白色の伏毛がある．葉はまばらに互生しやや短い葉柄をもった三出複葉．小葉は倒卵状長楕円形，長さ 1.5〜3 cm，幅 1〜2 cm ぐらい，先端は円形またはわずかに凹み，基部は鈍形，裏面には白色の伏毛がある．托葉は葉柄の基部につき，披針形で長さ 8〜12 mm，先端は尾状に長く尖る．9〜10 月頃，茎の頂端や上部の葉腋から細長い穂状の総状花序を出し，紅紫色をおびた小形の蝶形花をやや密につける．花序は長さ 6〜8 cm ぐらいで，開出毛がある．花は長さ 4〜5 mm，がくは早落性で，上部は深く 5 裂し，裂片は披針形．豆果はやや平たく，長さ 15 mm ぐらい，無柄で直立し，4〜5 節があり，表面には白色のかぎ形の毛を密生する．節は切れて衣服等に附着する．〔日本名〕柴萩．柴はヤナギ科のシバヤナギの柴と同じで，低木の萩の意．

1694. カワリバマキエハギ 〔マメ科〕

Desmodium heterophyllum (Willd.) DC.

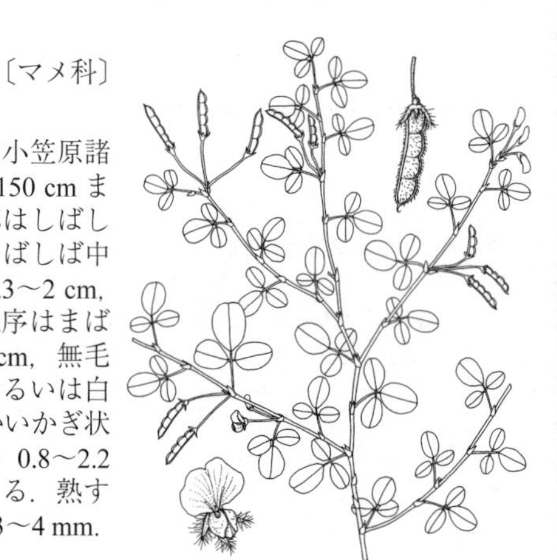

主に熱帯アジアからオーストラリアにかけて広く分布し，日本では小笠原諸島と琉球に自生する匍匐性の草本性亜低木で，茎は盛んに分枝し 30〜150 cm まで広がる．若い茎は白色の軟毛が生える．葉は 3 出葉であるが，下部はしばしば単葉，小葉は倒卵形から広倒卵形あるいは楕円形から広楕円形，しばしば中脈に沿って白っぽくなり，頂小葉は最も大きく長さ 0.5〜3.5 cm，幅 0.3〜2 cm，先端は鈍頭から凹形．表面は無毛，裏面は柔毛がまばらに生える．花序はまばらな総状花序，あるいは 1〜3 個の花が束生する．花柄は長さ 1〜2.5cm，無毛あるいは柔毛および細かいかぎ状毛が生える．花はピンク色，紫色あるいは白色，長さ 5〜6 mm．萼は長さ 2.5〜3 mm，5 裂し，長い直毛および細かいかぎ状毛が生える．節果は無柄，（2〜）4〜6 節あり，狭楕円形，長さ（0.5〜）0.8〜2.2 cm，幅 3〜3.7 mm，かぎ状毛と長い直毛が密生し，後にやや無毛になる．熟すと下縁が縮まり，裂開する．小節果は広楕円形あるいは四角形で長さ 3〜4 mm.

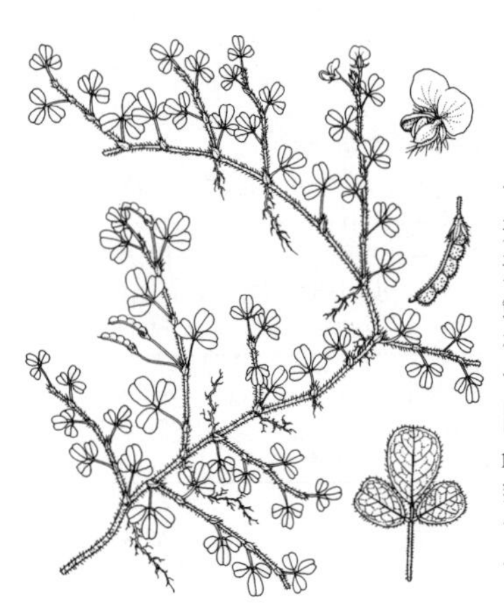

1695. ハイマキエハギ 〔マメ科〕

Desmodium triflorum (L.) DC.

世界の熱帯，亜熱帯地域に広く分布し，日本では小笠原諸島と琉球に自生する匍匐性の草本性亜低木で，背の低い草地などに生え，高さ 10〜50 cm，若い枝は柔毛が生える．葉は 3 出葉で，小葉は倒心臓形，あるいは広倒卵形で，頂小葉はより大きく長さ 5〜10 mm，幅 2.5〜10 mm，基部は楔形から鋭角．表面は無毛，裏面は特に主脈上に白色の柔らかい伏毛が密生するが後に無毛．花序は枝先近くにつき，2〜5 個の花が束生し，年間通して開花する．花柄は糸状で葉柄とほぼ同長，萼は 5 深裂し，長さ 2.5〜3 mm，長い開出毛が散生する．萼筒は長さ約 1.2 mm，萼裂片は狭三角形，長さ 1.5〜1.7 mm．花冠はたいていピンク色あるいは紫色，旗弁は丸く，先はやや心状に窪み，竜骨弁は翼弁とほぼ同長．節果は無柄あるいは短い柄を持ち，平らで裂開しない．1〜7 節あり，長さ 0.6〜1.7 cm，幅 2〜3 mm，側面に細かいかぎ状毛と網状脈がある．小節果は四角形から広楕円形，長さ 2〜2.5 mm.

1696. フジボグサ 〔マメ科〕

Uraria crinita (L.) Desv. ex DC.

琉球，台湾，中国，インドシナ，マレーシア，インド，オーストラリアに分布し，開けた草原，痩地に生育する多年生草本あるいは亜低木で，高さ 1〜1.5 m．茎は直立し，白色の軟毛が生える．葉は羽状複葉で葉柄は長さ 6〜10 cm，小葉は 3 〜9 枚，楕円形から狭楕円形，あるいは卵形からまれに広卵形，長さ 4〜11 cm，幅 2〜7 cm，全縁，鈍頭から円頭，たいてい細かい短突起があり，表面の主脈上にかぎ状毛がまばらに生え，裏面は脈上にかぎ状毛が密生する．側脈は広がるかあるいは辺縁で曲がる．花序は偽総状花序で，直立し，長さ 40 cm に達し，開花前には淡紅紫色で芒状に尖る鱗片状の苞に覆われるが開花とともに落ちる．花柄は長さ 0.8〜1.3 cm，花時には開出，花後に反曲し，白色の柔毛およびかぎ状毛，腺毛が密生し，開花時には伏しているが，開花後先端のかぎが立ち上がる．花期は 5〜8 月，花は花序の下から咲き上がり，長さ約 1 cm．萼は杯形で，長さ約 5 mm，長い白色で腺のある粗毛あるいは繊毛が密生し，花冠はピンク色から赤紫色．節果は 3〜7 個が合着し，強く折れ曲がり，小節果は黒色，長さ約 3 mm，幅 2.5 mm，宿存する萼に囲まれる．

1697. ホソバフジボグサ 〔マメ科〕

Uraria picta (Jacq.) Desv. ex DC.

琉球，台湾，中国から熱帯アジアに広く分布し，草原に生育する多年生草本，あるいは亜低木．茎は直立し，高さ 1 m，細かい柔毛とかぎ状毛が生える．葉は互生し，葉柄は 3.5〜7 cm，羽状複葉で 5〜7（〜9）小葉があり，小葉は線形あるいは狭楕円形，頂小葉の長さ 7〜15 cm，幅 0.7〜1.5 cm，先端は鈍頭，しばしば棘状突起があり，表面は無毛で主脈上は毛が生えることもあり，主脈に沿って白斑があり，裏面は隆起した網状脈上に細かい軟毛が生える．花序は偽総状花序で，頂生，時にその近くの葉にも腋生し，長さ 15〜25 cm，花序軸は軟毛および腺毛が密生する．花柄は長さ 4〜6 mm，柔毛，腺毛，かぎ状毛が密生する．花は長さ約 1 cm，萼は宿存し，長さ約 5 mm，杯形，5 片に深裂し，下側の 3 片が長く，粗毛と縁毛がある．花冠は淡いピンク色あるいは淡青色．節果は 3〜5 節あり，節毎に折りたたまれ，裂開せず，基部に宿存する萼がある．小節果は膨らみ，長さ約 3 mm，幅約 2.5 mm．

1698. ヒメノハギ 〔マメ科〕

Codariocalyx microphyllus (Thunb.) H.Ohashi
（*Desmodium microphyllum* (Thunb.) DC.）

アジアとオーストラリアに分布し，日本では本州（紀伊半島）から琉球の日当たりのよい低山地の草地などにまれに見られる．全体に繊細な感じのする半低木で，茎は多くは直立し，高さ 1 m に達するが，道ばたなどではややはうこともある．葉は互生し，3 小葉からなるが，ときに 1 小葉となる．頂小葉は楕円形で，先は鈍形，基部は円形で，長さ 5〜25 mm，幅 1〜7 mm．托葉は狭披針形で膜質，長さ 2〜5 mm，幅 0.5〜1 mm で残存する．8〜9 月に葉腋から総状の花序をだす．花序は長さ 1〜4 cm で，まばらに 2〜10 花をつけ，かぎ毛がまばらに生えるか，または長い軟毛と短いかぎ毛が混じる．花は長さ 3〜5 mm の柄があり，ふつう白色で，長さ 4〜6 mm．小苞はない．がくは長さおよそ 4 mm，深く 5 裂し，がく裂片はほぼ同長で，先は針状に尖る．旗弁は広倒卵形から円形，先は円形または凹形，基部は爪があり，長さ 4 mm ぐらい．翼弁は明らかに竜骨弁より短い．竜骨弁は長さ 4〜5 mm，先は鈍形．節果は 3〜4 個の小節果からなり，ふつう長さ 10〜15 mm，幅 2〜3 mm で，ほぼ無毛または微細なかぎ毛がある．種子は楕円形，長さおよそ 2 mm，仮種皮がある．

1699. マイハギ 〔マメ科〕

Codariocalyx motorius (Houtt.) H.Ohashi（*Desmodium gyrans* (L.) DC.）

インドから東南アジア原産の小形低木で，日本には嘉永の末（1854）頃に渡来した．茎は直立して高さは 60〜90 cm ぐらい，円柱形の枝を分枝し，全株に粗毛がある．葉は互生して，長い葉柄があり，単葉または三出複葉．小葉のうちでは頂小葉が最大で長さ 3〜6 cm ぐらいの線状長楕円形，先端はやや尖り基部は鈍形，裏面には短い柔毛がある．側小葉は小形の線形でほとんど無柄．秋に穂状の総状花序をつけ，小柄をもった淡黄色で紅色のぼかしの入った蝶形花を多数つける．花序はしばしば円錐形になる．花ははじめは大形の卵形の苞葉で包まれるが，苞葉は早落性．がくは鐘形，上部は三角形のがく歯に裂け，筒部よりも短い．豆果は鎌状に曲がった線形，6〜10 個の節があり，下側で裂開し，有毛または無毛．種子には仮種皮がある．〔日本名〕側小葉が回転運動するので有名である．舞萩はこの運動する葉に由来した名である．〔漢名〕舞草．

1700. マルバヌスビトハギ 〔マメ科〕

Hylodesmum podocarpum (DC.) H.Ohashi et R.R.Mill subsp. ***podocarpum***
（*Desmodium podocarpum* DC. subsp. *podocarpum*）

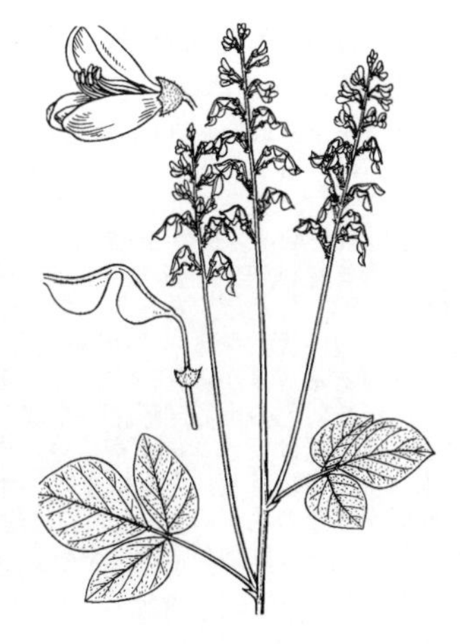

ヒマラヤから日本に分布し，日本では本州（岩手県以南）から九州の日当たりのよい林縁，道ばたなどに生える多年草．茎の基部は木質となり，高さ 30〜120 cm となる．葉は互生し，3 小葉からなる．頂小葉は広倒卵形，長さ 3〜7 cm，幅 2〜6 cm，先は円形または鋭形，基部は円形またはややくさび形で，両面に短毛がある．托葉は線形，長さ 2〜5 mm．7〜9 月に茎の先に，ときに葉腋にも，総状または円錐状の花序を出す．花序は頂生のもので長さ 10〜30 cm となり，多数の花をまばらにつける．花は 1 節に 2 個または 3 個ずつつき，淡紅紫色で，長さ 3〜5 mm である．がくは長さ 1.5 mm ぐらいで，わずかに 4 裂する．子房に短い柄があり，後に節果の柄となり，長さ 2〜5 mm になる．節果はふつう 2〜3 個，ときに 1 個の小節果よりなり，かぎ毛が密に生え，ごく短いまっすぐな毛もまじる．種子は長さ 2.5〜4 mm，幅 3.5〜6 mm である．〔日本名〕頂小葉の形から円葉盗人萩という．〔追記〕がく，単体雄蕊，節果，花粉などの特徴でヌスビトハギ属 *Hylodesmum* として，シバハギ属 *Desmodium* と区別される．

1701. ヌスビトハギ 〔マメ科〕

Hylodesmum podocarpum (DC.) H.Ohashi et R.R.Mill subsp. ***oxyphyllum*** (DC.) H.Ohashi et R.R.Mill var. ***japonicum*** (Miq.) H.Ohashi
(*Desmodium podocarpum* DC. subsp. *oxyphyllum* (DC.) H.Ohashi var. *oxyphyllum* (DC.) H.Ohashi)

各地の道ばた，山野の林縁に生える多年生草本．茎は直立または斜上して高さ 60～90 cm になる．葉は互生して長い葉柄があり，三出複葉．小葉は卵形，長卵形あるいは卵状の菱形，先端は鋭尖形，基部は円形または鈍形で短柄があり，長さ 4～8 cm，幅 2.5～4 cm，頂小葉は側小葉よりも明らかに大きい．夏から秋に葉腋から長い総状花序時には複総状花序を出し，淡紅色の小形蝶形花をまばらにつける．花序は柄とともに長さ 30 cm ぐらい．花は長さ 3～4 mm ぐらい，がくの先は低い歯状に裂ける．豆果は長さ 2～8 mm ぐらい，2 節があり，節は半月形で中に 1 個の種子を生ずる．表面に短いかぎ形の毛があり，衣服等につきやすく，種子を広く散布する．〔日本名〕盗人萩．泥棒が忍び足で歩くその足跡に，豆果の形が似ているというのでこの名がついた．あるいは人の気づかぬ間に衣類について家の中に入り込むためともいわれる．〔漢名〕山馬蝗．〔追記〕図は側小葉が大きい．

1702. ヤブハギ 〔マメ科〕

Hylodesmum podocarpum (DC.) H.Ohashi et R.R.Mill subsp. ***oxyphyllum*** (DC.) H.Ohashi et R.R.Mill var. ***mandshuricum*** (Maxim.) H.Ohashi et R.R.Mill (*Desmodium podocarpum* DC. subsp. *oxyphyllum* (DC.) H.Ohashi var. *mandshuricum* Maxim.)

各地の山麓地帯の林中に生える多年生草本．根はかたく木質になる．茎は直立し，高さ 60～90 cm ぐらいになる．葉は互生し，茎の中部に集まって着生し，長い葉柄をもった三出複葉，小葉は卵形，先端は尖り，基部は円形または切形で小葉の柄には短毛が密生する．夏に茎の頂から長い花軸を出し，まばらに分枝して，穂状になった総状花序をつけ，小形の淡紅色の蝶形花をまばらにつける．花はヌスビトハギとほとんど同形，花が終わってからくびれのある 2 節の豆果を生じ，節は半月形で中に 1 個の種子を生ずる．表面には短いかぎ形の毛が生え，衣服につきやすい．〔日本名〕藪萩の意味である．ヌスビトハギに非常によく似ているが，葉が茎の中部に密集して生えること，葉質はうすいこと，下面は淡色になること等の点で区別できる．〔追記〕この図はヤブハギではなく次のケヤブハギである．ヤブハギはこの図のように小葉は広卵形とならず，豆果の柄も長くない．

1703. ケヤブハギ 〔マメ科〕

Hylodesmum podocarpum (DC.) H.Ohashi et R.R.Mill subsp. ***fallax*** (Schindl.) H.Ohashi et R.R.Mill (*Desmodium podocarpum* DC. subsp. *fallax* (Schindl.) H.Ohashi)

ヒマラヤから日本に分布し，日本では本州（岩手県以南）から九州の林縁，道ばたなどに生える多年草．茎の基部は木質となり，高さ 30～120 cm となる．葉は互生し，3 小葉からなり，茎の下方に集まってつく．頂小葉は広卵形ないし広楕円形．長さ 3～7 cm，幅 2～6 cm，先はしだいに細まり尾状にややのび，基部は円形またはややくさび形である．托葉は線形，長さ 2～5 mm である．7～9 月に茎の先に，ときに葉腋にも，総状または円錐状の大形の花序をだす．花序は多数の花をまばらにつける．子房に短い柄があり，後に節果の柄となり，長さ 6～8 mm になる．若い節果は紅色をおびる．節果はふつう 2～3 個，ときに 1 個の小節果よりなる．〔日本名〕毛藪萩の意味で，ヤブハギに似るが茎や葉の毛が目立つので名付けられた．毛が多い点以外にも，ヤブハギよりも全体が少し大きく葉の質が厚く，豆果の柄が普通 6 mm 以上（ヤブハギでは普通 5 mm 未満）なので区別できる．〔追記〕本図の豆果はヌスビトハギやヤブハギのものに似ている．しかしケヤブハギでもときに短柄のものがある．

1704. オオバヌスビトハギ（サイコクトキワヤブハギ） 〔マメ科〕

Hylodesmum laxum (DC.) H.Ohashi et R.R.Mill (*Desmodium laxum* DC.)

本州（千葉県以西），四国，九州の暖地の常緑樹林下に生える常緑性の多年生草本．茎の下方は木質になる．高さ 60～100 cm ぐらいになり，全体にわずかに毛がある．葉は互生し，通常茎の頂に数枚接近して生え，水平に開出する．托葉は披針形で 3～5 本の脈が走り，長さ 3～5 mm ぐらいで早落性．葉は長柄があり，三出複葉．小葉は卵形または狭い卵形，長さ 5～10 cm ぐらい，先端は鋭尖形，基部は広いくさび形で鈍形，または，左右不同のゆがんだ円形，短柄があり，葉質は紙質，上面は深緑色で短い伏毛があり，特に葉脈上には多い．下面は淡色で有毛．網脈は隆起して，明らかである．夏から秋にかけて，細長い，下方で少し分枝する花序を茎の頂から出し，淡紅紫色の小形蝶形花をまばらにつける．花序は長さ 10～30 cm ぐらいで短毛がある．花は長さ 7 mm ぐらい，ごく細い花柄があり，がくの先端は低い三角形の歯状に浅く裂ける．豆果は平たい半切状の広倒卵形で，長さ 10～15 mm ぐらい，細かいかぎ形の毛があり，衣服等に附着する．〔日本名〕大葉盗人萩である．〔追記〕ヌスビトハギとは葉が常緑でやや光沢があるので区別できる．

1705. トキワヤブハギ 〔マメ科〕

Hylodesmum leptopus (A.Gray ex Benth.) H.Ohashi et R.R.Mill
（*Desmodium leptopus* A.Gray ex Benth. ; *D. laxum* DC. subsp. *leptopus* (A.Gray ex Benth.) H.Ohashi）

東南アジア，中国，台湾に分布し，日本では屋久島，種子島，琉球の暗い林下に生える常緑の多年草で茎の基部は木化し，高さ 50〜100 cm ぐらいになる．葉は互生し，3 小葉からなり，洋紙質で，茎の一部にやや集まってつく．頂小葉は卵形または卵状楕円形，先は鋭形，基部は円形で，長さ 6〜10 cm，幅 3〜5 cm ぐらいで，両面とも無毛であり，裏面の網状脈はほとんど目立たない．枝の先に円錐状の花序をだす．花序は長さ 20〜30 cm，きわめてまばらに花をつける．花は長さ 5〜10 mm ぐらいの柄があり，淡紅色，長さ 5〜6 mm である．がくは長さ 2 mm ぐらいで，先は 4 裂し，がく裂片はがく筒より短く，三角形，先は鈍形である．節果は長さ 1〜1.5 cm の柄があり，長さ 2.5〜4.5 cm で，扁平で，縫合線の部分は明らかに厚くなり，表面にかぎ形の毛があり，まっすぐな毛もまじる．小節果は長さ 12〜18 mm，幅 4〜6 mm ぐらいである．〔日本名〕常磐藪萩の意で，ヤブハギに似ているが，葉は常緑性なので名付けられた．

1706. リュウキュウヌスビトハギ 〔マメ科〕

Hylodesmum laterale (Schindl.) H.Ohashi et R.R.Mill（*Desmodium laterale* Schindl. ; *D. laxum* DC. subsp. *laterale* (Schindl.) H.Ohashi）

中国，台湾，スリランカに分布し，日本では鹿児島県，琉球に生える常緑性の多年草で，茎の基部は木化する．高さ 50〜100 cm ぐらい．葉は互生し，3 小葉からなり，長さ 7〜13 mm の狭三角形から狭卵形の托葉があり，茎のほぼ全体にわたってまばらにつく．頂小葉は長楕円形または卵状長楕円形，先は鋭尖形またはやや尾状に尖り，基部は円形で，長さ 5〜10 cm，幅 1.5〜3 cm ぐらいで，裏面脈上に毛がある．側小葉は頂小葉とほぼ同じかやや小形で，基部は左右非対称となる．小托葉は線形，長さ 1〜3 mm で，ふつう残存する．茎の先ときに葉腋にも円錐状または総状の花序を出す．花序は 1 節に 2〜3 個ずつまばらに花をつける．花は淡紅色，長さ 2〜7 mm の柄があり，長さ 5 mm ぐらい，小苞はないが，ごくまれにがくの基部にある．がくは長さ 1.5 mm ぐらいで，先は 4 裂し，がく裂片はがく筒より短く，三角形で，先は鈍形である．旗弁は円形から広楕円形，先は円形または凹形，基部は急に細まる．翼弁は狭楕円形，竜骨弁とほぼ同長である．竜骨弁の先は鈍形．節果は長さ 2〜15 mm の柄があり，表面にかぎ形の毛がある．小節果は長さ 6〜7 mm，幅 4〜5 mm.

1707. フジカンゾウ（フジクサ，ヌスビトノアシ） 〔マメ科〕

Hylodesmum oldhamii (Oliv.) H.Ohashi et R.R.Mill
（*Desmodium oldhamii* Oliv.）

山地の林下に見られる多年生草本．茎は直立して高さ 1〜1.5 m ぐらい．全体にまばらに粗い毛および微毛が生える．葉は長い葉柄をもち，互生し，2〜3 対の小葉をもった奇数羽状複葉，茎とともにざらざらしている．葉柄基部の托葉は線状披針形で先端は尖り，数本の脈が走る．小葉は長卵形または長楕円形，長さ 10 cm ぐらい，先端は鋭形，基部は円形または鈍形で短柄があり，深緑色で葉質は少しかたく，やや紙質．夏から秋にかけて，茎の頂と，葉腋から，長い花軸を出し，長い穂状の総状花序をつけ，多数の淡紅色の蝶形花を開く．花は長さ 8 mm，2 個ずつ並び，小花柄の基部には 1 個の苞葉がある．小花柄はがくよりも長い．がくは小形で先端は 5 裂して有毛．豆果は長さ 15 mm ぐらいで 2〜3 の節があり，長さ 6〜7 mm ぐらいの柄をもつ．節は半月形でざらざらする短いかぎ形の毛が生え，衣服に附着しやすい．〔日本名〕藤甘草の意味で，花をフジに，葉を甘草になぞらえたもの．藤草は葉の形に，盗人の足は豆果の形に由来した名である．

1708. タンキリマメ 〔マメ科〕

Rhynchosia volubilis Lour.

南関東以西のやや暖かい地方の山野に生える多年生のつる状草本．茎はつる状に長く伸び他物にからみつき，よく繁茂し，葉とともに褐色の毛でおおわれる．葉は互生し，長い柄をもった三出複葉．小葉は倒卵形あるいは倒卵状の菱形，先端は鈍形で急に細くなって短く尖り，基部は広いくさび形で短柄がある，長さ 3〜5 cm，幅 2.5〜4 cm ぐらい，両面に特に下面に黄褐色の短い軟毛を密生し，殊に葉脈上には著しい．また下面には黄褐色の腺点がある．托葉は披針形で先端は鋭尖形，長さ 4〜5 mm で数脈が走る．小托葉は線形，長さ 2〜3 mm，夏に葉腋から葉よりも短い長さ 2〜4 cm の総状花序を出し，黄色の蝶形花を開く．花序はほとんど無柄．花は長さ 8〜10 mm．がくは鐘形で頂端は 5 裂し，褐色毛でおおわれ腺点があり，上側の 2 裂片はややくっつく．旗弁は幅広く上部はそりかえって立ち，翼弁と竜骨弁は細長い．豆果は長さ 1.5 cm，幅 1 cm ぐらい，表面はなめらかであるがふちには毛がある．秋に赤く熟して，裂けて 2 個の黒色の種子を露出する．種子はへそで豆果につながっている．〔日本名〕痰切豆の意味で，この豆を食べると痰が出るのをなおすといわれている．〔漢名〕鹿藿．

1709. **トキリマメ**（ベニカワ，オオバタンキリマメ）〔マメ科〕

Rhynchosia acuminatifolia Makino

宮城県以西の山野に生える多年生のつる性草本．大体の形はタンキリマメに似ている．茎は細い針金状で長く伸び，他物にからみつく．全株に褐色の毛がまばらにつく．葉は互生し，長い葉柄をもった三出複葉．小葉は卵形または長卵形，先端は次第に細くなってやや鋭尖形，基部は鈍形またはやや円形で短柄があり，長さ 5 cm，幅 3.5 cm ぐらい，葉質はうすく，茎とともにまばらに毛が生え下面には腺点がある．夏に葉腋から葉よりも短い総状花序を出し，数個の黄色の蝶形花をつける．花序はタンキリマメよりも短い．がくは筒状で頂端は歯状に 5 裂し，褐色毛でおおわれる．旗弁はやや幅広く，翼弁と竜骨弁は細長い．豆果は平たく，長楕円形，長さ 2 cm ぐらい．先端は尖り，紅色に熟し，中に 2 個の黒い種子を生ずる．〔日本名〕トキリ豆のトキリは何の意味か不明，あるいは一部地方で尖らせることを尖ぎるというので，本種の葉が尖っていることからこの語とタンキリマメの語感を意識してつけたものであろうか．紅皮は赤く熟する豆果の色に由来した名．〔追記〕タンキリマメとは，小葉は質が薄く，下半部の幅が最も広く，先端は急に細く尖らず，がく裂片はがく筒よりも短い等の点で区別できる．

1710. **ヒメノアズキ**〔マメ科〕

Rhynchosia minima (L.) DC.

熱帯に広く分布し，日本では奄美以南の琉球と小笠原の草地に生育するつる性の多年草．肥厚する地下茎または根がある．茎はほふくし，細くのび，軟毛と腺毛がある．葉は互生し，3 小葉からなり，長さ 1～2.5 cm の柄があり，長さ 2～5 cm となる．托葉は三角形または披針形，褐色である．小葉は広卵形～菱形，先は鋭頭から鋭尖頭，基部は広いくさび形で，長さ 1～2 cm，上面は無毛またはほぼ無毛で，下面には腺点がある．小托葉はごく小さい．葉腋から総状の花序を出す．花序は長さ 3～9 cm，まばらに 3～10 個の花がつく．花は長さ 1 mm の柄があり，黄色，長さおよそ 6 mm である．がくは長さおよそ 4 mm，毛と腺毛がある．がく裂片は幅が狭い．旗弁は卵形で，基部付近に内側におりたたまれた耳状突起がある．竜骨弁の先は鈍形で嘴状に尖らない．豆果は短い柄があり，毛があり，扁平でやや彎曲し，長さ 6～12 mm，幅 3～4 mm．種子は 1～2 個．小葉の先はほぼ円形から鈍形の一形をマルバヒメノアズキ f. *nuda* (DC.) H.Ohashi et Tateishi という．〔日本名〕姫野小豆の意である．

1711. **ノアズキ**（ヒメクズ）〔マメ科〕

Dunbaria villosa (Thunb.) Makino

関東以西の山野に生える多年生のつる状草本．茎は細い針金状のつるになって長く伸び他の草木にからみついて繁茂し，全株に短い軟毛を生ずる．葉は互生し，有柄の三出複葉，小葉は菱形，先端は急に狭くなって尖り，基部は鈍形または広いくさび形で短柄がある．頂小葉は側小葉よりもやや大きく，長さ幅ともに 1.5～2.5 cm ぐらい．側小葉はやや広卵形になる．下面に赤褐色の腺点を密布し，また斜上する短毛をやや密に生ずる．托葉は狭い卵状の三角形，軟毛があり，早落性．小托葉はない．夏に葉腋から花序軸を出し，少数の黄色の蝶形花をつける．花序は花序軸とあわせても葉よりも短い．花は長さ 15～18 mm．がくは鐘形で頂端は 5 裂し，裂片の先は鋭尖形，上側の 2 片は合着し下側の 1 片が最も長い．旗弁はほぼ円形，基部に内側にそりかえる耳状の突起がある．豆果は長さ 4～5 cm，幅 8 mm ほどの広線形，短い軟毛があり，中に 6～7 個の種子を生ずる．〔日本名〕野小豆は花がアズキに似ているため．姫葛は葉形がクズに似ていて小形のため．〔漢名〕野扁豆．〔追記〕タンキリマメ属の植物に似ているが，葉に小托葉がないこと，種子が 3 個以上できること（タンキリマメは 2 個），がく裂片は不同長で，最下のものが最も長く，上側の 2 片は合着する等の点で区別できる．

1712. **デイコ**（デイグ，デイゴ）〔マメ科〕

Erythrina variegata L.

インド原産の大形の高木で，広くマレーシア，太平洋諸島に広がり，琉球，八丈島，小笠原諸島にも渡来して栽植されている．高さ 10 m 以上になり，幹は太く，こぶ状に凹凸があって，肌は灰白色である．枝には太いとげがある．葉は長さ 20～30 cm，葉身とほぼ同長の葉柄をもった三出複葉で互生する．小葉は全縁，先端は急に細くなって短く鋭尖し，頂小葉は大きく，菱形状の広卵形，長さ 4～10 cm ぐらい，基部は広いくさび形，または切形，側小葉は三角状広卵形，基部は切形または浅い心臓形．頂小葉の柄の上方に 1 対，側小葉の柄の基部に 1 個ずつの腺体がある．上面は緑色で光沢があり，短毛を密生するか．または無毛．4～5 月頃，枝先から，長さ 25 cm ぐらいの総状花序を 1～3 個開出して生じ，紫色をおびた朱赤色の長さ 6～8 cm の蝶形花を密集してつける．花は斜め下を向き，下方から順に開く．近年植栽されているものは雑種で，花序長く花も斜上する．がくは筒形，頂端に細かい歯があり，旗弁に向いた側が深く裂けて舟形となる．旗弁は狭卵形でふちは多少内側に巻き込み，他の花弁はずっと小さい．雄しべは 10，下側の 9 本は下部で合着して 1 体となり，翼弁や竜骨弁よりもずっと長い．子房は有毛．豆果は長さ 30 cm ぐらいで黒色，無毛．径 1.5 cm ぐらいの深紅色の種子を 6～8 個生ずるが日本ではあまり実らない．〔日本名〕琉球の方言デーグに由来したもので，漢字梯姑があてられている．〔漢名〕刺桐．

1713. **アメリカデイゴ**（カイコウズ）　〔マメ科〕

Erythrina crista-galli L.

熱帯アメリカ原産で街路樹，公園樹などとして現在広く栽培される．日本には明治の中頃導入された．落葉低木または小高木で，茎には平たい逆向きのとげがあり，葉柄や葉軸にもある．葉は三出複葉，小葉は卵状広楕円形から楕円状披針形，先は鋭形，基部は円形，長さ 8〜12 cm で，裏面はときに粉白となる．枝の先または上方の葉腋から総状の花序を出す．花序は長さ 20〜30 cm となり，1 節に 2〜3 花がつくこともある．花は上下逆さになって開き，真っ赤で，長さおよそ 5 cm になり，花梗やがくも赤い．がくは広鐘形で，長さおよそ 1 cm, 頂端はほぼ切形となる．旗弁は開花時にほぼ直立し広卵形，長さ 3.5〜4 cm. 翼弁は長さ 6〜8 mm で，小さく目立たない．竜骨弁は旗弁とほぼ同長またはやや短い．豆果は長さ 15 cm 以上になり, 幅 12〜15 mm で，無毛．種子は茶灰色．〔日本名〕アメリカのデイゴの意である．

1714. **ノ サ サ ゲ**（キツネササゲ）　〔マメ科〕

Dumasia truncata Siebold et Zucc.

各地の山野に生える多年生のつる状草本．茎は紫黒色になり，針金状に長く伸びる．葉は互生し，長い葉柄をもった三出複葉．小葉は長卵形，上部は次第に尖り，やや鈍頭で末端には微突起がある．基部は多くは切形，時には鈍形，はっきりした柄がある．頂小葉がやや大きく, 長さ 5〜10 cm ぐらい．葉柄はうすく, 上面は無毛, 下面は白色をおび, 短い伏毛が少しある．托葉は広線形，長さ 3〜4 mm で 3 脈が走り，小托葉はとげ状で長さ 1 mm ぐらい．夏から秋にかけて葉腋から花序軸を出し，総状花序を作って，多数の黄色の蝶形花がつく．花序は長さ 5 cm ぐらい，時には葉腋から 2〜3 本出る．花は長さ 15〜20 mm，がくはほとんど無毛で筒部は長く，頂端は切形で歯片状に裂けない．花弁は全てほぼ同長．旗弁の基部には内面に耳状の突起がある．豆果は倒披針形，長さ 3〜5 cm ぐらい, 無毛で熟すると淡紫色になり, 中に 3〜5 個の黒色の円形の種子を生ずる．〔日本名〕野豇豆，狐豇豆の意味である．本種は通常山地に生え，原野には生えないのでノササゲの名は適当でないから，牧野富太郎はキツネササゲと改名した．しかし野生ササゲの意味であるから大橋広好（1976）はノササゲに戻した．〔漢名〕山黒豆．

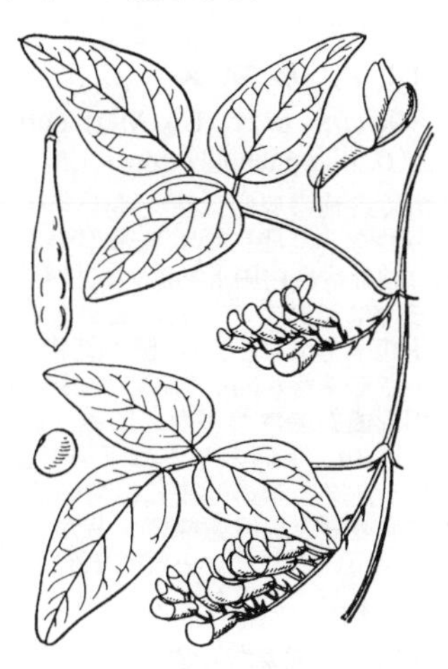

1715. **ク　ズ**　〔マメ科〕

Pueraria lobata (Willd.) Ohwi

（*P. montana* (Lour.) Merr. var. *lobata* (Willd.) Maesen et S.M.Almeida）

各地の山野にふつうな多年生のつる状草本．茎の基部は木質になる．全株に褐色の粗い毛があり，茎はつる状に非常に長く伸びて 10 m 以上になることもある．葉は大きく，互生して長い葉柄のある三出複葉で，頂小葉はほぼ円形または横に長い広楕円形，側小葉はゆがんだ円形またはゆがんだ楕円形で，主脈から基部側の方が幅広い．小葉は長さ 17 cm ぐらいになり，先端は急に細くなって短く尖り，基部は鈍形または広いくさび形でごく短い柄があり，全縁，またはしばしば浅く 3 裂し，時には波状縁になる．葉質は厚く，上面は緑色で粗い伏毛がまばらにあり，下面は白色をおび，白色の毛をやや密生する．秋に葉腋から 15〜18 cm の総状花序を立て，紫赤色の蝶形花を密集してつけ, 下方のものから順に開花する．花は長さ 18〜20 mm．旗弁は色がうすく，翼弁が濃い．がくは浅紫色，がく裂片の長さはがく筒の 1.5〜2 倍，下側の裂片が長い．雄しべは 10，下部は合着して 1 体になる．豆果は長さ 5〜10 cm の線形，褐色の粗い開出毛でおおわれる．根は肥大して薬用となり，また葛粉を作る．葉は牛馬の飼料になる．〔日本名〕クズはクズカズラの省略であるという．一説にはクズは大和（奈良県）の国栖（クズ）であり，昔国栖の人が葛粉を作って売りに来たので，自然にクズというようになったといわれる．〔漢名〕葛．

1716. **ヒスイカズラ**　〔マメ科〕

Strongylodon macrobotrys A.Gray

フィリピン原産の大型の常緑つる性木本で，熱帯雨林の渓流沿いに生育する．また，温室の園芸植物として広く栽培される．葉は互生し，トビカズラ属やクズの葉に似て 3 小葉にわかれ，成葉は薄い革質で光沢がある．花序は主に 3〜4 月に生じ，偽総状花序で花序柄を含めて長さ 1.5 m に達し，古い幹から垂れ下がって数十個の花をつける．花は蝶形花で長さ 10 cm 程度，花序軸・花柄とカップ状の萼は紫色を帯び，花弁はひすい色かやや青みが強く，旗弁は強く反り返り，2 個の竜骨弁は筒状にまとまり，先が鋭く突出する．この先端部に雄蕊から放出された花粉がたまっており，動物により竜骨弁が押し下げられると先端から花粉が押し出される．大量の蜜があり，鳥やコウモリによって授粉されるという．果実はやや扁平な楕円状で緑色，長さ 15〜20 cm，褐色で薄い種皮に包まれた数個の種子があり，落下と同時に発根成長する．ヒスイカズラは英名 jade vine による．

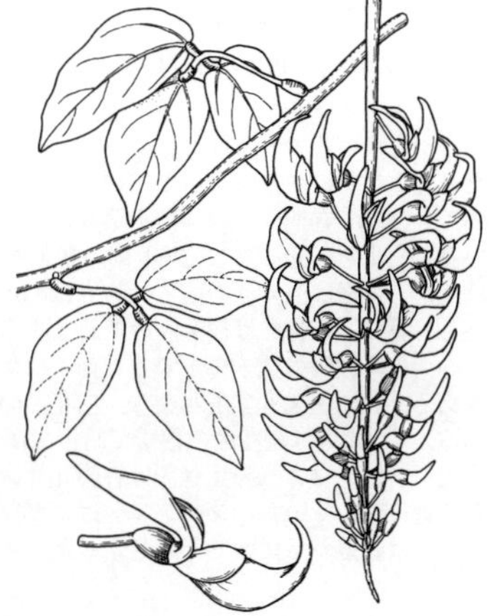

1717. **ヤブマメ**（ギンマメ） 〔マメ科〕

Amphicarpaea edgeworthii Benth.

（*A. edgeworthii* Benth. var. *japonica* Oliv.）

原野に生える一年生のつる状草本．茎は細い針金状で長く伸び，葉柄，花軸とともに，下向きの斜めに開出する毛を密生する．葉は互生し，長い葉柄をもった三出複葉．小葉は卵形，先端は鈍形または鋭形，基部は鈍形でごく短い柄がある．頂小葉はやや大きく，広卵形，長さ 3〜6 cm，幅 2.5〜4 cm ぐらい，葉質はうすく上面には伏毛があり，下面は淡色で，斜上する毛があり，主脈上には開出する毛がある．夏に葉腋から葉よりも短い総状花序を出し，淡紫色の蝶形花をつける．がくは筒形，頂端は歯状に 5 裂して有毛．花弁はほとんど同長，雄しべは 10，下側の 9 本は合一して 1 体となる．豆果は長さ 2〜3 cm ぐらい，平たく少し彎曲し，表面は無毛で網状の紋があり，ふちには伏毛がある．地下茎や，地上で分枝した後地中にもぐった枝に閉鎖花ができ，丸い豆果を作り中に 1 個の種子を生じ食べられる．〔日本名〕藪豆は藪に生えるからである．銀豆は豆の色に由来した名．〔追記〕本州中部以北のものは全株に伏毛があり，葉質はうすく下面は白色をおびる等の点でウスバヤブマメとするが，ヤブマメと区別できない．

1718. **ツルマメ** 〔マメ科〕

Glycine max (L.) Merr. subsp. ***soja*** (Siebold et Zucc.) H.Ohashi

（*G. soja* Siebold et Zucc.）

広く各地の原野に生える一年生のつる状草本．茎は細く，長く伸びて他物にからみつき，全株に細毛を密生する．葉は互生し，長い葉柄をもった三出複葉．小葉は披針状長楕円形あるいは披針形で全縁，長さ 4〜6 cm，先端は鈍形，基部は円形または鈍形でごく短い柄がある．夏から秋にかけて，葉腋から葉柄よりも短い総状花序を出し，3〜4 個の紅紫色の蝶形花を開く．まれに白色の花をつける．花は小さく長さ 6 mm ぐらい．がくは鐘形で頂端は 5 裂し，細毛がある．旗弁は平たい円形で先端はわずかに凹み，翼弁は旗弁よりも短く，竜骨弁が最も小さい．雄しべは 10，下側の 9 本は下部で合着し 1 体になる．豆果は長さ 2〜3 cm，粗毛を密生し，ダイズの豆果に似ている．種子は楕円形または腎臓形，多少平たい．〔日本名〕蔓豆という意味で，茎がつる状であるからである．〔漢名〕鹿藿．一般には 䔩豆が用いられているがこれは救荒本草にのっているので，先輩の学者が用いたのであるが，果たして正しいだろうか．形容語の soja は醤油のことである．

1719. **ダイズ** 〔マメ科〕

Glycine max (L.) Merr. subsp. ***max***

恐らく中国原産で，現在広く畑に栽培されている一年生草本．高さ 60 cm ぐらい．茎は直立し，あるいは頂部ではややつる状になり，全株に淡褐色の粗毛を密生する．葉は互生して長い葉柄をもった三出複葉．ごくまれに 5 小葉をもつものがあって，ゴバマメまたはガンクイと呼ぶ．小葉は通常線形の小さい托葉をもち，卵形または長楕円形で全縁．先端は鋭形または鈍形．夏に葉腋から短い穂を出し小形の紫紅色または白色の蝶形花をつける．がくは鐘形で先端は 5 裂し，最下の裂片が最も長い．旗弁は広く，上部はそりかえって立ち，先端は凹み，翼弁は旗弁より小さく，竜骨弁が最も小さい．雄しべは 10，下側の 9 本は合着して 1 体となる．豆果は平たい線状長楕円形，粗毛が密生し，短柄があり，中に 1〜4 個の種子を生ずる．種子（豆）は黒色（クロマメ，クロヅ），淡褐色，緑色，黄白色等いろいろあり，重要な食用植物である．〔日本名〕漢名の大豆の音よみである．

1720. **フジマメ**（インゲンマメ，センゴクマメ，アジマメ） 〔マメ科〕

Lablab purpurea (L.) Sweet（*Dolichos lablab* L.）

熱帯地方の原産で，元来多年生草本であるが，現在では広く栽培され，栽培下では一年草になるつる状の草本．茎はつるになって他物にからみついてよじのぼり，多少有毛，または無毛．葉は互生し長い葉柄をもった三出複葉，小葉は広卵形，長さ 5〜7 cm，先端は鋭形，基部は広いくさび形で有柄，全縁，頂小葉は他よりも大きく，柄も長い．夏から秋にかけて葉脈から長い花軸を出し，節ごとに 2〜4 個の紫色あるいは白色の花を穂状につける．花は蝶形花．がくは鐘形，頂端は浅く 4 裂する．旗弁は幅広く，そりかえって立ち，基部は内側に耳状の突起がある．翼弁と竜骨弁は横を向いて斜上する．豆果は鎌形で先端は尖り，長さ 6 cm，幅 2 cm ぐらい．中に数個の種子を生ずる．種子は生の時は肉質の種皮があり，長形の著しい白色のへそがある．若い豆果も食用となる．白花品の種子は扁豆といって薬用になる．いろいろな品種がある．フジマメは紫花品の種子で暗色で漢名を鵲豆という．〔日本名〕花がフジと似ているため．またインゲンマメ（隠元豆）は昔隠元禅師が日本にもって来たといわれていることによる．現在普通に呼んでいるインゲンマメはゴガツササゲ（1721 図）のことであり，本種とは別である．千石豆は収獲が多いのでその名がつき，味豆は味が良いからである．〔漢名〕藊豆．

1721. ゴガツササゲ（トウササゲ，ギンブロウ，インゲンマメ）〔マメ科〕

Phaseolus vulgaris L.

熱帯アメリカの原産で，今は日本に広く栽培されている一年生のつる状草本．茎は葉とともに短い軟毛をかむり，高さ 1.5〜2 m 位．葉は互生して，長い葉柄をもった三出複葉．小葉は長さ 10 cm ぐらい，広卵形または菱形状の卵形で全縁，先端は長い鋭形，基部は鈍形で短柄がある．夏に葉腋から花序軸を出し，短い柄のある少数の白色または淡紅色の蝶形花を総状につける．がく筒は杯形で先端は 5 裂し，上方の 2 裂片はほとんど合着する．旗弁の上部はそりかえって立ち，竜骨弁は線状でうず巻き状となる．雄しべは 10，下側の 9 本は合着して 1 体となる．花柱は細長く，雄しべと一緒にらせん状に巻く．豆果は細長く，有毛または無毛．真直かあるいは多少曲がり，長さ 10〜20 cm．種子は円形または楕円形，品種によって形や色が異なる．〔日本名〕それぞれ五月豇豆，唐豇豆，銀不老の意味である．現在本種は一般にインゲンマメといわれている．真のインゲンマメ（隠元豆）はフジマメのことで，日本にはゴガツササゲはフジマメよりも後から渡来したものである．〔漢名〕菜豆，竜爪豆，または雲藊豆．

1722. ツルナシインゲンマメ〔マメ科〕

Phaseolus vulgaris L. **Humilis Group**

ゴガツササゲ，通称インゲンマメ（本来の隠元豆はフジマメのこと）の小形で直立して，つるにならない栽培品種群である．種子をまいてから成長が速く，収穫も早く，その上収量が多いので広く各地の畑に栽培されている．発芽後，子葉の上数節の所で早くも最初の花が咲き，豆果は時には地面に接することもある．各葉腋からくりかえして側枝を出して束生し，全株に短い総状花序を出し，つぼみ，若い豆果，および成熟した豆果が入りまじって，これらを 1 株上に同時に見ることができる．葉は茎とともに粗毛があり，長い葉柄をもった三出複葉で互生し，小葉は母種と同形同大．托葉は早落性．小葉の基部には狭長楕円形の小托葉がある．蝶形花は白色，または淡黄白色，雄しべは 10，下側の 9 本は合一して 1 体になる．花柱は細長く，雄しべとともにら線状に巻き，左右不同である．〔日本名〕蔓無隠元豆．

1723. ベニバナインゲン（ハナササゲ）〔マメ科〕

Phaseolus coccineus L.（*P. multiflorus* Willd.）

熱帯アメリカの原産で江戸時代末期（19 世紀中頃）に日本に渡来し，花を観賞したが，現在では主として食用のために栽培する一年生のつる状草本．しかし元来は多年生草本である．子葉は地下生．全株に短毛があり，茎はつるになって長くのびる．葉は互生し，長い葉柄をもった三出複葉．小葉は菱形状広卵形で長さ 4〜7 cm，先端は鋭形，基部は鈍形，または円形で，ごく短い柄があり，大体の形はゴガツササゲに似ている．夏に葉腋から長さ 15〜18 cm ぐらいの花軸を出し，総状花序となって，朱赤色あるいは白色の花を多数開く．ブナ帯から上または北の低温地でのみよく実る．花はやや大きい蝶形花で長さ 2.5 cm ぐらい．がくは上下に深裂し，旗弁は翼弁と比べてかたく，光沢があり，竜骨弁は小形でらせん状に巻く．雄しべも同様に曲がる．豆果は長さ 10 cm ぐらいの線形，わずかに短毛があるか，あるいは無毛．種子は大きく斑紋がある．〔日本名〕紅花を開くインゲンの意味，別名の花豇豆は花が赤色で美しいからである．白色花をもつものをシロバナササゲ f. *albus* L.H.Bailey という．

1724. ア ズ キ（ショウズ）〔マメ科〕

Vigna angularis (Willd.) Ohwi et H.Ohashi var. ***angularis***
（*Azukia angularis* (Willd.) Ohwi）

古くに中国から渡来して，現在では広く各地の畑に栽培されている一年生草本．子葉は地下生．茎は直立し，高さ 30〜50 cm ほどになる．葉柄や葉の裏面とともに開出毛がある．葉は互生し，長い葉柄をもった三出複葉，葉柄の基部に針状の托葉がある．小葉は卵形または菱形状の卵形，長さ 5〜9 cm ほど，先端は鋭形，基部は浅い心臓形，または切形〜円形で有柄，全縁，またはごく浅く 3 裂する，披針形の小托葉がある．夏に葉腋から葉よりも短い花序軸を出し，2〜12 個の黄色の蝶形花をつける．花は長さ 15〜18 mm，短い花柄がある．がく筒は先端が 5 裂し，竜骨弁はそりかえって曲がるが 1 回転はしない．花柱ははなはだしく折れ曲がり，先端に毛がある．豆果は円柱形で無毛，長さ 6〜10 cm ぐらいで中に 9〜10 個の種子を生ずる．種子は暗赤色であるが，品種によって違った色のものもある．種子を食用とする．〔日本名〕アズキの語源は不明であるが，古書に赤小豆をアカツキと読ませているものがある．またアカツブキ（赤粒木），アツキ（赤粒草）説もある．〔漢名〕赤小豆．

1725. ヤブツルアズキ 〔マメ科〕

Vigna angularis (Willd.) Ohwi et H.Ohashi
var. ***nipponensis*** (Ohwi) Ohwi et H.Ohashi

至る所の原野の草地に生える一年生のつる状草本．全株に粗毛がまばらに生える．茎はつるになって他物にからみつく．葉は互生し，長い葉柄のある三出複葉．葉柄の基部には粗毛を密生する耳状の托葉がある．小葉は卵形，長さ 2〜5 cm．先端は鋭尖形，基部は鈍形でごく短い柄があり，全縁あるいは浅く 3 裂し，裂片の先は鋭形，深緑色で表面にはまばらに毛がある．秋に葉腋から花序軸を出し，頂に 2〜3 個の花をつける．花はつぼみの時は側面から見ると豆のようにふくらんだ腎臓形で，淡黄色，旗弁は円形で直立し，その下に他の花弁を抱く．竜骨弁は 2 枚が合着して，ら旋状に曲がる．雄しべ 10 本と雌しべ 1 本は竜骨弁の間にはさまれて，同様に曲がる．豆果は垂れ下がり，黒褐色，長さ 4〜5 cm の狭円柱形．果皮はうすい．種子は柱状楕円形でアズキよりもずっと小さく，緑褐色で黒い細点のあるものが多い．〔日本名〕藪蔓アズキの意味である．

1726. ツルアズキ（カニノメ，カニメ） 〔マメ科〕

Vigna umbellata (Thunb.) Ohwi et H.Ohashi

恐らく中国から，古い昔に渡来したもので現在では広く各地の田の畦に栽培されている一年生のつる状草本．茎ははじめは直立するが上部がつるになって長く伸び軟毛があり，時には無毛．托葉は披針形で先端は鈍形，長さ 1 cm ぐらい．葉は互生して，長い柄のある三出複葉．小葉は卵形あるいは菱形状の卵形，先端は鋭形，基部は円形または浅い心臓形で有柄，全縁，あるいはごく浅く 3 裂し，長さ 5〜8 cm ぐらい，両面とも有毛でざらざらする．小托葉は線状披針形．夏に葉腋から長さ 10〜15 cm ぐらいの花序軸を 1〜3 本出し，上部に穂状の総状花序をつけ，短い柄をもった黄色の蝶形花を開く．花はアズキの花に似る．旗弁は広円形，先端は浅く凹み，竜骨弁ははなはだしく曲がる．雄しべは 10，下側の 9 本は合着し，雌しべは 1，ともにらせん状に曲がる．豆果は細長く，垂れ下がり，無毛．種子はアズキに比べて細長く，へその隆起が著しい．〔日本名〕蔓アズキの意味．〔漢名〕蟹眼．蟹は蟹の本字である．この名からカニノメの日本名も出たものと思われるが，これは種子の粒の形をカニの眼にたとえたものか．

1727. オオヤブツルアズキ 〔マメ科〕

Vigna reflexopilosa Hayata

台湾と日本に分布し，日本では，九州から琉球の草地や道ばたなどに生えるつる性の一年草．茎は細長く，長さ 1 m 以上にのび，ふつう逆向きの毛がある．葉は互生し，3 小葉からなり，葉柄があり，長さ 3〜8 cm である．小葉は小托葉があり，卵形，ときに菱形または 3 裂し，基部より少し上方が最も幅広く，先に向かってしだいに細くなり，基部は広くさび形で，両面に伏した毛がある．葉腋から長い柄がある総状の花序を出す．花序は長さ 8〜12 cm で，数個の花がつく．小苞は狭卵形または披針形，がくとほぼ同長かがくよりやや長く，長さ 4〜5 mm ほどである．花は柄があり，黄色で，長さ 1〜1.5 cm になる．豆果は長さ 5〜7 cm，幅 4〜5 mm，そりかえるかまたは真っすぐに垂れ下がり，ほぼ無毛か毛があり，熟すと暗褐色または黒褐色になる．種子は黒味をおび，斑点がある．〔日本名〕大藪蔓小豆の意で，ヤブツルアズキよりも少し大きいので名付けられた．

1728. サ サ ゲ 〔マメ科〕

Vigna unguiculata (L.) Walp. var. ***unguiculata***

アフリカ原産で古くから日本に渡来して，現在では世界中で栽培されている一年生のつる状草本．茎は長くのびて他物にからみつき，全株無毛．葉は互生し，有柄の三出複葉．頂小葉は菱形状の卵形，先端は鋭形，基部は急に狭くなって短い鋭形，長さ 8〜15 cm ぐらいで長柄がある．左右の側小葉はゆがんだ卵形で，基部は切形で短柄がある．夏に葉腋から長い花序軸を出し，頂に少数の淡紫色の蝶形花をつける．がくは鐘形で 4 裂し，旗弁は幅広く，そりかえって立ち，雄しべは 10，下側の 9 本は合体する．子房は無柄．豆果は細長い線形，垂れ下がって弓なりに曲がり，長さ 15〜20 cm ぐらい．種子は食べられる．〔日本名〕ササゲは捧げるという意味ではじめ豆果が上を向くものにつけられた名であるという．〔漢名〕豇豆．〔追記〕豆果の最も長いものをジュウロクササゲ var. *sesquipedalis* (L.) H.Ohashi といい，豆果も食べられる．茎が直立して，豆果も上を向くものをハタササゲ var. *catiang* (Burm.f.) Bertoni という．

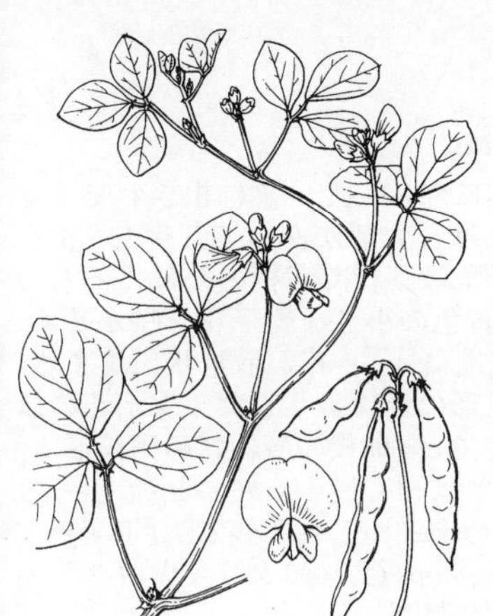

1729. ハマアズキ　〔マメ科〕

Vigna marina (Burm. f.) Merr.

熱帯に広く分布し，日本では，屋久島から琉球，小笠原の海岸の砂浜に生えるつる性の多年草．ときにマット状に広がる．茎は細長く，若いときのみ毛があり，長さ5 m以上に達する．葉は互生し，3小葉からなり，ほぼ無毛で，表面に光沢がある．小葉は卵形または楕円状卵形または倒卵形，先は鈍形または円形，基部は広いくさび形から円形，長さ2.5〜6 cm，幅1.5〜5 cm，基部から3脈がでる．托葉は底着し，狭卵形，先はやや鋭形，長さ2〜4 mm．小托葉も狭卵形，先は鋭形，長さ約1 mm．4〜11月に葉腋から総状の花序を出す．花序は長い柄があり，長さ2〜10 cmで，数個の花をつける．小苞は卵形，長さ約1 mm，早落性である．花は黄色，長さ1〜1.8 cm．がくは長さ2.5〜3 mm，ほぼ無毛である．がく裂片は短く，広三角形，わずかに縁毛がある．旗弁はほぼ円形，先はやや凹形．2個の翼弁は同形．竜骨弁の先端は鈍形で，若干ねじれる．花柱の先端はやや嘴状に伸長する．豆果は線状長楕円形，無毛または有毛，長さ3〜6 cm，幅6〜7 mm，黒褐色または緑褐色に熟する．種子は3〜6個つき，楕円体，長さ5〜7 mm，幅4.5〜5.5 mm，褐色または黒色または黄灰色．〔日本名〕浜小豆の意である．

1730. ヒメツルアズキ　〔マメ科〕

Vigna minima (Roxb.) Ohwi et H.Ohashi var. ***minima***

（*V. nakashimae* (Ohwi) Ohwi et H.Ohashi）

フィリピン，台湾，中国，朝鮮半島，日本に分布し，日本では，九州，琉球の川岸の草地などに生えるつる性の一年草で，長さ2 mぐらいになる．葉は互生し，3小葉からなり，両面に伏した毛が散生する．頂小葉は披針形または狭卵形，先はしだいに細まり鈍形またはやや鋭形で，長さ1〜6 cm，幅0.5〜3 cm，ほぼ全縁である．8〜9月に葉腋から総状の花序を出す．花序はやや長い柄があり，2〜6花がつく．小苞は披針形，がくよりわずかに短い．花は黄色，長さ約1 cm．豆果は線状で，長さ3〜5 cm，毛はなく，熟すと黄褐色地に紫褐色の斑があり，2片に裂開する．種子は6〜8個つき，楕円体または円筒形，長さ3〜5 mm，幅2〜3.5 mm，厚さ2〜3 mmで，褐色地に黒斑がある．〔日本名〕姫蔓小豆の意である．〔追記〕沖縄には，小葉が短く先が円みを帯びるヒナアズキ var. *minor* (Matsum.) Tateishiを産するが，これをヒメツルアズキと区別しない意見もある．

1731. ハリエンジュ（ニセアカシア）　〔マメ科〕

Robinia pseudoacacia L.

北アメリカ原産の落葉高木，明治10年（1877）頃日本に渡来して，現在では各地に庭木または街路樹として植えられている．高さは15 mぐらいになる．枝葉はほとんど無毛で，托葉は通常針状になる．葉は互生し，有柄の奇数羽状複葉，小葉は4〜8対，対生し，卵形または楕円形，頭部は鈍形，円形またはわずかに凹み，末端には細かい微突起があり，基部は円形または鈍形で短柄がある．長さ2〜3.5 cmぐらい．葉質はうすく，鮮緑色．初夏の頃，小枝上の葉腋から，葉より短い長さ10〜15 cmの総状花序を垂れ下げ，白色の蝶形花を開き芳香を放つ．しばしば花が枝一ぱいにつくことがある．がくは鐘形で頂端は歯状に浅く5裂するが，2唇形にみえる．旗弁は大きく，下部は黄色味をおびる．豆果は広線形，長さ5〜10 cm，幅12〜15 mmで，平たく，無毛．中に4〜7個の種子を生ずる．世間一般では本種をアカシアと呼んでいるが，これは真のアカシア（*Acacia*）ではない．〔日本名〕針エンジュ．エンジュに似て針があるため．

1732. ミヤコグサ（コガネバナ，エボシグサ）　〔マメ科〕

Lotus corniculatus L. subsp. ***japonicus*** (Regel) H.Ohashi

（*L. japonicus* (Regel) K.Larsen ; *L. corniculatus* L. var. *japonicus* Regel）

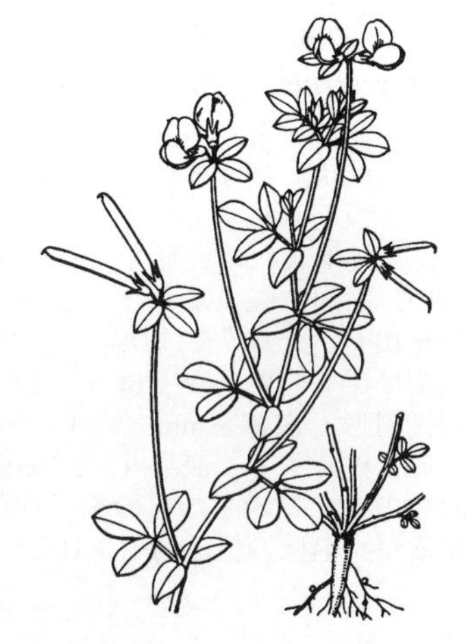

道端の芝地等に多い多年生草本，茎は束生し，直立するか，あるいはやや地に伏して横にのび細長く緑色．葉は互生し，有柄の三出複葉，ほとんど無毛，小葉は楕円形あるいは倒卵形，長さ1 cmぐらい．全縁で先端は急に小さく尖る．基部は鈍形．葉柄の基部に1対の葉状の托葉がある．春から夏にかけて，葉腋から花序柄を出し，2〜4個の美しい鮮黄色の蝶形花をつける．がく片は5，同形同長で先端は細く尖り，がく筒より長い．旗弁は大きな倒卵形．豆果は長さ3 cmぐらい，真直の線形で，熟すると2裂し，乾燥するとねじれる．中に多数の黒色の種子を生ずる．花が終わってから花の色が赤く変わるものがあり，ニシキミヤコグサ f. *versicolor* Makinoという．〔日本名〕都草は．昔この草が京都大仏の前，耳塚のあたりに多かったので，この名がついたのであろう．黄金花は花の色に，烏帽子草は花の形に由来した名．〔漢名〕光葉百脈根．牛角花，百脈根は共に母種セイヨウミヤコグサ（次図）をさす．

1733. セイヨウミヤコグサ 〔マメ科〕

Lotus corniculatus L. subsp. ***corniculatus***

ヨーロッパ原産の小形の多年草で日本に帰化した．茎は根ぎわでよく分枝し，地面をはうように展開する．葉は短い柄があって互生し，3 小葉からなる羽状複葉で白軟毛がある．托葉は葉状で葉柄の基部にあるので，5 小葉のようにみえる．春から秋に黄色の小さな蝶形花を咲かせる．花は葉腋から長い花梗をのばし，その先端に 4〜8 花が散形状に集まる．がく筒は深く 5 裂し，ほぼ同形の鋭三角形の裂片より長い．蝶形花の旗弁は大きな倒卵形をしている．豆果は長さ 3 cm 前後の直線状の円筒形で，先端は急に細まり花柱のあとがくちばし状に短く残る．熟すと莢（さや）は縦に 2 裂して小さな種子をこぼし，そのあとねじれて残る．〔追記〕本属には，他にもネビキミヤコグサ *L. pedunculatus* Cav.，ワタリミヤコグサ *L. tenuis* Waldst. et Kit. ex Willd. などの種類が帰化している．

1734. シロバナミヤコグサ 〔マメ科〕

Lotus taitungensis S.S.Ying（*L. pacificus* Kramina et D.D.Sokoloff）

台湾，パプアニューギニア，オーストラリア，琉球の海岸の砂浜に生育する多肉質な多年生草本で，太い主根および斜上する多数の茎を持つ．葉は無柄，5 小葉からなり，軸の先端に 3 枚，基部に 2 枚の托葉状の小葉があり，全縁で，倒卵形あるいは倒披針形，長さ 10〜30 mm，幅 5〜10 mm，基部は楔形，先端は円形から鈍頭で棘状突起がある．花序は柄のある散形花序で腋生し，花序柄は長さ 2〜3.5 cm，先端に 4 個以上の小花が集まり，苞は 2 あるいは 3 枚で葉状．花は無柄，長さ 1.2〜1.5 cm，萼は長さ約 1 cm．萼筒は広い漏斗形，柔毛で覆われる．萼裂片は 5 枚で細く，萼筒とほぼ同長，花弁は白色，旗弁は楕円形で反り返り，内面中央に淡紅色の縦筋がある．豆果は円筒形で，長さ 3〜5 cm，乾燥すると 2 裂し，ねじれる．種子は多数，球形で滑らか．

1735. カンゾウ（スペインカンゾウ） 〔マメ科〕

Glycyrrhiza glabra L.

地中海沿岸から，ロシア南部，中国（新疆ウイグル自治区）にかけて分布する多年生草本で，有用植物として栽培される．高さ 50〜150 cm，基部は木質，腺点が密にあり，白毛が生える．葉は互生，奇数羽状複葉で長さ 5〜14 cm，11〜17 枚の小葉をつけ，小葉は卵状楕円形から楕円形で先端は丸く微突形，長さ 1.7〜4 cm，表面は無毛あるいは柔毛で覆われ，裏側は黄色の腺点があり脈上に軟毛が密生する．葉柄は小葉とほぼ同長，黄褐色，腺毛と絨毛が密生する．総状花序は腋生で長い柄があり，花を多数付ける．花序軸には茶色の腺点，白色の絨毛あるいは綿毛が密生する．苞は被針形，長さ約 2 mm，膜質．花は無柄，斜上し，長さ 9〜12 mm，萼は鐘形，長さ 5〜7 mm，黄色の腺点と軟毛がまばらに生え，花冠は紫色あるいは藤色で，細くまとまる．子房は無毛．豆果は楕円形，表面に突起はなく，長さ 17〜35 mm．種子は 2〜8 個で暗緑色，径 2 mm，滑らか．甘味料，スパイス，ハーブ，化粧品添加物などに幅広く使われ，ウラルカンゾウ *G. uralensis* Fisch. ex DC. とともに生薬「甘草」として用いられる．

1736. イヌカンゾウ 〔マメ科〕

Glycyrrhiza pallidiflora Maxim.

中国北部からウスリー地方原産の多年草でまれに栽培される．根は太くゴボウ状，茎は高さ 1 m ぐらいになる．若枝はほぼ無毛で腺点がある．葉は奇数羽状複葉で有柄，小葉は 4〜6 対あって，楕円形，先端は鋭形，基部は鈍形または鋭形でほとんど無柄，長さ 5〜40 mm，幅 3〜15 mm ぐらい，両面に腺点があり，もむと臭気を放つ．6〜7 月頃，葉腋から短い柄を出し，その先に短縮した総状花序をつけ，淡紫色の蝶形花を開く．花柄はごく短い．がくは 5 中裂し，裂片は披針形で腺点がある．旗弁は長楕円形で長さ 8 mm ぐらい，他の花弁ははるかに短い．豆果は楕円形で先は鋭く尖り，長さ 1〜1.5 cm，長いとげ状の毛がある．〔日本名〕この類の根を乾燥したものを，甘草（カンゾウ）といい，甘味料や薬用とするが，本種の根は利用されないので犬甘草という．〔漢名〕刺果甘草．

1737. フ　ジ（ノダフジ）　〔マメ科〕

Wisteria floribunda (Willd.) DC.

各地の山野に生え，また観賞品として庭園に植えられているつる性の落葉低木．幹は著しく長くのびて分枝し，右巻きに他物に巻きつく．葉は互生して有柄の奇数羽状複葉，小葉は4〜6対つき，卵形，卵状長楕円形あるいは披針形，先端はやや鋭尖形，基部は鈍形または円形で短柄がある．葉質はうすく両面とも多少毛があり，葉脈上には特に多く生える．5月頃，紫色の蝶形花が多数，総状花序を作って垂れ下がり，花序の長さは30〜90 cmぐらいになる．花は長さ12〜20 mmぐらい．花柄は花よりも長い．花が終わってから，大きく平たい豆果を生じ，果皮はかたく，細毛でおおわれる．種子は平たい円形で数は少ない．花が白色，淡紅色のものをそれぞれシロバナフジ f. *alba* (Carrière) Rehder et E.H.Wilson，アカバナフジ f. *alborosea* (Makino) Okuyamaという．〔日本名〕野田藤の意味で，野田は大阪の地名で，昔同地はフジの名所であった．〔漢名〕一般には紫藤をあてているが，この紫藤は中国産のシナフジ *W. sinensis* (Sims) Sweetのことである．〔追記〕属の学名はWistar氏に捧げられたが，*Wisteria*と綴る．

1738. ヤマフジ（ノフジ）　〔マメ科〕

Wisteria brachybotrys Siebold et Zucc.

本州中部以西の山野に自生するが，時には観賞品として庭園に植えられているつる性の落葉低木．茎はフジとちがって左巻きである．葉は互生し，有柄の奇数羽状複葉で，小葉は4〜6対，卵形あるいは卵状長楕円形，両面とも細毛があるが，裏面では特に著しい．長さ4〜6 cm，幅15〜30 mm．4月頃，長さ10〜20 cmの総状花序を出して，多数の紫色の蝶形花をつけ，花はやや大きく長さ20〜30 mm．豆果には柄があり，果皮はかたく，表面に細毛があり，中に円形で平たい多数の種子を生ずる．花はフジよりも早く開く．花が白い品種がしばしば人家に植えられていて，シラフジ f. *albiflora* (Makino) J.Compton et Lack（*W. venusta* Rehder et E.H.Wils.）という．〔日本名〕山藤の意味で，山地に多く見られるからであり，野藤は野外に自生するからである．〔追記〕フジに似ているが，花序が短く，花はやや大形で，葉は厚質で裏面には毛が多く，茎が左巻きであるので容易に区別できる．花は花序の基部と先端とでほとんど同時に開くことがふつうである．本図はやや不正確．

1739. ナツフジ（ドヨウフジ）　〔マメ科〕

Wisteria japonica Siebold et Zucc. f. ***japonica***
（*Millettia japonica* (Siebold et Zucc.) A.Gray）

本州中南部以西の低地の林中に生えるつる性の落葉低木．茎は右巻きで細長く高さ3 m以上になる．若い時には全体に短い圧毛がまばらに生え，後にやや無毛となる．葉は互生して有柄．5〜7対の小葉をもった奇数羽状複葉で長さ30 cm以上にもなる．小葉は卵形あるいは長卵形，上部は次第に細くなって尖り，先端はやや凹み，凹部には微突起がある．基部は鋭形から円形までいろいろの形があり，短柄をもつ．長さ2.5〜4 cm，幅1〜2 cm，頂小葉では長さ11 cmになるものもある．両面ともほとんど無毛．真夏の頃，葉腋から長さ10〜30 cmの細長い総状花序を出し，多数の淡緑白色の小形の蝶形花をつける．花は長さ13〜15 mmぐらい．がくは鐘形で，頭部は歯状に浅く5裂し，花弁の基部は細く尖って短い柄となり，旗弁は倒卵形，翼弁は細長く，竜骨弁は前方で合着する．雄しべは10，下側の9本は合着して1体となる．花が終わってから長さ6〜9 cmの無毛の豆果を生じ，中に平たい円形の種子を多数生ずる．〔日本名〕夏藤または土用藤．夏に花を開くからである．

1740. メクラフジ（ヒメフジ）　〔マメ科〕

Wisteria japonica Siebold et Zucc. f. ***microphylla*** (Makino) H.Ohashi

前種ナツフジの品種で古くから庭園に植えられていたが，1995年に高知県で山中二男により野生のものが発見された．高さ60〜100 cm，直立性の落葉の小形低木，茎は細長い．葉は母種よりもやや密に生じ，有柄の奇数羽状複葉で長さ3〜5 cm．小葉は5〜6対ついて，母種よりも小形で幅が狭く，披針形，先端は鋭形または鋭尖形，基部は鋭形で短柄があり，末端はわずかに突起する．頂小葉は最大で長さ1.5 cmぐらいある．葉質は母種よりもうすく，両面緑色で光沢があるが，母種よりもやや毛が多く，特に葉脈上の毛は著しい．〔日本名〕花を開かないので盲藤の名がついた．また全体が小形なのでヒメフジの名がある．

1741. モメンヅル 〔マメ科〕

Astragalus reflexistipulus Miq.

本州および北海道の山地，時には原野に生える多年生草本．地上に繊維質の長い根がある．茎は根茎の頂部から出てやわらかく長く地上をはい，上部がやや斜上し，長さ 60～90 cm になる．葉は互生して短柄があり，5～10 対の小葉をもった奇数羽状複葉で長さ 15～30 cm ぐらい．小葉は卵形または長楕円形，長さ 2～2.5 cm ぐらい，先端は鈍形または円形で，末端には微突起があり，基部は円形でほとんど無柄，葉質はうすく裏面には短い圧毛があり，やや淡緑色．夏に葉腋から，葉よりも短い長さ 3～10 cm の花序柄を出し，その先に長さ 2～3 cm の総状花序をつけ，8～15 個の蝶形花を開く．花は長さ 13 mm ぐらい．花柄はごく短い．花は淡黄緑色．がくの頂部は深く切れ込み状に 5 裂し，旗弁は真直ぐにのびて他の花弁よりも長く，そりかえらない．雄しべは 10，下側の 9 本が合体して花糸は円柱形になる．豆果は長さ 3～4 cm，密集して生じ，多少淡色の細毛がある．中に多数の種子を生ずる．〔日本名〕木綿蔓の意味で，根が繊維質であるからである．〔漢名〕一般には木黄耆をあてているがこれは誤りである．

1742. ムラサキモメンヅル 〔マメ科〕

Astragalus laxmannii Jacq. var. ***adsurgens*** (Pall.) Kitag.
(*A. adsurgens* Pall.)

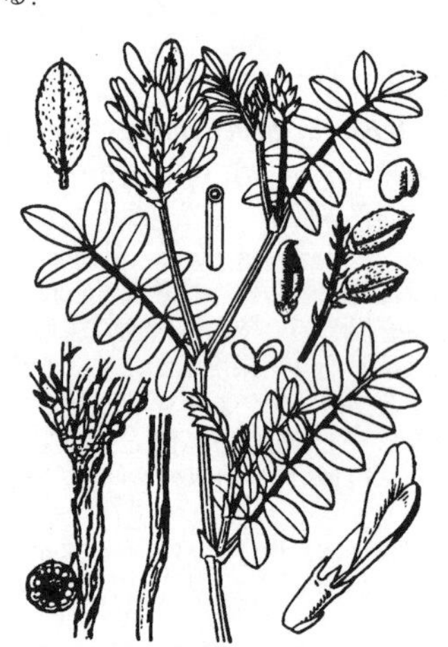

北海道西南部，岩手県および本州中部の高山に生え，特に富士山に多い多年生草本．根は大きく深く地中に入る．茎は根元から束生して地面に広がり，ややつる状になり，先の方が斜上して，長さ 60 cm ぐらいになる．葉は互生して短柄をもった奇数羽状複葉で白緑色である．小葉は 5～10 対あって，長楕円形，先端は鈍形または鋭形，末端は微突起となり，基部は鈍形または円形，ごく短い柄がある．少し粉白色をおび，上面は無毛，下面には伏した毛がまばらにつく．托葉は卵形で膜質．夏に葉腋からほぼ葉と同長の花序柄を出し，その先に長さ 3～6 cm の総状花序をつけ，紫色の蝶形花を密集して開く．花は長さ 12～15 mm，がくは下部の 2 / 3 が筒状，上部の 1 / 3 が歯状に 5 裂し，長さ 5～6 mm ぐらい，白色および黒色の短くやわらかい伏した毛がある．花弁はやや長く，その中で旗弁が最も長く，ほとんどそりかえらない．花が終わってから，楕円体または長楕円体の豆果を生じ，先端は急に尖り，表面には白色および黒色の短くやわらかい伏した毛がある．豆果の中は 2 室である．〔日本名〕紫木綿蔓の意味である．モメンヅルとは生態的なちがいの他，花が紫色であること，花序が葉とほぼ同長なこと，がくや豆果に白と黒の毛が生えること等により区別できる．

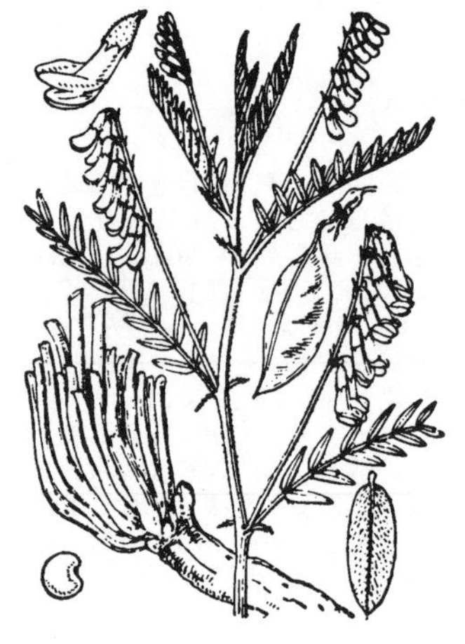

1743. タイツリオウギ 〔マメ科〕

Astragalus shinanensis Ohwi
(*A. membranaceus* auct. non (Fisch. ex Link) Bunge)

北海道西南部，岩手県および本州中部の高山帯の岩の間に生える多年生草本．地下には太い根があって，その頂から茎を束生する．高さ 20～40 cm，直立して上方でわずかに分枝し，全株に白い軟毛を生じる．葉は互生して短柄があり，6～9 対の小葉をもった奇数羽状複葉．小葉は斜めに出て長さ 1 cm 足らず，卵状長楕円形，先端はわずかに尖り，基部は円形で短柄がある．上面は無毛，下面には軟毛がある．托葉は広披針形または線形．7 月頃，葉腋から長さ 4～5 cm の花序柄を出し，その先に黄色の細長い蝶形花を多数つけ，一側方に花を並べた長さ 1.5～2.5 cm の総状花序を作る．花は長さ 20 mm ぐらい．がくは筒状で先端が歯状に浅く 5 裂し，長さ 8～10 mm で褐色の毛がある．花弁は細長く，旗弁の先は少しそりかえって開く．豆果はふくらんで長さは 2～3 cm，半目形で垂れ下がり，明らかな柄がある．表面はなめらかでやや光沢がある．〔日本名〕鯛釣黄蓍．ふくれた豆果が柄の先に垂れ下がる状態を，タイを釣り上げたのに見立てたもので，黄蓍は本属植物の漢名であるが，特に本種を指すことも多い．本種および近縁種の根を薬用に用いる．

1744. リシリオウギ 〔マメ科〕

Astragalus frigidus (L.) A.Gray subsp. ***parviflorus*** (Turcz.) Hultén
(*A. secundus* DC.)

本州中部以北の高山の草原に生える多年生草本．高さ 30 cm ぐらい．茎は直立して，細く多少ジグザグに曲がる．稜があるので茎は角張る．また多少白い綿毛がある．葉は互生し短柄をもった，時にはほとんど無柄の奇数羽状複葉．小葉は 4～6 対あって開出し，卵状楕円形，長さ 2 cm 内外，幅 1 cm ぐらい．先端は鈍形，基部も鈍形，ほとんど無柄．上面は無毛．托葉は大形で卵形，長さ 1～2 cm，先端は尖る．葉腋から葉よりも長い総状花序を出し，長い柄をもち，7 月頃黄色の蝶形花を 5～10 個つける．花は長さ 15 mm ぐらいで垂れ下がる，がくは筒状．長さ 7 mm ぐらい，無毛であるが，先端は 5 浅裂しそこには褐色の毛がある．豆果は卵状長楕円形，長さ 3 cm ぐらい．暗色の細毛を密生し，短柄がある．〔日本名〕利尻黄蓍，日本でははじめて北海道の利尻島で発見されたからである．〔追記〕小葉の幅が広く，大形であること，托葉も卵形で大形であること，豆果はふくらまないこと等によりタイツリオウギから区別できる．シロウマオウギとは全体に黒褐色の伏毛がない点で区別できる．

1745. シロウマオウギ　〔マメ科〕

Astragalus shiroumensis Makino

本州中部の高山の岩礫地や草原に生える多年生草本で，高さ 10〜20 cm 内外になり，かたい根茎から数本の茎を束生し，上部は分枝しながら斜上する．葉は 5〜7 対の小葉をつけた奇数羽状複葉．全体に黒褐色の伏毛をまばらにつける．小葉は狭い長楕円形，先端は円形，基部は鈍形でほとんど無柄，上面は無毛，下面には白毛がある．主脈上には黒褐色の毛がまじる．托葉は小形で卵状三角形，長さ 3〜5 mm ぐらい．7〜8 月頃葉腋から長柄のある総状花序を葉上に出して，やや密に 10 個内外の白色の蝶形花をやや一側方に向けて開く．小花柄は短く，がくは長さ 4 mm ぐらいで黒褐色の毛があり，先端には三角形の 5 歯片がある．豆果は刀状の長楕円形，初めは黒褐色の微毛があるが，後には無毛となり，花序の軸から斜めに垂れ下がる．〔日本名〕白馬黄蓍の意味である．〔追記〕タイツリオウギやリシリオウギとは，豆果の背面に溝があること，豆果はやや無柄であること，全体に黒褐色の毛をまばらにつけること等によって区別される．カラフトモメンヅル *A. schelichovii* Turcz. は 8〜10 対の小葉をつけ，豆果は立ち上がる．北海道と日光に分布する．

1746. ゲ　ン　ゲ（ゲンゲバナ，レンゲソウ）　〔マメ科〕

Astragalus sinicus L.

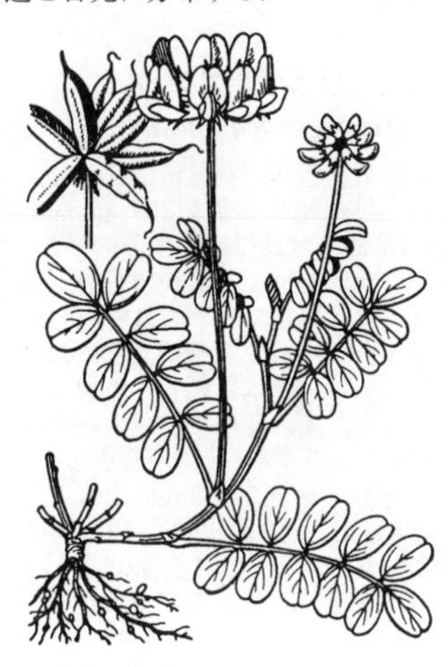

中国原産の越年生草本．根には根粒バクテリアが共生し空中の窒素を固定して貯えるので緑肥として好んで田地に植えられ，野生化している．茎は根元から多数分枝して束生し，地面を横にはって広がる．葉は互生して有柄，4〜5 対の小葉をもった奇数羽状複葉．小葉は倒卵形，先端は凹み，基部は円形でごく短い柄がある．長さ 8〜15 mm，葉質はうすく，裏面には軟毛がまばらにつく．葉柄の基部には 1 対の托葉があり，卵形で先端は尖る．春に葉腋から高さ 10〜30 cm の長柄を直立して出し，紅紫色まれに白色の蝶形花を散形に並べて開く．花は 7 個ぐらい輪状につき，長さ 12 mm ぐらいで，短い柄がある．がくは長さ 4 mm ぐらい，白毛をまばらにつけ，先端には 5 歯片がある．旗弁は上部がそりかえって開き，竜骨弁は濃色で，翼弁は淡色である．雄しべは 10，下側の 9 本が合着して 1 体となる．子房は細長い．豆果は三角状でやや直立して生じ，先端は次第に尖って，くちばし状になる．全く無毛で黒く熟し，中に平たい黄色をおびた種子を少数生ずる．一般にゲンゲダネと呼び種播き用として売買された．〔日本名〕レンゲソウの上方方面の方言であるゲンゲバナの省略形とされる．蓮華草は，花が輪状に並んでつく様子をハスの花に見立てたもので，上方では蓮華の語感を忌んでゲンゲと呼び変えたものらしい．〔漢名〕紫雲英．

1747. オヤマノエンドウ　〔マメ科〕

Oxytropis japonica Maxim. var. ***japonica***

本州の中部地方の高山の草原や砂れき地に生える．根は木化して太く長くのびる．茎は高さ 5〜10 cm，基部がやや木化し，枯れた葉柄や托葉でおおわれる．葉は数個密につき，長さ 2.5〜6 cm，葉柄は全長のほぼ半分ぐらいの長さで白色の毛が散生する．小葉は 4〜7 対，狭卵形で，先は鋭形，長さ 5〜10 mm，幅 1〜3 mm，両面に軟毛があり，ふちに絹毛がある．托葉は膜質，薄茶色，狭卵形で，長さおよそ 5〜10 mm，まばらに毛があり，背面は中ほどまで葉柄にゆ合する．6〜8 月に葉腋から散形状の花序を出す．花序は長さ 2〜6 cm の梗があり，その先にふつう 1〜2 個の花をつける．花の基部に長さ 4〜5 mm の長楕円形の苞があり，花柄とともに黒色の毛がある．花は紅紫色で，長さ 17〜20 mm．がくは 8〜12 mm，がく裂片はがく筒の約 1 / 3 の長さで，狭披針形，白色の長軟毛と黒褐色の剛毛がやや密に生える．旗弁は他の花弁より著しく大きく，長さ約 17 mm，基部に白斑がある．翼弁は旗弁とほぼ同長．竜骨弁は他の花弁より短く長さ約 14 mm，先端は短く尖る．豆果は長楕円体，長さ 3〜4 cm，幅約 7 mm，先は尖る．〔日本名〕御山の豌豆の意で，御山は石川県白山のことである．北海道には全体に毛の多いエゾオヤマノエンドウ var. *sericea* Koidz. を産する．

1748. オカダゲンゲ（ヒダカゲンゲ）　〔マメ科〕

Oxytropis revoluta Ledeb.

北海道日高山系の高山帯の岩場や草地に生える．根は木質化し，太く長くのびる．茎はほふくし，よく分枝し，枯れた葉柄や托葉でおおわれる．葉は長さ 4〜8 cm，葉柄は全長のほぼ半分の長さである．葉柄と葉軸には白色の絹毛がある．葉は奇数羽状複葉で，小葉は 4〜7 対，表面に軟毛が散生する．托葉はやや厚く紫褐色をおび，長さ 8〜10 mm，離生部は楕円形，先は鋭形または円形，長さ 5〜8 mm，隆起する脈が目立ち，ふちに毛を散生する．7 月頃に葉腋から散形状の花序を出す．花序は高さ 5〜7 cm になり，2 個まれに 3 個の花をつける．花は青紫色で，長さ 2〜3 mm の柄がある．苞は広楕円形，長さ 4〜6 mm，白色の毛が散生する．がくは筒形，長さ 8〜10 mm，白色の毛と黒色の毛がまじる．がく筒は長さ 6〜8 mm．豆果は長さ 13〜20 mm，白色と黒色の毛が多く，柄は長さ 4〜8 mm である．

1749. レブンソウ 〔マメ科〕

Oxytropis megalantha H.Boissieu

北海道礼文島に産する．太い木質の根があり，地上茎は木化して，ほふくする．全体に斜上または開出する白色の絹毛を密生する．枝の先に 10 個前後の葉と 2〜3 個の花序をつける．葉は奇数羽状複葉で，長さ 10〜20 cm，葉柄は全長のほぼ半分の長さである．小葉は 8〜11 対，長楕円形または長卵形，先は鋭形，やや質が厚く，長さ 1〜3 cm，幅 4〜8 mm，成葉では裏面の毛がうすく，ふちに毛が密生する．托葉は膜質，長さ 15〜20 mm，基部は長さ 10〜15 mm ほどの鞘となり，脈は隆起し，離生部は細く，先は鋭尖形となり，外面に絹毛が散生する．6〜7 月に葉腋に総状の花序をつける．花序は葉より長く，長さ 10〜20 cm で，5〜15 個の花がややまばらにつく．花は紅紫色，長さ 16〜20 mm で，長さ 1〜3 mm の柄がある．がくは筒形，長さおよそ 12 mm，がく裂片は狭卵形，先は鋭形，長さ約 3 mm である．旗弁の先は円形．豆果は卵状楕円形，長さおよそ 2 cm，幅 7〜8 mm．黄褐色の短い毛が密生し，ほとんど柄がない．〔日本名〕礼文草の意である．

1750. リシリゲンゲ 〔マメ科〕

Oxytropis campestris (L.) DC. subsp. ***rishiriensis*** (Matsum.) Toyok.

北海道夕張岳，利尻岳に特産し，高山の岩場や草地に生える．太い木質の根があり，地上茎は木化し，高さ 10〜15 cm で，地上をはう．葉は奇数羽状複葉で，長さ 8〜12 cm，葉柄は全長のほぼ半分の長さ，葉柄と葉軸には伏した白い絹毛がある．小葉は 8〜13 対，狭卵形または狭楕円形，先は鋭形または鈍形，長さ 5〜18 mm，幅 2〜5 mm で，上面はほぼ無毛で，下面は無毛あるいは伏した白色の軟毛が散生する．托葉は膜質で，長さ 15〜20 mm，葉柄の基部におよそ 5 mm ほどゆ合し鞘状となり，離生部は披針形，先は鋭尖形，脈は隆起し，外面に長い白色の絹毛を散生する．6〜7 月に葉腋から総状の花序をだす．花序は長さ 10〜15 cm，葉より長く，白色の長毛と黒色の短毛が散生し，8〜10 花をつける．花は淡黄色または緑黄色で，長さ約 2 cm，長さ 1〜2 mm の柄がある．苞は線形，長さ 7〜12 mm となり，外面とふちに長い白毛がある．がくは筒形，長さ 9〜11 mm，がく裂片の長さは 2〜3 mm で，黒色の毛と白色の毛が混ざる．旗弁は翼弁と竜骨弁よりも長く，先は凹形．豆果は卵形，先は鋭形，柄はほとんどなく，表面はほぼ無毛で，長さ 2〜2.5 cm，幅 5〜7 mm．〔日本名〕利尻げんげの意である．

1751. マシケゲンゲ 〔マメ科〕

Oxytropis shokanbetsuensis Miyabe et Tatew.

北海道暑寒別岳に特産し，草地に生える．根は木質で，太く長くのびる．茎はよく分枝し，地表をはい，枯れた葉柄や托葉におおわれ，先は斜上して高さ 8〜15 cm となる．葉は奇数羽状複葉で，長さ 6〜10 cm，葉柄は全長のほぼ半分の長さである．葉柄と葉軸には上向きの白毛が散生する．小葉は 8〜13 対，広披針形または狭卵形，先は鋭形，長さ 10〜15 mm，幅 2.5〜4 mm となり，上面は無毛または，両面ともに伏した毛があり，ふちはやや下面にまく．托葉は長さ 12〜15 mm，膜質，離生部は披針形，外面とふちに黄褐色の絹毛がある．7 月に葉腋から散房状の花序を出す．花序は長さ 5〜10 cm，上向きまたは開出する黄褐色の絹毛が散生し，先に 3〜6 花をつける．苞は広線形，長さ 8〜10 mm である．花は紅紫色．がくは筒形，長さ 10〜12 mm，がく筒は長さ 8〜10 mm，がく裂片は線状狭三角形，長さ 1.5〜2 mm，黄褐色および黒褐色の毛がある．旗弁は長さ 20〜23 mm，翼弁と竜骨弁より長く，先は凹形．豆果は黒色の圧毛があり，柄はほとんどない．〔日本名〕増毛げんげの意で，増毛山系の暑寒別岳に生えることによる．

1752. ムレスズメ 〔マメ科〕

Caragana sinica (Buc'hoz) Rehder（*C. chamlagu* Lam.）

中国原産で江戸時代に日本に渡来して，現在では観賞品として各地の人家の庭園に植えられている落葉低木．多数の細い幹が束生して高さ 2 m 以上になる．幹の皮には黄色い斑点があってはげやすい．縦に稜が走る小枝を多く分枝する．葉質はうすいがかたく，2 対の小葉をもった偶数羽状複葉で，通常数枚の葉が短枝から束生するが，長枝上には互生する．短枝の基部には前年度の葉軸がとげ状になって残っているのが普通である．小葉は倒卵形または長倒卵形，上部の 1 対は下部の 1 対よりも大形である．先端は円形または鈍形で末端には微突起があり，基部は鈍形で無柄．春に葉腋から細く短い花柄を出し，その上に 1 個の蝶形花を垂れ下げて開く．この形状はややエニシダに似ている．花は長さ 2.5 cm ぐらい，黄色で，後に赤黄色に変色する．がくは筒状，頂部は歯状に浅く 5 裂する．花弁は長く，旗弁は上を向く，花が終わってから豆果を生ずる．〔日本名〕群雀の意味で，枝上に密集して並んで咲く花を，雀の群れに見立てたもの．〔漢名〕錦鶏児または金雀花．

1753. **イワオウギ**（タテヤマオウギ）　〔マメ科〕

Hedysarum vicioides Turcz. subsp. ***japonicum*** (B.Fedtsch.) B.H.Choi et H.Ohashi var. ***japonicum*** (B.Fedtsch.) B.H.Choi et H.Ohashi

本州中部と北海道の高山帯の草原または岩の間に生える多年生草本．北海道では平地にも生える．高さ 15～50 cm ぐらいになり，根は太くやわらかいが折れにくい．茎は密に根元から束生し，ややジグザグに曲がる．葉は互生して有柄の奇数羽状複葉，小葉は 6～11 対，対生し，長楕円形，または線状長楕円形，頭部はやや鋭形で，末端には細い微突起がある．基部は鈍形または円形でごく短い柄がある．支脈は多数あって，はっきり見える．托葉は長楕円状三角形で茎を抱いて 2 裂し，褐色である．8 月頃，葉腋から長さ 15 cm ぐらいの花序柄を出し，その先に穂状の総状花序をつけ，蝶形花を開く．花は黄白色でわずかに紅色をおび，長さは 18 mm ぐらい，竜骨弁が他の花弁よりも長い．がくは鐘形で先端は長さ不同の 5 歯状に裂ける．豆果は平たくくびれがあり，無毛，両方のふちには小さい凹凸があって，平らでない．中に 2～4 個の種子を生ずる．黄蓍の代用として薬用にすることがある．〔日本名〕岩黄蓍，または立山黄蓍．立山は富山県の立山のことである．真の黄蓍はゲンゲ属のタイツリオウギのことで，外観はやや似ているが，豆果は全く異なる．

1754. **カラフトゲンゲ**　〔マメ科〕

Hedysarum hedysaroides (L.) Schinz et Thell.

北海道の高山や礼文島の海岸近くの草原に生える多年草．高さは 10～40 cm になる．葉は互生し，奇数羽状複葉，葉柄は長さ 1.5～2 cm．小葉は 6～8 対，卵状楕円形で，先は細い微突起があり，基部は円形で，長さ 1.0～2.5 cm，幅 5～12 mm，裏面は白色の毛が多い．托葉は膜質で，茎を抱き，中ほどまで 2 裂する．花期は 6～8 月．葉腋から長さ 10～15 cm の花序を出す．苞は狭披針形，長さ 4～10 mm．花は紅紫色，長さ 18 mm ぐらいで，花序の一方に密にやや片寄ってつく．がくは 5 中裂し，長さ 5～8 mm，側裂片は長さ 2～4 mm で，狭三角形，がく筒とほぼ同長で白色の毛がある．竜骨弁は旗弁と翼弁よりも長い．豆果は長さ 2～3 cm，幅 5～7 mm．小節果は 2～4 個で，楕円形，先には花柱が残る．花の色が白色のものもある．チシマゲンゲ f. *neglectum* (Ledeb.) Ohwi は豆果が有毛である．〔日本名〕樺太げんげの意である．

1755. **シナガワハギ**（エビラハギ）　〔マメ科〕

Melilotus officinalis (L.) Pall. subsp. ***suaveolens*** (Ledeb.) H.Ohashi（*M. suaveolens* Ledeb.）

海岸の近くや道ばたに野生する越年草で，乾けば芳香を放つ．茎の高さ 60～90 cm ぐらい．葉は有柄で互生し三出複葉．小葉は長楕円形または倒披針形，先端は円形または鈍形，基部はくさび形，側小葉はほとんど無柄．ふちには小形の歯牙状突起があり，葉脈の先端が歯の頂点となる．長さ 1～2 cm ぐらいで鮮緑色．托葉は線形．夏に枝の先端または葉腋から柄を出し，上部に細長い総状花序をつけ，黄色の小形の蝶形花を密集して開く．花には短い柄がある．がくは短い鐘形，上部は同形の 5 歯片に浅くさける．旗弁は長楕円形で広く，翼弁は先端が鈍形の竜骨弁よりも長い．豆果は卵形，無毛で暗色に熟する．全草は家畜の飼料になる．〔日本名〕品川萩は，昔東京の品川に野生していたのでこの名がついた．箙萩は枝上に花穂が並んで出た様子を矢をさした箙になぞらえたもの．〔漢名〕辟汗草．

1756. **シャジクソウ**（カタワグルマ，アミダガサ，ボサツソウ）　〔マメ科〕

Trifolium lupinaster L.

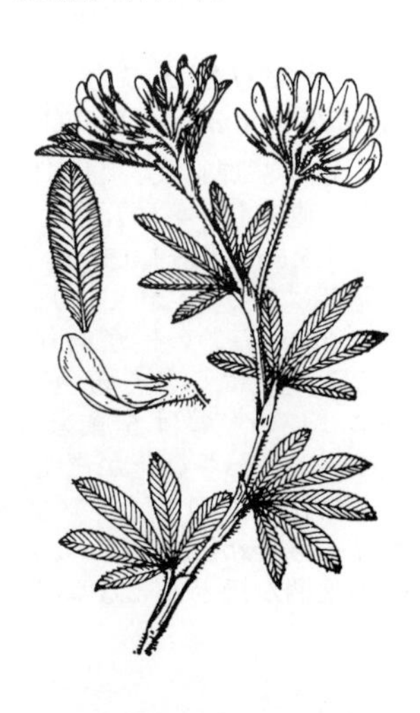

本州中北部ことに長野県の高原に生える多年生草本であるが旧大陸には広く分布する．茎は高さ 30 cm ぐらいで束生し，直立または斜上して，通常分枝しない．無毛であるが上部には多少軟毛が出ることもある．葉は互生し，ごく短い葉柄があり，托葉が両側に合着している．通常 5 枚の掌状にならんだ小葉をもつ．小葉は披針形または長楕円形，先端は鋭形，基部はくさび形で無柄．ふちには細かいきょ歯がある．支脈ははっきりと見え，下面の主脈上には伏毛がまばらに生える．長さ 2～4 cm，幅 5～10 mm ぐらい．托葉は薄い膜質でさや状になって茎を包む．夏から秋にかけて，茎の頂部の葉腋から長さ 3 cm ぐらいの花序柄を出し，その先端に淡紅紫色，まれに白色の 5～6 個の蝶形花をつけ，扇形にならぶ．がくは 5 裂し，下部は筒状となって 10 本の脈が走り，裂片は毛状となって下側のものが最も長い．花弁は長さががくの 2 倍ぐらい，豆果は 4～6 個の種子を生ずる．〔日本名〕車軸草は，やや放射状に出る小葉の配列に由来した名である．カタワグルマ（片輪車）は小葉が半輪状に並ぶためであり，アミダガサ（阿弥陀笠），ボサツソウ（菩薩草）ともに広がった笠状の葉に基づいた名である．

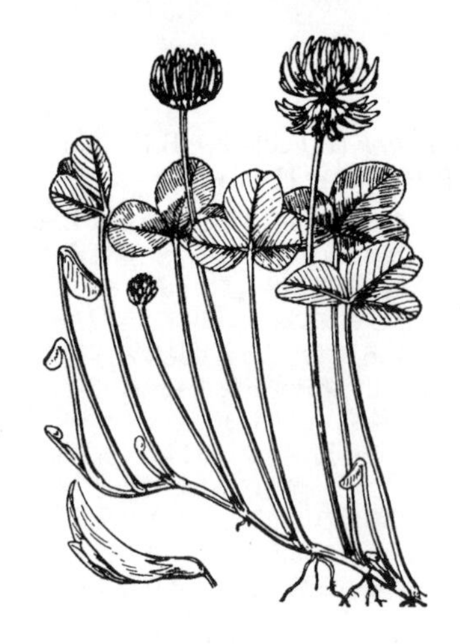

1757. シロツメクサ（ツメクサ，オランダゲンゲ，クローバー）〔マメ科〕

Trifolium repens L.

ヨーロッパ原産の多年生草本で江戸時代に日本に渡来して，現在では野生化している．全株無毛，株の根元で分枝した枝は地上に伏して長くはい，緑色であり，しばしば節部からひげ根を出す．葉は互生し，3 個の小葉をもった複葉で緑色の長い葉柄がある．小葉は 3 枚頂生し，倒卵形あるいは倒心臓形，上部は凹むかまたは円形，基部は広いくさび形で無柄，ふちには細かいきょ歯があり長さ 1.5～3 cm ぐらい，托葉は卵状披針形で先端は尖る．夏に葉腋から高さ 20～30 cm の長い柄を出し，頂端に多数の蝶形花を散形につけ，花序はほぼ球形となる．花は白色，時には淡紅色をおびて，小形で長さ 9 mm ぐらい．旗弁は永存性で脱落しないで，後に褐色になって豆果をおおう．豆果は細長く中に 4～6 個の種子を生ずる．牧草として利用され，また緑肥として使用される．〔日本名〕はじめ和蘭ゲンゲと名づけ，後に詰め草と名づけ，現在では白詰草という．むかしオランダ人がガラス（ぎやまん）器具を箱に入れ，その空隙に，本種の枯草を詰めて，長崎港に運んで来た．その時枯草についていた種子を好事家が播いて，はじめて本種が日本に広まった．

1758. ムラサキツメクサ（アカツメクサ）〔マメ科〕

Trifolium pratense L.

ヨーロッパ原産の多年草．おそらく明治維新頃（1868 前後）日本に渡来し，現在では各地に野生の状態になっている．全株多少とも有毛．茎は上に向かって伸び，高さ 30～60 cm ぐらいになり，まばらに分枝する．葉は互生して長柄をもった三出複葉．小葉は卵形または長楕円形，先端は通常鈍形，あるいはわずかに凹み，基部は鈍形または円形でごく短い柄があり，ふちには細かいきょ歯があり，長さ 3～5 cm，しばしば葉面には白点がある．托葉は卵形で先端は尾状にのびて尖る．夏に茎の上部の葉腋から，短い花穂を出し，多数の紅紫色の花を密集して開く．花序は円形または卵形．普通花は花軸に接着する．がくは筒状で上部の裂片は毛状となる．雄しべは 10，下側の 9 本は合着して 1 体となる．牧草または緑肥として利用される．〔日本名〕現在一般には赤詰草と呼んでいるが，はじめの名は紫詰草であった．〔追記〕シロツメクサとは，花柄がほとんどないこと，苞葉がないこと，茎は直立し，開出毛があること，小葉が卵形であること等により区別できる．

1759. タチオランダゲンゲ〔マメ科〕

Trifolium hybridum L.

ヨーロッパ，西アジア原産で，日本では北海道と本州に帰化している多年草．シロツメクサに似ていて，しばしば混生している．茎は太く，直立し，節から根は出ない．葉は互生し，3 小葉からなる．小葉は卵形，先は鈍形，長さ 2～2.5 cm，幅 1.2～1.5 cm となり，ふちには細きょ歯がある．春に葉腋から頭状の花序をだす．花序は長さ 5～12 cm の柄があり，径は 2～2.5 cm である．花は淡紅色またはまれに白色となり，長さ 7～8 mm ほどである．がくは長さ 3 mm ほどで，がく裂片はがく筒より長い．旗弁は翼弁と竜骨弁よりも長い．種子は 2～3 個．飼料として栽培され，野生状態でも生えている．〔日本名〕立ち和蘭ゲンゲの意で，和蘭ゲンゲ（シロツメクサ）に似て茎が立つのでこの名がついた．

1760. テマリツメクサ〔マメ科〕

Trifolium aureum Pollich

ヨーロッパ原産で，日本に帰化している多年草．道ばたにみられる．茎はやや直立し，葉は互生し，3 小葉からなる．小葉は長卵形，先は鈍形，長さ約 1.5 cm，幅約 0.5 cm となり，縁には細きょ歯がある．托葉は披針形で基部は広がらない．初夏の頃，葉腋から頭状の花序をだす．花序は長さ 3 cm ぐらいの柄があり，径は 1 cm ぐらいである．果実期にはやや長くなる．花は小さく黄色で，果実期には茶色となる．旗弁は翼弁と竜骨弁より長い．萼は 5 脈をもち，2 個の上萼裂片は残りの 3 裂片より短い．〔日本名〕小さな花が密生した花序を手鞠に因んでつけられた．〔追記〕同じく帰化植物のコメツブツメクサ *T. dubium* Sibth. およびクスダマツメクサ *T. campestre* Schreb. によく似ているが，茎の上部につく葉の頂小葉には小葉柄がほとんどないことにより区別できる．

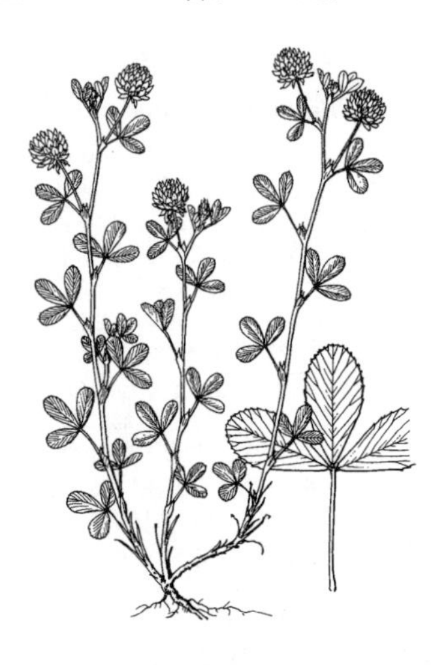

1761. ウマゴヤシ（マゴヤシ）　〔マメ科〕

Medicago polymorpha L.

ヨーロッパ原産の越年生草本．江戸時代に日本に渡来して以来，帰化植物となって野生し，特に海浜地区に多く見られる．根は分枝して根瘤をもち，茎は根元で分枝して，地上を横にはい，または斜上する．全株無毛，または少し毛がある．葉は有柄で互生し，三出複葉．小葉は倒卵形あるいは倒心臓形，先端は円形または少し凹み，基部はくさび形，上部のふちにはきょ歯がある．長さ 1〜1.5 cm ぐらい．托葉は半切の卵形，深いきょ歯がある．春に葉腋から花柄を出し，上部に頭状に集まった少数の黄色の蝶形花を開く．花柄には線形の小さな苞葉がある．がくは長さ 2 mm ぐらい．豆果はらせん状に巻き，果面には美しい網状脈があり，ふちには毛状突起がある．緑肥，牧草として良好である．〔日本名〕馬肥しは本種が良い飼馬料であるからである．〔漢名〕野苜蓿．一般には苜蓿を用いているが，これはムラサキウマゴヤシのことである．天藍は恐らくこのウマゴヤシのことであろう．

1762. コウマゴヤシ　〔マメ科〕

Medicago minima (L.) Bartal.

ヨーロッパ，黒海沿岸の原産で明治維新（1868）前後に日本に渡来して，帰化植物となり，海に近い砂地に生える越年生草本．茎は長さ 30 cm ぐらいになり，直立しあるいは根元から分枝して地上を横にはって四方に広がる．全体に多少とも軟毛がある．葉は有柄で互生する三出複葉．小葉は倒卵形あるいはほぼ円形，まれに倒心臓形．先端は円形，まれには凹み，基部はくさび形，上部のふちにはきょ歯がある．長さ 7〜10 mm ぐらい．托葉は卵形を縦切りしたようでほとんど全縁，または基部にわずかにきょ歯がある．春に葉腋から細い柄を出し，上部に 1〜8 個の淡黄色の小形の蝶形花をつける．花柄はがく筒よりも短く，がく片はがく筒とほぼ同長．豆果は小形で 4〜5 回らせん状に巻き，径 4 mm ぐらい．上面の脈上とふちに毛状突起がある．〔日本名〕小馬肥シの意味．〔追記〕ウマゴヤシに似ているが全体に小形で，軟毛があり，托葉はほとんど全縁で深いきょ歯がない等の点で区別できる．

1763. コメツブウマゴヤシ（コメツブマゴヤシ）　〔マメ科〕

Medicago lupulina L.

ヨーロッパ原産で江戸時代に日本に渡来し，帰化植物となった越年生草本．根は短く，茎は根元から分枝して地上に伏しあるいは斜上し，まれに長く茂った草中に生えると，茎は長くなり，直立する．長さ 7〜60 cm ぐらい，全体に短い軟毛がある．葉は有柄，時には葉柄は非常に長く 3 小葉をつける．小葉は倒卵形あるいは円形，先端は円形，基部も円形あるいは広いくさび形，上部のふちには細かいきょ歯があり，長さ 7〜17 mm，幅 6〜15 mm ぐらい．托葉は半切の卵形，ふちには細かいきょ歯があるかあるいは全縁．春から初夏にかけて，葉腋から長い花序柄を出し，その上部に多数の黄色の小形の蝶形花を集めてつける．花が咲く頃は花序は頭状であるが，後にはやや伸びる．花は長さ 2〜4.5 mm ぐらい．豆果は腎臓形に半回転していて，とげはない．黒色に熟し縦にすじが通る．種子は 1 個，緑肥牧草として良好である．〔日本名〕米粒馬肥シの意味で，果実が米粒のようだからである．〔漢名〕天藍をあてているが，これはウマゴヤシのことであるらしい．〔追記〕ウマゴヤシ，コウマゴヤシとは豆果にとげがなく，種子を 1 粒しか生じない点で区別できる．また全株に軟毛がある点でウマゴヤシから区別されコウマゴヤシとは小葉が大きく，幅が広い点で区別される．

1764. ムラサキウマゴヤシ（モクシュク）　〔マメ科〕

Medicago sativa L.

ヨーロッパの地中海沿岸地方の原産で，日本には明治初年（1870 前後）に渡来した多年生草本．主に牧場用として栽培されている．通常高さ 30〜90 cm ぐらいになり，全体にほとんど無毛．茎は直立して分枝し，中空である．葉は互生し，有柄の三出複葉．小葉は長楕円形または倒披針形，長さ 2〜3 cm，幅 6〜10 mm，先端は切形でやや凹み微突起がある．基部はくさび形．上半部のふちにはきょ歯がある．托葉は針形で全縁．夏に茎の頂部の葉腋から花序柄を出し，その先に短い総状花序をつけ，多数の淡紫色の蝶形花を開く．花は長さ 7〜10 mm で，他のウマゴヤシ属の花の 2 倍ぐらい．がくは鐘形で，頂部は 5 裂し，裂片は狭く，先は尖って，5 個とも同形．豆果にはとげがないが，軟毛があり，通常 2〜3 回らせん状に巻いて，中に多数の種子を生ずる．牧草に用い，俗にアルファルファあるいはルーサーンと呼ぶ．〔日本名〕紫馬肥シの意味で，花色によって名がついた．〔漢名〕苜蓿．〔追記〕全株ほとんど無毛の点でコウマゴヤシ，コメツブウマゴヤシから区別され，豆果にとげがなく，小葉が細長く長楕円形である点で，ウマゴヤシと異なる．

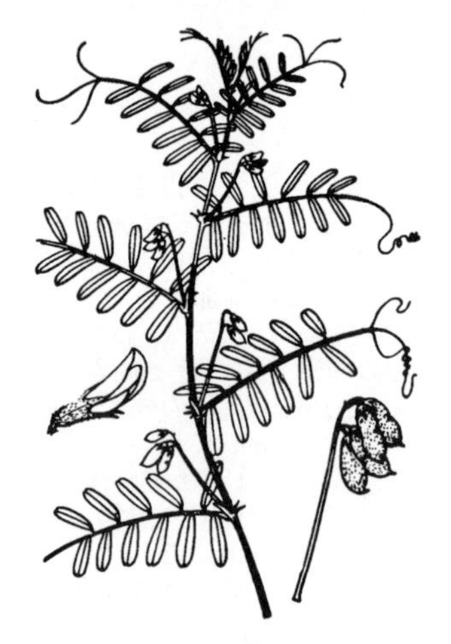

1765. スズメノエンドウ 〔マメ科〕

Vicia hirsuta (L.) Gray

各地の田野山麓の日当たりのよい所に生える越年生草本．全株に多少細毛がある．茎は根元から分枝して直立または斜上し，細くて弱々しく，4 稜がある．長さ 30～50 cm ぐらい．葉は 6～8 対の小葉をもった偶数羽状複葉でほとんど無柄，先端は伸びて分枝した巻ひげとなる．小葉は羽軸上に互生し小形の線状長楕円形で長さ 1 cm ぐらい．先端は切形または凹み，基部は鋭形でほとんど無柄．托葉は小さく，多くは深く 4 裂する．4～5 月頃，葉腋から細い花柄を出し先端に白紫色の小形の蝶形花を 3～4 個つける．がくは鐘形で頂端は 5 裂し，毛がある．翼弁，竜骨弁は旗弁よりも短い，豆果は小形の長楕円形，長さ 8 mm，幅 3 mm ぐらい．細毛を生じ，通常中に 2 個の種子を生ずる．種子は平たい円形，黒色で光沢がある．全草を茶として飲みまた牧草とすることも出来る．〔日本名〕雀野豌豆という意味で雀の豌豆ではない．本種が野豌豆（ヤハズエンドウ，一名カラスノエンドウ）に似ていて，しかも小形であるので，小鳥の雀の名を付け加えて小形を表現したものである．ヤハズエンドウとは豆果が有毛であること，托葉に腺がないこと，花は小さく，長い柄のある総状花序を作るなどの点で区別できる．〔漢名〕薇，小巣菜，翹揺．

1766. カスマグサ 〔マメ科〕

Vicia tetrasperma (L.) Schreb.

各地の芝生，草地，山麓等に生える越年生草本で，全形はスズメノエンドウによく似ている．茎は細くて無毛，長さ 30～50 cm ぐらい．葉は互生して 3～6 対の互生する小葉をもった羽状複葉で，ごく短い葉柄をもつ．小葉はスズメノエンドウよりもやや大きく長さ 12～17 mm，幅 2～4 mm ぐらい，線状長楕円形または線形，先端はほぼ切形で，微凸頭，基部は円形，ごく短い柄がある．托葉は狭卵形，腺はない．4～5 月頃葉腋から出る細長い花序柄の先端に通常 2 個の淡紅紫色の小形の蝶形花をつける．がくは 5 中裂する．旗弁は幅広く，翼弁，竜骨弁は短小．豆果は極めて短い小柄をもち線状長楕円形，長さ 10～15 mm，平たくて無毛でなめらか，中に 3～4 個の種子を生ずる．〔日本名〕カス間草の意味で，本種の形状がカラスノエンドウ（ヤハズエンドウの別名）とスズメノエンドウとの中間形を示すからその頭文字をとったものである．〔追記〕ヤハズエンドウとは長い花柄をもち，托葉には腺がない等の点で区別でき，スズメノエンドウとは豆果に毛がなく，花は少数で柄上に 2～3 個つき，小葉はやや大きく，数は少なく 3～6 対である等の点で区別される．

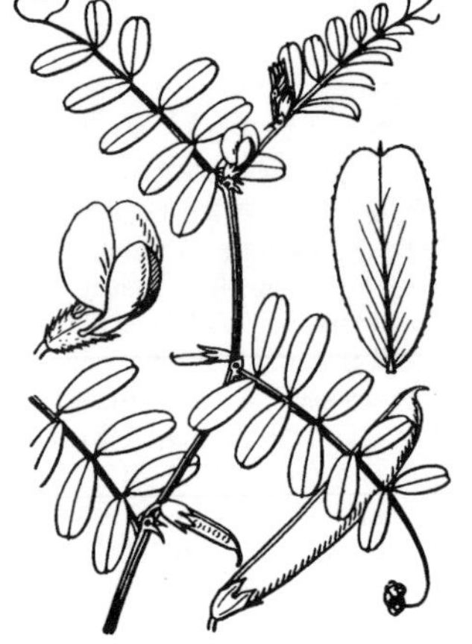

1767. ヤハズエンドウ（カラスノエンドウ） 〔マメ科〕

Vicia sativa L. subsp. ***nigra*** (L.) Ehrh. var. ***segetalis*** (Thuill.) Ser.
（*V. sativa* var. *angustifolia* (L. ex Reichard) Wahlenb.）

至る所の田野，山麓の日当たりのよい所に生える越年生草本．全株有毛，まれに無毛のこともある．茎は四角柱状で，長さ 60～150 cm ぐらいになる．葉は偶数羽状複葉で 3～7 対の小葉がある．先端は長くのびて分枝した巻ひげとなり，他物にまきついてよじのぼる．小葉は対生し，倒卵形から線形までいろいろの形があり，先端は凹み，しばしば矢筈形となり，凹所に針状の突出部がある．托葉はふちに歯状突起があり，1 個の腺がある．4～5 月頃 1～2 個の紅紫色をおびた蝶形花を葉腋から出し，花柄はごく短い．がくは 2 中裂する．旗弁は大きく，先端は凹み，翼弁は旗弁よりも小さく濃紅紫色である．豆果は長く，熟すると黒くなり，ほとんど無毛で中に 10 個ばかりの種子を生ずる．種子は食べられる．ヨーロッパに産するものはザードヴィッケ（オオヤハズエンドウ）subsp. *sativa* といい，やや大形で毛が多く生え，牧草として栽培されている．〔日本名〕矢筈豌豆は小葉の先のくぼみの形を矢の弦につがえるくぼみすなわち矢筈にたとえた．烏野豌豆は雀野豌豆にくらべて，花，葉，豆果などが大形であるためであり，また豆果が黒く熟するのもまたカラスの名にふさわしい．〔漢名〕野豌豆．

1768. ツルナシカラスノエンドウ（ツルナシヤハズエンドウ） 〔マメ科〕

Vicia sativa L. subsp. ***nigra*** (L.) Ehrh. var. ***segetalis*** (Thuill.) Ser. f. ***normalis*** (Makino) Kitam.（*V. sativa* var. *normalis* Makino ex Matsum.；*V. angustifolia* L. var. *segetalis* (Thuill.) Koch f. *normalis* (Makino ex Matsum.) Ohwi）

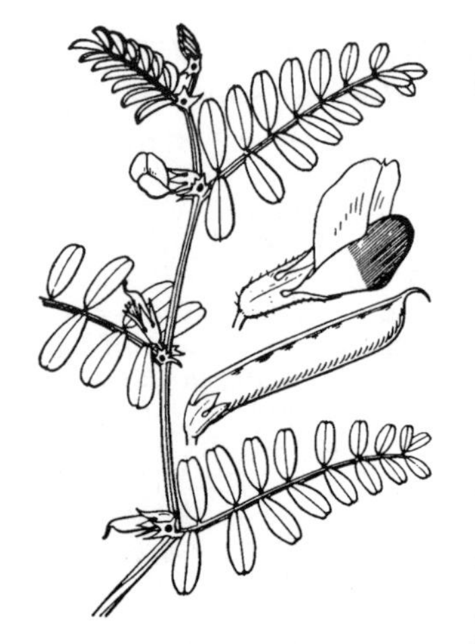

しばしば各地の田野に生える越年生草本．全形はヤハズエンドウに似るが，ただ葉の先端が巻ひげとならずに小葉をもつ点で異なる．ヤハズエンドウの 1 品種である．〔日本名〕蔓無し烏野豌豆の意味である．〔追記〕ヤハズエンドウ類には日本で広く栽培されているソラマメ（1771 図）も含まれる．このグループの最も目立つ形態的特徴は托葉の表面に大きな密腺のあることで，密腺のないクサフジ類に比べると，葉腋からでる花序がその葉よりも短いこと，花は 1 個あるいは数個で束生するか短い総状花序につくこと，さらに花柱の先に長毛が密生することでも異なっている．ヤハズエンドウ類はヨーロッパ，北アフリカ，西アジアなどに 30 種ほどが自生している．ヤハズエンドウだけが中国，朝鮮，日本で自生であると見られている（中国ではイブキノエンドウ（1770 図）も自生とされるが，疑問である）．ヤハズエンドウは前川文夫（1943）の史前帰化植物には含まれていないが，大橋広好はこのグループの世界での分布パターンと日本におけるヤハズエンドウの生育状態をみて，ヤハズエンドウも古い時代に日本に帰化した植物とみている．

1769. ホソバノカラスノエンドウ（ホソバヤハズエンドウ） 〔マメ科〕

Vicia sativa L. subsp. ***nigra*** (L.) Ehrh. var. ***minor*** (Bertol.) Gaudin
（*V. sativa* var. *angustifolia* (L. ex Reichard) Wahlenb.）

しばしば田圃のふち等に見られる越年生草本で，全体が細くて弱々しく，小葉が極めて細く，線形または線状長楕円形，長さ 15 mm，幅 2〜3 mm であり，異なる種類のように見えるが，ヤハズエンドウと区別できるものではない.〔追記〕日本ではヤハズエンドウ類として，イブキノエンドウ（次図）の他に次の種類が帰化したと記録されている．キバナカラスノエンドウ *V. grandiflora* Scop. はヨーロッパと西アジアの原産で，草地に生える高さ 30〜60 cm の 1 年草．葉は 3〜6 対の小葉をつけ，先は巻きひげとなる．花は 1〜3 個が茎の上部の葉腋につき，大形，黄色で一部の脈は紫色，長さ 2〜3 cm ぐらい，がくの先端部は同じ長さの裂片に 5 裂し，裂片はがくの筒部よりも短い．ヒナカラスノエンドウ *V. lathyroides* L. はヨーロッパ，北アフリカ，西アジアの原産で，草地に生える高さ 20 cm ほどの 1 年草．ヤハズエンドウに比べると，花が小さく，長さは 1 cm 以下である．オニカラスノエンドウ *V. lutea* L. はイブキノエンドウに近い種類であるが，花は黄色で一部に紫色の脈があり，がく裂片の一部はがく筒よりも短くなく，豆果には長軟毛がある．

1770. イブキノエンドウ 〔マメ科〕

Vicia sepium L.

ヨーロッパの原産で，現在では滋賀県伊吹山や北海道に野生化している．多年生草本で地下茎をのばして繁殖する．大体の形状はヤハズエンドウに似ている．茎はつる状になる．稜があって，ほぼ四角柱状．葉は互生し，羽状複葉で先端は長くのびて分岐した巻ひげとなり，他物に巻きついて，茎が直立するのを助ける．小葉は 4〜7 対あって卵形または長楕円形，長さ 2〜3 cm，先端は鈍形，または多少切形になるが，ヤハズエンドウのように凹むことはなく，しかもわずかに凸頭となる．基部は鈍形で無柄．托葉は半切状の矢尻形，多少尖ったきょ歯がある．初夏の頃，葉腋から短い総状花序を出して，通常 2〜3 個の花をつける．がくは濁った紫色．花弁は淡紫色，旗弁には紫色のすじが走る．花が終わってから長さ 3 cm ぐらいの黒く熟する豆果を生じ，豆果の先端はくちばし状，中に 6〜10 個の種子を生ずる．〔日本名〕伊吹野豌豆の意味で伊吹の豌豆ではない．カラスノエンドウというのは誤り．牧野富太郎はポルトガルの宣教師によって 1568 年に伊吹山に薬草として移されたと考えた．

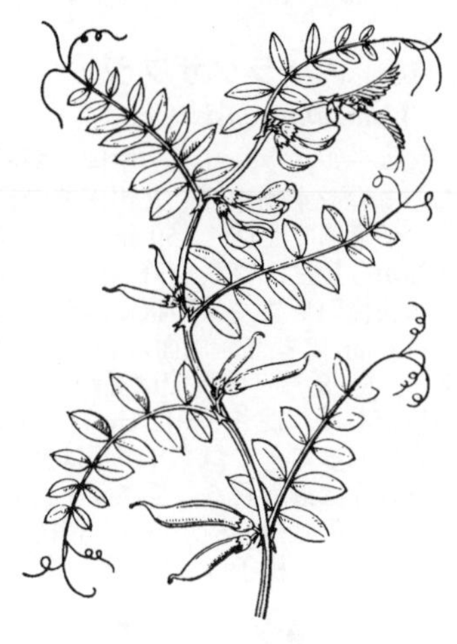

1771. ソラマメ 〔マメ科〕

Vicia faba L.

南西アジア，北アフリカの原産で現在では広く世界各地で栽培されている．日本でも普通に畠に作られている越年生草本で，秋に種子をまく．茎は粗大で直立し，高さ 60 cm ぐらい，4 本の稜が走り四角柱状で中空，淡緑色，無毛でなめらかである．葉はやや密集して互生し短い葉柄があり，1〜3 対の小葉をもった偶数羽状複葉．小葉は楕円形，長楕円形あるいは卵形，先端は鈍形で微突起があり，しばしば凹むこともある．基部は鈍形で無柄，長さ 5〜8 cm ぐらい．葉質はやわらかく，白緑色で無毛．托葉は大きく，きょ歯があり，外面に 1 個の腺点がある．春に葉腋から，極めて短い総状花序を出し，小数の蝶形花をつける．花は側方を向いて開き，白色あるいは淡紫色をおび翼弁には黒色の斑点がある．長さは 3 cm ぐらい．がくは鐘形で頂端は 5 裂し，旗弁は幅広く，そりかえって立ち，翼弁は竜骨弁よりも長い．雄しべは 10，下側の 9 本は合着して 1 体となる．豆果は上を向き，細い長楕円体で大きくふくらむが，やや平たく，綿毛を密布する．はじめは緑色であるが熟すると黒くなる．種子は楕円体で平たく，へそがやや長い．夏に若い種子を食用とし，熟しても乾燥して食料とする．茎葉は肥料に使用する．〔日本名〕空豆は豆果が空に向かって立つのでこの名がついた．〔漢名〕蚕豆．

1772. クサフジ 〔マメ科〕

Vicia cracca L.

各地の原野あるいは山麓地帯などの草の中に生える多年生草本．地下茎を伸ばして繁殖する．茎は強くて丈夫なつる性で，長く伸び，緑色で稜が走るので角張っており，多少細毛をおび，高さ 80〜150 cm になる．葉は互生しほとんど無柄で，8〜13 対の互生する小葉をもった偶数羽状複葉で，先端は長くのびて分岐する巻きひげとなり，他物にまきついて茎を支える．小葉は鮮緑色の線状披針形，長さ 1.5〜3.5 cm ぐらい，先端は鈍形またはやや円形で末端には微突起があり，基部は鈍形で短柄がある．托葉は深く 2 裂し，裂片は狭くて先は尖る．6 月頃，茎の上部の葉腋から長さ 3〜5 cm の花柄を出し，その先に長さ 3〜10 cm の総状花序をつけ，青紫色の多数の蝶形花を一側方に向けて開く．花は長さ 10〜12 mm ぐらい，花弁は長い．がくは筒形で頂端は歯状に 5 裂し，最下のがく歯は筒部よりも短い．豆果は長さ 2.5 cm，幅 6〜7 mm ぐらいで狭い長楕円形，無毛で通常 5 個の種子を生ずる．牧草として良好であるが，日本ではまだ利用されていない．〔日本名〕草藤の意味．花と草全体がフジに似ているからである．〔追記〕オオバクサフジ（次図）とは小葉の数が多く，形も小形で幅が狭いことによって区別できる．

1773. オオバクサフジ 〔マメ科〕

Vicia pseudo-orobus Fisch. et C.A.Mey.

各地の山麓地帯あるいは原野等に生える多年生草本．茎は緑色で細いつる状，稜が走っているので角張り，ほとんど無毛，高さ 80〜150 cm ぐらい．葉は互生して短柄があり，2〜4 対の互生または対生する小葉をもった偶数羽状複葉．先端は巻ひげとなり，分岐しないこともあり，また巻ひげのないこともある．小葉は楕円形，卵形あるいは長卵形，長さ 3〜6 cm，幅 1.5〜3.0 cm，先端は鈍形，基部は円形でごく短い柄がある．托葉は緑色で小さい半切の卵形，先端は鋭形，ふちに歯牙状のきょ歯があり，または細く 2 裂する．秋に葉腋から長さ 10 cm ぐらいの，葉よりも長い花序柄を出し，その先に長さ 4〜6 cm の総状花序をつけ，多数の紫青色の蝶形花を一側方に向けて開く．花は長さ 10〜15 mm ぐらい．がくは筒形で浅く 5 裂して，先端は尖る．花弁はやや長い．豆果は長さ 25〜30 mm ぐらいの狭い長楕円形で平たく，短い柄があり，表面は無毛，赤褐色に熟して，中に黒色円形の種子を数個生ずる．〔日本名〕大葉草藤という意味．

1774. ノハラクサフジ 〔マメ科〕

Vicia amurensis Oett.

アムール，ウスリー，中国，朝鮮半島，日本に分布し，日本では秋田県北西部の海岸や本州中部，九州南部の日当たりのよい草原や川原などに生えるつる状の多年草で，長さ 150 cm に達する．葉は互生し，偶数羽状複葉で，ほぼ葉の基部から互生につく 5〜8 対の小葉からなり，先端は分岐する巻ひげとなる．小葉は狭楕円形または卵状楕円形，先は鈍形または円形で，長さ 15〜30 mm，幅 8〜12 mm となり，両面は若いときを除きほぼ無毛である．托葉はふつう歯牙がある．6〜8 月（九州では夏から秋）の頃葉腋から総状の花序を出す．花序は長い柄があり，長さ 3〜12 cm ほどである．花は青紫色，長さ 8〜15 mm，花序の一方に偏って密につく．がくは長さ 3〜5 mm，軟毛があり，がく裂片は不同で，最下裂片は最も長く，長さ 1〜2 mm で，がく筒よりも短い．側裂片は三角形である．豆果は短い柄があり，長楕円形で，長さ 1.5〜2.5 cm，幅 5〜7 mm となり，無毛である．種子はほぼ球形，径 3〜3.5 mm，黒褐色で，（1〜）2〜4 個つく．

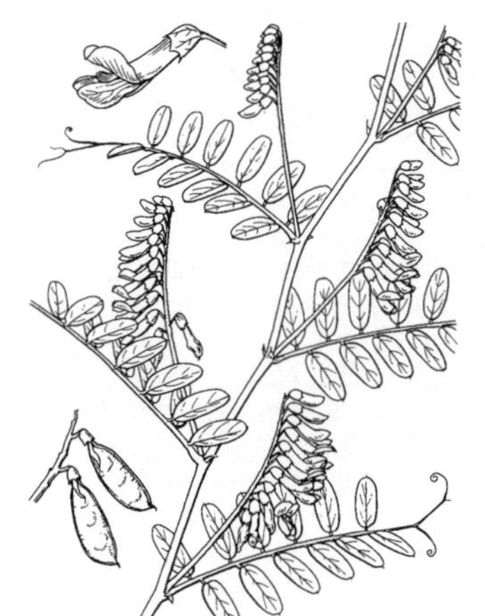

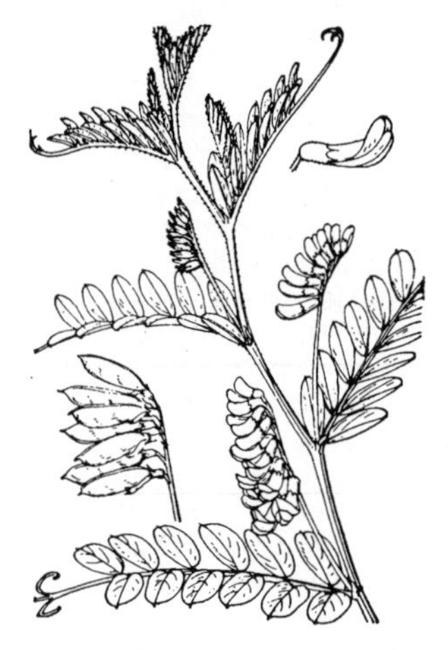

1775. ヒロハクサフジ（ハマクサフジ） 〔マメ科〕

Vicia japonica A.Gray

近畿以東の海に近い所に生える多年生のつる状草本．地中に長く地下茎をのばす．茎は根元から束生し，四方に伏して広がり，ややかたい草質，他物によりかかって上にのび長さ 50〜100 cm ぐらいになり，緑色で稜が走るので角張っている．先端の若い部分には細毛がある．葉は白緑色で葉質はやや厚く，互生してほとんど無柄，3〜10 対の互生または対生する小葉をもった偶数羽状複葉で先端は長く伸び分岐して巻ひげとなる．小葉は細長い長楕円形，長楕円形あるいは楕円形，先部は鈍形または円形で末端には微突起があり，基部は鈍形で無柄，下面は白緑色で白色の細毛があり，支脈ははっきりしない．夏に葉腋から，葉よりも短い長さ 2〜3 cm ぐらいの総状花序を直立して出し，紅紫色の蝶形花を一側方に向けて開く．花は 10 個ぐらいつき，多少とも垂れ下がる．がくは筒形，先は鋭く尖った歯牙状に 5 裂する．旗弁は他の花弁よりも長い．豆果は長楕円形で平たく，無毛，中に 4〜5 個の種子を生ずる．〔日本名〕広葉草藤，また浜草藤は牧野富太郎の命名．〔追記〕ノハラクサフジ（前図）は本種に似ているが，小葉はほとんど無毛で黄緑色，支脈は明瞭，60 度以上に開出し，がくの歯牙状裂片は低く三角形にならない点で区別できる．

1776. ビロードクサフジ 〔マメ科〕

Vicia villosa Roth subsp. ***villosa***

ヨーロッパから西アジア原産の一年草から越年草．日本では北海道から沖縄の日当たりのよい道ばたや草地などに帰化している．全体に長軟毛が多く，茎はつる状に長くのび，150 cm に達する．葉は互生し，偶数羽状複葉で，短い柄があり，5〜12 対の小葉からなり，先端は分枝する巻ひげとなる．小葉は長楕円形または広線形，先は鋭形から鈍形で，長さ 15〜30 mm，幅 5〜10 mm である．托葉は狭卵形または卵形，基部に外向きの大きな歯牙が 1 個ある．5〜8 月に葉腋から総状の花序を出す．花序は長さ 3〜10 cm の柄があり，長さ 8〜18 cm で 10〜40 個の花をつける．花は青紫色または紅紫色，長さ 10〜20 mm で，花序の一方に偏ってつく．がく裂片は長さ不同，最下の裂片は最も長く，線形で，がく筒より長い．開花時に旗弁の上部約 1 / 3 がそりかえる．豆果は狭長楕円形，褐色，短い柄があり，長さ 2〜4 cm，幅 5〜10 mm である．種子は 2〜8 個つく．〔日本名〕クサフジに似てビロード状の軟毛が密生するため．久内清孝（1941）の命名．

1777. ツルフジバカマ　〔マメ科〕

Vicia amoena Fisch. ex Ser.

原野や山麓地帯等に生える多年生のつる状草本．地下茎を伸ばして繁殖する．茎は長く伸び，巻ひげによって他の草の上にはびこり，稜が走るので四角柱状で，葉の下面とともに細毛を生じるか，時には無毛のことがあり，長さ 80〜180 cm になる．葉は互生し，ほとんど無柄の偶数羽状複葉．先端はのびて分岐して巻ひげとなり，他物に巻きつく．小葉は 5〜7 対，互生または対生し，長楕円形，または線状楕円形，頭部は鋭頭または鈍頭，末端には微突起がある．托葉はやや大形でふちに粗い歯牙状のきょ歯がある．秋に葉腋から長さ 7〜10 cm ぐらいの総状花序を出し，短い花柄をもった紅紫色の蝶形花を多数つける．花は長さ 12〜15 mm ぐらい，クサフジよりも大きい．がくは鐘形，頂端は短く 5 裂し，裂片の先は尖る．旗弁は倒卵形，翼弁は旗弁とほぼ同長．豆果は長楕円形，長さ 2〜2.5 cm，幅 5 mm ぐらいで無毛．〔日本名〕蔓藤袴という意味で，紫色の花をフジバカマの花になぞらえたものである．〔追記〕ヒロハクサフジに似ているが，小葉はやや革質，側脈は主脈から鋭角をなして分岐すること，乾くと赤褐色になることの点で区別できる．

1778. ナンテンハギ（フタバハギ，タニワタシ）　〔マメ科〕

Vicia unijuga A.Braun

各地の山麓あるいは原野に生える多年生草本．茎は束生して直立し，あるいは斜上して高さ 30〜60 cm ぐらいになる．葉は互生して短い葉柄をもち，1 対の小葉をつける．巻ひげはない．小葉は長楕円形あるいは広披針形，革質または洋紙質で緑色，長さ 3〜7 cm ぐらい，先端は鋭尖形，基部は鋭形でごく短い柄がある．ふちは全縁．托葉は緑色でやや腎臓形，一側方は鋭尖形の，他側方は尖った粗いきょ歯がある．夏から秋にかけて，葉腋から花軸を出し，上部に短い長さ 2〜4 cm の総状花序をつけ，小柄をもった紅紫色の蝶形花を開く．花は長さ 12 mm ぐらい．がくは短い筒形，頂端の 5 裂片は線形．旗弁は倒卵形．豆果は広披針形，長さ 2.5〜3 cm，幅 5〜6 mm ぐらい，ほとんど無柄．無毛でなめらか．若葉をアズキ菜といって食べることがある．頂小葉のでるミツバナンテンハギ f. *trifoliolata* (Xia) Y.Endo et H.Ohashi もある．〔日本名〕南天萩はメギ科のナンテンの小葉の感じがあるため．二葉萩は 2 小葉のため．谷渡しは時に茎が伏せることがあるので谷川べりに横たわるという意味であろうか．〔漢名〕歪頭菜．

1779. ミヤマタニワタシ　〔マメ科〕

Vicia bifolia Nakai

本州中部の山地の林中に生える多年生草本で高さ 30 cm ぐらい，地下に細い地下茎があって，しばしば横走して分枝する．茎は直立して細く，ジグザグに曲がり，稜が走るので角張っている．葉は互生して，ごく短い葉柄があり，茎上にまばらについて，2 小葉をもつ．小葉は披針形，長さ 3〜4 cm，先端は鋭尖形，基部は狭く，鋭形でほとんど無柄．ふちにははっきりしない鈍きょ歯があり，多少波状にしわがより，葉質はごくうすい．夏に葉腋から短い柄を出し，葉よりも短い総状花序を直立してつけ，紅紫色の花を 6〜8 個開く．各花の下には広卵形の苞葉がある．花は細長く，長さ 15 mm ぐらい，一側方を向いて開く．がくは筒形，頂端は斜めになり歯状に浅く 5 裂する．旗弁は直立して開かない．〔日本名〕深山谷渡しで深山のナンテンハギの意味．〔追記〕ナンテンハギに似ているが，地下茎が横にのび，葉は細長くて葉質はうすく，花序には永存性の苞葉があり，深山に生えるので区別できる．

1780. エビラフジ　〔マメ科〕

Vicia venosa (Willd. ex Link) Maxim. subsp. ***cuspidata*** (Maxim.) Y.Endo et H.Ohashi var. ***cuspidata*** Maxim.

本州中部以北の山中に生える多年生草本．高さ 30〜60 cm．茎は細長く直立し，稜が走り，多少ジグザグに曲がる．葉は 4〜5 対の対生する小葉をもった偶数羽状複葉．葉の中軸の先端には短いとげ状の小突起がある．小葉は披針形または長卵形，鋭尖形，基部は鈍形で無柄．葉の基部に両端の尖った 1 対の托葉がある．夏に茎の上部の葉腋から花軸を出し，上部に長さ 2〜4 cm の総状花序をつけ，濃紅紫色の蝶形花を一側方に向けて開く．花は長さ 14 mm ぐらい，短い柄があり，苞葉ははっきりしない．がくは筒形で，頂端は低い歯状または波状となる．豆果は細長く，長さ 2.5 cm ぐらい．〔日本名〕箙藤．恐らく，対生して並んだ小葉を，矢をさし並べた箙（エビラ）に見立てたものであろう．〔追記〕本種は日本国内で種分化が著しい．本州の琵琶湖周辺に亜種ビワコエビラフジ subsp. *stolonifera* (Y.Endo et H.Ohashi) Y.Endo et H.Ohashi，白馬岳に変種シロウマエビラフジ subsp. *cuspidata* var. *glabristyla* Y.Endo et H.Ohashi，四国に亜種シコクエビラフジ subsp. *yamanakae* (Y.Endo et H.Ohashi) Y.Endo et H.Ohashi，中国地方から九州には変種ヒメヨツバハギ subsp. *cuspidata* var. *subcuspidata* Nakai が分布する．

1781. ツガルフジ　〔マメ科〕

Vicia fauriei Franch.

新潟県，東北地方および北海道（渡島半島）の林下に見られる多年生草本．茎は直立して高さ 60 cm ぐらい．縦に稜が走り，上方で少し分枝し，多少ジグザグに曲がる．葉は互生し，短柄があり，2〜4 対の小葉をもった偶数羽状複葉．小葉は広披針形，先端は長くのびて鋭尖形，基部は広いくさび形でごく短い柄がある．長さ 4〜10 cm，幅 2〜3 cm ぐらい．上方の小葉は小形になり，両面，特に下面に網状脈が隆起する．托葉は卵形，先端は鋭尖形でふちには歯牙状のきょ歯がある．夏に葉腋から長さ 2〜4 cm の短柄をもった葉よりも短い総状花序を出し，紅紫色の蝶形花を一側方に向けて開く．花は長さ 12〜15 mm ぐらい，短柄があり，広披針形の苞葉をもつ．がくは短い筒形，頂端には低い三角形の歯牙がある．豆果は無毛で長さ 6 cm ぐらい．〔日本名〕津軽藤．青森県の津軽地方に最初見出され，花序がフジの花序の印象があるからである．〔追記〕エビラフジに似ているが，花序の苞葉は永存性で残り，花序は葉よりも短く，葉の網状脈は両面に隆起し，卵形の托葉をもつことなどによって区別される．

1782. ヨツバハギ　〔マメ科〕

Vicia nipponica Matsum.

各地の山麓地帯に生える多年生草本で高さ 40〜60 cm ぐらいになる．根は太くなる．茎は直立して細長く，緑色でかたく，稜が走る．葉は互生し，短い葉柄があり，2〜3 対まれに 4 対の小葉をもつ偶数羽状複葉．葉軸の先はしばしば伸びて巻ひげとなることもある．小葉は楕円形または長楕円形，両端ともに鋭形，ごく短い柄があり，長さ 3〜5 cm，幅 1.5〜3 cm ぐらい，葉質はかたく，葉脈ははっきり見え下面に隆起する．葉の基部に半月状の 1 対の托葉がある．夏から秋にかけて，上部の葉腋から長さ 4〜5 cm ぐらいの花序柄を出し，上部に長さ 1〜3 cm の総状花序をつけ，紅紫色の蝶形花を開く．花はやや垂れ下がり，長さ 12 mm ぐらい．がくは筒状で，頂端は短く三角状に 5 裂し，花弁は長い．豆果は長さ 3.5〜4 cm，幅 6〜7 mm ぐらいの狭い長楕円形で平たく，無毛，中に数個の種子を生ずる．〔日本名〕四葉萩の意味で葉に 4 枚の小葉があることからである．

1783. レンリソウ　〔マメ科〕

Lathyrus quinquenervius (Miq.) Litv.

本州および九州のやや湿気のある草原に生える多年生草本で細長い地下茎をのばして繁殖する．茎は直立して高さ 30〜60 cm ぐらいになり緑色で，両側に狭い翼がある．葉は有柄で互生し，1〜3 対の小葉をもった羽状複葉．葉軸の先端はのびて分岐しない 1 本の巻ひげとなる．小葉は線形または披針形で対生して斜めに立ち，先端，基部ともに鋭形で無柄，末端には微突起がある．長さ 5〜10 cm ぐらい．主脈の両側には 3 本の側脈が縦に走る．葉柄の基部にほとんど一直線に二分岐した緑色の托葉があり，その裂片は線形で先端は鋭尖形．5〜6 月頃葉腋から長さ 10〜15 cm の花序軸を出し，上部に短い小花柄のある紅紫色の蝶形花を数個，総状花序を作ってつける．がくは斜めの鐘形で頂端は 5 裂し，旗弁は大形で卵状円形，先端は凹む．翼弁は広卵形で基部は細くなって短い爪となり旗弁よりも小さい．竜骨弁はほとんど白色でさらに小さく，先端は鋭形，基部は狭まり，短い爪となる．雄しべは 10，下側の 9 本は合着して 1 体となる．豆果は線形で無毛．〔日本名〕連理草という意味で，小葉が対生して連なっている状態に由来した名である．〔漢名〕山黧豆．

1784. エゾノレンリソウ（ヒメレンリソウ，ベニザラサ）　〔マメ科〕

Lathyrus palustris L. var. ***pilosus*** (Cham.) Ledeb.
（*L. palustris* f. *miyabei* (Matsum.) H.Hara）

北海道，本州北部に多く見られる多年生草本．茎は多少つる性で，長さ 60 cm ぐらいになり，両側に翼があり，やや平たい．葉は 1〜3 対の小葉をもった偶数羽状複葉．葉軸の先端は伸びて分岐して 3 本の巻ひげとなり，他物にまきつく．小葉は披針形あるいは線状楕円形，まれに楕円形か長楕円形，先端基部ともに鋭形，まれに鈍形，基部にはごく短い柄がある．長さ 3〜4 cm，幅 0.5〜1 cm，下面は淡色または少し粉白色をおびて通常軟毛があり，上面は無毛．托葉は葉柄の基部につき，小形で半切状の矢尻形で先端は鋭尖形，ふちは粗い歯牙状に切れ込む．5〜6 月頃，葉腋から長さ 6〜9 cm の花序軸を出し，上部に少数の紅紫色の蝶形花をつけ，側方に向けて開く．旗弁は大形で，他の花弁は小さい．豆果は平たく，長さ 4 cm ぐらいの線状長楕円形で毛がある．〔日本名〕蝦夷の連理草で，北海道に産するレンリソウという意味である．レンリソウとは巻ひげが分岐し，小葉の側脈は多数斜めに分出し，托葉は 2 分岐せず，葉の裏は白色をおびて軟毛があり，豆果にも毛がある等の点で区別できる．

1785. キバナノレンリソウ 〔マメ科〕

Lathyrus pratensis L.

ヨーロッパの原産で，北アメリカにも帰化しており，日本では滋賀県伊吹山と北海道の草原に帰化している多年生の小形草本で，茎は高さ 60 cm ぐらい．少数の茎を直立して生じ，茎は細長く，稜が走るので角張っており，無毛あるいは軟毛がまばらに生える．葉はまばらに互生し，長い葉柄があり，1 対 2 枚の小葉をもち，葉軸の先端は伸びて 1 本の，または分岐して 2～3 本の巻ひげとなる．小葉は狭い長楕円形，先端はやや鋭形，基部は鈍形でほとんど無柄．長さ 15～35 mm，幅 5～10 mm．支脈はやや掌状に出て，やや平行して縦に走る．葉柄基部の托葉は大形で長さ 15～30 mm，ほぼ小葉と同大，披針形，先端は鋭尖形，基部は矢尻形．葉腋から長柄をもった総状花序を直立して出す．花は濃黄色，長さ 2 cm ぐらい．がく裂片は披針状三角形，がく筒とほぼ等長．豆果は広線形，長さ 4 cm ぐらいで，斜めに脈が走り，無毛である．〔追記〕牧野富太郎は伊吹山にポルトガルの切支丹宣教師によって 1568 年に移植されたと推定した．

1786. ヒロハノレンリソウ 〔マメ科〕

Lathyrus latifolius L.

ヨーロッパ原産の多年生のつる状草本．明治初年（1870 年代）に日本に渡来し，庭園に栽培されている．また，北海道と本州に帰化している．茎は高さ 1～3 m ぐらい，葉軸の先端がのびて分岐した巻ひげとなり，他物に巻きついて，直上する茎を支える．茎の両側には著しい翼がある．葉は翼のある長い柄をもち，1 対 2 枚の小葉をつけた複葉．小葉は卵状披針形，長さ 5～10 cm ぐらい，先端は鋭形で，末端には微突起があり，基部は鈍形で無柄，縦に走る 3～5 本の葉脈がはっきり見える．托葉は葉状であるが小葉よりも小さい．夏に葉腋から長い花序軸を出し，その上部に紅紫色の数個の蝶形花を総状につける．がくは鐘形で先端は浅く 5 裂し，旗弁は大形で先端は凹み，そりかえって直立する．翼弁と竜骨弁は旗弁よりも小さい．豆果は平たく，中に角張った数粒の種子（豆）を生ずる．〔日本名〕広葉の連理草の意味である．〔追記〕スイートピーに似ているが，茎の翼は幅広く，全株無毛であり，茎葉は粉白色をおびない等の点で区別できる．

1787. スイートピー（ジャコウレンリソウ，ジャコウエンドウ） 〔マメ科〕

Lathyrus odoratus L.

地中海沿岸地方の原産で，現在では広く世界各地で栽培されている一年生のつる状草本．茎は直立して巻ひげに支えられてよじ登り，高さ 2 m にもなり，両側に狭い翼があり，葉とともに多少粉白色をおびる．全株に白い粗毛が生える．葉はまばらに互生して短柄があり，羽状複葉であるが，小葉は最下部の 1 対だけを残して，他の 2～3 対は巻ひげに変化している．小葉は卵状楕円形，先端，基部ともに鋭形で無柄，長さ 3 cm ぐらいで斜めに立ち，粗毛があり，上面は青緑色で下面は粉白色．葉柄は太く，両側に翼があり，基部には狭い耳状の托葉がある．5 月頃，葉腋から長さ 20 cm ぐらいの花序軸を出し，上部に総状花序を作って 2～4 個の花をつける．花は大形の蝶形花で長さ 2～3 cm ぐらい．旗弁は幅広く大きい．がくは鐘形で先端は 5 裂し，がく裂片はがく筒よりも長いか，あるいはほぼ同長．園芸品種が多く，花には白，淡紅，紅紫，青色等種々の色がある．豆果は平たい長楕円形で粗毛におおわれる．切花として観賞される．〔日本名〕英名 Sweet Pea に由来する．別名はそれぞれ麝香連理草，麝香豌豆の意味である．いずれの名も，花の甘い香気に由来する．

1788. ハマエンドウ 〔マメ科〕

Lathyrus japonicus Willd. subsp. ***japonicus***

海浜の砂地まれには湖畔や河原に生えるエンドウに似た多年生草本．長く地下茎をのばして繁殖する．茎は長さ 30～60 cm ぐらい．稜が走るので角柱形となり，緑色で粉白色をおび，地面を横にはい，上部が斜上する．葉は白色をおびた緑色で互生し，短柄があり，3～6 対（通常 5 対）の小葉をもった偶数羽状複葉，先端は伸びて分岐しない 1 本の巻ひげとなる．小葉は長楕円形，楕円形あるいは卵形，先端は鈍形で末端には微突起があり，基部は鈍形で無柄，長さ 15～30 mm，幅 10～20 mm．托葉は大型で，小葉よりもやや大きく半切状の矢尻形で先端は尖る．5 月に葉腋から 6～9 cm の長い花序軸を出し，上部に総状花序を作って美しい赤紫色の蝶形花をつけ，花は後に青色に変わる．花は長さ 25～30 mm．がくの頂端は 5 裂し，裂片は披針形で筒部よりもやや長い．旗弁は円形，先端は凹み，翼弁，竜骨弁は旗弁よりも小さい．雄しべは 10，下側の 9 本は合着して 1 体となり，雌しべは 1．豆果は無柄，線状長楕円形で平たく，無毛，長さ 5 cm，幅 1 cm ぐらい．数個の種子を生ずる．〔漢名〕一般に野豌豆があてられている．

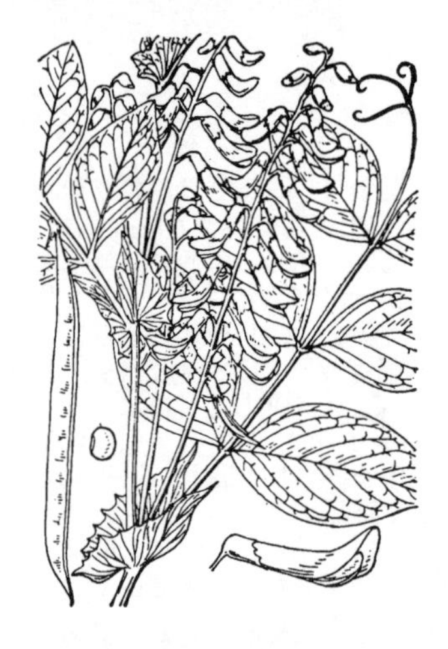

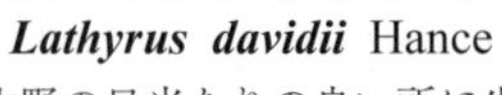

1789. **イタチササゲ**（エンドウソウ）　〔マメ科〕

Lathyrus davidii Hance

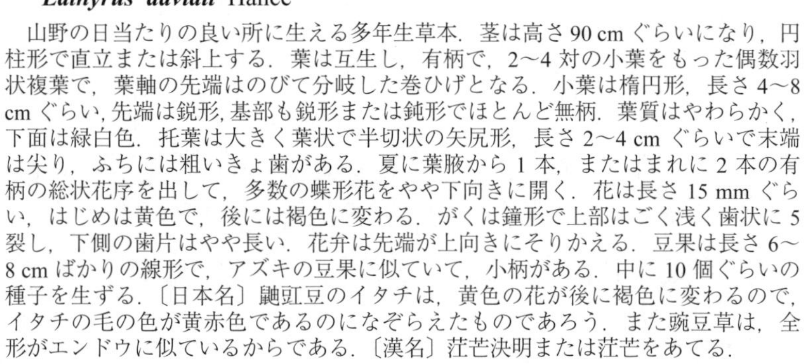

山野の日当たりの良い所に生える多年生草本．茎は高さ 90 cm ぐらいになり，円柱形で直立または斜上する．葉は互生し，有柄で，2～4 対の小葉をもった偶数羽状複葉で，葉軸の先端はのびて分岐した巻ひげとなる．小葉は楕円形，長さ 4～8 cm ぐらい，先端は鋭形，基部も鋭形または鈍形でほとんど無柄．葉質はやわらかく，下面は緑白色．托葉は大きく葉状で半切状の矢尻形，長さ 2～4 cm ぐらいで末端は尖り，ふちには粗いきょ歯がある．夏に葉腋から 1 本，またはまれに 2 本の有柄の総状花序を出して，多数の蝶形花をやや下向きに開く．花は長さ 15 mm ぐらい，はじめは黄色で，後には褐色に変わる．がくは鐘形で上部はごく浅く歯状に 5 裂し，下側の歯片はやや長い．花弁は先端が上向きにそりかえる．豆果は長さ 6～8 cm ばかりの線形で，アズキの豆果に似ていて，小柄がある．中に 10 個ぐらいの種子を生ずる．〔日本名〕鼬豇豆のイタチは，黄色の花が後に褐色に変わるので，イタチの毛の色が黄赤色であるのになぞらえたものであろう．また豌豆草は，全形がエンドウに似ているからである．〔漢名〕茳芒決明または茳芒をあてる．

1790. **シロエンドウ**（エンドウ）　〔マメ科〕

Pisum sativum L. **Hortense Group**

ヨーロッパ原産で，現在では広く畑に栽培されている越年生草本．秋に種子をまく．全株無毛で，高さ 1 m ぐらいになり，茎は中空の円柱形．葉は互生し多少長い葉柄をもち，1～3 対の小葉をつけた羽状複葉．先端は分岐した巻ひげとなり，他物に巻きつき，茎が直立するのを支える．小葉は卵形または楕円形，全縁，時には少数のきょ歯がある．先端は鈍形で末端には微突起があり，基部は鈍形でほとんど無柄．葉柄の基部には大きな葉状の 2 托葉があり，小葉よりもずっと大形で半切した心臓形，下半部には粗い歯牙状のきょ歯があり，基部は耳状になって，互いに重なりあう．春に葉腋から花序軸を出し，頂部に通常 2 個の白色の蝶形花をつけ，側方に向けて開く．花は長さ 2～2.5 cm．小柄がある．がくは緑色で深く 5 裂し，永存性で後まで残る．旗弁は幅広く，そりかえって立ち，先端は凹む．翼弁はほぼ円形で，左右の 2 枚は互に接着し，竜骨弁は小さい．豆果は線形または剣形，無毛でなめらか，長さ 5 cm ぐらい．種子は球形で白色，5 個ぐらい生ずる．種子の他に若い豆果も食べられる．〔日本名〕白豌豆の意味で花も種子も白いからである．〔漢名〕荷蘭荳．これはオランダから入った豆の意．栽培品種としてはこの他に，アオエンドウ（グリーンピース），サヤエンドウがある．

1791. **アカエンドウ**（エンドウ）　〔マメ科〕

Pisum sativum L. **Arvense Group**

ヨーロッパ原産で畑に栽培される越年生草本で，秋に種子をまく．茎は高さ 1 m 内外．円柱形で無毛，中空で直立する．葉は互生して葉柄があり，葉質はやわらかく，1～3 対の小葉をもった羽状複葉で，先端は分岐した巻ひげとなり，茎が直立するのを助ける．小葉は卵形または楕円形，長さ 2～5 cm，先端は円形で末端には微突起があり，基部も円形でごく短い柄がある．ふちには時には少数の小きょ歯があるが，一般には全縁．托葉は葉状で小葉よりもずっと大きく，半切した心臓形で下半部のふちには歯牙状のきょ歯がある．春に葉腋から長い花序軸を出し，たいてい 2 個の紫色の蝶形花をつけ，側方を向いて開く．花には花柄があり，がくは緑色で先端が 5 裂し，永存性で，後まで残る．旗弁は淡紫色で幅広く，倒心臓形，そりかえって直立する．翼弁は円形で左右の 2 枚が互に接着し，濃紫色．竜骨弁は小形で尖る．豆果は線状長楕円形，種子は 5 個ぐらい生じ，やや 4 稜があり，褐色で食べられる．〔日本名〕エンドウは漢名豌豆の音読みであり，花が紫色なので赤豌豆という．本来のエンドウはこの型であるが，現在エンドウの名はこの型やシロエンドウ（前図参照）を含めた *P. sativum* L. の総称として用いられている．古名ノラマメ．〔漢名〕豌豆．

1792. **サイカチ**（カワラフジノキ）　〔マメ科〕

Gleditsia japonica Miq.

本州，四国，九州の山野および川原に生え，また人家に栽植される落葉高木，枝や幹には分岐しているとげが多い．葉は互生して短い葉柄があり，1～2 回の偶数羽状複葉で葉軸には短毛がまばらに生える．小葉は多数つき，長楕円形または卵状長楕円形，左右がやや非対称であり，ふちはほとんど全縁，あるいは多少波状，またはきょ歯をもつ．雌花，雄花および両性花を同一の株上に生じ，みな総状花序を作る．夏に淡黄緑色の小花をつける．がくは 4 裂し，花弁は 4，雄花には 8 本の雄しべ，雌花には短い花柱をもった 1 本の雌しべがある．花が終わってから長さ 30 cm 余りの平たい豆果を生じ，ゆがんで真直でない．中に平たい種子が生じる．新葉は食用になり，豆果は石鹸が無かった時代に物を洗うのに用いた．〔日本名〕古名の西海子（サイカイシ）の転訛したものである．したがってサイカシ，またはサイカイジュともいう．〔漢名〕皀莢をあてているが，これは *G. sinensis* Lam. の名である．

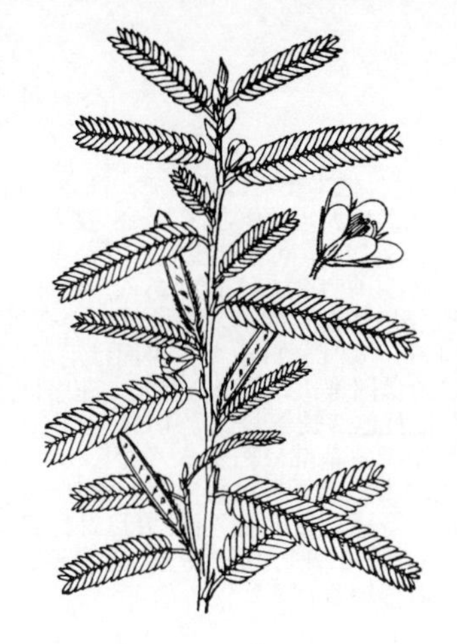

1793. カワラケツメイ（ネムチャ，マメチャ，ハマチャ） 〔マメ科〕

Chamaecrista nomame (Makino) H.Ohashi（*Cassia nomame* (Makino) Honda ; *Cassia mimosoides* L. subsp. *nomame* (Makino) H.Ohashi）

原野や道端に多い一年生草本．茎は高さ 30～60 cm，草質であるが，やや強く有毛．茎は 1 本または分枝し中実である．葉は短柄をもって互生する羽状複葉で，長楕円状披針形，長さ 8 cm にもなる．小葉は小形で長さ 3～10 mm ばかりのややゆがんだ披針形で先端は尖り，数多く，中軸の両側に互に接して対生してならぶ．夏から秋にかけて，葉腋から小柄を出し，黄色の 1～2 個の小花をつける．がく片は 5 裂し，披針形で先端は鋭尖形．花弁は 5，稔性の雄しべは 4，雌しべは 1，子房は短い柔毛を密に生じ，花柱は上側に向かって曲がる．豆果は長さ 3 cm ぐらい．平たくて細毛がある．熟すと 2 片に裂けて開く．種子は平たく，菱形状の四角形で，表面はなめらかで豆果中に 1 列にならぶ．茎葉を摘んで茶の代用として飲用する．〔日本名〕川原決明という意味．本種は決明（エビスグサ）の類に属し，しかも川原の砂地にしばしば生えるからである．また，合歓茶，豆茶，浜茶ともいう．〔漢名〕一般には山扁豆が用いられているが，これは朝鮮語で，中国では豆茶決明と呼ぶ．

1794. ハブソウ（クサセンナ） 〔マメ科〕

Senna occidentalis (L.) Link（*Cassia occidentalis* L.）

北米の南部およびメキシコ原産の一年生草本で江戸時代に日本に渡来して，現在ではしばしば薬用植物として栽培されている．茎は直立し高さ 0.5～1.5 m，全株無毛．葉は互生して葉柄があり，偶数羽状複葉で 5～6 対の小葉をもつ．小葉は卵形か卵状楕円形，時には狭卵円形，先端は鋭く尖り，基部は円形，長さ 3.6～5 cm ぐらい．葉柄上には基部に腺体がある．夏に茎の頂部の葉腋から花柄を出し，数個の大形の黄色花をつける．がく片は 5，卵円形，淡緑色．花弁は 5，水平に開出し，多少とも大小不ぞろいで，上側の 1 枚が大きく，下側の 2 枚が小さい．雄しべは 10 本，花糸に長短があり，葯に大小がある．子房は長くて，幅狭く，細毛があり，花柱は短い．豆果は長さ 10 cm 内外で平たい．葉は昆虫のさし傷に効能があると一般に伝えられている．〔日本名〕ハブソウは，要するにハミ草，すなわち，マムシ草の意味で，蝮に噛まれた時にこの草汁をつければよいということから，この名がついたのであろう．奄美大島や琉球に産する毒蛇ハブ（飯匙倩）の名をとって名付けたのではない．〔漢名〕石決明，望江南．〔追記〕本図は豆果だけがハブソウで，他はエビスグサ（次種）を描いている．

1795. エビスグサ（ロッカクソウ） 〔マメ科〕

Senna obtusifolia (L.) H.S.Irwin et Barneby（*Cassia obtusifolia* L.）

アメリカ原産の一年生草本．享保年間（1716～1736）に中国から渡来したといわれる．茎の高さ 1.5 m ぐらいになり，葉は 2～4 対の小葉をもった偶数羽状複葉，下部の 1 対をなす小葉の間に長い腺体がある．小葉は倒卵形，先端は鈍形，あるいはわずかに凸形，基部は鋭形あるいは円形，長さ 3～4 cm ぐらい，ほとんど無柄，夏に葉腋に 1～2 個の有柄の黄色花をつけ，がく片は長卵形，先端は鈍形，ふちには毛がある．花弁は 5，倒卵状円形，基部は短い花爪となる．長短大小不同の 10 本の雄しべがあり，上側の 3 個の葯は不完全である．子房は細長く，細毛があり，上方に彎曲して，花柱は短い．豆果も細長く，長さ 15 cm ぐらい，弓形に曲がって緑色でかたい．豆果の中に 1 列にならんで，菱形状四辺形の種子があり，薬用として利用される．現在これをハブ茶と称して飲用する．〔日本名〕夷草は，蛮夷の異国から渡来したことを意味する．〔漢名〕決明は *S. tora* (L.) Roxb. をさす．

1796. ジャケツイバラ（カワラフジ） 〔マメ科〕

Caesalpinia decapetala (Roth) Alston

（*C. decapetala* var. *japonica* (Siebold et Zucc.) H.Ohashi）

宮城県以南の山野あるいは河原に生えるつる性の落葉低木．長く伸びて幹の大きいものは径 8 cm にもなる．多く分枝して，先の鋭く尖ったかぎ状のとげが多く，葉腋の少し上にはなれて縦に並んで芽を出す．葉は互生して 2 回羽状複葉となり，羽片は 3～8 対，小葉は 5～10 対で長楕円形，両端とも円形，長さ 1～2 cm ぐらい，多数の小さい明色の細点がある．また茎と同じく，先の鋭く尖った，下方に曲がったとげがでている．托葉は小形で早落性．初夏の頃，茎の頂部の小枝の先に長さ 30 cm ばかりの総状花序を出して，美しい左右相称形の黄色花をつける．花柄は長さ 3 cm ぐらい．がくは深く 5 裂してがく片は卵状長楕円形，花弁は 5，広い倒卵形，基部は短い花爪となる．後方の 1 花弁には赤線がある．雄しべは 10 本，花糸の下部には毛が密生する．豆果は長さ 7 cm，幅 3 cm ぐらい．有毒植物．〔日本名〕蛇結イバラの意味で，茎がつる性で，曲がりくねっていて，あたかも蛇が結ばれて，とぐろを巻いたようであるからである．河原藤は，本種が河原の砂地にしばしば生えるからである．〔漢名〕雲實．

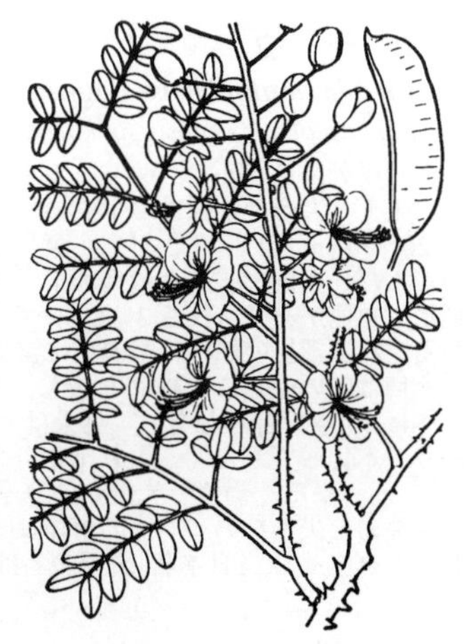

1797. シロツブ 〔マメ科〕

Caesalpinia bonduc (L.) Roxb.

世界の熱帯に広く分布し，日本では琉球にみられ，低木または藤本で，高さ 2 m 以上になり，枝には鋭い曲がったとげがある．托葉は大きく葉状で 6〜8 裂する．葉は長さおよそ 1 m になり，2 回羽状複葉で，葉軸には下向きの鋭いとげが多い．羽片は 6〜10 対，長さ 10〜20 cm，小葉の基部には鋭い 1 対のとげがある．羽片につく小葉は 6〜10 対で，ごく短い柄があり，長楕円形から卵形，先は鈍形から鋭形で短い突起があり，基部は円形で，長さ 2〜4 cm，幅 1〜2 cm で，裏面は毛があり，色が淡く，後に無毛となる．葉腋から総状または円錐状の花序をだす．花序は，長さ 15〜20 cm，上方には密に花をつける．花は黄色，長さおよそ 1 cm．がく片は卵形で，全体に毛がある．花弁は黄色，倒卵形で，基部は細まる．雄しべは花弁とほぼ同長または花弁より短い．花糸には毛がある．豆果は短い柄があり，長楕円形から楕円状卵形でふくれ，長さ 5〜7 cm，幅およそ 4 cm，両端はほぼ円形で，長さおよそ 6 mm のとげが一面にある．種子は 1〜3 個，大形，やや球形，硬質，灰色，光沢がある．〔日本名〕白い粒の意といわれている．

1798. ナンテンカズラ 〔マメ科〕

Caesalpinia crista L.

アジアとオーストラリアの熱帯に広く分布し，日本では琉球にみられ，海岸や林縁に生える．長さ 10 m 以上に達する常緑の藤本または低木で茎の基部は地をはう．小枝にはとげがほとんどなく，無毛である．葉は 2 回羽状複葉，長さ 20〜30 cm になり，葉軸には曲がった鋭いとげがある．羽片は 3〜5 対でやや離生する．羽片は 2〜4 対の小葉からなり，小葉はごく短い柄があり，卵形から楕円形，先は鈍形またはやや鋭形，基部は円形で，長さ 2〜5 cm，幅 1〜2 cm となり，革質で，上面は濃緑色で光沢があり，下面は粉白をおびる．枝の先または葉腋に円錐状または総状の花序を出す．花序は幅広く，多くの花をつける．花は黄色で，長さおよそ 5 mm の柄があり，径およそ 1 cm になる．雄しべは基部に綿毛があり，抽出する．豆果は長さ 4〜5 cm，幅 2.5〜3 cm，先は鈍形でくちばし状に尖り，基部は鈍形で左右非対称で，柄があり，硬質，裂開しない．種子は 1 個．〔日本名〕ナンテンに似たかずらの意というが意味不明．葉をナンテンに見立てたか．

1799. ハスノミカズラ 〔マメ科〕

Caesalpinia major (Medik.) Dandy et Exell
（*C. globulorum* Bakh.f. et Royen）

世界の熱帯に広く分布し，日本では琉球にみられる匍匐性の低木または藤本で，茎はとげがまったくないかまたはわずかにある．葉は長さ 40〜60 cm で，2 回羽状複葉で，托葉は小さく目立たないかまたはなく，葉軸は有毛または無毛で，とげがある．羽片は 4〜8 対，長さ 12〜20 cm．羽片につく小葉は 6〜8 対で，ごく短い突起があり，卵形または楕円形で，先は鋭形で短い突起があり，基部は円形で，長さ 4〜8 cm，幅 2〜3.5 cm である．葉腋上に総状または円錐状の花序をだす．花序は長さ 15〜30 cm で，多数の花がつく．苞は披針形で有毛．花は長さ 8 mm 以上の柄があり，径 1〜2 cm となる．がく片は楕円状卵形，長さ 5〜6 mm．花弁は黄色，倒卵形である．雄しべは花弁より短い．豆果は短い柄があるかまたは無柄，楕円状卵形でふくれ，両端は鈍形から円形，長さ 10〜12 cm，幅 4〜6 cm で，表面にはとげが多い．種子は 1〜4 個，淡黄色または鉛色，長楕円状円形，径およそ 1.2 cm．〔日本名〕種子がハスの種子と似ているので，蓮の実かずらといわれる．

1800. モ　ダ　マ 〔マメ科〕

Entada tonkinensis Gagnep.（*E. phaseoloides* auct. non (L.) Merr.；
E. phaseoloides subsp. *tonkinensis* (Gagnep.) H.Ohashi）

九州屋久島以南から，マレーシア，太平洋諸島にかけて，海岸附近の常緑樹林の中に生える大形の常緑性の木質のつる．葉は有柄で 2 回偶数羽状複葉で互生し，長さ 20〜30 cm，羽片は 2 対，小葉も 2 対，対生し，小葉は無毛でなめらか，革質のゆがんだ長楕円形，または倒卵形，先端はやや鋭形または鈍形，基部は円形または鈍形で短柄があり，長さ 3〜8 cm で光沢がある．葉軸の先端は普通 2 又の巻ひげになる．花は細長い穂状花序の上に密集して開き，無柄，汚黄緑色，長さ 6 mm ぐらい．がく筒は広い盃形で先端は 5 裂し，花弁は 5，狭いへら形で長さ 4 mm ぐらい．雄しべは 10 本で合着しない．豆果は大形で長さ 1 m 以上，幅 10 cm にもなることがあり，木化してかたく，垂れ下がり平たく，1 種子ごとにくびれがある．種子は径 5〜7 cm，平たく褐色で光沢があり子葉の間には空所がある．長く海上を漂流しても発芽力を失わない．本州の海岸にまれに打ち上げられて，藻玉といって昔は薬入れなどを作った．〔日本名〕藻玉の名はこの種子を海藻の種子と考えたからであろう．

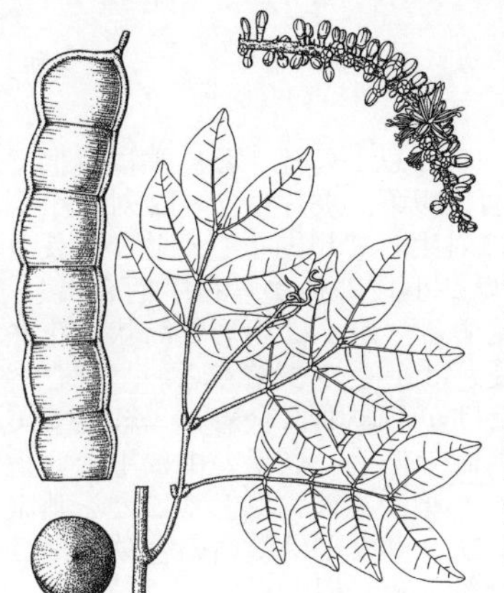

1801. コウシュンモダマ（ヒメモダマ）〔マメ科〕

Entada phaseoloides (L.) Merr.

沖縄島以南の琉球列島から，フィリッピン，インドネシアを経てオーストラリア北東部，太平洋諸島にかけて，海岸附近の常緑樹林の中に生える大形の常緑性の木本つる植物．葉は有柄で互生し，2 回偶数羽状複葉で長さ 6～20 cm，羽片は 2 対，小葉は 3～4 対が対生し，無毛でなめらか，革質のゆがんだ長楕円形，または倒卵形，先端はやや鋭頭または鈍形，基部は円形または鈍形で短柄があり，長さ 4～11 cm で光沢がある．葉軸の先端は普通 2 叉の巻ひげになる．花は細長い穂状花序の上に密集して開き，汚黄緑色，長さ 6 mm ぐらい．がく筒は広い盃形で先端は 5 裂し，花弁は 5，狭いへら形で長さ 4 mm ぐらい．雄しべは 10 本で合着しない．豆果は平たく線形，初め緑色で，熟すとともに木化してかたくなり，大形で長さ 1.2 m，幅 6～9.5 cm に達し 9～16 節ほどがある．最終的に外果皮が剥がれ，その後に豆果の外周の枠を残して，節ごとに袋状の内果皮に包まれた種子が脱落する．種子は径 3.5～5.5 cm，平たく褐色で光沢があり，中央はやや盛り上がり，縁は角張る．

1802. ギンネム（ギンゴウカン）〔マメ科〕

Leucaena leucocephala (Lam.) de Wit

熱帯アメリカ原産で，世界の熱帯，亜熱帯に広く栽培されまた帰化し，日本では琉球と小笠原諸島に帰化した落葉小高木．まれに高さ 10 m，幹の径 25 cm になる．枝は灰色または褐色をおび，有毛である．葉は互生し，偶数 2 回羽状複葉で，葉柄と葉軸には毛が生え，葉身は長さ 15～25 cm で，6～8 対の羽片がある．羽片は対生する 10～15 対の小葉からなる．小葉は柄がなく，長楕円状披針形，先は鋭形，基部は円形で，長さ 1 cm ぐらい，幅 1～3 mm，上面は淡緑色，下面は粉白をおびる．1 年中，上部の葉腋から 1～3 個の花序をだす．花序は長さ 2～3 cm の柄があり，頭状で径 1.5～4 cm．花は白色，後に黄色または橙色をおびる．雄しべは花弁より明らかに長く，葯は長さ 1 mm ほどである．子房には毛がある．豆果は数個が束になってつき，それぞれに柄があり，扁平で，長さ 10～15 cm，幅 1.5～2 cm あり，褐色で多少とも光沢がある．種子は多数，楕円形，褐色で，光沢がある．成長が早いので，土地を肥沃にし，また土壌の侵食を防ぐために植えられた．〔日本名〕紅色花のネム（合歓）に似て，花が白色であることから銀合歓の意である．

1803. ヒメギンネム（タチクサネム）〔マメ科〕

Desmanthus virgatus (L.) Willd.

熱帯アメリカ原産で，熱帯に広く帰化し，観賞用として栽培されることもある．日本では琉球と小笠原に帰化し，道ばたなどの日当たりのよいところにみられる小低木．高さ 1～2 m になり，全体に無毛で，枝には多数の稜がある．葉は互生し，2 回羽状複葉で，狭披針形の托葉がある．羽片は 6～8 対，長さ 4～5 cm，30～40 対の小葉からなる．小葉は長楕円形，先は微凸形で，長さ 5～7 mm，幅 1.5～2.5 mm となる．冬以外ほぼ一年中，上方の葉腋から花序をだす．花序は長さおよそ 3 cm の柄があり，頭状で，径 7～8 mm である．花は白色で，がくは短い．雄しべは花弁より長い．豆果は柄がなく，長さ 5～8 cm，幅 2～3 mm となる．種子は 20～30 個．〔日本名〕ギンネムに似ているが全体が小さいことから姫銀合歓の意である．

1804. オジギソウ（ネムリグサ）〔マメ科〕

Mimosa pudica L.

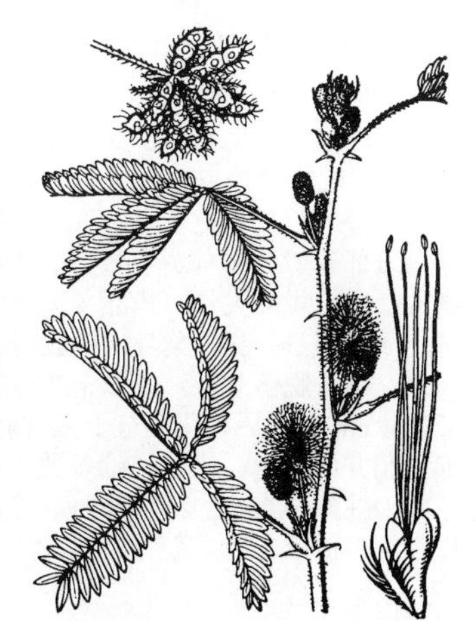

南米の原産で花が美しいのと，葉が刺戟に敏感に開閉運動するので，観賞品として栽培され，日本へは天保 12 年（1841）に渡来した．しかし熱帯圏では雑草である．元来は多年草であるが，日本本土では一年草となる．茎の高さ 30 cm ぐらい．細毛ととげがある．葉は有柄で互生し，2 対の羽片が掌状に出て，多数の広線形の小葉を対生して並べる．夏に淡紅色の花を開く，花は小さく，球状に集まって花序柄をもつ．がくはほとんど不明．花弁は 4 裂し，長い 4 本の雄しべと 1 本の雌しべとがあって花柱は糸状である．豆果は約 3 個の種子を生じ，節があり，表面には毛がある．葉にふれると，たちまち垂れ下がり，小葉は左右のものが重なり合って，しおれる．〔日本名〕オジギソウとネムリグサは刺戟による葉の開閉運動に基づいている．〔漢名〕喝呼草．その他含羞草，知羞草，怕羞草，怕癢花．懼内草，羞草，見誚草，屈佚草，指佞草，等がある．

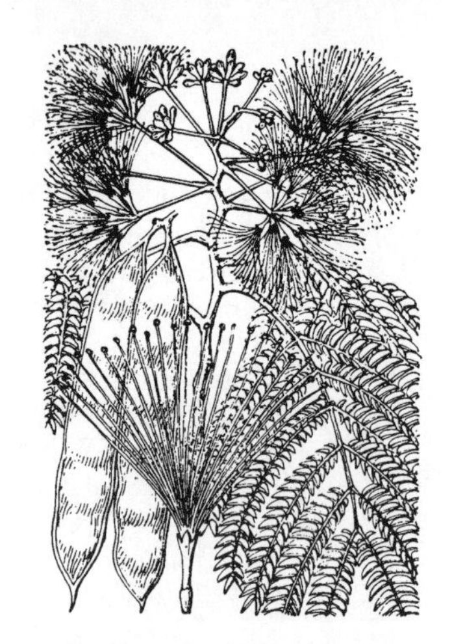

1805. ネムノキ（ネム，ネブノキ，コウカ，コウカギ）〔マメ科〕

Albizia julibrissin Durazz.

本州から沖縄に生える落葉高木で高さ 10 m 以上に達する．葉は有柄で互生し，大きくて長さ 20～30 cm，2 回羽状複葉，羽片は 7～12 対，小葉は多数で 36～58 個，羽軸の両側に羽状に対生して規則正しく並び，長さ 7～13 mm，基部のゆがんだ広披針形．夏に小枝の頂から花序柄を出し，散形状に紅色の花をつけ，日没前に開花する．がくは小形で筒状，花弁は合体し，上部だけが 5 片に分かれ，長さはがくの 3 倍ぐらい．雄しべは多数，細い糸状で非常に長く，基部だけが不規則に合着し，紅色で美しい．豆果は長さ 12 cm 内外，平たく真直で無毛．豆果の中に平たい種子がある．〔日本名〕ネムノキとネムは，小葉が夜間に閉じることを睡眠すると見立てたためである．コウカおよびコウカギは漢名の合歓または合歓木から転訛した名である．〔漢名〕合歓．夜合樹ともいう．

1806. オオバネムノキ〔マメ科〕

Albizia kalkora (Roxb.) Prain

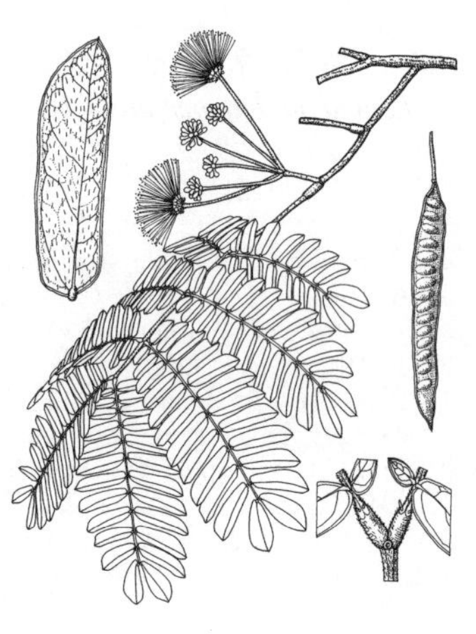

東南アジアからインドに分布し，九州沿岸から韓国西南部の島にも見られる落葉性の高木あるいは低木で，高さ 3～8 m．枝は暗褐色で軟毛が生え，明瞭な皮目がある．葉は円形から楕円形，托葉は不明瞭，2 回偶数羽状複葉で羽片は 3～6 対，基部に宿存する小托葉があり，9～15 対の小葉がつき，小葉は楕円形から楕円状卵形で，長さ 0.8～4.5 cm，幅 0.7～2 cm，両面共に軟毛が生え，基部は斜形，先端は鈍頭で突出する．頭状花序は少数が腋生，あるいは頂生の偽総状花序に多数つく．花は中央花と側生花の 2 形があり，白色から黄色に変化する．萼筒の長さは中央花で 2 mm，側生花で 3～4 mm，5 歯あり，萼と花冠は柔毛が生える．花冠は長さ 6～8 mm，裂片は被針形．雄蕊は長さ 2.5～3.5 cm，基部は合着して筒になる．筒は花冠筒より短い．子房は無毛．豆果は長さ 7～17 cm，幅 1.5～3 cm，若いうちは軟毛が生え，次第に無毛になり裂開する．種子は 4～12 個，倒卵形あるいはやや円形．花期は 5～6 月，果期は 8～10 月．

1807. ギンヨウアカシア（ハナアカシア）〔マメ科〕

Acacia baileyana F.Muell.

オーストラリア原産の常緑性の高木．高さ 15 m ぐらいになる．庭木として暖地に植えられ，また切り花として利用される．枝は盛んに分枝して繁茂し，小枝は青白色で 2 回偶数羽状複葉を互生する．葉は全体に白粉をおびて青緑色となり，羽片は 3～4 対，対生して長楕円形，小葉は 8～18 対あって，羽軸の左右に斜上して開出し規則正しく並ぶ．狭い線状披針形，先端は鋭形でわずかに凸形の突起がある．基部は左右が不同でゆがんだ鈍形，無柄．早春に枝の先端部の葉腋に鮮黄色の径 1 cm 以下の丸い頭状花序をつける．がくは鐘形，ふちには歯牙状のきょ歯がある．花弁は小形，多数の雄しべは花弁よりもはるかに長く，中心には糸状の花柱をもった 1 本の雌しべがある．〔日本名〕銀葉アカシアは白っぽい緑色の葉に基づいたもの．

1808. ソウシジュ〔マメ科〕

Acacia confusa Merr.

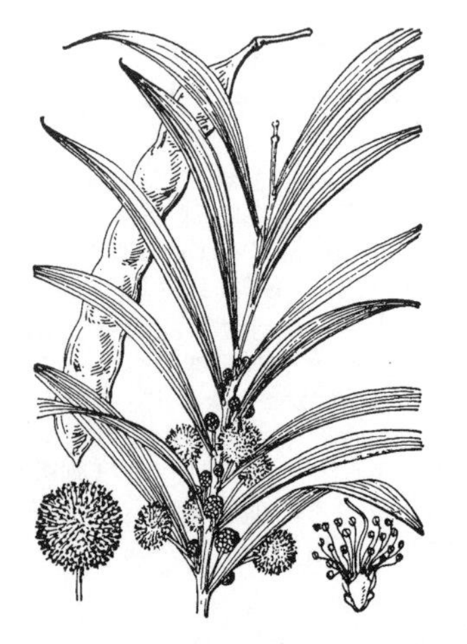

台湾の恒春半島およびフィリピンに自生する常緑高木．日本では観賞用や街路樹として栽培され，暖地では時に植林される．高さ数 m になり，枝をまばらに分岐して葉を互生する．一見して葉身状に見えるものは実際は葉柄に当たる部分で．左右からおしつけられて，剣状になり，全縁，先端は次第に細くなって鋭く尖り，基部も次第に狭くなる．葉質は革質で数本の葉脈が縦に走っている．真の葉身は偶数羽状複葉で，発芽して間もない若枝にだけ見られ，早く脱落する．枝の先端のやや下方の葉腋から，細い柄をもった球形で径 1 cm ぐらいの花序を 1～2 個生じ，黄金色の花を密につける．がくは鐘形，花弁は小形，雄しべは多数で花弁よりもはるかに長い．雌しべは 1 本，糸状の柱頭をもつ．花が終わってから，平たい長さ数 cm の豆果を生じ，中に数個の種子を生ずる．〔日本名〕漢名の相思樹の日本語読みである．

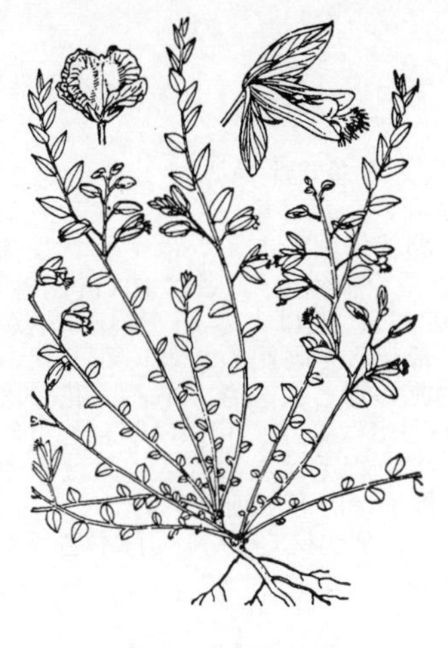

1809. ヒメハギ 〔ヒメハギ科〕

Polygala japonica Houtt.

全国の山野に普通に生える常緑の小形の多年草で，根は硬くてやせて長い．茎も硬くて針金状で，根元から多く束生する．長さは花の時期には短くて 10 cm 内外であるけれども，花の開いた後に伸長して 20 cm 内外に達し，上向きあるいは傾斜する．葉は小さく，互生，卵形または長楕円形，先端は尖って短い葉柄があり，はじめは長さ約 10 mm ぐらいであるが，花の咲いた後には 25 mm に達し，茎とともに細かい毛が生えている．春に，茎の上に短い総状花序を作って紫色の蝶形状の花を開く．がく片は 5 個，両側の 2 つの花弁状のがく片は大きく，翼状を呈する．花弁は下部は合体して一方に裂け目がある．竜骨弁の背中に切れ込んだ裂片がある．雄しべは 8 本，花糸は基部で合生．さく果は扁平で 2 枚の殻片からできている．〔日本名〕ヒメハギは紫花を開き，ハギの花を思い起こさせ，かつ小形であるところから名付けられた名である．〔漢名〕瓜子金で，遠志は誤りである．

1810. イトヒメハギ（オンジ） 〔ヒメハギ科〕

Polygala tenuifolia Willd.

中国北部，朝鮮半島原産の多年生草本で，根茎はやや木質となり，先から高さ 10～40 cm の細い茎を数本出す．葉は密に互生し，線状披針形で特に茎の上部の葉は細くなり，長さ 1～3 cm，幅 0.5～2 mm，ほぼ無毛である．春夏の頃，茎側に総状花序を出し，まばらに紅紫色の花をつける．がく片は 5 個，うち 3 個は披針形で小さく，長さ 2 mm ばかり，他の 2 個は大きく，花弁状となりへら状長楕円形で尖り，長さ約 5 mm ある．花弁は 3 個で，下側の竜骨弁は他より少し長く，先は細かく房状に裂けている．さく果は倒心臓形で平たく，長さ 4～5 mm で先が凹んでいる．根は漢方で去痰薬として使われる．〔日本名〕糸姫萩の意味でヒメハギに近く，葉が糸状に細いので名付けられた．別名のオンジは漢名の音読み．〔漢名〕遠志．

1811. セネガ 〔ヒメハギ科〕

Polygala senega L.

北米原産の多年草で，薬用として栽培される．根は太く曲がり，木質で，頂から高さ 20～30 cm の茎を束生する．葉は互生し，下部のものは小さく鱗片状．上方へゆくと大形となり，披針形で両側が尖り，ふちには非常に細かな毛状の歯がある．日本で栽培しているものは，葉が広く卵状披針形で幅 8～24 mm のヒロハセネガ var. *latifolia* Torr. et A.Gray にあたる．6 月に茎の先端に長さ 3～5 cm の穂をつくって，蝶形の小さな花を開く．がく片は 5 個，左右の 2 個は他より大きく長さ 3 mm ぐらい，卵形で凹み，花弁のようで白く，後に紅色を帯びる．花弁は 3 個，2 つの側弁は長楕円形，白色，竜骨弁は淡緑色で先端に手の指のように裂けた附属体がついている．雄しべは 8 本で，花糸は互いにゆ合している．さく果はおしつぶされた球形で，凹頭，2 室，各室に 1 種子がある．根を去痰薬とする．〔日本名〕Senega はこれを薬用にしていた北米先住民の部族名である．

1812. ヒナノキンチャク 〔ヒメハギ科〕

Polygala tatarinowii Regel

本州，四国，九州の山ろくや原野に生える小形の一年草．無毛で，高さは約 7～15 cm，まばらに分枝し，緑色である．葉は卵円形で先端は鋭く尖り，基部は流れて翼のある葉柄となる．質は薄く軟弱で，長さは葉柄を入れて 15～25 mm ばかりである．夏秋の頃，枝の上に穂のような長い総状花序を作り，その上部に短い花柄のある多数の花をつける．花は黄色味のある淡紫色である．がく片は 5 個で側片は花弁状で楕円形．竜骨弁は帽子状で，裂片がある．雄しべは 8 本で，花糸はゆ合する．子房は 2 室で，各室に 1 胚珠が入っている．さく果はまるく平たい．種子は黒色で表面には白毛がまばらに生え，仮種皮がある．〔日本名〕ヒナノキンチャクは果実を形から巾着（きんちゃく）に見立て特に小さいのでヒナの字をつけたもの．〔漢名〕小扁豆．

1813. カキノハグサ 〔ヒメハギ科〕

Polygala reinii Franch. et Sav.

本州（東海道，近畿）の山地の木蔭に生える多年生草本で，高さ約 25 cm．根は長くてうねりつつ肥厚し，根茎は硬い．茎は単一で直立する．葉には葉柄があって互生し全縁，倒卵形，倒卵状楕円形あるいは倒卵状長楕円形で，先端は尖り，基部は鋭形，平滑で質は薄くて緑色，長さは 10 cm 内外．6 月頃，1 つの短い総状花序を頂生して直立する．花は大きく，短い小柄があり，花の色は黄色または時には淡紅色を帯びる．両側の 2 個の花弁状のがく片は大きな翼状となり，他の 3 個は通常の形と大きさである．花弁は 3 個，竜骨弁には裂片状の附属物がある．雄しべは 8 本，花糸はゆ合し黄色い葯がある．雌しべは 1 本．子房は楕円体で，細毛がある．さく果はやや扁平で，ほぼ腎臓形．ふちには白毛がある．種子は円形で細毛が生えている．ナガバカキノハグサ f. *stenophylla* Yonek. はその葉が狭く長い．〔日本名〕カキノハグサは葉がカキの葉に似ていることによる．

1814. ヒナノカンザシ 〔ヒメハギ科〕

Salomonia ciliata (L.) DC.（*S. oblongifolia* DC.）

本州，四国，九州の原野の湿った土地に生える小形の一年草で，高さ 10～15 cm ぐらい，直立して通常細長い枝をだす．葉は小さく，まばらに互生し，長さは約 5～7 cm，長楕円形，下部では倒卵形，先端わずかに尖り，柄は無くて無毛，全縁である．夏秋の頃，茎の上部に直立したやせた穂のような形に紫色の小花をつける．がくは 5 個で，そのうちの 2 個はやや大きい．花弁は 3 個で前方の花弁は竜骨弁となってその一部は雄しべの筒とゆ合している．竜骨弁は細かく裂けてはいない．子房は 2 室，各室に 1 胚珠を入れる．さく果は細かく，やや両側から押されて横に長く，ふちには刺毛がある．縦方向に花軸についている．〔日本名〕雛の簪は美しく可憐な小さな花をつける花序の形に基づいている．

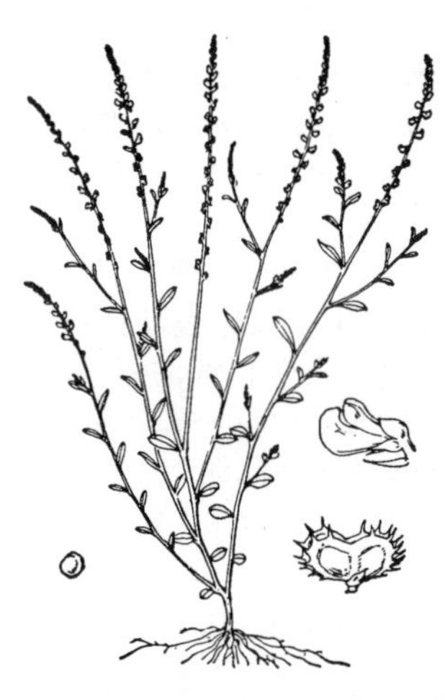

1815. チョウノスケソウ 〔バラ科〕

Dryas octopetala L. var. ***asiatica*** (Nakai) Nakai（*D. tschonoskii* Juz.）

本州中部以北の高山帯に生える草本状の小形の常緑性低木．茎はかたく，分枝しながら地上をはう．葉は有柄．葉柄は葉身よりもやや長く，その中部まで托葉がゆ着している，互生するが低く地表にあるので平らに並んでいるように見え，広楕円形，長さ 2～3 cm，先端は鈍形，基部は円形，葉質は厚い革質．表面では葉脈は凹んで，緑色，無毛であるが，裏面には白い綿毛を密生する．ふちには規則的に並んだ鈍きょ歯がある．夏に 5 cm ぐらいの花柄を出して，頂に 1 個の白花を開く．花は径 2 cm 以上，がく片，花弁ともに 8．花弁は楕円形，卵形または倒卵形．雄しべと雌しべの花柱はともに多数．花柱には毛がある．花が終わってから，花柱は尾状に長く伸びて，オキナグサの果実のようになる．〔日本名〕長之助草．岩手県の人でロシアの植物学者 Maximowicz に日本の植物を採集して送っていた須川長之助の名を記念したものである．同氏が日本ではじめて本種を発見した．

1816. コゴメウツギ 〔バラ科〕

Neillia incisa (Thunb.) S.H.Oh（*Stephanandra incisa* (Thunb.) Zabel）

至る所の山地に生える低木．枝は細い円柱形で折れ易く，多く分枝する．葉は互生し卵形，先は次第に細くなって尖り，基部は心臓形，長さ 3～5 cm，幅 1～3 cm，膜質でふちには切れ込みがあり，両面にもに柔らかい毛がある．葉柄は短くて有毛．托葉は披針形で有毛，後まで残る．全縁または粗いきょ歯がある．初夏の頃，新しい枝の先に短い総状花序を頂生，または腋生して小さい白花を房状に束生する，花は径 4 mm ぐらい．花軸には毛があるが，小花柄には毛がない．苞葉は小形．がくは後まで残り，広い鐘形，5 裂し，裂片は卵形．花弁は 5 片でへら形，円頭で，ふちに毛がある．雄しべは 10 本．子房は球形で 1 室，毛がある．果実は球形で永存性のがくを持ち，有毛である．〔日本名〕小米空木の意味．小さい白花を小米（米粒のくだけたもの）と形容したもの．

1817. カナウツギ　〔バラ科〕

Neillia tanakae (Franch. et Sav.) Franch. et Sav. ex S.H.Oh
（*Stephanandra tanakae* Franch. et Sav.）

日本の中部の山中に生える落葉低木で，特に富士から箱根山地に多い．高さ1〜2 m．枝は細くジグザグに曲がり，しばしば彎曲して垂れ下がる．外皮は灰赤褐色になることが多い．葉は有柄で互生し，卵形，長さ6〜10 cm．先端は尾状に尖り，基部は浅い心臓形，ふちには切れ込みがあり，しばしば3裂片状に切れ込み，さらに鋭きょ歯がある．支脈は規則的に斜上して平行する．托葉は大形で草質，卵状披針形で永存する．6月頃．枝の先に円錐花序をつくって．小さな白花が群生する．花序の分枝は開出して，なめらかで光沢がある．花は径5 mm，歯状のがく片は5，卵形で先が尖り，永存する．花弁は5個，がく片より少し長い．雄しべは20本以上にもなる．子房は1個，1室で卵形，柱頭は丸い楯形．花が終わって，倒円錐形の袋果を結び，有毛である．〔日本名〕棔木（カナギ）空木の意味であろう．棔木は細枝という意味である．単にカナギという所もある．

1818. ウワミズザクラ（コンゴウザクラ）　〔バラ科〕

Padus grayana (Maxim.) C.K.Schneid.（*Prunus grayana* Maxim.）

各地の山野に生える落葉高木で高さ10 m内外．樹皮は褐紫色，枝上の小枝は晩秋から初冬に落葉した直後に多く脱落するという特性があってそのため落痕は枝上に節くれ立つ．葉は有柄で互生し楕円形，先端は急に細くなり，尾状に長く尖る．基部は円形，時にわずかに心臓形，長さ6〜9 cm，幅3〜5 cm，若い時には葉脈に毛があるが，成葉ではほとんど無毛となり，ふちにはとげ状の細きょ歯がある．葉は乾けば膜質．4〜5月頃，小枝の先に長さ10 cm，幅2 cmぐらいの総状花序を出して多数の有柄の小形の白色花を密生して開く．がくは広い鐘形で無毛．浅く5裂し，裂片は小形の三角状で全縁，内面に毛布状の毛があり，雄しべとともに花托から脱落する．花弁は5，倒卵形，水平に開き，後にはそりかえる．雄しべは多数で花弁よりもずっと長い．核果は楕円状球形．鋭頭，はじめ黄色に熟し，後には黒くなる．長さ9〜7 mm．未熟で緑色のものを塩漬けにして，食用とする．〔日本名〕ウワミゾザクラ（上溝桜）の転訛したものである．昔亀甲で占いを行う時，この材の上面に溝を彫って使ったので上溝という．古名はハハカ．コンゴウザクラはハハカ，ホウカ，ホウゴウサクラ，コンゴウザクラの順に転訛したもの．

1819. エゾノウワミズザクラ　〔バラ科〕

Padus avium Mill.（*Prunus padus* L.）

北海道，本州（青森県）の山野に生える落葉高木．樹皮は黒褐色，一年生の枝の多くは無毛でなめらか，葉は互生し，倒卵状楕円形，先端は急に細く鋭尖頭，基部はくさび状の鈍形または円形，ふちには細きょ歯があり，両面とも無毛，長さ4〜10 cm，幅3〜7 cm内外．5月頃，小枝の先に総状花序を作って，有柄の小白花を密集して開く，がくは鐘形，無毛，浅く5裂し，裂片は卵形，ふちに腺がある．花弁は水平に開き，白色で円形，雄しべは多数で花弁より短い．核果は球形で熟して黒色になる．ウワミズザクラに似ているが，葉は支脈が多く，きょ歯が著しく，基部は鈍形でやや狭く，葉柄の上方に蜜腺があり（葉身の下部ではない），がく裂片が卵形で大きく，雄しべが花弁より短い等の点で区別される．アイヌは樹皮を薬用または茶の代用とした．〔日本名〕蝦夷のウワミズザクラの意味．〔漢名〕稠梨．

1820. シウリザクラ（ミヤマイヌザクラ，シオリザクラ）　〔バラ科〕

Padus ssiori (F.Schmidt) C.K.Schneid.（*Prunus ssiori* F.Schmidt）

本州中北部以北の山地に生える落葉高木で高さ10 m内外．幹は直立し樹皮は紫色をおびた褐色で縦に裂ける．葉は有柄で互生，長楕円形あるいは倒卵状長楕円形で長さ10 cm内外，先端は急に細くなって鋭尖頭，基部ははっきりと心臓形になり，ふちには一様に並んだとげ状の細かいきょ歯がある．葉質はやや厚い．葉柄の上部に2個の蜜腺がある．6月頃新枝の頂に長さ12 cm内外の総状花序をつけ，花は小形で径7〜8 mmぐらい，白色でふつう黄色味をおびる．がくは淡緑色で短い鐘形，先は5裂する．花弁は5，円形で水平に開く．雄しべは多数で雌しべは1本．花が終わってから，やや平たい小球状の核果をつけ，秋になって黒く熟する．〔日本名〕学名とともに本種のアイヌ名をとってつけた．〔追記〕ウワミズザクラに似ているが，それよりも高冷地に分布し，葉は大きくしかも基部が心臓形，雄しべは花弁より短く，蜜腺が葉柄の上部にある等の点で区別できる．

1821. イヌザクラ 〔バラ科〕

Padus buergeriana (Miq.) T.T.Yü et T.C.Ku（*Prunus buergeriana* Miq.）

各地の山野に生える落葉高木．時に高さ 8 m になる．樹皮は暗灰色でやや光沢があり，小枝は灰白色．葉は倒卵状長楕円形または長楕円形，鋭尖頭，基部はくさび形，長さ 6～10 cm，幅 2.5～3.5 cm，両面はほとんど無毛であるが，時には下面の主脈に沿ってひげ状の毛を生ずることがある．ふちには細かい鋭きょ歯がある．花は総状花序で二年生の枝から側生する．多数の有柄の小形の白色花を密生し，4 月に新葉と同時に開き，花序の基部に葉がない．花軸と花柄には毛を密生し，がくは広い鐘形，先端は 5 裂し，裂片は卵形，ふちには蜜腺がある．雄しべとともに永存性で後まで残る．花弁は 5，倒卵状円形，水平に開出し，雄しべは 12～20 本，花弁よりずっと長い．雌しべは 1 本．核果は球形，やや鋭頭，熟すると，はじめは黄赤色で，後には紫黒色になる．〔日本名〕犬桜はサクラに類するがサクラでないのでこのようにいう．ウワミズザクラとは花序の基部に葉がないこと，きょ歯が細かいこと，葉の基部がくさび形で，樹皮が灰色である等の点でことなる．〔追記〕シウリザクラ（前図）は，葉のふちにとげ状のきょ歯があり基部が心臓形であるので本種と区別できる．

1822. リンボク（ヒイラギガシ，カタザクラ） 〔バラ科〕

Laurocerasus spinulosa (Siebold et Zucc.) C.K.Schneid.
（*Prunus spinulosa* Siebold et Zucc.）

関東以西の暖地の山中に多い常緑性の高木．高さ 5 m 内外．樹皮は黒褐色で剥げない．葉が有柄で互生して小枝につく様子はシイノキに似ている．葉は長楕円形あるいは卵状楕円形．長さ 5 cm 内外，先端は急に尖って短い尾状になる．基部は広いくさび形，ふちは波状．葉質は革質，表面は深緑色で光沢がある．大木の葉は全縁であるが，若木あるいは勢のよい枝の葉は長いとげのある鋭きょ歯をもつ．葉柄の頂部にはサクラの類の特徴である 2 個の蜜腺がある．10 月に入って葉腋から 1 本の総状花序を出し，小白花を密生する．花序は穂のように見え葉よりも短く，花は短い柄をもつ．がく筒は短くて広い倒円錐形，花弁は円形であるが小形ではっきりしない．雄しべは多数，雌しべは 1 本．核果は広楕円体，長さ 7～8 mm，先端が尖り，年を越えて黒く熟する．〔日本名〕本種を誤って橉木にあててしまったためである．ヒイラギガシは，若木のとげ状のきょ歯のある葉をヒイラギになぞらえ，木をカシに見立てたもの．堅桜はサクラの類で材がかたいからである．

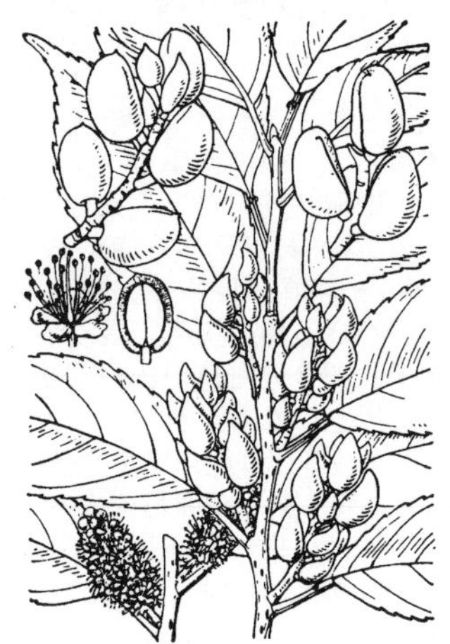

1823. バクチノキ（ビラン，ビランジュ） 〔バラ科〕

Laurocerasus zippeliana (Miq.) Browicz（*Prunus zippeliana* Miq.）

房総半島以西の暖地に生える常緑の高木でしばしば大木となり，樹皮は灰褐色，鱗片状になって脱落し，そのあとの幹の肌は紅黄色となる．葉は大きく，有柄で互生し，長さ 10～20 cm，長楕円形，鋭尖頭，ふちには鋭いきょ歯状の腺があり，革質で無毛，上面は深緑色，下面は淡色で葉脈が隆起する．葉柄は上部に 2 個の蜜腺がある．9 月頃，葉腋から葉よりも短い穂状の総状花序を出し，短い柄をもった小白花を密集して開く．花序の基部には葉がない．花は小形，がく片は 5，花弁も 5，雄しべは多数で花弁よりも長く，雌しべは 1 本．果実ははじめゆがんだ卵形で，翌年の初夏に楕円形となって成熟し紫黒色となる（図のものは未熟の果実）．葉の形はサクラに似ていないが葉柄上に蜜腺があるのでサクラの仲間であることがすぐにわかり，他の常緑樹と間違えることはない．葉から薬用のばくち水（杏仁水）をとる．葉の裏に細毛がある型をウラゲバクチノキという．〔日本名〕博打の木の意味で，樹皮が脱落して木肌があらわれるのを，人が博奕に負けて不意に金銭を失い裸になるのになぞらえたもの．ビランまたはビランジュはインドの毘蘭樹（枇蘭樹，毘嵐）と誤認したもの．

1824. セイヨウバクチノキ 〔バラ科〕

Laurocerasus officinalis M.Roem.（*Prunus laurocerasus* L.）

ヨーロッパ南東部およびアジア南西部原産の常緑樹で，しばしば栽植されている．若枝は淡緑色でなめらか．葉は互生し短い葉柄をもち，長楕円形，鋭頭，基部は鋭形，ふちにはまばらに低いきょ歯がある．長さ 8～15 cm，幅 3～6 cm，革質で上面には光沢がある．バクチノキと異なり，4 月に前年の枝の上部の葉腋から，長さ 10 cm 内外の総状花序を出し，多くの小白花を密につける．花は径 1 cm 以上．がく筒は広い鐘形で長さ 3 mm ぐらい，無毛，裂片はきわめて短く丸い．花弁は水平に開き，卵円形，長さ 4 mm ぐらい．雄しべは 20 本ぐらい，長短不ぞろいで長 3～6 mm，放射状に開出する．核果は長さ 12 mm ぐらい，熟すると紫黒色になる．〔日本名〕西洋産のバクチノキという意味である．〔追記〕バクチノキとは葉柄が短いこと，葉の先端が長く尖らないこと等により区別できる．

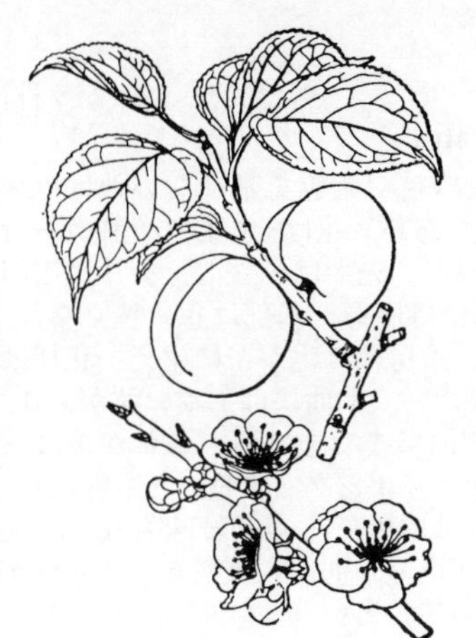

1825. アンズ（カラモモ）〔バラ科〕

Prunus armeniaca L. var. ***ansu*** Maxim.
（*Armeniaca vulgaris* Lam. var. *ansu* (Maxim.) T.T.Yü et L.T.Lu）

恐らく中国原産の落葉性の小形高木．広く果樹として栽植されている．高さ5mばかり，樹皮はコルク質でなく，かたい．葉は互生し，卵円形あるいは広楕円形，先端は次第に尖り，基部は円形で長い葉柄がある．葉身の長さ8cmぐらい，ふちには小さい円形のきょ歯がある．春に葉よりも早く花を開き，花はほとんど無柄，淡紅色で5弁，時には八重咲きのものがある．がく裂片は5，紅紫色でそりかえる．雄しべは多数．雌しべは1本．核果に5mmぐらいの果柄があり，黄色く熟する．核の表面はざらざらしているが，点状の凹みはない．果実は生のまま食べられるし，または乾燥して乾杏を作る．種子は薬用になる．〔日本名〕アンズは杏子の唐音である．杏は今日の中国語でXingと発音する．古くカラモモ（唐モモ）といった．〔漢名〕杏．〔追記〕サクラ属の学名の扱いには様々な説があり，本書では改訂増補版（小野・大場・西田編1989年）のサクラ属をスモモ属*Prunus*，サクラ属(狭義)*Cerasus*，ウワミズザクラ属*Padus*，バクチノキ属*Laurocerasus*に分割する説をとった．ただしバクチノキ属はウワミズザクラ属から別属にはできないと思われる．

1826. ウメ〔バラ科〕

Prunus mume Siebold et Zucc.
（*Armeniaca mume* (Siebold et Zucc.) de Vriese）

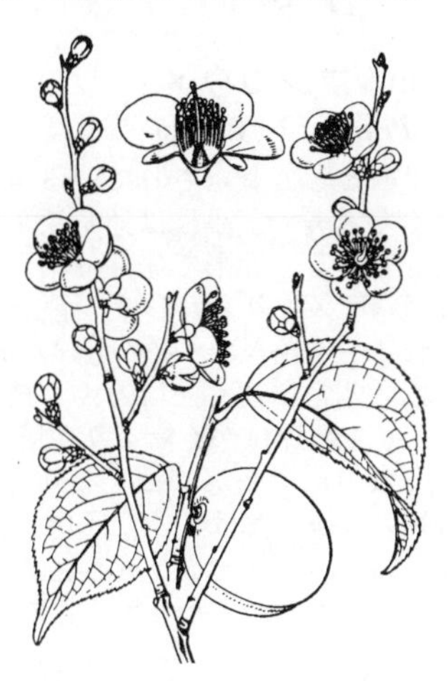

中国原産の落葉高木，恐らく古代に日本に渡来したものであろう．現在では観賞品として，または果実を食用に供するために広く各地で栽植されている．九州の大分県地方では山間の谷川沿いに全く野生状態になっている所がある．木の高さ6mにもなり，枝は多く分枝し，樹皮はかたく，若枝は無毛またはわずかに有毛．古い枝には小枝の変形したとげがある．葉は互生して有柄，卵形，先端は急に狭くなって尖り，ふちには小きょ歯があり，葉身は長さ5〜8cm．葉柄の基部に早落性の托葉がある．早春に葉よりも早くほとんど無柄の花を開き，前年の枝の葉腋に1〜3個生じて芳香を放つ．花は通常白色であるが，紅色，淡紅色のもの，また一重咲き，八重咲きのものがあり，園芸品種は300以上もある．がく裂片は5，花弁も5，水平に開き，雄しべは多数，花弁より短い．雌しべは1本．子房には密に毛を生ずる．核果は球形，わずかに楕円形で一方に浅い溝がある．梅雨の頃に黄色に熟し，果面には縮れた毛を密生し，果肉に酸味多く，核の面には凹んだ点を密布する．果実をシソの葉とまぜて塩漬として，梅干しを作り食用に供する．〔日本名〕ウメの語源に3説がある．1つは烏梅．熏べ梅のことであり，乾燥品を薬用にするものである．1つは梅の漢音のmuiまたはmeiの転訛であり，もう1つは朝鮮語のマイに由来したものであるという．〔漢名〕梅．

1827. ヤツブサウメ（ザロンバイ）〔バラ科〕

Prunus mume Siebold et Zucc. **'Pleiocarpa'**

ウメの園芸品種群でまれに植えられている小形高木．小枝を多く出し，2年目の枝の表面には光沢がある．樹皮はかたく，若枝は無毛，時にはかすかに毛がある．葉は互生し，広卵形または円状広卵形，先端は尾状にのびて尖り，基部は円形，ふちには細かいきょ歯がある．雌しべの花柱と子房以外の形はウメとちがわない．枝の上半の葉腋から1〜3個の蕾を出し，早春に，葉よりも早く紅色で半ば八重咲きの花を開く．雄しべは多数．その中心から3〜5個の細長い花柱を出す．花柱の基部は毛の生えた細長い子房となるが，子房は互に半ば癒着している．花が終わってから，花托上に3〜5個のウメよりも小型の核果を互に接近して生ずる．〔日本名〕八房梅は，実がたくさん集まってなるウメという意味．座論梅は実が完熟しないで1つずつ落ちて行くのを，座論（数人が集まって議論を戦わせ，論に敗けたものから座をはずす）にたとえて名付けたもの．

1828. コウメ（シナノウメ）〔バラ科〕

Prunus mume Siebold et Zucc. **'Microcarpa'**

果樹として広く栽植されている落葉高木でウメの園芸品種群である．枝はしばしばやわらかくなり，小枝は深緑色となる．葉の形状はウメと同じであり，卵形，先端は急に細く尾状に長く伸びて尖り，ふちには小形のきょ歯がある．基部は円形で有柄．早春に葉よりも早く花を開く．花はウメよりも小形で白色，径18〜22mmぐらい，芳香を放つ．がく裂片は5，緑紫色，花弁は5，水平に開き，花弁の幅は6〜8mmぐらい．果実は小形の球形で，しばしは枝上に多数群がってつき，直径15mmぐらいになり，梅雨の頃に黄色に熟し，核は小形．黄色に熟する前の緑色の果実をとって，塩漬にして食用に供し，通常これを元日に使用する．〔日本名〕小梅は果実がウメに比べて小形であるから．信濃梅は本種が特に信濃国（長野県）に多いからである．〔漢名〕消梅．

1829. リョクガクバイ 〔バラ科〕

Prunus mume Siebold et Zucc. **'Viridicalyx'**

ウメの園芸品種群．落葉高木．がくが淡緑色で紫色を帯びない他はウメと全く同様である．前年の枝は緑色で光沢があり，花はその枝の葉腋から 1〜3 個生じ芳香を放つ．がくの筒部は短い鐘形，先端は 5 裂し，裂片は広卵形円頭，外面にわずかにふくらむ．花弁はほぼ円形，基部は急に狭くなり，短い柄となる．雄しべは多数．雌しべは 1，子房には毛が密に生え，花柱は細く直立し，柱頭は小頭状で，上面はやや平たい．上面には 1 本の溝があり，花柱の 1 側面の浅い溝に続いて，子房の側面にまで達する．これが後に核果の縦の溝となる．〔日本名〕緑萼梅の意味．アオジク（青軸）とも呼ばれ，がくが黄色をおびた淡緑色であるため．花は白色で 1 点の紅味もなく，純白の 5 弁の花はウメの諸品種中で最も品位がある．別に八重咲きの 1 品種があり，ヤエザキリョクガクバイ（八重咲緑萼梅）という．

1830. ブンゴウメ 〔バラ科〕

Prunus ×**'Bungo'**

果樹として栽培されている落葉高木でアンズとウメの雑種である．枝は太くて丈夫で，小枝は通常深紫色，葉の形状はウメに似ているが，もっと大形である．卵形で先端は細長く尖り，ふちには小形のきょ歯がある．花は通常ウメよりも大形で，径 2.5〜4 cm ぐらい，八重咲きになる傾向がある．まれに一重咲きの 5 弁のものがある．淡紅色あるいはばら色，時には白色で，花柄は非常に短く，ほとんど枝に接着する．がくは赤紫色で後にそりかえる．がく裂片はがく筒よりも長いか，あるいはほぼ同長．花の蜜腺は黄赤色．花弁は円形で基部は細くなりごく短い柄がある．雄しべは多数，花弁よりも短い．雌しべは 1 本，子房と花柱の下部に毛がある．果実は大形で，径 5 cm にもなり，熟すると黄赤色になり，褐赤色の斑点がある．〔日本名〕豊後梅．豊後国（大分県）から出て世に広まったからである．

1831. ス モ モ 〔バラ科〕

Prunus salicina Lindl.（*P. trifolia* Roxb.）

中国原産の落葉高木で，日本には古くから渡来して来ていたものと思われる．現在では広く果樹として栽培されているが，また野生状態になっている所もある．木は高さ 3 m 以上になり，枝は多数分枝して横に広がる．若枝には毛がなく，光沢がある．葉は互生し，細長い長楕円形または倒披針形，あるいは倒卵状披針形，長さ 7 cm にもなり，先端は鋭形または鋭尖形，基部は鋭形で有柄，上面は主脈に沿ってわずかに毛があるが，下面は無毛．春に長い花柄をもった花を 1〜3 個，散形花序につける．がく裂片は長倒卵形で 5．花弁も 5，白色で楕円形．雄しべは多数，雌しべは 1．花柄はがくの 2 倍ぐらいの長さがある．核果は球形，赤紫色または黄色に熟し，酸味に富んでいるが，完全に熟すると甘く，生で食べられる．ボタンキョウ，ヨネモモ（イクリ），トガリスモモ（バタンキョウ）等は本種の栽培変種である．〔日本名〕酸桃の意味で果実は酸味が強いからである．〔漢名〕李．〔追記〕セイヨウスモモ *P. domestica* L. は，いわゆるプラム（Plum）であり，果実はスモモに似ているが，葉は比較的幅広く，倒卵形であるので区別できる．

1832. ミロバランスモモ 〔バラ科〕

Prunus cerasifera Ehrh.

中央アジアからコーカサス，西アジアに分布する低木で，高さ 8 m になる．観賞用に栽培され，多数の品種がある．枝は暗灰色，時に棘がある．末端枝は暗赤色，無毛．冬芽は紫色．芽鱗の縁は時に繊毛が生える．托葉は被針形で，腺毛のある鋸歯縁，鋭尖頭．葉柄は 6〜12 mm，腺点はなく，多くは無毛あるいは時に若いうちは軟毛がまばらに生える．葉身は楕円形，卵形，倒卵形，あるいはまれに楕円状被針形，長さ 2〜6 cm，幅 2〜6 cm，品種により展開時に赤紫色，後に緑色，主脈上に軟毛が生え，向軸側は暗緑色で無毛，基部は楔形からやや円形，辺縁は円鋸歯縁あるいは時に重鋸歯縁で，鋭頭．花は 4 月，ふつう旧年枝上の短枝の基部に 2 個ずつつき，葉より先に開き，径 2〜2.5 cm．花柄は 1〜2.2 cm，無毛あるいは軟毛がまばらに生える．花托筒は無毛．萼片は狭卵形，無毛，浅い鋸歯縁．花弁は白色から淡紅色，楕円形から篦形，基部は楔形，鈍頭．雄蕊は 25〜30 本．子房は絨毛で覆われる．柱頭は円盤状．核果は夏に熟し黄色，赤色，あるいは黒色で，球形から楕円形，径 2〜3 cm，わずかに淡青緑色．核は楕円形から卵形．

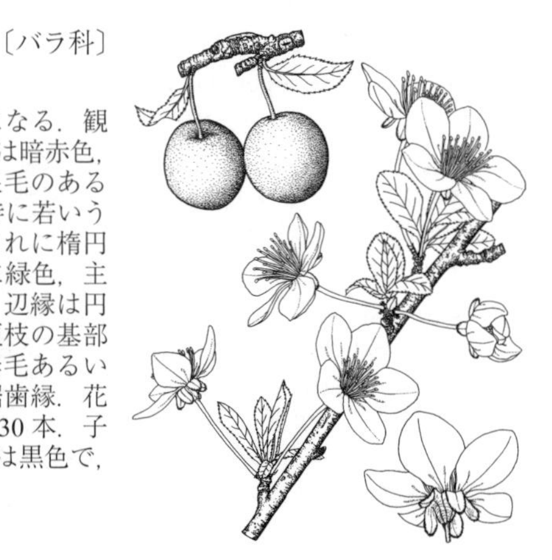

1833. アーモンド（ヘントウ）　〔バラ科〕

Prunus amygdalus Stokes（*Amygdalus communis* L.）

西アジア原産の落葉高木．樹高 6〜9 m になる．樹皮は淡褐色でよく分枝し，全体がモモの木に似た樹冠をつくる．葉は互生し，柄があって卵形，長さ 4〜5 cm で，先端は尖り，全体はアンズの葉に似る．春，葉に先だってサクラによく似た 5 弁の白花または淡いピンクの花を多数つける．雄しべ多数．果実は熟してもモモのように肥大しない．果肉の部分は薄く，熟しても多肉にならずに乾いて開裂する．果実の中心に大きく扁平な核が 1 個ある．この核中に赤褐色の薄皮に包まれた種子がある．この種子を仁（じん）と呼び，薄皮の中は黄白色の子葉と胚よりなり，これをナッツとして食用とする．チョコレートやクッキーなどの菓子に入れるアーモンドはこのナッツ（仁）のことで，英語では sweet almond という．これに対し仁に苦味があって食用にはならない品種があり，bitter almond と呼ばれる．この仁を蒸溜して苦味の汁液をとり，漢方では杏仁水と呼んで薬用とする．前者を甘扁桃，後者を苦扁桃ともいう．甘扁桃（スィートアーモンド）は南ヨーロッパや北米のカリフォルニアで広く栽培されている．

1834. モ　モ　〔バラ科〕

Prunus persica (L.) Batsch（*Amygdalus persica* L.；*Persica vulgaris* Mill.）

中国原産の落葉低木または小形高木．古くから日本に渡来していたものらしい．通常観賞樹または果樹として，広く栽培されている．時には全く野生状態になっている所もある．木の高さ 3 m ぐらい．枝は無毛．若枝には粘り気がある．葉は互生し，短柄をもち，細長い披針形または倒披針形，先端は次第に細くなって尖り，ふちには小形の鈍きょ歯があり，基部は鈍形，長さ 5〜10 cm．若葉には多少毛がある．4 月初めに，葉よりも先にまたは葉と同時にごく短い花柄をもった花を開く．花は通常淡紅色で一番咲きであるが，白色，濃紅色，咲き分け，八重咲き，菊咲き等のいろいろの品種がある．がく裂片は 5，有毛．花弁も 5，水平に開き，雄しべは多数，雌しべは 1，子房は毛を密生する．核果は大形で細毛を密布し核は大形で表面には著しくしわがよる．果実は初夏に熟し重要な果物である．ズバイモモは果実に毛のない 1 変種で漢名は油桃，一名光桃といい，西洋ではネクタリンといって，その改良品種は最も味が良い．また水蜜桃も良い果実を生ずる品種である．葉は民間薬として利用される．〔日本名〕モモはマミ（真実），モエミ（燃実），モモ（百）の諸説があるが何れも肯定しがたい．日本では丸くて中のかたいものをモモといった．前川文夫は，今日のヤマモモを単にモモといっていたのに対して，大陸から本種が入り，それにとってかわったものであると考えた．〔漢名〕桃．

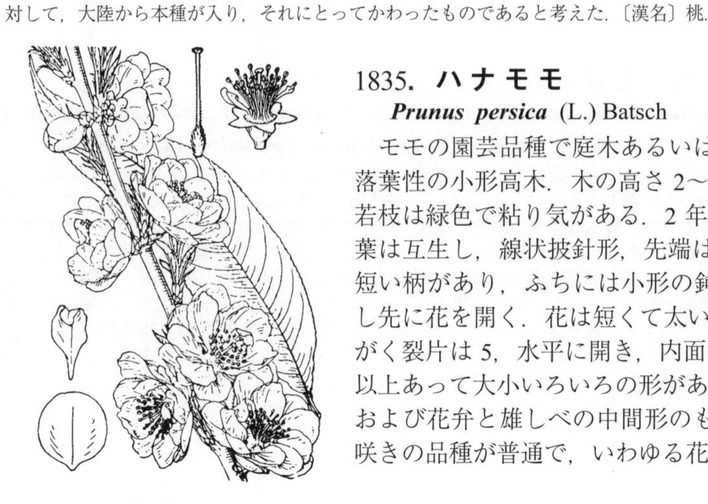

1835. ハナモモ　〔バラ科〕

Prunus persica (L.) Batsch

モモの園芸品種で庭木あるいは切花用として，各地で栽植されている落葉性の小形高木．木の高さ 2〜3 m ぐらい．枝は直線的に伸びて無毛，若枝は緑色で粘り気がある．2 年目の枝は暗紅紫色をおびて光沢がある．葉は互生し，線状披針形，先端は次第に細くなって尖り，基部は鈍形で短い柄があり，ふちには小形の鈍きょ歯がある．4 月初めに葉よりも少し先に花を開く．花は短くて太い柄があり，枝に接着し，がく筒は鐘形，がく裂片は 5，水平に開き，内面には毛がある．花弁は八重咲きで 20 枚以上あって大小いろいろの形がある．水平に開き，内部には多数の雄しべ，および花弁と雄しべの中間形のものがある．濃紅色または純白色の八重咲きの品種が普通で，いわゆる花桃といわれている．果実は小形で有毛．

1836. ニワウメ（コウメ［同名異種あり］）　〔バラ科〕

Prunus japonica Thunb.（*Cerasus japonica* (Thunb.) Loisel.；*Microcerasus japonica* (Thunb.) M.Roem.）

中国原産の落葉低木で，古くから日本に渡来し，現在では観賞品として，広く庭園に植えられている．木の高さ 1.7 m 内外で多くの枝を分枝する．葉は互生し，ごく短い葉柄があり，長さ 5〜6 cm の卵状披針形，先端は鋭尖形，基部は円形，ふちには細かい重きょ歯がある．上面は緑色で無毛，下面の葉脈上には多少とも毛がある．托葉は淡緑色で，葉柄よりも長く，ふちには狭い裂片状に裂けた細きょ歯がある．春に葉よりも早くあるいは新葉と同時に，枝上に多数の淡紅色あるいは白色の花を並んでつける．花は小形で径 13 mm 内外，1〜3 個集まって生じ，短い花柄がある．がく裂片は 5，花弁も 5，雄しべは多数，雌しべは 1，核果は短柄をもち，ほとんど球形，光沢のある赤色に熟して，生で食べられる．核は漢方薬として用いられ，郁李子という．〔日本名〕庭梅という意味．庭園に植え，ウメのような花をつけるからである．小梅はウメに似た低木であるため，ただしウメの園芸品種群にも同名(1828 図)がある．〔漢名〕郁李．〔追記〕別種にニワザクラ *P. glandulosa* Thunb. がある．〔漢名〕多葉郁李がある．葉は細長く，上面にはしわがより，淡紅色あるいは白色の八重咲きの花をつける．

1837. ユスラウメ　〔バラ科〕

Prunus tomentosa Thunb.（*Cerasus tomentosa* (Thunb.) Wall. ex T.T.Yü et C.L.Li；*Microcerasus tomentosa* (Thunb.) G.V.Eremin et Yushev）

中国東北部の原産，古くから日本に渡来して，現在では広く庭園に植えられている落葉低木．木の高さ 3 m 以上にもなり，多くの枝を分枝し，樹皮は暗色となり，枝は太く無毛であるが，若枝には縮れた毛がある．葉は枝上に密生して互生，倒卵形．先端は急に細くなって尖り，基部は鈍形で短い葉柄があり，ふちには細かいきょ歯がある．長さ 5 cm ぐらいで上面には細毛があり，下面と葉柄には縮れた毛が密生する．春に葉よりも先にあるいはほとんど新葉と同時に花を開き，花はごく短い花柄をもち，白色または淡紅色で，径 1.5 cm ぐらい．がく筒は短く，ほとんど無毛であるが，5 枚のがく裂片にはわずかに毛がある．花弁は 5，雄しべは多数，雌しべは 1，子房は密に毛を生じる．核果は小球形で，わずかに毛が生え，赤く熟して光沢があり，生で食べられる．中に 1 個の核がある．〔日本名〕ユスラウメは，枝葉が繁茂して，少し風が吹いてもゆれやすいので，この名がついたといわれているが，正否は保証できない．私（牧野）は枝をゆさぶって果実を落してとるのでこの名がついたと考えている．そうすればウメという言葉が，大いに生きてくることになる．〔漢名〕英桃．一般に桜桃をあてることがあるが，これは誤りである．

1838. ミヤマザクラ　〔バラ科〕

Cerasus maximowiczii (Rupr.) Kom.（*Prunus maximowiczii* Rupr.）

深山に生える落葉高木．高さ 5〜10 m，葉は互生し広卵形あるいは倒卵状楕円形，長さ 5〜8 cm，尾状鋭尖頭，基部は鋭形または鈍形，ふちには切れ込み状の重きょ歯がある．表裏とも鮮緑の同色で濃淡がなく，葉柄とともに短毛をしく．5 月頃，葉腋から総状花序を出し，数個の白色花をつける．花軸は真直で長く，3 cm 内外で，円形の葉状の苞葉をつける特性がある．基部の花芽の鱗片は早落性．花は径 2 cm 内外，花弁は 5，水平に開き，先端は凹まず，小形であるが純白，鮮緑色の若葉にまじって美しい．がく裂片はそりかえる．果実は小球形，夏になって紅紫色に熟する．北海道から九州まで広く分布するが北部に多い．〔日本名〕深山桜の意味．他のサクラとは，花弁の先が凹まないこと．花軸が長く葉状の苞葉をつけること，がく裂片がそりかえること等により区別される．

1839. ウバヒガン（エドヒガン，アズマヒガン）　〔バラ科〕

Cerasus itosakura (Siebold) Masam. et S.Suzuki f. ***ascendens*** (Makino) H.Ohba et H.Ikeda（*Prunus pendula* Maxim. f. *ascendens* (Makino) Ohwi）

しばしば山林中に生える落葉高木で高さ 15 m ぐらいになる．径は 60 cm ぐらい．時には観賞植物として栽植されることがある．小枝は細長く表面はなめらか．葉は長楕円形．先端は細長く尖り，基部は鋭形，ふちには鋭く尖ったきょ歯があり，長さ 5〜9 cm．若葉にも成葉にも軟毛がある．3 月末に葉より早くまた他種に先がけて淡紅色の花を開き，散形状に数個の花が集まる，花柄は長く，がくや花柱とともに毛でおおわれる．がくは筒状であるが，下部がややふくらみ，上端で 5 裂する．花弁は 5．凹頭で水平に開出する．雄しべは多数．雌しべは 1 本．夏に小豆粒ぐらいの実がなり，紫黒色に熟する．〔日本名〕姥彼岸．ウバヒガンザクラの略．姥（老婆）は普通歯が抜けてしまって無いものが多いが，本種も 3 月末に葉の無いうちに花を開くので歯無しと葉無しをかけて，ウバの名をつけた．江戸彼岸，東彼岸は，東国（関東）のヒガンザクラという意味．これをヒガンザクラというのは誤りである．ソメイヨシノからは樹皮が縦に割れ，花は小型，葉は細くて長楕円形で毛が多く，重きょ歯縁にならないし，がく筒の基部が丸く急にふくれているなどの点で区別できる．

1840. シダレザクラ（イトザクラ）　〔バラ科〕

Cerasus itosakura (Siebold) Masam. et S.Suzuki '**Pendula**'（*Prunus pendula* Maxim.）

観賞用として栽植される落葉高木．ウバヒガンの 1 品種で，枝が垂れ下がる点が異なるだけである．学名上はウバヒガンが本種の品種であるが，実際は本種がウバヒガンの 1 品種にすぎない．その特異な樹形のために古くから神社や寺の境内に植えられ，樹令が長く，高さ 20 m，径 1 m にもなるものがあり，京都祇園のものは特に有名であった．太い枝は横に広がるが，細い枝は細長く，真直に垂れ下がる．若枝，葉，花梗およびがくは有毛である．花は 3 月下旬頃，ソメイヨシノに先立って開き，淡紅白色のものが普通であるが，紅色のもの（ベニシダレ）や八重咲きも知られている．〔日本名〕枝垂れ桜，絲桜はともに細枝の垂れ下がる性質によるものである．

1841. コヒガンザクラ（ヒガンザクラ）〔バラ科〕

Cerasus* ×*subhirtella (Miq.) Masam. et S.Suzuki **'Kohigan'**
（*Prunus subhirtella* Miq.）

観賞用として普通人家に植えられている落葉小形高木であるが，時には幹の大きな高木となることがある．中部から西に多い．幹は直立して多く分枝し，高さは 5 m ぐらい．枝葉は繁茂し，小枝は無毛でなめらか．葉は有柄，互生，倒披針形で鋭尖頭，基部は鋭形，ふちには重きょ歯があり有毛，長さ 5～10 cm．3 月末から 4 月はじめに葉に先立って淡紅色の美しい花をひらき，径 3 cm ぐらい．2～3 個の花が散形状に出る．がくは筒状で下部がややふくらみ，花柄とともに細毛がある．花弁は 5 で凹頭．雄しべは多数，子房と花柱には毛がない．花が終わってから小さい球形の果実をつけ，紫黒色に熟する．本種は昔からヒガンザクラといわれていたいろいろなものの本家本元であって，本州中部以西に普通に見られる．花はサクラ中で最も優美で，また一番早く花を開く．〔日本名〕彼岸桜は春の彼岸頃に花を開くからである．ウバヒガン（エドヒガン）とは全くの別物で，雌しべの子房と花柱が無毛であることによって区別される．ウバヒガンとマメザクラの雑種であるといわれる．

1842. ジュウガツザクラ（シキザクラ）〔バラ科〕

Cerasus* ×*subhirtella (Miq.) Masam. et S.Suzuki **'Autumnalis'**
（*Prunus subhirtella* Miq. var. *autumnalis* Makino）

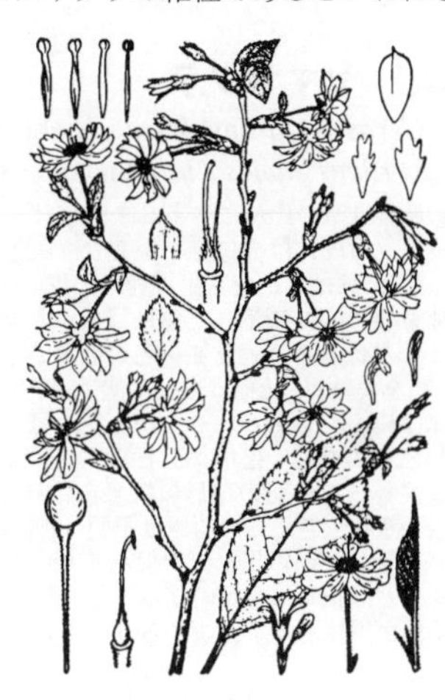

観賞用として人家の庭に植えられている落葉性の小形高木でヒガンザクラ系の園芸品種である，通常小木で，枝や葉にわずかに毛がある．葉も小形で，長さ 3～6 cm，幅 1.5～3 cm の倒披針形，鋭尖頭，基部は鋭形．側脈は約 10 対，10 月頃から開花しはじめ，冬中少しずつ咲き，4 月になって最も多く花を開く．花は淡紅白色で半ば八重咲きで，時には 5 枚の花弁をもった一重咲きもあるが，まれである．花径 1.5～2 cm，花柄やがくには少し毛があり，子房や花柱には毛がない．冬に咲く花は小形で花柄が短い．〔日本名〕十月桜または四季桜．秋から開花する点，または秋冬春と四季を通じて開くことによる．

1843. ヤブザクラ〔バラ科〕

Cerasus* ×*subhirtella (Miq.) Masam. et S.Suzuki f. ***hisauchiana*** (Koidz. ex Hisauti) Katsiuki et H.Ikeda（*Prunus hisauchiana* Koidz. ex Hisauti）

葉がマメザクラに比べてひとまわり大きく，長さ 5～6 cm になる．花柄は短く長さ約 1 cm で，開出する軟毛が生える．がく筒は裂片の長さの 1.5 倍で，裂片は卵円形，ふちにきょ歯がある．花もマメザクラに比べ，ひとまわり大きく，花弁は長さ 12～13 mm になる．本州（関東・中部地方）の低山や丘陵地にみられる．まだよく正体のわかっていないサクラであるが，マメザクラとウバヒガンあるいは別の種との間に生じた自然雑種とも考えられる．フジカスミザクラ *C.* ×*yuyamae* (Sugim.) H.Ohba（*Prunus* ×*yuyamae* Sugim.）もマメザクラとカスミザクラの自然雑種と推定され，両種の分布が重なる本州（富士山，八ヶ岳などの山麓）で見出されるが，ヤブザクラとはかたちを異にする．落葉小高木で，一年生枝には褐色毛を密生する．葉柄は長さ 8～12 mm で圧毛を密生し，赤褐色となる．葉身は倒卵形で先はやや尾状にのび，長さ 2.3～7 cm，幅 1.7～3.5 cm，上面にまばらに毛があり，下面は無毛か脈上のみ有毛．花は葉と同時に下向きに咲き，径 1.4～1.8 cm．花軸は長さ 5～8 mm，花柄はふつう無毛で長さ 1.5～2 cm．がくは無毛で暗紅色をおび，がく筒は鐘形，長さ約 5 mm，裂片は卵形で花時にほぼ平開する．花弁は卵円形または広楕円形，長さ約 10 mm．雌しべは長さ約 12 mm で，無毛．果実は球形，径約 8 mm で，黒熟する．

1844. ホシザクラ〔バラ科〕

Cerasus* ×*subhirtella (Miq.) Masam. et S.Suzuki
f. ***tamaclivorum*** (T.Oohara et al.) Katsuki et H.Ikeda

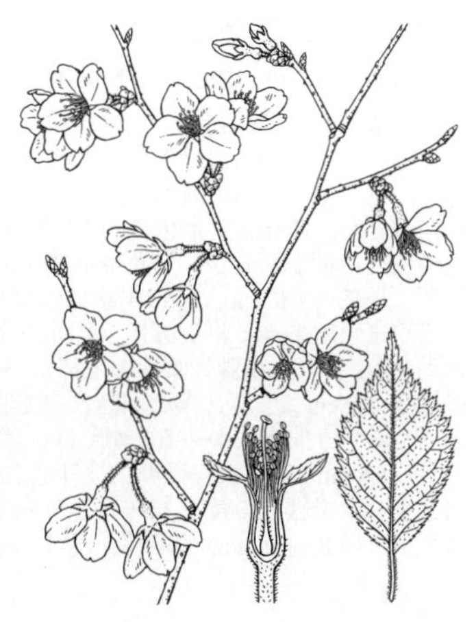

東京都西郊に位置する多摩丘陵に生育する落葉の亜高木で，高さ 12 m に達する．葉は展葉する際は赤褐色で互生，長枝では 0.5～3 cm 間隔につくが，短枝では束生する．葉柄は長さ 1～1.5 cm，斜上毛あるいは圧毛を密生する．葉身は楕円形から卵状楕円形で，長さ 4～8 cm，幅 2.5～4 cm，主な鋸歯は三角形状，先端は鋭先形，基部は楔形あるいは広い楔形で，両面にまばらに毛があり，特に裏面の葉脈上に密生する．花期はよく似たヤブザクラ（前図）よりも数日遅い．花序は前年枝の葉腋に 1～2 個つける．花柄は長さ 9～13 mm，開出毛を密生する．萼は紅紫色で，萼筒は円柱状で長さ 6.5～7.2 mm，幅 3.1～3.3 mm，基部は開出毛が密生するが，先端部はほぼ無毛である．萼片は長さ 3.5～3.8 mm，幅 2.3～2.5 mm で，全縁か不明瞭な低い 1～6 個の鋸歯があるのみで，辺縁がやや内側に巻き込むため三角形に見える．花冠は浅い鐘型で平開せず，花弁は淡桃色，長さ 13～15 mm，幅 9～11 mm，楕円形～長楕円形で，縁が多少内側に巻き込む．花柱下部に 15～30 本の斜上毛がある．和名は 5 枚の萼裂片が星状にみえることから命名された．

1845. ソメイヨシノ 〔バラ科〕

Cerasus* ×*yedoensis (Matsum.) Masam et S.Suzuki
(*Prunus* ×*yedoensis* Matsum.)

庭園土手等に栽植される落葉高木で高さ 7 m 内外．樹皮は灰色，枝は四方に広がり，若枝は有毛または無毛．葉は有柄で互生，広い倒卵形，先端は急に尖り，長さ 8 cm 内外，ふちには鋭い重きょ歯があり，両面には葉柄とともにうすく細毛がある．成長するにつれて光沢を増す．4 月初め，新葉より先に散形状に密集した淡紅白色の数個の花を開き，全枝が花でうずまり美しい．花柄は長く細毛がある．がくは短い筒形で下部がふくれ細毛があり，5 がく片は水平に開出する．花弁は 5，楕円形，凹頭．雄しべは多数．花柱には微毛がある．核果は球形，径 7～8 mm，紫黒色に熟し，多汁である．〔日本名〕染井吉野．はじめ東京の染井の植木屋から世に広がったためである．元来植木屋では本種を吉野と呼んで桜の名所，吉野山の桜になぞらえていたが，単に吉野といったのでは，吉野の山桜と混同するので，明治 5 年（1872）にはじめて染井吉野の名がつけられた．本種は明治維新直前頃にはじめて東京に出現したもので，江戸の桜ではないであろうから，これに *yedoensis* の種名をつけたのは適切ではない．韓国の済州島に本種に酷似するものが自生していることがわかっているが，一般に栽植されているものは，系統を異にしているであろう．ウバヒガンとオオシマザクラの雑種であろうというのが一番可能性がある．

1846. ヤマザクラ 〔バラ科〕

Cerasus jamasakura (Siebold ex Koidz.) H.Ohba
(*Prunus jamasakura* Siebold ex Koidz.)

宮城県以南の山地に生え，またしばしば栽植される落葉高木で高さ 7 m 内外．幹は直立して分枝し，樹皮には横にしまがあり，灰色または暗褐灰色あるいは暗灰色．小枝は無毛，皮目が散在する．葉は有柄で互生，倒卵形，長い鋭尖頭，ふちには針状の重きょ歯があり長さ 10 cm 内外，葉身葉柄ともに無毛．上面は緑色，下面は白味をおびた淡緑色．葉柄上部に通常 2 腺がある．花は 4 月はじめ，通常赤褐色の新葉と同時に出て，花軸の短い散房花序を作って淡紅白色の 3～5 花をつける．花柄は細長く無毛，長さ 2 cm．基部に小さい苞葉がある．花軸は長さ 2 cm 内外．基部は鱗片でおおわれる．がく裂片は 5，水平に開出し，筒部は円柱形で下部がふくれず，裂片とともに無毛．花弁は 5，凹頭，水平に開出．雄しべは多数，雌しべは 1，子房花柱ともに無毛．花が終わって小形の球形の核果を結び，紫黒色に熟して，多汁．〔日本名〕山桜は山中に生える桜の意味．さくらの語原は不明．神話時代の歌の中の「さきくにさくらん，ほきくにさくらん」という語の中から出たものであるといわれる．〔漢名〕桜桃を当てるのは誤り．〔追記〕ソメイヨシノとは花時に葉がのびること，葉や花の各部が無毛のこと，蜜腺が葉柄の上部にあること，がく筒が円柱形で下部がすらりと細いことなどの点で区別出来る．

1847. ワカキノサクラ 〔バラ科〕

Cerasus jamasakura (Siebold ex Koidz.) H.Ohba 'Humilis'

高知県佐川町で発見されたサクラで，いわゆる一才咲きの性質を備えており，実生 2 年目から開花することからワカキノサクラと名付けられた．最も典型的なものではほとんどすべての枝が短枝の性質となり，芽が開くと花序だけが伸び出すか，小型の普通葉を 2，3 個つける短い枝の先に花序をつける．短枝は冬前に基部から脱落し，翌年の枝は前年の短枝基部の芽鱗の葉腋に形成される．ごく一部の枝が長枝として伸びるが，20 cm も伸びると先端に花序を形成する．その結果，全体の葉の量が少なく，枝の広がりも小さいので，年間の生長量が少なく，大木にはならない．葉や花の形状はヤマザクラに似ており，花序柄は花柄と同等かそれ以上に長く発達し，花柄基部の苞は倒卵形で小さい．花弁の形状は倒卵形から長楕円形など変異が大きい．実つきはよいが，全てが一才咲きの性質を受け継ぐものではない．〔日本名〕稚木の桜．

1848. カスミザクラ（ケヤマザクラ） 〔バラ科〕

Cerasus leveilleana (Koehne) H.Ohba (*Prunus verecunda* (Koidz.) Koehne)

北海道から九州，朝鮮半島に分布する．温帯の山地に広くみられるが，四国や九州では少ない．垂直分布ではヤマザクラより上部を占めるが，ときに下方でヤマザクラと重なり，混生する．落葉高木で，幹は高さ 20 m，径 70 cm になる．樹皮には横ならびの皮目が目立ち，若枝は黄褐色でときに軟毛が生える．葉は互生し，長さ 15～20 mm で開出毛の生えた柄があるが，若葉は赤味をおびず緑色である．葉身は倒卵形または倒卵状楕円形，長さ 7～12 cm，先は尾状にのびた鋭尖形，基部はふつう円形で，ふちにはやや粗い二重または単きょ歯があり，上面には軟毛を散生し，下面は淡緑色でやや光沢があり，軟毛を散生する．蜜腺は葉柄の上部につく．花は側枝の葉腋に 1～3 個ずつ散房状につき，径 2.4～3.2 cm で，春に葉と同時に出て咲く．花軸は長さ 1～15 mm，花柄は長さ 1.5～2.5 cm で，ふつう開出毛がある．がくは紅紫色，無毛，がく筒は筒形で上方にわずかに広がり，長さ 5～6 mm，がく裂片は卵状披針形，先は円形で，花時に平開する．花弁は広倒卵形で，白色または微紅色，長さ 12～19 mm ある．花柱は子房の 3 倍以上の長さがある．果実は広卵形，径 8～10 mm，黒紫色に熟し，長さ 2～3 cm の柄がある．

1849. オオヤマザクラ　〔バラ科〕

Cerasus sargentii (Rehder) H.Ohba（*Prunus sargentii* Rehder ; *P. donarium* Siebold var. *sachalinensis* Makino）

本州中部以北の山地に普通に生えている落葉高木で高さ 12 m 内外．ヤマザクラよりも枝は強くて丈夫で暗い紫褐色．葉は有柄で互生，幅広く．倒卵状広楕円形，または倒卵形，長さ 6～14 cm，先端は急に細く尖り，短い尾状になる．葉質は厚く無毛，下面は白色をおびる．基部は円形あるいは多少心臓形．葉柄は通常紅紫色をおび，上部に 2 個の蜜腺がある．花序は 2～4 個の花をつけ，花軸は短縮して散形状の花序をなし，若葉とともに出る．花芽の鱗片はヤマザクラよりも短く，そりかえることは少ない．花柄は短く真直である．花は径 3～4.5 cm の淡紅紫色．がく筒は筒状で無毛．花弁は水平に開き，ほぼ円形，ヤマザクラよりも紅が濃い．4 月に開花し 7 月に果実(核果)が黒紫色に熟する．核果は球形, 径 11～13 mm.〔日本名〕大山桜．大形のヤマザクラの意味.〔追記〕ヤマザクラとは葉の基部が円形または浅い心臓形であること，小枝が灰白色でなく紫褐色であること，花芽の鱗片がそりかえらないこと等により区別される．

1850. オオシマザクラ　〔バラ科〕

Cerasus speciosa (Koidz.) H.Ohba（*Prunus speciosa* (Koidz.) Nakai）

伊豆七島殊に大島の山地に多く生えるが，現在は広く各地に栽植される落葉高木．幹は直立して暗灰色で粗大，多く分枝して斜上し，老木では四方に広がる．高さ 3～10 m．葉は有柄，互生し，倒卵状長楕円形あるいは倒卵状楕円形，先は長く伸びて尖り，基部は円形，長さ 10 cm 内外．ふちには先が芒状に尖ったきょ歯があり，両面とも無毛でなめらかで下面は白色をおびず，緑色．花は 4 月に淡緑色またはやや赤褐色の新葉と同時に出て開き，大形で径 3～4 cm にもなり，芳香を放つことがある．白色あるいはかすかに紅色をおび枝上いっぱいにつく．花序の花軸はヤマザクラよりも長く, がくとともに淡緑色で紫色をおびず, 毛もない．がく筒は筒状, 下部はふくらまず, がく裂片は披針形で水平に開き，多少ともきょ歯がある．花弁は 5，水平に開き，楕円形，凹頭．雄しべは多数，雌しべは 1 本．子房，花柱ともに無毛，核果は球形，ヤマザクラよりも大形で紫黒色に熟する．〔日本名〕大島桜は伊豆大島に産するからである．〔追記〕ヤマザクラに近縁であるが，葉のきょ歯の先端が芒状に尖ること，葉の裏が白色をおびないこと等によって区別することが出来る．

1851. ウスガサネオオシマ　〔バラ科〕

Cerasus speciosa (Koidz.) H.Ohba f. ***semiplena*** (Makino) H.Ohba（*Prunus speciosa* (Koidz.) Nakai 'Semiplena'）

伊豆七島方面に自生するオオシマザクラの 1 品種．落葉高木で枝は比較的太くなめらかである．葉は大きく，倒卵状楕円形，先は尾状に尖り，ふちには刺状に尖った重きょ歯があり，全く無毛．3～4 月頃，緑色の新葉と同時に開花し, 花柄は淡緑色で無毛. 花は大きくて径 3～4 cm で白色．時にはわずかに淡紅色をおび，花弁は少し重なって半八重となっている．オオシマザクラにはこの他 2～3 の品種が知られている．何れもヤマザクラ系統の品種よりは，各部の器官が大形で，葉のきょ歯はとげ状に長く尖り，葉の下面は白っぽくならず，新葉は緑色で花は大きい．

1852. サトザクラ (ボタンザクラ)　〔バラ科〕

***Cerasus* Sato-zakura Group**（*Prunus serrulata* Lindl. ; *P. lannesiana* (Carrière) E.H.Wilson ; *P. donarium* Siebold）

観賞植物として各地の庭園公園等に植えられている落葉高木．幹は直立し一般に樹皮は粗い．枝は粗大で強くて丈夫で斜上し老木では横に広がる．葉は有柄で互生し倒卵形，鋭尖頭，ふちには重きょ歯があり，無毛．新葉は多くは多少赤褐色をおび，芒状のきょ歯がある．葉柄の上部に蜜腺がある．4 月末頃に新葉と同時にまたは新葉よりも早く開花し, 花は大形で, 八重咲きで垂れ下がる．淡紅色で濃淡があり，白色に近いものから，黄色味をおびた緑色のものまであってきれいである．花軸は短く, 下部に早落性の鱗片をつけ, 花柄は長く，軸とともに無毛, がく筒は短い筒形, がく裂片は 5, 無毛. 花弁は幅広いものも狭いものもあるが, いずれも凹頭, 雄しべも, 多数あるもの，少数のもの，または全くないものがある．子房は時には花柱とともに多少緑葉化することがある．多くは結実しない．オオシマザクラを中心に，ヤマザクラ，カスミザクラ，オオヤマザクラなどとの交配により作出された園芸品の総称である．〔日本名〕里桜の意味で，人家に植えられる桜という意味である．

1853. フゲンゾウ 〔バラ科〕

***Cerasus* Sato-zakura Group ‘Alborosea’**

最も古くから知られており，広く植えられているサトザクラの代表的園芸品種の 1 つである．落葉高木で枝は太くて無毛．葉は大きく，ふちに刺状に尖ったきょ歯があり無毛．4 月中下旬に新葉と同時に散房花序を作って数個の花を開く．花柄は長く，垂れ下がって無毛．花は大きく径 5 cm，淡紅色，八重咲きで豊麗である．花弁は 30〜35 枚，花の中心部には 2 本の緑色の葉のようになった雌しべが突き出て先端は少しそりかえり，普賢菩薩の乗った象の鼻のようであるというので，フゲンゾウという日本名ができた．花色がうすく，はじめは紅色で後に白っぽくなる 1 品種をシロフゲンという．

1854. ナ デ ン（タカサゴ，チャワンザクラ） 〔バラ科〕

Cerasus sieboldii Carrière（*Prunus sieboldii* (Carriere) Wittm.）

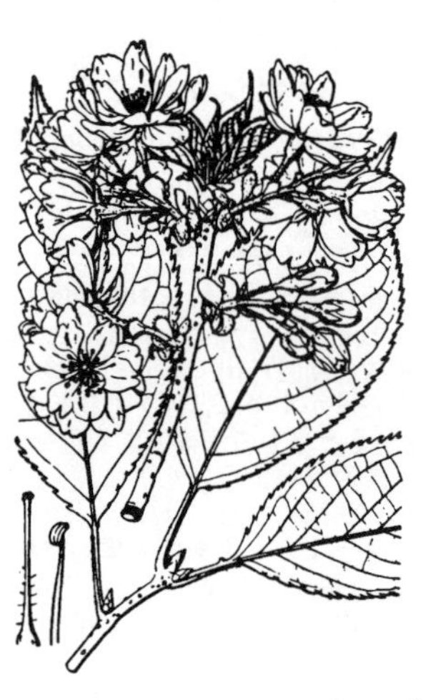

野生はなく，観賞植物として人家に植えられている落葉性の小高木．枝は粗大で，暗褐色．葉は有柄で互生，倒卵形，先端は急に細くなって鋭尖頭，ふちには重きょ歯がある．葉の裏は密毛でおおわれ，支脈は主脈の両側に 8〜9 本あって斜めに平行して走る．葉の長さ 10 cm，幅 7 cm 内外．葉質はやや厚い．葉柄は長さ 1.5 cm ぐらい，細毛と小さい蜜腺がある．4 月にほぼ散形状に 2〜4 個の花を開き，短い花軸をもつものがある．花は径 4 cm ぐらい．花弁は重なり合って，約 12 枚，半八重咲きであって，広楕円形で凹頭，淡紅紫色，枝上に満開して美しい．がく，花柄ともに多毛．雄しべは多数，雌しべは 1 本．花柱にまばらに毛がある．まれに球形の核果を結び，熟すると紫黒色．真直な太い果柄をもつ．〔日本名〕南殿の意味で，これは花屋の呼び名である．サトザクラの 1 品種に，同名のものがあるが，それとは別のものである．茶碗桜は静岡県御殿場地方の方言で花の形によるものらしい．

1855. ヒマラヤザクラ 〔バラ科〕

Cerasus cerasoides (D. Don) Masam. et S.Suzuki

インドシナ半島から東部ヒマラヤ地域にかけての産地に分布する落葉高木で，高さ 20 m に達する．枝は灰黒色，若枝は緑色で軟毛が生えるが，後に無毛．托葉は線形，葉柄は長さ 1.2〜2 cm，先端に 2〜4 個の蜜腺があり，葉身は卵状被針形〜楕円状倒卵形で，長さ 8〜12 cm，幅 3〜5 cm，やや革質，裏面は淡緑色，無毛あるいは脈上に絨毛が生え，表面は暗緑色，基部は円形，縁は重鋸歯あるいは単鋸歯に細かい腺を持ち，先端は鋭尖頭．花期は乾期（11〜3 月）．花序は 1〜4 個の花を散形に付け，花序柄は長さ 1〜1.5 cm，無毛，芽鱗内側の鱗片は長さ 1〜1.2 cm，先端は割れ，開花後枯れる．苞は茶色から緑褐色，やや円形で縁は腺のある鋸歯縁．花は展葉と同時に咲き，花柄は 1〜2.3 cm，花托筒は赤色から暗赤色，鐘形から広鐘形，萼片は赤みを帯び，三角形，長さ 4〜5.5 mm，直立し，全縁，先端は鋭頭から鈍頭．花弁はピンク色，卵形から倒卵形，先端は全縁あるいは凹形．雄蕊は 32〜34 本，花弁よりも短い．花柱は雄蕊と同長，無毛，核果は卵形，紫黒色に熟し，長さ 1.2〜1.5 cm．花や果実はカンヒザクラ *C. campanulata* (Maxim.) A.V.Vassil. に似ているが垂れ下がらず，花弁は平開する．

1856. シナミザクラ（カラミザクラ） 〔バラ科〕

Cerasus pseudocerasus (Lindl.) G.Don

（*Prunus pseudocerasus* Lindl.；*P. pauciflora* Bunge）

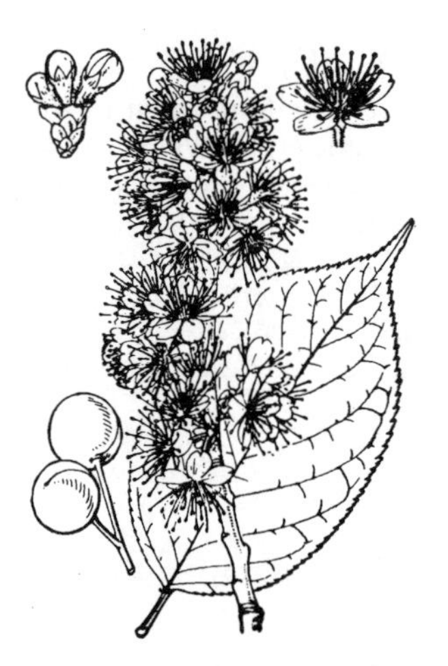

中国原産の落葉低木で明治 10 年（1877）頃日本に渡来して，現在は人家に植えられている．木の高さ 2〜3 m ぐらい．根元から枝を束生し気根を出す特性がある．葉は有柄で互生，倒卵形または倒卵状楕円形，鋭尖頭，基部は円形，ふちには重きょ歯があり，両面はほとんど無毛．花は葉よりも先に枝上に密生して開き，淡紅色，散形状につく．がくは倒卵状球形で有毛，花弁は 5，水平に開き，楕円形で凹頭．雄しべは多数で花弁と同長，黄色の葯をもつ．核果は楕円状球形，長さ 13 mm 内外で長柄がある．紅色に熟する．〔日本名〕支那実桜の意味．〔漢名〕櫻桃．これをセイヨウミザクラ *C. avium* (L.) Moench（*Prunus avium* L.），いわゆるサクランボの名につかうのは誤りである．

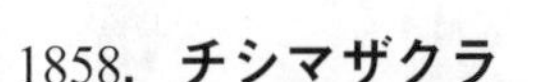

1857. ミネザクラ（タカネザクラ） 〔バラ科〕

Cerasus nipponica Masam. et S.Suzuki var. ***nipponica***
（*Prunus nipponica* Matsum.）

本州中部以北の高山帯に生える落葉の亜高木，時には低木状となる．小枝は紫褐色．葉は有柄で互生し，葉柄は細くて無毛．上部に小さい 2 個の蜜腺がある．葉身は倒卵状楕円形あるいは倒卵形，長さ 5 cm 内外．尾状にのびた鋭尖頭，ふちには重きょ歯がある．葉質はうすく，普通は無毛．5～6 月頃に雪解け後まもなく赤褐色の新葉と同時に淡紅色の，可愛らしい花を開く．花序は散形あるいは散房状で 2～3 個の花をつけて無毛．花芽の鱗片は短く赤褐色．花軸は短く，はっきりしないものもある．花柄は細長く無毛．がく筒は細い筒形で無毛．がく裂片には細きょ歯がある．花冠は水平に開かず，ヤマザクラに似て，白色でうすく淡紅色をおびる．雄しべは多数，雌しべは 1 本．花柱は無毛．8 月に小さい球形の核果が黒く熟する．〔日本名〕嶺桜または高嶺桜の意味．

1858. チシマザクラ 〔バラ科〕

Cerasus nipponica Masam. et S.Suzuki var. ***kurilensis*** (Miyabe) H.Ohba
（***Prunus kurilensis*** Miyabe）

北海道や本州中北部の亜高山帯に生える落葉の小形高木．時には盆栽として植えられる．ミネザクラの変種で，葉柄，花柄及びがくに直立した毛が多いので区別できる．葉は倒卵形，ふちに切れ込み状の重きょ歯があり，両面に毛がある．先端は急に細くなって尾状に長く尖り，基部は鋭形または広いくさび形．5～6 月頃，新葉とともに 1～3 個の花を散形あるいは散房状に開く．花は径 2 cm ぐらいで淡紅色または白色で多少芳香を放つ．がくにも毛がある．花柄や葉柄には毛があるが，がくには毛のないものをケタカネザクラという．この桜は古くから南千島エトロフ島に産することが知られ，千島桜の名がつけられた．〔追記〕クモイザクラ *C. nipponica* var. *alpina* (Koidz.) H.Ohba（*Prunus incisa* Thunb. var. *alpina* (Koidz.) Kitam.）は長さ 1～2.5 cm になる花軸があり，葉柄に毛がほとんどない．本州（山梨県北岳）の亜高山帯に特産する．

1859. マメザクラ（フジザクラ） 〔バラ科〕

Cerasus incisa (Thunb.) Loisel. var. ***incisa***（*Prunus incisa* Thunb.）

本州中部の山地，特に富士山，箱根山に多く生える落葉の小形高木あるいは高木．高さ 3～5 m，葉は短柄をもち互生，小形で長さ 3 cm 内外，卵状広楕円形あるいは菱形状の倒卵形または倒卵状広楕円形，鋭尖頭，基部はやや心臓形，ふちには規則正しい切れ込み状の重きょ歯がある．両面には短毛がまばらにつき，葉質はややうすい．葉の基部に蜜腺がある．4～6 月頃葉がのびる前に散房花序を作って 1～3 個の花を開き，花軸はほとんどなく，花柄には斜上毛または伏毛があり，基部に芽鱗がある．花は径 1.5 cm 内外．がくは紅色をおび筒状．花弁は広楕円形，淡紅色でわずかに凹頭．雄しべは多数，雌しべは 1 本，核果は小形の球形で 6 月頃紫黒色に熟する．まれに花弁が白色，がくは緑色で少しも赤い色素のないものがあり，リョクガクザクラ（緑がく桜）f. *yamadei* (Makino) H.Ohba（*Prunus incisa* Thunb. var. *yamadei* Makino ; *P. incisa* Thunb. f. *yamadei* (Makino) H. Hara）という．〔日本名〕豆桜は小形のサクラの意味．フジザクラは富士山に多いからである．

1860. キンキマメザクラ 〔バラ科〕

Cerasus incisa (Thunb.) Loisel. var. ***kinkiensis*** (Koidz.) H.Ohba
（*Prunus kinkiensis* Koidz. ; *P. incisa* Thunb. var. *gracilis* Nakai）

本州の富山・長野（南部）県以西の中部，近畿，中国地方に分布する．山地に生える落葉小形高木で，高さ 5 m ぐらいになる．若い枝は無毛．葉は小さく，互生し，長さ 6～8 mm で斜上する毛が生えた柄があり，葉身は倒卵形または広倒卵形，先は尾状にのび，基部は広いくさび形または円形で，1 対の腺を有し，ふちには二重きょ歯があり，長さ 3～6 cm，幅 2～4 cm，両面に伏した毛を散生する．花は春，前年の枝の葉腋に 1～3 個が散形状につき，葉と同時に下向きに咲き，径 1.8～2 cm，花軸はないかきわめて短い．花柄は長さ 1～1.3 cm で，無毛または微毛がある．がくは暗紅色をおび，がく筒は長い鐘形，裂片は 5 個，披針形または楕円形，まばらに毛が生え，花時にほぼ平開する．花弁は 5 個，卵形または倒卵形で，先は凹形，基部は漸次細まり，白色または淡紅色で，長さ 8～10 mm，幅 4～9 mm あり，花時には平開する．雄しべは多数で，花柱より短い．雌しべは 1 個で，長さ 13～16 mm，子房は狭楕円形で，無毛，花柱は子房の 5 倍以上の長さがある．果実は球形で，径 7 mm 内外になり，6 月には熟して黒色となり，果肉は甘い．

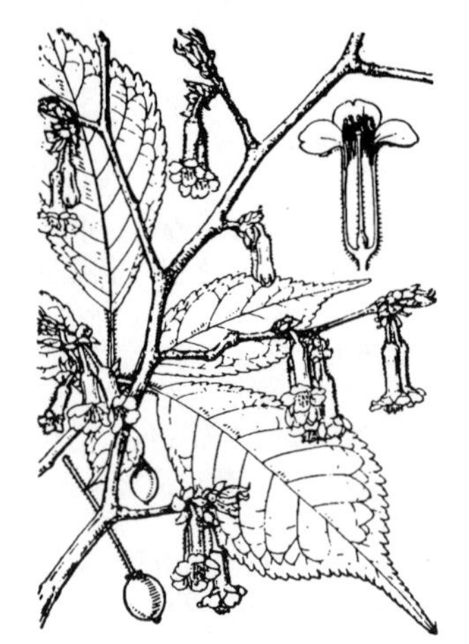

1861. チョウジザクラ（メジロザクラ） 〔バラ科〕

Cerasus apetala (Siebold et Zucc.) Masam. et S.Suzuki var. ***tetsuyae*** H.Ohba（*Prunus apetala* (Siebold et Zucc.) Franch. et Sav.）

宮城県以南の山地に生える落葉の小形高木で高さ 4 m 内外．葉は互生し，倒卵状楕円形，長さ 5 cm ぐらいで尾状に長く伸びた鋭尖頭，やや切れ込み状の規則正しい鈍きょ歯があり，基部は鋭形でやや円く，短柄がある．葉質は多少厚く，鮮緑色．両面は葉柄とともに短い軟毛を密生する．特に葉柄の毛は立っている．早春に葉が伸びる前に開花し，小さい散形花序を作って垂れ下がり，2～3 個の花をつけ，花軸は極めて短い．花は長さ 15 mm ぐらい．がく筒は筒状，下端がわずかにふくらみ，外面は赤味があり短毛をしく．花弁はがくに比べて非常に小さく，倒卵形，わずかに凹頭，やや淡紅色をおびる．花柱の下半部にはひげ状のかたい毛がある．核果は球形で黒く熟する．〔日本名〕丁字桜の意味で，がく筒が長く，水平に開出する花弁とともに香料の丁字の形をするからである．目白桜は白色をおびた小花を形容したもの．種形容語の *apetala*（無弁）は花弁の脱落した標本を見て無弁花と誤解したものである．

1862. オクチョウジザクラ 〔バラ科〕

Cerasus apetala Masam. et S.Suzuki var. ***pilosa*** (Koidz.) H.Ohba

（*Prunus apetala* (Siebold et Zucc.) Franch. et Sav. subsp. *pilosa* (Koidz.) H. Ohba）

秋田県から滋賀県にいたる本州の日本海側に分布する．小高木で高さ 5 m になる．樹皮は紫褐色で，皮目が点在する．若い枝は無毛で褐色，光沢がある．葉は長さ 6～10 mm で開出毛を散生する柄があり，葉身は倒卵形または倒卵状楕円形で，先は尾状に長くなり，基部は円形または鈍形で 1 対の腺を有し，ふちには二重のきょ歯があり，長さ 2.5～7 cm，幅 1.5～3.6 cm で，上面には伏した毛を散生し，下面の脈上には伏した毛を生じる．花は春，前年の枝の葉腋に 1～3 個ずつつき，きわめて短い花軸があって，葉が開く前に咲き，径 1.8～2.4 cm になる．花柄は長さ 1.5～1.8 cm で，開出毛を散生する．がく筒は無毛，狭い筒形，がく裂片の 2～3 倍長ある．がく裂片は 5 個，紅紫色で，広卵形，花時にほぼ平開する．花弁は 5 個．広倒卵形，先は円形で凹形に終わり，基部は広いくさび形または円形，白色または淡紅色，長さ 8～11 mm，花時には平開する．雌しべは 1 個で，長さ 12～14 mm．果実は径約 9 mm，黒熟し，果肉は甘い．〔追記〕基本種のチョウジザクラからは花がひとまわり大きいこと，花柄やがく筒の毛が少ないこと，花柱がふつうは無毛であること，がく裂片が全縁なことなどで区別される．

1863. リキュウバイ 〔バラ科〕

（ウメザキウツギ，マルババヤナギザクラ，バイカシモツケ）

Exochorda racemosa (Lindl.) Rehder

中国中部に分布する落葉高木で，観賞花木としてしばしば栽植されている．小枝は黒く斜め上方に向かって分枝し，葉は長枝に互生，または長枝上に側生する短枝上に数個集まってつき，倒披針形，円頭でかすかな突起があり基部は狭いくさび形，長さ 2～5 cm，しばしば頂端近くの左右に 2～3 個の小さいが鋭いきょ歯があり，葉質はうすく，裏面は白い粉状物があり，微毛が散生する．細かい網状脈が明らかで，基部には 5～8 mm の細い柄がある．4 月頃古い枝の先端から伸びた幼茎から分岐して総状花序を斜め上に向かって出して数個の白花をつける．花は径 2.5 cm ぐらい，がくは広い盃形，がく片は 5 個，広三角形で落ちやすい．花弁は 5，広いへら形，先端はやや尖り，基部は細く，雄しべは短く，やや多数つき，雌しべは 1，柱頭は基部まで 5 つに分かれている．さく果は倒卵形で長さ 8 mm ぐらい，木化して 5 枚の翼を持つ．〔日本名〕梅咲きウツギ．花の姿をウメの花にたとえた．

1864. ヤマブキ 〔バラ科〕

Kerria japonica (L.) DC.

山間の谷川沿いの湿った所に多く，また広く人家に栽培される落葉低木．幹は直立して束生し，高さ 2 m ぐらいになる．枝は細くジグザグに折れ曲がって緑色，葉は互生して 2 列に展開し卵形，長い鋭尖頭，基部は切形または浅い心臓形，長さ 6～7 cm，ふちには切れ込み状の重きょ歯がある．葉質はうすく，表面は鮮緑色，支脈は凹む．裏面では支脈が隆起して，脈上にはうすく毛がある．葉柄は 5～10 mm．基部に細長い膜質の托葉があるが，早く落ちる．晩春から初夏にかけて，短い新側枝の先端に 1 個の花を開く．花は径 4 cm ぐらいで散りやすい．がくは深く 5 裂し，裂片は卵形，凸頭，がく筒は短く広い．花弁も 5，黄色，広楕円形，基部は花爪となる．果実はもともと 5 個であるが，4～1 個が成熟し，花托上に永存性のがくにかこまれて生じ，小形のやや左右から押しつぶされたような半楕円体の乾いた核果で，背面に稜がある．はじめは緑色であるが乾くと暗色．〔日本名〕山吹，これは山振（ヤマフキ）という意味で，枝が弱々しく風のまにまに吹かれてゆれやすいからである．〔漢名〕棣棠．品種に重弁花のヤエヤマブキ 'Plena'（図右下）がある．太田道灌の歌の逸話に出てくる山吹はヤエヤマブキで，果実ができない．

1865. シロバナヤマブキ 〔バラ科〕

Kerria japonica (L.) DC. f. ***albescens*** (Makino ex Koidz.) Ohwi

前種ヤマブキの 1 品種で，ごくまれに庭園に栽植されている．落葉性低木で高さ 1 m ぐらい，葉は緑色の細枝の上に 2 列に互生し，卵形，鋭尖頭，基部は切形，または浅い心臓形ふちには切れ込み状の重きょ歯がある．支脈は斜めに平行して走りふちに達し，上面は凹んで，下面に隆起する．短い柄がある．晩春の頃，新しく生じた短い側枝の頂端に 1 個の花を開く．花は白色であるが淡黄色を帯び，径 3〜4 cm ぐらいで，ヤマブキより小形，がく片は淡緑色で 5 個．花弁も 5，水平に開出し，楕円形，基部に短い爪があり，先端は凹み，しばしば先端の両片が重なって彎入部をかこむ．ヤマブキの品種には他にも，キクザキヤマブキ‘Stellata’（八重で花弁が細い）などの園芸品種がある．

1866. シロヤマブキ 〔バラ科〕

Rhodotypos scandens (Thunb.) Makino（*R. kerrioides* Siebold et Zucc.）

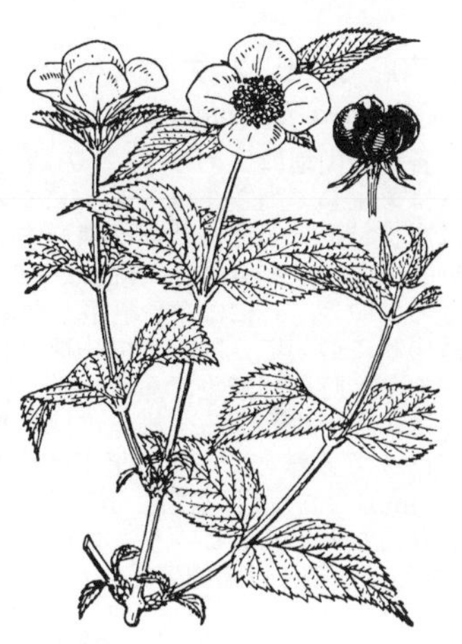

主に中国地方の瀬戸内海側にまれに野生するが普通は庭園に栽植される落葉性の低木．幹は直立して高さ 2 m ぐらい．枝は開出する．葉は対生，卵形，鋭尖頭，基部は円形あるいは切形，長さ 4〜8 cm，ふちにはするどい重きょ歯がある．上面は深緑色でしわがより，下面は淡緑色で絹毛がある．短い柄があり，基部には細い早落性の托葉がある．5 月に新枝の先に 1 個の花を開く．がく筒は平たく，裂片は 4，葉状で幅広く，先のとがった卵形で，ふちにきょ歯がある．副がく片は 4，がく片と互生し狭い針形．花弁も 4，円形で広く，花は径 3〜4 cm ぐらい．雄しべは短くて多数．果実は 1 花に 4 個つき，永存するがく片を持ったほぼ楕円体の乾いた小核果であり，径 7 mm ぐらい，黒色で光沢がある．落葉後も枝先に残るものもある．〔日本名〕白山吹は，花や葉をはじめ，全形がヤマブキに似ており，しかも白花をつけるからである．ヤマブキとは，葉が対生すること，花弁，がく片ともに 4 枚であることによって，容易に区別される．

1867. ホザキナナカマド 〔バラ科〕

Sorbaria sorbifolia (L.) A.Braun var. ***stellipila*** Maxim.

北海道と青森県（下北半島）の山地に生える落葉低木．高さ数 m．葉は互生して奇数羽状複葉，小葉は 8〜11 対．披針形から長楕円状披針形，尾状鋭尖頭，基部は円形，ふちには重きょ歯がある．長さ 6〜10 cm，幅 1.5〜2 cm，上面はやや有毛，下面には星状の毛を密生する．中軸，葉柄にも粗毛が密生する．夏に枝の先端に長い複総状花序を出し，多数の白色の小花を密生する．花は径 5〜6 mm．がくは倒円錐形あるいは半球形．有毛，5 裂し，裂片は卵形あるいはやや円形，後には反り返ってしぼむ．花弁は 5，広卵形または円形，基部は小花爪となる．雄しべは多数，花弁よりも長い．心皮は 5，花柱も 5，無毛でゆ着しない．果実は裂開する 5 個の袋果からなり，乳頭毛を密生し，長さは 6 mm ぐらい．エゾホザキナナカマド f. *incerta* (C.K.Schneid.) Kitag. は，ナナカマドに葉形が似ているが，葉の裏面に花時から星状毛がない点で区別できる．〔漢名〕走馬蓁.

1868. ヤマブキショウマ 〔バラ科〕

Aruncus dioicus (Walter) Fernald var. ***kamtschaticus*** (Maxim.) H.Hara

山地に生える多年生草本で雌雄異株．高さ 1 m 内外．葉は長いなめらかな葉柄をもった 2 回 3 出複葉で 9 枚の小葉をつける．小葉は膜質，卵形，鋭尖頭，基部は鈍形，長さ 6〜10 cm，幅 2〜4 cm，両面とも無毛またはややまばらに毛がある．支脈は明らかで斜めに平行して走り 11〜15 本．葉縁にとどく（この点で他の何々ショウマという類から区別できる）．ふちには重きょ歯または切れ込み状の重きょ歯がある．7 月頃，茎頂に円錐状の複総状花序を作って黄白色の花を密集して開く．雄花は雌花よりも大形で，がくは半円形，歯状に 5 裂し，花弁も 5，へら形，雄しべは 20 本ぐらいで花弁よりずっと長い，雌花はがくと花弁は雄花と同形，雄しべはあるが花粉を生じない．子房は 3，直立するが，結実すると果柄が反り返る．果実は長楕円体の袋果で 3 個，表面はなめらかで長さ 2 mm ぐらい．〔日本名〕山吹升麻．小葉の形がヤマブキの葉そっくりで，全草の形状がショウマとしてひとまとめにした類（アカショウマ，サラシナショウマなど）に似ているからである．

1869. シマヤマブキショウマ 〔バラ科〕

Aruncus dioicus (Walter) Fernald var. ***insularis*** H.Hara

伊豆七島に特産し島々の頂付近の岩上に生える．雌雄異株の多年草で，太い根茎がある．茎はふつう高さ 30〜80 cm で，分枝し，多少毛が生える．基部には早落性の鱗片がある．根生葉があり，奇数羽状複葉で，2 回 3 出複生する．茎につく葉は数個で，互生し，小さい．小葉は卵形，先は尾状鋭尖形，ふちには欠刻ときょ歯がある．夏に頂生の複総状花序を出す．花は小さく，短い柄があり，白色．がくは基部が筒状で 5 歯がある．花弁は 5 個あり，がく筒のふちにつき，楕円形．雄しべは多数．心皮は 3 個で，離生するが，互いに相接し，革質で光沢がある．果実時には果柄が反り返る．ヤマブキショウマに似るが，苞，がく片，花弁，花柱が長く，花弁の形が楕円形であることにより区別される．

1870. シモツケ（キシモツケ） 〔バラ科〕

Spiraea japonica L.f.

各地の山地に生えるが，一方観賞植物として庭に栽培される落葉の小低木で，茎は束生して高さ 1 m ぐらいになる．葉は互生し短い葉柄で，長楕円形あるいは広披針形，鋭頭，基部は鈍形または狭くなる．ふちにはきょ歯がある．長さ 5〜8 cm，幅 2〜3 cm，裏面はやや粉白で無毛であるが上面は緑色で細毛がまばらにつき，時にはやや無毛となる．6 月頃枝の先に淡紅色の小花が群がって，散房状について，開花して一種の香を放つ．がくは半球形，小花柄とともに毛があり，時には無毛である．がく裂片は卵形，後に反り返る．花弁は卵形あるいは円形で爪がある．雄しべは多数，花弁よりずっと長く白色の葯を持つ．心皮は 5 で分離している．果実は袋果で 5 個つき，無毛で光沢があり，長さ 2〜3 mm ぐらい．〔日本名〕下野（シモツケ）．下野の国（栃木県）で最初見つけられたからであるという．木下野は草本のシモツケソウに対して名付けたもの．〔漢名〕一般には繡線菊といわれている．

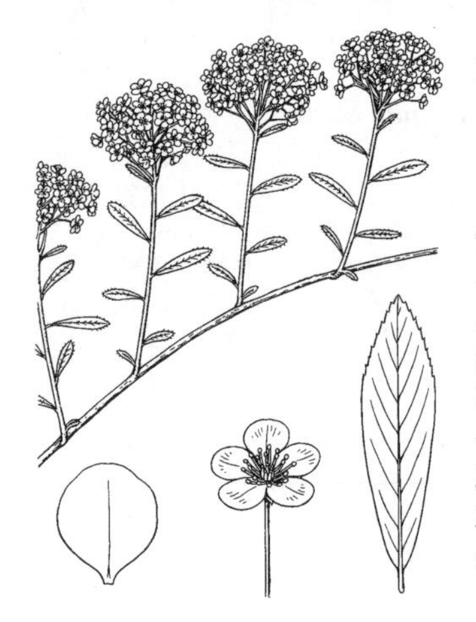

1871. トサシモツケ 〔バラ科〕

Spiraea nipponica Maxim. var. ***tosaensis*** (Yatabe) Makino

四国に特産し，川岸の日当たりのよい岩上に生え，また観賞用に庭に栽培される落葉低木で，茎は叢生し，高さ 1.5 m くらいになる．若枝は先端は緑色であるが，下方は赤褐色で稜があり，古くなると樹皮は縦に裂けてはがれる．葉は長さ 3〜5 cm になる本年枝に互生し，長さ 2〜5 mm の柄があり，葉身は倒披針形，先は鈍形で，長さ 1〜5 cm，上部には鈍きょ歯があり，下部はしだいに細まり，洋紙質，表面は無毛，裏面は粉白となる．5 月，葉をつけた本年枝の先に散房花序を出し，多数の花をつける．花序は無毛で，径 2〜3 cm．花柄は長さ 8〜15 mm．がく裂片は 5 個，三角形，長さ約 1 mm で，花後には直立する．花弁は 5 個，白色，円形または倒広卵形，長さ約 2 mm で，花時には平開する．雄しべは約 20 あり，花糸は長さ約 1.5 mm．10 個の蜜腺がある．花柱は長さ 1 mm で，無毛．袋果は直立し，長さ 3 mm ほどになる．

1872. イワシモツケ 〔バラ科〕

Spiraea nipponica Maxim. var. ***nipponica*** f. ***nipponica***

本州（近畿地方以東）の日当たりのよい高い山地に生える落葉低木で，高さ 1〜2 m になり盛んに分枝する．枝はなめらかな円柱形で灰黒色となり，葉は互生し小形，無毛で表面はなめらかであり，裏面は灰白色をおび，葉質は厚く，楕円形あるいは倒卵形，鈍頭，基部は鈍形，長さ 1.8 cm，幅 1 cm ぐらい，前方に 3〜5 個の鈍きょ歯がある．葉柄は短く 3〜4 mm ばかり．5 月頃小枝の先に散房花序を作って多数の小白花が群生する．がくは半球形で無毛，がく裂片は三角状で，後に先端が反り返り，内部に毛がある．花弁は 5 個あって円形．雄しべは 20 本．花盤は内部に毛があり，ふちには 10 個の腺状体をめぐらしている．子房は 5 個あっていずれも有毛．それぞれ無毛の 1 花柱をつける．袋果は無毛でもろい．〔日本名〕岩下野．岩上や間に生えるシモツケの意味である．

1873. マルバイワシモツケ 〔バラ科〕

Spiraea nipponica Maxim. var. ***nipponica*** f. ***rotundifolia*** (G.Nicholson) Makino

本州中北部の日当たりのよい山地に生える落葉低木で，イワシモツケの葉の広い 1 品種．高さ 1〜2 m ぐらいになり，多く分枝して繁り，枝はなめらかな円柱状．葉は互生して表面はなめらかで無毛，下面は粉白状，葉質はかたく長さ 2.5 cm にもなり，長楕円形，鈍頭，基部は丸味をおびたくさび形，ふちの上方にはしばしば 2〜3 の鈍きょ歯がある．5 月頃枝の先端に総花柄を出し，円頭で中軸のややのびた散房花序を作って小さい白花を密につける．花は径 7 mm ばかり，イワシモツケよりやや大形，小花柄は細長く，がくには三角形の歯があり，直立して開出し，花が終わってからも反り返らない．花弁は 5 枚，円形で雄しべとほぼ同長．別にナガバイワシモツケ f. *oblanceolata* (Nakai) Ohwi があり，葉は狭く，倒披針形である．〔日本名〕円葉岩下野という意味である．

1874. マルバシモツケ 〔バラ科〕

Spiraea betulifolia Pall. var. ***betulifolia***

本州中部以北の高山に生える落葉低木．高さ 30〜100 cm，盛んに分枝する．枝はやせて細く，新しい茎は紫色をおび，古くなると灰色になる．隆起線が縦に走り，枝は角張っている．葉は互生し，葉柄は短い．楕円形あるいは円味をおび，長さ 5 cm ぐらい，両端とも鈍形，ふちには切れ込み状の重きょ歯があり，裏面は白色をおび，葉脈は著しく隆起する．7 月頃，茎の先端に円頭の散房状の短い円錐花序をつけ，5 弁の小さい白花が密集する．花は径 7 mm ぐらい．がく筒は倒円錐形，がく片は 5 個で卵状披針形，内面には毛を密生し，結実する頃には反り返る．花弁は卵円形．雄しべは多数で花弁よりもはるかに長い．葯は白色．子房には心皮がならび，毛を密生するが，花柱には毛がない．袋果は 5 個，直立してならび，背面は無毛である．〔日本名〕円葉下野という意味である．

1875. エゾノマルバシモツケ 〔バラ科〕

Spiraea betulifolia Pall. var. ***aemiliana*** (C.K.Schneid.) Koidz.

北海道の高山帯に生える落葉小低木で，高さ 10〜30 cm になる．若枝には短毛がやや密生する．葉は本年枝に互生し，ごく短い柄がある．葉身は倒卵形または広卵形，先は円形，基部は広いくさび形または円形，長さ 1.5〜2.5 cm になり，裏面は白緑色で，葉脈が突出し，脈にそって短毛が生える．初夏に本年枝の先に複散房花序を出す．花序枝には短毛が生える．花柄は長さ 2〜3 mm．がく裂片は 5 個，三角形で，長さ 1 mm ほど．花弁は 5 個で，白色，円形，長さ 2 mm，花時に平開する．雄しべは多数．花糸は長さ 3 mm，無毛．袋果は長さ約 4 mm で，全体に軟毛が散生することが多い．〔追記〕マルバシモツケの北地型で，葉，花序，花が小さく，袋果はふつう有毛である．

1876. アイズシモツケ 〔バラ科〕

Spiraea chamaedryfolia L. var. ***pilosa*** (Nakai) H.Hara

シベリアおよび欧州に分布する母種の 1 変種であって，九州（熊本県），本州（長野県から東北地方），北海道にかけて自生し，東アジアの北部に広く分布する．山地生の落葉低木．小枝には著しい隆起線が走り，角張っており，ほとんど無毛．葉は狭卵形または広楕円形で鋭頭，基部は広いくさび形，前方のふちには切れ込み状の重きょ歯があり，裏面，特に葉脈上にはやわらかい毛が多少ある．春に小枝の先に総花柄をつけ，円頭で中軸のきわめて短い散房花序を作って，小さい白花が密集する．花序ははじめは有毛であるが，後に無毛となる．花は径 1 cm ぐらい．がく裂片は歯状で小さく 5 個，三角状卵形で，花がすんだ後には反り返る．花弁は円形，5 枚あって，雄しべよりは短い．心皮には毛がある．〔日本名〕会津下野．はじめ会津地方（福島県）で発見されたからである．

1877. エゾシモツケ 〔バラ科〕

Spiraea media F.W.Schmidt var. ***sericea*** (Turcz.) Regel ex Maxim.
(*S. sericea* Turcz.)

北海道と青森県下北半島に産し，樺太，千島，カムチャツカ，朝鮮半島，中国東北部に分布する．日当たりのよい岩上などに生える．落葉低木で，茎は高さ 1 m ほどになり，下方でよく枝を分ける．若枝は赤褐色で，軟毛が生える．葉は長さ 2〜6 cm になる本年枝に互生する．葉柄は短く，長さ 1〜2 mm，葉身は長楕円形または楕円形，先は鈍形，基部は広くさび形で，先端部だけに少数の鋭いきょ歯があり，長さ 1.5〜3.5 cm，表面には軟毛が散生し，裏面は淡緑色で，絹毛が生える．初夏，本年枝の先に径 2〜4 cm になる散房花序を出す．花序枝には毛がある．花柄は長さ 8〜15 mm で，無毛．がく裂片は 5 個．楕円形，先は円形，長さ 1 mm，ふちに毛があり，花時には反り返る．花弁は 5 個，白色，扁平な円形または広倒卵形で，長さ約 2 mm で，花時には平開する．雄しべは約 20．花糸は長さ 3 mm ほど．花柱は長さ 1.5 mm で，無毛，子房には毛がある．袋果は長さ 3 mm で，毛を散生し，開出する．〔日本名〕蝦夷下野．北海道に産することによる．

1878. イブキシモツケ 〔バラ科〕

Spiraea nervosa Franch. et Sav. var. ***nervosa***

近畿地方以西の本州，四国，九州の日当たりのよい丘陵地帯に生える落葉性小低木．ジグザグに曲がった小枝を分枝して束生し，若枝には短毛が密生して黄褐色となり，隆起線はなく円柱形で葉を互生する．葉は卵形あるいは菱形状の長楕円形，先端はややとがった鈍形．ふちには切れ込み状のふぞろいな重きょ歯があり，しばしば浅く 3 裂し，葉質はかたく，葉脈は小脈までも表面では凹み，裏面に隆起する．裏面は全般に黄白色で横に伏している軟毛を生じ，短い葉柄にも毛がある．春に小枝の頂端に総花柄を直立して生じ，やや先端の平たい短い散房花序を展開し，白色の小花を密生する．花は径 7 mm ぐらい，花弁は 5 個でほぼ円形，がくは有毛，がく裂片は 5 個，三角形で鋭頭．花が終わった後にも反り返らない．心皮は無毛であるが，時には内側に多少の毛が散生する．〔日本名〕伊吹下野．滋賀県の伊吹山ではじめて採られたためであろう．

1879. トウシモツケ（ホソバノイブキシモツケ） 〔バラ科〕

Spiraea nervosa Franch. et Sav. var. ***angustifolia*** (Yatabe) Ohwi

前種イブキシモツケの 1 変種で，関西地方以西の丘陵地帯の日当たりの良い所に生える．全形は大体母種と同じようであるが，果実の心皮の全面に粗毛をつけることによって区別できる．枝には隆起線が走らず円柱形で，葉は卵形または菱形状の卵形，あるいは菱形状長楕円形，先端は鋭形または鈍形，ふちには不揃いな重きょ歯がある．葉質はややかたく，葉脈は表面では凹み，裏面では著しく隆起し，横に伏した軟毛を密生しているので，裏面は茶色がかった淡黄色となる．枝の先に総花柄のある散房花序を作り，花序は円頭． 5 弁からなる白色の小花を密につける．がくは有毛．がく片は 5 個，三角形，花が終わった後でも反り返らない．花弁は 5，ほぼ円形．花弁とほぼ同じ長さの多数の雄しべがある．〔日本名〕唐下野の意で中国から入ったという誤認に基づく．細葉の伊吹下野は葉形から由来した名である．〔追記〕本種は前図のイブキシモツケとともに，中国北部産の *S. dasyantha* Bunge に含めるのが妥当と思われる．

1880. コ デ マ リ（スズカケ） 〔バラ科〕

Spiraea cantoniensis Lour.

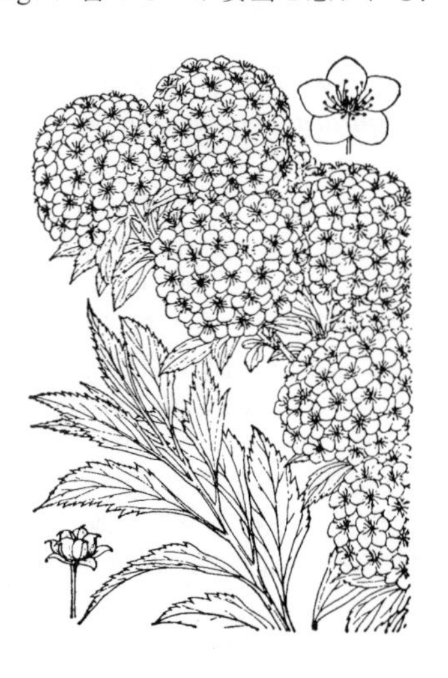

中国の原産で古くから日本に入って来ていて，現在では各地の人家や庭園に栽培観賞されている落葉性の小低木．高さ 1〜2 m になり，枝は細く先端はやや垂れ下がる傾向がある．葉は互生し披針形あるいは長楕円形で鋭頭，基部はくさび形で次第に狭くなって葉柄に移行する．長さ 2〜4 cm，幅 8〜10 mm，ふちは下部は全縁，上部には不揃いのきょ歯がある．両面ともに無毛．裏面は白色をおびる．春に枝の先端に新葉とともに白色の 5 弁花を散房花序につけ，ほぼ球状になって枝上に連続して配列する．がく片は卵状三角形，鋭頭で無毛．花弁は 5，円形．雄しべは約 25 本で葯は白色．花が終わると，結実して小さい 5 個の袋果をつける．〔日本名〕小手毬．球形の花序を小さいまりに見立てたもの．鈴懸は球形の花序が連続してならんでいるのがちょうど鈴を懸けたようであるからである．〔漢名〕一般には麻葉繡毬を当てている．

1881. エゾノシロバナシモツケ 〔バラ科〕

Spiraea miyabei Koidz.

北海道，本州北部に産し，山地に生える落葉低木で，高さ 1 m くらいになる．若枝は赤褐色で，はじめ曲がった毛があるが，やがて無毛となる．葉は本年枝に互生し，長さ 3～6 mm の柄がある．葉身は狭卵形または卵形で，先は鋭尖形，基部は広いくさび形または円形で，ふちには二重の鋭いきょ歯があり，長さ 3～8 cm で，質は薄く，表面は無毛，裏面は中肋と側脈にそって軟毛がある．初夏，本年枝の先に径 5 cm ほどの複散房状花序を出し，多数の花をつける．花柄は長さ 3～7 mm で，曲がった毛が生える．がく裂片は三角形で，長さ 1 mm ほどになり，ふちに毛がある．花弁は 5 個，白色，円形で，長さ 2 mm で，花時に平開する．雄しべは多数，花糸は長さ 5～8 mm，直立し，無毛．袋果は長さ 2 mm で，短毛が密生し，基部にはがく裂片，上部には花柱が宿存する．

1882. イワガサ 〔バラ科〕

Spiraea blumei G.Don

本州の近畿地方以西，四国，九州の山地の乾燥した丘陵地帯の日当たりのよい所に生える落葉性の小低木．ジグザグに曲がった細い枝を盛んに分枝して束生する．全株無毛であるが若い枝には褐色の微毛があり若枝には隆起線がないので茎は角張らない．葉は互生し，倒卵形または菱形状の倒卵形，円頭あるいは鈍頭，基部は広いくさび形．上半部のふちには切れ込み状の不揃いの重きょ歯がある．時には浅く 3 裂する．葉質はやや厚く，表面では主脈と側脈が少し凹み，裏面では隆起する．春に，有柄で円頭の短い散房花序をつくって白色の小花が密集し，花は径 7 mm ぐらい，がく片は 5 個で三角状，花が終わった後でも反り返らない．花弁は 5，円形で雄しべとほぼ同じ長さ．心皮は無毛であるが，時には内側に毛をまばらに生ずる．〔日本名〕岩傘で岩場に生え，また花序が傘形に見えるからである．

1883. ユキヤナギ 〔バラ科〕

Spiraea thunbergii Siebold ex Blume

東北地方南部以西の川沿いの岩上などに生えるがふつうに観賞植物として庭園に栽培されている落葉性の小低木．枝は細長く傾斜して立ち無毛であるが若い枝には細毛がある．高さ 1～2 m ぐらいになり束生する．葉は互生して数多く小形の狭披針形，鋭頭，基部は次第に狭くなり，長さ 2～3 cm，幅 5～7 mm ぐらい，ふちに細かいきょ歯があり，葉質は膜質でほとんど無毛である．春に新葉が出ると同時に白色の小花を 3～7 個，散形状につけ，花序は枝上に連続してならび，全体として穂状になる．花は径 1 cm ぐらい，花柄は細く，無毛，長さ 7～10 mm ぐらい．がくは無毛，裂片は三角状卵形，鋭頭．花弁は長楕円形で小花爪があり，長さはがく片の 3 倍．雄しべは 25 本，短くて花の中心に集まって，花糸の基部に 2 個の腺がある．子房は 5, 花柱は無毛で子房の半分の長さ．袋果は長さ 3 mm 内外，なめらかで革質．〔日本名〕雪柳．葉がヤナギのようであり，多数の雪白の小花を生ずるからである．〔漢名〕噴雪花．一般に珍珠花を当てているのは誤りであろう．

1884. シジミバナ（ハゼバナ，コゴメバナ） 〔バラ科〕

Spiraea prunifolia Siebold et Zucc.

中国原産の落葉低木で古く日本に渡来して観賞植物として庭園に栽培されている．枝は束生し，高さ 1～2 m ぐらい，若い茎には綿毛が密生し，葉は互生して楕円形あるいは卵状楕円形，鈍頭，基部はくさび形，短葉柄がある．長さ 3 cm 内外，幅 10～15 mm，下部は全縁，上部には細きょ歯がある．上面は無毛あるいはまばらに毛があり，下面には絹状のやわらかい短毛を密布する．花をつける短い小枝には小形の全縁の小葉が束生し，3～10 個の花を生ずる．花は 4 月に開き，白色の八重咲きでやや平たい小球状となり，径 8 mm 内外にもなる．花柄は長く 3 cm ぐらい，がくは有毛，倒円錐形で 5 裂し，裂片は卵形，鋭頭で筒部より長い．雄しべは花弁状に変化し，雌しべは発育しない．〔日本名〕蜆花は白色の八重咲きの花をシジミ貝の内臓に見立てたもの．ハゼバナ（糭花）もまた花の形を穀物を煎ってはぜた有様に見立て，小米花は花のつく状態による．〔漢名〕笑靨花．花の中央が凹んでいるのを，えくぼになぞらえた．

1885. エゾノシジミバナ　〔バラ科〕

Spiraea faurieana C.K.Schneid.

北海道と本州東北部で庭木として栽培される落葉低木で，茎は長さ 1 m くらいになる．若枝には短い軟毛があるか，または無毛．葉は本年枝に互生し，長さ 1〜2 mm の柄がある．葉身は広披針形まれに長楕円形で，先は鋭形，基部はくさび形，ふちには下方を除いて細かなきょ歯があり，長さ 2.5〜4 cm，幅 0.6〜1.2 cm になり，両面とも無毛または若いときにわずかに毛がある．花序は本年枝に頂生し，散房状で，4〜6 花からなり，基部に数個の苞がある．花柄は長さ 1〜2 cm で，無毛．がく裂片は 5 個，三角形で，直立し，内面に短い軟毛が生える．花弁は 5 個，白色．〔日本名〕蝦夷のシジミバナで，本種がシジミバナに似ていることと，北海道（函館）で最初見出されたので，その古名，蝦夷（エゾ）を組み合わせてつくられた．

1886. ホザキシモツケ　〔バラ科〕

Spiraea salicifolia L.

北海道と本州（栃木県，長野県）の山地に生える落葉性の小低木．地下茎を伸ばして繁殖し，直立枝を束生する．高さ 1〜2 m 内外，葉は互生し楕円状披針形，短い葉柄があり，鋭頭，基部は鈍形．ふちには鋭きょ歯がある．長さ 5〜8 cm．幅 1.5〜2 cm，無毛．あるいはやや有毛．夏に茎の頂端に淡紅色の小花が円錐花序を作って直立し，花軸と小花柄には毛が多い．花は径 5〜8 mm．がく筒は倒円錐形で 5 裂し，裂片は常に直立して卵形，鋭頭，やや無毛．花弁は倒卵状円形．雄しべは多数，花弁よりはるかに長く，花糸は無毛，葯は黄色．袋果は 5 個あってなめらか，花柱は反り返る．原野の水に近い所に群生して広い面積を占め，花時には紅花が一斉に開くのですこぶる美観である．〔日本名〕穂咲き下野という意味で，他のシモツケ類の丸い花序に比べ細長く穂になるからである．

1887. タチバナモドキ（ホソバノトキワサンザシ）　〔バラ科〕

Pyracantha angustifolia (Franch.) C.K.Schneid.

中国西南部原産の常緑性低木で，しばしば庭園や垣根等に栽培される．高さ 1〜2 m ばかり，根元から細長くてかたい灰黒色でとげのある枝を多く斜めに開出して繁茂して，丸い樹冠を作る．若い枝には淡黄色のやわらかい短毛を密布して，葉は互生して革質．線状楕円形で長さ 5〜6 cm にもなり，鈍頭でかすかに凸端となり，ふちはほぼ全縁，下面はやわらかい短毛を密布して灰白色となる．初夏の頃に枝の先端に近い各葉腋から短い散房花序を出して数花ないしは 10 数花が集まる．小花柄にはがくの外面とともに灰白色の短毛があり，花は白色または淡黄白色，径 4〜5 mm ばかり，がくの裂片は 5 個，広三角形．花弁も 5 個，倒卵形，先端は時には凹む．果実はひらたい球形，径 5〜6 mm ばかり，先端はへこんで永存性のがく片をつけ，みかん色となり，冬になるまでその色を失わない．〔日本名〕小形のみかん色の果実をタチバナになぞらえたもの．

1888. ズ　ミ（ヒメカイドウ，コリンゴ，ミツバカイドウ）　〔バラ科〕

Malus toringo (Siebold) Siebold ex de Vriese

山地に多い落葉樹．樹高は 10 m にもなり，枝は広がって広い樹冠を作る．小枝は紫色をおび，しばしばとげに変化する．葉は有柄で互生し，長楕円形，楕円形あるいは卵状長楕円形等となり先は尖り，ふちにはきょ歯がある．長さ 4〜10 cm，幅 2〜8 cm．葉面深緑色，新葉は軟毛をかむり，成葉は無毛または有毛，葉柄は 1.5〜5 cm ぐらい．托葉は針形で早く落ちる．枝の先端の葉は時々 3 裂．または羽状に分裂し，その托葉は普通葉のようになり多少とも永存する．花は 3〜7 個が短い新枝の先端に散形に出る．花柄は細長く 1〜3 cm．がく筒はつぼ型，がく裂片は披針形で尖り，花時には開いて反り返り，内面には綿毛があり，外面はがく筒や花柄とともに有毛のことも無毛のこともある．花は径 2〜5 cm．花弁は開けば白色になるが，つぼみの時には紅色をおびる．花弁は楕円形または円形．果実は小球形，径 6〜10 mm，紅色あるいは黄色．果実の頭にはがく裂片の落ちたあとがある．4 月から 6 月にかけて開花し，9 月に果実が成熟する．〔日本名〕ズミはそみ（染み）という意味で，その皮を染料に用いるためである．姫海棠は花がカイドウに似ており，小林檎は果実がリンゴに似ているためである．〔漢名〕一般には棠梨がこれに当てられている．

1889. ハナカイドウ（カイドウ）〔バラ科〕

Malus halliana Koehne

中国原産の落葉樹で庭園に植えてその花を観賞する．樹高は 8 m にもなり，枝ぶりは広がって垂れ下がる傾向があり，広い樹冠を作る．幹はなめらかで灰色，枝は紫色をおび，しばしば小枝がとげになる．葉は互生して有柄，楕円形卵形または長楕円形，長さ 4～9 cm，幅 1.5～6 cm，若い葉は紅色をおび，成葉の表面は暗緑色でなめらか，葉質はかたく，ふちには浅いきょ歯がある．葉柄は 1～2.5 cm ばかり．托葉は小形で細く，早く落ちる．4 月に花は散形に配列して枝先から出て，垂れ下がって開く．花柄は細長く 3.5～5 cm．暗紅色でなめらか．花は通常なかば八重咲きで，径 3.5～5 cm ぐらい，紅色で美しい．がく筒はほぼ図のようであり，なめらかな暗紅色，がく裂片は三角状卵形，外面はなめらかで，内面には白い綿毛があり，花時に反り返らない．花弁は楕円形あるいは長楕円形で短い爪がある．果実（梨果）は，細長い果柄をもち，小形でかたくほぼ球形．頂部にがく裂片の落ちた痕が残っている．果径は 5～8.5 mm．熟して黄色または暗紅褐色．〔日本名〕花海棠の意味．実海棠（ミカイドウ）に対してつけた名で，美しい紅花をつけるからである．かいどうは海棠の音よみであるが，海棠は現在我々がいうカイドウすなわち本種ではないであろう．〔漢名〕垂絲海棠．一般には海棠をあてている．

1890. ミカイドウ（ナガサキリンゴ，カイドウ）〔バラ科〕

Malus micromalus Makino

人家に栽植されているだけで野生していない落葉樹，樹高は 7 m にもなり，枝は細長く紫色をおびる．葉は互生して長楕円形または楕円形で先は尖り，基部は大ていのものは次第に細くなって尖り，葉柄につづく．ふちには浅いきょ歯がある．新葉は綿毛を生じるが成葉はなめらかで，葉質はかたい．葉身は深緑色，長さ 7～11 cm，幅 2.5～4.5 cm．葉柄はやや長く 1.5～4 cm ぐらい．托葉は早落性で小さくて細い．花は 4 月に葉と同時に開き，短い新枝の頂に散形につく．花柄は細長く綿毛を生じる．花は径 3～4 cm．がく裂片は開いて，反り返り，針形で先は尖り，がく筒とともに綿毛をかむる．花弁は内側に凹み，ほとんど水平に開出し，倒卵状楕円形または倒卵状長楕円形で基部は爪となる．花は淡紅色，ハナカイドウよりもうすく．濃紅色のぼかしがある．花柱は 5，梨果はやや丈夫な細長い果柄をつけ，平たい球形，基部と頂部にはへそ状の凹みがあり，永存性のがくをもつものが多い．はじめ緑色で，紅くなり，完全に熟すると黄色となり食べられる．果径は 1.5～1.8 cm．〔日本名〕実海棠，果実を生ずるカイドウという意味である．長崎林檎ははじめ長崎に渡来し，後にそこから世にひろまったからである．江戸時代にはこれをカイドウと呼んでいた．〔漢名〕海紅，一名海棠梨．

1891. ノカイドウ〔バラ科〕

Malus spontanea (Makino) Makino

九州霧島山中の渓流の側に自生する低木状の落葉小高木で枝を多く分枝して繁り，枝はかたく丈夫で折れにくい．葉は互生し，花枝では梢に集まって，春に花と同時に出て，ごく若い時は上面に軟毛があり，後には無毛となる．葉質はかたく丈夫で，倒卵形または楕円形，鋭頭，基部は鈍形，ふちには細きょ歯がある．花は白色に加えて，わずかに紅をおび，径 2.5 cm ぐらい．小花柄は細く糸状，長さ 2～3 cm ばかり．がくは無毛，がく裂片は 5，広卵形で内面に白色毛があり．果実のふくらむ頃には裂片部は脱落する．花弁は 5，円状卵形，黄色の雄しべが多数ある．花柱は 4．基部は合着して，下部には白色の軟毛がある．果実はほぼ球形で小柄をもって垂れ下がり径 7 mm ぐらい，頂にがく裂片の落ちた痕がある．〔日本名〕野生のカイドウの意味．

1892. エゾノコリンゴ〔バラ科〕

Malus baccata (L.) Borkh. var. ***mandshurica*** (Maxim.) C.K.Schneid.

本州中部以北，北海道に産し，シベリア，中国東北部，朝鮮半島から樺太，千島に分布し，落葉広葉樹林内に生える．低木で，高さ 6 m になる．樹皮は暗灰色で，不規則にさける．若枝は暗紫褐色で光沢があり，軟毛が密生する．冬芽は卵形で，小さい．葉は互生で，短枝に密生してつき，楕円形または卵状楕円形で，先は鋭形または鋭尖形，基部は円形で，長さ 4～7 cm，幅 1.5～3（～4）cm で，ふちには微細な鋭いきょ歯があるが，ごくまれにきょ歯がないものもある．葉は若いときは両面に絹状の毛を密生するが，次第に脱落し，成葉ではほぼ無毛となり，裏面は淡緑色となる．葉柄は長さ 1～3 cm で，ふつう紅色をおび，軟毛が生える．初夏，およそ 5 個ほどの花をつけた無柄の散形花序を葉のある短い枝の先に出す．花柄は長さ 2～5 cm で，無毛あるいは絹状の毛がある．花は白色で，径 3～4 cm ほど．がく筒は倒円錐状，がく裂片は披針形で，花時に反曲し，内面に絹毛を密生する．花弁は円味をおびた長方形，先は円形または切形，長さ 2～2.5 cm．基部は爪状で毛がある．雄しべは花弁より短く，葯は卵形．

1893. ワリンゴ (ジリンゴ)　〔バラ科〕

Malus asiatica Nakai

恐らくむかし中国から渡来してきた落葉の果樹．樹高 10 m にもなる．葉は卵状楕円形，先は短く尾状にとがる．基部は円形または鋭形，ふちには浅いきょ歯がある．長さ 7〜12 cm，幅 5〜7 cm．若葉は白い綿毛を生じ，成葉は上面暗緑色でなめらか，裏面殊に脈上に毛を残す．葉柄は長さ 1.5〜5 cm．花は 4〜5 月頃に開き，花茎 4〜5 cm．5〜7 個が傘形に出る．がく筒は鐘形で長さ 4〜5 mm，綿毛を密生する．がく裂片は卵状披針形，先は尖り，長さ 8〜11 mm．花弁はうすい紅色，楕円形で短い爪がある．梨果は 1 果序に 1〜2 個ついて，球形，長さ 3〜3.5 cm，径 3.5〜4 cm ぐらい，基部は深く凹む．表面ははじめ黄色，濃い紅色になり，黄白色の皮目が斑点状に散在し，ろう質でおおわれる．7〜8 月に成熟する．〔日本名〕和林檎は日本土産の林檎の意味．漢名の林檎の音よみから転化したもの．〔追記〕リンゴ (セイヨウリンゴ) *M. pumila* Mill. はヨーロッパから西アジア原産で，果実は直径 5 cm 以上になり，両端は深く凹む．

1894. ヒメリンゴ (イヌリンゴ)　〔バラ科〕

Malus prunifolia (Willd.) Borkh.

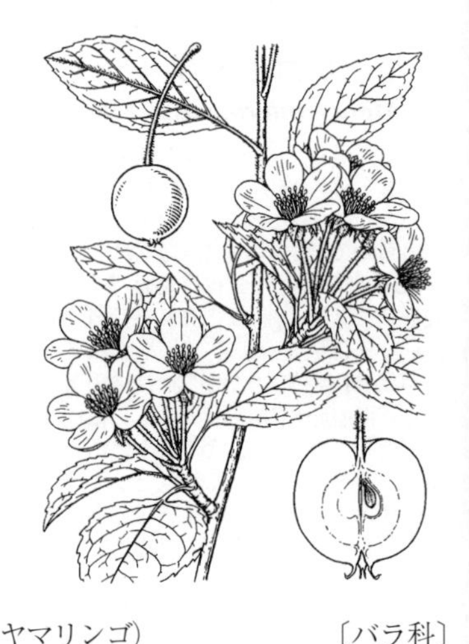

中国原産で，盆栽や観賞用に栽培され，またセイヨウリンゴの台木にも用いられる．元来は小高木で高さ 10 m，径 20 cm にもなる．樹皮は暗紫褐色で光沢があり，若枝には軟毛が生える．葉は互生で，短枝に密生してつき，楕円形または広楕円形で，先は鈍形または微凸形，基部は円形または広いくさび形で，長さ（3〜）5〜9 cm になり，ふちには不揃いなきょ歯がある．葉の両面に軟毛を密生するが，次第に脱落し，成葉ではまばらとなり，裏面は淡緑色となる．葉柄は長さ（1〜）3〜4 cm で，ふつう紅色をおびる．4〜5 月，5 または 6 個ほどの花をつけた散形花序を葉のある短い枝の先に出す．花柄は長さ（2〜）3〜4 cm で，白色の軟毛がある．花は白色で，径 3.5〜5 cm ほど．がくには白色の軟毛が密生し，裂片は披針形で，長さ約 5 mm あり，花時には反り返る．花弁はつぼみのときは紅色をおびるが，開くと白色で，基部は爪状である．雄しべは花弁より短く，葯は卵形で，黄色．花柱は 5 個あり，子房は球形．果実は卵状球形で，径 2〜2.5 cm で，紅色または黄紅色に熟す．

1895. オオウラジロノキ (オオズミ，ヤマリンゴ)　〔バラ科〕

Malus tschonoskii (Maxim.) C.K.Schneid.
(*Macromeles tschonoskii* (Maxim.) Koidz.)

山中に散在して見られる落葉性の大高木．枝は黒紫色で太く，皮目が点状に散在する．若い枝は白色をおびた綿毛を生じる．長枝短枝の 2 型の枝がある．芽は大きく紅色で光沢がある．葉は互生，卵形あるいは卵状長楕円形，先端は尖り，基部は円形から，かすかに心臓形となる．ふちにはきょ歯があり，時には浅い切れ込みがある．若葉は綿毛を生じ，成葉の上面はなめらかで，裏面は白色をおびた綿毛でおおわれる．支脈は 7〜10 本ぐらい，主脈から斜めに分岐して，やや直線的に平行して走る．葉柄にも白色の綿毛がある．花は葉をつけた短い新枝の先端に数個散形につき，5 月に開き，花径は 1.5〜2 cm ぐらい．花柄は丈夫で長さ 2〜3 cm．がく筒は鐘形，がく片は卵状三角形で直立し，ともに白色の綿毛を生じる．花弁は白色，しばしば淡紅のぼかしが入り，5 個，広長楕円形，基部は円形，短い花爪がある．梨果はほぼ球形または卵状球形，径 18〜20 mm．頭部には永存性のがく片が残って，ほぼ直立し，表面は熟すると黄色または紅色となり，皮目が斑点状に散在して，綿毛は落ちてなめらかである．〔日本名〕大裏白の木で，アズキナシ属のウラジロノキに似て葉や果実が大きいことによる．旧版では本種にオオズミの和名をあてたが，ズミの変種に同名があってまぎらわしいので和名を変更した．

1896. ミチノクナシ (イワテヤマナシ)　〔バラ科〕

Pyrus ussuriensis Maxim. var. ***ussuriensis***

朝鮮半島，中国北部・東北部，ウスリー地方に分布し，わが国では本州北部に自生する落葉高木．高さ 15 m に達するという．葉は互生し，長さ 2〜5 cm の柄があり，葉身は卵状楕円形または広卵形で，先は短い尾状の鋭尖形，基部は円形またはやや切形，まれに浅い心臓形となり，長さ 5〜10 cm，幅 4〜5 cm で，ふちには細い先が芒状にのびた鋭いきょ歯があり，両面とも若いときは軟毛が生える．花は 4〜5 月，開葉と同時に咲き，直径 3〜3.5 cm になる．花弁は白色，倒卵形または広倒卵形，先は円形または凹形となる．果実は球形または扁球形で，直径 2〜5 cm になり，褐色で，小さな皮目が密生し，頂にはがく裂片が宿存する．〔日本名〕陸奥梨または岩手山梨で，本種がわが国では東北地方で最初みつかったことによる．

1897. アオナシ 〔バラ科〕

Pyrus ussuriensis Maxim. var. ***hondoensis*** (Nakai et Kikuchi) Rehder

本州の長野，山梨，静岡県に特産する落葉高木で，高さ 10 m 近くになる．葉は長さ 2〜4 cm の柄があり，葉身は広卵形または卵状楕円形で，先は鋭尖形で尾状にのび，基部は浅い円形または切形で，長さ 4〜7 cm，幅 3〜4 cm で，ふちには先が細い芒状にのびた鋭いきょ歯がある．花は 4〜5 月に，開葉とともに咲き，直径 3 cm 内外である．花弁は白色，倒広卵形で，先は円形またはやや凹形となる．果実は球形または扁球形で，直径 2〜4 cm になるが，熟しても緑色で，皮目も少ない．東北地方に自生するミチノクナシの変種で，果実が緑色のまま終わり，皮目の少ないこと，葉がひとまわり小さいことなどで区別される．

1898. ヤマナシ 〔バラ科〕

Pyrus pyrifolia (Burm.f.) Nakai var. ***pyrifolia***

果実を食用とするナシの野生型で，中国に分布し，わが国では九州，四国，本州の里山や人家近くに生え，古来中国から渡来して植えられたものが野生化したとも考えられる．落葉高木で，高さ 5 m 以上になる．葉は互生し，長さ 3〜4.5 cm の柄があり，葉身は卵形または狭卵形で，先は鋭尖形，基部は円形となり，長さ 7〜12 cm，幅 4〜5 cm で，ふちには先が芒状に終わる鋭いきょ歯があり，はじめ両面とも褐色をおびた綿毛があるがすぐに無毛となる．花は 4 月に，開葉とほぼ同時に咲き，直径 2.5〜3 cm になる．がく裂片は狭卵形でふちには腺状のきょ歯があり，内面には褐色をおびた綿毛が密生する．花弁は白色．花柱は 5 個あり，離生する．果実は球形で，直径 2〜3 cm になり，褐色で，皮目が数多くある．〔日本名〕山梨で食用とするナシに似て，栽培ではなく野生状態で生えていることによる．

1899. ナ シ（アリノミ） 〔バラ科〕

Pyrus pyrifolia (Burm.f.) Nakai var. ***culta*** (Makino) Nakai

普通に栽培されている果樹．大きなものは高木となる．枝は黒紫色でなめらか，小枝は時にはとげに変わる．また短枝もある．葉は互生して卵円形，鋭尖頭で尾状に伸びる．基部は円形，ふちには細い針状のきょ歯がある．葉面は深緑色，成葉ではなめらかである．葉柄は細長く，ほぼ葉身の長さに匹敵する．托葉は細長く早落性．花は 5〜10 個が短枝の先端に散房状につき，花径 3.5〜4 cm．花柄は長い．がく筒は小さく洋こま形．がく裂片は針形，長さ 7 mm ぐらいでふちにはきょ歯があり，きょ歯の先端は腺状．花弁は 5，白色，倒卵円形あるいは円形，波状にしわがよっている．花柱は 5，それぞれ分立する．雄しべは 20 本ぐらい，葯は紫色をおびる．梨果は 1 果序に 1〜2 個つき，径 2〜9 cm，果皮は黄褐色で皮目が多い．春の終わり頃に開花して，仲秋の月見の頃に成熟する．品種が多い．〔日本名〕ナシの語源は不明．有の実はナシを“無し”にかけ，忌み嫌って反対語の“有り”の名をつけたもの．

1900. マメナシ 〔バラ科〕

Pyrus calleryana Decne.

ベトナム北部，中国，朝鮮半島に分布し，わが国では本州の伊勢湾周辺にまれに自生する．落葉高木で，高さ 6 m に達する．若枝にははじめ綿毛が密生するが，のちに無毛となる．葉は互生し，長さ 2〜4 cm で無毛の柄があり，葉身は広卵形または卵状長楕円形で，先は鋭形または鋭尖形，基部は切形または円形で，長さ 4〜9 cm，幅 3〜5 cm で，ふちには細い鈍きょ歯があり，両面に白色の軟毛があるが，のちに無毛となる．花は 4 月に咲き，白色で，直径 2.5 cm ほどになる．花弁は倒広卵形で先は鈍形または円形．花柱は 2 または 3 個ある．果実は球形で直径 1 cm ほどになり，黄褐色で，小さな皮目が多数ある．〔日本名〕豆梨で，果実が小さいことによる．

1901. アズキナシ（ハカリノメ）　〔バラ科〕

Aria alnifolia (Siebold et Zucc.) Decne.（*Sorbus alnifolia* (Siebold et Zucc.) K.Koch ; *Micromeles alnifolia* (Siebold et Zucc.) Koehne）

山地に生える落葉高木．枝は紫黒色で白色の皮目が斑点状に散在し，はじめはうすく毛があるが，後には落ちて無毛となる．短枝がある．冬芽は紅色で光沢がある．葉は互生，卵形または楕円形，長さ 7～10 cm，先端はするどく尖り，ふちには重きょ歯がある．葉質はかたく上面は深緑色で無毛，裏面ははじめはうすく毛があるが，後には無毛となる．支脈は 8～9 対，斜めにやや直線状に走り，表面では凹み，裏面に隆起する．葉柄は 1.5 cm ぐらい．托葉は早く落ちる．花は白色で 5～6 月頃に開き，2～3 枚の葉をつけてジグザグに曲がった新枝の先端および上方の葉腋から，まばらに花のついた散房花序を出す．花柄は細長く，苞葉は早落性．花は径 1～1.5 cm．がく筒は狭長楕円体，がく裂片は三角形で内面に綿毛がある．花弁は広楕円形または円形，基部の近くには綿毛があり，短い爪に移る，雄しべは 20 本ぐらい．花柱は 2，無毛でなめらか．果実は長楕円体または楕円体，径 8～10 mm，紅色で白色の皮目が散在して白っぽい．がく裂片は脱落し，果実の頂端は平たいへそ状に凹んでいる．〔日本名〕小豆梨は小豆状の梨果をつけるためであり，秤の目は，枝上に散在する白い皮目を秤の目盛に見たてたもの．

1902. ウラジロノキ　〔バラ科〕

Aria japonica Decne.（*Sorbus japonica* (Decne.) Hedl. ; *Micromeles japonica* (Decne.) Koehne）

山地に生える落葉高木．枝は紫黒色で皮目が斑点状に散在する．短枝がある．葉は互生して楕円形あるいは円形，時には倒卵形，長さ 6～10 cm，先端は鋭尖頭，基部は鈍形，または円形，ふちには切れ込み状の重きょ歯がある．上面にははじめは綿毛があるが，後には脱落する．下面には綿毛があって真白である．支脈は 10 対ばかりあって斜めに直線的に平行して走る．葉柄は長さ 1～2 cm，はじめは綿毛がある．托葉は早落性．花は白色で 5～6 月頃に開き，2～3 枚の葉をつけてジグザグに曲がった新枝の先端部の葉腋からまばらな散房花序を出す．苞葉は細長く早落性．花は径 1 cm ぐらい，がく筒は鐘形，がく片は反り返り，披針形で互いに離生し，ともに綿毛でおおわれる．花弁も反り返り，楕円形または円形，基部には綿毛が生え，短い爪となる．雄しべは 20 本以上，花糸は糸状の針形，子房は 2 室で各室に胚珠がある．花柱は 2 本，接近してならんで立ち，無毛でなめらか．果実は楕円体，径 1 cm ぐらい，紅色で皮目が散在し，がく裂片はがく筒の遊離部とともに脱落して痕が残らない．果実の頂端には小さい凹みがある．果柄は長い．〔日本名〕裏白の木は，葉の裏面が綿毛に被われて白色であるため．

1903. ナナカマド　〔バラ科〕

Sorbus commixta Hedl. var. ***commixta***

山地に自生する落葉高木で高さは 7～10 m，径 30 cm ぐらいになる．樹皮は灰色をおびた暗褐色で，表面はざらざらしており，皮目が散在し，一種の臭気を放つ．枝は濃紫紅色，全体に無毛である．葉は互生，奇数羽状複葉，小葉は 5～7 対，長楕円形，鋭尖頭，基部は円形あるいはくさび状の鈍形，柄がない．ふちには単きょ歯または重きょ歯があり，歯牙の先端は芒状になる．長さ約 3～6 cm，幅 1～1.7 cm，上面は緑色，下面は淡色で無毛．晩秋には紅葉して美しい．花は 7 月に開き，白色小形で枝の端に多数集まって複散房花序を作る．がくは倒円錐形で 5 裂し，裂片は広卵状三角形で鈍頭，花弁は 5，平たい円形，内面に毛がある．雄しべは 20 本．花柱は 3～4 本，基部に軟毛が密生する．梨果は球形，径 6 mm ぐらいで集合して垂れ下がり赤く熟して美しい，〔日本名〕ナナカマドは材は燃えにくく，かまどに 7 度入れてもまだ焼け残るというのでこの名がついた．〔漢名〕一般には花楸樹が当てられている．

1904. オオナナカマド（エゾナナカマド）　〔バラ科〕

Sorbus commixta Hedl. var. ***commixta***

（*S. commixta* var. *sachalinensis* Koidz.）

ナナカマド（前図）の葉が大形のもので，北日本に多い傾向がある．ナナカマドの小葉はふつう長さ 3～7 cm とされるが，この型は長さ 8～9 cm に達するため，旧版では特にこの型を変種として区別したが，北海道においては連続するのでこの型を分類群として区別する意味はない．一方，対馬から本州西部の日本海側には逆に小葉が小さい個体がしばしば見られ，対馬産の標本に命名された *S. wilfordii* Koehne はこれにあたるが，これも分類群として区別する必要はないものと思う．

1905. サビバナナカマド 〔バラ科〕

Sorbus commixta Hedl. var. ***rufoferruginea*** C.K.Schneid.

ナナカマドの変種で本州中部の山地に多い落葉高木．高さ 3～7 m ぐらい．枝は紅紫色で無毛，葉は互生して奇数羽状複葉，小葉は 5～7 対，線状長楕円形または広い線形，先端は鋭尖，基部は鈍形，ふちには鋭きょ歯があり，上面は無毛，下面特に中脈に沿って長い褐色の毛があり，この点でナナカマドと区別される．花は 7 月に開き，白色の小形花で，枝の頂端に，花が平面状に密集したような複散房花序を作る．花は径 7 mm ぐらい．がく筒は倒円錐形で先端は 5 裂し，裂片は卵状三角形，外面には短い小花柄とともに褐色の毛がある．花弁は 5，平たい円形で，水平に開く．果実は球形で赤く熟する．〔日本名〕銹葉ナナカマドの意味で，葉の裏に鉄銹色の毛が生えるからである．

1906. ウラジロナナカマド 〔バラ科〕

Sorbus matsumurana (Makino) Koehne

本州中部以北の高山帯に生える落葉性の小高木．高さ 2 m ぐらいで全株無毛である．葉は有柄で互生し，奇数羽状複葉，小葉は 4～6 対，長楕円形，やや鋭頭で凸形の先端をもち，上半部にはきょ歯があるが，下半部は全縁，基部はゆがんだ円形でほとんど無柄．表面は青味のある緑色で，裏面は粉白色，通常ふちはやや内側に曲がる．7 月頃枝の先に頂端の平らな散房花序を生じ，密に細かい白花をつけ，花軸は無毛でなめらかである．花は径 1 cm，花弁は 5，比較的大形で，円形，花爪があり，先端にはしばしば歯状のくぼみがある．雄しべは 20 本ぐらい，雌しべの花柱は 5 本．果実は梨果となり，やや球状の広楕円体，紅黄色に熟し，径は 1 cm ぐらい，無毛でなめらか，先端にはがく裂片が突出しないために，5 個の小さい孔が星状に配列する特徴がある．〔日本名〕裏白七カマドの意味，葉の裏面が白いからである．

1907. タカネナナカマド 〔バラ科〕

Sorbus sambucifolia (Cham. et Schltdl.) M.Roem.

本州中部以北の高山帯に生える落葉低木．しばしばハイマツの中にまじって生える．高さ 1 m ぐらいで，枝はやせて細く，まばらに分枝し，若い時には毛が生えているが後には落ちて全くなめらかとなる．葉は奇数羽状複葉で互生して水平に開出し，小葉は 3～4 対，卵状長楕円形で長さ 2～3 cm，鋭尖頭，基部は鈍形，ふちには全体にわたって重きょ歯があり，葉質はやや革質で丈夫．葉脈ははっきりと見え，表裏ともに緑色．托葉は極めて小形で細く，葉柄の基部につく．7 月頃茎の頂に比較的少数の花からなる散房花序を出して，紅をおびた白色の花を開く．花は他のナナカマド類と大同小異．花柱は 5 本まれに 6 本．果実はやや球形，秋になって赤く熟し，長さは 1 cm ぐらい，先端には永存性のがく片 5 個が突出して残っている．〔日本名〕高嶺七カマドの意味．〔追記〕ウラジロナナカマドとは，葉のふち全体に重きょ歯があること，裏面は白くないこと，果実の先にがく裂片が突出する等の点で区別される．ナンキンナナカマドからは葉のふち全体が重きょ歯をもつこと，花柱が 5～6 本であること，等により区別できる．

1908. ナンキンナナカマド (コバノナナカマド) 〔バラ科〕

Sorbus gracilis (Siebold et Zucc.) K.Koch

東北地方南部以西，四国，九州の山地に生える落葉低木．高さ 2 m 内外．若い枝には毛がある．葉は奇数羽状複葉，小葉は 3～4 対，上部の小葉が大形で，下部のものほど小形になり，楕円形，鋭頭，下半部は全縁であるが上半部は浅い鈍きょ歯がある．葉柄には軟毛が多く生えるが，葉面は無毛．托葉は大形，葉状で，やや円形．ふちにはきょ歯がある．花は枝の頂につき，散房花序を作って，初夏に開き，黄緑色である．がくは倒円錐形，浅く 5 裂し，裂片は卵形でほとんど無毛．花弁は 5，白色の卵状楕円形．雄しべは 20 本，花柱は 2～3 本．果実は径 6 mm 内外の球形，赤く熟する．〔日本名〕南京ナナカマドは，樹が小形であるからである．ナンキンとは小形のものにつける形容詞で“外来”を意味しない．小葉のナナカマドは，ナナカマドよりも葉が小形であるため．他のナナカマド類とは，羽状複葉の小葉が下部のものほど小さくなること，小葉の下半部は全縁で，大形の托葉のあること等により区別することができる．

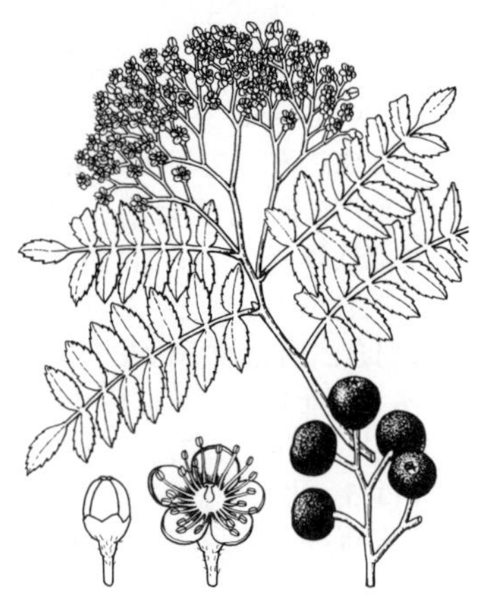

1909. セイヨウナナカマド　〔バラ科〕

Sorbus aucuparia L.

ヨーロッパに広く分布し，高さ 6〜15 m になる落葉性高木．樹皮は灰色から青銅色，冬芽は紫色，卵形から卵状円錐形，たいてい白色，稀に赤褐色の絨毛で覆われる．葉は羽状複葉，托葉は早落性，あるいは宿存性で，白色の絨毛が生えるか無毛．小葉は 11〜17 枚，背軸側が白っぽく，向軸側はくすんだ緑色から青緑色，楕円形から楕円状被針形あるいは倒被針形，長さ 3〜6 cm，幅 1.5〜2 cm，少なくとも先端 1 / 2 は鋸歯縁，鋭尖頭から鈍頭．円錐花序は 75〜200 個の花を付け，上部は扁平か丸く，径 6〜18 cm．花柄は白色の絨毛が密生する．花は径 8〜11 mm，花托筒は絨毛が密生し，長さ 2.9〜3.2 mm，萼片は 0.5〜1 mm，辺縁に腺毛が生える．花弁は白色，円形で，長さ 4〜5 mm，雄蕊は 15〜20 本，心皮は 1 / 2 が花托筒に合着し，先端は円錐形，花柱は 3 あるいは 4 本，長さ 1.5〜3 mm．果実は黄色あるいは橙赤色から赤色，球形からやや球形，径 8〜12 mm，光沢があるか鈍い．種子は茶色，卵形から卵状被針形，長さ 3〜4.5 mm，幅 1.5〜2 mm．ウラジロナナカマドに似るが花序が大きく実つきがよいため，果時に枝先が垂れ下がる．街路樹や庭の鑑賞樹として栽培され，園芸品種もある．

1910. ビ　ワ　〔バラ科〕

Eriobotrya japonica (Thunb.) Lindl.

四国，九州の石灰岩地帯に野生状になるが，通常果樹として広く栽培される常緑性の高木．高さ 10 m 内外，枝は開出し，樹冠は円形となる．若枝は淡褐色のラシャ状の毛を密生する．葉は互生し，大形の長楕円形あるいは倒披針状長楕円形で，長さ 15〜20 cm，鋭頭，基部は狭いくさび形で短い葉柄をもち，ふちには低い波状のきょ歯がある．表面は暗緑色，はじめは有毛であるが，後には無毛となり多少光沢があり，葉脈は凹み，葉身部はふくらむので表面は凹凸がある．裏面は淡褐色のラシャ状の毛を密生する．葉質は厚くてかたい．秋の終わりから冬のはじめにかけて，長さ 5〜6 cm ぐらいの水平に分枝して開出した三角状の円錐花序を枝頂につけ，白花を開く．中軸，花柄，がく片ともに淡褐色のラシャ状の毛につつまれる．がく片，花弁ともに 5，芳香を放ち，翌年の夏になって球形の梨果が黄色に熟して食べられる．果実表面には綿毛があり，中に大形の赤褐色の数個の種子がある．茂木びわは果実が長く，田中びわは唐びわの一品種であって果実は大きく径 4 cm ぐらいある．しばしば葉は民間薬として用いられる．〔日本名〕漢名枇杷の音読みである．枇杷は楽器の琵琶（びわ）に似ているので名付けたとされているが葉形か果実の形のいずれが似るのかがはっきりしない．

1911. カナメモチ（アカメモチ，ソバノキ）　〔バラ科〕

Photinia glabra (Thunb.) Maxim.

東海道以西の温暖の地に生える常緑性の小高木．また生垣として人家に栽植される．葉は有柄で互生，倒披針状長楕円形，長さ 5〜10 cm，鋭尖頭，基部は鋭形，ふちには細きょ歯があり，上面は緑色，革質で光沢があり，なめらか，下面は黄緑色で主脈は隆起する．葉柄は 1〜1.3 cm ぐらい．托葉は針形で早落性．新葉は紅色をおびて美しく，落葉前にはまた紅葉する．5〜6 月頃，枝頂に径 7〜13 cm に達する円錐花序を作って，小さな白花が群生する．花軸は無毛でなめらか，皮目がない．がく筒は短い倒円錐形，がく裂片は三角形．花弁は広楕円形あるいは円形，基部には綿毛があって，花爪となり花が開く時には反り返る．雄しべは 20 本ぐらい．子房は半上位で 2 室．2 本の花柱が並んで立ち基部ではゆ着している．黄色の蜜腺がある．果実は楕円状球形，径は 5 mm ぐらいで先端に永存性のがく裂片を残し，秋から冬にかけて紅色に熟する．〔日本名〕要モチはこの材で扇のカナメを作るからであるというが，これは誤りで恐らくアカメの転訛と思われる．赤芽モチは，新葉の赤いモチノキという意味．蕎麦の木は，この花序の白さをソバの花序になぞらえたもの．そばを稜の意味にとるのは誤りであろう．

1912. オオカナメモチ　〔バラ科〕

Photinia serratifolia (Desf.) Kalkman

南西諸島（奄美大島，徳之島，西表島）から台湾，中国南部にかけて分布し，最近岡山県や愛媛県にも野生状態で見出されている．また，観賞用に栽培される．常緑の高木で高さ 10 m 以上になる．全体に毛がない．若葉は紅色をおびる．葉は互生し，長さ 2〜3 cm の柄があり，葉身は革質で，光沢があり，長楕円形または倒卵状楕円形，先は急に鋭形，基部は丸く，長さ 10〜17 cm になり，ふちには鋭いきょ歯がある．花は 4〜5 月に咲き，白色で，径 6〜8 mm になり，頂生の散房状で頂部が平坦な円錐花序につく．花弁は 5 個で，広卵形または円形，両面とも毛がない．雄しべは 20 個で，2 環につき，外環のものは花弁よりもやや長い．果実は球形，径 6 mm くらい，赤く熟する．

1913. シマカナメモチ　〔バラ科〕

Photinia wrightiana Maxim.

南西諸島（徳之島，沖縄本島，石垣島，西表島など）と小笠原に分布する．常緑の低木または小高木で，高さ 5 m になる．全体に毛がない．葉は互生し，長さ 4～6 cm，幅 2～2.5 cm で，約 1 cm ほどの柄がある．葉身は楕円形または披針状長円形または卵形，先は若い葉では尖るが，成葉では円形または鈍形，基部は鋭形またはくさび形，ふちには若い葉では粗いきょ歯があり，成葉では丸いきょ歯があり，硬い革質で，光沢はない．花は頂生の散房状円錐花序につき，白色で，径 8 mm くらい．がく裂片は三角形で，先は腺に終わる．花弁は倒卵形，先は円形で，基部はくさび形，爪のあることもある．雄しべは 15～20．果実は球形，径約 8 mm になり，赤く熟する．〔追記〕カナメモチに似るが，葉の先が鋭形とはならず，円形または鈍形であることや，成葉でもきょ歯は上半分にしかないことなどの点で容易に区別される．

1914. ウシコロシ（ワタゲカマツカ，カマツカ）　〔バラ科〕

Pourthiaea villosa (Thunb.) Decne. var. ***villosa***

各地の山野に生える落葉性の低木または小高木．葉は狭長倒卵形，長さ 4～10 cm，幅 2～5 cm ぐらい，上面ははじめは毛があり，後には脱落して無毛となるが，裏面は後までも細毛が残る．春に枝端に散房花序を作って白色の小花が密集し，果実がみのる頃には花軸，花柄には褐色の皮目が多い．がくは短い鐘形で花柄とともに有毛．浅く 5 裂し，裂片は鈍形の三角形．花弁は 5，倒卵状円形，基部はくさび形．雄しべは 20 で花弁とほぼ同長．花柱は 3，基部は癒合し，軟毛を密生する．果実は卵状球形または広卵状楕円形，長さ 7～9 mm．赤く熟する．〔日本名〕カマツカは材がかたく丈夫で折れにくく，鎌の柄に用いられるので，鎌柄といい，また牛の鼻に綱を通す時，この木で鼻障に孔をあけるので，牛殺しの名がついた．葉が小形で無毛．花序もやや小さく，花も小さいものをケナシウシコロシ var. *laevis* (Thunb.) Stapf といい，関西から西に多いが，毛の密度や葉の大きさには変化が大きく，区別は必ずしも明らかではない．

1915. ザイフリボク（シデザクラ）　〔バラ科〕

Amelanchier asiatica (Siebold et Zucc.) Endl. ex Walp.

岩手県以南の山地に生える小高木，幹は無毛で紫色をおびる．葉は上面は無毛，下面は若い時は白色または肉色の綿毛が密生しているが，成葉では無毛となる．楕円形，鋭頭，基部は鈍形，長さ 5～7 cm，幅 2.5～4 cm ぐらい，ふちにはわずかにきょ歯がある．10～13 対の支脈があり，長い葉柄を持つ．春に短枝の頂に散房状の総状花序を作って白花が密集して開き，花柄には毛がある．がくには綿毛が密生し，がく片は披針形で，反り返って巻く，花弁は 5，線形，長さ 10～15 mm，幅 2～3 mm，円頭．雄しべは 20，がく筒よりもやや長い．花柱は 5，基部は癒合し，微毛がある．梨果は小球形，径 6 mm ぐらい．〔日本名〕采振り木の意味で，花序を采配になぞらえた．四手桜は花序を白木綿あるいは白紙の四手（しで）をかけたのに見立てたもの．〔漢名〕一般に扶移を使うが，その名の本体は *Populus* の一種で葉柄がひらたく細いので風によく揺れ動くものである．

1916. マルバシャリンバイ（ハマモッコク，シャリンバイ）　〔バラ科〕

Rhaphiolepis indica (L.) Lindl. var. ***umbellata*** (Thunb.) H.Ohashi
（*R. umbellata* (Thunb.) Makino var. *integerrima* (Hook. et Arn.) Rehder）

本州以西の海岸に生える常緑性の小低木．高さ 1 m 内外．枝葉は多く分枝して繁り丈夫で直線的，ジグザグに曲がることはない．若枝には褐毛があるが，後には脱落する．葉は葉柄をもち互生し，枝の先端部に集まってつき，一見輪生状，卵形あるいは広楕円形，円頭，基部は鈍形，葉質は厚くてかたく，暗緑色，ふちには微きょ歯があって，多少とも裏面に反り，無毛で多少光沢がある．5 月に枝の頂に短い円錐花序をつけ，白色の 5 弁花を開く．花は径 1～1.5 cm でナシの花のようである．がく筒は漏斗状で花柄とともに綿毛があり，子房とゆ着する．花弁は 5，円形，ふちは波形のしわがよる．雄しべは 20 本，果実は梨果で球形，黒く熟して，多少白い粉をふく．先端に輪状にがく片の落ちた痕を残す．庭木として観賞される．〔日本名〕車輪梅はウメのような花が咲き，枝葉が密集して輪生状に出るからである．円葉車輪梅は次のタチシャリンバイに比べて，葉が短く広楕円形，ほとんど全縁，円頭であるため．〔追記〕次図のタチシャリンバイとは葉の形しか異ならず，中間的なものも多いので，普通は両者を合一してシャリンバイの名で呼ぶことが多い．

1917. タチシャリンバイ（シャリンバイ） 〔バラ科〕

Rhaphiolepis indica (L.) Lindl. ex Ker var. ***umbellata*** (Thunb.) H.Ohashi（*R. umbellata* (Thunb.) Makino）

本州以西，主として九州の海辺に生える常緑性の低木，時には小形の高木となり，まれに庭木として栽植される．高さ 2～4 m．小枝は車輪状に出て葉，花軸とともに，若い時は綿毛におおわれているが．後には無毛となる．葉は枝の上部に密生して互生し，一見輪生状に配列する．長楕円形または倒卵状長楕円形，長さ 5～8 cm，鈍頭，基部は鋭形で次第に狭く 1.5 cm ぐらいの葉柄に移行する．ふちには浅い鈍きょ歯があり，葉質はかたくて厚く，表面は深緑色，やや光沢があるが，下面は白味をおびた淡緑色で網状脈がはっきり見える．托葉は早落性，円錐花序を枝先に出し，花を密生し，花柄は長くない．苞葉は早落性，がく筒は狭い倒円錐形，がく裂片は厚く針形で，狭いのも広いのもある．ともに綿毛を生じる．花は 5 月に開き，花弁は白色，広倒卵形，長さ 1.2 cm にもなり，基部に綿毛があり，狭くなって爪となる．つぼみの時はともえ状に重なる．雄しべは 20．花柱は 2 本，基部でゆ着し，子房は 2 室．果実は径 1 cm ばかりの球形，黒紫色で白色の粉をふく．頂端にはがく裂片の落ちた痕が輪状に残る．ふつう 1 個の種子をもつ．〔日本名〕立車輪梅は体が高く直立し，枝は輪生状に出て，しかも花がウメに似ているからである．奄美大島では方言でテカチキといい，樹皮を大島紬の染料とする．〔漢名〕一般には指甲花, 水木犀が当てられているが，これは誤りであろう．

1918. ボ　ケ（モケ） 〔バラ科〕

Chaenomeles speciosa (Sweet) Nakai

中国原産，古くから渡来して，現在では普通に庭園に栽植されている観賞用の落葉低木．高さ 2 m 内外，幹はなめらかで，とげ状の小枝がある．葉は楕円形あるいは長楕円形，鋭頭，基部はくさび形，ふちにかすかにきょ歯がある．托葉は卵形あるいは披針形で早落性．花は単生または数個集まり，径 2 cm ぐらい．花柄は短く有毛．がくは無毛で筒状または鐘形，5 裂し，裂片は直立し，円頭，花弁は円形, 倒卵形または楕円形, 小花爪をもつ．雄しべは 30～50 本．花糸は無毛，花柱は 5，下部に微毛がある．雄花雌花の 2 種の花があり，雄花では下位子房はやせているが，雌花では肥厚する．果実は楕円体，長さ 10 cm ぐらい．花の色にいろいろあって，紅色花をつけるものをヒボケ，白色花をシロボケ，紅白の雑色花をサラサボケという．〔日本名〕木瓜（モッカ）が転化したもので，古く日本では本種を木瓜と思ったからであるが，真の木瓜はマボケ *C. cathayensis* (Hemsl.) C.K.Schneid で，葉は披針形で本種よりも細い．〔漢名〕貼梗海棠．

1919. クサボケ（シドミ，ジナシ） 〔バラ科〕

Chaenomeles japonica (Thunb.) Lindl. ex Spach

山野に普通に生える落葉の小形低木．茎の下部は横に伏し，高さ 30 cm 内外，とげ状の小枝があり，葉は倒卵形，円頭，基部は狭いくさび形，ふちには鈍きょ歯がある．長さ 2.5～5 cm，幅 10～17 mm ぐらい．早春に葉よりも先に赤色の花を開く．花は単生あるいは 2～4 個束生し枝の下部の方に多くつき，短い花柄を持つ．がくは無毛でなめらかで，倒円錐形，がく裂片は半円形で直立し，ふちに毛がある．花弁は倒卵形あるいは倒卵状円形，基部は爪状となる，雄しべは多数，雌しべの花柱は 4～5 個．花に雌花と雄花の別があり，雄花の下位子房はやせ，雌花のは肥厚する．果実は黄色に熟して，径 2～3 cm の球形．酸っぱい．〔日本名〕草木瓜．ボケに似て小型の低木なのでクサと名づけた．地梨は地面ぎわにナシのような実がなるからである．〔漢名〕一般には樝子が用いられているが，これは誤りであろう．

1920. カ　リ　ン 〔バラ科〕

Chaenomeles sinensis (Thouin) Koehne

（*Pseudocydonia sinensis* (Thouin) C.K.Schneid.）

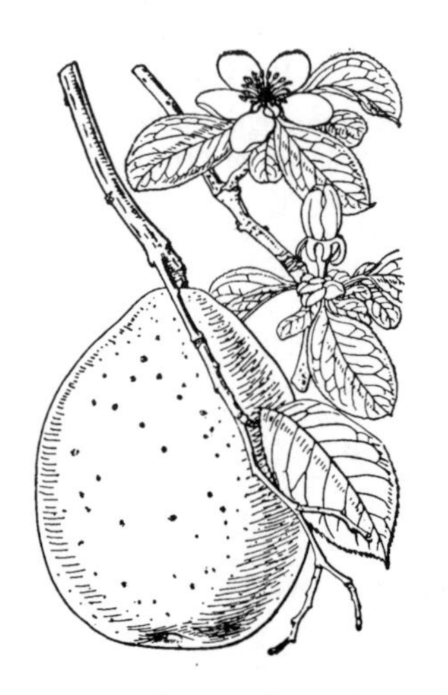

中国原産の落葉高木で，現在では広く庭園に栽植されている．幹は高さ 8 m 内外，径 35 cm ぐらいになる．樹皮は緑色をおびた褐色でなめらかで，鱗状にはがれて，その跡が雲紋状となる．葉は有柄，倒卵形あるいは長倒卵形，長さ 4～7 cm，表面は無毛，裏面にははじめは毛があるが後には脱落する．ふちには細きょ歯があり，下部のふちには腺がある．托葉は細く早落性，花は春に新葉と同時に出て枝先に単生し，短い花柄をもつ．がくは花柄とともに無毛, 倒円錐形, 5 裂し, 裂片は卵状披針形で反り返って巻き, 内面にラシャ状の毛があり，ふちには腺毛がある．花弁は淡紅色，楕円形，下部は短い花爪となる．雄しべは多数, 長さは花弁の 1/2 ぐらい．梨果は楕円体あるいは倒卵球形, 長さ 10 cm 内外．黄色に熟して芳香を放ち，果肉はかたく，酸味が強く，生のままでは食べられないが，カセイタという菓子を作ることがある．また輪切りにして煎じて薬用とする．しばしば神社の庭にアンラン樹といって植えてあるものは本種である．〔日本名〕この樹の木目が花櫚(カリン)（マメ科）に似ているので，この名がついたものであるという．〔漢名〕榠樝．

1921. サンザシ 〔バラ科〕

Crataegus cuneata Siebold et Zucc.

中国原産，日本へは享保 19 年（1734）に薬用植物として朝鮮半島から渡来したが，現在では観賞植物としてまれに庭園に栽植されている．落葉性の小形低木で高さ 1.7 m 内外，多く分枝し，小枝の変化したとげがある．葉はくさび形，上部が広くて円頭，基部は狭いくさび形，ふちには粗い鈍きょ歯があり，ふつう上部は浅く 3 裂し，まれには深裂する．ごくまれには深く 5 裂することもある．表面は深緑色で毛は少ないが，裏面ではやや毛が多い．春に枝先に散房花序を出し，ややまばらに白色花をつける．花は径 2 cm 内外．がくは壷形または鐘形，花柄と同様に毛が多い．がく裂片は 5．卵形，鋭尖頭．花弁は白色で 5，円形．雄しべは 20，花弁と同長．果実は球形，永存性のがくを頂端に残し，外面は有毛，赤色または黄色に熟し，径 2 cm ぐらいになる．食べられないが，薬用になる．〔日本名〕山樝子の音読み．「子」とは元来果実を指すのであるが，日本では現在，植物自体の名となってしまった．〔漢名〕山樝．

1922. クロミサンザシ 〔バラ科〕

Crataegus chlorosarca Maxim.

北海道，長野県菅平と樺太に分布し，低地の湿った場所に生える小高木で，高さ 6 m になる．樹皮は暗灰色で，はげ落ちたあとには黄褐色の内皮が露出する．若枝には暗紫褐色で灰白色の軟毛が密生する．冬芽は卵形で，長さ 6〜9 mm で，鱗片葉は瓦重ね状に並ぶ．葉は互生し，卵形または広卵形で，先は鋭形，基部は広いくさび形で，長さ 6〜12 cm，幅 3.5〜10 cm で，ふちには 4〜9 対のやや深い欠刻状のきょ歯があり，ときに浅裂することもある．葉の裏面は白色の軟毛が密生して白色を呈する．初夏に花をやや密につけた散房花序を葉のある短い枝の先に出す．花は白色で，径 1.4 cm ほど．がくには白色の長軟毛があり，筒部は倒円錐状，裂片は三角状で，反曲する．花弁は扁平な円形で，長さよりも幅が広く，花時には開出し，上縁は内側に彎曲して波状となる．雄しべは 20 個で，3 列に並び，葯は広楕円形で，淡紅紫色を帯びる．子房は 5 室からなり，有毛で，5 個の花柱がある．果実は球形で，径約 1 cm ほどになり，黒熟し，斜め下向きにつき，内にはふつう 5 個の種子ができる．種子は楕円体で，側面に溝がある．

1923. オオバサンザシ（アラゲアカサンザシ） 〔バラ科〕

Crataegus maximowiczii C.K.Schneid.

北海道にまれに見られ，朝鮮半島，中国東北部，樺太，東部シベリアに分布する落葉性の小高木．新枝には粗毛を密生し，後には無毛となって光沢のある紫褐色となる．長さ 3 cm にもなるとげ状の小枝がある．葉は有柄で互生し，卵形または広卵形，両面に軟毛があり，特に下面では密生する．先端は鋭形，基部は広いくさび形，通常深く 3 裂し，裂片はさらに切れ込み状の重きょ歯縁をもつ．春に枝先に円頂になる散房花序をつけ，白花を密生し，花柄は有毛．花は径 1〜1.5 cm ぐらい．がくは鐘形で有毛．がく裂片は 5，卵状披針形，花弁も 5，広倒卵形，または平たい円形．雄しべは多数，花柱は 3〜5 本．果実はほぼ球形，熟すると暗赤色になる．〔追記〕本種は，サンザシとは，葉が卵形で，中央部よりも下が最も幅広く，葉柄や花序に粗毛を密生するので区別できる．クロミサンザシは本種に似ているが，果実が黒く熟する点で区別できる．

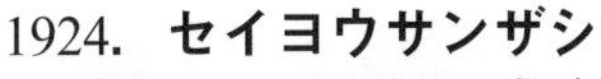

1924. セイヨウサンザシ 〔バラ科〕

Crataegus laevigata (Poir.) DC.（*C. oxyacantha* L., nom. rejic.）

ヨーロッパ，西アジアおよび北アフリカ原産の落葉低木で高さ数 m になり，時に庭木として栽植される．全体に無毛．この点で他のサンザシ類から区別できる．小枝の変形した丈夫なとげがある．新枝も通常無毛．葉は互生し，長柄があり，深緑色の卵形または広卵形，深く 3〜5 裂し，基部はくさび形または切形，裂片は鋭頭，不揃いのきょ歯がある．葉柄の基部に 1 対の三日月形の膜質の托葉があるが，花が終わる頃には脱落する．5 月頃，枝の頂に，白色 5 弁の花を散房状につけ，樹冠をおおって満開して美しい．花序は無毛，数個〜10 個の花をつける．花は径 1.5 cm，がくは鐘形で 5 裂し，花弁も 5，円形，水平に開出し，多数の雄しべを持ち，花柱は 2〜3 個．果実は径 1 cm ぐらいの球形で，赤く熟する．園芸品に花のふちの赤いものがあり，'Bicolor' という．

1925. セイヨウカリン　〔バラ科〕

Mespilus germanica L.

いわゆる果物のメドラー（medlar）で，古くからヨーロッパで栽培されている落葉低木性の果樹．日本ではまれに栽培されている．樹高 5 m ぐらい．小枝はとげに変形することがある．葉は互生し，長さ 5 mm ぐらいの短柄をもち，葉身は長さ 6～13 cm，長楕円形，あるいは倒披針形，鋭頭，基部は鈍形，ふちには小さいきょ歯があるか，時にはほとんど全縁，葉面は暗緑色，両面殊に下面に多くの短毛を生じる，下面の葉脈上には，新枝も葉柄も短いラシャ状の毛が密生し，支脈は 10 数対ある．托葉は小さく早落性．花は枝先に 1 個つき，大きくて白色，径 3～4 cm．初夏の頃開き，短い花柄を持つ．がく片は大きく針形，外面には毛が多い，花弁は広い倒卵形．雄しべは多数，花柱は互いに離れている．果実は梨果で半球形，暗いみかん色，基部は急に狭くなり，径 2～3 cm，頂部は広く平らで，永存性の 5 枚のがく片を輪状に配列して残す．中に 5 個の大きな小核がある．食べられないことはない．〔日本名〕堅い果実をカリンにたとえた名．

1926. テンノウメ（イソザンショウ）　〔バラ科〕

Osteomeles anthyllidifolia (Sm.) Lindl. var. ***subrotunda*** (K.Koch) Masam.（*O. subrotunda* K.Koch）

琉球地方の海辺に生える常緑性の低木であるが，また庭園に栽植される．幹はややつる状に地表をはい，まばらに分枝して，表面はざらざらしているが毛はない．若い枝には白色の剛毛がある．葉は革質，互生し，線状楕円形の羽状複葉で剛毛状の白毛を密生する．小葉は 7 対ぐらい，倒卵状楕円形または楕円形，長さ 5～7 mm，幅 2.5 mm ぐらい，円頭，基部も円形，ごく短い柄があり，表面は深緑色で光沢がある．花は白色で径 8～9 mm，4～5 月頃，枝の先に少数の花が集まって散房花序を作って開く．花柄とがくには白毛があり，がく裂片は卵状三角形で反り返って巻く．花弁は 5，倒卵形，長さはがく片の 2 倍ぐらい，基部は小花爪となる．雄しべは 20～25 本，がく片とほぼ同長．雌しべの花柱は 5 本．〔日本名〕天の梅は恐らく，小さい梅の花のような白花が点々として開くのを，天の星になぞらえたものであろう．磯山椒は海岸の岩上に生え，葉がサンショウに似ているからである．〔漢名〕小石積．

1927. タチテンノウメ　〔バラ科〕

Osteomeles boninensis Nakai

小笠原諸島に特産し，やや乾いた低木林に生える．常緑の小低木で，高さ 1～1.5 m になる．樹皮は灰褐色で，枝は株立ちして斜上する．葉は奇数羽状複葉で，長さ 3～5 cm あり，互生し，長さ 0.7～1 cm の柄がある．小葉は柄がなく，27～30 個が相互に密生してつき，革質，狭披針形で，先は微凸形，まれに切形となり，基部は円形で，長さ 3～6 mm で，全縁で，表面は光沢があり，無毛または主脈上のみに毛があり，裏面は淡緑色で白毛があるが，無毛のこともある．托葉は線形で長さ約 5 mm．3～5 月，枝先に散房花序を出し，数花をつける．花は白色で，径約 1.2 cm．がく筒は倒円錐状，がく裂片は披針形で，長さ 4 mm ほど．花弁は倒卵形で，先は円形または切形，長さ 5～6 mm．雄しべは花弁より短い．花柱は 5 個あり，離生し，基部には白色の軟毛が密生する．果実は球形で，長さ約 0.8 cm になり，紫黒色に熟すが，表面に白色の軟毛が散生する．小核は 5 個あり，長さ約 5 mm の半月形で，淡い褐色を呈する．〔日本名〕立天の梅で，テンノウメに比べ茎が立つことに因む．〔追記〕本種は次のシラゲテンノウメと共に，中国南西部に産する *O. schwerinae* C.K.Schneid. に合一されることもある．

1928. シラゲテンノウメ　〔バラ科〕

Osteomeles lanata Nakai ex Makino et Nemoto

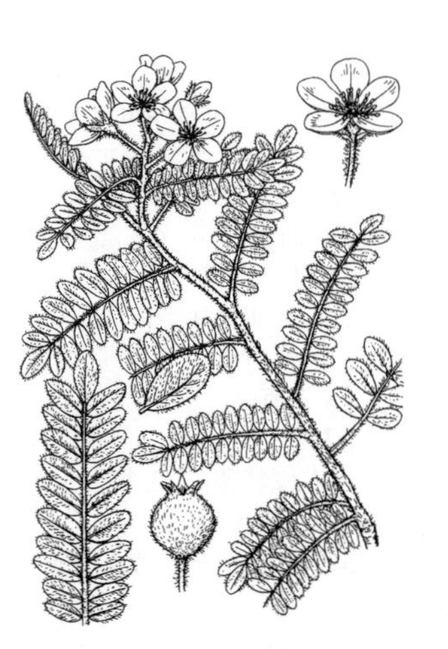

小笠原諸島に特産し，山頂の風衝地の岩場に生える．常緑の小低木であるが，枝は地をはい，高さは 20～50 cm である．全株白い軟毛におおわれる．葉は奇数羽状複葉，長さ 2.5～3.5 cm で，互生し，長さ 1 cm 以下の柄がある．小葉は柄がなく，11～25 個が相互に接してつき，革質，倒広披針形で，先は微凸形となり，基部は円形で，長さ 3～5 mm，全縁で，表面は光沢があり，白毛を密生する．托葉は線形で長さ約 5 mm．3～5 月，枝先に散房花序を出し，数花をつける．花は白色で，径 1.2 cm ほどになる．果実は球形で径約 5 mm である．本種は琉球に分布するテンノウメに近縁で，同種とする説もある．また同様に小笠原諸島に特産するタチテンノウメにも近似するが，茎がはうこと，毛が密生すること，小葉の数が少なく，かたちもわずかに異なるなどの違いがある．

1929. マルメロ 〔バラ科〕

Cydonia oblonga Mill.

西アジアの原産で寛永 11 年（1634）日本に渡来して，現在は所々に栽培されている落葉高木性の果樹，高さ 8 m にもなり枝にはとげがない．葉は互生し，卵形または楕円形，長さ 5〜10 cm，全縁，円頭，基部は切形または鈍形，短い柄がある．葉質はやや厚く葉面は深緑色，裏面は灰白色の綿毛でおおわれる．葉柄は長さ 1〜1.8 cm，新枝とともに綿毛を生じる．托葉は早落性．晩春から初夏にかけて新枝の先端に 1 個の純白色または淡紅色をおびた，径 4〜5 cm の大形の花を開く．がく筒は細い倒円錐形，がく裂片は披針形で長く，花が咲く時には反り返るが，ともに綿毛を密生する．花弁は 5，広楕円形，下部の花爪に綿毛があり，つぼみの時には回旋状に重なっている．雄しべは 20 本以上，雌しべの花柱は 5 本，ゆ着しないで，下部に毛がある．花心にも毛を密生する．梨果は西洋梨形の楕円体あるいはリンゴ形，芳香を放ち，綿毛を密生する．頂部のへそに永存性のがく裂片を残す．果実の中は 5 室があり，各室とも多数の種子を持つ．生のまま食べられるし，また缶詰を作る．〔日本名〕ポルトガル語の marmelo からつけられた．ポルトガル語で marmereiro はその木を指し marmelada はその果実の砂糖漬を指す．〔漢名〕榅桲．

1930. シモツケソウ（クサシモツケ） 〔バラ科〕

Filipendula multijuga Maxim.

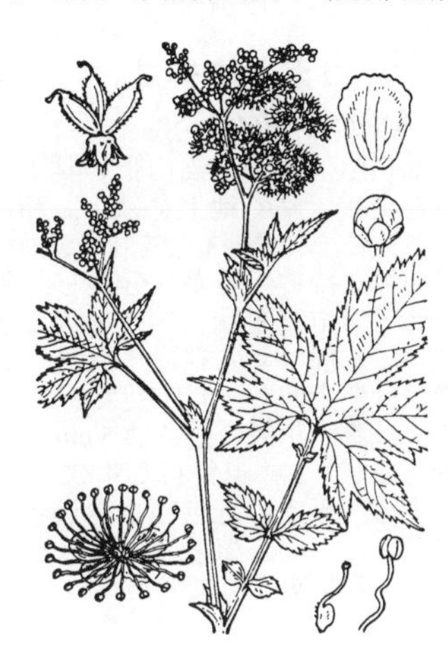

福島県以西の山地に生える多年生草本．しばしば観賞用に人家に植えられる．高さ 60 cm ぐらいで全株ほとんど無毛．茎は直立し，細長く緑色，4〜5 本の茎葉を互生する．葉は下部のものでは頂小葉が大形の羽状複葉で頂小葉は心臓状の円形，掌状に 5〜7 中裂し，裂片は披針形，先端は尖り，ふちには切れ込み状の重きょ歯がある．長さ 10〜13 cm ぐらい，上面はやや無毛，下面では葉脈上に微毛がある．側小葉は大形と小形のものが交互に対生して 3〜6 対，卵形，ふちには切れ込み状のきょ歯があり，無柄．托葉は披針状長楕円形，うすい膜質．花は 6〜7 月頃開き，淡紅色，集散状散房花序を作って密集する．がく片は卵形，先端は鈍形．花弁は 3〜5．倒卵状円形で時には短い爪があり，ふちには細かい凹凸がある．雄しべは多数，花弁よりもずっと長く，淡紅色で花糸は糸状．心皮は 4〜5 個，離生する．痩果は長楕円体，無毛，あるいは多少ふちに毛がある．花色やがく片の毛などに変異が見られる．〔日本名〕下野草．花がシモツケに似ている草本という意味．

1931. オニシモツケ 〔バラ科〕

Filipendula camtschatica (Pall.) Maxim.

本州中部以北の山地に生える多年生草本，高さ 1〜2 m になり，茎は緑色で直立し，数枚の茎葉を互生する．葉は大形の広卵形，基部は心臓形，多くは掌状に 5 中裂する．裂片は三角形または卵状三角形，ふちには切れ込み状で重歯牙状のきょ歯がある．上面は無毛，下面はやや無毛で，ただ葉脈上に粗毛がある．葉柄は強くて丈夫，ごく小さい痕跡状の小葉を数対つける．托葉は半心臓形でふちには大きなきょ歯がある．夏に茎の頂が分枝して集散状散房花序を作って，多数の白色の小花を密集して開く．がく片は円状卵形，背側に反り返り，両面に毛がある．花弁は倒卵状円形，雄しべは花弁よりもずっと長く，花糸は糸状．雌しべは，背腹に毛がある．痩果は披針状長楕円体，背腹に剛毛が密生する．〔日本名〕鬼下野．この類の中で一番大きいのでオニの名がついた．本種をナツユキソウという人があるが，誤りである．この名はキョウガノコの白花品である．

1932. コシジシモツケソウ 〔バラ科〕

Filipendula auriculata (Ohwi) Kitam.

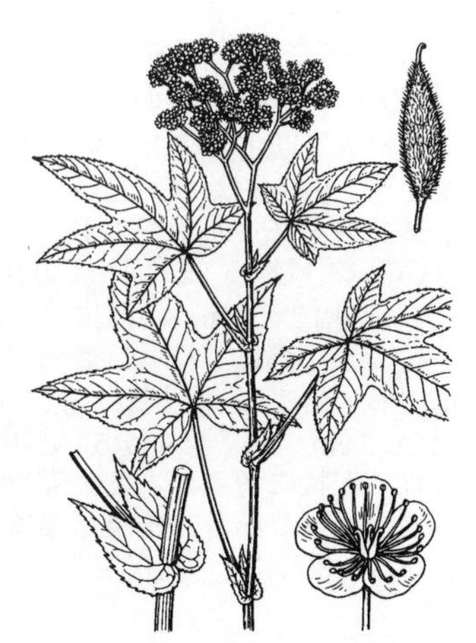

本州中部の日本海側（富山県から山形県）の多雪地に分布する．低山地に生える多年草で，地中に太い根茎がある．茎は高さ 1〜1.5 m になり，稜がある．葉には根生するものと茎に互生につくものがあり，奇数羽状複葉である．茎につく葉の頂小葉は大きく，円形，基部は心臓形となり，中ほどまで掌状に 5〜7 裂する．裂片の先は鋭尖形，ふちには細いきょ歯または欠刻状きょ歯がある．側小葉は 1〜2 対で，卵状披針形，長さ 1〜3 cm で，ふちにきょ歯がある．托葉は草質で，基部は顕著な耳状になり，茎を抱き，緑色で，ふちにきょ歯がある．夏に茎の先に小形の花をやや密生した，散房状または円錐状の花序を出す．花序は無毛である．花は径 4〜5 mm で，紅色である．がく裂片は開花時に反り返る．花弁は広卵形または円形で，先は円形または鈍形で，基部には明らかな爪がある．子房は有毛で，柱頭は頭状になる．果実は痩果で，明らかな柄があり，扁平な披針形で，両端は細く，両縁に毛がある．栽培されるキョウガノコは本種に似るが，托葉が小さく，側小葉があまり発達しない．エゾノシモツケソウは耳のない膜質の托葉をもつ．

1933. キョウガノコ 〔バラ科〕

Filipendula purpurea Maxim.

まだ自生しているのは見られないが，観賞のため庭園に植えられている多年生草本．高さ 60～150 cm ぐらいになり，全株無毛．茎は直立して緑色であるが紅紫色をおび，低い隆起線が縦に走る．数枚の茎葉が互生する．葉は深く掌状に 5～7 裂し，基部は深い心臓形，裂片は狭い長卵形で先端は鋭く尖り，ふちには切れ込み状の重きょ歯がある．葉柄は長く紅紫色をおび，両側には通常小葉はないが，まれにはごく小形のものをつけることがある．6 月に茎の頂に小枝を分枝して，多数の紅紫色の小花を集散状散房花序に密集してつけ非常に美しい．がく片は卵形，先端は鈍形，無毛，花弁は卵状長楕円形または卵状円形，基部は花爪となる．雄しべは多数で花弁よりもずっと長く，雌しべは 3～5 本，互に接近しながらも独立して立ち，淡紅紫色となり短い花柱がある．痩果は楕円形，粗い縁毛がある．白花をつける 1 品種をナツユキソウ（夏雪草の意味）といい，極めてまれな品種である．〔日本名〕京鹿子の意味で，本種の美しい淡紅色の花序を，京鹿子，すなわち京染の鹿子絞に見たてたものである．

1934. コガネイチゴ 〔バラ科〕

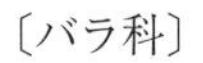

Rubus pedatus Sm.

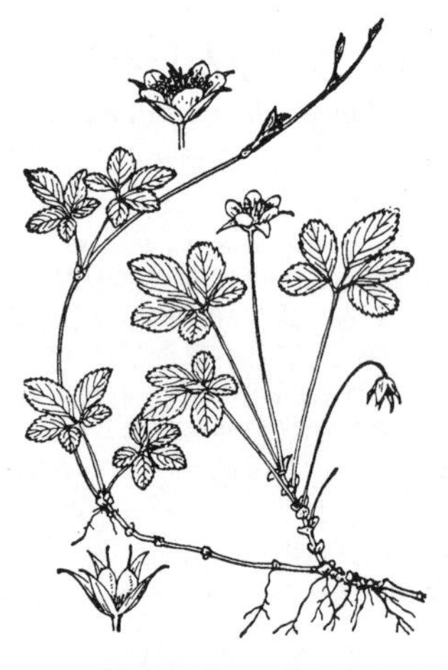

本州中部以北の高山帯の林下に生える小さい草本状の落葉低木．茎は細い針金状で長く地上をはい，節部からひげ根を出す．まばらに短枝を分枝して，枝上に 2～3 葉を出す．葉は互生し，長柄があって直立し，葉身は先ず短柄を持った 3 葉に分裂し，左右の側葉はさらに 2 小葉に分かれるので，全体として鳥足状に広がる 5 出複葉となる．小葉は菱形状の卵形，多くは鈍頭，基部はくさび形，膜質，ふちには切れ込み状の細かいきょ歯がある．葉脈は多少凹む．7 月頃葉腋から細長い花柄を出して頂に小形の白色花を 1 個つける．花柄の長さは 5 cm ぐらい．花茎 1 cm 内外，花弁はもともと 5 枚であるが，1 枚退化して 4 枚となるものが多く，倒長卵形，鈍頭，水平に開出する．果実は紅色の小球形の核果で，2～3 個が集合する．光沢があって可愛いらしい．核果の下には永存性のがくが残る．〔日本名〕黄金苺は，光沢のある果実を見て名をつけたものか．

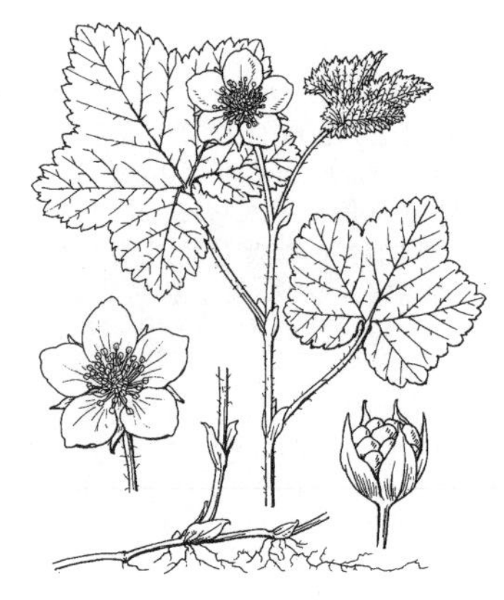

1935. ヤチイチゴ（ホロムイイチゴ） 〔バラ科〕

Rubus chamaemorus L. var. ***pseudochamaemorus*** (Tolm.) Hultén

北海道と本州（東北地方）の湿地や泥炭地に生えるとげのない多年草．雌雄異株．地下茎と地上茎に分かれ，地下茎ははい，細く，よく分枝し，節から発根する．地上茎は 2～25 cm で直立し，腺毛があり，基部には鱗片葉がある．葉は（1～）2～3 枚，単葉，腎臓形ないし円形で掌状に 3～5 裂する．葉身は長さ 3～6 cm，幅 3～7 cm．基部は深い心臓形，葉縁にきょ歯がある．葉柄は軟毛があり，長さ 3～7 cm．托葉は膜質，長楕円形で長さ 3～7 mm．花は 6 月，地上茎の先端に単生する．花柄は 2～3 cm，軟毛と腺毛がある．花弁は 5 枚で長さ 8～15 mm，幅 7～12 mm，倒卵形で白色．がく片は 5 枚，狭卵形ないし楕円形で先端は鋭尖形または鈍頭，花弁より非常に小さい．雄しべ多数．雌しべ数個．集合果は球形，赤く熟し食べられる．種子は腎臓形で表面はほとんど平滑．北極に近い地方ではジャムとしてよく利用される．〔日本名〕谷地苺．谷地とは沢などの湿地のことで，この植物の生育地から．幌向苺は北海道の幌向（岩見沢市）で最初に採集されたのによる．〔漢名〕雲苺，興安懸鉤子．

1936. ベニバナイチゴ 〔バラ科〕

Rubus vernus Focke

本州中部以北の高山に生える小低木，高さ 1 m ぐらいになり，茎は無毛，淡褐色で白色をおび，とげはない．葉は互生．葉柄をもち，三出複葉で小葉は倒卵形，卵状楕円形，または菱形状楕円形，鋭頭，基部は円形あるいはくさび形，ふちには切れ込み状の大きな重きょ歯があり，長さ 3～6 cm，幅 2～4 cm，両面に毛を散生する．葉脈上には特に粗い毛がある．左右の 2 小葉はしばしばさらに 3 裂することがある．托葉はへら状の長楕円形．花は 7～8 月頃に開き，枝の末端に 1 個つき，花柄には毛があり，径 2～3 cm．がく裂片は 5，卵状三角形で鋭頭，長さ 10～15 mm，外面はビロード状に短毛がある．花弁は 5，紫紅色で倒卵状楕円形．がく裂片の倍の長さである．核果は集まって卵状球形となり赤黄色に熟し，食用となる．〔日本名〕紅花苺という意味である．

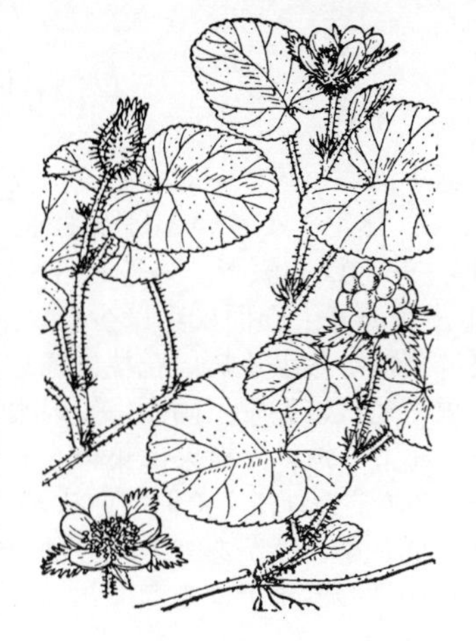

1937. マルバフユイチゴ（コバノフユイチゴ）〔バラ科〕

Rubus pectinellus Maxim.

四国，九州から裏日本を下北半島に至る間の樹林中に生えるつる性の小低木．茎は細長く地表をはって，所々で根を出し小さいとげをもつ．葉はほふく枝から出る短い花枝に 3～4 枚互生し，長柄がある．葉身は円形で先端は丸く，基部は深く心臓形に凹み，濃緑色，全面に直立する毛を密生する．ふちには鈍いきょ歯がある．夏に枝の先に小花柄を直立して出し，1 個の花をつける．小花柄は葉柄とともに開出毛ととげとがある．がく筒は狭卵形で小さいとげが密生する．がく裂片は狭卵形でふちは切れ込み，白色の短毛をもつ．花弁は 5，白色，狭倒卵形，がく裂片よりはるかに短い．核果は少数でやや大形で赤く熟し，花托は有毛．フユイチゴとは，葉が円形であること，托葉が永存性で長く残ること等により区別できる．

1938. ホウロクイチゴ〔バラ科〕

Rubus sieboldii Blume

本州中部以西の暖地の海岸地方の山地に生える丈夫な常緑の低木．茎は弓状に曲がり，末端は地について新植物を生ずる．枝は太く，針状のとげをまばらにつけ，新枝には短毛を密生する．葉は大形で長さ 10～15 cm，互生し，卵円形あるいは円形．葉質は非常に厚く，ざらざらしている．葉柄とともに短毛が一面にあるが，後には落ちてなくなる．また小さい鋭いとげをまばらにつける．ふちは浅く 3～7 裂し，裂片には不揃いの切れ込み状の歯牙状のきょ歯がある．裏面では葉脈は著しく隆起して白色をおびる．葉柄はやや短く，強く丈夫で小さいとげをもつ．葉柄基部の托葉は早落性でふちが細かく裂ける．初夏の頃，葉腋に 1～数個の花を束生して，白花を開く．花はフユイチゴに似て大形，径 3 cm ぐらい．花の下の苞葉は広卵形で両面に細毛がある．がく裂片は卵形，両面ともに赤褐色の毛を密生し，花が咲く時には反り返る．花弁は 5，広楕円形またはやや円形，ふちは波状のしわがよる．核果は多数集まって球形となり，下に永存性のがくを残す．冬に赤く熟する．〔日本名〕炮烙苺．核果が集まって内部が空洞になっており，逆さにするとほうろく鍋の形になるからである．

1939. クワノハイチゴ〔バラ科〕

Rubus nesiotes Focke

琉球諸島に生える常緑のつる性低木．茎は最初直立し，伸長して樹冠の上にでて，枝をうつ．若枝には白綿毛ととげがある．とげは小さいが鋭い．後に，ある枝の先端は下にのび，着地し，発根する．葉は互生し単葉，卵状楕円形から卵形で長さ 8～11 cm，幅 3～7 cm，先端は鋭尖形，基部は切形からやや心臓形．葉縁はやや不規則な歯状となる．表面はほとんど無毛，裏面に白綿毛があり，多いものはやや白色となる．葉柄は密綿毛があり，長さ 2～3 cm．托葉は広披針形，きょ歯があり，長さ約 15 mm で早落性である．花は 3～5 月，枝の先端に 4～9 個，総状の集散花序をなし，上向きにつく．花は直径 1.5～2 cm．花柄は白綿毛が密生し，長さ 2～3（～5）cm．花弁は 5 枚で白色，楕円形から倒卵状円形，先端は凹形となり，長さ約 8 mm，幅約 7 mm．がく片は 5 枚，卵形で両面に密に白綿毛があり，外側にまれに小さなとげがある．長さ 8～10 mm．雄しべと雌しべは多数．集合果は黒色に熟し食べられる．小核果は新月状で，長さ約 2.7 mm．〔日本名〕桑の葉苺．葉が桑の葉に似ることによる．

1940. シマバライチゴ〔バラ科〕

Rubus lambertianus Ser.

九州（長崎県，熊本県），台湾，中国南部に分布する落葉低木．多く分枝して高さ 1～2 m となり枝上のとげはかたくややかぎ型に曲がって平たい．葉は互生し，長柄をもち，柄上にも茎に似たとげがある．葉身は広卵形，上面は脈上にだけ毛があり，下面は全面に細毛を密生して灰褐色となる．先端は鋭尖形，基部は心臓形，ふちには鋭い細きょ歯があり，浅く 3～7 裂する，時には波状縁となることもある．枝先に散房花序をつけてやや垂れ下がる．花は白色，がく筒は 5 裂し，裂片は狭卵形，鋭尖頭，ふちに白色の短毛がある．花弁は 5，非常に小形で長さ 5 mm ぐらいにすぎず，広いへら形，果実は球形，暗赤色に熟する．〔日本名〕島原苺．九州島原半島で最初採集されたのによる．〔追記〕フユイチゴに似るが，散房花序を作ること，茎は無毛であること，体は大形で高さ 1～2 m にもなること等により区別できる．

1941. ミヤマフユイチゴ 〔バラ科〕

Rubus hakonensis Franch. et Sav.

福島県以西の山地に生えるつる性の常緑小低木．茎はやせて長く，高さ 30〜40 cm ぐらい，直立または斜上して，無毛，小さいとげがある．葉は互生して有葉．卵形，先端は鋭尖形，基部は心臓形，多くは 3〜5 浅裂する．ふちには細かい歯牙状のきょ歯があり，両面に毛は少ない，葉柄には毛は少ないが，とげがある，夏に葉腋から出る短い花枝に穂を作って小白花をつける．がく片は卵形，鋭く尾状に尖り，両面に短い柔毛が多い．花弁は 5，倒卵状楕円形でがく片より短い．核果は集合して球形となり，冬に赤く熟して食べられる．フユイチゴによく似ているが，茎葉に毛がほとんどなく，葉が鋭く尖り，小さなとげがあり，花弁はがく片より短いので区別できる．〔日本名〕深山性の冬イチゴの意．

1942. フユイチゴ（カンイチゴ） 〔バラ科〕

Rubus buergeri Miq.

関東以西の暖地の山地の木陰等に多く見られる常緑のつる性小低木．茎は直立または斜上して高さ 20〜30 cm ぐらい．全株にラシャ状の毛が生えているがとげは細く少ない．別に長いほふく枝を伸ばし，2 m ぐらいになり，短柄をもった葉をまばらに互生し，末端に新芽を生じて繁殖する．直立茎の葉は長柄をもち，やや円状の五角形，浅く 5 裂する．底部は心臓形，裂片は円頭あるいは鈍頭，ふちに細かい歯牙状のきょ歯がある．上面には毛は少ないが，下面は葉柄とともに軟毛を密生する．夏に葉腋から短い花枝を出して，5〜10 個の白花をつける．がく片は 5，三角状披針形，鋭尖頭，内外両面には花柄とともにラシャ状の毛を密生する．花弁は 5，長楕円形，がく片よりやや長い．核果は多数集まって球形となり，下に永存性のがくを残す．冬になって赤く熟して食べられる．〔日本名〕冬苺，寒苺は共に冬に実が熟するからである．〔漢名〕一般には寒苺が用いられているが，これは蓬虆（クマイチゴ）の別名である．

1943. クロイチゴ 〔バラ科〕

Rubus mesogaeus Focke var. ***mesogaeus***（*R. kinashii* H.Lév. et Vaniot）

山地に生えて荒々しく広がって成長する落葉性の亜低木．茎は細長く多少つる状にのびて分枝し，下向きのとげと細い毛が生える．葉はまばらに茎上に互生し，長い葉柄をもち，普通は羽状の 3 出葉であるが，時には 5 小葉のものをまじえる．小葉は広卵形，先端は鋭形または鋭尖形，基部は円形か切形，ふちには不揃いの歯牙状きょ歯がある．裏面には白色の短い軟毛が密生し，脈上には小さいとげがある．托葉は針状で葉柄の基部に合着する．6〜7 月頃，側生の小枝の先に散房花序を生じ，少数の花をつけ，花柄はごく細く，毛を密生するがとげはない．がく片は両面とも白毛を密生する．花弁は小形で 5 個．白色でへら状倒卵形．8 月に核果は集まって小形の径 8 mm ほどの球形となり，熟すると紫色から黒くなる．〔日本名〕黒苺は実が黒く熟するからである．

1944. エビガライチゴ（ウラジロイチゴ） 〔バラ科〕

Rubus phoenicolasius Maxim.

山地に生える落葉低木．茎ははじめは直立するが後につる状となる．全株に紫赤色のかたい腺毛を密生し，毛の間にとげを散生する．葉は互生，有柄，三出複葉，小葉は卵形，または広卵形，長さ 4〜8 cm，幅 3〜6 cm，鋭頭，基部は円形，ふちには切れ込み状の大きなきょ歯がある．表面には毛がまばらにつくが，裏面には白い綿毛が密生する．頂小葉は大形で時に 3 裂する．托葉は線状披針形．花は初夏に開き，枝の末端につき，多数集まって円穂花序を作る．がく片は狭披針形，先は長く尖り，開花の時には水平に開出し，外面に腺毛を密布する．花弁は 5 個．淡紅紫色で倒卵状のへら形で直立する．雄しべは多数あって，きわめて短い，核果は集まって球形となり赤く熟し，小核果にしわがある．〔日本名〕蝦殻苺の意味．茎と葉柄に紅紫色の粗毛が多いので，これをエビの殻になぞらえたものである．裏白苺は，葉の裏が白色であるためである．

1945. **トックリイチゴ** 〔バラ科〕

Rubus coreanus Miq.（*R. tokkura* Siebold）

朝鮮半島および中国原産の落葉低木で，しばしば庭園に栽培される．高さ 1〜2 m ぐらいになり，多くの枝を分枝して直立し，無毛，とげは太く扁平で，先端は下方にかぎ形に曲がる．花枝には数枚の葉を互生する．葉質はやや厚く，小葉は 5〜7 個，はじめは両面ともに白色の綿毛でおおわれるが，後にはほとんど無毛となるか，あるいは下面に隆起した脈の上だけに少しの毛が残る．へりには先端が芒になる不揃いの重きょ歯がある．側方の小葉は卵形，鋭頭，基部は左右がやや不同でゆがんだ円形，または鈍形．無柄．頂小葉は側小葉よりも大形で，菱形状卵形，基部は円形で葉柄はやや長く，中軸とともに下面に小さいとげが並んで生える．夏に毛が密に生えた散房花序を枝頂から出し，小さい白花を数個つける，がく裂片は 5，披針形で反り返り，花弁も 5，がく片よりも短く直立し，倒卵形，長さ 5 mm ぐらい．核果は球状に集まり，やや粗大で赤く熟する．〔日本名〕徳利イチゴで，果実の形を連想したもの．

1946. **ナワシロイチゴ**（サツキイチゴ） 〔バラ科〕

Rubus parvifolius L.

至る所の原野に生えるほふく性の落葉小低木．茎は長さ 1.4 m ぐらいになり，直立茎は 30 cm ぐらい，ほとんど無毛であるが小さなとげをもつ．葉は互生し，3 出，または時には 5 小葉の羽状複葉．小葉は菱形状の倒卵形，円頭，基部はくさび形，または切形，ふちには切れ込み状の粗いきょ歯があり，時には 2 裂または 3 裂する．表面は無毛で緑色であるが，裏面には白色のビロード状に毛を密生し，長さ幅ともに 2〜5 cm．托葉は線状披針形，全縁．花は夏に開き，まばらな集散花序を作って枝の上部に腋生または頂生する．がく裂片は卵状披針形，鋭尖頭．表裏両面に細毛が密生し，裏面の基部には小さなとげがある．花弁は 5 個，直立し，淡紅紫色，倒卵状へら形，がく裂片より短い．核果はやや粗大．数粒が集まって小球形となり 6 月に熟して深赤色となり食べられる．〔日本名〕苗代苺は 6 月の苗代の頃に実が熟するからであり，皐月苺は陰暦の 5 月に熟するからである．〔漢名〕紅梅消．しかし薅田藨は誤用．

1947. **キビナワシロイチゴ** 〔バラ科〕

Rubus yoshinoi Koidz.

本州（宮城県以南）と九州に局所的に生える，ほふく性の落葉小低木．茎は 20〜30 cm の高さになるが，その後横に長くのび地面をはう．秋に先端が着地し，発根する．葉は互生し，有柄，三出複葉，頂小葉は長卵形，鋭尖頭で基部は心脚をなす．葉の裏面はやや緑白色．ふちは二重きょ歯縁．葉柄は細く，軟毛ととげがある．托葉は線状披針形．花は 5〜6 月，本年枝の先端に総状花序を作る．花枝は 5〜20 cm．花弁は 5 個，長さ 5〜7 mm，淡紅紫色，狭いへら形，開花時直立となる．がく裂片は 5 個，三角形で開花時直立する．雌しべ 30〜40 個，雄しべ 50〜70 本．集合果は球形で赤く熟し食べられる．〔日本名〕吉備苗代苺．最初岡山県（備中）で発見され，またナワシロイチゴに似ることによる．〔追記〕ナワシロイチゴに似るが，葉の頂小葉は細長く，側脈が多いこと，花序は総状花序であり，その花が同時に咲き，花弁やがく片が直立する点で区別される．また，本種とナワシロイチゴとの間に自然雑種ナガバナワシロイチゴ *R.* ×*pseudoyoshinoi* Naruh. et H.Masaki が知られている．

1948. **エゾキイチゴ**（エゾイチゴ） 〔バラ科〕

Rubus idaeus L. subsp. ***melanolasius*** Focke

（*R. idaeus* var. *aculeatissimus* Regel et Tiling）

北海道および北半球の北部に広く分布する落葉小低木．枝にはとげ，柄のある腺毛及びやわらかい短毛があり，とげは細い針状で開出する．古い長枝から 30〜40 cm の花枝を出して，5〜10 葉を互生する．小葉は通常は 3 枚であるが，長枝では 5 枚のものもまじる．ふちには不揃いの鋭きょ歯があり，下面には白色の綿毛を密生する．葉柄にはとげとやわらかい短毛とが生える．側小葉は卵形または卵状楕円形，先端は次第に細くなって尖り．基部は左右がやや不同でゆがんだ鈍形，頂小葉は少し大形，長さ 5〜7 cm ぐらい，しばしば切れ込みがある．夏に枝頂や葉腋に花序を出し 2〜数個の花をつける．花は白色，がく片は狭卵状，先端は尾状に鋭く尖り，内面に白色の短毛を密生する．花弁は小さいへら形，斜めに開き，長さ 5 mm ぐらい．小核果には毛があり，集まって球形となり，赤く熟する．〔日本名〕蝦夷イチゴ，北海道に産することによる．

1949. ミヤマウラジロイチゴ 〔バラ科〕

Rubus idaeus L. subsp. ***nipponicus*** Focke var. ***hondoensis*** Koidz.

（*R. yabei* H.Lév. et Vaniot ; *R. idaeus* var. *yabei* (H.Lév. et Vaniot) Koidz.）

本州中北部の高山に生える落葉小低木．エゾイチゴに似ているが，全体はもっとかぼそく，弱々しい．とげは少なく，茎葉に腺毛がないが，時には花柄にだけ腺毛がある．葉は互生し，花枝は 30～40 cm ぐらい．花枝の葉は 3 小葉からなるのが普通であるが，時には 5 小葉のものもまじり，側小葉は披針状狭卵形，または狭卵形で先端は次第に細くなって尖る．基部は鈍形で左右は同形でない．頂小葉は少し大形．小葉は一般にふちに不揃いの鋭きょ歯があり，下面には白色の綿毛が密生し，葉柄にはとげおよび短い軟毛がある．夏に枝の上方の葉腋から花序を出して，小数の花をつける．花は白色，がく片は狭卵形，内面に白色の短毛が密生し，花弁はへら形，斜めに開く．果実は赤く熟し，核果には毛がある．〔日本名〕深山裏白イチゴで，ウラジロイチゴ（エビガライチゴ）に似るが深山性であることによる．

1950. ゴヨウイチゴ 〔バラ科〕

Rubus ikenoensis H.Lév. et Vaniot（*R. japonicus* Maxim., non L.）

本州中北部の深山の半日かげに生える落葉性の亜低木で，横にはい，全体に長い剛毛ととげがたくさんつく．茎は細く草質，地上を長くはう．葉は互生してまばらにつき長い葉柄がある．葉身は鳥足状，5 小葉からなり，小葉は倒卵状楕円形，先端は急に尖り，基部は狭くなってくさび形，ふちには重きょ歯がある，葉質はうすく，葉脈はヤマブキの葉のように凹む．7 月頃に短い枝を立て，細い柄のある花をつける．がく筒は半球状で椀形，外面には長いとげを密生する，がく片は細くて，先端が 3 裂するものが多い．花弁は小さく退化してはっきりしない．雄しべと雌しべは多数．核果は小さいが，集合して，外形は球状となり，熟して赤くなる．残っているがくは花が終わった後に，はじめはくちばし状で閉じているが，果実が成熟すると，水平に開出するようになる．〔日本名〕五葉苺．葉が 5 小葉からなるためである．

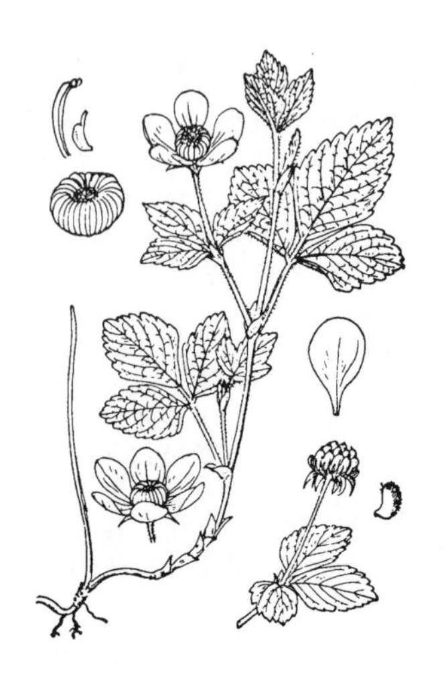

1951. ヒメゴヨウイチゴ（トゲナシゴヨウイチゴ） 〔バラ科〕

Rubus pseudojaponicus Koidz.

北海道，本州中北部の亜高山帯の森林内のやや暗い所に生える落葉亜低木で横にはい一見して草本のようである．長枝はゴヨウイチゴより細くはじめは直立または斜上し，後に地上に伏して長くはい，さらにこれから短い花枝を立てる．全般にとげはなく．葉柄，葉脈とともにやわらかい毛をやや密に生じ，まばらに葉を互生する．葉は長い葉柄をもち，鳥足状の 5 小葉をつけ，各小葉は菱形状の狭い倒卵形で，先端は細く尖り，基部は狭いくさび形，葉質はうすく，ふちには鋭い重きょ歯がある．初夏の頃，花枝の頂端に細い柄を伸ばし，白色花をつける．がく裂片は 5 個，先端は花が散った後で反り返り，花弁は狭卵形，鈍頭，長さ 1 cm ぐらい．果実は熟すると紅くなり，小核果の粒はやや大形である．〔日本名〕姫五葉苺，刺なし五葉苺の意味である．

1952. チシマイチゴ 〔バラ科〕

Rubus arcticus L.

千島列島，サハリンから北半球の寒帯に広く分布する小さい低木で一見して草本のようである．高さ 5～25 cm，短く横に伏している細い茎から，斜上して茎を立て，時にはさらに葉腋から側枝を分枝して伸びる，葉は茎とともに若い時には短毛があるが，後に無毛となる．互生し，3 出複葉で長柄がある．左右の側小葉は広卵形，鈍頭，基部の左右はやや不同の広いくさび形，頂小葉は菱形状の広卵形，鈍頭または鋭頭，基部はくさび形．ふちには細かい歯牙状のきょ歯がある．枝の頂に長く直立した花柄をもった花を 1 個つける．花は白色，時には淡紅色をおびる．がく片は先端が尾状にのびた広卵形．両面に短毛があり，花弁は倒卵形，円頭．核果は少数で有毛．多数集まって，平たい球形の淡紅色の集合果となる．〔日本名〕千島で最初採集されたのによる．日本では北海道夕張岳で一度採集されただけで，その後誰も採集していない．

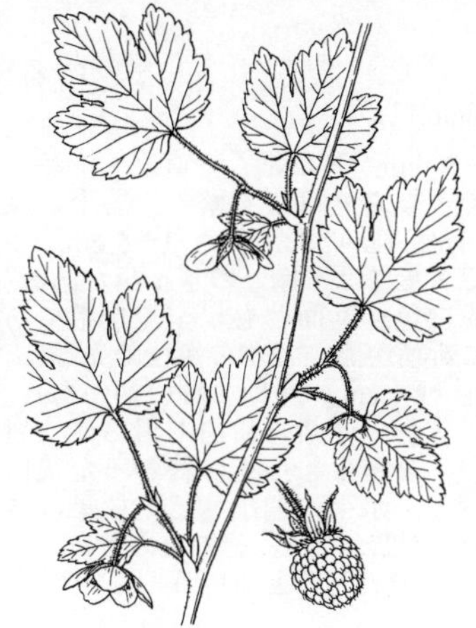

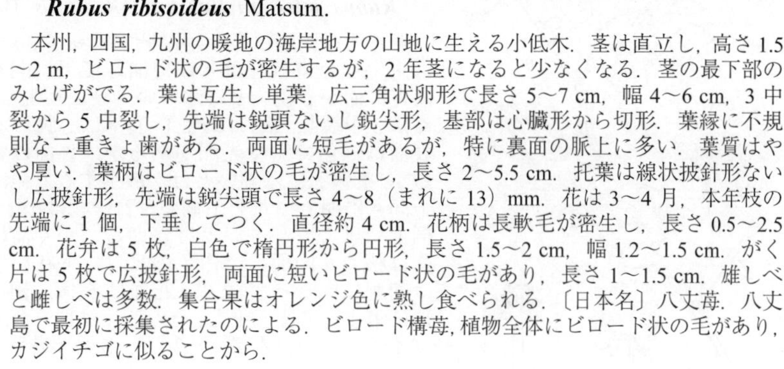

1953. **ハチジョウイチゴ**（ビロードカジイチゴ）〔バラ科〕

Rubus ribisoideus Matsum.

本州，四国，九州の暖地の海岸地方の山地に生える小低木．茎は直立し，高さ 1.5〜2 m，ビロード状の毛が密生するが，2 年茎になると少なくなる．茎の最下部のみとげがでる．葉は互生し単葉，広三角状卵形で長さ 5〜7 cm，幅 4〜6 cm，3 中裂から 5 中裂し，先端は鋭頭ないし鋭尖形，基部は心臓形から切形．葉縁に不規則な二重きょ歯がある．両面に短毛があるが，特に裏面の脈上に多い．葉質はやや厚い．葉柄はビロード状の毛が密生し，長さ 2〜5.5 cm．托葉は線状披針形ないし広披針形，先端は鋭尖頭で長さ 4〜8（まれに 13）mm．花は 3〜4 月，本年枝の先端に 1 個，下垂してつく．直径約 4 cm．花柄は長軟毛が密生し，長さ 0.5〜2.5 cm．花弁は 5 枚，白色で楕円形から円形，長さ 1.5〜2 cm，幅 1.2〜1.5 cm．がく片は 5 枚で広披針形，両面に短いビロード状の毛があり，長さ 1〜1.5 cm．雄しべと雌しべは多数．集合果はオレンジ色に熟し食べられる．〔日本名〕八丈苺．八丈島で最初に採集されたのによる．ビロード構苺，植物全体にビロード状の毛があり，カジイチゴに似ることから．

1954. **イオウトウキイチゴ**（オガサワラカジイチゴ）〔バラ科〕

Rubus boninensis Koidz.（*R. tuyamae* Hatus.）

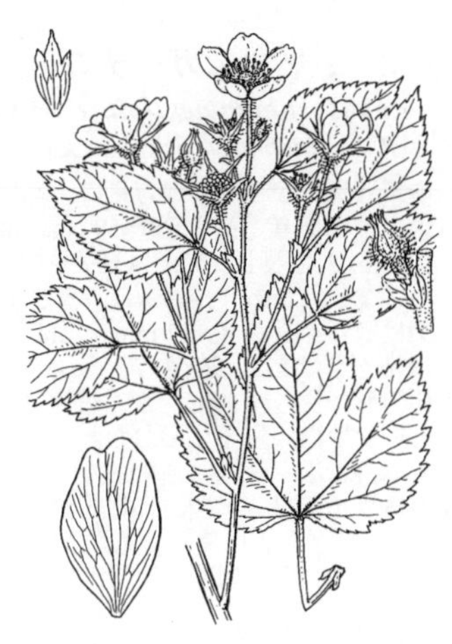

小笠原諸島の南北硫黄島に生える低木．茎は直立し，とげがなく，高さ 2 m ぐらい．葉は互生，大形で多くは 3 裂から 5 裂し，裂片は卵形，鋭頭，ふちに重きょ歯がある．基部は心臓形，両面ほとんど無毛．葉質は厚く，長さ 15 cm 前後，幅 13 cm 前後．葉柄は長さ（2〜）3〜6 cm．托葉は楕円形ないし披針形，鋭尖頭，全縁，まれに先端部きょ歯状，大きいものでは長さ 1.3 cm にもなる．花期は不明（標本では秋，春，夏に花が見られる）．茎の先端に 1 個から多数の花をつける．花柄には軟毛と腺毛がある．花弁 5 枚，白色，卵形から長楕円形，先端凹形で長さ約 1.4 cm．がく片 5 枚，披針形，長さ 8〜13 mm，全縁か非常にまれにきょ歯状となる．外面基部に長い柄のある腺毛が密に（まれに疎に）ある．集合果は赤く熟し食べられる．カジイチゴ（次図）に似るが，葉の切れ込みは少なく，ふつう 3〜5 裂，花序近くでは単葉となる．がく筒やがく片下部のエビガライチゴに似た腺毛も顕著な区別点である．〔日本名〕硫黄島木苺．硫黄列島で最初に発見されたからである．小笠原梶苺．小笠原で採集されたこの植物がカジイチゴに似ることよる．

1955. **カジイチゴ**（トウイチゴ，エドイチゴ）〔バラ科〕

Rubus trifidus Thunb.

本州の太平洋岸地方に多く生える落葉性の小低木であるが，ふつう庭木として人家に栽培されている．高さ 2 m 以上にもなり，茎は群生して粗大，直立して多少とも斜めに傾いて開出し，はじめはとげがあるが，上部はとげがない．円柱形で緑色．葉は葉柄をもち，大形で互生し，大きなものは径 20 cm 以上にもなる．多くは 5 裂まれに 7 裂し，裂片は卵形，鋭頭，ふちには重きょ歯があり，基部は心臓形，両面はほとんど無毛であるが，裏面の葉脈上には小さいビロード状毛を密生する．托葉は長楕円形あるいは長披針形，鋭尖頭．花は側生する新しい枝の上に散房状集散花序をなして 3〜5 個の白花をつけ初夏の頃に開く．がく裂片は 5，三角状披針形，内外両面にビロード状に短毛を密生する．花弁は広倒卵形で 5 個，がく裂片より長い．雄しべ，雌しべともに多数，核果は小形で多数が集まって球形となり，淡黄色をおび甘酸っぱい味がして食用となる．時に八重咲きのものがある．〔日本名〕構苺．葉の形がカジノキの葉に似ているため．唐苺は外来品と誤認したためにその名がつき，江戸苺は江戸から来たイチゴの意味である．〔漢名〕薅蔸藨．

1956. **ヒメカジイチゴ**〔バラ科〕

Rubus* ×*medius Kuntze

南関東の丘陵地帯にまれに生える亜低木で高さ 1.5 m．地下にほふく枝が走り，広い面積に散らばって立つ．大体の形態はカジイチゴに似ているが，カジイチゴとニガイチゴとの一代雑種と考えられ，実ができない．枝にはとげがあり，葉は掌状であるが，中央の裂片が大きくなり，多少とも羽状深裂のように見え，殊に梢の附近の葉では卵形で側裂片が小さい 3 裂葉となり，葉の裏面はわずかであるが白味をおびる．また花は小形となり，がくは基部から開出しないで，短いながら鐘形の筒がある等の点はニガイチゴから導入された形質であると考えられる．〔日本名〕姫カジイチゴ．カジイチゴに対してやや小形であるため．

1957. ニガイチゴ（ゴガツイチゴ）　〔バラ科〕

Rubus microphyllus L.f.（*R. incisus* Thunb.）

至る所の山野に多い落葉低木で高さ 30〜50 cm，茎は細く，直立し，多くは束生し上方はしばしば彎曲して下に向く．枝ぶりはよく繁り，茎上には前方に曲がる鋭いとげが多い．葉は互生し有柄，広卵形，長さ 3〜5 cm，多くは 3 中裂し，裂片は鈍頭，基部は心臓形でふちには不揃いのきょ歯がある．表面は緑色でやや光沢があるが，裏面は粉白色．両面ともに全く無毛であるが，葉脈上には細いとげが散生する．春に新葉が開いてから短枝の先端に，上向きに開く白花を 1 個つける．花は小形，径 1 cm ぐらいで細い柄があり，柄上にはごく小さいとげがある．がく筒は球形，赤紫に粉白で滑らか，裂片は狭く，内面には白色のビロード状に短毛を密生し，花の終わった後には内側に向かって傾く．花弁は 5 個，楕円形，水平に開出する，核果は球形に集まって赤く熟し，その液汁は甘いが，小核果は苦い．そのため苦苺（ニガイチゴ）の日本名がついた．5 月頃熟するので五月苺ともいう．

1958. ミヤマニガイチゴ　〔バラ科〕

Rubus subcrataegifolius (H.Lév. et Vaniot) H.Lév.
（*R. koehneanus* Focke）

本州（東北から中国地方）の山地に生える落葉性の小低木．茎は直立し，無毛で小さいとげがあり，高さ 20〜50 cm．葉は互生，単葉で卵状三角形から卵形，葉身は 4〜10 cm，3 中裂し，先端は鋭尖形で基部は深い心臓形．両面の脈上に軟毛と裏面脈上に小さなとげがあり，葉縁に二重きょ歯がある．葉柄にもとげがあり，長さ 2〜4 cm．托葉は線形で長さ 8〜12 mm．花は 5〜7 月，本年枝の先端に（1〜）2〜3 個つく．花柄は細く，ほとんど無毛で，長さ 1〜3 cm，小さいとげがある．花弁は 5 枚で白色，広楕円形，長さ約 1 cm．がく裂片は 5 枚で卵状披針形，長さ 6〜7 mm．がく裂片のふちと内側は白い密毛におおわれる．雄しべと雌しべは多数．集合果は球形で赤色に熟し食べられる．〔日本名〕深山苦苺．ニガイチゴに似るが深山生であることによる．〔追記〕ニガイチゴ（前図）に似るが，より小形で茎は短く細く，とげは小さく弱く，葉はより大きく，3 中裂し，先端は鋭尖形であり，枝先の花はふつう 2〜3 個と多い点などで区別される．生育地はブナ帯から亜高山帯に多く，ニガイチゴより高所に生える．

1959. クマイチゴ　〔バラ科〕

Rubus crataegifolius Bunge（*R. wrightii* A.Gray）

北海道から九州の山地の荒地に生える落葉性の小低木．茎は直立して高さ 1〜2 m，大きなものは径 1.5 cm にもなる．毛は少ないがとげが多い．葉は互生し広卵形，長さ 6〜10 cm ぐらい，3〜5 裂片に中裂し，裂片は鋭頭，ふちには歯牙状あるいは切れ込み状のきょ歯があり，葉質はやや厚く，両面は無毛であるが，葉脈上にはやわらかい毛がある，托葉は線形．初夏の頃，枝の末端に 1〜4 個の白花をつけ，花は短い柄をもち，小形で互に接近して生ずる．がく片は卵状披針形，外面には柔毛を生じ，内面にはビロード状に細毛を密生する．花弁は 5 個で卵形，がく片よりも長い．雄しべは多数．核果は集まって球形となり赤く熟して食べられる．多型的な種であり，変異が多い．〔日本名〕熊苺は，山中に生えているので熊の食べるイチゴという意味である．〔漢名〕蓬蘽．

1960. キソキイチゴ（キソイチゴ）　〔バラ科〕

Rubus kisoensis Nakai（*R. palmatus* Thunb. var. *kisoensis* (Nakai) Ohwi）

本州中部地方，特に木曽御岳山南側の王滝川支流地域の山地に生える落葉小低木．茎の高さは 1〜1.5 m，やや細く，とげは小さく，白色をおびる．その白色は 2 年茎になると弱くなる．葉は単葉であるが，当年枝のものに 3 浅裂するものがある．卵形から卵状楕円形で長さ 11〜14 cm，幅 5〜7 cm，裏面やや白く無毛．葉縁には鋭浅裂した二重きょ歯がある．側脈は 10〜11 対（まれに 13 対であるが，当年枝のものは少ない），先端は尾状となり，基部は深い心臓形．葉柄は長さ 1〜3 cm，小さいとげがある．花期は 5〜6 月，本年枝の先に 1 個下垂してつき，直径約 2 cm．花柄は長さ 1〜2 cm，まばらに長い軟毛と小さいとげがある．がく筒は浅い鐘形．花弁 5 枚，白色で卵状円形，長さ約 10 mm，幅約 9 mm．がく片 5 枚で披針形，先端は鋭尖形，長さ 1〜1.5 cm，外面とふちに長い軟毛がある．雌しべと雄しべは多数．集合果は球形で約 1.2〜1.4 cm，6〜7 月に赤色に熟し食べられる．小核果には網目の模様がある．〔日本名〕木曽木苺．長野県の木曽で最初に採集されたのによる．

1961. ビロードイチゴ 〔バラ科〕

Rubus corchorifolius L.f.

静岡県以西, 九州, 朝鮮半島南部, 中国に分布する落葉性低木. 全体にビロード状に短毛が密生しているので, 手にふれると滑らかな感じがある. 茎にはとげが散生し, 長枝は 2〜3 回分枝し, その枝から 2〜3 葉を互生する短枝を生じ, 頂から 4 月頃に下向きに花を 1 個つける. 葉には長柄があり, 狭卵形, または三角状卵形, 鋭尖頭, 基部は心臓形, あるいは切形, ふちには不規則に鋭いきょ歯がある. 葉はしばしば浅く 3 裂し左右の 2 裂片は小形で葉の基部から直角に開出する. 葉の表面には, ビロード状に短毛が密生し, 光沢があって, 淡緑色, 花は白色, がく裂片は 5 個, 三角状披針形, 内外両面ともにビロード状に短毛がある. 果托は有毛. 花弁は 5 個で卵形, 鈍頭, 長さ 1 cm ぐらい. 花が終わって後, 鮮赤色の集合果を生じ, 小核果には短毛が密生する. 〔日本名〕葉の毛の手ざわりをビロードにたとえた. 〔漢名〕懸鉤子.

1962. リュウキュウイチゴ (シマアワイチゴ) 〔バラ科〕

Rubus grayanus Maxim.

九州南部と南西諸島に生える小低木. 茎は直立または斜上し, 高さ 1.5〜2 m, 無毛でふつうはとげがないが, まれにとげがある. 葉は互生し単葉, 卵形から楕円形で, 長さ 6〜10 cm, 幅 4〜6 cm である. 葉身はふつう分裂しないが, 1 年茎のものには 3 浅裂するものも見られる. 先端は鈍頭から鋭頭で, 基部は円形ないし浅い心臓形である. 葉縁に不規則な浅いきょ歯がある. 葉質は厚い. 葉柄は長さ 1〜3 cm で, まれに小さいとげがある. 托葉は線形から披針形, 先端は鋭尖頭で長さ 6〜9 mm. 花は 12〜5 月, 側枝の先端に 1 個まれに 2 個, 下垂してつく. 花の直径は約 3 cm. 花柄は軟毛があり, 長さ 1〜1.5 cm. 花弁は 5 枚で白色, 広卵形ないし円形で先端凹形となり, 長さ 1.1〜1.3 cm, 幅 1.2〜1.5 cm. がく筒は浅いコップ状で, がく片は 5 枚, 広披針形で長さ約 1 cm, 先端は尾状となる. 外側はまばらに有毛, ふちと内側は白毛が密につく. 雄しべと雌しべは多数. 集合果は 3〜5 月にオレンジ色に熟し食べられる. 〔日本名〕琉球苺. 琉球列島で最初に採集されたのによる.

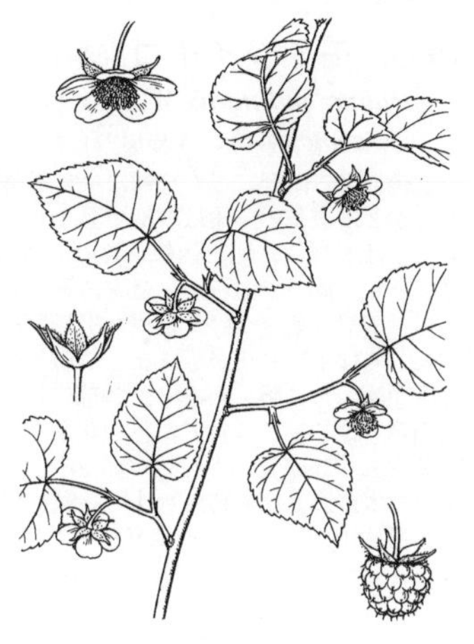

1963. ゴショイチゴ 〔バラ科〕

Rubus chingii Hu (*R. officinalis* Koidz.)

九州, 四国, 本州 (中国地方) の山地にまれに産する落葉低木. 茎は直立し, 無毛でとげがあり, 高さ 1.5〜2.5 m, 太さは直径 3 cm にもなる. とげは鋭く, 長いもので 5 mm. 茎の上部は多く枝をうつ. 1 年茎はやや白味をおびる. 葉は互生し単葉で, 葉身は 5〜10 cm, 円形に近く, 5 (〜7) 深裂し, 先端は長い鋭尖形で基部は浅い心臓形. 両面の脈上に平伏毛があり, 葉縁に二重きょ歯がある. 葉柄は細く, ときに小さなとげがあり, 長さ約 2.5 cm. 托葉は糸状, 長さ 8〜15 mm. 花は 4〜5 月, 本年枝の先端に 1 個, 下垂してつく. 直径約 3 cm. 花柄は無毛で, 長さ 1〜4 cm. 花弁は 5 枚, 白色で倒卵形, 先端はやや尖り, 長さ 1.5〜2 cm, 幅 0.8〜1.3 cm. がく片は 5 枚, 狭披針形または長楕円形で長さ約 8 mm, 先端は尾状になる. 雄しべと雌しべは多数. 集合果は約 1.5 cm の球に近い倒卵形体で赤味がかったオレンジ色に熟し食べられる. 小核果の表面には毛が密生する. 種子 (内果皮) は網目の模様があり, 長さ約 2 mm. 〔日本名〕御所苺. 岩崎灌園の本草図譜で命名されたもので, 御薬園で栽培されていたことによる. 〔漢名〕秦氏懸鉤子, 掌葉覆盆子.

1964. ミヤマモミジイチゴ 〔バラ科〕

Rubus pseudoacer Makino

関東 (秩父) 地方以西の本州と四国の深山にまれに産するひよわな落葉低木. 全株無毛. 枝はジグザグに曲がり, ふつうとげはないが, 時には少数つけることもある. 葉は細長い柄をもち, やや長くのびる花枝の上に 3〜4 枚互生し, 膜質で一見してカエデ類のようであり, 全体の外形は心臓状円形, または卵状円形, 基部は心臓形, 5〜7 裂片に深裂し, 時には裂片はさらに浅く 3 裂する, ふちには不揃いの切れ込み状の鋭きょ歯がある. 花は小型で白色, 花枝の頂から細い柄を分枝して数個まばらにつく. がくは外面は無毛, 筒部は皿型, がく裂片は 5, 卵形で先端は尾状に尖り, へりと内面に白色の短毛がある. 花弁は 5, 広卵形, 長さ 5 mm ぐらい. 果実は球形, 小核果は無毛. 〔日本名〕深山性の紅葉イチゴの意.

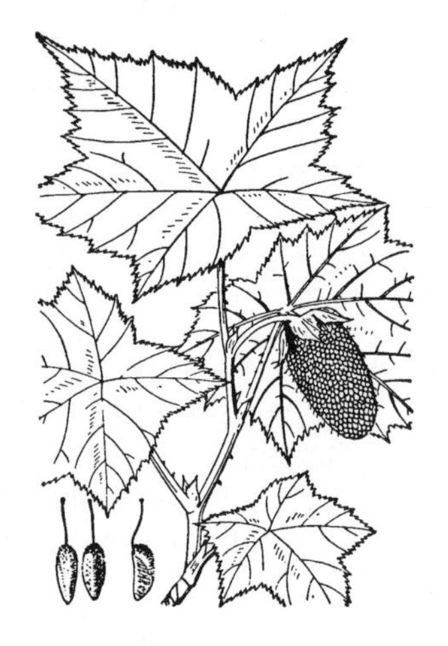

1965. ハスノハイチゴ 〔バラ科〕

Rubus peltatus Maxim.

本州中部以西の山地の半ば日当たりのよい所に生える低木で高さは 60〜100 cm ぐらい．枝はやや細く，緑色をおび，多少粉白色．開出する小さいとげがまばらにつく．花枝に数枚の葉を互生する．葉は大きく広がり，うすい草質，卵形または広卵形，長さ 7〜10 cm ぐらい．普通は浅く星形に 5 裂し，裂片は鋭尖頭，中央の裂片が最大である．ふちには不揃いの細かいきょ歯があり，基部は広い心臓形，葉柄は，葉の基部の上方について楯形となり，下面にはじめは短毛を密生するが，後には脈上にだけ毛が残る．花は 1 個，枝の先から細い花柄を出して下向きにつき，白色，径 3 cm ぐらい，がくは 5 裂し裂片は狭卵形，鋭頭．花弁は 5，円形．核果は集まって，円筒形の集合果をつくり，長さ 3〜4 cm ぐらい，垂れ下がる．核果は小さくて毛が生えている．白く熟する．〔日本名〕ハスの葉状の葉のつき方から来ている．

1966. モミジイチゴ（キイチゴ） 〔バラ科〕

Rubus palmatus Thunb. var. ***coptophyllus*** (A.Gray) Kuntze ex Koidz.
（*R. coptophyllus* A.Gray）

近畿以東の山野にごく普通に生える落葉性の小低木．茎は高さ 2 m ぐらいになり，無毛であるがとげが多い．葉は有柄で互生し，卵形，鋭尖頭，基部は心臓形あるいは切形，大ていのものは 5 裂片に切れ込む．裂片は卵状披針形，切れ込み状の大形の重きょ歯がある．両面はほとんど無毛であるが，葉脈にそって細毛がある．托葉は線形．4〜5 月頃前年の茎の葉腋から，下部に葉をつけた花枝を出し，その頂に 1 個の白花をつけ，花は下を向いて開くが全体としては多数の花が茎にならぶ形となる．花の径は約 3 cm ぐらい．がく片は楕円状披針形，鋭尖頭，ふちに腺毛があり，基部にはやわらかい毛をつける．花弁は 5．水平に開出し，広楕円形，雄しべは多数で白色の花糸をもつ．核果は小さく，球形に集合して垂れ下がり，黄色く熟して味が良い．〔日本名〕モミジ苺．葉形がカエデの葉に似ているからである．キイチゴは木苺および黄苺の意味で一見して木本性であり，果実が黄色に熟するからである．〔漢名〕懸鉤子は誤用，これはビロードイチゴの名である．〔追記〕西日本には葉が長卵形のナガバモミジイチゴ var. *palmatus* を産するが，近畿地方一帯では中間型も多い．

1967. ニシムラキイチゴ（ハチジョウクサイチゴ） 〔バラ科〕

Rubus nishimuranus Koidz.（*R. hachijoensis* Nakai）

伊豆諸島と小笠原諸島に生える半常緑性の小低木．茎の高さ 60〜80 cm，太さ 5〜10 mm．若枝には軟毛と腺毛があるが，後には落ちてほとんど無毛でとげのみが残る．とげはまっすぐで鋭く，長さ 3〜5 mm．葉は互生，三出複葉から単葉まで．単葉のものは，3 つに浅裂からほとんど全裂に近いものまである．三出複葉のものは，側小葉がさらに切れ込むことあり，頂小葉は卵状楕円形から狭卵形．鋭尖頭，両面有小毛でふちに重きょ歯がある．葉質はやや厚い．葉柄は長さ 4〜8 cm，軟毛ととげがあり，表面に 1 本の小溝が見られる．托葉は狭披針形から線形，まばらに軟毛と腺毛がある．花期は 3〜5 月，茎の先端に 1 個から数個の花をつける．花柄は 3〜6 cm，軟毛と腺毛がある．花弁 5 枚，白色で円形，しわがある．がく片 5 枚で狭卵形，長さ約 13 mm，軟毛と腺毛がある．雌しべ雄しべとも多数．集合果は球形で赤く熟し食べられる．〔日本名〕西村木苺．最初の採集者の西村茂次を記念したもの．〔追記〕トヨラクサイチゴ（次図参照）に似るが，より小形で，とげが顕著で，果実が正常である点で区別できる．

1968. トヨラクサイチゴ 〔バラ科〕

Rubus* ×*toyorensis Koidz.

図は伊豆伊東に自生するものを描いたが，これとほぼ同じようなものが関東から九州にかけて，各地に見られ，恐らくはクサイチゴとカジイチゴとの一代雑種であって，しかも多くのものは実ができないから．各地のものはみなそれぞれ独立に生じたものと考えられる．葉が多型的であり主脈が鳥足状に分岐し，これに葉肉の切れ込みの程度が，いろいろと関連するので，鳥足状の 5 小葉のものから，単葉まで著しい変化に富む．茎のとげは少ないが，丈は低くなる．若枝には紅色の腺毛が密生する．花はむしろ，両種よりも大型で径 4 cm ぐらい．花の数は 3〜4 個で，今年の枝の先端に散房状な岐散花序につく．〔追記〕本種は形態的にニシムラキイチゴ（ハチジョウクサイチゴ）（前図）とほとんど区別できないが，染色体数が異なることが知られている．

1969. クサイチゴ（ワセイチゴ，ナベイチゴ） 〔バラ科〕

Rubus hirsutus Thunb.（*R. thunbergii* Siebold et Zucc.）

山野に普通に生える亜低木．葉は多少とも冬を越して緑色である．高さ 20～60 cm ばかり．地下茎は長く横にはい，所々から新芽を出して繁殖する．茎は細長くて弱く，直立または斜上し腺毛を密生して，とげがまばらにつく．葉は互生．奇数羽状複葉，小葉は 3～5 枚，卵状披針形あるいは卵状長楕円形，鋭尖頭，基部は鈍形または円形，ふちには切れ込み状のきょ歯があり，両面にやや密生する毛があり，長さ 3～6 cm，幅 1.5～3 cm．葉柄はしばしば長く，基部に針状の托葉がある．花は前年の枝から側生する短枝の末端に 1 個つき，径 4 cm ぐらいで白色．がく片は長披針形，先端は長尾状．両面にビロード状に短毛を密布する．花弁は 5 個，水平に開出し倒卵状楕円形，長さ 2 cm ぐらいでがく片とほぼ同長．花が終わると，小形の核果が多数集まって球形となり，赤色に熟して食べられる．大へんよい味と香がする．〔日本名〕草苺は草になるキイチゴの意味．早生苺は他のものより早期に熟するため，鍋イチゴは果実の集まりが中空であるのを鍋にたとえた．〔漢名〕蓬蘽は誤り．

1970. ヒメバライチゴ 〔バラ科〕

Rubus minusculus H.Lév. et Vaniot

本州中南部，四国，九州などの暖地の日当たりのよい所に生える小低木．全株にやや平たい小さなとげがまばらに生え，花枝は短く，2～3 葉を互生する，葉は奇数羽状複葉で，5～7 枚の小葉をつける．小葉は披針状楕円形，鋭尖頭，基部は円形，ふちにはきょ歯，時には切れ込みがある．葉質はうすく，上面に多少細い軟毛があり，下面は脈にそって短毛が生え，若枝とともに黄色の腺点が密に分布する．花は枝の頂端に 1 個だけつき，長柄をもち大形で径 3 cm ぐらい，白色．がくにも軟毛と腺点が密生し，がく裂片は 5，内面は有毛，卵状披針形，先端は尾状に長くとがる．花弁は卵状楕円形．集合果は球形，小核果は無毛．花托には毛がある．〔追記〕コジキイチゴに似るが，葉の下面に腺毛がなく，かわりに腺点があることによって区別できる．

1971. オキナワバライチゴ（リュウキュウバライチゴ） 〔バラ科〕

Rubus okinawensis Koidz.（*R. croceacanthus* H.Lév. var. *glaber* Koidz.）

本州（伊豆半島南部），四国，九州南部と南西諸島に生える小低木．茎の高さ 50～100 cm．とげがあるが，腺毛はあったりなかったりする．葉は互生し羽状複葉．小葉は 5～9 枚，披針形から卵形，先端は鋭尖形，基部は円形から心臓形，ふちに鋭い浅裂状のきょ歯がある．質は膜質．托葉は線状披針形で腺毛がある．花期は不定だが，ふつう 12～8 月．枝の先端に数個の花からなる集散花序をつける．花の直径は 3～4 cm．花柄は 2～4 cm，密に腺毛がある．花弁は 5 枚で白色，楕円状円形，長さ約 2 cm，幅約 1.8 cm．先端はしばしば凹形となる．がく片は 5 枚で三角状卵形，長さ 1.1～1.3 cm，ふちと外側に長い腺毛があり，内側に密に白綿毛がある．先端は尾状になる．雌しべ，雄しべとも多数．集合果は長楕円体で，多くは 3～6 月に赤く熟し食べられる．小核果は長さ約 1.7 mm．〔日本名〕沖縄薔薇苺．最初沖縄で発見されたことによる．〔追記〕本種はオオバライチゴ（次図）に似るが，植物体が小さいこと，葉の表面が無毛で裏面にとげがないこと，花が集散花序をなすことなどの点で区別される．

1972. オオバライチゴ（キシュウイチゴ，イセイチゴ） 〔バラ科〕

Rubus croceacanthus H.Lév.（*R. kinokuniensis* Koidz.；*R. isensis* Honda）

本州（千葉県以南の太平洋側），四国，九州の暖地の海岸地方の山地に生える半常緑性の低木．茎の高さ 100～180 cm．若枝にはとげと腺毛，ときにそれらに加えて軟毛がある．葉は互生し羽状複葉．小葉は（3～）5～7 枚，広披針形ないし卵形，長さ 2～7 cm，幅 1～3 cm，先端は鋭形から鋭尖形，基部は円形から鈍形，葉縁に二重きょ歯がある．葉質は薄い．両面に小さいとげがあり，また裏面脈上に腺毛がある．若葉のとき，両面脈上に軟毛があることがある．葉柄はとげと腺毛とまれに軟毛がある．托葉は線状披針形で腺毛がある．花期は 3～6 月，側枝の先端に 1 個から 3 個の花をつける．花の直径約 3.5 cm．花柄は 1.5～3 cm，密に腺毛ととげがある．花弁は 5 枚で白色，卵形から円形，長さ 1.8～2 cm，幅 1.4～1.6 cm．がく片は 5 枚，三角状卵形で長さ約 1.4 cm，ふちと外側に長い腺毛があり，内側に白綿毛がある．先端は尾状になる．雌しべ，雄しべとも多数．集合果は広楕円形で赤く熟し食べられる．小核果は小さく，長さ約 1.3 mm．〔日本名〕大薔薇苺．バライチゴに似るが大形になることによる．

1973. トキンイバラ（ボタンイバラ） 〔バラ科〕

***Rubus* 'Tokin-ibara'**（*R. commersonii* auct.non Poir.）

古くから日本で観賞用として広く人家に栽培されている落葉の小低木．地下茎を伸ばして繁殖する．茎は直立あるいは斜上して高さ 1 m 内外．緑色で隆起線が縦に走り茎は角張る．まばらに分枝し，無毛だが大形の真直のとげを散生する．葉は互生し，奇数羽状複葉，下方の葉は 5 小葉をつけるが，花に近い葉では 3 小葉となる．小葉は卵状披針形，鋭頭，基部は鈍形または円形，ふちには重きょ歯または切れ込み状の深きょ歯がある．表面は多数の支脈が斜めに平行して走り，それに沿ってしわがより，脈は凹み，葉肉部は凸出する．両面ともに無毛であるが小腺毛がある．葉の主脈にはとがったとげを散在する．托葉は狭線形．花は 5～6 月頃に開き，側生の小枝の先に大形の白色の八重咲きの花を 1 個だけつけ，一見するとバラ属の花のようである．結実しない．〔日本名〕頭巾イバラ，八重咲きの花を山伏がひたいの上にのせるトキン（頭巾または兜巾）の頂の十二襞積になぞらえ，牡丹イバラは，八重咲きの一輪花をボタンの花に見たてたもの．〔追記〕本種はおそらく中国中部産の *R. eustephanos* Focke に類縁があると思われる．

1974. バライチゴ（ミヤマイチゴ） 〔バラ科〕

Rubus illecebrosus Focke

（*R. commersonii* Poir. var. *illecebrosus* (Focke) Makino）

関東以西の太平洋側山地に生える草状の小低木．長く地下茎をのばして繁殖する．茎は無毛で直立，高さ 40 cm 以下，緑色で隆起線が走って茎は角張り，とがったとげを散生し，上部はまばらに分枝する．葉は有柄で互生．奇数羽状複葉，小葉は 2～3 対でごく短い柄があり，披針形，鋭尖頭，基部は円形，長さ 4～8 cm，幅 1～3 cm．ふちには二重きょ歯あるいは切れ込み状の深いきょ歯がある．両面ともに無毛で表面は斜上して平行する支脈に沿ってしわがよる．托葉は披針形で全縁．花は 7 月に開き，白色，枝の先にただ 1 個つき，径は 3 cm ぐらい．花柄は無毛であるが小さいとげがある．がく片は卵状三角形，上部は次第にとがって長い尾状となり，細毛がある．花弁は 5，水平に開出し，広楕円形または倒卵形でがく片より長い．核果は小形，多数集まって楕円体となり，赤く熟する．〔日本名〕茎葉にするどいとげ（即ちばら）が多いからである．または，花がバラ属の花のようなイチゴという意味か．

1975. コジキイチゴ 〔バラ科〕

Rubus sumatranus Miq.（*R. sorbifolius* Maxim.）

本州中南部，四国，九州の山地の日当たりの良い所に生える落葉小低木．茎はかたく，直立して高さ 60～120 cm ぐらい，葉柄とともに紅色で有柄の長さ 3～5 mm の腺毛を密布し，平たいかぎ状に曲がったとげをまばらにつける．葉は奇数羽状複葉で長くのびる花枝の上に互生し，小葉は 5～7 個．卵状楕円形または披針形，鋭尖頭，基部は円形，不揃いな重きょ歯がある．葉質はうすくやわらかで，頂小葉はやや大形，長さ 3～6 cm ぐらい，花は枝の頂に集散花序を作って数個つき，がく筒の外面は小枝とともに有柄の腺毛を密生して紅色となり，がく裂片は 5，三角状卵形，ふちと内面には白色の短毛がある．果実になる頃は反り返る．花弁は 5，へら形でがく裂片とほぼ同長．果実は長楕円形で直立し，長さ 1 cm ぐらい，核果は極めて多数で，小形で無毛である．ヒメバライチゴとは花柄に腺毛があること，果実の集まりが球状でない点で区別できる．

1976. サナギイチゴ 〔バラ科〕

Rubus pungens Camb. var. ***oldhamii*** (Miq.) Maxim.（*R. oldhamii* Miq.）

本州，四国，九州の深山に生える落葉低木．枝には小さいとげが散生する．花枝は短く，数枚の葉を互生し，葉は羽状複葉で 5～7 枚の小葉をもち，はじめは細毛があるが，後には無毛，またはまばらに毛をつける程度になる．小葉はうすい草質，ふちには切れ込み状のきょ歯があり，あるいは多少浅裂し，鋭頭，基部は鈍形．側方の小葉は，卵形，鈍頭または鋭頭，頂小葉はやや大形で長さ 3～4 cm，菱形状の卵形，鋭尖頭，基部は円形または鈍形．花は枝の先に 1～2 個つき，小さいとげのある長い柄をもつ．がくには針状のとげを密生し，腺毛をまじえる，がく裂片は 5，披針形，内面に伏毛が密生している，花弁は 5，披針形か倒卵形，がく裂片よりも長く，長さ 1 cm ぐらい．花托に短毛がある．〔日本名〕本来サナゲイチゴであって，尾張本草学の盛んであった頃，愛知県の猿投（サナゲ）山で採集されたからである．〔追記〕ヒメバライチゴやコジキイチゴとは，花托に柄がなく，がくに針状のとげがある点で区別できる．

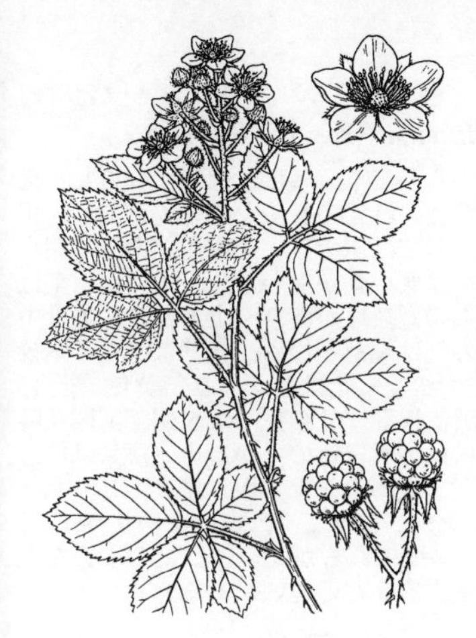

1977. セイヨウヤブイチゴ 〔バラ科〕

Rubus fruticosus L.

ヨーロッパ原産，北米や豪州に帰化し，近年日本の各地で見られるようになった落葉性低木．生育地によっては，一部葉は越冬する．茎は最初直立し，高さ 1～1.5 m，その後，弓状となり下を向く．太さは直径 2 cm 以上にもなり，稜が発達する．枝は分枝し，秋に先端部から発根する．若枝はまばらに小さい毛があるが，後に無毛となる．茎のとげは鋭く，長いもので 10 mm にもなる．葉は互生し掌状複葉で，小葉は 3～5 枚，頂小葉は楕円形ないし卵形，長さ 8～10 cm，幅 5～7 cm．表面はほとんど無毛でやや光る．裏面は白い綿毛が密に生え，やや白い．葉縁にきょ歯がある．葉柄は長さ 4～7 cm，まばらに小さい毛と鋭いとげがある．托葉は線状披針形で軟毛があり，長さ約 8 mm．花は 6 月，本年枝の先端に円錐形に多くの花をつける．花弁は 5 枚で淡紅色，ほぼ円形で長さ 7～9 mm．がく片は 5 枚．雄しべと雌しべは多数．集合果は球形から楕円状球形で，7 月に黒色に熟し食べられる．小核果には網目の模様があり，長さ 3～3.3 mm．〔日本名〕西洋藪苺．ヨーロッパ産のキイチゴの意味．

1978. チングルマ 〔バラ科〕

Sieversia pentapetala (L.) Greene（*Geum pentapetalum* (L.) Makino）

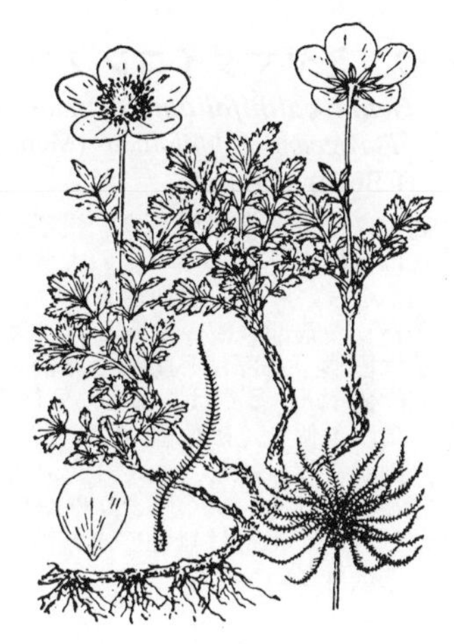

本州中部以北の高山帯の日当たりのよい所に生える小形の低木で高さは 10 cm ぐらい．茎は横にはい，先端部が直立して葉を束生する．葉は奇数羽状複葉で小葉は 4～5 対，倒卵状披針形，先端は鋭形，基部はくさび形，ふちには不揃いの切れ込み状のきょ歯があり，深緑色で光沢がある．夏に茎の頂から 10 cm ぐらいの花茎を出して，先端に花をつける．花は淡黄白色で径 3 cm ぐらい．花弁は 5，倒卵状円形で水平に開く．雄しべ雌しべともに多数，花が終わってから，多数の痩果は花柱がのびて尾状になり，羽状に毛が生え，わずかに紅紫色をおび，風になびく様子はオキナグサの果実のようである．〔日本名〕本種に果実の様子の似たオキナグサ（キンポウゲ科）の地方名であるチゴノマイのなまったものとする説が有力である．

1979. ダイコンソウ 〔バラ科〕

Geum japonicum Thunb.

各地の山野に生える多年生草本．全株に粗毛を散生する．根生葉は羽状複葉で，頂小葉が特に大形で，卵状円形または心臓形，先端は鈍形，基部は心臓形，多くは 3 裂する．側小葉は小さく，楕円形，楕円状円形，頂小葉は 2～3 裂することもある．小葉は両面ともに短毛がまばらに生え，ふちには鈍形の歯牙状きょ歯がある．茎葉は卵形，先端は鋭形または鈍形，基部は心臓形またはくさび形，浅く 3 つに切れこむか，または深く 3 裂する．托葉は葉状で粗い歯牙状のきょ歯がある．茎は高さ 60～100 cm にもなり，粗毛が多い．初夏に小枝の先に数個の黄色の花をつけ，径は 1～2 cm，がく片は三角状披針形，外面には縮れた毛を密生し，副がく片は線形で 2 mm 以下，ともに結実する頃には反り返る．花弁は 5，円形，水平に開き，がく片と同長またはやや短い．雄しべも雌しべも多数．痩果には剛毛が密生し，花柱は永存性で後までのこり，基部で彎曲し，先端部もまたかぎ状に曲がり，その先端に有毛の柱頭をつける．〔日本名〕大根草は，根生葉の形状が小葉が大小交互してダイコンの葉のようであるからである．〔漢名〕一般には水楊梅が用いられている．

1980. オオダイコンソウ 〔バラ科〕

Geum aleppicum Jacq.

本州中北部，北海道，朝鮮半島から広く東ヨーロッパまで分布する多年草で，全株に粗毛を密生する．根生葉は，頂小葉が大型の羽状複葉で長柄がある．側小葉は小さく，下方のものほど小さくなる．中間に小形の附属小葉片をはさむ．頂小葉は卵円形，先端は鈍形，浅く 3 裂し，基部は広いくさび形，またはやや鈍形，ふちには不揃いな鈍歯牙状のきょ歯がある．側小葉は卵形，下側に浅く裂片を作る．茎葉は単葉，3 裂葉，または三出複葉，無柄または短柄がある．基部の托葉は小形で葉状，ふちに粗い歯牙状のきょ歯がある．茎頂にまばらに花のついた集散花序をつけ，長い枝は直立して，開出毛があり，6～7 月頃，頂に濃黄色で 5 弁，径 1.5 cm ぐらいの花を開く．がくは半球状，先端は 5 裂し，裂片は狭卵形，先端は鋭形，副がく片は 5．花弁も 5，円形，がく筒のふちに接してつく．雄しべも雌しべも多数．雌しべの先端に関節があり，屈曲して花柱が糸状にのび，柱頭となる．〔追記〕ダイコンソウとは全体に粗毛が密生すること，根生葉の側小葉が対生すること，がく片の先が 5 裂することにより区別される．

1981. カラフトダイコンソウ 〔バラ科〕

Geum macrophyllum Willd. var. ***sachalinense*** (Koidz.) H.Hara

本州中北部，北海道，千島，サハリンに分布する多年草．茎はまばらに分枝し，横に広がる枝を出す．植物体全体に赤味をおびた黄色の針状の長くかたい毛がある．根生葉は羽状複葉で，柄がある．頂小葉は円形，ふちにはふぞろいな歯牙があり，側小葉はきわめて小さく 1 または 2 対である．茎葉には側小葉がないが，下方につく葉は卵円形で，浅く 3 裂して，横に広がり，先は鈍形の側裂片があり，上方につく葉は中ほどまたは基部付近まで深く 3 裂して，側裂片の先は鋭形となる．托葉はふつう全縁である．夏に枝の先または柄の先に花が 1 個ずつつく．花は柄があり，黄色，径 15 mm ほどである．柄は短毛を密生し，また剛毛がまじる．がく裂片は 5 個で，開花時に反曲する．花弁は 5 個．集合果は球形，花床には汚黄白色の毛がある．痩果は紡錘形で，粗い毛がある．基本変種はカムチャツカ，アリューシャンから北アメリカ北部にかけて分布する．〔日本名〕樺太大根草でダイコンソウに似て，樺太(いまのサハリン)でみつかったことによる．〔追記〕オオダイコンソウに似るが，全体に針のような毛があり，集合果が球形で花柱に柄のある腺が散生するなどの違いがある．

1982. ミヤマダイコンソウ 〔バラ科〕

Geum calthifolium Menzies ex Sm. var. ***nipponicum*** (F.Bolle) Ohwi (*Parageum calthifolium* (Menzies ex Sm.) Nakai et H.Hara var. *nipponicum* (F.Bolle) H.Hara)

高山に生える多年生草本．根茎は肥大して斜上し，全株に粗毛が生える．根生葉には長柄があり，頂小葉の大きい羽状複葉で粗毛を生じる．頂小葉は円形．径 10 cm ぐらい，全く切れ込まないか，またはやや 3 裂し，不揃いの歯牙状のきょ歯があり，基部は浅いかあるいは深い心臓形．側小葉は小形で多くは目立たない．茎葉は円形，基部は心臓形で無柄，托葉はほとんど葉柄にゆ着する．花茎は高さ 20 cm ぐらい，多くはまばらに分枝する．花は鮮黄色で夏に開き，径 2 cm ぐらい，茎の頂に 1 個または数個つく．がく片は 5，三角状広披針形，結実する頃でも直立し，副がく片は線形，がく片よりもはるかに小さい．花弁は倒卵状円形，わずかに先端はくぼみ，がく片よりやや長い．雄しべは多数，花柱は直立，関節はなく，基部は有毛，上部は無毛で永存性．痩果は無柄，上部に特に毛が多い．〔日本名〕深山大根草という意味．

1983. コキンバイ 〔バラ科〕

Geum ternatum (Stephan) Stedmark (*Waldsteinia ternata* (Stephan) Fritsch)

本州中部以北の山地のブナ帯より高い森林内の開けた地に生える多年生草本．根茎は地中をはい，先端に 2〜3 葉を束生する．葉は長い葉柄を持った三出複葉で，小葉は倒卵形，ごく短い柄をもつ．上半部のふちは切れ込み状の歯牙状きょ歯があるが，下半部ではほぼ全縁．側小葉ではしばしばさらに深く 2 裂する．葉質はやや厚く，光沢がある．托葉は革質で，茎の先端部に鱗片状になって後まで残る．夏に葉の間から 10〜15 cm ぐらいの花茎を直立して出し，花茎には苞葉が数個つき，その多くは 3 裂する．花茎はしばしば分枝し，頂端に 1 個の黄色の花をつける．花は径 2 cm ぐらい．がく片は 5，披針形で先端は尖り，副がく片も 5，がく片より小さい．花弁は 5，黄色で水平に開き，花盤はなめらか．雄しべは多数，雌しべの花柱は 5 本内外．痩果は倒卵形で長さ 3〜4 mm ぐらい，白毛がある．〔日本名〕小金梅という意味．キンバイソウに似て，草体が小形であるからである．

1984. キンミズヒキ 〔バラ科〕

Agrimonia pilosa Ledeb. var. ***viscidula*** (Bunge) Kom. (*A. japonica* Miq.)

道端や原野に多く生える多年生草本で高さ 50〜150 cm ぐらい．全株に粗毛を密に生じる．葉は互生し奇数羽状複葉，小葉は大小不揃いで，側小葉は数対，大形のものは長楕円状披針形で長さ 4〜5 cm，幅 2 cm 内外，両面とも粗毛を密生し，ふちには粗い歯牙状のきょ歯がある．頂小葉は大形の側小葉とほぼ同形．いずれも柄はない．托葉は半心臓形，ふちに不揃いのきょ歯がある．夏から秋にかけて，茎の末端が分枝して，小枝の先に多数の黄色の小花を一見して穂状に見える総状花序につける．花は短柄をもち，小苞葉は葉質で細かく裂け，がくは倒円錐形で 5 中裂し，裂片は卵形で先端は鋭尖形，裂片の基部に多数のかぎ状の毛がある．花弁は 5，倒卵形または楕円形．雄しべは 12 本，花弁よりも短い．心皮は 2 個であるが，がくに全くつつまれており，痩果は永存性のがくの内側にでき，がく筒には多数のかぎ状の毛があるので他物につきやすく，よく散布される．〔日本名〕金水引の意味で，細長い黄色の花穂を金色のミズヒキ(タデ科)にたとえたものである．〔漢名〕龍牙草．

1985. ヒメキンミズヒキ　〔バラ科〕

Agrimonia nipponica Koidz.

沖縄を除く全国に分布し，丘陵地や山地の樹陰や沢筋に生える．多年草で，貧弱な根茎がある．茎はふつう高さ 20～50 cm で，細く，まばらに分枝し，全体に毛が生える．葉は奇数羽状複葉で，3 から 5 個，まれに 7 個の小葉からなり，互生するが，茎の基部に集まる傾向があり，上～中部にはまばらにつく．小葉は薄い草質で，楕円形または倒卵形，先は鈍形または円形，基部はくさび状で，ふちには全体にわたり円味のある粗いきょ歯があり，裏面には半透明の腺点がある．夏に頂生の総状花序を出す．花は黄色，径 5～7 mm ほどである．がく筒は小さく，果実時には長さ 2 mm，径 2～3 mm ほどで，肋の上にかたい伏した毛があり，かぎ形で長さ 2 mm ほどの内側に曲がるとげは少ない．花弁は 5，長楕円形，先は鈍形で，長さ 3～4 mm，幅 1～1.2 mm．雄しべは 5～8 本である．果実期のがく筒は長さ 2 mm，径 2～3 mm で，かぎ状のとげがまばらに生え，肋の上にかたい伏した毛がある．

1986. ワレモコウ　〔バラ科〕

Sanguisorba officinalis L.

各地の山野に普通に生える多年生草本で高さ 70～100 cm．葉は互生し長柄があり，奇数羽状複葉．小葉は 2～6 対，長楕円形または卵状長楕円形，先端は鈍形，基部はやや心臓形，長さ 4～6 cm，幅 15～20 mm，ふちには歯牙状のきょ歯がある．托葉は葉状，斜卵形，下方に反り返る．秋に茎の頂が分枝し，枝の先に直立した穂状花序を作って，暗紅紫色の花弁のない花をつける．穂状花序は多数できて，短い円柱状，長い総花柄をもつ．花は小形，広楕円形の苞葉と，披針形でふちに毛の生えた小苞葉とがある．がくは暗紅紫色，4 裂し，裂片は広楕円形．雄しべは 4 でがく片よりも短い．葯は黒色．心皮は 1 個．痩果は革質で四角形，永存性のがくをつけている．〔日本名〕吾木香の意味であるという．木香（キク科植物，バラ属の木香ではない）に古くから日本の木香の意味で我れの木香という意味でワレモコウの名があったのが，その後，名だけが本種にうつったものかと考えられるし，あるいは古く，木香を本種とまちがえてしまったのか，その辺の事情は不明である．〔漢名〕地楡．

1987. ナガボノワレモコウ　〔バラ科〕

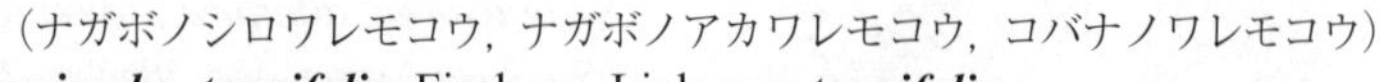

（ナガボノシロワレモコウ，ナガボノアカワレモコウ，コバナノワレモコウ）

Sanguisorba tenuifolia Fisch. ex Link var. ***tenuifolia***

原野のやや湿った所に生える多年生の草本で高さ 60～100 cm ぐらい．全株無毛．葉は互生し一般に長い葉柄がある．奇数羽状複葉，小葉は 2～7 対ぐらい，線状長楕円形，長さ 7～8 cm，幅 10～15 mm，無柄または短柄がある．ふちにはきょ歯があり，先端はやや鋭形，基部は切形．ふちにはきょ歯があり，托葉は葉状，半心臓形．秋に茎の頂が分枝して，枝先に白色の穂状花序をつけ，花穂は長い円筒状，長さ 8～9 cm，径 1 cm ぐらい，一方に傾く．苞葉はへら形，ふちには毛が密生する．花に花弁がない．がくは深く 4 裂し，裂片は白色または帯紅色で卵形，雄しべは 4 本，がく片よりずっと長く，黒色の葯をもつ．痩果は倒卵状で翼がある．花の白色なもの（ナガボノシロワレモコウ）が最も普通に見られるが，花の帯赤色のもの（ナガボノアカワレモコウ）もしばしば見られる．〔追記〕ワレモコウとは，小葉が細長く，先端はやや尖り，基部が切形で心臓形にならず，雄しべはがくよりも長く花序も太くて長いことにより区別できる．

1988. チシマワレモコウ　〔バラ科〕

Sanguisorba tenuifolia Fisch. ex Link var. ***grandiflora*** Maxim.

北海道，千島，サハリンに分布する，ナガボノワレモコウの 1 変種．亜高山帯と高山帯の草地に生える多年草で，茎は高さ 30～40 cm になり，無毛かときに褐色の短い毛が散生する．葉は 5～7 対の小葉からなる奇数羽状複葉で，長さ 15～40 cm になる数個の根生葉をもつ．葉柄は長さ 6～15 cm あり，その基部は広がって茎を抱く．小葉は楕円形または広楕円形，先は鈍形で，長さ 3～4 cm，幅 1.2～2.2 cm で，ふちにはきょ歯がある．夏，茎の先に，白色の小さな花を密につけた，長さ 2～5 cm，径 1 cm ほどの穂状の花序を 1 個から数個出す．花序には白い細い毛が密生するほか，褐色の絹毛が混じり，上部につく花から咲き始める．花は直径 6～7 mm で，花弁はなく，花弁状の 4 個のがく裂片がある．雄しべは 4 個で，がく裂片よりも長い．葯は暗紅紫色．〔日本名〕千島ワレモコウで，千島に産することにちなむ．

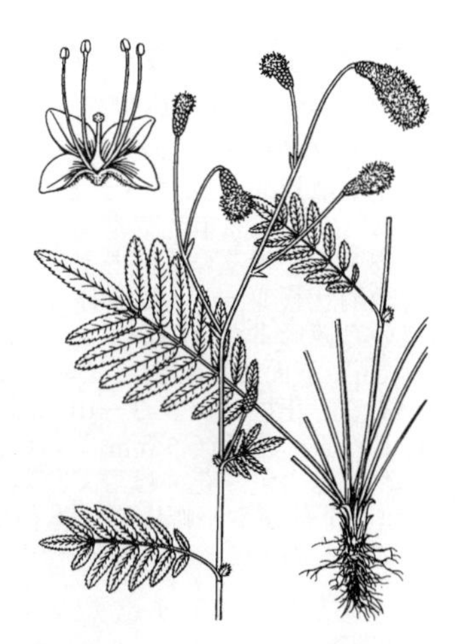

1989. カライトソウ 〔バラ科〕

Sanguisorba hakusanensis Makino var. ***hakusanensis***

本州中部の高山帯に生える多年生草本．高さ 30～100 cm，地下には太い根茎が横に走る．茎は直立，上部で時に分枝して，葉をまばらに互生する．根生葉は長柄があり，奇数羽状複葉，小葉は 5～6 対，楕円形，長さ 5～9 cm，両端は鈍形または円形，時には基部はやや心臓形になり，短柄をもつ．ふちには粗いきょ歯があり，両面とも無毛，下面は粉白色，茎葉は小形，基部の下面にはしばしばやわらかい伏毛がある．8 月に枝先から大形のふさふさした紅紫色の穂状花序が垂れ下がり，長さ 10 cm 以上にもなる．次第に先端部から順に開花する．花柄には毛を密生し，がくは小さく，がく筒は卵球形で 4 稜がある．がく裂片は反り返る．花弁はない．雄しべは 9～11，長く花の外にとび出し，糸状の花糸は平たく，紅紫色で非常に美しく，先端は急にくびれて黒紫色の点状の葯をつける．〔日本名〕唐糸草．唐糸は中国から渡来した絹糸のことであり，美しい花糸をそれになぞらえたもの．

1990. ナンブトウウチソウ 〔バラ科〕

Sanguisorba obtusa Maxim.

岩手県早池峰山の特産種で，多年生草本．茎は高さ 20～60 cm，軟毛があり，単一かまたは上部で少し分枝する．根生葉は束生し 5～8 対の小葉をもった奇数羽状複葉，小葉は楕円形．先端は円形または鈍形，基部はやや心臓形，無柄または短い柄がある．ふちにはやや深い鈍きょ歯があり，長さ 2～5 cm，幅 1.5～3 cm，葉質はやや厚く，葉軸や葉の下面の主脈にそってやわらかい赤褐色の縮れた毛がある．夏に枝先に円柱形の穂状花序をつけ，穂の長さ 3～7 cm，直立するかまたは先が垂れ下がる．上の方から順次に花が開きはじめ，花は淡紅紫色．がく片は 4，卵形．雄しべは 4 本，長さ 8～10 mm で，がく片の 3～4 倍ぐらいある．柱頭はやや小形．シロバナトウウチソウに似ているが，花が紅紫色で雄しべはさらに長く，小葉はほとんど無柄で，茎や葉軸に縮れた軟毛がある等の点で区別される．〔日本名〕岩手県南部地方の産であることからついた．トウウチソウはトウチソウではない．恐らく唐打と書き，中国から渡来した打紐の色感とこの種の花序の印象とが似ていたのであろうと思われる．

1991. シロバナトウウチソウ 〔バラ科〕

Sanguisorba albiflora (Makino) Makino

(*S. obtusa* Maxim. var. *albiflora* Makino)

東北地方の高山帯の草地に生える多年生草本．茎の高さ 25～80 cm ぐらいで，全株ほとんど無毛で少し分枝する．根生葉は束生し，有柄で 3～7 対の小葉を持った奇数羽状複葉，小葉は短い柄があり，楕円形，先端は円形，しばしば少し凹むことがある．基部はやや心臓形，ふちにははっきりしたきょ歯があり，長さ 2～5 cm，幅 1.5～4 cm，両面とも無毛で，下面は少し白っぽい．夏に枝先に花を密生した円柱状の穂をつけ，穂は長さ 2.5～6 cm ぐらい，直立するかまたは先が少し垂れ下がる．花は穂の先の方から先に開花し，白色であるが，時には紅色を帯びる．がく片は 4，卵形．花弁はない．雄しべは 4 本，長さ 6～8 mm で，がく片の 2～3 倍ぐらい，花糸の上方は平たく，やや幅が広い．〔日本名〕白花唐打草．

1992. タカネトウウチソウ 〔バラ科〕

Sanguisorba canadensis L. subsp. ***latifolia*** (Hook.) Calder et R.L.Taylor

(*S. stipulata* Raf.)

本州中部以北（シロバナトウウチソウの分布域を除く）の高山帯の草地にまれに生える多年生草本．高さ 30～60 cm，全株ほとんど無毛で上部は少し分枝する．根茎は太く横にはい，根生葉は束生し，5～6 対の小葉をつけた奇数羽状複葉，小葉は明らかな柄があり，広楕円形，先端は円形，基部は浅い心臓形または円形，ふちには鋭いきょ歯がある．長さ 1.5～6 cm，幅 1～4 cm，下面は少し白っぽい．茎葉はしばしば基部に短くてやわらかい伏毛がある．花穂は長さ 3～10 cm，先端は少し細くなり，花は下の方から咲きはじめる．花は径 5 mm ぐらい．がく片は 4，卵形で長さ 2～2.5 mm，緑色をおびた白色．花弁はなく，雄しべは 4，長さ 7～12 mm で，がく片の 3～5 倍，上部がやや幅広い．本種は花穂が直立し，淡緑色の花が下の方から咲いていくのでこの属の他の種から区別できる．

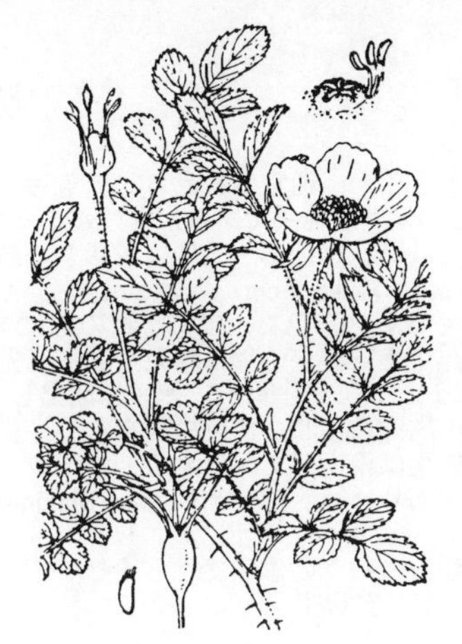

1993. タカネバラ 〔バラ科〕

Rosa nipponensis Crép.

本州，四国の高山の陽当たりのよい所に生える落葉低木．高さ 1〜2 m．小枝は水平に開出し，細長くて紅褐色をおび，細いとげが生える．葉は奇数羽状複葉，小葉は 4〜7 対，楕円形，両端とも円形のものが多い．葉質はうすく，無毛，ふちにはとげ状にとがったきょ歯がある．裏面の主脈には葉柄や葉軸とともにとげがある．托葉は長楕円形で葉柄に合着し，ふちには腺毛がある．7 月頃，枝の末端に大きな花を 1 個つける．花は径 4 cm 内外で淡紅色で美しい．がく裂片は細く，上部はしばしば葉状となり，内面には短い乳頭状の毛がある．花弁は広い倒卵形，ほとんど水平に開出する．黄色の多数の雄しべがある．偽果は西洋梨状の楕円形，長さ 15 mm 内外，紅色でなめらか，頭部に永存性のがく片を残す．〔日本名〕高嶺ばらの意味．〔追記〕北海道と本州北部の高山には，小葉は少なく 2〜3 対，きょ歯が大まかで，托葉の幅がやや狭いものがあり，オオタカネバラ *R. acicularis* Lindl. という．

1994. カラフトイバラ 〔バラ科〕

Rosa amblyotis C.A.Mey.（*R. marretii* H.Lév.）

北海道および本州（群馬県，長野県）の山地に生える小形の低木．枝は無毛で紫褐色となり，とげは葉柄の基部の左右に 1 対ずつあり，葉を互生する．小葉は 2〜4 対，長楕円形で長さ 2〜3 cm，先端は円形または鈍形，基部は鈍形，ふちには細かいきょ歯がある．下面はやや灰白色で主脈上に伏毛がある．初夏の頃，枝の先端に淡紅色の 1〜3 個の花をつけ，花は径 2〜3 cm ぐらい．花柄は細長く，無毛．がくの筒部は球形，裂片は 5，線状披針形で先端は長く尾状に伸び，長さ 2 cm ぐらいになる．内面とふちには白色の短毛を密生する．果実（偽果）は広い倒卵形，径 1 cm 内外，赤く熟する．頭部には永存性のがく裂片が残る．タカネバラに似ているが，花が枝頂に 1〜3 個つくこと，がく筒が球形で，葉柄に針状のとげがある等の点で区別できる．

1995. サンショウバラ 〔バラ科〕

Rosa hirtula (Regel) Nakai

箱根と富士を中心とした山地に生える落葉低木あるいは高木．高さ 1〜6 m で幹の径は 10 cm 以上になることがある．多く分枝して，多数のとげがある．葉は奇数羽状複葉，小葉は 6〜8 対，楕円形，先端は鋭形または鈍形，基部は鈍形または鋭形で無柄，長さ 1.5〜3 cm，幅 7〜15 mm，ふちには小さくて鋭いきょ歯があり，両面ともにわずかに毛がある．花は小枝上に 1 個つき，初夏に開き，淡紅色で，径 4〜6 cm．花柄にはとげが多い．がく筒にはとげが多く，がく裂片は卵形，先端は尾状にのび，内面に短い乳頭状の毛を密生する．副がく片は広卵形で無毛，不規則に裂ける．花弁は 5，広い倒心臓形，雄しべは黄色で多数．偽果は径 3 cm をこえる大型で広い球形でとげが多い．本種は日本では勿論のこと，おそらく世界中のバラ属の中で最も大きな幹をもっているものであろう．〔日本名〕山椒バラ．葉がサンショウの葉に似ているからである．

1996. イザヨイバラ 〔バラ科〕

Rosa roxburghii Tratt.

（*R. hirtula* (Regel) Nakai var. *glabra* (Regel) Makino）

観賞用に栽培される落葉性の低木．全株無毛．とげは葉の基部に 2 本ずつ生える．葉は互生し，3〜7 対の小葉をもった奇数羽状複葉．小葉は楕円形，先端は鋭形，または鈍形，基部は円形，ふちには鋭いきょ歯がある．托葉は披針形，ふちにきょ歯がある．花は初夏の頃に開き，紅紫色で小枝上に 1 個つき，径 6 cm ぐらいになる．サンショウバラの花に似ているが八重咲きで，花弁は多数あって互に密集している．しかも常に一方に欠けたところがあるので，十五夜の満月から少し欠けた月の意味で，十六夜（イザヨイ）の名がついた．がく筒には小さいとげが密生し，がく裂片は卵形，副がく片は広卵形で縮れた毛がある．結実しない．野生品は一重咲きで，中国中南部に分布する．

1997. ナニワイバラ 〔バラ科〕

Rosa laevigata Michx.

中国原産で，紀伊半島以西の浅山に自生状となるが，通常観賞品として培養される常緑のつる性の低木．茎は長く伸びてよじのぼり，無毛であるがとげがある．葉は三出複葉．小葉は短柄をもち，楕円形または卵状楕円形，先端は鋭形，基部は鈍形，ふちには細きょ歯があり，長さ 2～4 cm，幅 1～2 cm，両面とも無毛で，上面には光沢がある．花は大型で径 5～7 cm ぐらい，白色で，夏に小枝の端に 1 個つく．花柄とがく筒には開出するとげが多数生える．がく片は緑色．卵形，先端は尾状にのびて尖り，しばしば小型の葉のようになる．花弁は 5，水平に開出し，広い倒心臓形．雄しべは多数，円形の柱頭群の周囲に生じ，黄色の葯をもつ．花の中央に円形に集合した偏圧な柱頭がある．偽果は楕円形で開出するとげが多く生え，黄色に熟する．まれに花が淡紅色の品種があり，ハトヤバラ f. *rosea* (Makino) Makino という．また白花で紅色のぼかしがあるものを，アケボノナニワイバラ f. *alborosea* (Makino) Makino という．〔日本名〕難波イバラの意味で恐らくむかし大阪の植木屋から世に広まったからであろう．〔漢名〕金櫻子．

1998. モッコウバラ 〔バラ科〕

Rosa banksiae R.Br.

中国原産のつる状によじのぼる低木．享保年間（1720 頃）に渡来して，現在ではしばしば人家の庭園に植えられている．幹は褐色で高さ 4 m ぐらいに伸び，ほぼつる状になって分枝し，枝は無毛，とげもない．葉は互生し，3～5 個の小葉をつけた奇数羽状複葉，上面は無毛でなめらか，下面の下部には毛がある．小葉は楕円形，または長楕円形，短柄があり，先端は鋭形，基部は鈍形，ふちには細かいきょ歯がある．托葉は細い線形で後に脱落する．5 月頃，枝の先端にまばらに花をつけた散房花序をつけ，盛んに淡黄色または白色の八重咲きの花を開く．白花のものは芳香を放ち，黄花のものは匂わない．がくは無毛．がく筒は半球形，裂片は三角状卵形，先端は尖り，内面に白色の短い乳頭状の毛を密生する．果実はできない．〔日本名〕漢名の木香の音よみに由来したもの．

1999. ハマナシ（ハマナス） 〔バラ科〕

Rosa rugosa Thunb.

千葉県および鳥取県以北の海浜の砂地に生える落葉低木．しばしば観賞用に庭園に植えられる．高さ 1～1.5 m．地下に伸びるほふく枝によって繁殖し，しばしば大群落を作る．枝にはとげを密生し，花枝には短い乳頭状の毛を密布する．葉は互生し，2～4 対の小葉をもった奇数羽状複葉．小葉は楕円形または卵状楕円形，先端も基部も鈍形，長さ 2～3 cm．幅 1～2 cm，ふちにはきょ歯があり，上面はしわがよっていて無毛，下面は葉柄とともに短い乳頭状の毛を密生する．托葉は大形葉状となり，下方の半分以上は葉柄に合着する．花は紅色まれに白色，大形で径 6～8 cm，枝の先端に 1 個または 2～3 個開く．がく筒はやや球形で無毛．裂片は緑色で披針形，先端は尾状に長く伸びるが花弁よりは短く，短い乳頭状の毛を密生する．花弁は 5，紅色，広倒心臓形．強い芳香を放つ．雄しべは黄色で多数．花が終わってから，平たい球形の大きな偽果をつくる．8～9 月頃きれいに赤く熟し，とげがなく，肉質部は食べられる．根の皮は染料となる．〔日本名〕浜梨の意味で浜茄子ではない．浜梨は食べられる丸い果実をナシになぞらえたもので，しかも海浜生であるからである．ハマナスは東北地方の人がシをスと発音するために生じた誤称である(牧野富太郎)．〔漢名〕一般には玫瑰をあてているが誤りであろう．〔追記〕本種の果実はナシにはあまり似ておらず，むしろナスの古い栽培品種の中に似ているものがあるので，浜茄子であってもおかしくはない．

2000. ボタンバラ（マイカイ） 〔バラ科〕

Rosa maikwai H.Hara（*R. odorata* auct. non (Andrews) Sweet）

中国原産の落葉低木で，花を乾かしたものは玫瑰花といわれ，古くから紅茶に香をつけるので知られているが，確実に日本へ渡来したのは近年のことである．勢のよい枝には直立したとげが多いが，花の咲く枝では葉柄の基部に 1 対のとげがあるだけである．葉は 2～4 対の小葉をつけた奇数羽状複葉，小葉は長楕円形で先端はやや短く尖り，基部は鈍形．長さ 1.5～4 cm，ふちにはきょ歯がある．下面は若枝や花柄とともに軟毛がある．がく筒は球形．無毛でなめらか，がく片は先が尾状に長くのび，内面には白い軟毛が密生している．玫瑰は以前，ハマナシに当てられていたが別物で，とげが少なく，小葉は少し小さく長味をおびてやや尖り，葉質はうすく，しわが少なく，花も少し小さい．

2001. セイヨウバラ 〔バラ科〕

Rosa* ×*centifolia L.

広く庭園に植えられている観賞植物で，花の大きい八重咲きの，いわゆるバラであって多くの種類をくりかえし交雑して生じた雑種性のものである．高さ 1〜2 m の常緑性の低木で，枝はかたく，左右からおされて平たくなった大形のとげをもち，幼芽は通常赤褐色または紅紫色をおび，毎年一度しか花を咲かせないものと 1 年を通じて春から秋の末までいつも花を咲かすものとがあって，各枝毎に，その頂に 1〜数個の花をつけて，芳香を放つ．葉は通常 5 小葉をもった奇数羽状複葉で，互生し，小葉は卵形，ふちには鋭いきょ歯があり，先端は鋭形，基部は鈍形または円形，ごく短い柄をもつ．花柄は長さ 7〜10 cm，通常小さいとげが開出し，とげの先端にはしばしば黒点がある．がく筒は倒卵形，がく裂片は披針形，先端は次第に細くなって尾状に鋭く尖り，しばしば左右に針状の小裂片をもつことがある．内面とふちには白色の短い乳頭状の毛があり，外面には短毛が散在する．花弁は広倒卵形，しばしば先端は凹み互に重なり合って雄しべや雌しべを抱く．〔日本名〕西洋バラ．ヨーロッパで作られたからである．

2002. コウシンバラ（チョウシュン） 〔バラ科〕

Rosa chinensis Jacq.

中国原産の常緑低木．庭園に植えて花を観賞する．枝は緑色で直立し円柱形，中には白い髄が多い．横断面が三角形のとがったとげが散在する．葉は互生し，1〜2 対の小葉をもった奇数羽状複葉，小葉は楕円形，長楕円形あるいは長卵形で先端は鋭形，基部は鈍形で短柄があり，ふちには鋭きょ歯がある．長さ 3〜9 cm．上面は深緑色でやや光沢があり，若葉は紅紫色．下面は白色をおびる．托葉は細長く，葉柄の基部に合着し，上部は針状で，ふちには腺がある．花は枝先に 1 個，または少数個が房状花序を作ってつき，一重または八重咲き，紅紫色，時には淡紅色，花はいつでも咲くが最もよく咲くのは 5 月である．がく筒は楕円体，無毛でなめらか，がく裂片は 3 稜状披針形，先端は長く尾状に鋭くとがる．淡緑色で内面に白色の短い乳頭状の毛があり，ふちにも毛がある．花弁は倒卵状円形，基部は白色，雄しべは黄色で多数．偽果は球形，赤く熟し，強い丈夫な柄がある．〔日本名〕庚申バラ，元はコウシンバナであり，本種が 1 年を通じていつでも開花するからである．十二支の庚申は，ひと月おきにあるが，ここでは四季を意味する．チョウシュンは漢名の長春花に由来する．〔漢名〕月季花．

2003. ノイバラ（ノバラ） 〔バラ科〕

Rosa multiflora Thunb. var. ***multiflora***

原野，河岸等に生える落葉性の小形低木．茎は斜上あるいは直立して，盛んに分枝して繁みを作る．多くは無毛でなめらか，高さ 2 m ぐらい．枝には鋭いとげが多い．葉は互生し 1〜4 対の小葉をもった奇数羽状複葉．小葉は楕円形または広卵形，先端は鋭形，基部は鈍形または鋭形，無柄，ふちにはきょ歯があり，長さ 2〜3 cm ぐらい．上面は無毛で光沢はなく，下面には細毛を生ずる．托葉は披針形で鋭く切れ込み，軟毛があって下半部は葉柄に沿着する．花は枝先に円錐花序を作って密集して開き，花径 2 cm ぐらい，白色あるいは淡紅色をおび，芳香を放って，初夏に開く．花柄は無毛，または少数の腺毛を生ずる．がく筒はなめらか．がく裂片は披針形で縮れた毛を密生し，反り返る．花弁は 5，水平に開き，心臓形または広い倒卵形，頭部は凹む．黄色で多数の雄しべがある．偽果は小形で果序に多数ついて，球形で赤く熟し，外面には光沢がある．偽果は落葉後も残り，営実（漢名）といい薬用にする．〔日本名〕野薔薇．野外に生えるバラという意味．薔薇をイバラというのはとげがあるからで，イバラは元来とげのある低木の総称である．〔漢名〕野薔薇．

2004. ツクシイバラ 〔バラ科〕

Rosa multiflora Thunb. var. ***adenochaeta*** (Koidz.) Ohwi

九州に自生するノイバラの変種で，ノイバラに比べて全体に大形である．小葉は倒卵状長楕円形で，先は鋭尖形，基部は円形で，長さ 2〜4.5 cm になり，質はやや硬く，表面は深緑色でやや光沢があり，裏面は中肋に毛があるほかは無毛である．花は大きな円錐花序に数多くつき，5〜6 月に咲き，直径 3〜4 cm あり，白色または紅色をおび，花序の軸や花柄には腺毛が密生する．がく筒は楕円形で，腺毛が密生し，がく裂片の背面にも腺毛がめだつ．花弁は倒三角状卵形で，先は凹形，ときに浅く 2 つに裂ける．紅花で重弁の古い栽培品，ゴヤバラはこの変種から由来したと考えられている．中国大陸中部にある var. *cathayensis* Rehder et E.H.Wilson は，ツクシイバラによく似るが，花は散房状にややまばらにつく．〔日本名〕筑紫イバラで，九州に産することにちなむ．

2005. サクラバラ（サクライバラ）〔バラ科〕

Rosa multiflora Thunb. var. ***carnea*** Thory

おそらくノイバラを母種として生れた園芸品種で，幹は長くのびて分枝し，多少つる性になった落葉低木で，むかしから人家に栽培されている．しばしば垣根にはわせる．葉は互生し2〜3対の小葉をもった奇数羽状複葉，小葉は楕円形，多少とも毛があり，ふちには細いきょ歯があり，先端は鈍形，基部は円形で無柄，托葉は櫛の歯状に裂け，葉柄の基部に合着する．初夏に枝の頂に円錐花序を出し，紅紫色の花を密集して開き，非常に美しい．花柄と花軸には腺毛がある．花は径3 cmぐらい．がく裂片は反り返る．花弁は八重咲き，雄しべは黄色で多数．柱頭の集まりは低く花の中心部にある．〔日本名〕桜バラ．花弁の先が凹み，色も桜色で一見してサクラに似ているからである．〔追記〕この図はゴヤバラ（f. *platyphylla* (Thory) Rehder et E.H.Wilson）とする見方もある．

2006. テリハノイバラ（ハイイバラ）〔バラ科〕

Rosa luciae Franch. et Rochebr. ex Crép.
（*R. wichuraiana* Crép., nom. illeg.）

各地の山野，海岸地方に生えるほふく性の落葉低木．枝は無毛でなめらかであるが，まばらにかぎ状のとげがある．葉は互生し2〜4対の小葉をつけた奇数羽状複葉，小葉は楕円形，卵形または卵円形，先端は鈍形または鋭形，ふちに鋭いきょ歯がある．長さ1〜2 cm，幅1 cmぐらい，両面とも無毛で上面には光沢がある．托葉は葉柄に合着し，ふちに腺状のきょ歯がある．花は6月に開き，径3 cmぐらい，白色．枝の末端に1〜数個短い花序につく．がく筒は無毛，がく裂片は卵状披針形．外面はほとんど無毛であるが，内面とふちには短い乳頭状の毛を密生する．花弁は5，水平に開き，倒心臓形あるいは広いくさび形で，頭部が凹む．雄しべは黄色で多数，雌しべの花柱は通常有毛．偽果は卵状球形，長さ15 mm内外，赤く熟し，表面はなめらかである．〔日本名〕照葉野薔薇という意味で，葉面に光沢があるからである．〔追記〕ノイバラによく似ているが，托葉にきょ歯があり，櫛の歯状に裂けず，小葉は両面とも無毛，上面に光沢があり，花柱には通常毛があるので区別できる．ヤマイバラは本種に近いが，枝は太く，つる状に伸び頂小葉がやや大形で卵形，先端は鋭形で長くのび，托葉がほとんど全縁であるので区別する．

2007. ヤマイバラ〔バラ科〕

Rosa sambucina Koidz.

本州の中部地方南部および近畿以西の四国，九州の山地にまれに生える．とげをもった半ばつる性の低木で全株無毛である．葉は互生し小葉が2対ある奇数羽状複葉，小葉はうすい革質の広披針形または長楕円形，長さ5〜10 cm，先端は長く尖り，基部は鈍形で無柄，頂小葉は最大で，ふちには細かいきょ歯がある．上面は深緑色，下面はやや淡色．托葉は全縁．春に枝の頂に頂部の平たい円錐花序を作って10〜20個の花を開き，小花柄には短い腺毛がある．がく筒にも腺毛がまばらに生える．がく裂片は披針形，先端は尾状にのびて鋭く尖り，花が開く頃には後方につよく反り返り，内面には白色の短毛が密生する．花は白色で径4〜5 cmぐらい．花弁は5，三角状倒卵形，頭部はへこむ．果実は球形で赤く熟する．〔追記〕ヤマテリハノイバラ（2010図）とは，托葉が全縁であること，小葉は大きく，長さ5〜10 cm，がく裂片も大形で長さ12〜20 cmなので区別できる．

2008. フジイバラ〔バラ科〕

Rosa fujisanensis (Makino) Makino

富士，箱根山以西の陽当たりのよい山地に多い落葉低木．枝は盛んに分枝して，強くて丈夫．所々に真直のとげを生ずる．幹はしばしば径10 cm以上になることがある．高さは比較的低く2 m内外．葉は互生し，奇数羽状複葉，小葉は2〜4対つき，広楕円形でやや革質で光沢がある．下面はやや白色，先端は鋭形または鋭尖形，基部は円形または鈍形で無柄．ふちには鋭いきょ歯がある．托葉はやや全縁で腺毛がある．夏に枝先に円錐花序をつけ白花を開く，花は径2.5 cmぐらいで，姿が上品である．がくには腺毛がなく，紅紫色．花弁は5，水平に開き，倒三角状心臓形で頭部は凹む．雄しべは多数で黄色．秋の末に偽果が赤く熟し，球形で径1 cmぐらい，表面は全く無毛でなめらか．頂部には永存性の花柱が残る．次のヤマテリハノイバラとは，小葉の下面がやや白いこと，下面の主脈と葉軸，花軸などが無毛であることによって区別できる．〔日本名〕富士イバラという意味．産地にちなむ．

2009. ミヤコイバラ 〔バラ科〕

Rosa paniculigera (Koidz.) Makino ex Momiy.

九州北部，四国北部，本州では太平洋側は静岡県以西，日本海側は新潟県以西に分布するつる性の落葉低木で，枝にはかぎ状のとげのほか，腺毛が散生する．托葉は葉柄につき，ふちに腺状の歯牙がある．葉は 7〜9 個の小葉からなる．頂小葉は側小葉とほぼ同大で，長さ 2.5〜3 cm，倒卵状楕円形または長楕円形，先は鋭形または鋭尖形で，ふちには鋭いきょ歯があり，上面は深緑色で光沢が少なく，下面は淡緑色となる．側小葉はほぼ同形だが，先が鈍形または円形となるものが多い．花は 6〜7 月に咲き，大きな円錐花序に多数つくが，少数のものもあり，直径 1.8 cm 内外になる．花柄は細く，長さ 1.5 cm ほどで，やや彎曲して上向する．がく筒は卵状紡錘形，がく裂片は狭卵形で，ふちに 1 または 2 個の小裂片があり，内面全体とふちには綿毛が密生する．花弁は白色倒卵形で先は凹形となる．果実は扁球形，直径 6〜7 mm で，秋に赤く熟す．〔日本名〕都イバラで，アズマ（東国）イバラに似て西日本に多いことによる．〔追記〕アズマイバラに似るが，枝に腺毛があり，花が直径 2 cm 以下で小さく，小葉の数が多いことなどで区別される．

2010. ヤマテリハノイバラ（オオフジイバラ，アズマイバラ） 〔バラ科〕

Rosa onoei Makino var. ***oligantha*** (Franch. et Sav.) H.Ohba

（*R. luciae* auct. non Franch. et Rochebr. ex Crép.）

東海道，豊川と日本アルプス以東，宮城県以南の丘陵地帯に生えるとげのある落葉低木．幹は直立または斜上してよじのぼり，枝は多く，広く開出して生じる．葉は互生し，2〜3 対の小葉をもった奇数羽状複葉．頂小葉はやや大形で，楕円形または卵状楕円形，先端は鋭尖形，基部は鋭形または鈍形，葉質はやや厚く，深緑色で光沢は少ない．裏面は白色をおびるが，モリイバラ程白くない．花は主軸をもった短くて広い円錐花序に数個生ずる．花弁は 5，白色．黄色の雄しべが多数ある．小花柄には腺毛がなく，広く開出する．花の直径も，果実も近縁種の中では大形である．西部の太平洋側にはヤブイバラ（次図参照）がある．さらに北陸地方から北九州までの日本海側にはミヤコイバラ（前図参照）があり，しばしば枝に腺毛がある点などで区別される．

2011. ヤブイバラ（ニオイイバラ） 〔バラ科〕

Rosa onoei Makino var. ***onoei***

（*R. luciae* Franch. et Rochebr. var. *onoei* (Makino) Momiy. ex Ohwi）

近畿以西の太平洋側斜面の山地の林中に生える落葉低木．高さ 2〜3 m ぐらい．幹は細長く，時にはややよじのぼり，緑色で無毛であるがとげをまばらにつける．葉は互生し，2〜3 対の小葉をもった奇数羽状複葉．小葉は卵形，長さ 1〜2 cm，先端は鋭尖形，基部は鈍形または円形，表面は深緑色でやや光沢があり，ふちにはきょ歯がある．頂小葉は側小葉に比べてはるかに長く，狭い長卵形，上半部は長く，次第に細くなって尖る．6 月頃，茎の頂に少数の白色の花を散房状につける．花は径 1.5 cm．がくには毛と腺毛とがまじって生える．花弁は 5，水平に開き，倒卵形，しばしばふちに紅色のぼかしが生じ，芳香を放つ．雄しべは黄色で多数．偽果は卵球形，小さく，赤く熟し，がく片は落ちて残らない（図の果実はまだ若いものである）．〔日本名〕藪イバラ．やぶの中に生えるバラという意味．香イバラは花が芳香を放つからである．〔追記〕ヤマテリハノイバラに似ているが，小葉はうすくて無毛，しかし花柄には腺毛があるので区別できる．

2012. モリイバラ 〔バラ科〕

Rosa onoei Makino var. ***hakonensis*** (Franch. et Sav.) H.Ohba

（*R. jasminoides* Koidz.）

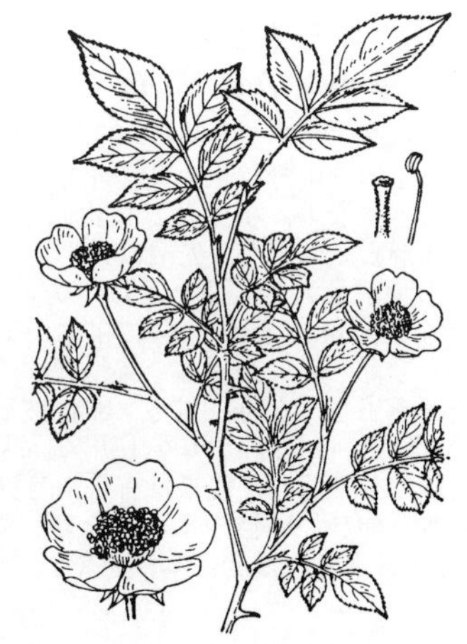

関東地方以西のやや高い山地に生え，刺をもっている落葉低木．幹は直立してよじのぼり，広く開出する枝を出す．葉は互生，葉柄は短く，通常 3 対の小葉をもった奇数羽状複葉．小葉は披針状卵形または楕円形，頂小葉は大形で先端は長く鋭く尖り，ふちには細い鋭きょ歯があり，全体無毛で葉質はうすく，黄緑色をおびて光沢がない．葉の裏が著しく白色を帯びるものが多い．花は 5〜6 月頃枝の頂に 1〜3 個散形状につき，時に下方の葉腋からも 1 個の花を出し，長く彎曲した小柄上には通常腺毛がある．花は白色で 5 弁，花弁は水平に開き，頭部は凹む．雄しべは黄色で多数．花の径はヤマテリハノイバラよりも大形である．果実は近縁の種類の中で最大である．〔追記〕ヤマテリハノイバラに似ているが，小葉の下面中脈上に伏毛がないので区別できる．

2013. カワラサイコ　〔バラ科〕

Potentilla chinensis Ser.

海辺あるいは河原の砂地に多く生える多年生草本．長さ 30〜60 cm にもなる．根は肥大し，茎は粗大で下部の直径 4 mm にもなるものがあり，上部には長毛を密生する．葉は羽状複葉，小葉はさらに羽状に深裂し，裂片は長披針形で先端は鋭形，ふちは全縁，乾くと下方に巻き込む性質がある．表面は無毛で緑色．裏面には白色の綿毛が密生する．托葉は広楕円形で葉柄の基部に合着し，線形の 4〜5 裂片に羽裂し，下面に白色の綿毛を密生する．茎の頂端に散房状集散花序をつけ，多数の花を開く．苞葉は掌状に分裂し，裂片はさらに羽裂する．花は黄色で夏に開き，径 1 cm 内外，がく片は卵状披針形，鋭頭，副がく片は線状楕円形でがく片と同長，ともに外面に長い絹毛を密生する．花弁は倒卵状円形，先端は凹形，がく片と同長．痩果は無毛でなめらか．〔日本名〕河原柴胡という意味であり，柴胡は根茎を薬用とするセリ科のミシマサイコ類の漢名であって，根茎の類似することから来ている．〔漢名〕委陵菜．

2014. ヒロハノカワラサイコ　〔バラ科〕

Potentilla niponica Th.Wolf

日本およびアジア東部に広く分布する多年生草本，砂土の多い日当たりのよい所に多く生える．根は肥大して地下に深く入り，茎は根元から分枝して，いくぶんはい，先端は斜上する．葉は羽状に分裂して，互生し，小葉はさらに羽状に中裂し，倒披針形または楕円形で無柄，裂片の先端はやや鈍形，ふちは全縁で，裏側に巻き込むように隆起する．表面は暗緑色で無毛，裏面は脈上に絹状の伏毛があり他の葉面上には白色の綿毛が密生して銀白色となる，托葉は楕円形，わずかにきょ歯があるだけで，深裂しない．花は黄色，径 1 cm ぐらい．まばらな散房状集散花序を作って茎の頂に出て，次々に長期間にわたって花を開く．がく片は卵状披針形，副がく片もほぼ同形．カワラサイコより大形で外面に伏した白色の綿毛を密生し，痩果は卵形で無毛でなめらか．カワラサイコからは，根生葉の小葉の数が少なくまた浅く裂けること，托葉が楕円形で深裂しないことにより区別される．

2015. イワキンバイ　〔バラ科〕

Potentilla ancistrifolia Bunge var. ***dickinsii*** (Franch. et Sav.) Koidz.
（*P. dickinsii* Franch. et Sav.）

山地の岩の間に生える多年生草本．全株に伏毛を生じる．根は太く肥厚する．茎は高さ 10〜20 cm ぐらいになる．葉は多くは根元から生え，長い柄をもつ．多くは 3 小葉からなるが，その下部に 1〜2 枚の小葉を出すことがある．小葉は倒卵形または斜めにゆがんだ倒卵形，先端は円形または鈍形，基部はくさび形，長さ 2〜3 cm，幅 2 cm 内外，ふちには鋭い歯牙状のきょ歯がある．両面にやや伏毛を密生し，下面はやや白色をおびる．7 月頃茎の頂端に集散花序を作って，黄色の花が開く．花は細い柄をもち，がく片は 5，卵形，副がく片はがく片とほぼ同形でやや小さい．花弁は 5，黄色，倒卵形，先端は凹形，雄しべは多数あって黄色で，卵形の小さい葯をもつ．痩果はやや腎臓形で縮れた毛を生ずる．〔日本名〕岩金梅．岩間に生えるキンバイソウの意味である．

2016. キジムシロ　〔バラ科〕

Potentilla fragarioides L. var. ***major*** Maxim.
（*P. sprengeliana* auct. non Lehm.）

至る所の山野に生える多年生草本．全株に粗い長毛を生ずる．ほふく枝を出すことはない．根生葉は束生し奇数羽状複葉で 1〜6 対の小葉をつける．小葉は卵形または円形，先端は鈍形，基部は鋭形で無柄，ふちには鈍きょ歯がある．頂小葉が最大で，側小葉は下方のものほど小形となる．小葉の長さ 1〜3 cm，幅 6〜15 mm，両面ともに粗毛があり，下面の脈上には特に多い．托葉は楕円形で全縁．春にまばらな集散花序を作って花を開き，花は細毛を密生する細い花柄を出し，がく片は 5，卵状披針形，先端は鋭形．副がく片は広披針形で先端は鋭形．がく片より少し短く，外面に毛が多い．花弁は 5，黄色，倒卵状円形，先端はやや凹形．痩果は有毛，肉質の果托をもたない．葉は花が終わってから，大きく伸び，別種のようになり，これを誤ってオオバツチグリと呼ぶことがある．〔日本名〕雉蓆は本種をキジの坐るむしろになぞらえたものである．

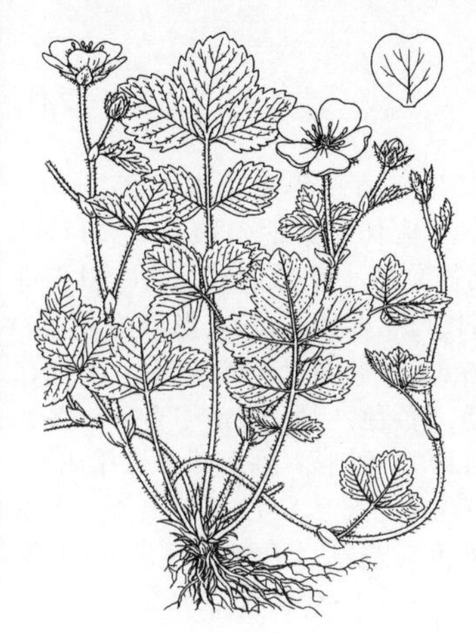

2017. ツルキジムシロ 〔バラ科〕

Potentilla stolonifera Lehm. ex Ledeb.（*P. sprengeliana* Lehm.）

シベリア，朝鮮（済州島），サハリン，千島に分布，日本では北海道から九州に産し，山地に生える多年草．短い根茎があり，そこから細長いほふく枝をだしてふえる．根生葉は長い柄があり，奇数羽状複葉で，頂小葉と3または4対の側小葉からなる．葉柄には開出毛があり，ふつう赤味をおびる．頂小葉は倒広卵形または円形で，先は鈍形，基部はくさび形で，長さ1～2.5 cm，幅0.7～1.5 cmで，基部を除きふちには鋭いきょ歯がある．茎葉は3小葉からなり，根生葉よりも小さい．托葉は小さく，葉柄に合着する．4～7月，茎の先端に数個の花がつく．花は黄色，径1.5～2 cmである．がく片は狭卵形，先は鋭形，長さ6～8 mmで，副がく片は披針形または線形でがく片とほぼ同長である．花弁は広倒卵円形，先は円形，長さ7～10 mm，幅6～8 mmになる．雄しべは多数あり，葯は楕円形である．花柱は長さ1 mmほど．花托には毛がある．花後花托はふくらまず，多数の瘦果ができる．瘦果は腎臓形，平滑で，同長またはやや長い花柱がつく．〔追記〕エチゴツルキジムシロ *P. toyamensis* Naruh. et T. Sato は本種に似るが，小葉は5個で，下方の1対は極端に小さい．

2018. ツチグリ 〔バラ科〕

Potentilla discolor Bunge

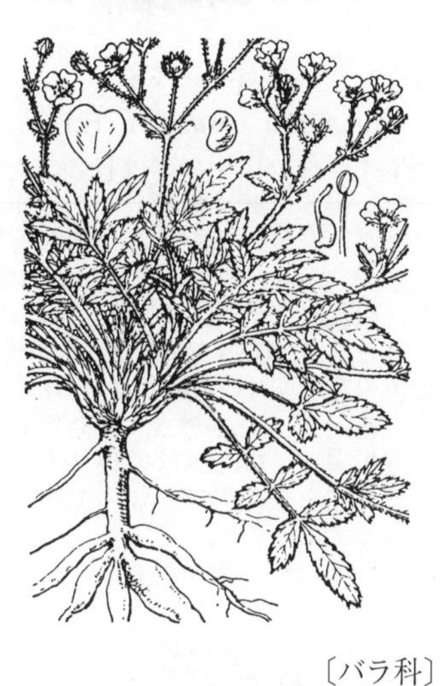

西日本の山地や原野に見られる多年生草本．根は数本，主軸から束生して，細い紡錘形に肥厚して両端が細くなり，表面は褐色で，中は白い．草は高さ15～30 cmにもなり，葉の上面をのぞいて全株に白い綿毛を密布し，茎は直立して分枝する．根生葉は奇数羽状複葉で2～4対の小葉をつけ，茎葉は3出複葉，小葉は卵状長楕円形，先端は円形または鋭形，基部は鈍形またはくさび形で無柄．ふちには歯牙状の鈍きょ歯がある．上面は無毛またはやや有毛で緑色，下面には白い綿毛を密生する．長さ2～5 cm，幅1～2 cmぐらい．花は黄色，春に開いて，集散花序となる．がく片は5，卵状披針形，副がく片は線状長楕円形でがく片よりも短く，ともに内面は無毛で平滑であるが，外面には白い綿毛を密生する．花弁は5，黄色で水平に開出し，倒心臓形で先端はやや凹形．瘦果は無毛．〔日本名〕土栗．生のままで食べられる根を栗の実にたとえた．〔漢名〕翻白草．キジムシロとは葉の裏の白いこと，根の太いこと，小葉は幅狭く，卵状長楕円形であること等により区別される．

2019. ウラジロキンバイ 〔バラ科〕

Potentilla nivea L.（*P. matsuokana* Makino）

北海道と本州中部の高山に生える多年生草本．高さ10～20 cm．根は太く，深く地中に入る．根生葉は束生し長柄をもった3出複葉．小葉は楕円形または倒卵状楕円形，先端は鈍形，基部はくさび形，長さ1～1.5 cm，幅1 cm内外．上面はうすく柔毛を生じて緑色，下面は白色の綿毛を密生して真白であり，茎葉は小形で短柄を持つ．花茎は葉柄とともに白い綿毛を生じる．8月に1花茎上に2～4個の花をつけ，がく片は5，卵状披針形，副がく片はがく片より狭く短い．ともに外面に白色の綿毛を生じる．花弁は5，鮮黄色，倒卵形，先端は凹形，または倒心臓形，長さ6 mm内外．雄しべは多数で黄色．瘦果は無毛でなめらかである．〔日本名〕裏白金梅という意味．形はミヤマキンバイ（2021図）にそっくりであるが，葉の裏が白いことで区別される．

2020. チシマキンバイ 〔バラ科〕

Potentilla fragiformis Willd. ex D.F.K.Schltdl. subsp. ***megalantha*** (Takeda) Hultén（*P. megalantha* Takeda）

北海道以北の亜寒帯の海岸の岩の間に生える多年生草本で高さ10～20 cmぐらい，全体に白色の横に伏した絹毛を密布する．根茎は短く太く，枯葉の基部や托葉でおおわれる．根生葉は束生し長葉柄を持った三出複葉で，葉質は厚く，表裏ともに長毛をやや密生する．頂小葉は倒卵形，先端は円形，基部はくさび形．側小葉は広卵形，基部は左右不同でゆがんだ広いくさび形．いずれもふちには大形のきょ歯がある．葉柄基部には膜質鱗片状の托葉がある．茎葉は無柄，3裂して，葉状の托葉を持つ．茎は分枝しないで，頂に少数の大形の黄色花をつける．花は径3～4 cmぐらい．がく片は5，狭卵形，鋭頭，副がく片は卵形，先端は鈍形，がく片よりやや小形．花弁も5，平たい円形で先端は凹形．雄しべ心皮ともに多数．瘦果は無毛．〔日本名〕千島産のキンバイソウの意．

2021. ミヤマキンバイ 〔バラ科〕

Potentilla matsumurae Th.Wolf

高山の日当たりのよい多少湿った地に生える多年生草本で高さ 10〜20 cm ぐらいになる．地下茎は横に伏し，枯れた葉柄の残骸をつける．葉は根元から束生する長柄をもった三出複葉で小葉は倒卵形または斜卵形，先端は円形，基部はくさび形，ふちには 8〜10 個の大形の歯牙状のきょ歯があり，長さ 1〜2 cm，幅 1〜1.5 cm，上面はやや無毛．下面に細毛をまばらに生ずる．花は 8 月に開き，黄色，径 2 cm ぐらい，茎頂に数個つく．がく片は卵状披針形，先端はやや鋭形．副がく片は楕円形，先端は鈍形，がく片とほぼ同長であるが幅はやや広いことがある．ともに外面に粗毛を生ずる．花弁は 5，鮮黄色で基部は濃色，倒卵状円形，先端は凹む．痩果は無毛．〔日本名〕深山金梅という意味である．

2022. ツルキンバイ 〔バラ科〕

Potentilla rosulifera H.Lév.（*P. yokusaiana* Makino）

本州中部の山中の半ば日の当たる所に生える多年生草本．通常ほふく枝を伸ばし，根茎は短く肥厚しない．全草に伏毛を密生しているが，一見それほど目立たない．長い柄を持った葉を根元から束生し，三出複葉，小葉は無柄の卵形，長さ 1〜2 cm，先端は鈍形，基部はくさび形，やや粗大な鋭きょ歯縁．葉柄とともに白色の伏毛がある．ほふく枝の先につく葉は，多くは他のものよりも大きい．花序は高さ 10〜15 cm，2〜3 分枝して，短柄を持った小形の葉をつけ 5 月頃鮮黄色の花を開く．花は径 15〜18 mm．がく片は 5，三角状ののみ形，副がく片も 5，狭い披針形，花弁は 5，広い倒心臓形，先端は凹形，がく片よりも長く，水平に開出する．雄しべは多数．子房は多心皮で無毛．〔日本名〕蔓金梅という意味．ほふく枝を長くのばすからである．〔追記〕ミツバツチグリ（次図）とは，根茎が短く太く，かたくならないこと，全株に目立たない伏毛をつけること，葉の下面にも白色の伏毛があること，花の黄色の濃いこと等により区別される．

2023. ミツバツチグリ 〔バラ科〕

Potentilla freyniana Bornm.

山地あるいは原野に生える多年生草本．根茎は短いが肥大してかたく，ひげ根を密生し，先端部から根生葉，花茎およびほふく枝を束生する．全体に粗毛を生じる．葉は長柄をもった三出複葉．小葉は倒卵状楕円形または楕円形，先端は円形または鈍形，基部はくさび形，ふちには鈍きょ歯があり，長さ 2〜5 cm，幅 1〜3 cm，ほとんど無毛であるが下面の脈上には粗毛がある．托葉は卵形で全縁．春に高さ 15 cm ぐらいの花茎を出し，少し淡い黄色花を集散状につける．がく片は披針形，先端は鋭尖形，副がく片は線形，がく片より短いが，ともに外面の下部には粗毛が多い．花弁は倒卵状円形，先端は凹形．痩果は無毛，表面にしわがよっている．花が終わると葉は大きくなり，ほふく枝を四方に長くのばして，その先端から新苗を出す．〔日本名〕ツチグリ（2018 図）に似て，3 小葉しかないという意味で，根茎はかたくて食べられない．〔追記〕本種はしばしば高山にまで分布し，ミヤマキンバイとまじって生えることもあるが，ほふく枝を出すこと，小葉が細かい鈍きょ歯縁をもつこと，副がく片はがく片より細いこと，枯れた葉柄の基部を残していない等の点で区別できる．

2024. オヘビイチゴ（オトコヘビイチゴ） 〔バラ科〕

Potentilla anemonifolia Lehm.

（*P. sundaica* (Blume) Kuntze var. *robusta* (Franch. et Sav.) Kitag.）

原野あるいは田圃のあぜ等の湿った所に生える多年生草本．茎は地上をはう傾向にあり全株に伏毛を生ずる．根生葉には長柄があり，多くは掌状の五出複葉，茎葉は短柄で三出複葉．小葉は楕円形あるいは倒卵状楕円形，先端は円形または鈍形，基部は狭い鋭形，ふちには粗いきょ歯がある．長さ 2〜4 cm，幅 1〜2 cm，上面は無毛．下面は脈上に少し毛を生ずる．5 月頃，花茎の上部に集散花序を作って黄色の小花を多数つける．がく片は 5，卵形あるいは卵状披針形，先端は鋭形，副がく片は 5，線形，がく片よりやや短く，ともに外面に少しばかりの毛がある．花弁も 5，倒心臓形，先端は凹み，基部は広いくさび形．痩果の表面はしわがより，無毛．〔日本名〕雄蛇苺の意味で，ヘビイチゴよりも大形であるからである．〔漢名〕蛇含．この名はおそらく近縁の *P. sundaica* (Blume) Kuntze に対してつけられたものであろう．

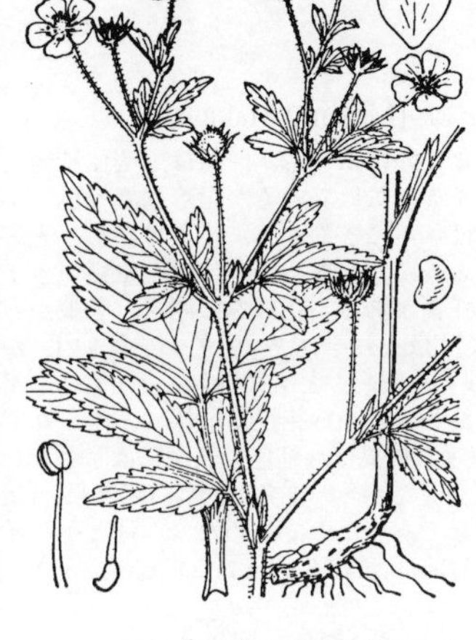

2025. ミツモトソウ（ミナモトソウ）　〔バラ科〕

Potentilla cryptotaeniae Maxim.

山地の水辺に生える多年生草本．茎は高さ 30〜60 cm，下部の太さは径 5 mm ぐらいになり，全体に粗毛を生じる．葉は互生して，三出複葉，下部の葉は長柄，上部のものは短柄をもつ．小葉は楕円形，先端は鋭形，基部は鋭形，長さ 4〜7 cm，幅 2〜3 cm，ふちには鈍形の重きょ歯がある．上下両面には伏毛がまばらに生える．葉柄の基部に披針形の托葉がある．花は夏に開き，茎頂に集散花序を作る．がく片は 5，卵状披針形，副がく片は倒披針形あるいは長楕円形でがく片よりやや短く，ともに外面に粗毛がある．花弁も 5，黄色，倒卵状円形，先端はわずかに凹むかあるいは微凸形，基部は広いくさび形，がく片と同長かあるいはやや短い．花柄の上部，がくの基部には，縮れた毛が密生する．雄しべは多数，葯は小さくて卵形．痩果の表面はしわがよって無毛．〔日本名〕みつもとは意味不明．この草はよく山中の渓流のほとりに生えるので，みずもと（水源）という意味からミツモトソウと訛ったらしくミナモトソウも恐らく，源草の意味であろう．

2026. エゾノミツモトソウ　〔バラ科〕

Potentilla norvegica L.

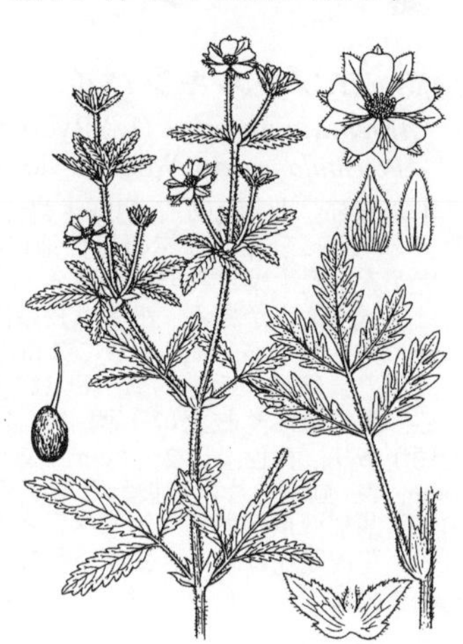

北半球の亜寒帯に広く分布し，日本では北海道に産し，最近本州にも散発的に帰化している．草地に生える一年草または越年草．茎は直立して，高さ 20〜80 cm になり，やや長い毛が生える．葉は根生のものは 5 小葉，茎につくものは 3 小葉からなる．茎葉は互生し，下方のものほど長い柄がある．托葉は三角状で，基部のみまれに中部まで葉柄と合着する．小葉は倒狭卵形または倒披針形で，先は鋭形あるいは鈍形，基部はくさび形で，短い柄があり，ふちには粗い鋭いきょ歯があり，ときに深く切れ込む．夏に茎の頂と上部の葉腋から長い柄のある花を単生する．花は黄色で，径 2.5〜3.5 cm になる．がく片は卵形，先は鋭尖形，長さ 8〜10 mm で，副がく片は広披針形でがく片よりもわずかに小さい．花弁は倒卵円形，先は円形，基部は爪状．雄しべは多数で，葯は広楕円形．花托には短毛が生える．花後花托はふくらまず，多数の痩果ができる．痩果は卵形体で，長さ 0.7 mm ほど，平滑でほぼ同長の花柱が残る．〔日本名〕蝦夷のミツモトソウで，ミツモトソウに似て北海道に産することによる．〔追記〕ミツモトソウは本種に似るが，多年草で，葉はすべて 3 小葉からなり，托葉は半ば以上が葉柄と合着し，小葉が楕円形で先が鋭尖形になる．

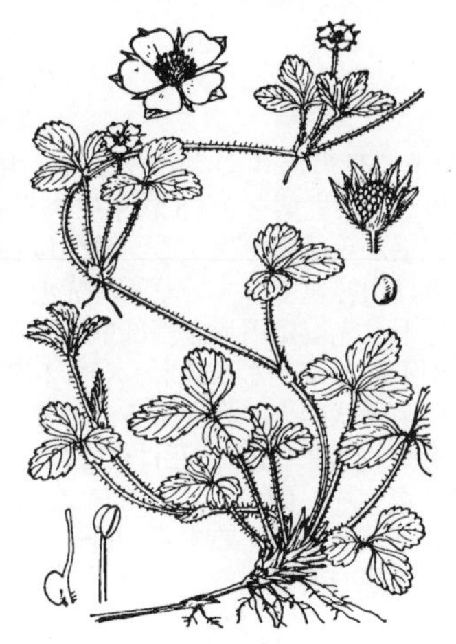

2027. ヒメヘビイチゴ　〔バラ科〕

Potentilla centigrana Maxim.

山地または原野の湿地に生えるほふく性の多年生草本．茎はやせて長く地表をはい，長い軟毛を生じる．葉は長さ 2〜3 cm の葉柄を持った三出複葉．全体に青味がかった緑色．小葉は倒卵状のくさび形，ふちには粗い歯牙状のきょ歯がある．上面は無毛，下面には粗毛があり，長さ幅ともに 8〜15 mm ぐらい．托葉は卵状楕円形，全縁，先端は鋭形で，長さ 7 mm ぐらい．花はほふく枝から腋生した花柄上に 1 個つき，夏に開いて，黄色で小形．花柄は葉よりも高く直立する．花は径 7〜8 mm ぐらい．がく片は卵状楕円形，副がく片は長楕円形でがく片より幅が狭く短く，外面の下部にやや毛がある．花弁は広倒卵形，先端はやや凹み，がく片より短い．痩果は無毛で表面は少ししわがよる．〔日本名〕姫蛇苺という意味．〔追記〕オヘビイチゴは五出複葉であるから，本種は一見して区別ができる．ヘビイチゴは三出複葉であるが，葉の裏面の脈にそって長毛があり，副がく片は長毛を持ち，先が 3 裂する等の点で本種から区別される．

2028. ヘビイチゴ　〔バラ科〕

Potentilla hebiichigo Yonek. et H.Ohashi

（*Duchesnea chrysantha* (Zoll. et Moritzi) Miq.）

至る所の原野や道端に生える多年性のほふく草本．茎は長軟毛があり，花が咲く頃は短いが，結実する頃は長く地上をはい，節から新苗を生じて繁殖する．葉は互生して長い柄があり，三出複葉．小葉は卵状楕円形または楕円形，粗い歯牙状のきょ歯があり，長さ 2〜3 cm，幅 1.5〜2 cm，先端は鈍形，基部はくさび形，表面はやや無毛であるが，裏面は葉脈に沿って長毛が生える．托葉は卵状披針形，全縁，長さ 7 mm ぐらい．春に葉腋から，長い花柄をもった黄色花を 1 個出す．がく片は広披針形，先端は鋭尖形，副がく片は倒卵状のくさび形で，先端が 3 裂し，がく片よりもやや大形で，長い毛を生じる．花弁は広い倒心臓形，がく片とほぼ同長．痩果はごく小さく，赤色で粒状．表面に凹凸があって，熟すると，球形にふくらんだ海綿質で無味の淡紅白色の細毛ある花托の表面に散在する．〔日本名〕漢名の蛇苺に基づいてつけられた名で，人間がこれを食べないで，蛇が食うものと考えたからであろう．俗説ではこの果実は有毒であると考えられているが，実際は無毒である．〔漢名〕蛇苺．〔追記〕ヤブヘビイチゴに似ているが，全形はやや小形で，果実（花托）も真紅色でなく細毛があり，痩果の表面はしわがよる等の点で異なる．

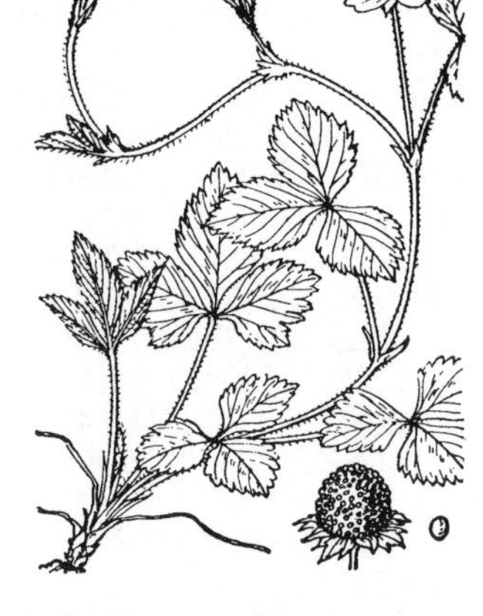

2029. ヤブヘビイチゴ 〔バラ科〕

Potentilla indica (Andrews) Th.Wolf

(*Duchesnea indica* (Andrews) Focke ; *D. major* (Makino) Makino)

至る所の藪の側，山地の林のふちなどに生える多年生のほふく草本．茎は，全体に絹毛があり，長柄をもった葉をまばらに互生する．ヘビイチゴに似ているが全形は濃緑色，小葉も大きく長さ 3～4 cm にもなり，側小葉はしばしばさらに 2 裂する．小葉は卵形，先端はやや鈍形，基部は鋭尖形，支脈は斜めに平行してふちにとどき，ふちにはやや鈍いきょ歯がある．葉柄基部には先のとがった卵形の膜質の托葉がある．花は春に開き，葉腋から出る有毛の花柄上に 1 個つき，黄色．がく片と副がく片はそれぞれ 5，目立って大きい．がく片は卵状披針形で尖り，副がく片は広い倒卵形で浅く 5 裂し，ともに緑色．花弁は 5，水平に開出し，長楕円形．雄しべは多数で黄色．花が終わってから花托は球状にふくらんで光沢のある真紅色となり，径 2 cm ぐらいになって無毛．痩果は真紅色で表面にはしわがなくなめらかである．〔日本名〕藪蛇苺．通常藪の辺りに生えるからである．〔漢名〕鶏冠果．〔追記〕もとヘビイチゴに使った学名は本種に適用すべきであったので改めた．本種とヘビイチゴの雑種をアイノコヘビイチゴ *P.* ×*harakurosawae* (Naruh. et M.Sugim.) H.Ohashi という．

2030. エゾツルキンバイ 〔バラ科〕

Argentina anserina (L.) Rydb. var. ***grandis*** (Torr. et A.Gray) Rydb.

(*Potentilla egedei* Wormsk. var. *grandis* (Torr. et A.Gray) J.T.Howell)

本州北部，北海道から朝鮮半島，ウスリー，サハリン，千島，カムチャツカ，北アメリカに分布．海岸の塩性地に生える多年草．茎は地をはい，節から根を出し広がる．根生葉は長い柄があり，奇数羽状複葉で 6～9 対の小葉からなる．葉軸には付属小葉片がある．小葉は長楕円形，先は鈍形，基部はくさび形で，長さ 2～5 cm，幅 0.7～2 cm で，ふちには粗く鋭いきょ歯があり，裏面には白い綿毛が密生し，脈上には長い毛もある．ほふく枝につく葉は小さい．托葉は乾膜質で，合着する．夏にほふく枝上に 1 個ずつ葉と向き合って花がつく．花は長い毛を散生した柄があり，黄色，径 2～3 cm である．がく片は卵状三角形，先は鋭形，長さ 4～6 mm で，副がく片は広披針形でがく片よりもやや小さい．花弁は倒卵円形，先は円形，基部は爪がある．雄しべは多数あり，葯は楕円形である．花柱は長さ 2 mm ほど．花後花托はふくらまず，多数の痩果ができる．痩果は平滑である．〔日本名〕蝦夷蔓金梅で，ツルキンバイに似てはじめ北海道で見い出されたことによる．

2031. ノウゴウイチゴ 〔バラ科〕

Fragaria iinumae Makino

樺太，北海道，本州の高山帯または亜高山帯の日当たりよく湿った所に生える多年生草本．高さ 10～15 cm，茎は太く短く，根生葉を 3～5 枚束生する．花が終わってから，ほふく枝を長くのばし，先端から新苗を生ずる．葉柄は長く直立して長毛がある．三出の掌状複葉で小葉は白緑色でうすい草質，光沢がない．下面の脈上に絹毛があり，頂小葉は倒卵形，先端は円形，基部はくさび形，左右の側小葉はやや小形で，基部は左右が不同でゆがんだ鈍形．いずれの小葉も下部をのぞいてふちには毛の生えた粗い歯牙状のきょ歯がある．初夏の頃，花茎を直立して葉よりも高く出し，白花を 1～3 個つける．花は径 2 cm ぐらい．花弁は通常 7，倒卵形で水平に開出し，がく片，副がく片ともに 7，披針形，雄しべは多数，果実は卵形体，やや垂れ下がり，赤く熟する．〔日本名〕能郷苺は，はじめて発見された岐阜県本巣市の能郷の名をとったもの．

2032. エゾヘビイチゴ 〔バラ科〕

Fragaria vesca L.

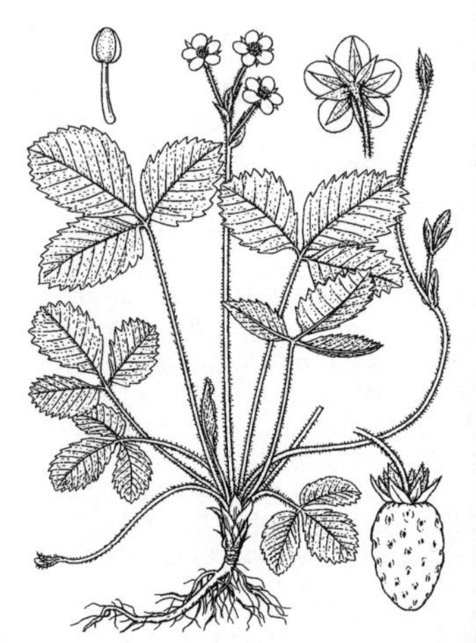

ヨーロッパ原産で，北海道や本州に帰化している多年草．やや肥厚した直立する根茎があり，ほふく枝をだし広がる．葉は長い柄があり，3 小葉からなり，大部分が根生し，茎につくのはまれである．小葉は広楕円形または倒卵形，先は鈍形，基部はくさび形で，長さ 2～6 cm，幅 1.5～5 cm で，ふちは粗いきょ歯があり，表面には伏した軟毛が散生し，裏面は白色をおび，長い軟毛がやや密にある．托葉は披針形で，長さ 0.5～1.5 cm になる．葉柄と花茎には白い開出毛がある．花は花茎の先に集散状に数個つき，柄があり，径 1.5 cm ほどである．がく片は 5 個，披針形で，先は鋭形．副がく片は広披針形で先は尖り，がく片よりもひとまわり大きく，長さ 3 mm ほどになる．花弁は 5 個，円形で，長さ約 6 mm になり，花時には開出する．雄しべは長さ 1.5～2.5 mm で，心皮よりやや短い．花後花托が肥大して，長さ 1 cm ほどの卵状または球状になり，赤色で，表面のくぼみに多数の痩果がつく．〔日本名〕蝦夷蛇苺で，ヘビイチゴに似て．北海道でみつかったことによる．〔追記〕モリイチゴに似るが全体に大きく，花時にも心皮のほうが雄しべよりもふつう長い点で区別される．

2033. オランダイチゴ 〔バラ科〕

Fragaria* ×*ananassa Duchesne（*F. magna* auct. non Thuill.）

南米原産の種をもとに交配された多年生草本．日本には天保年間（1830 年前後）かあるいはその直後にはじめて渡来して，現在では，実を主要な果物として賞味するので広く栽培されている．全株に軟毛を密生する．ほふく枝を出して繁殖する．葉は根元から束生し，長柄を有し，3 出複葉，小葉は倒卵状の菱形，先端は円形，基部はくさび形，長さ 3〜6 cm，幅 2〜5 cm，ふちには粗い歯牙状のきょ歯がある．上面はほとんど無毛であるが下面は葉脈に沿って長い軟毛を密生する．葉柄にも同様の毛がある．5〜6 月頃白色の花を開き，径 3 cm 内外，まばらに集散花序を作ってつく．がく片は披針形，鋭尖頭，緑色で永存性，副がく片は長楕円形，先端は次第に細くなって尖り，がく片とほぼ同長．外面に毛を密生する．花弁は楕円形，がく片よりもはるかに長い．雄しべ心皮ともに多数．花托は花が終わってからふくらんで偽果となり，肉質で紅く熟して香味ともによく，果物として珍重される．いろいろの園芸的品種があり，果実の形は大小いろいろあって一様でない．果実の表面に散在する粒状のものが真の果実（痩果）である．〔日本名〕和蘭苺．オランダは外来品を意味する．

2034. モリイチゴ（シロバナノヘビイチゴ） 〔バラ科〕

Fragaria nipponica Makino

深山高原のやや日当たりのよい所に生える多年生草本．高さ 10〜30 cm ぐらい．全株にやわらかい毛が生える．根茎は短く，紫紅色の細長いほふく枝を長くのばし，その先端に新苗を生じて繁殖する．葉は根本から束生し，長柄をもった三出複葉．小葉は倒卵形，先端は鋭形または鈍形，基部はくさび形，ふちには粗い歯牙状のきょ歯があり，長さ 2〜4 cm，幅 1.5〜3 cm．初夏の頃，株の中央から 1（〜2）本の花茎を高く出し，分枝して 1〜5 個の花をつける．花は白色，径 2 cm 内外，がく片は 5，披針形，先端は鋭尖形，緑色で永存性，副がく片は 5，小さい線状楕円形，先端は鋭形，がく片よりもやや長い．花弁は 5，水平に開出し，がく片よりも長い，雄しべと心皮は多数．花托は花が終わってからふくらんで球形または楕円体あるいは卵球形の肉質の偽果となり，芳香を放ち，はじめは酸っぱいが，後には赤く熟して甘くなり食べられる．花托面に粒状の痩果が散在し，痩果のつく所は凹み，オランダイチゴの果実に似ている．〔日本名〕森苺，白花蛇苺の意味である．

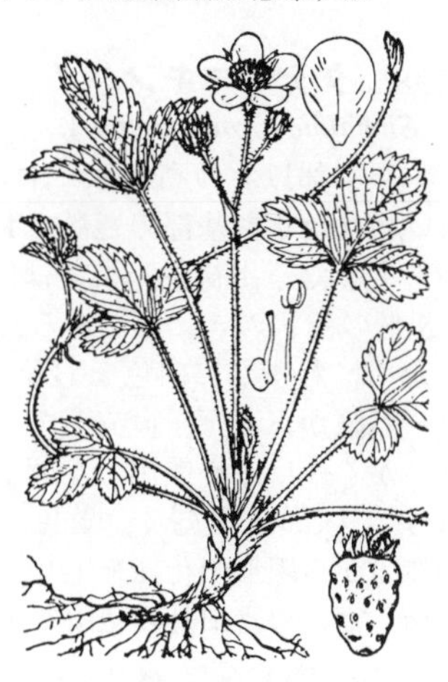

2035. エゾノクサイチゴ 〔バラ科〕

Fragaria yezoensis H.Hara

北海道と南千島に分布する多年草．ほふく枝を出し，根茎は肥厚する．葉は長い柄があり，3 小葉からなり，根生する．頂小葉は菱状倒卵形，先は円形，ふちにはきょ歯があり，両面にまばらに絹毛が生えるが，ふちと裏面の脈上にはやや密に生える．葉柄と花茎には白い開出毛があり，花柄にも開出毛がある．花茎は高さ 15 cm ほどになり，その先に集散状に数個の花が咲く．花は長い柄があり，径 1.5〜2 cm ほどである．がく片は 5 個，広披針形で，先は鋭形．副がく片は披針形でがく片とほぼ同長になる．花弁は白色で 5 個，円形で，花時には平開する．雄しべは直立または斜上し，心皮群より高い．果時の花托は赤色で，痩果の腹側にははっきりしない 1 または 2 脈がある．モリイチゴやエゾヘビイチゴによく似ているが，花柄に開出する毛があることで区別できる．〔日本名〕蝦夷の草苺で，クサイチゴに似て，北海道に産することによる．〔追記〕本種をモリイチゴに合一したり，その変種とする意見もある．

2036. キンロバイ 〔バラ科〕

Dasiphora fruticosa (L.) Rydb.（*Potentilla fruticosa* L.）

本州中部以北の高山に自生する落葉性の小低木であるが，観賞植物として盆栽にされる．高さ 1 m 内外，多く分枝して樹皮は褐色でうすくはがれる．葉は互生し奇数羽状複葉で 3〜7 枚の小葉からなる．小葉は長楕円形あるいは卵状長楕円形，全縁，先端は鋭形または鈍形，基部はくさび形，長さ 15 mm，幅 5 mm 内外．両面に褐色の長い絹毛を生ずる．葉柄の基部には著しい托葉がある．夏に茎頂に 1〜3 個の花をつけ，鮮黄色で径 2〜3 cm．花柄はやや短く絹毛を密生する．がく片は 5，三角状卵形，副がく片も 5，線状楕円形でがく片とほぼ同長，またはやや長く，共に外面に毛が多い．花弁は 5，円形，長さ幅ともに 1 cm ぐらい．雄しべ雌しべともに多数．痩果には短毛が密生する．〔日本名〕金露梅．花が梅花のようであって，その上黄色であるからである．しばしば本種をキンロウバイ，キンルバイといっているが，これは誤りである．

2037. メアカンキンバイ 〔バラ科〕

Sibbaldia miyabei (Makino) Paule et Soják
(*Sibbaldiopsis miyabei* (Makino) Soják ; *Potentilla miyabei* Makino)

北海道，千島に分布し，高山帯の砂れき地に生える多年草で，木質の根茎から地中性のほふく枝を出して広がる．全体に黄褐色の伏した毛が生える．茎は地をはい，節から根を出し，上方は斜上し，高さ 3〜10 cm になる．葉は 3 個の小葉からなる三出複葉で，やや革質で，灰色をおび，互生し，長さ 3〜5 cm．小葉は倒卵形で，先が大きくなり，浅く 3 裂し，基部は円形で，長さ 0.6〜1.5 cm，幅 0.5〜1 cm で，ふちには粗い鋭いきょ歯がある．托葉は葉柄に合着し，片は披針形で先はやや尖る．夏に茎の先端に 1〜5 花からなる集散花序を出す．花は黄色，径 1.5 cm である．がく筒には剛毛が生える．がく片は披針形，先は鋭形で，副がく片も同形だが，がく片よりもやや小さい．花弁は倒卵円形，先は円形，基部は爪状となる．花托には長さ 4 mm ほどの毛が密生する．雄しべは多数．花柱は糸状で細い．花後花托はふくらまず，多数の痩果ができる．痩果は狭卵形で長さ 1.5 mm になり，褐色をおび平滑で，基部に長さ 4 mm ほどの毛がある．〔日本名〕雌阿寒金梅で，北海道雌阿寒岳にちなむ．

2038. タテヤマキンバイ 〔バラ科〕

Sibbaldia procumbens L.

本州中部以北の高山帯に生える常緑の多年生草本．茎は木質ではい，古い枯れた葉柄基部の残骸でおおわれる．葉は茎頂に密集して生じ，長柄をもった三出複葉，小葉は倒卵状のくさび形，先端は鋭形，先端に 3〜5 個の歯状のきょ歯があるだけで，他の部分は全縁．両面に細毛があるためにわずかに白色をおびる．托葉は葉柄に合着し，先端はとがる．夏に葉腋から花茎を直立して，頂に淡緑黄色の小花をやや散房状につける．がく片はやや開出し，卵形で尖り，両面とも短毛を密生する．花弁は 5，がく片より短く，黄色．雄しべは 5 本．めしべは 5〜10 個，内側の側方から線形の花柱を生じ，短柄がある．果実は痩果．〔日本名〕立山金梅．はじめ富山県の立山で発見されたため．

2039. クロバナロウゲ 〔バラ科〕

Comarum palustre L.（*Potentilla palustris* (L.) Scop.）

本州中部以北の湿原に生える多年生草本．根茎は太い木質で横にはい，地上茎は高さ 30〜100 cm にもなる．葉は 3〜7 枚の小葉からなる奇数羽状複葉で互生し，下部の葉の葉柄は長く，基部は托葉が合着して広がり，さや状となり，小葉は長楕円形あるいは倒卵形，長さ 2〜3 cm，下半部は全縁であるが上半部にはきょ歯がある．表面は緑色，裏面は青味をおびて美しく，絹毛を散生する．托葉は広卵形の膜質で紫褐色である．7 月頃茎頂に径 2.5 cm 位の黒紫色の花がまばらな集散花序を作る．がくは水平に開出し，がく裂片は卵形で尖り，副がく片はがく片より細くて短い．花弁はがく片より短く，永存性で後まで残る．雄しべは多数，花托は花が終わった後でふくらんで表面に孔の多い多肉質となる．〔日本名〕黒花狼牙の意味で，黒花は紫黒色の花により，狼牙は漢名でミツモトソウに誤って当てられていたものであり，本種がミツモトソウに似ているのでこの名がついた．

2040. ハゴロモグサ 〔バラ科〕

Alchemilla japonica Nakai et H.Hara

北海道と本州中部の高山に生える多年生草本ではまれに見られる．高さ 30 cm ぐらいになり，全株に軟毛が生える．根生葉は長さ 10〜20 cm の長柄を持ち，やや円状の腎臓形，基部は深い心臓形，浅く 5〜7 裂し，長さ幅ともに 4〜7 cm ぐらい，裂片は先が円形，ふちに歯牙状のきょ歯がある．上下両面とも毛が密生する．茎葉は小形で短柄を持つが，外形はほぼ根生葉と同じ．托葉は下部のものは長楕円形で全縁であるが，上部のものは倒卵形で，ふちの上部にはきょ歯がある．夏に茎の頂に集散状散房花序を作って黄緑色の小花が密集してつき，花には花弁がなく，がくは鐘形で 4 裂し，裂片は卵形，先端は鈍形または鋭形，副がく片は 4，線状披針形で先端は鋭形，がくには外面全体に毛がある．雄しべは 4，小形でがく片の分かれ目につく．心皮は 1，痩果は革質で無毛．〔日本名〕羽衣草の意味で本属植物の英名 Lady’s-mantle を意訳して名付けたもの．

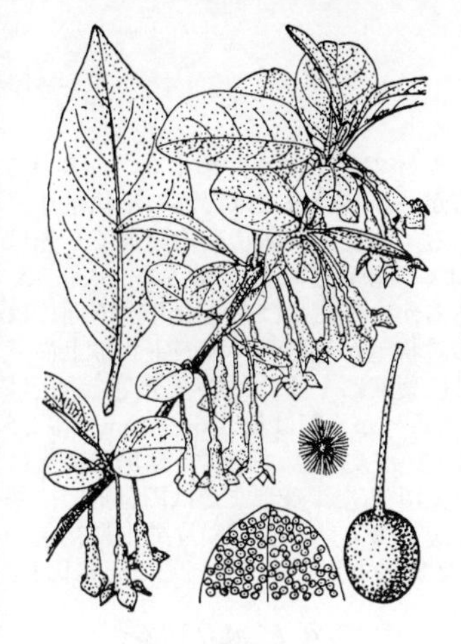

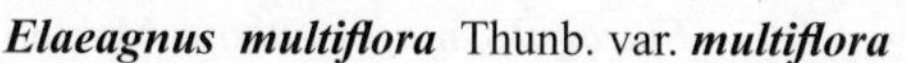

2041. ナツグミ　〔グミ科〕

Elaeagnus multiflora Thunb. var. ***multiflora***

本州中部の太平洋側の山野に生える落葉低木あるいは小高木で，時には人家にも植えられ，高さ 2～4 m 位ある．幹は立ち上り，よく分枝し，古い木では枝が曲がりくねって垂れ下がることが多い．葉は互生し葉柄があり，長楕円形，全縁，長さ 5 cm 内外，上面は緑色で若い時まばらに銀色の鱗片があり，下面は淡茶銀色の放射形の星状鱗片で一面におおわれる．初夏の頃，葉腋に長い花柄のある淡黄色の花がつき垂れ下がる．がくは筒状で口端は 4 裂し，裂片は広い．下部にはくびれがあって子房下位のように見え，一面に淡褐色の星状鱗片におおわれる．4 本の雄しべと 1 本の雌しべがあり，上位子房はがくの基部の内部にある．夏に広楕円体の液果のような果実が長い柄によって垂れ下がり，赤く熟すると食べられる．〔日本名〕夏に果実が熟するからである．グミの語源についてはナワシログミの項を参照．〔漢名〕木半夏は習慣的に使用されている．

2042. トウグミ　〔グミ科〕

Elaeagnus multiflora Thunb. var. ***hortensis*** (Maxim.) Servett.

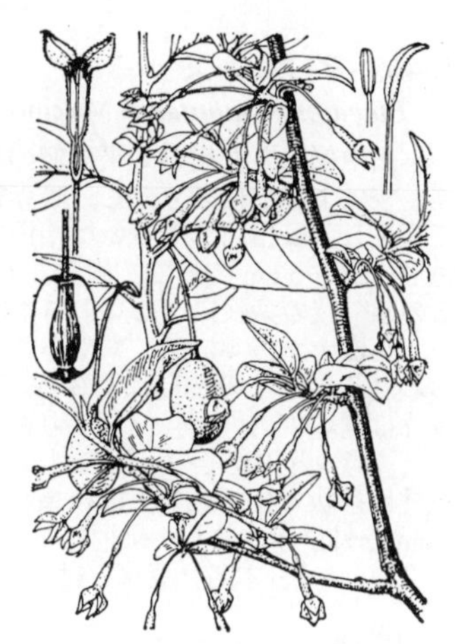

本州の日本海側と北海道南部に野生し，また人家に植えられる落葉小高木または低木で，高さ 2～4 m．幹は立ってよく分枝し，若枝に赤褐色の鱗片がある．葉は互生し，長楕円形，全縁，先端は短く尖り，ないしは円く，下面は白色の鱗片およびこれにまばらに混ざる淡褐色の鱗片におおわれる．若い葉は上面に銀白色の星状毛を生ずるが，後に脱落して緑色になる．初夏の頃，葉腋から長い花柄のある淡黄色の花が 1～2 個垂れ下がって開く．がくは筒状で先端は 4 裂し，裂片は広三角形で内側に曲がり，筒の下部は急にくびれて子房のようになり，全面に白色およびこれに混ざった淡褐色の鱗片がおおっている．4 本の雄しべと 1 本の雌しべがあり，子房はがくの底にある．果実は長楕円体でナツグミに比べて大きく，枝にはとげがない．〔日本名〕唐グミで，食用になる点を強調し，外国からの渡来品と考え，昔は外国の代表に中国（唐）をすぐに連想したためである．

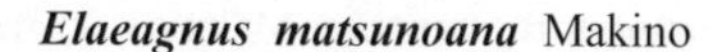

2043. ハコネグミ　〔グミ科〕

Elaeagnus matsunoana Makino

神奈川県，山梨県，静岡県などの山地に生える落葉低木で，高さ 2～3 m，よく分枝し，小枝は灰褐色，若い時には淡黄褐色の星状鱗片と星状毛が散在する．葉は薄く，広披針形または狭卵形で，葉の先の方は尾状に鋭く尖るが先端は円い．つやはなく，上面は成長後も淡黄褐色の星状毛があるので手触りで厚味を感ずる．下面は銀白色の星状鱗片が密に分布し，中央脈には星状毛が散在する．初夏に葉腋から長い花柄が垂れ下がり 1 個の花を開き，淡黄色の鱗片および星状毛におおわれる．がく筒はやや太く，比較的短く長さ 8 mm，基部は急にくびれて子房のようになり，裂片は円卵形，先端は鋭く尖り，4 本の雄しべと 1 本の雌しべがある．果実は広楕円体，長さ 6 mm 位ある．〔日本名〕箱根グミで産地を示す名である．

2044. ナツアサドリ　〔グミ科〕

Elaeagnus yoshinoi Makino

中国地方から兵庫県にかけて分布する落葉小高木．高さ 3 m ほどになる．枝は太めで，新しい枝では褐色の星状毛が密生する．星状毛は後に鱗片化して枝に残存する．葉は互生し，長さ 5 mm ほどの柄がある．葉身は卵形または倒卵形，先は鋭尖形または鈍頭の鋭尖形で，基部は円形となり，長さ 5.5～8.5 cm，幅 2～4 cm で，上面には多数の永存性の星状毛があり，下面には黄色を帯びた褐色の星状毛が密生し，その上に赤褐色の星状毛を散生するが，鱗片はほとんどつけない．葉の主脈や側脈は上面でややくぼみ，下面に多少とも隆起する．4～5 月に葉腋に 1 から 3 花を束生する．柄は短く太く長さ 4～4.5 mm で，子房とともに褐色の星状毛を密生する．がく筒は長さ 8.5～10.5 mm，幅 2.5～3 mm，がく裂片は長さ 4.5～6 mm（がく筒の約 1 / 2 長）あって，広卵形で先は鋭尖形となる．果実は 6 月に紅色に熟し，上半分は先の平らな円錐形，下半分はしだいに細まり柄となる．柄は長さ 1～1.5 cm で，先端に向かって太く，半分鱗片化した褐色の星状毛が散生する．アリマグミに似るが，葉の下面が星状毛におおわれ，銀色の鱗片がほとんどないことや，果柄が 1～1.5 cm と短いことなどで区別される．

2045. アリマグミ　〔グミ科〕

Elaeagnus murakamiana Makino

四国（香川県）から近畿を経て静岡県西部にかけて分布する落葉小高木．高さ 3 m ほどになる．枝は細く，鱗片状の毛が生えるが，新しい枝では褐色の星状毛が密生する．葉は互生し，長さ 5 mm ほどの柄がある．葉身は倒卵状長楕円形で，先は鋭尖形または鈍頭の鋭尖形，基部は円形またはくさび形となり，長さ 4～5 cm で，上面にははじめ多数の淡い黄褐色の星状毛があるが，後にまばらとなり，下面には銀色の鱗片が密生し，少なくとも一部で褐色の星状毛が混じる．葉の主脈は上面でややくぼみ，下面に多少とも隆起する．4～5 月に葉腋に 1 または 2 花を開く．柄は長さ 8～10 mm で，鱗片の上に褐色の星状毛がある．がく筒は長さ 6～7 mm，幅 2.5～3 mm，がく裂片は長さ 3～4 mm（がく筒の 1 / 2～2 / 3 長）あって，広卵形で先は鋭尖形となる．果実は 6～7 月に紅色に熟し，先の平らな半球形または円錐形で，基部はしだいに細まり柄となる．柄は長さ 2～3 cm となり，銀色の鱗片の上に褐色の星状毛が散生する．〔日本名〕有馬グミで，初め兵庫県の有馬でみつかったことに因む．

2046. マメグミ　〔グミ科〕

Elaeagnus montana Makino var. ***montana***

本州中部から九州の太平洋側の深山の山頂部に生える落葉低木で高さ約 2 m 位．枝はよく小枝を分枝し，暗赤褐色の星状鱗片に密におおわれる．葉は有柄で互生し，広楕円形あるいは楕円状披針形，先端はやや急に鋭く尖り，基部は鋭形，長さ 5 cm 内外で，両面とも銀色の鱗片によって密におおわれる．6 月頃その年の枝の葉腋に 1 ないし 3 個の花が垂れ下がってつき，花柄は花よりも短い．花はナツグミに似てやや小さく，長さ 11 mm，外面は密に銀色の鱗片におおわれる．がくの基部はくびれて下位子房のように見える．筒部は長楕円形，裂片は開いて広卵形，筒部より短い．4 本の雄しべはがく筒の口にわずかに現われ，葯の背中がその場所に付着している．子房は上位でがくの基部にかくれ，花柱は糸状で長い．果実は核果状に変わったがく筒に包まれ，広楕円体で長さ 1 cm 内外，赤く熟し，果柄は果実より長くて強い．ナツグミに比べると小形で柄は短い．〔日本名〕豆グミはその果実が小さいことに由来する．

2047. ツクバグミ（ニッコウナツグミ）　〔グミ科〕

Elaeagnus montana Makino var. ***ovata*** (Maxim.) Araki

中部地方（山梨，長野両県）から関東地方を経て東北地方南部にかけて分布する落葉小高木．高さ数 m になる．枝は細めで，新しい枝では赤紫色を帯びた褐色の鱗片におおわれる．葉には長さ 7～11 mm ほどの柄があり，葉身は薄く，ふちはふつう波打ち，卵状楕円形または卵状長楕円形，先は鋭尖形で，基部は円形となり，長さ 6～9 cm，幅 2～4 cm で，上面には脱落性の淡い黄褐色の星状毛があり，下面は密生した銀色の鱗片の上に黄色を帯びた赤褐色の鱗片を散生する．葉の主脈や側脈は上面でややくぼみ，下面に多少とも隆起する．6～7 月に葉腋に 1～3 花を出して咲く．花は銀色の鱗片でおおわれ，さらに淡い帯黄褐色の鱗片が混ざるが，質が薄く内側の黄色が外に透けて見えるほどである．柄は細く，長さ 7～15 mm になり，先がふくらむ．がく筒は筒形で，長さ 6～7 mm，幅 3～3.5 mm あり，内側には星状毛が密生する．がく裂片は長さ 3～4.5 mm あり，三角状卵形で先は鋭尖形となる．果実は 7～8 月に紅色に熟し，広楕円体で，長さ 8～11 mm となり，垂れ下がる．

2048. アキグミ　〔グミ科〕

Elaeagnus umbellata Thunb. var. ***umbellata***

山野に生える落葉低木で高さ 3 m 以上に達する．幹は直立して分枝し，小枝は灰白色．葉は有柄で互生し，長楕円状披針形，5 cm 内外の長さで全縁，銀白色の星状鱗片によりおおわれる．初夏に新しい葉腋に短い小枝を出し，数個の花が散形花序状に集まってつく．がくは短い柄をもち，筒状で 4 裂し，筒の長さ 6 mm 前後で，白色であるが後に黄色に変わり，一面に銀白色の鱗片におおわれる．雄しべ 4 本，雌しべ 1 本，子房はがくの基部にある．秋に液果のように見える球形の実を結び，短い柄によって枝にかたまってつき，表面に白い星点状の鱗片が散在し，赤く熟すると食べられる．〔日本名〕秋グミ，ナツグミと同じく，果実が食用となるが秋に熟すことからついた名．〔追記〕葉の上面に鱗片の代わりに星状毛のあるものをカラアキグミ var. *coreana* (H.Lév.) H.Lév. という．

2049. コウヤグミ　〔グミ科〕

Elaeagnus numajiriana Makino

四国と紀伊半島（東は三重県まで）に分布する落葉小高木．高さ 3 m ほどになる．枝は細めで，新しい枝では濃い赤紫色を帯びた褐色の鱗片におおわれる．葉は互生し，長さ 4〜5 mm ほどの柄があり，濃い赤紫褐色の鱗片におおわれる．葉身は薄く，楕円状卵形または卵形，先は尾状の鋭尖形で，基部は円形となり，長さ 3.5〜5 cm，幅 1.5〜2 cm で，上面には赤褐色の鱗片を散生し，下面は密生した銀色の鱗片の上に赤褐色の鱗片を散生するが，脈上に多く，ふちには淡色の薄い鱗片が生える．葉の主脈は上面でややくぼみ，下面に多少とも隆起するが，側脈は目立たない．5〜6 月に葉腋に 1〜2 花をつける．花は小さく，柄は細く長さ 7 mm ほどで，子房とともに濃い赤紫褐色の鱗片を生じる．がく筒は長さ 5.5〜6 mm，幅 2〜2.5 mm，がく裂片は長さ 3〜3.5 mm あり，卵形または扁卵形で，先は鋭尖形となる．果実は 6〜7 月に紅色に熟し，広楕円体で，長さ 1 cm ほど．柄は長さ約 2.5 cm あり，先が多少ともふくらむ．〔追記〕クマヤマグミに似るが，葉の上面は銀色の鱗片におおわれ，その上に濃赤紫褐色の星状毛を散生することや，果柄が長さ 2 cm 以上となり長いことなどで区別される．

2050. クマヤマグミ（キリシマグミ）　〔グミ科〕

Elaeagnus epitricha Momiy. ex H.Ohba

九州と四国の山地に生える落葉小高木．高さ 4 m ほどになる．枝は細めで，新しい枝では紫色または黄色を帯びた褐色のふちが細裂した鱗片におおわれる．葉は互生し，長さ 3〜4 mm ほどの柄があり，黄色を帯びた褐色の鱗片を生じる．葉身は薄く，長楕円形ときに楕円形あるいは倒卵形で，先は尾状となり鈍頭で終わり，基部は切形または鈍形で，長さ 5〜5.5 cm，幅 1〜2 cm となり，上面には淡黄褐色の小さい星状毛がまばらに生えるが，主脈上では多く色も濃くなり，下面は密生した銀色の鱗片の上にやはり黄色味を帯びた薄い鱗片が生え，ふちは帯黄褐色の鱗片でふちどられる．葉の主脈は上面でややくぼみ，下面に多少とも隆起するが，側脈はあまり目立たない．4〜5 月に葉腋に 2〜5 花を束生して咲く．花は小さい．果実は 6 月に熟し，広楕円体で，長さ 9〜12.5 mm になり，黄褐色の鱗片の上に灰銀色の鱗片を散生する．柄は長さ 1〜2 cm になる．コウヤグミに似るが，葉の下面に銀色の鱗片はなく，上面に黄色味を帯びた褐色の鱗片が生えること，果柄が長さ 2 cm 以下と多少とも短いことなどで区別される．〔日本名〕球磨山グミで，九州球磨地方から最初報告されたことによる．

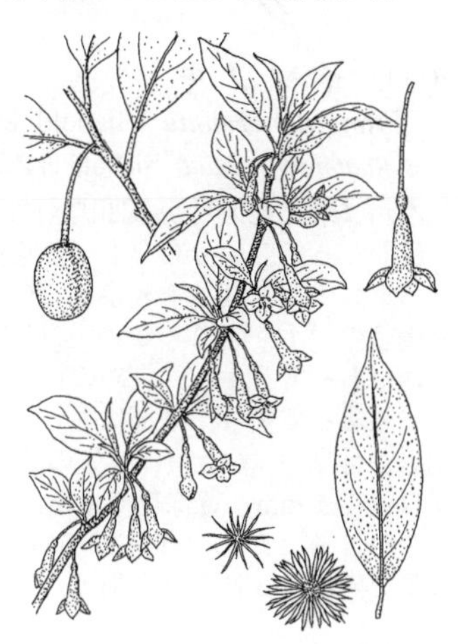

2051. ナワシログミ　〔グミ科〕

Elaeagnus pungens Thunb.

岩手県南部以西の山野や海岸に生え，庭木ともなる常緑低木で，高さ 2.5 m 内外に達し，強い枝をよく分枝し，小枝は針に変わるものが多い．葉は厚く，有柄で互生し，長楕円形，長さ 5 cm 位，葉のふちは波打ち，上面は緑色でつやがあり，下面には褐色または銀色の星状鱗片が密に分布する．秋に白色の花が腋生し，垂れ下がって開く．がくは太い筒状で 4 裂し，下部にくびれがあり，外面は褐色，銀白色の鱗片によって密におおわれる．雄しべ 4 本，雌しべ 1 本，上位子房はがくの基部にあるが一見下位子房に見える．果実は長楕円体，液果状で，年を越して初夏になると赤く熟して食べられる．〔日本名〕苗代グミ．苗代を作る初夏に実が熟するからである．本種はグミの主品であるが，グミという言葉の語源については，グイ（刺のこと）のある木になる実ということでグイミが略されたものとする説，小さな実をつけることから小実のなまったものとする説などがあってはっきりしない．〔漢名〕胡頽子．〔追記〕本種とマルバグミの雑種をオオナワシログミ *E.* ×*submacrophylla* Servett. という．

2052. ツルグミ　〔グミ科〕

Elaeagnus glabra Thunb.

福島県南部以西に分布するつる性常緑低木で，高さ 1.5〜2 m 位，幹は長い枝を分枝し，その大きいものは直径が時に 7 cm 位に達し，小枝は赤褐色の星状鱗片におおわれ，新しい枝は彎曲したつる状にのびて逆向きの小枝を出す．葉はやや厚くて革質に近い紙質，有柄，互生し，楕円形，長さ 4 cm ぐらい，全縁，上面は緑色，下面には赤褐色の星状鱗片を密につける．秋の終わり頃，葉腋に柄のある 2〜3 の白い花が垂れ下がって付く．がくは細い筒状で 4 裂し，外面は赤褐色の星状鱗片におおわれる．雄しべ 4 本，雌しべ 1 本，上位子房はがくの基部にかくれている．果実は初夏に赤く熟し，長楕円体で垂れ下がり，銀褐色の鱗片が散在する．〔日本名〕蔓グミ．枝の習性からついた．

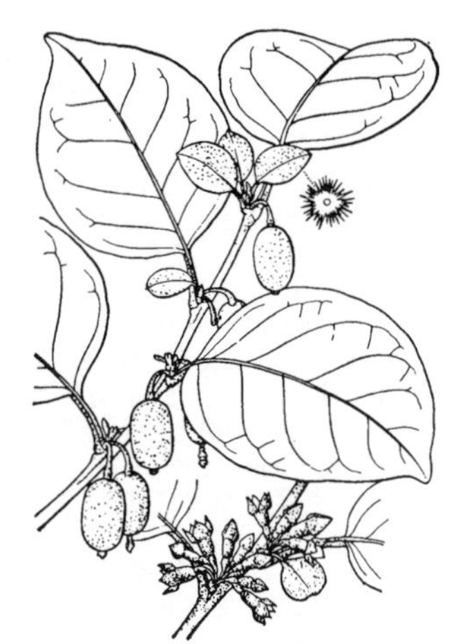

2053. マルバグミ（オオバグミ）　〔グミ科〕

Elaeagnus macrophylla Thunb.

秋田，岩手県以西の海岸林中に生えるつる状の常緑低木．枝には淡褐色の星状鱗片が密に分布し，新しい枝は長くのびてツルグミと同じく逆向きの小枝がある．葉は革質で生の時は堅くなく，有柄で互生し，卵円形あるいは円形，先端は急に尖り，基部は鈍形あるいは円形，全縁，長さ 5～10 cm 位，上面は濃い緑色で光沢があり，白色の鱗片によって狭くふちどられ，下面は白銀色の鱗片によって密におおわれ多少つやがある．秋に葉腋に数個の花が開き，短枝の上に集まってつく，がくは白黄色，基部はくびれて下位子房のように見えるが，内部に上位子房を包んでいる．筒部は大きな鐘形でやや 4 稜があり，裂片は 4 個，卵状三角形で長さは筒部と等しく，半ば外側に開いている．雄しべは 4 本，葯はその背中でがくの開口部に付着している．雌しべは 1 本，花柱は糸状で長い．果実は核果状に変質したがく筒に包まれ，垂れ下がり，楕円体，表面は鱗片により密におおわれ，冬を越して春に赤く熟し，内部に 1 個の大きな種子がある．〔日本名〕円葉グミ．あるいは大葉グミの意味で葉が円くまた大きいことによる．

2054. イソノキ　〔クロウメモドキ科〕

Frangula crenata (Siebold et Zucc.) Miq.

（*Rhamnus crenata* Siebold et Zucc.）

本州（東北地方）から四国，九州までの山地と，さらに朝鮮半島から中国大陸にわたって広い分布をもつ落葉低木．湿原の周囲など，やや湿ったところに群落をつくる．高さ 1 m 余りで根もとからよく分枝し，枝は灰褐色，若枝には赤褐色の短毛があり，この毛は若葉の下面にも見られる．葉は長さ 1 cm ほどの柄があって互生し，長めの楕円形で長さ 6～12 cm，幅は 2.5～5 cm，先端は急に細まって尖り，基部は丸い．上面は緑色，下面は淡緑色で 6～10 対ほどの側脈が目立つ．6 月頃に枝先の葉腋から短い花序を出し，数個の小花をつける．花は直径 5 mm，黄緑色でやや深い杯状，三角形の小さながく片が 5 個，短い雄しべ 5 本と雌しべ 1 本がある．果実は径 6 mm ほどの球形で紫黒色に熟す．液果で内部に 3 個の核がある．〔日本名〕イソノキの語源は不明である．

2055. クロカンバ　〔クロウメモドキ科〕

Rhamnus costata Maxim.

本州から九州の深山の林の中に生える雌雄異株の落葉低木で高さは 6 m 位に達する．葉は短い葉柄で多くの場合対生し，大形で 8～15 cm の長さ，倒卵状長楕円形で短く尖り，細かいきょ歯がある．上面には毛はないが，下面には脈の上に細かい毛があり，羽状の支脈は多数あり斜めに平行し，表面では軽くしわがよったように凹んでおり，割に太くはっきり見える．初夏に長い花柄で束生した黄緑色の小さい花を開くが，雄花は数個，雌花は数が少ない．がく片は 4 個，花弁は 4 個で小さい．雄花には 4 本の雄しべと不完全雄しべ 1，雌花には柱頭が 2 つに分かれた 1 本の雌しべと退化雄しべが 4 本ある．核果には 3 cm ほどの長い柄があり，小さい球形で熟すると黒色となる．〔日本名〕黒樺の意味で，樹皮が平らでつるつるして薄く横にはげることがシラカンバに似ておりながらその色が暗褐色であることに基づく．

2056. クロツバラ（ナベコウジ）　〔クロウメモドキ科〕

Rhamnus davurica Pall. var. ***nipponica*** Makino

本州の中部および東北地方の山や野原の日当たりのよい場所に生える落葉低木あるいは小高木．枝は堅く真直ぐで，さらに小枝を分かち，枝の先端は時々とげに変わることがある．葉は対生で葉柄があり，披針状長楕円形あるいは倒卵状長楕円形で長さ 3～16 cm，幅 2～5 cm 位，先端は短く尖り，ふちには細かい鈍きょ歯があり，やや革質で表面はやや光沢のある暗緑色，裏面は淡色，支脈は両側に各々 4～7 本斜めに走り，細脈は明らかである．また細い針形の托葉があり，早い時期に落ちる．雌雄異株．雄花の集まりは 1～18 花，雌花の集まりは 1～3 花．両方とも新しい枝の下部に葉腋から出る．雄花は葉柄よりやや長いが，雌花は葉柄よりもやや短い．花径 5 mm，がくは 4 裂し，裂片は狭い卵形で先端はほぼ鋭頭．花弁は黄緑色で 4 個あるが，雌花では発達が悪い．雄花には 4 本の雄しべと発達の不完全な雌しべがある．雌花の花柱は 2～3 個，子房は球形で 2～3 室，また不完全な雄しべを伴う．果実は球形で直径 8 mm 位，熟すると黒色となり，ふつう 2 個の核がある．〔日本名〕黒い果実のなるとげのある木（すなわちバラ）の意味である．ナベコウジはその意味が明らかでない．またオオクロウメモドキ，ウシコロシともいう．

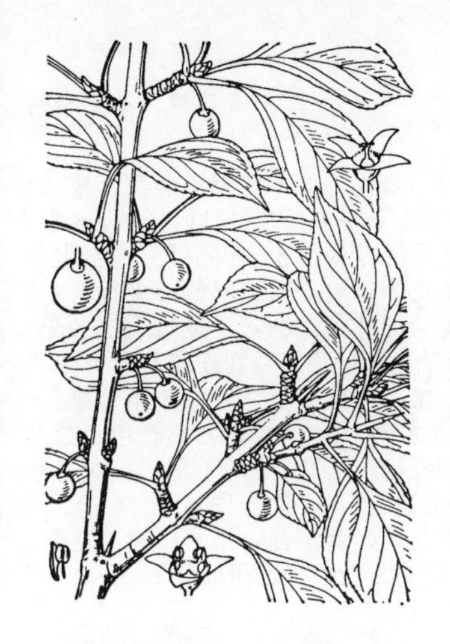

2057. **クロウメモドキ**（広義）　〔クロウメモドキ科〕

Rhamnus japonica Maxim.

山野に生える雌雄異株の落葉低木で，高さ 1.5～6 m に達するが，葉形や樹勢に変化が著しい．針状に変わった枝があり，樹皮は平らでつやがある．葉の落ちた跡を密につけた短枝をつけていることが多い．葉は対生またはほとんど対生し，葉柄があり，卵形あるいは楕円形で尖り，基部はくさび形で，ふちにはきょ歯がある．脈は羽状，下部の支脈はふちに近く長く上部まで通じている．5～6 月に葉腋に淡黄緑色の柄のある小さい花が束になって付く．花径 4 mm 内外，がく片は 4 個，花弁は 4 個で小さい．雄花には雄しべ 4 個，雌花には雌しべ 1 個，柱頭は 2 分する．核果は小さく球形で径 6～8 mm，熟すると黒くなり中に 2 個の核がある．〔日本名〕落葉後の果実の状態がウメモドキに似ているが黒色であるためである．〔漢名〕鼠李とするのは誤り．〔追記〕本種は葉の大きさに基づき，大きいものからエゾノクロウメモドキ var. *japonica*，クロウメモドキ（狭義）var. *decipiens* Maxim.，コバノクロウメモドキ var. *microphylla* H.Hara の 3 変種に分けられることがある．

2058. **キビノクロウメモドキ**　〔クロウメモドキ科〕

Rhamnus yoshinoi Makino

九州，四国，中国の山地など西日本の石灰岩地帯を好んで生える落葉低木．朝鮮半島や中国東北部にも分布が知られる．高さ 1～2 m でよく分枝し，短枝を生じる．枝は紫褐色を帯び，毛はなくて平滑，光沢がある．葉は短い柄があり，互生し，短枝につく葉は枝先に束状に集まる．葉身は両端の尖った長楕円形で，長さ 3～9 cm，幅は 1～4.5 cm，ふちに細かいきょ歯が並ぶ．葉の下面は淡緑色で 4～5 対の側脈が目立つ．雌雄異株で，ともに花は 5 月に咲く．短枝の葉腋から 1 cm ほどの柄のある黄緑色の小花を出し，下向きに開く．深い杯状のがく筒があり，上半部は 4 枚の細長いがく片となってほぼ直立する．雄花には雄しべ 4 本，雌花には退化した雄しべ 4 本と 1 本の雌しべがある．雌しべの子房はがく筒中にほぼ埋まり，長めの花柱は上端が 2 裂する．果実は核果でやや長めの球形，長さ約 7 mm で秋に黒く熟す．〔日本名〕吉備の黒梅もどきの意で，岡山県（吉備）西部の石灰岩地帯に生えることによる．

2059. **シーボルトノキ**　〔クロウメモドキ科〕

Rhamnus utilis Decne.（*R. sieboldiana* Makino）

中国中南部に自生する雌雄異株の落葉小低木で，高さ 2～4 m，小枝には刺がある．葉はほぼ対生または互生，倒卵状長楕円形または楕円形，先端は鋭く尖りまたはやや鈍形，長さ 15 cm 位で縁にはあまりはっきりしない鈍鋸歯がある．両面は緑色で，脈上にはまばらに毛が生えている．葉柄は長さ 2 cm 位でわずかに毛があり，基部の両側に線形の托葉がある．花は新しい枝の葉腋に多数かたまってつき，新しい枝を覆い隠す．蕚は黄緑色，花冠状で短い蕚筒があり，蕚裂片は 4 個で平開する．花弁は小さく蕚裂片と互生して蕚筒の縁につき，雄蕊の花糸を囲む．雄蕊は 4 本，葯は細長く，直立して蕚筒から超出する．雌花の花弁や雄蕊は痕跡的に退化し，1 個の雌蕊は太い花柱が蕚筒から超出し，先が 2 分して，開出する卵形の柱頭部に移行する．果実は球形で直径は約 4 mm，基部にがく片が残っている．〔日本名〕長崎市鳴滝のシーボルトの邸宅の跡に植えられているのでこの名ができた．日本では他にはほとんど植えられていない珍しいものである．〔漢名〕凍緑．

2060. **クロイゲ**　〔クロウメモドキ科〕

Sageretia thea (Osbeck) M.C.Johnst.（*S. theezans* (L.) Brongn.）

インドなどアジア熱帯から亜熱帯の海岸や乾燥地に生える常緑の半つる性低木で，日本では琉球列島の各島と九州の五島列島に自生が知られる．枝は高さ 2 m くらいにのび，黒褐色で短枝がとげになる．枝はよく分枝し，革質の小さな葉を互生する．葉の形や大きさは同じ枝上でも変異が多く，細長い楕円形から円形に近い広卵形まであって，長さ 8 mm～4 cm，幅は 7 mm～2 cm．ふちには細きょ歯があり，1～3 mm の短い柄がある．10 月頃に枝先の葉腋に総状花序を出し，黄色の小花を多数，密につける．花序の枝上に数花ずつが束状につき，花の直径 2～3 mm，がく片，花弁とも 5 個で雄しべも 5 本ある．果実は球形の核果で紅色から黒色に変わって熟す．常緑であるが，枝先の葉はかなり落葉するので，果時には果実だけ残ってよく目立つことが多い．〔日本名〕クロイゲは，枝が黒くとげが多いことに基づく沖縄での呼び名である．

2061. クマヤナギ 〔クロウメモドキ科〕

Berchemia racemosa Siebold et Zucc.

北海道から九州の山野に生える落葉無毛のつる性の低木で長く伸び，枝は平滑で細長い円柱形をなし，強くて時々紫緑色である．大きな幹は直径数 cm もある．葉は有柄で互生し，卵形あるいは卵状楕円形で長さ 5 cm 内外，短く尖り，基部は円形，全縁でなめらかであり，ややかたい草質，支脈は斜に平行している．葉柄基部の内側に葉に附着するような姿勢で托葉がある．夏に小枝の先に腋生または頂生の円錐花序を出し，緑色を帯びた白い小さな花が集合してつく．がく片は 5 個，卵状披針形で先は鋭尖し，花弁は 5 個で小さい．5 本の雄しべと 1 個の雌しべを持つ．核果は楕円体，あずき大で，平滑，緑色から紅色となり，最後に黒色となると時々子供が食べるくらい甘味が出る．中に 1 個の核があり，その形はコムギの粒とよく似ている．昔はこの枝で馬のむちを作ったという．〔日本名〕熊柳の意味でこの木が山中に生じ，またその茎が強いために熊にたとえたのであろう．ヤナギは若葉をヤナギの葉に見立てたものと思われる．

2062. オオクマヤナギ 〔クロウメモドキ科〕

Berchemia magna (Makino) Koidz.

（*B. racemosa* Siebold et Zucc. var. *magna* Makino）

本州の東海地方以西，四国，九州の山地に産するややつる性の落葉低木でクマヤナギに似る．枝は無毛．葉はより大形で卵形，長さは 5～10 cm，先端はやや尖り，基部は丸く，全縁，側脈は明らかで 9～11 対あり上面は濃緑色，下面は帯白色ないしは帯黄緑色で葉脈だけに茶色の毛がある．夏に枝先に大形の円錐形の花序を直立して生じ，多くの小さな緑白色の花を開く．がくの裂片は 5 個，狭三角形で，先端の尖り方が少ない．花弁は 5 個で小さい．雄しべは 5 本で花弁より長く，雌しべは棒状の花柱 1 本をもつ．核果は楕円体で，初めは緑色に赤色を帯び，後黒色となる．〔日本名〕大形の葉をつけるクマヤナギの意味．〔追記〕本種はクマヤナギの変種とされることもあるが，葉の側脈数が多いこと，花序の枝が有毛で再分枝することでクマヤナギからはっきり区別される．

2063. ミヤマクマヤナギ 〔クロウメモドキ科〕

Berchemia pauciflora Maxim.

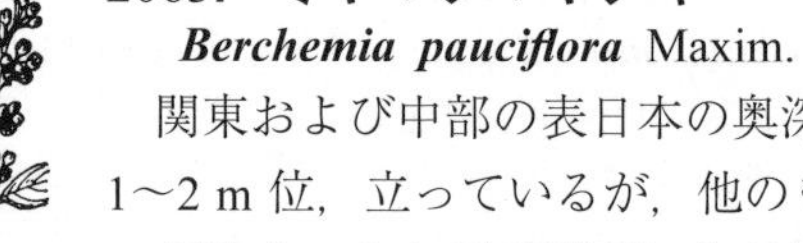

関東および中部の表日本の奥深い山に生える無毛の落葉低木で高さは 1～2 m 位，立っているが，他のものによりかかることもある．枝は細長いが強く，ややジグザグに曲がり黄褐色である．葉は有柄で互生し，卵円形，全縁で先端は鈍形，基部は円く，葉質は薄く平滑である．葉柄の基部に先の尖った針形の托葉が 2 枚あるが互いにゆ着している．夏に小枝の先に小形の円錐花序を出し，緑白色の小花が集合してつく．花は径 3 mm ほどで，がく片は 5 個，花弁は 5 個で小さい．雄しべ 5 本，雌しべ 1 個．核果は長楕円体で平滑，熟すと黒色となる．〔日本名〕深山熊柳の意味である．本種はつる性ではなく直立する．

2064. ホナガクマヤナギ 〔クロウメモドキ科〕

Berchemia longiracemosa Okuyama

本州（近畿地方以北）の日本海側の山地に生える落葉低木．枝は緑褐色で円く，平滑で斜上し，しばしば他のものによりかかるがつる状にはならない．葉は互生し，長さ 8～16 mm の柄があり，葉身は卵円形，長さ 5～10 cm，幅 3.5～6 cm，全縁で葉の質は薄い．葉の先端も基部も円く，全縁，ほぼ平行に走る 7～11 対の側脈が上下両面に目立つ．上面は緑色で，下面はやや黄色を帯びる．夏に枝の先端に長さ 5～8 cm もの長い総状円錐花序を出す．花序は基部で短い枝を分かつが，クマヤナギのように大きな円錐状にはならない．花は多数が密につき，杯状で 5 数性，がく片は先の尖った三角形で緑白色，長さ約 2 mm，花弁と 5 本の雄しべはがく片より短い．果実は長さ 6～7 mm の楕円体でネズミモチの実に似て，秋に赤色を経て紫黒色に熟す．〔日本名〕穂長熊柳の意で，クマヤナギに比べて花序が細長く，円錐状にならないことに基づく．

2065. ヒメクマヤナギ　〔クロウメモドキ科〕

Berchemia lineata (L.) DC.

ベトナム，中国，台湾に分布し，日本では奄美大島や琉球に野生する無毛落葉のややつる性の低木で主に山腹や海岸に生える．枝はやせ，またはっている上に密に分枝する．葉は小さく長さ 1 cm ほど，小枝に密に互生し，ごく短い葉柄を持ち，葉柄の基部に微細な針状の托葉がある．葉身は卵形または卵円形で先端は鈍形，全縁で下面は白色を帯び，羽状の支脈は斜めに平行してはっきりしている．花は夏から秋にかけて開き，腋生あるいは頂生の小さい円錐花序をなす．がく片は 5 個で長卵形，先は尖り，5 個の花弁はがく片よりも小さく，5 本の雄しべと 1 本の雌しべがある．核果は卵状楕円体で，熟すと黒青色になる．〔日本名〕姫クマヤナギ．葉が小さいからである．

2066. ヨコグラノキ　〔クロウメモドキ科〕

Berchemiella berchemiifolia (Makino) Nakai
（*Rhamnella berchemiifolia* Makino）

東北地方の中部以南，四国，九州の山地に産する落葉高木，渓谷や崖に孤立的に生える．高さ 3～7 m に達し，全株は無毛，枝は暗赤褐色でことに勢いのよい枝では赤味が強くまた皮目が目立つ．葉はいわゆるコクサギ形葉序，すなわち枝の各側に 2 枚ずつ組になって互生し，有柄で紙質，長楕円形，長さ 10 cm ほど，先端は鋭く尖り，基部は鈍形または鋭形，全縁で多少波状をなし，上面は濃緑色で少し青味のある光沢があり，下面は白っぽくまた下面の脈上に少し細かい毛がある．花序は狭長で上方の葉腋から出て直立し，淡緑色の小花が集合してつく．がくは鐘形で 5 裂し，裂片は三角状卵形，先端は鈍形．花弁は 5 個，楕円形で，がく裂片よりも短い．雄しべは 5 本で花糸は短い．雌しべは 1 個，花柱は短く，先端はわずかに 2 分する．核果は長楕円体，鈍頭で長さ 6～7 mm，黄色から橙赤色となり最後に暗赤色となる．高知県横倉山で牧野富太郎が発見し，初めはこの山の特産と思われたのでヨコグラノキの名を付けたが，後に産地は方々で見つかった．

2067. ネコノチチ　〔クロウメモドキ科〕

Rhamnella franguloides (Maxim.) Weberb.

本州（神奈川県以西），四国，九州の暖地の雑木林に生える落葉高木で，高さ約 10 m．葉は有柄で互生し，倒卵状長楕円形で長さ 10 cm 内外，先端は尾状で鋭く尖り，基部は円くてふちには細かいきょ歯がある．上面は黄色を帯びた暗緑色で全体に毛は無く羽状脈は斜に平行し表面で凹む．托葉は小さい．夏に葉腋に短い柄を出し，その先に柄をもった黄白色の花が集まってつく．がく片は 5 個で三角形，花弁は 5 個で小さい．雄しべは 5 本．雌しべは 1 本で皿状の花盤がある．核果は細い長楕円体で多少光沢があり，未熟の時は黄色であるが，成熟すると黒色となる．中に縦長の核が 1 個ある．〔日本名〕果実の形が猫の乳首に似ていることに由来する．〔追記〕琉球には，葉の基部が左右非対称で果実がより小さいヤエヤマネコノチチ *R. inaequilatera* Ohwi を産する．

2068. ケンポナシ　〔クロウメモドキ科〕

Hovenia dulcis Thunb.

浅い山や野に生える落葉高木．高くそびえて 17 m 位に達し，枝は長い．葉は互生し葉柄があり，広卵形で尖り，ふちにきょ歯があり，基部は円形あるいは多少心臓形で，基部は 3 脈が強く走り上部では羽状脈となり，無毛のものから下面に褐色の毛が相当あるものまで色々ある．7 月頃小枝の先に多数の淡緑色の小さい花が散房状花序になって咲く．花径 7 mm，がく片 5 個，花弁 5 個．雄しべ 5 本で，花弁に包まれている．雌しべは 1 本，3 花柱からなる．核果は球形で無毛．短い柄によって肉質に太くなった花序の枝につき，光沢のある堅い種子を含む．冬の初めこの肉質の部分は枝とともに地上に落ちるが，甘みがあって子供が食べる．〔日本名〕多分手棒梨のなまったもので，形がらい病患者の手に似ているからであろう．中国にも癩漢指頭の名があるが，また地方によりテンボナシの名もある．玄圃梨というのはまちがいであろう．〔漢名〕枳椇．〔追記〕本州と四国には，果実や花序が有毛なケケンポナシ *H. trichocarpa* Chun et Tsiang var. *robusta*（Nakai et Y.Kimura）Y.L.Chen et P.K.Chou がある．

2069. ハマナツメ

〔クロウメモドキ科〕

Paliurus ramosissimus (Lour.) Poir.

中部日本から西の暖い海岸地方に見られる落葉低木で高さ 3 m 内外，枝は混みあっていて葉も密につく．小枝はジグザグに曲がり，若い部分には毛がある．葉は短柄をもち互生し，卵形で先端は凹み，ふちには細かい鈍きょ歯があり，上面は平滑，下面には若い時に多少の毛がある．3 主脈は縦に走り下面に隆起し，支脈は密に平行している．托葉は針となり，ことに若い木で著しい．花は小さく径 5 mm ほどで，淡緑色，腋生する短い柄の先に集合する．がく片は三角形で，5 個，毛がある．花弁は 5 個で小形．5 本の雄しべと 1 本の雌しべがある．果実は乾質で，先端は平らで径 1.5 cm 内外，へりは薄く 3 翼に分かれ，半球形で裂開せず，全体に白っぽい短い毛が一面に生えている．〔日本名〕浜棗の意味で海岸性でしかも葉の形がナツメに似ていることから来ている．〔漢名〕鐵蘺芭．

2070. サネブトナツメ

〔クロウメモドキ科〕

Ziziphus jujuba Mill. var. ***spinosa*** (Bunge) Hu ex H.F.Chow
(*Z. jujuba* Mill. var. *jujuba*)

西アジアから中国北部の乾燥地帯に広く自生する落葉低木で，日本では時折人家に植えまた時には野生化している．枝は暗褐色で，節はふくらみ，節には新しい枝が 2〜3 本束になってつき，鋭いとげがある．このとげは托葉の変化したものであるが，これの出方の少ないものをナツメ（後出）という．葉には短い葉柄があり枝の上に互生し，卵形または狭卵形，先端は鋭く尖るかまたは円く，基部は鈍形で左右は不等，ふちには鈍きょ歯があり，全体は平らでなめらか，上面は強い光沢があり，3 本の脈が見られる．夏に葉腋に黄色の小さい花が集まって付く．花のつくりはナツメに同じ．果実はナツメより小さいことがふつう．果実の小さい割に核が大きいからサネブトという．これはナツメの原種に当たるが，その間の区別は必ずしも明瞭でない．〔漢名〕ナツメと同じく棗であるが，棘もまた同じものを指す．日本ではこの棘の字をイバラとよみ，苦しい人生行路を棘の道などといい，ノイバラを一般に連想しているが，これはまちがいで，実際はサネブトナツメの道である．というのは中国ではこの種の根がのびては舗道の間に新株を出し，それがとげだらけで手に負えないことから来ている．

2071. ナ ツ メ

〔クロウメモドキ科〕

Ziziphus jujuba Mill. var. ***inermis*** (Bunge) Rehder

西アジアから中国北部の原産で人家に栽培されている無毛の落葉低木あるいは小高木である．根がのびた先から時に若い株が新生する．高さは 10 m 位に達し，しばしばとげを持ち，小枝は 1 つの節に 2〜3 本かたまってつく．葉はごく短い葉柄をもち小枝に互生するので羽状複葉に見える．卵形または長卵形で長さ 2〜4 cm，先端は鈍形，時には鋭形となるが基部は鈍形で多少とも左右不相称となり，ふちに鈍きょ歯があり，なめらかで光沢があり葉質はうすいが硬く，3 主脈があり，晩秋に小枝とともに落ちる．初夏に淡黄色の小花が数個葉腋に集まってつき，短い柄があり，短集散花序をなす．がく片，花弁，雄しべともに 5 個，雌しべは 1 本である．核果は楕円体でなめらか，長さ 2 cm ぐらいであるが大きいものは 3 cm ぐらいになる．初め緑色であるが，後に黄褐色となり中に硬い 1 個の核がある．〔日本名〕夏芽でその芽立ちがおそく，初夏に入ってようやく芽を出す特性を以って名付けたのである．〔漢名〕棗．この植物はまたタイソウ（大棗）とも呼ばれ，食用あるいは薬用にする．サネブトナツメ（前出）からできたもので，とげがないかあっても少なく，また果実が大形となった栽培変種である．

2072. ヤエヤマハマナツメ

〔クロウメモドキ科〕

Colubrina asiatica (L.) Brongn.

台湾，フィリピンなどのアジア熱帯から，オーストラリア，アフリカまで旧世界の熱帯，亜熱帯に広く分布する常緑のつる性木本．日本では石垣島，西表島など八重山諸島に自生する．高さ 5〜6 m に達し，他の樹木によじのぼる．互生する葉には長さ 1 cm 前後の柄があり，葉身は長さ 5〜9 cm の卵形で先端は尖り，幅は下半部で最も広く 2〜6 cm，葉の基部は丸い．ふちには低いきょ歯があり，葉質は薄く，上面緑色で光沢があって 3 本のやや平行な脈が目立つ．夏に葉腋に短い集散花序を出し，黄緑色の花を多数，集めてつける．個々の花は径約 4 mm，がくの先端はわずかに 5 裂し花弁も 5 枚，雄しべ 5 本．雌しべの子房はがく筒内に埋まり，短い花柱は 3 裂する．果実は径 1 cm 弱の球形で熟すと裂開し，果実の基部はがく筒に包まれて硬い．この果実は海面を漂流して海岸に漂着，発芽する．〔日本名〕日本での産地，八重山列島に基づき，外見がハマナツメに似ていることによる．

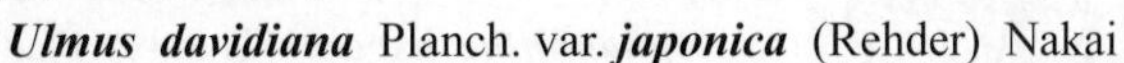

2073. ハルニレ 〔ニレ科〕

Ulmus davidiana Planch. var. ***japonica*** (Rehder) Nakai

山地殊に日本の北部に多く生える落葉高木．幹は直立してそびえ，多数分枝し，大きいものでは高さ 30 m 余り，径 1 m にもなり，樹皮は灰褐色，不規則に割れる．枝にはしばしば褐色のコルク層が発達し，突起状となるものがあるがこれをコブニレ f. *suberosa* (Turcz.) Nakai と呼ぶ．葉は互生して短い柄があり，広倒卵形ないし倒卵状楕円形で先端が急に鋭尖し，基部はくさび形で左右が不同，葉のふちに二重きょ歯があり長さ 3〜12 cm ぐらい，表面はざらつき裏面の葉脈に毛がある．春，葉がのびるのよりも早く古い枝の上に帯黄緑色の細かい花がむらがりつく，がくは下部が鐘状で先端は 4 裂し，裂片は半円形，ふちに毛がある．雄しべは 4 個で，長くがくよりぬき出しており，花糸は白色，葯は黄色である．子房は 1 個，花柱は 2 分している．翼果は扁平で膜質の広い翼があり，広倒卵形で先端はくぼみ，黄緑色，長さは 1 cm 余りある．〔日本名〕春ニレで，春に花が咲くからである．ニレは滑れ（ヌレ）の意味で皮をはがすとぬるぬるするからである．古名をヤニレというがこれは脂滑すなわちヤニヌレの略だと言われる．樹皮の下の汁が粘滑だからである．〔漢名〕楡は中国に産するノニレ *U. pumila* L. の名である．

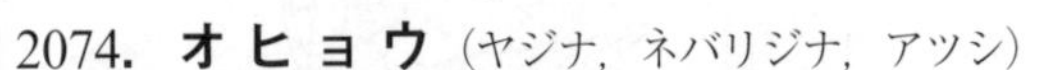

2074. オヒョウ（ヤジナ，ネバリジナ，アツシ） 〔ニレ科〕

Ulmus laciniata (Trautv.) Mayr

北部各地の山に生え，時に中南部の山中にもみられる落葉高木．幹は直立して分枝し，大きいものは高さ 25 m あまり，径 1 m になる．葉は互生で短い柄があり，広倒卵形あるいは楕円形で先端には普通 3 つの尖った裂片があり，基部はくさび形または鈍形，左右は著しく不同で，ふちに二重きょ歯があり，長さ 6〜15 cm ぐらい，表面はざらつき，短い毛がある．春，去年の枝の上に淡黄緑色の細かい花がむらがってつく．がくは 5〜6 裂し，裂片はほぼ円形，縁毛がある．雄しべは 5〜6 個で紫紅色を帯び，がくより長くつき出ている．子房は 1 個で花柱は 2 分する．翼果は扁平，周囲に膜質の翼があり，広卵形で長さ 1.5 cm ぐらい．北海道のアイヌはこの樹皮をはがしてアツシと呼ばれる布を織り着物にしている．〔日本名〕オヒョウはアイヌ語である．一名ヤジナは葉が矢筈状をしたシナノキの意味．他の一名ネバリジナは樹皮がねばるシナノキの意味で，本種もシナノキもともに樹皮が丈夫なので，このようにたとえたのである．

2075. アキニレ（イシゲヤキ，カワラゲヤキ） 〔ニレ科〕

Ulmus parvifolia Jacq.

山地や平地に生える落葉高木で幹は直立して分枝し，大きいものは高さ 13 m ぐらい，径 60 cm にもなり，新しい枝には細かい毛がある．葉は小形で互生し，短い柄があり，倒卵形あるいは倒卵状長楕円形で先端は鋭形または鈍形，基部は左右不同の鈍形，葉のふちには二重きょ歯があり，長さ 1〜5 cm ぐらい，革質で硬く，表面はややざらつき，つやがあり，支脈が多数斜めに平行している．秋になると本年の枝の葉腋に淡黄色の小花がむらがってつく．がくは 4 裂して筒部は短く，雄しべは 4 本でがくより長くつき出ている．子房は 1 個で，がくより高くつき出し，花柱は 2 分している．翼果には短い柄があり，扁平な楕円形，まわりに多脈の翼があり，長さ 1 cm ぐらい．内に種子が 2 個ある．〔日本名〕アキニレは秋に花や実がつくからで，一名イシゲヤキは樹の様子がケヤキのようで材質が硬いから，また，一名カワラゲヤキは川原に生えるからである．〔漢名〕榔楡．

2076. ケ　ヤ　キ 〔ニレ科〕

Zelkova serrata (Thunb.) Makino

山地に生え，街路樹，公園樹，または人家の周囲に植えられる落葉高木．幹は直立してそびえ，大きいものでは高さ 30 m，径 2 m にもなり，多数の枝を出し，新枝には細毛がある．葉には柄があって互生し，卵形ないし卵状披針形で先端は鋭形，基部は円形またはやや心臓形でしばしば左右不同，葉のふちにはきょ歯があり，長さ 2〜10 cm ぐらい，側脈は羽状で 8〜18 対ある．春，新葉と同時に淡黄緑色の細かい花を開く．雌雄同株．雄花は数個ずつ新枝の下部に集まってつき，がくは 4〜6 個に分裂し，4〜6 個の雄しべがある．雌花は新枝の上部の葉腋に 1 個つき，退化した雄しべがあり，花柱は 2 分する．果実はゆがんだ平たい球形で堅く，径 4 mm ぐらい，背面に稜角がある．材は賞用される．一変種にツキ var. *tsuki* Makino がある．これは材質が良くない．ツキには俗字として槻という字を用いる．ツキはもともとケヤキの古名であろう．〔日本名〕多分ケヤケキ木で顕著な樹の意味だろう．このケヤケキを木のもくめの形容にとるのは賛成出来ない．〔漢名〕欅は別物でクルミ科の *Pterocarya stenoptera* C.DC. の漢名である．

2077. ムクノキ（ムク，ムクエノキ）　〔アサ科〕

Aphananthe aspera (Thunb.) Planch.

山地に生えるが，しばしば人家附近や道路わきにも植えられる落葉高木で，大きいものは高さ 20 m，径 1 m ぐらいにもなり，多く分枝し，新葉には粗い毛がある．葉には柄があり互生で，卵形ないし卵状披針形，先端は鋭尖形，基部は広いくさび形で左右はやや不同，葉のふちにはするどいきょ歯があり，葉面は非常にざらつき，葉脈は基部でほとんど 3 脈となり，中脈の側脈は羽状に出て 7〜8 対ある．春，若葉がのびるのと同時に淡緑色の細かい花が開く．雌雄同株．雄花は新枝の基部の集散花序につき，がく片 5 個，雄しべ 5 個がある．雌花は新枝の上方の葉腋に 1〜2 個つき，がくは 5 裂，花柱は 2 分している．核果は卵状球形で径 12 mm ぐらい，黒く熟し，果肉は甘く，子供達が食べる．この葉は物をみがくのに使われる．〔日本名〕ムクの意味はわからない．多分剥くの意味かもしれない．ざらざらした葉で物をみがきはがすからであろうか．あるいは茂（も）くで茂る樹の意味であろうか．〔漢名〕樸樹は慣用名，椋は別物である．

2078. エ　ノ　キ　〔アサ科〕

Celtis sinensis Pers.

山林中に生えるが道路わき等にも植えられる落葉高木で，大きいものは高さ 20 m あまり，径 1 m にもなる．幹は灰色で直立し多く分枝し，1 年生の枝には細毛が密生する．葉は互生し有柄，広卵形ないし楕円形で左右不同，先端は短鋭尖形，基部は広いくさび形，上部のふちには小さいきょ歯があり，葉面はざらつき，3 主脈がある．春，淡黄色の細かい花を開き，雄花は新枝の下部に集散花序をなしてつき，雌花は新枝の上部の葉腋に 1〜3 個つき，ともに 4 個のがく片があり短い柄がある．雄花には雄しべが 4 個ある．雌花には小形の雄しべが 4 個あり，雌しべが 1 個，花柱は 2 分し外側にそり返っている．核果は小さくて径 7 mm ぐらい，橙色に熟し，子供達がこれを食べる．核の表面には網状のしわがある．品種にシダレエノキ f. *pendula* (Miyoshi) Makino があり枝が垂れ下がる．〔日本名〕意味は不明．古名はエ．〔漢名〕朴樹．慣用の名である．従来本種に対して榎を用いるがこれは和字で，夏には樹陰が好まれるので木に夏という字を配したものであろう．漢字に榎があるがこれは別物である．

2079. エゾエノキ（オクエノキ）　〔アサ科〕

Celtis jessoensis Koidz.

山地に生える落葉高木．高さは 15〜20 m になる．葉は有柄で互生し，卵形または卵状楕円形，長さ 5〜10 cm，先端は尾状鋭尖形，基部は広いくさび形あるいは円形，左右がやや不同，ふちには鋭いきょ歯があるが，下部の 3 分の 1 にはない．表面は濃い緑色で少しつやがあり脈は基部から 3 本でる．花は 5 月頃，新枝の葉腋につき，長い柄があるが目立たない．雄花と雌花があり，がく片は 4 個で平開する．雄花には雄しべが 4 個あり，がく片と対生する．雌花には小さい雄しべが 4 個あり，子房は緑色で楕円形，柱頭は長い 2 個の耳状の分枝に分かれて開出する．果実は核果，長い柄があって少し下垂し径 7〜8 mm，秋に黒く熟す．本種はエノキに似ているが葉のきょ歯が多く，鋭く，果実が黒く熟すのではっきりと区別出来る．材は色々に用いられる．

2080. ウラジロエノキ　〔アサ科〕

Trema orientalis (L.) Blume

台湾，中国南部，インド，マレーシア，オーストラリアなどアジア，太平洋地域の熱帯，亜熱帯に広く分布し，日本では九州（鹿児島）と琉球列島，小笠原諸島に生える常緑高木．若枝に毛が密にあるが脱落する．長い皮目があり，樹皮は灰色．葉は互生し，柄の長さは 8〜12 mm．質は比較的厚く，卵状広披針形，尖頭，細きょ歯があり，長さ 7〜15 cm，幅 1.5〜5 cm，基部は浅い心形をなす．左右不同，上面は粗渋で伏毛が散生し，3〜5 脈が顕著で，葉脈はへこむ．下面は密に絹状の伏毛があり，白色となる．托葉は披針形で長さ 4 mm，落ちやすい．花は 3〜9 月に集散花序に多数つき，短毛を密生している．長さ 1.5〜3 cm．両性花で，柄がなく，径 3 mm．花被片は 5 枚，長さ 2 mm くらいで，毛がめだつ．苞は卵形，長さ 1 mm．果実は径 4 mm の卵状球形で黒色に熟す．

2081. アサ（タイマ）　〔アサ科〕

Cannabis sativa L.

古代にわが国に入り，畠で栽培されていたが，元来は多分南アジアや中央アジア原産の一年生草本で，アサを植えた畠に近づくとこの草から発散する悪臭を感じる．茎はまっすぐに直立し，高さ 1〜2.5 m ぐらい，鈍四稜形で細毛があり緑色である．葉には長い柄があって対生し，枝先の葉は互生で，掌状複葉 5〜9 裂し，裂片は披針形で両端は尖り，葉のふちにはそろったきょ歯があり，上面はざらつき，裏面は細毛が密生する．上部の葉には短い柄があり 3 裂，あるいは分裂しない．托葉は離生し披針形である．夏に開花し，雌雄異株で，雄の株を漢名で枲麻，雌の株を苴麻という．雄の花穂は円錐形で，雄花は淡黄緑色，がく片 5 個，雄しべ 5 個，葯は大形で黄色，垂れ下がり，花粉が多い．雌の花穂は緑色の短い穂状で，細長い苞が多く，雌花は 1 個の苞に包まれていて花被はなく，2 花柱の子房が 1 個ある．瘦果は卵円形，やや平扁，硬質，灰色．茎皮の繊維を衣類にしたり，麻糸にする．皮をはいだ残部はあさがらと呼び，種子を食用とする．〔日本名〕青麻，すなわちアオソの省略で，多少緑色を帯びた皮の繊維，すなわちソから出た名である．〔漢名〕大麻．

2082. カナムグラ　〔アサ科〕

Humulus scandens (Lour.) Merr.

原野，路ばた，荒地に多い 1 年生のつる性草本で，普通一面に茂り，地面をおおうことが多い．茎は緑色で長くのび，葉柄とともにざらつき，刺を多くもち，強く他物にからまりつく．葉には長い柄があり，対生で，掌状に 5〜7 深裂し，裂片は卵形ないし披針形で，先は鋭尖形，ふちにきょ歯があり，葉面は非常にざらざらしている．雌雄異株．秋，小形の花を開く．雄花の花穂には柄があり，葉腋から出て，円錐状，多数の淡黄緑色の雄花をつける．雄花には，がく片 5 個，雄しべ 5 個があり，葯は大形である．雌花の花穂は短穂状で下垂し，はじめ緑色，後に紫褐緑色，またはまれに緑色（アオカナムグラ f. *viridis* Makino）の托葉の変形した鱗状の苞に包まれ，子房は 1 個，花柱は 2 個である．瘦果は扁円形で，長さ 5 mm ぐらい，堅くてたいていは紫褐色の斑点がある．〔日本名〕カナムグラのカナは鉄の意味で茎が強いから，またムグラはぼうぼうと茂る雑草だからでこの草をカナムグラと名づけたのだろう．歌にあるヤエムグラはこの草だという説もある．〔漢名〕葎草．

2083. カラハナソウ　〔アサ科〕

Humulus lupulus L. var. ***cordifolius*** (Miq.) Maxim. ex Franch. et Sav.

山地帯に生える多年生つる性草本．茎は長く強いつるとなり，さかんに他の草木にまきついて茂り，葉柄とともに小さな鉤刺がある．葉には長柄があり，対生で，心臓状卵円形，先端は鋭形あるいは鋭尖形，しばしば 3 裂して，深く入り込んだ底は鈍円形，ふちには粗いきょ歯がある．葉面はざらつき，雌の花穂をつける小枝の葉は普通互生である．雌雄異株．秋に細かい花を開く．雄花は多数円錐花穂につき，淡黄色，がく片 5 個，雄しべ 5 個がある．雌花は淡緑色で球穂状に集まり，2 個の花が 1 個の鱗状の苞に包まれ，子房の上には花柱が 2 個ある．果時にはこの苞が成長して薄い膜質になり，重なりあいふくれて大きい卵状球形となり，淡黄白色で，多数が並んで枝から垂れ下がる．苞ごとに 2 個の瘦果がつき，小苞にだかれ，更にがくに包まれている．小苞やがくには黄色の細かい腺粒があり，よい香りを放ち味は苦く，この点は母種のセイヨウカラハナソウすなわちホップと同じである．〔日本名〕唐花草で，唐花は模様に使われた花形で，つるの上についた果穂をこれにたとえたものである．

2084. パンノキ（マルミパンノキ）　〔クワ科〕

Artocarpus incisus (Thunb.) L.f.

ミクロネシアなど熱帯太平洋諸島の原産といわれる常緑大高木．現在では新旧両大陸の熱帯地方で広く食用に栽培される．高さ 10〜20 m，ときに 30 m に達することもある．幹は太く，直立し，上部でよく分枝して大きく茂る．樹皮は黒褐色．葉は柄があって互生し，葉身は羽状に深く裂け，裂片は 2〜4 対で全体は楕円形である．葉の質はかなり厚く，葉脈は強く隆起している．全縁で表面は濃い緑色，裏面は淡緑色である．雌雄の花序があり，ともに葉腋に生じる．雄花序は直径 2〜3 cm の棒状で，長さは 10〜15 cm あり，小花が密に並んで，全体は淡黄色ないし黄褐色をなす．雌花序は長めの球形で柄があり，多数の細かな雌花が表面に密集して緑褐色をしている．果実はこの雌花序がそのまま成熟して集合果となり，長さ，直径とも 15〜20 cm の球形ないしやや長めの楕円体となる．表面は緑色で熟すとやや黄色を帯びる．表面全体にとげ状の突起が並ぶ．この果実を薄く輪切りにして焼き，あるいは炒めて食用として，また乾燥させて保存食糧とする．パンノキの和名は英名の Breadfruit の訳で，果実を主食とするため．

2085. パラミツ（ジャックフルーツ） 〔クワ科〕

Artocarpus heterophyllus Lam.

インドからマレー半島の原産とされる常緑高木で，パンノキと同様，新旧両大陸の熱帯地方で広く栽培される．高さ 10～15 m になり，大きな樹冠をつくる．互生する葉には柄があり，葉は全縁の楕円形でパンノキのように羽裂はしない．雌花と雄花は別々の花序をつくって腋生するが，雄花序が小枝の葉腋から棒状にでるのに対し，雌花序は主幹の落葉痕に直接生じる，いわゆる幹生花序である．雌花序は楕円体をなして表面に密に花が並び，成熟するとそのまま集合果となって幹から垂下する．集合果は巨大で長さ 30～60 cm，直径 20～30 cm の円筒状で，人の頭の 2 倍ほどにもなり，重量は 10 kg を越える．果実の表面は黄緑色から黄色で，パンノキ同様太いとげ状の突起が密に並ぶ．果実の内部は白色のパルプ質の果肉で埋まり，黒褐色の種子がある．果肉は柑橘類を思わせる甘酸味があり，生食するほか，輪切りにして焼いたりゆでたりして食用とする点はパンノキと同じ．また材は建築材として有用である．英名 Jackfruit．パラミツの語源は不明である．材からとる黄色の色素は僧衣を染めるのに使うという．

2086. クワクサ 〔クワ科〕

Fatoua villosa (Thunb.) Nakai

荒地や，畠の中，道端などで普通にみられる一年生草本．高さは 40 cm ぐらいある．根は分枝し，茎は直立してまばらに分枝し，緑色で，時には暗紫色をしており，葉と同様に微毛があり，皮には弱い繊維がある．葉は有柄で互生し，卵形で先端は鋭尖形，基部は切形またはやや心臓形でふちには鈍きょ歯があり，葉質は薄く 3 本の主脈があり，葉面はざらざらしている．秋に主茎や小枝上の葉腋から長短数本の柄を出し，集散花序をつけ，淡緑色の小花を多数集めてつける．雌雄同株で雌花と雄花は混生する．雄花には 4 つに深くさけたがく片があり，花弁はなく，雄しべは 4 個あり，がく片と対生し，がくよりもやや長くつき出し，花糸は細く，葯は小さい．雌花には船形のがくがあり，下部がふくらんで中に円形の子房が 1 個あり，花柱は子房の側方から出ている．果実は痩果で種子は 1 個である．〔日本名〕桑草の意味で桑の葉のような様子をした草の状態に基づいたものである．〔漢名〕水蛇麻．

2087. ク　ワ 〔クワ科〕

Morus australis Poir.（*M. bombycis* Koidz.）

広く畠や山地に植えられている落葉高木．幹は直立して分枝し，大きいものは高さ 10 m，径 60 cm にもなるが，畠のものはたえず刈り取られるので低木状をしている．葉は有柄で互生し，早落性の托葉があり，卵形ないし卵円形で，先端は急に狭まって尖り，基部は多少心臓形．葉のふちにはきょ歯があり，しばしば分裂し，表面はざらつき，裏面に微毛がある．4 月，新しい枝の基部に腋生して，有柄の穂状花序を出して垂れ下がり，淡黄色の小花を開く．雌の花穂は雄の花穂よりも短い．雌雄異株，時には同株．花にはがく片が 4 個あり，花弁はない．雄花には 4 個の雄しべがある．雌花には雌しべが 1 個あり，子房の先には直立した花柱があり，先端は 2 裂する．果実は痩果で多肉質となった宿存がくで包まれ，密に穂軸について長楕円形となり，いわゆる桑の実となるが，これは果穂である．増大したがく片は熟して黒紫色となり食べられる．葉は養蚕に用いる．本種の野生型をヤマグワといい，果穂につく果実が極めて少なく，葉柄はしばしば紅色であるが，強いて分ける必要はない．〔日本名〕語原に関しては 2 説がある．一つは食葉（クワ）であるとし，他は蚕葉（コハ）の転じたものであるという．いずれもカイコの食う葉という意味である．〔漢名〕鶏桑．桑は中国産のマグワ *M. alba* L. の名である．なお，マグワも養蚕用に栽培されている．

2088. ハチジョウグワ 〔クワ科〕

Morus kagayamae Koidz.

伊豆七島に生えている落葉小高木で，材はクワに比べると軽く粗で，分枝は数多く褐色を帯び，無毛，高さは数 m になる．葉は有柄で互生し，早落性の托葉がある．葉の形は卵形ないし卵状披針形で，先端は長く尾状に鋭尖し，基部は広いくさび形，または浅い心臓形で左右は多少不同，ふちに鋭尖な二重きょ歯があり，しばしば 3 裂し，葉質は厚く，無毛，上面は光沢が強い．春，新梢の下方の腋から花序を垂れ下げ，淡黄緑色の小花を多数つける．雌雄異株で，雄花にはがく片 4 個，雄しべ 4 個があり，雌花にもがく片 4 個があり，これが狭卵形の直立した子房をおおっている．花柱は中央部まで 2 裂する．花がすむと宿存がく片は多肉となって痩果をおおい，密に集合して楕円形となり，黒色で光沢の強い果穂となる．〔日本名〕八丈桑．

2089. ノ グ ワ（ケグワ，カラケグワ）　〔クワ科〕

Morus cathayana Hemsl.

本州西部，四国，九州，朝鮮半島南部，中国の山地に自生する落葉高木．枝はやや太く，粗毛があり，葉が互生する．葉は広卵形で，先端は急に鋭尖し，時には短い尾状となり，基部は深い心臓形，ふちにやや鈍頭のきょ歯があり，稀に 3 裂または一方にのみ浅い裂片があって，左右が多少不同，上面には粗毛がありざらつき，下面は毛が多く，特に脈上には開出する短毛が密生し，やや長い葉柄には密に短毛がある．雌雄異株．春，葉とともに葉腋から柄に毛のある花序を垂れ下げる．花序は円柱穂状で，雌花穂は短く，がく片は 4 個，雄花には雄しべ 4 個，雌花には雌しべ 1 個，花柱は基部まで 2 裂し，柱頭は開出して反りかえる．〔漢名〕華桑．

2090. コ ウ ゾ（カゾ）　〔クワ科〕

Broussonetia* ×*kazinoki Siebold

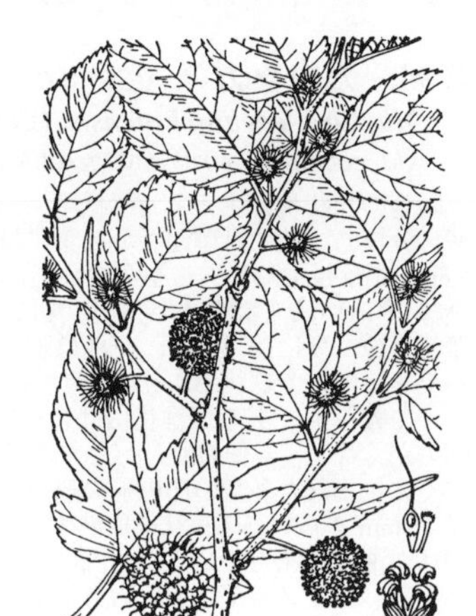

各地の山地に自生するが，また普通に植えられている落葉低木で，自生品は高さ約 2〜5 m，幹は直径が時には 20 cm になるものもあり，長い枝を分け，皮は褐色である．葉は有柄で互生し，卵形あるいは卵円形で先端は鋭尖形，基部は斜心臓形または切形で，ふちにきょ歯があり，クワの葉と似ているがやや大形で，またしばしば深く 2〜3 裂あるいは 5 裂する．葉質は薄く，両面に細毛があり，長さ 7〜25 cm，幅 4〜14 cm ぐらいである．春，葉がのびるのと同時に開花する．雌雄同株で雄の花穂は小枝に側生する若い枝の基部に腋生し，雌の花穂は上部の葉腋から出て，ともに有柄，小花を球状に集めてつける．雄花にはがく片 4 個，雄しべ 4 個がある．雌花は 2〜4 個の切れ込みのある筒状がく，有柄の 1 子房，糸状の花柱 1 個がある．6 月頃，果実が球形に集まって緑葉のもとに赤く熟し，ちょうどイチゴのようで甘く，小果は円形で，中に硬い核がある．古くは天然にある樹から皮を採り，織布を製ってこれをユウと呼んだ．従来これに木綿の字をあてているがこれは誤りである．また樹皮から日本紙を作る．従来漢名として楮を用いる人があるがこれは通雅という書物に由ったものだろう．しかし，楮は普通には構，すなわちカジノキの通名である．〔日本名〕コウゾは紙麻（カミソ）の音便であるというが，この木を製紙に利用する以前にすでにユウを織るのに使用し，当時カゾの名がついていたのであろうから，紙麻を語原とするのは適当でないと思う．多分カミソはカウゾから，カウゾはカゾからみちびかれたのであろう．〔追記〕現在コウゾとして栽培されているものは全てヒメコウゾ *B. monoica* Hance とカジノキとの雑種である．

2091. ツルコウゾ（ムキミカズラ）　〔クワ科〕

Broussonetia kaempferi Siebold

落葉性の低木．九州とその周辺の山地に生える．枝は褐色でつる状，自由にのびて他のものにからまりつく．若い枝には細毛があり，切ると白い乳液が出る．葉は互生，有柄，長卵形，あるいは披針形，基部は斜円形あるいは心臓形，葉のふちにはきょ歯があり，葉質は洋紙状，上面は緑色でざらつき，下面は淡緑色，短毛がある．葉脈は網状に隆起する．支脈はまばらで羽状，斜上して先は内側に曲がる．托葉は披針形，先は鋭尖形，膜質，1 脈，細毛があり，若いうちに落ちる．雌雄異株．花は春咲く．花穂は有柄で腋生し，淡緑色．雄の花穂は長楕円形で多数の小花が密着し，穂の先から開き始めてだんだん下部に向かう，花には小苞がある．がくの下部は短い筒状，上部は 4 裂して開いている．雄しべは 4 個，花糸は白色で非常に細く，葯は 2 個で内向し，白色の花粉を出す．雌花穂は球形，エンドウ豆の大きさ，がくは長いつぼ形，短い細毛があり，1 個ある子房はがくの中にうずまり，糸状で紅紫色の花柱 1 個が長くのび出ている．果実は小形で球形に集まり朱赤色で甘く，コウゾの味と同じようである．樹皮から紙が作られる．〔日本名〕つる状のコウゾという意味．一名をムキミカズラというが果実が裸出しているからであろう．

2092. カジノキ　〔クワ科〕

Broussonetia papyrifera (L.) L' Hér. ex Vent.

落葉高木で，今では各地に普通に栽培されているが，元来は昔南方の暖地から伝わって来たものと思われる．しかし山口県の祝島には自生しているので問題になった．樹は直立して分枝し，高さは 10 m，幹の径は 60 cm で，新枝には粗毛が密生する．葉は有柄，互生，時には対生あるいは 3 輪生し，広卵形で先端は鋭尖形基部は円形，切形，あるいはやや心臓形，老樹の葉は基部が楯形であるが，若木ではそうならずしばしば 3 裂あるいは 5 裂する．葉のふちにはきょ歯があり，上面はざらつき裏面には葉柄とともに短毛が密生する．托葉は卵形で紫色を帯び，早落する．春，淡緑色の花をつける．雌雄異株．雄の花穂は若枝の下部に腋生し，有柄，円柱形の尾状花序で，垂れ下がる．雄花のがくは 4 裂し，雄しべは 4 個ある．雌の花穂も若枝の下部に腋生し，有柄，球形で毛のような紫色の花柱が周囲に射出する．雌花のがくは筒状で 3〜4 裂する．子房は有柄で花柱は糸状．果序は短い柄があり，球形で多くの鱗片と多数の小果とからなり，径 2 cm ほどである．果実は核果で，秋に熟すと多数が果序の表面にとび出す．果実は赤色のへら形で，多汁，1 核が上部に入っており，先端には花柱が残存している．枝の皮を製紙の原料とするため，この木を畠のふちなどに作り，株から出る枝を刈り，皮をはいで用いる．日本で従来この木に梶の字を用いているがこれは俗用である．〔日本名〕意味は不明．あるいはコウゾの古名カゾの転化かもしれない．〔漢名〕楮，構，穀．

2093. ハリグワ 〔クワ科〕

Maclura tricuspidata Carrière

朝鮮半島や中国に原産する刺のある落葉性の小高木．時に人家に植えられている．雌雄異株であるが日本には雌木は稀である．多く分枝し，枝は伸びてややつる性となることが多く，小枝はしばしば退化して葉腋に直立する刺となる．葉は互生し，倒卵形，菱状卵形または長楕円形，先端は鈍形，基部は丸く，しばしば浅く 3 裂し，上面は緑色で光沢があり，主脈の上に少し毛がある．下面はやや淡色，細毛がある．雄の花序は球状，直径 1 cm 以上，淡黄色で，柄は長さ 1 cm 前後，短い軟毛があり，花には花被片が 4 個，雄しべが 4 個あって，花の下部に苞が多い．雌花の花被片も 4 個あり，雄花のものより幅が広く子房をおおい，花柱は 2 裂し，熟すと花被が多肉となって痩果を包む．

2094. カカツガユ（ヤマミカン，ソンノイゲ） 〔クワ科〕

Maclura cochinchinensis (Lour.) Corner

（*M. cochinchinensis* var. *gerontogea* (Siebold et Zucc.) H.Ohashi）

暖地の丘陵地に生える常緑低木，あるいは木質のつる状低木で，高さ 3 m ぐらい，密に分枝し，枝には刺が多い．葉には柄があり，互生し，倒披針状楕円形で長さ 4〜6 cm，先は鋭尖形であるが突端は鈍形あるいは凹頭，基部はくさび形で，葉質は草質，全縁，あるいは波状縁，無毛平滑．葉腋には枝の変形した長さ 1cm ほどの鋭い刺がある．雌雄異株．夏に開花する．花穂は腋生し，短い柄があり，雄花穂は多数の小さな雄花が集まっていて球状であり，黄色で径 1 cm 以下，雌花穂は多数の小さな雌花が集まっていて楕円形である．雄花には 3〜5 個のがく片と 4 個の雄しべがある．雌花には 4 個のがく片と，1 個の雌しべとがあり，花柱は二つに分かれている．集合果は肉質のがくに包まれた多数の卵円形の痩果からできていて，卵状球形，形はハリグワに似て径 15 mm ぐらいある．秋に成熟すると黄赤色になり，軟くて，食べると甘い．〔日本名〕和活が油の意味だというが語源ははっきりしない．山密柑は果実が食べられるからついた名．ソンノイゲは長崎の方言で，イゲは刺であるが，ソンの意味は不明である．

2095. ア コ ウ（アコギ） 〔クワ科〕

Ficus subpisocarpa Gagnep.

（*F. superba* (Miq.) Miq. var. *japonica* Miq.；*F. wightiana* auct. non Wall.）

わが国の西南地方暖地の海岸地に自生する高木で，幹は直立し，高さ 20 m ぐらい，大小の枝を四方に広げ，幹の大きなものは径 1 m にもなり，基部では根を張り，幹の周囲から気根を出す．小枝を傷つけると白乳汁が出る．葉は枝頂からむらがり出，長い柄があり互生，楕円形あるいは長楕円形で先端は鋭尖形，基部円形，全縁，長さ 10〜13 cm，幅 5〜6 cm ぐらい，厚い洋紙質で上下面とも平滑無毛，中脈は裏面に隆起し，支脈が多い．春，一度落葉するがすぐにふたたび新葉を出す．狭長な膜質の早落性の托葉がある．雌雄異株．春，枝または幹に非常に短い柄のある花のうを 1 個または 2〜3 個ずつ群生し，径約 12 mm ぐらいである．花のうは球形で，中に淡紅色の細かい花があり，外面には小さな白斑点が散布する．雄花は雄性花のうの中にあり，がく片 3 個，雄しべ 1 個がある．雌花は雌性花のうの中にあり，がく片 3 個，子房 1 個，斜出した花柱が 1 個ある．花のうは熟すると淡紅色を帯びた白色で，径 15 mm ぐらいある．種子をまくとよく芽が出る．〔日本名〕語原は不明．〔漢名〕雀榕．従来，本品を榕樹とし，また赤榕としたが，ともに誤りで，榕樹は同属のガジュマルの漢名である．

2096. ガジュマル 〔クワ科〕

Ficus microcarpa L.f.

常緑高木で大木となり，葉は密に繁り大きい樹陰をつくる．枝葉は全く無毛．枝は円柱形，輪状の節がある．葉は互生，有柄，広倒卵形，長倒卵形，あるいは倒卵状長楕円形，先は短鋭尖形で末端は鈍形，下部はしばしばほぼくさび形，基部は鈍形あるいはほぼ鈍形，全縁，厚質，上面は緑色で光沢があり，下面は淡緑色，長さ 4〜10 cm，幅 2.5〜4.5 cm，中脈は下面に隆起し，支脈は非常に細く，羽状で多数が斜走し葉縁の附近にそって走る支脈に合する．苞は針形で早落性．葉柄は太く，長さ 6〜18 mm，上部に狭い溝がある．果のうは倒卵状球形，径約 9 mm，無柄，葉腋に 1 個あるいは 2 個ずつつく．果のうの基部には大形の苞が 3 個あり，果面には斑点が散布する．果のう中に多数の雄花と雌花をおさめている．暖地に生え，九州の種子島で大木に成長し，しばしば多数の褐色の気根を樹上から垂れ下げている．これは昔に植えられたものである．九州本土や四国には見られない．〔日本名〕ガジュマルは琉球の方言で，ガジマル，ガズマルなどの名もある．同地ではこの材で盆などを作る．〔漢名〕榕樹．

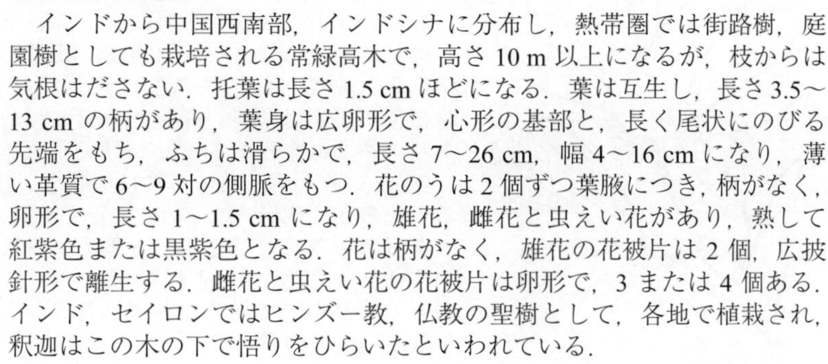

2097. **テンジクボダイジュ**（インドボダイジュ）〔クワ科〕

Ficus religiosa L.

インドから中国西南部，インドシナに分布し，熱帯圏では街路樹，庭園樹としても栽培される常緑高木で，高さ 10 m 以上になるが，枝からは気根はださない．托葉は長さ 1.5 cm ほどになる．葉は互生し，長さ 3.5～13 cm の柄があり，葉身は広卵形で，心形の基部と，長く尾状にのびる先端をもち，ふちは滑らかで，長さ 7～26 cm，幅 4～16 cm になり，薄い革質で 6～9 対の側脈をもつ．花のうは 2 個ずつ葉腋につき，柄がなく，卵形で，長さ 1～1.5 cm になり，雄花，雌花と虫えい花があり，熟して紅紫色または黒紫色となる．花は柄がなく，雄花の花被片は 2 個，広披針形で離生する．雌花と虫えい花の花被片は卵形で，3 または 4 個ある．インド，セイロンではヒンズー教，仏教の聖樹として，各地で植栽され，釈迦はこの木の下で悟りをひらいたといわれている．

2098. **インドゴムノキ**（アッサムゴム）〔クワ科〕

Ficus elastica Roxb. ex Hornem.

インド原産の無毛の常緑樹，明治時代に伝えられ，今では広く観葉植物として栽培され，小樹が多いが，原産地では大高木となる．葉は有柄で互生し，大形で楕円形または長楕円形，先端で急に短く鋭尖し，端は鈍形，緑色，厚い革質，表面はなめらかでつやがある．中脈は明瞭で，多数の支脈はまっすぐで平行する．托葉は大形膜質で新葉を包み，紅色で早落する．夏，枝上の葉腋に極めて短い柄のある小形の楕円形の花のうを 1 個あるいは 2 個つけ，花のうの中に多数の雌雄の小花が混生，充満している．雄花にはふつうがく片 4 個，雄しべ 1 個があり，雌花にはがく片 4～6 個，子房 1 個，長い花柱 1 個がある．乳液を採ってゴムをつくる．〔日本名〕インドに産し，樹皮から弾性ゴムを採るので名づけられた．ただし今は弾性ゴムの原料としては用いられていない．

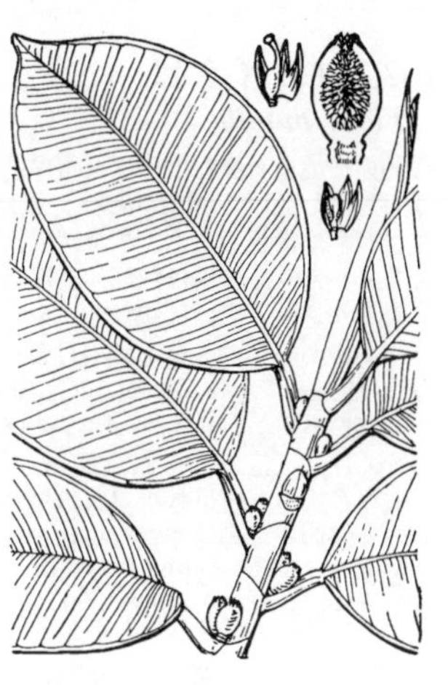

2099. **ベンジャミンゴム**（シダレガジュマル）〔クワ科〕

Ficus benjamina L.

インド，中国南部からソロモン諸島に分布するが，観葉植物として鉢植えに供されている．野生株は枝を横にのばし広がり，1 個体からなる森をつくるが，スリランカのペラデニア植物園に植栽されているものが名高い．常緑高木で，枝からはほとんど気根をださない．托葉は披針形で，長さ 12 mm くらいになる．葉は互生し，長さ 0.5～1.5 cm の柄をもち，葉身は長楕円形あるいは卵状楕円形または狭卵形で，先は鋭尖形または鋭形，基部は円形となり，ふちは滑らかで，長さ 3～12 cm，幅 1.5～6 cm あり，うすい革質で，ふつう 6～11 の平行に走る側脈をもつ．花のうは柄がなく，2 個ずつ葉腋につき，ふつう卵形で，長さ 8～12 mm，幅 7～10 mm になり，熟すにしたがって黄色から橙色または暗紅色となる．花のう内には雄花，雌花，虫えい花があり，花間苞がある．花被片は 3 または 4 個で，離生する．雄花は多数あり，長さ 0.8～2 mm の柄をもち，虫えい花の柄は長さ 0.2～2.8 mm，雌花には柄がない．〔日本名〕和名は種形容語 *benjamina* あるいは英名 Benjamin tree に由来する．

2100. **イタビカズラ**〔クワ科〕

Ficus sarmentosa Buch.-Ham. ex Sm. subsp. ***nipponica*** (Franch. et Sav.) H.Ohashi.（*F. nipponica* Franch. et Sav.）

東北地方南部以南の暖地に多く生える常緑つる状の低木．幹は分枝し，下部ははって，根をおろし，この根で木や石につき，梢部は枝を出し，低木状で，枝上に花のうをつける．幹の長さは 2～5 m 前後であるが，特に大きくなったものは直径 8 cm になり，非常に高く成長し，枝を多く出し，葉をしげらせる．若い枝には細毛がある．葉は有柄で互生，長楕円状披針形，または広披針形で全縁，先端は鋭尖形，基部は円形，長さ 7～12 cm，幅 2～3 cm，革質，上面は平滑で淡緑色，裏面は白粉色を帯び，網脈が隆起して目立つ．葉柄はほぼ円柱形で長さ 1～2 cm ぐらいである．夏，葉腋に 1 個あるいは 2 個の花のうをつける．花のうは無柄，球形，径 10～12 mm ぐらい，堅くて平滑，無毛，初は緑色であるが，のちに熟すと紫黒色となり，質はやや軟らかく，のう中に多数の小花をつけている．雌花にはがく片 3～4 個，子房 1 個，花柱 1 個がある．〔日本名〕イタビはイヌビワの一名である．イヌビワの類で茎がつる状なのでイタビカズラという．〔漢名〕崖石榴．

2101. ヒメイタビ（クライタボ） 〔クワ科〕

Ficus thunbergii Maxim.

暖地の林中の樹幹や岩面につく常緑つる性の低木．幹の上部は斜上し，しばしば多数に分枝し，幼い枝には褐色の細毛が多い．葉は有柄で互生，楕円形，先端は鋭形，基部は鋭形，長さ 3〜5 cm，革質，表面は無毛，暗緑色，裏面は淡色，隆起した葉脈は目立ち，葉柄とともに褐色の毛があり，多くは全縁であるが，幼い葉はしばしば極端に小形となり，長さは 1 cm にみたず，葉のふちは波状きょ歯が深く，葉面に著しい凹凸がある．花のうは球形，短い柄によって葉腋に 1 個つき，径 2 cm 内外である．イタビカズラよりはるかに大形で，株により雌雄の花序が別である．果のうは秋遅く熟す．〔日本名〕姫イタビはヒメイタビカズラの略で，つるにつく葉が小形であるからである．一名をクライタボというが，これは和歌山県地方の方言で，多分食らいイタブがなまったものであろう．

2102. オオイタビ 〔クワ科〕

Ficus pumila L.

暖地の山地や石崖などにはう常緑低木．茎は大きくはならず灰褐色で非常に強い．あちこちから気根を出して他物に吸着し，枝は更に分枝して短く，枝上に花をつける．葉は密に茂り，互生，葉柄は褐色で太く，葉身は広楕円形，あるいは卵状楕円形で全縁，ふちは多少裏側に狭く反りかえり，先端は鈍形，基部は切形，葉質は厚い革質であるが，やわらかくたわみやすい性質があり，表面は深緑色，やや光沢がありなめらかである．夏から秋にかけて，葉腋に短い柄のある花のうを 1 個つける．花のうは比較的大形で倒卵状球形あるいは球形で，長さ 35〜45 mm ぐらい，内部に多数の雌雄の小花が入っている．雄花は花のうの口の近くにあり，糸状の小柄があり，がく片は 4〜5 個，雄しべは 2 個ある．雌花には非常に短い小柄があり，がく片は紅色，子房はほぼ円形，花柱は子房の側面から斜にでて先に楯形の柱頭がある．痩果には糸状の小柄があり，ほぼ球形で，4〜5 個の宿存がく片があり，短い花柱が側面に残っている．果のうは硬くて食べられない．本種の中にクイイタビ，一名ワセオオイタビというものがあり，果のうは倒卵状球形で，食べられる．痩果は狭長楕円形である．〔日本名〕大イタビカズラの略でこの類の中で形が大きいからである．イタビはイヌビワの一名である．

2103. イチジク（トウガキ） 〔クワ科〕

Ficus carica L.

寛永年間（1624〜1643）に日本に渡って来たが，今では広く各地に植えられている．落葉樹で元来は小アジアの原産である．幹は多く分枝し，しばしば彎曲し褐色，高さ 2〜4 m ぐらいである．葉は有柄，互生，大形でおおむね 3 裂し，下面に細毛がある．葉の基部に 3 本の主脈があり，葉質は厚い．茎，葉等を傷つけると白乳汁が出る．春から夏にかけて，葉腋の短柄上に倒卵状球形，厚壁の花のうをつける．花のうの外面は平滑緑色で，内面に無数の白色の小花があり，雌花，雄花の区別があるけれども，現在日本で栽培されているものには雄花はみられない．雌花は普通がく片 3 個，子房 1 個，花柱 1 個である．成熟した花のうは倒卵形で長さ 5 cm ぐらい．暗紫色を帯びるのが普通であるが，熟してもなお白緑色のものもある．これをシロイチジクという．ともに食用になる．果のう中に多数の硬い小形の痩果があるが，みな空で胚はない．明治時代に新しく渡って来たイチジクにシンイチジク（新称，これをシロイチジクと云ったがこの名はすでにあるのと重複するのでさけた）がある．これは変種で深裂した掌状葉をもつ．〔日本名〕イチジクは本種の漢名の一つ，映日果の唐音転化ではないかとの説がある．またイヌビワの古名イチジクの名を借りたとの説もある．また，この果実は 1 月で熟すから，あるいは 1 日に 1 果ずつ熟すから 1 熟，すなわちイチジクという説もあるが牧野富太郎はこの説には賛同ではなかった．一名をトウガキというがこれは唐柿で海外から来たカキの意味である．〔漢名〕無花果．

2104. イヌビワ（イタブ，イタビ，コイチジク） 〔クワ科〕

Ficus erecta Thunb. var. ***erecta***

暖地海岸の丘陵あるいは村落の池辺，林中などにみられる落葉低木で，高さは 2〜4 m ぐらい，樹皮は平滑で灰白色の枝を分枝し，傷つけると，白乳汁を出す．葉は有柄で互生し，倒卵形，あるいは倒卵状長楕円形，先端は鋭尖形，基部は円形あるいは切形，全縁，上面は平滑，裏面は淡緑色で葉脈は明らかである．雌雄異株．春，枝上の新葉腋から花序柄を出し，先端に小形の 3 個の苞があり，苞内の非常に短い柄の先にほぼ球形の花のうがつく．花のうの表面には小白斑点が散布し，のう中には多数の帯紅色の小花がある．雌花のがくは 3〜5 片で，有柄の 1 子房，短い 1 花柱がある．雄花のがくは 5〜6 片で 3 個内外の雄しべがある．果のうは成熟すると紫黒色となり，軟く，径 15〜17 mm ぐらい，子供が取って食べる．1 品種に葉の狭いものがあり，ホソバイヌビワ f. *sieboldii* (Miq.) Corner という．〔日本名〕犬枇杷．果実がビワに似ているが小形で品質が悪い故，イヌを加えたもの．一名イタビあるいはイタブというがこの語原は不明．一名コイチジクはイチジクに似て小形であるからである．古名はイチジクである．〔漢名〕天仙果は別のものである．

2105. トキワイヌビワ 〔クワ科〕

Ficus boninsimae Koidz.

小笠原諸島に特産する常緑低木で，ふつう日当たりのよい林中に生える．高さ 2〜4 m になり，枝ははじめから無毛で，折ると乳液が分泌される．托葉は線状披針形で，先は尖り，長さ 1 cm ほどになり，葉が開くと落ちる．葉は互生で，長さ 1〜2 cm の柄があり，楕円形または卵状楕円形で，先は細く尖るが，先端は鈍形．基部は円形または鈍形で，長さ 5〜12 cm，幅 3〜6 cm となり，全縁で，両面とも無毛である．葉腋に 1 または 2 個の花のうをつける．雌雄異株だが，花のうは雌雄とも同形で，長さ 2〜15 mm で無毛の柄をもち，その上端には 3 個の広卵形で長さ 1 mm ほどの総苞葉があり，卵状球形で，長さ 7〜8 mm になり，表面は無毛かまれに白毛を散生し，熟すと紫褐色となる．〔日本名〕常磐イヌビワで，イヌビワに全体が類似するが，常緑の葉をもつことによる．

2106. イワガネ 〔イラクサ科〕

Oreocnide frutescens (Thunb.) Miq.

本州（紀伊半島），四国，九州，中国大陸，ヒマラヤ，インドシナ半島北部に分布し，渓流に沿った常緑林の林縁や林内に生える低木で，高さ 1〜2 m．日本では落葉性だが，亜熱帯地域では常緑となる．枝には開出または斜上した長毛がある．葉は互生し長楕円状披針形で長さ 6〜12 cm，幅 2〜5 cm，先端は鋭尖頭，基部はくさび形または円形で，長さ 0.5〜8 cm の葉柄がある．葉縁には鋭きょ歯があり，葉身の表面には疎毛があり，裏面には白い綿毛がある．この綿毛は脱落性で古い葉にはみられない．また若葉のときから綿毛を持たない個体もある．雌雄異株．花期は 3〜5 月．雄花・雌花ともに葉腋に密集してつき，葉が脱落した前年枝につくことが多い．雄花の花被は 4 枚．雌花の 2 枚の花被は合着して子房を包みこみ，果実期にはやや多肉質となる〔中国名〕紫麻.

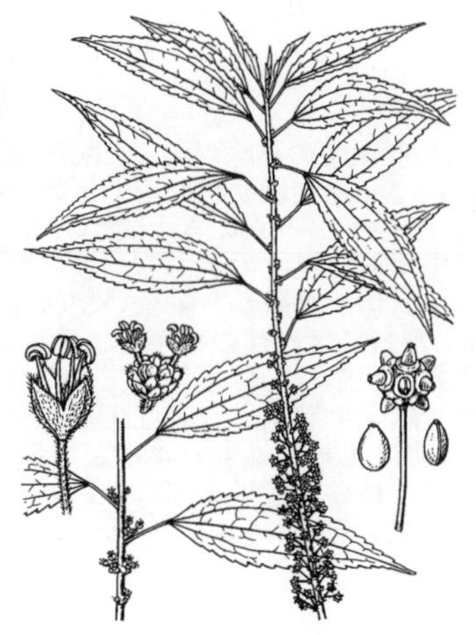

2107. ハドノキ 〔イラクサ科〕

Oreocnide pedunculata (Shirai) Masam.

本州（伊豆半島から紀伊半島南部），四国，九州南部，沖縄，台湾に分布する常緑の低木で，高さ 4〜5m に達する．渓流に沿った常緑樹林の縁や湿った道ばたに多い．枝には短い伏毛がある．葉は互生し長楕円状披針形で長さ 5〜15 cm，幅 2〜4 cm，先端は鋭尖頭，基部は丸く長さ 1〜3 cm の葉柄がある．葉柄はふつう赤味をおびている．葉縁にはやや細かい鈍きょ歯があり，葉身は表裏ともにほとんど無毛である．雌雄異株．花期は 3〜4 月．雄花は葉腋にかたまってつき，4 枚の花被の外面は赤褐色．雌花は葉腋からでる二叉状に分岐した短い集散花序につき，2 枚の花被は合着して子房を包みこんでおり，果実期には白色多肉質となって果実下部を包む．雄花・雌花ともに，葉が脱落した前年枝につくことが多い．果実は黒色で光沢がある．〔中国名〕長梗紫麻.

2108. ヤナギイチゴ 〔イラクサ科〕

Debregeasia orientalis C.J.Chen

（*D. edulis* auct. non (Siebold et Zucc.) Wedd.）

本州（関東南部·東海·紀伊半島），四国，九州，沖縄，台湾，中国大陸に分布し，常緑林の林縁，路傍，伐採地などに生える落葉低木．高さ 2〜3 m で枝は真直に四方へのびる．葉は有柄で互生，線状長楕円形または披針形で，長さ 10 cm ぐらい，先端は鋭く尖り，基部は鋭形，葉のふちには細かいきょ歯がある．表面は葉脈がへこんでしわがあり，暗緑色で多少光沢があるが，裏面には白色の綿毛がある．雌雄異株．花は 3〜5 月に咲き，短い柄の上に密生して集散状となる．葉の脱落した前年枝の葉腋につくことが多い．雄花の花被は 4 枚．雌花の花被は合着して子房を包みこみ，果実期（5〜6 月）には黄色多肉質となって果実を包む．金平糖状に密集した果実は，球形の集合果となり径 7 mm 内外あり，多汁で甘い味がし，食べられる．〔日本名〕柳苺．葉が細くヤナギのようで，果実は柑黄色でつぶつぶが集まってイチゴのようであるからこのように呼ぶ．〔中国名〕水麻.

2109. クサマオ（カラムシ，アオカラムシ） 〔イラクサ科〕

Boehmeria nivea (L.) Gaudich. var. ***concolor*** Makino

日本全土に広く分布し，路傍に生える多年草．地中に走出枝をのばし，群生する．地上茎は高さ 1〜2 m．葉は互生し広卵形または卵円形で鋭尖頭，基部は円形または広いくさび形．ふさには大きさの揃った細かいきょ歯がある．葉面は軟毛を密生し，下面にはふつう白い綿毛がある．綿毛がないかごく少ない型をアオカラムシと呼ぶことがあるが，中間型があって区別できない．7〜8 月に葉腋からよく枝分かれした花序をだす．花序の枝は基部で 2 分岐する．雄性花序と雌性花序が分化しており，前者はより下方の葉腋につき，花序の枝はより密集している．雄花には 4 枚の花被と 4 本の雄ずいがあり，雌花の 2 枚の花被は合着して子房を包み込み，果実期まで宿存する．茎には繊維組織があり，かつては繊維をとるために利用された．西南日本に多いナンバンカラムシ var. *nivea* は中国南部から東南アジア原産と考えられ，より剛壮で葉柄に開出毛がある点で区別される．繊維をとるために栽培されるラミー var. *candicans* Wedd. はナンバンカラムシから改良されたものと思われる．〔中国名〕伏毛苧麻．苧麻はナンバンカラムシの中国名である．

2110. ナガバヤブマオ 〔イラクサ科〕

Boehmeria sieboldiana Blume

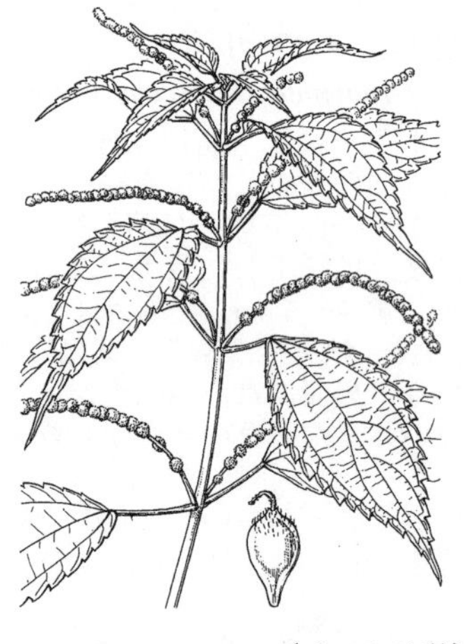

本州，四国，九州，朝鮮半島，中国大陸に分布し，主として暖温帯の林縁に生える多年草．茎は直立し高さ 1.2〜1.7 m，ほとんど無毛．葉は卵状長楕円形で先は尾状にのび鋭く尖る．葉縁には大きさの揃った鋭きょ歯がある．葉面は鮮緑色で光沢があり，ほとんど無毛．葉裏は淡緑色で脈上にまばらに短い伏毛がある．上部の葉はしだいに小形となる．7〜8 月に葉腋から細い穂状花序をのばし，雌花をつける．ふつう雄花はつけず，まれに雄花をつけても不稔である．無融合生殖を行う．〔日本名〕細長い葉に因む．〔中国名〕海南苧麻．〔追記〕沖縄，台湾に自生するタイワントリアシ *B. formosana* Hayata は外部形態上ナガバヤブマオとほとんど区別できないが，稔性のある雄花を穂状の雄性花序につける．おそらくナガバヤブマオの有性生殖型と考えられる．雌花の 2 枚の花被は筒状に合着して子房を包みこみ，宿存性で，果期には倒卵形となり，上部にまばらに短毛がある．

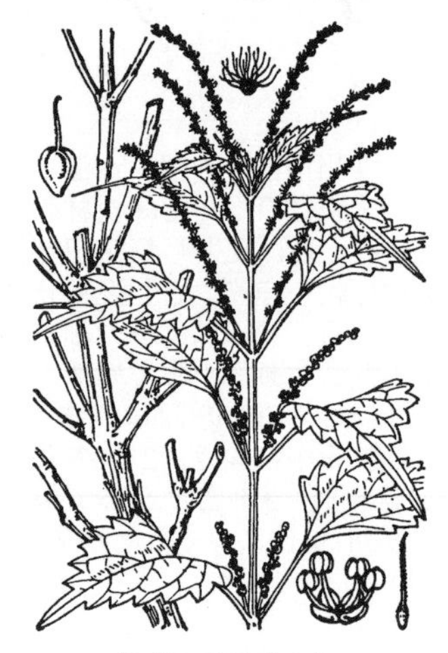

2111. コアカソ 〔イラクサ科〕

Boehmeria spicata (Thunb.) Thunb.

本州・四国・九州・中国大陸東部に分布し，暖温帯の林縁の湿った場所や石垣などに生える落葉性の小低木．高さは 1〜2 m．葉は菱状卵形で尾状鋭尖頭，基部はくさび形，ふちにはやや内曲した鋭い 7〜9 対のきょ歯がある．葉質は薄く，葉面は濃緑色で光沢があり，まばらに鋭い毛がある．葉裏脈上にはごくまばらに短い圧着毛がある．7〜8 月頃，葉腋から細長い穂状花序をのばし，上部の葉腋には雌性の，下部の葉腋には雄性の花序をつける．ただし無融合生殖を行う 3 倍体ではふつう雄性花序はつけず，雌花は受精せずに果実を結ぶ．ふつうに見られるのは無融合生殖型で，有性生殖型は西南日本にのみ分布しまれである．雄花には花被 4 枚と雄ずい 4 本がある．雌花の 2 枚の花被は合着して子房を包み込み，宿存性で果実期には倒卵形となり，上部にまばらに圧着毛がある．〔日本名〕アカソに似ているが葉が小形だからである．〔中国名〕小赤麻．

2112. クサコアカソ 〔イラクサ科〕

Boehmeria gracilis C.H.Wright

（*B. tricuspis* Makino var. *unicuspis* Makino）

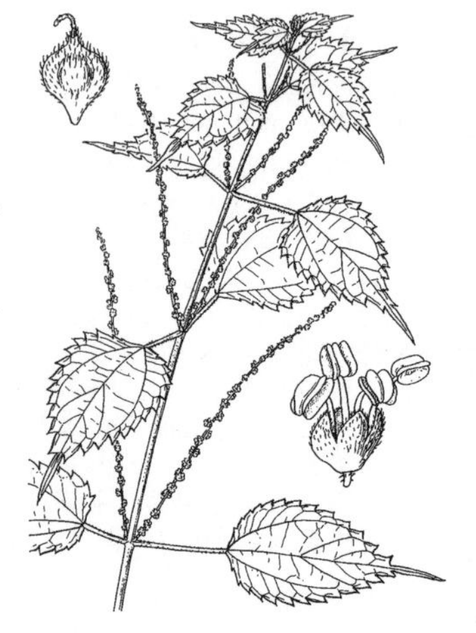

北海道から九州，朝鮮半島，中国大陸に広く分布し，山地の林縁や草地に生え，特にれき質の場所を好む多年草．茎は高さ 0.6〜1.2 m．葉は卵円形または卵状長楕円形，鋭頭または鋭尖頭，基部は広いくさび形，ふちには鋭い 12〜18 対のきょ歯がある．葉質は薄く，葉面は黄緑色で軟らかい短毛がある．葉裏脈上，葉柄にはまばらに短毛がある．7〜8 月頃，葉腋から細長い穂状花序をのばし，上部の葉腋には雌性の，下部の葉腋には雄性の花序をつける．雄花には花被 4 枚と雄ずい 4 本がある．雌花の 2 枚の花被は合着して子房を包み込み，宿存性で果実期には倒卵形となり，上部にはまばらに圧着毛がある．無融合生殖を行う倍数体が広く分布しており，有性生殖を行う 2 倍体は西関東山地・南アルプス・四国高地にのみ分布する．〔日本名〕草本性のコアカソの意味．実際にはコアカソよりもアカソにより近縁で中部･関東地方などにはアカソとの中間型がある．〔中国名〕細野麻．

2113. アカソ 〔イラクサ科〕

Boehmeria silvestrii (Pamp.) W.T.Wang（*B. tricuspis* sensu Makino）

北海道から九州（北部），鬱陵島，中国大陸北部に分布し，山地の林縁に生え，特にれき質の場所を好む多年草．茎は高さ 0.6〜1.2 m．葉は円形ないし卵円形で先端は欠刻状に 3 裂し，鋭尖頭，基部は広いくさび形．ふちには鋭いきょ歯があり，上部のきょ歯はしだいに大形となり歯牙状である．葉質は薄く，葉面は淡緑色で軟らかい短毛があり，葉裏脈上，葉柄にはまばらに短毛がある．7〜8 月頃，葉脈から細長い穂状花序をのばし，上部の葉腋には雌性の，下部の葉腋には雄性の花序をつける．雄花には花被 4 枚と雄ずい 4 本がある．雌花の 2 枚の花被は合着して子房を包みこみ，宿存性で果実期には倒卵形となり，上部にはまばらに圧着毛がある．有性生殖を行う 2 倍体と無融合生殖を行う 3 倍体があり，前者は秋田から京都北部にかけての日本海側の多雪地域にのみ分布する．クサコアカソに近縁で，葉の先が 3 裂すること以外には明確な形態的違いはない．〔日本名〕茎や葉柄が赤味をおびるからであるが，これはアカソだけの特徴ではない．〔中国名〕赤麻．

2114. メヤブマオ 〔イラクサ科〕

Boehmeria platanifolia (Maxim.) Franch. et Sav. ex C.H.Wright

北海道から九州，朝鮮半島，中国大陸に分布し，山地の林縁に生える多年草．茎は高さ 1〜1.5 m で叢生する．葉は広円形でふさに粗大な重きょ歯があり，葉の先は浅く 3 裂する．葉質は薄い．葉面・葉裏には軟毛がある．小形の個体はアカソに似ているが，葉裏には必ず軟毛があるので区別できる．ヤブマオとの間には中間形がある．外部形態上はヤブマオとアカソの中間的性質をもっており，両者の交雑に起源したものかもしれない．7〜8 月に葉腋から細い穂状花序をのばし，雌花をつける．ふつう雄花はつけず，雌花はヤブマオ同様に無融合生殖によって種子をむすぶ．雌花の 2 枚の花被は筒状に合着して子房を包みこみ，宿存性で，果期には倒卵形となり粗毛がある．〔日本名〕ヤブマオよりも茎が細く，葉が薄く，より繊細な印象を与えるからである．〔中国名〕懸鈴叶苧麻．懸鈴はプラタナスを意味し，学名とともに葉がプラタナスに似ていることに因んだ名である．

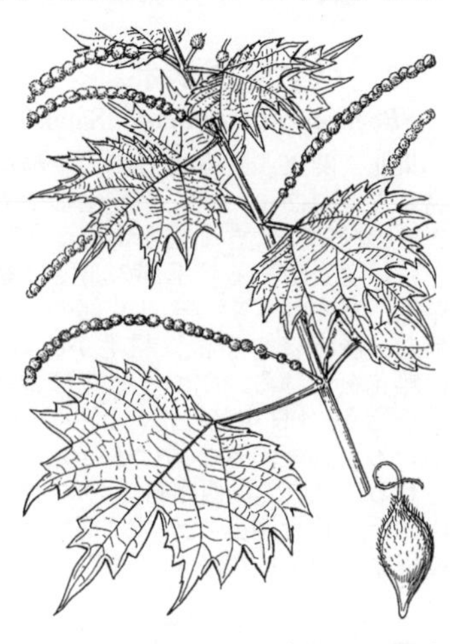

2115. ヤブマオ 〔イラクサ科〕

Boehmeria japonica (L.f.) Miq. var. ***longispica*** (Steud.) Yahara

本州，四国，九州，朝鮮半島，中国大陸に分布し，道ばたや林縁に生える大形の多年草．中部地方以北ではラセイタソウとの交雑に由来するものが多く，ヤブマオ自体はまれである．茎は高さ 1.5 m 前後で叢生する．葉は円形または卵円形でふちには重きょ歯があり，きょ歯の大きさは細かいものから粗大なものまで変異が著しい．また葉質も薄いものから厚いものまで変異がある．葉面・葉裏には軟毛がある．7〜8 月に葉腋から穂状花序をのばし，密に雌花をつける．ふつう雄花はつけず，雌花は受精せずに無融合生殖によって種子をむすぶ．まれに雄花をつけることがあるが不稔である．雌花の 2 枚の花被は筒状に合着して子房を包み，果期まで宿存する．果期の花被筒は倒卵形で密に毛がある．メヤブマオやハマヤブマオとの間には中間形があり，厳密には区別できない．〔日本名〕藪に生えるマオ類という意味．〔中国名〕大葉苧麻．

2116. ニオウヤブマオ（オニヤブマオ） 〔イラクサ科〕

Boehmeria holosericea Blume

本州（日本海側では福井県以西，太平洋岸では和歌山県以西），四国，九州（徳之島以北）の海岸に生える多年草．茎は高さ 0.7〜1.5 m，頑丈で叢生する．上部には軟毛を密生する．葉は円形・円心形または卵円形で，ふちには大きさの揃った小形の鈍きょ歯があり，葉の上部はしばしば波打つ．葉質は軟いが厚く，葉面には軟毛が密生し，葉裏脈上には伏毛が密生する．7〜8 月に葉腋から花序をだし，上部の葉腋からでる雌性花序は単一の穂状，下部の葉腋からでる雄性花序は細かく枝分かれした円錐状である．雌花の 2 枚の花被は筒状に合着して子房を包みこみ，宿存性で，果実期には倒卵形となり，密に毛がある．雄花には 4 枚の花被と 4 本の雄ずいがある．〔日本名〕剛壮な外観を仁王にたとえたもの．オニヤブマオの名はハマヤブマオに対して用いられたこともあるので使わない方がよい．

2117. ラセイタソウ 〔イラクサ科〕

Boehmeria splitbergera Koidz.（*B. biloba* Wedd., nom. illeg.）

北海道南部，本州太平洋側（青森から潮ノ岬）の海岸の岩場に生える多年草．茎は高さ 50〜70 cm くらいで叢生し，基部は倒状する．葉は楕円形で鋭頭，鋭脚．ふちには大きさの揃った細かいきょ歯があり，葉の片側が浅く 2 裂することが多い．葉質は厚く，葉面は著しくざらつき，脈の凹入が顕著である．葉面や葉裏脈上・葉柄に基部のふくらんだ剛毛がある．7〜8 月に葉腋から穂状花序をのばし，上部の葉腋には雌性の，下部の葉腋には雄性の花序をつける．いずれも葉より短く，また分枝せず単一である．雄花には 4 枚の花被と 4 本の雄ずいがある．雌花の 2 枚の花被は合着して子房を包みこみ，宿存性で果期には長倒卵形となり，上部に短い剛毛がある．〔日本名〕葉の表面がラシャに似た毛織物のラセイタ（ポルトガル語の Rexeta）のようであるからである．

2118. ハマヤブマオ 〔イラクサ科〕

Boehmeria arenicola Satake

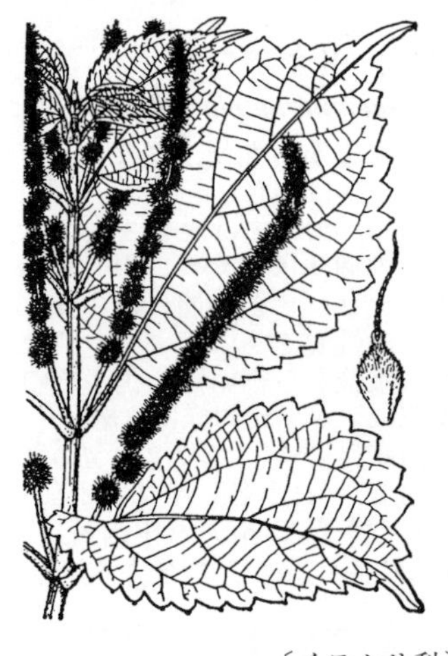

東北，関東，東海地方の太平洋岸の海岸近くの道ばたに生える多年草．茎は高さ 0.5〜1.2 m，頑丈で叢生しやや斜上する．葉は卵円形でふちには比較的大きさの揃った鋭きょ歯があり，きょ歯は重きょ歯とはならない．きょ歯の大きさには変異がある．下部の葉では葉の片側が浅く 2 裂することが多い．葉質は厚く，葉面はざらつき，基部のふくらんだ粗毛を散生する．葉の裏は葉脈が隆起し，脈上にやや密に粗毛がある．7〜8 月に葉腋から穂状花序をのばし，密に雌花をつける．ふつう雄花はつけず，雌花をつけても不稔である．無融合生殖を行う．〔日本名〕海岸に生えるヤブマオの意味．〔追記〕ラセイタソウに似ているが，葉のきょ歯はより大形で草丈が高く，雄性花序をつけないので区別される．かつては西南日本のニオウヤブマオ（オニヤブマオ）と混同されていた．図は旧版牧野図鑑でオニヤブマオの図として用いられていた．ニオウヤブマオは円錐状の雄性花序をつけるまったく異なる種である．

2119. モクマオ（ヤナギバモクマオ） 〔イラクサ科〕

Boehmeria densiflora Hook. et Arn.

沖縄・小笠原・台湾・中国（香港）・フィリピンに分布し，沿海地の岩場や林縁に生える常緑低木で高さ 0.5〜2 m．幹はよく分枝し，枝先に葉をつける．葉は対生し，長楕円形〜披針形，鋭尖頭で葉縁には大きさの揃った細きょ歯がある．葉は厚く表面にはやや光沢があり，伏毛を散生する．裏面脈上にはやや密に伏毛がある．3〜5 月に葉腋から穂状花序を伸ばす．雌雄同株だが雄花と雌花は別の花序につき，どちらの花序も分枝しない．雄花には 4 枚の花被と 4 本の雄ずいがあり，花被の外側は赤褐色を帯びるため，開花初期の花序は赤く見える．雌花の 2 枚の花被は筒状に合着して子房を包み込み，果期には倒卵状披針形となり，果実をおおっている．小笠原には葉が広いものが多く，オガサワラモクマオとして区別されたこともあるが，沖縄には葉が広いものから細いものまで変異があり，両者は区別できない．〔日本名〕木本性のマオ類の意味．ヤナギバモクマオは葉が柳のように細いことを意味するが，葉の巾には変異があり特徴を正確にあらわした名ではない．〔中国名〕密花苧麻．

2120. ツルマオ 〔イラクサ科〕

Pouzolzia hirta Blume ex Hassk.

（*Gonostegia hirta* (Blume ex Hassk.) Miq.）

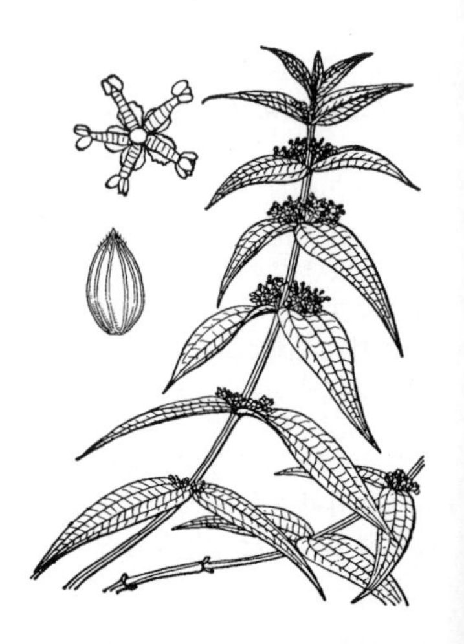

本州（静岡，紀伊半島，中国），九州南部，沖縄，台湾，中国中南部，インド，東南アジアに分布し，路傍に生える匍匐性の多年草．茎は黄緑色の細い円柱形で，長くのび，つる状，まばらに枝を開出し，皮に繊維がある．葉は対生で，ごく短い柄があり，披針形で，先端は鋭尖形，基部は円形またはやや心臓形，全縁で，長さ 3〜10 cm，幅は約 10〜25 mm，ざらつき，主脈は 3 本で葉の裏に隆起し，主脈間を連絡する細かい横脈が多い．葉柄間托葉は三角形で先は鋭形，膜質である．雌雄同株．花期は 8〜10 月．雄花，雌花ともに葉腋に集まってつく．雄花には小柄があり，花被は 5 枚，先端は急に内側に曲がり，毛がある．雄ずいは花被と対生して 5 本ある．雄ずいは花糸が太く，つぼみの時は内屈しているが，花が開くと弾き出てのび，葯から花粉を出す．雌花には短い柄があり，2 枚の花被は合着して子房を包む．柱頭は糸状で花被筒からつき出ている．痩果は黒色で光沢がある．〔日本名〕茎がつる状のマオという意味．〔中国名〕糯米團．

2121. ヤンバルツルマオ（オオバヒメマオ）〔イラクサ科〕

Pouzolzia zeylanica (L.) Benn.

伊豆諸島（青ヶ島），九州（屋久島以南），沖縄，台湾，中国南部，インド，東南アジアに広く分布し，道ばたに生える雑草的な多年草．茎は高さ 10～30 cm 程度で，よく分枝する．葉とともに軟らかい短毛を密生する．葉は互生し，卵形，卵状楕円形で長さ 2～4 cm，幅 1～1.5 cm，全縁で 3 行脈が顕著である．先端は鋭頭，基部は丸く，短い葉柄があり，葉柄基部に一対の托葉がある．雌雄同株で雄花と雌花はしばしば混生し，葉腋に集まってつく．雄花には 4 枚の花被と 4 本の雄しべがあり，雌花では 2 枚の花被が合着して子房を包み込んでいる．合着した花被筒の先端は 2 裂し，糸状の柱頭がつきだしている．花期は 3～6 月．果実は長さ 1 mm 程度，平滑で光沢がある．〔日本名〕沖縄島北部の森林地帯である山原（やんばる）に生えるツルマオの意味だが，ツルマオとは別属の植物である．〔中国名〕霧水葛．

2122. キ　ミ　ズ〔イラクサ科〕

Pellionia scabra Benth.

本州（東海，紀伊半島），伊豆諸島，四国，九州，沖縄，中国大陸南部に分布し，常緑林内渓流沿いの陰湿地に生える常緑性の多年草．高さ 30～50 cm，全体が暗青緑色で粗雑な感じがする．茎は円柱形，伏した毛があるが，株により立った毛のあるものもある．茎の基部はやや木質化している．葉は茎の上部に互生し，柄はなく，長さ 4～8 cm のゆがんだ披針形で，前方に向かって軽く彎曲している．上半部にまばらなきょ歯がある．表面はざらつき，裏面は淡緑色である．図は雌の株で，雌花は葉腋に密集し，痩果は褐色で小凸点がある．雄花は茎の上部の葉腋から出る 2～3 cm の柄のある集散花序につく．〔日本名〕木性のミズ（この場合はウワバミソウ）の意味．〔中国名〕蔓赤車．

2123. オオサンショウソウ〔イラクサ科〕

Pellionia radicans (Siebold et Zucc.) Wedd. var. ***radicans***

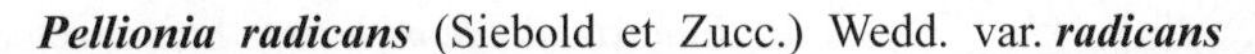

本州（近畿以西），四国，九州，沖縄，台湾，中国大陸中南部に分布し，常緑林内や渓流沿いの湿った場所に群生する匍匐性の多年草．サンショウソウに似ているが，葉がより大形で，長さ 3～5 cm に達し，茎や葉の裏面にはほとんど毛がない．雌雄異株だが，無融合生殖によって受粉せずに，種子をつくる雌株のみの形が多い．サンショウソウとの間には中間形があり，明確には区別できない．中間形は両者の雑種と推定されるが，匍匐茎による栄養生殖または種子による無融合生殖によって群落を作っていることがある．〔日本名〕大形のサンショウソウの意味．〔中国名〕赤車，赤車使者．

2124. サンショウソウ（ハイミズ）〔イラクサ科〕

Pellionia radicans (Siebold et Zucc.) Wedd. var. ***minima*** (Makino) Hatus.（*P. minima* Makino）

本州（東海以西），四国，九州，沖縄，中国大陸中南部に分布し，常緑林内渓流沿いの湿った場所に群生する匍匐性の多年草．茎は細長くて，長さ 10～30 cm，まばらに分枝して地上をはい，暗紫色で，細かい毛がある．葉は互生で非常に短い柄があり，楕円形，長さ 5～10 mm，2 列に茎の両側に平開し，暗緑色で，細毛をかぶり，先端は鋭形あるいは鈍形，基部は斜形，ふちには鈍きょ歯があり，葉柄の基部には小さい托葉がある．雌雄同株であるが，九州以北では無融合生殖によって受粉せずに種子をつくる雌株のみの型が多い．雌花は葉腋に密集してつき，5 枚の花被をもつ．花被の外側上部には小突起がある．雌花には 5 本の短い退化雄ずいがある．痩果は微細，広楕円形で表面に小さなコブ状の突起がある．〔日本名〕山椒草．葉の様子がサンショウに似ているからである．一名ハイミズは茎がはうからである．

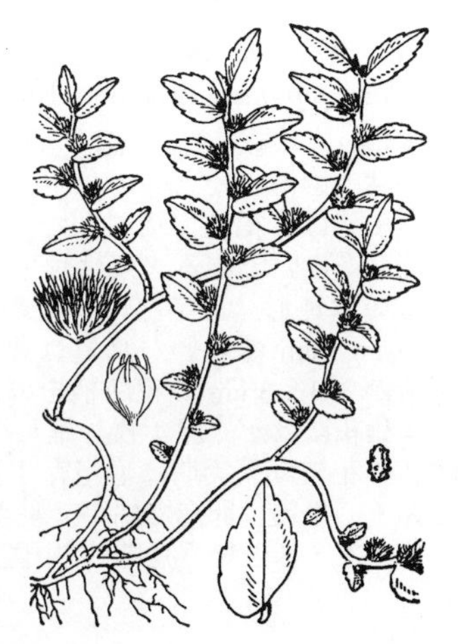

2125. ウワバミソウ（ミズ，ミズナ）〔イラクサ科〕

Elatostema involucratum Franch. et Sav.
（*E. umbellatum* Blume var. *majus* Maxim.）

北海道から九州，中国大陸に広く分布し，山中の湿った斜面や崖などに群をなして生える柔軟な多年草．根茎は短く多肉質，帯紅色，ひげ根を出す．地上茎は斜めにのび上り，高さ約 20〜40 cm．葉は無柄で 2 列に互生し，斜卵形または斜長楕円形で，先端は尾状に鋭く尖り，ふちには粗いきょ歯があり，表面に光沢がある．雌雄同株だが，雄花序と少数の雌花序とをつける茎と雌花序のみをつける茎とがあり，後者の方が遅く出る．雌雄の花序をつける茎では，茎の中下部の葉腋から出る雄花序が先に開花し，それが脱落した後に上部の葉腋にある雌花序が開花するため，雄花と雌花は同時に観察されない．雄の花序には葉より短い柄があり，その先に黄白色の雄花がかたまってつき，雄花には花被 4 枚，雄ずい 4 本がある．雌花序は球状，無柄で雌花がかたまってつき，雌花には花被 3 枚があり，柱頭は毛筆状である．果実は卵形で長さ 1 mm 弱，表面に小じわがある．秋，茎の節がふくらんで珠芽になり，秋が深まる頃，節が離れて地面に落ち，発芽して新苗となる．この時期のものをムカゴミズと呼ぶ．〔日本名〕ウワバミソウはウワバミの住みそうなところに生えるという意味である．ミズ菜またはミズは，茎が軟弱で水分が多いから，また一説に茎がミミズのようであるからともいわれる．〔中国名〕楼梯草．

2126. ヤマトキホコリ〔イラクサ科〕

Elatostema laetevirens Makino

北海道から九州に分布し，林内の湿った場所に生える多年草．ウワバミソウに似ているが，葉に光沢がなく，葉の先は尾状にのびない．また珠芽をつけて繁殖しないので密な群落をつくらない．ウワバミソウと異なり，雌花と雄花が葉腋にある無柄の花序内に混生するが，ごくまれに下方の葉腋からでる長い花序柄の上に雄花のみを密集してつけることがある．花期は 8〜9 月で，ウワバミソウよりずっと遅い．〔日本名〕山に生えるトキホコリの意味である．

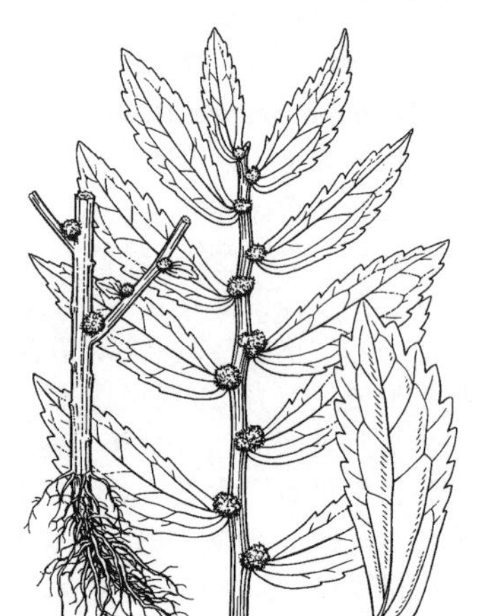

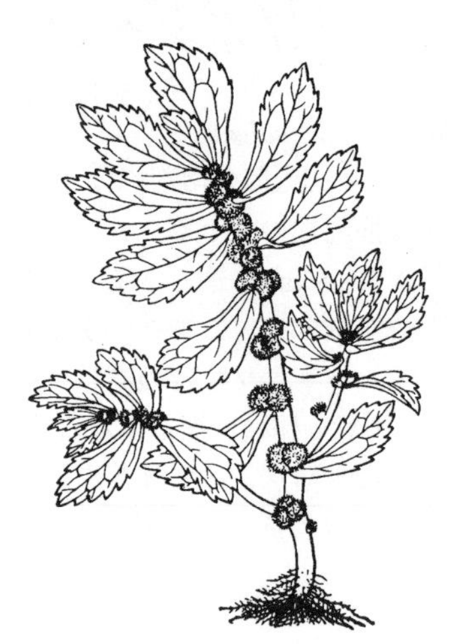

2127. トキホコリ〔イラクサ科〕

Elatostema densiflorum Franch. et Sav. ex Maxim.

北海道（西南部），本州（東北・関東，静岡）に分布し，畑の近くの湿地に生える軟質の一年草で，高さは 15〜20 cm ぐらいである．茎は一方に傾き，通常まばらに分枝し，円柱形，黄緑色で細毛がある．葉は無柄で 2 列生に互生し，左右がやや不等な倒卵状長楕円形で，先端は鋭形，基部はくさび状で，上半部にきょ歯があり，緑色，乾くとにごった緑色となる．雌雄同株．花は 9〜10 月に咲き，葉腋に多数の雄花と雌花を混生する．雄花には花被 4 枚，雄ずい 4 本がある．雌花には 3〜5 枚の花被があり，柱頭は毛筆状である．果実は細小で楕円形，初めは緑色でのち紅色を帯びる．〔日本名〕時ホコリ，ホコリは繁ることをいい，時は不時の意味で，この草は時々ところにより繁茂するから名づけられた．

2128. ヤマミズ〔イラクサ科〕

Pilea japonica (Maxim.) Hand.-Mazz.（*Achudemia japonica* Maxim.）

本州（宮城以南），四国，九州，朝鮮半島，中国大陸に分布し，渓流沿いの林内の湿ったところに生える柔軟な一年草で，時には群をなして生える．茎は赤褐色で横斜したりあるいは斜めにのびあがり，高さは 7〜30 cm ぐらいである．葉は対生で細い柄があり，菱状卵形で先端は鋭形あるいは鈍形，上半部に少数の粗鈍歯があり，下部は広いくさび形で，長さ 1〜3 cm ぐらい，葉質は薄く，無毛である．花は 8〜10 月に咲き，葉腋から 1〜3 cm の花序柄をのばし，その先端に雌雄の花が混生してつく．雄花にはがく片 4 枚，雄しべ 4 本があり，雌花にはがく 5 枚がある．雌花の花被は果実期にも宿存する．柱頭はブラシ状で果実期には脱落している．果実は卵形で扁平，長さ 1 mm ぐらい．〔日本名〕山ミズは山地に生えるミズという意味．〔中国名〕山冷水花．

2129. ミ　ズ

〔イラクサ科〕

Pilea hamaoi Makino

(*P. pumila* (L.) A.Gray var. *hamaoi* (Makino) C.J.Chen)

北海道から九州，朝鮮半島，中国大陸北部に分布し，渓流のふち，林床，あるいは原野の湿った場所に生える軟質の一年草．高さは 20〜30 cm ぐらい．茎は下部がしばしば横に伏し，分枝し，多汁で無毛，淡緑色で，時には暗紫色を帯びる．葉は長柄があり，対生，菱状卵形，先は鋭形，頂端は鈍形，基部くさび形，鈍きょ歯があり，下半部はおおむね全縁，表面は深緑色，光沢があり，まばらに毛が生える．3 本の主脈がある．7〜10 月，葉腋からほとんど無柄の密散花序を腋生し，小さな雌雄の花を混生する．雄花には花被 2 枚，雄ずい 2 本がある．雌花には花被 3 枚があり，これらはアオミズと比べると大形で，2 個のがく片は残りの 1 個にくらべると長大で楕円形，太い脈があり，花がすむと痩果を抱く，しばしば退化した雄ずいが 3 個ある．痩果は扁平な長卵形，平滑でつやがあり，紫色の点があって，長さ 2 mm ぐらい．〔日本名〕茎が半透明で軟らかく水分が多くみずみずしいから，このように名づけられた．〔中国名〕蔭地冷水花．

2130. アオミズ

〔イラクサ科〕

Pilea pumila (L.) A.Gray

北海道から九州，朝鮮半島，中国大陸，シベリア東部，北アメリカ東部に広く分布し，林縁や林内の湿ったところに生える草質の軟らかい一年草．茎は高さ 30〜40 cm ぐらいである．茎は液質で淡緑色である．葉は対生で長い葉柄があり，卵形で，先端は鋭尖形，基部は広いくさび形，ふちには粗いきょ歯があり，長さは 2〜8 cm ぐらい，3 本の主脈がある．花は 7〜11 月に咲き，葉腋に出る短い密散花序に小形の雄花と雌花を混生してつける．雄花には花被 2 枚，雄ずい 2 本がある．雌花の花被は 3 枚あり，線形で，花がすむと成長し痩果を包む．雌花にはしばしば退化した雄ずいが 3 個ある．柱頭はブラシ状をしている．痩果は平たい卵形で，長さ 1.5 mm ばかり，細かい点がある．〔日本名〕青ミズ．茎がみずみずしく草全体が緑色だからついたものである．〔中国名〕透茎冷水花．

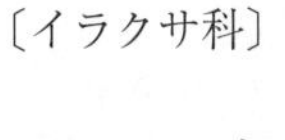

2131. ミヤマミズ

〔イラクサ科〕

Pilea angulata (Blume) Blume subsp. ***petiolaris*** (Siebold et Zucc.) C.J.Chen

本州（伊豆以西），四国，九州，台湾，中国中南部に分布し，常緑林の林縁や林内の湿った場所に生える常緑性多年草．高さ 50 cm 前後，全体が明るい緑色で，多汁，柔軟，茎は叢生し，平滑でやや角ばり，節の上方にはやや紫色を帯びたふくらみがある．葉は長い柄があり対生，楕円形で長さ 10 cm 前後，濃い緑色で光沢があり，やわらかい．先端は鋭頭，へりにはやや丸みのあるきょ歯がある．葉柄基部には 1 対の葉柄間托葉があり，長さ 10〜15 mm．この大形の托葉は早落性で花期には残っていないことが多い．花は 7〜10 月に咲き，雌花は茎上方の，雄花は下方の葉腋から出る集散花序につく．雄花序は雌花序より大形である．雄花には 4 枚の花被と 4 本の雄ずいがある．雌花の花被は本来 3 枚であるが，2 枚はごく短く，基部で他の 1 枚と合着している．痩果は花被よりも長く，褐色の点があり，長さは 1.2〜1.5 mm である．〔日本名〕深山ミズ．〔中国名〕長柄冷水花．

2132. コミヤマミズ

〔イラクサ科〕

Pilea notata C.H.Wright（*P. pseudopetiolaris* Hatus.）

本州近畿以西，四国，九州，中国大陸に分布し，渓流沿いのやや明るい湿った場所に生える多年草．ミヤマミズに似ているが，葉は淡緑色で葉質がやや硬く，先端は尾状に長く伸び，葉縁のきょ歯は鋭く，より小形である．また痩果は著しく小形で長さ 0.5〜0.8 mm（ミヤマミズでは長さ 1.2〜1.5 mm）である．ミヤマミズよりも標高の高い所に生える．花は 7〜9 月に咲き，雌花は茎上方の，雄花は下方の葉腋からでる集散花序につく．雄花序は雌花序より大形である．〔日本名〕小形のミヤマミズの意味だが，実際にはミヤマミズに比べとくに小形ではない．〔中国名〕冷水花．

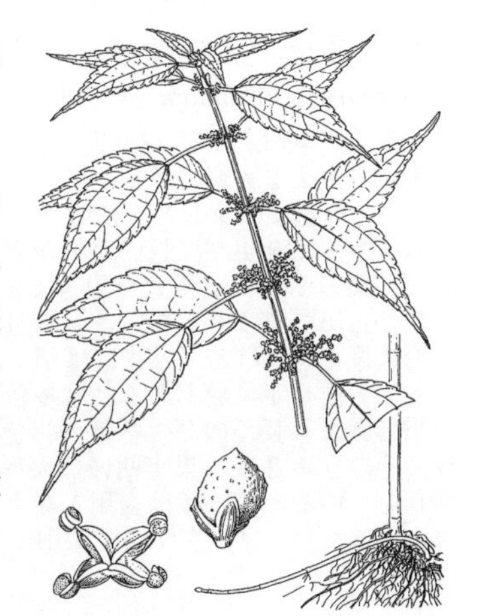

2133. アリサンミズ（シマミズ）

〔イラクサ科〕

Pilea aquarum Dunn subsp. ***brevicornuta*** (Hayata) C.J.Chen
（*P. brevicornuta* Hayata）

九州（甑島，屋久島以南），沖縄，台湾，中国大陸南部，インドシナ半島に分布し，常緑樹林下の渓流沿いの湿った場所に生える多年草．地下または地表に長い走出枝を伸ばし，しばしば群生する．地上茎は高さ 10～20 cm 程度．多汁質だがやや硬い．葉は対生で長い葉柄があり，対生する一対の葉は大きさが不揃いである．卵形，卵状披針形または楕円状披針形で鋭尖頭．托葉は心形で長さ 3～8 mm．花は 12～5 月に咲き，雌花は茎上方の，雄花は下方の葉腋からでる集散花序につく．雄花には 4 枚の花被と 4 本の雄しべがあり，雌花の花被片は 3 枚でやや多肉質であり，果実期まで宿存し，果実の下方を包む．〔日本名〕台湾の阿里山にちなむ．またシマミズは南西諸島の島々に多いことにちなんだ名である．〔中国名〕短角冷水花．

2134. コケミズ

〔イラクサ科〕

Pilea peploides (Gaudich.) Hook. et Arn.

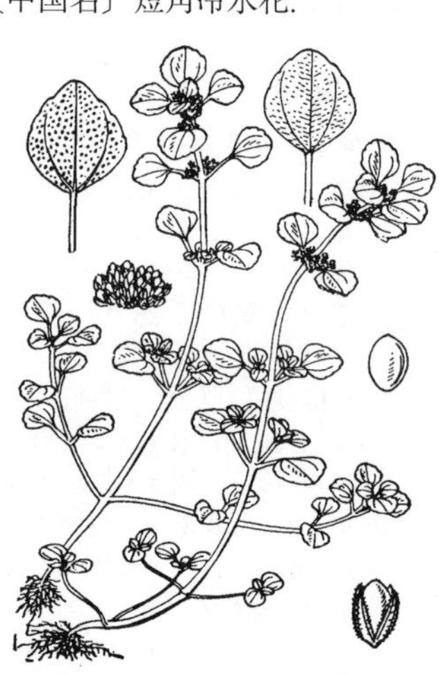

岩上の湿った場所や石垣の間などに生える軟質の一年草．とくに海岸の湿った岩場に多い．本州（関東以西），四国，九州，沖縄，中国大陸，インド，インドシナ，マレーシア，太平洋諸島に広く分布する．全体が淡緑色で高さは 15～10 cm ぐらいである．茎は直立して細長く，単一あるいは分枝し，平滑，無毛である．葉は対生，細い葉柄があり，菱状円形で先端は円形またはやや鋭形，基部は広いくさび形で，全縁または不明瞭なきょ歯がある．葉の長さは 3～10 mm ぐらい，3 本の主脈がある．花は 3～10 月に咲き，葉腋に雄花と雌花を混生する．雄花には花被が 4 枚，雄ずいが 4 本ある．雌花の花被はふつう 2 枚で，そのうちの 1 枚は他の 1 枚よりもはるかに長い．果実は扁平卵形で，長さ 0.5 mm ぐらいである．〔日本名〕苔ミズで，ミズの類で全体が小形であるからである．〔中国名〕矮冷水花．

2135. ムカゴイラクサ

〔イラクサ科〕

Laportea bulbifera (Siebold et Zucc.) Wedd.

北海道から九州，朝鮮半島，中国大陸に分布し，渓流沿いの林内の湿った場所に群生する多年草．種子繁殖とともに葉腋につく珠芽（むかご）で栄養繁殖をする．茎は直立し，高さ 50～60 cm ぐらい，葉とともに触れると痛い刺毛がまばらに生えている．葉は互生で長い柄があり，長卵形，先端は鋭尖形，基部は円形で，葉のふちにはあらいきょ歯がある．雌雄同株．花は 8～9 月に咲き，葉腋から出る円錐花序につく．雄性の花序は下方の葉腋から出て分枝し，無柄の円錐花序となり葉より短い．雄花は緑白色で花被は 4～5 個，雄しべも 4～5 個で葯は白い花粉を出す．雌花の花序は茎の先端につく葉の腋から 1 本出て長い柄があり，葉よりも長く伸びる．雌花は淡緑色で，がく片は 4 枚，柱頭は線形である．花がすむと 4 枚のうち 2 枚の花被が他よりはるかに大型となる．果実は斜円形で扁平，長さ 3 mm ぐらい．〔日本名〕茎の上に珠芽，すなわちムカゴを作ることに基づく．

2136. ミヤマイラクサ

〔イラクサ科〕

Laportea cuspidata (Wedd.) Friis（*Sceptrocnide macrostachya* Maxim.）

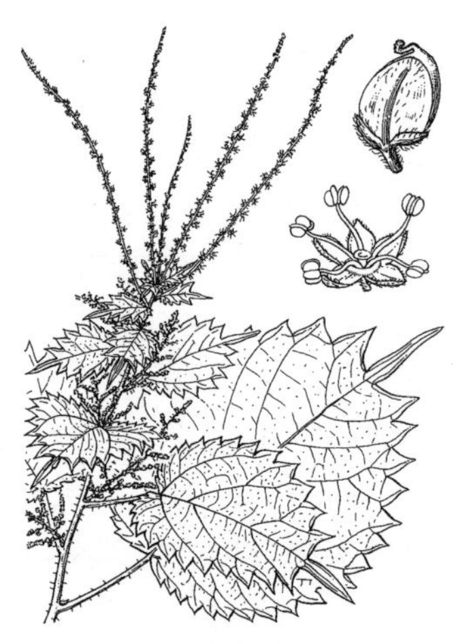

北海道，本州，九州（福岡），朝鮮半島，中国大陸に分布し，落葉林内の湿った場所に生える大形の多年草で，高さは 80～110 cm ぐらいである．茎は粗大，直立し，緑色で，葉とともに触れると痛い刺毛があり，皮の繊維は強靭である．葉は大きくて互生し，長い葉柄があり，卵円形または卵形，先端はやや尾状にのび，葉のふちには粗大な鋭きょ歯がある．花は 8～9 月．雄性の花は下方の葉腋から出て葉よりも短く，多数分枝して大形の円錐花序となり，多数の白色小形の雄花をつける．雄花にはがく片 5 個，雄しべ 5 個がある．雌性の花穂は単一で分枝せず，数本あるいは多数が茎の先端につく数枚の葉の腋から 1 本ずつ出て葉より長くのび，多数の緑色の小さな雌花をつける．雌花のがく片は 4 枚，そのうち 2 枚は果実期には大形になる．果実は斜卵形，頂に線形の柱頭が宿存している．若い茎は食用となり，茎の繊維は織布の材料となる．〔日本名〕深山イラクサ，イラクサ類で深山に生えるからである．

2137. カテンソウ（ヒシバカキドオシ）　〔イラクサ科〕

Nanocnide japonica Blume

本州，四国，九州，朝鮮半島，中国大陸，台湾に分布し，日当たりのよい林縁の草地や明るい林内の路傍に生える多年草．匐枝を出してふえるので通常群をなして生えている．茎は細長で叢生し，軟質で，暗紫色，無毛，高さ 10〜20 cm ぐらいである．葉は互生し，細い葉柄があり，菱状卵形またはやや三角形で先端は鈍形，基部は切形，または広いくさび形，葉のふちには明瞭な鈍きょ歯があり，長さ 1〜2.5 cm ぐらい．葉柄の基部に小形の卵形の托葉が 2 枚ある．雄花の花序は上部の葉腋から長い柄で葉上に高くぬき出る．雄花は短い柄があり，5 枚のがく片と 5 本の雄ずいをもつ．花糸は長く内方に曲がっているが，花時には外方にはねかえって葯を雄花の外にはじき出し，白色の花粉を散布する．雌花の花序は最上部の葉の腋につき，葉より短い．雌花には 4 枚の花被があり，花被の先端は糸状にのびる．果実は卵形で宿存するがく片と同じ長さである．〔日本名〕カテン草は意味不明．一名ヒシバカキドオシは葉の形がカキドオシのようだからである．

2138. イラクサ（イタイタグサ）　〔イラクサ科〕

Urtica thunbergiana Siebold et Zucc.

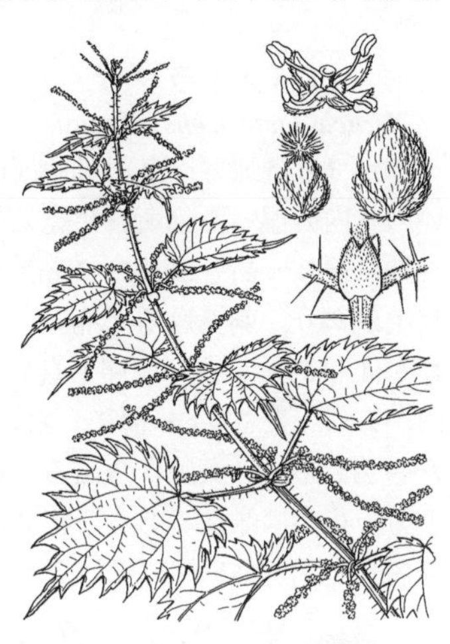

本州，四国，九州，朝鮮半島に分布し，林縁や林内の湿った場所に生える多年草．茎は群生して直立し，高さは約 50 cm〜1 m ぐらい，緑色で縦稜があり，葉とともに顕著な刺毛がある．葉には柄があり，対生し，卵円形で先端は尾状に鋭尖し，基部は心臓形，ふちには粗大な鋭いきょ歯があり，更にきょ歯上に 1〜2 の細歯がある．葉質は薄くて蒼緑色，托葉は本来は 4 枚であるが対生する 1 対ずつが合着し，2 枚に変化している．淡緑色広卵形で茎の節の上に対生している．雌雄同株．花は 9〜10 月に咲き，葉腋から出る 1 対の穂状花序につく．雌花序は茎上部の，雄花序はより下方の葉腋につく．雄花は緑白色で花被は 4 枚ある．雌花は淡緑色で花被は 4 枚あり，花がすむと内側の 2 枚の花被が成長して痩果を包む．柱頭ははけ状．痩果は卵形で扁平，緑色である．〔日本名〕刺草の意味．茎や葉にある刺毛にさされると疼痛を感じるからである．イタイタグサとは痛痛草で，同じ意味である．〔漢名〕咬人蕁麻．蕁麻は，本種に近縁な中国産の *U. fissa* E.Pritzel の名である．

2139. エゾイラクサ　〔イラクサ科〕

Urtica platyphylla Wedd.

本州（中部以北），北海道，千島，サハリン，シベリア東部に分布し，林縁の明るい湿った場所に群生する多年草．茎の高さは 1 m をこえることが多い．全体に毛が散生し，刺されると痛い．葉は対生で，托葉は 1 枚ずつ合着して 2 葉の間に 2 枚の葉柄間托葉をつける．葉は狭卵形〜長楕円形，長さ 8〜16 cm，幅 4〜8 cm で粗大なきょ歯がある．花は 7〜9 月に咲き上部の葉腋から出る 1 対の複穂状花序につく．雌雄異株．花は 4 数性，痩果は扁平な卵形，長さ 2 mm.〔日本名〕エゾは北海道で，ここに多く産することによる．

2140. ホソバイラクサ　〔イラクサ科〕

Urtica angustifolia Fisch. ex Hornem. var. ***angustifolia***

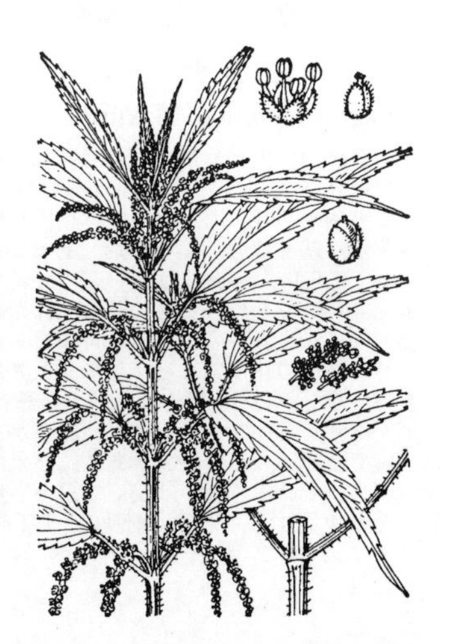

本州（中部以北），北海道，千島，サハリン，シベリア東部に分布し，林縁の明るい湿った場所に生える多年生草本．高さ 1 m 前後，多少叢生する．四国，九州，朝鮮半島南部に分布するナガバイラクサに比べると全体が強壮で多毛，粗雑であって，生時はやや淡い緑色であるが，乾燥すると濃緑または碧緑色になるので区別できる．葉が長楕円形で，托葉が 4 枚ある点をのぞけば，別項のエゾイラクサと区別がない．イラクサ属では対生する 2 葉間の托葉がゆ合してできたと解釈されるいわゆる葉柄間托葉の有無で種が区別されるが，これは絶対的ではないから，本種がエゾイラクサの個体変異にすぎない可能性もある．

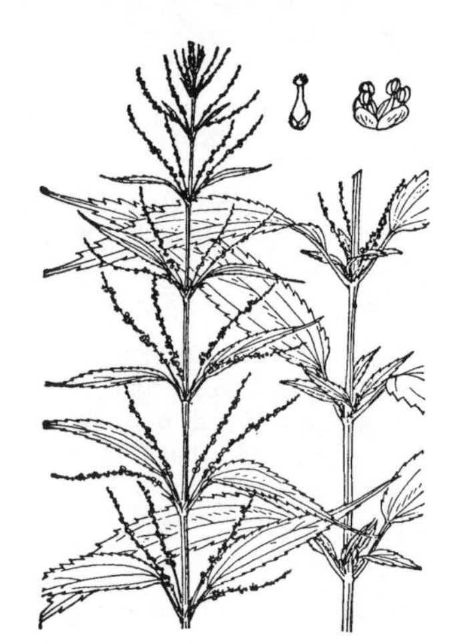

2141. ナガバイラクサ 〔イラクサ科〕

Urtica angustifolia Fisch. ex Hornem. var. ***sikokiana*** (Makino) Ohwi

四国，本州（奈良），九州，朝鮮半島南部に分布し，渓流沿いの林内の湿ったところに生える多年草．全体がやせて細く，刺毛が少なく，乾くと暗色になる．茎はまばらに叢生して直立し，高さ 1 m ぐらいになる．葉は茎にまばらに対生し，細い葉柄があり，基部には 1 対ずつが合着した 2 枚の膜質の葉柄間托葉がある．葉身は狭披針形あるいは線状披針形で長さ 5〜8 cm，先端は尾状鋭尖頭，基部は鈍形，葉のふちにはややそろった細きょ歯があり，葉質は非常に薄く，3 本の主脈が縦に走っている．雌雄同株．花は 7〜8 月に咲き，葉腋から出る 1 対の穂状花序につく．茎上方の花序は雌性，下方の花序は雄性である．花は細かくて，花軸にまばらにつく．雄花には花被 4 枚，雄しべ 4 本，雌花には小さな花被 4 枚と比較的大きな雌ずい 1 個がある．〔日本名〕長葉イラクサ，イラクサの類で，葉が細長いからである．

2142. コバノイラクサ 〔イラクサ科〕

Urtica laetevirens Maxim.

本州（近畿地方以東），北海道，朝鮮半島，中国大陸に分布し，渓流沿いの林内の湿った場所に生える多年草．枝は開出しからまりあって大きな株になり，高さは 0.5〜1 m，全体が淡緑色，茎は 4 稜形，葉とともに刺毛があり，刺されると痛い．葉は対生，長い葉柄があり，基部には托葉が 4 枚ある．葉身は卵形ないし三角状卵形で平坦，縁にそろったきょ歯があり，長さ 4 cm 前後，表裏ともにほとんど同色で光沢がない．花は 7〜9 月に咲き，葉腋から出る 1 対の穂状花序につく．上方の花序は雄性，下方の花序は雌性である．花は 4 数性で，痩果は緑色で長さ 2 mm．〔日本名〕小さい葉を持っているイラクサという意味．

2143. ブ　ナ（ブナノキ，シロブナ，ソバグリ） 〔ブナ科〕

Fagus crenata Blume

山中に生え，西日本では高山に限られるが，北方では平地に生える多枝多葉の落葉高木．幹は直立してそびえ，大きいものでは高さ 30 m，直径 1.7 m にもなり，樹皮は平滑で灰色である．葉は 2 列生で互生し，長毛のある葉柄があり，広卵形あるいは菱状楕円形でしばしば左右が不同，先端は鋭形，基部はくさび形，葉のふちには波状の鈍きょ歯があり，長さ 5〜10 cm ぐらい．上面は初めは長毛があるが，のちには平滑となる．裏面は脈上にだけ毛があり，側脈は 7〜11 対で葉のふちの鈍歯の間の凹部にとどき，斜めに平行して明瞭である．開花は 5 月頃．雌雄同株．雄の尾状花穂は長い柄があり，新枝の下部の葉腋から垂れ下がり，多数の黄色の細花をつけ，やや頭状である．雄花のがくは鐘状で 4〜8 個に浅裂し，雄しべは 8〜16 個である．雌の花穂も新枝の葉腋から出て，柄があり，普通 2 個の花がつき，頭状で，総苞が花を包んでいる．雌花のがくは小さくて 4〜6 裂し，下位子房は長いつぼ状で花柱が 3 個ある．堅果は 3 稜形，長さ 1.5 cm ぐらい，2 個ずつが軟らかい刺のある広卵形の殻斗に包まれていて熟すと 4 裂する．〔日本名〕ブナの意味は不明．一名ソバグリ．ソバは果実に稜角（ソバ）があるからである．古名をソバ，ソバノキという．一名シロブナは樹皮が灰色であるからである．橅，椈は日本の俗用字である．

2144. イヌブナ（クロブナ） 〔ブナ科〕

Fagus japonica Maxim.

山の森林内に生える落葉高木で幹はまっすぐそびえ，分枝し，樹皮は黒褐色で，大きいものでは高さ 25 m にもなり，小枝は細長である．葉は 2 列生をなして互生し，長い軟毛のある葉柄があり，卵形あるいは楕円状卵形で，ブナの葉とくらべるとやや長めで，先端は鋭尖形，基部は広いくさび形，あるいは鈍形，葉のふちには低い波状歯があり長さは 5〜10 cm ぐらい，裏面には長い絹毛があってやや白色を帯び葉脈は 10〜14 対あり平行に斜上し，葉のふちのきょ歯の間の凹んだところに達している．葉質はやや薄く，色も淡くて美しい．5 月頃開花し，雌雄同株である．雄の花穂は糸状の長い柄で垂れ下がり，多数の小さい黄色の花が集まって球形をしている．雄花には漏斗状のがくがあって，浅く数個に裂け，雄しべは 10 個ある．雌の花穂は雄花穂と同様に新枝の上部の葉腋から出て，長い柄があり，上に向き，花の下に総苞がある．雌花には微細な 6 個のがく片があり，子房は下位で長卵形，花柱は 3 個ある．堅果は 3 稜形で長さ 1.5 cm ぐらい．1 殻斗内に 2 個の果実が入っている．殻斗は浅くて短い小鱗片をかぶり，長さは果実の 3 分の 1 ぐらいで成熟すると 4 裂する．果柄は細長い．〔日本名〕犬ブナは材質がブナよりも劣るからである．一名クロブナはブナの一名シロブナに対する名で，樹皮が黒いからである．

2145. マテバシイ（マタジイ，サツマジイ）〔ブナ科〕

Lithocarpus edulis (Makino) Nakai

九州から琉球に自生する常緑高木で各地の人家に植えられている．幹は直立し，しばしば根元から分枝して数本の幹を立て，樹皮は暗褐色で，大きいものは高さ 10 m，径 1 m にもなる．葉は多く繁り，互生，有柄，倒卵状楕円形ないし倒卵状広披針形，先は短い鋭尖形で，鈍端，基部はくさび形，全縁，葉質は厚く，長さ 5〜18 cm ぐらい，上面は深緑色，なめらかでつやがあり，下面は褐色を帯びている．6 月頃，上向きの長い穂状花序を葉腋から出し黄褐色の小花を開く．雌雄同株．雌花は雄花の穂の下部につくか，または雌花だけの穂につく．雄花のがくは 6 裂し，雄しべは 6〜12 個．雌花は総苞に包まれ，がく片 6 個，花柱 3 個がある．堅果は翌年の 10 月に成熟し，褐色で堅く，長楕円体あるいは楕円体で長さ 2〜2.5 cm ぐらい，下に皿形の殻斗があり，鱗片は瓦重ね状にならぶ．種子は食用になるが味はよくない．〔日本名〕マテバシイのマテは九州地方の方言で意味は不明．一名マタジイはマテバシイの転化，サツマジイは薩摩（鹿児島県西部）産のシイという意味．

2146. シリブカガシ（シリブカ）〔ブナ科〕

Lithocarpus glaber (Thunb.) Nakai

暖地に生える常緑高木．幹は直立して分枝し，高さは 15 m にもなり，樹皮は暗色である．若い枝には淡黄褐色の密生した軟短毛がある．葉は有柄，互生，倒披針形あるいは長楕円形，先端は急に尖り，基部はだんだん狭まり，葉質は革質，全縁，表面は黄緑色で光沢があるが裏面は伏した毛が密生し，銀白色にみえる．葉の長さは 10〜15 cm．秋の終わり頃，葉腋や枝の端に穂状花序を出す．花軸は淡黄褐色の軟短毛が密生し，剛直である．雄花の穂は枝の上部から出て長さ 5〜10 cm，斜めに立ち，しばしば下部で分枝する．雄花は 3 個ずつが集合している．雌花は雄花の穂の下部につくかあるいは下部の葉腋に別に短い花穂をつくる．雌花は総苞中に 1 個ずつあり，総苞は平たい球形である．堅果は翌年の秋の花期に熟し，楕円体，長さ 2 cm，殻斗は浅い皿状である．種子は食べられる．〔日本名〕尻深ガシの意味で堅果の底部の附着点が凹入していることに基づいたものである．

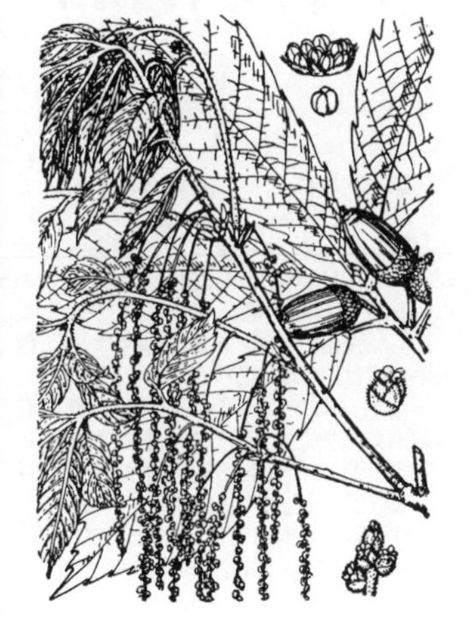

2147. コ　ナ　ラ（ホオソ，ナラ）〔ブナ科〕

Quercus serrata Murray

各地の山野に最も普通にみられる落葉高木で，植林されることもある．幹は直立して分枝し，大きいものでは高さ 17 m，直径 60 cm になり，枝は細く，新枝は初め疎毛がある．葉は有柄で互生，倒卵形ないし倒卵状長楕円形で先端は鋭尖形，基部はくさび形あるいは円形，葉のふちには尖ったきょ歯があり，長さ 5〜12 cm ぐらい．若葉は両面に毛があるがのち上面はなめらかとなり，下面は灰白色を帯び，横に伏した毛がある．秋遅く黄葉するが，若い木の葉はしばしば紅葉し，また時々枝上にナラゴウと呼ばれる栗のいが状の虫こぶをつける．雌雄同株．開花は 5 月．雄の尾状花穂は新枝の下部から出て，多数の黄褐色の小さな花をつけて垂れ下がり，雄花のがくは 5〜7 裂し，雄しべが 4〜8 個ある．雌の花穂は新枝の上部の葉腋から出て，短く，時には長く（長いのはコボオソ）1，2 あるいは数個の花があり，雌花は総苞に包まれており，花柱は 3 個ある．堅果は楕円体あるいは円柱状長楕円体で長さ 1.5〜2 cm ぐらい．殻斗は皿状で縁は薄く，外面に小鱗片が密にくっついている．〔日本名〕ホオソの語原は不明．コナラのナラも語原がはっきりしない．楢は日本の俗用字である．〔漢名〕青岡樹．

2148. ミズナラ〔ブナ科〕

（オオナラ，ナガバミズナラ，オオミノミズナラ，ハゴロモミズナラ）

Quercus crispula Blume

山地に多い落葉高木で幹は直立し，大小の枝を分枝し，大きいものでは高さ 30 m，径 1.7 m ぐらいになり，樹皮は黒褐色を帯び，深い不規則の裂け目があり，新枝は初めに疎毛があるがのちには平滑となる．葉は互生で極めて短い柄があり，倒卵形ないし倒卵状長楕円形で先端は鋭尖形，基部はくさび形で底部が多少耳状となり，ふちには大形の鋭いきょ歯があり，長さ 6〜20 cm ぐらい，葉質は薄く，初めは長い軟毛が両面にあるが，のちに裏面の脈上だけに残る．雌雄同株．開花は 5 月頃．雄の尾状花穂は新枝の基部から出て，多数の褐黄色の小さな花をつけて垂れ下がり，長さ 5 cm 前後である．雄花のがくは不同に 5〜7 裂し，雄しべが 9〜10 個ある．雌の花穂は新枝の上部の葉腋につき短くて 1〜3 個の花がある．雌花の総苞は 6 裂し，花には 3 個の花柱がある．堅果は秋に熟し，卵状楕円形で濃褐色，長さ 2 cm ぐらい，殻斗は椀形で，外面に小鱗片が密生する．〔日本名〕ミズナラは材に多量の水分が含まれているのでたやすくは燃えないからである．一名オオナラともいうがこれは樹が巨大になるからである．

2149. クヌギ 〔ブナ科〕

Quercus acutissima Carruth.

山林に多い落葉高木で，普通植林されている．幹は直立してそびえ，枝は多く，葉は繁り，大きなものでは高さ 17 m，直径 60 cm ぐらいになり，樹皮に深い裂け目があり，新しい枝には軟毛が密生している．葉は互生で，葉柄があり，長楕円形，長楕円状披針形，あるいは広披針形で，先端は鋭尖形，基部は鈍形で左右不同，葉のふちには先が針状にとがったきょ歯があり，側脈は明瞭で葉の長さは 5〜15 cm，幅 2〜4 cm ぐらい．初めは軟毛が密生しているが，のちにはほとんど平滑となる．葉の形がクリと非常に似ているが，きょ歯の先端に葉緑体がないので区別出来る．雌雄同株．開花は 5 月頃．雄の尾状花穂は新枝の基部から出て，多数の黄褐色の小さな花をつけて垂れ下がり，雌の花穂は新枝の上部の葉腋につき短くて 1〜3 個の雌花がつく．雄花はがく片が深く 5 裂し，数個の雄しべがある．雌花は総苞に包まれ 3 個の花柱がある．堅果は大形でほぼ球形，径 2 cm ぐらい．翌年の秋に成熟して褐色となる．俗にこれをドングリと呼ぶ．殻斗は大形で椀形，線形の長い鱗片が密生している．この木から良質の木炭をつくり，池田炭またはサクラ炭という．〔日本名〕クヌギは国木の意味であるという．古名はツルバミ．〔漢名〕櫟，橡．

2150. アベマキ（ワタクヌギ，ワタマキ，オクヌギ，クリガシワ）〔ブナ科〕

Quercus variabilis Blume

主として山陽方面の山地に生える落葉高木．幹は直立して分枝し，大きいものでは高さ 17 m．直径 60 cm にもなり，樹皮は厚く，コルク層が良く発達し，凹凸があり，新枝はやや無毛である．葉は互生で葉柄があり，長楕円形または長楕円状披針形で先端は鋭尖形，基部は円形で，葉のふちには針のように尖ったきょ歯があり，クヌギの葉に似ているが，葉の裏に小星状毛が密生して灰白色をしているのでたやすく区別出来る．雌雄異株．開花は 5 月．雄の尾状花穂には多数の黄褐色の小花がつき，新枝の基部から垂れ下がる．雄花のがくは 3〜5 裂で 4，5 本の雄しべがある．雌の花穂は短くて，新枝の葉腋に普通は 1 個つき，雌花は総苞に包まれていて，花柱が 3 個ある．堅果はほぼ球形で，多数の線形の長鱗片があり，上部は外側に反り返る．樹皮の外皮からコルクを作る．〔日本名〕アベは岡山県の方言でアバタの意味，樹皮のコルク層が発達して凹凸があるからである．またマキは賞賛名の真木あるいは薪の意味だろうか．一名をワタクヌギ，ワタマキなどというがともにコルク質の軟らかい樹皮にちなんだ名．また一名オクヌギはクヌギに似ているが強壮だという意味．一名クリガシワはクリのようなカシの意で葉の形に基づいたもの．

2151. カシワ 〔ブナ科〕

（カシワギ，モチガシワ，ホソバガシワ，タチガシワ，オオガシワ）

Quercus dentata Thunb.

山野に生える落葉高木でしばしば人家に植えられている．幹は直立して太い枝を出し，大形の葉が多くつく．大きいものでは高さ 17 m．径 60 cm になり，樹皮には深い裂け目があり，新枝に淡褐色の軟毛が密生する．葉は大形で，互生し，密毛のある太く短い葉柄があり，倒卵形で先は鈍形，下方で狭まって基部は耳状になり，葉のふちには大形の波状鈍きょ歯がある．長さは 10〜25 cm ぐらい，初めは両面に星状毛があるが，のち上面はほとんど平滑となり，裏面にだけ密に星状毛が残る．葉は秋に枯れてしまうが脱落しないままで越年する．雌雄同株．花は 5 月頃，若葉がのびる頃に開く．雄の尾状花穂は新枝の基部から多数垂れ下がり，黄褐色の小さな花をつける．雄花のがく片は 7〜8 裂し，雄しべは 8 個ばかりある．雌の花穂は短く，新枝の葉腋から出て，少数の花をつける．雌花は 8 裂した総苞に包まれ，花柱は 3 個ある．堅果はほぼ球形で長さは 1.5 cm ぐらい．殻斗は椀形で，多数の鱗片があり，鱗片は褐色で薄い細長い線形で反り返る．樹皮を染料とし，葉で餅を包む．〔日本名〕カシワは炊葉の意味で食物を盛る葉ということである．昔は食物を盛る葉はすべてカシワと呼んだが，今日では本種のみの名となった．〔漢名〕槲，槲実はともに別のものである．

2152. ナラガシワ 〔ブナ科〕

Quercus aliena Blume

主に本州中部以西，四国，九州の山地に生え，またアジアの東部に分布する落葉高木である．樹皮は堅く，不規則な裂け目があり，枝はやや太く，若い時には毛があるが，すぐ無毛になる．葉は互生し，1〜3 cm ぐらいの葉柄があり，通常長楕円形で大きく，先は急に尖り，長さ 10〜25 cm ぐらい，幅は 4〜12 cm，葉のふちにはやや鈍形で大形のきょ歯があり，側脈は 9〜15 対，成長した葉は葉質がやや厚く，上面は平滑で下面には微細な星状毛が密生し，灰白色である．春，新葉とともに開花し，雌雄同株．雄花は細長い尾状花穂となって垂れ下がり，雌花は少数で，葉腋につく．堅果は楕円体で，長さ 2 cm 前後，殻斗は椀形でふちは厚く，外面には三角状披針形の小鱗片が密に接着している．

2153. ウバメガシ（イマメガシ，ウマメガシ） 〔ブナ科〕

Quercus phillyreoides A.Gray

暖地の山中や海辺の地に生える枝や葉の多い常緑樹．低木状あるいは高木となり，大きいものは高さ 10 m，径 60 cm にもなる．新枝には黄褐色の短い綿毛が密生する．葉は互生，淡褐色の毛が密生する柄があり，倒卵形ないし長楕円形，先は鋭形または円形，基部は円形またはやや心臓形，ふちには上半部にきょ歯があり，葉の長さは 2～6 cm ぐらい，葉質は厚く，初めは毛があるがのちに平滑となり，側脈は 5～6 対あるが明瞭ではない．雌雄同株．開花は 5 月．雄の尾状花穂は新枝の下部につき，黄色の小花を多数つけて垂れ下がる．雄花のがくは短い鐘状で，浅く 4～5 裂し，雄しべは 4～5 個で，がくからつき出している．雌の花穂は新枝の上部につき非常に短く，普通 2 個の花がつく．雌花は総苞に包まれ，花柱は 3 個である．堅果は楕円体あるいはやや紡錘状楕円体で，先端は尖り，褐色で長さ 2 cm ぐらい．殻斗は椀形で，ふちは薄く，外面には瓦重ね状に重なった鱗片が密に接着している．材は堅いので備長炭という良質の木炭を作るのに用いる．果実は食べられる．品種にチリメンガシ f. *crispa* (Matsum.) Kitam. et T.Horik. があり園芸品で，葉にしわが多い．また，フクレウバメ f. *subcrispa* (Matsum.) Kitam. et T.Horik. は葉にふくれたしわがある．〔日本名〕姥目ガシは若葉が褐色であるからである．イマメガシ，ウマメガシは転化したもの．

2154. シラカシ（クロガシ） 〔ブナ科〕

Quercus myrsinifolia Blume

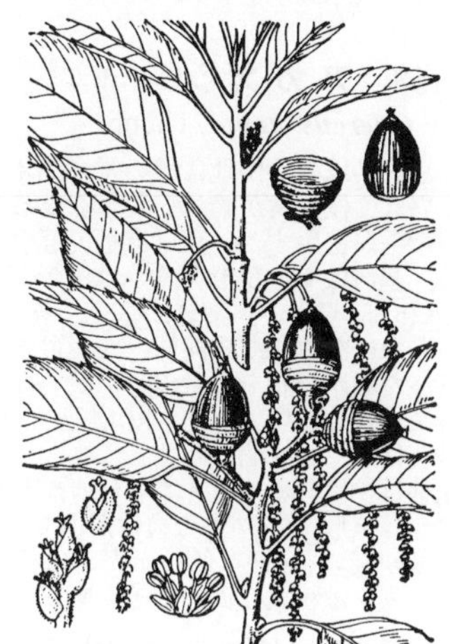

山地に自生するが，中部以北では人家のまわりにも多く植えられている常緑高木．幹は直立して分枝し，樹皮は黒色で，大きいものは高さ 20 m，径 60 cm にもなる．新枝は平滑で無毛．葉は互生，有柄，長楕円状披針形あるいは披針形，先は鋭尖形，基部は鋭形または鈍形，ふちは上半部にきょ歯があり，長さ 5～12 cm，薄い草質で，上面は緑色でつやがあり，下面は灰白色，若い葉は緑色あるいは褐紫色である．雌雄同株．開花は 4 月頃．雄の尾状花穂は小形で，黄褐色の雄花を多数つけて前年の枝に腋生して垂れ下がる．雌の花穂は新枝の葉腋につき，直立する．雄花のがくは 4～5 裂し，雄しべは 4～5 個ある．雌花は総苞に包まれ，がくは 4～5 裂し，花柱は 3 個ある．堅果は広楕円体で，長さ 1.5 cm，殻斗は浅い椀形で，外面に 6～8 層の横輪がある．〔日本名〕白カシでこれは材が白色であるからである．黒ガシは幹の色に基づく．〔漢名〕多分，麵櫧であろう．鉄櫧，鉤栗はともに別物である．

2155. アラカシ 〔ブナ科〕

Quercus glauca Thunb.

宮城県以南の山野に普通の常緑高木．高さは 10～20 m，樹皮は暗緑色を帯びた灰色で裂け目はない．葉は有柄互生，広楕円形，あるいは倒卵状楕円形，長さ 5～10 cm，革質，表面はつやがあり裏面は灰白色，よくみると伏した毛があるが無毛平滑に見え，ふつう上半部に鋭いきょ歯がある．新葉には絹のような軟毛があるが，のちに落ちる．4 月頃，花がのびるのと同時に開花する．雌雄同株．雄の尾状花穂は新枝の下部の鱗片の腋から垂れ下がり，長さ 5～10 cm，穂軸には白毛がある．雄花は 1 個の苞ごとに 3 個のがく片と黄色の葯をつけた雄しべが 15～16 個つく．雌花は同様に新枝の中部の葉腋から出た短い柄の上に 2～3 個頭状につき，小形である．花柱は花からぬき出ており 3 裂している．堅果は球状楕円体，長さ 2 cm 前後，先端は尖り，秋の終わり頃熟して落ちる．殻斗はわん状で，鱗片が数段の輪状に並ぶ．材を色々に用い，木炭に適している．本種は関西地方に多く，同方面ではカシの類の代表種で，単にカシといえばアラカシを指す．〔日本名〕多分粗カシで，枝葉が粗大で硬いからであろう．カシはカタギのことで堅木を合わせて和字の樫を作りカシと読ませる．〔漢名〕倜，櫧はともに別のものである．後者は中国産の常緑のカシの一種である．

2156. ヨコメガシ（シマガシ） 〔ブナ科〕

Quercus glauca Thunb.**'Fasciata'**（*Q. glauca* var. *fasciata* Blume）

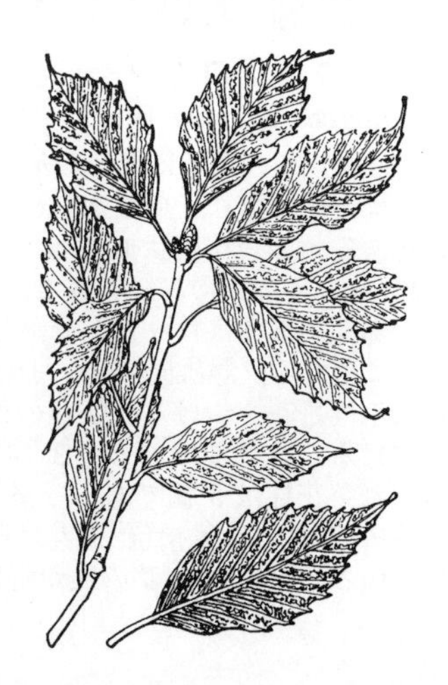

アラカシの園芸品種で観賞用として庭園に植えられているだけで，まだ野生のものは発見されていない．幹は直立して，硬質な枝を分枝し，新葉には初め褐色の軟毛がある．葉は互生で，葉柄があり，倒卵状長楕円形，あるいは長楕円状披針形で先は鋭尖形，基部は広いくさび形で，葉のふちは上方の過半部に鋭頭の粗きょ歯があり，きょ歯の先は硬化している．葉の長さは 5～10 cm ぐらい，葉質は厚くて硬く，上面は緑色で，斜上して走る多数の側脈の間に帯白色の雲紋があり，下面は粉白色を帯び，伏した毛がある．葉柄は長さ 1～1.5 cm ぐらいである．時には雲紋のない普通の葉を出すこともある．〔日本名〕横目ガシ．葉面に横に走るしま模様があるからである．一名シマガシともいうがこれも同じ理由からついた名である．

2157. ヒリュウガシ 〔ブナ科〕

Quercus glauca Thunb.**'Lacera'**（*Q. glauca* var. *lacera* (Blume) Matsum.）

アラカシの園芸品種でまれに観賞用として庭に植えられているが，野生品を見ることはない．幹は直立して分枝し，枝は細い．新枝には初め褐毛が密生している．葉は互生で，葉柄があり，倒卵状披針形，長楕円状披針形あるいは披針形で，先端が尾状に尖り，基部はくさび形，葉のふちは下部のみが全縁で，他は深く羽状に切れ込み，裂片は針状で先は鋭尖形である．葉の長さは 5～10 cm ぐらい，葉質はやや厚く，上面は緑色でつやがあり，下面は粉白色を帯びていて，伏した毛がある．側脈は羽状になって主脈から斜上し，葉柄は短い．〔日本名〕飛龍ガシで，葉の形に基づいた名である．

2158. アカガシ（オオガシ，オオバガシ） 〔ブナ科〕

Quercus acuta Thunb.

宮城県以南の山地に多い常緑高木で，しばしば人家の附近にも植えられる．幹は直立し，枝や葉が繁り，大きくなると高さ 20 m，径 60 cm にもなる．新枝には褐色の軟毛が密生する．葉は有柄で互生し，長楕円形ないし，長卵形，先端は急に鋭尖し，基部はくさび形あるいは円形，全縁あるいは上部に少数の鈍歯があり，長さは 6～15 cm ぐらい，葉質は厚く，若い葉には褐色の綿毛が密生するがのち両面ともなめらかになる．雌雄同株．開花は 5 月．雄花の尾状花穂は新枝の下部につき，苞を持った細かい花を多数つけ，長く垂れ下がり，褐黄色である．雌花の穂は上部の葉腋につき，直立し，2～5 個の雌花をつけ，褐色の軟毛を雄花穂と同様にかぶっている．雄花はがく片 6 個で深裂し，雄しべは多数である．雌花は密毛のある総苞に包まれ，花柱は 3 個ある．堅果は年を越えて成熟し，楕円体で，長さ 2 cm ぐらい，褐色である．殻斗は椀形，6～7 層の横輪があり，褐色の綿毛がある．木材は堅くて，帯赤色，利用度が高い．〔日本名〕赤ガシは材の色に基づいた名である．別名のオオガシ，オオバガシは粗大な樹の様子，葉が大形であることなどから名づけられた．

2159. ツクバネガシ 〔ブナ科〕

Quercus sessilifolia Blume

福島県南部以南の山地に生える常緑高木．幹は直立し，しばしば大木となり，高さ 20 m，径 60 cm ぐらいにもなる．葉はよく繁り，ふつう短い柄があり，互生，長楕円状倒披針形，長さ 10 cm 前後，先は急に短い鋭尖形となり，基部は鈍形，あるいは鋭形，全縁であるが上部にはきょ歯がある．葉質は厚く堅い革質で無毛，表面は光沢がある．雌雄同株．開花は 4 月，新枝の下部から褐黄色の雄花の尾状花穂が垂れ下がる．雌花の穂も新枝の上部の葉腋から出て，短い穂軸がある．雄花には苞があり，がく片は 4～7 個に深裂し，雄しべは多数である．雌花は総苞に包まれ，花柱は 3 個ある．堅果は楕円体で，長さ 1.5 cm ぐらい，秋に熟し，濃褐色で縦に線がある．本種は非常にアカガシに似ており，しばしば中間型があって区別が困難であるが，一般には葉柄が短く，葉が狭く，上部にきょ歯があるので区別される．〔日本名〕葉が小枝の先に 4 枚出て，つく羽根に似ているからこの名を得た．

2160. ウラジロガシ 〔ブナ科〕

Quercus salicina Blume

宮城県以南の山地に生える常緑高木．幹は直立し，枝は多く葉は繁る．しばしば大樹となり，高さ 20 m，径 1 m ぐらいになる．葉は有柄，互生，披針形あるいは長楕円状披針形で，先端は尾状に尖り，基部は鋭形，長さ 10～15 cm，上部にのみ鋭尖きょ歯があり，葉質はやや薄い革質で，表面につやがあり，裏面はロウ質を分泌して白色である．若い葉には絹毛があるが，のちに落ちる．雌雄同株．5 月頃，新枝の基部から黄色の細長い尾状花穂を垂れ下げ雄花をつける．雌花の穂は短く新枝の葉腋から立ち，3～4 個の花をつける．雄花にはがく片 3～4 個，雄しべ 4～6 個がある．雌花は総苞に包まれ，花柱は 3 個である．堅果は秋の終わりに熟し，広楕円体あるいは卵状広楕円体で，濃褐色，殻斗は灰褐色椀形で，外面に横輪がある．材は色々に用いる．〔日本名〕葉の裏が特に白色であるのによる．

2161. オキナワウラジロガシ　〔ブナ科〕

Quercus miyagii Koidz.

奄美大島から西表島までの琉球列島に分布する常緑の高木．高さ 20 m，直径 1 m に達する．若枝は軟毛があるが，後に無毛となり，紫黒色で，表面に灰白色の皮目がある．冬芽は細長く，長さ 10～13 mm．葉は互生し，披針状長楕円形，長さ 8～18 cm，幅 2～4 cm あり，先端基部とも尖る．上面は無毛で緑色，下面は絹毛が脱落して無毛となり粉白色を帯びる．全縁または上半部に低きょ歯がある．側脈は 8～12 対．葉柄は無毛で，長さ 2～3 cm．雄花序は前年枝の頂端付近につき，円錐状尾状花序となる．花軸には毛があり，長さ約 3.5 cm．各尾状花序は 1～1.5 cm の柄があり，長さ 7～8 cm になる．苞は卵状披針形，鋭尖頭，長さ 4～5 mm．雌花序は今年枝の頂端近くに 2～3 個つく．果実を載せる殻斗は皿形で，厚質，径 2.5～3 cm あり，堅果は卵状球形，長さ 3 cm，径 2.5 cm ほどである．〔日本名〕沖縄裏白樫で，ウラジロガシに似て沖縄に産するため．

2162. イチイガシ（イチイ，イチガシ）　〔ブナ科〕

Quercus gilva Blume

暖地生の常緑大高木で，巨大なものは高くそびえ，高さ 30 m 余り，径 1.7 m にもなり，樹皮は暗褐色でところどころはがれかかっているが，枝は黄褐色の星状の軟短毛で被われている．葉は互生，有柄，倒披針形あるいは広倒披針形，長さ 10～15 cm，先端は急に尖り，下半部はだんだん狭まり，基部はやや鈍形，表面は深緑色，平滑，裏面は葉柄と同様に黄褐色の星状軟短毛が密生する特性がある．側脈は 10～14 対で，まっすぐに斜上し，明瞭に平行する．新葉はやや垂れており，密に毛をかぶる．雌雄同株．5 月頃．新枝の下部から褐黄色の小さい雄花を多数つける尾状花穂を垂れ下げ，長さは 5～10 cm ぐらいである．上部の葉腋からは短い柄を出し，3 個の小さな雌花をつけるが目立たない．雄花は下に苞が 1 個あり，がく片 5 個，雄しべ 7～8 個がある．雌花は密毛のある総苞に包まれ，短い花柱が 3 個ある．堅果は秋に熟し，楕円体，長さ 2 cm 前後，褐色である．殻斗は浅い椀形で，外面に鱗片が数個の輪を作っている．材は堅く，建築器具等に用いられ，果実は食用となる．〔日本名〕イチイガシのカシはこの木がカシの類だからで，イチイの語原は不明である．〔漢名〕石櫧は別のものである．

2163. ツブラジイ（コジイ）　〔ブナ科〕

Castanopsis cuspidata (Thunb.) Schottky

西南暖地の山中に普通の常緑高木．幹は直立し，枝葉が繁り，樹冠は球状で，大きいものは高さ 25 m，径 1.5 m，樹皮は平滑である．葉は 2 列生，有柄，互生，楕円状卵形あるいは広披針形，先端は鋭尖形，基部は円形あるいはくさび形，ふちは上半に低い疎きょ歯があり，葉の長さは 4～10 cm，葉質は厚く，上面は深緑色，下面は灰白色または灰褐色である．6 月頃，新枝の葉腋に上向きの穂状花穂を立て，甘い香を強く出し，淡黄色の雄花を密につける．雌雄同株．虫媒花．雄花のがくは 5～6 裂し，雄しべは 10～12 個，がくから長くつき出す．雌花のがくは 6 裂で，花柱は 3 個ある．堅果はほぼ球形で，径 8～10 mm ぐらい，生時は黒色，乾くと褐色となる．総苞は初め堅果を全部包んでいるが，成熟すると 3 裂する．種子は赤褐色の薄い皮をかぶり，子葉は白色で食べられる．樹皮を染料にする．果実が非常に小形でやや長いものをコゴメジイ一名ヌカジイという．〔日本名〕ツブラジイは円らジイで果実が円いことを示し，一名コジイはスダジイと較べて実が小さいのを示す．普通ツブラジイとスダジイを合せて単にシイと呼ぶ．

2164. スダジイ（イタジイ，ナガジイ）　〔ブナ科〕

Castanopsis sieboldii (Makino) Hatus. ex T.Yamaz. et Mashiba

宮城県南部以南の暖地に生える常緑高木．普通庭樹とする．幹は直立し，大きいものは 25 m をこえ，径は 1.5 m になり，樹冠は球状となる．樹皮は黒灰色，後に縦に裂ける．葉は 2 列生で，有柄互生，初め托葉があり，広楕円形，あるいは広披針形，先は尾状の鋭尖形，基部は鋭形あるいはやや鈍形，革質，ツブラジイよりもやや厚くて大きい．葉は長さ 5～15 cm，裏面は淡褐色の鱗屑があり，全縁であるが上部にきょ歯がある．6 月頃，長さ 10 cm 前後の上に向いた穂状花穂を新枝の葉腋から出し，密に黄色の雄花を開き強い香りを放つ．雌雄同株．虫媒花．雄花は小形で，がくは 5～6 裂し，雄しべは 15 個内外．雌花の穂は下部の葉腋から出て短く，花も少数で，花に花柱が 3 個ある．堅果は円錐状卵球形で先は鋭形，生時は黒褐色で乾くと褐色となる．表面に横線状に並んだ小突起のある総苞が堅果を包み，形は漸尖頭の長楕円体で，長さ 1.5 cm 前後，熟すと 3 裂して果実を落とす．材を利用し，白色の子葉を持つ種子は食用となる．〔日本名〕スダジイのスダは意味不明．一名イタジイのイタも意味が不明．また一名ナガジイは果実が長いからである．

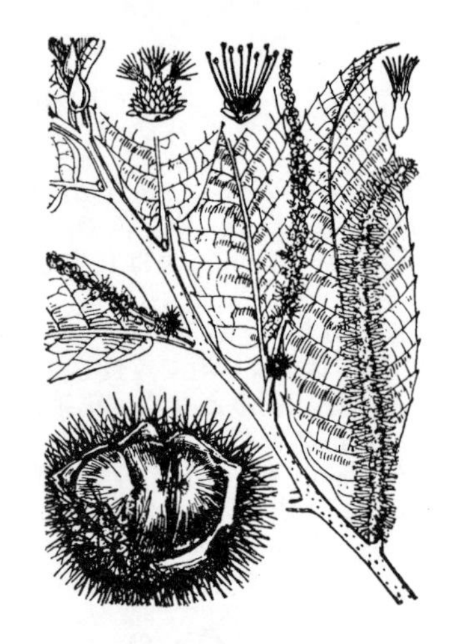

2165. クリ　〔ブナ科〕

Castanea crenata Siebold et Zucc.

山地に生え，また果樹として栽植される落葉高木．幹は直立し，枝や葉は繁り，大きいものは高さ 17 m，直径 60 cm 余り．葉は有柄で互生し，長楕円形あるいは長楕円状披針形，先は鋭尖形，基部はやや心臓形あるいは鈍形，左右が不同，ふちには先が針状にとがったきょ歯があり，上面は深緑色でなめらか，脈上に星状毛があり，裏面は淡色，小腺点があって脈上は有毛，枝先の葉にはしばしば細毛が密生して帯白色となり，側脈は多数できょ歯に向かって羽状に斜に平行し明瞭である．若い葉には托葉がある．6 月頃虫媒花を開く．雌雄同株．雄の尾状花穂は新枝の下部の葉腋につき直上し，長さ 15 cm ぐらい，多数の黄白色の細花をつけ，あまい香がある．雄花はがくが 6 個に深裂し雄しべは 10 本ぐらいで長く外に出ている．雌花の集まりは無柄で，雄の花穂の下部につき，普通 3 個が集まって鱗片のある総苞に包まれている．雌花のがくは 6 個に深く裂け，子房は下位で 5〜9 個の細い線形の花柱がある．堅果は 1〜3 個が集まって，とげのある総苞すなわちいがに包まれ，熟すといがが 4 裂して，果実をあらわす．堅果を食用とする．〔日本名〕クリは黒実すなわちクロミの意味．〔漢名〕栗は中国産の同属の別種，*C. mollissima* Blume アマグリを指す．

2166. ヤマモモ　〔ヤマモモ科〕

Morella rubra Lour.（*Myrica rubra* Siebold et Zucc.）

本州中部以南の温暖な地方の山地に多く生える常緑高木であるがしばしば人家にも植えられている．幹は直立し，分枝が多く，大きくなったものでは高さ 15 m，径 1 m にもなる．葉は互生で小枝に密につき，倒卵状長楕円形または倒披針形で先端は鋭形または鈍形，基部は細まってくさび形となり，短柄があり，全縁であるが若い木の葉は普通鋭きょ歯がある．葉質は革質で裏面に小腺点がまばらに分布する．4 月頃葉腋に短い尾状花穂を出して花を開く．雌雄異株である．雄の花穂は黄褐色で陽のあたる部分は時に紅色をしている．雄花は苞の腋につき 2〜3 個の小苞があり，がくはなく，雄しべは数個ある．雌の花穂は緑色の苞内に 1 個の花があり，小苞は 2 個で，がくは無く，子房 1 個，花柱は 2 裂し，紅色である．核果は球形で直径 1〜2 cm，多数の多汁質の突起が密生し，初めは緑色，夏に熟すと暗紅紫色となり，核は堅くて 1 個の種子が入っている．まれにあるシロモモ f. *alba* (Makino) Yonek. では白色に熟す．モモ皮といって樹皮を褐色の染料に使う．また果実は甘酸味があって，生食する．〔日本名〕山モモは山に生えて食べられる実がなる樹であるからである．〔漢名〕楊梅．

2167. ヤチヤナギ（エゾヤマモモ）　〔ヤマモモ科〕

Myrica gale L. var. ***tomentosa*** C.DC.

日本北部の山野の低湿地に生える落葉小低木で高さは 30〜60 cm ぐらい，分枝する．脂を分泌し香気がある．葉は小枝の上に互生し短い柄があり，倒卵状披針形，先端は鈍形，基部は狭いくさび形で，上半部のふちには低いきょ歯があり，革質で，両面は枝と同様に密生した毛があり，長さは 2.5〜7 cm ほどである．4 月頃，花は新葉よりも早く開く．花穂は前年の葉の腋に上向きにつく．雌雄異株．花穂は雌雄とも長さ 2 cm 内外で楕円形をしている．雄花は 1 個の苞の中にあり，雄しべは 6 個内外で苞に抱かれている．雌花は苞内に 1 個あって 2 片の小苞の間にあり，子房は 1 個で柱頭は 2 裂して平開し，紅色である．果穂は広楕円形に集合し，小核果は小さくて，宿存する苞の中にある．〔日本名〕谷地柳で谷地は低湿地，柳は外観がヤナギに似ているからである．一名エゾヤマモモともいわれるが，これは北海道の山ももの意味で，ヤマモモと同じ属に含められていたことからこの様にいうが，果実は食用とはならない．

2168. ノグルミ（ノブノキ）　〔クルミ科〕

Platycarya strobilacea Siebold et Zucc.

本州西南部の温暖な地方の山地の陽あたりのよい土地に生える落葉高木．幹は直立し，大きいものでは高さ 10 m，径 60 cm になる．葉は有柄で互生し，奇数羽状複葉で 7〜19 個の小葉からなり，小葉は長楕円状披針形または披針形で先端は鋭尖形，葉のふちには二重きょ歯があり，裏面の脈腋には褐色の毛がある．側生の小葉は無柄で基部は左右不同，頂生の小葉は有柄である．雌雄異株．6 月頃若い枝の先に多数の帯黄色の尾状花穂をつける．中央の花穂は雌花だけからなるかまたは上部に雄花下部に雌花をつけるが，他はすべて雄の花穂である．花にはがくがなく，雄花は苞内にあって 6〜10 個の雄しべがあり，雌花は 2 個の小苞と子房が 1 個，花柱が 2 個ある．果穂は楕円形で直立し，披針形で先端の鋭尖形の質の硬い苞が多数あり，全体は球果状で濃褐色，落葉の後も枝の上に残っている．苞内に小さい堅果があり，小苞は堅果と合着して翼状をしている．球果を黄色染料とする．〔日本名〕野グルミは樹がクルミに似ており野山に生えるからで，また別名をノブノキともいうがこの意味は不明である．〔漢名〕必栗香．兜櫨樹は別のもの．

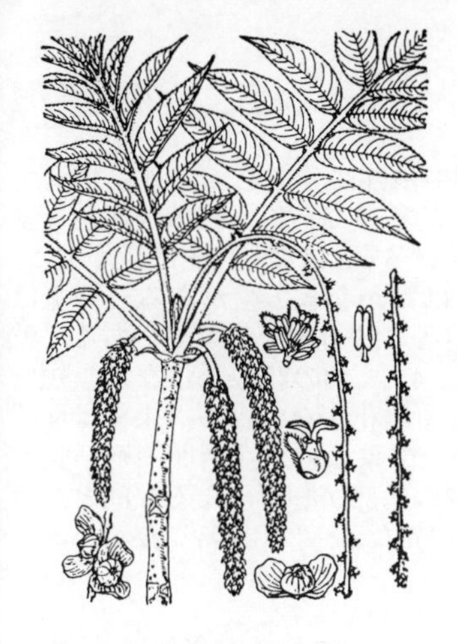

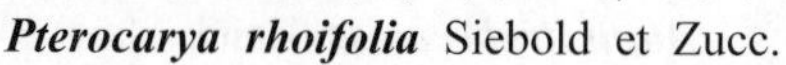

2169. **サワグルミ**（カワグルミ，フジグルミ）〔クルミ科〕

Pterocarya rhoifolia Siebold et Zucc.

各地の深山の渓間で湿ったところに生える落葉高木．幹は直立してそびえ，樹皮は暗色で，大きいものでは高さ 27 m，径 1 m ぐらいになる．葉は粗大な枝先に集まって互生し，葉柄の基部は肥大し，奇数羽状複葉で，小葉は卵形または披針状長楕円形で先は鋭尖形，ふちには細かいきょ歯があり，裏面に小腺点があり，脈の腋に褐色の軟毛が生えている．側生の小葉は 5〜9 対で無柄，基部は左右不同の円形，頂生の小葉には柄がある．雌雄同株．5 月に開花し，淡黄緑色の非常に長い尾状花穂を垂れ下げる．雄花の穂には非常に短い柄があり，前年にのびた枝の端の葉腋から出る．雄花には 1 苞と 2 小苞があり，雄しべは大体 10 本で 3 列に並んでいる．雌花の穂は新枝の先につき，長い柄があり，非常に細長く，まばらに細かい花をつけ，苞の内には 1 個の花があり，小苞が 2 個ある．雌花にはがく片 4 個，花柱 2 個がある．果穂は著しく長く垂れ，果実は乾質の堅果で，2 個の小苞は宿存増大して両側方の翼となる．〔日本名〕沢グルミは渓流のわきに生えるからで，一名フジグルミは果穂が藤の花穂のように下垂するからである．また一名川グルミは山中の渓流のそばに生えるからである．

2170. **オニグルミ**（クルミ，オグルミ）〔クルミ科〕

Juglans mandshurica Maxim. var. ***sachalinensis*** (Miyabe et Kudô) Kitam.

山野に生える落葉高木で，各地に栽培されている．幹は大きなものは高さ 24 m，径 1 m ぐらいになる．若枝には黄褐色の軟毛が密生する．葉は互生で柄があり，奇数羽状複葉，9〜15 個の小葉からなり，星状毛が上面にはまばらに生え下面には密生し，小葉は卵形ないし長楕円形で先は鋭尖形，側小葉は無柄で，基部は円形または心臓形で左右は不同，ふちには細かいきょ歯がある．5 月，新葉が出る頃開花し，雌雄同株．雄花の尾状花穂は前年の枝の葉腋から長く垂れ下がり，緑色で，苞には 1 個の雄花があり，小苞が 2 個ある．雄花には 3〜4 裂したがく片と 10 個の雄しべがある．雌花の穂は新枝の先に直立し，5〜10 個の花をまばらにつけ，花は筒状の苞に包まれ，4 裂したがく，子房 1 個，紅色の花柱 2 個がある．核果はほぼ球形で径約 3 cm，果面には密毛があり，核は非常に硬く，深いしわがあり，種子は褐色で薄い種皮に包まれ，肥厚した白色の子葉があり，種子は食用となる．〔日本名〕鬼グルミは核面のなめらかなヒメグルミ var. *cordiformis* (Makino) Kitam. に対して，凹凸があって醜いからである．〔漢名〕山胡桃は別の植物である．

2171. **トキワギョリュウ**（トクサバモクマオウ）〔モクマオウ科〕

Casuarina equisetifolia L.

オーストラリア原産の高さ 10〜30 m にもなる常緑高木で，時に暖地に栽植される．小枝は繊細で，先端は下垂し，若枝はトクサの茎のように節があり，各節間は淡緑色円柱形で，長さ 4〜6 mm，径 1 mm ほど，6〜8 個の縦稜があり，節には褐色，狭披針形の鱗片葉が 6〜8 個輪生し，初夏に開花する．雄花序は新枝の頂に生じ，長さ 1〜1.5 cm，幅 3 mm ほどで淡紅色をしており，中軸の各節には互に融合して筒状となった鱗片があり，その内側に雄しべ 1 個のみの雄花を輪生する．雄しべの左右に小苞があり，がくはなく，内外にへら状の花弁があるが早く落ちる．雌花序は新枝の基部から側生し，花径 4 mm，球果状で，短大な柄には鱗片葉が密生し，雌花は中軸に輪生している．雌花には卵形の小苞が 2 個，左右にあり，がく，花弁はなくて，狭卵形の子房と深く 2 岐して長く糸状に伸びる花柱とがある．花がすむと球果は切頭広楕円形または球形となり，径 0.8〜1.0 cm になり，小苞は増大，木化して，扁平で翼のある瘦果を包む．〔日本名〕常磐檉柳の意味．

2172. **ハンノキ**（ハリノキ）〔カバノキ科〕

Alnus japonica (Thunb.) Steud.

林野の湿地に好んで生える落葉高木で，しばしば植林される．幹は直立分枝し，大きいものは高さ 17 m，径 60 cm に達する．葉は互生し，葉柄があり，楕円形，長楕円形あるいは披針状長楕円形で先端は鋭尖形，基部はくさび形で，ふちには細かいきょ歯があり，長さ 5〜10 cm ぐらい，下面の脈腋に綿毛がある．前年の秋にすでに出来ていたつぼみは，春早く，葉がのびるよりも先に開花する．雌雄同株である．雄花の尾状花穂の若いものは前年の秋にはすでに小枝について越年し，柄があって垂れ下がり細長い円柱状で黒紫褐色，各々の鱗片の内側には 2 個の小苞を持った 2〜3 個の花がつく．雄花のがくは 4 裂し，雄しべは 4 個ある．雌花の穂は小枝の雄花の穂の下部につき，紅紫色で楕円形，鱗片ごとに 2 個の花をつける．雌花には 2 個の小苞があり，がく片はなく，子房 1 個，花柱 2 個がある．果穂は楕円体の球果状で長さ 1.5〜2 cm ぐらい．果鱗はくさび形で先端は浅く 5 裂する．昔から果穂を染料にしている．〔日本名〕ハリノキが転化したものであるが，ハリノキの語源は不明である．古くはハンノキに榛の字をあてているが，榛はハシバミの漢名である．〔漢名〕赤楊は別のものである．

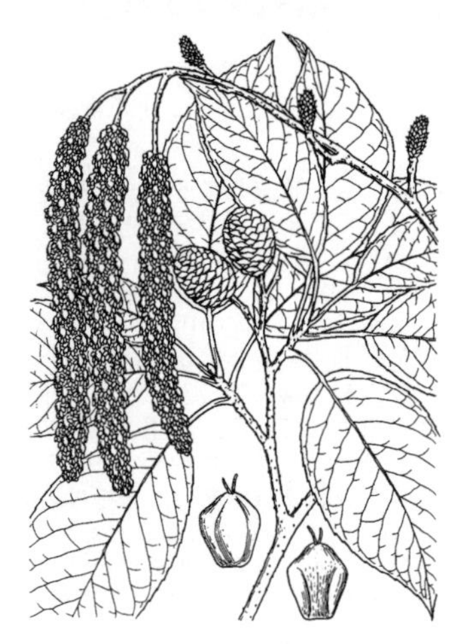

2173. サクラバハンノキ 〔カバノキ科〕

Alnus trabeculosa Hand.-Mazz.

本州の東北地方南部以西，九州，中国中南部に分布し，湿地に生育する小高木．高さ 20 m ほどに達する．比較的稀産である．枝は灰褐色を呈する．葉は長楕円形で，長さ 6〜9 cm，幅 3〜5 cm になり，先は鋭く尖る．基部は円形または浅心形をなす．辺縁には細かなきょ歯がある．側脈は 9〜12 対あり，下面に隆起する．柄は長さ 5〜15 mm で毛が少しある．乾くと赤褐色になる．雄花序は枝に頂生し，4〜5 個の花穂からなり，短い柄がある．その下に 3〜5 個の花穂からなる雌花序をつける．果穂は卵状楕円形で，長さ 1.5〜2 cm，径 1〜1.4 cm．堅果は扁平，倒卵円形，長さ 3 mm ほど．ハンノキによく似るが，葉身の基部が心形になる傾向と，葉の上面の光沢，側脈の数が多いことなどが異なる．〔日本名〕桜葉ハンノキは，葉の形がサクラの葉に似るため．

2174. ヤマハンノキ（マルバハンノキ） 〔カバノキ科〕

Alnus hirsuta (Spach) Turcz. ex Rupr.

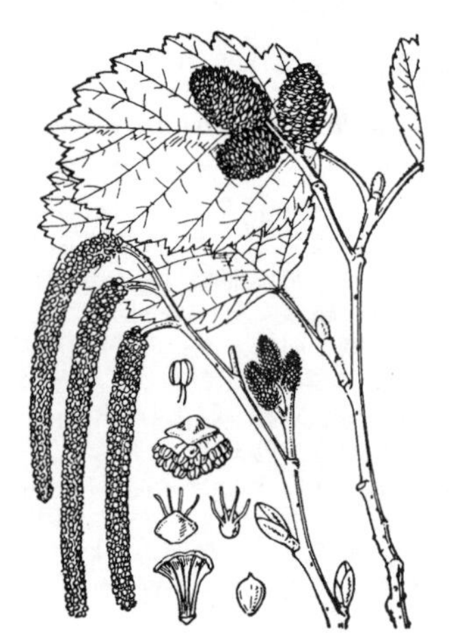

山地や平地に生える落葉高木で，幹は直立して分枝し，大きいものは高さ 17 m，径 60 cm になる．葉は互生し，葉柄があり，広楕円形あるいはほぼ円形で先端は鋭形あるいは鈍形，基部は広いくさび形またはやや心臓形，葉のふちは 5〜8 個に浅裂し，更に細かいきょ歯がある．葉の裏面は灰白色を帯び，平滑．あるいは脈上に毛がある．雌雄同株．春，葉がのびるよりも先に開花する．雄の尾状花穂は小形のものがすでに前年の秋にできていて越年し，花穂には柄があり，細長い円柱状で，小枝の先端から数本長く垂れ下がり，紫褐色で，黄色の花粉を出す．雄花には，がく片 4 個，雄しべ 4 個がある．雌の花穂は紫褐色で，数個が総状につく．雌花は子房 1 個，花柱 2 個を持つ．果穂は長楕円体で，果鱗はくさび形，浅く 4 裂する．小堅果は扁平で長楕円形，まわりに狭い翼がある．〔日本名〕山ハンノキは，山地に生えるからである．また一名をマルバハンノキというが，これは葉が円いからである．〔追記〕葉裏に毛の多いものをケヤマハンノキ var. *hirsuta*，ほとんど無毛のものをヤマハンノキ var. *sibirica* (Spach) C.K.Schneid. という．分布は両者とも大体同じだが，生育地ではどちらかの型に固定していることが多い．

2175. ヤハズハンノキ（ハクサンハンノキ） 〔カバノキ科〕

Alnus matsumurae Callier

本州の中部および北部の深山に生える落葉小高木．幹は直立して分枝し，高さは 10 m 前後．樹性はハンノキに似ており，樹皮は灰黒色である．葉は有柄で，互生し，円形あるいは倒卵円形，長さ 5〜9 cm，先端は凹形で，基部は広いくさび形あるいは鈍形，葉のふちには不規則な低きょ歯があり，表面は濃緑色で無毛，平滑，裏面は灰白色を帯び，支脈が 7〜9 本あって斜めに平行し，目立つ．雌雄同株．4〜5 月頃，葉がのびるよりも早く開花し，小枝の葉腋から雄性の尾状花序を垂れ下げ，黄色の雄花をつける．雌花の花穂は枝端に 3〜4 個つき，短い総状である．果穂は楕円体で長さは 2 cm，短い柄で立ち，肥厚した果鱗は下部がくさび形の扇形で，密に並び，晩秋の頃，熟して褐色となるが脱落はしない．小堅果には非常に狭い翼がある．〔日本名〕ヤハズハンノキは葉の先の形に基づいたもの，一名ハクサンハンノキは石川県の白山に多いからである．

2176. カワラハンノキ（メハリノキ） 〔カバノキ科〕

Alnus serrulatoides Callier

本州，四国の太平洋側低地の河川沿いに生えている小形の落葉高木で，高さは 5 m ぐらいである．枝は褐色，若枝は若葉とともに多少ねばる．葉は互生で，柄があり，倒卵形または広楕円形で灰色を帯びた緑色，長さ 6〜9 cm，先端は普通丸いが，時には少し凹形になることがあり，基部は広いくさび形，基部以外には細かい低きょ歯がある．葉質は厚味のある紙質で表裏ともほぼ同色，光沢がない．脈は裏面で少し隆起し，赤味をおびている．雄花の花序は枝の先に集散状に数個つき，若い花序は前年のうちに用意されている．雌花の花序は枝先の葉に腋生するが，熟した時にはちょっと見ると頂生に見える．果穂は長さ 2 cm 位，卵状楕円体である．〔日本名〕川原ハンノキは生育地を示した名である．

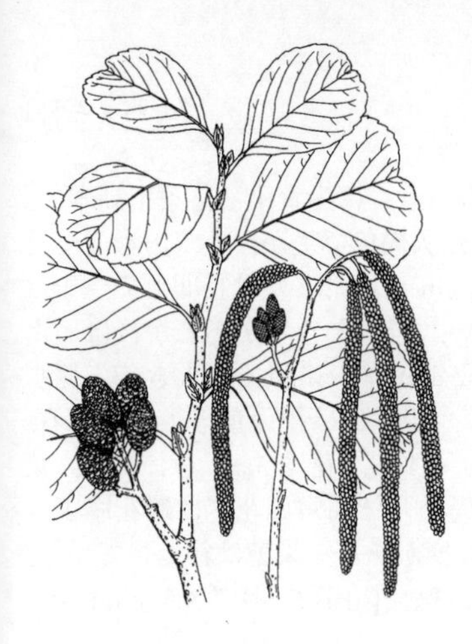

2177. ミヤマカワラハンノキ 〔カバノキ科〕

Alnus fauriei H.Lév. et Vaniot

本州の中部地方以北の日本海側山地に分布し，比較的湿った山間部の傾斜地に生育する落葉小低木．枝は紫褐色で無毛．円形の小さな褐色の皮目がまばらにある．葉はくさび状倒卵形で，長さ 5〜12 cm，幅 4〜11 cm，先は円頭で，しばしば凹入する．基部はくさび形に細まり，辺縁に波状のきょ歯がある．側脈は 6〜7 対あり，裏面脈腋に帯褐色の毛叢がある．下面は淡緑色．上面は無毛で光沢がある．柄は長さ 5〜15 mm くらいで無毛．托葉は楕円形で，長さ 1 cm ほどで，脱落する．花は 3〜5 月に葉の展開前に咲く．雌雄各々 4〜5 個の穂からなる花序をつける．雄花穂は長さ 10〜20 cm に達して下垂する．果穂は長さ 3 cm ほどである．堅果は扁平で倒卵形．〔日本名〕深山にある川原ハンノキの意．

2178. ミヤマハンノキ 〔カバノキ科〕

Alnus alnobetula (Ehrh.) K.Koch subsp. ***maximowiczii*** (Callier) Raus
（*A. maximowiczii* Callier）

高山に生え，下部から分枝する落葉低木であるが，谷間あるいは北部の低地に生えた場合は高さ 10 m，径 30 cm の高木になる．葉は互生して，葉柄があり，楕円形あるいは卵円形で，先端は鋭尖形，茎部は円形またはほぼ心臓形，葉のふちに細かな二重きょ歯があり，葉の長さは 5〜10 cm ぐらい，葉質はやや厚く，表面はなめらかでつやがあり，深緑色，裏面は粘性があり，若い葉ではことによく粘着する．雌雄同株で，開花は 5〜6 月頃である．雄花の尾状花穂は小枝の先端につき，黄褐色の円柱形で，長さ 6 cm，黄色の花粉を出す．雄花にはがく片 5 個と，雄しべが 5 個ある．雌の花穂も小枝に総状に数個つき，楕円体で，雌花には子房が 1 個，花柱が 2 個ある．果穂は楕円体で長さ 1.5 cm 前後，果鱗はくさび形で，小堅果は倒卵形，これに膜質の翼がある．〔日本名〕深山ハンノキで，深山に生えるからである．

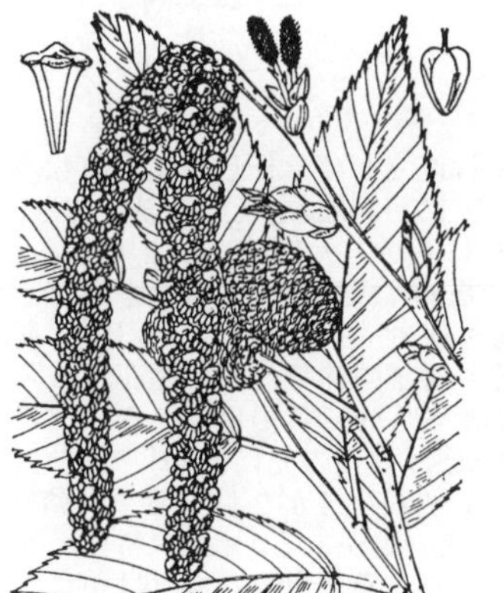

2179. ヤシャブシ（ミネバリ） 〔カバノキ科〕

Alnus firma Siebold et Zucc. var. ***firma***

各地の山中に生える落葉高木で，幹は直立して分枝し，高さ 7 m，径 30 cm ぐらいになる．葉は互生で，葉柄があり，卵状披針形あるいは長楕円状披針形で先端は鋭尖形，基部は円形または広いくさび形で，葉のふちには不ぞろいの二重きょ歯があり，初めのうちは上面に毛があるが，のちほとんど平滑となり，裏面の脈上にだけ毛が残り，支脈は明らかで 10〜15 対が斜めに平行して葉のふちまで達している．雌雄同株．開花は 3 月．雄花の尾状花穂は小枝の頂から垂れ下がり，柄はなく，円柱形で褐黄色，密に小花をつけ，黄色の花粉を多く出す．雌花の花穂は有柄で雄の花穂よりも下にある短枝の先につき，紅色で長楕円体，たいていは 2，3 の穂が総状につく．雄花は苞内に 3 個あり，がくは 5 裂し，雄しべは 5 個ある．雌花は苞内に 2 個あり，各々に花柱が 2 個ある．果穂は楕円体で長さ 2 cm 内外，小堅果は長楕円形で狭い翼がある．果穂を染料にする．〔日本名〕夜叉五倍子の意味で，果穂にタンニンが多いので五倍子すなわちフシと同様であるとし，夜叉は果穂の表面がでこぼこであるからである．一名峰バリは山上に生えるハリの木という意味である．

2180. ヒメヤシャブシ（ハゲシバリ） 〔カバノキ科〕

Alnus pendula Matsum.

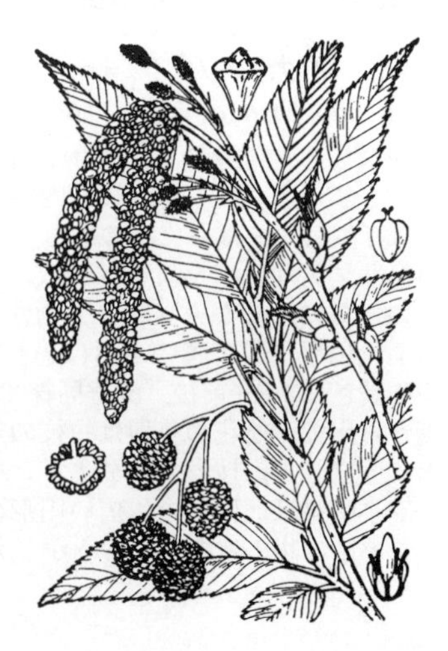

山地に生える多枝多葉の落葉低木で，しばしば山地の土砂崩潰を防ぐ目的で植えられる．大きなものは高さ 6 m，幹の径 30 cm になり，枝は細長である．葉は互生して，葉柄があり，卵状長楕円形あるいは長楕円状披針形で，先端鋭尖形，下方はだいたい広いくさび形で基部は鈍形，葉のふちには二重の細きょ歯があり，裏面の脈上には毛がある．支脈は 16〜26 対あり，斜めに平行して葉縁にまでとどき，顕著である．雌雄同株．4 月頃，葉がのびるより先に開花する．雄花の尾状花穂は前年の秋，すでに出来ていて，枝端から垂れ下がり褐黄色で，柄があり，長さは 4.5 cm くらいである．雌の花穂には柄があり，長楕円形で小形緑色をしており，3〜6 個が上を向いて総状につく．雄花は苞内にあり，がくは 4 裂し，雄しべは 4 個ある．雌花は苞内に 2 個ついていて，それぞれ花柱が 2 個ある．果穂は楕円体で，長さ 1 cm あまり，細長い柄があって総状果序を形作り，垂れ下がる特性がある．小堅果は長楕円形で翼がある．〔日本名〕姫夜叉ブシで，この類の中では小形であるからである．一名をハゲシバリともいうが，これは山地の裸地の崩れを防ぐために植えられるからである．

2181. オオバヤシャブシ 〔カバノキ科〕

Alnus sieboldiana Matsum.

本州の関東地方以西および伊豆七島の海岸近くに生育する落葉小高木で，高さ 10 m ほどに達する．枝は黄褐色または灰褐色で毛がなく，円形の皮目が散在する．葉は長さ 6〜10 cm，幅 3〜6 cm の卵形または長卵形で，先は鋭く尖る．柄は長さ 1〜2 cm で，毛がない．若いとき毛があるが後ほとんど無毛となる．葉の基部は円形をなす．ヤシャブシに似るが大きく，側脈の間隔がやや広い．側脈は 12〜15 対ある．辺縁には鋭い重きょ歯がある．きょ歯の先端は腺となる．下面は淡緑色を呈する．花は 3〜4 月に咲き，葉芽の展開と同時期である．他の近縁種と異なり，通常雄花序は雌花序より下につく．雌花序は 1 個の花穂からなり，柄がある．果穂は斜上してつき，広楕円形，長さ 2〜2.5 cm．堅果は扁平で，狭長楕円形，長さ 4.5 mm ほど．

2182. シラカンバ（シラカバ，カンバ，カバ，カバノキ） 〔カバノキ科〕

Betula platyphylla Sukaczev（*B. platyphylla* var. *japonica* (Miq.) H.Hara）

中部や北部の深山の陽あたりのよい土地に生える落葉高木．幹は真直ぐにそびえ枝は多く葉も繁って，大きいものでは高さ 20 m，径 60 cm ぐらい，樹皮は白色で紙状にはげ，内皮は淡褐色で，皮目は横線形である．葉は互生し，短枝には 2 枚の葉をつけ，葉柄があり，三角状卵形あるいは菱状卵形で先端は鋭尖形，基部は広いくさび形または切形，ふちには不規則な二重きょ歯があり，長さ 4〜8 cm ぐらい，支脈は大体 6〜8 対，下面は淡色で小腺点があり，脈腋に毛がある．雌雄同株．4 月頃．葉よりも早く開花する．雄花の尾状花穂は小枝の端から垂れ下がり，細かな花を密着し，長いひも状で暗紅黄色，各苞の内に 3 個の雄花があり，小苞は 2 個ある．雄花には 3 裂したがく 1 個と，2 個の雄しべがある．雌花の穂は短枝の上に上向きに頂生し，紅緑色，苞ごとに 3 個の花をつけ 2 個の小苞がある．雌花にはがくがなく，子房 1 個，花柱 2 個がある．果穂は長さ 3〜5 cm ぐらいの円柱形で下垂し，果鱗は 3 裂して，側片は丸く開出し，小堅果は長楕円形で左右に膜質の広い翼がある．〔日本名〕カンバはこの類の古名のカニハからの転化で，カバは略称である．白カンバは樹皮が白いカンバの意である．〔漢名〕樺木は *Betula* 属の一種で，中国産の別種である．

2183. ダケカンバ（ソウシカンバ） 〔カバノキ科〕

Betula ermanii Cham. var. ***ermanii***

高山や北部に普通に見られる落葉高木．幹は直立して分枝し，大きいものでは高さ 14 m，径 60 cm，ぐらいで，樹皮は灰白色または淡褐色を帯び紙状にはげ，小枝は細長である．葉には葉柄があり，長枝は互生し，短枝には 2 葉があり，三角状卵形あるいは広卵形で先端は鋭尖形，基部は円形またはやや心臓形でふちには不規則な二重きょ歯があり，支脈は 8〜11 対，両面は無毛あるいは裏面脈上や脈腋に毛があり，下面に小腺点がある．雌雄同株で 5 月頃開花する．雄花の尾状花穂は枝の端から下垂し，長さ 8 cm ぐらいで黄褐色である．雄花にはがく片 3 個，雄しべ 3 個がある．雌花の花穂は短枝の先に直立して頂生し，長さは 2 cm ぐらいである．雌花には子房が 1 個，花柱が 2 個ある．果鱗は 3 裂し，側片は短い．小堅果は倒卵形で両側に狭い翼がある．〔日本名〕嶽カンバは高山に生えるからである．一名ソウシカンバは草紙カンバで，はがした樹皮に字を書くことが出来るからである．

2184. マカンバ（チョウセンミネバリ，ナガバノダケカンバ） 〔カバノキ科〕

Betula costata Trautv.（*B. nikoensis* Koidz.）

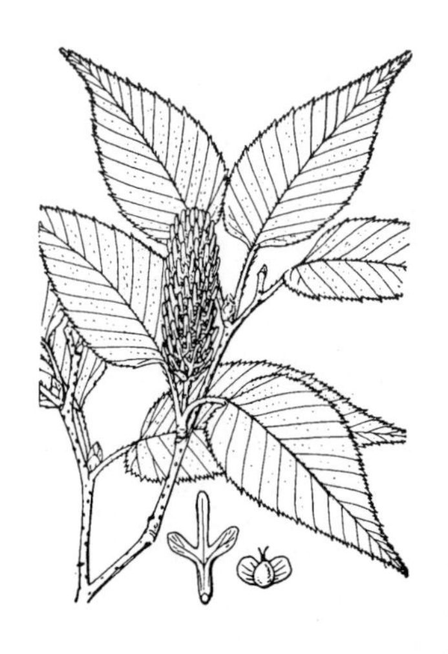

栃木県日光周辺および長野県周辺の山中に稀に生える落葉高木．幹は直立してそびえ，分枝し，高さ 10m 内外である．樹皮は灰白色でたやすくはがれる．葉は互生し，まばらに毛のある葉柄があり，短枝上には 2 枚つき，おおよその形はダケカンバと似ているが，長卵状三角形で先端は漸尖形，基部は切形，葉のふちには細かい腺状きょ歯があり，支脈が多く 14〜16 対もあり，斜めに羽状に平行して葉のふちに達し，裏面は伏した毛が多いなどの差がある．葉の長さは 7 cm 前後．雌雄同株で，5 月頃開花し，雄花の尾状花穂は小枝の端から出て，雌花の花穂は短枝の先につく．果穂には短い柄があって，短枝上に直立し，円柱形で，ダケカンバのようである．果鱗は 3 裂し，裂片は狭く，小堅果は卵円形で，広い円形の翼がある．〔日本名〕多分，真カンバで，カンバの本物の意味であろうが，カンバの正品はこの木とは異なる．

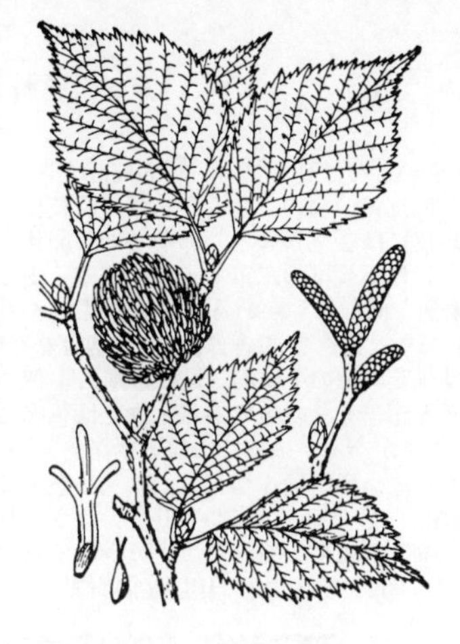

2185. ジゾウカンバ（イヌブシ）〔カバノキ科〕

Betula globispica Shirai

日光，秩父，および御坂山地の山中のきりたった崖に生える小形の落葉高木で高さ 5～7 m，樹皮は灰色，若枝は黄褐色である．葉は菱形をおびた広い倒卵形で長さ 5 cm 前後，厚手の膜質，細かい二重きょ歯があり，側脈が平行して走り，裏は光沢があって一見無毛であるが，白い長毛が伏している．乾くと銅色になる．葉柄は短いが明瞭，まばらな毛が目立つ．秋になると長さ 3 cm ぐらいの卵球形の大形の果穂が枝に坐ったようにつく．果鱗は日本産のこの類のうちでは最も長く，長さ 15 mm ばかり，やせて 3 裂し，軟骨質で果穂の上にゆるやかに集まっている．〔日本名〕白井光太郎が秩父で本種を発見したとき，そばに石地蔵があったことによっている．

2186. ヤエガワカンバ（コオノオレ）〔カバノキ科〕

Betula davurica Pall.

本州中部および北海道の陽当たりのよい山地に生える小形の高木で，高さ 5 m 内外，朝鮮半島からウスリーにかけては普通に産する．小枝は灰褐色で白く丸い小腺点が多いが，樹皮は灰色となり，あらく縦横に割れ目が出来てよくはげる．葉は菱状の卵形で平坦，多少シラカンバに似ているがそれより硬くて小形である．側脈は 6～8 対，基部は広いくさび形である．雄の花穂は前年の枝端につきすでに前年の秋には大きくなっている．雌の花穂は 2 年前の枝の側方に出る前年の短枝の頂端から出て柄があり，果実になると卵状楕円形で長さ 2 cm ぐらい，果鱗は光沢があり，上部で浅く 3 裂し，裂片は長さが等しい．〔日本名〕八重皮，すなわち樹皮が幾重にもはげるからである．

2187. ウダイカンバ（サイハダカンバ）〔カバノキ科〕

Betula maximowicziana Regel

中部や北部の山中に生える落葉高木で幹は直立してそびえ，大きいものでは高さ 20 m，径 60 cm になり，樹皮は黄色を帯びた赤土色で，はっきりした皮目がある．葉は互生し，葉柄があり，短枝には 2 枚の葉をつける．葉は広く大形で広卵形ないし卵状心臓形で，先端は短く尖り基部は心臓形，ふちには不規則な細かい歯牙がある．支脈は 8～14 対あり，葉の長さは 6～15 cm ぐらい，下面に小腺点があり，初めは軟毛があるが後にほぼ平滑となり下面の脈腋にだけに鬚毛が残る．若い樹の葉は両面に密毛があってびろうどのような感じかある．雌雄同株で 5 月に開花する．雄花の尾状花穂は数本が短枝の先から総状に出て垂れ下がる．雄花にはがく片 4 個，雄しべ 2 個がある．雌花の穂も数個が総状に出る，雌花には子房 1 個，花柱が 2 個ある．果穂は長大で下垂し，長さ 5～10 cm，果鱗は三つの尖った裂片にわかれ，小堅果には広い翼がある〔日本名〕ウダイカンバは鵜松明カンバの略で，この樹皮は雨の中でもよく燃えるから鵜を使って魚をとるときのタイマツとして用いるのでこの名がある．シラカンバの皮も同様に用いられウダイマツという．

2188. ミ　ズ　メ（アズサ［同名異種あり］）〔カバノキ科〕

Betula grossa Siebold et Zucc.

山中に見られる落葉高木．幹は直立してそびえ，大きいものは高さ 20 m，径 60 cm になる．樹皮は灰黒色で，不規則に裂けてはげ落ちる．枝の皮を傷つけると一種の臭気がある．葉は有柄で互生し，狭卵形あるいは卵状楕円形，先端は鋭尖形で基部は心臓形，長さは 5～10 cm ぐらい，葉のふちには鋭いきょ歯があり，両面ともに軟毛がまばらに生え，支脈は 10～15 対が斜めに平行している．雌雄同株で開花は 5 月である．雄花の尾状花穂は細い円柱形で褐黄色，小枝の前年の葉腋につき，無柄で垂れ下がる．雌花の穂は雄花の穂よりも下にある短枝の頂に 1 個つき，苞ごとに 3 個の花があり，花柱は 2 個ある．果穂は広楕円形で長さは 3 cm 短枝上に立つ．〔日本名〕ミズメはなたで樹皮を傷つけると透明な水のような油がしみ出るからついた名である．〔追記〕本種は次種アズサとほとんど同じで，両者の区別は非常にむずかしいから，山の人々のいうアズサは多分この 2 つを含んでいるのだろう．昔，弓を作る時にも両種を混用したと思われる．しかし，最近アズサをミズメから区別する見解は支持されていない．

2189. アズサ (ヨグソミネバリ)　〔カバノキ科〕

Betula grossa Siebold et Zucc.

各地の山中に生える落葉高木で，幹は直立し，大きいものは高さ 20 m，径 60 cm ぐらい，樹皮は灰黒色を帯びた赤土色ではがれやすく，枝の内皮に一種のくさみがあり，新枝には腺点がまばらにある．葉は互生で，葉柄があり，短枝には 2 葉がつき，卵形ないし卵状長楕円形で，先端は鋭尖形，基部は浅い心臓形でふちには不規則の二重きょ歯がある．支脈は 10〜15 対で，斜めに平行し，下面の脈上には葉柄と同様に毛がある．雌雄同株で 5 月に開花する．雄花の尾状花穂は小枝の端から垂れ下がり，長さ 7〜9 cm ぐらい．柄は無く，褐黄色で多数の細かい花を密着する．雌花の花穂は雄花の穂の下にある短枝の端に 1 個つき，上向きで，小さい円柱形をしており，多数の花を密着し，緑色である．雄花は苞内にある．雌花は苞内に 2 個あって，子房 1 個，花柱 2 個がある．果穂には短い柄があるか，ほとんど無柄で，直立し，楕円形，長さ 2〜3 cm ぐらい，果鱗は 3 つに分かれ，小堅果には狭い翼がある．昔この林で弓をつくった．〔日本名〕一名をヨグソミネバリというがこれは樹皮が臭いのでついた名である．〔漢名〕梓はこの種ではない．梓をアカメガシワあるいはキササゲであるとしているのは全くの誤りで，真物はトウキササゲで中国産の樹である．

2190. ネコシデ (ウラジロカンバ)　〔カバノキ科〕

Betula corylifolia Regel et Maxim.

山中に生える落葉高木で，幹は直立分枝し，大きいものは高さ 17 m，径 60 cm ぐらいにもなり，樹皮は灰白色あるいは帯白色で，新枝には腺点がない．葉は互生し，葉柄があり，短枝には 2 個の葉がつく．葉は広倒卵形，広楕円形または菱状楕円形で，しばしば左右不同，先端は鋭形，基部は広いくさび形，切形，あるいはやや心臓形でふちには粗い二重歯牙があり，新葉では両面に毛があり，成長した葉では下面が白色を帯びて，脈上にだけ毛がある．支脈は 8〜14 対あって斜めに平行し，葉のふちにとどく．雌雄同株．5 月に開花する．雄花の尾状花穂は小枝の端から垂れ下がり，雌花の花穂は短枝から出て下向きになる．果穂は秋に熟し，短い柄で直立し，円柱形で長さ 3〜5 cm，径 1.5 cm ほどである．果鱗は落ちやすく，3 深裂し，細毛がある．中央の裂片は長く，両側の 2 裂片は短い．小堅果は広楕円状円形で狭い翼があり，先には 2 花柱が残存している．〔日本名〕ネコシデは果穂を猫の尾に見たてたものである．別名は葉の裏が帯白色だからついたもの．

2191. オノオレ (オンノレ，アズサミネバリ，オノオレカンバ)　〔カバノキ科〕

Betula schmidtii Regel

本州の中部以北の山地に生える落葉高木で，幹は直立してそびえ，大きいものでは高さ 17 m，径 60 cm ぐらいで，樹皮は暗灰色，あらい鱗状で，小枝は細長である．葉は互生し，柄があり，短枝には 2 葉がつき，広卵形あるいは楕円形で先端は鋭尖形，基部は円形または広いくさび形，左右不同，葉のふちには不規則な細かいきょ歯があり，葉質はやや薄く硬く，淡緑色で，裏面に腺点があり，脈上に毛がある．長さは 6〜9 cm，幅 4〜5.5 cm ぐらい，支脈は 10 対内外で斜めに平行し羽状となり，葉のふちまでのびている．雌雄同株．5 月に開花する雄花の尾状花穂は 2〜3 個小枝の先から垂れ下がり，丸い紐状で暗黄褐色である．雌花の花穂は緑色の細い円柱状で柄があり，短枝の先に上向きに 1 個つく．雄花には苞内に 20 個ほどの雄しべがある，雌花は 3 裂した苞の内に 3 個あって，子房 1 個，2 花柱がある．果穂は秋に熟し，柄があり直立し，円柱形，長さ 3 cm 前後，果鱗は 3 裂し基部はくさび形，小堅果は楕円形，極めて狭い翼がある．〔日本名〕斧折れで，木が非常に堅くてこの木を切る時斧が折れるほどだという．一名オンノレはオノオレの転訛である．

2192. アサダ (ハネカワ，ミノカブリ)　〔カバノキ科〕

Ostrya japonica Sarg.

各地の山地に生える落葉高木．幹は直立してそびえ，大きなものでは高さ 17 m，径 60 cm ぐらいになる．葉は互生で葉柄に粗い毛があり，卵形あるいは卵状楕円形で長さ 5〜10 cm，先端は鋭尖形，葉の基部は左右不同の円形ないし鋭形，ふちには不規則な歯牙状きょ歯があり，下面には軟毛が密生しその中に橙赤色の腺毛が混じっている．雌雄同株．5 月頃，葉がまだのびきらないうちに開花する．雄花の尾状花穂は無柄で前年枝の先端から垂れ下がり，長さ 3 cm 前後，円いひも状で褐黄色，多数の細かい花がついている．雄花は細毛の密生した腎臓形の苞の内にあり，雄しべは多数ある．雌花の穂は本年の新枝の先につき，短い柄があって上に向く．雌花は多毛の苞に 2 個つき，長い 2 個の柱頭がある．果穂は長楕円形でやや垂れ下がり，長さ 4〜5 cm ぐらい，増大して鱗状に並んだ苞は卵状楕円形で基部は袋状となりその内側に淡黒色の小堅果を抱いている．〔日本名〕アサダの意味は不明．

2193. クマシデ（オオソネ，イシソネ）　〔カバノキ科〕

Carpinus japonica Blume

山中に樹木とまじって生えたり平地に生えたりする落葉高木．幹は直立し，大きいものでは高さ 14 m 径 60 cm になり，新枝には軟毛がある．葉は 2 列に互生し，葉柄があり，長楕円形または披針状長楕円形で先端は鋭尖形，基部は多少心臓形で左右が不同，葉のふちに二重きょ歯があり，幅 2～4 cm ぐらい，支脈は 16～24 対あり，斜めに平行して葉のふちに達している．脈の上には長い毛がある．雌雄同株．5 月頃，新葉と同時に開花する．雄花の尾状花穂は無柄で，小枝から垂れ下がり，褐黄色で多数の苞と細かい花から出来ている．雄花は尖った卵形の苞内に 1 個つき，雄しべは多数で花糸は 2 岐している．雌花の穂は新しい枝の先に上向きにつき，緑色で雌花を密につける．雌花は苞内に 2 個あり，各々に子房 1 個と 2 花柱がある．果穂は大形で長楕円状円柱形，葉状となった苞が密生し，苞は斜卵形で先は鋭形，長さ 1.5～2 cm ぐらい．ふちにはあらいきょ歯があり，小堅果は卵形または楕円形で長さは 3～5 mm ぐらいある．〔日本名〕熊シデは樹の様子がたくましいからいうのだろう．オオソネ，イシソネはそれぞれ大きいソネ堅いソネの意味で，実際に材が堅くて炭とするのによい．

2194. サワシバ　〔カバノキ科〕

Carpinus cordata Blume

中部や北部の山林中に生える落葉高木で，幹は直立して，葉は多く，大きなものでは高さ 14 m，径 60 cm ぐらいになり，樹皮は淡緑灰色で裂目があり，枝は褐色を帯び平滑．新枝には初めまばらな毛がある．葉は 2 列に互生し，葉柄があり，卵形ないし楕円形で先端は鋭尖形，基部は心臓形で，ふちに細かい二重きょ歯があり，長さ 7～12 cm, 幅 3～6 cm ぐらいで，支脈は 14～22 対，斜めに平行して葉のふちまでとどき，脈上に毛がある．雌雄同株．5 月に，新葉がのびると同時に開花する．雄花の尾状花穂は緑黄色で小枝から垂れ下がり，細かい花を密につける．雄花は卵状長楕円形の苞の内に 1 個つき 4～8 個の雄しべがあり，花糸は 2 岐している．雌花の穂は柄があって，新枝の先から垂れ下がり密に細かい花をつけ，緑色である．雌花は小さい苞内に 2 個つき，大きい小苞，4～5 浅裂したがくがあり，子房は 1 個，2 花柱がある．果穂には柄があり，小枝から垂れ下がり，大形で緑色，小苞は葉状になり，卵形で先は鋭形，ふちにきょ歯があり，長さ 2 cm ぐらい．基部に小堅果が抱かれている．小堅果は楕円形で長さ 4 mm ぐらいある．〔日本名〕サワシバは山あいの谷間に生えるからである．

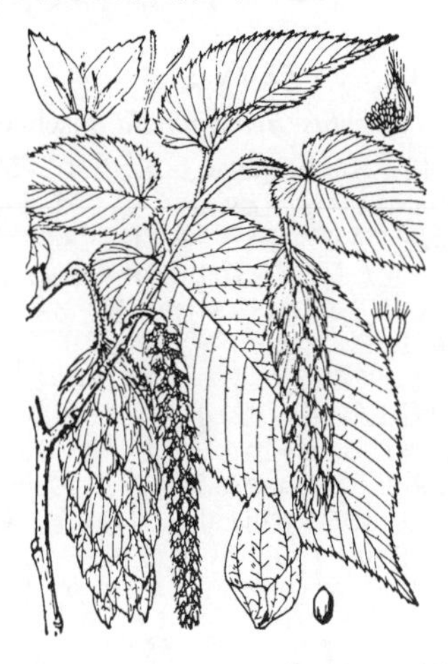

2195. イヌシデ（シロシデ，ソネ）　〔カバノキ科〕

Carpinus tschonoskii Maxim.

山地や平地に生える落葉高木．幹は直立し，樹皮は暗灰色，大きなものでは高さが 14 m，径 60 cm にもなり，新枝には毛が密生する．葉は 2 列に互生し，葉柄があり，卵形ないし楕円形で先は鋭尖形，基部は鈍形または円形，葉のふちに不規則な二重きょ歯がある．葉の表裏に長い軟毛があり，支脈は明瞭で，10～15 対あり，斜めに平行に並んでいる．雌雄同株．5 月頃，新葉より早く開花する．雄花の尾状花穂は前年の小枝から長く垂れ下がり，黄褐色で，苞は卵状心臓形である．雄花は苞ごとに 1 個ずつあり，数個の雄しべがあり，花糸は 2 岐し，葯の先端には長いひげ状の毛がある．雌の花穂は新枝の頂端につき，淡緑色で少し曲がっている．雌花は苞内に 2 個ずつあり，小苞があって各々に子房 1 個，花柱 2 個がある．果穂は長さ 4～8 cm ぐらいで，柄があって垂れ下がり，葉状の緑色の苞をややまばらにつけ，苞の長さは 2～3 cm，斜披針形または鎌形で，その片側のふちにはきょ歯があり，基部は耳たぶ状となっている．小さな堅果は広卵形で鋭頭，長さは 5 mm ぐらいである．〔日本名〕犬シデの犬はひも状花穂の様子から名づけられたものだろう．白シデは芽や新葉に白毛が多いからである．ソネは意味がわからない．

2196. アカシデ（シデノキ，ソロノキ，コソネ）　〔カバノキ科〕

Carpinus laxiflora (Siebold et Zucc.) Blume

山地や平地に生える落葉高木．幹は直立して枝が多く，幹は高さ 14 m，径 60 cm ぐらいまでになる．樹皮は平滑，新枝は初め毛があるがのちほとんど無毛となる．葉は小形で互生し，葉柄があり，卵形ないし長楕円形で先端は鋭尖形，基部は円形で，葉のふちには不規則な細かいきょ歯がある．葉は初め毛があるが後になめらかとなり，下面の脈の上だけに毛が残る．葉質は薄く，支脈は 7～15 対あって斜に平行している．雌雄同株．5 月頃，新葉よりも早く開花する．雄花の尾状花穂は小枝から垂れ下がり，紅褐黄色で苞は卵円形である．雄花は苞の中に 1 個あり，8 個の雄しべがあって花糸は二つに分かれている．雌花の花穂は有柄で緑色，まばらに花をつけ上向きである．雌花は尖った苞の内に 2 個つき，小苞があって子房 1 個，2 花柱がある．果穂は長い柄で垂れ下がり，長さ 3～8 cm ぐらいで，ややまばらに苞がついている．苞は葉状で緑色，長さ 1.2～2 cm ぐらい，3 裂し，中央の裂片は披針形で一方にぎざぎざがあり，側片は小さくてその 1 片は小堅果を包んでいる．小堅果は広卵形で長さ 3 mm ぐらいある．〔日本名〕赤シデは新芽が紅色をしており，秋に葉も紅葉するからである．シデノキのシデは四手で，垂れ下がった果穂をたとえたものである．

2197. イワシデ（コシデ） 〔カバノキ科〕

Carpinus turczaninovii Hance

小豆島以西の中国，四国，九州の一部の崖などに生える落葉性の小高木で，高さ 2～3 m，密に枝分かれする．本年の新しい枝の基部に金褐色のかたい鱗片葉が多数宿存する．葉は厚い膜質小形で，卵形，長さ 3 cm 内外，細い柄があり，上半部は漸尖し，下半部は丸味があって，乾くと暗褐色，側脈は 10 対ぐらいあり，平行して葉のふちに達し，主脈は上面に隆起している．葉のきょ歯は歯牙状で二重性，細かいが明瞭である．春，葉がのびるのと同時または少し先だって開花し，苞は赤くて美しい．果穂は短いので垂れ下がらず，長さは 15 mm 前後，葉状になった苞は左右不同の卵形で質はやや厚く，他種のようにふちが巻き込んで小堅果を抱くことはない．〔日本名〕岩シデはこの種が岩石の多い所などに生えるからである．

2198. ハシバミ 〔カバノキ科〕

Corylus heterophylla Fisch. ex Besser var. ***thunbergii*** Blume

陽のあたる丘に生え，またしばしば人家にも植えられている落葉低木．幹の高さは大きなもので 5 m，径 9 cm ぐらい．葉は互生して柄があり，広倒卵形またはほぼ円形で先端は急に鋭尖形となり，基部は心臓形で葉のふちには浅い欠刻がありさらに不規則な細かいきょ歯がある．葉質はやや薄く下面に短い毛がある．葉は長さ 6～12 cm，幅 5～12 cm ぐらいで，若葉には早落性の托葉があり，葉面にはしばしば紫斑がみられる．雌雄同株．3 月，葉がのびるのよりも早く開花する．雄花の尾状花穂は 1～数本小枝から垂れ下がり，長いひも状で黄褐色である．雄花は苞内に 1 個あり，小苞は 2 個で，がくはなく，雄しべは 8 個ある．雌花の穂は小さくやや卵形で小枝に上向きにつき，無柄で芽鱗片がこれを抱き 10 個以上の鮮紅色の花柱を束生する．雌花は苞ごとに 2 個あり，子房は 1 個，2 個の花柱がある．堅果はやや球状で堅く，葉状で先が数裂している総苞 2 個が鐘形になってこれを包む．果実を食用とする．〔日本名〕葉にしわがあるので葉皺，すなわちハシワミで，これが転化したのだといわれているが信じ難い．元来この木は実を主とするものだから榛柴実すなわちハリシバミとする説の方が良いと思う．また葉柴実とも考えられる．〔漢名〕榛．

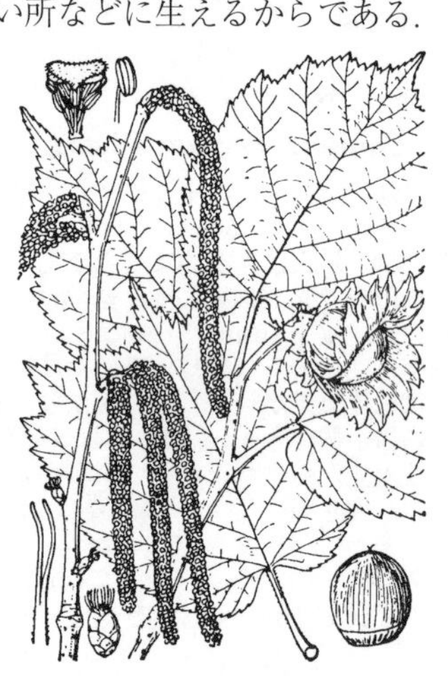

2199. ツノハシバミ（ナガハシバミ） 〔カバノキ科〕

Corylus sieboldiana Blume var. ***sieboldiana***

山中に生える落葉低木で幹は直立し，分枝して多くの葉をつける．大きいものでは高さ 5 m，径 12 cm ぐらいで新枝には毛がある．葉は互生で葉柄があり倒卵形ないし楕円形で先端は鋭尖形，基部は円形または広いくさび形で，ふちには不規則な二重きょ歯があり，上面は脈間に，下面は脈上に葉柄と同様に毛がある．雌雄同株．3 月頃新葉よりも早く開花する．雄花の尾状花穂は数本あって小枝から長く垂れ下がり，褐赤色で，多数の細花が密着している．雄花は苞の内に 1 個あって雄しべは 8 個ある．雌花の穂は小さく，卵形，柄はなくて小枝上につき芽鱗片がこれをかかえ，鮮紅色の花柱が束生している．雌花は苞内に 2 個あり，子房は 1 個，花柱は 2 個ある．堅果は卵形で尖り，総苞に包まれてその底部にある．総苞は無柄で小枝の端に 1～5 個がかたまってつき，卵円形で先は長いくちばし状の筒となり多少弓形に曲がり先が分裂し，緑色厚質で外面に剛毛が密生する．山の人はこの実を食用とする．〔日本名〕角ハシバミはくちばしのような総苞の形に基づいたものである．一名ナガハシバミも長い総苞の形に基づいたものである．

2200. ドクウツギ（イチロベゴロシ） 〔ドクウツギ科〕

Coriaria japonica A.Gray

北海道，近畿より東の本州の河畔や山地に生える落葉低木．高さ 1.5 m 位になり基部から褐色の枝を出している．葉は単葉で四角く細長い枝に対生し，左右 2 列に配列して一見羽状複葉のように見える．柄はなく，卵状長楕円形または卵状披針形，先端に向かってしだいに尖り，基部は丸く全縁で毛はない．縦に通った 3 本の主脈があり長さは 6～8 cm 位．春に葉に先立って黄緑色の小さな花を開く．雌雄同株．花は枝の節に束生する総状花序となり短い柄をもつ．前年の葉腋から長い雌花序と短い雄花序が 1 ヵ所から揃って出て，基部には鱗片が多い．がく片は 5 枚．5 個ある花弁は，がく片より小形．雄花には黄色の葯をもった 5 本の雄しべがある．雌花には熟さない 5 本の雄しべと紅色の長い花柱をもった 5 個の子房がある．果実は 5 個，褐色で彎曲した肋があり，残って大きくなった多汁の花弁がこれを包み，はじめエンドウ位の大きさの赤い球形をしているがあとでは 5 稜をもった紫黒色となり，甘い汁を含む．もし誤って食べると毒で死ぬ．〔日本名〕毒空木．ウツギ（アジサイ科）に樹形が似ているが有毒のために名がついた．市郎兵衛殺しは特定の人名をつけたのではなかろう．〔漢名〕木本黄精葉鉤吻というが，このような漢名はなく，わが国の学者が作ったものであろう．

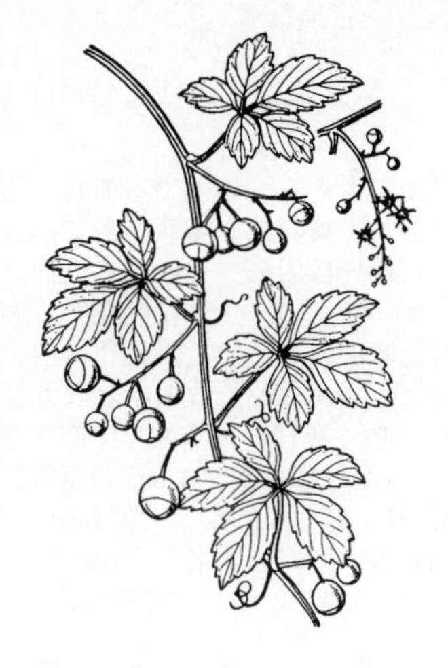

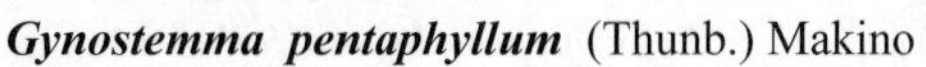

2201. アマチャヅル 〔ウリ科〕

Gynostemma pentaphyllum (Thunb.) Makino

北海道から琉球まで，および朝鮮半島，中国，東南アジアに広く分布し，山地ややぶ際に多い多年生のつる草．地下茎は地中をはい，茎はつるとなって長くのび，巻ひげがあって他物によじのぼり，始め淡色の軟毛があるがすぐ無毛となる．雌雄異株である．葉は互生し，5 ときに 3 または 7 小葉からなり，小葉は披針形あるいは狭卵状楕円形できょ歯があり，上面は深青緑色で細毛を散生する．8〜9 月頃総状円錐花序を出して黄緑色の小花を開く．花冠は 5 裂，裂片は先が鋭く尖り長さ約 2 mm．液果は径 6〜8 mm で球形，熟すると黒緑色となり，上に横すじがある．種子は長さ約 4 mm．〔日本名〕葉に甘みがあるのでアマチャヅルという．〔漢名〕絞股藍．

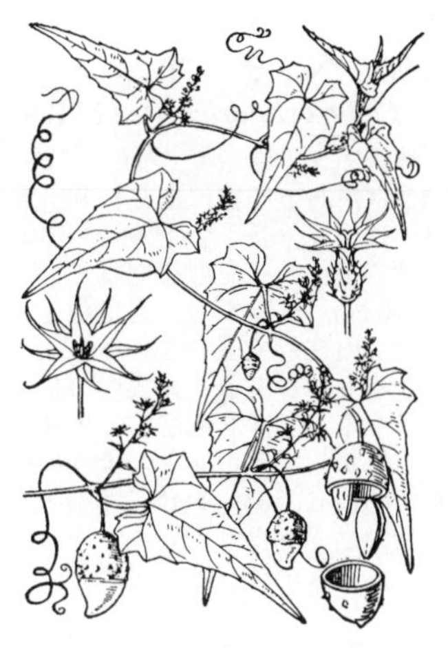

2202. ゴキヅル 〔ウリ科〕

Actinostemma tenerum Griff.（*A. lobatum* Maxim. ex Franch. et Sav.）

本州，四国，九州（琉球に欠ける）から東アジアの暖帯から熱帯の水辺に生える一年生つる植物．茎は長さ 2 m ばかり，巻ひげがあって他物にからまる．葉は柄があり，互生，葉身は三角状披針形で先端尖り，下部は 3〜5 の突起があり，長さ 5〜10 cm，幅 2.5〜7 cm，ときに 3〜5 浅裂または中裂するものもある（これをモミジバゴキヅルという）．晩夏から秋にかけて葉腋から多数の黄緑色の小花を出す．雄花冠はほとんど 5 全裂し，裂片は細長で尖る．同形のがくもほとんど 5 全裂．雄花序は総状，両性花は雄花序の基部に単生し，1 cm ぐらいの糸状の柄がある．花後，楕円体の緑色の果実を下垂し，熟すると上半の果皮が脱落して，同時に大形の黒色種子が 2 個落下する．〔日本名〕合器蔓の意味で果実の蓋がとれる形式を合器すなわちかぶせ蓋の容器にたとえた．〔漢名〕合子草．

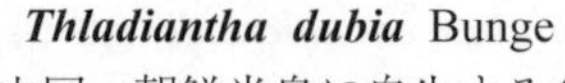

2203. オオスズメウリ 〔ウリ科〕

Thladiantha dubia Bunge

中国，朝鮮半島に自生する多年生つる植物．日本では北海道および福島，群馬，長野，大分の各県に帰化した記録がある．葉柄とともに茎には開出する長毛が密に生え，根は塊状となる．葉は互生し，広卵形で基部は心臓形，ふちには細かなきょ歯があり，長さ 6〜10 cm になる．雌雄異株．がく裂片は披針形で，長い軟毛が密に生え，花時に反り返る．花冠は黄色で，合着部は筒状，裂片は広卵形または三角状卵形で，外曲し，長さ 2〜2.5 cm になる．雄花は単生し，5 個の雄しべをもち，花糸には毛が散生する．半球形の退化子房がある．雌花には 5 個の仮雄しべがあり，雌しべは長い軟毛が生え，子房は長球形，花柱は 3 個で，柱頭は頭状で 2 裂する．果実は長球形または楕円体で，長さ 4〜5 cm になり，10 条ほどの不明瞭な縦縞がある．

2204. ツルレイシ（ニガウリ，ゴーヤ） 〔ウリ科〕

Momordica charantia L.

熱帯アジア原産で食用に栽培する一年生つる植物．茎は細長く，巻ひげによって他にからみつく．葉は巻ひげと対生し，大形で掌状に分裂し，裂片の先は尖る．夏から秋にかけて同株に雄花，雌花を開き，花柄に緑色卵形の苞葉がある．がくは鐘形 5 裂，裂片は卵形．花冠は黄色で深く 5 裂し径約 2 cm，雄しべは 3 個が離生，子房 3 室，柱頭はふつう 3 裂である．果実は全面にこぶ状の突起におおわれ，黄赤色に熟すると不規則に裂開して紅色の種衣に包まれた種子が現れる．果実には長短があって，長い方をナガレイシといい学名上の基本型とする．緑色または黄白色時の若い瓜（果実）を収穫し食用とする．種子をおおう紅い種衣は甘くそのまま食べられるが果皮は苦い．〔日本名〕蔓茘枝の意味で，漢名の錦茘枝の省略形に由来し，ムクロジ科の果樹レイシと区別するために蔓の語をつけたものであろう．苦瓜は果皮が苦いため．〔漢名〕苦瓜．錦茘枝の漢名もある．欧米ではもっぱら観賞用に栽培される．

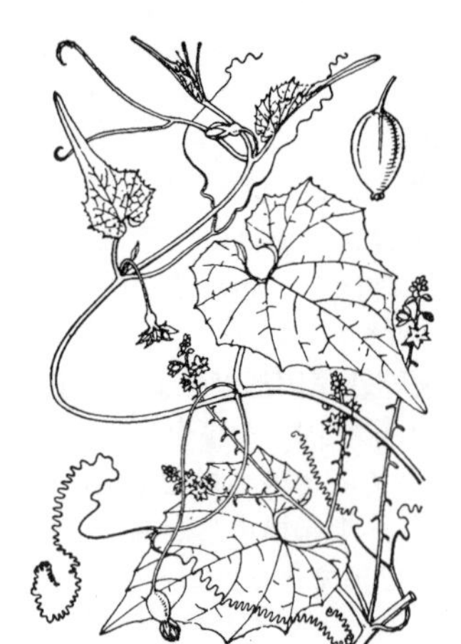

2205. ミヤマニガウリ 〔ウリ科〕

Schizopepon bryoniifolius Maxim.

東アジアの温帯，北海道，本州，九州の深山に生える一年生つる植物で茎は細い．両性株と雄株とがある．葉は長柄があり，葉身は心臓状卵形で，五〜七角，先端は尖り，基部は心臓形でくぼんだ部分は円形，質は薄く上面に毛がある．巻ひげは葉と対生し，2 岐して大へん長い．8〜9 月に開花し，両性花は各葉腋から 1 個ずつ下垂し，小形で黄色味を帯びる白色．雄花は白色で立ち上った複総状花序について腋生する．花冠は 5 裂して放射状となり径約 5 mm，裂片は卵状披針形である．雄しべは 3 個．花柱は短く太く中部まで 3 岐し，柱頭はおのおのがさらに 2 裂している．液果は長さ約 1 cm の楕円体だが，多くはややゆがみ，熟すると 3 裂する．種子は 1〜3 個．本種はふつう両性花の株であるが，たまに雄花だけがつく株がある．〔日本名〕深山生のニガウリの意味で，果実がニガウリ（ツルレイシ）に似ているとみたのである．

2206. ヘ チ マ 〔ウリ科〕

Luffa cylindrica (L.) M.Roem.（*L. aegyptiaca* Mill.）

熱帯アジア原産で，各地で栽植される一年生つる植物．茎は緑色で稜があり，巻ひげがあって他にまとわり，長くのびる．葉は柄があり，浅く掌状に分裂し，裂片は尖り，長さ幅とも 13〜30 cm，質はざらつくが無毛である．夏から秋にかけて黄色の花を雌雄同株につける．雄花序は総状，雌花は単性し，花冠は径 5〜10 cm，5 裂する．葯は離生，子房は 3 室，花柱は 3〜2 裂．果実は緑色の長大な円柱形で長さ 30〜60 cm だが，ナガヘチマと呼ばれる品種は 1〜2 m にもなるものがある．果実の外面はふつう浅い溝があり，若いものは軟らかく食用になる．しかし成熟すると強い繊維からなる網状組織が果肉中に発達するから，乾かしてスポンジのように色々と利用される．また茎を地上 30 cm ほどの所で切断し，あふれ出る液体を集めたものは化粧水にされる．〔日本名〕本種を長野県でトウリという，トはイロハのへとチの中間であるからヘチ間の意であり，これが日本名の起因といわれている．〔漢名〕絲瓜．

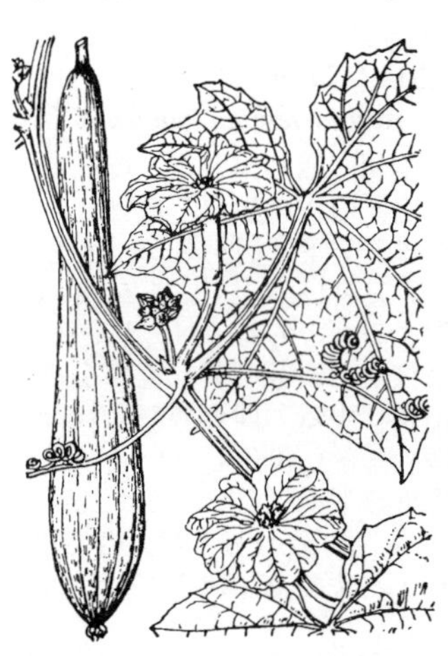

2207. カラスウリ 〔ウリ科〕

Trichosanthes cucumeroides (Ser.) Maxim. ex Franch. et Sav.

本州，四国，九州から台湾まで，および中国の山麓ややぶ地などに生える多年生のつる草．根は塊状に肥厚し，雌雄異株である．茎は細く，長いつるになっており，巻ひげで他の木などにからみつく．葉は柄があり，掌状に 3〜5 浅裂し，茎と同じく白色の粗毛があってざらつくが下部の葉はしばしば深裂する．8〜9 月頃白花を葉腋から出し，花冠は 5 裂，裂片はふちが糸状に細裂して房のように下垂する．雄花は少数が長さ 2〜10 cm の短総状花序につき，雌花は単独で花序を作らず，がく筒は長さ約 6 cm．果実は球形または楕円体で長さ 5〜7 cm，赤く熟し，果柄は長さ約 1 cm，種子は黒味の強い茶褐色で多少厚みがあり，カマキリの頭または大黒天を想像させる（図左上）．果肉を化粧料にもする．〔日本名〕カラスウリ．樹上に永く果実が赤く残るのをカラスが残したのであろうと見立てたか．〔漢名〕王瓜とするのは正しくない．

2208. キカラスウリ 〔ウリ科〕

Trichosanthes kirilowii Maxim. var. ***japonica*** (Miq.) Kitam.
（*T. japonica* (Miq.) Regel）

北海道（奥尻島），本州から琉球（奄美大島まで）の山野に生える多年生のつる植物で雌雄異株，地下には肥厚した長い根がある．茎は細く長いつるとなり，巻ひげがある．葉は互生し，柄があり，葉身は広心臓形で 3〜7 浅裂，下部のものはしばしば深裂，上面に短毛をまばらにつけるかざらつかない．8〜9 月頃白花が開き，がく筒の長さ約 3 cm，花冠裂片のふちは糸状に細裂するがカラスウリより短い．雄花はふつう腋生の長さ 10〜20 cm の総状花序につき，葉状の緑色の苞葉があるが，雌花は葉腋に単生する．果実は広楕円体で長さ約 10 cm にもなり，黄熟し，果柄は短く約 2〜3 cm である．塊根から澱粉をとり天瓜粉を作り，またその根の皮層をはいだものを瓜呂根といって薬用にする．〔日本名〕黄カラスウリの意味で果実が黄色であることによる．母種チョウセンカラスウリ var. *kirilowii* は漢名を栝樓といって中国と朝鮮半島に広く分布し，対馬からも報告がある．

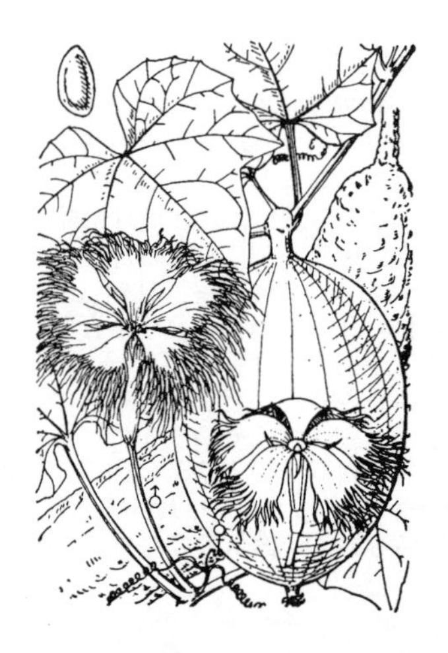

2209. モミジカラスウリ 〔ウリ科〕

Trichosanthes multiloba Miq.

九州から伊豆半島にかけて分布し，山地に生える多年生のつる植物で，根は肥大し，ねじれるが，ふつうは分枝しない．茎には葉とともに幼時に褐色の軟毛がある．葉は広卵形または五角状卵形で，基部は深い心臓形となり，両面には短い毛を散生し，点状の突起があり，5〜9 の裂片に中裂または深裂する．裂片は倒披針形，先は鋭尖形または鋭形で，ふちにはまばらにきょ歯がある．巻ひげは 2 分枝する．花は 6〜8 月に咲く．雄花序は長さ 10〜25 cm になり，広卵形または倒卵形で，長さ 10〜15 mm ほどの苞がある．がく筒は長さ 2〜2.5 cm，がく裂片は狭三角形で，長さ 5〜6 mm になる．花冠は白色で，裂片は広線形または楕円形で，上縁は細裂する．雄しべは花冠筒部よりも短い．果実は卵球形で，長さ 10 cm に達し，長さ 7〜25 cm の柄がある．種子は広楕円形で，長さ 10〜11 mm あり，黒褐色である．〔日本名〕紅葉カラスウリで，掌状に 5〜9 裂する葉が，モミジを連想させることにより名付けられた．

2210. ハヤトウリ 〔ウリ科〕

Sicyos edulis Jacq.

（*Chayota edulis* (Jacq.) Jacq.；*Sechium edule* (Jacq.) Sw.）

中央アメリカ，西インド諸島などの熱帯アメリカ原産でチャヨテ等の俗名がある．大正 5 年（1916）頃わが国に入り，近時広くわが国の暖地で栽培されるようになった多年生のつる草．地下に太い多肉の塊根がある．茎は稜がある緑色の円柱形で長くのび，長さ 10 m 以上になるが毎年枯死していく．葉は広卵形または三角状卵形で長さ 10〜20 cm，膜質で深緑色，表面はざらつく．花は単性で同株につき，小形で白色．雄花は腋生の細長い総状花序につき，雄しべ 3 個，雌花は 1〜2 個，雄花序と同じ葉腋につく．果実は倒卵形体または洋ナシ形，長さ 8〜17 cm ぐらい，4〜5 本の縦溝があり，頭部はややブシュカンに似ており，多肉質で肉がつまって硬く，熟しても表面は緑色かやや白色を帯びるものもある．中に大形の平たい卵形の種子が 1 個あり，種皮は軟らかく後に果実の先から芽が出る．果実を食用とし，塊根を家畜の飼料とする．〔日本名〕隼人瓜は合衆国から導入し試作した矢神氏から薩摩(隼人の国：鹿児島県）の島津隼彦が種子を得て栽培し，世に広めたのでこの名がある．

2211. アレチウリ 〔ウリ科〕

Sicyos angulatus L.

北アメリカ原産の帰化植物で，1952 年に静岡県清水港ではじめて見い出されたが，いまでは各地に広まり，河川敷などの荒地に生える一年生つる植物．他物にからまってのびる．葉は互生し，柄をもち，葉身は丸味のある五角形で，ふつう浅く 5 裂し，裂片の先はやや鋭形となり，上面は光沢がある．巻ひげは途中で 3（ときに 2 または 1）分裂する．雌雄同株．夏から秋にかけて，葉柄から長い柄のある花序を出し，雄花序では散房状に，雌花序では頭状に花をつける．雄花は直径 1 cm ほどとなり，5 個の黄白色で基部で合着する花弁がある．雄しべは合着し，頭状となる．雌花は 1 室の子房をもち，1 個の胚珠がぶらさがってついている．柱頭は 3 個．果実は液果で長卵形体，表面には軟毛と柔らかなとげを密生する．〔日本名〕荒地ウリで，荒地に生えていることにちなむ．

2212. ス イ カ 〔ウリ科〕

Citrullus lanatus (Thunb.) Matsum. et Nakai

（*C. vulgaris* Schrad. ex Ecklon et Zeyher；*C. battich* Forssk., nom. illeg.）

アフリカ原産の一年生つる植物で各地の畑で広く栽培される．茎は長く伸びてよく分岐し地上をはい，全体に白毛があり，節には分岐する巻ひげがある．葉は柄があり，葉身は卵形または卵状長楕円形で羽状に深裂し，長さ 10〜18 cm，羽片は 3〜4 対，緑白色である．夏に淡黄色の雌花と雄花を同株上に開く．花冠は 5 裂し径 3.5 cm ぐらい，がくも 5 裂，雄花は雄しべ 3 個，雌花の花柱は柱頭が 3 裂する．液果は球形または楕円体で大きく，皮の模様や色はさまざまである．果肉は非常に多汁で甘く，ふつう赤色，そのほか黄色，白色などの品種もある．種子は卵形で平たく黒褐色，長さ 8〜13 mm，2 倍体のものではふつう 500 粒くらいを含むが 3 倍体の株にできるタネナシ（種無し）スイカはほとんど 0 か未熟の白い軟らかな種子がある程度である．食用のほか民間薬にも用いられる．〔日本名〕漢名西瓜の唐音から転化したものである．〔漢名〕西瓜．

2213. コロシントウリ

〔ウリ科〕

Citrullus colocynthis (L.) Schrad.

熱帯アジアおよびアフリカ原産だが，今では地中海沿岸にも野生化している多年生のつる草．スイカと同属で，葉も花もたいへんよく似ている．分岐する巻ひげで他にからまりのぼり，株上に黄色で柄のある雌花と雄花をつけ，花冠は 5 裂し，子房には微毛が生えている．果実は球形で径 10 cm ぐらい，緑と黄の斑が入っており，味は非常に苦い．種子は長さ 5 mm あまりで無毛．乾かした果実を下剤に用い，古魯聖篤実という．薬用植物として，または珍奇さからときに栽培される．〔日本名〕コロシントウリは学名の種形容語と同じく西洋での古名からきている．中国でウリ科のことを葫蘆科というが，この葫蘆も語源は同じである．

2214. ユウガオ

〔ウリ科〕

Lagenaria siceraria (Molina) Standl. var. ***hispida*** (Thunb.) H.Hara

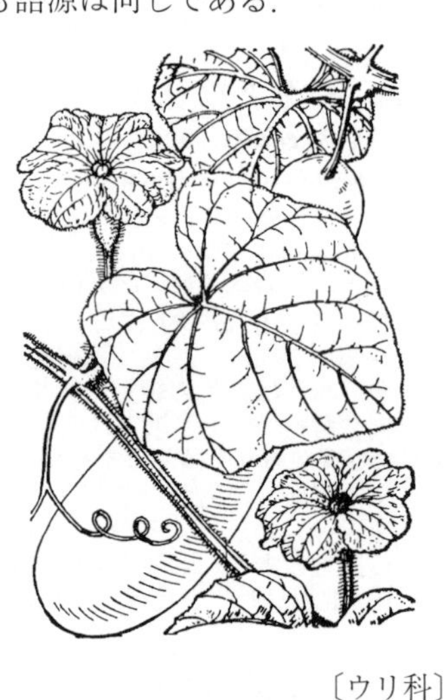

アフリカ原産で，畑や人家に栽培される一年生のつる植物．茎は軟らかい粘質の短毛があり，長いつるになって地面をはうか，分岐する巻ひげによって他物にからまり，よじのぼる．葉は心臓形または腎臓形で，わずかに掌状に浅裂，先端は鈍く，基部は心臓形，軟毛がある．夏に葉腋に白花を単生し，雌雄同株，雄花は長柄，雌花は短柄がある．花冠は夕方平開し，翌日の午前中にしぼむ，径 5〜10 cm，5 裂，雄しべは 3 個で軽く合着，雌花の下位子房には毛がある．液果は長大で長さ 60〜90 cm にもなり，表面には毛があり，内部には厚い白色の果肉がある．果実は煮て食用とするほか，果肉をひも状に細く切って乾燥し，干瓢（かんぴょう）を作る．〔日本名〕夕顔の意味で夕方咲く花に基づくものである．〔漢名〕壺盧．〔追記〕本種はしばしば名前の類似からヒルガオ科のヨルガオ *Ipomoea alba* L. と混同される．

2215. ヒョウタン

〔ウリ科〕

Lagenaria siceraria (Molina) Standl. var. ***siceraria* 'Gourda'**

ユウガオの変種で，人家に栽培される一年生つる草で全体に毛がある．茎は長くのび，分岐する巻ひげがあって他によじのぼる．葉は互生し，柄があり，心臓状円形，しばしば掌状に浅裂し，軟毛がある．夏の夕方にユウガオと同じく白花を開く．果実は初め毛があり，中間がくびれており，苦味がある．成熟すると果皮が硬くなるので，その内部の果肉や種子を取除いて酒を入れる容器などを作る．果実が特に小形で多数生ずるものにセンナリヒョウタン 'Microcarpa' があり，このごく若いものはときに煮食または奈良漬とされる．また観賞用，日よけ用などとしても栽培される．〔日本名〕本植物から作られた容器をさす漢名瓢箪の音に由来する．〔漢名〕蒲蘆．

2216. フクベ

〔ウリ科〕

Lagenaria siceraria (Molina) Standl. var. ***depressa*** (Ser.) H.Hara

ヒョウタンと同じくユウガオの変種である．全体が青緑色で軟毛が生えている．雌雄同株．花は葉腋に単生し，花冠は白色，5 裂し，裂片はやや円い．果実は非常に大きく，やや平たい球形，径 30 cm 以上になり，重さ 10〜30 kg にもなり，表面に軟毛があるが，熟すると毛は脱落し，表皮は著しく硬化する．主として栃木県下で栽培され，果実から干瓢を製造するので，同地方ではフクベを製品同様にカンピョウと呼んでいる．また熟したものは内部の果肉をくり抜き，加工して盆，炭入，火鉢，花器，置物などの細工物を作る．〔日本名〕膨くれている実という意味の「膨実」から来た名．

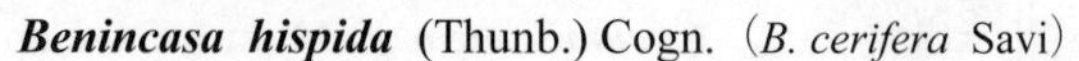

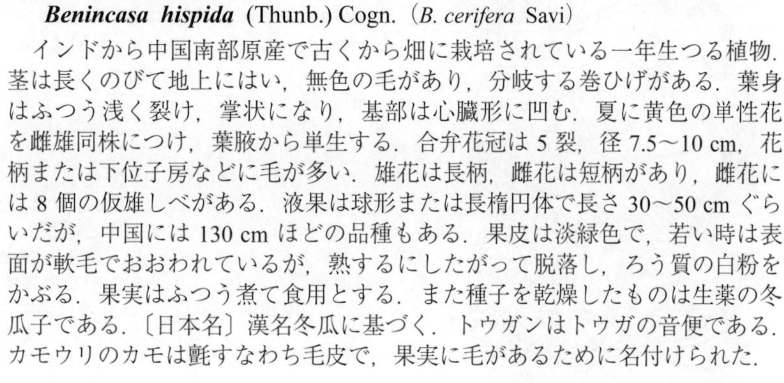

2217. **トウガン**（カモウリ，トウガ） 〔ウリ科〕

Benincasa hispida (Thunb.) Cogn.（*B. cerifera* Savi）

インドから中国南部原産で古くから畑に栽培されている一年生つる植物．茎は長くのびて地上にはい，無色の毛があり，分岐する巻ひげがある．葉身はふつう浅く裂け，掌状になり，基部は心臓形に凹む．夏に黄色の単性花を雌雄同株につけ，葉腋から単生する．合弁花冠は 5 裂，径 7.5～10 cm，花柄または下位子房などに毛が多い．雄花は長柄，雌花は短柄があり，雌花には 8 個の仮雄しべがある．液果は球形または長楕円体で長さ 30～50 cm ぐらいだが，中国には 130 cm ほどの品種もある．果皮は淡緑色で，若い時は表面が軟毛でおおわれているが，熟するにしたがって脱落し，ろう質の白粉をかぶる．果実はふつう煮て食用とする．また種子を乾燥したものは生薬の冬瓜子である．〔日本名〕漢名冬瓜に基づく．トウガンはトウガの音便である．カモウリのカモは氈すなわち毛皮で，果実に毛があるために名付けられた．

2218. **キュウリ** 〔ウリ科〕

Cucumis sativus L.

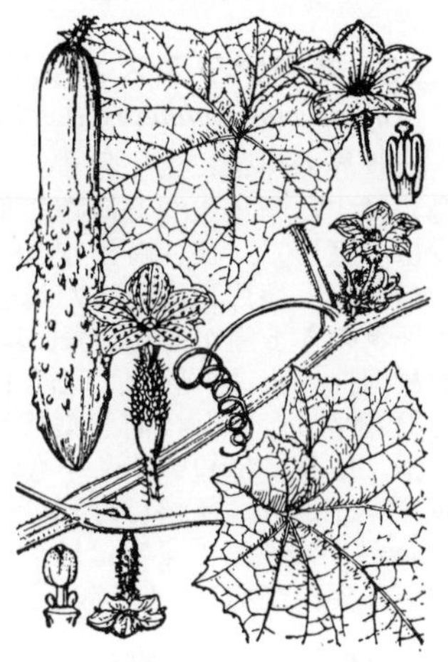

インド原産の一年生つる植物で，広く菜園に栽培されている．茎は巻ひげによって他物にからみ，長くのび，全体に粗毛があり，著しい角がある．葉は柄があり，掌状に浅裂し長さ 8～15 cm，裂片は先が尖った三角形，ふちには歯状のきょ歯があり，質はざらつく．雌雄同株で，夏に黄色の単性花を開く．花冠は 5 裂してしわがあり，径 3 cm 内外，短い花柄があり，雌花は花下に長い子房があり刺毛がある．雄花は 3 個の雄しべがある．果実は円柱形の液果で長さはふつう 15～30 cm，表面は若い時刺毛があり緑白色や深緑色，熟すると黄褐色になる．種子は黄白色で狭卵形，扁平である．果実を食用にするので多数の品種が知られている．果汁は湯やけどによく効く．〔日本名〕黄瓜の意味で，実が熟した時の色にちなむ．〔漢名〕胡瓜．

2219. **アミメロン**（ジャコウウリ，マスクメロン） 〔ウリ科〕

Cucumis melo L. **Reticulatus Group**

（*Cucumis melo* L. var. *reticulatus* Ser.）

南アジア原産の野生品から改良されたといわれる一年生の果草．茎はつる性，全体に粗毛がある．葉は長い柄があって互生し，広卵形，径 7～13 cm，浅く掌状に裂け，裂片は先が鈍く，ふちに不整のきょ歯があり，網脈が著しく，基部は心臓形．葉柄の基部から巻ひげを出す．夏に黄色の雌花および雄花を同一株上につけ，花冠は 5 裂，径 2 cm 内外，裂片は卵形で先端は尖らず，雌花は短柄があり下部に子房がある．液果は球形，ふつう径 10～15 cm，青白い淡緑色に熟し，外皮に網目状のひび割れができ，その部分は白または黄白になる．果肉は甘く，上品な芳香があり淡緑黄色で，種子は白色．生食して賞美される．わが国では温室で栽培される．〔日本名〕網メロンは果実の表に網目模様があるメロンの意味．麝香瓜は英語名 Musk melon の訳で，芳香のあることを示す名である．

2220. **シロウリ** 〔ウリ科〕

Cucumis melo L. **Conomon Group**

（*Cucumis melo* L. var. *conomon* (Thunb.) Makino）

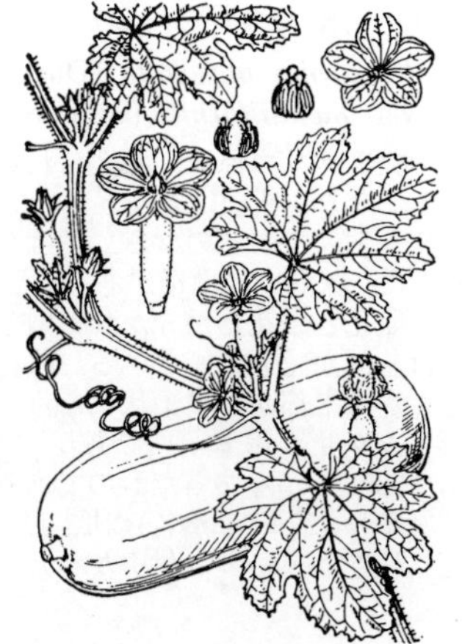

アミメロンと同じくマクワウリの変種で，古くから畑に栽培される一年生つる性草本．茎は長くのび，巻ひげがあり，花，葉の形状もアミメロンと同様である．果実は円柱状長楕円体で長さ 20～30 cm，外皮は毛がなく，すべすべしており，白緑色である．果肉は芳香や甘味はなく，生食することもあるが，ふつうは奈良漬その他の漬物とする．アオウリはこの一品で果実の表面が緑色，用途は同じ．湿潤な気候にも適応するので栽培が容易である．〔日本名〕白瓜でキュウリに対し熟しても白味がちであることによる．〔漢名〕越瓜．〔追記〕種形容語 *conomon* は「香の物」（漬物の意）の九州なまりである．

2221. マクワウリ 〔ウリ科〕

Cucumis melo L. **Makuwa** Gsoup
(*Cucumis melo* L. var. *makuwa* Makino)

シロウリやアミメロンの変種でインド原産の野生種から改良されといわれ，古くから畑に栽培されている一年草．茎は巻ひげがあり，つる性で長く地上にのびる．葉は柄があり，互生し，葉身は掌状浅裂で基部は心臓形になる．夏に黄色の単性花を雌雄同株につけ，花冠は5裂し，径約2 cm，雌花は下部に子房がある．液果はふつう円柱状楕円体，長さ12 cm，径7 cmぐらい，果皮は黄緑色，縦に淡色の浅い縞があり，完熟すると割れ目ができる．ただし現在は果皮が黄色の金（キン）マクワを世間ではマクワウリと呼び，この方がふつうである一方で，黄緑色の在来品種はまれになっている．果肉は在来品はたいてい緑色だが金マクワは白色，一種の香気があり，甘味があるので生食する．未熟果のへたを乾燥したものは，生薬の瓜帯で催吐剤にする．〔日本名〕美濃国の真桑村（現在の岐阜県本巣市）が上品の産地だったことに由来するという説の他に，本来のウリという意味で真瓜（瓜の音読みはクワ）と読んだことによるとする説もある．〔漢名〕甜瓜．

2222. オキナワスズメウリ 〔ウリ科〕

Diplocyclos palmatus (L.) C.Jeffrey

旧世界の熱帯に広く分布し，日本ではトカラ列島口之島以南の南西諸島に産する一年生つる植物．葉は互生し，長さ3〜5 cmの柄があり，葉身は心臓形で，長さ幅とも10 cmほどで，掌状に5または7個の裂片に中裂する．裂片は卵形または広披針形で，先は鋭尖形，ふちには細かい歯牙状のきょ歯があり，表面はざらつく．巻ひげは先が2つに分かれる．雌雄同株．花は小形で，直径1 cmほどあり，葉腋に束生するが，雄花序と雌花序はしばしば同じ葉腋から出る．がくは広鐘形．花冠は白色で広鐘形．雄花には短い花糸をもつ3本の雄しべがある．雌花には3個の仮雄ずいがあり，子房は球形で，3個の胎座があり，柱頭は3個で，それぞれが2裂する．果実は球形，直径約2 cmで，熟して地は赤色となり，白色の縦縞がある．〔日本名〕沖縄スズメウリで，生育地の地名による．

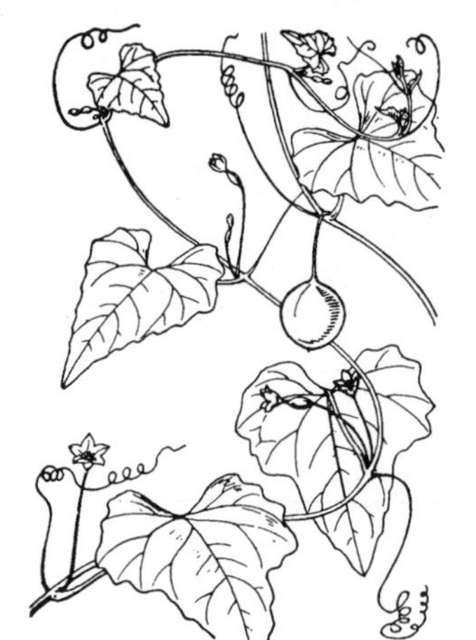

2223. スズメウリ 〔ウリ科〕

Zehneria japonica (Thunb.) H.Y.Liu
(*Melothria japonica* (Thunb.) Maxim. ex Cogn.)

本州，四国，九州および済州島の原野や水辺などに生える一年草つる植物．茎は細長く，巻ひげで他にからんでのびる．葉は巻ひげと対生，柄があり，葉身は三角状卵心臓形で質薄く柔弱，脈上に毛がある他は無毛である．巻ひげは単純で細く，先は分岐しない．7〜8月頃，雌雄花ともに葉腋に単生（枝先ではときに雄花が総状花序につく）．花冠は白色で5裂，径6〜7 mm，がく歯は5個，細い花柄がある．雄花は3個の雄しべがあり，雌花は短い花柱があって柱頭は2裂．果実は長さ15〜50 mmの糸状の柄で下垂し，球形で径1〜2 cm，無毛ですべすべしており，はじめ緑色だが熟すると灰白色になり，水っぽい．中には灰白色，長さ5〜6 mmの平たい種子が多数入っている．〔日本名〕雀瓜で小形の果実をスズメで表現したもの．あるいは瓜をスズメの卵に見立てたものかも知れない．〔漢名〕馬瓟児は誤用．

2224. ボウブラ（キクザカボチャ） 〔ウリ科〕

Cucurbita moschata (Duchesne ex Lam.) Duchesne ex Poir.
var. ***meloniformis*** (Carrière) Makino

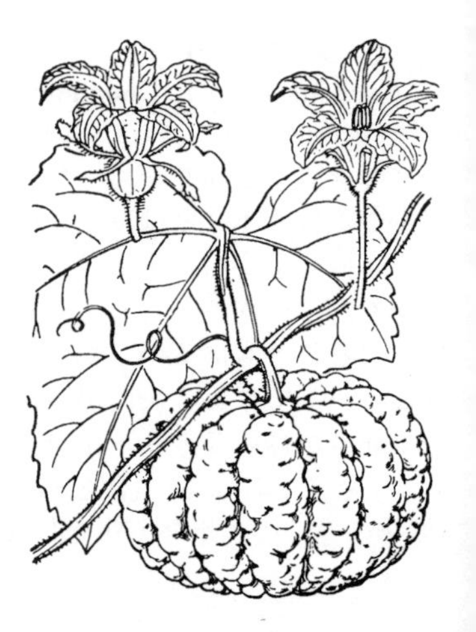

中央アメリカ原産と考えられる一年草で，日本各地で栽培される．茎は長いつるになり，断面は多く五角形で，軟毛があり，巻ひげがあって地上をはうか，他にからんでよじのぼる．葉は互生，柄があり，葉身は心臓形または腎臓形で5浅裂，脈沿いに白斑がある．夏に葉脈から汚黄色大形の5裂する合弁花を出し，雌花と雄花とが分かれている．雄花は長柄があり，がく筒は浅く，がく裂片は基部が花冠に密着する．雌花は短柄があって花下に球状の子房があり，がく裂片は上部が多少葉状になる．果実は大きく，平たく，縦に溝があって菊座形（キクザカボチャ）であり，食用にする．〔日本名〕ボウブラはポルトガル語Abobura がなまったものであり，この品をカボチャまたはトウナスというのは好ましくない．〔漢名〕南瓜．しかし近頃はこの品に倭瓜の名を用いている．〔追記〕最近は味のよいクリカボチャにおされて日本での栽培は少なくなった．

2225. サイキョウカボチャ（トウナス，シシガタニ）〔ウリ科〕

Cucurbita moschata (Duchesne ex Lam.) Duchesne ex Poir. var. ***meloniformis*** (Carrière) Makino **'Toonas'**

ボウブラと同種で畑に栽培される一年生のつる植物．形状はボウフラと同じであるが，果実の形が異なっており，図に示すようにヒョウタン形である．この品は主に京都附近で栽培された（このためシシガタニ（鹿が谷）の名もある）が今は非常に少なくなっている．本品はわが国にはボウブラよりおくれて輸入された．また果実がヘチマ状に長く伸びたツルクビカボチャ（ヘチマカボチャ）var. *luffiformis* H. Hara をはじめ多数の系統，品種がある．本品が属する *C. moschata* を総称してニホンカボチャという．カボチャの名はカンボジアから来たことに由来し，トウナス（唐茄子）は果形に基づいた名である．

2226. セイヨウカボチャ（ナタウリ，ペポカボチャ）〔ウリ科〕

Cucurbita pepo L.

北アメリカ原産といわれているが，今では世界各地に広がり，明治年間（19世紀後半）にわが国にも渡来して（しかしキントウガなどはすでに江戸時代に来た）あちこちの畑で栽培されている一年生のつる草．葉は大形で卵円形，3〜7裂，裂片は先が尖り，トウナスの葉に比べると質がやや軟らかで，細毛が多く，黄緑色で葉面に白斑はない．夏に径 10 cm ぐらいの黄花を葉腋から出し，雄花は細長な花柄があり，雌花は太く短い花柄がある．雌雄同株で雄花のがく筒は筒状．雌花のがく裂片は狭く葉状にならない．花冠は放射状広鐘形，5裂し，裂片は尖る．果実は倒卵状楕円体で長さ約 30 cm になり，表面はすべすべしており，トウナスやボウブラのようにこぶ状になっていない．果柄は断面五角形，木質で溝があり，末端は少し太くなる．〔日本名〕西洋カボチャの意で，おくれて西洋から入ったので特に西洋の字がついた．

2227. キントウガ〔ウリ科〕

Cucurbita pepo L. **'Kintogwa'**

セイヨウカボチャの栽培変種で畑に栽培する一年生のつる草．茎，葉ともにボウブラに似ており，葉はいくぶん丸味があり，脈沿いに白斑がない．また花は黄色で雌雄の別があり，雌花のがく裂片は末端が葉状とならないなどの点はセイヨウカボチャのところで説明してあるとおりである．果実は非常に大形で黄赤色に熟し，外皮はすべすべして美しいから多くは果物店の装飾品とされる．果実が平たく丸いものをアコダウリ（これの漢名は紅南瓜を慣用とする），つるがあまり伸びず，果実も小形で形や色の変化の多いものをコナタウリまたはカザリカボチャという．キントウガはふつう食用としない．しかし同じ種に属するイトカボチャは果実をゆでると果肉が細く糸状にほぐれ，料理に用いる．その他品種によっては家畜の飼料として栽培されるものもある．〔日本名〕金冬瓜の意でトウガに似て色が黄色だからである．

2228. クリカボチャ（セイヨウカボチャ）〔ウリ科〕

Cucurbita maxima Duchesne ex Lam.

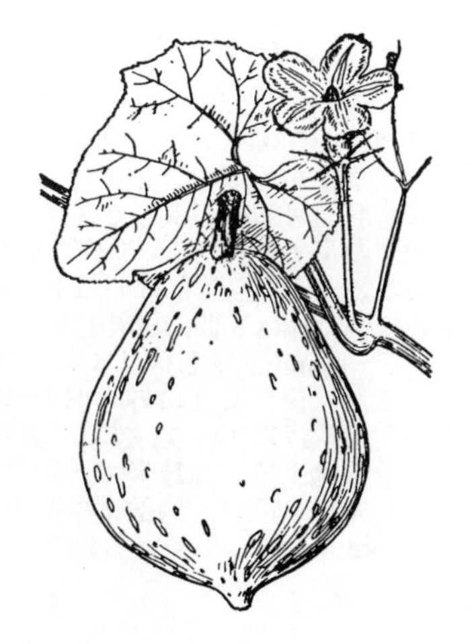

南アメリカ山地の原産といわれ，畑地に栽培される一年生のつる草である．この種類はボウブラやセイヨウカボチャ（Hubbard）やカステラカボチャ（Delicious）なども同じ仲間である．セイヨウカボチャ（2226図）と混同されやすいが，果柄は断面円形，熟すると太くふくらみコルク質となり，葉は大形で裂片は浅く円味があり，白斑はなく，花冠は濃黄色，裂片は先が丸く，質はやや厚くてふちに著しいしわがあり，内面の毛は短く密生し，種子は茶褐色，すべすべしており，へりの部分は狭いので区別される．茎，葉柄，花柄，がくなどにはやや長い粗毛が生えている．雄花のがく筒は鐘形，裂片は針形で開出する．果実は大形で倒卵形体または球形で溝は目立たず，すべすべしており，へそは小さく突き出て，熟すると暗緑色または赤橙色になる．〔日本名〕栗南瓜は果肉の味が栗（クリ）のようであるという意味である．

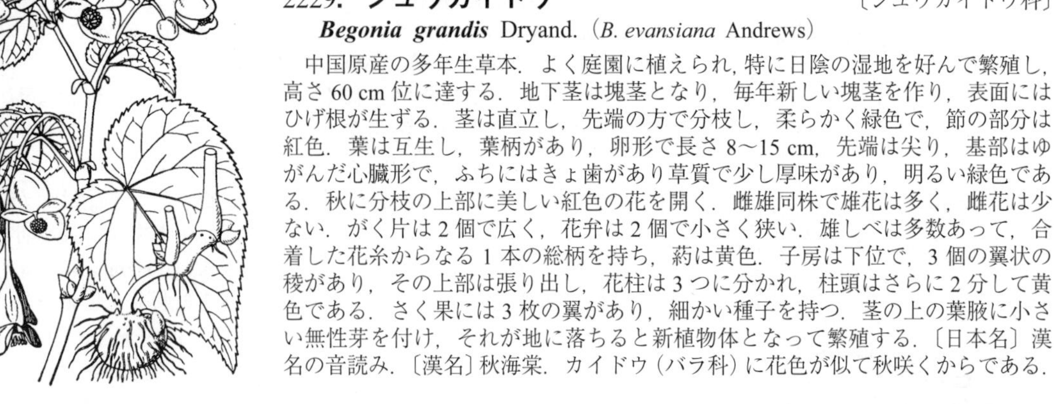

2229. シュウカイドウ 〔シュウカイドウ科〕

Begonia grandis Dryand.（*B. evansiana* Andrews）

中国原産の多年生草本．よく庭園に植えられ，特に日陰の湿地を好んで繁殖し，高さ 60 cm 位に達する．地下茎は塊茎となり，毎年新しい塊茎を作り，表面にはひげ根が生ずる．茎は直立し，先端の方で分枝し，柔らかく緑色で，節の部分は紅色．葉は互生し，葉柄があり，卵形で長さ 8～15 cm，先端は尖り，基部はゆがんだ心臓形で，ふちにはきょ歯があり草質で少し厚味があり，明るい緑色である．秋に分枝の上部に美しい紅色の花を開く．雌雄同株で雄花は多く，雌花は少ない．がく片は 2 個で広く，花弁は 2 個で小さく狭い．雄しべは多数あって，合着した花糸からなる 1 本の総柄を持ち，葯は黄色．子房は下位で，3 個の翼状の稜があり，その上部は張り出し，花柱は 3 つに分かれ，柱頭はさらに 2 分して黄色である．さく果には 3 枚の翼があり，細かい種子を持つ．茎の上の葉腋に小さい無性芽を付け，それが地に落ちると新植物体となって繁殖する．〔日本名〕漢名の音読み．〔漢名〕秋海棠．カイドウ（バラ科）に花色が似て秋咲くからである．

2230. タイヨウベゴニヤ 〔シュウカイドウ科〕

Begonia rex Putz.

インドのアッサム地方原産の多年生草本．日本で栽培するためには，冬期に温室に入れる必要がある．茎は太く短く地上をはい，わずかに分枝して，長い葉柄をもった大きな葉を束生する．葉身は左右不同，卵形，先端は鋭く尖り，基部は心臓形で長さ 20～30 cm におよび，ふちには波状のきょ歯があり，葉身，葉柄ともに粗い毛がある．上面にはふつう，帯緑白色の U 字形の模様があり，下面は暗赤色．夏に葉よりもわずかに長く，まばらに分枝する集散花序を出し，長い花柄のある淡紅色の花を開く．雄花には 4 個の花弁があり，長径 5 cm 位，その 1 対は小形．雌花は 5 弁，雄花より小形で，下位子房には 3 個の翼が著しい．〔日本名〕大葉ベゴニアの意味である．

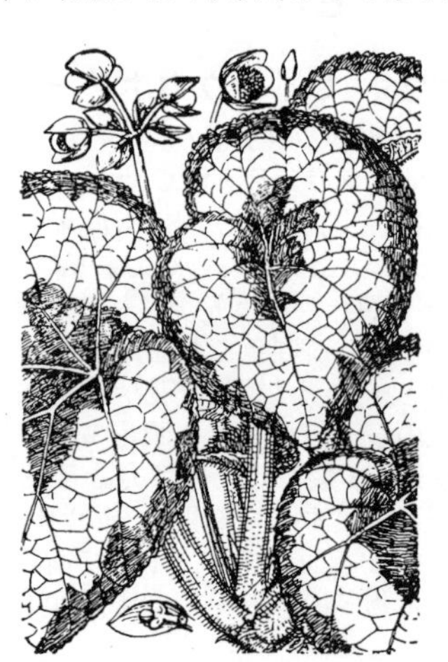

2231. シキザキベゴニヤ 〔シュウカイドウ科〕

Begonia ×semperflorens Link et Otto

南米ブラジル原産の多年生草本 *B. cucullata* Willd. と *B. schmidtiana* Regel の交配によって作られた園芸植物．日本では暖地を除き温室やフレームで越冬させる．全体に毛がなく，茎は高さ 15～30 cm 位，根もとから多数分枝し，肉質多汁の厚い葉を互生する．葉身は左右不同の卵形，表面に単細胞性の小さい隆起があり，光を反射して光沢が強い．夏に強い太陽の光にあたると全体が赤色あるいは赤紫色となる．葉のふちは濃い赤色で，不整のきょ歯がある．花は葉腋から次々と出て，年中絶えず開き，淡紅色や時に濃赤色の品種がある．雄花は 4 弁で，その中 1 対は小さく，長径は 1～2 cm，黄色の雄しべが多数ある．雌花は 5 弁，下位子房は倒三角錐形で，3 個の大きい翼をもっている．花が終わって後に微小な褐色種子を生ずる．〔日本名〕四季咲ベゴニアの意味．

2232. ウメバチソウ 〔ニシキギ科〕

Parnassia palustris L. var. ***palustris***（*P. palustris* var. *multiseta* Ledeb.）

各地の山のふもとや，あるいは高山の日の当たる所に生える多年生草本で，根茎は短く太い．根生葉はかたまってつき，長い柄があり，円形または腎臓形，基部は心臓形で直径 1～3 cm 位ある．夏秋の頃に高さ 10～40 cm の数本の花茎を直立し，1 枚の葉と 1 個の花をつける．茎葉は柄はなく，卵形あるいは円形．基部は心臓形で茎を抱く．花は白色，ウメの花に似ている．緑色のがく片は 5 個，長楕円形．花弁も 5 個，平開し，卵状円形で先端は丸く，長さ 7～10 mm．雄しべは 5 本，外に向いた葯があり，花糸は初め子房にそっているが，後に交互に外へ曲がる．雄しべと雄しべの間に 5 個の仮雄しべがあり，掌状に 13～22 裂し，裂片の先端は黄緑色の小さい球形になっている．子房は上位，卵球形で，頂部に 4 つに分かれた柱頭がある．さく果は上部が 4 つに裂け，内部に多数の種子がある．〔日本名〕梅鉢草の意味で花の形が梅鉢の紋に似ているのでいう．

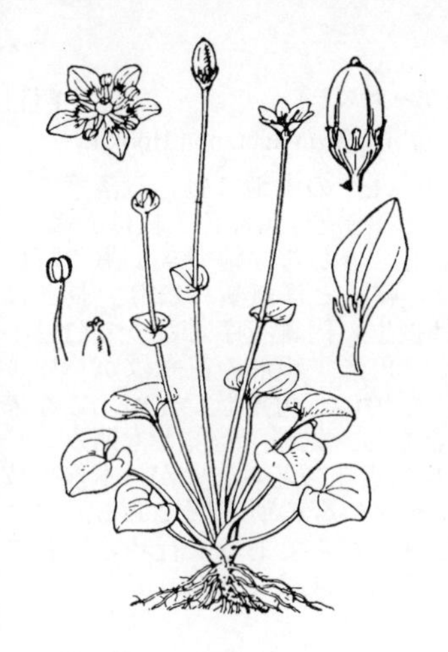

2233. ヒメウメバチソウ 〔ニシキギ科〕

Parnassia alpicola Makino

本州中北部の高山草本帯に生える多年生の小草本．根生葉には長い柄があり，腎臓形あるいは円形，基部は心臓形，直径 1 cm 内外．8 月頃，高さ 10 cm 内外の花茎を出し，半分位の所に茎を抱いた柄のない葉を 1 枚つけ，頂上に白色 5 弁の花を 1 個つける．がく片は長卵形で 5 個あり，緑色，長さ 2～3 mm．花弁は卵形で先端は鈍形．基部は細まって，長さ 4～6 mm ある．雄しべは 5 本．間にある仮雄しべは掌状に 3～8 に浅く裂け，長さ 1～3 mm，先は小球状にならない．子房は卵球形，頂部に 3 本の花柱をつける．さく果は卵球形，成熟すると先端が開裂する．〔日本名〕姫梅鉢草の意味である．

2234. シラヒゲソウ 〔ニシキギ科〕

Parnassia foliosa Hook.f. et Thomson var. ***foliosa***

（*P. foliosa* var. *nummularia* (Maxim.) T.Itô）

本州中部および西部，四国，九州の山地あるいは時に山の湿地に生える多年生草本．根生葉はかたまってつき，長い柄があり，腎臓形またはやや円形で基部は心臓形．8～9 月の頃，高さ 15～30 cm の花茎を出し，頂上に 1 個の白色花を開く．茎葉は 3～6 個，柄はなくやや円形で，基部は心臓形，花茎を抱く，がく片は 5 個，緑色，卵形．花弁も 5 個．卵形，基部は急に細まり，ふちは糸状に深く裂け，長さ 1 cm 内外ある．雄しべは 5 本．仮雄しべは先端が深く 3 つに裂け，裂片は先端が頭状．子房は球状卵形，柱頭は 4 つに裂ける．さく果は卵球形，上部が 4 つに裂け細かい種子を出す．〔日本名〕白鬚草は白色の花弁が糸状に切れ込んでいる形に基づく．

2235. モクレイシ 〔ニシキギ科〕

Microtropis japonica (Franch. et Sav.) Hallier f.

（*Otherodendron japonicum* (Franch. et Sav.) Makino）

神奈川県，伊豆半島，九州など暖地に生える常緑の低木で雌雄異株．葉は対生し，柄をもつ．革質で毛はなく，全縁である．形は楕円形か倒卵形で長さ 5～10 cm，幅 3～6 cm，先が鈍く，基部はくさび形をして短い柄に流れている．3 月頃葉腋に短い集散花序をつけ，緑白色の小さな花を多数開く．がくはほぼ球形で鐘形，5 片に深く裂け裂片は半円形をしている．5 個の花弁は広い卵形である．5 本の雄しべは雄花では子房より長く，雌花では短い．雌しべの柱頭は雄花ではほとんど単一で雄しべより短いが，雌花では柱頭が 4 裂し，雄しべより長い．子房は 2 室で各室に 2 個の胚珠がある．さく果は広楕円体で長さ 1.5～2 cm，幅 9～13 mm ある．果皮は革質で基部から縦に裂け，赤い種子を出す．〔日本名〕木茘枝であろう．牧野晩成（1967）によれば果実が割れて，赤い種子が見えるのをツルレイシの果実に見立て，木本であることからついたという．別名にフクボク，クロギ．

2236. ハリツルマサキ 〔ニシキギ科〕

Gymnosporia diversifolia Maxim.

（*Maytenus diversifolia* (Maxim.) Ding Hou）

台湾，フィリピンなどアジア熱帯の海岸に茂る半つる性の常緑低木．日本では琉球列島の各島の海岸に見られる．枝は根もとからよく分枝して立ち上がり，高さ 1 m 前後．小枝の先端はとげになり，また葉腋にも鋭いとげがある．葉は互生し，ほとんど柄がない．葉は長さ 2～3 cm，幅 1 cm 余の倒卵形で，先端は丸く，ときに浅くくぼむ．葉の基部はくさび形に細まり，ふちには低いきょ歯がある．葉の質は厚みがあって硬い．夏に葉腋に短い集散花序を出し，細かく枝分かれして多数の小花をつける．花は白色で径 2～3 mm，花弁，雄しべとも 5 個，がく片も 5 枚ある．雌しべの子房は 4 室に分かれ，果実はそれぞれ独立した 4 個の室果となり，赤く熟して裂開する．種子は光沢のある黒色．〔日本名〕ツルマサキに似て全体にとげが多いことによる．

2237. クロヅル（アカネカズラ，ギョウジャカズラ）〔ニシキギ科〕

Tripterygium regelii Sprague et Takeda（*T. wilfordii* auct. non Hook.f.）

本州（中部以北では日本海側のみ），四国，九州の山地に生える落葉のつる性低木で，幹の直径が 15 cm 位にもなる．根の内皮は黄赤色．枝は赤褐色．葉は有柄で互生，卵形で鋭く尖り，基部は円く，ふちは鈍いきょ歯で時にはその先がひげ状に尖る．両面とも毛はなく乾くと洋紙質になり，長さは 10～15 cm，幅 6～7 cm．夏に頂生かまたは腋生の円錐花序となって白い小形の花をつける．がくは 5 裂，裂片は鈍く三角形．卵形の花弁はがく片より長い．5 本の雄しべは花弁よりやや短い．子房は三角錐形で 3 室．さく果は淡緑色で時に赤くなり，3 個の大きな翼をもち，先端，基部とも凹み，長さ幅とも 1 cm 位．〔日本名〕黒蔓．黒いツルの意味の名らしいが，本種の枝は決して黒くならないのでなぜその名ができたか今の所不明である．アカネカズラは根皮が黄赤色なのをあかね色とみたからである．行者葛は昔このつるの皮で行者の着る袈裟（けさ）を織る縦糸としたことによる．

2238. コバノクロヅル 〔ニシキギ科〕

Tripterygium doianum Ohwi

屋久島と九州南部の山中に生えるつる性の落葉低木．枝はクロヅル同様赤褐色を帯びるが，こぶ状の突起は見られない．葉は互生し，柄の長さ 1.5～2 cm．葉身は楕円形ないし卵形で長さ 5～10 cm，幅 3～6 cm とクロヅルよりも小形である．先端は尖り，基部は幅広のくさび形をなす．ふちには細かなきょ歯が並ぶ．夏に枝先に円錐花序を出し，細かな花を多数，密につける．円錐花序の長さは 10 cm，基部の直径は 5 cm に達する．個々の花は直径 4～5 mm で緑白色，がく片，花弁はともに 5 枚あり，5 本の雄しべがある．果実は淡緑色で全体は卵球形，外周に縦に 3 枚の翼がつき，果実の先端はやや凹む．この果実の基部底面が平坦ないしやや丸くなる点が，クロヅルの場合の心臓形と異なり，両者の違いとされる．このほか花序の軸も無毛で，クロヅルのように突起状の毛をもたず，また葉や花もやや小形である．〔日本名〕小葉の黒蔓．〔追記〕クロヅルの変種として扱う場合もあり，その場合の学名は *T. regelii* var. *doianum* (Ohwi) Masam. となる．

2239. ツルウメモドキ 〔ニシキギ科〕

Celastrus orbiculatus Thunb. var. ***orbiculatus***

本州，四国，九州の山野に生えるつる性の落葉低木．極めてまれには幹の直径が 20 cm 位になるものがある．根はオレンジ色．葉は柄があり，互生する．形は円状楕円形で先が急に尖り，基部は円い．両面とも毛はなく，大きさはいろいろである．ふちに鈍いきょ歯がある．雌雄異株．花は小形で黄緑色をしていて腋生した短い集散花序に群生し，5 月に開く．5 個あるがく片は卵形．花弁も 5 個あり卵状長楕円形をしている．雄花は 5 本の花糸の長い雄しべをもつ．雌花は 5 本の短い雄しべと，柱頭が 3 つに分かれた雌しべをもつ．果実は球形のさく果で秋に熟して 3 裂する．種子は黄赤色の仮種皮をかぶっている．果実が裂けて黄赤色の種子が露出した枝を生花に使う．〔日本名〕つる性でウメモドキに似た木という意味．従って花屋でツルモドキというのは意味をなさない．〔追記〕北海道と本州（近畿以東）には，葉が大形で下面主要脈上に乳頭状突起があるオニツルウメモドキ var. *strigillosus* (Nakai) Makino を産する．

2240. オオツルウメモドキ（シタキツルウメモドキ）〔ニシキギ科〕

Celastrus stephanotidifolius (Makino) Makino

本州（宮城県以南）から九州に生える落葉のつる性低木で高く他の樹にまつわり登る．葉は互生し，柄があり，広楕円形で先が急に尖っている．ふちには鈍いきょ歯があり長さ 6～12 cm，幅 4～7 cm，下面の脈の上に毛がある．春に枝の下部に少数の花からなる集散花序をつけ，淡緑色の小さな花を開く．卵形で小さながく片は 5 個ある．花弁も 5 個で，長楕円形で長さは 4 mm 位ある．雌雄異株で，雄花には 5 本の雄しべ，雌花には 1 本の雌しべと 5 本の小さな雄しべがある．さく果はほぼ球形で直径 1 cm 位，熟すと 3 裂し赤い仮種皮をもった種子を出す．〔日本名〕ツルウメモドキに似て，より大形であるため．シタキツルウメモドキは本種の葉がシタキソウ（キョウチクトウ科）の葉に似ていることによる．〔追記〕ツルウメモドキに比べ，葉の下面には少なくとも脈上には立った毛があり，葉は少し厚く，花序にも毛があるので区別する．

2241. イワウメヅル 〔ニシキギ科〕

Celastrus flagellaris Rupr.

本州（山形県以南），九州の山野に生え，朝鮮半島から北にも分布する落葉のつる性植物．根の内皮はオレンジ色をしている．茎は気根をもち，これで岩面や古木に着いたり，地上をはったりする．茎は，はじめ褐色で短毛があるが後に灰褐色となる．枝はしばしば長く伸びむち状をしている．葉は互生し，葉柄をもち，円形か卵円形で長さ 2.5〜6 cm 位，先端が急に尖り，基部は切形，ふちには細かいとげ状のきょ歯がある．膜質で下面に毛がまばらに生えている．葉柄の基部の托葉はとげとなるのが特徴である．雌雄異株．5 月頃葉腋に黄緑色の小さな花をつけ，細い柄をもち 2〜3 個つく．がくは小さくて 5 裂している．花弁は長楕円状へら形で目立たない．さく果は秋に熟し，球形で 3 裂し，朱赤色の仮種皮のある種子を露出する．〔日本名〕岩梅蔓．岩上に生えるツルウメモドキという意味であるが，むしろ岩石地には少ない．

2242. テリハツルウメモドキ 〔ニシキギ科〕

Celastrus punctatus Thunb.

山口県，九州と琉球列島の常緑林に生える半常緑低木．全体はツルウメモドキに似て茎はつる性，灰褐色で長くのび，皮目がある．互生する葉はツルウメモドキよりも小形で，質が厚い．葉柄は長さ 0.5〜1 cm，葉身は楕円形で長さ 3〜6 cm，幅 2〜4 cm あって，ふちには低いきょ歯がある．上面は濃緑色で光沢があり，しばしば越冬して常緑となる．5 月頃，若枝の葉腋に短い集散花序を出し，数個の淡緑色の花をつける．雌雄異株．雌雄花とも花の直径は 5〜6 mm，がく片と花弁を 5 枚ずつもち，雄しべも 5 本あって花弁よりも短い．雌花には球形の果実を生じ直径は約 1 cm，上下はやや短く扁球形に近い．秋に濃い黄色に熟し，裂開して橙赤色の仮種皮をもった種子を露出する．〔日本名〕照葉蔓梅もどきで，ツルウメモドキに近縁で，かつ葉に光沢があることに基づく．

2243. ツリバナ 〔ニシキギ科〕

Euonymus oxyphyllus Miq.

北海道，本州，四国，九州の山地に生える落葉の低木または小高木で枝は緑紫色である．葉は柄をもち対生している．卵形または倒卵状楕円形で鋭く尖り，基部はくさび形，辺には細かいきょ歯があり，長さは 5〜8 cm，幅 3〜4 cm で，厚手ではなく毛もない．6 月頃長い柄のある腋生のまばらな集散花序を出し，細長い枝を分枝し，緑に白っぽいかまたは紫がかった花をつり下げる．がく片は小さくて 5 個あり，ふちが歯状になっている．花弁は 5 個で，卵円形をしていて平開する．5 本ある雄しべは小さく，花盤に立っている．中心に 1 本の雌しべがある．さく果は長い柄をもち垂れ下がる．形は平たい球形で乾かすと鈍い 5 稜が出てくる．熟すと 5 裂し，その内面が暗赤色で，朱赤色の仮種皮をもった種子を露出する．この実でアタマジラミを駆除できる．〔日本名〕吊花という意味で，これは花や実が垂れ下がっていることに基づく．〔追記〕北海道と本州北部の日本海側のものは，葉が大きく先があまり鋭く尖らず，エゾツリバナ var. *magnus* Honda として区別されることもある．

2244. ヒロハツリバナ 〔ニシキギ科〕

Euonymus macropterus Rupr.

北海道，中部以東の本州，四国の剣山などのやや高い山地に生える落葉高木．高さ数 m になる．葉は対生し，柄を持ち，長楕円形または倒卵状長楕円形で，先は鋭く尖り，基部は鈍くなっているかあるいはくさび形になっている．長さは 9〜12 cm，幅は 4〜6 cm，ふちにきわめて小さいきょ歯がある．本年の枝の基部近くに腋生のまばらな集散花序をつけるが，葉より長くて多数の花をもち，6〜7 月頃に開く．花は緑白色．がく片は 4 個あり円形をしている．4 個ある花弁は卵形でがく片の倍の長さがある．雄しべは 4 本で短い．さく果はほぼ球形であるが長三角形の 4 つの翼を持つため正面観は十字状に見え，翼と合わせると直径 2〜2.5 cm になる．熟すと 4 裂し，直径 8 mm 位の赤褐色の仮種皮をもった楕円体の種子を露出する．〔日本名〕広葉ツリバナ，ツリバナに比べて葉が広いからである．

2245. ムラサキツリバナ（クロツリバナ）〔ニシキギ科〕

Euonymus tricarpus Koidz.

北海道と本州中部以東の高山に生える落葉低木．高さ 2〜3 m になり，分枝が多い．短い柄のある葉が対生につき，乾くと膜質になり，楕円形で，先が鋭く尖り，基部は鈍くなっているかくさび形となっている．ふちには細かいきょ歯があり，両面とも毛はなく，全体に軽くしわがよる．長さは 6〜12 cm，幅 4〜6 cm 位ある．葉よりもやや短い集散花序は 3 個の花をつける．花序柄は細長く，花は 6〜7 月頃に開く．黒紫色で，半円形の 5 個のがく片と，円形で 5 個の花弁をもつ．雄しべも 5 本ある．子房は 3 室，時に 4 室のこともある．さく果は稜の鈍い倒三角錐形をしていて，長い 3 翼をもつ．種子はオレンジ色の仮種皮がある．従来本種を *E. sachalinensis* Maxim. にあてていたが，それと全くちがっている．〔日本名〕紫吊花，黒吊花．ともにツリバナに似て紫黒色の花を開くからである．

2246. オオツリバナ〔ニシキギ科〕

Euonymus planipes (Koehne) Koehne

本州中部以北と北海道の山地に生える大形の落葉低木．高さ 2〜3 m で根もとからよく分枝し，枝は緑色で断面は角ばらず丸い．葉は 5 mm 〜1 cm の柄があり対生し，葉身は楕円形で長さ 7〜13 cm，幅 4〜6 cm あり，両端は尖り，ふちには細かなきょ歯がある．葉の質は薄く，下面には葉脈が隆起する．初夏に葉腋から細長い花序柄を垂下し，先は分岐して 10 花余りの淡緑色の小花をまばらにつける．花は 5 数性で直径約 8 mm，がくは浅いカップ状で花弁は 5 枚，円形，5 本の雄しべと 1 本の雌しべがある．果実は球形であるが，円周部分の側面に狭い翼が 5 枚出る．この果実は秋に赤く熟し，開裂する．やはり北海道と本州北部に生えるツリバナの地方型エゾツリバナに似るが，果実に上述の翼をもつ点で異なる．本種は千島列島や朝鮮半島，中国東北部（旧満州）など東アジアの冷温帯に分布している．〔日本名〕大吊花．ツリバナに比して大形なことによる．

2247. アオツリバナ〔ニシキギ科〕

Euonymus yakushimensis Makino

屋久島をはじめ九州南部の一部の山地に生える落葉低木．ときに大樹の樹上に着生することもある．枝は緑色であるが，しばしば白色のろう状物質を分泌している．枝の断面は丸い．葉にはごく短い柄があって対生し，葉身は長さ 5〜12 cm，幅 2〜4 cm の細長い楕円形で，両端は鋭く細まり，ふちには細かいきょ歯が並ぶ．上面は濃緑色，下面は淡緑色で葉脈がやや隆起する．初夏の頃，葉腋から長さ 5〜10 cm の細い集散花序を垂下して数個の小花をつける．がく片と花弁は各 4 枚で紫色を帯び，花の径は 6〜8 mm，4 本の短い雄しべと雌しべ 1 本がある．花弁は丸く長さ約 5 mm．果実は下垂した果序の先端にまばらにつき，直径 8〜10 mm の球形で翼はなく，秋に赤く熟して開裂する．中から 2〜4 個の種子が露出し，仮種皮は赤く光沢があって美しい．種子の本体は黄褐色．〔日本名〕青吊花はツリバナの仲間で，葉面が青味を帯びて見えるのに基づく．

2248. ムラサキマユミ〔ニシキギ科〕

Euonymus lanceolatus Yatabe

新潟県以西の本州の日本海側に生える常緑小低木で，基部はふつう地面に横たわることが多い．枝は四角く緑色で平たく滑らか，対生の葉は柄をもち，まばらに枝につく．形は披針状長楕円形で，先端がやや鋭くなり，基部はくさび形になっている．長さ 10〜15 cm，幅 3〜5 cm で，ふちには小さくて鋭いきょ歯があり，両面に毛はなくやや厚質，上面は濃緑色，下面は淡緑色で脈がやや出ている．葉柄は短く 5〜7 mm 位，狭い翼をもつ．7〜8 月頃，まばらな集散花序を腋生し，黒紫色の花を 3〜6 個開く．花序は葉より短い．がく片は 5 個，円形で全縁．5 個の花弁はほぼ円形．雄しべも 5 本で，短い花糸をもつ．さく果は球形で，5 裂し，朱赤色の仮種皮のある種子を露出する．〔日本名〕紫真弓は紫色の花の咲くマユミという意味．

2249. サワダツ (サワタチ)　〔ニシキギ科〕

Euonymus melananthus Franch. et Sav.

本州，四国，九州の深山に生える小低木で，高さは 1 m 位．多くの小枝を分かち，小枝は円柱に近い鈍稜四角柱になっており，平らでなめらかで緑色である．葉は対生し，卵形または卵状披針形で，先端は鋭尖し，基部は円形かやや心臓形になっている．ふちに細かいきょ歯がある．長さは 3～6 cm，幅は 2～4 cm で，両面とも毛はない．乾くとうすい膜質となる．葉柄は非常に短い．花は少なく，だいたい 3 個を腋生するが，集散花序で葉より短い．がく片は 5 枚で円形をしていてふちは細く裂けている．花弁も 5 個で，暗紫色を帯び，楕円形である．雄しべは 5 本．雌しべは 1 本．さく果は球形で直径 1 cm 位．熟すと 5 裂して垂れ下がり，内面は黒みがかった赤色で，朱赤色の仮種皮をもった種子を露出する．〔日本名〕沢立の意味かと思われるが詳らかでない．

2250. マ　ユ　ミ (ヤマニシキギ)　〔ニシキギ科〕

Euonymus sieboldianus Blume var. ***sieboldianus***

北海道，本州，四国，九州など各地の山野に生える落葉の低木．時には高木ともなる．枝に白いすじのあるものが多く，またしばしば枝の下部は黄褐色を帯びる．葉には柄があり，対生する．形は楕円形か倒卵状楕円形で，先が鋭く尖り，基部は円いか，鈍くなっている．ふちには鈍い細かなきょ歯がある．両面とも毛はなく，長さ 6～15 cm，幅 4～6 cm，下面では葉脈が出ている．初夏に集散花序を昨年の枝に腋生する．花は緑白色でがく片は 4 個あり，半円形で全縁．4 個ある花弁は卵状楕円形でがく片の約 3 倍の長さがある．雄しべは 4 本，花糸は花弁よりやや短い．花には花盤がある．雌雄異株で雄株は結実しない．さく果は四角状扁球形で，直径 8～10 mm 位．熟すと淡紅色となり 4 個に深く裂け，赤い仮種皮をもった種子を露出する．葉の大小や広いもの，狭いものなどいろいろあるが，同一種内の変異にすぎない．〔日本名〕真弓は，昔この材で弓を作ったことから来ている．〔漢名〕桃葉衛矛は正しくない．檀もまた誤りである．〔追記〕葉の下面脈上に毛が生えるものをユモトマユミ var. *sanguineus* Nakai として区別することもある．

2251. ニシキギ (ヤハズニシキギ)　〔ニシキギ科〕

Euonymus alatus (Thunb.) Siebold var. ***alatus*** f. ***alatus***

北海道，本州，四国，九州の山野に生える落葉低木．枝に硬いコルク質の翼をもつ特殊なものである．対生の葉は短い柄をもち，楕円形，先端が尖り，基部は狭くなり，くさび形となっている．ふちには鈍い細かなきょ歯があり，長さ 4～6 cm，幅 1.5～3 cm で，両面とも毛がない．秋に紅葉して美しい．葉腋に葉よりも短い柄のついた集散花序をつけ，2，3 個の花が 5 月に開く．花は淡い黄緑色で直径 6～7 mm．がくは浅く 4 裂し，裂片は半円形でふちに毛がある．花弁も 4 個で円形をしていてふちは波状となる．雄しべは 4 本で短い花糸をもつ．さく果はほとんど 1 室か 2 室．2 室の時も各室は楕円形で分離し，基部でくっついているだけである．種子はほぼ球形で，黄赤色の仮種皮をかぶる．この実は，毛ジラミを殺すのに使う．それ故シラミコロシという方言がある．〔日本名〕錦木は，秋に紅葉して美しくなる様子を錦にたとえたもの．矢筈錦木はコルク質の翼を矢はずにたとえたもの．〔漢名〕衛矛，鬼箭．〔追記〕コマユミの茎にコルク質のひれが発達しただけの形であるが，学名上はコマユミの母種である．

2252. コマユミ　〔ニシキギ科〕

Euonymus alatus (Thunb.) Siebold var. ***alatus***
f. ***striatus*** (Thunb.) Makino

北海道，本州，四国，九州の山野に生える落葉小低木．枝は平滑で，しばしば白いすじがあるが，コルク質の翼をもたない．これがニシキギと区別される唯一の点である．対生の葉は短い柄をもち，倒卵形をして鋭く尖っている．基部は狭く，ふちには鈍い細かなきょ歯がある．秋に紅葉する．5 月に黄緑色の小さな花を 2～3 個腋生するが，柄のある集散花序で葉より短い．4 個のがく片はきわめて小さく，4 個ある花弁は円形．4 本の雄しべは花盤に立ち，花糸は極めて短い．さく果は単室か 2 室で，深く基部まで分かれて裂け暗紫色で，朱赤色の仮種皮をもった種子を露出する．〔日本名〕小形のマユミの意味．

2253. オオコマユミ

〔ニシキギ科〕

Euonymus alatus (Thunb.) Siebold var. ***rotundatus*** (Makino) H.Hara

山地に生える落葉低木で，枝はやや太くサワダツに似て緑色であり翼はない．対生の葉には短い柄があり，通常広い卵形で先端が急に鋭く尖り，基部はやや円いかまたは広いくさび形になっている．ふちに細かく鈍いきょ歯がある．長さは3～7 cm，幅は1.5～4 cmで，毛はない．5～6月に，葉腋から1～5個の花からなる集散花序を出す．花序柄は細長く，花の直径は7 mm位．がく片は4枚で丸くふちに小さい腺がある．花弁も4個で，卵円形で淡黄緑色である．花盤のふちに近く短い4本の雄しべがつき，中央に1花柱がある．さく果は分離した1～2室からなり，晩秋に裂けて開き，朱色の仮種皮をかぶった種子が垂れ下がる．〔日本名〕大小真弓で大形のコマユミの意味.

2254. ヒゼンマユミ

〔ニシキギ科〕

Euonymus chibae Makino

山口県，徳島県，九州および琉球の海岸近くの林にまれに生える小高木で，他のマユミ類と異なり常緑である．高さは5 mになり枝は緑色で平たく滑らかである．対生した葉には柄がある．葉の形は長卵形で先は急に尖り，先端は鈍くなっている．基部は細くなり，ふちには上半に低くて鈍いきょ歯がある．厚質でなめらかで長さ5～12 cm，幅2～6 cm. 春に葉腋から集散花序を出し，淡緑色の小さな花を開く．さく果は垂れ下がり，倒卵球形をしていて長さ12～20 mm，通常4室で4つの鈍い稜がある．晩秋に黄色く熟しなめらかである．種子はオレンジ色の仮種皮に包まれている．〔日本名〕肥前真弓．マユミの仲間であり，またはじめ長崎県の諫早（昔，肥前国に属した）で発見されたので，名付けられた.

2255. リュウキュウマユミ

〔ニシキギ科〕

Euonymus lutchuensis T.Itô

琉球諸島と九州南部に生える常緑の小高木．高さ2～4 mでよく分枝し，枝は緑色，4本の稜があって断面は四角形．枝や葉に毛はない．葉は短い柄で対生し，長さ4～8 cm，幅1～3 cmの細長い楕円形で両端は尖り，上半部のふちには粗く低いきょ歯がある．葉の質は革質でやや薄く，上面は光沢があって葉脈は中央脈以外は不明瞭である．春に葉腋に軸の細い花序を下垂し1～3個の小花をつける．花は淡緑色で直径5～6 mm，がく片と花弁は4枚ずつあってがく片のふちには細かなきょ歯がある．雄しべも4本．子房は4枚の心皮でできているが，そのうちの1～2個だけが分果として成熟する．同属の他種では，多くが4～5枚の心皮がゆ合して1個の球形の果実を作るのに対し，このような分果を作るのは日本産の種では本種とニシキギ（コマユミ）の特徴である．しかしニシキギは落葉性であるのに本種は常緑な点でも明瞭に区別できる．また花序の長さも本種の方が繊細で長い．〔追記〕琉球列島から台湾にかけて本種とよく似るヤンバルマユミ *E. tashiroi* Maxim. があり，花が大きく葉にほとんど柄がない.

2256. マ　サ　キ

〔ニシキギ科〕

Euonymus japonicus Thunb.

北海道南部から琉球までの海岸に見られ，また観賞樹として庭園に栽培される．生垣などにも用いられる．高さは3 m位．葉は対生し，柄をもち，倒卵形または楕円形をしている．厚質で先は鈍いことも鋭頭のこともある．基部はほぼくさび形でふちに鈍いきょ歯がある．長さは4～7 cm，幅3～4 cm. 6～7月頃に緑白色の小さな花を長い柄をもった集散花序に咲かせる．花序は腋生である．がくは浅く4裂し，花弁も4個で卵形をしていて平開する．4本の雄しべは花弁と同じ長さである．さく果は球形で3～4裂し，黄赤色の仮種皮をもった種子を露出し美しい．黄色や白色の斑入りなど多くの園芸品種がある．海岸性で大形の葉のものを学名上の基本型とする．〔日本名〕マサオキ（真青木）のつまったものか，マセキ（籬木）の転じたものといわれるが，はたしてそうかは明らかでない．〔漢名〕杜仲は誤り．トチュウ（3312図）は中国に産し，トチュウ科の1属1種のもの.

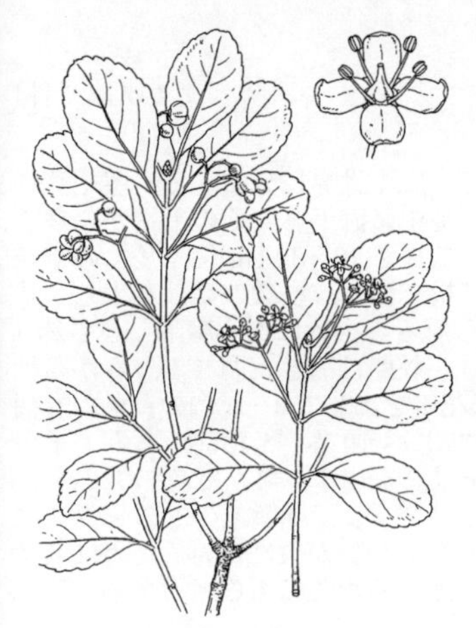

2257. ヒメマサキ 〔ニシキギ科〕

Euonymus boninensis Koidz.

小笠原諸島の各島の低木林中に生える固有種．落葉低木ないし小高木．高さ 2～4 m になる．幹の樹皮は黒褐色で若枝は緑色をしている．葉は対生し 1 cm 弱の柄がある．葉身は倒卵形で長さ 3～8 cm，先端は丸く，時にややくぼみ，基部はくさび形で葉柄に流れる．ふちには不明瞭な粗いきょ歯がある．葉の質は薄く，本土の海岸に生じるマサキと比べて厚みも光沢も少ない．ヒメマサキ（姫柾木）の和名はこのためであろう．春から初夏に枝先近くの葉腋から長さ 3～6 cm の集散花序を上向きにのばし，緑黄色の小花を多数つける．花は 4 数性で 4 枚ある花弁は楕円形，長さ 2～3 mm，ほぼ同長の雄しべ 4 本と短い雌しべ 1 本がある．果実は球形で冬に熟し，直径 5～6 mm で緑褐色，熟すと 4 つに裂開して中から橙赤色の種子が露出する．

2258. ツルマサキ 〔ニシキギ科〕

Euonymus fortunei (Turcz.) Hand.-Mazz.

（*E. hederacea* Champ. ex Benth.）

北海道，本州，四国，九州，琉球の山地に生える常緑のつる性低木．茎の所々に細い根を出して他のものに附着し 10 数 m になる．茎の直径が 7 cm 位になるものもある．葉はマサキに似ているが細く，楕円形または倒卵状楕円形で基部が狭くなり，先が尖っているか鈍くなっている．表裏とも毛はなく，革質でふちに鈍い小さなきょ歯がある．長さ 5～8 cm，幅 2～3 cm，葉柄は長さ 5～10 mm．長い柄のついたまばらな集散花序を葉腋に出し，多数の花を密集して 7 月に開く，花は小さく緑白色．がく片は 4 個で円い．花弁も 4 個で倒卵状披針形．長さはがく片の数倍ある．雄しべは 4 本で花弁と同じ長さがあり，花糸が長い．さく果は鈍い四角状扁球形，直径 7～10 mm で黄赤色の仮種皮のある種子を露出する．〔日本名〕つる状のマサキという意味．昔のマサキノカズラは今のテイカカズラである．〔漢名〕扶芳藤をよく使う．

2259. コクテンギ（クロトチュウ，コクタンノキ） 〔ニシキギ科〕

Euonymus tanakae Maxim.

九州，琉球の海岸地方の山地にまれに生える常緑の低木．時に高木となる．新しい枝は緑色で毛はない．対生の葉は柄をもち，時々 3 輪生ともなる．洋紙質かまたは革質で，倒卵状楕円形をしていて，先端は鈍いかやや鋭くなっている．基部はくさび形で，長さ 10～13 cm，幅 4.5～6 cm，ふちには鈍頭の小さなきょ歯がある．秋にしばしば紅葉する．葉柄は短く 1.5 cm 位．腋生の集散花序は長い柄をもち少数の花をつける．花はかなり大きく淡黄色で，6～7 月頃に咲く．がく片は 4 個で長さ 1 mm，幅 4 mm 位．花弁も 4 個で広い円形をしていて長さ 6 mm，幅 7 mm，内側に曲がる．4 本の雄しべは花盤のまわりに立っている．中央に 1 本の雌しべがある．さく果は大形の扁球形で直径 10 mm 位，外面は紅色を帯び．内面は白黄色の 4 部分に裂ける．種子は赤黄色の仮種皮をもつ．〔日本名〕黒檀木がなまったもので，カキノキ科のコクタンになぞらえた名．黒杜仲は杜仲（この場合はマサキのこと）に似て，同時にコクタンにも似ることに由来する．

2260. ゴレンシ 〔カタバミ科〕

Averrhoa carambola L.

熱帯アジア原産の常緑小高木で，東南アジアを中心に広く植栽され，高さ 6～10 m，単幹で太く，上部で盛んに分枝する．葉は互生し，奇数羽状複葉で，小葉は 5～11 枚，長さ約 15cm，頂小葉は最も大きく長さ 5～7 cm，幅約 3 cm，基部にいくにつれて小さくなり，楕円形，基部は円形，鋭頭，全縁，表面は平滑で緑色，裏面は灰褐色，無毛．葉腋や枝端に円錐状花序を出し，花序軸や枝は赤紫色，多数の花をつける．花は香りが良く，鐘形で直径 5 mm ほど，淡紅色または赤紫色，萼片，花弁は 5 枚で，共に先端は外側に反曲し，5 個の雄蕊と 5 個の仮雄蕊があり，雌蕊には細く 5 裂する花柱がある．果実は楕円形で鋭頭，長さ 8～12 cm，縦に鋭い稜がふつう 5 本あり，果皮は薄く，初め緑色で酸味が強いが，熟すと黄色くなり甘みと香りが増す．果実の断面が星形となることからスターフルーツと呼ばれる．

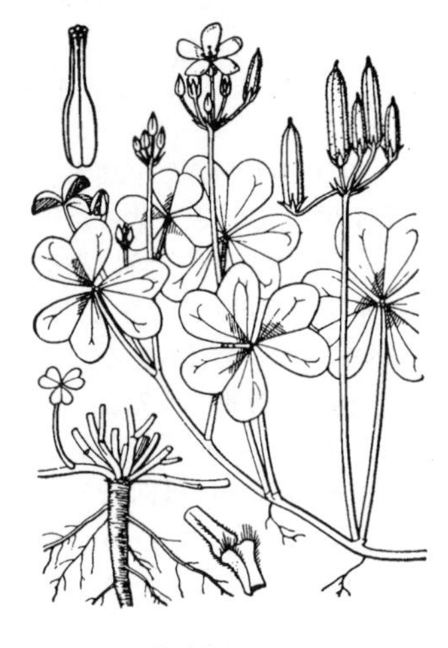

2261. カタバミ（スイモノグサ）　〔カタバミ科〕

Oxalis corniculata L.

庭園や道ばたに極めて普通の多年生草本で，広く世界に分布する．茎や葉にシュウ酸を含んで酸味がある．主根は細長く地中に直下し，その上端から多くの茎を出し，地上をはい，あるいは斜に立って長さ 10〜30 cm 位，多くの小枝を出し，また時々地面に接する茎からさらに根を出す．多数の葉は互生し，基部に小さい托葉のある葉柄をもち 3 小葉からなる．小葉は倒心臓形，長さ約 1 cm，ふちや裏面には茎とともに多少毛があり，昼間は開き夜閉じる．春から秋にかけて葉腋から花柄を出し，その先に散形花序を出して 1〜6 個の黄色の有柄花をつける．花は小さく 5 がく片，5 花弁，雄しべ 10 本，5 花柱のある 1 子房がある．果実は円柱形，熟すと多数の種子をはじき出す．葉が緑色のものを狭い意味でカタバミ，また赤紫色のものをアカカタバミ，緑紫色のものをウスアカカタバミという．〔日本名〕傍食の意味で小葉の一側が欠けているために名付けられたといわれている．また酸い物草は酸味があるためである．〔漢名〕酢漿草.

2262. タチカタバミ　〔カタバミ科〕

Oxalis corniculata L.（*O. corniculata* L. f. *erecta* Makino）

中部以南の各地に生える多年生草本で，高さ 30〜40 cm に達する．カタバミの一形で茎は直立するので区別される．主根があって地中に直下し，上端から種々の長さのほふく枝を出し，その先は直立茎となる．全体は毛におおわれ，茎は細く，節間は非常に長くまばらに葉を互生する．葉は 3 小葉からなり，うす緑色，小葉は倒心臓形，草質，先端は著しくへこみ，底部はくさび形．葉柄は細長く，基部の両側に毛におおわれた長方形の托葉がある．夏，葉腋から葉よりも長い散形花序を出し，柄のある黄色花を開く．花の形やさく果はカタバミとほとんど同じである．〔日本名〕立カタバミは茎が直立するので，そういわれる．〔追記〕タチカタバミはカタバミと区別されないことが多い．これとは別に，茎が基部から普通 2 本ずつ出て直立し太く，ほふく枝を出さず，葉は茎の上部に集まってつくものが近年各地の都市部に帰化しており，オッタチカタバミ *O. dillenii* Jacq. という．

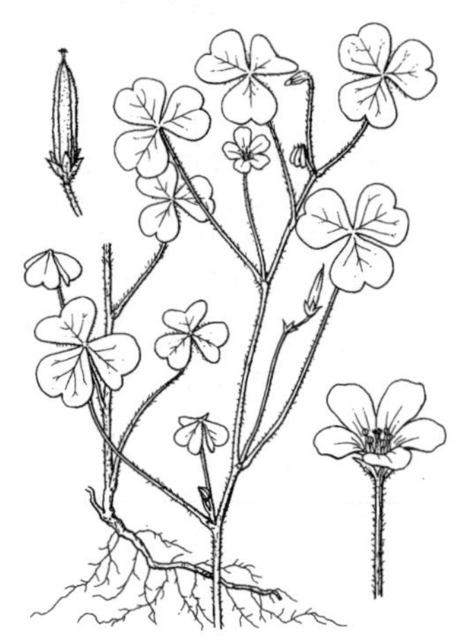

2263. エゾタチカタバミ　〔カタバミ科〕

Oxalis stricta L.（*O. fontana* Bunge）

東アジア，北アメリカ東部および北海道から本州中部にかけて分布し，山地の道ばた，草地に生える多年草．地上茎は直立し，高さ 20〜40 cm，節間が長く，地下茎を引く．全体に細毛が多く，小葉は倒心形で，托葉は小さく目立たない．これはカタバミとの良い識別点である．花は 6〜10 月．花は黄色で，径 8 mm，散形状に 1〜3 個つく．さく果は円柱形で，長さ 1.5〜2 cm，密毛がある．種子は多く，広卵形で，長さ 1.5〜2 mm．〔日本名〕蝦夷立ちカタバミで，北海道に産するタチカタバミの意味．〔追記〕アマミカタバミ *O. exilis* A.Cunn.（*O. amamiana* Hatus.）は奄美大島に産し，渓流沿いの岩上にコケと混ざって生える．茎ははい，多数分岐する．葉は小さく，小葉は倒心形で，幅 5 mm 未満．両面に細毛を散生する．花期は 4〜10 月．花は 1 個で黄色，径 5 mm．

2264. コミヤマカタバミ　〔カタバミ科〕

Oxalis acetosella L. var. ***acetosella***

深山，特に針葉樹林帯の木かげに多く見られる多年生草本で，北半球に広く分布している．根茎は細く地下をはい．先端部には古い葉柄の下部がうろこ状に残り，頂部から数枚の葉を出す．葉は長い葉柄をもち，3 小葉からなり，小葉は倒心臓形，少し毛がある．春，花茎を出し，頂に 1 花をつけ，白色または紫紅色．ミヤマカタバミに非常に近いが，さらに寒地を好み，体は各部とも少し小形で毛が少なく，根茎は細く，さく果も短小で，小葉は丸味があり，角は円頭であることから区別される．〔日本名〕ミヤマカタバミに似て，小形である意味．〔追記〕近畿地方以東の日本海側のブナ帯には全体大形で果実も長い変種ヒョウノセンカタバミ var. *longicapsula* Terao を産する．本変種はミヤマカタバミ（次図参照）に似るが，小葉の角が円みを帯びるので異なる．

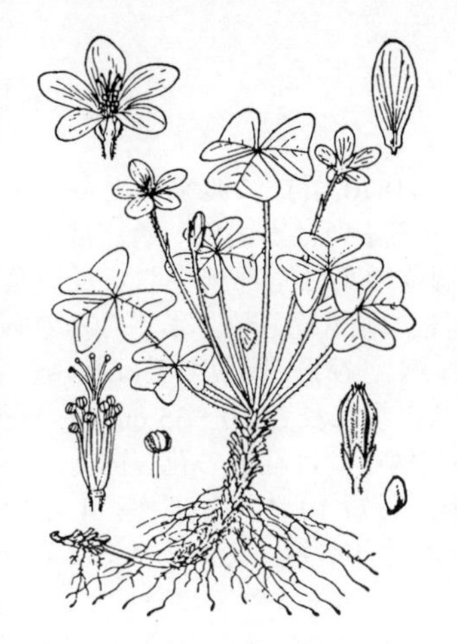

2265. ミヤマカタバミ（エイザンカタバミ）〔カタバミ科〕

Oxalis griffithii Edgew. et Hook.f.（*O. japonica* auct. non Franch. et Sav.）

山地の木の下に生える多年生草本で，根茎は地中に斜に下り，表面には古い葉の葉柄の基部が多数残り，重なり合った突起となる．葉は全部根生して長い葉柄があり，3 小葉からなる．小葉は広倒心臓形，先端は広く切り落したようにへこみ，両側の片は先端がやや円みを帯びている．開花の頃には長さ 12 mm，幅 20 mm ほどあるが，後には長さ 20 mm に達する．葉にも葉柄にもかすかな毛がある．春に葉の間から長さ 7 cm 位の花柄を出し，上部に小苞葉が 2 個ある．柄の先に 1 個の花をつける．がく片は 5 個，花弁は 5 個，白色で時々うす紫色の線があり，長楕円形で，長さ約 1〜1.5 cm．雄しべは長短 10 本，雌しべは 1 本で子房には花柱が 5 本ある．さく果は円柱状卵形体で熟すると種子をはじき出す．花が終わって後，さらに閉鎖花を出しよく結実する．ベニバナミヤマカタバミ f. *rubriflora* (Makino) Sugim. は赤い花を開く．まれにしか見ない．〔日本名〕深山カタバミは深山に生えることにより，叡山カタバミは京都比叡山に産することに基づく．

2266. オオヤマカタバミ〔カタバミ科〕

Oxalis obtriangulata Maxim.

本州中部，四国，朝鮮半島，中国東北部の山中，木かげに生える多年草．地下に根茎がある．葉は根生し，3 小葉からなり，大形，長い葉柄がある．小葉は多少ふくらみのある倒三角形で，先端は切形で中央は少しへこむ．先端の 1 小葉を取り去って見ると，両側の 2 小葉はチョウの羽に似ている．小葉の長さは 3 cm，幅 6 cm におよび，ふちに毛がある．春に葉がまだ若くて小さい頃，約 10〜20 cm の花柄をのばし，白色の花を 1 個つける．花に近く 2 枚の小苞葉がある．がく片は長楕円形で毛があり 5 個，5 個の花弁は長倒卵形，雄しべは長短 10 本，1 個の雌しべがあり，子房には花柱が 5 本立つ．さく果は円柱状卵形体で長さ約 2 cm.〔日本名〕大きい山カタバミの意味である．

2267. ムラサキカタバミ（キキョウカタバミ）〔カタバミ科〕

Oxalis debilis Kunth subsp. ***corymbosa*** (DC.) Lourteig（*O. corymbosa* DC.）

南アメリカ原産の多年生草本．江戸時代（18 世紀頃）に渡来し，盛んに繁殖して現在では各地に帰化している．毛のある鱗片からなる褐色の鱗茎を地下にもち，多数の子鱗茎をつける．葉は全部根生し，3 小葉からなり毛はない．小葉は長さ 10 mm，幅 18 mm 位，広い倒心臓形あるいは倒腎臓形，柔らかく，下面には褐色の点があり，葉のふちにあるものはやや著しい．夏に葉間から葉よりも長い花茎を出し，美しい淡紅色の数個の花を散形，時には複散形状につける．がく片は 5 個，片方の端に 2 個の腺体がある．花弁は 5 個，やや細長く長さ 12〜15 mm，がく片の約 3 倍長，先端は鈍形または切形．長短 10 本の雄しべがあり，葯は白色．雌しべは 1 本で子房には 5 花柱がある．この草は畠地に侵入すると，たちまち繁殖して取除くことが困難で害草になる．〔日本名〕紫カタバミはその花の色に基づき，キキョウカタバミは花の色と形がキキョウに似ていることによる．

2268. ハナカタバミ〔カタバミ科〕

Oxalis bowieana Lodd.

南アフリカの原産で，江戸時代（18 世紀頃）に日本に入り，当時，オキザリスローザと呼び，観賞用に栽培された．九州では帰化している．根茎は白色紡錘形，葉は根生し細かい毛でおおわれ，葉柄の基部に関節がある．小葉 3 枚は平開し，円状倒卵形で先端はへこみ，基部は広いくさび形，長さ 4〜6 cm 位．秋に長い花茎を出し，花柄は散形状になり 3〜10 個の美しい紅色の大きい花をつける．花の直径は約 3 cm 位ある．5 個のがく片は披針形，先端は尖る．花弁は 5 個，長短 10 本の雄しべ，1 本の雌しべがあり，子房には 5 本の花柱がある．つぼみの時と花が終わった後では小花柄は曲がって下を向く．〔日本名〕花カタバミは花が美しいことによる．本種は本属中で最も美しい種類である．

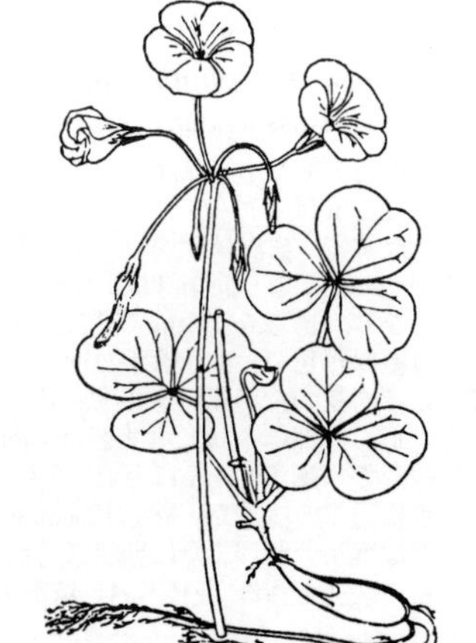

2269. **モンカタバミ**　〔カタバミ科〕

Oxalis tetraphylla Cav.

メキシコ原産の観賞植物で，明治初年（1870 頃）に渡来した多年生草本．鱗茎は直径 15〜35 mm，表面は黒色あるいは黒褐色．鱗片は長さ 25 mm 位，披針形で先端は尖る．3〜6 個位の葉は全部根生し，長い葉柄がある．小葉は 4 個で長さ 35 mm に達し，幅も同じ位，ふくらみのある倒三角形，先端は大体切形で，基部は広いくさび形，膜質で毛はないか，または下面の脈にそってまばらに毛がある．夏に長さ 20〜35 cm 位の花茎を出し，上端に散形状に 5〜12 個の小花柄をつけ紅色の花を開く．がく片は 5 個，花弁は 5 個でへら状倒卵形，長短 10 本の雄しべ，1 本の雌しべがあり，子房には 5 本の花柱が立つ．〔日本名〕紋カタバミは葉の形が端正で紋章を連想させるのに基づく．

2270. **ホルトノキ**（モガシ）　〔ホルトノキ科〕

Elaeocarpus zollingeri K.Koch var. ***zollingeri***

（*E. sylvestris* (Lour.) Poir. var. *ellipticus* (Thunb.) H.Hara ; *E. decipiens* Hemsl.）

千葉県以西の暖い地方に生える常緑高木で，時々大木となり高さ約 20 m，幹の直径が約 60 cm にもなる．葉は葉柄があり互生し，見たところヤマモモに似ており，緑葉の中に時々赤くなった古い葉が混じってつく特徴がある．葉は狭い長楕円形あるいは倒披針形で，長さ約 6〜12 cm 位，両端は尖り，葉のへりには低い鈍きょ歯があり，生の時はやや柔らかいが，乾くと革質となり，毛はなく滑らかで，下面支脈の腋にみずかき状の膜ができる．主脈は葉の下面で隆起し，しかも時々紅紫色となる．総状花序は落葉した前年の枝に腋生し，細長く，6 月に小さい白い花が開く．がく片は 5 個で緑色，広披針形で尖る．花弁は 5 個，倒卵状くさび形で，上部は深く多数に切れ込む．雄しべは多数で，短い花糸があり，葯は細長く，先端は裂け，細かい毛がある．果実は核果で，楕円体，長さ 15 mm 内外，両端は鈍円形で，はじめは緑色であるが，冬になって熟すると黒青色となり，中の核は木質で大きく表面にしわがある．〔日本名〕ホルトノキはじつはオリーブにあてた名であったのが，この木の実をみてまちがえてオリーブと思い込んだものである．モガシは鹿児島県の方言であるが，意味は不明．シラキ（材が白いことにより），ハボソノキ（葉が細長いことにより）の別名の外に意味のわからないヅクノキ，シイドキの名もある．〔漢名〕膽八樹を使うは誤り．

2271. **チ　ギ**　〔ホルトノキ科〕

Elaeocarpus zollingeri K.Koch var. ***pachycarpus*** (Koidz.) Yonek.

（*E. pachycarpus* Koidz. ; *E. sylvestris* (Lour.) Poir. var. *pachycarpus* (Koidz.) H.Ohba）

小笠原諸島の硫黄列島に特産する常緑高木．高さ 10 m になり，上部でよく分枝して丸い樹冠を形成する．葉柄は長さ 2〜5 cm で無毛．葉身は長楕円形，先は鈍形，基部もくさび形となり，長さ 4.5〜6 cm，幅 2〜3 cm で，やや厚く，ふちには低い鈍きょ歯がまばらにある．上面は深緑色，下面は淡緑色で脈上に毛がある．花期は 4〜5 月．前年枝の葉腋から総状花序を出す．花序は長さ 5 cm 内外．花は径 1 cm ほどで，長さ 3〜8 mm の柄があり，がく片は 5 個，卵状披針形，先は鈍形で，長さ約 6 mm，緑色で，内面に圧毛が生える．花弁は 5 個，長さはがく片とほぼ同長，白色，くさび形で 15〜20 に細裂する．花糸は短く，葯は長さ 2.5〜3 mm で，先端が 2 裂する．子房は卵状円錐形，雄しべより長く，緑色，花柱は細長く，しだいに細まり，直立する．果実は長楕円体の核果で，長さ 1.5 cm あり，はじめ緑色で，のち熟して暗緑紫色となる．〔追記〕ホルトノキに近似するが，葉はやや小さく葉柄も短く，葉身は長楕円形で先も基部も鋭形とはならず，裏面は脈上に毛があり，がく片は卵状披針形で花弁とほぼ同長，子房は雄しべより長いなどの違いがある．

2272. **シマホルトノキ**　〔ホルトノキ科〕

Elaeocarpus photiniifolius Hook. et Arn.

（*E. sylvestris* (Lour.) Poir. var. *photiniifolius* (Hook. et Arn.) Yas.Endo）

硫黄列島を除く小笠原諸島に固有な種で，斜面の森林中にまれに生える常緑高木．高さ 20 m，径 2 m ほどになり，老木では根元が板根状となる．幹は上部でよく分枝して丸い樹冠を形成する．樹皮は紫褐色．葉は多少枝先に集まってつき，互生する．葉柄は無毛，長さ 1.5〜2 cm になり，葉身は倒卵形または卵状楕円形，先は鈍形または円形，基部はくさび形となり，長さ 6〜7 cm，幅 2.5〜4 cm，厚く，ふちには低い鈍きょ歯がまばらにあり，上面は濃緑褐色で，5 月頃半数近くの葉が紅葉して更新する．花期は 6〜7 月．葉腋から葉とほぼ同長の総状花序を出す．花序の軸は無毛である．がく片は 5 個，花弁は黄白色，くさび形，上部は糸状に細く裂け，内面下部に絨毛がある．雄しべは多数，花糸は短く，葯は線形で，長さ 3 mm ほどで，先端が 2 裂する．子房は狭円錐形で，毛を密生する．果実は長楕円体の核果で，長さ 1.5 cm あり，熟してオリーブ色または黒紫色となる．ホルトノキとは葉が倒卵形または卵状楕円形で幅広く，先が鈍形または円形で，柄がやや長いことなどで区別される．〔日本名〕島ホルトノキで本種が小笠原諸島に生えることによる．

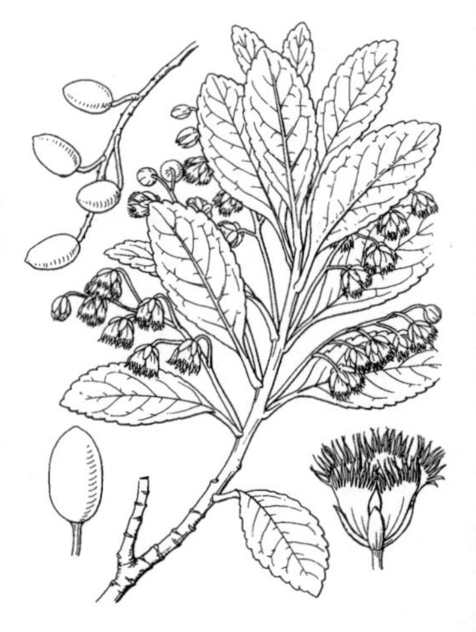

2273. コバンモチ 〔ホルトノキ科〕

Elaeocarpus japonicus Siebold et Zucc.（*E. kobanmochi* Koidz.）

本州西部から九州へかけて，さらに琉球，台湾，中国大陸の中南部に分布する常緑高木．枝はやや太く，全体無毛であるが，若い枝の先端部および極めて若い時の葉には白色の細かい圧毛がある．葉は長い柄をもって互生し，葉柄の上端は紅色を帯び，またふくれているのが特徴である．葉身は狭楕円形または楕円形，先端は急に鋭く尖って鈍端，葉のふちには低い鈍きょ歯があり，上面はつやのある濃緑色，下面は淡色，主脈はやや紅色を帯びる．夏に長さ数 cm の総状花序を上方の葉腋から斜め上向きに生じ，多数の淡黄色の花をやや片側にかたよってつける．花は直径約 6 mm，がく片は 5 個，小さい柄とともに圧毛があり，花弁も 5 個，両面に毛があり，先端に数個の鈍い歯がある．雄しべは多数で雌しべは 1 本．核果は長楕円状球形で直径約 1 cm，初めは緑色，後に濃青色となる．〔日本名〕葉がモチに似ているが，ずっと広いので小判（江戸時代の金貨で広楕円形であった）形にたとえたものである．

2274. ナガバコバンモチ 〔ホルトノキ科〕

Elaeocarpus multiflorus (Turcz.) Fern.-Vill.

琉球列島南部（石垣島，西表島）に自生し，常緑広葉樹林中に生える，台湾とフィリピンにも分布する常緑高木．葉は互生し枝先に集まってつき，葉柄は長さ 2～4 cm で，頂部が多少膨らみ，葉身は倒卵状楕円形で，先は鋭形または鈍形，基部は鋭形となり，長さ 7～12 cm，幅 3～6 cm，ふちには低い鈍きょ歯がまばらにあり，両面とも無毛，側脈は 9～11 対で，細脈とともに下面に突出し，腋に膜質の付属物（みずかき状のもの）ができる．前年枝の葉腋から長さ 5～9 cm で，多数の花からなる総状花序を出す．花柄は長さ 7～10 mm で白色の絹毛を密生する．がく片は 5 個，針状披針形，先は鋭形，長さ約 6 mm，白色の絹毛が密生する．花弁は 5 個あり，広倒披針形，長さは約 6 mm，先端はやや狭くなり 2～3 個の歯牙があり，外面に絹毛を生じる．雄しべは多数あり，花弁より短く，葯は線形で，長さ 2.5～3 mm，先端から中央部まで縦裂する．果実は楕円体の核果で，長さ 1.5 cm ほど，熟して碧色となる．〔日本名〕コバンモチに似るが葉が細長いことによる．

2275. オヒルギ（ベニガクヒルギ） 〔ヒルギ科〕

Bruguiera gymnorrhiza (L.) Lam.

熱帯アジアの浅い海の泥の中に生える常緑高木．高さ 2～8 m，根は泥の中からくりかえし膝曲して出てめずらしい形となる．枝は太く，葉は革質で厚く，対生，全縁，上面は光沢が強く，長さ 8～12 cm 位，長楕円形で両端は尖る．葉柄は紅色を帯び，葉の落ちたあとが明らかに残る．花は葉腋に単生，下向きに開き，がくは筒状，紅色，上半分は 8～12 片に深く裂け，裂片は厚くて線形，先端は尖り，内に各 1 個の花弁を抱く．花弁は淡黄白色，2 片に浅く裂け，先端に長い毛がある．子房は下位．果実はがく片を宿存し，長さ 3 cm 位，種子は樹上で発芽し，幼根は円柱状で長さ 20 cm 位となり，やや稜があり，オリーブ色，時に帯紅色．日本では琉球八重山群島に多く，北は奄美大島まで．〔日本名〕雄ヒルギでメヒルギに対して種子の発芽したものがたくましいからである．ベニガクヒルギはがくが赤いヒルギの意味．ヒルギは漂木の意味で果実が漂着して生えるからであろう．別に幼根の形をヒルにたとえて蛭木とする説もある．

2276. メヒルギ（リュウキュウコウガイ） 〔ヒルギ科〕

Kandelia obovata Sheue, H.Y.Liu et W.H.Yong

（*K. candel* auct. non (L.) Druce）

亜熱帯の浅海，泥の中に生える常緑高木，高さ 4～5 m 位，幹の下方から気根を斜めに下して支える．葉は革質で厚く，対生，葉柄間に早落生の托葉がある．葉の上面は光沢が強く，長さ 8～15 cm 位，長楕円形で先端は円い．花は腋生の二叉に分かれる集散花序，がく片は 5 個，裂片は線形，花弁は白色，5 個，2 裂し，先端に長い毛が多い．雄しべは多数直立して，花糸は長い．子房下位，花柱は 1 本で，雄しべと同じ長さ，柱頭は 3 裂する．果実は卵形体，長さ 2～3 cm 位，宿存がくは後へ反り返り，胎生発芽し，幼根は長さ 30～40 cm，オリーブ色で，基部は細く，中部より先が最も太い．鹿児島県以南，琉球，台湾，中国南部をへてベトナムまで分布する．〔日本名〕雌ヒルギの意味で種子の発芽したものがオヒルギよりも細いからである．

2277. **ヤエヤマヒルギ**（オオバヒルギ）　〔ヒルギ科〕

Rhizophora stylosa Griff.（*R. mucronata* auct. non Lam.）

熱帯の河口，泥の中に生える常緑高木，高さ 3〜10 m，幹の下方から太い気根を斜めに下して体を支える．小枝は太く，葉の落ちたあとが明らかに残る．葉は革質で表面は光沢が強く，対生，楕円形，全縁，先端はかすかに尖る．長さ 10〜20 cm，葉柄は太く長さ 3〜5 cm 位．花序は腋生，集散状，やや下向きに数個の花を開く．花は黄白色，がく片は 4 個，小形，花弁は 4 個，内面に毛がある．雄しべは 8 本，花糸は短く，花柱は花の外に出ない．がく片は宿存，種子は樹上で発芽し，長さ 40〜80 cm，やや稜のある暗いオリーブ色の幼根を出して垂れ下がる．幼根は先端がやや尖り，基部は細く，中部より先の方が最も太い．旧熱帯に広く分布し，日本では沖縄県に産し，八重山群島に多い．〔日本名〕八重山ヒルギは産地による命名である．

2278. **コカノキ**　〔コカノキ科〕

Erythroxylum coca Lam.

南米ペルーに産し，薬用植物として熱帯地方に栽培される低木．よく分枝し高さ 1〜2 m 位．茎は紫褐色で平滑ではないが，若い枝ではすべすべしている．葉は柔らかく黄緑色．互生し，長さ 6 cm におよび，披針形あるいは長楕円形，基部は狭くなって短い柄となり，先端はやや鈍形で小さなとげで終わり，全縁で主脈の両側に各 1 本の縦脈がある．初夏に黄緑色の小花を開く．花は枝の上に約 3 個ずつ束生し，がくは小さく 5 裂し，5 個の花弁は内側に付属物がある．10 本の雄しべは 2 重の輪になってつき，長い柄がある．花柱は 3 本で長楕円体の子房につく．核果は小さく卵状長楕円体，赤く熟し 1 個の種子を含む．乾した葉を古柯葉といい，その成分のコカインは局部麻酔薬として有名である．〔日本名〕学名の形容語に基づく．*coca* は産地での名である．

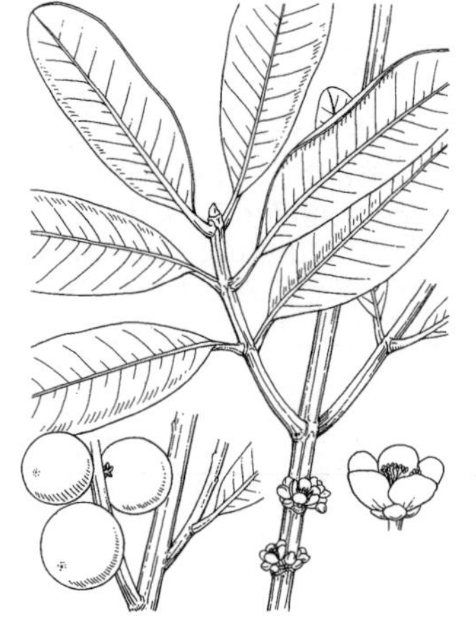

2279. **フクギ**　〔フクギ科〕

Garcinia subelliptica Merr.

フィリピン群島と台湾南部原産の中形の高木．琉球列島の一部にも分布し，また石垣島を始め沖縄県下では街路樹や防風林として栽培が盛んである．幹は高さ 10〜15 m になり，枝は黄緑色で 4 本の稜が縦に走る．葉は長さ 1〜3 cm の短い柄で対生し，この葉柄にも稜があってかどばる．葉身は楕円形で長さ 8〜12 cm，幅は 5〜8 cm あって質が厚く，全縁である．葉の先端は丸くてやや凹入し，また葉のへりが下側に巻き込む特徴がある．葉面は濃緑で光沢があり，側脈は明瞭でない．枝のやや下部の葉腋に束状に数個の花をかためてつける．雌雄異株．花は 5 数花で，同属他種の 4 数花と異なる．雌花，雄花とも外側に 2 枚，内側に 3 枚の小さな円形のがく片があり，そのふちは毛が並ぶ．花弁は小さくて淡緑色，やはり縁毛がある．雄花の雄しべは 6〜10 本ずつゆ着して束をつくり，5 束がある．雌花では雄しべは退化して 5 本の仮雄ずいとなり，中央に大きな子房がある．果実は径 3〜4 cm のやや扁平な球形で液果である．〔日本名〕福木の意味は不明．台湾での中国語名でもある．

2280. **マンゴスチン**　〔フクギ科〕

Garcinia mangostana L.

マレーシアなど東南アジア熱帯の原産とされる常緑高木．高さ 5〜10 m で樹皮は黒く，濃緑色で厚い革質の葉をつける．葉は長さ 20〜30 cm の楕円形でやや小判形をし，全縁で表面に光沢がある．初夏に葉腋に径 5 cm ほどの淡い肉色の花をつける．花柄は太く短く，がく片も 5 枚あり，10 数本の雄しべと 1 本の雌しべがあるが，雄しべはほとんどが花粉をつくらない仮雄ずいである．子房は球形で，頂部にキャップ状の柱頭があり，放射状に 5〜7 裂している．果実は成熟すると径 5〜10 cm のやや平たい球形で，皮はやや木質化して硬く，濃い紅紫色をしている．この硬い果皮を破ると，内部に白い肉質の仮種皮に包まれた種子が放射状に並んでいる．仮種皮は軟らかく多汁でクリームのように甘い．芳香もあってくせがなく，熱帯果実としては珍しく淡白である．このためフルーツの女王などと呼ばれて賞味されるが，腐敗しやすく輸送が困難なため大規模な生産は行われていない．マレー語名はマンギス，英名 mangostin でどちらもマンゴウとまぎらわしいが，まったくの別種である．

2281. テリハボク（タマナ）　〔テリハボク科〕

Calophyllum inophyllum L.

インド洋諸島から東南アジア，太平洋諸島など熱帯の海岸に生じる大高木．日本では小笠原と沖縄の海浜にみられるが，その多くは防風用の植栽か，それからの逸出と思われる．高さは 10～20 m になり，主幹から長い枝をのばす．樹皮は灰褐色，ときに黒色をおび，縦にひだ状の裂け目が入る．若枝には 4 枚の翼状のひれがでることが多い．葉は対生し，長さ 1～2 cm の柄がある．葉身の形は小判形で長さ 8～18 cm，幅は 5～10 cm．質は厚く，硬く，表面は濃緑色で光沢がある．中央脈から左右に平行に走る側脈が上下両面にめだつ．花は枝先の葉腋から 10 数花からなる花序をだして，初夏から盛夏にかけて咲く．白色で花の径は 3 cm 前後，4 枚の花弁があり，中に多数の雄しべが 4 群に分かれて，それぞれ基部でゆ着している．この点も含めて花全体の印象は白花のツバキに似る．中心にある雌しべの子房は紅色をおび，花柱は雄しべよりはるかに長く花外につきだす．果実は球形で径 3～4 cm の緑色，硬く厚い皮におおわれ，タマナはハワイ語の名である．海流に漂流して散布する．〔日本名〕照葉木は，葉の光沢に基づく．

2282. カワゴケソウ　〔カワゴケソウ科〕

Cladopus doianus (Koidz.) Koriba（*Cladopus japonicus* Imamura）

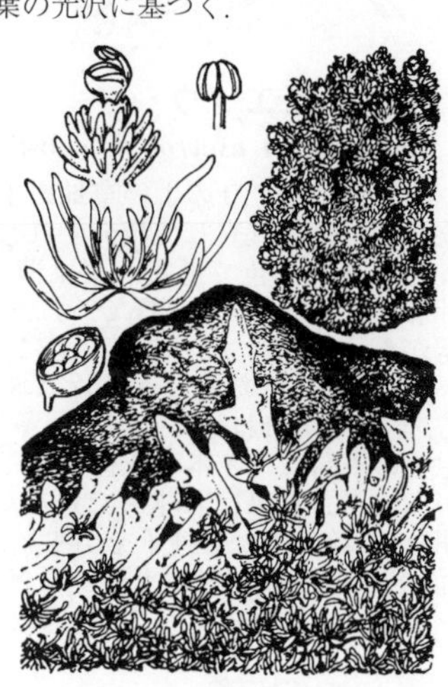

鹿児島県の山間の急流中の岩石面に生えるめずらしい多年生草本で，一見蘚苔類の様である．根は何度も分枝し，扁平で密に岩面をおおい，深緑色，表面にはところどころに長さ 5 mm ぐらいの針状葉を束生する．9 月になると葉が束生しているところから短小な茎をのばして，2～3 mm に達し，掌状に深裂した小形葉が数個 2 列に重なってつき，その先に 1 個の花を開く．花は向かいあってついた 1 個の雄しべと 1 個の雌しべからできていて，子房はふくらんでおり，上半部は淡紅色で，雄しべの左右には線形の花被鱗片がある．さく果には短い柄があり，球形で上半部がななめにふた状となり，これがとれて開く．1927 年に京都大学の今村駿一郎が初めて鹿児島県の久富木川の流れの中で発見したもので，1928 年に「植物研究雑誌」に詳しく発表され，これでカワゴケソウ科の植物が日本にもあることが分かった．〔日本名〕川苔草．コケ状をした扁平の根に基づいた名である．

2283. ミズオトギリ　〔オトギリソウ科〕

Triadenum japonicum (Blume) Makino

山や野原の湿った所に生える多年生草本で，高さは 20～50 cm 位で帯紅色の地下茎をのばしてふえる．茎は直立し，円柱形で時々紅色を帯びる．葉は対生し，葉柄はなく多少茎を抱き，楕円状披針形で長さ 3～7 cm，先端は丸く，全縁で葉の中に明るい油点が散在し，いかにも平担であり，また白味をおびた緑色である．夏から秋にかけて葉腋に短い柄のある集散花序を付けて，小形の淡い肉紅色の花を開く．がく片は 5 個，花弁も 5 個あってかわら状に重なる．雄しべは 9 本で各々 3 本ずつ集まり，花糸の末端に各々 1 個の葯がつき，葯の先端には 1 つの小さいいぼがある．雄しべの間に 3 個の腺がみえる．子房は卵状尖塔形で 3 本の花柱がある．さく果を結び，種子は数が多い．〔日本名〕水弟切で生育地を指す．本種には北米に 1 種，ヒマラヤに 1 種ずつの対応種がある．

2284. キンシバイ　〔オトギリソウ科〕

Hypericum patulum Thunb.

通常人家や庭園に見る半落葉の小低木で，枝は褐色で多く枝分かれして茂り高さは 1 m 内外．中国の原産であるが，今日では日本の山地の人家附近の湿った崖などに逸出して自生状態で生えており，枝は垂れ下がるくせがある．葉は対生しやや薄く葉柄はなく，卵状長楕円形で長さ 2 cm 前後，全縁で，裏面は白緑色，陽にすかすと明るい油点がまばらに分布する．夏に枝先に集散花序をつけ，柄のある美しい黄花を開く，花は径 3 cm ほどでウメの花に似ている．がく片は 5 個で緑色，円形の花弁は 5 個，やや厚く，つやがありともえ状に重なり合う．多数の雄しべは黄色で 5 つの束となって付いている．子房には 5 本の花柱がある．さく果は卵形で，宿存がくがあり，5 個に裂開する．〔日本名〕従来習慣的に用いた漢名の金絲梅の音読み．〔漢名〕雲南連翹，芒種花．

2285. ビヨウヤナギ　〔オトギリソウ科〕

Hypericum monogynum L.

（*H. chinense* L. var. *salicifolium* (Siebold et Zucc.) Choisy）

中国原産の半落葉小低木で，人家に植えられ，高さは 1 m 内外．茎は多く枝分かれして，褐色である．葉は薄くて対生し，葉柄はなく，長楕円状披針形で長さ 4 cm 前後，先端は円く，全縁で，葉の中にすかしてみると明るい細かい油点が密に分布する．夏に枝の頂端部に集散花序をつけ，花柄のある大きな黄色い花をつける．緑色のがく片は 5 個，花弁は倒卵形で 5 個ある．黄色い雄しべは多数あって，花弁の上に群がって立つのでよく眼につくが，基部は 5 つの束になっている．子房には長い 1 本の花柱があって，頂端は 5 個に分かれる．さく果は宿存がくを持つ．〔日本名〕未央柳の意味かまたは美容柳の意味であるか判らないが，いずれもその花が美しいことと葉の細いことをヤナギになぞらえて名づけたものである．〔漢名〕習慣的に金線海棠を使う．

2286. トモエソウ　〔オトギリソウ科〕

Hypericum ascyron L. subsp. ***ascyron*** var. ***ascyron***

山野の日当たりのよい草地に生える無毛の多年生草本で，高さ 60～90 cm 位ある．茎は直立して枝分かれし，4 つの稜があり，上部は緑色で下部は木質となり淡褐色である．葉は薄く，対生して，葉柄はなく，茎を抱き，披針形で先端は尖り，全縁で，すかして見ると明るい細かい点がまばらにある．夏から秋にかけて，枝の頂上に大きな黄色い花を付け，日光を受けて開き 1 日花である．緑色のがく片は 5 個で卵形．花弁は 5 個で，ゆがんだ形をして，ともえ状にねじれている．多数の黄色い雄しべは 5 つの束になっており，中央の子房には 1 本の花柱があって，頂端部は 5 分し，各々その先端に柱頭がある．さく果は卵球形で大きく，花柱は宿存して付着し，5 枚のからに裂開し，多数の細かい種子を出す．〔日本名〕巴草の意味で，花弁の形に基づく．〔漢名〕連翹は本来は本植物の名であり，後に誤ってモクセイ科のいわゆるレンギョウの名となったが，これは間違いである．

2287. ツキヌキオトギリ　〔オトギリソウ科〕

Hypericum sampsonii Hance

中国に多いが，西日本にもまたまれに野外に生えている多年生草本で，高さは 50 cm 位に達する．茎は直立して枝分かれする．葉は全縁で先端は丸く，長楕円状披針形で対生し，2 枚の葉は基部で互にくっついて，茎がその中央を貫いているようになっている．また葉をすかしてみると明るい細かい油点がある．秋に枝先に集散花序をつけ，柄のある黄色い小さな花を開く．花径 8 mm くらい，緑色のがく片は 5 個，花弁は 5 個ある．多数の雄しべは黄色で，3 つの束になり，3 本の花柱があり，さく果を結ぶ．〔日本名〕2 葉が合着した中央を茎がつき抜いてみえるからである．〔漢名〕元寶草．

2288. エゾオトギリ　〔オトギリソウ科〕

Hypericum yezoense Maxim.

東北地方の北半から北海道，さらに北方の山地に生える無毛の多年生草本で高さは 10～30 cm 位ある．茎は直立し，円柱形で 2 本の稜があり，こずえで短く分枝する．葉は対生し，葉柄はなく，長楕円状披針形で先端は丸く，全縁で，多数の明るい細かい点が密に分布する．夏に茎の頂に黄色い花を開く．径 15～20 mm で緑色のがく片は長卵形，先端は鋭く尖る．花弁は 5 個．多数の雄しべは 3 つの束となる，子房は卵球形で，3 本の長い花柱がある．〔日本名〕北海道の古名，蝦夷（エゾ）にちなむ．〔追記〕本種は朝鮮半島から中国北部に普通のシナオトギリ *H. attenuatum* Choisy の東北方における対応種であって，茎に稜線が明瞭な点でオトギリソウの群から区別される．

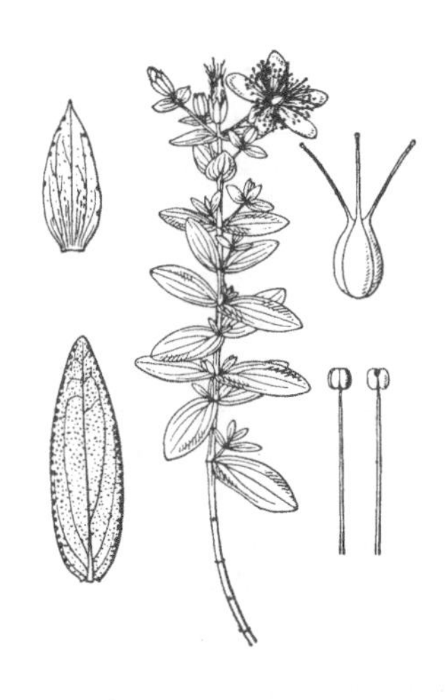

2289. オトギリソウ　〔オトギリソウ科〕

Hypericum erectum Thunb. var. ***erectum***

普通山野に生える無毛の多年生草本で高さは 30〜60 cm 位．茎は円柱形で緑色．葉は対生し，両葉が互に接近して茎を抱き，披針形で先端は丸く，全縁，すかしてみると葉の中に黒色の細かい油点が散在する．夏から秋にかけて茎の頂部が分枝し，小さい黄色の花が連なって咲き，花径 1.5 cm ぐらいで日中だけひらきしかも 1 日花である．花は短い花柄をもつ．緑色のがく片は 5 個，花弁は 5 個で倒卵形であるがややともえ状にゆがんだ形をしている．子房には 3 本の花柱がある．さく果を結び，細かい種子がある．茎や葉を民間薬に用いる．〔日本名〕弟切草．兄が秘密にしていたタカの傷薬をその弟が他人にもらし，そのために怒った兄に切り殺された，という平安時代の伝説からその名が付けられた．〔漢名〕小連翹．

2290. フジオトギリ　〔オトギリソウ科〕

Hypericum erectum Thunb. var. ***caespitosum*** Makino

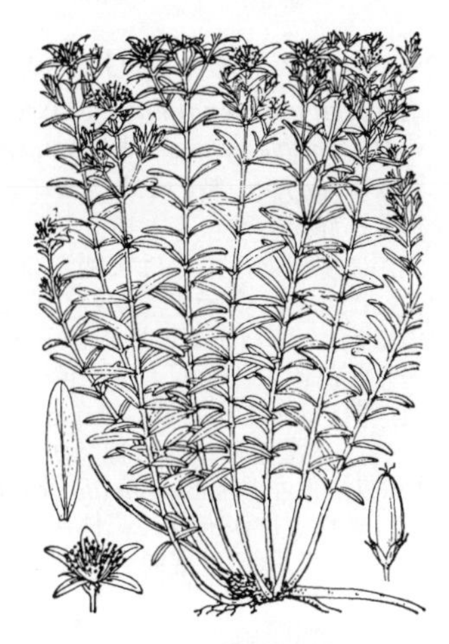

富士山および長野県乗鞍岳附近の山地に生える無毛の多年生草本で，高さは 30〜40 cm 位，時に 50 cm に達し大きな株となり群をなして生え，茎は丸く，茎の表面の稜線ははっきりしない．葉は対生し，細い線状楕円形で長さ 1.5〜4 cm 位，柄はなく，基部は半ば茎を抱き，葉の中には黒色の油点だけがあり，ふちにもまた黒点が連なっている．枝のこずえは上方でわずかに分枝して，夏に 5 花弁の黄色い花を数個つける．がく片は 5 個で長楕円状披針形で，先端はやや尖り，黒点および黒線があり，ふちにもまた黒点がある．花弁は長さ 9 mm 位あり，黒線があり，時に少し明るく透きとおった線もまじる．多数の雄しべと，1 本の雌しべをもち，花柱は 5 本に分かれ，子房より少し長い．〔日本名〕富士弟切で産地にちなむ．

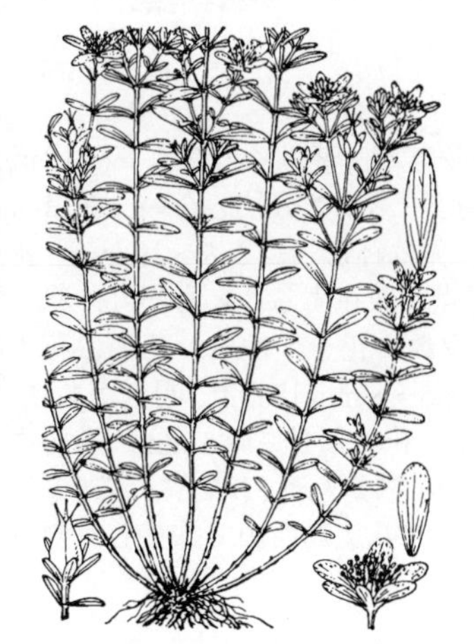

2291. コオトギリ　〔オトギリソウ科〕

Hypericum hakonense Franch. et Sav.

箱根，丹沢の湿った日の当たる場所に多く生える多年生草本．茎は細長い円柱形で群をなして生え，直立し高さは 20 cm 内外で，こずえは分枝し，下部はしばしば紅色に染まる．葉は薄弱で，多数が茎に対生し小形で，線状長楕円形あるいは線形で長さ 1.5〜2 cm，先端は丸く，基部は細いくさび形，全縁で非常に短い葉柄があり，葉の表面は緑色裏面は多少うす緑色で，明るい点が一面に分布する．夏に茎の頂上に散房集散花序をつけ，短い花柄のある小さな黄色い花を開く．花は直径 15 mm 内外．緑色のがく片は 5 個，長楕円形で先端は丸く，全縁で宿存する．花弁は 5 個，細い披針形で長さはがく片の 2 倍ある．多数の雄しべは黄色で花弁より短い．子房は卵形で，3 本の花柱がある．さく果は長卵球形で 3 室からなり，長さは宿存がくの 2 倍．〔日本名〕小弟切の意味で草が小形であるために名づけられた．〔追記〕オトギリソウに比べるとずっと小形で，葉は基部では狭いくさび形となること，黒点がないことから容易に区別される．

2292. ニッコウオトギリ　〔オトギリソウ科〕

Hypericum nikkoense Makino

栃木県日光の山地に生える多年生草本で高さは約 50 cm 位に達する．茎はかたまって生え，直立あるいは基部は斜めになり，細長い平滑な円柱形でかすかに扁平，こずえでは分枝し，下部は褐紫色であるが，上部は生時には緑色である．葉は長さ 35 mm，幅 15 mm に達し，対生で，葉柄はなく開出し，細い披針形．披針形，線状長楕円形あるいは長楕円状披針形等種々で，先端は丸くあるいはわずかにくぼみ，基部は鈍い円形で半ば茎を抱き，明点が一面に分布するが，ふちには黒点があり，裏面は多少白色を帯びている．集散花序は頂生し，かなり多数の短い柄をもった黄色い花を付け，花の直径は 12〜16 mm ある．がく片は 5 個，大小不同で披針形，先端はやや鋭く尖り，花が開いた時には長さ 3〜8 mm 位である．花弁は 5 個，平開し，がく片より長く，長楕円形で先端は丸く，基部は細い．雄しべは多数，少し花弁より短く，黄色で 3 つの束となる．子房は卵状円錐形で 3 室，3 本の花柱がある．さく果は細い円錐形で尖り，長さ 7〜10 mm 位，3 本の縦に走る溝があり，3 室からなり多数の種子をもつ．〔日本名〕日光弟切は栃木県日光に生えることから名付けられた．〔追記〕フジオトギリとよく似ているが，葉に明るい点と黒点とがあることから区別できる．しかしコオトギリとの間は区別がむずかしいことがある．おそらく日光や箱根のような火山地に夫々独立しながら類似した環境に新生した若い種であろう．

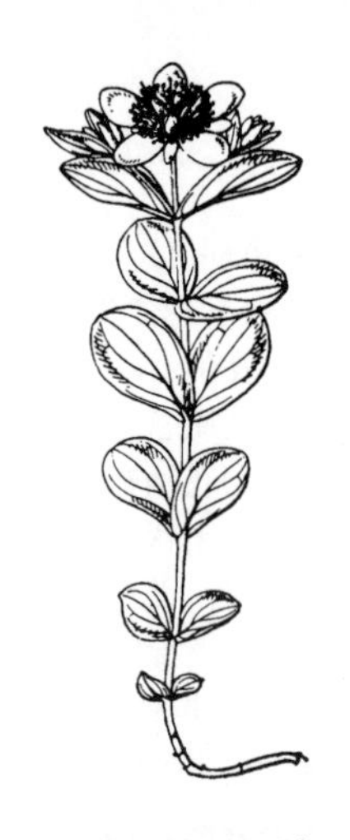

2293. ハイオトギリ 〔オトギリソウ科〕

Hypericum kamtschaticum Ledeb.

北海道の高山に生える無毛の多年生草本で，高さ 12〜30 cm 位ある．茎は直立してこずえには短い枝を分け，多くの場合数本かたまって生える．葉は対生して，葉柄はなく，楕円形あるいは卵円形で全縁，すかしてみると細かい黒点が散在する．秋にこずえに柄のある黄色い花を開き，花の直径は約 2 cm 位あって美しい．つぼみの時は花弁の外面は時々赤色を帯びる．がく片は緑色で 5 個，花弁は 5 個，日光を受けて平らに開く．多数の黄色い雄しべは 3 つの束をなし，子房には 3 本の長い花柱がある．さく果を結び，宿存がくがあり，細かい種子が多い．〔日本名〕這い弟切．図のように茎の基部がはうことによる．〔追記〕サマニオトギリ *H. nakaii* H.Koidz. は北海道の日高山脈に産し，本種に似ているが花柱が長く，子房の 1.6 倍以上（ハイオトギリでは普通 1.3 倍以下）．

2294. シナノオトギリ（ミヤマオトギリ） 〔オトギリソウ科〕

Hypericum senanense Maxim. subsp. ***senanense***

（*H. kamtschaticum* Ledeb. var. *senanense* (Maxim.) Y.Kimura）

日本中部の高山帯に生える無毛の多年生草本で，高さ 15〜25 cm 位ある．茎は数本が群がって生え，直立し，こずえの部分は通常短く分枝して，円柱形でかすかに線がある．葉は葉柄がなく，対生して基部は茎を抱き，卵状長楕円形で先端は丸く，全縁で，すかしてみると明るい細かい点が極めてまばらに分布するほか，へりには黒点がたくさんある．夏，茎の頂上部に柄のある径 2 cm の美しい黄色の花を開く．緑色のがく片は 5 個，花弁は 5 個，雄しべは黄色で多数，花柱は 3 本あり長さ 5 mm．さく果は宿存がくをもち，細かい種子をもつ．〔日本名〕信濃弟切はこの種類が信濃国（長野県）に生えていることによる．〔追記〕イワオトギリ subsp. *mutiloides* (R.Keller) N.Robson は本州北部の高山に生え，葉には黒点だけがあり，花柱が短い．これは北海道産のハイオトギリによく似ているため旧版では混同されていたが，花弁の縁に黒点があるので区別される．

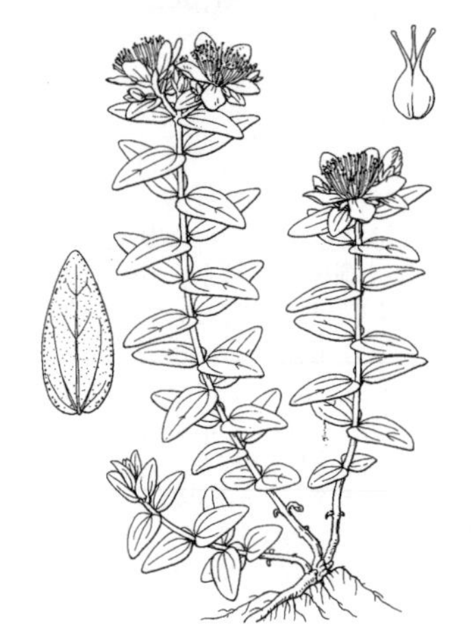

2295. ハチジョウオトギリ 〔オトギリソウ科〕

Hypericum hachijyoense Nakai

伊豆諸島の三宅島と八丈島に特産する多年草．茎はそう生し，丈は低くて，高さ 5〜15 cm，ときに 20 cm に達し，あまり分枝しない．葉は対生し，線状長楕円形または狭長楕円形で，先は鈍形，長さ 7〜20 mm，幅 3〜10 mm となり，明点があり，少数の黒点が散在することもあり，縁には黒点が並ぶ．花序は枝の先からでて，少数の花をつける．花柄は花よりも短い．花弁は倒卵状長楕円形で，長さ 6.5〜8 mm になり，明点があり，ときには黒点もまじり，縁には黒点がある．花柱は長さ 2.5 mm，子房より短い．さく果は細長い卵状長楕円体で，長さは 7 mm ほどになる．〔日本名〕八丈オトギリで，緒方正資が 1921 年に八丈島西山で採集した標本に基づき，中井猛之進が 1922 年に命名した．

2296. ダイセンオトギリ 〔オトギリソウ科〕

Hypericum asahinae Makino

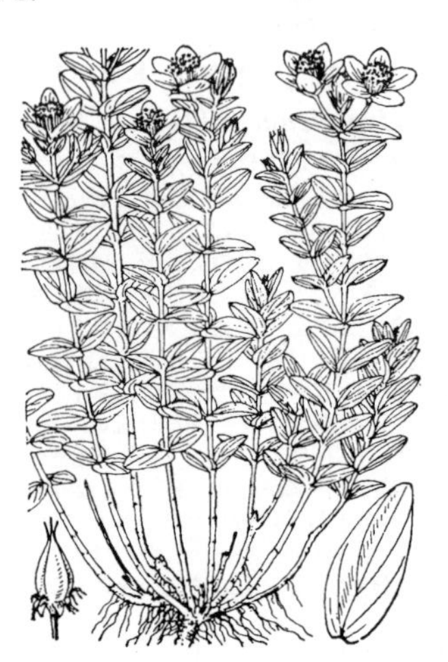

鳥取県大山に主に産し，東は石川県白山や富山県白馬山，立山などの高山にも分布する無毛の多年生草本．高さは 20〜30 cm で，茎は群をなし，かたまって直立し，あるいは斜めに立ち上り，普通分枝せず，茎は丸く稜線がない．葉は対生し，楕円形または卵状長楕円形で全縁，基部は丸く，茎を抱き，葉の中には黒点，時には明点がまじり，ふちには黒点が連なって存在する．夏に枝の頂上に集散花序をつけ，1 ないし 5 個の花を付ける．がく片は緑色で 5 個あり，披針形で，黒点がある．花弁は 5 個，倒卵形で長さは 1〜1.5 cm，黒点あるいは短い黒線があり，ふちには点がない．雄しべは多数あり，花柱は 3 つに分かれ長さ 6〜8 mm で，子房の長さの 1.5〜2.7 倍ある．〔追記〕最も近いのはイワオトギリであって，おそらくそれから裏日本中・西部の高山に隔離分化したものであろう．がく片の狭いこと，花柱が一層長いことなどで区別される．またフジオトギリとは，葉の幅の広いこと，葉に明点が混じって存在すること，および花の直径の大きい点で区別できる．

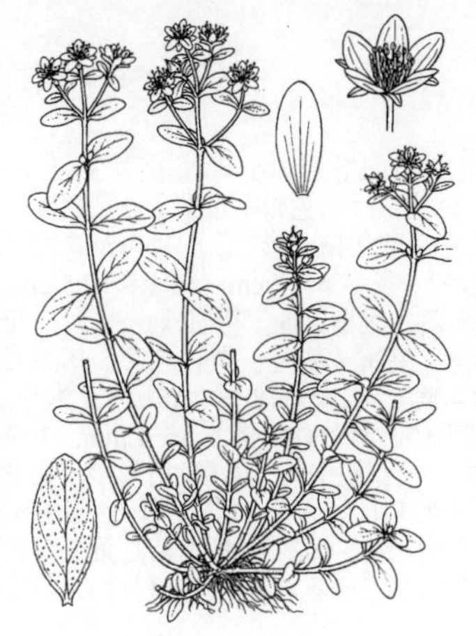

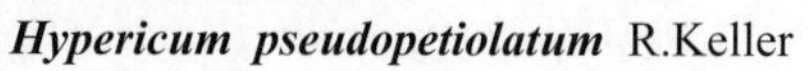

2297. サワオトギリ 〔オトギリソウ科〕

Hypericum pseudopetiolatum R.Keller

北海道西南部から九州に分布する．山地の水湿地に生える．茎はそう生し，基部ははって，立ちあがり，高さ 10〜15 cm，ときに 70 cm にも達し，上方で枝分かれする．葉は対生し，質は薄く，倒卵形または長楕円形になり，先は円形または鈍頭形で，長さ 30〜35 mm になり，基部は狭まり，柄のようになって茎につく．葉には多数の大きめの明点が散生し，縁には黒点もあり，裏面は白色を帯びる．また縁には，萼片や花弁の縁と同様に有柄または無柄の黒色を帯びた球状の腺点があることもある．花は小さく，茎の先と枝の先からでる 2 出集散花序につく．萼片は狭長楕円形で，明点がある．花弁は倒卵状長楕円形で，長さ 3.8〜6 mm になり，明点が散在する．雄蕊は花時直立し，葯は小さい．花柱は 1.3〜2 mm で，子房より著しく短い．さく果は円く，大きく，長さ 5〜8 mm，幅 4〜6 mm．秋には美しく紅葉する．

2298. アゼオトギリ 〔オトギリソウ科〕

Hypericum oliganthum Franch. et Sav.

野原や田圃の間など湿った日の当たる所に生える多年生草本．茎は 1 株にかたまって生え，横にはって後に斜めに立ち上り，細長い円柱形で，枝をうち，よく成長したものは長さ 60 cm にも達することがある．葉は小形で対生し，葉柄はほとんどなく，長楕円形で先端は丸く，基部は丸いかあるいはゆるやかで，裏面は白色を帯び，すかしてみると明点が散在し，ふちには細かい黒点が連なって存在し支脈はまばらで両側に各々 3 本ずつある．夏から秋にかけて茎の頂上部にまばらな集散花序をつけ，短い花柄のある小さな黄色い花を開き，花の直径は 10〜13 mm 位，苞葉は葉状である．がく片は 5 個，大小不同で，小さいものは線状披針形だが，大きいものは長楕円形，葉状で，両者とも先端は丸く，緑色でふちに黒い点がある．花弁は 5 個，平開し，へら形をおびた長楕円形でがく片の小さいものよりもわずかに長い．他の種類と同様に昼間だけ開く．雄しべは多数あり，花弁より短く，束をなしている状態はわかりにくい．子房は卵形，3 室，3 本の花柱がある．さく果は球状円錐形でふくらんでおり，通常 3 本の縦に通った溝があり，宿存がくよりもわずかに長く，長さ 8 mm，直径 6 mm 位．本種は茎の基部に越年生の短縮した茎を側出する特徴がある．この種には変種や品種はなく，また山地には生えない．〔日本名〕畦弟切は通常田のあぜに生えるためにいう．

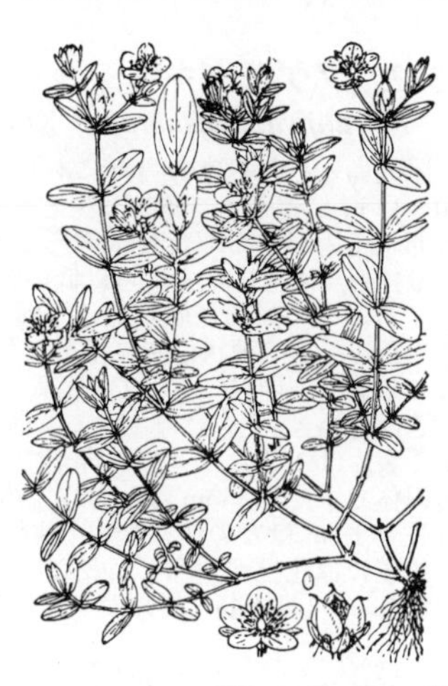

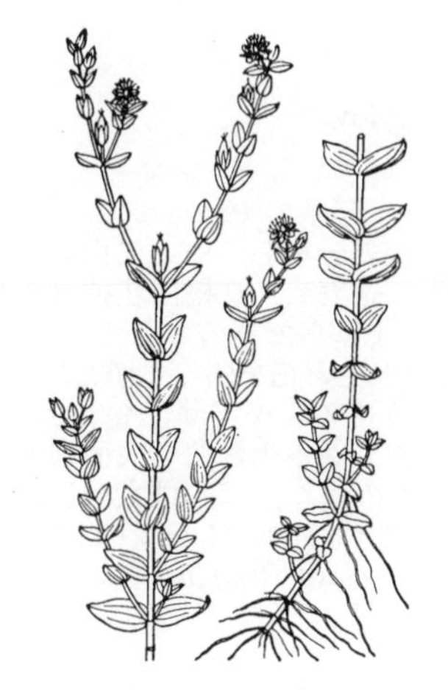

2299. ヒメオトギリ 〔オトギリソウ科〕

Hypericum japonicum Thunb.（*Sarothra japonica* (Thunb.) Y.Kimura）

日本の中部以西の野原や山麓の湿った所に多く生える無毛の多年生草本で，高さは 10〜30 cm 位ある．茎は草質で，やせて 4 稜があり，しばしば枝分かれするが，すなおに直立している．葉は短くて小さく対生し，多少茎を抱き，卵形，長さ 1 cm に満たず，全縁で先端は丸みを帯び，葉脈は縦に通り，すかしてみると明るい油点が散在する．夏と秋にこずえの枝の上に短い柄をもった小さな黄色い花を開く．がく片は緑色で 5 個，花弁も 5 個，長楕円形で，がく片と同じ長さである．雄しべは数個，花柱は 3 本，さく果は小さい長楕円体で宿存がくをもつ．次のコケオトギリとよく似ているが，葉にくらべて茎が太くしっかりしており，また下部にはうす紫赤の着色があることが多く，葉色は青味を加えた緑色であるので区別できる．〔漢名〕地耳草．

2300. コケオトギリ 〔オトギリソウ科〕

Hypericum laxum (Blume) Koidz.（*Sarothra laxa* (Blume) Y.Kimura）

野原および庭などに多く生える無毛の小さい多年草．かつてはヒメオトギリの 1 品種でその小さいものとしたが今は独立種に扱う．高さ 5〜10 cm 位で茎は細く直立し，また時々斜めに横に傾いて生え，やや横にはって広がるものもある．葉は円味の強い楕円形，黄味の勝った緑色でいかにも弱々しい．夏と秋に，枝の上にヒメオトギリと同じような小さな黄色い花を付ける．がく片は緑色で 5 個，花弁は 5 個，雄しべは数個，子房には 3 本の花柱がある．さく果は小さく，宿存がくをもつ．〔日本名〕苔弟切でコケはこの植物が小形でコケのようなのでそう呼ぶ．〔追記〕ヒメオトギリとよく似ているが，前種の下にのべた区別点以外に花の下の苞葉と小苞葉とが披針形でなく，もっと広い卵状長楕円形をしている点でも区別される．また一般にヒメオトギリよりも人間の生活の場に近いところに生えている．しかし，本種とヒメオトギリの区別は日本本土では比較的容易だが，海外では区別に困る型が少なくないので，両者を区別しない意見もある．

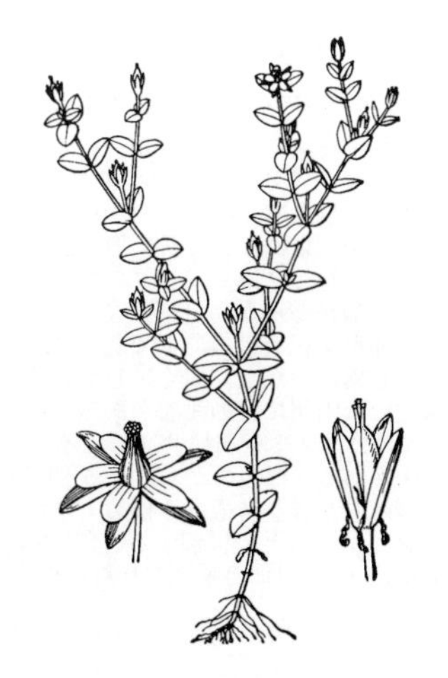

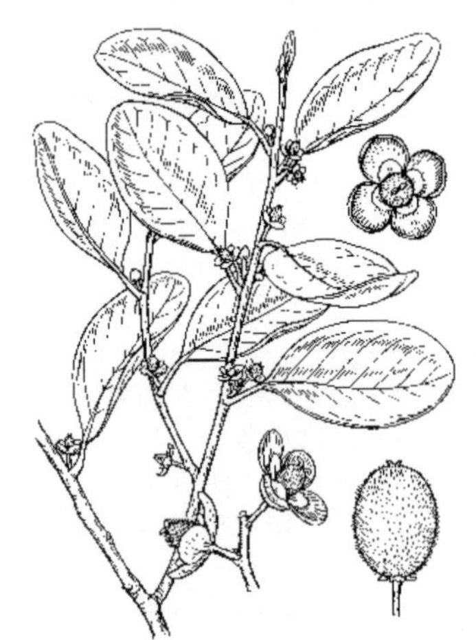

2301. ハツバキ（ムニンハツバキ） 〔ツゲモドキ科〕

Drypetes integerrima (Koidz.) Hosok.

小笠原(父島列島, 母島列島)に特産し, 風衝地に生える常緑の小高木. 高さ3～5 m. 樹皮は灰褐色で, 幹の外観がツバキに似る. 若い枝には褐色の毛が生える. 葉は互生し, 革質で, 有毛の柄があり, 葉身は楕円形から卵状楕円形で, 先は円形または鈍形となり, 基部はくさび形または円形, 全縁で, 長さ 4～7 cm, 幅 1.5～2.5 cm, 裏面の主脈を除いて無毛で, 8～10 対の側脈がある. 雌雄異株. 花期は6～7月. 花は長さ 5～7 mm の柄があり, 枝先の葉腋につき, 花弁がなく, 黄白色で, 絹毛でおおわれ, 径2～3 mm になる. 雄花のがく片は4個で, 広卵形, 8個の雄しべをもつ. 雌花の子房は卵形体または卵状長楕円体で, 剛毛におおわれ, 長さ 3～4 mm, 3 裂する花柱をもつ. 核果は短い柄があり, 卵形体または楕円体, 両端は円形で, 長さ2 cm になり, 黄熟し, 黄褐色の毛を密生する. ツゲモドキからは本種の葉が楕円形, 全縁, 先は円形あるいは鈍形であることによって区別される. 〔日本名〕葉や幹の外観が, 花なしではツバキとまぎらわしいほど類似していることから名付けられた.

2302. ツゲモドキ 〔ツゲモドキ科〕

Putranjiva matsumurae Koidz.（*Drypetes matsumurae* (Koidz.) Kaneh.）

屋久島とそれ以南の島々にあり, 亜熱帯の海岸林に生える常緑の小高木. 高さ10～15 m に達する. 葉は互生し, 革質で, 長さ 5～10 mm の短い柄があり, 葉身は卵状楕円形から卵状長楕円形で, 先は鋭尖形または鋭形となり, 基部は鋭形または鈍形, ふちにはまばらに低いきょ歯があり, 長さ 6～9 cm, 幅 2～4 cm, 無毛で, およそ 8 対の側脈がある. 雌雄異株. 花には花弁がない. 雄花序は葉腋につき, 柄がなく, 穂状で密に花がつき, 長さ約 1 cm になる. 雄花のがく片は 4 または 5 個あり, 卵形, 有毛で, 3 個の雄しべは超出し, 平板状の花盤の周辺にやや挿入されてつき, 花糸は離生する. 雌花には柄があり, 葉腋に単生または数個がつく. がく裂片は 3 または 4 個, 卵形で, 長さ約 1.5 mm. 子房は狭卵形体または卵状長楕円体で, 長さ 3 mm ほどあり, 絹毛が生え, 花柱は短く外側にそりかえる. 核果は長さ 1 cm ほどの柄をもち, 狭卵形体または卵状長楕円体で, 両端は鈍形となるが先端には花柱が残存し, 長さ 1～2 cm で, 白熟し, 褐色をおびた白色の毛におおわれる. 〔日本名〕外観がツゲに似ていることによる.

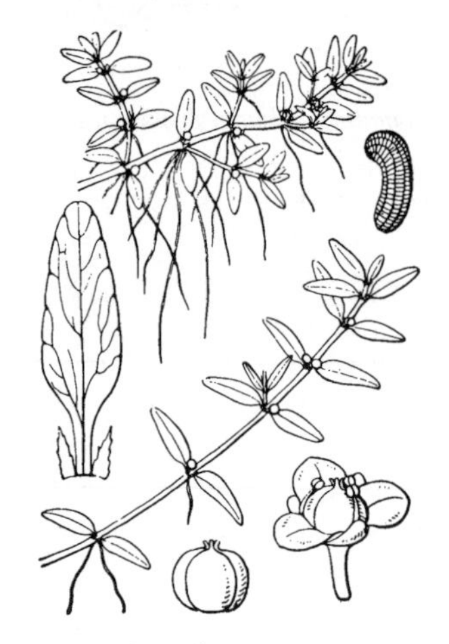

2303. ミゾハコベ 〔ミゾハコベ科〕

Elatine triandra Schkuhr var. ***pedicellata*** Krylov

（*E. ambigua* Wight; *E. orientalis* Makino）

主として田圃の中やその他湿った所に生える一年生のやわらかい小草本. 茎は円柱形で長さ 3～10 cm, 泥の上に横にはって分枝し, 節々に白いひげ根を出す. 葉は托葉のある短い葉柄があり茎に対生し, 長楕円状披針形で長さ 8 mm 前後, 鈍頭でほとんど全縁, 側脈はまばらで葉のふちに達する. 夏から秋の間に葉腋に短い柄をもった淡紅色の小さい花を開く. がく片は 3 個, 花弁は 3 個, 3 本の雄しべと 1 本の雌しべがある. 果実はさく果で小さい球形, 果皮は薄く中に多数の種子がある. 種子は多少彎曲し表面に細かい横の模様がある. 全株が水中に沈んでいるものは, しばしば大形に成長して閉鎖花を生じ, 結実する. 本科に属する植物は日本ではこの 1 種だけである. 〔追記〕花が無柄のものをイヌミゾハコベ var. *triandra* という. ミゾハコベとイヌミゾハコベを別種とする意見もある.

2304. キスミレ（イチゲキスミレ） 〔スミレ科〕

Viola orientalis (Maxim.) W.Becker

朝鮮半島, 中国に多いが, 日本では静岡県, 中国山地の一部および九州（北部と中部）に不連続的に分布する多年生草本. 日当たりのよい山地にしばしば群生する. 有茎種で地上茎が目立ち, 高さは約 10～15 cm, 根茎は短い. 根は白く, 基部でやや細まる多肉質で根元から束になって斜に地に入る. 根生葉は数少なく, 長い葉柄があり, 葉身は心臓状卵形で先が急に鋭く尖り, ふちには内曲するきょ歯がある. 茎葉は最も下の 1 枚は比較的長い葉柄があるが, 上に集まる 2～3 の葉は対生葉のようにみえ, 葉柄も短い. 葉身は三角状卵形. 托葉は広卵形で先が鋭く, 全縁である. 春に茎上部の葉腋に 1～2 個の濃い黄の花を横に向かって開く. しかし花弁の外側には濃い赤紫色のぼかしがあり, また側弁と唇弁には内側に紫のすじがある. 花弁 5 枚, 側弁の内側には毛があり, 唇弁の距は短く 1 mm 内外. スミレ属に共通して雄しべ 5 個. 雌しべ 1 個. 花柱の先端はふくらみ, 両側には毛がある. 緑色のがく片は 5 個で狭披針形. さく果に毛はない. 次種オオバキスミレとは図示した様な特徴ある根およびがく片の附属体がわずか 1 mm 内外ではあるがはっきりと存在することで区別する. 〔日本名〕一花（いちげ）黄スミレはかつてシベリヤ産の *V. uniflora* L. と同種と誤認されたためできた直訳名である. 1 茎 1 花とはかぎらない.

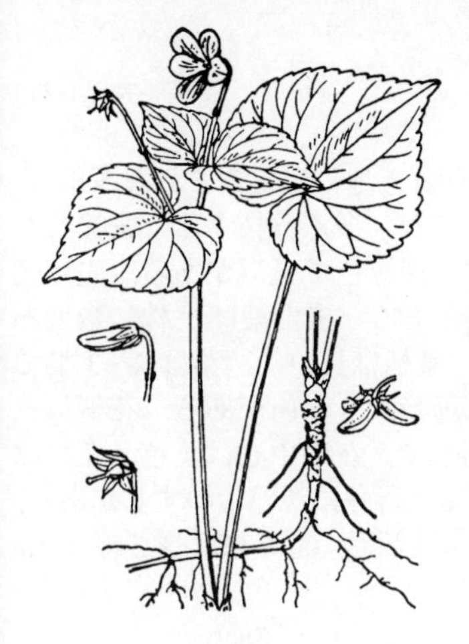

2305. オオバキスミレ

〔スミレ科〕

Viola brevistipulata (Franch. et Sav.) W.Becker subsp. ***brevistipulata*** var. ***brevistipulata***

種としては本州（主に日本海側），北海道に広く分布し，本州北，中部の日本海側に最も多い．図に示した型はおもに本州北，中部の低山帯上部や亜高山の林縁などにしばしば群生する狭義のオオバキスミレで，前種に似てずっと大型．高さは 15～30 cm にもなる．地下茎は横にはい，細根が節々から出る．根生葉は数少なく，長柄があり，心臓形で長さ約 5 cm だが大きいものは 10 cm ほどにもなり，キスミレよりさらに先が鋭く尖り，ふちにはきょ歯が目立つ．質はうすく主な支脈は葉の先に向かって彎曲して延び，ふつうは毛がない．茎葉は 3～4 個で茎の上部に集まり，葉柄は短く．根生葉より小さい．最上部のものは時に長卵形，基部は切形またはくさび形で葉柄に移る．托葉は広卵形で先が尖り全縁．早い所では 5 月，高地では 8 月頃茎上部に 2～3 個の黄花を腋生し，横に向かって開く．ふつう，唇弁と側弁には紫のすじがあり，唇弁の距は極端に短く，側弁の内側には毛がある．雌しべの先はやはりふくらみ両側に微毛が生えている．がく片は狭披針形で附属体はほとんどない．〔日本名〕大葉黄スミレのことで，広く大きい葉に基づく．

2306. ダイセンキスミレ

〔スミレ科〕

Viola brevistipulata (Franch. et Sav.) W.Becker subsp. ***minor*** (Nakai) F.Maek. et T.Hashim.

中国地方の山地の林縁や草地に分布する多年草で，オオバキスミレの西日本型．全体に無毛．葉は茎に通常 3 枚つき，最下の葉は離れてつく．葉身は広卵状心臓形，急鋭尖頭で，長さ 1.5～3.5 cm．不規則なきょ歯がある．托葉は離生し，3 mm．花は 6～7 月に咲き，葉腋から 1 cm ほどの黄色い花を 1 つつける．唇弁と側弁には紫褐色のすじがある．側弁の基部に毛がある．距は短い．母種オオバキスミレに比べ，高さ 10 cm ほどで全体小形になり，葉が厚く，かたくなり，光沢も増し，茎が紅紫色を帯びて，一見キスミレに似てくる．〔日本名〕鳥取県の大山に産することによる．新潟県とその周辺の高山に生えるオオバキスミレの変種ナエバキスミレ subsp. *brevistipulata* var. *kishidae* (Nakai) F.Maek. et T.Hashim. は本型によく似ており，時に同じものとされることもあるが，根茎が長くはうので区別される．

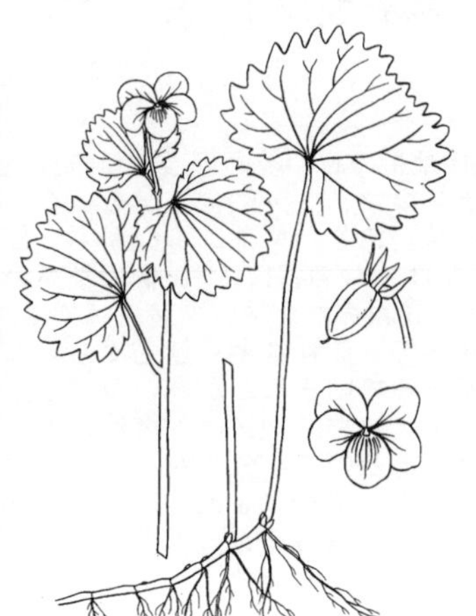

2307. ジンヨウキスミレ

〔スミレ科〕

Viola alliariifolia Nakai

大雪山など北海道の高山に分布する．茎は直立し，高さ 10～20 cm．3～4 葉をつけ，根生葉は 1 個またはないこともあり，軟弱で薄く，若いときには脈とふちに軟毛があり，長さ 2～3 cm，幅 3～6 cm，腎形で，円頭，粗い不規則な欠刻状鈍きょ歯があり，基部は心臓形，葉柄は葉身の 2～4 倍の長さがある．茎葉は上部のものはやや小形になり，柄はごく短い．托葉は卵形，鋭頭，通常全縁で，2～3 mm．花は 7 月に咲き 1～2 個，淡黄色で，上部の茎葉に腋生し，柄は長さ 2～5 cm，小さい苞がある．花弁は 10 mm ほど，側弁はわずかに毛があり，唇弁に紫褐色の網目状のすじが入る．距は短く，長さ 2 mm ほど．がく片は披針形，長さ 4～5 mm になる．オオバキスミレに近縁のものである．〔日本名〕腎葉黄スミレで，葉が腎臓形をしているため．

2308. シソバキスミレ

〔スミレ科〕

Viola yubariana Nakai（*V. brevistipulata* (Franch. et Sav.) W.Becker var. *crassifolia* (Koidz.) F.Maek. ex S.Akiyama et al.）

北海道夕張岳の高山帯，蛇紋岩崩壊地に分布する多年草．高さ 4～5 cm．茎に短毛が密生する．葉はオオバキスミレによく似ているが厚く，円味の強い広卵形で先端は鋭く尖り，基部は深い心臓形をなし，両縁が重なり合うほどに接近する．ふちに波状きょ歯があり，上面は深緑色で光沢があり，脈はへこみ，下面は紅紫色を帯びている．根生葉は長さ 2.5～4 cm，幅 3～4 cm，茎葉は 2～3 個つき，最下のものには短柄があるが，上部のものは無柄．托葉は広卵形で全縁．花は 7 月に咲き，1 茎に 1～3 個つく．花弁は長さ 10 mm ほどで距は非常に短い．さく果も紫色を帯びる．オオバキスミレに近縁でその変種にされることもある．〔日本名〕葉の様子がシソに似るため．

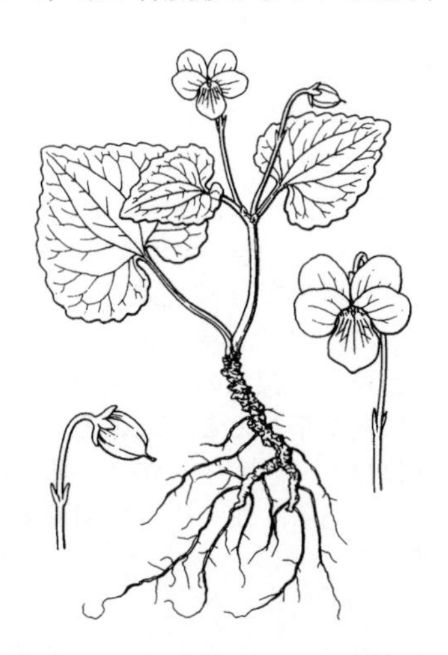

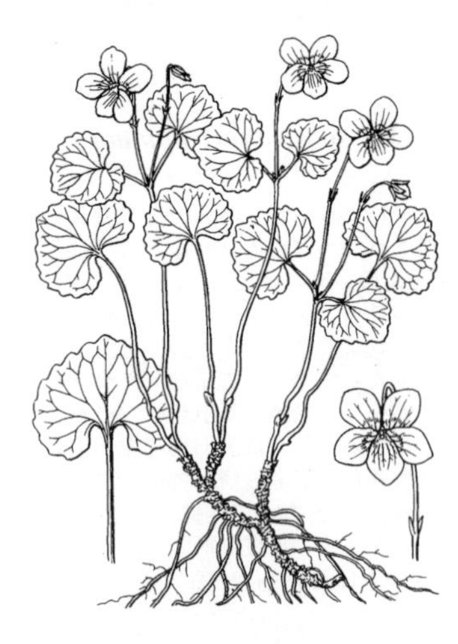

2309. シレトコスミレ 〔スミレ科〕

Viola kitamiana Nakai

北海道知床半島に分布し，岩れき地や砂れき地に生えるまれな多年草．茎の高さ 10 cm ほどで無毛．根茎は長くのび，多く分枝する．密接した節に多数の托葉が残っている．葉は厚く，深緑色で光沢がある．先は鈍形，基部は心臓形．ふちには粗いきょ歯がある．根生葉は 1 株に数個あり，葉身の長さ，幅ともに 3 cm ほどで，葉柄は長い．茎葉は 2〜3 個で柄は短い．托葉は小さく，薄膜質で，広卵形，きょ歯がある．花柄は茎上の葉に腋生する．花は 7 月に咲き，白色で，花の中心は黄色．花弁は長さ 10 mm ほどあって，側弁に微毛がある．唇弁に淡い紫のすじがあり，距はごく短い．がく片は小さく，長楕円状披針形．さく果は長さ約 7 mm の楕円形となる．

2310. キバナノコマノツメ 〔スミレ科〕

Viola biflora L.

北半球の高山，亜高山，寒冷地に広く分布する有茎の多年生草本で，日当たりのよい草地，林縁などを好む．軟弱な少数の茎は長柄のある根生葉とともに株元から群がって生じる．地下茎は地中に深く入り，冬は地表から 5 cm 以下のところに越冬芽がある．茎葉は鮮緑色，薄くしなやかで数少ない．葉身は腎臓形できょ歯があり，ふちには白い微毛が並んで生えている．ふつう上面，とくに脈上にも微毛が散生するが，平坦で光沢がない．托葉は小さく，先の尖った卵形，ふちには低いきょ歯がある．初夏から夏にかけて茎の先に花柄を腋生し，左右相称の小さな花を横向きに開く．花は縦長で長さ 1 cm 位，花弁は黄色で内面には褐紫色のすじがある．唇弁は一番大きく低く垂れており先端が短く急に尖る．側弁に毛はない．花柱の先は両側に平たく広がり，広がった部分の先は少し上を向くので，花柱を横から見ると Y 字状となる．〔日本名〕黄花の駒の爪は黄花は花の色，駒の爪は馬のひずめに似た葉形に基づいている．

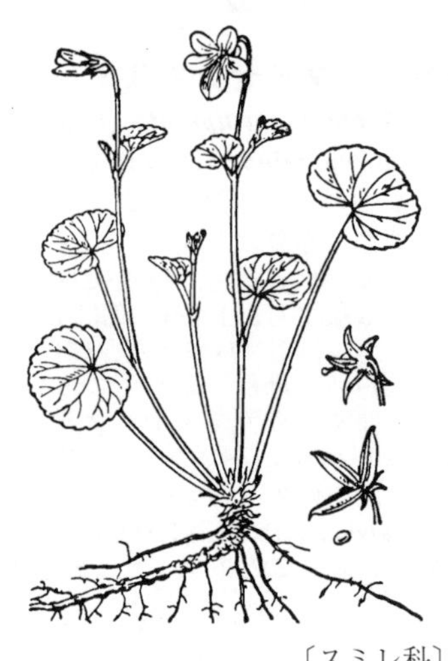

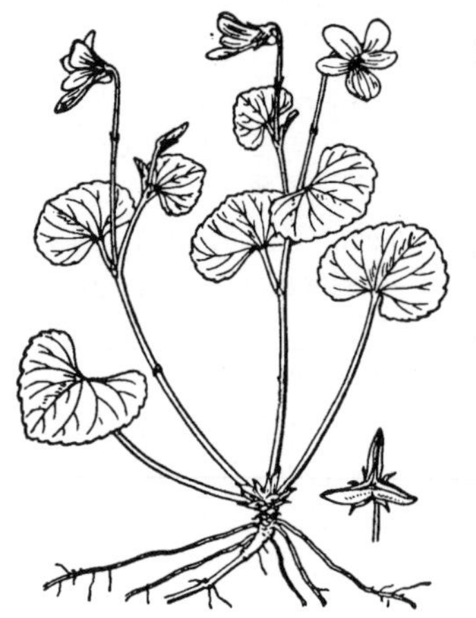

2311. タカネスミレ 〔スミレ科〕

Viola crassa Makino

中部以北の日本，朝鮮半島北部などの高山地帯の石の多い日当たりの強いところに生えている多年生草本で，キバナノコマノツメに全体がそっくりである．しかし茎，葉ともに厚く強壮で赤味があり，葉身はふつうずっと大きく，光沢があり，脈も著しく目立つ．花は 1 つの茎に 1〜3 個でキバナノコマノツメよりやや大きく 7〜8 月に咲く．またキバナノコマノツメでは，少なくとも葉のふちには微毛があるのに比べて，これは全く無毛であることも区別点となる．自生地では石ころに埋まっていることが多いので全体が低く見えるが茎は掘ると存外長い．キバナノコマノツメは，宮地数千木の研究によると，その体細胞染色体数が 12 であるのに，タカネスミレは 48 で多倍数性であるという．〔日本名〕高嶺スミレは高山に生えるスミレの意である．〔追記〕日本産の本種は，葉や花柱の毛の有無や葉の光沢の有無などに基づき，異所的に分布する 4 亜種に分けられることがある．

2312. ツクシスミレ 〔スミレ科〕

Viola diffusa Ging.（*V. diffusa* var. *glabella* H.Boissieu）

九州と琉球に分布し，低山の林縁などに生える．地下茎は短いが，地上匐枝が伸張し，先端に新苗をつくって繁殖する．そのためしばしば群落となっている．全体まばらに白毛があり，ときに無毛．根生葉は叢生し，葉身は卵形で先は鈍頭を呈する．ふちに鈍いきょ歯がある．葉の基部は葉柄にかけて翼状に流れる．葉の長さは 2〜5 cm ほどである．托葉は狭披針形で，線状のきょ歯がある．花は 4 月に咲き，小さく，白い．ときに紫色を帯びることがある．花弁は長さ 6〜8 mm，側弁に毛はない．唇弁は短く，紫のすじがはいる．距は半球形で短い．花柄は長さ 3〜10 cm ほどである．がく片は狭卵形を呈す．〔日本名〕産地の九州の古名筑紫に基づく．

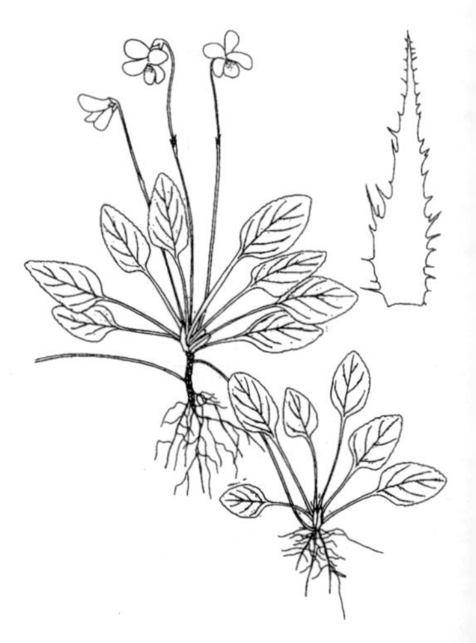

2313. ニョイスミレ（ツボスミレ）〔スミレ科〕

Viola verecunda A.Gray var. ***verecunda***

東アジアの暖〜温帯に広く分布する有茎の多年草で，原野や人家附近の湿気のある土地に多い．茎は緑色軟質で根もとから多数出て斜に立ち．高さ 10〜20 cm ぐらい．しかし株が大きく広がり，節々から根を出してふえるものもある．葉は互生し，茎の下方の葉は長柄があるが上の葉は短柄，腎臓状卵形で低きょ歯がある．托葉は披針形でほとんど全縁か，まばらなきょ歯があって緑色である．春から初夏にかけて長い花柄のある小白花を葉腋から出す．花茎は 1 cm 内外で上弁は反り返り，唇弁には紫色のすじが多く，距はまるく短い．側弁，ときに上弁にさえ内側に突起毛があるが全くない場合もある．花柱の先端はカマキリの頭型にふくらみ毛はない．〔日本名〕ツボスミレは今まで，この種に使われた名だがもともと庭に生えるスミレの総称であった．またツボを陶器の壺と解釈し，花形が壺に似ているためとするのはよくない．如意スミレは漢名に由来し，ツボスミレの名が不純でまぎらわしいので筆者が命名しなおしたものである．如意とは僧侶が持つ仏具の一つでその形と本種の葉形との類似から来ている．〔漢名〕如意草．菫菜は元来の名ではない．

2314. アギスミレ〔スミレ科〕

Viola verecunda A.Gray var. ***semilunaris*** Maxim.

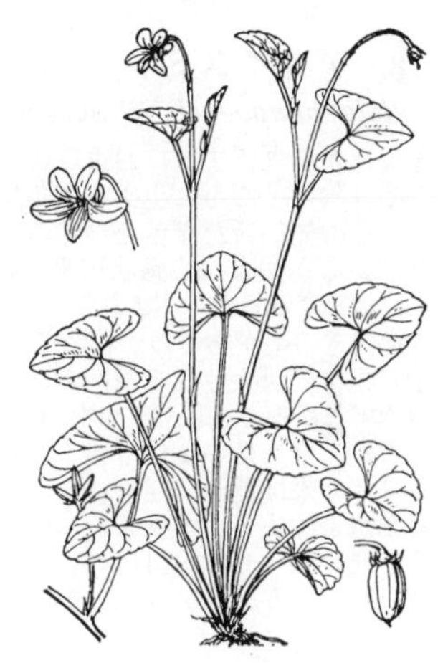

ニョイスミレの変種で中部地方から北の山地の樹陰や谷川のほとりなどに生えるややまれな多年生草本．茎は高さ 10 cm ぐらい，緑色で株もとから多数出る．葉は茎の下部のものは長柄，上部のものは短柄があり，葉身は低きょ歯のある半月形である．花やそのほかの部分はニョイスミレとだいたい同じで，しばしば両品は区別が困難になることがある．アギスミレに似て茎が倒伏し，途中からひげ根を出すものをヒメアギスミレ var. *subaequiloba* (Franch. et Sav.) F.Maek. といい一般にアギスミレよりは小型で，分布は西日本に寄っている．また屋久島の高地に生え，花も葉も極端に小さくなっているものはコケスミレ var. *yakusimana* (Nakai) Ohwi という．〔日本名〕あごのあるすみれの意味で，葉の基部の両側が大きく耳状に出ているのをあごにたとえたもの．

2315. タチスミレ〔スミレ科〕

Viola raddeana Regel

東アジアの温帯北部，日本では中部以北の原野や川べりの湿地に生える有茎性の多年生草本．茎は円柱形で高さ 40 cm にもなり，直立し，下部は紫色を帯びる．葉は互生し，三角状披針形，基部はやや心臓状切形になっており，いくぶんほこ形に広がる．葉のふちには低いまばらなきょ歯がある．托葉は大きくて葉柄より長く，先の尖る広線形で，外べりにふつう少数の粗い切れこみがある．5 月頃，茎上部の葉腋から長い花柄のある左右相称の小花を出し横向きに開く．花は径 1 cm 位，白かと思うような淡い紫色で，唇弁には濃い紫のすじがあり，距は短い．側弁の内側には突起毛がある．花柱は先端で両側に広がり無毛．さく果は長卵形体で先が尖り，やはり無毛である．〔日本名〕立スミレは，この種類では茎が直立し，目立って長いからである．わが国では河川開発などのため絶滅に近い．

2316. オオバタチツボスミレ〔スミレ科〕

Viola langsdorffii Fisch. ex Ging. subsp. ***sachalinensis*** W.Becker

（*V. kamtchadalorum* W.Becker et Hultén）

本州中部以北，北海道，サハリン，千島，カムチャツカに分布し，湿った草地，湿原に生える．根茎ははう．地上茎は直立し，高さ 20〜40 cm．全体に無毛である．葉は円心臓形で，鈍頭，基部は心臓形，比較的軟らかく，低いきょ歯があり，長さ 3〜7 cm，幅 4〜8 cm．托葉は広披針形，鋭尖頭，大形で，離生し，全縁で 2 cm ほどになる．根生葉の柄は長く，しばしば 10 cm 以上になる．花は大きく，花弁は長さ 2 cm ほど，淡青紫色で，6〜7 月に咲く．側弁に毛がある．距は短く 4 mm ほど．がく片は広披針形で，鋭頭，長さ 8 mm ほど．さく果は長さ 15 mm.〔日本名〕葉の大きなタチツボスミレの意であるが，分類学的にはタチツボスミレのグループではなく，ニョイスミレ（ツボスミレ）のグループである．〔追記〕母種タカネタチツボスミレ subsp. *langsdorffii* は茎がごく短く，日本では北海道の知床半島のみに分布する．

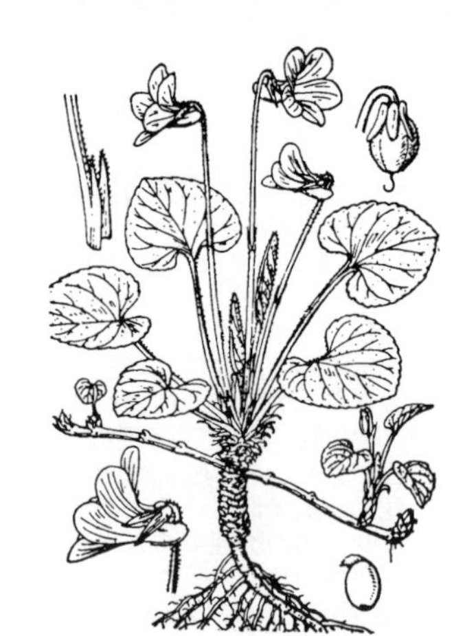

2317. ニオイスミレ　〔スミレ科〕

Viola odorata L.

観賞用に栽培される多年生草本で，野生種はヨーロッパ，北アフリカ，西アジアに分布している．短い地下茎から匐枝（つる）を出して株分かれをする．葉は根生し，長柄があって数枚束生し，葉身は心臓状卵円形で先端は鈍く，ふちに鈍きょ歯がある．深緑色で細毛が生えている．葉柄のつけ根にある托葉は狭長である．春に葉の間から花柄を出し，その先に左右相称の紫色花を横向きに開き，甘い香がする．5 個の緑色のがく片は附属体も本体もともにその先が鈍い．側花弁の内側には突起毛が生え，唇弁の距は 4〜5 mm，花柱の先はアオイスミレよりさらに屈曲の度が大きい．西洋ではふつう Sweet violet といい，おもに香気を尊び，わが国のスミレがただ花色を好まれるのとは異なる．だから文学上の violet はわが国のスミレとは意味が同じではない．園芸界ではこの種のことをバイオレットといい，八重咲のものや花色の変化品が多い．

2318. アオイスミレ（ヒナブキ）　〔スミレ科〕

Viola hondoensis W.Becker et H.Boissieu

北海道から九州まで，および韓国鬱陵島にとびはなれて分布．山地や路傍の日なたや半日陰のところに生える多年生草本で，花がすんでからつるを分枝して地面をはい，その先に新たな苗をつくる．葉は根生し，長柄があって束生し，細毛におおわれている．葉身は心臓状円形で基部は心臓形，ふちには低平な鈍きょ歯があり，花期には径 2 cm ぐらいで小さいが夏になると径 5〜8 cm ほどにもなる．葉柄には目立つ逆向きの毛があるのが特徴である．早春に葉腋に 6 cm 位の花柄を出してその先に左右相称の淡紫色花を横向きに開くが，暖冬の時は咲かないことが多い．唇弁には紫のすじがあり，距は 3〜4 mm ぐらい．側弁の内側には少数の突起毛があるものもあるが，全く無い個体もある．花柱は棒状で先が前方へ屈出し，子房には微毛がある．さく果は球形で径 6 mm ぐらい，表面に短毛がびっしり生え，ことに夏には閉鎖花がよく実り，地面ぎわに転がったように見える．3 方に裂開してやや白色の種子を飛び散らせる．〔日本名〕葉形と葉質とがフタバアオイ（ウマノスズクサ科）の葉に似ているからであり，またヒナブキは小さいフキ（キク科）を意味する．

2319. エゾアオイスミレ（マルバケスミレ）　〔スミレ科〕

Viola collina Besser（*V. teshioenssis* Miyabe et Tatew.）

本州中部地方以北，ユーラシアの東部冷温帯域に広く分布し，山地林床に生える．高さ 5 cm ほど．根茎は太く短くはう．アオイスミレと異なり匐枝（つる）がでない．葉は長い柄があり，両面ともに密に粗い開出毛におおわれている．広卵形で鋭頭，基部は深い心臓形．ふちに低いきょ歯がある．長さ幅ともに 3 cm ほど．果期には 6 cm ほどになる．花は淡青紫色で，葉より高く突きでて，3〜4 月に咲く．花弁は長さ 10 mm ほど，側弁に少し毛がある．距は長さ 4 mm ほど．さく果は球形で，6 mm ほど．果柄は下向きに屈曲し，さく果は地表で裂開する．種子には白いカルンクルと呼ばれる付属体があり，アリ散布型種子の典型を示す．〔日本名〕アオイスミレに似て北海道に産することによる．

2320. タデスミレ　〔スミレ科〕

Viola thibaudieri Franch. et Sav.

長野県中部の山地にだけしか知られていない珍しいスミレの一種で地上茎は高さ約 30 cm，直立し円柱形，緑色で無毛，ややジグザグ気味で節が少し高い．葉は互生し広披針形，長さ 7〜10 cm，幅 15〜25 mm，先は尖り，基部も細まって葉柄に移る．ふちには微毛が並んで生え，低いきょ歯がまばらにある．托葉は茎の両側にそって立って目立ち，線状披針形で長さ 1〜2 cm，ふちは細裂し，先は鋭く尖る．根生葉は退化している．花は淡紫色で細長い花柄が茎上部の葉腋から出るが葉よりは短い．がく片は緑色で狭い披針形，附属体は短く先が凹む．花弁は長楕円形で側弁の内側には短い突起毛があり，唇弁の距は短く長さ約 3 mm．花柱の先は両側にふくらむ．さく果は卵球形，3 稜があり，先が短く尖って基部はがく片が残る．葉身の基部が，そのまま葉柄に流れるように尖るのは本種の特徴で，日本のスミレ類にはほかに例がない．〔日本名〕葉がタデの葉に似たスミレの意味で巧みな名である．

2321. エゾノタチツボスミレ 〔スミレ科〕

Viola acuminata Ledeb.

東アジアの温帯に広く分布し，日本では本州中部以北の日当たりのよい山地，山麓に生える多年草．最近岡山県でも発見された．茎は高さ 20〜30 cm ほどで円柱形，直立，ふつう数本が群がって出る．葉身は三角状心臓形で先が尖り，ふちには鈍きょ歯がある．托葉は長楕円形でふちは粗く，くし歯状に裂ける．根生葉は退化している．ふつう体全体に微毛がある．初夏の頃，茎上部の葉腋から長い花柄のある白色花または紫色花を出し，横向きに開く．白色のときも唇弁には紫色のすじがあり，距は短く長さ 2〜3 mm．側弁の内側には突起毛がある．がく片は緑色で附属体はやや大きい．花柱の先端から柱頭の背部にかけて突起毛があり，日本産のスミレではこの種以外はアイヌタチツボスミレ（次図参照）だけがこのような毛をもつから，よい区別点となる．〔日本名〕北海道産のタチツボスミレの意である．

2322. アイヌタチツボスミレ 〔スミレ科〕

Viola sacchalinensis H.Boissieu

長野県および青森県以北，北海道，千島列島，カムチャツカ，朝鮮半島北部，中国東北部，シベリアまで分布し，山地に少ない．地下茎は木化して太い．茎は斜上し，枝を分けて株となる．果期には高さ 10〜20 cm．葉はやや厚く，円心形，鋭頭，低いきょ歯があり，長さ 2〜4 cm，托葉の切れ込みは浅い．花は 5〜6 月に咲き，径 1.2〜2 cm，淡青紫色，側弁基部に密毛があり，距は短く，がく片は狭披針形で尖る．花柱の先端に突起毛がある点でエゾノタチツボスミレに近い．〔日本名〕タチツボスミレに似て，北海道に産することによる．北海道アポイ岳の蛇紋岩地には小形で，葉が光沢のある紫色を帯び，花が濃い紅紫色で，花弁の先端が凹むアポイタチツボスミレ f. *alpina* (H.Hara) F.Maek. et T.Hashim. が分布する．

2323. タチツボスミレ 〔スミレ科〕

Viola grypoceras A.Gray var. ***grypoceras***

北海道から沖縄までの日本列島にふつうに見られる有茎の多年草．根の質はやや硬く，地上茎は花後 20 cm ほどになるが花期には短く目立たない．茎は長柄のある根生葉とともに束生し，互生する短柄の茎葉をつける．托葉は広披針形でふちがくしの歯状に深く分裂する．葉身は卵円形や三角状卵形になり，基部は心臓形，先はわずかに尖る．ふちには多数の鈍いきょ歯がある．山地に生えるものは葉面がときに紫色を帯びることがある．春に茎の下部から長い花柄を出して，その先に左右相称の淡紫色花を横向きに開く．夏には茎上部の葉腋から閉鎖花を多数出し，さく果を結ぶ．花弁はやや狭く，側弁と唇弁には紫のすじがある．唇弁の距は 5〜7 mm，花柱は棒状で先がいくぶん前方へ曲がり，そこに柱頭がある．西日本に多いコタチツボスミレ var. *exilis* (Miq.) Nakai は全体が小型．葉身はしばしば三角状卵形で基部は切形，ふちのきょ歯も数少なく，まばらに見えてかえって鋭い．中部以北の山地などには花弁を除いて全体に微白毛の多いケタチツボスミレがあり，品種とみてよい．また花色や形態に変化が多く，いろいろな変種や品種が知られている．牧野富太郎はかつてツボスミレを坪すなわち庭に生えるスミレと解し，本種の習性と一致するので，本種の名をツボスミレと改めたことがあるが，本版では一般に使用するタチツボスミレの名にもどして混乱を避けた．

2324. ニオイタチツボスミレ 〔スミレ科〕

Viola obtusa Makino

北海道南部から九州まで分布し，山や丘の日当たりのよい草地を好む有茎の多年草．高さ 10〜15 cm ほどになり，根はやや硬い．茎は長柄のある根生葉とともに束生または単生し，直立してふつう短細毛を密生している．花期の葉は小さく質が軟弱で心臓状卵円形，先は円くなって尖らず，ふちも鈍きょ歯がならぶ．托葉はくし歯状に羽裂し，タチツボスミレに似ている．春まだ茎が伸びないころ，束生する葉の間から花柄を高く出し，先に微かな香のある左右相称の紅紫花を横向きに開くが，しばしば下向き気味のときもある．花弁は広卵形で紫のすじが多く，基部 1 / 3 ほどは白い．したがって花の中心が白く抜けていて他種とのよい区別点になる．またタチツボスミレでは 5 枚の花弁の間がすけているが本種では互いに接している．唇弁の距も白く，長さは 6〜7 mm でやや上向き気味である．唇弁の距の長い種類はすべてそうだが，5 個の雄しべのうち，唇弁に近い 2 つはおのおのの 2 個の葯室の間から淡緑色半透明の附属物が細長くのびて距の中に入っている．

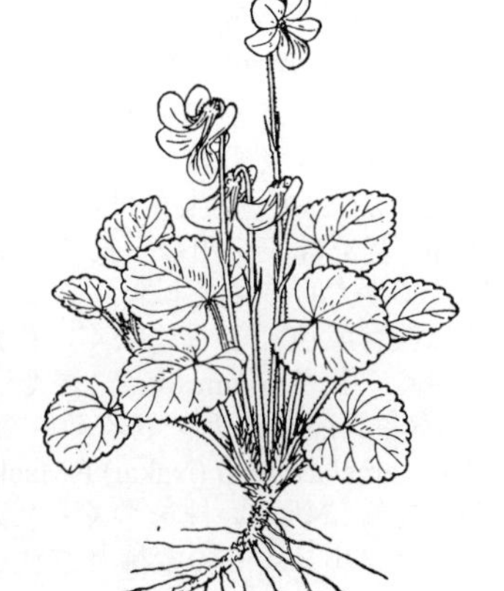

2325. ナガバノタチツボスミレ 〔スミレ科〕

Viola ovato-oblonga (Miq.) Makino

西南日本の山地で林の下などに多いタチツボスミレに近縁の種類．茎の高さは 15〜20 cm で斜上または直立し，長柄のある根生葉とともに束生し，花後には伸びて高さ 30 cm ほどにもなることがあり，上部に短柄のある互生葉と閉鎖花をつける．葉身は茎の下部のものは心臓状長卵形，上部のものは先の尖る長三角状卵形で基部は切形またはいくらか心臓形で，ふちには低く鈍いきょ歯がある．托葉は披針形でふちはくし歯状に羽裂し，タチツボスミレより粗く見える．春に葉腋に長い花柄のある淡紫から淡紅紫色花を開く．花弁はやや狭い卵形で側弁に毛はなく，唇弁は紫のすじが濃い．距は 6〜7 mm．花柱その他の概形はタチツボスミレによく似ている，しかし葉は細長くまた下面は紫色を帯びていることが多い．花のない時期はニオイタチツボスミレと見誤りやすいが，本種の植物体はほとんどの場合無毛で，葉のふちのきょ歯は円味のある鈍形にはならないので区別できる．

2326. オオタチツボスミレ 〔スミレ科〕

Viola kusanoana Makino

中部以北の山野に多いが，西日本にも点々と不連続的に分布し，国外ではサハリン南部にも産する多年生草本．高さは 15〜20 cm ぐらい．根の質はやや硬い．茎は長柄のある根生葉とともに束生して直立または斜上し，短柄のある茎葉を互生して，後に閉鎖花を腋生する．葉は円状心臓形でふちには低く鈍いきょ歯が多数ある．托葉は茎の上部のものは披針形だが中部以下のものは卵形または広卵形で，くし歯状に羽裂するが，タチツボスミレほどには深く裂けない．春，ところによっては初夏に葉腋から長い花柄を出し，その先に左右相称の淡紫色花を横向きに開く．唇弁には濃い紫のすじがあり，距は 5〜7 mm ぐらい．花柱は棒状で曲がらぬものや，先端がやや曲がるものなどがあり無毛である．唇弁の距が短く 2〜3 mm のものがあり，ヒダカタチツボスミレの名がある．本種はタチツボスミレに似ているがふつう全体が大きく，托葉も広くて，裂片が浅く，葉身が円身をおびて先が急に短く尖る．しかし産地が交わるところではしばしば区別しにくくなることもある．形容語は菌学者草野俊助を記念したもの．

2327. ナガハシスミレ（テングスミレ） 〔スミレ科〕

Viola rostrata Pursh subsp. ***japonica*** W.Becker et H.Boissieu

日本では北海道南部から石川県南部あたりまでの日本海寄りの山地，路傍に見られるが北アメリカ東部山地にも隔離して分布する特異な種類．花時には高さ 10 cm ほどで小さく束生するが，花後には地上茎は長くのびて大株となる．葉は成長すれば広卵形で先が鋭く尖り，基部は深い心臓形．有柄，径 5 cm に達し，上面は無毛で平たく暗青緑色，下面は淡色でしばしばうすく紫を帯びる．花時には小型で径 2 cm 内外，卵形．くし歯状の托葉があり，また前年の枯れた葉の残りがよくついている．花は 4 月頃長い花柄で立ち，花径 1.5 cm ほどで，紅紫色，花弁は広くなった部分がつけ根の細い爪状の部分から折れて急に後へ反り返る傾向があり，唇弁の距は下から逆に立上って 2〜3 cm にも達する．柱頭は棒状で先端は曲がらないがときにはいくぶん屈曲し，タチツボスミレと同様になる．〔日本名〕長嘴スミレはくちばしが長いスミレの意味で，距が特別に長いことをたとえている．テングスミレも長い距を天狗の鼻にたとえた名である．

2328. テリハタチツボスミレ 〔スミレ科〕

Viola faurieana W.Becker var. ***faurieana***

本州北部日本海側の低山地に分布し，比較的湿った陰地に生育する多年草．茎はよく分枝し，高さは果期に 20 cm ほどになる．地下茎は木化して，かたい．根生葉は円心形または三角状心臓形，茎葉は鈍三角形，鋭頭，基部は浅く凹む．長さ，幅ともに 3 cm ほど．深緑色で光沢があり，厚くてかたい．ふちは低いきょ歯がある．托葉は線形で細かく深裂する．花は淡青紫色で 5 月に咲く．花弁は長さ 10 mm ほど．側弁は無毛．距は小さく，長さ 5 mm ほど．がく片は広披針形で，長さ 3.5〜5 mm である．〔日本名〕照葉タチツボスミレで，葉に光沢があるため．ツルタチツボスミレ var. *rhizomata* (Nakai) F.Maek. et T.Hashim. は葉は小形で，茎が長くのび，先端に新しい株をつくってふえる．北陸地方に分布する．この変種はタチツボスミレの変種とされることもある．

2329. セナミスミレ（イソスミレ）　〔スミレ科〕

Viola grayi Franch. et Sav.

北海道南部から本州の日本海側を鳥取県まで分布し，海岸の砂地に生育する．地下茎は木化して，太くてかたく，長くのびて 40 cm 以上になる．多数の地上茎を分枝して，しばしば大株になり径 50 cm 以上になる．高さ 10 cm ほど．全体無毛．葉は光沢があり，厚く，かたい．円心臓形，鈍頭，長さ 1〜3 cm，幅 1.5〜3.5 cm．低いきょ歯がある．托葉は羽状に深裂する．花柄は茎葉に腋生する．花は 4〜5 月に咲き，濃青紫色で，大きく，径 3 cm ほど．各弁は丸い．側弁に毛がない．距は短く 5 mm ほどで白色．がく片は広披針形．タチツボスミレグループの海岸砂地に適応して分化した種であろう．〔日本名〕瀬波スミレは新潟県北部の瀬波海岸で発見されたことによる．

2330. イブキスミレ　〔スミレ科〕

Viola mirabilis L. var. ***subglabra*** Ledeb.（*V. mirabilis* L.）

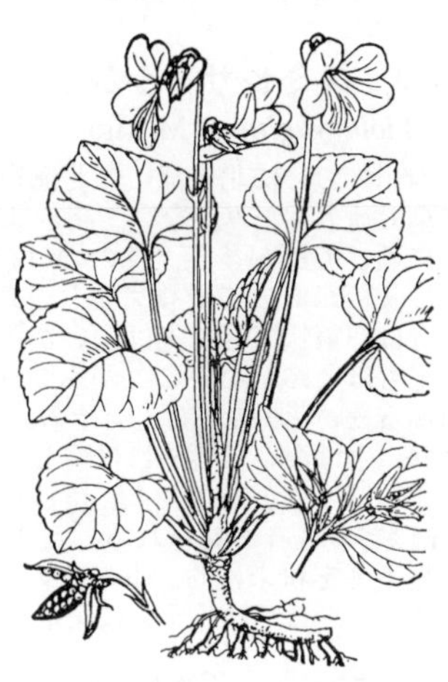

ヨーロッパ各地からシベリアを経て東アジアの冷温帯に分布，日本では本州に点々と産地が知られる．少し湿り気のある山地に多い，有茎の多年生草本で高さ 15 cm 内外，根元には枯死した托葉が鱗片状になって残っている．花期には茎はまだ出ていない．葉は長柄があり，円状腎臓形または腎臓状心臓形で先が短く尖り，基部は心臓形，長さ 2〜4 cm，深緑色でやや光沢があり，表面はややくぼむ脈に沿ってしわがあり，ふちには低いきょ歯がある．托葉は卵状楕円形で全縁または 1〜2 個のきょ歯がある．花は 3〜5 月に開き，長い花柄があって葉よりも高く伸び，淡紫色である．花弁は倒卵形でつけ根は爪状，側弁の内側には突起毛が生えている．花柱の先は曲がるが無毛である．多くは実らず，花後茎が出て上部のジグザグになった部分に少数の柄の短い葉を互いに接してつけ特徴のある形となる（図中右下の附図）．これに閉鎖花が出てさく果を結び，3 方に裂開して種子を飛び散らせる．〔日本名〕伊吹スミレの意で，明治 14 年（1881）5 月牧野富太郎が近江（滋賀県）伊吹山で初めて見つけて命名したもの．〔追記〕本種は最近，北海道でも確認された．

2331. ヒメスミレサイシン　〔スミレ科〕

Viola yazawana Makino

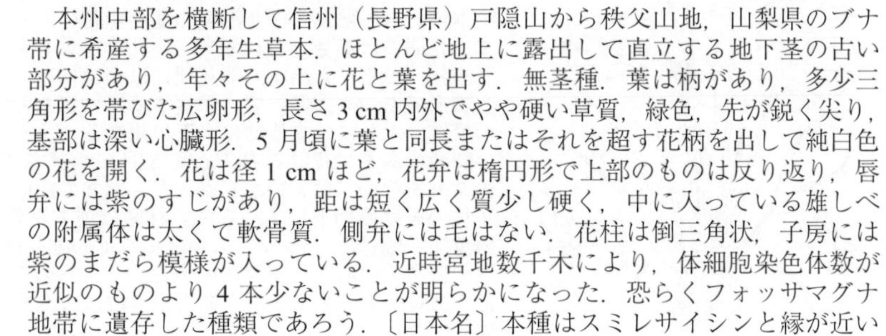

本州中部を横断して信州（長野県）戸隠山から秩父山地，山梨県のブナ帯に希産する多年生草本．ほとんど地上に露出して直立する地下茎の古い部分があり，年々その上に花と葉を出す．無茎種．葉は柄があり，多少三角形を帯びた広卵形，長さ 3 cm 内外でやや硬い草質，緑色，先が鋭く尖り，基部は深い心臓形．5 月頃に葉と同長またはそれを超す花柄を出して純白色の花を開く．花は径 1 cm ほど，花弁は楕円形で上部のものは反り返り，唇弁には紫のすじがあり，距は短く広く質少し硬く，中に入っている雄しべの附属体は太くて軟骨質．側弁には毛はない．花柱は倒三角状，子房には紫のまだら模様が入っている．近時宮地数千木により，体細胞染色体数が近似のものより 4 本少ないことが明らかになった．恐らくフォッサマグナ地帯に遺存した種類であろう．〔日本名〕本種はスミレサイシンと縁が近い点もあるので，花が小形のところからこの日本名を付けた．

2332. ナガバノスミレサイシン　〔スミレ科〕

Viola bissetii Maxim.

スミレサイシンに似るが分布域は反対に福島県以西の太平洋側に限られる．やはり山地の樹林下に生える多年草で根は長く，根茎は太く，節があって横に延びる．ふつう長い葉柄のある少数の根生葉が束生し，葉身は長三角状卵形で先が尖り，基部は心臓形，ふちは鈍きょ歯があり，全体に毛がほとんどなく，質はやや柔らかである．托葉はほとんど離生し，卵状披針形で先が尖り，株もとに鱗片状につくのはスミレサイシンやアケボノスミレと同じである．春に葉の高さとほとんど同じの少数の長い花柄を出して，その先にかなり大きい左右相称の淡紫色花を横向きに開く．花弁には紫のすじがあるが，唇弁のものはとくに著しい．距は短大な袋状で左右から押しつぶされている．側弁に毛はない．花柱の先は倒三角状で柱頭部は鋭く前方へ尖っている．さく果は先が尖った卵形体で横断面はほぼ三角形，紫色のまだらな模様がある．本種も花後の葉が大きくなり，葉身だけで長さ 13 cm，幅 6 cm ほどになるものもある．スミレサイシンとともに日本の中で表日本および裏日本とに住み分けているよい例である．

2333. アケボノスミレ 〔スミレ科〕

Viola rossii Hemsl.

東アジアの温帯の半樹陰または日当たりの良い山地に生える多年生草本で，高さ 10 cm ぐらい．根茎は粗大で節が多い．葉は 2～5 枚で株に束生し，花期にはまだ成長が充分でなく，葉身は基部の両側が内方に巻きこみ，菱形になる特徴がある．花後の成葉は卵状心臓形で長さ 5 cm 内外，先は鋭く尖り，基部は深い心臓形，質はやや硬く，上面は暗緑色，下面には短毛が生えている．葉柄は葉身の 2～3 倍長い．托葉は葉柄からほとんど離れたようにつき，披針形または狭三角形で鱗片状．早春に開花し，淡紅紫色の美花はなかなか愛らしい．がく片は 5 個，広披針形．花弁は倒卵形で先が円く，長さ 15 mm 内外．側弁の内側には少しばかり突起毛がある．距は短大で先が丸い．花柱の先はふくらみ，倒三角状で無毛．さく果は楕円形．中部以西では本種の分布地は限られている．〔日本名〕曙スミレはその花色を夜明けの空の色に見立ててつけたもの．

2334. スミレサイシン 〔スミレ科〕

Viola vaginata Maxim.

本州（おもに北中部）と北海道南部の日本海寄りの山林内に生える無茎の多年草で地上茎がみえない．高さは 12 cm ぐらいである．地下茎は粗大で分枝し，横に延びて節が多く，株のつけ根には褐色の古い托葉が鱗片状についている．葉は長柄があって数枚束生し，基部にはほとんど離生する膜質の托葉がある．葉身は心臓状円形で先は短いが鋭く尖り，ふちにはきょ歯があり，質はやや薄く毛もほとんどないことがふつうである．4 月，雪がなくなるとまもなく葉の間から長い花柄を伸ばし，その先に大きな左右相称の淡紫色花を少数咲かせる．側弁に毛はない．唇弁には著しい紫のすじがあり，距は短く大きい袋状．本種も花期には葉が未だよく成長しておらず，花後になってはじめて広大な，径 10 cm ほどの葉身が見られる．自生地ではしばしば群生している．地方によっては地下茎を粉末にし，トロロのようにして食用にする．〔日本名〕ウマノスズクサ科のウスバサイシンに葉形が似ていることに由来する．

2335. ウスバスミレ 〔スミレ科〕

Viola blandiformis Nakai

本州北，中部および北海道の亜高山帯のいくらか湿った樹林下に生える多年生草本．花期には高さ 7 cm 内外．無茎種で地下浅くに根茎状の古い地下茎があり，また匐枝（つる）も出す．開花期には葉は伸びきっていない．葉は円形，基部は深い心臓形でふつう両側の裂片が接するほどになる．全く無毛で緑色，薄いが硬い感じの膜質，ふちには立体的に上下に重なるような低くてまばらなきょ歯があるのはよい特徴である．花は 6 月末から 8 月にかけて咲く，径 12 mm 内外，純白色だが上の 2 弁を除いては紫のすじが入り，唇弁の距は短く長さ 2 mm，側弁には毛がない．花柱の先は倒卵形にふくらみ，柱頭は前方に軽く突出する．〔日本名〕薄葉スミレの意味．〔追記〕チシマウスバスミレ *V. hultenii* W.Becker は本種に酷似するが，葉の上面に微毛があり，湿原に生える．こちらの方が分布が広く，本州中部以北，北海道からロシアのオホーツク海周辺地域に広く分布する．共に北アメリカの *V. blanda* Willd. に近縁である．タニマスミレ *V. epipsiloides* Á. et D.Löve は北方系のスミレで日本では北海道の高山湿原にまれに生え，地下茎が細く横走する．花は淡紫色．

2336. シコクスミレ  〔スミレ科〕

Viola shikokiana Makino

関東西部から以西のブナ帯附近の山地，林下の腐植の多いところに生える多年生草本．花期の高さ 6 cm 内外，土中を細い地下茎がはってふえる．短い根茎の先に葉 1 枚花 1 個をつけるがまれには 2 花のこともある．葉は長い柄があり，葉身は長卵形で長さ 3～5 cm，花後の葉の方が大きい，先は尾状に尖り，基部はきわめて深い心臓形，上面は暗緑色で軟質，葉脈は特殊で側脈が大きく彎曲して，いくらかマイヅルソウに似ている．5 月頃に葉よりも長い花柄を立てて，唇弁と側弁に紫のすじのある白花を開く．開花面はやや上向きになり，径 8 mm ぐらい，各花弁は狭く，側弁の内側には毛があるものもないものもあり，唇弁の距は非常に短い．がく片のうち下方の 2 個の附属体には歯状の突起が 2 個あって，おしば標本で地下茎のない個体とヒメスミレサイシンとを区別するときに役立つ．後者のものは先が丸くなっている．花柱の先はカマキリの頭状．日本名も学名も本種が最初四国で発見されたのにちなんでいる．

2337. ミヤマスミレ 〔スミレ科〕

Viola selkirkii Pursh ex Goldie

北半球の北部寒冷地に分布するいわゆる周極種で，わが国では中国山地および本州中部以北の亜高山の樹林下に生えている．無茎の多年生草本で高さ 6 cm 内外，全体やや繊細である．葉は長柄があって少数根生し，葉身は広卵円形で先が短く尖り，基部は深い心臓形で，ふちにはやや目立つきょ歯がある．質は薄く，上面には多少の細毛があり，白い斑が脈に沿ってあるものもある．5 月頃，葉の間から少数の長い花柄を伸ばし，その先に左右相称の淡紫色花を横向きに開く．5 個のがく片は披針形で先がやや尖り，附属体の先もきょ歯がある．側弁は一般に無毛．唇弁には紫のすじがあり，距は長く 7～8 mm で円柱形．分布域が広大であるとともに多少の形態の変化が見られる．〔追記〕学名の種形容語 *selkirkii* はロビンソン・クルーソーのモデル Alexander Selkirk にちなんでいるとする説もある．この植物が，人里はなれた深山に暮しているからである．しかしカナダの原産地が Selkirk 伯爵の所有の山であったのがその名の起源であろう．

2338. ゲンジスミレ 〔スミレ科〕

Viola variegata Fisch. ex DC.

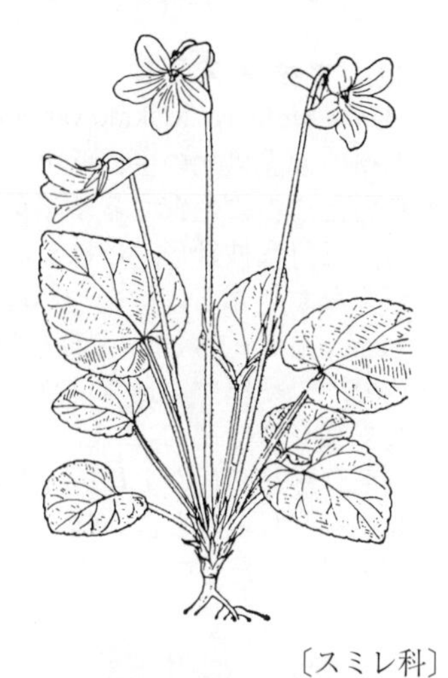

朝鮮半島，中国東北部，シベリアに多く日本では長野県を中心とした地方と四国の山地に自生する多年草．比較的日当たりの良い場所を好む．脈に沿って白斑の入った緑紫色のものは葉を賞美して庭園に植える．しかし野生のものは一般に淡色，葉の下面と葉柄とは濃暗紫色に染まり，かつ全体に短毛をしく．葉身は円形または卵円形，基部は深い心臓形，長さ 2～4 cm．4～5 月頃に葉より高い花柄を出して濃い紅紫色の花を開く．花は径 12 mm ばかり，側弁の内側には突起毛があり，唇弁の距は 1 cm を超えて細長，わずかに微毛が生えている．雄しべの附属体も細長い．花柱の先端は倒三角形．子房は紫の斑が入り，ふつう表面に微毛がある．〔日本名〕源氏スミレ，最初長野県で発見されたとき，葉裏の紫から紫式部を連想し，彼女の源氏物語およびその主人公の光源氏とたどって命名したものである．〔追記〕日本に野生する型を変種 var. *nipponica* Makino として区別することもある．

2339. ヒナスミレ 〔スミレ科〕

Viola tokubuchiana Makino var. ***takedana*** (Makino) F.Maek.
(*V. takedana* Makino)

北海道南部と本州中部以北の太平洋寄りの山地の林下に多く，西日本，朝鮮半島，中国東北部にも点々と分布する多年草で無茎種である．地下に白色の細長な根がある．葉は束生，少数，長柄があって斜に立ち，上部はやや平たく開いている．葉身は三角形を帯びた狭長な卵形で上半部はやや尖り，基部は深い心臓形となる．ふちには低いがやや目立つ波状の鈍きょ歯がある．葉の上面は淡緑色，無光沢，平たく，下面は多くの場合紫色を帯び，最初の葉は無毛であるが後から出るものはしだいに白毛が生えてくる．ときに脈に沿って白斑のあるものがあり，これはフイリヒナスミレという品種である．花柄は葉上に高く出て高さ 5～10 cm，紫の細点がある．花柄の中途には細い 2 枚の小苞葉がある．花は 4～5 月頃開き，淡紅色で愛らしく，径 1.5 cm ぐらい．がくは他のスミレと同じく 5 個，披針形または広披針形で先が尖り，紫色を帯びる．花弁は楕円形で先は丸いか，いくぶん凹む．側弁の内側は無毛あるいはわずかに突起毛がある．花柱の先は倒三角形にふくらみ，下に紫の模様のある子房がある．さく果は長卵形体で先が尖り子房についていた紫の模様が残っており，無毛．〔日本名〕雛スミレは草状が弱々しく，花容が美しく愛らしいので名付けられた．

2340. フジスミレ 〔スミレ科〕

Viola tokubuchiana Makino var. ***tokubuchiana***

関東北部の山地林下に生える無茎性の多年生草本で，根茎は短いが夏には根の先に小さい株を出してふえる．葉は長柄があって根生し，少数，葉身は先が鋭く尖る楕円状の長卵形で，基部は心臓形となり，ふちには鈍きょ歯がある．葉の上面は脈に沿って白斑が入り，下面は紫色を帯びる．春に束生する葉の間から少数の花柄を伸ばして葉よりも高くなり，その先に左右相称の淡紫色花を横向きに開く．緑色のがく片は披針形で先が鋭い．唇弁には紫のすじがあり，距は円柱形で長さ 4～6 mm．花柱の先は倒三角形．さく果は毛がない．この種類はヒナスミレと非常に近縁である．ヒナスミレとは葉形と花色および夏の地下の根に新株の出ることなどが区別点となるが，ヒナスミレも九州産のものでは地下で連絡するものがあり，両者を明瞭に分けることは困難である．一方，その特徴となる葉形や花色などはミヤマスミレにも通じるところがある．〔日本名〕藤色の花色に基づく．

2341. シハイスミレ 〔スミレ科〕

Viola violacea Makino var. ***violacea***

琵琶湖以西の山地や山麓の林縁や日当たりのよいところに生える無茎の多年生草本．根は白く根茎は短い．葉は根生し，長柄があって束生し，葉身は卵形から狭卵形で斜めに開き，基部は心臓形，先端は鈍く，ふちにはややまばらな低い鈍きょ歯が並ぶ．葉質はやや軟らかく，上面緑色で光沢があり，下面紅紫色を帯びる．春に葉の間から 8 cm 内外の花柄をのばして多少葉よりも高く，その先に左右相称の紅紫花を横向きに開く，花弁は白く狭いふちどりがあり，唇弁には紫のすじがある．距は長さ 5〜7 mm で長く，円柱形で斜上する．側弁は無毛．花柱は倒三角形にふくらむ．〔日本名〕紫背スミレは葉の裏，つまり背中が紫色を帯びることに基づく．

2342. マキノスミレ 〔スミレ科〕

Viola violacea Makino var. ***makinoi*** (H.Boissieu) Hiyama ex F.Maek.

本州の近畿以北の主に低山地に分布し，比較的乾いた山麓の日当たりの良いところに生育する多年草．根茎は短い．葉は根生葉のみでほぼ直立し，三角状披針形，母種シハイスミレより細く，鋭頭，基部は深い心臓形をなす．ふちにはやや間隔のある低い鈍きょ歯が並ぶ．葉の長さ 2〜4 cm，幅 1〜1.5 cm．果期にはこの倍ほどの大きさに達する．上面は深緑色で，やや厚く，通常は無毛，光沢がある．下面は紅紫色を帯び，柄は長く葉身の 2 倍ほどで，約 8 cm．紅紫色の花は 4〜5 月に咲く．側弁は無毛．唇弁に紫のすじがある．距は細長く，7 mm ほど．時にシハイスミレともどちらとも言い難いものがある．〔日本名〕牧野スミレは牧野富太郎を記念したもので，基礎異名 *V. makinoi* H. Boissieu の直訳．

2343. フモトスミレ 〔スミレ科〕

Viola sieboldii Maxim.（*V. pumilio* W.Becker）

宮城県以南，九州までの山林内，または日当たりのよい丘陵の草地に生える無茎の多年生小草本．高さ 4〜6 cm である．葉は根生し，長柄があって束生し，葉身は先の鈍い円卵形で基部は心臓形，ふちは低平な鈍きょ歯がある．上面は緑色でしばしば白斑が入り，下面は紫色を帯びている．4〜5 月に葉よりもはるかに高く花柄を伸ばして，左右相称の小白花をその先に開く．花弁には紫のすじがあり，側弁の内側には突起毛がある．唇弁にもときには突起毛があり，距は長さ 2〜3 mm で小さく，円く，かすれた紅紫色の斑点がついている．花柱の先は倒三角状にふくらみ，前方に突き出た柱頭がある．緑色のがく片は広披針形または狭卵形で附属体の先は円くなっている．小苞葉は線形で先は円く，紫の点線が多数ある．さく果は短小，楕円形で長さ 4〜5 mm，やはり紅紫色のまだらな模様がつき無毛．〔日本名〕麓スミレは本種がしばしば山麓地に生えているので名付けられた．

2344. ヒメミヤマスミレ 〔スミレ科〕

Viola boissieuana Makino

（*V. sieboldii* Maxim. subsp. *boissieuana* (Makino) F.Maek. et T.Hashim.）

関東南部以西，九州までの山地，樹林下のやや暗いところに分布する無茎の多年生小草本．全体が繊細で，ほとんど無毛かわずかに葉に微毛が散生する．根茎は短く，根は細くて白い．葉は小形で長柄があり根もとから束生し，三角状心臓形または心臓状卵形で，ふちにやや目立つ鈍きょ歯が並ぶ．質は薄くて柔らかである．初夏に葉の間から少数の細弱な花柄を葉よりも高く伸ばし，左右相称の小白花を咲かせるが，これはふつう本種が比較的高い山地に多いからで，九州南部の低山では 3 月中頃にすでに花は盛りである．側弁の内側にはふつう毛があり，唇弁は紫色のすじが目立ち，距は長さ 2〜3 mm の袋状で円い．〔追記〕分布域の東西両端では各々の葉形に違いがあり，東では葉身が円形淡緑色となるが，西では長卵形または三角状狭卵形で下面は紫色，葉だけみると近縁なフモトスミレと区別しにくくなることがある．ここに図示されたものは東の型（トウカイスミレと呼ばれるが正式に記載されていない）で，おそらく西の型である真のヒメミヤマスミレとは別種として区別されるべきものであろう．

2345. ヤエヤマスミレ　〔スミレ科〕

Viola tashiroi Makino

西表島，石垣島などの八重山群島に分布し，渓流沿いの陰湿な岩上に生育する．根茎は短くはい，先に新しい株をつくって増殖する．1.5 cm ほどの葉は変異に富み，基部が柄へ流れて菱形になるものから，三角形で基部が浅い心臓形を呈するものまである．質は厚く，上面は濃い緑色で，光沢があり，葉脈が突出する．下面は淡緑色または淡い紫色を帯びる．ふちのきょ歯は粗く少ない．葉柄は長く，3〜7 cm．托葉は針状披針形．花は小さく，花弁は細長く，8〜12 mm．白色で，紫のすじが入る．側弁や唇弁は有毛または無毛．距は長さ 2 mm ほど．がく片は披針形．花柄は葉より長くのび，長さ 15 cm ほどになる．〔追記〕ヤクシマスミレ *V. iwagawae* Makino は屋久島から沖縄本島にかけて分布し，渓流沿いの湿った岩上に生える．唇弁が他の花弁よりも短い．

2346. オキナワスミレ　〔スミレ科〕

Viola utchinensis Koidz.

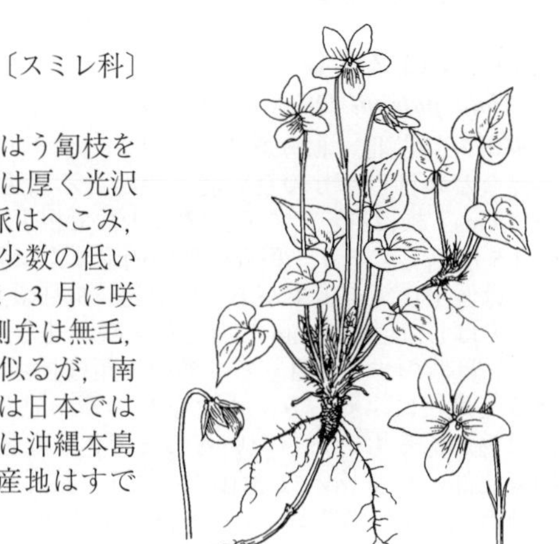

沖縄本島の海岸の隆起珊瑚礁に生育し，根は木化する．細長くはう匐枝をのばして増殖する．根茎は太く，木質化して，節が密となる．葉は厚く光沢があり，硬い．卵形で先端は丸く，基部は深い心臓形，上面の葉脈はへこみ，下面は白色を帯びる．長さ 15〜25 mm，幅 10〜20 mm．ふちに少数の低い鈍きょ歯がある．托葉は披針形，褐色でふちに毛が並ぶ．花は 2〜3 月に咲き，淡青紫色または白色に近いものまである．長さ 12 mm ほど．側弁は無毛，距は短く，3 mm ほど．さく果は球形．一見タチツボスミレ類に似るが，南方系のウラジロスミレ類に属する．〔追記〕ウラジロスミレ類には日本では他に，オリヅルスミレ *V. stoloniflora* Yokota et Higa がある．これは沖縄本島北部の渓谷林内に生えていたが，新種として認識された時には産地はすでにダムの底となって水没しており，現在野生は見られない．

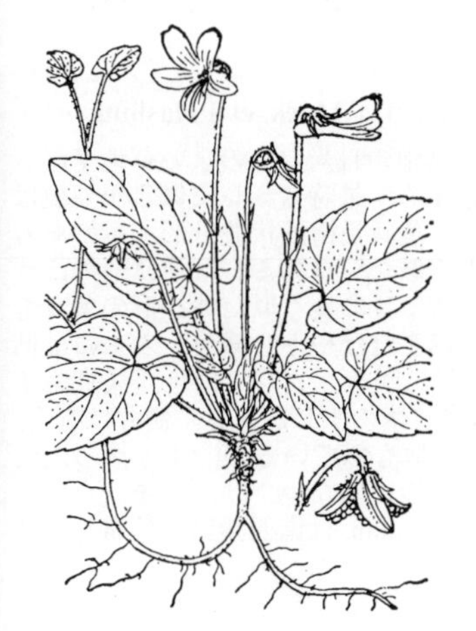

2347. コミヤマスミレ　〔スミレ科〕

Viola maximowicziana Makino

関東以西，九州までの山地の樹林下の湿ったところに生える無茎の柔軟な多年生小草本で，地中を横にはう白い根の先に新しい苗をふやす特性がある．葉は根生で束生し，長柄があり，葉身は先の鈍い楕円状の長卵形で，基部は心臓形，ふちには低く円味のある鈍きょ歯が並ぶ．質は薄く草質で，白毛があり（標本では紙質になる），上面はしばしば白斑のあるもの，また暗紫色を帯びるもの（アカコミヤマスミレ）などがある．4〜5 月頃，葉の間から少数の花柄を葉よりも高くのばし，その先に左右相称の小白花を横向きに開く．花弁は狭くややよじれている．唇弁には目立った紫のすじがある．距は短くやや球形で長さ 2〜3 mm，側弁の内側に少数の毛があるか，または無毛．緑色のがく片は反曲して毛があり，広披針形．屋久島や種子島には，やせて小形になっているものがあり，ヒメミヤマスミレと見誤りやすいが，がく片が反曲するのはよい区別点である．〔日本名〕小深山スミレの意である．

2348. ヒカゲスミレ　〔スミレ科〕

Viola yezoensis Maxim.

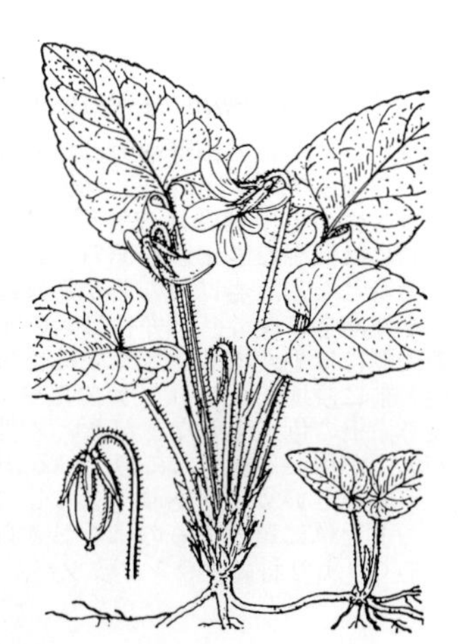

北海道中南部から九州まで，山林内のやや湿り気のあるところに生える無茎の多年生草本で全体柔らかく，しばしば横にはう白色の根から新苗を出す特徴がある．葉は根生し，長柄があって束生し，葉柄の上部には狭い翼があり，基部には膜質で披針形の托葉がある．葉身は心臓状長卵形で先端は鈍く，ふちには鈍きょ歯があり，薄く，緑色でしばしば暗緑色または鉄さび色になることがある．全体にやや粗い毛が生えている．4 月頃葉の間から少数の葉と同高または低い花柄を出し，その先にかなり大きい左右相称の白花を開く．花弁には紫のすじが入っており，唇弁の距は長さ 7〜8 mm で円筒形．側弁の内側には毛がある．がく片は広披針形で先は鋭く尖り，附属体の先も尖り最下の 2 個では数裂し，そのふちには毛がある．花柱の先端は倒三角状にふくらみ，子房は花柱と同じくらいの長さでわりに長いごく少数の毛が生えている．〔日本名〕日蔭スミレで林下に生えるからである．

2349. マルバスミレ（ケマルバスミレ）〔スミレ科〕

Viola keiskei Miq.（*V. okuboi* Makino）

北海道南部から九州まで広く分布する無茎の多年生草本であるが，西日本では平地になく，山奥に限られる．長い柄のある葉は根もとから束生し，葉身は卵円形で基部は心臓形になり，ふちには鈍いきょ歯がある．質は柔らかで，植物体にはやや粗い毛が生えている．春，葉の間から少数の花柄を伸ばして，その先に横向きに白色または淡紅色の左右相称花をつけるが，この花は乾燥した後，長い期間を過ぎると黄色に変化する．側弁の内側にはふつう毛があり，唇弁には目立った紫色のすじがあり，距は長く 7～8 mm の円柱形．果実期の葉は広大になり．葉身の基部の耳状の小裂片は長さ 2 cm ほどに達することがある．またその頃の果柄は短く，株もとにかたまっている．〔日本名〕円葉スミレで，葉が円みを帯びるからである．〔追記〕学名の基準品は葉が有毛のケマルバスミレとよばれる型で，ほとんど無毛のものを狭義のマルバスミレとして区別することもあるが，こちらの方はきわめてまれである．

2350. シロスミレ〔スミレ科〕

Viola patrinii DC. var. ***patrinii***

本州中部以北，北海道，サハリン，シベリア東南部，中国東北部，朝鮮半島などの日当たりの良い湿ったところに生える無茎の多年草で，高さ 10～15 cm．根は茶色である．葉は少数で根生し，翼のある葉柄は葉身の長さの 1.5 倍以上もあり，葉身は長楕円形または長卵形で基部はやや心臓形，ふちには低平な鈍きょ歯があって緑色．5 月頃，少数の花柄を葉とほぼ同じ高さにのばし，径約 17 mm の白色花を咲かせる．側弁の内側には突起毛があり，唇弁には紫のすじが目立って多い．距は長さ 2 mm ぐらいで袋状．花柱の先は倒三角状にふくらみ，カマキリの頭を思わせる．さく果は無毛．植物体には毛があるものからないものまで色々な段階がある．西日本の高地と中国東北部のやや乾いた草地には葉身が狭く披針形で，基部は葉柄に流れる変種ホソバシロスミレ var. *angustifolia* Regel がある．

2351. アリアケスミレ〔スミレ科〕

Viola betonicifolia Sm. var. ***albescens*** (Nakai) F.Maek. et T.Hashim.

本州，四国，九州，朝鮮半島，中国に分布し，低地の日当たりのよい草地や湿った場所に生える多年草．高さ 10～15 cm に達する．果時スミレに似るが，根は白色で，スミレの茶色と異なる．根茎は短い．葉は長楕円状披針形，翼のある長柄があるが，葉身より短いものが多い．よく似たシロスミレは逆に柄のほうが 1.5 倍以上長い．株もとから多数束生し，スミレに良く似た披針形の葉身をもち，深緑色で光沢がある．鈍頭，基部は切形またはやや心臓形．ふちには低いきょ歯がある．質はやや薄い．花は 4～5 月に咲き，大形で白色，淡紅紫色を帯びるものもあり，径 2 cm ほど，唇弁と側弁に紫のすじがある．側弁は有毛．距は太くて短く，6 mm ほど．スミレとは生育地も似ているが，より湿った所を好む．またシロスミレは高原の草地に生じ低地にはない．リュウキュウシロスミレ var. *oblongosagittata* (Nakai) F.Maek. et T.Hashim. は南西諸島に分布し，花柄が著しく長く，葉から抜きでて咲く．

2352. ス　ミ　レ〔スミレ科〕

Viola mandshurica W.Becker

東アジア温帯の山野や道ばたの日当たりの良いところに生える無茎の多年生草本で，高さ 7～11 cm ほど，根は茶色である．葉は翼のある長柄があって株もとから多数束生し，葉身は披針形で先は鈍く，基部は切形またはやや心臓形となり，ふちには低平なきょ歯がある．花後の葉は長大で，脚部が広がり三角状広披針形の葉身となる．春に葉の間からほぼ同高の花柄を出し，その先に左右相称の濃紫花を横向きに開く，唇弁には紫のすじがあり，距は円柱形で長さ 5～8 mm．側弁の内側には毛がある．さく果は長楕円体で先が尖り長さ約 15 mm．本種の白花品種と前に説明したアリアケスミやシロスミレとはよく混同されるが，唇弁の距の長さ，根の色，生態などがよい区別点になる．〔日本名〕スミイレの略で，花の形が大工が用いる墨つぼに似ているからである．〔漢名〕紫花地丁はよくない．中国に菫菫菜というのがあり，スミレの一種であるがこれを略して菫菜と書くのは悪く，また単に菫とするのはなおさら良くない．中国で菫菜というのはいわゆる芹であり，セリ科のオランダミツバ，すなわちセロリである．

2353. リュウキュウコスミレ 〔スミレ科〕

Viola yedoensis Makino var. ***pseudojaponica*** (Nakai) T.Hashim.
（*V. pseudojaponica* Nakai）

鹿児島県，沖縄県の島嶼（琉球列島）に分布し，低地の道ばたなどの日当たりの良い開けたところにふつうに生育する多年草．根茎は短い．根は白色．葉は根生葉のみで，無毛．三角状卵形または広卵形，鈍頭，鈍きょ歯縁，葉身は長さ 2～6 cm，幅 1～5 cm ほど．柄は 4～12 cm ほどで，上部に翼が発達する．托葉は長さ 7～13 mm，全縁．花は 1～3 月に咲き，1～5 個，淡紅紫色または紅紫色で，花弁は長さ 10～17 mm の倒卵形で側弁は無毛だが，まれに毛のあることもある．距は細長く，長さ 5～7 mm．花柄は 10～20 cm，中部に苞があり，長さ 4～7 mm ほど．がく片は広披針形で長さは 5～7 mm である．〔追記〕本種はおそらく中国南部と台湾に分布するタイワンコスミレ *V. philippica* Cav. と別種ではないであろう．

2354. ノジスミレ 〔スミレ科〕

Viola yedoensis Makino var. ***yedoensis***

東アジアの暖温帯，日本では本州，四国，九州に分布し，道ばたや田畠の間など人家の近くで粘土質のところに多く見られる無茎の多年生草本．全体に白色短毛が密に生えている．根は深く，白色で数本に分かれる．葉は束生して斜に立ち，葉身は長楕円形または線状広披針形で，葉柄と合わせて長さ 5 cm ぐらい，先端は鈍く，基部は切形かわずかに心臓形，ふちには低い波状のきょ歯がある．質はやや厚く，青緑色で，狭い翼のある葉柄はふつう葉身よりも短い．3～4 月頃スミレよりも一足先に開花し，花柄は高さ 10 cm ぐらい，途中には線形の小苞葉が 2 枚ある．花はスミレよりやや小形，青紫色で横向きに開く．がく片は緑色で先が尖り，附属体はほぼ四角形．側弁は無毛．唇弁の距も毛がなく長さ 5～6 mm．さく果は卵状楕円形で先は平たくなり，断面はにぶい三角形で無毛．本種は一見スミレに似ているが側弁内に毛がないこと，根が白色であること，花の色は青に近い紫であることで区別がたやすくできる．またアカネスミレとも見誤りやすいが花色が青紫であること，唇弁の距，側弁の内側，さく果などに毛が生えていない点などで区別できる．〔日本名〕野路スミレの意味である．

2355. ヒメスミレ 〔スミレ科〕

Viola inconspicua Blume subsp. ***nagasakiensis*** (W.Becker) J.C.Wang et T.C.Huang（*V. minor* (Makino) Makino）

本州から台湾にかけての人家近くのやや日当たりの良い場所を好む多年生の小草本で，無茎種であり，ふつう植物体に毛はない．根は白色で地中に深く入っている．葉は束生，葉身はほこ形の長卵形または長三角形で長さ 2～4 cm，基部は矢じり状の心臓形になるものが多く，深い緑色でやや光沢がある．葉柄は狭長で葉身より短い．4 月に開花し，花柄は葉より高く伸び長さ 10 cm ほど，中途に披針形の小苞葉を 2 枚つける．花は濃紫でスミレに比べると大分小形で，横向きに咲き，径は 10～12 mm である．がく片は狭長で尖る．花弁は狭長で，側弁の内側には毛が生え，唇弁の距は長さ 3～4 mm，ほとんど白色で紫の斑点が入っている．さく果は卵形体で短く尖り，断面はほぼ三角形，毛はなく，長さ 7 mm ぐらいである．本種はスミレに近縁であるが，全体が小形，根は白色，花は小形，葉は矢じり状心臓形になるのでたやすく区別できる．全体に微毛が密生する品種をケヒメスミレといい，九州や台湾には多い．〔日本名〕姫スミレ，スミレに似てより小形であることにちなむ．

2356. サクラスミレ 〔スミレ科〕

Viola hirtipes S.Moore

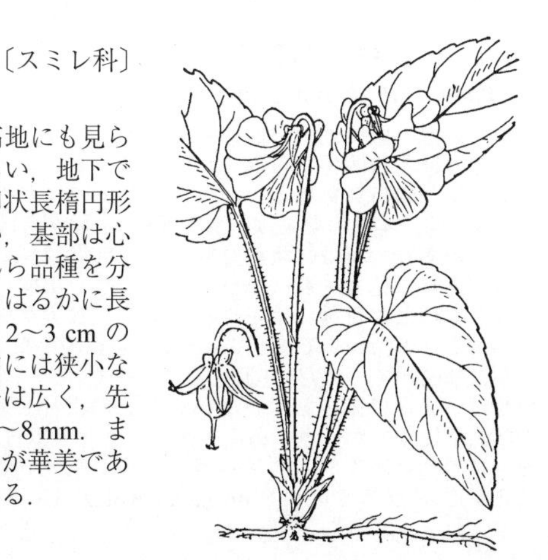

東アジアの冷温帯，日本では中部以北の山地に多いが，西日本の高地にも見られる多年生草本．日当たりのよい草地を好み，高さは 10～15 cm ぐらい，地下では白色の細長い根が横にのびている．葉は 1 株に 3～4 枚，葉身は卵状長楕円形または狭長卵形，草質で乾くと膜質になる．先端は鈍いか，やや鋭い，基部は心臓形，上面はしばしば紅紫色を帯びるものがあるが，この有無はなんら品種を分ける標識とはならない．下面の脈上には毛があり，葉柄は葉身よりもはるかに長くてほとんど直立し，花柄と同様に長白毛が生えている．5 月頃，径 2～3 cm の大きな淡紅紫色の花を開き，花柄は葉とほぼ同じ高さに伸びる．途中には狭小な 2 枚の小苞葉がある．5 個のがく片は緑色で披針形，先が尖る．花弁は広く，先はへこみ，側弁内側の基部には毛があり，唇弁の距は円筒形で長さ 7～8 mm．まれには植物体に長白毛のないものもある．〔日本名〕桜スミレは花色が華美であるほか，花弁の先端がサクラの花弁のように切れ込んでいるからである．

2357. アカネスミレ　〔スミレ科〕

Viola phalacrocarpa Maxim. f. ***phalacrocarpa***

東アジアの温帯，日本列島では北海道から九州まで，山地や原野の日当たりのよい場所に生える無茎の多年生草本．植物体には細毛が多い．葉は根もとから少数または多数束生し，長い葉柄の上部にはしばしば翼があり，葉身は長卵形または卵形，ときには円形になって基部はよく心臓形になる．全体に白味を帯びた淡緑色で，その上うす紫色を帯びることも多い．葉のふちには鈍いきょ歯がある．春に葉の間から高さ 10 cm ほどの花柄を伸ばし，その先に横向きに開く紅紫色の左右相称花をつける．花は葉よりも高いときもあれば低いときもある．小苞葉は線形で先が尖り細毛が生えている．がく片は披針形，附属体の先は 2〜3 の歯があり毛がある．花弁には紫のすじが著しく，側弁の内側に突起毛があり，唇弁の距は長さ約 8 mm，細い円柱形で細毛でおおわれている．花柱の先は倒三角形にふくらみ，さく果には一面に細毛が生えている．〔日本名〕茜スミレは花が紅紫色つまりあかね色であるのに基づいている．

2358. オカスミレ　〔スミレ科〕

Viola phalacrocarpa Maxim. f. ***glaberrima*** (W.Becker) F.Maek.

北海道から九州にかけての日当たりの良い丘などに生える多年生草本で高さは 10 cm ぐらい．概形はアカネスミレに似ているが，全体に全く毛が無いことが異なっている．根は白色．葉は束生し，長柄があり，葉身は広卵形または狭卵形，先端は鋭く，基部は広い心臓形，淡緑色であるが花期には紫色を帯びるものが多い．花後に出る葉は大形となり，濃緑色で先端が鈍く，多くの場合まばらな毛がある．4〜5 月頃花を開く．花はアカネスミレと同じく紅紫色であり，葉より高い場所で横向きに咲き，花柄は細長で，中央あたりに線形で先の尖る 2 枚の小苞葉をつける．がく片は披針形または狭披針形で先は鈍いものも鋭いものもある．花弁は倒卵状長楕円形，先は円く，長さ 1 cm ぐらい，側弁の内側には白い突起毛があり，唇弁の距は細く，上を向いている．さく果は無毛で，卵状楕円体である．〔日本名〕丘スミレは丘陵地に生えるからである．

2359. コスミレ　〔スミレ科〕

Viola japonica Langsd. ex DC.（*V. metajaponica* Nakai）

里近い山地または人家附近の垣根の下や，石垣などの半陰地に生える無茎の多年生草本で，毛は少ないか全く無毛．根は白色で地に深く入る．葉は根生し，長柄があってふつう数枚を束生し，葉身は長卵形または楕円形で基部は心臓形になり，先は鈍く，ふちには鈍きょ歯がある．葉質はやや柔らかで暗い緑色，下面はときに淡紫色を帯びる．春早く，葉の間から長い花柄をのばし，その先に径 2 cm ばかりの淡紫花を横向きに開く．がく片は緑色．花弁は長楕円形でゆるく反り返りどこかムラサキカタバミの花のおもかげがある．また紫のすじがあり，唇弁にはことに著しい．唇弁の距は長さ 6〜9 mm で紫点が散布している．側弁の内側にはふつう突起毛がある．花柱の先端は倒三角状にふくらむ．さく果は長楕円体で長さ約 10 mm，紫の斑点が多く，先は円味がある．本種は葉の形，花の色などに変化が多い．わが国では本州，四国，九州に分布し，西日本の方が多くて形態の変化も著しい．〔日本名〕小スミレであるが，スミレに比べむしろ大形である．〔漢名〕菫菫菜，犁頭草共に正しくない．本種は中国には分布しない．

2360. ヒメキクバスミレ　〔スミレ科〕

Viola* ×*ibukiana Makino

中部地方の低山地の斜面に生える多年生草本で，比較的まれである．附近に生える他の種との関係からみてシハイスミレとエイザンスミレ，あるいは前者とヒゴスミレとの自然雑種と思われ，少しずつずれた形態ではあっても両種と共通の形質を示す．すなわち葉は小形で卵形，上面が青味のある緑色，しばしば白斑が入って光沢があり，花は紅紫色鮮麗なのは前者に似る．また葉に不規則な羽状の切れこみがあり，花後，夏になって長大な葉を出すのは後者に似ている．エイザンスミレと他種との雑種にはキクバスミレ（ヒカゲスミレとの雑種）などがあるが葉の切れこみの深い点で著しい．〔日本名〕姫菊葉スミレで，キクバスミレより小形の葉に基づいてつけた．〔追記〕ヒメキクバスミレ，キクバスミレ共に両親種の組合せはいまだに確定していない．上記の組合せの雑種に対しては，それぞれ以下の学名を使うのが妥当である．タラダケスミレ *V.* ×*taradakensis* Nakai（シハイスミレ×エイザンスミレ），カツラギスミレ *V.* ×*ogawae* Nakai（シハイスミレ×ヒゴスミレ），スワスミレ *V.* ×*miyajiana* Koidz.（エイザンスミレ×ヒカゲスミレ）．

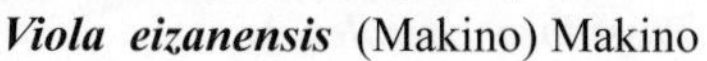

2361. エイザンスミレ (エゾスミレ)　〔スミレ科〕

Viola eizanensis (Makino) Makino

本州，四国，九州の山地の樹陰に生える無茎の多年生草本で，花時の高さは7 cmぐらいである．根茎は短く太く，根は白色である．葉は根生し，花期には葉身とほぼ同じ長さの3～4 cmの葉柄があり，葉身は3裂し，その両外側が深く2裂するので5裂のように見える．各裂片はさらに分裂し，その分裂片は鋭浅裂である．花後に出る葉は長大で長さ15～25 cmほどにもなり，葉身は葉柄の3分の1長，単純に3裂しその裂片はふつう広く長卵形であって，これは本種の特徴である．葉柄の基部には白色で膜質，披針形の托葉がある．春に葉の間から花茎を出し，その先に淡紫白色または淡紅色のやや大きい花を横向きに開き，しばしば香がする．ふつう唇弁と側弁には目立って紫のすじが入り側弁の内側には突起毛があり，唇弁の距は長さ5～6 mmほどで先がややふくらむ円柱形である．花柱の先は倒三角状にふくらむ．〔日本名〕比叡山に生えるスミレの意．エゾスミレというが蝦夷（北海道）には分布しない．おそらくエイザンスミレが訛ったものではないかと考えられる．

2362. ナンザンスミレ (トウカンスミレ)　〔スミレ科〕

Viola chaerophylloides (Regel) W.Becker var. ***chaerophylloides***

朝鮮半島，中国東北部，ウスリーに分布し，日本では対馬にだけ分布し，山地の林縁に生える．高さ6～20 cm，根茎は短く多数の白い根をつける．根茎は短い．葉は3全裂し，側小葉はさらに基部の少し上から2全裂するので5全裂のように見える．表面は緑色，無毛，裏面は脈上に短毛がある．エイザンスミレと異なり，夏期の葉でも側小葉は2全裂している．各小葉は広披針形で，少数の切れ込みがある．托葉は広披針形で，葉柄基部に合着する．葉柄は長く，無毛．花茎は帯紫色．花は大きく径2 cmほど．4～5月に咲き，白色または淡紅紫色で，唇弁に紫のすじがある．大陸に分布の主体があるもので，日本に広く分布するヒゴスミレと別種として分けられることもある一方，エイザンスミレをも本種の変種とする意見もある．

2363. ヒゴスミレ　〔スミレ科〕

Viola chaerophylloides (Regel) W.Becker
var. ***sieboldiana*** (Maxim.) Makino

東北地方中南部から，四国，九州に分布し，山地の日当たりのよい尾根などを好んで生育する．通常無毛．葉は3小葉からなり，長さ2～3 cm，柄は5～10 cm．側小葉はさらに基部から2全裂する．各小葉は有柄で，さらに少数の裂片に全裂する．ナンザンスミレ，エイザンスミレと異なり，側小葉は基部で大きく2全裂しているので5裂しているように見える．またナンザンスミレと異なり，各裂片は線状披針形で，より細い．花は4～5月に咲き，白色で，径2 cmほどになるがエイザンスミレの花より小さい．唇弁に紫のすじがある．側弁に毛がある．距は細長く，長さ4 mm，日本のスミレのなかでは香がするほうである．エイザンスミレとは生育環境が顕著に異なり，花期がより遅い．〔日本名〕肥後の国（熊本県）に産するとして付けられた名．

2364. サンシキスミレ (パンジー)　〔スミレ科〕

Viola **×*wittrockiana*** Gams

もともと欧州原産の *V. tricolor* L. と他の近縁種との交雑によって生まれ，イギリスとオランダで園芸化されたもので，わが国には文久年間（1860年頃）に渡来し，今では色々の改良品が栽培されている．ふつうはパンジー（Pansy）という．二年生または一年生の有茎草本で高さは15～25 cmぐらいになる．茎は直立して枝が分かれ，緑色で質はやや柔らかく，稜がある．葉は互生し，長い柄があり，葉身は卵状長楕円形または披針形で，ふちには鈍いきょ歯がある．托葉は大形で葉柄より長く，緑色で羽状に深く裂ける．春から夏にかけて葉腋ごとに花柄を出し，その先に左右相称の大形花を横向きに咲かせる．品種によって大きさや花色は非常に変化があるが，ふつう紫，白，黄の三色を基にしている．緑色のがく片は5個で附属体は大きい．花弁は平らに開き，円形で，側弁と唇弁の内側には毛があり，唇弁の距は短い．花柱の先端は円くふくらみ，柱頭のまわりを囲んで突起毛が密生している．〔日本名〕三色スミレの意味で紫と黄と白の三色が混じるからである．古く欧州でもてはやされたが，一時流行からはずれた．しかし近年新しい交配で美しい花色が作り出されまた盛んになった．

2365. トケイソウ 〔トケイソウ科〕

Passiflora caerulea L.

南米ブラジル原産の多年生つる植物で，枝のない巻ひげで他物にからみつき長さ 4 m 内外に成長する．若い茎には縦の稜があり，古い茎は円柱形で太い．葉は互生し，常緑でややかたい草質，掌状に 5 深裂し，裂片は披針形で先は円く，葉柄の基部には托葉がある．夏に径 8 cm 内外の大形の花を付け花柄があり，太陽に向かって開き，かすかな香りがある．花の下部に淡緑色の 3 枚の苞葉がある．花被片は 10 個で平らに開き，5 個のがく片は内面が白色あるいは淡紅色または淡青色で，5 個の花弁は内面が淡紅色または淡青色である．一見雄しべとも見える副花冠の存在はこの科の著しい特徴であって多数あり糸状で平らに開き花冠よりも短く，中央部は白色で上下は紫色．雄しべは 5 本あり下部は 1 本の柱となり，葯は大きい．子房は雄しべの上に位置し，長い 3 本の花柱があり，柱頭はふくらむ．液果は楕円体で熟すると黄色くなる．〔日本名〕時計草は花被と副花冠とを時計の文字盤に，また花糸と花柱とがそれぞれ目立つ雄しべ，雌しべをその針にたとえた名前である．〔漢名〕西番蓮．

2366. クダモノトケイソウ（パッションフルーツ） 〔トケイソウ科〕

Passiflora edulis Sims

ブラジル原産の常緑つる性低木．日本では沖縄の各島と小笠原諸島で栽培されている．つるの長さ 10 m 以上となり，通常は支柱または棚に巻かせて栽培する．つるは緑褐色で若枝には縦に溝が走る．互生する葉は 2～3 cm の柄があり，葉身は深く 3 裂し，ややツタの葉に似る．葉質はやや厚く，ざらつき，ふちには不規則なきょ歯が並ぶ．葉の基部は心臓形をなし，裂片の先端は尖る．初夏と秋口に葉腋に 1 個ずつの花をつける．花の直径 5～6 cm，最外側に緑色のがく片が 5 枚，花弁は白色で同じく 5 枚あり，その内側にある副花冠は細く糸状で多数あり，基部は赤紫色，上半部は白色で屈曲し，雄しべのように見える．中央に黄緑色の雄しべが 5 本あって，基部は短くゆ合し，雌しべの花柱は大きく 5 裂する．果実は球形の液果で直径 5～6 cm，内部の広い空間に多数の球状の種子があり，この種子をとり巻く仮種皮は黄色で多汁，甘酸味があって，生食やジュースとして飲料とする．果実の外皮は硬く，赤紫色に熟す．〔日本名〕食用果実としての時計草の意．英名 Passion fruit.

2367. クスドイゲ 〔ヤナギ科〕

Xylosma congesta (Lour.) Merr.（*X. japonica* A.Gray）

関西から西の暖地の海岸あるいは海に近い所に生える常緑低木で，時には小高木の様になり，高さは 3 m 位に達する．幹は直立し枝は茂り，若木では小枝が針に変わってひどく痛い，葉は革質で短い葉柄があり，互生し卵形で尖り，長さ 4～8 cm，ふちにきょ歯があり，上面は毛がなくてつるつるしている．8 月頃葉の長さよりも短い総状花序を腋生し，短い柄をもった黄白色の小さい花を密につける．花は雌雄異株につき，がく片は 4～5 個，花弁はない．雄花には多数の雄しべ，雌花には 1 本の雌しべがある．液果は球形で径 5 mm ほど，熟すと黒くなり下に宿存がくを残し，種子は 2～3 個ある．〔日本名〕クスドイゲのイゲはとげであろうが，クスドの意味は分からない．一説に若枝に種々の方向に向いたとげが多い有様をハリネズミの背中のとげに見立て，その古語クサフと刺の意味の古語イゲとが結ばれたクサフノイゲの転訛であろうという．〔漢名〕柞木．

2368. イイギリ 〔ヤナギ科〕

Idesia polycarpa Maxim.

落葉高木で本州から琉球の山林中に散発的に生え，また時には人家にも植えられる．幹は直立してそびえ，枝を放射状に張り出して，高さ 10 m 内外に達する．葉は互生し，長い葉柄をもち，卵円形で尖り，基部はやや心臓形で，ふちにはきょ歯がある．下面はかすかに帯白色，葉脈は隆起し，葉柄の両端に小さい腺がある．5 月に枝先に円錐花序をつけて垂れ下がり，多数の帯緑黄色の花を開く．雌雄異株で花被は 4～6 個で開き，雄花には多数の雄しべ，雌花には 1 本の雌しべがあり，丸い子房の下には不完全雄しべ，上には 5～6 本の花柱がある．液果は球形で径 1 cm ほどになり熟すると赤くなり，落葉後も垂れ下がった赤い穂は異国的な美しさがある．果実内に小さい種子がある．〔日本名〕飯桐は昔飯をこの葉で包んだので呼ばれる．また一説に椅桐で椅の音読みを長くしたものといわれる．〔漢名〕椅は多分誤りと思う．〔追記〕最近，ヤナギ科に分類されている．

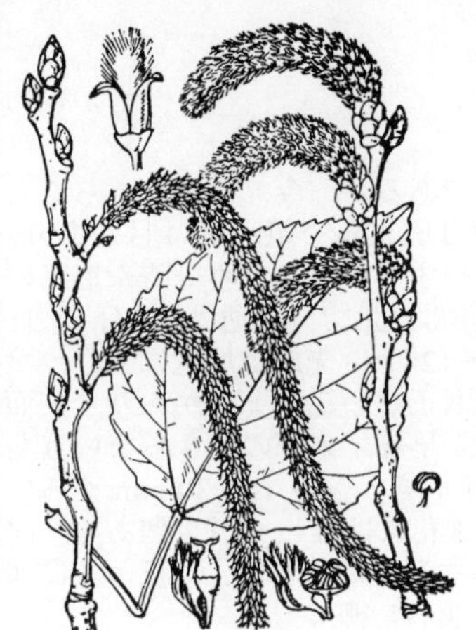

2369. ヤマナラシ（ハコヤナギ）　〔ヤナギ科〕

Populus tremula L. var. ***sieboldii*** (Miq.) Kudô（*P. sieboldii* Miq.）

山地に生える落葉高木で高さは 5 m 内外になる．葉は互生し長柄があり，広卵形で長さ 5～10 cm 先端は短い鋭尖形，基部は切形あるいは広いくさび形，薄い革質でふちに波状きょ歯があり，無毛で表面は深緑色，なめらかでつやがあり；裏面は白色に近く，葉脈が明らかであるが，若葉の時は柄と共に密に長い絹毛がある．葉柄と接するところに蜜腺がある．葉柄は両側からおしつぶされているので葉は風に動かされやすい．早春，葉よりも早く赤褐色の尾状花穂を垂れ下げる．雌雄異株で雄花穂は長さ 5 cm 内外，雌花穂は 10 cm 内外．苞は掌状に浅裂し，裂片は尖っていて長い絹毛をかぶっている．雄しべ 1 個，葯は数個．雌しべは卵状紡錘体で先端は細く柱頭は 4～5 個に裂けている．熟すと破れて白毛のある細かい種子を出す．〔日本名〕材は箱を作るのに用いられるので，箱柳という名がついた．また山地に生えるこの植物の葉は風にゆれて葉がぶつかり合い音を出すので山鳴しの名がついた．〔漢名〕白楊は別のものである．

2370. ドロヤナギ（ドロノキ，デロ）　〔ヤナギ科〕

Populus suaveolens Fisch.（*P. maximowiczii* A.Henry）

中部以北の亜高山の明るく開けた所に生える落葉高木．幹は直立し，高さ 15 m 前後，樹皮は暗灰色，なめらかで，さけ目はない．芽は細長い円錐形で，外面に粘液を分泌し，先端はするどくて硬く，針のようである．葉は有柄で互生し，広楕円形，長さは 6～15 cm，先端は円形あるいは短い微凸形で基部は小さい耳状の心臓形，ふちに鈍きょ歯があり，表面は緑色で平滑，裏面はやや白色，葉脈上には毛があり，乾燥すると暗褐色になる．春，葉がまだのびないうちに暗紫緑色の尾状花穂を垂れ下げる．雌雄異株．雄花穂は長さ 7 cm．雌花穂は 5 cm，夏のおわりに熟し長さ 20 cm になり，卵球形で尖ったさく果を多数つける．さく果は熟すと黄色となり，木質の果皮は先端から 4 個に裂け，中から白綿毛のある種子が飛び出る．材はマッチの軸木に用いられる．〔日本名〕材木として用いると柔らかくて役立たないことが泥のようであることからついたものであるという．〔漢名〕白楊は別のものである．

2371. セイヨウハコヤナギ（ポプラ）　〔ヤナギ科〕

Populus nigra L. var. ***italica*** (Duroi) Koehne

南ヨーロッパ原産で，世界の温帯各地に植えられている落葉高木．枝が直立するため樹冠は円柱形に近くなり，独特の景観をつくる．若年枝は丸く，芽とともに毛はなく，樹皮はやや橙黄色を帯びる．雌雄異株．葉は互生し，柄は左右から扁平で，長さ 2～5 cm．葉身は広三角形またはやや菱形に近く，毛はない．先は急に細くなって鋭尖頭になる．このため，風でゆれるときは葉が左右に振られてぶつかる．辺縁には細かいきょ歯がある．葉の基部に腺体はない．花は下垂した尾状花序となり，雄花穂は 5 cm ほどになる．雄しべは多数あって 15～30 本．子房は 1 室で，花柱は短い．4 月に葉が展開する前に咲く．さく果は 2～4 裂する．日本では特に北海道での植栽が多い．ポプラの名で親しまれている．

2372. アカメヤナギ（マルバヤナギ，ケアカメヤナギ）　〔ヤナギ科〕

Salix chaenomeloides Kimura

宮城・山形以南の山野に生える落葉高木．葉は広楕円形または卵状楕円形で先端は尖り，長さは 4～7 cm，初めは毛があって紅褐色をしているがのち無毛となる．その表面は緑色で光沢があるが裏面は粉白色でつやがなく，ふちに細かな鋭尖きょ歯がある．托葉は大形で半心臓形，きょ歯があり，新しい枝では大きくて目立つが早く落ちてしまう．雌雄異株．春，新葉がのびてから花が開き黄色を呈す．雄花の花穂は長さ 5～7 cm ぐらいの狭円柱形で苞は花軸とともに白綿毛をかぶっている．雄しべは 5～6 個で，苞よりも長い．雌花穂は雄花穂と大体同じ長さである．柱頭は二つに分かれている．苞は緑色で小さく，宿存し，短い毛がある．さく果には柄があり，卵状広楕円形で長さ 3 mm 内外，無毛である．〔日本名〕赤芽柳の意味で，若葉が紅色を帯びるからである．一名のマルバヤナギは他の柳とくらべると葉が広くて丸いからである．

2373. シダレヤナギ（イトヤナギ）　〔ヤナギ科〕

Salix babylonica L.

古い時代に中国から伝わって来たものであるが，今では広くあちこちに植えられている．高さは 5～10 m，幹は灰黒色で縦に裂け目があり，枝は柔軟で下垂し，風にしたがって揺れやすく，そのため堤防や道路の街路樹として植えるとおもむきがある．葉は互生で，普通は垂れ下がり，線状披針形あるいは長披針形で長さは 5～12 cm，先端は尾状に尖り，葉の基部は広いくさび形，ふちは低くて規則正しい鋭きょ歯があり，表面は暗緑色，裏面は帯白色，毛は全くない．早春，葉がのびきらないうちに黄緑色の花が咲く．花穂は曲がって上を向き，長さ 15～30 mm ぐらいで細い．花軸には毛が多い．雌雄異株．雄花には雄しべが 2 個ある．雌花の雌しべには柄がなくて，柱頭は 2 裂する．苞は雌花，雄花ともに卵状楕円形で先は丸く背面は無毛である．〔漢名〕柳.

2374. ココゴメヤナギ　〔ヤナギ科〕

Salix dolichostyla Seemen subsp. ***serissifolia*** (Kimura) H.Ohashi et H.Nakai（*S. serissifolia* Kimura）

本州の関東以西から近畿まで分布し，日当たりの良い川原や湿地に生育する高木．高さ 20 m ほどにも達することがある．樹皮は灰黒褐色で，縦に裂ける．枝は灰褐色で，細かく，数多く分枝し，開出する．樹冠はこんもりと丸くなる．互生する葉は初め灰色の短毛を密生しているが，やがて無毛となる．裏面は粉白色で，絹毛がある．葉身は長さ 4～7 cm，幅 8～12 mm の披針形をなす．葉の先端は長く鋭く尖り，辺縁は細かいきょ歯がある．基部は鈍形をなす．表面は光沢のある緑色で，裏面は白色を帯びる．柄は短毛があり，長さ 2～6 mm．4 月に葉とともに花序が現われる．雌花穂は細く，長さ 1～1.7 cm．苞の基部に毛がある．子房基部に絹毛がある．〔日本名〕小米柳は葉が小さいことによる.

2375. タチヤナギ　〔ヤナギ科〕

Salix triandra L.（*S. nipponica* Franch. et Sav.; *S. subfragilis* Andersson）

平野の水辺に多く生える落葉小高木．葉は互生して葉柄があり，披針形あるいは長楕円状披針形で先端は鋭尖形，基部はややくさび形，ふちには小さいきょ歯があり，長さ 3～12 cm，幅 1～4 cm ぐらい，葉質はやや厚く無毛で裏面は白色を帯びている．雌雄異株．4 月頃，小形の葉をつける短い枝が出て，その先に直立した長さ 4 cm ぐらいの尾状の花穂が上向きにつく．雄の花穂には多数の黄色の雄花が密につき，花は卵円形の苞の腋につき，雄しべ 3 個と基部に 2 個の蜜腺がある．雌花の花穂は淡緑色で宿存性の苞内に雌花が 1 個あり子房には短い柄があって毛はなく，基部の腹面に 1 個の蜜腺がある．花柱は深く 2 つに裂け，柱頭はさらに浅く 2 裂する．さく果は長さ 3 mm ほどで熟すと 2 裂し，種子には白色の綿毛がある．〔日本名〕立柳は樹の姿が真直ぐに立ち上ってみえるからである.

2376. ケショウヤナギ（カラフトクロヤナギ）　〔ヤナギ科〕

Salix arbutifolia Pall.（*Chosenia arbutifolia* (Pall.) A.K.Skvortsov）

北海道東部や長野県上高地に生えている落葉高木で大きいものでは高さ 15 m，幹の径 1 m にもなる．葉は有柄で互生し，狭長楕円形，長さ 5 cm ぐらい，両端は鋭形で，多少粉白色をしており，無毛，質はやや厚く，ふちに細かいきょ歯がある．雌雄異株．初夏の頃，新葉と同時に尾状花穂を短い枝の上につけ，長さは雌雄ともに 4 cm ぐらいで，花の時は下垂する特徴がある．花の中に蜜腺が全くなくて風媒花となり，柱頭は深く 2 裂し，花柱との間に関節があって，のちに落ちるという特別な性質がある．花がすむと果穂は立ち上がる．さく果は穂軸の上にまばらに開出し，卵状披針形で長さは 6 mm，はっきりとした柄があり，開裂して綿毛のある種子を出す．〔日本名〕幼樹は枝も葉も厚い白蝋質を分泌しているので白くみえ非常に美しいので化粧柳という名がついた．〔追記〕オオバヤナギ（次図参照）との間に雑種カミコウチヤナギ *S.* × *kamikotica* Kimura がある.

2377. **トカチヤナギ** 〔ヤナギ科〕

(オオバヤナギ，カラフトオオバヤナギ，ヒロハタチヤナギ)

Salix cardiophylla Trautv. et C.A.Mey.（*Toisusu urbaniana* (Seemen) Kimura）

本州中部以北と北海道の河畔に多く生える落葉高木で，高さは 15 m にもなる．葉は互生し，葉柄があり，楕円形ないし長楕円状披針形で先端は尖り，基部は大体鈍形でふちには波状の細かいきょ歯がある．葉の長さは 5〜20 cm，幅は 2〜8 cm で裏面は初め軟毛が密生しているがのちほとんど平滑となり粉白を帯びる．雌雄異株．5〜6 月頃，黄緑色の尾状花穂を新枝の先端につける．雄花穂は円柱形で先端が垂れ下がり，長さは 7 cm ほど，各々の苞には 1 個の花がつく．雄花にはがくがない．雄しべは 5 個，基部に 3 個の蜜腺がある．雌花穂も円柱形で垂れ下がり，苞ごとに 1 個の花をつける．苞は花ののちに脱落する．雌花にもがくはない．子房には短い柄があり軟毛が密生し，基部に 2 個の蜜腺がある．花柱は 2 つに深く裂け，柱頭はさらに二つに分かれている．熟すと果穂は長大となり，さく果は 2 裂し，種子には小形で白色の綿毛がある．〔日本名〕大葉柳は葉が大形であるからである．

2378. **ネコヤナギ** (エノコロヤナギ，カワヤナギ［同名異種あり］) 〔ヤナギ科〕

Salix gracilistyla Miq.

山の渓流の近くや平野の河川のあたりに生え，時には人家にも植えられる落葉低木でたいていは叢生し，高さは 0.5〜2 m ほどである．枝は多くて，新葉は初め絹毛がある．葉は互生して葉柄があり，長楕円形または披針状長楕円形で先端は短鋭尖形，基部はくさび形で，ふちには細かいきょ歯があり，支脈が多く，初めは両面に絹毛があるが，のち上面は無毛となり，下面は灰白色で毛が残っている．葉柄はしばしば秋の頃肥大して，赤色となり翌春に出る若い穂を抱いていることがある．托葉は半月形である．雌雄異株．早春，葉よりも早く無柄の尾状花穂を上向きに出し，白絹毛を密生する．雄花では上半部が黒色で先が尖り披針形をしている．苞の内にただ 1 個の雄しべがあり，基部の腹面に 1 個の蜜腺があり，葯は紅色である．雌花の苞も同様で，1 個の雌しべがあり，基部の腹面に 1 個の蜜腺があり，花柱は糸状で長さ 2 mm ほど，柱頭は非常に短く 4 つに分かれている．果穂は多数のさく果を密につけ，一方に傾き，さく果は絹毛を密生し熟すと 2 裂して白い綿によって細かい種子を飛び散らす．〔日本名〕ネコヤナギは花穂を猫の尾になぞらえたもの．エノコロヤナギは犬の子のヤナギという意味でこれも花穂を犬の尾になぞらえたものである．川ヤナギは水辺に生えるから．〔漢名〕水楊は別種である．〔追記〕他の 11 種との間にそれぞれ雑種が知られている．

2379. **ナガバカワヤナギ** (カワヤナギ) 〔ヤナギ科〕

Salix miyabeana Seemen subsp. ***gymnolepis*** (H.Lév. et Vaniot) H.Ohashi et Yonek.（*S. gilgiana* Seemen）

田のあいだや水ぎわに生える落葉性の大低木または小高木．高さは 5 m までになり，枝は立つ．春に出る葉は線状長楕円形で白色の絹毛で被われておりふちにはきょ歯がなく，先端は鈍形のものが多い．秋に出る葉は長さが 6〜12 cm になり短柄があって互生し，広線状長楕円形あるいは細長い披針形，先端は長い漸尖形で，基部は鈍形，ふちにわずかにきょ歯があり，無毛で表面は緑色でつやがあり，裏面は粉白色である．葉は乾くと黒っぽくなる．早春，葉がのびないうちに花序をつける．雌雄異株．花穂は直立してつき長さ 3〜4 cm の細い円柱形で，倒卵円形の苞には黒くて長い毛があり，そのため花穂は初めは黒くみえる．雄しべは 1 個．子房は卵形で苞よりも長く，白色のねた毛が密生し，先端は細くて長いくちばし状で無毛，柱頭は 2 個または 4 個に分かれている．果穂は曲がったものが多く，長さは 5 cm，ねた毛のあるさく果が互にくっつき合って並んでいる．〔日本名〕この種をカワヤナギと呼ぶのは誤りである．それで訂正してナガバカワヤナギの名をつけた．〔漢名〕水楊は本種とは異なる．

2380. **コリヤナギ** 〔ヤナギ科〕

Salix koriyanagi Kimura ex Goerz

一般に，水辺に栽培されている落葉低木で，雌雄異株．枝は多く分かれ，長くのびて直立し，高さ 1〜3 m ぐらいになる．葉には短い柄があり，対生か，3 葉輪生で，広線形，長さ 4〜8 cm，不明瞭なきょ歯があるか，または全縁，先は鋭形，基部は鈍形，平滑で，裏面は白味を帯びている．春，花穂を出す．花穂は直立し細長い楕円形，長さは約 2 cm ばかりある．苞は黒色，卵状楕円形で白毛があり，初めは花穂全体が黒くみえる．雄しべは 1 個で長さは苞の 4 倍ぐらいある．子房は卵状楕円形で柄はなく，白い密毛が一面に生えていて，花軸のまわりに密に並んでいる．柱頭は二つに分かれていて，花柱は非常に短い．さく果になっても毛は落ちない．2 m ぐらいの枝を刈り集めて皮をむき柳行李を作る．但馬（兵庫県北部）の名産であったが今では他の地方からも産出する．〔日本名〕行李用の柳の意味である．〔漢名〕杞柳は実は別の植物である．

2381. イヌコリヤナギ 〔ヤナギ科〕

Salix integra Thunb.

各地の原野や溝の近く，時には山地の原の湿ったところに生える落葉低木．枝は細く真直ぐで無毛，つやがある．葉は対生あるいはやや互生，細い長楕円形で無柄，長さ 3〜5 cm ほどで両端は鈍円形，多くはやや青みがかった緑色で裏面は帯白色，ふちには低くて細かいきょ歯があるか，あるいはほとんど全縁である．雌雄異株．早春，葉よりも早く尾状花序を出す．長さは 3 cm ほど．花は小形で密につき，苞は卵状楕円形で花よりも短く，黒色をしているので雌の花穂では緑と黒とがまじってみえる．雄しべは 1 個．さく果は 2 片に裂け，白綿毛のある種子がとび出す．〔日本名〕犬行李柳，コリヤナギと似ているが利用価値がないから．命名は田中芳男である．

2382. ヤマヤナギ 〔ヤナギ科〕

（オクヤマヤナギ，ダイセンヤナギ，ツクシヤマヤナギ，ナガホノヤマヤナギ，イワヤナギ）

Salix sieboldiana Blume var. ***sieboldiana***

本州の西部以西，四国，九州にふつうに分布し，丘陵や山地の日当たりの良い場所に生える低木または小高木．枝は若いときは毛を密布するが，後に無毛となり，暗褐色を呈する．葉は互生し，披針形ないし長楕円形で長さ 3〜10 cm，幅 1.5〜3 cm．先端は短く尖り，ふちに内曲する鈍きょ歯がある．若いときの葉は白毛が密生するが，やがて上面は無毛となり，下面は中脈に毛をやや残すだけで粉白色．托葉は偏狭卵形，鋭頭で，長さ 8〜18 mm．花は 3 月に咲き，尾状花序は葉とともに展開する．雄花穂は長さ 3〜3.5 cm となり，苞は汚白色の長い密毛がある．花糸の基部に短毛がある．子房は狭卵球形で，白色の綿毛が密にある．花柱は 0.5 mm で，柱頭は 2 中裂する．〔追記〕宮崎と鹿児島両県にはサツマヤナギ var. *doiana* (Koidz.) H.Ohashi et Yonek. が分布する．

2383. キツネヤナギ（イワヤナギ） 〔ヤナギ科〕

Salix vulpina Andersson

各地の山野に生える落葉低木で，高さは 1〜2 m．葉には柄があり，互生で，楕円形，広楕円形，披針状楕円形など色々変化し，長さ 3〜12 cm ぐらい，先端は急に尖り，葉の基部は鈍形のものが多く，紙質で，ふちに波状の低いきょ歯があり，表面は多少しわがあるが，裏面は灰白色を帯びこれに白毛がまばらに生えている．乾くと鉄さび色になる．春，葉がのびないうちに黄緑色の花穂を立てる．雌雄異株．花穂は雌雄とも長さ 3 cm ぐらいで細い．雄花には雄しべが 2 本あり，花糸は長い．雌花には長披針形の雌しべが 1 個あって，子房には柄があり，柱頭は 2 つに分かれている．果穂は熟すと長さ 6〜12 cm ぐらいになり，さく果は 2 裂して白綿毛を出す．〔日本名〕イワヤナギの方が古く，狐柳は，種形容語 *vulpina*（狐の，狐色の）に基づいて後からつけられた名である．〔追記〕本種は関東北部以北と愛知県以西に多く，中部地方で極めて稀であるためやや隔離的に分布し，東日本のもの（狭義のキツネヤナギ subsp. *vulpina*）では花序の基部に数枚の小形の葉が出るが，西日本のもの（サイコクキツネヤナギ subsp. *alopochroa* (Kimura) H. Ohashi et Yonek.）ではこの葉が目立たない．

2384. オオキツネヤナギ（オオネコヤナギ） 〔ヤナギ科〕

Salix futura Seemen

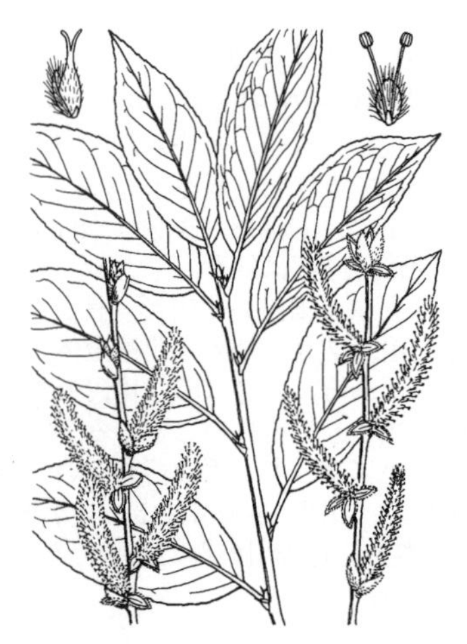

東北地方南部から関東，中部地方に分布し，日当たりの良い山地丘陵に生育する小低木．高さ 1 m ほどになり，若枝は密軟毛があるが，のち無毛となり，緑褐色を帯びる．葉は若いとき赤味をおび，白色の綿密毛でおおわれている．成葉は洋紙質で，楕円形または長楕円形で，先は急に細くなって鋭尖頭をなし，基部は鈍形で丸い．長さ 10〜20 cm，幅 3〜6 cm．ふちに低いきょ歯がある．上面はほとんど無毛で鮮緑色，下面は粉白色を帯び，脈上に淡黄褐色の毛がある．柄は長さ 8〜15 mm．花は 3〜5 月に咲き，尾状花序が葉より先に展開する．雄花穂は長さ 3〜6.5 cm で，柄がない．苞は卵形で，長さ 1.2 mm，両面に密生する白長毛がある．子房は絹毛がある．〔日本名〕大狐柳はキツネヤナギに似て大形の意である．

2385. ヤマネコヤナギ 〔ヤナギ科〕

（バッコヤナギ，マルバノバッコヤナギ，エゾノバッコヤナギ，コウライバッコヤナギ，マンシュウバッコヤナギ，ナガバノバッコヤナギ）

Salix caprea L.（*S. bakko* Kimura）

各地の山中の陽地に生える落葉高木で，高さは 5 m になる．枝は皮をはがすと，ところどころに小さい隆起線がある．葉は有柄で互生，長楕円形で長さ 5〜12 cm，先端は急に尖り，基部は丸いことが多く，葉のふちに不規則な低きょ歯があって，なおやや小さく上下に波状にうねる．葉質はやや厚く，表面は深緑色でなめらかであるが多少しわがあり，裏面には，白綿毛がはなはだしく密生している．しかし支脈の上には毛がないことが多い．雌雄異株．4〜5 月頃花穂をつける．雄の花穂は短くて太い楕円形で黄色，長さ 2〜3 cm，密に白色の絹毛をかぶり，苞は披針形で黒色，毛の中にうずまっている．雄花には雄しべが 2 個ある．雌の花穂は長楕円形でやや曲がり，軸には白色の絹毛があり，成熟すると長さが 7 cm ぐらいとなり，多数の細長い披針形のさく果をつける．さく果には柄があり，開出した短い毛が密生し，先は尖り，柱頭は 4 つに分かれている．〔漢名〕山柳は本種とは別のものである．〔追記〕他の 8 種との間に雑種が記録されている．

2386. フリソデヤナギ（ヨイチヤナギ） 〔ヤナギ科〕

Salix* ×*leucopithecia Kimura

関東で生花用としてよく栽培されている落葉低木．高さは 2〜3 m ぐらいで，まばらに分枝する．枝は緑色で紅味をおび，初め毛をかぶっているが次の年には平滑となる．葉は長楕円形で 6〜8 cm の長さがあり，先端は鋭尖形，基部は円形で波状の細かく低いきょ歯があり，葉質は厚く表面は無毛で深緑色．春にはややしわがあるが秋になると平たくなってつやを生じ，裏面にはやや直立した白色の絹毛が密生している．雌雄異株．早春，葉がのびないうちに開花し，花序は初め赤色で光沢のある芽鱗に包まれているので植木屋はこれをアカメ（赤芽）と呼んでいる．雄の株の尾状花序は粗大な円柱形で長さ 3〜5 cm，光沢のある白色の絹毛でおおわれている．苞は楕円形で長さ 2 mm ぐらい，両端は細く尖り，絹毛がある．雄しべは 2 個，花糸は合着したり分枝して変化が多く，苞より長い．〔日本名〕振袖柳は秋にゆたかに葉の垂れ下がった様子を振袖にたとえて名づけたものである．〔追記〕ネコヤナギとヤマネコヤナギの雑種であり，雌株は栽培されていないが，ごくまれに野生が見られる．

2387. オノエヤナギ（カラフトヤナギ） 〔ヤナギ科〕

Salix udensis Trautv. et C.A.Mey.（*S. sachalinensis* F.Schmidt）

本州中部以北や四国の山中渓谷，山地あるいは原野に生える落葉高木で高さは 5〜10 m，時には大木となる．葉は有柄互生，長披針形，長漸尖頭，基部は鈍形あるいはやや鋭形，ふちにははっきりしない低い波状きょ歯があり，長さ 10〜15 cm，初め若い枝とともに汚白色の短毛をかぶっていて灰色であるが，のちに表面にはねた毛がまばらに生え，裏面にはなお絹毛が残る．支脈は多くて斜めに平行する．雌雄異株．初夏，葉がのびてのちしばらくして花穂がのび花が咲く．花序は狭円柱形で立ち，基部には 2〜3 個の小形の葉がついている．雄花には雄しべが 2 個ある．雌花の子房は卵状円錐形で灰白色の細毛をかぶっているので花穂もまた灰色に見える．花柱は 2 個，線形である．7 月にさく果が熟して裂け，いわゆる柳絮を飛ばす．これは白綿毛をともなった種子である．時に枝上に無数の球状の虫こぶのつくことがある．〔日本名〕尾上柳は牧野富太郎が土佐（高知県）の山中で採集したもので，峰の上（おのえ）ヤナギの意味である．また，一名カラフトヤナギはこれが樺太に生えるからである（学名（異名）の意訳とも考えられる）．〔追記〕本種によく似たユビソヤナギ *S. hukaoana* Kimura が関東北部と東北地方の深山渓流沿いに生育する．

2388. キヌヤナギ（エゾノキヌヤナギ） 〔ヤナギ科〕

Salix schwerinii E.L.Wolf（*S. kinuyanagi* Kimura；*S. petsusu* Kimura）

本州中部以北と北海道の水辺や溝の近くに生える落葉小高木．高さは 3〜4 m，枝は直立し，白絹毛をかぶっている．葉は密に互生して立ち，線状披針形あるいは狭長披針形で長さ 10〜15 cm，幅 1 cm ほど，先端は長く次第に尖り，葉の基部は鋭形で，ふちにははっきりしない波状低きょ歯があるが，ふつうは少し内側に巻き込んでいるので見えない．表面は深緑色で無毛であるが，裏面は絹毛が密生し，白銀色をしていて対照的である．早春，葉が出るのよりも早く開花する．雌雄異株．尾状の花序は単生で雄の花穂は短く大きくて長さ 2.5 cm ぐらい，密生した白絹毛の中から葯だけが見えている．葯は初めは赤くのちに黄色となる．雄しべは 2 個．雌の花穂はやや細長く，卵形の子房には密毛が生え，花柱は長く柱頭は 2 裂している．〔日本名〕絹柳は葉の裏に白絹毛があるからである．

2389. シバヤナギ 〔ヤナギ科〕

Salix japonica Thunb.

中部以東の浅い山に生える落葉低木．高さ 1〜2 m，枝は水平に分枝し，先端は多少垂れるものが多い．葉は卵状披針形あるいは長楕円状披針形で，若い葉は紅色で，ふちは外がわに巻き，葉の裏には白絹毛があるけれどもやがて色があせて無毛となる．葉の長さは 3〜6 cm, 先端は長く鋭形で普通は全縁，基部は円形，ふちには鋭きょ歯があり，表面はあざやかな緑色でなめらかだが，裏面は白色を帯びていて光沢はない．4 月に，葉と同時に花穂をのばす．花穂は長さ 5 cm ぐらい, 白毛が少なく, 細っそりとしている. 雄の花穂は黄色，花が少しまばらにつき，苞は倒卵状楕円形で平滑，先は丸く，雄しべは 2 個で長さ 2.5〜4 mm ぐらいである．雌の花穂は緑色で，やや下垂し，苞は披針形で無毛，子房には短い柄があり，長披針形でなめらか，花柱は短くて柱頭は 2 裂する．〔日本名〕柴柳で，いわゆる柴（山野に生える低木）であるため．

2390. シライヤナギ 〔ヤナギ科〕

Salix shiraii Seemen var. ***shiraii***

宮城県から関東地方の山地に分布し，岩場などの崖に生育する低木．高さはせいぜい 1 m 程度．若枝は黄褐色を呈し，古枝は暗褐色で無毛である．枝は先が少し垂れる．樹皮は不揃いにひび割れる．葉は長さ 2.5〜5.5 cm，辺縁はきょ歯があり，卵形または卵状長楕円形，先は鋭頭をなす．基部は浅心形あるいは円形で，ときにくさび形になる．表面は光沢のある緑色，裏面は粉白色をしている．若い時の長伏毛はまもなく脱落して無毛となる．葉柄は長さ 3〜6 mm．花は 4〜5 月に咲き，同時期に葉が展開する．尾状花序は円柱形で，柄は短い．雄花序は長さ 2.5〜4 cm．苞は楕円形．花糸は 2〜3 mm で，離生し，無毛．子房は狭卵形で無毛，花柱は短い．さく果は長い柄があり，毛はなく，長さ 2.5〜3 mm になる．〔日本名〕白井柳は植物学者白井光太郎に捧げられたもの．

2391. ミヤマヤナギ（ミネヤナギ） 〔ヤナギ科〕

Salix reinii Franch. et Sav. ex Seemen

中部以北の高山や亜高山に生える落葉低木．高さ 1〜2 m，山頂に生えるときは非常に小さく低くなり，しばしば地面に伏している．枝は平滑で少し太くもろい．葉は互生で葉柄がある．葉の形は広楕円形あるいは倒卵状楕円形，長さ 3〜6 cm，先端は急に鋭尖しているものが多く，基部は円形，ふちには不規則な波状きょ歯があり，葉質は革質でやわらかく，表面はなめらかであざやかな緑色，裏面は粉白色である．乾くと暗色となる．雌雄異株．6 月頃に黄色の花穂を立てる．雄の花穂は長さ 3 cm ぐらいで，苞は短く先端は鈍形でふちには長い毛があり，雄しべは 2 個．雌の花穂は雄より少し長くて，子房には短い柄があり苞よりも長くて，細い紡錘体で普通無毛，柱頭は 2 裂している．果穂は長くのびて 5〜6 cm になり，さく果は太く，7 月末には 2 裂して白色の綿毛に包まれた種子を飛ばす．

2392. エゾノタカネヤナギ（マルバヤナギ） 〔ヤナギ科〕

Salix nakamurana Koidz. subsp. ***yezoalpina*** (Koidz.) H.Ohashi

北海道の高山帯に分布し，日当たりのよいがれ場などに生える矮小低木．枝は地表をはうようにのび, しばしば節から根を生じる. 若いときには毛があるが, やがて無毛になり紫褐色となる．葉は若いときは両面に長い毛があり，長さ 2〜4.5 cm, 広楕円形．幅 1〜3.5 cm ほどの全縁で, 上面は緑色で葉脈に沿ってへこみ, 下面は粉白色を帯び，葉脈が隆起する．葉の先端は円頭をなし，基部は広いくさび形, または浅心形となる. 柄は長さ 5〜15 mm で, 毛はない. 花は 7 月に咲く. 雄花穂は 15〜30 mm．花糸に毛はない．雌花穂は長さ 2〜5 cm．苞は楕円形で, 長い密毛におおわれている．雌花序は長さ 3 cm ほどで, 中軸に長毛が密生する. 子房は狭卵形で，毛がない．柱頭は 2 深裂する．さく果は柄がなく，毛がない．〔日本名〕エゾの高嶺柳は北海道の高山に産するから．丸葉柳は葉の形状に基づく．〔追記〕タカネイワヤナギ（次図）と同一種とする見方もある．北海道と千島にヒダカミネヤナギ subsp. *kurilensis* (Koidz.) H.Ohashi が分布する．

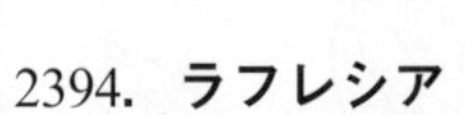

2393. タカネイワヤナギ　〔ヤナギ科〕

（レンゲイワヤナギ，オオマルバヤナギ，ホソバタカネイワヤナギ）

Salix nakamurana Koidz. subsp. ***nakamurana***

本州中部の高山帯に生える落葉小低木．幹は地下を浅くはい分枝し，枝は初めから無毛で，高さは 10 cm に満たない．葉には柄があり，枝先の近くに集まって互生し，広楕円形，長さ 3 cm 内外，先端も基部も円形，また時に先端が波状にうねり，ふちには微小なきょ歯があり，花の時期には葉はまだ十分のび切っていなくて，楕円形をしており，葉質は薄く，白絹毛が生えているがのちに脱落して表面は平滑無毛となる．葉脈はやや落ち込み，裏面は白色を帯びていて毛がある．雌雄異株．7 月に 2 cm ぐらいの尾状花序を枝先に直立して出す．花穂は円柱状楕円形で苞は有毛，雄しべは 2 個．子房は無毛，まれに密毛のあるものもある．さく果は狭披針形で無毛，柄があってややまばらにつき開出する．〔日本名〕高嶺岩柳は高山に生えるからで，レンゲイワヤナギは信越国境の大蓮華山で採られたからである．

2394. ラフレシア　〔ラフレシア科〕

Rafflesia arnoldii R.Br.

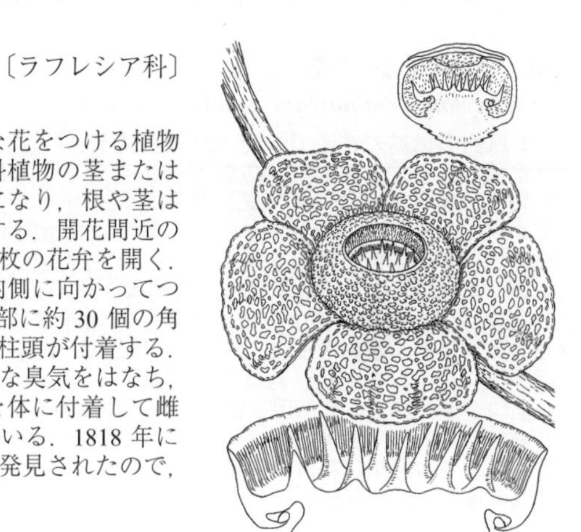

インドネシアのスマトラ島に産する寄生植物で，世界一大きな花をつける植物として知られている．山地のやや湿った林床に生育し，ブドウ科植物の茎または根に寄生した生活を営み，植物体の大部分は生殖器官である花になり，根や茎は退化する．雌雄異株．花は全体赤橙色，花の直径は 1.5 m に達する．開花間近の花はキャベツのような姿であるが，2 日ほどかかってゆっくり 5 枚の花弁を開く．大きな肉質の花弁の表面には黄色のいぼ状の斑点がある．花に内側に向かってつば状のおおいがあり，中央部は大きく開口して深く落ちこむ．内部に約 30 個の角状の突起物をもつ盤状体があり，盤状体のふちの裏側に葯または柱頭が付着する．子房は下位で，多数の胚珠をもつ．開花中は周囲に肉の腐ったような臭気をはなち，この臭気にさそわれてハエがたくさん集まり，そのハエが花粉を体に付着して雌花に運ぶといわれている．現地ではこの花を「食肉花」と呼んでいる．1818 年にラッフルズ（T.S.Raffles）とアーノルド（J. Arnold）の 2 人により発見されたので，ラフレシア・アルノルディイの学名が与えられた．

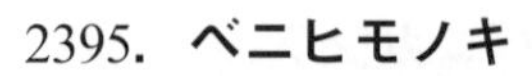

2395. ベニヒモノキ　〔トウダイグサ科〕

Acalypha hispida Burm.f.

マレーシアが原産地と推定される低木で，観賞のため主に鉢植えとして世界中で広く栽培される．葉は常緑で互生し，長い柄をもち，広卵形または卵形で，先は鋭尖形．基部は切形または円形で，長さ 10〜25 cm，幅 6〜9 cm となり，ふちには細かいきょ歯があり，上面は濃緑色で，7〜9 対の側脈がみえ，下面は淡緑色となる．花は小さく，花弁を欠き，多数が密集して，葉腋から垂れ下がるひも状の穂状花序をつくる．花序は長さ 20〜50 cm に達し，円柱形で，紅紫色また濃紅色となる．

2396. エノキグサ（アミガサソウ）　〔トウダイグサ科〕

Acalypha australis L.

日本全土を含む東アジア各地の路傍，畑地などに生える一年草．茎は細長く直立して分枝し，高さ 30 cm 位．葉は柄をもち互生し，形は卵円形，卵状長楕円形または卵状披針形で，先端がやや尖り，へりにきょ歯がある．葉も茎もまばらな毛におおわれている．夏から秋にかけて葉腋に柄のついた花序を出す．多数ある雄花は小さく褐色で穂状につき，苞葉は三角状卵形できょ歯をもち，花序の基の方にある雌花を包む．雄花ではがくが 4 裂し，膜質である．雄しべは 8 本あり，花糸は基部で合着する．雌花ではがくが 3 裂していて，子房は球形で毛がある．花柱は 3.〔日本名〕榎草は葉がエノキの葉に似ているところから来ている．編笠草は苞葉がやや 2 つ折りとなっていて，農家の編み笠に似ているため．〔漢名〕大莧，鐵莧．海蚌含珠．

2397. アカリファ 〔トウダイグサ科〕

Acalypha wilkesiana Müll.Arg.

ニューブリテン島原産の低木で，ふつう高さ 2～3 m になる．鉢植えや花壇用の園芸植物として栽培される．葉は互生し，柄があり，広卵形または広長楕円形で，先は尾状の鋭尖形．基部は浅い心形で，長さ 10～25 cm になり，ふつう緑銅色で，多数のピンクまたは赤銅色の斑点があり，ふちには整ったきょ歯がある．花は小形で，花弁を欠き，腋生または頂生の穂状花序に多数が密集してつき，長さ 20 cm 前後になり，ふつう紅紫褐色をおびる．本種と本属の他種の交配によって生じた多数の園芸品種がある．代表的なものはフクリンアカリファ 'Marginata' で，葉は卵形で，紅紫褐色となり，深紅色と青銅色の斑点がある．キフクリンアカリファ 'Godseffiana' は，葉はふつう広卵形または卵形，緑色で黄白色の覆輪と斑点がある．ホソバノキフクリンアカリファ 'Heterophylla' は前者に似るが，葉は狭披針形で細長く，ふちに不規則な白色のきょ歯がある．

2398. セキモンノキ 〔トウダイグサ科〕

Claoxylon centinarium Koidz.

小笠原諸島母島の特産で，湿った林内にまれに生える．個体数のきわめて少ない貴重種である．小高木で，高さ 4～5 m，ときに 8 m に達する．樹皮は暗褐色，若い枝は緑褐色．全株無毛．葉は単葉で互生するが，枝先に集まる傾向があり，長さ 7～9 cm にもなる長い柄があり，葉身は長楕円形から卵状長楕円形または倒広披針形，先は鋭形，基部はゆがんだ円形で，長さ 10～20 cm あり，ふちは波うち細かいきょ歯がある．雌雄異株．花期は 3～4 月．花序は腋生し，総状でやや多数の花をつけ，軸には細毛を密生する．花は非常に小さく，花弁と花盤はない．雄花は緑白色で，径約 3 mm，がくは半球形で，3 深裂し，裂片は長楕円形．雄しべは多数．花糸は離生し，葯は 2 室で離れてつく．雌花は半球形で，球形の子房が目立つ．子房は 3 室で，毛を密生し，花柱は短く，3 裂する．胚珠は各室に 1 個生じる．さく果は三角状球形で，いぼ状の黒点があり，熟して黄褐色になり，各々 2 裂する 3 つの分果に裂ける．種子は球形で，赤色の種衣がある．〔日本名〕小笠原諸島母島の石門にちなむ．

2399. オオバベニガシワ 〔トウダイグサ科〕

Alchornea davidii Franch.

中国中南部の原産で，時に庭園に栽培される落葉低木．雌雄同株であるが時に異株の場合もある．高さは 1～3 m．枝はまばらでやや太く，葉は互生している．葉柄は長い．若葉は暗紅色で春は特に芽生えが美しい．成葉は大きな円形で短く鋭く尖り，基部はわずかに凹んでいるかまたは多少広い心臓形をしていて，葉辺には浅いきょ歯がある．葉質はうすく，上面は緑色，下面は白緑色で脈は細脈にいたるまで突出しており，脈上に細かい毛がある．葉柄が葉に接するところに細かい毛の生えた 2 個の針状突起があり，基部には針状の托葉がある．雄花序は前年の枝の葉腋から出て短く，新しい葉に先立って開く．花は白く，車状にならんだ雄しべは通常 8 個である．雌花には赤い角(ツノ)状の柱頭が美くしい．〔日本名〕大葉紅槲．大きな葉が赤いのでベニガシワといった．〔漢名〕山麻杆．

2400. アカメガシワ（ゴサイバ） 〔トウダイグサ科〕

Mallotus japonicus (L.f.) Müll.Arg.

本州，四国，九州の山野に普通に見られる落葉高木で樹皮は褐色，成長が非常に速い．葉は長い柄をもち，互生し，卵形または円形で先端がのびて尖り，時に 2～3 裂している．枝にも葉にも細かい星状毛があり，特に若葉では甚だしい．葉柄は普通赤く，また非常に若い葉では特に紅赤色の毛がぎっしりとおおっていて美しい．雌雄異株．夏に梢に総状あるいは円錐状の花序をつけ，多数の花を開く．この穂軸や穂の枝は赤褐色の短い毛でおおわれている．花は小さくて，ごく短い柄をもつか，または柄がないこともある．雄花は黄色，苞葉は三角状線形で約 3 花を包み，がく片は 3～4 裂し，多数の雄しべをもつ．雌花は短い花穂に密着していて，短い柄がある．がくは 3 裂し，子房には 3 柱頭がある．さく果は外面に刺が多く，熟すと 3 つに裂け，紫黒色で球形の種子を出す．〔日本名〕赤芽槲は芽が紅赤色であることによる．昔からこの葉に食物をのせたことにより五菜葉または菜盛葉ともよばれる．〔漢名〕梓は誤って使われたもの．正体はキササゲ（ノウゼンカズラ科）である．中国の酒薬子樹は別種であるが近いものである．

2401. クスノハガシワ 〔トウダイグサ科〕

Mallotus philippensis (Lam.) Müll.Arg.

アジアの熱帯，亜熱帯からオーストラリアに分布し，山の斜面や谷，石灰岩質の丘陵や渓谷に生育する常緑低木あるいは小高木で，雌雄異株，高さ 2〜15 m．日本では吐噶喇列島以南で見られる．枝，葉柄，花序は黄褐色の星状毛が生える．托葉は小さく，約 1 mm，葉柄は 2〜9 cm，葉身は卵形から被針形で，長さ 5〜20 cm，幅 3〜6 cm，革質で，向軸側は無毛，背軸側は灰黄色の綿毛および赤色の腺毛がまばらに生える．基部は切形あるいは鈍形で 2〜4 個の腺があり，やや全縁，鋭尖頭．花序は枝先に生じ，長い総状花序が単生または組み合わさって円錐状となる．雄の総状花序は長さ 5〜10 cm，苞は三角形，約 1 mm．雄花は 1〜5 個が束生し，花柄は長さ 1〜2 mm，萼裂片は 3 あるいは 4 枚，楕円形，長さ約 2 mm，綿毛に被われ，雄蕊は 15〜30 本．雌の総状花序は長さ 3〜8 cm，果時には 10〜15 cm に伸長する．苞は三角形，約 1 mm．雌花の花柄は長さ約 2 mm，萼裂片は 3〜5 枚で，やや卵形，約 3 mm，綿毛が生える．子房は綿毛および赤色の腺毛に被われ，柱頭は 3 本，長さ 3〜4 mm．朔果は球形，径 8〜10 mm，(2 あるいは) 3 室，赤色の腺毛層に被われる．種子はやや球形，径約 4 mm，黒色．花期は 3〜5 月，果期は 6〜8 月．

2402. ヤマアイ 〔トウダイグサ科〕

Mercurialis leiocarpa Siebold et Zucc.

本州から琉球（沖縄島）の山地や樹の下に生える多年生草本で，高さ 30〜40 cm 位．群をなして茂る．地下茎はまばらに分枝し．白色であるが乾くと紫色になる．茎は細長く直立し，4 稜があり，緑色でまばらに節がある．葉は対生，長楕円状披針形で先端が尖り，基部は丸い．へりにきょ歯がある．葉面にまばらに毛が生えている．長い葉柄の根もとには披針状の小さい托葉をもつ．雌雄異株．早春に梢の葉腋から細長い花序を葉上に出し，緑色の小さな花を穂状につける．雄花は 3 裂したがく片と長い多数の雄しべとをもつ．雌花は穂の先に少数つき，鱗片状の 3 個のがく片と 1 子房があり，子房には 2 柱頭がある．さく果は小さい．毛が無いこともあり，かたい毛があることもある．昔はこの生葉を搗（ツ）いて汁をとり新嘗会の小忌衣（おみごろも）を染めた．これをヤマアイ摺（ズ）りという．〔日本名〕山藍で，藍色染料をとる草の中で，アイ（タデ科）は畑につくるのに対し，本種は山地に自生するからである．〔漢名〕大青または山靛はともに誤り．

2403. ハ ズ 〔トウダイグサ科〕

Croton tiglium L.

台湾，中国南部，東南アジア原産の常緑小高木で高さ 3 m になる．種子を下剤として用いる．互生している葉の先端は下向き，黄緑色でいくらか赤味がかっている．表面は滑らかで若芽や葉の裏には毛がある．卵形で先が鋭く尖り基部は心臓形をしていて，ふちには浅いきょ歯がある．長い葉柄の先端に 2 腺体がある．細長い総状花序が枝端に直立につき，下部に雌花，上部に雄花を開く．花は淡黄白色で短い柄をもち，直径は 6 mm 位である．雄花には卵形の 5 個のがく片があり，外側に毛と星状毛がある．花弁も 5 個で，線状楕円形，内面に毛があり，花被より長い雄しべが 15〜25 本，蜜腺が 5 個含まれる．雌花もがく片は 5 個で外面に星状毛があり，広披針形である．花弁はない．子房は楕円体で星状毛があり，柱頭は 3 分し，各々が更に 2 分している．さく果は倒卵形体，3 室となり，長さは 2.5 cm 位である．種子は灰褐色でやや平たい楕円体で背に鈍い稜がある．種子の長さは 1.2 mm 位，頂上に灰白色の仮種皮がある．〔日本名〕漢名の巴豆の音読み．

2404. グミモドキ 〔トウダイグサ科〕

Croton cascarilloides Raeusch.

琉球列島に産し，隆起サンゴ礁地域の疎林や道ばたに生え，中国大陸南部，台湾からマレーシアにかけて分布する常緑の低木．高さ 2〜3 m になる．全体に褐色をおびた銀白色の鱗片がつく．葉は枝先に集まってつき，長さ 1〜2 cm の柄があり，葉身は薄い革質で，多くは倒卵形，先は鋭尖形または鋭形，基部は鈍形または鋭形となり，長さ 6〜15 cm，幅 2〜5.5 cm，全縁で，6〜7 対の側脈がある．花序は総状で，少数の花からなり，長さ 4〜5 cm になる．雌雄同株．花は小さい．雄花のがく裂片は 5 個，褐色の鱗片が密生し，卵形．花弁は 5 個でのみ形．花盤の腺体はがく裂片と同数で対生する．雄しべは有毛の花床上に生じ，15〜20 個で直立する．雌花のがく裂片は卵形，花弁はさじ形．子房は球形で 3 室に分かれ，多数ある花柱は直立し，先が 2 裂する．さく果は球形，径 1 cm ほどで，黄褐色に熟する．種子は楕円体で，長さ約 2.5 mm．〔日本名〕褐色を帯びた銀白色の鱗片がついた葉をもち，グミに類似することに因む．

2405. トウゴマ（ヒマ）　〔トウダイグサ科〕

Ricinus communis L.

アフリカ東部の原産と考えられ，油脂植物として栽培される一年生草本．茎は太い円柱状で直立し，高さ 2 m 位，普通まばらに分枝する．葉は長い柄をもち互生している．その直径は 30～100 cm もあり，楯形で掌状に 5～11 中裂している．裂片は卵形または狭卵形で尖り，きょ歯がある．毛はなく光沢があり，色は緑色または褐色を帯びる．秋になると茎の先の方から下の方の節へと順に直立した大形の総状花序をつける．これは長さ 20 cm 位で，ぎっしりと沢山の単性花をつける．雄花は花序の下部にあり，雌花は上に集まる．雄花は 5 個の花弁をもち，花糸は多数に分かれて黄色の葯をつけ，その数は 1500 以上もある．雌花は小さな 5 花被片をつけ，子房は肉質の毛をもち 3 室になっている．花柱は基部から 3 分し更に 2 分する．さく果は通常刺をもつが時にないこともあり，3 室で 3 裂し，各室に 1 種子をもつ．種子は楕円体で光沢があり黒っぽい褐色の斑点がある．これから蓖麻子油をとる．〔日本名〕唐胡麻の意味で，中国から来たことを唐で示し，ゴマとよぶのは種子から油をとるのをゴマにたとえたもの．ヒマは漢名の音読み．〔漢名〕蓖麻．

2406. アブラギリ（ドクエ）　〔トウダイグサ科〕

Vernicia cordata (Thunb.) Airy Shaw

（*Aleurites cordata* (Thunb.) Müll. Arg.）

昔，中国からわが国に入ってきた落葉の高木で暖地に栽培されているが，しばしば山地に自生状態となっている．幹は直立して分枝し，高さ約 10 m にもなるものもある．長い柄をもった葉を互生し，形はほぼ円形で，2～3 裂するものもあり，しないものもある．基部は切形かまたは心臓形で，ふちは浅く波状になっていて，葉質は厚く，長さは 15～20 cm 位ある．葉柄が付着する部分に柄のある蜜腺が 2 本立つのは特徴である．雌雄同株．初夏に茎の頂上に円錐の花序をつけ中心が紅色を帯びた白い花を開く．花序は雌雄を異にしていて，雄花では 10 本の雄しべが 2 列にならび，雌花では子房と 2 叉に分かれた 3 花柱があり退化した雄しべが残る．さく果は直径 20～25 mm 位，扁球形で 3 室，中に 3 個の大きな種子をもち，有毒である．種子からしぼった油を桐油（とうゆ）という．〔日本名〕油桐は，樹性や葉や実がキリに似ており，油をしぼることから来た名．毒荏はこの油がエゴマの油に似て有毒なため．〔漢名〕罌子桐，油桐，荏桐は厳密にはオオアブラギリ *V. fordii* (Hemsl.) Airy Shaw のことである．〔追記〕中国の学者は本種を日本原産と考えている．

2407. マニホット（キャッサバ）　〔トウダイグサ科〕

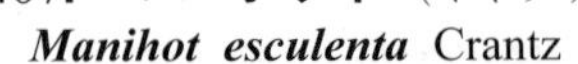

Manihot esculenta Crantz

南アメリカ北・中部原産で，今日では世界の熱帯で重要な作物として栽培される低木または草本状低木．茎はふつう高さ 2～3 m に達し，赤褐色をおび，分枝し，枝は脆弱で折れやすい．地中には多数の貯蔵根をつける．貯蔵根は根の一部が肥大したもので，円筒形で両端が細まり，長さ 30～40 cm，直径 4～8 cm のものが多いが，栽培品種ではそれ以上大きくなるものもあり，青酸化合物と多量の澱粉を含む．葉は互生し，長い柄があり，葉身は掌状に深く 3～7 裂し，裂片は狭長楕円形または狭披針状楕円形で，先は尖り，表面は鮮緑色で，長さ 8～20 cm になる．花は小形で，穂状花序につき，雌雄異花で，花弁はない．がくは 5 深裂する．雄花は 10 個の雄しべをもつ．貯蔵根は食料となるが，ふつう青酸化合物を含むので，加熱調理が必要である．

2408. ナンキンハゼ　〔トウダイグサ科〕

Triadica sebifera (L.) Small（*Sapium sebiferum* (L.) Roxb.）

中国原産で，本州から琉球で蝋採取や家具などの用材用に栽培される落葉高木．高さ 15 m，径 35 cm になる．全体に毛がない．樹皮は灰褐色．葉は菱状卵形で互生し，柄の上部あるいは葉身の基部に 2 個の目立つ腺体がある．柄は長さ 2～8 cm．葉身は革質で，全縁，先は尾状の鋭尖形，基部は広いくさび形または切形，長さ 3.5～7 cm で，下面は淡緑白色で腺点がない．7 月頃，枝先に長さ 6～18 cm になる総状花序がでる．苞は卵形で，基部に大きな腺体がある．花序の上部には多数の雄花を，下部には 1～3 個の雌花をつけるが，雌花を欠くこともある．雄花のがくは皿状で 3 浅裂し，雄しべは 2 個で花糸は短い．雌花のがくは 3 裂し，裂片は卵形で，長さ 1 mm になり，子房は球形で 3 室からなり，基部で合着する 3 個の花柱がある．さく果は丸い 3 稜のある扁球形で，長さ 1 cm，幅 1.5 cm ある．種子は広卵形体，長さ 7 mm ほどで白い蝋質の種衣に包まれる．九州の一部では野生化し，かつては自生と考えられたこともある．現在は街路樹としても利用されている．〔日本名〕南京産のハゼノキの意味である．

2409. シ　ラ　キ　〔トウダイグサ科〕

Neoshirakia japonica (Siebold et Zucc.) Esser (*Sapium japonicum* (Siebold et Zucc.) Pax. et K.Hoffm. ; *Excoecaria japonica* (Siebold et Zucc.) Müll.Arg.)

本州から琉球の山地に生える落葉小高木で中国，朝鮮半島にも分布する．互生の葉は柄をもち，楕円形か卵形，または倒卵状楕円形を示し，先端が細く尖り，基部は円くなり，全縁で毛はない．やや硬質で長さ 6～13 cm 位．葉裏のへりに近いところで大きな支脈の先に腺体があり，葉柄の上端にも普通 2 腺体がある．托葉は早く落ちる．若い枝及び葉柄はしばしば紫色になり乳白液をもつ．雌雄同株で 6 月頃，枝先に 10 cm 位の総状花序を出す．この上部には黄色い小さな雄花が多数つき，下部には柄をもった雌花が数個つく．雄花には 3 裂した杯状のがくがあり，2～3 の雄しべを持つ．雌花には 3 がく片，卵形体の子房，3 個の花柱がある．花のあとに 3 室からなる球形のさく果が生じ，熟して 3 裂する．種子は平らで滑らかな球形である．〔日本名〕白木はこの材が白いことから来ている．

2410. トウダイグサ（スズフリバナ）　〔トウダイグサ科〕

Euphorbia helioscopia L.

旧大陸の暖地に広く分布し，本州から琉球（沖縄島まで）の路傍などに生える越年草で，秋の終わり頃に発芽し，越年して春に開花する．茎は細長い円柱形で，直立して高さ 25～35 cm 位，切ると乳白色の汁がしみ出てくる．普通根本から分枝し，また先の方で散形に分枝する．葉は柄がなく，互生している．枝先の分枝点では 5 葉輪生である．形はへら形または倒卵形で，先端は切形か，または少し凹んでおり，基部は細く狭まる．縁に細かなきょ歯がある．小さな杯状花序は一見 1 個の花のように見える．小総苞は黄緑色で，ゆ合して壺状となり，直径 2 mm 位．上部だけは 4 苞片に分かれ，4 つの腺体をもつ．小総苞内に雌花 1 個と数個の雄花があり，両方とも長い小花柄をもつ．雄花は 1 本の雄しべ，雌花は 1 本の雌しべからなる．3 花柱，先端は 2 分する．子房は球状卵球形．表面の平滑なさく果は 3 裂する．種子は網目をもつ．有毒植物．〔日本名〕草の形が燈台(今の灯台ではなく，昔あかりに使った燈架である）に似ていることによる．鈴振り花は果実を鈴に見立てたもの．〔漢名〕澤漆．

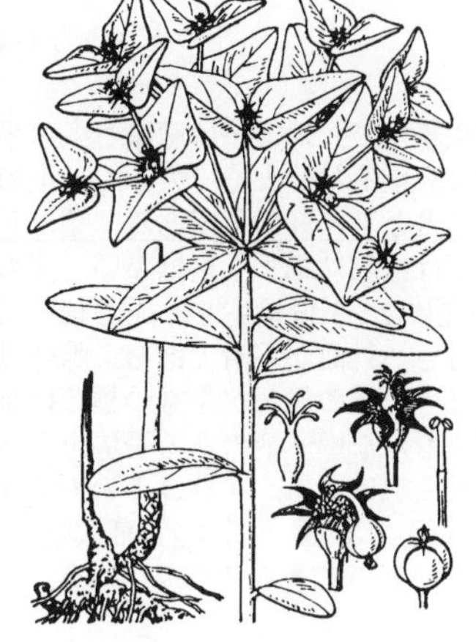

2411. ナツトウダイ　〔トウダイグサ科〕

Euphorbia sieboldiana C.Morren et Decne.

北海道から九州および伊豆諸島，奄美大島の山地に生える多年生草本で，茎の高さ 30 cm 位．茎は細長い円柱形で直立し，なめらかで毛はなく，緑色で紅紫を帯び，切ると白い汁が出る，葉は互生で，柄がなく，細長い楕円形または倒披針形である．先端は鈍くなり，基部は細くなる．茎の先に披針形の 4 つの葉が輪生し，散形に枝分かれする．4～5 月に花を開く．苞葉は卵形，三角状卵形または卵状広楕円形である．小さな花序は 1 つの花にみえる．小総苞はゆ着して壺状となり，長さ 3 mm，紫褐色で，中に 1 本の雌しべからなる雌花と，1 本の雄しべからなる雄花数個が入っている．小総苞の腺体は三日月形で紅紫色．花柱は長く先端が 2 分する．さく果は球形でなめらかであり，3 室，熟すと 3 裂する．種子は卵球形でなめらかである．有毒植物．〔日本名〕夏燈台．夏に生えるトウダイグサという意味．〔漢名〕甘遂は正しくないが，大戟は本種に近いものである．

2412. タカトウダイ　〔トウダイグサ科〕

Euphorbia lasiocaula Boiss. (*E. pekinensis* Rupr. var. *japonensis* Makino)

本州，中国，九州の山野に生える多年生草本で茎は高く直立して 1 m 以上に達する．上部はしばしば分枝し，細い毛がある．互生の葉は披針形または長楕円状披針形で，基部が細く狭まり，柄はなく，縁に細かいきょ歯があるのが特徴である．主脈は白く，葉裏は白緑色である．茎の先に披針形の 5 葉を輪生し，5 本の枝が散形に分立する．苞葉は小さく卵形または広菱形．夏に黄緑色の花を開く．小総苞はゆ合して壺状となり，中に 1 本の雄しべをもつ雄花数個と，1 本の雌しべをもつ 1 個の雌花とがある．子房は球形で 2 岐する 3 柱頭をもつ．腺体は広楕円形．さく果は表面にいぼ状の突起がある．有毒植物．〔日本名〕丈の高いトウダイグサという意味．〔漢名〕大戟を宛てるのは誤り．〔追記〕本州中北部の林内には，本種に酷似するが丈が低く春に開花するシナノタイゲキ *E. sinanensis* (Hurus.) T.Kuros. et H.Ohashi がある．

2413. センダイタイゲキ 〔トウダイグサ科〕

Euphorbia sendaica Makino

関東から東北地方（岩手県以南）の太平洋側に分布する多年生草本で，地下茎は細く横に走り，茎は直立して約 60 cm になる．毛はなく，葉がまばらに互生している．葉は長楕円状披針形で，先がにぶく尖り，毛はなく，基部は広いくさび形で柄はない．茎の先の輪生葉はやや小形である．茎の先から側枝を出して，頂上に三角状心臓形の苞片を対生し，花序を包む．小総苞は合体し鐘形で，外面には毛がなく，腺体は普通 4 個あり，半月状腎臓形で，両端は外方に突き出し，先が鈍くなっている．その中には 1 本の雄しべをもつ雄花数個と，それにともなう鱗片状または線状の苞と，1 子房からなる雌花 1 個がある．子房は柄があり，また平たく滑らかで，柱頭は深く 3 分している．さく果は 3 室であり平滑．〔日本名〕仙台大戟で，はじめ仙台産として報告されたのに由来するが，その後仙台では誰も採集した人がいない．大戟はナツトウダイに似たものだが，日本ではこの類を総括して使う名である．

2414. ハクサンタイゲキ 〔トウダイグサ科〕

Euphorbia togakusensis Hayata

白山，戸隠山など本州中部以北の日本海側山地に生える多年生草本で，地下茎は短く肥厚して横たわり，紡錘形の根がある．茎は直立し，高さは 30～130 cm，毛はない．葉は互生し，薄質であり全縁．長楕円状披針形をしていて，先は鈍くなっているかまたは凹んでおり，柄はない．茎の先端で数個の葉が輪生する．総苞は側枝の先に 2～3 個輪生して花序を包み，三角状広卵形を示す．小総苞は鐘形で，外面が平たく滑らかであり，腺体は 4 個で半月状腎形．小総苞内に 1 本の雄しべをもつ雄花数個と，雌花 1 個を含む．また基部が裂けた鱗片状の苞葉も含んでいる．子房は柄をもち，柱頭は深く 3 分し，子房には低いこぶ状の突起があり，幼い時には毛がある．さく果は 3 室でなめらかである．〔日本名〕白山大戟で産地に基づく．

2415. ベニタイゲキ（マルミノウルシ） 〔トウダイグサ科〕

Euphorbia ebracteolata Hayata

本州中部以東，北海道の山地に生える多年生草本で，地下茎は肥厚し，水平にのびて分枝する．茎は直立し，高さ 40～50 cm 位あり，太くて大きく，上の方にはしばしば白い長い毛がある．若い時は葉とともに紅紫色である．葉は互生し，広い倒披針形で，先端は鈍く尖り，基部は次第に細まり柄はない．茎の先では数個の葉が輪生する．総苞葉は側枝の先に 2～3 個輪生し，先が鈍い三角状卵形で，花序を包む．小総苞は鐘形にゆ合し，外面が平滑である．腺体は普通 4 個，おしつぶされたような腎臓形である．1 本の雄しべをもつ雄花は小総苞から著しく出ていて，基部に鱗片状の苞をもたない．柄のある子房をもった雌花が 1 個ある．子房は平らで滑らかであり，毛はなく，花柱は下の方でゆ合し，先端が 3 分している．さく果は 3 室で滑らかである．〔日本名〕紅大戟で，芽立ちの色に基づく．円実野漆はいぼのない円い実のできるノウルシの意．

2416. ノウルシ 〔トウダイグサ科〕

Euphorbia adenochlora C.Morren et Decne.

北海道，本州，九州などの湿地に見られる多年生草本で時に大群落をつくっている．根茎はふくらんでいて，横にはい，茎は直立して，高さ 30 cm 位，分枝し，強い．茎を切ると白い汁が出る．互生している葉は柄をもたず，細長い楕円形または倒披針形，先端は鈍くて，基部は狭まり，薄質で裏面に細かな毛があるが，この毛は柄の上部にもまばらにあることがある．茎の先に倒披針形の 5 葉を輪生し，そこから枝が散形にのび，4 月頃花を開く．苞は小さく卵形か円形をしていて色は黄色い．小総苞にある四つの腺体は広楕円形である．この小総苞の中に小花柄のついた 1 子房の 1 本の雌しべと，1 本の雄しべをもつ雄花数個とをいれている．子房は球形で表面にはいぼのような突起があり，3 花柱が立ち，さらに先端が 2 分している．さく果は 3 室，形は球形で，表面にいぼが沢山あり，熟すと 3 裂する．種子はほとんど球形で，なめらかである．有毒植物．〔日本名〕野漆．野原に生え，茎からウルシに似た汁が出ることからついたもの．〔漢名〕草藺茹は正しい使い方ではない．

2417. イワタイゲキ 〔トウダイグサ科〕

Euphorbia jolkinii Boiss.

関東南部以西の本州から琉球の海岸の岩石地に生える多年生草本．株全体に毛はなく，高さ 30〜50 cm 位になり，多数が群生して株立ちになる．晩秋の頃にまだ短い若い茎の上に新しい葉が出，紅く色づいて年を越す．茎は太い円柱形で乳液が多い．葉は茎の上にぎっしりと互生し，葉柄はなく倒披針状長楕円形で，先端が鈍くなり基部は次第に細まっていて，長さ 3〜4 cm で淡緑色をしている．春に茎の先に多数の短い枝を散形状に出し，これについた卵形の苞葉は黄色で密集して美しい．小総苞の裂片は卵状三角形をしていて 4 個ある腺体は腎臓形，裂片に対して直角につく．さく果は少しおしつぶれた球形で，鈍い 3 稜と 3 個の溝をもち，小さなこぶが一面にあり，直径 5 mm 位である．〔日本名〕岩大戟．岩に生える大戟（中国産の *Euphorbia* でわが国のナツトウダイに似ている）という意味．

2418. ハギクソウ 〔トウダイグサ科〕

Euphorbia octoradiata H.Lév. et Vaniot（*E. esula* auct. non L.）

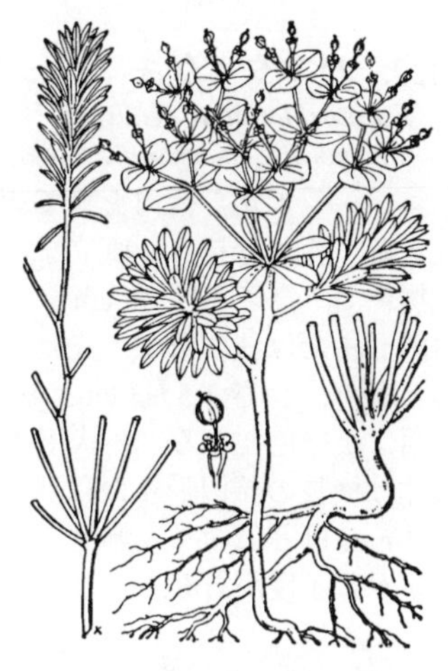

愛知県渥美半島の海岸にまれに生える多年生草本．高さは 20〜40 cm あり，茎は直立し，乳液を含み，毛はなく，なめらかで白い粉をつけたようにみえる．上の方は 2〜3 分枝している．ぎっしりと集まって互生した葉はへら状の倒披針形で長さ 3 cm 位，先端は鈍くなり，基部は細く短い柄となる．裏面は特に白っぽい．この葉が短枝の上に密についた様子が菊の花のようにみえるので葉菊草と名付けられた．7 月頃，茎の先に 5 本の花序柄を出して花をつけるが，花柄の下の輪生葉は 5 個あり，先の鈍い倒卵状披針形をしている．柄は 2 回 2 又に分かれ，非常に細くなる．苞葉は平たい菱形状卵形または腎臓形で全縁，毛はない．小総苞の裂片は三角形で小さく，へりに毛がある．腺体は 4，長楕円形で両端が小さく尖って外方を向いて，黄色で，小総苞に対して直角に位置する．さく果はほぼ球形で細い柄をもち，表面がほとんど平滑，熟すると 3 裂し，種子がとび出す．〔漢名〕乳漿草は本種に近縁のものである．

2419. ホルトソウ（クサホルト） 〔トウダイグサ科〕

Euphorbia lathyris L.

ヨーロッパ原産の毛のない二年草で，今から約 600 年以上昔に渡来し，以来長く日本に栽培され，古名をコハズ（小巴豆の意味）という．茎は直立し，高さ 50〜70 cm 位，円柱形で強壮，上部で分枝する．葉は対生し，茎の最上部では輪生する．下部の葉は線形，上部の葉は披針形，または線状披針形，全縁で先端は尖り，基部はやや心臓形で茎に接する．苞葉は対生，卵形，あるいは卵状披針形，基部は切形あるいは心臓形．夏に花をつける．小花序は外観が 1 つの花のように見える．小総苞は緑色，つぼ状で，三日月形の腺体がある．小総苞中には 1 本の雄しべからなる多数の雄花と，1 本の雌しべからなる 1 雌花がある．花柱は 3 本，先端は 2 つに分かれる．さく果は 3 室からなる球形，緑色，平滑，果皮は白色の麸（ふ）のような質，種子は大きい．有毒植物．〔日本名〕ホルトガルソウの略，種子からしぼった油をホルトガル油，すなわちオリーブ油のにせ物とするためにいい，草ホルトは木生のオリーブに対していう．

2420. ショウジョウソウ 〔トウダイグサ科〕

Euphorbia cyathophora Murray（*E. heterophylla* auct. non L.）

中南米原産の一年生草本で明治年間（19 世紀後半）にわが国に入ってきたもの．観賞草として栽培されている．茎は直立し，高さ 60〜70 cm 位，強壮でやや傾いた枝を持つ．葉は互生し，線形から円形まで種々の形がある．ふちは全縁か波状に切れ込みがあったり，またきょ歯を持つものもある．上方の数個の葉は特に赤みを帯びる．柄は細い．7〜8 月に 1 花のように見える花序を包む小総苞が枝の上部に集まってつき，黄緑色で鐘形，先端は 5 個の裂片となり，裂目に 1〜数個の腺体がある．腺体は黄色で附属物はついていない．小総苞の中に 1 本の雄しべをもつ雄花数個と，1 本の雌しべをもつ雌花 1 個とを含む．雌花の花柄は長い．さく果はなめらかなことも細かな毛のあることもある．〔日本名〕猩々草で，茎の頂上の葉が赤味がかっていることから顔の赤い猩々（オラウータン）にたとえたもの．

2421. ポインセチア（ショウジョウボク）　〔トウダイグサ科〕

Euphorbia pulcherrima Willd. ex Klotzsch

メキシコ原産の常緑低木で温室で栽培され，冬に切花として好んで使う．茎は熱帯では高さ 2～3 m になり，まばらに分枝し，小枝はやや太い．葉は互生し濃緑色．葉柄があり，広披針形で先が鋭く尖り，基部はくさび形になる．ふちに波形またはきょ歯状の浅い裂け目が 2～3 個ある．枝先の葉は節間がつまって輪生状となり，細い披針形で，全縁．色は濃い朱紅色である．1 花のようにみえる花序が数個～10 数個集まって平らに並び，花序を包む小総苞は細い鐘形で黄緑色，側面の壁に大形の腺体が 1 個ある．小総苞の中には 1 本の雄しべをもつ雄花数個と，1 本の雌しべをもつ雌花 1 個とを含む．雌花の柄は長くて苞の外に抜き出ている．〔日本名〕かつて本種が含められていた属名 *Poinsettia* の読み．別名の猩々木はショウジョウソウ（前図参照）同様に枝先の葉が赤く，しかも木本であることによる．

2422. ハマタイゲキ（スナジタイゲキ）　〔トウダイグサ科〕

Euphorbia atoto G.Forst.

（*Euphorbia chamissonis* Boiss.; *Chamaesyce atoto* (G.Forst.) Croizat）

マレーシアから台湾を経て南西諸島に分布する多年草．海岸の砂地に生える．茎は分枝し，直立または斜上し，葉とともにやや肥厚し，全体に無毛で，高さ 15～30 cm に達する．葉は対生し短い柄をもち，卵状長楕円形または狭卵形で，先は円形または鈍形，基部は円形または多少心形となり，長さ 1.5～3 cm，幅 0.8～1.8 cm で，ふちにはきょ歯がなく，裏面は淡緑色となる．杯状花序は上部の葉腋から出る枝に集散状につく．腺体は横長の楕円形または卵形で，付属体がない．さく果は球形で，直径 3 mm ほどになり，無毛で，表面は滑らかである．種子はほぼ球形で，わずかに 4 稜がある．

2423. シマニシキソウ　〔トウダイグサ科〕

Euphorbia hirta L.（*Chamaesyce hirta* (L.) Millsp.）

熱帯地域の雑草の 1 つで，全世界の熱帯・亜熱帯に見られ，わが国では近畿南部，四国，九州から南西諸島，小笠原に分布する一年草．道ばたや空地，畑畔などに生える．茎は短毛と黄褐色の長毛を密生し，基部で分枝して，直立し，高さ 40 cm にもなる．葉は短い柄をもち対生し，卵形または広卵形，先は鋭形，基部は歪んだ円形または鈍形で，長さ 2.5～4 cm，幅 0.8～2 cm になり，ふちには多数の微きょ歯があり，上面は青緑色で，多少赤褐色をおび，軟毛があり，下面は黄緑色で，軟毛をやや密生する．杯状花序は葉腋からでる枝の先に多数が密集してつく．さく果は長さ約 1.8 mm，広三角錐状球形で，明らかな 3 稜があり，表面全体に伏した毛が散生する．種子は狭卵形で，長さ 0.8 mm ほどになり，4 稜がある．

2424. ミヤコジマニシキソウ　〔トウダイグサ科〕

Euphorbia bifida Hook. et Arn.

（*E. vachellii* Hook. et Arn. ; *Chamaesyce bifida* (Hook. et Arn.) T.Kuros.）

マレーシアからフィリピン，台湾を経て，南西諸島に分布する一年草．道ばたに生え，茎は直立し，ときにまばらに分枝して，高さ 30～80 cm に達し，無毛または毛をまばらに生じる．葉は対生し，短い柄があり，披針状長楕円形または線状披針形で，先は鋭形または鈍形，基部は鈍形または歪んだ円形で，長さ 1.5～3 cm，幅 2.5～6 mm，ふちには微きょ歯があり，両面とも毛がない．杯状花序は茎頂または葉腋に多数が集散状に集まってつき，無毛である．花序の腺体は 4 個あり，腎円形で，花弁状で白色の顕著な付属体をもつ．雌花の花柱は 3 個で，それぞれは 2 深裂する．さく果は球形，直径約 2 mm ほどで，毛はない．〔日本名〕宮古島ニシキソウで，初め宮古島で見出されたことにちなむ．白色で花弁状の腺体が目立つところから，本種にはアワユキ（泡雪）ニシキソウの和名もある．

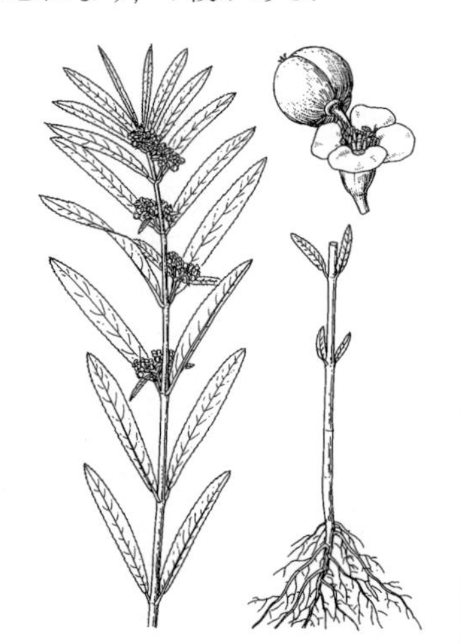

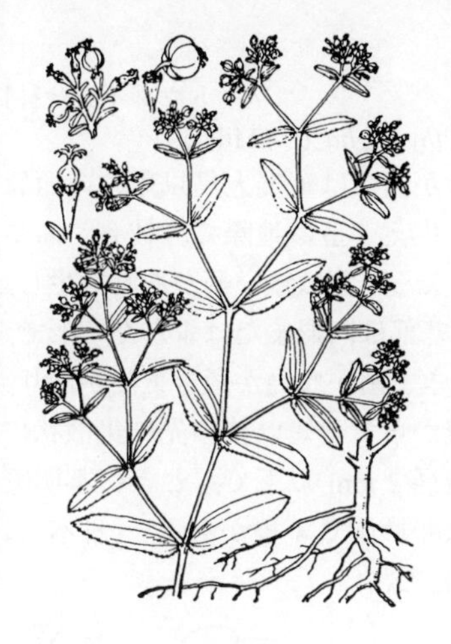

2425. オオニシキソウ

〔トウダイグサ科〕

Euphorbia nutans Lag.

（*Chamaesyce nutans* (Lag.) Small ; *E. maculata* auct. non L.）

北米原産でわが国の都会地近郊に野生化した一年生草本．茎は直立し高さ 20〜30 cm 位．小枝の片側に毛がある．若い部分には全体に短い毛があり，淡紅色で上方でまばらに分枝する．全体がやや水平に開き，枝はジグザグに曲がっている．対生の葉は短い柄をもち，長楕円形で，下面は白っぽい．長さは 1.5 cm 位，上半部に細かなきょ歯があり，先端は鈍いことも，やや尖ることもある．基部は丸く左右が非常に不ぞろいである．夏に各枝の先に集散花序を出し，小形の赤い花序をつける．総苞は倒円錐形で裂片は披針形である．腺体は円形で表面が凹んでいて，附属裂片がよく発達している．さく果は 3 室，平滑で，毛はない．〔日本名〕大形のニシキソウの意味である．

2426. ニシキソウ

〔トウダイグサ科〕

Euphorbia humifusa Willd. ex Schltdl.

（*Chamaesyce humifusa* (Willd. ex Schltdl.) Prokh.; *E. humifusa* var. *pseudochamaesyce* (Fisch., C.A.Mey. et Ave-Lall.) Murata）

本州，四国，九州の畠地または砂地に生える小形の一年草．茎は根本から多数に分かれ，多数の枝を分枝しながら地面をはい，赤く，いく分毛があり，切ると白い汁が出る．枝は普通 2 又に分枝する．葉は小さく長さ 5〜10 mm 位で対生し，水平に開いて 2 列にならび，緑色，薄質で毛はなく，上面は青緑色，下面は白緑色，長楕円形でふちに細かなきょ歯がある．先端は丸く，基部に非常に短い葉柄がある．托葉は線形で普通深く 3 裂している．夏から秋にかけて枝の先端または葉腋に一見して 1 花のようにみえる淡い赤紫色の小さな花序がつく．鐘形をした小総苞の頂端にある腺体は横に平たい楕円形で，附属体がついている．小総苞の中には 1 本の雄しべをもつ雄花数個と 1 本の雌しべをもつ雌花 1 個と雄花の間の線形の小さな苞とがある．さく果は小さく，3 つの耳状部をもち，扁卵形で毛はない．熟すと 3 枚のからに裂ける．〔日本名〕錦草は茎が赤く，葉が緑色で美しいので錦にたとえたもの．〔漢名〕小蟲児臥単．地錦の名もよく使う．

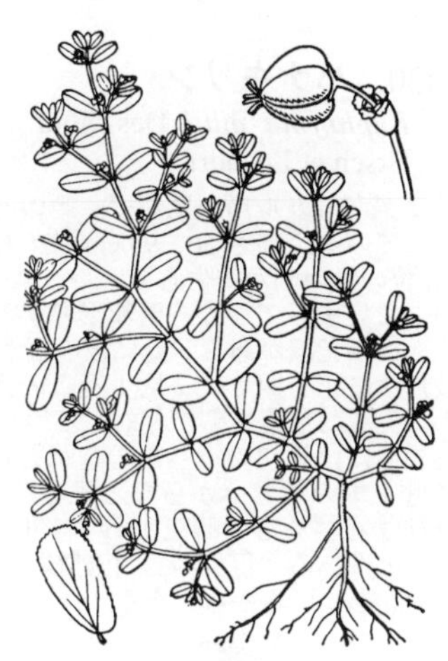

2427. コニシキソウ

〔トウダイグサ科〕

Euphorbia maculata L.（*E. supina* Raf. ; *Chamaesyce maculata* (L.) Small ; *C. supina* (Raf.) Moldenke）

北米原産の一年生草本で，明治 20 年（1887）頃にわが国に入ってきたもの．今では国内各地に帰化している．根は細い．茎も細く地上をはい，しばしば暗紅色に着色し，再三分枝して地上をおおうが裏面から根の出ることはない．株全体がまばらな白い毛でおおわれ，また枝を切ると白い汁が出る．葉は対生し，水平に開いて 2 列にならび，小形で長さ 1 cm 位，短い柄があり長楕円形で先端が丸くなり，上半部には細かなきょ歯があり，基部はゆがんだ円形である．表面が暗緑色で，中央に暗紫の斑点がある．夏から秋にかけて葉腋に小さな花序をつけるが，汚れたような紅色である．概形はニシキソウに似ているが，さく果が卵球形で，表面に短い毛があることで区別できる．〔日本名〕小錦草で小形なニシキソウを意味する．

2428. ハイニシキソウ

〔トウダイグサ科〕

Euphorbia prostrata Aiton

（*Chamaesyce prostrata* (Aiton) Small ; *E. chamaesyce* auct. non L.）

熱帯に広く分布し，わが国では主に南西諸島と小笠原に見られる小形の一年草．地際から多数の地面をはう枝を分枝する．茎は上側にまばらに軟毛が生える．葉は対生してつき，短い柄があり，楕円形または卵状長楕円形で，先は円形または鈍形，基部は円形または多少とも切形となり，長さはふつう 3〜8 mm で，ふちには細かなきょ歯があるか，きょ歯はなく，両面とも毛を散生するか無毛で，葉脈が目立つ．花序は葉腋につき，1 または少数の杯状花序からなる．腺体は 4 個．雌花には 3 個の花柱があり，花柱は基部付近から 2 裂する．さく果は三角状広卵形体で，明らかな 3 稜があり，上からみると正三角形で，長さ 1.8 mm ほどあり，稜の左右を中心に長毛がある．種子は 4 稜があり，表面には深めの横しわがある．〔追記〕本種に葉形や果実の形質がよく似て全体に毛の多いアレチニシキソウと呼ばれる植物が本州から九州の暖地の市街地に帰化しているが，この植物の正体はまだわかっていない．

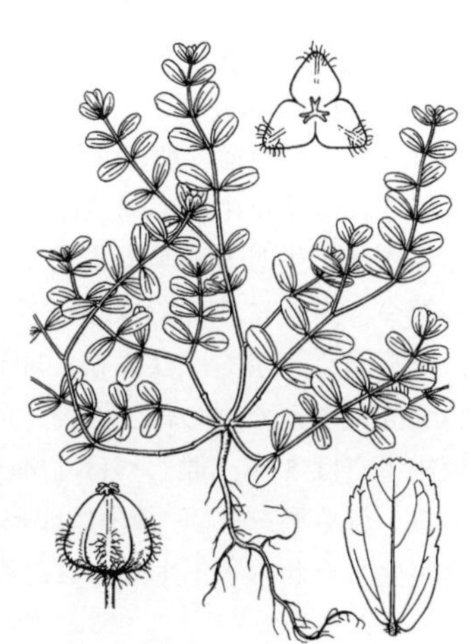

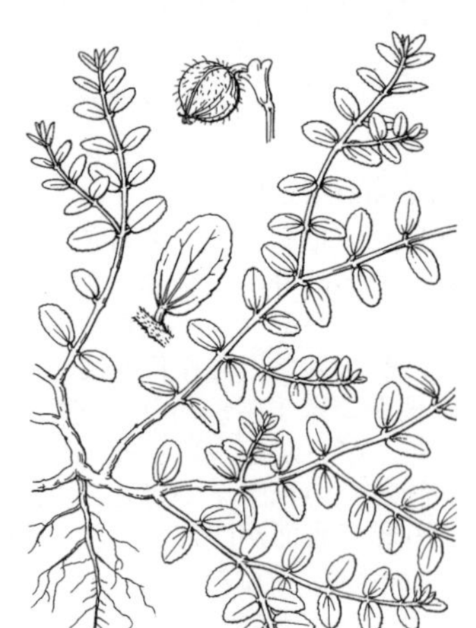

2429. イリオモテニシキソウ 〔トウダイグサ科〕

Euphorbia thymifolia L.（*Chamaesyce thymifolia* (L.) Millsp.）

世界の熱帯・亜熱帯に広く分布し，わが国では奄美大島以南の南西諸島に見られる．一年草で，道ばたなどに生え，茎は地際で分枝し，ふつう地表をはって広がり，直径 90 cm にもなる．葉は短い柄があり対生し，楕円形または卵状長楕円形で，先は円形，基部は円形または歪んだ切形で，長さ 4〜8 mm，幅 3〜4 mm で，ふちにはきょ歯がないか微きょ歯があり，無毛または軟毛がある．杯状花序は葉腋からでる短い枝の先に集散状にまばらにつく．さく果はほぼ球形で，直径 2 mm 以下で，ときに不明瞭な 3 稜があり，軟毛が密生する．種子は卵形体で 4 稜がある．〔日本名〕西表ニシキソウで，琉球諸島の西表島に因む．

2430. ハナキリン 〔トウダイグサ科〕

Euphorbia milii Des Moul. var. ***splendens*** (Bojer ex Hook.) Ursch et Leandri

マダガスカル島の原産で，刺のある小さな低木．観賞用として温室などに栽培されている．高さ 50〜90 cm 位，根元から太い枝を出して曲がる．枝には長さ 2 cm 位の鋭い刺が密生している．葉は少なく，小形で長さは 2〜4 cm 位，短い側枝の上に集まってつく．倒卵形でするどく尖り，基部がくさび形をしていて毛はなく上面に光沢がある．夏に枝の端から早落性の苞をもった紅色の花序の枝を出し，散形状に花を開く．一見 1 花とみえるものは 1 花序であり，これに広卵形でかすかに尖った苞葉 2 個が相対してつく．長さは 1 cm 位で鮮やかな赤い色である．苞葉の間には鐘状の小さな総苞があり，その壁上に腎臓形の腺体 5 個があり，内側には 1 本の雄しべからなる雄花の群と，これに伴う裂けた鱗片状の小さな苞葉，及び 3 花柱をもつ雌花がある．花柱はしばしば不規則に深く裂け，数を増していることがある．〔日本名〕花麒麟．サボテンのキリン角に似た姿をしていてよく美しい花をつけるからである．

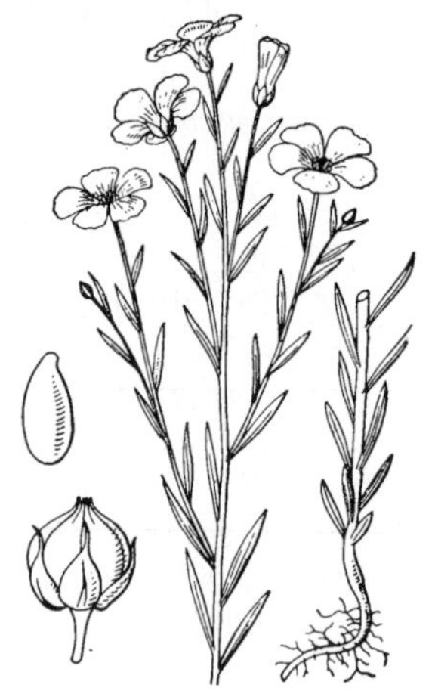

2431. ア マ（ヌメゴマ） 〔アマ科〕

Linum usitatissimum L.

中央アジアの原産で有用植物として広く栽培される一年生草本．茎は細長く高さ 1 m 位，上方で分枝する．葉は互生，小形で長さ 2〜3 cm，線形あるいは披針形で先端は鋭く尖り，全縁である．夏に青紫色あるいは白色の花を開く．花は集散花序につき，5 個のがく片は鋭く尖り，3 脈がある．花弁は 5 個あり長さはがく片の 2 倍，倒卵形で先端はへこみ，多少波を打つ．雄しべは 5 本，仮雄ずい 5 本．子房には長い 5 花柱がある．花がすんでから球形のさく果を結び，種子は長楕円体，扁平，平滑，黄褐色．亜麻仁油はこの種子からしぼったものである．茎の皮の繊維は織物の原料として古くから著名である．〔日本名〕漢名亜麻の音読み．ヌメゴマはぬめりゴマの意味で種子の表面がつるつるしていることによる．

2432. シュクコンアマ（シュッコンアマ） 〔アマ科〕

Linum perenne L.

ヨーロッパ原産で明治年間（19 世紀後半）に渡来し，まれに観賞用に栽培される多年生草本．茎はアマより短く高さ 50 cm 位，直立しまばらに集まって生じる．葉もまた細く針形，長さ約 1.5〜2 cm，先端は尖り，多数つき，特に基部では数が多い．春に茎頂に集散花序を出して濃青色の花を開く．がく片は 5 個，卵状披針形，やや鈍頭．花弁は 5 個，長さ 13 mm 位でがく片の約 3 倍長，倒卵形．雄しべは 5 本で下部は合着する．仮雄ずいは 5 本，雌しべは 1 本．花柱は 5 本に分かれ基部はくっついている．さく果を結び，種子は卵形体で褐色．〔日本名〕宿根亜麻の意味で．宿根生すなわち多年生であるためにいう．

2433. **マツバナデシコ**（マツバニンジン）〔アマ科〕

Linum stelleroides Planch.

各地のやや乾いた山地草原に生える二年生草本．茎は細長く直立し，高さ 50 cm 位，上方で分枝する．全体は無毛で葉は全縁，線形，先端は鋭く尖り 3 主脈があり，長さ 2〜2.5 cm 位，花をつけた枝の葉は小さい．夏に枝頂に集散花序となって多数の小花を開き，うす紫色で可愛いらしい．がく片は 5 個，卵状披針形，先端は尖り，ふちには黒い腺体がある．花弁は 5 個．長さはがく片の約 3 倍で 5〜10 mm．雄しべ 5 本．雌しべ 1 本．花がすんでから球形のさく果を結び，宿存がくを伴う．〔日本名〕松葉撫子あるいは松葉人参の意味であるが，ニンジンの名は適当でない．ナデシコは花や葉の外観に基づく．

2434. **キバナノマツバニンジン**〔アマ科〕

Linum medium (Planch.) Britton（*L. virginianum* auct. non L.）

北アメリカ原産の帰化植物，日本では都会地や郊外の空き地などに生える一年草．茎は直立し，無毛，高さ 20〜50 cm ほどに達し，数本の斜上する枝を上部で分ける．葉は基部近くでは対生するが，枝の上部では互生し，比較的厚く楕円形で，先端は丸く，基部も鈍形，全縁である．全体に粉白色をおびる．花は黄色で 5 弁，径 8 mm あり，がく片 5 個，3〜4 mm，無毛．内側 3 個のふちに白色の腺毛がある．雄しべは 5 個，基部で互いに合着する．雌しべ 1 個で花柱は 5 本，黄色，子房は球形，柱頭も球形をしている．花期は 7〜8 月．昼頃から咲き数時間で散る．さく果は球形，径 2.3 mm，熟すと 5 つに割れる．〔日本名〕黄花の松葉人参の意で，マツバニンジン（マツバナデシコ）に似るが，花が黄色であることによる．

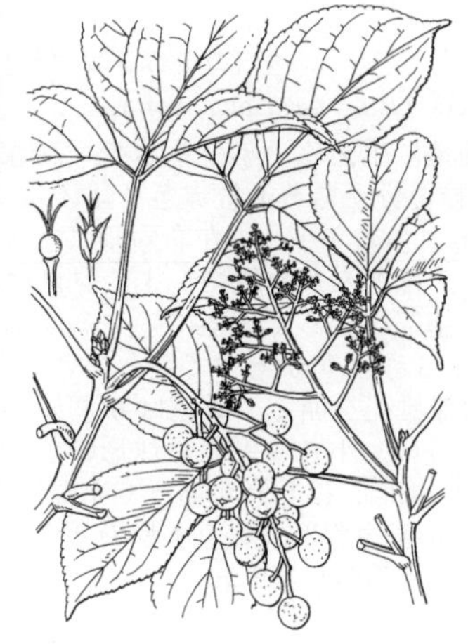

2435. **ア カ ギ**〔コミカンソウ科〕

Bischofia javanica Blume

東南アジアからオーストラリア，ポリネシアにかけて広く分布する．琉球列島では墓地などに植えられているが，もともと野生していたかどうかよくわからない．最近，小笠原に野生化し，特に母島では本種が非常な勢いで繁殖して広がっている．成長の速い大形高木で，幹は高さ 25 m に達するものもある．全体無毛．葉は有柄の三出複葉で，互生し，早落生の托葉がある．小葉は卵形から卵状楕円形，長さ 8〜15 cm，先は鋭尖形，基部は鋭形，ふちには鈍いきょ歯がある．雌雄異株．花序は上方の葉腋につき，円錐状または総状で，多数の花をつけるが，長さは葉よりも短い．雄花序は幅広く，多数分枝する．雌花序はまばらに分枝する．花は小さく，緑色をおび，5 個の花被片をもつ．花盤はない．雄しべは 5 個．雄花の子房は短い．雌花の花被片は早落生で，しばしば仮雄ずいがあり，子房は 3〜4 室，花柱は線形で長い．胚珠は各室に 2 個生じる．果実は小形の扁平な核果で，肉質，卵球形または扁球形で，柱頭が残存し，径 1〜1.5 cm，熟して褐色となり，中に 3〜4 個の種子を生じる．〔日本名〕材が帯赤褐色であることにより赤木という．

2436. **ヤマヒハツ**〔コミカンソウ科〕

Antidesma japonicum Siebold et Zucc.

和歌山県，四国，九州の暖地ならびに琉球，台湾に生える常緑の小低木で，多くの細い枝を出し，若い枝，花序，葉柄，葉の下面の脈上には時に毛が生える．葉は薄い革質で互生し，狭楕円形あるいは広倒披針形，全縁で先端部は鋭く尖り末端はまるみがある．基部はやや鈍形，時にはゆがんで，長さ 3〜8 cm．雌雄異株．夏に長さは雄で 1.5〜3 cm，雌で 3〜6 cm の総状花序を腋生または頂生する．花は細かく，花弁はなくて，やや密につく．雄花のがくは普通 4 裂，時に 3〜5 裂し，裂片は三角状卵形．長い花糸をもつ 4 本の雄しべと時には退化した雌しべとがある．雌花は 3〜4 個のがく裂片をもち，子房は狭卵形，花柱は短く，柱頭は 3〜4 個で反曲する．核果はゆがんだ楕円体で，熟すと紅色を経て黒くなり，長さ 4.5 mm ほどである．〔日本名〕琉球方言で，山に生えるヒハツ（コショウ科の *Piper longum* L. ただし琉球でいうヒハツは類似のヒハツモドキ *P. retrofractum* Vahl のこと）の意味であろう．

2437. ヒトツバハギ 〔コミカンソウ科〕

Flueggea suffruticosa (Pall.) Baill.
(*Securinega flueggeoides* (Müll.Arg.) Müll.Arg.)

本州，四国，九州の丘陵や原野に生える落葉低木で，北東アジアに広く分布，高さ 2 m 内外，長く伸びた枝が多い．葉は互生，楕円形，長楕円形あるいは卵状楕円形で長さ 3～5 cm，先端は短く尖るか鈍形，ほとんど全縁で少し波をうち，基部は尖って短い葉柄がある．雌雄異株．夏の頃，葉腋ごとに淡黄色の柄のある小花を束生する．各花には 5 個のがく片があり，花弁はない，雄花は多数が集まり，花柄は短く，5 本の雄しべがある．雌花は 2～8 個で，やや長い花柄があって，花中には 3 室の 1 子房と 3 柱頭の 1 花柱がある．さく果は細長い柄をもち，扁平な球形で直径 6 mm ほど，3 個のくびれがあって 3 裂し，内部には 6 個の種子がある．〔日本名〕一葉萩の意味で，全体はハギに似ているが，葉はハギのように 3 小葉でなくみな単葉であるところからこの名がある．

2438. オオシマコバンノキ（タカサゴコバンノキ） 〔コミカンソウ科〕

Breynia vitis-idaea (Burm.f.) C.E.C.Fisch.
(*B. officinals* Hemsl.；*Phyllanthus vitis-idaea* (Burm.f.) Chakrab. et N.P.Balakr.)

琉球各島の石灰岩地に生える．中国，台湾にも分布する．常緑の低木で，高さ 1.5～5 m に達する．枝は 2 叉状によく分枝し，細く，稜は目立たない．葉は互生し，長さ 2～4 mm ほどの短い柄があり，葉身は広卵状楕円形，先は円形または鈍形，基部は広いくさび形，長さ 2～4 cm，幅 1.5～3 cm，薄い膜質で，全縁，上面は緑色で無毛，下面は灰白色．托葉は披針形で落ちやすい．雌雄同株．花は非常に小さい．雄花序はふつう 3 花からなり，葉腋に束生する．雄花は約 2 mm の柄があり，花盤，子房を欠く．雄しべは 3 個で，花糸は合着して柱状となる．雌花は葉腋に 1 個ずつつき，雌花は雄花よりも大きく，がくは杯状で先は 6 裂し，退化雄しべはない．雌しべは杯状で上部はくぼみ，花柱は 3 個あり，2 裂する．子房は 3 室で，各室に 2 個の胚珠を生じる．液果は卵状球形で，径約 5 mm になり，紅色または淡い紅色に熟し，子房柄は図のようにほとんどないか短く，基部のがくは花後に増大する．小枝が太く稜があり，子房柄が明らかなものをタイワンヒメコバンノキとして区別したこともあるが，最近は区別されていない．

2439. コミカンソウ（キツネノチャブクロ） 〔コミカンソウ科〕

Phyllanthus lepidocarpus Siebold et Zucc.（*P. urinaria* auct. non L.）

東アジア及び日本の暖地に広く分布し畑地に生える一年生草本で，高さ 10～30 cm ぐらい．茎は直立して直線的な枝を分かち普通紅赤色を呈する．葉は小形で長楕円形，長さ 5～10 mm ばかり，多数が小枝の左右両側にならんで互生し，あたかも複葉のように見える．ほとんど全縁で，よく見れば多少のきょ歯が認められる．先端は尖り，基部はまるく，茎に接するかあるいはごく短い葉柄がある．托葉は小さく，3 つの角があって尖っている．夏秋の頃に，葉腋に非常に小さな赤褐色の雌雄花を開く．雄花は 6 個のがく片と 3 本の雄しべを持ち，雌花は咲いた後に，小さな平たい球形のさく果を結ぶ．さく果は柄がなく，葉の下に並び，果面にはしわがあって赤褐色，熟すと 3 裂して種子を放出する．〔日本名〕小蜜柑草は果実を小形のミカンに見立て，また狐の茶袋も果実の形からきた．〔漢名〕葉下珠．

2440. ヒメミカンソウ 〔コミカンソウ科〕

Phyllanthus ussuriensis Rupr. et Maxim.（*P. matsumurae* Hayata）

本州，四国，九州の荒地あるいは畑地に生える小形の一年草本で，高さは 10～30 cm ぐらい，普通枝分かれし，ときおり一方に傾く性質がある．枝は細長く葉は長楕円形あるいは披針形で長さ 8～12 mm ばかり，先端は尖り，全縁，きわめて短い葉柄があるかほとんど茎に接しているように見え，托葉がある．夏秋の頃，葉腋ごとに雌雄の柄のある黄緑色の小花をつける．雄花は 4 個のがくと 2 本の雄しべを備え，花糸はほとんど接着し，4 個の腺体がある．雌花には 6 個のがくと 2 本の花柱，6 個の腺体がある．花の咲いた後，球形の小形のさく果を下垂する．果皮は平滑で熟すと 3 裂して種子を落とす．〔日本名〕コミカンソウに似ているが小形でやさしい感じがあるところから，姫ミカンソウという．

2441. オガサワラミカンソウ（オガサワラコミカンソウ）〔コミカンソウ科〕

Phyllanthus debilis Klein ex Willd.

旧世界の熱帯に広く分布し，小笠原諸島や琉球諸島に生える一年草．高さ20〜70 cm になり，茎は分枝し，ときに基部が木化する．枝は細く，径 1〜2 mm，無毛で，まばらに茎から出る．葉は単葉で，長さ 4〜12 mm，幅 3 mm ほどで小さく，楕円形で，先は鈍形，膜質または洋紙質で無毛，全縁で，小枝に 2 列に互生してつき，葉をつけた小枝は一見すると 1 個の羽状葉のようにみえる．葉の基部には小さな托葉がある．花は葉腋に束生し，4〜6 花からなり，単性で，花弁はない．雄花のがく片は 6 個で，内外 2 環に配列し，倒広卵形，円頭で，6 個の腺体があり，がく片に互生する．子房は完全に退化し，雄しべはふつう 3 個で，花糸は合着して直立する柱状で，先端につく葯は水平に開く．雌花のがく片は倒卵形，鈍頭，子房は 3 室，花柱は 3 個で，離生し子房に接してつき，先端は 2 裂する．胚珠は各室に 2 個生じる．さく果はほぼ球形で 3 室からなり，径約 2 mm ほど，平滑，黄緑色で，各分果は 2 裂し，中に 2 個の種子を生じる．種子は半月形で 3 稜があり，淡褐色となる．〔日本名〕はじめ小笠原諸島で発見され，同諸島特産と考えられたことによる．

2442. キダチコミカンソウ 〔コミカンソウ科〕

Phyllanthus amarus Schum.

（*P. niruri* L. subsp. *amarus* (Schum.) Leandri）

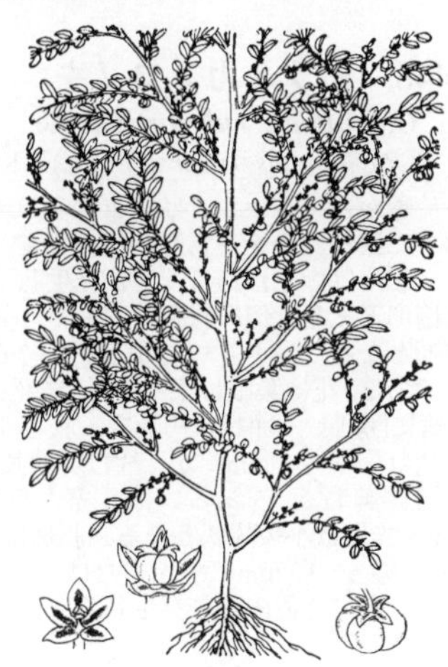

日本の暖地に多い雑草で，南方では小低木状をなす．茎は直立していて太く，横の方に細い枝を分かち，紅色を帯びる．葉は小形，膜質，長楕円形，全縁で先端鈍形，短い柄があって小形の托葉をそなえ，小枝の左右に互生して並んで，一見複葉のように見える．花には雌雄の別があり，小さく，短い柄があり，腋生する．雄花には 5 個の長楕円形のがく片があり，がく片の左右両側のふちには広い白色のふち取りがあり，3 本の雄しべは花糸が合着して柱状体をなす．雌花には長楕円形の 5 がく片があり，子房は球形，花柱は短く 3 裂し，各裂片は更に 2 裂して柱頭となる．さく果は扁平な球形で 3 室からなり，表面は黄緑色，平滑である．〔日本名〕木立小蜜柑草．木質の茎を持つからである．

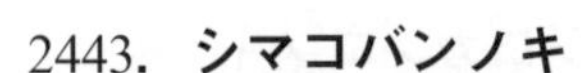

2443. シマコバンノキ 〔コミカンソウ科〕

Phyllanthus reticulatus Poir.

熱帯アジア，アフリカの低地の二次林や疎林に生え，宮古島，西表島にも産するが，自生でなく畑地の防風垣用に栽培される常緑低木．幹は高さ 1〜4 m になり，よく分枝する．枝は長さ 10〜20 cm で，宿存性でやや下垂する枝と，一年生で花をつけ上に向く枝の 2 種類があり，ともに 6〜8 対の葉を互生する．葉は洋紙質で，長さ 1.5〜3 mm の柄があり，葉身は楕円形から長楕円形または狭卵形，先は鈍形または円形，基部はくさび形，長さ 1.5〜2.5 cm，無毛，全縁で，5〜8 対の側脈があるが脈は突出しない．托葉は褐色で膜質．雌雄同株．花は葉腋に束生してつき，2〜8 個の雄花と 1 個の雌花からなる．雄花のがく片は 5〜6 個，形や大きさはやや不同で，長さ 1.5〜2.5 mm，外側のものは倒卵形または倒披針形，内側のものは円形または広倒卵形．雄しべは 5 個で，うち 3 個は長く，花糸も太い．雌花のがく片は 5〜6 個，倒卵形，長さ約 1.6 mm で，内側のものは小さく，直立する．子房は扁球形，9〜10 個の無毛の心皮よりなり，花柱は 2 裂し，先は細くなり反曲する．果実は液果，径 4〜6 mm 内外，黒熟し，8〜16 個の種子を生じる．種子は長さ 2 mm ほど，黒褐色，断面は三角形である．

2444. コバンノキ 〔コミカンソウ科〕

Phyllanthus flexuosus (Siebold et Zucc.) Müll.Arg.

本州の岐阜県以西，四国，九州の山地や谷間などに生える無毛の落葉低木で小枝を水平に出してその上に葉を互生する．小枝の基部はふくれてそのわきに芽があり，長さ約 8〜15 cm に達して，あたかも羽状複葉のようである．葉は卵形または楕円形，先端は鈍形または鋭形，全縁，薄質で平坦，無毛で，下面は帯白色，短い葉柄がある．花に雌雄があり，雄花には 4 個のがく片があって紅紫色，雄しべは 2〜3 本ある．雌花は淡緑色，がく片は 3 個，完全には開かないで雌しべの基部を包み，雌しべは先端が 3 深裂した柱頭をそなえている．果実は扁平な球形で直径約 6 mm，先端に柱頭を残し，熟すと液果状になる．〔日本名〕小判の木は葉の形を貨幣の小判に見立てたもの．

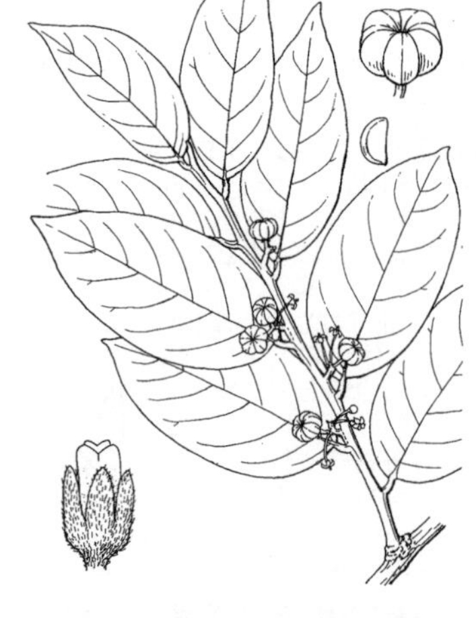

2445. カキバカンコノキ　〔コミカンソウ科〕

Glochidion zeylanicum (Gaertn.) A.Juss. var. *zeylanicum*
(*Phyllanthus hongkongensis* (Müll.Arg.) Müll.Arg.)

熱帯アジアから，琉球，屋久島，種子島に分布し，低地の疎林中に生える常緑の小高木で，高さ 2〜10 m になる．よく分枝し，枝は太く無毛．葉は互生し，短い柄があり，葉身はややかたく，卵状長楕円形，先は鋭形または鈍形，基部は左右不同で，切形または広いくさび形となり，長さ 7〜18 cm，幅 4〜6 cm で，全縁，6〜7 対の側脈があり，両面とも無毛．開花期は 5 月．雌雄同株．花は葉腋からでた長さ 6〜8 mm の短枝の先に 6〜10 花からなる散形花序をつくる．短枝は全長のおよそ半分ほど枝と合着するため，花序は見かけ上，腋上生にみえる．苞は広卵形で，長さ 0.8 mm．雄花は長さ 7〜10 mm ほどの柄があり，がく裂片は 6 個で，2 輪に配列し，開出し，5〜6 個の雄しべをもつ．雌花の柄は長さ約 5 mm，がく裂片は 6 個，子房は 5 室で，花柱は合着して円柱状となり，がく裂片とほぼ同長，先端は小裂片状となる．胚珠は各室に 2 個生じる．さく果は扁球形で，径 7〜9 mm，黒熟，無毛で，5 裂し，各分果は，中に 2 個の種子を生じる．種子は褐色，ほぼ卵形で，長さ 3 mm ほど．小枝，葉の下面，子房，さく果などに軟毛を密生する変種をケカンコノキ var. *talbotii* (Hook.f.) Haines といい，琉球にある．

2446. ヒラミカンコノキ　〔コミカンソウ科〕

Glochidion rubrum Blume
(*Phyllanthus ruber* (Blume) T.Kuros., non (Lour.) Spreng.)

琉球からマレーシアに分布する．琉球では八重山諸島に自生し，低地や丘陵地の疎林や二次林に生える常緑の小高木で，高さ 3〜5 m になる．よく分枝し，小枝は無毛か，または微毛がある．葉は互生し，革質で，長さ 5 mm ほどの短い柄があり，葉身は倒卵形または倒卵状長楕円形で，先は鋭尖形または鋭形で，基部は鋭形またはくさび形となり，長さ 5〜8 cm，幅 2〜3 cm で，全縁，5〜6 対の側脈があり，両面とも無毛である．花は葉腋に束生する．雄花は長さ 5 mm ほどの柄があり，がく裂片は 6 個で，2 輪に配列し，卵状楕円形で，長さ 1 mm ほど，3 まれに 4 個の雄しべをもつ．雌花の柄は長さ約 3 mm，がく片は卵状長楕円形で直立し，先は鋭形で，長さ 1 mm ほど．子房は無毛で，5 あるいは 6 室からなり，花柱は合着して柱状となり，長さ 1.5〜2 mm，先端は小裂片状となる．胚珠は各室に 2 個生じる．さく果は扁球形，長さ約 3.5 mm，幅 6〜10 mm で，5 または 6 室からなり，無毛で，5 または 6 裂し，各分果は 2 裂し，中に 2 個の種子を生じる．〔日本名〕平たい果実をもつカンコノキの意である．

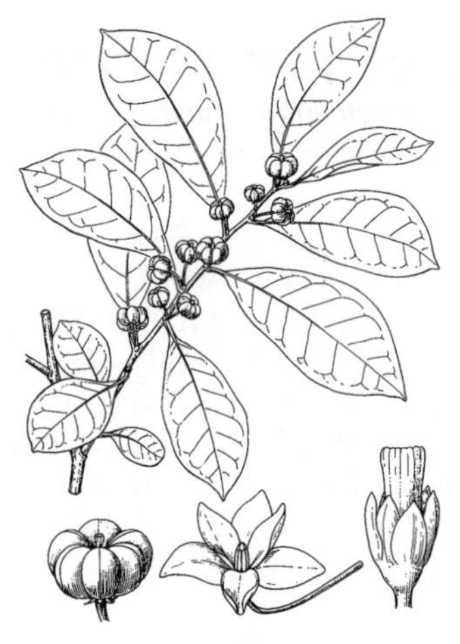

2447. ウラジロカンコノキ　〔コミカンソウ科〕

Glochidion triandrum (Blanco) C.B.Rob.
(*Phyllanthus triandrus* (Blanco) Müll.Arg.)

東アジアからマレーシア，インドにかけて広く分布し，日本では奄美大島から西表島に至る琉球列島に自生し，林内に生える．常緑の小高木で，高さ 4〜6 m になる．よく分枝し，小枝は灰褐色で，葉は互生し，枝葉ともに剛毛が生え，長さ 2〜3 mm の短い柄があり，葉身は長楕円形または長楕円状披針形，先は鋭尖形または鋭形で，基部は左右不同の鈍形または鋭形となり，長さ 4〜8 cm，幅 2〜3 cm で，全縁，6〜10 対の側脈がある．葉の上面は緑色で中脈を除き無毛であるが，下面は微小な軟毛があり，白色または灰白色をおびるのが本種の目立った特徴である．花は葉腋に束生する．雌雄同株．雄花には長さ 1〜2 cm の柄があり，がく片は 6 個，2 輪に配列し，卵状楕円形で，開出し，無毛，3 まれに 4 個の雄しべをもつ．雌花の柄は長さ 1〜2 mm，がく片は雄花のそれに似るが直立し，短い剛毛があり，子房は有毛で 3 室からなり，花柱は合着して柱状で，がく片よりも長く，先端は 3 裂する．胚珠は各室に 2 個生じる．さく果は 3 室からなり，長さ約 4 mm，幅 5〜7 mm の扁球形で，深く 3 裂し，長さ 5 mm ほどの柄をもち，剛毛が生え，熟して褐色となり，中に 2 個の種子を生じる．

2448. カンコノキ　〔コミカンソウ科〕

Glochidion obovatum Siebold et Zucc. (*Phyllanthus sieboldianus* T.Kuros.)

本州（紀伊半島，中国地方），四国，九州の近海地あるいは山地に見られる枝葉のよく繁る落葉低木で，高さ 1〜6 m ぐらい．小枝はよく針となる．葉は互生，倒卵形あるいはくさび形，長さ 3〜5 cm，先端は鈍形あるいはかすかに尖り，下部はくさび形で徐々に尖り，ついにはきわめて短い葉柄となる．全縁で厚質で，若木のときには特に著しい菱形状のくさび形を示す．雌雄異株，夏に葉腋に花柄のある小さい淡緑色の小花数個が集まりつく，がくは 6 裂して長楕円状卵形，花弁はない．雄花には 3 本の雄しべ，雌花には 6 室の 1 子房があり，6 本の花柱は肥厚し，基部で非常に短く融合している．さく果は扁平な球形で 9 月頃熟して裂け，黄赤色の 10 個あまりの種子を出す．〔日本名〕今のところ意味が分からない．

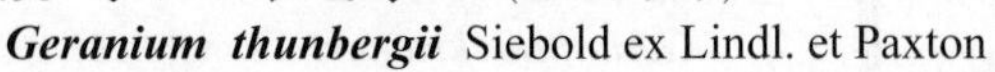

2449. ゲンノショウコ（ミコシグサ）　〔フウロソウ科〕

Geranium thunbergii Siebold ex Lindl. et Paxton
（*G. nepalense* Sweet subsp. *thunbergii* (Siebold ex Lindl. et Paxton) H.Hara）

山野に生える多年生草本．茎は地面に伏しあるいは多少直立し，枝を分ける．長さ 50 cm に達し，葉柄のある葉を対生する．葉は掌状に 3～5 裂し，上面には初めは常に紫黒色の斑点がある．長さ 2～4 cm，裂片は長楕円形～倒卵形，先端は尖り，上部のふちにきょ歯がある．葉および茎には毛がある．夏に枝先あるいは葉腋に花梗を出し，2～3 個の花をつける．苞葉は披針形あるいは線形．花は白色，紅紫色，あるいは淡紅色，5 花弁でウメの花に似ている．花が終わって後長いくちばしのあるさく果を結び，熟すると裂開して，おのおの 1 個の種子をもつ 5 つの殻片は，その柄が中軸を離れ，ただくちばしの先で附着し，しかも外側へ巻いて種子を飛ばす．薬草で葉を乾かして煎じ，下痢止めの薬とする．〔日本名〕「現の証拠」という意味で飲むとすぐ効果が現れることにより，また果実が裂開した状態は，みこしの屋根に似ていることからミコシグサの名がある．本種をフウロソウ（風露草，漢名ではない）と呼ぶことがあるが間違いで，この名はイブキフウロの別名である．〔漢名〕牛扁．牻牛児苗というのは誤った用法で，これはキクバフウロ *Erodium stephanianum* Willd. を指し，日本には自生しない．

2450. コフウロ　〔フウロソウ科〕

Geranium tripartitum R.Knuth

山地の林の下に生える弱い多年生草本．茎は下部から分枝し，斜めに立ち，細くて弱々しい．長さ 15～45 cm 位で細かい毛がある．根生葉は 4～8 個，葉柄は長さ 8～15 cm あり，葉身より 5～6 倍長く，葉身は掌状に 5 全裂する．茎葉はやや短い葉柄があり，多くは掌状に 3 全裂する．裂片は長卵形で深く分裂し，長さ 2.5～4 cm 位，先端は尖る．托葉は小形で線形．夏から秋の頃，枝先に花梗を出し，1～2 個の白色の小花を開く．がく片は卵状披針形で 3～5 脈があり，針状で先端はわずかに尖る．花弁はがく片と同長でへら状，先は凹頭となっており，花爪の部分には毛がある．10 本の雄しべは大体がく片の半分の長さで，花糸には細かい毛がある．果実は長さ 18 mm 位．〔日本名〕小風露．全体として小形であることによる．

2451. ミツバフウロ（フシダカフウロ）　〔フウロソウ科〕

Geranium wilfordii Maxim.（*G. krameri* auct. non Franch. et Sav.）

各地の山地，あるいは平地に生える多年生草本．茎の下部は地面に伏し，上部は立ち上る．節は高くて著しく，茎にも葉にも毛がある．葉は対生して長い葉柄があり，大体の形は卵状三角形で長さ 3 cm 内外，下部の葉は掌状に 5 深裂，中部以上の葉は 3 深裂し，裂片は広披針状で尖り，整ったきょ歯があり，濃緑色で毛ははっきりしない．托葉は小形で披針形，葉柄の基部にある．秋の頃，葉腋から長い花梗を出し，先に柄のある 1～2 個の花が上向きに開き，ウメの花に似て淡紅紫色．がく片は長楕円形．花弁は楕円状倒卵形で広く，基部の内面に細かい毛がある．花の中には 10 本の雄しべと 5 本の花柱がある．さく果は他の種類と同じ形．全草は一見ゲンノショウコに似るが，大きく，毛は少なく，花の色はうすい．〔日本名〕三葉風露および節高風露の意味でそれぞれ葉と節の形から来ている．

2452. イチゲフウロ　〔フウロソウ科〕

Geranium sibiricum L.（*G. sibiricum* var. *glabrius* (H.Hara) Ohwi）

本州中部以北，北海道の平地に産する多年生草本である．長いゴボウ状の主根があり，それから細い根を出す．全体はゲンノショウコに似て，茎および葉柄には逆向きの毛があるが，立毛および腺毛はない．葉は掌状に 5 つに深く裂け，裂片は長い菱形で尖り，欠刻状の尖ったきょ歯があり両面に毛があり，茎の上部の葉は 3 つに深く裂ける．夏に葉腋に花梗を出し，通常 1 個の花をつける．花は直径 1 cm 内外，淡紅色または白色．がく片は長さ 4～6 mm で 3 脈がある．花が終わって後花柄は基部から屈曲して斜めに下り，先に上を向いた長さ 1.3～2 cm のさく果をつける．国外では中国，シベリア，ヨーロッパ東部などに分布し，雑草として道ばたの草地に多い．〔日本名〕一華風露の意味で，1 花梗に 1 花をつけることによる．

2453. タチフウロ 〔フウロソウ科〕

Geranium krameri Franch. et Sav.（*G. japonicum* auct. non Franch. et Sav.）

山野に生える多年生草本．茎は高さ 60 cm 内外，節は高く，直立し分枝する．表面には小さなかたい毛がある．根生葉は葉柄が長く 30 cm におよび，茎葉では葉柄は短い．葉は直径 5～9 cm，掌状に 5～7 深裂し，裂片は長倒卵形あるいは菱形で，深く分裂し先端は尖る．葉の表裏とも毛がある．夏に枝先に集散花序を出して，やや大きい 5 弁花をつけ，淡紅色で紫色の線がある．がく片は卵形で先端は小さなとげに終わり 3 脈がある．花弁はやや長く平らに開く．雄しべ 10 本で長い毛がある．花がすむと花柄は基部とがく片の直下とで折れ曲がり，細長いさく果を結び，5 裂する．〔日本名〕立風露で，その茎が特に直立することによる．

2454. グンナイフウロ 〔フウロソウ科〕

Geranium onoei Franch. et Sav. var. ***onoei***

本州中北部の高地に生える多年草．高さ 50 cm に達し，茎は直立し，細長い溝があり，葉にも茎にも毛がある．葉は大形で長さ 6～12 cm，掌状に 5～7 裂し，裂片は倒卵形あるいは長楕円形で深い切れ込みがあり鋭頭，根生葉には長い柄があり茎葉にも柄がある．夏に茎の上部で分枝し，やや大きな淡紫紅色の 5 弁花を開く．がく片には毛があり長卵形で先端はかすかに尖る．花弁は倒卵形でがく片の約 1 倍半長．花柄は花よりも長い．雄しべには中央部まで非常に長い毛がある．さく果は柱頭が残り，有毛で熟すると 5 裂して中央の柱から離れる．〔日本名〕郡内風露で郡内は山梨県の東部にある南北両都留郡の地方をいう．この草が昔この地から見出されたためだろう．〔追記〕タカネグンナイフウロ f. *alpinum* Yonek. は本州に分布し，高山の草地に生ずる．花は濃紅紫色．葉は下面脈上にのみ毛がある．グンナイフウロの高山型．

2455. チシマフウロ 〔フウロソウ科〕

Geranium erianthum DC.

北海道および本州北部の高山に生える多年生草本．茎は直立し，高さ 30 cm 内外，多くは単立し，上部に於てやや分枝する．根生葉には長い葉柄があり，茎葉には短い柄がある．葉は長さ 4～8 cm 位，掌状に 5 ないし 7，時には 3 裂し各裂片は広披針形，あるいは広卵形で大きな裂け目がある．無色の毛が両面にある．夏に茎頂に枝を出し淡紅紫色，時に白色の花を開く．ややウメの花に似て 5 がく片，5 花弁がある．花柄は花より短く，がく片は披針形で，長さ 1 mm 位の尖った先端部があり，長い毛でおおわれる．花弁はがく片の約 2 倍長．雄しべの下部は密に毛におおわれ，葯は大形で長さ 2 mm 位．さく果は残っている柱頭を除いて 2.2 cm 内外，熟すると分果は下部から次第に離れて中央の柱を残す．〔日本名〕千島風露で，千島列島に産することによる．

2456. エゾフウロ（イブキフウロ） 〔フウロソウ科〕

Geranium yesoense Franch. et Sav. var. ***yesoense***

本州北部の山地および北海道の草地に生える多年生草本．茎と葉柄には斜に下を向いた粗い毛がある．葉は掌状にかなり深く 5～7 裂し，裂片には深い欠刻ときょ歯があり，両面には粗い毛が多い．托葉は離生，または合生で長さ 5～10 mm，薄くて褐色．花梗は細長く 2 個の花をつけ，白色の粗い毛を密生し，結実の時に花柄は斜めに下を向く．花は径 2.5～4 cm で紅紫色，がく片には長い立った白色の粗い毛が多い．花弁は下部脈上およびふちに白色毛がある．〔日本名〕蝦夷風露で，北海道に産することによる．本州中北部には，がく片の開出毛の少ない変種イブキフウロ var. *hidaense* (Makino) H.Hara がある．これが本来のフウロソウ(風露草)であるが，語源不明．漢名ではない．

2457. アサマフウロ　〔フウロソウ科〕

Geranium soboliferum Kom. var. ***hakusanense*** (Matsum.) Kitag.

関東北部および長野，山梨両県の湿った山地草原にまれに生える多年生草本．ほふく枝はなく，茎葉はかたまってつく．茎は直立し，高さ 60〜80 cm 位．根茎は短く肥厚し太い根をたくさん出す．茎および葉柄には逆向きの伏毛だけあり，下部は無毛となる．葉は細く深く裂け，歯片は披針形で鋭頭，やや堅く，上面および下面脈上に短い毛が密生する．托葉は合着して三角状長卵形となり，やや草質で長さ 4〜11 mm．花序柄は細長く 2 花をつけ，短い伏毛があり，花が終わって後も大体直立している．8〜9 月に濃紅紫色で大形の花を開き，花は径 2.5〜3.8 cm，がく片は長さ 7〜8 mm で 5〜7 脈，先端に長さ 1〜2 mm のとげがある．花弁は基部のふちに白い毛を密生し，下部の脈上に長く柔らかい毛がある．雄しべは 10 本，5 個の柱頭をもつ 1 本の雌しべがあり，長さ 3 cm 位のさく果を結ぶ．熟して後 5 つに裂ける．〔日本名〕浅間風露の意味で，長野県浅間山ろくに多く産することによる．〔追記〕ツクシフウロ var. *kiusianum* (Koidz.) H.Hara は九州中部に分布し，山地草原，湿地に生える．葉の下面全体に毛がある他はアサマフウロと同じ．

2458. アカヌマフウロ（ハクサンフウロ）　〔フウロソウ科〕

Geranium yesoense Franch. et Sav. var. ***nipponicum*** Nakai

山地に生える多年生草本．高さ 50 cm に達し，茎にかすかな毛がある．根生葉は葉柄が長い．茎葉は対生し，直径 3〜7 cm 位，横に広く掌状に 5〜7 裂し，裂片は菱形で大体 3 深裂し小裂片はさらに分裂する．表裏とも毛がある．托葉は卵形．夏に茎頂に花梗を出し，1〜3 個の花をつけ，紅紫色で美しい．がく片は 5 個，長楕円形，先端に 2〜3 mm 位のとげがあり，まばらに伏した毛がある．花弁は 5 個，倒卵形，がくの約 2 倍の長さがある．果実は残った花柱も含めて長さ 3 cm 位，細長く，熟すると 5 裂する．1 室に 1 個の種子を含む．〔日本名〕赤沼風露の意味で，この種類が栃木県日光赤沼原（戦場原）に多いので名付けられた．〔追記〕現在，本種の和名にはハクサンフウロが用いられるのが普通である．エゾフウロ（2456 図）にごく近いが，がく片には伏した毛のみが生えているので区別される．

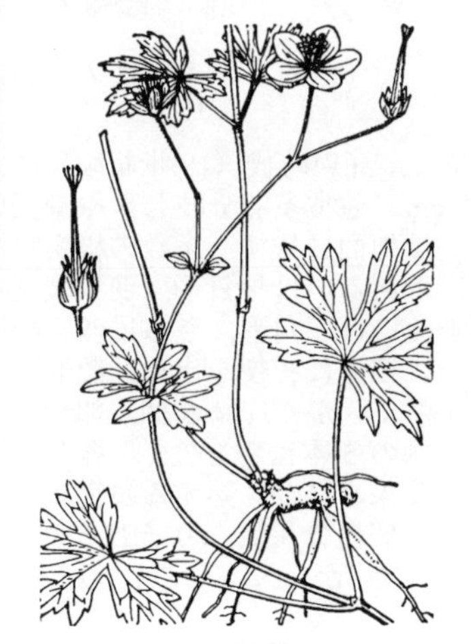

2459. ビッチュウフウロ（キビフウロ）　〔フウロソウ科〕

Geranium yoshinoi Makino ex Nakai

主に中国地方の山地に生える多年生草本．茎は高さ 30〜40 cm で細く，逆向きの伏毛が散生し下部はほとんど無毛．葉はうすく，3 / 4〜5 / 6 まで 5 裂し，裂片は倒卵状菱形で互に離れ，上部は 3 裂して，1〜2 の短いきょ歯があり，上面および下面脈上に細かい毛を散生する．托葉は長さ 3〜5 mm で，やや草質，時々合着し，卵形鋭頭である．夏に細長い花梗上に 2 花をつける．がく片は長さ 7 mm 内外，5〜7 脈，微細な伏毛がある．花は直径 1.5〜2.5 cm，花弁は淡紅紫色で濃色の脈があり，下部に立った長い毛がある．花柄は花後に斜めに開き，さく果は長さ 1.5〜2 cm で微細な毛があり，頂に 5 花柱をつける．〔日本名〕備中風露の意味で，備中国（岡山県）で初めて発見されたことによる．

2460. シコクフウロ（イヨフウロ）　〔フウロソウ科〕

Geranium shikokianum Matsum. var. ***shikokianum***

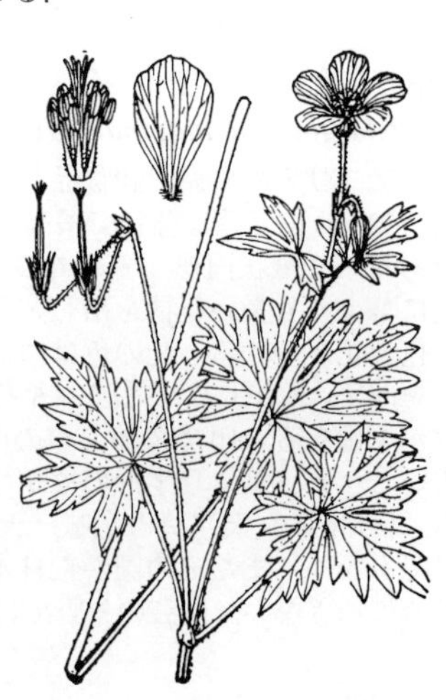

本州（東海地方以西）と四国の深山に生える多年生草本．高さ 50 cm 内外．茎は直立し開出毛や逆向きの毛があり，多少赤く，節間は長く，長い葉柄のある葉を対生する．葉は五角状腎臓形，直径 3〜5 cm，掌状に 5〜7 裂し，裂片はほぼ菱形状倒卵形で基部はくさび形，上半部には欠刻があって，さらに鈍きょ歯があり，先端は鈍形，各裂片の間はすき間がない位に接近している．表面には毛がある．葉柄の基部には比較的大きな托葉があり，円形あるいは卵円形．花序は長く立ち，2 花からなり，花梗はやや短い．花は真夏に開き直径約 3 cm，紅紫色で上を向く．がく片は 5 個，花弁は 5 個で倒卵形，ろうと状に平開し，先端は鈍形，時にはやや波状をなし，基部のふちには毛がある．雄しべは 10 本．花柱は 5 個．さく果は熟した時にさわると開裂するのは他の種類と同じである．〔日本名〕四国風露で，初め四国産の標本に基づいて命名されたものである．

2461. ヒメフウロ（シオヤキソウ）　〔フウロソウ科〕

Geranium robertianum L.

山地に生える柔らかい二年生草本．日本では，滋賀県伊吹山と霊仙山に多く生え，また徳島県剣山にもある以外には見られないが，ヨーロッパでは普通のものである．茎は直立し 20〜40 cm 位，多く分枝し，茎も葉も腺毛におおわれ，うす緑色であるが多くは古い葉とともに赤くなって美しい．一種のにおいがある．葉は対生し数が多く，質は薄い．3 または 5 全裂し，さらに羽状に細かく裂け，先端は尖って小微凸頭で終わる．夏に枝先に細長い花梗を出し，次々に紅色の小花を開く．がく片は卵状披針形，先端は微凸頭に終わり，3 脈で毛がある．花弁は 5 個あってがく片の 2 倍の長さ，倒卵形で基部は爪となる．花がすむと長いくちばしのあるさく果を結び，熟すると 5 裂し，種子は長いくちばしの先端から 2 本の糸でぶら下がる．〔日本名〕姫風露は葉が細かく裂け花が小さい姿に基づき，塩焼草は塩を焼いたようなにおいがすることによる．

2462. アメリカフウロ　〔フウロソウ科〕

Geranium carolinianum L.

北アメリカ原産の一年草または二年草．アメリカ合衆国の東北部から南はフロリダ，西はカリフォルニアまで広がっており，日本でも各地で畑や道ばたの雑草になっている．原産地では高さ 20〜80 cm でよく枝分かれし，茂みをつくるほどの大株になる．茎の節間や花梗，花柄などには密に長い軟毛が生えている．葉はほぼ円形で直径 2〜7 cm，掌状に深く 5 裂したのち各裂片はさらに羽状に裂ける．最終裂片はやや幅のある線形になる．初夏から夏に枝先に枝分かれする花序を出し，4〜10 個の花をつける．花序の軸には長軟毛にまじって短い腺毛もある．花梗は下部のものは長く上部は短いので，花序全体は上が平らな散房状の花序となる．がく片は細い卵形で 5 枚，先端はくちばし状になり 3 本の脈が目立つ．花は淡紅色で 5 枚．雌しべの子房と，束になって立つ花柱にも密毛がある．果実は他の同属種と同様細長いさく果で，先端にくちばしがあり，熟すとこのくちばしの部分を残して下部から開裂してそりかえる．

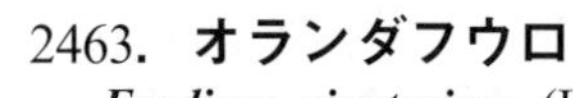

2463. オランダフウロ　〔フウロソウ科〕

Erodium cicutarium (L.) L'Hér.

ヨーロッパ原産の一年草あるいは二年草で，江戸時代（18 世紀頃）に渡来し，庭園に栽培される．高さ 10〜50 cm，通常多く分枝し，やや長い毛でおおわれる．茎は斜めに立ちあるいは地面に伏す．多数の根生葉は茎葉と同形で長い柄がある．葉は長楕円形あるいは披針形，羽状複葉で小葉は互生，あるいはほぼ対生，卵形あるいは三角形，さらに多くの欠刻があり細かく裂ける．夏に葉腋あるいは枝先に花梗を出し，散形花序を出して多数の小さい淡紅色の 5 弁花を開く．がく片は 5 個，卵形で多数の脈がある．10 本の雄しべのうち，外側の 5 本は葯を欠く．雌しべは 1 本．花がすむと長いくちばしのあるさく果を結び，熟するに従って果実の先端かららせん状によじれて離れ，5 個の分果となりそれぞれ 1 個の種子をもつ．〔日本名〕和蘭風露の意味で，欧州から入ったことを示す．

2464. テンジクアオイ　〔フウロソウ科〕

Pelargonium inquinans (L.) Aiton

南アフリカの原産で観賞品として栽培される小低木状の多年生草本．高さ 30〜50 cm 位．茎は強壮で多肉質，切ると 1 種のにおいがある．葉は長い柄があり，心臓状円形，極めて浅い切れ込みがあり，ふちに鈍きょ歯がある．夏に葉よりも長い花梗を出し，その先に散形状に短い花柄のある多数の濃い赤色の花をつける．花の色は白色，バラ色など種々の品種がある．つぼみは下を向く．5 がく片，幅広い 5 花弁，10 本の雄しべ，5 室の子房をもつ雌しべが 1 個ある．10 本の雄しべの中には不完全なものも混じっている．花弁の広いことと，葉にU字形の紋がないことからモンテンジクアオイと区別される．〔日本名〕天竺葵の意味．天竺（インドの古名）といってもその国の原産でもなく，またその国から日本へ入ったのでもなく，外来品にその名をつけたに過ぎない．園芸の分野では一般にゼラニウム（Geranium）と呼ぶ．

2465. モンテンジクアオイ 〔フウロソウ科〕

Pelargonium zonale (L.) Aiton

南アフリカの原産で庭園などに植えられる小低木状の多年生草本．高さ 30 cm 内外．茎は円柱状，多少多肉質で直立し，毛はあったりなかったりする．葉は互生し長い柄があり，心臓状円形でふちに鈍きょ歯があり，葉面にはU字形の暗い模様がある．葉腋に長さ 10〜20 cm の花梗を出し，短い花柄のある多数の花を散形につける．濃い赤色から白色までさまざまな花色がある．原種は花弁が細長くへら状で，上方の 2 個の花弁はやや幅広く大形で不整正である．交雑による多くの品種があって，花弁の形もいろいろあり，花弁が重なるものもある．10 本の雄しべの中には不完全なものがあるが左右対称である．〔日本名〕紋天竺葵で，紋は葉面にある環状の模様に基づく．

2466. キクバテンジクアオイ 〔フウロソウ科〕

Pelargonium radens H.E.Moore（*P. radula* auct. non (Cav.) L'Hér.）

南アフリカ原産の多年生草本，庭園に栽培される．茎は淡白緑色，長い毛があり，円柱形で直立し高さ 30 cm 内外，下部では葉が落ちて無くなる．多数の葉は互生し，葉柄があり，直径は 3〜7 cm 位，五角あるいは三角形，基部まで 3 裂し，さらに羽状に裂ける．葉面には毛があってざらつき，においがある．夏に葉腋および枝先から花梗を出し，バラ色で紫色の線の入った花が散形花序となって開く．花柄は花よりも短い．がく片は長楕円形，先端は尖り，がく片も花柄も毛でおおわれる．花弁はがく片の 2 倍の長さで，17〜20 mm 位．〔日本名〕菊葉天竺葵の意味で，葉の切れ込みをキクの葉に見立てたもの．

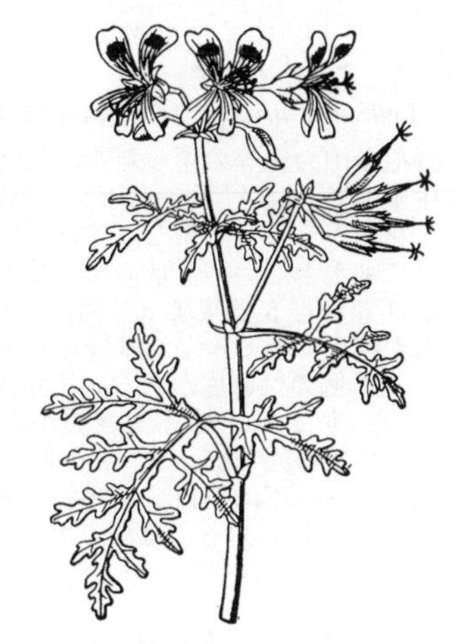

2467. シクンシ 〔シクンシ科〕

Quisqualis indica L.

南アジアの暖地に生える常緑のつる性の木本植物で，茎は長く，からみつき，細かい毛がある．葉は対生し，短い葉柄をもち，長楕円形，先端は短く尖り，全縁で毛がある．夏に茎の先端に柄のない花が対生し，彎曲して下向きに開き，花柄には細かい毛がある．がく筒は非常に長く，ちょうど柄のように見え，上端は 5 裂する．花弁は 5 個，回旋状に重なり，平らに開く．雄しべは 10 本，雌しべは 1 本，子房下位．果実は 5 稜があり，両端は尖る．この種は日本ではふつうにはなく，ただわずかに温室や暖かい地方に見るだけである．葉に毛のない種類をインドシクンシ var. *indica* と呼び，シクンシを var. *villosa* C. B. Clarke とすることもある．〔日本名〕漢名の音読み．〔漢名〕使君子．

2468. モモタマナ 〔シクンシ科〕

Terminalia catappa L.

旧世界の熱帯から亜熱帯域に成育する落葉性の高木で高さは 20 m 以上に達する．沖縄の方言でコバテイシとも呼ばれる．日本では沖縄と小笠原諸島に分布する．枝が横に広がり傘を広げたような独特な樹形となる．葉は互生で枝の先に束生し，倒卵形，長さ 20〜25 cm．先端は円形で全縁．花序は穂状で腋生し，長さ 6〜8 cm．花は小形で花序の上部は雄花，下部に両性花をつける．がくは合着しがく筒を形成する．がく裂片は 5 枚．花弁はなく，雄しべは 10 本．子房は下位で一室，胚珠は上部から懸垂する．果実は核果でやや扁平な楕円体，2 稜があり，長さ 5 cm ほどで花に比べて非常に大形となる．果皮は繊維質で海水に浮かんで散布される．熱帯地方では街路樹としてよく利用されている．〔日本名〕モモタマナのモモは果実の形がモモの核に似ることにちなむ．タマナは小笠原における本種とテリハボク（テリハボク科）に対する呼称で，ハワイ語に由来する．

2469. ヒルギモドキ 〔シクンシ科〕

Lumnitzera racemosa Willd.

熱帯から亜熱帯にかけてのマングローブ林に生える低木または高木. 旧世界の熱帯域に広く分布する. 日本では沖縄本島以南の海岸あるいはマングローブ林内に生える. 葉は倒卵形, 長さ 3〜7 cm, 肉質で全縁, 互生する. 花序は総状花序で葉腋につき長さ 5 cm ほど. 花は白色, 径 1 cm. がくは合着し長いがく筒を形成する. 花弁は白色, 長楕円形で長さ 4 mm, がく裂片と互生する. 雄しべは 10 本, 子房は下位で一室, 胚珠は上部から懸垂する. 果実は緑色, 長楕円体. ヒルギモドキ属には本種のほかに旧世界熱帯産のアカバナヒルギモドキ *L. littorea* (Jack) Voigt があるが, この種は名前のとおり赤い花をもつ. 〔日本名〕マングローブ林の主要構成樹種であるヒルギ類に似ていることからつけられた.

2470. ミソハギ 〔ミソハギ科〕

Lythrum anceps (Koehne) Makino

野原や山の麓等の湿った所に生え, 時々仏前の花として人家に栽培される多年生草本で, 高さは 1 m 内外. 茎は地下茎から直立分枝し, 細長い. 葉はほとんど葉柄がなく, 対生し, 披針形で尖り, 基部も狭くなっている. 全縁で茎にも葉にも毛がない. 夏秋の頃, 葉腋に短くて小さな集散花序を付け, 紅紫色の花が 3 ないし 5 個集まって開き, 節の上に輪生しているように見える. 苞葉は基部が鋭形である. がくは稜線のある円柱形で, 上部は 6 片に分かれ各片の間に各々 1 個の付属片がある. 花弁は 6 個, 長倒卵形でがく筒の口に付き, 基部は狭い. 雄しべは 12 本で長短があり雌しべとの長さの関係で 3 形式となっているのは次の図エゾミソハギと同じである. さく果は宿存がくの中にある. 〔日本名〕ミソハギは禊萩 (ミソギハギ) の略であるといわれ, みぞに生えるハギ, すなわち溝萩とするのは誤りである. 〔漢名〕千屈菜. ただし現在中国ではこの名はもっぱら次種エゾミソハギに対して用いられている.

2471. エゾミソハギ 〔ミソハギ科〕

Lythrum salicaria L.

各地の湿った所に多い多年生草本で高さは 1 m 以上に達し, 全株青緑色で多くは粗い毛が生える. 根茎は地下を横にはう. 茎は直立して 4 稜があり, 多くは分枝する. 葉は対生または時に 3 輪生し, 長披針形, 全縁, 上部は次第に尖り, 基部は心臓形で多少茎を抱き, 葉柄はない. 7〜8 月の頃花が咲く. 花は直径 1 cm 内外, 紅紫色で葉腋に集散花序状に集まってつき, 全体は一見総状花序のように見え, 上部の苞葉は広卵形で, 基部はかすかに心臓形である. がくは緑色, 筒部は円筒形で 12 本の縦脈がある. 上端の 6 つのがく片の間には細い尾状の付属物がある. 花弁は 6 個, がく筒の上部に付着し, 倒披針状楕円形で, 短い爪があり, 全体にややしわがよっている. 雄しべは 12 本, がく筒から突き出し, 6 本は短く, 6 本は長い. 雄しべの長短と雌しべの長短との関係に従って明らかに 3 型式がある (図参照). 花糸は糸状で葯は小さい. 子房は無柄, 2 室, 花柱は糸状. さく果は卵形体で, 種子は細かい. 〔日本名〕蝦夷ミソハギで北海道に多いからである. 〔追記〕ミソハギに似ているが, 全体に毛のあることが多いことと, 葉の向き合った基部が互いに触れ合う程に広がっていることで区別される.

2472. ヒメミソハギ (ヤマモモソウ [同名あり]) 〔ミソハギ科〕

Ammannia multiflora Roxb.

田んぼや野原の日の当たる湿った所に生える一年生草本で, 高さ 20〜30 cm 余り. 茎は直立し, 細くて 4 稜があり, 通常分枝し, 枝は十字形に主軸から出る. 葉は対生して真横に開き, 線形あるいは披針形, 全縁, 葉柄はなく, 葉の基部は茎を抱き大小一様ではない. 夏秋の頃, 葉腋に 3 ないし多数の小さい花が短い集散花序となって集まってつき, 穂は葉より短い. 各花には短い花柄がある. がくは倒円錐状で, やや 4 稜があり, 上部は 4 裂し, 裂片は短い三角形. 花弁は細く小さく 4 個ある. 雄しべ 4 本, 雌しべ 1 本. さく果は小球形, 通常紅紫色で, 多数の細かい種子がある. 〔日本名〕姫ミソハギの意味. ミソハギ属ではないが草の形がそれに似て小さいことに基づく. 〔追記〕本種に似て葉が細長く基部が少し広がり, 花弁の大きい熱帯アメリカ原産のホソバヒメミソハギ *A. coccinea* Rottb. が本州以南の各地に帰化している.

2473. サルスベリ（ヒャクニチコウ，ヒャクジッコウ）　〔ミソハギ科〕

Lagerstroemia indica L.

中国原産の落葉高木であるが通常観賞用として庭園に栽培される．高さは3〜7 m位，幹は淡紅紫色で平滑．皮がうすくはげ易く，そのあとは白い．枝はよく茂って広がり，小枝は4稜がある．葉は厚く対生またはほぼ対生し，ほとんど葉柄はなく，楕円形あるいは倒卵形，全縁．盛夏から秋へかけて枝先に円錐花序を出して，紅色あるいは時に白色の花が集まってつき，次々に開いて花期は長い．がくは球形で6裂し，時々紅紫色を帯びる．6個の花弁は円形で，著しくしわがあり，基部は長い爪状部となる．雄しべは多数あり，外側の6本は長い．雌しべは1本で花柱は雄しべの上に出る．さく果は楕円体で果皮は堅い．〔日本名〕猿滑りは木のはだがつるつるしてサルもすべり落ちるということから名付けられた．別名は共に漢名の百日紅に基づく，すなわち花期が長く百日にわたるという意味である．〔漢名〕紫薇，百日紅．

2474. シマサルスベリ　〔ミソハギ科〕

Lagerstroemia subcostata Koehne var. ***subcostata***

屋久島，種子島など九州南部から琉球列島の各島，さらに台湾から中国大陸に分布する落葉高木．山林中に生え，高さ3〜6 mとなり，枝はよく分枝して灰褐色，円いが若枝のときは縦にひれ状の4本の稜があって断面は角ばる．葉は対生し，柄はごく短い．葉形は卵形ないし楕円形で長さ3〜8 cm，幅は2〜4 cmで，屋久島に産するヤクシマサルスベリよりも小さく，葉脈の側脈も3〜5対である．盛夏に枝端に大きな円錐花序を出し，よく分枝して多数の小形の白花をつける．半球形のがく筒があり，その上半部は6片に分かれて，各片は三角形で直立する．花弁は6枚あり，各花弁の下半部は細い爪となってがく片の間から開出し，花弁の上半部は卵円形の舷部となり長さ5〜6 mm，波打つようなしわが目立つ．雄しべは長短2形があり多数，雌しべの花柱はさらに長い．果実は楕円体で長さ1 cm弱，熟すと6裂し，翼のある細長い種子を多数出す．〔日本名〕島猿滑りはサルスベリの仲間で琉球の島々に産することによる．

2475. ヤクシマサルスベリ　〔ミソハギ科〕

Lagerstroemia subcostata Koehne var. ***fauriei*** (Koehne) Hatus. ex Yahara（*L. fauriei* Koehne）

鹿児島県の屋久島，種子島および奄美大島に特産する落葉高木．高さ3〜6 m，枝は淡褐色で丸く，シマサルスベリのような稜は目立たない．葉は対生し，1 cm弱の明瞭な柄がある．葉身は長さ8〜12 cmの長めの卵形でシマサルスベリや栽培のサルスベリよりもかなり大形である．全縁で葉の質もやや硬い革質，葉脈の側脈も8〜13対もある．特に葉の下面で網状の支脈が明瞭である．7月に枝端に長さ10 cmほどの円錐花序を出し，多数の白花をつける．花梗に毛はなく，6枚ある花弁は下半部の線状の細い爪の部分と，その先につく卵円形の部分（舷部）に分かれ全体で長さ約8 mmである．花弁全体に波状にしわがよっている点はサルスベリなどと同様である．雄しべは多数（30本以上）あり，長短2形が混じっていて通常は長い雄しべが6本である．果実は球形に近い楕円体で熟すと6つに開裂する．種子には上部にひれ状の翼がある．〔日本名〕屋久島猿滑りは鹿児島県の屋久島に産することによる．

2476. ハマザクロ（マヤプシキ）　〔ミソハギ科〕

Sonneratia alba Sm.

マングローブ林や浅瀬の海岸に成育する常緑の高木．実の形からハマザクロと呼ばれる．アジアを中心とした熱帯地域に広く分布するが，日本では琉球の西表島のみに生育している．樹高は琉球では15 mほどにしかならないが，熱帯では30 m以上に成長する．根は泥土中を水平に走り，多数の気根を上方に垂直に出し空気の取り入れを行っている．葉は対生し，卵形から卵円形，全縁で長さ5〜10 cm，厚い肉質．花は径5 cmほどで枝の先端に単生する．がくは合着し，鐘形のがく筒を形成する．がく裂片は皮質で5〜7枚，長さ2 cm程度．花弁は線形，白色で長さ2 cmほど．若い花では花弁ははっきり認識できるが，少し古くなったものでは雄しべとよく似ていて区別できなくなる．雄しべはきわめて多数．子房は10〜20室に分かれ，多数の胚珠をつける．花柱は長くのび，柱頭は頭状．果実は扁球形でがく裂片は宿存する．〔日本名〕別名のマヤプシキは沖縄の方言で，マヤはネコを意味し，プシキはオヒルギ（ヒルギ科）のことである．

2477. ヒ　シ　〔ミソハギ科〕

Trapa jeholensis Nakai

（*T. japonica* Flerow ; *T. bispinosa* Roxb. var. *iinumae* Nakano）

一年生草本，池や沼に生え，茎は泥の中にあった前年の実から芽を出し，細長く水の浅い深いに従って長短があり，基部は泥の中に根を下し上部は水面に達し，先端に多数の葉が集まって付き，水面に浮かび，多数集まって広く水面をおおう．節には水中根がある．葉は横の直径 6 cm 位，菱形状三角形できょ歯があるが，下部は全縁，上面は光沢，下面には隆起脈があり毛が生え，葉柄にはふくらんだ部分があってカエルのもものようである．夏に葉間に白色の柄のある花を開く．がく片 4 個，花弁 4 個，雄しべ 4 本，花柱 1 本．花の中心にふちに歯のある黄色い花盤があり，蜜を出す．子房は半下位．後に両側にとげのある核果を結び，中に無胚乳多肉子葉の種子が 1 個ある．〔日本名〕ヒシは緊（ヒシ）の意味で実の鋭いとげによるといわれ，またひしぐ（挫ぐ）の意味で，その実がおしつぶされたような形に基づくともいわれる．牧野富太郎はこの植物の葉が幅広く平らに広がった姿，すなわちヒシゲた状態からきたのではないかと推測した．菱形はこの植物の葉型から出た語．〔漢名〕芰．

2478. オ ニ ビ シ　〔ミソハギ科〕

Trapa natans L. var. ***quadrispinosa*** (Roxb.) Makino

（*T. natans* var. *japonica* Nakai）

水中に生える一年生草本で，大体の形はよくヒシと似ている．茎は柔らかく細長く，初め泥の中にあった前年の果実（黒色）から芽を出したもので，水底から上に成長し水深に従って長短がある．茎の全長に葉緑素をもった羽毛状の水中根を出し，頂部に多くの緑葉が集まってつき，放射状に開いて水面に浮かぶ．葉はやや厚く，菱形で直径 3～5 cm，不整の鋭いきょ歯があり，上面は光沢があり，下面は濁緑色で，柔らかい毛が密生し，葉脈は隆起する．葉柄は長く，紡錘状長楕円体の空気袋によって植物体を水面に支える．夏の盛りの頃，葉腋に柄のある小さい白い花を付け，低く水上に出て開く．がく片は 4 個，披針形，緑色，宿存する．花弁は 4 個，楕円形，雄しべは 4 本，葯は黄色．花盤は 4 裂し，裂片はとさか状，黄色．子房は半下位，2 室，各室に胚珠が 2 つずつあり，上部は卵状円錐形で，1 本の花柱を頂生する．果実は柄があり，水中に垂れ下がって熟し，後に落下し，外皮はくさるが内皮は骨質でくさらない．腹背の 2 本のとげと両側の 2 本のとげは太く．とげの先端に逆向きの細いとげがある．この 4 本の太いとげは，内列の 2 がく片と外列の 2 がく片が宿存し成長変形したものである．果実の中には無胚乳の大きな種子が 1 個ある．〔日本名〕鬼菱はヒシに比べて果実が大きく堅いのでいう．

2479. メ　ビ　シ　〔ミソハギ科〕

Trapa natans L. var. ***rubeola*** Makino

池の中に生える一年生草本．ヒシによく似て果実および葉柄の色以外には区別しにくい．茎は細長く，葉の枯れた節に羽毛状に分裂した水中根をつけ，葉は茎の頂部に集まって平面に放射状に開き，菱形状三角形，上半部には不整のきょ歯があり，下半は全縁，上面は無毛，光沢があり，下面は淡緑色，柔らかい毛がある．葉柄は帯紅色，中央にふくらんだ部分があり，多量の空気を含んで植物体を水面に浮かせている．夏に葉腋から白色，4 花弁の柄のある花を水中より出し，がく片は 4 個，雄しべは 4 本，花柱は 1 本ある．核果は柄があり，水中に垂れ下がり，おしつぶされた倒円錐形で，左右にとげがあり，その先端に小さな逆向きのとげがある．背腹のとげは短くやや逆向きである．〔日本名〕雌菱の意味．とげについてはヒシとオニビシとの中間の段階のものであるが，葉柄が赤いので雌に見立てたもの．〔追記〕本植物は葉柄の色以外ではオニビシと異ならず，変種として分ける必要はないと思われる．

2480. ヒ メ ビ シ　〔ミソハギ科〕

Trapa incisa Siebold et Zucc.

（*T. natans* L. var. *incisa* (Siebold et Zucc.) Makino）

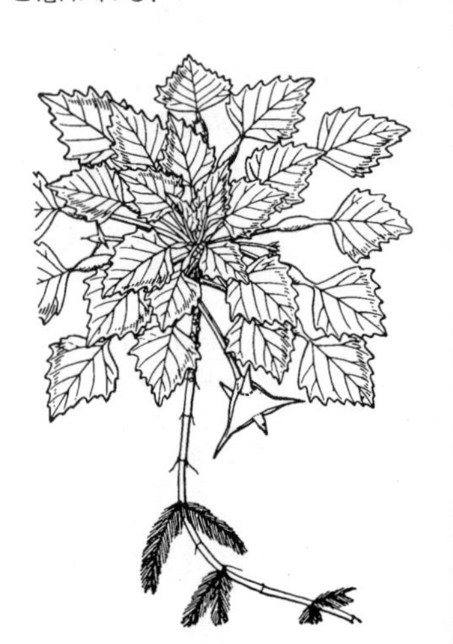

池や沼に生える一年生草本，細長い茎は水の深さに従って長短がある．水中の茎には各節に 2～3 本の糸状の根がつき，多数の糸状の分枝がある．葉は小さく直径 2 cm 位，卵状菱形，尖ったきょ歯があり，上面は光沢があり，下面は葉脈が隆起して多少毛がある．葉は茎の頂部に集まってつき四方に平らに広がり，水面に浮かんで長い葉柄がある．葉柄の上部にはふくらんだ部分があって空気を含み，植物体を浮かせる．夏に葉間に柄のある白い花をつける．がく片 4 個，花弁 4 個，雄しべ 4 本，花柱 1 本，子房半下位．核果は小形で 4 本のとげがあり，このとげは宿存がく片の変化したものである．ヒシに比べ全体小形で葉柄や花柄に毛がなく，果実のとげが狭い角度をしていることで区別する．〔日本名〕姫ビシの意味．

2481. キバナミソハギ 〔ミソハギ科〕

Heimia myrtifolia Cham. et Schltdl.

南米ブラジル原産の落葉小低木で，日本には明治時代（19 世紀後半）に渡来し，植物園などに栽培されるが，世間一般には見ない．茎は直立し，高さ 1 m 内外に達し，よく分枝し，枝は細い．葉は対生あるいは互生し，ほとんど葉柄はなく，披針形で全縁，枝葉はオトギリソウ属に似ている．夏，葉腋にやや柄のない黄色の花を開く．がくは緑色，鐘形で 12 歯に分裂し，花弁は 6 個，円形で平らに開く．雄しべは 12 本．1 本の花柱のある 1 個の子房がある．さく果は球形で，宿存がくに包まれる．〔日本名〕黄花をつけるミソハギの意味．

2482. キカシグサ 〔ミソハギ科〕

Rotala indica (Willd.) Koehne（*R. indica* var. *uliginosa* (Miq.) Koehne）

田んぼあるいは湿った所に生える一年生の柔らかい草本で，高さ 12～15 cm 位ある．下部は地面をはい，通常分枝し，節から白色のひげ根を出し，上部は直立する．円柱形で，時々紅紫色を帯び，茎全体を通じて葉がつく．秋になると多くの短い枝を出す．葉は小形で対生し，楕円形あるいは倒卵状長楕円形，全縁，鈍頭，葉柄はない．夏から秋の頃，葉腋に淡紅色の細かい花が 1 個ずつつき，花の下に 2 枚の苞葉がある．がくは筒状で 4 裂し，各裂片は尖る．4 個の花弁は細く小さく，がく筒のふちにつく．雄しべ 4 本，雌しべ 1 本．さく果は楕円体で宿存がくをもつ．〔日本名〕キカシグサは語源がわからない．

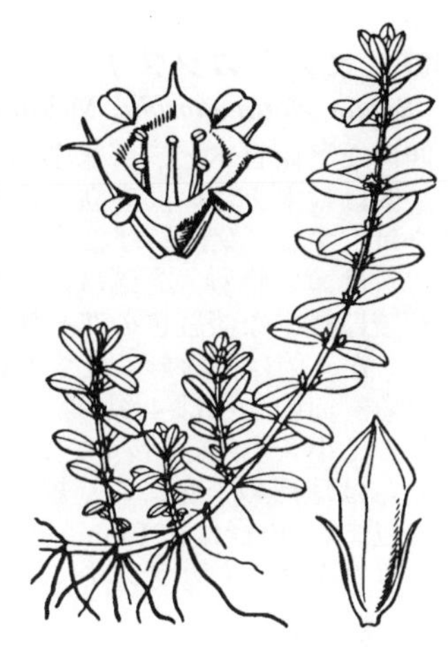

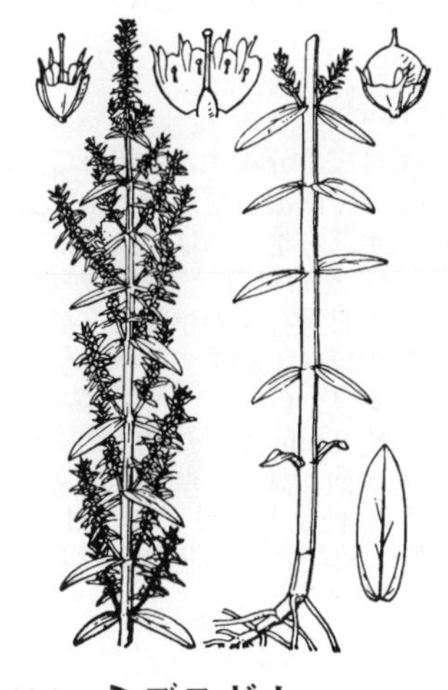

2483. ミズキカシグサ 〔ミソハギ科〕

Rotala rosea (Poir.) C.D.K.Cook ex H.Hara

（*R. leptopetala* Koehne var. *littorea* (Miq.) Koehne ; *R. littorea* (Miq.) Nakai）

主として田んぼに生える一年生草本で，高さ約 10～30 cm 位ある．茎は淡緑色で，基部は時々横に曲がり，白色のひげ根を出し，上部は直立して通常分枝する．葉は対生し，披針形で尖り，全縁，葉柄はない．茎も葉も柔らかい．秋になると，葉腋に 1 つずつ淡紅色の柄のない小さな花を開く．がく筒は 4 裂し，裂片は尖る．4 個の花弁はがく筒部に付着している．雄しべ 4 本，雌しべ 1 本．さく果は紅紫色，球形で宿存がくをもつ．〔日本名〕水キカシグサで，キカシグサよりも水分の多いところに生えるからである．

2484. ミズスギナ 〔ミソハギ科〕

Rotala hippuris Makino

池の中に生える多年生草本で，外形はオオバコ科のスギナモに似ている．根茎は水底の泥の中に横にはってひげ根を出し，茎は節のある円柱形で，まっすぐ上にのび，上部は水面の上に立上る．葉は輪生し，沈水葉は糸状で先端はかすかに 2 つに分かれるが，気中葉は緑色で広くまた短い．夏に各葉腋に白色またはごく淡いピンク色の細かい花を単生し，各々並んで輪生する．がくは筒状鐘形で 4 裂し，裂片は尖り，4 個の花弁がかく筒のふちにつき，雄しべ 4 本，雌しべ 1 本がある．さく果は球形で宿存がくに包まれる．〔日本名〕水杉菜．スギナに似た外観で水中に生えるからである．

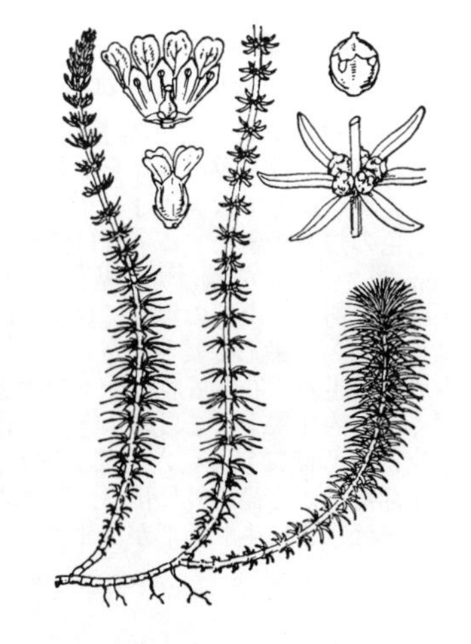

2485. ミズマツバ　〔ミソハギ科〕

Rotala mexicana Cham. et Schltdl.（*R. pusilla* Tulasne）

湿った所に生える一年生草本で，高さは通常 6〜9 cm．根は細いひげ根からなり，茎は基部が時々横にはうが，すぐに上向きに立ち上る．下部で分枝し，時にかたまって生え，地下茎にひげ根がつく．葉は 3〜4 輪生し，狭披針形で尖り，全縁，柔らかい．夏から秋へかけて細かい淡紅色の花が葉腋に 1 個ずつつき，花柄はなく，花の下に細い線形の 2 枚の苞葉がある．がくは鐘状で，5 裂し，裂片は三角形，つぼみの時は，その裂片の間の外面が稜となる．花弁はなく，雄しべ 3 本，雌しべは 1 本ある．さく果は球形でその長さは宿存がくの 2 倍あり，3 裂し，中に多数の細かい種子がある．〔日本名〕水松葉．葉が輪生した状態は画に描いた松葉と似ており，しかも水分を好むからである．

2486. ヒメキカシグサ　〔ミソハギ科〕

Rotala elatinomorpha Makino

四国など西日本と，房総半島の一部で水辺に稀産する小形繊細な一年草．茎は地上をはい，直立する部分は高さ 4〜7 cm で円く軟質．小さな葉を対生する．葉に柄はなく，長さ 3〜8 mm，幅 2〜4 mm の細長い楕円形で質は薄い膜質，先端は円く基部はくさび形に細まる．秋に枝の上部の葉腋に微小な淡紅色の花を 1 個ずつつける．花の基部に線形の小苞があり，がく筒は円筒形で長さ 1.5 mm 前後，縦に稜があってがく筒はやや角ばる．筒の上部は 4 裂し，裂片は三角形状で先端が尖る．花弁は 4 枚ありごく小さく, 楕円形でがく裂片の間から出る. 雄しべは 2 本しかなく，雌しべは球形の子房にごく短い花柱がつく．果実も球形で宿存するがく筒に包まれ, 直径は約 1 mm, 熟すと裂開して微細な種子を出す.〔日本名〕姫キカシグサでキカシグサに比して全体が小形なことによる．

2487. ホザキキカシグサ（マルバキカシグサ）　〔ミソハギ科〕

Rotala rotundifolia (Buch.-Ham. ex Roxb.) Koehne

インドから台湾に至る東南アジアの熱帯，亜熱帯に広く分布する多年草で，日本では沖縄本島や九州の一部に自生が知られている．やや湿った場所に生え高さ 10〜20 cm，長い根茎があって地面をはう．茎の下半部も地上をはい，しばしば節の部分から根を出す．茎は丸く，平滑無毛で赤紫色を帯びる．葉は柄がなく，対生し，長さ 5〜8 mm の小さなさじ形で質は薄い．5 月頃に茎の頂端と上部の葉腋から長さ 3〜6 cm の穂状の花序を出し，葉状の苞の腋に 1 個ずつの小花をつける．花は長さ，直径ともに 1〜2 mm の浅いがく筒があり，4 枚の花弁は紅紫色で，がく裂片の間から十字状に開出する．花弁の長さは約 2 mm で，基部は細く短い爪となっている．雄しべも 4 本でがく裂片とほとんど同じ長さ，雌しべは丸い子房と短い花柱をもつ．果実は宿存するがく筒に包まれ, 熟すと 4 裂する.〔日本名〕穂咲きキカシグサの意で，花序が穂状となるため.〔追記〕日本産の他の同属植物と比べると，多年草でかつ花序が穂状となる点で区別できる．

2488. ミズガンピ　〔ミソハギ科〕

Pemphis acidula J.R. et G.Forst.

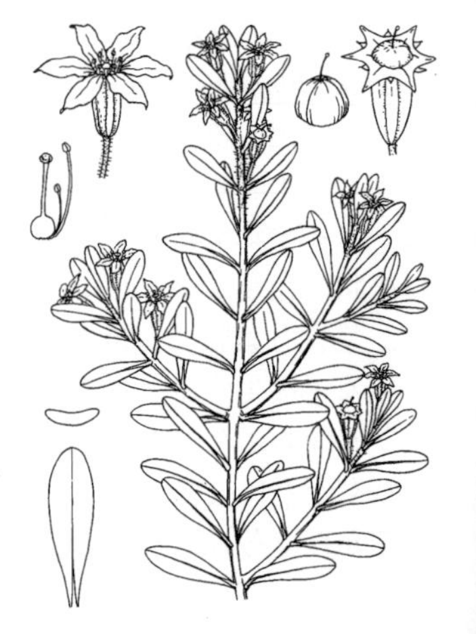

アジアの熱帯から太平洋諸島，オーストラリアなどの海岸に広く分布する常緑高木．日本では八重山群島をはじめ琉球列島の海岸の石灰岩上（隆起サンゴ礁上）に生える．琉球では高さ 1 m 前後の小低木状で基部からよく分枝する．若枝には灰白色の短毛が密生する．葉は無柄で対生し，長さ 1.5〜2.5 cm の長楕円形で幅は 1 cm 弱，全縁で先端は丸く基部は細まる．葉の質は厚く，葉脈は中央脈 1 本だけが明瞭である．上部の葉腋に径 1 cm ほどの紅色または白色の花をつける．がく筒はやや開いた鐘形で長さ 1 cm 余，上端が浅く 6 裂し，がく筒の外面には縦に 12 本の稜が走る．花弁 6 枚はがく裂片と互生し，卵形をしている．雄しべは 12 本でがく筒の内側に上下 2 段につき，葯は短い．雌しべの花柱は長く筒外に突出する．果実はがく筒に包まれたまま成熟し，稜のある多角の卵形体で長さは 5〜8 mm，上半部だけがく筒の外に出る．熟せば開裂して大量の微小な種子を出す.〔日本名〕水雁皮は水辺に生じ葉形がアオガンピ（ジンチョウゲ科の植物）に似るため．

2489. ザ ク ロ　〔ミソハギ科〕

Punica granatum L.

西アジア一帯の原産で，通常庭園に栽培される落葉高木．高さ 10 m 以上に達し，幹はよく分枝し，若い枝は 4 稜があり，短枝の先はとげとなる．材は黄色．葉はほぼ対生して短い葉柄があり，狭長楕円形あるいは長倒卵形で長さ 4 cm ぐらい，全縁，つやがある．6 月頃，枝の先に多数の短い柄のある花がつき，次々に開く．がくは筒状，多肉で多くは 6 裂し，表面はつやがあり，赤色，雌花ではややふくらみ，雄花では倒卵形．花弁は赤色，6 個あり，質はうすく多少しわがよる．多数の雄しべは花の開口部から出て，子房はがく筒と合着して下位．果実は球形で頭部に宿存がくの裂片が付着し，果皮は黄色で厚く，不規則に裂開し，種子が現れる．種子は時々淡紅色で，外種皮がすきとおって，甘酸っぱい液に富み食べられる．重弁花の品種群をハナザクロと呼び，これに対し実を結ぶ品種群をミザクロという．根は駆虫薬に使われる．〔日本名〕石榴の音に基づく．〔漢名〕安石榴．

2490. ミズキンバイ　〔アカバナ科〕

Ludwigia peploides (Kunth) P.H.Raven subsp. ***stipulacea*** (Ohwi) P.H.Raven（*L. stipulacea* (Ohwi) Ohwi）

池や沼の水中に生える柔らかい多年生草本．よく茂って時々水面をおおう．泥の中にある地下茎から時々白色のふさふさした尾状の呼吸根を出す．茎は淡緑色，円柱形で長く横にはい，上部は起き上って約 30 cm 位になって花をつける．葉は互生し，葉柄があり，倒披針形，全縁，葉柄の基部両側に濃い緑色の腺体がある．夏から秋にかけて，葉腋から葉よりも短い花柄を出し，その先端に 1 個の黄色い花を開く．花径 2.5 cm ぐらい．がく片は 5 個，花弁は 5 個，倒卵円形で先端は凹む．雄しべは 10 本あり，花柱は 1 本で，柱頭は大きく広がり，子房は下位で長く，1〜2 個の緑色腺体がある．さく果は円柱形，下部は細くなっており，細かい種子をもつ．〔漢名〕水龍が慣用されている．

2491. キダチキンバイ　〔アカバナ科〕

Ludwigia octovalvis (Jacq.) P.H.Raven

新旧両大陸の熱帯，亜熱帯の水湿地に広く分布するいわゆる汎熱帯雑草の 1 つで強壮な多年草．基部が木化してしばしば低木状になり，ときには高さ 3〜4 m に達することもある．枝はよく分枝して茂り，毛が密生することが多いが，まれにほとんど無毛のものもある．葉は 1 cm 足らずの短い柄があり互生し，葉身は長さ 3〜10 cm，幅 5〜10 mm の細長い線状楕円形で両端は尖る．全縁だが縁毛があり，両面にも通常は毛が多い．支脈は 10〜20 対あり，葉縁に沿ってカーブする．花は上部の葉腋に 1〜2 個ずつつき，長いがく筒の中に子房を包む．がく片 4 枚は卵形でほぼ平開し，がく筒，がく片とも粗い毛が多い．花弁は黄色で 4 枚あり，長さ，幅とも 5〜15 mm ほどの大きさ．雄しべ 8 本と 1 本の雌しべは短く，花の中心に集まって見える．果実は径 3〜5 mm，長さ 2〜5 cm の円筒形で，果皮は薄く淡褐色で縦に 8 本の濃色の稜が走る．日本では屋久島と琉球列島，小笠原諸島（父島）に知られている．〔日本名〕木立ち金梅はミズキンバイの仲間で木本状であることによる．

2492. チョウジタデ（タゴボウ）　〔アカバナ科〕

Ludwigia epilobioides Maxim. subsp. ***epilobioides***

一年生草本で北海道から琉球の田などの湿った地に生え，高さ 40〜60 cm 位．茎は直立あるいは斜めに立ち，分枝し，緑色でしばしば紅みを帯び，縦の稜がある．葉は互生し，披針形で柔らかく，長さ 5〜10 cm，ほとんど全縁，羽状の支脈が多く，秋に時々紅くなる．夏から秋へかけて，葉腋に柄のない黄色い花を開く．花径 1 cm 以下，がく片は緑色で 4 個，花弁は細かくて 4 個，4 本の雄しべ，1 本の花柱がある．子房は下位で長く，熟するとさく果となり，後に果皮がはげて種子が露出する．〔日本名〕丁子蓼はこの草の形がタデに似て，またその花が丁子の形に似ているので名付けられた．タゴボウはたぶん田牛蒡の意味で水田に生じ，またその根の形に基づいて名付けられたのであろう．

2493. ウスゲチョウジタデ 〔アカバナ科〕

Ludwigia epilobioides Maxim. subsp. ***greatrexii*** (H.Hara) Raven
（*L. greatrexii* H.Hara）

本州（関東地方以西の太平洋側），九州，それに琉球列島と台湾にも知られる一年草．チョウジタデによく似るが，茎に細毛があり，花の各部もやや大きい．高さ 30～60 cm になりよく分枝する．茎は赤色を帯びることが多く，不明瞭な稜がある．葉は互生し，長さ 7～8 cm，幅 1～2 cm の披針形で，若葉には茎と同様の細毛が目立つ．葉の両端は尖り，ふちは全縁でやや波うつ．長さ 1 cm 前後の葉柄がある．夏に上部の葉腋にほとんど柄のない花をつける．花柄に見える部分はがく筒で中に子房があり，表面にねた毛が多い．がく筒上部は 5 片に分かれ，三角形状で長さ 3～5 mm ある．花弁は長さ 4 mm ほどの卵形で黄色，チョウジタデのそれよりもかなり大きい．雄しべは 4 本ある．花の底部の花盤に白い毛が密生する点が大きな特徴である．独立種として扱われることもある．〔日本名〕植物体にやや毛があることによる．

2494. ミズユキノシタ 〔アカバナ科〕

Ludwigia ovalis Miq.

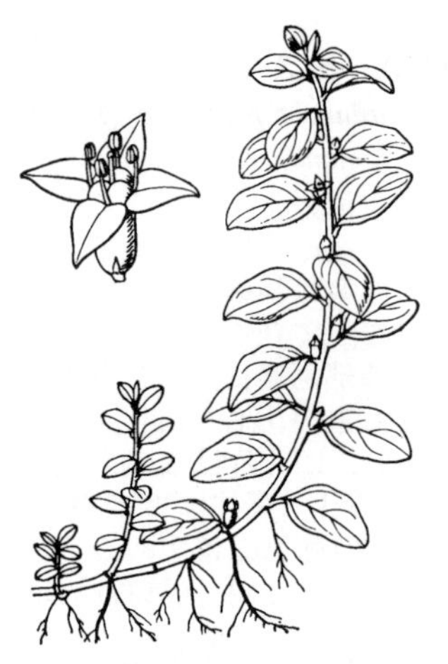

本州以南の池や沼の岸などの湿った所に生える柔らかい多年生草本で，通常紫褐色で長さ 30 cm 内外ある．茎は下部が泥の上を走ってひげ根を出し，上部は直立したり，斜めに立ち上ったりして，全体を通じて葉をつける．葉は薄く卵形あるいは倒卵形，全縁，葉柄は短い．夏から秋にかけて，葉腋にほとんど柄のない淡黄緑色の小さい花を単生する．がく片は 4 個，花弁を欠き，雄しべは 4 本，花柱は 1 本，花の中心に花盤がある．子房は下位で，宿存がくが上部に残る．さく果は楕円状球形で長さ 5 mm ぐらい．〔日本名〕水雪之下であろうが，ユキノシタとは余り形態が似ていない．

2495. フクシア（ヒョウタンソウ，ホクシャ，ツリウキソウ）〔アカバナ科〕

Fuchsia ×***hybrida*** Hort. ex Vilm.

南米産 *F. magellanica* Lam. のある品種とメキシコ原産の *F. fulgens* DC. との種間雑種であろうといわれ，俗に Common garden fuchsia と呼ばれる種で，明治初年前後（1870 頃）に日本に入り，以来観賞植物として温室に栽培され世間に広まったものである．元来低木であるがふつうには草状で，高さ 30～60 cm 位，茎は直立．葉は対生し，葉柄があり，卵形，ふちにきょ歯があり，葉および茎は暗紫色．夏に枝先の葉腋に細長い柄を出して，その先端に 1 個の美しい花をつけ，垂れ下がる．がくは下部では長い筒となり，上部は 4 片に分かれて開き赤色．4 個の花弁はがく裂片より短く，紅紫色，別に紅色，白色の品種がある．8 本の雄しべは花の開口部につき，花柱とともに花の外にとび出し，子房は下位．〔日本名〕属名の音読み．ホクシャも同様．別名の瓢箪草はつぼみの形をヒョウタンの果実にみたてたもの．釣浮き草は花が空中に垂れ下がった様子に基づく．

2496. ミズタマソウ 〔アカバナ科〕

Circaea mollis Siebold et Zucc.
（*C. quadrisulcata* auct. non (Maxim.) Franch. et Sav.）

北海道から九州の山野の日陰あるいは半日陰の地によく生える多年生草本で，高さ 40～60 cm 位．匍匐枝が地中をのびる．茎は直立し，単一で，節間の基部は多少紅紫色を帯びて少しふくらんでいる．葉は対生し，葉柄があり，広披針形で尖り，へりに低いきょ歯がある．夏に茎の頂に頂生および腋生の総状花序を出して，花柄のある小さい花を開く．緑色のがく片は 2 個，先端が凹んで白色の花弁 2 個．2 本の雄しべ，1 本の花柱，白いかぎ毛のある下位子房がある．果実はほぼ球形の広倒卵形体で，幅 3～4 mm，4 本の縦のみぞがあり，かぎ毛が一面に生え，果柄は下に向く．〔日本名〕水玉草は白い毛のある球形の子房を露がかかった水玉にたとえたもの．

2497. ウシタキソウ　〔アカバナ科〕

Circaea cordata Royle

ヒマラヤから日本（本土全域）にかけて山中の木の下などに生える多年生草本で，地下茎を引き，高さ 40〜50 cm 位．茎は単一で直立し，淡緑色で節間の基部は多少ふくれる．茎と葉には細かい毛が一面に生えている．葉は対生し，葉柄は長く，卵状心臓形，ふちに低く平らな波状のきょ歯がある．夏に茎の先端に総状花序を出して柄のある白色の小さな花が開く．花軸の長さは約 2〜12 cm 位．がく片は 2 個，花弁は 2 個で広倒卵形で 2 つに深く裂け，雄しべ 2 本，花柱 1 本，かぎ毛のある子房がある．果実は倒卵状球形で径 3 mm ぐらい，かぎ毛によって密におおわれる．〔日本名〕牛滝山という山の名にちなんだという．また，本種の雫状の果実を牛のよだれ（東日本の方言でこれをシタキという）に見立て，ウシシタキソウと言ったのが詰まったとする説もある．〔追記〕本種とエゾミズタマソウの雑種をハヤチネミズタマソウ *C.* ×*skvortsovii* Boufford という．

2498. タニタデ　〔アカバナ科〕

Circaea erubescens Franch. et Sav.

中国から日本（本土全域）にかけて山中に生える多年生草本，地下茎を引き，高さ約 20〜40 cm 位．茎は直立し，単一で節間の基部は多少ふくらみ，葉柄もともに紅紫色を帯びる．葉は柔らかく，葉柄があり，対生，卵形で尖り，長さ 3〜6 cm，基部は円く．ふちには低い波状きょ歯がある．夏に茎の頂に分枝して総状花序をつけ，花柄のある淡紅色の小さい花を開き，果時には果柄は下を向く．がく片は 2 個，紅紫色，花弁は 2 個，先端は 3 裂する．雄しべは 2 本，葯の花粉は白色，花柱は 1 本でかぎ毛のある下位子房がある．果実は倒卵形体でかぎ毛が密にある．全体にやせ形で花序の中軸には毛がないので区別できる．〔日本名〕谷蓼は谷に生え，草の形がタデに似ているためである．〔追記〕本種とウシタキソウとの雑種をオオタニタデ *C.* ×*dubia* H.Hara という．

2499. エゾミズタマソウ　〔アカバナ科〕

Circaea canadensis (L.) Hill subsp. ***quadrisulcata*** (Maxim.) Boufford
（*C. quadrisulcata* (Maxim.) Franch. et Sav.）

シベリアからサハリン，中国大陸の東北部（旧満州），北部，朝鮮半島などアジア大陸東北部の寒冷地に分布し，日本でも北海道と本州の一部に知られる多年草．全草ほとんど無毛で，茎は高さ 30〜40 cm になる．葉は柄があって対生し，葉身は長さ 4〜15 cm の細めの卵形で基部はやや心臓形をなす．葉の先端はやや尖り，ふちにはわずかに浅いきょ歯がある．葉の質は薄い．夏に茎頂にまばらな総状花序を出し，花序の軸には短い腺毛がかなり密に生える．花は小さく白色．子房を包むがくは上部で 2 片に分かれ，花弁も 2 枚，それぞれ 2 片に裂ける．花弁はがく片よりも短い．果実は径約 3 mm，倒卵状楕円体で，表面にかぎ毛が密に生える．北アメリカには基準亜種 subsp. *canadensis* が分布する．〔日本名〕ミズタマソウに似て北海道に産することによる．しばしば本種に対してヤマタニタデの和名が使われるが，本来のヤマタニタデは本種とミヤマタニタデとの雑種である．

2500. ミヤマタニタデ　〔アカバナ科〕

Circaea alpina L.

北半球の亜寒帯に広く分布し，深い山の日陰の地，あるいは高山の日の当たる所に生えるやわらかい小形の多年草．細い白色の地下茎を引いて繁殖し，高さ 6〜15 cm 位．茎は直立し細く，時には単一，時には分枝する．葉は対生し，葉柄があり，心臓状広卵形でふちに低いきょ歯がある．夏から秋にかけて，茎の頂部に細長い花柄を出し，上部は総状花序になり，帯紅白色の柄のある細かい花をつける．花序軸は細く花柄はひげ状で，果実の時には斜めに下を向く．がく片 2 個，花弁は 2 個で 2 裂する．2 本の雄しべ，1 本の花柱，細いかぎ毛のある下位子房がある．果実は倒卵状楕円体で密にかぎ毛におおわれ，他種がすべて 2 室であるのと違って 1 室である．〔追記〕本種は茎が無毛で開花時に小花柄が上を向くミヤマタニタデ（狭義）subsp. *alpina* と，茎が有毛で開花時に小花柄が横を向くケミヤマタニタデ subsp. *caulescens* (Kom.) Tatew. に分けられる．

2501. ヤナギラン（ヤナギソウ）　〔アカバナ科〕

Chamaenerion angustifolium (L.) Scop.
(*Epilobium angustifolium* L.; *Chamerion angustifolium* (L.) Holub)

多年生草本で北海道と本州中北部の山野の日の当たる所に生え，根を長く引いてよく苗を出し，時々野原一面に茂ることがある．茎は直立し，分枝せず高さ約 1.5 m に達する．葉は互生し，披針形で長さ 10 cm 以上．先端は尖り，ふちに微きょ歯があるが，葉縁が軽く裏側へ巻くため目立たない．支脈が多く葉の縁の内側で連絡する．夏に茎の先に総状花序を出して多数の紅紫色の美しい花を開き，だんだん下から上へ咲き上る．花は径 3 cm に近い．がく片 4 個，花弁 4 個，雄しべ 8 本，花柱 1 本．子房は下位で細長く，白い細毛におおわれる．花が終わった後，細長いさく果が裂開し，冠毛をもった細かい種子が飛散する．〔日本名〕柳蘭あるいは柳草はその葉形に基づく．

2502. エゾアカバナ　〔アカバナ科〕

Epilobium montanum L.

北海道，本州中部以北に産し，ユーラシア北部に広く分布する．山中の湿った所に生える多年草．茎はふつう高さ 1 m 以下であり，葉とともに曲がった細毛がある．葉は卵状披針形または卵形，長さ 3～10 cm，幅 1.5～5 cm になり，縁にきょ歯がある．萼にも細毛がある．花弁は長楕円状倒卵形，紅色で，長さは 7～10 mm になる．花柱の先端は 4 裂する．さく果は長さ 5～7.5 cm で，短毛があり，種子は長楕円形で，長さ 1～1.3 mm，乳頭状突起を密生し，冠毛は汚白色．〔日本名〕北海道産として命名された．〔追記〕オオアカバナ *E. hirsutum* L. は柱頭が 4 裂する点で本種に似るが，大きく高さ 1.5 m に達し，全体に開出毛と腺毛があり，花弁は長さ 1 cm 以上．日本では本州中部以北に点在するが，ユーラシア大陸全域に広く分布する．また，カラフトアカバナ *E. ciliatum* Raf. も全体がエゾアカバナに似るが，柱頭は棍棒状で 4 裂しない．北海道と本州中部以北に生え，国外では南北アメリカと極東アジアに分布する．

2503. イワアカバナ　〔アカバナ科〕

Epilobium amurense Hausskn. subsp. ***cephalostigma*** (Hausskn.) C.J.Chen, Hoch et Raven (*E. cephalostigma* Hausskn.)

多年生草本で北海道から九州の山中の湿った所に生え，高さ 30～60 cm 位．茎は直立して分枝し，全面に曲がった毛が生える．葉は対生し，葉柄はきわめて短く，長楕円形あるいは披針形で，ふちにかすかなきょ歯があり，基部はくさび形に尖る．夏から秋にかけて茎の上部葉腋に柄のない白色あるいはきわめてうすい淡紅色の花を単生する．がく片は 4 個，花弁は 4 個で先が浅く 2 裂し，長さ 6 mm ぐらいである．雄しべは 8 本，花柱は 1 本で柱頭は頭状にふくらむ．子房は下位で細長い．さく果は長く，長さ 5～8 cm ある．種子は冠毛があり小さい．〔日本名〕岩アカバナ．湿った岩上に生えるからであるが，必ずしも岩場だけに生えるとは限らない．

2504. ケゴンアカバナ　〔アカバナ科〕

Epilobium amurense Hausskn. subsp. ***amurense***

北海道から四国の高山地帯の日の当たる所に生える小形の多年草で高さ 20 cm 内外．茎は細長く両側に白毛の線条がある．葉は対生するが上部では互生し，短く，托葉はなく，卵状披針形，ふちに粗く低いきょ歯があり，先端は尖り，無毛で滑らかである．花は白色，小形で，花柄は短く，茎の上部の葉腋に 1 個ずつつき，下から順に開く．がく片は緑色，4 個．花弁は 4 個，倒卵形で平らに開き，先端は浅く 2 裂する．雄しべは 8 本，花弁より短い．子房下位，細長い 1 本の花柱がある．果実は細長いさく果で直立し，時々茎の頂部を超え，無毛，熟すると裂開して白色の長い毛をもった細かい種子を飛ばす．本種は茎に明瞭な毛の線が 2 条見えることですぐこの種であることが知られる．〔日本名〕華厳アカバナ．はじめ日光華厳の滝附近で発見されたもので記載されたことがあるため．

2505. **アシボソアカバナ**（ナガエアカバナ） 〔アカバナ科〕

Epilobium anagallidifolium Lam.（*E. dielsii* H.Lév.）

北海道，本州中部以北に分布する．高山に生える小さな多年草で，多数の茎が叢生してしばしば株状になる．茎は高さ 3～15 cm で，2 列の細い曲がった毛がある．葉は短い柄があり，長楕円形～卵状披針形，長さ 1～2 cm，幅 3～7 mm となり，ふちはほぼ全縁か不明瞭な細きょ歯があり，主脈に細毛があるほかは無毛．花は少なく，淡紅色．萼は長さ 2～4 mm，ほとんど毛はなく，裂片は長楕円状披針形．花弁は長さ 3.5～4 mm あり，花柄には細毛を散生し，果時には伸びて長さ 4 cm に達する．さく果は長さ 1.7～3.6 cm．種子は狭倒卵形体で，長さ 1～1.2 mm あり，細かい乳頭状突起がある．〔日本名〕足細アカバナで，果実の柄（足）が近縁種に比べて細長いことによる．長柄アカバナも同じ．

2506. **シロウマアカバナ** 〔アカバナ科〕

Epilobium lactiflorum Hausskn.（*E. shiroumense* Matsum. et Nakai）

北海道，本州（中部地方）の高山に分布する．高山の渓流沿いの湿地に生える多年草で，茎は稜線に沿って白毛と腺毛があり，1 本立ちして，高さ 5～30 cm になり，しばしば株状になる．葉は短い柄があり，長楕円形または卵状披針形で，長さ 1～3 cm，幅 3～11 mm になり，縁には細きょ歯があり，両面ともほぼ無毛である．花期は 7～8 月．花は小さく，淡紅色または白色である．萼は長さ 3～3.5 mm になり，裂片は長楕円状披針形．柱頭は棍棒状になる．さく果は長さ 2～5 cm になり，ほとんど毛はなく，果柄は長さ 1.5～3 cm．種子は長楕円状披針形，長さ 1.2～1.4 mm で，乳頭状突起はなく，冠毛は白色．〔日本名〕白馬アカバナで，北アルプス白馬岳に産することによる．

2507. **ミヤマアカバナ**（コアカバナ） 〔アカバナ科〕

Epilobium hornemannii Rchb.（*E. foucaudianum* H.Lév.）

本州中部以北の高山帯や深山の谷間に生える小形の多年草．茎は高さ 10～30 cm，上部には腺毛が散在する．葉は対生し薄く，長卵形で基部は細まり短い柄となり，ふちには低い不明瞭なきょ歯があり，長さ 1.5～5 cm，幅 5～28 mm でほとんど毛はない．上部の葉はやや尖る．7 月に茎の上部の葉腋から花柄を出し，淡紅色の花を開く．花柄と子房には毛がある．がくは長さ 3～4.5 mm，4 深裂し，裂片は広披針形．花弁は 4 個，長倒卵形で先は 2 裂し，長さ 4～6 mm．雄しべは 4 本，雌しべは 1 本，柱頭は棍棒状．さく果は長さ 4～6.5 cm，種子は倒披針形で微細な乳頭状の突起があり，絹糸状の冠毛がある．〔日本名〕深山アカバナおよび小アカバナの意味．

2508. **ホソバアカバナ**（ヤナギアカバナ） 〔アカバナ科〕

Epilobium palustre L.

ユーラシア，北アメリカの温帯に広く分布し，日本では北海道と本州中部以北に産する．湿原に生える多年草．茎は直立し，ときに分枝し，高さ 10～80 cm になり，稜線はなく，短毛があり，上部には腺毛もある．葉は柄がなく，線形から線状披針形で，長さ 1.5～9 cm，幅 1.5～2 mm になり，短毛がある．花期は 6～9 月．花はふつう腋生し，白色～淡紅色．萼は漏斗状で，長さ 4～5 mm になり，裂片は披針形で，先は鋭形となる．花弁は倒卵形，先は 2 浅裂し，長さ 5～8 mm．柱頭は倒卵状棍棒形．さく果は長さ 4～8 cm で，ふつう短い白毛があり，長さ 1～3 cm の果柄がある．種子は紡錘形で長さ 1～1.5 mm，細かい乳頭状突起があり，冠毛は白色から黄褐色．大きさと生育形や葉形などの変化が大きい．〔日本名〕細葉アカバナで葉が線形あるいは線状披針形で細長いことにちなむ．

2509. アカバナ 〔アカバナ科〕

Epilobium pyrricholophum Franch. et Sav.

山の麓や野原の水の近くに生える多年草で，この属の中で最もふつうな種類である．茎は高さ 30～60 cm 位，横にねた地下茎から茎を直立し，分枝し，細かい毛がある．葉は対生し，葉柄はなく多少茎を抱き，卵状長楕円形，ふちにきょ歯がある．夏に茎の頂部に柄のない淡紅紫色の花を腋生するが葉が次第に小形となるため総状花序に見える．がく片は 4 個，花弁は 4 個．先端は浅く 2 裂し，雄しべは 8 本ある．花柱は上部が棍棒状．子房は下位で細長く花柄のように見え，細かい毛がある．さく果は細長く 3～5 cm 位．種子は微細で長い冠毛があり，風にのって飛ばされる．〔日本名〕赤花は夏秋の頃葉がよく紅紫色になるのでこの名がある．〔漢名〕柳葉菜は次に述べるオオアカバナの名である．〔追記〕本種は根際から葉のついた匍匐枝を出すのが著しい特徴である．

2510. ヒメアカバナ 〔アカバナ科〕

Epilobium fauriei H.Lév.

やや高い山地の砂れき地にまれに産する柔らかい多年生草本．茎は高さ 5～20 cm，単一かまたは分枝し，上部には細かい曲がった毛がある．葉は対生し，下部のものは小さく倒卵形，中部以上のものは線形で先はやや円く，基部は細まって短い柄があり，ふちに 1～2 個の目立たないきょ歯があり，ほとんど毛はなく，長さ 8～25 mm，幅 1～3 mm ある．秋になって時に葉腋にムカゴができることがある．夏に枝先の葉腋に花をつけ，花柄にもまた細長い子房にも白い伏した毛がある．がくは長さ 3～4 mm，深く 4 片に裂ける．花は淡紅色で直径 8 mm 位，花弁は 4 個，倒卵形で先が凹んでいる．さく果は長さ 2～3.5 cm，裂開して絹糸のような冠毛をつけた種子を飛ばす．〔日本名〕姫アカバナ．全体がやさしい様子であるからである．〔追記〕トダイアカバナ *E. platystigmatosum* C.B.Rob. は本州中部以南と四国の太平洋側山地の砂礫地に生え，葉が細い点でヒメアカバナに似るが，全体大形で高さ 70 cm に達し，葉のふちには 3～8 個のきょ歯がある．

2511. イロマツヨイ 〔アカバナ科〕

Clarkia amoena (Lehm.) A.Nelson et J.F.Macbr.

(*Godetia amoena* (Lehm.) G.Don)

北米カリフォルニア地方原産の一年生草本．花畠に栽培され，切り花となる．高さ 40～60 cm，全体に短い毛がある．葉は互生し，線状披針形，両面は毛のために白色を帯びる．葉腋に短い枝を出し，これに小形の葉が集まってつく．夏に枝先に直径 5 cm 内外の 4 弁花を数個開き，紅色，花心は白色で美しい．つぼみは円筒状で直立し，互いにへりが合着する 4 個のがく片に包まれているが，開花の時その一方が急に裂けて反転し，花弁を現わす．花弁は膜質で円頭，先端はややへこみ，ふち全体に不規則な波状で，基部は細くなる．8 本の雄しべ，1 本の雌しべがあり，柱頭は 4 本に分かれ，子房は下位，円筒状で 4 室ある．花柄は短い．〔日本名〕色待宵の意味で，マツヨイグサに似ているが，赤色が濃いからである．〔追記〕園芸上ゴデチアと呼ばれているものは本種をもとに近縁種との交雑などによって改良されたものである．

2512. ハクチョウソウ（ヤマモモソウ） 〔アカバナ科〕

Oenothera lindheimeri (Engelm. et A.Gray) W.L.Wagner et Hoch

(*Gaura lindheimeri* Engelm. et A.Gray)

北米テキサス州などの原産で，高さは 60～90 cm 位になる多年生草本．観賞用に人家に栽培される．茎は直立し，細長く，上部で多少分枝する．葉は互生し，葉柄はなく，披針形で尖り，ふちに波状の粗いきょ歯がある．春から夏にかけて，茎頂に長い穂状花序，あるいは円錐状穂状花序を出して，白い花を開く．がく筒は下位子房の頂端につき，上部は 4 個のがく片に分かれ，開花の時には外側へ反り返る．花弁はへら状で 4 個，雄ずい 8 本，花柱 1 本．果実は細い紡錘形で細かい毛がある．〔日本名〕白蝶草は花の形に基づく．ヤマモモソウは，たぶん山桃草で，山地生のモモの花に似た花をつける草の意味であろう．

2513. ヒルザキツキミソウ 〔アカバナ科〕

Oenothera speciosa Nutt.

北アメリカ原産の多年草．高さ 30〜60 cm になり，地下には長い地下茎が走る．葉は短い柄があって互生し，全体は幅の細い長楕円形で長さ 5〜8 cm，幅 1 cm 前後．葉のふちには深い波形のきょ歯が並ぶ．根生葉はロゼットを作り，タンポポの葉のように裂けることが多い．初夏の頃に茎の先端に総状花序をなして大輪の白花または淡いピンクの花をつける．花は 4 弁で直径 5 cm ほどあり，目立つ．花弁の先端部はやや凹んで軽い倒心臓形となる．雄しべは 8 本あるが長短があり，雌しべの柱頭は 4 本に分かれる．つぼみの時は下向きに曲がっているが，開花すると日を受けて直上を向いて開く．果実は長さ 2〜3 cm の先の尖ったさく果で，上半部の側面に 8 枚の翼が出る．中・南米各地に広く帰化して野生化しており，原産地の北米では道路沿いの草地や牧場のへりでふつうに見られる．日本への帰化は観賞用の栽培品からの逸出といわれている．〔日本名〕昼咲月見草は，ツキミソウの仲間で昼間に開花するため．マツヨイグサ類とは逆に日がかげるとしぼむ．

2514. ツキミソウ（ツキミグサ） 〔アカバナ科〕

Oenothera tetraptera Cav

メキシコ原産で，昔日本に入り，園芸植物として栽培された二年生草本で，全体は細かい毛でおおわれる．茎は直立し，高さ 60 cm に達し，まばらに分枝する．葉は淡緑色で柔らかく，互生し，披針形，ふちに不整の羽状きょ歯があり，葉柄は短いかあるいはない．花は夏に葉腋に 1 つずつ開き，花柄がある．がく片は緑色で 2 個あり，開花のとき外側に曲がり，ふちは内側に巻く．花弁は 4 個，大形で広い倒心臓形，先端はややへこみ，白色，夕方開き翌朝しぼんで紅く変わる．雄しべは 8 本で，花の開口部より出て，花糸も葯も淡黄色，子房は下位，4 稜があり，緑色，花柱は高く花の上につき出し，柱頭は 4 本に分かれて十字形となる．果実はさく果，倒卵形で，粗い毛があり，縦に 4 裂し，細かい種子を出す．嘉永年間（1850 頃）にマツヨイグサなどと同時に渡来したが，適応性が弱いために野生化せず，今日では稀に観賞用として植えられているにすぎない．一般にオオマツヨイグサのことをツキミソウと呼ぶのは誤りである．〔日本名〕月見草の意味で，花弁が白く，夕方に開花するので，これを夕月にたとえて呼んだのである．

2515. コマツヨイグサ 〔アカバナ科〕

Oenothera laciniata Hill

北アメリカ東南部原産の二年草．日当たりのよい川原や海岸の砂地などにしばしば群生する．1 年目の株は根生葉だけのロゼットで，多数の葉が放射状に広がる．葉の長さ 3〜8 cm で全形は倒披針形．葉身はタンポポの葉のように羽状に切れこみ，頂羽片だけ大きい．2 年目に茎を直立．または斜上させ，高さ 20〜50 cm になる．茎につく葉も羽状に切れこみがあり，この点で他の同属の植物と異なる．花は初夏から夏に咲き，茎の上部の葉腋に 1 花ずつつく．花柄状の部分は子房とそれを包むがく筒で粗い毛が多く，がく片は 4 裂して線形となり，開花時は反転して垂下する．花の径は約 2 cm で淡黄色ないしクリーム色．夕刻に開いて翌朝しぼむが，そのあと橙色を帯びる．さく果は長さ 3 cm 余の棒状となり，ややカーブすることが多い．北アメリカの内陸に広がり，ヨーロッパや日本にも帰化している．日本に帰化している同属植物の中では，葉に切れこみがあることと，花が直立する花序にならないこと，花色が淡いことなどで区別できる．〔日本名〕小待宵草．

2516. マツヨイグサ 〔アカバナ科〕

Oenothera stricta Ledeb. ex Link

南米チリ原産の多年生草本．嘉永 4 年（1851）頃日本に渡来し，当時は庭園に植えて観賞したが，現在では各地に広く野生化し，帰化植物となった．地下に白い直根がある．茎は 1 株に 1 本または数本出て直立し，時々まばらに分枝し，茎頂は花序になり，高さ約 50〜90 cm ぐらい．葉は線形，中央脈は白く，ふちにまばらな低いきょ歯がある．根生葉は多数集まってつき，茎葉は互生する．夏に葉腋に 1 個の柄のない鮮やかな黄色の花をつけ，夕方開き，翌朝太陽が出るとしぼみ，黄赤色に変わる．がく片はうす緑色で 4 個あるが，2 個ずつ合着して，ちょうど 2 個のように見え，開花の時は外側へ反り返り，下部は花筒となる．先端のへこんだ 4 枚の花弁は平らに開き，8 本の雄しべがあり，黄色の花粉は豊富にある．柱頭は 4 つに分かれ，子房は円柱形で毛がある．さく果は 4 片に裂け，柄がある．中に細かい種子がある．種子は湿ると粘液を出す．〔日本名〕待宵草の意味で，花は夕方になると初めて咲くので宵を待つと表現したのである．宵待草は誤称．

2517. メマツヨイグサ 〔アカバナ科〕

Oenothera biennis L.

北アメリカ原産の二年草．多くのマツヨイグサ類と同様に 1 年目は根生葉だけがロゼットを作り，翌年に花茎を直立させる．根生葉は先のまるいへら形で放射状に展開する．ふちには不明瞭なきょ歯がある．2 年目にでる茎は直立して高さ 1 m 余となり，やや赤みを帯びることが多い．葉とともにやや長めの毛におおわれる．茎葉は根生葉より小さく，狭長な楕円形で先端は鈍く尖る．ふちは不規則なきょ歯があってやや内側に巻き，縁毛が目立つ．茎頂と上部の葉腋から花を出し，葉と同形でずっと小さい苞がある．花の柄にあたる部分には子房が包まれ，長さは 3～6 cm，花の直径も 3～4 cm でオオマツヨイグサよりも小さい．花弁は 4 枚あって黄色．花がしぼむと橙色を帯びる．花弁のつけ根にあるがく片 4 枚は細長い披針形で花時には反り返る．さく果は長さ約 1.5～2 cm になる．初夏から秋へ次々と花をつけ，夕刻から翌日の午前まで開く．日本には古く明治中頃に入り，道ばたや荒れ地などにふつうに見かける．〔日本名〕雌待宵草で，やや小形なマツヨイグサの意．

2518. オオマツヨイグサ 〔アカバナ科〕

Oenothera glazioviana Micheli（*O. erythrosepala* Borbás）

北アメリカ原産の本属の植物を交配して，ヨーロッパで作出された園芸植物．越年生草本で明治初年（1870）頃日本に入り，今では各地の海浜や川原などに広く野生化し，帰化植物になった．大形で高さ 1.5 m 内外にも達する．根は白色で直根．茎は直立し，時々分枝し大形で毛があり，枝先は花序になる．葉は互生し，長楕円状披針形，ふちには低いきょ歯があり，根生葉は倒披針形で地面に平らに開く．夏の夕方に大きい黄色い花が枝先に連なって開き，翌朝にはしぼみ，花の下に緑色の苞葉があり，花柄はない．4 個のがく片は紅赤色を帯びることが多く，2 個ずつくっつき，開花の時には外側に曲がる．花弁は 4 個で先端はへこみ，雄しべは 8 本，葯には黄色い花粉が多い．花柱は 4 本に分かれ，下位子房は細かい毛におおわれる．さく果は 4 片に裂け，柄がなく，中に細かい種子がある．最近ではこの植物をよくツキミソウと呼ぶが間違いで，ツキミソウは白い花を開く別の種類である．〔日本名〕大形のマツヨイグサの意味．

2519. ムニンフトモモ 〔フトモモ科〕

Meterosideros boninensis (Hayata ex Koidz.) Tuyama

小笠原諸島に稀産する固有の常緑高木．父島中央部の山腹斜面や沢ぞいに生える常緑高木で高さ 3～5 m，ときに 10 m に達するものもある．枝はアデクなどと同様，明るい赤褐色を呈する．葉は短い柄で対生し，長さ 4～8 cm の楕円形で両端は鋭く尖る．全縁で葉の質は厚く，上面は濃緑色で光沢があり，葉脈は主脈を除いて明瞭でない．下面は淡緑色．9 月頃に枝先に散房状の花序を出し，短い花柄の先に赤色の美花を多数咲かせる．花は浅く 5 裂するがく筒をもち，花弁も 5 枚あるが小さく，多数の長い雄しべが濃赤色で目立つ．葯は黄色．花後，がく筒に包まれたままさく果が熟し，中に赤褐色の細長い種子が多数ある．この属は小笠原諸島にはただ 1 種を産するのみだが，ハワイに近縁種があり，さらに南太平洋から南米にかけて分布の主体をもち，小笠原諸島はその北限にあたる．〔日本名〕小笠原諸島の古い呼び名ムニンジマ（無人島）に産し，フトモモに似ることによる．

2520. アデク 〔フトモモ科〕

Syzygium buxifolium Hook. et Arn.

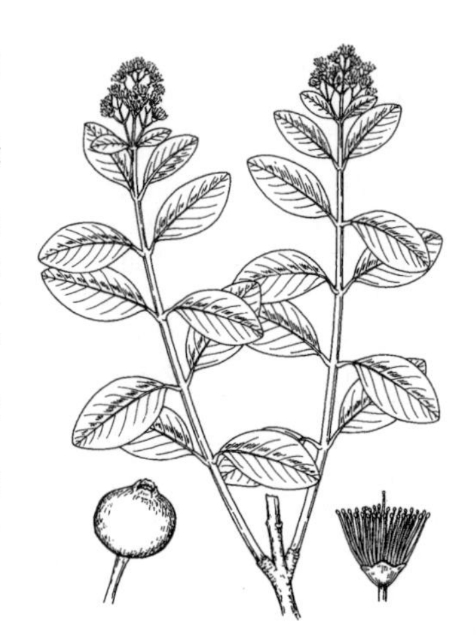

南九州から琉球列島，さらに台湾や中国南部にかけて広く分布する常緑高木．高さ 2～5 m，ときに 10 m にも達する．幹や枝は赤褐色で光沢があり，枝には 4 本の稜があって角ばる．葉は短い柄で対生し，楕円形で長さ 2～5 cm，両端ともあまり尖らず全縁で光沢がある．若葉は紅色を帯びた黄緑色で夏から秋の時期に特に美しい．葉の大きさや樹形に変化が著しく，大きな葉をつける高木からイヌツゲに似た小葉をつける低木までさまざまである．夏に枝先と葉腋に短い集散花序をつけ，多数の淡紅色の小花をつける．花は半球形のがく筒に包まれ，径 3～4 mm，花弁は小さくがく筒の内側に多数の雄しべがあって花外へ突き出す．果実は直径 1 cm 弱の球形であるが，同属近縁のヒメフトモモのように食べられない．〔日本名〕沖縄の方言に由来するが意味は不明．〔追記〕小笠原諸島にも本種が産すると考えられたことがあるが，小笠原のものは次種ヒメフトモモの一型と考えられる．

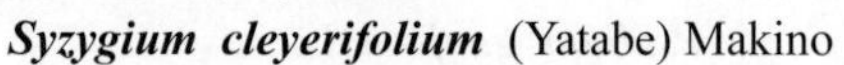

2521. ヒメフトモモ 〔フトモモ科〕

Syzygium cleyerifolium (Yatabe) Makino

（*S. buxifolium* Hook. et Arn. var. *cleyerifolium* (Yatabe) Tateishi）

小笠原諸島の固有種でほぼ全島に分布する．小形の常緑低木で高さ 0.5～1 m，よく分枝し枝は赤褐色，若枝には稜がある．葉は短い柄で対生し，長さ 2～6 cm の楕円形，全縁で質が厚く，淡緑色で光沢があるが，小形のものではアデクとほとんど区別がつかない．若葉が紅色を帯びる点も同様である．夏に枝先と上部の葉腋に短い集散花序をつけ，淡紅色の小花を集めてつける．花もアデクに酷似し，径 3 mm ほどの半球形のがく筒をもち，淡紅色の雄しべ多数が花外へ突き出す．果実は秋おそく熟し，径 1 cm ほどの球形の液果となって紫黒色になる．この果実は甘酸っぱくて食べられ，欧米系の小笠原島民はブルーベリーと呼んで食したという．この点が高木性のアデクとの大きな相違点とされるが，茎葉での区別が難しく，かつアデクの樹形や葉の形状が変異が著しいため，しばしば混同されている．〔日本名〕フトモモの仲間で小形であることによる．

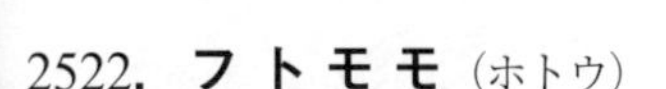

2522. フトモモ（ホトウ） 〔フトモモ科〕

Syzygium jambos (L.) Alston

熱帯アジア原産の常緑高木．インドネシアを中心に東南アジアや中国南部で栽培され，熱帯アメリカでも栽培が見られる．高さ 3～5 m，対生する葉は細長い長卵形で先が尖る．葉身の長さ 10～12 cm，柄は短く，質は厚くて光沢がある．枝頂に散房状の花序を出し，緑色または紅色を帯びた白色の 4 弁花を多数つける．がく筒はカップ状で 4 枚のがく片があり，花の直径は 2.5～4 cm，多数の雄しべが花外にとび出す．果実は球形の液果で径 3～4 cm となり，黄緑色に熟し，ときに紅色を帯びる．果実の頂部に宿存がくが残る．内部に広い空間を生じてここに 1～2 個の種子が入っている．芳香があり，甘酸味があって，生食のほか他の果実と混ぜてジャム，ゼリーをつくり，またソースや発酵酒をつくる．樹皮にタンニンを含み薬用に使われることもある．日本には琉球列島でかなり古くから栽培され，またしばしば野生化している．果実は江戸時代から本土でも知られていたという．〔日本名〕フトモモは中国名の蒲桃に由来し，ホトウはその音読みである．英名はローズアップル．

2523. チョウジノキ 〔フトモモ科〕

Syzygium aromaticum (L.) Merr. et L.M.Perry

インドネシアのモルッカ諸島原産といわれ，熱帯多雨の地域で栽培される常緑小高木で，高さ 5～10 m．主幹は 2～3 本になり，樹皮は灰色，平滑で薄い．小枝は細く，叉状に分枝し，樹形はやや円錐形．葉は対生し，長さ 5～10 cm，幅 2～4 cm，長楕円形で両端が狭まり，鋭尖頭からやや鈍頭，全縁，表面は暗緑色で光沢があり，裏面は灰色，葉柄の基部は赤みがかり．若葉は淡緑色で紅色の斑点があり，芳香がある．枝先に広い集散花序をつけ，花は長さ 1.5～2 cm，径約 6 mm，芳香がある．萼は筒状，先端は 4 裂して爪状，白緑色から赤紫色に変化する．花弁は淡黄緑白色で萼筒をふた状に覆っており，雄蕊に押し上げられて落ちる．雄蕊は多数，白色で目立つ．核果は萼筒に包まれ花後に膨らみ長楕円形，暗紅色，種子は 1（～2）個．開花前の蕾を乾燥したものは丁字と呼ばれ，香辛料や生薬として用いられる．

2524. テンニンカ 〔フトモモ科〕

Rhodomyrtus tomentosa (Aiton) Hassk.

高さ 1～2 m の常緑小低木で琉球，台湾などの暖かい地方に生え，本土では時々温室内に栽培される．茎は直立して分枝し，枝，葉の下面，花柄，花，果実は白い毛でおおわれる．葉は厚く，対生し，葉柄があり，長楕円形，長さ 5～6 cm，全縁，3 本の主脈が縦に走っている．夏に葉腋に小枝を出して分枝し，枝の先端に紅紫色の美しい花を開く．がく片 5 個，花弁 5 個．外面に細かい毛が生える．雄しべは多数，花柱は 1 本，子房下位．果実は広楕円状球形で，細かい種子がある．〔漢名〕桃金嬢．

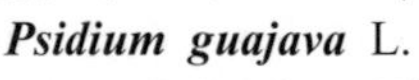

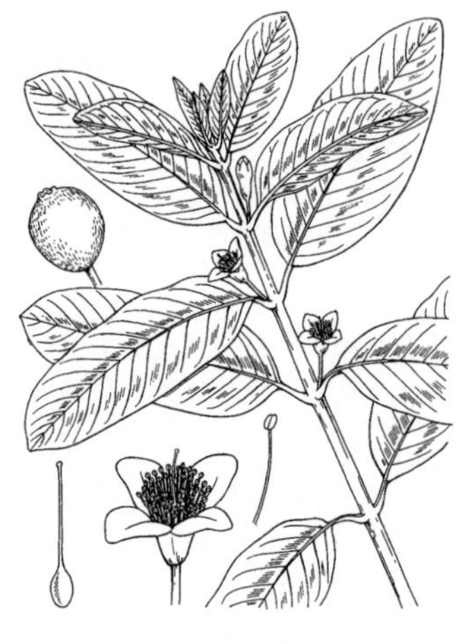

2525. グ　ア　バ（バンジロウ）　〔フトモモ科〕

Psidium guajava L.

カリブ海諸島を含む熱帯アメリカ原産の常緑低木ないし小高木．高さ 2〜4 m でよく分枝し，対生する葉は短い葉柄をもつ長楕円形．先端は尖り，全縁で質はあまり厚くなく，ややざらつく．葉脈の支脈は平行に 20 対ほど走り，上面よりやや落ちこむ．この点，葉が厚く光沢のある近縁のキバンジロウと明瞭に異なる．花は春に咲き，葉腋に単生，白または淡紅色で花の径 2〜3 cm，多数の雄しべが花外に超出する．子房下位で花後に長さ 5〜6 cm の楕円体の果実を生じる．果実の表面はざらざらして緑色，わずかに褐色を帯び，内部は明るいピンクで小さな種子を多数含む．果汁に富み，独特の香気がある．生食するほかジャムやゼリーをつくり，特にアメリカではアイスクリームに加えることが多い．ハワイをはじめ熱帯各地で栽培され，また逸出して野生化しているところが多い．日本では沖縄や小笠原諸島で栽培，一部ではやはり帰化状態になっている．〔日本名〕グアバ guava は英名で，原産地（中南米）ではグアヤバ Guayava という．バンジロウの意味は不明．あるいは漢名の蕃石榴がなまったものかもしれない．

2526. キバンジロウ（キバンザクロ，キミノバンジロウ）　〔フトモモ科〕

Psidium cattleyanum Sabine f. ***lucidum*** O.Deg.（*P. littorale* Raddi）

グアバと同属の常緑高木で，原産はブラジル．高さ 3〜6 m でよく枝分かれする．樹皮は毎年はげ，常に赤褐色で，平滑な肌をみせサルスベリやヒメシャラのように美しい．葉は対生し，濃緑色で質が厚く光沢があり，葉脈は主脈のほかは目立たない．春に枝先近くの葉腋に淡黄白色の花をつける．花の径 2〜3 cm で多数の黄色の雄しべが目立つ．子房下位．果実は長さ 4〜5 cm のやや長い球形で熟すとレモンのように黄色になる．グアバと同様，果実の頂端に宿存するがくがある．果肉は白色で汁液に富み，多数の細かい種子がある．香りがあり，グアバより甘く，生食用としてはより美味とされる．ジュース，ジャムなどにも用いる．新旧両大陸の熱帯各地で果樹として栽培，日本では小笠原諸島で栽培したものが逸出し，広く野生状態になっている．〔日本名〕バンジロウ（グアバ）の黄色種の意味であるが，品種によっては果実が緑褐色のものもある．英名ストロベリーグアバ．

2527. ユウカリジュ（ユーカリ）　〔フトモモ科〕

Eucalyptus globulus Labill.

オーストラリア原産の常緑高木，幹はまっすぐにそびえ立ち，よく分枝して，葉が茂る．老樹はその樹皮がよくはげる．葉は低い枝では卵形で対生し，高い枝の葉は互生する披針形で多少彎曲し，全縁，裏，表の区別がなく，葉の内部に小油点が散在し，樟脳のにおいがする．夏に葉腋に緑白色の花を 1 個付け，非常に短い花柄がある．がく片は合体して，帽子状となり，花弁とともに早く落ち，多数の雄しべが露出する．果実は倒卵形体で，表面はざらざらして堅い．樹脂をとって薬用にする．〔日本名〕明治 10 年（1877）頃渡来し，その時にはこの名前を学名に基づいて有加利樹と書いた．〔追記〕ユーカリ属植物はオーストラリアに多数の種が分布し，オーストラリア南西部の *E. regnans* F.Muell. は高さ 100 m 以上に成長する．

2528. ミヤマハシカンボク　〔ノボタン科〕

Blastus cochinchinensis Lour.

台湾，中国南部から東南アジアに広く分布し，日本では九州（屋久島），琉球列島（奄美大島，徳之島，沖縄島）に産する．亜熱帯の照葉樹林に生える高さ 2〜3 m ほどの常緑低木で，枝は細く，帯黄色の粒状の腺を散生する．葉は膜質で対生し，長楕円形，長さ 8〜15 cm，幅 2〜5 cm で全縁，先端は鋭く尖り，基部は鋭形または鈍形で全縁．並行する 3 主脈と縁にそって各 1 脈計 5 本の脈がめだち，細脈がそれと直角に走る．表面は無毛，下面は紫色を帯び，粒状の腺を散生する．葉柄は細長く，長さ 2〜4 cm．花は白色で 7〜8 月頃，葉腋に 1〜5 個束生し，径 7〜8 mm，花柄は細く短く，長さ 3〜5 mm．がく筒は鐘形で長さ 2〜3 mm，裂片は短三角形．花弁は 4 個で三角状卵形，長さ約 3 mm で反曲し，基部は短い爪状になる．葯は長さ約 4 mm で彎曲する．花柱は糸状で長さ約 5 mm．さく果は径 3 mm ほどの球形で熟すと 4 裂する．種子は鎌形で両端が突出し，長さ約 1.5 mm．

2529. ハシカンボク 〔ノボタン科〕

Bredia hirsuta Blume

この属は東アジア南部から東南アジアに数十種分布し，日本では 3 種知られているが，そのうち日本産で一番分布が広いのがハシカンボクで，九州（鹿児島，屋久島，種子島）と琉球列島（奄美大島，沖縄，石垣，西表，与那国）に分布する．高さ 30～100 cm の常緑小低木．枝は円柱状で，開出硬毛と短毛を有する．葉は対生し，葉柄は長さ 1～7 cm．葉身は薄い草質で，卵形から卵状長楕円形で長さ 4～10 cm，幅 2～5 cm，先は尖り，基部はやや心臓形．硬毛のある細きょ歯があり，葉脈は 5～7 本が目立つ．下面は帯白色．花は 7～8 月．集散花序は長さ 8～10 cm で，短毛があり，やや多数花をつける．小花柄は長さ 5～12 mm で基部に微小な小苞がある．花は淡紅色で径約 1.5 cm．がく筒は長さ約 4 mm，短毛があり，裂片は小形で長さ約 1 mm，披針状三角形，鈍頭で開出する．花弁は 4 個，長さ 8 mm ほどの倒卵形で，先端はわずかに突出する．雄しべは 8 個で大小 2 型あり，葯は紅色を帯び長さ不同．長いものは長さ 4～5 mm，短いものは約 2.5 mm．さく果は倒円錐形で長さ約 7 mm あり，上端にほぼ全縁の冠状体がある．

2530. ヤエヤマノボタン 〔ノボタン科〕

Bredia yaeyamensis (Matsum.) H.L.Li

琉球列島（石垣，西表）固有の常緑低木で，高さ 1～2 m．全株無毛で枝はまばらに分岐する．葉は紙質，または軟らかい革質で対生し，披針状長楕円形から楕円形で両面無毛．長さ 5～15 cm，幅 1～6 cm で先は鋭く尖り，基部はくさび形でときにやや心臓形となる．葉には 3 行脈があり，側脈は 15～16 対．葉柄は長さ 1～4 cm で無毛．花期は 7～8 月．集散花序を頂生し，柄とともに長さ 5～7 cm で多花(5～15 花)．花柄は長さ 2～2.5 cm, 小花柄は長さ約 1.5 cm で，下から約 1／3 の所に関節がある．花は紅色．がく筒は鐘形, 長さ 5～6 mm で，頂端は 4 浅裂する．花弁は楕円形で長さ約 1.5 cm, 雄しべは無毛, 葯は鎌形をし，長さ約 1 cm．長さ約 8 mm の花糸がある．花柱は長さ 2 cm．さく果はやや肉質で洋ナシ形，長さ 5～6 mm となる．種子は長さ約 0.8 mm で多数.〔日本名〕産地の八重山群島による.〔追記〕コバノミヤマノボタン *B. okinawensis* (Matsum.) H.L.Li は沖縄本島に分布し，葉が小さく花も少ない.

2531. ノボタン 〔ノボタン科〕

Melastoma candidum D.Don（*M. septemnervium* Lour.）

琉球から台湾，中国南部をへて東南アジアに広く分布し，本土でも時々栽培される常緑低木で，幹は分枝する．葉は対生し，短い葉柄があり，卵形または楕円形，葉の上面に粗い毛が多く，太い葉脈が数本縦に通り，これを横に連絡する細脈も明瞭でこの科独特の外観である．夏に枝先に大きい淡紅紫色の美しい花を開き，花柄は短い．がく片は 5 個で，子房とともに伏した毛がある．花弁は 5 個で，回旋状に配列する．雄しべは 10 本，葯は黄色で長い．花柱は 1 本．子房は下位．球形の果実を結び，後に一方が裂開して，赤い胎座を露出する．種子は細かい.〔日本名〕琉球名の野牡丹から出た．花が大輪で紅色な点をボタンの野生にたとえた名．これを往々ボタンと発音するは誤り.〔漢名〕山石榴．これは山地生のザクロの意味で，果実の裂開状態に着目した名である．

2532. ムニンノボタン 〔ノボタン科〕

Melastoma tetramerum Hayata var. ***tetramerum***（*M. tetramerum* Hayata）

小笠原父島に産する高さ 0.8～1.2 m の常緑低木．樹皮は赤褐色，全株褐色の剛毛でおおわれる．葉は対生し，葉柄は長さ 0.8～1.5 cm．葉身は卵状楕円形で長さ 3～8 cm，幅 1.2～3 cm．両面有毛で縁毛あり，全縁で両端くさび形，葉脈は 3 本平行し下面に突出する．托葉は卵形．花は 8～9 月頃，枝頂葉腋に 2～3 個ずつつき，径 3～4 cm で白色．がく筒はつぼ状鐘形で表面に先が彎曲した上向の剛毛を密布する．がく裂片は三角状披針形で早落性．花弁は 4，倒卵形で長さ 2～2.5 cm，先端は尖り，まばらに縁毛がある．花梗は長さ 10～15 mm．雄しべは 8 個．長短各 4 本で，つぼみの間は花糸は膝曲して花の下半につく．長い雄しべの葯は紅紫色，長さ 6～7 mm，下部は黄色で葯よりやや長く，2 浅裂する．短い雄しべの葯は黄色，長さ約 5 mm，やや離れて付属体が 1 対ある．花柱は円柱形で上部淡紅色，下部白色，彎曲して花の前下方に突出する．種子は多数．歪んだ三角形で表面にいぼ状突起があり，径 1～1.5 mm．兄島にも記録があるが未確認．父島産のものも現在絶滅に近い状況下にあり，保護の努力がなされている.〔日本名〕ムニン（無人）は小笠原島の古名.

2533. ハハジマノボタン　〔ノボタン科〕

Melastoma tetramerum Hayata var. ***pentapetalum*** Toyoda
（*M. pentapetalum* (Toyoda) T.Yamaz. et Toyoda）

小笠原母島の固有種で，高さ2～3 m，ときに4～5 mに達する常緑中高木．若枝や葉柄，花序など全株に淡褐色から赤褐色で先が針状の剛毛を上向きにつける．ムニンノボタンとは花が5数性である点のほか，樹高が高く，花や果実がやや大きく，また葉や種子が小さく，葉面や枝の毛は短くてまばらであり，葉に5行脈があるなどの点で異なる．葉は質厚く，長楕円形から披針形で，長さ2.5～4.5 cm，幅7～15 mm，全縁で先端は尖り，表面緑色から赤褐色，裏面黄緑色，両面有毛で縁毛は少ない．葉脈は主脈3本が平行に走り，葉縁近くの各1本の細脈とともに計5本で下面に突出し，脈上に淡褐色針状の短剛毛が上向きに並ぶ．花期は6～7月．枝端の葉腋に数花をつける．花弁は5枚で淡紅色，倒卵形で先は尖り，数本の淡紅色のすじと縁毛がある．花径は4～5 cmで，各部とも5数性．果実はつぼ状球形で径約2 cm．種子は赤褐色で多数，三角状倒卵形で長さ0.7～0.8 mm，表面にいぼ状突起がある．〔追記〕父島で最近発見されたムニンノボタンの個体の中には本種に似たものもあることから，本種をムニンノボタンの変種とする意見もある．

2534. ヒメノボタン（クサノボタン，ササバノボタン）　〔ノボタン科〕

Osbeckia chinensis L.

紀伊半島以西の日の当たる草地に生え，夏秋の頃に美しい花が咲く．多年生の低木状草本で高さ30 cm位．根は短く木質．茎は緑色で，直立し，単一あるいは分枝し，枝は4稜があって稜上には細かい毛があり，節には粗い毛がある．葉は対生，葉柄はなく，披針形，全縁，ふちには毛があり，先端は鋭く尖り，基部は鈍円形でほぼ茎を抱き，斜めに伏した毛があり，ふちの方が密である．長さ1～6 cm，幅1～1.5 cm，葉脈は3～5，あるいは7本縦に通る．花はほとんど柄がなく，通常枝先に密集し，側枝には時々1個しかつかない．花の下には数枚の葉があり，また卵形の苞葉がある．がくの下部は広楕円体の筒となり，上半はふちに毛のある4枚の裂片に分かれる．がく裂片は卵形，間に各々1束の毛がある．花弁は紅紫色，多少ゆがんだ形で4個が十字形につきき，回旋状となり短い倒卵形，柄はなく，上端はほぼ切形，ふちに細かい毛があり，細い脈がある．雄しべは8本，がく筒の上部に付き，つぼみの時には花糸が下方に曲がっているが，花が開くと上に向かい一方に傾く．花糸は白色，上部に1つの節がある．葯は黄色で披針形，上部はくちばし状になり，その先端に孔があって花粉を出す．基部は短い筒となり，花糸の先端がこの中に入ってくっつく．子房はがく筒の内部にあり，4室，多数の胚珠が4胎座に付き，湾生．子房の頂上に1本の花柱があり，一方に傾き，基部には少数の毛がある．柱頭は頭状．さく果は集まってつき，広楕円体．4室，胎座はふくれて多数の種子がつく，種子は細かく，褐色，ほぼゆがんだ腎臓形，乳頭毛が彎曲して並んだ模様がある．〔日本名〕姫野牡丹．ノボタンより小形のため．

2535. ミツバウツギ　〔ミツバウツギ科〕

Staphylea bumalda DC.

北海道，本州，四国，九州の山地の樹下に生える落葉の小低木で枝が多い．葉は有柄，対生で三出複葉である．小葉は卵状披針形で鋭く尖り，基部は鋭く時にくさび形となっている．葉柄は短い．両面ともほとんど毛はないが葉脈に沿って短い毛があり，ふちには芒状の細かいきょ歯がある．初夏に枝先に頂生した集散花序に白い花をつけるが，花被は平開しない．5個あるがく片は長楕円形．花弁も5個あり倒卵状長楕円形で鈍頭，がく片よりもわずかに長い．5本の雄しべは花弁とほぼ同じ長さである．雌しべが1本あり，子房は上部が2分し，各々が1つの花柱をもつ．果実は薄質でふくらんださく果であり2室になっているが，下部はつながり上部は離れている．各室には，なめらかで光沢のある種子が1～2個ある．若葉は食べられる．〔日本名〕三葉空木．ウツギ（アジサイ科）に似た花が咲くが，葉は3小葉であるため．〔漢名〕省沽油．

2536. ゴンズイ　〔ミツバウツギ科〕

Euscaphis japonica (Thunb.) Kanitz

関東以西の本州，四国，九州の山野の林に生える落葉の高木で枝は紫黒色である．葉は対生し，奇数羽状複葉で，小葉は通常5～9個あり，卵形で鋭く尖り，芒状に尖ったきょ歯をもつ．基部は円形，鈍形または鋭形．長さ5～9 cm，幅3～4 cm，厚質で毛がなく，上面にやや光沢がある．また一種の香りがある．初夏に枝先に円錐花序をつけ，多数の黄緑色の小さな花を開く．がく片は5個でいつまでも残っている．花弁も5個で，がくと同じ長さである．5本の雄しべは花弁と同じ長さである．子房は3室で3花柱をもち，基部は花盤で囲まれる．果実は袋果に似たさく果で，殻片は半月状をしており，長さは約1 cm，厚質で外面は帯赤色，内面は鮮紅色で美しい．秋に熟して裂け，黒い光沢のある種子を露出する．〔日本名〕権萃と書くのは当て字に過ぎない．漁師が問題にしない役立たぬ魚にゴンズイというのがある．昔この木に誤って樗の漢名をあてた．その正体はニワウルシ（ニガキ科）であるが，その木は役に立たない木である．それで役立たぬ点から魚の名をつけたものかと考える．

2537. ショウベンノキ 〔ミツバウツギ科〕

Turpinia ternata Nakai

九州，四国の暖地および琉球，台湾に産する常緑の小高木で高さ 3〜4 m．小枝は丸くて太い．葉は対生し，柄があり三出複葉である．葉柄は長さ 3〜5 cm，小葉は革質で濃緑色，上面は光沢が強く，先端が鋭く尖り，ふちに鈍いきょ歯がある．中脈は下面に非常に隆起し，小葉の柄は長さ 1〜2 cm である．初夏に枝先に円錐花序を直立してつけ，緑白色で，直径が 5 mm 位の小さな花をぎっしりと咲かせる．がく片，花弁とも 5 個で，花弁は倒卵形，がく片より少し長い．雄しべは 5 本，雌しべは 1 本である．花柱は直立し，先端がわずかに 3 分する．液果は楕円体，直径 10 mm 位．先端がわずかに尖っている．〔日本名〕小便の木という意味で，この木を切ると水液が多く出ることに基づいたものである．

2538. キ ブ シ（マメブシ） 〔キブシ科〕

Stachyurus praecox Siebold et Zucc.

山地にふつうに生える落葉低木で高さ約 2〜3 m 位．茎は直立分枝して，髄は太く，樹皮は褐色．葉は薄く互生し，葉柄があり，卵形で先端は鋭く尖り，ふちには鋭いきょ歯があり，羽状の側脈をもち，緑色で時々褐紫色に染まる．春に新葉に先立って枝上に並んで穂状花序を下垂し，多数の花柄のない黄花を密につける．がく片は暗褐色で 4 個，花弁は 6 個で長さ 5 mm ほど．雄しべは 8 本，雌しべは 1 本ある．雌雄異株で，雄花では雄しべがよく発達し，雌花は雄花よりやや小さく，かすかに緑色を帯び，子房がよく発達する．雌株には球状の果実を結び，果中には多数の種子がある．〔日本名〕果実を五倍子の代用品に用いるために木ブシまたは豆ブシの名がある．フジの花のような総状になった花序に黄花が咲くと考えてキフジ（黄藤）という人があるがこれは誤りである．〔漢名〕通條花，旌節花共に正しくない．本種は中国には産しない．

2539. ナガバキブシ 〔キブシ科〕

Srachyurus macrocarpus Koidz.

（*S. praecox* Siebold et Zucc. var. *macrocarpus* (Koidz.) Tuyama ex H.Ohba）

小笠原諸島に産する落葉低木．高さはふつう 2〜3 m になる．樹皮は暗褐色で，時に明るい細斑があり，当年枝にも毛はない．葉は長さ 2〜5 cm の柄があり，葉身は長楕円形または狭長楕円形で，先は鋭尖形または鋭形となり，基部は円形またはゆるいくさび形で，ふちには腺状の尖端に終わるきょ歯があり，長さ 7〜15 cm，幅 3〜5 cm で，洋紙質で上面は深緑色，下面は淡い緑色，無毛で，側脈は 6〜7，ときに 10 対ほどである．花期は早春．葉とともに前年枝の腋から，長さ 4〜10 cm の下垂する総状花序を出す．ふつうは雌雄異株．花は鐘形，淡黄色で，長さ 5 mm ほどで，基部に三角形の微小な苞が 1 個と小苞が 2 個ある．がく片は 4 個，外側の 2 個は卵形で小苞に似るが内側の 2 個は大きく花弁状で広卵形．花弁は 4 個，倒広卵形，先は切形または円形で，開花時にも開出せず直立し，長さはがく片の 1.5 倍ほどである．雄しべは 8 個，花糸の基部に毛がある．雌花にも短くて葯の小さい雄しべがある．雌しべは花弁とほぼ同長，子房は卵球形で，基部には毛が生え，花柱は短く，直立し，先は 4 裂する．雄花にも雌しべがあるが，小さい．果実は卵球形，長さ 10〜16 mm，緑色で熟すと黄色を帯びる．

2540. カンラン（ウオノホネヌキ） 〔カンラン科〕

Canarium album (Lour.) Raeusch.

中国の原産で，日本へ渡来し，鹿児島県と沖縄県に栽培されよく実を結ぶ．常緑の高木．幹は高くそびえ立ち，枝葉は繁茂する．葉は互生，有柄，奇数羽状複葉，小葉は対生，革質，11〜15 枚，短い小柄をもち，長楕円状披針形あるいは卵状披針形で，先端は鋭く尖り，基部は鈍形，全縁，支脈は多く羽状である．花は腋生の総状の円錐花序となって春に開き，短く小さな柄をもち，小さく，端正で白色，両性．がくは鐘形で，3 つに浅く裂けている．花弁は 3 個，がくより長くつき出て上向き，半ば開いたような形で，長楕円形，先端は鋭形，全縁だが少ししわがよる．雄しべ 6，花糸は連合して筒状となり，葯は長卵形，先端は鋭形，2 室，背中側でつき，内側を向いている．6 本の縦溝のある花盤がある．子房は 1 個で卵形体，3 室，各室に 2 つの胚珠があって中軸胎座についている．果実は核果，長い果軸に総状について短い柄があり，卵状楕円体，先端は鈍形，頂端には 3 本の線がへこみ，長さ 3.5〜4 cm，果面は平滑で緑色，熟すと白緑色となる．果肉は渋くて酸味があり，かすかな香りをもつ．核は直立して堅く，紡錘形，両端は尖って，しわがある．種子は 1 つの核の中に 1〜3 個ある．むかし，橄欖をオリーブ（モクセイ科）と誤認し，長い間オリーブを橄欖と書いて来た．この誤認のもととなったのは旧約聖書の中国語訳である．〔日本名〕カンランは橄欖の音読みである．橄欖の語源は不明．ウオノホネヌキはのどに魚の骨が刺さった時，この実をのめばなおるということから来た名前である．

2541. チャンチンモドキ 〔ウルシ科〕

Choerospondias axillaris (Roxb.) B.L.Burtt et A.W.Hill

九州にまれに自生し，中国南部からネパールに分布する落葉の高木．高さ 10 数 m にもなり，幹は黒っぽく赤味がある粗い樹皮をもつ．互生の葉は奇数羽状複葉となっている．毛はない．小葉は 9〜13 枚位で対生し短い小葉柄がある．葉質はうすく，ゆがんだ披針形で長くて細い尖った先端をもつ．全縁で下面は白っぽく長さ 6〜9 cm 位ある．初夏に枝の先から集散状の円錐花序を直立してつけ，樹によって，雄花，雌花，両性花を咲かせる．花は短い柄をもち，がく片も花弁も 5 個ある．花弁は長楕円形，鈍く尖り先端が外に曲がり，がく片より長い．雄しべ 10 本，雌しべ 1 本がある．雌花の子房は卵形体でその上に 5 個に裂けた短い柱頭がある．果実は核果様で，楕円体，長さは 2 cm 位ある．〔日本名〕香椿（チャンチン）（センダン科）に似た姿をしているからである．

2542. カシュウナットノキ（カシューナットノキ） 〔ウルシ科〕

Anacardium occidentale L.

熱帯アメリカ原産の常緑高木．樹高は 10 m 前後になる．ウルシ科としては例外的に複葉とならず，楕円形で革質の葉を互生する．葉には長さ 1 cm 余りの柄があり，葉身の長さは 12〜20 cm で先端は鋭く，基部はくさび形に細まる．葉は枝先に集まってつく傾向がある．花は円錐花序にややまばらにつき，小さな 5 弁の白花でがく片も 5 枚ある．雄しべは 7〜10 本あり，雌しべの子房はやや彎曲している．花後に花の柄の部分が大きく肥大し，長さ 5〜6 cm の洋ナシ形となって黄色に熟す．この部分を生食，またはジャムやジュースなどを作り，その形状からカシューアップルと呼ばれる．この肥大した柄の先端に本来の果実がつき，彎曲してまが玉状になる．長さ 2〜3 cm で淡褐色の皮をかぶり，これをカシューナッツ（英名 Cashew nut）と呼ぶ．内部の種子中に多量の油脂を含み，焙って食用とする．また樹脂はゴム状で，溶媒に溶かして塗料（カシューペイント）をつくる．東南アジアの熱帯でも栽培されている．

2543. マンゴウ（マンゴー） 〔ウルシ科〕

Mangifera indica L.

インド北部からミャンマーの原産と推定される常緑高木．熱帯アジアをはじめアフリカ，中南米，太平洋諸島などの熱帯地方で広く栽培され，パパイアやバナナと並ぶ代表的な熱帯果樹．樹高は 10〜20 m，ときに 30 m にも達し，こんもりとした樹冠をつくる．葉は長さ 10〜30 cm の細長い楕円形で柄があり，互生するがしばしば枝先に集まる．枝の先端に大きな円錐花序をなして，多数の小花を密につける．黄白色の花弁が 5 枚あり，内側の表面に淡紅色の縦すじがある．両性花と雄花が混在し，雄しべは 4〜5 本．両性花の雄しべは花粉をつくらない仮雄ずいが多く，雌しべの子房はややゆがんだ楕円体をしている．果実は房（果序）をつくって数個熟し，枝先から垂下する．代表的な品種では，果実は長さ 15〜20 cm の楕円体で，縦軸はやや彎曲する．果肉は多汁で甘く，繊維質でオレンジ色，果実の表面は黄緑色ないし橙赤色．果実の中心に大きく扁平な種子がある．栽培の歴史が古く品種はきわめて多い．日本では沖縄，小笠原諸島などでわずかに植えられるが，大部分は台湾，フィリピン，メキシコなどから輸入されている．

2544. ピスタチオ（ピスターショ） 〔ウルシ科〕

Pistacia vera L.

地中海沿岸地方から中東にかけての原産といわれる大形常緑高木．樹高 10〜20 m に達し，互生する葉は大きな羽状複葉で，2〜5 対の小葉がある．小葉は長さ 5〜8 cm の卵形で全縁，両端はくさび形に尖る．羽状複葉全体では柄を含めて 30〜50 cm に達する．雌雄異株で雄花序は密に花をつけた総状花序，雌花序はやはり総状で花がまばらにつく．雌花，雄花ともに花弁はなく，緑褐色の小さながく片が 5 枚ある．果実は長さ 3 cm ほどの卵状長楕円体で，表面は赤褐色に熟し，しわが多い．核果で中心に白い内果皮に包まれた核があり，この核をピスタチオナットとして食用とする．核の内部は充実した 2 枚の子葉で埋まっている．Pistachio の名はイタリア語で，ローマ時代に移植され，以後イタリアをはじめ南ヨーロッパ各地で栽培されるようになった．現在ではアメリカ合衆国でもかなりの規模で栽培されている．ナッツとして食用とするほか，アイスクリームなどの原料に用いる．

2545. サンショウモドキ 〔ウルシ科〕

Schinus terebinthifolia Raddi

ブラジル原産の常緑小高木．南アメリカや太平洋諸島などの熱帯・亜熱帯に広く帰化して野生状態となっており，小笠原諸島でも第2次大戦以後，父島に少数の個体が帰化定着している．高さ2〜3 m，樹皮は褐色，イヌザンショウよりやや大形の羽状複葉を枝先に集めてつける．葉の上面は光沢のある緑色で，下面は淡緑色．小葉の大きさは長さ3〜8 cmで2〜3対がつき，頂小葉が最も大きい．小葉のふちには低いきょ歯がある．初夏に枝の先端に集散花序をつけ，多数の白色の小花をつける．個々の花は径3〜4 mmで5弁，やや星形に開く．雄しべは5本．花後に球形の液果を多数生じ，熟すと直径5〜6 mmで赤色，鳥によって散布される．〔日本名〕葉が羽状複葉でサンショウに似ており，また果実に辛味もあるためという．

2546. ヌ ル デ（フシノキ） 〔ウルシ科〕

Rhus javanica L. var. ***chinensis*** (Mill.) T.Yamaz.（*R. chinensis* Mill.）

北海道，本州，四国，九州の山野に普通に生える落葉の小高木．高さ5 m位になる．葉は枝先に互生して広がる奇数羽状複葉で長さ30 cm位，葉軸は小葉間で翼をもっているのが特徴．小葉は3〜6対，卵形，楕円形，または長楕円形で先端が急に尖り，基部は円形またはくさび形をしている．長さは5〜10 cm位で縁に粗いきょ歯がある．上面に短い毛がまばらに生え，下面に柔らかい毛が密生している．秋の紅葉をヌルデモミジという．夏に，枝先に円錐花序をつけ，小さな白い花を沢山群生する．花軸にも柔らかな毛が密生している．雌雄異株．がく片，花弁とも5個．雄花には5本の雄しべ，雌花には発育不完全な5本の雄しべと3花柱で1室の子房とをもつ．花の後で小さな平たい球形の核果を作る．表面は紫赤色で時に白緑色を呈し短い毛が密生している．熟すと表面に酸味のある白い粉をかぶる．〔日本名〕木からとれる白い汁で物を塗れるのでヌルデという．葉にヌルデノフシムシの寄生による五倍子を生じフシという．それ故フシノキともいう．〔漢名〕鹽麸子．

2547. ハ ゼ ノ キ（リュウキュウハゼ） 〔ウルシ科〕

Toxicodendron succedaneum (L.) Kuntze（*Rhus succedanea* L.）

関東より西の本州，四国，九州など暖地に生える落葉高木．元来はろうを採るため栽培されたものから野生となったもの．現在も栽培されている．幹の高さは10 m位になり枝はまばらに出る．葉は奇数羽状複葉で枝端に互生している．4〜6対の小葉をもち，小葉は披針形または卵状披針形で全縁，先端は長く鋭く尖り，基部もまたやや尖っている．小葉の長さは5〜8 cm位，やや厚質で毛はない．雌雄異株．5〜6月頃円錐花序をつけ，黄緑色の小さな花を咲かせる．花序は枝先の葉腋から生じ長さ10 cm位ある．がくは5裂し，5個の花弁は卵状楕円形．雄花は5本の雄しべをもつ．雌花には小形の5本の雄しべと1子房があり，柱頭は3つに分かれている．核果は楕円体で白く毛はなく，長径は約1 cm位．これから蝋（ろう）をとる．秋の紅葉がすばらしい．〔日本名〕ハゼノキというが本来のハゼではなく，昔琉球から入ってきたもの．琉球ハゼの名はそれを示す．〔漢名〕紅包樹．

2548. ヤマハゼ（ハニシ） 〔ウルシ科〕

Toxicodendron sylvestre (Siebold et Zucc.) Kuntze
（*Rhus sylvestris* Siebold et Zucc.）

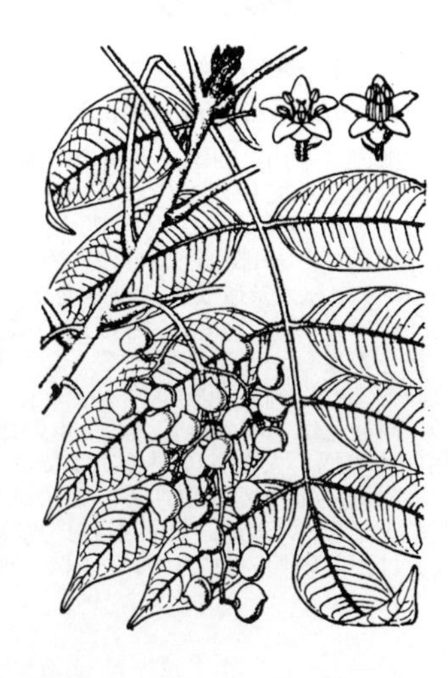

東海道以西の本州，四国，九州の山地に生える落葉小高木．高さは3〜5 m，枝はまばらで直線的，若い間は紅紫色で短い毛がある．葉は柄をもち互生し，短い毛が一面に生え奇数羽状複葉，小葉は4〜7対あり楕円形，または披針状楕円形で長さ5〜7 cm，全縁，先端はするどく尖り，葉の基部は広いくさび形または鋭く尖り，短い柄に続く．雌雄異株．初夏に葉腋のやや高いところに円錐花序をつけ黄緑色の小花を開く．がくも花弁も5個．花弁は広い披針形．雄花には5本の雄しべがある．雌花は小形で5本の雄しべと1本の雌しべがある．花序はやや垂れ下がり，核果はゆがんだ卵形で扁圧されていて，汚黄色で毛はなく，なめらかである．ハゼノキによく似ているが葉や若芽が毛をもつことで区別される．秋の紅葉が美しい．本種が昔のハゼノキ，すなわちハジである．昔はハニシ（ロウをとったから「はにしめ」埴締の略）といった．黄色い材をもっているから御衣を染め黄櫨染といったが，真の黄櫨は，ハゼノキではなく日本には野生しないハグマノキ *Cotinus coggygria* Scop. である．〔漢名〕野漆樹．

2549. ウ　ル　シ　〔ウルシ科〕

Toxicodendron vernicifluum (Stokes) F.A.Barkley
（*Rhus verniciflua* Stokes）

中国の原産で，漆採取のため各地に栽培される落葉高木．高さ 7 m 位になる．分枝はまばらで太い．葉は枝の先に互生し，奇数羽状複葉をしている．小葉は 3～7 対で卵形，または楕円形で長さ 10 cm 位，先端が鈍く尖り，基部は円いか，または鈍く尖る．葉柄と葉裏の脈上に短毛が生えている．雌雄異株．6 月頃葉腋に円錐花序をつけ，多数の黄緑色の小さな花を咲かせる．花序の長さは葉の半分位．がくは 5 裂し，5 個の花弁がある．雄花は 5 本の雄しべ，雌花は 5 本の雄しべと，3 分した柱頭のある 1 子房とをもつ．核果はゆがんだ球形で毛はなく直径 7 mm 位．樹皮を傷つけて採った漆液は漆器を塗るのに使われ，実からはろうをとる．〔日本名〕「うるしる」（潤汁）または「ぬるしる」（塗汁）の略されたものであろうといわれる．〔漢名〕漆樹．

2550. ヤマウルシ　〔ウルシ科〕

Toxicodendron trichocarpum (Miq.) Kuntze（*Rhus trichocarpa* Miq.）

北海道，本州，四国，九州の山林中に生える落葉小高木．高さ 3 m 位になる．概形がウルシに似ていて小さい．若葉，葉柄とも赤味がかっている．葉は枝先に互生して集まり放射状に開く．奇数羽状複葉で長さ 50 cm になり，全体に毛がある．小葉は 6～10 対で卵形，または卵状長楕円形で全縁であるが，若い木の葉はきょ歯がある．先端は鋭く尖り，長さ 5～10 cm，12 本内外の側脈をもつ．秋に紅葉する．雌雄異株．6 月頃黄緑色の小花を円錐花序に咲かせる．花序は腋生で長さ 25 cm になり，花軸は褐色で毛が密生している．がく片花弁とも 5 個．雄花は 5 本の雄しべ，雌花は小形で 5 本の雄しべと 1 本の雌しべとをもつ．子房は 1 室，柱頭は 3 個，核果は淡黄色の剛毛をもち，扁球形である．1 品種にアオヤマウルシがある．これは若葉も葉柄も緑色のもの．〔日本名〕山漆．山地生のウルシの意味．

2551. ツタウルシ　〔ウルシ科〕

Toxicodendron orientale Greene subsp. ***orientale***（*T. radicans* (L.) Kuntze subsp. *orientale* (Greene) Gillis ; *Rhus ambigua* Lavaleé ex Dippel, nom. illeg.）

北海道，本州，四国，九州の山地に生える落葉性の木質のつる植物．茎は他物の上をはい，気根を生じ高さ 3 m 位．葉は長い柄をもち 3 小葉で，小葉は卵形，または楕円形で長さ 10 cm 位，先端で短く鋭く尖る．基部は鈍いかまたはくさび形で全縁（若葉には粗いきょ歯がある）．葉裏の葉脈の分岐点に褐色の毛がある．初夏に葉腋に円錐花序をつけ黄緑色の小花を咲かせる．花序は葉よりも著しく小さい．雌雄異株．がくは 5 裂し，花弁は 5 個．雄花には 5 本の雄しべがあり，雌花には小形の 5 本の雄しべと 1 子房がある．小形の核果は球形で毛はなくなめらかである．有毒植物．〔日本名〕ツタ漆．木質のつるがツタに似ているウルシという意味である．〔漢名〕旧版では鉤吻，野葛をこれに当てたが別の植物であろう．中国には本種の亜種 subsp. *hispidum* (Engl.) Yonek. をまれに産する．

2552. ト チ ノ キ　〔ムクロジ科〕

Aesculus turbinata Blume

北海道，本州，四国，九州の山地に生える落葉高木で，周囲 2 m，高さ 30 m 位の大木となっているものが多い．時に人家に植えられ，街路樹ともされることがある．対生の葉は掌状複葉で，小葉は 5～7 個ある．形は倒長卵形または倒卵状長楕円形で，基部に近い方のものは小さいが，中央のものでは長さ 30 cm，幅 12 cm にもなる．先端は急に鋭く尖り，基部はくさび形となっている．支脈はほとんど平行で多数あるが，ふちは鈍い重きょ歯となる．表面には毛がなく，裏面には赤褐色の柔らかな毛が生えている．花は 5 月頃に開く．大きな円錐花序は直立し，雄花かまたは両性花をつける．雄花は 7 本の雄しべと 1 本の退化した雌しべをもつ．両性花は 7 本の雄しべと 1 本の雌しべをもつ．がくは鐘形で，不規則に 5 裂し，花弁は 4 個，大きさは同じではない．雌しべは，花弁よりも非常に突出している．果実は倒円錐形で 3 裂する．種子は光沢のある赤褐色の種皮をもち，あく抜きをした上で食べられる．〔日本名〕意味ははっきりしない．〔漢名〕天師栗，七葉樹などは正しい使い方ではない．橡，栃などは俗字である．

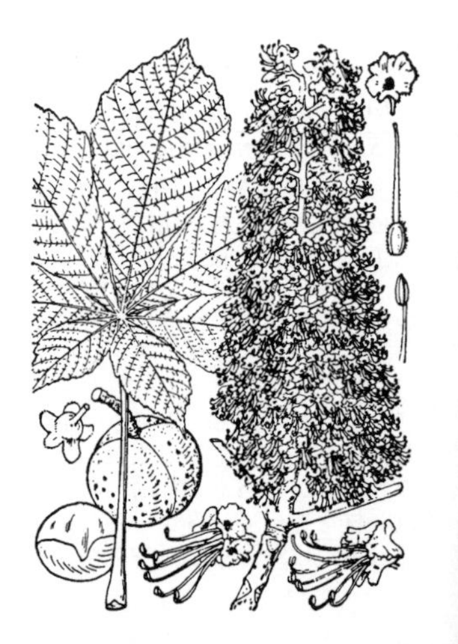

2553. マロニエ（セイヨウトチノキ，ウマグリ）〔ムクロジ科〕

Aesculus hippocastanum L.

トチノキとよく似た大形の落葉高木．原産はバルカン半島からコーカサス，さらに西アジアに至る地域といわれるが，ヨーロッパ各地で広く栽培されている．パリやマドリードなど欧州の大都会では街路樹，公園樹として用いられている．樹高は20 mを超え，トチノキ同様，大きな掌状複葉を長い柄で互生する．小葉はトチノキに比べてやや小さく，特に基部が細まり，明らかなきょ歯がある．5月頃に枝先に大きな円錐花序をつけ，トチノキによく似た花を多数つけるが，花色は白いものとピンクのものとがある．果実は直径6 cmほどの球形であるが，多数の長いとげがあり，この点がトチノキとまったく異なる．花や果実をリューマチの薬としたことがあり，また種子の澱粉を水でさらして，飢饉の際の救荒食としたのは，日本におけるトチの実と同様である．〔日本名〕フランス語のマロニエ marronnier より．学名の形容語の *hippocastanum*，英名の horse chestnut と共にどれもクリとの連想に基づく名で，これを直訳してウマグリの和名もある．

2554. シカモアカエデ（セイヨウカジカエデ）〔ムクロジ科〕

Acer pseudoplatanus L.

西アジアからヨーロッパにかけて野生する落葉高木．大きなものは高さ30 mほどに達する．長い柄があり，対生する葉は5裂し，ややかたく，上面は深緑色で，下面は粉白色をおびる．幅8〜16 cm．裂片は卵形，先端は尖り，ふちには低いきょ歯がある．葉の全体はプラタナスの葉に似る．花は黄緑色で，春に咲き，花弁，がく片ともに5個あって，長さ4〜5 mm．雄しべは8個．花序は円錐花序で，長さ6〜15 cm．分果は直角に開き，長さ3 cmほどで，種子の両側は突出する．ヨーロッパでは古くから緑陰樹として植えられていた．〔日本名〕英名 sycamore maple に由来する．sycamore はイチジクの類をさす言葉で，本種の葉がイチジクを想わせることからついた．

2555. ヒトツバカエデ（マルバカエデ）〔ムクロジ科〕

Acer distylum Siebold et Zucc.

本州（近畿以東）の深山に生える落葉高木で，高さ8〜10 mになる．対生の葉は柄をもち，倒卵状円形で長さ10〜20 cm，幅8〜14 cm．先端は短い尾状となり，基部は深い心臓形となっている．若い時には両面とも，褐色の粗い毛が生えているが，成熟するにつれてほとんどなめらかになる．ふちは波状の鈍いきょ歯となっている．葉柄は短く4 cm位である．花は淡黄色で，がく片，花弁とも5個ある．総状花序で5〜6月頃開く．雄しべは，ほとんどが8本で，子房は密に柔らかな毛におおわれている．花序は小枝の先に上向きにつく．果実の2翼の間は鋭角で，時にほとんど平行に近いものもある．短毛におおわれ，翼の長さは2〜2.5 cm．〔日本名〕一つ葉カエデは分裂しない単葉のカエデという意味．丸葉カエデは葉の形からついた．

2556. ハナノキ（ハナカエデ）〔ムクロジ科〕

Acer pycnanthum K.Koch

（*A. rubrum* L. var. *pycnanthum* (K.Koch) Makino）

主に伊勢湾周辺の山間の湿地に生えている落葉高木であるが，しばしば栽培されて巨木となっているものもある．高いものでは15 mにもなる．対生の葉は柄をもち，トウカエデに似てきょ歯がある．浅く3裂していて基部は心臓形，上面は濃緑色，下面は白色，秋に紅葉する．雌雄異株．雄花は多数集まって若葉に先立って開く．がく片，花弁ともほぼ同じ形で，真紅色，遠望がすばらしい．ハナノキという名前はここから来たものである．果実の翼は互に鋭角であるが，熟すと直角になるものが多い．めずらしいカエデの類として，自生地で天然記念物に指定されたものもある．滋賀県（東近江市花沢）に名木がある．ごく近縁のアメリカハナノキ *A. rubrum* L. が北米東部に分布し，太平洋を隔てた隔離分布として著しい例の1つである．ハナノキをこの種の変種とする意見もある．〔日本名〕花之木．遠くから赤く花盛りが見えることからついた．

2557. **ネグンドカエデ** (トネリコバノカエデ) 〔ムクロジ科〕

Acer negundo L.

北アメリカ原産の落葉高木．街路樹，観賞用樹として日本の各地に植えられている．高さ 20 m ほどになる．葉は大形の複葉で 5〜8 cm の柄があり，3〜7 個の小葉が羽状に並ぶ．小葉は長卵形で，少数の粗いきょ歯があり，鋭尖頭，長さ 5〜10 cm，幅 2〜5 cm．頂小葉は 3 裂し，1〜2 cm ほどの柄がある．脈上に細かい毛がある．葉柄は 4〜10 cm．花は黄緑色で，4 月に咲く．がく片は小さく 4〜5 個で，花弁はない．雌雄異株．雄花序は散房状，雌花序は総状で果時には 10〜25 cm になる．花柄は長さ 3 cm ほどで，分果は斜めに開出し，翼を含め長さ 3 cm 前後，種子面は平らで脈がある．毛は熟すと脱落する．

2558. **テツカエデ** (テツノキ) 〔ムクロジ科〕

Acer nipponicum H.Hara

本州（岩手県以南），四国，九州の山地にまれに生える落葉高木で高さ 5 m 位．対生の葉は太い柄をもち，広い五角形，長さ 10〜15 cm，幅 10〜20 cm で浅く 5 裂している．裂片は三角状でするどく尖り，ふちには重きょ歯があり，基部は心臓形になる．両面とも毛はほとんどない．葉柄は毛がなく，葉身と同じ長さかまたは少し長く，径が 2 mm をこえることもある．花は黄白色．長さ 10 cm 位の黄褐色の総状円錐花序が 7〜8 月頃に出る．がく片，花弁各々 5 個．雄しべは 8 本ある．果実の翼はほぼ直角に開き，褐色の毛におおわれている．翼の長さは 3 cm，幅 1 cm 位ある．〔日本名〕鉄カエデは，この材が黒いことを鉄すなわち（くろがね）に連想したものに由来する．鉄之木も同様．〔追記〕本種は性表現の違いや葉裏の毛の色の違いに基づき，2 亜種 4 変種に分けられることもある．

2559. **チドリノキ** (ヤマシバカエデ) 〔ムクロジ科〕

Acer carpinifolium Siebold et Zucc.

本州，四国，九州の山地に生える落葉高木で高さ 7 m 位ある．対生の葉は柄をもち，長楕円状披針形をして，長さは 12 cm 位，幅 5〜6 cm である．先端が尾状に鋭く尖り，基部が円形，またはほぼ心臓形をしている．ふちは鋭い重きょ歯をもつ．上面はなめらかで，下面は主脈沿いに柔らかい毛が密生している．側脈は平行して葉のふちに達し，その数は 20 位ある．雌雄異株で 4 月に開花する．がく片，花弁とも 5 個．雄花は 8 本の雄しべをもち，長い総状花序となるが，雌花序は短い総状である．果実の翼は長さ 2〜3 cm 位で，果柄とともに毛はない．翼の開度はほぼ直角に近いもの，鈍角のもの，一方では平行に近いものなどいろいろある．〔日本名〕千鳥ノ木．翼のある果実を鳥のチドリの飛ぶ姿に見立てたもの．山柴カエデはカバノキ科のサワシバに葉が酷似するためサワシバカエデといったものから変化した（深津正の説）らしい．

2560. **カジカエデ** (オニモミジ) 〔ムクロジ科〕

Acer diabolicum Blume ex K.Koch

本州，四国，九州の山地に生える落葉高木で高さ 10〜20 m にもなる．対生の葉は柄をもちほぼ五角形，5 中裂している．上方の 3 裂片は大きく，幅広い短い剣状，ふちに 2〜3 のまばらな大きなきょ歯をもつ．長さ幅とも 10〜15 cm 位，若い時には褐色のやわらかい毛が密生しているが，成長するにつれ少なくなり，上面は次第に平滑になるが，下面には短くて柔らかな毛が残る．葉柄は長く，葉身とほぼ同じ長さである．花は暗紅色で散房状花序につき，葉とともに出る．がく片，花弁とも 5 個．雄しべは 8 本ある．子房はぎっしりと毛におおわれている．果実は大きく，翼はほとんど平行し，長い粗い毛があり，翼の長さは 2.5〜3.5 cm，幅 1.5 cm．〔日本名〕梶カエデは，葉の形がカジノキ（クワ科）の葉に似ているので名付けられたもの．また鬼モミジは葉が粗大で勇壮な感じがすることによる．

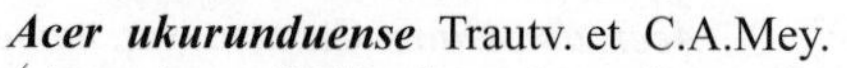

2561. オガラバナ（ホザキカエデ）〔ムクロジ科〕

Acer ukurunduense Trautv. et C.A.Mey.

（*A. caudatum* Wall. subsp. *ukurunduense* (Trautv. et C.A.Mey.) E.Murray）

北海道，中部以東の本州，四国の亜高山に生える落葉の小高木．対生の葉は柄をもち，卵状円形で，5～7 浅裂し，基部は心臓形または心臓状円形，裂片は卵形で鋭く尖り，ふちには欠刻状きょ歯がある．長さ幅とも 10～15 cm，上面はほとんど毛がないが，下面は白みを帯びて毛が多く，特に葉脈に沿って淡褐色の柔らかい毛を密生する．葉柄は葉身とほぼ同じ長さ，またはこれより長く，毛がある．総状花序は斜上し，柔らかな毛が沢山生え多数の花をつけ，夏に開花する．花は黄緑色でがく片，花弁ともに 5 個ずつ，雄しべは 8 本ある．果実の翼は鋭角に開き，短い毛がある．翼は長さ 15 mm，幅 7～8 mm である．〔日本名〕麻幹花の意味で，おがらは麻の茎の皮を剥いたもの．本種の材がやわらかくそれに似ていることから来ている．穂咲カエデは上向きの穂に多数の花をつけることにちなむものである．

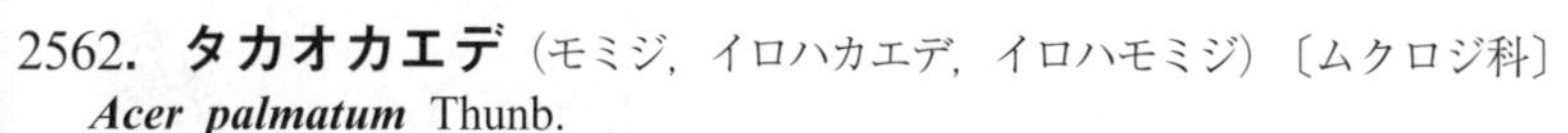

2562. タカオカエデ（モミジ，イロハカエデ，イロハモミジ）〔ムクロジ科〕

Acer palmatum Thunb.

本州，四国，九州の山地に普通に見られるが，人家にも栽培する落葉高木．対生の葉はやや円形，掌状に 5～7 深裂し，基部は心臓形または切形状の心臓形を示す．裂片は卵状披針形で鋭く尖り，鋭いきょ歯がある．若い時に柔らかい毛があるが成長するに従いほとんど毛がなくなる．葉柄は細長くて毛はない．春に葉とともに暗紅色の小さな花を散状または複総状につける．がく片，花弁とも 5 個，雄しべは 8．翼をもった果実は毛がなくて小さく，翼の長さは 1 cm 位．秋の美しい紅葉を観賞し，多くの園芸品種に富む．〔日本名〕高雄カエデは，京都の高雄山（昔から紅葉の名所として有名）に多いことによる．カエデは蛙手の意味で葉の形の類似からきた．特にモミジとよぶのは紅葉（もみじ）が他のものより優れていることによる．イロハカエデは 7 裂する葉の裂片をいろはにほへとと 7 つ数えることからついた．〔漢名〕楓，槭樹はともに誤り．鶏冠木とか鶏頭樹は日本製の漢字名．なお楓はフウ（フウ科）である．

2563. チリメンカエデ（キレニシキ）〔ムクロジ科〕

Acer amoenum Carrière var. ***matsumurae*** (Koidz.) K.Ogata **'Dissectum'**

ヤマモミジの園芸変種で庭園に栽培されるもので，まだ野生はみられない．多分母種の枝変わりであろう．高さ 2 m 位の低木で，枝が広く四方に広がり多少垂れている．対生の葉は細長い柄をもち，葉面が掌状に 7～11 片に深裂し，褐紫色をしている．裂片は線状披針形で細長い鋭く尖った先頭をもち，基部は細く狭まり柄の様になり，ふちは多数の小さな羽片に深く裂けている．小羽片には細かく尖ったきょ歯がある．花は春に新しい葉とともに出て，果実は秋に熟す点はカエデと全く同様である．〔日本名〕縮緬（チリメン）カエデ．葉の細かく裂けた状態がちりめん地を思わせることから来ている．〔追記〕葉の大きさや裂片の数から考えて，本型はヤマモミジの変わった型とみなすのが妥当と思われる．

2564. ヤマモミジ〔ムクロジ科〕

Acer amoenum Carrière var. ***matsumurae*** (Koidz.) K.Ogata

（*A. palmatum* Thunb. var. *matsumurae* (Koidz.) Makino）

中部以北の日本海側の山地に生える高木で高さ 5～10 m になる．平らで滑らかな細い枝が多数分枝する．タカオカエデに似ているが対生の葉は長い柄をもった掌状で，基部が心臓形となり，長さ 6～8 cm，7～9 中裂している．裂片は尾状で鋭く尖った楕円状卵形または卵状披針形で，ふちに鋭い重きょ歯または欠刻状きょ歯がある．秋になると紅葉する．花序は散房状の円錐花序で，春に新しい葉よりわずかに早く枝の先に頂生し，やや垂れ下がっている．花は小形で雄花と両性花とがある．雄しべは 8 本，葯は黄色．がく片は 5 個で披針形，濃紅色である．5 個の花弁は楕円形で淡紅色．雌しべの下部には短い翼をもった 1 子房があり毛のあるものが多い．果実は大形で 2 cm 以上の翼をもち，互に鈍角をなす．葉の裂片が広いことで普通のカエデと区別できる．〔日本名〕山モミジの意味．

2565. オオモミジ 〔ムクロジ科〕

Acer amoenum Carrière var. ***amoenum***

（*A. palmatum* Thunb. var. *amoenum* (Carrière) Ohwi）

北海道，本州，四国，九州に分布する，山地にふつうな落葉高木．高さ 10 m ほどになる．樹皮は灰褐色で平滑．葉は大きく径 10 cm ほどに達し，掌状に 7（まれに 9）中裂し，基部は浅心形．裂片はタカオカエデより幅広く，やや膨らんだ感じになる．先は尾状に鋭く尖る．ふちには細きょ歯があり，両面とも無毛．タカオカエデ，ヤマモミジのような重きょ歯とならず単きょ歯である．花は 4～5 月に咲く．当年短枝の先に散房状の花序をつくり，雄花と両性花がある．両性花の雄しべは短い．6～9 月に熟する分果は翼とともに長さ 2～2.5 cm，水平または鈍角に開く．秋には紅葉でもやや黄色味がかるか，または黄葉することが多い．

2566. ハウチワカエデ（メイゲツカエデ） 〔ムクロジ科〕

Acer japonicum Thunb.

北海道，本州の山地に生える落葉高木で，小枝の皮は粘着性をもっている．対生の葉は大きく，円形で，掌状に 9～11 浅裂し，基部は心臓形をしている．裂片は卵形で鋭く尖り，ふちには重きょ歯がある．若葉には両面に白い綿毛が密生しているが，成長すると上面はほとんど毛がなくなり，下面の葉脈沿い，特に基部では白い毛が残る．葉柄は短く，初め白い綿毛を密生する．花は春に若葉とともに出る．暗紅色で散房状につき花軸，花柄に綿毛が密生している．成長すると毛は少なくなる．がく片，花弁とも 5 個，雄しべは 8 本ある．果実は鈍角に開き，ほとんど毛のないことも，毛があることもある．翼の長さ 2 cm，幅 7～10 mm である．〔日本名〕羽団扇カエデ．葉の形を鳥の羽根で作ったウチワ（多くは天狗が持つ）にたとえた．名月カエデは秋の名月の光で，落葉する紅葉も見られるという意味でついた．

2567. マイクジャク 〔ムクロジ科〕

Acer japonicum Thunb. **'Aconitifolium'**

（*A. japonicum* var. *heyhachii* Makino）

ハウチワカエデの園芸変種で観賞品として庭に植えられる落葉低木．葉は柄をもち，対生していて，緑色，円形で基部が心臓形となり，掌状にほとんど基部まで 9～13 裂している．裂片はへら状倒披針形で基部はくさび形に狭くなり，上部は欠刻状に分裂し，裂片の縁は重きょ歯をもつ．上面には長い毛が散在するが，下面では特に葉脈上に白い長い毛を密生する．葉柄は葉身より短く，また白毛がある．花は若葉とともに出て，果実は秋に熟す．花も果実も母種であるハウチワカエデと変わることはない．〔日本名〕舞孔雀という意味．葉の形をクジャクの尾羽を広げたのにたとえた．〔追記〕変種の形容語の *heyhachii* は平八という人名に由来して牧野富太郎の命名したもので，この人物は秩父地方の植木屋であったという．

2568. コハウチワカエデ（イタヤメイゲツ，キバナハウチワカエデ）〔ムクロジ科〕

Acer sieboldianum Miq.

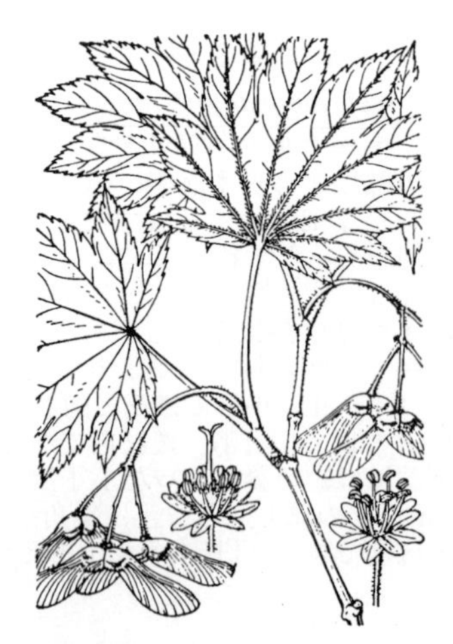

本州，四国，九州の山地に生える落葉高木．対生の葉は柄をもち掌状に 7～9 中裂している．裂片は卵形で鋭く尖りふちはするどいきょ歯または重きょ歯となり，基部は切形状の心臓形で，長さも幅も 6～8 cm 位である．若葉には上面に毛がまばらに生え，下面は白い綿毛にくるまれているが，成長するに従い，上面はほとんど無毛となり，下面も葉脈沿いに白い毛を残すだけとなる．葉柄も若い時には白い毛が密生しているが，次第にまばらになる．花は白黄色で散房花序につき，春に若葉とともに出る．花軸や小花柄にも毛が密生している．がく片，花弁ともに 5 個．雄しべは 8 本ある．果実は長さ 1～1.5 cm，幅 5～8 mm の翼をもち，ほとんど毛はない．翼は互いにほぼ一直線に開いている．〔日本名〕小ハウチワカエデは葉の小形から，黄花ハウチワカエデは花が黄色である点から区別されるのでついた．イタヤメイゲツはメイゲツカエデでありながらイタヤカエデに似たところもあるためである．

2569. オオイタヤメイゲツ 〔ムクロジ科〕

Acer shirasawanum Koidz.

本州（福島県以西），四国の深山に生える高木．高さ5～10 mにもなり，幹は灰色をしている．葉は丸い腎臓形で幅8 cm位ある．対生していて毛のない長い柄をもつ．掌状に9～11中裂し，裂片の間の切れ込みは狭く，裂片は卵状披針形で，下部は全縁であるが上半部には重きょ歯がある．上面は平滑で毛はなく，下面の脈腋には白い毛が目立つ．やや厚い膜質である．花は新しい枝の先端に散房状に出て，小苞葉はない．また毛も全くない．雌雄異株．がく片も花弁も卵形で，ほぼ同じ形であるが，がくは紅紫色，花弁は黄白色．雄しべは8本ある．子房には密生した毛があり，花柱には毛がなく，先端は2つに分かれている．果実は短くて毛のない翼を持ち，平開しているものが多い．〔日本名〕大板屋明月．前種イタヤメイゲツに似るが，より大きい葉をつけるからである．

2570. ヒナウチワカエデ 〔ムクロジ科〕

Acer tenuifolium (Koidz.) Koidz.

本州（福島県以西）から九州の山地に生える落葉の小高木．高さ5 m位である．葉には細くて長い柄があり対生する．葉身は円形で基部が深い心臓形である．掌状に9～11中裂し，時には深裂する．オオイタヤメイゲツに似ているが小形で長さ4～5 cm位，薄質である．裂片は披針形で欠刻状の重きょ歯をもつ．裂片の間の切れ込みは先端が丸く，空所ができるからオオイタヤメイゲツと区別される．果実は枝の先につき，多くは1果を頂生するだけである．翼は広く平開し毛はない．〔日本名〕雛ウチワカエデ．ハウチワカエデに比べ繊細な作りであるのを雛（ひな）にたとえた．

2571. トウカエデ 〔ムクロジ科〕

Acer buergerianum Miq.

中国原産の落葉高木で庭園に栽培されている．対生の葉は柄をもち，洋紙質である．葉の上端が浅く3裂し，基部は鈍形または円形をしている．裂片はほぼ三角形で全縁．若い時は白い柔らかな毛をもつが，成長するにつれて毛はなくなり，上面は光沢をもち，下面は青緑色でやや白色を帯びている．葉柄は葉身とほぼ同じ長さで毛はない．若木の葉は成熟した木の葉と異なり，3中裂し，裂片が広披針形状で，先が鋭く尖り，ふちにきょ歯がある．4～5月頃に散房状に花を開く．花は淡黄色で，がく片5個，花弁5個，雄しべ8本．果実は毛がなく，翼はほとんど平行か鋭角に開き，翼の長さは1.5～2 cmある．1品種にヒトツバトウカエデ f. *integrifolium* (Makino) H.Hara があり，これは葉が分裂しないかまれに2～3浅裂するものである．まれな品種である．〔日本名〕唐カエデの意味で，唐は中国をさし，中国から入ってきたことによる．

2572. クスノハカエデ 〔ムクロジ科〕

Acer itoanum (Hayata) H.L.Li

奄美大島以南の琉球列島の山地に生える雄性両全性同株の常緑高木で，幹の高さは15 m，直径は50 cmほどに達する．葉は革質で1～2 cmの柄をもち対生する．葉身は楕円形で，長さ4～10cm，幅2～5 cm，全縁，基部はくさび形または円形，先端は鋭先頭，両面とも無毛または裏面に軟毛がある．表面は緑色であるが，裏面は灰白色で3行脈が目立つ．花期は3月で，複散房状に30個程の花をつける．花は放射相称型で5数性，花盤が発達し，5個の萼裂片と5個の花弁をもつ．花弁は線状披針形で，長さ約2 mm．両性花は，長さ1.5 mmほどの雄蕊を通常8個花盤の内側にもち，中央部には渦巻き状に伸びた花柱をもつ．雄花も同様に8個の雄蕊をもつが，より大きく，中央部に退化的雌蕊を残す．果実は果翼が発達した2個の分果からなり，その長さは葯2 cmで，鋭角に開く．和名は葉がクスノキに似ることによる．

2573. メグスリノキ（チョウジャノキ）　〔ムクロジ科〕

Acer maximowiczianum Miq.（*A. nikoense* auct. non Maxim.）

本州，四国，九州の山地に生える落葉高木で高さ 10 m 位になる．対生の葉は太い柄をもち，三出複葉をしている．小葉は楕円形または斜めの楕円形で，ふちは不規則な波形の鈍いきょ歯，中央の小葉の基部は狭まって小葉柄となるが，側方の 2 小葉は柄がなく，基部が鈍くなっている．いずれも長さ 6～10 cm，幅 2.5～5 cm 位ある．上面にはほとんど毛がないが，下面には特に葉脈に褐色の長い柔らかな毛を密生しており，葉柄は 2～4 cm 位で，若い枝とともに褐色の長い柔らかな毛を密生している．花は白く 3 個ずつつき，若葉と一緒に出る．がく片，花弁とも 5 個．雄しべは 10～12 本ある．果実の翼はほぼ弧状をしていて，長さ 3～4 cm，幅 1～1.5 cm ある．〔日本名〕眼薬ノ木．民間薬として樹皮を煎じて，洗眼につかうといわれていることからついた．長者之木の語源は不明だが，果実の形を蝶に見立てて「蝶々の木」がなまったものという説が有力である．

2574. カラコギカエデ　〔ムクロジ科〕

Acer tataricum L. subsp. ***aidzuense*** (Franch.) de Jong

（*A. ginnala* Maxim. var. *aidzuense* (Franch.) K.Ogata）

北海道，本州，四国，九州の湿地に分散して生える落葉高木で，高さ数 m にもなる．対生している葉は柄をもち，長さ 5～7 cm，幅 3～4 cm の卵状楕円形で，先端が尖り，基部は円形かまたはやや心臓形，ふちは不規則な欠刻があり，さらに重きょ歯となっている．上面には毛がないが，下面には葉脈沿いに淡褐色の柔らかな毛が密生している．葉柄は葉身と同じ位の長さでほとんど毛がない．5～6 月頃に黄緑色の花を総状に枝先に頂生して開く．がく片も花弁も 5 個ずつ，雄しべは 8 本ある．翼をもった果実は成熟すると長さ 3.5 cm に達する．翼は狭い角をはさみ，ほとんど平行になっているものもある．果実に長い柔らかな毛がある．〔日本名〕鹿の子木カエデ．前川文夫は樹皮が所々剥げて鹿（か）のこまだらになることからついたカノコギがなまってカラコギになったとする説を妥当と考えた．

2575. ミツデカエデ　〔ムクロジ科〕

Acer cissifolium (Siebold et Zucc.) K.Koch

北海道，本州，四国，九州の深山に見られる落葉高木で高さ 10 m に達する．対生の葉は暗赤色の長い柄をもち，三出複葉をしている．小葉は卵状楕円形で両端が尖り，大きいものでは長さ 10 cm，幅 4 cm になる．ふちはまばらなきょ歯をもち，上面には粗い毛がまばらにある．下面にはほとんど毛がないが，主脈と側脈の脈腋に柔らかい毛が群がる．まれには基部の 2 小葉が更に 2 分することもある．花は黄色く長い総状花序をしていて春に開く．がく片花弁とも 4 個ずつで，雄しべは 4～5 本ある．果序は長さ 20 cm 位ある．果実の翼は長さ 3 cm 位で，短毛があり，鋭角をなして開き成熟前まで暗赤色である．果柄，果序軸ともにまばらに毛がある．〔日本名〕三手カエデは，3 小葉の葉の形から名付けられたもの．

2576. アサノハカエデ（ミヤマモミジ）　〔ムクロジ科〕

Acer argutum Maxim.

本州（福島県以西），四国の深山に生える落葉高木で高さ 7～10m になる．対生の葉は柄をもち，卵状円形で長さ 10 cm，幅 7 cm にもなるものもある．多くのものは 5～7 浅裂し，ちょうどアサの葉のようである．上部の 3 裂片は特に大きく卵状三角形，ふちは重きょ歯となっている．上面には毛がないが下面は短く柔らかな毛がまばらにある．基部は心臓形．葉柄は葉面と同じ長さかまたはこれより長く，短い毛がまばらに生えている．花は淡黄色で，がく片，花弁，雄しべはいずれも 4．春に若葉とともに開花し，短い総状であるが果期には長さ 15 cm 位の穂状となる．果実は長さ約 4 cm になり，2 翼間の開度は一直線に近く，果柄とともに毛がない．〔日本名〕葉形がアサの葉を思わせることから来ている．

2577. クロビイタヤ（ミヤベイタヤ，エゾイタヤ［同名あり］）〔ムクロジ科〕

Acer miyabei Maxim.

本州（中部以北），北海道に生える落葉高木．対生している葉は柄をもつ．形は横広の五角形で長さ 7～10 cm，幅 8～15 cm，深く 5 裂する．上方の 3 裂片が大きく，剣状をしていて，辺に 1～2 の粗い鈍いきょ歯がある．下方の 2 裂片は小さい．両面とも葉脈に褐色の毛を密生している．基部は切形状の心臓形である．葉柄は非常に長く 15 cm になることもある．花は黄褐色で散房状につき，葉とともに出る．がく片，花弁とも 5 個ずつ．雄しべは 8 本ある．果実の翼は一直線または後方にやや反りかえり，すなわち開度が 180 度をこえ，褐色の毛がある．翼の長さは 2 cm 位，幅は 1 cm．〔日本名〕黒皮イタヤは本来はイタヤカエデのうちの樹皮の黒いものを指した名であった．宮部イタヤは種形容語にあるこの種の発見者，宮部金吾を記念した名．北海道で発見されたことからエゾイタヤの別名もあるが，同名の異種があるので混乱を招く．

2578. イタヤカエデ（広義）（トキワカエデ，ツタモミジ）〔ムクロジ科〕

Acer pictum Thunb.（*A. mono* Maxim.）

各地の山地に生える落葉高木で高さ 20 m 位になる．対生の葉には柄があり，掌状に 5～7 に中裂～浅裂し，裂片は卵状または三角状で，先端が尖り尾状になり，基部は切形，または心臓形，ふちは全縁である．毛はなく平滑であるが，下面の脈上，特にその基部には毛がある．葉身の長さは 5～10 cm，幅は長さに等しいか，これより広く，葉の形，大きさ，裂片の形などいろいろである．花は淡黄色で複総状，葉とともに出て立つ．がく片，花弁各々 5 個．雄しべは 8 本ある．果実は毛がなく翼は直角または鋭角に開き，翼は鍬形．〔日本名〕板屋カエデは，葉がよく茂り，ちょうど板で屋根をふいた板屋の様に雨がもれることはない意味である．〔追記〕本種は変異が多く，次項以下に掲げるような多数の種内分類群に分けられ，イタヤカエデという和名はその総称として用いられる．本図に示したものはその中でオニイタヤ subsp. *pictum* f. *ambiguum* (Pax) H.Ohashi の型に当たるものと思われる．

2579. エンコウカエデ（アサヒカエデ）〔ムクロジ科〕

Acer pictum Thunb. subsp. ***dissectum*** (Wesm.) H.Ohashi f. ***dissectum*** (Wesm.) H.Ohashi

各地の山地に生える小高木．高さ 3～5 m 位でイタヤカエデの亜種である．長い柄をもった葉は対生し，5～7 個に深く裂け，裂片は披針形または披針状楕円形で先端は尾状に鋭く尖る．全縁で薄質で，下面には毛がなく，光沢がある．秋になるとイタヤカエデと同じように黄葉する．〔日本名〕猿猴カエデの意味で，葉の裂片が細長く，手長猿の手を思わせるところから来ている．〔追記〕本亜種は成長すれば高さ 20 m を超えることもあり，老木では葉の切れ込みもやや浅くなるが，若木では図示したような姿となる．時に葉の裏面主要脈上に粗毛があるものがあり，ウラゲエンコウカエデ f. *connivens* (G.Nicholson) H.Ohashi という．

2580. ヤグルマカエデ〔ムクロジ科〕

Acer pictum Thunb. subsp. ***pictum*** subvar. ***subtrifidum*** Makino

山地に生える小高木でオニイタヤの 1 型である．葉は長い柄をもち，対生し，5～7 深裂し，裂片は披針形で長く鋭く尖り，さらに 3 中裂するか，あるいは波形のふちになっている．時に中央付近に小さな突起があることもある．葉は薄質で下面に白く短い毛が生える．葉の形がこれに似ていて，葉の下面に白い短毛のないものはケナシヤグルマカエデとよんでいる．この両方とも秋になってから紅葉しないで，黄葉になるのはイタヤカエデと同じである．〔日本名〕矢車カエデ，葉の切れ込み方を端午の鯉のぼりにつける矢車に見立てたもの．〔追記〕本植物は最近ではオニイタヤから区別されないことが多い．

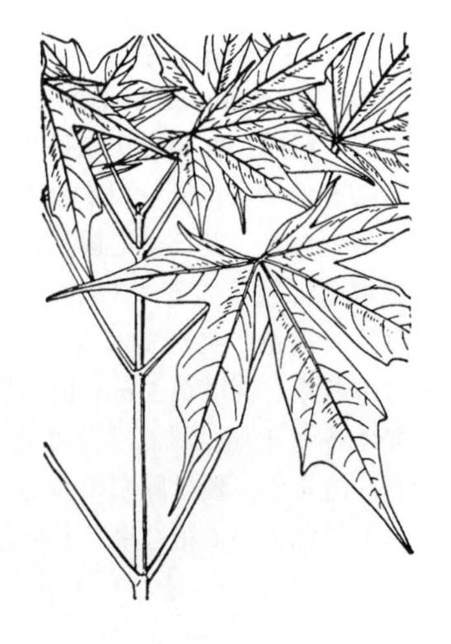

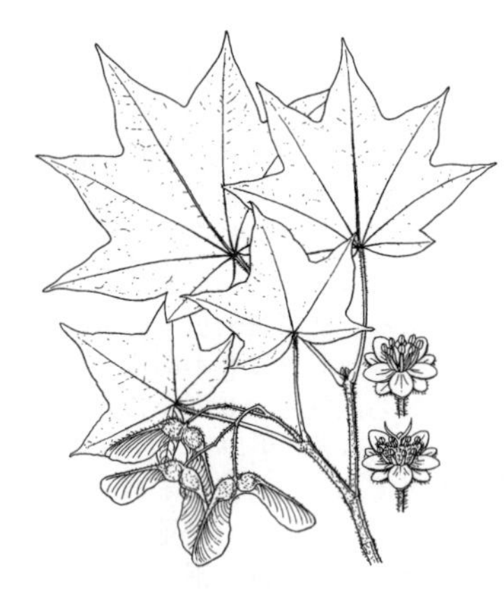

2581. エゾイタヤ 〔ムクロジ科〕

Acer pictum Thunb. subsp. ***mono*** (Maxim.) H.Ohashi
(***A. mono*** Maxim. var. ***glabrum*** (H.Lév. et Vaniot) H.Hara)

本州（北陸地方以北および隠岐島），北海道，朝鮮半島，極東ロシアに分布する．幹は高さ 25 m，直径 1 m に達する．若い枝に細かい毛がある．葉は暗緑色，掌状に 5～7 裂片に浅裂ないし中裂し，基部は心臓形をなす，裂片の先は鋭く尖る．ふちは全縁．下面の脈の基部に毛がある．葉柄の上部と若枝にも毛がある．花柄，がくの外面，分果には毛があり，分果の翼は斜めに開出して長さ 2.5 cm ほどになる．〔追記〕この植物に似て葉の裂片数が多く基部は心臓形をなすものには以下のような亜種があるが，いずれも枝は無毛である．オニイタヤ subsp. *pictum* f. *ambiguum* (Pax) H.Ohashi は北海道南部，本州，四国，九州に分布し，葉の下面脈上に短立毛がある．イトマキイタヤ subsp. *savatieri* (Pax) H.Ohashi は本州（関東から近畿）および高知県に分布し，葉の下面は主脈基部にのみ毛叢がある．

2582. アカイタヤ（ベニイタヤ） 〔ムクロジ科〕

Acer pictum Thunb. subsp. ***mayrii*** (Schwer.) H.Ohashi
(*A. mayrii* Schwer.)

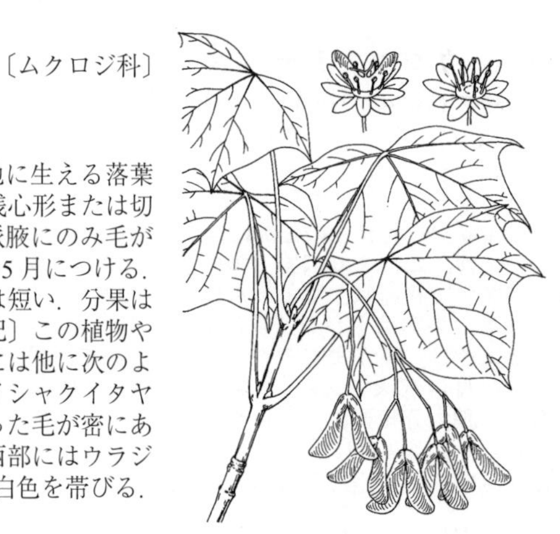

本州（島根県以北の主として日本海側），北海道に分布し，山地に生える落葉高木．枝は無毛．葉は幼時赤みを帯び，掌状に 5 浅裂し，基部は浅心形または切形で径 6～14 cm になる．裂片は全縁で，先は鋭く尖る．下面の脈腋にのみ毛がある．葉柄は長さ 4～12 cm で，無毛．散房花序に淡黄色の花を 4～5 月につける．花弁は 8 mm ほどあり，がく片は 5 枚．雄しべは 8 個．両性花では短い．分果は無毛で，翼を含め長さ 3～4 cm，2 枚の翼はほぼ平行にでる．〔追記〕この植物やエンコウカエデのように，葉の裂片数が少なく基部が切形のものには他に次のような亜種があるが，いずれも分布域が狭い．広島県に分布するタイシャクイタヤ subsp. *taishakuense* (K.Ogata) H.Ohashi は葉の下面全体に長い曲がった毛が密にあり，上面の主脈上にも毛がある．新潟，山形の両県および福島県西部にはウラジロイタヤ subsp. *glaucum* (Koidz.) H.Ohashi が分布し，葉の下面は粉白色を帯びる．

2583. ミネカエデ 〔ムクロジ科〕

Acer tschonoskii Maxim.

北海道，中部以北の本州の針葉樹林帯または高山低木帯に生える小高木．対生の葉は柄をもち，掌状に 5 裂している．裂片は卵状披針形または卵形で鋭く尖り，ふちは欠刻状で重きょ歯をもつ．両面ともほとんど平らでなめらかであるが，基部の下面に赤い毛がある．長さ幅とも 6～7 cm．葉柄も赤い毛をもち，葉身よりも短い．花は夏に開き，帯紅黄色で直立する短い総状花序につく．がく片，花弁とも 5 個ずつ．雄しべは 8 本ある．果実の翼はほぼ直角に開き，毛はない．翼は薄く，長さ 2 cm，幅 1 cm．コミネカエデに似ているが，がく，花弁は 2 倍位長く，果実の翼が広く直角をなすことなどで区別される．〔日本名〕峰カエデ．高山に生えることからついた．

2584. コミネカエデ 〔ムクロジ科〕

Acer micranthum Siebold et Zucc.

本州，四国，九州の山地に生える小高木．対生の葉は柄をもち，掌状にほぼ 5 深裂し，裂片は卵状披針形で先端が尾状に鋭く尖り，ふちは重きょ歯になり，基部は心臓形，上面には毛がないが，下面では主脈，特に脈腋に褐紅色の毛がある．長さは 6～9 cm，幅 5～8 cm．葉柄は葉身より短く褐色の毛がまばらに生えている．花は夏に開き，帯紅黄色で非常に小さく，直径が 3 mm 位，多数が下垂する総状花序につく．がく片，花弁は各々 5 個，雄しべは 8 本である．果実の翼は鈍角か一直線に近く開き，滑らか，翼は膜質で長さ 2 cm 位，幅 7 mm 位ある．〔日本名〕峰カエデに似ていて花も果実も小さいことから名付けられたもの．

2585. ナンゴクミネカエデ 〔ムクロジ科〕

Acer australe (Momot.) Ohwi et Momot.

本州（岩手県以南），四国，九州の太平洋側に分布し，山地帯上部に生える小高木．枝は無毛．葉は掌状に5深裂し，長さ10 cm，幅6 cmほどになる．裂片の先は長く，尾状になり鋭く尖る．上面無毛，下面脈腋に褐色の軟毛がある．基部は心形で，葉柄は4 cmほどあって毛はない．コミネカエデに似るが欠刻はより深く，全体により大きい．総状花序に10個前後の花をつけ，5〜6月頃咲く．ミネカエデの花に比べ，がく片は5個で倒披針形，花弁とほぼ同形で，無毛，ともにより幅広く，コミネカエデよりは2倍ほどの大きさがあり，長さ10 mmほど．雄しべは8個でがくとほぼ同長である．果実は無毛，果柄は長さ約8 mm．分果は翼とともに長さ1.7 cmほどあって，やや斜めに開出する．〔追記〕本種のうち本州中部以東に見られる型は葉裂片の切れ込みが浅く，オオバミネカエデとして区別されることがある．

2586. ウリカエデ（メウリノキ） 〔ムクロジ科〕

Acer crataegifolium Siebold et Zucc.

本州（宮城県以南），四国，九州の浅い山に生える落葉小高木で高さは3 m位．対生の葉は柄をもち，卵状披針形で先端が尾状に鋭く尖る．基部は丸く心臓状になっている．長さ7〜10 cm，幅4 cm位になり，ふちに小さな鈍いきょ歯をもつ．上面は緑色で毛がなく，下面は帯白色でほとんど毛はないが，主脈と側脈の腋には赤褐色の毛がある．葉は時に3浅裂してサンザシのようになることもある．葉柄は葉身より短く，全く毛はない．5月頃新しい葉とともに総状花序を出して開く．花は淡黄色でがく片，花弁各々5個．雄しべが8本ある．果実は無毛で，翼はほとんど一直線に開き，両端間の長さは4.5 cmにもなる．〔日本名〕瓜カエデは，枝の皮の色がマクワウリの色に似ることから来ている．女瓜之木はウリハダカエデに比べ，枝，葉ともに小形でやさしいからである．

2587. ウリハダカエデ 〔ムクロジ科〕

Acer rufinerve Siebold et Zucc.

本州，四国，九州の山地に生える落葉高木．枝の皮は緑色平滑で毛がない．対生の葉には柄があり，卵形に近く，浅く3〜5裂していて，中央の裂片から側方へ向かって大きさが次第に小さくなる．ふちには重きょ歯がある．基部は円形か心臓形で，長さ10〜16 cm，幅6〜12 cm，上面はほぼ平滑であるが，下面では葉脈に沿って密生した褐色の毛があり殊に脈腋に多い．葉柄は葉身よりはるかに短く，褐色の毛がある．花は5月頃葉とともに出て，黄色で垂れ下がった総状花序につく．がく片，花弁とも5個．雄しべは8本ある．果実の翼はほとんど直角に開き，濃褐色の毛を密生する．翼は長さ1.5〜2 cm，幅7〜10 mm位，真直ぐかまたは曲がる．〔日本名〕瓜肌カエデは，樹皮の色が瓜，特にマクワウリの実の色を思わせるところから来ている．

2588. ホソエカエデ 〔ムクロジ科〕

Acer capillipes Maxim.

関東より西の本州，四国，九州の山地に生える落葉高木．樹皮は緑色，滑らかで毛はない．対生の葉は柄をもち，卵形，時には上部が3裂または5裂し，中央裂片が最も大きく長く，鋭く尖る．基部は心臓形または円形で，ふちに細かい重きょ歯がある．下面はしばしば帯白色で，脈腋に膜状の水かきがある．葉の形はウリハダカエデに比べて，中央裂片が大きく長い．花は5月頃若葉とともに出て，緑白色で，総状花序をなして垂れ下がる．花柄は細く，長さは4〜8 mm，毛はない．雌雄異株でがく片，花弁各々5個，雄しべは8本ある．果実の翼は互にやや直角をなして開き，毛はない．長さ1.5 cm位ある．〔日本名〕細柄カエデ．ウリハダカエデに似るがそれよりも花の小柄がやせて細いことから来た名．

2589. シマウリカエデ 〔ムクロジ科〕

Acer insulare Makino

鹿児島県の奄美大島と徳之島の山地林に生える落葉性高木．葉は卵形で，分裂しないかまたは浅く 3～5 裂する．頂裂片は大きく，五角形状で，長さ 10 cm，幅 5 cm ほどあり，細長くのび，鋭尖頭．基部は浅い心形をなす．ふちには粗いきょ歯がある．側脈は 7 対ほどで，下面にははじめ褐色の毛があるが，脱落して無毛となる．葉柄は長さ 3～4 cm．花は 10～15 個総状花序につき，今年枝に頂生する．長さ 7～8 cm．花序柄は長さ 2～3 cm，花柄は 5～7 mm．花弁は倒卵形，長さ 5 mm．がく片は披針形で，長さ 1.5 mm，ともに毛はない．分果は斜めに開出し，長さは翼とともに 3 cm ほどになる．〔追記〕ヤクシマオナガカエデ *A. morifolium* Koidz. は屋久島に産し，本種によく似ているが分果は水平に開出し，長さは翼とともに 1.5 cm ほどである．

2590. ハウチワノキ 〔ムクロジ科〕

Dodonaea viscosa Jacq.

インド，フィリピンなど熱帯アジアからオーストラリア，ポリネシア，さらにガラパゴス群島に至る太平洋諸島に広く分布する常緑小高木．琉球列島や小笠原諸島の山地，特に稜線付近の裸岩地などに生える．高さ 0.5～4 m になり，根もとからよく分枝して茂る．枝は灰褐色で皮が薄くむけやすい．葉は互生しほとんど柄がない．葉の長さは 5～10 cm の細長い楕円形ないし倒披針形で全縁，ほぼ平行に走る多数の側脈が目立つ．葉の上面は明るい緑色で，粒状の腺点が密にあり粘る．この腺点は若枝にもあり，乾燥標本になっても粘着する．春に枝先に小さな円錐花序をつくり，黄緑色の小花を多数つける．がく片は 4 枚，ときに 5 枚で花の径は 4～5 mm，雄しべは 8～9 本あって花盤のへりにつく．果実は薄いひれ状の翼が 2～4 枚あり，中央の部分に 1 ～2 個の種子がある．果実は熟すと灰褐色となり，翼が発達しているので風で散布される．〔日本名〕翼のある果実を羽うちわに見立てたもの．〔追記〕この種類は分布が広いだけに各地で多くの変種に分けられる．

2591. モクゲンジ（センダンバノボダイジュ） 〔ムクロジ科〕

Koelreuteria paniculata Laxm.

栽培されるが，宮城県や石川県から山口県の海岸，山梨・長野県の渓流沿いなどに野生状の個体があり，朝鮮半島，中国に分布する．落葉小高木で高さ 10 m になる．互生の葉は有柄，羽状または 2 回羽状複葉で，小葉は卵形で短く尖り，不ぞろいのきょ歯をもつ．夏に枝の先に大きな円錐花序をつけ，多数の鮮黄色の小花を開く．花は大きさがそろわず，また中心が赤い．がくはほぼ 5 深裂している．花弁 4 個は細長く上向くが，基部に近いそりかえった場所には立った赤い附属物がある．花盤は上辺に鈍い歯がある．雄しべは 8 本，花糸は長い．さく果は洋紙質でふくらみ，3 室からなる．種子は球形で，堅く黒い．〔日本名〕ムクロジの漢名である木槵子が誤って使われ，その字音から来たものである．梅檀（せんだん）葉ノ菩提樹は種子をじゅずにすることから菩提樹を連想し，複葉をセンダン（センダン科）にたとえたもの．〔漢名〕欒華，欒樹．〔追記〕淡黄色花のウスギモクゲンジ f. *miyagiensis* H.Ohashi et Yu.Sasaki がある．

2592. フウセンカズラ 〔ムクロジ科〕

Cardiospermum halicacabum L.

中米の原産でつる性の一年生草本であるが，元来は多年生草本である．茎は細長く，長さ数 m になり，毛はないか，わずかに毛がある．互生の葉は柄をもち，2 回 3 出または 2 回羽状複葉．小葉には小さな柄があり，卵形または卵状披針形で，先端が鋭く尖り，鋭いきょ歯がある．夏に，葉より長い腋生の花柄の先端に，少数の花をつける．花より下方に，対生の 2 本の巻ひげがある．花は小形で白い．がく片は 4 個，外側の 2 個がやや小形である．4 個ある花弁の大きさは等しくない．花中の片側に花盤がある．雄しべは 8 本．子房は 3 室からなる．果実はふくらんださく果で，各室に黒い球形の種子をもち，一方の側に心臓形の白い点がある．〔日本名〕風船カズラは，西洋の俗名 Balloon-vine に基づいてつけられたもので，ふくらんだ果実が，空中にかかっている様子を風船にたとえたもの．琉球に野生化している果実の小さいものをコフウセンカズラ var. *microcarpum* (Kunth) Blume という．

2593. ムクロジ　〔ムクロジ科〕

Sapindus mukorossi Gaertn.

本州（関東以西）から琉球および小笠原の山林に生え，高くそびえる落葉高木．あるいは人家に植えられる．高さは 17 m になる．互生している葉は大形で柄を持ち，羽状複葉，小葉は広披針形で，全縁，基部は左右の形が等しくなく，短い柄につながる．硬質で葉，葉柄とも緑色である．夏に枝の先に大きな円錐花序をつけ多数の柄のない淡緑色の小さな花を開く．花序の軸や，枝に細かな毛がある．花には雌雄がある．がく片，花弁とも 4〜5 個．雄花には 8〜10 本の雄しべが発達し，雌花には 1 本の雌しべが発達する．果実は 1 心皮が発達して球形となり，成熟すると黄色または黄褐色となりほぼ楕円体のかたくて黒い 1 種子を含む．これを正月の羽根つきの羽根の球に使う．果皮は昔せっけんの代用となった．〔日本名〕モクゲンジの漢名木欒子が入りかわって使われ，それから由来した．〔漢名〕無患子.

2594. レイシ（ライチ）　〔ムクロジ科〕

Litchi chinensis Sonn.

中国南部の広東，広西，福建などの各省に原産する常緑小高木，高さ 5〜10 m になる．広く枝をはり，円い樹冠をしている．枝は褐色でなめらかで，皮目が多い．葉は偶数羽状複葉で，長さ 8〜12 cm で，互生し，小葉は 2〜3 対で，厚い革質，側脈ははっきりせず，広披針形で，先の方は鋭く尖りながらも，先端は鈍くなっている．短い柄をもち，上面は濃色で光沢があり，下面は灰色で，主脈が赤味がかっている．雌雄異株で，直径 3 mm 位の小さな黄色の花を枝の先に近い葉腋から大きな円錐花序として出す．がく片は広い鐘形で毛をもち，5 歯がある．花弁はない．雄しべはふつう 8 本ある．柱頭は 2 叉になり，子房と花糸に毛がある．果実は下に垂れ直径 2〜3 cm 位の球形，表面がウロコ状の突起でおおわれる．1 個の黒褐色の大形種子は，その周囲に乳白色の透明な仮種皮がある．仮種皮は甘酸適度で，芳香があり美味である．果樹として広く東南アジアに栽培されている．〔日本名〕漢名の茘枝の音読み.

2595. リュウガン　〔ムクロジ科〕

Dimocarpus longan Lour.（*Euphoria longana* Lam.）

中国南部の福建，広東，広西，四川などの各省に原産する常緑小高木で，高さ 10 m 位．幹は黒っぽい褐色で毛はなく，小枝は褐緑色で毛をもつ．互生の葉は羽状複葉で，小葉は 2〜5 対（通常 4 対），側脈ははっきりしており，小葉の長さは 10 cm 位，革質で全縁で先端がやや尖った長楕円形である．短い柄をもち，上面は強い光沢があり，濃緑色，下面はやや淡い色である．葉腋から短い毛の生えた円錐花序を直立し，直径 2 mm 位の黄白色で，芳香のある花をぎっしりと開く．がくは 5 つに深く裂け，裂片は卵形で短い毛がある．花弁 5 個は黄白色のへら形で，内面は有毛，がく裂片とほぼ同じ長さである．雄しべは通常 8 本．果実は直径 2.5 cm 位で 1 花序に 10 数個つく．表面は淡褐色でうすいが硬い殻からなり，細かい突起でざらざらしている．種子は 1 個，暗褐色で光沢があり，周囲の仮種皮は白色透明である．甘味があり，生のまま，または乾して食べる．〔日本名〕漢名の龍眼の音読み．丸い果実を龍の眼にたとえた名.

2596. ミヤマシキミ　〔ミカン科〕

Skimmia japonica Thunb. var. ***japonica*** f. ***japonica***

本州（宮城県以南），四国，九州の山地の木陰などに生える常緑低木．高さ 0.5〜1 m に達し，基部から直立し分枝する．葉は互生，皮質で，葉柄は通常日光を受けると赤色を帯び，枝上に集まってつきやや輪生状になり，長楕円状倒披針形で長さ 7〜10 cm 位，両端は尖りあるいは鈍頭，全縁で無毛，下面に小さい油点が散在する．4〜5 月頃，枝先に頂生の円錐花序をつけ，香りのある多数の白色小花を開く．花軸には毛がある．雌雄異株，がく片および花弁は各 4 個，花弁は白色．雄花では雄しべ 4 本．雌花では 1 本の雌しべがあり，子房は 4 室で各室に胚珠を 1 個ずつ包む．時には小さい 4 本の雄しべがあることもある．果実は液果で熟すると美しい紅色となる．有毒植物で，変異が多い．〔日本名〕深山シキミでその枝葉の様子がシキミに似て，また山中に生えるためにこの名前がある．〔漢名〕茵芋は誤った名前である.

2597. ウチダシミヤマシキミ 〔ミカン科〕

Skimmia japonica Thunb. var. ***japonica*** f. ***yatabei*** H.Ohba

山地に生える常緑大低木で，あまり普通に見るものではない．高さ 1〜2 m．樹形，花，果実などはミヤマシキミと違わないが，葉の上面では脈が落ち込んで溝となり，下面では隆起してあぜの様になっているので母種と区別される．ミヤマシキミに比べてまれな種類である．枝はまばらで，灰色，平滑．葉は，3〜4 枚接近して互生し，やや輪生のように見える．長さ 10 cm 内外．長楕円形，先端は鋭く尖り，基部は狭く，洋紙状皮質で淡黄緑色．雌雄異株．花は白色，4 花弁，雄しべは 4 本，雌しべは 1 本ある．果実は秋の終わり頃になって赤く熟し，球形．〔日本名〕打出し深山シキミで葉脈の状態に基づく．しかし葉を表から見ると実は打ち込みで裏面に打出したものである．

2598. ツルシキミ（ツルミヤマシキミ） 〔ミカン科〕

Skimmia japonica Thunb. var. ***intermedia*** Komatsu f. ***repens*** (Nakai) Ohwi

本州と北海道の日本海側を中心に分布し，九州，四国の山地にもまれに見られる．ミヤマシキミの変種で，落葉広葉樹林内に生え，茎の下部は地表をはい，斜上して，高さ 30〜60 cm，ときに 1 m に達する．葉は茎の上方に集まってつき，長さ 1 cm 以下の柄があり，倒披針状長楕円形で，ふつう長さ 4〜6 cm，幅 1〜2.5 cm となり，ふちにはきょ歯はない．花は 4〜5 月で，枝先から出る散房状の円錐花序につく．花弁は 4 個あり，白色で長楕円形，長さ 4 mm ぐらいとなり，まばらに油点がある．〔追記〕ミヤマシキミに似るが，茎の下部が地表をはうこと，葉がひとまわり小さいことなどの違いがある．葉の表面の脈がへこむものをウチダシツルシキミ f. *intermedia* (Komatsu) T.Yamaz. という．奄美大島以南には葉が長さ 7〜15 cm，幅 3〜6 cm でミヤマシキミ，ツルシキミよりも花がひとまわり大きい，リュウキュウミヤマシキミ var. *lutchuensis* (Nakai) Hatus. ex T.Yamaz. がある．

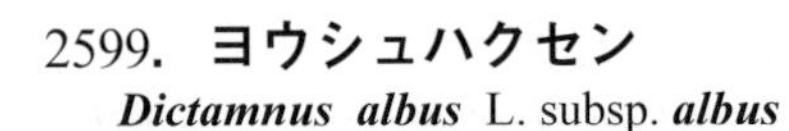

2599. ヨウシュハクセン 〔ミカン科〕

Dictamnus albus L. subsp. ***albus***

南ヨーロッパ原産で，時に観賞品として栽培される多年生草本．茎は丈夫で下部は堅く，高さ 60〜90 cm，葉には柄があり互生し，奇数羽状複葉で中軸には狭い翼がある，小葉は 9〜11 個，卵形，長さ 3〜5 cm，ふちに細かいきょ歯があり，透明な細い点がある．夏に茎頂に総状花序を出して大きい花をつける．白色，淡紅色，バラ色など種々の品種がある．花柄には苞葉がある．がく片は 5 個，披針形で先端は尖る．花弁は 5 個，長楕円形で先端は鋭く尖り，最下の花弁は垂れ，10 本の雄しべと花柱も垂れ下がってまた上向きに曲がる．従って左右相称となる．子房は短い柄の上にあり，5 室で，5 本の深い溝がある．花軸，花柄，花いずれにも油腺があって強いにおいがある．さく果は熟して 5 つに裂開し種子を出す．〔日本名〕洋種白鮮で，西洋産のハクセンの意味．ハクセンは漢名白鮮の音読み．ハクセン subsp. *dasycarpus* (Turcz.) Winter（*D. dasycarpus* Turcz.）は北東アジアに産し，果実に密毛があるのでヨウシュハクセンから区別され，根の皮を薬用にする．

2600. コクサギ 〔ミカン科〕

Orixa japonica Thunb.

本州，四国，九州などの山野の林の下に生える落葉低木．高さ 1.5〜2 m 位で多く分枝する．葉は互生し，楕円形あるいは倒卵形，長さ 7〜13 cm 位，先端はやや尖り，底部は短い葉柄となる．柔らかく上面には光沢があり，上面の脈上と下面には細かい毛がある．特有のにおいがある．4 月頃，葉がまだ小さい時，葉腋に黄緑色の花をつける．雌雄異株．雄花は総状花序で，がく片，花弁，雄しべはいずれも 4 個ずつ，また中央に退化した子房がある．雌花は単一で，がく片 4 個，花弁 4 個．および退化した小形の雄しべ 4 本と 1 本の雌しべがある．花弁は卵形．子房は円錐形で短い花柱と 4 個の柱頭がある．4 つに分かれたさく果は裂開して，堅い内果皮の反転によって種子を遠くに散らす．〔日本名〕小臭木はクサギのようなにおいがあって，木が小さいことによる．〔漢名〕常山を使うのは誤り．

2601. キ　ハ　ダ（ヒロハノキハダ）　〔ミカン科〕

Phellodendron amurense Rupr. var. ***amurense***

各地の山地に自生する落葉高木，高さ 15 m 内外に達し，幹の外皮は淡黄褐色で厚いコルク質，縦に溝があり，内皮は黄色．枝の外皮は灰色．葉は対生し奇数羽状複葉，長さ 20〜30 cm 位．小葉は卵状楕円形，あるいは長楕円形，長さ 10 cm 内外，先端は次第に尖って鋭尖頭，底部はやや鈍形，緑色で下面は帯白色，ふちには平たく細かい鈍きょ歯および縁毛がある．雌雄異株で夏に枝先に円錐花序をなして黄緑色の細かい花をつける．がく片および花弁は 5〜8 個, 子房は 5 室．核果は球形, 黒く熟し，中に 5 核，5 種子を含む．薬用植物の 1 つである．〔日本名〕黄膚の意味で幹の内皮が黄色いためである．これをキワダと発音するのは誤りである．〔漢名〕蘗木，黄蘗．

2602. オオバキハダ　〔ミカン科〕

Phellodendron amurense Rupr. var. ***japonicum*** (Maxim.) Ohwi

本州中部および関東地方の山地に生える落葉高木．全体は母種キハダに似ているが，小葉の幅は少し広く，若い枝や葉軸，花序軸には短毛がやや密に生え，小葉の下面の中肋に沿って軟毛を密生する．木は高さ 10 m 以上に達し，葉は対生，羽状複葉，小葉は 10 個内外，卵状楕円形または長楕円形で, 先端は尾状に鋭く尖り, 基部は円形, ふちには低い鈍きょ歯がある．夏に枝先に円錐花序を出して黄緑色の多数の細かい花をつける．がく片，花弁はともに 5〜8 個，雌雄異株で，雄花は 5 本の雄しべ，雌花は 1 本の雌しべがある．〔日本名〕大葉キハダで小葉がキハダより大きいことに因む．

2603. ハマセンダン　〔ミカン科〕

Tetradium glabrifolium (Champ. ex Benth.) T.G.Hartley var. ***glaucum*** (Miq.) T.Yamaz.（*Euodia glauca* Miq.）

本州近畿以西，四国，九州から南西諸島に産し，種としては中国南部にも分布する．落葉高木で，常緑林中に生え，高さ 7〜10 m になる．若い枝は黒褐色で微毛があり，灰白色の皮目がある．葉は対生し，奇数羽状複葉で，7〜15 枚の小葉からなり，長さ 20〜30 cm で，葉柄と葉軸には微毛が生える．小葉は披針状楕円形または狭卵形，先は細くのびて尖り，基部は鋭形で左右非相称で，長さ 0.4〜1 cm の小葉柄に流れ，ふちはなめらかで，両面ともほとんど無毛，下面は緑白色をおびる．雌雄異株．7〜8 月，枝先に長さ 7〜10 cm になる集散花序を出し，多数の花を開く．花序軸には短毛が密に生える．がくは皿状で，浅く 4〜5 裂し，裂片は広三角形で，ふちに毛がある．花弁は白色，卵状楕円形で，長さ 2.5 mm ほどである．果実は平たい球形で，幅 7〜9 mm になり，深く 4〜5 裂し，無毛の外果皮がはげて，灰白色で微毛が密生した内果皮が現われる．〔日本名〕海岸近くの林に多く，樹姿と奇数羽状複生の葉がセンダンに類似することに因む．

2604. ニセゴシュユ（ゴシュユ）　〔ミカン科〕

Tetradium ruticarpum (Juss.) T.G.Hartley var. ***ruticarpum***
（*Euodia ruticarpa* (Juss.) Benth.）

中国の原産で享保年間（1720 前後）に渡来し，今では各地に栽培される落葉小低木．雌雄異株であるが日本には通常雌木だけある．高さ 3 m 以上に達する．葉は対生し，7〜9 個の小葉からなる奇数羽状複葉，小葉は楕円形，長さ 10 cm 内外，全縁，先端は急に尖り，葉柄にもまた若い枝にも柔らかい毛が密生する．5〜6 月頃，枝先に短い円錐花序を出して緑白色の小花をつける．がく片および花弁はそれぞれ 4 または 5 個，花弁は立つ，雄花では 4 または 5 本の雄しべがあり，基部は花盤につながる．雌花では 4 または 5 心皮からなる 1 本の雌しべがある．花柱は 1 本で子房は花盤にうずまっている．果実は紫赤色で薬用にされる．〔日本名〕漢名呉茱萸の音読みである．漢方薬として現在用いられる呉茱萸は変種ホンゴシュユ var. *officinale* (Dode) T.G.Hartley である．

2605. サルカケミカン 〔ミカン科〕

Toddalia asiatica (L.) Lam.

東南アジアの熱帯に広く分布し，日本では琉球の海岸近くの林中に生える．常緑性の藤本で，茎には鋭いとげがある．とげは長さ 2 mm ほどで，先はかぎ状に曲がり，下部は平たく上下に広がる．枝には毛がない．葉は互生し，3 個の小葉からなり，長さ 3〜5 cm で，長さ 1〜1.5 cm の柄をもつ．小葉は長楕円形で，先は鈍形，ふちにはきょ歯があり，長さ 1.5〜5 cm，幅 0.7〜1.5 cm，両面とも無毛で，下面には油点が散生し，基部はくさび形で長さ 1 mm ほどの小葉柄に流れる．雌雄異株．花序は枝先と葉腋につき，円錐状で，軸にはときに短い毛が散生する．花は 12〜3 月に咲く．がくは深皿形で，浅く 5 裂ときには 4 裂し，裂片は三角状卵形となる．花弁は 5 個ときに 4 個あり，長楕円形，白色で長さ 2〜3 mm になる．雄花には 5（4）個の雄しべと，1 個の退化した雌しべがあり，雌花には小さな退化した雄しべと 1 個の雌しべがある．子房の基部には柄状の花盤があり，花柱は先が 4〜5 裂する．果実は球形で，4 または 5 個の核があり，それぞれ 1〜2 個の種子をもち，直径 6〜8 mm で，熟して橙黄色となる．〔日本名〕琉球の方言に由来し，鋭い刺のためににサルも引っかけるミカンという意味であるという．〔漢名〕飛龍掌血．

2606. サンショウ（ハジカミ） 〔ミカン科〕

Zanthoxylum piperitum (L.) DC.

各地の山地に生えるが，また人家に植えられる落葉低木．幹の高いものは 3 m 以上に達し，多く分枝し，枝の表面には葉の基部に 1 対ずつのとげがある．葉は互生し，奇数羽状複葉，小葉は 5〜9 対，小葉は小形で長卵形，卵形，あるいは長楕円形，先端は細まって微凹頭で終わる．ふちには鈍きょ歯がある．葉には 1 種のかおりがある．雌雄異株．春に葉腋に短い複総状花序を出して緑黄色の小花をつける．花被片は 5 個．雄花には雄しべが 5 本ある．子房は離生し，基部には柄がある．秋にざらついた果実を結び，裂開して黒色の種子を出す．若い葉を食用にし，果実を薬用または香辛料に使う．とげのほとんどない変種をアサクラザンショウ f. *inerme* (Makino) Makino といい，多く人家に植えられる．〔日本名〕山椒の意味であるが山椒は漢名ではない．古名のハジカミははじかみらの略といわれ，ハジはぜるの意味でカミラはニラの古名，すなわち果実の皮が開裂し，また味が辛くてニラの味に似ているところから来た名である．〔漢名〕蜀椒は別種カホクザンショウ *Z. bungeanum* Maxim. で，最近花椒と称して中国から輸入されるのは大部分この種の果実である．

2607. フユザンショウ（フダンザンショウ） 〔ミカン科〕

Zanthoxylum armatum DC. var. ***subtrifoliatum*** (Franch.) Kitam.
（*Z. planispinum* Siebold et Zucc.）

関東以西，四国，九州などの暖地の山野に生える常緑低木．高さ 3 m 以上に達し，枝の上に 1 対ずつの扁平なとげがある．葉は 5〜7 対の小葉からなる奇数羽状複葉，葉柄および葉軸には翼があり時にはとげもある．小葉は厚く長楕円形ないしは披針形，先端は鋭く尖り，基部も尖り，長さ 4〜10 cm 位，ふちに細かい鈍きょ歯がある．雌雄異株で夏に葉腋にうす黄色の花が短い総状あるいは複総状花序となって開く．花がすむとかすかににおいと辛味のある果実を結び，裂開して黒色の光った種子を出す．果実の表面にはいぼがある．〔日本名〕冬山椒は葉が冬も枯れないで残っていることによる．葉のにおいはあまりよくなく，普通は食用にされない．〔漢名〕秦椒．竹葉椒も同じ種であろう．

2608. イワザンショウ 〔ミカン科〕

Zanthoxylum beecheyanum K.Koch var. ***beecheyanum***

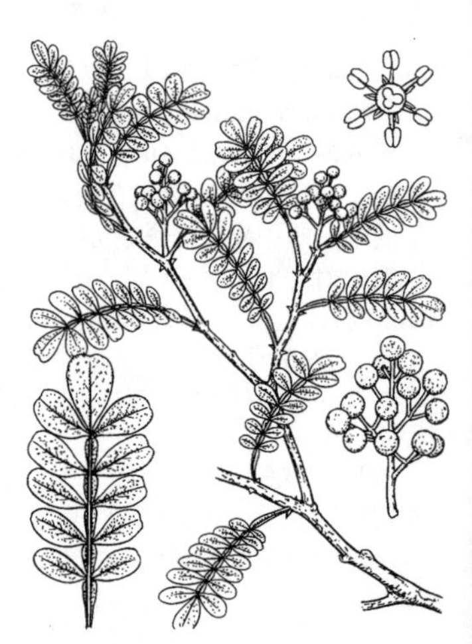

南西諸島（南大東島，北大東島）と小笠原諸島（父島）に分布し，岩場に生える常緑低木で，多くの枝を出して横に広がり，高さ 50 cm ぐらいになる．若枝には短毛がやや密に生えるが，後に無毛となる．葉は互生し，7〜13 個の小葉からなる奇数羽状複葉で，全長は 2〜5 cm，葉軸には狭い翼がある．小葉はほとんど柄がなく，倒卵形または倒披針状楕円形で，先は円形またはやや凹形，基部はくさび形で，ふちには波状の歯牙があり，長さ 4〜10 mm，幅 2〜5 mm で，両面に毛がなく，下面には油点が散生する．雌雄異株．花は 1〜4 月に咲き，前年枝の腋から出る円錐花序につく．花序軸には微毛が密生する．がくと花弁はほぼ同形で披針形，先は鋭形で，長さは 1 mm ほど．雄しべは 6 個．果実は 1 または 2 個の球形で直径 3 mm ほどの分果からなる．分果は緑色で，表面には凹凸がある．ヒレザンショウ var. *alatum* (Nakai) H.Hara は琉球列島の海岸に生え，イワザンショウに似るが，葉軸の翼が目立ち，小葉がひとまわり大きい．しかし，これを区別しない意見もある．

2609. イヌザンショウ 〔ミカン科〕

Zanthoxylum schinifolium Siebold et Zucc.
(*Fagara mantchurica* (Benn. ex Daniell) Honda)

各地の原野，川端に自生する落葉低木．外形はサンショウによく似ているが葉に良いかおりがなく，かえって 1 種の悪いにおいがあり，茎には 1 本ずつ離れたとげがある．葉は 7〜9 対の小葉からなる羽状複葉で小葉は長楕円形で長さ 1.5〜3 cm 位，細かいきょ歯があり，先端は次第に細くなり，微凹頭に終わる．葉軸にも細かいとげがあり時にはない．雌雄異株．夏に枝先にうす緑色の小花を散房花序につける．がく片および花弁はいずれも 5 個，花弁は楕円形．雄しべは 5 本，雌しべは 3 心皮からなり，ほとんど離生．さく果は秋冬の頃成熟し，球形の種子を出す．〔日本名〕犬山椒はサンショウに似ているが人間にとっては役に立たないことを軽べつした名である．〔漢名〕崖椒を使うが，間違った名前である．

2610. カラスザンショウ 〔ミカン科〕

Zanthoxylum ailanthoides Siebold et Zucc. var. ***ailanthoides***
(*Fagara ailanthoides* (Siebold et Zucc.) Engl.)

本州から九州の二次林に多い落葉高木．高さ 15 m に達し，枝には短形のとげが多い．葉は大形の奇数羽状複葉で小葉は 4〜12 対，小葉は長楕円形あるいは披針形，長さ 5〜11 cm 位で先端は鋭く尖り，ふちにかすかなきょ歯があり，下面は白緑色，葉脈は著しく，葉軸にはとげがあったりなかったりする．若木の葉は長いとげが多く，また小葉が細長い．夏に枝先に短い円錐花序を出してうす緑色の小花をつける．また花序の枝には片側に毛が密生する．雌雄異株．花はがく片，花弁ともに 5 個，雄しべは 5 本．雌花では 3 心皮からなる雌しべが 1 本ある．さく果は裂開して辛味のある種子を出す．〔日本名〕鴉山椒はカラスが集まってその種子を食べることによる．〔漢名〕食茱萸．多分間違った漢名であろう．

2611. アコウザンショウ 〔ミカン科〕

Zanthoxylum ailanthoides Siebold et Zucc. var. ***inerme*** Rehder et E.H.Wilson (*Z. ailanthoides* var. *boninsimae* (Koidz.) T.Yamaz.)

小笠原の父島列島と母島列島に特産する．カラスザンショウの地方変種で，日当たりのよい林縁などに生える．高さ 5〜8 m になる．枝にはとげがない．葉は奇数羽状複葉で 15〜29 個の小葉からなり，全長は 30〜70 cm ある．小葉は三角状狭卵形，先は鋭尖形で先端はわずかにへこみ，基部は円形で，長さ 5〜15 cm，幅 3〜4.5 cm で，ふちには粗いきょ歯があり，全体に毛はなく，下面は粉白色をおびる．花は 7 月に咲き，枝に頂生する大形の散房花序につく．果実は球形で直径 6〜7 mm になり，3 つの分果に分かれる．さわるとかぶれる性質がある．〔追記〕カラスザンショウに比べ，とげがない点以外に，小葉数が少し多く質も薄く，果実が一回り大きいことで区別できる．

2612. ヤクシマカラスザンショウ 〔ミカン科〕

Zanthoxylum yakumontanum (Sugim.) Nagam.

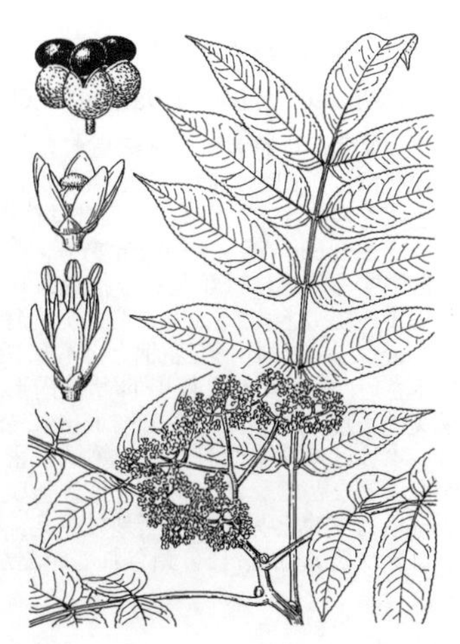

九州の屋久島に特産する落葉高木で，海抜 600〜1,300 m の林中に生える．高さ 6〜8 m，ときに 10 m 以上になる．枝には毛がなく，長さ 2〜3 mm の太いとげが不規則に出る．葉は互生し，9〜21 個の小葉からなる奇数羽状複葉で，全長は 25〜60 cm になる．小葉は卵形または卵状長楕円形，先は鋭尖形，基部はゆがんだ円形で，ふちには鈍いきょ歯があり，長さ 4〜11 cm，幅 2.5〜4 cm で，両面とも毛はなく，下面はやや白色をおび，油点が散生する．花は 7〜8 月で，枝に頂生する．長さ・幅とも 10 cm ほどの散房花序にややまばらにつく．雌雄異株．がくは鐘形で 5 裂し，裂片は三角状卵形で，長さ 1 mm 以下である．花弁は 5 個で白色，楕円形で長さ 2 mm ほど（雄花）か，卵形で長さ約 3 mm（雌花）．果実は球形で直径 4 mm ほどの，1 から 3 個の分果からなる．〔追記〕屋久島にはカラスザンショウも自生しているが，それとは小葉数が少なく幅も広く，裏面が白色を帯びず光沢があり，花序が小さく花がややまばらにつくので区別できる．また，ヤクシマカラスザンショウのほうが標高の高い場所に生える．

2613. コカラスザンショウ 〔ミカン科〕

Zanthoxylum fauriei (Nakai) Ohwi（*Fagara fauriei* Nakai）

本州（東海道，近畿地方），四国，九州，朝鮮半島など暖地の山地にまれに生える落葉高木．小枝はやや太く，若い時には赤色で，鋭いとげがある．葉は無毛で 15～29 個の小葉からなり，長さ 15～30 cm，葉柄は長さ 3 cm，小葉は卵状披針形，長さ 3.5～8 cm，先端は徐々に細くなり微凹頭，ふちに低い鈍きょ歯があり，下面はやや白く，全面に腺点が散在する．夏に枝先に短い集散花序を頂生して，多数の白緑色の小花を密につける．花序の枝には毛はほとんどない．がく片は通常 3～5 裂して微細，花弁も 3～5 個．雌雄異株で雄花には雄しべが 3～5 本あり，子房は退化する．雌花では雄しべが退化し，通常 3 心皮からなる雌しべが 1 本ある．〔日本名〕小形のカラスザンショウの意味である．

2614. ムニンゴシュユ 〔ミカン科〕

Melicope nishimurae (Koidz.) T.Yamaz.（*Euodia nishimurae* Koidz.）

小笠原諸島の父島と兄島に特産する常緑低木で，低木林中に生える．高さ 2～3 m になり，若枝にははじめ微小な鱗状の毛があるが，のち無毛となる．葉は対生し，無毛で長さ 2～4 cm の柄があり，三出複葉で 3 個の小葉がある．小葉は倒卵形で，先は丸く浅くへこみ，長さ 5～10 cm，幅 2.5～3.5 cm になり，質厚く上面は光沢があり，主脈上には微小なうろこ状の毛が散生するほかは両面とも無毛で，基部はくさび形，長さ 1～2 cm の小葉柄に流れる．花は葉腋から出る長さ 2～4 cm の総状花序に多数集まってつき，3～4 月に咲く．雌雄異株．花序軸には短い軟毛が密に生える．花柄は長さ 1 mm ほど．がくは小さく深皿状で，浅く 4 裂し，裂片は広三角形で，花柄，花弁の外面とともに短い軟毛を密生する．花弁は白色で 4 個あり，卵形で先は鋭形，長さ 2 mm ほどになる．雄花には 4 個の雄しべと，短毛を密生した花盤がある．雌花には 4 個の小さな雄しべがあり，雌しべは 1 個で子房には短い毛を密生する．果実は 4 個の分果に分かれ，そのうち 1～2 個だけが熟す．分果は広楕円体で，長さ 6～7 mm，褐色の軟毛が密生する．〔日本名〕無人呉茱萸で，無人島（小笠原諸島のこと）に産する呉茱萸（かつて本種はゴシュユ属に入れられていた）の意味である．

2615. シロテツ 〔ミカン科〕

Melicope quadrilocularis (Hook. et Arn.) T.G.Hartley
（*Boninia glabra* Planch., nom. illeg.）

小笠原諸島父島に特産する常緑高木または低木で，林内に生える．高さ 7～8 m になり，若枝にはふつう微毛がある．葉は対生し，長さ 0.7～2 cm の柄があり，葉身は倒卵形または楕円形，先は円形で，ときに多少凹入し，基部は鋭形または鈍形で，長さ 5～15 cm，幅 2.5～6 cm となり，質は厚くふちは滑らかで，両面とも無毛で，下面には油点が散生する．花は葉腋につく円錐花序につき，雄花と雌花の別があり，2～3 月に咲く．花序軸には毛がない．花柄は長さ 1～2 mm で無毛，ときにはわずかに微毛が散生する．がくは杯状で中ほどまで裂け，裂片は 4 個あり，広三角形で無毛である．花弁は 4 個あり，白色で長楕円形，長さ 2 mm ほどで油点がある．果実はやや平たい球形で，幅 5～8 mm になり，表面には小さないぼ状の突起がある．〔日本名〕小笠原諸島の米国系住民の呼称 White iron wood の訳であり，アカテツ科のアカテツに対して樹皮が白いことによる．

2616. オオバシロテツ 〔ミカン科〕

Melicope grisea (Planch.) T.G.Hartley（*Boninia grisea* Planch.）

小笠原諸島に特産する常緑高木または低木で，林内に生える．高さ 3～10 m になり，若い枝には灰白色の微小な星状毛が密生する．葉は対生し，長さ 1～1.5 cm で，微小な星状毛の生えた柄があり，葉身は楕円形で先は円形，基部は円形，鈍形または鋭形で，長さ 5～20 cm，幅 2.5～9 cm あり，質は厚く，両面とも無毛であるが，下面には油点が散生する．花には雌花と雄花があり，葉腋から出る長さ 2～4 cm の円錐花序に多数が集まってつき，2～5 月に咲く．花序の軸には白色の微毛が密生する．花柄は長さ 1～2 mm．がくは杯形で花柄とともに微毛があり，中ほどｓで 4 裂し，裂片は広三角形で小さい．花弁は 4 個あり，卵状楕円形で，長さ 2 mm ほどになり，外面には微毛がある．果実は平たい球形で，幅 6～7 mm になり，表面はなめらかで，灰白色の微毛が密生する．本種は星状毛が若い枝や葉柄に密生すること，果実の表面に凹凸がなく，なめらかなことなどでシロテツと区別できる．〔追記〕アツバシロテツ var. *crassifolia* (Nakai) Yonek. は父島と兄島の風衝地に生え，葉がより厚く先はへこむ．本種と前種は固有のシロテツ属 *Boninia* に分類されていたが，最近アワダン属に合一された．

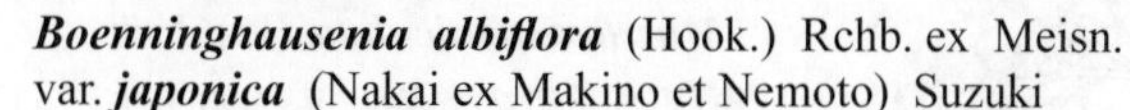

2617. マツカゼソウ　〔ミカン科〕

Boenninghausenia albiflora (Hook.) Rchb. ex Meisn. var. ***japonica*** (Nakai ex Makino et Nemoto) Suzuki

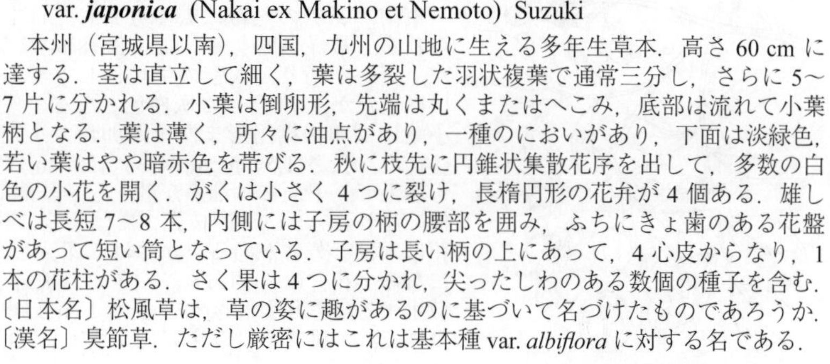

本州（宮城県以南），四国，九州の山地に生える多年生草本．高さ 60 cm に達する．茎は直立して細く，葉は多裂した羽状複葉で通常三分し，さらに 5〜7 片に分かれる．小葉は倒卵形，先端は丸くまたはへこみ，底部は流れて小葉柄となる．葉は薄く，所々に油点があり，一種のにおいがあり，下面は淡緑色，若い葉はやや暗赤色を帯びる．秋に枝先に円錐状集散花序を出して，多数の白色の小花を開く．がくは小さく 4 つに裂け，長楕円形の花弁が 4 個ある．雄しべは長短 7〜8 本，内側には子房の柄の腰部を囲み，ふちにきょ歯のある花盤があって短い筒となっている．子房は長い柄の上にあって，4 心皮からなり，1 本の花柱がある．さく果は 4 つに分かれ，尖ったしわのある数個の種子を含む．〔日本名〕松風草は，草の姿に趣があるのに基づいて名づけたものであろうか．〔漢名〕臭節草．ただし厳密にはこれは基本種 var. *albiflora* に対する名である．

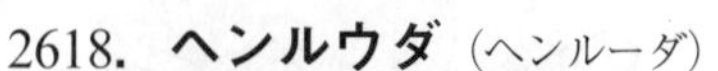

2618. ヘンルウダ（ヘンルーダ）　〔ミカン科〕

Ruta graveolens L.

南ヨーロッパ原産で，明治初年（1870 前後）に渡来し，今では所々に植えられる多年生草本．茎は強く直立し，白色を帯びた緑色，高さ 50 cm に達する．下部は木質となって，全体に強いにおいがある．葉は互生して多数に裂け，腺点があり，うすい緑色でまた紫色を帯びる．裂片は長楕円形またはへら状．6〜7 月頃，枝先に散房状集散花序を出して黄色の花を開く．花は最も頂にあるものでは 5 個の花弁と 10 本の雄しべがあり，横にあるものは 4 花弁と 8 本の雄しべをもつ．花弁には通常きょ歯がある．子房の下には緑色の花盤がある．さく果は 4 または 5 室，表面に油点が多い．熟しても離れない．種子は褐色で小形．薬用植物．〔日本名〕オランダ語のウィンルイト（Wijnruit）の転化したものである．江戸時代にヘンルウダと呼んでいたものは，今日のヘンルウダとは異なって，次種のコヘンルウダで，当時は今日のヘンルウダはまだ日本に来ていなかった．〔漢名〕芸香．芸（ウン）は藝の略字とは違うことに注意．

2619. コヘンルウダ（コヘンルーダ）　〔ミカン科〕

Ruta chalepensis L. var. ***bracteosa*** (DC.) Haláksy（*R. bracteosa* DC.）

ヨーロッパ南部原産の多年生草本．香味料としてまれに栽培される昔渡来した植物である．茎は比較的に太く，多肉で直立し，高さ 30 cm 位，下部は木化して堅く，全株に強いにおいがある．葉は柔らかく，やや密に互生し，全体は青白緑色，茎の下部の葉は長い柄をもち，1〜2 回羽状複葉，下方の小葉は柄があり，しばしばさらに側方の裂片を分け，裂片はへら形．上部の葉は短い柄をもち，時には葉柄はなく，次第に苞葉に変わる．初夏，茎の先にまばらな集散花序を出して，うす黄色の花を開く．花弁は 4 または 5 個，舟形，ふちに毛の様な細かい切れ込みがある．雄しべは 8 または 10 本，花弁と互生する 4〜5 本は花弁より少し長く，対生するものはやや短い．中央に 1 本の雌しべがあり，子房の下に黄緑色の花盤がある．さく果は 4〜5 裂し，細かい種子を出す．〔日本名〕小形のヘンルウダの意味．しかし日本への渡来はヘンルウダより早かった．

2620. ハナシンボウキ　〔ミカン科〕

Glycosmis parviflora (Sims) Little（*G. citrifolia* (Willd.) Lindl.）

東南アジアの熱帯に広く分布し，日本では南西諸島と九州南部に産する．常緑低木で，低地の林中に生え，高さ 2〜3 m になる．若枝には短毛がみられる．葉は互生し，長さ 1〜4 cm の柄があり，1 から 3 ときに 5 個の小葉に分かれる．小葉は長楕円形または倒披針状楕円形，先は鋭尖形で，先端のみ鈍形，長さ 6〜18 cm，幅 2〜5 cm で，両面とも毛がなく，細かな油点があり，基部はくさび状で短い小葉柄に流れる．小葉柄の基部には関節があり，小葉はそこから落ちる．花は通年咲き，葉腋からでる円錐花序につく．花序軸には褐色の短毛が密生する．がくは皿形で，先は 5 裂する．花弁は 5 個，白色で楕円形，長さ約 3 mm で油点が散生する．雌しべは花によって雄しべと同長のものと，それよりも短いものがある．液果は広楕円体で，長さ 1〜1.5 cm になり，中に 1 個の種子をもち，熟して赤くなる．〔日本名〕沖縄の方言に由来するが意味は不明である．

2621. ゲッキツ 〔ミカン科〕

Murraya paniculata (L.) Jack

東南アジアの熱帯に広く分布し，日本では奄美大島以南の南西諸島に見られる．常緑小高木で，高さ 3〜8 m になり，主に低地の石灰岩地に生えるが，芳香があり，人家の生垣としても植栽される．枝には毛がなく，若枝は緑色だが，2 年目には灰白色となる．葉は互生し，3〜9 個の小葉からなる．小葉は倒卵状楕円形または倒卵形で，先は鈍形，先端に腺体があってややへこみ，長さ 1.5〜5 cm，幅 1〜2.5 cm で，ふちにはきょ歯がなく，両面とも無毛で，下面には油点が散生し，基部はくさび形で長さ 1 mm ほどの小葉柄に流れる．5〜9 月，枝先または葉腋に散房花序をだし，数個の花をつける．花は両性で芳香がある．がくは 5 深裂し，裂片は披針形で，長さ 1 mm ほどになる．花弁は 5 個あり，白色で倒披針形，長さ 1.5〜2 cm になり，腺点が散生する．果実は卵形体で，長さ 1 cm ほどになり，熟して赤くなる．〔日本名〕月橘で，沖縄での呼び名に由来する．〔漢名〕九里香．

2622. カラタチ（キコク） 〔ミカン科〕

Citrus trifoliata L.（*Poncirus trifoliata* (L.) Raf.）

中国中部原産で，古い時代に日本へ伝来したと考えられる落葉低木．日本では場所によって野生状態になっていることがあり，通常は生垣に使われ，またウンシュウミカンの台木として多く植えられる．幹は通常 2 m 内外，老木は 3 m 以上に達するものがある．枝は稜角があって多少扁平．緑色，強大で扁平な互生のとげがあり，とげの長さは 5 cm に達する．葉は 3 小葉からなる複葉で葉柄にはわずかに翼がある．通常秋に落葉する．小葉は楕円形ないしは倒卵形，小さい鈍きょ歯がある．春に葉に先出って白色の花を開く．花は大形で単生し，がく片は 5 個で離生し，花弁も 5 個ある．雄しべは多数で，子房には多くの毛がある．後に直径 3 cm 位の丸い果実を結ぶ．黄色に熟していいにおいがあるが食べられず，枳実（真物ではない）と呼んで薬用にされる．〔日本名〕カラタチバナ（唐橘）の略されたもので，中国渡来のタチバナの意味．キコクは枳殻の音読みであるが元来枳殻は別の種類の名である．〔漢名〕枸橘．

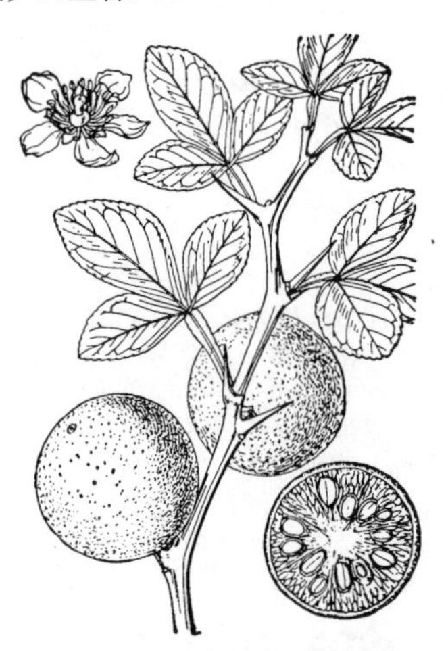

2623. マルキンカン（マルミキンカン，キンカン） 〔ミカン科〕

Citrus japonica Thunb.（*Fortunella japonica* (Thunb.) Swingle）

暖地に栽培される常緑の低い果樹で，高さ 2 m 位，よく分枝して茂り，とげは全くないか，あるいは非常に短いとげがある．葉は長楕円形で先端は円く，基部はやや狭くなって円く，ふちの上半に低い鈍きょ歯がある．葉の上面は濃い緑色，下面は淡緑色，葉脈ははっきりせず，明るい油点が散在し，葉柄には狭い翼がある．夏に葉腋に 2〜3 個の白色の小花を開き，よい香りを放つ．小花柄は短く，花は小形のがく片 5 個，花弁 5 個をもち，中に多数の雄しべと 1 本の雌しべがある．果実は酸味が強く，球形，径 2 cm 位，橙黄色で，子房は 4〜5 室に過ぎない．次種キンカンに比べて，樹形が小さく，果実は球形に近い．〔日本名〕丸金柑．

2624. キンカン（ナガキンカン，ナガミキンカン） 〔ミカン科〕

Citrus japonica Thunb. **Margarita Group**（*Fortunella margarita* (Lour.) Swingle；*F. japonica* var. *margarita* (Lour.) Makino）

昔中国から渡来し，今日では日本の暖地に植えられる常緑低木の果樹で，高さ 3 m に達し，枝葉は密に茂り，ほとんどまたは全く刺がない．葉は披針形で両端は徐々に細くなり，長さ 4〜9 cm 位，普通先の方にはっきりしない鈍きょ歯がある．下面は白緑色で葉脈ははっきりしない．葉肉の中に細かい油点が多い．葉柄には狭い翼がある．夏に葉腋に 1 ないし 2〜3 の白色の小花を開きよい香りがある．小花柄は非常に短い．小形の 5 個のがく片，5 個の花弁，多数の雄しべ，1 個の子房がある．子房は 4〜5 室からなり，1 本の花柱がある．液果は倒卵形体で長さ 3 cm 内外，熟すると橙黄色となり食べられる．〔日本名〕金柑は漢名の金橘の一名であって，それの音読みである．元来，民間で普通にキンカンとよぶものはマルキンカン，ナガキンカンを合わせて呼んだ名であるが，ここではナガキンカンを指す．〔漢名〕金橘．

2625. レ モ ン 〔ミカン科〕

Citrus medica L. **Limon Group**（*C. limon* (L.) Osbeck）

インド西北部から西アジアにかけての原産といわれる常緑低木．地中海周辺地域で古くから栽培され，現在ではイタリア半島と北米のカリフォルニアが最も良く知られる産地となっている．樹の高さ 3〜4 m で枝にとげがあり，楕円形で，長さ 5〜8 cm の葉を互生する．葉は全縁，質はやや硬く，オレンジなどのような葉柄の翼はない．若芽は赤色をおびる．花は葉腋につき，5 枚の花弁は紫紅色をしている．果実はふつう長さ 6〜10 cm の楕円形で，両端は尖り，特に先端には乳頭状の突起をもつのが特徴である．果皮は薄く，外面は鮮やかな黄色で，いわゆるレモン色をしている．内部に 10〜12 室の袋が整然と並ぶ．果肉は多汁であるが酸味が強く，香気が高いので生食よりはジュース用や調味用の利用がふつうである．種子は比較的少ない．栽培の歴史が古く，かつ世界中にわたるため品種は非常に多い．日本でも瀬戸内海周辺や山形県などで小規模な栽培があるが，消費のほとんどは輸入品である．上記の主産地のほか，イベリア半島やバルカン，オーストラリア，アルゼンチンなどでも栽培は盛んである，〔漢名〕檸檬．

2626. マルブシュカン（シトロン） 〔ミカン科〕

Citrus medica L.

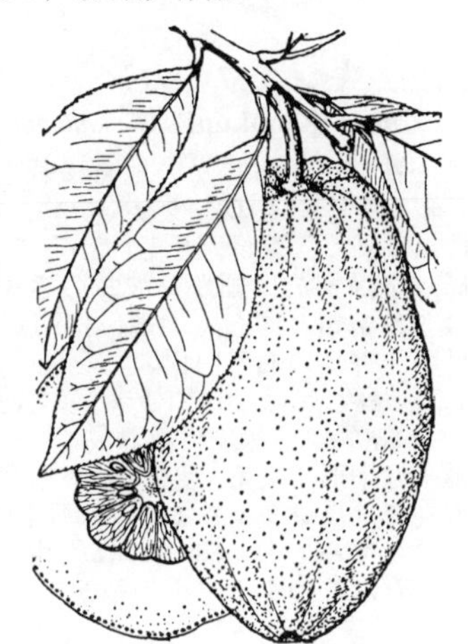

レモン（前図）に似ているが，枝葉，果実は粗大で，香りは一層強い．原産地はインドで寒さには弱い．常緑で高さ 3 m 内外，枝は斜めに立ちあるいは彎曲して垂れ下がる．小枝は稜角はなく，丸く，とげは短くて太く長さ 4〜5 mm．葉は互生，長楕円形．長さ 13 cm 位，先端部は鋭く，末端は丸く，ふちには明らかなきょ歯があり，柄には翼がない．花は枝先または葉腋に 3〜8 個，総状に出て，うす紫色，直径 3.5 cm 位，半開または全開する．花弁は 4〜5 個，鈍頭，舟形で長さ 2 cm 位，内面は白色，外面はうす紫色．雄しべは多数，花糸はうす紫色，雌しべは 1 本ある．果実は紡錘状卵形で長さ 8 cm，先端部に丸い突出部があって，縦のひだがあり，表面は黄色，小さい起伏とへこんだ点があり，果皮は厚くて剥ぎにくい．室は互いに離れにくく，果肉はうす黄色で酸味が強い．種子はやや多く，表面は白色，合点は濃い紫色，胚は白色で単一である．〔日本名〕丸仏手柑．仏手柑の方が先に知られていたので，それの果実の分裂しないものの意味でついた．〔漢名〕枸櫞．

2627. ブシュカン 〔ミカン科〕

Citrus medica L. **Sarcodactylis Group**

暖地に植えられる常緑の小さい樹木で，高さ約 2.5 m に達し，枝は多く，とげは短く堅い．葉は互生し，長楕円形，先端は鈍形，ふちには細かいきょ歯があり，長さ 10 cm 内外．葉柄には翼がない．初夏に枝端の葉腋に円錐花序を出して白色の 5 弁花をつける．花弁は大きく長さ 23 mm，上部は白色，下部は赤紫色を帯びる．がくは短く 1 cm 位，先端は 5 つに裂ける．雄しべは 30 本内外．果実は冬になって黄色く熟し，形は長く，基部は円形，上部は分裂して，ちょうど 10 本位の指を並べたような変わった形である．そのために仏像の垂れた手の先に見立てて仏手柑の名前がつけられた．マルブシュカンの 1 栽培変種でよいかおりを放って観賞品にされる．

2628. ニッポンタチバナ（タチバナ） 〔ミカン科〕

Citrus tachibana (Makino) Tanaka

和歌山県，山口県，四国，九州の海岸に近い山地にまれに自生する常緑小高木で，高さは 2〜4 m．枝は密に茂り，緑色で毛はなく，葉腋にはとげが生え，長枝のものでは大きく長くて堅い．葉は革質で濃い緑色，つやがあり，互生して，楕円状披針形，長さ 3〜6 cm，先端は次第に尖り末端はかすかにへこみ，基部は鋭形，ふちに波状の低い鈍きょ歯がある．6 月頃，白色の花が大体頂生して開く．緑色小形のがく片は 5 個あって宿存し，5 個の花弁は長楕円形．果実は偏球形，直径 2.5〜3 cm，冬になって黄色く熟する．果皮は薄く，はげやすく，表面にへこんだ点が多くあり，ユズの香りがする．内部は 6〜8 室，液はすっぱくてほとんど食べられない．室当たり大きい種子を 1〜2 個含む．京都御所の紫宸殿にある（右近の橘）は本種の栽培品種に属し，果実はもっと大きい．一般に本種をタチバナと呼ぶがそれは誤りで，元来タチバナは食用ミカンの古代名で，多分その種は紀州ミカン，すなわちコミカン様のものであろうと想像される．従来このタチバナに橘の文字を当てたのは誤りである．またタチバナの語源はこれを外国からはじめて日本に入れた田道間守の名に基づくとするのが正しく，立った花の意味にとるのはよくない．〔追記〕現在ではふつうタチバナという和名を用いる．

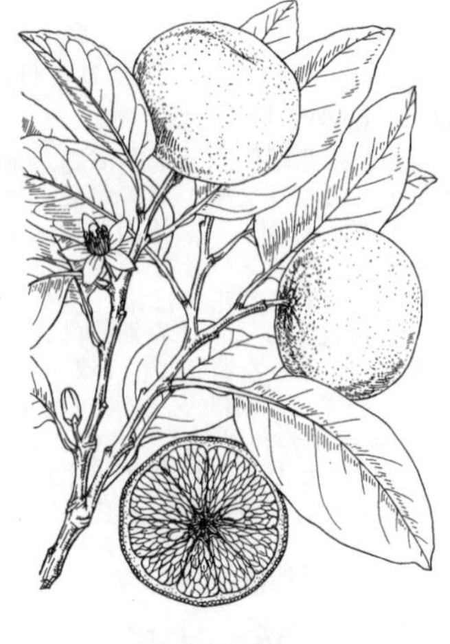

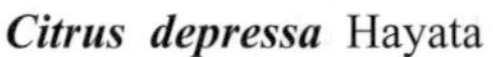

2629. シーカーシャー（ヒラミレモン）〔ミカン科〕

Citrus depressa Hayata

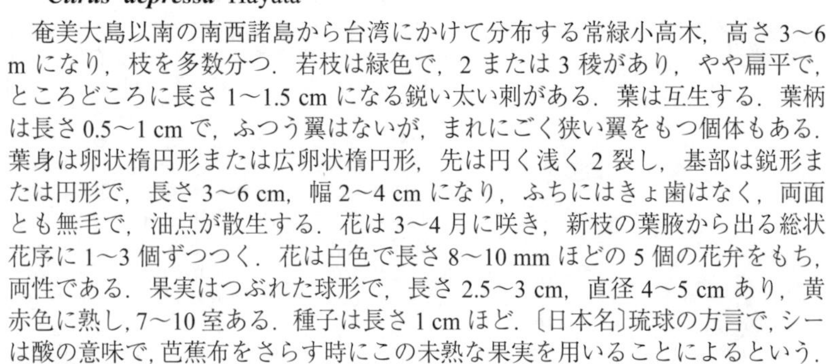

奄美大島以南の南西諸島から台湾にかけて分布する常緑小高木，高さ 3〜6 m になり，枝を多数分つ．若枝は緑色で，2 または 3 稜があり，やや扁平で，ところどころに長さ 1〜1.5 cm になる鋭い太い刺がある．葉は互生する．葉柄は長さ 0.5〜1 cm で，ふつう翼はないが，まれにごく狭い翼をもつ個体もある．葉身は卵状楕円形または広卵状楕円形，先は円く浅く 2 裂し，基部は鋭形または円形で，長さ 3〜6 cm，幅 2〜4 cm になり，ふちにはきょ歯はなく，両面とも無毛で，油点が散生する．花は 3〜4 月に咲き，新枝の葉腋から出る総状花序に 1〜3 個ずつつく．花は白色で長さ 8〜10 mm ほどの 5 個の花弁をもち，両性である．果実はつぶれた球形で，長さ 2.5〜3 cm，直径 4〜5 cm あり，黄赤色に熟し，7〜10 室ある．種子は長さ 1 cm ほど．〔日本名〕琉球の方言で，シーは酸の意味で，芭蕉布をさらす時にこの未熟な果実を用いることによるという．

2630. キシュウミカン（コミカン，ホンミカン）〔ミカン科〕

***Citrus* 'Kinokuni'**（*C. kinokuni* Hort. ex Tanaka）

一番古くから暖かい地方に栽培されている常緑高木．幹は大きくなり長い年月を経たものも少なくない．枝葉は密に茂り，高さ 5 m 内外に達する．枝は細長く，葉は互生し，小形で長さ 5〜7 cm 位，卵状披針形あるいは長卵形，全縁または細かい波状のきょ歯がある．葉柄には小さい翼があり，他のミカン類と同じく上端には節があり，葉身とこの節の部分で関節する．6 月頃，香りのある白色の花を開く．5 個のがく片は小形で宿存する．花弁は 5 個，雄しべは 20 本内外．黄赤色でやや平らな球形の液果を結ぶ．直径は 3〜4 cm 位，外果皮は離れ易く，その表面は平滑で光沢がある．中軸は中空．種子は小形で尖る．変種が多い．食用にされる程おいしい味をもっているが，現在ではウンシュウミカンに圧倒されてほとんどかえり見られない．しかし本種はずっと長い間人々に愛用されたミカンであることは想像できる．多分これは昔のタチバナの系統を引いたものであろう．

2631. ダイダイ〔ミカン科〕

Citrus aurantium L.（*C. daidai* Siebold, nom. nud.）

昔，中国南部地方から伝来した常緑小高木で暖地に栽培される．枝葉は密に茂り，枝にはとげがある．葉は厚く，互生，卵状長楕円形で長さ 6〜8 cm，先端は尖り，基部は丸く，油点があり，ふちは波状あるいは軽い鈍きょ歯がある．葉柄には広い翼がある．夏の初め頃，枝端の葉腋に 1 ないし数個の花を開き，白色で香りがある．がく片は細かく 5 個あり，花弁もまた 5 個，20 本内外の雄しべ，1 本の雌しべがあり，子房は緑色球形，花柱は 1 本ある．液果は球状あるいはわずかに平たく，冬に熟して黄色になり，木に残っている場合には大きくなり，次の年の夏，再び濁った緑色を帯びる．苦味があるので食用にはされないが，正月に鏡餅の上にのせるために使われる．また皮を陳皮と呼んで薬用にする．〔日本名〕代々の意味で果実が年を越して後も木についていることによる．〔漢名〕橙，酸橙．

2632. グレープフルーツ〔ミカン科〕

Citrus aurantium L. **Paradisi Group**（*C.* ×*paradisi* Macfad.）

西インド諸島のバルバドス島で偶然に生じたといわれる園芸種．起源に関しては異説もあり，定かでないが，20 世紀に入ってフロリダ，カリフォルニアなど北米の暖地や，オーストラリア，チリ，イスラエルなどでも大規模に栽培されるようになった．大形常緑低木で，高さ 5 m にも達し，大形で卵形の厚い葉を互生する．葉柄の両側につく翼も幅広で大きい．若枝はよく伸長し，節間も長い．花は葉腋に総状花序をなしてつく．カップ状，淡緑色のがくの上に 5 枚の白い花弁があり，花弁の先は外側へそりかえる．雄しべは多数，雌しべの子房は球形で，果実になるとやや扁平になる．果実は直径 10〜18 cm と大形で，果皮の表面はレモン色で光沢がある．果肉の袋は 11〜14 個が放射状に並び，果汁に富む．果肉は淡黄色からピンク，紅紫色のものまで品種によって異なる．味はさわやかな甘酸味とわずかな苦味があり，生食のほか，ジュースとしての需要も多い．果実が総状の果序について下垂するさまをブドウ（グレープ）に見立てた名といわれる．ポメロ（pomelo），トロンハ（tronja）などの呼び名もある．

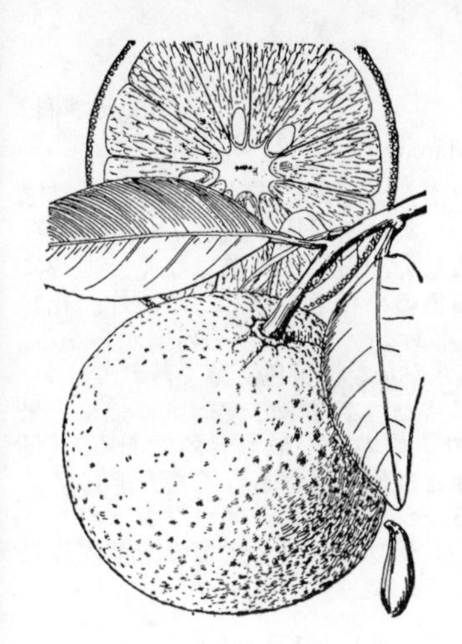

2633. ナツミカン（ナツダイダイ）　〔ミカン科〕

***Citrus* 'Natsudaidai'**（*C. natsudaidai* Hayata）

暖地に栽培される常緑低木．高さは 3～5 m 位で枝は広がる．葉は厚く，楕円形で先端は鈍頭，腺点が密にある．葉柄には翼があって翼は柄の基部に向かって細まる．葉の全長は 10 cm 位，幅 4 cm 位で，ふちには浅い小きょ歯がある．初夏に枝端の葉腋に白色の花をつけ，強い香りがある．花は長さ 15 mm 内外．5 個のがく片は下部がゆ着して皿状になり，花弁はやや厚くて 5 枚ある．多数の雄しべと，長い花柱をもつ子房がある．果実は偏球形で大きく，長さ 8 cm，横径は 10～15 cm 位，皮は厚く，いぼが多い．貯蔵に適し，生で食べると味はすっぱい．またマーマレードとして用いられ，皮は砂糖漬にされる．〔日本名〕夏蜜柑の意味で，果実は秋に熟するが，長く木に残って翌年の夏になって食べられるのでこの名前がある．夏ミカンという名前は古くからあったが，それは果たして現在の種類と同じものを指すかはわからない．

2634. コナツミカン（タムラミカン，ヒュウガナツミカン）　〔ミカン科〕

***Citrus* 'Tamurana'**

田村利親氏が世に広めた 1 種で，宮崎県，高知県によく栽培される．常緑低木で通常高さ 2.5 m 位，枝には稜角があり，とげが多く，毛はない．葉は楕円形で，両端は尖り長さ 8 cm 位，不明の鈍きょ歯があり，葉柄に狭い翼がある．初夏に枝先に単生花，あるいは総状花序を出して数個の花をつける．花は直径 4 cm 位，白色で芳香があり，花冠は著しく反転し，5 個のがく片は鈍頭，5 個の花弁は厚く，楕円形．多数の雄しべと 1 本の雌しべがある．果実は晩生で短い卵状球形，直径 8 cm 位，レモン黄色で，表皮はざらざらして小さいくぼんだ点があり，果皮は厚く，内側は白色，果肉とやや離れにくい．室は互いに離れにくく，果肉は灰黄色，汁は多く，甘くて酸味が少ない．多数の種子はやや大形で，白色の単一胚を含む．果皮の外側だけをけずり落として，内側の果皮と果肉とを，そのまま食用にする．〔日本名〕小形の夏蜜柑の意味．田村蜜柑，日向夏蜜柑はそれぞれこれを広めた人の名と産地に基づく．

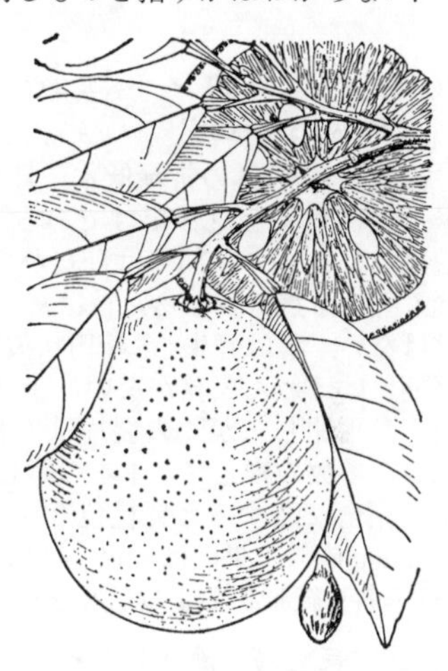

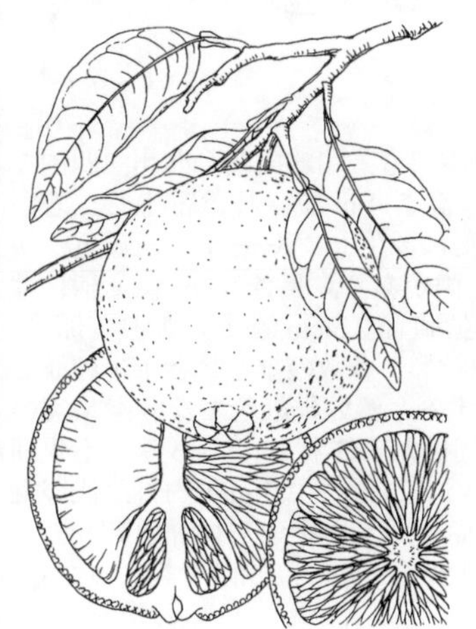

2635. ネーブルオレンジ　〔ミカン科〕

Citrus sinensis (L.) Osbeck var. ***brasiliensis*** Tanaka

オレンジ（甘橙）の園芸変種で，果実にいわゆる“へそ”があることで区別される．この“へそ”は子房の上部に重複心皮が盛り上がってできたもので，果実の先端部に突出，または陥入している．この園芸変種群の原産はブラジルといわれ，ワシントン・ネーブル Washington Navel の名で，北米をはじめ各地で栽培されている．樹高 3～4 m の常緑小高木で，枝をよく張り，互生する葉は細長い楕円形で，柄の両側に幅の狭い翼がある．花は葉腋につき，大きな 5 弁の白花で香りが高い．果実はやや長めの球形で直径 6～8 cm，外果皮の表面はいわゆるオレンジ色で油点が密布する．内部には 10～12 個の袋が放射状に整然と並び，果肉は濃いオレンジ色で果汁にとみ，甘味が強い．カリフォルニア産のものが良く知られているが，フロリダ，南ヨーロッパ，地中海周辺でも栽培され，原産地のブラジルをはじめアルゼンチン北西部やチリー東北部など南アメリカでも大規模に栽培されている．日本でも暖地で栽培され，多くの品種がつくられている．

2636. ユ　ズ（ユノス）　〔ミカン科〕

Citrus junos (Makino) Siebold ex Tanaka

中国原産の強壮な常緑小低木で，日本では人家や畠などに植えられ高さ約 4 m 位に達する．枝には長い尖ったとげがある．葉は互生し長卵状長楕円形，先端は尖りかすかにへこみ，底部は鈍形で，ふちには細かい鈍きょ歯があり，葉柄には広い翼がある．初夏に葉腋に単一のやや大きい白色の花をつけ，時には垂れ下がる．がくは小形，緑色で 5 つに裂け，5 個の花弁は平らに開き，すぐ落ちる．雄しべは約 20 本位，5 体あるいはやや筒状に下部でゆ合する．環形の花盤がある．果実はやや偏球形の液果で，外皮はでこぼこがあり，熟すると黄色になり，直径 4～7 cm，外皮と内部とは容易に分離し，果皮にはよい香りがあり，果肉は酸味が強い．種子は大きい．果実を調味料に使う．〔日本名〕柚酸の意味で柚は漢名，酸は果実のすっぱい味に基づく．〔漢名〕柚，蟹橙．

2637. ウンシュウミカン 〔ミカン科〕

***Citrus* 'Unshiu'**（*C. unshiu* (Swingle) S.Marcov.）

日本で生まれた品種で，今日では日本の中南部の暖地に広く栽培される常緑低木．幹の高さは 3 m 位，枝にはとげがない．葉は楕円形で長さ 7～10 cm 位，先端は尖り，ほぼ全縁，葉脈は葉の両面に著しく，葉柄には翼はなく，上端に節がある．初夏の頃，枝端の葉腋に多数の白色の小花をつける．がく片，花弁はいずれも 5 個，雄しべは多数，雌しべは 1 本ある．子房は多くの室からなる．果実は直径 5～7.5 cm 位，偏球形，外皮はあざやかな橙黄色．薄く離れやすい．通常種子はなく，肉質は密で甘い液を多量に含む．木は寒さや病気に強く，果実は早熟で貯蔵に適する．従って日本のミカン類の中で最も有名である．〔日本名〕温州ミカンの意味であるが，温州の地とは何の関係もなくただ単に名前をとっただけである．また従来呼ばれているウジュキツ，一名ウンジュウキツ（温州橘）とは全く別の種類である．温州というのは中国浙江省の南部海岸に位置する地名で，昔からミカンで有名な場所である．

2638. ベニミカン（ベニコウジ） 〔ミカン科〕

***Citrus* 'Benikoji'**

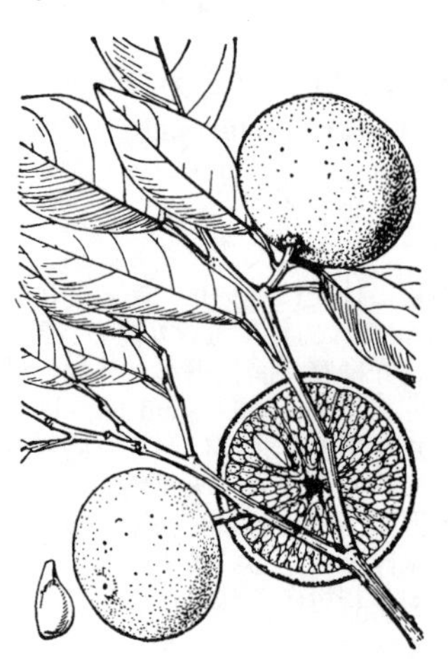

高さ 2 m 内外の常緑低木．日本での栽培は古く，現在は和歌山県，静岡県などに点々と見るだけである．オオベニミカンに似ているが，果実の先端はへこまず，基部にはひだがなく，表面は非常に平滑，油点が明らかで，遅く熟する点で異なる．枝は密生し，樹冠は扁平，小枝には稜角が鋭く，とげはない．葉は互生し，楕円状披針形，不明の鈍きょ歯があり，長さ 7 cm 位，葉柄にはほとんど翼がない．花は枝先または葉腋に単生し，直径 4 cm 位で白く，平開し，がくの裂片は 5 個，低三角形，鈍頭で末端はかすかにふくれる．多数の雄しべと 1 本の雌しべがある．果実は扁平な球形，直径 6.5 cm 位，完全に熟すると紅橙色となり，油点の部分は特に色が濃い．果皮は厚さ 2 mm 内外，果肉は橙色，酸味が強く，多胚の種子が数個ある．胚は緑色．〔日本名〕紅蜜柑および紅柑子の意味である．

2639. オオベニミカン 〔ミカン科〕

***Citrus* 'Tangerina'**

中国の福州地方に多く栽培されるが，日本でも，和歌山県，九州，四国などに点々と植えられる．常緑性の低木で，高さ 4 m 位，枝は密生し，若い枝には鋭い稜があり，普通とげはない．葉は多生し，ややうすい緑色，楕円状披針形，先端は鋭く尖り，浅い鈍きょ歯があり，長さ 8 cm 位，柄にはほとんど翼がない．花は枝先に単生し，白色，直径 2.5 cm，少し反転して開く．がく片は 5 個．低三角形，花弁は薄く，披針形．多数の雄しべと 1 本の雌しべがある．果実は偏球形，直径 8 cm，熟すると濃い朱紅色となり，果実の先端部はへこみ，基部は果柄の付着部の周囲がこぶ状にふくらみ，不規則なひだとなっている．果皮は薄く，剥げやすく，厚さ 2.5 mm 内外，浅い縦の溝があり，油点は密生し，果肉は濃い橙赤色，汁は多く，甘く酸味がある．種子には緑色の多胚がある．〔日本名〕大紅蜜柑．始め高知県で起こった名．

2640. ヤマブキミカン 〔ミカン科〕

***Citrus* 'Yamabuki'**

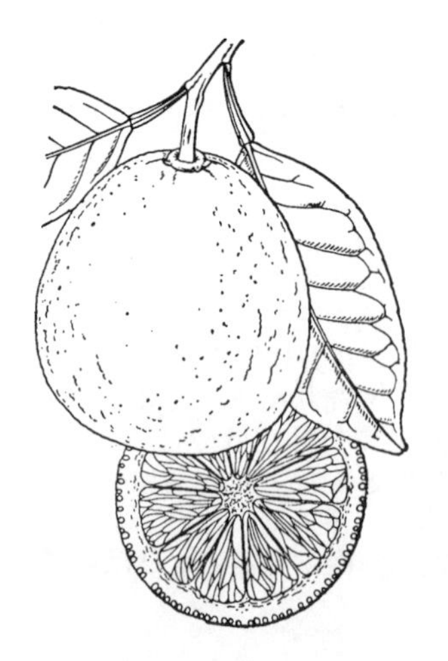

古くから静岡県に植えられている常緑小高木で，高さ 4 m 内外，枝はまばらで，横を向いたり垂れ下がったりする傾向がある．小枝には稜があり，とげはなく若い枝にはかすかな毛がある．葉は卵状長楕円形，先端は鋭く尖り，長さ 9 cm 位．不明の浅い鈍きょ歯があり，上面は淡緑色，葉柄には狭い翼がある．花は枝先または葉腋に単生あるいは数個集まって咲く．がく片は 5 個，三角状．ふちにわずかに毛がある．花弁は 5 個，やや反転する．雄しべは多数．雌しべは 1 本．果実はやや遅く熟し，偏球形か球形，またはやや倒卵状球形で直径 10 cm 位，果実の先端は浅くくぼみ，基部では柄の周囲に隆起して不規則なひだがある．果皮は平滑，濃い黄色，室は互に離れにくく，果肉は黄色，甘酸っぱい味は淡白である．種子はやや多く，白色，合点は紫色を帯び，単一の胚がある．〔日本名〕山吹蜜柑．果皮が山吹色を呈することからついた．

2641. クネンボ 〔ミカン科〕

Citrus nobilis Lour.

インドシナの原産で暖地に栽培される常緑低木．高さ 3 m 位に達する．葉は互生し，ミカンの葉に似てやや大形，全長は 10 cm 内外，楕円形あるいは長楕円形．先端はやや尖る．初夏に枝先に白色の花をつける．香りが強い．がく片，花弁はいずれも 5 個，多数の雄しべと 1 本の雌しべがある．果実は秋に黄に熟し，ミカンに比べると外皮は厚く，果肉と離れにくく，表面にでこぼこがある．大きさは 6 cm 位になり，芳香と甘みがある．従来 *C. nobilis* Lour. の学名を普通のミカンにあてたのは誤りである．〔日本名〕九年母と書くがその意味は明らかでない．琉球産のミカンにクネブというのがあるが，それと発音は似ているが，種類は全く別である．またこのクネブは琉球固有の名前であるか，それとも日本名のクネンボが古く琉球に伝わったものであるかは判らない．〔漢名〕橘．しかし香橙というのは誤り．

2642. ザ ボ ン 〔ミカン科〕

Citrus maxima (Burm.) Merr.

インドシナ附近の原産と考えられる常緑樹で，九州南部など暖地に多く栽培される．高さ 3 m 以上に達し，全体の形は他のミカン類に似ているが，葉も葉柄の翼も大きい．初夏に枝端の葉の間に白色の大きな花を開き，大きい花序となる．果実は冬に黄色く熟し，球形，直径 17 cm 以上になり，人の頭位の大さに達する．外皮は厚く，肉はしまり，果汁は少ない．種子は大形で扁平，しわが多い．味は甘ずっぱく，生で食べるのに適し，また砂糖漬などにもされる．普通果肉が紅紫色のものをウチムラサキ，白色のものをザボンという．また特殊な西洋ナシ形のものをブンタン（文旦）という．〔日本名〕ザボンはポルトガル語のサンボア（Zamboa）から来た．今日中国ではこれを柚という．〔漢名〕朱欒．

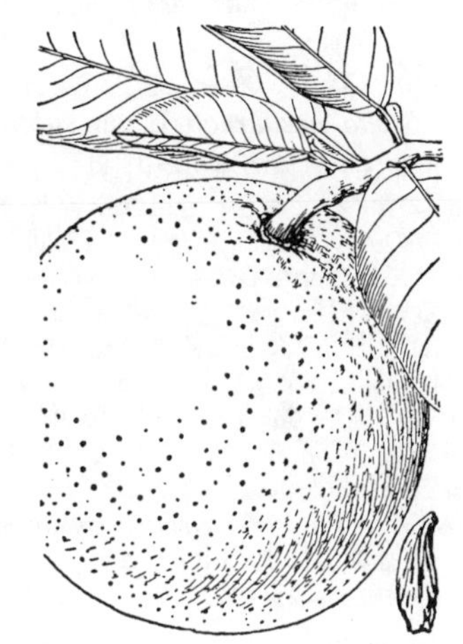

2643. ニ ガ キ 〔ニガキ科〕

Picrasma quassioides (D.Don) Benn.

山地または原野に生える落葉の小高木で，高さは 10 m ぐらいに達する．小枝は赤褐色で芽には紅褐色の細かい毛を密生する．葉は互生，奇数羽状複葉，長さ 20 cm 内外，小葉は 4～7 対，長卵形あるいは卵状披針形で先端は次第に狭くなって鋭く尖り，ふちにはきょ歯があって長さは 6～7 cm である．夏に枝端の葉腋から長い柄を出し，通常数回 2 分枝をくり返して，さらに総状に黄緑色の小花をつけ短く広い円錐花序を作る．雌雄異株．花には細かい 4～5 個のがく片と 4～5 個の花弁がある．雄花には 4～5 本の雄しべと退化した子房があり，雌花には 4 または 5 裂する子房と不完全な 4～5 本の雄しべがあって，1 本の花柱が中央に立っている．後に楕円体の核果ができて，3～4 個が並び，下には宿存する 4～5 個のがく片を伴っている．〔日本名〕苦木はその枝葉に強い苦味があるからである．〔漢名〕苦棟樹．

2644. シンジュ（ニワウルシ） 〔ニガキ科〕

Ailanthus altissima (Mill.) Swingle

中国原産で明治 10 年（1877）頃渡来したが，今は北地に多く見られる大きな落葉高木で成長が速く，高さは 10 m 以上に達する．葉は互生，奇数羽状複葉，きわめて大きく長さ 50～90 cm にもなる．小葉は 6～12 対で短い小柄があって長卵形または卵状披針形，基部はゆがみ，通常くさび形，葉の先端は次第に狭くなって鋭く尖り，長さ 8～10 cm ぐらい，基部の近くに 2 つの大きなきょ歯があって，その先端には大きな腺体をもっている．葉のふちは軽く波を打つ．夏に枝の先に頂生する円錐花序を出して，緑色を帯びた白色の多数の小花をつける．雌雄異株．がくは 5 個で歯状になっている．花弁は 5 個．雄花には雄しべ 10 本，雌花と両性花には 5 心皮の子房があって，柱頭は 5 つに分かれる．果実は翼をもち，薄質の披針形で，中央に 1 種子がある特殊な形である．〔日本名〕神樹は Tree of heaven という西洋の俗名を直訳したもので，この木に対してわが国で最初につけた名である．庭漆はウルシに似た葉の木で庭園に見かけるからである．〔漢名〕樗．

2645. チャンチン　〔センダン科〕

Toona sinensis (A.Juss.) M.Roem.（*Cedrela sinensis* A.Juss.）

中国の原産で，昔同国から渡来し，今では日本各地の寺社に栽培されている落葉高木，幹は直立して高くそびえ，20 m の高さに達し，一種の臭気をもっている．葉は互生，奇数羽状複葉，長さ 30〜50 cm ぐらい，小葉は卵形または長楕円形で，先端は鋭形，ほとんど全縁，無毛，長さは約 10 cm 内外である．春の新葉は赤くて美しい．7 月に大きな円錐状の花序を枝の先に頂生し，多数の小白花を開き，臭気がある．両性花で，きわめて短い 5 個のがく片と，下部で花盤に付着している 5 個の花弁および 5 本の雄しべ，5 本の仮雄ずい，1 本の雌しべがある．さく果は長楕円体，褐色で毛はなく，大きな胎座を中央に残して 5 つに開裂する．種子は上部に長い翼を持っている．〔日本名〕香椿の中国音シャンチュンから転じたもの．〔漢名〕椿，香椿．ツバキにあてる椿は日本で作られた字である．

2646. センダン（オウチ）　〔センダン科〕

Melia azedarach L. var. ***subtripinnata*** Miq.

関東地方以西の海辺や山地に自生するが人家にも栽培される落葉高木で，高さ 7 m に達する．ときどき巨大な幹となって枝を四方に広げ，小枝は太い．葉は大きく枝の先に互生し，有柄，2〜3 回羽状複葉で小葉が多い．葉柄は長く，基部はふくれて大きくなっている．小葉は卵形または卵状楕円形で先端は尖り基部は鈍形あるいは円形，ふちには鈍いきょ歯があって，時には深く裂けている．5〜6 月頃，枝端に多くの大きな複集散花序をつけ，淡紫色の美しい小花を開く，きわめてまれに白花品（シロバナセンダン）がある．花には 5 個のがく片と 5 個の花弁がある．10 本の雄しべは合着して紫色の筒となり，筒の口に葯がある．子房は通常 5 室，1 室に 2 つの胚珠が入っている．核果は楕円体で平滑，熟し黄色くなり，落葉後も多数のものが木についたまま残っている．この果実を苦楝子といって薬用にする．変種にトウセンダン var. *toosendan* (Siebold et Zucc.) Makino があり，果実は大きく，6〜8 室からなり，川楝子といい，これもまた薬用とする．〔日本名〕語源不明．香木の栴檀（これはビャクダン）とは関係がない．オウチは古名である．〔漢名〕楝．

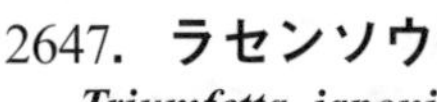

2647. ラセンソウ　〔アオイ科〕

Triumfetta japonica Makino

直立する毛のある一年草である．日本の暖い地方の荒れた畑地などに生える．茎は円柱形で，高さ約 1 m 内外，皮は繊維質である．葉は互生し葉柄があり，卵形で鋭尖頭，基部はやや心臓形で，ふちにはきょ歯があり，質は薄く，基部を起点に 3 本の太い脈がある．葉柄の基部には小形の托葉がある．秋に葉の反対側に集散花序を生じ，小さな黄色い花が密につく．がく片は 5 個で，細長く，先端近くに刺毛を持つ小さな突起がある（附図右）．花弁は 5 個，雄しべは 10 本，雌しべは 1 本ある．さく果は球形で裂開せず，かぎ状の刺毛が一面にあって，これで他物に附着して分布する．〔日本名〕羅氈草の意味で，毛のある果実の手ざわりを荒い毛織物の感覚にたとえたものであって，螺旋草ではない．

2648. ハテルマカズラ　〔アオイ科〕

Triumfetta procumbens G.Forst.

東南アジアからポリネシアに至る熱帯島嶼の海岸の砂浜に分布するつる性の常緑低木．日本では八重山諸島など琉球列島の一部に自生が見られる．茎は砂浜の上をはい，植物体全体に星状毛が目立つ．1〜2 cm の柄のある円形の葉を互生し，葉の直径は 2〜4 cm．浅く 3 裂し各裂片は円い．葉の基部はやや心臓形をなす．質は洋紙質で下面には茎と同じ星状毛が密にあり，ふちにはまばらに低いきょ歯がある．葉柄の基部に長さ 2〜3 mm の線形の托葉がある．枝先と上部の葉腋から総状の花序を出し，黄色で 5 弁の花を 2〜3 個ずつつける．がく片は細くて 5 個，花軸とともに星状毛が密生する．花の直径は 1 cm 余で多数の雄しべがあり，雄しべは花弁より短い．果実は径 1.2〜1.5 cm の球形で表面をかぎ状の硬いとげがおおっている．海流による漂着性の植物と考えられる．〔日本名〕波照間かずらで，八重山群島の波照間（ハテルマ）島に生えることによるが，西表，石垣両島をはじめ沖縄本島に近い慶良間島にも知られている．

2649. ツ　ナ　ソ（イチビ（同名あり））　〔アオイ科〕

Corchorus capsularis L.

インド原産の一年生草本で，畑に栽培する．茎はまっすぐで，高さ 1 m 以上に成長し，円柱形で葉とともに毛はなく，濃い黄緑色である．葉は互生し，長楕円状披針形で，先端は鋭く尖り，基部の両側に尾状の細い裂片がついているのが特徴である．葉柄の根元には針状の托葉がある．夏から秋にかけて小さい黄色の花が数個葉腋に集まってつく．がく片 5 個，花弁 5 個，雄しべ多数で雌しべは 1 本．さく果は球形で，縦に 10 本の溝があり，また表面にしわがあって．5 室で 5 裂片をもち，各室に少数の種子を含む．茎の繊維をジュート Jute といって穀物を入れる袋を編むのに使用する．〔日本名〕綱麻の意味でソは麻（アサ）の古語である．〔漢名〕黄麻．これは花が黄色であるからである．

2650. シマツナソ　〔アオイ科〕

Corchorus aestuans L.

新旧両大陸の熱帯，亜熱帯に広く雑草化している一年草．茎は木化して低木状となる．高さ 50 cm 前後でこんもりと分枝し，丈は高くならない．茎は淡褐色，根元付近からよく分枝し，下部の枝は地面をおおう．葉は互生し，柄の長さ数 mm，葉身は長卵形で長さ 2.5～8 cm，幅 2.5～5.3 cm，先端は長くのびて尖り，基部は円く，ときに浅い心臓形となり柄に接するところに 1 対の針状の付属物がある．ふちには細かいきょ歯が並ぶ．葉腋に 1 個ずつ黄色で 5 弁の小花をつけ，次々と開花する．雄しべは多数あり黄色．がく片も 5 枚あって平開し，先端は尖る．果実は細長い円筒形で長さ 2～3 cm．側面には縦に 6～8 本の稜が走り，ときにひれ状になる．この稜の先端はくちばし状になっていて，果実の先端が 3～4 裂して見える．また果実全体がかなり赤色を帯びることが多い．茎の繊維は強く，ツナソ（ジュート）のように結束用に使うこともある．琉球列島のほぼ全島に自生状態である．〔日本名〕島つなそは奄美や沖縄の島々に産するツナソの意．

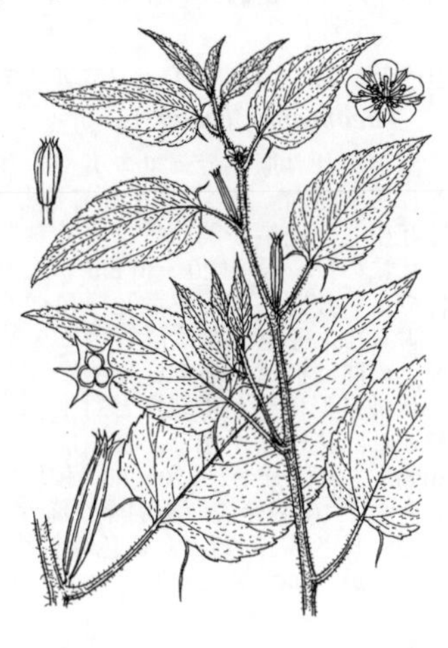

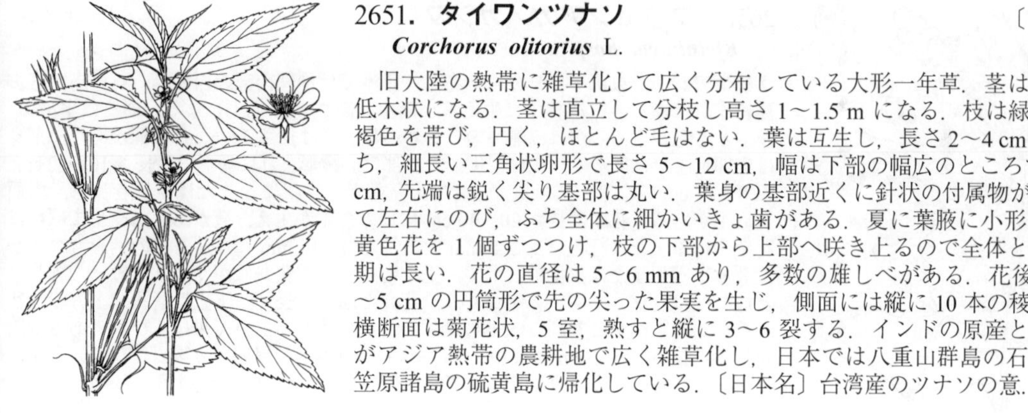

2651. タイワンツナソ　〔アオイ科〕

Corchorus olitorius L.

旧大陸の熱帯に雑草化して広く分布している大形一年草．茎は木化して低木状になる．茎は直立して分枝し高さ 1～1.5 m になる．枝は緑色でやや褐色を帯び，円く，ほとんど毛はない．葉は互生し，長さ 2～4 cm の柄をもち，細長い三角状卵形で長さ 5～12 cm，幅は下部の幅広のところで約 2～5 cm，先端は鋭く尖り基部は丸い．葉身の基部近くに針状の付属物が 1 対あって左右にのび，ふち全体に細かいきょ歯がある．夏に葉腋に小形の 5 弁の黄色花を 1 個ずつつけ，枝の下部から上部へ咲き上るので全体としての花期は長い．花の直径は 5～6 mm あり，多数の雄しべがある．花後に長さ 3～5 cm の円筒形で先の尖った果実を生じ，側面には縦に 10 本の稜があって横断面は菊花状，5 室，熟すと縦に 3～6 裂する．インドの原産といわれるがアジア熱帯の農耕地で広く雑草化し，日本では八重山群島の石垣島や小笠原諸島の硫黄島に帰化している．〔日本名〕台湾産のツナソの意．

2652. キダチノジアオイ　〔アオイ科〕

Melochia compacta Hochreut. var. ***villosissima*** (C.Presl) B.C.Stone

太平洋諸島やアジアの熱帯に広がり，日本では小笠原（硫黄列島）に産する小低木で，海岸や火山の岩れき地に生える．ノジアオイに似るが，木本で，花は枝先につく円錐花序につき，さく果には毛がある．茎は高さ 30 cm ほどで，全体に密に短い絹毛が生える．葉は長さ 1～3 cm の柄があり，卵形，基部は心臓形で，長さ 5～15 cm，幅 5～15 cm になり，両面とも単条の絹毛と星状毛を密生する．花は集散状の円錐花序に多数が集まってつく．花弁は紅色で，5 個あり，倒卵形またはさじ形で，先は円形，長さ 1 cm ほどになる．雄しべは 5 個で，長さ 4～5 mm．子房は 5 室からなり，毛がある．花柱は 5 個．さく果は卵形体で，長さ 7～8 mm になり，5 つに分かれる．種子は卵形体で，長さ 3.5 mm ほどになる．〔日本名〕木立ノジアオイで，本種がノジアオイに似るが，木本であることによる．

2653. ノジアオイ 〔アオイ科〕

Melochia corchorifolia L.

熱帯に広く分布する雑草だが日本では四国から南の海岸に近いところに生える一年生草本で，茎は高さ 60 cm 内外，直立して枝分かれする．葉は互生し長い葉柄があり，卵形で時々浅裂し，ふちにきょ歯があって多少毛があり，葉柄の基部に針状の托葉がある．夏おそく枝先に淡紅色の小さい花が集まってつき，花軸にそって並び，花の下にはふちに毛のある針状の 4 個の苞葉がある．がくは短い鐘状で 5 裂し，花弁は 5 個，倒卵形で回旋状にたたまれている．5 本の雄しべの花糸は合体し，その内方に 1 子房と 5 本の花柱がある．さく果は扁球形で細かい毛が生え，5 片に胞背裂開し，各片内に 1 個ずつの種子がある．〔日本名〕野路葵の意味である．

2654. カ カ オ (ココアノキ) 〔アオイ科〕

Theobroma cacao L.

南アメリカ原産で，ココアやチョコレートなどの原料として世界の熱帯で栽培される小高木．高さ 4～6 m になり，枝は開出し，若枝には褐色の軟毛がある．葉は互生し，両端が関節状にふくれた短い柄があり，葉身は楕円形，先は鋭尖形で尾状にのび，長さ 20～30 cm になり，基部はしだいに狭まって柄に流れる．花は幹や太い枝からでる集散花序につく．がくは 5 深裂し，裂片は狭披針形．花弁は 5 個あり，紅色または淡黄色で，基部にはフード状になった爪があり，卵形の舷部との間は柄状に細まる．雄しべは基部で合着して筒状となり，裂片は 5 個あり，糸状披針形で，がく裂片と対生し，葯がなく，葯は裂片間につく．子房は 5 室に分かれ，花柱は 1 個で，柱頭は 5 裂する．果実はラグビーボール状で，長さ 15～30 cm，5 室に分かれ，20～60 個の種子があり，表面には小さなこぶ状突起が散生し，5 または 10 個の浅い不明瞭な溝があり，熟すと濃黄橙色となる．種子は扁平な卵形で，長さ 3 cm ほど，白色の粘状物に包まれる．種子を発酵させたものをカカオ豆といい，ココアとカカオバターをとる．

2655. フウセンアカメガシワ 〔アオイ科〕

Kleinhovia hospita L.

熱帯アジア，東部アフリカに分布し，日本では沖縄南部の西表島，石垣島，宮古島にまれに産し，二次林中に生える小高木．高さ 5 m 以上になる．樹皮は平滑で，多少とも毛が生えるがほぼ無毛のこともある．葉は長さ 3～6 cm の柄があり，葉身は広卵形または卵形で，先は鋭尖形，基部は心臓形まれに切形で，長さ 10～22 cm，幅 8～15 cm になり，洋紙質，全縁で，基部から掌状に 5 または 7 脈を出し，両面とも毛がある．花序は長さ 20～40 cm になり，毛が生え，苞があり，ややまばらに花をつける．花は紅色，長さ 8 mm で，長さ 2～10 mm になる有毛の柄をもつ．がく裂片は線形または狭倒披針形で，毛を密生する．花弁はがくよりも短い．雄しべと雌しべは合体してずい体をつくり，花弁と同長か長く，下方は柄状，上方で鈴状となり，雌しべをとり囲む 5 個の雄ずい群に分かれる．さく果はくびれのある倒円錐形で，長さ 2～2.5 cm となり，毛はない．〔日本名〕風船アカメガシワで，葉がトウダイグサ科のアカメガシワに似て，風船のような形の実をつけるからである．

2656. アオギリ 〔アオイ科〕

Firmiana simplex (L.) W.F.Wight

ふつう庭園に植えられる落葉高木で，暖地にはまれに野生がある．樹幹は直立し，枝分かれして高さ 15 m 位に達し，樹皮は緑色でなめらかなのでアオニョロリの俗名がある．葉は大きく葉柄があり，枝先 4 枚に集まって互生する．掌状で 3～5 個の浅い切れ込みがあり，基部は心臓形で，裂片は尖り，裏面には毛が生えている．盛夏に枝先に大きな円錐花序を作って多数の黄色い小さな花が咲き，1 つの花序の中に雄花と雌花が混じる．がく片は 5 個で，細長い楕円形で平らに開き，花弁はない．雄しべは花糸が合着して 1 本の筒になり，先端には葯を付け，雌しべは雄しべの柱の上部に立って尖り，柱頭は広がっている．果実は成熟前に裂開して，乾いた 5 個の分果となって放射状に開出し，各分果はエンドウのさやを広げたように舟状となり，ふちにいくつかの球状の種子をつける．樹皮を剥いで縄をない，この縄は水に強い．桐に鳳凰という組合せが昔からいわれているが，この鳳凰のとまったのは実はこの木であって，キリ科のキリではない．〔日本名〕青桐の意味．葉がキリに似ており，幹の皮が緑色なのによる．〔漢名〕梧桐．

2657. サキシマスオウノキ 〔アオイ科〕

Heritiera littoralis Dryand.

熱帯アジア，ポリネシア，アフリカにかけて広く分布し，日本では南西諸島の西表島，石垣島，宮古島，沖縄島，奄美大島に産し，マングローブ林内や海岸にまれに生える常緑の高木．高さ 5～15 m，ときに 25 m にも達する．葉は脱落性の托葉をもち，葉柄は長さ約 1 cm，葉身は楕円状卵形または楕円形で，先は鈍形まれに鋭形，基部は円形または心臓形となるが，しばしば左右がわずかに非相称で，長さ 15～22 cm，幅 6～8 cm で，上面は無毛でつやがあり，下面は淡色または銀灰色の丸い鱗片状の毛を密生し，側脈は 8～10 対で羽状に出る．円錐花序は有毛で，長さ 7～18 cm あり，軸の上方には星状毛が，下方には鱗片状の毛が密生する．花は汚黄色で，長さ 3～7 mm，鐘形で，長さ 3～12 mm の柄があり，柄とともに鱗片状の毛が生える．がく裂片は卵形，長さ 1～2.5 mm．雄しべと雌しべは合体し長さ 2 mm．果実は硬い木質，扁平な広楕円体で，長さ 3～6 cm，表面は平滑で光沢があり，背側の中脈は竜骨状となり，海水に浮き，海流によって散布される．

2658. シナノキ 〔アオイ科〕

Tilia japonica (Miq.) Simonk.

日本特産の山地に生える落葉高木で幹はしばしば大きく成長し，枝はよく繁り毛はない．葉は互生し長い葉柄を具え，円状心臓形で尖り長さ 4～8 cm，きょ歯があり，洋紙質で毛はなく，ただ下面の葉脈の腋に茶色の毛がある．夏に帯黄色の花が咲き，香がよい．長い柄のある散房状集散花序は葉腋から出て，下を向き，狭い舌の形をした 1 枚の苞葉をつける．花は小形で，がく片 5 個，花弁 5 個，多数の雄しべ，熟さない雄しべ 5 本，および雌しべ 1 本をもつ．核果は小さい球形で，長さ 5 mm，短い細い毛が密に生えている．樹皮は繊維が強いので利用する．〔日本名〕皮がシナシナすることから，またはその皮が白いのでシロから来たなどというが，元来シナは「結ぶ，しばる，くくる」という意味のアイヌ語から来たものである．

2659. セイヨウボダイジュ（ヨウシュボダイジュ） 〔アオイ科〕

Tilia platyphyllos Scop.

ヨーロッパ中央部と南部原産で，世界の温帯で街路樹や庭園樹として植栽される．落葉高木で，高さ 40 m に達する，樹冠は円錐形となる．若い枝は褐色を帯び，毛がある．葉はシナノキによく似る．葉身は長さ 12 cm に達し，広卵形または卵形で，基部は心臓形，先は短い鋭尖形で，ふちにはきょ歯があり，上面は鮮やかな緑色，下面は淡緑色で，軟毛と白色の直立する毛が生える．花はふつう 6 月下旬に咲き，3 個ずつ下垂する集散花序につく．総苞葉は狭倒披針形で，先は鈍形．果実は球形で，表面は有毛．'Rubra'，'Compacta' など多数の園芸品種が知られている．本種は日本産ならびに栽培されるシナノキ属の他の種から，葉の下面が淡緑色で軟毛や白色の直立毛が生えること，花に花弁状の仮雄蕊がないことで容易に識別できる．英名は Summer Linden.〔追記〕*T.* ×*europaea* L.（英名 Common European Linden, Lime）は本種と *T. cordata* Mill. の雑種で，本種に似るが，葉の下面や若枝は無毛である．*T. cordata* Mill.（Little leaf Linden）は葉の下面が青緑色で毛がなく，花序は 5～11 花からなる．

2660. ヘラノキ 〔アオイ科〕

Tilia kiusiana Makino et Shiras.

本州の奈良県より西部，四国，九州に産する落葉高木．高さ 10 数 m，枝はよく繁り，若い枝には毛がある．葉は互生し，ゆがんだ狭卵形，5～8 cm の長さがあり，先端は尾状に鋭く尖り，基部は浅いゆがんだ心臓形，葉のふちには不整きょ歯があり，葉柄および葉脈上に短い毛がある．下面の脈腋には黄褐色の毛がある．感じがシナノキに比べてはるかに繊細である．初夏に枝先の葉腋から散房状の集散花序を出し，軸には狭い舌の形をした苞葉があり，10 数個から 20 数個の花を下向きにつける．花は小形で，がく片と花弁は 5 個，熟さない雄しべは線状長楕円形で，がく片と同じ長さ，また多数の雄しべと，1 本の雌しべを持つ．小さい核果は球形で，直径 4～5 mm，短い毛が密生する．〔日本名〕ヘラノキは花序にある苞葉の形にちなんだものである．

2661. ボダイジュ 〔アオイ科〕

Tilia miqueliana Maxim.

中国原産の植物で，昔福岡県に渡り，後に全国に広まって，寺院などにしばしば植えられる．落葉高木でしばしば巨大に成長し，枝は繁り，小枝には密に細かい毛がある．葉は互生し葉柄があり，ゆがんだ卵形または三角状卵形で先は尖り，基部は斜めにゆがんだ心臓形で，下面および葉柄には灰白色の細い毛が密にある．夏に淡黄色の花が咲き香がよい．長い柄をもった散房状の集散花序は腋生し，下に向き，狭い舌形をした苞葉がある．花は小さく，がく片，花弁はともに 5 個，多数の雄しべと 5 本の熟さない雄しべ，および 1 本の雌しべがある．小さい核果は球形で長さ 7～8 mm，細かい毛が密にあり，基部が五角状になる．この木は本当の菩提樹ではないが，昔からその名で呼ばれている．他の同属の種類からは葉が三角状の傾向の強いことと，裏にびっしりと白い毛のあること，果実がオオバボダイジュを除いて大形であることで区別される．

2662. オオバボダイジュ 〔アオイ科〕

Tilia maximowicziana Shiras.（*T. miyabei* J.G.Jack）

本州中北部から北海道にかけて見る落葉高木で時々大木となり，小枝には細かい毛が密に生えている．葉は互生し葉柄があり，大形で長さ 10～15 cm，円形で先端部は急に尖り，基部は多少斜めにゆがんだ心臓形あるいは切形で，葉のふちには大きなきょ歯があり，下面には細かい毛が密生して白色に見える．まれにこの毛がうすくて緑に見えるのをモイワボダイジュ var. *yesoana* (Nakai) Tatew. という．夏に開花し，香がある．長い柄をもった散房状の集散花序は腋生し，下向きで，狭い舌状の苞葉がある．花は淡黄色で，がく片，花弁ともに 5 個，多数の雄しべと退化雄しべ 5 本，雌しべ 1 本をもつ．核果は球形で長さ 1 cm ぐらい，5 稜があり，細かい黄褐色の毛が密生する．樹皮の繊維を利用する．

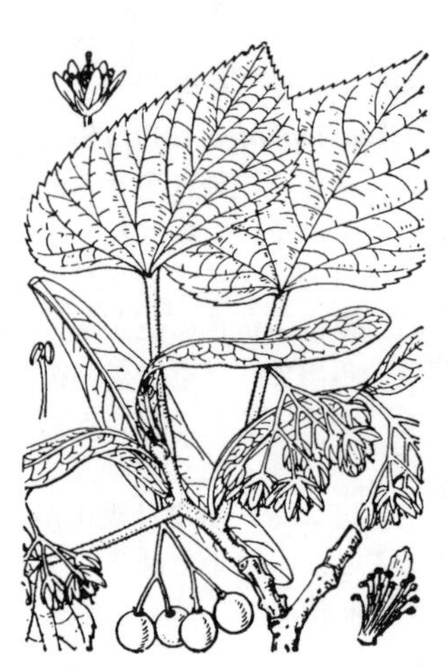

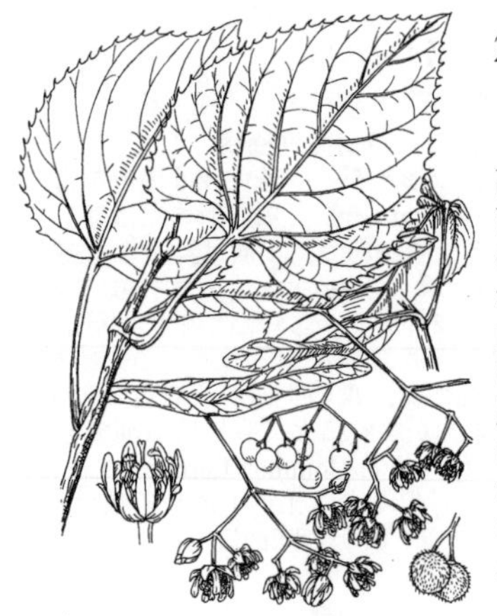

2663. マンシュウボダイジュ 〔アオイ科〕

Tilia mandshurica Rupr. et Maxim. var. ***mandshurica***

中国の北部から東北部（旧満州），朝鮮半島の山地落葉樹林に生える落葉高木．日本でも中国地方西部に自生がある．高さ 15～20 m の高木で，幹は直立して黒褐色，若枝には密に灰色の短毛が生える．葉は互生し，3～6 cm の長い柄があって葉身は卵円形．先端は尖り基部は心臓形をなすが，左右が対称形とならずどちらか一側にゆがむ．葉の長さは 10～18 cm，幅は 8～15 cm．ふちには先の尖ったきょ歯がある．葉の上面はにごった緑色，下面には灰白色の星状毛が密に生えている．夏に葉腋から長い花序を垂らし，花序軸の中ほどに大きなへら形の葉状苞がある．花序はこの苞より先で枝分かれして 10 個以上の花をつける．花にはがく片と，それよりやや長い花弁が各 5 枚あり，多数の雄しべがあるが，内側のものは退化して仮雄しべとなっている．果実は径 8 mm ほどのややつぶれた球形で，全面を褐色の毛がおおう．〔日本名〕満州（中国東北）産のボダイジュ．

2664. ツクシボダイジュ 〔アオイ科〕

Tilia mandshurica Rupr. et Maxim. var. ***rufovillosa*** (Hatus.) Kitam.

（*T. rufovillosa* Hatus.）

九州北部の山地に生える落葉高木．幹は褐色で枝は赤褐色．若枝には白色の短毛が密生するが，やがて脱落する．葉は 3～5 cm の柄で互生し，長さ 7～15 cm，幅 5～12 cm の卵円形で基部はゆがんだ心臓形となり，左右非対称である．葉の先端は尖り，ふちには尖ったきょ歯がある．葉の形，大きさはボダイジュに似るが質は薄い．7 月頃葉腋から長い花序を垂下し，軸の中途にへら形の葉状苞がある．花序につく花数は約 10 個で散房状，個々の花は黄緑色で径 1 cm 弱．5 枚あるがく片は長さ約 5 mm，花弁も 5 枚あってがく片より長い．雄しべは多数あって花弁の根もとに対生し，中央よりのものは仮雄ずいとなっている．果実は径 7～8 mm の球形で，表面全体に鉄さび色の短毛が密生している．自生はくじゅう山地（大分県九重山周辺）に限られるがその周辺で栽培されることがある．

2665. カラスノゴマ 〔アオイ科〕

Corchoropsis crenata Siebold et Zucc.

（*Corchoropsis tomentosa* (Thunb.) Makino, nom. illeg.）

山野や荒れ地，路傍などに生える一年生草本で，茎は細い円柱形で分枝し，細い柔い毛があり，高さ 60 cm 内外．葉は互生し，鈍頭の卵形で，ふちには不整の鈍きょ歯があり，両面は細かい星状毛でおおわれ，葉柄の基部に小さな托葉があるが早くに落ちる．秋に柄のある黄色い花が葉腋に下向きにつき花径 1.5 cm, ウメの花状である. がく片は披針形で, 外面に星状毛がある. 花弁は 5 個で，倒卵形．雄しべは 10 本で各雄しべの間の細長い 5 本は仮雄しべである．雌しべは 1 本で，子房には毛がある．さく果は細長く，長い角状で星状毛によっておおわれ，3 室，3 裂片からなり，多数の種子を含み，裂開するとジグザグに曲がった中軸が見える．〔日本名〕種子をカラスの食べる胡麻（ゴマ）に見立てたもの．〔漢名〕田麻は誤用．

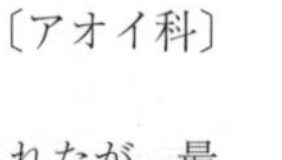

2666. ゴ ジ カ 〔アオイ科〕

Pentapetes phoenicea L.

インド原産の一年生草本．昔日本に渡来し，観賞草花として栽培されたが，最近ではほとんど見かけない．茎は直立し，高さ 50 cm 内外で，単一または枝分かれし，毛がある．葉は互生し，葉柄があり，披針形で下部は浅く 3 つに裂け，ふちには粗いきょ歯があり，やや堅い．夏から秋にかけて赤色の美しい花を下向きに開く．花は葉腋に 1〜2 個出た短い花柄の先につき直径約 3 cm 位．5 個のがく片は緑色で，卵形，先端は鋭く尖り，硬い毛がある．花弁は 5 個，平開し，基部は互いにくっついて，1 日でしぼむ．雄しべは 20 本あり内 5 本は不完全で赤色のへら形，20 本全部の花糸は集合して筒になっている．子房 1，花柱 1．さく果は球形で宿存がくをもち，粗い毛があり，5 室に分かれ多数の種子を含む．〔日本名〕漢名の午時花に基づき，昼間だけしかも一日しか咲いていないことを意味する．〔漢名〕他に金錢花，夜落金錢ともいう．これ等はみなギンセンカ（銀錢花）に似て花が赤味を帯びるので金にたとえ，一日花で夜は落花することを述べた名である．

2667. ドリアン 〔アオイ科〕

Durio zibethinus Murray

マレーシアなど東南アジア熱帯の原産とされる常緑大高木で，現在でも栽培はマレーシア，インドネシア，フィリピン南部にほぼ限定されている．幹は灰白色で太く，直立し，高さ 10〜20 m に達する．葉は柄があって互生し，長さ 20〜30 cm の長楕円形で全縁，先端は尖り，基部は円い．葉の質は革質で，上面は光沢ある緑色，下面には褐色の鱗片が密生する．花はいわゆる幹生花で，幹に直接つき，1 か所（古い葉のあった葉腋）に数個ずつかたまって垂れ下がる．花弁は 5 枚で黄緑色，半ばから反転して上方に反り返る．雄しべ 10 本で，雌しべの花柱とともに花外に超出する．果実は楕円体ないし球形で，直径 20〜25 cm，長さ 25〜30 cm，重量は数 kg ある．果実の表面に硬い殻があって，角錐状の鋭いとげが並ぶ．果実を横断すると 5 室があり，各室に数個の種子があって，種子をとり囲んでクリーム色の果肉がある．パルプ質のこの果肉が甘く美味とされ，愛好者にとってはフルーツの王などといわれるが，強烈な異臭があって，一般にはなじみにくい果実である．

2668. イ チ ビ（キリアサ） 〔アオイ科〕

Abutilon theophrasti Medik.（*A. avicennae* Gaertn.）

熱帯アジアの原産で，繊維をとるため古くにわが国に渡来したが，いまは栽培されることなく，空地などに野生化している一年草．茎は直立して高さ 2 m に達する．全株に短い白色の軟毛が生える．葉は互生し，長い柄があり，心臓形で，先は鋭尖形となり，長さ 8〜10 cm くらいになり，ふちにはきょ歯がある．花は 8 月頃で，上部の葉腋に単生または数個ずつつき，直径 1.5〜2 cm になり，ふつう長さ 3〜4 cm の柄がある．がくは 5 裂し，裂片は広披針形または広線形で，先は鋭形となり，毛を散生する．花弁は 5 個あり，橙黄色で，倒広卵形．先は切形で，ごく浅い歯があり，長さ 7〜10 mm あり，平開する．雄しべは多数あり，花糸の下半分は合着して袋状になる．花柱は 15 個内外．さく果は半球形で，直径 1.5〜2 cm となり，表面には毛があり，15 個内外の分果に分かれる．分果は先端に 2 個の角状突起をもち，うちに 3〜5 個の種子がある．地方によりこれをゴサイバと呼ぶが，本当のゴサイバ（五菜葉）はアカメガシワのことである．キリアサは桐麻の意味で葉が広いことをキリの葉に見立てたもの．

2669. ウキツリボク 〔アオイ科〕

Abutilon megapotamicum A.St.Hil. et Naudin

南米の暖かい地方の原産で，温室に栽培される常緑の観賞用小低木である．長さ 1.5 m 位で枝は細くやせている．葉は柄があり托葉をもち，互生し，披針状卵形で先端部は鋭く尖り，基部は浅い心臓形で，ふちには不整の鈍きょ歯がある．夏に葉腋に 1 個ずつ柄のある花が下向きに垂れ下がって開く．がくは短い筒状で 5 稜があり赤いが，花弁 5 枚は鮮黄色でがくから外へはみ出しその対照が美しい．雄しべ雌しべともに花弁より一層外に抜け出ていて，その姿はちょうどフクシャの花に見える．〔日本名〕浮釣木の意味で，花が空中に浮かんで釣り下がっていることに由来する．

2670. キンゴジカ 〔アオイ科〕

Sida rhombifolia L.

世界の熱帯に広く分布し，南日本に産する小低木．高さ 50～150 cm に達するが，しばしば茎はほふくする．若い枝には星状毛を密生する．葉は長さ 2～3 mm の柄があり，葉身は楕円形または菱形状倒卵形で，先は鋭形から円形まで変化があり，基部はふつうくさび状鈍形，ときに円形となり，長さ 1～4.5 cm，幅 0.6～1.5 cm で，ふちには粗い鈍きょ歯があり，上面には星状毛を散生し，下面は灰白色で，葉柄とともに軟らかな星状毛を密生し，側脈は 4～5 対ある．托葉は針状で長さ 2～3 mm．花は単生し，葉の腋に 1 個ずつつき，長さ 1～2.5 cm の柄をもち，その下部から 2 / 3 付近に関節があり，星状毛を生じる．がくは 5 裂し，裂片は三角形，先は鋭形で，長さ 4 mm ほどになり，背面に星状毛が生える．花冠は濃黄色，径 1 cm くらいで，花弁は 5 個．雄ずい筒は長さ 4 mm くらい．子房は卵球形で，長さ約 1 mm．心皮は長さ 1.5 mm くらいで，上部は星状毛が生え，先端に長さ 1.5 mm の 2 本の芒を有する．種子は腎形，長さ 2 mm くらいになり，黒色を帯びる．

2671. タチアオイ（ハナアオイ） 〔アオイ科〕

Alcea rosea L.（*Althaea rosea* (L.) Cav.）

小アジア（または中国ともいう）の原産で，ふつう人家に栽培してその花を観賞する大形の越年生草本で高さは 2.5 m 内外になる．茎は円柱形，緑色で毛があり，高く直立する．葉には長い葉柄があり互生し，円形で基部は心臓形，5 個ないし 7 個に浅く切れ込み，ふちにはきょ歯がある．6 月梅雨の頃葉腋に短い柄のある大きな美しい花をつけ，下から次々と咲き上り，茎の頂端部では長い花序となる．小苞葉は 7～8 個あり基部は互いにくっつく．がくは 5 つに裂け花弁は 5 個，回旋状に巻き，鐘形で上半は開出し，色は紅，濃紅，淡紅，白，紫などで，また八重咲もある．単体雄ずいの柱には葯が密集し，花柱は 1 本で上部は多数に細かく分かれている．心皮は輪状に並ぶ．昔一般にアオイと呼んでいたのはこの植物を指していたことが多い．〔日本名〕立葵で茎がまっすぐに高く立つことによる．〔漢名〕蜀葵．

2672. エノキアオイ（アオイモドキ） 〔アオイ科〕

Malvastrum coromandelianum (L.) Garcke

北アメリカの原産で，もと小石川植物園で栽培していたが，今日では暖地にしばしば野生化する越年生の草本で，粗い毛があり，高さ 60～90 cm 位．茎は直立して枝分かれし，葉には葉柄があり互生し，卵状披針形で先端は鋭く尖り，ふちには不整のきょ歯があり，支脈は羽状である．秋に葉腋に 1～2 個の短い柄のある小さい黄色の花を開く．小苞葉は線状披針形で 3 個ある．がくは鐘形で 5 片に裂け，裂片は三角形で花弁より長く，ふちに毛がある．花弁は 5，単体雄しべの柱は短く，花柱は 8～12 本．心皮は輪状に並びとげ状の突起が 3 個ある．〔日本名〕榎葵はトウダイグサ科のエノキグサに似た葉をもつアオイの意味で，アオイモドキはアオイに似たものの意味で属名 *Malvastrum* の直訳である．

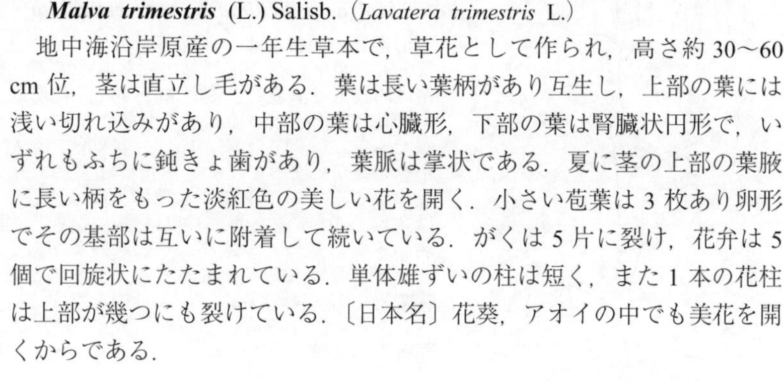

2673. ハナアオイ 〔アオイ科〕

Malva trimestris (L.) Salisb.（*Lavatera trimestris* L.）

地中海沿岸原産の一年生草本で，草花として作られ，高さ約 30～60 cm 位，茎は直立し毛がある．葉は長い葉柄があり互生し，上部の葉には浅い切れ込みがあり，中部の葉は心臓形，下部の葉は腎臓状円形で，いずれもふちに鈍きょ歯があり，葉脈は掌状である．夏に茎の上部の葉腋に長い柄をもった淡紅色の美しい花を開く．小さい苞葉は 3 枚あり卵形でその基部は互いに附着して続いている．がくは 5 片に裂け，花弁は 5 個で回旋状にたたまれている．単体雄ずいの柱は短く，また 1 本の花柱は上部が幾つにも裂けている．〔日本名〕花葵，アオイの中でも美花を開くからである．

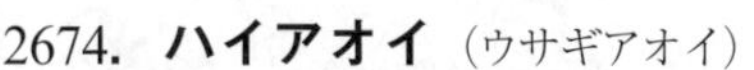

2674. ハイアオイ（ウサギアオイ） 〔アオイ科〕

Malva parviflora L.

ヨーロッパ原産の多年生草本で毛がある．時々植物園に栽培され，またまれに人家や庭園にも植えられている．茎は強く，地中に深くもぐった根から出て地表を横にはう．葉には長い葉柄があり互生し，腎臓状円形で基部は心臓形，ふちは浅く 5～7 裂し，鈍きょ歯がある．春から夏にかけて葉腋に柄のある紅色を帯びた白色の小さな花が集まってつく，小苞葉は 3 個．がくは 5 片に裂け，花弁は 5 個で先端は凹む．単体雄しべの柱は短く，多数の花柱があり，また多数の心皮は輪状に並び細かい毛がある．この植物は明治年間（19 世紀後半）に小石川植物園に栽培され，一般に栽培されているのはみなここから出た種子によるものである．今日ではまれにしか見られない．〔日本名〕はっているアオイの意．

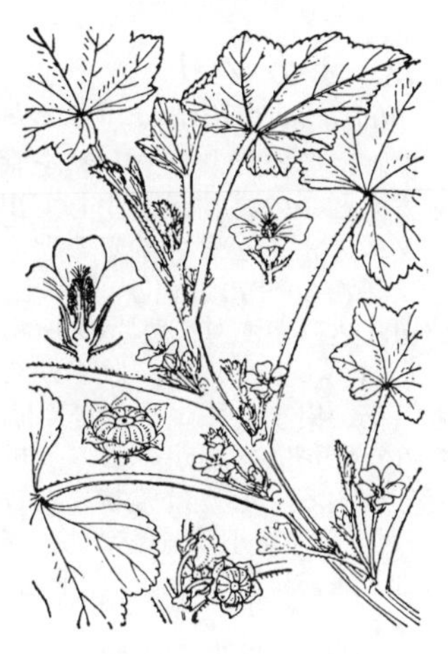

2675. ゼニアオイ 〔アオイ科〕

Malva mauritiana L.（*M. sylvestris* L. var. *mauritiana* (L.) Boiss.）

昔日本に渡って来た植物で，今日ではふつうに人家に栽培される越年生草本で高さ 60～90 cm 位ある．茎は直立し，円柱形で緑色．葉には長い葉柄があり互生し，円形で 5～9 の浅い切れ込みがあり，ふちには鈍きょ歯があり，基部はふつう心臓形である．5～6 月頃，葉腋に柄のある花が集まってつき，下方から頂端に向かって咲き上る．小苞葉は 3 個で分生する．がくは緑色で 5 片に切れ込む．花弁は 5 個，平らに開き，倒心臓状くさび形で基部は互いにくっつき，淡紫色で紫色の脈がある．また白色，淡紅色の品種もある．単体雄しべは花の中央に立ち，花柱は糸状で多数ある．心皮は輪状に並び，宿存がくを伴う．〔日本名〕銭葵は花の形に由来する．〔漢名〕錢葵ではなく錦葵である．

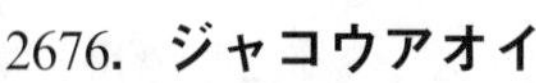

2676. ジャコウアオイ 〔アオイ科〕

Malva moschata L.

ヨーロッパ原産の多年草．茎は頑丈で高さ 30～70 cm にもなる．全草に長いまっすぐな毛が散生する．基部の葉は単純な形で丸みがあり，茎の下部につく茎葉もほぼ同形であるが，上部の茎葉は 5 片に裂ける．原産地やアメリカでは葉形の変異が大きく，すべての茎葉が裂けるものや，裂片がさらに分かれて線形の羽片となるものまでさまざまで，それぞれが変種とされることもある．花は夏に咲き，茎頂に総状ないし円錐花序をつくる．花弁の色は白色かピンクで，直径は 3～4 cm，基部には 5 枚のがく片とその下側に 3 枚の苞がある点は同属の他種と同様であるが，雄しべ多数はゆ着し，雌しべの花柱とともに花の中央に立つ．果実は平たい球形の乾果となり，表面を深く毛がおおう．古く原産地のヨーロッパから北アメリカに帰化し，アメリカ合衆国の東部から中北部へ広がった．日本でも本州中部などやや冷涼な地域で道ばたや畑のへりなどに自生状態で見られる．〔日本名〕全草にかすかに芳香があり，これが香料のじゃこう（musk）の香に似ることからこの形容語があり，和名もその訳である．

2677. フユアオイ（アオイ） 〔アオイ科〕

Malva verticillata L. var. ***verticillata***

旧世界の温帯および亜熱帯地方に広く生えているが現在，日本の庭園などにはほとんど見ず，ただ海岸地方に昔渡って来たものが帰化植物として生存している．茎は円柱形で直立し，高さ 60〜90 cm 位ある．葉には長い葉柄があり，互生し，5〜7 個の掌状の浅い切れ込みがあり 5〜7 本の主脈があり，裂片は短く広く先は鈍頭でふちには鈍きょ歯がある．春夏秋にわたって，葉腋に短い柄のある淡紅色の小さい花が集まって咲く．小苞葉は 3 個で分立し，小さく広線形．がくは 5 裂し，裂片は広三角形．花弁は 5 個で先端は凹む．単体雄しべの柱は短く，白色の花糸は糸状で 10 本位ある．心皮は輪状に並び，宿存がくの内部にある．〔日本名〕漢名の冬葵に基づく．冬葵は冬にも緑葉があるために名付けられたもの．また単にアオイと呼ばれることもあるが，アオイというのは日を仰ぐことで日に向かう意味であって，葉の集まりが向日性を示すことに基づく．昔は薬用植物として栽培され，その実を冬葵子という．朝鮮半島および中国では，蔬菜用として畠に植え，朝鮮半島ではアウク（阿郁）という．〔漢名〕葵または冬葵．

2678. オカノリ 〔アオイ科〕

Malva verticillata L. var. ***crispa*** L.

まれに農家で栽培し，葉を食用とする多年生草本．フユアオイの種子をまくとこの植物が変生して出ることもあり，またその逆にオカノリからフユアオイが変生することもある．茎は春にロゼットから伸びて直立し，高さ 60〜90 cm 位，葉には長い葉柄があり互生し，掌状に 7〜9 の浅い切れ込みがあり，裂片の先端はほぼ円形であるが，ふちは著しく波打ってしわがよっている．晩春から秋になるまで，葉腋に接して淡紅色の小さい花が集まってつく．がくは 5 つに裂け，裂片は広三角形で毛がある．5 個の花弁は先端がへこみ，単体雄しべの柱は短く，花柱はそれより出て分枝する．心皮は輪状に並び，果実の時にも宿存がくの中に包まれている．〔日本名〕葉を乾かし，あぶってもみ粉にしたり，またはゆでて食べると海苔に似ているので陸上の海苔の意味でオカノリという．

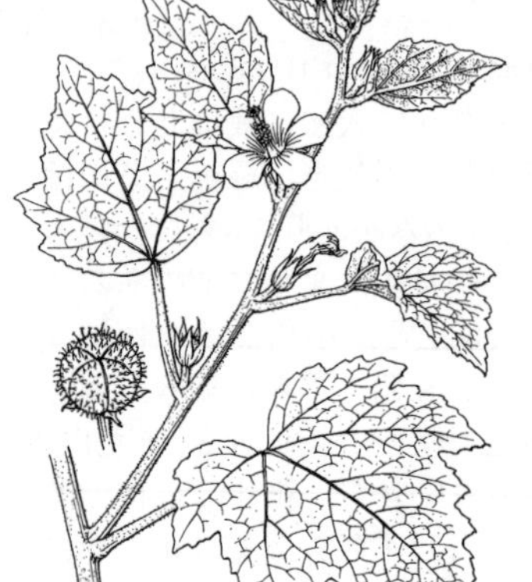

2679. オオバボンテンカ 〔アオイ科〕

Urena lobata L. subsp. ***lobata***

熱帯に広く分布し，南西諸島から九州南部にかけて分布する小低木．道ばたや空地などに生え，茎は直立して分枝して，高さ 0.5〜2 m になり，毛がある．葉は互生し，長さ 3〜10 cm の柄がある．葉身は広卵形またはほぼ円形で，先は鋭形．基部は心臓形となり，長さ 3〜9 cm で，ふちには少数のきょ歯があるが，大形のものでは浅く 3〜5 裂し，表面には星状毛が散生し，裏面には星状毛が密生ときに散生する．花は夏に咲き，葉腋に 1 個または数個が束生してつき，長さ 5 mm ほどで有毛の柄をもつ．がくは 5 裂し，裂片は三角状披針形で，長さ約 5 mm．花弁は 5 個あり，淡紅色で三角状倒卵形または倒卵形で，長さ 5〜6 mm になり，下部で合着する．花柱は先端で 10 裂する．さく果はほぼ球形で，5 つの分果よりなり，全面にかぎ状の剛毛がやや密に生えている．

2680. ボンテンカ 〔アオイ科〕

Urena lobata L. subsp. ***sinuata*** (L.) Borss.Waalk.（*U. procumbens* L.）

熱帯に広く分布する低木状多年生草本で日本では鹿児島県と沖縄県に野生する．高さは 1 m 内外に達して多く分枝し，茎は円柱形で表面は星状の細毛でおおわれる．葉には葉柄があり互生し，線状の小さい托葉があり，5 つに深く切れ込んだ掌状葉で，裂片は倒卵形あるいは菱形状倒卵形で，下部は狭くなり，ふちにはきょ歯があり，また裂片間の切れ込みの奥は鈍底となる．葉は深緑色で，上面には特に淡黄緑色の斑があり，両面に星状の細毛があり下面はことに密生しているので白っぽく見える．秋に葉腋に短い柄のある紅色の小さい花を開く．花の下部にある小苞葉は 5 片に切れ込み，しかもがくとゆ合している．5 個の花弁は倒卵形で下部では互いにくっつく．単体雄しべは花の中央に立ち，花柱は 5 本あって先端部は冬に 2 つに裂け，柱頭は頭状である．さく果はおしつぶされたような球形で，表面には硬いかぎ毛があり，5 室で各室には 1 種子がある．〔日本名〕梵天花の意味で，これはインドの花の意味で名付けたのであろう．〔漢名〕三角楓はトウカエデと同じ名前である．

2681. ギンセンカ（チョウロソウ） 〔アオイ科〕

Hibiscus trionum L.

ユーラシアおよびアフリカに広く分布し，日本では特に観賞用に栽培され，また時々路傍に野生化している．一年生草本で高さ 30〜60 cm 位，直立あるいは斜上して分枝し，白色の粗い毛がある．葉は互生し，葉柄があり，3〜5の深い切れ込みがある．上部の葉は 3 つに深く裂け中央の裂片は最も長く，裂片には粗いきょ歯があり，下部の葉は 5 つに浅く裂け上部の葉は卵円形で分裂しない．夏から秋にかけて葉腋に淡黄色の柄のある花を出し，午前中日光を受けて開き，正午にしぼむ．花の下にある小苞葉は約 11 でふちに毛があり線形である．がくは 5 裂し透明な膜質で網状脈に粗い毛がある．花弁は 5 個で回旋状に巻き，基部はくっつく．単体雄しべは短く，花柱は先端部が 5 つに分かれ，柱頭は頭状である．さく果はふくらんだ宿存がくの内側にある．〔日本名〕銀銭花は花の形により，チョウロソウは朝露草で花屋での呼び名であるが，午前中にもろく花がしぼむのを朝露のもろさに見立てている．〔漢名〕野西爪苗．

2682. フ ヨ ウ 〔アオイ科〕

Hibiscus mutabilis L.

中国原産の落葉低木でふつう観賞のために庭園に植えられるが，日本南部の暖い地方の海岸近くでは野生化している．幹は直立し，また分枝し，星状の毛で厚くおおわれ，高さは 1.5〜3 m 位．葉には長い葉柄があり互生し，掌状に 3〜7 つに切れ込み，裂片は三角状卵形で先端は尖り，基部は心臓状で，葉のふちには鈍きょ歯がある．夏から秋にかけて幹の上部の葉腋に柄のある淡紅色の美しい花が開き一日でしぼんでしまう．花の下部に小苞葉が 10 枚ある．がくは鐘状で 5 片に裂ける．花弁は 5 個で，基部は互いにくっつき，回旋状に巻き縦に脈がある．多数の雄しべは単体となり，1 子房上の花柱は長くとび出し柱頭は 5 個の耳状の部分に分かれる．さく果はほぼ球形でかたくて開出した毛があり，やや薄い 5 片に開裂し，種子には毛がある．まれに白色品種や八重咲きの品種がある．〔日本名〕漢名の略である．〔漢名〕木芙蓉．

2683. スイフヨウ 〔アオイ科〕

Hibiscus mutabilis L. **'Versicolor'**

幹は直立し分枝し，高さ 2〜3 m．葉の形や花の苞葉やがくの形は母種フヨウと同じである．秋の頃，枝先の葉腋に柄のある直径 8〜7 cm 位の花が次々に開き，1 日でしぼむ．花弁は 20 数個あり，外側のものは，基部で互いにくっつき，倒広卵形で鈍頭，基部は不同で急に狭くなる．内部の花弁はだんだん小さくなり，不完全な雄しべの筒部に接着する．雄しべは母種に比べて少なく，柱頭も不完全で実を結ばない．花の色は朝咲きはじめた時は白色，午後には淡紅色，夜にかけて紅色に変わり，翌朝になっても落下しない．したがってこの木には紅，白，淡紅色の三色の花がまじってつき大変美しい．〔日本名〕紅く変わるのを酒に酔うことにたとえて酔芙蓉の名が付けられた．日本の庭園，温室などに時たま見られる．七変化ともいう．

2684. サキシマフヨウ 〔アオイ科〕

Hibiscus makinoi Jotani et H.Ohba

南西諸島から九州西南部（福江島，甑島）に分布し，伐採跡地や道ばたなどに生える落葉（半常緑）の低木または小高木．高さ 2〜4 m に達する．若枝には短い帯灰色の星状毛を密生する．葉は星状毛が密生し，葉柄は葉身と同長か短く，葉身はふつう五角状円形で，先は鈍形，基部は心臓形で，長さ幅ともに 7〜11 cm，ふつう上方で 3 浅裂し，裂片は三角形，先は鈍形，両面とも星状毛を密生し，基部で掌状に 5〜7 脈を分かつ．托葉は披針形，長さ 6 mm ほど．花は 9 月から 1 月に咲く．花は葉柄とほぼ同長の柄をもつ．柄は先から 1〜2 cm 下方に関節があり，花後には伸長する．小苞葉は 7〜11 個，狭披針形で離生し，長さ 10〜13 mm あり，星状毛が密生する．がく裂片は広披針形または卵形，先は鋭形，長さ 1.2〜1.5 cm で，星状毛が密生する．花弁はさじ形または倒卵形あるいは広倒卵形，先は鈍形または円形，白紅色または淡紅色で，星状毛が散生する．雄ずい筒は花弁よりも短く，無毛，子房は卵形，5 室で，長毛と星状毛が密生する．花柱の離生する部分は長さ 1〜1.5 cm で無毛．さく果は卵形体，径 1.7〜2.2 cm，開出する長毛と星状毛が密生する．種子は腎形，長さ約 2.3 mm，褐色，ほぼ同長の長毛が密生する．

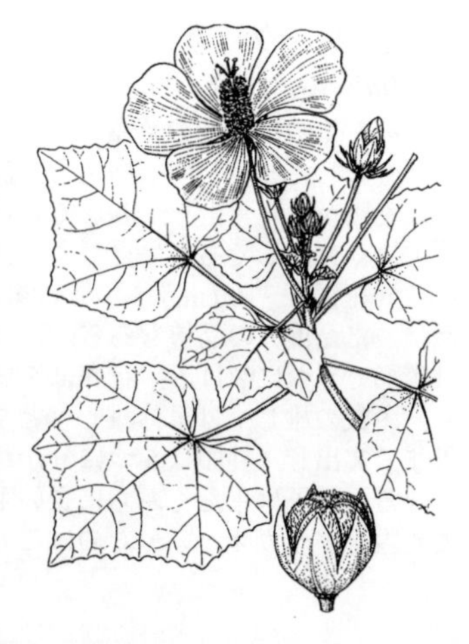

2685. ブッソウゲ　〔アオイ科〕

Hibiscus rosa-sinensis L.

原産地不明の植物で，昔日本に渡ってきて，観賞植物として栽培されるが，暖地以外では温室でないと越冬しない．常緑の小低木で，高さは 1〜2.5 m 位，幹は直立し分枝し，毛はない．葉は互生し，葉柄があり，広卵形あるいは卵形で尖り，ふちには不整の粗いきょ歯があり，葉面は濃い緑色でつやがあり，葉柄の基部には針状線形の托葉がある．夏から秋へかけて，新しい枝の葉腋に柄のある赤色の大きな花が開く．花の下にある数個の小苞葉は線状披針形で尖る．がくは 5 個に裂け，花弁は 5 個，回旋状に巻き，口の広い漏斗形で，基部は互いにくっつく．単体雄しべは赤色で花の外へ突き出し，その半分には多数の雄しべが分かれており，その間からさらに突出した花柱の先は 5 つに分かれ柱頭は頭状である．さく果は卵形体で毛はない．〔日本名〕漢名に花という文字を加えたもの．〔漢名〕扶桑．

2686. フウリンブッソウゲ　〔アオイ科〕

Hibiscus schizopetalus (Dyer) Hook.f.

熱帯アフリカ原産の常緑低木，温室で観賞用に植える．高さ 1〜2 m，多く枝をうち．葉は互生，狭卵形で尖り，濃い緑色で，不整きょ歯があり，葉柄の基部に線状の托葉がある．夏に枝の先端に近い葉腋から長い柄のある赤色の大形の花が垂れ下がって下向きに開く．花の下の小苞葉は広三角形で数個．がくは狭い鐘形で先端は 5 つに裂ける．花弁は 5 個，広いへら形で先端は多数の線状裂片に分かれて反り返り，基部は狭い爪となって全縁である．雄しべは単体で，長さ 8〜10 cm 位の淡紅色の細い筒となり，中央から上部に花糸をもった多数の葯をつける．雌しべの先端は雄しべの筒から突出し，先端は 5 つに裂け，赤色であるが，筒の内部にある部分は白色である．〔日本名〕風鈴仏桑花の意味で花の垂れ下がった有様が風鈴に似ていることによる．

2687. アメリカフヨウ　〔アオイ科〕

Hibiscus moscheutos L.

北アメリカ原産の多年生草本で，時々庭園に栽培される．数本の茎が集まって生え，直立または斜上し，全体はやや無毛である．葉は互生し，長い葉柄があり．楕円状卵形で，下方の葉はしばしば浅く 3 裂し，中央の裂片は卵状披針形で，先端は長く鋭く尖り，基部は浅い心臓形でふちにはやや不整の鈍きょ歯がある．上方の葉は卵形で分裂しない．葉身の長さは 7〜10 cm で，葉柄も同じ長さである．全体にやや黄色がかった緑色で多少つやがある．夏に上方の葉腋に長い柄のある淡紅色の美しい花が咲き，その直径は 10 cm 位である．小苞葉は線形で平らに開き，さらに彎曲して上に向き，がくは広い鐘形で 5 片に裂け，各裂片は三角形である．花弁は 5 個，多数の脈がある．単体雄しべの筒は直立して長く，それをつらぬいて先端が 5 つに裂けた花柱が現れている．〔日本名〕アメリカ原産のフヨウの意味．

2688. ム　ク　ゲ　〔アオイ科〕

Hibiscus syriacus L.

おそらく中国原産の落葉低木でふつう生垣とし，また観賞のために植える．幹は直立して分枝し，灰白色で，高さは 3 m 位になる．枝はしなやかで強い．葉は葉柄があり互生し，卵形で時々 3 浅裂し，不整の粗いきょ歯があり，基部は広いくさび形である．夏および秋の間に，枝に腋生の短い柄をもった花をつける．花径 6〜10 cm，ふつうは紅紫色であるが，白色や花の中心部が紅色の品種，また重弁の品種もある．花の下にいくつかの線形の小苞葉がある．がくは鐘形で 5 つに裂ける．花弁は 5 個あって回旋状に巻いており，基部はくっつく．多数の雄しべは単体雄しべとなる．1 個の子房の上の花柱は単体雄しべの外まで突出し，柱頭は 5 つに分かれる．さく果は卵球形で，胞背裂開して 5 片となる．種子は平たくふちに長い毛がある．〔日本名〕漢名の音よみに基づく．また古くアサガオといったのはこの種であるとの説がある．〔漢名〕木槿．

2689. モンテンボク（テリハノハマボウ）　〔アオイ科〕

Hibiscus glaber (Matsum. ex Hatt.) Matsum. ex Nakai

小笠原諸島に特産し，中腹の斜面に生える常緑高木．高さはふつう 3～10 m だが，ときに 15 m に達する．樹皮は灰褐色である．葉は長い柄があり，葉身は卵円形または円腎形で，先は鈍形，基部は切形または浅い心臓形となり，長さ幅とも 5～9 cm で，全縁，革質，無毛で，上面は光沢があり，下面は淡緑色となる．托葉は狭卵形．花は 6～7 月に咲き，葉腋に単生し，長さ 4～5 cm の柄がある．小苞葉は 10 個で，長さ 1.5～2 cm，半ば合着して，裂片は披針形．がく裂片はがく筒とほぼ同長で，三角状披針形，先は鋭形，長さ 0.7～1 cm あり，短毛が密生する．花冠は暗赤色の中心部を除き鮮黄色で，径 3～4 cm で，花弁は倒卵形，先は円形となり，長さ 3～4 cm で，外面に細毛がある．さく果は球形，径約 1.3 cm で，表面に黄褐色の細毛が密生する．種子は長さ 4～5 mm，表面に褐色の硬い星状毛が密生する．

2690. オオハマボウ（ヤマアサ）　〔アオイ科〕

Hibiscus tiliaceus L.

南西諸島から九州（屋久島，種子島以南）および小笠原諸島に産し，海岸の砂泥地に生え，熱帯各地に分布し，ときに人家に栽培される常緑の小高木．高さ 4～12 m に達する．枝は無毛でよく分枝し，樹皮は繊維質に富む．葉は長さ 2～4 cm の柄があり，葉身は円心臓形，先は鋭尖形，基部は深い心臓形で，湾入は幅狭く基部の裂片は相接し円形で，長さ幅とも 10～15 cm で，革質，全縁または微きょ歯があり，上面は光沢があり無毛，下面は短い星状毛が密生し，灰白色である．托葉は長楕円形で先は円形，長さ 2 cm，幅 1.2 cm で，星状毛が散生し早落する．花期は 7～8 月．花は枝の上部の葉腋に単生する．花柄は長さ 1～3 cm で，托葉に似た 1 対の苞がある．小苞葉は 7～10 個，線状披針形で，中ほどまで合着する．がくは長さ 3 cm 内外，基部から 1／4 ほど合着する．裂片は 5 個，披針形，先は鋭尖形，長さ 1.5～2 cm で毛がある．花冠は黄色で中心部は暗紫色となる．花弁は倒卵状円形または倒卵形，先は円形，長さ幅ともに 4.5～5 cm で，基部で合着する．さく果は楕円体，10 室あり，5 裂し，長さ 2.5 cm，幅 2 cm くらいで，密毛がある．種子は腎形，長さ 4～5 mm で，短い腺状の乳頭突起がある．

2691. ハマボウ　〔アオイ科〕

Hibiscus hamabo Siebold et Zucc.

三浦半島から西の暖かい地方の海岸の潮のさして来る入江の泥浜に生える落葉低木で多く枝分かれして葉はよく繁る．葉は互生して葉柄があり，早落性の托葉を持ち，倒卵状平円形で先端はかすかに尖り，基部は多少心臓形，葉のふちには細かいきょ歯があり，質は厚く，灰白色の毛を上面にうすく下面には密にかぶっている．夏に枝先に直径 5 cm 位の柄のある黄色い花が 1～2 個咲く．がくの外側にある小苞葉は短く，8～10 個あって下部は 1 つになって花柄とともに細かい毛がある．がくは 5 つに裂け，花冠は回旋状に巻いた 5 個の花弁からなり，漏斗状で，底部は暗紅色である．多数の雄しべは単体となり，5 本の花柱はこれを貫き，柱頭は暗紅色である．さく果は卵形体で尖り，細かい毛があって 5 つに裂開し，宿存がくをもつ．〔日本名〕ハマボウは浜ぼうで浜に生えるホウの意味であるが，ホウの意味は不明．あるいはフヨウの訛りであろうか．〔漢名〕黄槿であるがこれは誤って用いられたものであろう．

2692. モミジアオイ　〔アオイ科〕

Hibiscus coccineus (Medik.) Walter

北アメリカ原産で，明治初年（1870 年代）に日本に渡ってきた草花で，庭園などに植えられる．木質の多年草で，毛はなく，白みを帯びた緑色で，高さは 1～2 m 位になる．茎は数本かたまって生え直立する．葉は互生し，長い葉柄があり，掌状に 3～5 に深く裂け，裂片は細長くて尖り，まばらなきょ歯がある．夏に柄のある赤色の大きな花を腋生し，横向きに開き美しい．花の下にある多数の小苞葉は細長い．がくは 5 つに深く裂け，裂片は卵状披針形である．5 個の花弁は平らに開き，花弁と花弁の間にはすき間があり，各々は倒卵形で，下部は狭くなって基部は互いにくっつく．単体雄しべは非常に長く下部は葯がなく露出する．柱頭は 5 つに分かれる．さく果は尖る．〔日本名〕葉の形がモミジに似ていることに由来する．

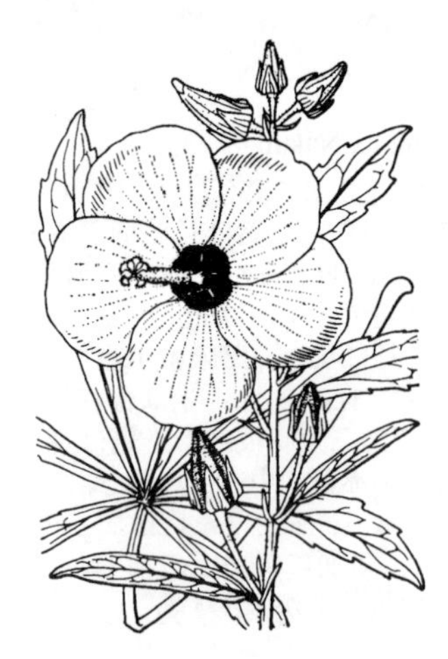

2693. トロロアオイ 〔アオイ科〕

Hibiscus manihot L.（*Abelmoschus manihot* (L.) Medik.）

中国原産の一年生草本で，毛があり高さ 1～2 m 位である．茎は 1 本で直立する．葉は大きく長い葉柄があり互生し，掌状に 5～9 片に深く裂け，裂片は細長く粗いきょ歯がある．夏から秋にかけて茎の頂上に大きな総状花序をつけて淡黄色の大きな花が横向きに開き，花には柄があり，また下部の花では葉状の苞葉があるが，上部の花では次第に小形の苞葉となる．花の下にある数個の小苞葉は広披針形で，がくと同じく後に脱落する．5 個の花弁は円形で回旋状にまき重なり，質は薄く，多数の縦に走る脈があり，基部は暗紫色であって，中部以上の黄色との対比が美しくまた気品がある．多数の雄しべは単体となり，花柱は 5 つに分かれて暗紫色である．さく果は鈍い 5 つの稜があり，長楕円体でかたい毛が生えている．種子は猿の顔のような形をしている．〔日本名〕根には粘液を多く含み，製紙用の糊に使われる．この粘液を含むことをトロロにたとえたことに由来する．〔漢名〕黄蜀葵．〔追記〕若い果実を食用とするオクラ *A. esculentus* (L.) Moench は本種によく似た花を開くが，葉は心臓形で 3～5 浅裂にとどまる．インド原産と推定，栽培されている．

2694. サキシマハマボウ 〔アオイ科〕

Thespesia populnea (L.) Sol. ex Correa

南西諸島（八重山群島，沖縄，沖永良部）に産し，海岸の砂泥地に生え，また台湾，その他の熱帯アジアに分布し，ときに街路樹として栽培される常緑の低木または小高木．小枝と葉の下面に小さな銀色を帯びた褐色の鱗片を密生する．葉は長さ 5～16 cm で，鱗片におおわれた柄があり，葉身は広卵形または長楕円形から円形あるいは三角形で変化にとみ，先は鋭尖形，基部は心臓形となり，長さはふつう 7～15 cm で，革質，全縁で，若いときに小さな鱗片を生じるが，のち無毛となり，基部から 7 脈がある．花は葉腋に 1 個ずつつき，長さ 2～8 cm の硬い柄をもつ．小苞葉は 3 個あり，長楕円形または披針形，長さ 4～17 mm で，すぐに落ちる．がくは革質，はじめ鱗片が密生し，杯形で，5 個の小さな裂片をもつ．花冠ははじめ黄色で，のちには帯紫色に変化し，内面中心部は暗紫紅色となり，花弁はゆがんだ倒卵形，先は円形，長さ 5～6 cm で，外面は鱗片が密生し，内面基部には剛毛がある．雄しべの筒は無毛，花糸は約 4 mm，葯は 1.5 mm ほど．子房は球形で，径約 9 mm，10 室にわかれ，各室に 4 個の胚珠がある．柱頭は棍棒状．さく果はほぼ球形，径 2～4 cm．種子は卵形で，長さ 8～15 mm.

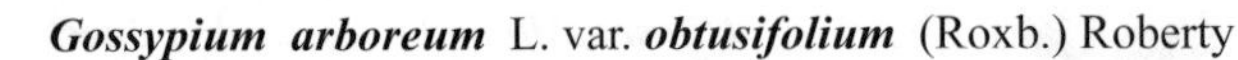

2695. ワ　タ 〔アオイ科〕

Gossypium arboreum L. var. ***obtusifolium*** (Roxb.) Roberty

熱帯アフリカ原産と推定される一年生草本で畑に栽培して綿をとる有用植物である．全体に細かい毛があり，茎は直立し，まばらに枝分かれし，高さ約 60 cm 位に達する．葉は互生し長い葉柄がありその基部に托葉がつき，掌状に 3～5 に中裂し，裂片は尖る．秋に葉腋に柄のある直径 4 cm 内外の花をつける．花の下にふつう 3 個のきょ歯のある小苞葉が 3 個あって，三角状卵形で，紫色を帯びる．がくは小形で杯形，細かい緑色の点がある．5 個の花弁は回旋状に重なり巻き，淡黄色，基部は暗赤色である．また多少全体が赤色を帯びるものがあり，アカバナワタまたはアカワタという．雄しべは単体となり，多数の黄色い葯がある．1 子房で 1 花柱．さく果は宿存がくに包まれ，卵球形，熟すると 3 片に裂開し，白い綿毛をもった種子を出す．この綿毛をつむいで綿として使う．〔漢名〕草綿．〔日本名〕語源ははっきりしない．

2696. パンヤノキ（カポック） 〔アオイ科〕

Ceiba pentandra (L.) Gaertn.

熱帯アジア原産とされる落葉高木だが，アフリカや南米の熱帯にも自生があるという．高さ 20 m 余で巨大な樹冠をつくる．葉は長い柄があって互生し，7～9 枚の小葉からなる掌状複葉で，全形は円い．各小葉は細長い楕円形で全縁，両端は長く尖る．葉の質は薄く，下面は灰白色をしている．小葉の長さ 4～8 cm，幅 2～3 cm で羽状の葉脈が目立つ．花は葉腋に少数個をつけ，淡褐色鐘形のがく筒があり，5 枚の花弁はピンクを帯びた白色で，外面に密に毛がある．花弁の長さは約 5 cm．基部でゆ合した 5 本の雄しべがあり，長く花外に超出する．雌しべも同様に花外に長く飛び出すが，基部に球形の子房がある．果実は長楕円体のさく果となり，長さ 10～12 cm，熟すと開裂して中から長毛のある種子を飛ばす．種子の毛は光沢のある絹糸状で長さ 10 cm に達し，この毛をカポック（kapok）またはパンヤ（panha）と呼んで枕やクッションをつくるほか，つめものとして広く使用されてきた．特にジャワ島などインドネシアで栽培されている．〔日本名〕パンヤはポルトガル語．英名 silk cotton tree.

2697. インドワタノキ（キワタノキ）　〔アオイ科〕

Bombax ceiba L.

熱帯アジア原産の高木で高さ 25 m になり，板根が発達する．乾期に落葉し，モンスーン地域で広く栽培される．幼樹はたいてい棘が多く，成木は段階的に分枝して枝を水平に広げ，樹皮は灰白色．托葉は小さく，葉柄は長さ 10～20 cm，葉身は放射状に全裂し小葉は 5～7 枚，1.5～4 cm の小葉柄があり，楕円形から楕円状披針形で鋭尖頭，長さ 10～16 cm，幅 3.5～5.5 cm，無毛，側脈は 15～17 本．花は落葉後に咲き，径約 10 cm．萼は杯状で長さ 2～3（～4.5）cm，萼裂片は 3～5 枚，やや円形で長さ 1.5 cm，幅 2.3 cm．背軸側は無毛，向軸側は黄色の絹毛が密生する．花弁は通常赤色，時に橙赤色，倒卵状楕円形，長さ 8～10 cm，幅 3～4 cm，肉質で両面に星状毛が生える．雄蕊は外側に各 10 本以上の束が 5 束あり，内側にはそれより短い 10 本の雄蕊が並ぶ．朔果は長さ 10～15 cm，幅 4.5～5 cm，灰色白の絨毛や星状毛が密生する．果実は夏に熟す．種子は多数，倒卵形で滑らか，種子を囲む大量の白色の軟毛は綿として利用される．

2698. パキラ　〔アオイ科〕

Pachira aquatica Aubl.

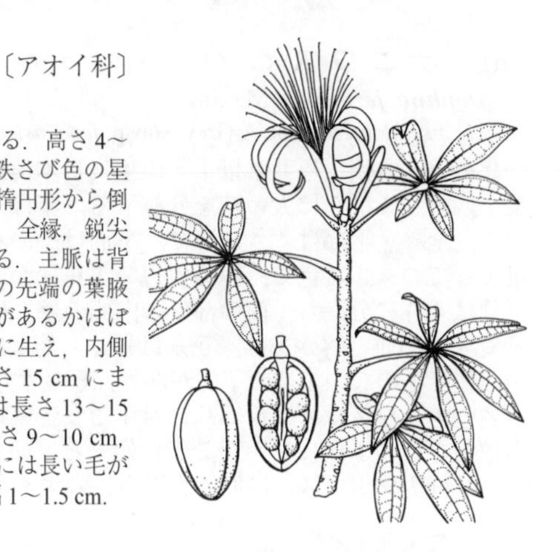

南米，西インド諸島原産の常緑低木で，幼樹は屋内でも観賞用に栽培される．高さ 4～5(～18)m に達し，若枝は茶色で無毛．葉は互生し葉柄は長さ 11～15 cm，鉄さび色の星状毛がある．葉身は放射状に 5～11 小葉に切れ込み，小葉はほとんど無柄，楕円形から倒卵状楕円形，背軸側は鉄さび色の星状毛があり，向軸側は無毛，基部は楔形，全縁，鋭尖頭，中央の小葉は長さ 13～24 cm，幅 4.5～8 cm，外側へ行くほど小さくなる．主脈は背軸側で顕著に突出し，向軸側は平ら，側脈は 16～20 本，花は 3～11 月，枝の先端の葉腋に単生し，1～3 個連続して咲く．花柄は太く，長さ約 2 cm，黄色い星状毛があるかほぼ無毛．萼は杯形で革質，長さ約 1.5 cm，径約 1.3 cm，外側は星状毛がまばらに生え，内側は無毛．花弁は外側が黄緑色，内側は乳白色，狭被針形あるいは糸状で，長さ 15 cm にまで伸び，上半分は反り返る．多数の雄蕊は基部で短い雄蕊筒をなし，花糸は長さ 13～15 cm，黄色，上部は赤色．花柱は暗赤色，雄蕊よりも長い．朔果は洋梨形，長さ 9～10 cm，幅 4～6 cm，先から 5 裂し，果皮は黄褐色，厚く，木質，外側は無毛，向面には長い毛が密生する．種子は多数，白色の螺旋模様が入った暗褐色で長さ 2～2.5 cm，幅 1～1.5 cm.

2699. ジンチョウゲ　〔ジンチョウゲ科〕

Daphne odora Thunb.

中国原産の常緑低木で，庭園に植えられ，高さは 1 m 位．茎は直立して分枝し，葉を密につけ，褐色，樹皮には強い繊維がある．葉は厚く互生し，短い葉柄があり，倒披針形，全縁で，つやがある．冬から枝先に苞葉に囲まれてつぼみがかたまって頭状につき，早春に開花してよい香りがする．がくは筒状，口の部分は 4 裂し，外面は紅紫色，内面は白色で，また時には白花あるいは淡紫色の品種もある．日本に生えているものはほとんど雄木なので実を結ばないが，ごくまれに球形で赤い液果を生ずる．〔日本名〕沈丁花の意味で，花のよい香りを沈香と丁字の香りにたとえたのでこの名がある．チンチョウゲと呼ぶのは誤り．〔漢名〕瑞香.

2700. コショウノキ　〔ジンチョウゲ科〕

Daphne kiusiana Miq.

南関東から西の山地の林下に生える雌雄異株の常緑低木で高さは 1 m 内外ある．幹は直立してまばらに分枝し，樹皮は褐色で，強い繊維があり，幹にも葉にも毛はない．葉は厚くてやわらかく，倒披針形で短い葉柄があり互生する．春早く枝先に香りのある白い花がかたまって頭状につく．がくは筒状で細毛があり，口の部分は 4 つに裂け，裂片が幅狭いので，ジンチョウゲのように互いに裂片のふちが重なることがない．8 本の雄しべと 1 本の雌しべがある．液果は広楕円状球形で熟すると赤くなり，1 個の種子がある．〔日本名〕胡椒の木．果実がコショウのように辛いので名付けられた.

2701. オニシバリ（ナツボウズ）〔ジンチョウゲ科〕

Daphne pseudomezereum A.Gray

福島県以西の本州，四国，九州の山地に生える有毒で毛のない落葉低木で，雌雄異株．高さは 1 m 内外に達する．茎は直立して分枝し，灰茶色．樹皮はひどく丈夫で容易に切れない．葉は互生し，やわらかく，倒披針形，全縁で短い葉柄があり，通常枝先に集まってつき，秋にのびて冬を越すが夏には落葉する．そのためにナツボウズの別名がある．早春に黄緑色の花が束状に集まって咲く．がくは筒状で 4 裂し，花弁はなく，8 本の雄しべと 1 本の雌しべがある．雌花は雄花よりも小さく，果実を生ずる．果実は楕円体の液果で 7 月頃熟して赤くなり，辛い味がする．樹皮は和紙の材料になる．〔日本名〕鬼縛り．樹皮が強いから鬼もしばることができるという意味でついた．夏坊主は夏に落葉するため．

2702. ナニワズ（エゾナツボウズ，エゾオニシバリ）〔ジンチョウゲ科〕

Daphne jezoensis Maxim.

（*D. pseudomezereum* A.Gray subsp. *jezoensis* (Maxim.) Hamaya）

北海道と本州（福井県以東）の主に日本海側の山地に生える雌雄異株の落葉小低木．まばらに太い枝を分枝する．葉は薄く互生し，倒披針形で先端は円く，全縁，下部はくさび形で，下面はやや粉白を帯びる．花は枝先に多数集まってつき，黄色で，極めて短い小花柄がある．がくは下部は筒状で口の部分は 4 片に分かれ，筒の部分の内側の壁には上列に 4 本，下列に 4 本合わせて 8 本の雄しべがあり，花糸は短く，葯は内側に向く．花筒の底に狭い長楕円体で毛のない 1 個の子房があり，その片方の腰に 1 個の花盤がある．〔日本名〕ナニワズはオニシバリに対する長野県の方言で，北海道で長野県人が本植物をこのように呼んだことに始まるといわれる．他の名は一見前種オニシバリ（ナツボウズ）に似て北海道に産するために名付けられた．

2703. カラスシキミ〔ジンチョウゲ科〕

Daphne miyabeana Makino

北海道，本州（鳥取県以東）の深山の林内に生える常緑小低木で，高さ約 1 m，太い枝をまばらに分枝し，分枝点には古い花柄が多数突起となってつく．枝は表面はつるつるしているが，若い時には時に細毛がある．葉は薄い革質で，やや密に互生し，倒披針形で先端は鋭く尖るかあるいは鋭く細くなって先端は円くなり，基部は狭いくさび形で，短い葉柄があり，上面には光沢があり，長さ 7〜40 cm 位．初夏の頃，新しい枝の頂に 10 数個の花が頭状につく．花は白色．筒部には毛がなく長さ約 5 mm，裂片は 4 個放射状に開き，卵形で先端は鋭く尖り，3 脈がある．雄しべは 8 本あり，その中 4 本はがく筒の上方に付き，開口部に現れるが，下方の 4 本は筒の内部にかくれる．雌しべは 1 本あり，子房は毛がない．液果は短楕円体，直径約 8 mm，熟すると赤色になる．〔日本名〕鳥のカラスを冠した名で，ミヤマシキミに似た実と葉であるが，本物でないのでカラスという．

2704. フジモドキ（チョウジザクラ［同名異種あり］，ゲンカ）〔ジンチョウゲ科〕

Daphne genkwa Siebold et Zucc.

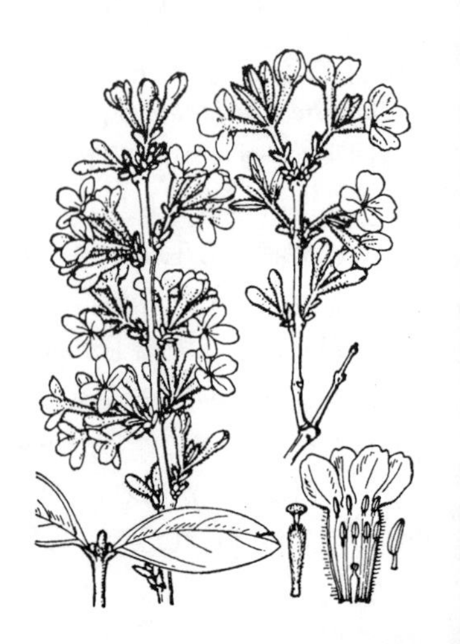

中国原産の落葉低木で，観賞用に植えられる．高さ約 1 m 内外ある．茎は直立してやせており分枝し，新しい枝には細毛がある．葉は薄く，短い葉柄があり，長枝に対生し，長楕円形，全縁で，細毛がある．花は紫色で葉よりも先に 4 月に開き，互生する苞葉のある短い小枝に集まってつく．がくは筒状で細毛が密にあり，先端部は 4 裂し，各裂片は広楕円形．8 本の雄しべと 1 本の雌しべがあり，雄しべは上下の 2 段になってつく．花が終わって後，痩果を結ぶ．〔日本名〕藤擬きはその花が紫色でフジの花に似るためつけられた．丁子桜は花の外形が香料にする丁字に似るからである．〔漢名〕芫花．

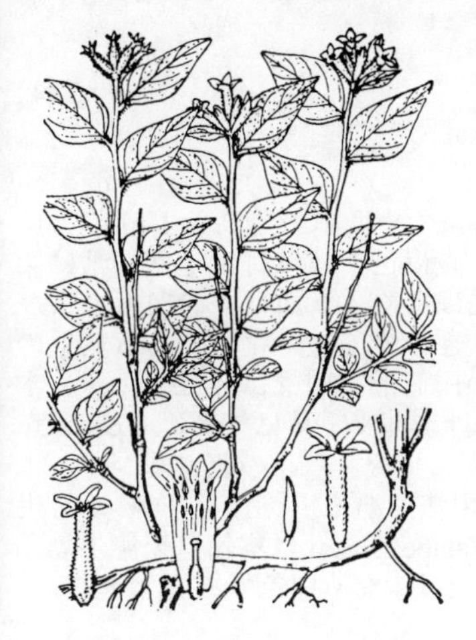

2705. ガンピ　〔ジンチョウゲ科〕

Diplomorpha sikokiana (Franch. et Sav.) Honda

東海道以西の暖い地方の山中に生える落葉低木で高さは 1.5 m 以上に達する．幹は直立して分枝し，外皮は濃褐色でつるつるし，サクラの樹皮に似ている．新しい枝には毛がある．葉は互生し卵形，全縁で，葉柄はきわめて短く，葉の上面，下面ともに絹毛がある．初夏の頃，その年の枝先に黄色い小さい花が頭状花序となって集まってつく．がくの下部は筒状で細毛があり，上部は 4 裂する．8 本の雄しべと 1 本の雌しべがあり，痩果は宿存がくの内部にある．樹皮の繊維はきめが細かく良質の紙を作ることができ，いわゆる雁皮紙はこの紙である．昔，伊豆に産した雁皮紙は，このガンピとは違ったサクラガンピで作ったものである．〔日本名〕古い名であるカニヒの転化したものである．

2706. コガンピ（イヌガンピ）　〔ジンチョウゲ科〕

Diplomorpha ganpi (Siebold et Zucc.) Nakai

関東から西の山野に生える落葉の草状小低木で，高さは 40〜60 cm 位ある．茎は数本束生して直立し，細長く，上部で分枝し，細毛があり冬には枯死する．葉は多数接近して密に互生し，ほとんど葉柄はなく，卵状楕円形あるいは長楕円形，全縁で少し毛がある．7〜8 月頃，茎の上部で分枝した小枝の先に白色あるいは時々淡紅色を帯びた白色の花が頭状様短穂状花序になって多数集まってつく．がくは細長い円筒形で細毛があり，開口部では 4 裂する．雄しべは 8 本，雌しべ 1 本．痩果は宿存がくの内部にできる．皮の繊維は弱く，製紙の原料にはならない．〔日本名〕小ガンピで，小低木だからである．犬ガンピはガンピに似ているが役に立たぬからである．

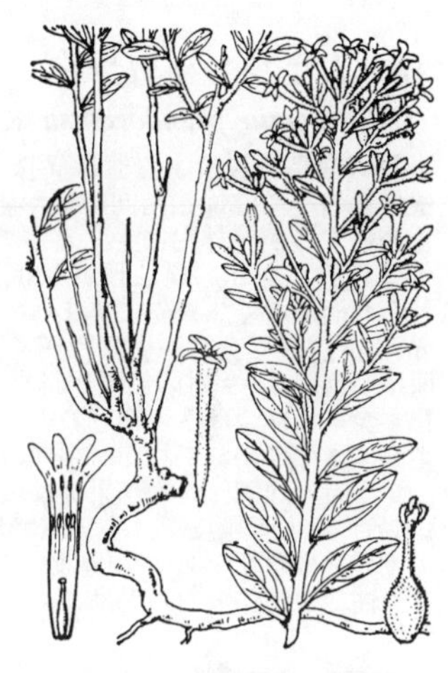

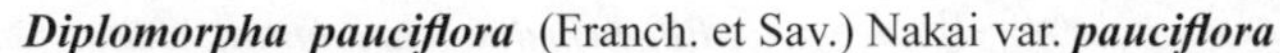

2707. サクラガンピ（ヒメガンピ）　〔ジンチョウゲ科〕

Diplomorpha pauciflora (Franch. et Sav.) Nakai var. ***pauciflora***

本州中部の伊豆，箱根地域に限られた分布をもつ落葉の小低木で，山地の夏緑林中に生える．高さ 1〜2 m で根もとからよく分枝し，枝は淡褐色で丸く平滑，細かい毛がある．葉はまばらに互生し，枝の左右に 2 列に並ぶ．葉身は長さ 2〜3 cm，幅 1〜2 cm の卵形で先は尖り，基部は丸い．全縁で葉の質は薄く，下面は淡色で，ねた毛が目立つ．この毛は葉柄にも密に生える．夏に枝端と上部の葉腋から短い集散花序を出し，淡黄色の管状の小花を数個ずつつける．花序の軸と枝には白い毛がかなり密に生える．花は長さ 5〜6 mm のがく筒が主体で，その外面には密にねた毛が生え，上端部は浅く 4 片に分かれる．雄しべ 5 本はこのがく筒の内面に 4 本ずつ 2 段につき，上方のものの葯はがく筒の外につき出て見える．花後にやや細長い卵形体の果実ができ乾果状，長さは 3 mm ほどで宿存するがく筒に包まれ，表面全体に毛が多い．〔日本名〕桜ガンピで，樹皮がサクラに似るからである．

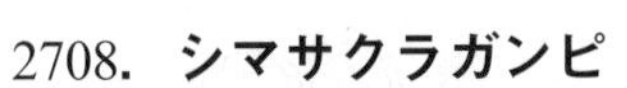

2708. シマサクラガンピ　〔ジンチョウゲ科〕

Diplomorpha pauciflora (Franch. et Sav.) Nakai var. ***yakushimensis*** (Makino) T.Yamanaka

四国と九州南部および屋久島の山地に生える落葉小低木．高さ 1〜2 m でサクラガンピよりもやや大形となる．枝は細く，よく伸長しまばらに毛が生える．葉は互生し，長さ 2〜4 mm の細い柄がある．葉身は卵形で長さ 3〜7 cm，幅は 2〜3 cm あって，先端は鋭いくさび形で尖る．全縁で葉の質はやや厚く，上面には枝と同様のまばらな毛が目立つ．この毛は葉柄に特に多い．夏に枝の上部の葉腋や枝端によくのびた花序を出す．花序はすんなりと細く，十数個の小さな花がつく．花は長さ 6〜7 mm の淡黄色，管状のがく筒をもち，外面には密に毛が生えている．がく筒の上部は 4 片に裂け，各裂片は長さ 2 mm 前後の半円形で平開する．秋に長さ 3 mm ほどの細い楕円体の果実を生じる．この果実は乾いて堅く，宿存するがく筒に包まれる．〔日本名〕島桜雁皮はサクラガンピの仲間で島（屋久島）に産することによる．

2709. キガンピ

〔ジンチョウゲ科〕

Diplomorpha trichotoma (Thunb.) Nakai
（*Wikstroemia trichotoma* Makino）

関西以西の山地に生える九州に多い落葉の小低木で，高さ 1 m 内外に達する．茎は直立し，円柱形で毛はなく，褐色で枝は対生する．葉は柔らかく，対生し，卵状楕円形，全縁，毛はなく，下面は多少白色を帯びる．秋の頃，枝先に細い枝を対生して，きわめて短い花柄のある無毛の黄色い花を総状につける．がくは細長い円筒形で口端は 4 裂する．8 本の雄しべと 1 本の雌しべがある．痩果は卵形体で下部は細長くくびれる．樹皮は製紙の原料となる．〔日本名〕黄ガンピで黄は花の色に基づく．木ガンピではない．〔漢名〕蕘花．誤った用法である．〔追記〕同じく対生する葉を持つミヤマガンピ *D. albiflora* (Yatabe) Nakai は本州（紀伊半島），四国，九州の山地に生え，本種に比べて花は少なく白色である．

2710. ムニンアオガンピ

〔ジンチョウゲ科〕

Wikstroemia pseudoretusa Koidz.

小笠原諸島に特産する雌雄異株の常緑低木．父島，母島などはほぼ全島に生え，尾根付近のやや乾燥した向陽地や岩れき地に多い．通常は高さ 0.5〜1.5 m ほどでよく分枝するが，林内に生えるものではときに 2 m を越えるものもある．幹は紫褐色で光沢があり，縦じわがあり，若枝は淡褐色の毛が密生する．葉は対生し，ほとんど柄がなく，枝先に集まって生じる傾向がある．葉の長さ 2〜5 cm，幅 1〜2 cm の楕円形で全縁，先端は円く，ときにやや凹む．葉の質は薄く，上面緑色，下面は淡色で 7〜9 対の側脈が目立つ．春から秋にかけて茎頂に筒形の黄色の花を数花ずつ束状につける．花冠のように見えるがく筒は明るい黄緑色で長さ約 1 cm，上半部は 4 片に割れて開く．裂片の長さは約 3 mm で先端は円い．雄しべは 8 本あり，がく筒の内側につく．果実は長さ 5〜7 mm の卵形体で赤く熟し，光沢がある．〔日本名〕無人青雁皮で，小笠原諸島の古い呼び名，無人島（ムニンジマ）に産するアオガンピの意である．〔追記〕アオガンピ *W. retusa* A.Gray は琉球の海岸に生え，花は両性で植物体表面の毛はごく少ない．

2711. ミツマタ

〔ジンチョウゲ科〕

Edgeworthia chrysantha Lindl.（*E. papyrifera* Siebold et Zucc.）

中国から日本に渡ってきた落葉低木で今は広く各地に栽培される．高さ 1〜2 m 位，幹は直立し，枝は 3 本ずつに分かれ黄褐色，若い枝は緑色で毛を帯びる．葉は薄く，葉柄があり互生し，広披針形，全縁で鮮やかな緑色．秋の終わり頃，落葉する時にはすでに枝の先に早落性の葉状の苞葉に囲まれた 1〜2 群のつぼみが垂れ下がってついており，早春に新しい葉に先立って黄色の頭状花序を開き，ハチの巣に似ている．がくは筒状で 4 裂し，外面に白く柔らかい細毛が密生し，内面は濃い黄色で毛は全くない．雄しべ 8 本，雌しべ 1 本．果実は痩果．樹皮の繊維は強く良質で，製紙の原料として有名である．〔日本名〕三叉はその枝が 3 本ずつに分かれていることによる．〔漢名〕黄瑞香．

2712. ノウゼンハレン

〔ノウゼンハレン科〕

Tropaeolum majus L.

南米ペルー原産で弘化年間（1845 頃）に渡来し，現在では観賞品として栽培される一年生草本．茎はつる性で無毛，あるいはまばらに毛があり，多少多肉であって，長さ 1.5 m 内外．葉は互生，細長い葉柄の先に楯状につき，直径 12 cm 位，葉柄の付着部から約 9 本の主脈が走り，しばしばその先端の部分で葉のふちがへこむ．下面は多少毛がある．夏に葉腋から長い柄を出して花をつけ横を向く．がく片も花弁も黄色，あるいは赤色．がく片は 5 個，下部は合着し，上側で 1 個の長い距となる．花弁は 5 個，下の 3 枚は頭部が丸く，基部は細長く，ふちに毛のようなものがあるが，上の 2 枚にはない．雄しべは 8 本，長短は不同．子房は鈍 3 稜をもった球形で果実もまた同じ形である．熟すると 3 枚の心皮はゆ着して裂開せず，各心皮は 1 個の種子を含む．〔日本名〕花がノウゼンカズラのようで，また葉がハスに似ているという意味で，渡来した当時にオランダ語的語感をもつこの名前がつけられた．園芸界ではナスタチュウム（Nasturtium）という名前で知られている．

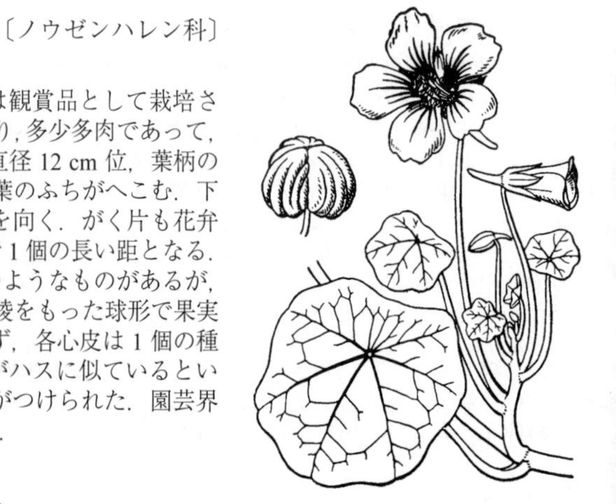

2713. ワサビノキ　〔ワサビノキ科〕

Moringa oleifera Lam.

熱帯アジア原産の高木で，高さ 12 m に達し．強い乾期には落葉する．樹皮は滑らか，あるいはしわが多いが，ひび割れたりはしない．葉は 3 回奇数羽状複葉で，長さ 25～60 cm，柔らかくやや多汁質，葉柄および小葉の基部に腺があり透明あるいは琥珀色の液体を出す．小葉は卵形または楕円形，長さ 1～2 cm，幅 0.5～1.2 cm，若い時は柔毛があり，成熟すると無毛，基部は円形から楔形，先端は円形から凹型．花序は円錐状で長さ 10～30 cm，若枝に頂生および腋生する．花柄は長さ 7～15 mm，基部に小型の苞があり，上部に関節がある．花は白色からクリーム色，芳香があり，5 枚の萼片は披針形から線状披針形，5 枚の花弁は箆形，ほぼ同大で長さ 1～2 cm，萼片は反り返り，花弁は下側の 1 枚が前に突き出し，左右の各 2 枚は基部内側に微毛があって開出する．雄蕊は 5 本で基部に毛があり葯はオレンジ色，毛が密生する雌蕊とともに下側の花弁の上に突き出す．蒴果は 3 心皮からなり，棒状で長さ 20～50 cm，緑色でドラムスティックと呼ばれ，熟すと褐色となり裂開する．種子はやや球形，3 稜があり，翼を除くと径 8～15 mm，翼は幅 0.5～1 cm，まれに無い．広く栽培され各部分を食用とする．根にワサビに似た辛みがあり，ワサビノキと呼ばれる．

2714. パパイヤ　〔パパイヤ科〕

Carica papaya L.

南アメリカ原産とされる常緑小高木．代表的な熱帯果実として世界各地で栽培される．高さ 5～10 m になるが，幹は軟質で草本的である．枝を分けることはまれである．葉は長い中空の柄で互生するが，幹の頂部に集まり，下部の葉は次々に落葉して落葉痕が目立つ．葉身は掌状に深く 5～7 裂するが，全形はほぼ円形で直径 40～60 cm になる．各裂片はさらに羽状に裂け，先端は尖る．雌雄異株のことが多いが，ときに同株につく．雄花序は長い総状花序をなして葉腋から垂下し，1 m 近い軸上に黄白色，鐘形の雄花を多数つける．花冠の長さは 2～3 cm で，先端部分は 5 裂してやや開く．雌花は葉腋に直接つき，1 ないし少数個でほとんど柄はない．黄白色で漏斗形，5 枚の花弁はややねじれ，斜め上向きに開く．果実は楕円体ないし卵球形で，大きさは品種により異なり，長さ 15 cm くらいから 50 cm に達するものまである．熟すと外面は黄橙色，果肉は黄色または濃いオレンジ色で多汁質，中央部分に大量の光沢ある球形の種子がある．タンパク質分解酵素のパパインを含むことでも有名である．英名 Papaya.

2715. モクセイソウ（ニオイレセダ）　〔モクセイソウ科〕

Reseda odorata L.

北アフリカ原産の一年生草本．江戸時代の文化年間（1810 前後）頃に日本に渡来した．観賞植物として庭園に栽培されるが普通には多く見られない．茎は分枝して高さ 30 cm ぐらいになり，全体に細かい毛がある．はじめは直立するが，後には長く伸びて倒れ斜上する．葉は互生し，長楕円形あるいはへら形，先端は鈍形，基部はくさび形で短柄があり，全縁，時には 3 裂することもある．夏に茎の先端に長さ 10 cm ぐらいの花穂を生じ，緑色をおびた白色の小花をつけて穂状の総状花序を作る．良い香気を放つ．がく片は 6 で各片の長さは同じ．花弁も 6 枚であるが前部と後部の 4 枚は先端が細く裂けるが，他の 2 枚は裂けない．雄しべは多数で，みかん色の葯をつける．さく果には稜があって角張っており，頂端部だけが裂開する．種子は細かくて多数．〔日本名〕木犀草の意味で，花が良い香を放つのでモクセイの花になぞらえたものである．ニオイレセダは属名の音読みにニオイをつけたもの．

2716. シノブモクセイソウ　〔モクセイソウ科〕

Reseda alba L.

ヨーロッパ南部の原産の一年草あるいは二年草．観賞用として庭園に栽培されるが，普通には多く見られない．茎は直立して高さ 60 cm ぐらいになり，全株無毛．葉は互生して，細い倒披針形，羽状に深く裂け，裂片は 7～11 個，頂裂片が最も大きく，側裂片は下部のものほど小さい．裂片は線形，全縁，またはわずかに波を打つ．短い葉柄の基部には耳片状の托葉がある．7～8 月頃，茎の頂に花軸を立てて，緑色をおびた白色の小花を多数つけて，穂状様の長い総状花序を作る．花に香気はない．がく片は 5～6 裂．花弁も 5～6 枚，先端は細く裂ける．雄しべは 20 本ぐらいで褐色の葯をつける．〔日本名〕葉が細かく羽状に裂けているのをシダ類のシノブに見立てていう．

2717. **ギョボク**（アマキ）〔フウチョウソウ科〕

Crateva formosensis (Jacobs) B.S.Sun

（*C. religiosa* auct. non G.Forst.; ?*C. falcata* (Lour.) DC.）

東アジア南部に分布し，わが国では薩摩，大隅半島以南に見られる常緑の大高木で，しばしば栽培されている．全体に毛はなくなめらか．長い柄をもった葉は互生で3出複葉となっている．小葉は全縁で細い倒卵形となり先端が尖る．左右の小葉は基部が非対称で長さ5～13 cm位．裏面は多少白味をおびている．6，7月頃に枝の端に，やや密に黄白色の花をつけた散房花序が生ずる．がく片は4個，長楕円形で基部が花盤に着生している．長さは3 mm位．4個の花弁は長さ2 cmになり，基部が細くくびれた卵形である．多数の雄しべは長く超出し，子房の柄の基部に着生している．液果は卵形体でやや下に垂れ，長さは3 cm位．種子は多数で，丸い腎臓形で直径8 mm位．〔日本名〕材が軽くてやわらかいので，魚の形を刻んで釣りの時におとりにするから魚木という．アマキは琉球方言．

2718. **フウチョウソウ**（ヨウカクソウ）〔フウチョウソウ科〕

Gynandropsis gynandra (L.) Briq.（*Cleome gynandra* L.）

西インド諸島原産の一年生草本であるが，しばしば熱帯の海岸に生える．台湾にもみられるが，わが国ではまれに栽培されているにすぎない．茎は直立し高さ30～90 cm，紫色を帯び粘毛が生えている．掌状複葉の葉は長い柄をもち互生し，小葉は5枚で倒卵形，全縁で時にかすかなきょ歯がある．夏に梢の先に粘着性の総状花序をつけて，白い花が咲く．花の下には3出状の苞葉がある．がく片は4個，線状披針形．花弁は4個，長さは1.5 cm位で，倒卵形で基部が長い花爪となっている．雄しべは長さ1.5 cm位にわたって子房の柄と合着しており（この合着部分を雌雄器柄という），見かけ上この先に6本の雄しべと子房がついている．長角果を結び，長さ10 cm位にのび，ほとんどなめらかである．種子は黒く円状腎臓形をしている．〔日本名〕風蝶草は花の姿が風に舞う蝶にたとえ，羊角草は漢名，羊角菜から来て，角状の果実に基づく．〔漢名〕白花菜．

2719. **セイヨウフウチョウソウ**（クレオメソウ）〔フウチョウソウ科〕

Tarenaya hassleriana (Chodat) Iltis

（*Cleome hassleriana* Chodat; *C. spinosa* auct. non L.）

熱帯アメリカの原産で，明治初期（1870前後）にわが国に入ってきて，観賞用の草花としてしばしば栽培されている一年生の草本．全体が粘毛でおおわれ，また小さな刺が散在する．茎は直立して分枝し高さ1 m位ある．掌状複葉の葉は互生，小葉は5～7枚，長楕円状披針形で全縁．長さは9 cmに達する．下方の葉は長い柄をもち，柄の基部に針状の托葉がある．夏から秋にかけて梢の先に総状花序をつけ，長い柄のある紅紫色，または白色の4弁花を開く．苞は単葉状で狭卵形．がく片は4個，長さ6 mm位の線状披針形でそりかえっている．花弁は倒卵形で，底部が細長く花爪となり，長さは2 cm位．雌雄器柄はない．雄しべは4本，藍色または紫紅色をしている．これは花弁より超出し，その長さの2～3倍もある．雌しべは1本で花のあと線形の長いさく果をつくり，その長さは11 cm位，下半分は細長く柄のようにみえる．種子は腎臓形．〔日本名〕西洋フウチョウソウの意味であり，クレオメソウは属名の音読みである．

2720. **ミツバフウチョウソウ**〔フウチョウソウ科〕

Polanisia trachysperma Torr. et A.Gray

（*Cleome trachysperma* (Torr. et A.Gray) Pax et K.Hoffm.）

メキシコ原産の一年生草本で，まれに観賞のため庭に栽培される．茎は高さ60～80 cm位で，直立しわずかに分枝する．全体に粘毛があり，長い柄をもった葉は互生している．葉は3出複葉で長さ3～5 cm位．小葉は卵状披針形で先端は鋭形，基部は中央のものではくさび形，側面のものでは鈍形でしかも左右が非対称である．縁は全縁でかすかな毛がある．夏から秋にかけて茎の先に円頭の総状花序をつけ，長い柄をもった淡紅色，または白色の多数の花をつける．花柄の基部に一つの葉状の苞をもつ．がく片は4個で披針状舟形，長さは4 mm位．花弁も4個，やや直立し，細いへら形で基部が長い爪状になり，先端が凹んでいる．長さは4～8 mm位．多数ある雄しべには紫色の長さ2 cm位の花糸があるが，長さが一様でない．さく果は長さ5 cm位でかすかに毛があり柄はない．

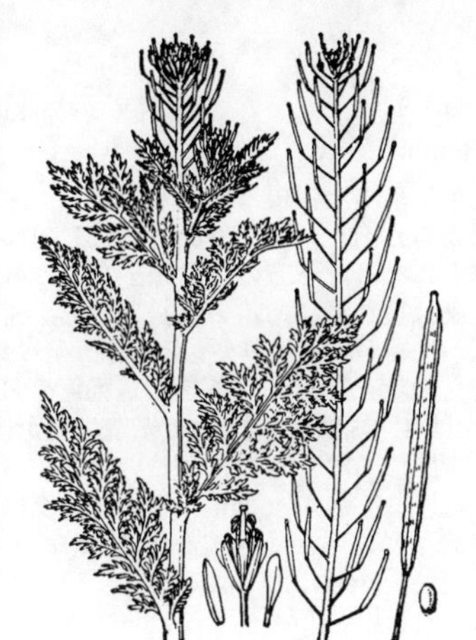

2721. クジラグサ 〔アブラナ科〕

Descurainia sophia (L.) Webb ex Prantl

ヨーロッパおよびアジアの温帯地方に分布し，日本では長野県に古くから知られ，本州の他の地域にもしばしば帰化している二年生草本．茎は直立して高さ 40～70 cm ぐらい，まれに分枝する．全体にやわらかい細毛が生え，白色をおびる．葉は淡緑色で互生し，2 回羽状，時には 3 回羽状に分裂し，長さ 3～5 cm，幅 2～2.5 cm の狭卵形で無柄．裂片はへら形または線形で全縁，中に 1 葉脈が走り，長さ 3～5 mm，幅 1～1.5 mm．夏に直立する茎の頂端に総状花序をつけ，黄色で花柄をもった小形の十字花を多数開く．がく片は線状長楕円形，長さ 3 mm．花弁は狭いへら形，白色，長さはほぼがく片と同じであるか，またはやや短い．6 本の雄しべのうちの 4 本が長く，雌しべとともに花弁よりも長く伸びる．長角果は細い線形で斜上し，長さ 15～25 mm，幅 1 mm ぐらい．果皮は種子を含むところでふくらみ，種子の間でくびれる．種子は長楕円体，附属体がなく長さ 1 mm ぐらい．褐色で 1 列にならぶ．〔日本名〕鯨草は細かく多裂する葉を鯨のひげ状の歯になぞらえたものと思われる．〔漢名〕一般には播娘蒿を使う．

2722. マメグンバイナズナ（コウベナズナ） 〔アブラナ科〕

Lepidium virginicum L.

北米原産の越年生草本で，明治 25 年（1892）前後にわが国に入ってきたが，今はいたるところの荒地に雑草として生えている帰化植物．主根は細長く地下に真直に下り白色，細い枝根を出している．茎は丈夫で毛はなく，直立し高さ 30～50 cm にもなり，中部以上に分枝が多く四方に出ている．根生葉は多数が株元から水平に平たく開くが，花の時期には多く枯れてしまう．暗緑色の光沢ある葉は長い葉柄をもち，長さ 3～5 cm 位．羽状に分裂した裂片の前縁にはきょ歯があり，頂羽片は広卵形で側羽片より大きい．上部の葉は倒披針形できょ歯がある．両方の葉とも厚質である．夏，枝の先に緑白色の細かい花を総状花序につけ，ナズナに似ている．がく片は 4 個で緑色．花弁も 4 個．雄しべは 4 強．雌しべは 1 本．しばしば花弁の発達の不完全なものがある．短角果は直径 2 mm 位の背腹両面から扁平な円形を示し，中央の隔膜は非常に幅が狭い．上端が凹み翼はない．種子は細かいが，拡大してみると赤褐色の扁平な円形で毛はなく，辺に透明な膜状の翼をもち，湿ると粘質物を出す．草全体に多少の香りとワサビの辛味がある．〔日本名〕豆グンバイナズナは実の小さいグンバイナズナという意味．神戸薺は最初の採集地に基づく．

2723. コショウソウ 〔アブラナ科〕

Lepidium sativum L.

ヨーロッパ原産の帰化植物で，まれに栽培される一年草または二年草．高さ 40 cm に達する．茎は基部で小数の枝を分ける．茎葉は羽状に分裂し，側裂片は 5 対ほどになり，1 cm ほどの柄がある．上部の茎葉では線形になり，ふちは全縁で毛がある．葉縁を除いて毛はなく，薄い緑色．基部はしだいに細くなり，柄がない．先は鈍頭をなす．葉の長さは 3～4 cm，裂片の幅は 5 mm ほどである．花は 4～5 月に咲き，小さい 4 弁の白花で，花をつける枝は上部に 4～10 本ほどあり，それぞれは分枝しない．果実は短角果となり，楕円形で長さ 5 mm，幅は 3 mm あり，3 mm ほどの柄がある．〔日本名〕胡椒草で，植物体全体がぴりりと辛味をもつため．

2724. カラクサナズナ（インチンナズナ） 〔アブラナ科〕

Lepidium didymum L.（*Coronopus didymus* (L.) Sm.）

ヨーロッパ原産の帰化植物で，一年草または二年草．全体に独特の臭気がある．高さ 10～30 cm．茎には白色で多細胞の軟毛がまばらに生える．よく分枝し，枝は平伏または斜上し，しばしばよく茂って大株となる．根生葉は線状長楕円形，羽状に全裂する．側裂片は 4～6 対．しばしば各裂片がさらに中裂する．茎葉は卵形または楕円形で，長さ 1～1.5 cm，羽状に全裂し，側裂片は 3 対ほどあって，毛をまばらに生じる．花は 5～9 月に咲き，総状花序は根生または茎葉に対向する．花は径 1 mm ほど，花弁は披針形で，白色をなし，長さ 0.5 mm で，ときに花弁のない花も混じる．がくは卵形，黄緑色．雄しべは 2 個．果実は 2 つの球形を合わせた形で，長さ 1.5 mm．各室 1 種子をもつが，裂開しない．

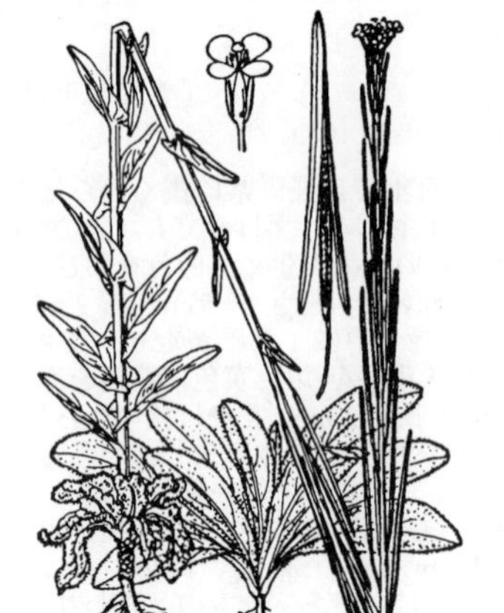

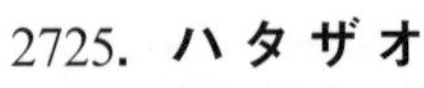

2725. ハタザオ　〔アブラナ科〕

Turritis glabra L.（*Arabis glabra* (L.) Bernh.）

海岸の砂地，あるいは山地の草原に生える越年生草本．主根は白色で細長く，深く地中に真直に入る．茎は直立して単一，下半部だけが有毛，高さ 70 cm 内外になり，粉白色をおびる．苗は根生葉が束生してロゼットになる．下方の葉は根生葉とともに毛があるが，上部の葉は無毛でなめらか，茎葉は披針形，あるいは長楕円形，先端は鈍形，基部は矢じり形となり，耳片が著しく，先端がやや尖り，茎を抱く．全縁．4 月から 6 月にかけて，茎の頂から長くてやせた総状花序を直立させて，黄色をおびた白色の有柄の小形十字花をつける，がく片は 4，線状長楕円形で先端は鈍形，花弁は広線形，基部は細くなって短い柄となる．雄しべは 4 本だけが長い．雌しべは 1．長角果は細長く，花序の中軸に沿って直立し，長さ 4～6 cm ぐらい．果皮は 2 片に裂け，径 0.6 mm ほどの細かい種子を出す．種子はふちが隆起するが，翼はない．〔日本名〕旗竿は直立する草状に由来した名．〔漢名〕一般に南芥菜をあてているが正しくない．現在中国では和名にちなみ旗杆芥の名を用いている．

2726. ナ　ズ　ナ（ペンペングサ）　〔アブラナ科〕

Capsella bursa-pastoris (L.) Medik.

道端，田圃あるいは庭の隅等に生えるごく普通の越年生草本．高さ 30 cm ぐらいで，全体にまばらな毛がある．主根はやせて白色，地中に真直に入り，多数の側根を分枝する．茎は直立して分枝し，根生葉は束生してほとんど地面に接し，頭大羽状に深裂し，裂片は細長く，耳片のあるものがある．また長楕円形のものがあり，しばしば長さ 10 cm にもなる．茎葉は無柄，基部が耳状になり，茎を抱く．上部のものは，ほぼ線状披針形．春に茎の頂に長い総状花序を出して，有柄の白色小形の十字花を多数開く．がく片は長楕円形，長さ 1 mm ぐらい．花弁は倒卵状のへら形，長さ 2 mm ぐらい．雄しべは 4 本だけが長い．雌しべは 1．果実は倒三角形の短角果で無毛．頭部は少し凹み，長さ 6～7 mm，幅 5～6 mm ぐらい，細かい種子を 20～25 個含み，種子は長さ 0.8 mm ぐらいの倒卵形．本図のように葉の裂片に耳片のあるものをナズナとし，裂片が長楕円形のものをオオナズナ（次図参照）と区別することがある．本種はいわゆる春の七草（ナナクサ）の 1 つである．〔日本名〕朝鮮で本種を指す言葉 Nazi と野菜の「菜」に由来するという説が有力である．一名ペンペン草は果実の形が三味線の撥に似ているからである．〔漢名〕薺．

2727. オオナズナ　〔アブラナ科〕

Capsella bursa-pastoris (L.) Medik.

（***C. bursa-pastoris*** (L.) Medik. var. ***pinnata*** Makino）

各地にごく普通に見られる越年生草本で，高さ 20～40 cm ぐらい．全体にうすく粗い毛を生じる．根生葉は束生し，長い柄があり，下方の茎葉と同様に先太りで羽状に深裂し，側裂片は長楕円形，または披針形で，先端は鋭形，またはやや鋭形．ふちには不明瞭な歯牙がある．上方の葉は無柄，羽状に裂けず，基部は矢じり状の耳片になって茎を抱く．春に茎の頂に総状花序を出して，有柄の白色小形の十字花を多数つける．がく片は 4，花弁も 4．雄しべのうち 4 本が長く，雌しべは 1．花が終わると花序の軸は伸び，長さ 20 cm 以上になり，平たい倒三角形で先端が凹んだ短角果を長い果柄の先につける．普通のナズナとは，葉の側裂片に耳片がないことで区別される．本種には変化が多く，短角果が狭く，狭倒三角状であるものもまれに見られる．

2728. エゾハタザオ　〔アブラナ科〕

Catolobus pendula (L.) Al-Shehbaz（*Arabis pendula* L.）

本州中部以北に見られ，まれに中国地方にも産する越年生草本．高さ 80 cm ぐらいになる．茎は直立し上部で分枝し，緑色で葉とともに 3～5 岐する星状毛がある．下部の葉は長楕円形，あるいは長楕円状卵形．基部は耳状になり茎を抱き，無柄，先端は鋭形，または鋭尖形，ふちにはやや鋭いきょ歯がある．上面および下面の脈上には粗い毛があり，長さ 3～10 cm，幅 1～5 cm．上部の葉は披針形，先端は尖り，縁に細かいきょ歯があり，無柄．真夏の頃に枝先に総状花序をつけ，白色有柄の小形十字花を開く．がく片は 4，線状楕円形，毛がまばらに生える．花弁は倒卵形，基部は狭く，長さ 3～4 mm で，がく片よりも長い．雄しべのうち 4 本が長く，雌しべは 1．長角果はやせて長さ 7～10 cm，径 1.5～2 mm ぐらい，やや垂れ下がる．〔日本名〕蝦夷旗竿の意味で，北海道に多いからである．

2729. ミヤマハタザオ 〔アブラナ科〕

Arabidopsis kamchatica (DC.) K.Shimizu et Kudoh subsp. ***kamchatica***

山中の砂礫地等に生える越年生草本．高さ 20〜40 cm．茎は基部でよく分枝し，わずかに粉白色をおびることがある．根生葉は羽状に分裂し，あるいはやや不規則に波状となり，先端の裂片が最大で，全長 2〜10 cm，幅 5〜10 mm．下部の茎葉と同様に 2〜3 岐した毛があり，時には分岐しない毛も混じる．茎葉は線形で無柄，長さ 1〜4 cm，幅 1〜10 mm，上方のものは全く無毛，全縁あるいはわずかに鋭きょ歯がある．6 月頃，茎の頂部から総状花序を出して，有柄の白色小形の十字花をつける．花は時には淡紅色をおびることがある．がく片は 4，緑色の楕円形，花弁は狭い倒卵形，基部は狭くなり，長さ 6 mm ぐらいで，がく片の 3 倍ぐらいになる．長角果は斜上して，長さ 3〜4 cm，径 1〜1.2 mm．種子は長さ 1.5 mm ぐらい．先端にごく狭い翼がある．〔日本名〕深山旗竿の意味で深山に生ずるからである．〔追記〕2007 年に，北海道利尻山の高山帯から花序に新苗をつけるリシリハタザオ *A. halleri* (L.) O'Kane et Al-Shehbaz subsp. *gemmifera* (Matsum.) O'Kane et Al-Shehbaz var. *umezawana* (Kadota) Yonek. が発見された．

2730. タチスズシロソウ 〔アブラナ科〕

Arabidopsis kamchatica (DC.) K.Shimizu et Kudoh
subsp. ***kawasakiana*** (Makino) K.Shimizu et Kudoh

本州中部の海浜の砂地に生える多年生草本．茎は高さ 30 cm ぐらい．しばしば基部，あるいは上部でまばらに分枝する．根生葉は束生し，長さ 2〜4 cm ぐらい．へら形で長柄があり，頭大羽状浅裂し，先端は尖り，短毛がまばらに生える．粉白色をおびた緑色で下面は時には暗紫色になることもある．葉質はやや厚い．茎葉は互生し狭い線形，全縁，無毛で粉白緑色．4〜5 月頃，茎の頂に総状花序を長くのばし，有柄の白色大形の十字花を開く．がく片は淡緑色の長楕円形，長さ 2 mm ぐらい．花弁は倒卵状円形，全長 8 mm ぐらい，先端は時には凹むことがあり，基部は狭まって柄となる．雄しべのうち 4 本が長く，雌しべは 1．果実は斜上する細長い長角果で，長さ 3 cm になる．種子は長さ 1 mm ぐらい，翼がない．〔日本名〕立スズシロ草はスズシロソウに似ているが，つるが出ないからである．

2731. ハクサンハタザオ（ツルタガラシ） 〔アブラナ科〕

Arabidopsis halleri (L.) O'Kane et Al-Shehbaz subsp. ***gemmifera*** (Matsum.) O'Kane et Al-Shehbaz var. ***senanensis*** (Franch. et Sav.) Yonek.
（*Arabis gemmifera* (Matsum.) Makino ex H. Hara ; *Arabidopsis gemmifera* (Matsum.) Kadota）

北海道と本州の山地に生える多年生草本．茎は細長く高さ 3〜35 cm ぐらい．全株無毛あるいは有毛．しばしば束生して，軟弱で倒れやすい．根生葉は有柄，卵形あるいは楕円形，長さ 2〜3 cm，頭大で羽状に裂け，先端部は鈍頭，下部裂片は小さくなり，ついには耳片状になり，葉柄に移行する．裂片には粗いきょ歯があり，葉質はうすい．茎葉は互生し，小形の楕円形，上部のものはほとんど無柄．多くは先端は鋭形，基部は次第に細くなる．初夏の頃，茎の末端にはじめは頭部が平らで，後には伸長する総状花序をつくり，花は有柄でふつう白色，径 5〜7mm，がく片は楕円形，雄しべのうち 4 本が長く，雌しべは 1．花が終わってから果序はのびて，長角果をまばらにつける．長角果は長さ 1.5〜2 cm，熟して細かい種子を出す．その後に茎は果穂とともに地上に倒れ，穂上に小苗を出して繁殖する特性がある．〔日本名〕白山旗竿は石川県白山に産するからである．蔓田芥は茎が弱く，つる茎のようであり，果穂から小苗を生ずる性質に由来したもの．

2732. シロイヌナズナ 〔アブラナ科〕

Arabidopsis thaliana (L.) Heynh.

海岸や路傍に生える越年生の小形草本で，高さ 20〜30 cm になり，茎は直立してまばらに分枝する．下部には粗い毛がある．時には茎が地面で多数分枝して束生する．根生葉は倒披針形，先端は尖り，基部は次第に狭くなり，両面に星状毛がある．長さ 2〜4 cm, 幅 3〜15 mm．ふちには小数のはっきりしないきょ歯がある．茎葉は倒披針形，または線形，まばらにつく．3〜4 月頃，茎の頂に総状花序を出し，白色十字形の有柄の小形花をつける．がく片は 4，長さ 2 mm ほどの長楕円形，背側に毛がある．花弁は線状のへら形，長さ 3 mm，がく片の 2 倍に達しない．雄しべは 6 本，そのうち 4 本が長く，雌しべは 1．長角果は小形のやせた線形，長さ 15 mm，径 0.6 mm ぐらい，斜上して多少内側に彎曲し，果皮は 2 片に裂ける．種子は長さ 0.5 mm ぐらい．〔日本名〕白犬薺．黄花をつけるイヌナズナに似ているが，白花を開くからである．〔追記〕外観はタチスズシロソウに似ているが，全体に叉状の星状毛をつける点で区別できる．

2733. ヤマガラシ（イブキガラシ，チュウゼンジナ）〔アブラナ科〕

Barbarea orthoceras Ledeb.

本州中部以北の深山の谷川沿いの砂地等に生える多年生草本．高さ 20～60 cm ぐらいで全株無毛．根は強くて丈夫で白色．茎は深緑色の直立した粗大な円柱状で，上部で分枝することが多い．小形のものは分枝しない．根生葉は束生し，長い葉柄をもち，葉身は頭大羽状に深裂し頂裂片が最大で卵形または円形，基部は心臓形，長さ 1～3 cm，幅 1～2.5 cm ぐらい．側裂片は 1～5 対，やや小型である．茎葉は次第に波状の鋭きょ歯をつけた単葉に変わっていき最上部では無柄，基部が耳状になり茎を抱く．6～7 月頃，茎の頂端に総状花序を直立し，やや大形の有柄の黄色十字花を多数つけ，花が終わると花軸は長く伸びる．がく片は長楕円形，長さ 3 mm ぐらい．花弁は広いへら形で基部は狭くなり，先端は鈍形，長さ 5 mm ぐらい．雄しべの 4 本が長い．雌しべは 1．長角果は直立し，長さ 4 cm，種子のある所でややふくらみ，長さ 1 cm ぐらいの柄がある．〔日本名〕山芥で山に生えるカラシの意味．伊吹芥，中禅寺菜いずれも生育地の名である．〔漢名〕一般には山芥菜を用いている．

2734. ハルザキヤマガラシ（セイヨウヤマガラシ）〔アブラナ科〕

Barbarea vulgaris R.Br.

ヨーロッパ原産の二年草．多年草となることもある．茎，葉とも平滑で毛はない．根生葉は羽裂し，頂端の裂片は特に大きい．両側につく裂片は小さく，通常は 1～4 対ほどである．茎の高さは 30～40 cm になり，春に茎頂に総状花序を出して多数の黄花十字花をつける．4 枚ある花弁は鮮黄色で光沢があり，長さ 6～8 mm，幅 2～3 mm の卵形をしている．果実（長角果）の先端には真直ぐに伸びるくちばしがあるが，これは雌しべのときの花柱が残ったものである．原産地ではサラダ菜として食用とし，北アメリカでも栽培品から逸出して野生化している．また花柄の長さや長角果の大きさに変異があって，少数の変種に分けられている．日本でも明治時代に栽培されたといわれ，第二次大戦後は東北地方や中部地方で牧場周辺の水湿地や川原などに野生化して群生が見られるようになった．〔日本名〕ハルザキヤマガラシは開花期が早いヤマガラシのためにこの名がある．別名はヨーロッパ原産のため．

2735. セイヨウワサビ（ワサビダイコン）〔アブラナ科〕

Armoracia rusticana P.Gaertn., B.Mey. et Scherb.

北ヨーロッパ原産の多年草．高さ 60 cm ～1 m になる．地下に大きな根があり，やや分岐する．根生葉は長い葉柄があり，長さ 30～40 cm もの長楕円形で羽状に浅裂する．茎につく葉は根生葉より小さく，披針形，茎の下部のものはやはり羽裂することが多い．春に枝先に総状花序を出し，円錐状に大きく伸びて多数の小さな白花をつける．4 弁の典型的な十字花であるが花の径は 3～5 mm と小さい．花柱はごく短い．果実は細長い長角果をむすぶ．根には辛味があり，英名のホースラディッシュ horse radish で料理のスパイスに使われ著名である．日本では粉わさびの原料としても栽培されている．また栽培品からの逸出により，北アメリカでは広く各地に野生化しており，日本でも栽培地の長野県を中心に路傍や田のあぜなどに帰化状態で生育している．〔日本名〕西洋ワサビ．葉，特に根生葉がダイコンに似ることからワサビダイコンの別名もある．商品としてはホースラディッシュの方が通りがよい．

2736. ミギワガラシ〔アブラナ科〕

Rorippa globosa (Turcz. ex Fisch. et C.A. Mey.) Hayek

（*R. nikkoensis* H.Hara）

本州中部や日光附近の，高冷地の湿地に生える多年生草本．全株無毛．根生葉は束生し，有柄，羽状に深裂または全裂し，倒披針形，先端は鋭形，頂裂片が最大で，側裂片は多数あって，下部のものほど小形になる．裂片は狭卵形，または長楕円形，ふちに切れ込み状のきょ歯がある．茎葉は互生し，羽状に中裂または深裂し，無柄．基部に耳状の附属裂片がある．長さ 7～15 cm，幅 1.5～5 cm．根生葉の間から高さ 50 cm ぐらいの茎を出し，上方で分枝し，夏に先端に細長い総状花序をつけ，多数の黄色の小形十字花を開く．花は長さ 4～6 mm の小柄をもち，がく片は舟形，花弁は狭倒卵形，先端は円形で，がく片とほぼ同じ長さで 1.5～2 mm．雄しべのうちで 4 本が長い．雌しべは 1．長角果は球形，または広楕円体，長さ 3～4 mm，幅 2～3 mm．斜上して開出し，花柱は短い柱状で直立し，後まで果上に残る．種子は径 0.8 mm ぐらい．〔日本名〕水際芥の意味．〔追記〕従来 *Nasturtium amphibium* R. Br. の学名を本種に使ったのは誤り．

2737. イヌガラシ　〔アブラナ科〕

Rorippa indica (L.) Hiern（*R. atrovirens* (Hornem.) Ohwi et H.Hara）

各地の原野，道端，庭園等に広く生えている多年生草本．全株無毛．根は白色で強く深く地中に入る．茎は粗大でしばしばよく分枝して高さ 30～40 cm ぐらいになり，側方に枝を張り，あるいは低く地面に広がる．はじめ根生葉を束生する．根生葉は長楕円形，有柄，羽状に分裂し，頂裂片が最大で，不揃いの歯牙状のきょ歯縁がある．側裂片は下方のものほど小形．茎葉は無柄で小形の披針形，上部のものは羽裂しない．春から夏にかけて，枝先に直立した総状花序をつけ，有柄の小形，黄色の十字花を開く．がく片は線状長楕円形，細かい毛がまばらに生え，長さ 3.5 mm ぐらい．花弁はへら形で先端は鈍形，がく片よりもわずかに長い．雄しべのうち 4 本が長く，雌しべは 1．果実は円柱形．長さ 2 cm ぐらいの長角果で，やや内側に彎曲して斜上，または開出する．種子は径 0.5 mm ぐらい．〔日本名〕犬芥で，雑草で食用にならないという意味である．〔漢名〕葶菜，葶藶．一般に用いられている水芥菜は誤りであろう．中国には葶藶に 2 種があり，薬用上は甜葶藶，苦葶藶に分ける．

2738. ミチバタガラシ　〔アブラナ科〕

Rorippa dubia (Pers.) H.Hara

中国大陸，インド，マレーシアなどアジア熱帯から暖温帯に広く分布し，日本では本州，四国，九州の庭や道ばたなどに見られる多年草．全体はイヌガラシに似るが比較的小さく，高さ 10～20 cm，根生葉は長い柄があり，狭卵形，下部の葉ではしばしば羽状に分裂し，長さ 4～10 cm．幅 2～3 cm ぐらいである．辺縁に不整の粗いきょ歯がある．花は 3～10 月に咲き，小さくて花弁を欠く．がく片は長さ 2～2.5 mm ほどで 6 本の雄しべと雌しべ 1 本がある．長角果は開出し，狭線形，長さ 20～25 mm．種子は小さく，長さ 0.5 mm 程度．〔和名〕道端辛子は，カラシに似て道ばたの雑草然としていることによる．イヌガシラと比べ，葉のきょ歯がやや鋭く，花弁がなく，長角果が細く真っ直ぐである点で区別される．

2739. キレハイヌガラシ　〔アブラナ科〕

Rorippa sylvestris (L.) Besser

ヨーロッパ原産の多年草．茎の基部は地面をはって伸びる．茎の長さは 20～30 cm になる．互生する葉には葉柄があり，羽状に深裂する．葉質は薄く，各裂片はさらに裂けたり，きょ歯があったりする．裂片の幅は細い．春から秋までつぎつぎに小花をつけ，花の直径は約 5 mm，鮮黄色の花弁が 4 枚ある．花弁の長さは 4～5 mm でがく片のほぼ 2 倍である．果実は長さ 6～18 mm の細い棒状の長角果となり，中に長さ 1 mm 弱の種子が多数入っている．北アメリカを始め北半球各地に帰化して草原や路傍，川原などに広がり，ときに農耕地の雑草としてきらわれることもある．日本でも北地を中心に水田などで雑草化しているのが見られる．〔日本名〕切れ葉イヌガラシは葉が羽裂しているイヌガラシに基づく．

2740. スカシタゴボウ　〔アブラナ科〕

Rorippa palustris (L.) Besser（*R. islandica* auct. non (Oeder) Borbás）

田圃，溝の畔，道端の湿地等に生える越年生草本．全株やや無毛，高さ 30～50 cm，茎は直立して 1 本立か，または 2～3 本束生し太くて丈夫．上部では分枝する．根生葉は有柄，多数が束生し，長さ 5～17 cm，幅 15～30 mm ぐらい，深く羽状に裂ける．頂裂片が最大で，側裂片は下部のものほど小形になる．きょ歯縁をもつ．茎葉はほとんど無柄，上部のものはほとんど分裂しないで披針形，粗いきょ歯があり，基部には耳状の裂片がつく．春から夏にかけて，枝先に頂生の総状花序をつけ，有柄の黄色の小形十字花を多数開く．がく片は長楕円形，長さ 2 mm ぐらい．花弁はへら形で長さ 3 mm ぐらいで，がく片より少し長い．雄しべのうちで 4 本が長く，雌しべは 1．果実はやや上方に曲がった短角果で，長楕円体，長さ 4～6 mm，幅 2～2.5 mm．果柄は長さ 5～7 mm ぐらいで果実とほぼ同長．〔日本名〕透し田午蒡という意味であろう．田午蒡は根をゴボウになぞらえたものであろうが，透しの意味は不明である．

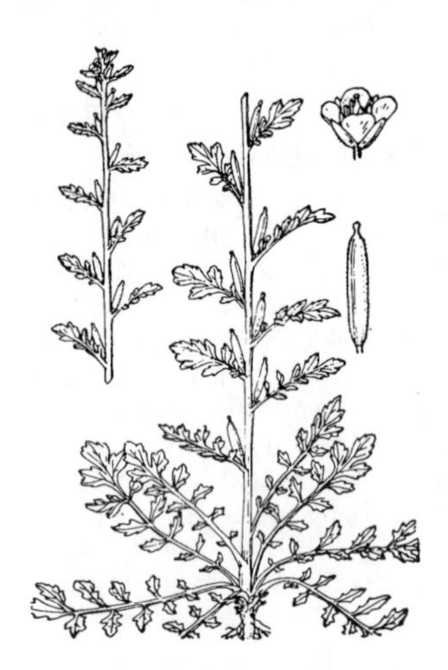

2741. コイヌガラシ 〔アブラナ科〕

Rorippa cantoniensis (Lour.) Ohwi

関東以西の本州，四国，九州の田間に生える一年生草本．全株無毛，茎は直立して分枝し，または1本立ち，高さ20〜40 cm ぐらい．根生葉は数枚束生して大形，長さ5〜10 cm ぐらい．茎葉は互生して，長さ2〜5 cm ぐらい．いずれも有柄で，羽状に全裂し，側裂片は4〜6対，下部のものほど小さい．頂裂片が最も大きく，ふちには切れ込み状の鋭いきょ歯があり，葉柄の基部は広がり半ば茎を抱く．4月頃，葉腋から小形の黄色花を1個出し，花柄はごく短い．がく片は4，直立して開出しない．花弁は4，倒卵形，長さ3 mm ぐらいで，がく片よりも少し長く，斜めに開出する．雄しべは6，そのうち4本が長く，がく片とほぼ同長．雌しべは1，ほとんど花柱がない．長角果は円柱状，長さ1 cm，幅2〜3 mm ぐらい，全面に短毛を密生する．〔日本名〕小犬芥で小形の犬芥という意味．飯沼慾齋の草木図説には本種をスカシタゴボウとしてある．前種のスカシタゴボウとの混同をさけるため，牧野富太郎はコイヌガラシと名付けた．〔漢名〕風花菜があてられているが誤り．現在中国では種形容語にちなみ広州蔊菜の名を用いている．花が葉腋につき，ほとんど無柄である点で，他の種類と区別できる．

2742. クレソン（オランダガラシ，ミズガラシ） 〔アブラナ科〕

Nasturtium officinale R.Br.（*Rorippa nasturtium-aquaticum* (L.) Hayek）

ヨーロッパ原産で，明治3〜4年頃（1870頃）日本に入ってきた多年生草本．白色のひげ根を出して清流の中に繁茂する．茎は緑色で中空，高さ50 cm以上になる．下部は横に伏して，節からひげ根を出す．全株無毛でなめらか，葉は奇数羽状に分裂して互生し，頂小葉が最大で，側小葉は1〜4対，下部のものほど小形になる．小葉は卵形または楕円形，先端は鈍形または円形，基部は円形，またはわずかに心臓形，頂小葉のほかは無柄．ふちは波状にゆるい凹凸がある．初夏の頃，茎の頂から総状花序を出し，白色の小形十字花を密生する．花軸ははじめは短いが，花が終わると伸びる．がく片は長楕円形，長さ2.5 mm ぐらい．花弁は広いへら形で先端は鈍形，長さ6 mm ぐらい．雄しべのうちの4本は長く，雌しべは1．花が終わってから，伸びた果軸から斜上して，やや内側に彎曲した長さ1〜1.7 cm の長角果を出す．若い生の葉を食用にし，西洋料理にそえる．英名ウォータークレス Water-cress という．本種は繁殖力が極めて盛んで，現在では日本全土に帰化植物として野生状態になって生育し，時には深山中の湖畔にさえ見られることもある．〔日本名〕クレソンは仏語名 Cresson の音．別名は和蘭芥の意味で，外来種であることを示す．水芥は水辺に生えるからである．

2743. タネツケバナ（タガラシ） 〔アブラナ科〕

Cardamine occulta Hornem.（*C. flexuosa* With.；*C. scutata* Thunb.?）

至る所の田圃，溝の畔，水辺の湿地等に生える越年生草本．茎は直立して高さ20〜30 cm ぐらい．基部および下部から分枝し，暗紫色あるいは緑色で弱々しい．下方には普通，開出する短毛がある．葉は互生し，頭大羽状に分裂し，頂小葉が大きく，下部の小葉は小さくなる．小葉は円形，卵形，長楕円形等で一定しない．全縁，時には波状縁，あるいは浅い切れ込みがある．茎下部の葉は長さ7 cm にもなる．4〜5月頃枝先に頂生する総状花序をつけ，白色で有柄の小形十字花を10〜20個開く．がく片は暗紫色をおび卵状長楕円形，長さ2 mm ぐらい．花弁は倒卵形，基部は狭くなり，長さ3〜4 mm で，がく片の約2倍．雄しべのうち4本が長く，雌しべは1，長角果は無毛，長さ2 cm，幅1 mm の線形．種子のあるところは，ややふくらむ．熟すると開裂し，細かい径1 mm ほどの種子をとばす．〔日本名〕種漬花．苗代を作る直前に，米の種籾を水に漬す時期に盛んに花が咲くのでこの名がついた．田芥は田間に生えるカラシの意味である．〔漢名〕蔊菜．一般に砕米薺があてられているが，これは誤りであろう．ただし現在中国では，砕米薺がタネツケバナ属に，蔊菜はイヌガラシ属に対して用いられている．〔追記〕本図はタネツケバナではなくオオバタネツケバナを描いたものであろう．乾燥地には，茎がやせて直立し，毛が多く，開花期が遅いタチタネツケバナ *C. fallax* (O.E.Schulz) Nakai がある．

2744. ミズタガラシ 〔アブラナ科〕

Cardamine lyrata Bunge

本州，四国，九州の水田や湿地に生える，ほとんど無毛の多年生草本．高さ30〜60 cm ぐらい．茎は緑色で稜（隆起線）が走り，はじめは直立し，花が終わると倒伏する．花が咲く頃，すでに基部から長いほふく枝を出す．白色のひげ根が多い．葉は互生し，倒披針形で，頭大羽状に分裂し，頂小葉が最大で，基部小葉が最小．小葉は円心形から卵形，先端は鈍形，基部は無柄，全縁，あるいはわずかに波状．茎の上方の葉は3〜4対の小葉がある．ほふく枝上の葉は円形，基部はやや心臓形で互生し，しばしばその葉腋から白色のひげ根を出す．4〜5月頃，茎の頂に総状花序を出して，白色大形で有柄の十字花をつける．がく片は長楕円形，緑色，長さ4 mm ぐらい．花弁は広倒卵形，基部は細くなって爪となり，長さ1 cm ぐらい．雄しべは4本が長く，雌しべは1，長角果は長さ1〜2 cm の斜めに開出する小柄上にやや直立してつき，長さ2〜3 cm，径1 mm ぐらい．種子に翼がある．〔日本名〕水田芥は，水中に生える田芥の意味で，水田に生える芥ではない．タネツケバナとは花弁が大きく，がく片の2〜3倍あって，全株無毛で基部からほふく枝を出す等の点で区別できる．

2745. オオバタネツケバナ 〔アブラナ科〕

Cardamine regeliana Miq.（*C. scutata* Thunb.?）

山地あるいは原野の水湿地にふつうに生える多年生草本で，高さ 10〜40 cm ぐらい．茎は緑色でやわらかく，基部は地面をはい，やや束生するように見える．全株ほとんど無毛．葉は互生し羽状に分裂して，大体の形はタネツケバナに似ているが，小葉の数が少なく 2〜5 対で，葉面が円形，頂小葉が最大で特に大きく，幅 2.5 cm にもなる点で異なる．夏に枝先に短い総状花序をつけて，有柄で白色の小さい十字花を開く．はじめは花序の軸が短いが，果実が熟する頃にはかなりの長さになり，長角果をまばらにつけるようになる．がく片は長楕円形，長さ 2 mm ぐらい．花弁は広いへら形，長さ 3.5 mm ぐらい．雄しべのうち 4 本が長く，雌しべは 1．細長い長角果は，長さ 2〜3 cm で斜上する．種子のある所はわずかにふくらむ．熟すると果皮が 2 片に裂けて反り返り，細かい種子を放出する．四国の松山ではこれをテイレギ（葶藶の音よみ，この漢名のものはイヌガラシ）と呼んで食用にする．少し辛味がある．〔日本名〕大葉種漬花の意味．〔追記〕本図はオオバタネツケバナではなく，むしろニシノオオタネツケバナ（2749 図解説参照）を描いたものと思われる．

2746. ミネガラシ（ミヤマタネツケバナ） 〔アブラナ科〕

Cardamine nipponica Franch. et Sav.

本州中部以北の高山に生える多年生草本．根は長く土中に入り，茎は地表面近くで多数分岐して束生し，高さ 3〜8 cm ぐらい，羽状に分裂した葉を密に互生する．全株無毛．根生葉は長さ 2〜5 cm ぐらい，5〜7 個の小葉がつき，小葉は円形，楕円形，または卵形，先端はやや尖り，基部はほとんど無柄，全縁，長さ 2〜6 mm，幅 1.5〜5 mm ぐらい．頂小葉はやや大形か，または他の側小葉とほぼ同大．茎葉は基部が少し耳状となり茎を抱く．夏に茎の頂に短い総状花序を出し，小柄をもった白色の数個の小さい十字花をつける．がく片は長楕円形で長さ 2 mm ぐらい．花弁は広いへら形，先端は円形，長さ 4 mm ぐらいになる．雄しべのうち 4 本が長く，雌しべは 1．花が終わってから，長さ 2.5 cm ぐらいのやや太い斜上した長角果をつける．種子のある所は少しふくらむ．種子はごく細かい．〔日本名〕峰芥は高山に生えるためである．この名は深山種漬花よりも古い名である．

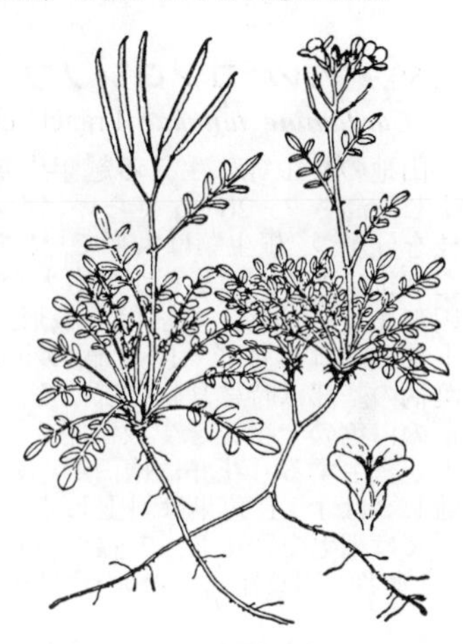

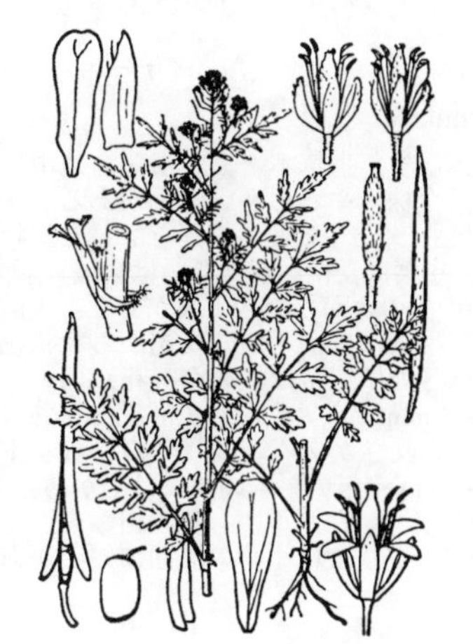

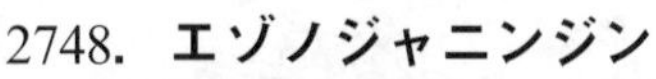

2747. ジャニンジン 〔アブラナ科〕

Cardamine impatiens L.

山地または山麓地帯に生える越年生草本．高さ 30〜40 cm ぐらいで，全株にやわらかい短毛を生じる．茎は直立し，緑色で稜があり，ふつうまばらに分枝する．葉は互生し，羽状に全裂し，長さ 10 cm になるものもある．葉柄の基部には托葉状の小葉があって茎を抱く．小葉は薄く 7〜20 個，卵形，あるいは長楕円形，先端は鋭形，基部はくさび形で，短柄があり，先が鈍いきょ歯がある．時には細かく中裂する．春から夏にかけて，茎の頂で分枝した枝先に総状花序を出して，有柄の白色の小形十字花を密につける．がく片は長楕円形，上部が有毛で，長さ 1.5 mm ぐらい．花弁はへら形，長さ 2.5 mm ぐらい．時には花弁のないこともある．雄しべの中で 4 本が長く，雌しべは 1．長角果は無毛，細長く斜上して，長さ 2 cm ぐらい，種子のあるところで多少ふくらみ，4 mm ほどの果柄がある．長角果に長毛のあるものがあり，ケジャニンジンという．〔日本名〕蛇胡蘿蔔は，蛇の食う胡蘿蔔（ニンジン）という意味である．〔漢名〕一般に水花菜をあてている．

2748. エゾノジャニンジン 〔アブラナ科〕

Cardamine schinziana O.E.Schulz

北海道の日高地方に生える多年生草本．全株無毛．高さ 20〜40 cm ぐらい．茎は直立して多少ジグザグに曲がり，上部は分枝する．基部の葉は長さ 10 cm ぐらいになり，頂小葉が大きい先太りの羽状複葉で，小葉は 5〜11 個，円形または広卵形，先の鈍いきょ歯がある．上部の葉は小形，小葉は長楕円形，あるいは披針形，少数の浅い切れ込みがある．頂小葉は長さ 15〜25 mm，幅 8〜15 mm で有柄，側小葉は無柄，長さ 5〜20 mm，幅 3〜8 mm．6 月頃，茎の頂に総状花序を出し，有柄の白色の小形の十字花をまばらにつける．がく片は線状長楕円形で長さ 2 mm ぐらい．花弁は倒卵状長楕円形で，先端は鋭形，長さ 5 mm 以上になる．雄しべは 4 本が長く，雌しべは 1．子房には毛がある．長角果は斜上し，長さ 2 cm ぐらい．果柄も同じ位の長さがある．〔日本名〕蝦夷の蛇胡蘿蔔という意味．〔追記〕茎の上部の葉の小葉は，幅広く楕円形で，先端が鈍形，頂小葉も側小葉と同形同大のものをアイヌガラシ *C. valida* (Takeda) Nakai という．

2749. **オオケタネツケバナ** 〔アブラナ科〕

Cardamine dentipetala Matsum.

近畿地方以北から東北地方にかけての主に日本海側の山地に分布し，湿った林床に生育する．高さ 20〜40 cm．根生葉は羽状に 3〜7 裂し，オオバタネツケバナに似るが，葉に長い柄があり，長さ 4〜6 cm ほどで，頂小葉は腎形をなし，基部は深い心臓形である．辺縁に少数のきょ歯があり，頂小葉は側小葉の 2 倍ほどの大きさがあって，長さ 1.5〜2 cm，幅 2〜2.5 cm．茎の中部や上部の葉は柄がない．頂小葉は倒卵状くさび形をなし，長さ 2〜2.5 cm，幅 1.5〜2 cm で，側小葉は長楕円形をなす．花は比較的多く集まって長さ 5 cm ほどの総状の花序を形成する．花弁は長さ 5〜7 mm．がく片は長さ 2 mm．長角果は長さ 2.5〜3 cm，径 1.2〜1.5 mm ほどになり，毛がある．〔日本名〕大毛種漬花は大形で毛があるという意味．〔追記〕全体に毛が少なく，長角果が無毛のものをニシノオオタネツケバナといい，分布域の全体に見られるが，特に西日本に多い．

2750. **マルバコンロンソウ** 〔アブラナ科〕

Cardamine tanakae Franch. et Sav. ex Maxim.

山地の林中等に生える越年生草本．たいてい全株に白色の毛をやや密に生じ，高さ 7〜20 cm ぐらいになる．全体に少しやわらかい．茎は直立して枝を分かつ．根生葉は大形で，長さ 13 cm ぐらいになり，3〜7 個の小葉をもった羽状複葉で，頂小葉が最も大きい．小葉は円形，あるいは広卵形，先端は円形または鈍形，基部は心臓形，ふちには先端が鈍形のきょ歯がある．茎上部の葉はへら形，1〜7 個の小葉をもち，小葉は時には基部がくさび形で葉柄の基部は時に耳状に広がる．4 月頃，茎の先端部に総状花序をつけ，有柄の白色の十字花を少数個開く，がく片は楕円状のへら形，長さ 2 mm，白毛が密生する．花弁は楕円形，長さ 5 mm ぐらい．雄しべの中で 4 本が長い．雌しべは 1．長角果は斜上して，長さ 2〜2.5 cm，径 1〜1.2 mm ぐらい，表面には細毛を密生し，7〜15 mm の果柄をもつ．種子は長さ 1.2 mm ぐらい．〔日本名〕円葉崑崙草という意味である．

2751. **コンロンソウ** 〔アブラナ科〕

Cardamine leucantha (Tausch) O.E.Schulz

山地または谷川沿いの，半ば日陰の地に生える多年生草本．細い根茎を地中にのばして繁殖し，高さは 60 cm ぐらいになり，全株にやわらかい短毛がある．茎は細く 1 本立ちで，先端部で分枝する．葉は互生し，5〜7 個の小葉をもった羽状複葉で，長い柄があり，全長 10〜15 cm ぐらい．小葉は長楕円形あるいは広披針形，先端は鋭尖形，長さ 3〜5 cm．ふちには不揃いの先のとがったきょ歯があり，裏面には短毛がある．頂小葉には短柄があるが，側小葉は無柄．夏に枝先から総状花序を出し，有柄の白色の十字花を多数つけ，はじめは花序は短いが，花が開いてからは軸が長くのびる．がく片は楕円形，長さ 3 mm ぐらい．緑色で有毛．花弁は倒卵形で，基部は狭くなり，がく片の 2 倍以上の長さがある．雄しべのうち 4 本が長く，雌しべは 1．長角果はやや開出し，長さ 2 cm ぐらい．若い頃には毛があり，長い果柄をもつ．〔日本名〕崑崙草．なぜこの名がついたか不明．花の白さを崑崙山の雪にたとえたものか．〔追記〕ヒロハコンロンソウとは小葉の裏面に短毛があり，ふちのきょ歯の鋭い点で区別できる．

2752. **ヒロハコンロンソウ**（タデノウミコンロンソウ） 〔アブラナ科〕

Cardamine appendiculata Franch. et Sav.

本州中北部の深山の谷川沿いの湿地に生える多年生草本．全草やわらかくほとんど無毛．高さ 50 cm ぐらい．根茎は白色で地中を横にはい，茎は直立し数個の葉をまばらに互生する．葉は長柄をもち，5〜7 個の小葉をもった奇数羽状複葉で，長さ 7 cm ぐらい．小葉は卵形，あるいは卵状楕円形で，両端がやや尖り，ふちには浅い切れ込み状のきょ歯がある．葉の上面にだけ短毛がある．葉柄の基部の両側は，耳状に広がり茎を抱く．7 月頃，茎の頂に総状花序を出し，有柄の白色の十字花を開き，花は径 5 mm ぐらい．がく片は狭卵形，緑色．花弁は倒披針形，基部は細くなって柄となる．中央から水平に開き，長さ 8 mm ぐらい．雄しべは 6 本でうち 4 本が長く，雌しべは 1．長角果は線形で小形，長さ 2〜3 cm，径 1.5〜1.8 mm，先端は細くなる．種子は長さ 2 mm ぐらい．翼はない．〔日本名〕広葉崑崙草の意．蓼の湖崑崙草は，栃木県日光湯元の蓼の湖で見つけ出されたからである．〔追記〕コンロンソウとは，葉の上面にだけ毛があり，葉柄基部に耳片状突起がある点で区別される．

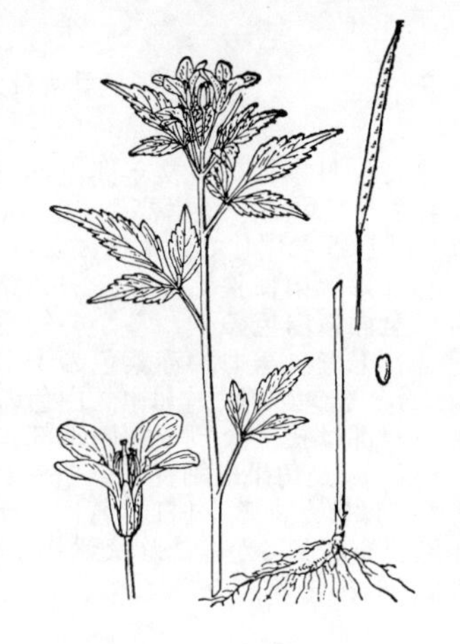

2753. ミツバコンロンソウ　〔アブラナ科〕

Cardamine anemonoides O.E.Schulz

山地の林中に生える多年生の小形草本．高さ 9〜10 cm ぐらい．全株ほとんど無毛．地下茎は短小，茎は 1 本立ちで分枝しない．根生葉はない．茎上に少数の葉を互生し，葉は有柄の 3 出複葉，小葉は卵状披針形，あるいは披針形，先端は鋭く尖り，基部は鋭形またはくさび形，ふちには大小不揃いの粗いきょ歯がある．時には深く分裂する．頂部の葉には分裂しないものもある．葉面にわずかに毛がある．春の終わり頃，茎の頂に短い総状花序を出して，有柄の白色大形の十字花をつける．がく片は長楕円形，長さ 5 mm にもなり，花弁はへら形，基部も幅広く，がく片の 2 倍ほどの長さになる．雄しべのうちで 4 本が長い．雌しべは 1．長角果は長さ 3.5 cm，径 1〜1.2 mm ぐらいになり，先端が細く尖り，長さ 20 mm ほどの果柄がある．種子は長さ 1.5 mm ぐらい．〔日本名〕三葉崑崙草という意味で，3 小葉がつくからである．

2754. エゾスズシロ（キタミハタザオ）　〔アブラナ科〕

Erysimum cheiranthoides L.

北海道に分布する越年生草本．茎は直立し，上方では小枝を分枝し，高さ 60 cm ぐらいになる．葉は互生し，葉柄はほとんどなく，線状披針形，先端は尖り，基部は次第に細くなり，長さ 4〜8 cm ぐらい，ふちにははっきりしない低いきょ歯があり，両面に伏した星状毛が密生する．7〜8 月頃，茎の頂部から総状花序を出して，径 5 mm ぐらいの黄色の小形十字花を多数開く．花には細長い花柄がある．がく片は 4，緑色．花弁はほぼ円形，基部はやや長い柄となって細まる．雄しべは 6 本，そのうちの 4 本が長く，雌しべは 1．花が終わってから細長い長さ 2.5 cm ぐらいの長角果をつけ，長角果には 4 本の稜が走り，各片には中脈がある．種子は楕円体．〔日本名〕蝦夷スズシロは北海道に産しスズシロに似るからで，北見旗竿は北見地方に産することによる．

2755. ニオイアラセイトウ　〔アブラナ科〕

Erysimum cheiri (L.) Crantz（*Cheiranthus cheiri* L.）

ヨーロッパ原産で，江戸時代の末頃（1850 頃）に日本に渡来し，現在では広く観賞用として庭園に栽培されている多年生草本．全体が短い叉状に分かれた伏毛でおおわれ，時には全く無毛のこともある．茎は直立して高さ 30 cm ぐらいで稜がある．よく分枝して，下部はしばしば木質になる．葉は互生し披針形，長さ 5〜7 cm ぐらい．先端は鋭形，基部はくさび形で次第に短い葉柄に移行する．全縁で，時には多少きょ歯があることもある．春から夏にかけて，茎の頂から総状花序を出し，良い香を放つ大形の十字花を開く．原種では花弁はみかん色であるが，園芸品には赤色，紅紫色，赤褐色，黄赤色，黄色等があり，また八重咲きのものもある．花弁は広い倒卵形，基部は細くなって短い爪になる．雄しべは 6 本，そのうち 4 本が長く，雌しべは 1．果実は 4 本の稜が走る長角果で，長さ 3〜6 cm ぐらい．種子は上部に短い翼がある．〔日本名〕匂いアラセイトウ，アラセイトウに似ていて，しかも花に香気があるからである．

2756. ハナハタザオ　〔アブラナ科〕

Dontostemon dentatus (Bunge) Ledeb.

中部地方から東北地方南部にかけて，海岸地方または山地の陽当たりの良い所に生える越年生草本．根は白色で主根は地中に真直に入り，やせた側根を出す．茎は直立し，高さ 15〜60 cm ぐらい，上部で多く分枝する．全体を一見すると無毛のようであるが，茎葉ともにまばらに短毛がある．根生葉は束生して地面に接し，へら形で，ふちは波状である．茎葉は互生し，線状倒披針形，先端はやや鈍形，長さ 2〜8 cm，幅 3〜10 mm ぐらいでふちには粗い鋭きょ歯がある．5 月頃，茎の頂からはじめは散房状，後には総状になる花序を出して，淡紅紫色の十字花をつける．花は径 8〜13 mm，がく片は 4 枚，緑色の狭卵形で直立し，花弁は倒卵形で先端はやや凹み，基部は細くなって短い柄になり，長さ 8〜10 mm．雄しべは 6 本，そのうちの 4 本が長く，雌しべは 1．果実は細長い長角果，開出する果柄の先に直立し，長さ 5 cm ぐらいになって，無毛．種子には狭いふちどりがある．〔日本名〕花旗竿，美しい花を開くので特にハナの名がついた．

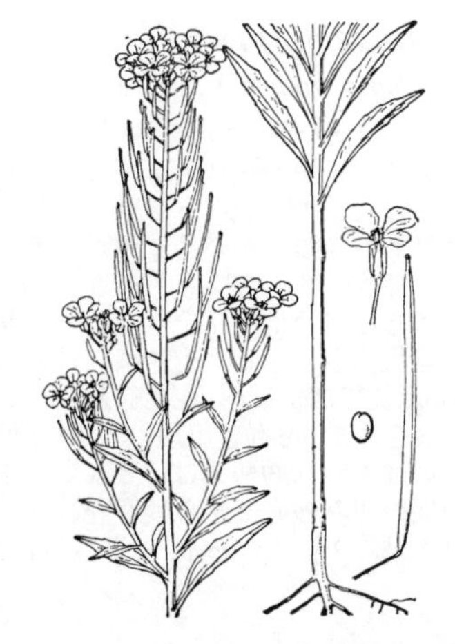

2757. アラセイトウ（ストック）〔アブラナ科〕

Matthiola incana (L.) R.Br.

南ヨーロッパの海岸地方原産の多年生草本で，日本には寛文年間（1665 前後）に渡来し，現在は観賞植物として栽培されている．茎は高さ 30〜60 cm ぐらいで直立し，時には分枝して基部はしばしば木化して低木状になる．葉は互生し，全縁の披針形，先端は鈍形，基部は次第に狭くなり，短い葉柄に移行する．葉質は厚く，若い茎とともに全面に白色のやわらかい短毛を生じる．4〜5 月頃，茎の先端に総状花序を出して，美しい赤紫色の十字形花をつける．花は径 3 cm ぐらいで太い花柄をもつ．がく片は 4，白色のやわらかい毛が密生し，花弁は広い倒卵形，基部は狭くなって短い爪部になる．雄しべ 6 本のうち 4 本が長く，雌しべは 1．長角果は細長く，やや太く丈夫で直立し，長さ 4〜8 cm ぐらい．種子には翼がある．〔日本名〕アラセイトウの意味は不明．〔漢名〕一般に紫羅欄花をあてるが，これは誤りで，この漢名の正体は，ハナダイコン（2787 図参照）である．

2758. コアラセイトウ（アラセイトウ）〔アブラナ科〕

Matthiola incana (L.) R.Br. '**Annua**'

南ヨーロッパ原産の一年生草本．日本には明治年間（19 世紀末）に渡来し，現在では広く観賞植物として人家に栽培される．外形はアラセイトウによく似ているが，草体が小形で，多年生でなく，花期もやや早いので区別される．茎は草質で木化することなく，直立して分枝し，高さ 30 cm ぐらいになる．4〜5 月頃，茎の頂に総状花序を出して，赤紫色の美しい花をつける．花には太い花柄があり，がく片は 4，直立して細長く，花弁も 4．基部は狭くなって長い爪部になる．雄しべ 6 本のうち 4 本が長く，雌しべは 1．長角果はやや円柱形．園芸品種が多く白色花や絞り色花等があり，また八重咲き品種もある．〔日本名〕小アラセイトウである．

2759. ニワナズナ〔アブラナ科〕

Lobularia maritima (L.) Desv.（***Alyssum maritimum*** L.）

ヨーロッパおよび西部アジア近海地原産の一年草あるいは多年草．観賞植物として庭園に栽培される．地下茎は横にはい，茎は直立または斜上し，地上で分枝してほぼ群生状になる．全体に白色のやわらかい伏毛を生じ，緑色で少し白色をおびる．葉は互生し線形，先端は鋭形または鈍形，基部は狭くなり，ほとんど無柄，全縁，大きいものは長さ 4 cm ぐらいになる．夏に茎の先端に総状花序を出して，白色の小形十字花を密生し，香気を放つ．花は径 4 mm ぐらい．細長い花柄がある．花弁は倒卵形．雄しべは 6 本，そのうち 4 本が長い．雌しべは 1．果実は短角果で，先端が細くとがった球形．中に 2 個の種子を含む．果柄は細く，やや開出する．〔日本名〕庭薺という意味．

2760. マガリバナ〔アブラナ科〕

Iberis amara L.

ヨーロッパ原産の一年生草本で，明治初期（1870 前後）にわが国に入ってきたもの．庭園の観賞用草花として栽培されている．茎は直立し梢で散房状的に分枝し高さ 15〜30 cm 位ある．茎には稜がある．葉は互生して無柄，長楕円状披針形で鈍頭，粗いきょ歯がある．時には多少羽状に裂けている．やや厚手な感じで多くはふちに毛がある．6 月から 8 月にかけて茎の先に散房花序をつけ，柄のある白い十字花をぎっしりと咲かせる．花序は次第にのびて，しまいには短総状花序となる．花弁は内外の大きさが等しくない．すなわち外側の 2 個は 7 mm 位で広倒卵形，内側の 2 個は 3 mm 位で円形をしている，がく片は楕円形で長さ 1.5 mm 位．花弁は下の方が爪になってのびている．雄しべは 4 強，雌しべは 1 本．短角果はほとんど円形で扁平．先端が 2 つに分かれて尖り，その中間の凹みの底部から残存花柱が立つ．果柄は水平に出て，果穂は短い．種子は 1 果に 2 粒ずつある．〔日本名〕歪り花は花弁の大小不揃いなのによる．

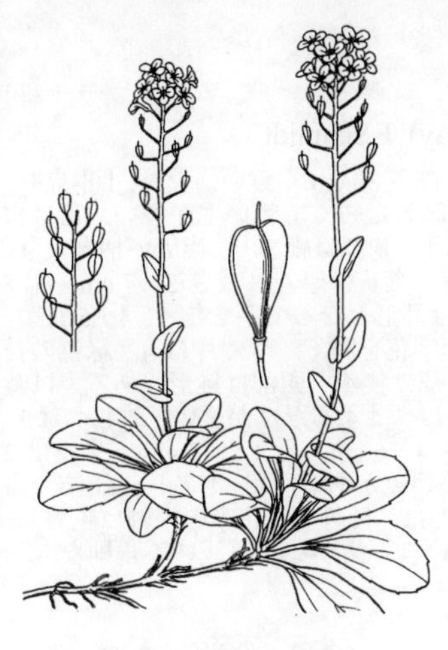

2761. タカネグンバイ

〔アブラナ科〕

Noccaea cochleariformis (DC.) Á. Löve et D. Löve

（*Thlaspi japonicum* H.Boissieu）

北海道と本州（青森県）に分布し，高山帯の砂れき地に生育する多年草．茎は直立して，高さ 8～15 cm になる．根茎は細長くはう．葉は少なく，根生葉は長い柄があり，楕円形でふちは全縁，先端はやや丸い．長さ 1～5 cm になる．茎葉は数個つき，狭卵形または楕円形で，基部には耳部があって茎を抱き，長さ 1.5 cm，幅 7～12 mm で，先はやや鋭頭をなす．花は 5～8 月に咲き，20 個ほどが総状花序をなし，長さ 2～3 cm くらいになる．4 枚ある花弁は倒卵形で，長さ 4～4.5 mm，がく片は長楕円体で，長さ 2 mm，早く落ちる．花柄は開出し，長さ 7～8 mm である．果実はくさび状楕円形，長さ 8 mm，幅 4 mm，種子は長さ 2 mm ほどで多数生じる．〔日本名〕高嶺軍配で，高山に生えるグンバイナズナの意味である．

2762. ハクセンナズナ

〔アブラナ科〕

Macropodium pterospermum F.Schmidt

本州中部以北の高山に生える多年生草本．茎は粗大で直立し，高さ 60 cm ぐらい．分枝しない．基部はしばしば斜に伏せることもある．葉は互生し，下部の葉は長い葉柄をもち，卵形，先端は鋭形でふちには大形のきょ歯があり，無毛．下面の脈上にはしばしば細かい毛がある．長さ 7～12 cm，幅 1.5～5 cm．上部の葉は広披針形，先端は鋭尖形，短柄を持つかまたは無柄．夏に茎の頂に長さ 15 cm ぐらいの総状花序を出し，白色有柄の花を多数密生する．がく片は 4，長楕円形，先端は鋭形，多少暗褐色をおびる．花弁は線形，長さ 6～7 mm で，がく片よりわずかに短い．雄しべ 6 本．その中の 4 本が長く，花外にのび，雌しべは 1．花が終わってから果序は長く伸び，果実は長さ 4～6 cm，幅 4 mm の長角果で，長い 1.5～3 cm ほどの柄があり，やや平たい線形，中に 7～8 個の種子を生じ，種子には翼がある．〔日本名〕白鮮薺という意味で，花がハクセン（ミカン科）のそれに似ているからである．

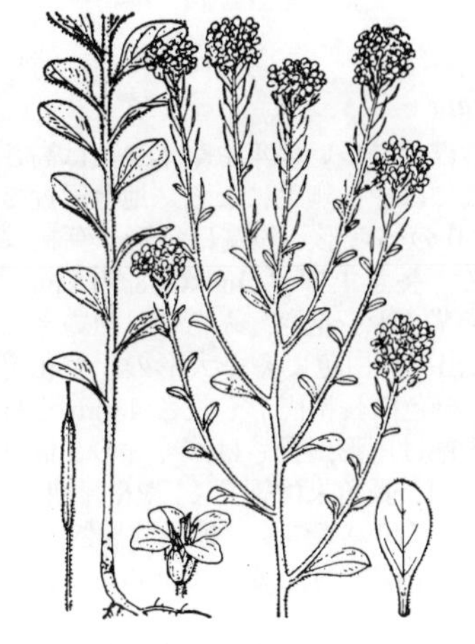

2763. ハナナズナ

〔アブラナ科〕

Stevenia maximowiczii (Palib.) D.A.German et Al-Shehbaz

（*Berteroella maximowiczii* (Palib.) O.E.Schulz）

本州の中国地方（広島県），九州（対馬）にまれに見られ，朝鮮半島，中国東部に分布する一年生草本．時には越年することもある．高さ 20～40 cm，茎は直立し，しばしば上部で分枝し，全株に星状毛を密生して灰白緑色となる．葉は互生し，倒卵状長楕円形，全縁，先端は円形，基部はくさび形，上部のものはほとんど無柄，下部のものは短柄をもつ．長さ 1.5～3 cm ぐらい．茎または分枝した枝の先端に細長い総状花序をつけ，多数の紅色または紫色をおびた小形の十字花を開く．小花柄は長さ 3～8 mm ぐらい．がく片は長楕円形，先端はやや鋭形．花弁は倒卵状長楕円形，長さ 3～4 mm，先端は円形，基部はくさび形で，水平に開く．がく片，花弁ともに 4 枚，雄しべは 4 強，白色の星状毛をつけた線状円柱形の長角果は長さ 8～10 mm で直立し，先端に無毛で長さ 2～3 mm の宿存性の長い花柱が残る．種子には翼がなく長さ 1.5 mm 位で少数．〔日本名〕花薺でナズナに似て，それより美しいからである．

2764. ヤマハタザオ

〔アブラナ科〕

Arabis hirsuta (L.) Scop.（*A. nipponica* (Franch. et Sav.) H.Boissieu）

山野の陽当たりのよい所に生える越年生草本．苗は 2～4 岐する星状毛をもった根生葉が束生してロゼットを作る．茎は直立して高さ 70 cm ぐらいになり，細長く，まれには分枝し，葉とともに毛が多い．根生葉はへら形．茎葉は互生し，無柄で卵形，卵状長楕円形，あるいは卵状披針形，長さ 3～5 cm．先端は鈍形，不規則な波状縁，またはきょ歯縁をもち，基部は茎を抱く．基部の耳片の先は円形または鈍形．春から夏にかけて，茎の頂に白色小形の十字花を，直立した総状花序につける．花はごく細い花柄をもち，径 4 mm ぐらい．がく片は 4，長楕円形，先端は鈍形．内側の 2 片の基部はややふくらむ．花弁は倒卵形，長さ 3～5 mm で，がく片の 2 倍ぐらい．雄しべのうち 4 本が長い．雌しべは 1．果実は細長い長角果で，長さ 5 cm，幅 1～1.2 mm ぐらいになり，花序の中軸に沿って直立し，果皮は 2 片に裂け，径 1～1.2 mm ほどの細かい種子を出す．種子には狭い翼がある．〔日本名〕山旗竿．山地に生えるハタザオの意味である．ハタザオとは全株粉白色をおびず，種子に翼があり，花は純白等の点で区別される．

2765. ハマハタザオ　〔アブラナ科〕

Arabis stelleri DC. var. ***japonica*** (A.Gray) F.Schmidt

海辺の砂地に生える越年生草本．茎は粗大で高さ 30 cm ぐらいになり，1 本立ち，時には分株することがある．葉とともに 2〜3 岐した短くて粗い毛が多い．苗は根生葉が束生してロゼットを作る．根生葉はへら形，基部は細まり，幅広い柄となり，先端は鈍形，ふちには不規則な鈍きょ歯がある．葉質は厚く，長さ 3〜7 cm，幅 8〜25 mm．茎葉は卵形，あるいは長楕円形，基部は耳形となって茎を抱く．4〜5 月頃，茎の先に短い総状花序を出し，白色の有柄の十字花を開く．がく片は 4，緑色の長楕円形，長さ 4 mm ぐらい．花弁は倒卵形，基部は狭く，頭部は鈍形，あるいは時には少し凹む．長さはがく片の 2 倍ぐらい．雄しべは 4 本だけが長い．雌しべは 1．長角果は密集して直立し，やや太く真直．長さ 4〜6 cm，径 1.5〜2 mm．果皮は 2 片に開裂する．種子は長さ 1.5 mm ぐらい．狭い翼がある．〔日本名〕浜旗竿，海浜に生えるからである．〔追記〕フジハタザオとは，長角果が花序の中軸に圧着し，花柱が短く（0.3〜0.7 mm）太いこと．葉に粗いきょ歯がなく，浅い不規則なきょ歯であること等の点で異なる．

2766. クモイナズナ　〔アブラナ科〕

Arabis tanakana Makino

本州中部の高山に生える小形の多年生草本．高さ 6 cm ぐらい．茎は直立して，全株にやや白色の星状毛を密生する．根茎は細く，しばしば分岐して地中を斜めに走り，先端に根生葉を束生する．根生葉は線状のへら形，先端は鋭形，基部は次第に細くなり，長さ 5〜10 mm，幅 1〜2 mm．茎は少数が互生し，まばらにつき，長楕円形，両端尖り，無柄，長さ 3〜8 mm，幅 1.5〜3 mm．8 月に茎の頂から，はじめ頂端が平らで後には伸長する総状花序を出し，白色小形の十字花をつける．花は径 4 mm ぐらい．花柄は短く，長さ 5〜7 mm で無毛．がく片は 4，長楕円形でまばらに毛が生え，花弁は楕円形，長さ 2.5〜3 mm．先端は浅く凹む．長角果は扁平な線形で，無毛，長さ 10 mm，径 1 mm ぐらい，花序の中軸に対して斜出する．種子に翼はない．〔日本名〕雲井薺，常に雲の集（イ＝居）る高山に生えるからである．〔追記〕ミヤマハタザオとは根生葉が羽裂せず，茎葉は線形でなく長楕円形である等の点で区別できる．

2767. フジハタザオ　〔アブラナ科〕

Arabis serrata Franch. et Sav. var. ***serrata***

富士山を中心として，本州中部の高山の砂礫地に多い多年生草本．茎は高さ 10〜30 cm．2〜4 岐する星状毛があり，まれにはやや無毛になる．地上附近でよく分岐して束生状になる．根生葉は先太りのへら形，先端は鈍形，葉柄は長く，ふちにはやや大きく粗いきょ歯がある．長さ 1.5〜7 cm，幅 8〜15 mm．茎葉は長楕円形，先端は鋭形，基部は無柄で茎をやや抱き，ふちには粗いきょ歯がある．6〜7 月頃総状花序が茎の頂上に出て，白色でやや大形の十字花を開く．花は少数で花柄がある．がく片は 4，緑色の長楕円形，長さ 4 mm ぐらい，下部は膨大する．花弁は広いへら形，先端は円形，長さはがく片の 2 倍以上になる．雄しべのうち 4 本が長く，雌しべは 1．長角果は細長く，やや彎曲し，長さ 4〜6 cm，幅 1.5〜2 mm，斜上または一方に向いてつく．種子は長さ 1〜2 mm，狭い翼がある．〔日本名〕富士旗竿．富士山に産するからである．

2768. イワハタザオ　〔アブラナ科〕

Arabis serrata Franch. et Sav. var. ***japonica*** (H.Boissieu) Ohwi

本州中北部の深山，特に日本海側の山地に分布し，山地の岩間，岩上，あるいは崖上に生える多年生草本．高さ 30 cm ぐらい．全株に星状毛または叉状毛を生じる．基部から地下茎を分かち，茎はやせて直立し，あるいは垂れ下がる．根生葉はへら形，先端は鈍形，基部は次第に細くなって，翼のある葉柄になる．ふちには荒くて浅いきょ歯がある．葉質はやや厚い．茎葉は卵形，あるいは長楕円形，あるいは披針形，先端は鋭形．基部は多少とも茎を抱き，無柄．ふちにはやや大形のきょ歯がある．初夏の頃，茎の頂に総状花序をつけ，長い花柄をもった白色大形の十字花を多数密集して生ずる．がく片は直立し，長楕円形，先端は円形，長さ 9 mm ぐらい．雄しべは 4 本だけが長い．雌しべは 1．花がすんでから花序は伸び，長角果は線形で下方に彎曲し，長さ 6 cm ぐらい．果柄は長さ 1.5 cm ぐらい．種子は長さ 1〜1.2 mm．狭い翼がある．〔日本名〕岩旗竿．岩上に生えるからである．

2769. シコクハタザオ 〔アブラナ科〕

Arabis serrata Franch. et Sav. var. ***shikokiana*** (Nakai) Ohwi

関東地方以西の東海地方，近畿南部，四国，九州に分布し，比較的湿った山地の林縁，岩上などに生える多年草．高さ 20〜40 cm になる．根生葉は柄が長く，広倒披針形をなし，長さは 5〜15 cm ほど，先は鈍頭で，基部は柄に翼状に流れる．ふちには粗いきょ歯がある．茎葉は長楕円形または楕円形で基部は茎を抱き，長さ 2〜4 cm くらいである．花は 5〜6 月に咲く．長角果は長さ 7〜9 cm ほどで下垂する．生態的，地理的な変異型が多い．岩上に生えるものはフジハタザオ（2767 図）に似てくる．またイワハタザオ（2768 図）にも似るが，葉形，特に根生葉の葉身から柄に流れる翼が狭く，柄がはっきりしていることなどで異なる．これらは地理的分布域も異なる．

2770. スズシロソウ 〔アブラナ科〕

Arabis flagellosa Miq.

本州近畿以西，四国，九州に分布する山地の谷川附近または岩上等に生える多年生草本．花のつく茎は直立し，高さ 10〜25 cm．少数の葉をつける．花の終わり頃から，根本から長いほふく枝を出し，まばらに葉を互生する．根生葉は楕円形，あるいは先太りのへら形，長柄をもち，全長 3〜7 cm，幅 8〜20 mm ぐらい．ふちには歯牙状のきょ歯がある．茎葉は楕円形，あるいは長楕円形，無柄，長さ 1〜2 cm，粗いきょ歯があり，やや無毛．ほふく枝上の葉は広い倒卵形，基部はくさび形，長さ 1〜3.5 cm，幅 1〜1.5 cm．春早く茎の末端に少数で大形，かつ有柄の，白色十字花を総状花序につける．がく片は 4．線状楕円形，長さ 5 mm ぐらい．花弁は広いへら形，がく片の 2 倍以上の長さになる．雄しべのうち 4 本が長く，雌しべは 1．果実は長線形，長さ 2.5 cm ぐらいの長角果で無毛．種子にはごく狭い翼がある．有毛の 1 品種をケスズシロソウ f. *lasiocarpa* (Matsum.) Ohwi という．〔日本名〕スズシロ草は花がスズシロ，すなわちダイコンに似ているためである．

2771. イヌナズナ 〔アブラナ科〕

Draba nemorosa L.

山野の草地，あるいは畑地等に生える越年生の小形草本．高さ 10〜20 cm ぐらい．茎は直立してしばしば分枝し，葉とともに星状毛をやや密生する．根生葉は束生し，やや広いへら形，長さ 2〜4 cm，幅 8〜15 mm，少しきょ歯があり，基部は細くなってほとんど無柄．茎葉は互生し，狭卵形または狭長楕円形，長さ 1〜3 cm，幅 5〜15 mm，基部は広いくさび形で無柄，ふちにはきょ歯があり，葉質は厚い．春に茎の頂に直立した総状花序を出して，有柄の黄色の小形十字花を多数開く．がく片は楕円形，長さ 1.5 mm ぐらい．花弁は広いへら形，多くは先端が凹み，長さ 2 mm ぐらい．雄しべは 6 本，そのうち 4 本が長く，雌しべは 1．短角果は平たい長楕円体．ほとんど水平に開出し，長さ 5〜8 mm，幅 2〜2.2 mm ぐらい．果皮には短毛があり，花柱は非常に短く，またはほとんど無い．種子は長さ 0.4 mm ぐらい．時には短角果に毛のないものがあり，ケナシイヌナズナ f. *leiocarpa* (Lindblom) Kitag. という．これは恐らく帰化植物であろう．〔日本名〕犬薺で，ナズナに似て食用にならないからである．〔漢名〕一般に苦葶藶をあてている．

2772. モイワナズナ 〔アブラナ科〕

Draba sachalinensis (F.Schmidt) Trautv.

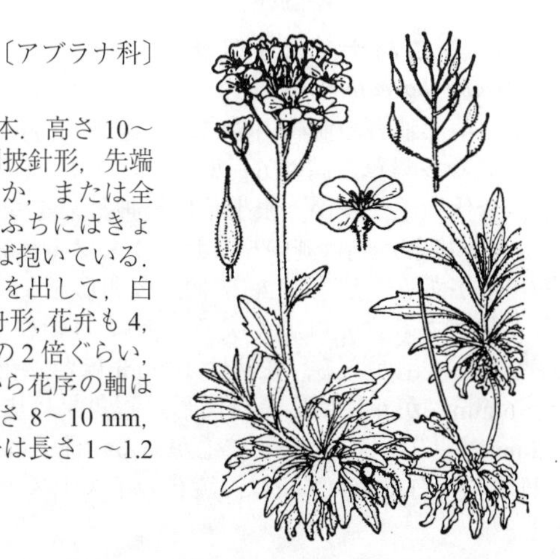

本州中部の高山帯，北海道および樺太に分布する多年生小形草本．高さ 10〜25 cm．全株に星状毛および単毛を密生する．根生葉は束生し，倒披針形，先端は鋭形，基部は狭まり，くさび形，ふちには少数のきょ歯があるか，または全縁．長さ 2〜3 cm，幅 5〜8 mm．茎葉は少数個互生し，狭卵形，ふちにはきょ歯があるが，上方は全縁，基部は細くなってくさび形となり茎を半ば抱いている．長さ 1.5〜2 cm．幅 3〜10 mm．初夏の頃，茎の頂に短い総状花序を出して，白色小形の十字花を多数つける．花柄は斜上して有毛．がく片は 4，舟形，花弁も 4，広倒卵形，先端はわずかに凹み，長さ 7〜8 mm ぐらいで，がく片の 2 倍ぐらい，水平に開く．雄しべのうち 4 本が長く，雌しべは 1．花がすんでから花序の軸は少し伸びて，星状毛のある広披針状紡錘形の長角果をつける．長さ 8〜10 mm，幅 2.5〜3 mm ぐらい．花柱は枯れないで残り，柱頭は小盤状．種子は長さ 1〜1.2 mm．〔日本名〕藻岩薺．北海道藻岩山で発見されたからである．

2773. ナンブイヌナズナ　〔アブラナ科〕

Draba japonica Maxim.

北海道（夕張岳），本州（岩手県早池峰山）の高山帯の岩石の間に群生する多年生の小形草本．全株に星状毛があり，茎は分枝して，花のつかない枝はやや伸び，花のつく茎は高さ 5〜10 cm ぐらいで，数個の茎葉をつける．茎葉は無柄，長楕円形または広い倒披針形．ふちにはまばらにきょ歯があり，さらに縁毛がある．長さ 8〜10 mm，幅 2〜6 mm．根生葉は倒披針形，全縁，時には疎にきょ歯があり，先端は鈍形，基部は狭まり，ふちに毛が生えていることは茎葉と同じ，長さ 5〜15 mm，幅 1.5〜3 mm ぐらい．夏に茎の頂から総状花序を出し，径 7 mm ぐらいの黄色の十字花を密につける．この時花をつけない枝も伸びて茎が目立つ．花柄は有毛，斜めに出て，がく片は 4，楕円形，先端は鈍形．花弁も 4，水平に開き，広い倒卵形，先端は凹み，長さ 4〜4.5 mm ぐらい．雄しべのうち 4 本が長く，雌しべは 1．結実の頃は花序の軸は伸びて，長さ 4〜6 mm，幅 2.5〜3.5 mm ほどの扁平な楕円体の短角果をつける．果皮は無毛で，花柱を残す．モイワナズナとは花が黄色，葉に縁毛があり，茎葉が茎を抱くことがない等の点で区別される．〔日本名〕南部犬薺．岩手県南部地方で発見されたことによる．

2774. トガクシナズナ（クモマナズナ）　〔アブラナ科〕

Draba sakuraii Makino（*D. nipponica* Makino）

本州の関東北部と中部地方の高山に生える多年生草本．高さ 5〜10 cm．根茎は短いが 2〜3 分岐して，そのため小さな株となる．葉は互生する．根生葉は根元から密集して生え，倒披針形またはへら状楕円形，長さ 5〜10 mm．先端は鋭形，基部はくさび形，ふちの上半部にはまばらに鋭いきょ歯がある．星状毛をうすく生じる．茎葉は 3〜4 個だけ茎の下部につき，楕円形，両端とも尖り，ふちには浅く切れ込んだきょ歯がある．7 月頃，茎の頂に総状花序をつけ，花柄が無毛の白色小形の十字花を多数開く．花は径 6 mm ぐらい．がく片は卵形，花弁は倒卵状楕円形で先端は凹み，がく片の 2 倍以上の長さがある．雄しべは 6 本，うち 4 本が長く，雌しべは 1．短角果は長さ 1 cm ぐらいの広線形で無毛．先端は鋭くとがって，短いくちばし状になる．しばしば紫色になり，ねじれることが多い．種子には本体よりも短い短尾状の突起がある．〔日本名〕雲間薺．雲の往来する高山に生えるからである．

2775. シロウマナズナ　〔アブラナ科〕

Draba shiroumana Makino

本州中部の高山帯の岩場に生える多年生の小形草本．茎は短く，分岐した古い茎があって束生する．葉は古い茎の頂部に密集して互生し，線状のへら形あるいは狭い倒披針形，長さ 5〜12 mm，幅 1.5〜2 mm．基部は次第に狭くなり，両面ともに無毛，ふちにだけ縁毛がある．葉質は厚く，全縁，または上部にまばらに，2〜3 のきょ歯がある．花茎は高さ 5〜10 cm ぐらい．無柄，広線形，長さ 5〜12 mm，幅 1.5〜2 mm の葉を 2〜3 個互生し，頂に白花を密につけた総状花序を出す．花は 7 月に開花し，径 3 mm ぐらい．がく片は卵形，花弁は倒卵形，がく片よりも長く，長さ 3.5 mm ぐらいで斜めに開出する．雄しべのうち 4 本が長く，雌しべは 1．短角果は直立し，広線形，両端は尖り，しばしば少しねじれ無毛，長さ 1 cm ぐらい．果柄は果実よりも短い．種子は長さ 1〜1.5 mm，尾状の附属体をもたない．〔日本名〕白馬薺．長野県白馬岳に産するからである．

2776. シロバナイヌナズナ（エゾイヌナズナ）　〔アブラナ科〕

Draba borealis DC.

本州中部地方の亜高山帯岩れき地や北海道のオホーツク海沿岸の岩地に生える多年草．高さ 6〜20 cm になり，根元から枝を多く分け株を作る．全体に毛が多い．根生葉は倒披針形をなし，長さ 15〜30 mm，幅 5〜8 mm ほど，先は鈍頭をなし，ふちは全縁または少数のきょ歯があり，開出毛がある．茎葉は 2〜7 個，広卵形をなし，長さ 8〜25 mm，ふちにきょ歯があり，先は鈍く尖る．5〜7 月頃に 8〜18 個の花が集まって花序をなし，毛がある，花柄は 10 mm ほど．花弁は倒卵形で，白色，長さ 5〜6 mm．がく片は広長楕円形．短角果は広披針形でねじれ，長さ 5〜12 mm，幅 2.5〜3 mm，密に毛がある．種子は長さ 1 mm ほどで多数ある．〔日本名〕白花犬ナズナは，黄花のイヌナズナに対比したもの．

2777. キタダケナズナ（ヤツガタケナズナ）　〔アブラナ科〕

Draba kitadakensis Koidz.（*D. oiana* Honda）

北海道と南アルプスなど本州（山梨県，長野県）にまれに分布し，高山の砂れき地に生育する多年草．高さ 10～15 cm で枝を多く分け株となる．全体に灰白緑色をおび，星状毛を密生する．茎葉は 2～10 枚ある．根生葉は倒披針形，長さ 6～12 mm，幅 1.5～3 mm ほどになり，ふちに少数の細かいきょ歯があり，先端は鋭頭をなす．茎葉は狭卵形，先は鋭く尖り，長さ 8～20 mm，幅 5 mm．花は白色で，十数個が密に集まり，花柄は 3～7 mm，4 枚ある花弁は狭倒卵形で，長さ 3 mm．花は 5～7 月に咲く．果実は短角果で毛はなく，披針形でねじれ，長さ 6～10 mm，幅 2 mm ほどである．〔日本名〕北岳ナズナは南アルプスの北岳で，八ヶ岳ナズナは八ヶ岳で発見命名されたもの．

2778. トモシリソウ　〔アブラナ科〕

Cochlearia officinalis L. subsp. ***oblongifolia*** (DC.) Hultén
（*C. oblongifolia* DC.）

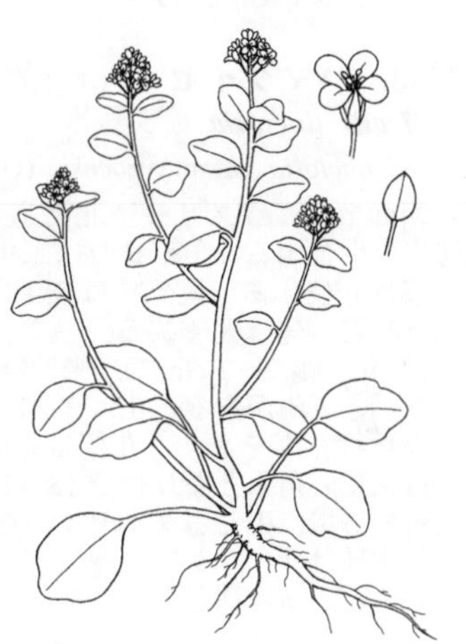

北海道東部から極東ロシアを経て北米西部に至る北太平洋地域の海岸に生える一年草，二年草または多年草．高さ 12～22 cm あり，茎は基部から多く分枝する．根生葉は長い柄があり，腎形または卵形をなし，辺縁は全縁または少数の低きょ歯がある．長さはせいぜい 10～20 mm くらいである．上部の茎葉は柄がなく，やや茎を抱くことがあり，楕円形または卵形をしている．全体に毛がなく，光沢があり，質は厚い．花弁は白色で，広楕円形をなし，長さ約 3 mm，基部に短い爪部がある．がく片は広楕円形で，長さ 2 mm．短い角果は開出し，広楕円状球形で，長さ 4～7 mm，柄は 4～12 mm，多少の翼がある．種子は円形または広楕円形，長さ 1 mm で，表面に密に小突起がある．〔日本名〕自生地の根室半島友知（ともしり）海岸に由来する．〔追記〕基本種はヨーロッパに生えるが，形態的区別は必ずしもはっきりせず，トモシリソウと区別できないとする意見も強い．

2779. ワ　サ　ビ　〔アブラナ科〕

Eutrema japonicum (Miq.) Koidz.（*Wasabia japonica* (Miq.) Matsum.）

山間の涼しい地方の谷川に生え，またしばしば栽培されている多年生草本．根茎は太く円柱状に肥厚し，葉痕が著しい．根生葉は数枚あって，いずれも長い 30 cm ぐらいの葉柄をもった心臓形，長さ幅ともに 8～10 cm．ふちには不揃いな微きょ歯があり，ゆるく波状に凹凸する．春に根茎の頂から高さ 30 cm ぐらいの茎を数本立て，数枚の葉を互生する．茎葉は有柄の広卵形または心臓形，長さ 2～4 cm で基部は浅い心臓形，先端は鋭形．花茎の先に総状花序を出し，白色の小形の十字花を密につける．がく片は楕円形，長さ 4 mm ぐらい，ふちは白色．花弁は 4 片，長楕円形，頭部は鈍形，長さ 6 mm ぐらい，雄しべ 6 のうちで 4 本が長い，雌しべは 1，花が終わると花軸は伸びてまばらに長角果をつける．長角果は彎曲して先端にくちばし状に花柱が残り，全長 17 mm ぐらい，数個のくびれがある．根茎を辛味料として賞味する．〔日本名〕大槻文彦の大言海によるとワサビは悪障疼（ワル＋サワル＋ビビク）の略で，辛い意味をあらわすものというが，無理である．〔漢名〕一般に山葵菜をあてている．山葵は誤り．

2780. ユリワサビ　〔アブラナ科〕

Eutrema tenue (Miq.) Makino（*Wasabia tenuis* (Miq.) Matsum.）

山地の谷川沿いの森林中に生える多年生の小形草本．全株無毛．根茎は細くて短く，数本の白色のやや太い根を生じる．根生葉は数枚つき，いずれも長い葉柄をもち，卵状腎臓形あるいは円状腎臓形，頭部は円形，基部は心臓形，長さ幅ともに 2～5 cm．ふちは波状に凹凸し，葉脈の先端がわずかに突出する．茎葉は卵形，基部は心臓形で有柄，長さ 1～2.5 cm，幅 0.8～2.5 cm，ふちには鈍きょ歯がある．4 月頃，15 cm ぐらいの花茎を数本立て，葉を互生し，頂から短い総状花序を出して，白色小形の十字花をつける．花は有柄，がく片は楕円形，長さ 2 mm．花弁は広いへら形，長さ 6 mm ぐらい，雄しべの中の 4 本が長い．雌しべは 1．花が終わってから花軸が伸びて，長角果をまばらにつける．長角果は広線形，やや彎曲してくびれがありじゅず状，長さ 15 mm，幅 2 mm ぐらい，やや下を向き，ほとんど無柄，先端部はくちばし状，中に 4～8 個の種子を 1 列に生じ，種子は長さ 2～2.5 mm，細点状の模様がある．〔日本名〕秋から冬にかけて葉柄の基部は特に肥厚して紫黒色となり，葉柄の上部が枯死しても，基部は残存するので，ユリの鱗茎のようになる．また香味はワサビと同じであるので，ユリワサビという．〔追記〕根茎が細く（径 1～2 mm），花柱が短いこと（0.5～0.7 mm）等の点でワサビと区別できる．

2781. グンバイナズナ　〔アブラナ科〕

Thlaspi arvense L.

各地の畑や田のへりに生える二年生草本．高さは 30〜60 cm 位で全体に毛はない．茎は直立し，まばらに分枝することもあり，緑色で稜がある．葉は全縁で時にあらい歯牙がある．茎葉は互生し，下部のものは倒披針状長楕円形，上部のものは細い披針形で底の部分がやじり形をして茎を抱いている．根生葉は広いへら形で葉柄があるが，実の時期には枯れてない．春から夏にかけて，白い柄のある小さな十字花を茎の頂上に総状に咲かせる．がく片は緑色で辺が白く長楕円形で長さは 2 mm．花弁は細い倒卵形で基部が細くなり長さ 4 mm，雄しべは 4 強，雌しべは 1 本．短角果は扁平で円形または倒卵円形，広い翼をもつが，先端は深く凹み，長さ 1.2〜1.5 cm にもなり，この形が軍配扇に似ているのでグンバイナズナの名がついた．〔漢名〕遏藍菜．

2782. ハマタイセイ（エゾタイセイ）　〔アブラナ科〕

Isatis tinctoria L.

（*I. tinctoria* L. var. *yezoensis* (Ohwi) Ohwi ; *I. yezoensis* Ohwi）

朝鮮半島，ウスリー，北海道など日本海北部を取り巻く地域に分布し，海岸に生育する一年草または二年草．高さ 30〜80 cm となり，茎は直立し，上部は分枝する．茎，枝は無毛で，粉白色をおびている．根生葉は長楕円状披針形，先は鋭く尖る．茎葉には柄がなく，毛があり，狭卵形，長さ 10〜12 cm，幅 2〜3 cm で，先は鈍く尖る．基部は茎を抱き，辺縁は全縁または低いきょ歯がある．花は 3〜7 月に咲く．径 3〜4 mm の 4 弁花で，比較的密な総状花序をなす．花柄は果時には垂れ下がる．花弁は小さく黄色．果実は細長い角果となり長さ 15〜18 mm，幅 4〜7 mm ほどである．〔和名〕浜大青で海岸に生じるタイセイの意．タイセイについては次項参照のこと．〔追記〕本種はユーラシア大陸に広く分布する多型な *I. tinctoria* L. の 1 地方型とされるが，基本種との区別ははっきりしていない．

2783. タ イ セ イ　〔アブラナ科〕

Isatis tinctoria L.（*I. tinctoria* L. var. *indigotica* (Fortune) T.Y.Cheo et K.C.Kuan ; *I. indigotica* Fortune）

恐らく中国の原産で享保年間（1720 頃）に日本に渡来した二年生草本．明治の中期（1890 頃）までは．東京大学の小石川植物園で栽培していたが，現在はない．茎は緑色の円柱形で直立して，70 cm ぐらいの高さになり，まばらに分枝して，枝は互生する．根生葉は大形．茎葉は互生し，長楕円形あるいは長楕円状披針形，先端は鋭形，基部は耳形になって茎を抱き，無柄．全縁またはかすかにきょ歯がある．5〜6 月頃，枝先に総状花序をつけ，黄色の小形の十字花を多数開く．花は細い花柄をもつため下方に斜めに垂れる．がく片は広いへら形で緑色，長さ 2 mm ぐらい，水平に開く．花弁は倒卵形，先端は円形，基部は狭くなり，くさび形，長さ 3.5 mm ぐらい．雄しべは 4 強．雌しべは 1．角果は長さ 1.5 cm ぐらい．やや垂れ下がり，扁平で，頭部が大きい長楕円形で先端部はわずかに突出し，黒く熟し，割れない．種子は 1 個．葉から藍の染料をとる．〔日本名〕大青という意味で，むかし本種を江南大青にあてたからである．〔中国名〕菘藍〔追記〕本種は *I. tinctoria* L. の 1 園芸変種とみなすべきものであろう．

2784. カキネガラシ　〔アブラナ科〕

Sisymbrium officinale (L.) Scop.

ヨーロッパ，アジア西部原産の帰化植物，一年草または二年草．高さ 30〜80 cm ほどになる．茎はよく分枝して直立する．葉は長楕円形で羽状に深裂し，2〜6 対の裂片は不整に開出する．頂裂片は比較的大きく，幅広い．上部の葉は柄がないが下部の葉には柄があり，長さ 20 cm になる．茎頂付近の枝は開出し総状花序をつける．花は小さく黄色で，径 4 mm ほど．花弁は長さ 3 mm．がくには毛が多い．花期は 4〜10 月である．長角果は線状披針形をなし，長さ 10〜12 mm，径 1〜1.5 mm ほどになり，直立して花軸に密着してつく．先は尖り，短い毛を密に生ずるかまたは毛がない．果柄は長さ 1〜3 mm．種子は褐色で多数ある．〔日本名〕垣根辛子の意味はよくわからない．

2785. イヌカキネガラシ 〔アブラナ科〕

Sisymbrium orientale L.

カキネガラシと同様にヨーロッパ（地中海地方）原産の一年草．北アメリカやアジアに帰化しておもに都会地周辺の雑草となっている．高さ1mほどで茎は直立し，葉とともに濃い緑色．全株に灰白色の毛がめだつ．長楕円形の葉が互生し，葉身は羽状に深裂，頂裂片は特に大きく幅広で，基部はほこ形に両側へ張り出す傾向がある．また茎の上部につく葉も，最上部のものまで明らかな柄があり，この点もカキネガラシとは異なる．茎葉は分裂しないか，浅く3裂する程度である．花は黄色の十字花で多数が長い総状花序につく．花後に細長い長角果をつける．日本では昭和の初めに横浜で報告があるが，第2次世界大戦後は各地の都市周辺で路傍や空き地に帰化雑草として見られるようになった．〔日本名〕犬垣根辛子．カキネガラシに似てやや異なるため．

2786. キバナノハタザオ（ヘスペリソウ） 〔アブラナ科〕

Sisymbrium luteum (Maxim.) O.E.Schulz（*Hesperis lutea* Maxim.）

本州および九州（対馬）の山地にややまれに生える多年生草本．茎は直立して分枝し，高さ80〜120 cmにもなり，粗い毛がある．葉は互生し，表裏両面ともに粗い毛があり，葉柄には翼がある．基部の葉は長楕円形，逆向きの歯牙裂片が1〜3対あり，下部の茎葉は卵形，長さ10 cmぐらい．上部の葉は小形の卵状披針形，先端はやや鋭尖形，基部は急に細くなって柄になり，波状の歯牙縁をもつ．7月頃茎の頂に総状花序を直立し，黄色の十字花を開く．花は径5 mmぐらい，花柄はがく片よりも長く，12〜15 mm．斜上するが，果実の熟する頃には直立する．がく片は4枚，緑色，長さ8〜9 mm．多少粗い毛がある．花弁はへら状の倒卵形，雄しべは6本，そのうちの4本が長く，雌しべは1．果実は花が終わってから伸び，長角果となり，長さ10 cmぐらいになり，無毛，柱頭は浅く2裂する．〔日本名〕黄花旗竿の意味で，外形が*Turritis*属のハタザオに似ていて，黄花を開くからである．ヘスペリソウは異名*Hesperis lutea* Maxim.の属名の音に基づく．

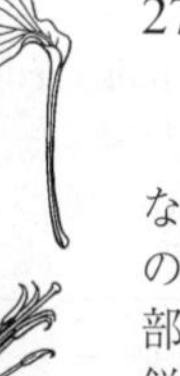

2787. ハナダイコン（ショカツサイ） 〔アブラナ科〕

Orychophragmus violaceus (L.) O.E.Schulz

中国原産の二年草．観賞用に植栽されるが，しばしば逸出して平地の道ばたなどに野生化している．茎の高さ20〜50 cmで無毛，上部で枝を分ける．下部の葉は有柄で，羽状に深裂し，頂裂片は広卵状円形，基部は心臓形をなす．上部の葉は単葉で長楕円形または卵形，柄がなく，基部は深い心形で茎を抱き，鋭頭，不整の波状きょ歯をもつ．花は3〜5月に咲き，20個ほどが茎頂に集まり，総状花序をつくり，淡紫色で，大きく径2.5〜3 mmの4弁花．がく片は線状披針形で毛があり，互いに密着して筒状となる．花弁は広倒卵形，淡紫色．雄しべ6個，葯の先は尖って反曲する．長角果は斜上し，線形で，長さ10 cm．明瞭な4稜がある．種子は黒褐色で多数生じ，長さ2.5 mmほどである．〔日本名〕花大根はダイコンの花に似て花が美しいことによるが，同名の別種（ダイコン参照）がある．ショカツサイ（諸葛菜）は中国での呼び名である．

2788. カラシナ（ナガラシ） 〔アブラナ科〕

Brassica juncea (L.) Czern. et Coss. var. ***juncea***

恐らく中国原産の越年生草本で，日本には古く渡来した．現在広く栽培され，高さ1.5 mぐらいになる．根生葉はへら形，長い葉柄をもち，しばしば多少羽状に裂け，きょ歯縁をもち，長さ20 cmぐらい．茎葉は互生して短い柄があり，長楕円形，茎の上部のものほど小さくなる．ふちには多少切れ込みがあり，またきょ歯もある．ふつう葉面はややしわがよって縮み，白色をおびる．多少ざらざらしてやや毛がある．4月頃茎の頂に総状花序を出し，有柄の黄色の十字花を開く．花はやや小形である．がく片は淡緑色の長楕円形で斜に立ち，長さ5 mmぐらい．花弁は狭い長楕円形で長さ8 mmぐらい．雄しべのうちの4本が長く，雌しべは1．果実は細長い円柱状の長角果で斜上し，種子は黄色で径1.5 mmの球形．辛味があり，粉末にして芥子といって辛味料あるいは薬用として利用される．〔日本名〕種子に辛味があり，また葉にも辛味があるので辛シ菜といい，また菜辛シともいう．〔漢名〕芥．

2789. タ　カ　ナ（オオバガラシ，オオナ）　〔アブラナ科〕

Brassica juncea (L.) Czern. et Coss. var. ***integrifolia*** (West) Sinsk.

広く栽培されている二年生草本で，古く恐らく中国から渡来したものであろう．茎は高さ 1.2 m ぐらいになり，粗大で淡緑色．上部で分枝する．葉は特に粗剛で大形．根生葉は広楕円形，あるいは倒卵形，基部は狭くなり，短柄がある．ふちには不揃いなきょ歯があり，全長 60〜80 cm ぐらいになる．羽状に裂けない．茎葉は長楕円形披針形で全縁，あるいははっきりしないきょ歯がある．ほとんど無柄であるが基部が茎を抱くことはない．葉面にはしわがあり，しばしば暗紫色をおびるものがある．春から夏にかけて，枝先から総状花序を出し，小柄をもった黄色のやや小形の十字花を開く．がく片は 4，淡緑色．花弁は 4，基部は狭まって柄となる．雄しべのうちの 4 本が長く，雌しべは 1．果実は小さい長角果となって斜上して，果穂に多数つく．茎葉は食料になり，多少辛味がある．1 変種にチリメンナ（一名シュンフラン）すなわち花芥 var. *sabellica* (Plenck) Kitam. があり，葉が羽状に裂け，裂片がさらに浅く裂ける点で母種と異なる．畠に作って食用にする．〔日本名〕高菜は茎が高く成長するからであり，大葉芥は草状が大型であるためである．大菜は広くて大きい葉をもつからである．〔漢名〕大芥，または皺葉芥．

2790. アブラナ（ナタネナ，ニホンアブラナ）　〔アブラナ科〕

Brassica rapa L. var. ***oleifera*** DC. **Nippoleifera Group**
（*B. rapa* var. *nippoleifera* (Makino) Kitam.）

恐らく原種は中国から渡来したものであろうが，日本では古くから栽培されている越年生草本．全体が平滑で茎の高さ 1 m 以上にもなり，上部では分枝する．葉はかなり大きく，茎の基部の葉は有柄で先太り形で，少数の裂片をもった羽状に裂け，時には裂けないものもある．ふちには鈍い歯牙がある．上面は鮮緑色，下面は白色をおび，葉柄は時にはわずかに紫色をおびることがある．上部の葉は基部は耳状になって茎を抱き，無柄，広披針形，先端は鋭形，羽裂することはない．4 月頃，茎頂に総状花序を立て，はじめは散房状であるが，花軸が次第に伸び総状になり，黄色の十字花が密集してつく．がく片は披針状の舟形，長さ 6 mm ぐらい．花弁は倒卵形，先端は円形，基部は狭くなってくさび形，長さ 10 mm ぐらい．雄しべは 6，中の 4 本が長い．雌しべは 1．花が終わってから円柱形で，先端に長いくちばし状突起をもった長角果を生じ，熟すると開裂し，黒褐色の小粒状の種子を散らす．〔追記〕なたね油はかつては本種の種子からしぼっていたが，現在アブラナとして栽培されているものは漢名を蕓薹というウンタイアブラナ *B. rapa* var. *oleifera* DC. か，別種のセイヨウアブラナ *B. napus* L. である．

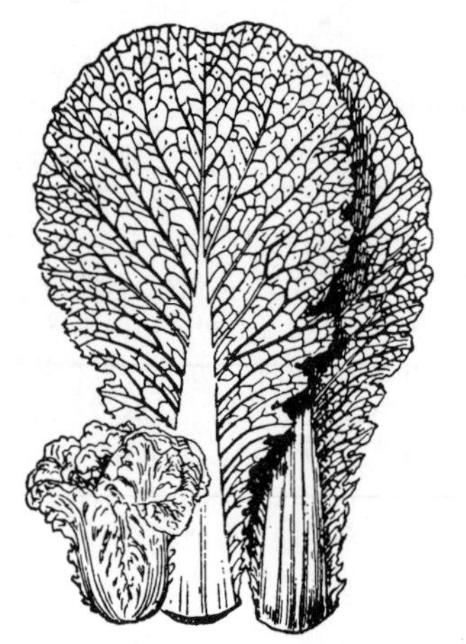

2791. チョクレイハクサイ　〔アブラナ科〕

Brassica rapa L. var. ***glabra*** **Pekinensis Group**
（*B. rapa* var. *pekinensis* (Lour.) Kitam.）

北中国の河北省保定附近に栽培の中心があった白菜の 1 品種で，現在では日本の重要な野菜の 1 つである．成熟した株では根生葉は粗大で浅緑色，狭倒卵形．先端は円形，ふちには低くて荒い歯牙状のきょ歯がある．葉面は波状にちぢれ，下半部は狭くなり，両側は浅裂し，中脈は白色で広く，浅い溝が数本走り，基部の幅は 2〜5 cm ぐらいで，上方は急に細くなり，白色で下面に隆起する側脈を左右に多数出す．中心の葉は互に固く相抱いて白くなり，秋の終わり頃に結球するが，球の上方はやや開く．全株無毛でなめらかであるが，幼植物の葉にはやわらかい毛が多い．緑色の大形の葉にも下面の葉脈上には，しばしば毛がある．春に花茎を出して，頂に総状花序をつけ，黄色の十字花を開くことはアブラナと同様である．〔日本名〕直隷省（中国河北省の旧名）に原産の白菜の意味．

2792. チリメンハクサイ　〔アブラナ科〕

Brassica rapa L. var. ***glabra*** Regel **Pe-tsai Group** (*B. pe-tsai* L.H.Bailey)

南部中国から輸入された白菜の 1 品種で，日本各地で栽培されている．根生葉は大形で緑黄色，倒卵形，先端は円形，ふちにははっきりしない低いきょ歯がある．下半部のふちは特に強く波状に縮れる．中肋は幅が広く白色，中央部より上方は急に狭くなり，上方と側方に側脈を多数分岐する．葉面の小さい網状脈の間は上面に凸出して縮緬状のしわを作る．成熟すると中心部の葉はやや黄化して互に抱くが結球しない．幼植物の葉は有毛であるが，成熟した葉は無毛でなめらかである，春に茎を高く出して，黄色の十字花を開くことはアブラナと同じである．〔日本名〕縮緬白菜の意味．葉の皺の形から来た．

2793. カ　ブ（カブラ，カブナ）　〔アブラナ科〕

Brassica rapa L. var. ***rapa***

古く中国から渡来した越年生草本で，現在では重要な蔬菜として広く畑に栽培されている．根は白色の多肉質で平たい球形，時にはやや長形のものもある．茎は淡緑色の円柱形で，直立して高さ 90 cm ぐらいになり，上部はしばしば分枝する．根生葉は大形で束生し，長さ 40～60 cm ぐらい．先太りのへら形で先端は鈍形，ふちは羽裂しないで不揃いの低い歯牙状のきょ歯がある．葉面にわずかに剛毛がある．茎葉は倒披針形，茎の頂部の葉は披針形，時には白色をおび，基部は耳状になって茎を抱く．春に枝先に総状花序をつけ，小柄をもった黄色の十字花を多数開く．がく片は 4 枚，長楕円状舟形で斜上し，長さ 5 mm．花弁は倒卵形で長さ 1 cm ぐらい．基部は狭まり柄となる．雄しべのうち 4 本は長い，雌しべは 1，果実は長角果．多数が果軸に斜上してつき，長さ 6 cm ぐらいになり，種子は褐色．根と葉は食用になる．栽培品種が極めて多く，中には根が紅紫色になるもの，根がやや長く上部が紫，下部が白色のもの等がある．〔日本名〕カブは株に通じ，頭という意味で塊になるからである．カブラのラは単なる接尾語で意味はない．カブナは「カブという菜」の意味である．〔漢名〕蕪菁．

2794. スグキナ　〔アブラナ科〕

Brassica rapa L. var. ***rapa*** **'Neosuguki'**（*B. rapa* var. *neosuguki* Kitam.）

昔から京都加茂の名産として知られたカブに近い 1 変種である．根は倒円錐状卵形体で，長さ 17～20 cm，幅 8 cm ぐらい，白色で下部は急に細くなって長く尾状にのび，下半部にはひげ状の側根がある．根生葉は束生し，数枚が直立し，深緑色．無毛でなめらか，へら形で先端は円形，ふちにはきょ歯状の波形の凹凸がある．さらにその上にはっきりしない波状縁が重なる．春に高さ 70～80 cm の円柱状の茎を出して直立し，上部でまばらに分枝し，枝先から総状花序を出して，有柄の黄色の十字花を多数つけることはカブと同様である．〔日本名〕酸茎菜という意味で，根を葉と一緒に塩漬にすると酸味がつくのでこの名がある．〔追記〕現在スグキナの名で栽培され，本書に図示されているものは上記の学名のものに当たる．旧版で用いられた学名 *B. campestris* subsp. *napus* var. *sugukina* Makino の植物（本来のスグキナ）はかなり以前に絶えてしまっている．

2795. ヒ　ノ　ナ（アカナ）　〔アブラナ科〕

Brassica rapa L. var. ***rapa*** **'Akana'**（*B. rapa* var. *akana* (Makino) Kitam.）

京都附近（京都府および滋賀県）で多く栽培されているカブに近い 1 品種で，根は円柱形で長さ 20 cm ぐらいになり，上半部は紅紫色，下半部は白色になる，根生葉は数枚，直立して束生し，倒卵状披針形，先端は円形，基部は長く葉柄に流れて翼を作り，ふちには不揃いの重きょ歯がある．全体が無毛でなめらか．葉柄はやや長く紅紫色をおびる．茎は円柱形で直立し，上方ではまばらに分枝し，高さ 60 cm ぐらいになる．茎葉は広披針形，基部は大きな耳状になり茎を抱く．春に茎の頂部に総状花序をつけ，有柄の黄色の十字花を開く．がく片は 4，花弁も 4，雄しべのうち 4 本が長く，雌しべは 1 などの点は全くカブと同じである．〔日本名〕日野菜の意味で，日野は滋賀県下の地名である．一説には根が赤いので緋の菜であるともいう．

2796. キャベツ（タマナ）　〔アブラナ科〕

Brassica oleracea L. var. ***capitata*** L.

ヨーロッパ西北部の海岸地方原産の多年生草本をもとに改良された栽培品で，日本には明治初年（1870 前後）に渡来した．葉は厚く無毛，滑らかで白色をおび，ふちには不揃いのきょ歯がある．葉は互に重なり合って，中央部の葉は密にかたく抱き合い，大きく結球する．5～6 月頃中央から緑色の茎を高く出し，分枝して総状花序をつけて，小柄をもった淡黄色の大形の十字花を開く．がく片は長楕円形で斜上し，長さ 1 cm ぐらい．花弁は倒卵形で基部は狭くなって柄となり，長さ 2 cm ぐらい．雄しべは 4 本だけが長い．雌しべは 1．長角果は短い円柱状で斜上する．本種はもと海岸の崖の裂け目に自生するものを採って栽培して野菜化したものであって，今なお海岸植物としての葉質をそなえている．結球した葉を食用にする．ふつう白色であるがまれに紫色の品種がある．〔日本名〕キャベツは本種の英名 Cabbage から転訛したもの．球菜は結球した葉の状態に由来する．〔漢名〕葵花白菜，または椰菜が正しく，甘藍とするのは誤りである．

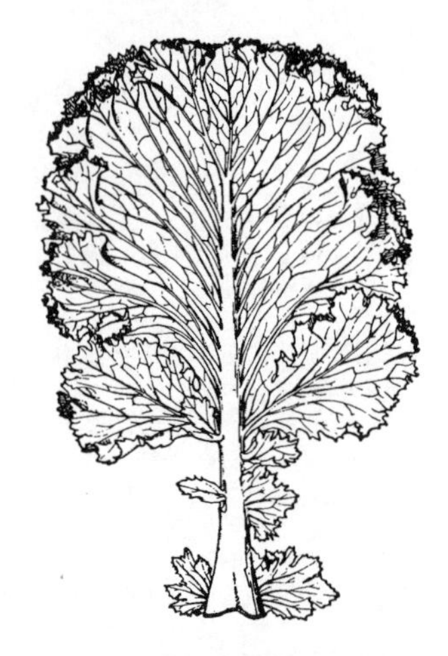

2797. ハボタン 〔アブラナ科〕

Brassica oleracea L. var. ***acephala*** DC.

キャベツと母種を同じくする別変種であり，冬の間の活花用に広く栽培される．茎は著しく太く，先端が太く，紫色をおび直立し，表面に大形の葉痕が残る．高さ 20〜60 cm ぐらい．葉は広く大きく，広倒卵形，先端は円形，茎部はしばしば不規則な羽状に裂け，裂片の頭部は円形．白色の短くて太い葉柄があり，時には耳片状の附属片をつける．葉質は厚く，表面は霜のような白粉をかぶり，ふちには不規則な歯牙状のきょ歯がある．成熟した株では，茎の頂部に数 10 葉を相接して生じ，互に半ば抱き合い，中心部の葉は次第に小形になり，ふちは著しく波状にちぢれ，秋から冬にかけては，紅紫あるいは淡黄，または白色をおび，大へん美しく観賞にたえる．この変種は 18 世紀初頭に輸入され，日本を中心に品種淘汰が行われた．花と果実はキャベツと同様である．〔日本名〕葉牡丹．葉の大きい集まりをボタンの花に見立てた．

2798. カリフラワー（ハナヤサイ，ハナハボタン，ハナナ） 〔アブラナ科〕

Brassica oleracea L. var. ***botrytis*** L.

明治初年（1870 前後）に輸入された野菜の一種で，キャベツと母種を同じくする別変種である．茎はかたく，著しく肥厚し，先太で上部はさらに太くなる．表面には大形の葉痕が残っており，高さ 40〜80 cm ぐらい．葉は長さ 30〜50 cm ぐらい．披針形，先端部は鋭形，基部は鈍形で短くて太い柄がある．ふちは波形になり，はっきりしない不規則の細かい歯牙状きょ歯がある．葉質は厚く，霜のような白粉をふいた暗緑色になり，下面は淡く白粉をふいた緑色で，中肋は白く太い．成熟すれば茎の頂に 10 数葉を密生して水平に開出する．中心の葉は小形で，多少互いに抱きあい，中に短縮して白色，かつ頭部が平らで多肉質の幼若な散房状花序を包む．この大きな乳白色の球形の塊を西洋料理に用いる．〔日本名〕カリフラワーは，英名 Cauliflower の音，ハナヤサイは，漢名花椰菜の湯桶よみである．葉がずっと高く伸び，上部の葉腋につく多肉質の散房状花序がカリフラワーほど密でなく，変形の程度も少なく，緑色をおびたものをブロッコリー（キダチハナヤサイ）という．

2799. メキャベツ（コモチカンラン，コモチタマナ） 〔アブラナ科〕

Brassica oleracea L. var. ***gemmifera*** (DC.) Zenk.

明治初年（1870 頃）に輸入された野菜で，キャベツと母種を同じくする別変種．葉腋に生える径 3〜5 cm の小球状の芽を食用にする．茎は太く，高さ 1〜1.5 m ぐらいに直立し，葉は茎上に束生し，葉質は厚く霜のように白粉をふいて，倒卵形，短い柄があり，ふちは多少波打ち，粗い歯牙状のきょ歯がある．成熟すると下葉の葉腋から，径 3〜5 cm ぐらいの芽を茎に接着して生じ，茎をおおうようになる．春に上部葉の中から花茎を伸ばし，頂に総状花序を出して，淡黄色の十字花を開くことはキャベツと同様である．別に 1 変種カブラハボタン，一名カブカンラン var. *gongylodes* L. がある．茎は低く，高さ 10〜15 cm ぐらい．成熟すると茎の上部がほぼ球状に肥大して，品種により径 3〜8 cm にもなり，その部分を煮て食べる．肥大部の上には長い柄のある葉をつける．〔日本名〕メキャベツは芽キャベツ，コモチタマナは子持ち玉菜の意味である．

2800. ダイコン 〔アブラナ科〕

Raphanus sativus L. var. ***hortensis*** Backer

日常の重要な蔬菜として，広く栽培されている越年生草本．土中に直下する地中部（いわゆる大根）の上部は茎（下子葉部）で，中部以下の大部分が根であるが，両者の境界は外観でははっきりしない．一般的な品種では白色，多肉質の長大な円柱状の直根をもつ．根生葉は束生し，長さ 30 cm 以上になり，普通粗い毛があり，倒披針形，羽状に深裂，水平に開出した多数の裂片をつける．中央の主脈は白色，多汁質．春に高さ 1 m ぐらいの緑色の地上茎を直立し，上部は分枝し，枝先に総状花序をつけ，淡紫色あるいはほとんど白色の，やや大形の十字花を開く．がく片は線状長楕円形，長さ 7 mm ぐらい．花弁は広倒卵状のくさび形で基部は長い柄となり，長さ 1.5 cm ぐらい．雄しべは 4 本が長い．花糸の基部に蜜腺がある．雌しべは 1．長角果は長さ 4〜6 cm．やや太く，多少くびれがある．果皮はコルク質で熟しても開裂せず，くびれごとに 1 個の赤褐色の種子がある．園芸品種が多い．桜島ダイコンは根が特に大きく丸い．〔日本名〕大根（オオネ）の音読みである．本種の原産はヨーロッパで，radish（ハツカダイコン）が原種である．むかしヨーロッパから中国に入ったことは，蘆葩という古い音訳名があることでもわかる．莱菔，蘆菔，蘿蔔はその字をとりかえただけのものである．原語は rapa (raphus)，または rhaphanis に由来するものであろう．〔漢名〕莱菔．

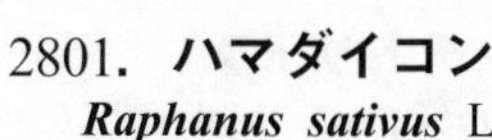

2801. ハマダイコン　〔アブラナ科〕

Raphanus sativus L. var. ***hortensis*** Backer
(*R. sativus* f. *raphanistroudes* Makino)

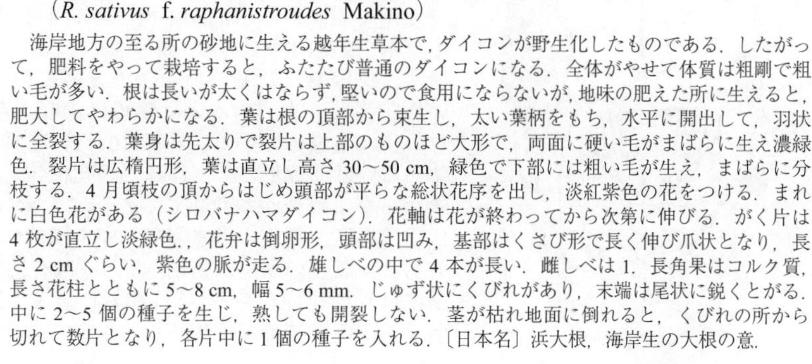

海岸地方の至る所の砂地に生える越年生草本で，ダイコンが野生化したものである．したがって，肥料をやって栽培すると，ふたたび普通のダイコンになる．全体がやせて体質は粗剛で粗い毛が多い．根は長いが太くはならず，堅いので食用にならないが，地味の肥えた所に生えると，肥大してやわらかになる．葉は根の頂部から束生し，太い葉柄をもち，水平に開出して，羽状に全裂する．葉身は先太りで裂片は上部のものほど大形で，両面に硬い毛がまばらに生え濃緑色．裂片は広楕円形，葉は直立し高さ 30〜50 cm，緑色で下部には粗い毛が生え，まばらに分枝する．4 月頃枝の頂からはじめ頭部が平らな総状花序を出し，淡紅紫色の花をつける．まれに白色花がある（シロバナハマダイコン）．花軸は花が終わってから次第に伸びる．がく片は 4 枚が直立し淡緑色．，花弁は倒卵形，頭部は凹み，基部はくさび形で長く伸び爪状となり，長さ 2 cm ぐらい，紫色の脈が走る．雄しべの中で 4 本が長い．雌しべは 1．長角果はコルク質，長さ花柱とともに 5〜8 cm，幅 5〜6 mm．じゅず状にくびれがあり，末端は尾状に鋭くとがる．中に 2〜5 個の種子を生じ，熟しても開裂しない．茎が枯れ地面に倒れると，くびれの所から切れて数片となり，各片中に 1 個の種子を入れる．〔日本名〕浜大根，海岸生の大根の意．

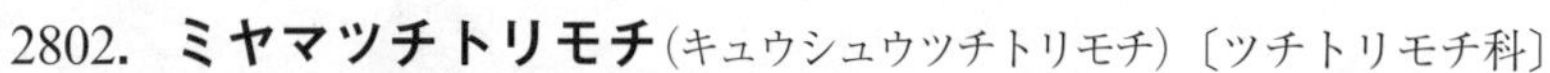

2802. ミヤマツチトリモチ（キュウシュウツチトリモチ）〔ツチトリモチ科〕

Balanophora nipponica Makino（*B. kiusiana* Ohwi）

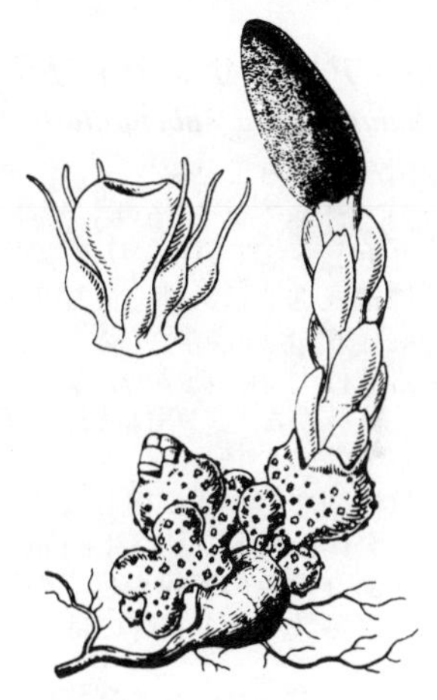

本州〜九州に分布する寄生草本で，山地の渓流近くの落葉樹林の斜面などに希に見られ，主にイタヤカエデなどのカエデ類の根に寄生する．雌株のみが知られる．こぶ状に枝分かれした塊茎は地下で寄主の根の先につき，直径 10 cm 程度になり，黄褐色で表面に星状の皮目が多数ある．花期は 7 月下旬〜8 月中旬で，塊茎の枝の内側から，直立する太い花茎を 1 本ずつ出し，花序を含め高さ 8〜14 cm，花茎の中下部は落葉に埋まり，ほぼ十字対生する鱗片葉をつけ淡黄褐色，先端に，地上に露出する赤褐色で長楕円状〜卵楕円状の花穂をつける．花穂は倒卵球形で微細な担根体に覆われ，担根体の表面には著しいしわがある．雌花は担根体の間に無数に埋もれ，紡錘状で，オレンジ色．花柱は花の初期には短いが，盛期になると長く伸びて担根体の間からのぞく．〔追記〕花穂は果実期に向かって大きくなり，秋になってから発見されやすい．塊茎がつく寄主の根の先端付近は肥大して木化し，大きな寄生木こぶを生じる．

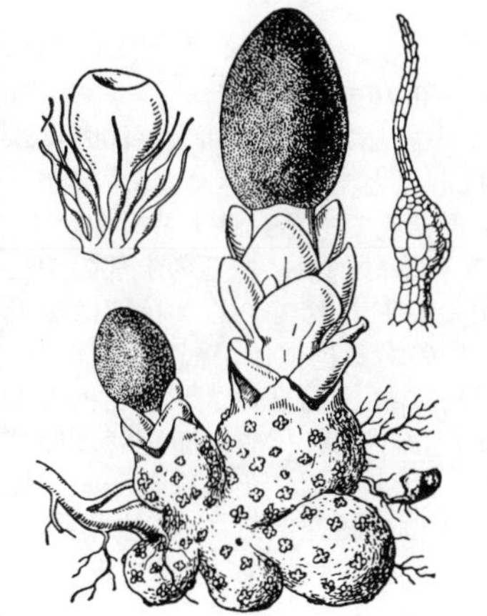

2803. ツチトリモチ　〔ツチトリモチ科〕

Balanophora japonica Makino

四国，九州に分布する多年生寄生草本．台湾でも発見されている．雌株だけが知られ，種子は単為生殖によってできる．高さ 7〜10 cm ぐらい，主にハイノキ属の木の根端に寄生する．塊茎は肥厚粗大で，大小不同の球状塊に分裂し，淡黄褐色で，大きな淡白色のカサブタ状の斑点がまばらに分布する．花茎は多肉で，11 月頃，開口している塊茎の先から直立してのび，大きな鱗片葉がかさなり，橙赤色をしている．花穂は 1 個で肥厚し，卵状楕円形あるいは長楕円状卵球形，時には卵球形で，深赤色．倒卵球形の担根体が多数あり，穂面をおおい，その間に 1 個の子房からなる黄色の雌花が密集してつく．子房は有柄，楕円体で 1 個の胚珠が入っていて，上部には長い花柱がある．〔日本名〕土鳥黐の意味で，塊茎をすりつぶして鳥もちを作るからである．〔追記〕九州北部から本州の山地に分布するミヤマツチトリモチ（前図）とは寄主が異なり，形態的には担根体の表面模様で区別される．

2804. ヤクシマツチトリモチ　〔ツチトリモチ科〕

Balanophora yakushimensis Hatus. et Masam.

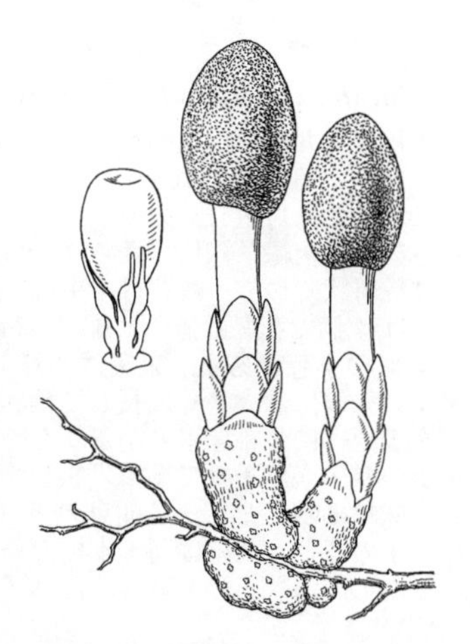

屋久島，種子島を含む九州南部から奄美大島，および台湾に産する多年生寄生草本．雌株だけが知られている．ツチトリモチに似るが全体小さく，高さ 2〜5 cm くらい．塊茎は地下にあり，またはやや露出する．花茎は秋にのびだし，直立または斜上し，通常橙赤色で数対の鱗片葉がある．花穂は橙色から深赤色で通常広卵球形から卵球形，まれに楕円体，穂面に密集する担根体は倒卵球形でやや長い柄部があり，雌花は 1 個の子房からなり担根体と同色で，担根体の間および柄部に多数つく．花の盛時には花柱が長くのびて担根体の間から外にでるため，肉眼では白く点状にみえる．屋久島などでツチトリモチとともに分布する場合にはそれよりも高所にみられる．〔日本名〕屋久島土鳥黐．〔追記〕台湾から中国大陸に広く分布するホザキツチトリモチ（タイワンツチトリモチ）*B. laxiflora* Hemsl. には雌株，雄株ともに知られているが，その雌株は本種との共通点が多く，近縁と考えられる．

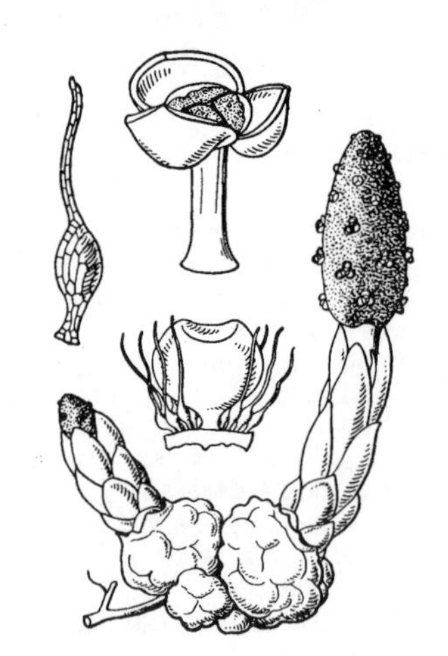

2805. キイレツチトリモチ 〔ツチトリモチ科〕

Balanophora tobiracola Makino（*B. wrightii* Makino）

九州・四国から台湾，中国，インドシナ半島の沿岸地などに分布する寄生草本．雌雄同株である．高さ 3〜10 cm ぐらい，主にトベラの根に寄生する．塊茎は肥厚し，数個の塊りが集まっていて，黄色，カサブタ状の斑点はない．花茎は直立，あるいは斜めにのび上がり，多肉で淡黄色の鱗片葉がウロコ状に重なっている．花は 10〜11 月頃咲く．花穂は黄白色，卵状長楕円体あるいは卵球形で，倒卵球形の担根体が密集してつき，その間に 1 個の子房からなる雌花が多数あり，さらに大形の雄花が穂面にまばらに点在する．雄花は有柄，花被片は 3 個で，中央に柄のない 3 個の葯があり，花粉は白色である．雌花の子房は無柄，あるいは有柄で楕円体，中に 1 個の胚珠があり，上には長い花柱がある．〔日本名〕喜入土鳥黐，喜入は鹿児島県指宿市の地名で，ここで初めて採集されたからである．

2806. アマクサツチトリモチ 〔ツチトリモチ科〕

Balanophora subcupularis P.C. Tam

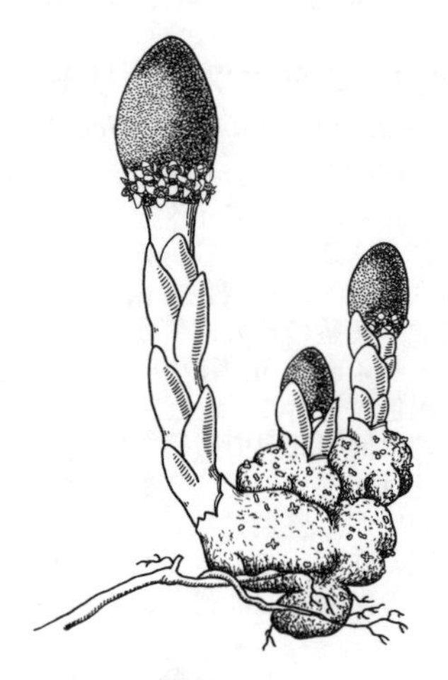

中国南部からミャンマーにかけて広く分布する寄生草本．雌雄同株で葉緑素がない．日本では 2016 年に熊本県天草から報告され，寄主はハゼノキおよびサイカチとされている．リュウキュウツチトリモチに似ているが全体が小さい．塊茎は地表近くにあり，直径 1.5〜2 cm 程度の塊が合着したような形状で，全体の直径 6〜8 cm，淡黄褐色，表面には粒状のざらつきと白っぽい星形の皮目がある．11 月頃，塊茎の内側から太い花茎を出し，高さ 6〜8 cm 程度，全体赤紫色，気孔がなく，葉は鱗片状で 8 個程度がやや 2 列に重なる．花穂は卵状長楕円形で花茎に頂生し，長さ 2 cm 以下，基部に雄花を 2 列ぐらい着け，それ以外は微細な担根体に被われる．雄花はほとんど無柄で白色，花被はふつう 4 裂し，裂片は卵形で長さ 1.5 mm，平開し，中央に花被と同数の葯をつける集合雄蕊があり白色の花粉が目立つ．雌花は 1 個の雌蕊からなり微細で黄色，担根体の間に多数つき，花時には花柱が伸びて担根体の間からのぞく．

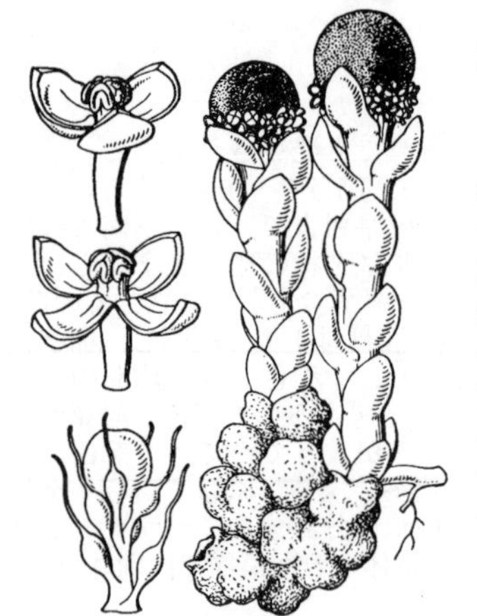

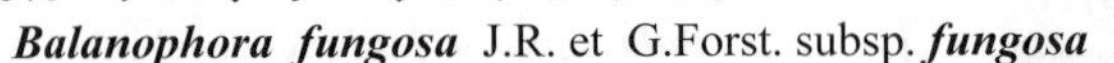

2807. リュウキュウツチトリモチ 〔ツチトリモチ科〕

Balanophora fungosa J.R. et G.Forst. subsp. ***fungosa***

沖縄島から南は北オーストラリア，フィジー諸島にかけて西太平洋の島嶼の沿岸地に産する寄生草本．花時の高さ 10 cm ほど，後に大きくなり，群がって生え雌雄同株．まれに単性株があり，通常黄赤色である．地下茎は塊状で，不規則に分裂し，カサブタ状の斑点はない．花茎は晩秋に塊茎の上部の開口部から直立し，肥厚して，まばらな鱗片葉でおおわれている．花穂は球形〜長楕円体で，中・上部には倒卵球形で長い柄のある担根体が密集してつき，1 個の子房からなる雌花は主に担根体の柄部につく．雄花は大形で花穂の下のはしに群ってつき，苞は貧弱で断片状または不明，花柄は開花時に伸びて明らか，花被片はふつう 4 個でほぼ同大，葯は 4 個，花糸は合一し，短い柱状となる．雌花の子房は有柄，楕円体で 1 個の胚珠があり，花柱は長い．〔日本名〕リュウキュウツチトリモチは琉球に産する土鳥黐の意味である．

2808. ツクバネ（ハゴノキ，コギノコ） 〔ビャクダン科〕

Buckleya lanceolata (Siebold et Zucc.) Miq.

本州から九州の山地の林下・林縁に生える半寄生の落葉低木で根は他の木の根に寄生する．幹は直立し，高さ 1〜2.5 m ぐらい，盛んに分枝し，葉を多くつける．葉は対生し，やや無柄，卵形または長卵形で先端は長く尖り，下部はくさび形，全縁，緑色，長さ 2〜8 cm ぐらい．雌雄異株．初夏の頃，雄花が枝端に散房状につき，雌花は中央の花枝の先に 1 個つく．花は小形で淡緑色，がく片は 4 個で花弁は無い．雄しべは 4 個で短い．雌花は子房下位，がく片の下に 4 個の小苞がある．果実は卵球形あるいは楕円体で長さ 7〜10 mm ぐらい，果実の先端には大きく成長して葉状となった線状披針形の 4 個の苞がある．果実を塩づけにし料理用のかざりものとして用いることもある．〔日本名〕衝羽根．果実の様子が羽子板で衝く羽根に似ているからである．また一名ハゴノキも同じ意味である．また一名胡鬼の子（コギノコ）は羽子板の子という意味で，子は羽子のこと．胡鬼は羽子木板の略で，子木に胡鬼の当て字を用いたのである．

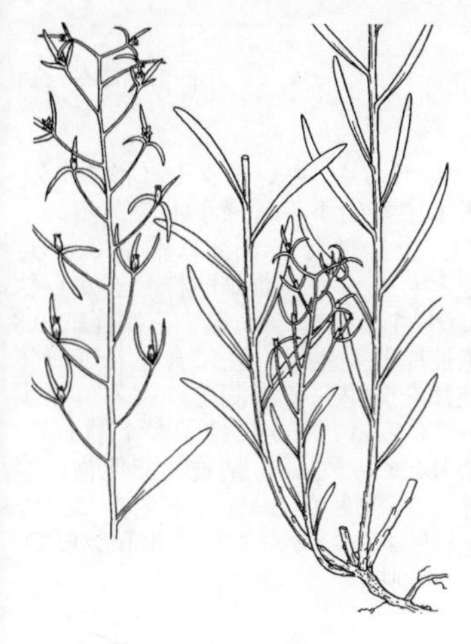

2809. カマヤリソウ 〔ビャクダン科〕

Thesium refractum C.A.Mey.

本州東北地方，北海道に産し，朝鮮半島，中国東北部，シベリア東部，サハリンに分布する緑色の半寄生植物．茎は直立，高さ 10〜25 cm になる．全株無毛．葉は互生し，線形で先は鈍形，柄はなく，長さ 2〜5 cm，幅 2 mm ほどになる．花は両性で，長さ 5〜6 mm になり，上方の葉の腋にひとつずつつき，7 月頃に咲く．花柄は長さ 0.5〜3 cm になるが葉の下部と合着し，上部には，2 個の線形で長さ 0.5〜1.5 cm になる苞があり，葉の花柄と合着しない部分と合わせ，一見花は基部に 3 個の葉状のがく片があるようにみえる．花被筒は鐘形で，長さ 2〜3 mm，幅 3 mm ほど，5 個の花被裂片は白色で，狭三角形状披針形，斜上またはやや直立する．雄しべは 5 個で，花被裂片と対生し，超出しない．果実は卵球形で，長さ 2〜2.5 cm，表面には不明瞭な条線があり，上部に花被裂片が残っている．果柄は長さ 0.6〜1.8 cm で，開出または多少下に向く．〔日本名〕鎌鎗草で，花柄と合着しない葉の上方の部分のかたちが鎌鎗形をしていることから，宮部金吾・三宅勉により，1915 年に名付けられた．

2810. カナビキソウ 〔ビャクダン科〕

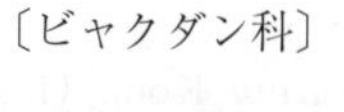

Thesium chinense Turcz.

山野の陽あたりのよいところに生え，また芝地にもみられる多年生の半寄生草本で，高さは 15〜25 cm ほどである．根は他の草の根に寄生し，短くて分枝し，白色である．茎は普通群生して直立し，細長くて緑色，多少分枝する．葉は互生し，線形，先端は鋭形，全縁，長さは 1〜3 cm ぐらいで，帯白緑色である．5 月頃，葉腋の短枝の先に外面が淡緑色で内面が白色の小花をつける．花の下には葉状の苞が 1 個と小苞が 2 個ある．がくは下部が短い筒状となり，上部は 4〜5 裂し，裂片は卵状長楕円形で敷石状に配列し，やや厚質である．花弁はない．雄しべは 5 または 4 個で，がく片の基部にこれと対生してつく．子房には柄がなく下位で，1 個の花柱がある．果実は球形で長さ 2 mm ぐらい，外面には脈が隆起し，先端に宿存がくがあり，中に種子が 1 個ある．〔日本名〕たぶん鉄引草であろうが，意味は不明．〔漢名〕百蕊草はもともと本種の名ではないが，現在中国では本種に対して用いられている．

2811. ビャクダン 〔ビャクダン科〕

Santalum album L.

インド・東南アジアに産する半寄生性の常緑小高木．地下に吸根があって寄主の根につく．幹は直立して分枝し，高さ 10 m に達する．若枝は緑色．葉は対生し，長さ 8 cm 程度，葉身は長楕円形で鋭頭，基部は楔状に狭まり，全縁，葉柄がある．花序は集散花序で若枝の葉腋や枝端に集まって円錐状となる．花は径 7 mm，黄緑色から紫褐色に変わる．萼筒は鐘形で平開する卵状 3 角形の 4 裂片があり，花弁は小さく萼片に互生する．雄蕊は 4 個で葯は外向し，糸状に連なる白色の花粉を出す．雌蕊の花柱はやや長く，柱頭は 3 裂．果実は丸く，紫黒色に熟す．材を採る目的で広く栽培され，辺材は黄色がかった白色，心材は赤みが強く，芳香があり，仏像・美術品・扇子や線香などに使うほか，白檀油をとり香料とする．〔漢名〕白檀．〔英名〕Sandalwood.

2812. ムニンビャクダン 〔ビャクダン科〕

Santalum boninense (Nakai) Tuyama

小笠原諸島の一部に特産する常緑の小高木で，高さ 2〜4 m になり，シマイスノキ，シャリンバイ，オオハマボウ，オガサワラススキなどの根に吸盤で寄生する．樹皮は暗い濃灰色である．枝は多数分枝する．葉は対生し，長さ 3 mm ほどで太めの柄があり，葉身は狭倒卵形または長楕円形，先は円形，基部はくさび形で，長さ 3〜6 cm，幅 2〜3 cm になり，やや質が厚く，表面は黄色を帯びた緑色，裏面はやや粉白をおびる．花は枝先に近い葉腋からでる長さ 4〜5 cm の集散花序につき，芳香があり，3〜5 月に咲く．花序には小さな早落性の苞がある．花柄は長さ 1 mm くらいで，基部に関節があり落ちやすい．花筒は鐘形でやや四角柱状となり，長さ 2 mm ほどになる．花被裂片は 4 個あり，三角状卵形で，先はかぎ状に曲がり，花筒とほぼ同長である．花被裂片の間に花筒から突出する花盤がある．雄しべは 4 個あり，花被裂片と対生し，裂片と花盤の間につく．果実は洋ナシ状で，長さ 1.6 cm，幅 1.2 cm になる．核は球形で先は急に細く尖り，径約 1 cm になる．本種の材にはビャクダンに似た芳香がある．

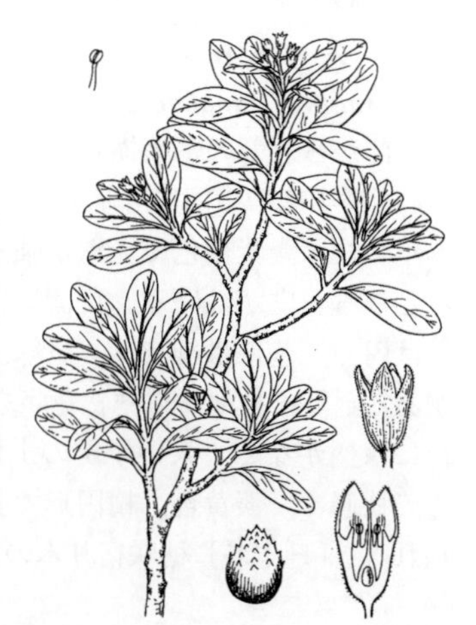

2813. ヒノキバヤドリギ 〔ビャクダン科〕

Korthalsella japonica (Thunb.) Engl.

中部, 南部各地のヒサカキ, ツバキ, サザンカ, サカキ, ギンモクセイ, アデク, イヌツゲ, モチノキ, ネズミモチその他の樹木に寄生する常緑小木である. 全形6～12 cm ぐらい. 多数の関節があり, 分枝し, 全体緑色で, 節間は扁平である. 葉は各節の上端の両側に小さな鱗片状の突起としてつく. 雌雄同株. 春から秋にかけて節部に黄緑色をした雌雄の柄のない小さな花をつける. 花は径約 0.8 mm, 花被は 3 裂する. 雄花の葯は 2 室, 花被片と互生し, 互に合生して一体となる. 雌花の子房は下位, 熟すと柱頭に液体を分泌して水滴をつける. 果実は小形の液果, 楕円形でみかん色, 長さ 3 mm ぐらい, なかに種子が 1 個ある. 種子は果皮をやぶって飛び出し, 種子のまわりについている粘質物で他物につき, 他の樹の枝の上につけばそこで発芽し新しい株となる.〔日本名〕ヒノキ葉寄り木. 細かく分枝した緑色の茎がちょうどヒノキの葉のようであるからで, ヤドリギは他物に寄生して生活をする木という意味.

2814. ヤドリギ (ホヤ, トビヅタ) 〔ビャクダン科〕

Viscum album L. subsp. ***coloratum*** Kom. (*V. coloratum* (Kom.) Nakai)

普通エノキに寄生し, またクリ, サクラ, 稀にブナなどの枝の上につく常緑小低木. 各地にある. 長さは約 40～60 cm, 2 叉または 3 叉的に枝分かれし, 無毛で緑色. 茎は柔かくかつ強く, 円柱形, 節があり, 節間は 5～10 cm ほどである. 葉は対生で無柄, 倒披針形で, 葉の先は円形, 下部はくさび形, 長さは約 3～8 cm, 厚くて革質である. 雌雄異株. 2 月頃, 枝先の葉の間に柄のない黄色の小さな花を開く. 苞は杯形で, がくは厚質, 4 裂する. 雄しべには花糸がなく葯はがく片につき, 多室で黄色の花粉を出す. 子房下位, 柱頭には柄がない. 果実は球形で熟すと淡黄色となり半透明で粘汁があり, 中に扁平な深緑色の種子が 1 個ある. この果実が偶然に他の樹枝に粘りつくとそこで発芽し, 新株になる. 果実がみかん色に熟す品種をアカミヤドリギ f. *rubroaurantiacum* (Makino) Ohwi という.〔日本名〕寄生木. 宿り木の意味で他の樹に寄生して生活するからである. 一名ホヤの意味は不明. トビヅタはこの木をツタにたとえ, また樹から樹に移って生えるからである.〔漢名〕冬青. これはナナメノキの漢名でもある. 槲寄生という漢名は本来誤りであるが, 現在中国では本種に対して用いられている.

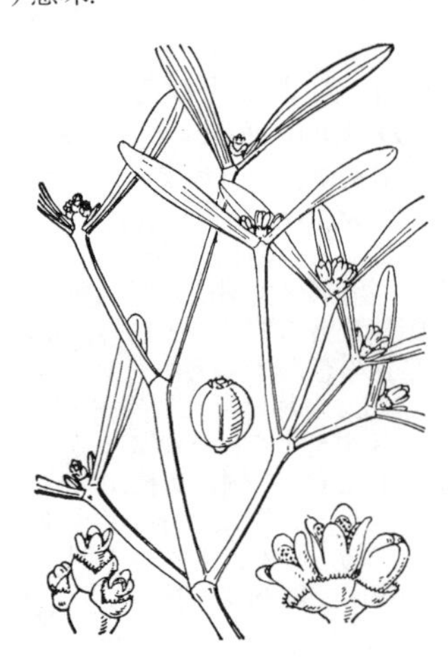

2815. ボロボロノキ 〔ボロボロノキ科〕

Schoepfia jasminodora Siebold et Zucc.

九州, 琉球の山地に生える落葉小高木. 若い枝は紫色を帯びているが 2 年目からは黄灰色に変わる. 小枝は勢のよいもの以外は冬には脱落するという特別な性質がある. 葉には短い柄があり, 互生で, 長さ 4～6 cm, 卵形, 先端はやや有尾状の鋭尖形, 基部は円形あるいは切形で, 全縁, 葉質は洋紙質で軟らかく毛はない. 花には香気があり, 腋生の総状花序を出し, 雌雄異花で, 花穂の下部には雌花がつく. 花冠は筒形で, 先端は 4 裂してそり返り, 黄色である. 雄しべは花冠の筒部に 4 個つく. 雌しべには長い花柱があり, 先端は三つに分かれている. 子房は半下位で 3 室である. 核果は楕円体状球形である.〔日本名〕多分樹の材質が軟らかくてもろく, ボロボロと折れやすいから名づけられたものであろう.〔中国名〕青皮木.

2816. ホザキヤドリギ 〔オオバヤドリギ科〕

Loranthus tanakae Franch. et Sav.

中部から北部の落葉樹林帯に産し, 主にミズナラに寄生する落葉小低木. 朝鮮半島や中国にも産する. 根本から数本の枝が分枝し, 枝は直線的, 本年の枝は濃紫褐色で光沢が強く, 無毛, 冬を越すと灰色がかってところどころ表皮がはげる. 葉は対生, さじ状の長楕円形, 長さ 3 cm 前後, 先は円く, 基部は細まり, 全縁, 肉質で少数の脈は少し隆起し, 短い柄がある. 夏に枝端から穂状花序を出して黄緑色の小花をまばらにつける. 花には柄がなく, 太い子房の上に 4～6 個の花被片と 6 個の雄しべがある. 秋遅く, 淡黄色, 楕円形で長さ 5 mm ぐらいの液果となり, 果穂は垂れる.〔日本名〕穂咲宿り木の意味.

2817. マツグミ　〔オオバヤドリギ科〕

Taxillus kaempferi (DC.) Danser

暖地生の常緑寄生低木で，主としてアカマツ，モミの枝につく．茎は分枝し，下部はしばしば横にはう不規則な褐色の根で寄主に吸着している．枝は細くて強く，葉の落ちたあとに点状のこぶがある．葉は小さくて数が多く，緑色で互生し，短柄があり，倒狭披針形で先端は鈍形，下部は狭まり，全縁で革質，無毛でつやがなく長さは 2～3 cm ぐらいである．7 月頃．葉腋に短小な集散花序を出し 2～3 個の花をつける．花には短い柄があり，深紅色，基部に小苞がある．がくは広線状筒形，先端は 4 裂し，裂片は一方にかたよって開きそり返り，褐黄色である．つぼみの時はがくの上部は弓形に曲がり緑色である．花喉には小さな線形の雄しべが 4 個あり，花柱は糸状で長く花の外にのび，子房は下位で球形．液果は小さくて径 5 mm，球状で，翌年の春赤く熟し，中に白色の種子が 1 個ある．〔日本名〕松グミ．アカマツの上に生え，果実がグミのようであるからである．

2818. オオバヤドリギ（コガノヤドリギ）　〔オオバヤドリギ科〕

Taxillus yadoriki (Siebold ex Maxim.) Danser

暖地に生える常緑寄生低木．主としてカシ類，シイ，ヤブニッケイなどにつき，一見グミに似ている．葉は有柄で対生し，広楕円形，卵円形，倒卵円形など，長さ 3～6 cm ぐらい，先は鈍形，基部は円形，革質で厚く，裏面は新しい枝とともに赤褐色の星毛があり，遠くから眺めると赤褐色の集団が目立つ．晩秋，集散花序を出し，2～3 個の柄のある花をつけ，つぼみは普通弓形に曲がっている．がくは長さ 2 cm ぐらいの狭卵状筒形で，外面は赤褐色の星毛があるが内部はつやのある黒紫色で，喉部はへら形の 4 裂片に分かれ反巻している．雄しべは 4 個，広線形，黄色，がく裂片の基部につきこれと対生し，花の外に長くのび出し，子房は下位で球形，赤褐色．液果は越年して成熟し，広楕円体，赤褐色，星毛が残存し，果肉は粘性が強い．〔日本名〕大葉宿り木で，葉が大きいからである．一名コガノヤドリギはコガすなわちヤブニッケイに寄生するからである．

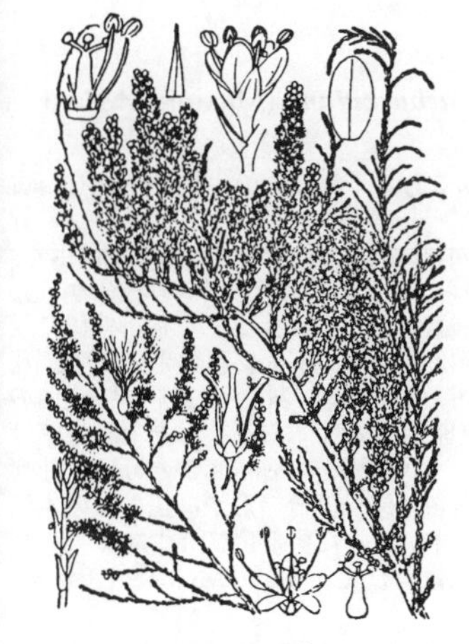

2819. ギョリュウ　〔ギョリュウ科〕

Tamarix chinensis Lour.（*T. juniperina* Bunge）

寛保年間（1741～1744）に渡ってきた中国原産の落葉小高木で，観賞のために人家に植えられる．幹は直立して盛んに分枝し，高いものは 6 m 余りにも達し，枝は細長く，繁った多数の細い枝は冬になると黄色くなって落ちる．葉は緑色で細く小さな針形で先端は尖り，枝をおおって多少瓦状に重なり合って互生する．総状花序は 1 年に 2 度出て，春の花序は古い枝に出て花は少し大きく，花が終わった後に結実しないが，夏のものは新しい枝に出て，花は少し小さいが結実する．後者の形のものに *T. juniperina* Bunge の学名がついた．花は群集して咲き，淡紅色で短い小花柄をもつ．がく片は 5 個あり細かく，花弁も 5 個，5 本の雄しべは長く外へ突出している．1 個の子房には 3 本の花柱があり，細かく小さなさく果を結び，種子には冠毛がある．〔日本名〕御柳の意味．もともと漢名に由来したものである．〔漢名〕檉柳であるが，このほか三春柳，河柳，雨師柳などの異名がある．

2820. ハマカンザシ（マツバカンザシ，アルメリア）　〔イソマツ科〕

Armeria maritima (Mill.) Willd.

ヨーロッパ，北アメリカに分布し，また千島列島にも野生するが，一般に園芸植物として花壇に植えられる多年草．茎は根ぎわで多くの枝に分かれて群生し株となる．一株に多数の狭線形の葉を密につける．葉は質柔らかく 1 本の脈をもち，先端はやや尖る．春，葉の間から 10～15 cm の花茎を出し，頂に頭状花序をつけ，多数の小さな淡紅色の花を密集して開く．花序は多数の乾いた膜質の苞葉で包まれ，最下部の 2～3 枚の苞葉は反り返って鞘状となり，花茎の上部を包んでいる．がくは筒となって先は 5 裂し，花冠は 深く 5 裂する．5 本の雄しべと 1 本の雌しべをもつ．〔日本名〕浜辺に生え，花の様子がかんざしに似るのでいう．松葉カンザシは葉の形が松葉に似るのでいう．

2821. ハマサジ（ハマジサ）　〔イソマツ科〕

Limonium tetragonum (Thunb.) A.A.Bullock
（*L. japonicum* (Siebold et Zucc.) Kuntze）

本州から九州および朝鮮半島の海岸の砂地に生える多年草．主根は硬く，地中に真直にのびる．葉は多数根生してロゼット状となり，長楕円状へら形で先端円く，基部の方は狭くなりしばしば赤みを帯びた葉柄となる．全縁で質厚く，上面はつやがあり，長さ 12～15 cm．秋，群生する葉の中心から緑色の花茎をのばし，高さ 30～60 cm となり，多くの枝に分かれ，小枝の先に穂状花序をつけ，小さな多数の花を開く．苞葉は緑色楕円形で縁は乾いた膜質となり，先は円く凸頭となり，長さ約 4 mm，苞葉に包まれた花の基部に 2 枚の小さな膜質の小苞葉がある．がくは筒となって先は 5 裂し，白色の乾いた膜質で，長さ約 5 mm．花冠は深く 5 裂し，裂片は狭いへら状で先は凹み，上部黄色く下部白色で，がくより少し長い．5 本の雄しべと，5 本の花柱をもつ雌しべがある．〔日本名〕浜匙で，海辺に生え，葉の形が匙状なのでいう．

2822. ハナハマサジ　〔イソマツ科〕

Limonium sinuatum (L.) Mill.（*Statice sinuata* L.）

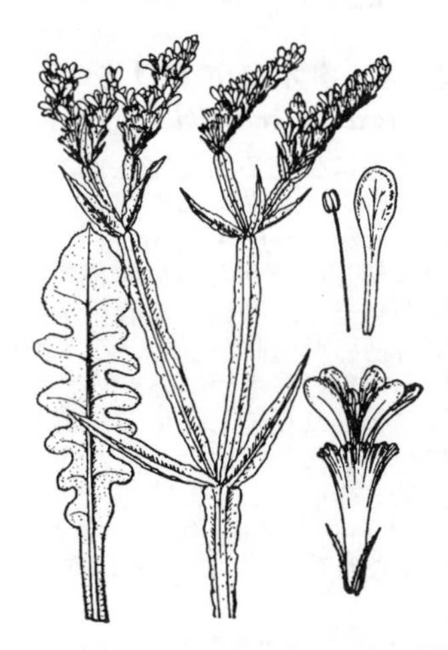

地中海沿岸地方原産の多年草で，観賞用として栽培され，切花にする．高さ 50～70 cm，根生葉は羽状に切れこむかまたはやや不規則に波状に切れこみ，裂片の先端はやや円く，最上部の裂片は最も大きい．上部の葉はだんだん小形となり線状披針形で，全体に粗い毛がまばらに生えている．毛の基部に小さいこぶ状の突起があり，ざらざらしている．茎には狭い翼があり，上方で二叉に分枝し，やや水平に広がる．枝の先の一方の側に数個の小穂を並んでつける．小穂は 3～5 個の花からなり，苞葉は小形で披針形，がくはラッパ状の筒になり，青紫，紫または紅色で，つやのある乾いた膜質で縦じわが多い．花冠の筒部は小さな円筒状で，先端は 5 裂し，裂片はへら形で白色，5 本の雄しべがあり，花柱は基部まで深く 5 裂する．〔日本名〕花浜匙の意味である．

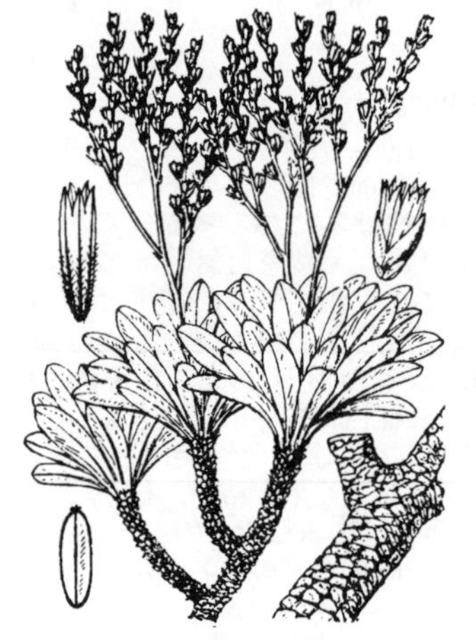

2823. イソマツ（イソハナビ）　〔イソマツ科〕

Limonium wrightii (Hance) Kuntze var. ***arbusculum*** (Maxim.) H.Hara
（*L. arbusculum* (Maxim.) Makino）

日本南部の暖地海岸に生える小低木状の多年草である．茎はふつう枝分かれし，古い部分は皮が黒色でしわ状となり，鱗片状に割れ，その様子がちょうどクロマツの幹のようである．葉は多数茎の頂に群がってつき，小形で質は厚く，へら形で先は円く，乾けば特有のしわができる．8～9 月頃，葉の間から 1～2 本の花茎を出し，枝分かれして穂状花序をつくる．小穂は無柄でやや疎らに花軸に並び，1～2 花をもち，外側に膜質のふちをもった苞葉がある．がくは筒形で先端は 5 裂し，下部に粗い毛がある．花冠は筒状の鐘形で上部は 5 裂し，淡紫色で乾いた膜質である．雄しべは 5 本で花筒の中に入っている．雌しべは 1 本，子房は小さい倒卵形体で 5 本の花柱がある．果実は細長い長楕円体である．これに似たものにキバナイソマツ var. *wrightii* があり，黄花をつけ，沖縄本島とその周辺の島嶼に生える．〔日本名〕磯松はその形が海辺の松の木に似ているのでいう．また磯花火は磯辺にあって枝分かれした茎の頂に群生する葉の様子を花火にたとえたものである．〔漢名〕石蓯蓉または石松を使うが，ともに誤りである．

2824. カラダイオウ　〔タデ科〕

Rheum rhabarbarum L.

シベリア地方原産の植物であるが，江戸時代に中国から渡って来たもので，時には栽植されている．多年生の大形草本で，根は肥大し，黄色である．茎は粗大で，高さ 1.5 m ぐらいになり，中空である．葉は広大な卵形で 5～7 脈があり，ふちは波状にうねり，下部の葉は基部が深い心臓形で，根生葉は群生して長い柄があり，葉柄は紫色を帯び，上面に浅い溝があって，背面は円い．夏に茎の上部から枝を出し，複総状花序をつけ，多数の黄白色で柄のある小花を開き，花軸上に輪生する．がくは 6 裂し，長さ 3 mm ぐらい．花弁は無い．雄しべは 9 個．子房の先には短い 3 個の花柱があって，柱頭は広がる．痩果は内側 3 個の宿存性のがく片で包まれ，その 3 個のがく片は卵形で先端は凹形である．〔日本名〕唐大黄．中国大黄の意味．江戸時代にこれを真の大黄と誤認したらしいが，勿論真正の大黄ではなく，薬用成分は少ない．延喜式には各地から大黄（オオシという．シはギシギシ，大形のギシギシという意味）を貢がせたという記事があるが，この大黄は多分日本産のマダイオウを用いたのであろう．今から約千年も昔にカラダイオウまたは真の大黄を各地で栽培していたとは信じられない．

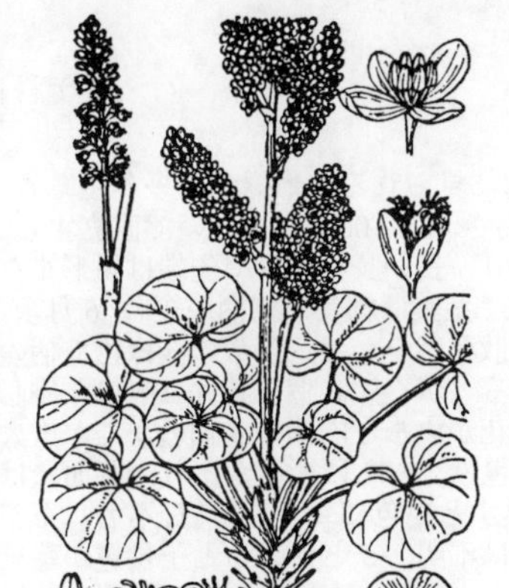

2825. マルバギシギシ（ジンヨウスイバ） 〔タデ科〕

Oxyria digyna (L.) Hill

高山帯に生える多年生草本．根生葉は非常に長い葉柄があり，腎臓形あるいは腎臓状心臓形で先端は円形，あるいは凹形，基部は心臓形，径は1〜4 cm ぐらい，酸味があり，托葉は膜質である．茎葉は普通は退化しており，膜質の托葉鞘だけがある．茎は高さ20 cmほど．夏に，複総状花序を出して多数の小さな花をつける．花は数個ずつ輪生し，細い柄があり，緑色または帯紅緑色をしている．がく片は4個で内側の2個はやや大きく2 mm弱の長さがある．花弁はない．雄しべは6個．花柱は2個で短く，柱頭は細く裂けている．痩果は平たくて，広い2枚の翼があり，やや円形で先は凹み，長さは4〜5 mm ぐらいある．〔日本名〕円葉ギシギシ，または腎葉酸模の意味．円葉は円形の葉，腎葉は腎臓形の葉のことである．

2826. ス イ バ（スカンポ） 〔タデ科〕

Rumex acetosa L.

野外にきわめて多い雌雄異株の多年生草本．地下茎はやや肥厚して短く，根は分枝して黄色である．茎は直立して，高さ50〜80 cm ぐらい，細長い円柱形で，縦稜線があり，緑色で普通紅紫色を帯び，葉とともに酸味がある．根生葉は長い柄があり群生し，長楕円形で先端は鈍形，基部は多少矢尻形である．茎葉は互生し，披針状長楕円形，基部は矢尻形で，下部の葉には短い柄があり，上部の葉は茎を抱き，托葉鞘は膜質である．春から初夏にかけて，茎の先が分枝し，円錐花穂となり，淡緑色あるいは緑紫色で有柄の小花を花軸のまわりに多数輪生する．がく片は6個で，花弁は無い．雄花には雄しべが6個あり，花中から垂れ下がった黄色の葯がある．雌花には3個の花柱があり，柱頭は細裂し紅紫色である．花がおわると内側の3個のがく片が翼形に成長して3稜形の痩果を包み，長さ4 mm ぐらい，ほぼ円形で背面にこぶがない．〔日本名〕酸い葉の意．葉に酸味があるのでいう．一名スカンポは酸い葉からの転化であろう．また，古名をスシというが，これは多分酸羊蹄すなわち酸味あるシ（ギシギシ）という意味である．〔漢名〕酸模，蓚．

2827. ヒメスイバ 〔タデ科〕

Rumex acetosella L. subsp. ***pyrenaicus*** (Pourr. ex Lapeyr.) Akeroyd

元来はヨーロッパの原産であるが，明治時代の初め頃日本に伝えられ今では帰化植物として原野や道ばたの陽地に生えている．雌雄異株の多年生草本で，根茎は地中を横にはい，盛んに子株を分け，極めて速かに繁殖する．根生葉は群生して細長い葉柄があり，茎葉は互生し，披針形あるいは長楕円形で，先端は鋭形，基部はほこ形で全縁，葉質は柔く，茎とともに酸味があり，長さ2〜7 cm ぐらいである．茎は直立し，細長く緑色，高さ25〜45 cm ぐらいある．5〜6月頃，茎の先に枝を互生し，細長い総状花穂をつけ，短い柄のある褐緑色の小さな花をまばらに輪生する．がく片は6個で花弁はない．雄花の雄しべは6個，雌花は花柱が3個で柱頭は細かく裂ける．痩果は3稜形で，長さは1.5 mm ぐらい，密に同じ長さの宿存性のがくで包まれている．〔日本名〕姫酸葉．スイバに似ているが小形だという意味．

2828. タカネスイバ 〔タデ科〕

Rumex alpestris Jacq. subsp. ***lapponicus*** (Hiitonen) Jalas

中部以北の高山に生える雌雄異株の多年生草本．株全体はやせてなめらか，淡緑色である．茎は直立し，高さ30〜50 cm．葉質は軟らかく薄く，茎葉は極めてまばらに互生し，多くは短い柄があり，長楕円形あるいは卵形で，長さ5 cm前後，先端は尖り，基部はやや耳状のほこ形で，葉のふちは全縁であるが上下に波形にしわがあり，根生葉は葉面が短く，長い柄がある．夏，茎の頂に黄緑色の小花を輪散状につけ，これが集まって円錐花穂となる．がく片は6個で花弁は無い．雄花には雄しべが6個ある．雌花には子房1個，花柱3個があり，柱頭は特殊の星毛状をしている．痩果は3稜のある卵状長楕円形で，これを包む宿存がくは内側の3個がやや円形で全縁の翼状となり，薄質で緑褐色，背面の基部に小さなこぶ状の突起がある．〔日本名〕高嶺酸葉で，高山に生えるからである．

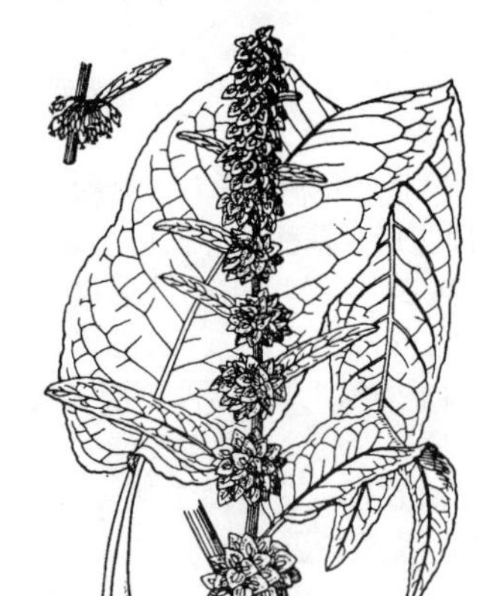

2829. ギシギシ 〔タデ科〕

Rumex japonicus Houtt.

原野や路ばたの湿地，あるいは水辺に普通に見られる大形緑色の多年生草本．根は粗大で地中に入り，黄色である．茎は高さ 60～100 cm ぐらいで直立する．葉質は軟らかく，根生葉は群生し長い柄があり，長い長楕円形で先端は鋭形または鈍形，基部は円形またはややくさび形である．茎葉は細長くて柄が短い．6 月頃，茎の上部から分枝し，枝上に総状に並んで輪散花序をつけ，多数の淡緑色で柄のある小さな花を輪生し，花序には葉状苞がある．がく片 6 個．花弁は無い．雄しべ 6 個．花柱は 3 個，柱頭は毛状に裂ける．花がすむと内側の 3 個のがくが増大し，広卵形の翼状となり，3 稜のある痩果を包み，ふちに微歯があり，背面には白色を帯びた楕円形のこぶ状突起がある．熟すと褐色に変わる．〔日本名〕ギシギシはもと京都の方言であったという．意味は不明．ことによると子供達が茎をすり合わせてギシギシという音を出させるからかも知れない．民間では根を薬用にする．これをシノネという．シはギシギシの古名である．〔漢名〕羊蹄．

2830. アレチギシギシ 〔タデ科〕

Rumex conglomeratus Murray

ヨーロッパ原産，明治時代に日本に渡って来て，路ばたや溝のわきなどの陽当たりよいところに野生する多年草．茎は直立して 1 m ぐらい，やや痩長で分枝し，帯暗紫色で毛は無く，縦溝が多い．茎葉はまばらに互生し，細い柄があり，長楕円状披針形で先端は鋭形，基部は切形あるいはやや心臓形でふちは細かく波うち，長さ 10 cm 前後，基部の葉には長い柄がある．5～6 月頃，まばらな枝を直立しあるいは斜めに出して，輪散花序をつけ，枝の長さは 20～30 cm，枝の節には葉状苞がある．輪散花序は互に離れていて，特徴のある外観を呈している．花は小形，紅緑色，雄しべ 6 個．花柱 3 個．痩果は 3 稜形で，宿存する内側の 3 個のがくは増大し，長卵形となり，痩果を包み，各片のふちには不規則なくしの歯状のきょ歯があり，背面の下部に各々 1 個の小さいコブがある．〔日本名〕荒地羊蹄．荒れ地に生えるのでアレチギシギシという．

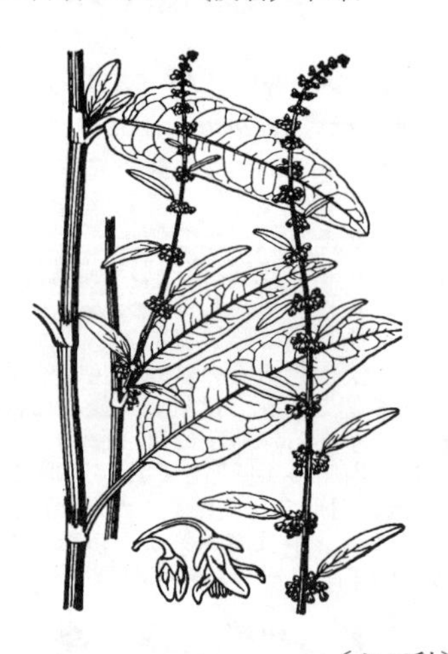

2831. エゾノギシギシ 〔タデ科〕

Rumex obtusifolius L.

ヨーロッパ原産の帰化植物で，現在では北半球に広く分布し，日本では沖縄を除く各地の原野や荒地に生える多年草．茎は直立して，高さ 50～120 cm になり，しばしば紅紫色を帯びる．根生葉があり，茎の葉よりも大きく長い柄をもつ．葉は線状披針形または長楕円状卵形で，先は鋭形または鈍形，基部は円形または心形，小さい葉では鋭形となり，長さ 15～25 cm，幅 8～12 cm で，裏面の脈上に乳頭状突起が生じる．葉脈は細脈まで明瞭にみえ，葉縁は波打つことが多い．花は 6～9 月に咲き，節に多数が輪生するが，ふつうは節間がつまった茎や枝の上方に集まり，大形の複総状に見える花序をつくる．花被は淡緑色で，3 個の外花被片と 3 個の内花被片は果実期まで残る．痩果は卵状の 3 稜形で，長さ 2.5 mm ほどになり，花被片に含まれる．果実期の内花被片は狭卵形で先は丸く，長さ 3.5～5.5 mm で，ふちには数個のとげ状の突起があり，3 個のうち，少なくとも 1 個の花被片の背面中肋には長楕円状のこぶ状の突起がある．

2832. コガネギシギシ 〔タデ科〕

Rumex maritimus L. var. ***ochotskius*** (Rech.f.) Kitag.

種としてはユーラシアの温帯や亜寒帯の海岸や内陸の砂地に生え，日本では青森県と北海道東部の海岸に生える一年草．茎は直立して高さ 15～60 cm になり，上方で分枝する．全体に毛がない．葉はごく短い柄があり，披針形または広線形で，先は鋭形，基部はくさび形で，長さ 6～20 cm，幅 0.5～3.5 cm で，ふちはふつう波打たない．花は 7～8 月に咲き，節に密に輪生してつき，茎や枝の上方では節間がつまり，総状の花序となる．花被は 6 個で，内外に 3 個ずつ配し，内花被片の方が大きい．痩果は広卵状の 3 稜形で，残存する花被片に包まれる．果実時の内花被片は三角状卵形で，長さ 3 mm くらいになり，両縁に 2～5 個の内花被片自体の幅よりも長い刺状の突起をだし，背面中肋のこぶ状突起は長楕円形で，大きく長さ約 2 mm になる．

2833. ナガバギシギシ 〔タデ科〕

Rumex crispus L.

ヨーロッパ, 西アジア原産で, 日本に帰化し, 雑草として各地にみられる多年草. 茎は直立して高さ 1〜1.5 m にもなる. 全体に毛がない. 葉は深緑色で, 長い柄をもち, 広線形または線状披針形で, 先は鋭形または鈍形, 基部は心形または円形で, 長さ 12〜30 cm, 幅 4〜6 cm で, ふちは著しく波打ち, 不規則なきょ歯がある. 花は夏に咲き, 緑色で, 茎や枝の上方の節に輪生し, ときに節間がつまって, 長さ 40 cm にもなる複総状の花序となる. 花被は 6 個あり, 3 個ずつ内外につき, 外片は内片よりも小さく, 雄しべは 6 個, 雌しべは 1 個あり, 先が房状の 3 個の花柱をもつ. 痩果は卵状の 3 稜形で, 残存する花被片に包まれる. 果実期の内花被片は卵形で先は丸味をもち, 長さ 4〜5 mm になり, ふちにはきょ歯はなく, 3 枚の内花被片のうち 1 枚には, 全長の 1 / 3 以上に達するこぶ状突起がある. ギシギシに似るが, その葉は鮮緑色で, 果実期の内花被片は先が三角形状に尖り, ふちの下半分にきょ歯があり, こぶは 3 枚の内花被片すべてで大きく発達する.

2834. ノダイオウ 〔タデ科〕

Rumex longifolius DC.

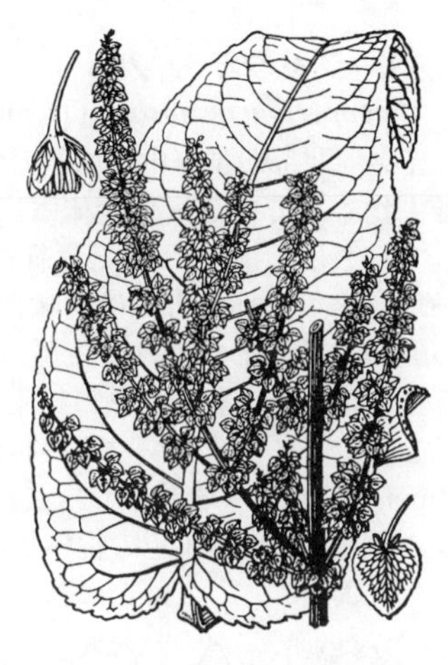

山野の水湿地に生える大形の多年生草本. 高さは 1 m 以上になり, 大きな根生葉を群生し, 壮大である. 葉は広大で長卵円形, 先端はだんだん細まって尖り, 基部は心臓形, ふちにはしわがあって, 両面に毛がないか下面脈上に乳頭状突起があり, 中脈は紅色を帯びるものが多く, 長さ 30 cm になり, 長い柄がある. 夏に茎の先が分枝し, 大きい複総状に輪散花序をつけ, 輪散花序は互に接近して数が多い. 枝は長くて小枝を出し, 多くは斜上または直立する. 花は細小で淡紅緑色. がく片は 6 個で花弁はない. 雄しべは 6 個. 花柱 3 個. 果穂は多数の果実が互に接触して, 穂全体が密につまっている. 内側の 3 個のがく片は宿存し, 翼状となり, 広卵形, 先端は鋭形, 基部は心臓形, 不明瞭な細きょ歯があり, 背面には小形のこぶがなく, 中に 3 稜のある痩果を包んでいる. 本種はマダイオウに近いが花穂が直立してつまり, 宿存がく片の幅が狭く, きょ歯が目立たないので区別出来る. 〔日本名〕野大黄. 野原に生えるからついたものであるが, 山地に生えることもある.

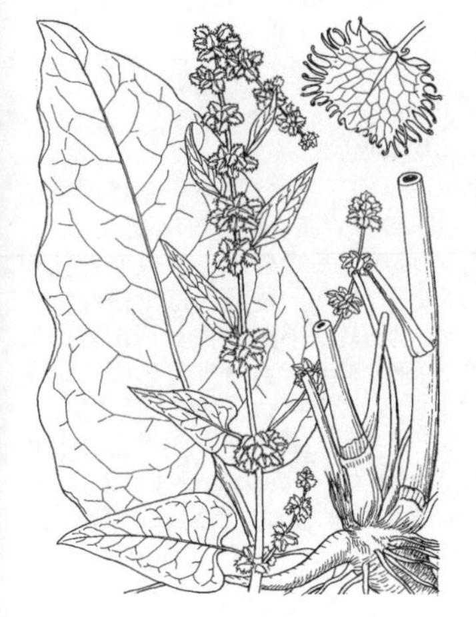

2835. キブネダイオウ 〔タデ科〕

Rumex nepalensis Spreng. subsp. ***andreaeanus*** (Makino) Yonek.

京都府と岡山県の一部の水辺にまれに生える多年草. 茎は高さ 1 m に達する. 葉は柄があり, 大形で柄を含めて 50 cm を越えるものもある. 葉身は狭卵形または卵状楕円形で, 先は円形, 基部は心形となり, 裏面に短毛が生える. 花は 5〜6 月に咲き, 茎や枝の先の節に多数が輪生して総状の花序をなす. 花被片は 6 個で, 内外 2 輪に 3 個ずつつく. 痩果は卵形の 3 稜形で, 長さ 3 mm ほどとなり, 残存する花被に包まれる. 果実期の内花被片は卵形で先は丸く, 長さ 5 mm ほどで, ふち全体に先がかぎ状に曲がった長いとげ状の突起をだす. 背面の中肋はこぶ状に肥厚しない. 本種ははじめ牧野富太郎によって *R. andreaeanum* Makino と命名され, 牧野日本植物圖鑑改訂版に原色図が収められていた. 〔日本名〕貴船大黄で, マダイオウに似てはじめ京都市郊外の貴船で発見されたことに因む. 〔追記〕学名上の母種は中国からヒマラヤを経て西アジアに広く分布する.

2836. マダイオウ 〔タデ科〕

Rumex madaio Makino

山ぎわや山中の水辺に生える大形の多年生草本. 高さは 1 m 前後. 根は黄色で大形に肥厚する. 茎は粗大で直立し, 緑紫色で縦に溝線が多数あり, 上部はまばらに分枝する. 根生葉は長大で長い柄があり, 托葉は膜質, 葉面は卵形あるいは卵状長楕円形である. 茎葉は互生し, 卵状披針形で, 上部にいくにつれて小形となり, ついに苞葉となる. 夏に開花し, 円錐花序はまばらで, 花軸はしばしばやや彎曲する. 花は緑色あるいは帯紫緑色で小形, 小さな柄があり, 枝上に輪生し, 各輪は互に離れていることが多い. がく片は 6 個で花弁はない. 雄しべ 6 個. 子房 1 個, 上部に 3 個の花柱があり, 柱頭は毛状である. 痩果は 3 稜形で茶褐色, 多くは種子が成熟しない. 内側 3 個のがく片は宿存増大し, 紅紫色となり, その中に卵状 3 稜形の痩果を包み, 外側にはこぶがないか, あるいはかろうじて認められる程度である. 民間では薬用の大黄と間違えることがある. 〔日本名〕真大黄. ほんとうのダイオウという意味であるが, これは誤認で勿論真の大黄ではない. 〔漢名〕土大黄は別の植物である.

2837. ソ バ（ソバムギ） 〔タデ科〕

Fagopyrum esculentum Moench（*Polygonum fagopyrum* L.）

古い時代に日本に伝えられ，今では広く各地の畠に栽培されている草質の軟らかな無毛の一年生草本で，原産地は中国南西部である．茎は直立して分枝し，高さは 40～70 cm ぐらい，円柱形で中空，淡緑色で，しばしば紅色を帯びる．葉は互生し，長い柄があり，心臓形で先端は鋭尖形，下部の葉のふちには多少の稜がある．さや状の托葉は膜質で，非常に短い．夏または秋に，茎の先や葉腋から出る枝の先に短い総状花穂を出し，白色あるいは淡紅色の小花をつけ，花柄の基部には苞がある．がくは深く 5 裂し，裂片は卵形で，長さ 3～4 mm ぐらい．花弁は無い．子房の上部には花柱が 3 個ある．痩果は鋭い 3 稜がある卵形で，長さ 5～6 mm，下部に宿存がくがあり，生時は緑白色，時には紅色であるが，乾燥するとともに黒褐色になり，長さ 5～6 mm ある．種子中の子葉は旋曲している．日本に栽培されているものはナツソバとアキソバの 2 品種群に大別される．果中の胚乳からそば粉を作り，食用とする．〔日本名〕ソバは古名ソバムギの略である．ソバムギのソバは稜で，ソバムギは角のあるムギという意味である．〔漢名〕蕎麦．

2838. シャクチリソバ 〔タデ科〕

Fagopyrum cymosum (Trevir.) Meisn.（*F. dibotrys* (D.Don) H.Hara）

インド北部および中国原産の多年生草本で，近年各所で栽培され，また，野生化もしている．草全体はほとんど無毛で，茎は太い根茎から群をなして叢生し，中空で，下部は紅色を帯びる．葉には長い柄があり，互生し，三角形で，下部のものは円味があるが，上部のものは長く尖り，基部は心臓形でほこ形であり，主脈は紅色を帯びている．秋に，上部の葉腋から長い花茎を出し，一側に細毛があり，先は 2～3 岐し，枝は外へ彎曲して上方に密に白花をつける．苞は披針形で緑色，花柄は細く，花は径 5～6 mm，花被片は 5 枚あり，長楕円形．雄しべは 8 個で，葯は紅色．花柱は 3 個で，8 個の黄色の棍棒状の小腺体が基部をとりまいている．痩果は 3 稜形で，長さ 7～9 mm，稜は鋭く，栗褐色に熟す．〔漢名〕赤地利，金蕎．

2839. カンキチク 〔タデ科〕

Muehlenbeckia platyclada (F.Muell.) Meisn.

（*Homalocladium platycladum* (F.Muell.) L.H.Bailey）

明治の初め頃に日本に渡って来た観賞植物の一つで，夏は室外，冬は温室内に保護されている多年生草本で，元来は南太平洋のソロモン諸島の原産である．茎は緑色，扁平な葉状で著しく変った形をしており，多数のはっきりした節がある．数回，多数の枝を分け，1 m ぐらいの高さになり，枝上には葉がないのが普通であるが，新しい枝には葉が互生してつく．葉は小形で披針形あるいはほこ形，きょ歯はなく，短い葉柄があり，茎と同様無毛である．夏の頃，扁平な茎の節の両側に互生して緑白色の無柄の小花を多く群生する．がくは 5 裂し，裂片は卵円形で先端は鈍形である．花弁はない．雄しべは 8 個，がくよりも短い．雌しべは 1 個で子房は倒卵形，頂部に花柱が 3 個ある．痩果には 3 稜があり，肉質で多少紅紫色をした宿存がくに包まれている．〔日本名〕寒忌竹の意味で，寒気をきらうからである．〔漢名〕対節草．

2840. イタドリ 〔タデ科〕

Fallopia japonica (Houtt.) Ronse Decr. var. ***japonica***

（*Polygonum cuspidatum* Siebold et Zucc.）

山野のどこにでも多く生える大形の多年生草本．根茎は木質で黄色，皮は褐色で長く地中をつらぬいてのび，各所へ芽を出す．茎はふつう粗大で直立あるいは斜めに傾き，高さ 30 cm～1.5 m ぐらい，分枝し，中空の円柱形で，若い時は紅紫点があり，節には膜質の短いさや状の托葉がある．冬には木質の枯れた茎が残る．葉は有柄で互生し，広卵形または卵状楕円形で，先端は短く鋭尖し，基部は切形，長さ 5～15 cm ぐらいで葉質は硬い．夏，枝上の葉腋や，枝先に複総状様の花穂を出し，多数の小さな白色の花を密につける．雌雄異株．がくは 5 裂し，長さ 2 mm 弱．外側の 3 個は背面に翼があり，果実の時には成長して長さ 7 mm ぐらいになる．花弁は無い．雄花には雄しべが 8 個ある．雌花の子房上には 3 個の花柱がある．痩果は 3 稜のある細い卵球形で，暗褐色，翼状の宿存がくに包まれている．山地に生えるものはしばしば株が矮小となり花穂が密に集まり，オノエイタドリとして区別されることもあるがその区別は明瞭ではない．この型のうち，花が紅色のものを特にメイゲツソウ f. *colorans* (Makino) Yonek. といい，しばしば栽培されるが，野生品では株によって花色に濃淡があり，白花の普通品との間で連続するため区別ははっきりしない．〔日本名〕痛み取りの薬効があるからイタドリ（疼取）というが，はたして本当かどうか分らない．別名をタンジ，サイタナ，古名をタジイ，サイタズマという．〔漢名〕虎杖，黄薬子は本種ではない．

2841. **ハチジョウイタドリ**（ミハライタドリ）〔タデ科〕

Fallopia japonica (Houtt.) Ronse Decr. var. ***hachidyoensis*** (Makino) Yonek. et H.Ohashi（*Polygonum hachidyoense* Makino）

大形の多年生草本．茎は群生して直立し，大きなものは高さ 4 m，直径 23 mm になり円柱形，中空，有節，平滑，無毛，緑色，節間は約 15 cm で，茎が古くなると硬質化し，冬は枯れる．枝は上部に互生する．葉は有柄で互生，卵円形，先は急に鋭尖形，基部は切形で少し葉柄にそって流れ，全縁，無毛，両面とも緑色で若い時は光沢があり，大きなものは長さ 20 cm，幅 16 cm，質厚く，側脈は多数，羽状，斜上，細脈は網状で乾くと隆起する．葉柄の長さは 5 cm で無毛，半円柱形，上部には少し翼がある．托葉はさや形で上縁は切形，まばらに縦脈があり薄い膜質，無毛，白緑色．10 月頃開花．雌雄異株．雄の株の花序は頂生または腋生の円錐花序で，枝には短い細毛がある．小苞は短いさや形，一方に発達して，背部に稜のある先の尖った 3 稜形となり，質は薄い．雄花は細小，白色，花径 3 cm，小苞の腋に 2〜4 個つき，花がすめば脱落する．がく片 5 個，楕円形，外部の 3 個は背に翼稜がある．雄しべ 8 個がぬき出る．子房は不稔．果実は雌の株に実る 3 稜形の痩果，5 個の宿存がくに包まれ，そのうち 3 個は広がって白色の翼になる．本種は南は八丈島から北は大島までの伊豆七島の特産．日当たりのよい火山の砂礫地のものは小形となる．若い茎は酸味があるが煮て食べる．〔日本名〕八丈イタドリ．一名三原イタドリは伊豆大島の三原山に産するからである．

2842. **オオイタドリ**〔タデ科〕

Fallopia sachalinensis (F.Schmidt) Ronse Decr.
（*Polygonum sachalinense* F.Schmidt）

わが国の北地の山野に多い大形の多年生草本である．根茎は横にはい，肥厚して，皮は褐色，内部は黄色である．茎は高さ 2〜3 m，多少弓なりに傾き，中空の円柱形で，質は硬く，緑色で日に当たると紅色となり，上部が分枝し，若芽はタケノコ状でしばしば紅色となり美しい．葉は互生で，葉柄があり，非常に大形で，卵形または長卵形，先端は短く鋭尖し，基部は心臓形，長さ 40 cm ぐらいで葉の裏は淡白色である．さや状の托葉は膜質．夏から秋にかけて，茎の上部の葉腋に複総状花序を出し，多数の白色の小花をつける．雌雄異株．がくは 5 裂し，長さ 2 mm 弱．花弁はない．雄花には雄しべが 8 個で，がくよりわずかに長い．雌花のがくは外側の 3 個の背部に翼があり，花がすむと成長して果実を包む，子房は長卵球形で，頂には短い 3 個の花柱がある．痩果は 3 稜形．〔日本名〕普通のイタドリより大形であるからである．

2843. **ツルドクダミ**〔タデ科〕

Fallopia multiflora (Thunb.) Haraldson（*Polygonum multiflorum* Thunb.）

享保 5 年（1720 年）に中国から渡って来た植物．原産は中国で，今では日本の各地に野生となっている．無毛の落葉性木質のつるで，長くのびて繁る．根茎は土中を横にはい，しばしば硬質の巨大な円い塊となる．茎は粗大なものは時に径 12 mm になり，左巻または右巻で，枝は細い円柱形で，若い枝には多少酸味がある．葉は有柄で互生し，卵状心臓形で先端は鋭く尖り，全縁で葉質は軟らかい．さや形の托葉は膜質で，短い円筒形をしている．秋，枝先や葉腋に多数の総状花序からなる円錐花穂を出し，無数の小白花を開く．がく片は 5 個に深裂し，外側の 3 個は長さ 2 mm で背面に翼があり，果時には成長して 5〜6 mm になる．花弁は無い．雄しべは 8 個でがくよりも短い．雌しべは 1 個で，卵球形の子房の先には楯形の柱頭を持った 3 個の花柱がある．痩果は 3 翼がある宿存がくに包まれ，3 稜のある卵球形で，長さ 2 mm ぐらい．塊根を漢方薬として用いる．〔日本名〕葉がドクダミのようなつるであるから名づけられた．〔漢名〕何首烏．

2844. **オオツルイタドリ**〔タデ科〕

Fallopia dentatoalata (F.Schmidt) Holub
（*Polygonum dentatoalatum* F.Schmidt）

本州と北海道に産し，中国（東北部，北部），ウスリーにも分布し，川岸や荒地に生える一年生つる植物．長さ 1 m になり，枝をだして広がる．葉は柄があり，やじり状卵形で，先は鋭尖形，基部は心形となり，長さ 3〜6 cm，幅 2.5〜4 cm で，ふちと脈上には乳頭状突起がある．托葉は鞘状，長さ 3〜6 mm，膜質で毛がない．花は 8〜10 月に咲き，頂生または腋生の多少とも総状の花序につく．花柄の中ほどに関節がある．花被は紅紫色で，深く 5 つに裂け，外側の 3 裂片は倒卵形，先は凹形，幅 5〜6 mm で，花後に背面が翼状となる．痩果は長さ 4〜5 mm で，鋭い 3 つの稜があり，光沢のある黒色で，細点がある．ツルタデに似るが，花被の裂片にできる翼は下方がしだいに狭まり，柄に流れ，花は総状につくなどの違いがある．〔日本名〕大ツルイタドリで，ツルイタドリ（ツルタデの別名）に似て，大形であることによる．

2845. ツルタデ（ツルイタドリ）　〔タデ科〕

Fallopia dumetorum (L.) Holub（*Polygonum dumetorum* L.）

ヨーロッパ，西アジア原産で，現在では北半球に広がった帰化植物で，日本では九州，本州，北海道で見つかっている．空地や川原などに生える一年生つる植物．茎は他物にからまって長くのび，よく分枝して広がる．葉は長い柄があり，互生し，葉身は質は薄く，やじり状卵形で，先は鋭尖形，基部は浅い心形で，長さ 3〜7 cm，幅 1.5〜4 cm あり，無毛だが，両面の脈上とふちに微小な乳頭状突起がある．托葉は鞘状，長さ 2 mm ほど，膜質でふちに毛はない．花は 6〜9 月に咲き，数個ずつ葉腋に束生するが，枝先では葉が小さくなり節間もつまり総状となる．花被はふつう淡紅色で，5 深裂し，長さ 2 mm ほどだが，3 個の外片は花後には伸長して，長さ 5〜7 mm になり，背面に翼状のひれができるが，下方は急に狭くなり，柄には流れない．痩果は卵状の 3 稜形で，長さ 2.5〜3 mm で，光沢のある黒色．本種はオオツルイタドリに似るが，その果実期の花被の裂片の翼は基部がしだいに狭まって柄に流れる．

2846. ソバカズラ　〔タデ科〕

Fallopia convolvulus (L.) A.Löve（*Polygonum convolvulus* L.）

ヨーロッパ原産の一年生草本で，原野に帰化して野生している．茎は細いつる状で，他物にまきつき，長さ 1 m 前後になる．葉は有柄で互生し，心臓形または披針状心臓形で，先端は鋭く尖り，基部はやじり形である．さや状の托葉は短い筒形である．夏の頃，葉腋の小枝上または枝端に総状様の花序を出し，緑白色の小花をまばらにつけ，小花柄は短くて節がある．がくは深く 5 裂し，長さ 2 cm ぐらい，花がすむと増大して宿存する．花弁は無い．雄しべは 8 個で，がくより短い．雌しべは 1 個で子房の上部には花柱が 3 個ある．痩果は黒色で 3 稜形，緑色の宿存がくに包まれている．がくの長さは 4 mm ぐらいで，外側の 3 個は背部に稜がある．〔日本名〕蕎麦葛．つる状のソバという意味．

2847. アキノミチヤナギ　〔タデ科〕

Polygonum polyneuron Franch. et Sav.

九州から北海道にかけて分布し，海岸に生える一年草．茎はふつう斜上またはやや直立し，高さ 80 cm に達し，多数の枝をだす．葉は互生し，柄はほとんどなく，長楕円形または披針形で，先は鋭形または鈍形となり，長さ 5〜30 mm で，側脈がみえる．托葉は膜質で短く鞘状で，上方は裂け，脈がめだつ．花は 9〜10 月に咲き，葉腋に 2〜3 個束生するが，枝の先の葉では脱落するため，まばらな総状花序をつくるようにみえる．花被は長さ 1.5〜3 mm，淡紅色で 5 裂し，裂片の側脈は隆起してめだつ．痩果は 3 つの稜のある広卵形で，線条があるが，光沢はなく，花後も残存する花被よりも長いか同長である．〔日本名〕秋のミチヤナギで．春から咲いているミチヤナギに比して，本種は秋に開花することによる．〔追記〕北海道東部の個体は茎が高く花被裂片の側脈が隆起せず，痩果に光沢があるとして，別種ナガバハマミチヤナギ *P. tatewakianum* Koji Ito として区別されることもあるが，これらの区別ははっきりしたものではない．

2848. ミチヤナギ（ニワヤナギ）　〔タデ科〕

Polygonum aviculare L. subsp. ***aviculare***

原野，みちばたなどに普通の一年生草本である．茎は枝を出し，傾いて伏し，あるいは直立し，長さ 40 cm ぐらいで，草質は硬く，緑色である．葉は互生で短い柄があり，長楕円形または線状長楕円形で先は鈍形．さや状の托葉は膜質で 2 裂し，さらに細裂する．夏，葉腋に数個の細かい花を集めてつける．花柄は短く，先に関節がある．がくは深く 5 裂し，緑色で，ふちは白色または紅色を帯び，楕円形で，長さ 2 mm ぐらい．花弁は無い．雄しべは 6〜8 個．花柱は 3 個ある．痩果は 3 稜形で，宿存がくより短いが，夏の終わり頃に咲いた花ではがくよりも長くなることがある．〔日本名〕路柳は路ばたに生えるからである．別名庭柳は葉の形に基づいた名である．〔漢名〕萹蓄．

2849. ヤンバルミチヤナギ

〔タデ科〕

Polygonum plebeium R.Br.

アジアの熱帯，アフリカ，オーストラリアにかけて広く分布し，日本では南西諸島から屋久島，種子島に産する一年草．荒地に生え，茎は無毛，粗渋で斜上し，多くの枝を分枝し広がり，高さ 5～15 cm になる．葉はほとんど柄がなく，質は厚く，へら状線形，長楕円形あるいは披針形で，先は鈍形，長さ 5～15 mm になる．托葉は膜質，鞘状で，上縁は浅く，くしの歯状にさけ，ふつう脈はみえない．花は 3～7 月で，葉腋に 1～5 個が束生し，ほとんど柄がなく，下半分は托葉に包まれる．花被は長さ 2～2.5 mm で，5 つに中裂またはやや深裂する．裂片は狭卵形で開出しない．痩果は菱状卵球形で，3 つの稜があり，光沢のある黒色で，花後も残存する．花被とほぼ同長で，それに包まれる．

2850. イブキトラノオ

〔タデ科〕

Bistorta officinalis Delarbre subsp. ***japonica*** (H.Hara) Yonek.
(*Polygonum bistorta* L. subsp. *japonicum* (H.Hara) T.Shimizu)

山地あるいは山原の草地に生える多年生草本．根茎は肥厚して硬く，いびつに曲がり，上部は太くなり，黒褐色で横に伏し，ひげ根を出す．茎は直立し，高さ 50～80 cm ぐらいで，細長く，緑色，分枝しない．根生葉は叢生し，長い柄があるが，茎葉は上部のものほど柄が短くなり，ついにほとんど無柄となり，披針形で，先端は鋭く尖り，基部は心臓形で，しばしば葉柄に流れて翼状を呈する．さや状の托葉は膜質で，非常に長い．夏から秋にかけて，茎頂に，長さ 3～8 cm ばかりの円柱形の花穂を直立し，淡紅色，あるいは白色の小花を密につける．がくは 5 裂し，長さ 3～4 mm ぐらい．花弁は無い．雄しべは 8 個で，わずかにがくより長く，葯は淡紅紫色で，花糸の基部に小腺がある．子房の上には 3 個の花柱がある．痩果は宿存がくに包まれ，3 稜のある卵円形で，長さは 3 mm ぐらい．〔日本名〕滋賀県の伊吹山に多いのでこの名がついた．〔漢名〕多分，拳参であろう．

2851. ナンブトラノオ

〔タデ科〕

Bistorta hayachinensis (Makino) H.Gross
(*Polygonum hayachinense* Makino)

岩手県の早池峰山に生える多年生草本．根茎が太い．根生葉は数枚が叢生し，長い柄があり，卵状楕円形で長さ 10 cm 前後，先端は尖らず，基部は円形または鈍形，葉質は厚い．葉の表面は無毛で平滑，光沢があり，深緑色をしているが，裏面は多少白色を帯びている．真夏頃，根生葉の間から 20～30 cm の茎を直立して出し，中部に 2～3 枚の葉をつけ，茎頂に短い円柱形の総状花序を出し，密に花をつける．花穂の長さは 3 cm ぐらいで，しばしば葉腋から細長い枝を出してその先に小形の花序をつける．花は淡紅色で，卵状楕円形のがく片が 5 個あり，花弁はない．雄しべは 8 個で，花糸は糸状，葯は小さい．花柱は子房の先に 3 個あり，糸状である．〔日本名〕南部虎の尾．岩手県盛岡一帯の旧地名，南部のトラノオの意．

2852. ムカゴトラノオ

〔タデ科〕

Bistorta vivipara (L.) Delarbre (*Polygonum viviparum* L.)

高山地帯の日当たりのよいところに生える多年生草本で根茎は塊状である．茎の高さは 30～40 cm ぐらいで直立し，枝を出さない．根生葉は筒形の鞘のある長い葉柄を持ち，茎葉は同様の短い葉柄があって，狭長な長楕円形または披針形で，先端は鋭形，基部は円形または鋭形，長さ 2～10 cm ぐらい，葉質は厚く，上面は深緑色，下面は多少白色である．夏，茎の先に，長さ 5～10 cm ぐらいの穂状花序を直立してつけ，白色の小花を密につける．花はがく片 5 個，花弁は無く，雄しべは 8 個，花柱は 3 個で，普通花がすんでも結実することはない．花穂の下部の花は特に珠芽になり，穂軸から落ちるとすぐ新苗となって繁殖する性質がある．〔日本名〕花穂上の花が珠芽に変わり，むかご状となることをあらわしたものである．

2853. ハルトラノオ（イロハソウ）〔タデ科〕

Bistorta tenuicaulis (Bisset et S.Moore) Nakai var. ***tenuicaulis***
（*Polygonum tenuicaule* Bisset et S.Moore）

山地の林下に生える多年生草本．根茎は長く横に走り，しばしば地上に出ていて，暗褐色，肥厚した節がある．根は 2～3 枚で叢生し，長い葉柄があり，卵形あるいは楕円形で，先端は短い鋭形，基部はしばしば葉柄に流れ，長さ 2～10 cm ぐらいで葉質は薄い．茎葉は 1～2 枚で小形，短い柄がある．葉は花の頃は小形であるが花がすむと大形の卵形の葉を出す．春早く，高さ 3～12 cm ぐらいの花茎を出し，茎の先に長さ 2～3 cm ぐらいの総状花序を出し，白色で有柄の小花を密集してつけ，柄の下部に小形の苞がある．がくの長さは 2～3 mm ぐらいで深く 5 裂し，各片は長楕円形で花弁は無く，雄しべは 8 個，子房の先には花柱が 3 個あり，糸状である．〔日本名〕春虎の尾．春早く虎の尾のような花穂を出して開花するから名づけられた．一名をイロハ草というが，これは多分春早く咲くのでいろは四十七字の最初にあるイロハにたとえたのであろう．

2854. クリンユキフデ〔タデ科〕

Bistorta suffulta (Maxim.) H.Gross（*Polygonum suffultum* Maxim.）

深山の林下に生える多年生草本で，肥厚した根茎がある．茎は細長い円柱形で，緑色，高さは 20～35 cm ぐらいで分枝しない．根生葉は叢生し，長い柄があり，茎葉は互生で柄が短く，上部の葉は無柄となり，茎を抱いている．葉は卵形あるいは広卵形で，先端は鋭尖形，基部は心臓形で，長さ 3～10 cm ぐらい，葉質は薄い．葉鞘は膜質で 2 裂する．7 月頃，茎の先に総状の花穂をつけ，また，葉腋に 3～5 個の小白花をつける．花には短い柄があり，基部に苞がある．がくは深く 5 裂し，長さ 2～3 mm ぐらい，花弁は無い．雄しべは 8 個．花柱は 3 個である．瘦果は 3 稜形である．〔日本名〕多分，九輪雪筆の意味で，葉が茎に層をなして生えるので九輪（すなわち九層）といい，白い花を開く花穂を出すので雪筆というのであろう．

2855. ヒメイワタデ（チシマヒメイワタデ）〔タデ科〕

Aconogonon ajanense (Regel et Tiling) H.Hara
（*Polygonum ajanense* (Regel et Tiling) Grig.）

中国東北部，アムール，ウスリー，サハリン，千島から北海道に分布し，高山の砂礫地に生える多年草．茎は低く，高さ 10～30 cm で，基部で分枝して株をつくる．茎には伏した毛があるが無毛のこともある．葉は厚味のある草質で，柄はなく，披針形または広披針形で，先は鋭形または鈍形，基部はくさび状に細まり，長さ 2.5～7 cm，幅 5～15 cm で，裏面には伏した毛を生じるが，表面にも毛があるものもある．托葉は鞘状，膜質で外面には長い毛が散生するが，縁毛は無い．雌雄同株．花は夏に咲き，多数が複総状花序に密生する．花被は淡い緑色，ときに淡い紅紫色で，5 つに深く裂け，長さ 2.5～4 mm ある．瘦果は 3 稜のある広卵球形で，長さ 3～4 mm，褐色で光沢があり，宿存した花被に包まれている．〔日本名〕姫イワタデで，イワタデ（オンタデのこと）に似て，一層小さなことによる．

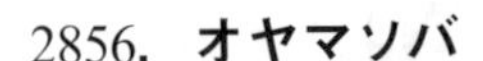

2856. オヤマソバ〔タデ科〕

Aconogonon nakaii (H.Hara) H.Hara（*Polygonum nakaii* (H.Hara) Ohwi）

北海道，本州中北部の高山に生える多年生草本で，高さ 30 cm 前後．茎は太く丈夫，上部は盛んに分枝し，枝は硬く，まばらに毛が生え，斜めに張り出してのび，株全体は低い叢となる．葉は有柄で互生し，卵状楕円形で，洋紙質，長さ 3～5 cm，先は鋭形で鈍端，基部は円形または広いくさび形であるが，枝先につく葉は基部が鋭形をしている．全縁でまばらに縁毛があり，表面は毛が少ないが，裏面の脈上には伏した毛がある．8 月頃，茎の先に，長さ 4～5 cm のまばらに分枝する花穂を出して多数の小花をつける．花は白色，あるいは淡紅色を帯びた帯緑色．がくは深く 5 裂する．花弁は無い．ややがくより短い雄しべが 8 個ある．瘦果は宿存がくに包まれ，3 稜のある楕円体である．〔日本名〕御山ソバ，花がソバに似ていて，御山すなわち石川県の白山に生えるからである．

2857. オンタデ（イワタデ，ハクサンタデ）〔タデ科〕

Aconogonon weyrichii (F.Schmidt) H.Hara var. ***alpinum*** (Maxim.) H.Hara（*Polygonum weyrichii* F.Schmidt var. *japonicum* Makino）

高山の砂礫地に生える大形の多年生草本で，地下茎が深く地中に入っている．茎は粗大で，直立し，高さ約 20～80 cm，多くはまばらに分枝し，緑色あるいは淡紅紫色を帯び，無毛である．葉は互生し，有柄，大形で広卵形あるいは卵形で，先端は鋭尖形，基部円形で，葉柄に向かって鋭形となり，ふちは全縁である．葉質は厚く，微毛があるが，のち無毛となる．枝上の葉や，枝先の葉は次第に小形となる．さや状の托葉は膜質．夏の頃，茎の先や枝先から複総状の円錐形の花序を出し，多数の黄色を帯びた白色小花をつける．雌雄異株である．がくは深く 5 裂し，長さ 2 mm ぐらい，花弁は無い．雄花には雄しべが 8 個ある．雌花には卵球形の子房が 1 個あり，花柱は 3 岐する．痩果は宿存がくより数倍も長く 6～7 mm，3 翼があり，各面は広楕円形である．牧野富太郎はオンタデをウラジロタデ（次図）と同種と判断し，その一変種とした．〔日本名〕長野県の御嶽に基づいたものだろう．一名イワタデは岩地に生えるから，また一名ハクサンタデは石川県の白山に生えているからである．

2858. ウラジロタデ 〔タデ科〕

Aconogonon weyrichii (F.Schmidt) H.Hara var. ***weyrichii***（*Polygonum weyrichii* F.Schmidt）

中部以北の高山帯に生える多年生草本であるが，しばしば下降して渓谷の礫地にも生える．茎は丈夫で群生するが枝分かれは少ない．高さは 30 cm～1 m である．葉は互生し，比較的短い葉柄があり，広大で，長卵形あるいは卵状楕円形で，長さ 10～20 cm，先端が鋭く尖り，基部は切形または広いくさび形，表面は深緑色で短い毛があり，側脈は規則正しく羽状に落ち込み，裏面は密に帯褐色の白色の軟毛で被われ，葉質はやや厚く，軟らかい．夏，頂に複総状の円錐花序をつけ，多数の黄白色の小花を密集する．雌雄異株である．がく片は深く 5 裂し，長さ 2 mm ぐらい，裂片は楕円形である．花弁は無い．雄花には雄しべが 10 個前後，雌花には雌しべが 1 個で卵形の子房上にある花柱は 3 岐する．痩果は広楕円形，乾皮質の広い翼が 3 個あり，長さ 5 mm 前後，熟すと褐色となり，なめらかで多少光沢がある．〔日本名〕裏白蓼で，葉のうらが白いからである．

2859. エゾノミズタデ 〔タデ科〕

Persicaria amphibia (L.) Delarbre（*Polygonum amphibium* L.）

わが国の中北部に生え，池の水中または水辺に繁茂する多年生草本．茎は粗大で，下部は土中をはい，地下茎となり，節からひげ根を出し，上部は斜めにのびて普通は水に浮かんでいる．葉は互生で，長い柄があり，長楕円形で，先端はやや尖り，基部は多少心臓形で，長さ 6～12 cm ぐらいである．茎が水から離れて成長する時には，その葉が狭くなり，毛が生えるようになる．さや状の托葉は膜質で円筒形である．夏，葉腋から葉の無い花茎を長くのばし，長さ 3 cm 前後の総状花穂に，多数の淡紅色の小花を集めてつける．がくは 5 裂し，長さ 3～4 mm ぐらい．花弁は無い．雄しべは 5 個でがくより少し長い．長卵形体の子房の上の花柱は 2 岐する．痩果はレンズ形の卵球形である．〔日本名〕蝦夷（エゾ）の水蓼．エゾは北海道の古名．

2860. ツルソバ 〔タデ科〕

Persicaria chinensis (L.) H.Gross（*Polygonum chinense* L.）

房総半島南部以南の暖地の海浜や，海岸の近くに生える無毛の多年生草本でよく繁る．茎は円柱形で，長く横にのびて分枝し，地面に低く接してつる状となり，長さは 1 m 前後に成長し，基部はしばしば硬質化する．葉は軟らかくて，互生し，葉柄があり，広卵形または卵状楕円形で先端は短い鋭尖形，基部は切形で，全縁である．さや状の托葉は短い筒状で，膜質である．夏から秋にかけて，茎の上部がまばらに分枝し，その枝がさらに分かれて小枝となり，小枝の先に白色の小さな花を小球形に集めてつける．がくは深く 5 裂し，長さ 3～4 mm ぐらい．質はやや厚い．花弁は無い．雄しべは 8 個で，がくより短く，葯は暗紫色で，花糸の基部に蜜腺がある．雌しべは 1 個で，長楕円形の子房の上には花柱が 3 岐している．痩果は黒色で 3 稜形，肥厚して白色の液質となった宿存がくに包まれ，がくを通して内部の黒い果実がみえる．若い茎は酸味があり，子供が食べる地方がある．〔日本名〕草のようすがソバのようで，茎がつるになるからこのように名づけられた．〔漢名〕火炭母草．赤地利は本来はシャクチリソバである．

2861. **タニソバ** 〔タデ科〕

Persicaria nepalensis (Meisn.) H.Gross（***Polygonum nepalense*** Meisn.）

原野や田の間，または山中の湿地に生える草質の軟らかい一年生草本．茎は下部が横に伏し，後に上に向き，よく枝分かれして，高さ 30 cm 前後，通常紅色を帯びる．葉は有柄で，互生し，卵状三角形で先は鋭く尖り，長さ 1～5 cm ぐらい，葉の裏に小腺点がある．基部は葉柄となり，柄の両側に翼があって，葉柄の下部は耳状となり茎を抱いている．秋遅く，紅赤色に色づいて美しい．さや状の托葉は膜質で短い．夏から秋にかけて，葉腋または枝先に頭状に多数の小花を集めてつける．花は白色で紅色を帯び，花序柄には腺毛がある．がくは 4 裂し，下部は短い筒状で，長さ 2 mm ぐらい．花弁は無い．雄しべは 6～7 個，がくより短い．子房は楕円体で花柱は 2 岐する．痩果はレンズ状の卵球形で，下部がつぼ形をした宿存がくに包まれている．〔日本名〕谷蕎麦は谷の渓流の近くに生えるソバという意味．〔漢名〕野蕎麥草．

2862. **イシミカワ**（サデクサ） 〔タデ科〕

Persicaria perfoliata (L.) H.Gross（*Polygonum perfoliatum* L.）

田のふちや道ばた，あるいは草地に生える一年生草本．茎はやせて細く，長く伸びてよじのぼり，長さは 2 m 以上になる．茎には逆向きの刺があり，他物にひっかかり，つる状にのびて繁茂し，節がやや太い．葉は互生で，長い葉柄には著しい逆刺があり，ほぼ三角形で先端は鈍形，基部は浅い心形で葉柄が楯状につき，白緑色，無毛である．若い葉は，葉の両側のふちが外側に巻いている．托葉は明瞭で目立ち，緑色の葉状で楯形である．秋，枝先に淡緑白色の小さな花を短穂状につけ，円い楯形の苞葉が穂を受けている．がくは深く 5 裂し，長さ 3 mm ぐらい．花弁は無い．雄しべは 8 個で，がくより短い．子房は球形で頂に花柱が 3 個ある．痩果には不明瞭な 3 稜があり，卵状球形で，液質となり藍色をした宿存がくに包まれ，数個が集まっていて，緑葉の間に美しく見える．俗にこれをトンボノカシラあるいは庚申ノナナイロと呼ぶそうである．〔日本名〕意味は不明である．一説にイシニカワ（石膠）の意味といい，また大阪府の石見川の地名に基づいたといわれるが，納得できない．〔漢名〕刺犂頭．紅板帰は元来別の植物を指すが，現在中国ではこの名を本種に対して用いている．

2863. **ママコノシリヌグイ**（トゲソバ） 〔タデ科〕

Persicaria senticosa (Meisn.) H.Gross

（*Polygonum senticosum* (Meisn.) Franch. et Sav.）

原野や路ばたあるいは草の間に生える一年生草本．茎はつる状で，長さ 1～2 m ぐらいになり，よく分枝し，緑色で通常紅色を帯び，4 稜があり，稜の上に著しい逆向きの刺があって，他物にひっかかる．葉は互生で，逆向きの刺のある長柄があり，ほぼ三角形で，先は鋭く尖り，基部は心臓形，毛がある．托葉は緑葉状で，茎を抱いている．夏，上方で分枝し，枝先には頭状に小花が密集する．花序柄には細毛と腺毛が密生する．がくは深く 5 裂し，淡紅色で，先端は紅色，長さ 4 mm ぐらいである．花弁はない．雄しべは 8 個で，がくより短い．子房は倒卵状楕円体で花柱が 3 個ある．痩果は黒色で，球形，上部はやや 3 稜があり宿存がくに包まれ，先端は露出している．〔日本名〕継子の尻拭で，逆向きの刺のある茎で継子の尻を拭く草という意味．

2864. **ミヤマタニソバ** 〔タデ科〕

Persicaria debilis (Meisn.) H.Gross ex W.T.Lee

（*Polygonum debile* Meisn.）

本州から九州の山中の日のあたらないところに生える一年生草本．茎は細長く下部は横に伏し，節の部分で折れ曲がり，そこからひげ根を出し，また細い枝を分ち，斜めにのび，あるいは直立する．茎の高さは 20～30 cm ぐらいで，平滑または細かな逆向きの刺がある．葉は有柄で互生し，三角形で先端は鋭尖形，基部は切形で，上面に細毛がまばらに生え，暗色の斑紋がある．さや状の托葉は短く時にそのふちにしばしば小葉片がある．夏から秋にかけて，上方から細い枝を出し，枝頂に白色の花を 2～5 個頭状につける．がく片は 5 裂し，長さ 3 mm ぐらい．花弁はない．雄しべは 5～8 個．子房の頂には花柱が 3 個ある．痩果は 3 稜形でがくに包まれている．〔日本名〕深山谷ソバの意味である．

2865. ミゾソバ（ウシノヒタイ）

〔タデ科〕

Persicaria thunbergii (Siebold et Zucc.) H.Gross
(*Polygonum thunbergii* Siebold et Zucc.)

原野・山路・道ばたなどの水辺に最も普通に生える一年生草本で普通は群生する．茎は高さが 30〜50 cm ぐらいで長さは約 70 cm になり，まばらに枝分かれし，稜があり，稜にそって下向きに小刺が生えている．葉は互生で葉柄があり，ほこ形で，中央の裂片は卵形，先端は鋭尖形，毛がまばらに生えている．短いさや状形の托葉があり，そのふちはしばしば緑色の小葉身となっている．秋，茎上の枝先に頭状の花序を出し，10 個前後の花を集めてつける．花序柄には腺毛がある．がくは 5 裂し，淡紅色・上部が紅色で下部が白色・白色・淡緑色・時には緑色などいろいろで，長さは 4〜6 mm ぐらいである．花弁はない．雄しべは 8 個，がく片よりも短い．子房は卵球形で花柱が 3 個ある．痩果は宿存がくに包まれ，卵状球形で 3 稜があり，長さは 3.5〜4 mm ぐらいである．〔日本名〕溝に繁茂するソバの類という意味．一名ウシノヒタイというが，葉の形が牛の額のようであるからである．〔漢名〕苦蕎麥は別の植物である．

2866. オオミゾソバ

〔タデ科〕

Persicaria thunbergii (Siebold et Zucc.) H.Gross

山地あるいは原野の水辺に生える一年生草本．茎の高さは 70 cm 前後，下部は直立したりあるいは傾き伏し，ひげ根を出し，地下に分枝する枝を出し，その小枝の端に閉鎖花をつけ，白色の果実が実るという特殊な性質がある．茎の上部は直立し，茎には下向きの小刺がある．葉は有柄で互生し，葉柄にしばしば狭い翼がある．葉身はほこ形で，中央裂片は卵形で尖り，葉面に八字形の黒色の紋様がある．ミゾソバの葉よりは葉質が硬く，毛が多い．さや状の托葉のふちは，しばしば円形の葉状をしている．秋の頃，枝先が分かれ，白色または淡紅色の小形の花を頭状様の花穂に集めてつける．花はミゾソバの花よりやや大きい．がくは 5 個に深く裂ける．花弁はない．雄しべは 8 個．子房の上部には花柱が 3 個ある．痩果は宿存がくに包まれている．〔日本名〕全体がミゾソバと比べるとやや大形であるからである．〔追記〕ミゾソバは極めて多型であり，いくつかの型に名前がつけられていた．オオミゾソバはその 1 つだが，ミゾソバと区別できない．

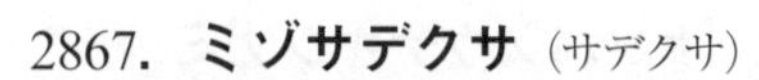

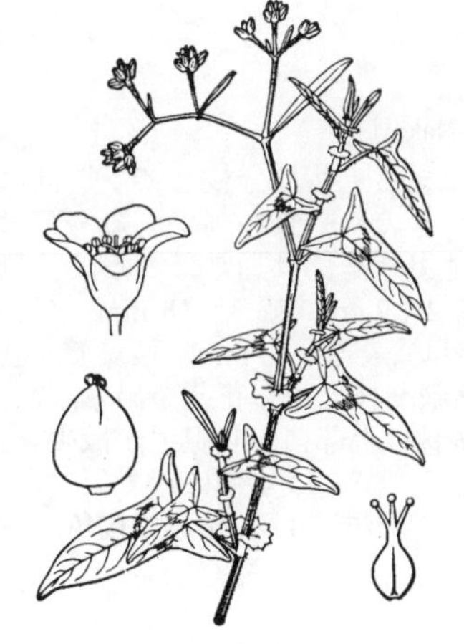

2867. ミゾサデクサ（サデクサ）

〔タデ科〕

Persicaria maackiana (Regel) Nakai

原野の水辺に生える一年生草本．茎は直立し，細長く，高さは 50〜80 cm ぐらいで，葉柄とともに逆向きの刺がある．葉は互生し柄があり，ほこ形，中央裂片は披針形で尖り，両側の裂片は著しい．葉の両面に小形の星状毛が密生し，上面にはさらにまばらな毛がある．さや状の托葉のふちは円形に広がっていて，粗いきょ歯があり，緑色で，葉のようである．秋に枝先が分かれて柄の先に紅色の小形の花を頭状様の花序に集めてつける．花序柄には短毛と腺毛が密生する．がくは長さ 3〜4 mm で 5 個に深く裂ける．花弁はない．雄しべは 8 個で，がくより短い．子房は楕円体で，その上に花柱が 3 個ある．痩果は宿存がくに包まれ，長さ 3 mm ぐらい，卵状の球形で上部はやや 3 稜状である．〔日本名〕別項イシミカワの一名サデクサを本種に用いるのは誤りである．サデクサのサデはさすること，つまりなでさする意味で，刺のあるこの草の茎で人体をさすり苦痛を感じさせる草という意味である．〔追記〕最近では本種はふつうサデクサの和名で呼ばれている．

2868. ヤノネグサ

〔タデ科〕

Persicaria muricata (Meisn.) Nemoto（*Polygonum nipponense* Makino）

野外の湿地に生える一年生草本．茎は細長い円柱形で毛はなく，横に広がり，斜めにのび上って，長さは 50 cm 前後，微小な逆向きの刺がある．葉は互生し，柄があり，卵形ないし長楕円形で，先は短く尖り，基部は切形あるいはやや心臓形で，無毛である．さや状の托葉は長くて，先端は切形となり，ふちに長い毛が生えている．秋の頃，上方で枝分かれし，枝先に淡紅色の小形の花を多少頭状に集めてつけ，花序柄には腺毛がある（時には白色花のもののシロバナヤノネグサ f. *albiflora* (Makino) Yonek. もある）．がくは深く 5 裂し，長さ 2〜3 mm ぐらい．花弁は無い．雄しべは 8 個でがくより短い．長卵球形の子房の頂には花柱が 3 個ある．痩果は宿存がくに包まれている．〔日本名〕矢の根草で，葉の形がヤノネすなわち矢尻に似ているからである．

2869. アキノウナギツカミ（アキノウナギヅル） 〔タデ科〕

Persicaria sagittata (L.) H.Gross（*Polygonum sieboldii* Meisn.）

国内のいたるところの溝の近くや湿地あるいは水辺に普通に見られる一年生草本で，しばしば群らがって生える．茎は長く，四方に広がって，分枝し，長く伸び，1 m ぐらいにもなり，4 稜があり，逆向きの刺があって，他物によくひっかかる．葉は有柄で互生し，披針状矢尻形で先端は鋭形，毛はないが葉の裏の中脈の下部には葉柄とともに小逆刺がある．さや状の托葉は短くて，斜めの切形，縁毛がない．秋の頃，茎の先が枝分かれし，枝先に頭状花序をつける．花は下部が白色で上部が紅色，時には淡紅色で花と果実が混生し，花序柄には刺が無い．がくは 5 つに深く裂け，長さは 3 mm ぐらいである．花弁はない．雄しべは 8 個．子房には花柱が 3 個ある．痩果は宿存がくに包まれ，3 稜がある．〔日本名〕秋のウナギツカミ，一名秋のウナギヅルはウナギツカミが初夏の頃花が咲くのと異なり，この種は秋咲くからである．しかし，しばしば両者の中間型がある．

2870. ウナギツカミ（ウナギヅル） 〔タデ科〕

Persicaria sagittata (L.) H.Gross

（*Polygonum sagittatum* L. var. *aestivum* (Ohki) Makino ex Koidz.）

水辺に生える一年生草本で，高さ約 30 cm 前後である，茎はしばしば屈曲し，下部から枝を分け，枝は細く，長く，直立し，さらにまばらに小枝を出す．茎には稜があり，稜にそって小形の刺が逆向きに生えている．葉は互生で有柄，卵状やじり形ないし披針状やじり形，先端はやや鈍形，無毛であるが葉の裏の中脈の下部にだけ小形の逆向きの刺がある．葉柄には多くは逆向きの刺がある．さや状の托葉は短くて，ふちは斜めの切形で毛はない．5～6 月頃，枝先に頭状に花序をつけ，紅色，あるいは白色で先端が紅色を帯びるか，あるいは全体が紅色の小花をかためてつける．花序柄には刺がない．がくは 5 個に深く裂け，長さは 3～4 mm ぐらいである．花弁はない．雄しべは 8 個である．子房の上には 3 個の花柱がある．痩果は宿存がくに包まれ，3 稜がある．〔日本名〕ウナギツカミ（鰻攫），別名ウナギヅル（鰻蔓）はともに茎にある刺を利用すればウナギをたやすくつかめるという意味．〔追記〕本植物は前種アキノウナギツカミの 1 生態型に過ぎないと考える．

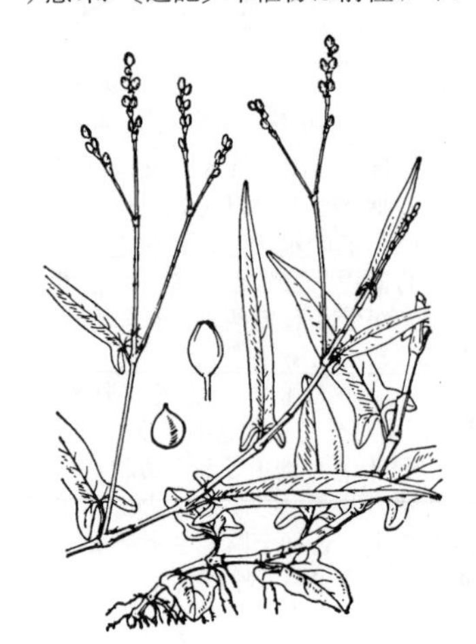

2871. ホソバノウナギツカミ 〔タデ科〕

Persicaria praetermissa (Hook.f.) H.Hara

（*Polygonum hastatoauriculatum* Makino ex Nakai）

関東以西の水湿地に生える一年生草本である．茎は分枝して，下部は横に伏し，稜があり，稜にそって普通逆向きのやや長い刺がある．葉は柄があり，長楕円状ないし狭披針形で先は尖り基部は通常ほこ形で，側裂片はしばしば耳状に下方へ彎曲し，長さ 2～9 cm，幅 3～18 mm，縁には短い毛があってざらつく．さや状の托葉は長く 8～20 mm，膜質で，基部に逆毛があるほかは無毛である．秋，葉腋や枝先から花茎を出し，2～3 岐して，まばらに穂状に花をつける．花序軸は上部に少し腺毛が散生し，苞は小さく卵形で，ほぼ無毛．花は淡紅色で，がくは 4 個に深く裂ける．花弁は無い．雄しべは 4～6 個．痩果はレンズ形または 3 稜形で褐色，長さは 2～3 mm である．

2872. ナガバノヤノネグサ（ホソバノヤノネグサ） 〔タデ科〕

Persicaria breviochreata (Makino) Ohki

（*Polygonum breviochreatum* Makino）

関東以西や朝鮮半島の山地林下に生える一年生草本である．茎は分枝して，下部は横に伏し，枝先は斜めに立ち，平滑または一方の側に長い逆向きの刺毛がある．さや状の托葉は短くて，長さは 2～6 mm，特にふちに長い毛があり，ゆるく茎を包んでいる．葉には短い柄があり，長楕円形ないし披針形で，先は尖り，基部は浅いほこ形または心臓形で，長さ 18 cm，幅 7～20 mm，上面および下面の脈上に毛が散生する．秋，枝先の穂には 1～3 個の花がまばらにつく．花序の柄は細く，上部に毛があり，苞は小形で毛がある．花は紅色を帯びた淡緑色で，がくは深く 5 裂し，花弁は無い．痩果は卵球形，3 稜形，またはレンズ形で，長さは 2.5 mm ぐらい，淡褐色である．

2873. ナガバノウナギツカミ（ナガバノウナギヅル）〔タデ科〕

Persicaria hastatosagittata (Makino) Nakai
（*Polygonum hastatosagittatum* Makino）

原野の水辺に生える一年生草本で，しばしば群がって生え，繁茂して，高さ 80 cm になる．茎は上に向き，細く，長く，まばらに分枝し，平滑または逆向きの小刺がある．葉は有柄で互生し，披針形で先は鋭尖形，基部はほぼほこ状やじり形またはほこ状切形で，毛はない．さや状の托葉は長い円筒形で，膜質，切形をしたふちには短い毛がある．秋の頃，茎の上方から長い枝を出し，枝先に淡紅紫色の小さな花をほぼ頭状に密集してつける．花序柄には腺毛が密生する．がくは深く 5 裂し，長さ 3～4mm ぐらい．花弁はない．雄しべは 7 個でがくと同じ長さである．子房は卵形体で，上部に 3 個の花柱がある．痩果は宿存がくで包まれ，長卵球形で 3 稜がある．〔日本名〕長葉のウナギツカミ，長葉のウナギヅルである．ウナギツカミなどの意味はウナギツカミの項にある．

2874. ミズヒキ〔タデ科〕

Persicaria filiformis (Thunb.) Nakai ex W.T.Lee
（*Polygonum filiforme* Thunb.）

山地や山ぎわあるいは林の草むらなどに多く生える多年生草本．茎は直立してまばらに分枝し，高さ 50～80 cm ぐらいで長い毛があり，節はふくれて，茎の質は硬い．葉には短い柄があり，互生，広楕円形または倒卵形で，葉の先は鋭形，基部も鋭形で，長さ 5～15 cm ぐらい，葉質はやや薄くてやや硬く，両面とも毛がまばらに生え，葉面にはしばしば黒色の斑紋がある．夏から秋にかけて，茎の先から数本の長い鞭状の細長い花序を出し，まばらな穂状に赤色小花をつける．花には短い小花柄があり，開出して，少し弓形に曲がり，下面は色がうすい．がくは 4 裂し，裂片は卵形で，先はやや鋭く，長さ 2～3 mm ぐらいである．花弁は無い．雄しべは 5 個．子房は卵球形で，頂に大形の花柱が 2 個あり，子房よりも長い．痩果は卵球形でレンズ状にふくらみ，痩果と同じ長さの宿存がくに包まれ，長さは 2.5 mm ぐらいである．花柱は花の後も残って宿存がくからとび出し，先端がかぎ形に下方に曲がっている．白花のものをギンミズヒキ f. *albiflora* (Hiyama) Yonek.，紅白がまざったものをゴショミズヒキという．〔日本名〕水引．花穂を水引にたとえたものである．〔漢名〕金線草．

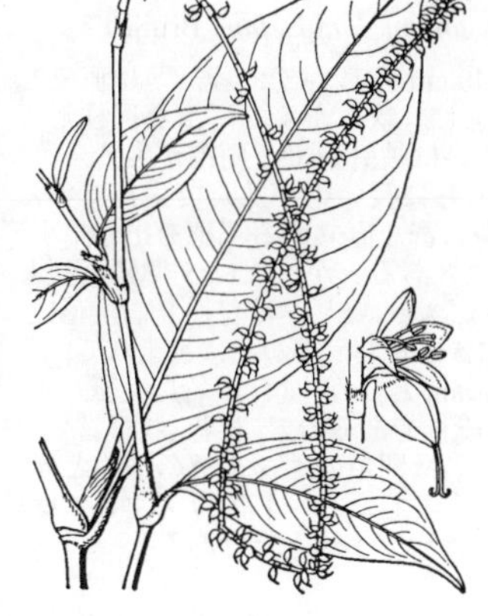

2875. シンミズヒキ〔タデ科〕

Persicaria neofiliformis (Nakai) Ohki（*Polygonum neofiliforme* Nakai）

山地に生える多年生草本で，茎の高さは 30～80 cm，中空，上部には伏した毛があり，鞘状の托葉は長さ 1～2.5 cm．葉は互生し，楕円形で，両端は長く尖り，長さ 8～20 cm，幅 2.5～9 cm ぐらい，葉質はやや厚く，短い毛がまばらにある．夏から秋にかけて，枝先に長い鞭形の花序を出し，ややまばらに赤色の小花を横に向かって開く．がくは 4 個に深く裂け，花弁は無く，雄しべは 5 個．痩果は長卵形でレンズ状，平滑，長さ 3 mm 前後，先がつりばり状に曲がった 2 個の花柱が宿存している．ミズヒキと比べれば，葉が茎の上部に集まり，やや長く，鋭く尖り，葉質は少し厚くて毛がまばらで短く，上面は脈がほとんど凹まず，平らな感じで，果実はやや大きい．

2876. オオケタデ（ハブテコブラ）〔タデ科〕

Persicaria orientalis (L.) Spach（*Polygonum orientale* L.）

昔，日本に渡って来た植物で，今では普通に観賞植物として人家に植えられている大形の一年生草本．元来はアジアの原産である．茎は丈夫で粗大，直立し，高さは 2 m になり，多数の枝を出し，葉とともに毛が密生する．葉は互生で長い柄があり，大形で広く，卵形または卵状心臓形で，先端は鋭く尖り，大きなものは長さ 25 cm，幅 16 cm になり，ちょうどタバコの葉のような外観のものもある．さや状の托葉はふちがしばしば葉状となる．秋に茎の先が細かい枝に分かれ，長い穂様状の花穂を出し，淡紅色の小花を密生してつけて垂れ下がる．近頃，紅花を開くものが各所にあり，これをオオベニタデ（次図参照）と云う．がく片は 5 個に深裂し，長さ 3～4 mm ぐらい．花弁は無い．雄しべは 8 個でがくよりやや長い．子房は楕円形で，花柱は 2 個ある．痩果は宿存がくに包まれ，扁平な円形で栗色，長さは 3 mm ぐらいある．〔日本名〕大毛蓼で，大形で毛が多いからである．一名ハブテコブラはマムシの解毒薬の名前であるが，この草の葉も同じ効用があるので，このように呼ぶに至った．古名はイヌタデ．〔漢名〕葒草．

2877. オオベニタデ（アカバナオオケタデ）〔タデ科〕

Persicaria orientalis (L.) Spach

本種は，20 世紀に入ってからわが国に導入され，観賞用に栽培されるが，まれに野生化している．オオケタデ（前種）とほぼ同じに見えるが，全体に毛が少なく，花被が紫紅色で大きい点で異なる．オオケタデの栽培型と見るべきものである．

2878. オオイヌタデ 〔タデ科〕

Persicaria lapathifolia (L.) Delarbre var. ***lapathifolia***
(*Polygonum lapathifolium* L.)

原野のいたるところに普通にある一年生草本で，大形である．高さは 1 m 余りになり，茎は直立し，粗大で，分枝し，多くは紅色を帯び，節は丸くて，茎面に暗紫色の細かい点が多い．葉は互生で，大形，楕円状披針形ないし披針形で，先端は鋭く長く尖り，多数の明瞭な側脈があり，脈上や葉のふちに短い剛毛があり，小腺点が密生し，しばしば葉面の中央に黒色の横斑がある．さや状の托葉は膜質で，ふちには毛がない．夏から秋にかけて，枝端に，長さ 3～5 cm ぐらいの穂状様の花穂を多数出し，花穂には多数の細かな花が密につき，先端が垂れ下がる．花は紅紫色か帯白色．がくは長さ 2～3 mm ぐらいで深く 4 裂し，明瞭な脈がある．花弁はない．雄しべ 6 個．子房は細小で，ほぼ球形，花柱は 2 個である．痩果は宿存がくに包まれ，平たい円形で，長さ 2 mm ぐらいある．葉裏に白毛が密生するものをウラジロオオイヌタデとよぶことがあるが，特に区別に値する型ではない．〔日本名〕大犬蓼で，全形が大形なのでこの名がついた．

2879. イヌタデ（アカノマンマ）〔タデ科〕

Persicaria longiseta (Bruijn) Kitag.（*Polygonum longisetum* Bruijn）

原野や路ばたに多い一年生草本で，高さ 20～40 cm ぐらいである．茎は直立し，あるいは斜に傾いてのび，しばしば分枝して叢生し，軟らかくて平滑な円柱形で，通常紅紫色を帯びる．葉は互生し，広披針形あるいは披針形で，両端が尖り，葉のふちや裏面の脈上に毛がある．さや状の托葉はふちに長い毛が並んで生えている．夏から秋にかけて，梢上に，長さ 1～5 cm ぐらいの密な直立する花穂を出し，小形の花をつける．花は紅紫色で，まれに白色のものもある．がく片は 5 個に深裂し，長さ 1.5 mm ぐらい，裂片は倒卵形である．花弁はない．雄しべは普通 8 個．花柱は 3 個．痩果は 3 稜形で暗褐色，つやがあり，長さ約 1.5 mm で宿存がくに包まれている．白花品をシロバナイヌタデ f. *albiflora* (Honda) Masam. という．〔日本名〕犬蓼．イヌタデは元来は辛味がなくて食用にならないタデの総称であるので，著者（牧野富太郎）は本種に一度ハナタデの名を与えた．しかしこの名は別項のヤブタデの通称と同じで混乱のおそれがあるので，本版では再びもとにもどした．一名アカノマンマは粒状の紅花を赤飯にたとえた名である．〔漢名〕馬蓼はオオイヌタデである．

2880. ヤナギタデ（ホンタデ，マタデ）〔タデ科〕

Persicaria hydropiper (L.) Delarbre f. ***hydropiper***
(*Polygonum hydropiper* L.)

普通河川のほとりや，湿地，あるいは水辺に生える一年生草本であるが，時には田の中にあって越年し，春早く花が咲き，あるいは水中にあって多年生となることがある．茎の高さは 40～60 cm ぐらいで，直立し，枝を出す．葉は有柄で，互生し，広披針形で，両端は尖り，無毛，小腺点が密生し，緑色で，味が辛い特性がある．さや形の托葉のふちには毛が並んで生えている．秋の頃，枝先に花穂を出し，白色の小花と，わずかに紅色を帯びる宿存がくを持つ小花をややまばらにつけ，穂の先は垂れ下がる．がく片は 4～5 個に深裂し，長さ 2～3 mm，細腺点がある．花弁はない．雄しべ 6 個，子房は楕円体で，花柱は 2 個ある．痩果は卵状円形で凸レンズ形，あるいは 3 稜形で，宿存がくに包まれている．水中に生えるのをカワタデ f. *aquatica* (Makino) Nemoto という．辛味があって，食料になるタデは皆，この種から出た変種で，ムラサキタデ，ヒロハムラサキタデ，アザブタデ，イトタデなどがある．〔日本名〕葉がヤナギのようだからである．一名ホンタデまたはマタデというが，これは真物のタデという意味である．〔漢名〕辣蓼．

2881. アザブタデ（エドタデ）〔タデ科〕

Persicaria hydropiper (L.) Delarbre f. ***angustissima*** (Makino) Araki

庭先や畠に栽培される1年生草本．茎は高さ30～50 cmぐらいで，基部から多くの枝を出し，対生し，節はふくらみ，密に葉をつける．葉は披針形で，基部は細まって短い柄となり，長さ2～5 cm，幅3～10 mm，ほとんど無毛で，細かい腺点がある．さや状の托葉は短く，膜質で，ふちにだけ毛がある．秋，枝先に細い穂を出し，下部の花は離れてつく．がくは長さ1.5～2 mm，白色で，時に淡紅色を帯び，基部は淡緑色，4～5個に深裂し，細かい腺点がある．花弁は無い．雄しべ6個．花柱は2個．痩果はレンズ形で，長さ1.5 mm，黒褐色である．葉は辛味料として用いられる．ヤナギタデと比べると枝，葉が密につき，各部が小形である．特に葉が狭いものをイトタデというが，これが学名の基準品である．

2882. ホソバタデ 〔タデ科〕

Persicaria hydropiper (L.) Delarbre f. ***viridis*** Araki

しばしば人家に植えられる一年生草本で，ヤナギタデの品種であり，普通株全体が紫色を帯びる．茎は高さ30～40 cmぐらいで，軟弱，繊長で，さかんに分枝して叢生状となり，倒れやすい．葉は有柄で，互生し，狭長披針形あるいは線形で，両端が長く尖り，腺点があり，辛味がある．さや状の托葉は円筒形．秋の頃，枝先に細い花穂を出し，まばらに小形の花をつけ，穂はひ弱で，垂れ下がる．がくは4～5裂し，腺点がある．花弁はない．雄しべは6個．子房は狭卵球形で花柱は2個ある．痩果は宿存がくに包まれ，レンズ状の卵形である．葉を辛味料として食べる．全体緑色で紫色を帯びないものをアオホソバタデといい，上の学名は厳密にはその型に対してつけられたものである．〔日本名〕細葉蓼．

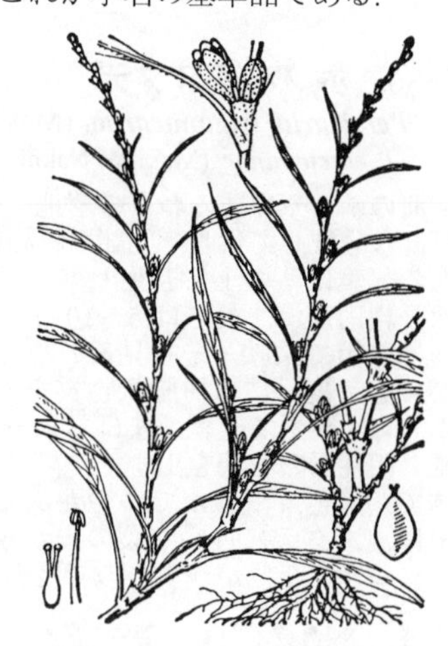

2883. ボントクタデ 〔タデ科〕

Persicaria pubescens (Blume) H.Hara（***Polygonum pubescens*** Blume）

水辺に生える一年生草本．茎は直立してまばらに分枝し，高さ70 cm前後で，節がふくらみ，茎面は通常紅紫色である．葉は有柄で互生し，広披針形で，先端は鋭く尖り，深緑色で，葉面に八字形の黒斑があり，辛味は無い．さや状の托葉は円筒形で，ふちに長い毛が並んで生える．秋，茎の先に花穂を垂れ下げ，白色に淡紅色を帯びた花をまばらにつける．がく片は5個に深裂し，緑色で，腺点があり，上部は紅色で，秋の果実が熟す頃はことに紅色と緑色がはえて非常に美しい．花弁はない．雄しべは8個，わずかにがくよりも短い．子房は球形で花柱は3個ある．痩果は3稜のある円柱形で，宿存がくに包まれている．〔日本名〕ボントクはポンツクの意味で，愚鈍者のこと．辛味のあるヤナギタデと似ているが，葉に辛味がないので，このように呼ばれる．

2884. ヤブタデ（ハナタデ）〔タデ科〕

Persicaria posumbu (Buch.-Ham. ex D.Don) H.Gross var. ***posumbu***
（*Polygonum yokusaianum* Makino）

山野に生える一年生草本で，茎の高さは50 cm前後，下部ははわないで直立し，枝を出し，茎の質は軟く，細長い円柱形である．葉は互生で，葉柄があり，卵状披針形または楕円状披針形で，上部が急に狭まり，先端は長く尖り，基部は鋭形，両面に毛がまばらに生え，葉質は軟らかで薄く，葉面に時に黒色の斑紋がある．さや状の托葉にはふちに長い毛が並んで生えている．秋，茎の先の枝端に，直立した長さ2～5 cmの細長い花穂を出し，まばらに淡紅色の小花をつける．生育状態により，穂につく花の疎密も一様ではなく，また，花色も濃淡がある．がくは5個に深裂し，長さ1.5～2 mmぐらい，初め平開し，小形であるが，やや梅花状である．花弁は無い．雄しべは7～8個で，がくより短い．子房は紡錘状楕円体で，花柱は3個ある．痩果は広楕円体で，3稜があり，長さ1.5 mmぐらい，宿存がくに包まれている．本種はイヌタデに似ているが，茎が直立し，葉が広く，花がまばらなのですぐ区別される．〔日本名〕ヤブタデは藪に生えることによる．ハナタデ（花蓼）は梅花状に開く花のようすに基づいたもの．ただし，より古い文献ではこの名もイヌタデに対して用いていることがある．

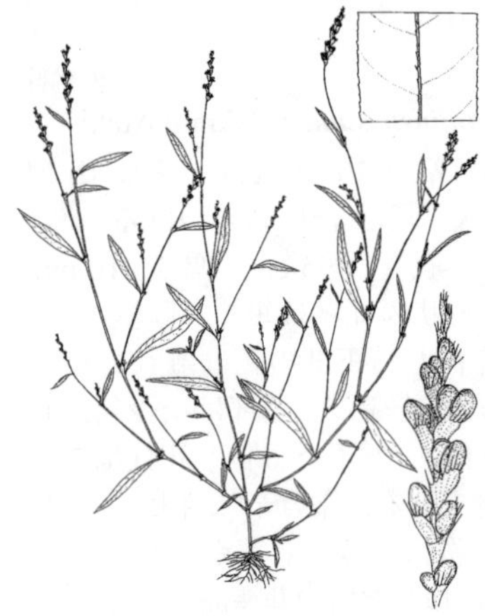
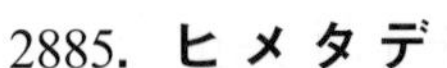

2885. ヒメタデ　〔タデ科〕

Persicaria erectominor (Makino) Nakai
（***Polygonum erecto-minus*** Makino）

九州から北海道に分布し，水湿地に生える一年草．茎は無毛で基部は地面をはい，節から根をだし，上部は直立して，少数の枝を分枝し，高さ 20〜45 cm になる．葉は互生し，短い柄があり，広線形または狭披針形で，先は鋭形または鋭尖形，基部は円形またはくさび形で，長さ 3〜8 cm，幅 5〜9 mm あり，表面は無毛または短い剛毛が散生し，裏面は脈上に短い剛毛が生える．托葉は筒状で，外面には剛毛が散生し，ふちには短い毛が生える．花は 5〜10 月に咲く．花序は総状で，長さ 1.2〜2 cm になり，円柱形で直立し，密に花をつける．花被は淡紅色で 5 つに深く裂け，裂片は長さ 2 mm ほどである．雄しべは 5〜7 個ある．痩果は広卵状の 3 稜形で，長さ 1.4〜1.8 mm あり，黒色で光沢がある．〔追記〕ホソバイヌタデ（次図）は，本種に似るが葉の裏面に樹脂状物質を分泌する大きな腺点がある．

2886. ホソバイヌタデ　〔タデ科〕

Persicaria trigonocarpa (Makino) Nakai
（*P. erectominor* (Makino) Nakai var. *trigonocarpa* (Makino) H.Hara）

河のふちや堤防のわきの草地に生える1年生草本である．茎は痩長で無毛，下部は分枝して伏し，上部は斜めにのびあがる．高さは 50 cm 以上のものもある．葉は茎の上に互生して，柄はほとんどなく，線状披針形あるいは線状長楕円形で，長さは 5〜10 cm，先端は漸尖形で基部は鋭形，蒼緑色，葉面は平担で柔軟，一寸見ると無毛，乾燥すると両面に細かいこぶ状の細点ができ，裏面には樹脂状物質を分泌する腺点が点在する．さや形の托葉はふちに毛がある．秋，まばらに分枝して，枝先に淡紅色で長さ 3 cm 内外の細い円柱形の花穂を出す．痩果は長さ 1.8〜2.4 mm，明瞭な 3 稜のある楕円体で，黒色，滑らかでつやがある．〔日本名〕細葉犬蓼．〔追記〕全体の様子はイヌタデに近いが葉の先が鋭尖形ではなくまた，花穂の花がややまばらにつき，花色がうすいので区別出来る．

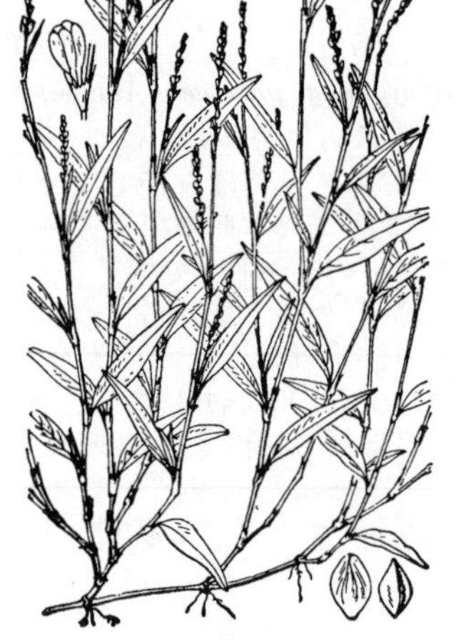

2887. ヌカボタデ　〔タデ科〕

Persicaria taquetii (H.Lév.) Koidz.（*Polygonum minutulum* Makino）

野外の湿地あるいは田の中などに生える一年生草本で，高さは 30 cm 前後である．茎は直立あるいは斜めにのび，繊細で，まばらに分枝する．葉は有柄で互生し，線形ないし披針形で，先端は鈍く，基部は鋭形で，長さは 2〜6 cm，幅 2〜12 mm で葉質は薄い．さや状の托葉は長さ 2〜6 mm，ふちには毛が並んで生えている．秋，枝先に長さ 2〜10 cm のやせた花穂をつけ，糸状の花軸に紅色を帯びた小花をまばらにつける．がくは 5 裂し，長さ 1.5 mm ぐらい，腺点はない．雄しべは 6〜7 個．楕円体の子房の上に花柱が 2〜3 個ある．痩果は小形で，宿存がくに包まれ，レンズ形か 3 稜のある卵球形で，長さは約 1.5 mm である．〔日本名〕花穂上の花が非常に小形なので，ぬかにたとえたもの．〔追記〕この図はヌカボタデの図にしては花穂が密すぎ，おそらくホソバイヌタデを描いたものであろうと考えられる．

2888. ヤナギヌカボ　〔タデ科〕

Persicaria foliosa (H.Lindb.) Kitag. var. ***paludicola*** (Makino) H.Hara
（*Polygonum paludicola* Makino）

湿地あるいは水辺に生える一年生草本．茎は高さ 40 cm 前後で，下部は斜めに伏し，上部は斜め上方にのび上がり，細くて，枝分かれし，草質はやや硬い．葉は有柄，互生，線形で，両端がだんだん狭まって尖り，葉の先は鋭尖形，基部は狭いくさび形，長さ 3〜9 cm，幅 2〜9 mm である．さや形の托葉は長さ 5〜10 mm，ふちには長い毛が並んで生える．秋の頃，長さ 3〜7 cm の貧弱な花穂を出し，まばらに淡紅色の小花をつける．がく片は 5 裂し，長さは 1.5 mm，腺点はない．花弁は無い．雄しべは普通 5 個．楕円形の子房には 2〜3 個の花柱がある．痩果は宿存がくに包まれ，レンズ形または 3 稜形で，長さ約 1.5 mm.〔日本名〕ヌカボタデに似ているが，葉が細いのでヤナギヌカボという．

2889. ケネバリタデ（ネバリタデ）〔タデ科〕

Persicaria viscofera (Makino) H.Gross var. ***viscofera***
(*Polygonum viscoferum* Makino)

山野のよく陽の当たる土地に生える一年生草本．茎と葉にはあらい毛がある．茎は細長く，高さ 40～60 cm ぐらい，まばらに分枝し，下部では節が太まり，上方の節間の上部は粘液を分泌するのでふれるとねばりつくが，別に捕虫の機能があるのではない．葉は有柄で互生し，広披針形または披針形で，長さ 3～10 cm ぐらい．さや状の托葉は円筒形で，ふちには長い毛が並んで生える．夏から秋にかけて，枝先に貧弱な直立する花穂を出し，緑白色または淡紅色の小花をまばらにつける．花柄の上部も粘液を分泌する．がくは 5 裂し，長さ 2 mm ぐらいである．花弁は無い．雄しべは普通 8 個で，がくよりも短い．子房は倒卵円形で，花柱が 3 個ある．瘦果は宿存がくに包まれ，3 稜卵円形で，長さは 1.5 mm ぐらいである．〔日本名〕毛粘蓼．茎に毛があり，またその一部に粘る所があるからである．牧野富太郎はネバリタデは誤称であるとしたが，最近は本種の和名にネバリタデが用いられることが多い．〔追記〕本種に似て全体大きく毛が少なく，葉が細長くて花が常に緑白色のものをネバリタデ（オオネバリタデ）var. *robusta* (Makino) Hiyama という．

2890. ハルタデ（ハチノジタデ，オオハルタデ）〔タデ科〕

Persicaria maculosa Gray subsp. ***hirticaulis*** (Danser) S.Ekman et Knutsson var. ***pubescens*** (Makino) Yonek.

しばしば畠の間や畠の跡，路ばたなどによく生える一年草．茎は直立してまばらに分枝し，高さは 15～180 cm ぐらい，円柱形で紅紫色をしており，まばらに毛があるか無毛，節がやや太い．葉は有柄あるいはほぼ無柄で互生し，長楕円形ないし披針形，先端は鋭尖形で，深緑色，葉面に黒い斑紋がある．托葉はさや状で膜質で，ふちには短い毛がある．花期はタデ類のうちで一番早く，4 月頃から枝先に直立する花穂を出し，花を密につける．がくは 5 つに深くさけ，腺点はなく，長さは 3 mm ぐらい，花の時には白いが果実期にも宿存して紅紫色になる．花弁は無い．雄しべは 5～8 個．楕円体の子房の上には花柱が 2～3 個ある．瘦果は宿存がくに包まれ，扁平でレンズ状のものと，3 稜のあるものとがある．夏以降に開花する個体は大形となり，茎に毛が多く花穂が垂れ下がるが，花の形質は同じである．〔日本名〕春蓼は春から開花するからである．〔漢名〕蓼．旧版では馬蓼を本種の漢名としたが，現在中国ではこの名をオオイヌタデに対して用いている．

2891. サナエタデ〔タデ科〕

Persicaria lapathifolia (L.) Delarbre var. ***incana*** (Roth) H.Hara
(*Polygonum scabrum* Moench)

田の中の湿地やあぜなどに生える 1 年生草本．茎は直立して高さ 30～50 cm ぐらい，普通まばらに分枝し，やや粗大で，円柱形，節は太く，茎面に斑点のあるものがある．茎質は硬くなく，緑色かあるいは紅を帯びている．葉は有柄で互生し，披針形で先端は長く尖り，葉質は軟らかで初めのうちはしばしば白綿毛が生えている．さや状の托葉は膜質でふちには毛がない．春から初夏にかけて，枝上に短厚な直立する花穂を出し，帯紅色，または白色の小花を密につける．がくは 4～5 裂し，長さ 2～3 mm ぐらい．無花弁．雄しべは 5～6 個でがくよりもわずかに短い．子房はほぼ球形で 2 花柱がある．瘦果はオオイヌタデと比べるとやや大きくて，円形の両面体，表面は少しくぼみ，宿存がくに包まれいてる．〔日本名〕早苗蓼は早苗を植える田植え時にすでに花が咲いているからである．〔追記〕本図のものはサナエタデにしては葉の側脈数が多く，むしろオオイヌタデを描いたものと思われる．

2892. アイ（タデアイ）〔タデ科〕

Persicaria tinctoria (Aiton) Spach (*Polygonum tinctorium* Aiton)

非常に古く中国から日本に伝えられ，有用植物の一つとして畠に植えられている一年生草本．原産地は多分ベトナム南部であろうといわれている．茎は 50～60 cm ぐらいになり，先の方で分枝し，なめらかで紅紫色を帯び，円柱形，茎の質はやや軟らかい．葉は互生で，短い柄があり長楕円状披針形または長楕円形，あるいは卵形で先端はやや鋭尖形あるいは鋭形で，基部は鋭形または鈍形に狭まり，全縁，草質で毛はなく，乾くと黒っぽい藍色になる．さや状の托葉は膜質で円筒状をしておりふちに長い毛がある．秋になると上部に枝を出し，直立する花穂をつけ，紅色を帯びた小花を密につける．がくは 5 個に深裂し，長さは 2～2.5 mm ぐらいで，裂片は倒卵形をしている．花弁はない．雄しべは 6～8 本あり，がくよりも短く，花糸の基部に小腺がある．葯は淡紅色である．子房は卵状楕円体で頂に 3 個の花柱がある．瘦果は宿存がくに包まれており，3 稜のある卵球形で黒褐色，長さは 2 mm ほどである．葉を藍色の染料として用いる．マルバ，ナガバ，オオバ，シカミバの 4 品種があるといわれている．〔日本名〕アイは青（アオ）の転語だといわれる．また一説には青い汁が居（イ）るからとも言われている．〔漢名〕蓼藍．これは（タデアイ）や菘藍（タイセイ）などの総名である．

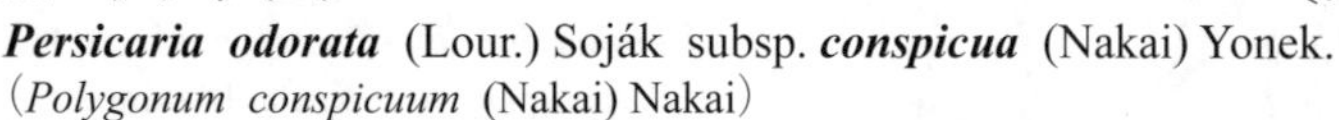

2893. サクラタデ 〔タデ科〕

Persicaria odorata (Lour.) Soják subsp. ***conspicua*** (Nakai) Yonek.
(*Polygonum conspicuum* (Nakai) Nakai)

水辺に生える多年生草本で，次種と共に根茎を地下にのばしてふえるという特殊な性質がある．茎は 50〜70 cm ぐらいで枝分かれは少なく，質はやや硬くてやせ細り，円柱形で，節がやや太い．葉には柄があり互生，披針形で両端は狭まり，上部は鋭尖頭である．さや状の托葉のふちには長い毛が並んで生えている．秋に，枝の上に長い花穂を出し，美しい淡紅色の花を開く．がくは 5 個に深くさけ，長さは 5〜6 mm ぐらいで背面に腺点がある．花弁はない．雄しべは 8 個．子房は卵球形で花柱が 3 個ある．異型花柱性を示し，長花柱花と短花柱花とがあり，双方の型の間で花粉のやり取りが行われた場合に限り結実する．瘦果は宿存がくに包まれ，3 稜のある卵球形である．〔日本名〕桜蓼は花が大きく，色が淡紅色で，サクラのようだからである．〔漢名〕蚕繭草は別のもの．

2894. シロバナサクラタデ 〔タデ科〕

Persicaria japonica (Meisn.) Nakai ex Ohki
(*Polygonum japonicum* Meisn.)

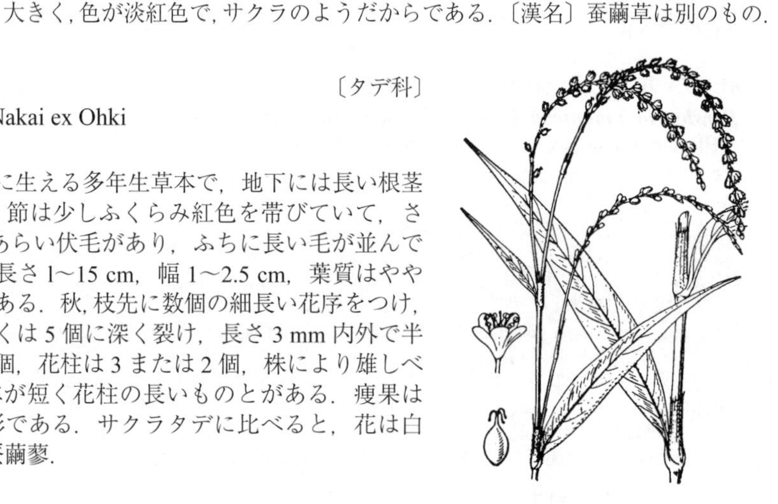

日本，中国の水湿地にやや普通に生える多年生草本で，地下には長い根茎がある．茎の高さは 30〜100 cm，節は少しふくらみ紅色を帯びていて，さや状の托葉は長さが 1〜2.5 cm，あらい伏毛があり，ふちに長い毛が並んで生えている．葉は披針形で尖り，長さ 1〜15 cm，幅 1〜2.5 cm，葉質はやや厚くふちや中脈の上にはねた毛がある．秋，枝先に数個の細長い花序をつけ，花序の先は垂れ，白花を開く．がくは 5 個に深く裂け，長さ 3 mm 内外で半開する．花弁はない．雄しべは 8 個，花柱は 3 または 2 個，株により雄しべが長く花柱が短いものと，雄しべが短く花柱の長いものとがある．瘦果は倒卵球形で 3 稜形またはレンズ形である．サクラタデに比べると，花は白色小形で平開しない．〔中国名〕蚕繭蓼．

2895. ニオイタデ 〔タデ科〕

Persicaria viscosa (Buch.-Ham. ex D.Don) H.Gross ex T.Mori
(*Polygonum viscosum* Buch.-Ham. ex D.Don)

原野あるいは湖畔の草地に生えるかなり大形の一年生草本．生時は草全体に一種の香気がある．これは全体にある腺毛のためである．茎は粗大で，高さ 1〜1.5 m になり，枝を出し，しばしば紅色を帯び，節はふくらみ，開出した長毛と短い腺毛を密生する．葉は有柄で，互生し，披針形または広披針形で，先端は長く尖り，全縁で，長い毛があり，小腺点がある．秋，上部の枝端に直立する花穂を出し，紅色の小花を密につけて非常に美しい．がくは 5 個に深裂し，長さ 2〜3 mm ぐらい．花弁は無い．雄しべは 8 個でがくより短い．球形の子房の上部には花柱があり長く 3 岐する．瘦果は黒褐色で 3 稜がある卵球形である．〔日本名〕香蓼は全体に香があるからである．

2896. ムジナモ 〔モウセンゴケ科〕

Aldrovanda vesiculosa L.

世界に点在する珍しい食虫植物で，日本では明治 23 年（1890）5 月 11 日，利根川流域内の東京郊外小岩村（現在の江戸川区）で牧野富太郎によって初めて発見された．沼や水田の小川などの水溜り中に浮かんで生活し，根はなく，冬は茎の先が球状にかたまり越年する．茎は長さ 6〜25 cm 位で，しばしば 1〜4 本の枝を出し，節には 6〜8 個の葉が輪生し，葉輪の直径は 1.5〜2 cm 位ある．葉柄はくさび形，上部には数本の毛があって，葉片は袋状となりハマグリのように自由に開閉し，水中の小虫がその中に入ると，葉は閉じてその虫を消化する．夏，葉腋から水面上にうす緑色の小花を出して開き，1 日でしぼんでしまう．がく片，花弁，雄しべはそれぞれ 5 個ある．花柱もまた 5 本で，先端はさらに指状に細かく裂ける．花が終わって後，花柄は曲がって果実は水面下で成熟し，種子は黒色．〔日本名〕貉藻はこの食虫植物の形をタヌキの尾に見たてた名で，ムジナはタヌキの別名であるという．

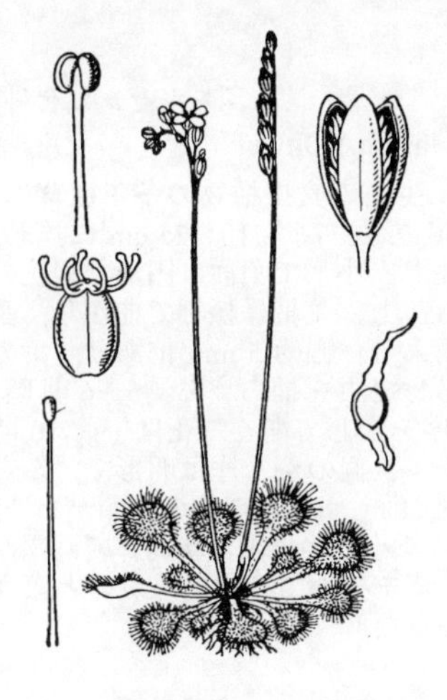

2897. モウセンゴケ 〔モウセンゴケ科〕

Drosera rotundifolia L.

各地の山地や野原の日の当たる湿地に生える食虫植物の多年生草本．茎は非常に短いが，ミズゴケの中に生える時にはかなりの長さにのびることがある．葉は根生し，長い柄があり，杓子状でうすい赤色を帯び，葉面には多数の紅紫色の腺毛が直生し，その長いものは 5 mm に達することがある．小さい虫がこれにさわると，たちまち粘着して動けなくなり，虫体は腺毛の分泌液のために消化される．夏，葉の間から細長い葉のない花茎を出し，15～20 cm 位で直立し，穂状の総状花序をつけ数個から 10 数個の花を偏側に開く．花序軸は初め一方に巻いているが，開花するに従って次第に直立する．花は小形で白色，短い柄がある．がく片は深く 5 裂，裂片は長楕円形．花弁は 5 個でやや倒卵形，雄しべは 5 個．花柱は 3 個，さらに深く 2 つに分かれる．さく果は熟すると 3 裂し，細かい種子を散らす．〔日本名〕毛氈苔は葉に一面に毛の多いのを毛織りの毛氈に見たて，コケは小形であるためについた．

2898. コモウセンゴケ 〔モウセンゴケ科〕

Drosera spathulata Labill.

宮城県以南，四国，九州，琉球の山のふもとや原野の湿った日の当たる所に生える多年生草本の食虫植物．全体は小形でよく群をなして生え，赤紫色に見える．葉は根生して地面に平らに伏せ数個の葉が車輪状に見える．へら形で先端は円く，下部は次第に狭くなり葉柄部は明らかでない．葉面には紫紅色の腺毛が密生し，小虫を粘液で捕らえる．夏，葉の間から長さ 10～15 cm 位の細長い花茎を直立し，淡紅色の短い柄のある小花を穂状に偏側生総状花序をなしてつける．花序は初め一方に巻いているが開花に従って直立する．がくは鐘形で深く 5 裂し，裂片は長楕円形．花弁は 5 個で倒卵形．雄しべは 5 個．花柱は 3 個あり各々はさらに深く 2 つに裂ける．さく果は 3 つに裂け細かい種子を出す．〔日本名〕小毛氈苔の意味で全草が小形であるため．モウセンゴケとは葉柄と葉身の境が不明であり，紅花を開く点で区別する．

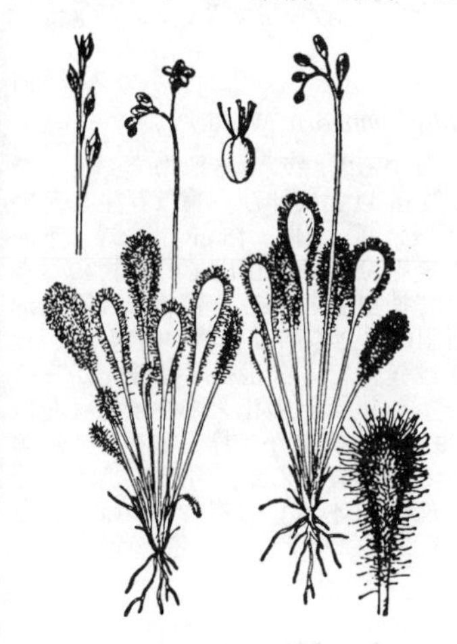

2899. サジバモウセンゴケ 〔モウセンゴケ科〕

Drosera* ×*obovata Mert. et W.D.J.Koch

福島，群馬県境の尾瀬の湿原および北海道にナガバノモウセンゴケとモウセンゴケの雑種として母種とともに生えている多年生草本．ほとんど茎はなく，根はひげ状．葉は根生，多数集まってつき直立し，高低があり，高いものは 5 cm，幅は 4 mm に達し，線状倒卵形あるいは長楕円状へら形，円頭，全縁，下部はくさび形で次第に狭くなり長い葉柄となる．葉の上面は平滑，うす緑色，ふちに長短多数の紅色の毛が密生する．裏面には一面に密に腺毛がある．葉柄には腺毛はない．花茎は 1 本，葉の間から出て葉上に高く直立し，細長く腺毛はなく，高さ 9 cm 位．花序は初め巻いている頂生の集散花序で，花は白色，数個が花軸の片側に並んでつき，花軸がまっすぐになるにつれて下から順に 1 日に 1 花ずつ開く．花は小形で花柄がある．がく片は 5 個，狭披針形，花弁は 5 個，平開し，がく片より長い．雄しべは 5 本．子房は 1 個，楕円形，一室，胚珠は 3 側膜胎座に多列につく．花柱は 3 本，それぞれ深く 2 つに分かれ，柱頭は頂生，小頭状．さく果はがくより少し出て，3 片に開き，微小な種子を出す．〔日本名〕葉の形がさじに似ているのでいう．

2900. ナガバノモウセンゴケ 〔モウセンゴケ科〕

Drosera anglica Huds.

北海道の一部と本州の尾瀬ケ原の高層湿原に生える食虫植物の多年生草本．葉は多数根生し多くは長い柄をもち直立し長さは葉柄も入れて 10 cm 内外，幅 4 mm 内外ある．葉は線状へら形で先端は鈍形，上面には紅紫色の腺毛が密生し，微小な虫を粘着して消化吸収する．8 月頃，葉の間から高さ 10～20 cm の花茎を葉より高く直立し，上部には穂状の偏側生総状花序に白色の小花を数個つける．花序は初め一方に巻いているが開花するに従い直立する．がくは鐘形で深く 5 つに裂け，裂片は長楕円形．花弁は 5 個でへら形．雄しべ 5 本，雌しべ 1 本，雌しべには 3 個の柱頭があってそれぞれ深く 2 つに裂ける．さく果は宿存がくを伴い，3 つの殻片に開裂し，細かい種子を出す．日本では本種の産地は非常に少ない．〔日本名〕長葉の毛氈苔の意味である．

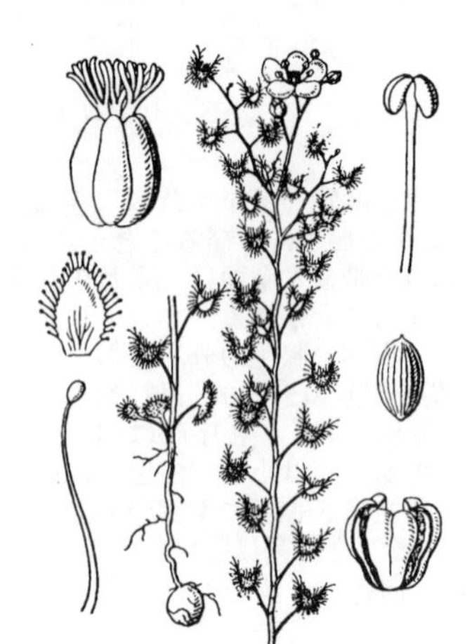

2901. イシモチソウ 〔モウセンゴケ科〕

Drosera peltata Thunb. var. ***nipponica*** (Masam.) Ohwi

本州（関東以西），四国，九州などの原野に生える食虫植物の多年生草本．根に直径 6 mm 位の球状の塊茎をもつ．茎は直立し，高さ 10〜25 cm に達し，上部で分枝し，開花する．根生葉は明らかに生じ，小形で葉面は円形．開花の時には枯れ落ちるものも少なくない．茎葉は互生し，葉柄は繊細で曲がり，長さ 1 cm 内外，葉片は三日月形で基部は広く湾入し，幅約 5 mm 位あり，葉のふちおよび外面に腺毛が密生して粘液を分泌して虫を捕らえる．5〜6 月頃，枝上に柄のある白色 5 弁の小花が，短総状花序をなして開く．花は午前 10 時頃開き，午後 2 時頃閉じ，直径約 1 cm 位ある．5 個のがく片は卵形で，ふちに腺毛がある．花弁は広倒卵形．雄しべは 5 個，雌しべには 3 個の柱頭があり，それぞれ指状に 4 裂する．さく果は 3 つに裂け，小さい種子は楕円体で両端が尖り，縦の溝がある．〔日本名〕石持草はこの草を抜いて地面に触れると葉面が粘液のために小石が付いて来るのでそう名づけた．

2902. ナガバノイシモチソウ 〔モウセンゴケ科〕

Drosera indica L.

関東および中部地方の南部の湿原に生える食虫植物の一年生草本．茎は直立しあるいは倒れ伏し，高さ 10〜17 cm 位．葉は茎に互生し，細い線形，葉の先はしだいに狭くなって尖り，長さ 3〜6 cm 位，短い多数の腺毛があり，柔らかくて黄緑色．7〜8 月の頃，通常，葉に対生して茎の反対側に花柄を出し，柄のある淡紅色あるいは白色の小花を数個まばらに総状につける．がくは広鐘形で深く 5 つに裂ける．花弁は 5 個．長楕円形．雄しべは 5 個．3 個の花柱はそれぞれ深く 2 つに裂ける．さく果は 3 つに裂開し，種子は細かく卵球形で，表面に多数の凹みがある．

2903. ウツボカズラ 〔ウツボカズラ科〕

Nepenthes mirabilis (Lour.) Druce（*N. phyllamphora* Willd.）

中国南部，インドシナ，マレーシアに広く分布する常緑のつる植物で，日本ではしばしば温室で培養される食虫植物．つるは数 m 以上に伸び，葉は互生し薄い皮質，葉柄には狭い翼があり，葉身は狭い長楕円形，長さ 10〜15 cm，全縁，下面は幼茎，花序とともに褐色の毛が密生する．中央脈は長く伸び出て，他物に巻きつき，先端は一度下向し，さらにまた上に向いて捕虫嚢となる．袋はほぼ円筒形で，上半は細く，ふた状の付属物があり，筒の前側には 2 本のひれ状の隆起がある．袋の底に消化液を分泌して，虫を捕食する．雌雄異株で，総状花序は枝先から直立し，長さ 10〜25 cm 位，柄のある 4 がく片をもつ黒紫色の花を密生する．花は直径 8 mm 位，花弁の外面とふちには伏毛が密生し，果実はがく片を宿存し，紡錘形．ウツボカズラの名は同属の他種に用いられることもあるが，今日では広く分布し，最も古くから知られた本種に限って用いる．〔日本名〕靫葛．うつぼは矢を入れて腰につける武具で，袋状である．葉の袋をこれになぞらえた名．〔漢名〕猪籠草，猪籠はブタを入れて運ぶかごのこと．

2904. ヤンバルハコベ（ネバリハコベ） 〔ナデシコ科〕

Drymaria diandra Blume

奄美大島以南のアジアの熱帯に生える一年生草本である．茎は地をはい，節から根を出し，分枝して立ち上がる．葉には短い柄があって対生し，腎円形で，長さ 5〜20 mm，幅 5〜25 mm，無毛で主脈が 3〜5 本ある．托葉は膜質で，糸状に裂ける．秋，葉腋から花茎を出し，緑白色の小花を集散花序につける．苞は長楕円形で小さく，長さ 1〜2 mm ぐらいである．花柄には粉状の毛が密生する．がく片は 5 個，長楕円形で，長さ約 3 mm，ふちは狭い白膜質である．花弁は 5 個，がく片よりはるかに短く，深く 2 裂する．雄しべは通常 5 個，花柱は 3 個．さく果はがく片とほぼ同じ長さで，先は 3 裂する．〔日本名〕山原ハコベ．山原は沖縄本島の北部の山岳地帯をさす言葉．〔追記〕八丈島など伊豆諸島に帰化した 1 種は外見は本種に非常に近いが別種で，オムナグサ *D. cordata* Willd. ex Roem. et Schult. var. *pacifica* M.Mizush. といい，中，南米系統のものである．

2905. オオツメクサ

〔ナデシコ科〕

Spergula arvensis L.

ヨーロッパ原産の一年生草本で，多分明治維新の前後に日本に入って来た．はじめは東京の小石川植物園にあったものが種子が逃げ出してあちこちに野生するようになった．茎は叢生して分枝し，高さ 13〜50 cm ぐらい，毛が散生し，上部には短い腺毛がある．葉は糸状で長さは 1.5〜4 cm ぐらい，短い腺毛があり，元来は対生であるが葉腋にはつねに短縮した葉芽があるので輪生状にみえる．托葉は小形で膜質である．初夏の頃，茎頂にまばらな集散花序を出し，白色の小花をつける．花柄は細長で，果時には下に向く．がく片は 5 個，長さ 3〜4 mm ぐらい，卵形で先端は鈍形，微毛があり，ふちは膜質である．花弁も 5 個で卵形，先は鈍形，全縁でがく片よりわずかに長い．雄しべは大体 10 個．卵球形の子房上には短い 5 花柱がある．さく果は広卵球形で 5 裂し，がく片より長い．種子は多数ある．〔日本名〕大爪草で，ツメクサに似ているが大形だからである．

2906. ウシオツメクサ

〔ナデシコ科〕

Spergularia marina (L.) Griseb.

海岸の泥地とか岩の間などに生えている全体無毛の一年草あるいは越年草で，日本では主に北部にみられる．根にはやせ細って長い主根があり，細い枝根が分かれ出ている．茎は根元から群生して分枝し，高さ 10 cm ぐらい．葉は対生し，半円柱状線形で先は鋭形，下部の葉は長さ 3 cm になり，基部に卵形で白色膜質の小形の托葉をもっている．夏から秋にかけて枝先の葉腋に白色小形で短い花柄がある花をつける．がく片は 5 個，長さ 2 mm ぐらい，卵形で先は鋭形，ふちは膜質である．花弁も 5 個，長楕円形．雄しべはたいてい 5 個．楕円体の子房の頂には 3 個の花柱がある．さく果はがく片より長く卵球形で 3 裂し，中に細かい種子が入っている．〔日本名〕潮爪草はツメクサに似ているが，海岸に生えるからである．〔追記〕本種に似て全体に腺毛があり，花柄が葉よりも長いウシオハナツメクサ *S. bocconei* (Scheele) Foucaud ex Merino が最近市街地に時々見られる．

2907. ウスベニツメクサ

〔ナデシコ科〕

Spergularia rubra (L.) J. et C.Presl

ヨーロッパ原産であるが，時には日本の北部地方にも帰化している一年草あるいは 2 年草である．茎は群生し，高さ 5〜15 cm，上部には細かい腺毛がある．葉は長線形で対生し，時には 2 対が集まって輪生状にみえ，また葉腋から短い葉をつけた小枝を出し，長さ 5〜15 mm，幅 0.5〜1 mm，先は短い針になる．托葉は白膜質で目立ち，三角形で長さ 2〜4 mm，夏，枝の上部の葉腋から腺毛のある細い花柄を出し，小花をつける．がく片は 5 個，長楕円形で長さ 3 mm ぐらい，腺毛があり，ふちは白膜質になる．花弁は 5 個，がく片より短くて淡紅色を帯びている．雄しべは普通 10 個，花柱は 3 個．さく果はがく片とほぼ同長である．ウシオツメクサに比べて，茎や葉が細く，多肉でなく，托葉は基部まではなれ，雄しべは多数で，種子はさらに小さく長さ 0.5 mm ばかり，常に翼はない．

2908. ツ メ ク サ（タカノツメ）

〔ナデシコ科〕

Sagina japonica (Sw.) Ohwi

庭や路ばたその他に最も普通にみられる小形の一年草あるいは越年草で，緑色である．茎はおおむね株の元から分枝して叢生し，数本あるいは多数の枝を広げて分枝し，高さ 2〜15 cm ぐらい，上部には短い腺毛がある．葉は対生し，線形で，先端は鋭形，基部は膜質でつながり，短いさやとなる．春から夏にかけて，葉腋から長い柄をぬき出し，白色の小さい花をつける．花柄，がく片には短い腺毛がある．がくは 5 個，長楕円形で先端は鈍形，長さは 2 mm ぐらいである．花弁も 5 個，卵形で，がく片よりわずかに短く，分裂しない．雄しべは 5 個．卵円形の子房の上には短い花柱が 5 個ある．さく果は広卵形でがく片よりも長く，先端は 5 裂して開く．種子には極めて小さい突起が密生する．〔日本名〕ツメクサは葉の形が鳥の爪に似ているから，またタカノツメも同様である．〔漢名〕瓜槌草．漆姑草は別のものであるが，現在中国では本種に対してこの名を用いている．〔追記〕海岸近くには，基部の葉が大形で厚く，つやがあり，種子に凹凸が目立たない種類がある．これがハマツメクサ（2909 図）である．

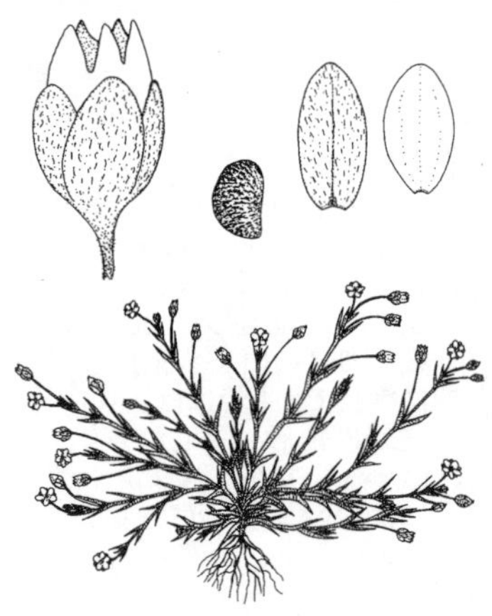

2909. ハマツメクサ 〔ナデシコ科〕

Sagina maxima A.Gray

北海道西南部から琉球，小笠原の海岸の岩地や，日当たりのよい平地にみられ，朝鮮半島，中国，千島，ウスリー・サハリン・カムチャツカにも分布する一年草または多年草．茎は株の元から分枝して叢生し，ツメクサに似るが茎は太く，高さ5〜25 cmになる．根生葉はロゼット状につき，葉は対生で，厚く，線形で鋭頭，幅はやや広く1〜1.5 mm．春から夏にかけて，葉腋から長い柄を出し，白色の小さい花をつける．小花柄やがく片には腺毛がある．がく片はふつう5個で卵形ないし楕円形，先は鈍形，長さ2〜3 mm．花弁も5個で，卵形ないし楕円形．長さはがく片と同じかやや短い．雄しべは5〜10個，子房には短い花柱が5個ある．さく果は卵球形で先端が5裂して開く．種子は深褐色，広卵形で光沢はなく，ツメクサと異なり平滑か，突起があってもほとんど目立たない．〔日本名〕浜爪草．海岸近くにみられることによる．

2910. コバノツメクサ（ホソバツメクサ） 〔ナデシコ科〕

Minuartia verna (L.) Hiern var. ***japonica*** H.Hara

（*Arenaria verna* L. var. *japonica* (H.Hara) H.Hara）

高山地帯の砂礫地に生じる小形の多年草．茎は繊細で，密に叢生し，高さ3〜10 cmぐらい．緑色で微毛があり，上部には腺毛もある．葉は多数で，対生し，細い線形あるいは針形で毛はなく，長さ3〜10 mmぐらい．夏，茎の先に集散花序を出し，少数の小形の白花をつける．花柄は繊細で，腺毛がある．がく片は5個，披針形で先は鋭く尖り，3脈があり，やや無毛，長さ3 mmほどである．花弁は5個で，平開し，卵状長楕円形で，基部には短い爪があり，がく片とほぼ同長，あるいはこれよりもやや長い．雄しべはたいてい10個．子房は卵球形，先に3個の花柱がある．さく果は長楕円状卵球形で宿存がくよりやや長く，熟すと三つに裂ける．種子は非常に小さくて腎臓形である．〔日本名〕小葉の爪草の意味である．

2911. エゾタカネツメクサ 〔ナデシコ科〕

Minuartia arctica (Steven ex Ser.) Graebn. var. ***arctica***

（*Arenaria arctica* Steven ex Ser. var. *arctica*）

北海道の高山の砂礫地に生える多年草，叢生し，高さは5 cm前後になる．根茎は細くて，分岐する．茎は下部が地に伏し，上部は傾いてのび，毛線が2列ある．葉は線状針形で，対生し，長さ1 cm前後，多くは彎曲し，葉質はやや厚い．真夏の頃，株の小さい割に，比較的に大きい花を開き，多くは茎の先に1個つき，上に向く．花径は約1.5 cm，広い鐘形に開く．がく片は線状長楕円形，先端は鈍形である．花弁は5個で広倒披針形，先端は丸く，不明瞭な凹入があり，長さはがくの約2倍である．子房は卵状楕円体で，頂上に線形の花柱が3個ある．さく果は長楕円体で，がくの1.5倍の長さ．種子の縁辺に明らかな細突起がある．〔日本名〕蝦夷高嶺爪草の意味である．〔追記〕タカネツメクサ var. *hondoensis* Ohwi は，種子の縁辺に細突起がなく，本州（北部，中部）の高山帯に生える．

2912. ミヤマツメクサ 〔ナデシコ科〕

Minuartia macrocarpa (Pursh) Ostenf. var. ***jooi*** (Makino) H.Hara

（*Pseudocherleria macrocarpa* (Pursh) Dilleb. et Kadereit ; *Arenaria macrocarpa* Pursh var. *jooi* (Makino) H.Hara）

本州中部の高山帯の岩石地にまれに生えている小形の多年草である．茎は高さ1〜5 cm，分枝して密に群生し，上部に軟毛がある．葉は密に対生し，針状線形で長さ5〜12 mm，幅1〜2.5 mm，質はやや硬く3脈があり，ふちに細い毛が並んで生えている．夏，茎の先に短い花柄を出し，1個の白花を開く．がく片は長楕円形で先端はやや鈍形，長さ6〜8 mm，細かい毛がある．花弁はがく片よりはるかに長く，1.5〜2倍あり，長楕円形，先端は鈍形である．雄しべは10個，花柱は3個，さく果はがく片よりはるかに長く1〜1.5 cm，3片に裂開し，種子は径約1 mmで周縁部に長い乳頭状の突起がある．

2913. ハマハコベ　〔ナデシコ科〕

Honckenya peploides (L.) Ehrh. var. ***major*** Hook.

全体肉質で淡緑色をしている多年生草本で北方の海浜に自生している．全体無毛で，根茎は砂の中を横走している．茎は叢生して砂の上を横にはい，上部は立ち上って長さ 30 cm ぐらいになる．葉は十字形に対生し，柄はなく，ほぼ長楕円形で，先は鋭形，基部は相対した葉と連合して短い鞘となる．6～7 月頃，枝先の葉腋に白色の小花をつける．両性花をつける株と雄花をつける株とがある．花柄は葉より短い．がく片は 5 個，長さ 3～5 mm，卵形でやや鋭頭をしている．花弁も 5 個，倒卵形でがく片とほぼ同長，あるいは短い．雄しべは 10 個．卵球形の子房の先に 3 本の花柱がある．さく果は球形で液果状となり，がく片よりはるかにぬき出て，3 片に裂け，中に少数の大きい種子を入れている．〔日本名〕浜ハコベの意味で，海浜に生えるからである．

2914. ノミノツヅリ　〔ナデシコ科〕

Arenaria serpyllifolia L.

路ばたや荒地，田んぼ，草原などに普通にみられる小形の越年草で，全体が緑色である．茎は繊細でやや硬質，株の本から分枝して叢生し，枝を多く出し，下部はしばしば傾き伏し，高さ 5～25 cm ぐらい，細毛がある．葉は小形で，対生し，長さは 3～6 mm ぐらい，卵円形で，先端は鋭形，細毛がある．春から夏にかけて，梢上の葉腋に細い花柄を出し，小形の白色花を開く．がく片は 5 個，長さ 3 mm ぐらい，披針形で先端は鋭形，細毛があり，ふちは膜質で宿存する．花弁も 5 個，長楕円形でがく片より短く，分裂しない．雄しべは 10 個．卵球形の子房の頂部に短い花柱が 3 個ある．さく果はがく片とほぼ同じ長さで先端は 6 裂する．種子は腎臓形，細かい凹凸がある．〔日本名〕蚤の綴り．ノミの短衣すなわちツヅリの意味．この種の小形の葉をノミの衣にたとえたものであろう．〔漢名〕小無心菜．

2915. チョウカイフスマ　〔ナデシコ科〕

Arenaria merckioides Maxim. var. ***chokaiensis*** (Yatabe) Okuyama

高山の岩間や砂礫地に生える多年生草本である．根茎は細長くてはい，白色である．茎は叢生し，細長い円柱形，節間は短く，高さ 5～10 cm ぐらいで軟毛がある．葉は対生で，葉柄はなく，長卵形ないし長楕円状披針形で先は鋭形，基部は急に狭まり，全縁で，葉質はやや厚く，短毛がまばらに生え，葉の長さは 1～3 cm ぐらいである．8 月頃，茎上に腋生または頂生して，少数の柄のある白花を開く．がくは 5 個，披針形で，長さ 5～10 mm，細毛がある．花弁も 5 個，がく片とほぼ同じ長さで，長卵形，先端は鈍形で，基部は急に狭まる．雄しべは 10 個．子房は卵形で，花柱が 3 個ある．〔日本名〕秋田県と山形県にまたがる鳥海山に生えているので名づけられた．〔追記〕メアカンフスマ var. *merckioides* は全体に小形で，がく片は狭卵形で長さ 4～5 mm しかなく，北海道釧路の雌阿寒岳にある．

2916. カトウハコベ　〔ナデシコ科〕

Arenaria katoana Makino

北海道や本州北中部の高山帯岩石地に極めて稀に産する多年生草本である．茎は多数叢生し，高さ 5～10 cm，両側に微細な毛が生えている．葉は柄がなく，対生し，卵形ないし広披針形で，先端は鋭形，長さ 3～7 mm，幅 1.5～3 mm，基部のふちを除いて無毛である．夏，枝先から細毛のある細長い花柄を出し，径 6～7 mm の白色の花を開く．がく片は広披針形で，長さ 3～4 mm，ほとんど無毛である．花弁は卵形でやや尖り，がく片より少し長い．雄しべは 10 個．花柱は 3 個．さく果はがく片よりも長く，先は 6 個に裂開する．〔日本名〕加藤泰行子爵を記念してつけられた．

2917. タチハコベ　〔ナデシコ科〕

Arenaria trinervia L.

（*Moehringia trinervia* (L.) Clairv.；*M. platysperma* Maxim.）

各地の山地に生えるやや濁緑色の一年生草本である．草全体が軟弱で，細長く，細毛があるが目立たない．茎は細く，直立あるいは斜めに立ち，普通基部で分枝し，また上部でも分枝し，枝は弱々しい．葉は小形で対生し，卵形あるいは長卵形で，先端は鋭形，基部は広いくさび形，葉柄があり，3本の葉脈が走り，葉質は薄く，ほぼ平滑であるが葉の裏の中脈の上と葉のふちには細毛が並んで生えている．夏，上方の2個の枝の間や，葉腋から直立した細長い葉よりも長い花柄を出し，細小な花をつける．がく片は針状披針形で鋭く尖り，中央背部には毛があり，両縁は膜質である．花弁は非常に小さい．花がすむと卵球形のさく果が実る．さく果の長さは宿存がくより短く，頂部だけが開裂して細かい種子を出す．種子は黒色で，腎臓形，一寸見ると平滑で，光沢がある．〔日本名〕立ったハコベの意味．

2918. オオヤマフスマ（ヒメタガソデソウ）　〔ナデシコ科〕

Arenaria lateriflora L.（*Moehringia lateriflora* (L.) Fenzl）

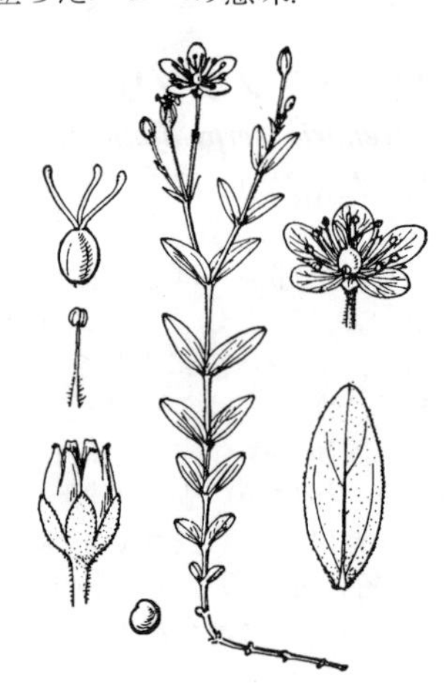

山地あるいは山原に生える多年生草本で，しばしば群がって生える．根茎は糸状で地中をのびる．茎は直立し，細長く，単一あるいは多少分枝し，高さ10〜20 cmぐらいで細い毛がある．葉は対生し，ほぼ無柄，楕円形ないし長楕円形で先端は鈍形，長さは1〜2 cmぐらい，細かい毛がある．6〜7月頃，少数の花が集まった集散花序を腋生あるいは頂生し，細長い花柄のある小形の白い花が開く．がく片は5個，卵形で，長さ2 mmぐらい，先端は鈍形である．花弁も5個で，長倒卵形，がくの2倍の長さがある．雄しべは普通10個で，花糸の基部に毛がある．子房の頂には3個の花柱がある．さく果は広卵球形で，がく片よりも長く，先端が6裂し，宿存がくがある．〔日本名〕大山フスマは田中芳男の命名だが語源は不明．別名は姫誰が袖草の意味である．

2919. ドウカンソウ　〔ナデシコ科〕

Vaccaria hispanica (Mill.) Rausch.（*V. pyramidata* Medik.）

江戸時代に日本に入って来たヨーロッパ原産の越年草または一年生草本である．茎は直立し，高さ50 cmぐらいで上部でまばらに分枝する．葉は対生で卵状披針形または披針形，先は鋭く尖り，基部は柄がなく茎を抱いていて，全体は粉緑色である．晩春に枝の先にまばらな集散花序を出し，淡紅色の花をつける．花柄は細長く，花の下には小苞がない．がく筒は卵状円筒形で5稜があり，長さ15 mmぐらい，花が終わると下部が球状にふくらむ．がくの裂片は短小でふちは膜質である．花弁は倒卵形で先端に不ぞろいの小歯牙があり，花喉には小鱗片がない．雄しべは10個．花柱は2個．さく果は5個の翼状の稜のあるふくれた宿存がくに包まれ，褐色の細かい種子を入れている．〔日本名〕道灌草．江戸郊外の道灌山に薬園があったとき，中国産のこの植物を植えていたのでこの名がついたといわれる．中国の北部にはふつうにみられるそうである．〔漢名〕麥藍菜．王不留行は別のものである．

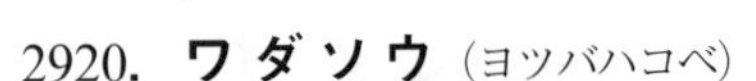

2920. ワダソウ（ヨツバハコベ）　〔ナデシコ科〕

Pseudostellaria heterophylla (Miq.) Pax

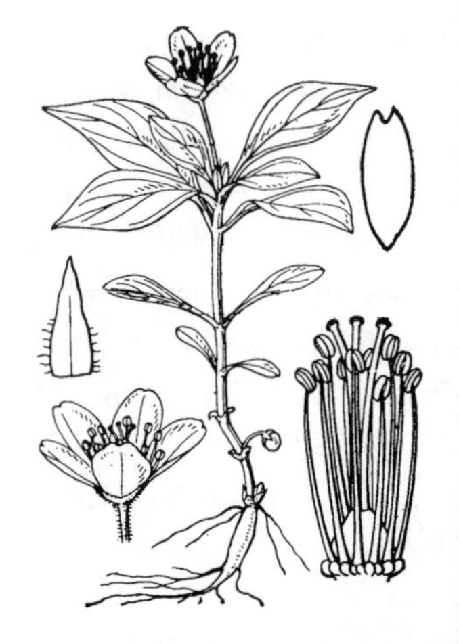

山地の森の中に生える小形の多年草で，地下に真直にのびた白色，紡錘形の塊根がある．茎は枝分かれしないで単一，直立し，高さは約8〜16 cm，1〜2列の毛のすじがある．葉は対生で，下部の葉はへら形あるいは倒披針形で基部は狭まり柄状となる．上部の葉は茎頂に集まってつき，形が大きく，十字形に配列し，卵状披針形あるいは長卵形で，先端は鋭尖形，基部は狭まって柄状，裏面の中脈上には毛がある．4月頃，上部の葉腋から短い毛のある細い柄を出し，先端に大形の白い花を1個，上向きに開く．がく片は5個で緑色，披針形で，先端は鋭形，長さ5 mmぐらい，ふちや脈上には毛がまばらに生える．花弁は5個，倒卵形で先は凹む．雄しべは10個で，葯は黄色．子房は短い卵球形で6稜があり，頂部に3個の花柱がある．柱頭は小頭状である．この花とは別に茎の下部の節から閉鎖花を出す特性がある．さく果は5個に平開して裂け薄質の5片となり，種子を散らす．〔日本名〕和田草は長野県和田峠に多く生えるからである．

2921. ワチガイソウ 〔ナデシコ科〕

Pseudostellaria heterantha (Maxim.) Pax

山地の林中に生える小形の多年草で，塊根は単一，紡錘形で，真直に地中にのびる．茎は枝分かれをしないで直立し，細長で，毛のすじがあり，高さは 8〜15 cm ぐらいである．葉は対生で，下部のものは倒披針形，上部のものは卵状披針形あるいは披針形で，先端は鋭形，基部はふちに疎毛があり，狭まって葉柄となる．5 月頃，上部の葉腋から毛のある細長い花柄をぬき出し，頂に白色の花を 1 個上向きに開く．花弁は 5 個，倒披針形で先端はやや鋭形，がく片も 5 個で緑色，披針形で先は鋭尖形，長さ 4〜5 mm，ふちに毛がある．雄しべは 10 個で，葯は紫色．子房の頂に 3 個の花柱がある．これとは別に茎の下部の葉腋から閉鎖花を出す特性がある．閉鎖花はがく片，花弁がともに 4 個である．さく果は 3 裂し，細かい種子を散布する．〔日本名〕昔，この草の名称が不明であった時，無名の印として盆栽に輪違いの符合をつけたことがあったので，ついにワチガイソウという名前がついてしまったという．

2922. ヒゲネワチガイソウ 〔ナデシコ科〕

Pseudostellaria palibiniana (Takeda) Ohwi

本州の宮城県以南から中部地方の山地に生える多年草．朝鮮半島にも分布する．ややふくらんだ根が 1〜4 個あり，細いひげ根状の根もある．茎は枝分かれせず直立して，高さ 10〜20 cm．茎に毛のすじがある．葉は対生し，倒披針形〜線状披針形で鋭頭，長さ 1〜4 cm．しばしば茎は 2 形を示し，上部の 4 葉が接近して輪生状となり，広卵形ないし菱形状卵形，下部の葉は倒披針形〜長いへら形で基部が狭まり，小さくなる．そのため全形はワダソウによく似る．4〜5 月に茎の先端から無毛の花柄を出し，先端に白い花を 1 個，上向きに開く．がく片は 5〜7 個で緑色，披針形，鋭頭．長さ 5 mm くらい．ふちや脈上に毛はない．花弁も 5〜7 個，披針形〜卵形で先はとがり，がく片と同じかやや長い．雄しべは 10 個で，葯は小豆色．花柱は 2〜3 個．茎の下部の節からは閉鎖花をだす．〔日本名〕髭根ワチガイソウで，ワチガイソウのようなふくらんだ根の代わりに，細い根のみがあることによる．

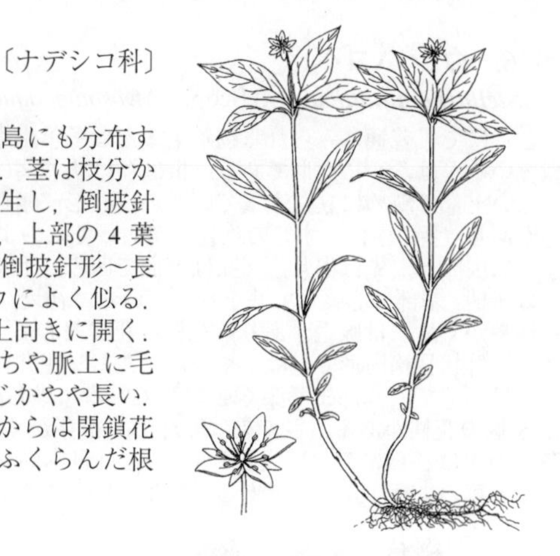

2923. クシロワチガイ（クシロワチガイソウ） 〔ナデシコ科〕

Pseudostellaria sylvatica (Maxim.) Pax

特に北部に見られる小形の多年草で，地中にのびる塊根は単一で小カブ根状をしている．茎は直立して，高さ 20 cm ぐらいになり，細長で毛のすじがある．葉は無柄で対生し，下部の葉は線形．上部の葉は線状披針形で，先端は長く尖り，基部のふちには毛がある．6 月頃，茎の先の葉腋に，まばらに枝を出し，白色で柄のある花を上向きに開く．花柄は細くて毛のすじがある．がく片は 5 個で緑色，披針形で先端は鋭尖形である．花弁も 5 個，倒卵形で先端は 2 裂する．雄しべは 10 個．卵球形の子房の上部には花柱が 3 個ある．さく果は卵球形で 3 裂する．上部の花とは別に，茎の下方の節から有柄の閉鎖花が出る特性がある．〔日本名〕釧路輪違いで，北海道の釧路で初めて採集されたからである．

2924. ナンブワチガイ 〔ナデシコ科〕

Pseudostellaria japonica (Korsh.) Pax

本州北部に産し，中国東北部に分布する多年生草本である．根はニンジン状にふくらみ，茎は高さ 5〜20 cm，2 列に毛が生えている．葉は無柄で対生し，下部の葉は細く披針形であるが，上部の葉は卵形で尖り，長さ 1.5〜4 cm，幅 6〜22 mm，毛が散生し，特にふちや下面の脈上では長い毛が目立つ．春，茎頂または上部の葉腋から細い有毛の長さ 1.5 cm ぐらいの花柄を出し，白花をつける．がく片は 4〜5 個，長さ 3〜4 mm．花弁も 4〜5 個，倒卵形，白色で，長さ 4〜6 mm ある．雄しべは 8〜10 個．花柱は 2 個．茎の下部の葉腋には閉鎖花をつける．〔日本名〕南部ワチガイ．岩手県の旧名である南部に基づいて名づけられた．

2925. ハ　コ　ベ（ミドリハコベ，ハコベラ，アサシラゲ）〔ナデシコ科〕

Stellaria neglecta Weihe（*S. media* (L.) Vill. var. *procera* Klett et Richt.）

国内のどこの路ばたにも田にも普通に生える草質の軟らかい越年生草本で，秋に発生し，根はひげ状である．茎は叢生し，下部は横に伏して，上部は斜めに立ち，長さ 10〜30 cm ぐらい，緑色で円柱形をしており，片方に 1 列に毛が生えている．茎の中には糸のような一すじの維管束がある．葉は対生で，卵円形ないし卵形，先端は鋭く尖り，全縁，長さ 1〜2 cm ぐらい，無毛，下部の葉は長い柄があり，上部の葉は無柄である．春，枝先に集散花序を出し，多数の白色の小花を開く．花柄は 1 側に毛があり，花がすむとだんだん下に向き，果実が裂開する頃に再び上に向く特性がある．がく片は 5 個，卵状長楕円形で先端はやや鈍形，緑色で，腺毛があり，長さ 4 mm ぐらい．花弁も 5 個で，がく片とほとんど同じ長さかあるいは短くて，基部のあたりまで深く 2 裂している．雄しべは 10 個．子房は卵形で，頂部に短い花柱が 3 個ある．さく果は卵球形で宿存がくより少し長く，熟すと 6 裂する．裂片は全縁で薄い．種子の皮には不明瞭なコブがある．本種は春の七草の一つで，カナリヤの餌になる．〔日本名〕ハコベはハコベラの略，ハコベラの意味は不明．アサシラゲは朝の日光に当たると花がさかんに開くから朝開けといい，これが転化したものである．〔漢名〕繁縷．〔追記〕コハコベ *S. media* (L.) Vill. は葉が小形で尖り，明るい草緑色．

2926. ウシハコベ　〔ナデシコ科〕

Stellaria aquatica (L.) Scop.（*Myosoton aquaticum* (L.) Moench）

どこにでも普通にみられる越年生または多年生草本で，全体の様子はハコベに似ているがはるかに大形である．根はひげ状．茎は長さ 50 cm ぐらい，下部は横にはい上部は斜めに立ち上っていて，円柱形，紫色を帯び，先の方はいくらか腺毛があり，茎の中に一すじの維管束があって糸のようである．葉は対生で，卵形，または広卵形，先は尖り，葉脈は上面で凹み，下部の葉は長い柄があり，上部の葉は無柄，基部は心臓形で茎を抱いている．初夏，葉腋に小さな白い花をつける．花柄やがく片には腺毛があり，花柄は花が終わると次第に下に向く．がく片は 5 個，披針状長楕円形で先はやや鋭形である．花弁は 5 個，がく片より長いか，あるいは短くて，基部まで深く 2 裂している．雄しべは 10 個．卵球形の子房の頂に 5 個の花柱がある．さく果は卵球形で宿存がくより長く，上部は五つに裂け，各片の先はさらに二つに尖裂している．〔日本名〕牛ハコベ．普通のハコベと比べると草のようすが大形であるから牛といったものである．〔漢名〕鵝児腸．

2927. ミヤマハコベ　〔ナデシコ科〕

Stellaria sessiliflora Y.Yabe

川岸の林地や山地に生える多年生草本で草質はやわらかい．茎は叢生し，はじめは斜めにのびるがのちに地をはうようになり，成長して 30 cm ぐらいになり，緑色，円柱形で片側に毛がある．葉は対生で柄があり，卵円形か卵形で先は短く尖り，長さは 1〜4 cm ぐらいである．春に葉腋から糸のような細長い花柄を出し，その先に白い花をつける．花の径は約 15 mm．花柄は緑色で片側に白毛の列がある．がく片は 5 個，広披針形で先は鋭尖形，背側に長い白毛が生えている．花弁は 5 個で，ふつうがくより長く，広いくさび形で深く二つに裂け，裂片は広い線形で先は鈍形である．雄しべは 10 個．球形の子房の上には 3 個の花柱がある．さく果は宿存がくより長くて 6 裂する．本種は夏から秋にかけて，しばしば葉腋から短い柄を出し，閉鎖花をつけることがある．これをアシナシハコベと呼んでいるが，これはミヤマハコベの秋の形にすぎない．コバノミヤマハコベも小形葉をつけた一型にすぎない．

2928. オオハコベ（エゾノミヤマハコベ）〔ナデシコ科〕

Stellaria bungeana Fenzl

ユーラシア大陸の北方に広く分布し，わが国では北海道にのみ産する．沢筋など山地の湿ったところに生える多年草で，茎は下方では分枝し，直立して，高さ 30〜80 cm になり，片側にのみ軟毛と腺毛が生える．葉は対生し，卵形または卵状長楕円形，先は鋭尖形で，長さ 4〜8 cm，幅 2〜2.5 cm になり，両面の中肋とふちには毛がある．茎の下部の葉には短い柄がでる．5〜8 月，茎頂に集散花序をだし，まばらに数花を開く．花柄には毛がある．がく片は卵形で先は鈍形，長さ 4〜6 mm で，背面には毛が生える．花弁は 5 個あり，白色，長さ 7〜8 mm になり，先から深く 2 つに裂けるため，花には 10 個の花弁があるようにみえる．さく果は球形．種子は円形で直径 1.5 mm ほどになり，乳頭状突起を密生する．〔日本名〕大ハコベで，本種は日本産ハコベ属中，最も大きくなることによる．

2929. サワハコベ 〔ナデシコ科〕

Stellaria diversiflora Maxim. var. ***diversiflora***

山の林下の湿ったところに生える草質のやわらかい緑色の多年生草本．茎はやや肉質でなめらか，円柱形で緑色をしている．基部は横だおれになっており，ふつう白色で，ひげ根が出ている．長さは 5〜20 cm ぐらい，分枝は少なく，ほとんど無毛．葉は対生で柄が長く，三角状卵形または長卵形で先は鋭形，長さ 1〜2 cm，毛はないかまたはまばらに生えている．6〜7 月頃，葉腋に白色の小さい花をつける．花の柄は長く細く弱い．がく片は 5 個，披針形，先端は鋭形，無毛または脈の上に毛があり，緑色で，長さ 5 mm ぐらい．花弁も 5 個でがく片と同じ長さまたはこれより短くて，深く 2 裂している．雄しべはたいてい 10 個，卵球形の子房の上に花柱が 3 個ある．さく果は宿存がくよりやや長く，6 裂する．〔日本名〕沢ハコベ．この種は沢には生えず湿地に生えるので，沢というのは湿地を意味している．

2930. ツルハコベ 〔ナデシコ科〕

Stellaria diversiflora Maxim. var. ***diversiflora***（*S. diandra* Maxim.）

山の林下に生える草質のやわらかい緑色の多年生草本で，全体のようすはサワハコベに似ていて，小形である．茎は細長くて地上を横にはい分枝し，節から白色のひげ根を出し，地面をおおう事がある．長さ 30 cm ぐらいになり，無毛である．葉は長い柄があり，三角状心臓形で先は鋭く尖り，長さはたいてい 1 cm ぐらい，ほとんど毛はない．初夏の頃，葉腋から細長い花柄を出し，白色の小花をつける．がく片は披針形で先は鋭形，基部にかすかに毛がある．花弁はがく片より短く二つに裂けている．雄しべは減数して，時には 2 本になることもある．さく果は卵球形で下に宿存がくがある．種子にはいぼ状の突起が密生する．〔日本名〕つる状のハコベの意味である．〔追記〕この植物は，サワハコベ（2929 図）の 1 型に過ぎず，区別する必要はないものと考えられる．

2931. ヤマハコベ 〔ナデシコ科〕

Stellaria uchiyamana Makino var. ***uchiyamana***

日本の中部以南の各地の山や林のそばなどに生える多年生草本．茎は基部ははい，上半部は斜にのび上るが，花がすめば長くのびてつる状になり，紫色を帯びる．株全体に星状毛がある．葉は対生し，卵形あるいはやや卵状心臓形で，長さ 1〜2 cm，先端は尖り，葉の基部は円形または心臓形で短い柄がある．夏の頃，葉腋に葉よりも長い細い枝を出し，白色の花を 1 個つける．花柄はやせて細く，果時には下に向く．花径は 10〜13 mm．がく片は 5 個で広披針形，先端は短く鋭尖し，背部には星状毛が多い．花弁 5 個，2 深裂し，裂片は先が鈍形で，狭長へら状披針形である．雄しべは 10 個でがく片よりも少し短い．子房は卵球形で淡緑色，頂生する花柱は 3 個ある．さく果には宿存がくがあり，垂れ下がり，5 裂する．種形容語は，かつて小石川植物園の園丁長であった内山富次郎を記念して牧野富太郎が命名したものである．〔日本名〕山ハコベ．

2932. アオハコベ 〔ナデシコ科〕

Stellaria uchiyamana Makino var. ***apetala*** (Kitam.) Ohwi

日本の中南部の山地に生える多年生小草本である．茎は細長くて傾いてのび，花がすむとのびて地面をおおい，やや硬質の細いつる状で，長さ 30 cm 以上になり，節から根を出し，星状毛がある．葉は対生で，非常に短い葉柄があり，卵円形で，先端は短く鋭尖し，長さ 1 cm 前後，両面に星状毛がある．春，葉腋から星状毛を密生した細長い花柄を出し，花弁のない小花を開く．花径は約 8 mm．がく片は 5 個で緑色，線状長楕円形で先はほぼ鈍形，背面に星状毛がある．雄しべは 10 個でがくよりも短い．卵形の子房の先には花柱が 3 個ある．さく果は卵球形でわずかにがく片より長く，あるいはこれと同じ長さで，5 裂する．〔日本名〕青ハコベ．花に花弁がなく，緑色のがくと，雌しべ，雄しべがあるだけなので花全体が緑色にみえるからである．

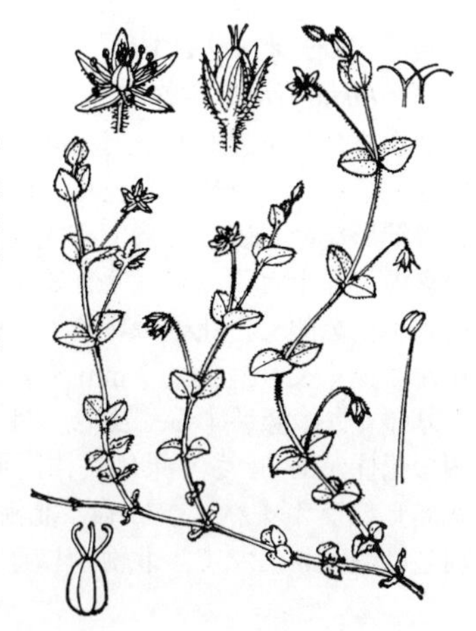

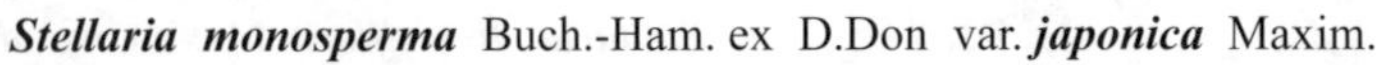

2933. **オオヤマハコベ**　〔ナデシコ科〕

Stellaria monosperma Buch.-Ham. ex D.Don var. ***japonica*** Maxim.

山地に生える草質の軟らかな多年生草本である．茎は直立して分枝し，節がふくらみ，高さ 60 cm で上部には毛のすじがある．葉は対生で，短い柄があり，披針形あるいは長楕円状披針形で，先端は長鋭尖形，基部はくさび形，長さは 5～10 cm ぐらい，無毛でふちは少ししわがよっていることがある．秋の頃，茎上から枝を出し，大きい集散花序を出して，多数の小白花を開く．花柄には短い腺毛がある．がく片は 5 個，披針形で先は鋭尖形，ふつう背面に短い腺毛があり，長さ 3 mm あまり．花弁は 5 個でがく片より短く，深く 2 裂し，裂片は尖る．雄しべは 5 個で，花弁より長い．胚珠 3 個を含んだ卵球形の子房の上部には花柱が 3 個ある．さく果は卵球形でがく片より短く，球形の 1 種子があり，他の 2 個の胚珠は不稔である．〔日本名〕大形のヤマハコベの意味．

2934. **エゾオオヤマハコベ**　〔ナデシコ科〕

Stellaria radians L.

北海道や本州（長野県）の寒地に生える多年草．草全体が大形で，長い軟毛が全体に生えているが腺毛はない．茎は直立し，高さ 50 cm ぐらいになり，上部は分枝する．葉は対生で，葉柄はなく，披針形ないし卵状長楕円形で先端は鋭尖形，長さは 5～12 cm ぐらいである．夏の頃，茎の先に集散花序を出し白色の花をつける．苞は葉状である．がくは 5 個，長楕円形で先端はやや鋭形，軟毛があり，長さ 7 mm ぐらい．花弁も 5 個でがくより長く，先端は不規則に 5～12 裂する．雄しべは 10 個．子房の頂には 3 個の花柱がある．さく果は長楕円体で，宿存がくより長く，先端は 6 裂し，2～5 個の種子がある．〔日本名〕蝦夷大山ハコベ．蝦夷は北海道の古名である．

2935. **エゾハコベ**　〔ナデシコ科〕

Stellaria humifusa Rottb.

北海道東部と青森県太平洋側の海岸湿地に生える無毛平滑の多年草で，茎の基部は横に走り，上部は斜めにのび上って直立し，高さ 15 cm 前後，細長くて緑色である．葉は互生で，葉柄はなく，長楕円形，先端は鋭形，長さは 1 cm 前後，葉質はやや肉質で毛はない．夏の頃，葉腋から細長い緑色の花柄を出し，白色の小花を開く．花柄やがくには毛がない．がく片は 5 個，長楕円状披針形で先端はやや鋭形，長さ 4～5 mm．花弁も 5 個，がくと同長あるいはやや長く，深く 2 裂する．雄しべは 10 個．卵球形の子房の頂部には花柱が 3 個ある．さく果は卵球形で宿存がくより短いか，あるいは同長，6 裂する．〔日本名〕蝦夷ハコベ．

2936. **シラオイハコベ**（エゾフスマ）　〔ナデシコ科〕

Stellaria fenzlii Regel

深山または北地に生える多年生草本．茎は緑色で直立し，高さは 15～40 cm ぐらい，やせて細長く，節には軟毛がある．葉は対生で，無柄，線状披針形ないし広披針形で，先端は長く尖り，基部は円形で幅が広い．葉の裏の中脈上とふちには毛がある．6～7 月頃，枝の先に集散花序をつけ，白い小花を開く．花柄は細長く，無毛．がく片は 5 個，長楕円状披針形で，先端は鋭く尖り，長さ 3 mm ぐらいで，毛はない．花弁は 5 個で，がく片より短く，2 深裂する．雄しべは普通 10 個．子房は卵形で，頂には 3～5 個の花柱がある．さく果は長楕円形で，宿存がくより長く，6～8 裂する．〔日本名〕シラオイハコベはもと北海道の胆振白老で採集されたためである．別名は蝦夷フスマで，北海道に産するノミノフスマ類似の植物の意味．

2937. ノミノフスマ 〔ナデシコ科〕

Stellaria uliginosa Murray var. ***undulata*** (Thunb.) Fenzl

荒地や田んぼのあいだなどに普通にみられる無毛の越年生草本．茎は多数が叢生し，地面に広がり，まばらに分枝して，長さ 15〜25 cm ぐらい，緑色で細長，平滑である．葉は対生で柄はなく，長楕円形または卵状披針形で，先端は鋭形，全縁，長さ 5〜20 mm ぐらい，葉質は軟弱である．春から初夏にかけて，茎の先に有柄の集散花序をつけ，少数の白色の小さい花を開く．花柄は細長い糸状で，なめらか，苞は小形で尖り膜質である．がく片は 5 個，披針形で先は鋭形，ふちは膜質で無毛，長さは 3 mm ぐらいである．花弁は 5 個，がく片と同長あるいはやや短く，基部まで深く 2 裂する．雄しべは 5 個あるいは 5〜7 個．卵球形の子房の頂部には花柱が 3 個ある．さく果はふつうは宿存がくより少し長く，6 裂する．〔日本名〕蚤の衾．小形の葉をノミの夜具にたとえたのである．〔漢名〕天蓬草．雀舌草は別のものであるが，現在中国では本種に対してこの名を用いている．

2938. イトハコベ 〔ナデシコ科〕

Stellaria filicaulis Makino

本州の東北地方や関東平野の低湿地に稀に生えている多年生草本である．茎は叢生し，高さ 20〜70 cm，四角で細く，なめらか，節間は長い．葉は対生し，長い線形で尖り，長さ 1〜3.5 cm，幅 1〜3 mm，葉質は薄く，無毛である．5〜6 月頃，茎の上部の葉腋から長さ 2〜6 cm の糸状の花柄を出し，頂に径 7〜10 mm の白花を開く．がく片は 5 個，披針形で尖り，長さ 3.5〜4 mm，ふちは白膜質で無毛．花弁も 5 個で，長さ 6〜8 mm，深く 2 裂し，裂片は線形で，先は鈍形である．雄しべは 10 個，花弁より短い．花柱は 3 個．さく果は長楕円体でがくより長く，長さ 5〜6 mm で 6 個に裂開する．〔日本名〕葉が糸状に細いハコベの意味である．

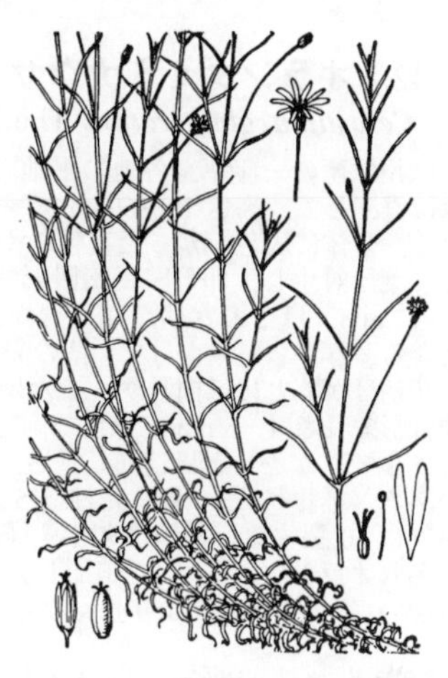

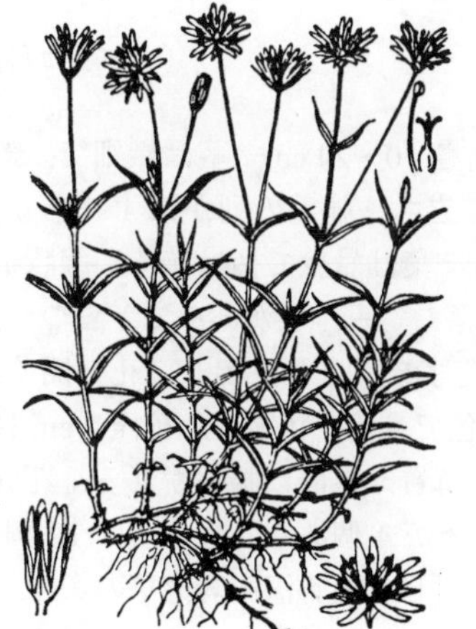

2939. イワツメクサ 〔ナデシコ科〕

Stellaria nipponica Ohwi var. ***nipponica***

日本の中部以北の高山の砂礫地や岩場の陽のよく当たる土地に生える草質の軟らかな緑色の多年生草本である．茎は多数が密に叢生して立ち，繊細で毛がなく，高さ 5〜15 cm くらい．葉は対生し，葉柄はなく，線形で，上部がだんだん狭くなり，先端は鋭尖形，全縁で長さ 1.5〜3 cm，葉質は薄くなめらかである．7〜8 月頃，茎の上部から長い柄を出し，少数の白花を開く．花柄，がく片ともに毛は無い．がく片は 5 個で，披針形，先端は鋭尖形，ふちは膜質で長さは 4 mm ぐらいである．花弁も 5 個で，がく片よりも長く，深く 2 裂し，裂片は先が鈍形で狭長である．雄しべは 10 個．子房は卵形で，上部に 3 個の花柱がある．さく果は長楕円体で宿存がくより少し長く，6 裂する．種子は周囲に乳頭状の突起がある．〔日本名〕岩爪草は岩間に生えるツメクサの意味．

2940. シコタンハコベ 〔ナデシコ科〕

Stellaria ruscifolia Willd. ex Schltdl.

日本の中部および北部の高山の砂礫地や岩壁に生える多年生草本で，全体がなめらかで無毛である．根茎は横にはう．茎は高さ 5〜20 cm で，叢生し，基部から分岐し，上下を通じて葉が多い．葉は対生で，葉柄はなく，葉質は硬く，帯白緑色，卵状披針形ないし披針形で，基部は円形あるいはわずかに心臓形，先端は鋭尖形で，全縁，長さは 5〜30 mm ぐらいである．7〜8 月頃，上部の葉腋または茎の先から長い柄を出し，少数の白色の花を開く．がく片は 5 個，披針形，先端は鋭形，質は硬く，長さは 5〜8 mm ぐらい．花弁も 5 個，がく片より長く，深く 2 裂する．雄しべは普通は 10 個．子房の頂には 3〜5 個の花柱がある．さく果には宿存がくがあり，種子の表面にはコブ状の凹凸があり，周辺部には乳頭がある．〔日本名〕初め千島の色丹島で採集されたからこのように名づけられた．

2941. ミミナグサ　〔ナデシコ科〕

Cerastium fontanum Baumg. subsp. ***vulgare*** (Hartm.) Greuter et Burdet var. ***angustifolium*** (Franch.) H.Hara

路ばたや，畠などに普通にみられる越年生草本である．茎はふつう基部から分枝して叢生し，斜めにのび，高さは15〜25 cm ぐらいで，通常暗紫色をしている．茎には上下ともに毛があり，上部には腺毛が混生する．葉は対生でやや無柄，卵形ないし卵状披針形で，全縁，有毛である．春から夏にかけて，茎の先が枝分かれし，岐散花序をつけ，白色の小花を開く．花柄は短く，果時には先端が下に向く．がく片は 5 個，長楕円形で，長さ 4〜5 mm ぐらい，背部に毛があり，ふちは膜質である．花弁も 5 個で，がく片とほぼ同じ長さ，先端は深く 2 裂する．雄しべは 10 個，卵球形の子房の先には花柱が 5 個ある．さく果は円筒形で横に向き，宿存がくよりはるかに長く，淡黄褐色で，先端に 10 歯がある．種子は褐色で小さなイボ状の突起がある．〔日本名〕耳菜草．葉がネズミの耳に似ており，若い苗は食用となるので名づけられた．〔漢名〕巻耳．婆婆指甲菜は共に別の植物である．

2942. オランダミミナグサ　〔ナデシコ科〕

Cerastium glomeratum Thuill.

欧州原産の一年草．各地の平地の道ばたなどにふつうにみられる．茎は叢生し，ほぼ直立して，高さ 10〜60 cm ぐらいになり，淡緑色で，ふつうやや紫色を帯びている．全体に灰色がかった黄色のやわらかい開出毛を密生し，上部には腺毛がまじる．葉は対生し，卵形〜長楕円形で，全縁，鈍頭ときに鋭頭，長さ 7〜20 mm，幅 4〜12 mm，ほとんど柄がなく，両面に毛が密生する．下方の葉は小さく，へら形となる．春から夏にかけて，茎の先に 2 出集散花序をつけ，白色の小花を咲かせる．小花柄はがくとほぼ同長か，または短く，開出毛と腺毛がある．がく片は 5 個，狭披針形．長さ 4〜5 mm，緑色で両縁は無毛，膜質で開出毛と腺毛を密生する．花弁も 5 個で，がく片とほぼ同じ長さ．先端は浅く 2 裂し，基部の両縁には少数の白毛がある．雄しべは 10 個，花柱は 5 個で，短い．さく果は円柱形で，先端が開孔し，歯状に 10 裂する．種子は丸く，径約 0.5 mm で，淡褐色，いぼ状突起がある．〔日本名〕オランダ耳菜草．〔追記〕ミミナグサに似るが，緑色が淡く，あまり紫がからない点，果柄ががくより長くならず，全体に毛が多く，花序が密である点が異なる．

2943. ミヤマミミナグサ　〔ナデシコ科〕

Cerastium schizopetalum Maxim.

中部の高山に生える多年生草本で，高さ 10〜20 cm，茎は繊細で，叢生し，下部は伏し，上部は寄り集まって立ち，腺毛の列が二すじあり，上部の節間は長く，各節ははなれている．葉は対生で柄は無く，線状披針形で平開し，先端は鈍形，中脈だけが落ち込み，毛があってざらつく．7〜8 月頃に茎の上部からまばらな集散花序を直立して出し，花を開く．花柄には腺毛の列が明瞭である．花は白色で，漏斗状鐘形．花径 2 cm に近く，がく片は 5 個で，披針形，緑色，草質，外面に腺毛がある．花弁は 5 個で，倒卵形，ふちには欠刻状の歯牙が 4 個ある．雄しべは 10 個．子房は楕円体で，上部に花柱が 5 個ある．〔日本名〕深山耳菜草の意味．

2944. ホソバミミナグサ （タカネミミナグサ）　〔ナデシコ科〕

Cerastium rubescens Mattf. var. ***koreanum*** (Nakai) E.Miki f. ***takedae*** (H.Hara) S.Akiyama

本州中部の高山帯に生える多年生草本である．茎は叢生し，高さ 10〜35 cm，1 側に毛があり，上部には短い腺毛が密生する．葉は下部のものはへら形で小さく，他は広披針形または披針形で，長さ 1.5〜2 cm，幅 3〜6 mm，ほとんど無毛または毛を散生する．夏，枝先に少数の花がある集散花序をつけ，比較的に大きい白花を開く．苞はすべて葉質である．がく片は 5 個，卵状披針形で先端は鈍形，長さ 4〜6 mm，細毛があり，ふちは白い膜質である．花弁は 5 個，がくのほぼ 2 倍の長さがあり，上部は 2 裂する．雄しべは 10 個．さく果はがく片よりも長く先は 10 裂する．〔日本名〕細葉耳菜草の意味．

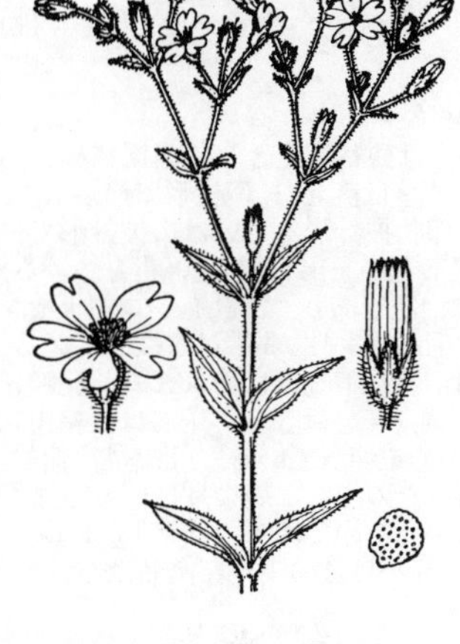

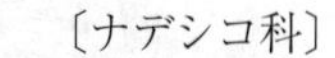

2945. オオバナミミナグサ（オオバナノミミナグサ） 〔ナデシコ科〕

Cerastium fischerianum Ser. var. ***fischerianum***

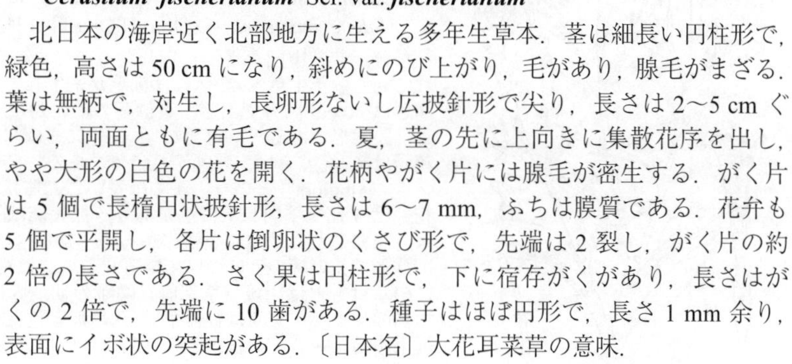

北日本の海岸近く北部地方に生える多年生草本．茎は細長い円柱形で，緑色，高さは 50 cm になり，斜めにのび上がり，毛があり，腺毛がまざる．葉は無柄で，対生し，長卵形ないし広披針形で尖り，長さは 2〜5 cm ぐらい，両面ともに有毛である．夏，茎の先に上向きに集散花序を出し，やや大形の白色の花を開く．花柄やがく片には腺毛が密生する．がく片は 5 個で長楕円状披針形，長さは 6〜7 mm，ふちは膜質である．花弁も 5 個で平開し，各片は倒卵状のくさび形で，先端は 2 裂し，がく片の約 2 倍の長さである．さく果は円柱形で，下に宿存がくがあり，長さはがくの 2 倍で，先端に 10 歯がある．種子はほぼ円形で，長さ 1 mm 余り，表面にイボ状の突起がある．〔日本名〕大花耳菜草の意味．

2946. タガソデソウ 〔ナデシコ科〕

Cerastium pauciflorum Steven ex Ser. var. ***amurense*** (Regel) M.Mizush.

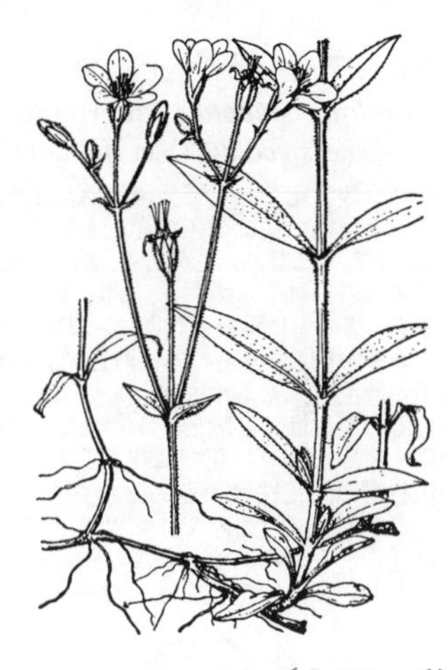

日本中部の山地に生える多年生草本である．根茎は細長くて地中を横に走り，まばらに分枝する．茎は叢生し，やせて細長く，直立あるいは傾いてのび，高さ 30〜50 cm ぐらいで，細毛があり，上部には腺毛がある．葉は無柄で対生し，披針形で両端が尖り，下部の葉はほぼへら形，全緑，ふちに毛があり，葉の長さは 3〜8 cm，両面とも毛がある，7 月頃，茎の先に集散花序をつけ，白色の花を開く．花の径は 15〜19 mm くらいで，柄には腺毛が s ある．がく片は 5 個で卵状披針形，長さは 6 mm ぐらい，背面に腺毛がある．花弁も 5 個，へら状長楕円形で，上部は分裂せず，下部は狭いくさび形で，長さはがく片の 2〜3 倍ある．雄しべは 10 個，卵状長楕円体の子房の頂には 5 個の花柱がある．さく果は円柱形で，宿存がくよりはるかに長く，長さは約 15 mm 前後，先端に 10 歯がある．この種は分裂しない花弁を持つので，同属中の他種と比べて異なっている．〔日本名〕誰が袖草は多分『古今集』の歌「色よりも香こそあわれとおもほゆれ，誰袖ふれし宿の梅ぞも」によって名づけたのであろう．すなわち，花は白色で香気があるからである．

2947. ムギセンノウ（ムギナデシコ） 〔ナデシコ科〕

Agrostemma githago L.（*Silene githago* (L.) Clairv.）

元来はヨーロッパ原産の一年生草本で，観賞用草花として植えられている．茎は直立し，高さ 80 cm にもなり，長い毛がある．葉は対生し，細い線形または線状披針形で先端は鋭尖形，基部は相対した葉の基部とゆ合して短いさやとなり，長い毛がある．5〜6 月頃から枝先の葉腋に非常に長い花柄を出し，頂に花径 3 cm ぐらいの紫色の花を 1 個つける．がく片は緑色で長毛が密布し，下部はゆ合して筒状となり，円柱状卵形で，長さは 1.5 cm，革質で著しい 10 本の脈がある．がくの裂片は 5 個，線形で尖り葉状，はるかにがく筒より長い．花弁は 5 個で，がく片より短く，下に爪があり，拡大部は倒卵形で先端やや凹形，花喉には小鱗片がない．雄しべは 10 個．卵球形の子房の頂に 5 個の花柱がある．さく果は卵球形で先端は 5 裂し，宿存がくに包まれて成熟する．〔日本名〕麦仙翁および麦ナデシコの麦（ムギ）は葉が細長いのでムギの葉にたとえたものである．

2948. ガンピセンノウ（ガンピ） 〔ナデシコ科〕

Lychnis coronata Thunb.（*Silene banksia* (Meerb.) Mabb.）

昔，日本に渡って来て，今では一般に庭園に植えられている観賞花草で，中国原産の多年生草本である．根はひげ状．全体無毛．茎は数本叢生して直立し，普通分枝はなく，高さ 40〜90 cm である．茎は強直で緑色，節は太い．葉は対生して交互し，ほとんど無柄で卵状楕円形，先端は鋭尖形で，ふちはざらざらしていて，葉質はやや硬くもろい．5〜6 月頃，茎の頂および葉腋に集まって径約 5 cm の黄赤色の花を次々に開く．花柄は短く，花の下に披針形の対生した数個の苞片がある．がくは質が厚く，長いこん棒状で，先端は 5 裂し，裂片は卵形で先端は鋭尖形である．花弁は 5 個で平開し，縁毛のある長い爪があり，拡大部は広いくさび形で，先端は不規則に浅裂し，花喉に 2 個の小鱗片がある．雄しべは 10 個．花柱は 5 個．子房はややこん棒状．さく果には宿存がくがある．〔日本名〕ガンピの意味は不明．〔漢名〕剪春羅．本草綱目啓蒙にガンピを剪夏羅としているが，元来このような漢名はない．〔追記〕栽培変種クルマガンピ‘Verticillata’は葉が 3 個輪生している．

2949. センノウ（センノウゲ） 〔ナデシコ科〕

Lychnis senno Siebold et Zucc.

（*Silene bungeana* (D.Don) H.Ohashi et H.Nakai）

多分，昔，中国から伝えられたものであろうが今は観賞草花として庭園に植えられている多年生草本で，体には細毛が密生している．茎は直立し，円柱形で節があり，高さは 60 cm 内外である．葉は茎の節に対生し，卵状披針形あるいは広披針形で先端は鋭尖形である．7〜8 月の頃，枝先にまばらな集散花序を出し，美しい花をつける．花径は 4 cm ぐらい，普通深紅色であるが，時には白花もあり，これをシロバナセンノウ 'Albiflora' という．がくは長いこん棒状で，毛が散生し，先端は 5 裂している．花弁は 5 個で平開し下に爪があり，拡大部は先端が深く不規則に切れこみ，花喉には各花弁ごとに 2 個の小鱗片がある．雄しべは 10 個，花柱は 5 個．子房は長楕円状円柱形で長い柄の上についている．さく果は宿存がくを伴っている．〔日本名〕仙翁．この草はもとは山城（京都府）嵯峨の仙翁寺にあったので，このようにいう．また古名のコウバイグサは紅梅草で，花の形と色に基づいたものである．〔漢名〕剪紅紗花．従来本種に対して剪秋羅という名を用いているが，元来はこのような漢名はない．

2950. マツモト（マツモトセンノウ） 〔ナデシコ科〕

Lychnis sieboldii Van Houtte

（*Silene sieboldii* (Van Houtte) H.Ohashi et H.Nakai）

ふつう観賞花草として庭園に栽培されている多年生草本で，原種は九州に産し，ツクシマツモトといい，茎は緑色で赤花を開く．茎は数本叢生し，直立して，節が太く，茎の高さは 70 cm くらいになり，毛があり，葉と同様に暗赤紫色をしている（白花品の茎は緑で葉も緑）．葉は茎の節に対生しており，柄はなく，卵形あるいは長卵形で先端は鋭尖形，毛を散生する．6 月頃，茎の先に集散状に集まって花を開く．花柄は短くて毛が密生している．花は径 4 cm ぐらいで，色は深赤色の外に白色や赤白の絞りなどがある．がくは長いこん棒状でふくらみ，粗毛が散生し，先端は 5 裂している．花弁は 5 個で平開し，下に爪があり，拡大部は先端が凹形で，全体は倒心臓形，ふちには短小で不規則な歯牙状のきざみがあり，両側に各々 1 個の狭い裂片がある．花喉に花弁ごとに 2 個の小鱗片がある．雄しべは 10 個．子房は長楕円状円柱形で，花柱は 5 個ある．さく果は宿存がくを伴っている．〔日本名〕マツモトは元来マツモトセンノウの略で，マツモトは花の形が俳優松本幸四郎の紋所に似ているのでこのように呼んだものである．したがって信州（長野県）松本あたりに良く自生するからこの名がついたというのは誤りである．〔漢名〕従来本種に剪春羅の漢名をあてているのは誤りである．

2951. フシグロセンノウ（フシ，オウサカソウ） 〔ナデシコ科〕

Lychnis miqueliana Rohrb.

（*Silene miqueliana* (Rohrb.) H.Ohashi et H.Nakai）

本州から九州の山地，ことにやや樹陰地の草の間に生える多年生草本で，茎は直立して，高さは 50〜70 cm ぐらいある．茎はやや無毛で緑色，円柱形，単一，あるいはまばらに分枝し，節は太くて，紫黒色を帯びている．葉は対生で，卵形，倒卵形ないし楕円状披針形で先端は鋭尖形，基部は狭まり，全縁，ふちに短い毛がある．夏，茎の先に集散状に分枝して少数の朱赤色の大きい花をつける．花には短い柄がある．がくは長いこん棒状で無毛，先端は 5 裂し，裂片は三角状針形で，尖っている．花弁は 5 個で平開し，下に爪があり，拡大部は倒心臓形で全縁，先端はわずかに凹頭で，各花弁ごとに花喉に 2 個の小鱗片がある．雄しべは 10 個．子房は長楕円状円柱形で，花柱が 5 個ある．さく果は長楕円形で，これとほぼ同じ長さの柄があり，先端は 5 裂している．品種にザクロガンピ f. *plena* (Makino) H.Ohashi et H.Nakai があり，これは花が重弁である．〔日本名〕節黒仙翁は節が黒色のためである．別名フシは節のことで，黒節の略．逢坂草は滋賀県と京都府の境の逢坂山に生えているからついた名である．

2952. オグラセンノウ 〔ナデシコ科〕

Lychnis kiusiana Makino

（*Silene kiusiana* (Makino) H.Ohashi et H.Nakai）

中国地方や九州に稀に産する多年生草本である．茎は直立し，高さ 30〜80 cm，軟毛がある．葉は無柄で対生し，線状披針形で，ナデシコに似ており，長さ 2〜10 cm，幅 2〜10 mm で，わずかにざらつく．7〜8 月頃，茎頂に集散花序を出し，数個の赤色の美花を開く．花柄には細毛があり，苞はないか，または 1 対の狭披針形の苞をつける．がく筒はきわめて細長い鐘形で，長さ 2〜2.5 cm，先は少し太まって径約 4 mm，10 脈で，脈上に少し毛があり，裂片は 5 個，長三角形で短い．花弁は 5 個，下に長い爪があり，拡大部は平開し，長さ 1 cm あまり，倒卵形でナデシコのように深く裂ける．雄しべは 10 本．花柱は 5 本．

2953. エンビセンノウ（エンビセン）〔ナデシコ科〕

Lychnis wilfordii (Regel) Maxim.
（*Silene wilfordii* (Regel) H.Ohashi et H.Nakai）

日本の中部，北部の山原，原野に自生するが，普通に見られるものではなく，時には庭園に植えられている多年生草本である．茎は高さ 50 cm ぐらい，やや無毛である．葉は対生で，披針形，先端は鋭尖形，基部はやや茎を抱き，無毛で，葉のふちにはわずかに毛がある．8 月頃，茎頂に集散花序を出し，花径 3 cm ぐらいの深紅色の美しい花を開く．花柄は短くて毛がある．がくは長楕円状円筒形で長さは 1.5 cm，無毛で先端は 5 裂し，裂片は三角状針形である．花弁は 5 個で平開し，下に爪があり，拡大部は深く裂け，裂片は少数で，狭長鋭尖である．花喉には花弁ごとに尖った歯状の裂片のある 2 個の小鱗片がある．雄しべは 10 個．子房は長楕円体で花柱は 5 個．さく果は楕円体で先端は 5 裂し，宿存がくを伴っている．〔日本名〕燕尾仙翁の意味で，分裂した花弁の様子をツバメの尾に見たてた．エンビセンはエンビセンノウの略称である．

2954. センジュガンピ〔ナデシコ科〕

Lychnis gracillima (Rohrb.) Makino（*Silene gracillima* Rohrb.）

日本の中部，北部の深山に生える緑色で草質の柔かい多年生草本．茎は直立し，高さは 40 cm ぐらいあり，毛が散生している．葉は対生で，長披針形，先端は長く尖り，底部は狭まり，葉質は薄く，無毛である．夏，茎頂に集散状にまばらに分枝し，径 2 cm 余りの白花を開く．花柄は細長くて無毛である．がくは緑色，短い鐘形で毛は無く，長さ 8 mm ぐらい，先端は 5 裂し，裂片は卵形で先端は鋭尖形である．花弁は 5 個で平開し，下にくさび形の爪部があり，拡大部は先端が浅く数個に裂け，花喉に尖った小鱗片がある．雄しべは 10 個．子房は長卵形体，5 花柱．さく果は宿存がくを伴わない，卵形体で，下に短い柄があり，先端は 5 裂する．種子は細かくて多数ある．〔日本名〕千手ガンピで，日光中禅寺湖の千手ヶ原に産することによる．

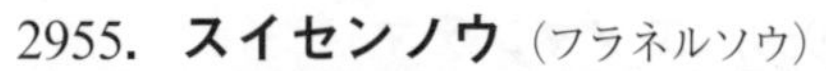

2955. スイセンノウ（フラネルソウ）〔ナデシコ科〕

Lychnis coronaria (L.) Desr.（*Silene coronaria* (L.) Clairv.）

あちこちの庭園に観賞花草として植えられているヨーロッパ南部原産の越年草あるいは多年生草本で，全体が密に白色の長い綿毛で被われている．茎は直立して，上部に枝を分ち，高さは約 30〜90 cm である．葉は対生で，楕円形あるいは長楕円形で先端はやや鈍形，根もとの葉は下部が狭まって葉柄となり，茎上の葉は無柄である．夏から秋にかけて，長い花柄の頂に紅色，淡紅色，あるいは白色の美しい花を開く．花径は 2.5 cm ぐらいである．がくはほぼ鐘形で革質，著しく隆起した脈があり，長さは 1.5 cm ほど，裂片はねじれた線形である．花弁は 5 個，円状倒卵形で先端はやや凹形，花喉に小鱗片がある．雄しべは 10 個．花柱は 5 個．さく果は長楕円体で先端は 5 裂し，宿存がくを伴っている．〔日本名〕酔仙翁の意味で，多分，初め白地に水紅色をさした花の品種に対して名づけたものだろうか．フラネル草は草体に柔かい綿毛が多いのでこれをフランネル（Flannel）にたとえた名である．

2956. アメリカセンノウ（ヤグルマセンノウ）〔ナデシコ科〕

Lychnis chalcedonica L.（*Silene chalcedonica* (L.) E.H.L.Krause）

時には庭園に植えられている観賞花草で，ロシア原産の多年生草本である．茎は直立し，単一，あるいは多少分枝し，高さ 90 cm にもなり，粗毛を被っている．葉は対生で，下部の葉は卵形，上部の葉は披針形で先端は鋭尖形，無柄で茎を抱き，基部は円形あるいは心臓形で，葉の裏およびふちには粗毛があり，葉のふちは多少しわがあり波うっている．6〜7 月頃，茎頂にむらがり集まって鮮赤色の美しい花がつき極めて美しい．花径は 2 cm ほど．がく筒は長楕円形で先端は 5 裂し，長さは 1.5 cm ぐらい，10 本の脈があり，粗毛を散生する．花弁は 5 個で平開し，拡大部は倒心臓状くさび形で，先端は 2 裂し，各花弁の花喉に 2 個の小鱗片をそなえている．雄しべは 10 個．花柱 5 個．果実は卵形体で，先端は 5 裂し，宿存がくを伴っている．〔日本名〕アメリカ仙翁であるが，アメリカ原産ではない．別名の矢車仙翁は花の形に由来した名である．

2957. マンテマ 〔ナデシコ科〕

Silene gallica L. var. ***quinquevulnera*** (L.) W.D.J.Koch

弘化年間（1844〜1847）頃に初めて渡って来たヨーロッパ原産の越年生草本．時には庭園に植えられ，またしばしば海岸や市街地に野生して帰化植物となっているものである．茎は高さ20〜30 cmぐらいで直立し，よく枝分かれし，毛があり，上部には腺毛がまじる．葉は対生で，下葉はへら形，先端は鈍形，上葉は倒披針形で，先端は鋭形，全縁で，両面に毛を散生する．5〜6月頃枝の先にやや穂状様の花序を出して片側に多くの小花をつけ，花は下から上に開き上がる．花は交互に苞の腋に単生し，径7 mmぐらい，花柄は非常に短い．がくは円筒形で紫色を帯びた明瞭な10脈があり，長い毛が生えていて，先端は5裂し，裂片は線状披針形で花がすむと卵形にふくれる．花弁は5個で平開し，下に爪があり，拡大部は倒卵形でやや全縁，白色で中央に大きい紅紫色の斑点が1個ある．各花弁の喉部には2個の小鱗片がある．雄しべは10個．花糸の基部には毛がある．子房には3花柱がある．果実は卵球形で先端は6裂し，宿存がくを伴なっている．〔日本名〕マンテマは海外から渡って来た当時の呼び名のマンテマンの略されたもので，このマンテマンは多分に *Agrostemma*（ムギセンノウ属）という属名の転訛したものではないかと想像する．

2958. サクラマンテマ（オオマンテマ） 〔ナデシコ科〕

Silene pendula L.

各地の庭園に植えられている一年草または越年草で，元来は南ヨーロッパの原産である．茎は斜めに立ち上がり，疎に分枝し，高さは20〜40 cmぐらい，白毛があり，上部には腺毛も混じっている．葉は対生で，下部の葉には柄があり，ややへら形であるが，上部の葉は長楕円形または卵状披針形で先端は鋭形，基部は狭まり，毛がある．5月頃から枝の先に疎な総状様の一方に片よった集散花序を出し，花径2 cmぐらいの淡紅色の美しい花をつける．花には短い柄があり，葉状の苞の腋につく．がくは円筒形で，短い腺毛があり，白色で，緑色の脈がある．がく筒の先端は5裂し，裂片は卵形でふちは膜質である．宿存するがく筒は果時には倒卵球形に膨大し，下に傾く．花弁は5個で平開し，下に爪があり，拡大部はくさび状倒心臓形で先端は2裂し，花喉に10個の小鱗片がある．雄しべは10個．子房の上には3個の花柱がある．さく果は卵球形で柄があり，先が6裂する．〔日本名〕花の形や色がサクラのようなマンテマということである．

2959. エゾマンテマ 〔ナデシコ科〕

Silene foliosa Maxim.

北海道の海浜，川原などに自生するとされる多年生草本．茎は群生し，高さは30 cmぐらい．節からは葉の密生した短枝を出す．茎の下部には微毛があり，上部では節の下に粘液を分泌する部分がある．葉は対生で，線状倒披針形で鋭頭，底部は長く狭まり，毛はない．7〜8月頃，枝先にやや輪生して白色の花を開く．花柄は細長くて毛はない．がくは筒状で長さは8 mmぐらい，緑色の縦脈があり，毛はなく，先端は5裂し，裂片は卵形でふちは白色膜質である．花弁は5個で平開し，下に爪があり，拡大部は深く2裂し，裂片は線形である．雄しべは10個．子房には3花柱がある．さく果は卵球形で柄があり，先端は6裂し，宿存がくを伴っている．〔日本名〕蝦夷マンテマで，北海道に産するとされるからである．

2960. ヒロハノマンテマ（マツヨイセンノウ） 〔ナデシコ科〕

Silene latifolia Poir. subsp. ***alba*** (Mill.) Greuter et Burdet

（*S. pratensis* (Raf.) Godr. et Gren.）

ヨーロッパ，北アフリカ，北西アジアの原産で，越年草あるいは多年草．ふつう庭園に植えられている観賞用の花草である．茎は高さ60 cmぐらいになり，毛が密生し，上部には白い腺毛が密布している．葉は対生で卵状披針形あるいは長楕円形で先端鋭形，基部も鋭形，軟毛がある．5〜6月から9月にわたって，枝分かれしてまばらな円錐花穂を出し，短い柄の上に白花をつけ，夕方開いて香気を出す．がくは鐘形で長さ1.5 cmばかり，淡緑色で腺毛および軟毛があり，先端は5裂し，裂片は披針状三角形である．花弁は5個で平開し，下に爪があり，拡大部は倒卵形で先端が2裂し，各片の花喉には2個の小鱗片がある．雄しべは10個．花柱は5個．本種は雌雄異株で雌の株には卵状球形のさく果が結実し，そのために宿存がくは膨大する．さく果の先端は10裂し，裂片は短くて直立する．〔追記〕アケボノセンノウ *S. dioica* (L.) Clairv. は本種に類似している別種で，ふつう紅花を朝開き，花に香りはなく，さく果の先端の裂片は反曲している．

2961. ビランジ 〔ナデシコ科〕

Silene keiskei Miq.

本州中部の深山の岩上に自生している多年生草本．茎はやや肥厚した根茎から数本叢生し，直立し，または斜めに立ちあがり，微毛があり，葉と共に紫色を帯び，高さは 20〜30 cm ぐらいである．葉は対生で，披針形，または狭長披針形で，先端は鋭尖形，基部は狭まり，全縁である．夏から秋にかけて，枝先に集散状にまばらに分枝し，淡紅紫色の美花をつける．花には長い柄があり，花径は約 2.5 cm である．がくは短い円筒状で，先端は 5 裂し，裂片は針状三角形で先端は鋭形である．がく片は無毛，または微毛がある．花弁は 5 個で平開し，下に爪があり，拡大部は倒卵形で，先端は 2 裂し，長さは 7〜20 mm ぐらいで，花喉に白色の小鱗片がある．雄しべは 10 個．子房は短円柱状で 3 花柱がある．さく果は卵球形で柄があり，先端は 6 裂し，膨大して倒鐘形をしている宿存がくを伴い，裂片はがくの上につき出ている．〔日本名〕ビランジの意味は不明．〔追記〕本種にはビランジ（狭義）var. *minor* (Takeda) Ohwi et H.Ohashi とオオビランジ var. *keiskei* の 2 変種があり，オオビランジは茎が伸び，花もビランジよりやや大きい．

2962. タカネマンテマ 〔ナデシコ科〕

Silene uralensis (Rupr.) Bocquet
（*Melandrium apetalum* (L.) Fenzl ex Ledeb.）

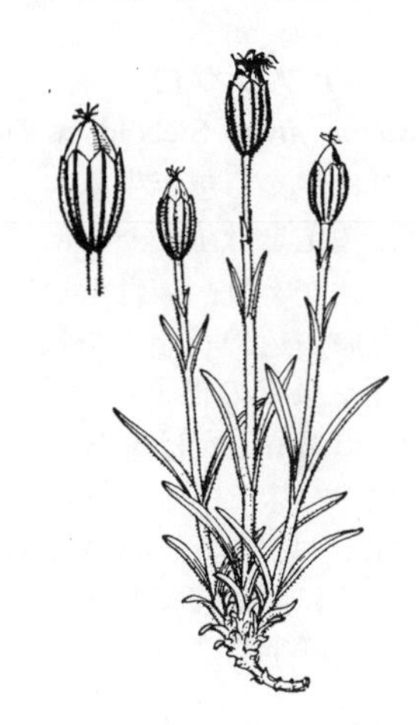

本州中部の高山帯の岩石地に稀に生えている多年草である．全体に細毛があり，茎は群生し，高さ 10〜20 cm，上部の節間は長くのびて小形の葉をつける．葉は対生で，倒披針形，先端は鋭形で基部は長く細まり，下部の葉では柄状となり，長さ 1〜6 cm，幅 1〜8 mm である．7〜8 月頃，茎頂に 1 個の花をつけ，花柄は長く細毛を密生し，花時には下を向くが，後に直立する．がくは鐘状で長さ 12 mm ぐらい，淡緑色で暗紫色の 10 脈があり，毛が多く，先に短い三角形の 5 裂片がある．花弁は 5 個，拡大部は小さく，倒卵形で，長さ 2〜3 mm で目立たない．雄しべは 10 個，花柱は 5 個．がく筒は果時に更にふくらみ，さく果は卵形体でがくより少し長く，先端は 5 裂する．〔日本名〕高嶺マンテマ．

2963. シラタマソウ 〔ナデシコ科〕

Silene vulgaris (Moench) Garcke

花草として庭園に植えられているヨーロッパ原産の多年生草本であるが，時には北部に帰化品を見かける．茎は直立して分枝し，高さは 60〜90 cm ぐらいあり，全体無毛で，やや粉白色を帯びている．葉は対生で卵形，倒卵形あるいは長楕円状披針形で先端は鋭尖形である．夏，茎の頂に集散状に枝を出し，多数の白花をうなだれてつけ，花径は約 2 cm である．下部の花には細長い花柄があるが，上部の花の柄は短くなる．雄花，雌花，両性花の 3 形がある．がくは卵形で長さは 1 cm ぐらい，膜質で袋状にふくれ，20 本の縦脈とこれを連絡する網状の細脈があり，先端は 5 裂し，裂片は三角形でふちに細毛がある．花弁は 5 個で平開し，下に爪があり，拡大部は先端が 2 裂し，長さは 5 mm ぐらいで，花喉の小鱗片は不明である．雄しべは 10 個．子房は長卵形体で 3 個の花柱がある．さく果はほぼ球形で，頂部は円錐形，下に柄があり，膜質の膨大したがくに包まれている．〔日本名〕白玉草はがくが白色で，円い袋状をしているからである．

2964. ナンバンハコベ（ツルセンノウ） 〔ナデシコ科〕

Silene baccifera (L.) Roth var. ***japonica*** (Miq.) H.Ohashi et H.Nakai

山野に生える多年生草本で，茎は細く，つるのように長くのび 1.7 m ぐらいにもなり，他物によりかかって伸長し，さかんに枝分かれし，緑色で，細毛を有し，節がある．葉には短柄があって対生し，卵形または卵状長楕円形で，先端は鋭尖形，全縁で，短毛が生えている．夏から秋にかけて小枝の先に 1 個の花を開く．花はやや大形で点頭する．がくは広い鐘形で 5 個の尖った裂片に分裂し，緑色である．花弁は 5 個で，白色，細長，各花弁は互に広く開き離れ，拡大部は反曲し，先端は 2 裂し，花喉に細裂した小鱗片があり，爪部は拡大部より長い．雄しべ 10 個．花柱 3 個．果実は球形で宿存がくを伴っている．宿存がくの裂片はそり返って巻き，がくの全体は皿状で緑色である．果実は柄が短く，液果状で黒く熟し，開裂せず，中に多数のつやのある黒色の種子が入っている．〔日本名〕南蛮ハコベ．南蛮の語は海外から渡って来たということを表わすのであるが，実は南蛮から来たのではなく，誤認である．別名の蔓センノウは同類のセンノウに似ているが，つる性であるからこのように呼んだものである．〔漢名〕狗筋蔓は別物であろう．ただし，現在中国では本種に対してこの名を用いている．

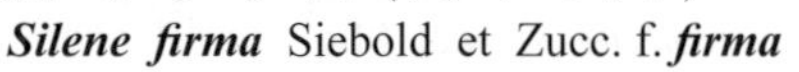

2965. フシグロ（サツマニンジン）　〔ナデシコ科〕

Silene firma Siebold et Zucc. f. ***firma***

原野または山地に生える越年生草本で，茎は数本叢生するのが普通で，直立し，質は硬く無毛で，ふつう分枝し，高さは約 80 cm になり，緑色あるいは紫黒色で節はふつう暗紫色をしている．葉は節に対生し，短柄があり，披針形ないし長楕円形で先端鋭形である．夏，茎上に白色の小花をやや輪生状につける．花柄は細長く無毛で，頂生し，または腋生した短枝の上に出て直立する．花は小形で白色．がくは楕円状短筒形で先端は浅く 5 裂し，大体 10 本の紫色を帯びた脈がある．花弁は 5 個，小さくて目立たず，わずかばかりがくの上に出て，先端が 2 裂し，花喉に 2 個の小鱗片がある．雄しべは 10 個，子房は長楕円体，花柱 3 個．さく果は長卵形体で 1 室，先端は 6 裂し，宿存がくを伴い，茶褐色の細かい種子を入れている．〔日本名〕節黒．節が暗紫色を帯びているからである．また薩摩人参はむかし，商人が本品のひげ根を採って鬚人参にまぜて売ったのでこの名がついた．元来サツマニンジンというのはトチバニンジンすなわち，いわゆる竹節人参のことで，この竹節人参は初め薩摩から世に出たのでこのように称するのである．結局フシグロをサツマニンジンといつわったのである．〔漢名〕疏毛女婁菜．

2966. ケフシグロ　〔ナデシコ科〕

Silene firma Siebold et Zucc. f. ***pubescens*** (Makino) M.Mizush.

山野に生える越年生草本で，茎は高さ 50 cm 内外，短く枝を分けて直立し，短毛を散生し，下部はしばしば紫黒色をしている．葉は節に対生し，短柄があり，披針形ないし長楕円形で先端は鋭形である．夏，茎上に小さい白色の花をやや輪状につける．花柄は細長く，短い毛が散生する．花や果実の様子は全くフシグロと同じであるが，異なるところは，茎や葉にある毛だけであり，結局フシグロの 1 品種に過ぎない．〔日本名〕毛節黒の意味である．〔追記〕ヒメケフシグロ *S. aprica* Turcz. ex Fisch. et C.A.Mey. は，漢名を王不留行といって本品に似ているが，茎，葉はもちろんがくに至るまで短毛を密布する全くの別種である．西日本にまれに生え，朝鮮半島，中国に分布する．

2967. テバコマンテマ　〔ナデシコ科〕

Silene yanoei Makino

四国の深山地帯に生えている多年生草本．茎は叢生し，細長い円柱形で立ち，高さは 25〜45 cm ぐらいで短毛を散生し，節は太い．葉は対生，短柄があり，卵形または披針状卵形で先端は鋭く尖り，長さ 2〜4 cm ぐらい，下部の葉はへら状長楕円形をしている．8 月に，茎上に集散的にまばらな枝を分ち，数個の白花をつける．花は長い柄の頂にあって，花径は 11〜15 mm ぐらいである．がくは鐘形で 5 つに裂け，質は薄く，10 本の脈がある．裂片は三角状披針形で尖っている．花弁は 5 個で，はるかにがくより超出して平開し，拡大部は倒卵形で先端は 2 裂し，花喉には 2 個の小鱗片がある．雄しべは 10 個．花柱は 3 個．子房は楕円状卵形体で短い柄がある．さく果は 1 室で先端は 6 裂し，宿存がくに包まれている．種子は多数ある．〔日本名〕手筥マンテマ．この種が初めて発見採集されたのが高知県の手筥山の山頂の岩石地であったのでこの名がついた．

2968. アオモリマンテマ　〔ナデシコ科〕

Silene aomorensis M.Mizush.

青森県と秋田県に特産する多年草で，山地の岩間に生える．茎は束生し，花時には高さ 10〜25 cm に達し，下部は無毛で，上部には細い腺毛がある．根生葉があり，倒披針形，先は鋭形，基部は細まり，ほとんど柄はなく，長さ 8 cm，幅 12 mm になる．茎葉は披針形または倒披針形で，長さ 2〜8 cm，幅 4〜13 mm になり，上方のものには腺毛がある．6 月，茎頂に集散花序をだし，2〜5 個の花を開く．花は白色．がくは長楕円状または狭い鐘形でふくらみ，長さ 10〜15 mm で，10 脈があり，先は 5 裂する．裂片は三角形で，先は鋭尖形となり，長さ 2.5〜4 mm になる．花弁は長い爪をもち，拡大部は倒卵形で長さ 7〜12 mm あり，先は 2 つに中ほどまで裂け，裂片は長楕円形または倒卵形で，それぞれ細長い側裂片をもつ．花柱は 5，まれに 4 個．さく果は卵形体で長さ 9〜12 mm になる．〔日本名〕青森マンテマで，最初青森県で見い出された．〔追記〕本種は水島正美の遺稿で命名され，原寛が発表した．

2969. ムシトリナデシコ（ハエトリナデシコ）　〔ナデシコ科〕
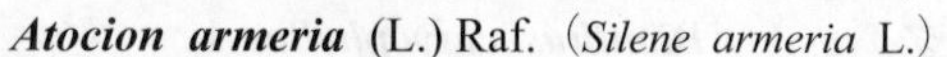

Atocion armeria (L.) Raf.（*Silene armeria* L.）

江戸時代の末に日本に渡って来たヨーロッパ原産の一年草または越年草である．観賞用として庭園に植えられているが，今日では海岸などの砂地に野生状態となっているのをみかける．全体が粉白色で，平滑，無毛である．茎は高さ 50 cm ぐらいになり，直立して分枝し，上部の茎節の下には粘液を分泌する部分がある．葉は対生で，卵形，あるいは広披針形で，先端は鋭形，底部は無柄で，茎を抱いている．5〜6 月頃枝先に短枝を分ち，多数の小花を集めてつける．花柄は短く，花径は 1 cm あまりあり，紅色が普通で，時には淡紅色または白色の花もある．がく片は細いこん棒状で，長さは 15 mm ぐらい，先端は短く 5 裂し，裂片は先端が鈍形でふちは白色膜質である．花弁は 5 個で平開し，下に爪がある．拡大部は倒卵状くさび形で先端は凹み，花喉には細く尖った小鱗片がある．雄しべは 10 個．子房の上には 3 個の花柱がある．さく果は長楕円体で柄があり，先端は 6 裂し，宿存がくを伴う．〔日本名〕虫捕ナデシコは茎の粘質物で小虫を取るという想像に基づいたものである．

2970. ナデシコ（カワラナデシコ，ヤマトナデシコ）　〔ナデシコ科〕

Dianthus superbus L. var. ***longicalycinus*** (Maxim.) F.N.Williams

多年生草本で，広く各地の山野に自生する．茎は数本叢生し，直立して緑色，隆起した節があり，高さは普通 50 cm 内外あるが，稀には 1.7 m 余りに達することもある．葉は対生し，線形あるいは線状披針形で両端は尖り，基部は相対する葉と短く連合して節を抱き，全縁で緑色あるいは粉緑色で，長さは 3〜9 cm ぐらいである．夏から秋にかけて，上方でまばらに枝を分け，優美で雅味のある淡紅色の花を開く，稀に白色の花もある．がくは細長い円筒形で長さは 2〜3 cm ほど，先端は 5 裂し，裂片は披針形である．がく筒の基部には普通 4〜6 片の短く広い小苞があり，がく筒に密接している．花弁は 5 個で長い爪部があり，拡大部のふちは深く糸状に分裂し，基部に鬚毛がある．雄しべは 10 個，花柱は 2 個．さく果は円柱形で先端は 4 裂し，宿存するがく筒の中にある．日本の風習として一般に古くから秋の七草の一つに数えられている．〔日本名〕撫子は可憐な花の様子に基づいたもので，川原撫子は川原に生えるからである．また大和撫子は姉妹品の唐撫子に対していったものである．古名はトコナツ．〔漢名〕瞿麦は別物である．

2971. タカネナデシコ　〔ナデシコ科〕

Dianthus superbus L. var. ***speciosus*** Rchb.

本州の中部以北の高山帯の岩礫地に見られる多年生草本．茎は立ち，高さ 20 cm 内外，多少叢生する．カワラナデシコの 1 変種で，母種と葉の様子が似ているが，茎は低くて，花は 1〜2 輪で大形，径 4 cm 余りにもなり，がくの下の苞は 4 個で細長く尖り，時にはがくよりも長いことがある．花弁は濃紅色で美しく，拡大部の基部には紫褐色の鬚毛が密生していて非常に顕著であり，一見蛇の目状であり，また花弁の周縁は著しく細く裂けている．真に可憐愛すべき花である．本品に似て信州（長野県）白馬連峰に産するものにクモイナデシコ一名シモフリナデシコ var. *amoenus* Nakai がある．これは全体に白霜を帯び，花の下の苞片がただ 2 個であるという特徴があり，これもまた愛すべきものである．〔日本名〕高嶺撫子．高山に生えるからである．また雲居撫子も同様に雲のやどるほどの高山に生えるからである．霜降撫子は帯白色の草状に基づいた呼び名である．

2972. セキチク（カラナデシコ）　〔ナデシコ科〕

Dianthus chinensis L.

古い時代に原産地の中国から日本に渡って来たが，その後欧州から種子が伝わって今では広く観賞花草として人家に植えられている多年生草本で，ふつう全体が粉緑色である．茎は叢生して直立し，高さは 30 cm 内外である．葉は対生で，線形または披針形で先端は鋭尖形，基部は対生する葉と連合して短いさやとなっている．初夏の頃，まばらに分枝した茎上に美花をつけ，紅白など花色は多様である．がくは広円筒形で長さ 2 cm ぐらい，先端は 5 裂する．がく下の小苞は大体 4 個，先端は長く尖り，がく筒と同長あるいは半分の長さである．花弁は 5 個，下は長い爪部となってがく筒に入り，拡大部の先端は浅く裂け，基部にはたいてい濃色の斑紋がありまばらに鬚毛がある．雄しべは 10 個．花柱は 2 個．さく果は先端が 4 裂し，宿存がくがある．変種のトコナツ‘Semperflorens’は花弁が濃紅色で四季を通じて花を開くものである．〔日本名〕漢名の石竹の音に由来する．唐撫子は唐種（中国種）ナデシコの意味である．〔漢名〕石竹，瞿麥．〔追記〕旧版で本種の変種としたイセナデシコ（サツマナデシコ）*D.* ×*isensis* Hirahata et Kitam. は，本種とナデシコとの雑種である．

2973. **カーネーション**（オランダセキチク，アンジャベル）〔ナデシコ科〕
Dianthus caryophyllus L.

江戸時代に渡来したヨーロッパならびに西アジア原産の多年生草本で，観賞花草として広く庭園や温室に植えられている．全体粉白色で，茎は直立し，高さは 40〜50 cm ぐらい，上方でまばらに分枝し，茎質は強健である．葉は節に対生し，上面が縦溝になっている長い線形で上部はだんだん長く尖り，基部は短いさやとなり節を抱いている．夏，茎上に集散花序を出し，数個の花をつけ，芳香があり非常に美しい．がくは広円筒形で，先端は短く 5 裂する．がくの下に小苞が数個あり，やや菱形で先端は短い鋭尖形，長さは大体がく筒の 4 分の 1 である．花弁は拡大部が倒卵形で先端は浅く裂け，喉外に鬚毛がない．雄しべは 10 個．花柱は 2 個．さく果は卵形で宿存がくがある．園芸品種が非常に多く，花色，大小など一様でない．重弁のもの（図右下）が一般に植えられている．〔日本名〕オランダ石竹は西洋種の石竹の意．カーネーションは英語名 Carnation，旧名のアンジャベルはオランダ名 Anjelier に基づいたものである．

2974. **ヒメハマナデシコ**（リュウキュウカンナデシコ）〔ナデシコ科〕
Dianthus kiusianus Makino

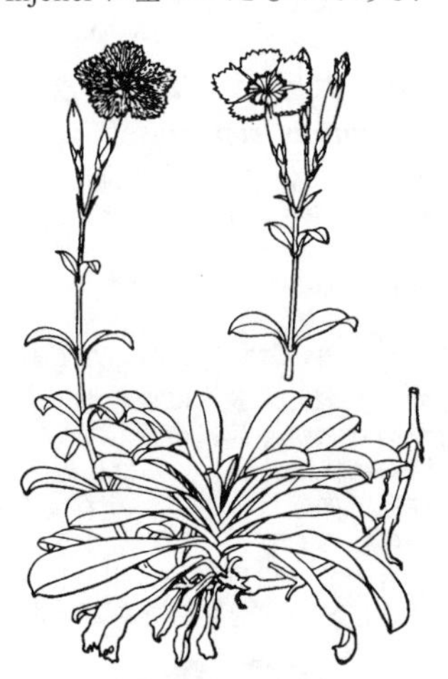

日本南部の海岸の岩上に生える多年生草本．根茎は長いものや短いものがあり長さは定まらず，木質でしばしば粗大となり，下に根を下ろしている．茎は群生し，高さは 17〜30 cm，下部はしばしば横に伏している．葉は対生で，叢生する下部の葉は密集して重なり合い，倒披針形あるいはへら状長楕円形，基部は長いくさび形で，葉質はやや厚く，ふちに微毛があり，葉面には光沢があって常緑である．茎につく葉は上方のものほどだんだん小形となり，まばらにつく．夏から秋にかけて茎上に集散花序を出し，数個の紫色の花をつける．花径は 2 cm．がくは円筒状で，先端は 5 裂し，がくの下に 4 個の小苞がある．花弁は 5 個で平開し，下に長い爪部があり，拡大部の先端に細かい歯牙がある．雄しべは 10 個．花柱は 2 個ある．〔日本名〕姫浜撫子は浜撫子すなわち藤撫子に似ているが，小形であるからで，琉球寒撫子は琉球に産し，冬でも緑葉を持っているからである．

2975. **シナノナデシコ**（ミヤマナデシコ）〔ナデシコ科〕
Dianthus shinanensis (Yatabe) Makino

本州中部地方の高原に生えている多年生草本で，高さは 20〜40 cm，だいたいの形はアメリカナデシコを思わせる．茎はにぶい稜のある四角柱で，強剛，赤紫色に染まり，わずかに軟毛がある．葉は広い線形で先端は尖り，ふちは短毛が列生し，基部は 2 葉が連合して短い鞘となる．花は真夏頃に咲き，茎の頂に密集した集散花序をなし，紅紫色である．花径 1.5 cm．がく筒は細長くて淡緑色，基部には小苞が 4 個あり，尾状に尖っている．がく歯は披針形で，先端は長鋭尖形．花弁は 5 個，長い爪部があり，拡大部は倒卵状基部はくさび状で，先端には細かい歯牙があり，上面は紅紫色で，中央の喉部の近くに毛が密生し，濃色の点が数個ある．本種を古くはハチジョウナデシコと呼んでいたがこれは産地の誤伝のためである．〔日本名〕信濃撫子は信州（長野県）に多いからで深山撫子は深山に生えるからである．

2976. **フジナデシコ**（ハマナデシコ）〔ナデシコ科〕
Dianthus japonicus Thunb.

一般に海岸地，あるいはその附近に生える多年生草本で，茎はふつう数本叢生して直立し，高さ 20〜50 cm ほど，強壮である．葉は対生で非常に短い柄があり，卵形ないし長楕円形で先端は短い鋭形，長さ 2〜8 cm ぐらい，厚くて光沢がある．根生葉は重なり合ってつき，しばしば長大である．7〜8 月頃，茎頂に集散花序を出し，多数の紅紫色の花を密集する．がくは円筒状で長さ 1.5〜2.5 cm，先端は 5 裂し，がくの下の小苞は先端が尾状に尖り，長さはがくの半分ほどである．花弁は 5 個，倒卵形で先端に細かい歯牙があり，長さ 6 mm 内外，基部は長い爪部となる．雄しべは 10 個．花柱は 2 個．さく果は宿存がくを伴い，円筒形で先端は 4 裂する．この種はしばしば庭園に植えられ，切花用とされる．これの栽培品は，分枝がややまばらで長く，葉も長い．しばしば白花品がある．〔日本名〕藤撫子は花の色に基づいたもので，浜撫子は海辺に生えるからである．ハマナデシコには同名の別種がある．

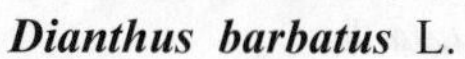

2977. **アメリカナデシコ**（ヒゲナデシコ）〔ナデシコ科〕

Dianthus barbatus L.

江戸時代の末期に渡って来たヨーロッパ原産の多年生草本で，観賞花草として植えられている．茎は強くて，直立し，4 稜があり，高さは 30〜50 cm ぐらいある．単一，あるいは茎の先が分枝する．葉は節に対生し，基部は短い鞘となって節を抱き，広披針形あるいは長楕円状披針形で下部のふちに微毛があり，5 本の主脈があって緑色である．初夏の頃，茎の頂に非常に密な円い集散花序を出し，花径 1 cm ほどの短梗，無香の花を多数つける．がくは円筒形で，長さ 1.5 cm ぐらい，先端は短く 5 裂する．がくの下の小苞は数個あり，ふちは膜質で先端は長く尖り尾状となり，ほぼがくと同長である．花弁は 5 個で長い爪部を持ち，拡大部は先端に歯牙があり，基部にはあらい鬚毛が生えている．花色はたいてい紅色で，中心には濃色の斑紋があり，時に白色あるいは絞り，あるいは重弁などがある．雄しべは 10 個．2 花柱．さく果は宿存がくの内にある．〔日本名〕アメリカ撫子は舶来したナデシコの意味で，鬚ナデシコはがくの下のひげ状の小苞の様子に基づいたものである．

2978. **コゴメナデシコ**（シュッコンカスミソウ）〔ナデシコ科〕

Gypsophila paniculata L.

観賞花草として庭園に栽培される多年生草本で，もとはヨーロッパならびに北アジアの原産である．茎は直立して 60 cm ほどになり，緑色でさかんに枝分かれして，四方に広がる．葉は対生し，披針形あるいは線状披針形で先端は鋭尖形，たいてい 3 本の主脈があり，長さは 7 cm ぐらい．根生葉ではしばしば 15 cm もの長さになる．夏から秋にかけて，枝上に多数の小さい白色の花を満開する．がくは短い鐘形で長さ 2 mm ぐらい，5 裂し，裂片は広卵形，先端は鈍形でふちは膜質である．花弁は 5 個，長楕円形で全縁，花喉の小鱗片はない．雄しべは 10 個．2 花柱．さく果は球形．〔日本名〕小米撫子は花が小さくて白いのに基づいたものである．

2979. **カスミソウ**（ムレナデシコ，ハナイトナデシコ）〔ナデシコ科〕

Gypsophila elegans M.Bieb.

コーカサス原産の越年草または一年生草本で，切花用として広く栽培されている．茎は高さ 30〜50 cm，円柱形で直立し，上方で再三 2 叉分岐して広く枝を広げる．全体無毛で薄く白粉をかぶって淡蒼緑色をしている．葉は対生で斜開し，披針形，先端は細長く尖り，基部は浅い心臓形，無柄で半ば茎を抱いている．小枝の先で更に 2〜3 回分枝して広く広がる岐散花序を出し，各分岐点に微小な針状の苞がある．花は原種では径 5 mm ぐらい，白色 5 弁で，花弁の拡大部は広倒卵形，先端は切形で少し凹み，爪部がある．がく片もまた 5 個，小形で卵状長楕円形，淡緑色をしている．雄しべは 10 個，雌しべは 1 個あり，花柱は 2 分する．〔日本名〕花屋でカスミソウ（霞草）と呼ばれている．別名は群れナデシコの意味．花糸ナデシコは糸状の花柄に基づいたもの．

2980. **サボンソウ**〔ナデシコ科〕

Saponaria officinalis L.

明治初年に日本に渡って来た多年生草本で，薬用植物として栽培されている．原産地はヨーロッパである．高さは 30〜90 cm．根茎は横にはい白色で肥厚し，匐枝を出している．茎は直立または斜めに立ち上がっている．葉は対生し，長楕円状披針形で両端は狭まり，先はやや鋭形，3 本の主脈があり，長さは 5〜10 cm ぐらいである．夏，枝の先に密な集散花序をつけ淡紅色または白色の花を集めてつける．花の柄は非常に短い．がくは緑色でまっすぐな円筒形，長さ 2 cm ぐらいあり，先端は 5 裂している．花は平開し，花径は 2.5 cm ぐらいある．花弁は 5 個で倒卵形，先端は凹形で基部は長い爪部となりその上部に線形の 2 個の小鱗片がついている．雄しべは 10 個．花柱は 2 個．さく果は卵形で丈夫な果柄があり紡錘状の宿存がくに包まれ，頂部が 4 片に開裂する．〔日本名〕サポニンを多く含んでいるこの植物の特質に基づいたものである．

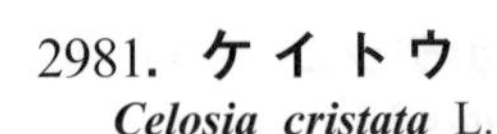

2981. ケイトウ 〔ヒユ科〕

Celosia cristata L.

昔，日本へ輸入され，観賞用花草として広く庭園に栽培されている一年生草本で，原産は多分，アジアの熱帯地方だろうといわれている．茎は直立して高さ 90 cm ぐらいになり，茎質は硬くて毛がなく，しばしば紅色になる．葉は互生で長い柄があり，卵形あるいは卵状披針形で，先は尖り，基部は普通急に狭くなっていて，長さは 5～10 cm ぐらいである．しばしば花軸が帯化し，上部のふちは著しく広がって鶏のとさかのようになり，その部分には小さい鱗片が多数あり，その下部の両面には無数の小花を密につける．夏から秋にかけて開花し，花の色は赤，紅，黄，白など種々あって美しい．がく片は 5 個で広披針形，先は鋭く尖り，長さ 5 mm ぐらい．雄しべは 5 個で，がくよりは短くて花糸の基部はゆ合している．雌しべは 1 個で子房には長い花柱がある．蓋果は卵形で宿存性のがくがあり，横に裂けて開裂し，上半の帽子状部の上に細長い花柱が 1 本残っている．蓋果の中には 3～5 個のつやのある黒い種子が入っている．〔日本名〕鶏頭の意味で，花序がおんどりのとさかに似ているからである．〔漢名〕鶏冠．〔追記〕園芸品種にはチャボゲイトウ，ヤリゲイトウ，ミダレゲイトウ，サキワケゲイトウなどがある．

2982. ノゲイトウ 〔ヒユ科〕

Celosia argentea L.

暖地に自生し，時には植えられている一年生草本．茎は直立して高さ約 80 cm，円柱形で緑色の縦のすじがあり，無毛．葉は互生で葉柄があり，披針形，または卵状披針形で先は尖り，全縁，葉質は軟らかい．夏から秋にかけて長い枝の先に太い穂状花序を出し，多数の淡紅色の小さい花を密につける．苞はがく片よりずっと短い．がく片は 5 個，長い楕円形で先は尖り，長さ 8 mm ぐらい，乾皮質で花が終わると白色になる．雄しべは 5 個でがくより短く，花糸は下の方でゆ合している．雌しべは 1 本で子房には直立する長い花柱がある．蓋果は卵形，宿存するがくより短く，横に裂けて開き，帽子のような上半部は落ちる．蓋果の頂には長い花柱が残っていて，中には数個の種子が入っている．ケイトウの原種であると言われているが，そうではないという説もあるとのことである．〔日本名〕野鶏頭．野生のケイトウの意味である．〔漢名〕青葙．

2983. ハゲイトウ 〔ヒユ科〕

Amaranthus tricolor L. var. ***tricolor***

古い時代に観賞用植物として日本に渡って来たもので，熱帯アジア原産の一年生草本である．茎は直立して非常に大きく，高さは約 1.5 m になり，円柱形で淡緑色，毛はない．葉は多数あり，互に接近して茎の上下ともに互生し，長い柄があり開出する．葉の形は種々で，菱状卵形，長楕円状披針形，または線形（後に入って来たもの）で大体は先が鋭尖形，基部は細まり，全縁，紅色，黄色などの斑があり，非常に美しい．夏から秋にかけて葉腋や茎の先に淡緑色，または淡紅色の細かい花をつける．苞はがくとほぼ同形，同大で，先はのぎ状になっている．がく片は 3 個，卵状披針形で先はのぎ状にとがり，長さ 3 mm ぐらい．雄しべは 3 個．雌しべは 1 個．蓋果は卵状楕円形で宿存するがくより短く，先に 2～3 の突起があり，横に裂けて，帽子状の上半部は離れ落ちる．中には種子が 1 個入っている．〔日本名〕葉鶏頭の意味．ケイトウに似ているが葉が特に美しいからである．〔漢名〕雁來紅．

2984. ヒ ユ（ヒョウ，ヒョウナ） 〔ヒユ科〕

Amaranthus tricolor L. var. ***mangostanus*** (L.) Allen

古く日本に入って来た暖地原産の一年生草本で，畠に作られている．茎は直立してまばらに分枝し，緑色で高さは 1.7 m ぐらいになる．葉は互生して長い柄をつけ，菱状卵形，先端は鈍形でちょっとへこみ，基部は広いくさび形で，全縁である．葉の緑のものが普通品で，紅色（アカビユ），暗紫色（ムラサキビユ），紫斑点（ハナビユ）などのものがある．夏から秋にかけて茎の先と葉腋に緑色の細かい花を集めてつけ，ほぼ球形になり，茎の先ではこれが連なって穂となる．苞は先端がのぎ状でがく片と大体同じ長さである．雄しべは 3 個．雌しべは 1 個．蓋果は楕円形で宿存するがく片より短くて，膜質，横に裂けて上部の帽子状の部分は離れ落ちる．中には種子が 1 個入っている．種子は黒褐色で，なめらかである．葉は食べられる．〔日本名〕ヒユは冷えるという意味といわれるが，分からない．〔漢名〕莧．

2985. ヒモゲイトウ（センニンコク） 〔ヒユ科〕

Amaranthus caudatus L.

今からおよそ，100 年余前，日本に渡って来て，観賞用に庭園に植えられている熱帯地方原産の一年草である．茎は大形で直立し，高さ 90 cm ほどになり，やや稜があって，紅色をおび，上部に微毛がある．葉は互生で，長い柄があり，菱状卵形または菱状披針形で，先端はやや尖り，基部はくさび形をしている．夏から秋にかけて，茎の先と上部の葉腋に長く垂れ下がる花序を出し，紅色，ときには白色の細かい花を密につける．苞は卵形で先には長いのぎがあり，がくよりもやや長い．がく片は 5 個で長楕円形，先は尖り，長さは 2 mm ぐらい，雄しべは 5 個．雌しべは 1 個．蓋果は楕円形で宿存するがくより長く，先に短い 3 突起があり，横に裂けて上半部は帽子状になって，落ちる．種子は白色で，ひらたい円形，まわりが紅色をしている．種子は食用になる．〔日本名〕紐鶏頭の意味で，花穂の形に基づいたものである．一名センニンコクは仙人の食べる穀物という意味である．〔漢名〕多分，老鎗穀であろう．

2986. ホソアオゲイトウ 〔ヒユ科〕

Amaranthus hybridus L.

ヨーロッパ原産の帰化植物で，道ばた，荒れ地などに見られる．大形の一年草で高さ 60～200 cm に達する．全体緑色で，茎は無毛またはまばらに軟毛がある．葉は菱状卵形，先端は尖り，上面はほとんど毛がないが，下面にはまばらに軟毛がある．花穂は緑色，円柱状で幅 5～7 mm. 直立または斜上するたくさんの横枝が集まって円錐形の花序になる．雌雄の花が混在する．小苞は披針形, 花被片は 5 個あって長楕円状披針形，長さ 1.5～2 mm とごく小さい．果実は花被片と同長の楕円形で熟して横に裂開する.〔日本名〕アオゲイトウに似て全体がスリムなことによる.〔追記〕アオゲイトウに似るが，花序は緑色をおび，苞は長さ 2～4 mm．花は 7～10 月.

2987. アオゲイトウ（アオビユ） 〔ヒユ科〕

Amaranthus retroflexus L.

熱帯アメリカ原産といわれる強壮な一年草．北アメリカ，ヨーロッパ，アジアを通じて農耕地や都会地周辺の雑草として繁茂し，世界的にやっかいな雑草として知られている．高さ 1～2 m にも達し，よく分枝して茂る．全草を粗い毛がおおう．葉は互生し，葉身は長さ 10 cm にまでなる．長楕円形でへりには波状のきざみがあり，葉の質もごわつく．葉柄はかなり長い．花序は茎頂と茎の上部の葉腋につき，長さ 5～15 cm の太い花穂をつくり，茎頂の花序は円錐花序となる．花は密集し，苞は葉状で長さ 4～8 mm あり，がく片よりも長い．雌花のがく片は 5 枚，長さ 3～4 mm の先の尖った長卵形ないし披針形で，果胞を包むように重なりあって生じる．苞やがく片の先が尖るため花穂全体はかなりとげとげしい．蓋果はやや押しつぶされた形の球形で，上半部の表面はざらついている．雄花の雄しべは 5 本ある．日本へは明治の頃から帰化が知られ，畑や空地の雑草として各地に広まった．現在では後から侵入したホソアオゲイトウ（前出）に駆逐され，北日本以外ではまれになっている．アメリカで pig weed と呼ばれるが，日本でいうブタクサとはまったく別である．

2988. イヌビユ 〔ヒユ科〕

Amaranthus blitum L.

畠や路ばたに普通にみられる一年生草本で，草全体が柔らかい．茎は高さ 30 cm ほどで，たいていは根もとから枝分かれして斜めにのび上がり，枝は直立して無毛である．茎の色は緑で，しばしば褐紫色をおびる．葉は互生で，長い柄があり，菱状卵形，先は凹形，基部はくさび形で，長さは 1～5 cm ぐらいである．夏から秋にかけて，茎の先と葉腋に多数の緑色の細かい花を集めてつけ，茎の先では花は 1 個の花穂を形づくる．苞は卵形で，先は尖り，膜質，がく片よりも短い．がく片は 3 個あって，長楕円形，あるいはへら形で，長さ 1.5 cm ぐらい．雄しべは 3 個，雌しべは 1 個．胞果は菱状楕円形で宿存するがく片よりも長く，下半分にはしわがあり，横には裂けない．中にはほぼ球形の種子が 1 個入っている．元来は雑草であるが葉を食べるところもある．〔日本名〕犬ビユの意味である．食用のヒユに似ているが野生して，ふつうは人間の役に立たない雑草であるからこのように呼ばれる．〔漢名〕野莧．

2989. ハリビユ 〔ヒユ科〕

Amaranthus spinosus L.

熱帯アメリカ原産の帰化植物で，道端，荒れ地などに生育する．高さ40〜80 cm の一年草．茎に稜があり，赤みをおびて，毛が少ない．葉は長さ 3〜8 cm，幅 1.5〜4 cm の狭卵形で先はあまり尖らない．柄は長く1〜8 cm，葉の基部の両側に長さ 1 cm ほどの開出するとげがある．花は8〜10 月．下部の花序は葉腋に団塊状につき，球形．上部のものは穂状をなす．雄花と雌花が混在している．花序のなかにも針がある．小苞は披針形，苞は狭披針形で花被とほぼ同長．花被片は 5 枚，雄花では卵形ないし長楕円形であるが，雌花ではへら形をしている．果実にはしわがあり，熟すと横に裂開する．種子は径 0.8 mm の円形で黒い．〔日本名〕ヒユの仲間で植物体に針状のトゲがあるため．

2990. ホナガイヌビユ 〔ヒユ科〕

Amaranthus viridis L.

熱帯アメリカの原産とされる一年草．新旧両大陸の熱帯，亜熱帯に広く帰化し，さらに北アメリカやヨーロッパ，アジアなどの暖温帯でも農耕地の雑草として汎世界的な広がりをみせている．茎は直立して高さ 1 m ほどになり，ハイビユなどのように斜上しない．葉は互生し，葉身は幅の広い卵形で長さ 3〜7 cm，先端は短く尖り，基部は丸い．葉柄は細く長く，葉身とほぼ同長である．花序は茎頂や上部の葉腋からでて，長さ 10 cm あまりの長く密な穂をつくる．苞は小さく花よりはるかに短い．雌花のがく片は 3枚あり，長さ 1〜1.5 mm．胞果はやや寸づまりの卵形でがく片より大きく，表面はざらつく．このざらつきは熟するとますますめだち，本種の特徴の一つである．胞果は熟しても開裂せず，中の種子は直径 1 mm ほどのふくらんだ円盤状で，へりのエッジは鋭い．日本ではハイビユなどとともに，埋め立て地や暖地の農耕地の周辺に帰化が知られ，近年増加している．

2991. ハイビユ 〔ヒユ科〕

Amaranthus deflexus L.

おそらく熱帯アメリカの原産といわれるが，現在では全世界に広がっている，いわゆる汎世界雑草の一つ．一年草で茎は直立せず，下半部はやや地上をはい，上半部は斜上して高さ 20〜40 cm になる．通常は全体に毛がないが，茎の頂部付近には軟毛がある．葉は細い柄で互生し，下部につく葉は丸みのある楕円形ないし卵形で，長さ 1.5〜3 cm，幅は 1〜1.5 cm あって，先端は短く尖る．葉の質は薄い．雌雄異株．花は茎頂に長さ 2〜5 cm の細長い花序をつくって密集し，また茎の中ほどでも葉腋に径 1 cm 弱の団塊状の花序をつくる．苞は小さく，雌花では胞果よりも短い．雌花のがく片も 2枚あるが胞果の長さの 2 / 3 ほどで，先端は尖る．胞果は長さ 2.5 mm ほどの扁平な楕円体で直径は長さのほぼ半分，先端に 3 本の花柱が残る．表面は平滑でこの胞果は熟しても開裂しない．日本では埋め立て地などの雑草にまじって見出されるようになった．

2992. ヒナタイノコヅチ 〔ヒユ科〕

Achyranthes bidentata Blume var. ***tomentosa*** (Honda) H.Hara

（*A. fauriei* H.Lév. et Vaniot）

中国と，日本では本州，四国，九州に分布し，低地の日当たりの良い道ばた，草地などに多く生える多年草. 高さ 50〜100 cm に達する. 茎は 4 本の稜があって断面は四角形．よく分枝し，節はふくらみ対生する葉をつける．茎に毛が比較的多く，紅紫色をおびる．葉は比較的厚く，多少光沢をおび，かたい．長さ 10〜15 cm，幅 4〜10 cm．葉身は楕円形または広卵形で先端は鋭く尖り，辺縁は波状になる．花は 8〜9 月に咲き，花被は長さ 5〜5.5 mm，雄しべは 5 個．仮雄ずいは扁四角形．苞は卵形で脈は突出する．2 個の小苞の基部の付属体は円形で薄膜質，長さ 0.5 mm ほどである．〔日本名〕日向イノコヅチの意で好陽地を好むから．〔追記〕次種イノコヅチに似ているが，毛が多く，葉が厚い．花穂の花はイノコヅチより密である．また，小苞基部の付属体は小さい．

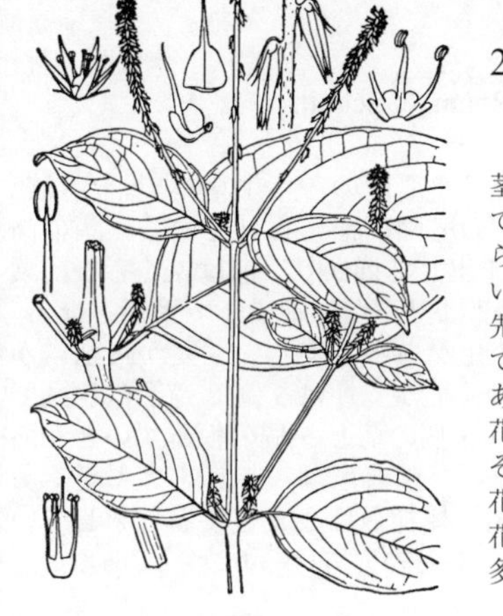

2993. イノコヅチ（フシダカ，コマノヒザ）〔ヒユ科〕

Achyranthes bidentata Blume var. ***japonica*** Miq.

山野，路ばたなどいたるところに生えている多年草．根はまばらなひげ状をしている．茎は断面は正方形で硬く，高さは 90 cm にもなり，対生の枝を出し，節は太い．葉は対生で柄があり，先は尖り，基部はくさび形の楕円形で毛がまばらに生え，長さは 5～15 cm ぐらいである．夏から秋にかけて茎の先や葉腋に細長い花軸を出し，穂状花序に緑色の小さい花をつける．苞葉の配列はコクサギ型葉序をへて互生となる．花は花序の上で基部から先の方に開き，花は終わると全体が下方に向く．花の下には 3 個の苞があって，先は針状であるが，そのうち 2 個はもとの部分に膜質広卵形の突起がある．がく片は 5 個で大小があり，披針形で長さ 4～5 mm ぐらい，外側のものは先が鋭く尖っている．雄しべは 5 本で，花糸の基部はゆ合して花糸のあいだに短い突起がある．雌しべは 1 個で，子房は楕円形，その上に花柱が 1 個ある．宿存がくはゆ合して閉じ，その中に長楕円形の胞果が入っている．花柱は胞果から落ちずに残っていて，果中に 1 個の種子がある．胞果の時期の花は簡単に花軸をはなれ，衣服などに着きやすい性質がある．根を牛膝根と言い，薬用にする．〔日本名〕多分，豕槌で，節の太い茎をいのこの脚の膝頭に見たててこう言うのだろうか．〔漢名〕牛膝．

2994. ヤナギイノコヅチ〔ヒユ科〕

Achyranthes longifolia (Makino) Makino

普通，山かげの林のかたわらや，林の中に生える多年生草本で，根は肥厚する．茎は直立して高さ 90 cm ぐらいになり，長い枝が対生して開出し，緑色で，4 稜があり，節が非常に太くなっている．葉は対生で，柄があり，披針形または広披針形で，先はとがり，基部は細まり，全縁，毛がまばらに生え，葉質は厚くはなくやや軟らかで，葉面はなめらかでつやがある．夏から秋にかけて，茎の先，ならびに葉腋から細長い花軸を出し，細長い穂状花序に緑色の小花を多数つける．花は下のものから順に咲き上がり，花が終わるにつれて下に曲がる特性がある．花の下には 3 個の苞葉があり，針状に尖っていて，1 個は卵形であるが，他の 2 個はそれより長くて基部の片側が広がった耳状になっている．がく片は 5 個で広針形，尖っている．雄しべは 5 個，がく片より短く，花糸の基部はゆ合して，杯状である．雌しべは 1 個ある．子房は倒卵状球形で，1 個の花柱がある．胞果は閉じあわさった宿存がくの中に入っていて，楕円形，中に種子が 1 個ある．〔日本名〕柳イノコヅチ．葉がヤナギのようであるからである．

2995. ケイノコヅチ（シマイノコヅチ）〔ヒユ科〕

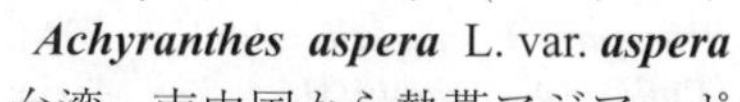

Achyranthes aspera L. var. ***aspera***

台湾，南中国から熱帯アジア，ポリネシアに広く分布し，日本では徳之島以南の琉球列島と，小笠原諸島に分布する一年草．高さ 15～100 cm ほどで，茎には毛がある．枝を多く分枝して，直立または斜上する．葉質は薄く，両面ともに毛があるか，ときに上面は無毛となる．葉は楕円状菱形で，長さ 2～7.5 cm．先は鋭く尖る．花は緑色を呈し，長さ 4 mm ほどになり，穂状に集まり，穂は長さ 40 cm に達する．その径は 3～5 mm ほどで，花軸には密に毛がある．果実の刺毛はかたい．〔日本名〕イノコヅチに比べて茎に毛があることによる．また島イノコヅチは琉球列島など島に見出されるため．

2996. ツルノゲイトウ（ホシノゲイトウ）〔ヒユ科〕

Alternanthera sessilis (L.) R.Br. ex DC.

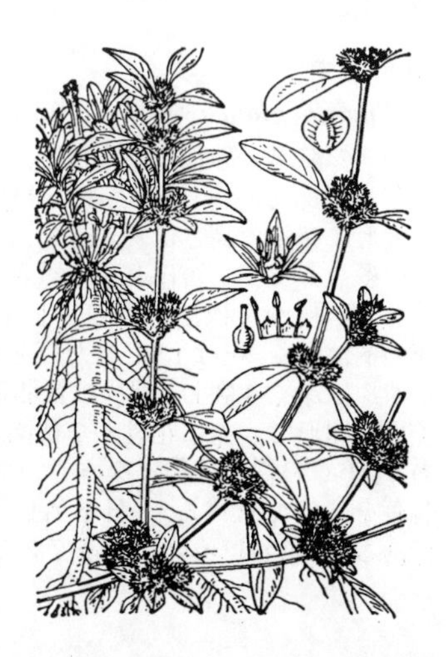

広く熱帯地方に分布し，琉球，台湾などには自生し，日本本土でも時に野生の状態を示すことのある一年生草本で，草質はやわらかい．茎はやせて，細い円柱形，枝分かれはまばらで，地上をはい，長さ 40 cm ぐらいになり，上部には 2 列に生えた毛がある．葉は対生で，柄はほとんど無く，長楕円形，あるいは倒披針形で先は鈍形，基部は狭まり，全縁，長さ 2～5 cm ぐらいである．夏から秋にかけて，ほぼ球形の数個の頭状花序を出し，白色の小さな花を集めてつける．小苞は小形．がく片は 5 個で小苞の 2～3 倍の長さで，卵状披針形，先は尖っている．仮雄ずいは 3 個ある．胞果は倒心形でやや扁平である．〔日本名〕蔓野鶏頭の意味で，ノゲイトウと同科であるが，茎が長くつる状であるからこのように言う．星野鶏頭は花が集まって小球状になり，茎の上に点在するので，これを天の星になぞらえてつけた名である．〔漢名〕満天星．

2997. モヨウビユ 〔ヒユ科〕

Alternanthera ficoidea (L.) R.Br. ex Roem. et Schult.
var. ***bettzickiana*** (Regel) Backer

明治時代に日本に入って来た南米ブラジル原産の一年生草本で，今は花壇装飾用の観賞植物としてあちらこちらの庭園に植えられている．茎の高さは 20 cm 内外．伏毛があり，多くの枝を出して群がり，節はふくらむ．葉は小さく対生で，へら形，先は尖り，下部はだんだん細まって葉柄となる．全縁で葉色は淡黄から赤色まで色々の変化があって美しい．夏から秋にかけて，葉腋に白色の小さい花が集まってつく．がく片は 5 個で，花弁はない．雄しべの花糸はゆ合して長い筒状になり，5 個の葯と 5 個の仮雄ずいとがある．胞果は 1 個の種子を入れ，開裂しない．園芸家は，これをアキランテスと呼んでいるが，誤りである．〔日本名〕模様莧はさまざまな色をしている葉に基づいたものであり，ヒユと同科であるのでつけられた名である．

2998. センニチコウ（センニチソウ） 〔ヒユ科〕

Gomphrena globosa L.

古く日本に渡って来た園芸用の草花で，庭園に植えられているが，元来は熱帯地方原産の一年生草本である．草全体にあらい毛があり，茎は直立して，分枝し，節は太く高さは 40 cm ぐらいである．葉は対生で，柄があり，長楕円形か倒卵状長楕円形で，先は鋭形，基部も鋭形で全縁，長さは 3〜10 cm ぐらい．夏から秋にかけて茎の先に長い花茎を出し，その先に 1 個の球状頭花をつけ，その下には卵円形葉状の 2 個の苞がある．頭花は色のついた翼のある 2 個の小苞に包まれた多数の小花からできていて，小花は普通紅色であるが，まれには淡紅色，または白色のものもある．がく片は 5 個で線状披針形で尖り，小苞より短く軟らかい毛が一面に生えている．雄しべは 5 個でゆ合して筒状となり，筒の先の内側に 5 個の葯があってわずかばかり頭を出している．子房は倒卵形体で 1 花柱があり，柱頭は二つに分かれている．種子は碁石状で，胞果の中に 1 個入っている．一栽培変種に数個の頭花が団集するものがあり，これをヤツガシラセンニチコウ‘Glomerata’という．〔日本名〕千日紅も千日草も花が長持するからついた名である．〔漢名〕千日紅．

2999. イソフサギ 〔ヒユ科〕

Blutaparon wrightii (Hook.f. ex Maxim.) Mears
（*Philoxerus wrightii* Hook.f. ex Maxim.）

和歌山県，鹿児島県から琉球列島を経て台湾にまで分布し，海岸の岩上に生える叢生する多年草．全体に肉質で，高さ 2〜5 cm，茎は無毛で，伏臥し，多く分枝する．葉は多肉質で，無毛，対生し，長さ 4〜8 mm，幅 2〜3 mm の狭倒卵形，先端は尖らない．花は 7〜8 月に咲き，淡紅色．花序は小さな頭状をなし，腋生し，短い柄がある．苞は 1 個あり，小さく，膜質，卵形で長さ 1.5〜2 mm，小苞は 2 個ある．花被は 5 個あって楕円形，鈍頭，長さ 3〜3.5 mm．5 本の雄しべがある．花柱は短く，柱頭は 2 裂する．果実は球形で，熟しても裂開しない．種子は光沢のある褐色をしている．〔日本名〕海岸の磯をおおって繁るためであろう．

3000. マ ツ ナ 〔ヒユ科〕

Suaeda glauca (Bunge) Bunge

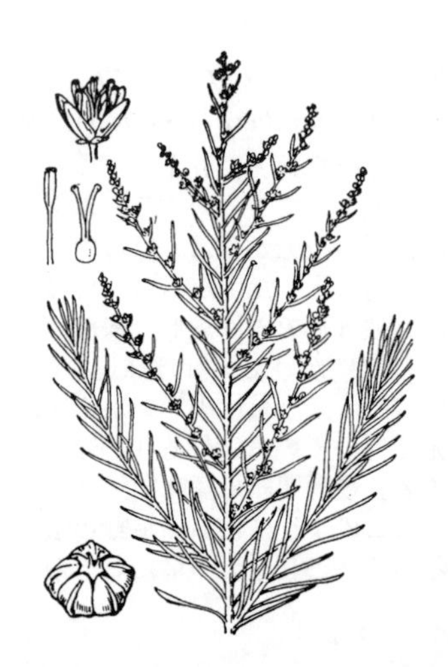

暖地の海岸の砂地に生えるが，時には畠に植えられている緑色無毛の一年生草本である．茎は直立して分枝し，円柱形で，よく成長したものは非常に大形になる．高さは約 1 m にもなり，枝は細長で斜出，あるいは開出する．葉は多数あって，密に互生し，細い線形で，長さ 1〜3 cm ぐらい，鮮緑色で美しい．夏から秋にかけて，上部に穂を出し，多数の緑色の小花をつける．花の柄は短く，花は 1 個，または 2 個つき，花の下の 3 個の苞は膜質で小さい．がく片は深く 5 裂し，裂片は長卵形である．雄しべは 5 個，がく片より長い．子房は卵形で，先に花柱が 2 個ある．胞果はほぼ球状卵形で宿存性のがくがあり，がくの背部は稜になっている．種子は黒色で，碁石状，巻いた胚がある．若葉をゆでて食べる．〔日本名〕松菜の意味で，葉のようすに基づいたものである．〔漢名〕多分，鹻蓬であろう．

3001. **ハママツナ**　〔ヒユ科〕

Suaeda maritima (L.) Dumort.

本州以南のやや暖地の海浜に生え，主に北半球に広く分布する一年生草本．全体無毛で茎は高さ 20〜60 cm，枝はしばしば横に広がる．葉は長線形で多数が密につき，多肉で，上面は平たく先はやや尖り，主茎の葉は長さ 2〜4 cm，幅 2 mm ぐらい，枝先のものは短くて上向し，苞状になる．秋，葉腋に淡緑色の小花がかたまってつく．花は無柄で，がくは 5 個に深く裂けて卵形，無花弁，雄しべは 5 個，花柱は 2 個．胞果は扁球形で，背部に突起のない 5 個のがく裂片に包まれ，中に種子が 1 個ある．種子はレンズ型で径 1.2 mm ぐらい，黒色で光沢がある．

3002. **シチメンソウ**（ミルマツナ，サンゴジュマツナ）　〔ヒユ科〕

Suaeda japonica Makino

九州北部の海辺に多く生える無毛の一年生草本．茎は直立して分枝し，高さ 15〜50 cm ぐらい，下部は硬質で枝は細い．多数の葉がつく．葉は柄がなく互生し線形あるいは線状長楕円形で，ふつう棍棒状，長楕円形または倒卵状楕円形のものがまじり，先端は鈍形，全縁，なめらか，多肉質で肥厚，長さ 5〜30 mm である．初めは緑色であるが，のちに紫色に変わり美しい．秋，小形の雄花や雌花が 10 個まざって葉腋につき，緑色，のち紫色となる．がく片は深く 5 個に裂け，裂片は円卵形．雄しべは 5 個．がく外には出ない．雌しべは 1 個，子房の先に短い花柱が 1 個あり，上部には 2 分した柱頭がある．果実は胞果で，肉質の宿存性のがくに包まれ，碁石形の種子が 1 個入っている．胚は巻いている．〔日本名〕七面草で初め緑でのち紫に変わるから七面鳥の面色が変わるのに由んだものだろう．一名ミルマツナは水松松菜で，葉のようすがミルに似るから．一名サンゴジュマツナは紫色に変わる葉に由んだ名である．

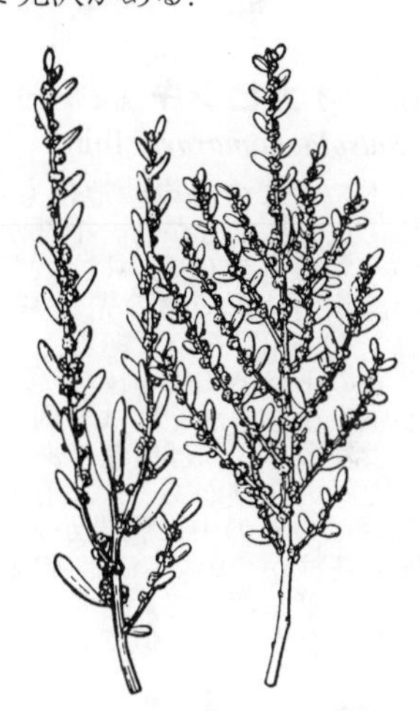

3003. **ホウキギ**（ニワクサ，ネンドウ）　〔ヒユ科〕

Bassia scoparia (L.) A.J.Scott（*Kochia scoparia* (L.) Schrad.）

普通畠に植えられる一年生草本である．元来は外国産で，日本へは昔，中国から伝えられたものである．茎は直立し，硬く，初めは緑色で古くなると枝とともに赤色となり，多数枝分かれし，高さは 1 m 前後である．葉は多数で互生し，披針形または線状披針形，両端は尖り全縁で 3 本の脈がある．夏から秋にかけて，細く上向きの枝上の葉腋に多数の淡緑色で柄の無い小さな花を穂状につける．花の下には葉状の苞がある．雌花と，雄花の別がある．がくは 5 裂し，花が終わると果実を包み，宿存して大きくなり，背に不規則な欠刻のある翼状の広がった突起となり，全体が星形になる．無花弁，雄花には雄しべ 5 個があり，花の外につき出し，黄色の葯がある．雌花には雌しべ 1 個，子房は平たい球形で頂に極めて短い花柱が 1 個あり，柱頭は長くて 2 本である．胞果は平たい球形で頂に柱頭が残存し，中に 1 個の種子がある．これを栽培する目的は乾かした茎をホウキにするためである．また若葉や果実（地膚子）は食用になる．〔日本名〕ホウキ木の意味である．一名ニワクサは庭に植えるから，また一名ネンドウは土佐（高知県）の方言である．〔漢名〕地膚．

3004. **イソホウキ**（イソホウキギ）　〔ヒユ科〕

Bassia scoparia (L.) A.J.Scott（*Kochia littorea* (Makino) Makino）

日本，朝鮮半島の海岸近くに生じる一年草．茎は高さ 30〜80 cm，枝はしばしば斜めに開き出て，若い時は軟毛が多い．葉は互生し，線状披針形で尖り，基部は長く細まって柄状となり，長さ 1〜5 cm，幅 2〜5 mm，全縁で，初めは少し軟毛がある．秋，枝先の苞状葉の腋に淡緑色の小花がかたまってつき，雌雄の別がある．がくは 5 裂し，長さ 1.5 mm，少し毛がある．無花弁．雄花には雄しべが 5 個あり，がくから突き出している．雌花には 2 裂した柱頭をもった雌しべが 1 個ある．がく片は果時に，背部に長さ 1 mm 内外で卵形の翼状突起をつけていて，内に平たい球形の胞果を包んでいる．〔追記〕本植物は栽培されるホウキギの野生化したものか，北半球に広く分布するホウキギのうち黄海沿岸の塩性地に適応した 1 型と考えられる．前種ホウキギと分ける必要はない．

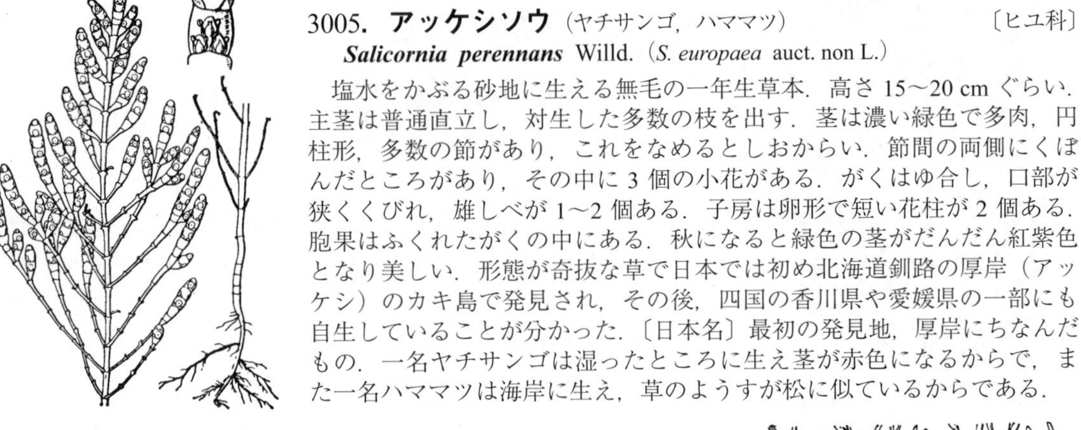

3005. アッケシソウ（ヤチサンゴ，ハママツ）〔ヒユ科〕

Salicornia perennans Willd.（*S. europaea* auct. non L.）

塩水をかぶる砂地に生える無毛の一年生草本．高さ 15〜20 cm ぐらい．主茎は普通直立し，対生した多数の枝を出す．茎は濃い緑色で多肉，円柱形，多数の節があり，これをなめるとしおからい．節間の両側にくぼんだところがあり，その中に 3 個の小花がある．がくはゆ合し，口部が狭くくびれ，雄しべが 1〜2 個ある．子房は卵形で短い花柱が 2 個ある．胞果はふくれたがくの中にある．秋になると緑色の茎がだんだん紅紫色となり美しい．形態が奇抜な草で日本では初め北海道釧路の厚岸（アッケシ）のカキ島で発見され，その後，四国の香川県や愛媛県の一部にも自生していることが分かった．〔日本名〕最初の発見地，厚岸にちなんだもの．一名ヤチサンゴは湿ったところに生え茎が赤色になるからで，また一名ハママツは海岸に生え，草のようすが松に似ているからである．

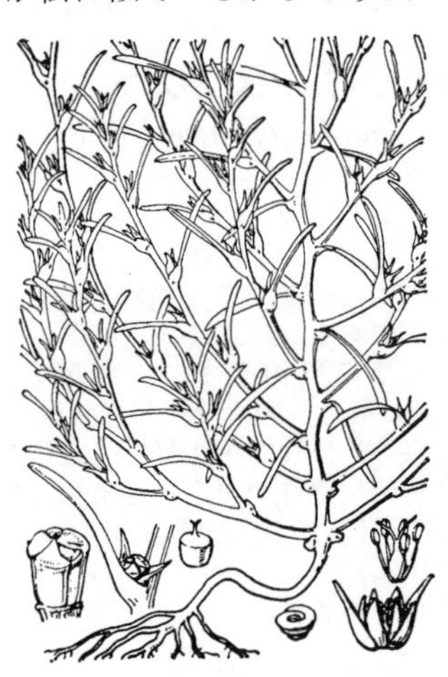

3006. オカヒジキ（ミルナ）〔ヒユ科〕

Salsola komarovii Iljin

日本のどこの海岸砂地にも自生している緑色の一年生草本．茎は普通，斜めにたおれて広がり，下部から多数の枝を出し，長さ 10〜40 cm ぐらい．若いうちは茎質は柔いけれども古くなると硬くなる．葉は肉質で互生し，細い線状円柱形で葉の先は尖った小さな刺になり，次第に硬くなって，長さは 1〜3 cm ぐらいである．夏に，葉腋に淡緑色の柄のない小花を 1 個つける．花の下にある 2 個の小苞は卵状針形で先は小刺になり，古くなるとこれが堅くなる．がく片は 5 個，狭披針形で尖り，質は薄い．雄しべは 5 個でがくより短く，葯は黒色である．雌しべは 1 個，卵形の子房の先には深く 2 裂した短い花柱がある．宿存がくは上端が急に角度をつけて内側に曲がり，軟骨質で，その中に胞果が入っている．胞果は短倒卵形で上部は切形，宿存する花柱がついている．胞果の中に種子が 1 個あり，胚は巻いている．〔日本名〕若葉をゆでて，食べるので，陸ヒジキの名がついた．ミルナ（水松菜）も緑色の葉がミルに似ている事に由来した名である．

3007. ハリセンボン〔ヒユ科〕

Teloxys aristata (L.) Moq.

（*Dysphania aristata* (L.) Mosyakin et Clemants ; *Chenopodium aristatum* L.）

アジア大陸東部の原産で，時に帰化している一年生草本である．茎は高さ 10〜30 cm で，多く枝分かれし，無毛である．葉は互生し，披針状の線形で，全縁，長さは 1〜4 cm，幅 1.5〜4 mm，葉質はやや厚く無毛．夏から秋にかけて枝の上に集散花序を出し，淡緑色の微小な花を多数つける．花序は数回 2〜3 岐し，分かれ目に柄のない花を 1 個ずつつけ，また末端の小枝の先は針状に尖り，果実が熟す頃には 1〜4 mm の針になる．がく片は 5 個，倒卵形で背面は緑色，長さ約 0.5 mm．花弁は無い．果実は宿存性のがくに包まれており，平たい球形で径約 1 mm，なめらかで薄い果皮をかぶった種子が 1 個ある．〔日本名〕針千本は花序に多くの針があるのに基づいたものである．

3008. ケアリタソウ（アリタソウ）〔ヒユ科〕

Dysphania ambrosioides (L.) Mosyakin et Clemants

（*Chenopodium ambrosioides* L.）

アメリカ大陸原産で近年広く都会地に帰化している一年生の雑草である．草全体に特別な臭があり，茎，葉柄，葉の裏，中肋などには，立った多細胞の毛がある．茎は通常根もとから枝分かれし，葉は互生で，長楕円形，先は短く尖り，縁に欠刻状のきょ歯と小さい歯牙があり，長さ 3〜10 cm，幅 1〜4 cm ほどで，脈は上面では凹み，下面には黄色の腺点がある．秋に枝先に穂を出し，披針形の葉状苞の腋に緑色で柄のない小さな花がかたまってつく．がく片は長さ 1 mm ぐらいで，5 つに深く裂け，裂片は卵形．雄しべは 5 個で，長く花の外へぬき出ているが，側方の花は小形で雄しべが退化している．柱頭は 2〜3 個．種子はレンズ型，黒褐色，光沢があり，径 0.8 mm ほど．古い時代に日本に渡って来たアリタソウは茎，葉にほとんど毛がないが，現在では同じ種のケアリタソウの方が広がっている．〔日本名〕毛有田草の意で，アリタソウは昔，滋賀県の有田で栽培されたことに由来する．

3009. ホウレンソウ 〔ヒユ科〕

Spinacia oleracea L.

古い時代に中国から日本に入って来たが，現在では野菜として広く畠に作られている．草質の軟らかい無毛の一年草または 2 年生草本で，元来はアジア西部あたりの原産である．主根はまっすぐ下にのび，肉質で淡紅色をしている．茎は単一あるいはやや分枝し，淡緑色で中空，直立し，高さ 50 cm ぐらいになる．葉は苗の時は群生するが，茎葉は互生し，長い柄があり，下部の葉は長三角形ないし卵形で，鈍頭，基部は羽裂し，上部の葉は披針状ほこ形または披針形をしている．4〜5 月頃，多数の黄緑色で無花弁の細かい花をつける．柄はない．雌雄異株．雄花は無葉の穂状花穂あるいは円錐花穂の上に開く．がく片はたいてい 4 個，雄しべも 4 個，淡黄色の葯が花外に出ている．雌花は葉腋に 3〜5 個集まって咲き，花の下には花被状の苞を持っている．子房には 4 個の花柱がある．胞果には 2 個の刺があり，がく状の苞がつくる杯状体に包み込まれていて，ちょうどヒシの実のようである．若い時の葉は食用とする．〔日本名〕ホウレンは菠薐で，アジア西域の国名の唐音である．〔漢名〕菠薐．

3010. ウラジロアカザ 〔ヒユ科〕

Oxybasis glauca (L.) S.Fuentes, Uotila et Borsch
（*Chenopodium glaucum* L.）

ユーラシアに広く分布し，日本では九州から北海道に分布し，道ばたや畑地やときには海岸に生えるが，ややまれな一年草．茎は地上をほふくするか斜上して，高さ 10〜30 cm になる．葉は互生し，柄があり，葉身は卵状長楕円形または披針形，先は鈍形あるいは鋭尖形，基部はくさび形で，質はやや厚く，長さ 2〜4 cm，幅 0.5〜2 cm になり，ふちには波状のきょ歯があり，表面は深緑色，裏面は粉白を密生し，灰白色となる．花は 6〜9 月に咲く．花序は穂状で頂生あるいは葉腋につき，よく枝をだし，両性花と雌花の両方をつける．がくは 2〜5 裂し，肉質だが，果実期には膜質となり残る．種子は円形で平たく，径約 0.7 mm，周囲はやや尖り，黒色または赤褐色で光沢がある．〔日本名〕アカザに似て，葉の裏面が白色をおびることによる．

3011. ハマアカザ 〔ヒユ科〕

Atriplex subcordata Kitag.

日本の中部より北の海岸に自生する無毛の一年生草本である．茎は直立して 40〜60 cm ぐらい．葉は互生，葉柄があり，三角状披針形で先は鋭く尖り，下部は多少ほこ形で，縁にはあらいきょ歯がある．茎の上部になるにつれて葉はだんだん幅が狭まり，ついには全縁となる．葉質はやや厚く，緑色で裏面は少し白味を帯びている．秋に枝の先に穂を出し，密に淡緑色の花をつける．花には花弁がなく，雄花と雌花とがある．雄花には苞がなく，がく片は 5 裂し，各裂片に対して 5 個の雄しべがついている．雌花には 2 個の苞があり，がく片は無い．球形の子房には 2 本の花柱がある．雌花の苞は果時には増大して宿存し，先の尖った菱状三角形となり，質厚く，中に 1 個の胞果を包み，その中に扁平な種子が 1 個ある．〔日本名〕浜アカザの意味で，海岸に生えるからである．

3012. ホソバノハマアカザ（ホソバハマアカザ） 〔ヒユ科〕

Atriplex patens (Litv.) Iljin（*A. gmelinii* auct. non C.A.Mey.）

海岸の砂地に生える無毛の一年生草本．茎は直立し，緑色で硬く，やや屈曲して分枝し，高さ 40〜60 cm ぐらいになる．葉は互生し，柄があり，線状披針形，または線形で，先は尖り普通は全縁であるが，時には 2〜3 個のあらいきょ歯があることもあり，葉質は厚く，緑色で，多少白色の粉状物がある．秋，枝の先に穂を出し，淡緑色の細かい花をかためてつける．雄花と雌花はまじってつく．雄花には苞がなく 4〜5 個のがく片があり，花弁はなく，雄しべは 4〜8 個．雌花には 2 個の苞があり，がく片はなく，子房には 2 個の花柱がある．雌花の苞は，果時には大きくなって宿存し，菱状三角形で，全縁またはわずかにきょ歯があり，質は厚く，中に 1 個の胞果が入っている．〔日本名〕細葉浜アカザはハマアカザと比べると葉が細いからである．

3013. ホコガタアカザ 〔ヒユ科〕

Atriplex prostrata Boucher ex DC.

ユーラシア大陸原産とされる一年草．ヨーロッパ，アジアを始め北アメリカの西部海岸から内陸にかけて広く帰化して雑草化している．葉形その他にきわめて変異が大きい．高さ 1.5 m に達する細い茎があり，よく分枝する．全草にほとんど毛はない．葉は柄があり，基部では対生し，枝の上部では互生することが多い．葉身は長さ 5～7 cm の長い三角形で基部は左右に鋭く耳が張り出しホコ形となる．ホコガタアカザの和名はこの葉形に基づく．枝の頂部に長い穂状の花序を伸ばし，小さな雌花と雄花が混生する．果実は三角形の苞にはさまれて熟す．この苞には網目上の脈がめだち，熟すと赤色をおびる．日本への帰化は第 2 次世界大戦直後といわれ，今日では全土の埋め立て地や空地に雑草としてみられるようになった．

3014. カワラアカザ 〔ヒユ科〕

Chenopodium acuminatum Willd. var. ***vachelii*** (Hook. et Arn.) Moq.
（*C. virgatum* Thunb.）

川原の砂の上に生える無毛の一年生草本である．茎の高さは 30～50 cm ほどで，直立し，まばらに枝を出し，緑色で，草質は硬い．葉は互生して，葉柄があり，披針形または長楕円形で先は尖り，基部はくさび形で，全縁，長さ 5 cm ぐらいである．夏に枝の先に細長い花穂を密生してつけ，黄緑色の細かい花を多数つける．花には柄がなく，小苞もない．がく片は 5 つに深く裂け，裂片は卵形をしている．雄しべは 5 個，子房の上には 2 本の花柱がある．胞果はおしつぶされた球形で，宿存性のがくに包まれている．中には種子が 1 個入っている．〔日本名〕川原アカザ．川原によく生えるからである．

3015. マルバアカザ 〔ヒユ科〕

Chenopodium acuminatum Willd. var. ***acuminatum***

方々の海岸の砂場に生えている無毛の一年生草本．茎はなめらかで，直立するか，あるいは下半部が横にはい，上半部は斜めに立ち上がっている．茎は枝分かれし緑色で硬く，高さは 30～50 cm ぐらいになる．葉は互生で葉柄があり，広楕円形または卵円形，多肉質で，表裏ともたいらで，やや粉白色をしており，ふちにはきょ歯がなく，先は尖っているが端は丸く，基部は鈍形である．夏，枝の先に穂状花序を出して，多数の緑色の小さい花をつける．花には柄がない．がく片は 5 個で花弁はない．雄しべは 5 個．子房の上に糸状の花柱が 2 個ある．胞果は扁平で宿存がくに包まれ，果実の中に小さな黒い種子が 1 個ある．〔日本名〕葉の形が丸いアカザの意味である．〔追記〕本種は前種カワラアカザに似ているが，葉が広いので区別される．なお，図示されている植物はマルバアカザではなくシロザモドキ *C. strictum* Roth ではないかと思われる．マルバアカザの花序はカワラアカザと同じく，花序の枝の下部には葉はつかない．

3016. ア カ ザ 〔ヒユ科〕

Chenopodium album L. var. ***centrorubrum*** Makino

昔，中国から日本に入って来たもので畠に生える無毛の一年生草本である．しばしば畠の附近や荒地などに一時的に野生の状態になることもあるが，長くは続かない．茎は直立して，大きなものでは高さ 1.5 m，径 3 cm ぐらいにもなり，縦に緑色のすじがある．古くなると茎質は硬くなる．葉は互生，葉柄がある．形は菱状の卵形か，あるいは長い三角状卵形で，先は尖り，基部はくさび形で，ふちには波形のきょ歯があり，葉質は軟らかく，緑色をしていて，若い葉は紅紫色で美しい．これは葉の表面の細胞が球状にとび出していて紅紫色の粉をつけた様に見えるからである．夏から秋にかけて，茎の先が枝分かれして，分枝の上に短い穂を出し，多数の黄緑色の細かい花を密につける．がくは深く 5 裂している．花は柄がない両性花で，小苞はなく，花弁もない．雄しべは 5 個，平たい球形の子房の先に 2 個の花柱がある．宿存がくに包まれた胞果は，平たい円形で，胚は彎曲している．若葉は食べられる．古い茎で杖を作る．〔日本名〕アカザのアカは若葉の紅色に基づいたものであろうが，ザの意味は不明である．また，アカザは赤麻のつまったものであろうとの説もあるが信用しがたい．〔漢名〕藜．〔追記〕シロザ，また，ギンザ，シロアカザなどといわれ，学名は var. *album*，漢名は灰藋であるものは，アカザと似るが，若葉が紅紫色でなく，野外にどこにでも生えている．

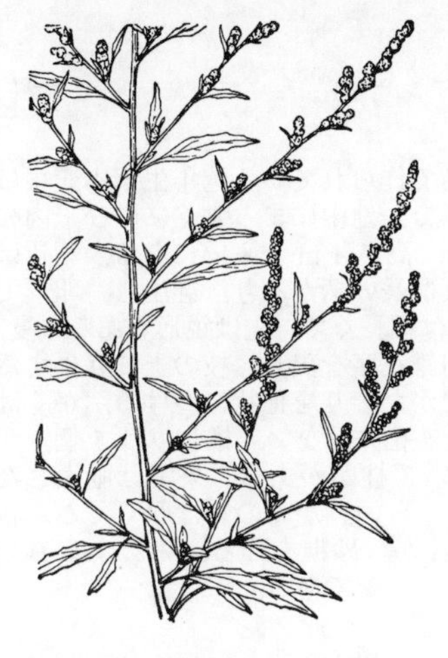

3017. ホソバアカザ 〔ヒユ科〕

Chenopodium stenophyllum (Makino) Koidz.

ところどころにみられる一年生草本で，茎の高さは 40 cm ～1 m ぐらいになり，緑色の縦すじがある．さかんに枝分かれする．若葉には白色の粉状のものが一面についているがじきに落ちる．葉は柄があって互生し，長楕円形で先は短く尖り，基部はくさび形で，葉の縁はあらい少数のきょ歯がある．長さは 2～5 cm，幅は 5～15 mm で葉質はやや厚く，枝先の葉は小さくなり，線状披針形，全縁である．秋，枝先に密に長い穂をつけ，側穂は短く，うす緑色の小花がかたまってつき，白色の粉状のものが散布する．花は径 1.5 mm ぐらいで，がくは深く 5 つに裂け，裂片は卵形で背部は緑色である．花弁はない．雄しべは 5 個．2 花柱．果実は平らな球形で，がくに包まれている．種子は径約 1 mm，すべすべしている．アカザと比べると葉が主茎のものでも狭く長楕円形で，花穂は細長くて密である．

3018. コアカザ 〔ヒユ科〕

Chenopodium ficifolium Sm.（*C. serotinum* auct. non L.）

野原，荒地，路ばたなどに生えている無毛の一年生草本であるが，ヨーロッパ原産，日本に入って来て帰化植物になっている．茎の高さは 30～60 cm ぐらいになり，枝分かれし，緑色である．葉は互生で，葉柄があり，長楕円形または線形で，普通先は鈍形で，先端はちょっと凸形，基部はほこ形またはくさび形で，全縁またはあらい歯状のきょ歯があり，アカザまたはシロアカザの葉と比べると，幅が狭くて緑色をしており，葉質がやわらかである．春の終わりから初夏にかけて，主茎の先や，側枝の先に花穂をつけ，緑色の細かい花を密生する．花には柄も小苞もない．がくは深く 5 つにさけている．花弁はない．雄しべは 5 個．子房の上に 2 個の花柱がある．胞果は背面に稜のある宿存性のがくに包まれている．〔日本名〕小さいアカザの意味である．アカザと比べると全体が小形であるからである．

3019. イワアカザ 〔ヒユ科〕

Chenopodium gracilispicum H.W.Kung

九州，四国，本州に産し，中国に分布する一年草で，山地の岩礫地などにまれに生える．茎は細目だが，直立・分枝し，高さ 60 cm に達する．葉は互生し，長い柄があり，葉身は三角状卵形，広披針形あるいは菱状卵形で，先は鋭形，基部は広いくさび形か切形で，長さ 3～5 cm，幅 2.5～4 cm になり，質はやや薄く，ふちにはきょ歯がないか歯牙があり，裏面は粉白をおびない．花は 8～9 月に咲く．花序はまばらに花をつける．がくは 5 深裂し，裂片は長さ 1 mm ほど，卵形で，背部は緑色となる．種子は径 1～1.2 mm となり，黒色で光沢はない．アカザ（3016 図参照）やウスバアカザ *C. hybridum* L. は本種に似るが，葉には切れ込みがある点で異なる．〔日本名〕アカザに似て岩上に生えることが多いことに因むのであろう．〔追記〕ミドリアカザ *C. bryoniifolium* Bunge ex Trautv. は本種に似ているが，葉の裂片がより著しく，果皮は平滑である．本州に点々と生え，国外では朝鮮半島，中国北部，アムール，ウスリーからシベリア東部に分布する．

3020. フダンソウ（トウヂシャ，イツモヂシャ） 〔ヒユ科〕

Beta vulgaris L. var. ***cicla*** L.

昔，中国から日本に入って来た野菜で，今では広く畠に作られている越年生草本であるが，元来は，南ヨーロッパ原産である．根は肥大しない．根生葉は叢生して大きい葉柄があり，卵形または長卵形で，基部は大体心臓形，全縁，葉質は厚く軟らかで，葉面に光沢がある．茎はまっすぐに立ち，高さ 1 m ぐらいで多数枝分かれする．茎葉は長楕円形か披針形で，先は鋭形である．6 月頃，茎の上部にまばらな大きい円錐形花穂を作り，枝の上に多数の黄緑色の細かい花をつけ，この花が数個集まって小さなかたまりとなり，このかたまりの下に緑色の小形の苞葉がある．がくは 5 裂し，各片は長楕円形で先は鈍形，うちがわに曲がり込み，花が終わっても宿存して果実を包んでいる．果実は，大きくなった花托やがくから出来た硬い殻の中に 1 個ずつあり，この時のがくは厚く，こぶのようである．花弁はない．5 個の雄しべがあり，がくの裂片よりも短い子房の上に 2～3 の柱頭がある．葉を食用とする．変種にサンゴジュナ（カエンサイ）var. *vulgaris*，一名アカヂシャ，一名ウズマキダイコン，漢名を火焔菜というのがある．これは葉柄や葉脈や根が紫赤色をしている．〔日本名〕不断草は年中あるからで，また唐ヂシャは外来のチシャの意味，イツモヂシャはいつでもあるチシャの意味である．〔漢名〕恭菜．

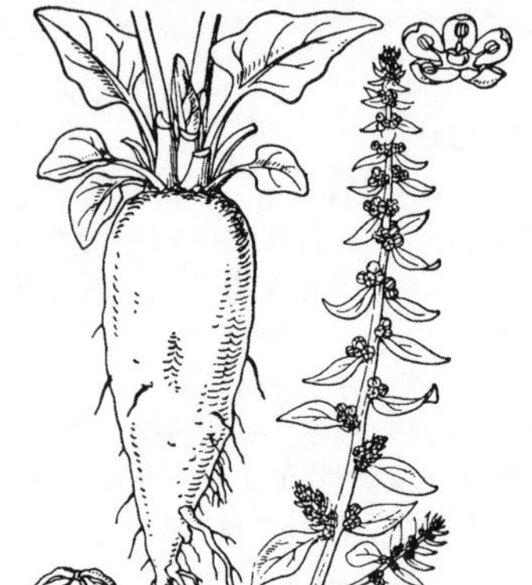

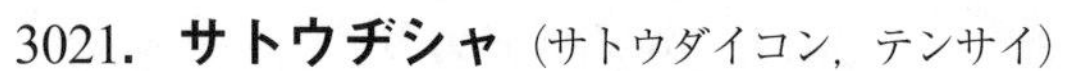

3021. サトウヂシャ（サトウダイコン，テンサイ）　〔ヒユ科〕

Beta vulgaris L. var. ***altissima*** Döll

ヨーロッパに産し，日本では北部地方の畠で作られている越年生草本．根は著しく肥大して肉質となり，紡錘状倒円錐形で，地中にまっすぐにのび，肉の色は白，黄，紅色など色々ある．茎は直立し，高さ 1 m ぐらいになる．葉質は厚く，無毛で，葉の縁は波形である．根生葉は長い柄があり，群生し，卵形で先は鈍形，基部は大体心臓形であるが，茎葉は細長くて，先は鋭形である．夏，茎の先に緑色の枝をつけ，まばらな大形の円錐花序を出し，枝の上に互生する苞葉の腋に黄緑色の小さい花が数個集まったかたまりを穂状につける．がくは 5 つに深く裂け，裂片は長楕円形で先は鈍形．花弁はない．雄しべは 5 個，がくより短く，葯は黄色い．子房の先には短い 3 柱頭がある．果実は肥大した花托と宿存するがくに包まれて径 4～5 mm ぐらい．がくの質は厚く，こぶ状になり，胚はうずまき状をしている．根の汁から砂糖を作る．いわゆる Beet Sugar である．〔日本名〕砂糖ヂシャ，砂糖ダイコンである．

3022. ハナヅルソウ　〔ハマミズナ科〕

Mesembryanthemum cordifolium L.f.
（*Aptenia cordifolia* (L.f.) Schwantes）

日本ではたまに観賞植物として栽培されている南アフリカ原産の常緑多年生草本で，寒さに弱い．茎の長さは 30 cm ぐらいで，斜めにはい枝分かれする．葉は対生で葉柄があり，扁平で多少肉質，心臓状卵形で先端は鈍形，全縁で緑色である．夏に，頂生あるいは側生の花柄の先に紅紫色の小花を 1 個開く．がくは倒円錐形で 4 裂し，2 裂片は大きく，残りは小さい．花弁は短くて線形，多数ある．雄しべは多数．花柱は 4 個．この種は江戸時代の末に始めて日本に渡って来て当時の植木屋はこれをハナヅルソウと呼んだ．この名をツルナ属（*Tetragonia*）の 1 種 *T. echinata* Aiton にあてるのはその実物を誤認したための誤りである．〔日本名〕花蔓草は古く本種に対して名づけられた名で，花のあるツルナ（3024 図）の意味でもある．ツルナの花はあまり目立たない．

3023. マツバギク（サボテンギク）　〔ハマミズナ科〕

Lampranthus spectabilis (Haw.) N.E.Br.

多分明治の初年頃，観賞花草として日本に入って来た．しばしば盆栽とされ，また，暖地では石垣などに繁茂している南アフリカ原産の常緑多年生植物で寒さに弱い．茎は木質となり下部は横にはうが多くの枝は上に向き密に対生し，高さは約 30 cm ぐらいになる．葉は密集して緑色を呈し，対生で，基部はやや連合し．線形，多肉三稜形，上部は狭まって葉先は針状，長さ 3～6 cm ぐらいである．夏，長い花穂を出し，頂に紅紫色の大きい花を 1 個つけ，陽が当たると開き非常に美しく．丁度キクの花のようである．花柄の中ほどには葉状苞があり対生している．がくは五つに深く裂け，裂片は不同である．花弁は多数で線形．花の中心に雄しべが多数あり黄色の葯を持っている．花柱は 5 個．さく果は液質である．〔日本名〕松葉菊は葉を松葉にたとえ，花を菊になぞらえたもので，サボテンギクは葉のようすがちょうどサボテン類のようであるからである．

3024. ツ　ル　ナ（ハマヂシャ）　〔ハマミズナ科〕

Tetragonia tetragonoides (Pall.) Kuntze

海浜の砂地に自生するが時には畠にも植えられている多年生草本である．全体は多肉質で毛がなく，表皮細胞が粒状に突起している．茎はまばらに枝分かれし，下部は横にはい，上部は斜めに立ち上り，緑色で長さは 60 cm にもなり，長く成長するとややつる状になる．葉は互生で，葉柄があり，三角状卵形あるいは菱状卵形で先端は鈍形，全縁で葉質は厚く軟らかく，長さは大体 3～6 cm ぐらいである．春から秋にわたってほとんど年中，葉腋に 1～2 個の黄色い花を開く．花は非常に短い柄を持つが一見，ほとんど無柄で淡緑色をしている．がくはほぼ上位で 4～5 裂し，裂片は広卵形で内面は黄色である．花弁はない．雄しべは黄色で 9～16 個．子房は下位で短い倒卵形，花柱は 4～6 個に分かれている．核果は短い倒卵球形で肩の部分に 4～5 個の突起があり，頂に宿存がくがあり，果皮の質は粗くて，硬い核を包み，核の中に数個の種子が入っている．時に葉を食用とする．また民間薬としても使用する．〔日本名〕蔓菜．茎はつる状で葉は菜として食べられるからである．浜ヂシャは海浜に生えてチシャのように葉を食用とするからである．〔漢名〕番杏．蕹菜は別のものである．

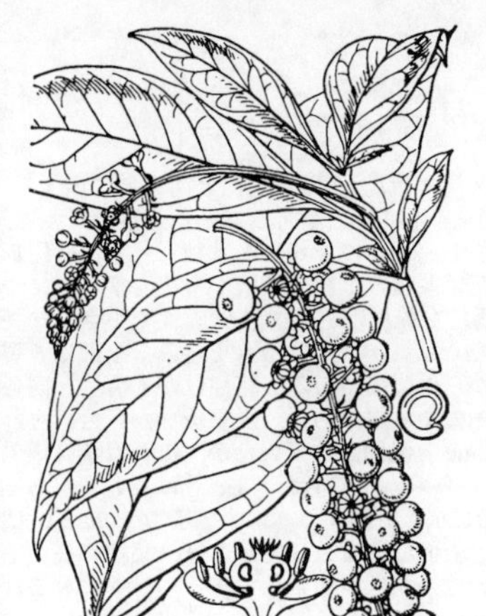

3025. アメリカヤマゴボウ（ヨウシュヤマゴボウ） 〔ヤマゴボウ科〕

Phytolacca americana L.

明治の初め日本に入って来たが，今では各地に野生化している北米原産の大形多年生草本である．根は肥大して肉質となる．茎は直立して高さ 1～2 m ぐらい，粗大な円柱形で，なめらかで無毛，上部からは四方に広がる枝を出し，普通紅紫色をしている．葉には柄があり，互生，卵状長楕円形または長楕円状披針形で，両端は次第に尖り，全縁である．夏から秋にかけて柄のある総状花序を出し，かすかに紅色を帯びた白色の有柄の小さな花をつける．がく片は 5 個，花弁はない．雄しべは 10 個，10 個の花柱がある．果穂は下に垂れ，液果をつける．これには宿存がくがあり，赤紫色の汁があって，中に黒色の種子が 1 個入っている．不正商人は葡萄酒の着色にこの汁を用いたことがあったという．またこの汁で一時的のインクを作ることも出来る．それで，インクベリーという俗名がある．〔日本名〕アメリカ産のヤマゴボウの意味．別名は洋種山ゴボウの意味である．

3026. ヤマゴボウ 〔ヤマゴボウ科〕

Phytolacca acinosa Roxb.（*P. esculenta* Van Houtte）

普通は人家に植えられ，時に野生化する多年生の大形草本で全体に毛が無い．根は肥大して塊となり，地中に入っている．茎は粗大な円柱形で，直立分枝し，肉質で緑色をしており，高さは 1.3 m ぐらいになる．葉は大形で互生し，柄があって卵形または楕円形で両はしは短く尖り，全縁で，長さは 10～20 cm ぐらい，葉質はやわらかである．夏から秋にかけて枝の上に 15 cm ぐらいの花序を直立して出し，短い柄のある総状花序を作って，密に多数の柄のある白い小さな花をつける．がく片は 5 個，卵形で先は丸い．花弁はない．雄しべは 8 個で，葯は淡紅色．子房の心皮は 8 個あって相接して輪のように並び，その各々には外側にそり返った 1 本の花柱と 1 個の胚珠がある．果穂は直立し，液果には宿存するがくがあり，熟すと黒紫色になり，8 個の分果は輪のように並び，紫色の汁液をふくんでいて，中に黒色の種子が 1 個ずつ入っている．有毒植物であるが，根は薬用となり，葉は煮て食べられる．〔日本名〕山ゴボウの意味で，ゴボウは根の形に基づいた名である．〔漢名〕商陸．

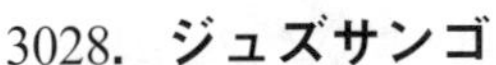

3027. マルミノヤマゴボウ 〔ヤマゴボウ科〕

Phytolacca japonica Makino

山地に自生する多年生草本で，太いゴボウ状の根がある．全体緑色で無毛，茎は太く高さ 1 m にもなる．葉は柄があり互生し，楕円状卵形で，両端は尖り，大形で長さ 10～25 cm，葉質は軟らかい．夏，葉のつけ根の反対側から花茎を出し，多くの淡紅色の花を総状につける．花序は直立し，花穂の柄は開出して 3 枚の小苞がある．花は径約 6 mm，がく片は 5 個で卵円形，花弁はない．雄しべは約 10 本で，がく片より短い．子房はおしつぶされた球形で緑色，心皮は 7～10 個あり，互にゆ合している．果穂は直立し，長さ 1～3 cm の柄があり，液果は多汁でほぼ球形，径約 8 mm，熟すと紫黒色になる．〔追記〕ヤマゴボウに比べて心皮は互にゆ合して球形の果実となり，また，アメリカヤマゴボウとは全体緑色で果穂の柄が短く直立していることで区別できる．

3028. ジュズサンゴ 〔ジュズサンゴ科〕

Rivina humilis L.

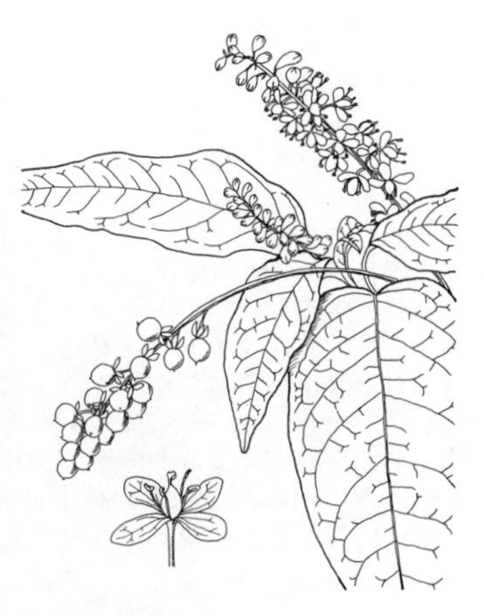

北米南部から南米に分布する，直立，あるいはつる性の多年生草本．鑑賞植物として栽培され，沖縄地方や小笠原諸島では野生化している．盛んに分枝し，高さ 0.4～2 m，無毛あるいは軟毛が密生する．葉柄は長さ 1～11 cm，葉身は被針形，楕円形，あるいは三角形から卵形で，長さ 15 cm，幅 9 cm，基部は楔形，円形から切形，あるいは心形，先端は鋭尖頭，鋭頭から鈍頭，あるいは凹形．花は枝先の総状花序につき，花序柄の長さ 1～5 cm，花序軸の長さ 4～15 cm．花柄は長さ 2～8 mm．花冠はない．萼片は白色，緑色からピンク色あるいは紫色，楕円形から倒被針形あるいは倒卵形，長さ 1.5～3.5 mm，宿存する．雄蕊は白色で萼片よりやや短く，葯は黄色で扁平，子房は扁球形で花柱はやや膝折する．液果はほぼ球形で赤熟し，径 2.5～5 mm，種子はレンズ状で長さ 2～3 mm．

3029. オガサワラカノコソウ（新称）〔オシロイバナ科〕

Boerhavia coccinea Mill.

世界の熱帯に広く分布し，日本では小笠原諸島（父島・南島），硫黄列島と南鳥島に産する．多年草で海岸に生え，茎ははって上部は斜めに立ち，全体に腺毛があって粘る．葉は対生で，長さ 0.3〜2 cm の柄があり，葉身はふつう卵形で長さ 1〜2 cm になり，先は鈍形，基部は円形または切形，全縁，質はやや厚く，裏面は淡緑色．花は茎頂と上部の葉腋から出た柄の先にやや散形状の集散花序をつくって 2〜8 個ずつつき，柄にも腺毛がある．花は両性で小さく，長さ 1 mm 以下の柄と苞がある．がくは筒状で中ほどでくびれ，下部は子房を包み，上部は 5 裂して花弁状，ピンク色．花弁はない．雄しべはがくから外に出ている．花柱はがく裂片と同長かやや長い．果実は棍棒状で 5 肋があり，肋間には柄のある腺がある．従来琉球から台湾を経て東南アジアに産するナハカノコソウ *B. glabrata* Blume と混同されていたが，これは茎に細毛があるが粘らず，葉が細くほとんど無毛，花序は葉腋からのみ出て柄が無毛，花は長い柄があってほとんど白色である．かつては両者とも世界の熱帯に広く分布するベニカスミ *B. diffusa* L. に含められることが多かったが，これは茎の下部と葉の表面にまばらに毛があり，葉縁に長い毛が出る以外はほとんど無毛で，花序は頂生して枝を分け，花は濃赤紫色である．日本にもこれに当たる型が帰化しているという報告がある．

3030. オシロイバナ（ユウゲショウ）〔オシロイバナ科〕

Mirabilis jalapa L.

古くから日本に入って来た南米原産の多年生草本で，普通草花として栽培されているが，しばしば海岸地方では野生化している．根は肥厚し，皮は黒色である．茎は緑色で太く，節が太く，さかんに枝をうって広がり，高さ 1 m ぐらいになり，毛は無いかまたは微毛がある．葉は対生で，柄があり，卵形または広卵形で先は鋭形，基部は円形またはやや心臓形で，長さ 3〜10 cm，無毛またはふちに微毛がある．夏から秋にかけて茎の上に短縮した集散花序を出し，紅，黄，白，絞りなどの花が夕がた咲き，香りが良い．花の下には深く 5 つに裂けた緑色のがく状の苞がある．花弁のようにみえるゆ合したがくは高脚盆形で筒部は細長く，開いたところは先が浅く 5 つに裂けている．雄しべは 5 個で，花喉上に出ており，花糸の基部は花盤状である．花の底にある子房からは 1 本の長花柱がのび，花の外にとび出している．果実は円形で，残存している硬いがく筒の基部で包まれ，表面にはしわがあり，初めは緑色であるがのち黒色になって落ちる．種子はほぼ球形でうすい白色の種皮があり，胚乳は白粉質である．〔日本名〕御白粉花は胚乳の質がおしろいのようであるからついた名である．夕化粧は美しい花が夕方に開くからである．〔漢名〕紫茉莉．

3031. フタエオシロイバナ（フタエオシロイ）〔オシロイバナ科〕

Mirabilis jalapa L. f. ***dichlamydomorpha*** (Makino) Hiyama

無毛の多年生草本．根は地中に宿存するが，茎葉は冬には枯れる．草の様子は普通のオシロイバナと同じである．すなわち，1 年生の茎は円柱形で分枝し，淡緑色，節があり節はふくらんでいる．葉は対生，柄があり，卵形，先は尖り，全縁，質は柔かい．花はオシロイバナよりやや小形，花弁状の花被（がく）の色は株により赤，白，黄，黄赤 2 色，淡紅，斑点など色々ある．がく状の苞は無毛，宿存し，下部はゆ合して短い筒を作り，淡緑色で長さ 1 cm 径 5 mm，花がおわると内部の子房が大きくなるのにともない多少卵形になり，上部は五つに裂け質は薄く，色づいていて花弁様，赤，白，黄，淡紅など，株によって色々ある．裂片は半円形で先は凹形，中部は草質，淡緑色．花被（がく）の形状，雄しべ，雌しべの形状はオシロイバナと同じである．果実はやや小形，形や色はオシロイバナと同じで，熟した時はしなびた総苞に包まれている．本品はいつどこから日本に来たものか，または日本で生じたのか来歴は全く不明で，洋書にも出ていない．著者（牧野富太郎）は今から 25 年余り前に始めてこの盆栽品を東京の街頭でみかけ，昭和 6 年（1931）1 月に学名を定めて発表した．その後，ところどころで本品をみかけたが，今は非常にまれである．〔日本名〕二重オシロイバナの意味，すなわち正常の花冠状花被（がく）と有色花弁状の苞との二つを合わせて二重花に見たててこのように名づけた．〔追記〕牧野の「25 年余り前」とは 1927 年らしいと桧山庫三は推測した．

3032. ザクロソウ〔ザクロソウ科〕

Trigastrotheca stricta (L.) Thulin

（*Mollugo stricta* L.；*M. pentaphylla* auct. non L.）

路ばた，畠などに普通に見られる 1 年生小草本．全体無毛である．茎は細くて稜があり，普通褐緑色をしており，高さは 10〜20 cm ぐらい．根もとから枝分かれして広がっている．葉は大小不同で，基部に針形の微細な托葉があり，根生葉は 3〜5 個が輪状に出て，倒卵形または長楕円形．茎葉は披針形あるいは線状披針形で両端がとがり，全縁，長さ 1〜3 cm ぐらいである．夏から秋にかけて岐散花序を出し，多数の黄褐色の細かい花をつける．花の柄は糸状である．苞は微小で膜質．がく片は 5 個，長楕円形で凹み，長さ 2 mm 以内．花弁はない．雄しべは 3〜5 個．子房は上位で，短い 3 個の花柱がある．さく果は楕円形で宿存がくよりわずかばかり長く，熟せば 3 片のからに裂けて開き，多数の一方の凹んだ腎臓形の種子を入れている．〔日本名〕葉のようすがザクロの葉に似ているからついたものである．〔漢名〕粟米草．

3033. クルマバザクロソウ 〔ザクロソウ科〕

Mollugo verticillata L.

原野や畠の荒地に生える雑草で，南北アメリカに生えているが，元来は熱帯産のものである．日本に帰化した植物の一つである．江戸時代の末，新潟の海岸に来たのが初めで，今はいたる所の新開地に生えるが普通ではない．低く横にはう無毛の1年生小草本．根もとから放射状に茎を出して四方に広がり，よく成長したものは株の直径が約25 cm ぐらいにもなる．茎は細長く，節があり，二岐状に分枝し，枝は多い．葉は茎の節ごとに5～6個輪生し，倒卵状くさび形，へら形，倒披針状線形などで，全縁，先は鈍形，下部はだんだん狭まって，短い葉柄となる．葉の長さは13～18 mm．托葉は薄い膜質，後に落ちる．花序は腋生し，散形，葉より短い糸状の柄の先に花をつける．花は小形，数は少なく，白味がかっている．花期は7～9月．がく片は5個，長楕円形，開出，宿存する．花弁はない．雄しべは3～5個，花糸は糸状，葯は楕円形，2室．子房は1個，直立し，楕円形，3室，胚珠は2列で中軸胎座につく．花柱は3個で短い．さく果は小形で3個の心皮から出来ており，3室があり，室の境目で裂開する．宿存がくをともなう．種子は多数あり細小，腎臓形，ふつうなめらかで，3～5個のすじがある．〔日本名〕車葉ザクロ草は牧野富太郎が命名したもので，葉が車輪状をしているからである．

3034. ヌマハコベ（モンチソウ） 〔ヌマハコベ科〕

Montia fontana L.（*M. lamprosperma* Cham.）

日本の中部や北部地方の渓流の岸とか，水でいつもうるおっているところに生えているひ弱な淡緑色の一年生草本．草全体はほっそりと長くて，横にはい，節間は比較的長い．茎は叢生し，細長くて，枝分かれする．葉は対生，へら形で，長さ1 cm ぐらい，先は鈍形，基部は鋭尖形，無毛で柔らかい．夏，茎の先に小形の集散花序を出し，小さな白い花をつける．花には細い柄がある．がく片は2個でほぼ円形，宿存する．花弁は5個あり，がく片より長いが，3個の雄しべと対生している花弁は少し小さい．子房は円形で上位，花柱は短く，3個あり，柱頭は点状である．さく果は小球形で3裂し，その中に数個のすべすべした種子が入っている．〔日本名〕沼ハコベの意味で，草のようすがハコベに似ていて，沼地などに生えるからである．モンチソウは，属名になっている Giuseppe Monti の名に基づいたものである．

3035. ツルムラサキ 〔ツルムラサキ科〕

Basella alba L.

熱帯アジア原産のつる性一年生草本で，人家に植えられている．茎の長さは1 m 以上にもなり葉とともに肉質で無毛である．葉は互生して，葉柄があり，広卵形で全縁，先端は鈍形，あるいは鋭形，基部は鈍形，長さは4.5 cm～6 cm ぐらいであるが上部の葉は小形になる．夏から秋にかけて葉腋から肉質の長い花軸を出し多数の柄の無い小花を穂状につける．花ははじめは白色であるがのちにだんだん花の先が紅色を帯びてくる．花のもとのところに数個の小苞がある．がくは5個で全部は開かず，下部は太く短い袋状の筒となり，その壁は厚い．花弁はない．5個の雄しべは子房周位でがく片と対立している．卵球形の子房の先には1個の花柱がまっすぐに立ち，その先には3つに分かれた柱頭がある．花が終わるとがくが大きくなり，球形の偽果となる．これは紫色の汁が多く，内部に真正のまるい果実があって，その中に1個の種子が入っている．〔日本名〕茎がつるになり，果（偽果）汁で紫色を染めるからいうのであって，つるが紫というのではない．〔漢名〕落葵．〔追記〕茎の色に緑のものと紫のものがあるが，緑のものは江戸時代に日本に来た古いものである．紫色のほうは明治時代に新しく入って来たもので，シンツルムラサキ‘Rubra’という．

3036. ハゼラン 〔ハゼラン科〕

Talinum paniculatum (Jacq.) Gaertn.（*T. crassifolium* auct. non Willd.）

日本へは多分明治初年頃に入って来たと思われる熱帯アメリカ原産の1年生または多年生草本で栽培される．草質は軟らかく無毛でなめらか．茎はまっすぐに立ち，高さ60 cm ぐらいになり，円柱形で緑色をしている．茎の下部は少し硬くなっている．葉は互生，倒卵形で先がやや尖り，基部に行くにつれてだんだん狭まり葉柄となる．全縁で長さ約5～7 cm．葉は緑色肉質である．夏，茎の先で多数分枝し，大きな円錐花序を作り，多数の紅色の小花をつける．花の柄は糸状で長い．がく片は2個あるが落ちてしまう．花弁は5個で，がく片よりも長い．雄しべは10本あまりある．花柱は三つに分かれている．さく果は球形で乾皮質，径4 mm ぐらい，3心皮から出来ている．種子は非常に小粒で細かな小突起が一面にある．〔日本名〕ハゼ蘭のハゼは何を意味するのか不明であるが，花が散乱して咲くのを米花（ハゼ）にたとえたのかもしれない．

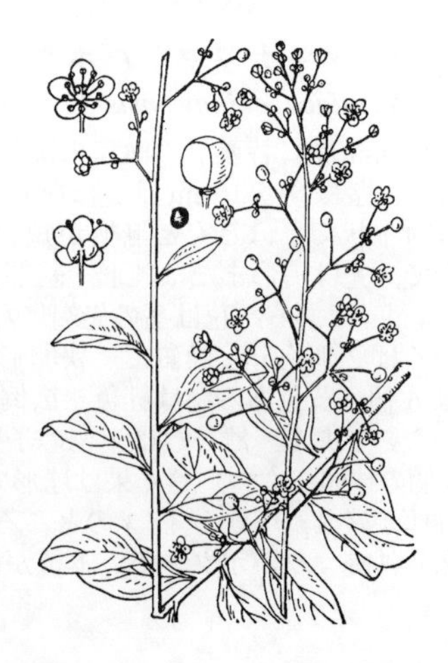

3037. スベリヒユ（イハイヅル）〔スベリヒユ科〕

Portulaca oleracea L. var. ***oleracea***

田や畠，路ばた，庭園などひなたのところならどこにでも生えている一年生草本．全体が肉質で無毛である．根は白色．茎は根元から枝分かれして地面をはい，または斜めに立ちあがり，さかんに枝を出し，多くの葉をつける．茎の長さは 15～30 cm ぐらい，なめらかな円柱形，紫赤色を帯びている．葉も紫赤色を帯びていて，大体対生し，長楕円状くさび形か，へら状くさび形で，長さ 1.5～2.5 cm ぐらい，全縁で葉質は厚く，基部は狭まり，柄は短くて，ほとんど無柄である．夏，枝の先に集まっている葉の中心に数個の柄の無い小さな黄色の花をつけ，日光を受けて開く．楕円形で緑色のがく片が 2 個ある．花弁は 5 個で先はへこんでいる．雄しべは 12 個で黄色．子房は半下位で，1 個の花柱の上の方は五つに分かれている．がい果が熟した時，上半分は帽子のように離れ，その中から長い種柄のある細かい種子を多数出す．〔日本名〕滑りヒユの意味で，食用としてゆでて食べるときに粘滑であるからだといわれ，また葉がなめらかであるからだともいわれている．イハイズルは這い蔓の意味で，この草が地面をはうからである．イは発語で意味はない．〔漢名〕馬歯莧．

3038. タチスベリヒユ（オオスベリヒユ）〔スベリヒユ科〕

Portulaca oleracea L. var. ***sativa*** (Haw.) DC.

栽培品があるだけで野生はしない．質の柔らかくなめらかな一年生草本で，結局はスベリヒユの 1 変種にほかならない．草の様子はスベリヒユと同じであるが大形で茎は直立し，枝は斜めに立ち，茎，枝，ともに紫赤色を帯び，なめらかで円柱形である．高さは 25 cm ぐらいになる．葉はやや大形で葉質はやや肥厚し，倒卵形で，全縁，下部は広いくさび形で，葉の先は丸い．夏，枝の先に集まっている葉の間に黄色の小花を数個つけ，日が当たると開く．がくは 2 個．花弁は 5 個で，がく片よりやや長く，先端は凹頭である．雄しべは 12 個ある．子房は半下位で，花柱は 1 個あり，先は五つに裂けている．果実はがい果で熟すと上半部は帽子状にとれる．種子は細小で，細かい突起が密にある．〔日本名〕立スベリヒユ，大スベリヒユである．〔漢名〕豘耳草．

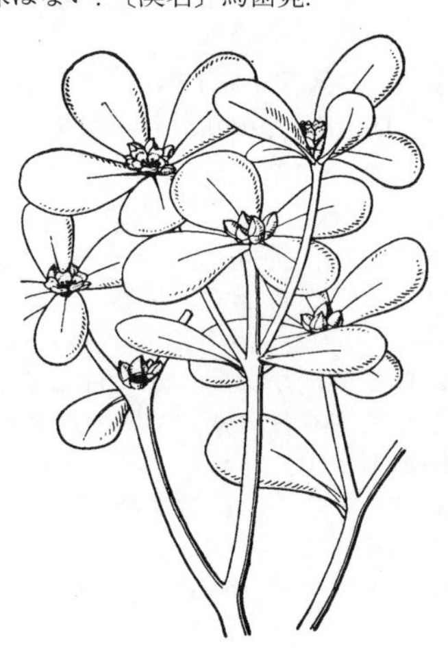

3039. マツバボタン（ホロビンソウ）〔スベリヒユ科〕

Portulaca grandiflora Hook.

弘化年間（1844～1847）頃に日本に入って来たと思われる南米原産の一年生草本で，今では普通に栽培されている．茎はさかんに枝分かれして広がり，円柱形で紅色を帯び，長さ 20 cm ぐらいになる．葉は螺旋状に並び，肉質，円柱状で鈍頭，長さは 1～2 cm ぐらい，葉腋には長い白毛が束になって生えている．夏から秋にかけて，茎の先に葉と長い毛にかこまれて径 3 cm ぐらいの柄のない大きな花をつける．がくは 2 個，広卵形で膜質．花弁は 5 個，広い倒卵形で先はくぼんでいる．花の色は紫，紅，黄，白など色々ある．花は昼間は開いているが夜は閉じる．雄しべは多数ある．花柱には 5～9 個のそり返った柱頭がある．花がおわるとがい果ができ，熟すと上半部がふたのようにとれて落ち，中から多数の鉛色をした小さい種子がこぼれる．〔日本名〕松葉牡丹．松葉は葉の形から，牡丹は花のようすから名づけられたものである．ホロビンソウの名はこの草を一度植えると年々子が出来て絶えることがないからである．

3040. オキナワマツバボタン〔スベリヒユ科〕

Portulaca okinawensis E.Walker et Tawada

南西諸島に特産し，海岸の隆起石灰岩上に生える．多少肉質となる多年草で，茎は高さ 10 cm ほどになり，多数が太い根茎からでて，束生する．葉は対生状で，ほとんど無柄か短い柄があり，葉身は狭披針形または狭長円形で，先は円形または鈍形，基部は鈍形で，ふちにはきょ歯はなく，長さ 2～4 mm である．花は茎の先端にただひとつだけつき，径は約 1.5 cm になる．がくは 2 個あり，膜質で，狭卵形，先は鈍形で，長さ 3～4 mm あり，花弁は 6 個，黄色あるいは紅色，広倒卵形で，先は凹形となる．雄しべは 25 個くらいである．雌しべは下位の子房をもち，花柱は細長く，先端は広がって，4 個の柱頭をもつ．さく果は球形で，径 1.5～2 mm になり，頂端には点状の柱頭が残り，下から 1 / 3 のところに関節があり横に裂開して裂ける．〔日本名〕沖縄マツバボタンで，本種が沖縄で発見されたことに因む．

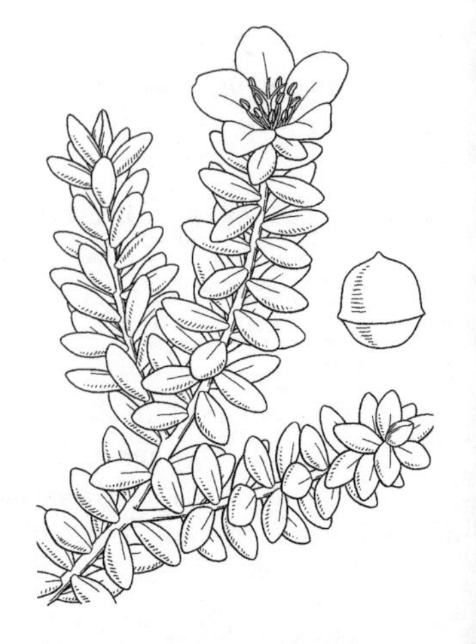

3041. カニサボテン（カニバサボテン） 〔サボテン科〕

Schlumbergera truncata (Haw.) Moran

南米ブラジル原産の多年生草本．冬にはフレームに入れて越冬させる．茎は多く分枝して垂れ下がり，扁平だが多肉で緑色，多くの茎節からなり，各茎節は倒卵形あるいは長楕円形で，頂部は切形，両側のふちに少数のあらいきょ歯があり，各きょ歯のへこんだ部分に長い毛がある．冬に頂端に長さ 6〜9 cm の美しい花を 1 個つける．花は放射相称で，多数の花被片からなり，紅色で横に向く．雄しべは多数で左右 2 群にはなれる．雌しべは 1 本で柱頭は頭状，下位子房である．〔日本名〕蟹サボテンは茎節の形がひらたくてカニの仲間のガザミの足に似るためである．〔追記〕本種とよく似たものにシャコサボテン *S. russelliana* (Hook.) Britton et Rose があり，茎節の上端両側は角ばることと花が左右相称である点で区別する．

3042. サボテン（ウチワサボテン） 〔サボテン科〕

Opuntia ficus-indica (L.) Mill.

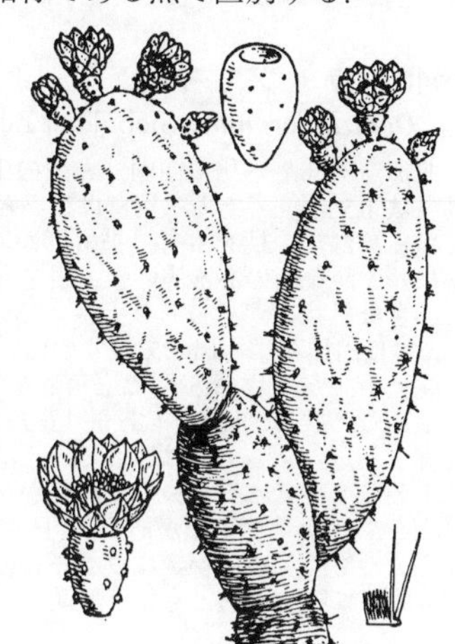

おそらくメキシコ原産の多年生草本．日本では中部以南の地方で人家に栽培される．茎は高さ 2 m 位に達し，多数に分枝し，古くなったものでは茎の下部は時々円柱形の直立した幹となる．茎節は濃い緑色で長楕円形あるいは倒卵状長楕円形で扁平，肥厚し，大きいものは 30 cm 位あり多数連結する．表面には 1〜2 本ずつの針があり，針の基部に接して上側に長い毛を生ずる．葉は小さい針形で早く落ちる．夏に茎節上部のふちに黄赤色の柄のない花を付ける．がく片と花弁が多数あって皿状に開き，多数の雄しべと下位子房をもつ 1 本の雌しべがある．花が終わって後に頭部がへこみ，倒卵状楕円体で多数の種子を含む液果を結び，時々子供がこれをとって食べる．本種はこの類の中で最初に日本に渡来したもので，元来サボテンとはただこの 1 種を指す名前である．〔日本名〕昔，油のよごれを取るためにこの植物の切口でみがき，その効果がシャボン（石けん）のようであったのでサボテンの名が付けられた．〔漢名〕仙人掌は誤って用いたもので，この名は *O. dillenii* Haw. にあてるべきである．

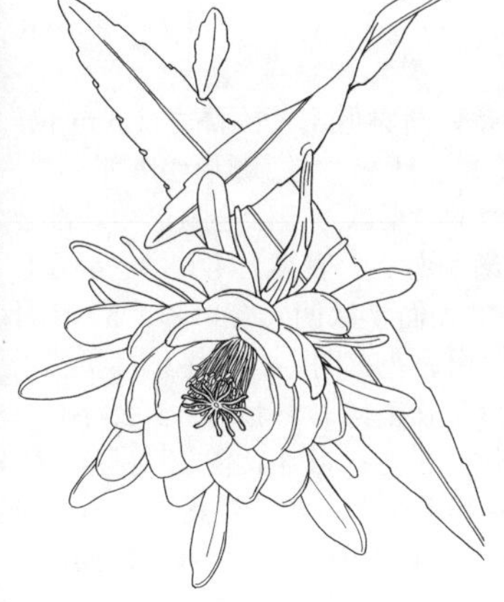

3043. ゲッカビジン 〔サボテン科〕

Epiphyllum oxypetalum (DC.) Haw.

メキシコ，ブラジルを原産とする着生の多肉の低木で，高さ 2〜6 m，気根を持つ．古い茎は円筒形で硬く，長さ 2 m 以上に達し，多数分枝し，枝は葉状茎となり暗緑色，多肉でリボン状，長さ 15〜100 cm，幅 5〜12 cm，無毛，基部は楔形，あるいは狭まって円筒状の枝に移行し，先端は鋭頭から鋭尖頭，主脈は幅 2〜6 mm，縁は波打ち深円鋸歯状で，そのくぼみから分枝し，またつぼみを生じる．花は夜咲きで，香りがあり，漏斗状，長さ 25〜30 cm，幅 10〜27 cm．花托筒は長さ 13〜18 cm，外面は赤緑色を帯び，径 4〜9 mm，長さ 3〜10 mm，三角形から被針形の鱗片が螺旋状につく．鱗片は基部から上部にむかって次第に長く大きくなり，上部のものは萼状で花時に反り返り，内側から多数の花弁が開く．花弁は白色，倒被針形から楕円形，長さ 7〜10 cm，幅 3〜4.5 cm．雄蕊は多数あり白色，基部は花托筒の内側につき，下側に集まり，葯の長さ 2.5〜5 mm，雌蕊は花柱の長さ 20〜22 cm，白色，先は雄蕊群から超出し，柱頭部は細裂して開出する．果実は稀につき，紫赤色，楕円形，長さ約 16 cm，幅 5.7 cm．種子は長さ 2〜2.5 mm，幅約 1.5 mm．

3044. ハンカチノキ 〔ヌマミズキ科〕

Davidia involucrata Baill.

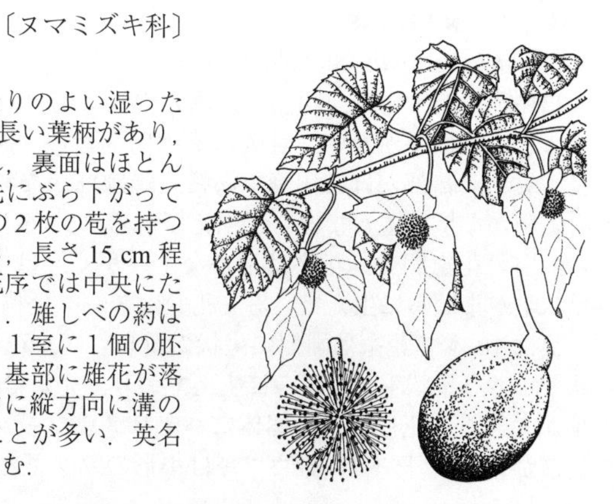

中国の中部から西南部に分布し，海抜 1200〜2000 m の日当たりのよい湿った急斜面に生える落葉高木．世界各地の温帯で栽培される．葉には長い葉柄があり，葉身は広卵形で基部は心形，細鋸歯があり，表面に葉脈が隆起し，裏面はほとんど無毛だが有毛の品種もある．花は短枝に頂生し，長い花柄の先にぶら下がってつく．1 個の花のように見える花序は，白くてハンカチ状の大型の 2 枚の苞を持つ頭状花序で，雄性または両性．苞は長卵形，葉とほぼ同時に開き，長さ 15 cm 程度．苞の中央に花被が退化した小さな花が球状に集まり，両性花序では中央にただ一個の両性花または雌花があり，その回りに多数の雄花がつく．雄しべの葯は濃紫色から乳白色．雌しべは黄緑色，子房には 6〜10 室があり，1 室に 1 個の胚珠がある．果実は楕円形の核果で晩秋に熟し，長さ 30〜40 mm，基部に雄花が落ちた痕跡が多数残る膨らみがあり，表面に点状の皮目がある．中に縦方向に溝のある硬い核があり，種子が 3〜6 個あるが，同時には発芽しないことが多い．英名 handkerchief tree．属名は発見者とされる Armand David 神父にちなむ．

3045. キレンゲショウマ 〔アジサイ科〕

Kirengeshoma palmata Yatabe

紀伊半島，四国，九州の深山にまれに生える多年生草本で，茎の高さは 80 cm 位ある．毛はない．対生の葉は長い柄を持ち，円心形で先が尖り，基部が心臓形になり，ふちに尖った深い欠刻ときょ歯がある．長さ，幅とも 10〜20 cm．表裏ともに磁石の針のような伏毛がある．茎の上部の葉は柄が短くなる．8 月に茎の先に円錐状の集散花序をつけ，黄色の鐘形の花を開く．がくは半球形で先に浅い三角形の 5 歯がある．花弁は長楕円形で先がやや尖り，長さは 2〜3 cm で肉が厚い．雄しべは 15 本あり，3 輪に並ぶ．花柱は 3〜4 本で長さ約 2 cm ある．さく果は広卵形体で長さは 1.5 cm 位．熟すと 3 裂し多数の種子を出す．〔日本名〕黄花を開くレンゲショウマ（キンポウゲ科）に似た植物という意味である．

3046. ウ　ツ　ギ（ウノハナ） 〔アジサイ科〕

Deutzia crenata Siebold et Zucc.

北海道南部，本州，四国，九州の山地に普通に見られる落葉低木で，分枝が多い．高さは 1.5 m 位である．樹皮は次々とはげ，若い枝には小さな星状毛がある．対生している葉は短い柄をもち，披針形か卵形，先端が長く尖り，基部が丸くなっている．縁にかすかな凸のある浅いきょ歯をもつ．ざらざらで表裏ともに，殊に裏には，非常に小さな星状毛がぎっしりと生えている．脈上にはかたい毛が混じることがある．5〜6 月に円錐花序を出して多くの白い花を開く．がく筒は鐘形で，星状毛がぎっしりと生える．がく片は 5 個で三角形をしている．5 個の花弁は長楕円形で長さは 1 cm 以上ある．雄しべは 10 本あり，花糸に歯状の翼がある．花柱は 3〜4 本，糸状で少し花弁より短い．さく果は球形で硬く星状毛がぎっしり生え，先には 3 花柱が残ってついている．材で木釘をつくる．花が八重になった品種にヤエウツギ，シロバナヤエウツギと，サラサウツギがある．〔日本名〕空木という意味で，幹が中空であるところから来たもの，ウノハナはウツギ花の略されたものである．また別の説に卯月（陰暦の 4 月）に咲くからともいう．漢名で溲疏というが，これは正しい用法ではない．

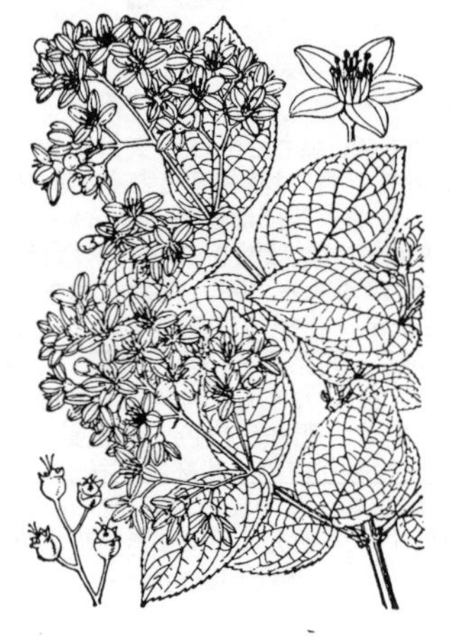

3047. マルバウツギ 〔アジサイ科〕

Deutzia scabra Thunb.

関東以西の本州，四国，九州の山地に多い落葉低木で，高さ 1.5 m 位．若い枝に星状毛がある．葉は対生で，ごく短い柄をもち，卵形か広卵形で，先端が短く鋭く尖り，基部は円い．花序の下の葉は，ほぼ心臓形の基部をもち，茎を抱いている．縁に細かなきょ歯がある．表裏ともに 3〜4 分した小さな星状毛を持ち，ざらつき，葉脈は表面では凹んでいる．5〜6 月頃長さ 5 cm 位の円錐花序を枝先につけ，白い花を開く．花序には星状毛のほかにかたい毛も混じっている．がくは星状毛におおわれ，5 裂片をもつ．5 個の花弁は，楕円形で長さ 6 mm 位．雄しべは 10 本で，花糸は下の方で広がる．花柱は 3．さく果は球形で星状毛がぎっしり生えている．〔日本名〕円葉ウツギの意味で，葉の形がウツギよりも円いことから来たもの．

3048. ヒメウツギ 〔アジサイ科〕

Deutzia gracilis Siebold et Zucc.

福島県以西の本州，四国，九州の山地に生える落葉低木で高さ 1 m 位ある．若い枝は毛がない．対生の葉は柄をもち，披針形または卵形で先端は長く尖り，基部がほぼ円形である．縁は細かな鋭いきょ歯を持ち，表裏ともに細かな星状毛がまばらに生えている．5〜6 月頃枝の先に円錐花序をつけ，白い花を開く．花序は毛がなく，がく片は 5，ほぼ三角形で，細かな星状毛がまばらに生えている．花弁は 5 個，長楕円形で，長さ 1 cm 位．雄しべは 10 本で花糸は両側に歯状の翼をもつ．花柱は 3〜4 本．さく果は球状で小さな星状毛がまばらに生えており，先には長い 3 花柱が残っている．葉が大きく，花も大きい個体にハナヒメウツギ（一名オオヒメウツギ）の名前がある．〔日本名〕姫ウツギは小形のウツギという意味で名付けられた．

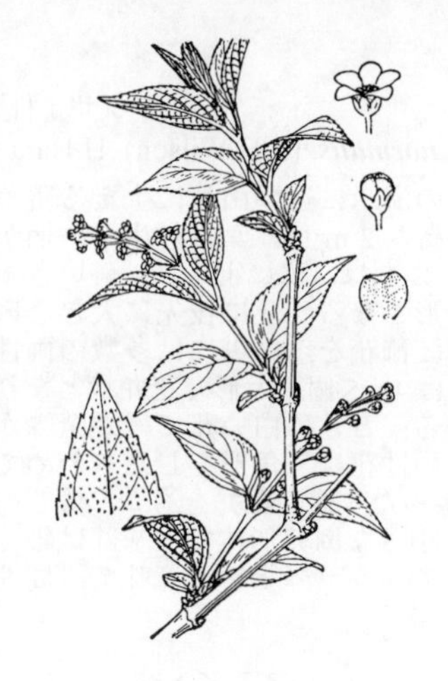

3049. アオヒメウツギ

〔アジサイ科〕

Deutzia gracilis Siebold et Zucc. f. ***nagurae*** (Makino) Sugim.

山地に生える落葉小低木．枝には毛がなく，葉は対生する．葉は短い柄を持ち，長卵形または披針状卵形で長さ 3〜7 cm，基部が丸く，先が長く鋭く尖り，ふちにはきょ歯があり，緑色でほとんど毛はない．春に若い枝の先に円錐状にまばらな白い花をつける．花序は毛がない．花は直径 6〜10 mm．がく筒は広い鐘形で，細かな少数の星状毛がまばらに生えていて，がく片は短く三角形．花弁は長さは 3〜5 mm，白または淡い黄緑色で，卵形，先が短く鋭く尖る．雄しべは 10 本あるがごく短く，花糸の肩の突起は，しばしばはっきりしない．花柱は 3 本．花が非常に小さくて，変わって見えるが，ヒメウツギが気候条件によって，小さな花を開いた異常形にすぎないものである．〔日本名〕花の色に緑色が多いので名付けられた．

3050. ウラジロウツギ

〔アジサイ科〕

Deutzia maximowicziana Makino

木曽より西，近畿，四国に産する落葉低木．よく分枝し，若い枝には細かな星状毛がある．対生の葉は短い柄を持ち，披針状卵形で先が長く尖り，基部はほぼ円形に近く，縁に浅い細かいきょ歯がある．長さ 2〜8 cm，幅 1〜3.5 cm，表面は緑色で細かな 5〜6 分した星状毛があり，裏面には多数に分かれた細かな星状毛がぎっしりと被っていて，灰白色を示す．4〜5 月頃，枝先に総状の円錐花序をつけ，白い花を開く．がく筒は広い鐘形で，細かな星状毛におおわれ，灰白色をしており，5 個ある裂片は短い三角形である．5 個の花弁は長楕円形で長さ 6〜8 mm．雄しべは 10 本，花糸の両側に歯状の翼がある．花柱は 3〜5 本．さく果は球形で長さ 3 mm 位．星状毛が密におおっている．〔日本名〕葉の裏が白いウツギという意味である．

3051. ウメウツギ

〔アジサイ科〕

Deutzia uniflora Shirai

関東及び中部の山地に生える落葉低木でめずらしいものである．高さは 1 m にならない．まばらに分枝し，枝は細くて真直である．今年の枝は黒っぽい褐色で，柄をもったあらい星状毛でぎっしりとおおわれているが，年とともになめらかになる．対生の葉は短い柄を持ち，形は卵状披針形または卵状楕円形，長さは 3 cm 位，先端が鋭く尖り，基部は広いくさび形．ふちには細かなきょ歯があり，質は薄く，表裏とも緑色でざらざらしていて，裏面の脈は隆起している．5 月頃に古い枝の葉腋に白い花を単生し，梅の花のように半開した花が下垂して咲く．花の直径は 3 cm．短い柄があり，がくは小形である．花弁は 5 個で梅のように開き，倒卵状楕円形，しばしば赤味がかっている．雄しべは 10 本，花弁の半分位の長さを持ち，交互に長短がある．花糸には先端がほこ形になった翼がつく．さく果は小形で，先に 3 花柱が残っている．〔日本名〕花の様子を梅の花にたとえたものである．

3052. バイカウツギ

〔アジサイ科〕

Philadelphus satsumi Siebold ex Lindl. et Paxton

本州，四国，九州の山地に生える落葉低木で高さ 2 m 位．2 叉に分枝し，若い枝には細かな毛がある．対生の葉は柄をもち，長卵形か楕円形，先端が長く尖り，縁にはまばらに小さく尖った細かいきょ歯がある．基部は鋭く尖る．表面は細かな毛がまばらに生え．裏面の脈の上には毛がある．3 本の葉脈が目立つ．6〜7 月頃に枝先に総状集散花序をつけ，数個の白い花が開く．4 個あるがく片は卵形で先が鋭く尖り，縁に白い細かな毛が密生し，長さは 5 mm 位ある．花弁も 4 個あり，倒卵形で先端はやや凹んでいる．長さ 1 cm 位．雄しべは 20 本位ある．花柱は基部が癒合し，先端が 4 分している．さく果は倒円錐形である．〔日本名〕梅花ウツギの意味で，花が梅の花を思わせるところから名付けられたもの．

3053. ガクアジサイ　〔アジサイ科〕

Hydrangea macrophylla (Thunb.) Ser. f. ***normalis*** (E.H.Wilson) H.Hara

神奈川県，伊豆半島，伊豆七島など暖地の海岸に近い山地に生える落葉低木．また庭に広く栽培されている．茎は高さ 2 m 位．葉は対生し，柄があり，倒卵形で厚質，なめらかで光沢があり，ふちは（殊に上半に）鈍いきょ歯があり，先端が鋭く尖り，基部がくさび形となる．夏に枝先に大きな散房花序をつけ，その周囲には少数の大きな装飾花を，中央には多数の両性花を開く．装飾花は直径 5 cm 位で，がく片は 4～5 個，大形で花弁状となり通常青紫または白みがかった紫色をしている．ときに白い花で縁が全縁かまばらに大きなきょ歯をもつこともある．両性花は三角形をしたきわめて小さい 5 個のがく片と，楕円形で先が鋭く尖った 5 個の花弁をもつ．雄しべは約 10 本ある．花柱は 3～4 個．さく果は小さな倒卵形体で，基部は細くなり，先には花柱が残っている．〔日本名〕額アジサイという意味で，周囲に装飾花のさく様子を額縁にたとえたものである．

3054. アジサイ　〔アジサイ科〕

Hydrangea macrophylla (Thunb.) Ser. f. ***macrophylla***

観賞品として広く栽培されている落葉低木で，茎は群生して高さ 1.5 m 位になる．対生の葉は柄をもち卵形か広卵形で厚く，濃緑色，光沢があり，先端は鋭く尖り，基部はくさび形をし，ふちにはきょ歯がある．夏に梢の上に球状の大形の散房花序をつけ，密に多数の花を開く．花はほとんど装飾花からなる．4～5 個あるがく片は大形で花弁状，淡い青紫色で美しく，縁にまばらにきょ歯があることもある．花弁は非常に小さく，4～5 個ある．雄しべは 10 本以内．雌しべは退化し，花柱は 2～3 本ある．もとガクアジサイを母種として，日本で生れた園芸品である．それゆえ中国からの渡来品ではないので，中国では天麻裏花とか瑪哩花，または洋繍毬とよぶ．従来，漢名として紫陽花，八仙花または紫繍毬というのを使ったのは正しくない．〔日本名〕「あじ」は「あつ」で集まること．さいは「真の藍」（さのあい）が省略されたもので，青い花がかたまって咲く様子から名付けられたもの．

3055. ヤマアジサイ（サワアジサイ，コガク）　〔アジサイ科〕

Hydrangea serrata (Thunb.) Ser. var. ***serrata*** f. ***serrata***

本州，四国，九州の山地に多い落葉低木で高さ 1 m 位．葉は対生で柄を持ち，楕円形または卵形で先端が尾状に鋭く尖り，ふちに目立ったきょ歯がある．質は薄く光沢はない．7～8 月頃枝先に散房花序をつけ，多数の花を開く．周囲にある装飾花は直径 2～3 cm 位．がく片は花弁状で 3～5 個あり，全縁またはまばらなきょ歯を持つ．色は青か白で時に重弁になっているものもある．両性花はがくが小さく，5 個ある．花弁も 5 個．雄しべは 10 本で，花柱は 3～4 本である．さく果は小さくて倒卵形体をしている．〔日本名〕山アジサイとか，沢アジサイという意味で，これが山地とか，山あいの渓谷などに生えるところから名付けられたもの．

3056. ベニガク　〔アジサイ科〕

Hydrangea serrata (Thunb.) Ser. var. ***serrata*** f. ***rosalba*** (Van Houtte) E.H.Wilson

普通庭園に栽培される落葉低木で高さ 2 m 位になる．対生の葉は柄を持ち，薄質で卵形または楕円形である．先端は鋭く尾状に尖り，縁に鋭いきょ歯があり，脈上には細かな毛がある．7 月頃散房花序をつけ多数の花を開く．花序の周囲にある数個の装飾花は直径 3 cm 位で初め白く，あとから紅白色がさしてきて，次第に赤味が強まる．がく片は 3～4 で花弁状，心臓状卵形で特に縁に粗いきょ歯がある．中央にある多数の両性花は白くて小さな 5 つのがく片と 5 つの花弁とを持つ．雄しべは約 10 本で，花柱は通常 3 本．さく果は小さくて倒卵形体である．〔日本名〕紅額で，紅色の装飾花を持ったアジサイという意味である．

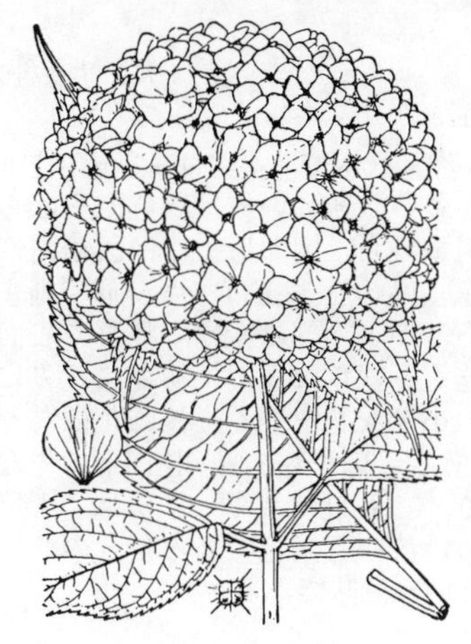

3057. ヒメアジサイ（ニワアジサイ）〔アジサイ科〕

Hydrangea serrata (Thunb.) Ser. var. ***yesoensis*** (Koidz.) H.Ohba f. ***cuspidata*** (Thunb.) Nakai

庭に栽培される落葉低木で，高さは 2.5 m にもなる．葉は対生し，長さ 12〜28 cm，幅 6〜16 cm の広楕円形で先端は鋭く尖り，基部も鋭い．ふちには細い 1 本の脈が通った三角状のきょ歯がある．薄質で毛はなく，表面はやや光沢がある．裏面は淡緑色で脈が網状に出ており，中脈ははっきりしていて白緑色．花は前年の幹から出た今年の枝先に咲く．花序は多少つぶれた球形で，直径は 10〜20 cm の優美な青色，ほとんど装飾花からなるが，しばしば小形の両性花が混じる．装飾花は沢山群生し，小さな柄をもち直径 2〜4 cm．がく片は多くは 4 個，時に 5 個，柄はなく平開し，円形または広楕円形で，先端は丸いことも尖ることも凹むこともある．基部も鈍かったり丸かったりする．全縁で薄質であり扇状の脈がある．両性花は細かくて落ちやすい 4〜5 個のがく片と，4〜5 個の花弁を持つ．〔日本名〕花が普通のアジサイより女性的で優美なので姫アジサイと名づけたもの．

3058. エゾアジサイ〔アジサイ科〕

Hydrangea serrata (Thunb.) Ser. var. ***yesoensis*** (Koidz.) H.Ohba

北海道，本州東北地方および北陸地方以西の日本海側の山中の林内に生える落葉低木．高さ 1〜1.5 m で，下部からよく分枝する．葉は有柄で対生する．ヤマアジサイに近い植物であるが，分布域が異なり，両者の接する所では中間形が見られる．ヤマアジサイより葉は大きく，幅広で広楕円形または卵状楕円形．長さ 10〜17 cm，幅 6〜10 cm，先端は尾状に尖り，基部は広いくさび形またはやや切形．7〜8 月頃枝先に散房状集散花序をつけ，多数の青色の両性花を開く．花序はヤマアジサイより大きく，径 10〜17 cm．花序の周囲には，がく片が大きく変化した装飾花があり，径 2.5〜4 cm．がく片は 3〜5 個，全縁または鈍きょ歯縁で青色．花序中央の両性花は雄しべ 10 本，花柱は 3〜4 本で開出し，子房は下位．さく果もヤマアジサイよりやや大きく，倒卵状球形で幅 2.5〜3 mm ある．〔日本名〕蝦夷アジサイで，基準標本の産地が北海道（函館）であることによる．

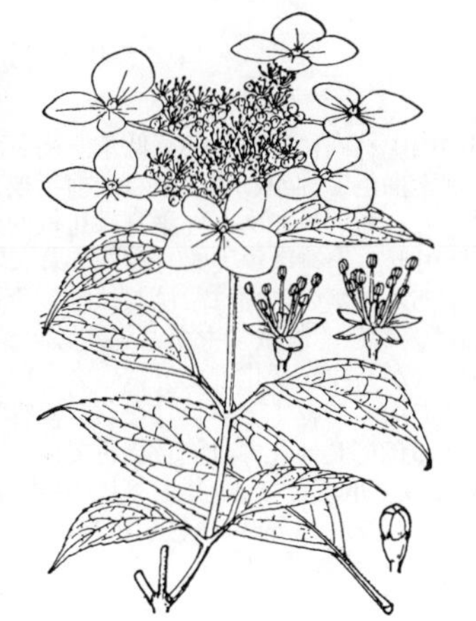

3059. アマギアマチャ〔アジサイ科〕

Hydrangea serrata (Thunb.) Ser. var. ***angustata*** (Franch. et Sav.) H.Ohba

伊豆半島に特産する落葉小低木で高さ 1 m 位になる．葉は柄があり小形で長楕円形，先端が尾状に鋭く尖る．薄い質で鋭いきょ歯をもち，かじると甘味を感じる．7 月頃枝先に散房花序をつけ白い花を開く．中心に両性花を，周囲に少数の装飾花をつける．装飾花は直径 2 cm 位で，がく片は花弁状で 3〜4 個ある．両性花は三角形の小さい 5 個のがく片と，卵形の 5 個の花弁を持つ．雄しべは約 10 本で，花柱はおおむね 3 個ある．さく果は小形で倒卵形体．残っている花柱の間に当たるところで裂開する．〔日本名〕天城甘茶で，伊豆半島に特産し，その中央にある天城山（甘木山）周辺に特に多いことに因む．

3060. アマチャ〔アジサイ科〕

Hydrangea serrata (Thunb.) Ser. var. ***thunbergii*** (Siebold) H.Ohba

普通は栽培されている落葉低木．茎の高さは 70 cm 位で茎葉ともにヤマアジサイによく似ている．葉は対生で，柄を持ち，形は楕円形である．先端は鋭く尖り，ふちにきょ歯がある．7 月に枝先に多数の花を散房状花序につける．周囲には数個の装飾花があり，このがく片は花弁状となり，先端が丸い．それ故この花は全体として円く見える．はじめ青く，あとから紅くなる．両性花のがく片はきわめて小さく 5 個ある．花弁も 5 個．普通 10 本の雄しべと 3 花柱を持つ．さく果は小さくて倒卵形体である．〔日本名〕アマチャは葉を乾かすと非常に甘くなり，それで甘茶をつくるからである．〔漢名〕土常山というのは，正しくなく，これは中国産で日本の甘茶に似た別種 *H. aspera* D.Don のことである．

3061. コアジサイ（シバアジサイ） 〔アジサイ科〕

Hydrangea hirta (Thunb.) Siebold et Zucc.

関東から西の本州，四国の山地に生える落葉低木で，高さ 1〜2 m．枝は細くやわらかい．紫色がかっていることが多い．新しい枝は緑色でまばらな毛があるが，後で落ちる．対生の葉は柄を持ち，倒卵形または広楕円形をしている．長さは 5〜8 m で先端は短く鋭く尖り，基部はくさび形で細まり，上半部には粗大なきょ歯がならんでいるが下半部は全縁，膜質で表面には光沢があるが，まばらに毛があり，乾くと藍色になる．初夏に枝先に平たい小さな散房花序をつけ淡い青紫色の小さな花を開く．装飾花はなく花は全部稔性がある．がく片は歯状で 5 個ある．花弁も 5 個，楕円形で先端が鈍くなっていて，平開する．雄しべは 10 本．花柱は 3 個，子房は半上位で卵形をしている．さく果は小形で．初めは淡い青紫色であるが，のちに褐色になり裂ける．〔日本名〕小アジサイという意味である．

3062. ガクウツギ（コンテリギ） 〔アジサイ科〕

Hydrangea scandens (L.f.) Ser.

東海道から近畿地方，四国，九州に生える落葉低木で高さ 1.5 m 位．分枝が多い．枝は白い髄を持ち，若い時は細かな毛がある．葉は比較的小さくて対生し，柄があり，薄質で長楕円形である．先端は尾状に尖り，基部がくさび形をしてふちに浅いきょ歯がある，葉裏の脈上に毛が密生している．5〜6 月頃枝先に散房花序をつける．周囲には少数の大きな装飾花を，中心には多数の両性花を開く．装飾花のがく片は花弁状で白く，乾くと黄色になる．数は 3〜5 個で大きさは不同である．両性花のがく片はきわめて小さく 5 個ある．花弁は卵形で淡い黄緑色．雄しべは 10 本．花柱は 3．さく果は小形で，ほぼ球形である．〔日本名〕額空木の額はガクアジサイの略．空木は，木の様子がウツギに似ているところから来ている．

3063. コガクウツギ 〔アジサイ科〕

Hydrangea luteovenosa Koidz.

伊豆半島および近畿・中国地方，四国，九州の山中林内に生える落葉低木．高さ 1 m くらいで，下部からよく分枝する．若い枝は紫褐色で細かな毛が多く，前年枝では皮はひび割れて落ち灰褐色となる．葉は対生し，短い柄がある．葉身は比較的小さく長さ 2.5〜5 cm，薄質で長楕円形または楕円形，先端は鋭尖頭，鋭頭まれに鈍頭，基部はくさび形をしてふちに粗いきょ歯がある．葉の表面はしばしば緑紫色をおび，葉脈に沿って黄緑色となる．葉の裏面は淡緑色，脈腋に毛が密生する．5〜7 月頃枝先に散房花序をつける．花序の周囲にはがく片が変化した少数の大きな装飾花があり，がく片の大きさは不同で，花弁状で白く，乾くと黄色になる．両性花のがく筒は杯状で，がく裂片は 5 個，がく筒とほぼ同長．花弁は淡黄緑色で開出して反り返り，卵形，先端はやや尖り，基部は細くなって爪状となる．雄しべは 10 本．子房は半下位，花柱は 3〜4 本．さく果はほぼ球形で径 2.5〜3 mm，花柱を宿存する．〔日本名〕小額空木で，ガクウツギより小形であることからきている．

3064. カラコンテリギ（広義） 〔アジサイ科〕

Hydrangea chinensis Maxim.

中国中南部から台湾，琉球，鹿児島県黒島まで分布する落葉低木で，高さ 1〜2 m．下部からよく分枝し，若枝は赤褐色，上に曲がった短毛があり，古くなると外皮は縦にひび割れてはげる．葉は有柄で対生し，葉身は膜状洋紙質，長楕円形で長さ 5〜12 cm，幅 2〜5 cm，鋭尖頭，基部はくさび形，ふちには微凸状の小さく尖ったきょ歯があり，表面は脈に沿って毛が散生，裏面は脈腋の毛束を除き毛はない．6〜7 月に枝の先に散房状集散花序をつける．花序は長さ幅ともに 10 cm くらいで，枝には縮れた毛が密生する．花序の周囲にはがく片が変化した装飾花があり，がく片は 3〜5 個，黄白色．両性花は多数あり，がく筒は杯状，がく裂片は 5 個で卵形，長さ約 0.8 mm と小さい．花弁は 5 個，倒卵形で長さ約 2.5 mm．雄しべは 10 本で花弁よりやや短い．子房は半下位，花柱は 3 本で先端ややふくれる．さく果は球形で径約 3 mm，がく裂片と花柱を宿存する．〔追記〕日本に産する本種をヤクシマアジサイ（*H. grosseserrata* Engl.，屋久島），トカラアジサイ（*H. kawagoeana* Koidz.，トカラ列島および徳之島），リュウキュウコンテリギ（*H. liukiuensis* Nakai，沖縄島），ヤエヤマコンテリギ（*H. yayeyamensis* Koidz.，石垣島，西表島）として細分する見解もある．

3065. タマアジサイ　〔アジサイ科〕

Hydrangea involucrata Siebold

本州（宮城県から近畿地方）に生える小低木で，茎は高さ 1.5 m 位，初めは毛がある．葉は大きく，柄があり対生し，楕円形で先頭が鋭く尖り，ふちに先が剛毛状に尖った細かなきょ歯を持つ．薄質であるが，表裏ともに毛があり，特に裏には多くてざらつく．真夏に梢の先に散房状花序をつけ，淡紫色の花を開く．若い花序は数個の広い総苞でつつまれ，球状をしているが総苞が落ちて，周囲に少数の装飾花とその中に多数の両性花が現れる．装飾花のがく片は花弁状でその数は 4～5 個である．両性花のがく片は，非常に小さくて 4～5 個ある．花弁も 4～5 個．雄しべは約 8 本あり，長く突出し，花柱は 2 本ある．さく果は小さくほぼ球形をしている．〔日本名〕球アジサイという意味で，つぼみの時に花序全体が球状をしているので名付けられた．

3066. ヤハズアジサイ　〔アジサイ科〕

Hydrangea sikokiana Maxim.

本州西南部，四国，九州の山地に生える落葉小低木で，まばらに分枝し，皮は剥げやすい，対生の葉は柄をもち，楕円形で長さ 10～25 cm，幅 7～22 cm で，普通先端が 2 分し，3～7 個の尖った浅い裂片に分かれる．ふちに細かなきょ歯があり，表裏とも硬い毛が生えてざらざらしている．7 月に枝先に大きな集散花序を出す．花序は若い時も総苞に包まれることがない．花柄にはあらい伏毛が密生する．花序のまわりに少数の白い装飾花がある．装飾花には長い柄があり，がく片は普通 4 個，卵円形で長さ 5～10 mm．両性花は多数つく．がくは鐘形で裂片は小さな三角形．花弁は 4～5 個，細い卵形で，長さは約 2.5 mm．雄しべは 8～10 本で，花弁の 2 倍位の長さで，花柱は 2 つある．〔日本名〕矢筈アジサイは，葉の先端が分かれている形から来たものである．

3067. バイカアマチャ　〔アジサイ科〕

Hydrangea platyarguta Y.De Smet et Granados

（*Platycrater arguta* Siebold et Zucc.）

静岡県以西の暖地の山中に生える落葉低木で，ヤマアジサイに似ている．枝は灰褐色で皮はうすく剥げ易く，毛はない．対生の葉は長楕円形で先が尾状に長く尖り，基部はくさび形，ふちにはまばらに鋭いきょ歯がある．質は薄く，表面と裏面の脈上に細長い毛がまばらに生えている．夏に茎の先に集散花序をつけ，少数の花をまばらに開く，花柄は細長く，わずかに伏毛がまばらに生えている程度である．外側の花はしばしば装飾花になり，がくは癒合して楯状に大きくなり，直径は 1～2.5 cm あり，浅く 3～4 個の円い裂片に分かれる．両性花ではがく筒は倒円錐形，がく片は 4 枚でほぼ三角形．花弁も 4 枚で卵形で白く，長さは約 8 mm．多数の雄しべと，2 本の長い花柱がある．さく果は倒円錐形で長さ 6～8 mm．〔日本名〕梅花甘茶という意味，花が梅の花を連想させ，木の姿はアマチャに近いからである．

3068. ツルアジサイ（ツルデマリ，ゴトウヅル）　〔アジサイ科〕

Hydrangea petiolaris Siebold et Zucc.

北海道，本州，四国，九州の山地に生える落葉性のつる性木本で，長さ 15 m 位になり，木の幹や岩によじのぼる．樹皮は褐色で縦にうすくはげ落ちる．若い枝は毛のないことも，毛のあることもある．葉は対生で長い柄を持ち，卵形または円形で，先端が鋭く尖り，基部は丸いか心臓形，ふちに鋭いきょ歯がある．毛のないこともあるが，脈上にあらい毛のあることもある．7 月頃，枝端に白い散房状の集散花序をつける．装飾花のがく片は大形で花弁状となる．その数は 3～4 個で時にまばらにきょ歯がある．両性花のがくは浅く 5 裂する．花弁は 5 個あるが，先端が軽く癒合して帽子状となり，早落性である．雄しべは 15～20 本位．花柱は 2～3 本ある．さく果は小さく球形をしている．〔日本名〕蔓性のアジサイの意．蔓手毬は，つる性の木で，花が女の子が使う手まりに似ているところから来ている．〔漢名〕藤繡毬というが，これはどうも正しい使い方ではないらしい．

3069. クサアジサイ

〔アジサイ科〕

Hydrangea alternifolia Siebold（*Cardiandra alternifolia* Siebold et Zucc.）

宮城県以南の本州，四国，九州の山地に生える多年生草本で茎の高さは 20〜60 cm である．互生している葉は柄を持ち．長楕円形または広披針形で両端が尖り，ふちは鋭いきょ歯となり，薄質で細かな毛がまばらに生えている．8 月に茎の先に散房状の花序を出して，淡い紅紫色または紅白色または白い小さな花を群生する．花序の周辺には直径 1〜2 cm 位の小さな装飾花がある．装飾花のがく片は 2〜3 個で花弁状，広卵形になり，先端がやや尖っている．両性花は，がく片が 5 個あり小さな三角形．花弁は 5 個，倒卵形．多数の雄しべと，3 花柱がある．さく果は小形の倒卵形体で，残っている花柱の中央で裂ける．〔日本名〕草本で，アジサイのような花の咲くものという意味である．

3070. ギンバイソウ（ギンガソウ）

〔アジサイ科〕

Hydrangea bifida (Maxim.) Y.De Smet et Granados
（*Deinanthe bifida* Maxim.）

関東以西の本州，四国，九州の山地の木蔭に生える多年生草本．茎は高さ 60 cm 位になり，株全体に毛がまばらにある．対生の葉は柄を持ち，楕円形または倒卵形で基部はくさび形，先端はいつも 2 裂して二又の尾状になる．ふちには芒状のきょ歯を持つ．長さ 15〜20 cm，幅 8〜11 cm で表裏ともにまばらに毛がある．夏に茎の先に白い花を集散花序に開く．花序ははじめ数個の苞葉に包まれ球状となっている．装飾花が数個あり，花弁状のがく片 3 個を持つ．両性花は直径 2 cm 位，がくは鐘形で 5 裂し，裂片は広卵形をしていて毛はない．花弁は 5 個，倒卵形．雄しべは多数．子房は 5 室．1 花柱がある．果実は楕円体のさく果で，がくがいつまでも残る．熟すと 5 裂して細かな種子を出す．この植物の木質の地下茎の粘液から製紙用ののりをとることがある．〔日本名〕銀梅草は，花の形が白梅を思わせることから来たものである．銀が草は語源不明.

3071. ノリウツギ

〔アジサイ科〕

Hydrangea paniculata Siebold

北海道，本州，四国，九州の山地に生える落葉低木で高さ 2〜3 m 以上になる．葉は対生するが，時々 3 枚輪生する．柄を持ち楕円形または卵形を示す．先端は鋭く尖り，基部は普通円く，ふちにきょ歯がある．7〜8 月頃に枝先に円錐花序をつけ，少数（時には多数）の装飾花と多数の両性花を開く．装飾花は直径 1〜5 cm で，株によって大きさはまちまちである．3〜5 個あるがく片は白く，楕円形または円形の花弁状である．咲いているうちに赤味がさしてくるものもある．両性花のがく片は 5 個あり三角形．花弁も 5 個で長卵形．雄しべは 10 本，花柱は 3 分する．さく果は小さな楕円体である．〔日本名〕ノリウツギとかノリノキという．幹の内皮で製紙用ののりをつくるからである．また北海道ではサビタという．それでこの根からつくるパイプを“さびたのパイプ”という．品種に花序が装飾花ばかりからなるものがあり，これをミナヅキ f. *grandiflora* (Siebold) Ohwi といい，庭園に栽培される．

3072. イワガラミ

〔アジサイ科〕

Hydrangea hydrangeoides (Siebold et Zucc.) B.Schulz
（*Schizophragma hydrangeoides* Siebold et Zucc.）

北海道，本州，四国，九州の山地に生える落葉性のつる性植物．茎から気根を出して岩や樹によじのぼる．幹の大きいものでは直径 8 cm 位になり，樹皮が非常に厚い．対生の葉は細長い葉柄を持ち，葉柄は赤味がかっていることが多い．葉身は広卵形または卵円形で長さ 7 cm 位，先は鋭く尖り，基部は心臓形である．ふちに鋭く尖ったまばらなきょ歯がある．表面は黒っぽい緑色で，しばしば白緑色の斑点がある．7 月頃枝の先に平たい集散花序をつけ白い小さな花を咲かせる．花序の周囲には装飾花が数個あり，1 個の白い大きな卵形のがく片が花弁状に広がっている．両性花は花弁 5 個，雄しべは 10 本あり，中央に 1 本の雌しべがある．花柱は 1 個，柱頭は頭状．〔日本名〕気根で岩にからみつくところからつけられたもの．〔追記〕ツルアジサイによく似ているが，ツルアジサイでは葉が緑色で斑点がなく，長い柄を持つことと，装飾花のがく片が 5 つあること，花柱も 2〜3 個あることによって区別できる．

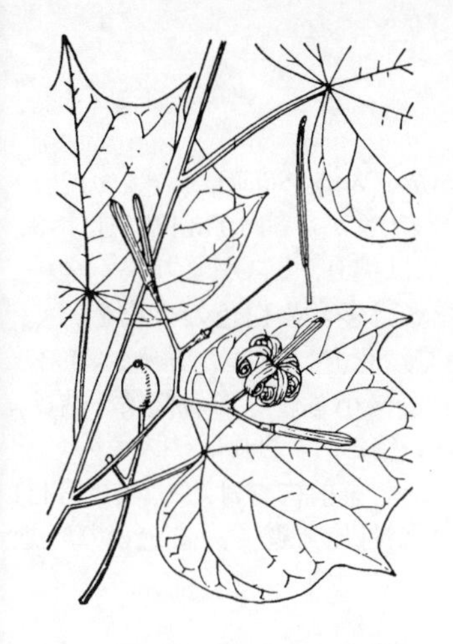

3073. ウリノキ 〔ミズキ科〕

Alangium platanifolium (Siebold et Zucc.) Harms var. ***trilobatum*** (Miq.) Ohwi
（*Marlea platanifolia* Siebold et Zucc. var. *macrophylla* (Siebold et Zucc.) Makino）

山中の樹林内に生える落葉低木で高さ 3 m 位．まばらに分枝し，材は柔らかい．葉は互生し，長い葉柄があり，3〜7 浅裂または中裂し，基部は心臓形，ふちにきょ歯はない，主脈は掌状で 5 本ある．夏に葉腋に花序を出して上部はまばらに 3〜5 に分枝し，小花柄の先端に白色の花をつける．がくは短くて小さく，花弁は 5〜8 個，線形で，開花すると外側に巻き返る．雄しべは多くは花弁と同数で，葯は黄色く細長い．果実は広楕円状球形の核果で，熟すると青紫黒色になり，平滑である．〔日本名〕葉の形がウリの葉に似ていることによる．〔漢名〕八角楓は中国産の *A. chinense* (Lour.) Harms を指す．〔追記〕近年ウリノキ科はミズキ科に含められる．ウリノキは学名上はモミジウリノキの変種となる．品種として *A. platanifolium* f. *macrophyllum* (Siebold et Zucc.) H.Ohashi et K.Ohashi とされることもある．

3074. モミジウリノキ 〔ミズキ科〕

Alangium platanifolium (Siebold et Zucc.) Harms var. ***platanifolium***

ウリノキとは葉の裂片の基部が狭まる点で異なる一形であり，九州，四国，中国地方など西日本の山地林内にやや稀産する．日本と朝鮮のウリノキにはモミジウリノキに似た形の葉をもつものもある．葉の全形はほぼ心円形で，長さも幅もほぼ 10〜20 cm あるが，葉の上半部が 3〜5 片に深く裂け，一見モミジバスズカケノキかアオギリの葉に似る．葉のふちは全縁で，質は薄く，下面に毛がある．5〜 6 月に葉腋に葉よりも短い集散花序を出し，数個の白花をつける．開花すると花弁は反曲して巻き返る．雄しべは花弁と同数，ふつう 6〜8 本ある．葯は黄色で目立つ．雌しべの花柱は雄しべとほぼ同長から開花後やや伸びる．果実は楕円体で青紫黒色に熟す．〔日本名〕ウリノキの仲間で，葉の切れ込みが深いことをモミジ（カエデ）の葉にたとえたもの．

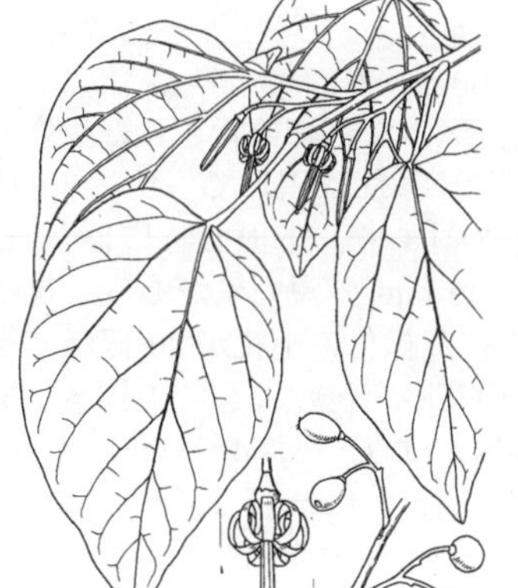

3075. シマウリノキ 〔ミズキ科〕

Alangium premnifolium Ohwi

琉球列島と屋久島など南九州の南端部に生える大形の落葉低木．葉は 2〜4 cm の柄があり互生し，左右非対称のゆがんだ卵円形．長さ 10〜15 cm．幅は下半部で 5〜10 cm ほどである．先端は鋭く尖り，基部は円形，左右どちらかの半分は斜めの切形となる特徴がある．全縁で葉の質は薄く，ウリノキのように浅裂しない．5 月頃，葉腋に短い集散花序を出し，2〜5 個の白花を下向きにつける．花弁は 7 枚あり，下半部は筒状．上半部は反曲する．花の長さ約 2 cm．花弁の内側表面に淡黄色の毛が散生する．花弁と同数の雄しべは 2 cm 弱の長さだが，花弁が反転するため花筒の外に突き出して見える．葯は黄色，雄しべの軸（花糸）にも淡黄色の短毛が密生する．果実は長さ 1 cm ほどの楕円体である．〔日本名〕島瓜の木で，島（琉球列島）に生えることによる．

3076. ミ ズ キ （クルマミズキ） 〔ミズキ科〕

Cornus controversa Hemsl. ex Prain（*Swida controversa* (Hemsl.) Soják）

山野によく見る落葉高木で，幹は直立し高さ 10 m 位に達し，枝は輪生状に出て横に広がり，冬の間は紅色を帯びる．葉は互生し，長い柄があり枝先に集まってつき，広楕円形，先端は尖り全縁，上面は緑色で下面は白色を帯び細かい毛があり，彎曲した支脈が多い．5 月に小枝の先に散房花序を出して多数の白色小花を密につけ，水平の大枝一面に花序をつけるため遠くから眺めると全体白色に見える．がく片は極めて小さい．花弁 4，雄しべ 4，下位子房がある．後に球形の核果を結び，熟すると黒色となる．〔日本名〕水木は樹液が多く，春先に枝を折ると水がしたたることによる．クルマミズキは小枝の分枝状態を車の車輪にたとえたもの．〔漢名〕燈台木．

3077. クマノミズキ　〔ミズキ科〕

Cornus macrophylla Wall.

（*C. brachypoda* C.A.Mey. ; *Swida macrophylla* (Wall.) Soják）

落葉高木で山野に生え，幹は直立して分枝し，高さ約 10 m 位に達する．葉は対生して葉柄があり，卵状楕円形で先端は尖り，ミズキより狭く全縁，支脈が多い．夏に小枝の先に散房状花序をつけ多数の白色の小花を開く．花の形はミズキと同じで，がく片は細かく，花弁は 4 個，雄しべ 4 本，雌しべは 1 本あり子房は下位．花が終わって後小さい球形の核果を結び，熟して紫黒色となる．〔日本名〕熊野水木の意味で，これはミズキの名を持つ種類が多いため和歌山県の熊野という地名を前につけたもの．〔追記〕ミズキに似るが，葉が対生し，開花期が 1 か月ほど遅く，またより暖地に分布する．

3078. ヤマボウシ（ヤマグワ）　〔ミズキ科〕

Cornus kousa Buerger ex Hance subsp. ***kousa***

（*Benthamidia japonica* (Siebold et Zucc.) H.Hara）

各地の山野にふつうに見る落葉高木．幹は直立して分枝し，高さ約 3～8 m 位．葉は短い柄があり対生，卵状楕円形，先端は鋭く尖り，ふちは全縁であるが多少波打っている．羽状脈は彎曲し，下面では下方の脈腋に黄褐色の毛がある．夏の頃，枝先に花柄を出しその先に 1 群の花をつける．平らに開いた 4 個の総苞片は白色大形でちょうど花弁のように見え，中心に花弁 4，雄しべ 4，雌しべ 1 を持つ多数の小花が球状に集まってつき，下位子房は互いに合着している．秋になって球状の集合果は赤く熟して食べることができる．種形容語 kousa は神奈川県箱根地方の方言クサに基づく．〔日本名〕山法師で，多分丸いつぼみの集まりを坊主頭に，白い総苞をそれの頭巾（ずきん）に見立てたのであろう．ヤマグワは山桑で，食用となる集合果をクワの実に見立て，野生のクワの意味である．〔漢名〕四照花が習慣的に用いられるが，真の四照花はヤエヤマヤマボウシ subsp. *chinensis* (Osborn) Q.Y.Xiang である．

3079. ハナミズキ（アメリカヤマボウシ）　〔ミズキ科〕

Cornus florida L.（*Benthamidia florida* (L.) Spach）

北アメリカ原産で，温帯各地で街路樹，庭木などに植栽される落葉小高木．小枝は緑色を呈する．葉は広楕円形，基部は円形で，長さ 7～15 cm，幅 3～5 cm ほどになる．側脈は 6～7 対あり，下面で特に目立つ．上面は無毛，下面は粉白色を呈する．5～15 mm の短い柄がある．花は 4～5 月に葉の展開に先立って咲く．枝先に黄緑色の小花が 20 個ほど集まって，散形状の頭状花序をつくる．この花序を包むように 4 枚ある総苞片は大きく，倒卵形，白や紅色で，先端はくぼみ，長さ 4～5 cm もあり，全体で大きな花のように見える．核果は楕円体で 1 cm ほど，互いにゆ合せず，ヤマボウシのように集合果にはならない．〔日本名〕花水木は，美しい花（総苞）をつけるミズキの意．

3080. サンシュユ（ハルコガネバナ，アキサンゴ）　〔ミズキ科〕

Cornus officinalis Siebold et Zucc.

昔中国や朝鮮半島から伝えられ薬用植物として栽培されたが，今では一般に花木として植えられる落葉高木．幹は高さ 4 m 以上に達し，大きいものでは直径 30 cm を超え，枝はよく茂り小枝は対生し，黒褐色の芽があって日に照らすと暗紫色に見える．枝や幹の皮は鱗状によくはげ落ちる．葉は対生し，楕円形，全縁で尖り，葉も小枝も丁字状の伏毛でおおわれ，葉の下面では支脈は隆起し彎曲してほぼ平行に走り，脈腋に黄褐色の毛があるのが特徴である．春早く葉に先立って木一面に小枝の先に散形花序をつけて黄色の小花を開く．花序の下には 4 枚の褐色の堅い苞葉があって保護している．花は小柄があり，花弁 4 個，雄しべ 4 本，雌しべ 1 あって子房は下位．核果は楕円体で赤熟し堅い核があり薬用になる．〔日本名〕サンシュユは漢名山茱萸の音読みである．牧野はこの漢名を別種にあて，春黄金花と名付けたがこれは春に黄色い花が咲くからである．秋珊瑚は秋の赤く熟した果実に基づく．〔漢名〕山茱萸．

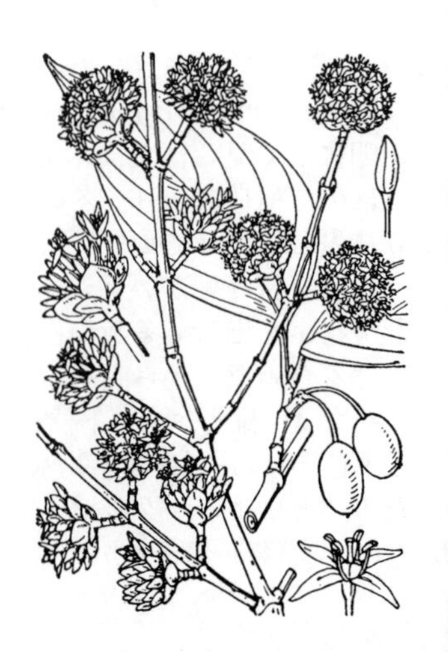

3081. ゴゼンタチバナ 〔ミズキ科〕

Cornus canadensis L.

(*Chamaepericlymenum canadense* (L.) Asch. et Graebn.)

高山の林下に生える常緑の小草本で高さ約 7〜12 cm 位．白色の地下茎を引く．葉は茎頂に通常 6 枚輪生状につくが元来その 2 枚が主軸に対生するだけであとはその腋生の短小枝に 2 枚ずつ対生したものである．葉は倒卵形あるいは楕円形，全縁，支脈は長い．夏に茎頂から 1 花序柄を直立し，その頂に白色の 1 花序をつける．4 枚の開出する総苞片は白色で花弁のように見え，中央に小花が頭状に集まってつき，4 花弁，雄しべ 4 本，および下位子房がある．花が終わって後球形の果実が集合してつき，後に赤く熟して美しい．〔日本名〕御前タチバナの御前は石川県白山の最高峰の名で，タチバナは，果実の形をそれになぞらえた．最初白山で発見されたからである．

3082. エゾゴゼンタチバナ 〔ミズキ科〕

Cornus suecica L.（*Chamaepericlymenum suecicum* (L.) Asch. et Graebn.）

北半球の針葉樹林帯に広く分布し，日本では北海道東部の湿原に生える常緑小草本．根茎は細長くはう．高さ 5〜20 cm，茎は直立し，4 稜があり，まばらに白い毛がある．葉は 4〜5 対が対生してつき，ゴゼンタチバナのように輪生状にはならない．各葉は柄はなく，卵状楕円形で先端は尖り，基部は円形，長さ 1.5〜3 cm，幅 1〜2 cm ほどである．上面は毛がまばらにあり，側脈は 2〜3 対が基部から出る．7 月頃茎の先端に 10〜20 花が集まり花序をつくる．花序の柄は 1〜2 cm．総苞片は広楕円形で白色，先は鈍頭である．長さ 6〜8 mm，5〜7 脈がある．個々の花は両性で，小形，紫色を帯び，短い柄がある．子房は通常まばらに毛がある．果実は球形で赤く熟し，径は 5〜6 mm ほどである．

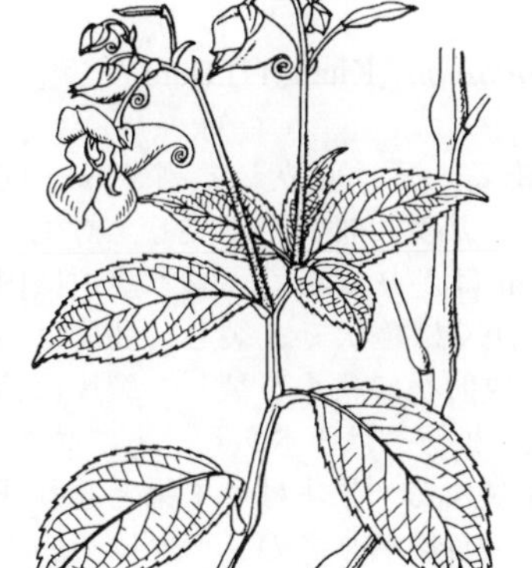

3083. ツリフネソウ（ムラサキツリフネ） 〔ツリフネソウ科〕

Impatiens textorii Miq.

北海道，本州，四国，九州の山ろくや水辺に生える柔らかな一年草で，高さは 50 cm ぐらいある．茎は直立して分枝し，多汁質でなめらかで毛はなく，紅紫色で節はふくらんでいる．葉は柄をもち互生し，広披針形で尖り，きょ歯がある．基部はくさび形になっている．秋に茎の先に出た 3〜4 本の花序柄には紅紫色の腺毛があり，柄の上部は小形の苞のある総状花序になり，数個の花が下垂する．花も紅紫色で，花の下にがく片があり，左右の 2 つは大きい．距はふくれて後の方に長く突出し，紫の斑点があり，尖った先端が巻いている．5 本の雄しべの葯は連合し，雌しべが 1 本ある．さく果は細い紡錘形で，熟すと果皮が裂けて種子を飛ばす．〔日本名〕釣船草の意味で，花の形が帆かけ船をつり下げたように見えることから来たもの．〔漢名〕野鳳仙花，坐拏草はともに正しいものではない．

3084. ハガクレツリフネ 〔ツリフネソウ科〕

Impatiens hypophylla Makino

本州（東海地方以西の太平洋側），四国，九州に分布する一年草で，渓谷や林の下の湿った地に見られる．全体の様子はツリフネソウに似ているが，茎の上部には時に無色の縮れた毛が生える．また葉のきょ歯の前方のふちに小突起がある特徴がある．葉は比較的に大きく，先端に近い葉では基部が耳状に広がり，その部分にひげ状のきょ歯となる．花序柄は腋生であるが，その葉の裏にかくれ，ツリフネソウのような赤い毛はない．花は淡紫色でツリフネソウよりいくらか薄いが，濃紫色の脈状の紋がある．また距は曲がっているがくるくる巻くことはしないなどの点でツリフネソウと区別できる．〔日本名〕葉隠れツリフネの意味で，花序が葉の下側にあることから来ている．

3085. キツリフネ 〔ツリフネソウ科〕

Impatiens noli-tangere L.

北海道，本州，四国，九州の山中の湿地に生える一年生草本で高さは 50 cm 位ある．毛はなく柔らかで，茎は直立して分枝し，なめらかであり多汁質である．節はふくらみ大きいものでは茎の直径が 2 cm にもなる．葉は柄をもち互生している．細長い楕円形で短く尖り基部は鋭形，粗いきょ歯があり，薄質で柔らかい．夏に葉腋から細い花序柄を出し，3～4 個の黄色い花を下垂する．基部にがくがあり，その左右に大きな花弁があり，距はふくれて後方に突出し彎曲している．5 本の雄しべの葯は連なっている．雌しべは 1 本．さく果は細長くて両端が尖っている．熟すと果皮が勢いよく巻きかえり種子を飛ばす．〔日本名〕黄釣船．花の黄色いツリフネということである．この種は初めに閉鎖花を出す．〔漢名〕輝菜花．しかし水金鳳は正しい用い方ではない．

3086. ホウセンカ 〔ツリフネソウ科〕

Impatiens balsamina L.

インド，東南アジア，中国南部の原産であるが，今は世界に広く栽培されている一年生草本．毛はなく軟らかで，高さ 60 cm 位ある．茎は直立し，しばしばまばらに分枝し，多肉で円柱形，下部の節が時にふくらんでいる．葉は柄をもち互生し，披針形で尖り，下部は細く，くさび形となり，ふちにきょ歯がある．葉柄に細かい腺がある．花は柄をもち，2～3 個が腋生する．花の色はいろいろあり，夏から秋にかけて葉の間に開く．垂れ下がった花は左右相称で，基部にがくがあり，その左右に大きな花弁があり，距は花の後方に出て下に曲がる．5 本の雄しべがあり，葯は連なっている．雌しべの子房には毛がある．さく果は，やや尖った楕円体で細かな毛があり，熟すと勢いよく開いて黄褐色の種子を飛ばす．〔日本名〕漢名，鳳仙花の音読みである．

3087. ハナシノブ 〔ハナシノブ科〕

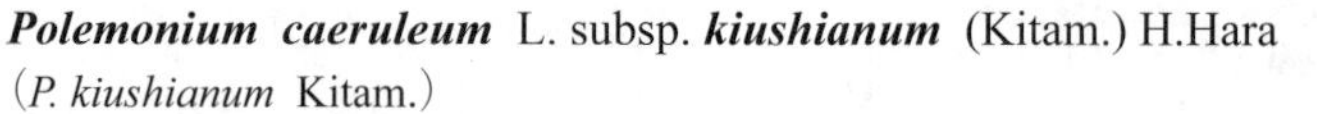

Polemonium caeruleum L. subsp. ***kiushianum*** (Kitam.) H.Hara
(*P. kiushianum* Kitam.)

九州の山地の草原に生える多年草である．茎は直立して高さ 60～90 cm となる．葉は互生し，奇数羽状複葉で，小葉は披針形で尖り，対生して 10～12 対あり，柄はなく長さ 2～3 cm ばかりである．夏，茎頂に円錐花序を出し，紫色の美しい花を開く．がくは鐘状で 5 裂し，裂片は尖る．花冠は浅い皿状で長さ 10～15 mm，放射状に深く 5 裂し，裂片は楕円形で鈍頭，背面とふちに短い毛が生える．雄しべは 5 本あり一方に傾き，花冠の上に出る．子房は 1 室，柱頭は 3 裂する．果実はさく果となり球形で長さ約 5 mm，残存がくに包まれる．〔日本名〕名のシノブはその葉の形に基づく．

3088. ミヤマハナシノブ 〔ハナシノブ科〕

Polemonium caeruleum L. subsp. ***yezoense*** (Miyabe et Kudô) H.Hara

本州中部以北，北海道に分布し，高山ないし亜高山帯の日当たりのよい砂れき地や草地に生える．高さ 80 cm ほどに達する多年草．葉は羽状複葉で，羽片は 10 対ほどあって，長さは約 5 cm になる．根生葉には長い柄があるが，上部の茎葉は無柄．花冠は長さ約 2.5 cm，5 裂し，淡青紫色で，散房花序につく．花期は 6～8 月．がくは長さ 10 mm ほどで，5 深裂する．雄しべは 5 個で花冠裂片と互生する．子房は上位．花柱は 1 個で柱頭は 2～3 裂する．さく果は胞背裂開する．北海道以北に分布するカラフトハナシノブ subsp. *laxiflorum* (Regel) Koji Ito は，花が少し小さく，花冠は 2 cm ほどで，がくは中裂から深裂する．〔日本名〕深山に生えるハナシノブの意．〔追記〕花序の毛の性質に基づいて，本亜種をさらに北海道と青森産のエゾノハナシノブ var. *yezoense* Miyabe et Kudô と本州中部産のミヤマハナシノブ（狭義）var. *nipponicum* (Kitam.) Koji Ito に分ける意見もある．

3089. クサキョウチクトウ（オイランソウ）　〔ハナシノブ科〕

Phlox paniculata L.

北アメリカ原産の多年草でよく庭に植えられている．茎は 1 株に数本以上直立し高さ 1 m 内外になる．葉は対生，時に 3 枚輪生し，披針形で先は尖り，全縁，葉柄はごく短く，上の方ではやや茎を抱くようになり，ふちには細かな毛が生え，長さ 7〜13 cm．夏，茎頂にやや半球形の円錐花序を出し，紅紫色や白色などの美しい花を沢山つける．がくは緑色で 5 裂して尖り，花冠は下部が細い筒となり，上部は 5 裂して平らに開き，裂片は回旋してひだ状に重なり，径 2.5 cm ほどである．雄しべは 5 本．〔日本名〕草夾竹桃の意味で，花がキョウチクトウに似て草であるのでいう．

3090. キキョウナデシコ　〔ハナシノブ科〕

Phlox drummondii Hook.

北アメリカのテキサス州原産で，観賞用として栽培されている一年草である．茎はよく分枝して直立し，高さは 30 cm ばかりとなり，粗い毛が生えている．葉は柄がなく，下の方では対生，上の方は互生し，長楕円形または披針形で先は尖り，基部は狭くなりやや茎を抱き，長さ 2.5〜4 cm．夏，茎頂に集散花序をつけ多数の美しい花を開く．花は紅色，淡紅色，紫色，白色などがある．がくは緑色で 5 裂して尖る．花冠は径 2.5 cm，下部は細い筒となり上部は 5 裂し，裂片は平らに開く．雄しべは 5 本．果実はさく果となり卵球形で宿存がくを伴う．園芸品のスターフロックスは花冠裂片が尖り，または切れこみが多いもので，ホシザキキキョウナデシコ‘Stellaris’という．

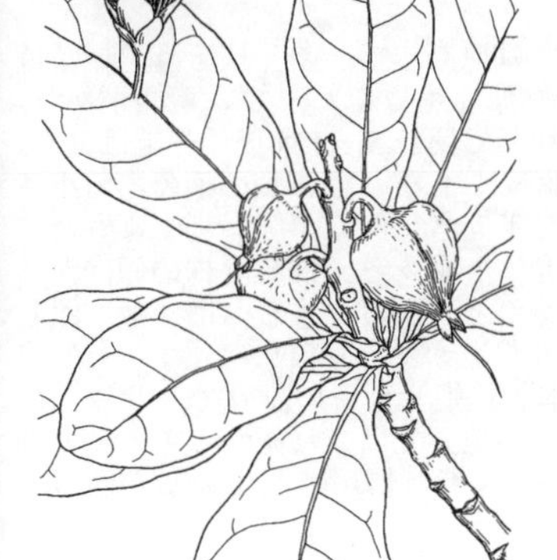

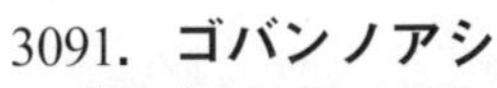

3091. ゴバンノアシ　〔サガリバナ科〕

Barringtonia asiatica (L.) Kurz

熱帯から亜熱帯の低湿地や河岸林に成育する常緑の高木．高さは 15 m ほどに達する．東南アジアからミクロネシアにかけて分布するが，日本では八重山列島の石垣，西表島に成育する．葉は互生し，倒卵状長楕円形，長さ 20〜40 cm，先端は鋭尖頭，全縁で表面は光沢があり無毛．花序は総状花序で短く，葉腋から下垂する同じ属のサガリバナと異なり，上向きにつく．花は白色で径 10 cm ほどの大形．がくは下部はがく筒を作り 2〜3 の裂片に分かれる．花弁は 4 枚で白色，長さ 7〜8 cm．雄しべはきわめて多数で，基部はゆ合し長さ 10〜12 cm．子房は下位，花柱は長さ 3 cm．果実は 4 稜形で，長さ径とも 8〜12 cm，頂端にがくが宿存し，中に大きな種子を 1 つもつ．果実は塩水に強く，海流に乗って漂着，発芽する．〔日本名〕果実の形が碁盤の足に似ていることからついた．

3092. サガリバナ　〔サガリバナ科〕

Barringtonia racemosa (L.) Spreng.

熱帯から亜熱帯の海岸近くの低湿地や河岸林に成育する常緑の高木．高さは 10 m ほどに達する．東南アジアからミクロネシアにかけて分布するが，日本では奄美大島から南の琉球列島に成育する．葉は互生，枝の先端に束生し，倒卵状長楕円形，長さ 10〜30 cm，先端は鋭尖頭，花序は総状花序で，長さ 20〜60 cm，葉腋から下垂する．花は径 3 cm ほど，がくは蕾の時には合着しているが，開花するときに 2〜3 の裂片に分かれる．花弁は 4〜5 枚で白色または淡紅色，長さ 2 cm．雄しべはきわめて多数で長さ 3〜4 cm．子房は下位，花柱は長さ 3 cm．果実は 4 稜のある長卵球形で長さ 5〜7 cm，頂端にがくが宿存する．〔日本名〕花序が長く垂れ下がってつくことに由来する．

3093. ブラジルナットノキ 〔サガリバナ科〕

Bertholletia excelsa Humb. et Bonpl.

ブラジル北部やペルー，ボリビアの一部などアマゾン流域の熱帯雨林に生える常緑大高木．樹高は 30 m を超えるものもある．樹皮は黒色で大きく枝をはる．葉は互生し，長さ 30〜35 cm の大きな楕円形で，幅は 7〜8 cm ある．質は厚く，硬く光沢があり，ふちは波打つ．枝先に大きな円錐花序を上向きにのばし，多数の雄しべをもった 6 弁の白花をつける．果実は直径 15〜20 cm の大きな，やや平たい球形で房状につき，表面は暗褐色を呈する．果実の外壁は厚い木質で，1 果の重量は 1 kg を越え，頭上に落下すれば危険である．この外壁に包まれて，大形の種子が 12〜13 個放射状に並び，1 個の大きさは長さ約 5 cm の彎曲した半月形で，断面はほぼ三角形をなし，内部に脂肪に富んだ胚乳がある．この種子をブラジルナット（英名 Brazil nut）と呼び，高級な食用ナッツおよび菓子原料となる．原産地以外での栽培はむずかしく，ブラジルの特産品として，主にアメリカ合衆国に輸出されている．

3094. モッコク 〔サカキ科〕

Ternstroemia gymnanthera (Wight et Arn.) Bedd.

南関東から西の暖かい地方の山に生える常緑高木で，時々大木となるが，また庭木として人家にも植えている．葉は厚く皮質で葉柄があり互生し，全縁で長楕円状倒卵形，長さ 5 cm 前後，先端は丸く，基部はくさび形で，表面はつるつるして毛はない．夏に本年の枝の下半分に長い花柄のある小さな白い花を下向きに開く．花は径 1 cm ほどで緑色のがく片は 5 個，花弁は 5 個で平らに開く．雄しべは多数，雌しべは 1 本．液果は球形あるいは広楕円体で長さ 1.5 cm，皮は厚く，熟するとやや不規則に裂開して濃赤色の種子を出す．〔日本名〕本種を木香に誤ったためか．〔漢名〕厚皮香．

3095. ヒサカキ 〔サカキ科〕

Eurya japonica Thunb.

やや乾いた山地に多く生える常緑低木または亜高木で，多く枝をうち，葉は茂り，時々庭木として植えられる．葉はやや厚く毛はなく，短い葉柄があり，無毛の枝の上に 2 列に付いて互生し，倒披針形で長さ 5 cm 前後，先端は丸く，へりに細かいきょ歯がある．春の初めに，葉腋に 1 ないし 3 個の柄のある小さい白い花が束になって付き，時々紫色を帯び下向きに開く．強い刺すようなにおいがある．がく片は 5 個で暗紫色で，花弁は 5 個ある．雌雄異株の傾向が強いが時に雄花，雌花，両性花が混じってつくことがある．雄しべは多数，雌しべには 1 個の子房と 3 つに分かれた 1 本の花柱とがある．液果は熟すると紫黒色になり，多数の小さい種子がある．〔日本名〕姫サカキの訛りで，サカキに比べて小型であることを示す．サカキの少ない地方ではこれをサカキの名で神事に使う．〔漢名〕野茶，または柃であるが，後者は慣用されているが誤って使われた名前であろう．

3096. ハマヒサカキ 〔サカキ科〕

Eurya emarginata (Thunb.) Makino

日本西南部の暖かい地方の海岸に生える常緑低木で，高さは 1.5 m 内外，多くの枝は水平にのび，葉はこの上に左右交互に水平について密に茂る．小枝には褐色の細かい毛が密生する．葉は厚く短い葉柄があり，互に接近して互生し濃緑色，長倒卵形で先端は円形，多くはへこみ，基部はほぼくさび形でへりに鈍きょ歯があるが，裏に巻き込んだ形であるので一見した時には全縁でしかもひどく厚質にみえる．春に葉腋に緑白色の柄のある数個の花が束になって開く．がく片は 5 個，花弁は 5 個．雌雄異株で雄花には多数の雄しべがあり，雌花には 1 本の雌しべがある．液果は球形で熟すると黒色になり，径 5 mm．多数の小形の種子をもつ．〔日本名〕浜ヒサカキは海岸に生えることを意味するが，庭園にうえてもよく育つ．

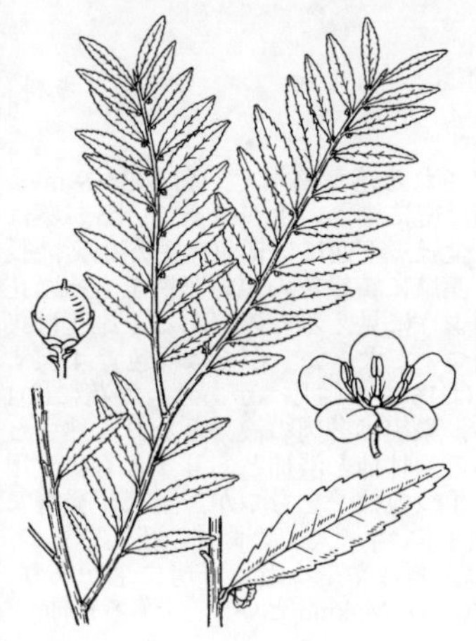

3097. ヒメヒサカキ 〔サカキ科〕

Eurya yakushimensis (Makino) Makino

屋久島の標高 1,000 m 付近に限って分布する固有種である．高さ 4 m に達する常緑の小高木．枝を密に主枝の左右に出して，やや小形の葉を 2 列互生に密につける．若い枝には葉柄の基部の左右から流下する低い稜角がある．葉身は倒披針状楕円形で長さ 1～3 cm，幅 7～10 mm，先端は細長くのび，鈍端，裏面は淡緑色．葉の表面の中肋および細脈は凹入している．葉縁には低い鈍きょ歯がある．花は葉腋に 2～3 個束生して下向きに開き短い花柄がある．花径は 4～5 mm，小苞はがく片の下部に密着するか，やや下につく．がく片は 5 個，扁平半円形，小苞の 2 倍の長さがある．花弁は満開時には平開し，紅紫色で白縁のあるものが知られているが，白色または帯黄白色のものもあると思われる．ヒサカキでも白色の花のほかに，花弁の端に黒紫色をおびるものや淡紫黒色で白縁のあるものがときに見られる．雄しべは 5 個，花弁に対生する．雌しべは 1 個，子房がときに見られる．雄しべは 5 個，花弁に対生する．雌しべは 1 個，子房は 3 室，花柱は 3 岐する．果実は液果で径 5 mm ばかり，黒熟する．

3098. サ カ キ 〔サカキ科〕

Cleyera japonica Thunb.

東北地方南部から西の山林中に生える常緑の小高木で，また通常神社の庭や墓地に植えられる．葉は厚く，葉柄があり互生し，枝の上に 2 列に付き，長楕円状倒卵形で長さ 8 cm 前後，先の方は鋭く細くなっているが基部は丸く，全緑で表面はつるつるしていて質は厚いがもろい．枝の先端の芽の最外の鱗片 1 個が大きく，弓のように曲がって鳥の爪の形をしているのは特徴である．夏に花柄のある花を腋生し，花は 1～3 個が束になって付き，下向きに開く．緑色のがく片は 5 個．花弁は 5 個で，下部は互に寄り集まり，白色で後に黄色味を帯びる．雄しべは多数，葯には逆向きの毛があり，雌しべは 1 本．液果は球形，径 4 mm ほどで，熟すると黒くなり，多数の小形の種子がある．〔日本名〕サカキ（栄樹）で，年中葉が緑色であるためといわれる．〔漢名〕楊桐は多分誤りであろう．榊の字は国字であって神道の神事につかうことからできた．〔追記〕本州中北部ではサカキが少ないので神事にこの名で使用されるものはほとんどヒサカキである．

3099. アカテツ（クロテツ） 〔アカテツ科〕

Planchonella obovata (R.Br.) Pierre（*Pouteria obovata* (R.Br.) Baehni）

フィリピン，マレーシアから台湾，琉球列島および小笠原諸島にかけて広く分布する常緑の大高木．大きなものは樹高 20 m に達する．黒褐色の幹はときに径 1 m にもなり，硬く，傷つけると褐色の樹脂を分泌する．葉は互生するが枝先に集まる傾向があり，卵状楕円形で長さ 8～14 cm．全縁で質は革質，上面は濃緑色で光沢がある．下面には赤褐色の鉄サビのような毛が密生し，この毛は若枝や若葉もおおう．夏に枝先の葉腋から短い柄の小花を群生し，花柄とがくの外面も葉裏同様にサビ色の毛をもつ．花は直径 5 mm ほどで，ややつぼ状のがくをもち，外面は赤褐色．花弁は小さく 5 枚あって黄緑色．小笠原諸島の岩石地など乾燥したところには葉がずっと小形のコバノアカテツ var. *dubia* (Koidz. ex H.Hara) Hatus. ex T.Yamaz. が多い．この変種は樹高 2～4 m，葉は長さ 3～6 cm で母種に比べてはるかに小さく，葉質は厚く硬い．母種同様に葉裏と若葉，葉枝は赤褐色の毛におおわれ，新葉の開く時期には木全体が赤サビ色となってひときわめだつ．〔日本名〕赤鉄は小笠原諸島における呼称 Red iron wood の訳で，本来フトモモ科のヒメフトモモをさしていた．一方，アカテツの小笠原における呼称は Black iron wood で，これを訳したクロテツが正しい名であるべきだが，いつの間にか間違えられて今に至っている．

3100. ムニンノキ（オオバクロテツ） 〔アカテツ科〕

Planchonella boninensis (Nakai) Masam. et Yanagihara
（*Pouteria boninensis* (Nakai) Baehni）

小笠原諸島の林内に稀産する常緑の大高木．高さ 6～8 m で大きなものは胸高直径が 20 cm に達する．樹皮は黒褐色でアカテツよりも色が濃い．葉はアカテツによく似るがやや大形，長さ 2～3 cm の太めの柄があって互生し，枝先の部分に集まってつく．葉身の長さ 8～10 cm，幅 4 cm ほどの長楕円形で質は厚く，上面濃緑色で光沢がある．7～8 対ある側脈はくっきりと浮き出し葉縁近くで著しく彎曲する．夏に枝先の葉腋から 5～6 mm の柄のある花を 2～3 個ずつ束生し，径 3 mm ほどの半球形のがく筒と，黄緑色 5 個の花弁がある．雄しべは 5 本．果実は長楕円体で長さ 4～5 cm にも達し，この大きな果実をつける点でアカテツとはまったく異なる．果実の外面は緑褐色．褐色の斑が密にあり，肉質で中心に大きな核をもつ．食用になるというが，渋とアクが強い．雌雄異株で，雌木，特に結実する個体はごく少なく，絶滅が危惧されている種類である．

3101. カ　キ（カキノキ）　〔カキノキ科〕

Diospyros kaki Thunb.

日本の西南部の山中に自生するが，広く栽培される落葉高木で，高さ 3〜9 m となり，幹は直立して多くの枝に分かれ，若枝には密に細かい毛が生えている．葉は新枝に互生し，短い柄があり，楕円形で尖り，全縁，下面には褐色の毛が生え，長さ 7〜17 cm，晩秋に紅葉して美しい．6 月頃，葉腋に黄緑色の短い花柄をもった花を開く．雌雄同株であるが，ときに雌雄異株のように見えるものもある．雄花は集散花序に数個ついて小さく，雌花は葉腋に 1 個ついて大きい．がくは緑色で 4 裂する．花冠は壷形となり，先は 4 裂する．雄花には 16 本の雄しべがあり，雌花には 1 本の雌しべと，退化した 8 本の雄しべとがある．果実は多肉の液果となり，熟すと黄赤色となる．品種によって形はさまざまである．甘柿と渋柿とあり，ともに食用とする．若い果実から渋をとる．1 つの果実は 8 つの種子をもつが，全部が発育して完全な種子となるものは少ない．種子は長楕円体で平たく，軟骨質の胚乳をもつ．材は堅く器具を作るのに使う．自生するものは，葉はやや小形で子房に毛があり，果実は小さく，栽培品の原種でヤマガキ var. *sylvestris* Makino という．〔漢名〕柿.

3102. シナノガキ（マメガキ，ブドウガキ）　〔カキノキ科〕

Diospyros lotus L.

中国原産と考えられ，日本では古くから栽培される落葉高木である．高さ 6〜9 m となる．葉は互生し長さ 8〜12 mm の柄があり，長楕円形で両端尖り，全縁，上面深緑色，下面は灰白色で短くて曲がった毛が生え，長さ 6〜12 cm，幅 7〜5 cm．6 月頃，新枝の葉腋に短い花柄のある黄白色の小さな花を開く．がくは 4 裂し，裂片は三角形である．花冠は壷状で先が 4 裂する．雄花は 16 本の雄しべをもち，雌花は 1 本の雌しべと，退化した 8 本の雄しべをもつ．果実は小さな長楕円体の液果で径 1.5 cm ほどになり，多くは小形の不熟種子のみをもつ．熟すと黄色となり食べられる．未熟の緑色の果実から柿渋をとるため栽培され，信濃（長野県）に多く見られるのでこの名がある．果実が球形でやや大きいものをマメガキといい栽培される．これは成熟した種子をもつ．霜にあたると果実は黒紫色となり，ブドウに似るのでブドウガキという．〔漢名〕君遷子.

3103. トキワガキ（トキワマメガキ，クロカキ）　〔カキノキ科〕

Diospyros morrisiana Hance

本州中部以南，台湾，中国の暖地に生える常緑高木である．幹は直立して高さ 7 m ほどとなり，古い木は樹皮が黒色となる．葉は互生し，7〜12 mm ほどの柄をもち，楕円形で両端尖り，全縁，質は厚く，長さ 5〜9 cm，幅 2〜3.5 cm，上面深緑色，下面淡緑色で若いときのみ毛がまばらに生える．雌雄異株．花は小さく葉腋に 1 個ずつつき，著しく短い花柄をもつ．がくは緑色で 4 裂する．花冠は淡黄色，鐘形で長さ 7〜8 mm，先端は広卵形の 4 裂片に裂ける．雄花は 16 本の雄しべをもち，葯には細かい毛が生える．雌花は 4 本の雄しべと 1 本の雌しべがある．子房は 8 室に分かれ，無毛である．花柱は 4 裂している．果実は球形の液果となり，径 15 mm ばかり，熟すと黄色くなりさらに暗褐色となる．〔日本名〕常盤柿で四季を通して葉が緑色であるのでいい，常盤豆柿は果実が小さいので，黒柿は老木の幹が黒色なのでいう．しかし建築，工芸の材として珍重する黒柿とは別である．

3104. リュウキュウマメガキ　〔カキノキ科〕

Diospyros japonica Siebold et Zucc.

東海地方以西の本州南西部と四国，九州および琉球列島に分布する常緑の高木．山地に自生し，琉球列島ではほぼ全島で山林内に見られる．また中国南部にも分布が知られている．木の高さは 3〜5 m，樹皮は黒褐色．葉は互生し長さ 1〜3 cm の柄がある．葉身は楕円形ないし卵状楕円形で長さ 8〜15 cm，幅 4〜8 cm あり，先端は尖るが，基部は円く，ときに浅い心臓形となる．この葉脚の形と葉柄の長い点がマメガキとの区別点とされる．葉のふちは全縁で質は革質，若葉では下面に毛があるが，のちに無毛となる．雌雄同株．6 月頃，葉腋に雌花を 1 花，または 2 個の雄花をつける．上半が 4〜5 裂した浅い盃状のがくに抱かれて，筒形，淡黄色の花冠があり，花冠の上部もがくと同数に裂ける．雄花には多数（約 20 本）の雄しべがあって花冠筒の内側につくが，雌花では 8 本の退化した雄しべと雌しべ 1 本がある．果実は径 2 cm ほどの球形の液果で紫黒色に熟す．果実は食用にならないが材は硬く，緻密で工芸材とされる．〔日本名〕琉球豆柿は琉球列島に産し，小さな実のなる柿の意.

3105. コクタン 〔カキノキ科〕

Diospyros ebenum J.König

インド，マレーに産する常緑の高木．葉は短い柄があって互生し，楕円形で全縁，両端が細くなる．先端は鈍形で革質，葉脈は隆起している．雌雄異株で単性花をつけ，雄花は短い柄をもち，集散花序に 3～12 花が群がって咲く．がくは漏斗形で 4 裂，花冠も筒形で 4 裂し，雄しべは約 16 本ある．雌花は葉腋に 1 個つき，短い柄をもち雄花より大きく，1 本の花柱があり，先端は 4 つに分かれ，子房は 8 室である．果実は球形，径 2 cm 位，果実の下部にほぼ半球形の木質で杯状のがくをつけている．心材は硬くきめが細かで，俗に紫檀に対して黒檀とよばれ，色は黒色で磨けば光沢があり美しい．いわゆる唐木とよばれる材木中の優れたもので，家具，器具材，楽器など用途が多い．この生きた植物はまだ日本で栽培された記録はない．〔漢名〕烏木．

3106. リュウキュウコクタン 〔カキノキ科〕

Diospyros ferrea (Willd.) Bakh.

マレーシア，インド，スリランカなどのアジア熱帯原産の常緑の高木．台湾，中国南部にも分布し，日本では八重山諸島や沖縄島で広く栽培され，戦前には小笠原でも栽培が試みられた．樹高は 10 m 前後となり，平滑で黒褐色の樹皮をもつ．よく分枝し小枝は灰褐色，厚く硬い革質の葉を互生する．葉柄はごく短く，葉身は長さ 4～8 cm の倒卵形で全縁，先端はやや円く，基部はくさび形に細まる．上面は濃緑色で光沢があり，下面は淡緑色，葉縁はやや下側に巻き込む．雌雄同株で 5～6 月に葉腋に数花をつける．がくは盃状で上部は 3 裂片に分かれ，鐘形の花冠は淡黄色，長さ 3～5 cm で 6～12 本の雄しべがあるが，雌花では雄しべは退化していて中央に 1 個の雌しべがある．果実は楕円体の液果で長さ 1 cm 余．秋から冬に紅紫色に熟す．材は硬く光沢があり，床柱などに珍重され，また沖縄では三線（蛇皮線）の棹に用いられたという．〔日本名〕琉球産の黒檀の意．庭園樹や街路樹として植えられる．〔追記〕琉球のものを *D. egbert-walkeri* Kosterm. として区別する意見もある．

3107. イズセンリョウ（ウバガネモチ） 〔サクラソウ科〕

Maesa japonica (Thunb.) Moritzi ex Zoll.

関東南部以西の暖地に分布し，山地の木陰に生える雌雄異株の常緑低木．茎は分枝少なく，高さ 1 m ほどになる．葉は互生し柄があり，長楕円形で先は尖り，ふちに波状の粗いきょ歯がある，長さは 6～15 cm，カシの葉のような感じがある．初夏，葉腋に長さ 1～3 cm の総状花序を出し，短い花柄をもった小さい花を多数つける．花冠は筒状で長さ約 5 mm，筒の先は浅く 5 裂する．がく片は 5 個，雄しべは 5 本，雌しべは 1 本．果実は球状で径約 5 mm，残存する花冠に包まれ白色である．〔日本名〕伊豆センリョウは伊豆の伊豆山神社の社林の中に多いために名付けられた．〔漢名〕杜茎山を使うが誤りである．

3108. ハイハマボッス 〔サクラソウ科〕

Samolus parviflorus Raf.

北海道，本州，北アメリカに分布し，海岸または湖岸近くの湿地に生育するまれな多年草．茎は細く斜めに立ち，無毛で，高さ 10～30 cm．葉は倒卵形から広楕円形．長さ 2～6 cm, 幅 1～2 cm．円頭，基部は狭まって，柄に流れる．質はうすく，下面に赤褐色の細点が散在する．総状花序に 10～20 個の白い花を 6～7 月につける．花は小さく径 2～3 mm．花柄は 1～2 cm で斜開し，途中に 1 個の小苞がある．果実は球形のさく果で径約 2.5 mm．〔日本名〕ハマボッスに似て，茎が直立せずやや地をはうのでいう．

3109. サクラソウモドキ　〔サクラソウ科〕

Primula matthioli (L.) V.A.Richt. subsp. ***sachalinensis*** (Losinsk.) Kovt.
（*Cortusa matthioli* L. subsp. *pekinensis* (Al.Richt.) Kitag. var. *sachalinensis* (Losinsk.) T.Yamaz.）

種としてはヨーロッパから東アジアに広く点在し，北海道の山地にまれに見られる多年草である．葉は根生し，長さ 8〜12 cm の長い柄があり，ほぼ円く径 4〜8 cm，掌状に浅く 7〜11 裂し，裂片のふちには不揃いな粗いきょ歯があり，基部は深い心臓形となる．花茎や葉には多くの軟毛が生えている．6〜7 月，高さ 10〜20 cm の花茎を出し，頂に散形花序をつけ，3〜8 個の紫紅色の花を開く．花柄は 1.5〜4 cm，細かい腺毛が生え，基部に倒披針形の苞葉をもつ．がくは漏斗状で長さ 5〜6 mm，5 中裂し，裂片は披針形で尖る．花冠は漏斗状で径 1〜1.5 cm，短い筒部をもち，先は 5 裂し，裂片は狭卵形で斜めに開き，先端はやや尖る．雄しべは 5 本で花冠の基部につき，雌しべは 1 本．全形オオサクラソウによく似ているが，花冠の形が異なり，雄しべが花冠の基部につくので別属とされる．〔日本名〕サクラソウ類に似ていて違うものという意味である．

3110. サクラソウ　〔サクラソウ科〕

Primula sieboldii E.Morren

北海道南部，本州，九州の川岸の原野または山間の低湿地に自生し，また広く庭園に栽培される多年草である．地下茎は短く地中をはい，ひげ根を出す．葉は多数集まって根生し，葉柄は長く有毛，葉身は楕円形でふちは浅く切れこみ，裂片にはきょ歯がある．葉質はうすく，毛がある．4 月頃，7〜20 cm の葉よりも長い花茎を直立し，その先に散形状に紅紫色の花を 7〜20 個つける．がくは緑色で深く 5 裂し，裂片は狭く，尖る．花冠の上部は深く 5 裂し，裂片はさらに浅く 2 裂する．筒部はがくよりも長い．雄しべは 5 本で花筒につき，雌しべは 1 本で筒の中にある．株によって長花柱花，短花柱花の別があり，これは同属の他種についても同じことがいえる．さく果は円錐状扁球形で宿存するがくを伴う．栽培品種には花の色や形の変わったものが多くその数は 200〜300 もある．〔日本名〕サクラに似た花形に基づくものである．

3111. クリンソウ　〔サクラソウ科〕

Primula japonica A.Gray

北海道，本州，四国の山間の湿地に自生し，また観賞品として栽培される多年草である．葉は多数根群がって根生し，広い倒卵状長楕円形で，長さ 15〜40 cm，幅 5〜13 cm，ふちに細かいきょ歯があり，基部は細まって柄となり，紅色を帯びる．5〜6 月，高さ 40〜80 cm の長い花茎を出し，紅紫色の柄のある花を，花軸に数層輪生する．がくは緑色で 5 裂し，裂片は短い．花冠は径 2〜2.5 cm，の下部は筒となり，上部は 5 裂し，裂片は凹頭である．雄しべは 5 本で花筒につき，雌しべは 1 本で花筒の中にある．本種は日本産のサクラソウ属の中で一番大きく，その王者といってよい．〔日本名〕九輪草で輪生する花が九層，すなわち多層をつくるという意味である．

3112. ヒナザクラ　〔サクラソウ科〕

Primula nipponica Yatabe

東北地方の高山の湿原に生える多年草である．葉は小形で多数集まって根生し，倒卵形で先は鈍形または円形，長さ 2〜4 cm，幅 5〜15 mm，基部は長いくさび形で葉柄状となり，上部には粗いきょ歯があり，葉脈ははっきり見えない．夏，1 本，ごくまれに 2 本の高さ 7〜15 cm の直立する細長い花茎を出し，白色小形の柄のある花を 2〜8 個散形状に開く．がくは 5 裂し緑色．花冠は白色で中心部は黄色．上部は 5 裂して広がり，径 12〜15 mm，裂片はさらに 2 裂する．雄しべは 5 本，雌しべは 1 本．さく果は卵形体で，宿存するがくをともなう．〔日本名〕雛桜で小さいサクラソウの意味．

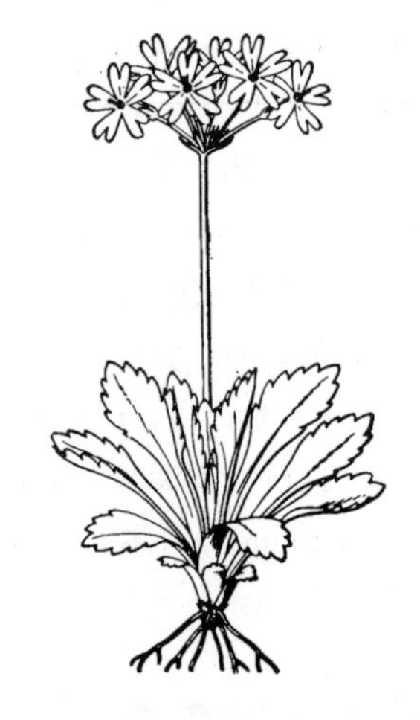

3113. エゾコザクラ 〔サクラソウ科〕

Primula cuneifolia Ledeb. var. ***cuneifolia***

東アジア北東部，アラスカに分布し，日本では北海道の高山帯の湿原に生える小さな多年草．葉は倒卵形，基部は細まって柄となり，ふちには下部を除いて 4〜6 個の粗いきょ歯があり，多肉平滑で長さ 2〜5 cm，幅 8〜20 mm である．7〜8 月，高さ 5〜15 cm の 1 本の花茎を出し，1〜5 個の紫紅色の花を開く．がくは長さ 5〜7 mm，半ばまで 5 裂し，裂片は披針形で尖る．花冠は径 2 cm 内外，中心部は黄色，裂片は倒心臓形で 2 裂する．さく果は広卵形体で短い．本州高山にあるハクサンコザクラと比べて，葉のきょ歯が深く切れこみ，単一で二重にならないので区別できる．〔日本名〕蝦夷，すなわち北海道地方に産する小形の桜草の意味である．

3114. ハクサンコザクラ（ナンキンコザクラ） 〔サクラソウ科〕

Primula cuneifolia Ledeb. var. ***hakusanensis*** (Franch.) Makino

中部以北の高山帯の湿地に生える多年草である，葉は数個が集まって根生し，葉質は厚く，倒卵状くさび形で，基部は次第に細まり，中部より上には 10〜20 個の，多少 2 重になった鋭きょ歯がある．夏，長さ 10 cm ほどの花茎を出し，頂に紅紫色の花を数個散形に開く．がくは深く 5 裂し緑色．花冠は径約 2 cm，下部は筒となり，上部は 5 裂し，裂片は 2 裂して尖る．雄しべは 5 本，雌しべは 1 本でともに筒から外に出ない．さく果は球形で，宿存するがくを伴う．〔日本名〕白山小桜で石川県白山で初め見つけられたのでいう．南京小桜は，以前にこれを遠来の珍品として，南京の名を与えたものであろう．しかし南京とは何の関係もない．

3115. ミチノクコザクラ 〔サクラソウ科〕

Primula cuneifolia Ledeb. var. ***heterodonta*** (Franch.) Makino

青森県岩木山の高山帯に産する小形の多年草である．ハクサンコザクラに非常に近いが，全体が壮大で各部が大きい．葉は倒卵形で基部は細まって柄となり，中部より先には不揃いでしばしば 2 重になったきょ歯があり，長さ 4〜9 cm，幅 1.5〜3 cm である．7〜8 月，高さ 8〜15 cm の花茎を出し，3〜15 個の紫紅色の花を散形につける．花柄は長さ 10 mm 内外，がくは長さ 4〜6 mm で半ばまで 5 裂する．花冠は大きく径 2〜3 cm，裂片は深く 2 裂している．雄しべは 5 本，雌しべは 1 本．〔日本名〕陸奥（ミチノク）に産する小形の桜草の意味である．

3116. ユウバリコザクラ 〔サクラソウ科〕

Primula yuparensis Takeda

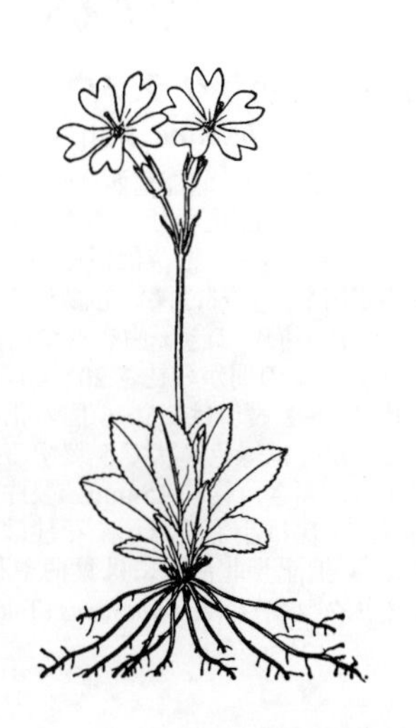

北海道夕張岳の高山帯に生える小形の多年草である．葉は広倒披針形で，先はやや短く尖り，基部はくさび形に細まり，ふちには目立たない細かいきょ歯がある．長さ 1〜3 cm，幅 5〜15 mm，下面はうすく白い粉がある．7 月，高さ 4〜10 cm の花茎を出し，上部には白い粉をつけ，頂に 1〜2 個の花を開く．苞葉は狭い披針形で径 12 mm 内外，基部はふくらんでいる．がくは半ばまで 5 裂し少し白い粉をつけている．花は淡紅色で径 12 mm 内外，筒部はがくよりはるかに長く，裂片は倒卵形で先は浅く 2 裂している．さく果は長さ 6〜9 mm でがくより長い．ユキワリソウに似ているが，葉のきょ歯は細かく，葉の下面や茎，苞葉についている粉は白色で，花数は少なく，小苞葉の基部はふくらむ．〔日本名〕夕張岳に産する小形の桜草の意味である．

3117. ユキワリソウ 〔サクラソウ科〕

Primula farinosa L. subsp. ***modesta*** (Bisset et S.Moore) Pax var. ***modesta*** (Bisset et S.Moore) Makino ex T.Yamaz.

本州中部以西の山地の岩場に生える小形の多年草である．葉は数個，あるいは多数集まって根生し，長楕円状倒披針形で，ふちには鈍きょ歯がある．基部は柄となり，上面にはしわがあり，下面は淡黄色の粉がついている．初夏，淡黄色の粉をふいた長さ 10 cm 内外の花茎を出し葉よりも高く，茎頂に淡紫色で柄のある小さい花を開く．がくは鐘状で 5 裂する．花冠の下部は筒となり，上部は 5 裂して広がり，径 10～14 mm，裂片はさらにやや浅く 2 裂する．雄しべは 5 本，雌しべは 1 本でともに筒の外に出ない．さく果は円柱形で先端は浅く 5 裂し，長さ 5～8 mm，下に宿存するがくをつけている．〔日本名〕雪割草で高山に生えて雪解け直後に開花するので名付けられたものである．

3118. ユキワリコザクラ 〔サクラソウ科〕

Primula farinosa L. subsp. ***modesta*** (Bisset et S.Moore) Pax var. ***fauriei*** (Franch.) Miyabe

北海道および本州北部の高山岩場に生える小形の多年草である．葉は根生し，菱形状広卵形で鈍きょ歯があり，長い葉柄をもつ，下面に淡黄色の粉をつけ上面は緑色．花の咲いた後，葉が大きくなることはユキワリソウと同じである．初夏，長さ 10 cm ばかりの淡黄色の粉をつけた花茎を直立し，頂に柄のある紫紅色の花を散形に開く．がくは 5 裂する．花冠の上部は 5 裂し，裂片は浅く 2 裂する．雄しべは 5 本，雌しべは 1 本．さく果は円柱形で上部は短く 5 裂し，下に宿存するがくをつけている．ユキワリソウからは葉の下部が細長い柄となり，上部は急に広がって菱形状広卵形となり，きょ歯は不明瞭なので区別される．

3119. ヒメコザクラ 〔サクラソウ科〕

Primula macrocarpa Maxim.

岩手県の早池峰山のみに産する小形の多年草であり，ごくまれにしか見られない．葉はごく小さくて数個が根生し，円形または楕円形で，ふちに不規則な尖ったきょ歯があり，緑色で若い時下面にまばらに白粉をつけ，基部は柄となる．夏，5～10 cm の直立する花茎を出し，白色で柄のある小さい花を散形状に 1～4 個つける．がくは 5 裂し，裂片は緑色で尖る．花冠の上部は 5 裂し径約 1 cm，裂片はさらに 2 裂する．筒の長さはがくと同じである．雄しべは 5 本，雌しべは 1 本．果実は円柱形のさく果で長さ 6～8 mm，宿存するがくよりも長い．

3120. オオサクラソウ 〔サクラソウ科〕

Primula jesoana Miq. var. ***jesoana***

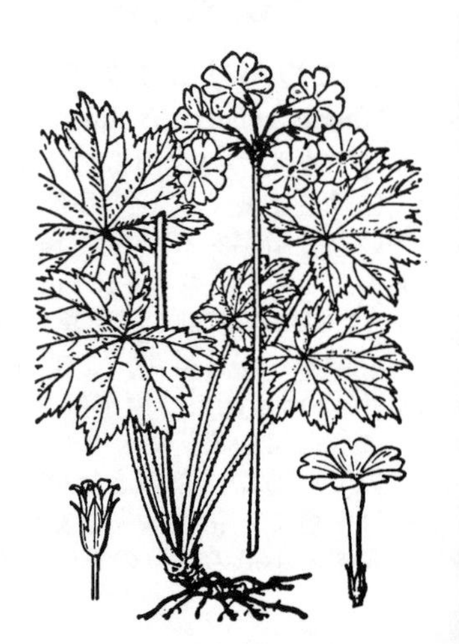

本州中部以北，北海道西南部の高山の日当たりのよい湿地に生える多年草である．高さは約 30 cm になり，多くは全体に短い毛が生えているが，時にはなめらかで無毛のものもある．根茎は短く地中をはい，ひげ根を出す．根生葉は長い柄があり，腎臓状円形，基部は深い心臓形で径 5 cm 内外，掌状に浅く 7 裂し，裂片は三角状でさらに不揃いのきょ歯をもつ，上面は平坦で中央脈だけ多少凹み少し光沢がある．7～8 月，葉の間から長さ 20～40 cm の花茎を直立し，頂に柄のある紅紫色の花を輪生状に 1～2 段つけ，5～6 個の花を開き，花柄の基部には数個の緑色小形の苞葉がある．がくは緑色鐘状で 5 裂する．花冠の下部は長い筒となり，上部は深く 5 裂して平らに開き，径約 15 mm，裂片は心臓形で先端は凹む．雄しべは 5 本で筒の中にあり，子房は小形で球形，花柱は直立する．さく果は宿存するがくより長く，5 裂する．〔追記〕北海道には葉柄や花茎に縮れた毛が多く，葉の切れこみが浅いエゾオオサクラソウ var. *pubescens* (Takeda) Takeda et H.Hara を産する．

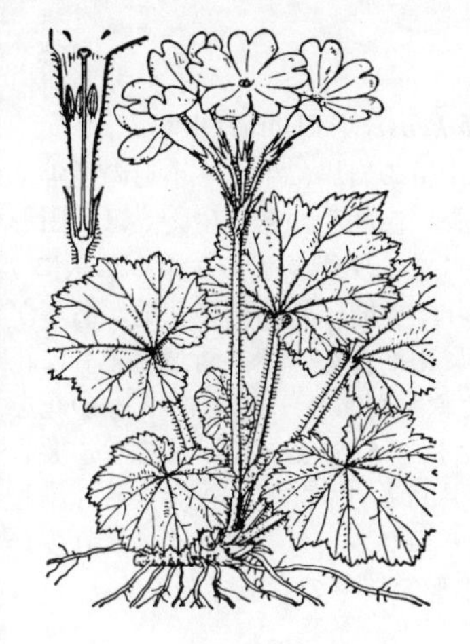

3121. カッコソウ 〔サクラソウ科〕

Primula kisoana Miq.

群馬県と四国の山地にまれに産する多年草である．葉，茎からがくに至るまで立った白い軟毛が密に生えているので，似た他の種類から区別できる．葉は根生し，腎臓状円形で基部は心臓形，径 3〜7 cm で掌状に浅く裂け，さらに大小不同のきょ歯があり，上面は脈が凹み縮んでいる．春，高さ 10〜15 cm の花茎を出し，頂に紫紅色の美花を 1〜2 段散形状につける．がくは筒状で長さ 1 cm 内外，半ばまで 5 裂している．花冠は径 2〜3 cm，筒部は細長く，長さ 1.5〜2 cm，上部には毛を散生し，5 裂片は平らに開きやや狭い倒卵形で，先は 2 裂している．株によって雄しべ，雌しべの位置と長さが異なっている．〔追記〕四国のものをシコクカッコソウ var. *shikokiana* Makino として区別することもある．

3122. ヒダカイワザクラ 〔サクラソウ科〕

Primula hidakana Miyabe et Kudô ex Nakai

北海道の日高山脈に特産し，高山の沢ぞいの岩場，特に蛇紋岩地に生える多年草．高さ 5〜12 cm．地下茎は褐色の芽鱗におおわれ，長くはう．葉は 1〜3 枚が根生し，3〜7 cm の柄があり，円形または腎臓状円形で浅く掌状に 7 裂する．径 2〜5.5 cm あり，基部は心臓形をなす．上面はほとんど無毛，下面脈上に白色の毛がある．花茎は無毛で，先に 1〜2 個の花をつけ，5 月に咲く．花柄は 1〜2 cm．がくはわずかに短毛があり，筒形で深く 5 裂する．花冠は淡紅色で径 2.5 cm，高杯形で花筒部分の長さは約 1 cm，喉の部分は黄色．花冠の上部は 5 深裂し，裂片の先はさらに 2 裂する．さく果は長さ 1.1〜1.3 cm，がくのほぼ 2 倍．

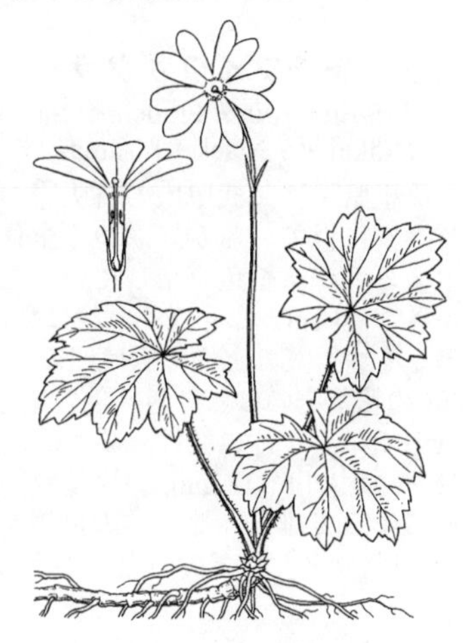

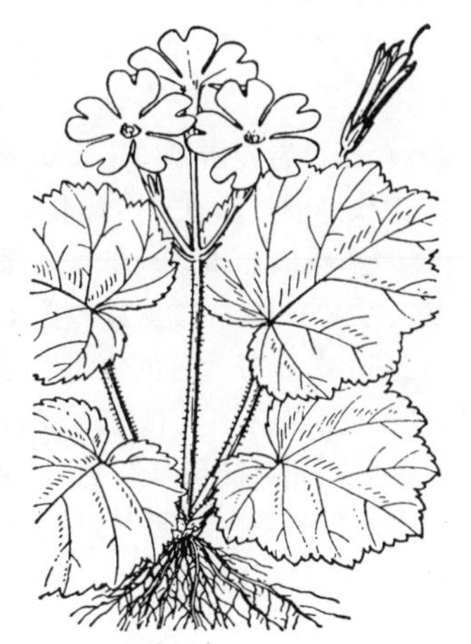

3123. イワザクラ 〔サクラソウ科〕

Primula tosaensis Yatabe

本州中部以西，四国，九州に分布し，山地の岩場に生える多年草である．葉は数枚集まって根生し，軟毛のある長い柄をもち，円形で径 4〜7 cm，基部は心臓形で，ふちは浅く裂け，裂片には不揃いの低いきょ歯があり，上面は初めからほとんど無毛である．初夏，高さ 5〜10 cm の花茎を直立し，頂に柄のある紅紫色の花を 2〜4 個散形に開く．がくは緑色で 5 裂し，裂片は尖る．花冠の筒部は細く，長さ 15〜20 mm，上部は 5 裂して平らに開き，径 2.5〜3 cm，裂片は浅く 2 裂する．雄しべは 5 本，雌しべは 1 本．果実は細い円柱形のさく果で長さ 1.5〜2.5 cm，縦に 5 裂して種子を散らす．〔日本名〕岩桜で岩場に生えるサクラソウの意味．

3124. コイワザクラ 〔サクラソウ科〕

Primula reinii Franch. et Sav. var. ***reinii***

富士山周辺，箱根，丹沢山，伊豆御蔵島などの岩場に生える多年草である．高さは 5〜10 cm．葉は数枚が集まって根生し長い柄をもち，腎臓状円形で下部は深い心臓形，径 2〜3 cm ばかり，花の時期には一層小形である．ふちはごく浅く掌状に裂け，裂片にはきょ歯がある．上面は平たく初めのうちは毛が多いが，後ほとんどなくなる．下面は柔軟毛が密に生え，葉柄とともに白色の毛が生えている．晩春，葉がまだ小さいうちに花茎はすでに成長し，頂に紅紫色の美しい花を開く．花は有柄で 3〜4 個が散形状に集まり，柄の基部には緑色の小さい苞葉がある．がくは緑色鐘形で毛がなく，裂片は 5 個で先は鈍形．花冠は径 2〜3 cm あり，上部は深く 5 裂して平らに開き，裂片は倒卵形で先は 2 裂して尖り，凹部に 1 個の小突起があり，筒部は長さ 10〜13 mm である．雄しべは 5 本，雌しべは 1 本でともに筒の中にかくれ，株によってその位置と長さが異なっている．子房は小形で球形，花柱にも長短の差がある．〔日本名〕小岩桜である．

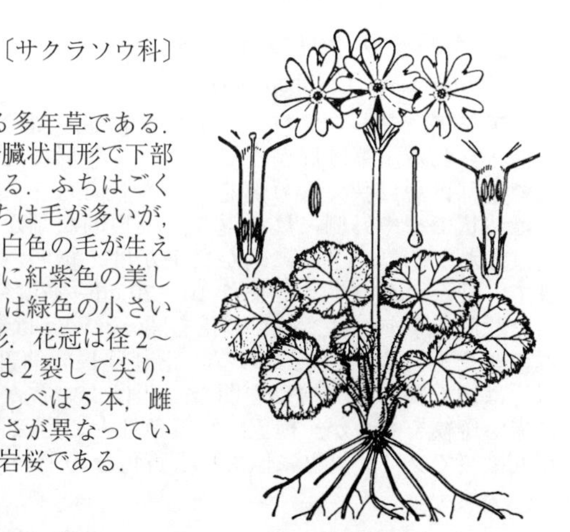

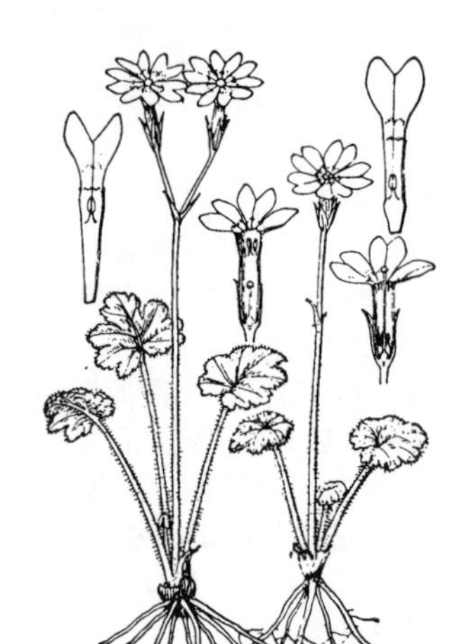

3125. クモイコザクラ　〔サクラソウ科〕

Primula reinii Franch. et Sav. var. ***kitadakensis*** (H.Hara) Ohwi

秩父山塊，八ヶ岳および赤石山脈の亜高山帯の岩場に生える小形の多年草である．葉は長い柄をもち，柄には立った長い白軟毛が密に生え，ほぼ円形で基部は深い心臓形となり，径 1.5～4 cm，コイワザクラより深く掌状に 7～9 裂し，裂片には少数の粗いきょ歯があり，上面は初め白い軟毛があるが後ほとんど無毛になり，下面には特に脈上に毛が多い．春，新葉とともに花茎を出し，高さ 5～10 cm，下部には立った軟毛があり，先に 1～3 個の花をつける．花は紫紅色で径 2 cm 内外，がくは長さ 5～7 mm で半ばまで 5 裂し無毛，花冠の筒部はがくより長く，花冠裂片は約 1 / 3 まで 2 裂する．雄しべは 5 本，雌しべは 1 本で，長さは株により異なる．さく果はがくより少し長い．〔日本名〕雲居小桜は高地に産する小形の桜草の意味である．

3126. チチブイワザクラ　〔サクラソウ科〕

Primula reinii Franch. et Sav. var. ***rhodotricha*** (Nakai et F.Maek.) T.Yamaz.

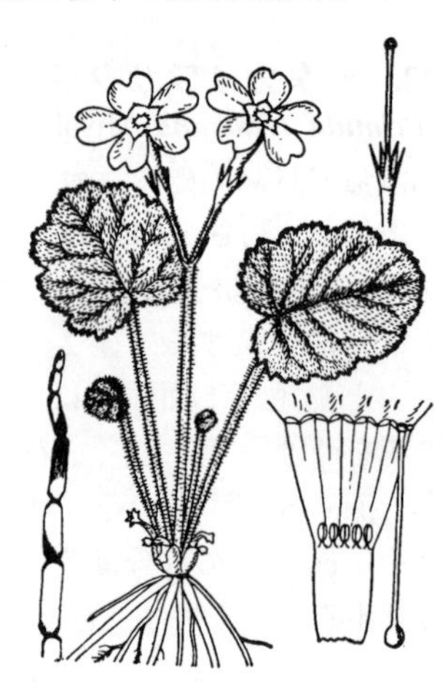

埼玉県・秩父武甲山の石灰岩の岩地にのみ生える多年草である．コイワザクラに似ているが，ふつう全体がより大形であり，葉柄や花茎の下部に生える毛が暗紅色を帯びているなど多くの点が異なっている．葉は卵形で長さ 2～4 cm，ごく浅く掌状に裂け，裂片は円味を帯び不揃いの細かいきょ歯をもつ．葉の上面の脈は凹んでいる．5 月上旬に株の中央から高さ 7～12 cm の花茎をのばし，紫紅色の美しい花を開く．がくは長さ 5～8 mm，緑色無毛で深く 5 片に裂け，裂片は披針形である．花冠は径 2～3.5 cm，筒部は長く，長さ 14～18 mm，裂片は倒心臓形で長さ 8～15 mm，先は 2 裂している．株によって雄しべ雌しべの位置や長さが異なり，花筒の形も異なる花を開く．〔日本名〕秩父の岩上に生える桜草の意味である．

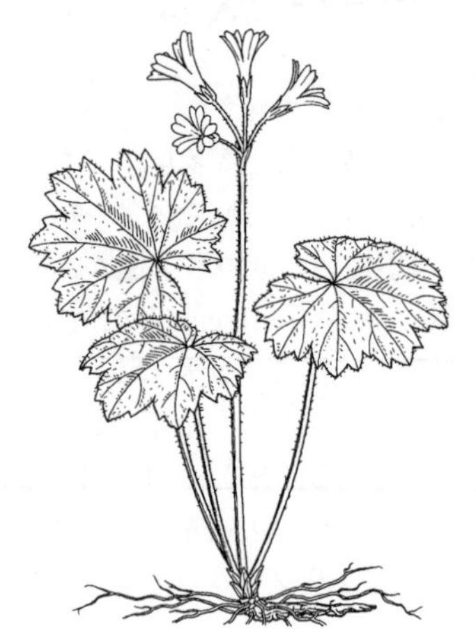

3127. テシオコザクラ　〔サクラソウ科〕

Primula takedana Tatew.

北海道の天塩地方に特産し，亜高山の湿った蛇紋岩の岩場に生える多年草．横にはう地下茎を出す．根生葉を 2～3 枚つけ，革質，円腎形で，径 4.5～5 cm，果時には 6～8 cm になる．葉の基部は心臓形，掌状に深く 8～11 裂し，裂片はさらに 3 裂，先は鋭く尖り，ふちに少数のきょ歯をもつか，または全縁．葉柄は長さ 6～12 cm あって，白色の開出毛を密生する．葉の上面には短毛，下面には長軟毛がある．花は 15 cm ほどの花茎の先端に 2～3 個つき，白色で，径 1.5 cm，筒部は長さ 6～8 mm．花冠は全開せず，漏斗状に開く．がくは深く 5 裂し，裂片は長さ 5～7 mm で，鈍頭．さく果は短円柱形で，長さはがくの約 2 倍ほどになる．

3128. キバナノクリンザクラ　〔サクラソウ科〕

Primula veris L. subsp. ***veris***

西アジア，ヨーロッパ，アフリカ北部原産の多年草で，しばしば花壇に植えられる．葉は群がって根生し，卵形または卵状長楕円形，先は鈍形で基部は急に狭くなり翼をもった柄となる．葉身は長さ 5～8 cm，ふちは波状でやや外側に反り返り，不規則な細かいきょ歯がある．葉の上面はしわがあり，下面に細かな毛がはえ緑白色である．春から初夏にかけて，細かい毛の生えた長さ 10～20 cm の花茎をのばし，頂に側方に向いた散形花序をつけ，多くの花を開く．がくは鐘状で 5 つに浅くさけ，5 本の線をもち，淡白色である．花冠は長い筒部の先が 5 裂して広がり，裂片は倒心臓形で先端やや凹む．花はよい香があり，ふつう黄色で中心に赤い斑紋をもつが，橙色，鮮紅色などの園芸品種がある．〔日本名〕黄花九輪桜でクリンソウに似て花が黄色なのでいう．

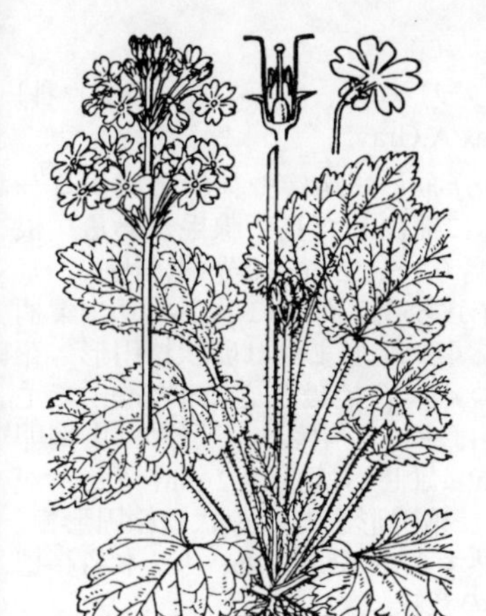

3129. オトメザクラ（ヒメザクラ，ケショウザクラ）　〔サクラソウ科〕

Primula malacoides **Franch.**

中国原産の多年草で，観賞用にふつうに栽培されている．葉は多数群がって根生し，毛の多い長さ 13〜18 cm の柄をもち，葉身は広卵形で基部は心臓形となり，6〜8 の浅い切れ込みと，不規則な尖ったきょ歯をもつ．葉の上面は淡緑色でしわがあり無毛で，下面は粉白色である．春，株の中央から数本の細長い高さ 20〜50 cm の花茎を出し，2〜6 段になった散形花序を作り，多数の花を開く．花軸は粉白色を帯びる．がくは鐘形で粉白色を帯び，浅く 5 片にさけ，裂片は短くて尖っている．花冠は径 1 cm ほどで筒部は短く，先は深く 5 裂し，裂片は倒心臓形で先は 2 つに裂ける．花は淡紅色がふつうであるが，白色，淡桃色，すみれ色などいろいろで，また八重咲の品種もある．〔日本名〕全体繊弱で，開花したときのようすが愛らしいので乙女桜または姫桜といい，花のあでやかなことから化粧桜ともいう．

3130. チュウカザクラ（カンザクラ，ハナザクラ）　〔サクラソウ科〕

Primula sinensis **Sabine ex Lindl.**（*P. praenitens* (Link) Ker Gawl.）

中国原産の多年草で，観賞用としておもに温室に栽培されている．高さ 15〜35 cm となり，全体に軟らかい白毛が密生している．葉は長く太い柄をもち，円味のある心臓形で軟らかく，まわりに 11〜15 の円味のある切れこみと不規則なきょ歯があり，長さ 6〜10 cm，下面はしばしば赤味を帯びることがある．冬から早春にかけて太い花茎を出し，2〜3 段になった散形花序をつけ，多くの美しい花を開く．花柄の基部に葉状の苞葉をもち，苞葉は深く切れこんだ鋭いきょ歯をもつ．がくは基部が平たいふくらんだ鐘状で，径 1 cm ばかりとなり，花がすむとさらに大きくなる．花冠は径 3 cm ほどとなり，5 裂し，裂片は幅広く，上縁が不規則に裂け，縮れているのが普通である．筒部は細く，中に 5 本の雄しべがある．花は濃紅色，淡紅色，白色などがあり，中心は黄色である．八重咲品もある．〔日本名〕中国に自生するので中華桜といい，また冬に咲くので寒桜ともいう．

3131. リュウキュウコザクラ　〔サクラソウ科〕

Androsace umbellata **(Lour.) Merr.**

本州（中国地方西部）から琉球に生える小さな一〜二年草だが，琉球以外ではまれである．国外では中国から東南アジアに広く分布する．葉は根生し，長い柄があり，卵円形で基部は浅い心臓形または広いくさび形となり，ふちにやや三角形のきょ歯があり，小形で長さ 5〜15 mm，全体に軟毛が生える．早春，株の中央から高さ 5〜12 cm の花茎を数本出し，頂に散形花序をつけ，2〜10 個の小さな花を開く．花柄は細く，長さ 1.5〜4 cm となり，基部に卵状披針形の苞葉がある．がくは深く 5 裂し，裂片は卵形で先は鋭形である．花は白色で，径 5〜7 mm，短い筒部をもち，先は 5 裂し，裂片は長楕円形である．雄しべ 5 本，雌しべ 1 本をもつ．がく片は果実の時少し大きくなり，星状に平たく開き，中央に径 3〜4 mm の球形の白っぽいさく果をつけ，熟すと上部が裂けて種子を散らす．〔日本名〕琉球小桜の意味である．

3132. トチナイソウ　〔サクラソウ科〕

Androsace chamaejasme **Host subsp.** ***capitata*** **(Willd. ex Roem. et Schult.) Korobkov**（*A. chamaejasme* subsp. *lehmanniana* auct. non (Spreng.) Hultén）

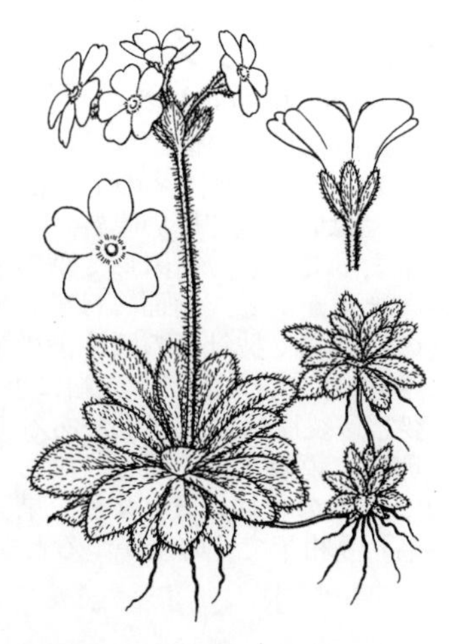

アラスカから東アジアの寒冷地や高山帯に広く分布し，日本では北海道と東北（早池峰山）の乾いた岩地に生える多年草．茎は細く短く，よく分枝して，団塊状となる．高さ 3〜4 cm．シベリアのものではもっと大形になる．葉は茎の頂部に輪生状に集まって生え，質は比較的厚く，淡黄緑色，狭披針形または狭倒卵形で，長さ 5〜12 mm，幅 2〜5 mm．鈍頭またはやや鋭頭，基部はしだいに狭まる．全縁で，両面に白色の長毛がまばらに生える．花は 7〜8 月，1 本の花茎に 2〜4 個つき，散形花序となる．白い花冠は高杯状で，径 5〜7 mm，がくは杯形で，中ほどまで 5 裂し，外面に白い軟毛が密生する．雄しべは 5 本で花筒の内につく．子房は上位．さく果は卵状球形．〔日本名〕本種を千島で採集した北海道庁技手の栃内壬五郎の姓に由来する．

3133. ホザキザクラ（リュウキュウコザクラ）〔サクラソウ科〕

Stimpsonia chamaedryoides C.Wright ex A.Gray

屋久島以南の琉球列島と，中国南部に分布し，路傍や林縁に生ずる一年草．茎は直立し，高さ 3〜16 cm．全体に開出した長い腺毛がある．根生葉は卵形から楕円形で長さ 1〜2 cm，幅 0.7〜1.2 cm で先端は円く，基部もほぼ円い．ふちには不整な鈍きょ歯がある．両面に毛があり，葉柄は細長く 3〜10 mm．上部の葉には柄がなく，卵形または卵状楕円形．花は茎の上部の葉腋に 2〜10 個，総状につく．花柄は長さ 2〜5 mm で毛があり，花冠は白色で，径 4〜5 mm，半ばまで 5 中裂し，裂片は広倒卵形で先端がやや凹む．花筒は長さ 2.5 mm，雄しべは長さ 2 mm ほど，がくは 5 全裂し，裂片は長さ 3 mm ほどの長楕円形または線状長楕円形で，先は尖る．さく果は球形で径 2.5 mm，熟すと 5 全裂する．〔日本名〕穂咲桜で，花が穂になってつくサクラソウの意味．

3134. シクラメン（カガリビバナ，ブタノマンジュウ）〔サクラソウ科〕

Cyclamen persicum Mill.

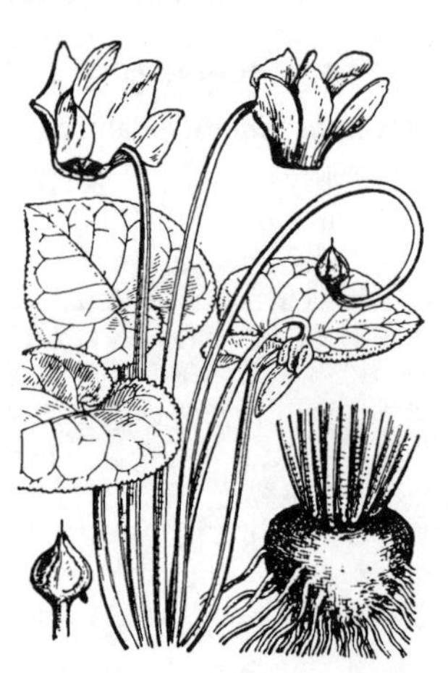

西南アジア原産の多年草で，観賞用として主に鉢植として温室に栽培される．扁球形の大きな球茎がなかば地中に埋まり，頂部から長い柄をもった葉を群生する．葉は心臓形でふちに縮れた細かいきょ歯があり，肉質で厚く無毛，上面は青緑色で脈はやや凸出し，多くは脈間に灰白色の模様があり，下面は紫色を帯びる．冬から早春にかけて太い花柄を出し，先は下垂して大形の 1 花を開く．花冠は深く 5 裂し，裂片は長楕円形で先端は鈍く，つぼみの時はねじれて下を向いているが，開くと花柄の方へ反り返る．短い花筒の内に 5 本の雄しべと 1 本の雌しべとがある．花後に花柄は下へ曲がり，果実は球形である．花は紫紅色，白色，淡肉紅色などがあり，また八重咲や，花弁のねじれたものなど多くの園芸品種がある．〔日本名〕カガリビバナは花の形がかがり火を思わせるのでいい，また豚の饅頭は英名 Sow-bread の訳である．

3135. ヤブコウジ〔サクラソウ科〕

Ardisia japonica (Thunb.) Blume

朝鮮半島，台湾，中国などに分布し，日本では北海道南部から九州に至る山地の木陰に生える常緑の小低木．地下茎をのばして繁殖し，茎は直立してほとんど枝分かれせず，高さ 10〜20 cm となる．またしばしば観賞用としても植えられる．葉は互生し，茎の上部に 1〜2 層輪生状につき，長楕円形で先は尖り，長さ 6〜13 cm，幅 2〜5 cm，ふちには細かいきょ歯があり，質は厚くつやがある．夏，葉や鱗片葉の腋から横に短い花序柄を出し，2〜5 個の白色の小さい花を下垂する．がくは深く 5 裂し，裂片は広卵形で尖る．花冠は浅い皿状で深く 5 裂し，径 6〜8 mm，裂片は卵形で尖り腺点がある．雄しべは 5 本，葯は花の中央に集まって花柱をとり巻き，雌しべは 1 本．果実は球形で径 5〜6 mm，赤く熟して下垂し美しく，1 個の大きな種子をもつ．〔漢名〕紫金牛．

3136. ツルコウジ〔サクラソウ科〕

Ardisia pusilla A.DC.

本州中部以西の低山，丘陵地の木陰に生える常緑の小低木．茎は褐色の軟毛におおわれ，茎の下部は地上をはい，上部は斜上して高さ 10〜15 cm．葉は暗緑色で厚い膜質，長さ 2〜3 cm，元来互生であるが 4〜5 枚ずつ集まってつき，楕円形で葉の先は尖り，短い葉柄をもち，ふちには粗いきょ歯がある．両面には軟毛が生え，羽状の葉脈をもつ．5〜6 月頃，茎の薄膜質で披針形の鱗片葉の腋から細い花序柄がのび，その先はさらに 2〜3 本に分岐して，先端に小さい白色の花を下向きにつける．がくは 5 裂し，裂片は尖り細毛がある．花冠は広い鐘形で深く 5 裂し，裂片は狭卵形，鋭頭で広く開く．雄しべは 5 本，花糸は極めて短い．子房は小形で，1 本の花柱は直立する．果実は小球状で冬に紅熟し春まで残る．〔日本名〕蔓柑子でその茎がつるとなったヤブコウジの意味である．

3137. オオツルコウジ 〔サクラソウ科〕

Ardisia walkeri Y.P.Yang（***A. montana*** (Miq.) Siebold ex Franch. et Sav.）

房総半島以西の本州と伊豆七島，九州および奄美諸島などの暖地の照葉樹林の林床に生えるつる性常緑小低木．ヤブコウジに似るがより長いほふく枝をもち，茎は斜上したのち直立．高さは 10〜30 cm に達する．茎の上部と葉柄にはヤブコウジと同様の粒状の突起物があるが，それに混じって褐色のやや長い毛も散生する．茎は円く，上半部に 2〜3 段にわたって，輪生状に 3〜4 枚の葉をつける．葉柄は長さ 1〜1.5 cm，葉身は長楕円形で長さ 5〜13 cm，幅 2〜4 cm あり，両端はくさび形に細まる．葉の上半部に粗いきょ歯がある．革質で上面は光沢があり，下面は淡色で中脈上に葉柄と同様の褐色の長毛がある．輪生葉と輪生葉の中間に 1 対の鱗片状の葉がつき，その葉腋から長さ 2〜3 cm の細い花序柄を横向きに張り出し，その先端に 2〜6 個の白花をつける．五数性の花でがく裂片は先端が尖り，細い縁毛が密に並ぶ．果実は径 5〜6 mm の球形で赤く熟す．ヤブコウジとツルコウジの中間的な外形だが，ツルコウジのようにほふく枝の部分に葉をつけることはない．〔日本名〕ツルコウジに似て大形なことによる．

3138. マンリョウ 〔サクラソウ科〕

Ardisia crenata Sims

アジア東部，南部の暖帯に広く分布し，日本では本州（関東以西）から琉球の山林中に生える常緑低木であるが，広く観賞用として栽培される．茎は直立しまばらに枝を出し，高さ 30〜60 cm，時に 1.5〜2 m に達するものもある．葉は互生し，長楕円形で尖り，長さ 7〜12 cm，幅 2〜4 cm，質厚く光沢があり，ふちに波状のきょ歯をもち，ややしわ状に波うつ．夏，枝の先に小さい白色の花を散房状につける．花冠は浅い皿状で深く 5 裂し，径約 8 mm．がくは 5 裂し，裂片は卵形でやや尖る．雄しべは 5 本，雌しべは 1 本．果実は球形で径約 6 mm，赤く熟し下垂する．園芸品には果実の淡黄色のものがあり，シロミノマンリョウ f. *leucocarpa* (Nakai) T.Yamanaka という．〔漢名〕硃砂根を用いるが誤りである．

3139. カラタチバナ（タチバナ，コウジ） 〔サクラソウ科〕

Ardisia crispa (Thunb.) A.DC.

関東南部以南，四国，九州，琉球，台湾，中国に分布し，林中に生える常緑低木で，観賞用としても植えられる．茎は直立して分枝せず，高さ約 30 cm となる．葉は互生し，披針形で先は細く尖り，長さ 8〜18 cm，幅 1.5〜3.5 cm，基部はくさび形で尖り 8〜10 mm の柄をもち，濃緑色で質厚く，ふちに低い波状のきょ歯があり，きょ歯の間に腺点をもつ．夏，葉腋から小さな葉をもつ長さ 3〜6 cm の花序柄をのばし，その先に散房状に白色の小さい花を下向きに開く．花冠は浅い皿状で深く 5 裂し，径 7〜8 mm，裂片は狭卵形で反り返る．がくは 5 裂し，裂片は長楕円形で先は鈍形である．雄しべは 5 本，雌しべは 1 本．果実は球形で径 6〜7 mm，ふつう赤く熟し，翌年まで落ちない．〔漢名〕百両金をあてるが誤りである．

3140. モクタチバナ 〔サクラソウ科〕

Ardisia sieboldii Miq.

四国・九州の南部から琉球列島全域へかけての西南日本と，小笠原諸島に広く分布する常緑高木．台湾をはじめ東南アジアにも分布が知られている．高さ 3〜5 m，ときに 10 m に達する．幹は灰白色でよく分枝し，特に倒木となったときの萌芽が顕著である．幹の直径は大きなものでは 20 cm 余にもなる．葉は互生するが，枝先に輪生状に集まることが多い．長さ 1 cm 弱の柄の先に長さ 5〜20 cm，幅 3〜8 cm ほどの長楕円形の葉をつけ，先端は尖り，基部はくさび形に細まり，全縁で，葉質は薄い革質，上面はロウをかぶったように光沢があり，上面の葉脈は目立たない．初夏から夏に枝端と葉腋から細かく分岐する岐散花序を出し，黄白色の小花を多数つける．花の径は 5〜6 mm，花冠は 5 深裂して平開し，裂片は広卵形で先が尖る．5 本の雄しべと，雌しべの長い花柱が花外に突き出す．秋に直径 7〜8 mm の球形の液果をつけ，紫黒色に熟す．〔日本名〕同属のタチバナ（カラタチバナ）に似て高木になるところからいう．

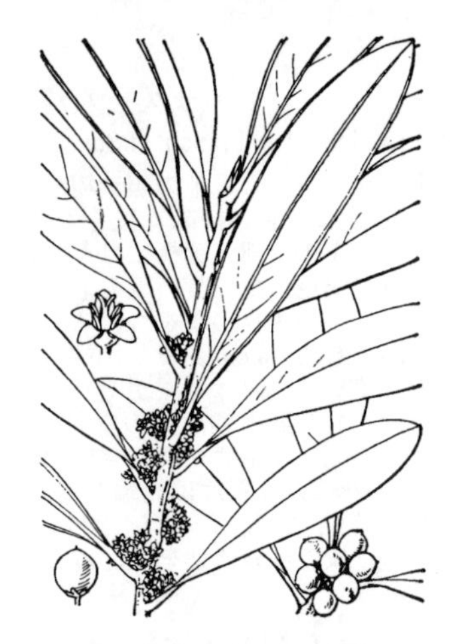

3141. タイミンタチバナ（ヒチノキ，ソゲキ） 〔サクラソウ科〕

Myrsine seguinii H.Lév.（*Rapanea neriifolia* (Kanitz) Mez）

千葉県以西の暖地の林中に生える常緑の小高木で，大きいものは高さ約 7 m，幹の直径 25 cm にも達し，全体無毛である．枝はしばしば長くのびる特徴がある．葉は互生し，葉柄があり，倒披針状長楕円形または倒披針形をなし，木によって幅に変異がある．長さ 8〜15 cm，幅 10〜25 mm できょ歯はなく，先は鈍形，基部は長い鋭形，上面は緑色，下面は淡緑色で革質，葉脈は外にあらわれない．雌雄異株．花は極めて短い花柄につき，多数が葉腋に集まって，4 月に開く．花は径 3〜4 mm．がくは小形で 5 裂する．花冠は紫がかった白色，5 裂片は平開する．雄しべは 5 本，花糸はなく，直接花冠の裂片の基部につく．雌しべは 1 本．子房は卵形体，花柱は短く 2 分する．果実は小球状，径 5〜7 mm で集まってつき，晩秋の頃，紫黒色に熟す．〔日本名〕大明橘の意味である．大明は明国（みんこく）で橘はヤブコウジ属のカラタチバナを指すのであろう．すなわち中国産タチバナの意味で，その国を原産地と考えたものであろうか．ヒチノキは意味が明らかでない．ソゲキは削げ木の意で，この木は枝を折ると容易に裂けることから名付けられたものである．

3142. ツルマンリョウ 〔サクラソウ科〕

Myrsine stolonifera (Koidz.) E.Wakler

西日本の一部と屋久島に生える常緑の小低木で，照葉樹林の林下に半ば地面をはう形で生育する．枝は緑褐色で斜上し，互生する葉は細長い楕円形で，両端は尖り，長さ 4〜9 cm，幅は 1〜3 cm で全縁．質は革質で濃緑色をしている．葉の下面は白味を帯びた淡緑色で全面に黄褐色の腺点が散らばっている．初夏の頃に葉腋に黄白色の小花を数個ずつ束状につける．花の柄は約 5 mm．花冠は 5 裂片に深く分かれ，星形に開く．花冠の内面には粒状の突起物が密に生じる．雌雄異株で，雄花には 5 本の雄しべと，発育の悪い雌しべ 1 本．雌花には中央に太い雌しべ 1 本と 5 本の雄しべがある．雌花には径 5〜6 mm の液果を生じて，秋に紅く熟す．〔日本名〕蔓万両は，マンリョウに似た赤い実を生じ，全体が半つる状であるため．またアカミノイヌツゲの別名もあるが，この名はモチノキ科に同名の植物があるのでまぎらわしい．ツルアカミノキと呼ばれることもある．

3143. ツマトリソウ 〔サクラソウ科〕

Lysimachia europaea (L.) U.Manns et Anderb.（*Trientalis europaea* L.）

北半球の亜寒帯に広く分布し，日本では北海道，本州，四国の高山や高原に生える小形の多年草である．地中に白色糸状の細長い地下茎を長くのばし，茎は直立して高さ 10 cm ほどとなり，分枝することはない．葉は茎の上部に集まって互生し，広披針形で尖り，全縁で質薄く，短い柄がある．下部の葉は小形でまばらにつき，上部のものは大きく，数枚の葉が集まって輪生状となる．夏，茎の上部の葉腋から長さ 2〜3 cm の細長い花柄を出し，その先に白色の 1 花を開く．がくは 7 裂し，裂片は披針形で尖る．花冠は径 1.5 cm ほどで深く 7 裂し，裂片は長楕円形で尖り，つぼみのときは互いに回旋状に重なりあっている．白色で先端のふちはしばしば微紅色を帯びる．7 本の雄しべと 1 本の雌しべとをもつ．果実は小さな球形のさく果で径 2.5〜3 mm，熟すと縦に裂けて種子を散らす．〔日本名〕花冠裂片の先が赤くつまどられることに由来する．

3144. ルリハコベ 〔サクラソウ科〕

Lysimachia arvensis (L.) U.Manns et Anderb. var. ***caerulea*** (L.) Ryrland et Bergmeier（*Anagallis arvensis* L. f. *coerulea* (Schreb.) Baumg.）

全世界の熱帯から暖帯に広く分布し，日本でも伊豆諸島以西の海岸近くの畑や道ばたにふつうに見られる一年草．茎は四角で細長く，枝分かれして地上をはい，上端は斜めに立って花をつけ，長さ 10〜30 cm．葉は対生し，無柄で卵形，先端は尖り，基部は心臓形で全縁であり，長さ 1〜2.5 cm，幅 0.5〜1.5 cm，春，葉腋から細長い花柄を出し，頂部に 1 花を開く．花柄は長さ 2〜3 cm，花時は上向しているが花後下に曲がる．がくは 5 裂し，裂片は披針形で尖る．花冠はるり色で径 1〜1.3 cm，広く開き，5 裂し，裂片は卵円形で先は鈍形である．花びらと相対して 5 本の雄しべをもち，花糸には細かな毛が生える．果実は球形で径 4 mm ほどのさく果となり，下向きの果柄につき，基部はがく片で包まれる．熟すと横に割れて上部のふたが開き多数の種子を散らす．赤い花を開くものをアカバナルリハコベ var. *arvensis* といい，日本では小笠原に知られるほか，本土にも時に帰化する．〔日本名〕瑠璃ハコベで草の様子がハコベに似てるり色の花を開くのでいう．

3145. モロコシソウ（ヤマクネンボ）〔サクラソウ科〕

Lysimachia sikokiana Miq.

本州中部以南の暖地の山中または海岸に近い林の中に生える多年草．高さ 20〜50 cm ほどあり，茎は細く稜があり質はやや硬く，無毛で乾くと香りがあり，紫色を帯びる．葉は茎の上半部に集まってつき互生し，長さ 1〜2.5 cm の柄をもつ．披針形で両端尖り，長さ 5〜10 cm，全縁であるが多少波状のふちをもつ．初夏，葉腋から長さ 4〜8 cm の細長い花柄を出し，先端に下向きの黄色い 1 花を開く．がくは緑色で深く 5 裂し，裂片は狭卵形で先は長く尖り，ふちに細かな腺毛がある．花冠は深く 5 裂し，裂片は狭長楕円形で先は鈍く，がくの 2〜3 倍長く，多少後に反り返る．5 本の雄しべは花糸が極めて短く，葯は黄色で大きく互いに接している．果実は球形のさく果で径約 6 mm，果皮はなめらかで薄くて硬く灰白色をしている．〔日本名〕唐土草で，昔誤ってこの草が中国より渡来したと考えたのでつけられたと思われる．山九年母は山地にはえ香気がクネンボに似るのでいう．〔漢名〕排草を使うのは誤りである．

3146. クサレダマ（イオウソウ）〔サクラソウ科〕

Lysimachia vulgaris L. subsp. ***davurica*** (Ledeb.) Tatew.
（*L. davurica* Ledeb.）

アジア東部の温帯，亜寒帯に広く分布し，日本では北海道，本州，九州の山地原野の湿地に生える多年草である．地下茎は長く地中をはい，茎は円く直立してほとんど分枝せず，高さ 40〜80 cm となる．葉は対生または 3〜4 枚輪生し，披針形，全縁，先は尖り，基部は無柄で，長さ 4〜12 cm，幅 1〜4 cm．夏から秋にかけて，茎の頂に円錐形の総状花序をつけ，多数の黄色い花を開く．花柄は長さ 7〜12 mm，線状の短い苞葉がある．がくは深く 5 裂し，裂片は卵状三角形で先は尖り，内面に黒色の線がある．花冠は径 12〜15 mm，深く 5 裂し，裂片は狭卵形，内側に淡黄色の粒状の小さな突起がある．5 本の雄しべは基部でゆ着している．果実は球形のさく果で径約 4 mm，がくに包まれている．〔日本名〕草レダマの意味で腐れ玉ではない．マメ科のレダマに似ているが草なのでいう．また硫黄草は花の黄色なのでいう．〔漢名〕黄連花．

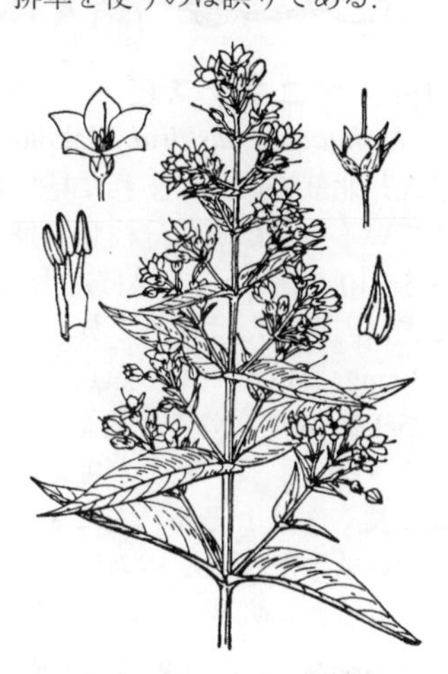

3147. ヤナギトラノオ〔サクラソウ科〕

Lysimachia thyrsiflora L.（***Naumbergia thyrsiflora*** (L.) Rchb.）

北半球の亜寒帯に広く分布し，日本では北海道，本州中北部の山地湿原にまれに見られる多年草である．地下茎は地中を長くはい，節が多く，各節から多数のひげ根を出す．茎は軟弱で無毛，直立して円くほとんど分枝せず高さ 30 cm ほどとなる．葉は対生し，長さ 5〜7 cm，幅 1.5〜2 cm，披針形または線状長楕円形で先は長く尖り，無柄，全縁でやや軟く，上面無毛，下面は若い時淡褐色の長い綿毛が生える．夏，葉腋から柄のある短い円筒形の総状花序を出し，多数の小さな黄花を密に開く．花序は葉より短く，葉のあいだにかくれて目立たない．がくは 6 裂する．花冠はがくの約 1.5 倍長く，深く 6 裂し，裂片は広線形鈍頭で長さ 4〜5 mm，上方に少数の黒点がある．雄しべは 6 本で細長い花糸をもち花冠より長くのびる．子房は小さく，花柱は雄しべより短い．果実は小さな球形で密集して花序につき，径 2.5 mm，熟すと 6 裂する．〔日本名〕柳虎の尾の意味で葉は柳のようであり，また花穂は虎の尾，すなわちオカトラノオに似るのでいう．

3148. コナスビ〔サクラソウ科〕

Lysimachia japonica Thunb.

アジア東部の熱帯から温帯に広く分布し，日本でも北海道から琉球の原野，路傍にふつうに見られる小さな多年草である．茎は軟らかい毛が生え，初め斜めに立つが，後伸長して地上をはい，長さ 7〜20 cm となり四方に広がる．葉は対生し，卵形または広卵形，先は鈍形または鋭形，長さ 1〜2.5 cm，基部は円形となり長さ 5〜10 mm の柄をもつ．夏，葉腋ごとに黄色の花を 1 個ずつ開く．花柄は長さ 3〜8 mm で花後下に曲がる．がくは深く 5 裂し，裂片は線形で尖り，花冠とほぼ同長である．花冠は径 5〜7 mm，深く 5 裂し，裂片は三角状卵形で尖る．5 本の雄しべと，1 本の雌しべとがある．果実は球形のさく果で下を向き，熟すと 5 裂して多数の種子を散らす．〔日本名〕小茄子の意味で果実の様子による．

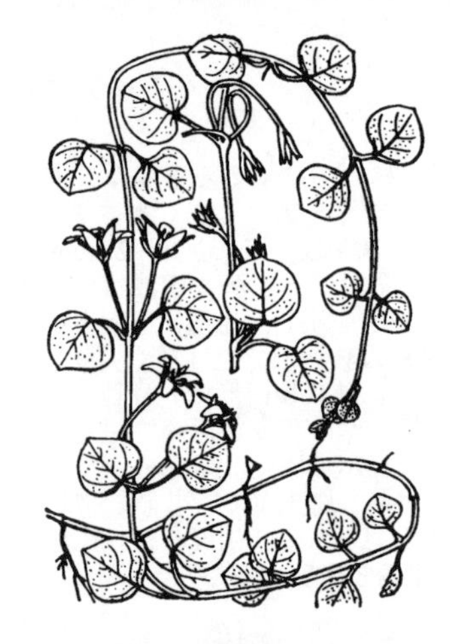

3149. ミヤマコナスビ　〔サクラソウ科〕

Lysimachia tanakae Maxim.

紀伊半島，四国，九州に分布し，山地の林の中に生える多年草である．全体に軟毛があり，茎はつる状に長くのびて地上をはい，節から根を下ろしている．葉は対生し，5〜15 mm の長い柄があり，腎円形または卵円形で先は丸く，全縁，長さ幅ともに 1〜2 cm，質軟らかく，葉肉中に黒い点と短い黒線がある．6〜7 月，葉腋ごとに黄色い花を 1 個ずつつける．花は 2〜3.5 cm の長い花柄があり，その先に径 8〜10 mm の花を開く．がくは深く 5 裂し，裂片は披針形で先は鈍く，長さ 5〜6 mm である．花冠は 5 裂し，がく片より長く，鮮黄色で細かい黒点がある．5 本の雄しべと 1 本の雌しべをもつ．コナスビに似ているが，葉は幅が広くて円く黒点があり，花柄は細長く，花冠は大きく，がく片は幅が広い．

3150. オニコナスビ　〔サクラソウ科〕

Lysimachia tashiroi Makino

九州北部の山地にまれに見られる多年草である．全体に褐色の軟毛が生えている．茎は疎に分枝して長く地上をはい，花をつける枝は斜上して長さ 5〜10 cm となる．葉は対生し，長さ 7〜12 mm の長い柄があり，広卵形で先は円形または鈍形であり，全縁，基部は円形で，長さ 2〜4 cm，幅 1.5〜3 cm，質はやや厚く黒点はない．7 月頃，斜上した枝の上部の葉腋から長さ 1.5 cm ぐらいの花柄をのばし，黄色い花をつける．がくは狭披針形で深く 5 裂し，長い軟毛が生える．花冠は 5 裂し，裂片は長楕円形でがく片より長く，径 15 mm，内に 5 本の雄しべと 1 本の雌しべとがある．子房には短い軟毛が生える．コナスビに似るが，葉の先は円味があり，花柄は長く，花ははるかに大きい．〔日本名〕コナスビよりも全体が大きいのでいう．

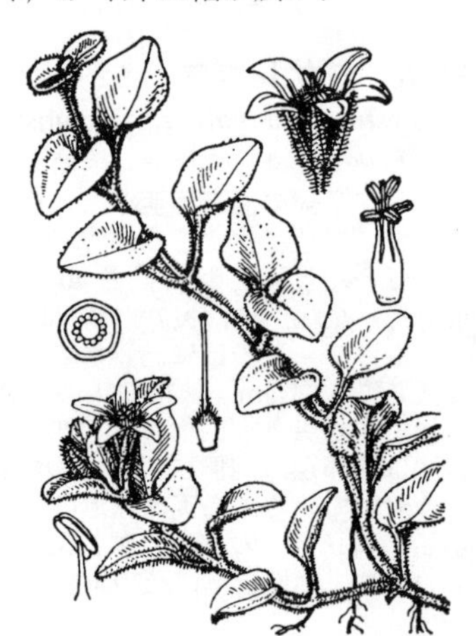

3151. ハマボッス　〔サクラソウ科〕

Lysimachia mauritiana Lam.

日本全土，東南アジア，太平洋諸島の熱帯から温帯の海岸に広く分布する二年草である．茎は基部で数本の枝に分かれ，直立して高さ 10〜40 cm となり，しばしば赤味を帯びる．葉は厚く多肉で互生し，倒卵形で先は鈍形または円形，全縁で上面につやがある．長さ 2〜5 cm，幅 1〜2 cm，茎のまだのびないうちは多数の葉が密に重なりあっている．5〜6 月頃，茎の頂に直立する総状花序をつけ，多数の白い花を密に開く．花柄は斜め上に開き長さ 1〜2 cm，葉状の苞葉よりやや短いか同長である．花序は初め短く，後伸長して長さ 4〜12 cm となる．がくは緑色で 5 裂し，裂片は広披針形，鈍頭である．花冠は径 1〜1.2 cm，深く 5 裂し，裂片は長楕円形，円頭である．5 本の雄しべと 1 本の雌しべをもつ．果実は球形のさく果で径 4〜6 mm，果皮は堅く，熟すと頂部に小さな孔が開き，多数の小さな種子を散らす．〔日本名〕浜払子の意味，浜辺に生え，払子は花穂の状から来たものであろう．

3152. ギンレイカ（ミヤマタゴボウ）　〔サクラソウ科〕

Lysimachia acroadenia Maxim.

(*L. decurrens* G.Forst. var. *acroadenia* (Maxim.) Makino)

本州から九州および済州島に分布し，山地の湿り気の多い日陰に生える多年草である．茎は直立し，枝分かれして高さ 30〜60 cm となり，稜角部をもち，全体無毛である．茎や葉の下面には一面に細かな紫色の点がちらばっている．葉は長楕円形で両端尖り，長さ 5〜10 cm，幅 1〜3 cm，質軟らかく，基部は翼のある長さ 1〜2 cm の柄となる．夏，茎の頂に総状花序をつけ，小さな白い花を開く．花軸は初めから真直で，花柄は斜め上にのび，苞葉は糸状線形で，花柄のほぼ半分の長さがある．がくは 5 裂し，裂片は披針形で先は尖る．花冠はがくより長く，微紅白色で長さ 5〜6 mm，5 裂し，裂片はあまり開かず，広楕円形で先は円く，基部は狭くなっている．5 本の雄しべは花冠の中ほどにつき，花冠とほぼ同じ長さである．子房は小さく卵球形，花柱は直立して雄しべよりわずかに短い．果実は小さな球形のさく果で，熟すと 5 裂して小さな種子を出す．〔日本名〕銀鈴花または深山田牛蒡で，牧野（1940）はともにこの植物をよぶのにふさわしい名とは思えないとする．

3153. シマギンレイカ 〔サクラソウ科〕

Lysimachia decurrens G.Forst.

屋久島から琉球列島，さらに中国南部から東南アジアに分布し，やや湿った林床に生える多年草．茎は直立し，稜があり，高さ 40〜80 cm. 葉は広披針形ないし狭卵形で，長さ 5〜14 cm，幅 1.5〜4 cm，先端は尖り，基部は柄に流れる．4〜5 月，茎頂の総状花序に白い花を比較的まばらにつける．花冠は 5 裂し，長さ 3〜4 mm，あまり開かない．花柄は長さ 3〜5 mm，果期に少しのびて下向きに曲がる．雄しべは長くのび花冠から突出する．さく果は球形で，径 4 mm．ギンレイカに似るが，花は少し小さく，果実がやや下向きにつく点で区別され，分布域もまた異なる．〔日本名〕島銀鈴花で，島に生えるギンレイカの意味．

3154. オカトラノオ 〔サクラソウ科〕

Lysimachia clethroides Duby

アジア東部の温帯，亜熱帯に広く分布し，日本では北海道から九州の山地，原野の日当たりのよい場所にふつうに見られる多年草である．地中に長く地下茎をのばして繁殖する．茎は円柱形で直立しほとんど分枝せず，高さ 60〜100 cm となり，基部紅色を帯びる．葉は互生し，長さ 6〜13 cm，短い柄があり，長楕円状披針形で先端尖り，全縁でふちには毛が生え，葉肉中に細かな油点が散在する．夏，茎の頂に一方に傾いた総状花序を作り，多数の小さな白い花を密につける．花柄は長さ 6〜10 mm，細かい毛が生え，基部に小さな線形の苞葉がある．がくは深く 5 裂し，裂片は狭長楕円形で先は鈍形である．花冠は深く 5 裂し，径 8〜12 mm，裂片は狭長楕円形である．5 本の雄しべと 1 本の雌しべをもつ．さく果は球形で径約 2.5 mm，宿存性のがくに包まれている．〔日本名〕丘虎の尾の意味で丘によく見られ，花穂の様子が獣の尾に似るのでいう．〔漢名〕珍珠菜をこれに用いるのは誤りである．また扯根菜をあてるのも誤りである．

3155. ヌマトラノオ 〔サクラソウ科〕

Lysimachia fortunei Maxim.

アジア東部の温帯，亜熱帯に広く分布し，日本では本州から九州の湿地や流れのほとりに生える多年草である．地中に長く地下茎をのばして繁殖し，ふつう群をなして生える．茎は円柱形でほとんど分枝せず，高さ 40〜70 cm となり，基部赤色を帯びる．葉は互生し，短い柄があり，長さ 4〜7 cm，倒披針状の長楕円形で先は急に狭まって尖り，ふちは全縁で無毛である．葉肉中に細かな油点が散在する．夏，茎の頂に直立した総状花序を作り，多数の小さな白色の花を密につける．花柄は長さ 3〜4 mm，無毛またはわずかの腺毛をもち，基部に線形の苞葉がある．がくは深く 5 裂し，裂片は卵状楕円形で鈍頭，背面に黒点がある．花冠は深く 5 裂し，径 5〜6 mm，裂片は長楕円形で先は鈍形である．5 本の雄しべと 1 本の雌しべをもつ．さく果は球形で径 2〜2.5 mm，宿存性のがくに包まれる．〔漢名〕珍珠菜という．宿星菜を使うのは誤りである．

3156. ノジトラノオ 〔サクラソウ科〕

Lysimachia barystachys Bunge

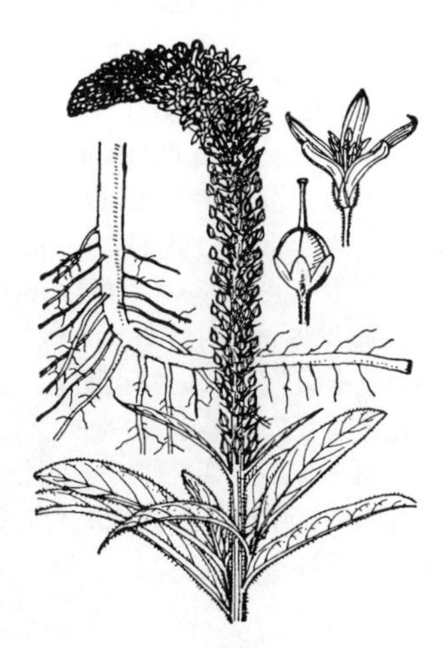

本州と九州の原野や丘陵のやや湿った草地に生える多年草である．茎は直立して高さ 50〜70 cm となり，円柱形でふつう枝分かれせず，短い粗い毛が密に生えている．葉は互生し，線状長楕円形で先は鈍形，全縁で，長さ 3〜5 cm．葉腋に短い小枝を出し，小形の葉をつける．晩春から初夏にかけて，茎の頂に細長い総状花序をつけ，白色の小さな花を密に開く．花序は開花期には一方に傾き，開くにしたがって直立する．花柄は短く，その基部には花柄とほぼ同長の細長い緑色の苞葉がある．がくは緑色小形で深く 5 裂する．花冠は径 1 cm 未満で深く 5 裂し，裂片は長楕円状披針形である．5 本の雄しべは花冠裂片の半分の長さである．子房は小さく，花柱は直立し雄しべより短い．果実は小球形のさく果となり，多数集まって直立した果穂をつくり，熟すと赤褐色となる．〔日本名〕野路虎の尾の意味で，原野の路ばたに生え，また全形が虎の尾，すなわちオカトラノオに似るのでいう．

3157. サワトラノオ（ミズトラノオ）　〔サクラソウ科〕

Lysimachia leucantha Miq.
（*L. candida* Lindl. var. *leucantha* (Miq.) Makino）

本州，九州，朝鮮半島の水辺の湿地にまれに見られる多年草である．群落をつくって生え，全体は他の近縁種に比べると細弱である．茎は直立して高さ 30 cm ほどとなり，円柱形でほとんど枝分かれしないが，ときに茎の上部にある葉腋から短い小枝を出し，小形の葉をつける．茎に多数の葉を互生し，葉は広線形で長さ 2〜4.5 cm，幅 3〜5 mm，先は鈍形，全縁で葉肉内に黒色の腺点が散在している．夏，茎の頂に総状花序をつけ，多数の白色の小さな花を開く．花穂は初め短いが果時には長くのびる．がくは緑色で深く 5 裂し，裂片は長楕円形で先は鈍形である．花柄は細長く，果時には苞葉の倍にのびる．5 本の雄しべ，1 本の雌しべをもち，花冠の外へのびる．果実は球形のさく果で小さく，がくより短い．

3158. ヒサカキサザンカ　〔ツバキ科〕

Pyrenaria virgata (Koidz.) H.Keng

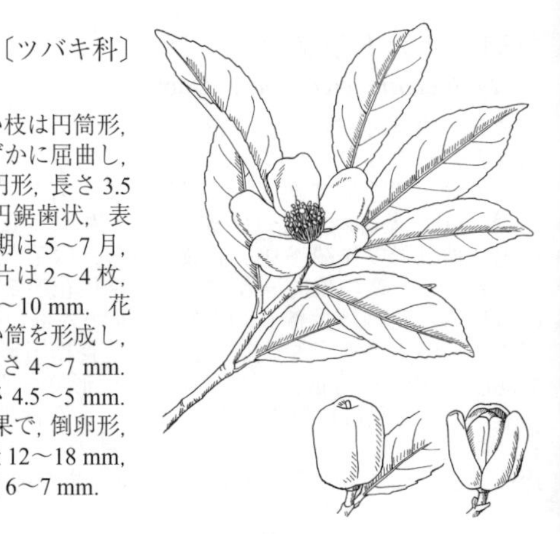

沖永良部島から西表島に分布する常緑高木．樹皮は灰褐色で滑らか，若い枝は円筒形，無毛，灰褐色で縦方向に亀裂が入る．頂芽は狭卵形から卵形，鋭尖頭，わずかに屈曲し，伏毛が密生する．葉は単葉で互生する．葉身は革質，倒披針形，あるいは楕円形，長さ 3.5〜9 cm，幅 1〜3（〜3.5）cm，先端は短い尾状，基部は細まり，縁は浅い円鋸歯状，表面は無毛で光沢があり，主脈上に伏毛が生える．葉柄は長さ 5〜10 mm．花期は 5〜7 月，花は腋生で，花柄は長さ 0.5〜3 mm，無毛あるいは伏毛がまばらに生える．萼片は 2〜4 枚，瓦状に重なり，円形，倒卵形，あるいは腎臓形，鈍頭，長さ 4〜6 mm，幅 5〜10 mm．花冠は白色，径 2.5〜3 cm，花弁は 5 枚，倒卵形，長さ 10〜12 mm，基部は短い筒を形成し，花筒は長さ 2 mm．雄蕊は多数，花冠筒に合着する．花糸は糸状，黄色で長さ 4〜7 mm．子房上位，毛が密生し，長さ約 1.5 mm，子房室は 3 室，花柱は 1 本，長さ 4.5〜5 mm．柱頭はわずかに 3 裂し，胚珠は各子房室に 2 あるいは 3 個．果実は木質の朔果で，倒卵形，時にゆがみ，断面は鈍い三角形，わずかに 3 溝があり，長さ 15〜23 mm，径 12〜18 mm，伏毛があり，胞背裂開する．種子は茶色で光沢があり，長さ 11〜14 mm，幅 6〜7 mm．

3159. チャノキ（チャ）　〔ツバキ科〕

Camellia sinensis (L.) Kuntze var. ***sinensis***

中国雲南省の西南部などに野生する低木．製茶材料として広く各地で栽培され，真の野生状態はあまり明らかでない．上記では山稜の岩石地，谷間などにも生育する．日本でも野生が報告されたが，今はこれを信じる人は少ない．常緑互生の葉をつける枝を盛んに分かち，葉は楕円形，鈍頭，短柄，葉脈は上面は凹入し，下面は突出し，明らかに歯牙縁をなす．葉柄は短い．幼部を除き全株はほぼ無毛．若枝は緑色．花期は晩秋で，花には長い柄があり，下方に彎曲し，中ほどに早落性の小苞が 2〜3 個ある．がく片は 5〜6 個．花は径 3 cm ばかり，花弁は 5〜7 個，白色．雄ずいは多数あり，基部でわずかに合着し，花弁の中央に盛り上がる．雌ずいは 1 個，雄ずいの中に埋没し，花柱はふつう 3 岐し，子房に絹毛が密生する．果実は鈍三稜形で，背部で開裂して 1〜2 個の種子を収める．種子は褐色でほぼ球形．多くの栽培品種があり，形態は必ずしも一定でない．霧の多い地が栽培の適地とされる．製品の紅茶は，製造中に強く発酵させたもので，同じく製品の緑茶とは色も飲用法も異なるが，原植物による差異ではない．茶は英語の Tea と同様に漢名の茶の音に由来する．茗も茶と同意である．

3160. トウチャ（ニガチャ）　〔ツバキ科〕

Camellia sinensis (L.) Kuntze var. ***sinensis*** f. ***macrophylla*** (Siebold ex Miq.) Kitam.

チャの 1 品種で，まれに暖かい地方の山地に野生状をなすが，普通は栽培される常緑の低木で，外形はチャに似ているが幹や枝はあらく大きく，葉もまた大きい．葉は互生し，葉柄があり，楕円形で長さ 10〜15 cm，幅は 5 cm 内外あり，縁にきょ歯がある．秋の終わり頃に柄のある白い花を葉腋に開いて点頭し，がく片，花弁，雄しべ，雌しべはともにチャの花と同じであるが，ややチャより大きい．果実もまたチャと同じである．若い葉をつんで茶を作って飲むが美味でない．〔日本名〕トウチャは唐茶の意味で，中国から渡来したと思われるからである．〔漢名〕習慣的に皐蘆と呼ばれる．

3161. アッサムチャ（ホソバチャ）〔ツバキ科〕

Camellia sinensis (L.) Kuntze var. ***assamica*** (J.W.Mast.) Kitam.

ラオス，ビルマ，タイ，雲南省（中国）の国境付近の熱帯林中に生える常緑高木で，高さ 10 m 以上のものもある．幹径は 10 数 cm ばかり．枝は直線的で長く，葉は大きく狭楕円状披針形または狭卵状楕円形である．花は葉腋または落下した葉の腋にでる．チャノキとは本質的に変わらない．チャは唐代頃中国人がこのアッサムチャから栽培を通じて選別育成したもので，幼葉枝をつみとって製茶するのに使うように茶畠で培養したものと推定されている．山岳民たちはアッサムチャの巨樹を切り倒して，その木のすべての葉を集めて製茶する．この風習は今でもラオスなどでみられる．初期には葉を発酵させて茶の味覚を増進するすべが知られなかった．今では自生地で，樹林中に散在する個体数も減少している．山岳民の間で自然に合意ができ，倒木は制限されている．台湾のタイワンヤマチャは本来のアッサムチャより葉も小形で，半ば改良されたものが野生化したものとみられていたが，近年になって自生種とみなす説が浮上している．

3162. ヤブツバキ（ヤマツバキ）〔ツバキ科〕

Camellia japonica L.

本州の北端から琉球列島を経て，台湾の一部にまで分布する常緑高木．本州の最北部から東北・北陸地方の海岸に広く分布するが，日本海側の多雪地方ではユキツバキ(次図)におきかわる．夏期の成木では花の一部を除いては全株が無毛であるが，芽生え，幼葉には多少とも毛がある．この毛は単細胞で，早く脱落する．葉の下面の毛の一部は脱落後に黒褐色の小いぼを作る．葉は楕円形または卵形長楕円形で，先は短く急に尖り，まばらに鈍きょ歯がある．花は暖帯では晩秋と早春から春に開き，枝端に 1～2 花をつける．花柄はきわめて短く太く，下方から苞およびがく片が覆瓦状に密に並び，両者は中間型で連続的に変化するので，これらをまとめてがく苞という．花弁は 5～6 個，花弁とがくとの間にも中間の形のものがある．雄ずいは筒状をなし，花弁の基部の作る筒部と合着し，花後一体となって落下する．花冠は筒状でサザンカのように広開しない．しかし花弁上半部が外方にそりかえることもある．花柱は 3 岐し，果実は無毛で光沢がある．種子は良質の油を提供する．〔漢名〕山茶．椿は中国ではセンダン科のチャンチンのことを指す．

3163. ユキツバキ（オクツバキ，ハイツバキ，サルイワツバキ）〔ツバキ科〕

Camellia rusticana Honda（*C. japonica* L. var. *decumbens* Sugim.）

ハイツバキの名に示すように自生地では枝や幹がはい，また発根することが多いが，これは積雪量の多い生育環境によるものであって，葉質は薄く，葉脈は透明，きょ歯はヤブツバキより鋭い．葉柄は短く，若いときには多少とも白毛がある．花は広開し，花弁の質は薄い．春または初夏の日光にあうと一時的にしおれることがある．がくおよび苞は少数片からなる．雄しべは基部でわずかに合着していて，散在してみえる．しかしサザンカのように合着部が極めて短いのとは異なる．雄しべの花糸はふつう濃橙黄色で，しばしば下方または全体に紅色をおびる．果実は細長く，種子はふつう 1～2 個．日本海側の 300～800 m くらいの地に群生し，枝と葉は積雪の圧力で，地面に圧平されるが，融雪とともにしなやかな性質で再びもとのとおりにもどる．秋田県から福井，滋賀の両県までの豪雪地の環境に適応分化したもの．これらの県下にも海岸近くにはヤブツバキがあり，中間地域にはヤブツバキとの中間型のユキバタ（雪端）ツバキがある．

3164. トウツバキ〔ツバキ科〕

Camellia reticulata Lindl.

宝永年間（1673～80 年）に中国から日本に渡来したヤマトウツバキ（雲南省西南部に自生，一重紅花，*C. reticulata* f. *simplex* Sealy）の一園芸品種で，昭和初期以前には唯一の品種として珍重された．奇妙なことにこの品種は中国では実体が不明となっていて品種名さえなかった．英国には 1827 年に中国から輸入され Captain Rawes'camellia と命名され，その後広く南欧で栽培されている．中国には 1973 年に日本からあらためて輸入され帰霞と命名された．300 年目に祖国に帰ってきたとの意がこめられている．日本ではまれに暖地で大樹がみられる．枝は疎大で，葉は楕円形で両端が尖り，葉質は厚く，軟らかく折れやすい．上面の葉脈は細脈に到るまで凹入し，青味のある粉白をおびる．花はやや紫色をおびた紅色の半八重で，花弁はおおまかに波打ち妖婉なおもむきがある．子房に密毛があり，葉柄にも疎毛があることが多い．第 2 次大戦以後に 20 を超える雲南省の伝統的な品種が西欧社会に輸出されて園芸界にショックを与えた．ヤブツバキなどとの間に多くの美大な花を開く園芸品種が作出されている．

3165. サザンカ 〔ツバキ科〕

Camellia sasanqua Thunb.

九州・四国およびその周辺の島嶼に生え，琉球列島に及ぶ．低山あるいは，ときに海岸の近くにも生える常緑の小高木で，盛んに分枝し，多くの葉をつける．葉は互生，ヤブツバキより小形で両端が尖り，ときに上方がやや丸味をおびる．葉縁には低鈍きょ歯がある．秋末に開花し，花の後に花弁を地面に散り敷く．野生株は純白の花を開く．花弁は細く水平に開き，先端の凹入が著しい．葉柄や，若い枝，葉の両面の主脈上あるいはその付近にやや粗い毛があり，夏以後も残る．花弁は僅かに基部で合着するが，ヤブツバキのように花後雄しべと一体となって抜け落ちることはない．雄ずいと花弁の間，および雄ずいの間の合着の程度は低い．花柱はふつう3岐する．花弁の下のがく・苞片は開花と同時に散り落ちるのもヤブツバキと異なる．果実は夏の終わりに熟し，果皮に粗毛が残存する．植栽されたサザンカはまれにヤブツバキと交雑し，ハルサザンカの群を生じる．サザンカより遅れて開花する．漢名は茶梅．コカタシは小形のツバキの意の地方名．

3166. ヒメサザンカ（リュウキュウツバキ） 〔ツバキ科〕

Camellia lutchuensis T.Itô

高さ10 m に達する常緑の高木．小枝は極めて細く，開出したやや硬い軟毛があり，淡褐色，ときに黒変している．産地によってこの長さが2 mm ほどのものもある．葉は小形で，楕円形または長楕円状卵形，鋭頭鈍端，基部はやや丸味をおび，長さ1.5～4.0 cm，小きょ歯があり，表面の主脈を除いては無毛である．葉柄は長さ2～4 mm で，毛がある．花期は12～4月．花は径3～4 cm，白色で芳香があり，外方の花弁は裏面に微紅色をおびることが多い．内方の花弁は3個，外方のものはその間に出て3個．がくと苞とは一体となって倒円錐状，がく片5個は花弁の基に密着しているが，苞は花柄の上にややばらついてつく．雄しべは白色，下方は互いに合着して短い筒部をつくる．雌しべは1個，花柱は細く，先は3裂する．子房は無毛．果実はさく果で，3裂し，果皮の裂片は軟革質，ふつう1個の種子がある．琉球列島の固有種で，谷間などやや日陰を好む．花の芳香が著しいので，ヤブツバキなどと交配して香気のある紅，淡紅などの小輪の園芸品種が作出される．

3167. ナツツバキ（シャラノキ） 〔ツバキ科〕

Stewartia pseudocamellia Maxim.

山中に生える落葉高木でまた時々庭木として植えられる．幹や太い枝では通常古い樹皮がはげ落ちる．葉はやや厚く，葉柄があり互生し，楕円形で10 cm 前後，先端は尖り，へりにはきょ歯があり，下面に絹のような長い毛があるが全体にやや乾いた感じの草質である．夏に葉腋に柄のある大きな白い花を開き，直径は約5 cm 内外である．花の下に接して花柄の頂端に2枚の苞葉がある．5個のがく片は緑色で，白色の絹のような細かい毛がある．花弁は5個でしわがより，裏面には白い絹毛があり，へりには細かいきょ歯があり，基部は互に合着する．花の終わりに近づくと，がくが強く中央により集まって，花弁を押し出して落とす．多数の雄しべは単体となり，雌しべは1本，花柱は5分する．さく果は卵形で尖り，5個の果片に裂開する．〔日本名〕夏椿の意味で夏にツバキのような花を開くからである．またシャラノキはこの木をインド産のフタバガキ科の娑羅樹 *Shorea robusta* P.Gaertn. と間違ったことに基づく．

3168. ヒメシャラ 〔ツバキ科〕

Stewartia monadelpha Siebold et Zucc.

関東から西の山林中に生える落葉高木で幹は直立し，かなりの高さに達する．樹皮はつるつるして，淡赤黄色で，林の中で特に目立つ．葉はやや薄く，互生し，葉柄があり，先の鋭く尖った長卵形で長さ5 cm ぐらい，ふちにはきょ歯があり，裏面には細かい毛がある．夏に柄のある白い花を新枝に腋生し，花はナツツバキよりずっと小形で径2 cm ぐらい．花の下に2個の葉状の苞葉がある．緑色のがく片は5個，花弁は5個で下部は互に合着する．単体となった多数の雄しべと1本の雌しべがあり花柱は5分し，子房には白い毛がある．さく果は5個の果片に裂開する．〔日本名〕ヒメシャラは姫娑羅でナツツバキを誤って娑羅樹と呼び，本種はその木に似ているが小さいためである．また樹皮がつるつるしている点でサルスベリ，サルナメリなどの別名がある．猿もすべってのぼれまいと見立てたのである．アカラギは樹皮の色が褐色のためである．

3169. ヒコサンヒメシャラ 〔ツバキ科〕

Stewartia serrata Maxim.

本州関東西部から九州の主にブナ帯の林の中に生える落葉高木．枝は暗褐色を帯び，葉は互生し，やや薄い皮質，卵状楕円形または楕円形，先端は鋭く尖り，基部はくさび形，ふちには低きょ歯があり，主脈と支脈との腋以外は無毛．夏に新枝の葉腋に柄のある花が上向きに開く．花は直径 4 cm で白色で，単体の黄色い雄しべが多数あり，がく片は 5 個で三角状広披針形，ふちにきょ歯があり，長さ 1.5 cm 位ある．花の下に接して花柄の先に細い卵形の葉状の小苞葉が 2 個ある．花弁は 5 個で倒卵形，へりにはゆるやかな小きょ歯があり，基部はゆ合し，背面に白色の絹毛を密生する．雄しべは花弁と基部で合着する．子房には毛がない．さく果は卵球形で 5 稜があり，やや木化し先端は鋭く尖り，無毛で直径 1.5 cm 位あり，後に 5 裂し，褐色で細い翼のある種子を出す．〔日本名〕九州の英彦山に産するヒメシャラの意味である．ヒメシャラとよく似ていて区別に苦しむが，花があれば子房に毛がないことでわかり，また葉のきょ歯が低くて目立たぬこと，幹のはだの処々に不規則な環状の黒い線が見えることでも区別できる．

3170. ヒメツバキ（広義）（イジュ，ムニンヒメツバキ） 〔ツバキ科〕

Schima wallichii (DC.) Korth.（*S. noronhae* Reinw. ex Blume ; *S. superba* Champ. ex Benth. ; *S. mertensiana* (Siebold et Zucc.) Koidz.）

常緑性の高木で，高さ 10 m 内外に達する．新芽，小枝にははじめは表皮におしつけられた白色の単細胞の長毛が密生するが，後には無毛となる．葉は互生し，老樹では枝先に集まる．葉は広披針形，卵状披針形で長さ約 10 cm，幅 3～4 cm，先端は尾状に尖り，葉縁に低平なきょ歯があるか，またはほぼ全縁，若木には鋭いきょ歯のあるものがある．若葉は表面に粉白をおびる．開花期は 3～5 月であるが個体によっては四季を選ばずに開花する．花は短縮した総状花序につき，花序の中軸および花柄は太い．花は白色で広開し径 4 cm ばかり，5 弁である．がく片は狭卵形で，宿存し，半円形で内面に密毛がある．花弁は白色，広卵形で，浅く椀形に内方にかかえ，先端は丸く，基部はわずかに合着して，短い花冠の筒部をつくる．雄しべは多数あり，花弁に合着する．花が終わると，雌しべを残して一体となって落下する．果実は上方がやや平たい球形で，上方のみ 5 裂する．種子は扁平有翼である．〔追記〕本種は琉球・小笠原から広くアジアの亜熱帯地域に分布し，複数の種に分けられることもある．日本産のものでも，小笠原産（図はこの型である）と琉球産（葉にふつう細きょ歯がある）とは形が異なり，区別する時は前者をムニンヒメツバキ *S. mertensiana*，後者をイジュ *S. noronhae* とする．

3171. サワフタギ（ニシゴリ） 〔ハイノキ科〕

Symplocos sawafutagi Nagam.（*S. chinensis* (Lour.) Druce var. *leucocarpa* (Nakai) Ohwi f. *pilosa* (Nakai) Ohwi）

北海道，本州，四国，九州の山地に生える落葉の低木．高さ 2.5 m 位，多く枝分かれして葉も沢山つく．葉は 3～8 mm の短い柄をもち互生し，倒卵形でふちには小さいきょ歯があり，両面は常にざらざらして短毛がある．5 月頃，新しい枝の上に新しい葉とともに円錐花序をつけて，沢山の白い細かい花を密生する．がくは小さく緑色で 5 裂する．花冠も深く 5 裂し径 7～8 mm，ウメの花に似ている．雄しべは多数で花冠より少し長く，雌しべは 1 本である．秋，長さ 6～7 mm のゆがんだ球形の核果をつけ，熟すと藍青色となる．〔日本名〕多分沢蓋木の意味で，沢の上に繁茂して，沢をおおい隠すことから出たと思われる．またニシゴリはニシッコリともいい，錦織木の意味である．これはこの樹の灰汁を主として紫根染の媒染剤として用いたためできた名と思われる．

3172. シロサワフタギ（クロミノニシゴリ） 〔ハイノキ科〕

Symplocos paniculata (Thunb.) Miq.

本州（中部，近畿地方）の山地に生える落葉の低木で，樹皮は灰褐色で縦に細かく割れる．全体無毛で，若い枝は緑色で少し白い粉をふく．葉は 5～10 mm の柄があり，互生し，長倒卵形で長さ 5～10 cm，先は急に尖り，基部はくさび状に細まり，ふちには内に曲がったきょ歯があり，両面とも無毛である．5～6 月，若枝の先に円錐花序をつけ白い花を沢山つける．がくは 5 裂し，裂片は卵形で小さい．花は径約 8 mm，花冠は深く 5 裂し，長さ 6～7 mm，裂片は楕円形．雄しべは約 25 本，雌しべは 1 本．果実はゆがんだ広卵形体で，秋になると黒く熟す．サワフタギとは若枝，葉，花序に毛がなく，果実は黒色に熟す点で区別される．〔追記〕クロミノサワフタギ *S. tanakana* Nakai は本州（中国地方），四国，九州に分布し，果実が黒色である点で本種に似ているが，樹皮がサクラのように横に裂け，葉の下面に軟毛が生える．

3173. タンナサワフタギ 〔ハイノキ科〕

Symplocos coreana (H.Lév.) Ohwi

本州中部以西の山地に多く生える落葉の低木または小さな高木で，高さ 3～5 m になる．樹皮は灰色でうすくはがれやすく，枝は横に広がって，沢山の小枝に分かれている．葉は倒卵状楕円形で長さ 5 cm 位，先端は急に尖り，基部は柄の方に急に細くなる．やや革質で，下面の脈上に白毛があり，ふちには鋭く尖ったきょ歯がある．若枝の葉は特に鋭いきょ歯をもつ．6 月頃，小枝の先端にサワフタギに似た円錐花序をつけ，多数の白花を密生し，遠くから見ると白雪のようである．がくは緑色で小さく，5 裂している．花冠は径 6～7 mm，5 深裂し，裂片は先端鈍く楕円形，乾くと淡黄色になる．雄しべは多数でほとんど花冠と同長であり，花糸は白く，葯は黄色である．子房は下位で小さく，花柱は 1 本で直立している．10 月頃，少しゆがんだ球形の果実をつけ，熟すと藍黒色となり，サワフタギの鮮やかな藍青色と区別される．〔日本名〕耽羅択蓋木の意味で耽羅（たんな）は韓国の済州島の古名で，この木が最初，同島で発見されたため名付けられたものである．

3174. クロバイ（ハイノキ［同名異種あり］，トチシバ，ソメシバ）〔ハイノキ科〕

Symplocos prunifolia Siebold et Zucc.

関東以西の暖地に生える常緑の高木で，大きなものは高さ 10 m，幹の直径 30 cm 位になり，枝や葉は密に繁る．幹や枝は灰褐色または黒褐色で，葉は柄があって互生し，広披針形または楕円形で，長さ 3～7 cm 位，先端は尾状に鋭く尖り，基部は次第に細くなる．葉のふちには低いきょ歯があり，厚い革質で黒緑色であり光沢がある．5 月頃，前年の枝の基部から総状花序を出して小花柄をもつ白い花をつけ，花軸には細毛を密生する．花は同属の他の種類とほぼ似ていて，径 8 mm 位，平らに開く．がくは緑色で先端は浅く 5 裂し小形．花冠は深く 5 裂し，裂片は楕円形で先端は鈍形．雄しべは多数．子房は下位で小さく，花柱は直立する．果実は卵状楕円体で短い柄をもち，初め緑色，熟すと紫黒色となる．〔日本名〕黒灰はハイノキの仲間で樹皮が黒味を帯びているため，染め柴はこの葉が乾けば黄色となり，その黄色の汁で菓子等を染めるのに使われたためにいわれたもの．トチシバはその意味がわからない．〔漢名〕山礬をあてるが誤りである．

3175. シロバイ 〔ハイノキ科〕

Symplocos lancifolia Siebold et Zucc.

近畿以西の暖地の低地に生える常緑の低木．高さは 3 m 位，枝は細く若い時は褐色の毛がある．葉は互生し，葉柄はきわめて短く，卵状披針形または広披針形で長さ 4～6 cm，先端は尖り，基部は次第に細くなり，ふちには低いきょ歯がある．葉の質は革質であるがやや薄く軟らかく，深緑色で多少光沢がある．9～10 月頃，今年枝の基部に総状花序をつける．花序は葉より短くてほとんど柄がなく，白い小形の花を密につける．花は径 4 mm 位で平らに開く．がくは緑色で小さく，5 裂する．花冠は深く 5 裂し，裂片は楕円形，先端は鈍形．雄しべは多数で花冠より長く，5 つの束をつくっている．子房は下位，小形で花柱は直立する．果実は小さい球形で熟すと黒色になる．〔日本名〕白灰は枝の色が灰褐色で黒色を帯びていないので，クロバイに対して名付けたものである．

3176. ハイノキ（イノコシバ） 〔ハイノキ科〕

Symplocos myrtacea Siebold et Zucc.

近畿地方西南部以西の暖地に産する常緑の小高木である．枝は比較的細く赤褐色，全体無毛で乾くと黄緑色になる．葉は互生し，1 cm 位の柄があり，長楕円形で先端は長く尾状に尖り，ふちに低いきょ歯がある．長さ 3～8 cm，幅 1～2.5 cm，薄い革質で上面に光沢があり下面は淡緑色である．5～6 月，葉の腋に花をまばらにつけた総状花序を出し，白花を開く．花柄は細く，がく筒は漏斗状，がく片は 5 個で卵形．花冠は径 1 cm 位，深く 5 裂し，多数の雄しべと 1 本の雌しべがある．果実は細長い柄の先につき，卵形体で長さ 6～8 mm，紫黒色に熟す．本種は一般にハイノキと呼ばれるが，染物に使う灰の木の主な材料はクロバイである．〔日本名〕灰の木は灰汁をとるため枝葉を焼き，灰をつくるので名付けられた．

3177. ミミズバイ　〔ハイノキ科〕

（ミミズノマクラ，ミミズベリ，ミミズリバ，トクラベ）

Symplocos glauca (Thunb.) Koidz.

本州（千葉県以西），四国，九州の暖地に生える常緑の高木で，高さ 10 m，幹の直径 30 cm 位になり，全体無毛である．葉は長さ 1～1.5 cm の柄があり，狭楕円形または楕円状の倒披針形で長さ 10～15 cm，質厚く革質無毛で，葉のふちは全縁または先端に細かいきょ歯があり，上面は緑色で下面は灰白色である．8 月頃，葉の腋に短い総状花序を出し，白色の小花を密生する．がくは小さく緑色で 5 裂し毛がある．花冠は径 8 mm 位，深く 5 裂し，裂片は楕円形で先端は鈍形，乾くと黄色になる．雄しべは多数で 5 つの束に分かれ花冠より長い．子房は下位，小形で 1 花柱がある．果実は前年咲いたものが秋に成熟し，卵状長楕円体で径 12～15 mm，上半部はしばしば弓なりに曲がり，ほとんど柄はなく，熟すと紫黒色になる．〔日本名〕蚯蚓灰の意味で，本種はハイノキの一種でその実の形がみみずの頭に似ているため名付けられたものである．蚯蚓の枕はみみず状の枕の意味かと思われる．ミミズベリ，ミミズリバの意味は不明．トクラベは伊勢神宮において御饌供進の時，その下敷にこの葉を使用して，トクラベとよぶが，その意味は不明である．

3178. ヒロハノミミズバイ　〔ハイノキ科〕

Symplocos tanakae Matsum.

屋久島，種子島などの南九州と琉球列島の一部に生える常緑の小高木．高さ 5～8 m，枝は褐色だが，若枝は明るい黄緑色で縦に稜があり，断面は角ばる．葉は長さ 2 cm ほどの太い柄で互生し，細長い楕円形で長さ 8～15 cm，幅は 2～4 cm あってミミズバイよりやや広めである．葉の先端は短く尖り，基部は鋭いくさび形で柄に連なる．ふちには低いきょ歯があって波状をなし，葉の質は厚く硬い．上面は鮮緑色で光沢がある．冬のはじめに，枝先の葉腋に数個の白花を集めてつける．花に柄はなく，浅い杯状の緑色のがくがあり，花冠は直径 1.2 cm ほどで深く 5 裂し，梅花状に開く．雄しべは多数あって花冠よりやや長く，淡黄色の葯がめだつ．果実は長さ 2 cm ほどの長楕円体で中に核があり，翌年の夏に黒く熟す．前図のミミズバイに似るが，ミミズバイは枝に稜がなくて丸く，葉の下面が白く，また花が短いながらも軸のある花序につくなどの点で異なる．〔日本名〕広葉のミミズバイで，葉が幅広いことによる．

3179. クロキ　〔ハイノキ科〕

Symplocos kuroki Nagam.（*Symplocos lucida* auct. non Siebold et Zucc.）

本州（房総半島以西），四国，およびトカラ列島以北の九州の照葉樹林に生える常緑の小高木．韓国の済州島にも分布する．幹は黒褐色で，枝も若枝を除き紫黒色を帯びる．若枝は黄緑色で縦方向に翼状の稜が走っていて断面は角ばる．葉は長さ 1 cm ほどの柄があって互生し，楕円形で長さ 4～8 cm，幅 2～4 cm あり，ふちは上半部にまばらに低いきょ歯がある．春に葉腋に短い集散花序を出し，白色の小花を多数密生する．花には浅い杯状のがくがあり 5 裂する．花冠は白色ないし黄白色でウメの花のように 5 深裂し，花の径は約 8 mm，多数の雄しべは花冠より長く花外に出る．葯は淡黄色．果実は長さ 1～1.5 cm の楕円体で中に大きな核があり，はじめ紫黒色，熟すと黒色となる．なお琉球にナカハラクロキ *S. nakaharae* (Hayata) Masam.，小笠原諸島にチチジマクロキ *S. pergracilis* (Nakai) T.Yamaz.，ムニンクロキ（次図参照）などの近縁種が分化している．〔日本名〕黒木は幹や枝が黒褐色であることに基づく．

3180. ムニンクロキ　〔ハイノキ科〕

Symplocos boninensis Rehder et E.H.Wilson

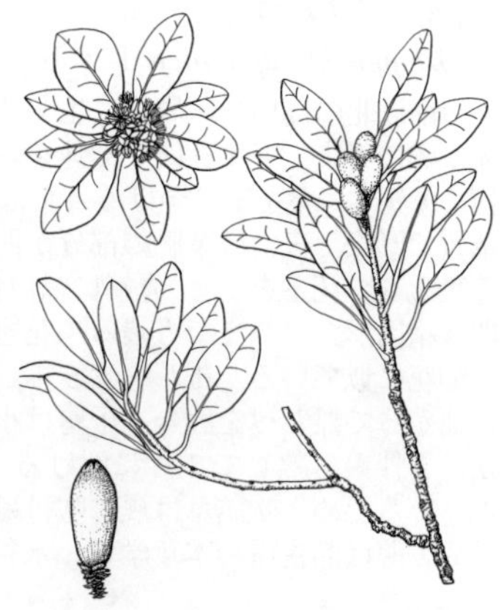

小笠原諸島母島列島の向島のみに自生する常緑小高木で，幹の高さは 7～8 m になる．樹皮は灰褐色であるが，若い枝は黄緑色で稜をもつ．葉は単葉で互生し，1 cm ほどの柄をもつ．葉身は革質で光沢があり，楕円形で長さ 6～9 cm，幅 2.5～5 cm，先は鈍頭，基部はくさび形，縁は全縁でやや波打つ．両面とも無毛で，側脈は 7～8 対で表面にやや突出する．花期は 10 月頃で，前年枝の葉腋に淡黄緑色の花を数個ずつ束生する．花は両性で放射相称，萼は筒状で 5 裂し，花冠は長さ 5～6 mm で，5 深裂し，その裂片の縁には萼裂片同様に細毛がある．雄蕊は 60～100 と多数で，これらが 5 つの束になって配置する．花柱は 1 個で長さは約 6 mm，子房は 3 室に分かれ，各室に 1～2 個の種子がある．果実は楕円形で長さ 20～25 mm，幅 10～13 mm，翌年の 7 月頃に黄褐色に熟す．

3181. リュウキュウハイノキ 〔ハイノキ科〕

Symplocos okinawensis Matsum.

沖縄本島の山地に生える常緑の小高木．高さ 3〜8 m となり幹は直立，枝は若枝を除き紫褐色を帯びる．若枝には鉄さび色の伏した毛が密に生える．葉は短い柄があって互生し，葉身は長さ 4〜6 cm，幅 1〜2.5 cm のごく細長い楕円形で，両端とも鋭いくさび形で細まる．ふちには細かなきょ歯が並び，質は革質で薄い．葉の中央脈は葉の両面，特に上面に隆起する．夏に葉腋から短い散房花序を上向きに出し，数個ずつの白花をつける．花は浅い杯形のがくがあり，がく筒の先端は浅く 5 裂，花冠も径 3〜5 mm の杯形で 5 裂する．雄しべは多数ある．果実は長さ 1 cm 弱の長めの楕円体の核果で黒く熟し，表面にはまばらに長い毛がある．沖縄島や奄美大島には同属で高さ 20 m にも達する常緑高木のミヤマシロバイ *S. sonoharae* Koidz. があり，葉，花ともやや大きく，花はラッパ形となり，花も果実も垂下してつく点が異なる．〔日本名〕琉球灰の木．灰の木についてはハイノキ（3176 図）参照．〔追記〕本図はリュウキュウハイノキにしては花序が長く総状に花をつけており，琉球と台湾に広く分布するアマシバ *S. formosana* Brand を描いたものである可能性が高い．

3182. アオバナハイノキ 〔ハイノキ科〕

Symplocos liukiuensis Matsum. var. ***liukiuensis***

琉球の沖永良部島と沖縄島の山地に生える高さ 3〜5 m の常緑の小高木．枝は紫褐色を帯びるが，若枝は黄緑色で翼状の稜があり，断面は角ばる．葉は互生し柄は短く，長さ 4〜8 cm の長楕円形であるが，先端は短く尖り，基部はくさび形に細まる．ふちにはきょ歯があり，中央脈は上面がやや凹んでリュウキュウハイノキのように隆起しない．初夏に枝先および葉腋から長さ 4〜5 cm の総状花序を上向きにのばし，10 個あまりの青紫色の花をつけて美しい．花の直径は約 1 cm，花冠は浅い杯状で深く 5 裂して梅花状．多数の雄しべは花冠よりやや長く超出し，赤橙色の葯がめだつ．果実は長さ 7〜8 mm の細長い楕円体で頂端が凹み，壷状をしている．観賞用に庭樹として植えることもある．〔日本名〕青花灰の木は，ハイノキの仲間で青紫色の花をつけることによる．〔追記〕西表島には，葉が大きいイリオモテハイノキ var. *iriomotensis* Nagam. を産する．本種としばしば混同されるヤエヤマクロバイ *S. caudata* Wall. ex G.Don は八重山諸島に産し，若枝は褐色．

3183. カンザブロウノキ 〔ハイノキ科〕

Symplocos theophrastifolia Siebold et Zucc.

本州，四国，九州，琉球，台湾，中国の暖地に生える常緑の高木で，大きなものは高さ 10 m 位，幹の直径 30 cm 位になり，葉は密生して繁り，全体は無毛である．葉は互生して長さ 7〜12 mm の柄をもち，楕円状倒披針形で長さ 10〜15 cm，先端は鋭く尖り，基部は次第に細くなる．厚い革質でへりには波状の低いきょ歯があり，上面は光沢があって鮮緑色，下面は淡緑色である．8 月に開花し，葉の腋から穂状花序を出す．花序は葉より短く，多くは基部より 3 本に枝分かれして円錐状に見える．花は径 8 mm 位，白色で柄がない．がくは小さく緑色で 5 裂し細毛がある．花冠は 5 深裂し，裂片は広楕円形，先端は円く，雄しべは多数で 5 つの束に分かれ，花糸は基部でゆ着している．果実は壷状で小さく，径 4 mm 位，初め緑色，熟すと暗紫色となる．〔日本名〕多分，勘三郎の木らしいがその意味は不明である．俗に「烏かあかあかんざぶろう」というので，この木が烏と何か関係があるのだろうか．

3184. イワウメ（フキヅメソウ，スケロクイチヤク） 〔イワウメ科〕

Diapensia lapponica L. subsp. ***obovata*** (F.Schmidt) Hultén

中部以北の高山帯の岩場に生える極めて小形の草状の常緑低木で，多数の個体が密に集まってすき間なく地をおおう．根茎は地中をはい，枝は斜上するが極めて短く，葉を密につける．葉はへら形または倒卵形で，先端は凹み，全縁，革質で厚く，表面は葉脈の部分が凹み，いく分しわ状となる．7 月，2〜3 個の苞葉をもつ花茎を出し，先端に緑白色の花を 1 個つける．がく片は 5 個で緑色，卵状楕円形でいつまでも残る．花冠は短い鐘形で 5 裂し，裂片は円形で白いウメの花に似ている．雄しべは 5 本，花弁の内側にこれと互生してゆ着し，内側に曲がって雌しべを囲む．子房は小さく卵球形．さく果は卵状球形で残存するがくを伴い，熟して 3 片に裂ける．〔日本名〕岩梅で岩場に生え，花がウメに似ているため，吹詰草は風に吹付けられ圧縮された様子から名付けられ，また助六一薬は名古屋の本草学者，水谷助六（豊文）を記念しての名である．

3185. コイワウチワ

〔イワウメ科〕

Shortia uniflora (Maxim.) Maxim. var. ***kantoensis*** T.Yamaz.

関東地方と東北地方南部に分布する常緑の多年草で，山地に生え，根茎は長く横に走り，まれに 60 cm を越える．根生葉は長い葉柄をもち，質厚く少し光沢がある．葉身は扁円形で波状のきょ歯をもち，葉先は凹み，基部は心臓形，長さ 1.8〜3.5 cm，幅 2〜4 cm．春，直立する花茎をのばし，その先に淡紅色の花を横向きに 1 個つける．花茎の基部には数個の鱗片がある．がく片は 5 個．花冠は漏斗状鐘形で径で 2.5〜3 cm．花弁の先端は細かく裂ける．雄しべは 5 本．雌しべは 1 本．果実は卵球形で先の尖ったさく果となり，長楕円体の細かな網目模様のある多数の種子をもつ．東北地方のものは葉が大きく円形で基部は心臓形で，長さ幅とも 4〜8 cm になる．これをオオイワウチワ var. *uniflora* という．〔日本名〕イワウチワは，この植物が多く岩上に生え，葉の形がうちわに似ているところからつけられたものである．〔追記〕旧版で本型をイワウチワとしたが，本来のイワウチワはトクワカソウに当たる型である．混乱を避けるため，ここではイワウチワの和名を特定の型には使わないことにする．

3186. トクワカソウ

〔イワウメ科〕

Shortia uniflora (Maxim.) Maxim. var. ***orbicularis*** Honda

北陸から近畿にかけての日本海側に分布し，山地の林床や岩場などに群落をつくっている常緑の多年草．地下の根茎は長くはい，根生葉は質が厚く，光沢がある．コイワウチワに比べ葉は広楕円形で，基部は円形またはくさび形となるので，基部が明らかな心臓形となるコイワウチワと異なる．ふちは波状の鈍きょ歯がある．直立する花茎の先端に淡紅色の花を 1 個つける．花冠は径 2.5〜3 cm で，5 深裂し各裂片の先はさらに細かく裂ける．5 個の雄しべと 5 個の仮雄しべがある．雌しべは 1 個，さく果は卵球形で先が尖る．〔追記〕シマイワウチワ *S. rotundifolia* (Maxim.) Makino は奄美大島，沖縄，台湾に分布する．花は白色で，仮雄しべがない．

3187. イワカガミ

〔イワウメ科〕

Schizocodon soldanelloides Siebold et Zucc. var. ***soldanelloides***

高山または深山に生える常緑の多年草で，茎は短くしばしば地に接して分枝する．葉は長い柄をもち，多数根生する．葉身は円形でふちに低いきょ歯があり，長さ幅ともに 3〜6 cm，基部はわずかに心臓形となり，先端は丸いかわずかに凹み，革質で表面に光沢がある．初夏，根生葉の中央から高さ 10 cm ほどの直立する花茎をのばす．花茎は基部に鱗片をもち，頂に総状花序をつけ，淡紅色の美花を 3〜6 個開く．がく片は 5 個，花冠は径 1〜1.5 cm，基部は筒状になり，花弁のふちは細かく裂ける．雄しべは 5 本．果実はさく果となる．特に小形で葉のふちのきょ歯が目立たないものをコイワカガミという．〔日本名〕岩鏡でこの草が多く岩場に生え，光沢がある葉を鏡に見立てた名である．

3188. オオイワカガミ

〔イワウメ科〕

Schizocodon soldanelloides Siebold et Zucc. var. ***magnus*** (Makino) H.Hara

北海道南部から中国地方にかけての日本海側に分布し，ブナ林などの落葉広葉樹林の林床に群落をつくって生える常緑の多年草．高さ 10〜15 cm．茎は地面をはい，多く枝を分ける．葉は根生状に多数つき，イワカガミに比べ大形で長さ 12 cm ほどになる．長い柄をもち，葉身はほぼ円形，基部は心臓形で先はわずかに尖る．革質で光沢があり，ふちには多くの尖ったきょ歯がある．根生葉の中心からやや太い花茎を出し，先端の総状花序に 5〜12 個の花をつける．花は淡紅色で，花冠の径 1.5〜2 cm．基部は筒状で上半部は 5 深裂，各裂片の先は細かく裂ける．5 個の雄しべと 5 個の仮雄しべがある．さく果は球形で 3〜4.5 mm．〔日本名〕大岩鏡の意．

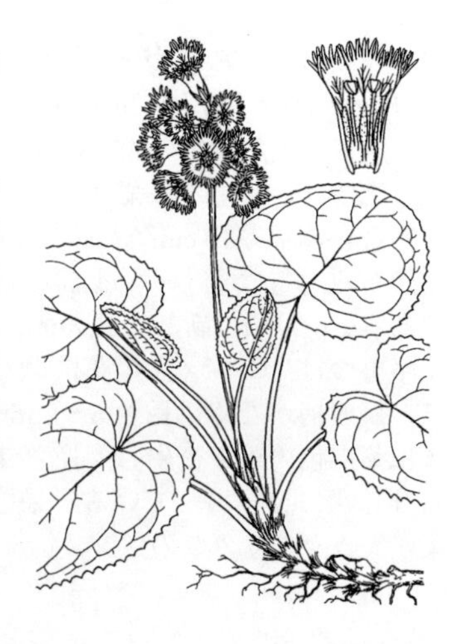

3189. ヒメイワカガミ 〔イワウメ科〕

Schizocodon ilicifolius Maxim.

本州中北部の山地に生える常緑の多年草である．根茎は長く，その先端に根生葉をつける．葉は小形で卵円形，長さ 1.5〜4 cm，幅 1.3〜3 cm，葉のふちには 2〜5 個の三角形の粗いきょ歯が少しあり，質は硬く光沢がある．初夏，根生葉の中央から，基部に鱗片をもつ花茎を出し，少数の白色または紅紫色の花をつける．花は径 1 cm ほどで，形はイワカガミと同じく花弁のふちが細かく裂ける．雄しべは 5 本．雌しべは 1 本で，さく果をつける．この植物をコイワカガミというのは誤りである．〔追記〕関東地方北部以北のものは葉のきょ歯が少なく花が白色でこれが狭義のヒメイワカガミ var. *ilicifolius* である．関東南部から静岡県東部のものは葉のきょ歯が多く花が紅紫色でこれをアカバナヒメイワカガミ var. *australis* T.Yamaz. という．

3190. ヤマイワカガミ 〔イワウメ科〕

Schizocodon ilicifolius Maxim. var. ***intercedens*** (Ohwi) T.Yamaz.
（*S. intercedens* (Ohwi) T.Yamaz.）

山梨·静岡両県に分布し，山地の岩場に生える多年草．葉は根生葉のみで，葉身と同じくらいの長い柄があり，葉身は長さ 3〜7 cm，幅 3〜6 cm，卵形で，鈍頭，基部は心臓形となり，光沢があり，革質．ふちには比較的大きな三角形のきょ歯があり，先はとげ状に尖る．きょ歯は片側に 5〜18 ほどある．下面はやや白色を帯びる．4 月頃に細長い花茎を出し，高さ 7〜10 cm の総状花序に 5〜10 個の花をつける．花は白色またはまれに微紅色で，径 1〜1.5 cm．花冠の基部は筒状で，裂片のふちはさらに細かく裂ける．がく片は 5 枚で長楕円形．さく果は径 3 mm ほどの球形で，熟すと開裂する．〔日本名〕山岩鏡．〔追記〕静岡県西部から紀伊半島にはこれに似て葉が少し小さく，ふちのきょ歯が少ないナンカイイワカガミ var. *nankaiensis* T.Yamaz. がある．

3191. アサガラ 〔エゴノキ科〕

Pterostyrax corymbosa Siebold et Zucc.

本州（近畿以西）の山地に生える落葉の高木で，高さ 10 m 位，多くの枝を分ける．葉は互生し，長さ 1〜3 cm の柄があり，広楕円形で長さ 7〜13 cm，先端は急に鋭く尖り，ふちには細かい刺状のきょ歯をもつ．はじめ星状毛があるが後に落ちる．やや革質であるがやわらかく，上面は平らでなめらかである．6 月，枝の先端に円錐花序をつけ，花は白色で花軸上に一列に並び，垂れ下がって開花する．がくは小さく 5 裂する．花冠は 5 深裂してあまり開かず，裂片は細長い長楕円形である．雄しべは 10 本で花冠より少し長い．花糸は中部がゆ着し下部は互いに離れている．子房は下位で短く，倒円錐形で細毛がある．花柱は直立し雄しべより少し長い．果実は垂れ下がってつき，倒卵形体で 5 つの翼のある稜をもち，花後急に大きくなったがくに包まれている．〔日本名〕麻殻，すなわちおがらのことで，その材質がもろく折れやすくておがらのようであることからいう．

3192. オオバアサガラ（ケアサガラ） 〔エゴノキ科〕

Pterostyrax hispida Siebold et Zucc.

本州，四国，九州の山地に生える落葉の高木で，高さ 6〜9 m，幹は直立し，枝分かれする．葉は長さ 7〜25 mm の柄があって互生し，長さ 10〜25 cm，幅 5〜10 cm，大形で楕円形，先端は尖り，ふちには小さいきょ歯がある．質はうすく，上面は緑色，下面は細かい星状毛を密生し白色である．6 月頃，新しい枝の先端に垂れ下がった長さ 10〜20 cm の円錐花序をつけ，エゴノキの花に似た小形の白花を多数下向きに開く．花はほとんど柄がなく，長さ 6〜8 mm，半開する．果実は細長い核果で，全体に茶褐色の毛を密生し，長さ 7〜8 mm，先端は宿存する花柱が長くくちばし状に突き出している．果穂は垂れ下がる．〔日本名〕大葉麻殻で，葉が大きなアサガラの意．

3193. エゴノキ（ロクロギ，チシャノキ）〔エゴノキ科〕

Styrax japonica Siebold et Zucc.

小笠原を除く日本全土の山地や野原に多く生える落葉の小高木．高さ 3〜5 m，幹は紫がかった褐色で多くの枝に分かれる．葉は長さ 3〜7 mm の柄があり，互生，卵形で先端は尖り，わずかに先の鈍いきょ歯がある．5〜6 月，小枝の先端に総状花序を出し，1〜6 個の白花を開く．花は長さ 2〜3 cm の柄の先端に垂れ下がってつき，がくは緑色，5 裂して杯状をなし，花冠は 5 深裂し，径約 2.5 cm，裂片は細長い卵形で外面に細かい毛を密生する．雄しべは多数で葯は黄色．果実が成熟すれば果皮が裂けて，褐色で堅く卵形体，長さ 1〜1.2 cm の 1 種子を出す．生の果皮をすりつぶし，川に流して魚をしびれさせてとるのに用いられる．〔日本名〕エゴノキは果皮に毒成分があってえぐみがあるためこのように呼ばれるのであろう．材を傘のろくろに使用するので，ロクロギとよばれる．夏，小枝の先端によく白色の虫こぶができ，その形はちょうど蓮華のようである．芝居の先代萩にでてくるチシャノキはすなわちこれである．〔漢名〕斎墩果をあてるのはあやまりで，これは元来オリーブの漢名である．

3194. ハクウンボク（オオバヂシャ）〔エゴノキ科〕

Styrax obassia Siebold et Zucc.

北海道から九州，朝鮮半島，中国に分布し，山中に生える落葉の高木である．幹は直立し高さ 6〜9 m 位，枝は紫がかった褐色で，小枝の表皮ははがれやすい．葉は互生し長さ 10〜20 cm，幅 8〜20 cm，ほとんど円形で先端は急に鋭く尖り，長さ 5〜30 mm の柄がある．上部のふちにはわずかなきょ歯があり，葉の上面は深緑色，下面は細かい毛が密生して白色であり，葉柄の基部がふくらんで若い芽を包んでいる．5〜6 月，新しい枝の先端に長さ 10〜20 cm の総状花序を出し，長い柄をもった白色の花を多数つける．がくは杯状で，花冠は 5 深裂し長さ 2 cm 位．雄しべは多数で，葯は黄色である．果実は穂をなして垂れ下がり，卵球形で外側に白色の星状毛を密生する．熟すと裂けて中に堅い褐色の 1 種子がある．〔日本名〕白雲木で樹上に白花を満開した様子が，白雲のようであるところからいわれる．オオバヂシャは葉の大きなチシャノキ（この場合エコツキをさす）の意味で，学名の *obassia* は大葉ヂシャに基づいて名付けられた．

3195. コハクウンボク〔エゴノキ科〕

Styrax shiraiana Makino

関東以西，四国，九州の山地に生える落葉の低木．若枝は星状毛を密生するが，後に灰褐色になり，表皮がはがれて平滑になる．葉は菱形状円形で長さ 5 cm 位，先端は急に鋭く尖り，基部は急に細くなる．葉のふちの上部には大きくふぞろいで尖ったきょ歯があって特徴があり，洋紙質でかたく濃緑色で，上面の葉脈はへこんでしわがよったように見える．6 月頃，枝の先端に長さ 3〜6 cm の総状花序を出し，10 個位の花をつけ，星状毛を密生する．花冠は白色で長さ 15〜20 mm，漏斗状鐘形で下部は筒状，上部は 5 裂する．がくは鐘形で 5 裂し，裂片にきょ歯がある．雄しべは 10 本，花糸は中部でゆ着し，下部は 1 本ずつ分かれ，花冠筒部の内面にゆ着する．子房は小形，卵球形で細毛があり，花柱は直立する．果実はハクウンボクに似て楕円体，星状毛を密生し長さ 1〜1.2 cm，下部に永存性のがくをつけ，中に褐色の堅い種子がある．〔日本名〕小白雲木の意味でハクウンボクに似て全体が小形なのでいう．

3196. サラセニア（ヘイシソウ，ムラサキヘイシソウ）〔サラセニア科〕

Sarracenia purpurea L.

北アメリカ南部のフロリダ，ルイジアナからカナダ東南部にかけて，湿地に広く分布する多年草．地下に多数のひげ根があり，根生葉は筒形をなして高さ 10〜30 cm になる．この筒形の葉が数個，根もとから輪生状に立ち上がる．筒の太さは径 3〜8 cm，上端部は不規則に割れて展開し，筒のふたに相当する裂片もある．しかしこのふたは，ほぼ直立していて，筒をふさぐことはない．筒の部分も，上部のふたや翼の部分も紫褐色をおびた緑色をしている．ふたや翼の内面と筒の上部の内側にはとげ状の剛毛があり，筒の内壁の毛は下向きの逆刺となっている．この属の植物は食虫植物で，虫はこの葉筒内に誘われて落ち込む．花は夏に長い花茎をのばして頂生し，下向きに点頭して咲く．がく片，花弁各 5 枚あって，外面は紫褐色，内面は緑色をしている．花の構造は非常に複雑である．サラセニア属は北米に約 10 種があり，また園芸的に交配された雑種が多い．〔日本名〕サラセニアは本来総称（属名）だが，特にこの種をさすことも多い．瓶子草は筒状の葉をとっくり（瓶子）に見立てたもの．

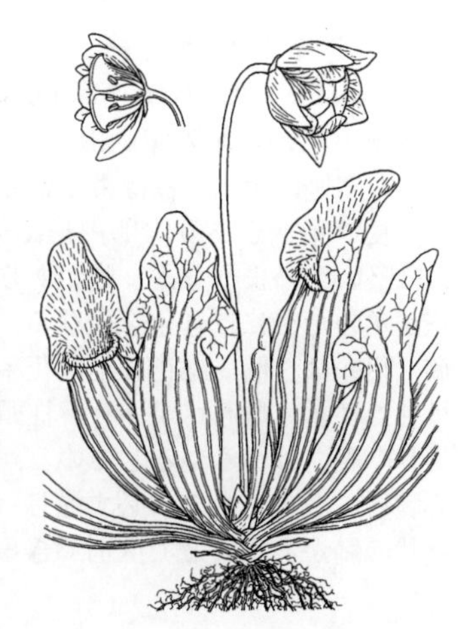

3197. サルナシ（シラクチヅル）　〔マタタビ科〕

Actinidia arguta (Siebold et Zucc.) Planch. ex Miq.

各地の山地に生える雌雄異株の落葉つる植物で，つるは長くのびて枝分かれし，幹の太いものは直径 15 cm 位に達し，枝は褐色である．葉にはあらい毛があり，長い葉柄があって互生し，広卵形で長さ 6～10 cm，先は尖り，基部は円形またはやや心臓形で，縁にはとげ状のきょ歯があり，堅い紙質で裏面は淡緑色で少しつやがある．夏に雄花は集散花序となって腋生し，柄のある数個の白い花を付け，感じはウメの花に似て，がく片は 5 個，花弁は 5 個，多数の雄しべがある．雌花は花柄があり単生して，5 個のがく片，5 個の花弁と 1 本の雌しべがあり，柱頭は放射状に多数の切れ込みがある．液果はやや球形，熟すとうす緑がかった肉色となり甘ずっぱい味があり食べられ，中に細かい種子が多く含まれる．〔日本名〕猿梨．果実がナシに似ており，サルが食用とするナシの意味．シラクチヅルもマシラ（猿）口蔓の転訛ではないかと思われる．〔漢名〕獼猴桃は誤って用いたもの．

3198. ナシカズラ（シマサルナシ）　〔マタタビ科〕

Actinidia rufa (Siebold et Zucc.) Planch. ex Miq.

本州（和歌山県，山口県，伊豆七島の一部），四国，九州，琉球，朝鮮半島などの暖かい地方の林の中に生えるつる植物．小枝には若い時に赤褐色の毛があり，葉は互生し，卵形または卵状広楕円形で長さ 10 cm 前後，先端は鋭く尖り，基部は円形または浅い心臓形，縁に低いきょ歯があり，上面にはつやがあり，下面の脈の基部に褐色の毛がある．若い株にでる葉はずっと細長くなることが多い．夏に上方の葉腋から総柄を出して，数個の花を開く．花序はがく片とともに密に赤褐色の綿毛に被われ，花は直径 1～1.5 cm，白色．円形の花弁は 5 個．雄花には多数の雄しべ，雌花には 1 本の雌しべがあり，子房には褐色の密な毛がある．液果は広楕円体，長さ 2～3 cm で，褐色の斑点がある．〔日本名〕梨葛でナシのような実のなるつるの意味．シマサルナシは島猿梨で琉球列島の産であるからである．〔追記〕本種はサルナシの南方に分布する種でよく似ているが，花序や子房に褐色の毛が密生する点で区別される．

3199. マタタビ　〔マタタビ科〕

Actinidia polygama (Siebold et Zucc.) Planch. ex Maxim.

山地に生える雌雄雑居性の落葉つる植物で，枝は長くのび，褐色で，髄は白色で中実，若い枝には細かい毛があり，やや辛い味がする．葉は互生し，葉柄があり，卵円形で長さ 10 cm ぐらい，先端は鋭く尖り，基部は円形，ふちに尖ったきょ歯があり，上部の葉は表面が特に白色に変わる特性がある．夏に葉腋に下向きに花をつけ，梅の花の形に似て径 2 cm ほどで，良い香がある．がく片は 5 個で緑色，花弁は 5 個で丸く白色．雄花は腋生の集散花序で普通 3 個の花を付け，多数の雄しべをもつ．雌花は柄があり，単独で咲き，1 本の雌しべがあり，柱頭は多数に裂ける．また時々両性花をつけることもある．液果は表面が平滑な長楕円体で少し尖り，長さは約 3 cm 位，熟すと黄色になり，辛い味がして食用及び薬用にする．虫の入ったものはほぼ球形でその表面には凹凸がある．猫が非常に好む植物で，これをかじって酔ったようになる．〔日本名〕マタタビはアイヌ語のマタタムブから由来した名前で，マタは冬，タムブはカメの甲の意味である．これは多分，虫えいになった果実がらい病やみの患部のような感じになるのに対して呼んだ名前であろう．従来いわれているように，その果実を食べて元気を恢復し，また旅をするという意味の語源は信用できない．〔漢名〕木天蓼は間違いである．

3200. ミヤママタタビ　〔マタタビ科〕

Actinidia kolomikta (Maxim. et Rupr.) Maxim.

本州中部から北の深い山に生える雌雄異株の落葉つる植物でマタタビよりも高処に生え，枝はよく繁り，若い枝には細かい毛がある．葉は互生し，長い葉柄があり，卵円形で先端は鋭く尖り，基部は心臓形で，ふちには堅い毛のようなきょ歯があり，葉は薄く，梢の葉は特に表面が白色で，花が咲いた後には紅色を帯びる．花は夏に開きよい香がある．がく片は 5 個，花弁は 5 個．雄花は集散花序になって，多数の雄しべをもち，雌花は単独で咲き，雌しべがあり，柱頭は多数に裂ける．液果は長楕円体で少し尖り，表面はつるつるしている．マタタビによく似ているが，葉の基部が心臓形になったものが必ず混じっていること，枝を縦に割ると淡褐色で隔壁状の髄があることで区別できる．〔日本名〕深山マタタビの意味である．

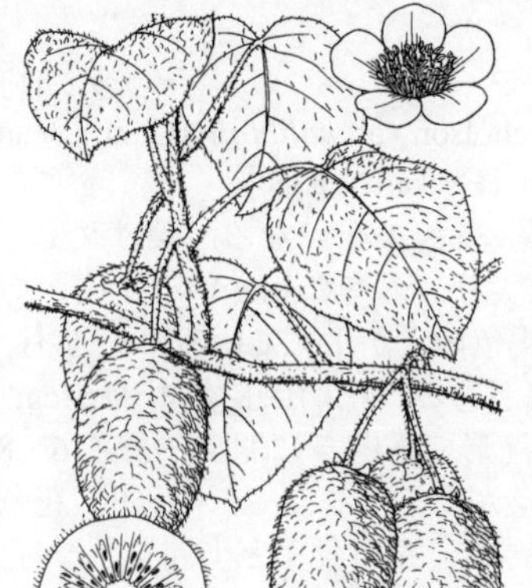

3201. キーウィ 〔マタタビ科〕

Actinidia chinensis Planch. var. ***deliciosa*** (A.Cheval.) A.Cheval.

中国大陸原産の落葉のつる性木本．樹木や支柱にからんではいあがる．幹や枝は淡褐色で，若枝には赤色をおびた毛が密生する．葉は柄があって互生し，葉身は円形ないし広い楕円形で，長さ 10～15 cm，基部は深い心形をなす．葉縁には細かいきょ歯があって，毛のように並ぶ．上面は褐色をおびた緑色で，下面は白い綿毛におおわれる．下面の葉脈上には若枝と同じ赤い毛がある．花は葉腋につき，白色でチャ（茶）の花に似た 5 弁花．雌雄花の別があり，雄花には多数の雄しべがある．花の直径は 3～4 cm．果実は長さ 5～8 cm の長楕円体で，表面全体が密に褐色の毛におおわれる．液果で汁液にとみ，果肉はやや透明な緑色で，多数の小さな黒色の種子がある．甘酸味があってデザート用のフルーツとされる．20 世紀半ば頃に品種改良が進み，特にニュージーランドで栽培されるようになってからキーウィ Kiwi fruit の名で輸出され，有名となった．キーウィはニュージーランド特産の飛べない鳥の名で，ニュージーランドの国鳥である．日本でも最近は各地で栽培されるようになった．

3202. リョウブ 〔リョウブ科〕

Clethra barbinervis Siebold et Zucc.

北海道南部から九州および韓国の済州島と中国東部に分布．山林の中に生える落葉の小高木で，高さ 3～7 m ばかり，幹はなめらかで茶褐色，枝は輪状に出る．若枝には星状毛がある．葉は有柄で互生し，広い倒披針形でふちにきょ歯があり，枝の先に集まってつき，上面無毛か星状毛がまばらにつき，下面脈上に毛が密生する．夏，枝の先端に長さ 6～15 cm の総状花序を出し，小さい白色の花を密につける．がくは小形で 5 裂する．花冠は径 5～6 mm，深く 5 裂し，小さいウメの花に似ている．雄しべは 10 本．雌しべは 1 本．球形で小形のさく果をむすぶ．材は上質の木炭となり，幼芽は食用となる．〔日本名〕令法．古代の律令制の時代に食料として本種の採取を命じた法令に由来するのではと考えられているが，確証はない．古名をハタツモリという．〔漢名〕華東山柳．

3203. ドウダンツツジ 〔ツツジ科〕

Enkianthus perulatus (Miq.) C.K.Schneid.

本州（伊豆半島以西），四国，九州の山地にまれに自生し，また広く庭園に植えられている落葉低木である．幹は直立し滑らかで，多数分枝して密に葉をつけるので，生垣などによく用いられる．葉は枝の先に輪生状に互生し細い柄があり，倒卵形で長さ 2～4 cm，幅 1～1.5 cm，先端は尖り，基部はくさび形，ふちに細かいきょ歯がある．春，新葉とともに枝の先に長さ 1～2 cm の数個の花柄を出し，その先に小さい白色の花を下垂する．花冠は卵状のつぼ形で長さ約 8 mm，ふちは 5 裂し，花中に 10 本の雄しべと，1 花柱がある．さく果は狭長楕円体で毛はなく上を向く．〔日本名〕ドウダンツツジは灯台ツツジの意味で，分枝の形が結び灯台の脚に似ていることに由来したものである．

3204. サラサドウダン（フウリンツツジ） 〔ツツジ科〕

Enkianthus campanulatus (Miq.) G.Nicholson var. ***campanulatus***

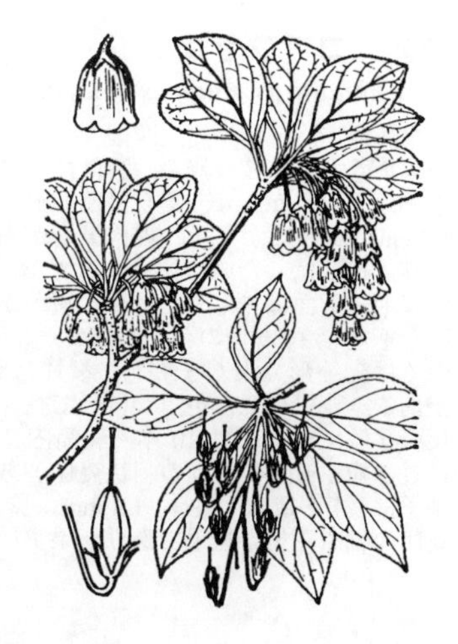

本州近畿以東，北海道西南部の山地に生える落葉小高木で，高さは 4～5 m になる．幹は滑らかで灰色，枝は輪生して斜上しまたは横に広がる．葉は枝の先に輪生状に集まってつき，楕円形または倒卵形，先は鋭形，基部はくさび形，ふちに細かいきょ歯がある．下面は中央脈にそって赤褐色の毛が生える．6～7 月頃，枝の先端から総状花序を下垂する．がくは淡緑色で小形，深く 5 裂し，裂片は披針形で尖る．花冠は鐘形で長さ約 10～15 mm，ふちは浅く 5 裂し，裂片は全縁で円頭，多少外側に開く．花冠の外面は淡紅白色で紅色の縦の条がある．雄しべは 10 本，花糸は短くて毛がある．葯には 2 本の角状突起がある．雌しべは 1 本．さく果は卵状長楕円体で果柄が屈曲して，上向きにつき，熟すと 5 裂し，不規則な翼をもった種子を散らす．本種は株によって色に濃淡の差が多く，時に白色のものもありこれを，シロフウリンツツジといい，また花冠裂片の長い九州産のものをツクシドウダン var. *longilobus* (Nakai) Makino という．〔日本名〕更紗ドウダンは，花冠に更紗染の模様があるところから名付けたものである．

3205. ベニサラサドウダン 〔ツツジ科〕

Enkianthus campanulatus (Miq.) G.Nicholson var. ***palibinii*** (Craib) Bean
（*E. campanulatus* var. *rubicundus* (Matsum. et Nakai) Makino）

本州中北部の深山に生える落葉低木で，高さ 2 m になる．葉は互生し枝の先に集まってつき，倒卵形で両端は尖り，ふちに細かいきょ歯があり，長さ 2～4 cm，下面中央脈にそって褐色の毛が生えている．6～7 月，総状花序を下垂し，花軸には褐色の軟毛がある．花柄は長さ 1～1.5 cm，がく片は披針形で長さ約 3 mm．花冠は鐘形で下向きに開き，長さ 6～8 mm，先は 5 裂し，紅色で濃紅色の縦の条がある．雄しべは 10 本，花糸に毛があり，葯には 2 本の角状突起がある．さく果は熟すと上向きとなる．サラサドウダンに比べ，花冠はやや小さくて細く，花色が濃い．〔日本名〕紅更紗ドウダンの意味である．

3206. ベニドウダン（チチブドウダン） 〔ツツジ科〕

Enkianthus cernuus (Siebold et Zucc.) Makino f. ***rubens*** (Maxim.) Ohwi

本州（関東以西）から九州の山地に自生し，また庭園に植えられている落葉低木である．高さは 2 m に達し，幹は滑らかで直立し輪生状に分枝する．枝の先に数個の葉が輪生状に互生する．葉は狭い倒卵形で，長さ 2～5 cm，幅 1～2 cm，先端は尖り，基部はくさび形となり，細かいきょ歯がある．初夏，小枝の先端から総状花序を下垂し，紅色で柄のある短い鐘形の花を開く．花冠は長さ 6～8 mm，ふちは細かく裂ける．雄しべは 10 本，雌しべは 1 本．果実は長楕円体のさく果で，多数集まって果穂につき，果穂は下垂し果実だけが上向きにつく．花の白色のものをシロドウダン f. *cernuus* という．

3207. アブラツツジ（ホウキドウダン，ヤマドウダン） 〔ツツジ科〕

Enkianthus subsessilis (Miq.) Makino

本州中北部の山地に生える落葉低木で，高さ 2～3 m に達する．幹は滑らかで灰色，枝は細長い．葉は枝の先に輪生状に集まり，倒卵形で両端は尖る．葉質はややうすく，上面の脈上には毛があり，下面は光沢がある，ふちには細かくて尖ったきょ歯がある．6～7 月頃，枝の先に総状花序を下垂し，緑白色の花を開く，花序の軸には毛があるが，花柄には毛がない．がくは小さく淡緑色で深く 5 裂し，裂片は狭卵形で尖る．花冠はつぼ形で長さ 3～5 mm，ふちは小さく 5 裂し，裂片は反りかえる．雄しべは 10 本，花糸の下部に細毛があり，葯は 2 個の角状突起をもつ．さく果は下垂し楕円体，赤褐色で光沢があり，5 裂する．種子は小さく表面の細胞は凹む．〔日本名〕油ツツジで，葉の下面が滑らかで光沢があり，ちょうど油を塗ったようであることに由来する．箒ドウダンはその枝を束ねて箒にするので名付けられた．

3208. コアブラツツジ 〔ツツジ科〕

Enkianthus nudipes (Honda) Ohwi

東海地方，紀伊半島，四国（高知県）に分布し，山地の岩場に生える高さ 1～2 m の落葉低木．若枝は無毛．葉は枝先に集まって互生し，葉柄は長さ 1～4 mm で無毛または少し毛があり，葉身は倒卵形または倒卵状楕円形，長さ 1～2.5 cm，幅 0.6～1.5 cm，ふちにかぎ状の細きょ歯があり，先は鈍いかやや尖って先端に腺状突起があり，基部はしだいに狭くなって葉柄に続き，上面は主脈上に細毛が密生するほかは無毛．下面は無毛または少し短毛がある．5～6 月，枝先に長さ 2～3 cm の総状花序を下垂し 3～9 個の花をつける．花序の軸や花柄は無毛．花柄は長さ 0.5～1.5 cm．がくは広鐘形で深く 5 裂し，裂片は卵形で先が尖り，長さ約 1.5 mm，ふちに細毛がある．花冠は緑白色，つぼ形で長さ 3～4 mm，先は浅く 5 裂し，裂片は披針形で反転する．雄しべは 10 本，花筒内にあり，花糸は軟毛が密生する．葯の上部背面に長さ約 1 mm の 2 本の刺状突起がある．さく果は下垂し，球形で長さ 1.5～2 mm．種子は長楕円形で長さ約 1.3 mm，翼がない．アブラツツジからは分布域が異なり，花序の軸や花柄が無毛であり，果実は球形で小さいので区別できる．

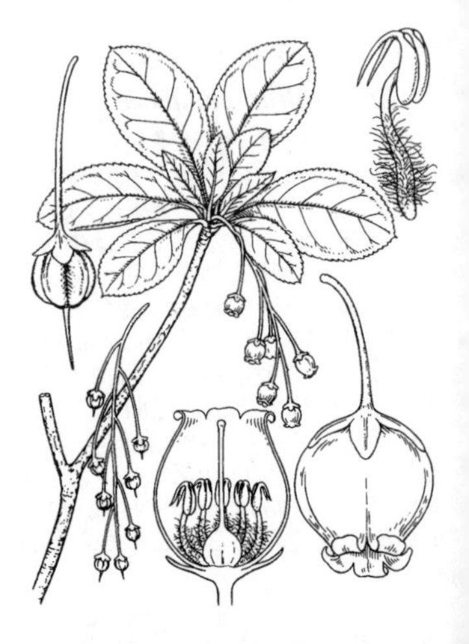

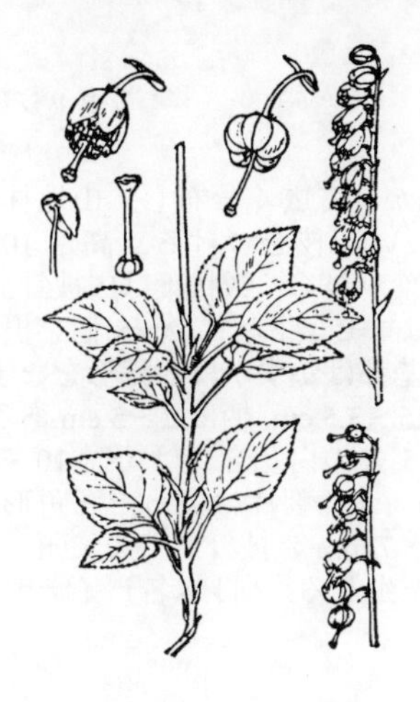

3209. コイチヤクソウ 〔ツツジ科〕

Orthilia secunda (L.) House (*Pyrola secunda* L.)

本州中部以北の亜高山帯の針葉樹林の下に生える常緑の多年草．高さは 10 cm ばかりで地下に細長い根茎がある．茎は直立して細く緑色，葉は 1〜1.5 cm の柄をもち，3〜4 枚ずつかたまって互生し，卵形で先端は短く尖り，濃緑色，ふちに細かいきょ歯があり，上面はやや光沢がある．7〜8 月，茎の先に 10 cm ばかりの花茎がのび，その上部に総状花序をつけ，小花柄をもつ多数の緑白色の花を一方にかたよって開く．花柄は短く基部に小形の苞葉がある．がくは極めて小さく 5 深裂する．花冠は鐘形で長さ 5〜6 mm あって深く 5 裂し，裂片はあまり開かない．雄しべは 10 本，葯は孔裂する．子房は平たい球形で 5 本の溝があり，花柱は直立し長く花の外にとび出し，柱頭は先が広がっている．さく果は多少平たい球形で熟すと 5 裂する．〔日本名〕小一薬草の意味である．

3210. ウメガサソウ 〔ツツジ科〕

Chimaphila japonica Miq.

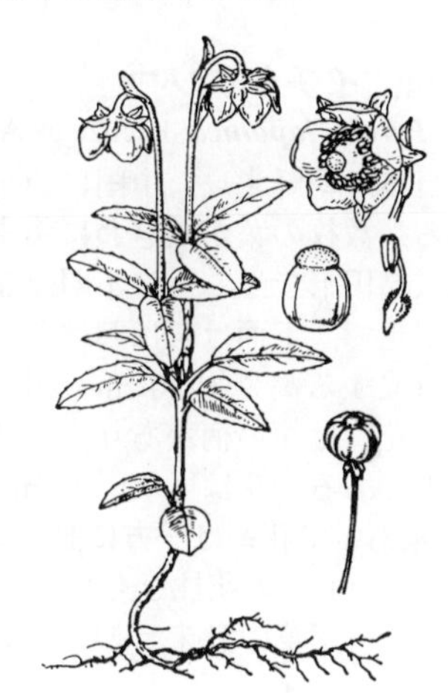

アジア東部の温帯，亜寒帯に広く分布し，日本では北海道から九州の乾燥する低山地または海辺の林中に生える常緑の多年草である．高さは約 10〜15 cm．茎は直立して単一またはわずかに分枝する．葉は少数で互生し，茎の節に通常 2〜3 枚ずつ輪生状に集まってつき，広い披針形できょ歯があり，長さ 2〜3.5 cm，幅 6〜10 mm，一般に中脈の両側は白い．6 月頃，茎の先端に花茎を出し，頂に 1 個の白色の花を下向きにつける．がく裂片は 5 個．花冠裂片は 5 個．雄しべは 10 本あり，葯は先端に孔があいて花粉を散らす．子房は球形で花柱の部分がなく，頂端は平たい円形の柱頭となる．さく果はやや扁平な球形で径約 5 mm．〔日本名〕梅笠草は花の形がウメに似て，下向きに咲く様子に基づくものである．

3211. オオウメガサソウ 〔ツツジ科〕

Chimaphila umbellata (L.) W.P.C.Barton

ヨーロッパ，アジア，北アメリカの周極地方に広く分布し，日本では北海道，本州（関東北部以北）の海岸近くの乾いた林床に生える半低木．高さ 5〜15 cm ほどである．茎は細く少数分枝し，稜があり，毛はない．茎の基部は地上をはう．茎の上部に輪生状に十数枚の葉をつける．葉は厚く，光沢のある革質で毛がない．葉身は倒披針形で，先は鈍頭をなし，長さ 3〜5 cm，幅 5〜10 mm．葉の上部に数個の粗いきょ歯がある．下部は細くなり，柄の長さは 3〜6 mm．葉の上面の脈は凹入する．花は 6〜7 月に咲き．茎頂に 3〜9 個を散房状につけて白色，径 8〜10 mm ほどで，裂片は円形をなす．がく片は卵円形で先は鋭頭，歯牙が不整に出て，長さ 2 mm．小花柄は長さ 1〜2 cm，表面に細突起が密にある．さく果はやや球形で，径 6 mm ほどになる．〔日本名〕ウメガサソウに似て大形なことによる．

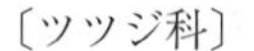

3212. ジンヨウイチヤクソウ 〔ツツジ科〕

Pyrola renifolia Maxim.

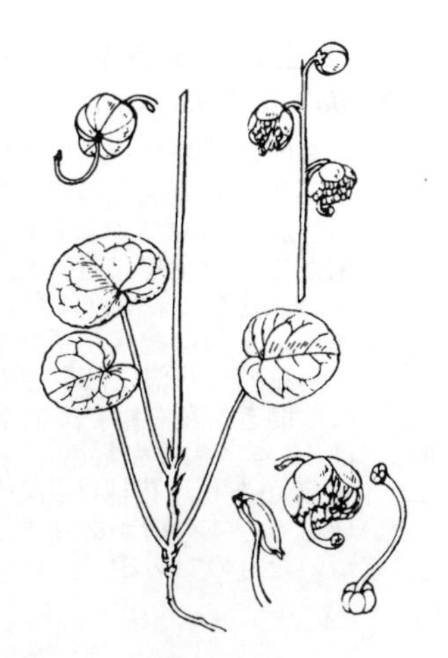

本州中部以北の針葉樹林帯に生える常緑の多年草．根茎は細長く地下にのびている．葉は 2〜3 枚，花茎の基部に互生し，長い葉柄があり，円い腎臓形で長さは 1〜1.5 cm，ふちは波状，またはわずかの低いきょ歯があり，うすい革質で上面は光沢がなく，脈は粗い網状で多少隆起している．全体に深緑色であるが脈に沿って白い斑がある．6〜7 月頃，6〜15 cm ばかりの花茎を出し，上端は総状花序をなして，まばらに 2〜3 個の花を下向きにつける．がくは緑色で小さく，5 裂する．花冠は緑白色で径 1 cm ばかりで 5 裂し，裂片は広く開く．雄しべは 10 本あり，葯は孔裂する．子房は平たい球形で 5 つの溝があり，花柱は長く花の外にとび出して彎曲する．さく果は平たい球形で 5 裂する．〔日本名〕腎葉一薬草の意味で，葉の形に基づいて名付けられたものである．

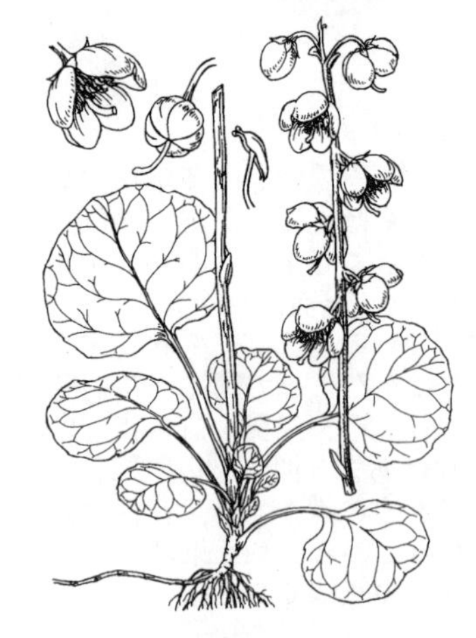

3213. マルバノイチヤクソウ 〔ツツジ科〕

Pyrola nephrophylla (Andres) Andres

南千島から北海道，本州，四国，九州にかけて広く分布し，山地林床に生える．根茎は細長く，地上をはい，長い匐枝をつける．高さ 10〜20 cm，紅色を帯びた花茎に 1〜3 個の鱗状葉がつく．鱗状葉は広披針形，膜質で長さ 7〜12 mm，先は鋭く尖る．葉はロゼット状に 2〜5 個を根生し，扁円形で，先端は円頭またはやや凹み，基部はかすかに心臓形をなす．ふちに低きょ歯をつけ，長さ 1〜1.5 cm，幅 1.5〜3.5 cm，柄は 2〜5 cm ある．花は 6〜7 月に咲き，茎の先に 4〜10 個の 5 弁の白花をつけ，径 10〜12 mm ある．花柱は彎曲して，長さ 6〜8 mm．がく裂片は尖った三角形で長さ 2 mm，幅 1.5 mm ぐらい．苞は長さ 4〜7 mm の披針形で鋭尖頭，膜質である．直径 4〜6 mm の球形のさく果を生じる．〔日本名〕イチヤクソウの仲間で，葉が円いことによる．

3214. イチヤクソウ 〔ツツジ科〕

Pyrola japonica Klenze ex Alefeld

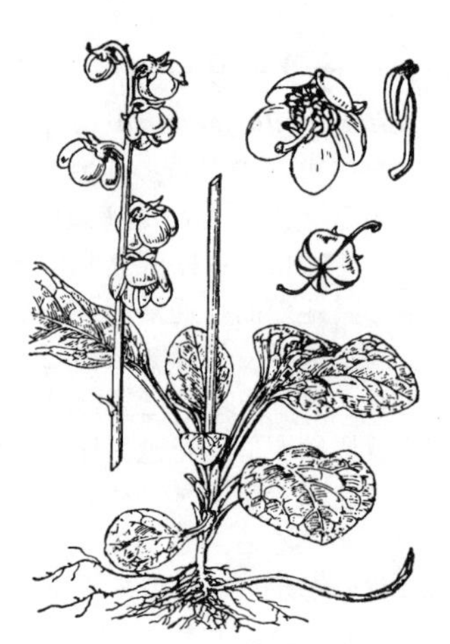

日本，朝鮮半島，中国に分布，山野の林の下に生える常緑の多年草である．数枚の葉が根ぎわに集まってつき，葉は長い柄をもち，円形または広楕円形で，ふちに不明瞭なきょ歯があり，葉質はやや厚く，上面は深緑色で，下面はしばしば葉柄とともに紫色を帯びる．初夏，葉の間から直立する高さ約 20 cm の花茎を出し，上部に白色の花を 5〜6 個つける．花には短い柄があり，下向きに開く．がくは深く 5 裂し，裂片は狭卵形である．花は径 12〜15 mm，深く 5 裂しウメの花に似る．雄しべは 10 本あって花糸は一方に曲がる．子房は平たい球形で 5 本の縦に走る溝があり，1 本の花柱をもつ．さく果をむすぶ．〔日本名〕薬草として用いられ，一薬草の意味である．〔漢名〕鹿銜草は中国産の別種である．

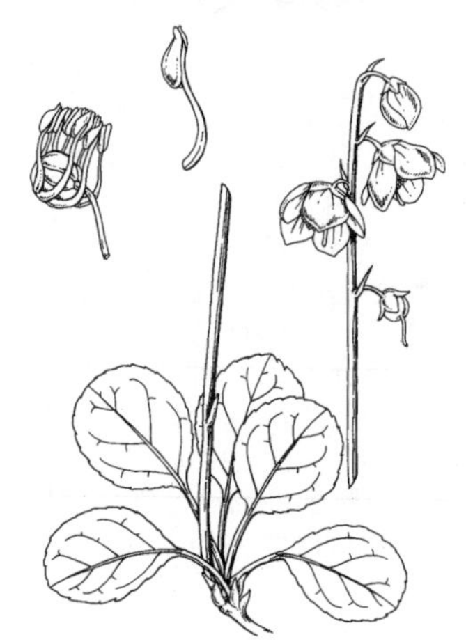

3215. コバノイチヤクソウ 〔ツツジ科〕

Pyrola alpina Andres

千島列島，北海道，本州に分布し，針葉樹林の林床に生える多年草．根茎は細長くはう．高さ 10〜20 cm．葉は 4〜8 枚がロゼットを作り，深緑色で，長さ 1.5〜3 cm，幅 1.3〜2.5 cm の広楕円形，先端と基部は円形で，ふちに尖った低きょ歯がある．柄の長さは 1〜3 cm．花茎につく鱗片葉は線状披針形で先が尖り，長さ 3〜7 mm．花は 7〜8 月に咲き，茎の先にまばらに 3〜7 個を点頭してつけ，白色で，径 10〜15 mm．苞は広い線形で，先端は鋭く尖り，長さ 3〜7 mm．がく裂片は鋭三角形で，長さは 1 mm ほどある．花柱は長く突き出して彎曲する．さく果は径 4〜6 mm ほどである．種子は小さく長楕円体で，両端に翼状の突起がある．〔日本名〕小葉の一薬草で，葉が小形なことによる．

3216. ベニバナイチヤクソウ（ベニイチヤクソウ） 〔ツツジ科〕

Pyrola asarifolia Michx. subsp. ***incarnata*** (DC.) E.Murray

(*P. incarnata* (DC.) Fisch. ex Freyn)

本州中部以北の亜高山の森林内に生える常緑の多年草である．葉は長い柄をもち，2〜5 枚根ぎわに群がり，広楕円形または円形で，細かくまばらなきょ歯があるが全縁に近く見える．葉質は厚く，若い時には黄緑色で光沢があるが，乾くと茶褐色に変わる．花茎は単一で直立し，高さ 20 cm ほどで稜があり，上部は総状花序をなす．6〜7 月頃，多数の肉紅色の花を下向きにつけ，花柄の基部には小形の苞葉がある．がくは小形で深く 5 裂する．花冠は広く開き，左右はやや同形に深く 5 裂し，裂片は楕円形で先は円形．雄しべは 10 本，葯は赤紫色，葯隔は尖って突出している．子房は球形で縦に 5 本の溝があり，花柱は花の外に突き出て，上方に彎曲する．さく果は平たい球形で 5 本の溝があり 5 裂する．〔日本名〕紅花一薬草はこの花の紅色に基づいたものである．

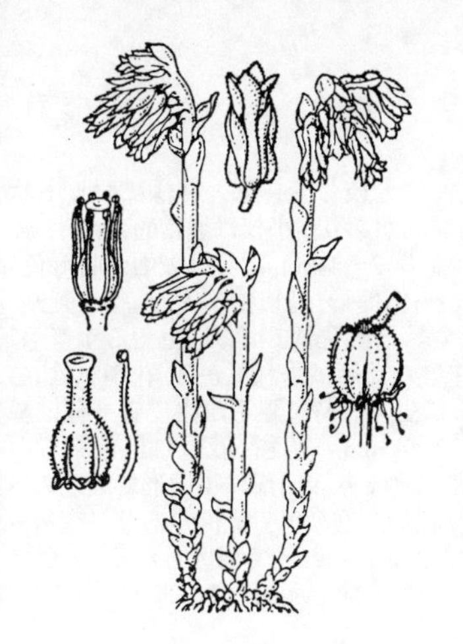

3217. シャクジョウソウ（シャクジョウバナ）〔ツツジ科〕

Hypopitys monotropa Crantz（*Monotropa hypopithys* L.）

山地の暗い木陰に生える多年生の腐生植物である．茎は多数集まって直立し高さ 20 cm 内外，肉質で円柱形をなし，軟毛があって淡黄褐色．葉の退化した鱗片葉が多数互生している．上部の鱗片葉はまばらにつき，下部のものは次第に小形になって密につく．5～6 月頃，茎の頂端に総状花序が出て，細毛のある小花柄をもつ 5～10 個の花をつける．花は最初下向きにつくが開花するにつれて次第に上向きとなり，果実の時には直立する．花は長鐘形で淡黄白色．がく裂片はへら形で花弁よりも短く，内側に細毛がある．花弁は 4 枚で肉質，狭い長楕円形で先は鈍形，内側には細毛が多く，基部は多少ふくらんでいる．8 本の雄しべは子房をかこみ，花糸は白色で毛があり，葯は赤褐色．子房は卵球形，花柱は太く直立し淡黄色で，子房と同じく有毛．柱頭は丸い皿状で黄色．さく果は広楕円状球形で細毛がある．〔日本名〕錫杖花または錫杖草の意味で，花序を錫杖に見立てたものである．

3218. アキノギンリョウソウ（ギンリョウソウモドキ）〔ツツジ科〕

Monotropa uniflora L.

北海道，本州，四国，九州に分布し，比較的暗い林床に生育する腐生植物．全体が透明感のある白色だが，乾くと黒色になる．高さ 10～30 cm，茎は直立し，太く，分枝せず，十数個の鱗片葉を互生し，ほとんど無毛．鱗片葉は肉質で，やや直立し，狭卵形，鈍頭，長さ 1～2 cm，幅 5～8 mm．花は茎頂に 1 個，8～10 月に下向きに咲き，長さ 2 cm の筒状鐘形をなす．果時には柄が直立する．花弁は肉質で 5 個，倒長卵形で，円頭，歯牙が不整につき，内面は褐色の長毛がある．長さ 2 cm．がく片はすぐ落ちる．さく果は扁球形，長さ 12 mm．ギンリョウソウに似るが，果実がさく果であること，果実期に直立すること，植物体が青味を帯びないことなどで異なる．〔日本名〕秋のギンリョウソウで，花期が秋になるため．

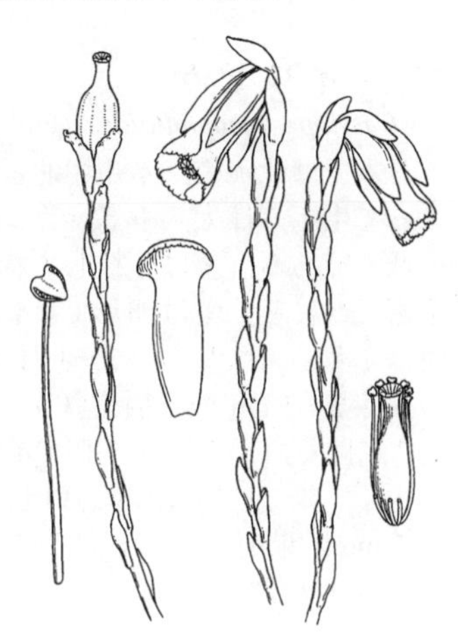

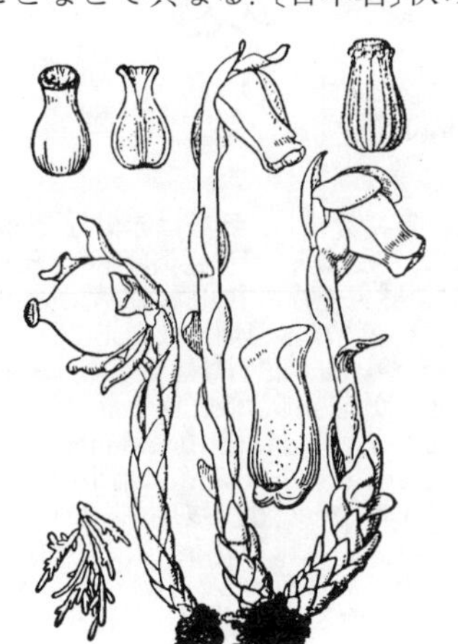

3219. ギンリョウソウ〔ツツジ科〕

（ユウレイタケ，マルミノギンリョウソウ）

Monotropastrum humile (D.Don) H.Hara

山地の暗い木陰に生える腐生植物で，高さは約 8～12 cm. 根は褐色で塊となって集まり，海藻状に分枝してもろい．茎は直立し 1 株に数本ずつ出る．根を除いた他の部分は総てわずかに青味を帯びた純白色である．葉は鱗片状で多数茎に互生し，下部のものは密に重なっている．夏，茎頂に苞葉に包まれた下向きの花を 1 個つける．花弁は筒状で 3～5 個，各片ともに内側が凹みへら状となり，基部は多少袋状となる．雄しべは 10 本で花弁よりも短く，花糸に毛がある．子房は卵球形で花柱は太くて短く，柱頭はきのこ状でふちは濃青色．液果は球形で白色，後日茎が倒れ果実はつぶれて，地上に種子をまき散らす．〔日本名〕銀竜草で鱗片葉に包まれた白色の体全形を竜にみたてたもの，幽霊茸は林下にひっそり生える姿からきたものである．〔漢名〕慣用として水晶蘭を用いているが，現在中国ではこの名はギンリョウソウモドキに対して用いられている．

3220. ウラシマツツジ（クマコケモモ）〔ツツジ科〕

Arctous alpina (L.) Nied. var. ***japonica*** (Nakai) Ohwi

北海道，本州中北部の高山帯に生える草本状の落葉小低木である．長く地下茎を引いて繁殖し，茎は残存する葉柄の基部におおわれ，高さ 3～6 cm ばかりである．葉は柄とともに長さ 3～7 cm，上向する枝の先に集まってつき，倒卵形または長倒卵形で先は鈍く，ふちには細かく小さい鈍きょ歯があり，側脈は羽状，葉の下面は白色を帯び細かい網目がはっきり見える．6 月，新葉の間に 2～3 本の短い花茎をのばし，黄白色の壷状の花を開く．がくは小さく 4～5 裂する．花冠は長さ約 4 mm，先は浅く 4～5 裂し内面に毛が生える．雄しべは 10 本，葯は 2 本の長い突起をもつ．果実は液果となり，球形で黒紫色に熟し径 7～8 mm.〔日本名〕裏縞ツツジの意味で，葉の裏の縞模様の網目に基づくものであり，三好学の命名による．

3221. ウワウルシ（クマコケモモ） 〔ツツジ科〕

Arctostaphylos uva-ursi (L.) Spreng.

北アメリカに広く分布する常緑低木で，盛んに分枝して林床・林縁にマット状に広がり，高さ 0.1～0.5 m．古い茎は肥大する傾向があり，小枝は通常短毛が生え，時に腺毛が生える．葉は互生，近接して生え，葉柄は 2～4 mm，葉身は表面が暗緑色，光沢があり，裏面は淡緑色，たいてい倒披針形から倒卵形，時に狭楕円形，やや鈍頭，長さ 1～2.5 cm，幅 0.5～1.5 cm，基部は楔形，全縁，軟毛がまばらに生えるか無毛．花は初夏に咲き，密な総状花序を枝先につけ，未熟な花序は垂れ下がる．花序軸は 0.3～1 cm，径 1 mm，たいてい短い軟毛がまばらに生え，時に腺毛が生える．苞は鱗片状で長さ 2～6 mm，鋭尖頭，無毛．花柄は 2～4 mm，無毛．花冠は白色あるいは桃色，長さ 7 mm に達し，壺形で逆円錐状にすぼまり，口部に半円形で濃色の 5 小裂片があり反り返る．子房は無毛で，果実は球形，鮮紅色で光沢があり，径 6～12 mm．葉は強い殺菌作用があり，生薬「ウワウルシ」として用いられる．「ウワウルシ」はラテン語で「熊の葡萄」を意味する種形容語 uva-ursi に由来する．

3222. イワヒゲ 〔ツツジ科〕

Cassiope lycopodioides (Pall.) D.Don

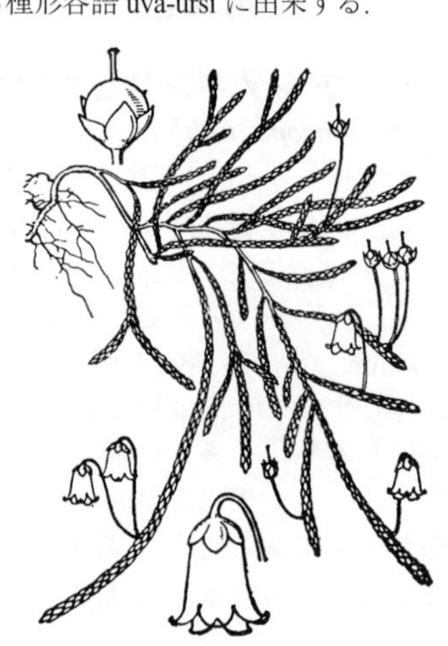

日本では北海道，本州中北部の高山の日当たりのよい岩の間に多数集まって生え，樺太，千島，カムチャツカなどに分布する，草本状の常緑小低木である．茎は分枝して横たわり，緑色のひも状で，小さい鱗片葉を密につける．葉は卵形で茎に接着し，長さ 1.5～2 mm，先は鈍形で背面はふくらんでいる．7～8 月，枝の上部の鱗片状葉の間から，1～2 本の長さ 2～3 cm の花柄を直立に出し，白色または淡紅色を帯びた花を下向きに開く．がく片は 5 個で卵形．花冠は鐘形で長さ約 8 mm，ふちは 5 裂する．雄しべは 10 本．雌しべは 1 本．果実は球形のさく果で，長さ約 3 mm，果柄の先に上向きにつく．〔日本名〕岩鬚で岩の間にはえ茎が細いひげ状なのでいう．

3223. ホツツジ（マツノキハダ，ヤマワラ，ヤマボウキ） 〔ツツジ科〕

Elliottia paniculata (Siebold et Zucc.) Hook.f.

（*Tripetaleia paniculata* Siebold et Zucc.）

山地に生える落葉低木で，高さ約 2 m に達し，密に分枝し，新枝は赤褐色で明らかに三稜形となり，翼がある．葉は短い柄をもち，互生し，菱形状倒卵形で長さ 3～5 cm，先は鋭形，基部はくさび形，全縁，下面は淡緑色で特に中央脈に白毛があり，側脈は少なくて長く弓状に曲がる．葉質はややうすい．7～8 月頃，枝の先に直立する円錐花序を出し，淡紅色を帯びた白色の花を多数つける．花柄は短く苞葉は線形，つぼみは狭い長楕円体で下向きにつき，白色であるが先端部は淡紅色を帯びる．がくは淡緑色で小形の杯状となり，ふちは浅く 5 裂する．花冠は径 10～15 mm，深く 3 裂して細長く，多少そりぎみに開く．雄しべは短くて 6 本あり，花糸は扁平で白色，花柱は長くとび出して彎曲する．さく果は球状で 3 室からなり，残存するがくと果実との間には約 1 mm の柄がある．〔日本名〕穂ツツジの意味である．松の木膚はおそらく樹皮が松のはだに似ているので名付けたものであろう．この名は，シロヤシオの一名でもある．山藁，山箒はその枝から箕や箒を作るので名付けられた．

3224. ミヤマホツツジ（ハコツツジ） 〔ツツジ科〕

Elliottia bracteata (Maxim.) Hook.f.

（*Tripetaleia bracteata* Maxim.；*Cladothamnus bracteatus* (Maxim.) T.Yamaz.）

本州中部の高山帯に生える落葉低木で，高さは 20～50 cm ばかり．枝は直立してやや密に分枝し，淡褐色で細い．葉は互生し倒卵形，先端は円形で，基部はくさび形となり葉柄に続く．葉質はうすく，淡緑色，側脈はまばらで彎曲する．8 月頃，枝先に短い総状花序を出し，花冠の外側が紅色を帯びた緑白色の花を数個開く．苞葉は葉状で大きいものと，針状で小さいものとがある．つぼみは長卵形体で横向きにつき，先は鈍形．がくは淡緑色で 5 裂し，裂片は披針形．花冠は径約 1 cm，深く 3 裂し，裂片は長楕円形で平らに開き，先端はそりぎみになる．雄しべは 6 本で星状に開き，花糸は平たく白色で 1 本の紅色線があり，葯は紅紫色．さく果は球形で 3 室からなる．残存がくと果実の間は無柄．本種はホツツジに似ているが，葉先が円いこと，花軸に葉状の苞葉があり，さく果の下部が無柄であることにより区別できる．〔日本名〕深山穂ツツジの意味である．ハコツツジは語原が明らかでない．

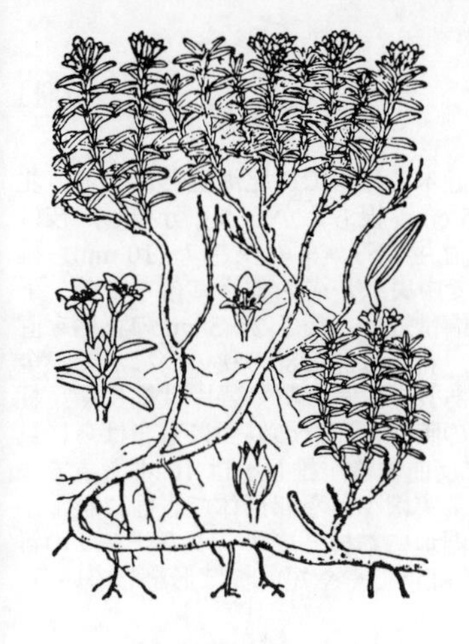

3225. ミネズオウ 〔ツツジ科〕

Loiseleuria procumbens (L.) Desv.

本州中部以北の高山帯に生える，極めて小形の常緑低木である．高さ 10〜15 cm，幹は細く横に伏して地面をおおい，枝は多く分枝して斜上し，または横にのびる．葉は密に対生し，ごく短い葉柄をもち，広い線形で長さ約 1 cm，先は円く，ふちは著しく下側に巻き全体が下方に弓状に曲がり，平滑，革質で深緑色であるが，下面は白色．7 月頃，細かい花を開く．花は枝の先に数個集まって散形状につき，花柄の基部は残存する苞葉で包まれている．がく片は 5 個，細い卵形で紅紫色または淡緑色，上部は紫色．花冠は鐘形で 5 裂して星状に開き，裂片は尖り淡紅白色である．雄しべは 5 本，花糸は長く，葯は縦に裂け紫色．子房は球形で緑色，花柱は 1 本．さく果は小形で直立し，熟すと 3 裂する．〔日本名〕峰ズオウで山上に生えるスオウの意味で，スオウはアララギ，すなわちイチイのことであり，その葉がイチイに似ていることによる．

3226. イワナシ（イバナシ） 〔ツツジ科〕

Epigaea asiatica Maxim.

北海道南部，本州の山地に生える常緑小低木で，低く地に伏して広がる．茎は木質で多少分枝し，褐色の毛がある．葉は有柄で互生し，長楕円形で先は尖り，長さ 4〜10 cm，幅 2〜4 cm，両面まばらに長い毛が生え，葉質は硬く，ふちに褐色の刺毛がある．早春，枝の先に苞葉のある総状花序を出し，淡紅色の花を数個開く．がくは 5 裂し，裂片は狭卵形で尖り紅紫色．花冠は鐘形で長さ約 10 mm，ふちは 5 裂する．雄しべは 10 本，雌しべは 1 本．果実は扁球形の液果で，果皮は膜質で腺毛が生える．胎座は白色多肉で甘く食べられる．細かな多数の種子が白色の胎座につく．〔日本名〕岩場に多く，果実の食感がナシの果肉に似るので岩梨の名がある．

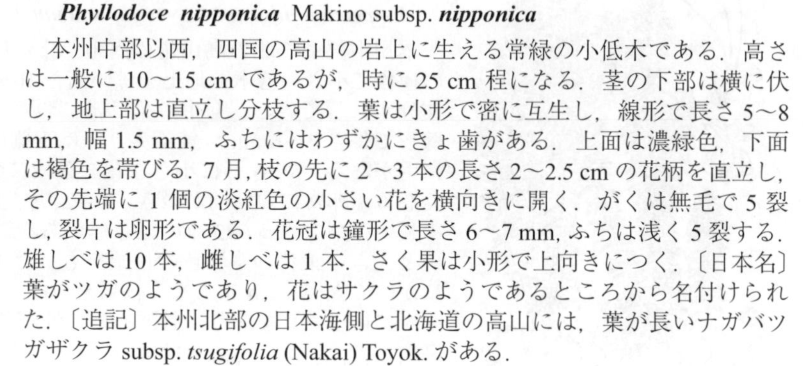

3227. ツガザクラ 〔ツツジ科〕

Phyllodoce nipponica Makino subsp. ***nipponica***

本州中部以西，四国の高山の岩上に生える常緑の小低木である．高さは一般に 10〜15 cm であるが，時に 25 cm 程になる．茎の下部は横に伏し，地上部は直立し分枝する．葉は小形で密に互生し，線形で長さ 5〜8 mm，幅 1.5 mm，ふちにはわずかにきょ歯がある．上面は濃緑色，下面は褐色を帯びる．7 月，枝の先に 2〜3 本の長さ 2〜2.5 cm の花柄を直立し，その先端に 1 個の淡紅色の小さい花を横向きに開く．がくは無毛で 5 裂し，裂片は卵形である．花冠は鐘形で長さ 6〜7 mm，ふちは浅く 5 裂する．雄しべは 10 本，雌しべは 1 本．さく果は小形で上向きにつく．〔日本名〕葉がツガのようであり，花はサクラのようであるところから名付けられた．〔追記〕本州北部の日本海側と北海道の高山には，葉が長いナガバツガザクラ subsp. *tsugifolia* (Nakai) Toyok. がある．

3228. アオノツガザクラ 〔ツツジ科〕

Phyllodoce aleutica (Spreng.) A.Heller

サハリン，千島，カムチャツカ，アラスカに分布し，日本では北海道と本州中北部の高山帯に生える常緑の小低木で，高さは 7〜15 cm．茎の基部は横たわり，枝は斜上する．葉は線形または披針形で，枝の上部に密に互生し，緑色で先は鈍く，長さ 8〜14 mm，幅約 1.5 mm，ふちにはごく細かなきょ歯があり，上面中央に 1 条の凹んだ溝があり，下面中脈に白い微毛がある．7〜8 月，枝頂の中心にある鱗片状の苞葉の腋から数本の有毛の花柄をのばし，緑白色の卵状つぼ形の花を下向きに開く．がくは基部近くに密に腺毛があり，5 裂し，裂片は広披針形である．花冠は長さ 7〜8 mm，先は 5 裂し，筒の中に雄しべが 10 本，雌しべが 1 本ある．さく果は上向きにつく．〔日本名〕緑白色の花の色に基づいたものである．

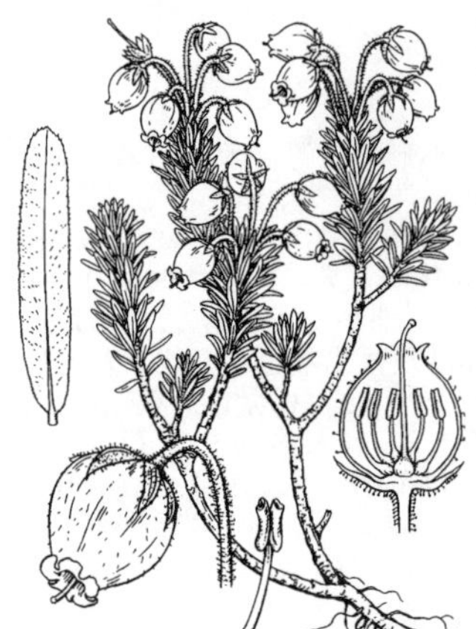

3229. エゾノツガザクラ　〔ツツジ科〕

Phyllodoce caerulea (L.) Bab.

北半球の周極地方に広く分布する常緑の小低木．日本では北海道と東北地方北部の高山の湿原などに生える．高さは 10〜25 cm，根もとからよく分枝し，枝は地上に伏す．微毛のある枝に線形の葉が密に互生する．葉の長さ 7〜10 mm，幅は 1.5 mm ほどで柄はなく，上面は濃い緑色で中央脈が溝のように落ちこむ．下面の脈上には白い短い毛がある．夏に枝の頂端付近から長さ 2〜3 cm の花柄を直立させ，その頂に紅色の花を下向きにつける．花冠は開口部の狭いつぼ形で，全体は長さ 1 cm 弱の卵形．基部に浅いがくがあり，5 個のがく裂片は細長く，紅紫色で先は尖り，外面に腺毛が密生する．この腺毛は花冠の外面にもまばらに見られる．花冠の先端部は浅く 5 裂しわずかに反曲する．雄しべは 10 本あってつぼ形の花冠内に収まり，花糸には毛がある．果実は小さな卵形体で表面に腺毛があり，熟せば開裂する．北海道の大雪山系の湿地に本種とアオノツガザクラの雑種と目されるコエゾツガザクラがあり，花は淡紅色でやや短いつぼ形をしている．

3230. チシマツガザクラ　〔ツツジ科〕

Bryanthus gmelinii D.Don

千島列島やカムチャツカなど東北アジアの寒冷地に分布するごく小形の常緑低木．日本では北海道と八甲田山など東北地方北部の高山帯の岩れき地に稀産する．背丈は 2〜3 cm にすぎず，枝は地上をはって分枝し，上部だけ斜上する．枝には白い微細な縮れ毛が生え，若枝は黄緑色で腺毛も混じる．葉は枝の上部に密につき，長さ 5 mm 弱，幅 1 mm ほどのごく小さな線形で先端は円い．葉縁には腺毛がまばらに生え，葉の質は厚く，中央脈は上下両面から凹む．夏に枝の先端に長さ 2〜4 cm の花序を直立させ，上部に数個の花をやや密につける．花序の軸は赤色で，白く縮れた毛と腺毛がある．花は花柄の先端につき径 5〜6 mm，4 枚の花弁は淡紅色で半開し，雄しべは 8 本あって黄色の葯があり，長さは 3 mm ほどである．果実は径 4 mm ほどの球形のさく果となる．〔日本名〕千島栂桜は千島列島に産し，外観がツガザクラ属の植物に似るため．

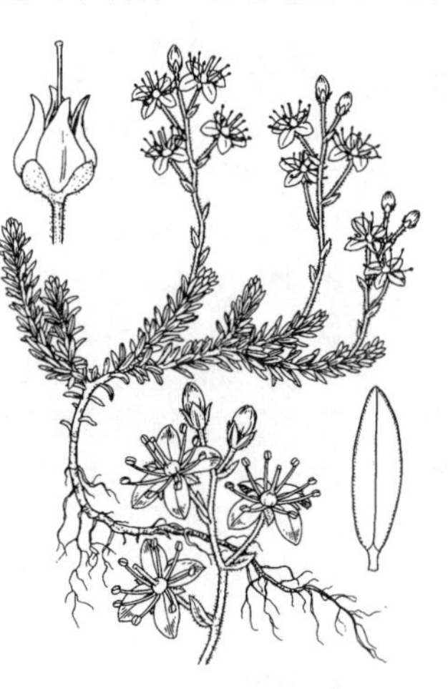

3231. ガンコウラン　〔ツツジ科〕

Empetrum nigrum L. var. ***japonicum*** K. Koch

本州中部より北の高山帯の露地，まれにはミズゴケの間に生える常緑の極めて小さい低木．地上をはい高さ 10〜25 cm，長さ 60〜90 cm，多く枝分かれしている．互生の葉は密につき，濃緑色をしている．葉の形は線形で長さ 5〜6 mm，鈍く尖り縁は下側に巻いて，ほぼ筒状になり，縁に毛がある．5〜6 月に小さな花を葉腋につける．雌雄異株．花は三数よりなる．非常に短い柄がつき，3 がく片，3 花弁がある．雄花には暗紅色の長い花糸をもった 3 本の雄しべがある．雌花には 6〜9 室に分かれた子房と大きい葉状の濃紫色の柱頭をもった 1 個の雌しべがある．夏から秋にかけて直径 1 cm にもなる核果をつけ，紫黒色で光沢があり，球形でわずかに偏圧されており，甘酢っぱい汁が多く，食べられる．〔日本名〕岩高蘭と書くが，この意味ははっきりしない．

3232. エゾツツジ（カラフトツツジ）　〔ツツジ科〕

Therorhodion camtschaticum (Pall.) Small

(*Rhododendron camtschaticum* Pall.)

カムチャツカ，アラスカ，オホーツク海沿岸に分布し，北海道，本州北部の高山帯に生える落葉小低木である．根茎は地中をはい．枝は細く分枝して高さ約 30 cm，全体に褐色の腺毛がある．葉は互生し，広倒卵形で長さ 3 cm ばかり，先は鈍円形，基部は鋭形または鈍形，洋紙質でふちに明らかな腺毛をもつ．夏，2〜3 個の花を枝の先に開き，各花は短い柄をもち，葉状の苞葉 1 枚と小苞葉 2 枚とをもち，ともに残存する．がくは緑色で深く 5 裂し，細かい毛が多く，広披針形で鋭頭．花冠は鐘形で径 5 cm，紅紫色で広く開き，上側の花弁に暗紅色の細点がある．雄しべは 10 本，下方の 5 本は長く，花糸の下部に細かい毛が密生し，葯は孔裂する．花柱は雄しべよりも長くのび，その下部は子房とともに毛が多い．さく果は卵形体で残存したがくより短く，5 裂する．〔日本名〕蝦夷（エゾ）ツツジは北海道で初めて採集されたことによる，また樺太ツツジは樺太にも自生するためである．

3233. ムラサキヤシオツツジ　〔ツツジ科〕

Rhododendron albrechtii Maxim.

本州中部以北，北海道の山地に生える落葉低木で，高さ約 2 m になる．幹は多くの枝に分かれ，新枝に腺毛がある．葉はやや輪生状に互生し，枝の先に集まってつき，倒披針形で長さは 8 cm 内外，中央部から下は次第に細まり，くさび形となって葉柄に続く，葉質は硬く，上面は青緑色で，短くて粗い毛が生えざらつくが，下面は中央脈に白毛があるだけである．5～6 月頃，葉の出ないうちに濃紅紫色の美しい花を開く．花は枝に頂生し 2～3 個集まってつく．がくは小さく 5 裂し，花柄とともに腺毛がある．花冠は径約 3 cm，広い漏斗形で 5 裂し，裂片は平らに開く．雄しべは 10 本，長さは不同で上部は短く，下部のものは長い．さく果は卵形体で有毛，長さ約 12 mm ばかりで熟すと 5 裂する．〔日本名〕紫八塩ツツジで数回染汁に漬けてよく染め上げた紫色のツツジの意味．

3234. ウスギヨウラク（ツリガネツツジ）　〔ツツジ科〕

Rhododendron benhallii Craven

（*Menziesia ciliicalyx* (Miq.) Maxim.）

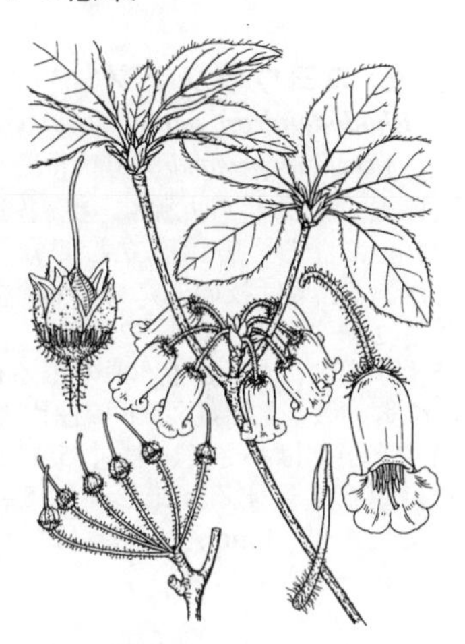

本州の山梨県，石川県以西，四国（徳島県）に分布する落葉低木．林縁に生え，高さ 1～2 m になる．若枝は無毛．葉は枝先に集まって互生し，楕円形または長楕円形で先はやや尖って腺状突起があり，長さ 2～5 cm，幅 1～2.5 cm，ふちに長毛があり，上面はほとんど無毛，下面は白色を帯び，主脈の上に少数の毛がある．4～6 月，前年の枝先に短い花序軸を出し，1～10 個の花を束生する．花柄は長さ 1～2 cm，開出する短い腺毛がある．がくは浅い皿形で径 2.5～3 mm，ふちに太い腺毛がやや密生する．花冠は黄緑白色で背面または先が紅紫色を帯び，筒形で長さ 12～15 mm，外面は無毛，先は 5 裂し，裂片は円形．雄しべは 10 本，花糸は下部に軟毛が密生する．子房には太い腺毛が生える．さく果は球形で長さ 4～5 mm，5 裂する．愛知県以東のものは花柄に長い腺毛が生える傾向がある．

3235. ウラジロヨウラク（アズマツリガネツツジ）　〔ツツジ科〕

Rhododendron multiflorum (Maxim.) Craven var. ***multiflorum***

（*Menziesia multiflora* Maxim.）

本州中北部，北海道の山地に生える落葉低木で，幹は直立して分枝し，高さ 1～2 m となる．葉は互生し短い柄をもち，倒卵形で先は円形または鈍形，長さ 3～6 cm，幅 1.5～3 cm，ふちは全縁で毛があり，上面は緑色，下面は白色を帯び，枝の先に集まって輪生状につく．6～7 月，枝の先に長さ 2～3 cm の有毛の花柄を数本，散形状に出し，筒状鐘形の花を下垂する．がく片は 5 個で小形，ふちに腺毛がある．花冠は紅紫色で下部は色うすく上部は濃く，長さ 12～14 mm，筒の先は浅く 5 裂し，裂片は円頭．さく果は球形で径 4 mm，熟すと 5 裂する．がく片の少なくとも 1 枚が長くのびるものをガクウラジロヨウラクといって区別することもあり，特に本州北部に多いが，厳密な区別は難しい．

3236. ホザキツリガネツツジ　〔ツツジ科〕

Rhododendron katsumatae (M.Tash. et H.Hatta) Craven

（*Menziesia katsumatae* M.Tash. et H.Hatta）

北陸地方の山地の林縁に生え，高さ 2 m ほどになる落葉低木．若枝は無毛．葉は枝の上部に集まって互生し，葉柄は長さ 1～5 mm で無毛，葉身は楕円形または倒卵形で先は円形で短く尖り，基部はくさび形，長さ 2～5 cm，幅 1～3.5 cm，全縁，上面は無毛，下面は著しく白色を帯び，主脈上に数本の太い毛がある．5～6 月，枝先に長さ 7～20 mm の花序軸をのばし，3～10 個の花をつける．花芽の鱗片は大きく，倒卵状長楕円形または倒披針形で長さ 10～20 mm，ふちに腺毛があり，花時にも残る．花柄は長さ 15～35 mm，開出する腺毛が散生する．がくは皿形で浅く 5 裂し，径約 3 mm，裂片は広円形でふちに腺毛がある．花冠は黄緑色で先は紅紫色，筒状鐘形で，先はやや狭まって 5 裂し，長さ 12～14 mm，裂片は円形でふちは無毛．雄しべは 10 本，花筒内にあり，花糸の下部に白色の軟毛が密生する．子房は無毛．さく果は球形で長さ 3～4 mm，5 室で室の隔壁から 5 裂する．本州中部（岐阜県北部，福井県東部，石川県，富山県西部）に分布する．〔日本名〕穂咲釣鐘ツツジで，他のものよりやや長い花序軸をもつのでいう．ツリガネツツジに似るが苞葉が大きく，花時にも残り，花序の軸が長いので区別できる．

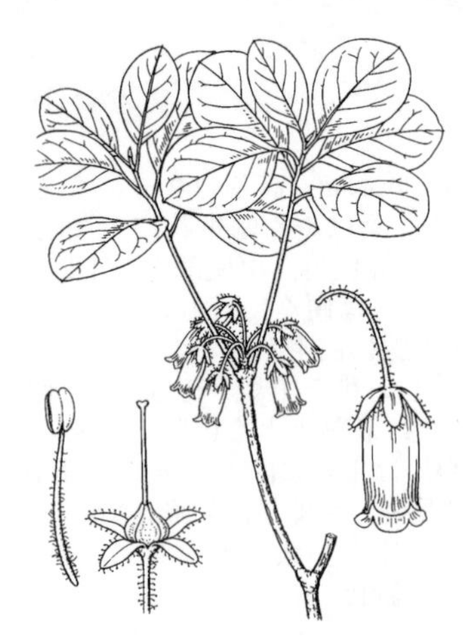

3237. ヨウラクツツジ 〔ツツジ科〕

Rhododendron kroniae Craven
(*Menziesia purpurea* Maxim.)

山地の低木林内に生える，高さ 1〜1.5 m ほどになる落葉低木．葉は互生し，枝先に集まってつき，葉柄は長さ 2〜5 mm で腺毛が散生する．葉身は楕円形で，先は短く尖り，長さ 2〜5 cm，幅 1〜2.5 cm，上面とふちには短い腺毛が散生し，下面は白みを帯び，主脈上には粗い毛が散生する．5〜6 月，枝先にのびる短い花序軸に 3〜10 個の花を束生状につける．花柄は長さ 10〜15 mm, 短い腺毛が散生する．がくは皿形で深く 4 裂し，裂片は長楕円形で先は円く，長さ 2〜3 mm．花冠は濃紅紫色，筒形で長さ 1 cm，筒部内面に短毛をやや密生，先は 4 裂し，裂片は円形でふちに点状または棍棒状の腺毛が散生する．雄しべは 8 本, 花糸には短毛がある．子房は無毛または短毛が散生する．さく果は球形で，長さ 3〜4 mm，4 裂する．九州中部, 北部の冷温帯に分布する．〔日本名〕下垂する紅紫色の花を瓔珞（ようらく）にたとえたもの．瓔珞は仏像の頸や胸にかける珠玉の飾り，または寺院の軒にぶら下がった装飾のことである．

3238. コヨウラクツツジ 〔ツツジ科〕

Rhododendron pentandrum (Maxim.) Craven
(*Menziesia pentandra* Maxim.)

樺太，千島から九州に至る各地の深山に生える落葉低木で，高さは 2〜3 m になる．幹は直立して分枝し，枝は輪生して，若枝は葉とともに毛がある．葉は枝の先にほぼ輪生状に互生し, 倒披針形または長楕円形で，長さ 2.5〜5 cm，幅 1〜2.5 cm，先は尖り先端はややかたく，ふちは全縁で毛がある．5〜6 月，葉の出る前または葉と同時に腺毛のある花柄を 3〜6 本，散形に出して下に曲がり，柄の先にゆがんだつぼ形の花を数個開く．がくは小さく，浅く 5 裂する．花冠は黄赤色で長さ 5〜7 mm，ふちは短く 5 裂する．雄しべは 5 本，雌しべは 1 本．果実は卵球形のさく果で長さ 3〜4 mm，上向きにつく．〔日本名〕小瓔珞でヨウラクツツジに似て花が小さいのでいう．

3239. オオバツツジ 〔ツツジ科〕

Rhododendron nipponicum Matsum.

秋田県から福井県の日本海側の山地の湿り気のある林縁や草地に生える落葉低木. 高さ 1〜2 m になる. 若枝には開出する腺毛が散生する. 葉は大きくて薄く，枝先に集まって互生につき，無柄，倒卵形，長さ 5〜10 cm，幅 3〜8 cm，基部は短く突出して茎をおおい，先はやや凹み，先端に腺状突起があり，ふちや下面脈上には腺毛が散生する．6〜8 月，枝先に新葉とともに 5〜10 個の花を散形状に開く．花柄は長さ 8〜15 mm，開出する腺毛が密生する．がく片は 5 枚，三角形で先は鈍く，長さ 2〜3 mm，背面やふちに腺毛がある．花冠は黄白色，しばしば先は赤味を帯び，筒形で長さ 1〜1.5 cm，径 0.8〜1 cm，筒の内面には短い軟毛が生え，先は 5 裂し，裂片は広円形．雄しべは 10 本，花筒内にあり，花糸の下半部には短毛が散生する．子房には腺毛が密生し，花柱は無毛．さく果は長楕円体で長さ 10〜12 mm，腺毛がやや密に生える．他に類縁のない日本特有の種類である．〔日本名〕大葉ツツジは葉が他のツツジ類より大きいのでいう．

3240. バイカツツジ 〔ツツジ科〕

Rhododendron semibarbatum Maxim.

本州，四国，九州の低山地に生える落葉低木である．高さは 1〜2 m. 葉は有柄で枝の先にやや輪生状に集まって互生し，楕円形で長さは 3〜5 cm，ふちに細かいきょ歯があり，膜質で上面に光沢があり，しばしば紫色を帯びるものもある．葉柄および新枝には腺毛が密に生える．初夏の頃，前年の枝の先端近くに花をつけるため，花は葉の下にかくれて咲くように見える．花柄に腺毛がある．がくは小さく, 先に 5 つの突起をもつ．花冠は径 2 cm ほどあり，筒部は短く上部は平らに開き，白色で上側に紫色の斑点がある．雄しべは 5 本で上の 2 本は短く，花糸に白毛が密生して仮雄しべ化し，下部の 3 本は長く先が曲がっている．葯は先端に孔が開いて花粉を散らす．さく果は球状卵形で毛がある．〔日本名〕梅花ツツジは，その花形に基づいた名である．

3241. アケボノツツジ 〔ツツジ科〕

Rhododendron pentaphyllum Maxim. var. ***shikokianum*** T.Yamaz.

小形の落葉高木で紀伊半島と四国の山地に生え，高さは約 6 m になり，多く枝分かれし，小枝はやせて細長い．葉は枝の先に 5 個輪生し，楕円形で長さ 2.5〜4.5 cm，幅 1.7〜2.5 cm，両端は尖り縁毛があり，葉柄にはひげ状の長い毛がある．花は小枝の先に 1 個つき，やや下向きに葉の出る前に開き，有柄で淡紅色の美しい花である．がくは小さくて縁毛があり，花冠は鐘形で 5 裂し，径約 5 cm，上面に黄褐色の斑点がある．雄しべは 10 本，雌しべは 1 本で子房は無毛である．さく果は楕円体で熟すと 5 裂する．アカヤシオ，一名アカギツツジ var. *nikoense* Komatsu は本種の一変種で，花柄に腺毛があるので区別される．福島県から三重県の太平洋側に分布する．〔追記〕上記の 2 変種は一部の花糸の基部が有毛であるが，花糸が全て無毛のものが九州南部にあり，これをツクシアケボノツツジ var. *pentaphyllum* という．

3242. シロヤシオ（ゴヨウツツジ，マツハダ） 〔ツツジ科〕

Rhododendron quinquefolium Bisset et S.Moore

本州，四国の深山に生える落葉低木で，高さ約 6 m になり，よく分枝する．葉は枝の先に 5 個輪生して，短い柄をもち，倒卵状楕円形で鋭頭，ふちは全縁で多くは赤味がかり，縁毛がある．下面は初め基部に白毛がある．初夏の頃，枝の先端に白色で柄のある花を 1〜2 個開く．花柄は長さ 1.5〜2.5 cm．がくは小さく先は 5 裂し，裂片は披針形である．花冠は広い漏斗形で径 3〜4 cm，先は 5 裂し，上面に緑色の斑点がある．雄しべは 10 本，花糸の基部に毛が生え，雌しべは 1 本．子房は無毛か白毛がまばらに生える．さく果は円柱形で長さ 1〜1.5 cm．〔日本名〕白花の八塩ツツジ（八塩はムラサキヤシオツツジの項を参照）の意味．別名のゴヨウツツジは葉が 5 枚輪生することによる．マツハダは松膚の意味で，老木になると幹が松の樹皮に似てくるのでこの名が付けられた．

3243. ハコネコメツツジ 〔ツツジ科〕

Rhododendron tsusiophyllum Sugim.（*Tsusiophyllum tanakae* Maxim.）

秩父，富士周辺，丹沢箱根附近，御蔵島などに分布し，岩壁に生える常緑の小低木である．高さは 20〜60 cm ばかり．幹は屈曲が著しく密に分枝する．枝は輪生状に出て若枝に褐色の毛が密生する．葉は枝の先に輪生状に密に互生し，楕円形または狭楕円形で長さ 7〜10 mm，幅 4〜6 mm，質やや厚く，両端は尖り，両面に粗い毛が生え，下面脈上には褐色の伏した毛が生え，ふちは全縁で毛がある．葉柄はほとんどない．7 月，葉の間に白色の筒状の小さな花を開く．花冠の筒部は長く約 8 mm，先は浅く 4〜5 裂し，花柄には褐色の毛が密に生える．雄しべは 5 本．葯は縦に裂ける．さく果は広卵形体である．〔日本名〕箱根で初めて発見されたのでいう．

3244. コメツツジ 〔ツツジ科〕

Rhododendron tschonoskii Maxim. subsp. ***tschonoskii*** var. ***tschonoskii***

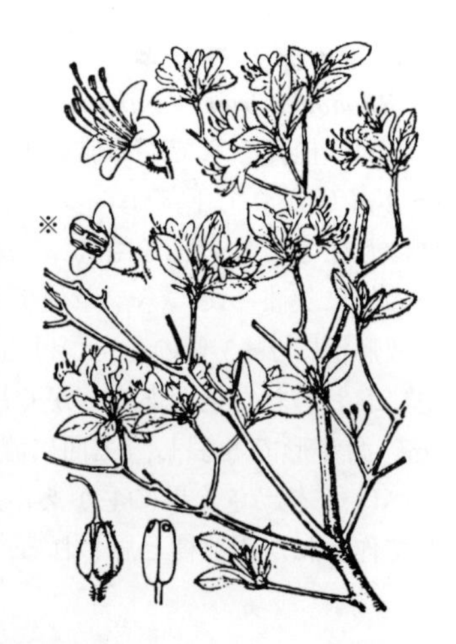

北海道，本州，四国，九州，朝鮮半島に分布し，深山の岩上に生える小低木で．高さは約 1 m 内外，枝は短く密に分枝する．葉は小形で枝の先に集まってつき，卵形または長楕円形で両端尖り，全縁，長さは小さなものは約 3 mm，大きなものは 2 cm ほどになり，ほとんど無柄で，あまり目立ない数本の脈をもつ．夏，枝の先に 1〜4 個の白色の小さい花を散形状に開き，時には紅色を帯びるものもある．花冠は漏斗状で径 8〜10 mm，先は 5 裂し広く開いている．雄しべは 5 本で花冠より長く外へ出ている．果実は卵状円錐形のさく果で細かな伏した毛が生える．中部地方南部には花冠小さくて径 5〜6 mm，筒部長く先は普通 4 裂し，裂片が小さく，雄しべは 4 本で花冠よりわずかに長いものがあり，チョウジコメツツジ var. *tetramerum*（Makino）Komatsu という（右図の※印をつけた花の図がそれである）．〔日本名〕小形の白色の花が米粒に似ていることからいう．

3245. オオコメツツジ 〔ツツジ科〕

Rhododendron tschonoskii Maxim.
subsp. ***trinerve*** (Franch. ex H.Boissieu) Kitam.

東北，北陸地方の深山に生える小低木で，高さ約 1～1.5 m でコメツツジの 1 亜種である．コメツツジに比べ，枝はやや長く，葉も少し大形で明瞭な 3 本の脈がある．葉の小さなものは長さ 1.5 cm，大きなものは長さ 4.5 cm，幅 7～15 mm ぐらいであり，短い柄をもち互生し，一般に枝の先に集まってつき，楕円状倒披針形で先は鋭形，両面とふちに毛がある．夏，枝の先に白色の小花を散形状に開く，花冠は漏斗状で径 10～12 mm，株により先が 4 裂するものと 5 裂するものとがあり，前者は雄しべが 4 本，後者は 5 本となり，花冠より長く外へのびる．果実は卵球形のさく果で細かな伏した毛が生える．〔追記〕本亜種の花は多くの場所では四数性であるが，尾瀬など一部の場所では五数性の花をつけた個体が多く見られる．そのような場所では近くにコメツツジも見られることから，このような個体をコメツツジとオオコメツツジとの雑種と考える意見もある．

3246. ウンゼンツツジ 〔ツツジ科〕

Rhododendron serpyllifolium (A.Gray) Miq. var. ***serpyllifolium***

伊豆半島，紀伊半島，四国，九州の山地に自生する常緑の小形低木であるが，観賞用として広く庭園に植えられている．高さは 1～2 m，枝は細く葉を密につける．葉は小さく長さ 8～15 mm，幅 3～6 mm，倒卵状長楕円形または倒卵形で毛があり，葉柄は短く互生し，多くは枝の先に集まってつく．春，枝先に 1 個の淡紅紫色の小花を開く．花冠は漏斗状鐘形で 5 裂し径約 1.5 cm，上面に斑点がある．5 本の雄しべと 1 本の花柱は長く花冠の外に突き出る．シロバナウンゼンツツジ var. *albiflorum* Makino は，白色または多少紫色を帯びた花をつけ，枝と葉はやや大きい．瀬戸内海周辺の山地に分布する．本種は長崎県の雲仙岳には自生しない．牧野富太郎はウンゼンツツジというのは誤りであるが，古くから用いられた名前なので改めないと主張した．

3247. ケラマツツジ 〔ツツジ科〕

Rhododendron scabrum G.Don

海近くの常緑樹林のへりに生え，高さ 1～2 m になる常緑低木．若枝や葉柄には褐色の扁平な剛毛が密生する．葉は互生，厚い紙質，葉柄は長さ 3～10 mm，葉身は長楕円形，楕円形または倒卵状楕円形，長さ 5～8 cm，幅 1～3.5 cm，先は尖り，基部は鋭形，上面に光沢があり，両面に剛毛が生え，特に下面脈上に多い．2～4 月，枝先に 2～4 個の花をつける．花柄は長さ 1～1.5 cm，扁平な剛毛が密生する．がく片は 5 枚，広楕円形または卵円形，長さ 5～7 mm，先は丸く，ふちに長毛がある．花冠はやや肉質，赤色で上部内面に濃色の斑点があり，漏斗形で径 4.5～6 cm．5 中裂し，裂片は卵形．雄しべは 10 本．花糸には短い軟毛がある．子房には長剛毛が密生し，花柱は無毛．さく果は狭卵形体で褐色の長剛毛が密生し，長さ 4～10 mm．奄美大島から琉球諸島に分布する．〔日本名〕琉球の慶良間列島に由来する．屋久島には，本種に似て花がやや小さく，葉が薄く毛の多いヤクシマヤマツツジ *R. yakuinsulare* Masam. を産する．本種とキシツツジやモチツツジとの交配でヒラドツツジ *R.* × *pulchrum* Sweet が作られ，オオムラサキ（下図参照）など多くの園芸品がある．

3248. オオムラサキ 〔ツツジ科〕

Rhododendron ×***pulchrum*** Sweet **'Oomurasaki'**

庭園に植えられている常緑低木で，野生のものは見られない．高さは 1～2 m ばかりで下部から多く分枝し，株全体の形は円味を帯びている．葉は互生して短い柄をもち，狭楕円形で長さ約 6～9 cm，幅 1～2.5 cm，枝の先に集まってつき，革質で若枝とともに毛がある．5 月頃，枝の先に散形状に 2～3 個の花をつける．花は紅紫色で長さ 5 mm ほどの褐色の毛におおわれた柄がある．がく片は披針形で緑色．花冠は大きく径約 10 cm，漏斗形で 5 裂し，上面に濃紫色の斑点がある．雄しべは 10 本，雌しべは 1 本．さく果に毛がある．ケラマツツジやモチツツジなどを親として作られた園芸種と思われる．

3249. モチツツジ 〔ツツジ科〕

Rhododendron macrosepalum Maxim.

本州中部，西部，四国北部の各地の低山，丘陵地に自生し，または庭園に植えられている常緑低木である．高さは約 60 cm ～2 m．葉は枝の先に集まって互生し，質はうすく，若枝とともに毛が多い．葉身は倒披針形または楕円状披針形で先は短く尖る．春，新葉とともに淡紅紫色で柄のある花を頂に散形に開く．がくは緑色で 5 裂し，裂片は広い線形で長く，花柄とともに腺毛があって粘る．花冠は漏斗状鐘形で 5 裂し，上面に紅色の斑点がある．雄しべは 5 本が普通であるが 6～10 本のこともある．雌しべは 1 本．さく果には毛がある．〔日本名〕がくなどが粘るところからネバツツジともいう．この品種にセイガイツツジ（静崖）があり，葉は線形で花冠が細く裂けている．花冠裂片が細く，初め黄緑色で後に緑紅色となり，ほとんど開かないものをコチョウゾロイ（胡蝶揃）といい，八重咲のものをスルガマンヨウ（駿河万葉）という．

3250. キシツツジ 〔ツツジ科〕

Rhododendron ripense Makino

西日本の河岸に自生する常緑の小低木．枝は細かく分かれ，若枝には白い斜上した粗い毛が密生している．葉は長楕円形で長さ 2～5 cm，春の葉は両端が鋭く尖り，白色の伏毛がある．春，枝の先に 2～3 個の花をつけ，花柄は長さ 1～2 cm，白毛と腺毛が密生している．がく裂片は披針形で長さ 1～1.5 cm，腺毛があって粘る．花冠は径 5 cm 内外，淡紫紅色で上側の裂片には紅色の細点があり，わずかに芳香がある．雄しべは 10 本．子房には白い剛毛が密生している．ワカサギは本種の園芸品で花の色が淡く裂片はやや細長い．その他一般に琉球性と呼ばれて栽培されているものには，本種と他種との雑種による園芸品種が多い．

3251. リュウキュウツツジ（シロリュウキュウ） 〔ツツジ科〕

Rhododendron **×*mucronatum*** (Blume) G.Don **'Shiroryukyu'**

普通に庭園に植えられる常緑の小低木である．幹の下部から多く分枝し，株全体の形は球状で，大きなものは高さ約 1.5 m となる．葉は互生して短い柄をもち，多くは小枝の先端に車輪状に集まってつき，披針形または倒披針形で，先は鋭形または鈍形，革質で細毛がある．初夏，枝の先に 1～2 個の白色の花を開く．がくは緑色で 5 深裂し，裂片は披針形である．花冠は漏斗形で 5 裂し，上面に緑色の斑点がある．雄しべは 10 本．雌しべは 1 本．さく果は有毛である．日本に野生はなく，中国原産と考えられたこともあるが，キシツツジやモチツツジを親として作られた園芸種と思われる．慣用として漢名に白杜鵑花をあてている．この仲間の園芸品に白万葉，京鹿子などがある．

3252. ムラサキリュウキュウツツジ 〔ツツジ科〕

Rhododendron **×*mucronatum*** (Blume) G.Don **'Usuyo'**

（*R.* ×*hortense* Nakai）

庭園に植えられている半常緑の低木で，枝は横に広がり密に繁る．春の葉は楕円形で先端は短く尖り，長さ 3～6 cm，浅緑色で，若枝とともに両面に立った軟毛が密生している．秋の葉はやや小形で先端は鈍形，濃緑色で厚く，越冬する．4～5 月，枝の先に 2～4 個の花を開く．がく片は披針形で長さ 12～20 mm，花柄とともに腺毛が密生している．花冠は淡紅紫色で径 5 cm 内外，上側の裂片に紅色の斑点があり，少し芳香をもっている．雄しべは 6～10 本．子房の先には腺のある白色の毛が密生している．モチツツジに非常によく似ているが，雄しべの数が多いので区別され，モチツツジをもとにして作られた園芸品と思われる．この仲間の園芸品に関寺，峯の松風などがある．

3253. ヨドガワツツジ（ボタンツツジ）　〔ツツジ科〕

Rhododendron yedoense Maxim. ex Regel var. ***yedoense* 'Yodogawa'**

朝鮮半島に野生するチョウセンヤマツツジ f. *poukhanense* (H.Lév.) Sugim. ex T.Yamaz. の八重咲きのものであるが，古くからわが国で植えられ，学名の上で基本形である．落葉低木でよく分枝し，葉はうすくヤマツツジより狭長で両端は尖り，脈は上面で少し凹み，若芽の鱗片は著しく粘っている．若枝，葉，花柄，がくなどには伏した毛がある．4〜5月，枝の先に 2〜3 個の花をつけ，花は径 5 cm 内外で八重咲，紫紅色で上側の花弁には濃紅色の細かい斑点があり，少し芳香がある．がく片は長卵形で尖り，長さ 5〜10 mm．野生品は一重咲で 10 本の雄しべと紫色の葯をもっている．対馬には葉の小さい変種タンナチョウセンヤマツツジ var. *hallaisanense* (H.Lév.) T.Yamaz. が野生する．

3254. キリシマ　〔ツツジ科〕

Rhododendron ×obtusum (Lindl.) Planch.

ふつう庭園に栽培される常緑低木で，まれに九州に野生する．おそらくヤマツツジがその母種の 1 つではないかと思われる．高さは一般に 60〜90 cm であるが，時に 1.5 m ぐらいにもなる．葉は小形で細長い倒卵形となり，先は微突端におわる鈍形で縁毛があり，葉柄は短く，互生し，多くは枝の先に集まって車輪状となる．春，枝の先に短い柄をもつ赤色の花を散形状に開く．がくは小さく淡緑色で 5 裂し，裂片は卵形で縁毛がある．花冠は漏斗状鐘形で 5 裂し，正面に濃紅色の斑点がある．雄しべは 5 本，雌しべは 1 本．がくが完全に花弁化し二重咲きのものをヤエキリシマといい，がくが発達して不完全に花弁化したものをコシミノという．また紅紫色の花をつける品種がありムラサキキリシマという．〔日本名〕キリシマは九州の霧島山に基づく名である．

3255. ヤエキリシマ　〔ツツジ科〕

Rhododendron ×obtusum (Lindl.) Planch. **'Yaekirishima'**

キリシマの園芸品種で，観賞用として庭園に栽培される常緑低木である．秋の葉は倒卵形または長楕円形で先は円く，越冬し，長さ 1.5〜2.5 cm，春の葉は多少長くて先はやや尖り，ともに伏した細毛がある．4〜5月，枝の先に径 3 cm ばかりの 2〜3 個の花を開く．がくは花弁状になって花冠とほとんど同大同形で濃紅色をし，花冠が二重に重なったように見える．雄しべは 5 本，正常で，花糸は紅色，葯は褐紫色，花柱も紅色である．このほかキリシマの園芸品にはいろいろの形があり，花の紅紫色のものにも，がくが花冠状に大きくなった一品種がありムラサキミノといい，またがくがやや大きく花弁状になるが，花冠よりは小さく不規則に裂ける形のものをコシミノという．

3256. ヤマツツジ　〔ツツジ科〕

Rhododendron kaempferi Planch. var. ***kaempferi***

（*R. obtusum* (Lindl.) Planch. var. *kaempferi* (Planch.) E.H.Wilson）

各地の山野に自生する半落葉低木で，高さは約 1〜3 m となり，枝は分枝多く横に広がる．葉は互生し，枝の先に集まってつき，狭い倒卵形，また倒披針形で先は鋭形，枝とともに毛がある．初夏，枝の先に有柄の赤色の花を少数散形状に開く．がくは 5 裂して小形，裂片は卵形でふちに毛がある．花冠は漏斗形または漏斗状鐘形で 5 裂し，上面に濃紅色の斑点がある．雄しべは 5 本，雌しべは 1 本．さく果には毛がある．変化が多く，花が大きく，春葉も大きいものが九州の五島列島，甑島にあり，サイカイツツジ var. *saikaiense* (T.Yamaz.) T.Yamaz. という．葉が細く，花は小さくて筒の長いものが広島県，山口県にあり，ヒメヤマツツジ var. *tubiflorum* Komatsu という．ミカワツツジ var. *mikawanum* (Makino) Makino はキリシマツツジに似て花も葉も小形であるが，葉に光沢がなく，夏葉は冬にかなり落ちる．紅紫色の花が多い．愛知県の豊橋付近に多い．伊豆七島には葉が厚く，花もやや肉質で厚いものがありオオシマツツジ var. *macrogemma* Nakai という．

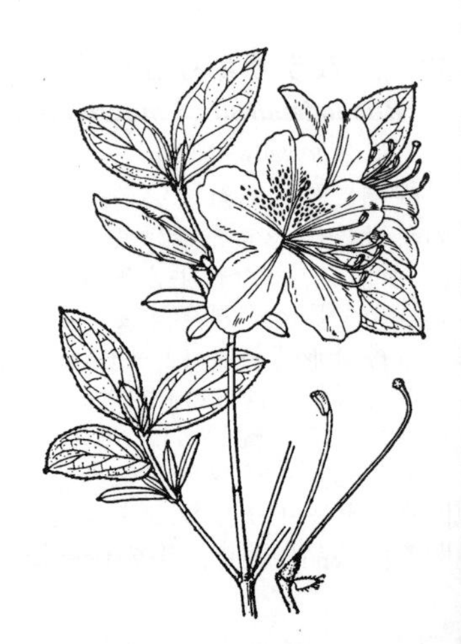

3257. ミヤマキリシマ　〔ツツジ科〕

Rhododendron kiusianum **Makino**

霧島山，阿蘇山，雲仙嶽，久住山をはじめ，九州の高山に生える常緑低木である．山頂付近では高さが僅かに 10 cm ぐらいであるが，標高が低くなるにつれて 1 m ぐらいになる．枝は密に分枝し，葉は小さく，長楕円形で先は尖り，長さ 8～30 mm，両面特に下面脈上には褐色の毛がある．5～6 月，枝の先に 2～3 個の紅紫色の花を散形に開く．花冠は漏斗状で径 2～3 cm，先は 5 裂し，上面に細点をもつものと，ないものとがある．雄しべは 5 本，雌しべは 1 本．果実は卵形体で褐色の毛が生える．牧野富太郎は本種が園芸品のクルメツツジの母種であろうと主張し，ミヤマキリシマの和名を与えた．

3258. サツキツツジ（サツキ）　〔ツツジ科〕

Rhododendron indicum (L.) Sweet

常緑低木で普通は人家に栽培され，またしばしば本州（福島県以西），四国，九州の川岸の岩上に野生する．高さは約 15～90 cm ばかり．葉は互生し，枝の先に集まってつき，線状披針形で両端は尖り，全縁で枝と葉はともに褐色の伏毛がある．5～6 月，枝の先に紅紫色の花を開き，花の下部には早落性の広い鱗片がある．がくは小さくて 5 裂する．花冠は大きく広い漏斗形で 5 裂し，上面に濃紅紫色の斑点がある．雄しべは 5 本．雌しべは 1 本．さく果には毛がある．園芸品種には白，しぼり咲き，咲分けなど変わったものが多い．〔日本名〕皐月（陰暦）すなわちサツキに咲くの意味である．しばしば皐月ツツジと書くが，一般に略してサツキという．漢名に杜鵑花をあてることがあるが誤りである．学名はインド産のつつじの意味であるがインドに産せず日本特産である．

3259. シデサツキ　〔ツツジ科〕

Rhododendron indicum (L.) Sweet **'Laciniatum'**

サツキツツジの園芸品種で庭園に植えられる．枝は細かく分枝し，しばしば彎曲する．葉は披針形または広倒披針形で両端は尖り，長さ 1～3 cm，濃緑色で光沢がある．5～6 月，枝ごとに通常 1 個の花を開く．花柄は短い．がく片は 5 個，小形で長さ 2～5 cm．花冠は一般のツツジ類と異なり，基部まで裂けて 5 個の離れた花弁になる．花弁は朱赤色で斑点がなく，倒披針形で先はやや鈍形，長さ 1～3.5 cm，幅 5～7 mm．雄しべは 5 本．花糸は赤色，葯は暗紫色で時に退化する．花柱は赤色で長い．〔日本名〕四手サツキでその細く裂けた花弁がしで（四手）に似ているのでいう．

3260. マルバサツキ　〔ツツジ科〕

Rhododendron eriocarpum (Hayata) Nakai

九州南部の海近くの岩地に自生するが，広く庭園に植えられている常緑低木である．枝には伏した毛が密に生え，葉は倒卵形または広楕円形で，先は短く尖るかほぼ円形，長さ 1～3 cm，質厚く濃緑色で光沢があり，両面に伏した毛が生える．5～6 月頃，枝の先に 1～2 個の花をつける．花芽の鱗片は大きく，花柄は短い．花は径 4～5 cm，紅紫色が普通であるが，白色，淡紅色，咲き分けなどの多くの園芸品種がある．がくは小形で先は 5 裂する．雄しべは 6～10 本．子房には白色の剛毛が密生している．サツキとは葉が幅広く円味があり，雄しべは 5 本より多く，葯の色がうすいので区別される．〔日本名〕円い葉をもったサツキの意味である．

3261. サクラツツジ　〔ツツジ科〕

Rhododendron tashiroi Maxim. var. ***tashiroi***

川岸や崖の斜面など常緑樹林の縁に生える常緑低木．高さ 1〜2 m になる．若枝や葉柄には伏した長毛がやや密生する．葉は革質，枝先に 2 枚対生するか 3 枚輪生し，葉柄は長さ 2〜4 mm，葉身は楕円形または長楕円形，長さ 2〜6 cm，幅 1〜2.5 cm，先は鋭く尖り，基部は鋭形，上面は無毛，下面に短い腺毛が散在する．2〜4 月，枝先に 2〜3 個の花をつける．花柄は長さ約 1 cm，淡褐色の長毛がやや密生する．花冠は淡紅紫色，上部内面に濃色の斑点があり，漏斗状で径約 4 cm，5 深裂し，裂片は狭長楕円形．雄しべは 10 本，花糸は無毛．子房には長毛が密生し，花柱は無毛．さく果は短い円柱形で，長さ 10〜13 mm．四国南部，九州（佐賀県，鹿児島県），沖縄に分布する．台湾にも分布するといわれるが，台湾のものは近縁の *R. farrerae* Tate ex Sweet の誤認である．成葉でも葉の下面全体に長毛のあるものを，変種ケサクラツツジ *R. tashiroi* Maxim. var. *lasiophyllum* Hatus. といい，鹿児島県に分布する．名は花の色が桜色なのでいう．

3262. オンツツジ（ツクシアカツツジ）　〔ツツジ科〕

Rhododendron weyrichii Maxim. var. ***weyrichii***

紀伊半島，四国，九州など暖地の林縁に生え，高さ 3〜6 m となる落葉小高木．若枝や葉柄には淡褐色の長毛がやや密生する．葉は枝先に 3 枚輪生し，葉柄は長さ 4〜7 mm，葉身は菱形状円形または卵円形，長さ 5〜9 cm，幅 4〜6 cm，先は鋭く尖り，全縁．若葉には長毛があるが，後に下面主脈を除いて無毛となる．4〜5 月，枝先の 1 個の花芽から，新葉と同時に 1〜3 個の花を開く．花柄は長さ 4〜6 mm，淡褐色の長毛が散生する．花冠は朱色，まれに紅紫色，上部内面に濃色の斑点があり，漏斗形で径 4〜5 cm，5 中裂し，裂片は楕円形．雄しべは 10 本，長短があり，花糸は無毛．子房には褐色の長毛が密生する．花柱は無毛か下部に毛が散生する．さく果はゆがんだ円柱形で，褐色の長毛があり，長さ 10〜13 mm．〔和名〕雄ツツジの意で，全形が壮大なのでいう．花が紅紫色のものをムラサキオンツツジ f. *purpuriflorum* T.Yamaz. という．韓国の済州島には葉がやや厚く，横幅の広い変種タンナアカツツジ var. *psilostylum* Nakai がある．

3263. ジングウツツジ　〔ツツジ科〕

Rhododendron sanctum Nakai var. ***sanctum***

三重県の伊勢神宮付近の岩地に生え，高さ 1.5〜3 m の落葉低木．若枝や葉柄に灰白色の軟毛が密生する．葉は厚く，枝先に 3 枚輪生し，葉柄は 4〜6 mm，葉身は卵円形または菱形状円形でやや下側に巻き，長さ 4〜6 cm，幅 3〜5 cm，先は短く尖り，基部は円形または鈍形，上面は光沢があり無毛，下面は主脈の下部に長毛があるほかは無毛．5〜6 月，新葉の展開した後に枝先に 1〜2 個の花をつける．花柄は長さ 5〜10 mm，軟毛が散生し，長毛が混じる．花冠は濃紅紫色で上部内面に濃色の斑点があり，漏斗形で径 3〜4 cm，5 中裂し，裂片は楕円形．雄しべは 10 本で長短があり，花糸は無毛．子房には長毛が密生する．花柱は無毛か下半部に長毛が散生する．さく果はゆがんだ円柱形で褐色の長毛が密生し，長さ 1〜1.3 cm．名は伊勢神宮にちなむ．変種シブカワツツジ var. *lasiogynum* Nakai ex H.Hara は枝が帚状に上にのび，葉が大きくて，ふちはあまり下側に巻かず，上面の光沢も少ない．静岡県西部に分布する．名は生育地の渋川にちなむ．

3264. アマギツツジ　〔ツツジ科〕

Rhododendron amagianum (Makino) Makino

伊豆半島に分布する落葉小高木．林内に生え，高さ 3〜6 m になる．若枝や葉柄には褐色の長毛が密生する．葉は枝先に 3 枚輪生し，葉柄は長さ 3〜5 mm，葉身は菱形状円形で大きく，長さ 5〜9.5 cm，幅 4〜9 cm，先は鋭く尖り，基部は急に狭くなって鈍形または鋭形，両面全体に長毛を散生し，とくに下面主脈上に密生する．7 月，葉が伸びた後で枝先に 2〜3 個の花を開く．花芽は大きく，長さ 2〜2.2 cm，幅 8 mm，長毛が密生する．花柄は長さ 5〜7 mm，淡褐色の長毛が密生する．花冠は朱色，上部内面に濃色の斑点があり，漏斗形で径 4〜5 cm，5 中裂し，裂片は広楕円形．雄しべは 10 本，長短があり，花糸は無毛．子房には淡褐色の長毛が密生する．花柱は下半部に長毛がやや密生する．さく果はゆがんだ円柱形，長さ 18〜20 cm，褐色の長毛が密生する．〔日本名〕産地の伊豆天城山に基づく．

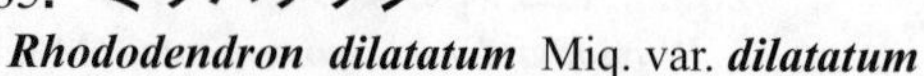

3265. ミツバツツジ

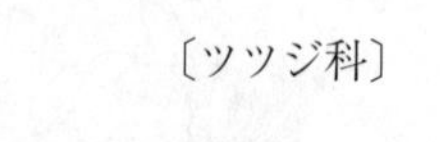

〔ツツジ科〕

Rhododendron dilatatum Miq. var. ***dilatatum***

関東および東海道地方の山地に生える落葉低木で，高さは 2 m に達し，枝は細く車輪状に出る．葉は枝の先に 3 枚輪生し，葉柄は細く初めから毛がなく，菱形状の広卵形で長さは 5～7 cm，先端は短く尖り，基部は鈍形，葉質は硬い革質で毛がなく平滑である．下面は緑白色で葉脈は明瞭，若葉の時は 3 個が並んで立ち，葉縁が外巻きになっていて，極めて粘着性があり無毛である．基部は早落性の覆瓦状に重なった鱗片におおわれている．4～5 月，葉の出る前に紫色の花を開き，花柄は短く基部に早落性の褐色の鱗片が数個重なり合ってついている．花は 2～3 個枝の先につき，径 3～4 cm で横向きに開く．がくは皿状で鈍歯がある．花冠の筒部は漏斗状で 5 裂し平らに開く．雄しべは 5 本，花糸は長短不同で，先端は上を向き，孔裂する葯をつける．子房は淡緑色で粘り気のある腺点があり，花柱は雄しべよりも長い．さく果はゆがんだ卵状楕円体で粗い粒状突起をもち，長さ 1 cm ばかりで秋に裂開する．〔日本名〕三葉ツツジはその葉が 3 個ずつ出るところから名付けたものである．

3266. トウゴクミツバツツジ

〔ツツジ科〕

Rhododendron wadanum Makino

本州（宮城県から近畿地方東部の太平洋側）の山地に普通に見られる落葉低木で，高さは 2～3 m，多く枝を分け，冬芽の鱗片は褐色の毛でおおわれる．葉は枝の先に 3 個輪生し，菱形状広卵形で，長さは 5～8 cm，先は短い鋭形，基部は幅広いくさび形で，全縁，新葉の時は黄褐色の長い毛が密に生えている．展開後もなお上面に多く褐色の毛を残し，葉柄および中央脈下面には白毛が密に生え，乾けば淡褐色に変わる．5 月，葉が開く前に多数の紫色の花を横向きに開く．がくは皿状で鈍きょ歯をもち，花柄とともに細毛がある．花冠は径 3～4 cm，深く 5 裂してほぼ平らに開き，裂片は広い楕円形で先は鈍円形，筒部は短く上面に濃紫色の斑点がある．雄しべは 10 本あり長さは不同で，外側のものは先端が上に曲がる．子房には白毛が密に生え，花柱は細長く下部に細かい腺毛がある．さく果は卵状長楕円体で，ふつう弓形に曲がり表面に細毛があり，5 裂して種子を出す．まれに白い花をつけるものもあり，シロバナトウゴクミツバツツジ f. *leucanthum* (Makino) H.Hara という．〔日本名〕東国三葉ツツジで主として関東の山地に多いので名付けられた．

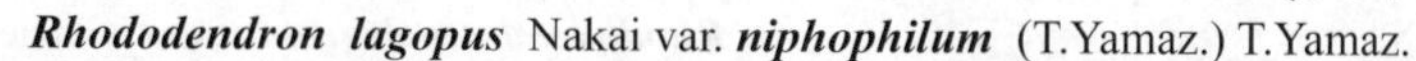

3267. ユキグニミツバツツジ

〔ツツジ科〕

Rhododendron lagopus Nakai var. ***niphophilum*** (T.Yamaz.) T.Yamaz.

山地の二次林や林縁に生え，高さ 1.5～3 m となる落葉低木．若枝や葉柄は無毛．葉は枝先に 3 枚輪生し，葉柄は長さ 3～6 mm，葉身は菱形状円形，長さ 4～7 cm，幅 3～5 cm，先は尖って，先端に腺状突起があり，基部は鋭形，上面は無毛，下面は短毛が散生し，主脈下部に軟毛が密生する．4～5 月，枝先に 1～2 個の花を開く．花柄は長さ 6～10 mm，軟毛が密生する．がくは小さく，皿形で先が浅く 5 裂する．花冠は紅紫色で，上部内面に濃色の斑点があり，漏斗形で径約 4 cm，5 中裂し，裂片は楕円形．雄しべは 10 本，長短があり，花糸は無毛．子房には淡褐色の軟毛が密生し，花柱は無毛．さく果はゆがんだ太い長卵形体で長さ 10～14 mm．秋田県南部から鳥取県・岡山県東部までの主に日本海側に分布するが，瀬戸内海沿岸の淡路島や小豆島にも見られる．名は主に日本海側の積雪の多い地域に分布するのでいう．基本変種ダイセンミツバツツジ var. *lagopus* は葉柄にも毛があり，鳥取県・岡山県中部以西から山口県に分布する．

3268. コバノミツバツツジ

〔ツツジ科〕

Rhododendron reticulatum D.Don ex G.Don

本州中部以西，四国，九州の山地に生える落葉低木で，幹からは多数の枝が車輪状に分枝する．葉は枝の先に 3 個ずつ輪生し，葉柄に粗い毛があり，菱形状卵形で先端は短く尖り，基部は広いくさび形で，長さ 3～5 cm，初めは金色を帯びた褐色毛が密生するが，後次第に粗い毛となる．葉質は硬い膜質，下面は白緑色で葉脈が網状にはっきり見える．早春，葉の開く前に枝先に 2～3 個の紫色の花を開く．花は径約 3 cm．がくは皿状で 5 つの鈍歯をもち，花冠は 5 裂し，筒部は漏斗形，裂片は平らに開き楕円形または卵状楕円形．雄しべは 10 本，長短不同で先端は上方に曲がり，葯は孔裂する．子房は長卵形体で，横に伏した黄褐色の粗い毛があり，花柱は長い．さく果は卵状長楕円体で毛があり，5 裂して種子を出す．まれに白色の花もあり，シロバナコバノミツバツツジ f. *albiflorum* (Makino) Makino という．〔日本名〕小葉の三葉ツツジの意味で，ミツバツツジより葉が小形なのでいう．

3269. キヨスミミツバツツジ 〔ツツジ科〕

Rhododendron kiyosumense (Makino) Makino

山地に生え，株立ちとなって広がり，高さ 1.5〜2 m になる落葉低木．千葉県，神奈川県（箱根），静岡県，三重県（大杉谷）に分布する．若枝は無毛．葉は 3 枚輪生し，葉柄は長さ 2〜5 mm，葉身は卵円形，長さ 2〜5 cm，幅 1.5〜3 cm，ふちに微小なきょ歯があり，先は鋭く尖り，基部は鋭形，上面は無毛，下面は主脈の下部両側に軟毛がやや密生する．4〜5 月，枝先の 1 個の花芽から 1 個の花を開く．花柄は長さ 7〜10 mm，下部に粗い毛が散生するほかは無毛．がくは小さな皿形でふちは浅く 5 裂する．花冠は紅紫色で上部内面に濃色の斑点があり，漏斗形で径約 3 cm，やや深く 5 裂し，裂片は狭楕円形．雄しべは 10 本，長短があり，花糸は無毛．子房は淡褐色の長毛と白色の軟毛が密生し，花柱は無毛．さく果はゆがんだ円柱形，長さ 8〜12 mm，褐色の長毛がやや密に生える．〔日本名〕千葉県の清澄山で最初に見つかったのでいう．

3270. レンゲツツジ 〔ツツジ科〕

Rhododendron molle (Blume) G.Don subsp. ***japonicum*** (A.Gray) K.Kron

〔*R. japonicum* (A.Gray) Suringer〕

北海道南部，本州，四国，九州に分布し，多くは高原に生えるが，平地にも産し，また広く観賞用として庭園に栽培される落葉低木である．高さは約 1〜2 m ばかりあってよく分枝する．葉は倒披針形で長さ 5〜10 cm，幅 1.5〜3 cm，先は鈍形または円形，ふちは全縁で毛があり，上面は光沢がなく，下面はときに白色を帯びる．春，新葉とともに開花し，花は数個散形状に頂生して横向きに開く．花冠は漏斗状鐘形で 5 裂し，径 5〜6 cm，普通朱紅色で上面に斑点がある．花が濃朱紅色のものをコウレンゲ，帯紅黄色のものをカバレンゲ，黄色のものをキレンゲという．雄しべは 5 本，雌しべ 1 本．さく果は大きい．〔漢名〕羊躑躅は中国産のレンゲツツジの母種 subsp. *molle* の名である．

3271. アズマシャクナゲ 〔ツツジ科〕

Rhododendron degronianum Carrière var. ***degronianum***

本州中部以東の深山に生える常緑の低木で，高さは約 2〜3 m に達する．枝は斜上しまたは曲がりくねっている．葉は大形で柄があり互生し，多くは枝の先に集まってつき，革質で倒披針状長楕円形をなし，全縁，上面は緑色無毛で光沢があり，下面は褐色の毛が密に生え，長さは 12〜18 cm．初夏，枝の先に淡紅色の美しい花を多数開く．花冠は漏斗状鐘形で 5 裂し，正面に紅色の斑点がある．雄しべは 10 本，雌しべは 1 本．シロバナアズマシャクナゲは白色の花をつける．フチベニアズマシャクナゲは淡紅色で，花弁のふちが深紅色のものをいう．葉を民間薬に用いる．〔日本名〕東国シャクナゲの意味で，中部地方以東，特に関東山地に多産するため名付けられた．シャクナゲは漢名の石南花を本種に誤ってつけた名である．真の石南花はバラ科のオオカナメモチである．

3272. アマギシャクナゲ 〔ツツジ科〕

Rhododendron degronianum Carrière var. ***amagianum*** (T.Yamaz.) T.Yamaz.

伊豆半島の山地の林内に生える．常緑小高木．高さ 4〜6 m になる．若枝や若葉には白色の綿毛様の短い枝状毛が密生する．葉は革質，葉柄は長さ 1〜2 cm，葉身は長楕円形で，長さ 5〜15 cm，幅 1.5〜4 cm，先は短く尖り，基部はくさび形で葉柄に流れ，上面は無毛，下面は淡灰褐色の伏した短い毛が密生する．5〜6 月，枝先に短い総状花序をつけ 10 個内外の花を開く．花柄は長さ 1.5〜3 cm．がくはごく小さく皿状で，ふちは波状になる．花冠は紅紫色で上部内面に濃色の斑点があり，漏斗状鐘形で径 4〜5 cm，筒部内面に短毛が散生し，1/3 ほどまで 5 裂し，裂片は広円形．雄しべは 10 本，花糸の下半部に短毛がやや密に生える．子房には長毛が密生し，花柱は無毛．さく果は円柱形で長さ 1.5〜2 cm，褐色の毛がやや密に生える．アズマシャクナゲよりは葉がやや薄く，下面の毛は短くて葉に圧着しているなどの点で異なる．しばしば 6〜7 弁の花が見られる．

3273. ツクシシャクナゲ（シャクナゲ）〔ツツジ科〕

Rhododendron japonoheptamerum Kitam. var. ***japonoheptamerum***

（*R. degronianum* Carrière subsp. *heptamerum* (Maxim.) H.Hara）

紀伊半島，四国南部，九州の深山の林中に生える常緑低木で，高さは 4 m に達する．幹は直立または下部が曲がり，多くの枝に分かれ褐色，大きいものは径約 12 cm ほどにもなる．葉質は革質で，太い葉柄をもち，やや輪生状に互生し，3～4 年間はそのまま枝に残って層を作る．葉身は長楕円形または倒披針形で全縁，長さは 15 cm 内外，上面は濃緑色で無毛であるが，下面には赤褐色のビロード状の毛が密に生えている．5～6 月頃，前年枝の先端に多数の花をつける．花は径約 5 cm，淡紅紫色で大変美しい．がくは短い皿形で鈍歯がある．花冠は広い漏斗状鐘形で 7 裂し，裂片は筒部よりも短くて平らに開き円形．雄しべは 14 本，花冠よりも短く，葯は孔裂して花粉を出す．子房は 7 室で短毛が生えている．変種のホンシャクナゲ var. *hondoense* (Nakai) Kitam. は葉の下面の毛が少ないもので本州の中部以西，四国北部に分布する．

3274. ヤクシマシャクナゲ〔ツツジ科〕

Rhododendron yakushimanum Nakai var. ***yakushimanum***

屋久島の山地上部の低木林やササ原などの風衝地に生え，高さ 0.5～1.5 m の常緑低木．葉は革質で厚く，葉柄は長さ 1～1.5 cm．葉身は長楕円形または楕円形，長さ 5～10 cm，幅 2～3 cm，先は短く尖って，先端に腺状突起があり，基部はくさび形で短く葉柄に流れ，上面は無毛，下面は淡褐色の綿毛様の軟らかい枝状毛が厚く密生する．5～6 月，枝先に短い総状花序をのばし 10 個内外の花をつける．花柄は長さ 2～4 cm．花冠はつぼみのときは白色で先が鮮やかな紅紫色であるが，開くとしだいに白色となり，下部がややふくらんだ鐘形で，径 4～5 cm，5 裂し，裂片は広円形．雄しべは 10 本，長短があり，花糸の下半部に短毛がやや密に生える．子房は長毛が密生し，花糸は無毛．さく果は円筒形で長さ 1.5～2.5 cm，褐色の毛が生える．屋久島では海抜 1,500 m 以上に生育する．島の 1,000～1,600 m には丈が高く，葉も大きいものがあり，変種オオヤクシマシャクナゲ var. *intermedium* (Sugim.) T.Yamaz. という．両者は中間型で連続するが，典型的なものは同一場所で栽培しても形は変わらない．

3275. エンシュウシャクナゲ（ホソバシャクナゲ）〔ツツジ科〕

Rhododendron makinoi Tagg ex Nakai

静岡県西部から愛知県東部の山地の日当たりのよい岩地に生える常緑低木．枝を横に広げ高さ 1～2 m になる．若枝や葉柄には褐色の綿毛様の枝状毛が密生する．葉は枝先に集まってつき，革質，葉柄は長さ 1～2 cm，葉身は狭長楕円形，長さ 7～18 cm，幅 1～2 cm，基部はくさび形で葉柄に流れ，上面は無毛，下面は綿毛様の長い枝状毛が密生する．5 月，枝先に短い総状花序をつけ，5～10 個の花を開く．花柄は長さ 1.5～3 cm，褐色の毛が密生する．がくはごく小さく，ふちは波状．花冠は紅紫色，上部内面に濃色の斑点があり，漏斗状で径 4～5 cm，筒部内面に短毛が散生，5 中裂し，裂片は広円形．雄しべは 10 本，花糸の下半部に短毛が散生する．子房には褐色の枝状毛が密生し，花柱は基部に毛が散生する．さく果は短い円柱形で，長さ 10～15 mm，褐色の枝状毛が密生する．しばしばツクシシャクナゲの変種として扱われることがあるが，葉が細いだけでなく，若枝や葉裏面の枝状毛は倍ほど長く，花芽の鱗片は開花時にも長く残っている．〔日本名〕遠州石南花は，遠州（静岡県西部）に産することによる．

3276. ハクサンシャクナゲ〔ツツジ科〕

Rhododendron brachycarpum D.Don ex G.Don var. ***brachycarpum*** f. ***brachycarpum***

北海道，本州中北部と四国に分布し，亜高山帯の林内に生え，高さ 1～2 m になる常緑低木．若枝にはごく短い露滴状の毛がある．葉は互生し革質．葉柄は長さ 0.5～2 cm，葉身は長楕円形で長さ 6～13 cm，幅 2.5～4.5 cm，先は鈍く，基部は円形または浅い心臓形で葉柄との境は明瞭，上面は無毛，下面は若葉では露滴状毛が密生するが，毛はじきに乾燥してふけ状になる．7～8 月，枝先に短い総状花序をのばし 10 個内外の花をつける．花柄は長さ 1.5～3 cm．花冠は淡紅紫色で上部内面に緑色または濃紫色の斑点が密生し，漏斗状鐘形で径 3～4 cm，5 中裂し，裂片は広円形．雄しべは 10 本，花糸の下半部に短毛が密生する．子房は軟毛が密生し，花柱は基部に軟毛があるか無毛．さく果は円柱形，長さ 1.5～2 cm，褐色の毛が散生する．八重咲きのものをネモトシャクナゲ f. *nemotoanum* (Makino) Murata，葉の下面の毛がほとんどないものをケナシハクサンシャクナゲ f. *fauriei* (Franch.) Murata という．朝鮮半島には葉の大きい変種 var. *tigerstedtii* (Nitz.) Davidian が分布する．〔日本名〕白山シャクナゲは，初め加賀の白山で採集されたことによる．

3277. キバナシャクナゲ 〔ツツジ科〕

Rhododendron aureum Georgi

シベリア，カムチャツカ，サハリンなどの寒帯に分布し，日本では北海道，本州中部以北の高山帯に生える小形の常緑低木である．茎はふつう横にはい，残存する鱗片におおわれ，枝は斜上して高さ 20〜50 cm となる．葉は有柄で互生し，ほぼ輪生状に枝の先に多数密生する．葉身は倒卵状長楕円形で長さ 3〜6 cm，幅 1.5〜2 cm，全縁，鈍頭，葉質は厚く無毛である．7 月，枝の先に柄のある黄色の花を数個横向きに開く．花柄は長さ 2.5〜5 cm で褐色の軟毛が生える．がくは著しく小さい．花冠は漏斗状鐘形で 5 裂し，径 2.5〜3.5 cm，上部の内面に斑点がある．雄しべは 10 本，雌しべは 1 本．子房は褐色の毛が生える．さく果は長楕円体で直立し，長さ 1〜1.5 cm．八重咲のものをヤエキバナシャクナゲ f. *senanense* (Y.Yabe) H.Hara という．

3278. セイシカ 〔ツツジ科〕

Rhododendron latoucheae Franch. var. ***latoucheae***

琉球，台湾，中国大陸南部に自生し，まれに栽培される常緑の小高木である．高さは 4 m 以上になり，枝は淡褐色で初めから毛がない．葉は互生し枝先に集まってつき，長楕円形で両端は細まり，長さ 5〜12 cm，幅 1.5〜4.5 cm，葉質は厚くなめらかで少し光沢があり，脈は上面で凹み，下面も緑色である．4〜5 月，枝の先に 1〜2 個の花をつける．花柄は約 2 cm，がくは盃形でごく浅く 5 裂する．花は大きく径 6 cm ばかり，淡紫色で上部の内面に紅紫色の斑点がある．雄しべは 10 本，雌しべは 1 本で子房には毛がない．さく果は細長く，長さは約 3 cm，無毛である．奄美大島には，葉が厚く，脈が不明瞭で，先端の尖るものがあり，アマミセイシカ var. *amamiense* (Ohwi) T.Yamaz. という．〔日本名〕聖紫花である．

3279. イソツツジ 〔ツツジ科〕

Rhododendron groenlandicum (Oeser) K.Kron et Judd subsp. ***diversipilosum*** (Nakai) Yonek.（*Ledum palustre* L. subsp. *diversipilosum* (Nakai) H.Hara）

北海道，本州北部の湿原または湿った傾斜地に生える常緑の小低木である．枝はよく分枝して繁り，あまり高くならない．葉は深緑色，革質で披針形，葉柄は短く，約 4 cm ぐらいで，枝の先に集まって互生し，全縁，ふちは下側に反り返り，下面に白毛が密に生え，時に赤褐色のものもある．夏，枝の先端に，基部に鱗片をもつ短い総状花序を出し，1〜3 cm の花柄をもつ多数の白色の花をつける．苞葉は卵形で先が尖り，早く落ちる．がくは短く小さい．花冠は径 8〜10 mm，深く 5 裂し，裂片は楕円形で無毛である．雄しべは 10 本，雌しべは 1 本．さく果は楕円体で花柄の上端が曲がるために下向きになり，花柱は残存する．〔日本名〕エゾツツジが誤って伝えられたという説と，石の多い所に生えることから石ツツジといったのがなまったとする説がある．〔追記〕本州に生える葉の下面に赤褐色の毛がほとんどないものが狭義のイソツツジで，北海道に主に生え，葉の下面に赤褐色の毛が多いものをカラフトイソツツジと呼ぶ．

3280. ヒメイソツツジ 〔ツツジ科〕

Rhododendron tomentosum (Stokes) Harmaja var. ***decumbens*** (Aiton) Elven et D.F.Murray（*Ledum palustre* L. subsp. *palustre* var. *decumbens* Aiton）

シベリア，カムチャツカなどアジア東北部と北アメリカ北部，グリーンランドなど周北極地方の寒冷地に広く分布する常緑の小低木．日本では北海道の高山帯に見られる．全体がイソツツジに比べて小さく，高さは 20〜40 cm．枝は円くて細く，褐色で皮ははげやすい．枝の先端付近に細い葉が輪生状に集まる．長さ 1〜2 mm の短い柄があり，葉身の長さは 1〜2 cm，幅 1〜2 mm の線形でイソツツジよりはるかに小さく，4 分の 1 程度．葉のふちは強く下側に反り返る．葉の上面はしわがあり濃緑色，下面は赤褐色の毛が密生するが，葉縁が巻きこむため下面はあまりめだたない．夏に枝の頂端に白色 5 弁の小花を多数，密に集めてつける．花の直径は 5〜7 mm，5 枚の花弁はほぼ星形に開く．花の柄は外側に向かって彎曲し，その程度はイソツツジよりもかなり強い．長い 10 本の雄しべがあって，花の上部に突出し，よくめだつ．果実は細長いさく果で褐色，下方から開裂して傘形となる．〔追記〕イソツツジ属は最近ではツツジ属に含める意見が有力である．

3281. **エゾムラサキツツジ** 〔ツツジ科〕

Rhododendron dauricum L.

北海道，朝鮮半島北部，中国東北，ウスリー，東シベリアの北地の岩場に生え，高さ 0.3～1 m になる常緑低木．若枝には赤褐色の鱗状毛と短毛が密生する．葉は互生し革質で，鱗状毛が密生し，葉柄は長さ 2～5 mm，葉身は楕円形，長さ 1.5～5 cm，幅 1～2.5 cm，先は鈍く，先端に腺状突起があり，基部は鋭形または鈍形．5 月，枝先につく数個の花芽からそれぞれ 1 個の花が開く．花柄は長さ 4～6 mm．がくは皿状で小さく，先は浅く 5 裂する．花冠は紅紫色，広漏斗形で皿状に開き，径 2.5～3 cm，深く 5 裂し，裂片は卵円形，筒部外面に白色の軟毛がある．雄しべは 10 本，花糸の下部には白色の軟毛がやや密生する．子房は卵状楕円体で鱗状毛が密生し，花柱は無毛．さく果は長楕円体，長さ 7～13 mm，鱗状毛が密生する．ゲンカイツツジからは，若枝に短毛が密生し，葉は常緑なので区別できる．まれに白花のものがあり，シロバナエゾムラサキツツジという．

3282. **ゲンカイツツジ** 〔ツツジ科〕

Rhododendron mucronulatum Turcz. var. ***ciliatum*** Nakai

中国地方，四国北部，九州北部，朝鮮半島の主に南部東部に分布し，岩地に生える高さ 1～1.5 m の落葉低木．若枝には赤褐色の鱗状毛が密生し，ふつうは長毛が散生するが短毛はない．葉は互生，革質で鱗状毛が密生し，葉柄は長さ 2～4 mm，葉身は楕円形，長さ 2.5～6.6 cm，幅 1.5～3 cm，先は尖り，先端に腺状突起があり，基部は鋭形，多くはふちに長毛が散生する．3～4 月，枝先にある数個の花芽からそれぞれ 1 個の花が開く．花柄は長さ 4～6 mm．がくは皿形で小さく，先は浅く 5 裂する．花冠は紅紫色，広漏斗形で皿状に開き，径 3～4 cm，深く 5 裂し，裂片は卵円形，筒部外面に白色の軟毛がある．雄しべは 10 本，花糸の下部に白色の軟毛がやや密に生える．子房は卵状楕円体で鱗状毛が密生する．さく果は円柱形で長さ 13～16 mm．〔日本名〕主な生育地が玄海灘に近いことによる．まれに白花のものがあり，シロバナゲンカイツツジ f. *leucanthum* T.Yamaz. という．基本変種カラムラサキツツジ var. *mucronulatum* は若枝や葉のふちに長毛がなく，朝鮮半島西部から中国大陸北部，ロシア沿海州に分布する．

3283. **ヒカゲツツジ**（サワテラシ） 〔ツツジ科〕

Rhododendron keiskei Miq.

本州（関東以西），四国，九州に分布する常緑の小低木で，山地に生え，高さは約 1 m ばかり．幹は分枝し，直立あるいは横に伏せる．葉は互生し，枝の先に輪生状につき，披針形で先端は尖り，長さ 4～8 cm，幅 1.2～2 cm，短い葉柄をもち，葉質はうすい革質で，全縁，下面に円形の鱗状毛をもつ特徴がある．夏，枝の先に 1～4 個の淡黄色で柄のある花を横向きに開く．がくは小形で先に 5 つの波状をした小さな裂片をもつ．花冠は漏斗状鐘形で径 2.5～3 cm，先は 5 裂し，外面にまばらに腺状の鱗片がある．雄しべは 10 本．花糸の基部に少し毛が生える．雌しべは 1 本．さく果は円柱形で長さ 1～1.2 cm，腺状の鱗片が生える．

3284. **ジムカデ** 〔ツツジ科〕

Harrimanella stelleriana (Pall.) Coville

日本では北海道，本州中部の高山帯に生え，千島，カムチャツカ，北アメリカに分布する，草本状の常緑小低木である．茎は細い針金状で分枝して長く地をはい，先端は上を向き，小さい鱗片状の葉を密生する．葉は広披針形で厚く，長さ 2～3 mm，幅 1 mm，先は鈍く，全縁である．7 月，枝の先に短い花柄を出して，白色の花を 1 個開く．がくは紅紫色で 5 裂し，裂片は長楕円形で先は円い．花冠は鐘形で深く 5 裂し，長さ 4～5 mm である．雄しべは 10 本，葯には角状の突起がある．雌しべは 1 本．果実は球形のさく果で径約 3.5 mm．〔日本名〕地ムカデの意味で多数の葉をつけた地をはう茎をムカデにたとえたものである．

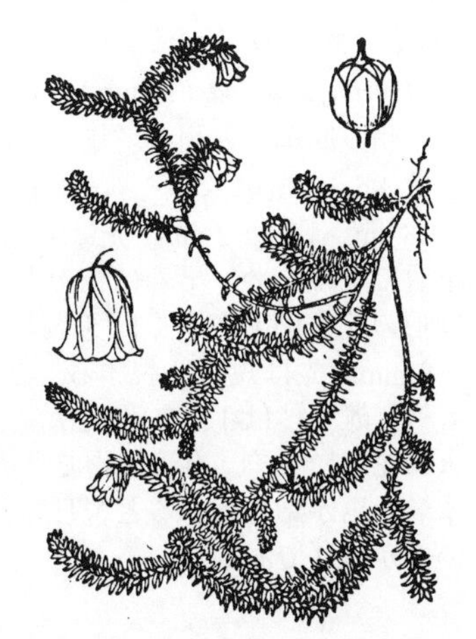

3285. イワナンテン（イワツバキ）　〔ツツジ科〕

Leucothoe keiskei Miq.

関東，東海，近畿の山地に生える常緑低木で，長さは 30〜150 cm ばかり．普通岩につき枝はしだれる．葉は柄があって互生し，長卵形で先は鋭く尖り，長さ 5〜8 cm，幅 1.5〜3 cm，ふちにはきょ歯があり，葉質はやや厚くて毛がなく，上面に光沢がある．夏，枝の先端または上部の葉腋に，長さ 3〜5 cm の総状花序を出し，白色で柄のある花を数個下垂する．がくは 5 裂し，裂片は広卵形で尖り，ふちに毛がある．花冠は筒状で長さ 1.5〜2 cm，ふちは浅く 5 裂する．雄しべは 10 本，雌しべは 1 本．果実は扁球形のさく果で径 7〜8 mm, 果柄の先に上向きにつく．〔日本名〕岩南天で岩上に生え，葉がナンテンの葉に似るのでいう．

3286. ハナヒリノキ　〔ツツジ科〕

Eubotryoides grayana (Maxim.) H.Hara（*Leucothoe grayana* Maxim.）

中部地方以北，北海道の山地に生える落葉低木．茎は多くの枝に分かれ，高さ 30〜100 cm となる．葉は互生し，ほとんど柄がなく，倒卵形または長楕円形で先は尖り，長さ 2〜8 cm, 幅 1〜5 cm, ふちには毛状のきょ歯がある．夏，枝の先に苞葉をもつ総状花序を出し，短い柄のある花を多数下向きにつけ，下から順次に開く．花冠はつぼ形でふちは 5 裂し，淡緑色．雄しべは 10 本，雌しべは 1 本．果実は扁球形のさく果で上向きにつく（図で下向きに描かれているのは誤り）．〔日本名〕葉を粉末にして鼻にいれると，くしゃみが出るのでこの名が付けられた．ハナヒリはくしゃみのことで，クシャミノキともいう．有毒植物であり，便所のうじを殺すのに枝葉を使用することもあり，ウジコロシともいう．〔漢名〕木藜蘆を使うことがあるが誤りである．〔追記〕本種は多数の変種に分けられている．ここに図示したものは最もふつうに見られる型である．

3287. コメバツガザクラ（ハマザクラ）　〔ツツジ科〕

Arcterica nana (Maxim.) Makino（*Pieris nana* (Maxim.) Makino）

本州中部以北の高山帯に生える常緑の極めて小形の低木である．茎は地下を横に走り，枝は細く直立し高さ 5〜15 cm．葉は小形でやや密につき，多くは 3 個ずつ輪生し，極めて短い柄をもち，楕円形で長さは 5〜8 mm．コケモモの葉に似ていて小さいが，はるかに厚い革質で，先端は鈍円形で 1 個の腺点がある．ふちは全縁で多少下側に巻き，上面は滑らかで中央脈だけが凹む．7 月，枝の先に 3 花または 3 本の総状花序を散形に出し，白色でつぼ形の小さい花が下垂し，花柄には小苞葉がある．がく片は 5 個で淡緑色，卵状楕円形．花冠はつぼ形で長さ約 5 mm，ふちは浅く 5 裂する．雄しべは 10 本，花冠の内部にある．花糸は葯よりも長く，葯は背面の下部に 2 個の角状突起がある．子房は小形，花柱は 1 本．さく果は球形で直立し，宿存するがくに包まれ，熟して 5 裂する．〔日本名〕米葉栂桜の意味で，全体ツガザクラに似て葉が米粒大であることによる．浜桜は高山の砂礫地，いわゆる御浜に生えるという意味である．

3288. ア セ ビ（アセボ）　〔ツツジ科〕

Pieris japonica (Thunb.) D.Don ex G.Don subsp. ***japonica***

本州，四国，九州の乾燥した山地に生える常緑低木で，分枝多く，高さは 1.5〜3 m になる．新枝は緑色．葉は密に互生し，広倒披針形で長さ 3〜8 cm，幅 1〜2 cm，先は尖り，ふちには鈍頭の細かいきょ歯があり，革質で毛はない．早春に枝の先に複総状花序を下垂し，多数の白色でつぼ形の花を開く．がくは 5 裂し，裂片は広披針形である．花冠は長さ 6〜8 mm，先は短く 5 裂する．雄しべは 10 本，葯は 2 本の刺状の突起をもつ．雌しべは 1 本．果実は扁球形のさく果となり，径 5〜6 mm，上向きに花柄につく．有毒植物で，その葉を煎じ菜園の殺虫剤に用いる．〔日本名〕馬が葉を食べると苦しむといい，馬酔木という．〔漢名〕梫木を用いるが誤りである．

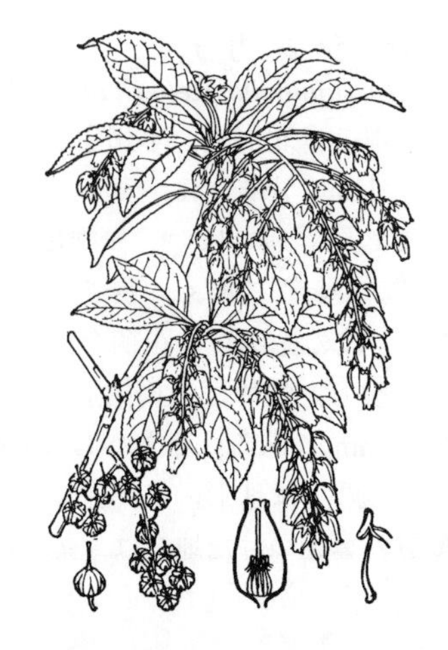

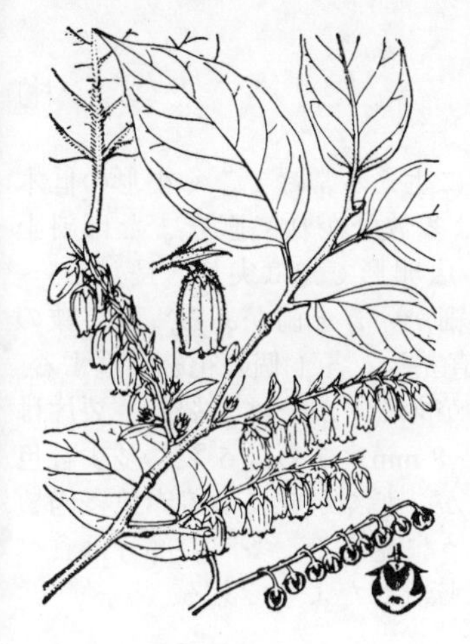

3289. ネ　ジ　キ（カシオシミ）　〔ツツジ科〕

Lyonia ovalifolia (Wall.) Drude var. ***ellipticus*** (Siebold et Zucc.) Hand.-Mazz.

本州，四国，九州の山地に生える落葉低木または小高木で，高さは約5 m になる．新枝は若葉とともに赤いので，塗り箸の別名もある．葉は互生し，卵状楕円形で先は尖り，長さ 6〜10 cm，幅 2〜6 cm，基部円く，上面は毛がなく，下面の特に基部近くの脈上に白毛が密生する．6 月，前年枝の腋芽から総状花序を出し，白色の花を下垂して開く．花軸には小形の苞葉がある．がくは 5 裂し，裂片は卵形で尖る．花冠は白色，筒状つぼ形で短い柄をもち，長さ 8〜10 mm，細かな毛が生える．雄しべは10 本，雌しべは 1 本で子房には毛が生える．果実は扁平な球形のさく果で径 3〜4 mm, 上向きにつく（図で下向きに描かれているのは誤り）．〔日本名〕幹は普通ねじれているので，ねじ木という．

3290. ヤチツツジ（ホロムイツツジ）　〔ツツジ科〕

Chamaedaphne calyculata (L.) Moench

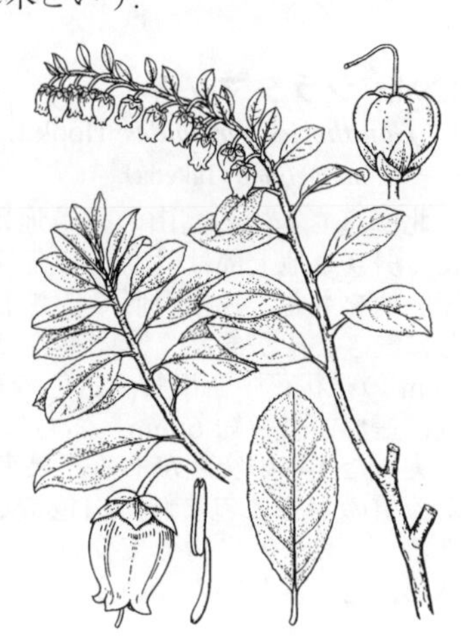

北海道，樺太から極地周辺の寒地の湿原に生える常緑の小低木．まばらに分枝して斜上し，高さ 20〜40 cm，若枝や葉に鱗状毛が密生する．葉は互生し，葉柄は長さ 1〜2 mm，葉身は革質，長楕円形で長さ 1〜4 cm，幅 0.4〜1.5 cm，先は丸く，先端に腺状突起があり，ふちに細かなきょ歯がある．6 月，枝の上部の小形の葉腋ごとに 1 花をつける．花柄は長さ 1〜3 mm，鱗状毛が密生する．がくは鐘形で深く 5 裂し，裂片は狭卵形，背面に鱗状毛があり，基部に卵円形の小苞葉がある．花冠は白色，つぼ状筒形で長さ約 5 mm，先は 5 裂して反曲する. 雄しべは 5 本, 花筒内にあり, 葯は広線形で先は 2 裂し，先端が開孔して花粉を散らす．さく果は球形で径約 3 mm，5 室で各室の背面に縦の溝があり，そこから裂開する.〔日本名〕谷地ツツジで，湿地に生えるのでいう.〔追記〕本種は最近，秋田県でも発見された.

3291. ヒメシャクナゲ（ニッコウシャクナゲ）　〔ツツジ科〕

Andromeda polifolia L.

北海道，本州中北部の高山の湿地に生える常緑の小低木で，北半球の寒帯，亜寒帯に広く分布する．地下茎は地中に横たわり，地上茎は直立し，高さ 10〜20 cm ぐらいである．葉は革質で互生し，広線形で先は尖り，長さ 1.5〜3.5 cm，幅 3〜7 mm，全縁でふちは下側に巻き，下面は白色である．夏，茎頂にある数個の鱗片状の苞葉の腋に，長さ 1〜2 cm の花柄をのばし，その先に紅色を帯びた白色の花を下垂する．がくは深く 5 裂し，裂片は卵形で尖る．花冠はつぼ形で長さ 5〜6 mm，ふちは小さく 5 裂する．雄しべは 10 本，雌しべは 1 本．果実は倒卵球形のさく果で径 3〜4 mm，果柄の先に上向きにつく．〔日本名〕姫シャクナゲで，シャクナゲのような細長い常緑の葉をつけ，全体小形であることによる．

3292. ハリガネカズラ　〔ツツジ科〕

Gaultheria japonica (A.Gray) Sleumer（*Chiogenes japonica* A.Gray）

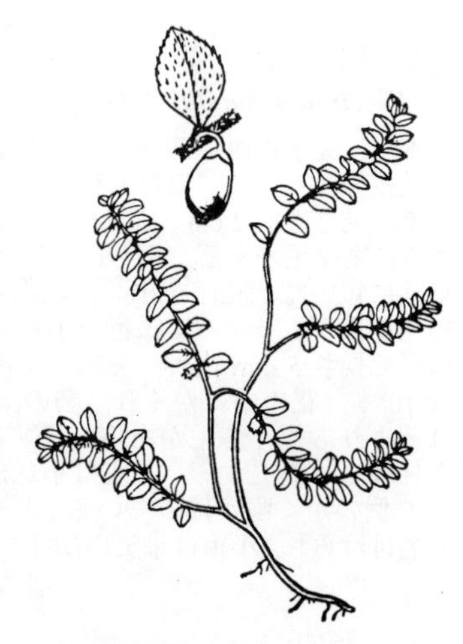

本州中部以北の針葉樹林の下に生える常緑の小低木である．茎は地上をはって枝分かれし，細長くて堅く，針金状で長さは 20〜30 cm ばかりである．葉は小形で，ごく短い柄をもち，ほぼ 2 列に互生し，毛があり，倒卵形または卵形，長さ 5〜10 mm，幅 3〜6 mm，先は鈍く，質は硬く，わずかにきょ歯がある．7〜8 月，葉腋に短い柄をもった白色の小さい花を開く．花柄の先端に 2 枚の小さな卵形の小苞葉があり，がくは 4 裂する．花冠は鐘形でふちは 4 裂する．雄しべは 8 本，葯の先端は二叉に分かれ，雌しべは 1 本．果実は楕円体で花の終わった後，成長した厚い残存がくに包まれ，子房下位のように見える．熟すと白色となる．

3293. アカモノ（イワハゼ）　〔ツツジ科〕

Gaultheria adenothrix (Miq.) Maxim.

北海道，本州，四国の山地または高山に生える常緑でごく小形の低木である．高さは 15〜30 cm ばかり，枝は多数分かれて直立または斜上する．葉は互生し，革質でつやがあり，広卵形で先は尖り，長さ 1.5〜3 cm，幅 1〜2 cm，基部円く，ふちには細かいきょ歯がある．夏，枝の先端または上部の葉腋に，数本の花茎を直立し，各 1 個の花を下垂する．花茎および鱗片状の苞葉には赤褐色の毛がある．がくは 5 裂し，裂片は卵形である．花冠は鐘形で白色，長さ 7〜8 mm，ふちは 5 裂し多少紅色を帯び，反り返る．果実はさく果であるが，がくが成長して赤色多肉質となり，果実を包んでいるので液果のように見える．多肉の部分は食べられ美味である．〔日本名〕アカモモから転訛したようである．

3294. シラタマノキ　〔ツツジ科〕

Gaultheria pyroloides Hook.f. et Thomson ex Miq.

（*G. miqueliana* Takeda）

北海道，本州の高山の乾燥地に生える常緑の小低木である．地下茎を長く引き，地上部は斜上して高さ 10〜30 cm ばかりである．葉は互生し，短い柄をもち，長楕円形で長さ 10〜35 mm，幅 6〜18 mm，先は鈍形でふちに鈍きょ歯があり，厚い革質でつやがある．7 月頃．枝の先に長さ 2〜6 cm の総状花序を出し，白色の花を下垂する．がくは 5 裂して緑色．花冠は壷形で長さ約 6 mm，ふちは 5 裂する．雄しべは 10 本，葯の先に細く尖った 4 本の突起がある．果実はさく果で，大きく成長して球形となった液質のがくに包まれ，白色でこれをつぶすとサロメチールに似た臭がある．アカモノに対してシロモノともいう．〔日本名〕白玉の木で果実が球形白色で美しいのでいう．

3295. ヤドリコケモモ　〔ツツジ科〕

Vaccinium amamianum Hatus.

奄美大島の固有種で，常緑樹林内の高木の枝に着生する常緑低木．着生部に球状の塊根ができる．茎は高さ約 20〜60 cm，盛んに分枝し，垂れ下がることもある．枝は灰白色，不明の稜がある．葉は狭倒卵形〜楕円形で円頭，基部は次第に狭まって短い葉柄となり，長さ 3 cm ほど，光沢があり無毛，主脈はやや明らか，葉身の基部裏側に 1 対の腺がある．花は 5 月頃，枝先付近の葉に 1〜数花からなる小花序を腋生し，花序軸は不明，苞は小さい．花柄は 5〜10 mm，無毛．萼裂片は三角状で花時には小さい．花冠は白く，つぼ状で，5 本の淡紅色のすじがあり，裂片は反り返る．果実は球形で鈍い紫色に熟し，先端は 5 個の萼裂片に囲まれた花盤が目立ち，中央に花柱の下部が残る．台湾産のオオバコケモモ *Vaccinium emarginatum* Hayata と同種とされることもある．

3296. スノキ（コウメ）　〔ツツジ科〕

Vaccinium smallii A.Gray var. ***glabrum*** Koidz.

本州（関東以西），四国の山林の中に生える落葉低木で，高さ 2 m 内外あり，多数枝分かれする．葉は互生し，ごく短い柄をもち，楕円状卵形または長卵形で，長さは約 2 cm．両端は鋭形または鈍形で，細毛があり，中央脈上にはさらに密に毛がある．ふちには細かい鈍きょ歯がある．5〜6 月頃，前年枝の葉腋に短い総状花序を出し，緑白色の花を 2〜3 個下垂し，花は時に多少赤褐色を帯びる．がくは緑色で小形，深く 5 裂し，裂片は短い広卵形．花冠は鐘形で長さ 5 mm 内外，先はごく浅く 5 裂し，裂片は多少反り返る．雄しべは 10 本，花の中にかくれ，葯の上部は管状にのび，末端は 2 分する．花糸は葯よりも短くて毛がある．子房は下位で短い倒卵形体，緑色で稜はない．花柱は 1 本直立する．果実は小球形で黒色に熟し，滑らかで稜がなく，頂端は 5 個のがく歯が残っている．〔日本名〕酢の木は葉に酸味があることにより名付けられ，小梅は果実の酸味を梅の実になぞらえて名付けたものである．

3297. **ウスノキ**（アカモジ，カクミノスノキ）　〔ツツジ科〕

Vaccinium hirtum Thunb.（*V. buergeri* Miq.）

各地の山林の中に生える落葉低木で，高さ 1 m 内外．多数枝分かれして細毛があり，新枝は緑色．葉はごく短い柄をもち互生し，卵形または卵状楕円形，先は尖り，基部は鈍形で細毛があり，葉を噛むと酸味は少なく，いくらか苦味がある．5～6 月頃，短い総状花序を出し，2～3 個の花を下垂する．がくは緑色で小さく，がく裂片は 5 個，短い卵状三角形で尖る．花冠は淡褐紅色で鐘形，先端はごく浅く 5 裂して反り返る．雄しべは 10 本，葯の先端は細い管状で，その先の孔から花粉を出す．子房は下位，短い倒円錐形で 5 稜がある．花柱は 1 本直立する．果実は未熟のうちは 5 つの稜をもつ短い倒卵形体であるが，成熟すると楕円体になり，赤色となって液汁を多く含む．先端は凹み，5 個の残存するがく片がとりまいている．〔日本名〕臼の木は，果実の先端が凹んで臼のような形であるために名付けられ，赤もぢの意味は不明，角実の酢の木は角ばった果実の形に基づく名である．〔追記〕本州と四国の太平洋側に生える葉の小さいものをコウスノキ（カクミノスノキ）var. *hirtum*，日本海側の葉の大きいものをウスノキ var. *pubesans* (Koidz.) T.Yamaz. として分けることもあるが，その区別ははっきりしたものではない．

3298. **ナツハゼ**　〔ツツジ科〕

Vaccinium oldhamii Miq.

北海道から九州および朝鮮半島，中国に分布，山地および丘陵地に多い落葉低木で，高さは 1～2 m，多数分枝する．葉は互生し，楕円形，長楕円形または広卵形で先は尖り，長さ 3～5 cm，幅 2～3 cm，葉のふちおよび下面に粗い毛があり，全縁である．初夏，枝の先に長さ約 6 cm の総状花序を出し，やや水平にのびて，淡黄赤褐色の小さい鐘状の花を多数つける．長さ 1～3 mm の短い花柄の基部に披針形の苞葉がある．がくは浅く 5 裂し，裂片は三角形である．花冠は長さ約 4～5 mm，先は浅く 5 裂し無毛である．雄しべは 10 本，雌しべは 1 本で子房は下位．液果は球形で径 6～7 mm，頂部に環状の線が見られ，熟すと黒褐色となり，果実の表面には白い粉がある．

3299. **クロウスゴ**　〔ツツジ科〕

Vaccinium ovalifolium Sm.

北海道，本州中部以北の高山帯に生える落葉小低木で，高さ約 30～100 cm．多くの小枝を分け，小枝には稜がある．葉はほとんど無柄で互生し，楕円形または倒卵状楕円形，先は円く，長さは 2～3 cm ばかり，全縁で下面は少し淡白色である．6～7 月頃，枝の先に短い柄をもつ白色の壺形の花を下垂し，花柄は長さ 7～12 mm で苞葉を欠く．がくは小さく先はごく浅く 5 裂する．花冠は長さ約 5 mm，先は浅く 5 裂する．雄しべは 10 本，雌しべは 1 本．子房は下位である．液果は球形で径 8～10 mm，熟すと紫黒色になり表面に白い粉があり食べられる．〔日本名〕黒臼子の意味で，臼は果実の頂部の凹んだ部分を指す．

3300. **シャシャンボ**（ワクラハ，サシブノキ）　〔ツツジ科〕

Vaccinium bracteatum Thunb.

中部以西の低地の林に多い常緑低木あるいは小高木である．高さは 2～3 m あり，多く分枝し，密に葉をつける．葉は短い柄をもち，卵形または楕円状卵形で両端は尖り，長さ 2.5～6 cm，幅 1～2.5 cm，ふちの上部には低いきょ歯がある．葉質は厚い革質でなめらかである．初夏，総状花序を葉腋に出し，壺状長鐘形の白色の花を下垂する．花柄は短く，苞葉は革質で大きく花後も残存する．がくは 5 裂し，裂片は三角形で小さく緑色．花冠の長さは約 7 mm，先は浅く 5 裂して反り返る．雄しべは 10 本，花筒の中にあり，花糸はやや長く，細かい毛がある．葯は上部にのび細い管状となり，先端の孔から花粉を出す．子房は下位で短く，細かい毛がある．花柱は 1 本で直立する．果実は液果となり小球形，冬，紫黒色に熟し多少白色を帯びる．味は甘酸っぱく食べられる．〔日本名〕シャシャンボはササンボすなわち小小ん坊の意味で，実が丸く小さいことによる．ワクラハは病葉の意味で，幼芽が紅色であるところから，これを病葉にたとえたものである．古名サシブノキはシャシャンボと同じ意味である．〔漢名〕南燭．

3301. ギーマ 〔ツツジ科〕

Vaccinium wrightii A.Gray

琉球列島の各島と台湾に分布する常緑の低木．ふつう高さ 2 m ほどで根もとからよく分枝するが，ときに主幹が 4 m にも達する小高木となる．枝は平滑で丸く，若枝は赤色を帯びる．葉は小形で，短い柄があって互生し，長さ 2～5 cm，幅 1～2 cm の楕円形，両端は尖り，ふちには細かく鋭いきょ歯がある．葉の質は薄いが硬い．枝端に長い総状花序を出し，多数の白花を下向きに咲かせる．花序軸は分枝せず花柄は長さ 1 cm 余，基部に先の尖った葉状の苞がある．花冠は壷状で，彎曲した花柄の先に下垂する．花冠の長さは約 5 mm，直径はそれよりやや小さく，ときに淡紅色を帯びる．雄しべは 10 本あり，ごく短い花糸には長い白毛が密に生える．葯の背側に 2 本の糸状の突起が出る特徴がある．果実は球形の液果で径 5～6 mm，紫褐色に熟し甘酸っぱい．小笠原諸島に生えるムニンシャシャンボ *V. boninense* Nakai は本種にごく近縁で，雄しべの葯に距が出る特徴も同じであり本種の変種とされることもある．ギーマの名は沖縄での呼び名である．

3302. イワツツジ 〔ツツジ科〕

Vaccinium praestans Lamb.

千島，樺太，カムチャツカ，アムール，ウスリーなどに分布し，日本では北海道，本州中北部の高山に生える草本状の落葉小低木である．長い地下茎をのばして繁殖し，ほとんど分枝しない茎を直立し，高さ 5～15 cm ばかりである．葉は有柄で茎頂に集まってつき，広卵形または楕円形で先は短く尖り，長さ 3～6 cm，幅 3～5 cm，ふちにはかすかに細かいきょ歯がある．7 月頃，新枝の腋の前年の枝先に短い総状花序をつくり，鱗片葉の間から出た花柄の先に紅色を帯びた白色の小さい花を 2～3 個開く．花冠は鐘形で長さ 5～6 mm，先は浅く 5 裂する．雄しべは 10 本，雌しべは 1 本．子房は下位である．液果は紅色に熟し球形で，径 1 cm ほどあり，食べられる．

3303. クロマメノキ 〔ツツジ科〕

Vaccinium uliginosum L. var. ***japonicum*** T.Yamaz.

種としては北半球の寒帯に広く分布し，北海道，本州中部以北の高山に生える落葉小低木である．高さは大きいものでは 1～1.5 m になり，多くの小枝を分け，小枝は褐色で断面円く葉を密につける．葉は小さく互生し，倒卵形で長さ 15～25 mm，幅 10～20 mm，全縁で毛がなく，葉先に小突起があり，下面緑白色で小脈が隆起してやや網目状となる．7 月，前年の枝先に短い枝を出し，小さな葉状の苞の間から 2～3 個の柄のある花を開く．がくは浅く 5 裂し，裂片は三角状である．花冠は紅色を帯びた白色の壷形で長さ 5～7 mm，先は浅く 5 裂する．雄しべは 10 本，雌しべは 1 本，ともに花の中にある．子房は下位である．液果は球形で紫黒色に熟し，径 6～7 mm，軽井沢ではアサマブドウとよび食用とし，またジャムを造る．

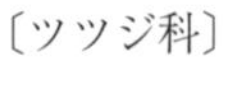

3304. コケモモ 〔ツツジ科〕

Vaccinium vitis-idaea L.

北半球の寒帯に広く分布し，日本では北海道から九州にわたる高山帯に生える常緑の小低木で，高さ 5～15 cm ばかり，地下茎を引き，茎は細く直立する．葉は互生して密につき，ツゲの葉に似ていて，長楕円形または倒卵形，長さ 1～2.5 cm，幅 5～13 mm，先は円く，ほぼ全縁で葉質は厚い．初夏，枝の先に短い総状花序を出し，紅色を帯びた白色の鐘状花を開く．短い花柄の先に 2 枚の小苞葉をもつ．花冠は長さ 6～7 mm，ふつう 4 裂する．雄しべは 8 本，雌しべは 1 本．子房は下位．液果は球形で紅色に熟し，径 7～10 mm．味は甘酸っぱく，よく塩漬などにして食べる．樺太でフレップといい，酒を造る．〔漢名〕越橘を使うが恐らく誤りであろう．

3305. ツルコケモモ 〔ツツジ科〕

Vaccinium oxycoccos L.（*Oxycoccus oxycoccos* (L.) MacMill.）

北半球の寒帯，亜寒帯に広く分布し，日本では北海道，本州中部以北の高山の湿原にミズゴケなどと一緒に生える，常緑の草本状小低木である．茎は横にはい，細い針金状で長さ 20 cm 内外．若い時短い軟毛があり，後に表皮が縦に裂けて脱落し，赤褐色となる．葉は小形で互生し，卵形または長楕円形で先は鈍く，ふちは全縁で下側に巻き，葉質は硬くて厚くつやがある．7 月頃，茎頂に小さな 2 枚の小苞葉のある細長い花柄を直立し，淡紅色の花を開く．がくは小さく浅く 4 裂し，裂片は円い．花冠は長さ 7〜10 mm，深く 4 裂し，裂片は著しく外側にそり返る．液果は球形で径約 1 cm，表面に光沢があり，熟して紅色となり，ジャムをつくり食用とする．

3306. ヒメツルコケモモ 〔ツツジ科〕

Vaccinium microcarpum (Turcz. ex Rupr.) Schmalh.

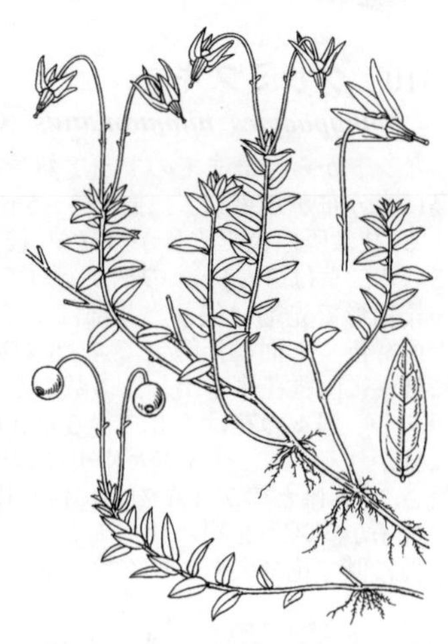

北半球の寒冷地に広く分布する，いわゆる周北極要素の植物であるが，日本では北海道と東北，信州（霧ヶ峰）などの高層湿原にまれに産する．ツルコケモモによく似るが，全体が小形で繊細，茎は褐色で針金のように細い．互生する葉に柄はなく，葉身の長さ 3〜6 mm，幅 2 mm ほどの長楕円形でツルコケモモの半分くらいである．葉の質は厚く，全縁でへりはやや下側に曲がり，上面は濃緑色，下面は白粉を帯びている．夏に枝の先端部の鱗片状の苞のつけ根から長い花柄を直立させ，その頂端に淡紅色を帯びた花を斜め下向きに開く．花柄は赤色を帯び無毛で，ツルコケモモのような縮れた毛をもたない．花冠は基部まで深く 4 片に割れて反転し，各裂片（花弁）は細長い三角形で長さ 4〜5 mm，雄しべは 8 本あって，黄色の葯がある．果実は球形の液果で直径 6〜7 mm，赤く熟して下垂する．ツルコケモモ同様ジャムや肉料理のソースに使い，特に北欧ではよく利用されている．〔日本名〕姫蔓苔桃．ツルコケモモによく似て，小形で繊細なため．

3307. オオミツルコケモモ（クランベリー） 〔ツツジ科〕

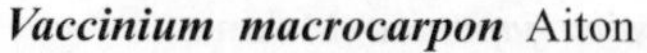

Vaccinium macrocarpon Aiton

合衆国東岸の湿地に生える小型の常緑半つる性木本．果実とともにクランベリーと呼ばれ，農業的に栽培され，また園芸植物としても利用される．茎は細く針金状で高さ 15 cm ぐらいまで斜上し，長くなると倒れ，這って広がる．葉は無柄，茎に密に互生し，狭楕円形〜楕円形で先は丸く，長さ 10〜15 mm，全縁，厚みがあり，光沢がある．花は初夏に咲き，新枝の先にならぶ苞葉に腋生するが，枝先は再び普通葉をつけて成長を続ける点で，枝先が花序で終わるツルコケモモと異なる．花柄は長さ 2〜3 cm，白色の微毛におおわれ，2 個の小苞があり，斜上し，先は下向きに曲がる．花はツルコケモモと同様で，花冠裂片は 4 個で強く反り返り，淡紅色から白色，雌蕊を囲んで長く突き出す雄蕊群が目立つ．果実は球形から洋梨形，赤色から濃紅紫色で長さ 10 mm ほど，甘酸っぱく，ジャムなどに加工される．日本でも園芸植物として流通しており，逸出すると野生のツルコケモモとまぎらわしいので注意が必要である．英名クランベリー（craneberry）は花形が鶴（crane）の頭に似ていることによる．

3308. アクシバ 〔ツツジ科〕

Vaccinium japonicum Miq. var. ***japonicum***

（*Hugeria japonica* (Miq.) Nakai）

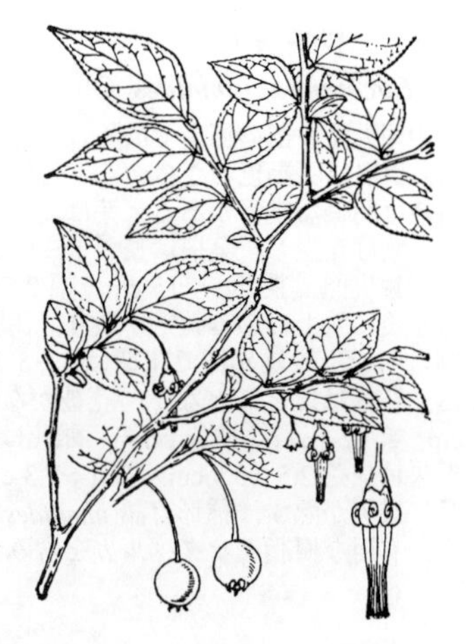

北海道，本州に分布し，山地に生える落葉低木で，茎は緑色で多くの小枝に分かれ，高さ 30〜90 cm になり，小枝は無毛．葉は濃緑色で柄がなくて互生し，卵形で長さ 2〜6 cm，幅 1〜3 cm，先は鋭く尖り，基部は円形，ふちに細かいきょ歯があり，下面は白色を帯びる．初夏，葉腋に長さ 1〜2 cm の花柄を下垂し，淡紅白色の花を下向きに開く．がくは 4 裂し，裂片は短い三角形．花冠は長さ 7〜10 mm，深く 4 裂し，裂片は外側に巻く．雄しべは 4 本，葯は赤褐色で上部黄色く，長く花冠の外につき出してくちばしのようである．果実は球形の液果で径約 7 mm，熟すと赤色となり下垂する．〔追記〕本州西部，四国，九州には，若い枝に毛があるケアクシバ var. *ciliare* Matsum. ex Komatsu がある．

3309. ヤッコソウ　〔ヤッコソウ科〕

Mitrastemon yamamotoi Makino

シイノキの根に群をなして多数寄生し，高さ 7 cm ぐらいで白色である．根茎は短い円形で表面はあらくざらつき，口辺は短片となる．花茎は直立，肥厚し，大きな鱗片が十字形に対生していて，一年生である．鱗片は卵形，先端は鈍形で平滑全縁，内側に巻き，上部にいくにつれて鱗片はだんだん大形となる．花は秋遅く咲き，両性花で，白色，茎の先に 1 個つき，上に向く．花被は宿存し，単一，口縁は切形である．花弁はない．雄しべは子房の下につき単体をなし，のち花から離れ落ちる．花糸は筒形になって子房をかこみ，葯は花糸とともに帽子状となり，葯の表面に花粉を出す．子房は上位，大きな卵円形，1 室で多数の障壁状の胎座面に小さい胚珠を多数つける．花柱は頂生で短大，柱頭は半球形である．果実は液果状．種子は微細．花中に蜜液を分泌するので，小鳥が来て吸う．〔日本名〕奴草はこの草の外観がやっこの練り歩く姿に似ているからである．この属は日本からスマトラ及びニューギニアまでと，遠くメキシコ及びグァテマラとに隔離分布をする．〔追記〕現在では本属はラフレシアとは縁が遠く意外にもツツジ科に近いことが分かっており，独立科とされる．

3310. クサミズキ　〔クロタキカズラ科〕

Nothapodytes nimmonianus (Grah.) Mabb.（*N. foetidus* (Wight) Sleumer）

インドから台湾までのアジア熱帯，亜熱帯に生える常緑の小高木で，八重山諸島にも分布が知られる．樹高 3～5 m，台湾などではときに 15 m に達することもある．枝は灰白色で皮目が目立つ．枝を切ると髄が消失していて内部は中空となっている．葉は 3～4 cm の柄があって互生し，葉身は長さ 10～17 cm，幅 6～9 cm の楕円形で先端は尖り，基部はくさび形に狭まる．ふちは全縁で葉の質は薄い．上面緑色，下面は淡緑色で 4～5 対の側脈と網目状の支脈が明瞭に浮き立つ．夏に枝端に円錐花序を出し，多数の小さな白花をつける．花序の軸には密にねた毛があり，個々の花は 5 弁で径 3 mm ほど．カップ状のがくがあり先端は浅く 5 片に分かれる．雄しべ 5 本と中央に短い雌しべがある．果実は核果で熟すと黒紫色，長さ 2 cm ほどのアオキの実に似た楕円体となる．〔日本名〕臭水木で，葉や花序の様子がミズキを想わせ，果実に悪臭があることによる．〔追記〕奄美大島には，本種に似て花の大きいワダツミノキ *N. amamianus* Nagam. et Mak.Kato を産する．

3311. クロタキカズラ　〔クロタキカズラ科〕

Hosiea japonica Makino

本州（近畿以西），四国，九州の林に生える落葉のつる性植物．葉は互生し，長い柄をもち，卵形．長さは 5～10 cm で，先端は鋭く尖り，基部は心臓形である．ふちには牙状のきょ歯があり，膜質で細かい立毛が生えている．雌雄異株．花序は少数の花からなる円錐状または総状で，花序軸は短く，腋生している．花は垂れ下がり直径は 1 cm 位である．がくは小さく深く 5 裂する．花冠も深く 5 裂し，裂片は水平に開き披針状楕円形となり，先端は尾状に尖り肉質である．5 本の雄しべは小さな附属体と互生している．雌しべはつぼ状で，柱頭は 5 個に分かれている．果実も垂れ下がり扁平な楕円体で，赤く熟す．〔日本名〕黒滝葛．高知県黒滝山ではじめて見出したことからこの名前をつけた．

3312. トチュウ　〔トチュウ科〕

Eucommia ulmoides Oliv.

中国大陸中部の原産で広く栽培される落葉高木．高さ 20 m，幹は径 50 cm に達し，樹皮は灰褐色でざらつく．若枝は黄褐色で最初は軟毛が生えるがすぐに落ち，古枝は明瞭な皮目がある．芽は光沢のある赤褐色，鱗片は 6～8 枚，縁に軟毛がある．葉は互生し，葉柄は長さ 1～2.5 cm，まばらに絨毛が生える．葉身は卵状楕円形で鋭尖頭，長さ 5～15 cm，幅 2.5～7 cm，細鋸歯縁，最初は茶色の軟毛が生えるが後に脈上にのみ軟毛が残り，側脈は 6～9 対．背軸側は網状脈が顕著で，向軸側は凹む．雌雄異株で花期は 3～5 月．花は新枝の基部近くにつき若葉と共に出る．花柄はほとんどなく，花被がなく，雄花は 5～12 個の雄蕊からなり長さ約 1 cm，無毛，花糸は長さ 1 mm．雌花は扁平な 1 個の雌蕊からなり，長さ 1 cm，無毛．翼果は長さ 2.5～3.5 cm，幅 1～1.3 cm．種子は長さ 1.3～1.5 cm，幅 3 mm．6～11 月に果実が熟す．種形容語 *ulmoides* はニレに似たの意味で，翼果の類似にもとづく．有用な樹脂グッタペルカを含み，また薬用にも利用される．

3313. アオキ 〔アオキ科〕

Aucuba japonica Thunb. var. ***japonica***

常緑低木で山野の木の下に生えているがまた広く庭木として植えられる．高さ 2 m 内外で分枝し，枝は粗大であるが若いうちは緑色で平滑．葉は大形で対生し，長楕円形で長さ 10〜15 cm．粗いきょ歯があり，厚くて光沢が強く，葉脈はまばらで乾くと黒色になる．雌雄異株．春に円錐花序を枝先につけ，緑から紫褐色の小さな 4 弁花を開く．雄花は大きな花序で多数の花をつけるが，雌花の花序は小さく，花には 1 本の雌しべがある．花が終わって後，楕円体の核果を結び，冬の間に赤く熟し，葉の間にちらついて美しい．葉は民間薬に使用される．種々の園芸品種がある．〔日本名〕青木は枝の青いことに基づく．〔漢名〕桃葉珊瑚が習慣的に用いられるが，真の桃葉珊瑚は中国産の *A. chinensis* Benth. である．

3314. サツマイナモリ（キダチイナモリ） 〔アカネ科〕

Ophiorrhiza japonica Blume

房総半島から西のわが国の暖地に産し，常緑樹林の下などにしばしば群をなして生える常緑の多年生草本．茎は高さ 20〜25 cm ぐらいで，下部はいくらか横にはい，根を下ろし，汚褐色の細毛がある．葉は対生し，長い柄があり，葉身は長卵形で先は尖り，全縁である．晩秋から春にかけて枝の先に集散花序をつくって花を開く．がく筒は短く，5 深裂．花冠は漏斗状で筒の先が 5 裂し，内面に白毛があり，生時は白色だが乾燥すると赤く変わる特性がある．苞葉は線形で花序と同じく細毛が生えている．花の中に 5 本の雄しべと 1 本の花柱があり，柱頭は 2 裂する．その下に下位の子房があり 2 室．九州の屋久島より南には葉が大きく狭披針形，長さ 5〜12 cm，幅 1〜2.5 cm の変種ナガバイナモリソウが分布する．〔日本名〕薩摩稲森であって，薩摩産の稲森草（イナモリソウの項を参照）の意味である．キダチイナモリは茎が木質化するイナモリソウの意味．

3315. ルリミノキ（ルリダマノキ） 〔アカネ科〕

Lasianthus japonicus Miq. (*L. satsumensis* Matsum.)

本州，四国，九州から台湾，中国南部にかけて分布し，林内に生える常緑低木．高さは 1.5 m 内外に伸び，上部でよく分枝する．枝には初め汚褐色の斜上毛が少しある．葉は長さ 1 cm ほどの柄があり，対生し，葉身は長楕円形または楕円状披針形で長さ 8〜15 cm，幅 2〜4 cm，両端が尖り，全縁で葉間托葉がある．葉の下面には毛があるもの，ないものなど同じ所に生えるものでも株によって異なっている．この中の葉の下面に立毛の多いのをサツマルリミノキ f. *satsumensis* (Matsum.) Kitam.（図はこの型）といって区別する人もある．夏に白色でしばしば微紅色を帯びる合弁花を葉腋につける．花冠は漏斗状で 5 裂し，内面に毛が多く，ほとんど無柄．子房は下位で，上に 5 浅裂する微小ながくがある．果実は球形で径 4 mm，熟すれば濃青色になる．〔日本名〕瑠璃実ノ木は果実の色に基づく．

3316. マルバルリミノキ 〔アカネ科〕

Lasianthus attenuatus Jack

(*L. plagiophyllus* Hance ; *L. wallichii* Wight, nom. illeg.)

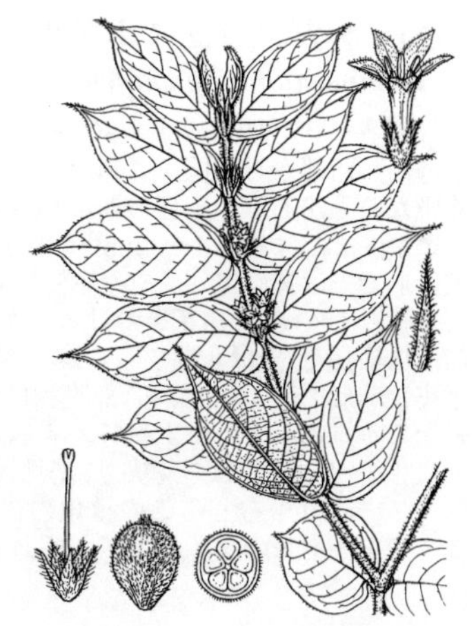

琉球から屋久島まであり，さらに中国南部，台湾からアッサム，インドシナ半島，フィリピンにかけ広く分布する．常緑樹林下の湿潤地に生える．高さ 1 m ほどの低木で，全体に開出する黄褐色の硬い毛を密生する．枝はまばらに出て，水平にのびる．葉は対生し，楕円形から長楕円形，ときに円形，先は急鋭尖頭，基部は非対称な浅い心臓形，長さ 6〜10 cm，幅 2〜4 cm，上面は無毛，下面は開出毛を密生する．側脈は 5〜9 対，ふちの近くで急に上へ曲がる．葉柄は短い．托葉は線形．花期は 3〜4 月，葉腋に 2 つほどの花をつけ，ほとんど無柄で，線形に切れ込んだ苞に包まれる．下位子房は 4 または 5 室，長さ 2 mm．がく裂片は三角形，ふちに長い毛がある．花冠は白色，毛を密生し，筒部は長さ 8 mm，裂片は 5 つ，卵状楕円形で長さ 7 mm，幅 4 mm．雄しべは 5 本．花柱は先が 4 または 5 裂し，雄しべとともに花冠筒部の入口にある．実は青色で 4〜5 個の種子をつける．〔日本名〕葉が円いルリミノキの仲間という意味である．〔漢名〕斜基粗叶木．

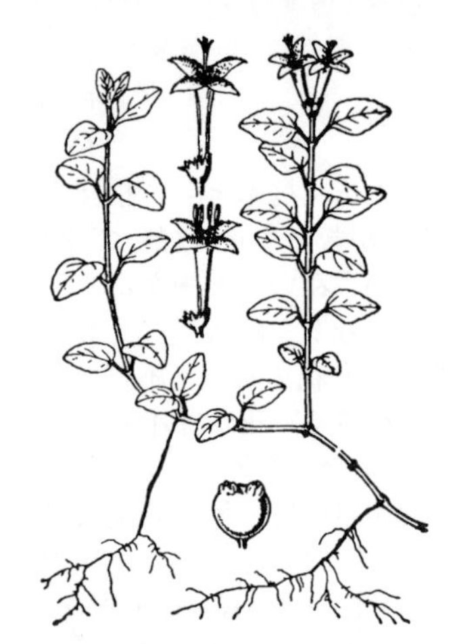

3317. ツルアリドオシ 〔アカネ科〕

Mitchella undulata Siebold et Zucc.

（*M. repens* L. var. *undulata* (Siebold et Zucc.) Makino）

北海道から九州，朝鮮半島南部および台湾の山地の林下に見られる常緑の多年生草本で，茎は地上をはい，節々から根をおろして長くのびる．葉は対生し，長さ1〜1.5 cm，幅7〜12 mm，柄があり，葉身は卵形または卵円形でいくぶん波状縁となり，深緑色で質はやや厚くしなやかである．小形の葉間托葉がある．初夏に白色の花を枝の先端に2個並んでつける．花冠の筒にうすく赤味を帯びることもある．花冠は長さ約15 mmで下部は筒状，上部は4裂して内面に毛があり，花筒の下にある子房は2個が合着している．雄しべは4本，花柱は1本で細く，先端は4裂．花に2形あって，花柱が短く雄しべが高いものと花柱が長く，雄しべが低いものがあり株を別にしている．液果は球形で赤く熟し，径8 mmぐらい，頂に2花のついていた跡があり，おのおの細小な4個のがく片が残っている．〔日本名〕アリドオシによく似た外観であるが，つる性であることを示す．本属は北米東部と東アジアに1種ずつが隔離分布しており，両者を同一種内の変種におく学者もあるくらいよく似ている．

3318. アリドオシ 〔アカネ科〕

Damnacanthus indicus C.F.Gaertn. var. ***indicus***

本州（関東以西）から琉球，朝鮮半島に分布し，山地のやや乾いた樹林下に生える常緑の小低木である．高さ30〜60 cm，枝は側方にひろがる小枝を多数分岐し，短い毛があり，花序が変化した針が多い．葉は小さく対生し，長さ1〜2.5 cm，幅0.7〜2 cmの卵円形で先は尖り，基部は円く非常に短い柄があり，全縁，質厚くてかたく光沢がある．針は長さ1〜2 cmで葉とほぼ同じ長さ．初夏に葉腋から1〜2個の白花を出す．花冠は漏斗状で先端4裂して開き，短い柄がある．雄しべ4本．液果は球形で赤く熟し，径5〜6 mm，長い間ついたままになっており，翌年の花時にさえまだくっついている．葉形や針の長さに変異の著しい種類である．〔日本名〕針のするどさを蟻を刺し通すほどだといったものである．果実が永く茎についているから在通しというのは俗説である．〔追記〕本土産の本種は花柱が長く雄しべが短い花をつける個体と，花柱が短く雄しべが長い花をつける個体とがある．

3319. ジュズネノキ（ニセジュズネノキ，オオアリドオシ） 〔アカネ科〕

Damnacanthus indicus C.F.Gaertn. var. ***major*** (Siebold et Zucc.) Makino

（*D. major* Siebold et Zucc.）

神奈川県以西の暖地の樹林下に多い常緑の小低木．高さ30〜50 cm．葉は卵形で，長さ2〜5 cm，先端は鋭く尖り，基部は円形または広いくさび形で短い柄がある．質は硬く，光沢のある深緑色．托葉は葉間につき，きわめて小形．葉の基部に接近して出る2本の針は花序が変化したもので，葉に比べてはるかに短い．春おそく葉腋から短柄の白花を出すが，下のものは下向または側向する．がくは4深裂，裂片は長さ1.5〜2 mmで狭三角形，先は尖る．花冠は狭長な漏斗状，長さ15〜18 mm，上部は4裂する．雄しべは4個あって花筒内部に着生し，花柱は1本で柱頭は2裂する．子房は下位．果実は核果で径約5 mmの小球になり，上部にがく裂片が残っている．冬を越して紅く熟し，翌年まで長くついたままになっている．〔日本名〕根が数珠状になるゆえつけられたというが，そのような形のものはほとんどない．アリドオシとよく似ているが，葉がより大形で密生せず，逆に葉よりずっと短い針があり，花柱や雄しべの長さは花によって違いがない．〔追記〕牧野は本種を本来のジュズネノキと考えたが，最近ではニセジュズネノキまたはオオアリドオシの和名が多く使われる．

3320. ナガバジュズネノキ 〔アカネ科〕

Damnacanthus giganteus (Makino) Nakai

（*D. macrophyllus* var. *giganteus* (Makino) Koidz.）

静岡県西部から四国，九州にかけて分布する常緑の小低木である．若枝にはごく細かい毛があり，葉柄の間に小さい三角形の永存性の托葉があるが，針は全くないか，または長さ1〜3 mmの小さいものがある．葉は短い柄があり対生し，広披針形で先は長く尖り，やや草質で無毛，長さ4〜13 cm，幅1〜3.5 cm．4〜5月に葉腋に1〜3個の白花をつける．がくは鐘状で小さく，花冠は長さ1 cmぐらい，筒部は細長く，先は4裂する．雄しべは4本で花筒の上部につき，柱頭は4裂する．果実は球形で径5 mmぐらい，晩秋に赤く熟する．ジュズネノキに比べ葉はうすく，針がごく短い．またオオバジュズネノキ *D. macrophyllus* Siebold ex Miq. は葉が短く長さ3〜8 cm，先は短く尖り，基部は円い．〔日本名〕長葉数珠根の木の意味．ジュズネノキよりもむしろこの種類の根が数珠状である．〔追記〕最近はオオバジュズネノキが本来のジュズネノキであるとする意見が有力である．

3321. ヤエヤマアオキ 〔アカネ科〕

Morinda citrifolia L.

小笠原諸島と沖縄諸島に知られ，アジア，オーストラリア，ポリネシアの熱帯・亜熱帯の海岸に広く分布する．根を黄色，赤色染料とし，若い実はスパイスとするなど用途が広く，熱帯では栽培もされる．常緑無毛の低木または小高木である．乾くと全体が黒くなる．葉は楕円形または長楕円形，長さ 15～29 cm，幅 10～17 cm．托葉は広楕円形，半円形，または円形，長さ 0.5～2.5 cm．花梗は 1 節ごとにつくが，花梗が出た側の葉は発達しない．花梗の先に 1 つの球状または楕円体状に集まった頭状花序がつき，花は下から上へ咲く．下位子房は合着する．がくは肉質で短い筒状となり，裂片はないが，まれに大きく発達することがある．花冠は 1 cm ほどで白色，高盆形で先が 5 裂する．雄しべは 5 本．花柱は先が 2 裂する．花冠が落ちた後，がく筒とともに花盤が発達し，乳首状に突き出る．集合果は長さ 3～4 cm，卵形体または楕円体で，熟すと白くなる．〔日本名〕八重山に生え茎が緑色であるためこの名がある．〔漢名〕海巴戟．

3322. ハナガサノキ 〔アカネ科〕

Gynochthodes umbellata (L.) Razafim. et B.Bremer

（*Morinda umbellata* L. subsp. *obovata* Y.Z.Ruan）

九州屋久島以南，種としてはアジア熱帯に広く分布する常緑低木でややつる性である．全体平滑で，葉は対生し，長さ 1 cm ほどの短い柄があり，托葉は筒状に合着して枝を包み，先に短い裂片があり，膜質で長さ 3～4 mm．葉身は倒卵状長楕円形で先は急に尖り，基部は細くなって葉柄に流れる．長さ 6～10 cm，幅 2～4 cm．初夏に枝先に頭状花序が散形状につき，花序の柄は長さ 1～2.5 cm で細毛がある．花冠は白色で長さ約 4 mm，内側に長いひげ毛が多く，深く 5 裂し，裂片は長楕円形で先端の外側に凸隆起がある．雌しべは 1 本．がくは短く杯状．果実は頭状に集まって互いにゆ着し，径 1 cm ばかり，赤く熟す．〔日本名〕花傘の木の意味で開いた傘を逆さにしたような花序の形からきている．

3323. ムニンハナガサノキ（コハナガサノキ） 〔アカネ科〕

Gynochthodes boninensis (Ohwi) E.Oguri et T.Sugaw.

（*Morinda umbellata* L. subsp. *boninensis* (Ohwi) T.Yamaz.）

聟島と硫黄列島を除く小笠原全島に分布する常緑藤本で，多くはシマイスノキ－コバノアカテツ群落中に生育するが，母島ではモクタチバナ－シマシャリンバイ群落中を好み，他の樹木にからんで伸長し，長さ 3～6 m になる．枝は分岐し，暗紫褐色で無毛，稜があり，断面は方形．托葉はゆ合して鞘状となり，長さ 2～3 mm で先は切形．葉は対生し，革質で上面は暗緑色，下面は淡緑色で両面とも無毛．葉柄は長さ 5～10 mm．葉身は楕円形ないし広卵形で長さ 4～8 cm，全縁で両端とも鋭く尖る．側脈は 4～6 対で斜行し，主脈とともに下面に突出する．花期は 6～7 月，枝端に頭状花序数個を散形に頂生する．花序の柄は長さ 7～10 mm，がくは椀状で長さ 1～2 mm，4 歯がある．花冠は白色，筒は長さ約 2 mm，先は 4 裂し，裂片は広披針形で先は尖り，長さ約 2 mm，内面下部から喉部に長白毛を密生する．雄しべは 4 本，花糸は約 1 mm で，基部は花筒内面にゆ着する．葯は長楕円形で長さ約 2 mm．果実は集合果でゆがんだ球形，径 10～12 mm で，秋に橙赤色に熟する．〔追記〕母島産のものは父島産より葉柄も花柄も長く，葉質も薄く，変種ハハジマハナガサノキとされる．

3324. ボチョウジ（リュウキュウアオキ） 〔アカネ科〕

Psychotria asiatica L.（*P. rubra* (Lour.) Poir.）

鹿児島県以南の東アジアの熱帯に分布する常緑低木で，高さ 2～3 m である．枝は円柱形で緑色．葉は長さ 1～2 cm の柄があり対生，葉身は長楕円形で長さ 10～20 cm ぐらい，両端が尖り，全縁で，質はむしろ柔らかく厚い．側脈は 10～13 対．夏に枝先の葉腋から集散花序を出し，黄緑色の多数の小花をつける．がくはほとんど切形．花冠は長さ約 5 mm で小柄があり，漏斗形で 5 裂し，内面の出口に近いところには白毛が生えている．雄しべは 5 本で葯は長く，花糸は短い．子房は下位で 2 室，花柱は短く，先端は 2 裂する．果実は球形で赤く熟し，長さ約 6 mm．種子には縦の溝がある．〔日本名〕ボチョウジはその意味不明．リュウキュウアオキは葉の感じがアオキに似て，琉球に産するからである．

3325. オガサワラボチョウジ 〔アカネ科〕

Psychotria homalosperma A.Gray

小笠原諸島の固有種で，湿った向陽地に生える．常緑無毛の小高木で高さ 4～8 m．枝は葉と托葉の痕が残り階段状となる．葉は対生し 0.7～2.5 cm の柄があり，葉身は革質，倒卵形から倒楕円形，長さ 4～15（～25）cm，幅 1.5～7（～10）cm．先は突形，基部はくさび形，全縁．托葉は半円形で早落性．6～8 月に集散状の花序を頂生し，径 2～5 cm，花梗は 2～6 cm，苞は早落生．子房は下位．がく筒は長さ 1～2 mm，5 つの裂片は突形．花冠は高盆形，乳白色で芳香があり，筒部は長さ 1～1.5 cm，裂片は長さ 0.8～1 cm．雄しべは 5 本，花筒より突き出し，葯は長さ約 5 mm．花柱は長さ 1.5～1.8 cm，先は 2 又に裂ける．果実は球形で，直径 1～1.2 cm，黒紫色に熟す．種子は扁楕円体で，長さ 8 mm，幅 5 mm，背幅に 1 溝がある．

3326. シラタマカズラ（イワヅタイ） 〔アカネ科〕

Psychotria serpens L.

紀伊半島，四国，九州以南の東アジアの亜熱帯および熱帯に分布し，海に近い所に生えるつる性の小木．茎は長く伸び，緑色で気根を出して岩石や樹木に附着し，よじのぼるが，割合にもろくて切れ易い．葉は対生して 2 列に並び，大きいものでも長さ 5 cm，幅 2.5 cm ほど，葉身は卵形または倒卵形，質厚く，全縁であり，長さ 2～4 mm の葉柄がある．多肉で側脈ははっきり見えない．托葉は 1 節に 2 個あるが早落性．花は小形，白色で，夏に枝先に集散状に集まって開く．苞葉は小形．花冠は長さ 4～5 mm で先が 5 裂し，筒部内側の出口に毛がある．雄しべは 5 個．子房は下位．果実は径 4～5 mm で熟すれば白色になる．〔日本名〕白玉蔓は果実の色と形に基づく．イワヅタイは岩伝いで岩から岩へ茎がはって行くからである．また果実に味がないので童泣カセ（ワラベナカセ）の名もある．

3327. ハシカグサ 〔アカネ科〕

Neanotis hirsuta (L.f.) W.H.Lewis var. ***hirsuta***

（*Hedyotis lindleyana* Hook. ex Wight et Arn. var. *hirsuta* (L.f.) H.Hara）

本州から九州，中国，マレーシアなどの原野や路傍の，やや日陰に生える一年草．茎は柔軟で地面をはい，分枝し，先の方ではしばしば立上がる．葉は短柄があって対生，乾くと黒変する．葉身は長さ 2～4 cm，幅 1～2 cm の狭卵形で側脈は 4～5 対，先は尖り，全縁である．夏から秋にかけて葉腋や枝の先に無柄または短柄の小花を束生する．花冠は白色で長さ 3～4 mm，4 裂し，雄しべは 4 個ある．子房下位．さく果はほぼ球形で細毛があり，先端は平坦でそのまわりに残ったがく片は長さ約 2 mm である．細凹点のある微細な卵形の種子を多数入れている．〔日本名〕ハシカグサの語源はよくわからない．

3328. オオハシカグサ 〔アカネ科〕

Neanotis hirsuta (L.f.) W.H.Lewis var. ***glabra*** (Honda) H.Hara

（*N. hondae* (H.Hara) W.H.Lewis）

本州北中部の主に日本海側に産する多年草で，ハシカグサの変種である．茎の下部はやはり地面をはって節から根を下ろし，全体ほぼ無毛で乾かすと黒っぽくなる．茎は長さ 15～60 cm．葉は対生し柄があり，披針状卵形で両端とも尖り，長さ 2～7 cm，幅 8～30 mm．夏から秋にかけて葉腋に短い柄を出し，1～3 個の長さ 5 mm ばかりの小花をつける．がくは漏斗状で披針形の 4 裂片があり，全く無毛である．花冠は白色，筒部は短く，深く 4 裂している．がくは花がすむと大きくなり，さく果は球状となる．ハシカグサに比べて全体がしばしば大きくなり，がくの筒部には始めから毛がない点が異なっている．

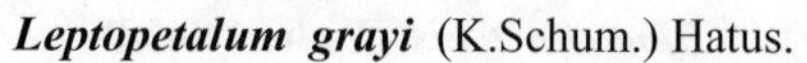

3329. シマザクラ　〔アカネ科〕

Leptopetalum grayi (K.Schum.) Hatus.
（*Hedyotis leptopetala* A.Gray ; *H. grayi* Benth., nom. illeg.）

火山列島を除く小笠原諸島に固有な常緑の小低木で，林縁から疎林地に生える．高さ 1〜2 m，若い枝は 4 稜がある．葉は対生し，長さ 2〜6 mm の柄があり，洋紙質，上面は青緑色，下面は薄黄緑色，披針形から長楕円形で，長さ 4〜8 cm，幅 1〜2.5 cm，側脈はめだたない．托葉は低い三角形，ふちに毛が生える．7〜9 月に枝の先に集散花序をつけ，長さ 3〜7 cm，径 3〜7 cm．花柄は 6〜7 mm．子房は下位，2 室で各室に多数の胚珠をつける．がく裂片は 4 裂し，低い三角形．花冠は帯紫紅白色，長さ 1.3 cm，4 つに深く裂け，裂片は線形で反曲する．雄しべは 4 本，等長で長さ 7〜8 mm．さく果は球形で 4 稜があり，頂部で裂開する．種子は小さく黒い．

3330. ソナレムグラ　〔アカネ科〕

Leptopetalum strigulosum (DC.) Neupane et N.Wikstr.（*Hedyotis strigulosa* (Bartl. ex DC.) Fosberg var. *parvifolia* (Hook. et Arn.) T.Yamaz.）

本州（千葉県以西）から琉球，台湾，フィリピンの海岸の岩上に生える常緑の多年生草本で全体に毛がなく，がっしりとかたまっている．茎は束生し枝が分かれて細く，高さ 5〜20 cm．葉は対生し，葉身は長さ 1〜2.5 cm，幅 1 cm 内外，楕円状倒卵形で短い葉柄があり，基部には小さな托葉がつき，全縁で質はやや厚く光沢がある．葉脈は中央に 1 本見える．夏から秋にかけて，枝の先に白色の花を集散状に集めて開く．花冠は 4 裂し長さ 1.5〜2 mm，下部は壺状で 4 個の雄しべが入っており，内側には細毛がある．花の下部の子房は大形で倒卵形体．子房の上部にはがくの裂片が 4 個ありこれは果期にも残る．さく果は上部がやや切形で径 4〜5 mm．種子は微細で卵形体，多数．〔日本名〕磯馴ムグラの意で海岸に生えることを意味し，かつて牧野富太郎が命名したものである．

3331. コバンムグラ　〔アカネ科〕

Exallage chrysotricha (Palib.) Neupane et N.Wikdtr.
（*Hedyotis chrysotricha* (Palib.) Merr. ; *Oldenlandia kiusiana* Makino）

中国に分布し，九州西部にも産する多年生草本．茎は円く，初め立つが後のびて地面をはい，長さ 60 cm に達し，節から根を下ろす．茎や葉柄には立った白毛が多いが，この毛は乾くと黄色を帯びる．葉は対生し，柄はごく短く，楕円形で先はときに尖り全縁，長さ 1〜3 cm，幅 5〜15 mm，特に下面に毛がある．両葉柄間に膜質の托葉があり，縁は裂け，中央裂片はとげ状に尖る．春から秋にかけて葉腋に 1〜3 個の小花をつける．花柄は長さ 1〜5 mm，がくは深く 4 裂し，裂片は披針形で毛がある．花冠は淡青色，漏斗状で長さ 5〜6 mm，筒部の内面には毛が多く，裂片は 4 個，長楕円状披針形である．雄しべは 4 本，花筒の上部につき，花糸はごく短い．花柱は先が 2 裂する．〔日本名〕葉形が小判形のムグラの意味である．

3332. フタバムグラ　〔アカネ科〕

Oldenlandia brachypoda DC.（*Hedyotis brachypoda* (DC.) Sivar. et Biju ; *H. diffusa* auct. non Willd. ; *Oldenlandia corymbosa* auct. non L.）

東アジアから南アジアの暖帯，熱帯の湿地やあぜ道などに生え，日本では本州から琉球に分布する一年草．茎は細く下部から分枝し，直立または横にはう．高さは 10〜30 cm で無毛．葉は線形で対生し，主脈だけ見え先端は尖り，ふちは全縁だがいくらかざらつく．夏に葉腋に短柄のある小花をつける．花冠は 4 裂し，径約 2 mm，白色でかすかに紅紫色を帯びている．雄しべは 4 本．がくの裂片は先が尖り長さ約 1.5 cm で果実期には各裂片は離れてついている．さく果は径 5 mm ほどのほぼ球形になり，果中には多数の種子が入っている．ナガエフタバムグラは花柄が長い（果実の 2〜4 倍）ものである．〔日本名〕双葉は対生している葉に基づいて名付けられた．

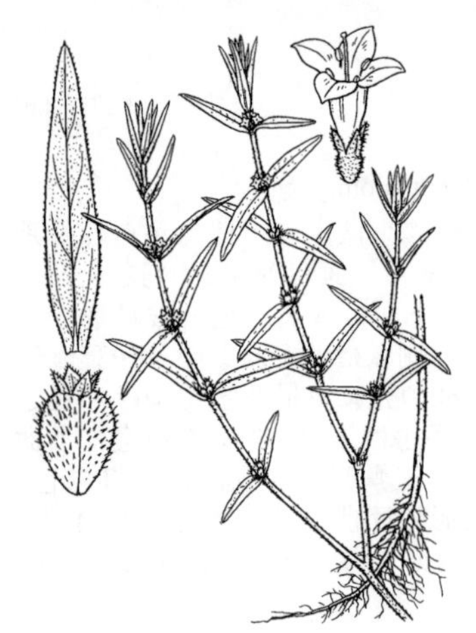

3333. オオフタバムグラ　〔アカネ科〕

Diodiella teres (Walter) Small（*Diodia teres* Walter）

北アメリカ原産の草質の一年草．茎は地面をはい，よく分枝して斜上する．茎の長さは 20〜80 cm になり，全体に軟毛を生じる．葉は対生しほとんど柄はない．葉の長さ 2〜4 cm で細い線形ないし披針形をなす．葉の質はやや硬い．葉の基部に針状の托葉がある．茎の上部の葉腋に，この針状の托葉と茎にはさまれる形で小さな花を数個ずつつける．花冠は長さ 4〜6 mm の細長い鐘形で，上半部は深く 4 裂し，裂片は平開する．通常は花冠の方が針状の托葉より短い．花冠の色は白色が多いが，ときにピンクや淡紫色になることもある．果実は長さ 6〜9 mm の卵形体で表面に硬い毛が密生し，頂部には宿存がく片が 4 枚，上向きについている．このがく片にはふちに毛が並んでいる．原産地の北アメリカでは葉形や托葉の長さ，毛の状態などに変異が多く，いくつかの変種に分けられている．またアメリカ合衆国の主に東海岸で砂地の雑草として分布を広げている．日本では埋立地や都会地周辺の空地などにときに帰化がみられる．〔日本名〕大双葉ムグラ．フタバムグラに似てやや大形なことによる．

3334. ヘクソカズラ（ヤイトバナ，サオトメバナ）　〔アカネ科〕

Paederia foetida L.（*P. scandens* (Lour.) Merr.）

北海道から琉球，朝鮮半島，中国，台湾，フィリピンに広く分布し，草やぶに多い多年生，草状のつる植物．茎は左巻きで長く伸び，大きいものはまれに 1.5 cm の径があり，他物にからみつく．葉は対生し，葉柄があり，葉身は楕円形または細長な卵形で先は尖り，基部は心臓形または円形になり，長さ 4〜10 cm，幅 1〜7 cm で茎とともに多少の毛がある．葉間托葉があって三角形に尖る．夏に葉腋から短い集散花序を出して花を開き，また枝の先に穂をなすこともある．花冠は鐘状で灰白色，内面は紅紫色で毛が多く 5 裂，長さ約 1 cm で短柄がある．果実は径 6 mm ほど，球形で黄褐色に熟する．ツツナガヤイトバナは花筒部の長いもの．ハマサオトメカズラは葉が厚く光沢のある海岸型，ビロードヤイトバナは葉に毛の多い型である．〔日本名〕屁糞蔓または屁臭サカズラは全体に悪臭があるからである．古名クソカズラ．ヤイトバナは花の中央がお灸のあとに似ているから，サオトメバナは早乙女花である．〔漢名〕牛皮凍という．女青は正しくない．

3335. シチョウゲ（イワハギ）　〔アカネ科〕

Leptodermis pulchella Yatabe

三重，和歌山，兵庫，高知の各県で川岸の岩上に野生が知られている小低木で，観賞用の盆栽または庭木として栽培されており，全体はハクチョウゲに似ている．高さ 60 cm ぐらいになり，再三枝分かれをする．枝は初め細毛があり，のち暗灰色になる．葉は小さくて対生し，葉身は短い披針形で，1〜3 mm の葉柄とあわせて長さ 1.5〜4 cm，幅 5〜15 mm で全縁，葉間には小さな托葉がある．夏に紫色の花を葉腋から出し，花冠は 5 裂する漏斗状で長さ 15〜18 mm，外面に微毛があり筒部は非常に長い．雄しべは 5 個．子房は下位で上部に小さな 5 つのがく片がある．苞葉はゆ合し，上部 2 裂し長さ 3〜4 mm で膜質，がくと花冠を包む．果実は小さな楕円体で裂開する．〔日本名〕紫丁花で，紫色で花形が丁子に似ているためであり，ハクチョウゲ（3338 図）に比して付けられた名．岩萩は紫の色をハギ（マメ科）に見立て，岩上に生えることから付いた．

3336. イナモリソウ（ヨツバハコベ (同名あり)）　〔アカネ科〕

Pseudopyxis depressa Miq.

関東以西の本州，四国，九州の湿った柔らかい山地の樹林下に生える多年生草本．根茎は細く，地中をはい，根は長く地中に入り，やや肥大している．茎は短くて直立し，高さ 3〜10 cm，多細胞の軟毛がある．葉はふつう 4 または 5〜6 個で茎の上部に集まり，対生して展開する．葉身は卵形か三角状卵形で長軟毛があり全縁，先端はやや尖り，基部は切形，円形，わずかに心臓形などさまざまあり，長さ 3〜6 cm，幅 2〜4 cm，葉柄も上部の葉のものは短いが下部のものでは 1〜2 cm になる．葉間に托葉がある．5〜6 月頃，茎上部の葉間に淡紫色の長筒合弁花を出し，漏斗状の花冠は 5 裂する．花冠は長さ 2.5 cm，裂片は卵形で長さ 7 mm ぐらい．雄しべは 5 本．下位子房の上に 5 裂する宿存性のがく片があり，裂片は狭三角形で長い軟毛がある．花冠裂片が三角形になるものや葉の上面に斑の入る品種がある．〔日本名〕三重県菰野稲森山で最初に発見されたのにちなむ．四葉ハコベは概形がハコベに似たところがあり，4 葉が目立つことによる．

3337. シロイナモリソウ（シロバナイナモリソウ）〔アカネ科〕

Pseudopyxis heterophylla (Miq.) Maxim.

本州（関東西部から近畿の太平洋側）に分布し，山地の樹林下に生える多年生草本．根茎は細くて木化する．地上の茎は高さ 15～20 cm ぐらいで 2 列の毛があり束生する．葉は対生し 8～12 枚，ふつう長さ 1～1.5 cm の柄があり，葉身は卵形または三角状卵形で先は鋭く，基部も尖って葉柄に流れるか円形で長さ 2～6 cm，幅 1～2.5 cm，全縁，質は柔らかで黄色を帯びた緑色をしていて，やや短い軟毛がある．夏に茎の上部の葉腋に小白花が集まって開く．花冠は無毛で長さ 8～10 mm，上部は 5 裂する漏斗状で筒部は短い．5 本の雄しべは葯が花筒から出る．子房は下位で上部に 5 個の宿存性のがく片があり，がく裂片は果実期には斜めに開き，卵形または広楕円形で先は急に尖り長さ約 5 mm．種子は広楕円体で長さ約 2.5 mm，細い隆起と細線がある．〔日本名〕白稲森草は白花を開くイナモリソウの意味．

3338. ハクチョウゲ〔アカネ科〕

Serissa japonica (Thunb.) Thunb.

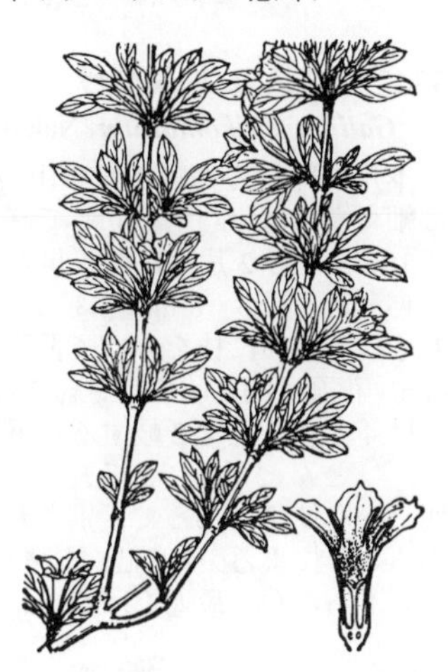

台湾，中国，インドシナに分布するが，観賞用または生垣用として栽培される常緑の小低木．外観シチョウゲ（3335 図）によく似ており，茎は高さ 1 m ぐらい，多数の小枝を盛んに分岐する．葉はややまばらにつき対生，狭楕円形で小さく長さ約 2 cm，両端は尖り，全縁．基部の托葉は 3 裂し，裂片は刺毛となる．初夏に白色または淡紅紫色を帯びる花を葉腋につける．花は漏斗状で 5 裂し，内面に細毛があり，裂片は 3 浅裂する．雄しべは 5 個．花には 2 形あって，短い花柱で高い雄しべのものと，長い花柱で低い雄しべのものがあり，株が異なっている．図は前者である．園芸品には花の二重のものや八重のもの，葉のふちに斑が入っているものなどがある．〔日本名〕白丁花で丁字咲の白花の意．〔漢名〕野丁香．慣用名を満天星という．〔追記〕本種の野生と考えられるものが最近長崎県で発見された．

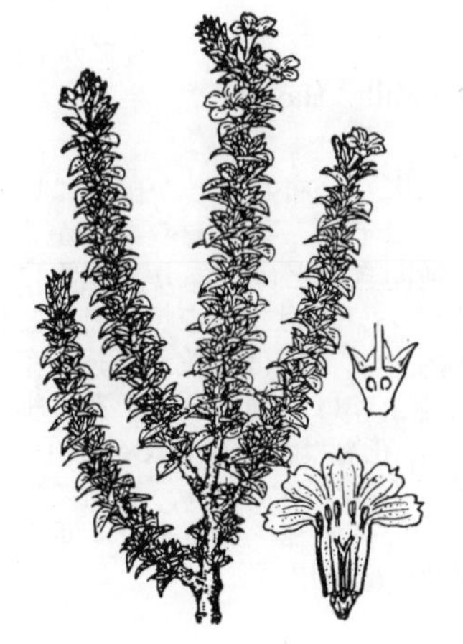

3339. ダンチョウゲ（ダンチョウボク）〔アカネ科〕

Serissa japonica (Thunb.) Thunb. **'Crassiramea'**

ハクチョウゲの園芸品種で，まれに庭園に植えられている．高さ 1 m 以下の小低木で，枝は比較的太く節間がつまっていてきわめて密に葉をつける．葉は小さく長さ 1 cm 以下，長楕円形で先は短く尖り，基部はくさび形に細まり，無毛で質厚く光沢があり，基部の両側に小さい托葉がある．5～6 月に密についた短い横枝の葉腋に花をつける．花はほとんど柄がなく，がくは小さく長さ 2 mm，5 中裂し，裂片は披針形で尖っている．花冠は白色で紫紅色を帯びて径 1 cm 内外，筒部は細く長さ 5 mm 余り，裂片は 5 または 4，倒卵形で先は急に尖り，内側に白毛が生えている．雄しべ 5，雌しべ 1．ハクチョウゲと同様に二形花をもち，白花の品や八重咲の品もある．〔日本名〕段丁花で，その葉が十字形をなし，重なって段を作っているものによるのか．ハクチョウゲに比べて葉が密生してつまったようになり，また花冠の裂片の上部が 3 つ山形に切れ込むことが少ない．

3340. ヤマトグサ〔アカネ科〕

Theligonum japonicum Okubo et Makino

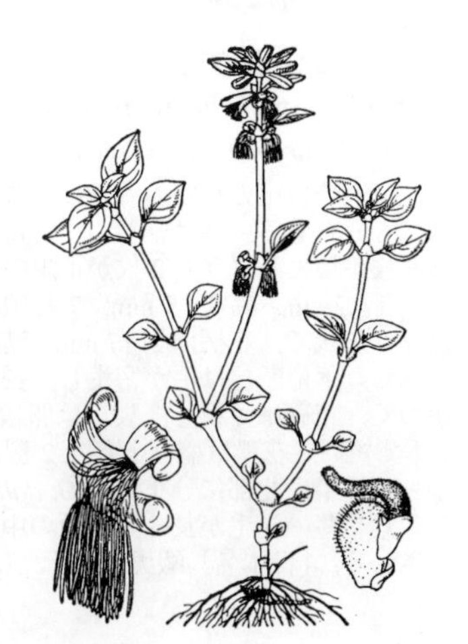

本州から九州の山中の樹の下に生える多年生草本．高さは 15 cm ぐらい．地下茎は細く短く，ひげ根を出す．茎は直立して先端に花がつく．花が終わると下部の側枝がのびて地をはい，その先に新しい芽を作る．葉は対生で葉柄があり，膜質の葉間托葉をそなえ，卵円形で全縁，微毛がある．花のすぐ下の苞は互生し，狭卵形で葉状の苞となる．4～5 月頃，淡緑色で風媒の単性花をつける．雄花は節ごとに 1～2 個つき，苞と対生し，ほとんど柄はない．つぼみは短い円柱形で開くと外側に反り返る 3 個のがく片からできており，雄しべは多数で垂れ下がり，花糸は非常に細く，葯は線形である．雌花は苞腋または葉腋につき小さくて柄はなく，下部は扁平で子房状となり，緑色で微毛があり，上部は側面にかたよって鐘状となり，花中から横に傾いて 1 個の大きな花柱が出て，痩果は宿存するがく筒に包まれる．茎葉のようすや臭いがアカネ科のハシカグサとそっくりである．〔日本名〕大和草は日本草の意味である．

3341. クルマバソウ　〔アカネ科〕

Galium odoratum (L.) Scop.（*Asperula odorata* L.）

本州，北海道，南千島からシベリアをへてヨーロッパ，北アフリカに広く分布し，北アメリカにも帰化する多年生草本で山地の木陰に生え，地下茎がのびて繁殖する．地上茎は高さ 10～30 cm で直立し，断面は四角である．葉は狭い長楕円形または倒披針形で長さ 2.5～4 cm，幅 0.5～1 cm，葉と同形の托葉とともにふつう 6～10 枚ずつ輪生する．ふちと下面の脈上に上向きの毛がある．夏に茎の先に 3 出状の集散花序を出し小白花を開く．花冠は漏斗状で 4 裂し径 4 mm ぐらい，筒部の方がやや長い．雄しべは 4 個．果実は長いかぎ状のとげを密生する．地上部を乾燥するとクマリンの芳香があり，そのため，ときにビールに入れて飲むという．本種は一見クルマムグラやオオクルムグラに似ているが，葉はやや厚く光沢があり，乾けば淡緑色になり，また花，果実，株の状態が異なっている．〔日本名〕車葉草で，放射状に出た葉のつき方からついた．

3342. ウスユキムグラ　〔アカネ科〕

Galium shikokianum Nakai（*Asperula trifida* Makino）

本州中部から九州までの山地に点在する多年生の小草本である．地下茎は細く横にはい，茎は立って高さ 10～20 cm，四角でざらつかない．葉は 4～5 枚（うち 2 片だけが正規の葉）輪生し，長卵形で短い柄があり，長さ 6～15 mm，幅 3～8 mm，ふちや下面の中央脈には短い上向した刺毛がある．7 月に茎上部に枝を分けて散房状に白色の小花をつける．花柄は長さ 1～3 mm，花冠は漏斗状で長さ約 2 mm，4 中裂し，裂片は卵形で斜上する．雄しべは 4 本，花柱は 2 岐する．果実は双頭状，分果は楕円体で長さ 1 mm あまり，ほとんど平滑である．ヨツバムグラ類に似ているが，花冠は漏斗状で明らかな筒部があって区別される．〔日本名〕薄雪ムグラ．全体に淡緑色であることによる．〔追記〕本種と前種を花冠の形に基づき *Asperula* 属に含める説もあるが，最近では *Galium* 属の一員とみなす意見が有力である．

3343. ヤエムグラ　〔アカネ科〕

Galium spurium L. var. ***echinospermon*** (Wallr.) Hayek

（*G. aparine* auct. non L.）

ユーラシアおよびアフリカ大陸の暖温帯に広く分布し，わが国ではいたるところの畑地や家の近くなどに生える一～二年草．茎はやや柔らかくてよく分枝し，断面四角形，稜にそって細い逆向きのとげがあり，他物によりかかって斜上し，高さは 60～90 cm ほどになる．葉は細長な倒披針形，長さ 1～3 cm，幅 1.5～4 mm で数枚ずつ茎に輪生する（実は 2 枚が正規の葉で他は葉状托葉）．葉のふちおよび下面の中央脈上には逆刺がある．花は細微で，春に葉腋から出た枝上および枝先に開く．花冠は淡黄緑色で 4 裂し，4 個の雄しべがある．果実は小粒状で 2 分果がくっついており，表面にはかぎ状のとげがあって衣服などにつく．〔日本名〕八重葎．いく重にも重なり合って茂るからである．〔漢名〕拉拉藤．猪殃殃は慣用名．

3344. エゾムグラ　〔アカネ科〕

Galium manshuricum Kitag.

（*G. dahuricum* Turcz. var. *manshuricum* (Kitag.) H.Hara）

北海道の根室と釧路の湿地にまれに生える多年草で，中国東北部，朝鮮半島北部にも分布する．茎は細くわずかに逆毛があり，高さ 30～50 cm ほどになる．葉は 6 枚が輪生し（うち 2 枚が正規の葉）線形，主に上面の中脈とふちに毛が生え，長さ 1～2 cm，幅 2～5 mm．7 月頃茎の先にまばらに散開する花序をつけ，花梗は長く糸状で，花柄は 2～7 mm で無色．花は小さく直径が 2 mm ほどで，4 数性である．下位子房は毛が密生し，長さ 0.5 mm ほどで 2 室があり，各室に 1 胚珠がつく．花冠は 4 裂し，裂片は卵状楕円形で先は細く尖り，平開する．雄しべは 4 本で短い．花盤は盛り上がり 2 裂する．花柱は短く，先が 2 裂する．アムールから朝鮮半島北部に分布する *G. dahuricum* Turcz. に近いが，それとは葉の先が尖り，葉や茎の逆毛が長く，上面の中脈に毛があり，子房に毛が密生することで区別される．〔日本名〕蝦夷（えぞ）に産する葎（むぐら）の意味である．

3345. オオバノヤエムグラ 〔アカネ科〕

Galium pseudoasprellum Makino

東アジアの温帯に分布し，わが国では北海道から九州までの山地に多い多年生草本．茎は長く伸び，もろくて四角く，かぎ状の逆刺で他の草木によりかかっている．葉は各節に 6 枚だが上部ではふつう 4 枚（うち 2 枚のみが正規の葉）の輪生になり，披針形または楕円形で基部は細く先は尖り，長さ 1.5〜3 cm，幅，0.5〜1 cm，暗緑色または鮮緑色で，ふちと下面の中央脈上には微逆刺がある．8 月から 10 月にかけて開花する．花序は総状様であり，まばらに開き長大，2 回三出し，細花をつける．花冠は淡緑色で 4 裂，裂片の先端は尖る．果実は 2 分果からなり，おのおのは半長楕円体で全面を短いかぎ状のとげが多い，触れると離脱し，くっつきやすい．ヤエムグラと同じ茂り方をするが，多年生であり，節についた葉の数が少ないこと，葉の幅が広く，また尖ること，また開花期が遅いことで区別できる．

3346. オオバノヨツバムグラ 〔アカネ科〕

Galium kamtschaticum Steller ex Roem. et Schult.
var. ***acutifolium*** H.Hara

四国および本州中部以北から千島にいたる亜高山の針葉樹林帯に生え，種としては朝鮮半島，ウスリー，カムチャツカをへて北アメリカにも分布する多年生草本で，木陰の湿った所を好み，しばしば群生する．根茎は四角くて細く，浅い地中をはって枝分かれし，節から細いひげ根を出す．茎は四角く，直立し，高さは 15 cm ぐらいである．葉は 4 枚（うち 2 枚が正規の葉）が輪生し，各輪がへだたって茎に着き，長さ 2〜3.5 cm，幅 1〜2 cm の広楕円形，先は円くてやや尖り，基部も円いかやや尖り，うすくて膜質，明らかな 3 本の脈が見え，脈上とふちには細毛がある．夏に枝先に円錐花序をつけてまばらに細かい花を開く．花冠は淡黄緑色で 4 深裂し，裂片は先が鋭く尖る．雄しべ 4 本，花柱 2 本．果実は球形で双頭形になり，全面にかぎ状の毛がある．本州中北部から北アメリカにかけては全体が小形のエゾノヨツバムグラ var. *kamtschaticum* があり，これが学名上の基本変種である．

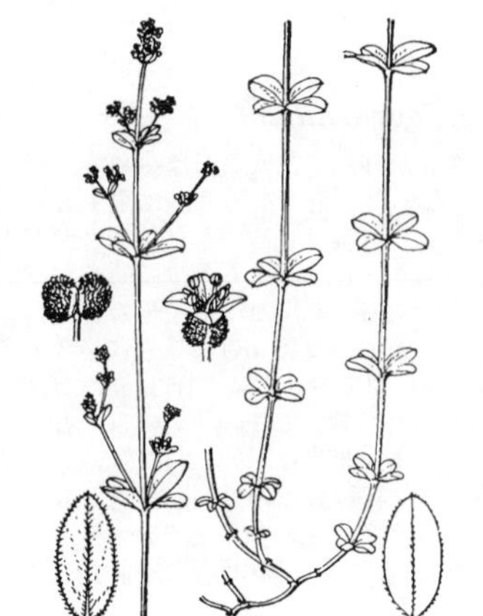

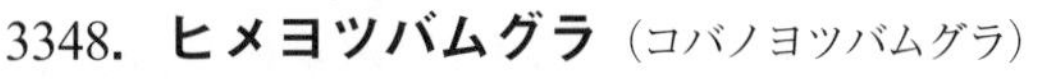

3347. ヨツバムグラ 〔アカネ科〕

Galium trachyspermum A.Gray

北海道から九州まで，および朝鮮半島，中国に分布し，丘陵地の道ばたなどに多い小形の多年生草本で高さは 10〜30 cm ばかりになる．茎は細くて四角く，やや直立し，基部は時に地面にふせる．各節に卵状長楕円形で長さ 10〜15 mm，幅 3〜6 mm，ふちおよび下面に毛がある小形の葉を 4 枚（正規の葉 2，托葉 2）輪生して層になる．花は細小で淡黄緑色，5〜6 月頃上部の葉腋から出た枝や茎の先に少数だが密な花序をつくって開く．果実は小さくて 2 個の分果が双頭状になり，表面には鱗片様のかぎ状の小突起が密生している．茎その他に白毛の多いものや果実の小突起をほとんど欠くものもある．本種はヒメヨツバムグラに似ているが葉の幅がずっと広く，果実の表面の突起も著しいので区別できる．〔日本名〕四ツ葉ムグラで葉のつき方からついた．

3348. ヒメヨツバムグラ（コバノヨツバムグラ） 〔アカネ科〕

Galium gracilens (A.Gray) Makino

本州，四国，九州から台湾，朝鮮半島，中国にかけて分布し，土手や丘陵地の日当たりのよいところに生える多年生草本である．冬は地上部が枯れる．根はひげ状で赤黄色．地下茎は短く赤黄色．地上茎は束生してまばらに分枝し，ざらつかず，細くて弱々しく，四角くて各節に 4 葉（うち 2 枚が正規の葉）が輪生する．葉は小さく，披針形で長さ 5〜12 mm，幅 1.5〜2.5 mm，両端とも鋭く尖り，ふちおよび下面に白毛がある．初夏に枝上から細い柄を出して 1〜3 回分岐して細小な花を集散状に咲かせる．花冠は淡緑色で径 1 mm ほど，4 深裂して全開し，裂片は卵形，先は尖る．雄しべ 4 本，花柱は 2 本ある．果実は長さ 1 mm 以下，表面には鱗片状の突起毛が密にある．ヨツバムグラに似ているが，葉はずっと細くて小形，果実にはかぎ様の小突起がないのでたやすく区別できる．

3349. ホソバノヨツバムグラ　〔アカネ科〕

Galium trifidum L. subsp. ***columbianum*** (Rydb.) Hultén
（*G. trifidum* var. *brevipedunculatum* Regel）

東アジアおよび北アメリカに広く分布し，湿地に生える多年生草本．高さ 30 cm ぐらい．茎は細長で直立し，基部は地面をはうこともあり，各部には長さ 7〜14 mm の細長な楕円形の葉を 4 枚（2 枚正葉，2 枚托葉）輪生する．葉の先端は鈍く，ふちと下面の中央脈上にはごく小さい逆刺があり，四角な茎の角にそってしばしば逆刺がある．5〜7 月頃に茎の先や，先に近い葉腋から枝を出してまばらな花序を作り，花を開く．花冠は純白色で 3 裂（まれに 4 裂）し，雄しべは 3 本まれに 4 本．果実は双頭状で分果はほぼ球形，すべすべしており，毛はない．花冠が 3 裂し雄しべが 3 本であることは本種の特徴である．〔日本名〕細葉の四ツ葉ムグラの意味．

3350. ミヤマムグラ　〔アカネ科〕

Galium paradoxum Maxim. subsp. ***franchetianum*** Ehrend. et Schönb.-Tem.

北海道から九州の山地の樹陰に生える多年生の軟弱な小草本で，種としては東アジア温帯に広く分布する．地下茎は横にはい，茎は立ち上がって高さ 8〜20 cm，四角で平滑である．葉は下部では対生し小さく，上部では大きさがかなり不同の 4 枚（うち 2 枚が正葉）が輪生し，卵形または長卵形ではっきりした柄があり，上部の葉ではしばしば先が尖り，長さ 8〜30 mm，幅 5〜18 mm，ふちに近く短毛があるほかは無毛で，全体に平坦で凹凸がない．6〜7 月に茎上部に花茎を出し，少数の白花をつける．花柄は 1〜4 mm，子房には先がかぎ形に曲がった刺毛が密に生えている．花冠は径 3 mm ばかり，基部まで 4 裂し，裂片は卵形で平開する．果実は双頭状，分果は楕円体で長さ約 1.5 mm，長いかぎ状の毛が密生している．〔日本名〕深山ムグラで，深山に生えるヨツバムグラの意味．

3351. ヤマムグラ　〔アカネ科〕

Galium pogonanthum Franch. et Sav. var. ***pogonanthum***

本州，四国，九州および朝鮮半島の山地のやや乾燥した林内に生える多年生草本．高さ 10〜25 cm，根茎は短く，節からひげ根を出して共にだいだい色である．茎は束生して細く，暗緑色で光沢があり，毛やかぎ状の毛はふつうなく，乾質でもろい．葉は披針形で先端が尖り，ふちと下面の中央脈上には上向きの短毛があり，質はうすく多少膜質をおびた草質で，4 枚輪生して各葉輪は互にへだたってまばらである．4 枚のうち正規の葉である 2 枚は長さ約 2 cm で托葉の変化した他の 2 枚より長い．春から夏にかけて枝先に集散花序を作り，花を咲かせる．花冠は淡緑色でヒメヨツバムグラに似て少し大きく径 3 mm ぐらい．平開して 4 深裂し，裂片は尖り，その外側には微細な刺毛があってこの種類の目立った特徴となっている．雄しべ 2 本と花柱 2 本の下位子房がある．果実は双頭状になり，分果は広楕円体で果面には曲がった円錐状の突起毛を密生する．花冠裂片の外側が無毛のものをケナシヤマムグラ f. *nudiflorum* (Makino) Ohwi といい，茎や葉に毛の多いものをオヤマムグラ var. *trichopetalum* (Nakai) H.Hara というが，後者は本州西部や四国の山地に分布する．〔日本名〕山地生のヨツバムグラの類の意味．

3352. ヤブムグラ　〔アカネ科〕

Galium niewerthii Franch. et Sav.

千葉県，東京都，神奈川県の関東地方に固有な多年草で，丘陵地に生えるまれな種である．根はひげ状で，空気にふれると赤味を帯びてくる．茎は軟らかく 4 稜があり，高さ 30〜70 cm．葉は 4 枚（うち 2 枚が正規の葉）が輪生し，楕円形で，先は短く尖り，長さ 1.3〜2 cm，幅 3〜9 mm，上面は中脈上とふちに上向きの毛があり，下面は長い伏毛が散生する．7 月頃，茎の先と上部の葉腋から出た糸状の柄に数個の花をまばらにつける．花序では上部ほど葉が小さくなる．花柄は 0.5〜1 cm ほど，無毛で細い．花は小さく直径 2 mm ほど．子房は下位で無毛，長さ 1 mm，2 室があり各室に 1 胚珠がある．花冠は白色，4 裂し裂片は卵形で先は尖る．雄しべは 4 本，花糸は細い．花柱は上半部で 2 裂する．〔日本名〕藪に生えるヨツバムグラの類の意味である．〔追記〕本種は最近中国大陸からも報告された．

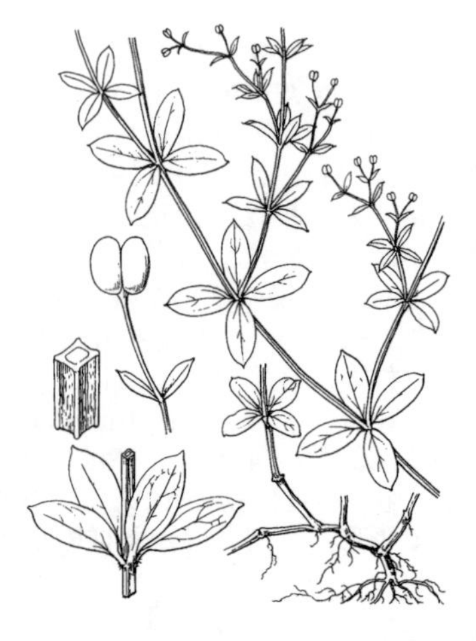

3353. ハナムグラ

〔アカネ科〕

Galium tokyoense Makino

（*G. dahuricum* Turcz. var. *tokyoense* (Makino) Cufod.）

朝鮮半島，中国東北部を分布の中心とするが，本州の北中部の低地の湿った原野にだけはなれて分布する多年生草本．茎は四角で細く直立し，高さ 30〜60 cm，ふつう枝が分かれ，角にそって逆刺が著しく生えている．葉は線状倒披針形で長さ 2〜3 cm，幅 4〜7 mm，先は円くて凹み，中央がわずかに尖り，6 枚（2 枚正葉，4 枚托葉）輪生する．夏に茎上部の葉腋から枝を出し，小白花をやや多数集まって咲かせる．花冠は 4 裂，雄しべは 4 本．果実は双頭状になり，毛はない．エゾムグラ（3344 図参照）はこれに似て葉の先が鋭く尖り，短刺で終わる近縁種で北海道から北方の北東アジア温帯に分布する．〔日本名〕ハナムグラはこの種類の白花が著しく目立ち美しいのにちなんで筆者（牧野）が名付けた．

3354. キクムグラ（ヒメムグラ）

〔アカネ科〕

Galium kikumugura Ohwi（*G. brachypodion* Maxim., non Jordan）

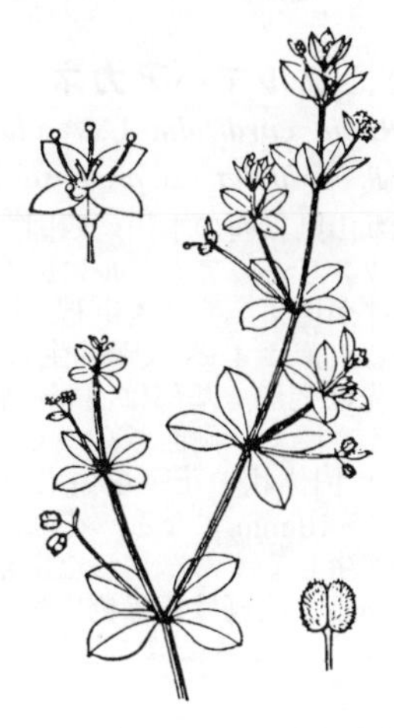

北海道から九州にかけての林の中に生える多年生草本．茎は細くて四角く平滑，束生し直立するが下部は地面をはい，しばしばまばらに分枝して長さは 30〜50 cm ほどになる．葉は長さ 10〜15 mm，幅 5〜8 mm の倒卵状楕円形または楕円形で，ふつう 4 枚輪生するが，5 枚のものも混じることがある（2 枚が正葉，他は同形の托葉）．質はうすくて膜質に近い草質，ふちおよび上面のふち近くにだけ上向きの短毛がある．2〜3 花よりなる花序は腋生し，繊細なひげ状の花序柄の先に線形または披針形の小さな苞葉を 1 枚つける特性がある．初夏に白色の細花を開き，花冠は 4 裂，雄しべ 4 本．果実は双頭状になり，分果は半長楕円体で表面に曲がった短毛を密生する．小果柄はほとんど無柄のものや長いものがあり，不同長である．〔日本名〕古くからある名で葉の感じを見立てたものという．

3355. オククルマムグラ

〔アカネ科〕

Galium trifloriforme Kom.

北海道から九州，北東アジア一帯の山地の湿った林内に生える多年生草本．乾燥しても黒くならない．茎は束生し，高さ 30 cm くらい，斜上または直立し，四角で，ふつう平滑でかぎ形の刺毛はない．葉は質やわらかく，長楕円形で先はやや円く中央脈の先だけ短く尖り，ほとんど認め得ないような短柄があり，ふつう 6 枚（2 枚正葉，他は正葉状に発達した托葉）を輪生する．夏に茎上部で枝を分け，小白花をまばらにつける．花冠は 4 裂し筒部はなく，雄しべ 4 本，果実は双頭状でかぎ状の刺毛が密生している．クルマムグラ *G. japonicum* Makino はこれに似るが，植物体は乾燥すると黒くなり，クマリンの芳香があり，葉は披針形で先は細まって鋭く尖り，花冠にごく短い筒部がある．北海道から九州に分布する．オククルマムグラの変種とする説もある．これらは一見クルマバソウに似ているが，茎は束生し，葉の数が少なく，花冠には明らかな筒部がなく，果実は双頭状になる点で区別できる．〔日本名〕奥車ムグラ．輪生する葉を車輪に見立て，奥地に多いことによる．

3356. キヌタソウ

〔アカネ科〕

Galium kinuta Nakai et H.Hara

（*G. japonicum* (Maxim.) Makino et Nakai, non. Makino）

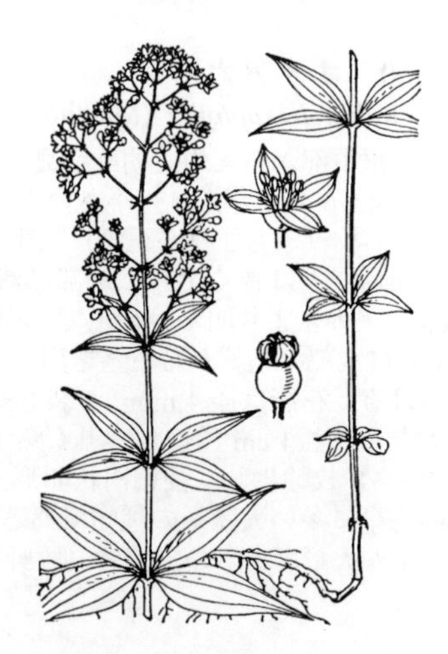

本州から九州および中国の山地または林内に生える多年生草本．根はひげ状で黄赤色，茎は細長で四角く，高さ 30〜60 cm，直立し，ほとんど分枝することがなく平滑である．葉は各節に 4 枚（正葉 2 枚，托葉 2 枚）輪生し，無柄で長さ 3〜5 cm，幅 1〜2 cm の卵状披針形，または披針形で先は長く尖り，ふつう 3 本の縦脈があり，質はやや硬く，ふちおよび上面脈上には短剛毛がある．夏に茎の上部に円錐花序を作り，多数の花を細い花柄の先につける．花冠は白色で 4 裂，雄しべは 4 本．果実は表面は平滑で毛がない．これに似たエゾキヌタソウ *G. boreale* L. var. *kamtschaticum* (Maxim.) Maxim. ex Herder は葉の先端が鈍く，花は多数で，茎には毛があり，北海道，サハリン，カムチャツカに分布する．またミヤマキヌタソウ *G. nakaii* Kudô ex H.Hara は花が少なく，果実には短毛があり，本州北部と北海道の山地に分布する．〔日本名〕恐らく，果実の形を衣類をたたくのに使用するきぬた（砧）に見立てたものかと思われる．

3357. カワラマツバ 〔アカネ科〕

Galium verum L. subsp. ***asiaticum*** (Nakai) T.Yamaz. var. ***asiaticum*** Nakai f. ***lacteum*** (Maxim.) Nakai

北海道から九州および北東アジアにかけての，やや乾いた日当たりのよい草地などに多い多年生草本．茎は直立し高さ 60 cm ぐらい．かたくて細毛があるが，かぎ状の刺毛はない．葉は長さ 2～3 cm，幅 1.5～3 mm の線形で輪生（じつは対生であるが，同形に発達した托葉もあわせてふつう 8 枚内外である）し，先端は針状になり，ふちは反り返る．夏に枝の上部に細白花を群生して円錐花序を作り，花冠は 4 裂，雄しべは 4 本である．果実は非常に小さく，ふつう毛がない．花が黄色のものをキバナカワラマツバ（ウスイロカワラマツバ）f. *luteolum* Makino という．また，果実に毛のあるものをエゾノカワラマツバ var. *trachycarpum* DC. といい，これにも白花品と黄花品がある．〔日本名〕河原松葉で河原などに多く生え，葉の具合が松葉に見えることからいう．〔漢名〕蓬子菜とするのは正しくない．

3358. クルマバアカネ 〔アカネ科〕

Rubia cordifolia L. var. ***lancifolia*** Regel

（*R. cordifolia* var. *pratensis* Maxim.）

和歌山県以西の本州，四国，九州の海岸に多く，さらに朝鮮半島，中国東北部，ウスリー，アムールに広く分布する．根はひげ状，橙黄色で空気にふれると赤味が増す．茎は叢生し，逆刺があり，互いにまた他の植物にもからまってのびる．葉は 4～8 枚が輪生し（うち 2 枚のみが正葉），楕円形または卵状楕円形，先は突形，基部は浅い心臓形から円形，長さ 1～3.5 cm，幅 0.6～1.6 cm，質はやや厚く，両面ざらつく．葉柄は長さ 0.5～3.7 cm，逆刺が散生する．9～10 月に円錐状の花序を頂生および腋生する．花柄は長さ 1～3.5 mm，後にのびて 5～10 mm になる．花は 5 数性，花冠内にミバエの 1 種が寄生することによって生じるずんぐりした虫えい花が混じる．子房は下位，2 室で各室に 1 胚珠がある．花冠は黄緑色で輪形，直径 3～5 mm．核果は 11～1 月に黒く熟す．〔日本名〕アカネに似て，葉が車輪状に多数輪生することによる．

3359. ア　カ　ネ 〔アカネ科〕

Rubia argyi (H.Lév. et Vaniot) H.Hara ex Lauener et D.K.Ferguson

（*R. akane* Nakai）

本州から九州，朝鮮半島，台湾，中国中南部に分布するつる性の多年生草本で，山地や野原にふつうに見られる．根は太いひげ状で生の時にはつやのある黄赤色であるがおしばにすると暗紫色となり，はさんだ新聞紙にも着色する．茎は長く伸びてよく分枝し，断面は四角で逆刺がある．葉は 4 枚輪生し（じつは 2 枚正葉，2 枚托葉），長い柄があり，長さ 3～7 cm，幅 1～3 cm の心臓形，または長卵形で，先は鋭く尖り，基部は心臓形．葉柄や葉のふち，下面の脈上に逆刺がある．夏から秋にかけて，茎の先端または葉腋から円錐状の花序をしばしば複合させて，多数の淡黄緑色の小花を開く．花冠はふつう 5 裂し，5 本の雄しべがある．果実は球状で黒く熟し，平滑である．本種の根は染料として茜染に用いられ，また利尿止血，解熱強壮剤として薬用になる．〔日本名〕根が赤いことからついたものであり，それで染めた色はちょうど太陽が出る前の東の空の色に似ているので古くは東の枕言葉として「茜さす」が使われた．〔漢名〕茜草．

3360. オオアカネ 〔アカネ科〕

Rubia hexaphylla (Makino) Makino

本州中部から九州，朝鮮半島の深山に生える多年生草本．茎は長くのび，縦に 4～6 の角が走り，小さい逆刺が生えていて他物にからまる．葉は 4 または 6 枚（うち 2 枚が正葉）輪生し，柄は長く 4～10 cm，小さい逆刺があり，長卵形で先は長く尖り，基部は浅い心臓形になり，長さ 4～9 cm，幅 2～5 cm，アカネより明るい緑色で上面はざらつき下面は主脈上に小逆刺がある．7 月に上部の葉腋から花茎を出し，枝を分けて淡緑色の小花をややまばらにつける．花冠は径 4 mm，5 裂し，裂片は卵形で尖る．子房は無毛．果実は大きく長さ 1 cm に達し，黒く熟する．クルマバアカネ（3358 図参照）は葉が 6～8 枚輪生し，長楕円状卵形，基部は円形かわずかに心臓形で，西日本の海岸に多い大陸系の種類である．〔日本名〕オオアカネはアカネに比べて各部が大形であるので筆者（牧野）が名付けた．

3361. **セイヨウアカネ**（ムツバアカネ）〔アカネ科〕

Rubia tinctorum L.

地中海沿岸の南ヨーロッパ，西アジア原産で，時に野生化している多年生草本．根は黄赤色，茎は高さ 50～80 cm，長くのびて枝分かれをし，四角く逆刺がある．葉は 6 枚（2 枚は正葉，他は托葉）輪生し，長さ 3～5 cm の披針形または広披針形，先は鋭く，かぎ状の刺毛があってざらつく．夏から秋にかけて枝上部に花序を出し，淡黄色の細小な花を開く．花は小花柄があり，花冠は 5 裂して径約 5 mm，裂片は先が尖り，ふつう先端が内曲している．雄しべ 5 本．花後に小さな楕円体の実を双頭状につけ，熟すると黒色になり，表面は平滑である．アカネと同じく昔は根から染料をとったが，化学染料のために現在ではほとんど価値を失ってしまった．〔日本名〕西洋のアカネの意味．

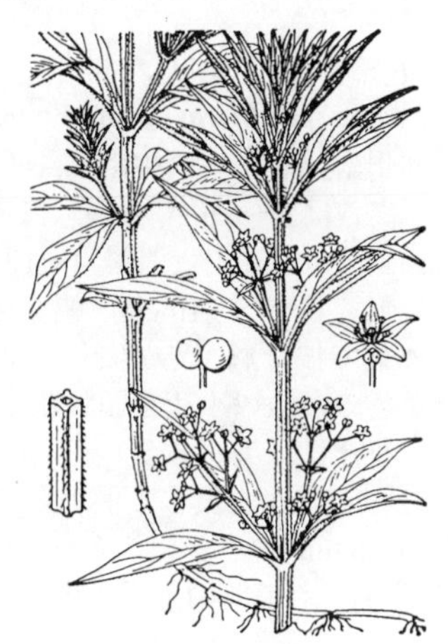

3362. **アカネムグラ**〔アカネ科〕

Rubia jesoensis (Miq.) Miyabe et T.Miyake

北東アジアの温帯，わが国では本州北部および北海道の主に海岸または低地の湿原に生える多年生草本．茎は直立し高さ 20～60 cm，四角で角にそって小さい逆刺が生えている．葉は 4 枚（内 2 枚が正葉）輪生し，披針形で基部はしだいに細くなってごく短い柄となり，長さ 4～8 cm，幅 4～20 mm，上面はざらつき，下面には少し毛があり主脈上には小逆刺がある．7～8 月に茎中部の葉腋から葉より短い長さ 1～3 cm の花茎を出し，小白花をやや密に集散状につける．花冠は径約 3 mm，深く 5 裂し，裂片は長卵形で尖り平開する．雄しべは 5 本，花柱は 2 分し，子房は無毛である．果実は双頭状または一方のみ発育し，分果は球形で径約 3 mm，黒熟する．〔日本名〕アカネ属に属するが，概形はヤエムグラに類するからである．

3363. **オオキヌタソウ**〔アカネ科〕

Rubia chinensis Regel et Maack

北海道南部から九州まで，および朝鮮半島，中国東北部の深山の林内に生える多年草で多くは孤立して生えており，細い根茎がある．茎は直立し，単純で高さ 30～60 cm，逆刺はない．葉は 4 枚輪生（2 枚正葉，2 枚托葉）し，狭長な全縁の卵形で長さ 6～10 cm，幅 2.5～5 cm，質はうすくほぼ無毛，葉柄は長さ 1～2 cm である．初夏に茎の先端または上部の葉腋から集散花序を出し，小白花を細い花柄の先に開く．花冠は 5 裂で径 3～4 mm，雄しべ 5 本．果実は球形で黒く熟し，双頭状になるが，片方はしばしば不熟に終わることが多い．茎や葉に毛が多いものが朝鮮半島から中国東北部の冷温帯に広く分布し，わが国でも本州中部地方にたまにみられる．これをマンセンオオキヌタソウ f. *chinensis* という．〔日本名〕キヌタソウに全体が似ているが，はるかに大形であるためについた．

3364. **アカミミズキ**（アカミズキ）〔アカネ科〕

Wendlandia formosana Cowan

奄美大島以南の琉球に分布する常緑の小高木．若枝には細かい伏毛があり，葉は有柄で対生し，葉柄間に広三角形の永存性の托葉がある．葉は長楕円形で両端が細まり全縁，長さ 8～15 cm，幅 3～6 cm，両面は無毛でざらつかない．初夏に枝先に長さ 10～20 cm の円錐花序をつけ，やはり細かい伏毛があり，多くの白または黄白色の小花をつける．がくは先端が 5 裂し，ほとんど無毛である．花冠は長さ約 4 mm，筒部は細長く，内側に毛があり，裂片は 5 個，花筒上部につき，葯は線形で外へ突き出している．花柱はさらに突き出し，柱頭は 2 裂する．さく果は小球形，2 室，径約 2 mm である．〔日本名〕赤身水木．奄美大島の方言で，同じ科のシロミミズキ *Diplaspora dubia* (Lindl.) Masam. に対して，材が赤いことに由来するとされる．

3365. カギカズラ 〔アカネ科〕

Uncaria rhynchophylla (Miq.) Miq.

房総半島以西の本州，四国，九州に分布し，山地に生える長いつる性の木本で若い茎は断面四角である．枝は水平に伸びる．葉は長さ 1 cm ぐらいの柄があり，対生，葉身は卵形で先が鋭く尖り，全縁，長さ 5〜11 cm，幅 4〜7 cm で 4〜5 対の側脈がある．上面は光沢があり下面は白色を帯びる．節上に 4 個の広線形の托葉があり，ほとんど離生，早落性である．葉の真上には小枝から変化した著しく曲がったかぎがあり，これで他物にからみつくが一節おきに 1 個しかつかないことが多い．花は小さく，夏に葉腋の真上に出る長い花序柄上に頭状に集まり，小球状をなす．花冠は白緑色，細長い筒部の先が 5 裂し，長さ 7〜8 mm．雄しべ 5 本．花柱は長く花冠から突き出し，先端はふくらんでいる．果実は 2 室，紡錘形で長さ 4.5 mm ぐらい，外面に微毛があり，上端に短いがく歯が残っている．「葉腋の鉤」を乾かして収れん剤とする．〔日本名〕鉤蔓の意である．〔漢名〕鉤藤をあてるのは好ましくなく，鉤藤は中国に産する本種の変種でトウカギカズラの名がある．

3366. タニワタリノキ 〔アカネ科〕

Adina pilulifera (Lam.) Franch. ex Drake（*A. globiflora* Salisb.）

九州南部から中国中南部，インドシナにかけて分布する常緑の小高木で，高さは 5〜6 m ぐらい．枝をよく分かち，花序と葉柄を除いては毛がない．葉は対生し，長さ 4〜10 mm の短い葉柄があり，葉身は長楕円状披針形で長さ 5〜10 cm，幅 2〜3.5 cm，全縁で質は厚くない．葉間托葉は 4 個で披針形，先が尖り，早落性で長さ 3〜6 mm．夏から秋にかけて淡黄色の多数の小花を頭状花序につけ，一見球形で花序には長い柄があり，花托には毛がある．花冠は下位子房の上に出て，筒状漏斗形になって立ち，先は 5 裂して平たく開き，長さは約 5 mm ある．花がすんで長さ約 2.5 mm の小さなさく果をむすぶ．種子は長楕円体で両側に翼がある．〔日本名〕谷渡りの木の意味で谷間の多湿地に好んで生えるからである．

3367. ヘツカニガキ 〔アカネ科〕

Sinoadina racemosa (Siebold et Zucc.) Ridsdale

四国と九州の南部から台湾や中国中南部にかけて分布する落葉高木で，高さは 5〜6 m くらい．葉は対生して長さ 3〜5 cm の長い柄があり，葉身は長さ 8〜12 cm，幅 4〜7 cm，卵円形で先端は鋭く尖り，基部は円形かやや心臓形，下面には隆起する 10 対内外の側脈が目立ち，全縁で質は硬い．若い時，下面の脈上には微毛があるが，上面は光沢があり無毛である．夏に淡黄色の小花を開き，球形になる頭状花序は枝の先端に総状につく．頭状花序には花序の 1.5〜2 倍の長さの柄がある．花冠は筒状漏斗形で長さ 7 mm ぐらい，上部が 5 裂し，平開した裂片の上面には微毛がある．花柱は花筒部の 2 倍長で高く突き出し，柱頭部がふくらみ，子房は下位，花後に長さ 3 mm ほどの小さいさく果を結ぶ．〔日本名〕辺塚苦木の意で，辺塚は九州大隅半島の一村落名で，最初ここで発見されたからである．

3368. カエンソウ 〔アカネ科〕

Manettia cordifolia Mart.

（*M. glabra* Cham. et Schltdl.；*M. ignita* (Vell.) K.Schum.）

南アメリカのブラジル，アルゼンチン，パラグァイなどに産するつる性の多年生草本である．根はじゅず状で茎は細長い．葉は対生し，葉身は卵形で先が尖り，基部は円形，ごく短い葉柄があり，葉間托葉をそなえている．夏に花柄を葉腋から出し，その先に 1 個の赤色花を開いて美しい．筒状漏斗形の花冠は筒部が長く，3〜4 cm，その先が 4 裂して外側に反巻する．雄しべは 4 個，花筒に附着して，葯は花外にやや突き出す．花柱 1 本で子房は下位．最初ブェノスアイレスの附近の森林で発見され，わが国には嘉永年間（1848〜1854）に渡来して今も観賞品として栽培されている．これに似て花は黄，紅の 2 色で花筒も短く，紅色の部分に粗い毛があり，裂片は反巻しないアラゲカエンソウ *M. inflata* Sprague がやはり観賞用に栽培されている．〔日本名〕火焔草の意味で花色に基づく．

3369. サンタンカ 〔アカネ科〕

Ixora chinensis Lam.

東南アジア原産の常緑灌木で，花木として熱帯地域で広く栽培される．高さ約 1 m，盛んに分枝して株立ちとなる．葉は対生，ほぼ無柄で，長さ 6～15 cm，幅 3～6 cm，楕円形～楕円状倒卵形で全縁，無毛，質厚く光沢がある．托葉は合着して茎を囲み，広い三角形で芒がある．枝先に密に三分枝した半球状の散房花序をつけ．中心花は無柄，両側の花は長さ約 2.5 mm の花柄があり，小さな 1 対の苞がつく．花は夏が盛りで，ピンク色，緋色，オレンジ色．萼筒は長さ約 1.5 mm，軟毛があり，萼裂片は長さ約 0.5 mm，赤く色づく．花冠筒は長さ 1.5～2 cm，細毛があり，裂片は円形～楕円形で変異があり，長さ 5～6 mm，花糸は花冠筒につき，非常に短く，葯は長さ約 3 mm で反り返る．花柱は突き出し，柱頭は 2 裂する．果実は球状の液果で赤黒く熟す．

3370. コンロンカ 〔アカネ科〕

Mussaenda parviflora Miq.

九州，屋久島から琉球，台湾にかけて分布する常緑の低木．茎の高さは 1～2 m ぐらい．葉は長さ 1 cm 内外の柄があり対生，托葉は離れてつき広線形，長さ 4～7 mm で 4 個，葉身は長卵形，長さ 8～13 cm，幅 3～5 cm，全縁で先は細くなって尖り，基部は鋭く葉柄に流れる．夏に枝の先にやや毛のある集散花序を出して花を開き，花冠は黄色筒状で長さ 1.5 cm ほど，先は 5 裂する．がくは 5 裂片のうちの 1 枚は大形で花弁状になって，広卵形，両端が尖り，白色，柄も含め長さ 3～4 cm. 長さ 8～10 mm の果実は熟すれば紫黒色になる．観賞のため栽培する．八重山諸島には葉が大きく幅 6.5 cm に達するものがあり，ヤエヤマコンロンカ var. *yaeyamensis* (Masam.) T.Yamaz. として区別されることもあるが，区別ははっきりしない．〔日本名〕崑崙花の意味で恐らく葉上に白く展開する装飾用のがく裂片の白さを崑崙山の雪に見立てたものであろう．〔漢名〕玉葉金花は別種ケコンロンカ *M. pubescens* W.T.Aiton である．

3371. ヒロハコンロンカ 〔アカネ科〕

Mussaenda shikokiana Makino

本州（静岡県，三重県，和歌山県），四国，九州に分布し，さらに中国からも知られている．高さ 2 m ほどの落葉性低木で，枝は叢生する．若い枝は短い伏毛を密生する．葉は広卵形で長さ 10～18 cm，幅 10 cm，上面はやや光沢があり，下面は白っぽく，両面とも短い毛がある．葉柄は 1.5～5 cm．托葉は三角形から狭い三角形で，先が浅く 2 裂，全面に伏毛を密生し早く落ちる．7 月頃枝の先に集散花序をつけ，直径 10～15 cm，短毛を密生し，外周の花はがく裂片の 1 つが大きく花弁状となり，白色で広楕円形．子房は下位で 2 室，長さ 3～4 mm．がく裂片は 5 個，披針形で長さ 5～8 mm. 花冠は高盆形で，筒部は長さ 10～11 mm，毛を密生し裂片は広卵形，長さ 3 mm, 黄橙色．液果は冬に黒緑色に熟し球形, 直径 1 cm ほど．種子は多数あり，0.4 mm 以下で小さく黒褐色．〔日本名〕コンロンカに似て，葉が広いことによる．

3372. ギョクシンカ 〔アカネ科〕

Tarenna kotoensis (Hayata) Kaneh. et Sasaki var. ***gyokushinkwa*** (Ohwi) Masam.（*T. gyokushinkwa* Ohwi）

九州から台湾までの暖地に産する常緑の小低木で，乾くと黒っぽくなる．若枝には倒伏した毛があり，葉は柄があり対生し，葉柄間に三角形の托葉がある．葉身は長卵形で先は尖り，長さ 6～18 cm，幅 3～8 cm，やや無毛で上面は少し光沢がある．夏に枝先に散房花序をつけ白花を開く．がくは小さく鐘形で先に 5 歯がある．花冠は長さ 6 mm ばかりの細長い筒部があり，裂片は 5 または 4 個，線状長楕円形で筒部より少し長く，つぼみの時はねじれている．雄しべは 5 または 4 本，花筒の上部につき，葯は線形で長くつき出し，花冠裂片とほとんど同じ長さである．果実は球形の核果で径 5～8 mm，黒く熟する．〔日本名〕玉心花の意味かと思われ，白花を白玉にたとえているのであろう．

3373. ミサオノキ　〔アカネ科〕

Aidia henryi (E.Pritz.) T.Yamaz. (*Randia densiflora* auct. non Benth.; *R. cochinchinensis* auct. non (Lour.) Merr.)

わが国西南部の山地に生える無毛の常緑低木で高さは約 3 m，分枝し葉が繁る．葉は短い柄があり対生，葉身は長楕円形か狭長楕円形，先は鋭く尖り，全縁，革質，上面は無毛で光沢があり，若葉はしばしば赤味がある．葉間托葉は三角形．夏に多くの花からなる短い集散花序を葉と対生して枝の横に出し，1 節おきに交互に 1〜数節の間に出て葉よりも短い．花序の柄はごく短く，1〜5 回に三叉状に分かれ，宿存性の小苞葉がある．花柄は短い．花径は約 16 mm，つぼみは狭長な円柱形．がくは短鐘形，4 裂し裂片は短い．花冠は黄色でつぼみの時はねじれており 4 裂，裂片は狭く長い．花は開くとすぐ裂片が反曲して著しく筒部より長く，筒部の出口あたりには細毛がある．4 個の雄しべは花筒の出口につき，花糸はごく短く，葯は細くて長い．子房は下位で小さく，花柱は長く，柱頭は長大である．核果は広楕円状球形で径 5 mm，無毛でざらつかず，秋に赤褐色，のち黒熟して翌春まで残る．果頂はがく，花冠の脱落した跡が残ってわずかに突出する．核は硬く卵状球形で 2 分され，それぞれの中に細小な黒色の種子が 3〜10 あり，多少平たく角がある．〔日本名〕操の木の意で，この木が岩の間に生えても，常に青々として色が変わらないので操の堅固なことにたとえ，かつて牧野が命名したものである．

3374. クチナシ　〔アカネ科〕

Gardenia jasminoides Ellis var. ***jasminoides***

静岡県以西の本州，四国，九州の山地から台湾，中国にわたって分布し，また庭木や切花用として栽培される多年生常緑低木で高さは 2 m 内外である．葉は対生し，葉身は長さ 5〜11 cm，幅 2〜4 cm ぐらいの長楕円形，全縁で光沢がある．短い葉柄の間には先が尖る脱落性の葉間托葉がある．夏に径 6〜7 cm の高盆状の白花を開き，芳香がある．花冠は質が厚く，6 裂し，各々の裂片はつぼみのとき回旋状に重なって並び，筒部は長さ約 2 cm．果実は倒卵形体または楕円体で長さ 2 cm ぐらい，両端は尖り，6 本の縦の稜翼があり，熟すれば黄赤色になって，果内には黄色の果肉と種子が入っている．頂には宿存性の 6 個のがく片がある．果実を染料または薬用にする．八重咲のものをハナクチナシ 'Flore Pleno' という．〔日本名〕口無シは開裂しない果実に基づく名と一般にはされているが，一説に細かい種子のある果実をナシにみたて，それに宿存性の嘴状のがくのあることをクチと呼び，クチを具えたナシの意味であるという．一名センプクは簷蔔のことで，この花をこの名でよぶと仏教の書物に出ている．〔漢名〕巵子または梔子と書く．

3375. ヒトエノコクチナシ　〔アカネ科〕

Gardenia jasminoides Ellis var. ***radicans*** (Thunb.) Makino ex H.Hara f. ***simpliciflora*** (Makino) Makino ex H.Hara

ふつう庭園に栽培され，中国原産といわれる常緑の低木でクチナシの 1 変種である．高さ約 60 cm になり，茎はよく分枝して斜上し，基部は横にはう．葉は対生し，倒披針形で長さ 4〜8 cm，幅 1〜2 cm，質厚く光沢があって全縁，クチナシに比べて狭く両端に鋭く尖る．夏に枝の先に花柄を出して白色の単弁花を開き，のちに結実する．花，果実ともにクチナシと同形だが小さい．この品種にはケンサキの名もあるが，これは花の裂片の先が尖っているからで剣咲の意味である．ときに八重咲きのものがあり，これをコクチナシ f. *thunbergii* (Makino) という．〔漢名〕水梔子という．クチナシの漢名はその果実の形が梔という酒を入れる器に似ているから梔子というらしい．アメリカ人の好む花である．

3376. コーヒーノキ　〔アカネ科〕

Coffea arabica L.

アフリカ大陸の中部，東部，エチオピアなどの原産とされる常緑高木．高さ 5〜8 m で幹は灰白色，よく分枝し，ほぼ水平に枝をひろげる．葉は対生し，長さ 7〜10 m の楕円形で両端は尖り，全縁でふちはやや波打つ．葉の表面は緑褐色を帯び，光沢がある．中央脈から斜めに平行に走る側脈がやや陥没していてめだつ．花は葉腋につき，径 1〜2 cm の白花を咲かせる．花冠は下半部が筒形，上半は星形に 5 裂する．雄しべも 5 本，雌しべは 1 本．果実は長さ 2 cm ほどの長楕円体で，熟すと赤紫色で光沢がある．中にある 2 個の種子は長めの半球形で向きあい，面の中央に縦の溝がある．この種子をコーヒー豆と称し，乾燥または発酵させて商品とする．原産地のアフリカをはじめ，インドネシア，ハワイ，ブラジル，コロンビア，カリブ海諸島などで大規模な栽培が行われている．コーヒーの品種はきわめて多く，また本種とは別種のロブスタコーヒー *C. canephora* Pierre ex Froehner やリベリアコーヒー *C. liberica* Bull ex Hiern などを原種とする品種もある．日本では，かつて小笠原諸島で試作されたことがあるが，現在では産業的な生産はない．

3377. トウヤクリンドウ 〔リンドウ科〕

Gentiana algida Pall.

北東アジア，シベリア，北アメリカに分布し，日本では本州中北部と北海道の高山に生える多年草である．茎は円く細長くて立ち，高さは 8～15 cm ばかりとなる．根生葉は倒披針形で長く，花茎のわきに多数集まって立ち，下の 1 対は下部が鞘状の筒となり，他の葉を包んでいる．花茎の葉は対生し，広披針形または披針形で短く，長さ 2～5 cm，幅 5～10 mm，全縁，基部は合着して短い鞘状となる．夏，茎頂に鐘状の花を 2～3 個つけ，花は淡黄色で緑色の細点を散布し，日光を受けて開く．がくは 5 裂し．裂片は筒より少し短い．花冠も 5 裂し，裂片の間には小さい副裂片がある．雄しべは 5 本，雌しべは 1 本でともに花筒の中にある．果実はさく果となり細長くて熟すと 2 裂する．種子は表面に凹凸があり，狭い翼が 3～4 稜ある．〔日本名〕当薬（センブリのこと）と同じく薬になるリンドウという意味である．

3378. ヤクシマリンドウ 〔リンドウ科〕

Gentiana yakushimensis Makino

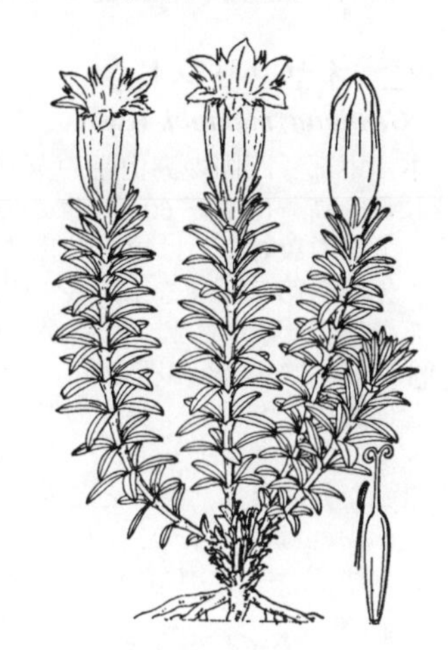

屋久島高地の岩間に生える多年草である．全体無毛で，茎は数本かたまって岩壁から垂れ下がり，高さ 5～20 cm ばかりで，細くて硬い．葉は 4 枚，時に 3 枚輪生して密につき，披針状線形で鈍頭，質は厚く濃緑色で光沢があり，主脈は凹み，下面は白っぽく，長さ 1～2 cm，幅 2～3 mm．8～9 月，茎頂にやや大きい花を 1 個開く．花は柄がなく，がくは長さ 1 cm 余り，鐘状で 6～8 裂し，裂片はやや短くて披針形である．花冠は長鐘形で長さ 3～4 cm，濃青紫色で黄緑色の細点があり，裂片は 6～8 個，裂片の間には 2 裂した小さい副裂片がある．柱頭は 2 裂している．屋久島の特産で名もそれに基づいてつけられ，細い葉を輪生する点が特徴で他の種から直ぐ識別できる．

3379. リ ン ド ウ 〔リンドウ科〕

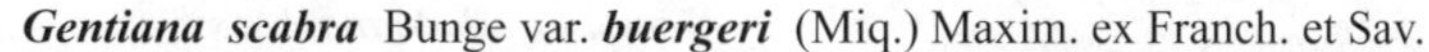

Gentiana scabra Bunge var. ***buergeri*** (Miq.) Maxim. ex Franch. et Sav.

本州，四国，九州の山野にふつうに見られる多年草である．根はひげ状で，茎は直立または斜上し，大きいものでは高さ 60 cm にもなる．葉は対生し柄がなく，茎を抱き，披針形で先は尖り，全縁，3 本の縦に走る脈が目立つ．苞葉は狭披針形でやや小形．秋，茎の頂または上部の葉腋に紫色の花（時に白色花ありササリンドウという）を開き，茎頂のものは 5～6 個かたまって咲く．がくは 5 裂し，裂片は線状披針形で尖り，やや反り返って筒部よりも長い．花冠は鐘状で 5 裂し，裂片の間にはさらに副裂片がある．雄しべは 5 本，雌しべは 1 本．果実はさく果となり細長く，熟すと 2 裂し，下に宿存がくと花冠をつけている．種子は微小な紡錘形で翼がある．根をゲンチアナ根の代用として薬用にする．〔日本名〕リンドウの名は漢名の竜胆に由来する．〔漢名〕龍膽．

3380. ホソバリンドウ 〔リンドウ科〕

Gentiana scabra Bunge var. ***buergeri*** (Miq.) Maxim. ex Franch. et Sav.
f. ***stenophylla*** (H.Hara) Ohwi

本州から九州の湿った草地に生える多年草である．全体無毛で茎は細くほとんど分枝せず，高さ 20～60 cm になる．葉は対生し柄がなく，線状披針形で上部の葉は一層細く，先は尖り，全縁，長さ 2～6 cm，幅 2～8 mm，葉質はやや厚く，ふちはわずかにざらついている．晩秋，茎の先または上部の葉腋に 1～4 個の花がかたまって咲く．がくの筒部は漏斗状で長さ 1～1.5 cm，裂片は 5 個，線状披針形で尖り，筒とほぼ同じ長さである．花冠は長鐘形で長さ 4～5 cm，裂片は広卵形で先は急に尖り，裂片の間に小さい尖った副裂片がある．花はリンドウと同じようであるが，葉は細く湿地に生える．

3381. エゾリンドウ 〔リンドウ科〕

Gentiana triflora Pall. var. ***japonica*** (Kusn.) H.Hara

アジア大陸に産するトウオヤマリンドウ（ホソバノエゾリンドウ）*G. triflora* の変種で，サハリン，千島に産し，日本では北海道と本州の福井県以北に自生し，山地帯から亜高山帯の草地や湿地の周辺に生える．全体壮大で，高さ 30〜80 cm．根生葉と下部の茎葉は鱗片状．中・上部の茎葉は対生，まれに 3 枚輪生し，卵形ないし披針形，長さ 5〜10 cm，幅 1〜3.5 cm，3〜5 脈がある．花は 9〜10 月に茎頂および上部葉腋に（3〜）5〜20 個つける．がくは 5 裂し，裂片は長さ，形が不同．花冠は濃青色ないし青紫色，淡青色，まれに白色のものもあり，長さ 3.5〜5 cm，筒状鐘形で 5 裂し，裂片間に低い三角形の副裂片があり，裂片は斜開か，やや平開する．さく果は紡錘形で，花冠とほぼ同長，種子は紡錘形で，細かい網目状紋があり，両端翼状になる．高山形で小形となり，葉の幅広く，主として茎頂のみに花をつけるものをエゾオヤマリンドウ，湿地産の狭葉でやや小形のものをホロムイリンドウという．〔日本名〕蝦夷竜胆である．リンドウの名で切花用に栽培され，さまざまな形の改良型が見られる．

3382. オヤマリンドウ 〔リンドウ科〕

Gentiana makinoi Kusn.

本州中部，四国の高山帯の草地に生える多年草で，切花用として栽培もされる．高さは 20〜60 cm ばかり，地下茎は多少肥厚し，茎は直立して円く，下部の数対の葉は短い鞘状に退化する．葉は 10〜12 対あり，広披針形で，先は次第に細くなってやや尖り，全縁で基部は茎を抱き，葉の色は白色を帯び，3 脈が目立つ．夏から秋にかけて，茎頂または上部の葉腋に 1〜7 個の柄のない紫色の花を開く．がくは 5 裂し，裂片は筒よりも短くて尖る．花冠は鐘状で 5 裂し，裂片の間には副裂片があり，長さ約 2〜3 cm．雄しべは 5 本で筒の半ばより下につき，雌しべは 1 本，柱頭は 2 裂する．果実はさく果となり細長く，熟すと 2 裂する．種子には翼がある．〔日本名〕御山竜胆（御山とは石川県の白山のこと）の意味である．花屋ではキヤマリンドウとも呼び，キヤマは白山の山腹で，樹木の多いところという．

3383. アサマリンドウ 〔リンドウ科〕

Gentiana sikokiana Maxim.

紀伊半島，四国の山林の中に生える多年草である．根は太いひげ根で淡黄色．茎は直立し，高さ 10〜25 cm，対生する数個の葉をつける．葉は倒卵形ないし楕円形で先は尖り，基部は鋭形で短い柄をもち，ふちは波状のしわがあり，5 主脈が目立ち，革質，緑色で少し光沢がある．秋，茎頂および上部の葉腋に，濃青紫色，時に淡青紫色の花を数個上に向かって開く．がくは緑色で下部は筒状になり，基部に葉状の苞葉をもつ．5 個のがく裂片は卵状円形または楕円形で平らに開く．花冠は漏斗状鐘形で，基部は細まり，5 個の花冠裂片は広卵形で鋭頭，裂片の間には小さい三角状の副裂片があり，花弁の内面に緑色の細点を散布している．雄しべは 5 本で花筒の内にあり，子房は狭長で長い柄があり，花柱は短く柱頭は 2 裂する．果実はさく果で柄があり紡錘形である．〔日本名〕朝熊竜胆の意味で，三重県伊勢の朝熊山（アサマヤマ）に多いので名付けられた．

3384. リシリリンドウ 〔リンドウ科〕

Gentiana jamesii Hemsl.

中国東北部，朝鮮半島，サハリン，千島に産し，日本では北海道の利尻山，大雪山系，夕張岳の高山帯のやや湿った草地に生える多年草．ミヤマリンドウに近縁で，茎は高さ 5〜12 cm，やや 4 稜があり 5〜10 対の対生葉をつける．茎葉は広披針形ないし長楕円形，長さ 7〜15 mm，幅 3〜6 mm，基部は無柄，先端は鈍頭．花は 7〜8 月に 1〜少数個つき，長さ 2〜3 cm．がく筒は長さ 6〜8 mm，筒部の長さの約 1 / 3〜1 / 4 の卵形の裂片が 5 個ある．花冠は濃碧青色で，先端は 5 裂し，裂片は卵形ないし倒卵形，副裂片は三角形で，ふちが糸状に裂け，開花時も開出しないで，内向し花喉部をふさぐ．さく果には長柄があり，花冠より少し抽出し，種子は紡錘形．〔日本名〕リシリリンドウは，北海道の利尻島に由来する命名．別名のクモマリンドウは朝鮮半島産に対しての命名．白花のものをシロバナリシリリンドウ f. *albiflora* (Nakai) Toyok. という．昔，利尻島で発見されたときには，特産種として発見者の川上滝弥にちなみカワカミリンドウと呼ばれたこともあったが，後に朝鮮半島産と区別できないことが判明した．

3385. ミヤマリンドウ 〔リンドウ科〕

Gentiana nipponica Maxim. var. ***nipponica***

本州中部以北と北海道の高山帯の草地に生える日本特産の多年草である．茎は細く，下部はほふくし枝分かれする．上部は立ち上がって高さ 3〜10 cm になる．葉は小形で対生し，やや密につき，ほとんど柄がなく，広披針形ないし狭卵形，葉質は厚く無毛，ふちは少し外巻きで，茎の基部に近いほど小形になり，上に行くに従って大形になる．7〜8 月頃，茎の頂に 1〜3 花からなる集散花序を出し，濃青紫色で径約 1.5 cm の花を上に向かって開く．がくは緑色で 5 裂し，裂片は披針形で尖る．花冠の筒はがくよりも長く，先は 5 裂し平らに開き，裂片は卵状楕円形で先はやや円く，副裂片は三角形で尖り，少数のきょ歯があり，まれに全縁．花は日中だけ開き，夜間はしぼむことは他種と同様である．雄しべは 5 本で花筒の中部につき，子房は狭倒卵形体で花柱は短く，柱頭は 2 裂する．〔日本名〕深山竜胆の意味である．

3386. イイデリンドウ 〔リンドウ科〕

Gentiana nipponica Maxim. var. ***robusta*** H.Hara

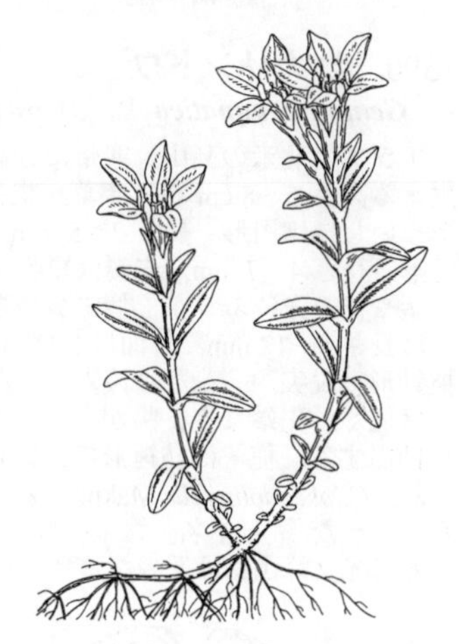

東北地方の飯豊山塊の高山帯岩れき地の低木群落中に特産し，ミヤマリンドウの変種である．植物体全体が母種より大きく，特に花冠は長さが 2.5〜3 cm あり，リシリリンドウとほぼ同じ大きさなので，リシリリンドウの変種や亜種とする見解がある．しかし，リシリリンドウの花冠裂片間の副裂片は，開花時に開出しないで花喉部をふさぐように内向するのに対し，このイイデリンドウではミヤマリンドウと同様に，開花時に裂片とともに開出するので，ミヤマリンドウと同種であるとされる．この考えは，染色体の形態学的研究からも支持されている．〔日本名〕飯豊竜胆で，特産地の飯豊山に由来する．

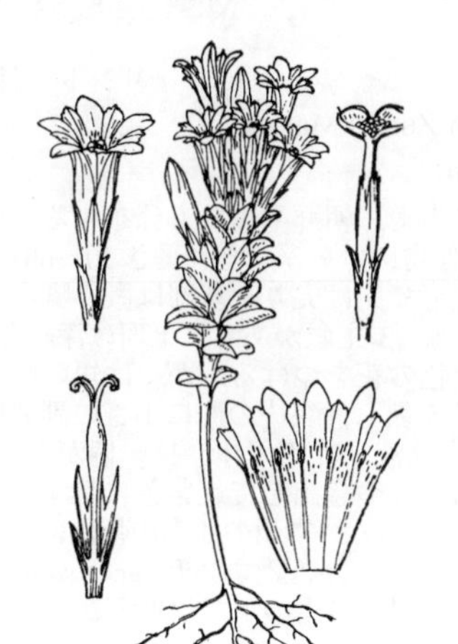

3387. フデリンドウ 〔リンドウ科〕

Gentiana zollingeri Fawc.

東アジアの温帯に広く分布し，日本では北海道，本州，四国，九州の山野の日当たりのよい所に生える二年生の小さな草である．根は地中に直下して細く，茎は直立し高さ 6〜9 cm ばかり，半ばから上に葉をつける．葉は密接して対生し小さく，卵円形で短く尖り，全縁，葉質はやや厚く，下面の主脈上に稜があり，緑色で時に紫色を帯びる．春，茎の頂に数個の青紫色の花を集まってつける．がくは緑色で 5 裂し，花冠は長鐘状でふちは 5 裂し，裂片の間には副裂片があり，日中に開く．雄しべは 5 本，雌しべは 1 本，柱頭は 2 裂する．果実は有柄で残存がくより長くつき出し，2 裂して盃状となり，中に多数の種子を含む．〔日本名〕筆竜胆．茎頂につく花の状態が筆の穂先を思わせるためにいう．

3388. コケリンドウ 〔リンドウ科〕

Gentiana squarrosa Ledeb.

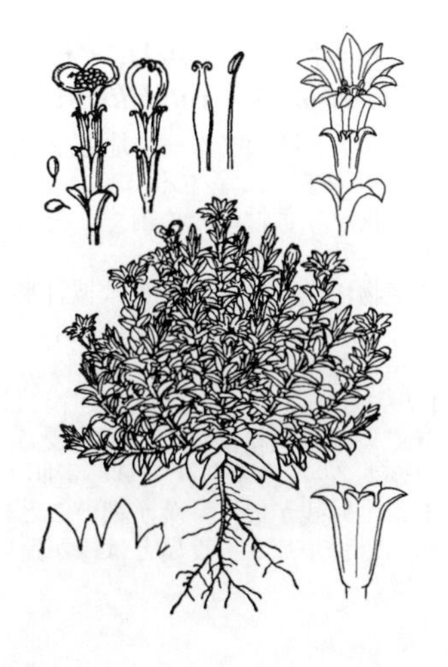

東アジアの温帯，暖帯に広く分布し，日本では本州，四国，九州の日当たりのよい原野に生える二年生の小さな草である．茎は根もと近くから何本も分かれて立ち，高さ 3〜8 cm となる．葉は対生し，下部の 2〜3 対は大きく，広披針形で尖り，葉柄がなく茎を抱き，地面に接して重なり合って開き，十字形となる．茎葉は茎全体につき，狭卵形で小さく，基部は合着し短い葉鞘となり，上部はやや開く．春，枝の先に淡青紫色の小さい花をつけ，日中に開花する．がくは 5 裂し，裂片は筒部よりも短くて尖る．花冠は鐘状でふちは 5 裂し，裂片の間には副裂片がある．雄しべは 5 本，雌しべは 1 本，柱頭は 2 裂する．果実はさく果となり細長く，宿存する花冠の上につき出て，円形の 2 片に裂けて，種子を露出し，下部は長い柄となる．〔日本名〕苔竜胆の意味で，全体が小形なことによる．

3389. ハルリンドウ（サワギキョウ（同名あり））　〔リンドウ科〕

Gentiana thunbergii (G.Don) Griseb. var. ***thunbergii***

東アジアの温帯に広く分布し，日本では北海道，本州，四国，九州の日当たりのよい湿地や原野に生える二年生の小さな草である．高さは 10 cm ぐらいで，全体淡緑色，軟質で毛がなく平滑である．根生葉は大きく，卵形で数枚が重なり合って対生し，地面に接して越年し，長さ 2 cm 内外，葉柄はなく先は尖り，全縁で上面は平らである．花茎は数本集まって立ち，下の方で分かれ，茎葉は小さく，披針形で対生し，基部は合着し背面は稜状となり，各茎に 1〜2 対まばらにつく．5 月頃，茎頂に 1 個ずつ青紫色の花を上に向かって開く．がく裂片は線状披針形で尖る．花冠は漏斗状鐘形で長さ約 2 cm，下部は筒となり，上部は 5 裂し，裂片の間には副裂片があり，日中に開花する．雄しべは 5 本で筒の半ばより下につく．子房は狭長で下部は長い柄となり，花柱は短く柱頭は先が 2 裂する．さく果は球形に近く扁平で，長い柄があり，宿存花冠の上に突き出て花柱を伴い，2 裂して微細な種子を出す．本州中北部の高山や北海道の湿地には花茎の数が少なく，花が小形のものがあり，タテヤマリンドウ var. *minor* Maxim. という．〔日本名〕春竜胆の意味である．沢桔梗は沢などに多く生えるので名付けたものである．〔漢名〕石竜胆を使うのは誤りである．

3390. ヒナリンドウ　〔リンドウ科〕

Gentiana aquatica L.（*G. pseudohumilis* Makino）

アジアと北米の高山，寒帯に分布し，日本では八ヶ岳の高山帯草地にまれに生える高さ 5〜8 cm の二年草．根生葉は小形でロゼット状または対生し，倒卵形ないしほぼ円形，長さ 2〜5 mm，幅 1〜4 mm．茎葉はのみ形ないしのみ状披針形，長さ 4〜7 mm，先端は短刺状，基部は鞘状になり茎を抱く．花は 6〜8 月に茎や枝の先にふつう 1 個ずつつき，長さ 1〜1.7 cm，短柄があり，5 数性．がくは長さ 8〜12 mm，外面に 5 稜あり，先は 5 裂し，裂片は三角状卵形ないし広披針形，鋭尖頭．花冠は淡青色，漏斗状鐘形で 5 裂し，裂片は平開する．副裂片は低く，先端にきょ歯がある．さく果は短く，卵形体で長柄があり，花冠から抽出する．種子は紡錘形で，網目状紋がある．本種は長い間日本特産と考えられ，*G. pseudohumilis* Makino の名で呼ばれていたが，大陸産と区別のないことがわかった．〔日本名〕雛竜胆は，全体が小形であることに由来する．南アルプスと日光女峰山には近縁なコヒナリンドウ *G. laeviuscula* Toyok. を産する．

3391. ツルリンドウ　〔リンドウ科〕

Tripterospermum japonicum (Siebold et Zucc.) Maxim.

（*T. trinervium* (Thunb.) H.Ohashi et H.Nakai）

北海道，本州，四国，九州の山地の木陰に生え，朝鮮半島にも分布する，つる性の多年草．茎は細長く地をはい，または他物にからみつき，長さ 30〜60 cm となる．葉は対生し，長卵形ないし卵状披針形で先は尖り，基部は微心臓形ないし円形，長さ 5〜15 mm の葉柄があり，全縁，3 主脈があり，上面は深緑色，下面はふつう紫色を帯びる．秋，葉腋に淡紫色の花をつける．がくは短い筒状で 5 裂し，裂片は狭長で尖る．花冠は鐘状で 5 裂し，裂片の間に小さい副裂片がある．雄しべは 5 本，雌しべは 1 本．果実は液果で楕円体，長い柄があり，頂には宿存する花柱をつけ，残存する花冠の上につき出して紅紫色に熟す．果実の中には扁平で円く，3 翼のある多数の種子がある．本州の亜高山帯には，茎が巻き上がらず，がく歯が短くて花冠に圧着するテングノコヅチ var. *involubile* (N.Yonez.) J.Murata がある．花が夏に咲き始め，果実は雪の下で越年する．

3392. ホソバツルリンドウ　〔リンドウ科〕

Pterygocalyx volubilis Maxim.

アジア大陸のアムール地方や中国・台湾に分布し，日本では北海道，本州，四国にややまれに産する二年草のつる草．茎は細長く，茎・葉ともに紫色を帯びず，花が 4 数性のため細く，花冠裂片間に副裂片がなく，さらに果実がさく果なので，外形が似たツルリンドウから容易に区別できる．茎は細長く，つる性で他の植物に巻きつき，茎葉は披針形ないし線状披針形，長さ 1.5〜5 cm，幅 0.5〜1 cm，質は薄い．花は 8〜11 月に，葉腋に短柄を伴ってつく．がく筒は長さ 1.5〜2 cm，外側に 4 稜あり，裂片は広線形で長さ 3〜5 mm．花冠は帯淡青紫色で長さ 1.7〜3.5 cm，先は 4 裂し，裂片にはいずれも付属物なく，先端が多少波状になる．さく果は狭長楕円体で有柄，長さ 1 cm 内外．種子は小形で網目状紋のある膜状翼がある．〔日本名〕細葉蔓竜胆で，ホソバノツルリンドウともいう．ツルリンドウに外観が似て，葉が細いことによる命名．系統的には，花冠裂片間に副裂片のあるツルリンドウ属とは縁が遠い．本種は長い間多年草と考えられていた．

3393. チチブリンドウ 〔リンドウ科〕

Gentianopsis contorta (Royle) Ma

インドから中国に分布し，日本では秩父山地の十文字峠付近や南アルプスの亜高山帯から山地帯の石灰岩地帯に稀産する高さ 6～20 cm の二年草．山地帯の日当たりのよい所に生えたものは，よく分枝して花つきもよい．茎葉は長さ 1～1.5 cm，幅 0.4～1 cm，楕円形ないし卵状楕円形で，基部は鞘状となり十字対生する．花は淡紅紫色で，8～9 月に茎や枝の先に通常 1 個ずつつくので，分枝の多い個体では，それだけ花つきもよくなる．4 数性で，がくは細い筒状漏斗形，長さ 1～1.5 cm，4 裂し，裂片は筒部の 1 / 3 前後で，相対する 2 枚は三角形でやや幅広く，残る 2 枚は細く披針形．花冠は筒状で，長さ 2 cm 内外，4 浅裂し，裂片は卵状楕円形で，長さ 5 mm 内外，斜開し，花冠筒部の基部付近に裂片と対生して 4 個の腺体がある．さく果は花冠よりやや長く，種子には微小突起が密生する．〔日本名〕秩父竜胆は産地に由来する．ヒロハヒゲリンドウとも呼び，これは中国東北部（旧満州）産につけられた名称である．

3394. シロウマリンドウ（タカネリンドウ） 〔リンドウ科〕

Gentianopsis yabei (Takeda et H.Hara) Ma ex Toyok. var. ***yabei***

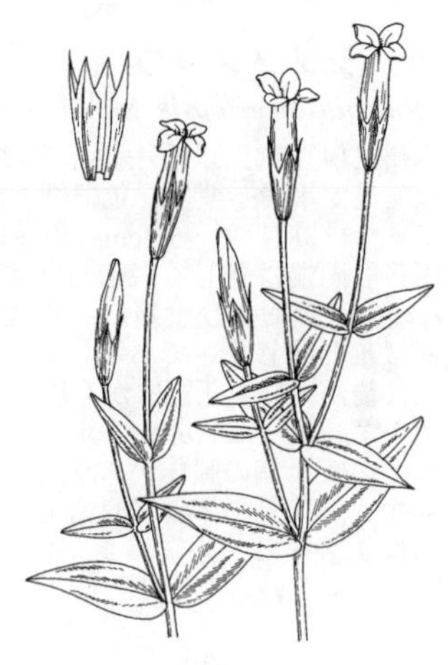

北アルプス白馬連峰の亜高山帯から高山帯草地および崩壊斜面に生える日本特産の二年草．高さは 5～30 cm，亜高山帯では 40 cm に達する場合もある．根生葉は倒卵形ないしへら形，長さ 0.5～2 cm で対生，まれにややロゼット状．茎葉は楕円形ないし卵状披針形または長楕円形，長さ 2～5 cm，幅 0.8～2 cm，基部は茎を抱き，鞘状になり対生．花は 8～9 月に，茎頂および分枝した枝頂に通常 1 個ずつ，長さ 5～15 cm の花柄を伴ってつける．特に茎の先端につく花の花柄は長くのびる．がくは鐘状漏斗形，長さ 1.5～2.5 cm，先から 1 / 3 くらいまで 4 裂し，裂片のうち，向かい合った 2 枚は卵状披針形で，幅 2～5 mm，残る 2 枚は細く，線状披針形．花冠は白色，筒状鐘形で，長さ 2.5～4 cm，先から 1 / 3～1 / 2 が 4 裂する．裂片は平開，基部は淡青紫色を帯び，下半部のふちが糸状に細裂，花筒基部には裂片と対生し，4 個の腺体がある．さく果は花冠とほぼ同長，種子には微小突起が密生する．〔日本名〕白馬岳に産するリンドウ．別名高嶺竜胆．花冠が青紫色のものをムラサキシロウマリンドウと呼ぶ．南アルプスには花柄の短いアカイシリンドウ var. *akaisiensis* T.Yamaz. を産し，白花のものもある．

3395. ミヤマアケボノソウ 〔リンドウ科〕

Swertia perennis L. subsp. ***cuspidata*** (Maxim.) H.Hara

本州中北部および北海道の高山帯の湿地や湿り気のある岩地に生える多年草である．茎は直立して枝分かれせず，高さ 20～30 cm ばかり，全体は無毛で滑らかである．根生葉は大きく，卵状楕円形で先は鈍形，全縁，基部は翼のある柄となる．茎葉ははるかに小さくなり対生し，1～2 対まばらにつく．7～8 月，茎の頂に総状の集散花序を出し，径約 2 cm の花を開き，花柄は長さ 1～3 cm で立つ．がくは 5 裂し，裂片は狭長で尖りいつまでも残る．花冠は深く 5 裂し，裂片は披針形，先はきわめて長く尖り，広く開き，暗青色で黒紫色の細点が密にあり，基部には 2 個の腺体があり，その周囲は長さ約 2 mm の毛でおおわれている．雄しべは 5 本あり，花冠よりも短い．子房は狭長，花柱はごく短く，柱頭は 2 裂する．〔日本名〕深山に生える曙草の意味である．

3396. ヘツカリンドウ 〔リンドウ科〕

Swertia tashiroi (Maxim.) Makino

（*Ophelia tashiroi* Maxim.；*Frasera tashiroi* (Maxim.) Toyok.）

日本特産で，九州南部，屋久島，奄美大島，琉球の川畔や海岸の岩上に生える全体が平滑でやや大形の一～二年草．茎は直立し，高さ 30～60 cm．根生葉は楕円形ないし倒卵状長楕円形で，長さ 8～30 cm，幅 3～10 cm，基部には柄がある．茎葉は小形で，長さ 2～4 cm，短柄がある．花は 10～1 月にまばらに円錐花序につき，通常数個～十数個で，四～五数性．基準型は五数性のため，四数性のものにジュウジアケボノソウという名がついたこともあるが，区別の必要はない．がくの裂片は狭三角形，長さ 2～4 mm，花冠は緑白色で 4～5 深裂し，裂片は長楕円形ないし披針形，長さ 12～15 mm，鋭頭，上部に紫褐色の斑紋がまばらにあり，やや中央部には，直径 3 mm 内外の円形の腺体が 1 個ずつある．さく果は花冠とほぼ同長．種子は長方形で小さく，短い柱状突起がある．〔日本名〕ヘツカリンドウは辺塚竜胆で，鹿児島県・佐多岬に近い辺塚の地名に由来する．

3397. アケボノソウ　〔リンドウ科〕

Swertia bimaculata (Siebold et Zucc.) Hook.f. et Thomson ex C.B.Clarke
（*Ophelia bimaculata* Siebold et Zucc.）

北海道，本州，四国，九州および中国大陸に分布し，山野の水辺に生える二年草である．茎は直立して枝を分かち高さ 60～90 cm ばかり，四角形で緑色．葉は柄があり，対生し，卵状楕円形で先は尖り，全縁，3 主脈が目立つ．根生葉は多数集まって出て，長楕円形で長い柄があり，花の時には枯死する．夏から秋にかけて茎頂に枝を分かち，有柄の白色の花を開く．がくは緑色で深く 5 裂し裂片は狭い．花冠も深く 5 裂しほとんど離弁花に見え，裂片のほぼ中部に黄緑色の 2 腺体があり，その上方に多数の黒紫色の細点がある．雄しべは 5 本，雌しべは 1 本．果実はさく果で宿存するがくと花冠とをつけ，細長くて熟すと 2 裂する．〔日本名〕曙草で，その花の色を明け方の空に，その花冠に散布する大小の細点を暁の空になお残っている星に見立てて名付けたものであろうか．〔漢名〕習慣として獐牙菜をあてている．

3398. シノノメソウ　〔リンドウ科〕

Swertia swertopsis Makino（*Ophelia umbellata* (Makino) Toyok.）

本州（伊豆半島以西），四国，九州の深山にまれに生える二年草である．全体は無毛で平滑．茎は緑色で細く，直立してまばらに枝を出し，四稜形で小数の葉をつけ高さ 30～50 cm，頂端は平たい．葉は長い柄があり，対生し，卵状楕円形．両端は著しく鋭形，うすい膜質で深緑色，平行脈が目立って見える．6 月頃．茎頂および葉腋に，多数の花から集まって無柄の散形花序をつける．花柄は花と同じ長さである．がくは淡緑色で深く 5 裂し，裂片は線形で尖り，背面に稜がある．花冠はがく片とほぼ同長で白色，鐘形で深く 5 裂するがあまり開かず，裂片は広卵形で鋭頭，内面の上部には紫色の斑点がある．基部より少し上には 2 個の腺体があり，長毛にかこまれている．雄しべは 5 本，花冠よりも短く，花冠の下部に付着している．子房は狭卵形体で上部は花柱となり，柱頭は 2 裂する．果実はさく果となり卵状楕円体でやや扁平．〔日本名〕同属の曙草に似ているためにそれと同意義の東雲草と名付けたものである．

3399. チシマセンブリ　〔リンドウ科〕

Swertia tetrapetala Pall. subsp. ***tetrapetala*** var. ***tetrapetala***
（*Frasera tetrapetala* (Pall.) Toyok.）

北海道以北，北東アジアからシベリアの寒地草原に生える二年草で，全体無毛である．茎は直立し普通枝を分かち，高さ 8～30 cm となる．葉は対生し，最下部のものを除いて柄はなく，狭卵形で先は尖り，長さ 1.5～4 cm，質はうすい．夏，枝の先にやや円錐状に花をつける．花は四数で，がくは基部まで 4 裂し，裂片は披針形．花冠は径 1 cm 内外あり，基部まで 4 裂し，裂片は卵状長楕円形でやや鈍頭，淡青紫色で上部に暗青紫色の細点があり，ほぼ中央に長楕円形の腺体があり，そのふちには乳頭状の突起が並んでいることが多い．雄しべは 4 本，雌しべは 1 本．〔日本名〕センブリに近縁で，千島で見出されたので名付けられた．〔追記〕本州の高山には花の小さいタカネセンブリ subsp. *micrantha* (Takeda) Kitam. を産する．

3400. ハナイカリ　〔リンドウ科〕

Halenia corniculata (L.) Cornaz

アジア，ヨーロッパの温帯に広く分布し，日本では北海道，本州，四国の山地の日当たりのよい草原に生える二年草である．茎は直立し枝を分かち，高さ 12～30 cm ばかり，緑色で細く 4 稜がある．葉はごく短い柄があり，対生し，長楕円形または卵状披針形，全縁，やや鋭頭で 3 主脈がはっきり見え，質は柔らかい．8～9 月，葉腋に細い花柄を数本立て，淡黄色でやや緑色を帯びた花を数多くつける．がくは緑色で深く 4 裂し，裂片は尖る．花冠は深く 4 裂し，各裂片の下部は線形の距となって往々内側に曲がる．雄しべは 4 本，雌しべは 1 本でともに花冠の中にある．果実はさく果となり紡錘形で，熟すと 2 裂する．〔日本名〕花碇で，花の形が船の碇（イカリ）に似ていることによる．

3401. サンプクリンドウ 〔リンドウ科〕

Comastoma pulmonarium (Turcz.) Toyok.
subsp. ***sectum*** (Satake) Toyok.

母種はシベリアからインドに分布し，わが国では花が小形の亜種サンプクリンドウが南アルプスと八ヶ岳の高山帯草地および岩地に特産する．高さ 5〜20 cm の二年草で，通常根元の小形のロゼット葉または対生葉の間から 1〜10 本の茎を出す．茎葉は細長い楕円形または広披針形で，長さ 8〜20 mm，幅 4〜8 mm，無柄．8 月下旬から 9 月に茎の先および葉腋から分かれた枝の先に，通常 1 個ずつ 5〜4 数性の花をつける．がくは 5 深裂し，裂片は長楕円状披針形，花冠は長さ 1〜1.5 cm，淡紅紫色で，上部 1 / 3 ほどが 5〜4 裂して平開する．裂片は楕円形で，内側に 2 裂して，さらに線形に裂けた内片があって，開花時に花喉部をふさぐ．果実はさく果で，種子は楕円体，ほぼ平滑．白花のものもあり，シロバナサンプクリンドウ f. *albiflorum* Hid.Takah. と呼ぶ．〔日本名〕三伏竜胆の意味で，南アルプスの三伏峠で発見されたことに因む．長い間，三伏峠から千枚岳に至る地域の特産と考えられていたが，1987 年に八ヶ岳でも発見された．

3402. ヒメセンブリ 〔リンドウ科〕

Lomatogonium carinthiacum (Wulfen) Rchb.
(*Swertia carinthiaca* Wulfen)

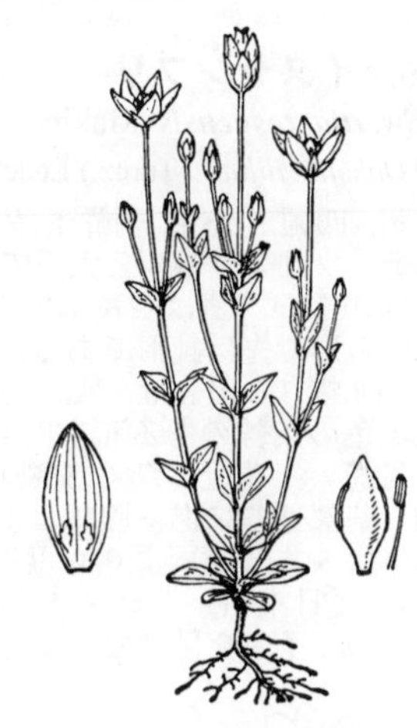

北半球の寒地に分布し，日本では八ヶ岳，南アルプスの高山帯の岩地や草地に見られる小形の一年草である．茎は高さ 3〜12 cm，下部から細く立った枝を分かち，全体無毛である．葉は対生し，下部では相接してつき，狭倒卵形で基部は細まり短い柄となり，上部ではやや離れてつき，卵形でやや尖り柄はなく，全縁，長さ 5〜15 mm．8 月下旬から 9 月にかけて，茎頂に細い花柄を出し，長さ 6〜12 mm の淡青色の花をつける．がくは基部まで 4〜5 裂し，がく片は長楕円形で尖り長さ 4〜9 mm，花冠も基部まで 4〜5 裂し，裂片は楕円形で鋭く尖り，脈は橙黄色で目立ち，基部近くに 2 個の小さい袋状の腺体がある．雄しべは 4〜5 本，柱頭は子房の両側に下がってつく．〔日本名〕センブリに似て小形なのによる．

3403. ソナレセンブリ 〔リンドウ科〕

Swertia noguchiana Hatus. (*Ophelia noguchiana* (Hatus.) Toyok.)

本州の伊豆半島および伊豆諸島の海岸の風衝斜面に生える無毛で光沢のある日本特産の一年草．質はやや硬く，やや多肉で，茎はよく分枝し，狭い翼状の 4 稜があり，高さ 10〜14 cm で斜上する．葉は対生し，葉身は倒卵状へら形で，長さ 1.5 cm 内外，先端は鈍頭，基部は細まって，長さ 4〜5 mm の短柄状になり，やや多肉質で上面に光沢がある．花は 10〜11 月に茎頂および葉腋に短柄を伴って 1 個ずつつく．がくは 5 全裂し，裂片は狭長楕円形ないし長楕円形で肉質，長さ 5〜7 mm，幅 2〜3 mm．花冠はわずかに黄色を帯びた白色で，脈は淡黄色で目立ち，5 深裂し，裂片は倒卵形ないし広倒披針形で，長さ 1.5 cm 内外，幅 5 mm 内外，基部からほぼ 1 / 4 の部分に 2 個の腺体があり，淡黄色，楕円形で，無毛または少数の短毛がまばらに生える．雄ずいは 5 個で，花糸の長さは不同，長さ 3〜5 mm．〔日本名〕磯馴千振の意味で，海岸に生える葉が多肉質のソナレムグラ（アカネ科）に感じが似ていることによる命名．

3404. センブリ（トウヤク） 〔リンドウ科〕

Swertia japonica (Schult.) Makino (*Ophelia japonica* (Schult.) Griseb.)

日本（北海道西南部から九州），朝鮮半島，中国に分布し，日当たりのよい草地に多い二年草．根は分岐し黄色である．茎は直立して分枝し高さ 20〜25 cm ほどとなり，四稜形で暗紫色を帯びる．葉は対生し細長い線形，ふちは全縁でしばしば紫緑色を帯びる．秋，枝先および葉腋に，円錐花序をなして多くの花を開く．花は白色で紫色の条線がある．がく片は 5 個，線形で尖る．花冠は深く 5 裂し，ほとんど離弁花のように見え，裂片の基部近くには長毛におおわれた 2 個の腺体がある．雄しべは 5 本，雌しべは 1 本．果実はさく果で細長く，熟すと 2 裂する．〔日本名〕千振．全体に苦味が多く，古くから胃腸薬として有名である．煎じて千回振り出してもまだ苦味が残るというのでこの名がある．トウヤクは当薬で薬になるという意味であろうか．

3405. ムラサキセンブリ 〔リンドウ科〕

Swertia pseudochinensis H.Hara

（*Ophelia pseudochinensis* (H.Hara) Toyok.）

東アジアの温帯に広く分布し，日本では本州，四国，九州の日当たりのよい草地に生える二年草で，センブリに似ている．根は分岐して短く，黄色で苦味は非常に強い．茎は直立し，上の方で枝を分かち，四稜形，黒紫色で細長く，高さ 15〜30 cm．葉はやや密に対生し，披針形で両端は尖り，ほとんど無柄に近い．10 月頃，茎頂および葉腋に，円錐状に花をつけ，上から順次開く．花は濃青紫色で長さ 1〜1.5 cm．がくは深く 5 裂し，裂片は緑色で細長く尖る．花冠は深く 5 裂し，裂片はやや広くほとんど全開し，基部近くにある腺体は長毛でおおわれているが，センブリよりも毛が少ない．雄しべは 5 本で花冠よりも短く，葯は暗紫色．子房は細長く緑色，花柱は短く，柱頭は 2 裂する．果実はさく果となる．〔日本名〕紫センブリの意味で花の色に基づく．

3406. イヌセンブリ 〔リンドウ科〕

Swertia tosaensis Makino

（*Ophelia diluta* (Turcz.) Ledeb. var. *tosaensis* (Makino) Toyok.）

本州，四国，九州，朝鮮半島，中国に分布し，原野の湿地に生える二年草．全体センブリよりも少し大形で，高さ 10〜35 cm ばかりである．根は淡黄色で苦味がない．茎は四稜形で細長く，分枝して斜上する．葉は茎の下の方ではへら形で先は鈍形であるが，上の方では狭楕円形で両端は尖り，長さ 2〜5 cm，幅 3〜10 mm．秋，茎の頂および枝の先に集散花序を出して，白色で淡紫色の条線のある花を開く．がく片は 5 個で緑色，披針形で尖り花冠よりも短い．花冠は深く 5 裂し，ほとんど全開する，裂片は狭長楕円形で鋭頭，基部近くにある腺体はセンブリよりも細長く，長毛で囲まれている．雄しべは 5 本で花冠よりも短く，子房は淡緑色で狭長．花柱は短く柱頭は 2 裂する．〔日本名〕犬センブリの意味で，センブリに似ているが，根に苦味がないのでイヌを付けて，本物でないことを示した．

3407. チシマリンドウ 〔リンドウ科〕

Gentianella auriculata (Pall.) J.M.Gillett

アジアから北米アリューシャン列島に分布し，日本では北海道の礼文島の海岸草地，大平山，利尻山の亜高山帯草地に生える二年草．茎は高さ 5〜30 cm，茎葉は卵形ないし倒卵形で通常 3 脈，長さ 1〜5 cm，幅 0.3〜1.2 cm，基部は茎を抱き，ふちには微突起がある．花は 8〜9 月に茎の先端および上部葉腋から出た枝の頂に通常 1 個ずつつく．がくは先が 1 / 3〜1 / 2 まで 5 裂，まれに 4 裂し，裂片は幅が広く，基部が耳状に張り出す．大平山産では，がく裂片の幅が狭く，基部がほとんど耳状にならない形も見られる．花冠は紅紫色，まれに白花のシロバナチシマリンドウ f. *albiflora* (Tatew. ex H.Hara) Satake もあり，長さ 1.5〜3 cm，5 裂，まれに 4 裂し，裂片は卵形ないし長楕円形で，基部に糸状に細かく裂けた房状付属物があり，筒状部の基部には裂片と対生し腺体が 1 個ずつある．さく果は無柄で，花冠とほぼ同長．種子は球形ないし楕円体で，表面はほぼ平滑．〔日本名〕千島竜胆で，千島に産することが知られたことに由来しての命名．

3408. オノエリンドウ 〔リンドウ科〕

Gentianella amarella (L.) Börner subsp. ***takedae*** (Kitag.) Toyok.

本州中部の北アルプス，南アルプスおよび八ヶ岳，さらに隔離分布して北海道の羊蹄山の高山帯草地に生える二年草．母種は北半球の寒地に広く分布し，オノエリンドウは日本特産の亜種である．高さ 5〜20 cm，茎葉は長さ 1〜3 cm，幅 0.5〜1 cm，3〜5 脈あり，基部は茎を抱き対生．花は 8〜9 月に，茎頂および上部葉腋から出た枝の先にふつう 1 個ずつつく．がくは先から 1 / 2〜3 / 5 くらいまで 5〜4 裂し，裂片は卵状楕円形．花冠は長さ 1.6〜2.3 cm，紅紫色，筒状鐘形で，5〜4 裂，裂片の内面には糸状に裂けた房状付属物があり，通常は斜上ないし平開するが，ときにやや反り返る．さく果は無柄で，花冠とほぼ同長．種子は球形ないし楕円体で表面はほぼ平滑．白花のものもところどころで基準型と一緒に見られる．〔日本名〕尾上竜胆の意味．亜種の形容語は高山植物の研究家武田久吉への献名．花が 4 数性のものをオクヤマリンドウとして区別したこともある．

3409. ユウパリリンドウ 〔リンドウ科〕

Gentianella amarella (L.) Börner subsp. ***yuparensis*** (Takeda) Toyok.

北海道の夕張岳，大雪山系および日高山脈北部の高山帯草地，砂れき地，蛇紋岩やかんらん岩崩壊地に生える，高さ 5〜30 cm の二年草．オノエリンドウと同様に，北半球周北地方の母種 subsp. *amarella* から区別される日本固有の亜種と考えられる．性状はオノエリンドウとほぼ同じであるが，がくは深裂し，裂片は線形ないし披針形で，がく筒の長さの 2〜6 倍あり，がく片のふちには多数の微突起が見られる．花冠は紅紫色，8〜9 月に開花し，オノエリンドウよりやや大きく，長さ 3 cm に達するものもある．亜高山帯の蛇紋岩崩壊地では，花期やや遅く，全体大形となり，高さ 40 cm に達し，下部からよく分枝し，花もたくさんつくが，やや小形で，アジアから北米に分布する subsp. *acuta* (Michx.) J.M.Gillett に非常に近い形を示す．白花のものもところどころに見られる．〔日本名〕基準標本の産地である北海道夕張岳のアイヌ名ユーパリに由来する．

3410. オガサワラモクレイシ 〔マチン科〕

Geniostoma glabrum Matsum.

小笠原の父島，兄島，母島の中央部山林内に生育する高さ 3〜5 m の常緑中高木で，母島の石門山頂の雲霧林では高さ 7〜8 m に達する高木となる．樹皮は灰褐色で全株無毛．葉は 2〜3 cm の長柄があって対生し，おしばすると黒変する．葉身は長楕円形で，長さ 5.5〜13 cm，幅 3〜6 cm，先端，基部ともに尖る．葉質は薄肉質，色は上面鮮緑色，下面は淡緑色，側脈は 7〜9 対で，主脈とともに下面に突出する．花期は 9〜10 月頃．葉腋に葉柄とほぼ同長の集散花序をのばし，多数花をつける．花序軸は無毛．苞と小苞は狭披針形か卵形で 1 mm 以下，長さ 3〜5 mm の花柄がある淡緑色の小花を 3 個ずつつける．がくは倒卵形体で長さ約 2 mm，無毛，先は 5 裂し，裂片は三角形で先は尖り，長さ約 1 mm，白色の縁毛がある．花冠は淡緑色，鐘形で長さ約 2.5 mm，花筒は長さ約 1.5 mm で先は 5 裂して平開し，裂片は三角状卵形で先は尖り長さ約 1 mm，白縁毛があり，表面下半に白絨毛が密生する．雄しべは 5 本，花糸は糸状で葯とほぼ同長，無毛．花柱は長さ約 1.5 mm，上半部は球状にふくらむ．さく果は広楕円体で先が尖り，黄緑色で長さ 8〜15 mm，径 6〜7 mm で，熟すと 2 裂し，果皮内面は朱色で肉質．黒褐色で長さ約 2 mm，平たい楕円体の種子 7〜8 個を入れる．

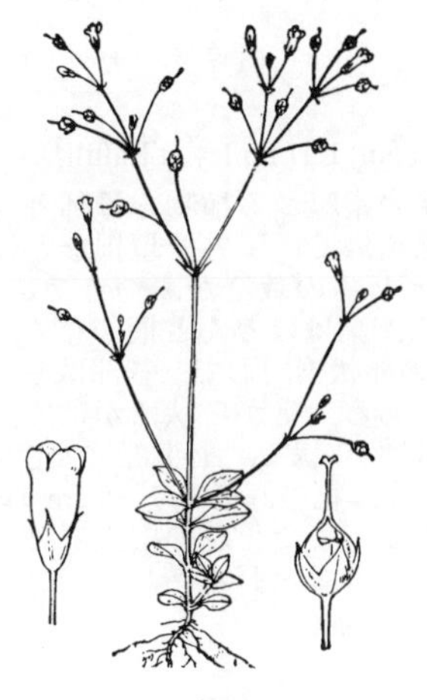

3411. アイナエ 〔マチン科〕

Mitrasacme pygmaea R.Br.（*M. nudicaulis* Reinw. ex Blume）

東南アジアの熱帯から暖帯に広く分布し，日本では本州，四国，九州，琉球の原野の湿地に生える一年草である．茎は直立し高さ 5〜15 cm ばかり，分枝して細く，上部はひげ状である．茎の下部の節間は短く節の上に葉を対生する．葉は楕円形または長卵形で茎の下部につき，茎とともに微毛がある．葉質はやや硬く暗緑色，茎の上部は節間が長く，鱗片状の微小な苞葉を対生する．夏，枝の苞葉の腋に散形状の花序をつくって，ひげ状の細い花柄をもつ白色の細かい花を開く，花柄は長短不同である．がくは 4 裂し，裂片は尖る．花冠は短い筒状で先は 4 裂し，裂片は円頭．雄しべは 4 本．雌しべは 1 本．さく果は小さくて上部が 2 裂し，下に宿存がくをつけている．

3412. ヒメナエ 〔マチン科〕

Mitrasacme indica Wight

東南アジア，オーストラリアの熱帯から暖帯に分布し，日本では本州，四国，九州，琉球の原野の湿った所に生える一年草である．茎は直立して高さ 6〜9 cm ばかり，分枝し細くて軟弱である．葉は茎全体にわたってまばらにつき，披針形または広線形で先は尖り，ふちはきょ歯がなく，長さ 7 mm ばかり，茎，葉はともに淡緑色である．夏，茎の先端または上部の葉腋に長さ 7〜12 mm の細い花柄を出し，白色の細かい花を開く．がくは 4 裂し，緑色でいつまでも残る．花冠は漏斗状鐘形で，筒部は短く上部は 4 裂し，裂片は広卵形でやや鈍頭．雄しべは 4 本で筒の内壁に合着し，雌しべは 1 本．果実は小さいさく果となり，上部は 2 裂し下に宿存がくをつけている．

3413. ホウライカズラ 〔マチン科〕

Gardneria nutans Siebold et Zucc.

本州（関東南部以南），四国，九州，琉球の暖地に生える常緑のつる性木本である．茎は毛がなく，緑色で円柱形だが初めは四稜形であり，強い．葉は対生し，楕円形または長楕円形で鋭尖頭，基部は急に細まって短い柄となり，ふちにはきょ歯がなく，葉質は強くて弾力のある革質で，両面とも深緑色である．7 月頃花を開く．花は葉腋に下垂し，長さ 1〜2 cm の花柄をもち，ごく短い花序軸に 1〜3 個集まって咲く．がくは緑色で小さく，5 裂して裂片は半円形である．花冠は白色で放射状に深く 5 裂し，裂片は披針形で著しく反り返っている．雄しべは 5 本で短毛が密に生える．液果は球形で径 10〜15 mm，秋晩く赤熟して下垂する．〔日本名〕蓬莱葛．ふつうに見られない珍しい植物なので，しゃれてつけたものであろう．

3414. マ チ ン 〔マチン科〕

Strychnos nux-vomica L.

インド原産といわれ熱帯アジアからオーストラリアにかけて広く分布している高木で，高さ 25 m になり，乾期にほとんど落葉する．葉は細い枝に 2 列に対生し，複葉のように見える．葉柄は長さ 0.5〜1.5 cm，葉身は広楕円形〜円形で，長さ 5〜18 cm，3 行脈が明らか，紙質で背軸側は細毛があり，向軸側は無毛で光沢がある．花期は春から夏．花序は新枝に頂生し，長さ 3〜6 cm，花柄は柔毛があり，苞は軟毛がある．花は 5 数性．萼裂片は卵形，外側は軟毛が密生する．花冠は緑白色から白色，高盆状で，長さ約 1.3 cm，花冠筒は裂片よりも長く，外側は無毛，内側は基部あるいは下半分が絨毛で覆われる．花被片は狭卵形で長さ約 3 mm，縁は肥厚し，柔毛がある．花糸は非常に短く，葯は楕円形で長さ約 1.7 mm，先端は突き出す．雌蕊は長さ 1〜1.2 cm．子房は卵形で無毛．花柱は長さ 1.1 cm で無毛．果実は球形で無毛，径 2〜4 cm，重みで枝が垂れ下がり，熟すとオレンジ色となり柿に似ており，1〜4 個の種子が入る．種子は円形から楕円形，扁平で径 10〜15 mm，絹毛が密生する．毒薬として有名な塩酸ストリキニーネの原材料となり，また，生薬ホミカとしても用いられる．

3415. アリアケカズラ 〔キョウチクトウ科〕

Allamanda cathartica L.

（*A. cathartica* var. *hendersonii* (Bull. ex Dombrain) L.H.Bailey et Raffill）

ブラジル，ギアナなど南アメリカ熱帯原産の常緑つる植物を母種として改良された観賞用の園芸変種．沖縄や小笠原諸島では屋外で垣根などにからませて栽培するが，本土では温室鉢ものとしての栽培がふつうである．茎は木質で長くのび，屋外では数 m に達する．葉はほとんど柄がなく，対生または 3〜4 枚が輪生する．長さ 8〜12 cm の卵状楕円形で，基部はやや心臓形，先端は短く尖り，全縁で上面に光沢がある．夏から秋にかけて，黄金色の大きな花を集散花序に数個つける．花は漏斗状で，上半部は大きく 5 裂し，各裂片は円く，ふちが回旋状に重なり合う．花の直径は 7〜8 cm あり，花冠の質は厚く，ろう細工のように光沢がある．また花冠の中央部の，花喉にあたる部分には濃いオレンジ色の斑紋がめだつ．〔日本名〕有明カズラは大きな黄金色の花を有明の灯にたとえたものであろう．

3416. ニチニチカ（ニチニチソウ） 〔キョウチクトウ科〕

Catharanthus roseus (L.) G.Don（*Vinca rosea* L.）

マダガスカル原産の一年草で，各地に栽培されている．茎は直立し，高さ 30〜60 cm ばかりとなる．葉は対生し柄があり，長楕円形で全縁，支脈が多い．夏から秋にかけて葉腋ごとに紅紫色の花を開き，まれに白色の花もある．がくは緑色で深く 5 裂する．花冠は径 3 cm ほどで，下部は細長い筒となり，上部は 5 裂して平らに開き，裂片は回旋状に互いに重なり，基部は特に色が濃い．雄しべは 5 本で 1 本の雌しべとともに花筒の中にあり，柱頭は輪状である．果実は細長い袋果となる．〔日本名〕日日花で，一日ごとに新しい花に咲き代わることに基づいたものである．

3417. ツルニチニチソウ　〔キョウチクトウ科〕

Vinca major L.

ヨーロッパ原産で時に栽培される多年草である．茎はつるとなり，多少木質で細長く横に走り，花のつく茎は短く直立する．葉は有柄で対生し，卵形，ふちは全縁である．夏，茎の上部の葉腋ごとに花柄を出し，上向きの淡紫色の花を 1 個開く．がくは緑色で深く 5 裂し，裂片は狭い線形でふちに毛がある．花冠は下部細い筒となり，上部は 5 裂して平らに開き，裂片はやや回旋状になる．雄しべは 5 本で 1 本の雌しべとともに花筒の中にあり，柱頭は輪状である．葉のふちに黄色い斑のあるのものをフクリンツルニチニチソウという．

3418. ヤロード　〔キョウチクトウ科〕

Ochrosia nakaiana (Koidz.) Koidz. ex H.Hara

(*Neisosperma nakaianum* (Koidz.) Fosberg et Sachet)

小笠原諸島の特産で同群島内に普遍的に分布する常緑大高木．樹高 6～7 m，ときに 15 m にもなる．幹は灰白色，樹皮の内側は黄色で材も明るい黄色．樹皮の表面には落葉した痕が明瞭に残る．葉は互生し枝先に集中してつく．葉柄の長さ 2～3 cm．葉身は長卵形で基部はくさび形に細まり，先端は円い．全縁で葉質は非常に厚く，上面は濃緑色で光沢があり，下面は淡緑白色で主脈とほぼ直角に多数の支脈が高い密度で並ぶ．枝，葉ともに傷つけると白い乳液を出し有毒である．春から夏に枝端に集散花序を出し，白色 5 弁で星形の花を密につける．花の直径は約 1 cm あり，花弁は肉質，下半部は筒をつくる．クチナシに似た芳香がある．花後に長楕円体状の果実（分果）が 2 個ずつ向きあってつき，濃黄色に熟してよく目立つ．果実の長さは 4～5 cm，果皮の内側はパルプ質，のちに木質になる．〔日本名〕ヤロードの名は小笠原の先住民となった欧米系島民が，この木の材が黄色なことから yellow wood と呼んだものが訛ったといわれる．硫黄列島には近縁の別種ホソバヤロード *O. hexandra* Koidz. がある．

3419. チョウジソウ　〔キョウチクトウ科〕

Amsonia elliptica (Thunb.) Roem. et Schult.

北海道南部から九州，朝鮮半島，中国東部に分布し，川岸の原野に生える多年草．地下茎は横にはい，茎は直立して丸く高さ 60 cm ばかりとなり，上の方で枝分かれする．葉は互生し，全縁，披針形で両端は尖り，長さ 6～10 cm．5 月頃，茎の頂に濃紫色の花を集散状に開く．がくは深く 5 裂し，裂片は尖る．花冠の下部は筒となり，筒内の上部には毛が多く，上部は 5 裂して平らに開き，径 13 mm 前後，裂片は狭長楕円形．雄しべは 5 本で花筒の上端につき，花柱は細く，柱頭は輪状となる．果実は袋果となり，二叉に分かれた細長い円柱状で長さ 5～6 cm である．種子は円柱形で細かいしわがあり茶褐色である．〔日本名〕丁字草で花の形がチョウジに似た草であるのでいう．〔漢名〕水甘草を使うことがあるが誤りである．

3420. キョウチクトウ　〔キョウチクトウ科〕

Nerium oleander L. var. ***indicum*** (Mill.) O.Deg. et Greenwell

(*N. indicum* Mill.)

インド原産の常緑低木でふつう観賞用として庭園に植えられている．幹は高さ 3 m 余りになり，葉は厚い革質で線状披針形，全縁で毛がなく，普通は 3 個ずつ輪生する．夏，枝の先に集散花序を出し，香りのある美しい花を開く．花は一般に紅色であるが，ときに帯黄白色のものもある．がくは深く 5 裂し，裂片は尖る．花冠は下部細い筒となり，上部は 5 裂して平らに開き，裂片は回旋して一端ずつ重なり，花筒の上端には糸状に細かく裂けた付属体がある．雄しべは 5 本で花筒の上部につき，葯の先端には毛のある糸状の付属体があり，互に接触して柱頭と合着している．袋果は細長く長さ約 10 cm，種子は両端に長い毛がある．また一般に八重咲きの園芸品種が多く，ヤエキョウチクトウ‘Plenum’といい，淡黄色のものはウスギキョウチクトウ，白色の花をシロバナキョウチクトウ．その他淡紅色の四季咲きなどもある．葉が狭く花が桃の花に似ているので漢名を夾竹桃といい，日本名はこれに基づく．

3421. サカキカズラ（ニシキラン） 〔キョウチクトウ科〕

Anodendron affine (Hook. et Arn.) Druce

アジア東部，南部の熱帯から暖帯に広く分布し，日本では関東南部から琉球の林中に生える常緑のつる性の木である．全体無毛で平滑である．茎の長さは 4 m 以上になり，太いものでは径 12 cm 内外にもなり，暗紫色で枝を分かち，他物に巻きつく．葉は対生し，狭長楕円形ないし倒披針形で長さ 6～10 cm，全縁，葉質は革質，上面は暗緑色で光沢があり，下面は淡緑色，羽状脈をもつ．6 月頃，枝の先に円錐状の集散花序を出し，淡黄色の花を多数集まってつける．がくは緑色で 5 裂し，花冠は径 8～10 mm，下部細い筒となり，上部は 5 裂して平らに開き，内面は筒部とともに鱗片状の白い毛が生え，裂片は回旋する．雄しべは 5 本，花筒の内壁に合着して先は互いに接し柱頭をかこむ．果実は角状の袋果で，上部は長く次第に細まり先は鈍形に終わり，外皮は平滑で緑色，質は硬く，2 個結実した時には水平に開き，全長約 22 cm におよび，中に細長い突起の先に多数の毛の生えた扁平な種子を含み，裂開すると種子は四方に毛を広げ風に乗って遠く飛び散る．〔日本名〕サカキ蔓は葉がサカキの葉に似ていることに基づき，錦蘭はその美称であろうか．

3422. テイカカズラ 〔キョウチクトウ科〕

Trachelospermum asiaticum (Siebold et Zucc.) Nakai

本州，四国，九州の山野に多い常緑のつる性の木である．茎の太いものは径 4 cm，長さ 10 m におよぶ．葉は柄があり対生し，普通は長楕円形であるが，長さや幅に変異が大きく一様ではない．葉質は革質，全縁で先は鋭形鈍端，基部は鋭形で短い柄がある．古い葉は暗緑色，新葉は緑色でともに光沢がある．初夏，葉腋または枝頂に白色で後に黄色に変わる花を集散状に開き，花には香りがある．がくは緑色で深く 5 裂する．花冠は径 2～3 cm，下部は細い筒となり，上部は 5 裂して平らに開き，裂片は回旋する．雄しべは 5 本で雌しべは 1 本，ともに花筒の中にある．果実は 2 本の袋果となり細長い円柱状で長さ 15～18 cm，熟すと裂開して一端に長い毛が多数生えた種子を飛ばす．葉の小形のものを特にセキダカズラといい，葉の形がはきものの雪駄に似ているのでいう．本種はしばしば赤変する葉が混じり，昔マサキノカズラといったものはこれである．またチョウジカズラの俗名もある．〔漢名〕白花藤．しばしば絡石があてられるが誤りである．

3423. バシクルモン 〔キョウチクトウ科〕

Apocynum venetum L. var. ***basikurumon*** (H.Hara) H.Hara

北海道および本州北部の日本海に面した海岸の岩場に，まれに見られる多年草である．根茎は木質で，高さ 25～80 cm あり，強く無毛，よく分枝する．葉は主軸では互生するが，枝ではほぼ対生し，短い柄があり，披針状長楕円形，先は鈍頭で凸端，基部はやや円く，ふちにはきわめて微細な硬い小突起があり，長さ 2～5 cm，幅 7～15 mm，無毛である．夏，茎の先に円錐花序をつけ，紫紅色の小さい花を開く．花柄とがくにはわずかに細毛がある．がくは深く 5 裂する．花冠は長さ 6～7.5 mm，狭い鐘形で 5 裂し，微細な乳頭状突起を密布し，裂片は楕円形で長さ 3 mm ばかりである．雄しべは 5 本，雌しべは 1 本でともに花筒の中にある．バシクルモンはこの植物のアイヌ名で，カラス草の意味といわれる．産地にちなみオショロ（忍路）ソウともいう．

3424. イ　ケ　マ（ヤマコガメ，コサ） 〔キョウチクトウ科〕

Cynanchum caudatum (Miq.) Maxim.

北海道，本州，四国，九州に分布し，山地に生えるつる性の草で，根は肥厚し，地中に直下する．葉は長い柄があり，対生し，心臓形で先は尖り，全縁．長さ 5～15 cm，幅 4～10 cm．夏，葉腋に 6～9 cm の長い柄を出し，頂に白色の細かい花を多数散形につける．がくは緑色で深く 5 裂し，花冠も深く 5 裂し，裂片は反り返り狭長楕円形，先は鈍形で内面に細毛があり，長さ 4～5 mm，副花冠は 5 裂し淡黄色で，裂片は雄しべと合着して高くつき出る．果実は袋果で細長く長さ 8～10 cm，幅 8～10 mm，種子は一端に生える多数の白い絹糸状の冠毛によって飛び散る．〔日本名〕イケマはアイヌ語で，「巨大なる根」という意味といわれている．従来これを生馬の意味にとり馬の薬といったのは誤りで，この根には毒がある．〔漢名〕慣例として牛皮消をあてている．

3425. コイケマ 〔キョウチクトウ科〕

Cynanchum wilfordii (Maxim.) Hook.f.

本州から九州の山地の日当たりのよい所に生える多年生のつる草である．根は多肉で白色または黄白色で地中に直下するか，斜め横にのび，往々くびれている．茎は左巻きで他物に巻きつき長さ 1〜3 m，細長い円柱形でよく分枝し，表皮は強く緑色，切口から白い乳液を出す．葉は対生し長い柄があるが上部の葉は柄が短くなり，卵円形で先は急に尖り，基部は深い心臓状で耳は円く，脈の上に軟毛があり，上面は緑色で光沢がなく，下面は淡緑色．イケマの葉に比べると小形で葉質はやや厚く長さ 5〜10 cm．夏，葉腋に葉柄よりも短い柄を出し，頂に多くの細かい花を散形に開く．花は淡黄緑色で，がく裂片は小さく 5 個あり，花冠裂片は 5 個でやや開くが反りかえらない．イケマに比較すると花序の柄が短く，花の形や色が異なり，葉の基部は耳形にはり出していることなどで識別できる．

3426. ガガイモ（ゴガミ，クサパンヤ） 〔キョウチクトウ科〕

Cynanchum rostellatum (Turcz.) Liede et Khanum

（*Metaplexis japonica* (Thunb.) Makino）

東アジアの温帯，暖帯に広く分布し，北海道，本州，四国，九州の日当たりのよいやや乾いた原野に生える多年生のつる草である．長い地下茎を引いて繁殖し，茎は長くのび緑色で長さ約 2 m，葉は柄があり対生し，長心臓形で全縁，支脈がはっきり見える．茎や葉を切ると白い汁を出す．夏，葉腋に長い花序柄を出し，頂に総状時に散形をなして淡紫色の花を開く．がくは緑色で深く 5 裂し，裂片は狭くて尖る．花冠も 5 裂し内面には細かい毛が多く生え，裂片の先は反り返り少しねじれている．果実は広披針状紡錘形で表面にいぼがあり，長さ約 10 cm，径約 2 cm．種子は扁平で白色の絹糸状の毛があり風にのって飛ぶ．この毛は綿の代用として針さしや印肉に用いられる．〔漢名〕蘿藦．

3427. イヨカズラ（スズメノオゴケ） 〔キョウチクトウ科〕

Vincetoxicum japonicum (C.Morren et Decne.) Decne.

（*Cynanchum japonicum* C.Morren et Decne.）

本州から九州の海岸近くの草地ややぶに生える多年草である．茎はまっすぐに何本も立ち，高さ 30〜60 cm ばかり，上の方は長くのびてつる状となる．葉は対生し，短い柄があり，倒卵形ないし楕円形で先は短く尖り，全縁，葉質はやや厚い．初夏，上部の葉腋に花柄を出し，小花柄をもつ帯黄白色の細かい花を多数散形に開く．がくは緑色で深く 5 裂する．花冠も深く 5 裂して裂片は狭卵形で，しばしば斜めに反り返る．副花冠は倒卵形で雌しべ雄しべが合体して作ったずい柱とほぼ同じ高さである．果実は広紡錘形で長さ 5〜6 cm，径約 1.5 cm で無毛．種子は絹糸状の白い冠毛をもって飛び散る．漢名の白前は本種ではない．〔追記〕牧野はイヨカズラは本来はコカモメヅルをさすと考え，本種にスズメノオゴケの名を提唱した．

3428. ムラサキスズメノオゴケ 〔キョウチクトウ科〕

Vincetoxicum ×purpurascens (C.Morren et Decne.) Decne.

（*Cynanchum purpurascens* C.Morren et Decne.）

まれに栽培される多年草である．茎は細長い円柱形で直立し緑色で，高さ 30〜60 cm ばかりとなる．葉は短い柄があり対生し，倒卵状楕円形で鋭頭，基部は鈍形ないし鋭形，全縁である．夏から秋にかけて，葉腋に花序を出して分枝し，暗紫色の小さい花を集まってつける．がくは緑色で深く 5 裂する．花冠も深く 5 裂して，中心には副花冠と，雌しべ雄しべの集まったずい柱がある．果実は袋果となり角状で，中に白い絹糸状の冠毛のある種子を含み，熟すと裂開して飛び散る．イヨカズラに似るが葉は細く，先は鋭く尖り，花は暗紫色であるので区別される．フナバラソウとイヨカズラの雑種と考えられる．

3429. **フナバラソウ**（ロクオンソウ）〔キョウチクトウ科〕

Vincetoxicum atratum (Bunge) C.Morren et Decne.
（*Cynanchum atratum* Bunge）

東アジアの温帯に広く分布し，北海道，本州，四国，九州の山野の草地に生える多年草である．茎は直立し緑色で枝分かれせず高さ 60 cm 内外となる．葉は短い柄があり対生し，楕円形，広卵形または卵円形，長さ 6〜10 cm，幅 3〜7 cm，全縁，茎とともに細かく柔らかい毛がある．夏，上方の葉腋ごとに黒紫色の花を束になってつける．がくは緑色で深く 5 裂し細かい毛がある．花冠も深く 5 裂し，裂片は長卵形で普通半ばより上はねじれている．副花冠の裂片は楕円形で先は丸く，雌しべ雄しべが集まって作ったずい柱とほぼ同じ高さである．果実は袋果となり狭披針状紡錘形で細かい毛が密生し，長さ約 7 cm．種子は白い細長い毛が一端に多数生え，風で飛び散る．〔日本名〕舟腹草で，果実の形が舟の胴体に似ているために名付けられた．〔漢名〕白微をあてることがあるが誤りである．

3430. **クサタチバナ** 〔キョウチクトウ科〕

Vincetoxicum acuminatum Decne.（*Cynanchum acuminatifolium* Hemsl. Hemsl.；*C. ascyrifolium* auct. non (Franch. et Sav.) Matsum.）

本州（関東以西），四国，朝鮮半島，中国東北部に分布，山地の林中に生える多年草．茎は緑色で直立し，高さ 30〜60 cm ばかりになり分枝しない．葉は有柄で対生し，楕円形ないし倒卵状楕円形で先は鋭尖形，全縁，長さ 8〜15 cm，幅 4〜8 cm，葉の両面にわずかに毛がある．夏，頂に花柄を出して分岐し白色の花を開く．がくは緑色で深く 5 裂し，裂片には細かい毛がある．花冠は径約 2 cm，深く 5 裂し，裂片は長楕円形，副花冠は卵状三角形で雌しべ雄しべが集まってできたずい柱より少し短い．果実は牛角状の袋果となり長さ約 6 cm，熟すと裂開して冠毛のある種子を飛ばすことはガガイモなどと同じである．

3431. **ロクオンソウ**（ヒゴビャクゼン）〔キョウチクトウ科〕

Vincetoxicum amplexicaule Siebold et Zucc.
（*Cynanchum amplexicaule* (Siebold et Zucc.) Hemsl.）

四国，九州，朝鮮半島，中国東北部の山野に生える多年草．茎は直立し高さ 90 cm 内外，円柱形である．葉は茎とともに白緑色で対生し，柄がなく基部は両側に耳があって茎を抱き，倒卵状長楕円形または長楕円形で先は短く尖り，全縁である．夏，上部の葉腋に花柄を出して分枝し，淡黄色まれに褐紫色の花を開く，花は径約 1 cm．がくは緑色で深く 5 裂し，花冠も深く 5 裂し，裂片の先はねじれている．副花冠の裂片は半円形で，雌しべ雄しべの集まりからなるずい柱より短い．果実は袋果となり狭披針状紡錘形で長さ約 5 cm，先は次第に細まる．種子は白い絹糸状の冠毛をもち，風によって飛び散る．〔日本名〕別名ヒゴビャクゼンは肥後白前の意味で，肥後は産地の 1 つ，白前はかつてイヨカズラに当てたことのある漢名である．〔漢名〕合掌消．

3432. **タチガシワ** 〔キョウチクトウ科〕

Vincetoxicum magnificum (Nakai) Kitag.
（*Cynanchum magnificum* Nakai）

本州，四国の山中の木陰に生える多年草である．茎は直立するが分枝せず，高さ 30 cm 内外になる．葉は茎の先に集まってつき，有柄で対生し，卵円形で全縁，花後に葉は大きくなり，長さ 10〜15 cm，幅 7〜13 cm．春，茎頂に淡黄紫色の花を多数かたまってつける．がくは緑色で深く 5 裂する．花冠は長さ約 5 mm，深く 5 裂し，裂片は披針形で先は鈍形，無毛である．副花冠は小さく，裂片は半円形．果実は袋果となり，狭披針状紡錘形で，先は細長く尖り，長さ 6〜7 cm，普通は 2 個ついて互に斜上する．種子は白い絹糸状の冠毛をもち飛び散る．〔日本名〕立ちガシワで，ツルガシワに似るがつるにならないことによる．

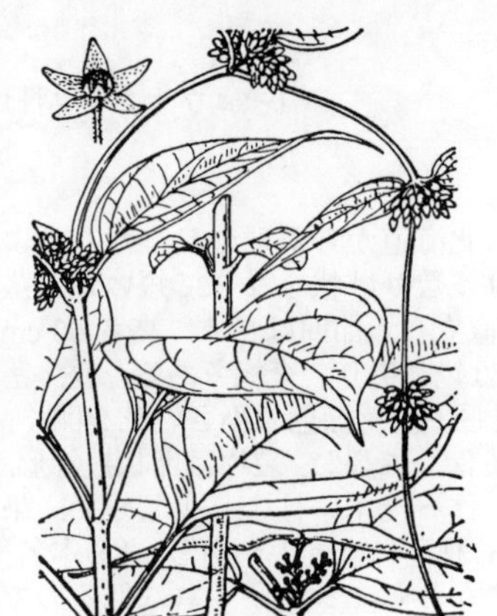

3433. ツルガシワ 〔キョウチクトウ科〕

Vincetoxicum macrophyllum Siebold et Zucc. var. ***nikoense*** Maxim.

（*Cynanchum grandifolium* Hemsl. var. *nikoense* (Maxim.) Ohwi）

本州，四国の山地の木陰に生える多年草である．茎は細長く 60〜90 cm ばかりになり，上の方はつる状になる．葉は有柄で対生し，楕円形で先は鋭く尖り長さ 12〜25 cm，幅 10〜15 cm，茎の上部の葉は次第に狭く小さくなる．初夏，上部の葉腋ごとに短く細い柄を分岐し，暗紫色の花をかたまってつける．茎の先端は往々葉がなくて花序だけがつく．花は余り大きくなく，がくは緑色で深く 5 裂する．花冠は径 6〜8 mm，深く 5 裂し，裂片の内面には細毛がある．果実は袋果となり，狭披針状紡錘形で先は細長く尖り，長さ 5〜8 cm，毛が多く，2 個ついて水平に開き，裂開して白い絹糸状の冠毛のある種子を飛ばす．

3434. アオカモメヅル 〔キョウチクトウ科〕

Vincetoxicum ambiguum Maxim.

（*Cynanchum ambiguum* (Maxim.) Matsum.）

本州（紀伊半島），四国，九州に見られる多年生のつる草である．茎は細長く他物に巻きつき，ほとんど無毛である．葉は対生し短い柄があり，長卵形ないし線状長楕円形で先は短く尖り，基部はごく浅い心臓形で，ふち近くや主脈上にだけ微細な毛があり，長さ 3〜8 cm，幅 5〜25 mm．8〜9 月頃，葉腋に集散花序を出して緑白色で黄色がかった小さい花を開く．がくは長さ約 2 mm で深く 5 裂し，裂片は披針形．花冠も深く 5 裂し，裂片は長さ約 4 mm，長卵状で先端は長く尾状にのびて少しねじれ，内面に細毛を密生している．副花冠は 5 裂し，裂片は角状，鈍頭で花の中央にあり，雌しべ雄しべが合体して作ったずい柱とほとんど同長である．〔日本名〕カモメヅル（タチカモメヅル）に似て緑白色の花をつけることに基づく．

3435. コバノカモメヅル 〔キョウチクトウ科〕

Vincetoxicum sublanceolatum (Miq.) Maxim. var. ***sublanceolatum***

（*Cynanchum sublanceolatum* (Miq.) Matsum.）

本州（関東，中部，近畿地方）の山野に生える多年生のつる草である．茎は細長くのびて他物に巻きつく．葉は対生し，短い柄があり，広披針形で先は鋭く尖り，基部は円く全縁である．夏，葉腋に短い花序柄を出し，散形または多少散形に分枝した花柄の先に暗紫色の小さい花をつける．がくは 5 裂する．花冠は放射状に深く 5 裂し，裂片は披針形，花の中心に副花冠と雌しべ雄しべが集まったずい柱がある．果実は袋果となり細長く，先が尖り長さ 5〜7 cm．種子は扁平で一端に綿状の白く長い冠毛をつけ，風に乗って飛び散る．〔日本名〕本種をカモメヅルと呼ぶのは誤りである．カモメヅルはタチカモメヅルの別名である．〔追記〕本州中部以北と北海道の山地には，花がより大形で緑白色のシロバナカモメヅル var. *macranthum* Maxim. を産する．

3436. タチカモメヅル （カモメヅル，クロバナカモメヅル）〔キョウチクトウ科〕

Vincetoxicum glabrum (Nakai) Kitag.

（*Cynanchum nipponicum* Matsum. var. *glabrum* (Nakai) H.Hara）

本州から九州と朝鮮半島南部のやや湿った草地や林縁に生える半つる性の多年草．茎は直立するが上部はつる状に伸長し，高さは 60 cm 〜1 m に達する．茎の下半の直立する部分には大形で長楕円形の葉を対生し，葉の長さ 5〜12 cm で先端は鋭く尖る．基部は円く，短い柄がある．ふちは全縁で葉の質はやや厚い．これに対し，茎の上半部，つる状の部分につく葉は形状は似るが小形である．夏につる状の茎の葉腋に束状に花を集めてつける．花冠は濃い紫褐色で上部は 5 裂し，径 1 cm 弱の星形に開く．秋に長さ 4〜5 cm の細長い果実（袋果）をつくり，先端は鋭く尖る．〔日本名〕立ちカモメヅルで，つる性のものの多いカモメヅル属の中で，茎が半つる状に立ち上がることに由来する．また花色が暗紫色なことからクロバナ（黒花）カモメヅルの別名もある．

3437. スズサイコ 〔キョウチクトウ科〕

Vincetoxicum pycnostelma Kitag.
（*Cynanchum paniculatum* (Bunge) Kitag.）

東アジアの温帯に広く分布し，日本では北海道から琉球の日当たりのよい乾いた草原に生える多年草である．根は多数ひげ状をなして短い地下茎から出る．茎は細長くて丸く，質は堅くて直立し，節間は長く，高さ 60 cm 内外となる．葉は対生し，線状披針形で先は鋭く尖り，全縁である．夏，茎の先および上部の葉腋に花柄を出して分岐し，淡黄緑色の小さい花を開く．がくは深く 5 裂し，裂片は狭く尖る．花冠も深く 5 裂し，裂片は卵状披針形，副花冠は鈍円形で雌しべ雄しべの合体して作ったずい柱より少し短い．果実は狭披針状紡錘形で長さ約 7 cm，径 7 mm，種子には冠毛がある．〔日本名〕鈴柴胡でつぼみが鈴に似，全形が柴胡，すなわちミシマサイコに似るのでいう．〔漢名〕徐長卿をあてることがあるが誤りである．

3438. コカモメヅル（イヨカズラ） 〔キョウチクトウ科〕

Vincetoxicum floribundum (Miq.) Franch. et Sav.
（*Tylophora floribunda* Miq.）

本州，四国，九州の原野ややぶの中に生える多年生のつる草である．茎は細長くのびて他物に巻きつく．葉は対生し，長さ 3〜10 mm の柄があり，披針形で長さは 3〜6 cm ばかり，先は鋭く尖り，基部は心臓形，全縁である．夏，葉腋に長い花序柄を出して分枝し，暗紫色の細かい花をつける．がくは小形で 5 裂し，花冠は径約 5 mm，深く 5 裂し，裂片は狭卵形である．副花冠は花の中央にあり 5 裂し半球形で，雌しべ雄しべが合体して作ったずい柱の半分の長さである．果実は袋果となり細長く，先は尖り長さ 4〜5 cm，熟すと裂開して絹糸状の冠毛のある扁平な種子を飛ばす．

3439. オオカモメヅル 〔キョウチクトウ科〕

Vincetoxicum aristolochioides (Miq.) Franch. et Sav.
（*Tylophora aristolochioides* Miq.）

北海道，本州，四国，九州の山地に生える多年生のつる草である．茎は細くて長くのび他物に巻きつく．葉は柄があり対生し，披針形ないし三角状披針形で大きく，長さは普通 7〜12 cm，時に 15 cm 余りになり，先は長く尖り，基部は浅い心臓状で両縁は円い耳形となる．夏，葉腋に短い花穂を出して分枝し，淡暗紫色の細かい花をつける．がくは緑色で 5 裂する．花冠は放射状に深く 5 裂し，裂片の内面には細かい毛がある．副花冠は星状になり，裂片は倒卵形で鈍頭，雌しべ雄しべが集まって作ったずい柱よりも短い．果実は袋果となり水平に開き，狭披針状紡錘形で先は細長く尖り，長さ約 5 cm，径約 5 mm．種子は扁平で細長く，先端に白色の長い絹糸状の毛がある．

3440. トキワカモメヅル 〔キョウチクトウ科〕

Vincetoxicum sieboldii Franch. et Sav.（*Tylophora japonica* Miq.）

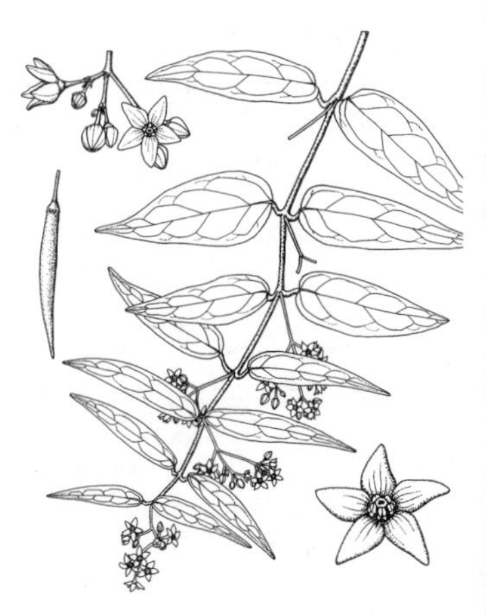

四国〜琉球の常緑樹林内に見られる蔓性常緑多年草．茎は蔓状になって長く伸び，分枝し，枝などに巻き付いて長さ 5〜10 m となり，無毛．葉は茎上にほぼ均等に対生し，1〜1.5 cm の柄があり，葉身は狭卵形〜披針形，長さ 4〜10 cm，先は次第に狭まり鋭頭から鋭尖頭，基部は丸く，革質で表面は光沢があり，中肋以外は無毛．花序はやや大型の集散花序で，対生する葉の一方に腋生し，花序柄および花序分枝は紫褐色を帯び，長さ 3〜6 cm．花柄は長さ 5 mm 程度，萼裂片は 5 個，小さくて爪状，花冠は紫褐色で径 7〜8 mm，5 深裂し，裂片は 3 角状卵形，副花冠は花冠と同色で 5 裂し，長さは髄柱の半分程度，髄柱は黄緑色で周囲に 5 個の黄色の雄蕊があり，花粉塊は直立し，小さくて円盤状．袋果は披針形でふつう 1 花序に 1 個稔り，長さ 9〜10 cm，縦に裂ける．種子は小さく，長い毛がある．

3441. ツルモウリンカ 〔キョウチクトウ科〕

Vincetoxicum tanakae (Maxim.) Franch. et Sav.
(*Tylophora tanakae* Maxim.)

九州，琉球の暖地に生える多年生のつる草である．茎，葉柄および葉の下面には上方へ曲がった毛が多く生えている．葉は対生し短い柄があり，卵形または楕円形で先は急に尖り，基部は円形または浅い心臓形，葉質はやや厚く，長さ 3～7 cm，幅 1.5～4 cm．夏，葉腋に柄を出し，やや散形状に多くの花をつける．花柄は糸状．がくは深く 5 裂して少し毛がある．花冠は淡黄緑色で径 6～8 mm，裂片は披針形，先は鈍形で少しねじれて平らに開く．花の中央に雌しべと雄しべが合体したずい柱がある．さく果は大きく細長い紡錘形で，中に白い絹糸状の冠毛を少しもった沢山の種子が入っている．

3442. トウワタ 〔キョウチクトウ科〕

Asclepias curassavica L.

南アメリカ原産の一年草で，観賞用として栽培される．高さは 60～90 cm．切口からは白い乳液を出す．茎は緑色で根元から何本も立ち，葉は対生し，長楕円形ないし広披針形で両端は尖り，全縁である．夏，上部の葉腋に長い花柄をもった散形花序を出して赤い花を開く．がくは緑色で 5 裂し裂片は狭く，花冠も深く 5 裂し，裂片は反り返る．副花冠は黄色で 5 裂片よりなり，雄しべ雌しべをとりまいて直立し，くちばし状突起をもつ．雌しべ雄しべは合体してずい柱を作り，花粉塊を下垂する．果実は披針状紡錘形で先は細く尖り，裂開して白い絹糸状の冠毛をもった種子を出すが，種子の冠毛は柔らかくて余り遠くへは飛ばない．〔日本名〕唐綿で唐は中国をさし，この場合は渡り物の意味である．綿は種子の冠毛を意味する．〔漢名〕蓮生桂子花．

3443. オオトウワタ 〔キョウチクトウ科〕

Asclepias syriaca L.

北アメリカ原産の多年草である．地下に横走する短い根茎があり，そこから数本の茎を立て，高さ 1～1.5 m に達する．茎は直立して円く緑色，まばらに短い軟毛が生えている．葉は対生し，広楕円形で全縁，先端は尖り，基部は円く短い柄があり，やや青白色を帯び，下面には短軟毛がある．夏，頂または上部の葉腋に長くてやや太い柄を出し，頂に散形状に多くの紅紫色の花を球状につける．各花は細長い長さ 3～4 cm ばかりの花柄をもつ．がくは緑色で深く 5 裂する．花冠は長さ約 5 mm，深く 5 裂して反り返り，副花冠は 5 裂片よりなり紅紫で直立し，くちばし状の突起をもつ．雌しべ雄しべは合体してずい柱を作り花粉塊を下垂する．〔日本名〕大唐綿の意味である．

3444. キジョラン 〔キョウチクトウ科〕

Marsdenia tomentosa C.Morren et Decne.

本州（関東以西），四国，九州，琉球の暖地に生える常緑の多年生のつる草である．茎は強く下部は木質，上部は緑色で草質，高さは 1～3 m 内外．葉は有柄で対生し，全縁，円形に近く，先は急に鋭く尖り，長さ幅とも 7～12 cm，上面に光沢がある．夏，葉腋に短い柄を出し，淡黄白色の小さい花をほぼ散形状に集まってつける．がくは 5 裂し，裂片は円く，花柄とともに短く細かい毛がある．花冠は鐘形で深く 5 裂し，花筒の内部には毛が生えている．花の中央には副花冠と雌しべ雄しべの合体したずい柱がある．果実は緑色で長さ 13～15 cm，楕円体である．種子には白色の冠毛がある．漢名としてしばしば牛嬭菜があてられるが誤りである．

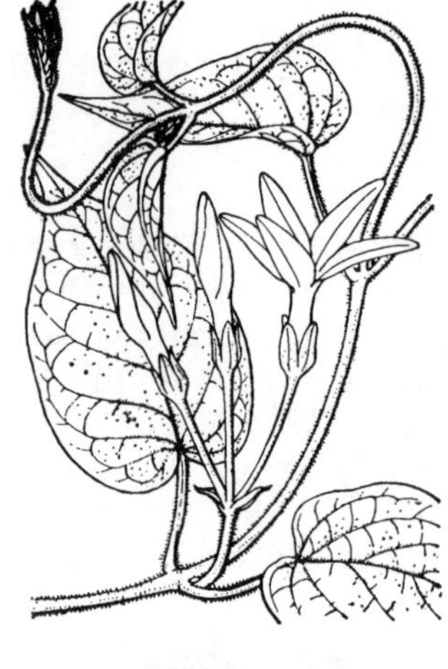

3445. シタキソウ　〔キョウチクトウ科〕

Jasminanthes mucronata (Blanco) W.D.Stevens et P.T.Li

（*Stephanotis japonica* Makino）

本州（関東南部以西），四国，九州，琉球の暖地の海岸に近い林の中に生える常緑の多年生のつる草である．茎や葉は幼い時には軟毛があり，切口から白い乳液を出す．葉は長い柄があり，対生し深緑色，卵状楕円形で先は急に鋭く尖り，基部は心臓形，全縁で質はやや厚いが柔らかい．6 月頃，葉腋に集散花序を出し，径 5 cm 内外の白い花を 2～5 個開く．花の中から黒い液を出すことが多く，花には香りがある．がく片は緑色で卵状披針形，全縁．花冠の下部は細い筒になり，上部は深く 5 裂し，裂片は広披針形ないし披針形で先は鈍形，副花冠は 5 個あり，雌しべ雄しべが集まって作るずい柱に合着して直立する．果実は袋果となり，2 個に水平に分かれていて長い角状となり長さ約 20 cm，滑らかで緑色である．〔日本名〕井岡冽によれば，シタキリソウが本来の名で，シタキソウはその略したものという．シタキリソウは舌切草と思うがその意味は明らかではない．

3446. サクララン　〔キョウチクトウ科〕

Hoya carnosa (L.f.) R.Br.

アジア東南部の熱帯，亜熱帯に分布し，日本では九州南部，琉球に自生し，また観賞用として冬期温室栽培される多年生のつる草である．茎は岩などに付着して長くほふくする．葉は有柄で対生し，楕円形で凸頭，全縁，葉質は多肉で緑白色を帯びる．夏，葉腋に短い花序柄を出し，多くの散形に開いた小花柄の先に小さい花をつけ球状となり，よい香りのある淡紅白色の花を開く．花冠は深く 5 裂し，裂片は三角状卵形で先は鈍形，内面にビロード状の短毛が生えている．副花冠は星状に開き，5 個の突起状をなし光沢がある．果実は袋果となり狭長で長さ 10～14 cm，径 6～7 mm，先は細く尖る，種子は倒披針状紡錘形で冠毛がある．〔日本名〕桜蘭で花の色が桜花に似て，葉はラン科植物に似ることによる．〔漢名〕玉蝶梅という．また慣例として毬蘭が使われている．

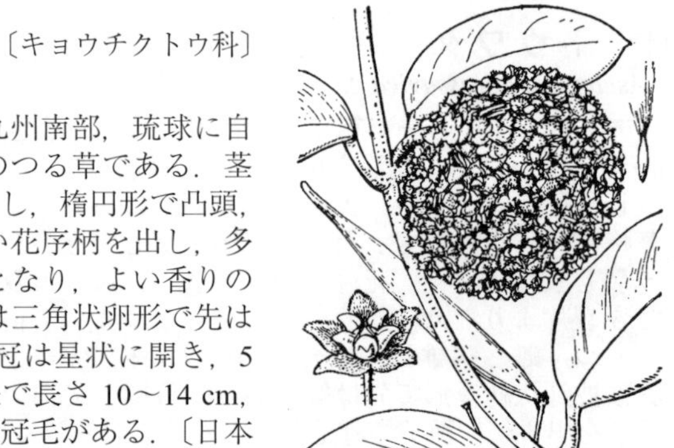

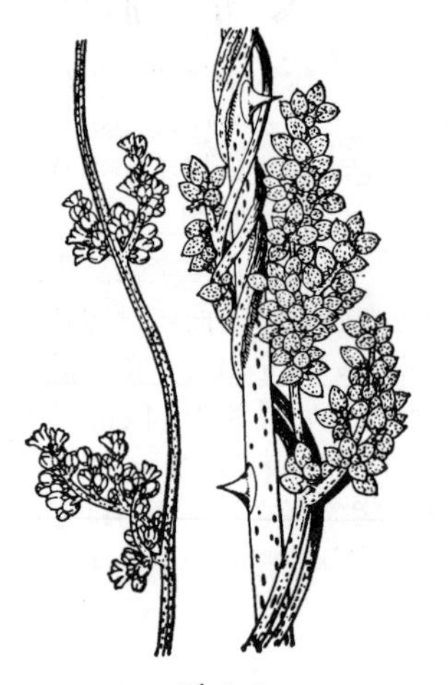

3447. ネナシカズラ　〔ヒルガオ科〕

Cuscuta japonica Choisy

東アジアの温帯に広く分布し，日本では北海道，本州，四国，九州の山野に生える一年生の寄生植物で，多くは低木や草の幹や枝に寄生し，葉はない．茎は針金状のつるをなし，初めは地上に生えるが，後すぐに寄主植物にからみつき，そこから養分を吸収して成長する．つるは黄色を帯び，時には褐紫色になる．夏，茎上に短い穂状の花序を出し，白色の小さい花が多数集まってつく．花は無柄またはごく短い柄があり，がくは 5 裂し，花冠は鐘形で 5 裂する．雄しべは 5 本．果実はさく果となり卵形体で，成熟すると上部のふたがとれ，中には少数の種子がある．まれにつるが緑色の品種があり，これをミドリネナシカズラ f. *viridicaulis* (Honda) Sugim. という．〔漢名〕金鐙藤または毛芽藤といい，菟糸子を使うのは誤りである．

3448. マメダオシ　〔ヒルガオ科〕

Cuscuta australis R.Br.

アジア東部から南部，オーストラリアの熱帯から温帯に広く分布する一年生の寄生つる草で，日本では本州以南の低地に分布する．茎は無毛で黄色の糸状をなし，寄主植物に左巻きに巻きつき，葉がなく細かい鱗片がまばらに互生する．夏から秋にかけて，枝の各所に群をなして総状花序をつけ，ごく短い柄をもった白色の細かい花を開く．がく裂片は 5 個でやや多肉，広楕円形で鈍頭．花冠はがくの長さの 2 倍あり，短鐘形で 5 裂し，裂片は広楕円形で円頭，筒の中には糸状に裂けた長短不同の鱗片がある．雄しべは 5 本で花冠に着生し，花冠裂片と互生し花筒の上に出る．子房は扁球形で 4 個の胚珠を含む．花柱は 2 本あり細長く，柱頭は頭状である．秋，重なり合って扁球形のさく果をむすぶ，果皮はうすく下に宿存がくをつけ，径 4 mm ばかり，中央は凹入して 2 室あり，各室には 2 個の種子がある．種子は広卵形体で平滑，黄白色である．〔日本名〕豆倒しの意味で，よく大豆に寄生して害を与えることにより名付けられた．〔漢名〕菟糸子．

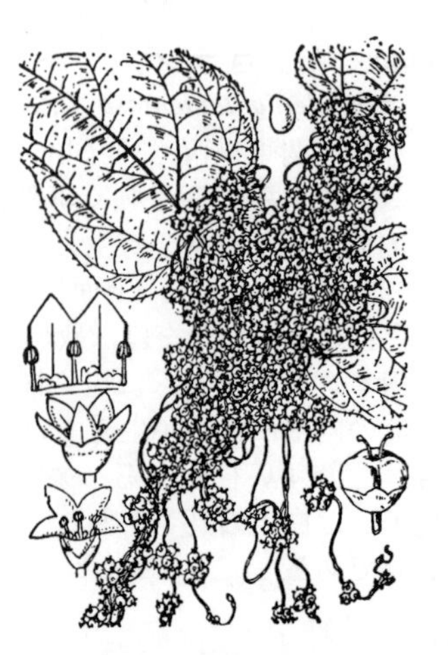

3449. アメリカネナシカズラ　〔ヒルガオ科〕

Cuscuta campestris Yuncker（*C. pentagona* auct. non Engelm.）

アメリカ合衆国のフロリダからニューヨークまで，および中西部はカリフォルニアまでの広い地域に自生するつる状の寄生植物．寄主を選ばずに多くの草本やつる植物などにからみついて寄生する．全体が淡褐色の糸状のつるで，葉はなく，緑色の部分はまったくない．夏に小さな白花が多数，頭状に集まって咲く．個々の花は小さく，花冠の直径は 1.5〜2 mm，それぞれに 1 mm ほどの短い柄がある．花冠は漏斗形で，それを下から包むがく筒も花冠筒とほぼ同じ大きさ．がく裂片は 5 個あって幅の広い楕円形である．花冠の上半部は 5 裂し，各裂片は細長くてがく筒の外に突き出し，しばしば反り返って先端だけ上を向く．雄しべ 5 本は短くて花冠筒の内側につき，その花糸の基部にはやや長めのひだがつく．果実は径 3 mm ほどの球形のさく果で，熟しても規則的な開裂はしない．種子は長さ 1 mm ほどである．原産地のアメリカ大陸はもちろん，世界各地に帰化しており，日本でも農耕地周辺で帰化がみられる．寄生植物ではあるが，農作物に大きな被害を与える状況ではない．

3450. ハマネナシカズラ　〔ヒルガオ科〕

Cuscuta chinensis Lam.（*C. maritima* Makino）

アジア東部，南部，オーストラリア，アフリカの熱帯から暖帯に広く分布し，日本では本州中部以西の暖地の海浜に見られる一年生の寄生つる草である．よくハマゴウの枝に寄生し，丁度黄色いそうめんを掛けたように見える．茎は細長く糸状で長くのび，左巻で互にからみ合い，寄主植物に接した部分は小さな吸盤ができて養分を吸収する．夏から秋にかけて，茎の各所に柄のある短い総状花穂を出し，細かい白色の花が集まってつく．花の基部に小さな苞葉がある．がくは短い鐘形で 5 条の稜があり 5 裂し，裂片は鈍頭である．花冠は短鐘状で 5 裂し，裂片は三角形で開花すると平らに開く．花筒内面に 5 枚の鱗片があり，鱗片のふちは毛状にさける．5 本の雄しべをもつ．果実は球形のさく果で宿存がくをつけ，径 3 mm ほどとなり，果皮はごくうすく，中に大きい 4 個の種子がある．全体マメダオシによく似るが，まだマメ科植物に寄生しているのを見たことなく，がくは稜があり大きく，花筒内の鱗片は毛状に裂けるので異なる．

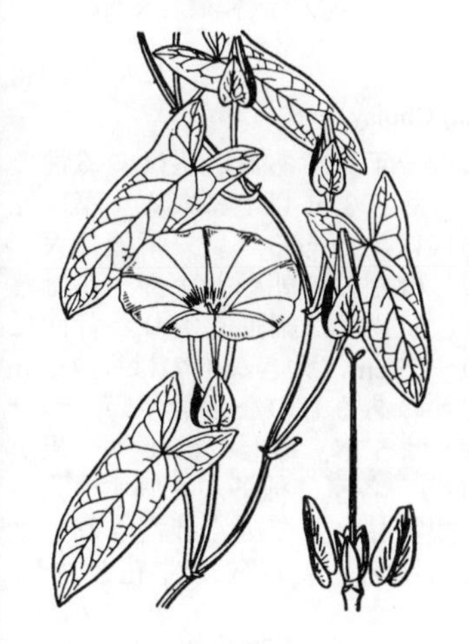

3451. ヒルガオ　〔ヒルガオ科〕

Calystegia pubescens Lindl. f. ***major*** (Makino) Yonek.
（*C. japonica* Choisy）

北海道，本州，四国，九州，朝鮮半島，中国に分布，野原や道ばたに普通にみられる多年草．地中を横走する白色の地下茎から長いつる性の茎を出して巻きつく．葉は長い柄があり互生し，長楕円状披針形で，大きいものは長さ 10 cm もあり，基部両側は耳形で尖る．夏，葉腋に長い花柄を出し，頂に 1 個の大きい淡紅色の花を開く．がく片は 5 個，がくの外側に卵形の苞葉が 2 個あり，二枚貝状に相対してつく．花冠は漏斗形で，径約 5 cm 内外．雄しべは 5 本，雌しべは 1 本，普通は結実しない．花は日中に咲くのでヒルガオの名が付けられた．人によってはオオヒルガオともいう.〔漢名〕旋花または鼓子花という.〔追記〕テンシボタン‘Flore Pleno’と呼ばれる八重咲き品が学名の基本品である．

3452. コヒルガオ　〔ヒルガオ科〕

Calystegia hederacea Wall.

アジア東部，南部の温帯，暖帯に広く分布し，本州，四国，九州の野原や道端にふつうに生える多年草である．地中に白色の根茎を引き，そこから長いつるを出して他物にからみつく．葉は互生し長い柄があり，ほこ形で基部両側は耳形となり左右に張り出している．夏，葉腋にごく狭い翼のある花柄を出し，頂に紅色を帯びた花を開く．花はヒルガオよりも小さくてやはり日中に開く．がく片は 5 個，外側から 2 個の緑色の苞葉にはさまれている．花冠は漏斗形で径 3〜4 cm．雄しべは 5 本，雌しべは 1 本，ともに筒の中にある．普通は結実しない．人によってはこれをヒルガオという.〔追記〕本種とヒルガオとの中間型がしばしば見られ，アイノコヒルガオという．本書の図は典型的なコヒルガオよりもむしろアイノコヒルガオのように見える．

3453. ハマヒルガオ 〔ヒルガオ科〕

Calystegia soldanella (L.) R.Br.

ヨーロッパ，アジア，太平洋諸島の温帯から熱帯に広く分布し，小笠原を除く，日本全土の海岸の砂地に多く生える多年草である．白く強い地下茎を砂中に長く引き，肥厚したものでは径 7 mm ぐらいある．茎は砂の上に横たわり，時に他物に触れれば巻きついて上ることもある．葉は互生し長い柄があり，腎臓状円形で厚く，光沢があり，先は円いかまたはいく分凹んでいるものもある．5 月頃，葉腋に長い花柄を出し，頂に径 4〜5 cm の淡紅色の花を開く．がく片は 5 個，下に広い 2 個の苞葉がありがくを包んでいる．花冠は漏斗状で筒は太い．雄しべは 5 本，雌しべは 1 本でともに花筒の中にある．果実はさく果で球形，種子は大きくて黒い．

3454. セイヨウヒルガオ 〔ヒルガオ科〕

Convolvulus arvensis L.

ヨーロッパ原産の小形の多年生つる植物．茎（つる）の長さは 1 m 余りで地面をはい，あるいは他の植物にからまる．茎は緑色で無毛．互生する葉は長さ 2〜3 cm の三角形状で，基部は心臓形ないしややほこ形となるが，変異が多い．葉柄の長さは約 2 cm，しばしばからみ合って密度の高い群落をつくる．初夏から秋の始めまで，葉腋から通常 1 個ずつの花をつぎつぎに咲かせる．花冠は淡いピンク色で日本のヒルガオに似るが，花冠の長さは 1.5〜2 cm と，はるかに小さい．漏斗形で花冠の底の部分だけ色が濃い．雌しべの柱頭が糸状をしていることと，花のつけ根に苞がないこともこの種を見分ける特徴である．早い時期に北アメリカに帰化して，カナダ南部からアメリカ合衆国の東部，中西部に広がり，畑の雑草としてきらわれてきた．日本でも東京都内をはじめ，都会地周辺の空き地や鉄道用地などにみられるが，それほどの繁殖はしていない．日本への帰化の経路はアメリカからである可能性が強い．

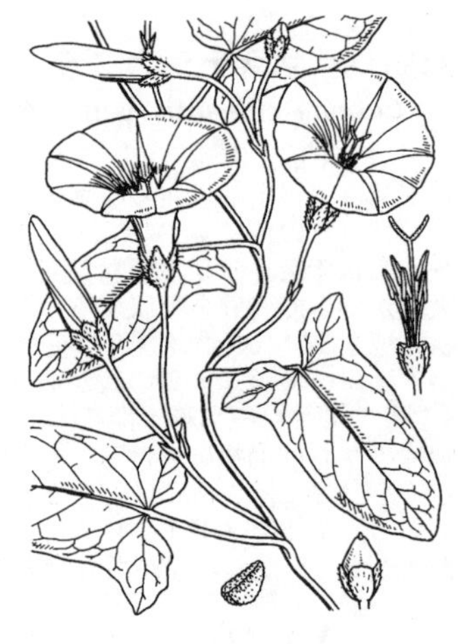

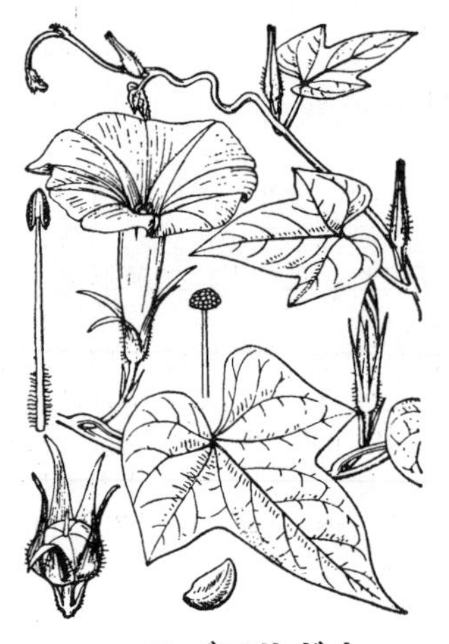

3455. アサガオ 〔ヒルガオ科〕

Ipomoea nil (L.) Roth（*Pharbitis nil* (L.) Choisy）

アジアの原産で，最も普通に栽培される一年草である．茎はつる性で逆毛があり，左巻きで他物にからみつき，長さ 3 m 以上になる．葉は互生し長い柄があり，ふつうは 3 裂し両面には毛がある．夏，葉腋に大形の美しい花を開き，早朝に咲き午前中にしぼむので朝顔という．花は葉腋当たり 1〜3 個つく．がくは深く 5 裂し，裂片は細長く尖り，背面に白色の長毛がある．花冠は漏斗状で径 10〜15 cm，大きなものは径 23 cm にもなり，青紫色，白色，紅色，ふちどりのあるものなど数多い．つぼみは筆頭状で右巻きのひだがある．雄しべは 5 本，雌しべは 1 本．果実はさく果で残存がくをつけ，球形で 3 室あり，各室に種子が 2 個ずつ入っている．種子は薬用とし牽牛子という．観賞品として広く栽培され，葉や花に多くの変化改良が加えられている．〔漢名〕牽牛子，牽牛花という．

3456. マルバアサガオ 〔ヒルガオ科〕

Ipomoea purpurea (L.) Roth（*Pharbitis purpurea* (L.) Voigt）

熱帯アメリカ原産の外来種で，時に栽培される一年草である．全体アサガオに似て茎は左巻きで他物にからみつき，長さ約 1.5 m になり葉が多い．葉は互生し長い柄があり，円形で先は尖り，基部は心臓形で全縁，長さ 7〜13 cm．夏，葉腋に花序を出して紅紫色の花を開く，花は普通数個が散形につく．がくは 5 裂し背面に短毛があり，裂片は幅広い．花冠は漏斗形で長さ 5〜8 cm．雄しべは 5 本，雌しべは 1 本．花後に花柄は下を向き．果実は残存がく内で成熟する．果実はさく果で 3 室からなり，1 室ごとに 2 個の種子を含む．〔追記〕アメリカアサガオ *I. hederacea* (L.) Jacq. も栽培される熱帯アメリカ原産のアサガオで，果実は下向きにならず，がく裂片は細くて著しく反曲する点でアサガオやマルバアサガオから区別される．

3457. ノアサガオ 〔ヒルガオ科〕

Ipomoea indica (Burm.) Merr.（*Pharbitis congesta* (R.Br.) H.Hara）

東南アジア，オーストラリアなど旧大陸熱帯と亜熱帯地方の海岸に広く分布し，日本では伊豆七島，小笠原，紀伊半島，四国，九州以南の低地の草地，崖，海浜などに生える多年草．茎は多少毛があり，つる性で細く長いが，根元は木質化する．葉は互生し，柄は長く 3〜8 cm，葉身は長さ 5〜10 cm，幅 4〜8 cm の心臓形で先端は鋭く尖り，全縁で葉の質は比較的薄い．葉の両面に毛が多い．夏から秋遅くまで枝先に花序を出し，1〜3 花をつける．花序柄は 2〜5 cm，葉柄より短い．花はアサガオによく似て紅紫色で美しい．苞は線状披針形で，長さ 2 cm．がく裂片は披針形で先は長く尖り 2 cm ほど．花冠は紫色で，径 6〜7 cm，長さ 7〜8 cm ある．雌しべの花柱は 3〜4 cm．さく果は球形で海流により漂着，散布すると考えられる．

3458. ルコウソウ 〔ヒルガオ科〕

Ipomoea quamoclit L.（*Quamoclit pennata* (Desr.) Bojer）

熱帯アメリカの原産で，古くから観賞用として栽培されている，一年生のつる草である．茎は長くのび左巻きで他物にからみつく．葉は互生し柄があり，羽状に裂け，裂片は緑色の糸状となり，中央脈の両側にならんで美しく涼しい感じである．夏，葉腋に花柄を出し，美しい赤い花を 1 個ずつ開く，まれに白い花もある．がく片は 5 個で緑色．花冠の筒は細長く，上部は 5 裂し星状に開く．雄しべは 5 本，雌しべは 1 本ともに長く花の外にとび出す．果実はさく果となり卵形体で下に宿存がくをつけ，種子は細長い．〔日本名〕縷紅草の意味であり，留紅草と書くこともある．またこれを俗に細葉ルコウソウともいう．〔漢名〕蔦蘿松．

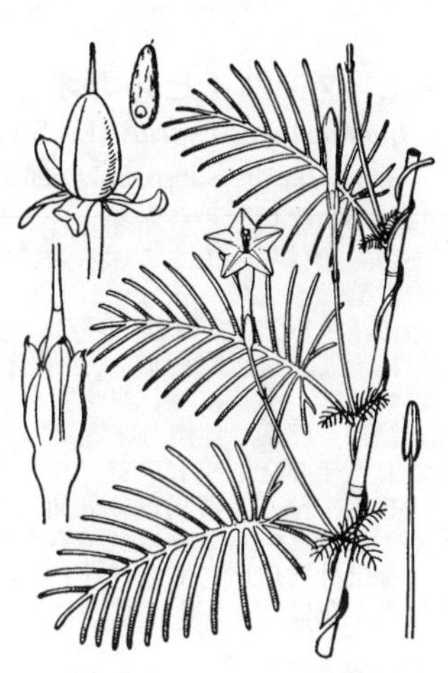

3459. マルバルコウソウ 〔ヒルガオ科〕

Ipomoea coccinea L.（*Quamoclit coccinea* (L.) Moench）

熱帯アメリカ原産の一年生草本で，以前は栽培されていたが，今では暖地にほとんど野生に近くなっている．茎は長くのび左巻きで他物にからみつく．葉は互生し長い柄があり，心臓状円形で先は尖り，しばしば基部の両側は耳状になりふちに尖った角がある．夏から秋にかけて，葉腋に長い柄を出し，頂に橙紅色の花を 3〜5 個開く．がく裂片は 5 個，長短不同で先端につめ状の突起をもつ．花冠の筒は長く，上部は広がりほぼ五角形でごく小さい切れこみがある．雄しべは 5 本，雌しべは 1 本でわずかに花冠の外に出る．果実はさく果で球形，下に宿存がくをつけている．〔日本名〕ルコウソウに比べて，葉が分裂せず円いのでいう．

3460. サツマイモ（カライモ） 〔ヒルガオ科〕

Ipomoea batatas (L.) Poir. var. ***edulis*** (Thunb.) Kuntze

熱帯アメリカ原産の多年草で畑に栽培される．地中に肥厚した塊根を作る．塊根の皮の色は紅や白などいろいろで，断面はわずかに黄色を帯び質は粗い．茎は細長く地上をはい，長さ約 2 m になる．葉は普通心臓状円形で茎とともに紫色を帯びる．夏，葉腋に長い花序柄を出し，頂に紅紫色の花を 5〜6 個つけるが本州ではまれにしか開花しない．花はアサガオに似ているが小形である．がく片は 5 個で緑色．花冠は漏斗形で筒は太い．雄しべは 5 本，雌しべは 1 本．暖地では花後さく果をつけ，種子も成熟する．この品種は古くからわが国に栽培されてきたが，最近はアメリカイモや他品種との交配によって改良された品種におされほとんどみられない．〔漢名〕甘藷．

3461. アメリカイモ 〔ヒルガオ科〕

Ipomoea batatas (L.) Poir. var. ***batatas***

熱帯アメリカ原産の多年草で，今は広く栽培されている．茎は地をはってのび長さ約 2 m．塊根は楕円体など種々な形があり，皮の色もまた種々である．断面は白色，質は緻密でなかには紅紫色（アズキイモ）を帯びるものもある．葉は互生し長い柄があり，浅い心臓形で両側に数個の裂片があるのが普通であるが，深く裂けるものもある．夏，サツマイモと同じく葉腋に長い花序柄を出し，紅紫色の花を数個つける．がく，花冠，雄しべや雌しべの状態も全くサツマイモと同様である．欧米でスィートポテトというものは本品を指す．以前にはこの種類は少なかったが，今は普通に見られ品種改良などされて良質になっている．〔漢名〕番藷．〔追記〕現在では，本型も前の型と区別せずにサツマイモと呼んでいる．

3462. グンバイヒルガオ 〔ヒルガオ科〕

Ipomoea pes-caprae (L.) Sweet

（*I. pes-caprae* subsp. *brasiliensis* (L.) Ooststr.）

世界の熱帯に広く分布し，日本では四国，九州など暖地の海岸に生える多年草である．全体無毛ですこぶる強壮である．茎は粗大で強く，きわめて長く砂上をはって繁殖し，多く枝分かれして広い面積を占め，下にひげ根を下ろす．葉はまばらに互生し，ふつう紅色を帯びた長い柄がある．葉質は厚く滑らかで光沢があり，ほぼ円形または広楕円形，先端は凹頭ないし浅く 2 裂して軍配状をなす．夏から秋にかけて，葉腋に長い花序柄を出し，紅紫色の花を 1～5 個つける．がく片は 5 個で緑色，卵形で鈍頭．花冠はアサガオと同様の漏斗状で径約 4 cm．雄しべ 5 本は雌しべ 1 本とともに花筒の中にある．果実はさく果となり卵球形で平滑．種子は大きくて堅く，黄褐色で表面に毛がある．本州中部以西の海岸にも少数ではあるが，海流に乗って運ばれてきたものがあり，時に発芽するが越冬はしない．また本種は砂防用としても有効である．〔日本名〕軍配昼顔の意味であり，葉は軍配扇に似て花はヒルガオに似ていることに基づく．

3463. マメアサガオ 〔ヒルガオ科〕

Ipomoea lacunosa L.

北アメリカ原産の一年生のつる植物．やや繊細なつる草で長さは 1～3 m どまりである．葉には長い柄があって互生し，葉身は三角形状の心臓形で長さ 5～8 cm，葉の質は薄い．全縁で先端は鋭く尖り，基部は深い心臓形をなす．葉はときに 3 裂することもある．夏から秋に葉腋に 1～3 個の花をつけるが，花の柄は葉柄よりもかなり短い．花冠は長さ 1～2 cm の小さな漏斗形で通常白色，ときにピンクや淡紫色を呈する．花冠の上端部は浅く 5 裂する．この花冠の基部にあるがく筒は長さ 1 cm 弱で，花冠の下部約 1/3 ほどを包み，先端は鋭く 5 裂して各裂片のふちには毛がある．果実は球形のさく果で熟すと 2 つに割れ，中に 4～6 個の種子がある．原産地のアメリカ合衆国では東部から南部の湿った草地から，道ばたの乾燥地まで幅広い環境に生じ茂みをつくる．日本でも帰化雑草として裸地や道ばたに見られることがあるが，大規模な繁殖は知られていない．〔日本名〕豆朝顔はアサガオの仲間で花冠がごく小さいことによるが，アサガオのように朝のうちだけ開花するわけではない．

3464. ホシアサガオ 〔ヒルガオ科〕

Ipomoea triloba L.

熱帯アメリカ原産のつる性一年草．茎は細く長く伸び，他の樹木や草本にからみついて，長さ数 m に達する．若い茎には長毛があるが，後にほとんど無毛となる．葉は長い柄があって互生し，葉身はアサガオの葉に似て全体は三角状卵形．深く 3 裂し基部は深い心臓形をなし，各裂片の先端は尖る．葉形と葉の大きさに変異がはなはだしく，大きなものは葉身の長さ 10～12 cm，幅 8～10 cm，柄の長さ 10～14 cm にもなるが，小形のものは長さ 3～5 cm，幅 2 cm 弱で，ほぼ長三角形状心臓形をなすものもある．葉腋から葉柄よりも長い花序を出し，先端部で枝分かれして 3 個ないし多数の紅紫色の花をつける．がく片の先端は鋭く尖り，外面に光沢のある長い毛がめだつ．花冠は長さ 3 cm 弱．直径約 1～1.5 cm の深い漏斗形をなす．花の形や大きさには葉形ほどの変異は見られない．花後に径 1 cm ほどの卵形体のさく果をつける．熱帯，亜熱帯の太平洋諸島に帰化し，海岸や耕作地の雑草となっている．日本でも琉球列島や小笠原諸島に帰化が知られている．〔日本名〕星朝顔はアサガオに似て小さな花の様子に基づいたもの．

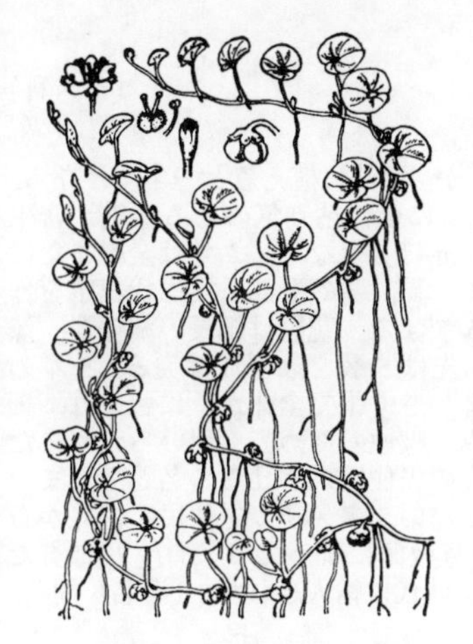

3465. アオイゴケ　〔ヒルガオ科〕

Dichondra micrantha Urb.（*D. repens* auct. non J.R. et G.Forst.）

熱帯地方に広く分布し，暖地の路傍などに見られる，ごく小形の多年草である．茎は細く地をはい，節から根を下ろしてはびこる．葉は互生し長さ 0.5〜4 cm の細い柄があり，葉身はやや平たい円形，先は円形またはわずかに凹形で，基部は深い心臓形，小形で長さ 4〜20 mm，幅 5〜25 mm，少し毛がある．春から夏にかけて葉腋から短い柄を出し，黄緑色の小さい花を開く．がく片は 5 個，長楕円形で毛が多い．花冠は径 3 mm ばかり，深く 5 裂し，裂片は長楕円形でがく片より少し短い．雄しべは 5 本，花柱は 2 本で互に斜上する．果実はさく果となり下へ向き，丸い 2 個の分果がならび毛が生えている．〔日本名〕葉の形が葵（フタバアオイ）に似て，全草が小さく地を密におおう様子がコケ類に似ているので名付けられた．

3466. ツクバネアサガオ　〔ナス科〕

Petunia* ×*hybrida (Hook.f.) Vilm.

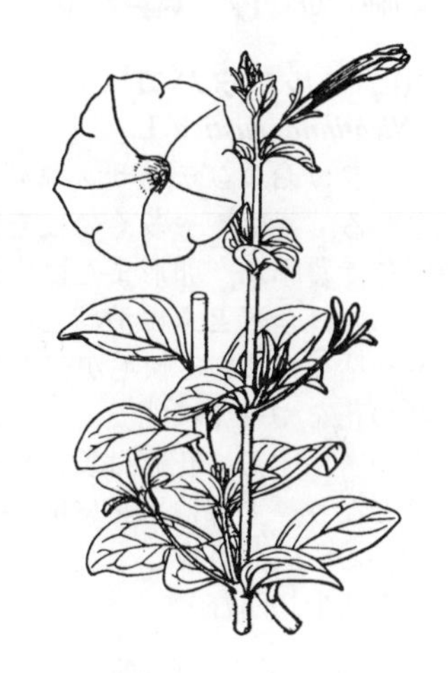

アルゼンチン原産の *P. axillaris* (Lam.) Britton et al. と *P. violacea* Lindl. を交配して改良した園芸品で，庭に植えられる一年草である．茎は多くの枝を出し高さ 60 cm ほどとなり，ときにつる状になって広がり 1 m 以上にのび，葉とともに粘り気のある細かな毛が密生する．葉は対生し，下部のものは柄があるが，上部のものは無柄となり，卵形，全縁で，質は軟らかである．夏，上部の葉腋から花柄を出し，大形の美しい花を開く．がくは深く 5 裂し，裂片は細長い．花冠は漏斗形で先は浅く 5 裂し，径 5〜9 cm，大輪の品種は径 10〜13 cm となる．花の色は紫，紅，桃，白など変化が多く，絞りや斑紋のあるもの，ふちが細く裂けるもの，八重咲のものなど多数の品種がある．果実は小さな卵形体のさく果で，宿存性のがくに包まれる．〔日本名〕衝羽根朝顔で，果実の形を羽根つきの羽根になぞらえてつけたものである．

3467. バンマツリ　〔ナス科〕

Brunfelsia uniflora (Pohl) D.Don

ブラジル原産の小低木で，観賞のため温室に栽培される．茎は多くの小枝に分かれ，高さ 1〜2 m ほどになる．葉は革質で互生し，披針状長楕円形で先は尖り，長さ 7 cm ほどあり，短い柄をもつ，ふちは全縁で多少波状となり，両面なめらかで無毛，濃黄緑色，上面につやがある．初夏，枝の先に 1〜2 個の花をつける．がくは筒状で先は浅く 5 裂する．花冠は中心部が黄色く，筒部が白色であるほかは濃紫色だが，時間が経過すると，次第に色は淡紫となり白に近くなる．花冠は下部細長い筒で，上部平らに開いて 5 裂し，径約 4 cm，裂片は円く，ふちは多少波状となって互いに少し重なる．4 本の雄しべは花筒の上部に附着し，葯は濃紫色である．〔日本名〕蕃茉莉でバンは外国の意味，マツリはマツリカ（ジャスミン）であり，舶来のジャスミンの意味である．

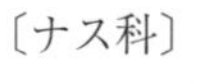

3468. アマダマシ（アマモドキ）　〔ナス科〕

Nierembergia frutescens Durieu

チリ原産で，ときに観賞のため栽培される多年草である．茎はやや木質化して低木状となり，多くの枝を出し，高さ 30〜90 cm となる．葉は互生し，線形またはへら状線形で長さ約 2.5 cm 以上となる．初夏から秋にかけて，上部の葉腋から短い花柄を出し，美しい花を開く．がくは筒形で先は 5 裂する．花冠は漏斗状鐘形で径 3 cm ほどあり，下部は短い筒となり，ふちは平らに広がって浅く 5 裂し，淡紫色を帯びた白色で中心は黄色である．5 本の雄しべと 1 本の雌しべをもつ．白色のものや紫色の品種がある．本種に似て丈低く，葉は小さく長さ約 1.2 cm，花もやや小さいものをヒメアマダマシ *N. gracilis* Hook. という．

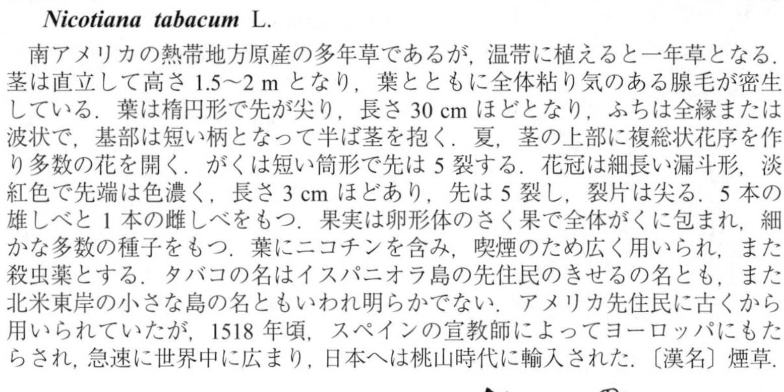

3469. タ　バ　コ　〔ナス科〕

Nicotiana tabacum L.

南アメリカの熱帯地方原産の多年草であるが，温帯に植えると一年草となる．茎は直立して高さ 1.5〜2 m となり，葉とともに全体粘り気のある腺毛が密生している．葉は楕円形で先が尖り，長さ 30 cm ほどとなり，ふちは全縁または波状で，基部は短い柄となって半ば茎を抱く．夏，茎の上部に複総状花序を作り多数の花を開く．がくは短い筒形で先は 5 裂する．花冠は細長い漏斗形，淡紅色で先端は色濃く，長さ 3 cm ほどあり，先は 5 裂し，裂片は尖る．5 本の雄しべと 1 本の雌しべをもつ．果実は卵形体のさく果で全体がくに包まれ，細かな多数の種子をもつ．葉にニコチンを含み，喫煙のため広く用いられ，また殺虫薬とする．タバコの名はイスパニオラ島の先住民のきせるの名とも，また北米東岸の小さな島の名ともいわれ明らかでない．アメリカ先住民に古くから用いられていたが，1518 年頃，スペインの宣教師によってヨーロッパにもたらされ，急速に世界中に広まり，日本へは桃山時代に輸入された．〔漢名〕煙草．

3470. マルバタバコ　〔ナス科〕

Nicotiana rustica L.

メキシコおよびテキサス原産の一年草である．タバコとともに畑に栽培される．茎はやや多くの枝を出し，高さ 1〜2 m となる．葉は互生し，濃緑色で質厚く，卵形または広楕円形，先は鈍形で長さ 30 cm ほどとなり，ふちは全縁ときに波状となり，基部に長い柄をもち，茎とともに全体やや粘り気のある軟毛が密生している．夏，茎の上部に総状花序を出し，多数の花をやや密に開く．がくは円筒形で先は浅く 5 裂し，外面に細かな毛が密生する．花冠は黄白色または緑黄色で長さ約 1.5 cm，下部は太い筒となり，上部は平らに開いて浅く 5 裂し，裂片は円く先がわずかに急に尖る．5 本の雄しべと 1 本の雌しべをもつ．果実は卵形体または球形で先は少し凹む．

3471. ク　コ　〔ナス科〕

Lycium chinense Mill.

（*L. rhombifolium* (Moench) Dippel ex Dosch et Scriba）

東アジアの熱帯から温帯に広く分布し，川の土手や溝のへりなどに多く見られる小形の落葉低木である．茎は細長く縦のすじがあり，多数群がって生じ，高さ 1〜2 m となり直立せず，しばしば刺状の小枝をもつ．葉は数個ずつ集まってつき，倒披針形で長さ 2〜4 cm，幅 1〜2 cm，全縁で短い柄をもち，質柔らかく無毛である．夏，葉腋から細い柄を出し，淡紫色の小さな花を開く．がくは短い筒形で先は浅く 5 裂する．花冠は下部鐘形で紫色のすじがあり，上部 5 裂して平らに開き，径 1 cm ほどである．5 本の雄しべと 1 本の雌しべをもつ．果実は液質で楕円体となり，熟すと紅色になり，表面はなめらかである．若葉をひたしものとしたり，飯にまぜて枸杞飯として食べ，果実は酒にひたして枸杞酒を作り強壮薬とする．〔漢名〕枸杞．クコの名はこれから由来する．

3472. アツバクコ　〔ナス科〕

Lycium sandwicense A.Gray（*L. griseolum* Koidz.）

海岸の波飛沫のかかる岩上に生育する常緑の小低木．小笠原の聟島列島，父島列島，母島列島に分布し，固有種とされていたが，近年，沖縄の南，北大東島，ハワイ諸島にも分布することが確認された．全株無毛の高さ数 10 cm ほどの低木で，茎は下部で密に分枝して横に広がる．小枝は淡褐色で硬く，稜がある．葉は黄緑色，無柄で束生し，へら形で多肉，全縁で長さ 1〜3 cm，幅 4 mm ほどで円または鈍頭，基部は除々に狭まり，葉脈は不明瞭．花期は 7〜8 月．花は葉腋に単生し，白または淡紅色，鐘形で下向きに咲く．花柄は長さ 5〜10 mm．萼は浅い鐘形で無毛．長さ約 5 mm で 4〜5 歯あり，がく歯は長さ約 3 mm で広卵形，鈍頭．花冠は漏斗形で長さ約 6 mm，先は 4〜5 裂し，裂片は広卵形で円頭，長さ 4 mm，幅 3 mm で基部に紫のすじがある．雄しべは短く，花冠裂片の内側に対生し，花糸は糸状で無毛，葯は楕円形でわずかに花外にとび出す．子房は卵球形で無毛．果実は球形の液果で赤熟する．種子は淡褐色，広卵形体で長さ約 1.5 mm．

3473. ハシリドコロ 〔ナス科〕

Scopolia japonica Maxim.

本州から九州に分布し，谷あいの湿った木陰に生える多年草である．地下茎はくびれのある太い塊で横にはう．茎は直立して，まばらに枝分かれし，高さ 30～60 cm となる．葉は柔らかく互生して柄をもち，楕円状卵形で先は尖り，長さ 10～20 cm，幅 3～7 cm，全縁で，下部の葉にはときどき粗いきょ歯がある．春，葉腋から 1 個の花を下垂する．がくは緑色の鐘形で先は浅く 5 裂する．花冠は鐘形で外面暗紅紫色，内面淡緑黄色，先は浅く 5 裂し，長さ約 2 cm である．5 本の雄しべをもつ．がくは花の終わった後に大きくなって果実を包み，果実は球形で上半分はふたとなり，熟すとふたがとれて種子を散らす．〔日本名〕地下茎がオニドコロに似て猛毒があり，中毒すると走りまわって苦しむのでつけられた．地下茎を莨菪根（ロートコン）とよび鎮痛薬や眼薬とする．本来の莨菪は下図に示したヒヨスのことである．

3474. ヒ　ヨ　ス 〔ナス科〕

Hyoscyamus niger L.

ユーラシア原産の二年草で，薬用のためときに栽培される．茎はまばらに枝分かれし，高さ 1 m ほどとなり，葉とともに全体短毛と腺毛が密に生え粘りけがある．葉は互生し，下部のものは柄があり，広卵形でふちは波状であり，上部のものは柄がなく，浅く羽状に裂け，長さ 15～30 cm，主脈は白く太い．初夏，上方の葉腋から横に向いた花を開く．がくは壷形で先はやや開いて浅く 5 裂する．花冠は広鐘形で径 2 cm ほどあり，先は開いて 5 裂し，裂片は円く，淡黄色で淡紫色の脈があり，中心部は紫色である．5 本の雄しべと 1 本の雌しべをもつ．がくは花の終わった後大きくなって長さ約 3 cm，幅 2 cm となり，果実を包む．葉からヒヨスエキスを作って鎮痛薬とする．〔日本名〕属名の前半部分の音をとったもの．〔漢名〕莨菪．

3475. オオセンナリ 〔ナス科〕

Nicandra physalodes (L.) Gaertn.

ペルー原産で観賞のため栽培される一年草である．茎は多くの枝を出し，高さ 1 m ほどになる．葉は互生し，卵形で長く尖り，長さ 5～15 cm，基部は急に狭くなって細い柄をもち，ふちは波状の粗いきょ歯をもつ．夏から秋にかけて，葉腋に花柄のある下向きの花をつける．がくは筒状で基部に 5 本の突起をもち，側面は隆起して 5 つの翼となる．花冠は鐘状で先は開き，径 2.5 cm ほどで下部白く，上部青色で 5 裂し，午後開いて夕方閉じ翌日散る．がくは花のしぼんだ後に大きくふくらんで果実を包み，果実は球形の液果である．江戸時代の末期に輸入し栽培されたが今はあまり見られない．〔日本名〕センナリホオズキ（3505 図）に似て大形なのでいう．

3476. チョウセンアサガオ（マンダラゲ，キチガイナスビ） 〔ナス科〕

Datura metel L.

熱帯アメリカ原産の一年草である．江戸時代に輸入され薬用のため栽培されたが，今はほとんど見られない．茎は直立し多くの枝に分かれ，淡緑色で高さ 1 m ほどとなる．葉は互生するが，しばしば対生状となり，長い柄をもち，広卵形で先は尖り，全縁または深く切れこんだ少数のきょ歯をもつ．夏から秋にかけて，葉腋に短い花柄をもった大きな白色の花を開く．がくは長い筒形で先は 5 裂し，長さ約 4.5 cm，花冠は漏斗形で長さ 10～15 cm，筒部は長く，先は浅く 5 裂し，裂片の先端は尾状に尖る．5 本の雄しべと 1 本の雌しべをもつ．果実は球形のさく果で，径約 2.5 cm，太く短い多数の刺をもち，不規則に割れ，多数の灰色のゴマに似て大きい種子を出す．葉を曼陀羅葉（まんだらよう）とよんでぜんそくの薬とするが，猛毒があり中毒すると苦しんであばれるので気違茄子の名がある．朝鮮朝顔というが朝鮮原産ではない．〔漢名〕曼陀羅草．

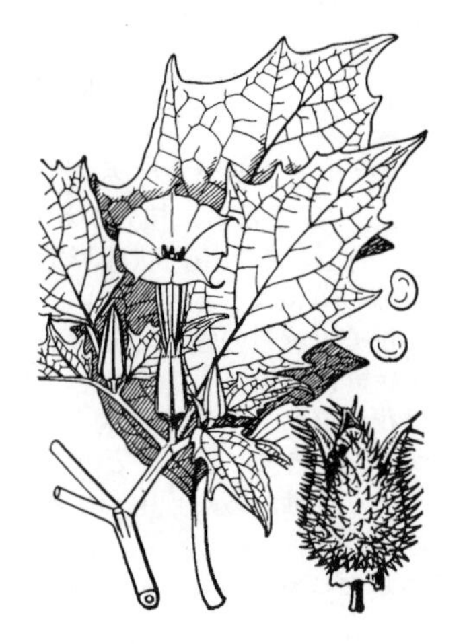

3477. ヨウシュチョウセンアサガオ（フジイロマンダラゲ）〔ナス科〕

Datura stramonium L.

熱帯アメリカ原産の一年草である．明治の初め輸入され栽培されたが，現在は道端や荒地に野生化している．茎は直立して多くの枝に分かれ，高さ 1〜2 m となり，紫色を帯びる．葉は互生し，長い柄をもち，卵形で先は尖り，ふちに不揃いな尖った大形のきょ歯をもち，質は柔らかである．夏，葉腋から短い花柄をもった，長さ 8 cm ほどの淡紫色の花を開く．がくは長い筒状で先は 5 裂する．花冠は漏斗状で先は浅く 5 裂し，裂片の先端は尾状に尖る．花は午後開く．5 本の雄しべと 1 本の雌しべをもつ．果実は広卵形体のさく果で長さ 3 cm ほどとなり，大小の鋭い刺を密生する．熟すと 4 裂し，黒色の扁平な多数の種子を出す．葉や種子に猛毒があり，ぜんそくの薬に使う．

3478. ト マ ト（アカナス）〔ナス科〕

Solanum lycopersicum L.（*Lycopersicon esculentum* Mill.）

南アメリカのアンデス山脈のやや高地に野生し，世界に広く栽培される一年草である．茎は柔らかく，まばらに枝分かれして高さ 1〜1.5m となり，地に接するとどこからでも容易に根を出す．茎や葉に白色の軟毛が密生する．葉は互生し，9〜19 枚の多数の小葉に分かれ，羽状複葉で長さ 15〜45 cm，小葉は卵形または長楕円形で先が尖り，大きな深く切れこんだきょ歯をもつ．全体に特有の臭がある．夏，節間の途中から花序を出し，数個の黄色い花を開く．小花柄の基部には関節があり，不稔の花はそこから切れて落ちる．がくは線状披針形の多数の尖った裂片に分かれる．花冠は浅い皿状で径約 2 cm，多数の裂片に分かれ，裂片は線状披針形で先は反り返る．果実は液質で扁球形，熟すと紅色となり，径 5〜10 cm である．小形の球形で熟すと黄色になるものもある．南アメリカのペルー，ボリビアなどのインディオ達に栽培され，1550 年頃ヨーロッパに広まり，17 世紀の初め頃，日本にも輸入されたが，観賞用として栽培されたにすぎず，明治の後期以後食用として栽培されるようになった．〔漢名〕小金瓜．

3479. ジャガイモ（ジャガタライモ）〔ナス科〕

Solanum tuberosum L.

ペルー，チリなどのアンデス山脈の高所に生え，世界の温帯地方に広く栽培される多年草である．地中に横にはう地下茎をもち，その先端は肥大した塊茎となる．茎は高さ 60〜100 cm ほどになり，柔らかで特有の臭がある．葉は互生して長い柄があり，羽状複葉で 5〜9 枚の奇数の小葉に分かれ，小葉は卵形または楕円形で全縁であり，小葉の間にはさらに小さな葉片がつく．6 月頃，上部の葉腋から花序を出し，数個の白色または淡紫色の花を開く．がくは小さく先は 5 裂する．花冠は浅い盃状で径 2〜3 cm，先は浅く 5 裂する．雄しべ 5 本，雌しべ 1 本あり，葯は黄色く花柱を囲んで花の中央に直立する．果実はふつう結実しないが，品種によってはよく結実し，液質のトマトに似た球形で径 1〜2 cm，濃緑色で熟すと黄緑色となる．〔日本名〕1550 年頃，スペイン人によってヨーロッパに輸入され，日本には 1598 年，オランダ船がインドネシアのジャカトラ（今のジャカルタ）からもってきたのでジャガタライモの名がある．〔漢名〕陽芋または洋芋．馬鈴薯をあてることがあるがこれはマメ科の全く別の植物である．

3480. イヌホオズキ〔ナス科〕

Solanum nigrum L.

日本全土を含む南北両半球の熱帯から温帯に広く分布し，畑や道端などにふつうに見られる一年生の有毒植物である．茎は枝分かれして横に広がり，高さ 20〜90 cm となる．葉は柄があり，互生し，卵形で長さ 6〜10 cm，幅 4〜6 cm，先端は鋭形または鈍形，ふちはふつう波状のきょ歯がある．夏から秋にかけて，節間の途中から長さ 1〜3 cm の花枝を出し，散房状にならんで数個の白色の花を開く．がくは 5 裂し，花冠は平らに広く開いて 5 裂し，径 6〜7 mm である．花の中央に 1 本の雌しべが直立し，それを囲んで 5 本の雄しべがあり，葯は黄色である．果実は液質で球形となり，径 6〜7 mm，熟すと黒色となり，光沢がなく，基部に小さな宿存性のがくをもつ．〔漢名〕龍葵といい漢方薬とする．〔追記〕本種に近縁の種が近年多数帰化している．ここに図示されたものは葉がほとんど全縁で花序がほとんど散形状である点で典型的でなく，他の種を描いたものである可能性がある．

3481. テリミノイヌホオズキ 〔ナス科〕

Solanum americanum Mill.（*S. nodiflorum* Jacq.）

北アメリカ原産の一年草で中国南部から東南アジアの熱帯，亜熱帯に広く帰化し，日本でも本州（関東以西）から琉球に広く見られる．イヌホオズキによく似ていて，茎は稜があってやや角ばる．茎は直立し高さ 20〜50 cm，まばらにとげがある．葉は互生し長さ 6〜10 cm の卵形で先が鋭く尖り，基部は円く，葉身の一部は葉柄に流れるように連なって翼状になる．葉は全縁で，質は薄く，イヌホオズキのような厚みと光沢がない．花は夏から秋に咲き，茎の中途の葉腋から出るが，軸の一部が茎にゆ着するため，葉柄のつけ根よりはかなり上方から分かれるようにみえる．茎と分かれて，散房状に分岐して少数の白花をつける．花冠は星形に 5 裂し，雄しべは 5 本，花の径 5 mm ほどでイヌホオズキよりやや小さく，果実もやや小形の球形，黒く熟して光沢がある．〔日本名〕照実の犬酸漿は，この光沢ある果実の特徴に基づく．〔追記〕ここに図示されたものは葉に波状のきょ歯があり，おそらく近縁のアメリカイヌホオズキ *S. ptychanthum* Dunal を描いたものと思われるが，これとテリミノイヌホオズキを同一種に含める意見も強い．

3482. ヒヨドリジョウゴ 〔ナス科〕

Solanum lyratum Thunb.

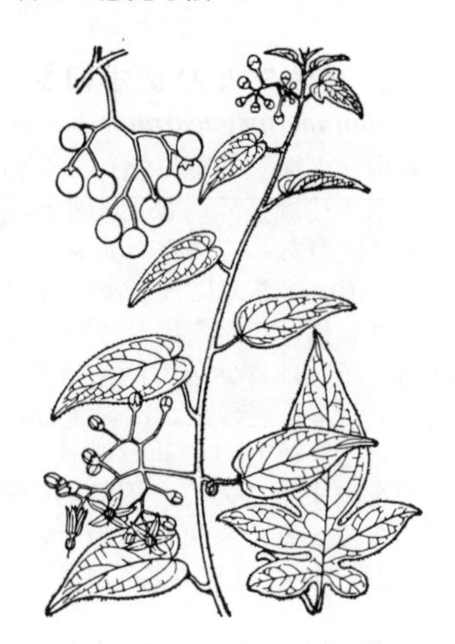

東アジアの熱帯から温帯に広く分布し，日本でも北海道から九州の低い山や野原の道端にふつうに見られるつる状の多年草である．前年の古い茎から新しい枝を出して細長くのび，葉柄で他の物にからみつき，葉とともに軟らかい毛が密生している．葉は互生して柄があり，下部のものはふつう深く 2〜3 裂し，上部のものは分裂せず，卵形で先は尖り，長さ 3〜8 cm，幅 2〜4 cm，基部は浅く心臓形となり，ふちは全縁である．夏から秋にかけて，葉と対生の位置に花枝をつけ，二叉状に枝分かれしてまばらに白い花を開く．がくは浅く 5 裂する．花冠は深く 5 裂し，長さ約 5 mm，裂片は初め平らに開くが，後に花柄の方へ反り返る．果実は液質で球形，径約 8 mm，熟すと紅色となる．有毒植物といわれる．〔日本名〕鵯上戸で，赤い果実をヒヨドリが好んで食べるのでいう．〔漢名〕白英という．しばしば蜀羊泉が用いられるが誤りである．

3483. ヤマホロシ（ホソバノホロシ） 〔ナス科〕

Solanum japonense Nakai var. ***japonense***

北海道から九州および朝鮮半島，中国に分布し，山地に生えるつる状の多年草である．茎はまばらに枝分かれして細長くのび，葉とともにほとんど毛がない．葉は互生し，柄があり，卵状披針形で先は細く尖り，長さ 4〜8 cm，幅 1〜3.5 cm，基部は円形またはやや心臓形となり，ふちは全縁か，ときに 1〜2 対の先の鈍い裂片をもつ．夏，節間の途中から花枝を出し，やや二叉に枝分かれして，まばらに淡紫色で中心が緑色を帯びた花を開く．がくは小さく浅く 5 裂する．花冠は深く 5 裂し，長さ 6〜7 mm，裂片は初め平らに開くが，後に花柄の方へ反り返る．雄しべは 5 本で雌しべをとりまいて中央に集まって立ち，黄色である．果実は液質で球形，径 6〜9 mm，熟すと赤色となる．果実の黄色いものがあり，キミノヤマホロシ f. *xanthocarpum* H.Hara という．

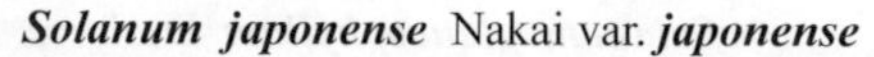

3484. タカオホロシ 〔ナス科〕

Solanum japonense Nakai var. ***takaoyamense*** (Makino) H.Hara
（*S. takaoyamense* Makino）

東京，山梨，長野県などの山地に生える多年草である．茎はまばらに枝分かれし，ややつる状に細長くのび無毛である．葉は互生し，長い柄をもち，狭卵形または卵状披針形で先は尖り，下部の葉は 3 裂し，左右の裂片は横へ広がり，中央の裂片はふちに不規則な波状のきょ歯をもつ．上部の葉は 3 裂しないが不規則な波状のきょ歯をもつ．夏，節間の途中から花枝を出し，まばらに枝分かれし，数個の淡紫色の花を開く．花はヤマホロシと同じである．果実は液質の楕円体で熟すと赤色となる．ヤマホロシからは不規則な波状の尖ったきょ歯をもつことと，果実が楕円体であることで異なる．〔日本名〕東京都高尾山で発見されたのでいう．ホロシの語源は不明．

3485. マルバノホロシ (ヤママルバノホロシ) 〔ナス科〕

Solanum maximowiczii Koidz.

本州，四国，九州，琉球に分布し，山地に生えるつる性の多年草である．茎はまばらに枝分かれして，ややつる状となって広がり，ヤマホロシに似るがより硬く，深緑色で葉とともに無毛である．葉は互生し，卵状披針形で先は尖り，長さ 5〜10 cm，幅 1.5〜4 cm，基部は柄の方へ尖り，細い葉柄をもち，ふちは全縁である．夏から秋にかけて，節間の途中から花枝を出し，やや二叉に枝分かれして，まばらに数個の紫色の花を開く．がくは小さく，先は浅く 5 裂して，裂片は先が円い．花冠は長さ 5〜6 mm，深く 5 裂し，裂片は初め平らに開くが，後に花柄の方へ反り返る．雄しべは 5 本で黄色く，花の中に集まって直立し，中心に花柱がある．果実は液質の球形で径 8〜10 mm, 熟すと赤色となる．有毒植物といわれる．〔漢名〕白英をあてることがあるが，白英はヒヨドリジョウゴの名である．

3486. オオマルバノホロシ 〔ナス科〕

Solanum megacarpum Koidz.

本州（京都，千葉以北），北海道，南千島，サハリンの冷温帯に分布する多年草．枝は長くのびてややつる性となる．茎は平滑で円く褐色．互生する葉は柄があって長めの卵形, 長さ 5〜8 cm, 幅は 3〜4 cm, 先端は長く尖り，基部は円い．ふちにきょ歯はなく, 短い毛が並ぶ．夏に葉腋よりやや上から，葉よりも長い花序を出し，花序は枝分かれして数花から 10 花をまばらにつける．花冠は青紫色で深く 5 裂し，各裂片は先が尖っていて，基部付近で反転する．花冠の長さは約 1 cm あり，花の中心部に 5 本の雄しべが集まってみえる．雄しべの葯は細長く槍状に先端が尖り，先端が小さく開孔して花粉を出す．この点で円筒形の葯をもつマルバノホロシやヤマホロシと識別できる．また果実も球形ではなく長めの楕円体で先がやや尖る．果実は秋に赤く熟す．〔日本名〕マルバノホロシに似て大形であるため．

3487. リュウキュウヤナギ (スズカケヤナギ，ルリヤナギ) 〔ナス科〕

Solanum glaucophyllum Desf.

ブラジル南部およびウルグアイ原産で，観賞のため栽培される常緑低木である．地中に長く地下茎をのばして盛んに繁殖する．茎は質柔らかで白緑色となり, 高さ 1.5〜2 m であまり枝分かれしない．葉は互生して短い柄をもち，披針形で長さ 12〜15 cm，幅 2〜4 cm，両端尖り，ふちは全縁，質厚く柔らかで両面白緑色である．夏から秋にかけて節間の途中から花枝を出し，枝分かれして下を向いた多数の淡紫色の花を順次開く．がくは 5 裂し，裂片は広披針形である．花冠は盃状で深く 5 裂し, 径約 2.5 cm, 外側に細かな毛が生え，裂片は卵状楕円形で先はやや尖る．雄しべは 5 本で，1 本の雌しべを囲んで花の中央に直立し，葯は黄色である．果実は液質の卵状球形で，熟すと紫黒色になるが，東京附近では結実しない．〔日本名〕琉球柳で江戸時代の末期に琉球を経てもちこまれたことによる．柳は葉の形が似るのでいう．

3488. タマサンゴ (フユサンゴ，リュウノタマ) 〔ナス科〕

Solanum pseudocapsicum L.

南アメリカ原産の小さな低木で，観賞のため栽培される．茎は多くの枝に分かれ，高さ 1〜1.5 m となり，小枝は緑色である．葉は密に繁って互生し，短い柄をもち，披針形または長楕円形で長さ 5〜10 cm，先は鈍形で基部は柄の方へ次第に狭くなり，ふちは全縁でやや波状となっている．夏から秋にかけて，葉と対生の位置に短い花柄を出し，1〜数個の白色の花を開く．がくは小さく緑色で深く 5 裂する．花は盃状で先は 5 裂し, 径 1.5 cm ほどあり, 裂片は広披針形で平らに開く．雄しべは 5 本あり，葯は黄色く，1 本の雌しべを囲んで花の中央に直立する．果実は球形の液果で径 13 mm ほどあり，熟すと赤色となり美しい．まれに黄色のものもある. 明治中頃に輸入され広く栽培される. 暖地では冬も青々している.

3489. キンギンナスビ 〔ナス科〕

Solanum capsicoides All.（*S. aculeatissimum* auct. non Jacq.）

ブラジル原産で広く世界各地の暖帯から熱帯に野生化している多年草である．日本でも四国，九州の海岸近くの暖地に帰化している．茎は直立して基部は多少木質化し，高さ 30～90 cm となり，多数の長短不揃いの鋭い刺が生える．葉は互生し，卵円形で長さ 7～10 cm，羽状に 3～5 裂し，裂片は尖り，基部心臓形，両面脈上にまばらに鋭い刺がある．花は茎の途中に 1～5 個集まって散形状につき，刺のある柄をもち下向きに開く．がくは鐘形で深く 5 裂し，背面に刺がある．花冠は平らに開き径約 7 mm，白色で中心は淡黄色，深く 5 裂し，裂片は狭卵形で先が尖り，多少背面に反り返っている．雄しべは 5 本，花糸は短く，葯は花柱をとりまいて花の中央に直立する．果実は液質で球形，径 2～2.5 cm，未熟のときは白色で緑色のすじがあり，熟すとやや黄色味を帯びて鮮赤色となる．翼のある扁平な多数の種子をもつ．〔日本名〕金銀茄子で白色の未熟果と黄赤色の熟果とをつけるので名付けたものである．明治初年植木屋が栽培してハリナスまたはサンゴジュナスとよんだという．

3490. ワルナスビ（オニナスビ，ノハラナスビ） 〔ナス科〕

Solanum carolinense L.

北アメリカ原産で，1907 年頃すでに千葉県に牧草と混じって入り（当時オニクサといった），後次第に広まった多年生の帰化植物である．茎には黄色の鋭い刺と星状毛があり，多くの枝に分かれ，高さ 30～50 cm となる．地中に径 3 mm ほどの白色の地下茎を伸ばして繁殖する．葉は互生し，楕円状卵形で先端は尖り，基部はくさび形となって，長さ 1.5～2 cm の柄をもち，両面に星状毛が多く，下面の中央脈上に数本の直立した刺をもつ．初夏，節間の途中から花枝を出し，白色または淡紫色の数個の花を開く．がくは 5 裂し，裂片は披針形で先が尖り，星状毛が生える．花冠は皿状で広く開き，径 2～3 cm，先は浅く 5 裂する．雄しべ 5 本，雌しべ 1 本あり，花柱は葯に囲まれる．果実は液質の球形で基部にがくをもち，径 1.5 cm ほどとなり熟すと黄色くなる．〔日本名〕繁殖力が強く，刺があって始末の悪い雑草であることによる．

3491. トゲナス 〔ナス科〕

Solanum echinatum L.

南アメリカ原産の一年草でまれに栽培されることがある．茎は硬く，枝分かれして高さ 1 m ほどとなり，直立した褐色の硬い刺をもつ．葉は互生し，狭卵形で長さ 10 cm 以上となり，羽状に深く裂け，裂片はさらに不規則に羽状に裂け，脈上に褐色の硬い刺が生える．夏，節間の途中から花枝を出し，数個の花を開く．がくは鐘形で 5 裂し，刺状の毛が生える．花冠は淡紫色の浅い皿形で径 2 cm ほどあり，ふちは浅く 5 裂し，中心に黄色い 5 本の雄しべが直立し，その間から 1 本の花柱を少しのぞかせる．果実は液質の球形で，径 1.5 cm ほどあり，熟すと黄紅色となり，下部は硬い刺のある宿存性のがくで包まれる．

3492. ナ ス 〔ナス科〕

Solanum melongena L.

インド原産といわれ，熱帯から温帯に広く栽培され，ふつう一年草として畑に作られるが，熱帯では多年草である．茎は枝分かれして高さ 60～100 cm，灰色の綿毛が生え，ときに少数の刺がある．葉は互生し，大形でややゆがんだ形の卵状楕円形で長さ 15～35 cm となり，先は鋭形または鈍形，基部は左右の形がやや異なり，柄をもつ，ふちは全縁で波状となっている．夏から秋にかけて，節間の途中に短い花枝を出し，少数の紫色の花を開く．がくはふつう紫色で 5 裂し，裂片は尖る．花冠は浅い盃状で径 3 cm ほどあり，先は浅く 5 裂して平らに開く．雄しべは 5 本で黄色い葯をもち，頂端に孔があって花粉を出す．花枝に数個の花がついてもふつう基部の 1 個以外は実を結ばないが，インドフサナリのような品種はすべての花が実を結んで果実は房になってつく．果実は液質大形で品種によって形はさまざまであり，ふつう暗紫色である．果実の緑色のものをアオナスといい，ナガナスは果実が細長く，タマゴナスは果実が白く観賞用とされる．〔日本名〕ナスの名は漢名茄に由来し，おそらく茄子からきたものであろう．〔漢名〕茄．

3493. メジロホオズキ（サンゴホオズキ）〔ナス科〕

Lycianthes biflora (Lour.) Bitter（*Solanum biflorum* Lour.）

紀伊半島，四国，九州，琉球の海岸近くに生える多年草で，台湾，中国，マレーシア，ニューギニア，ハワイなど南太平洋に広く分布する．茎は枝分かれして高さ 60～90 cm となり，下部は木質化して灰褐色となる．葉は互生し，長楕円状卵形または卵形で長さ 6～14 cm，幅 3～6 cm，先端尖り，基部は円く，葉柄をもち，ふちは全縁であり，両面特に下面脈上に褐色の毛が生える．夏から秋にかけて，葉腋に 1～2 個の白色の花を開く．花柄は長さ 5～10 mm，がくとともに淡黄褐色の軟毛が生える．がくは深く 10 裂し，裂片は広線形である．花冠は皿形で径約 12 mm，先は 5 裂する．雄しべは 5 本で，雌しべを囲んで花の中央に集まり直立する．果実は液質の球形で径 7～10 mm，熟すと赤色となる．〔日本名〕目白ホオズキの意味で，ときに果実の頂部に白点をもつのでいうが，ふつうは白点をもたないので適当な名ではない．〔漢名〕紅糸線．

3494. トウガラシ〔ナス科〕

Capsicum annuum L.

南アメリカ原産といわれ，広く栽培される．温帯で栽培すると一年生であるが，熱帯では多年生でやや低木状となる．茎は多くの枝に分かれ高さ 60 cm ほどとなり，全体やや無毛である．葉は互生し，長い柄をもち，卵状披針形で両端尖り，ふちは全縁である．夏，葉腋に 1 個の花をつけ下向きに開く．がくは緑色で先は浅く 5 裂する．花冠は浅い皿状で先は 5 裂し，径 12～18 mm，白色である．雄しべは 5 本で花の中央に集まり，葯は黄色．果実は水気の少ない液果で，披針形で先は尖り，長さ約 5 cm，茎に下向きにつき熟すとふつう紅色となるが，黄色または黒紫色となる品種もある．暖地に栽培され，茎は木質化して低木状となり，果実は上向きにつき小さく卵形体または長楕円体で長さ 2～3 cm，辛味の強いものをシマトウガラシ（キダチトウガラシ）*C. frutescens* L. という．トウガラシは果実の形や大きさがさまざまで多くの品種がある．〔日本名〕唐辛子の意味で，サガリトウガラシ（3498 参照）をも含めた総称である．ナンバン（南蛮），ナンバンゴショウ（南蛮胡椒），コウライゴショウ（高麗胡椒），ナンキンゴショウ（南京胡椒）などの名がある．コロンブスによって 1493 年スペインにもたらされ，急速に各地に広まった．〔漢名〕番椒または辣椒という．

3495. ヤツブサ（テンジクマモリ，テンジョウマモリ）〔ナス科〕

Capsicum annuum L. **Fasciculatum Group**

畑に栽培する一年草である．トウガラシの栽培変種群で，茎は枝分かれせず，直立して高さ 60 cm ぐらいになる．葉は茎の上部に集まってつき，形はトウガラシと同じで，特に長い葉柄をもつ．夏，頂端に近い葉の腋から花柄を出し，多数の花が頂端に群がって開く．果実は細長く，直立し，頂端に集まってつき，熟すと赤色となり美しく，辛味が強い．果実の大きさに色々あり，コヤツブサは長さ 2.5～3 cm，ナガヤツブサは長さ 6～7.5 cm である．オオヤツブサは茎の丈高く，葉も大きく，1 株に 65～90 の多数の果実がつく．果実が直立せず下垂するものがありサガリヤツブサまたはチジョウマモリという．〔日本名〕八房で多くの果実が集まってつくことからいい，テンジクマモリは天竺守で恐らくテンジョウマモリ（天井守）から由来したものであろう．果実が房になって直立していることから見立てたと思われる．

3496. シシトウガラシ（シシウマトウガラシ）〔ナス科〕

Capsicum annuum L. **Angulosum Group**

畑に栽培する一年草である．トウガラシの栽培変種で茎や葉の形は全くトウガラシと同じである．果実は大きく長球形で先はやや平らとなり，縦に溝がある．長さ径ともに 3 cm 内外である．獅子の頭のような形なのでシシトウガラシという．果実は初め緑色で熟すと紅色となり美しく，食用だけでなく観賞用としても趣がある．辛味のないものを一般にアマトウガラシという．シシトウガラシは古くから日本で栽培されていたものであるが，最近外国産の改良種が多く栽培され，それらを含めてピーマンとよび食用とされる．本来のピーマン（Piment）は形はやや円錐状で果肉が厚く，縦のしわのないものである．

3497. **ゴシキトウガラシ** 〔ナス科〕

Capsicum annuum L. **Celasiforme Group**

鉢植にしたり，花壇に植えて観賞する一年草である．トウガラシの栽培変種で茎や葉はそれと同じである．茎は直立してややかたく，上方で斜に枝分かれしてやや円い形となる．葉は広披針形，上面濃緑色でつやがあり，下面は緑白色である．1 つの節に大小の 2〜4 枚の葉が集まってつく傾向がある．夏，花柄を直立し，下または斜に向いた白色の花を開く．がくは広鐘形で先は 5 裂する．花冠は皿状で深く 5 裂する．果実は直立した果柄につき，先端やや細まった球形で長さ 1.5〜2 cm，幅約 1.5 cm，下部にがくをもつ．熟した程度によって白，黄，黄色に紫色の斑点をもつもの，紫，赤黄，赤などのさまざまな色のものが同時に見られるので五色トウガラシの名がある．

3498. **サガリトウガラシ**（ナガミトウガラシ） 〔ナス科〕

Capsicum annuum L. **Longum Group**

畑に栽培される一年草である．トウガラシの栽培変種群で，茎，葉，花などそれと同じである．果実は細長く下垂するのが特徴である．果実の長さは色々で多くの品種がある．ニッコウトウガラシもその 1 つで，果実が細長く 12〜20 cm となり，辛味が強い．ハオリノヒモは果実が著しく細長い．また花はやや紫色で，果実は初め紫色で熟すにつれ紅くなるものをムラサキトウガラシという．同じ株で上向きの果実と下向きの果実がつくものがあり，ミマワシトウガラシという．ミマワシは見廻しの意味である．

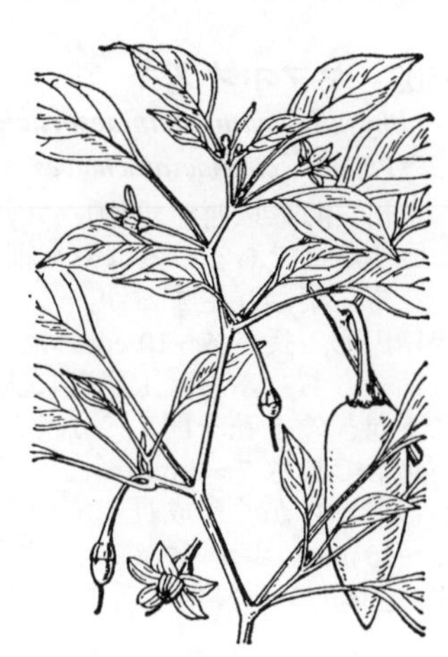

3499. **ハダカホオズキ** 〔ナス科〕

Tubocapsicum anomalum (Franch. et Sav.) Makino

本州から琉球，中国，台湾，フィリピンなどの暖帯〜亜熱帯に広く分布し，山や野原によく見られる多年草である．茎はやや二叉状に枝分かれして広がり，高さ 60〜90 cm となる．葉は大きく，互生し，短い柄をもち，卵状長楕円形で長さ 8〜18 cm，幅 4〜10 cm，先は尖り，全縁で質はうすく毛はない．秋，2〜4 個の花柄が葉腋から垂れ下がり，淡黄色の花を開く．がくは小さな浅い皿状で先は平たくなり分裂しない．花冠は短い鐘形で径約 8 mm，先は 5 裂し，裂片は先が尖り，反り返っている．果実は液質の球形で径 7〜10 mm，熟すと紅色となり，初冬の頃，葉が枯れて落ちた後も枝に残っている．〔漢名〕龍珠を使うことがあるが誤りである．

3500. **アオホオズキ** 〔ナス科〕

Physaliastrum japonicum (Franch. et Sav.) Honda

（*P. savatieri* (Makino) Makino）

本州（関東から近畿の太平洋側），四国に分布し，山地の林の中に生える多年草である．短い地下茎をもち，茎はまばらに枝分かれして，高さ 30〜40 cm となり，まばらに柔らかい毛が生える．葉は互生するが普通節ごとに 2 枚ずつつき，質は柔らかで長楕円形または卵状長楕円形，長さ 6〜12 cm，幅 2.5〜4.5 cm，両端尖り，短い柄をもち，両面にまばらに軟毛が生える．6 月頃，葉腋に下向きの 1 花をつける．がくは盃形で先に 5 つの歯がある．花冠は淡緑色，鐘形で先は浅く 5 裂し，内面基部に毛が密生する．5 本の雄しべと 1 本の雌しべをもち，花糸は長い軟毛が生える．花柱は細く，柱頭は 2 裂する．果実は長楕円体で長さ 1 cm ほどとなり，花が終わってから大きくなった緑色で短い刺のある壷状のがくで包まれる．

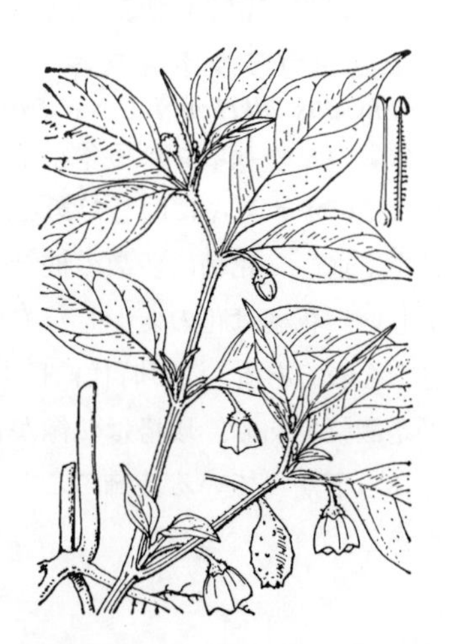

3501. イガホオズキ 〔ナス科〕

Physaliastrum echinatum (Yatabe) Makino

(*P. japonicum* auct. non (Franch. et Sav.) Honda)

東アジアの温帯に広く分布し，日本でも北海道から九州の山地の木陰に生える多年草である．茎は二叉状に枝分かれし，高さ 60 cm ほどとなる．葉は互生するが，ふつう節に 2 枚ずつつき，柄があり，卵円形で長さ 4〜8 cm，幅 3〜5 cm，先は短く尖り，ふちは全縁で毛が生えている．夏から秋にかけて，葉腋から 2〜3 個の花柄のある花を下向きに開く．がくは小形の盃形で刺状の毛が生え，先は浅く 5 裂する．花冠は短い鐘形で淡黄白色，中心は緑色を帯び，ふちは浅く 5 裂する．5 本の雄しべと 1 本の雌しべがあり，花糸には毛がない．果実は液質の球形で，熟すと白色となり，子供が食べることがある．がくは花が終わってから大きくなり，緑色で果実を包み，外面には刺状の突起がある．

3502. ヤマホオズキ 〔ナス科〕

Physaliastrum chamaesarachoides (Makino) Makino

(*Physalis chamaesarachoides* Makino)

本州（関東以西），四国，九州の山地の谷間にはえ，まれにしか見られない多年草である．茎はやや細く柔らかで，枝分かれして高さ 30〜60 cm になる．葉は互生するが，ふつう節ごとに 2 枚ずつ出て，卵形または卵状楕円形，長さ 6〜10 cm，幅 3〜5 cm，先は尾状に尖り，基部は翼のある柄をもち，ふちは上半部に大形の数個のきょ歯をもつ．夏，葉腋ごとに下向きの 1 花を開く．がくは短い筒状で先は浅く 5 裂する．花冠は短い鐘形で長さ 7〜8 mm，白色で先は尖った 5 裂片に浅く裂ける．花が終わってからがくは成長して緑色の卵球形となり，球形の果実を包み長さ 12〜15 mm，ホオズキに似るが稜はあまりかどばらない．果実は黄色に熟す．全体センナリホオズキに似るが，葉は大きく先端長く尖るので異なる．

3503. ホオズキ 〔ナス科〕

Physalis alkekengi L. var. ***franchetii*** (Mast.) Makino

東アジアの温帯，暖帯に生え，日本でもまれに自生状態でみられるが，普通観賞のため庭に植えられる多年草である．地中に長い地下茎をのばして繁殖する．茎はあまり枝分かれせず，直立して高さ 60〜90 cm となる．葉は互生するが，ふつう節ごとに 2 枚の葉をつけ，その間から枝または花を出す．葉は葉柄をもち，卵円形で先は鋭形または鈍形，長さ 5〜12 cm，幅 3.5〜9 cm，ふちに大形のきょ歯をもつ．6〜7 月，葉腋から柄のある下向きの花を出す．がくは短い筒状で先は浅く 5 裂する．花冠は盃形で径 1.5 cm，淡黄白色で中心部は緑色を帯び，先は浅く 5 裂する．花の終わった後がくは著しく大きくなり果実を包み，熟すと赤色となる．果実は液質で多数の小さな種子をもち，熟すとがく同様に赤色となる．果実は子供の玩具とし，漢方では地下茎の乾かしたものを酸漿根とよび薬用とする．茎に方言でホオとよばれるカメムシの類がよくつくのでホオズキの名がある．古名をカガチという．〔漢名〕酸漿．

3504. ヨウラクホオズキ 〔ナス科〕

Physalis alkekengi L. var. ***franchetii*** (Mast.) Makino **'Monstrosa'**

観賞のため栽培される多年草である．ホオズキの栽培品種で茎や葉の形はほぼホオズキに同じである．6〜7 月頃，葉腋から柄のある細長い花軸を下垂し，花軸に多数の披針形の苞葉状片がつき，後に赤色となって美しい．花穂は花の変形したものであり，苞葉状片はがくが変化してできたものである．江戸時代に日本で作り出された園芸品である．〔日本名〕瓔珞酸漿であり，瓔珞は仏像が首にかけている飾りまたは寺院の軒先からぶら下がっている装飾のことで，花穂の様子がこれに似るのでこの名がある．

3505. センナリホオズキ（ヒメセンナリホオズキ） 〔ナス科〕

Physalis pubescens L.（*P. angulata* auct. non L.）

北アメリカ原産であるが，しばしば畑の雑草に混じって見られる一年生の帰化植物である．茎は多くの枝に分かれて広がり，高さ 30 cm ほどとなる．葉は互生して柄があり，卵形で先は短く尖り，長さ 3〜7 cm，幅 2〜5 cm，ふちに少数の粗いきょ歯をもつかまたは全縁である．夏，葉腋ごとに下向きに開く淡黄白色の 1 花をつける．がくは短い筒形で先は浅く 5 裂し，柔らかい短毛が生える．花冠は盃状で長さ約 8 mm，ふちは尖って五角形となる．5 本の雄しべがあり，葯は普通紫色である．がくは花が終わってから大きくなり，緑色球形の果実を包み，熟しても緑色である．果実はホオズキと同様に子供が玩具にする．民間では果実を解熱薬とする．〔日本名〕千成酸漿で小さな果実が多数つくことによる．

3506. ショクヨウホオズキ 〔ナス科〕

Physalis grisea (Waterf.) M.Martinez

北東アメリカあるいは南米原産と言われる多年草で，その果実を食用とするために，海外ではヨーロッパを中心に古くから栽培されていた．日本でも近年各地で栽培されるようなってきた．寒い地域では，霜にあうと枯れてしまうため，一年草にみえる．ホオズキに似るが，全体が白色の柔らかい毛で覆われ，草丈は 50〜100 cm になるが，よく分枝して横に拡がる．葉は単葉で，葉身は広卵形，長さ 8〜12 cm，幅 6〜10 cm，両面に軟毛を散生する．夏に黄白色の花を開き，葉腋に 1 個ずつつく．花冠は径 1〜2 cm 程で，浅く 5 裂し，内側基部に褐色の斑点がある．花がしぼむと萼が果実を包み袋状になる．萼は最初緑色であるが，次第に茶色に変化し，内部の果実も黄橙色に熟す．果実は径 2 cm ほどの球形で，たくさんの小さな種子を含み，濃厚な甘酸っぱさと独特の香りが特徴でもある．サラダの付け合わせや，ジャムに加工される．

3507. イヌヂシャ（カキバチシャノキ） 〔ムラサキ科〕

Cordia dichotoma G.Forst.

インドからマレーシア，台湾などアジア熱帯と亜熱帯，北オーストラリアや太平洋諸島などの海岸近くに広く分布する常緑高木．日本では奄美群島から八重山群島まで琉球列島のほぼ全島の海岸平地に見られる．葉は長さ 3〜4 cm の柄があって互生し，葉身は卵円形で長さ 9〜12 cm，幅は約 5 cm あって基部はやや心臓形をなす．ふちはきょ歯はないがやや波打つ．上面に小さな鱗片がつくことが多い．花は葉の展開と同時に，枝頂と上部の葉腋に集散花序をなしてつく．花序の軸は大きく 2 分岐したのちさらに細かく分かれ，淡黄色の小花を多数つける．花冠は漏斗状で上半部は 5 裂し，直径 7〜8 mm，裂片は車輪状に開く．雄しべは 5 本あって花冠筒部の内側につき，雌しべの花柱は上部で 2 裂したのち，さらに 2 叉の柱頭となる．果実は直径 1 cm 余の球形で，橙赤色，のちに完熟すると黒くなる．核果でパルプ質の果皮に包まれ，このため海上を漂流して海岸に散布するものと思われる．〔日本名〕犬ヂシャは，チシャノキに似てやや異なることによる．

3508. チシャノキ（カキノキダマシ） 〔ムラサキ科〕

Ehretia acuminata R.Br.

（*E. ovalifolia* Hassk.；*E. thyrsiflora* (Siebold et Zucc.) Nakai）

本州西端，四国，九州，琉球の低地に生える落葉高木であるが，時に人家に栽培される．高さ 10 m，周囲 90 cm に達するものもある．葉は互生し柄があり，楕円状倒披針形または倒卵形で先は尖り長さ 5〜12 cm，幅 3〜7 cm，ふちにきょ歯がある．葉質はやや硬くてざらつき，カキノキの葉によく似るのでカキノキダマシの名がある．7 月頃．枝の先に円錐花序を出し，白色の細かい花が多数集まってつく．がくは緑色で長さ約 2 mm，半ばまで 5 裂する．花冠は深く 5 裂し，裂片は披針形．雄しべは 5 本．果実は核果となり小球形で径 4〜5 mm，黄色に熟す．〔日本名〕チシャノ木の意味は不明である．芝居の千代萩にでてくるチシャノキはこれではなくエゴノキのことである．

3509. マルバチシャノキ　〔ムラサキ科〕

Ehretia dicksonii Hance

関東地方南部以西の暖地に生える落葉高木で枝は横に広がる．葉は柄があり互生し，円形ないし広楕円形，先は急に尖り，基部は円く，ふちにはきょ歯がある．葉質は厚くて硬く，上面は剛毛が生え著しくざらつき，下面は短毛が密に生え，長さ 5〜17 cm，幅 5〜12 cm．5 月，枝の先に少数の小枝を分かち，散房花序をなして白色の花が密に集まってつく．がくは緑色で 5 裂し，裂片は狭卵形で尖る．花冠は短い筒があり，上部は 5 裂して平らに開き，裂片は楕円形でふちは外側に巻く．雄しべは 5 本で花筒の上端近くにつき，先端は外につき出る．雌しべは 1 本，子房は卵形体，花柱は直立し花の外にとび出て 2 裂する．果実は核果で球形，径 15 mm 内外．秋になって黄色に熟し，滑らかで光沢がある．〔日本名〕円葉チシャノ木で，チシャノキよりも葉が幅広く円いことによる．

3510. ヤエヤマチシャノキ（リュウキュウチシャノキ）　〔ムラサキ科〕

Ehretia philippinensis A.DC.

（*E. takaminei* Hatus.；*E. dichotoma* auct. non Blume）

八重山諸島，台湾（蘭嶼），フィリピンに分布する常緑高木．樹高は 10〜15 m．枝は褐色で円い．葉は 1.5〜2 cm の柄があり互生し，葉身は長さ 10〜15 cm の卵状長楕円形，幅は 4〜5 cm ほどある．両端ともくさび形に細まり，ふちはほぼ全縁である．葉の両面ともほとんど毛はない．枝の先端に枝分かれの多い集散花序を出し，白色の小花を多数，ややまばらにつける．個々の花は漏斗形の花冠をもち，上端部は 5 裂し，反転する．花冠の長さ，上部の直径とも 2〜3 mm と小さい．花冠の内側に短い 5 本の雄しべがあり，雌しべの花柱はやや長く花筒外に突き出て 2 叉に分かれる．果実はがく筒に下部を包まれたまま球形となり，直径は 4〜5 mm で秋に赤褐色に熟す．同属のチシャノキに似るが葉がやや細長く，ふちにきょ歯がほとんどない点で異なり，また花序の大きさや花冠もチシャノキより小さい．〔日本名〕八重山あるいは琉球に産するチシャノキの意である．

3511. モンパノキ　〔ムラサキ科〕

Heliotropium foertherianum Diane et Hilger

（*Messerschmidia argentea* (L.f.) I.M.Johnst.）

熱帯アジアの海岸に広く分布する常緑小高木で，奄美大島以南の琉球各島や小笠原諸島の海岸砂地に自生している．熱帯では樹高は 10 m にもなるといわれるが，沖縄や小笠原では 2〜3 m のものしかみられない．主幹は直立せず，複雑な枝ぶりをみせるものが多い．樹皮は灰褐色で縦に深い裂け目が入り，独特の木肌となる．葉は枝先に輪生状に集まり，その下部には前年までの落葉痕がめだつ．葉は厚く，大きく，長さ 10〜15 cm，幅 4〜5 cm の倒卵形で先端は円く，基部はくさび形に細まって葉柄へ流れるので，全体はしゃもじ形となる．葉面には灰白色の毛が厚くビロード状に密生し，このためベルベットリーフの英名がある．夏に枝先と葉腋から巻散花序が集まった大きな花序を出す．個々の花は小さなカップ状で径 4〜5 mm，花冠は白色で上半部は 5 裂して開き，のどの部分に 5 個の雄しべの葯がのぞく．果実は径 4〜5 mm の球形で橙赤色，後に黒色となる．〔日本名〕紋羽の木．紋羽は綿製の毛羽立った厚手の織物のことで，本種の葉の状態をそれに見立てたもの．

3512. スナビキソウ（ハマムラサキ）　〔ムラサキ科〕

Heliotropium japonicum A.Gray（*Messerschmidia sibirica* L.）

ヨーロッパ，アジアの温帯に広く分布し，北海道，本州，四国，九州の海辺の砂地に生える多年草で，地下茎を引いてふえる．茎は立ち高さ 30 cm 内外で密に葉をつけ，時に枝を分かち，葉とともに細かい軟毛がある．葉は柄がなく互生し，倒披針形または長楕円状披針形，基部は細まり，全縁である．夏，茎頂に短い花穂を出して分岐し，香りのある中心の黄色い白色の花を開く．がくは 5 裂して緑色，裂片は狭長で毛がある．花冠は径 8 mm，下部は細い筒となり上部は 5 裂して平らに開く．雄しべは 5 本，花柱は短い．果実はほぼ四稜形で長さ 8〜10 mm，外皮はやや粗質で毛が生える．〔日本名〕砂引草の意味で，地下茎が砂中を長く伸びて繁殖することに基づく．

3513. ナンバンルリソウ 〔ムラサキ科〕

Heliotropium indicum L.

熱帯アジア原産の一年草で，新旧両大陸の熱帯，亜熱帯に広く雑草化している．日本では沖縄島や八重山群島，小笠原の父島などにも帰化して海岸や道ばたに見られる．高さは通常 10～30 cm，ときに 50 cm に達する．茎は直立するが上部でよく分枝し，全草を灰白色の粗い毛がおおう．葉は短い柄で対生するが，茎の上部では互生となる．葉の長さ 3～10 cm，細長い卵状楕円形で先端は鋭く細まって尖り，基部は円い．ふちにきょ歯はないが波状になる．初夏から秋にかけて茎の先端と，上部の葉と向きあう形で長い巻散花序を出す．花はこの花穂の片側だけにつき，下方の花から次々に咲き上がるので，花穂は常にその時々の開花中の花を真上にして，反対側に巻き下がる巻散花序となる．個々の花は径 3～4 mm の高盆状の花冠をもち，淡青色または白色．花冠の上半部は 5 裂する．香料として有名なヘリオトロープ（南米原産）と同属の植物だがこの種類に芳香はない．〔日本名〕南蛮瑠璃草でアジア熱帯原産のルリソウの意である．

3514. ヘリオトロープ（キダチルリソウ） 〔ムラサキ科〕

Heliotropium arborescens L.

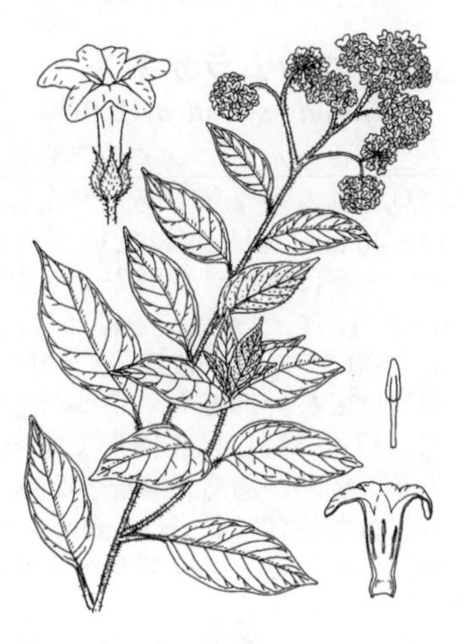

南米ペルー原産の小低木．原産地ではアンデス山脈西側の乾燥した岩れき地や砂地に生える．高さ 0.5～1 m でよく分枝し，茎は硬い毛があってざらつく．茎や枝は紫褐色を帯びた緑色．葉は互生し短い柄がある．葉の長さ 6～12 cm，幅は 3～5 cm の楕円形で両端はくさび形に細まり全縁．葉の両面には白い硬い毛と，鱗片状の毛がある．また葉の上面は細かな葉脈が陥入するため，ひだ状のしわがめだち，下面は毛の密度が高いため白色を帯びる．花は茎頂に散房状の集散花序をつくり，紫色または淡紫色の小花を多数密につける．花冠は長さ 3～4 mm の筒形で上半部は 5 裂して開き，直径 3 mm ほど，強い芳香がある．雄しべ 5 本は花筒の内側につき，花外にはとびださない．花を集めてヘリオトロープ香水を作り，また観賞用にも栽培する．ヘリオトロープ Heliotrope は学名に基づく英語名．また別名の木立ち瑠璃草はルリソウに似て木本であることによる．

3515. ハマベンケイソウ 〔ムラサキ科〕

Mertensia maritima (L.) Gray subsp. ***asiatica*** Takeda

本州北部，北海道，サハリン，千島，朝鮮半島，オホーツク海沿岸，アリューシャン列島に広く分布し，海岸の砂に生える二年草．茎は砂の上に広がり長さ約 1 m，多く枝分かれし全体多肉質で白緑色となり，他の植物と異なり砂浜に目立っている．葉は互生し倒卵形，長さ 3～8 cm，幅 2～6 cm，全縁で下部の葉は長い柄があり，質は厚く，無毛または上面に硬い点がまばらにある．乾燥すると黒褐色になり，生品のように美しくない．夏，枝先に巻散花序を出し，青紫色の花を数個つける．がくは 5 深裂し長さ 4～6 mm，裂片は鋭く尖る．花冠は鐘形で長さ 8～12 mm，先端は 5 裂し，長さ 2～4 cm の柄があってやや下向きに咲く．雄しべは 5 本で花筒内部につく．〔日本名〕全体の形がベンケイソウににているので浜弁慶草という．

3516. エゾルリソウ 〔ムラサキ科〕

Mertensia pterocarpa (Turcz.) Tatew. et Ohwi
var. ***yezoensis*** Tatew. et Ohwi

北海道の高山帯に生える多年草．地下に根茎があり，直立する茎は高さ 20～40 cm，葉とともに粉白を帯びる．ロゼット状の根生葉があり，長い柄があって葉身は長さ 5～8 cm の卵形で先端はやや尾状に尖り，基部は円形，形は小さいがユリ科のウバユリの葉に似る．茎葉はほとんど柄がなく，長さ 3～6 cm，根生葉と同様に先端は尖り，基部は円形で茎を抱く．7～9 本の側脈がカーブを描いて走る．茎の上部は短く分枝して花序となる．この花序の軸と葉の上面には硬く短い伏毛がある．花は鮮やかな青色で，長さ 1 cm 余の筒形．基部は緑色のがく筒があって上端は 5 裂し，長三角形の裂片となる．花冠の上半部は 5 裂するが，各裂片は覆瓦状に重なりあって，全体は深い筒状となり，下向きに咲く．果実は 4 つの分果に分かれ，各分果は平たくて広い翼をもっている．同属のハマベンケイソウが海岸に生じて多肉であるのに対し，本種は高山性で多肉にはならない．本種の母種は千島列島に分布する．〔日本名〕蝦夷瑠璃草は，北海道に産するため．

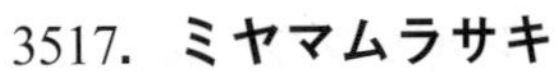

3517. ミヤマムラサキ 〔ムラサキ科〕

Eritrichium nipponicum Makino

北海道，本州中部，サハリンの高山帯の岩の裂け目に生える小形の多年草で，主根は土中に深くのび暗色でかたい．全体に白色の剛毛を密生する．根生葉は多数放射状に地にはって広がり，柄がなく線形または線状披針形で長さ 3〜6 cm，幅 4〜6 mm，先は鈍形，全縁で質はかたく強い．花茎は斜めに立ち上がり高さ 5〜10 cm，1 株に 4〜10 本の花茎を出し，7〜8 月頃，先端に巻散花序をなして短い柄のある小さい花を数個つける．がくは緑色で 5 深裂し，裂片は細長い楕円形，先端は鈍形で細かい毛がある．花冠はるり色で径 8 mm 位，花筒はがくより短く，上部は 5 深裂して平らに開き，裂片は広楕円形で先端は丸い．花筒上部の附属物は隆起し先端はくぼんでいる．雄しべは 5 本で花筒の中についている．雌しべの花柱は短く柱頭の先端は扁平である．果実は 4 個の分果からなり，長さ約 1.5 mm，斜めに果托についている．まれに白花のものがあり，これをシロバナミヤマムラサキという．〔日本名〕深山紫草の意味である．〔追記〕北海道とサハリンのものをエゾルリムラサキ var. *albiflorum* Koidz. として区別することがある．

3518. エゾムラサキ 〔ムラサキ科〕

Myosotis sylvatica Hoffm.

ヨーロッパ，アジアの亜寒帯に広く分布し，北海道や本州中部の深山に見られる多年草である．全体にやや立った細かい毛があり，茎は高さ 12〜40 cm，根生葉は長いへら形で鈍頭，基部は次第に細くなり柄となる．茎葉は倒披針形で先はやや尖り，上部の葉は基部が茎を抱いている．6〜7 月，枝の先端にしばしば二叉する巻散花序をつけ，はじめ花序の先端が巻いているが後に長くのびて 10 cm 以上になる．がくは深く 5 裂し，裂片は広披針形でやや立った毛がある．花冠は径 5〜8 mm でるり色，筒部は短く，裂片は楕円形で平らに開き，先は円形，花筒の上部に黄色の小さい突起がある．雄しべ 5 本，雌しべ 1 本．果実は 4 個の分果よりなり，分果は卵形体で長さ 1.5 mm，一側に稜があり，黒褐色で光沢がある．本種に似ているシンワスレナグサはがくの裂け方が浅く，毛は伏している．

3519. ワスレナグサ（ワスルナグサ，ノハラワスレナグサ） 〔ムラサキ科〕

Myosotis alpestris F.W.Schmidt

ヨーロッパ，アジア原産の多年草で，鉢植や花壇に栽培されている．地下茎より茎を出し，高さ 30 cm 位，まばらに枝分かれする．根生葉は細長いへら形で柄があり，群がって生え，上部の葉は細長い楕円状披針形で柄がなく，茎とともに軟らかい毛がある．春から夏にかけて，先端がさそりの尾状に巻いた巻散花序を出し，るり色で中心が黄色の小花を短い柄の先につける．がくは緑色で 5 裂，花冠も 5 裂して平らに開き，花筒の上部に 5 つの鱗片がある．雄しべ 5 本．果実は 4 個の分果に分かれ，分果は柄がない．この植物は俗に Forget-me-not とよばれ，これにまつわる伝説がある．世間でこれをワスレナグサといっているが，「私を忘るなよ」の意味であるからワスルナグサと呼ぶ方がよいと思う．〔追記〕ここで図示，記載されている植物は本来のワスレナグサではない．本来のワスレナグサ（シンワスレナグサ）*M. scorpioides* L. は北海道と本州の水辺に生えるヨーロッパ原産の帰化植物で，茎ははい，花序の枝のつけ根に葉はない．

3520. ルリソウ 〔ムラサキ科〕

Nihon krameri (Franch. et Sav.) A.Otero, Jim.Mejías, Valcárcel et P.Vargas
（*Omphalodes krameri* Franch. et Sav.）

北海道，本州の山野の木陰に生える多年草である．茎は直立し，高さ 20〜35 cm，葉とともに細かい毛がある．葉は互生し倒披針形，全縁，根生葉は基が細まって葉柄状になり，長さ 7〜15 cm，幅 1.5〜3.5 cm．初夏，茎の頂は二叉に分かれ，巻散花序を出し，初めは先が巻いているが後に長く伸び，るり色の花を開く，花は花柄がある．がくは深く 5 裂し緑色で毛があり，花後大きくなる．花冠は筒が短く，上部は 5 裂して平らに開き，径 1〜1.5 cm，花筒の上端に先が二叉になった 5 個の小突起がある．雄しべは 5 本，雌しべは 1 本．〔日本名〕瑠璃草で花色に基づく．白花品をハリソウ（玻璃草）という．

3521. ヤマルリソウ　〔ムラサキ科〕

Nihon japonicum (Thunb.) A.Otero, Jim.Mejías, Valcárcel et P.Vargas
（*Omphalodes japonica* (Thunb.) Maxim.）

本州，四国，九州の山地の木陰に生える多年草である．根生葉は数枚群がってつき，長さ 12～15 cm，幅 3 cm，倒披針形でふちは多少波状になり，全体に毛が多い．茎は花茎状で根生葉の中から数本立ち，長さ 7～20 cm，下部は倒れ上部は斜上し，披針形の茎葉をまばらに互生する．春，茎の頂に巻散花序をつけ，初めは先が巻いているが後には伸びてまっすぐになる．花は初め淡紅色で後にるり色に変わる．がくは緑色で 5 裂して尖り，花冠は径約 1 cm，下部は短い筒となり，上部は 5 裂して平らに開き，筒の上端には凹頭の小突起が 5 個ある．雄しべは 5 本で筒の中にある．果実は 4 個の分果からなり，半球形で扁平，中央は凹みその周囲に短いかぎ状の刺がある．〔日本名〕山瑠璃草の意味である．

3522. ハナイバナ　〔ムラサキ科〕

Bothriospermum zeylanicum (J.Jacq.) Druce

東～東南アジアに広く分布し，日本では北海道，本州，四国，九州の畑や道ばたにふつうに見られる一～二年草で，高さ 10～15 cm，キュウリグサに似ているが茎下部の葉は長い柄がなく，葉の上面にしわがある点で区別される．茎は群がって生え，基部は短く地にはう．葉は長楕円形または楕円形で長さ 2～3 cm，幅 1～2 cm，基部は次第に細くなる．春から秋にかけて，枝の上部の葉と葉の間に，短い柄をもったごく淡いるり色の小さい花をつける．がく，花冠ともに 5 裂し，花冠は径 2～3 mm，花穂の先端は巻いていない．果実は 4 個の分果からなり楕円体で長さ 1.5 mm，径 1 mm 位，表面は突起があってざらざらしている．〔日本名〕ハナイバナは葉と葉の間に花がつくので葉内花の意味であろうと思われるが，しわのよった葉にちなんだ「葉萎え花」のなまったものとする異説もある．

3523. キュウリグサ　〔ムラサキ科〕

Trigonotis peduncularis (Trevir.) Benth. ex Hemsl.

アジア温帯一般に広く分布し，野原や道ばたに多く見られる二年草．根生葉は卵円形で長い柄があり，多数群がって生じる．上部の葉は細長い卵形で互生し，両面には細かい毛がある．春，15～30 cm の花茎を出し，苞葉のない巻散花序に，柄のあるるり色の細かい花をつける．花軸や花柄は細かい毛がある．花序の先端はさそりの尾のように巻き，開花するにつれて次第にまっすぐにのびる．がくは 5 裂し，裂片は三角形で毛がある．花冠は筒部が短く，先端は 5 裂し径約 2 mm，花筒の上部には鱗片状の附属物がある．雄しべは 5 本で花筒の中部につく．果実は 4 個の分果よりなり，分果は長さ約 1 mm，短い柄があり先端は尖っている．〔追記〕この植物をタビラコとよび春の七草の 1 つにするのは誤りで，正しいタビラコはキク科のコオニタビラコである．

3524. ミズタビラコ　〔ムラサキ科〕

Trigonotis brevipes (Maxim.) Maxim. ex Hemsl.

本州，四国，九州に分布し，山地の渓谷の水辺に生える多年草である．茎は下部が横にはって少し枝分かれし，上部は直立して高さ 10～40 cm となる．葉は互生し，楕円形で長さ 1.5～4 cm，幅 1～2 cm，上面には細かい毛があり，茎，葉ともに軟らかい．上部の葉はほとんど柄がなく，下部の葉は長い柄がある．5～6 月頃，枝の先に巻散花序を出し，るり色の細かい花をつける．花穂の先端はさそりの尾のように曲がっているが，開花後次第にまっすぐにのびる．花柄は短く無柄に近い．がくは 5 深裂し，裂片は三角形で長さ 0.5～1 mm で毛がある．花冠は径 2.5～3 mm，筒部は短く先端は 5 裂し，裂片は楕円形，筒部の上端に鱗片状の附属物がある．雄しべは 5 本で花筒の中部につく．果実は 4 個の分果からなり，分果は滑らかで光沢があり，黒褐色の四面体である．

3525. タチカメバソウ 〔ムラサキ科〕

Trigonotis guilielmii (A.Gray) A.Gray ex Gürke

北海道，本州の山地に分布し，渓谷の湿った所に生える多年草である．茎は直立し，高さ 20〜40 cm，やわらかく細長い．葉は互生し卵円形で全縁，細かい毛がある．基部の葉は長い柄があり長さ 3〜5 cm，幅 1.5〜3 cm，上部の葉は柄が短い．5〜6 月頃，枝先に分岐した巻散花序を出し，長さ 1〜1.5 cm の柄をもった白色またはるり色の小さな花をまばらに 8〜15 個つける．がくは緑色で 5 裂し，裂片の先端は鋭く尖る．花冠は径 7〜10 mm，先端は 5 裂し平らに開き，筒部は長さ 1.5 mm，筒部の上端に鱗片状の附属物がある．雄しべは 5 本，花筒の上半部につく．果実は 4 個の分果からなり，分果の先端は鋭く尖り，暗褐色で短い柄がある．〔日本名〕立亀葉草の意味で，葉が亀の甲形で全体がやや直立するのでいう．

3526. ツルカメバソウ 〔ムラサキ科〕

Trigonotis iinumae (Maxim.) Makino

本州中北部の山野にまれに見られる多年草である．茎は高さ 20 cm 位，細くやわらかく横に長くのびてつる状となる．葉は卵形，全縁で先端は尖り，長さ 3〜5 cm，幅 1.5〜2.5 cm，基部の葉は葉柄が長く，上部の葉は葉柄が短い．5〜6 月頃，茎の途中から巻散花序を出し，白色の花を 7〜10 個まばらにつける．がくは緑色で 5 裂する．花冠は径約 10 mm，筒部は長さ約 2 mm，先端は 5 裂し平らに開く．花筒上部には鱗片状の附属物がある．雄しべは 5 本で筒の内部につく．果実は 4 個の分果からなり，分果の先端は尖る．開花後茎がのび，先端が地に根をおろし，新しい株になる．〔日本名〕蔓亀葉草の意味．種形容語は草木図説の著者飯沼慾齋の姓をあらわしたもので，当初誤って *icumae* と綴られたが，訂正されるべきである．

3527. オオルリソウ 〔ムラサキ科〕

Cynoglossum furcatum Wall. var. ***villosulum*** (Nakai) Riedl

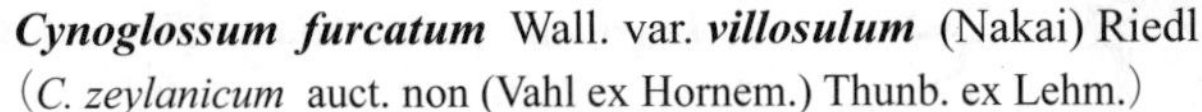

（*C. zeylanicum* auct. non (Vahl ex Hornem.) Thunb. ex Lehm.）

本州中部以西，四国，九州の山地に生える大形の二年草で，高さ 60〜90 cm．茎は直立し，上方で枝分かれして，葉とともに下向きの短い毛がありざらざらしている．葉は互生し，中部の葉は広披針形で長さ 10〜15 cm，幅 2〜4 cm，先端が尖り，全縁でほとんど葉柄がない．基部の葉は卵状披針形で長い葉柄がある．夏，分枝した枝の先端に二叉状に枝分かれした巻散花序を出し，短い柄をもったるり色の小花をつける．がくは緑色で 5 裂し，花冠は径 4 mm 位，5 裂して裂片は平らに開き，筒部は短くその上端に小さい鱗片状の附属体がある．雄しべは 5 本．果実は 4 個の分果からなり，平たく全面にかぎ状に曲がった刺を密生する．〔日本名〕大瑠璃草の意味である．

3528. オニルリソウ 〔ムラサキ科〕

Cynoglossum asperrimum Nakai

北海道，本州，四国，九州の山地に生える二年草で，茎は高さ 40〜80 cm になり，上部には長さ 1 mm 位の細くかたい伏毛があり，下部には立った長さ 2 mm 位の毛がある．茎の上部は斜上し枝分かれしている．葉は広披針形で両端が尖り，長さ 5〜20 cm，幅 1〜6 cm，まばらに細くてかたい伏毛がある．6〜8 月，枝先にしばしば 2 叉した巻散花序を出し，はじめは先が巻いているが後長く伸びてまばらに花をつける．がくは深く 5 裂し，長さ 3 mm 位，果実のできる頃には少し大きくなる．花冠はワスレナグサに似てるり色で径 4〜5 mm，裂片は卵円形，筒部の上端には 5 つの突起がある．雄しべ 5 本，雌しべ 1 本．果実は下向きにつき 4 つの分果からなり，分果はいびつな球形で長さ 3〜4 mm，先がかぎ状になった太い刺が密生していて，よく他の物にくっつく．〔日本名〕鬼瑠璃草の意味である．

3529. ヒレハリソウ（コンフリー）〔ムラサキ科〕

Symphytum officinale L.

ヨーロッパ原産の多年草で時々栽培されている．高さ 60〜90 cm，全体に白色の短い粗毛が生えている．茎は枝分かれし多少ひれがある．葉は卵状披針形で先端は長く尖り，下部の葉は柄があり，上部の葉は柄がなく，葉の基部は茎に流れ，ひれとなっている．花軸は 1 回または 2 回二叉分枝し，短くさそりの尾状に巻いた花穂を出し，6〜7 月頃，短い柄をもつ花を垂れ下がってつける．がくは緑色で 5 裂，花冠は広い筒状，上部は鐘形で浅く 5 裂している．雄しべは 5 本，花筒の内部につく．果実は 4 個の分果よりなり，分果は卵形体．花色は色々で紫色，淡紅色，淡黄白色などがある．〔日本名〕鰭玻璃草の意味と思われ，鰭は茎のひれ，玻璃は白花のものに名づけたのであろう．もともと玻璃草とはルリソウの白花品の名前である．昭和 40 年頃からコンフリーという蔬菜とされたが有毒である．〔追記〕現在コンフリーとして栽培されているものの大部分は本種と次種オオハリソウとの雑種である．

3530. オオハリソウ 〔ムラサキ科〕

Symphytum asperum Lepech.

コーカサス地方原産の多年草で高さ 60〜150 cm，観賞用として時たま庭園に栽培される．茎は枝分かれして刺のような毛が密生する．葉は互生し卵状披針形で長さ 10〜20 cm，先は鋭く尖り，基部は次第に細くなり，両面に硬く強い短毛が密生する．下部の葉はやや長い葉柄があるが，上部のものはほとんど柄がない．6〜7 月頃，茎の頂の分岐した枝に花穂をつけ，短い柄のある花を多数つける．花序は短くさそりの尾のように巻いて下向きに花を開く．花冠は長さ 2 cm 位，広い筒状で上部は鐘形となり浅く 5 裂し，初め紅紫色で後にあい色になる．がくは 5 裂し，雄しべ 5 本は花筒の内部にゆ着している．

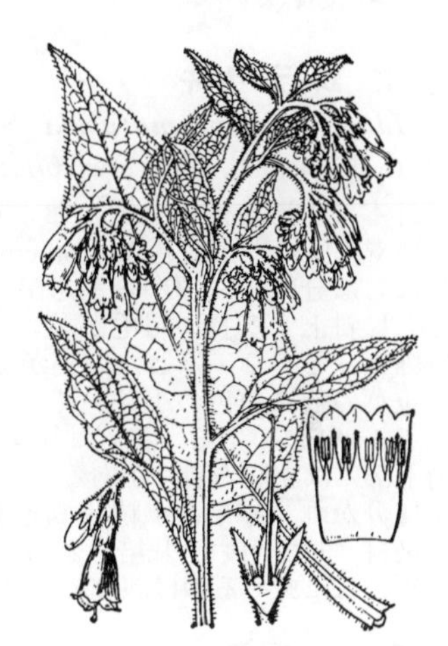

3531. サワルリソウ 〔ムラサキ科〕

Ancistrocarya japonica Maxim.

本州，四国，九州一円に広く分布し，山地の木陰に生える多年草である．茎は直立して高さ 30〜50 cm，全体に短くかたい毛がある．葉は広い倒披針形で先端は尖り，基部は次第に細くなり，全縁，下面は主脈が隆起し光沢がある，5〜6 月，茎の先に，まばらに枝分かれして一方の側のみに花をつけた巻散花序を出す．花序は初めさそりの尾のように巻いているが，次第にまっすぐにのび，下から上へ順々に開花する．花は短い柄をもち，がくは緑色で 5 深裂し，裂片は細く尖り毛がある．花冠はるり色，長さ 10〜13 mm，下部は短い筒状，上部は 5 裂し平らに開き，裂片は卵状楕円形で附属物はない．雄しべは 5 本で花筒内部につき，花糸は短い．果実は 4 個の分果からなるが 1〜2 個のみ成熟し，長さ 10 mm 位，灰白色，なめらかで楕円状卵形体，先端はくちばし状に長くのび，かぎ形に曲がっている．〔日本名〕沢瑠璃草で谷川の辺に生えるルリソウの意味である．

3532. ホタルカズラ（ホタルソウ，ホタルカラクサ，ルリソウ）〔ムラサキ科〕

Aegonychon zollingeri (A.DC.) Holub

（*Lithospermum zollingeri* A.DC.）

日本（北海道から九州），朝鮮半島，台湾，中国に広く分布する多年草．日当たりのよい山野の乾燥地や，林の中の半日陰の草地に生える．新枝は直立し高さ 15〜20 cm 位，開花後その基部から横に長くはう無花枝を出し，茎は細く強くて粗毛があり，先端は根をおろし，新株をつくる．葉は柄がなく長さ 2〜6 cm，幅 0.6〜2 cm，倒披針形で互生し先端は鈍形，下部は次第に細くなり濃緑色，冬も枯れず両面ともに粗い毛があり，毛の基部は硬い部分があって大変ざらざらしている．春，葉の腋に，るり色の美しい花をつける．がくは緑色で 5 深裂し，裂片は線形で鋭く尖り長さ 6〜7 mm，粗毛がある．花冠は下部筒状，上部は 5 裂して平らに開き，径 15 mm 位，裂片は楕円形で中央には縦に白色の隆起がある．雄しべは 5 本，花筒内部につき，葯は淡黄色，子房は 4 個の粒が集まった形で，花柱は直立し高さは雄しべとほぼ同じである．果実は堅く小形，白色で滑らかである．〔日本名〕螢蔓，螢草，螢唐草は緑の草の中に点々とるり色の花の開く様子を螢の光にたとえたもので，唐草はつるの様子をいう．

3533. イヌムラサキ　〔ムラサキ科〕

Buglossoides arvensis (L.) I.M.Johnst.（*Lithospermum arvense* L.）

北半球の温帯一般に広く分布し，日本では本州，四国，九州の丘陵地や草原に生える二年草である．茎は直立し上方で枝分かれして，高さ 30 cm 位となる．葉は厚く柄がなくて互生し，細長い披針形で全縁，全体に横にねた剛毛が多い．春から夏にかけて，枝上の葉状をした苞葉の腋に白色の小さい花を開く．がくは 5 深裂し，裂片は広線形，長さ 5 mm 位である．花冠は先端 5 裂して平らに開き，径 3～4 mm，筒部は長さ 6 mm 位，筒上部に附属物はない．果実は 4 個の分果に分かれ，分果は灰色で卵形体，長さ 3 mm 位，光沢があり表面にしわがある．〔日本名〕犬はにせの意味で，この植物がムラサキと同属であるが紫の色素がなく染料とならないためにいう．〔漢名〕麦家公．

3534. ムラサキ　〔ムラサキ科〕

Lithospermum murasaki Siebold（*L. erythrorhizon* Siebold et Zucc.；*L. officinale* L. subsp. *erythrorhizon* (Siebold et Zucc.) Hand.-Mazz.）

日本（北海道から九州）および中国，朝鮮半島に広く分布する多年草，山地や草原に生え高さ 30～60 cm，根は紫色で太く，地中にまっすぐのびてしばしば分岐し，頂から茎を出す．茎は直立し，上部は枝分かれして葉とともに斜上する長い粗毛が多い，葉は互生し披針形で，先端と基部は次第に細まって尖り，ほとんど柄がなく全縁である．6～7 月，枝上の葉状をした苞葉の腋に白色の小さい花をつける．がくは 5 深裂し，裂片は広線形で長さ 5 mm 位である．花冠は径 4 mm 位，花筒の先端は 5 裂して平らに開き，筒上部には 5 個の鱗片がある．雄しべは 5 本，雌しべし 1 本．果実は 4 個の分果に分かれ，分果は小粒状で光沢があり灰色．昔から根を薬用または紫色の染料として用い，栽培されることもある．〔漢名〕従来用いられている紫草をこれにあてるのは誤りで，別の種類である．

3535. レンギョウ（レンギョウウツギ）　〔モクセイ科〕

Forsythia suspensa (Thunb.) Vahl

中国原産の落葉小低木で，庭園に植えられている．新枝は下垂して長くのび地に着けば根を下ろす．葉は有柄で対生し，ふつうは単一であるが，しばしば 3 個の小葉に分裂し，ふちは基部を除いてきょ歯があり，広卵形ないし卵状楕円形，柄は長さ 1～1.5 cm．早春，葉に先立って黄色い花を開く．花は対生する葉腋に 1 個つき，1～1.5 cm の花柄をもつ．がくは深く 4 裂する．花冠も深く 4 裂し，裂片は長楕円形で先は多少狭くなり，筒部は短く内側は橙色を帯びる．雄しべは 2 本，雌しべは 1 本で雄しべよりも長い．さく果は卵形体で先は細長く尖り，果皮は堅い．漢方薬に使用される．〔日本名〕誤って用いられた漢名の連翹に基づく．連翹はトモエソウの名であり本種ではない．著者（牧野）はかつて連翹空木（レンギョウウツギ）の新和名を提案したことがある．〔漢名〕黄寿丹．

3536. ヤマトレンギョウ　〔モクセイ科〕

Forsythia japonica Makino

岡山県西部と広島県東部の石灰岩地帯に野生する落葉低木で，高さは 1～2 m ばかり，茎は多少分枝し，先端は時に彎曲し下垂する．枝は灰色，中央の髄はところどころ膜で隔てられた空所がある．葉は対生，広卵形で長さ 3～7 cm，深緑色で厚い草質，時に葉柄と下面に微毛があるが，普通は毛がなく滑らかで，不規則なきょ歯がある．花は黄色でレンギョウと同じ様であるが，花柄が短いため，下にある鱗片の重なりから直接出ているように見える．花は径 2 cm に満たない．雌雄性があり二型花である点も他種と同じ．〔日本名〕日本産のレンギョウの意味で，大和に産するというのではない．〔追記〕香川県小豆島には，本種に似て葉がほぼ全縁で花がやや黄緑色を帯びるショウドシマレンギョウ *F. togashii* H.Hara を産する．

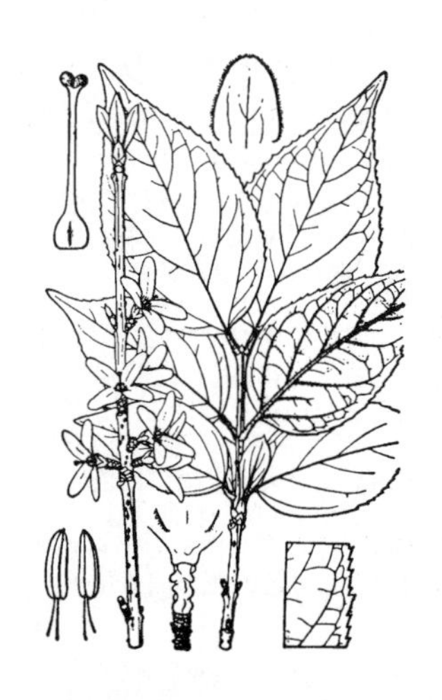

3537. ソ ケ イ（ツルマツリ）　〔モクセイ科〕

Jasminum grandiflorum L.（*J. officinale* L. f. *grandiflorum* (L.) Kobuski）

アラビア原産の常緑低木で観賞用として暖地に栽培され，寒い地方では冬期温室栽培されている．高さは約 1 m で，茎は直立あるいは多少つる性を帯び，全体無毛で細長く，4 稜あり，平滑で緑色．葉は有柄で対生し，長さ 7～10 cm，奇数羽状複葉で緑色，小葉は 2～4 対あり頂小葉を除いて柄がなく，卵状楕円形で鋭頭，ふちはざらつき上端の 3～5 小葉はゆ合し，頂小葉は卵状披針形で鋭尖頭，葉軸は緑色で扁平または翼がある．夏から秋にかけて葉腋または頂に集散花序を出し，小数の白色の花をつける．苞葉は小形で対生し鈍頭，花には短い柄がある．花は夜間に開き芳香を放つ．がく裂片は 5 個で花冠の筒より短く，長い針形でやや開き，いつまでも残る．花冠は下部細長い筒となり，上部は 5 裂し，星状に平らに開いて径約 2 cm，裂片は楕円形で鈍頭．筒の長さは約 18 mm．雄しべは 2 本で筒の内側に着生し，花糸は白くて短い，葯は直立し広い線形で 2 室あり，内側を向いていて黄色い．子房は 1 個，花柱は直立し，下部緑色で上部はふくらみ黄色．液果は卵球形で無毛．黒熟する．花は香油や香水の原料としまた茶に入れる．〔日本名〕素馨の音訳，別名は蔓茉莉の意．〔漢名〕素馨は中国の美女の名，また耶悉茗は，野悉蜜と書きJasmine の音訳，英語では Spanish Jasmine，Italian Jasmine，Royal Jasmine と呼ぶ．

3538. キソケイ　〔モクセイ科〕

Jasminum humile L. var. ***revolutum*** (Sims) Stokes

西南アジアからヒマラヤの原産で観賞用として植えられている常緑低木である．高さは 1.5～2.5 m ばかりになり，分枝して枝は長くのび，緑色．葉は有柄で互生し，奇数羽状複葉で 3～5 個の小葉からなり，小葉は卵形で全縁，長さ 2～5 cm，幅 1～2.5 cm，側生の小葉は葉軸に対生する．5～6 月頃，枝の先に集散状に花柄を出し，黄色い花を開く．がくは緑色小形で 5 裂し，花冠は下部細い筒となり，上部は 5 裂して平らに開き，径約 2.5 cm，裂片の先は円形または鈍形．雄しべは 2 本，雌しべは 1 本．ソケイに似ているが，葉が円く互生し，花も腋生ではなく枝の頂に咲き，全体ソケイほど軟弱でないので区別される．

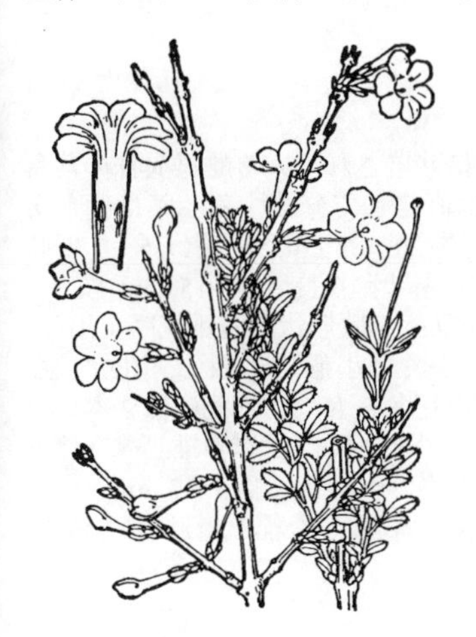

3539. オウバイ　〔モクセイ科〕

Jasminum nudiflorum Lindl.

中国原産の落葉小低木で観賞用として植えられている．茎はよく枝分かれし緑色の四角形で細長く，ややつる状となって下垂し，長さ 60～180 cm にもなり，地につけば節から根を下ろす．葉は対生し複葉で，3 個の披針形の小葉からなり，頂小葉は長さ 2～4 cm，幅 8～13 mm，深緑色である．早春，葉に先立ち，短い柄をもつ黄色い花を枝の各節に対生して開き，香りはなく，花の下部には緑色の苞葉と鱗片とがある．がくは緑色で深く 6 裂し，花冠は下部細長い筒となり，上部は 6 裂して平らに開き，径 2～2.5 cm．雄しべは 2 本で筒の内壁につく．〔日本名〕黄梅，黄色い花を梅になぞらえていう．〔漢名〕迎春花．

3540. オキナワソケイ　〔モクセイ科〕

Jasminum superfluum Koidz.（*J. sinense* auct. non Hemsl.）

南西諸島に分布する常緑のつる性木本．多数分枝し，小枝は細く下向きに出て，白色の微毛が密生する．葉は対生し，3 個の小葉からなり，腺質で上面は無毛，下面は脈上に微毛があり，脈腋には毛が密生する．頂小葉は長さ 0.5～2 cm の柄があり，狭卵形または卵形，先は鋭尖形，基部は円形で，長さ 4～7.5 cm，幅 1.5～3.5 cm になる．側小葉は狭卵形また卵状長楕円形，先は円形または鈍形，基部は広いくさび形またはほぼ切形で，長さ 1.5～5 cm，幅 0.9～2.5 cm で，ふつう頂小葉よりも小さい．花はふつう 6～7 月で，頂生の円錐花序につく．がくは小さく鐘形．花冠は高杯形，白色で，筒部は長さ 2～2.5 cm，舷部は 5 裂し，裂片は線状長楕円形，先は鈍形で，長さ 8～11 cm，幅 2.5～3 mm になる．本種は常緑で，花が白色であり，花冠が 5 裂すること，小葉が狭卵形また卵形あるいは卵状長楕円形であることなどで，オウバイとは容易に区別される．キソケイは葉が互生する．

3541. マツリカ 〔モクセイ科〕

Jasminum sambac (L.) Aiton

インド原産の直立性または攀縁性の低木で，高さ 3 m に達する．枝は円筒形あるいはわずかに平ら，時に中空，軟毛がまばらに生える．葉は単葉で対生し，葉柄は長さ 2～6 mm, 関節があり，軟毛が生える．葉身は円形，楕円形，倒卵形で，長さ 4～12.5 cm，幅 2～7.5 cm，紙質で背軸側の脈上に毛が密生する以外は無毛．両端は鈍頭，時に基部はやや心臓形．側脈は片側 4～6 本．花期は 5～8 月，花は枝先に 3～12 個が集散花序につき，苞は錐状，長さ 4～8 mm．夜に咲き，非常に香りが良い．花柄は長さ 0.3～2 cm．萼は無毛あるいは軟毛がまばらに生え，萼裂片は 8～9 枚，線形，長さ 5～7 mm．花冠は白色，花冠筒は長さ 0.7～1.5 cm, 花被片は 5～9 個で楕円形からやや円形，幅 5～9 mm．果実は紫黒色，球形，径約 1 cm，6～9 月に熟す．花を集めて装飾や供花に用い，また乾燥した花を茶に配合して茉莉花茶（マツリカ茶，ジャスミンティー）とする．

3542. ヤマトアオダモ（オオトネリコ） 〔モクセイ科〕

Fraxinus longicuspis Siebold et Zucc.

本州，四国，九州に分布する落葉高木．山地の沢ぞいに生え，高さ 20 m に達するものもある．若枝には淡褐色の縮れた毛が生える．冬芽は円錐形で，3 対の鱗片葉からなる．葉は対生し，長さ 3～5 cm の柄があり，葉身は長さ 12～18 cm あり，5 または 7 まれに 3 または 9 個の小葉に分かれる．小葉は広披針形，先は尾状の鋭尖形，基部はゆがんだ広いくさび形で，長さ 4～10 cm，幅 2～4 cm，ふちにはきょ歯があり，柄とともに下面には若いとき縮れた毛が生える．雌雄異株．花序は若枝の頂につく．花は 4～5 月に咲き，花冠がないのが特徴である．がくは杯形で，4 または不規則に裂け，果実期まで残る．雄しべは 2 個あり，花糸と葯は長さ 2 mm でほぼ同長．雌しべは雄しべと同長またはやや長く，卵形体の子房と，先が 2 裂する柱頭をもつ．翼果は線状倒披針形で，長さ 2.5～3.5 cm になる．〔日本名〕大和国のアオダモで，本種の異名である奈良県吉野地方を基準産地に命名された *F. yamatense* Nakai に中井猛之進が与えた名である．

3543. サトトネリコ（トネリコ） 〔モクセイ科〕

Fraxinus japonica Blume ex K.Koch

本州中部以北の山地に自生し，また各地に栽培されている雌雄異株の落葉高木である．高さは 6 m 以上になり，幹は直立して分枝する．葉は柄があり対生し，奇数羽状複葉で，柄とともに長さ 20～35 cm，小葉は 5～7 個時に 9 個対生し，短い小葉柄があり，長卵形で先は尖り長さ 5～15 cm，幅 3～6 cm, ふちに低いきょ歯がある．春，新葉に先立って散形状の円錐花序を出し，淡緑色の細かい花を多数群がってつける．がくは小形で 4 裂し，花弁はないのがふつうであるが，時に 4 裂した細長い花弁をもつ．雄花には 2 本の雄しべがあり，雌花には雌しべが 1 本だけのものと，時に 2 本の雄しべを伴うものとがある．果実は狭長な翼果となり，長さ 3～4 cm，幅 5～7 mm，宿存がくをつけている．地方により，田の畦に列植し収穫した稲を掛ける．〔漢名〕秦皮および梣皮はともに本種ではない．

3544. シマトネリコ 〔モクセイ科〕

Fraxinus griffithii C.B.Clarke

東南アジアに分布し，乾燥した斜面，林縁，川沿いに生育する常緑高木で高さ 10～20 m．琉球にも自生があり，庭園樹，観葉植物として栽培される．枝は軟毛が生えるか無毛．葉は羽状複葉で長さ 10～25 cm，葉柄は長さ 3～8 cm，軸は無毛あるいは軟毛が生える．小葉は短い柄があり，5～7（～11）枚，卵形から被針形，長さ 2～10（～14）cm，幅 1～5 cm（基部の対はたいてい小さい），革質あるいは薄革質，向軸側は光沢があり無毛，背軸側は腺点があり，基部は鈍形から円形，葉柄に狭まり時に非対称，全縁，先端は鋭頭から鋭尖頭，側脈は 5 あるいは 6（～10）本，不明瞭あるいはまれに明瞭．花期は 5～7 月，円錐花序は頂生で長さ 10～25 cm, 乳白色，多くの花をつけ広がる．花柄は細く，長さ 2～4 mm．花は両性花で，萼は殻斗形，約 1 mm，柔毛が生えるか無毛，やや全縁から広三角状鋸歯縁．花冠は白色，花被片は舟形，長さ約 2 mm．雄蕊は花被片とほぼ同長でオレンジ色．翼果は広被針状箆形，円頭，長さ 2.5～3 cm，幅 4～5 mm，翼は小堅果の中部付近につく．

3545. マルバアオダモ 〔モクセイ科〕

Fraxinus sieboldiana Blume

九州，四国，本州に分布し，朝鮮半島にも産する落葉高木．丘陵や山地に生え，高さ 5〜10 m になる．若枝には短い腺毛がある．冬芽は卵形で，3 対の鱗片葉は圧着し，ふつう粉状毛がある．葉は対生し，長さ 2〜4 cm で，若いときには短い腺毛が生えた柄があり，3 または 5 まれに 7 個の小葉に分かれる．小葉は狭卵形または卵状楕円形で，ふちには明瞭なきょ歯がなく，先は鋭尖形，基部はゆがんだ広いくさび形となり，長さ 4〜8 cm，幅 2〜4 cm で，ふつう下面の中肋に沿って白毛が生える．雌雄異株．花序は円錐状で，若枝の先につく．花は 4〜5 月に開葉とほぼ同時に咲き，先がわずかに 4 裂する小さいがくをもつ．花弁は白色，線状披針形で，長さ 5〜10 mm になる．雄しべは 2 個で，花弁と同長かまたは短い．雌しべは雄しべよりも長く，子房は卵形体，柱頭は 2 裂する．翼果は倒披針形で，長さは 2〜3 cm になる．日本産のトネリコ属の中では最も普通な種で，アオダモ（コバノトネリコ）に似るが，小葉のきょ歯は不明瞭で，若枝，葉柄，花軸などに微細な粉状毛がある．

3546. アオダモ（広義）（コバノトネリコ，アオタゴ） 〔モクセイ科〕

Fraxinus lanuginosa Koidz.

山地に生える雄性両性異株の落葉小高木で，高さは 5〜8 m ばかり．葉は対生し，有柄の奇数羽状複葉で，柄とともに長さ 10〜15 cm，小葉はふつう 5〜7 個対生し，長卵形で先は尖り，長さ 5〜10 cm，幅 1.5〜3.5 cm，ふちには低いきょ歯があり，葉質は厚くない．初夏，小枝の先に円錐花序を出し，多数の細かい白い花を群がってつける．花冠は細長い 4 弁に分かれ，花弁は線状倒披針形で長さ 6〜7 mm，雄花には 2 本の雄しべがあり，雌花には 1 本の雌しべと 2 本の雄しべとがある．果実は微凹頭の小翼果となる．枝を切って水につけると，水が青色に変わるところから青タゴの名をもつ，タゴまたはタモはトネリコのことである．〔追記〕冬芽や花序に粗い毛があるものが学名の基準品でアラゲアオダモ f. *laguginosa* といい，無毛かそれに近いものが狭義のアオダモ f. *serrata* (Nakai) Murata である．

3547. シ オ ジ 〔モクセイ科〕

Fraxinus platypoda Oliv.（*F. spaethiana* Lingelsh.）

本州（関東以西）関東以西，四国，九州の山地に生える落葉高木で，高さ 25 m 余りになる．葉は対生し，奇数羽状複葉で柄があり，柄の基部は著しくふくらんで茎を抱き，柄とともに長さ 25〜35 cm，小葉は普通 7〜9 個対生し，長卵形ないし倒披針形で先端は尖り，きょ歯があって上面の葉脈は少し凹み，長さ 8〜15 cm，幅 3〜7 cm．初夏，前年枝の上部に長さ 10〜15 cm の円錐花序を出し，花冠のない細かい花を多数集まってつける．がくは盃形で不同の歯があり，果実の時には残っていない．翼果は長楕円状披針形，長さ約 5 cm，幅 8〜15 mm，翼は厚くて強い．葉柄や葉軸に短毛のあるものが山梨県や広島県の山地に産する．これをヤマシオジ（カイシジノキ）f. *nipponica* (Koidz.) Yonek. という．

3548. ヤチダモ 〔モクセイ科〕

Fraxinus mandshurica Rupr.

本州中北部，北海道の湿った場所に多い落葉高木で，大きいものは高さ 20〜25 m，周囲 3 m 余りにもなる．樹皮は深い裂け目がある．葉は対生し，基部の大きくふくらんだ柄があり，奇数羽状複葉で柄とともに長さ約 40 cm ばかり，普通 9 個の小葉からなり，小葉は長楕円形で鋭尖頭，ふちにはきょ歯があり，柄がなく，基部の葉軸につく部分に著しく褐色の毛が密生する特徴がある．早春，前年枝の上部に円錐花序を出し，花冠のない小さい花を集まってつける．がくは倒円錐形でごく小さく，果実の時には残らない．雄花は 2 本の雄しべがあり，葯は黄色，雌花には 1 本の雌しべと 2 本の雄しべとがある．翼果は広い倒披針形で先は鈍形，長さ 2.5〜3.5 cm，幅 7〜8 mm である．

3549. ミヤマアオダモ 〔モクセイ科〕

Fraxinus apertisquamifera H.Hara

宮城県から福井県までの本州中北部の深山に生える落葉高木で，幹は高さ 5〜10 m．樹皮は灰色で，小さな皮目があり，枝は無毛．冬芽は卵形で，3 対の鱗片葉に包まれるが，外側の 1 対の鱗片葉は先が開いて，内面の密生した褐色の毛が見えている．葉は対生で，5〜7 ときに 9 個の小葉からなる羽状複葉で，長さ 3〜4 cm で，無毛の柄があり，葉身は長さ 10〜15 cm になる．小葉は草質，披針形または長楕円形，先は鋭形または鋭尖形，基部は鋭形または円形で，ふちには細かいきょ歯があり，上面は無毛，下面は淡緑色で，中肋と側脈に沿って毛が生える．頂小葉は長さ 5〜10 cm，幅 2.5〜4 cm，側小葉は 5〜8（〜 11）cm，幅 2〜3（〜 4）cm となる．花は 5 月頃に咲き，雄花と両性花がある．花序は若枝に頂生し，円錐状で無毛．長さは 8〜11 cm である．がくは小さく，4 歯がある．花弁は 4 個あり，糸状ときに糸状披針形，白色で長さ 3〜6 mm になる．雄しべは雄花と両性花では 2 個で，長さ約 4 mm．雌しべは雄しべと同長，子房は卵形体，花柱の先は 2 裂する．翼果は線形または線状倒披針形で長さ 2〜3 cm になる．

3550. ライラック（ムラサキハシドイ） 〔モクセイ科〕

Syringa vulgaris L.

バルカン半島中部の原産である．高さ 5 m 内外になる落葉の低木で，古くから芳香と花色を愛でて培養される．幹は根ぎわから何本も分岐し，やや平たく丸く繁る．葉は対生し，枝の先端は冬枯れるために，花穂も新枝も腋生でみな 2 本ずつ相対して出る．葉は有柄，広卵形で長さ 7 cm 内外．やや硬い厚膜質で両面ともに青緑色，滑らかで無毛，全縁で光沢がある．4 月頃，最上部の側芽から密集した総状の円錐花序を出し，多数の花を開く．花冠はラッパ状で，筒は 1 cm 以上あり，先は 4 裂して平らに開き，芳香があり，紫色が普通で白，赤，青，八重咲きなどの品種がある．リラ（lilas）またはライラック（lilac）の名でよく知られる．

3551. ハシドイ（キンツクバネ） 〔モクセイ科〕

Syringa reticulata (Blume) H.Hara

北海道から九州，朝鮮半島の山地に生える落葉小高木．高さは 10 m に達し，樹皮は灰白色で，そのようすはサクラの樹皮の感じがある．葉は対生し，広卵形または広卵状楕円形で長さ 4〜7 cm，先端は急に細くなり鋭尖頭，基部は鈍形ないし円状切形で長さ 1〜2 cm の柄をもち，全縁，滑らかで葉質は厚く，下面は脈上に毛があるかまたは無毛．5〜6 月頃，前年枝の頂に大形の円錐花序を出し，白色の小さい花を密につけ，花は乾くと黄色を帯びる．がくは淡緑色で小さく，浅く 4 裂する．花冠も小形で深く 4 裂し，裂片は卵形で平らに開き，花には短い小花柄がある．雄しべは 2 本，長く花冠の外につき出る．雌しべは 1 本，花柱は雄しべよりも短い．果実はさく果となり，木質で狭長楕円体，長さ約 2 cm，熟すと縦に 2 裂する．種子は扁平でふちに翼がある．〔日本名〕今のところ意味がわからない．

3552. イボタノキ 〔モクセイ科〕

Ligustrum obtusifolium Siebold et Zucc. subsp. ***obtusifolium***

北海道から九州の山野に多い半落葉の低木で高さは 1.5〜2 m ばかり．枝は灰白色でよく分枝し，新枝には細かい毛がある．葉は対生しごく短い柄があり，長楕円形で鈍頭，全縁，長さ 2〜5 cm，幅 7〜20 mm．葉質はややうすく，下面は淡緑色．5 月頃，小枝の先に長さ 2〜3 cm の総状花序を出し，白色の小さい花を密につける．がくは緑色で 4 歯があり，花冠は筒状で，先端は 4 裂しほとんど平らに開く．雄しべは 2 本，雌しべは 1 本．果実は紫黒色で小さな楕円体である．〔日本名〕樹皮に白いイボタロウムシが寄生し，その虫が分泌したろう（イボタ蝋）は家具のつや出しなどに使われる．〔漢名〕水蝋樹，小蝋樹はともに本種ではない．

3553. オオバイボタ 〔モクセイ科〕

Ligustrum ovalifolium Hassk. var. ***ovalifolium***

本州，四国，九州，朝鮮半島南部の海岸近くの低い山に生える落葉低木で，ときに庭木として植えられている．高さは 3 m ばかりになり，幹は直立してよく分枝する．葉は短い柄があり対生し，広卵形ないし倒卵形で全縁，長さ 4～10 cm，幅 2～5 cm，葉質は厚く光沢がある．5～6 月頃，枝の先に長さ 10 cm 内外の円錐花序を出し，白色の小さい花を密につける．がくは緑色で短い筒状をなし，4 歯がある．花冠は筒状で，上部は 4 裂して開く．雄しべは 2 本，葯は広披針形で長さ約 2.5 mm あり，花糸よりも長い．雌しべは 1 本，果実は球形で紫黒色に熟し，長さ約 8 mm である．

3554. ハチジョウイボタ 〔モクセイ科〕

Ligustrum ovalifolium Hassk. var. ***pacificum*** (Nakai) M.Mizush.

伊豆諸島に分布するオオバイボタの地方変種で，葉は大きめで光沢があり，花冠は長さ 6～7 mm（オオバイボタでは 7～8 mm）で小さい．半常緑の低木で，高さ 2 m くらいになり，多数の枝を分かつ．小枝は太く，褐色を帯びた灰色で無毛．葉は倒狭卵形または倒卵状楕円形で無毛，上面には強い光沢があり，葉脈は凹入する．花序は円錐状で，多数の花を密生する．がくは鐘形で，裂片はほとんど認められない．花冠は深く裂け，裂片は筒部と同長あるいは筒部よりも長く，雄しべは花冠の外に超出する．果実は球形で直径 5 mm ほどになり，黒熟する．オカイボタ var. *hisauchii* (Makino) Noshiro は伊豆半島，三浦半島，房総半島に分布する地方変種で，葉は卵形または倒卵状楕円形で小さく，花序は狭い円錐形となる．〔日本名〕八丈イボタで，伊豆諸島八丈島産のものに命名されたことによる．

3555. ミヤマイボタ 〔モクセイ科〕

Ligustrum tschonoskii Decne. var. ***tschonoskii***

北海道，本州，四国，九州の山地の日当たりのよい所に生える落葉低木で，高さ 3 m に達するものもある．枝は多く分枝して細く，斜上し灰色，若枝は始め細かい毛があるが，多くはのちに無毛となる．葉は対生し，披針形または楕円形で長さ 2～4 cm，両端は普通鋭形で時に鋭尖形または鈍形，葉質は厚く淡緑色，上面に立った毛があり，光沢はあまりない．下面は特に脈上に毛がある．5 月頃，枝の先に細い円錐花序を出し，白色の小さい花を開く．花は同属の他種とほぼ同じであるが，イボタノキよりも小形である．がくは緑色小形で 4 裂し，裂片は鈍頭，花冠の筒は円筒状で上部は多少ふくらみ，上部は深く 4 裂し，裂片は披針形で尖り，いく分反り返っている．雄しべは 2 本で花筒の上端に着く．子房は小形，花柱は花筒とほぼ同長であるが，雄しべよりは少し低い．果実は広楕円体または球形に近く，初霜にあたって成熟し濃青紫色で多汁質となる．〔日本名〕深山に生えるイボタの意味である．

3556. キヨズミイボタ 〔モクセイ科〕

Ligustrum tschonoskii Decne. var. ***kiyozumianum*** (Nakai) Ohwi

千葉県房総半島に産するミヤマイボタの一変種である．落葉低木で，高さ 3～4 m になりよく分枝する．若枝には毛が多くあり，若芽には淡褐色の毛がある．葉柄は長さ 1～5 mm で，微毛がある．葉身は広卵形または卵状楕円形で先端は円形または鋭形，上面は初め微毛を散生するが後に無毛となる．下面には微毛が多く，一部は秋まで残る．花は円錐花序につき，花序には毛が多い．萼は無毛．花は長さ 8 mm ほど．雄しべの葯は披針形．果実は球形で，径 5～6 mm となる．ミヤマイボタからは分布が房総半島に限定されること，葉がやや厚く，大きく，広卵形または卵状楕円形となり，円錐花序は長さ 4～7 cm になる点で区別される．

3557. サイコクイボタ　〔モクセイ科〕

Ligustrum ibota Siebold

九州中北部から本州（兵庫県以西）に分布し，山地のやせ地に生える落葉低木．高さ2〜5 mになる．よく分枝し，小枝は細く，灰褐色の短毛が生える．葉は対生し，長さ1〜2 mmの柄があり，葉身は楕円形または狭卵形あるいは倒狭卵形，先は鋭尖形，基部は円形または広いくさび形で，長さ1〜5 cm，幅0.6〜2.5 cmで，下面の中肋上に短毛がある．花序は若枝の先端につき，長さ1〜2 cmの柄をもち，数花ときにはただ1花からなり，小さい披針形の苞がある．がくは鐘形で，裂片はほとんど認められず，無毛である．花冠は白色で，長さ7〜8 mm，筒部は裂片の長さの3〜4倍ある．葯は花冠の喉部にあり，裂片の外に出ない．果実はほぼ球形で，直径約6〜7 mmあり，熟して紫黒色となる．ミヤマイボタに類似するが，花序は数花からなること，花冠の筒部が長く，裂片の3〜4倍（ミヤマイボタでは1.5〜2倍）であることなどで区別される．〔日本名〕西国イボタで，九州を基準産地とする本種の異名 *L. ciliatum* Siebold ex Blume に中井猛之進が1927年に命名した．

3558. ネズミモチ（タマツバキ）　〔モクセイ科〕

Ligustrum japonicum Thunb.

本州以西の暖地の山に自生するが，よく生垣として植えられる常緑低木である．高さは2 m内外，幹は直立し灰色，枝はよく分枝する．葉は有柄で対生し，楕円形で上部は細まり鈍頭，全縁，革質で光沢がある．夏，新枝の先に円錐形の花序を出し，白色の小さい花を密につける．がくは緑色の短い筒をなし，4歯をもつ．花冠の下部は筒となり，上部は4裂する．雄しべは2本で花筒の上端附近につき，雌しべは1本，柱頭は少しつき出る．果実は長楕円体で紫黒色に熟し，ネズミのふんに似ているので俗にこれをネズミノフン，ネズミノコマクラともいう．〔日本名〕ネズミモチは，果実がネズミのふんに似て，葉がモチノキに類するために名付けられた．〔漢名〕女貞は本種ではなく，中国産のトウネズミモチ *L. lucidum* Aiton のことである．

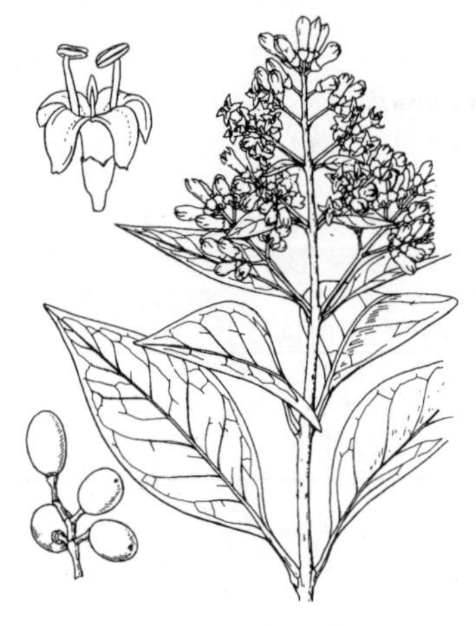

3559. ヤナギイボタ　〔モクセイ科〕

Ligustrum salicinum Nakai

九州，四国，近畿地方以西の本州に分布し，朝鮮半島にも産する落葉性の小高木で，山地のやせ地に生え，高さ4〜6 mになる．枝を多数分かち，若枝にははじめ毛があるが後に無毛となる．葉は対生し，長さ0.5〜1.5 cmの柄があり，葉身は倒披針形または楕円形，両端ともしだいに尖り，長さ6〜13 cm，幅2〜5 cmで，上面は無毛，下面は初め短い毛があるが，後に無毛となる．花は枝先につく長さ10〜20 cmの大形の円錐花序に多数集まってつき，6月に咲く．花序軸には毛が密生する．がくは鐘形で，不明瞭な4つの裂片があり，無毛．花冠は白色で，長さは5 cmほどになり，中ほどまで裂け，裂片は開出して先がやや反り返る．雄しべは花冠筒よりも長く超出する．果実は長楕円体，長さ0.8〜1 cmで，熟して紫黒色となる．〔日本名〕柳イボタで，標記の学名の与えられた標本の両端の細まった細長い葉がヤナギに似ていたことによると考えられる．

3560. ヒトツバタゴ　〔モクセイ科〕

Chionanthus retusus Lindl. et Paxton

本州中部の木曽川流域と対馬に自生する雌雄異株の落葉高木である．幹は直立してよく分岐し，大きいものでは高さ10 m，直径60 cmにもなる．葉は長い柄があり対生し，楕円形で鈍頭，基部は急に狭くなり長さ3〜7 cm，洋紙質で緑色，下面は褐色の毛が生える．葉のふちは普通全縁であるが，時に若枝の葉は重きょ歯がある．5〜6月，小枝の先に円錐状の集散花序をつける．がくは緑色小形で浅く4裂する．花冠は深く4裂して細く，長さ約15 mm，白い花が満開の時には雪のようで見事である．雄しべは2本で短く，花冠の筒部につき，花柱は短い．核果は楕円体で黒色に熟し，白い粉をつけている．〔日本名〕一葉タゴの意味で，タゴはトネリコの一名である．トリネコは羽状複葉であるが，本種は単葉なので，一葉トネリコの意味である．見なれない木であるため，ナンジャモンジャノキともいうが，もとより特定の植物をさす名ではない．

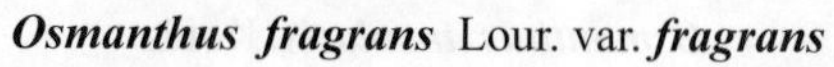

3561. ギンモクセイ 〔モクセイ科〕

Osmanthus fragrans Lour. var. ***fragrans***

中国の原産で庭園に植えられている常緑の小高木である．高さは 3 m 以上になり，よく分枝して葉も多い．葉は有柄で対生し，楕円形，先は短く尖り，ふちには多数の細かいきょ歯があり，葉質は革質で硬く深緑色．晩秋，葉腋に多数白色の小さい花を散形状に束生し，芳香を放つ．がくは緑色小形で 4 裂する．花冠は深く 4 裂し，裂片は表面が凹み，楕円形で円頭，質はやや厚い．雄しべは 2 本，雌しべは 1 本．雌雄異株で，わが国にあるものはみな雄株であるため子房は縮小していて結実しない．〔日本名〕モクセイは漢名の木犀で，別に巌桂ともいい，中国ではモクセイ類の総称である．ゆえに銀桂（ギンモクセイ），金桂（ウスギモクセイ），丹桂（キンモクセイ）などはみな木犀である．〔漢名〕銀桂．

3562. キンモクセイ 〔モクセイ科〕

Osmanthus fragrans Lour. var. ***aurantiacus*** Makino
f. ***aurantiacus*** (Makino) P.S.Green

中国原産の常緑の小高木であり，庭樹として植えられている．高さは 4 m に達し，幹は太く，よく分枝し，葉を密につける．葉は柄があり対生，広披針形または長楕円形，ふちにはきょ歯があるが，時に全縁のものもある．葉質は革質で上面は緑色，下面はいくぶん黄色味を帯びる．晩秋，葉腋に花柄のある多数の橙黄色の小さい花を束生し，強い芳香を放つ．がくは緑色小形で 4 裂する．花冠は深く 4 裂し，裂片は倒卵形で円頭，表面は凹み，質は厚い．雄しべは 2 本，雌しべは 1 本．雌雄異株で，わが国にあるものは雄樹であるため，子房は縮小していて結実しない．全体ギンモクセイに似るが，花の色が橙黄色であり，葉はやや狭長できょ歯が少ないことにより識別できる．〔漢名〕丹桂．〔追記〕本型は次のウスギモクセイとは花色以外には違いがないため，後者から日本で選抜されたとする説もある．

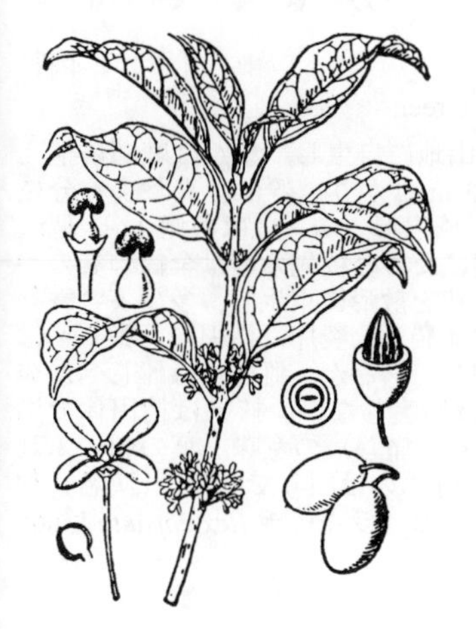

3563. ウスギモクセイ 〔モクセイ科〕

Osmanthus fragrans Lour. var. ***aurantiacus*** Makino
f. ***thunbergii*** (Makino) T.Yamaz.

九州南部の山地に自生し，また主に日本の西南部地方に植えられている常緑の小高木．幹は直立し，高さ約 4 m，直径 30 cm ばかりになる．枝は多く分枝して上向し，対生で灰褐色，毛はなくて小皮目が散在している．葉は柄があり対生，長楕円形ないし広披針形で鋭尖頭，基部は鋭形，全縁または多少きょ歯があり，革質で無毛，上面は緑色で光沢があり，下面は淡緑色，長さ 8〜13 cm，幅 2.5〜5 cm，主脈は淡緑色で下面に隆起し，葉柄には溝がある．花は 10 月に咲き，キンモクセイよりも香りが少ない．両性花または雌花を葉腋に散形状に束生し，長さ約 1 cm の花柄がある．がくは小形で不同に 4 裂し，裂片のふちに細きょ歯があり，白緑色で無毛．花冠は白黄色で深く 4 裂し，裂片は倒卵形で円頭，表面凹み，質は厚く筒はごく短い．雄しべは 2 本で筒部に着き，花糸は短く，葯は大きくて丸い．子房はよく発達し卵形で小さく径約 1 mm，淡緑色で無毛．花柱はごく短く，柱頭は大きく目立ち黄白色．果実は核果となり翌年 5 月頃成熟し，楕円体，長さ約 2 cm，径 11〜13 mm で暗青色．果肉は厚く軟質で緑色．核は紡錘形で淡褐色，縦に溝がある．〔日本名〕淡黄木犀の意味で花色に基づく．

3564. リュウキュウモクセイ 〔モクセイ科〕

Osmanthus marginatus (Champ. ex Benth.) Hemsl.

奄美大島以南の琉球，台湾から中国西南部にかけて分布し，谷，斜面や峡谷，流れ沿いに生育する常緑低木あるいは高木で高さ 5〜10 m，雌雄異株．枝，葉柄，葉身は無毛．葉は対生し葉柄は長さ 1〜2.5 cm，葉身は広楕円形から狭被針形，まれに倒卵形で長さ 7〜20 cm，幅 2〜5.5 cm，厚い革質，基部は広楔形，全縁あるいはまれに不明瞭な鋸歯縁，鋭尖頭．主脈及び 6 から 8 本の側脈は向軸側でやや凹み，背軸側に突き出す．花序は腋生まれに頂生の集散花序で，長さ 1〜2 cm，10〜20 個の花を付ける．苞は卵形，長さ 2〜2.5 mm で早落性，花柄は長さ 1〜2 mm．萼は長さ 1.5〜2 mm で 4 裂片がある．花冠は黄色あるいは緑色を帯びる．花冠筒は長さ 1.5〜2 mm，裂片は 4 個で楕円形，反り返り，長さ約 1.5 mm．雄花は花冠筒から長く超出する雄蕊 2 個があり，葯は黄色．雌花は花柱が長く超出する．液果は黒色，楕円形あるいは倒卵形で，長さ 2〜2.5 cm，幅 1〜1.5 cm．

3565. ナタオレノキ（シマモクセイ）　〔モクセイ科〕

Osmanthus insularis Koidz.

南西諸島，小笠原諸島，九州，四国，福井県以西の本州，伊豆八丈島に分布し，朝鮮半島にも産する常緑高木で，高さ 10 m 以上に達する．全体に毛がない．葉は対生し，柄があり，葉身は狭楕円形または披針状楕円形，先は長い鋭尖形，基部はくさび形または円形で，長さ 7～11 cm，幅 2～4 cm ほどになり，薄い革質で，中肋は下面に隆起する．成木の葉は全縁であるが，若木の葉では先がとげ状となるきょ歯が出る．花は秋に咲き，葉腋に束生し，長さ 7～10 mm の柄がある．がくは深皿状で 4 裂し，裂片は三角形．花冠は白色で，径 5～6 mm となり，裂片は広卵形で開出する．果実は核果で．翌年の 5～6 月に熟し，長楕円体で，長さ 1.5～2 cm あり，黒碧色に熟す．〔日本名〕鉈折れの木で，本種の材が堅くて鉈の柄が折れるほどであることによる．ナタハジキという方言名もある．シマモクセイは島モクセイで，小笠原諸島に産することによる．

3566. ヒイラギモクセイ　〔モクセイ科〕

Osmanthus* ×*fortunei Carrière

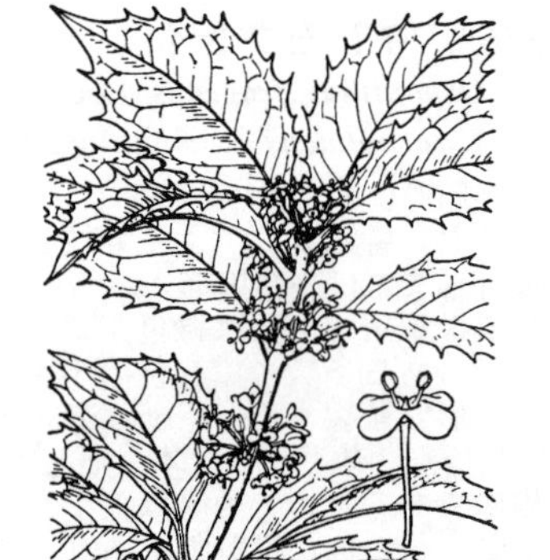

各地に栽培されている常緑の小高木である．高さは 4 m に達し，幹は直立し径約 30 cm にもなり，枝や葉が多く繁って円い樹冠をつくる．樹皮はコルク質のこぶがあり，枝は上向して円く，無毛で灰白色，小皮目がある．葉は有柄で小枝の上部に集まってつき，十字状対生で開出し，楕円形，先端は短く鋭く尖り，基部は鋭形，ふちは刺状の粗いきょ歯が各側に 8～10 個あり，上部の葉はきょ歯がやや少ないか全縁である．葉質は厚い革質で毛がなく，上面は深緑色で光沢があり，下面は淡緑色．主脈は下面に隆起し，支脈は両側に各 8～10，長さ 5～12 cm，幅 3～7 cm，葉柄は長さ 6～13 mm で溝がある．10 月頃，葉腋または頂に散形に花を束生し，径 8～10 mm の白い花を開き，多少よい香りがある．花柄は糸状で 5～11 mm，卵円形で稜のある小さな鱗片をもつ．がくは小さく盃状で 4 裂し，裂片は卵円形で微細なきょ歯をもつ．花冠は深く 4 裂し，裂片は倒卵状楕円形または長楕円形で多少背面は反りかえり円頭，全縁で質はやや厚く，筒はごく短く長さ 2.5～3 mm．雄しべは 2 本，花糸は葯よりわずかに長い．雌しべは直立し卵形体で鋭頭，緑色で結実しない．雄株だけがあるようである．本種はヒイラギとギンモクセイとの雑種と推定されるが，その出現の由来は不明である．〔日本名〕ヒイラギに似たモクセイの意味である．

3567. ヒ イ ラ ギ　〔モクセイ科〕

Osmanthus heterophyllus (G.Don) P.S.Green

本州（関東以西），四国，九州，台湾の山地に自生し，または庭園に植えられている常緑の小高木である．高さは 3 m ばかり，幹は直立しよく分枝して葉も多い．葉は対生し，卵形または長楕円形，ふちには各側 1～3 個の先が刺状になった鋭いきょ歯があり，老樹になると枝先の葉は全縁のものが多い．秋，葉腋に花柄のある白色の小さい花を散形に束生し，多少よい香りがある．がくは緑色で 4 裂し，花冠も深く 4 裂し，裂片は楕円形．雄しべは 2 本，雌しべは 1 本，雌雄異株で花形は同じであるが，雌株では雌しべが発達し，花柱も長くて結実するが，雄株では結実しない．核果は楕円体で黒紫色に熟す．〔日本名〕疼木で疼はひいらぐ（痛む）の意味．葉の刺にふれると疼痛を起こすことからいう．ヒラギと呼ぶのは誤りである．〔漢名〕狗骨は本種ではなく，モチノキ属の一種であるヒイラギモチ *Ilex cornuta* Lindl. et Paxton のことである．

3568. オ リ ー ブ　〔モクセイ科〕

Olea europaea L.

西アジアの原産といわれる常緑小高木．古くから地中海沿岸地方で広く栽培されていた．高さ 7～10 m で，幹は枝分かれし，こぶが出る特徴がある．葉は短い柄をもって対生し，長さ 5～10 cm の細長い楕円形で全縁，葉の質は硬く，両縁は下側に巻き込む傾向がある．葉の上面は濃い緑色，いわゆるオリーブ色であるが，裏面には鱗状の毛が密生して銀白色となる．初夏に葉腋から短い円錐状の花序を出し，黄白色の小花を密につけて芳香がある．がく筒，花冠ともに 4 裂し，雄しべは 2 本ないし 4 本，雌しべが 1 本ある．果実は長さ 3～5 cm の長めの楕円体で緑色，熟すと光沢のある黒紫色となる．中心に大きな核をもち，多肉．品種によってはほとんど球形の核果をつけるものもある．果肉からとる油がオリーブ油で食用油，薬用として重要である．果肉はアルカリであく抜きして塩漬けとする．日本には明治初期に渡来し，小豆島をはじめ瀬戸内海周辺で栽培されている．旧約聖書での記述に基づき，オリーブは平和の象徴とされ国連旗にも使われる．デザインではゲッケイジュとまぎらわしいが，オリーブは葉が対生し，ゲッケイジュは互生である．漢名の橄欖は誤り．

3569. ミズビワソウ 〔イワタバコ科〕

Cyrtandra yaeyamae Ohwi（*C. cumingii* auct. non C.B.Clarke）

八重山諸島の西表島に生える常緑の小低木．高さ 2〜3 m に達するが，あまり分枝せず，茎には稜があって断面は角ばる．葉は太く長い柄があって対生し，葉身は倒卵形状のやや長めの楕円形で，長さ 20〜30 cm，幅は 10〜20 cm．先端は短く尖り，基部はくさび形に細まる．葉の質は薄く，ふちには不規則なきょ歯が並ぶ．葉の下面に葉脈（側脈）が隆起し，その数は 15〜18 対ある．茎の上部の葉腋に，数個の白花がやや頭状に集まった短い花序を出す．花柄は太く，5〜6 枚の細長い黄色の総苞片があり，花は短いがく筒に下部を包まれ，花冠の長さ 2〜3 cm，下半部は筒形でふくらみはなく，やや漏斗状に広がる．花冠の上端は浅く 5 裂し，各裂片は円い．花筒ののどの部分は黄色く内側に 5 本の雄しべがつくが，そのうち 2 本が完全で細長い葯をつける．果実は長さ 1 cm 余の長楕円体の液果で，熟しても白く，大量の微細な種子が入っている．〔日本名〕ヤマビワソウに比べて水湿地を好み，葉がビワの葉に似るため．

3570. ナガミカズラ 〔イワタバコ科〕

Aeschynanthus acuminatus Wall. ex DC.

インドから東南アジア，台湾にかけてアジア大陸の熱帯，亜熱帯に分布する常緑のつる植物．日本では八重山群島の西表島で自生が見い出された．つるは長くのびて樹木や岩石によじのぼる．茎はまるく平滑で，長くのび，多肉質の葉を対生する．葉柄はごく短く，長さ 6〜10 cm の楕円形で，幅は 2〜4 cm，全縁で両端はくさび形に細まって尖る．葉腋から散房状の花序を出し，少数の花をつける．花序の軸に 2 枚の苞が対生し，花は長さ約 2 cm の鐘形でクリーム色，深く 5 裂したがくがある．花冠は 2 唇形で上唇はさらに 2 裂してやや立ち上がり，下唇は 3 裂し反転する．雄しべは 4 本あって，長く花冠の外までとび出し，他に葯のない仮雄しべが 1 本花冠の筒内にある．雌しべの子房は円筒形でのちに長さ 15 cm もの長い筒形のさく果となる．この果実は熟すと 2 つに開裂し，多数の微細な種子を出す．〔日本名〕長実かずらは，つる性で長大な果実をつけることに基づく．西表島のものはいまだに野生状態では花が確認されていない．

3571. シシンラン 〔イワタバコ科〕

Lysionotus pauciflorus Maxim.

本州中部以南，四国，九州，中国中部，南部に分布し，大木の幹についている小さな木である．茎は木の幹の上をはい，まばらに長さ 20〜30 cm の枝を出す．枝は淡灰褐色で太さ 2〜3 mm，ほとんど無毛である．葉はやや輪生し，短い葉柄をもち，披針形で長さ 3〜6 cm，幅 8〜15 mm，質厚く無毛で，上面の主脈の部分はへこんでいる．夏，枝の上部の葉腋に淡紅色の大きな花を開く．花は短い花柄をもち，苞葉は早く落ちる．がくは深く 5 裂し，裂片は線状披針形で尖る．花冠は長さ 3〜4 cm，筒状で先は開いて 5 裂してやや唇形となる．2 本ずつ長さの異なる 4 本の雄しべをもつ．果実は細長いさく果で長さ 4〜8 cm，種子は小さく両端に毛が生えている．〔漢名〕石弔蘭．

3572. イワタバコ 〔イワタバコ科〕

Conandron ramondioides Siebold et Zucc.

本州，四国，九州に分布し，山地の日当たりの悪い岩壁に生える多年草である．冬，葉は堅く丸まって直径 1〜2 cm の球状の塊となって越冬し，褐色の毛で密におおわれている．葉は一株に 1〜2 枚つき，楕円状卵形で先は短く尖り，長さ 10〜30 cm，幅 5〜15 cm，基部は翼のある柄となり，ふちに不揃いな尖ったきょ歯をもち，質は柔らかで上面はちりめん状のしわがある．夏，長さ 6〜12 cm ほどの 1〜2 本の花茎を出し，上端に散形花序をつけ，紅紫色の美しい花を開く．がくは深く 5 裂し，裂片は線状披針形で尖る．花冠は皿状に開き径約 1.5 cm，下部は短い筒となり，上部は 5 裂し，湯気のような香がある．雄しべは 5 本，花糸は短く，葯はゆ着して長い筒を作り花柱をとりまく．果実は披針形体のさく果で，紡錘形の多数の種子をもつ．葉は苦味強く，胃腸薬として使われる．〔日本名〕岩煙草で岩壁に生え，葉がタバコの葉に似るのでいう．〔漢名〕苦苣苔を使うが誤りである．

3573. イワギリソウ

〔イワタバコ科〕

Opithandra primuloides (Miq.) B.L.Burtt

近畿以西，四国，九州に分布し，岩壁に生える多年草である．全体に柔らかい細かな毛が密に生える．短い根茎から出た葉が根ぎわに群がってつく．葉は長い柄をもち，広卵形で先はやや尖り，長さ 4～10 cm，幅 3～7 cm，基部は円形または心臓形，ふちに先の鈍い重きょ歯をもち，質は厚く淡緑色である．夏，葉の間から長さ 12～15 cm の花茎を出し，頂端に散形花序をつけ，下に向いた紫色の 10 個ほどの美しい花を開く．がくは深く 5 裂し，裂片は線状披針形で先は尖る．花冠は漏斗状で長さ約 2 cm，下部は筒となり上部は 5 裂して唇形となる．雄しべ 4 本のうち 2 本は花粉が成熟しない．果実は広線形で，紡錘形の多数の種子をもつ．〔日本名〕岩桐草で白い軟毛を密生する葉の形がキリの葉を想わせ，岩上に生えるのでいう．

3574. ヤマビワソウ

〔イワタバコ科〕

Rhynchotechum discolor (Maxim.) B.L.Burtt

（*Isanthera discolor* Maxim.）

屋久島以南，琉球，台湾，フィリピン，中国南部に分布する多年草である．茎は太く，高さ 40 cm ほどとなり，若い部分は綿毛が密生している．葉は大形で茎の上部に互生し，長倒卵形で先は尖り，基部は次第に細まって短い柄となり，長さ 10～25 cm，幅 3～8 cm，ふちには小さなきょ歯があり，下面は特に綿毛が多く，また多数の隆起した細点がある．夏から秋にかけて，葉腋から短い花茎を出し，頂端に集散花序をつけ，多くの白色の小さな花を密に開く．がくは深く 5 裂し長さ約 6 mm, 裂片は線形で綿毛が密生している．花冠は皿状で径 7 mm ほどあり，基部短い筒となり，上部深く 5 裂し，裂片は円い．4 本の雄しべがある．果実は長楕円体の液果で長さ 6～7 mm，白色，卵形体の多数の小さな種子をもつ．〔日本名〕山枇杷草で全体ヤマビワに似ていて草なのでいう．〔追記〕花序がつまってやや球状となるものをタマザキヤマビワソウ var. *austrokiushiuense* (Ohwi) Ohwi として区別することもある．屋久島や種子島のものはこの型である．

3575. ツノギリソウ

〔イワタバコ科〕

Hemiboea bicornuta (Hayata) Ohwi

台湾および与那国，西表島など八重山群島に分布する大形の多年草．高さは 30～60 cm，ときに 1 m に達する．茎は太く，やや軟質で下部は地上をはい，節の部分から根を出す．葉は長さ 2～3 cm の柄があって対生し，長さ 10～20 cm の細長い楕円形で先端は鋭く尖る．中央脈に対して左右は対称でなく，ややカーブしていて基部はとくにゆがみがめだつ．質は薄く，ふちはほぼ全縁，9～10 対の側脈がある．葉の上面は濃緑色，下面は淡色で脈が隆起して浮き出す．葉腋から長さ 2 cm ほどの花序を出し，大きな卵円形，膜質の苞に包まれて 2 個の白花をつける．花冠はやや屈曲した漏斗状筒形で長さ 3～4 cm あり，上半部は上下 2 唇に裂け，さらに上唇は 2 裂片，下唇は 3 裂片に浅く裂ける．花冠筒部の内面に 4 本の雄しべがつくが，2 本のみ完全で葯がある．花筒の底にリング状の花盤があり，中央に太い円柱形の雌しべがあって花柱は花冠とほぼ同長である．果実は先の尖った円柱形のさく果となり，2 花 1 組の果実が向き合って 2 つのつの（角）のようになる．〔日本名〕角桐草は角状の果実と同じ科のイワギリソウからの連想に基づく．

3576. マツムラソウ

〔イワタバコ科〕

Titanotrichum oldhamii (Hemsl.) Soler.

台湾から中国南部に分布する多年草で，日本では西表，石垣など八重山群島にまれに見られる．高さ 20～30 cm の茎が直立し，対生する大きな葉とともに全体が毛深い．葉には長い柄があり，葉身は卵形ないし卵状楕円形であるが，ふつうは中央脈をはさんで非対称形．また対生する 2 葉の大きさも長さは 5～10 cm，10～20 cm と著しく非対称である（図は栽培個体から描かれたものらしくこの特徴が出ていない）．葉の質は薄い膜質で，先端は尖り，ふちには不規則な低いきょ歯がある．葉の上下両面と葉柄に粗い毛が目立つ．茎の先端に長い総状花序をのばし，花序の長さは 15～30 cm，3～6 個の黄色の花をつける．花の基部には線形の苞があり，がくは緑色で，深く 5 裂し各裂片は細く，先が尖る．花冠は長さ 3～4 cm の筒形で先端部は漏斗状に広がり，浅く裂ける．花冠の外面は黄色で縦にすじが入るが，内面は橙赤色，4 本の雄しべがあって葯はたがいにゆ着している．中央に毛の多い雌しべがあって，花柱は花冠より短い．果実は細い卵形のさく果で，中に微細な種子がある．しばしば花序の節や上部の葉腋から花の変化したむかごをつけた細長い枝をのばして繁殖する．

3577. オオイワギリソウ（グロキシニア） 〔イワタバコ科〕

Sinningia speciosa (Lodd.) Benth. et Hook.f. ex Hiern

（*Gloxinia speciosa* Lodd.）

ブラジル原産で観賞のため温室に栽培される多年草である．地中に塊茎をもち，それからのびたごく短い茎のまわりに対生した数枚の大形の葉がつく．葉は柄をもち，大きな卵円形で先は尖り，ふちに先の鈍いきょ歯をもち，全体ビロード状の柔らかな短い毛でおおわれている．葉の間から高さ 10〜15 cm の花茎を出し，頂に横を向いた大きな 1 花を開く．春に種子をまくか塊茎を植えつけると夏に花を見る．がくは 5 裂し，裂片は卵形で先が尖る．花冠は鐘形で長さ約 4 cm ほどあり，上部は開いて 5 裂し，白，赤，紫などの美しい色をしている．5 本の雄しべをもつ．野生品は花の貧弱なものであるが，培養品は改良され園芸品種であり，ことに他種との交配によってさまざまな品種が作られている．

3578. ヒシモドキ（ムシヅル） 〔オオバコ科〕

Trapella sinensis Oliv.

東アジアの暖帯，温帯に分布する水草で，日本では本州から九州の沼の泥中に根を下ろしている多年草である．茎は水中に長くのびる．葉は対生し，水中の葉は披針形または線状長楕円形でまばらなきょ歯をもつ．水上に浮かぶ葉は腎臓状広卵形で先は鈍形，ふちに波状の細かいきょ歯をもち，長さ 2〜3.5 cm，幅 2.5〜4 cm，3 本の太い脈をもち質は薄い．夏，葉腋から花柄を直立させ，水上に淡紅色の花を開く．がくと子房は半ばゆ着して子房半下位となり，がくの先は短く 5 裂する，がくの下に小さな 5 本の刺状の突起がある．花冠は径 1.5〜2 cm，筒状で上部は広がって 5 裂し唇形となる．葉腋には正常の花のほか閉鎖花をつけることが多い．雄しべは 4 本あるが上側の一対は花粉を作らない．果実は細長く，1 個の種子をもち，がくに包まれ，がくの刺状突起は伸長して大きな角状となる．〔日本名〕全形ヒシに似るのでいう．〔漢名〕薺米．

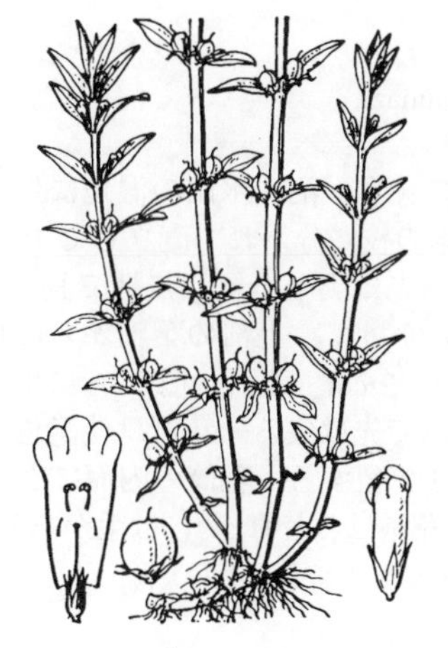

3579. オオアブノメ 〔オオバコ科〕

Gratiola japonica Miq.

本州から九州，東アジア一帯の水田や沼の湿地に生える一年草．茎はやや太く軟らかく，円柱形無毛で直立し高さ 10〜25 cm．葉は対生して柄はなく，披針形で先はやや尖り，基部やや狭くなって茎を抱き，全縁，無毛，長さ 1.5〜3 cm，幅 5〜7 mm，3 本の脈が目立つ．初夏，葉腋に白色の 1 花をつける．花はほとんど無柄，がくは深く 5 裂し，裂片は披針形で尖り長さ 3〜4 mm．花冠は短い筒状で長さ 6〜7 mm，先は 5 裂して唇形となる．雄しべは 2 本で小さく，花冠内壁の中部につく．仮雄しべは小さく 2 個あり，花冠内壁の中部につく．果実は球形のさく果で背腹に縦の溝があり，径約 5 mm，下部はがくに包まれ，多数の小さな種子をもつ．〔日本名〕大虻の眼の意味でアブノメ（3580 図）に似て大形なのでいう．

3580. アブノメ（パチパチグサ） 〔オオバコ科〕

Dopatrium junceum (Roxb.) Buch.-Ham. ex Benth.

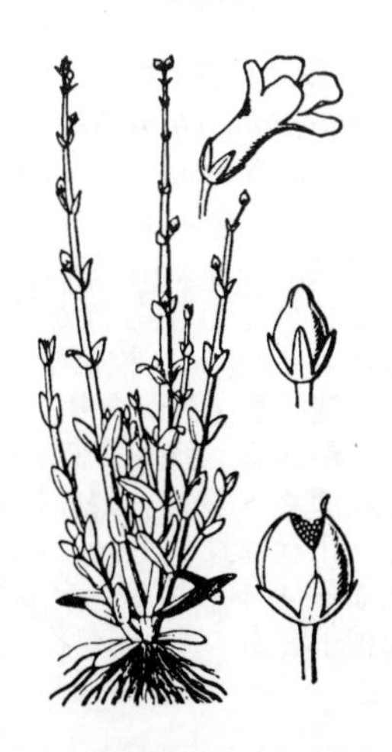

東アジアの熱帯から暖帯に広く分布し，日本では本州から琉球の水田などの湿地に生える一年草である．茎は丸く柔らかく，下部で枝分かれし，高さ 15〜20 cm となる．葉は対生し無柄，下部のものは大きく披針形または狭長楕円形で先は鈍く，全縁で長さ 1〜2.5 cm，幅 3〜5 mm，上部のものは次第に小さくなる．夏から秋にかけて，葉腋に短い花柄をもった淡紫色の小さな花を開く．がくは深く 5 裂し，裂片の先は鈍形である．花冠は筒形で長さ 4〜5 mm，上部は浅く裂けて唇形となる．花冠の筒に付着する 2 本の雄しべと，2 個の小さな仮雄しべがある．果実は球形のさく果で下部はがくに包まれ，長さ 2.5〜3 mm，多数の小さな種子をもつ．下部の葉腋には無柄の閉鎖花がつくことが多い．〔日本名〕虻の眼の意味で，果実の形からいう．パチパチグサは中が空洞で空気の入った茎を押しつぶすと音を出すのでいう．

3581. サワトウガラシ 〔オオバコ科〕

Deinostema violaceum (Maxim.) T.Yamaz.（*Gratiola violacea* Maxim.）

北海道から九州，東アジアに分布し，沼や水田の湿地に生える一年草．全体軟弱で，茎は基部でまばらに枝分かれし，高さ 12〜24 cm となる．葉は対生し，線形で先は細く尖り，全縁，無柄で，長さ 7〜10 mm．夏から秋にかけて，上部の葉腋から長さ 10〜15 mm の細長い花柄を出し，淡紫色の 1 花を開く．がくは深く 5 裂し，裂片は線状披針形で腺毛がまばらに生える．花冠は唇形で，下唇の中裂片は大きく 2 裂している．2 本の雄しべと 2 個の仮雄しべとをもち，花糸はねじれ，葯には毛がある．しばしば葉腋に無柄の閉鎖花をつけ，卵状楕円体，長さ約 3 mm の小さなさく果を結び，宿存性のがくがあり，小さな多数の種子をもつ．〔日本名〕沢トウガラシの意味で，沢に生えトウガラシの果実に似るのでいうというがあまり似ていない．

3582. アカヌマソウ 〔オオバコ科〕

Deinostema violaceum (Maxim.) T.Yamaz.

（*Gratiola violacea* Maxim. var. *saginoides* Franch. et Sav.）

高原の沼や沢の湿地に生える一年草で，サワトウガラシの変種とされることもあるが，土地のやせた所に生えた栄養不良の個体にすぎない．茎は直立して高さ 12〜15 cm，全体軟弱である．葉は対生し小さな針形で長さ 5 mm ほどである．夏から秋にかけて，上部の葉腋に長い花柄をもった淡紫色の花を開く．花の形や，ときどき葉腋に無柄の閉鎖花をつけることなどサワトウガラシと同じである．〔日本名〕初め日光の赤沼原で採集されたのでこの名がある．

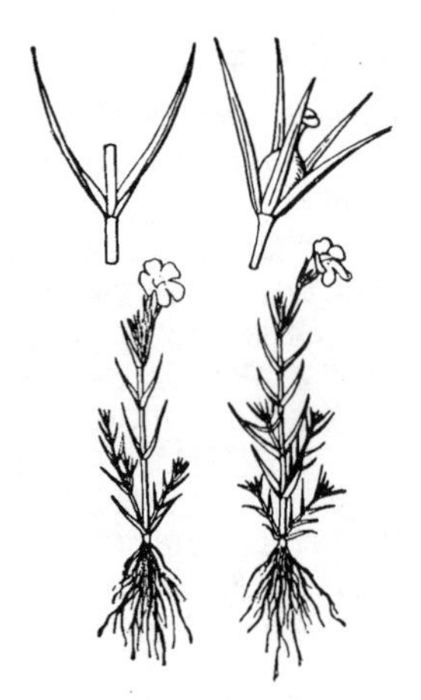

3583. マルバノサワトウガラシ 〔オオバコ科〕

Deinostema adenocaulum (Maxim.) T.Yamaz.

（*Gratiola adenocaula* Maxim.）

本州から九州，韓国済州島，中国南部に分布，沼や水田の湿地に生える一年草である．茎は軟弱で基部から数本の枝に分かれ，直立して 10〜18 cm となる．葉は対生し小形で卵円形，先は尖り全縁，無柄で長さ 5〜8 mm，幅 3〜6 mm である．夏から秋にかけて，上部の葉腋から細長い花柄を出し 1 花をつける．花柄は長さ 1〜2 cm で腺毛がまばらに生える．がくは深く 5 裂し，裂片は線状披針形で先は尖る．花冠は淡紫色で唇形となり，下唇の中央裂片は大きく先は 2 裂する．花筒の内面に 2 本の雄しべと 2 本の小さな仮雄しべをもつ．花糸はねじれ，葯には毛がある．果実は卵状楕円体のさく果で，宿存性のがくをもつ．

3584. シソクサ 〔オオバコ科〕

Limnophila chinensis (Osbeck) Merr. subsp. ***aromatica*** (Lam.) T.Yamaz.（*L. aromatica* (Lam.) Merr.）

東アジア，オーストラリアの熱帯から暖帯に広く分布し，日本では本州中部以南の池や田の湿地に生える一年草である．茎は柔らかく，時に下部で枝分かれするほかほとんど枝を出さず，直立し高さ 20〜25 cm．葉は対生，ときに 3 枚輪生し，無柄，長楕円形で先はやや鋭形または鈍形，ふちに鈍いきょ歯があり，長さ 1.5〜3 cm，幅 3〜7 mm，質柔らかく裏面に腺点がある．秋，葉腋から細長い花柄を出し，白色の小さな花を開く．がくは深く 5 裂し，裂片は狭披針形で尖る．がくの基部に小さな苞葉がある．花冠は長さ 1 cm ほどあり，筒状で先は唇形となる．2 本ずつ長さの異なる 4 本の雄しべをもつ．果実は卵球形でがくに包まれ，多数の小さな種子をもつ．〔日本名〕全体にシソの香があるのでいう．

3585. キ ク モ　〔オオバコ科〕

Limnophila sessiliflora (Vahl) Blume

（*Ambulia sessiliflora* (Blume) Baill.）

東アジア，オーストラリアの熱帯から暖帯に広く分布し，日本では本州から琉球の水田や池などの浅いよどんだ水の中に生える多年草で，全体にかすかな香がある．地下茎は泥の中をはい，節からひげ根を出す．茎は円く，長さ 10～30 cm．葉は輪生し，水中にあるものは細かく裂けて裂片は糸状となり，水上にあるものは 5～8 枚輪生し，長さ 1～2 cm，幅 3～7 mm，数対の裂片に深く裂ける．夏から秋にかけて，葉腋に無柄の紅紫色の小さな花を開く．がくは深く 5 裂し，軟毛が生え，裂片は披針形．花冠は筒状で長さ 6～10 mm，上部は浅く裂けて唇形となる．2 本ずつ長さの異なる 4 本の雄しべをもつ．果実は卵球形のさく果で，がくに包まれ，長さ約 4 mm．水中にしばしば閉鎖花をつける．〔日本名〕菊藻で水中にあり，葉がキクに似るのでいう．〔漢名〕石竜尾．

3586. イワブクロ（タルマイソウ）　〔オオバコ科〕

Pennellianthus frutescens (Lamb.) Crosswh.

（*Penstemon frutescens* Lamb.）

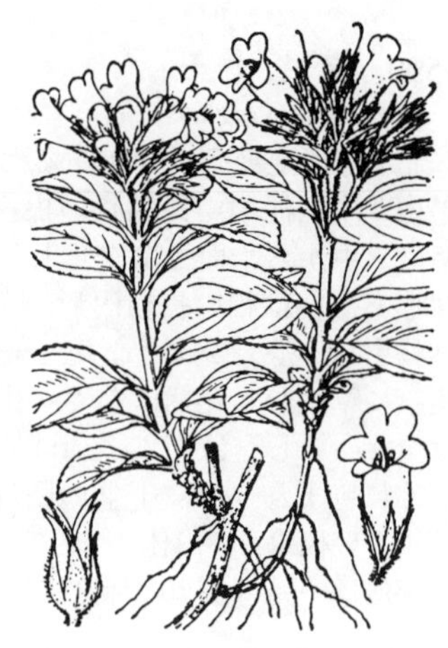

本州北部と北海道の高山に分布し，サハリン，千島列島からアリューシャンにかけて分布，砂れき地に生える多年草である．地下茎は細長く地中をのびて繁殖する．茎は直立して高さ 10 cm ほどになり，2 列に毛が生え太く短い．葉は対生し，やや密接してつき，柄がなく，長楕円形で先が尖り，ふちにきょ歯がある．長さ 4～7 cm，幅 1.5～3 cm．夏，茎の頂に数個の花を密集してつける．がくは 5 裂し，裂片は狭披針形で尖り，花柄とともに腺毛がある．花冠は淡紅紫色で筒となり，上部は浅く 5 裂し唇形となり，長さ約 2.5 cm，外面にまばらに軟毛が生える．2 本ずつ長さの異なる 4 本の雄しべをもつ．果実は狭卵形体のさく果でがくに包まれ，多数の翼のある種子をもつ．〔日本名〕岩袋の意味で，岩間にはえ花冠が袋状であるのでいう．また樽前草は北海道胆振の樽前山に多いことからいう．

3587. ウ ン ラ ン　〔オオバコ科〕

Linaria japonica Miq.

東アジアの温帯から亜寒帯に分布し，海岸の砂地に生える多年草である．全体緑白色で毛がなく，茎は直立または斜上して高さ 20～30 cm となる．葉は対生または 3～4 枚輪生し，上部のものは互生する．葉身は楕円形で先は鈍形，全縁で 3 本の脈が目立ち，長さ 1.5～3 cm，幅 0.5～1.5 cm．夏，枝の先に短い総状花序をつけ，数個の大形の花を開く．がくは緑色で 5 裂し，裂片は狭長楕円形で先が尖る．花冠は仮面状で距があり，白色であるが下唇の中央部は著しくもりあがって黄色い．4 本の雄しべは 2 本が長く，雌しべは 1 本である．果実は球形のさく果でがくに包まれ，径 6～8 mm，頂端に孔があいて種子を散らす，種子は長さ約 3 mm，やや厚い翼をもつ．〔日本名〕恐らく海蘭の意味であろう．金魚草ともよばれる．〔漢名〕柳穿魚は別種ホソバウンラン *L. vulgaris* Mill. である．本来日本には野生せず，北海道などにしばしば帰化している．

3588. マツバウンラン　〔オオバコ科〕

Nuttallanthus canadensis (L.) D.A.Sutton

（*Linaria canadensis* (L.) Dum.Cours.）

北アメリカ原産の細身の一年草．わが国へも帰化がみられる．ときにロゼットで越冬して二年草になる場合もある．葉を密生する短い枝が地面をはって分枝し，しばしば大きな株となる．短い枝の葉は長さ 1 cm ほどの線形で対生，または 3 枚輪生する．直立する茎は細く，長く，高さ 10～60 cm に達することもある．直立茎の茎葉は互生，形は松葉状の線形で長さ 1～3 cm ほどあり，まばらにつく．春から夏にかけて茎頂に総状の花序を伸ばし，青紫色の小さな唇形花を次々に咲かせる．花序は開花時には比較的短く，花とつぼみは密生するが，開花のあとで伸長する．がく筒は短い鐘形で上半部は 5 裂し，花冠は長さ 5～10 mm で深く上下 2 唇に裂け，さらに上唇は 2 裂，下唇は 3 裂する．下唇の基部には 2 本の白い枝があり，背後に伸びる距（きょ）は数 mm の長さがあって開花時には真下を向くことが多い．さく果は長さ 3 mm ほどで，がく筒とほぼ同長か，やや長い程度である．〔日本名〕松葉ウンランはウンランの仲間で葉が松葉状に細いことによる．

3589. キンギョソウ 〔オオバコ科〕

Antirrhinum majus L.

南ヨーロッパ，北アフリカ原産で観賞のため花壇や切花用として栽培される多年草である．茎は直立して高さ 20〜80 cm となり，基部は木質化する．葉は互生ときに対生し，披針形，全縁で短い柄をもつ．普通夏に花を開くが，種子をまく時期で春から秋まで花が見られ，冬は温室で促成開花させる．茎の頂に総状花序をつけ，数個の短い花柄をもつ花を群がって開く．がくは 5 裂し，花冠は仮面状で大きく太い筒となり，下端は後方へ張り出した距をもち，上部は上下 2 唇に分かれ，下唇は中央部著しくもりあがり，筒の上端をふさいでいる．2 本ずつ長さの異なる 4 本の雄しべをもつ．果実はゆがんだ卵形体で下部はがくに包まれ，上端に孔があいて種子を散らす．花の色はさまざまで白，黄，紅紫，橙色などがある．〔日本名〕金魚草の名は花の形が似るのでいう．

3590. スギナモ 〔オオバコ科〕

Hippuris vulgaris L.

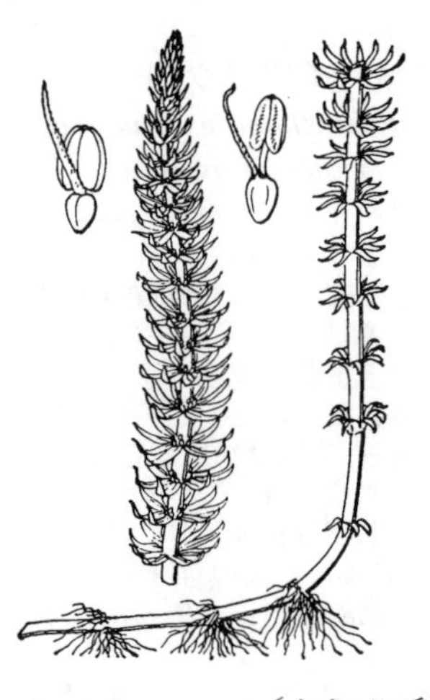

北半球の亜寒帯に分布するが日本では中部以北の沼に生える沈水の多年生草本．泥の中に細長い根茎を引いて繁殖し，節からひげ根を出す．茎は水中から水面上に立ち上り，ふつう単一で緑色．葉は薄く柔らかく線形あるいは細い長楕円形，全縁，葉柄はなく横に開き，茎に 10 個内外輪生し，多くの層となり，葉にも茎にも毛はない．花は非常に小さく，葉腋に単生し，花柄はなく，花弁を欠く，がくはほぼ球形で緑色，へりは全縁．雄しべは 1 本，葯は他部分に比べて大形で紅色．子房は 1 個でがくに包まれ，中に 1 個の胚珠があり，1 本の針形の花柱が立つ．果実は小さい核果，楕円体，緑色で表面はつるつるする．核は堅い．〔日本名〕杉菜藻は一見スギナの様な水草であることに由来する．

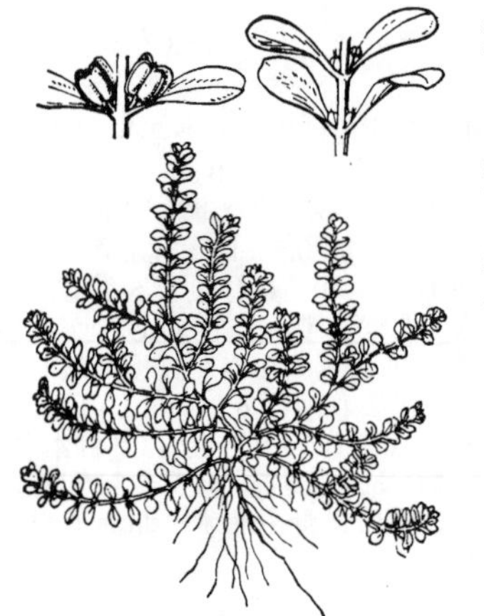

3591. アワゴケ 〔オオバコ科〕

Callitriche japonica Engelm. ex Hegelm.

本州，四国，九州，琉球の湿地，特に庭園の湿った地などに生える小形の一年草．多く枝分かれし，地をはい，細い根を所々から出して平地をおおう．長さは 5 cm 位．茎は緑色で糸のようである．対生の葉は倒卵状円形，倒卵形または倒卵状長楕円形で基部はスプーンのように凹み，色は淡い緑色である．春から秋の間，1 葉に対してその葉腋から 1 花を開く．花は淡い緑がかった白色でほとんど柄はなく，小さい．雌雄同株で花弁もがく片もなく，ただ 2 つの苞葉があるだけである．雄花は 1 本の雄しべ，雌花は 1 本の雌しべをもつ．子房上には長い柱頭に続く 2 個の花柱がある．子房は小形で元来は 2 室であるが 4 室のようにみえる．果実は扁平で，4 種子をもち，開裂はしない．〔日本名〕泡苔は細かい葉の集まりが泡立っているような感じなのに基づいて付けられたもの．

3592. ミズハコベ 〔オオバコ科〕

Callitriche palustris L.（*C. verna* L.; *C. fallax* Petrov）

各地の沼地や水田中に生える多年生の水草．緑色で群生している．茎はきゃしゃで弱々しい感じで，長さは水の深さに応じていろいろであるが，10〜20 cm 位ある．下部は水中に沈み，上部は相接した葉を水面に浮かべている．対生の葉は長楕円形または倒卵形で，下部が次第に狭くなっている．沈水している葉は細長い．雌雄同株．年中白色の小さな花を開くが，雌雄がある．腋生で柄はほとんどみられない．白い 2 つの苞が相対していて，花弁，がく片はない．雄花は 1 本の雄しべをもち黄色の葯がある．雌花には 1 本の雌しべがあり子房の上に 2 花柱があり柱頭は長い．子房は元来 2 室であるが 4 室のようにみえる．果実は扁平で 2 心皮からなり，4 個の種子を含み，裂開はしない．〔日本名〕水ハコベは葉の形がハコベに似ていて，しかも水中に生えるのでついた名．〔漢名〕水馬歯．

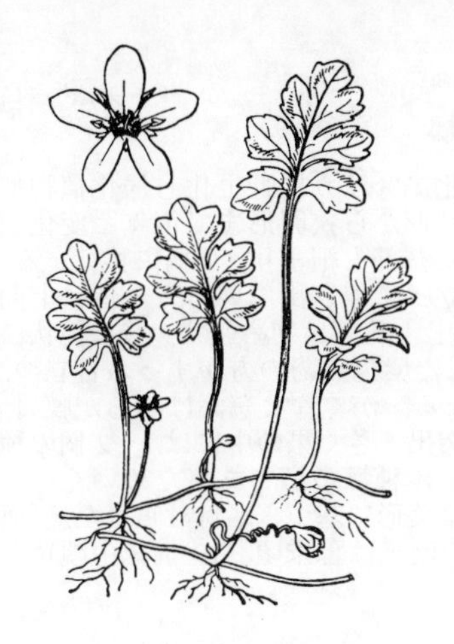

3593. **キクガラクサ**（ホロギク） 〔オオバコ科〕

Ellisiophyllum pinnatum (Wall.) Makino
var. ***reptans*** (Maxim.) T.Yamaz.

日本西南部の山地の湿った日陰にはえ，種としては台湾，中国，ヒマラヤに広く分布する多年草．茎は細くて長く地面をはい，節ごとに直立する1枚の葉と根を出す．晩秋に茎の先に越冬芽をつくり，そこ以外はすべて枯れる．葉は長い柄があり，高さ6〜9 cm．葉は広卵形で羽状に深く裂け，裂片はまばらにきょ歯があり，長さ2.5〜6 cm，幅2〜5 cm．夏，葉腋から細い長さ3〜6 cmの花柄を出し，その先に白色の小さな1花を開く．がくは半ばまで5裂する．花冠は5裂し，径7〜8 mm，筒部は短く，裂片は広く開き長楕円形で先は円く，多少左右相称で，花筒内に細かい毛が生える．雄しべは4本でうち2本は他より長い．花後，花柄はらせん状に巻く．果実は球形，径4〜5 mm，がくに包まれ，内に2〜3個の種子がある．種子は長さ1.5 mmばかりで多数の毛でおおわれ，湿ると粘質になる．〔日本名〕菊唐草，または襤褸菊でともに葉の形から名付けられたもの．

3594. **キツネノテブクロ**（ジギタリス） 〔オオバコ科〕

Digitalis purpurea L.

ヨーロッパ南部原産で，観賞のため花壇に植えられ，また薬用として栽培される多年草であるが，開花結実後は枯死する．茎は高さ1 mほどでほとんど枝を出さず，綿毛でおおわれる．葉は卵状長楕円形で下部のものは柄をもつ．葉のふちに不明瞭な大形の先の鈍いきょ歯をもつ，上面にはちりめん状のしわがあり，下面は綿毛でおおわれる．夏，茎の頂に長い花穂をつけ，下から順次美しい花を開く．がくは5裂し，裂片は卵状披針形で先は短く尖る．花冠は長い鐘形で長さ5〜7.5 cm，先端はいくぶん唇形となり，紅紫色で内面には白くふちどられた濃い紅紫色の斑点がある．果実は広卵形体のさく果で下部はがくで包まれ，細かな多数の種子をもつ．花の白い品種もある．有毒植物で葉の粉末または葉から精製して作った注射薬を強心剤として心臓病に用いた．

3595. **オオバコ** 〔オオバコ科〕

Plantago asiatica L.

東アジア各地の高地から平野まで，ごくふつうに見られる多年生の雑草．葉は基部から多数根生する．葉身は楕円形か卵形で数条のやや平行な脈があり，成長のよい個体ではふちは波をうち，基部には浅い不規則な切れ込みがある．葉柄は葉身と同長かそれより長く，断面はほとんど半月形で内側を囲む形になっている．葉鞘は膜質．春から秋にかけて，10〜20 cmの密に白花のつく花茎を出し，単穂状花序に多数の白花を密につける．がく片は4個あり倒卵円形，下に鱗片状の苞葉が1個ある．花冠は漏斗形で先端は4裂する．雄しべは裂片と交互に並んで花筒につき，花冠より長くとび出してよく目立つ．子房上位．雌しべ1個．さく果はがくの2倍長く楕円体，熟したものに触れると横の線のところから上の部分が簡単にはずれ，中には少数の黒褐色の種子が入っている．これが薬用の車前子である．葉はときに食用になる．〔日本名〕大葉子の意味で，広い葉にちなんでつけられた．葉に白斑が入ったもの，苞葉が極端に大きくなったもの，葉面が左右不同に成長してうず巻状になったものなどの園芸品が栽培されていたが，近年はあまり見かけなくなった．〔漢名〕車前．

3596. **トウオオバコ** 〔オオバコ科〕

Plantago japonica Franch. et Sav.

（*P. major* L. var. *japonica* (Franch. et Sav.) Miyabe）

北海道，本州の日当たりのよい海辺に生える多年草．全体がオオバコに似るがより大形である．葉は大きく根生し，長さ30 cm以上にもなり，長い葉柄がある．葉身は卵状楕円形で毛がなく，数本のやや平行な葉脈が目立つ．夏から秋にかけて，葉の間から長い花茎をのばし，葉より長い穂状花序を出して，多数の白い風媒花を密着して開く．4枚のがく片があって，それを1枚の苞葉が包んでいる．花冠は膜質で4裂し，4本の雄しべがある．さく果は帽子状のふたが開いて中には10個以上の種子が入っている．ヤツマタオオバコはこの奇型で，花茎の上部が数本に分枝するものである．本種はオオバコと類似しているが，全体が大きいばかりでなく，オオバコの葉がいくぶん地面に向かって，へばりつくようにつくのに比べて，斜に立ち，ふちのきょ歯もあまり目立たず，葉身はより狭い卵状楕円形で先はやや尖る．〔日本名〕唐大葉子の意味である多少風変わりの姿を異国風とみて，中国から渡来したものとしたのであろうが日本産である．

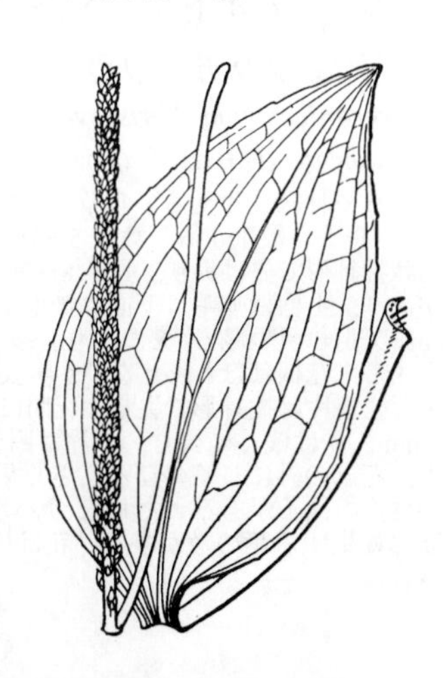

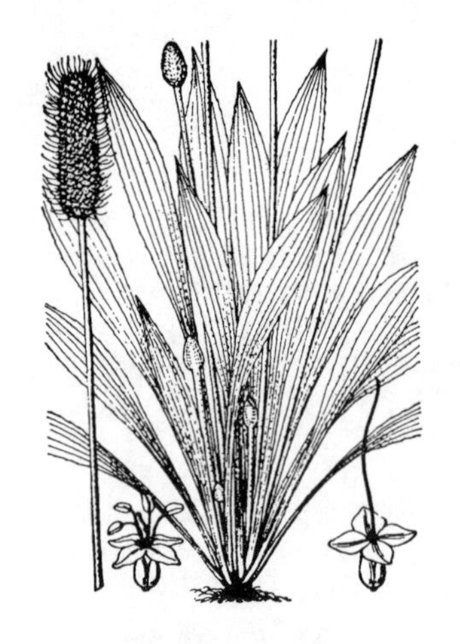

3597. ヘラオオバコ 〔オオバコ科〕

Plantago lanceolata L.

ヨーロッパ原産だが，今は東アジアや北アメリカに野生化し帰化植物である．多年生で根茎は太く肉質．葉は披針形から狭卵形まで色々と変化があり，直立根生し，長さ 10〜30 cm で鋭頭．基部も細まり，葉柄に移行する．縦に走る数本の葉脈は，生時は上面に目立って浮き出ている．全体に上向きの毛がある．夏に 30〜60 cm の花茎を出し，花序は初め頭状，後に穂状にのび密に花をつける．花冠は白いが超出した紫色の葯の方がずっと目立つ．花序の最下部の苞葉は集まって総苞状となる．がく片と苞葉はふちが膜質，主脈は緑色である．花柱は花から 1 cm も突出．さく果の中には 1〜2 個の種子があり，この種子の腹面には溝がある．本種は多型であるためいくつかの品種に分けられる．〔日本名〕箆大葉子は葉形に基づき名付けられた．〔漢名〕中国東北部では婆々丁花．わが国への渡来は幕末頃（19 世紀中頃）といわれている．

3598. エゾオオバコ 〔オオバコ科〕

Plantago camtschatica Cham. ex Link

九州以北，主として日本海とオホーツク海沿岸の砂地などにしばしば群生する白色軟毛の多い多年生草本．葉は数枚根生して地面に広がり，長楕円形，長さ 5〜20 cm，幅 2.5〜5 cm で葉身の基部は次第に細くなって短い葉柄に移行する．初夏から晩夏にかけて長さ 7〜20 cm の細い花茎を直立させ，長さ 3〜10 cm の密な花穂をつける．花冠は白色で膜質，主脈は緑色である．苞葉は卵形で無毛．がくはより長く楕円形で長さ 2〜2.5 mm，主脈はやはり緑色である．種子は 4 個で腹面に溝がない．2n = 12.〔日本名〕蝦夷大葉子で，北海道に産することから名付けられた．

3599. ハクサンオオバコ 〔オオバコ科〕

Plantago hakusanensis Koidz.

本州中部以北の日本海側高山の湿った草地に，しばしば群生する小さい多年草．根茎は太くて短く直立する．葉は根元から少数出て軟らかく，無毛または軟毛がまばらに生え，緑色だが乾けば黒変する．葉身は倒卵状楕円形で少数の低いきょ歯があり，大形のものは 15 cm ほどにもなる．3〜5 本の葉脈は凹み，基部には短い葉柄が続く．夏に長さ 7〜15 cm の細い無毛の花茎を出し，中ほどより上方に 10〜20 花あるまばらな花穂をつける．花冠は白色，花糸は約 1 cm も突き出て，その先端にある心円形の葯はふつう暗紫色でやや大きいからこれが目立つ．苞葉は広卵形でふちは膜質，がくは楕円形，円頭で長さ 2〜2.5 mm．さく果は卵状楕円体で中に 1 個約 2 mm の長楕円形で黒褐色の種子があり，その腹面には溝がある．〔日本名〕白山大葉子の意味で，加賀（石川県）白山に多産するので名付けられた．

3600. エゾクガイソウ 〔オオバコ科〕

Veronicastrum borissovae (Czerep.) Soják（*V. sibiricum* (L.) Pennell subsp. *yezoense* (H.Hara) T.Yamaz.；*V. sachalinense* T.Yamaz.）

草地や林縁に生える多年草．太い根茎から 1〜数本の茎が直立して，高さ 1.5〜2 m，短毛が散生する．葉は 5〜10 枚輪生し，無柄またはごく短い柄があり，長楕円状披針形で先は尖り，長さ 8〜20 cm，幅 1.5〜5 cm，ふちに多数の尖ったきょ歯があり，上面は無毛，下面は無毛か短毛が生える．7〜8 月，茎の先に長さ 20〜40 cm の細長い穂状花序をつくり，多数の花が密集する．花序の軸には短い軟毛が密生する．花柄はほとんどないか，長さ 1 mm 以下の短い柄がある．がくは鐘形で 4 裂し，裂片は披針形で尖り，花期に長さ 2〜3 mm．花冠は青紫色，筒形で長さ 7〜8 mm，先は浅く 4 裂し，裂片は円形または広卵形で先は円いか鈍い．雄しべは 2 本，花冠の外に長くのびる．さく果は広卵形で先が尖り，長さ約 2.5 mm，多数の半球形の種子がある．北海道，サハリンに分布する．クガイソウより全体が壮大で，節に輪生する葉の数が多く，花はほとんど無柄，花冠裂片は先が鈍いなどで区別される．

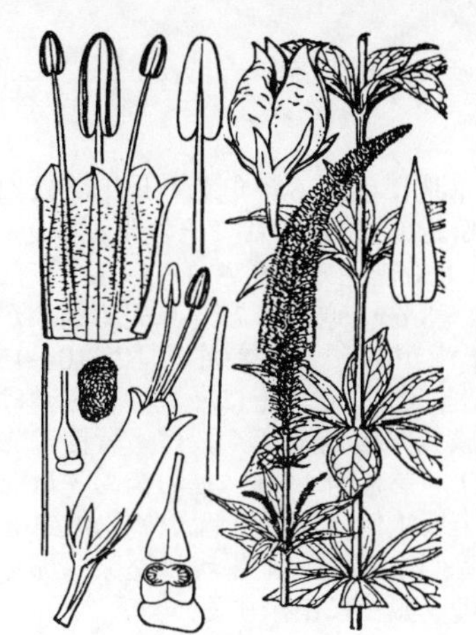

3601. クガイソウ（クカイソウ，トラノオ）　〔オオバコ科〕

Veronicastrum japonicum (Nakai) T.Yamaz. var. ***japonicum***

（*V. sibiricum* (L.) Pennell var. *japonicum* (Nakai) H.Hara）

本州近畿以東の山地の草地や林縁に生える多年草．茎は根ぎわから数本直立して株となり高さ 50～100 cm，円柱形でほとんど枝分かれしない．葉は 3～8 枚輪生し，長楕円形まれに楕円形で先は尖り，基部は無柄，ふちに細かな尖ったきょ歯をもち，長さ 6～17 cm，幅 2～4 cm．夏，茎の頂に穂のような長い総状花序を出し，密に多数の花を開く．花は花序の下から順次上に咲いていく．花ごとに 1 本の線状の苞葉と短い花柄をもつ．がくは深く 5 裂し，裂片は披針形で先が尖る．花冠はがくよりずっと長く，筒状で長さ 7～8 mm，先は浅く 4 裂し，裂片は広卵形，花筒外部は無毛，内部には軟毛が密生している．雄しべは 2 本で花冠の外へ長くのび，花糸は紫色で下部に軟毛が生える．子房は卵形体で 2 室よりなり中央の軸に多数の胚珠がつく．花柱は糸状で花冠の外へ長くのび，雄しべとほぼ同長で白色無毛である．果実は広卵形体のさく果で先が尖り，基部にがくをもち，半球形の細かな種子を多数含む．〔日本名〕九蓋草で層をなしてつく輪生葉に基づき，九階草も同じ意味である．虎の尾は花穂の様子からきた名である．〔漢名〕威霊仙を用いるが誤りである．

3602. スズカケソウ　〔オオバコ科〕

Veronicastrum villosulum (Miq.) T.Yamaz.

（*Botryopleuron villosulum* (Miq.) Makino）

園芸植物として江戸時代から知られていたが，野生状のものは徳島県や岐阜県の一部のみに知られ，また中国にも分布する多年草．岐阜県では竹林のやや日かげに生える．茎はつる状となって斜上し，長さ 2 m ほどとなり，先端は地に接して根を出し，新しい株を作って繁殖する．葉は互生し，長卵形で先は尖り，短い柄をもち，ふちに尖ったきょ歯があり，長さ 5～13 cm，幅 3～5 cm，茎とともに全体密に褐色の長軟毛でおおわれている．8 月，葉腋に無柄の球形の花序を作り，多数の濃紫色の小さな花を開く．苞葉は披針形で尖る．がくは深く 5 裂し，裂片は線状披針形で尖り，密に褐色の毛でおおわれている．花冠は長い筒状で先は 4 裂し，長さ 6～7 mm，筒部内面に毛が生えている．雄しべは 2 本，長く花冠の外へのび，花糸の下部には軟毛が生える．果実は広卵形体のさく果で先が尖り，半球形の細かい多数の種子を含む．〔日本名〕鈴懸草で，球形の花序の連なった形が山伏の鈴懸に似るのでいう．

3603. トラノオスズカケ　〔オオバコ科〕

Veronicastrum axillare (Siebold et Zucc.) T.Yamaz.

（*Botryopleuron axillare* (Siebold et Zucc.) Hemsl.）

東海道，四国，九州に分布し，林中のやや日陰に生える多年草である．茎は細長く無毛で稜線があり，斜上し先はつるとなり先端が地に接して新しい株を作る．全体スズカケソウに似るが茎や葉にほとんど毛がない．葉は互生し，短い柄をもち，長楕円形または卵形で先は尖り，ふちに細かな尖ったきょ歯があり，長さ 5～10 cm，幅 2.5～5 cm，質厚く上面につやがあり，下面はしばしば紫色を帯びる．8～9 月，葉腋にほとんど無柄の長楕円形の短い総状花序をつけ，密に多数の紅紫色の小さな花を開く．苞葉は線形で尖り，がくは深く 5 裂し線状披針形で尖る．花冠は筒状で先は 4 裂し，長さ約 6 mm，筒部内面に軟毛が生える．雄しべは 2 本，花冠の外へ長くのび，花糸の下部には軟毛が生える．果実は卵形体のさく果で，多数の半球形の細かな種子を含む．

3604. ウルップソウ（ハマレンゲ）　〔オオバコ科〕

Lagotis glauca Gaertn.

カムチャツカ，アラスカ，オホーツク海沿岸に分布し，本州では八ヶ岳と白馬岳の高山の砂れき地にのみ見られる多年草である．太い地下茎が短く地中をはい，ひげ根を出す．根ぎわに数枚の大きな葉をつける．葉は長い柄をもち，広卵形または腎臓状卵形で，長さ幅とも 4～10 cm，先端は円形または鈍形，ふちに鈍頭のきょ歯があり，多肉質で上面につやがある．夏，小形の葉をもった高さ 10～30 cm の花茎を直立し，頂に多数の小さな花を密集した花穂をつける．花茎の葉は柄がなく広卵形である．各花の下に緑色膜質の狭楕円形の苞葉がある．がくはへら形で一端が基部まで裂け，ふちに細かな毛が生える．花冠は紫色で彎曲した長い筒形となり，先端は 2 裂して唇形となり，下唇はさらに 2 裂し長さ 8～10 mm，2 本の雄しべをもつ．果実は長楕円体の堅果で，大形の 1～2 個の種子をもつ．〔日本名〕得撫草は千島のウルップ島で採集されたことからいう．浜蓮華が最も古くつけられた名である．

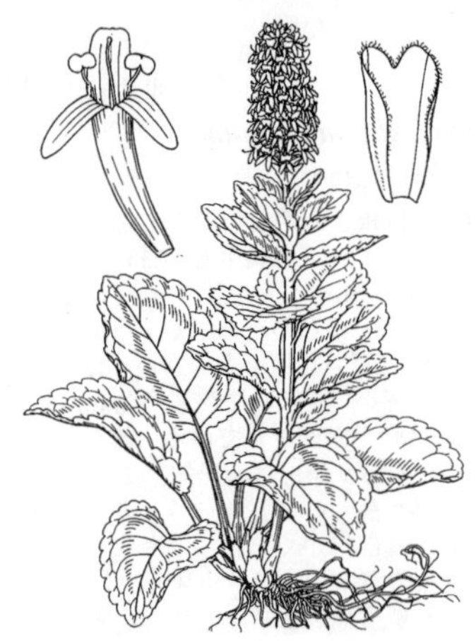

3605. ユウバリソウ　〔オオバコ科〕

Lagotis takedana Miyabe et Tatew.

北海道の夕張岳の高山の砂れきの多い草地に生える多年草．地下茎は肉質で太く，多くの白色の側根を出し，上部は鱗片に包まれ，その間から 2～3 枚の葉をのばす．葉は厚い肉質，葉柄は太く無毛で，長さ 3～5 cm，下部に膜質の翼があり，葉身は卵円形で長さ 4～8 cm，幅 3～7 cm，先は鈍いがやや尖り，基部は円形，ふちに鈍い重きょ歯がある．7～8 月，長さ 10～15 cm の花茎をのばし，その先に円筒形の花穂をつくり，密に多数の花をつける．苞葉は広卵形でふちは膜質．がくは膜質，腹側は深く裂け，背面は先が少し凹む．花冠は白色でやや紅色を帯び，長さ約 1 cm，長い筒の先は深く 3 裂して二唇形，裂片は長さ約 4 mm，上唇 1 個は下唇 2 個より幅が広い．雄しべは 2 本．上唇の中部に付着し，花糸はごく短い．果実は堅果，卵形体で 1 個の種子をもつ．〔日本名〕特産地の夕張岳に由来する．

3606. ホソバウルップソウ　〔オオバコ科〕

Lagotis yesoensis (Miyabe et Tatew.) Tatew.

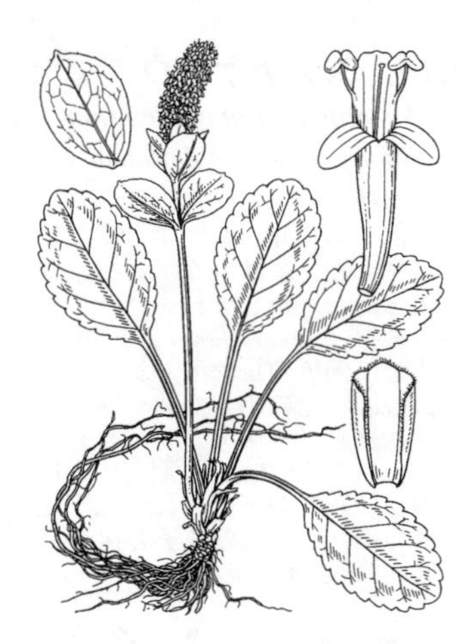

北海道の大雪山の高山のやや湿った草地に生える肉質の多年草．地下茎は太く，多くの白色の側根を出し，上部は鱗片に包まれ，その間から 2～3 枚の葉をのばす．葉柄は無毛で長さ 5～10 cm，下部に膜質の葉鞘がある．葉身は楕円形または広楕円形, 長さ 6～10 cm, 幅 3～6 cm, 鈍いきょ歯がある．7～8 月初旬，長さ 20～30 cm の花茎をのばし，上部に円筒形の花穂をつくり，多数の花をつける．花茎の葉は小さく無柄で円形．苞葉は広楕円形でふちは膜質．がくは膜質で腹面は深く裂け，背面の上部は突起し，長さ 6～7 mm．花冠は青紫色，長さ約 8 mm，細い筒の先は 3 裂して二唇形，裂片は長さ約 3 mm．雄しべは 2 本，花冠の上唇に付着し，花糸は長く上唇とほぼ同長．果実は堅果，卵形体で長さ約 5 mm，1 個の種子をもつ．ウルップソウからは葉が細く，雄しべは花冠上裂片の中部につき，花糸は長く．葯が花冠上唇とほぼ同じ位置にあるので区別できる．

3607. クワガタソウ　〔オオバコ科〕

Veronica miqueliana Nakai

岩手県以南の太平洋側に分布し，山地の樹下などのやや湿り気のある場所に生える多年草である．茎は根ぎわで枝分かれし，直立して高さ 12～15 cm となり，葉とともに曲がった短い毛がまばらに生える．葉は対生し長い柄をもち，卵形で先は尖り，ふちに先のやや鈍いきょ歯があり，長さ 3～6 cm，幅 2～3.5 cm．春から初夏にかけて，茎の頂に総状花序をつけ，短い花柄をもった数個の花を開く．がくはほとんど基部まで深く 4 裂し，裂片は線状披針形で先が尖る．花冠は淡紅白色で紅紫色の条があり，皿形で深く 4 裂し，基部に短い筒があり，径 8～13 mm．2 本の雄しべがある．果実は平たい扇形で先が浅く凹み，中に円板状の数個の種子をもつ．〔日本名〕果実が細いがくで包まれているようすがかぶとの鍬形に似るのでクワガタソウという．

3608. ヤマクワガタ　〔オオバコ科〕

Veronica japonensis Makino

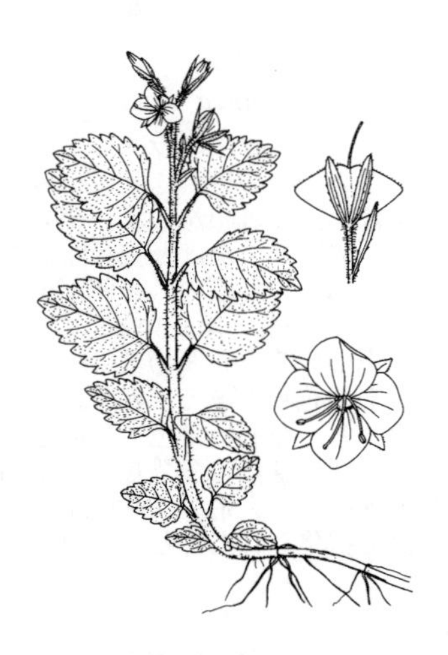

東北地方南部，関東地方北部，中部地方北部に分布し，ブナ林や亜高山帯の針葉樹林内に生える多年草．茎は横にはい, 節から根を下ろして広がり，先は斜上して，長さ 10～20 cm，開出する軟毛が生える．葉は対生し，長さ 2～10 mm の柄があり, 葉身は広卵形または三角状卵形, 長さ 1～3.5 cm, 幅 0.8～2.5 cm，粗いきょ歯があり，先はやや尖り，基部は切形状の円形，両面に白毛が散生する．6～7 月，上部の葉腋から総状花序をのばし，数個の花をつける．花柄は長さ 2～3 mm，軟毛がやや密に生える．がくは深く 4 裂し，裂片は線状披針形．花冠は紅紫色, 皿形で広く開き, 径約 8 mm, 深く 4 裂し，上部 1 裂片は他より大きい．雄しべは 2 本．さく果は菱形で幅 8～10 mm，数個の扁平な広楕円体の種子をもつ．クワガタソウに比べて，より高地に生え，茎に開出する毛があり，果実は角ばった菱形で両端がやや尖るので容易に区別できる．

3609. ヒメクワガタ 〔オオバコ科〕

Veronica nipponica Makino ex Furumi var. ***nipponica***

本州中部以北の高山に生える小さな多年草である．茎は基部で枝分かれし，下部は地上をはって広がり，上部斜上して長さ 7～18 cm，葉とともに細かな毛が生える．葉は対生，短い柄をもち，卵状楕円形で先は鈍形，ふちに先の鈍い小さなきょ歯がある．夏，茎の先に総状花序をつけ，数個の淡紫色の小さな花を開く．花柄は 1.5～5 mm で細かい毛が生える．がくは深く 4 裂し，裂片は披針形で先は鈍形である．花冠は皿形で深く 4 裂し，短い筒があり，径 5～7 mm．雄しべは 2 本．果実は平たい楕円体のさく果で先端は浅く凹み，長さ 5～6 mm，下部はがくで囲まれ，円板状の多くの種子をもつ．果実の先の凹まないものをシナノヒメクワガタ var. *sinanoalpina* H.Hara といい，中部地方南部の高山に生える．

3610. エゾノヒメクワガタ 〔オオバコ科〕

Veronica stelleri Pall. ex Link var. ***longistyla*** Kitag.

北海道，サハリン，朝鮮北部高山のやや湿った草地に生える多年草．横にはう地下茎が分枝して広がり，地上茎は直立または斜上して，高さ 10～25 cm，軟毛がまばらに生える．葉は対生し，ほとんど無柄，広卵形で長さ 1～4 cm，幅 0.8～2.5 cm，粗いきょ歯があり，茎とともにやや密に白毛が生える．7～8 月，茎頂に短い総状花序をつくり，3～10 個の花をつける．花柄は長さ 5～6 mm，やや密に毛が生える．がくは深く 4 裂し，裂片は披針形．花冠は淡青紫色，広い皿形で径 8～10 mm，深く 4 裂し，上部 1 裂片は他より大きい．雄しべは 2 本，花冠とほぼ同長．花柱は長さ 5～7 mm．さく果は扁平な楕円体で先が少し凹み，長さ約 6 mm．基本変種のチシマヒメクワガタ var. *stelleri* は千島列島，カムチャツカ，アリューシャン，アラスカに分布し，花柱は長さ 3～4 mm，茎の上部に毛が密生する．本州のヒメクワガタからは葉が大きくて両面に毛が多く，花も大きく，花柱が長いので区別できる．

3611. グンバイヅル（マルバクワガタ） 〔オオバコ科〕

Veronica onoei Franch. et Sav.

本州中部の浅間山，四阿山などの山地のれき地に生える多年草である．茎は長く地上をはってのび，節からひげ根を出す．葉は対生し，2 列にならんで茎につき，短い柄をもつ．円形または卵円形で先は円く，ふちに細かな鈍頭または円頭のきょ歯をもち，長さ 1.5～3 cm，幅 1～2.5 cm，質やや厚く上面につやがある．夏，葉腋から長さ 10 cm ほどの総状花序を直立し，やや密に青紫色の多数の花を開く．花軸には柔らかい毛が生える．苞葉は花柄より少し長く線状倒披針形，がくは淡緑色で深く 4 裂し，裂片は倒披針形で鈍頭，柔らかい毛が生える．花冠は漏斗状鐘形で深く 4 裂する．雄しべは 2 本，子房の上に 1 本の花柱がある．果実は平たい広楕円体で先端凹み，軍配状のさく果で細かな毛が生える．扁平な多数の種子をもつ．〔日本名〕軍配蔓で果実の形が軍配に似て，茎はつるとなるのでいう．

3612. エゾノカワヂシャ 〔オオバコ科〕

Veronica americana (Raf.) Schwein. ex Benth.

本州（福島県），北海道，千島列島，カムチャツカ，アラスカ，北アメリカに分布し，湿地に生える多年草．地下茎をのばして広がる．全体やや肉質で柔らかい．茎は斜上して長さ 40～60 cm，無毛．葉は対生し狭卵形，長さ 3.5～7 cm，幅 1～2 cm，基部は円形で短い柄があり，ふちに鈍いきょ歯があり，無毛．6～8 月，葉腋から長さ 5～15 cm の長い花序をのばし，まばらに多くの花をつける．苞葉は線状披針形で長さ 2～13 mm．花柄は細く，長さ 2～10 mm．がくは深く 4 裂し，裂片は長楕円状披針形．花冠は淡紅紫色，広い皿形で深く 4 裂し，径約 5 mm，上部 1 裂片は他より大きい．雄しべは 2 本．さく果は幅の広い扁平な球形で，長さ 2～2.5 mm，幅 3～3.5 mm，多数の種子をもつ．カワヂシャに似るが，地下茎をもつ多年草で，葉には短い柄があり，果実は横幅の広い球形なので区別できる．

3613. カワヂシャ 〔オオバコ科〕

Veronica undulata Wall.

アジアの熱帯から暖帯に広く分布し，日本では本州以南の川岸などの湿地に生える二年草である．若い苗は群生し，その扁平な葉は紫色をしている．茎は直立し高さ 20～60 cm となり，円柱形で柔らかく淡緑色である．葉は対生し，長楕円状披針形で先は尖り，ふちに細かなきょ歯があり，長さ 4～7 cm，幅 8～15 mm，基部は柄がなく茎を半ば抱いている．葉質はうすくやや柔らかである．初夏，葉腋に細長い総状花序をつけ，多数の小さな花を開く．花柄は斜上する．がくは深く 4 裂し，裂片は狭長楕円形で先は鈍い．花冠は白色で淡紫色の条があり，径約 4 mm，深く 4 裂する．雄しべ 2 本，雌しべ 1 本がある．果実は球形のさく果で径 3 mm ほどあり，先に 1～1.5 mm の花柱が残り，細かな多数の種子をもつ．〔日本名〕川ヂシャで川べりに生えるチシャの意味である．若葉は食べられる．

3614. オオカワヂシャ 〔オオバコ科〕

Veronica anagallis-aquatica L.

ヨーロッパ，シベリア，中国などに分布し，日本では本州から九州の川岸などの湿地に帰化している二年草で，所によりふつうに見られる．茎は太く直立して高さ 40～80 cm となり，全体ほぼ無毛である．葉は対生し，長楕円形で上部の葉は先がやや尖り，基部は葉柄がなく茎を半ば抱き，ふちには低くて小さいきょ歯がある．長さ 4～10 cm，幅 1.5～3 cm．5～6 月，上部の葉腋から斜上する総状花序を出し，淡紫色の多数の花を開く．花柄は斜上して曲がっている．がくは深く 4 裂し，裂片は長楕円形で尖る．花冠は淡紫色で紫色の脈があり，径 6～7 mm，深く 4 裂し，上裂片が最も大きく，紫斑がある．雄しべ 2 本，雌しべ 1 本がある．果実は球形で先がわずかに凹んださく果で，径約 3 mm，先に 2～3 mm の花柱が残り，多数の細かな種子をもつ．カワヂシャより各部大形で，花柄のつきかたが異なる．

3615. テングクワガタ 〔オオバコ科〕

Veronica serpyllifolia L. subsp. ***humifusa*** (Dicks.) Syme ex Sowerby

（*V. tenella* All.；*V. humifusa* Dicks.）

北半球の亜寒帯に広く分布し，日本では本州中部以北の亜高山帯のやや湿った所に生える多年草である．茎は下部枝分かれし，細長く地をはって四方に広がり繁殖し，節から細い根と直立する茎を出し，高さ 10～15 cm となる．葉は対生し，無柄，卵円形で先は円く，ほとんど全縁でごくわずかの小さなきょ歯をもつ．上部の葉は基部やや茎を抱く，長さ 1～2 cm，幅 6～13 mm．夏，茎の頂に総状花序をつけ，多数の小さな花を開く．花軸や花柄には細かな腺毛がまばらに生える．苞葉は披針形で花柄より短い．がくは長さ約 3 mm，緑色で深く 4 裂し，裂片は長楕円形で先は鈍い．花冠は白色で紫色の条があり，径 5～7 mm，深く 4 裂し，下裂片は他より小さい．雄しべは 2 本．果実は平たい倒心臓形で先が凹み，円板状の多くの種子をもつ．〔追記〕コテングクワガタ subsp. *serpyllifolia* は花や果実が小さく花冠は径 3 mm 前後で花序に腺毛がない，ヨーロッパ原産だが北海道と本州中北部に帰化している．

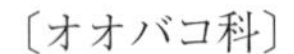

3616. ムシクサ 〔オオバコ科〕

Veronica peregrina L.

北半球に広く分布し，川のそばや海岸に近い湿地に生える一年草である．茎は下部で枝分かれして斜上し，高さ 12～15 cm となり，無毛またはまばらに腺毛が生える．葉は下部のものは対生し上部は互生，葉柄はなく，狭披針形または広線形，長さ 1.5～2 cm，幅 3～5 mm，先はやや鈍く，ふちにまばらなきょ歯をもつかまたは全縁である．初夏，葉腋に小さな花をつける．花柄は短く長さ約 1 mm．がくは深く 4 裂し，裂片は広披針形である．花冠は白色でやや赤味を帯び，径約 4 mm，深く 4 裂する．2 本の雄しべと 1 本の雌しべをもつ．果実は平たい球形で先が凹み，がくより短いかまたは同じ長さであり，円板状の種子をもつ．〔日本名〕虫草は子房がしばしば虫こぶとなって，果実のように大きくなり，中に 1 匹の小さな甲虫の幼虫が入っているのでいう．〔漢名〕水蓑衣であるが，一般に蚊母草といわれている．

3617. トウテイラン 〔オオバコ科〕

Veronica ornata Monjuschko

(*Pseudolysimachion ornatum* (Monjuschko) Holub)

近畿，中国地方北部の日本海沿岸に生える多年草である．茎は円柱形で直立し，高さ 40～60 cm，葉とともに白い綿毛で密におおわれ，全体白色に見える．葉は対生し，披針形で先は鈍く，基部は細くなってほとんど無柄であり，ふちに少数のきょ歯をもち，長さ 5～10 cm，幅 1.5～2 cm．夏，茎の頂に穂のような総状花序をつけ，密に多数の青紫色の花を開く．花は花序の下のものから順次咲く．花柄は短く苞葉と同長かまたはより短い．がくは白色で深く 4 裂し，裂片は狭長楕円形で先は鈍い．花冠は下部が筒となり，先端は 4 裂する．2 本の雄しべと 1 本の雌しべをもつ．果実は卵球形で先のやや凹んださく果で，円柱状の多数の種子をもつ．〔日本名〕洞庭藍で，洞庭は中国の有名な湖の名であり，藍は花の色を意味し，洞庭湖のるり色の水のように美しい花というのであろう．江戸時代の園芸植物であるが今はあまり栽培されない．

3618. ハマトラノオ 〔オオバコ科〕

Veronica sieboldiana Miq.

(*Pseudolysimachion sieboldianum* (Miq.) Holub)

九州西部，南部の島および琉球列島に分布し，海岸の岩地に生える多年草である．茎は円柱形で基部は地をはうが，上部は直立し高さ 20～30 cm，若い時は長い軟毛でおおわれ，後ほとんど無毛となる．葉は対生し，下部のものには長い柄があり，卵形で鈍いきょ歯がある．上部のものは長楕円形で基部は細まり，柄がなく，きょ歯はやや不明瞭となり，長さ 3～8 cm，幅 1～3 cm，質は厚く上面につやがある．8～10 月，茎の頂に長さ 10 cm ほどの穂のようになった総状花序をつけ，密に多数の青紫色の花を開く．花柄やがくにまばらに長い軟毛が生えている．苞葉は線形．がくは深く 4 裂し，裂片は狭卵形である．花冠は基部近くまで深く 4 裂し径 6～8 mm，裂片は広卵形で上裂片が最も大きい．雄しべ 2 本，雌しべ 1 本がある．果実はさく果となり，卵球形で先が少し凹み，長さ約 5 mm，円板状の多数の種子をもつ．〔日本名〕浜虎の尾の意味である．

3619. ホソバヒメトラノオ 〔オオバコ科〕

Veronicaleariifolia Pall. ex Link

(*Pseudolysimachion linariifolium* (Pall. ex Link) Holub)

紀伊半島，四国，九州および朝鮮半島，中国，台湾の山地の草原に生える多年草．茎は直立して高さ 30～80 cm，短毛がやや密に生える．葉は互生，ときに対生し，長楕円形または狭長楕円形，長さ 1.5～6 cm，幅 0.3～1.5 cm，先は短く尖り，下部はしだいに狭くなって不明瞭な柄となり，ふちに尖ったきょ歯がある．8～9 月，茎の先に穂のようなの総状花序をつくり多数の花をつける．苞葉は線形で花柄よりやや長い．花柄は長さ 1～2 mm，短毛を散生する．がくは鐘形で深く 4 裂し，裂片は披針形で尖り，長さ約 2 mm．花冠は青紫色，下部 1 / 3 ほどは筒となり，上部は開いて 4 裂し，径約 3 mm，上方に位置する 1 裂片は広卵形，他の 3 裂片は長楕円形．雄しべは 2 本，花冠より長い．さく果は球形で先はやや凹み，径 2～2.5 mm，多くの扁平な種子をもつ．ヒメトラノオ（3621 参照）からは葉がふつうは互生し，葉柄が不明瞭で，花冠にやや長い筒があるので区別できる．

3620. サンイントラノオ 〔オオバコ科〕

Veronica ogurae (T.Yamaz.) Albach

(*Pseudolysimachion ogurae* T.Yamaz.)

島根県の川岸の岩地に生える多年草．地下茎をのばして広がり，地上茎は細く，斜上して高さ 15～30 cm，軟毛を散生する．葉は対生．葉柄は長さ 3～10 mm，葉身は線形または線状披針形で両端尖り，長さ 1.5～4 cm，幅 2～9 mm，ふちに少数のきょ歯があり，両面無毛．8～9 月，茎の先に穂様の総状花序をつくり，多数の花をつける．苞葉は線形で花柄とほぼ同長．花柄は花期に長さ 2～4 mm，果期に 3～6 mm でほとんど無毛．がくは鐘形で深く 4 裂し，裂片は線形で先は鈍く，花期に長さ 2～3 mm，果期に約 4 mm．花冠は青紫色，深く 4 裂して開き，径約 6 mm，上側の 1 裂片は卵状楕円体，側方と下側の 3 裂片は長楕円形．雄しべは 2 本，花冠の外にのびる．さく果はいくぶん扁平な倒卵状楕円体で先は少し凹み，長さ 3～4 mm，多数の扁平な楕円体の種子をもつ．近縁のヤマトラノオは茎が太く，地下茎をのばすことはなく直立し，葉は広披針形から卵形である．外形はホソバヒメトラノオに似るが，本種の花冠の筒部はごく短い点で異なり，縁の遠いものである．

3621. ヤマトラノオ 〔オオバコ科〕

Veronica rotunda Nakai var. ***subintegra*** (Nakai) T.Yamaz.

(*Pseudolysimachion rotundum* (Nakai) Holub var. *subintegrum* (Nakai) T.Yamaz.)

本州中部と九州北部の草原に多く見られる多年草である．茎は円柱形で直立し，ほとんど枝分かれせず，高さ 40～100 cm，細かな毛がまばらに生える．葉は対生し，狭卵形または狭長楕円形で先が尖り，ふちに細かな先の尖ったきょ歯があり，基部は狭くなりほとんど無柄，長さ 5～10 cm，幅 1.5～2.5 cm．夏から秋にかけて，茎の頂に穂のようになった総状花序をつけ，多数の青紫色の花を開く．花穂は長さ 10～20 cm，花軸に柔らかい毛が生える．がくは深く 4 裂し，裂片は披針形で先が尖る．花冠は深く 4 裂し，基部に短い筒があり，径約 8 mm，上裂片は楕円形で大きく，下裂片は長楕円形で小さい．雄しべは 2 本，葯は黒紫色である．果実は球形で先が凹み，円板状の多数の種子をもち，基部には宿存性のがくがある．葉が細く，基部に短い柄をもつものをヒメトラノオ var. *petiolata* (Nakai) Albach という．

3622. ルリトラノオ 〔オオバコ科〕

Veronica subsessilis (Miq.) Carrière

(*Pseudolysimachion subsessile* (Miq.) Holub)

切花として観賞のため栽培される多年草である．茎は円柱状で直立し，ほとんど枝分かれせず，高さ 90 cm 以上となり，細かな毛が生える．葉は対生し，ほとんど無柄，卵形で先が尖り，ふちに細かな尖ったきょ歯があり，長さ 5～10 cm，幅 2.5～5 cm，下面特に脈上に柔らかい毛が生えている．夏，茎の頂に長さ 10～20 cm の穂のような総状花序をつけ，多数の青紫色の美しい花を開く．がくは深く 4 裂し長さ約 3 mm，花柄とほぼ同長かやや長く，裂片は狭卵形で先が尖る．花冠は径 8～10 mm，深く 4 裂し，基部にごく短い筒があり，裂片は幅広く上裂片は広卵形，下裂片は卵形である．雄しべ 2 本．果実は球形で先の凹んださく果で，多数の円板状の種子をもつ．伊吹山に自生するが，自生品は栽培品に較べると全体小形で白い毛でおおわれている．

3623. エチゴトラノオ 〔オオバコ科〕

Veronica ovata Nakai subsp. ***maritima*** (Nakai) Albach

(*V. kiusiana* Furumi subsp. *maritima* (Nakai) T.Yamaz.；*Pseudolysimachion ovatum* (Nakai) T.Yamaz. subsp. *maritimum* (Nakai) T.Yamaz.)

海近くの砂れきの多い草地に生える多年草．茎は単一または数本が株を作って直立し，高さ 70～100 cm．葉は対生，葉柄は長さ 0.5～3 cm，葉身はやや肉質．卵形または長卵形で長さ 3～15 cm，幅 1～5 cm，先はやや尖り，基部は円形またはくさび形．短く尖ったきょ歯があり，上面には光沢があり無毛または短毛を散生し，下面は無毛のものから短毛がやや密生するものまである．8～9 月，茎の先に花穂を作り多数の花をつける．花柄は長さ 2～3 mm，上向きに曲がった毛がある．がくは深く 4 裂し，裂片は卵形で尖る．花冠は青紫色，下部が筒となり，上部は開いて 4 裂し，径約 7 mm，上部 1 裂片は卵円形，側方と下部の 3 裂片は卵形．雄しべは 2 本，花冠の外にのびる．さく果は球形で先がやや凹み，径約 4 mm，多数の扁平な楕円体の種子をもつ．北陸地方から東北地方の日本海側に分布．本種は変化が多く，多数の亜種に分けられる．ツクシトラノオ subsp. *kiusiana* (Furumi) Albach は九州，朝鮮半島，中国東北部に分布し，全体やや小形で，葉の上面は光沢がなく，花柄の毛は短い．エゾルリトラノオ subsp. *miyabei* (Nakai et Honda) Albach は東北地方と北海道の山地に分布し，葉のきょ歯が明らかで花柄に開出する短毛がある．

3624. キクバクワガタ 〔オオバコ科〕

Veronica schmidtiana Regel subsp. ***schmidtiana***

(*Pseudolysimachion schmidtianum* (Regel) T.Yamaz.)

北海道，サハリン，千島など北地の深山や海近くの砂れきの多い岩地に生える多年草．根際で分枝して株を作り，高さ 10～20 cm，茎や葉柄に軟毛がやや密に生える．葉は対生．葉柄はは長さ 0.5～4 cm，茎の上部のものほど短くなる．葉身は卵形，長さ 1～6 cm，幅 0.8～2.5 cm，羽状に中裂または深裂し，裂片はさらに深く裂ける．6～7 月，茎の先に総状花序をつくり，まばらに多くの花をつける．茎葉は披針形．花柄は花期に長さ 5～10 mm，果期に 8～13 mm，がくとともに軟毛がやや密に生える．がくは鐘形で深く 4 裂し，裂片は披針形．花冠は青紫色，皿形に開いて深く 4 裂し，径約 1 cm，裂片は卵円形．雄しべは 2 本，花冠より長い．さく果は扁平な楕円体で先がやや凹み，長さ 5～7 mm，多くの扁平な広楕円体の種子をもつ．〔日本名〕菊葉鍬形で，葉が深く切れ込むのでいう．ミヤマクワガタ（次図参照）より全体大形で毛が多く，葉は細く切れ込むので区別される．

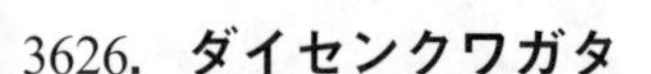

3625. ミヤマクワガタ

〔オオバコ科〕

Veronica schmidtiana Regel subsp. ***senanensis*** (Maxim.) Kitam. et Murata var. ***bandaiana*** Makino

福島県と中部地方の高山に分布し，砂れき地に生える多年草である．地中を短い地下茎がはい，数本の茎を出す．茎はほとんど枝分かれせず，直立して高さ 10～25 cm．葉は対生し，根ぎわに多く集まり，長い柄をもち，卵状長楕円形で先は尖り，不揃いな尖ったきょ歯をもち，長さ 2～4 cm，幅 1～1.5 cm．夏，茎の頂に総状花序をつけ，10～20 個の花をまばらに開く．花柄は 5～15 mm，腺毛がまばらに生える．がくは深く 4 裂し，裂片は線状披針形で先は尖る．花冠は淡紫色で紫色または紅紫色の条があり，短い筒部の先は深く 4 裂して広く開き，径 10～12 mm，上裂片は円形で大きく，下裂片は倒卵形で小さい．雄しべ 2 本，雌しべとともに花の外に長くとび出している．果実は倒卵状球形で先が凹み，円板状の多数の種子を含む．

3626. ダイセンクワガタ

〔オオバコ科〕

Veronica schmidtiana Regel subsp. ***senanensis*** (Maxim.) Kitam et Murata f. ***daisenensis*** (Makino) T.Yamaz.

鳥取県大山の岩地に生える多年草である．短い地下茎から数本の茎が直立し，高さ 10～20 cm，葉柄とともに柔らかい毛が生えている．葉は対生し，長い柄があり，三角状長卵形で先はやや鈍形またはやや鋭形，長さ 1～5 cm，幅 5～30 mm，やや深く切れこんだ不揃いのきょ歯があり，ほとんど無毛である．6～7 月，茎の頂に総状花序をつけ，淡紫色の花を開く．花序には柔らかい毛が生え，がくは深く 4 裂する．花冠は径約 1 cm，深く 4 裂し，上側の裂片は最も大きく幅広く，濃紫色の条がある．2 本の雄しべをもち，雌しべとともに長く花の外へとび出す．果実は倒卵形で先のへこんださく果で，長さ 5 mm ほどである．〔日本名〕大山（ダイセン）に産するクワガタソウの意味である．ミヤマクワガタからは葉は三角状で，花序は長く多数の花をもつので区別される．

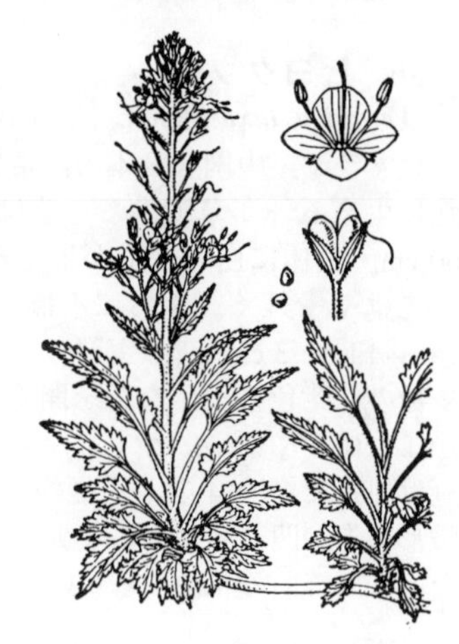

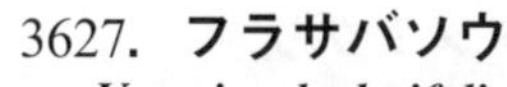

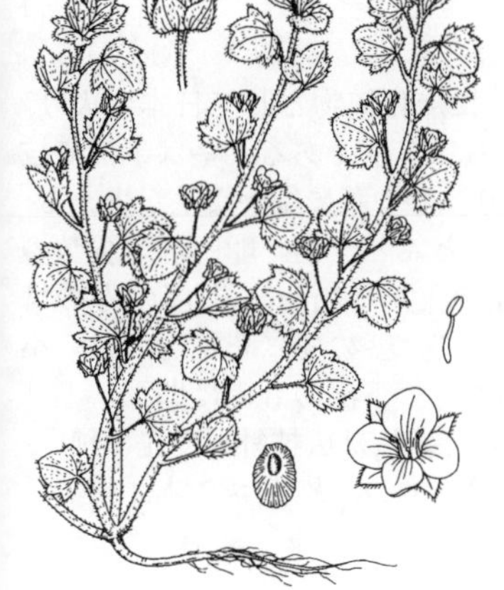

3627. フラサバソウ

〔オオバコ科〕

Veronica hederifolia L.

暖地の畑や荒れ地に生える一年草．分枝しないかまたは基部で分枝して横に広がり，茎は斜上して長さ 10～40 cm，まばらに白色の長毛がある．葉は下部では対生，上部では互生し，長さ 3～10 mm の柄があり，葉身は卵円形で長さ 5～10 mm，1～3 対の大きなきょ歯があり，まばらに白い長毛がある．3～4 月，上部の葉腋ごとに 1 花をつける．花柄は花期に長さ約 3 mm，果期には約 10 mm．がくはほとんど基部まで 4 裂し，裂片は花期には広卵形で長さ約 3 mm，幅約 2 mm，果期には三角状卵円形で長さ約 3 mm，幅 4 mm．花冠は淡青紫色，皿形で深く 4 裂し，径約 2.5 mm，上部 1 裂片は他より大きく，下部 1 裂片は他より小さい．さく果は横に広い球形で 1～2 個の大きな種子がある．種子は凹みのある半球形で表面にしわがあり，長さ約 3 mm．ヨーロッパ原産で本州から琉球に帰化する．〔日本名〕本種が日本にも生育することを初めて報告したフランスの学者 Franchet と Savatier 両氏を記念したものである．

3628. イヌノフグリ（ヒョウタングサ，テンニンカラクサ）

〔オオバコ科〕

Veronica polita Fr. var. ***lilacina*** (T.Yamaz.) T.Yamaz.

（*V. caninotesticulata* Makino, nom. nud.; *V. didima* Ten. var. *lilacina* T.Yamaz.）

本州から琉球の道ばたや石垣のすき間などに生える二年草で，種としてはユーラシアの暖帯に広く分布する．茎の下部は枝分かれして地上をはい，長さ 5～15 cm となる．下部の葉は対生し上部は互生する．葉は短い柄をもち，卵円形で粗い鈍きょ歯をもち，長さ幅とも 6～10 mm．春，葉腋に葉とほぼ同じ長さの花柄を出し，紅紫色の条のある淡紅白色の小さな花を開く．がくは深く 4 裂し，裂片は卵形．花冠は径 3～4 mm，深く 4 裂し，筒部はごく短い．雄しべ 2 本．果実は先の凹んだ扁平な球形で，縦に 1 本の溝があり少数の種子をもつ．種子は舟形で長さ 1.2 mm ほどある．〔日本名〕犬ノフグリで果実の形からいい，瓢箪草も果実の形からいう．天人唐草は草の姿を形容してつけたものである．

3629. オオイヌノフグリ 〔オオバコ科〕

Veronica persica Poir.

ヨーロッパ原産の二年草で，明治初期（1870 頃）に帰化植物として日本に入り，今は畑や道ばたにふつうに見られる．全体イヌノフグリより大きく，茎は基部で枝分かれして地上をはって四方に広がり，長さ 15～30 cm，柔らかな毛が生えている．葉は下部のものは対生，上部のものは互生し，卵円形で先の鈍いきょ歯をもつ．春，葉腋から花柄をのばし，あい色の条をもった淡青色のかわいらしい花を開く．がくは深く 4 裂し，裂片は狭卵形で先は鈍形である．花冠は深く 4 裂し筒部はごく短く，径約 8 mm，上裂片は幅広く円形，下裂片は小さい．2 本の雄しべをもつ．果実はイヌノフグリに似たさく果でやや扁平な倒心臓形，数個の大形の種子をもつ．種子は長さ 1.5 mm，楕円体で腹部に凹みがある．

3630. ヒヨクソウ 〔オオバコ科〕

Veronica laxa Benth.（*V. melissifolia* auct. non Poir.）

ヒマラヤ，中国，日本の温帯に広く分布し，山地の日当たりのよい草地に生える一年草である．茎は細長く，直立または斜上し，高さ 30～60 cm，全体に白い軟毛が生える．葉は対生して短い柄をもち，卵円形で先はやや鈍く，ふちに不揃いの先の鈍いきょ歯がある，長さ 2.5～4 cm，幅 1.5～3 cm．夏，上部の葉腋から対になった細長い総状花序を出し，多数の淡紫色の小さな花を開く．花柄は短く，線状披針形の苞葉と同長かまたはやや短い．がくは深く 4 裂し，裂片は倒披針形で先が鈍い．花冠は皿形で深く 4 裂し，径約 8 mm．雄しべは 2 本．果実は平たい倒心臓形で先が凹み，がくより少し短い．〔日本名〕比翼草で，おそらく対になって出ている花穂に基づいてつけられたものであろう．

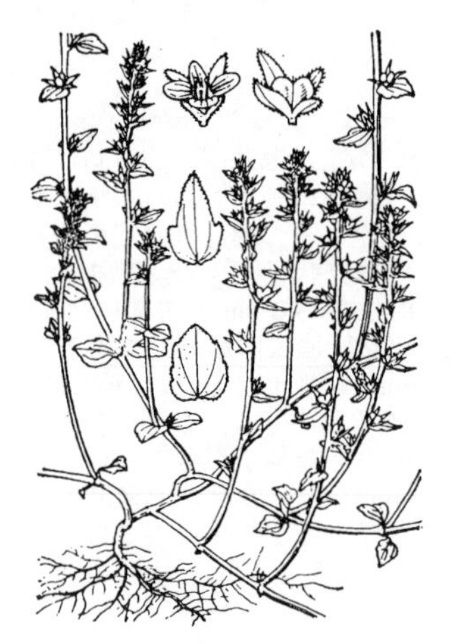

3631. タチイヌノフグリ 〔オオバコ科〕

Veronica arvensis L.

ヨーロッパ原産で明治初期（1870 頃）に帰化植物として日本に入り，今は各地の畑や道ばたにふつうに見られる二年草である．茎は下部で枝分かれして直立し，高さ 15～25 cm となり，茎や葉に細かな毛が生える．葉は下部のものは対生，上部は互生し，ほとんど無柄，卵円形で少数の先の鈍いきょ歯をもつ．長さ 1～1.5 cm，幅 7～12 mm，上部のものは小さく長楕円形である．春から初夏にかけて，茎の先に花穂をつけ，小さなるり色の花を開く．苞葉は葉状で小さく，下部のものは卵形，上部のものは広披針形である．がくは深く 4 裂し，裂片は広披針形で先は鈍い．花冠は径 4 mm ほどで深く 4 裂し，短い筒をもつ．雄しべ 2 本．果実は平たい倒心臓形，円板状の多数の種子をもつ．

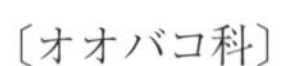

3632. ハマクワガタ 〔オオバコ科〕

Veronica javanica Blume

暖地の荒れた草地や石垣の間に生える一年草．茎はよく分枝して斜上し，長さ 10～30 cm，短毛が生える．葉は対生し下部のものは柄があるが，上部になるにつれて短くなりほとんど無柄，三角状広卵形で長さ 1.5～3 cm，幅 1～2 cm，先の鈍い不揃いなきょ歯がある．5～6 月，上部の葉腋から短い総状花序をのばし，10 個ほどの花をつける．花柄は短く 1 mm 以下．がくは深く 4 裂し，裂片は広線形で先は鈍く，軟毛が生える．花冠は淡紅紫色でごく小さく，長さ約 2 mm，4 裂し，上部 1 裂片は他より大きい．雄しべは 2 本，花冠より短い．さく果は倒心臓形で，幅約 3 mm．東南アジア，インド，アフリカの熱帯に広く分布する雑草で，日本では伊豆半島以南の年平均気温 16℃ 以上の地域に生える．日本では暖地の海近くに見られるので浜鍬形の名がある．イシガキクワガタ，ハタケクワガタともいう．

3633. **ハマジンチョウ**（モクベンケイ，キンギョシバ）〔ゴマノハグサ科〕

Pentacoelium bontioides Siebold et Zucc.

（*Myoporum bontioides* (Siebold et Zucc.) A.Gray）

三重県，九州西部および種子島以南の琉球の海岸に生える常緑低木で，台湾と中国南部にも分布する．茎は多くの枝に分かれ，高さ 1.5 m ほどになる．葉は互生し，短い柄をもち，倒披針形で先は短く尖り，ふつう全縁であるが，ときに先端近くに数個の小さなきょ歯をもち，質は厚く，両面とも毛がなく，長さ 6～12 cm，側脈は外からはっきり見えない．初夏，葉腋に 1～3 個の長さ 1～2 cm ほどの柄のある花を横に向って開く．花は紫色で径 2 cm ほどあり，がくは深く 5 裂しいつまでも残る．花冠の下部は筒となり，上部は 5 裂しほぼ唇形となる．雄しべは 4 本で下部の 2 本はやや長い．雌しべは 1 本．果実は核果となり，径 1 cm ばかり，球形で先は急に尖る．核は球形で堅く，中に数個の種子がある．〔日本名〕全体がジンチョウゲ（沈丁花）に似て，海岸に生えるので浜沈丁の名がある．

3634. **コハマジンチョウ**〔ゴマノハグサ科〕

Myoporum boninense Koidz.

小笠原の聟島列島，父島列島（父島南崎，南島，弟島）に分布する．波しぶきのかかる海岸の石灰岩上に生育する常緑低木で，若枝は緑褐色，全株無毛．枝は長さ 2～3 m の蔓状になって岩上をはう．葉は質厚く，上面は緑黄色で光沢あり，下面は白緑色．互生し，葉柄は 6～10 mm．葉身は長楕円形または倒披針形で，長さ 3～8 cm，幅 10～25 mm，先端は尖らず，基部は楔形，全縁．花期は 7～9 月．葉腋に 2，3 個の鐘形の小白花を束生する．花柄は長さ 7～13 mm．萼は鐘形でほとんど 5 全裂し，裂片は卵状披針形で先端尖り，長さ 2～3 mm．花冠は白または淡紫色で漏斗形，上半部は 5 裂し，裂片は長楕円形，円頭で長さ約 3 mm，両面に腺点を散布し，やや反曲する．雄しべ 5 本は花冠の基部につき，花冠裂片より短いが，反曲した花弁の間からわずかに花外に超出する．花柱は円柱形で先はやや彎曲し，花外に超出する．果実は球形で径約 5 mm，翌年 3 月頃紫黒色に熟し，海水に浮いて種子を散布する．〔追記〕日本南部からアジア東部に分布しているハマジンチョウより，むしろミクロネシアのマリアナ諸島産の *M. tenuifolium* G. Forst. に近縁と考えられている．

3635. **フジウツギ**〔ゴマノハグサ科〕

Buddleja japonica Hemsl.

本州，四国の山間の河岸などに生える落葉低木で，高さ 60～150 cm に達する．幹は多く枝分かれし，四角形で稜上に翼がある．葉は対生し短い柄があり，広披針形ないし狭卵形で先は尖り，ふちに低いきょ歯がある．幼葉には黄褐色の毛が生えている．夏，若枝の頂に斜めに垂れる花序を出し，一方の側に並んで短毛のある紫色の花を多数つける．がくは 4 裂し，花冠は多少弓状に曲がった筒形で，先は短く 4 裂し長さ 1.5～2 cm. 雄しべは 4 本で筒の半ばより少し下につく. 果実はさく果となり，卵形体で下に宿存がくをつけ，熟すと 2 裂する．有毒植物である．〔漢名〕酔魚草は本種ではない．

3636. **コフジウツギ**〔ゴマノハグサ科〕

Buddleja curviflora Hook. et Arn. f. ***curviflora***

四国，九州に分布する落葉低木で，葉の上面以外には星状毛が多く，淡褐色に見える．枝は円く，葉は柄があり対生し，披針状卵形で先は長く尖り，ふちはほぼ全縁，長さ 5～15 cm，幅 1.5～6 cm．夏，枝の先に 8～20 cm の穂を出し，花序はほぼ直立し，一方にかたよって多くの花を密につける．がくは小さく鐘形で浅い 4 歯がある．花冠は長さ約 15 mm，紫色で外面には密に星状毛があり，筒部は細長く少し曲がり，先は 4 裂し裂片は卵形．雄しべは 4 本，花糸はごく短く，筒の半ばより上についている．果実はさく果となり，長卵形体で長さ 5～7 mm．九州南部にはウラジロフジウツギ f. *venenifera* (Makino) T.Yamaz. といい，星状毛が特に密生して葉の下面が白く見える品種がある．フジウツギからは，枝は円くて稜がなく，花序はほぼ直立し，葯は花筒の上方につくので区別される．

3637. フサフジウツギ (チチブフジウツギ) 〔ゴマノハグサ科〕

Buddleja davidii Franch.

中国大陸の奥地，四川省からチベットにかけての原産といわれる落葉低木．日本をはじめ北半球の温帯各地で広く観賞用に栽培され，埼玉県秩父や長野県戸台などの石灰岩地に野生状になっている所があるが，本来の野生かどうか疑わしい．高さ 1〜2 m でよく分枝し，枝は円く，淡褐色．日本のフジウツギのように有稜で角ばらない．葉は対生し短い柄がある．葉身は長さ 7〜20 cm，幅 1.5〜6 cm の長楕円形で，ふちには小さく低いきょ歯がある．葉の上面は明るい緑色，下面は毛があって白色を帯びる．枝先に花序を出し 10〜20 cm，小さな筒形の花を密につける．花冠は長さ約 1 cm で淡紫色，園芸品種が多く花色も白，ピンク，紅，濃紫色などさまざまのものがある．花筒の外面にほとんど毛がなく，フジウツギのように密毛におおわれることはない．〔日本名〕房藤空木で，花穂が豊かなことに基づく．またニシキウツギの別名もあるが，この名はスイカズラ科の別種の和名にもあり，まぎらわしい．園芸界では属名のブッドレアの名で呼ばれることが多い．

3638. キタミソウ 〔ゴマノハグサ科〕

Limosella aquatica L.

北半球の温帯，亜寒帯に広く分布し，北海道，本州，九州の池や河岸の湿地にまれに見られる小さな多年草である．茎は細長く地上をはい，所々からひげ根を出して株を作る．葉は根ぎわに群生し，へら状線形で長い柄をもち，柄とともに長さ 2〜5 cm，先は円く，全縁無毛である．夏，葉腋に白色の小さな花を開く．花柄は長さ 4〜20 mm．がくは鐘形で浅く 5 裂する．花冠は小さく径 2.5 mm ほどの鐘形で，先は 5 裂し，裂片は卵円形，白色で中央部は少し紅色を帯びる．果実は楕円体のさく果で，長さ約 3 mm，小さな多数の種子をもつ．〔日本名〕北海道の北見で初めて採集されたので北見草の名がある．

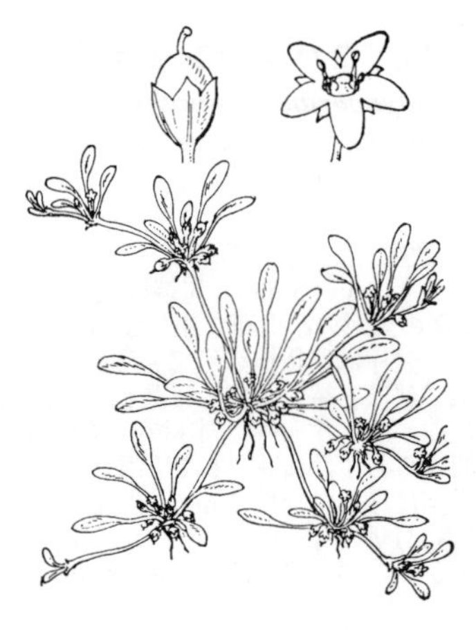

3639. ビロードモウズイカ 〔ゴマノハグサ科〕

Verbascum thapsus L.

ヨーロッパから西ヒマラヤ原産で，帰化して都会などの荒れ地に生える越年草．直立して高さ 1〜1.5 m，全体が灰白色の星状毛でおおわれる．葉は互生，倒披針状長楕円形で，長さ 15〜35 cm，先は鈍いか短く尖り，下部はしだいに狭まって葉柄に流れ，ふちに波状の浅いきょ歯がある．冬を越したロゼット状の葉の間から茎をのばし，6〜7 月，その先に円柱状の総状花序をつくり，密に多数の花をつける．花柄は太く短い．苞葉は披針形．がくは鐘形で深く 5 裂し，裂片は披針形で尖る．花冠は黄色，広い皿形でやや左右相称，径 1.5〜2 cm，深く 5 裂し，裂片は広楕円形，外面に星状毛がある．雄しべは 5 本，上側 3 本は短く，花糸に長毛が密生する．葯は 2 室が合着して扇形となり，上縁が裂けて花粉を散らす．さく果は卵状球形で長さ約 1 cm，星状毛が密生する．〔日本名〕ビロード毛蕊花で，全体にビロード状の毛が生え，雄しべに毛が密生するのでいう．

3640. オオヒナノウスツボ 〔ゴマノハグサ科〕

Scrophularia kakudensis Franch.

本州から九州に分布し，低山地の林中に生える多年草．地中に数個の紡錘形に肥大した根をもつ．茎は四角で直立し，高さ 1 m ほどとなり，ふつう上部には少し軟毛が生える．葉は対生し柄があり，質ややかたく，長卵形で先は尖り，ふちにきょ歯があり，長さ 5〜14 cm，幅 3〜6 cm．夏から秋にかけて，茎の頂は短い小枝に分かれ，円錐形の複集散花序を作り，多数の暗赤紫色の小さな花を開く．がくは 5 裂し，裂片は三角状卵形で先は尖る．花冠はふくらんだ壷形で先は浅く 5 裂し，左右相称で長さ約 8 mm，下唇は反り返る．雄しべは 4 本で 2 本は他より長い．雌しべは 1 本で花柱は花の外へのびている．果実は卵形体のさく果で熟すと 2 裂し，多数の小さな種子を散らす．

3641. ヒナノウスツボ（ヤマヒナノウスツボ）　〔ゴマノハグサ科〕

Scrophularia duplicatoserrata (Miq.) Makino

本州，四国，九州の山地に生える多年草で，日陰の湿った所を好み，沢ぞいに生えることが多い．全体弱々しい感じで，地下茎は肥大して短く，やや木質化している．茎は直立して高さ 30〜50 cm となり，上部は枝分かれする．葉は柄があり，対生し，卵形または卵状楕円形で先は尖り，基部はやや浅い心臓形となることが多く，ふちのきょ歯は二重きょ歯状となり，長さ 7〜17 cm，幅 3〜7 cm．8 月頃，茎の頂にまばらな円錐形の複集散花序を作り，まばらに暗赤紫色の花を開く．がくは 5 裂，裂片は卵形で先が鈍い．花冠はふくらんだ壷状で長さ 6〜8 mm，先は深く 5 裂し，やや唇形となり，裂片は円形で，上部 2 個は直立し，下部 3 個のうち下側の 1 個は反り返る．2 本ずつ長さの異なる 4 本の雄しべと 1 本の仮雄しべをもつ．花柱の先はへら形である．果実は広卵形体で先の尖ったさく果となり，下部はがくに包まれ，2 裂して多数の小さな種子を出す．〔日本名〕雛の臼壺の意味で花の形からつけたものである．〔漢名〕山玄参を用いるが誤りである．

3642. ゴマノハグサ　〔ゴマノハグサ科〕

Scrophularia buergeriana Miq.（*S. oldhamii* Oliv.）

日本，朝鮮半島，中国に分布し，湿り気のある草地に生える多年草である．根は肥大した塊となり，1 本の分枝しない茎が直立する．茎は四角で高さ 1.2 m ほどとなり毛はない．葉は対生し，柄があり，長卵形で先は尖り，無毛，ふちにはきょ歯があり，長さ 5〜10 cm，幅 2.5〜5 cm．夏，茎の頂に直立した細長い集散花序をつけ，多数の小さな黄緑色の花を開く．花柄は短く細かな腺毛が生える．がくは 5 裂し，裂片は卵形で先はやや尖る．花冠はふくらんだ壷状で先は浅く 5 裂し，左右相称で長さ 5〜6 mm，下唇は反り返る．4 本の雄しべは 2 本が長い．果実は卵形体のさく果で多数の小さな種子をもつ．〔日本名〕胡麻の葉草で，葉の形がゴマの葉に似るのでいうというが，実際には似ていない．〔漢名〕玄参．根を玄参といって薬用にするが，真正の玄参は中国原産の *S. ningpoensis* Hemsl. の根である．

3643. エゾヒナノウスツボ　〔ゴマノハグサ科〕

Scrophularia alata A.Gray（*S. grayana* Maxim. ex Kom., nom. illeg.）

本州北部，北海道，サハリンの海岸に生える多年草で，根は太くゴボウ状である．茎は直立し高さ 30〜100 cm，四角で稜に翼がある．葉は対生し，柄に翼があってやや茎を抱き，卵形で先は尖り，ふちに鈍いきょ歯があり，長さ 8〜15 cm，幅 4〜10 cm，肉質で厚くほぼ無毛である．5〜8 月頃，茎の頂に円錐形の集散花序をつけ，多数の小さな花を開く．花柄は長さ 6〜20 mm，細かい腺毛がまばらに生える．がくは深く 5 裂し，裂片は卵円形で先は円い．花冠はふくらんだ壷状で唇形となり，長さ 10〜15 mm，淡黄緑色で上唇は下唇よりはるかに長く紫褐色を帯びる．4 本の雄しべと 1 本のへら形の大きな仮雄しべがある．果実は広卵形体のさく果で先が尖り，長さ 6〜10 mm．〔日本名〕ヒナノウスツボに似て蝦夷（エゾ）の地に多いのでいう．

3644. ウリクサ　〔アゼナ科〕

Torenia crustacea (L.) Cham.

（*Lindernia crustacea* (L.) F.Muell.; *Vandellia crustacea* (L.) Benth.）

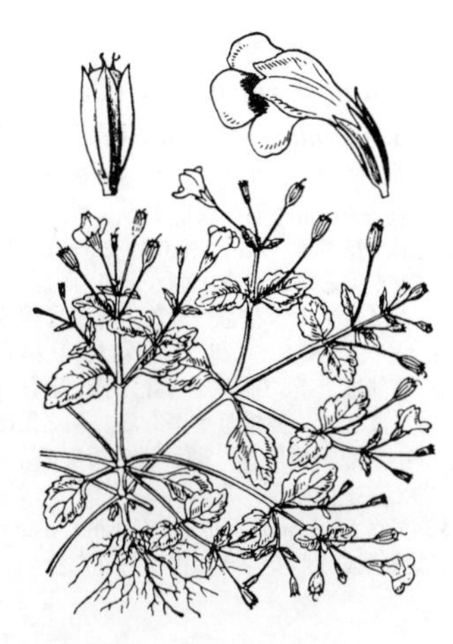

東アジアの暖帯から熱帯に広く分布し，宮城県以南の畑や道ばたに普通に見られる小さな一年草である．茎は四角で多くの枝に分かれ，地をはって四方に広がり，長さ 6〜18 cm．葉は対生し，葉柄があり，広卵形で先はやや尖り，ふちに粗いきょ歯がある，長さ 1〜2 cm，幅 6〜12 mm．日当たりのよい所に生えるものは，しばしば茎とともに紫色を帯びる．夏から秋にかけて，葉腋から細長い花柄を出し，紫色の小さな 1 花をつける．がくは筒形で，5 つの稜があり，先は 5 裂し，裂片は披針形または三角状卵形で先が尖る．花冠は長さ約 1 cm，下部は筒となり，上部は 2 裂して唇形となり，上唇は浅く 2 裂し，下唇は 3 裂して大きい．2 本ずつ長さの異なる 4 本の雄しべをもつ．果実は長楕円体のさく果でほとんど全体ががくに包まれる．〔日本名〕瓜草で果実の形がマクワウリに似るのでいう．

3645. アゼナ 〔アゼナ科〕

Lindernia procumbens (Krock.) Borbás

アジア，ヨーロッパの温帯から熱帯にかけて広く分布し，田畑のあぜや，やや湿り気のある道ばたなどによく見られる一年草である．茎は四角で，下部で多くの枝に分かれて直立し，高さ 10～15 cm．葉は対生し，卵円形で先は円く，全縁で 3～5 本の目立つ脈をもち，長さ 1.5～3 cm，幅 5～12 mm．夏から秋にかけて，葉腋に細長い花柄を出し，淡紅紫色の小さな花を開く．がくは深く 5 裂し，裂片は線状披針形である．花冠は長さ 6 mm ほどで，下部は筒となり，上部は深く 2 裂し唇形で，上唇は浅く 2 裂し，下唇は大きくて 3 裂する．2 本ずつ長さの異なる 4 本の雄しべをもち，下唇の基部につく 2 本は花糸の基部近くに小さな突起をもつ．果実は楕円体で長さ 3.5 mm ほどあり，がくに包まれ，多数の小さな種子をもつ．秋にはしばしば閉鎖花をつける．

3646. アメリカアゼナ 〔アゼナ科〕

Lindernia dubia (L.) Pennell subsp. ***major*** (Pursh) Pennell

湿地に生え，全体無毛で軟弱な一年草．茎は根際で分枝して斜上し，長さ 10～30 cm．葉は対生し，卵形または楕円形，下部の葉は柄があるが，上部のものは基部が狭まってほとんど無柄，1～3 対の小さな鈍いきょ歯があり，長さ 1～3 cm．幅 0.4～1 cm，下部で分岐してやや平行に走る脈がある．8～10 月，上部の節ごとに 1 花をつける．花柄は葉とほぼ同長．がくはほとんど基部まで 5 裂し，裂片は線状披針形．花は淡紅紫色で二唇形，長さ約 7 mm．上唇は三角状卵形で先は浅く 2 裂し，下唇は広く開いて深く 3 裂する．雄しべは 4 本，下側の 2 本は不稔で，花糸の基部に棒状の突起がある．さく果は楕円体で長さ約 5 mm．種子は楕円体でごく小さく，表面は網目模様があるだけで，ウリクサやシマウリクサのような孔状の凹みはない．北アメリカ原産で昭和 10 年（1935）頃帰化し各地に広がる．葉が基部近くで最も幅が広いものをタケトアゼナ subsp. *dubia* という．ヒメアメリカアゼナ *L. anagallidea* (Michx.) Pennell はこれに似るが花柄が長く，葉の 2～3 倍ある．これも北アメリカ原産の帰化植物である．

3647. スズメノトウガラシ 〔アゼナ科〕

Bonnaya antipoda (L.) Druce

（*Lindernia antipoda* (L.) Alston）

本州から琉球，東アジアの熱帯から暖帯にかけて広く分布し，田のあぜ道などに生える一年草である．茎は下部で枝分かれして四方に広がり，長さ 6～30 cm．葉は対生し長楕円形で基部の方はやや狭くなり，先はやや尖り，ふちに粗い尖ったきょ歯をもち，長さ 2～4 cm，幅 5～10 mm．夏から秋にかけて，上部の葉腋に花柄を出し淡紅紫色の花を開く．がくは深く 5 裂し，裂片は線形で尖る．花冠は長さ 1 cm ほどで，下部は扁平の筒となり，上部は大きく 2 裂して唇形，下唇は大きく 3 裂している．雄しべは 2 本で上唇の基部につき，下唇の基部には 2 本の突起状の仮雄しべをもつ．果実は細長く，長さ 1～1.5 cm，多数の小さな種子をもつ．〔日本名〕雀のトウガラシの意味である．

3648. クチバシグサ 〔アゼナ科〕

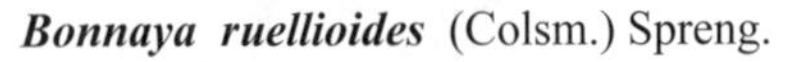

Bonnaya ruellioides (Colsm.) Spreng.

（*Lindernia ruellioides* (Colsm.) Pennell）

暖地の低湿地に生える多年草．茎はまばらに分枝して地をはい，節から根を出して広がり，長さ 10～50 cm，毛を散生する．葉は対生，葉柄は長さ 4～20 mm，葉身は楕円形または卵状楕円形．長さ 1～5 cm，幅 0.3～2.5 cm，先は円く，基部はくさび形でしだいに葉柄に流れ，ふちに鋭く尖る多数のきょ歯があり，両面に粗い毛がある．5～7 月，茎の先に総状花序をのばし，まばらに対生する花をつける．苞葉は線状披針形．花柄は花期に長さ 3～5 mm，果期に 5～12 mm．がくは深く 5 裂し，裂片は線状披針形で尖る．花冠は 2 唇形，淡紅紫色で長さ 12～15 mm，筒部は上下に扁平，上唇は円形，下唇は広がって 3 裂する．雄しべは 2 本，上唇の下につき，下唇には 2 本の仮雄しべがある．さく果は細長い円柱形，長さ 10～20 mm，幅 1.2～2 mm．種子は小さく，楕円体，網目状の種皮の下に数個の孔状の凹みがある．徳之島以南，琉球諸島に生え，中国南部，東南アジア，インドに広く分布する．名は果実の形からいう．ヒメクチバシグサ *Lindernia tenuifolia* (Colsm.) Alston は茎は直立または斜上してほふくせず，葉は線形または線状披針形で，きょ歯は目立たない．石垣島，西表島から東南アジアに広く分布する．

3649. シソバウリクサ　〔アゼナ科〕

Vandellia setulosa (Maxim.) T.Yamaz.

（*Lindernia setulosa* (Maxim.) Tuyama ex H.Hara）

紀伊半島，四国，鹿児島県に分布し，低い山の道ばたにまれに見られる一年草である．茎は多くの枝に分かれて斜上し，長さ 20 cm ほどとなり，まばらに毛が生えている．葉は緑色で質うすく，対生して短い柄があり，卵形または卵円形で先は鈍く，ふちは中部以上にきょ歯をもち，長さ 1〜1.5 cm，幅 8〜12 mm，上面にまばらに短い毛が生える．夏から秋にかけて，葉腋から細長い花柄を出し．小さな白色の花を開く．がくは緑色で深く 5 裂し，裂片は細長く尖り粗い毛が生える．花冠は長さ 8 mm ほどあり，下部は筒となり上部は 2 裂して唇形，下唇は上唇よりやや長く 3 裂する．雄しべは 4 本あるが下側の 2 本は退化して葯を欠き棍棒状である．子房は長楕円体で上端が尖り，花柱は糸状，柱頭は上部わずかに 2 裂する．〔日本名〕紫蘇葉瓜草で，葉は小さいがシソに似るのでいう．

3650. シマウリクサ　〔アゼナ科〕

Vandellia anagallis (Burm.f.) T.Yamaz.

（*Lindernia anagallis* (Burm.f.) Pennell）

暖地の水湿の場所に生える多年草．細い地下茎をのばして広がり，茎は斜上して長さ 10〜30 cm，節を除いて無毛．葉は対生し，下部のものは長さ 1〜2 mm の短い柄があるが，上部では無柄．三角状卵形で長さ 1〜2 cm，幅 0.7〜1.4 cm，ふちに浅く切れこんだ鈍いきょ歯があり，両面無毛．5〜10 月，上部の節ごとに 1 花をつける．花柄は花期に長さ 6〜12 mm，果期に 15〜25 mm で無毛．がくは深く 4 裂し，裂片は披針形．花冠は淡紅紫色，二唇形で長さ約 8 mm．上唇は三角状卵形で先は浅く 2 裂し，下唇は広く開いて 3 裂する．雄しべは 4 本，下側の 2 本の花糸の基部にこぶ状の突起がある．さく果は披針形体，長さ 7〜15 mm，宿存性のがくより約 2 倍ほど長い．種子は楕円体でごく小さく，網目状の種皮の下に数個の孔状の凹みがある．九州の屋久島以南，琉球から中国中部・南部，東南アジアの熱帯に広く分布する．〔日本名〕島瓜草で日本では島に多く見られるのでいうが，特に島にのみ生育するものではない．

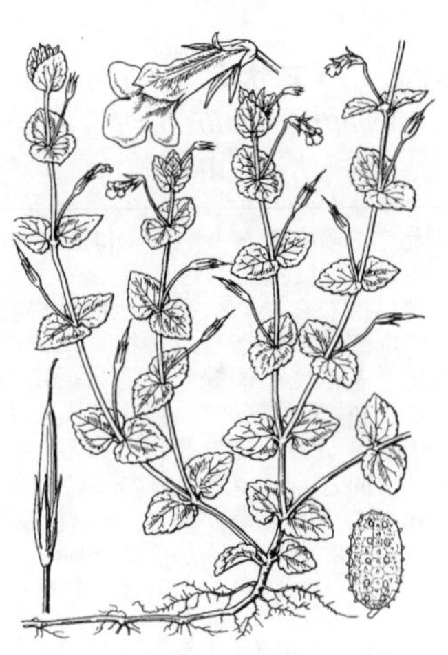

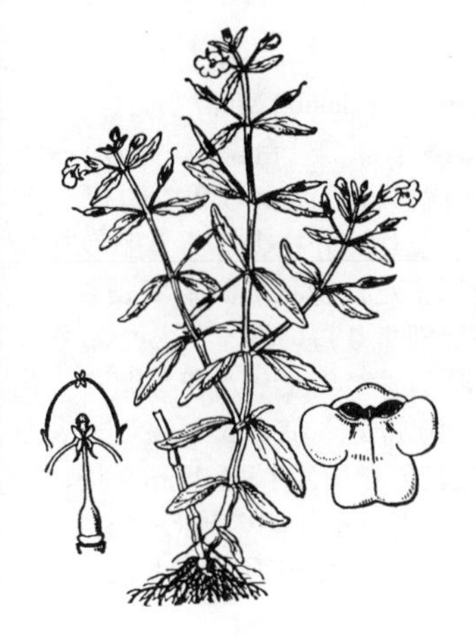

3651. アゼトウガラシ　〔アゼナ科〕

Vandellia micrantha (D.Don) Eb.Fisch., Schäferh. et Kai Müll.

（*Lindernia micrantha* D.Don ; *L. angustifolia* (Benth.) Wettst.）

東アジアの熱帯から暖帯にかけて広く分布し，日本の本州以南の田のあぜに多く見られる一年草である．茎は下部で枝分かれして斜上し，高さ 10〜20 cm ほどとなる．葉は対生し，披針形で先は鈍いかやや尖り，ほとんど無柄，ふちにまばらに鈍頭のきょ歯をもち，長さ 1〜3 cm，幅 3〜6 mm．夏から秋にかけて，上部の葉腋に花柄を出し，淡紅紫色の花を開く．がくは深く 5 裂し，裂片は線形である．花冠は長さ 1 cm ほどで，下部は筒となり，上部は深く 2 裂し唇形，上唇は先が浅く 2 裂し，下唇は大きくて 3 裂する．長さの異なる 4 本の雄しべをもち，下唇の基部にある 2 本は花糸の基部に短い突起をもつ．果実は細長いさく果で長さ 1〜1.5 cm，多数の小さな種子をもつ．〔日本名〕畦トウガラシで，あぜに生え果実がトウガラシに似るのでいう．

3652. ツノゴマ（タビビトナカセ）　〔ツノゴマ科〕

Proboscidea louisianica (Mill.) Thell.

北アメリカ南部原産の一年草で観賞のため植えられる．茎は太く，二叉に枝分かれして横に広がり，長さ 90 cm ほどになり，葉とともに全体粘り気のある柔らかい毛でおおわれる．葉は互生またはやや対生し，葉柄をもち，円い心臓形で先は鈍く，ふちは波状で質厚く，長さ 10〜15 cm である．夏，枝の先に短い総状花序を作り大きな花を開く．がくは短い筒形で先は不揃いに 5 裂する．花冠は太い筒形で先は広がって 5 裂し，唇形であり，長さ約 5 cm，白色で紫色および黄色の斑点がある．2 本ずつ長さが異なり，葯が接着している 4 本の雄しべをもつ．果実はさく果で長さ約 15 cm，上部は曲がった角形をしている．若い果実をピクルスとして食用とする．〔日本名〕角胡麻で，果実は角をもち，粘った毛の生えた全形がゴマに似るのでいう．

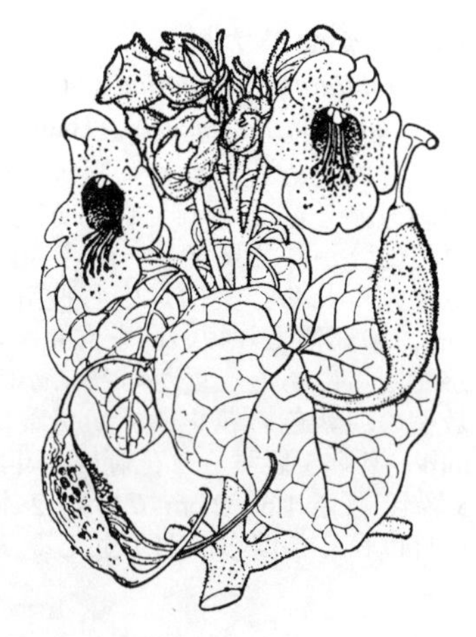

3653. ゴ　マ　〔ゴマ科〕

Sesamum indicum L.（*S. orientale* L.）

インドまたはエジプト原産といわれ，古くから栽培される一年草である．春に種子をまき秋に収穫する．茎は四角で直立し，高さ 1 m ほどになり，葉とともに軟毛が密生している．葉は下部対生し，上部のものはときに互生して長い柄をもち，長楕円形または披針形で長さ 10 cm ほどとなり，先が尖り，全縁であるが下部の葉はときに 3 裂する．葉柄の基部には黄色の小さなこぶがある．夏，上部の葉腋に白色でやや淡紫色を帯びた花を開く．がくは深く 5 裂する．花冠は長さ約 2.5 cm，筒状で先は 5 裂し唇形となり，上唇 2 裂片は下唇 3 裂片よりやや短い．2 本ずつ長さの異なる 4 本の雄しべをもつ．果実は短い円柱状でふつう 4 室からなり，長さ約 2.5 cm，扁平の小さな多数の種子をもつ．種子の色は品種によってさまざまで黒色のクロゴマ，白色のシロゴマ，淡黄色のキンゴマなどがある．種子から油をしぼりまた食用とする．〔漢名〕胡麻，芝麻．

3654. ハアザミ（アカンサス）　〔キツネノマゴ科〕

Acanthus mollis L.

地中海地方から南ヨーロッパの乾燥地に生育する大形多年草．地下によく発達した根茎があり，長い柄のある根生葉を群がって生じ，大きな株をつくる．葉柄は太く，多肉である．葉身は長さ 40〜60 cm の卵形で，基部は浅い心臓形をなし，全体は羽状に深裂したうえ，各裂片はさらに浅く裂ける．最終裂片の先端は尖るが，とげにはならない．葉の上面は濃緑色で光沢があり，常緑であるため観葉植物として庭園に植栽される．初夏に株の中央から，高さ 1 m もの壮大な花穂を何本も出す．花穂には淡緑色でとげのある苞が並び，この苞に抱かれて淡紫色の花をつける．花冠は唇形で，唇弁は浅く 3 裂し，紫色のすじがある．〔日本名〕葉アザミは根生葉がアザミのそれに似るため．同属の別種にトゲハアザミ *A. spinosus* L. があり，同じく地中海地方の原産．葉は細長く，2 回羽裂するが，裂片の先が鋭いとげになる．この葉がギリシャ建築の柱の装飾のモチーフに用いられたことは有名で，また美術に関係が深い植物とされることから，美術学校の校章にも使われた．アカンサスの名でこの両者を共通に指すことも多い．

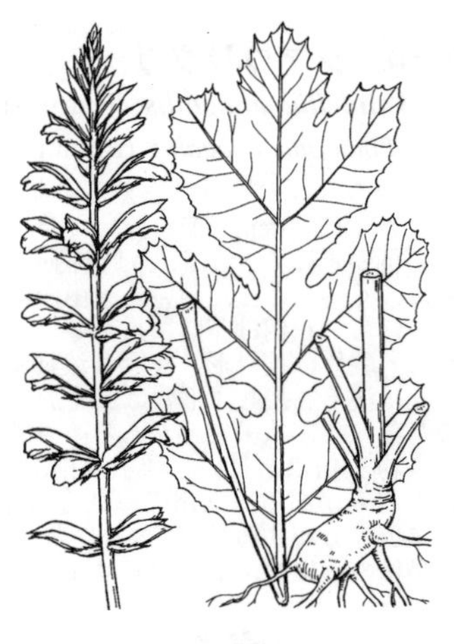

3655. オギノツメ　〔キツネノマゴ科〕

Hygrophila salicifolia (Vahl) Nees（*H. lancea* (Thunb.) Miq.）

本州中部以南から琉球の水辺に生える多年草で，台湾，中国から南アジアにかけて広く分布する．地下茎は横にはい節から多くの根を出す．茎は四角で直立し，高さ 30〜60 cm となり，分枝少なく，節の基部はややふくれている．葉は対生し，披針形または線状披針形で長さ 5〜10 cm，幅 5〜15 mm，先はやや鈍く，基部細まり短い柄をもち，ふちは全縁またはやや波状となる．秋，葉腋に数個ずつ集まった花を開く．花は柄がなく，苞葉と小苞葉は小形でがくより短い．がくは 5 裂し，広線形でふちにまばらに毛が生える．花冠は淡紫色で長さ 1〜1.2 cm，長い筒の先は 2 裂して唇形となる．2 本ずつ長さの異なる 4 本の雄しべをもつ．果実は細長く先が尖り長さ 1〜1.2 cm，縦に 2 裂して種子を飛ばす．

3656. イセハナビ　〔キツネノマゴ科〕

Strobilanthes japonica (Thunb.) Miq.

（*Championella japonica* (Thunb.) Bremek.）

観賞のため栽培され，暖地に野生化しているやや低木状の多年草で，中国原産と推定されているが野生はまだ発見されていない．茎は多くの枝に分かれて繁茂し，高さ 30〜60 cm となり，円柱状で節間の下部はややふくれる．葉は対生し披針形で先は尖り，長さ 3〜5 cm，幅 8〜15 mm，基部狭まり短い柄をもち，ふちはやや全縁または低い波状のきょ歯がまばらにある．夏から秋にかけて，枝の先に短い穂状花序をつけ，10 数個の淡紫色の花を開く．苞葉は葉状でがくより長い．がくは長さ約 6 mm，深く 5 裂する．花冠は漏斗状で下部は長い筒となり，上部は開いて 5 裂し，長さ 1.5〜2 cm である．2 本ずつ長さの異なる 4 本の雄しべをもつ．花柱は長くまばらに毛が生える．

3657. リュウキュウアイ　〔キツネノマゴ科〕

Strobilanthes cusia (Nees) Kuntze（*Baphiacanthus cusia* (Nees) Bremek.）

東南アジアからインド原産の低木状の多年草である．高さ 50〜80 cm になり，幼い茎や花序に短い横にねた毛が生えているほかは全体無毛である．葉は対生し，卵形または卵状披針形で，先端は尖り，基部は急に狭まって短い葉柄になり，ふちにまばらに低いきょ歯があり，葉質はやや多肉である．夏，枝の先に穂状の花序をつけ，長さ 3〜5 cm の淡紅紫色の花を数個開く．苞葉は卵形で柄がある．小苞葉と 5 個のがく裂片はともに線形で鈍頭である．花冠の筒は基部が狭まり，少し彎曲してやや横の方を向き，先は浅く 5 裂して多少唇形となる．1 本の雌しべと 4 本の雄しべをもち，雄しべの下側の 2 本は他より長い．鹿児島県や沖縄県で樹下に栽培し，夏から秋にかけて茎や葉を刈りとり，藍色の染料を作る．

3658. スズムシバナ（スズムシソウ）　〔キツネノマゴ科〕

Strobilanthes oligantha Miq.（*Championella oligantha* (Miq.) Bremek.）

本州（近畿以西），四国，九州および中国中部に分布し，山地の木陰に生える多年草である．茎は直立し四角で高さ 30〜60 cm となり，節間の基部はふくれる．葉は対生し，柄をもち，広卵形で先が尖り，長さ 4〜10 cm，幅 3〜6 cm，ふちに鈍頭のきょ歯があり，両面まばらに長い毛が生える．秋，上部の葉腋に淡紫色の花を開く．花は朝開いて午後散り，柄がなく，小形の葉状の苞葉をもつ．がくは緑色で 5 裂する．花冠は長さ約 3 cm，太い筒状で筒は下部がやや曲がって急に細まり，先が 5 裂して広がり径約 2.5 cm，裂片は先がやや凹み白い長毛が生える．2 本ずつ長さの異なる 4 本の雄しべをもつ．果実はがくより少し長く，熟すと裂けて 4 個の種子をはじき出す．漢名として紫雲菜をあてるが誤りである．〔追記〕ラン科植物にスズムシソウという名があるので，近年は本種にスズムシバナの和名を使うことが多い．

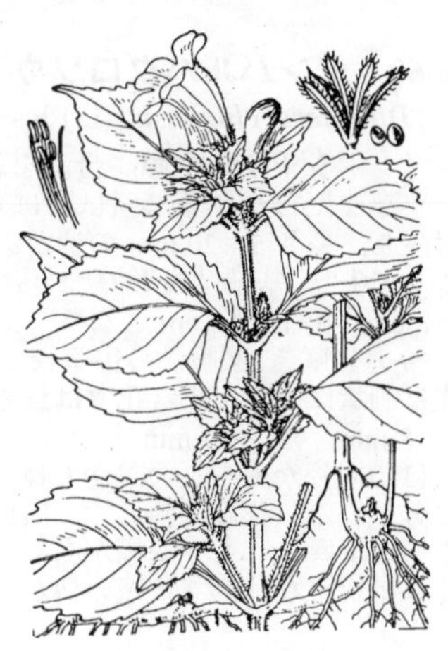

3659. アリサンアイ（セイタカスズムシソウ（同名あり））〔キツネノマゴ科〕

Strobilanthes flexicaulis Hayata（*S. glandulifera* Hatus.）

沖縄本島，石垣島，西表島および台湾に生える多年草．高さ 1 m に達し，茎は基部で木化し，上方で分枝する．葉はやや間隔をおいて対生し，倒広披針形または倒卵状楕円形で，大きさは花枝では長さ 5〜6 cm，幅 2〜3 cm，花をつけない枝では長さ 10〜20 cm，幅 2〜8 cm に達し，先は長くのび鋭尖形，基部は狭いくさび形で長さ 1〜2 cm の柄に続き，葉のふちにはきょ歯があり，洋紙質で，上面は深緑色で無毛，下面も無毛であるが，線状の結晶体が散生する．花は 1〜3 月に咲き，頂生または腋生の総状花序につき，柄がない．花序の軸には腺毛がある．苞は線状披針形で，長さ 0.5〜1 cm ある．がくは 2 裂し，上裂片はさらに 3 裂，下裂片は 2 裂し，裂片は線形．花冠は鐘形で，筒状の基部をもち，長さは 3 cm ほど．外面は淡青紫色で無毛，先は 5 裂し，裂片は広卵形となる．雄しべは 4 本で，うち 2 本が長い．子房は長楕円体で長さ 2.5 mm になる．果実はさく果で，線形，長さ約 1.5 cm，径約 4 mm となり，4 個の広卵形体の種子がある．〔日本名〕沖縄産のものにはセイタカスズムシソウの日本名があるが，ラン科植物に同名があるので，ここでは台湾阿里山の藍を意味する台湾産につけられた名を採用した．

3660. アリモリソウ　〔キツネノマゴ科〕

Codonacanthus pauciflorus (Nees) Nees

インド，東南アジアから中国，台湾を経て，琉球から九州南部にかけて分布する多年草．林下に生え，茎は鈍い 4 稜があり，短い毛を散生し，下部は地に伏し，上部は斜上し，高さ 30〜50 cm になる．葉は対生し，長さ 0.5〜1.5 cm の柄があり，卵形または長楕円形で，先は鋭形．基部はくさび状で柄に流れ，ふちにはきょ歯がなく，長さ 3〜10 cm，幅 1.5〜3 cm で，両面とも無毛であるが，線状の結晶体が散生する．花は 10〜12 月に咲き，頂生する総状まれに円錐状の花序にまばらにつく．苞と小苞は小さく，披針形で，長さ 1 mm 内外である．がくは 5 深裂し，裂片は狭三角形で，長さ 3 mm ほどになる．花冠は鐘形で下方は筒状となり，白色で，直径，長さとも 0.8〜1 cm で，先で 5 裂し，裂片は広卵形で長さ 5〜7 mm となる．さく果は長さ 1.2〜1.5 cm で，下方は柄状となり，上方に 4 個の種子を生じる．

3661. ハグロソウ　〔キツネノマゴ科〕

Peristrophe japonica (Thunb.) Bremek.

（*Dicliptera japonica* (Thunb.) Makino）

本州（関東以西），四国，九州，朝鮮半島および中国に分布し，山地の木陰に生える多年草．茎は直立して高さ 20〜40 cm ほどとなり，まばらに枝を出し，節間は基部がややふくれる．葉は暗緑色で対生し，柄があり，披針形で先は尖り，長さ 5〜8 cm，幅 1〜3 cm，ふちは全縁である．夏，枝の先に数個の紅紫色の花を開く．花は大小 2 枚の広卵形の苞葉に包まれる．がくは小さく先は 5 裂する．花冠は長さ 2.5〜3 cm，細長い筒をもち，上端 2 裂して唇形となり，裂片は狭長楕円形でほぼ長さが等しい．雄しべは 2 本である．果実は細長く 2 室に分かれ，熟すと裂けて各室 2 個の種子をはじき出す．〔日本名〕恐らく葉黒草の意味で暗緑色の葉に基づくものであろう．〔追記〕本種はふつう苞葉のふちが無毛だが，種の学名はふちが有毛の型につけられた．無毛の型を特に区別して var. *subrotunda* (Matsuda) Murata et Terao とすることもある．

3662. ヤンバルハグロソウ　〔キツネノマゴ科〕

Dicliptera chinensis (L.) Juss.

インドシナから中国，台湾を経て，奄美大島以南の南西諸島に分布する一年草または越年草．茎はまばらに分枝して高さ 30〜60 cm になる．葉は対生し，長さ 5〜20 mm の柄があり，楕円形または卵状楕円形，先は急に狭まって尖り，基部は鋭形で，ふちには短毛が生えるが，きょ歯がなく，長さ 2.8〜8 cm，幅 1.5〜4 cm となり，上面は無毛，下面は脈上に短毛がある．花は 6〜9 月に咲き，葉腋から出る長さ 1〜2.5 cm の花序につく．苞は長楕円形で，先は刺状に尖り，正常花では長さ 9〜15 mm，幅 4〜6 mm，退化花では長さ 6〜8 mm，幅 3〜4 mm となり，ふちに毛がある．小苞は線形で，がく裂片とほぼ同長かやや長い．がくは長さ 3〜4 mm で，ほぼ同長で線形の 5 裂片に分かれる．花冠は唇形で，白色，長さ 1 cm ほどで，下半分は筒状となり，上唇は下唇よりもやや幅が広く全縁，下唇は長楕円形で，先が 3 裂する．さく果は扁平な球形で，短い柄があり，長さ 5 mm で，軟毛がある．

3663. キツネノマゴ　〔キツネノマゴ科〕

Justicia procumbens L.

東アジアの温帯から熱帯に広く分布し，日本でも本州から琉球の野原や道ばたにふつうに見られる一年草である．茎は四角で下部は地に倒れ，多くの枝を出し高さ 10〜40 cm となり，節はややふくれ葉とともに短い毛が生える．葉は対生し，長楕円状披針形で先は尖り，長さ 2〜5 cm，幅 1〜2 cm，基部に柄をもち，ふちは全縁である．夏から秋にかけて，枝の先に長さ 1〜3 cm ほどの穂状花序をつけ，淡紅紫色まれに白色の唇形花を開く．苞葉および小苞葉は狭披針形で尖る．がくは深く 5 裂し，裂片は狭披針形で尖り，ふちに毛が生える．花冠は長さ 8 mm，下部は筒となり，上部は 2 裂し，上唇は細く先は浅く 2 裂する．下唇は大きく先が浅く 3 裂する．2 本の雄しべをもつ．果実は細長くがくよりやや長く，2 裂し 4 個の種子をはじき出す．〔日本名〕深津正の説によると，花がママコナ（ハマウツボ科）に似て，全体が毛深く小さいことからキツネノママコの名が生じ，それがつまったものではないかという．〔漢名〕爵牀．

3664. サンゴバナ　〔キツネノマゴ科〕

Justicia carnea Lindl.（*Jacobinia carnea* (Lindl.) G.Nicholson）

ブラジル原産の低木で観賞のため栽培される．茎は稜があって節間は短く，多くの枝を出して直立し，高さ 60〜150 cm となり，細かい毛が生える．葉は対生し柄があり，長卵形または卵形で両端尖り，長さ約 18 cm，幅 7〜8 cm となり，ふちは波状で下面の脈は赤色を帯びる．夏，枝の先に花穂をつけ，密に多数の紅紫色の花を開く．花は基部に小さな苞葉をもち花柄がない．花冠は長さ約 5 cm，下部は細長い筒となり，上部は深く 2 裂し唇形となり，外側に粘った毛が生える．花冠上唇は細長く先は浅く 2 裂し，下唇はやや幅広く先は浅く 3 裂する．2 本の雄しべをもつ．江戸時代末に輸入され，当時ユスチシア（Justicia）とよんでよく栽培されたが今はほとんど見られない．〔日本名〕珊瑚花で花色に基づいてつけられたものである．

3665. **ヤバネカズラ**（ヤハズカズラ）　〔キツネノマゴ科〕

Thunbergia alata Bojer ex Sims

熱帯アフリカ原産の多年生のつる草である．日本には明治初年に輸入され，観賞のためときに温室で栽培される．茎は細長くやや四角で短い毛が密生する．葉は対生し三角状卵形で先は鋭形，ときに鈍形，ふちは波状の低いきょ歯があり，両面まばらに毛が生え，基部は両端ほこ形にとび出し，狭い翼のある葉柄をもつ．花期は種子をまく時期により初夏または秋で，葉腋から毛の生えた細長い花柄を出し，大きな花を開く．花柄の上端に大きな広卵形の2枚の苞葉があり，がくと花冠を包んでいる．花冠は高杯形で径3～4 cm，筒部の先が広く平開して5裂し，裂片は円く，橙黄色で花筒の上部は紫黒色をしている．4本の雄しべをもつ．果実は球形のさく果で苞葉に包まれ，先端に平たいくちばし状の突起がある．〔日本名〕矢羽葛で，葉の形が矢羽を思わせ，つる草なのでいう．小笠原諸島ではタケダカズラとよばれ野生化している．

3666. **ローレルカズラ**　〔キツネノマゴ科〕

Thunbergia laurifolia Lindl.

ミャンマー，タイ，マレー半島などに分布する多年生つる植物で，日本には明治年間に渡来し，観賞用に栽培されるが，小笠原諸島では逃げ出し，野生状になっていることもある．茎は他物にからまってのび，高さ5～7 m に達し，淡緑色で，若いときには軟毛がある．葉は対生し，柄があり，披針状楕円形で，先は鋭尖形，基部は円形または切形，ふつう無毛，革質で，ふちはほぼ全縁，長さ10～18 cm になる．花は腋生または頂生の総状花序につき，花序は直径6～7 cm になる．苞は残存性で，褐色を帯びる．がくは小さく，先はわずかに5裂する．花冠はキリの花に似た淡青色の漏斗状で，先は5裂し，喉の部分は黄褐色または淡黄色となる．〔日本名〕英名の Laurel clock-vine による．

3667. **ヒルギダマシ**（ヤナギバヒルギ）　〔キツネノマゴ科〕

Avicennia marina (Forssk.) Vierh.（*A. alba* auct. non Blume）

琉球，台湾など南方の浅い海の泥土上にはえるマングローブの一種で，*Rhizophora* 属などヒルギ科の植物より塩水に弱く，内湾によく生育する．高さ数 m の小形の高木で，小枝はなめらかで暗褐色．葉は長楕円形，長さ4～6 cm，革質で柄があり対生する．葉の下面は灰白色の短い毛が密生し，全縁で先端は鈍形またはやや鈍形．花は淡緑色で柄がなく径5 mm 位，枝先に長い柄のある散房花序を出し，数個群がってつく．がくは短く5深裂し，裂片は丸くふちは毛がある．花冠の筒部は広円筒形で，先端は5裂，時に4裂し，ふちに毛があり，裂片の先端は鋭く尖り，平らに開くかまたは後方に反り返る．雄しべは4本で，花冠裂片の基部に短い花糸をもってつき，花柱は棒状に直立し，先端は二叉に分かれ，子房は毛がある．果実は球形で先が尖り，径2 cm 位，基部にがくと小苞葉があり，短い毛を密生し熟すと2裂する．

3668. **キササゲ**　〔ノウゼンカズラ科〕

Catalpa ovata G.Don

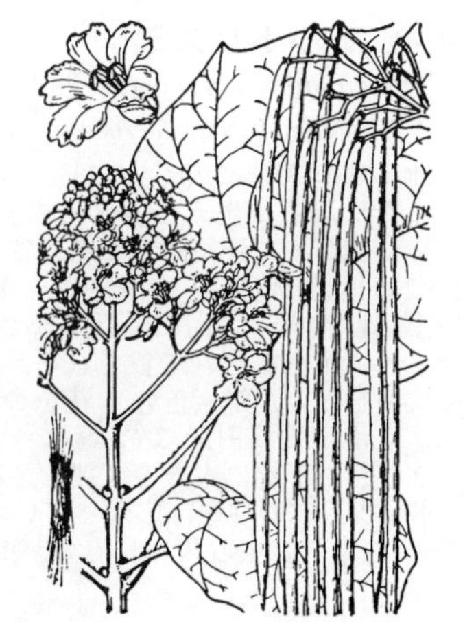

中国中部，南部の原産で暖地の庭に植えられるが，しばしば河岸などに自生状態で見られる落葉高木である．高さ6～9 m，大きなものは高さ12 m，径60 cm となる．葉は対生し，長い柄をもち，広卵形または円形で先は尖り，しばしば浅く3裂し，掌状の脈をもち，質厚く軟毛が生えている．7月頃，枝の先に大形の円錐花序をつけ，多数の大形の花を開く．花冠は漏斗状で先は5裂して唇形となり，白色で暗紫色の斑点がある．2本ずつ長さの異なる4本の雄しべをもつ．10月頃，ササゲに似た線状の細長いさく果が成熟し，長さ約30 cm ほどとなる．種子は扁平で大きく，両端に糸状の長い毛が生える．〔日本名〕木ササゲで果実がササゲに似て樹木であるのでいう．果実を梓実といい腎臓病の薬とする．〔漢名〕梓．旧版で本種の漢名とした楸は別種トウキササゲ *C. bungei* C.A.Mey. の名である．

3669. アメリカキササゲ 〔ノウゼンカズラ科〕

Catalpa bignonioides Walter

北アメリカ原産の落葉高木で，時々庭に植えられている．枝は太く横に広がり，葉は対生，ときに輪生し，長い柄があり，卵形で先は鋭く尖り，基部は浅い心臓形，長さ幅とも 10〜25 cm，ふつう全縁であるがときに浅く 3 裂し，下面に軟毛が生え，脈腋に小さなこぶがある．6 月，枝の先に大きな円錐花序をつくり，多数の径 4 cm ほどの大きな花を開く．がくは上下に 2 裂する．花冠の筒部は鐘形，上部は 5 裂し唇形となり，白色で内側に黄色のすじと暗紫色の斑点がある．2 本ずつ長さの異なる 4 本の雄しべをもつ．果実はササゲの果実に似て細長く，少し扁平で長さ 20〜30 cm，幅 6〜10 mm，2 裂して，長楕円形で平たく両端に長い絹状の毛をつけた多くの種子を出す．キササゲより花は大きく美しい．

3670. ノウゼンカズラ 〔ノウゼンカズラ科〕

Campsis grandiflora (Thunb.) K.Schum.

中国原産で観賞のため庭によく植えられる落葉樹で，枝はつるとなって長くのび，太いものは径 7 cm ほどになる．枝の諸所から短い気根を出して他物にからみつく．葉は対生し，奇数羽状複葉で，長さ 10〜20 cm，小葉は 5〜9 個あり，卵形で先が尖り，粗いきょ歯をもつ．夏，枝の先に円錐花序を作って橙赤色の大きな美しい花を開く．がくは鐘形で 5 裂して稜があり長さ約 3 cm．花冠は漏斗形で下部が筒となり，先は 5 裂してやや唇形となり径約 6 cm，2 本ずつ長さの異なる 4 本の雄しべをもつ．柱頭はへら形で 2 裂し，裂片は開花しているとき上下に開いているが，さわると急速に閉じる．花蜜が目に入ると目がつぶれるといわれ，有毒植物にされるが俗説にすぎない．〔漢名〕凌霄花または紫葳という．

3671. カエンボク 〔ノウゼンカズラ科〕

Spathodea campanulata P.Beauv.

熱帯アフリカ原産の常緑高木で，葉が密に茂った丸みのある樹形となり高さ 25 m に達する．街路樹や観賞の目的で熱帯地域に広く栽培される．葉は対生で托葉がなく，奇数羽状複葉をなし，長さ 50 cm に達する．小葉はほとんど無柄で 5〜7 対あり，長さ 12 cm，幅 7 cm ほど，楕円形でやや鋭頭，葉脈は下にくぼみ，若葉のころは象牙色，成長すると光沢のある濃緑色となる．花序は短い総状花序で花序柄・花序軸とも 7 cm 程度，多数の花をつける．萼は黄褐色の毛に覆われ，合着して爪状の蕾となり，片側で裂けて花冠を現す．花冠は朱赤色，鐘状で長さ 10〜12 cm，上向きに開き，上部で三角状鈍頭の 5 裂片に分かれる．T 字状の葯をつける雄蕊 4 個と，ほぼ同長の雌蕊 1 個がある．蒴果は直立し，披針形でやや扁平，長さ 20 cm 程度，縦に 2 弁に割れ，円盤状の薄膜に包まれた扁平な種子を飛ばす．

3672. ムシトリスミレ 〔タヌキモ科〕

Pinguicula macroceras Pall. ex Link

（*P. vulgars* L. var. *macroceras* (Pall. ex Link) Herder）

北半球の寒帯に広く分布し，四国および本州近畿以北の高山の湿った岩壁または湿原に生える多年生の食虫植物である．葉は数枚群がって根生して横に広がり，長楕円形または狭卵形で先は鈍く，全縁，長さ 3〜5 cm，幅 1〜2 cm，基部に短い柄をもち，質厚く柔らかでもろく，淡緑色でふちはやや上側に巻き，上面に多数の小さな腺毛があって粘液を分泌し，小さい虫はこれに足をとられて殺される．夏，葉の間から 1〜3 本の花茎を出し，頂端に横を向いた鮮紫色の 1 花をつけ高さ 5〜15 cm となる．がくは深く 5 裂し，裂片は長楕円形で先は鈍い．花冠はスミレに似た唇形，上唇は短く先は 2 裂し，下唇は大きく 3 裂し，花冠の基部には長く尖る距がある．雄しべ 2 本，雌しべの柱頭は広がっている．果実は球形のさく果で多数の種子を含む．〔日本名〕虫取スミレで葉が虫をとらえ，花がスミレに似るのでいう．

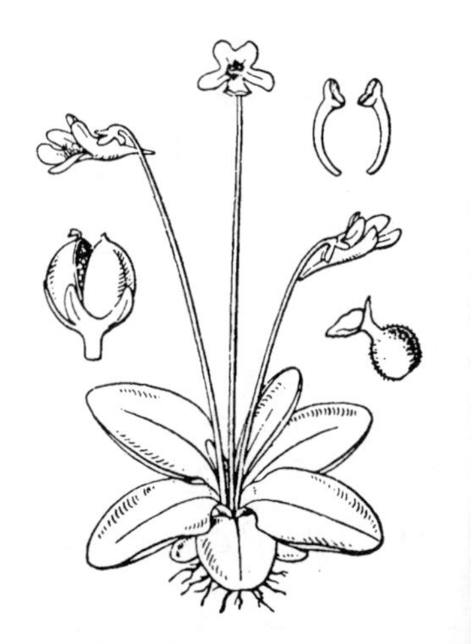

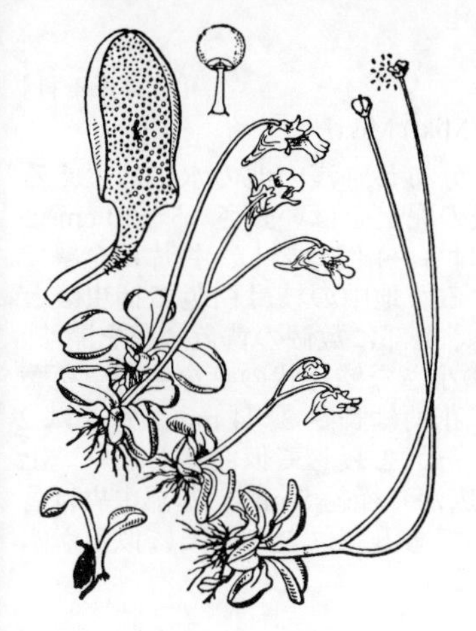

3673. コウシンソウ 〔タヌキモ科〕

Pinguicula ramosa Miyoshi

栃木県日光附近の高山の岩壁に生える多年生の食虫植物である．葉は数枚根生して横に広がり，楕円形で短い柄があり，長さ 7〜15 mm，幅 5〜8 mm，先は円く，ふちは全縁で少し内側に巻いている．上面に多数の小さな腺毛が生え，それから分泌する粘液で虫をとらえる．夏，葉の間から高さ 3〜8 cm の 1 本の細い花茎を出す．花茎は短かな腺毛が生え，ふつう 2 本の枝に分かれ，頂端に横へ向いた淡紫色の花を開く．がくは 5 裂し，裂片は長さが異なり，先は鈍い．花冠は唇形で上唇は短く，下唇は長く 3 裂し，その中央片は特に大きい．花冠の基部には細長く先が鈍形の距をもつ．雄しべは 2 本．花の咲いた後，花柄は長くのび，先端に倒卵球形の果実をもち，上方の岩に触れると果実は裂けて種子を散らす．〔日本名〕庚申草で初め足尾の近くの庚申山で発見されたのでこの名がある．ムシトリスミレに似るが全体小さく，花茎が枝分かれし，花は小さく淡紫色なので区別される．

3674. タヌキモ 〔タヌキモ科〕

Utricularia* ×*japonica Makino

（*U. vulgaris* L. var. *japonica* (Makino) Tamura）

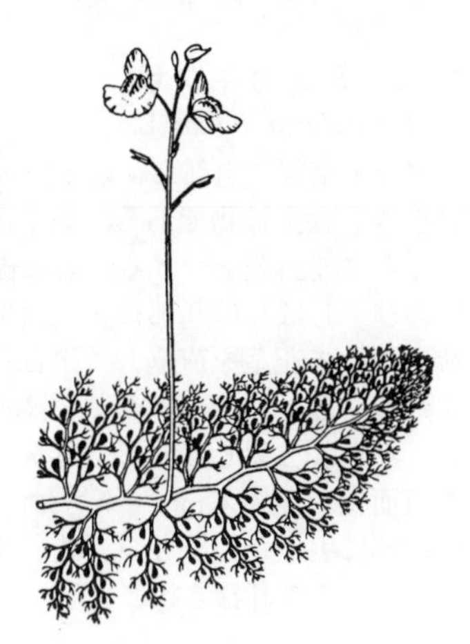

日本のほか樺太，中国東北部に分布し，池や水田に浮かんでいる多年生の食虫植物である．茎はやや太く根がなく，密に葉が互生する．葉は左右に細かく羽状に分かれて平たく，多数の捕虫袋をもつ．夏，葉腋から花茎を水上に直立する．花茎は高さ 10〜25 cm，数個の鱗片状の葉をもち，上部に総状花序をつけ，数個の黄色の花を開く．花は基部に鱗片状の小さな卵形の苞葉をもち，花柄は長さ 1.5〜2.5 cm，花がすんだ後彎曲する．がくは同形の 2 裂片に分かれ，裂片は楕円形で先が丸く膜質である．花冠は径 15 mm ほどあり，上下に 2 裂して，仮面状となり，上唇は小さく，下唇は横に広がり基部中央は上方に著しくふくれ褐色である．花冠の基部には斜に下へのびた距がある．2 本の雄しべをもつ．果実はできず，冬になると茎の末端に葉が集まった球形の芽を作り水底に沈んで越冬する．〔日本名〕狸藻で，おそらく全体の形を狸の尾のような形と見てつけたものであろう．〔追記〕本種はアジアからオーストラリアに広く分布するイヌタヌキモ *U. australis* R.Br. と北半球の亜寒帯に広く分布するオオタヌキモ *U. macrorhiza* Le Conte の雑種起源の植物であることが最近明らかになった．

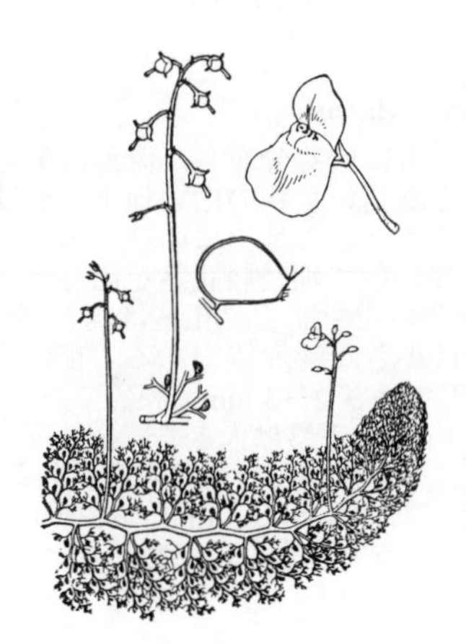

3675. ノタヌキモ 〔タヌキモ科〕

Utricularia aurea Lour.（*U. pilosa* Makino）

アジア東部，南部の暖帯から熱帯に広く分布し，日本では本州中部以南の池に浮いて生育する一年生の食虫植物である．葉は互生し，四方に糸状に分裂して立体的に広がる特性があり，裂片の先には 1 本の小さい刺があり，基部近くに少数の捕虫袋をもつ．夏から秋にかけて，葉腋からやや太い花茎を水上に直立し，高さ 6〜15 cm となる．花茎は鱗片状の葉がなく，上部に総状花序をつけ，黄色の数個の花を開く．苞葉は膜質，卵形で先は尖り，花柄は長さ 6〜10 mm，花の咲いた後下を向く．がくは 2 裂し，裂片は卵状楕円形で先が円い．花冠は径 6〜7 mm，仮面状で外面に毛が生え，距は下唇とほぼ同じ長さで鈍頭である．果実は球形のさく果である．タヌキモに似るが葉は立体的に裂けて広がり，冬芽を作らず，花茎に鱗片葉がなく，果柄は短くて基部が太く，花は小さく下唇が狭いなどの点で異なる．

3676. コタヌキモ 〔タヌキモ科〕

Utricularia intermedia Heyne

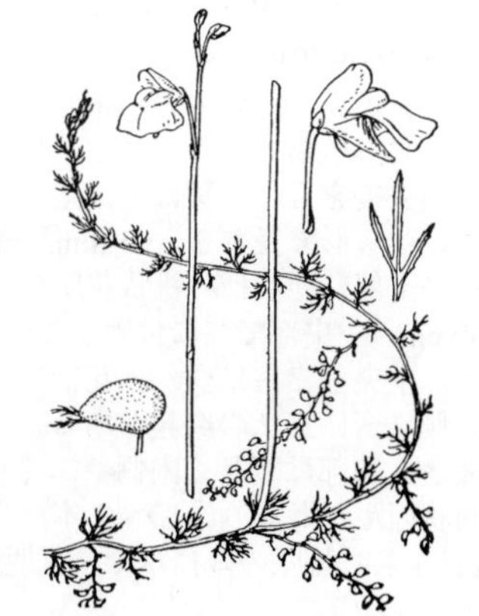

北半球の温帯に広く分布し，本州の三重県以北の浅い池や溝の水底に生える多年草である．茎は細く水底をはい，葉を互生する．葉には 2 つの型があり，水中にある葉は数回細かく裂け，裂片は小さなきょ歯をもち，捕虫袋はない．泥中にのびた枝は小さな葉をつけ，少数の白色の捕虫袋をもつ．夏から秋にかけて葉腋から花茎を水上にのばし，上部に少数の横に向いた黄色い花を開く．花茎は高さ 5〜15 cm，1〜2 個の鱗片状の葉をもつ．苞葉は小さな鱗片状で卵形，花柄は長さ 7〜10 mm．がくは 2 裂し，長さ約 3 mm．花冠は上下に 2 裂する仮面状で径 12〜15 mm，上唇は小さく，下唇は著しく大きく基部中央は上面に隆起している．距は円筒状で下唇とほぼ同長である．2 本の雄しべをもつ．コタヌキモの名があるが花はタヌキモより大きい．

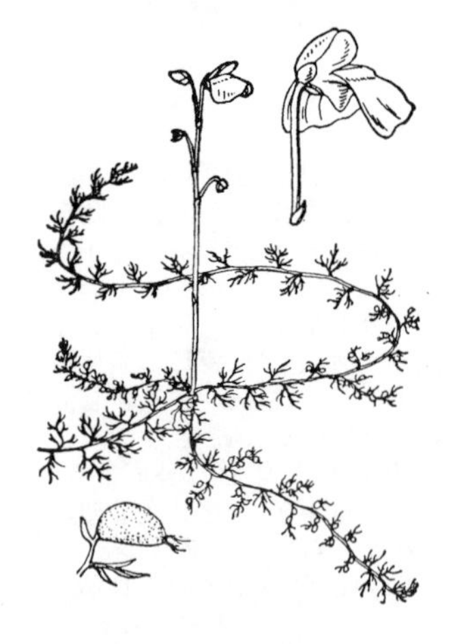

3677. ヒメタヌキモ 〔タヌキモ科〕

Utricularia minor L.（*U. multispinosa* (Miki) Miki）

本州，北海道から北半球の温帯に広く分布し，浅い池の水中に生える多年生の食虫植物である．茎は細く水底の泥上をはい長さ 15～30 cm となり，所々から地中に枝を出す．水中葉は 3～4 回分裂し，裂片は全縁できょ歯がなく，ごく少数の捕虫袋をつける．地中の枝は白色で捕虫袋と少数の葉をもつ．夏，水上に花茎をのばし，上部に数個の黄色い花を開く．花茎は高さ 10 cm ほどとなり，1～2 枚の小さな鱗片状の葉をもつ．苞葉は鱗片葉と同形で卵状三角形で小さく，花柄は長さ 3～4 mm．がくは 2 裂し，裂片は広卵形で先は円い．花冠は先が 2 裂して仮面状となり，上唇は小さく，下唇はきわめて大きく横に広がり径約 8 mm，基部中央は著しく隆起する．花が咲くことはごくまれである．コタヌキモに似るが水中葉は全縁で捕虫袋をもつので区別される．

3678. ミミカキグサ 〔タヌキモ科〕

Utricularia bifida L.

アジア東部，南部およびオーストラリアに分布し，湿地に生える多年生の小さな食虫植物である．地中浅く白色糸状のごく細い地下茎をのばし，まばらに捕虫袋をつける．葉は線形緑色で，泥中の地下茎の所々から地上にのび，しばしば基部に 1～2 個の捕虫袋をもち，長さ 6～8 mm．夏から秋にかけて花茎を直立し，上部に総状花序をつけ数個の黄色の花を開く．花茎は高さ 7～15 cm，数枚の鱗片状の膜質の葉をもつ．苞葉は小形の鱗片状．がくは 2 裂し広卵形である．花柄は長さ 2～3 mm．花冠は上下に裂けた仮面状で径約 4 mm，下唇は大きく中央部は内側にふくれている．花冠の基部に尖った距をもつ．雄しべ 2 本．花の咲いた後，がくは大きくなり果実を包んで耳掻き状となる．〔日本名〕その形から名を耳掻草という．

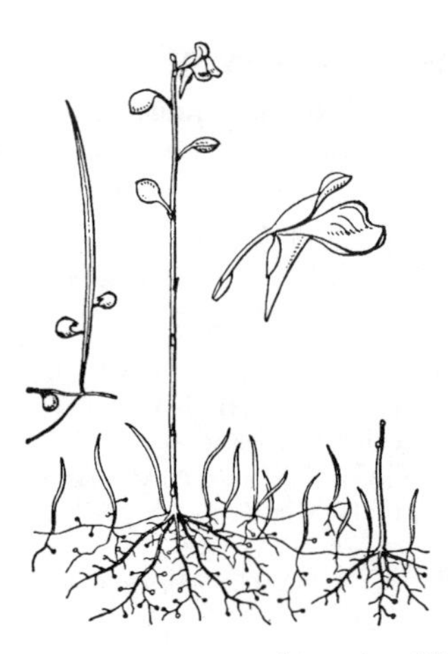

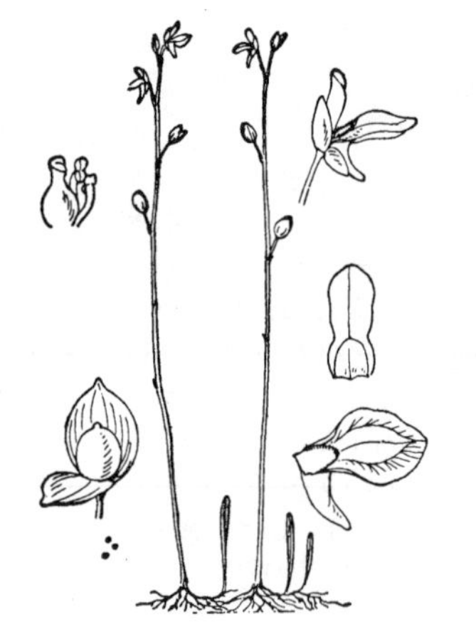

3679. ムラサキミミカキグサ 〔タヌキモ科〕

Utricularia uliginosa Vahl（*U. yakusimensis* Masam.）

北海道，本州，四国，九州から東アジア一帯に広く分布し，湿地に生える多年生の小さな食虫植物である．地中浅く細長い糸状の白い地下茎がはい，まばらに捕虫袋をつける．葉は地下茎の所々から地上にのび，細いへら形で先は鈍く，長さ 3～6 mm．夏から秋にかけて細長い花茎を出し，上部に総状花序をつけ，まばらに淡紫色の数個の花を開く．花茎は高さ 7～15 mm，数枚の小さな鱗片葉をもつ．苞葉は小さな鱗片状である．花柄は長さ 2～3 mm．がくは 2 裂し，裂片は広卵形で長さ 2～3 mm，膜質である．花冠は上下に 2 裂して仮面状となり，径約 4 mm，下唇は大きくて横に広がり，中央部は内側にもりあがる．花冠の基部にやや曲がった角状の距がある．雄しべ 2 本．果実は耳掻き状をした 2 枚のがくに包まれる．白花の品種があり，シロバナミミカキグサという．ミミカキグサからは花が淡紫色のことと，葉がへら状であることで区別される．

3680. ホザキノミミカキグサ 〔タヌキモ科〕

Utricularia caerulea L.（*U. racemosa* Wall. ex Walp.）

アジア東部，南部の熱帯から温帯に広く分布し，湿地に生える多年生の小さな食虫植物である．地下茎は細い糸状で白く，長く地中をはい，根に少数の捕虫袋をもつ．葉は地下茎の所々からやや束になって地上にのび，小さな短いへら形で長さ 2～3.5 mm，緑色である．夏から秋にかけて花茎を直立し，その上部に穂状様の総状花序をつけ数個の紫色の花を開く．花茎は高さ 10～30 cm，中央部で茎に付着している数枚の鱗片葉をもつ．苞葉は鱗片葉と同形で，中央部で茎につく．花柄はごく短い．がくは 2 裂し，裂片は広楕円形で外側に密に点状の突起がある．花冠は上下に 2 裂して仮面状となり，下唇は大きく基部は著しく内側へふくらむ．花冠の基部には前方へとび出した長い角状の距がある．雄しべ 2 本．果実は球形のさく果で大きながくに包まれる．〔日本名〕穂咲の耳掻草で，花柄が短く花が穂状花序のようにつくのでいう．

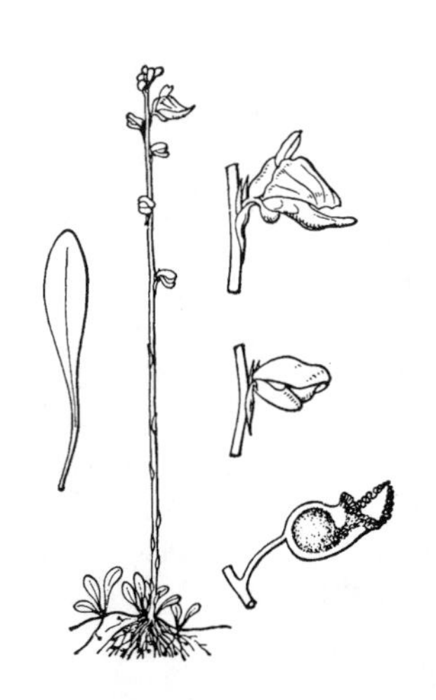

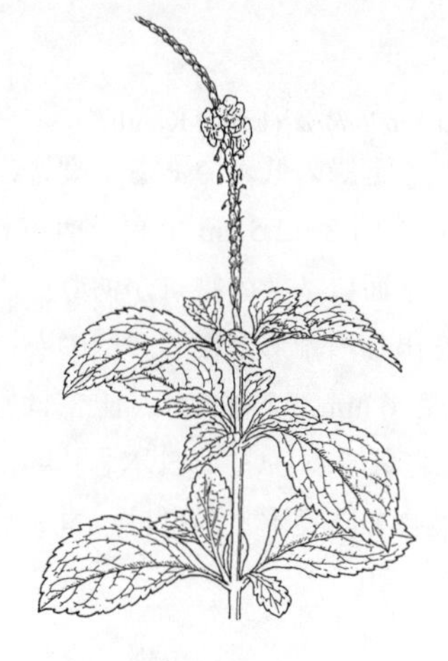

3681. ホナガソウ（ナガボソウ）　〔クマツヅラ科〕

Stachytarpheta urticifolia Sims（*S. jamaicensis* auct. non (L.) Vahl）

南アメリカ熱帯の原産の多年草で，現在では新旧両大陸の熱帯，亜熱帯に広く帰化して雑草となっている．日本では琉球列島の各島や小笠原に大量に野生化している．茎は高さ 1〜1.2 m で，断面は四角形，基部は木化し，全体に緑色，よく分枝し葉とともにほとんど無毛である．葉は柄があって対生，ときに互生し，葉身は卵円形ないし長楕円形で先は尖り，基部は柄に向かって細まり，縁には尖ったきょ歯があり，質は比較的薄い．葉の長さは 3〜7 cm で変化が大きい．春から晩秋にかけて次々と長さ 15〜30 cm の花穂を出し，緑色の苞におおわれた多数の花をつける．苞は花穂の軸とほぼ同じ幅で先は針状．花は基部から順次，数花ずつ開花していくので，花穂の中途に常時数個の花をつける形となる．花冠は漏斗形で先端が浅く 5 裂，濃紫色．〔日本名〕穂長草の名は花序の形状に基づく．よく似たフトボナガボソウ *S. jamaicensis* (L.) Vahl も琉球や硫黄島などに帰化しており，これは葉のきょ歯が低く，花穂の軸が苞の幅よりも太い．

3682. クマツヅラ　〔クマツヅラ科〕

Verbena officinalis L.

アジア，ヨーロッパ，北アフリカの暖帯から熱帯に広く分布し，日本では本州，四国，九州，琉球の野原や路傍に生える多年草である．茎は直立し，四角で高さ 60 cm 位，上方で枝分かれし全体に細かい毛がある．葉は卵形で普通 3 裂し，裂片はさらに羽状に切れこみ，長さ 3〜10 cm，幅 2〜5 cm，葉の上面は葉脈にそってしわ状となり，下面は葉脈が隆起している．夏，枝先に細長い穂状花序を出し，柄のない紫色の小さい花を多数つける．花穂は下からだんだん咲き上がり，その間にのびて 30 cm 位となる．がくは筒状で 5 裂し，長さ約 2 mm．花冠は先端ほぼ等しく 5 裂し，平らに開き，径約 4 mm，花筒は長く上部で曲がっている．雄しべは 4 本で短く花筒内部につく．果実は 4 個の分果からなり長さ約 1.5 mm，背面に少数の縦のすじがある．全草を薬用に使う．〔漢名〕馬鞭草．

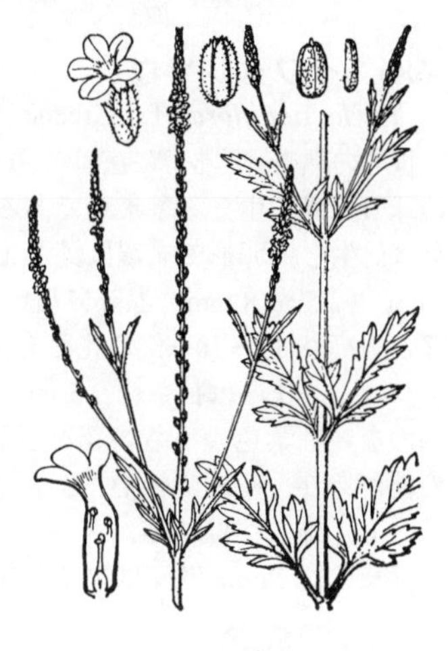

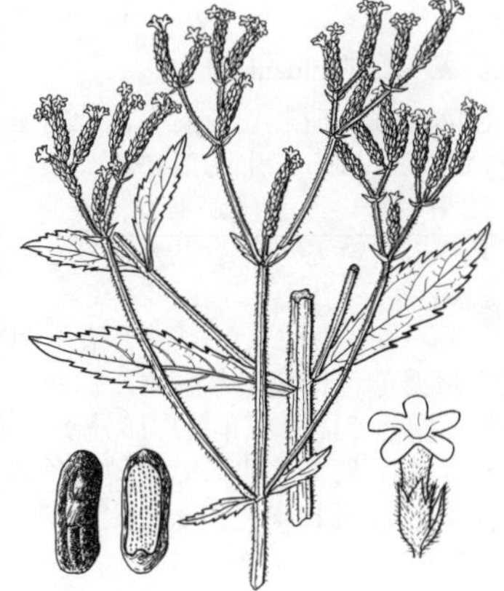

3683. アレチハナガサ　〔クマツヅラ科〕

Verbena brasiliensis Vell.

南アメリカ原産の多年草．現在では主に関東地方以西の道端などの草地に野生化している．硬い短毛があって全体がざらつく．茎は綾のある四角形，中実で，直立して上部でよく分岐し，高さ 2 mほどになる．葉は対生，茎生葉は長さ 7 cm 程度，無柄で狭楕円形，両端次第に尖り，上半部に鋭鋸歯があり，葉脈はくぼみ，下面に突出する．花期は夏〜秋，花序は密な穂状花序で円柱状，長さ 1〜5 cm，分枝した枝先につき直立する．苞は萼とほぼ同長，狭披針形で縁毛がある．萼は長さ 3〜3.5 mm，5 歯があり，花冠筒は萼よりわずかに長く，舷部は平開して楕円形の 5 片に分かれ，直径 4 mm 程度，淡紫色．果実は 4 分果，分果は楕円状で腹側に白い顆粒状の突起が密生する．ダキバヤナギハナガサ *V. incompta* P.W.Michael の花序は本種に似るが，葉の基部が茎を抱くことで区別できる．ヤナギハナガサ *V. bonariensis* L. も葉の基部が茎を抱くが，花冠が鮮紫色で筒部が長く，茎が中空であることで区別できる．

3684. ビジョザクラ（ハナガサ）　〔クマツヅラ科〕

Glandularia* ×*hybrida (Voss ex Groenland et Rümpler) G.L.Nesom et Pruski（*Verbena* ×*hybrida* Voss ex Groenland et Rumpler）

南米原産の *Verbena phlogiflora* Cham. 他数種の交雑に由来する多年草で，庭園に栽培される．茎は地面をはい，後枝分かれして直立し，高さ 20 cm 位，地面をはう各節より容易に発根する性質があり，四角で葉とともに毛がある．葉は対生し短い葉柄があり，長楕円形または披針形で先端は尖り，不揃いな粗いきょ歯がある．夏から秋にかけて，茎の先端に頭状花序を出し，多数の美しい花をつけ，外側から次第に中心部に咲いてゆく．花冠は径 1.5 cm 位，サクラソウの花に似て上部は 5 裂し平らに開き，筒部は細長い．花色は赤色，白色，紫色，斑入などいろいろあり，がくは細い筒形で長さ 12 mm 位，腺毛がある．〔日本名〕美女桜の意味である．大正初年に渡来し，現在では品種改良されて花が大きく美しい園芸種がつくられている．

3685. ボウシュウボク（コウスイボク） 〔クマツヅラ科〕

Aloysia triphylla (L'Hér.) Britton（*Lippia citriodora* (Lam.) Kunth）

熱帯アメリカの原産で，温室に栽培される常緑の低木である．高さは 3 m 位，葉は線状披針形で長さ 7.5〜10 cm，幅 1.3〜2.5 cm で短い柄があり，輪生または対生し，全縁で支脈多く，下面に多数の腺点があり，よい香をもつ．夏，枝先に多くの穂状花序を出し円錐形となり，柄のない淡紫色の小さな花を多数つける．花冠は長さ 6 mm，下部筒状，上部は唇形で，下唇は大きく 3 裂している．果実は乾質で小さい．〔日本名〕明治の末，東京でコレラが流行した時，この植物を防臭木と名付け，コレラよけに貴んだという．葉より香料を製造する．

3686. イワダレソウ 〔クマツヅラ科〕

Phyla nodiflora (L.) Greene（*Lippia nodiflora* (L.) Michx.）

世界の熱帯，亜熱帯に広く分布し，日本では関東地方南部以西，四国，九州，琉球の海岸に生える多年草である．茎は長く砂の上をはい，節から根を出す．葉は対生し倒卵形で先端は鈍形または円形，下部次第に細くなり，長さ 1〜4 cm，幅 5〜18 mm，上部に粗いきょ歯があり，質厚く毛がない．夏，葉の腋から高さ 10〜20 cm の花茎を直立し，先端に長楕円状円柱形の穂状花序をつける．花序は長さ約 2.5 mm の扇形の苞葉を鱗状に密生し，苞葉の間に柄のない紅紫色の小さい花を多数つける．がくは小さく扁平の鐘形で 2 枚の翼があり，花冠は唇形，上唇は小さく浅く 2 裂し，下唇は大きく 3 裂している．雄しべは 4 本，果実は 2 個の分果よりなり，苞葉に包まれ，広卵形で長さ約 2 mm，外皮はコルク化している．〔日本名〕岩垂草の意味である．

3687. ランタナ（シチヘンゲ，コウオウカ） 〔クマツヅラ科〕

Lantana camara L.（*L. camara* var. *aculeata* (L.) Moldenke）

熱帯アメリカ原産の小低木で日本本土ではふつう鉢植として温室に栽培される．茎は四角で粗い毛があり，また小さい刺がまばらに生えている．葉は対生し柄があり，卵形で先端は尖り，ふちにやや鈍いきょ歯があり，長さ 3〜8 cm，幅 2〜5 cm，質はやや厚くしわがあり，硬い毛が多く生えざらざらしている．夏から秋にかけて，葉の腋から長い花茎を出し，頂に花柄のない花を散形状に密集してつける．苞葉は広披針形，がくはごく小さい．花冠ははじめ黄色または淡紅色で後に橙赤色，または濃赤色に変わり，また白花品もある．花筒は細長く少し曲がり，先端はやや不揃いで扁平な 4 裂片に分かれ，平らに開き径 6 mm 位，雄しべ 4 本，雌しべ 1 本．果実は球形で果軸に多数集まって頭状につき，はじめ緑色で後紫黒色に熟す．〔日本名〕七変化及び紅黄花はともに花の色が咲きはじめからだんだん変わるので名付られた．

3688. ムラサキシキブ（ミムラサキ） 〔シソ科〕

Callicarpa japonica Thunb. var. ***japonica***

北海道南部，本州，四国，九州の低い山地や野原に生える落葉の低木である．幹は高さ 1.5〜2 m，まれに 3 m 位になる．葉は長さ 2〜10 mm の柄があり，楕円形または長楕円形で長さ 6〜12 cm，幅 2.5〜4.5 cm，両端は次第に細まって尖り，上面に黄色を帯びた腺点があり，へりには細かいきょ歯がある．6〜7 月，葉の腋から集散花序を出し，多数の淡紫色の小さな花を群がってつける．がくは短い鐘形で浅く 5 裂する．花冠は先端 4 裂し，長さ 3〜5 mm，外面に細かい毛と腺点がある．雄しべは 4 本，花冠より長く，葯は長楕円形で長さ約 2 mm．果実は球形の液果で径約 3 mm，秋には紫色に熟す．〔日本名〕優美な紫色の果実を才媛，紫式部の名をかりて美化したものである．〔漢名〕習慣として紫珠を用いている．

3689. オオムラサキシキブ 〔シソ科〕

Callicarpa japonica Thunb. var. ***luxurians*** Rehder

本州，四国，九州，朝鮮半島，琉球，台湾に分布し，主にやや暖地の海岸近くに生える落葉の低木である．ムラサキシキブより各部が大きく，毛は少なく，葉は厚くてやや光沢がある．枝は太く，若い時には灰色の細かい星状毛を密生する．葉は対生し柄があり，楕円形で両端は次第に細まり長く尖り，ふちには細かいきょ歯があり，大形で長さ 10〜25 cm，幅 3〜10 cm，初め小さい星状毛があるがすぐ落ちてなめらかになり，多くの細かい腺点がある．夏，葉の腋に大きい集散花序を出し，小さい淡紫色の花を多数つける．花序はほぼ無毛，がくは杯形．花冠は 4 裂し径約 4 mm．雄しべ 4 本，雌しべ 1 本．果実は球形で径 3 mm 位，熟すと紫色になる．時に白色となるものがあり，オオシロシキブ f. *albifructa* H.Hara という．

3690. イヌムラサキシキブ 〔シソ科〕

Callicarpa ×shirasawana Makino

まれに見出される落葉の低木で，ムラサキシキブとヤブムラサキとの雑種と考えられる．高さ 3〜4 m，若枝には小さい星状毛が密生している．葉は対生し，柄には星状毛があり，長楕円形，または卵形で両端は長く尖り，ふちにはきょ歯があり，長さ 3〜10 cm，幅 1.5〜3.5 cm，両面ともに毛がある．6〜7 月，葉の腋から集散花序を出し，星状毛が多い．がくは長さ 2 mm 位で少し星状毛があり 4 裂し，裂片は卵形である．雄しべは 4 本，花柱とともに花冠から突き出ている．果実は球形で径 4〜6 mm，熟すと紫色になる．ムラサキシキブより毛が多く，がくの切れこみが深い．ヤブムラサキよりは葉やがくの毛が少なく，がくの切れこみは浅く，花序の花数が多く花はやや小さい．

3691. ヤブムラサキ 〔シソ科〕

Callicarpa mollis Siebold et Zucc.

本州の岩手県以南，四国，九州，朝鮮半島に分布，山地に生える落葉の低木である．幹の高さ 1.5〜2 m，枝は細く，はじめ灰白色の軟らかい星状毛を密生する．葉は質うすく膜質で，長楕円状披針形，長さ 5〜12 cm，幅 2.5〜5 cm，先端は鋭く尖り，ふちにはきょ歯がある．上面は軟毛，下面には軟らかい星状毛を密生し，柄は長さ 3〜5 mm．夏，葉の腋から数花を密生する集散花序を出し，短い柄をもつ淡紫色の小さな花をつける．がくは深く 4 裂し毛がある．花冠は先端 4 裂して平らに開き，筒部とがくとほぼ同じ長さで外面に毛がある．雄しべは 4 本，花冠より長くとび出す．果実は球形の液果で径 3〜4 mm，紫色に熟す．

3692. ビロードムラサキ（コウチムラサキ，オニヤブムラサキ） 〔シソ科〕

Callicarpa kochiana Makino

中国中南部から東南アジアに分布し，三重県，和歌山県，高知県および九州南部の林中に生える落葉低木．茎は直立し高さ 1〜2 m，径 3 cm 位となり，上部は枝分かれし材質は硬い．若枝には黄褐色の軟らかい長い星状毛を密生する．葉は洋紙質で対生し，柄は長さ 2〜3.5 cm，長楕円状披針形，長さ 15〜30 cm，幅 4〜8 cm，先端基部ともに細く尖り，ふちには先が短く尖ったきょ歯がある．上面は緑色，脈上をのぞいて無毛，若葉は上面も白茶色の星状毛を密生する．下面は淡緑色，葉柄や若枝とともに黄褐色の星状毛を密生する．夏，葉の腋から短い柄のある集散花序を出し，淡紫色の小さな花を群がってつける．がくは鋭く 4 裂し，細い毛があって線形．花冠は小さく先端 4 裂して平らに開き，筒部はがくより少し長い．雄しべは 4 本，雌しべ 1 本，ほぼ同じ長さで花冠より長くとび出す．雌しべの柱頭は二叉に分かれている．果実は球形，径約 2 mm，白色でがくに包まれている．

3693. **コムラサキシキブ**（コシキブ，コムラサキ）〔シソ科〕

Callicarpa dichotoma (Lour.) K.Koch

本州（岩手県以南），四国，九州，朝鮮半島，中国に分布，山麓や原野の湿地に生える落葉の低木である．高さ 1〜1.5 m，枝は細く紫色を帯び，はじめ細かい星状毛があるがのち無毛となる．葉は対生し長さ 1〜4 mm の柄があり，倒卵状長楕円形で長さ 3〜6 cm，幅 1.5〜3 cm，両端は鋭く尖り，質やや厚く，ふちは上半部だけきょ歯がある．初夏，葉腋のやや上部から集散花序を出し，淡紫色の小花を多数つける．がくは短い鐘形で浅く 4 裂する．花冠は筒部が短く，先端は 4 裂して平らに開き，長さ約 4 mm．雄しべ 4 本，雌しべ 1 本は花冠より長くとび出す．果実は球形で径約 3 mm，紫色に熟し大変美しい．〔日本名〕小紫式部および小式部の意味で，同属のムラサキシキブににて小さいのでいう．紫式部は和歌の上手な優雅な女性であったので，美しい紫の実をつけるこの樹木をたとえてよんだものである．一般にムラサキシキブの名で栽培されているものは全て本種である．

3694. **トサムラサキ**（ヤクシマコムラサキ）〔シソ科〕

Callicarpa shikokiana Makino（*C. yakusimensis* Koidz.）

本州の西部，四国，九州に生える落葉の低木である．若枝には細かい毛が多い．葉は対生し，柄は長さ 5〜10 mm，長楕円形で両端ともに細まり，先は長く尾状に尖り，ふちには先が鈍形の粗いきょ歯がある．長さ 3〜12 cm，幅 1〜4 cm，両面に多数の小さい腺点があり，上面および下面の脈上に細かい毛がある．7〜8 月，葉の腋から径 1〜2 cm の小さい集散花序を出し，花序軸には細かい毛があり，淡紫色の小さな花をつける．がくは杯状で長さ約 1 mm，切れこみは浅く，短い 4 個の歯がある．花冠は径 3 mm 位，4 裂し，雄しべ 4 本，雌しべ 1 本は花冠より長くとび出す．果実は球形で小さく径 2 mm，紫色に熟す．ムラサキシキブに比べて各部は小さく，葉は粗いきょ歯をもち，両面に多数の腺点があり，若枝や花序などには細かい毛がある．

3695. **オキナワヤブムラサキ**〔シソ科〕

Callicarpa oshimensis Hayata var. ***okinawensis*** (Nakai) Hatus.

沖縄本島の山地に生える大形落葉低木．高さは 2 m ほどになる．枝は灰白色で若枝には淡褐色の星状毛がある．葉は短い柄があって対生し，葉身は長さ 3〜6 cm の卵形で基部は円く，先端は細長くのびて尖る．ふちにきょ歯があり，葉の両面とも星状毛がめだつ．特に下面は星状毛の他に腺毛もあって密におおわれる．初夏に上部の葉腋と枝先に花序を出し，淡紅紫色の小さな花を多数つける．花序の柄や小花柄も星状毛におおわれる．花は短いカップ状のがく筒があり，花筒の長さ 2〜3 mm で上部は 5 裂して開く．雄しべ 4 本と雌しべの花柱（1 本）は花外につき出す．花後に径 2 mm ほどの球形の液果を生じ，紫紅色に熟す．本種の母種とされるオオシマムラサキ var. *oshimensis* は琉球列島北部（奄美大島など）に産し，葉身が菱形状となり，ふちのきょ歯も粗く大きい．〔日本名〕沖縄薮紫．ヤブムラサキ（ムラサキシキブ属）の仲間で沖縄に産するため．

3696. **オオバシマムラサキ**〔シソ科〕

Callicarpa subpubescens Hook. et Arn.

小笠原諸島固有の常緑小高木．同群島に自生する同属 3 種の中で最も分布が広く，かつ個体数も多い．樹高 3〜7 m，枝は褐色で若枝，葉柄，葉の下面などに茶褐色の星状毛が密に生える．この毛の密度や葉の形，大きさには変異が大きい．葉は対生し柄の長さ 2〜3 cm，葉身は楕円形ないし広卵形で，長さ 7〜15 cm，幅 5〜9 cm．7〜12 対の側脈があってふちには細かいきょ歯が並ぶ．葉の質は小笠原原産の他の 2 種に比して薄い．5〜6 月，枝先近くの葉腋から多数の集散花序を出し，ピンクの花を密につける．個々の花は小さく，杯形のがくをもった漏斗形の花冠があり，花冠の上部は浅く 4 裂，長い 4 本の雄しべが花外にとび出して黄色の葯がつく．雌しべの花柱の長いものと短いものがあり，両者は機能的に雌花と雄花の役を果たしていてそれぞれ別株につく．がく筒外面や花冠，子房にも星状毛がはなはだしい．果実は球形で直径 4〜5 mm，秋に紅紫色に熟し鳥が食べる．父島と兄島の林内には近縁の低木種シマムラサキ *C. glabra* Koidz. があり，全株に毛がほとんどない．〔日本名〕大葉島紫．葉が大形で島に産するムラサキシキブの意である．

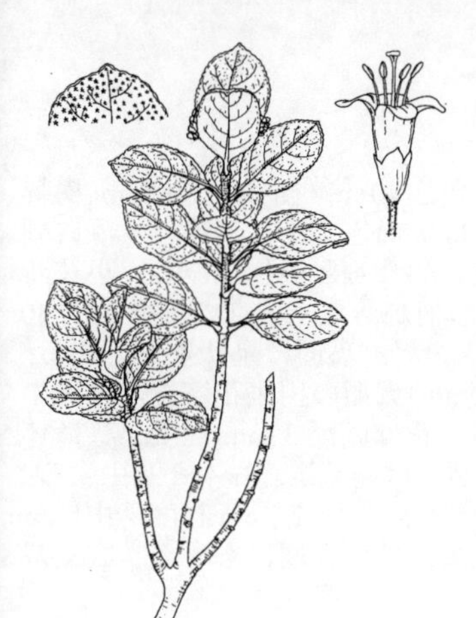

3697. ウラジロコムラサキ 〔シソ科〕

Callicarpa parvifolia Hook. et Arn.（*C. nishimurae* Koidz.）

小笠原諸島に固有の常緑低木で，分布は父島と兄島の乾燥した岩石地に限られ，個体数も非常に少ない．樹の高さ 1～2 m で枝は褐色．全株，特に若枝，葉柄，葉の両面を灰褐色の綿毛が密におおう．葉は約 1 cm の葉柄があって対生し，葉身は長さ 3～5 cm の広楕円形で先は円い．ふちには低いきょ歯がある．葉質はきわめて厚い．初夏の頃，枝先と上部の葉腋から集散花序を出し，多数の紅紫色の小花を密につける．花序の軸をはじめ花柄やがく筒，子房の外面などに葉の両面と同様の淡褐色の密毛がある．がく筒は杯形，花冠は深い漏斗形で上半部は浅く 4 裂し，4 本の雄しべは基部が花冠内面につき葯だけが花外に突出する．花冠の直径は 4～5 mm．花後に球形の液果を結び，秋おそく紅紫色に熟す．オオバシマムラサキと近縁で，乾燥地への適応形と思われるが，稀産でかつ野生化したヤギの食害がはなはだしいため絶滅に近い状況におかれている．〔日本名〕裏白小紫は，葉裏が綿毛におおわれて白く，小形のムラサキシキブ属という意．

3698. ハマクサギ 〔シソ科〕

Premna microphylla Turcz.（*P. japonica* Miq.）

近畿地方南部以西，四国，九州，琉球，台湾の海岸または海に近い所に生え，落葉する小形の高木で，高さ 2～10 m 位，幹は多数枝分かれする．葉は対生し，長さ 1～3 cm の柄があり，卵形または広卵形で長さ 5～12 cm，幅 2.5～7 cm，膜質で先端は尖り，基部は急に細くなり柄にそって翼となり，全縁または上半部に粗い大形のきょ歯があり，悪臭がある．夏，枝先に円錐状の集散花序を出し，淡黄色の花を多数つける．がくは鐘形で不同の 5 歯があり，花冠は筒状で先端は 4 裂し，唇形となり長さ 8～10 mm，外面に粒状の腺毛がある．雄しべ 4 本．果実は倒卵状球形で紫黒色に熟し径 3～3.5 mm，下部に宿存性のがくがある．〔日本名〕浜臭木の意味．〔漢名〕臭娘子．

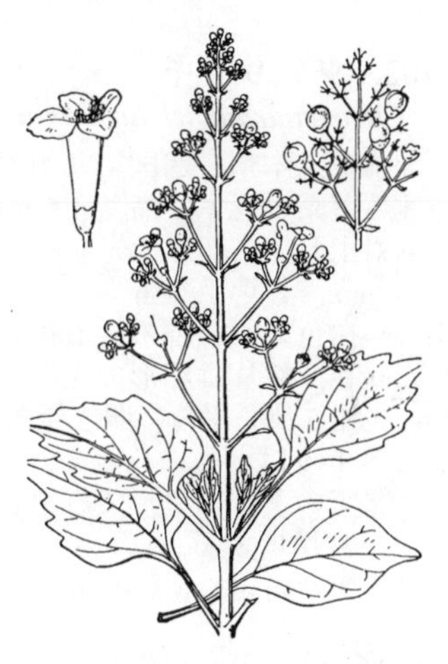

3699. ハマゴウ 〔シソ科〕

（ハマホウ，ハウ，ハマボウ，ハマシキミ，古名ハマハイ）

Vitex rotundifolia L.f.（*V. trifolia* L. var. *ovata* (Thunb.) Makino）

本州以南，東南アジア，太平洋沿岸，オーストラリアなどの温帯から熱帯にかけて広く分布し，海岸の砂地に生える落葉の低木である．茎は長く砂の上や中を横にはい，根をおろす，枝は四角形で直立または斜めに立ち上がり高さ 30～60 cm 位．葉は対生し，楕円形または倒卵円形で長さ 2～5 cm，幅 1.5～3 cm，全縁，ごくまれに 3 裂した葉をもつものがあり，カワリバハマゴウ f. *heterophylla* (Makino ex H.Hara) Kitam. という．葉は長さ 5～7 mm の柄があり，上面は緑色，下面は軟らかい細毛があって白色である．夏，枝先に円錐花序を出し，紫色の唇形花を多数つける．がくは鐘形，5 個の短い歯がある．花冠は長さ約 13 mm，上唇は小さく浅く 2 裂，下唇は大きく 3 裂し特に中央の裂片は長く内面に毛がある．雄しべ 4 本，雌しべ 1 本，雌しべの先端は二叉に分かれている．果実は球形で径 5～7 mm，下部にはがくがついている．〔日本名〕方言ではホウとよび，ハマゴウはハマホウの転じたものであろうか．〔漢名〕蔓荊，実を蔓荊子とよび，香気があり薬用にする．

3700. ニンジンボク 〔シソ科〕

Vitex negundo L. var. ***cannabifolia*** (Siebold et Zucc.) Hand.-Mazz.（*V. cannabifolia* Siebold et Zucc.）

中国原産の落葉低木でときに庭園に植えられている．高さは 3 m 位．枝は対生し，葉は長い柄があり，5 枚の小葉が掌状に集まりアサの葉状で，枝先の葉は 3 枚の小葉からなる．小葉は広披針形で長さ 5～9 cm，下面に短い毛があり，ふちには粗いきょ歯がある．7～8 月頃，葉の腋から長さ 20 cm 位の円錐形の花穂を出し，淡紫色で小さい唇形花が多数階段状に集まってつく．がくは 5 裂し毛がある．花冠の上唇は小形で浅く 2 裂し，下唇は 3 裂し，特に中央の裂片は幅広く長い．雄しべは 4 本で花冠より長くとび出し，柱頭は二叉に分かれる．果実は小さく倒卵形体である．〔日本名〕人参木でその葉形が薬用人参に似ているのでいう．〔漢名〕牡荊．

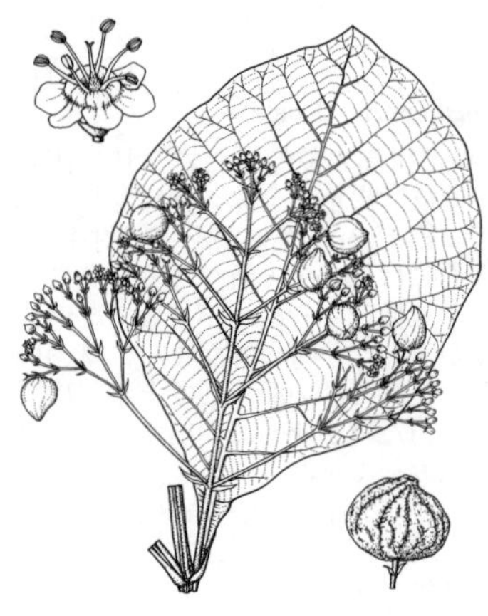

3701. チークノキ　〔シソ科〕

Tectona grandis L. f.

東南アジアを原産とする落葉高木で，高さ 40 m，径 60～80 cm．樹幹は円形または楕円形，幹は直立し，樹皮は灰褐色または暗褐色，縦に細裂する．内樹皮は淡黄色であるが，外気に触れると褐色になる．小枝断面は鈍角の四角形．葉は対生，2～4 cm の柄があり，葉身の長さ 15～40 cm，幅 8～23 cm，卵形あるいは倒卵形，全縁，裏面に星状毛が生える．多数の集散花序が集まった長さ 30～50 cm の大型の円錐花序を，枝先に頂生及び腋生し，白色の花を多数つける．花は直径 3 mm 程度，萼は杯状で裂片は 3 角形，花冠は輻状で 6 裂し，裂片は丸く雄蕊 6 本と互生する．袋果はいびつな球形で淡緑色から褐色に熟し，直径 1.5 cm 程度，中に球形の種子 1 個がある．有用材として有名で，強い乾期にも耐え，広く栽培される．

3702. クサギ　〔シソ科〕

Clerodendrum trichotomum Thunb. var. ***trichotomum***

北海道，本州，四国，九州，琉球から台湾，朝鮮半島，中国に広く分布する落葉の低木．高さ 1.5～3 m，上方で枝分かれする．葉は長い柄をもち対生し，広卵形で先端は尖り，基部はやや円く，長さ 8～15 cm，幅 5～10 cm，短い毛を密生し，臭気がある．8～9 月頃，枝先に集散花序を出し，白色でよい香のする花を多数つける．がくは 5 深裂し，赤味を帯びた緑色，裂片は卵形で先端は鋭く尖る．花冠は筒部が細く長さ 2～2.5 cm，先端 5 裂し平らに開き径 2.5～3 cm，赤味を帯びている．雄しべ 4 本，雌しべ 1 本はともに花冠の外に長くとび出す．果実は球形で藍青色に熟し，果実の下部に星形で紅紫色のがくがある．果実を染料とし，ときに若葉を食用にする．〔日本名〕臭木で葉に臭気があるのでいう．〔漢名〕臭牡丹樹といい，また海州常山もこれであろうか．

3703. アマクサギ　〔シソ科〕

Clerodendrum trichotomum Thunb. var. ***fargesii*** (Dode) Rehder

（*C. trichotomum* var. *yakusimense* (Nakai) Ohwi）

九州南部，屋久島，奄美大島など暖地の海岸近くに生える落葉の低木である．若枝は少し細かい毛があり，葉は長い柄があって対生し，長卵形で先端は長く尖り，低いきょ歯があり，長さ 6～15 cm，幅 3～8 cm，ほとんど無毛で上面は少し光沢がある．夏，枝先に大きい集散花序をつけ，多くの白花を開く．花柄は細長く無毛．がくは漏斗状で長さ約 1.5 cm，5 裂し裂片は長三角形で尖る．花冠の筒部は細長く，がくよりとび出し，先端は 5 裂し，裂片は長楕円形で平らに開き，径 2 cm 内外，雄しべは 4 本で花柱とともに花冠より長くとび出す．クサギよりずっと毛が少なく，葉はやや厚く光沢がある．〔追記〕伊豆諸島や神奈川県の三浦半島には，本種に似て雄しべが短く，がくや花冠の筒部が紅色を帯びないシマクサギ *C. izuinsulare* K.Inoue, M.Haseg. et S.Kobay. を産する．

3704. ゲンペイクサギ　〔シソ科〕

Clerodendrum thomsoniae Balf.f.

西アフリカ原産の常緑のつる性低木である．観賞用として温室栽培される．つるは長くのびるが普通は鉢植として丈低くつくる．葉は対生し，長卵形で先は尖り，全縁，主脈は上面ではっきり凹んでいる．初夏，枝先に円錐状の集散花序をなして美しい花を開く．がくは白色，鐘状で五角形をし，5 深裂して裂片は先がやや閉じている．花冠は濃紅色で筒部は長さ 2 cm 位，先端は 5 裂して平らに開く．雄しべは 4 本，長く花冠からとび出している．〔日本名〕クサギと同属で，花は花冠の紅色とがくの白色が著しい対照をなすので源平クサギと名づけられた．

3705. ヒギリ（トウギリ）　〔シソ科〕

Clerodendrum japonicum (Thunb.) Sweet

東南アジア原産の落葉の小低木である．昔から観賞用として栽培され，暖地では庭園に植えられる．幹の高さ 1 m 位，葉は長い柄があって対生し，キリの葉のように卵円形で先端は尖り，基部は心臓形となり，長さ 17～30 cm，ふちには細かいきょ歯があり深緑色，下面には黄色の短い腺毛を密生する．夏から秋にかけて，枝先に大きな円錐花序を出し，多数の赤色の花をつけ大変美しい．がくは花冠と同じく赤色で卵球形，5 裂する．花冠は筒部長く 2 cm 位，先端は 5 裂して平らに開く．雄しべは 4 本，花柱とともに長く花冠よりとび出し，上向きに曲がっている．〔日本名〕緋桐または唐桐の意味．〔漢名〕赬桐．

3706. カリガネソウ（ホカケソウ）　〔シソ科〕

Tripora divaricata (Maxim.) P.D.Cantino

（*Caryopteris divaricata* Maxim.）

北海道，本州，四国，九州から朝鮮半島，中国に分布し，山地や原野に生える多年草で，高さ 1 m 位，強い不快な臭気をもつ．茎は四角形で直立し上方で枝分かれする．葉は対生し長さ 1～4 cm の柄があり，広卵形で長さ 8～13 cm，幅 4～8 cm，ふちには鈍いきょ歯があり，先端は鋭く尖り，基部は円形または浅い心臓形である．秋，葉の腋から長い柄をもつ集散花序を出し，紫色の花をまばらにつける．がくは鐘形で 5 裂し長さ 2～3 mm，花冠は筒部の長さ 8～10 mm，先端は唇形で大きく口を開き，上唇は背面にふくらんで舟形となり，下唇は 3 裂し中央の裂片は大きく前方にのびている．雄しべ 4 本，花柱とともに上唇にそって長く花冠よりとび出し，先端は下向きに曲がる．〔日本名〕雁草，帆掛草の意味でいずれも花形による名前である．漢名に蕕を使うのは誤りである．

3707. ルリハッカ　〔シソ科〕

Amethystea caerulea L.

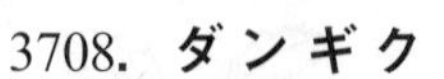

朝鮮半島，中国からトルコにいたるアジアの温帯に分布し，わが国では九州と東北地方にまれに見られる一年草である．茎は高さ 30～80 cm，四角形で暗紫色を帯び，節に細毛がある外は全株ほとんど毛がない．葉は対生し長い柄があり，ほとんど基部まで 3 深裂し，裂片は披針形で先は尖り，長さ 1～6 cm，幅 2～20 mm，ふちには粗いきょ歯がある．夏，上部の葉腋から細い柄を出し，集散花序をなしてるり色の小さな花を多数つける．がくは長さ 2.5～3 mm，上部は 5 裂し，裂片は長三角形で先端は鋭く尖る．花冠は小さく長さ約 4 mm，4 裂し下側の 1 裂片は他の裂片より少し大きい．2 本の雄しべと 1 本の花柱は花冠よりはるかに長くつきでている．果実の熟す頃，がくは大きな浅い漏斗状となり，尖った 5 裂片は斜めに開出し，内に 4 個の分果を包んでいる．

3708. ダンギク　〔シソ科〕

Caryopteris incana (Houtt.) Miq.

九州西部，朝鮮半島南部，中国，台湾に分布する多年草．高さ 60 cm 位，茎は直立し，葉とともに短い軟毛を密生し，全体に灰緑色を帯びる．葉は対生し長さ 5～15 mm の柄があり，卵形で長さ 2.5～6 cm，幅 1.5～3 cm，先端は尖り，基部は円形または広いくさび形，ふちには数個の粗いきょ歯があり，下面は毛が密生する．夏，枝先の葉腋から集散花序を出し，紫色，時に白色の小さな花を多数密生する．花序は茎のまわりをとりかこみ，層状となる．がくは深く 5 裂し，裂片は広披針形で毛があり長さ 2～3 mm，花冠は下部に細い筒をもち，上部は 5 裂し平らに開き，裂片の 1 個は大形でふちが細かく切れこんでいる．雄しべは 4 本，花柱とともに長く花冠よりとび出す．果実は下部に宿存性のがくをもつ．〔日本名〕段菊の意味で花が段をなして咲くのでいう．〔漢名〕蘭香草．

3709. ニガクサ 〔シソ科〕

Teucrium japonicum Houtt.

北海道，本州，四国，九州に広く分布し，山野の水辺などの明るい湿った場所に生える多年草．茎は高さ 30～70 cm，四角形で直立する．葉は長さ 1～2 cm の柄があり，対生し，細長い楕円状披針形で，長さ 5～10 cm，幅 2～3 cm，先端は鋭く尖り，ふちには不揃いなきょ歯があり，下面の脈上にはまばらに短い毛がある．夏，茎の先端や上部の葉腋に長さ 3～10 cm 位の花穂をつける．花は花穂に密につき，淡紅色小形の唇形花である．がくは 5 裂し長さ 4～5 mm，無毛かまれに毛があるが，腺毛は混じらず，裂片の先は鋭く尖る．花冠は長さ 10～12 mm，上唇は非常に小さく，深く 2 裂し，下唇はきわめて大きく 3 裂し，中央の裂片のみ大きい．雄しべは 4 本でうち 2 本は長い．がくは開花期にしばしば虫こぶとなり，大きくふくれて，中に半翅類の幼虫が入っていることが多い．〔日本名〕苦草の意味であるが，この植物の茎や葉は苦くない．

3710. ツルニガクサ 〔シソ科〕

Teucrium viscidum Blume var. ***miquelianum*** (Maxim.) H.Hara

本州，四国，九州の山野の林のへりなどに生える多年草で，根茎は細長く地中をはう．茎は高さ 20～80 cm，四角形で曲がった細かい毛がある．葉は対生し，長い柄があり，長卵形または長楕円形で先は尖り，基部は急に細くなり，長さ 3～10 cm，幅 1.5～5 cm，ふちには粗い鈍きょ歯があり，質うすく脈は上面で凹み，細かい毛がまばらに生える．夏，上部の葉の腋から長さ 2～8 cm の総状花序を出し，小形の唇形花を多数つける．がくは鐘形で先は 5 裂し，裂片のふちに腺毛があり，表面にも腺毛をつけることが多い．花冠は淡紅色で長さ 8～10 mm，下唇は長く前につきでている．果実の熟す時，がくは球状にふくらみ，内に褐色卵形体でほとんど滑らかな分果を包んでいる．〔日本名〕蔓苦草の意味である．〔追記〕本州中北部，北海道の深山には，本種に似て茎に開出する長い毛がまばらに生えるテイネニガクサ *T. teinense* Kudô を産する．

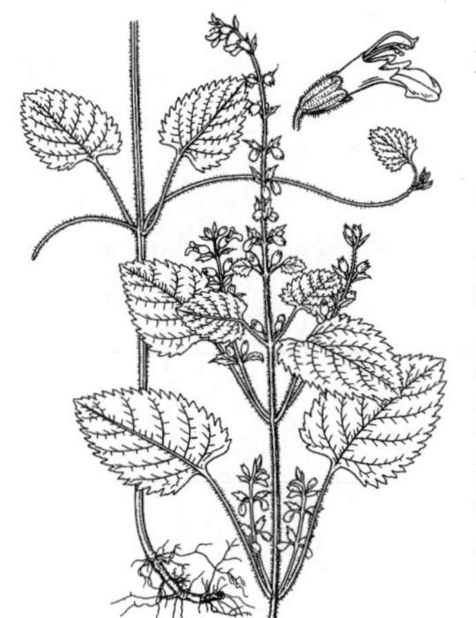

3711. エゾニガクサ 〔シソ科〕

Teucrium veronicoides Maxim.

北海道，本州，九州北部の山地草原にまれに生える多年草．根茎は細く，長く地中をはう．茎は直立し，高さ 15～30 cm，長く開出する毛が密生する．葉は対生し，葉柄は長さ 1～2 cm で，長い開出毛がある．葉身は卵形または広卵形，長さ 2.5～3.5 cm，幅 1.5～2.5 cm，先は鋭頭，基部は広いくさび形，しばしば切形または浅い心臓形になり，ふちに細かい重きょ歯があり，上面にはやや密に長い毛があり，下面には密に短い毛と脈上に長い毛がある．7～8 月頃，茎の頂と上部の葉の腋に長さ 4～8 cm の花穂をつけ，まばらに淡紫色の唇形花を咲かす．苞葉は披針形，長さ 4～8 mm，ふちに少数個のきょ歯がある．花柄は約 2 mm．がくは先の方に短い腺毛があり，長さ約 3 mm，上唇は 3 裂し，裂片は三角形で鈍頭または円頭，下唇は 2 裂し，裂片は狭三角形で鋭尖頭，果時には下向きになり裂片は内側に巻く．花冠は長さ 7～9 mm，上唇は浅く 2 裂し，下唇は長く前につきでて 3 裂し，側裂片は細い．分果は楕円体で長さ約 2 mm．〔日本名〕蝦夷苦草で，初め北海道で見つかったことによる．

3712. キランソウ（ジゴクノカマノフタ） 〔シソ科〕

Ajuga decumbens Thunb.

本州，四国，九州から朝鮮半島，中国に分布し，道ばたや土手に多く見られる多年草である．茎は四方に広がって地面をはい，直立せず，全体に多細胞の縮れた毛がある．葉は対生し，根ぎわの葉は放射状につき，長さ 4～6 cm，幅 1～2 cm，倒披針形で先端は鈍く，ふちには粗いきょ歯がある．緑色で時に紫色を帯びることがあり，上部の葉は長さ 1.5～3 cm で小形である．春，葉の腋に濃紫色の小花を数個つける．がくは 5 裂して毛があり，花冠は長さ約 1 cm．上唇は短く 2 裂し，下唇は大きく 3 裂し中央の裂片は他の 2 裂片より大きく，先は浅く 2 裂している．雄しべは 4 本で 2 本は長い．果実は 4 個の分果からなり，分果は卵球形で長さ約 1.7 mm，もりあがった網目がある．〔漢名〕習慣として金瘡小草が用いられているが確かではない．

3713. ヒメキランソウ 〔シソ科〕

Ajuga pygmaea A.Gray

九州，琉球，台湾の海岸に生える小形の多年草で，地上に細長い枝をのばしてはい，所々から根を出して新しい株になる．葉は根ぎわから放射状に群がって出て，長さ 1～4 cm，幅 3～10 mm，長楕円状倒披針形で先は円く，基部は次第に細くなり長い葉柄となり，ふちにまばらな波状のきょ歯があり，長い軟らかい毛がまばらに生えている．春，葉の腋に短い花柄を出し，青紫色で唇形の小さな花をつける．がくは鐘形で 5 裂し，裂片は卵形で先端は尖り，長い軟毛がまばらに生えている．花冠は長さ 1 cm 位，筒部は細長く，上唇はごく短く 2 裂し，下唇は深く 3 裂する．

3714. ジュウニヒトエ 〔シソ科〕

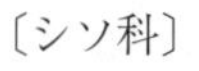

Ajuga nipponensis Makino

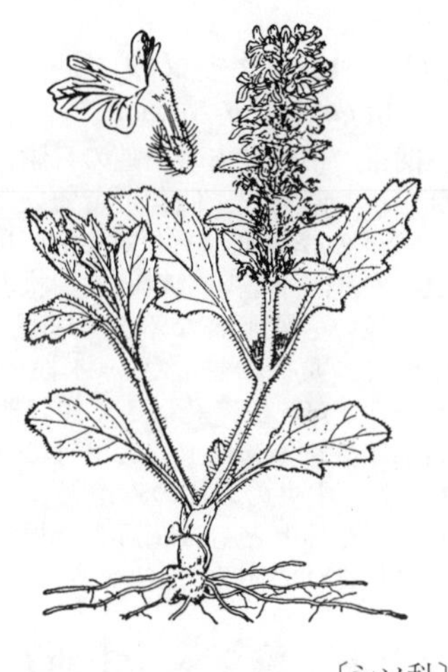

本州，四国の林や野原に多く生える多年草で，高さ 15～18 cm，全体に多細胞の縮れた白い毛を密生し，茎は直立する．茎の基部には 2～3 対の鱗片状の葉があり，上部には 2～4 対の対生する葉がある．葉は長さ 1.5～3 cm の柄があり，倒披針形で長さ 3～5 cm，幅 1.5～3 cm，ふちには粗く波状で先の鈍いきょ歯がある．葉は白色がかった緑色で，基部は次第に細くなり，葉柄には翼がある．4～5 月頃，茎の先端に花穂をつけ，淡紫色の小さい唇形の花を多数開く．花穂は長さ 4～6 cm，花は花軸のまわりに輪生し，がくは 5 裂して毛がある．花冠は長さ約 9 mm，上唇は小さく卵形で浅く 2 裂し，下唇は大きく 3 裂し，中央の裂片は大形である．雄しべは 4 本でうち 2 本は長い．果実は宿存性のがくに包まれている．これの漢名に夏枯草をあてるのは誤りで，真の夏枯草はウツボクサのことである．〔日本名〕十二単は花が重なって咲く様子を女官が着た十二単の衣装に見たててつけたものである．

3715. ニシキゴロモ（キンモンソウ） 〔シソ科〕

Ajuga yesoensis Maxim. ex Franch. et Sav. var. ***yesoensis***

北海道，本州，四国，九州の山地に生える小形の多年草で高さ 5～15 cm，茎は 1 本または数本直立し，少し縮れた毛がある．葉は対生し 3～4 対あり，長さ 1～2 cm の葉柄をもち，長倒卵形で長さ 2～6 cm，幅 1～3 cm，粗く鈍頭のきょ歯がある．上面はふつう，脈にそって紫色になり，下面は紫色を帯びる．初夏の頃，上部の葉腋にふつう淡紅白色（一部地域では紫色）の唇形の小さな花を数個つける．がくは長さ 6 mm 位，5 裂し毛がある．花冠は長さ 11～13 mm，筒部は細長く，上唇と下唇に分かれ，上唇は長さ 2.5～3 mm，2 深裂し，下唇は大形で 3 深裂し，中央の裂片は他の 2 裂片より大きい．雄しべは 4 本でうち 2 本は長い．果実は宿存性のがくに包まれている．〔日本名〕錦衣は葉が美しいのでいう．〔追記〕本州の太平洋側や四国には，花冠の上唇がごく短くて分裂しないものがあり，ツクバキンモンソウ var. *tsukubana* Nakai として区別される．

3716. タチキランソウ 〔シソ科〕

Ajuga makinoi Nakai

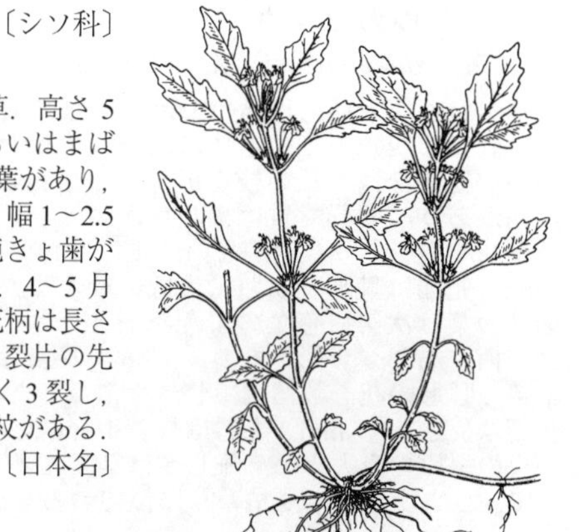

本州（関東地方南西部，中部地方南部）の山地の木陰に生える多年草．高さ 5～20 cm．茎は直立または基部で倒れて斜めに立ち上がり，やや密にあるいはまばらに縮れた白い毛がある．茎の基部には 1～2 対の鱗片状ないしさじ状の葉があり，茎の中部の葉は，葉柄が長さ 0.5～1.5 cm，葉身は長楕円形で長さ 2～6 cm，幅 1～2.5 cm，先は鈍頭または円頭，基部はくさび形で柄に流れ，ふちには粗い鈍きょ歯があり，上面にはまばらに縮れた短い毛，下面には脈上に縮れた毛がある．4～5 月頃茎の上部の葉の腋に 1～5 個の濃い青紫色の唇形花を輪状につける．花柄は長さ約 1 mm．がくは鐘形，長い縮れた毛があり，長さ 4～5 mm，5 中裂し，裂片の先は鋭頭または鋭尖頭．花冠は長さ約 15 mm，上唇は浅く 2 裂し，下唇は深く 3 裂し，裂片の外側にはまばらに縮れた毛がある．分果は長さ約 2 mm で，網目紋がある．ニシキゴロモに似るが，花冠が小さく，葉の下面は脈上のみに毛がある．〔日本名〕立ちキランソウで，キランソウのようで茎が立ち上がることによる．

3717. オウギカズラ 〔シソ科〕

Ajuga japonica Miq.

本州，四国，九州の山地の木陰に生える多年草で高さ 8〜20 cm，茎は短く直立し，花後基部から地表をはう長い枝を出す．葉は対生し，長さ 2〜5 cm の柄があり，心臓形で長さ 2〜5 cm，幅 1.5〜3.5 cm，ふちには粗い波形のきょ歯が数個ある．上部の葉の腋に紫色の唇形の花を対生してつける．がくは 5 裂し，裂片の先端は鋭く尖る．花冠は長さ約 2.5 cm，筒部は細長く先端は上唇と下唇に分かれ，上唇は長さ約 4 mm，浅く 2 裂し，下唇は長さ約 7 mm，3 深裂し，中央の裂片は大形で先端は浅く 2 裂する．雄しべは 4 本でうち 2 本は長い．果実は 4 個の分果からなり，分果は長さ約 2 mm，倒卵形体で背面に網目模様がある．〔日本名〕扇蔓の意味でその葉形によるものである．

3718. ヒイラギソウ 〔シソ科〕

Ajuga incisa Maxim.

関東，中部地方の山地の日陰に生える多年草で高さ 30〜50 cm，茎は数本群がって直立し，四角形で短い毛がある．葉の上面はやや青緑色で，長さ 3〜5 cm の長い柄があり対生し，卵円形で長さ 6〜10 cm，幅 4〜6 cm，先端は鋭く尖り，不揃いで粗い欠刻状のきょ歯があり，基部は次第に細くなるかまたは浅い心臓形となる．5 月頃，茎の上部の葉の腋ごとに 2〜3 個ずつの花をつけ，輪状に並んだ 3〜5 段の花穂になる．がくは 5 裂し，裂片は披針形で長さ 7 mm 位．花はごく短い柄があり，青紫色で大変美しく長さ 2〜3 cm，筒部は長く先端は上唇と下唇に分かれ，上唇は短く半円形に 2 裂し，下唇は 3 裂し，中央の裂片のみが大きくつきでている．雄しべは 4 本でうち 2 本は長く，花柱とともに花冠より短い．果実は 4 個の分果よりなり，宿存性のがくに包まれている．〔日本名〕葉の形がヒイラギの葉に似ているのでいう．

3719. カイジンドウ 〔シソ科〕

Ajuga ciliata Bunge var. ***villosior*** A.Gray ex Nakai

北海道，本州，九州の山地の木陰や草原に生える多年草で高さ 20〜40 cm，茎は直立し，しばしば赤紫色を帯び，葉とともに多細胞の白い毛を密生する．茎の上部は時たま少し枝分かれし，葉は対生し下部のものはへら形，または鱗片状で小さく，中部の葉は卵形，または広卵形で長さ 3〜8 cm，幅 2〜4.5 cm，ふちには粗い不揃いなきょ歯があり，基部は長さ 5〜10 mm の翼のある柄となる．上部の葉は細長い卵形でやや赤紫色を帯び，がくよりも長い．5〜6 月頃，上部の葉腋に数個の花を密に輪状につけ，数段に重なった花穂になる．がくは 5 裂し長さ 6 mm 位，花冠は紅紫色で筒部は細く長さ 10〜12 mm，上唇は 2 裂し半円形で長さ 3 mm 位，下唇は上唇よりずっと長く，深く 3 裂し，中央の裂片のみ大きく先端は浅く 2 裂する．雄しべは 4 本でうち 2 本は長い．果実は 4 個の分果からなり，分果は長さ約 2 mm．〔日本名〕甲斐の国に産するジンドウソウ（ヒイラギソウの別名）の意味といわれるが，ジンドウの意味ははっきりしない．

3720. ツルカコソウ 〔シソ科〕

Ajuga shikotanensis Miyabe et Tatew.

本州および千島色丹島の山野の草原に生える多年草で，高さ 10〜30 cm，茎は直立し四角形で，全体に多細胞の縮れた長い毛を密生し，開花後，基部から地上をはう長い枝を出す．根ぎわの葉は群がってつき，対生して長い柄があり，卵形で質はやわらかい．上部の葉は細長い卵形でまばらに長い縮れた毛があり，柄がないかまたは短い柄があり，長さ 2〜4 cm，幅 1〜2 cm，先端は鈍形，ふちには低いゆるやかな少数のきょ歯がある．茎の先端部の葉は次第に苞葉のような形となり小形となり，地上をはう枝の葉は長い柄がありへら形となる．5〜6 月頃，茎の上部の葉状の苞葉の腋に，淡紫色の唇形の花を数個輪生し，段になった花穂をつくる．がくは 5 裂する．花筒は長さ 6〜7 mm，上唇は長さ 1 mm たらずで 2 裂し，下唇は深く 3 裂し中央の裂片のみ大きい．雄しべは 4 本でうち 2 本は長い．〔日本名〕蔓夏枯草で，ウツボグサ（夏枯草）に似てつるを出すことによる．

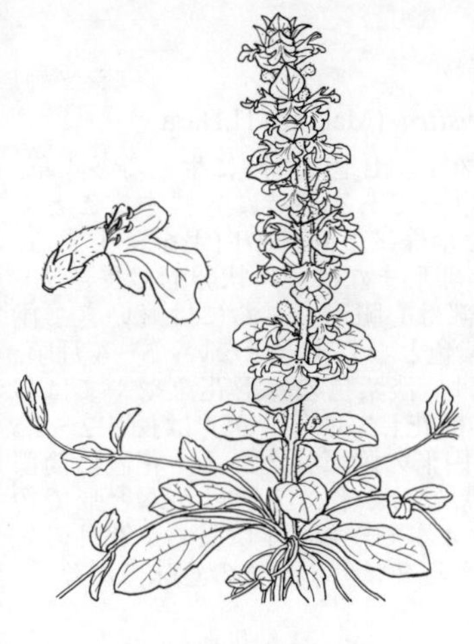

3721. セイヨウキランソウ 〔シソ科〕

Ajuga reptans L.

ヨーロッパから西南アジアにかけて分布する多年草．多数の園芸品種があって栽培され，また各地で野生化している．地面に匍匐茎を延ばして広がり，根を下ろしてロゼットを形成し，そこから花茎を立ち上げる．花茎は 4 稜形で対向する 2 面に毛があり，高さ 10～35 cm．葉は対生し無毛，葉脈が窪んで皺となり，楕円形で波状縁，緑色または暗紫色を帯び，根出葉の基部は狭まって葉柄に続き，花茎の葉は無柄．花茎の上部は対生する苞の腋に無柄の集散花序をつけた花穂となり，下から咲き上がる．萼筒は 5 歯があり，花冠は青紫色，紫色，淡紅色など変異があり 2 唇形で長さ 14～17 mm，上唇は小さく，下唇は 3 片に切れ込み，中央裂片は先が陥入する．長短 2 対の雄蕊は花冠筒につき先は上唇の前に突き出す．果実は宿存する萼筒の中に 4 分果を生じ，表面に網目状の皺がある．

3722. タツナミソウ 〔シソ科〕

Scutellaria indica L. var. ***indica***

アジア東部，南部の温帯に広く分布し，日本では本州，四国，九州の林のへりや野原に生える多年草である．高さ 20～40 cm，根茎は細く短くはい，茎は直立し，白色の長い立った毛が密生する．葉は対生し，長さ 5～20 mm の柄があり，円い心臓形で，長さ幅ともに 1～2.5 cm，両面に密に軟らかい毛が生え，先は鈍形，基部は心臓形，ふちには鈍きょ歯がある．5～6 月頃，茎の先端に多数の一方を向いた紫色の唇形花を穂状につける．花は 2 列にならび，花冠は基部が曲がって直立し，長さ 18～22 mm，筒部は長く，下唇は幅広く前方につき出し，紫色の斑点がある．がくの上部には円盤状の附属物がある．雄しべは 4 本でうち 2 本は長い．分果は宿存性のがくに包まれ，熟すると上部の附属物がはずれて散布される．〔日本名〕立浪草で花の様子が泡立つ波に似ているのでいう．〔追記〕コバノタツナミ var. *parvifolia* (Makino) Makino は本州中部から九州の太平洋側に分布し，茎は下部がはい，葉は小さくふちのきょ歯も少ない．

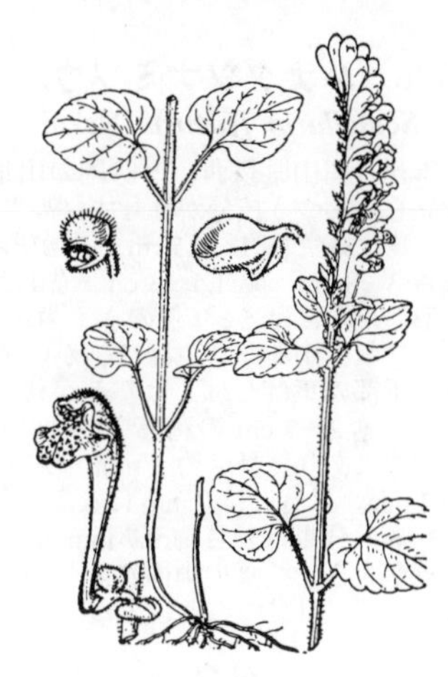

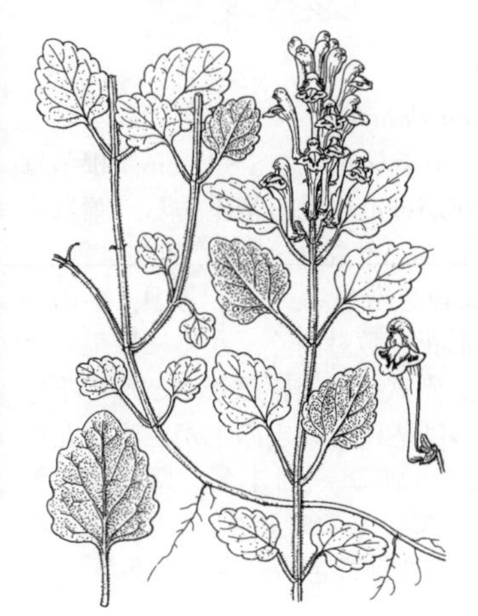

3723. アカボシタツナミソウ 〔シソ科〕

Scutellaria rubropunctata Hayata

鹿児島県（屋久島以南），沖縄県の木陰や道ばたに生える多年草．茎は下部がはい，枝分かれして，先は立ち，長さ 10～100 cm，下向きまたは開出する短い毛が密生する．葉は対生し，柄は長さ 1～3 cm で短い毛があり，葉身は卵形または広卵形，長さ 1～6 cm，幅 0.5～5.5 cm，先は鈍頭または円頭，基部は広いくさび形，まれに浅い心臓形，ふちに 4～7 個の鈍きょ歯があり，上面にはまばらまたは密に短い毛があり，下面はしばしば紫色を帯び，密に腺点があり，短い毛が脈上のみにあるものから密生するものまで変異がある．1～5 月頃，枝先に 2～8 cm の花穂をつけ，多数の唇形花が一方に向いて咲く．花柄は長さ約 2 mm．がくは長さ 1.3～2 mm，果時には 2～3 mm になり，短い毛がある．花冠は淡紫色で，基部で直角に折れて立ち上がり，長さ 1.2～1.6 cm．分果は長さ約 1 mm，低いいぼ状の突起がある．タツナミソウの変種コバノタツナミに似るが，花冠が短く，分果の突起が低い．〔日本名〕赤星立浪草で，葉の下面の腺点がふつう赤褐色で目立つことによる．

3724. デワノタツナミソウ 〔シソ科〕

Scutellaria muramatsui H.Hara

本州近畿地方以北の日本海側と隠岐島に分布し，山地のやや湿った木陰に生育する多年草．根茎は細くて，長く地中をはう．茎は直立し，高さ 10～30 cm になり，下向きに曲がった短い毛がある．葉は 0.5～2 cm の柄があり，卵形または三角状卵形，長さ 2～3.5 cm，幅 1～2.5 cm，先は鈍頭，基部は広いくさび形または円形，しばしば茎の下部の葉は浅い心臓形，上面にはまばらに細かい毛があり，下面には腺点と脈上に短い毛がある．5～6 月頃，茎の頂に 1～3 cm の花穂をつけ，紫色の唇形花を開く．花穂の軸，花柄，がくには，密に開出する短い毛と腺毛がある．花柄は長さ約 3 mm．がくは長さ約 2 mm，果時には約 3 mm になり，上唇の付属体は大きくて長さ約 4 mm になる．花冠は基部で折れて直角に立ち上がり，長さ 15～18 mm，下唇に濃い紫色の斑点がない．分果は長さ約 1 mm，密に円錐状突起がある．タツナミソウに似るが，茎に下向きの短毛，葉に短毛があり，根茎が細長く地中をはう．〔日本名〕出羽の立浪草の意味．初め秋田県で見つけられたことによる．

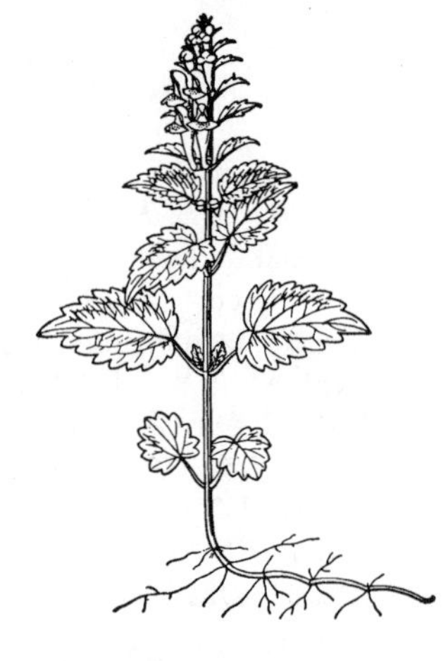

3725. ヤマタツナミソウ 〔シソ科〕

Scutellaria pekinensis Maxim. var. ***transitra*** (Makino) H.Hara

北海道，本州，四国，九州，朝鮮半島に分布し，山地の木陰に生える多年草．白色で細長い地下茎が地中をはい，茎は単一であるが時に分枝することもあり，直立し，高さ 15〜30 cm，四角形で全株に上向きの白毛を密生する．葉は少数で対生し，下部の葉は柄があり，卵形または三角状卵形で長さ 2〜4 cm，幅 1.5〜2.5 cm，先は鋭く尖り，基部は心臓形，ふちには鋭いきょ歯がある．上面は鮮やかな緑色で，時に脈が紫色となり光沢はない．5〜6 月頃，茎の頂に葉のような苞葉をもつ花穂をつけ，淡紫色の唇形花をややまばらに数個開く．花は短い柄があり下から上へ開花してゆく．がくは長さ 2〜2.5 mm，上唇と下唇に分かれ，上唇の上部に円形の附属物がある．花冠の筒部は直立し長さ 15〜20 mm，先は上唇と下唇に分かれ，上唇はかぶと形で短く直立し，下唇は浅く 3 裂する．雄しべは 4 本でうち 2 本は長く，花柱の先は 2 裂する．〔日本名〕山立浪草で山に生えるタツナミソウの意味である．

3726. ハナタツナミソウ 〔シソ科〕

Scutellaria iyoensis Nakai

本州（岡山県以西）と四国の山地の木陰に生育する多年草．根茎ははう．茎は直立し，ふつう枝分かれせず，高さ 20〜40 cm，上向きの細かい毛が稜上に密にある．葉は対生し，1〜2.5 cm の柄があり，狭卵形または卵形で茎の上部の葉は披針形．長さ 3〜8 cm，幅 1.5〜3 cm，先は鋭頭または鋭尖頭，基部は切形または広いくさび形，ふちには 5〜9 個のきょ歯があり，両面に腺点が著しく，さらに上面にはまばらに軟毛があり，主脈に細かい毛が密生し，下面の脈にはまばらに軟毛がある．茎の下部の葉はしばしば基部が狭い心臓形でふちのきょ歯が円くなる．5〜6 月頃茎の頂に 2〜7 cm の花穂をつけ，青紫色の唇形花を開く．花柄は上向きの細かい毛が密にあり，長さ約 3 mm．がくは腺点および開出する短毛と腺毛があり，長さ約 3 mm，果時には 7 mm になる．花冠は基部で折れて直角に立ち上がり，長さ 2.5〜3 cm．分果は長さ約 0.7 mm で，いぼ状の突起がある．タツナミソウに似るが，花冠が大きく，葉の両面に著しい腺点がある．〔日本名〕花立浪草の意味．花冠が大きくて，目立つことによる．

3727. シソバタツナミ 〔シソ科〕

Scutellaria laeteviolacea Koidz. var. ***laeteviolacea***

本州，四国，九州の山地の木陰に生える多年草で高さ 5〜15 cm，根茎は細く，茎は直立し，葉とともに上向きに曲がった短毛を密生する．葉は少数で対生し，柄があり，心臓状卵形で長さ 1〜4 cm，幅 1〜3 cm，先端は鈍形，ふちには鈍きょ歯があり，下面と葉脈は紫色を帯びる．5〜6 月頃，茎の頂に長さ 1〜3 cm の花穂をつけ，紫色の唇形花を数対開く．がくには毛とともに腺点があり，花冠は長さ 17〜20 mm，直立し，上唇はかぶと形で下唇とほぼ同じ長さである．タツナミソウからは茎に上向きの毛が生え，花が大きく，上唇と下唇がほぼ同長な点で区別される．〔日本名〕紫蘇葉立浪の意味で，葉の下面が紫色でシソの葉に似ているのでいう．〔追記〕下のイガタツナミとトウゴクシソバタツナミを本変種に含める意見もある．

3728. イガタツナミ 〔シソ科〕

Scutellaria laeteviolacea Koidz. var. ***kurokawae*** (H.Hara) H.Hara

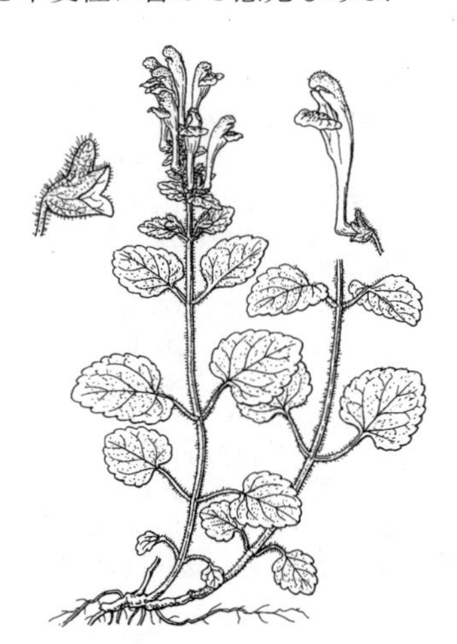

本州（関東以西），四国の山地の木陰に生える多年草．根茎は短く横にはう．茎は 1〜数本群がって生え，直立し，高さ 5〜30 cm になり，開出する長い毛を密生し，少数の葉を対生し，ふつう節間は長く，まれに小さい株では節の間が短い．葉は，長い開出毛を密生する 1〜2.5 cm の柄があり，葉身は卵形または広卵形，長さ 1.5〜2.5 cm，幅 1〜2 cm，先は鈍頭，基部は浅く心臓形または切形，ふちに円きょ歯または鈍きょ歯があり，両面ともに柔らかい毛がやや密に生え，しばしば下面が紫色を帯びる．6 月頃茎の頂に 1〜4 cm の花穂をつけ，少数の唇形花が一方を向いて咲く．花柄は長さ約 2 mm．がくは長さ約 3 mm，果時には約 5 mm になり，上部と脈上に開出する長い毛があり，中および基部には短い下向きの毛がある．花冠は淡紫色で，長さ約 2 mm．分果は半球形で長さ約 1.5 mm，いぼ状の突起を密生する．シソバタツナミに似るが，茎に長い開出毛を密生することにより区別される．〔日本名〕伊賀立浪で，初め三重県名賀郡（昔の伊賀国）で見つかったことによる．

3729. ホナガタツナミソウ 〔シソ科〕

Scutellaria laeteviolacea Koidz. var. ***maekawae*** (H.Hara) H.Hara

本州（東海，近畿地方）の山地の木陰に生える多年草．根茎は短く横にはう．茎は1〜数本群がって生え，直立し，高さ5〜20 cmになり，開出して先が下向きに曲がる短い毛または基部より下向きに曲がった短毛が密にまたは稜上のみに生え，小さい株では茎の下部の節間が短いことがある．葉柄は長さ1〜3 cmで，下向きの毛が密生する．葉身は長卵形，卵形または広卵形，長さ1.5〜5 cm，幅1.4〜4 cm，先は鈍頭，基部は切形または浅く心臓形，ふちには円きょ歯または鈍きょ歯があり，両面ともに柔らかい毛がまばらに生え，しばしば下面が紫色を帯びる．6月頃茎の頂に2〜8 cmの花穂をつけ，少数の唇形花が一方を向いて咲く．花柄は長さ約2 mm．がくは長さ約2 mm，果時には約5 mmになり，上部と脈上に開出する長い毛があり，中および基部には短い下向きの毛がある．花冠は紫色で，長さ約2 cm．分果は半球形で長さ約1.5 mm，いぼ状の突起を密生する．シソバタツナミに似るが，茎の毛が下向きである．〔日本名〕穂長立浪草で，シソバタツナミに比べて花穂が長いものがあることによる．

3730. トウゴクシソバタツナミ 〔シソ科〕

Scutellaria laeteviolacea Koidz. var. ***abbreviata*** (H.Hara) H.Hara

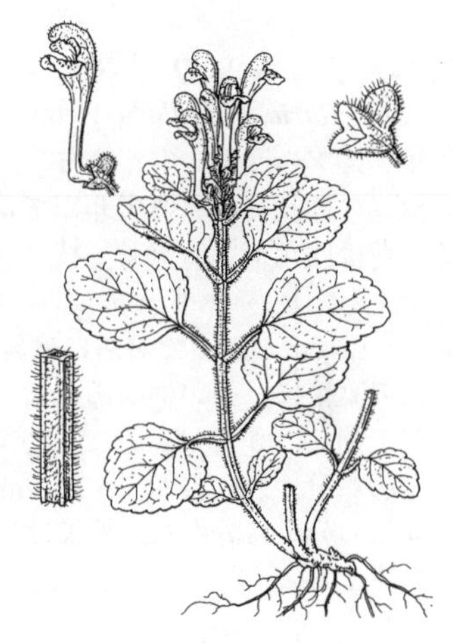

本州（宮城県以南）の山地の木陰に生える多年草．根茎は短く横にはう．茎は1〜数本群がって生え，直立し，高さ3〜20 cmになり，開出して先が上向きに曲がる長い毛を密生し，しばしば稜の間に開出または下向きの短い毛が混ざり，少数の葉を対生し，小さい株では節の間が短いことがある．葉は開出する毛を密生する0.6〜3 cmの葉柄があり，葉身は卵形または長卵形，長さ1.5〜5 cm，幅1.2〜4 cm，先は鈍頭または円頭，基部は切形または浅く心臓形，ふちに円きょ歯または鈍きょ歯があり，両面ともに柔らかい毛がまばらに生え，下面では脈上にも軟毛があり，しばしば下面が紫色を帯びる．6月頃，茎の頂に0.5〜4 cmの花穂をつけ，少数の唇形花が一方を向いて咲く．花柄は長さ約2 mm．がくは長さ約2 mm，果時には約4 mmになり，上部と脈上に開出する長い毛があり，中および基部には短い下向きの毛がある．花冠は紫色で，長さ18〜22 mm．分果は半球形で長さ約1.5 mm，いぼ状の突起を密生する．〔日本名〕東国紫蘇葉立浪で，初め関東地方から多く知られていたことによる．

3731. ツクシタツナミソウ 〔シソ科〕

Scutellaria kiusiana H.Hara

本州（中国地方西部），四国，九州の山地の木陰に生える多年草．根茎は短く横にはう．茎は1〜数本群がって生え，直立し，まれに上部で枝分かれし，高さ5〜30 cmになり，上向きに曲がった短い毛が稜の上にやや密生し，まばらに少数の葉を対生し，ふつう節間は長く，まれに小さな株では節間がつまる．葉は短い毛がやや密生する1.5〜3 cmの柄があり，葉身は狭卵形または卵形，長さ2〜5 cm，幅1.5〜3 cm，先は鈍頭，基部は切形または浅く心臓形，ふちに円きょ歯があり，表面には柔らかい毛がまばらに生え，下面は脈上に上向きに曲がった短い毛がやや密に生え，しばしば下面が紫色を帯びる．5月頃，茎の頂や枝先に2〜8 cmの花穂をつけ，少数の唇形花が一方を向いて咲く．花柄は長さ2〜3 mm．がくは長さ約2 mm，果時には約4 mmになり，上部と脈上には開出する長い毛があり，しばしば腺毛が混じり，中および基部には短い下向きの毛がある．花冠は淡紫色で，長さ約2 mm，分果は半球形で，長さ約1 mm，低い突起が密生する．〔日本名〕筑紫立浪草で，九州に最も普通であることによる．

3732. オカタツナミソウ 〔シソ科〕

Scutellaria brachyspica Nakai et H.Hara

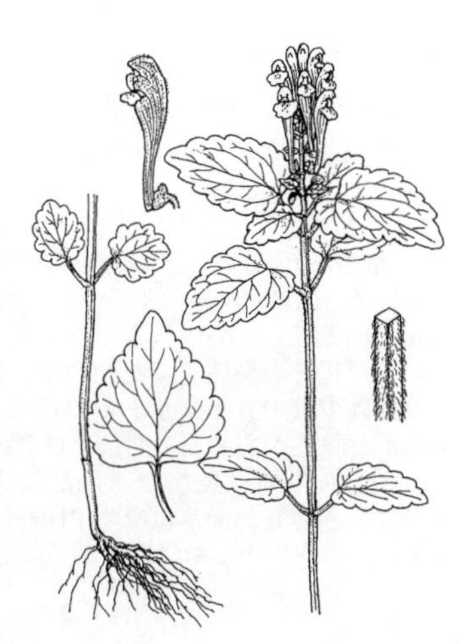

本州，四国の丘陵地の木陰に生育する多年草．根茎は短い．茎は直立し，高さ10〜50 cm，下向きに曲がった毛が密にあり，中部の節間は長い．葉はまばらに対生し，長さ1〜2 cmで密に毛のある柄があり，三角状広卵形ないし卵形，長さ1.5〜5 cm，幅1〜4 cm，茎の上部の葉が大きい．葉の先は鈍頭，基部は切形または浅い心臓形，ふちに粗い鈍きょ歯があり，上面に軟毛が生え，下面はしばしば紫色を帯び，腺点とやや密に開出する毛がある．5〜6月頃，茎の頂に0.5〜3 cmの短い花穂をつけ，紫色の唇形花を密に開く．花穂の中軸と花柄，がくには密に開出する毛と腺毛がある．花柄は長さ約2 mm．がくは長さ約3 mm，果時に上唇の付属体は大きく，上唇より長くなる．花冠は基部で折れて直角に立ち上がり，長さ15〜25 mm．分果は長さ約1.5 mmで，密に円錐状突起がある．タツナミソウに似るが，茎に下向きの毛があり，葉は茎の上部に集まる傾向があり，茎の上部の葉が大きく，花穂は短い．〔日本名〕丘立浪草の意味で，丘陵地に生育することによる．

3733. ヤマジノタツナミソウ 〔シソ科〕

Scutellaria amabilis H.Hara

本州（中部，近畿地方）の丘陵地の木陰にまれに生育する多年草．根茎は細くて短くはう．茎は直立し，枝分かれせず，高さ 15～35 cm，上向きの細かい毛がある．葉は対生し，長さ 0.7～2 cm の柄があり，卵形または広卵形，長さ 1.5～3 cm，幅 1～2.5 cm，先は鋭頭または鈍頭，基部は切形または広いくさび形，ふちには 4～7 個の円きょ歯があり，上面はまばらに軟毛があるか，ふちに細かい毛があり，脈上に細かい毛をやや密生し，下面は腺点があるが目立たず，脈上にまばらに軟毛がある．しばしば茎の上部の葉では鋭きょ歯となり，また下部の葉は浅い心臓形となる．5～6 月頃，茎の頂に 1～5 cm の短い花穂をつけ，青紫色の唇形花をまばらに開く．花柄は約 3 mm，細かい毛が密にあり，まれに腺毛がある．がくは腺点および開出する腺毛と短い毛があり，長さ約 3 mm，果時には 5 mm になる．花冠は基部で折れて直角に立ち上がり，長さ 1.8～2.5 cm．分果は長さ約 1 mm，円錐状突起が密にある．タツナミソウに似るが，茎に上向きの短毛があり，花が少し大きい．〔日本名〕山路の立浪草の意味．

3734. ナミキソウ 〔シソ科〕

Scutellaria strigillosa Hemsl.

東アジアの温帯に広く分布し，日本では北海道，本州，四国，九州（対馬）の海岸の砂地に生える多年草で高さ 10～40 cm，地下茎を伸ばして繁殖する．茎は四角形で直立し，枝分かれして葉とともに軟らかい毛がある．葉は対生し，長さ 1～4 mm の柄があり，長楕円状披針形で長さ 1.5～3.5 cm，幅 1～1.5 cm，鈍頭でふちには鈍きょ歯がある．夏から秋にかけて，茎の上部の葉腋に，短い柄のある紫色の唇形花を 1 個ずつ対生し，花は一方に向いて開く．がくは唇形で長さ約 3 mm，花冠は筒部が直立し，先は上唇と下唇に分かれ，長さ 2～2.2 cm．雄しべは 4 本でうち 2 本は長い．果実は 4 個の分果に分かれ，分果は長さ約 1.5 mm，半球形で円頭のいぼ状突起を密生する．〔日本名〕浪来草の意味で海岸の砂地に生えるのでいう．

3735. エゾナミキ 〔シソ科〕

Scutellaria yezoensis Kudô

北海道，本州中北部の湿地に生育し，千島列島，樺太に分布する多年草．根茎は細く，長くはう．茎は直立し，しばしば中部で枝分かれし，高さ 20～70 cm，稜上に上向きの短毛がある．葉は対生し，やや薄く，1～7 mm の柄があり，長楕円状披針形または狭卵形，長さ 2.5～5.5 cm，幅 0.8～2.5 cm，先は鋭頭または鈍頭，基部は切形または浅い心臓形，ふちには鈍きょ歯があり，上面にねた短毛があり，下面に立った短毛が密にある．茎や枝の上部の葉はしだいに小形となる．7～8 月頃，茎や枝の上部の葉の腋に，青紫色の唇形花を 1 個ずつ対生する．花柄は曲がった短い毛が密生し，長さ 2～3 mm，がくは短い毛と腺毛があり，長さ約 4 mm，果時には 6 mm になる．花冠は基部で折れて直角に立ち上がり，長さ 2～2.5 cm，外面に軟毛と腺毛がある．分果は長さ約 1.5 mm で，半球形，円頭のいぼ状突起を密生する．ナミキソウに似るが，がくには短毛と腺毛があり，葉は先がやや尖り，毛が少なく，茎の毛も少ない．〔日本名〕蝦夷浪来で，北海道に産するナミキソウの意味．

3736. ミヤマナミキ 〔シソ科〕

Scutellaria shikokiana Makino

本州（関東地方以西），四国，九州の山地の木陰に生育する多年草．根茎は細く地中をはう．茎は直立し，ふつう枝分かれせず，高さ 5～15 cm，毛はなく，しばしば上部にまばらに腺毛がある．葉は 4 枚くらい対生し，質薄く，長さ 1.5～2.5 cm の柄があり，卵状三角形で，長さ 1.5～4 cm，幅 1～3 cm，先はやや鈍頭，基部は切形または広いくさび形，ふちには深いきょ歯があり，上面にはまばらに，下面は脈上にまばらに毛がある．7～8 月頃，茎の頂に長さ 1～5 cm の花穂をつけ，白色の唇形花を数個開く．花穂の軸は無毛または腺毛がある．苞葉は披針形で，全縁または少数のきょ歯がある．花柄は 1～2 mm，短毛と腺毛がある．がくは開出する毛と腺毛があり，上部に半球形の付属物があり，長さ約 2 mm，果時には約 4 mm になる．花冠は長さ 7～8 mm，基部で折れ曲がり斜上し，下唇は上唇の約 2 倍長．分果は長さ約 0.5 mm，小形の円錐形の突起がある．花冠が白色で小形である点でヒメナミキやコナミキに似るが，頂生の花穂をつくる．〔日本名〕深山浪来の意味．

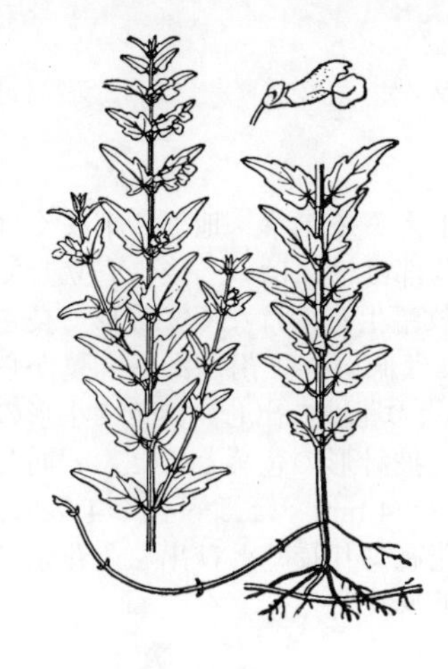

3737. ヒメナミキ　〔シソ科〕

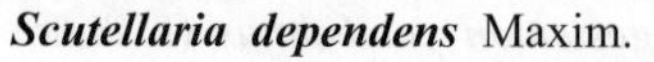

Scutellaria dependens Maxim.

東アジアの温帯に分布し，日本では北海道，本州，九州の湿地に生える多年草である．全体に毛がなく高さ 10～30 cm，細長い白色の地下茎を伸ばして繁殖する．茎には稜があり直立し，しばしば枝分かれする．葉は小形で対生し，長さ 1～3 mm の柄があり，長卵形で長さ 1～2 cm，幅 6～10 mm，先は細く尖って先端は鈍形，基部は浅い心臓形，ふちには少数の鈍頭のきょ歯があり，質はうすくやわらかい．6～8 月頃，上部の葉の腋に 1 個ずつ短い柄のある小さい白花をつける．がくの上部には円い突起状の附属物がある．花冠は唇形で，下唇は上唇の約 2 倍の長さであり，下唇の内部に紫色の斑点がある．雄しべは 4 本でうち 2 本は長く，花柱の先は 2 裂する．果実は 4 個の分果からなり，宿存性のがくに包まれている．〔日本名〕姫浪来でナミキソウに似て小形なのでいう．

3738. コナミキ　〔シソ科〕

Scutellaria guilielmii A.Gray

千葉県以西の本州，四国，九州，沖縄の海岸に近い草地にややまれに生育する多年草．根茎は細くて長くはう．茎は高さ 15～40 cm，直立し，しばしば枝分かれし，まばらに開出する細かい毛と腺毛がある．葉は 0.5～2 cm，まれに 4 cm になる柄があり，葉身は質薄く，広卵形ないし卵円形，長さ 1～2 cm，先は円く，基部は心臓形，ふちに数個の円きょ歯があり，上面はまばらに開出する軟毛と脈上に密生する細かい毛があり，下面には腺点とまばらな毛がある．上部の葉は小さく，しばしばほとんど柄がなく，狭卵形または披針形で，きょ歯は鋭く，基部は切形またはくさび形である．5 月頃，上部の葉の腋に短い柄のある白色の小さい唇形花を 1 個ずつ対生する．がくは開出する毛と腺毛があり，長さ約 2.5 mm，果時には 5～6 mm になる．花冠は基部で折れ曲がり斜上し長さ 7～8 mm，下唇は上唇の約 2 倍長である．分果は長さ約 2 mm，翼と先の尖った長い突起がある．ヒメナミキに似るが，葉やがくに開出毛があり，中および下部の葉の基部は心臓形．分果は長さ約 2 mm で翼がある．〔日本名〕小浪来で，小形のナミキソウの意味．〔追記〕本種は最近東北地方からも報告されたが，関東以南のものとは少し形態に違いが見られる．

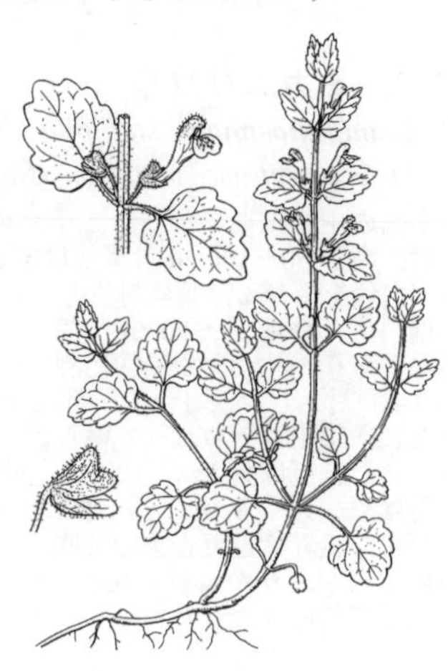

3739. コガネヤナギ（コガネバナ）　〔シソ科〕

Scutellaria baicalensis Georgi

朝鮮半島，中国，モンゴル，東シベリア原産の多年草で，薬用，観賞用として栽培される．茎は基部が横にはい，上部は直立して多数枝分かれし，高さ 30～60 cm，全体に粗い毛がまばらに生える．葉はほとんど柄がなく対生し，披針形で先は尖り，全縁でふちに毛がある．夏，枝の先に葉状の苞葉をもった花穂をつけ，一方にむいた紫色の唇形花を対生する．花冠は長さ約 2.5 cm，筒部は長く直立し，下唇の内面は美しい青紫色である．雄しべは 4 本でうち 2 本は長い．〔漢名〕黄芩といい，根をとり乾燥させたものを生薬として用い，漢方で解熱剤，腹痛，嘔吐，下痢等に用いる．〔日本名〕黄金柳で花の色をいうのではなく，黄色い根の色に基づいて名付けたものである．

3740. ミズネコノオ　〔シソ科〕

Pogostemon stellatus (Lour.) Kuntze（*Eusteralis stellata* (Lour.) Panigrahi）

アジア東部，南部，オーストラリアに広く分布し，日本では本州，四国，九州の湿地や浅い水の中などに生える一年草である．茎は円柱形で稜があり，基部は横にはい，節からひげ根を出し，上部は直立し，高さ 30～60 cm 位，無毛でふつう輪生状に分枝する．葉は 4～6 枚輪生し柄がなく，細長い線形で先は尖り，長さ 2～6 cm，幅 2～4 mm，質はうすく軟らかい．夏から秋にかけて，茎や枝の先に細長い円柱状の花穂を出し，淡紅白色で小形の唇形花を密につける．花の下に小さい苞葉があり，がくは 5 裂して毛がある．花冠は長さ約 2 mm，上唇は先が浅く凹み，下唇は浅く 3 裂し平開する．雄しべ 4 本は花冠より長くつき出し，4 個の分果は卵形体で平滑，長さ約 0.6 mm．次種のムラサキミズトラノオをミズトラノオというのは誤りで，この名は本種につけられたものであり，草木図説にはこれを誤って書いてある．〔日本名〕水猫の尾，水虎の尾．水中に生え，細長い花穂を猫または虎の尾に見立てて名付けたものである．

3741. ムラサキミズトラノオ（ミズトラノオ）　〔シソ科〕

Pogostemon yatabeanus (Makino) Press

（*Eusteralis yatabeana* (Makino) Panigrahi）

本州，四国，九州，朝鮮半島の水辺に生える多年草．地下に細長くはう枝を出して繁殖する．茎はやわらかく基部は横にはい，後に直立して高さ 30～50 cm 位になる．葉はふつう 4 枚輪生し柄はなく，線形で長さ 3～7 cm，幅 2～7 mm，先は尖り，ふちには低いきょ歯がある．夏から秋にかけて，茎の頂に長さ 3 cm 位の円柱状の花穂を出し，紫色で小形の唇形花を多数密につける．がくは 5 裂し，披針形の苞葉とほとんど同じ長さで，ともに細毛がある．花冠は長さ 3～4 mm，ほぼ等しく 4 裂し，雄しべは 4 本，2 本はやや長く，ともに花冠より長くとび出し，花糸には長い毛がある．〔日本名〕紫水虎の尾の意味である．

3742. ミカエリソウ（イトカケソウ）　〔シソ科〕

Comanthosphace stellipila (Miq.) S.Moore var. ***stellipila***

（*Leucosceptrum stellipilum* (Miq.) Kitam. et Murata var. *stellipilum*）

本州の中部以西に分布し，山地の木陰に生える落葉低木．茎は基部から多数分枝し，高さ 50～100 cm，下部は木質で淡褐色，上部はやや四角形で星状毛を密生して白色を帯びる．葉は対生し，1～5 cm の柄があり，円味を帯びた楕円形または広楕円形で長さ 10～20 cm，幅 6～12 cm，先は短く尖る．下面は葉柄とともに星状毛があり，網状の葉脈が隆起している．9～10 月頃，茎の頂に細長い花穂を出し，3 個ずつ対生した淡紅色の唇形花を多数密につける．扁円形の苞葉ははじめ瓦を重ねたように花序をおおっているが，開花すると落ちる．がくは筒部短く先は浅く 5 裂する．花冠は長さ 8～10 mm．筒部はがくより長くつき出し，上唇は浅く 2 裂，下唇はやや長く 3 裂する．雄しべ 4 本のうち 2 本はやや長く，共に花冠より長くとび出し濃紅紫色で密集して咲く様子は美しい．〔日本名〕見返り草で，花が美しいので人がふりかえって見るという意味，糸掛け草は紅紫色の長い雄しべを糸に見立てて名付けたものである．

3743. トサノミカエリソウ　〔シソ科〕

（ツクシミカエリソウ，オオマルバノテンニンソウ）

Comanthosphace stellipila (Miq.) S.Moore var. ***tosaensis*** (Makino ex Koidz.) Makino（*Leucosceptrum stellipilum* (Miq.) Kitam. et Murata var. *radicans* (Honda) T.Yamaz. et Murata）

本州（中国地方），四国，九州の深山の木陰に生える落葉性の小形低木である．茎はほとんど無毛．葉は対生し広卵形で長さ 6～23 cm，幅 3.5～14 cm，先は急に尖り，基部は広いくさび状で次第に細まって柄となる．ふちには粗い鈍きょ歯があり，質はややうすく，下面の主脈上に立った毛がある．秋，茎の頂に長い穂をなして紅紫色の唇形花を密につけ，若い穂は幅の広い苞葉が重なっておおっている．がくは鐘形で長さ約 4 mm，先は浅く 5 裂する．花冠は筒状で長さ 8 mm 位，先は浅く 4 裂する．雄しべ 4 本と雌しべ 1 本は長く花冠よりとび出している．ミカエリソウに比べて茎に毛が少なく，葉は質が薄く，葉の下面脈上に立った毛があり，若芽や葉柄また葉の下面の中脈上などには初め小形の星状毛があるが，成葉ではなくなるので区別される．

3744. テンニンソウ　〔シソ科〕

Comanthosphace sublanceolata (Miq.) S.Moore

（*Leucosceptrum japonicum* (Miq.) Kitam. et Murata）

北海道，本州，四国，九州の山地の木陰に群落をなして生える多年草である．地下に太い根茎があり，茎は四角形で直立し高さ 1 m 位，上部はまばらに分枝するものもあり，無毛または上部に星状毛があり，質はかたく強い．葉は対生し，柄があり，長楕円形または広披針形で長さ 10～25 cm，幅 3～9 cm，両端は長く鋭く尖り．黄緑色で光沢はない．初め星状毛があるが後に落ちて滑らかになる．8～9 月頃，茎の頂に花穂を出し，淡黄色の唇形花を密につける．若い穂は幅広い苞葉が重なっておおっているが，開花するにつれて落ちる．がくは短い筒形で先は 5 裂し，花冠は筒部長く，上唇は浅く 2 裂し，下唇は 3 裂する．雄しべ 4 本と雌しべ 1 本は共に花冠より長くとび出している．葉の下面の中脈上に立った粗い毛があるものをフジテンニンソウ f. *barbinervia* (Miq.) Koidz. といい，富士山に多く北海道から九州まで諸所にある．〔日本名〕天人草の意味は何によるものかわからない．

3745. ジャコウソウ　〔シソ科〕

Chelonopsis moschata Miq.

北海道から九州の山地の木陰や谷間の湿った場所に生える多年草である．茎は四角形で直立または斜上し，根ぎわから群がって生じ高さ 60～100 cm．葉は対生し，長さ 5～12 mm の短い柄があり，長楕円形で長さ 10～20 cm，幅 3～10 cm，先は細長く尖り，基部は耳形となり，ふちには粗いきょ歯があり，茎とともに細かい毛がある．8～9 月頃，上部の葉の腋に 1～3 個の柄のある淡紅紫色の花をつける．がくは鐘形で長さ 1～1.5 cm，浅く 5 裂し，果実の時は卵球形となる．花冠は長さ 4～4.5 cm，筒部が長く，上唇は短く，下唇は 3 裂し，中央裂片は大きく先が浅く 2 裂する．雄しべ 4 本のうち 2 本は長い．果実は 4 個の分果からなり，分果は宿存性のがくに包まれ長さ 7～8 mm である．〔日本名〕麝香草の意味で，茎葉をゆするとふくいくとよい香がするというので名付けられたが，本種にはそれほど香りはない．

3746. タニジャコウソウ　〔シソ科〕

Chelonopsis longipes Makino

関東南部以西，四国，九州の山地の湿った場所に生える多年草で，高さ 50～100 cm 位となる．茎は下部が四角形で，上部は紫色を帯び斜めに立ち上がる．葉は対生し，長さ 5～10 mm の柄があり，卵状披針形で長さ 8～15 cm，幅 2.5～5 cm，ふちにはきょ歯があり，先は細長く尖り，基部は次第に細まりしばしば耳形となる．茎には立った毛がまばらに生え，葉の両面特に脈上，葉柄，がくにも毛がある．9～10 月頃．上部の葉の腋に長さ 3～4 cm の長い柄のある紅紫色の唇形花を 1～3 個つける．がくは長さ 7～8 mm，鐘形で浅く 5 裂し，開花後大きくふくらむ．花冠は長さ 3.5～4 cm，筒部は長く，上唇は短く，下唇は 3 裂する．雄しべ 4 本のうち 2 本は長い．果実は宿存性のがくに包まれ長さ約 1 cm．〔日本名〕谷麝香草の意味である．

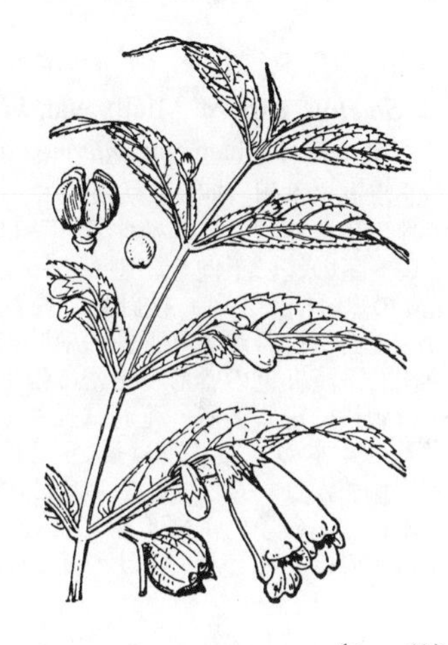

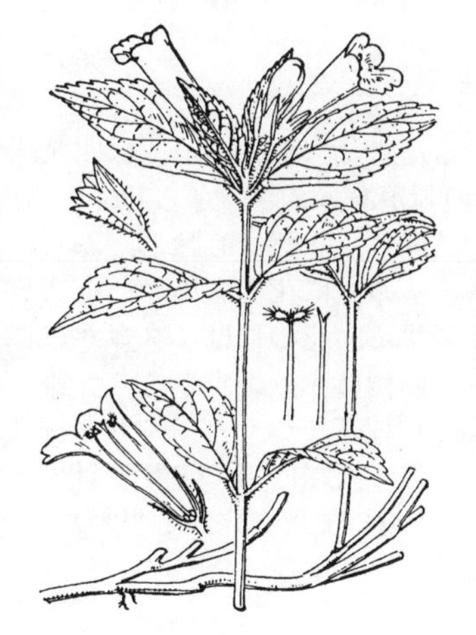

3747. アシタカジャコウソウ　〔シソ科〕

Chelonopsis yagiharana Hisauti et Matsuno

静岡，山梨両県の山地に生える多年草で高さ 15～40 cm，ジャコウソウに比べて全体小さく，茎，葉柄，葉，がくなどに多数の立った毛が生えている．葉は対生し，細長い倒卵形で長さ 4～10 cm，幅 2～4 cm，先は尾状に尖り，基部は細まって少し耳形となり，長さ 5～10 mm の短い柄がある．9 月頃，茎の上部の葉の腋から長さ 1 cm 位の柄を出し，濃紅紫色の唇形花を 1～2 個つける．がくは鐘形で長さ約 1 cm, 先は 5 裂する．花冠は長さ 3～4 cm，上唇は短く下唇は 3 裂し，中央裂片は他の 2 裂片より大きく，前方につき出し，ふちは細かく波状をしている．雄しべ 4 本のうち 2 本は長く，花柱の先は 2 裂する．〔日本名〕初め静岡県の愛鷹山で発見されたのによる．

3748. ハナトラノオ　〔シソ科〕

Physostegia virginiana (L.) Benth.

北アメリカ東部原産の多年草で観賞用として栽培される．茎は四角形で面は溝状に凹み，高さ 30～100 cm で直立し，全体ほぼ無毛，地中につるをのばして繁殖する．葉は柄がなく対生し，規則正しく十字状にならび，質は厚く披針形で長さ 4～12 cm，幅 8～30 mm，ふちには鋭いきょ歯がある．夏から秋にかけて，茎の頂に長い穂をなして淡紅色，紫紅色，または白色の花を開く．苞葉は披針形で十字状にならび，花はほとんど柄がなく，がくは鐘形で 5 裂し先端は尖っている．花冠は長さ 2～3 cm，筒部は基部が細く，中部から上は太くふくらみ，上唇はやや外側にふくらみ，下唇は 3 裂し中央の裂片は少し幅広く，先端は浅く切れこむ．内側に紫紅色の小さい斑点がある．雄しべ 4 本，雌しべ 1 本．花が咲いた後，がくはふくらんで内側に分果を包む．

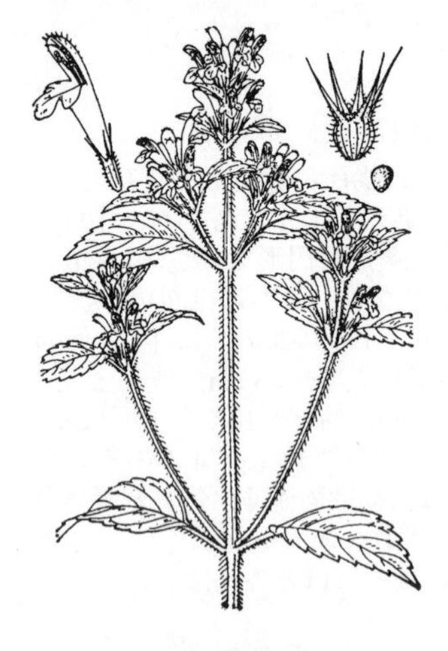

3749. チシマオドリコ（イタチジソ）　〔シソ科〕

Galeopsis bifida Boenn.

ユーラシアの温帯から寒帯に広く分布し，日本でも北海道と本州（青森県東部，日光中禅寺湖畔，長野県上高地など）のやや寒冷で湿った所に生える一年草である．茎は四角形で直立し，高さ 25〜50 cm 位，上方で枝分かれてし，立った硬い長毛が密生する．葉は対生し長さ 1〜2 cm の柄があり，卵状披針形で長さ 4〜8 cm，幅 2〜3.5 cm，質はややうすく，先は細長く尖り，基部は広いくさび形で，ふちにはきょ歯がある．夏，上部の葉の腋に淡紫色の唇形花を密に輪生する．がくは長さ 7〜8 mm，硬い長毛があり，5 裂して裂片は針状に尖る．花冠は長さ 15 mm，筒部は長く，上唇はやや直立し，下唇は 3 裂し前方につき出す．雄しべ 4 本のうち 2 本は長い. 果実は 4 個の分果に分かれ, 分果は倒卵球形で長さ約 2.5 mm である.

3750. イヌゴマ（チョロギダマシ）　〔シソ科〕

Stachys aspera Michx. var. ***hispidula*** (Regel) Vorosch.

（*S. riederi* Cham. var. *intermedia* (Kudô) Kitam.）

北海道，本州，四国，九州のやや湿地に生える多年草である．地中に白色の長い地下茎を伸ばして繁殖する．茎は四角形で直立し高さ 30〜70 cm，普通分枝しない．茎の稜に下向きの刺があってざらざらしている．葉は対生し，長さ 2〜10 mm の短い柄があり，披針形で長さ 4〜8 cm，幅 1〜2.5 cm，ふちにはきょ歯があり，上面はしわがあり下面の中肋にもとげがあってざらつく．夏，茎の先に花穂を出し，淡紅色の唇形花を密に輪生し層をつくる．がくは長さ 6〜8 mm．5 裂し先は刺状に鋭く尖る．花冠は長さ 12〜15 mm, 下唇は 3 裂し内側に赤い点がある．雄しべ 4 本のうち 2 本は長い．〔日本名〕犬胡麻で果実の形がゴマに似ているが利用価値がないのでいう．〔追記〕本種は植物体の毛の密度に変異が大きく，北日本には毛の多いエゾイヌゴマ var. *baicalensis*（Fisch. ex Benth.）Maxim.，西日本には刺のほとんどないケナシイヌゴマ var. *japonica* (Miq.) Maxim. がある．

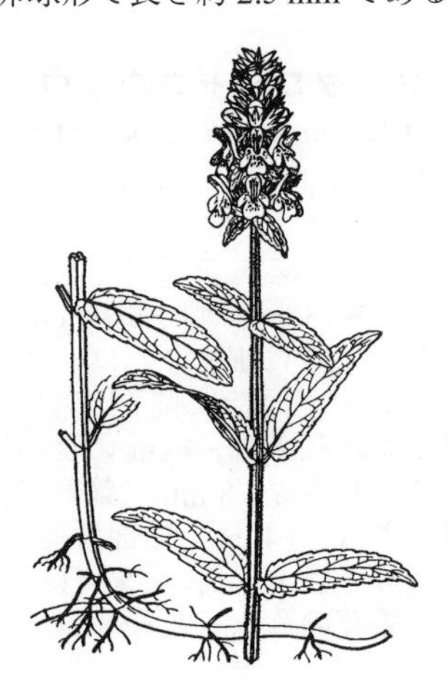

3751. チョロギ　〔シソ科〕

Stachys sieboldii Miq.

中国原産の多年草で，塊茎を食用とするため栽培される．茎は四角形で直立し高さ 30〜60 cm，稜には下向きの刺があってざらざらしている．葉は対生し柄があり，長楕円状卵形で先は尖り，基部は心臓形，ふちにはきょ歯があり粗い毛が生えている．秋，茎の先に花穂を出し，紅紫色の唇形花を数段輪生する．がくは先が 5 裂する．花の形はイヌゴマに似ていて，下唇は 3 裂して前方につき出し，内側に赤い斑点があり，雄しべ 4 本のうち 2 本は長い．秋，地下茎の先に塊茎をつくり，これを掘り取って食用にする．塊茎は白色で節がくびれ，両端は細く尖り巻貝のような形である．〔日本名〕朝鮮語から変わったものではないかと思われる．〔漢名〕草石蠶.

3752. ヒメキセワタ　〔シソ科〕

Matsumurella tuberifera (Makino) Makino

（*Lamium tuberiferum* (Makino) Ohwi）

九州南部，琉球，台湾に生える小形の多年草である．地中を長くはう地下茎を出し，その先に卵球形で長さ 1 cm ほどの塊茎をつける．地上茎は地下の塊茎より生え，単一または基部で枝分かれし高さ 8〜25 cm，質は軟らかく，下向きに曲がった毛が多い．葉は対生し長さ 1〜2 cm の柄があり，広卵形で長さ 1.5〜3 cm，幅 1〜2.5 cm，基部は広いくさび形または浅い心臓形で，先は下部の葉では円く，上部の葉ではやや尖り，ふちには粗い鈍きょ歯がある．4〜5 月頃，葉腋に淡紫色の唇形花を 1〜3 個つける．花柄はごく短く，がくは長さ約 5 mm，毛が多く中ほどまで 5 裂し，裂片は披針形で鋭く尖る．花冠は長さ 1.5 cm 位，上唇は先が凹み，下唇は 3 裂し中央片は大きく扇形で前方につき出し先が浅く凹む．雄しべ 4 本のうち 2 本は長い．果実は 4 個の分果からなり，分果は倒卵形体で長さ約 2 mm である．

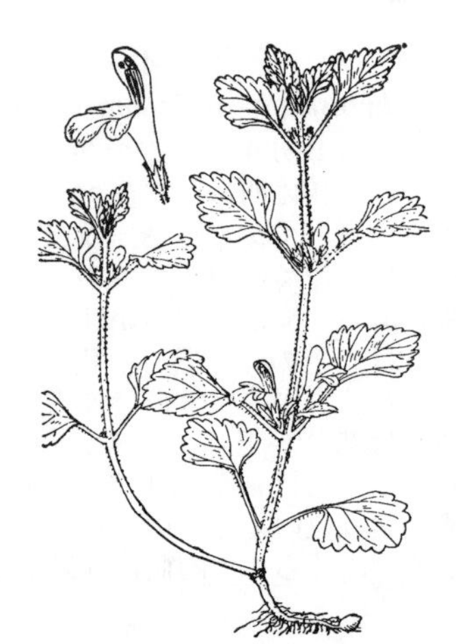

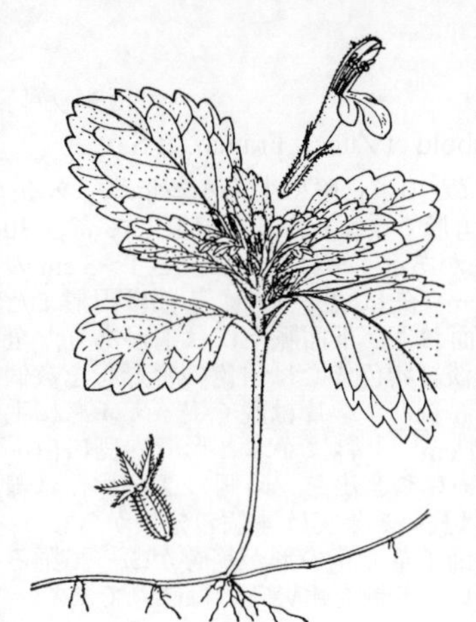

3753. **ヤマジオウ**（ミヤマキランソウ）　〔シソ科〕

Ajugoides humilis (Miq.) Makino（*Lamium humile* (Miq.) Maxim.）

神奈川県以西，四国，九州の山地の木陰に生える多年草である．白色で細い地下茎を長く地中に伸ばして繁殖する．茎は高さ 5～10 cm，直立し分枝せず，下向きの白毛を密生する．2～3 対の葉が対生して茎の上部に集まってつく．葉は 1～5 mm の柄があり，倒卵状楕円形で長さ 3～7 cm，幅 2～5 cm，ふちには粗い鈍きょ歯があり，上面はしわがより両面ともに毛がある．夏，葉腋に淡紅色の唇形花を数個つける．がくは長さ 7～8 mm，中ほどまで 5 裂し毛が多い．花冠は長さ 15～18 mm，筒部は長く，上唇はやや直立し，下唇は 3 裂し平らに開く．雄しべ 4 本で 2 本は長い．果実は 4 個の分果からなり，分果は 3 つの稜があり，長さ約 2.5 mm である．〔日本名〕山地黄でその葉がハマウツボ科のジオウに似ているのでいう．

3754. **マネキグサ**（ヤマキセワタ）　〔シソ科〕

Loxocalyx ambiguus (Makino) Makino

（*Lamium ambiguum* (Makino) Ohwi）

関東西部以西，四国，九州の山地の木陰に生える多年草である．茎は四角形で直立し高さ 2～10 cm，稜に下向きの白毛がある．葉は対生し長さ 1～3 cm の柄があり，三角状卵形または卵円形で長さ 3～8 cm，幅 2～6.5 cm，ふちには粗い鈍きょ歯があり，質うすく毛があり，上面は多少しわがある．8～9 月頃，枝先の葉の腋に短い柄のある暗紅紫色の唇形花を 1～3 個ずつつける．花柄には披針形の 2 枚の小さな苞葉がある．がくは長さ 10 mm 位，上唇は 3 裂，下唇は 2 裂して先は刺状に尖り，下唇は上唇より長く途中まで合着している．花冠は長さ 18～20 mm，筒部は細長く，上唇は直立しふちと背面に毛があり，下唇は大きく 3 裂して平らに開き，中央裂片のみ大きく先は浅く 2 裂する．雄しべ 4 本，花柱の先は 2 裂する．果実は 4 個の分果からなり，宿存性のがくに包まれている．〔日本名〕招草で花冠の形を手招きする様子とみたものであろうか．山着せ綿は山に生えるキセワタの意味である．

3755. **キセワタ**　〔シソ科〕

Leonurus macranthus Maxim.

北東アジアの冷温帯に分布し，日本では北海道から九州の山地の草原に生える多年草である．茎は四角形で直立し，高さ 60～90 cm，時々分枝することもあり，葉とともに毛がある．葉は洋紙質で対生し，長さ 1～5 cm の柄があり，卵円形で長さ 6～10 cm，幅 3～6 cm，先は鋭く尖り，基部は広いくさび形で，ふちには大形の深くて鋭いきょ歯がある．上部の葉は次第に細く小形になり，柄は短くしばしば全縁となり，下部の葉はしばしば深く切れこむ．8～9 月頃，上部の葉の腋に淡紅色の唇形花を数個ずつ群がって段状につける．がくは長さ 15 mm 位で粗い毛があり，5 裂して裂片の先は刺状に鋭く尖る．花冠は長さ 25～30 mm，筒部は長く直立し，上唇の外側には白毛があり，下唇は 3 裂する．雄しべ 4 本のうち 2 本は長い．果実は 4 個の分果に分かれ，分果は倒卵形体で長さ約 2.5 mm．〔日本名〕着せ綿の意味で，花にきせる綿，すなわち花冠の上に白毛があるのでいうのであろうか．〔漢名〕鏨菜は中国産の近縁種 *L. pseudomacranthus* Kitag. の名である．

3756. **メハジキ**（ヤクモソウ）　〔シソ科〕

Leonurus japonicus Houtt.（*L. sibiricus* auct. non L.）

北海道から琉球，東および東南アジアに広く分布し，野原や路ばたにはえる二年草．茎は四角形で直立し，高さ 50～100 cm，まばらに枝分かれして葉とともに白色の細かい毛を密生する．根ぎわの葉は長い柄があり，卵状心臓形で粗い鈍歯があり，花時には枯れる．茎の葉は質軟らかく下部のものは長い柄があり長さ 5～10 cm，深く 3 裂し，裂片はさらに羽状に切れこみ，ふちには鋭いきょ歯があり，上面は灰緑色，上部の葉は次第に小形となり，切れこみも少なくなり，披針形または線形で全縁となる．夏から秋にかけて，枝先の葉腋に淡紅紫色の唇形花を数個ずつ段状につける．がくの先は刺状に鋭く 5 裂する．花冠は長さ 10～13 mm，下唇は 3 裂して前方につき出し内側に赤いすじがある．果実は 4 個の分果からなり，分果は長さ約 2.3 mm，黒色で 3 つの稜があり宿存性のがくに包まれている．〔日本名〕目弾きの意味で子供が茎を短く切り，まぶたにはりつけて目を開かせてあそぶのでいう．花時全草を乾燥したものを漢方で産前産後に用い，これを益母草(ヤクモソウ）という．〔漢名〕茺蔚，益母草．

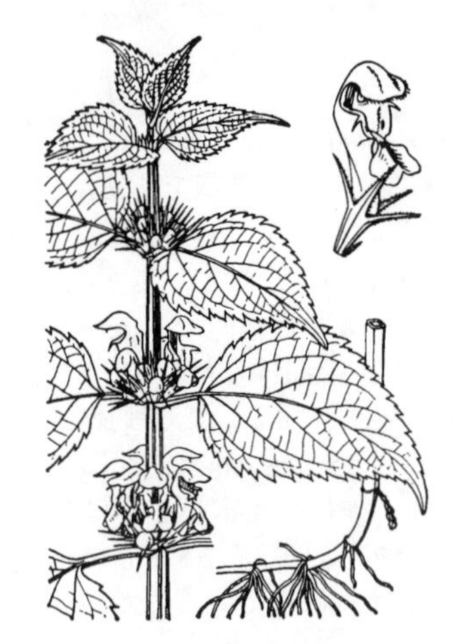

3757. オドリコソウ　〔シソ科〕

Lamium album L. var. ***barbatum*** (Siebold et Zucc.) Franch. et Sav.

東アジアの温帯に広く分布し，山野，道ばたの半日陰に生える多年草である．細長く枝分かれする地下茎を引く．茎は四角形で質軟らかく，直立して高さ 30〜50 cm となり，無毛または節に長い粗い毛がある．葉は対生し長さ 1〜5 cm の柄があり，卵形で長さ 5〜10 cm，幅 3〜8 cm，先は鋭く尖り，基部は円形または心臓形，ふちにはきょ歯があり，葉の上面および下面脈上には毛があり，全体に縮れてしわがある．4〜6 月頃，葉腋に淡紅紫色または白色の唇形花を数個輪生する．がくは長さ 13〜18 mm，筒状で 5 裂し，裂片は鋭く尖ってふちに毛があり，やや斜めに開く．花冠は長さ 3〜4 cm，上唇はかぶと形で内側に白毛があり，下唇は 3 裂し中央裂片は大形で前方につき出し，両側の 2 裂片には線形の附属物がある．雄しべ 4 本のうち 2 本は長い．果実は 4 個の分果からなり，分果は倒卵形体で長さ約 3 mm.〔日本名〕踊子草で花の形が笠をかぶって踊る人に似ているのでいう.〔漢名〕野芝麻といい，続断を用いるのは誤りである.

3758. ヒメオドリコソウ　〔シソ科〕

Lamium purpureum L.

ヨーロッパ，小アジア原産の小形の一〜二年草で，東アジア，北米に帰化し，主に都会地附近に雑草となっている．茎は基部から分かれ高さ 10〜25 cm，四角形で短い毛があり．太く軟い葉は対生し長い柄があり，円味のある卵形で長さ 2 cm 位．基部は心臓形でふちには鈍きょ歯がある．上面は葉脈が網状に凹み縮んで見え，両面に軟らかい毛が密生する．茎の上部の葉は柄が短く密に集まってつき，しばしば暗紅色を帯びる．早春から開花し，上部の葉の腋に暗紅色の小さい唇形花を 1〜3 個輪状につける．がくは長さ約 5 mm，針状に尖った 5 裂片があり，ふちには毛がある．花冠は長さ 8〜10 mm．オドリコソウの花を小さくしたような形である．果実は 4 個の分果からなり，分果は広倒卵形体，長さ 1.5 mm ほどである.〔日本名〕姫踊子草の意味である.

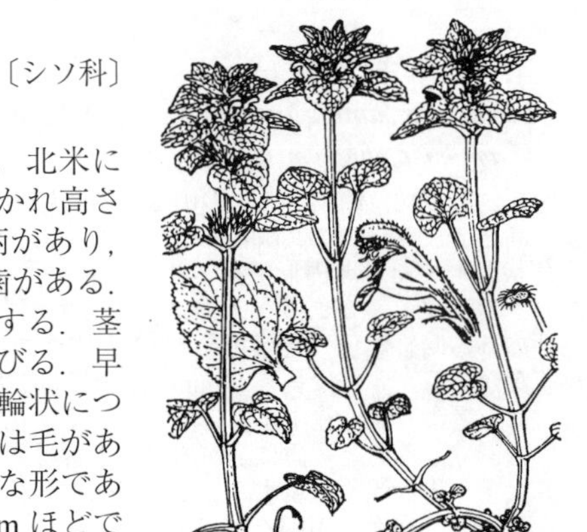

3759. ホトケノザ（サンガイグサ，ホトケノツヅレ，カスミソウ）〔シソ科〕

Lamium amplexicaule L.

アジア，ヨーロッパ，北アフリカに広く分布し，日本全土の畑のあぜや道ばたにふつうに見られる一〜二年生の小形の草である．茎は細く四角形で下部で多数枝分かれして群がり，高さ 10〜30 cm となる．葉は対生し，上部のものは半円形で柄がなく長さ幅ともに 1〜2.5 cm，下部のものは円形で長い柄があり，長さ幅ともに 1〜2 cm，ふちには鈍きょ歯がある．4〜5 月頃，上部の葉の腋に紅紫色の小さい唇形花を数個密に輪生する．がくは長さ約 5 mm，毛が多く 5 裂し，花冠は長さ 17〜20 mm，筒部は細長く下唇は 3 裂する．閉鎖花をつけることが多い.〔日本名〕対生する葉を仏像の座る蓮座に見立てたもの．春の七草のホトケノザはキク科のコオニタビラコのことであってこの植物ではない.〔漢名〕寶蓋草.

3760. ヤンバルツルハッカ　〔シソ科〕

Leucas mollissima Wall. ex Benth. subsp. ***chinensis*** (Benth.) Murata

九州（鹿児島県吐噶喇列島以南）の海岸に近い草地などにはえ，台湾，中国南部に分布する多年草．茎は下向きの軟毛を密生し，下部で枝分かれし，枝は倒れて地上をはうか斜めに立ち上がり，長さ 20〜60 cm になる．葉は対生し，葉柄は長さ 2〜6 mm，葉身はやや厚く，卵形ないし円形，長さ 1〜3 cm，幅 0.8〜2.2 cm，先は鈍頭，基部は広いくさび形または円形，ふちに 3〜5 個の低い鈍きょ歯があり，両面にやや倒れた毛を散生するか立つ毛を密生する．2〜8 月頃，枝の上部の葉の腋に白色の唇形花を数個輪生する．花柄は長さ 1〜2 mm，密に毛がある．がくは円筒状鐘形，長さ 6〜8 mm，10 脈があり，短い毛を密生し，先は 10 裂し，裂片は三角状披針形で，長さ 1〜2 mm，尾状鋭尖頭．花冠は長さ約 12 mm，上唇は白い軟毛を密生し，長さ約 4 mm，下唇は長さ約 5 mm で 3 裂し，側裂片は小さく，筒部の内側の中央に細かい毛が輪状にある．雄しべは 4 本で 2 本は長い．葯は合着し，花糸の先に楯状につく．分果は長卵形体で 3 稜があり，長さ約 1.5 mm.〔日本名〕山原蔓薄荷で，山原は沖縄本島北部の古い地名である.

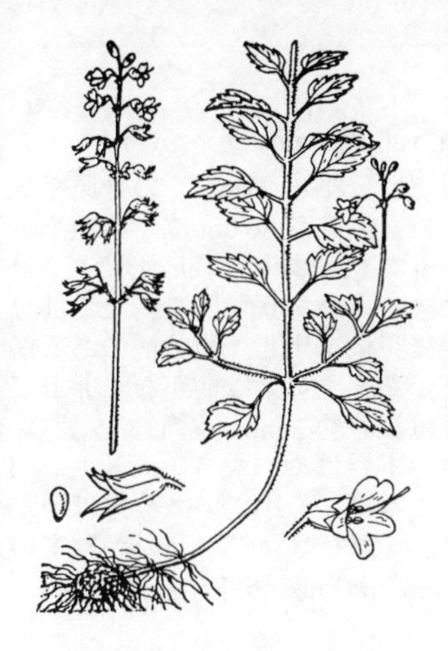

3761. スズコウジュ 〔シソ科〕

Perillula reptans Maxim.

本州（愛知県以西），四国，九州，琉球の山地の木陰に生える多年草である．地下茎は所々塊状にふくらんでかたく，ひげ根を出す．茎は四角形で細長くまばらに分枝し，高さ 15～25 cm 位で，白色の曲がった毛がある．葉は対生し，長さ 1～2 cm の柄があり，卵形または長卵形で長さ 2～4 cm，幅 1～2.3 cm，まばらに毛があり，ふちには粗い大きいきょ歯がある．秋，枝先に総状の花穂を出し，白色で小形の唇形花を数段輪生する．がくは長さ約 2.5 mm，鐘形で上唇は浅く 3 裂し，下唇はやや長く 2 裂する．花冠は長さ 5～6 mm，筒部は短く太く，上唇は幅広く先が浅く 2 裂し，下唇は 3 裂する．雄しべは 4 本，ほぼ同じ長さで花筒の内部にある．花柱は糸状で花冠より長くつき出し，がくは開花後大きくふくらみ，中に楕円体で平滑な 4 個の分果がある．〔日本名〕鈴香薷で，花冠が鐘形で鈴のようであり，全体イヌコウジュに似るのでいう．

3762. ナギナタコウジュ 〔シソ科〕

Elsholtzia ciliata (Thunb.) Hyl.（*E. patrinii* (Lepech.) Garcke）

ユーラシアの温帯から暖帯に広く分布し，山地や道ばたに多く見られる一年草である．茎は四角形で分枝し，高さ 30～60 cm 位，まばらに軟毛があり，全体に強い香がある．葉は対生し，長さ 0.5～2 cm の柄があり，長卵形で先は尖り，長さ 3～9 cm，幅 1～5 cm，ふちにはきょ歯があり，両面にまばらに毛がある．秋，枝先に長さ 5～10 cm の太い花穂を出し，淡紫色の小形の唇形花を一方向きに密生する．花の下につく苞葉は扁円形でがくより少し長く，毛と腺点がある．がくは 5 裂し，裂片の先は尖り，毛がある．花冠は長さ約 5 mm，4 裂し唇形で毛がある．葉と花穂を陰干ししたものは，利尿薬として漢方に用いられる．〔日本名〕薙刀香薷で，太くやや反った花穂の形がなぎなたに似ているのでいう．

3763. フトボナギナタコウジュ 〔シソ科〕

Elsholtzia nipponica Ohwi（*E. argi* Lév. var. *nipponica* (Ohwi) Murata）

本州（岩手県以南）から九州の山地の道ばたに生える一年草．茎は軟毛があり，分枝し，高さ 30～80 cm になる．葉は対生し，葉柄は長さ 0.5～3 cm で軟毛があり，葉身は卵形ないし広卵形で，長さ 2～8 cm，幅 1.5～5 cm，先は鋭頭または鋭尖頭，基部は広いくさび形で柄に流れ，ふちにはきょ歯があり，上面には軟毛，下面は腺点と脈上にまばらに軟毛がある．9～10 月，枝先に長さ 2～6 cm，幅約 1 cm の花穂をつけ，淡紅色の小形の唇形花を一方向きに密生する．苞葉は扇状平円形で中央より上部で最も幅広く，先は尾状に鋭く尖り，背面に短毛と腺点があり，ふちに縮れた長い毛がある．がくは長さ約 3 mm，長い軟毛と腺点があり，5 裂し，裂片の先は尾状に尖る．花冠は長さ 4～5 mm，軟毛があり，やや二唇形で，上唇は浅く 4 裂する．雄しべは 4 本．分果は狭倒卵形体，長さ約 1.2 mm，網紋がある．ナギナタコウジュに似るが，苞葉は扇状平円形で背面に短毛，ふちに軟毛があり，葉は広卵形である．〔日本名〕太穂薙刀香薷の意味で，ナギナタコウジュより花穂が太いことによる．

3764. シモバシラ（ユキヨセソウ） 〔シソ科〕

Keiskea japonica Miq.（*Collinsonia japonica* (Miq.) Harley）

本州（関東地方以西），四国，九州の山地の木陰に生える多年草である．茎は四角形でかたく，高さ 60 cm 位，斜めに立ち上がる．葉は対生し，短い柄があり，広披針形で先は尖り，長さ 8～20 cm，幅 3～5.5 cm，ふちにはきょ歯があり，うすい洋紙質で脈上に細毛があり，下面には腺点がある．秋，枝の上部の葉腋に長さ 6～9 cm の総状で一方に花をつける花穂を出し，短い柄のある白色で小形の唇形花を多数つける．がくは長さ約 3 mm，等しく 5 裂する．花冠は長さ約 7 mm，上唇は浅く 2 裂，下唇は 3 裂し中央裂片はやや大きい．雄しべは 4 本，株によって雄しべが長く雌しべが短いものと，雌しべが長く雄しべが短いものとがある．〔日本名〕霜柱で冬枯れた茎に氷の結晶ができるので名付けられた．

3765. ヤマジソ 〔シソ科〕

Mosla japonica (Benth. ex Oliv.) Maxim. var. ***japonica***

北海道，本州，四国，九州，朝鮮半島南部に分布し，山ろくの野原や丘などに生える一年草．茎は四角形で直立分枝し，高さ30 cm位，紫色を帯び，毛がある．葉は対生し，長さ3〜10 mmの柄があり，長卵形で長さ1〜3 cm，幅7〜17 mm，先は尖りふちにはきょ歯があり，日に当たる部分は紫色を帯びる．夏から秋にかけて，枝先に花穂を出し，短い柄のある淡紅紫色の唇形花をつける．花の下には苞葉があり．苞葉は柄がなく卵形で長さ3〜6 mm，すぐ下の葉より短い．がくは長さ約3 mm，唇形で5裂し，毛がある．花冠は長さ約3 mm，筒部は短く下唇はやや大きい．雄しべ4本のうち2本は長く，花冠上部に付着する2本はごく小さい．分果は球形で長さ約1.3 mm．駆虫剤のチモールをとる植物でヤマジソといわれているものは変種のシロバナヤマジソ var. *thymolifera* (Makino) Kitam. である．

3766. ヒメジソ 〔シソ科〕

Mosla dianthera (Buch.-Ham. ex Roxb.) Maxim.

(*M. grosseserrata* Maxim.)

アジアの温帯，暖帯に広く分布し，日本では北海道，本州，四国，九州，琉球の山野に生える一年草である．茎は四角形で直立し，高さ30〜60 cm位，節には白毛がある．葉は対生し，長さ1〜2 cmの柄があり．菱形状卵形で長さ2〜4 cm，幅1〜2.5 cm，ふちには粗くやや鈍いきょ歯があり，上面にはまばらに伏毛がある．9〜10月頃，枝先に総状の花穂を出し，白色または淡紅紫色の小さい唇形花を密につける．がくは長さ2〜3 mm，上唇は浅く3裂，下唇は深く2裂し，まばらに毛がある．花冠は長さ約4 mm，筒部は短く下唇は長い．雄しべ4本のうち2本は長く，上部の2本はごく短い．4個の分果は宿存性のがくの底にあり，球形で長さ約1.2 mm．イヌコウジュによく似ているが，全体に毛が少なく，葉がやや菱形になり，きょ歯が粗く大きい点などで区別される．〔追記〕シラゲヒメジソ *M. hirta* (H.Hara) H.Hara は本州から九州に分布し，本種に似るが茎に立った長毛が生え，葉のきょ歯が鋭く尖る．

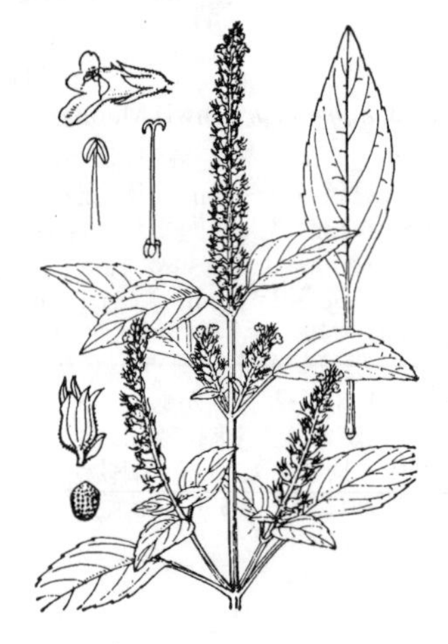

3767. イヌコウジュ 〔シソ科〕

Mosla scabra (Thunb.) C.Y.Wu et H.W.Li

(*M. punctulata* (J.F.Gmel.) Nakai, nom. illeg.)

アジア東部に広く分布し，日本では北海道，本州，四国，九州，琉球の山野に多い一年草である．大体の形はヒメジソに似ているが，葉は卵状披針形または長楕円形で長さ2〜4 cm，幅1〜2.5 cm，きょ歯は低く細かく，また茎や葉がしばしば紫色を帯び，細かい毛がある点などで区別される．秋，枝先に総状の花穂を出し，淡紫色で小形の唇形花を多数密につける．苞葉は長さ2.5〜3 mmで披針形．がくは長さ2〜3 mm，上唇は3裂，下唇は2裂する．花冠は長さ3〜4 mm，上唇の先は浅く凹み．下唇は3裂して中央裂片は長く前方につき出す．雄しべ4本のうち2本は長い．4個の分果は球形で長さ1 mm弱，宿存性のがくの底にある．〔日本名〕犬香薷で，香薷はナギナタコウジュの類をさし，ナギナタコウジュに似て非なるものという意味である．〔漢名〕石薺薴．

3768. シ　ソ (アカジソ) 〔シソ科〕

Perilla frutescens (L.) Britton var. ***crispa*** (Benth.) W.Deane f. ***purpurea*** (Makino) Makino

中国中南部の原産で，畑に栽培する一年草である．茎は四角形で分枝し，高さ20〜40 cm位．葉は対生し，長い柄があり，広卵形で先は尖り，ふちにはきょ歯がある．葉の質はうすく軟らかで紫色となり芳香がある．夏から秋にかけて，枝先に総状の花穂を出し，淡紫色の小形の唇形花を多数密につける．花の下には小形の苞葉があり，がくは5裂し唇形で，筒部には立った長い毛があり，上唇は3裂，下唇は2裂し，がくの筒部の内側にも白い粗い毛がある．花冠は筒部が短く，下唇は上唇よりやや長い．雄しべ4本のうち2本は長い．4個の分果は球形で宿存性のがくの底にある．葉は梅漬に用いられ，果実は塩漬にして食用にする．アオジソ f. *viridis* (Makino) Makino は葉が緑色，花が白色の品種である．西洋では観賞用として栽培される．〔漢名〕蘇または紫蘇といい．シソの名はこれから出たものである．

3769. アオチリメンジソ（チリメンアオジソ）　〔シソ科〕

Perilla frutescens (L.) Britton var. ***crispa*** (Benth.) W.Deane **'Viridi-crispa'**

畑に栽培される一年草で，シソの栽培品種である．全体緑色，茎は四角形で少し毛がある．葉は対生し長い柄があり，広卵形で先は長く尖り，ふちのきょ歯は深く切れこみ，尖っている．葉の上面は緑色でしわがあってちぢれ，まばらに毛があり，下面には腺点がある．秋，枝先に花穂を出し，白色の小さい唇形花を密につける．がくは2唇形で5裂し，上唇の裂片の先は鋭く尖っている．葉はシソと同じ香があり，香味料として賞用される．他にも栽培品種が多く，全体が暗紫色を帯び，葉の両面も暗紫色で花は淡紅色を帯びるチリメンジソ 'Crispa'，葉の上面が緑色で下面が紫色のチリメンカタメンジソ 'Crispidiscolor' などがある．

3770. トラノオジソ　〔シソ科〕

Perilla hirtella Nakai

（*P. frutescens* (L.) Britton var. *hirtella* (Nakai) Makino et Nemoto）

本州（関東以西）から九州の山地に生える一年草である．茎は高さ50 cm位，四角形で短く曲がった毛が密生している．葉は対生し，毛のある長い柄があり，卵形で先は尖り，ふちには粗い鈍きょ歯がある．葉の上面には長い毛がまばらに生え，下面には細かい腺点があり，シソと同じ香がある．秋，枝先に円柱状の花穂を出し，多数の淡紅色の唇形花を密につける．苞葉は卵円形で先は急に尖り長さ約5 mm，緑色でふちに長い毛がある．がくは長さ2～3 mm，筒部は長い軟毛が密生し，裂片は披針形で尖る．花冠は上唇の先が浅く凹み，下唇の側裂片は短く中央裂片はやや大きい．雄しべ4本，雌しべ1本．開花後，がくは大きくなり4個の分果を内に包んでいる．〔追記〕レモンエゴマ *P. citriodora* (Makino) Nakai は福島県以南に分布し，本種に似るが全体にレモンの香りがあり，花は白色である．これらはエゴマにも似ておりその変種とも考えられたことがあるが，茎やがくの毛が短く，染色体数も異なることが知られている．

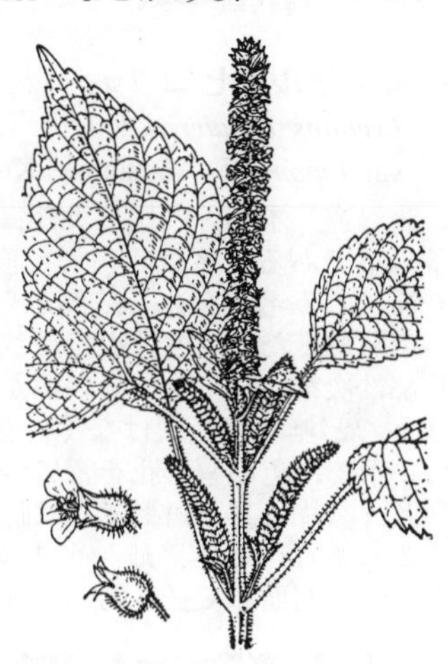

3771. エ　ゴ　マ　〔シソ科〕

Perilla frutescens (L.) Britton var. ***frutescens***

東アジアから南アジア原産の一年草で，わが国でも広く栽培されまた野生化している．茎は四角形で直立して分枝し，高さ60～90 cm位で立った白毛がある．全体に特有の不快な臭気がある．葉は対生し，長い柄があり，卵円形で長さ7～12 cm，幅5～8 cm，先は尖り，ふちにはきょ歯がある．葉はふつう緑色で時に下面が淡紫色を帯びることがある．夏から秋にかけて，枝先に総状の花穂を出し，白色の小さな唇形花を密につける．がくは長さ3～4 mm，上唇はやや短く3裂，下唇は長く2裂し，長い軟毛がある．花冠は長さ4～5 mm，下唇はやや大きい，雄しべ4本のうち2本は長い．4個の分果は宿存性のがくの底にある．〔日本名〕荏胡麻の意味である．〔漢名〕荏といい，果実からしぼった油は荏油という．

3772. シ　ロ　ネ　〔シソ科〕

Lycopus lucidus Turcz. ex Benth.

北海道，本州，四国，九州，東アジアの池や沼などの水辺に生える多年草で，地下茎は太く白色である．茎は太い四角形で直立し高さ1 m位，節の部分が黒い．葉はやや密に対生し，無柄または短い柄があり，広披針形で長さ6～13 cm，幅1.5～4 cm，毛はなく上面は光沢があり，ふちには粗いきょ歯がある．8～10月頃，葉腋に白い小形の唇形花を群がってつける．がくは長さ4～5 mm，中ほどまで5裂し，裂片は細く先は鋭く尖る．花冠は長さ約5 mm，短い筒形で上唇は2裂，下唇は大きく3裂する．雄しべは2本，株によって雄しべが長く花柱が短いものと，花柱が長く雄しべの短いものとがある．分果は長さ約2 mmで幅の広いくさび形．茎，葉裏に長い毛のあるものをケシロネ f. *hirtus* (Regel) Kitag. という．〔日本名〕白根の意味で地下茎が白いのでいう．〔漢名〕地笋．

3773. ヒメシロネ 〔シソ科〕

Lycopus maackianus (Maxim. ex Herder) Makino
（*L. angustus* Makino）

日本，朝鮮半島，中国東北部，東シベリアに分布し，山野の湿地に生える多年草．根茎から細長い白色の地下茎を出し，節には多数のひげ根が生える．茎は四角形で細く滑らかで直立し高さ 30〜70 cm，上方は分枝して枝が多い．葉は対生しほとんど柄がなく，細長い披針形または長楕円状披針形で長さ 4〜8 cm，幅 5〜15 mm，先は尖り，基部は円形または心臓形でふちには鋭いきょ歯がある．時に上部の葉のきょ歯はゆるやかで，下部のものでは大きく切れこむことがある．8〜10 月頃，葉腋に小形で白色の唇形花を数個密につける．がくは長さ約 4 mm，中ほどまで 5 裂し，裂片は鋭く尖る．花冠は短い筒状で長さ約 5 mm，上唇は直立して先は浅く凹み，下唇は 3 裂して平らに開く．雄しべ 2 本，花柱は花冠より長くつき出し，先は 2 裂する．〔日本名〕姫白根で小形のシロネの意味である．

3774. サルダヒコ（コシロネ，イヌシロネ） 〔シソ科〕

Lycopus cavaleriei H.Lév.（*L. ramosissimus* (Makino) Makino var. *japonicus* (Matsum. et Kudô) Kitam.）

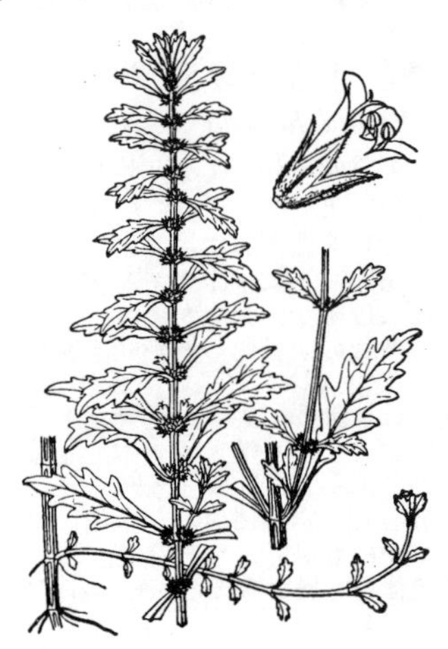

北海道，本州，四国，九州，朝鮮半島，中国に分布し，湿地に生える多年草である．茎は四角形で直立し，高さ 15〜60 cm，ほとんど毛がなく節にのみ毛があり，基部から細長くはう枝を出す．葉は対生し，細長い倒卵形または倒披針形で長さ 2〜4 cm，幅 1〜2 cm，鈍頭または鋭頭で基部は次第に細くなり長い柄がある．ふちには鈍頭の粗いきょ歯があり，ほとんど無毛で光沢はなく，細かい腺点が密にある．8〜11 月頃，葉腋に小形で白色の唇形花を密につける．がくは長さ約 3 mm，中ほどまで 5 裂し，裂片は長三角形で先は針状に尖る．花冠は長さ約 3 mm，先は 4 裂する．雄しべ 2 本．雌しべ 1 本．果実は 4 個の分果からなり，分果はくさび形の四面体で長さ約 1.5 mm である．

3775. ヒメサルダヒコ 〔シソ科〕

Lycopus cavaleriei H.Lév.
（*L. ramosissimus* (Makino) Makino var. *ramosissimus*）

本州，四国，九州，朝鮮半島，中国の湿地に生える多年草．茎は四角形で高さ 10〜30 cm，サルダヒコより全体に小形で，茎は著しく分枝してやや地をはい，基部から匐枝を出して繁殖する．葉は対生し長楕円形でふちにはきょ歯がある．夏から秋にかけて，葉腋に白色で小形の唇形花を密につける．がくは 5 裂する．花冠は 4 裂，上唇は先が浅く凹み，下唇は 3 裂して平らに開く．雄しべ 2 本．分果はくさび形の倒卵形体である．サルダヒコより葉は小形で茎は多数の小枝に分かれるので区別される．〔追記〕本植物は，最近では前種サルダヒコ（コシロネ）と区別されないことが多い．

3776. エゾシロネ 〔シソ科〕

Lycopus uniflorus Michx.（*L. parviflorus* Maxim.）

東アジアの北部および北アメリカに分布し，日本では北海道，本州，九州の湿地に生える多年草である．茎は前年の地下茎の先の紡錘形に肥厚した部分から直立し，高さ 20〜40 cm，四角形で細毛があり，基部から細長い地下茎を出し，先端に近い所は特に太くなって数珠状になる．葉は対生し，短い柄があり，長楕円状披針形で長さ 2〜7 cm，幅 1〜2.5 cm，ふちには鈍いきょ歯があり，両面に腺点があってまばらに細毛がある．8〜9 月頃，葉腋に白色で小形の唇形花を密につける．がくは長さ約 1.5 mm で中ほどまで 5 裂し，裂片は三角状卵形．花冠は長さ約 3 mm，上唇は先が浅く凹み，下唇は 3 裂する．雄しべは 2 本．アイヌ人は数珠状に肥大した地下茎を食用とする．

3777. ウツボグサ（カコソウ）〔シソ科〕

Prunella vulgaris L. subsp. ***asiatica*** (Nakai) H.Hara

東アジアの温帯に広く分布し，日本各地の日当たりのよい山野の草地にふつうに見られる多年草である．高さ 10～30 cm，茎は四角形で直立またはやや斜めに立ち上がり，時にまばらに枝分かれし，横にはう短い枝を基部から出す．葉は対生し長さ 1～3 cm の柄があり，長楕円状披針形で長さ 2～5 cm．茎，葉，花序には白色の粗い毛がある．6～8 月頃，茎の頂に長さ 3～8 cm の花穂をつけ，紫色の唇形花を密集してつける．苞葉はゆがんだ心臓形でふちに毛があり，花軸に対生してつき，その腋に 3 個ずつの花をつける．がくは長さ 7～10 mm，先端は 5 裂して鋭く尖り，花冠は長さ約 2 cm，下唇は 3 裂し，中央裂片のふちにはきょ歯がある．雄しべは 4 本，うち 2 本は他より長い．夏になると花穂は枯れて黒っぽくなる．この穂を夏枯草といい，漢方で利尿薬とする．〔日本名〕靫草で花穂のようすが弓矢をいれる靫（ウツボ）に似ているのでいう．〔漢名〕山菠菜．夏枯草も使われるが，現在中国ではこの名は基準亜種 subsp. *vulgaris* に対して用いられる．

3778. タテヤマウツボグサ〔シソ科〕

Prunella prunelliformis (Maxim.) Makino

本州中部および東北地方の高山に生える多年草である．茎は四角形で根ぎわから群がって生じ，直立して高さ 25～50 cm となる．葉は対生し柄がないかまたは短い柄があり，長卵形あるいは長楕円状卵形で長さ 3～8 cm，幅 1.5～4 cm，質厚く先端は尖り基部は円形または急に細まり柄となる，ふちには粗いきょ歯があり，上面は主脈が凹んでいる．7～8 月頃，茎の頂に長さ 1～5 cm，幅 2.5 cm 位の花穂を出し，濃紫色の美しい花を密生してつける．苞葉はゆがんだ心臓形でふちに長い毛があり，その腋に花をつける．がくは長さ 7～10 mm，乾いた膜質で上唇には 3 個のきょ歯があり，下唇は鋭く 3 裂し紫色を帯びるものが多い．花冠は長さ 25～32 mm，上唇は直立しかぶと形，下唇は平らに開き 3 裂し，中央裂片のみ大きく先が凹む．雄しべは 4 本，うち 2 本は他より長く，花柱の先は 2 裂する．4 個の分果は宿存性のがくに包まれている．〔日本名〕立山靫草で富山県の立山に生えるウツボグサの意味である．

3779. カキドオシ（カントリソウ）〔シソ科〕

Glechoma hederacea L. subsp. ***grandis*** (A.Gray) H.Hara

北海道，本州，四国，九州の野原や道ばたに生えるつる性の多年草である．全体に細かい毛があり，茎や葉に香気がある．茎は細く四角形で，はじめ直立し高さ 5～25 cm 位，後に倒れて地上を長くはい，節から根を出して繁殖する．葉は対生し長い柄があり，腎臓状円形で長さ 1.5～2.5 cm，幅 2～3 cm，先は円く基部は心臓形，ふちには鈍きょ歯がある．4～5 月頃，葉腋に淡紫色で柄のある唇形花を 1～3 個つける．がくは長さ 7～9 mm，深く 5 裂し先は鋭く尖る．花冠は長さ 15～25 mm，上唇の先は浅く凹み，下唇は上唇の約 2 倍の長さで，内面に濃紫色の斑点がある．雄しべ 4 本のうち 2 本は長い．〔日本名〕籬通でつるをのばして垣根をくぐり抜けるのでいう．〔漢名〕馬蹄草，連銭草，積雪草を用いるのは誤りである．これらはともに中国産の *G. hederacea* var. *longituba* Nakai の名である．

3780. カワミドリ〔シソ科〕

Agastache rugosa (Fisch. et C.A.Mey.) Kuntze

北海道から九州までの山地に生える多年草で，高さ 60～150 cm 位，全体に特有の香がある．茎は四角形で直立し，上部は枝分かれする．葉は対生し長さ 1～4 cm の柄があり，卵状心臓形で長さ 5～10 cm，幅 3～7 cm，先は鋭く尖り，基部は浅い心臓形でふちには鈍いきょ歯がある．夏から秋にかけて，茎の頂や枝先に長さ 5～15 cm の花穂を出し，紫色で小さい唇形花を多数密集してつける．がくは長さ 5～6 mm，筒状，5 裂片は長く尖り紫色で花後にも美しい．花冠は長さ 8～10 mm，上唇はやや直立し先が浅く凹み，下唇は 3 裂し，中央裂片は大きく波形のきょ歯がある．雄しべ 4 本のうち 2 本は長く，花柱とともに花冠からとび出している．茎，葉，根を乾燥して漢方薬とし，風邪薬などに用いる．〔漢名〕藿香．排草香を用いるのは誤りである．

3781. ケイガイ（アリタソウ） 〔シソ科〕

Schizonepeta tenuifolia (Benth.) Briq. var. ***japonica*** (Maxim.) Kitag.
（*Nepeta japonica* (Maxim.) Makino）

中国北部原産の一年草で薬用植物として時たま栽培されている．茎は直立し四角形で高さ 60 cm 位，上方は枝分かれし，全体に強い香がある．葉は対生し柄があり，羽状に深く切れこみ，裂片は少数で線形，全縁である．夏，枝の先に細長いややまばらな花穂をつけ，段をなして淡紅白色の小さい唇形花を多数開く．がくは 5 裂し細かい毛があり，花冠は長さ約 3 mm，下唇は 3 裂し大きい．雄しべ 4 本のうち 2 本は長い．開花後種子は熟し茎や根は枯れる．〔漢名〕荊芥といい，花時全草をとり乾燥したものを生薬とし，漢方で発汗，風邪薬として用いる．漢名の仮蘇も一名を荊芥というが本種とはちがう植物である．

3782. ラショウモンカズラ 〔シソ科〕

Meehania urticifolia (Miq.) Makino

本州，四国，九州の山地の林の中に生える多年草である．茎は四角形で長く地上をはい，節から根を出す．花茎は直立し高さ 15〜30 cm 位．葉は対生し心臓状卵円形で長さ 2〜5 cm，幅 2〜3.5 cm，先は鋭く尖り，基部は心臓形，質はうすくふちには粗いきょ歯がある．下部の葉は 2〜5 cm の長い柄があるが，上部の葉はほとんど柄がなく茎を抱いている．春，花茎の上部の葉の腋に紫色で大形の唇形花を一方向きに数個つける．がくは短い筒状で先は 5 裂し長さ約 1 cm．花冠は長さ 4〜5 cm，筒部は長く急にふくらみ，下唇の中央裂片は大きく，内側には濃紫色の斑点と長い白毛がある．雄しべ 4 本のうち 2 本は長い．〔日本名〕羅生門蔓の意味で，太い花冠を京都の羅生門で渡辺綱が切り落とした鬼女の腕になぞらえていったものである．

3783. ムシャリンドウ 〔シソ科〕

Dracocephalum argunense Fisch. ex Link

北海道，本州中部以北，朝鮮半島，中国東北部，東シベリアに分布し，日当たりのよい草原に生える多年草である．茎は群がって直立し，高さ 15〜40 cm，四角形で葉とともに白い細毛がある．葉は対生し，柄がないかまたは長さ 1〜3 mm の短い柄があり，線形で長さ 2〜5 cm，幅 2〜5 mm，全縁で先は鈍形，質はやや厚く上面は光沢がある．基部の葉はしばしば卵形で短い柄があり，ふちにはまばらにきょ歯がある．夏，茎頂に短い花穂をつけ，数個の紫色の唇形花を開く．がくは鐘形でやや不揃いに 5 裂し，長さ 12〜15 mm，裂片の先はとげ状で立った軟らかい毛がある．花冠は長さ 3〜3.5 cm，筒部は急に太くなり，上唇の先は浅く凹み，下唇は 3 裂し，中央の裂片は大きく紫色の点がある．雄しべは 4 本でうち 2 本は長い．〔日本名〕牧野は本種の和名を「滋賀県の武佐に産するリンドウの意」としたが，本種は滋賀県には産しない．むしろ，線形の葉が節から束生している様を，盆栽用語の武者立の幹の状態になぞらえたという深津正の説が正しいようである．

3784. ミソガワソウ 〔シソ科〕

Nepeta subsessilis Maxim.

北海道，本州，四国の深山の河原に多く見られる多年草である．普通多数集まって群落を作る．茎は四角形で直立し，枝分かれせず，高さ 60〜90 cm となる．葉はほとんど柄がなく対生し，狭卵形で先は細く尖り，長さ 6〜14 cm，幅 2.5〜8 cm，ふちに鈍頭のきょ歯があり，両面にまばらに細かい毛が生える．葉をもむといやな臭がする．夏から秋にかけて，上部の葉腋ごとに数個の紫色の唇形花を開き，多数集まって花穂を作る．がくは緑色で 5 裂し，裂片は線状披針形である．花冠は長さ 25〜30 mm，筒長く，上部は短い上唇と下唇とに分かれ，上唇は先やや凹み，下唇は 3 裂して中央裂片は大きく紫色の点がある．2 本ずつ長さの異なる 4 本の雄しべをもつ．〔日本名〕木曽の味噌川に多く，中山道を旅する旅人の目についたので味噌川草の名がある．

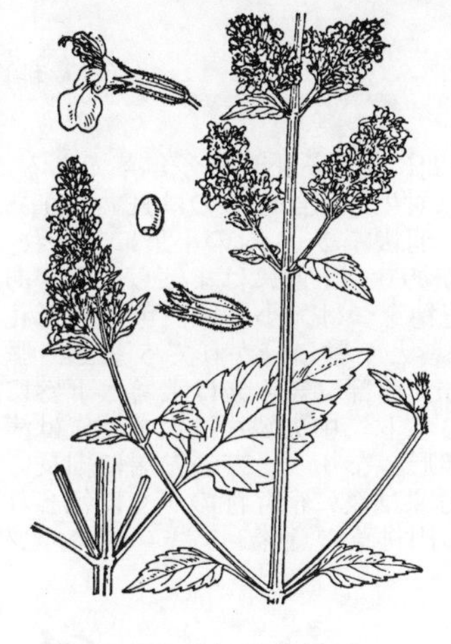

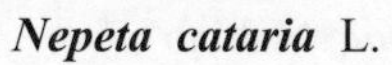

3785. チクマハッカ (イヌハッカ) 〔シソ科〕

Nepeta cataria L.

朝鮮半島，中国，西アジア，ヨーロッパ原産の一年草．日本では長野県北部に帰化している．高さ 50〜100 cm 位．茎は四角形で直立し，上方は枝分かれし全体に細かい白色の毛を密生する．葉は対生し長さ 1〜3 cm の柄があり，卵状心臓形で長さ 3〜6 cm，幅 2〜3.5 cm．ふちには鋭い粗いきょ歯がある，夏，枝先に長さ 2〜4 cm の短く太い花穂を出し，白紫色の唇形花を多数密につける．がくは筒状で先は 5 裂し，裂片の先端は鋭く尖る．花冠は紫色の点があり下唇が大きい．雄しべ 4 本のうち 2 本は長い．果実は 4 個の分果からなり，分果は楕円体で黒褐色，長さ約 1.5 mm で宿存性のがくに包まれている．〔日本名〕筑摩薄荷の意味で，筑摩は長野県の地名である．

3786. ローズマリー (マンルソウ，マンネンロウ) 〔シソ科〕

Rosmarinus officinalis L.

南ヨーロッパ原産の常緑の小形低木で高さ 1〜2 m となる．全体によい香があり，薬用植物として薬草園に栽培される．茎は直立し，木質で多数枝分かれする．葉は対生し，線形で長さ 2〜3 cm，革質で上面は光沢があり，ふちが下側にまき，下面は毛があって灰白色となり，まばらに油点がある．春から夏にかけて上部の葉の腋に淡紫色の唇形花を数個つける．がくは上唇と下唇に分かれ，上唇は 3 裂，下唇は 2 裂する．花冠は長さ 1.3 cm 位，筒部は短く上唇は先が 2 裂，下唇は深く 3 裂し，中央の裂片は大きく前方につき出し，内側に紫色の斑点がある．雄しべは 4 本でうち 2 本は長く，花柱は花冠の上唇より少し長くとび出す．枝や葉を主として香料に用いる．〔漢名〕迷迭香．

3787. ミゾコウジュ (ユキミソウ) 〔シソ科〕

Salvia plebeia R.Br.

アジア東南部，オーストラリアの暖帯から熱帯に広く分布し，日本では本州から琉球の田のあぜや路ばたのやや湿った土地に生える二年草である．茎は四角形で直立し高さ 30〜70 cm，上方で分枝し，稜には下向きの細毛がある．根生葉はやや大形で長い柄があり，冬には放射状に群がるが花時には枯れる．茎の葉は対生し短い柄があり，長楕円形で長さ 3〜6 cm，幅 1〜2 cm，先は鈍頭で基部は次第に細まり，ふちには鈍いきょ歯がある．葉の両面にはまばらに細毛があり，上面はしわがよっている．5〜6 月頃，枝先に花穂を出し，多数の小さい淡紫色の唇形花を数段につける．がくは長さ 2.5〜3 mm，浅く 5 裂する．花冠は長さ 4〜5 mm，下唇は大きく紫色の斑点がある．雄しべ 4 本のうち 2 本は長い．果実は 4 個の分果に分かれ，分果は広楕円体で長さ約 0.8 mm である．〔日本名〕溝香薷の意味で，溝のような湿った場所に生え，花序が香薷（ナギナタコウジュの類）に似るのでいう．〔漢名〕薺薴．

3788. タンジン 〔シソ科〕

Salvia miltiorrhiza Bunge

中国原産の多年草でまれに薬用として栽培されている．茎は高さ 40〜80 cm，四角形で長い細毛が多い．葉は対生し，長い柄があり，羽状複葉で小葉は普通 1〜3 対，卵形または長楕円形で先は急に尖り，ふちには鈍きょ歯があり，下面には特に毛が密生している．春，茎の頂に青紫色の唇形花を総状につける．花軸には腺毛が密生する．がくは長さ 8〜10 mm，鐘形で先は上唇と下唇に分かれ，紫色を帯び腺毛がある．花冠は長さ 2〜2.5 cm，上唇と下唇に深く分かれて口を開き，下唇は 3 裂し側片は短く，中央の裂片は扇形に広がり，先端は浅く凹み，ふちには細かい切れこみがある．〔漢名〕丹参といい，太い根を乾したものを漢方薬に使う．

3789. ハルノタムラソウ 〔シソ科〕

Salvia ranzaniana Makino

本州（紀伊半島），四国，九州の山地の谷間に生える小形の多年草である．茎は四角形で直立し，高さ 12〜20 cm．葉は対生し下部のものは長い柄があり，長卵形または長楕円形で長さ 3〜6 cm，羽状に 2〜3 対の小葉に分かれ，小葉は卵形，楕円形または倒卵形できょ歯があり，上面にはまばらに毛がある．4〜6 月頃，茎の頂に長さ 3〜6 cm の花穂をつけ，小さい白色の唇形花を数段輪生する．がくは長さ 5〜6 mm，上唇と下唇に分かれて 5 裂し，脈上に細かい腺毛がある．花冠は長さ約 8 mm，筒部は短く先は上唇と下唇に分かれ，上唇は 2 裂，下唇は平らに開いて 3 裂し，中央裂片は大きく先は浅く 2 裂する．雄しべ 2 本，花糸の先は T 字形となり，一方の先端に細長い葯をつける．柱頭の先は 2 裂する．4 個の分果は夏に宿存性のがくに包まれて熟し，後こぼれて落ちる．〔日本名〕春の田村草の意味．アキノタムラソウに比べ春咲きであるのでいう．

3790. ナツノタムラソウ 〔シソ科〕

Salvia lutescens (Koidz.) Koidz. var. ***intermedia*** (Makino) Murata

東海道，近畿地方の山地の木陰に生える多年草である．茎は四角形で直立し，高さ 40〜80 cm，節には葉柄とともに立った長毛がまばらに生える．葉は対生し，長い柄があり，羽状に切れこみ，小葉は狭卵形または広卵形で頂片はやや大形，質はうすくふちにはきょ歯がある．6〜8 月頃，枝先に花穂をつけ，濃紫色の唇形花を数段輪生する．がくは長さ 5〜6 mm，唇形で外面には腺点と毛があり，内面には輪状に白毛がある．花冠は長さ 9〜11 mm，外面及び花筒内面にも毛がある．雄しべは 2 本で前方の葯隔は長く花糸状にのび，花柱とともに花冠より長くとび出す．開花後，茎は地面に倒れ，茎の上に苗ができる性質をもつ．〔追記〕奈良県と三重県には花が淡黄色のウスギナツノタムラソウ var. *lutescens*，本州中北部には花が淡紫色のミヤマタムラソウ var. *crenata* (Makino) Murata を産する．

3791. アキノタムラソウ 〔シソ科〕

Salvia japonica Thunb.

東アジアの温帯，暖帯に広く分布し，日本では本州，四国，九州の山地や野原にふつうに見られる多年草である．茎は四角形で直立し，高さ 20〜80 cm，無毛または細毛がある．葉は対生し，長い柄があって普通奇数の羽状複葉となり，3〜7 個の小葉からなる．小葉は広卵形または菱形で長さ 2〜5 cm，ふちにはきょ歯があり，上面無毛またはまばらに毛がある．7〜11 月頃，茎の上部に分枝し，枝先に花穂をつけ，淡紫色の唇形花を数段輪生する．がくは長さ 5〜6 mm，唇形で内側に輪状に長い毛が生える．花冠は長さ 1〜1.3 cm，上唇はやや直立し，下唇は 3 裂，外面には少し毛があり，花筒の内面にも輪状に毛がある．雄しべは 2 本，前方の葯隔は花糸のようにのび，初め前方につき出し，葯が開いてしまうと下向きに曲がる．雄しべは花冠の上唇から少しつき出すがナツノタムラソウほどではない．〔漢名〕紫参といい，鼠尾草を用いるのは誤りである．

3792. イヌタムラソウ 〔シソ科〕

Salvia japonica Thunb. f. ***polakioides*** (Honda) T.Yamaz.

（*Polakiastrum longipes* Nakai）

広島県，愛知県，静岡県などの低山地に生える多年草で，地下に短い根茎がある．茎は直立し花時に高さ 30〜50 cm 位，形の変化が多いが大体アキノタムラソウに一致する．葉は 3 枚の小葉に分かれるものから 8 枚の小葉で，さらに細かく裂けるものまでいろいろあり，株によってちがう．晩夏から開花するが，花もいろいろの形があり，最もふつうのものは柄の長さ 5 mm 位，花は長さ 5 mm 位，花冠は質やや厚く，緑紫色で上唇は短く 3 裂し，下唇は長く前方につき出し，雌しべはしばしば葉化しているので，花後結実せず再び若い枝となることが多い．子房は 2 室となりシソ科の基本からずれているので，以前独立の属とされたことがあるが，アキノタムラソウの奇形にすぎない．

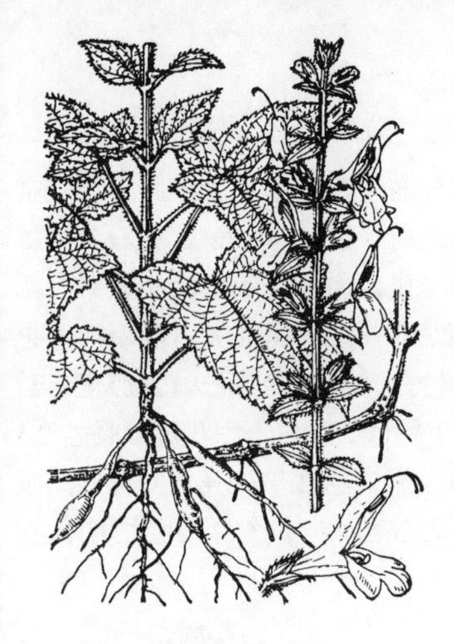

3793. キバナアキギリ 〔シソ科〕

Salvia nipponica Miq.

本州，四国，九州の低山地の木陰に生える多年草である．根は細長い紡錘形で赤紫色である．茎は四角形で高さ 20～40 cm 位．直立するかあるいは初め地をはい後立ち上がるものもある．葉は対生し長い柄があり，ほこ形で長さ 5～10 cm，幅 4～7 cm，先は鋭く尖り，基部は心臓形．両端は三角形につき出し，ふちにはきょ歯がある，茎，葉，葉柄ともに立った長い毛がある．秋，茎の頂に花穂をつけ，花茎の苞葉の腋に短い柄のある黄色の唇形花を数段つける．花穂は長さ 10～20 cm，苞葉は卵形，がくは唇形でいずれも立った長毛がある．花冠は長さ 2.5～3.5 cm，上唇は立ち上がり，下唇は 3 裂して前につき出す．雄しべは 2 本．花柱は上唇より長く花冠よりとび出す．〔日本名〕黄花秋桐の意味で，アキギリに似て黄花を咲かせることによる．葉の切れこみの深いものをコトジソウといい, 葉形が琴柱（コトジ）の形に似ているのでいう．

3794. アキギリ 〔シソ科〕

Salvia glabrescens (Franch. et Sav.) Makino

北陸地方の山地の木陰に生える多年草である．キバナアキギリよりもやや大形になり，毛が少なく，葉は幅広く円味があり，花は紅紫色である．葉は対生して長い柄があり，ほぼ心臓形で先は円味があって急に尖り，基部はほこ形で横に張り出して尖り，長さ 6～10 cm，幅 4～10 cm，ふちには粗いきょ歯があり，上面や下面の脈上に毛がまばらにある．秋，茎の頂の苞葉の腋に大形の唇形花を数段つける．がくは鐘形で長さ 1 cm 位，脈上に毛がある．花冠は長さ約 2.5 cm，上唇はやや斜めに立ち，下唇は浅く 3 裂して平らに開き，中央裂片のみ大きい．雄しべ 2 本，雌しべ 1 本で花柱は上唇より長くつき出し先は 2 裂する．〔日本名〕秋桐で，葉がキリの葉にやや似ていて秋咲きなのでいう．

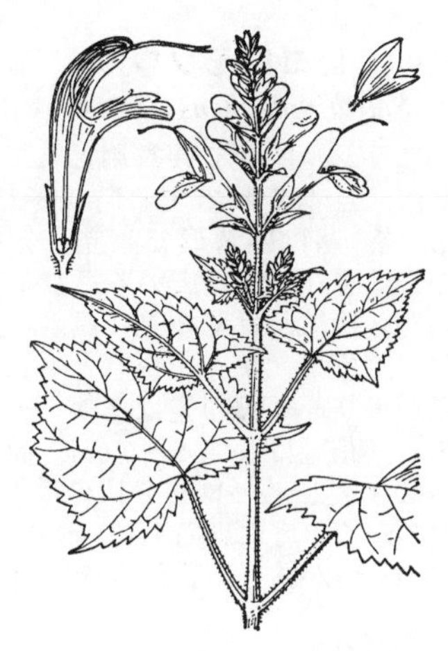

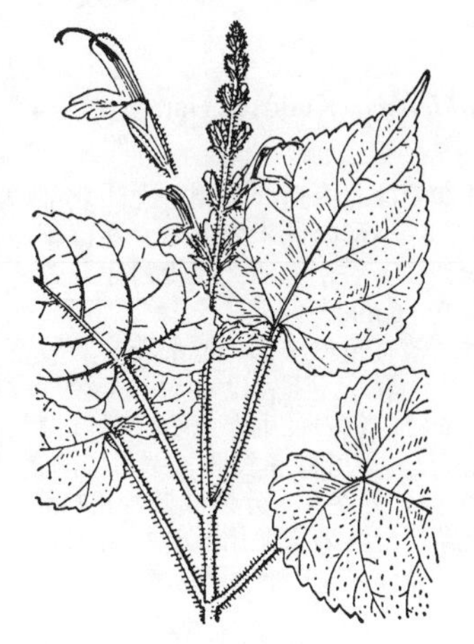

3795. シナノアキギリ 〔シソ科〕

Salvia koyamae Makino

長野県東部と群馬県西部の林中に生える多年草で，高さ 50～80 cm，茎の下部は横にはい，節から根を下ろし，全体に立った腺毛が密生している．葉は対生し長い柄があり，広卵形で長さ 8～20 cm，幅 6～15 cm，先は急に長く尖り，基部は心臓形，ふちには粗い鈍きょ歯がある．8～9 月頃，茎の頂に総状に黄色の唇形花をつける．花柄は長さ 5 mm 位，がくは鐘形で長さ 12～14 mm 位，腺毛を密生し，上唇は広く分裂せず．下唇は 2 裂する．花冠は長さ 20～23 mm，筒部の上部内側には輪になって長い白毛が生え，上唇は長楕円形で先が凹み，下唇は濃黄色で幅広く浅く 3 裂する．雄しべは 2 本で葯隔は花糸状に長くのび，内側の葯室は花粉をつくらず互にくっつく．〔日本名〕信濃の国に産するアキギリの意味である．

3796. セージ（サルビア） 〔シソ科〕

Salvia officinalis L.

地中海沿岸地方の原産で，香料または薬用植物として栽培されている多年草である．高さ 30～90 cm 位．茎は四角形で下部は半ば木質化し，全株に芳香がある．葉は対生し短い柄があり，広楕円形，鈍頭で，質厚く灰緑色，茎とともに白毛があり，特に下面は著しく，上面には網状のしわがある．夏，枝先に花穂を出し，紫色の唇形花を数段輪生する．がくは鐘状の唇形．花冠は長さ 1.5～2 cm，上唇はやや立ち上がり先は浅く凹み，下唇は広く 3 裂し平らに開く．雄しべは 2 本．花柱は上唇より長くとび出ている．葉を乾したものを薬用として用い，また香料として西洋料理に用いられ，セージ（Sage）とよばれる．

3797. ベニバナサルビア 〔シソ科〕

Salvia coccinea Buc' hoz ex Etling.

北アメリカ南部からメキシコにかけて分布する一年草で，ときに観賞のため栽培される．茎は四角形で直立し，高さ 30〜70 cm となる．葉は対生し長い柄があり，卵形または三角形で先は尖り，基部は心臓形，ふちには鈍いきょ歯がある．上面には軟毛があり，下面は灰白色の綿毛を密生する．夏，茎の上部に長い花穂をつけ，深紅色で美しい唇形花を数段輪生する．がくは鐘形で，上唇は全縁，下唇は 2 裂する．花冠は長さ 2.5 cm 位，外面に軟らかい毛があり，下唇は上唇の約 2 倍の長さである．雄しべは 2 本で花柱とともに花冠より長くとび出す．観賞用として明治初期に輸入されたが今はあまり見られない．

3798. ヒゴロモソウ 〔シソ科〕

Salvia splendens Sellow ex Roem. et Schult.

ブラジル原産で観賞用として庭園に栽培する．原産地では小低木であるが，日本で栽培する時は冬枯死するので一年草となる．高さ 60〜90 cm 位，茎は四角形で直立し分枝する．葉は対生し長い柄があり，卵形で先は尖り基部は広いくさび形で長さ 5〜9 cm，ふちにはきょ歯がある．夏から秋にかけて枝先に長さ 15 cm 以上の花穂をつけ，大形の唇形花を開き，苞葉，がく，花冠ともに緋色で大変美しい．がくは鐘形で上唇は先が尖り，下唇の先は 2 裂し，稜があり花柄とともにビロード状の毛がある．花冠は長さ 5〜6 cm，筒部長く，上唇は下唇より長く舟底形，下唇は 3 裂し，ビロード状の毛がある．雄しべは 2 本．分果は小さく宿存性のがくの底にある．〔日本名〕緋衣草の意味で花の色による．園芸品種がいくつかあり，花色も深紅色，紫色などがある．

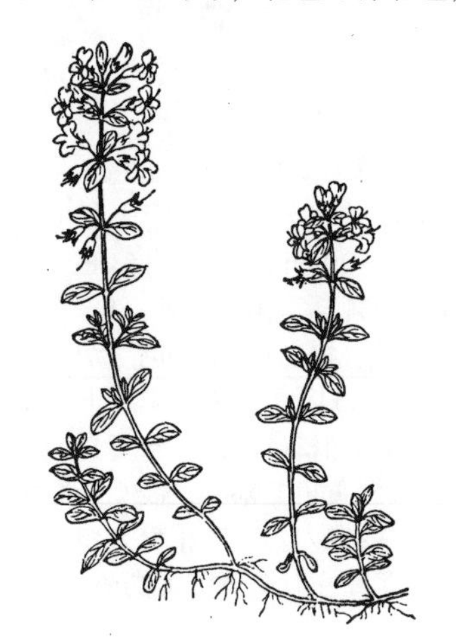

3799. イブキジャコウソウ 〔シソ科〕

Thymus quinquecostatus Celak. var. ***ibukiensis*** (Kudô) H.Hara
（*T. japonicus* (H.Hara) Kitag.）

北東アジアの温帯，寒帯に広く分布し，日本では北海道，本州，九州北部の山地や時には平地の日当たりの良い岩地に生える小形の低木である．茎は細く地上をはい高さ 3〜15 cm，多数の枝を出し全体に芳香がある．葉は対生しごく短い柄があり，長楕円形で長さ 5〜10 mm，幅 3〜6 mm，鈍頭，全縁で両面に腺点がある．6〜7 月頃，枝先に短い花穂をつけ，淡紅色で小形の唇形花を数段密につける．がくは長さ 4〜5 mm，上唇は幅広く 3 裂し，下唇は 2 裂して裂片は細く尖り，ふちには毛があり，内面上部にも密に白色の長毛がある．花冠は長さ 7〜8 mm，やや小形のものもあり，上唇は直立，下唇は 3 裂して平らに開き，雄しべ 4 本のうち 2 本は長い．果実は 4 個の分果に分かれ，分果は長さ 0.7 mm，宿存性のがくの底にある．開花時に全草を乾燥したものを薬用，香料用として用いる．〔日本名〕伊吹麝香草で伊吹山に多く，全体によい香があるのでいう．

3800. ハ ッ カ（メグサ） 〔シソ科〕

Mentha canadensis L.（*M. arvensis* L. var. *piperascens* Malinv. ex Holmes）

東アジアと北アメリカに広く分布し，日本では北海道から九州のやや湿った土地に生える多年草で，時に香料用や薬用として栽培される．茎は四角形で直立し，高さ 20〜60 cm 位，時々上方でまばらに分枝し，多数の長い地下茎を出して繁殖する．葉は対生し，長さ 3〜10 mm の柄があり，長楕円形で長さ 2〜8 cm，幅 1〜2.5 cm，先は尖り，ふちにはきょ歯があり，上面にはまばらに毛が生え，下面には細かい油点がある．8〜10 月頃，葉腋に短い柄のある淡紫色の小さな唇形花を群がってつける．がくは長さ約 2.5 mm で先は 5 裂し毛がある．花冠は長さ 4〜5 mm で 4 裂し，上唇の先は浅く 2 裂する．雄しべは 4 本，株によって雄しべが長く雌しべが短いものと，雌しべが長く雄しべが短いものとある．全草に芳香があり，葉から薄荷油をとり，香料，清涼剤，薬用などに用いる．〔漢名〕薄荷．

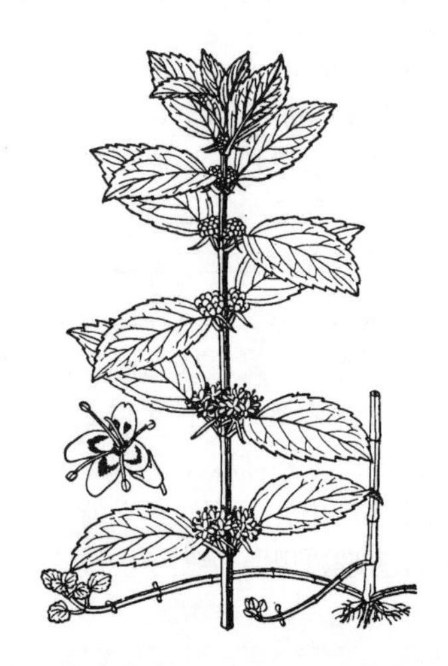

3801. オランダハッカ 〔シソ科〕

Mentha spicata L.（*M. spicata* var. *crispa* (Benth.) Danert）

ヨーロッパの原産であるが，わが国の所々の湿地に野生化している多年草である．茎は四角形で直立分枝し，全体ほとんど無毛である．葉は対生し，柄がなく，長卵形で先は短く尖り，基部はやや心臓形，ふちにはややまばらなきょ歯がある．葉の色は浅緑色で脈は凹みしわがあり，下面に腺点がある．秋，枝先に円柱状の密な花穂をなして，淡紅紫色の小さな唇形花をつける．がくは長さ 1.5 mm 位で中ほどまで 5 裂し，裂片は鋭く尖る．花冠は長さ約 3 mm，4 裂し，裂片は卵形で平らに開く．雄しべ 4 本と雌しべ 1 本は花冠より長くとび出す．ハッカと香はちがうが外国では Spearmint とよばれ，香味料として多量に用いられる．江戸時代末期にオランダから渡来したといわれ，それによって名が付けられた．

3802. ヒメハッカ 〔シソ科〕

Mentha japonica (Miq.) Makino

北海道，本州の湿地に生える小形の多年草である．茎は直立し高さ 20〜40 cm，枝分かれし，基部から細長い地下茎を出して繁殖する．全体にほとんど毛がなく，葉は対生し，ごく短い柄があり，長楕円形で長さ 1〜2 cm，幅 3〜8 mm，ハッカと同様な香がある．8〜10 月頃，枝先に短い花穂を出し，淡紫色の小形の唇形花を群がってつける．がくは長さ約 2.5 mm で 5 裂し，裂片は三角状卵形で鈍頭，毛がなく腺点がある．花冠は長さ約 3.5 mm，筒部はがくより少し長く先は 4 裂する．雄しべは 4 本，株によって雄しべが花柱より長いものと，花柱が雄しべより長いものとがある．果実は 4 個の分果からなり，分果は楕円体，少し扁平で長さ約 0.8 mm である．

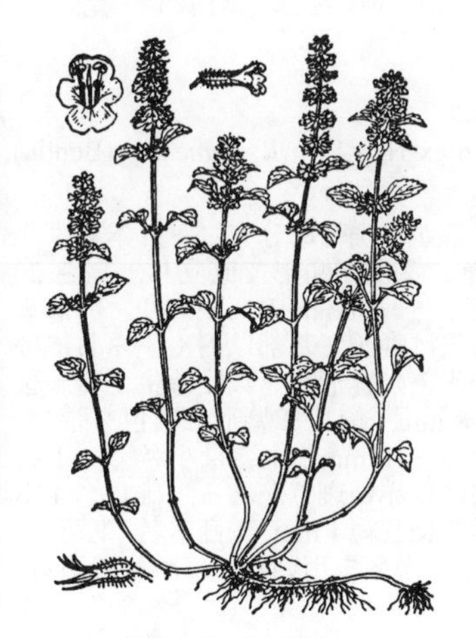

3803. トウバナ 〔シソ科〕

Clinopodium gracile (Benth.) Kuntze（*C. confine* (Hance) Kuntze）

本州から琉球，東アジアおよび東南アジアに広く分布し，山野の路傍にふつうに見られる多年草．茎は細く根ぎわから群がって生じ，基部は地をはい，先は立ち上がって高さ 15〜30 cm となる．葉は対生し，5〜15 mm の柄があり，卵形で長さ 1〜3 cm，幅 8〜20 mm，ふちにはきょ歯があり，やや無毛である．夏，茎の頂に花穂をつけ，短い柄のある小形の唇形花を数段輪生する．がくは長さ 3〜4 mm で 5 裂し少し短毛がある．花冠は長さ 5〜6 mm で淡紅色，下唇はやや長い．雄しべ 4 本のうち 2 本は長い．果実は 4 個の分果からなり，分果は平滑でやや扁平な球形となり長さ 0.6 mm ぐらい．〔日本名〕塔花で花穂の形による．

3804. ヤマトウバナ 〔シソ科〕

Clinopodium multicaule (Maxim.) Kuntze

本州から九州，沖縄島および朝鮮半島に分布し，山地の木陰に生える多年草．茎は四角形で根ぎわより群がって生じ，やや斜めに立ち上がり高さ 10〜30 cm，縮れた毛がある．葉は対生し，長さ 6〜15 mm の柄があり，長卵形または長楕円形で長さ 2〜5 cm，幅 1〜2 cm，先は尖り縁には粗い鈍きょ歯がある．下面は淡緑色で，両面にまばらに毛があり膜質である．6〜7 月頃，枝先に花穂をつけ，白色小形の唇形花を 2〜4 個ずつ数段輪生する．がくは長さ 6 mm 位，筒状鐘形で外面にはごく短い毛のみが生え，先は 5 裂し，裂片は鋭く尖る．花冠は長さ 8〜9 mm，筒部は短く，上唇は浅く 2 裂し，下唇は大きく深く 3 裂する．雄しべ 2 本は他より長く，花柱とほぼ同じ長さである．宿存性のがくの底に分果がある．〔日本名〕山塔花の意味である．〔追記〕ミヤマトウバナに比べると全体に小形で，花穂もふつう茎の先に 1 個しかつかない．図では茎が下部で枝を分けているが，多くの場合茎は枝を分けず，花序の下の葉はより大きいのが普通である．

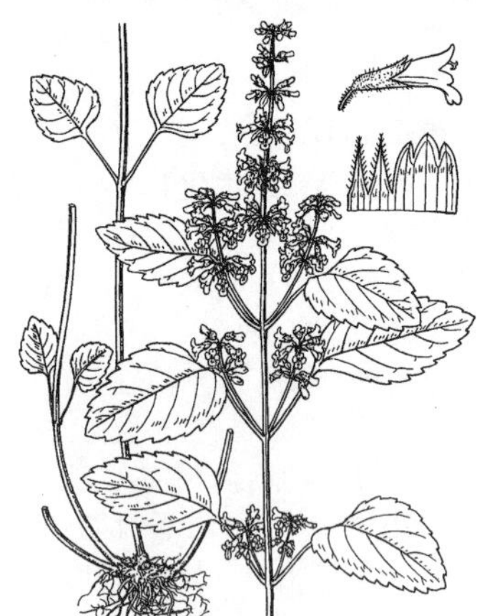

3805. ミヤマトウバナ　〔シソ科〕

Clinopodium micranthum (Regel) H.Hara var. ***sachalinense*** (F.Schmidt) T.Yamaz. et Murata（*C. sachalinense* (F.Schmidt) Koidz.）

北海道，本州（鳥取県氷ノ山以北）の山地の木陰に生育し，千島列島や樺太に分布する多年草．茎はまばらに毛があり，節には毛が多く，直立か斜めに立ち上がり，高さ 20〜70 cm になり，ふつう上部で分枝する．葉は長さ 1〜2 cm の柄があり，葉身は狭卵形ないし卵形で，長さ 2〜6 cm，幅 1〜3 cm，先が鋭頭または鈍頭，基部がくさび形または広いくさび形，ふちにはきょ歯があり，両面にまばらに毛があり，下面の腺点はめだたない．7〜9 月頃枝先や上部の葉腋に花穂をつける．花はまばらに輪生し，やや接して数段つき，花穂の軸にしばしば先が下向きに曲がる開出毛がある．小苞葉は線形で花柄より短い．がくは筒状 2 唇形で長さ 3〜4 mm，ごく短い毛が生え，上唇は 3 裂し，裂片は鈍頭または鋭頭，下唇は 2 裂し裂片は尾状鋭尖頭で，ともにふちに開出毛を散生する．花冠は長さ 5〜6 mm，白色でわずかに紅紫色を帯び，上唇は浅く 2 裂，下唇は 3 裂する．分果は長さ約 0.7 mm．ヤマトウバナに似るが，花穂が長く，ふつう上部の葉腋にも花穂をつけ，花序の軸の毛は長く開出するか先が下向きに曲がる．〔日本名〕深山塔花の意味．

3806. イヌトウバナ　〔シソ科〕

Clinopodium micranthum (Regel) H.Hara var. ***micranthum***

北海道，本州，四国，九州の山地の林内や道ばたなどに生育し，済州島に分布する多年草．茎は下向きに曲がった細かい毛があり，基部は直立か斜めに立ち上がり，高さ 20〜50 cm になり，ふつう分枝する．葉は長さ 5〜15 mm の柄があり，葉身は狭卵形ないし卵形，長さ 2〜5 cm，幅 1〜3 cm，先が鋭頭または鈍頭，基部がくさび形または広いくさび形，ふちにはきょ歯があり，両面ともに毛があり，下面には腺点が多い．8〜10 月頃，枝先や上部の葉腋に花穂をつける．花はまばらに輪生し，やや接して数段つき，花穂の軸には密に毛がある．小苞葉は線形で花柄より短く，開出する毛がある．がくは筒状 2 唇形で，長さ 4〜5 mm，腺点とがく筒の幅より長い開出毛とがあり，上唇は 3 裂し，裂片は鈍頭から鋭頭，下唇は 2 裂し裂片は尾状鋭尖頭で，ともにふちに開出毛が散生する．花冠は長さ 5〜6 mm，白色でわずかに淡紫色を帯び，上唇は浅く 2 裂，下唇は 3 裂する．分果は長さ約 1 mm．ミヤマトウバナに似るが，がくに開出長毛があり，葉の下面に明らかな腺点がある．〔日本名〕犬塔花の意味．

3807. クルマバナ　〔シソ科〕

Clinopodium coreanum (H.Lév.) H.Hara

（*C. urticifolium* (Hance) C.Y.Wu et Hsuan ex H.W.Li ; *C. chinense* (Benth.) Kuntze var. *parviflorum* (Kudô) H.Hara）

中国北部，朝鮮半島，ロシア沿海州の温帯から暖帯に分布し，日本では北海道から九州の山地や野原に生える多年草．茎は四角形で直立し，高さ 20〜80 cm，ふつう枝分かれする．葉は対生し，5〜15 mm の柄があり，卵形または長卵形で長さ 3〜7 cm，幅 1.5〜3 cm，先は鈍頭で基部は円く，ふちにはきょ歯がある．夏，枝先に花穂をつけ，紅紫色の唇形花を数段輪生する．苞葉は線形で長さ 5〜8 mm．がくは長さ 7〜8 mm，筒状 2 唇形で紫色を帯び，苞葉とともに立った毛がある．花冠は長さ 8〜10 mm，上唇は小さく，下唇は大形で 3 裂し外面に細かい毛があり内側には赤い斑点がある．雄しべ 4 本のうち 2 本は長い．分果はやや扁平な球形で長さ約 1 mm．〔日本名〕車花で，花の輪生する様子によるものである．風輪菜の漢名を用いるのは誤りである．

3808. ヤマクルマバナ　〔シソ科〕

Clinopodium chinense (Benth.) Kuntze subsp. ***glabrescens*** (Nakai) H.Hara（*C. japonicum* Makino ; *C. chinense* (Benth.) Kuntze var. *shibetchense* (H.Lév.) Koidz.）

北海道，本州，四国，九州，朝鮮半島，中国に分布し，山地に生える多年草で高さ 50 cm 以上になり，茎は四角形で少し毛がある．葉は対生し柄があり，卵形または長卵形で先は鈍頭，ふちにはきょ歯があり，まばらに毛が生える．夏から秋にかけて，上部の葉腋に花穂を出し，小形の唇形花を数段密に輪生する．花柄はごく短く，苞葉は線形で鋭く尖り，がくより短く，ふちにかたい毛が並んで生えている．がくは筒状で長さ約 5 mm．腺毛をまじえた立った毛が多く生え先は 5 裂する．花冠は長さ約 9 mm，ほとんど白色でやや淡紅紫色を帯び，上唇は短く舟底形，下唇は 3 裂して平らに開き，中央裂片は大きいがクルマバナに比べると小さい．雄しべ 4 本，雌しべ 1 本．クルマバナに比べて全体が軟らかく，茎は斜めに立ち上がり，苞葉はがくより短く，花はやや小形で白っぽく，下唇の中央裂片は小さい．

3809. ミヤマクルマバナ 〔シソ科〕

Clinopodium macranthum (Makino) H.Hara

本州（北陸から山形県鳥海山の日本海側）の高山の草地に生育する多年草．茎は稜と節に下向きに曲がった毛があり，直立あるいは斜めに立ち上がり，高さ 10〜50 cm になる．葉は長さ 1〜6 mm の柄があり，葉身は狭卵形ないし広卵形で長さ 1〜5 cm，幅 0.7〜3 cm，先が鈍頭で，基部がわずかに心臓形，ふちにきょ歯があり，両面ともにまばらに長い毛があり，下面の腺点は目立たない．7〜9 月頃，茎の先に花穂をつけ，唇形花を 2〜4 段はなれて輪生する．花序の葉は狭披針形でしばしば下部では葉状をなす．苞葉は線形で小花柄より長いががくより短く，長さ 3〜8 mm，開出する長い毛がある．がくは長さ花時に 6〜8 mm，開出する長い毛と腺毛があり，筒状 2 唇形で，上唇は 3 裂，下唇は 2 裂し，ともに裂片の先は尾状鋭尖頭である．花冠は長さ 15〜20 mm，淡紫色，上唇は浅く 2 裂，下唇は 3 裂し，裂片内側に赤い斑点がある．雄しべ 4 本のうち 2 本は少し長い．雌しべの先は 2 裂し，そのうち一方は短い．分果はやや扁平な球形で長さ約 1 mm．クルマバナに似るが花冠がより大きく色が淡く，がくに腺毛があるが細かい毛はない．〔日本名〕深山車花の意味である．

3810. ヤマハッカ 〔シソ科〕

Isodon inflexus (Thunb.) Kudô

（*Plectranthus inflexus* (Thunb.) Vahl ex Benth.）

アジア東部に広く分布し，日本では北海道，本州，四国，九州の山野にふつうに見られる多年草である．茎は四角形で直立分枝し，高さ 60〜90 cm 位，葉とともに多少毛がある．葉は対生し，卵形で長さ 3〜6 cm，幅 2〜4 cm，ふちには鈍きょ歯があり，葉柄には両側に翼がある．秋，枝先に長い花穂を出し，紫色で小形の唇形花を数個ずつ何段もつける．がくは鐘形で中ほどまで 5 裂し細かい毛がある．花冠は長さ 7〜9 mm，上唇は反り返って直立し浅く 4 裂し，内面に紫色の斑点があり，下唇は舟形で水平に前方につき出している．雄しべ 4 本のうち 2 本は長く，雌しべ 1 本とともに下唇の中にかくれている．果実は 4 個の分果からなり，宿存性のがくの底にある．〔日本名〕山薄荷の意味であるが香気はない．

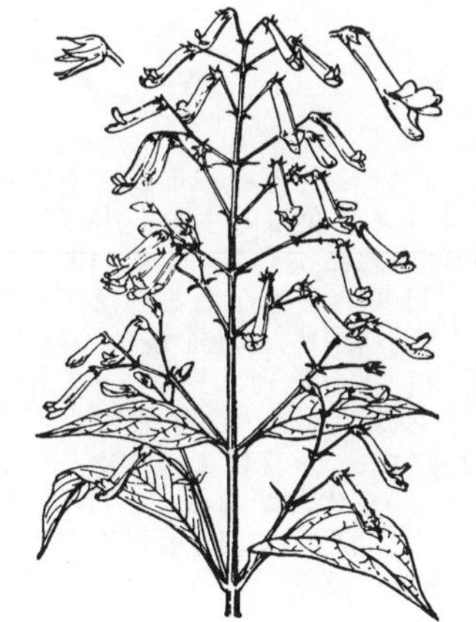

3811. アキチョウジ（キリツボ） 〔シソ科〕

Isodon longitubus (Miq.) Kudô（*Plectranthus longitubus* Miq.）

本州（岐阜県以西），四国，九州の山地の木陰に生える多年草である．茎は四角形で直立し，高さ 60〜90 cm，稜には下向きの毛がある．葉は対生し柄があり，細長い長楕円形で長さ 7〜15 cm，幅 2.5〜5 cm，両端は長く尖り，ふちにはきょ歯がある．秋，茎の頂や葉腋に円錐形の花穂を出し，長い柄のある青紫色の唇形花を数段にわたってつける．がくの上唇は 3 裂，下唇はやや長く 2 裂し裂片は三角状で鈍頭である．花冠は長さ 1.7〜2 cm，筒部長く，上唇は反り返り 4 裂，下唇は舟形で前方につき出し，雄しべ 4 本のうち 2 本は長く，雌しべとともに下唇の中にある．果実は 4 個の分果からなり，宿存性のがくの底にある．〔日本名〕秋丁子で秋に丁子形の花を開くのでいう．〔漢名〕従来，香茶菜が用いられているが誤りである．

3812. セキヤノアキチョウジ 〔シソ科〕

Isodon effusus (Maxim.) H.Hara（*Plectranthus effusus* (Maxim.) Honda）

関東および中部地方の山地の木陰に生える多年草である．茎は四角形で直立し，高さ 30〜100 cm，ごく細かい毛がある．葉は対生し，短い柄があり，長楕円形で長さ 5〜15 cm，幅 2〜5 cm，両端は長く尖り，ふちには低いきょ歯がある．下面には細かい毛と腺点がある．秋，枝先や葉腋から花枝を出し，やや総状になって細長い花柄の先に青紫色の唇形花を多数つける．がくは小さく漏斗形で中ほどまで 5 裂し，裂片は三角状披針形で尖る．花冠は長さ 2 cm 位，筒部は長く，基部は上側がふくらみ，上唇は反り返って浅く 4 裂し，下唇は舟形で前方につき出している．雄しべ 4 本，雌しべ 1 本，がくは果時には長くのび，平滑な 4 個の分果を包んでいる．がくの上唇の裂片が鋭くきれるのと，花序の枝が長く，毛がない点でアキチョウジと区別される．〔日本名〕関屋の秋丁字で，関屋は関所のことでこの場合箱根の関を指し，アキチョウジに似て最初箱根で採集されたことによる．

3813. イヌヤマハッカ　〔シソ科〕

Isodon umbrosus (Maxim.) H.Hara var. ***umbrosus***
(*Plectranthus umbrosus* (Maxim.) Makino)

本州中部太平洋側の山地に生える多年草である．茎は四角形で直立し，高さ 20〜80 cm，細かい毛がある．葉は対生し柄があり，長楕円状披針形で長さ 2〜10 cm，幅 1〜3 cm，両端は長く尖り，ふちにはきょ歯があり，細かい毛がまばらに生えている．秋，枝先にやや総状に淡紫色の唇形花をつける．花柄は細く，がくとともに細かい毛がある．がくは中部まで 5 裂し，裂片は卵形で先は尖る．花冠は長さ 1 cm 位，筒部はがくのほぼ 2 倍の長さで，上唇は反り返って浅く 4 裂し，下唇は舟形で前方につき出している．雄しべ 4 本，雌しべ 1 本，がくは果時にはのびて長さ 6 mm 位になり，球形でなめらかな 4 個の分果を包んでいる．〔追記〕コウシンヤマハッカ var. *latifolius* Okuyama は長野，山梨両県の山地に生え，葉が幅広くふちのきょ歯が粗く大きい．

3814. カメバヒキオコシ（カメバソウ）　〔シソ科〕

Isodon umbrosus (Maxim.) H.Hara var. ***leucanthus*** (Murai) K.Asano f. ***kameba*** (Okuyama ex Ohwi) K.Asano（*I. kameba* Okuyama ex Ohwi）

関東，中部地方の北部，奥羽地方の山地の木陰に生える多年草である．茎は四角形で直立し，高さ 60〜90 cm，下向きの短い毛がある．葉は対生し，柄があり，卵円形で長さ 5〜10 cm，幅 4〜9 cm，ふちには鋭いきょ歯がある．先端は 3 裂し，中央の裂片は尾状に細長く，脈上には細かい毛があり，上面にはまばらに毛がある．夏から秋にかけて，枝先に長い花穂を出し，紫色で小形の唇形花を多数つける．がくは上唇は 3 裂，下唇は 2 裂し，果時にはのびて長さ 7 mm 位になり脈が目立つ．花冠は長さ 9〜11 mm，筒部は短く基部の上側はふくらみ，上唇は反り返って浅く 4 裂し，下唇は舟形で前方につき出ている．雄しべ 4 本のうち 2 本は長い，4 個の分果は宿存性のがくの底にある．〔日本名〕亀葉引起で葉の形によって名付けられた．

3815. ヒキオコシ（エンメイソウ）　〔シソ科〕

Isodon japonicus (Burm.f.) H.Hara
(*Plectranthus japonicus* (Burm.f.) Koidz.)

北海道南部，本州，四国，九州に分布し，山野に生える多年草．茎は四角形で直立し高さ 1 m 位，下向きの毛が密生する．葉は対生し，広卵形で長さ 6〜15 cm，幅 3.5〜8 cm，先は尖り，基部は急に狭くなり，翼のある柄となる．ふちには粗いきょ歯があり，脈上には短い軟毛がある．秋，枝先や葉腋に大きい円錐形の花穂を出し，淡紫色で小形の唇形花を多数つける．がくは 5 裂し，細かい毛が密生し灰白色を帯びる．花冠は長さ 5〜7 mm，上唇は反り返って直立し，浅く 4 裂して紫色の斑点があり，下唇は舟形で前方につき出している．雄しべ 4 本のうち 2 本は長く，株によって雄しべが長く花柱が短いものと，雄しべが短く花柱が長いものとがある．4 個の分果は宿存性のがくの底にある．葉は苦く薬草として使われ，起死回生の効力があるというのでヒキオコシという．延命草も同じ意味である．

3816. クロバナヒキオコシ　〔シソ科〕

Isodon trichocarpus (Maxim.) Kudô (*Plectranthus trichocarpus* Maxim.)

本州の日本海側地方と北海道の山地に生える多年草である．茎は四角形で直立し，高さ 60〜100 cm，上部は分枝し，稜の上に細かい毛がある．葉は対生し柄があり，長卵形で長さ 6〜15 cm，幅 3〜7.5 cm，先は長く尖り，ふちにはやや粗いきょ歯がある．質はうすく上面はまばらに毛があり，下面は網状に脈が浮き出し腺点がある．8〜10 月，枝先にやや円錐形に花穂を出し，細い花柄の先に暗紫色で小形の唇形花を多数つける．がくは中ほどまで 5 裂して細毛があり，裂片は卵形で先は尖る．花冠は長さ 5 mm 位，筒部は短く，上唇は反り返って直立し浅く 4 裂し，下唇は舟形で前方につき出している．がくは果時に大きくなり，幅の広い鐘形で長さ 3 mm 位，4 個の分果を包んでいる．分果は有毛．〔日本名〕黒花引起で花の色によるものである．

3817. ニシキジソ（キンランジソ，コリウス）　〔シソ科〕

Plectranthus scutellarioides (L.) R.Br.

（*Coleus scutellarioides* (L.) Benth.；*C. blumei* Benth.）

東南アジア原産の一年草で，夏，その美しい葉を観賞するため栽培する．茎は四角形で高さ 30〜50 cm．葉は対生し卵形で先端は尖り，長い柄がある．葉の上面は毛としわがあり，ふちには粗いきょ歯があり，ふちに紅，黄，紫などの模様がある．夏，茎の先端に細長い総状花序をつけ，淡紫色の小さな花を多数つける．がくは小形で 5 個の切れこみがあり，やや唇状になる．花冠は 2 裂して上唇と下唇に深く裂け，筒部の基部は上方にふくらみ，上唇は小形で両側のふちは後方に反り返り，下唇は大きく舟形でやや上に向く．雄しべは 4 本で花糸の下半部は花冠の内側にゆ着し，雌しべ 1 本，柱頭は二叉に分かれている．〔日本名〕錦紫蘇，金襴紫蘇の意味である．

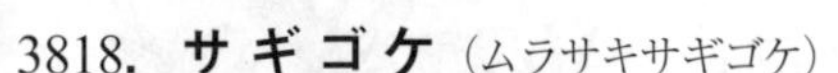

3818. サギゴケ（ムラサキサギゴケ）　〔サギゴケ科〕

Mazus miquelii Makino

北海道南部から九州まで分布し，田のあぜ道に多い多年草である．茎は短く，葉は根ぎわに群生し，その間から長さ 5〜10 cm の花茎が直立する．花の終わる頃より，基部から細長いほふくする枝を出して地上に広がり繁殖する．根生葉は大きく倒披針形で先は鈍く，ふちに粗いきょ歯をもつ．ほふく枝の葉は対生し小さい．春から夏にかけて花茎をのばし，まばらに数個の花を開く．がくは 5 裂し，裂片は披針形で尖る．花冠は紅紫色で長さ 1.5〜2 cm，上部深く裂けて唇形となり，上唇は尖って先が 2 裂し，下唇は大きく先は 3 裂し，中央は大きくもりあがって白色となり，紅紫色または褐色の斑点がある．2 本ずつ長さの異なる 4 本の雄しべをもつ．柱頭はへら形で上下に 2 裂して開き，さわると自動的に閉じる．〔日本名〕鷺苔の意味で，花がサギの頭を思わせるからであろう．白鷺をさしてつけられた名ではないので，特にムラサキサギゴケとよぶ必要はない．

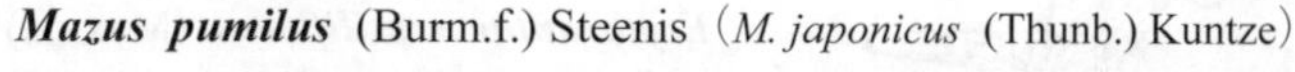

3819. トキワハゼ　〔サギゴケ科〕

Mazus pumilus (Burm.f.) Steenis（*M. japonicus* (Thunb.) Kuntze）

東アジアの熱帯から温帯に広く分布し，日本全土の庭や道ばたにふつうに見られる一年草である．全形サギゴケに似ているが，ほふくする枝を出さない点で異なる．全体やや小形で，根生葉の間から数本の茎を直立し，高さ 6〜18 cm となる．春から秋の終わりまで花が見られる．茎の先にまばらに総状花序を作り，淡紅紫色の小さな花を開く．がくは 5 裂し，裂片は披針形で尖る．花冠は長さ 1〜1.2 cm，下部は筒となり深く 2 裂して唇形，上唇は鈍頭で浅く 2 裂し，下唇は大きく先は 3 裂し，中央は 2 列にもりあがって黄色である．2 本ずつ長さの異なる 4 本の雄しべをもつ．果実は小さく球形のさく果で，がくに包まれている．〔日本名〕春から秋までいつも花を開いているので常磐ハゼの名がある．

3820. ヒメサギゴケ　〔サギゴケ科〕

Mazus goodeniifolius (Hornem.) Pennell

（*M. yakushimensis* Sugim. ex T.Yamaz.）

渓側の岩上や崖のコケの中などに生える小さな越年草．花茎を直立または斜上させて，高さ 5〜15 cm．葉は根際に集まり，倒卵状長楕円形，先は円く，ふちには深く切れ込んだ数個の大きな歯牙があり，長さ 2〜5 cm，幅 1〜2 cm，茎とともに粗い毛がある．4〜7 月，花茎をのばして総状花序を作り，まばらに数個の花をつける．苞葉は倒卵状長楕円形から披針形で尖り，長さ 1〜1.5 mm．花柄は花期に 5〜7 mm．果期に 8〜13 mm．がくは鐘形で 5 裂し，粗い毛があり，がく片は三角状卵形．花冠は白色でやや紅紫色を帯び，2 唇形で長さ 7〜10 mm，上唇は卵形で先は浅く 2 裂し，下唇は上唇のほぼ 2 倍長くて広く開き，先は 3 裂する．さく果は扁球形でがくに包まれる．トキワハゼに似るが，葉は深く切れこみ，全体に粗い毛があるので区別できる．屋久島，琉球，台湾，ニューギニアに分布するが，屋久島，琉球ではごくまれである．

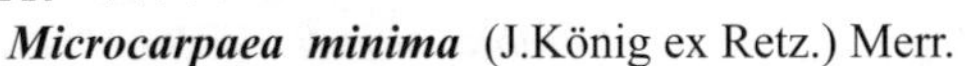

3821. スズメハコベ　〔ハエドクソウ科〕

Microcarpaea minima (J.König ex Retz.) Merr.

アジア東部，南部の熱帯から暖帯に広く分布し，本州中部以南の湿地にまれに見られる小さな一年草である．茎の下部は泥上をはい，多くの枝に分かれ，節から根を出して長さ 5〜10 cm ほどとなり，全体無毛である．葉は対生して小さく，広線形で先は鈍形，全縁であり，長さ 3〜5 mm，幅 1 mm ほどとなる．秋，葉腋に小さな花を 1 個ずつつける．花はほとんど柄がなく，がくは長さ 2〜3 mm で浅く 5 裂し，裂片は三角状卵形で尖り，ふちに毛が生えている．花冠は小さくがくとほぼ同じ長さで約 2 mm，下部は筒になり，上部は 2 裂して唇形，上唇は短く 2 裂し，下唇は長く 3 裂して中央裂片は細長く，ふちにまばらに毛が生える．雄しべは 2 本．果実は楕円体のさく果でがくに包まれ，多数の黄褐色で長楕円体の種子をもつ．

3822. ミゾホオズキ　〔ハエドクソウ科〕

Erythranthe inflata (Miq.) G.L.Nesom

（*Mimulus nepalensis* var. *japonicus* Miq. ex Maxim.）

ヒマラヤ，中国，朝鮮半島，日本（北海道から九州）に分布，山野のわき水のほとりに生える多年草で，全体軟らかく無毛である．茎は枝分かれし，斜上して高さ 10〜30 cm，四角で下部の節から白いひげ根を出す．葉は対生し，下部のものは短い柄をもち，上部は無柄，卵状広楕円形で先は尖り，ふちにきょ歯があり，長さ 1.5〜4 cm，幅 1〜2.5 cm．夏から秋にかけて上部の葉腋から細長い花柄を出し，黄色の花を開く．がくは緑色で楕円体の筒状で 5 つの稜があり，稜には狭い翼があり，その先端は小さな突起となる．花冠はがくより長く 1.5〜2 cm，先端は 5 裂して唇形となる．2 本ずつ長さの異なる 4 本の雄しべをもつ．果実は長楕円体のさく果でがくに包まれ，多数の種子をもつ．〔日本名〕溝ホオズキの意味で溝辺に生え，がくに包まれた果実がホオズキに似るのでいう．

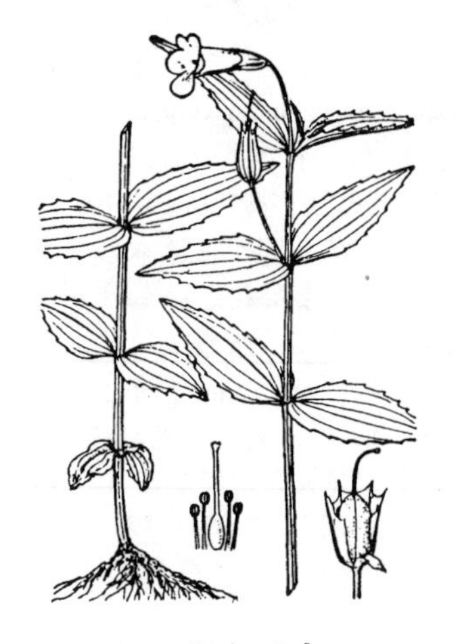

3823. オオバミゾホオズキ（サワホオズキ）　〔ハエドクソウ科〕

Erythranthe sessiliflorus (Maxim.) G.L.Nesom

（*Mimulus sessilifolius* Maxim.）

本州中部以北，北海道，サハリンに分布し，亜高山帯の樹陰の湿った場所に生える多年草．細長い地下茎をのばして繁殖し群落を作る．茎は軟らかく，四角で枝分かれせず，直立し高さ 20〜30 cm．葉は無柄で対生し，長卵形または広卵形で先は尖り，ふちに大形の尖ったきょ歯があり，3〜5 本の目立つ脈をもち，長さ 3〜6 cm，幅 1.5〜3.5 cm．夏，上部の葉腋に細長い花柄を出し 1 花をつける．がくは筒形で長さ 8〜13 mm，5 つの稜があり，稜には狭い翼がある．がくの先は 5 つの尖った小さな裂片となる．花冠は黄色で長さ 2.5〜3 cm，筒の先は 5 裂し唇形となる．2 本ずつ長さの異なる 4 本の雄しべをもつ．果実は長楕円体で長さ 1 cm ほどとなり，がくの内に包まれている．

3824. ハエドクソウ　〔ハエドクソウ科〕

Phryma leptostachya L. subsp. ***asiatica*** (H.Hara) Kitam.

（*P. leptostachya* var. *asiatica* H.Hara）

山野の林の中に生える多年草．ひげ状の根をもち，茎は直立して高さ 30〜70 cm になり，節間の下部はふくらむ．葉は対生し，細い葉柄をもち，卵形または長楕円形で，ふちに粗いきょ歯があり，両面特に葉脈上に細かい毛が生える．夏，枝の先に細長い穂状花序を出し，多数の小さな花をつけ，下から順に咲く．花は対生し，柄がなく花序の軸に密着し，初め上を向いているが，花が開くにしたがって横向きとなり，果実のときは下向きとなってイノコヅチに似た果実をつける．がくは筒形，背面の 3 裂片は刺状で，果実のとき堅いかぎ状になり，他物に付着して種子を散らすのに役立つ．花冠は淡紅色，長さ 5 mm ぐらいとなり，唇形で下唇は大きい．雄しべは 4 本で，上側 2 本は他より長い．果実はがくに包まれたさく果で，中に 1 個の種子をもつ．〔日本名〕地方によっては根をすりおろし，しぼり汁を紙に染みこませて蠅取紙とするので蠅毒草の名がある．

3825. キ リ 〔キリ科〕

Paulownia tomentosa (Thunb.) Steud.

日本各地に広く栽培される落葉高木である．幹は高さ 10 m ほどとなる．葉は対生し，長い柄をもち，広卵形で先が尖り，全縁または浅く 3〜5 裂し，基部心臓形，長さ 20〜30 cm，全面に粘りのある毛が密生する．初夏，枝の頂に円錐形の大形の花序をつけ，多数の紫色の花を開く．がくは 5 裂し質厚く，黄褐色の毛が密生する．花冠は大形で筒状となり，先は 5 裂して唇形となり，長さ 5〜6 cm，淡紫色で内面に黄色の条がある．2 本ずつ長さの異なる 4 本の雄しべをもつ．果実は大きな卵形体のさく果で先は尖り，長さ 3〜4 cm，2 室に分かれていて，熟すと 2 裂して多数の種子を散らす．種子は膜質の翼がある．材は柔らかく軽いので下駄，家具などに広く用いられる．中国原産と推定されるが，九州中部の山地にある野生状態のものを真の野生とする説もある．〔日本名〕この木を伐ればすみやかに芽を出して成長が速いのでキリの名があるという．〔漢名〕白桐を用いるが誤りである．

3826. ジ オ ウ（サオヒメ，アカヤジオウ） 〔ハマウツボ科〕

Rehmannia glutinosa (Gaertn.) Libosch. ex Fisch. et C.A.Mey.
f. ***glutinosa***

中国北部，東北部原産の多年草で，薬用のため栽培される．根茎は赤褐色で肥大し，地中を横に長くはう．葉は根生し，長楕円形で先は鈍く，ふちは波状の粗いきょ歯をもち，長さ 7〜18 cm，幅 2〜6 cm，上面はちりめん状のしわがあり，下面は葉脈が隆起して網目状となっている．初夏，葉の間から 15〜30 cm の花茎を出し，少数の小形の葉を互生し，上部に長い花柄をもった淡紅紫色の数個の大形の花を開く．茎，葉，がく，花冠などに粘り気のある腺毛が密生している．がくは鐘形で先は 5 裂する．花冠は筒状で先端は開いて 5 裂し，唇形となり，長さ約 3 cm．2 本ずつ長さの異なる 4 本の雄しべをもつ．肥厚した根茎を漢方で地黄といい強壮薬として広く使われる．〔漢名〕地黄．

3827. シロヤジオウ 〔ハマウツボ科〕

Rehmannia glutinosa (Gaertn.) Libosch. ex Fisch. et C.A.Mey.
f. ***lutea*** (Maxim.) Matsuda

中国原産で薬用として古く栽培されていたが，栽培はジオウより困難で現在はみられない．多年草で根茎は肥大し，長く地中を横にはう．葉は根生し，長楕円形で下部は細まって柄となり，先端は鈍形，ふちに不規則な鈍頭のきょ歯があり，質はやや厚く，脈は上面で凹んでしわとなり，毛が多い．茎は腺毛を密生し，下部に少数の葉を互生する．初夏，茎の上部に大形の数個の花を開く．がくは鐘形で 5 裂し，腺毛を密生する．花冠は長さ 3〜4 cm，淡黄色でのどの部分は少し淡紅紫色を帯び，筒部は長く，先は円形の 5 裂片に分かれる．2 本ずつ長さの異なる 4 本の雄しべをもつ．〔日本名〕白矢地黄は普通品の赤矢地黄に対して淡黄色の花を開く品種の意味である．

3828. センリゴマ（ハナジオウ） 〔ハマウツボ科〕

Rehmannia japonica (Thunb.) Makino ex T.Yamaz.

石垣の間など湿気があって水はけのよい場所を好む多年草．肉質の太い地下茎が地中をはって広がる．茎は直立して高さ 20〜50 cm．根生葉は長さ 2〜4 cm の柄があり，葉身は卵状楕円形で先は鈍く，長さ 15〜25 cm，幅 3〜4.5 cm，ふちに粗い不揃いなきょ歯があり，茎とともに軟毛と腺毛がやや密に生える．茎葉は楕円形または卵形で，上部へしだいに小さくなる．5 月，上部の葉の腋ごとに長さ 2〜4 cm の 1 本の花柄をのばし，先に大きな美しい 1 花を開く．がくは鐘形で 5 裂し，長さ約 2 cm，花柄とともに密に腺毛が生える．花冠は 2 唇形で長さ 5〜6 cm，筒部は黄色で紫色の斑があり，筒の上部から裂片にかけて濃鮮紅紫色，上唇は 2 裂し，裂片は円形で長さ約 1 cm，下唇は 3 裂し，裂片は円形で互いに重なってねじれている．中国原産と思われるが野生種はまだ知られず，日本で観賞用に栽培されているだけである．江戸時代にはよく知られていたものであるが，現在は東海地方の山奥の農家にわずかに見られるにすぎない．〔日本名〕花地黄は薬用植物の地黄に似て花が美しいのでいう．千里胡麻の意味は不明．

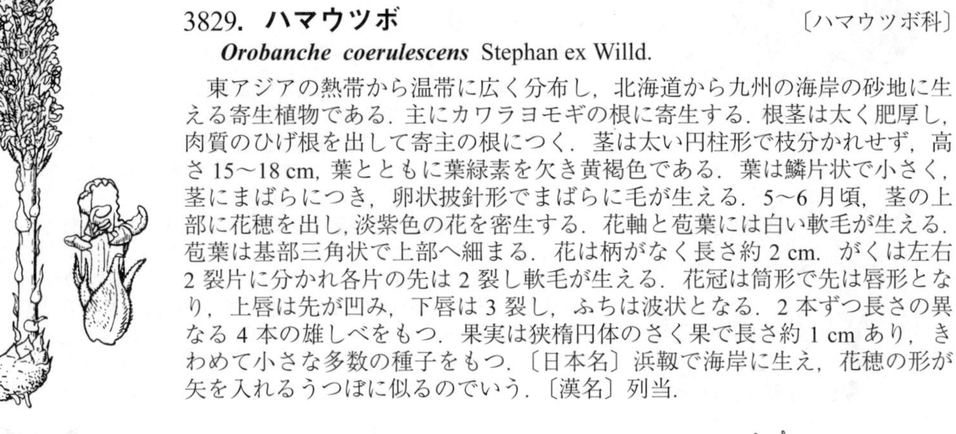

3829. ハマウツボ 〔ハマウツボ科〕

Orobanche coerulescens Stephan ex Willd.

東アジアの熱帯から温帯に広く分布し，北海道から九州の海岸の砂地に生える寄生植物である．主にカワラヨモギの根に寄生する．根茎は太く肥厚し，肉質のひげ根を出して寄主の根につく．茎は太い円柱形で枝分かれせず，高さ 15〜18 cm，葉とともに葉緑素を欠き黄褐色である．葉は鱗片状で小さく，茎にまばらにつき，卵状披針形でまばらに毛が生える．5〜6 月頃，茎の上部に花穂を出し，淡紫色の花を密生する．花軸と苞葉には白い軟毛が生える．苞葉は基部三角状で上部へ細まる．花は柄がなく長さ約 2 cm．がくは左右 2 裂片に分かれ各片の先は 2 裂し軟毛が生える．花冠は筒形で先は唇形となり，上唇は先が凹み，下唇は 3 裂し，ふちは波状となる．2 本ずつ長さの異なる 4 本の雄しべをもつ．果実は狭楕円体のさく果で長さ約 1 cm あり，きわめて小さな多数の種子をもつ．〔日本名〕浜靫で海岸に生え，花穂の形が矢を入れるうつぼに似るのでいう．〔漢名〕列当．

3830. シマウツボ 〔ハマウツボ科〕

Orobanche boninsimae (Maxim.) Tuyama

小笠原諸島に特産する寄生植物．父島，兄島，母島などの常緑林内の林床に生え，モクタチバナをはじめシロテツやオガサワラビロウ，シマモクセイなどの根に寄生する．多年生であるが春（3〜4 月）と秋（9〜10 月）の花期に出現するだけで，その他の季節は地上に姿を見せない．茎は全体が鮮やかな黄金色で高さは 10〜15 cm にも達する．鱗片状の葉におおわれ，特に茎の下半部では鱗のようにこの葉が重なりあう．上部はそのまま伸長して花穂となり，ややまばらな鱗片葉（苞）の腋に花を抱く．苞の長さは 1〜2 cm，個々の花は長さ 3〜4 cm の 2 唇形の花冠があり，2 枚のがく片にはさまれる．がく片の先端は 2 裂し，毛がある．花冠の下唇はさらに浅く 3 裂し，4 本ある雄しべのうち 2 本はやや長い．果実は長さ 1.5 cm 前後のさく果で褐色に熟すと開裂し，黒い微細な種子を大量に出す．本州に産する同属のハマウツボがヨモギなどの草本に寄生するのに対し，本種は常緑樹に寄生する．Maximowicz は本種を小笠原諸島の固有属とした．〔日本名〕島に生じるハマウツボの仲間の意である．

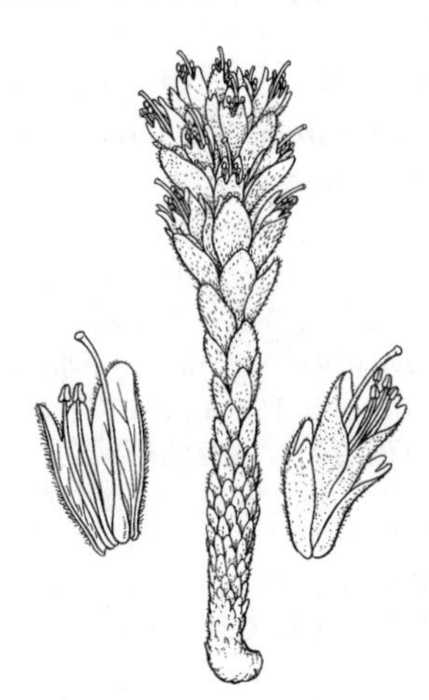

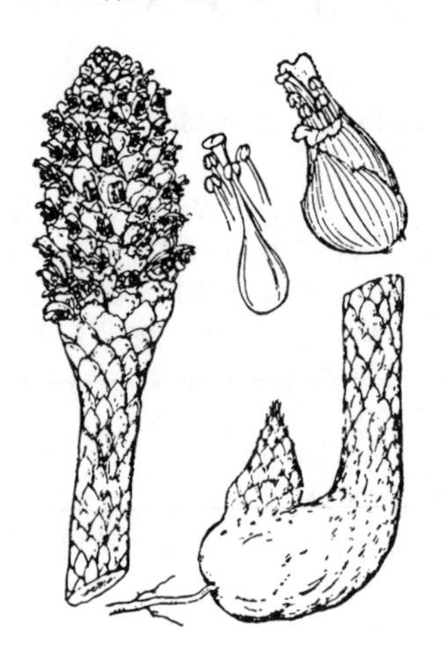

3831. オ　ニ　ク（キムラタケ） 〔ハマウツボ科〕

Boschniakia rossica (Cham. et Schltdl.) B. Fedtsch.

東アジアの寒帯に分布し，本州中部以北，北海道の高山に生える多年生の寄生植物で，ミヤマハンノキの根に寄生する．根茎は硬く太い塊となって寄主の根を包んでいる．多肉の太い円柱形の茎は直立して高さ 15〜30 cm，鱗片状の黄褐色の葉で密におおわれ，爬虫類の肌のようである．葉は狭三角形で厚く先は鈍形，長さ 7〜10 mm である．夏，茎の先は太くなって穂状花序を作り，多数の暗紫色の花を密生する．花ごとに狭三角形の大形の苞葉をもつ．がくは杯状でふちは波状に深く 5 裂する．花冠は下部が筒となり，上部は 2 裂して唇形となり，長さ約 15 mm，上唇は長く上端はわずかに凹み，下唇は上唇よりずっと短く 3 裂する．2 本ずつ長さの異なる 4 本の雄しべをもつ．果実は 2 裂し，細かな多数の種子を含む．全草を乾かしたものを肉蓯蓉とよび強壮薬とする．本来の肉蓯蓉は中国産の別の種類である．〔日本名〕御肉で漢名からきている．キムラタケは金精茸の意味で強壮薬として利用されるのによる．

3832. ナンバンギセル（オモイグサ） 〔ハマウツボ科〕

Aeginetia indica L.

アジア東部，南部の熱帯から温帯に広く分布し，草地に生える一年生の寄生植物で，ススキ，ミョウガ，サトウキビなどの根に寄生する．茎はごく短くほとんど地上に出ず，赤褐色で数枚の鱗片状の葉が互生する．秋，葉腋から長い花柄を直立し，頂に淡紫色の大形の花を開き，高さ 15〜18 cm となる．がくは赤褐色の舟形で一方が深く裂け，長さ 2〜3 cm，先端が尖り淡紫色の条がある．花冠は筒状で長さ 3〜3.5 cm，ふちは浅く 5 裂して唇形となる．花冠にゆ着して 2 本ずつ長さの異なる 4 本の雄しべがある．葯は 2 室に分かれているが 1 室のみ発達する．果実は卵球形のさく果で 1 室からなり，細かな多数の種子を含む．〔日本名〕南蛮煙管で全形たばこのパイプに似るのでいう．オモイグサは思草の意味で万葉集の歌に出ている．〔漢名〕野菰．

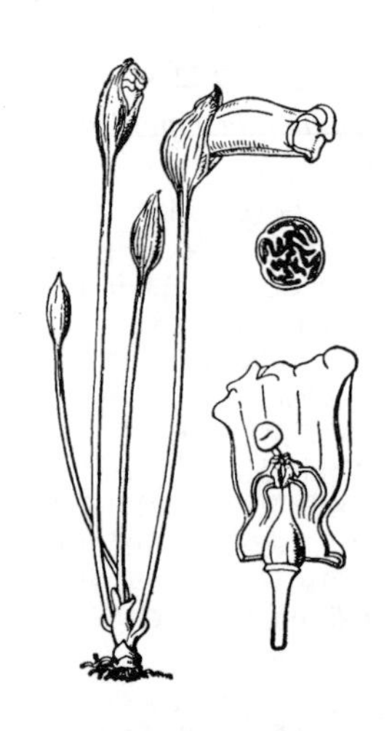

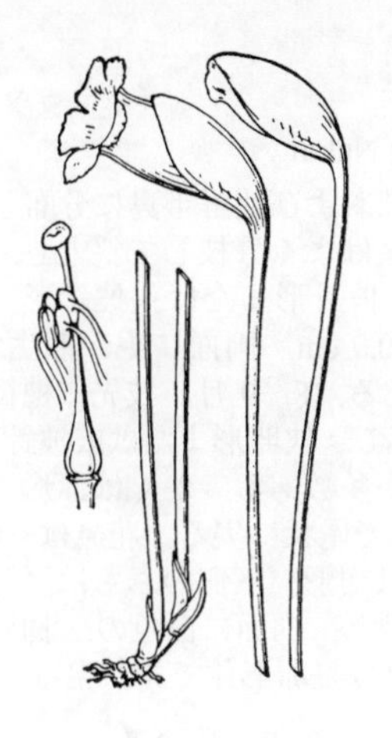

3833. オオナンバンギセル（オオキセルソウ，ヤマナンバンギセル）〔ハマウツボ科〕

Aeginetia sinensis G.Beck

日本，中国に分布し，山地の草原に生える寄生植物であり，ヒカゲスゲやヒメノガリヤスなどの根に寄生する．茎は赤褐色で著しく短く，ほとんど地上に出ず，数枚の鱗片状の赤褐色の葉が互生する．8〜9 月，葉腋から細長い花柄を直立し，高さ 10〜20 cm となり，紅紫色の大形の花を開く．がくは多肉質の舟形で一方が深く裂け黄褐色，先は鈍形で淡紫色を帯び，長さ 3〜4 cm．花冠は筒形で長さ 3〜4 cm ほどあり，肉質でもろく，先端は広がってやや等しく 5 裂し，裂片のふちには細かなきょ歯がある．2 本ずつ長さの異なる 4 本の雄しべをもち，葯は集まって花柱をとり巻く．果実は球形で先の尖るさく果で，熟すと黒褐色となり，多数の細かな種子を含む．ナンバンギセルに似るが，より高所に生え，全体大形で，がくの先はとがらず，花冠裂片のふちに細かなきょ歯があるので異なる．

3834. キヨスミウツボ（オウトウカ）〔ハマウツボ科〕

Phacellanthus tubiflorus Siebold et Zucc.

東アジアの温帯，暖帯に分布し，山地の木陰に生える寄生植物で，高さ 5〜10 cm，全体白色または淡黄色である．根茎は短くて多くの茎に分かれ，小さな鱗片で密におおわれている．茎は群がってはえ，肉質で多数の鱗片状の葉が互生して密についている．7 月頃，茎の頂に 5〜10 個の花が束になって咲く．がくはふつう 2 枚からなり，内側のものは小さい披針形で尖り，外側のものは大きくへら状で花を包み，長さ 1〜2 cm であるが変化が多く，ときにがくをもたないものもある．花冠は長い筒状で長さ 2 cm ほどあり，初め白色で後に黄色となり，先は上下に 2 裂して唇形となり，上唇は扇状で先は凹み，下唇は 3 裂する．雄しべは花筒内にあり 4 本，長い花糸をもつ．雌しべの柱頭は大きく広がる．果実は卵球形のさく果で細かな多数の種子を含む．〔日本名〕清澄靫で初め千葉県の清澄山で見つけられたのでいい，靫は花穂の形が矢を入れるうつぼに似るのでいう．黄筒花は黄色い筒状の花をもつのでいう．

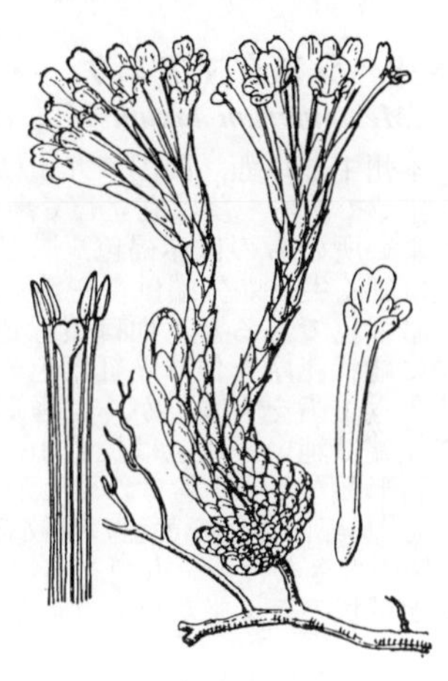

3835. ツシマママコナ〔ハマウツボ科〕

Melampyrum roseum Maxim. var. ***roseum***

本州の中部地方西部以西，四国，九州および朝鮮半島，中国に分布し，日当たりのよい草地に生える半寄生の一年草．茎は直立し，高さ 30〜60 cm，まばらに斜上する枝を出す．葉は対生し，卵形または狭卵形で先は短く尖り，基部は鋭形，長さ 3〜8 cm，幅 1〜3 cm，両面短毛を散生する．8〜10 月，枝先に長い穂様の総状花序をのばし，下から順次開花する．茎の上部や花序の軸には毛がある．苞葉は卵形で先は尖り，ふちにひげ状の歯牙がある．がくは鐘形で有毛から無毛まで変化があり，先は 4 裂し，裂片は狭三角状で鋭く尖る．花冠は二唇形，紅紫色，長さ約 1.5 cm，上唇はかぶと形で先は切形，下側の縁はやや反り返って白色の軟毛が寄生し，下唇は広く開いて先は浅く 3 裂し，中央に 2 個の縦に走るうねがあり白色で目立つ．雄しべは 4 本，上唇内にある．ママコナは茎や花序の軸，がくに毛が密生し，花序があまりのびないが，ツシマママコナとの間には中間形があって連続し，区別しにくい個体もある．〔日本名〕対馬飯子菜は日本でははじめ対馬で見つかったのでいう．

3836. ママコナ〔ハマウツボ科〕

Melampyrum roseum Maxim. var. ***japonicum*** Franch. et Sav.

（*M. ciliare* Miq.）

北海道南部，本州，四国，九州，朝鮮半島南部に分布，山地の林のへりなどの乾いた場所に生える，一年生の半寄生植物である．根は細く貧弱である．茎は直立し高さ 30〜50 cm，まばらに枝分かれし，日当たりのよい所に生えるものは赤紫色となる．葉は対生し，長卵形で先は鋭く尖り，全縁で短い葉柄をもち，長さ 3〜6 cm，幅 1〜2.5 cm．夏，枝の先に白い軟毛が密生した花穂を作る．苞葉は葉状で小さく，毛状に長く尖ったきょ歯をもつ．苞葉の腋ごとに 1 個の紅紫色の花を開く．がくは鐘形で先は 4 裂し，裂片は狭三角形で鋭く尖る．花冠は長さ 16〜18 mm，長い筒部をもち，先は 2 裂して唇形となり，上唇はかぶと形でふちに軟毛が生え，下唇は横に広がって先が 3 裂し，基部に 2 個の白色の斑紋がある．果実は長卵形体のさく果で先が尖り，黒褐色の 2 個の種子をもつ．〔日本名〕飯子菜で，若い種子が米粒によく似ているのでいう．

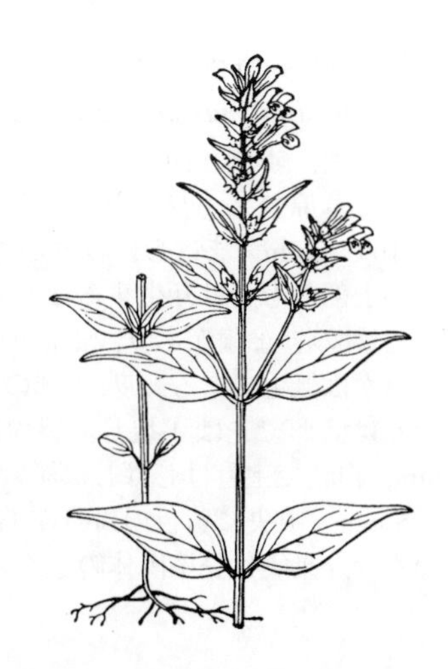

3837. ホソバママコナ 〔ハマウツボ科〕

Melampyrum setaceum (Maxim. ex Palib.) Nakai

本州の中国地方西部，四国北西部，九州北部および朝鮮半島に分布し，日当たりのよい草地に生える半寄生の一年草．茎はよく分枝して斜上し，高さ 30〜50 cm，多くの枝を分ける．葉は対生し，披針形または狭披針形，先は尾状に尖り，全縁，長さ 1.5〜5 cm，幅 0.2〜0.9 cm，両面に毛が散生する．上部の葉は基部に少数のひげ状の長い歯牙がある．8〜9 月，枝先に穂様の総状花序をつけ多くの花を開く．苞葉は赤色を帯び，狭卵形または広披針形で，先はとげ状にのび，ふちにひげ状の長い歯牙が多数ある．がくは鐘形で無毛または微毛があり，先は 4 裂し，裂片は披針形で尾状に尖る．花冠は紅紫色，二唇形で長さ約 1.5 cm，上唇はかぶと形で先は切形，下側のふちは反り返って軟毛が寄生，下唇は広く開いて先は浅く 3 裂し，内面に白色の 2 個のうねがある．雄しべは 4 本，上唇内にある．さく果は長卵形体で先が尖る．

3838. シコクママコナ 〔ハマウツボ科〕

Melampyrum laxum Miq. var. ***laxum***

本州中部以西，四国，九州に分布し，やや乾いた林中に生える半寄生の一年草である．茎は直立して高さ 20〜50 cm，まばらに枝を出し，日当たりのよい所のものは赤褐色を帯びる．葉は対生し，長い柄をもち，長卵形で先は細く尖るが先端はやや鈍く，全縁で長さ 3〜6 cm，幅 8〜20 mm，上面は暗緑色であるが下面は黄緑色となり，乾かすと黒色を帯びる．夏，枝の先に総状花序を作り，紅紫色の花を開く．苞葉は卵形で下部に少数のとげ状のきょ歯をもつ．がくは鐘形で先は 4 裂し，裂片は披針形または楕円形で先端は鈍い．花冠は長さ 16〜18 mm，下部長い筒となり，上部は 2 裂して唇形となり，上唇はかぶと形でふちに軟毛が生え，下唇は横に広がって 3 裂し，基部に 2 個の黄色の斑紋をもつ．果実は長卵形体のさく果で先が尖り，2 個の大きな種子をもつ．本州中部以北，北海道南部のものは，苞葉は全縁でとげ状のきょ歯がなく，ミヤマママコナ var. *nikkoense* Beauverd. という．

3839. タカネママコナ 〔ハマウツボ科〕

Melampyrum laxum Miq. var. ***arcuatum*** (Nakai) Soó

甲斐駒ヶ岳，八ヶ岳，秩父西部の山地に分布し，針葉樹林中の日当たりのよい乾燥地に生える一年生の半寄生植物である．茎は直立し，高さ 10〜20 cm，しばしば少数の枝を出す．葉は短い柄をもち，対生，披針形で先は尖り，全縁，長さ 1〜3 cm，幅 3〜12 mm，上面に細かな毛が生える．日当たりのよい場所に生えるものは葉が紅色を帯びる．夏，上部の小形になった葉の腋に淡黄白色の花を開く．花柄はきわめて短く，がくは鐘形で長さ 2〜3 mm，先は 4 裂し，裂片は長楕円形でやや鈍頭である．花冠は長さ 8〜12 mm，下部は細長い筒となり，上部 2 裂して唇形となり，上唇はかぶと形，下唇は横に広がって 3 裂し，基部に 2 個の黄色の斑紋をもつ．ミヤマママコナからは全体小形で，花が小さく常に淡黄白色であるので区別される．

3840. タチコゴメグサ 〔ハマウツボ科〕

Euphrasia maximowiczii Wettst.

北海道，本州，四国，九州に分布し，いくつかの変種がある．山地の乾いた草原に多く見られる半寄生の一年草である．茎は細く直立して高さ 10〜30 cm，まばらに枝分かれし細かい毛が生える．葉は無柄で対生するが上部のものは互生することもあり，広卵形で長さ 3〜10 mm，ふちに 2〜5 対のきょ歯があり，上部の葉のきょ歯は刺状に尖り，ふちがざらつくほかは無毛である．夏，上部の葉腋にほとんど無柄の小さな花をつける．がくは筒形で先は 4 裂し，裂片は披針形で尖る．花冠は唇形で長さ 6〜8 mm，白色で上唇はしばしば淡紫を帯び，先端は凹み，下唇は 3 裂し幅 3.5〜5 mm，中央に黄色の斑点がある．2 本ずつ長さの異なる 4 本の雄しべをもつ．果実は長楕円体のさく果で長さ約 5 mm．細かな毛が生える．

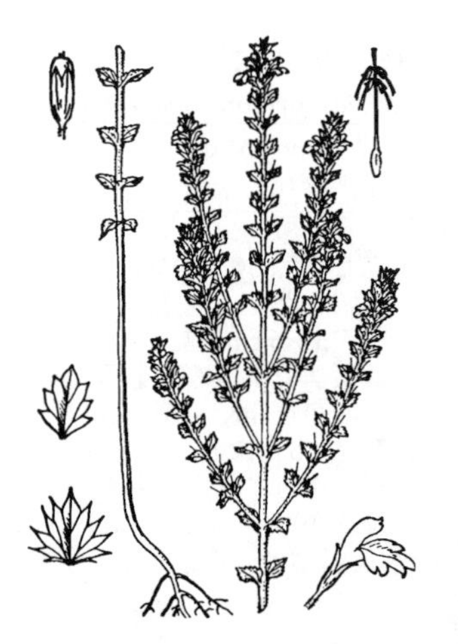

3841. **コゴメグサ**（イブキコゴメグサ）〔ハマウツボ科〕

Euphrasia insignis Wettst. subsp. ***iinumae*** (Takeda) T.Yamaz.

伊吹山の山頂の日当たりのよい草原に生える半寄生の一年草である．茎は直立して高さ 10〜20 cm ほどになり，細かな白い毛が生え，多くの枝を出す．葉は多数つき，下部のものは対生するが上部のものは互生し，葉柄はなく，卵形または円形で，ふちに 2〜4 対の鈍頭のきょ歯をもち，長さ 7〜10 mm，幅 5〜7 mm．夏，葉腋に白色の小さな花を開く．がくは鐘形で先は 4 裂し，裂片は披針形で尖り，筒部よりやや短い．花冠は唇形で長さ 7〜9 mm，上唇は白色で紫色のすじがあり，先端は凹む．下唇は幅広く 3 裂し，基部に橙黄色の斑紋がある．2 本ずつ長さの異なる 4 本の雄しべをもつ．果実は楕円体で先のややへこんださく果で，楕円体の数個の種子を含む．〔日本名〕小米草は白色の小さな花によってつけられたものである．

3842. **ホソバコゴメグサ**〔ハマウツボ科〕

Euphrasia insignis Wettst. subsp. ***insignis*** var. ***japonica*** (Wettst.) Ohwi

群馬県から山形県の高山に生える小さな一年草．茎は直立して高さ 4〜15 cm，分枝しないかまたは少数の枝を出し，細かな毛が生える．葉は対生するが上部では互生となり，ほとんど無柄，下部の葉は幅広く倒卵形，上部のものは倒披針形，先は円く，基部くさび形となり，2〜3 対のやや鈍頭のきょ歯があり，ほぼ無毛，長さ 7〜15 mm，幅 2.5〜5 mm．7〜8 月，葉腋に白色の花をつける．上部の葉は苞葉となり，きょ歯は尖る．がくは鐘形で長さ 3〜4 mm，先は 4 裂し，裂片は三角状で尖り筒部とほぼ同長である．花冠は唇形で長さ 8〜10 mm，白色で上唇には紫色のすじがあり，下唇は 3 裂し，基部に橙黄色の斑紋がある．2 本ずつ長さの異なる 4 本の雄しべをもつ．果実は楕円体で先がわずかに凹み，長さ 3〜4 mm，楕円体の数個の種子を含む．本州中部高山のものは葉の幅が広く倒卵形または扇形でミヤマコゴメグサ var. *insignis* という．

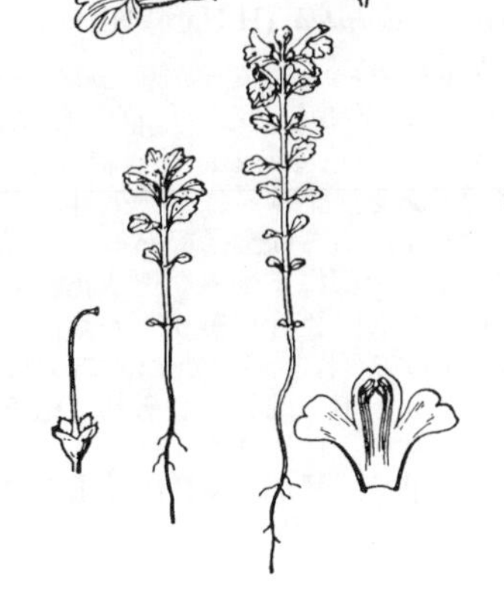

3843. **ヒナコゴメグサ**〔ハマウツボ科〕

Euphrasia yabeana Nakai（*E. insignis* auct. non Wettst.）

本州中部の白馬岳に生える小さな一年草である．茎は高さ 2〜8 cm，ほとんど枝分かれせず，細かな白い毛が生えている．葉は下部のものは対生して著しく小さく，上部では大きくなり，次第にずれて互生となり，倒卵形で先は円く，基部はくさび状に細まり，1〜3 対の鈍頭のきょ歯があり，無毛で長さ幅とも 2〜5 mm である．7〜8 月，葉腋に白い小さな花を開く．がくは長さ約 3 mm で 4 裂し，ほとんど無毛，裂片は長楕円形で先は鈍く，反り返る．花冠は長さ 8 mm ほどの唇形で，下唇は大きく 3 裂し，裂片は先が凹んでいる．2 本ずつ長さの異なる 4 本の雄しべをもつ．果実は倒卵形体で先の凹んださく果で，がくとほぼ同じ長さである．〔追記〕本種をミヤマコゴメグサの 1 型とみなす意見もある．

3844. **オクエゾガラガラ**〔ハマウツボ科〕

Rhinanthus angustifolius C.C.Gmel. subsp. ***grandiflorus*** (Wallr.) D.A.Webb（*R. glaber* Lam.；*R. sachalinensis* Boriss.）

ヨーロッパからシベリア，樺太にかけて分布する一年生の半寄生植物である．根は貧弱でわずかに分枝する．茎は直立して上部で枝を出し，高さ 20〜50 cm．葉は対生してほとんど柄がなく，披針形で先は尖り，長さ 2〜6 cm，幅 3〜10 mm，ふちは鈍頭のきょ歯があり，上面はざらついている．7〜8 月，枝の先に穂をつくって花を開く．花は柄がなく，基部に苞葉をもつ．苞葉は狭卵形で先が尖り，とげ状のきょ歯がある．がくは鐘形で先が 4 裂し，ふちに細かな毛のあるほかは無毛，緑色で黒い条がある．花冠は黄色い唇形で長さ 1.5〜2 cm，下部は筒となり，上唇は弓状に曲がった半円形で，先に紫色の 2 つの小さな突起があり，下唇は短く 3 裂している．2 本ずつ長さの異なる 4 本の雄しべをもつ．花が終わるとがくは大きくふくらみ，ホオズキの様になって球形の果実を包む．

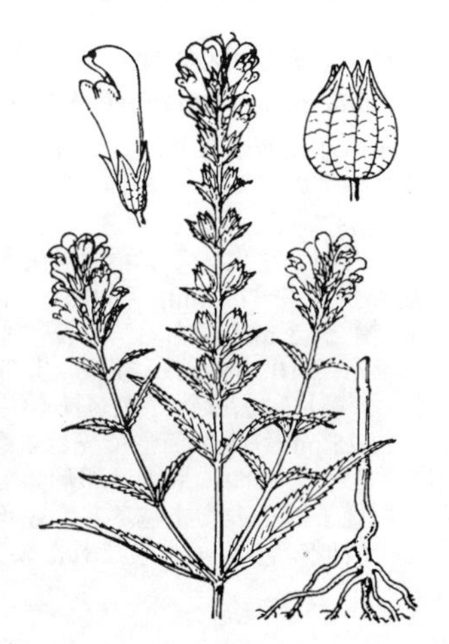

3845. ヒキヨモギ 〔ハマウツボ科〕

Siphonostegia chinensis Benth. ex Hook. et Arn.

東アジアの温帯，暖帯に広く分布し，日当たりのよい草原に生える半寄生の一年草である．茎は直立して高さ 30〜60 cm，細かな毛が生え，しばしば枝分かれする．葉は対生し，卵形または長卵形で羽状に深く裂け，長さ 1.5〜5 cm，幅 1〜3 cm，裂片は広線形で尖り細かな毛が生える．夏から秋にかけて，枝の先の小形の葉の腋に黄色の花を開く．花は短い柄をもち，がくは細長い筒状で長さ 12〜15 mm，10 本の目立った条があり，細かな毛が生える．基部に小さな広線形の 2 枚の小苞葉をもち，上部は 5 裂し，裂片は披針形で尖る．花冠はがくより長く，長さ約 2.5 cm，唇形で上唇は先の尖ったかぶと形，下唇は横に広がって先は 3 裂し，基部はふくらんで 2 個の斑紋をもつ．2 本ずつ長さの異なる 4 本の雄しべをもつ．果実は長楕円体で完全にがくに包まれ，楕円体の多数の種子を含む．〔日本名〕蓬艾．〔漢名〕陰行草．

3846. オオヒキヨモギ 〔ハマウツボ科〕

Siphonostegia laeta S.Moore

関東地方南部，中部地方南部，瀬戸内海沿岸および，中国大陸中部・西部に分布し，日当たりのよい草地に生える半寄生の一年草．茎はよく分枝し，直立または斜上して，高さ 30〜70 cm，腺毛が生える．葉は対生，葉柄は長さ 0.5〜2 cm，葉身は三角状卵形で，長さ 2〜7 cm，幅 1〜3 cm，羽状に深く裂け，裂片は披針形で深く切れこみ，全体に腺毛がある．8〜9 月，枝先の葉状の苞葉の腋ごとに 1 花をつける．苞葉は狭披針形でがくより長く，ふつうは全縁．がくは筒形で先は 5 裂し，全体に腺毛があり，筒部は縦に走る 10 本の筋があり，長さ約 1.5 cm，裂片は披針形で長さ約 0.8 cm．花冠は灰色がかった黄色，二唇形で長さ約 2.5 cm, 上唇はかぶと形で先は切形, 上半部は赤褐色．雄しべは 4 本，上唇内にある．さく果は広線形でがく筒に包まれる．ヒキヨモギからは全体に腺毛があり，花冠の上唇の先が切形であるなどで容易に区別される．〔日本名〕大蓬艾であるが，ヒキヨモギより大きいということはない．

3847. ゴマクサ 〔ハマウツボ科〕

Centranthera cochinchinensis (Lour.) Merr. var. ***lutea*** (H.Hara) H.Hara

（*C. cochinchinensis* subsp. *lutea* (H.Hara) T.Yamaz.）

東アジアの熱帯から暖帯に広く分布し，湿地の草原に生える一年草である．全体に硬い毛が生えている．根は短く枝分かれし赤褐色である．茎は直立し，高さ 30 cm ほどでほとんど枝を出さず，円柱形である．葉は対生し，披針形で先は尖り，葉柄はなく，長さ 2〜5 cm，幅 3〜7 mm，ふちは全縁である．上部の葉は小形で苞葉となり，互生する．8〜9 月，茎の上部にまばらな穂状花序を作り，黄色の花を開く．がくは卵形で先が尖り，腹部に裂目があり，淡緑色で紫黒色を帯びている．花冠は鐘形でがくの裂目からのび，長さ 2 cm ほどあり，先端は開いて 5 裂している．2 本ずつ長さの異なる 4 本の雄しべがあり，花糸に毛が生えている．子房は長卵形体で 2 室からなり，花柱は長く，柱頭には細かな毛が生える．果実は楕円体の先の尖ったさく果で，細かな多数の種子を含む．〔日本名〕胡麻草はその花や果実の形がゴマに似るのでいう．

3848. クチナシグサ（カガリビソウ） 〔ハマウツボ科〕

Monochasma sheareri (S.Moore) Maxim.

本州中部以西から九州，朝鮮南西部，中国中部に分布し，丘陵地の林中に生える半寄生の二年草である．根は貧弱で細く，茎は根ぎわで数本に分かれ株となる．茎は細く横に広がり，高さ 10〜30 cm，下部は短い鱗片状の葉でおおわれ，白い毛が生える．葉は対生し広線形で尖り，全縁，無柄で，下部のものは短く長さ 5〜17 mm，幅 0.5〜1 mm，上部は次第に大きくなり長さ 20〜35 mm，幅 2〜3 mm である．初夏，葉腋に短い花柄をもつ淡紅色の花を開く．がくは筒形で 10 本の条があり，基部に線形の長い 2 枚の小苞葉をもち，上部は 4 裂し，裂片は広線形で先が長く尖る．花冠はがくとほぼ同長かいくぶん長く，長さ約 25 mm，太い筒形で先は 5 裂して唇形となる．2 本ずつ長さの異なる 4 本の雄しべをもつ．果実は卵形体で尖り完全にがくに包まれている．夏に地に落ちた種子はそのまま越冬し，翌年発芽して苗を作り，その翌年になって花を開く．〔日本名〕がくに包まれた果実の様子がクチナシの果実に似るのでいう．

3849. ウスユキクチナシグサ　〔ハマウツボ科〕

Monochasma savatieri Franch. ex Maxim.

中国中部に産し，日本では九州の天草島にのみ生える半寄生の二年草である．根ぎわから数本の茎を出して株となる．茎は横に広がり長さ 15〜30 cm，葉とともに白い綿毛が密に生えて全体白色に見える．葉は対生し，下部のものは小さく密に重なり，上部のものは披針形で両端尖り，長さ 5〜25 mm，幅 1〜3 mm である．春，茎の上部の葉の腋に淡紅色の花を開く．花は短い柄があり，がくは筒形で長さ約 1.5 cm，先は 4 裂し，裂片は広線形で先が尖る．がくの基部に 2 枚の小苞葉がある．花冠は唇形で長い筒部をもち，長さ 2〜2.5 cm，上唇は反り返って先は 2 裂し，下唇は大きく 3 裂している．花がすむとがくは大きくなり，内に卵形体で先の尖ったさく果を包んでいる．〔日本名〕薄雪クチナシグサで全体白い綿毛に包まれるのでいう．

3850. オニシオガマ　〔ハマウツボ科〕

Pedicularis nipponica Makino

東北地方から中部地方の日本海側の山地のやや湿気の多い草地に生える半寄生の多年草．木質の地下茎から太い茎を直立させ，高さ 40〜70 cm，大きな葉が根際に数枚つき，葉とともに白毛がやや密に生える．葉は長楕円形で，長さ 20〜30 cm，羽状全裂し，裂片は狭楕円形で深く羽状に裂け，不規則な多数の尖ったきょ歯がある．直立する茎につく葉は小さく，羽裂せず，上部のものは苞葉となる．8〜9 月，茎の上部に穂状の総状花序をつけ，下から順次花を開く．苞葉は卵円形で尖った不揃いな歯牙がある．がくは鐘形，先は 5 裂し，裂片は広卵形．やや密に白毛が生える．花冠は淡紅紫色で，長さ約 3 cm，二唇形，上唇はかぶと形で，下側に密に軟毛がある．雄しべは 4 本，上唇の内にある．さく果はゆがんだ卵球形で先はくちばし状に尖り，長さ 12〜13 mm．大きな数個の種子がある．次種ハンカイシオガマ，東北地方北部固有のイワテシオガマ *P. iwatensis* Ohwi，屋久島固有のヤクシマシオガマ *P. ochiaiana* Makino などと共に，属の中では比較的原始的と考えられる一群をなす．〔日本名〕この類としては壮大な姿をしていることによる．

3851. ハンカイシオガマ（ハンカイアザミ）　〔ハマウツボ科〕

Pedicularis gloriosa Bisset et S.Moore

関東，東海地方に分布し，山地の林の下などのやや湿った日陰に生える多年草である．数枚の大形の葉が根生し，長い柄をもち，卵形で深く羽状に裂け，長さ 10〜30 cm，幅 8〜15 cm，裂片は長楕円形でさらに深く裂け，ふちにきょ歯がある．秋，根生葉の間から細長い茎をのばし，高さ 50〜80 cm，下部に 1〜2 対の対生する葉をもつ．茎の頂に短い花穂を作り，数個の紅紫色の大きな花を開く．苞葉は卵形で不揃いなきょ歯があり，がくより少し長い．がくは短い筒形で長さ 7〜8 mm，上端は 5 裂し，裂片は卵円形で鈍いきょ歯をもつ．花冠は長さ約 3 cm，下部は筒となり，上部 2 裂して唇形となる．花冠上唇は舟形で先端鈍く，下側のふちに細かな毛が生える．下唇は上唇よりわずかに短く，上唇を包み，先端 3 裂している．果実は卵球形のさく果で，先端急に尖り，くちばし状となる．〔日本名〕樊噲シオガマまたは樊噲薊で，全体大きいことから樊噲になぞらえ，また葉がアザミに似るのでいう．

3852. シオガマギク　〔ハマウツボ科〕

Pedicularis resupinata L. subsp. ***oppositifolia*** (Miq.) T.Yamaz. var. ***oppositifolia*** Miq.

種としてはシベリアから東アジアに広く分布し，北海道南部から九州の山地の草原に生える多年草．茎は根ぎわから数本出て株となり，高さ 30〜60 cm，ときにまばらに小枝を出す．葉は対生または互生し，狭卵形で先は尖り，基部急に狭まり，短い柄をもち，長さ 4〜9 cm，幅 1〜2 cm，ふちに大きさのそろった重きょ歯をもつ．夏から秋にかけて，茎の頂に小さな苞葉状の葉を密につけ，その間に紅紫色の花を開く．がくは卵形で先が尖り，腹部に裂け目がある．花冠は唇形で一方にねじれ，長さ 20 mm ほどあり，上唇は筒状になって先は短くくちばし状に尖り，下唇は広がって幅約 10 mm，先端は浅く 3 裂する．果実は長卵形体で先の尖ったさく果で多数の種子を含む．〔日本名〕海岸の風景に趣をそえるものに塩竈があり，本種は花が美しいが葉までも（浜でも）美しいものであるというので塩竈の名をもち，葉の様子が菊に似ているので塩竈菊という．

3853. エゾシオガマ　〔ハマウツボ科〕

Pedicularis yezoensis Maxim.

本州中部以北および北海道の高山の草地に生える多年草である．茎は根ぎわから数本直立して株となり，円柱形でほとんど枝分かれせず，高さ30〜50 cm，全体の形はシオガマギクに似る．葉は互生し三角状長卵形で先は尖り，基部は切形で短い柄をもち，長さ3〜5 cm，幅1〜2 cm，ふちに大きさのそろった重きょ歯がある．花序は細長く総状花序となる．がくは卵形で先が尖り，腹部に裂目がある．花冠は黄白色，唇形で一方にねじれ，上唇の先端は細長いくちばし状となり，鎌状に曲がって下唇に接している．下唇は広い卵形で筒部と直角に曲がり，ふちは少し内側に巻いていて，先はごく浅く3裂し，中央裂片は円形で著しく小さい．2本ずつ長さの異なる4本の雄しべをもち，花糸には細かな毛が生えている．果実はゆがんだ狭卵形体で先は急に細くなって尖り，楕円体の小さな多数の種子を含む．

3854. ミヤマシオガマ　〔ハマウツボ科〕

Pedicularis apodochila Maxim.

本州中部，北部の高山の岩の多い草地に生える多年草である．葉は根ぎわに群生し，長い柄をもち，卵状楕円形で羽状に深く裂け，長さ4〜8 cm，幅2〜3 cm，裂片は披針形で深く裂ける．夏，葉の間から花茎をのばし，高さ5〜15 cm，頂に密な花穂を作り10〜20個の花を開く．花穂の葉は無柄で輪生し，羽状に深く裂け，裂片にはきょ歯がある．花穂は白くて長い軟毛でおおわれている．がくは筒状で長い軟毛が生え，上端5裂し，裂片は倒披針形できょ歯をもつ．花冠は紅紫色で長さ2〜2.5 cm，下部は筒となり，上部は2裂して唇形である．上唇は細長いかぶと状で先は円く，先端下部に一対の歯がある．下唇は広がって3裂する．2本ずつ長さの異なる雄しべが4本あり，葯は花冠の上唇の内にある．果実はゆがんだ長楕円体で先端は側方へ向いて尖る．

3855. セリバシオガマ　〔ハマウツボ科〕

Pedicularis keiskei Franch. et Sav.

中央アルプス，南アルプス，八ヶ岳，秩父山地など，中部地方の亜高山の針葉樹林内に生える半寄生多年草．短くはう地下茎から数本の細い茎が立ち，高さ20〜40 cm．葉は薄く，対生し，葉柄は短く，長さ0.4〜1 cmで無毛，葉身は長楕円状披針形ないし長楕円状卵形，長さ4〜8 cm，幅2〜4 cm，羽状全裂し，裂片は広披針形で羽状に深く切れこみ，小裂片には尖ったきょ歯がある．7〜8月，上部の葉腋に対をなして花をつける．花柄はごく短く，長さは1 mm，がくは楕円形で腹部が深く裂け，長さ約5 mm．花冠は白色で長さ約1.5 cm，二唇形，下唇は広く開き，先が3裂し，上唇はかぶと形で先が細く尖る．雄しべは4本，上唇内を走る．近縁の種類のない日本の特産種で，遠いが縁のある種類は中国西部，ヒマラヤにある．〔日本名〕芹葉シオガマで細かく裂けた葉がセリを思わせるのでいう．

3856. ヨツバシオガマ　〔ハマウツボ科〕

Pedicularis japonica Miq.

（*P. chamissonis* Steven var. *japonica* (Miq.) Maxim.）

本州中部，山形県月山以南の高山の草地に生える多年草である．茎は直立して高さ15〜50 cm．葉は4枚ずつ輪生し，根生葉は長い柄をもち，上部の葉は柄が短く，長卵形または長楕円状披針形で羽状に深く裂け，長さ3〜7 cm，幅1.5〜3 cm，裂片は披針形で細かいきょ歯がある．夏，茎の頂に花穂をつけ，数層の4個ずつ輪生する花を開く．がくは卵球形の筒状で先端に5つの突起がある．花冠は紅紫色で長さ15〜20 mm，唇形で下部細長い筒となり，上部は2裂して唇形となる．花冠上唇は先端が細長いくちばし状となり，下唇は幅広く3裂する．2本ずつ長さの異なる4本の雄しべをもち，葯は上唇内にある．果実はゆがんだ長楕円体のさく果で，紡錘形の多数の種子をもつ．〔追記〕本州北部と北海道の高山には，全体大形で花冠が萼からぬき出る部分で下側に曲がるキタヨツバシオガマ *P. chamissonis* var. *hokkaidoensis* T.Shimizu を産する．

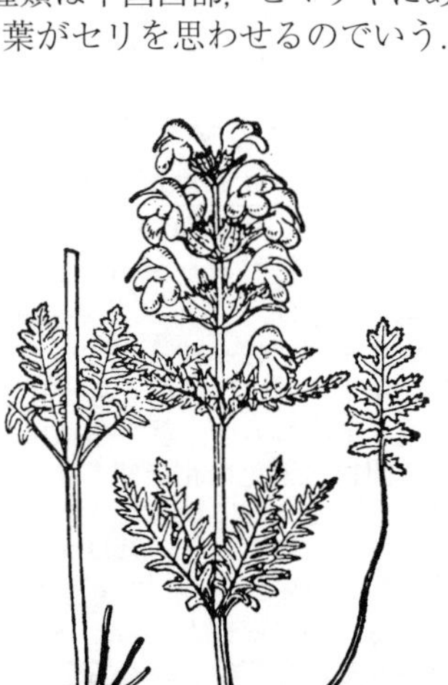

3857. タカネシオガマ 〔ハマウツボ科〕

Pedicularis verticillata L.

北半球の寒帯に広く分布し，本州中部および北海道の高山の岩地に見られる一～多年草である．茎は直立してときに基部から少数の枝を出すほかほとんど分枝せず，高さ 5～15 cm．葉は 4 枚輪生し，短い柄をもち，長楕円形で羽状に深く裂け，裂片は鈍頭で細かい重きょ歯をもち，長さ 2～3 cm，幅 5～10 mm．夏，茎の頂に短い総状花序をつけ，数層の 4 個ずつ輪生した花を開く．花は濃紅紫色で密に花穂につき美しい．がくは壷状で細かな毛が全面に生え，先端はごく浅く 5 裂する．花冠は長さ 15 mm ほどで，下部は細長い筒となり，上部は 2 裂して唇形となる．花冠上唇は縦に平たい筒形で，先は円く突起を欠き，下唇は水平に広がって 3 裂し，中央部には暗紅紫色の斑紋がある．雄しべは 4 本で花冠上唇の内にある．果実はゆがんだ広披針形体のさく果で先は尖り，長さ約 15 mm である．

3858. ツクシシオガマ 〔ハマウツボ科〕

Pedicularis refracta (Maxim.) Maxim.

九州中部の山地の湿った草地に生え，田の畦によく見られる一年草．根際で数本の茎に分かれる．茎は直立して，高さ 15～40 cm，やや密に軟毛がある．根生の葉は長楕円形で長い柄があり，羽状全裂する．地上茎の葉は 4 枚輪生し，上部のものはほとんど無柄，葉身は狭楕円形で，長さ 1.5～5 cm，幅 0.7～1.5 cm，羽状に深く裂け，裂片は楕円形で不揃いなきょ歯がある．5 月，茎の上部に段をなして 4 個ずつ輪生する花をもつ総状花序をつける．苞葉は葉状．がくは広い筒形で長さ約 5 mm，軟毛がやや密に生える．花冠は紅紫色，二唇形で長さ約 2 cm，下唇は横に広がって先は 3 裂し，上唇はかぶと形で先は切形．雄しべは 4 本，上唇内にある．さく果は歪んだ披針形体で先が尖り，果序の軸に水平に広がる．台湾に近縁の種類がある．

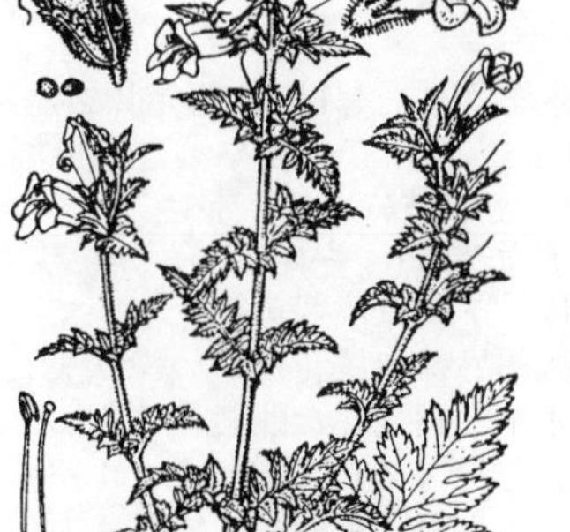

3859. コシオガマ 〔ハマウツボ科〕

Phtheirospermum japonicum (Thunb.) Kanitz

東アジアの温帯，暖帯に広く分布し，日当たりのよい草地に生える半寄生の一年草である．根は細く貧弱である．茎は直立し円柱形で高さ 30～60 cm，多くの枝を出し，葉とともに全体軟らかな腺毛が密に生えている．葉は対生し，卵形で深く羽状に裂け，長さ 3～5 cm，幅 2～3.5 cm，裂片は不規則に深く裂け，不揃いな尖ったきょ歯をもつ．秋，葉腋に淡紅紫色のかわいらしい花を開く．がくは鐘形で 5 裂し，裂片は長楕円形できょ歯がある．花冠は長さ 2 cm ほどとなり，太い筒状で先は 2 裂し唇形となり，上唇は反り返って先は浅く 2 裂し，下唇は横に広がって 3 裂する．2 本ずつ長さの異なる 4 本の雄しべをもつ．果実はゆがんだ卵形体で先は尖り腺毛が生え，基部はがくに包まれており，楕円体で長さ 1 mm ほどの多数の種子を含む．

3860. ヤマウツボ 〔ハマウツボ科〕

Lathraea japonica Miq.

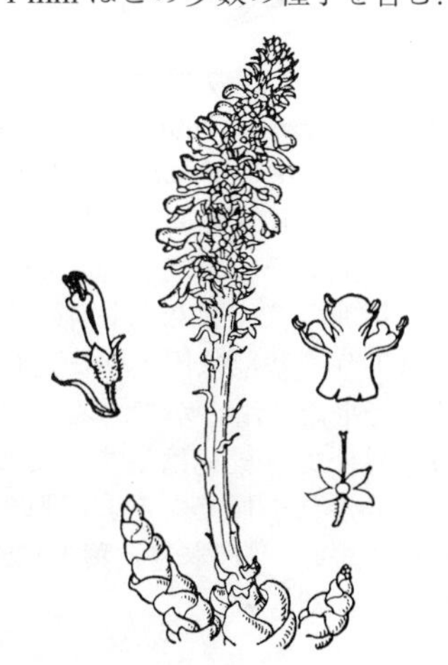

本州，四国，九州に分布し，山地の樹下のやや湿り気のある場所に生える多年生の寄生植物である．根茎は枝分かれして地中をはい，重なりあった多肉質の鱗片でおおわれる．鱗片は白色で，長さ 5～10 mm である．春，地上に花茎を直立する．花茎は太く高さ 10～30 cm，ほとんど無毛で小さな鱗片をまばらにつける．花茎の上部に穂のような総状花序をつけ，多数の白色の花を開く．花は短い柄をもち，基部に膜質で狭卵形鋭頭の小さな苞葉をもつ．がくは鐘形で 4 裂し，裂片は三角状卵形で尖る．花冠は白色で下腹部がわずかに紅紫色を帯び，長い筒をもち，長さ約 12 mm，上部は 2 裂して唇形となり，下唇は上唇より著しく短く 3 裂する．2 本ずつ長さの異なる 4 本の雄しべをもつ．果実は倒卵形で 2～4 個の種子を含む．〔日本名〕山ウツボでハマウツボに対して山に生えるのでいう．

3861. **ハナイカダ**（ママッコ）　〔ハナイカダ科〕

Helwingia japonica (Thunb.) F.Dietr. subsp. ***japonica***

雌雄異株の落葉低木で山地の木陰などに生え，高さ 1.5 m 内外，幹はしばしば束生し，分枝し，枝は緑色．葉は互生し柄があり，卵円形で先端は尖り，細かいきょ歯があり，歯の先端はひげのようになっている．初夏の頃に葉の上面の中央に短い柄をもった淡緑色の 3〜4 弁の花をつける．雄花は数個，雌花は 1〜3 個で，雄花は花弁 4 個で雄しべ 4 本，雌花は花弁 3 個で 1 個の雌しべがあることが多い．花が終わって後，下位子房は緑色の核果となり，黒く熟し，いびつな球形で径 1 cm 弱．若い葉は食用になる．〔日本名〕花筏は花をのせた葉をいかだにたとえたものである．ママッコは果実の丸いのを米粒にたとえたものか．〔漢名〕青莢葉をよく使う．

3862. **リュウキュウハナイカダ**　〔ハナイカダ科〕

Helwingia japonica (Thunb.) F.Dietr. subsp. ***liukiuensis*** (Hatus.) H.Hara et S.Kuros.（*H. liukiuensis* Hatus.）

奄美大島から琉球列島に分布する落葉低木．高さ 1〜2 m．小枝は緑色で毛がない．葉は膜質で卵状披針形をしており，長さ 7〜18 cm，幅 3.5〜7 cm．先は長くのび鋭く尖る．基部は鈍形をなし，ふちに低い鈍きょ歯がある．葉の先端の芒状の部分は長さ 1〜1.5 mm．側脈は 4〜6 対で下面に隆起する．葉柄は無毛で長さ 2〜7 cm，基部の托葉は糸状で長さ 1〜2 mm あり，互生する．花は雌雄異株，葉上面の中肋上につく．雄花は 10〜25 個ほど集まる．小花柄は不同で細く，無毛，長さ 3〜5 mm．花弁は 3〜4 個あり卵円形，鋭頭で長さ 1.5〜1.8 mm，淡緑色．雌花は 2〜3 個集まる．小花柄は長さ 1〜1.5 mm，花弁は狭卵形で長さ 1 mm ほど．液果は黒褐色に熟し，球形，径約 5 mm．3〜4 個の種子を含む．

3863. **イヌツゲ**　〔モチノキ科〕

Ilex crenata Thunb. var. ***crenata***

本州，四国，九州の山地および湿地に生え，またしばしば庭園に栽培されている常緑の低木または小高木．高さ 1.5〜3 m で，枝や葉が茂り若い枝は稜をもつ．葉は互生し，短い柄をもち密に枝につく．長さ 1.5〜3 cm 位で長楕円形または楕円形でかすかなきょ歯があり，先端はわずかに尖る．革質で平たく滑らかであり，上面は濃緑色，下面は淡緑色をしていて小さな腺点をもつ．夏に白い花を咲かせる．雌雄異株で雄花は短い総状または複総状花序となって多数集まり，雄しべ 4 本と退化した雌しべをもつ．雌花は葉腋に 1 花ずつつき花柄をもち，退化した 4 本の雄しべと，4 室の子房をもった雌しべとを含む．雌花，雄花とも短い 4 個のがく片と 4 個の花弁とをもつ．核果は球形で黒く熟す．〔日本名〕犬ツゲは，ツゲに似ているが下品でツゲのように役立たないことによって名付けられたもの．

3864. **キッコウツゲ**　〔モチノキ科〕

Ilex crenata Thunb. **'Nummularia'**

（*I. crenata* f. *nummularia* (Franch. et Sav.) H.Hara）

観賞品として庭園に栽培される常緑低木．イヌツゲの 1 園芸品種である．高さは 1〜2 m で枝は太い．葉は非常に密に枝先や枝上についている．形は倒卵形またはほぼ円形で，上端に近く 3〜7 個のきょ歯がある．先端は尖り，基部は円形かまたは鈍くなっていて，長さ 1〜2 cm 位，厚い革質で平たく滑らかである．葉柄は短い．夏に葉腋に白い花を咲かせる．雌雄異株で．雄花は集まってつくが，雌花は単生する．がくは皿状で 4 片に分かれ小形である．卵形の花弁が 4 個ある．4 本の雄しべは花弁よりやや短い．〔日本名〕葉の形が亀の甲に似ていることから亀甲ツゲと名付けられたもの．

3865. **ハイイヌツゲ**（ヤチイヌツゲ）　〔モチノキ科〕

Ilex crenata Thunb. var. ***radicans*** (Nakai) Murai

本州の特に日本海側の山地と北海道，さらに千島列島やサハリンの南部にかけて分布する常緑のつる状低木．湿地の周辺に生え，枝の大半は地上をはう．このため上半部は斜上するが，高さは 1 m に達しない．枝は褐色で短柄のある葉を密に互生する．葉柄の長さ 4〜5 mm，葉は楕円形で長さ 1〜3 cm あり，幅は 1 cm 弱で両端が尖る．葉のふちには低いきょ歯がある．葉の質は硬く，上面は濃緑色で光沢があり，下面は淡緑色で葉脈がやや隆起する．夏に葉腋に小さな白花をつける．雌雄異株で，雌花，雄花ともに 4 数性．4 枚ある花弁は円形で内側にくぼみ，花全体は径 4〜5 mm の皿状になる．雄花に雄しべ 4 本，雌花は太い 1 本の雌しべを囲んで退化した雄しべ 4 本がある．果実は球形で径 5〜6 mm，黒く熟す．〔日本名〕ハイイヌツゲはイヌツゲに似て地面をはう傾向があることによる．イヌツゲの深雪地での適応形とも考えられ，湿地（谷地）に生えることからヤチイヌツゲの別名もある．

3866. **ムニンイヌツゲ**　〔モチノキ科〕

Ilex matanoana Makino

小笠原諸島に固有の常緑低木ないし小高木．父島と兄島の密度の高い硬葉低木林中に生え，アデク，チチジマクロキ，シマイスノキなどと混生するが，個体数は比較的少ない．高さ 3 m ほどになり，根もとからよく分枝する．幹，枝は灰褐色で凹凸がある．葉は互生し柄はほとんどない．葉身の長さ 2〜3 cm で先端は尖り，基部はくさび形，上半部に数対の不規則な鈍いきょ歯がある．初夏には新葉が明るい黄緑色で紅色も帯び，株全体が美しい．葉腋から 1 cm ほどの花柄をもった淡緑色の小花を多数，束状につける．果実は直径 5 mm ほどの扁球形で秋に黒色に熟す．日本本土の暖地に生じるイヌツゲの近縁種である．ムニンの和名は小笠原諸島の古名ムニンジマ（無人島）に基づく．

3867. **ツゲモチ**　〔モチノキ科〕

Ilex goshiensis Hayata

紀伊半島，四国，九州など西南日本から琉球列島，さらに台湾を経て中国大陸南部までの東アジア暖温帯に分布する常緑の小高木．樹高は 15 m に達し，太い幹が直立する．枝は暗褐色でよく分枝し，若枝や葉柄にはわずかに毛がある．葉は互生し柄は長さ 4〜7 mm あって，しばしば赤色を帯びる．葉身は楕円形で長さ 3〜6 cm，幅 1〜2.5 cm，両端ともくさび形に細まるが，先端部はやや急に突出した形で，しかも突端だけはややくぼむ．全縁で，質は革質，中央脈は下面側にやや隆起する．5 月頃に葉腋に 5〜7 個の花を束状につけるが，花柄はごく短い．がく片，花弁とも 4 枚，雄しべも 4 本で，花の直径は 2〜3 mm と小さい．果実は球形の核果となり，径 3〜4 mm で，秋に赤く熟す．〔日本名〕ツゲモチは樹形が高木でモチノキに似るものの，花や果実が小さくて同属のイヌツゲに近いことからきた名である．

3868. **モチノキ**　〔モチノキ科〕

Ilex integra Thunb.

本州〜琉球の海岸及び山野に生える雌雄異株の常緑小高木．また観賞樹として庭園に植えられてもいる．高さ 3〜8 m 位，葉は柄があり互生し，厚い革質でなめらかで光沢があり，毛はない．倒卵状楕円形で全縁，鈍く尖り，基部が細くなり，長さ 4〜8 cm，幅 2〜4 cm 位ある．葉柄は長さ 1〜1.5 cm．4 月頃黄緑色の小さな単性花を葉腋に群生する．がくは 4 裂し，裂片は円形である．4 個の花弁は広卵形．雄しべは 4 本，雄花では花弁と同じ長さ，雌花では花弁より短い．雌しべは雄花では小さく縮まり，雌花では卵状長楕円体の大形の子房をもつ．果実は球形の液果様の核果で赤く熟し，果内に少数の核を含み，核は中に種子がある．〔日本名〕黐の木は，この樹皮からとりもちを作ることができるから名付けられた．〔漢名〕冬青，細葉冬青というが，どちらも正しいものではない．

3869. ヒメモチ 〔モチノキ科〕

Ilex leucoclada (Maxim.) Makino

本州の主として日本海側と北海道の山地に生える雌雄異株の常緑小低木．樹陰を好む．幹や枝の皮は灰白色．葉は柄をもち互生し，細長い楕円形で長さは 8～18 cm，幅 2～3.5 cm，やや鋭く尖り，基部はくさび形になっている．かなり薄質でなめらかで毛はない．花は小形で白く，葉腋に集まってつき，夏に開く．がく片は 4 個，小さく緑色で半月形をしている．花弁も 4 個で卵形．雄しべは 4 本で雄花でよく発達し，雌花には緑色の 1 子房がある．果実は肉質の核果で球形，熟して紅色となり，果内に少数の核を含み，その核内に種子をもつ．〔日本名〕姫モチは小形のモチノキという意味である．

3870. シマモチ 〔モチノキ科〕

Ilex mertensii Maxim. var. ***mertensii***

小笠原諸島に固有の常緑高木で，父島，兄島，母島など群島のほぼ全域に分布する．高さ 3～5 m で，幹は灰黒色．葉は互生し，柄があり，円みのある楕円形で質は厚い．全縁であるが, 低い波状のきょ歯をもつこともある．若枝や新葉，葉柄などは赤紫色を呈し，よく目立つ．2～3 月頃に枝の葉腋から束状に多数の小花をつける．花柄は 1 cm 前後で母島産の変種ムニンモチよりも短い．花は淡黄緑色で 4 弁，花の直径は 1 cm 弱，中心の雌しべを囲んで 4 本の雄しべが四方に平開する．花弁も平開ないし反転する．果実は径 5～6 cm，球形で，ときに上下につぶれた扁球形となり，秋おそく紫黒色に熟す．〔日本名〕シマモチは島（小笠原島）に産するモチノキの意で，モチノキ同様，樹皮からとりもちをとったこともあるという．〔追記〕小笠原諸島にはアツバモチと呼ばれるもう 1 つの近縁の種類があり，葉が小形で特に質が厚い．本種の海岸性の生態形と考えられる．

3871. リュウキュウモチノキ 〔モチノキ科〕

Ilex liukiuensis Loes.

九州南部の薩摩半島と種子島，屋久島以南の琉球列島に生える雌雄異株の常緑小高木．樹高は 5～8 m，ときに 15 m にも達する．若枝は細く，稜がある．葉は 1～1.5 cm の柄があって互生し，硬い革質で長さ 3～7 cm，幅 2～4 cm の楕円形をしている．先端はやや円く，基部はくさび形に細まる．葉のふちにはごく低く，ゆるやかなきょ歯がまばらにある．5～6 対の側脈が下面に隆起する．初夏に葉腋に数個の花を束状につける．個々の花は 2 枚の小苞に包まれ，4 数生で花の径は約 8 mm で緑白色．秋に 1 cm 余の柄の先に径 6 mm ほどの球形の果実がなり，赤く熟す．〔日本名〕琉球モチで琉球に産するモチノキの意．

3872. ムニンモチ（シイモチ） 〔モチノキ科〕

Ilex mertensii Maxim. var. ***beecheyi*** (Loes.) T.Yamaz.

（*I. beecheyi* (Loes.) Makino）

小笠原諸島の母島とその付属島である向島にだけ自生する固有の常緑高木．高さ 5～6 m になる．父，母両列島にわたって広く分布するシマモチと近縁であるが，それに比べて葉が細めで小さく，長楕円形で質も薄い．葉のふちは全縁か，低い丸いきょ歯があり，シマモチの葉のように波形にはならない．枝先の葉腋から束状に柄のある花を多数つけ，花柄がシマモチよりも長い点も特徴である．花は淡緑色で 4 弁，雄しべも 4 本．2～3 月に咲くのがふつうであるが，台風や塩害などによる落葉があれば時節を選ばずに開花する．果実はやや細長い球形で長さ 5～6 mm，冬になって赤く熟す．若枝や葉柄などがしばしば紫色を帯びる点はシマモチと同様である．かつては聟島や弟島でも採集の記録があるが, シマモチに比べて分布は限られ, 個体数もはるかに少ない．〔日本名〕ムニンは小笠原諸島の古名，無人島（ムニンジマ）に基づく．

3873. タラヨウ（モンツキシバ，ノコギリシバ）〔モチノキ科〕

Ilex latifolia Thunb.

静岡県以西の本州，四国，九州など暖地の山地に生えるが多くは庭園に栽培される常緑高木．高さは 10 m 位にもなる．葉は互生し，大形で，短い柄と一緒にすると長さ 20 cm 以上にもなる．長楕円形で先端が尖り，ふちに細かく鋭いきょ歯をもつ．厚質で硬く革質をしていて上面は平たく滑らかで光沢がある．支脈は主脈の両側に各々 6～16 本ある．春から夏にかけて葉腋に短い集散花序をつけ多くの花を密につける．花は黄緑色でがくは 4 裂し，4 個の花弁をもつ．雄花には 4 本の雄しべがある．雌花はやや短い 4 本の雄しべと卵球形の子房をもつ．核果は球形で集まってつき紅色となる．〔日本名〕多羅葉．葉面を火であぶると黒い環が現われ，また傷つけると傷痕が黒くなるので，尖ったもので葉に文字を書くことができる．それを葉に傷つけて経文を書く貝多羅樹 *Borassus flabellifer* L.（ヤシ科）の葉にたとえて名付けたもの．紋付柴も上記の性質による．鋸柴は硬いきょ歯があるからである．

3874. ツルツゲ〔モチノキ科〕

Ilex rugosa F.Schmidt var. ***rugosa***

中部より東の本州から北海道の深山の樹の下に生えるつる状の常緑小低木．分枝が多く，枝は細長く稜をもつ．はって所々に根を出し長さは 50 cm 位である．葉は互生し，長楕円形または披針形で長さ 2～3 cm 位ある．両端がやや尖り，ふちにまばらな小さいきょ歯があり，短い葉柄をもつ．上面は暗緑色で，下面は淡緑色．硬い革質で，葉脈は上面では陥入していて，細かいしわとなっている．雌雄異株．7 月頃葉腋に 1～4 個ずつ白い 4 個の花弁をもった花を開く．花は小さく直径 2 mm 位，小さな柄をもち，この柄は花より長い．がく片は 4 個．雄花には 4 本の雄しべ，雌花には 1 本の雌しべがある．核果は卵状球形で赤く，直径は 6 mm 位ある．〔日本名〕ツルツゲはイヌツゲの仲間でつるになってはうことから来ている．〔追記〕ホソバツルツゲ var. *stenophylla* (Koidz.) Sugim. は本州中部から四国に分布し，葉が細く狭披針形である．

3875. ヒイラギモチ（セイヨウヒイラギ）〔モチノキ科〕

Ilex aquifolium L.

ヨーロッパ中南部，アジア西部原産の常緑高木で，高さ 10 m 位にもなる．時に果実を観賞するため庭に植えられる．枝は広がり丸い樹冠を作り，時に低木状となることもある．株全体無毛で，葉は互生し，短い柄をもち，卵形かまたは長楕円形で鋭く尖り，基部はくさび形．革質で上面に強い光沢があり，濃緑色でふちに棘状の鋭いきょ歯がある．5～6 月頃前年の葉腋から短い花序を出し，数個～10 数個の花を群生する．花は短い柄をもち直径 6 mm 位，淡黄色をしている．4 個あるがく片は広卵形で小形，花弁も 4 個で倒卵形，これと互生して雄しべが 4 本あり，花弁より短い．雄花では雌しべが退化している．雌花には卵形体の子房があり，短い花柱と小さな円盤状の柱頭をもつ．果実は球形で赤く，表面の光沢が目立つ．英国では Holly とよび，ヨーロッパでクリスマスの装飾につかう．〔日本名〕柊モチ．ヒイラギ（モクセイ科）に似た葉を持つモチノキの意味．西洋柊はクリスマスの飾りに使う本種の葉を単にきょ歯の点だけに着目してヒイラギの仲間と誤り西洋産のヒイラギと呼んだもの．よい名ではない．

3876. マテチャ（パラグアイチャ）〔モチノキ科〕

Ilex paraguariensis A.St.Hil.

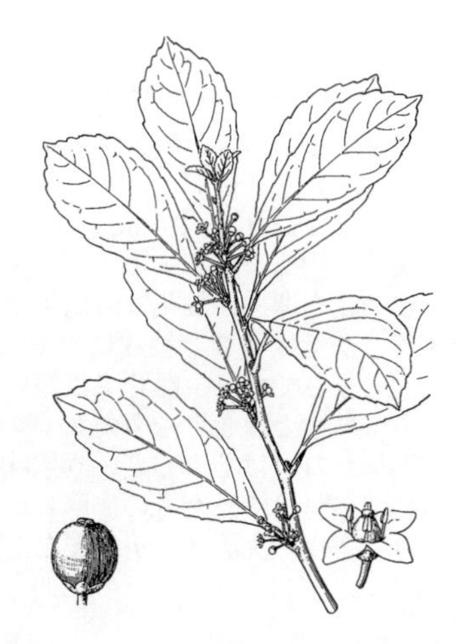

パラグアイ，ブラジル，アルゼンチンなどを原産とする常緑低木．高さ 3～4 m になる．葉は互生し，楕円形または倒卵形，長さ 4～12 cm，幅 3～6 cm，革質で，上面は暗緑色，下面は淡緑色となり，縁には上半分にまばらなきょ歯がある．花は当年枝につき，花弁は 4 個あり，白色．果実は直径 5 mm，赤褐色に熟す．葉を摘んで熱気で乾燥し茶とする．1 %のカフェインと芳香油と少しのタンニンを含み，煎じると快い芳香と軽い苦味があり，飲料とする．南アメリカにおいて古くから飲用される．英名を Paraguay tea, Yerba Mat という．

3877. クロガネモチ　〔モチノキ科〕

Ilex rotunda Thunb.

関東以西の本州，四国，九州など暖地の山地に分布する雌雄異株の常緑高木．高さは 10 m 位にもなる．葉は互生し，広楕円形で長さ 5～8 cm，幅 3.5～4.5 cm，毛はなく平滑で革質．全縁であり，先端は鈍く尖るか，あるいは鋭く尖っている．基部は鈍く尖り，葉柄は長い．葉は乾くと黒っぽい色になる．5 月頃，小さく淡紫色をした花を開く．花は単性で柄をもった腋生の集散花序をなす．花序は葉より短い．がく片は 4～5，浅裂し，裂片は広い三角形をしている．花弁は 4～5 個，楕円形でがくよりも長い．雄しべは 4～5 本ある．これは雄花では花弁と同じ長さであり，雌花では小形である．雌花では，雌しべの子房は緑色で球形をしている．核果は小さく，集まってつき，球形で熟すと赤くなり，しばしば枝一杯になり美しい．果実の直径は 3～5 mm 位である．〔日本名〕黒鉄モチは，黒みがかった枝や葉の様子に基づいてつけられたものであろう．あるいは乾くと鉄色になるのをいったものか．

3878. シイモチ　〔モチノキ科〕

Ilex buergeri Miq.

山口県および九州にまれに分布する常緑の小高木．枝は直線的で分枝は斜め上に向かっている．若い枝では鈍い稜があり，葉柄とともに短い毛が生えていて紫色がかっている．葉は側枝に互生し．2 列生のようにみえシイの小枝を思わせる．葉の形は披針形または細い卵形で，先端は鋭く尖るかまたは短く尾状に尖り先端は鈍くなっている．基部は広いくさび形または円い．長さは 3～5 cm でふちにまばらな低いきょ歯がある．上面は主脈が凹み，かすかな毛があり，下面は主脈が突出しているが，側脈ははっきりせず，灰色である．4 月頃葉腋に数個の花を群生する．雌雄異株で雌花の花は少なく 1 葉腋に 1～3 花である．小苞葉があり，がく片は 4 個で三角状卵形，長さ 1 mm 位．花の柄と同じ紫色をしている．花弁は 4 個で黄緑色，狭い倒卵形，先端は丸く長さ 6 mm 位で水平に開いている．雄しべも 4 本で花弁より長い，雌しべは 1 個．果実は球形で直径 4 mm 位ある．〔日本名〕椎モチ．枝葉がシイに似たモチノキの意味．

3879. ナナミノキ（ナナメノキ，カシノハモチ）　〔モチノキ科〕

Ilex chinensis Sims

静岡県より西の本州，四国，九州の山地に生える常緑高木で高さ 10 m 位にもなる．若い枝には稜がある．互生の葉は長楕円形で長さ 10～12 cm，幅 3～4 cm 位ある．先端はやや鋭く尖り，基部は鈍く時にやや鋭くなっていることもある．質は革質で平たく滑らかで，ふちにまばらな低いきょ歯がある．雌雄異株．花は小さくて淡紫色で，5～6 月頃葉腋に小形の集散花序をなして開く．雌花は少数で，雄花は多数ある．がくは浅裂していて，裂片は広い三角形，ふちに毛がある．花弁は 4 個，卵形で基部がわずかにゆ着し，落ちるときは合弁の状態で一緒に落ちる．雄しべは 4 本，雄花では花弁と同じ長さがあり，雌花ではずっと小さい．果実は球形の肉質核果で赤く熟し，緑の葉の間に見える様子は美しい．〔日本名〕語源ははっきりしない．〔漢名〕冬青．

3880. ソヨゴ（フクラシバ）　〔モチノキ科〕

Ilex pedunculosa Miq.

関東地方西部以西の本州，四国，九州の山地に生える常緑の低木または小高木で，高さ 5 m に達する．葉は互生して枝に密につき，長い柄をもち，卵状楕円形で長さ 5～10 cm，幅 3～4 cm である．全縁で先は鋭く尖り基部は鈍く尖るか円くなっている．硬質で上面に光沢がある．雌雄異株．6 月に小さな白い花を開く．雄花は沢山集まって集散状をなし，雌花は通常葉腋に単生する．がくは 4 裂し裂片はやや三角形に近い．4 本の雄しべは雄花では花弁と同じ長さであり，雌花では短い．子房は卵状球形．核果は球形で長い柄をもち，熟すと紅色となり緑の葉の間に美しく見える．直径は 6～9 mm．〔日本名〕ソヨゴはそよぐという意味で硬い葉が風にゆれてザワザワと音をたてるので名付けられたもの．膨ら柴は葉が火熱にあうと葉内の水分が水蒸気となり，表皮のクチクラが丈夫なために中にこもって膨らむことからついた．

3881. クロソヨゴ（ウシカバ）　〔モチノキ科〕

Ilex sugerokii Maxim. var. ***sugerokii***

山梨県以西の本州と四国の山林中に生える常緑の小高木で高さは 2～3 m 位である．樹皮は黒紫色で，若枝も黒紫色をしていて稜がある．葉は互生し，短い柄をもち，卵形をしていて鋭く尖り長さ 3～4 cm，幅 2 cm 位，上半部に鈍きょ歯があるが下半部は全縁である．厚質で葉脈ははっきりしない．上面は光沢がある．雌雄異株で 5～6 月頃小さな白い花を開く．雄花は 3 個，柄をもった腋生の集散花序につく．がく片は 5 個，まれに 4 個のこともある．雌花は葉腋に単生し，長い柄をもつ．花の中には 1 子房を含む．核果は球形で直径 7 mm 位．赤く熟し長さ 3～4 cm の長い柄をもつ．〔日本名〕黒ソヨゴで，樹皮の色の黒さに由来する．本来これはアカミノイヌツゲの名だが，現在は本変種に対して用いられている．別名牛樺は樹皮が黒くて剥ぐときはサクラやカバノキの皮に似ているので名付けられた．

3882. アカミノイヌツゲ　〔モチノキ科〕

Ilex sugerokii Maxim. var. ***brevipedunculata*** (Maxim.) S.Y.Hu

北海道と本州中部以北の主として日本海側の山地の落葉広葉樹林中に生える小形の常緑低木．湿原のへりなどにも好んで生える．枝は淡褐色でよく分枝し，高さ 1～2 m．葉はごく短い柄があり，密に互生し，長さ 2～3 cm，幅 1～2 cm の細長い楕円形で革質，両端はやや尖る．葉の上半部には低いきょ歯がある．上面は濃緑色で光沢があり，下面は淡緑色，中央脈が隆起する．葉柄が赤色を帯びる特徴がある．雌雄異株で，夏に葉腋に花をつける．雌花は単生し，雄花は 1～3 花が短い柄で束状につく．どちらも 4～5 弁の白花で径 4～5 mm，雄花には 5 個，ときに 4 個の雄しべがある．雌花の雄しべは退化している．果実は球形で直径 6～7 mm，秋に赤く熟す．〔日本名〕赤実の犬つげはイヌツゲに似て実が赤熟することに基づく．まったくの別種のサクラソウ科ツルマンリョウにも同じ別名がある．

3883. タマミズキ　〔モチノキ科〕

Ilex micrococca Maxim.

本州西部，四国，九州の山地に生え，成長が非常に速い落葉の高木で，高くそびえ高さ 10～15 m にもなる．若い枝には稜がある．葉は互生し，2 cm 位の柄があり，長楕円形で，先がやや鋭く尖り，基部は円形，長さは 9～12 cm，幅 4～5 cm，洋紙のような感じで平たく滑らかで毛はない．ふちには波形の小さなきょ歯がある．5～6 月頃葉腋に多数の小さな花を集散花序につける．雌雄異株．雄花はがく片，花弁，雄しべ各々 5～6 個．雌花はがく片 5～7 個，花弁，雄しべは各々 8～9 個，子房は 8～9 室に分かれている．がくは杯状．花弁は卵状長楕円形である．雄しべは雄花では花弁と同じ長さ，雌花ではやや退化し，花弁の 1 / 3 位の長さになっている．果実は小さな球形の核果で直径 3 mm 位．秋に赤く熟し枝の上に群がってつき美しい．ヒヨドリなどが飛んできて食べる．〔日本名〕玉水木という意味で，この玉は果実の美しさをさし，水木は樹がミズキに似ていることによる．

3884. ウメモドキ　〔モチノキ科〕

Ilex serrata Thunb.

本州，四国，九州の山中，湿地に生える落葉低木で高さ数 m にもなる．また紅い実を観賞するために庭園にも植えられる．若い枝に毛がある．葉は互生し，1 cm 位の柄をもち楕円形か卵状披針形で，先は鋭く尖り，基部はくさび形になっている．ふちには小さなきょ歯があり，長さ 4～8 cm，幅 2～4 cm．上面にわずかに毛があり，下面に短く柔らかい毛がある．特に葉脈上にやや長い毛が密生する（葉に毛のないものをイヌウメモドキという）．葉柄にも毛が多い．雌雄異株．花は単性花で 6 月に開く．淡紫色でまれに白いものもある．雌花は 1～7 花，雄花は 7～15 花が散形状に腋生する．がく片は 4～5 で半月形をしていてふちに毛がある．花弁は卵形で長さ 2.5 mm，雄しべは 4～5 本あり，雄花で長く雌花で小さい．核果は小球形で枝に群がり，晩秋から初冬へかけて落葉の後も枝に残り美しい．直径 5 mm 位で真赤に熟す．まれに白いものがありシロミノウメモドキという．〔漢名〕落霜紅というが，これは正しい用い方ではないらしい．

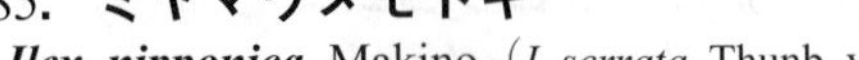

3885. ミヤマウメモドキ 〔モチノキ科〕

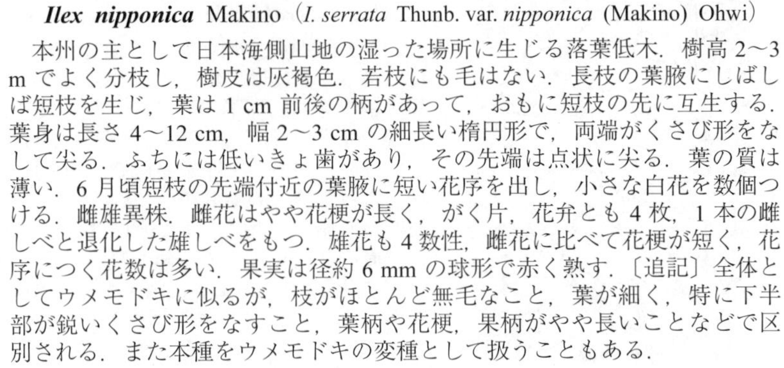

Ilex nipponica Makino（*I. serrata* Thunb. var. *nipponica* (Makino) Ohwi）

本州の主として日本海側山地の湿った場所に生じる落葉低木．樹高 2〜3 m でよく分枝し，樹皮は灰褐色．若枝にも毛はない．長枝の葉腋にしばしば短枝を生じ，葉は 1 cm 前後の柄があって，おもに短枝の先に互生する．葉身は長さ 4〜12 cm，幅 2〜3 cm の細長い楕円形で，両端がくさび形をなして尖る．ふちには低いきょ歯があり，その先端は点状に尖る．葉の質は薄い．6 月頃短枝の先端付近の葉腋に短い花序を出し，小さな白花を数個つける．雌雄異株．雌花はやや花梗が長く，がく片，花弁とも 4 枚，1 本の雌しべと退化した雄しべをもつ．雄花も 4 数性，雌花に比べて花梗が短く，花序につく花数は多い．果実は径約 6 mm の球形で赤く熟す．〔追記〕全体としてウメモドキに似るが，枝がほとんど無毛なこと，葉が細く，特に下半部が鋭いくさび形をなすこと，葉柄や花梗，果柄がやや長いことなどで区別される．また本種をウメモドキの変種として扱うこともある．

3886. フウリンウメモドキ 〔モチノキ科〕

Ilex geniculata Maxim. var. ***geniculata***

本州，四国，九州の山地に生える落葉低木．枝は細長く，若い枝は稜をもつ．葉は互生し，長さ 3〜8 cm 位で，長楕円形または卵形，先端は細く鋭く尖る．ふちに尖った細かいきょ歯をもつ．薄質で多少毛がある．短くて細い葉柄がある．雌雄異株．5〜6 月頃白い単性花を咲かせる．雄花では長い糸状の花序柄の先にさらに 3〜7 本の花柄が分かれ，がく片，花弁，雄しべとも 5〜6 個の小さな花がつく．雌花は葉腋に垂れ下がった糸状の花序柄に単生する．花のあと球状の核果をつけ紅く熟す．〔日本名〕風鈴梅擬．ウメモドキに似ている紅色の果実が垂れ下がった様子を風鈴にたとえてこのような名をつけた．〔追記〕葉が無毛のものをオクノフウリンウメモドキ var. *glabra* Okuyama といい，北海道西南部と本州北部の日本海側に分布する．

3887. アオハダ 〔モチノキ科〕

Ilex macropoda Miq.

北海道，本州，四国，九州の山地に生える落葉の高木．高さは 10 m 位で，樹皮はうすく，やや灰白色がかっているが内皮は緑色である．葉は柄があって互生しているが短枝の先端では束生する．形は卵形で，長さ 4〜6 cm．幅 2.5〜3.5 cm，先端は鋭く尖り，基部は細いこともあり円いこともある．上面に細かい毛があり，下面は，特に脈上に柔らかい毛が多い．葉柄の長さは 1.5 cm 位．雌雄異株．雌花は短枝上に数個集まっているが，雄花は多数集まって球状をしている．花は緑白色で，がく片は 4 個，三角状でふちに毛がある．花弁は 4 個で卵状楕円形をしていて，がくの倍位の長さがある．雄花には花弁と同じ長さの 4 本の雄しべがあり，雌花は小形の 4〜5 本の雄しべと，卵状球形の大形の子房のある雌しべとをもつ．果実は小さく球形の肉質核果で，直径 7 mm 位，秋に紅く熟し美しい．〔日本名〕青膚は，枝の内皮の色に基づいたものである．

3888. ツルニンジン 〔キキョウ科〕

Codonopsis lanceolata (Siebold et Zucc.) Trautv.

東アジア温帯，日本では北海道から九州の林内に生える多年草．根は長い塊状で，茎は長さ 2 m 以上にもなるつるとなり，右または左巻きとなって他にからみつき，切ると白液が出る．側枝は短く，ふつう先端に 4 枚の葉を接してつけ，葉は対生状の互生，短い柄があり，葉身は披針形または長楕円形，全縁，質は薄く軟弱，ふつう無毛で下面は粉白を帯びる．夏から秋にかけて側枝の末端に短い花柄を出し，短広な鐘形花を下向きに開く．がくは 5 裂し，花冠と少し間があって子房の下部に付着し，つぼみの時も花冠とは明瞭なすきま間があってそこに空間を保つ．花冠は長さ 3 cm 内外，浅く 5 裂し，裂片は尖って反巻，外面は白緑色，内面には紫褐色の斑点がある．まれにこの斑点のない品もある．種子には片側に翼があり，光沢がない．茎や葉から出る白液は切り傷に薬効がある．〔日本名〕蔓人参で根が朝鮮人参のように太く，茎はつるになるからである．〔漢名〕羊乳を慣用とする．

3889. バアソブ 〔キキョウ科〕

Codonopsis ussuriensis (Rupr. et Maxim.) Hemsl.

東アジアの温帯，日本では北海道から九州までの山地，林内にまれに生える多年生つる草．地下には短く大きい球状の根茎があって一種の臭気を出す．茎は細くて軟らかく，切れば白い乳液を出し，若い時は葉とともに白毛が多い．葉は大体短枝上に 4 葉が接してつき，ちょうど複葉のように見えることはツルニンジンに似ているが，毛のある点が異なっている．花は 7〜8 月頃開き，小形で長さ 2 cm 内外，鐘形だがやや球状になり，ふちは 5 裂し，内面は濃い紫色である．花後さく果を結び長さ約 1〜1.3 cm，種子には翼がなく光沢がある．〔日本名〕木曽（長野県）地方の方言でバアは婆，ソブはソバカスである．すなわち花冠内の濁紫色を老婆の顔のそばかすにたとえたもので，同地方ではツルニンジンをジイソブと呼ぶ．ジイは老爺である．

3890. ツルギキョウ 〔キキョウ科〕

Codonopsis javanica (Blume) Hook.f. et Thomson subsp. ***japonica*** (Makino) Lammers（*Campanumoea javanica* Blume var. *japonica* Makino ; *Campanumoea maximowiczii* Honda）

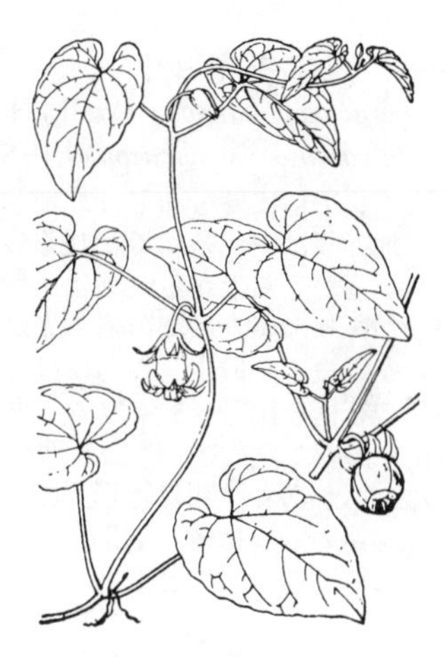

本州中西部，四国，九州，台湾，中国の山地に生えるややまれに見る多年生のつる草．根は白色多肉で分岐し，茎は細く円い．葉は対生と互生とがあり長い柄があり，葉身は卵状心臓形で先は細いが先端は鈍く，波状縁で長さ 3〜5 cm，質は薄く，下面は粉白を帯びる．8 月から 11 月にかけて葉腋に 1 個の花が咲く．がく片は緑色で狭楕円形，基部で子房と合着する．花冠は短柄があって下垂し，鐘形で長さ約 15 mm，鋭く 5 裂し裂片は反巻，内部は紫色である．子房はがくに対して上位だが，花冠に対しては下位となり，5 室からなる．雄しべは 5 個，葯は互に接近する．花後に球形で径約 1 cm の紫色液果が結実し，基部に宿存がくがあり，内部に多数の褐色種子がある．〔日本名〕蔓ギキョウは蔓性のキキョウの意味，茎と花の性質から来ている．〔漢名〕金錢豹．

3891. タンゲブ（タイワンツルギキョウ） 〔キキョウ科〕

Cyclocodon lancifolius (Roxb.) Kurz

（*Campanumoea lancifolia* (Roxb.) Merr.）

九州（種子島），琉球，台湾からマレーシア，インドの山地に生える多年草．茎は数本群がって立ち，先端はやや下垂し，高さ 30〜80 cm．葉は対生し，広披針形または卵状披針形，長さ 5〜11 cm，幅 1.5〜5 cm，先は鋭く尖り，基部は円形またはくさび形，ふちにはきょ歯があり，両面は無毛または微毛がまばらにあり，下面は灰白色，葉柄は長さ 3〜6 mm ある．8〜10 月頃，白色または淡紫色の花を頂生または上部の葉腋に単生する．花柄は長さ 7〜20 mm，小苞は葉状で，小さく 2 個あり，花の近くにつく．花冠は広鐘形，長さ 8〜12 mm，径 6 mm 内外，がく筒は子房とゆ合し，扁平で径 3〜4 mm，果時には径 1 cm となる．がく裂片は 5〜6 個あり，線形で開出し，長さ 6〜10 mm，まばらに羽状に裂ける．花筒の下半部は子房と合着し，離生部は長さ 6〜8 mm，裂片は 5〜6 個で狭三角形，長さ約 4 mm ある．葯は線形，長さ約 2 mm．液果は紅紫色，やや球形，径約 1 cm，頂端に花筒の残留部をつける．種子は淡褐色，広楕円体で扁平，長さ 0.6 mm，平滑である．

3892. キキョウ 〔キキョウ科〕

Platycodon grandiflorus (Jacq.) A.DC.（*P. glaucus* (Thunb.) Nakai）

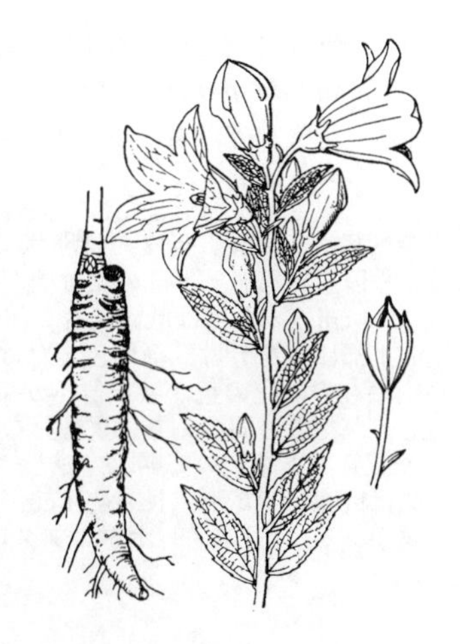

北海道西南部から伊平屋島（沖縄諸島）までの日本各地，東アジアの温帯に分布，また観賞用に栽培する多年草．日当たりのよい山地，原野の乾いた所を好む．根は太くて多肉，黄白色，茎は高さ 1 m 以上にもなり，ときに上方で分枝し，円柱形で傷つくと白乳液を出す．葉は互生し，長卵形または広披針形でほとんど無柄，長さ 4〜7 cm，幅 1.5〜4 cm，ふちには鋭いきょ歯があり，下面は白緑色である．8〜9 月頃枝上部に青紫色の鐘形 5 裂の美花を開く．花冠は径 4〜5 cm．雄しべは 5 個，花柱は先端が 5 裂し，雄しべおよびがく裂片と互生する．さく果は上端が 5 裂，種子は長さ約 2 mm．二重咲，白花など園芸品が多く，根は薬用とされる．秋の七草でいうアサガオはおそらくこれであろうといわれている．〔日本名〕漢名の音読み，古名アリノヒフキ．〔漢名〕桔梗．

3893. ヒナギキョウ 〔キキョウ科〕

Wahlenbergia marginata (Thunb.) A.DC.

関東地方および富山県以西の暖地，台湾，朝鮮半島，中国から東南アジア，オセアニアにかけて分布，日当たりのよい道ばたなどに多い多年草．根は白くて長く，茎は細く，高さ約 30 cm になり，多数が群がって立ち，まばらに分枝して緑色，角がある．葉は長さ 2〜4 cm，幅 3〜8 mm のへら形〜倒披針形，ふちはやや厚く白色で鈍いきょ歯があり，毛があり，無柄で互生．初夏から秋にかけて細長い枝先に青紫色の可愛いらしい小花を上向きに 1 個ずつつける．がく裂片は披針形で直立し長さ 2〜3 mm．花冠は漏斗状鐘形で 5 裂し長さ 5〜8 mm，5 個の雄しべと 1 個の雌しべがある．子房は下位．さく果は長さ 6〜8 mm，直立し，宿存がくがあり，胞背裂開する．〔日本名〕雛桔梗で小形でやさしいキキョウの意味．〔漢名〕細葉沙参をあてるのは正しくない．現今では蘭花参としている．

3894. タニギキョウ 〔キキョウ科〕

Peracarpa carnosa (Wall.) Hook. f. et Thomson

（*P. carnosa* var. *circaeoides* (F.Schmidt) Makino）

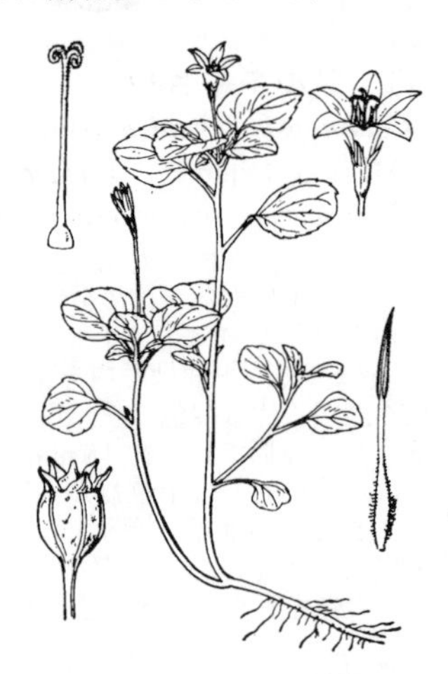

東アジアに広く分布し，北海道から九州の山地の木陰に生える小形の多年草．地下茎は白色糸状で細長く分枝し，その先に高さ 10 cm 内外の軟弱無毛の地上茎が立ち上がる．葉は比較的上方にまばらにつき，互生し，5〜15 mm の柄があり，葉身は卵円形で先は鈍く長さ 8〜25 mm，幅 6〜20 mm，上面に軟らかい短毛を散生，ふちには少数のきょ歯がある．5〜8 月頃上部の葉腋に糸状の花柄を出し，5 深裂する小形の白色鐘形花をつける．花冠は長さ 5〜8 mm，子房は下位で上端に 5 個の狭三角状のがく裂片がつく．花中には 5 個の雄しべがあり，葯は線形，雌しべは柱頭が 3 裂する．果実は下垂し，宿存がくを伴い，皮は薄く裂開しない．日本から北東アジアにかけてのものを変種として区別することもある．〔日本名〕谷間に生えるキキョウの意味．

3895. ホタルブクロ 〔キキョウ科〕

Campanula punctata Lam. var. ***punctata***

東アジア温帯，わが国では北海道から九州までの山野に生える多年草で，短い地下の走出枝を出しても繁殖する．根茎は短い．茎は直立し高さ 30〜80 cm になる．根生葉は長柄の卵状心臓形でちょうどスミレの葉のようだが，茎葉は互生し，長卵形で先は尖り，上部の葉はしだいに無柄になる．葉のふちにはきょ歯があり，茎と同じく粗毛が多い．6〜7 月頃枝上部で分枝し，白色または淡紅紫色で内面に紫の斑点がある花を開く．がくは緑色，がく筒は子房と合着し，5 裂する裂片間の彎入部のふちは反曲する．花冠は長さ 4〜5 cm，大形で鐘状，下を向いて開き，先端が短く 5 裂する．雄しべ 5 本．花柱は 1 本，柱頭は 3 裂．子房は下位で 3 室，中軸胎座である．がく裂片間のふちが反曲せず，全体に毛が多いヤマホタルブクロ（次図参照）が変種として認められる．若葉は食用となる．〔日本名〕子供がこの花でホタルを包んだことから．〔漢名〕山小菜を慣用とする．

3896. ヤマホタルブクロ（ホンドホタルブクロ） 〔キキョウ科〕

Campanula punctata Lam. var. ***hondoensis*** (Kitam.) Ohwi

本州（近畿地方以東）の高地や山麓のれき地に生え，ホタルブクロと混生することもある．茎は直立または斜上し，高さ 30〜80 cm，全体に開出する粗い毛がある．根生葉は卵形または広披針形，鈍頭で長い柄があるが，花期には枯れる．茎葉は互生し，披針形または卵状披針形で先は鋭く尖り，基部はくさび形またはやや円形をなし，下部の葉は柄があるが，上部は無柄となる．長さ 5〜10 cm，幅 3〜4 cm，ふちには低い鈍きょ歯があり，両面はふつう毛がある．6〜7 月頃，茎の上部に枝を分け，紅紫色または淡紅紫色で，少し濃い斑点のある花を開く．高山のものは花の色が特に鮮やかで，ときに白花品もある．がく筒は子房と合着し，がく裂片間のふちは反曲しない．花冠は筒状鐘形，長さ 4〜5 cm，先は浅く 5 裂し，下を向いて開く．雄しべは 5 本，花柱は 1 本，柱頭は 3 裂する．さく果は倒卵状半球形，長さ約 1 cm．種子は長さ 1.3〜1.5 mm，幅 1 mm ほどで狭い翼がある．〔日本名〕ホタルブクロの山地に生えたもので山蛍袋の意味．

3897. シマホタルブクロ

〔キキョウ科〕

Campanula microdonta Koidz.

（*C. punctata* Lam. var. *microdonta* (Koidz.) Ohwi）

伊豆諸島のれき地や岩隙などに生える多年草．ヤマホタルブクロが島嶼で分化したものと考えられる．根は肥厚し，茎は高さ 35～85 cm，全草が剛直でふつうは無毛だが，ときに茎や葉のふち，下面に毛がある（ケシマホタルブクロという）．葉は互生し，卵形，心臓形または楕円形で質厚く，先は尖り，基部は浅い心臓形，鈍形またはくさび形をなし，長さ 5～9 cm，幅 2～7 cm，ふちには鈍いきょ歯があり，しばしば葉柄に翼が出る．6～7 月，茎の上部に枝を分け，20～100 個もの多数の白色花をつける．花冠は筒状鐘形，長さ 2.5～3 cm，浅く 5 裂し，ふつう斑点はないが，ときに紫色の斑点があるものがある．がく裂片間のふちは反曲しないのがふつうだが，ときに反曲するものがある．さく果は長さ約 1 cm，種子は長さ 1.3 mm，幅 0.7 mm 内外で翼はほとんどない．〔日本名〕島に生える蛍袋の意味．伊豆八丈島が基準標本の産地．

3898. ヤツシロソウ

〔キキョウ科〕

Campanula glomerata L. subsp. ***cephalotes*** (Fisch. ex Nakai) D.Y.Hong

（*C. cephalotes* Fisch. ex Nakai）

北東アジアの温帯に分布し，日本では九州の阿蘇周辺の草原にまれに産する多年草．全体にやや短い粗毛があり，根茎は短く横にはう．茎は直立し高さ 40～80 cm でやや単純．葉は互生，下部の葉は翼がある柄があり，上部では無柄で茎を抱き，いずれも広披針形でしだいに先が細くなって尖り，ふちには不整の鈍いきょ歯がある．花は紫色で，7～8 月に茎上部に 10 個内外がやや頭状に集まり，無柄で上向きに開く．下位子房の端に緑色のがく裂片が 5 個ある．花冠は細い鐘形で長さ 2.5 cm ぐらい、上部 5 裂し，花中に雄しべ 5 本と柱頭が 3 岐する雌しべが 1 本ある．母種はヨーロッパに分布するが, 東アジアのものより大形である．〔日本名〕熊本県八代で最初に見つけられたのでヤツシロソウという名がついた．

3899. イワギキョウ

〔キキョウ科〕

Campanula lasiocarpa Cham.

本州中部以北から樺太，千島，カムチャツカ，アリューシャン，アラスカにかけての高山帯または亜高山帯に生える多年生の小草本で，地下茎は細長く分枝し，その先に苗を生じて盛んに繁殖する．花茎は高さ 10 cm 内外，茎葉は狭披針形またはやや線形で少数，無柄，互生だが，根生葉は多数束生し，披針状倒卵形あるいは倒披針形，ふちに粗い鈍きょ歯があり，基部は翼のある柄に続く．夏に茎の先にふつう 1 個，ときに上葉の葉腋に 2～3 個の鮮やかな紫色の花が咲く．花冠は先の広い鐘形で 5 裂，長さ 2～2.5 cm，無毛．雄しべ 5 個，雌しべ 1 個で柱頭は 3 裂する．がくは 5 裂し，裂片は広線形で粗毛があり，長さ 1 cm ぐらい，ふちには少数のきょ歯がある．下位子房はがく片より短く．白毛があり，さく果は上向いて裂開する．〔日本名〕キキョウに似た花で高山の岩場に産することによる．

3900. チシマギキョウ

〔キキョウ科〕

Campanula chamissonis Fed.（*C. dasyantha* auct. non M.Bieb.）

本州中部以北，イワギキョウとほぼ同地域に分布するが，岩れき性の高山帯を好む多年草である．根茎はやや肥厚し，所々細長く横にはい，それが地上に出た部分にロゼットがある．根生葉は 10 個内外，倒披針形またはへら形，ふちは低く鈍いきょ歯があり，先端は鈍く，基部はしだいに葉身と同長の葉柄に移る．質はやや厚く光沢があり，細かい葉脈が凹んで網目のように見える．7～8 月頃高さ 5～10 cm の花茎を出し，少数の披針形または倒披針形の茎葉をつけ，先端に 1 花を開く．花はややうつむき，花冠は大形で長さ 3 cm 内外，広漏斗状鐘形，外側は紫色，内面は淡紫色で白長毛があり，先は 5 裂，裂片は尖り，ふつう反巻する．がくは基部に白毛があり，裂片は広く三角状広披針形でほぼ全縁，低い波状のきょ歯があるだけであって，イワギキョウのようにはっきりしたきょ歯はない．花柱は雄しべより高く，柱頭は 3 岐．子房は下位，さく果内には細かい種子がある．〔日本名〕千島桔梗の意味で最初に千島で記録されたことによる．

3901. フウリンソウ 〔キキョウ科〕

Campanula medium L.

南ヨーロッパ原産の一年生または二年生草本．茎は直立し太く，高さ 60〜90 cm, 多数の小枝が分かれ, 毛がある．葉は互生し, 長い粗毛があり, 広披針形，ふちには粗いきょ歯がある．5〜6 月頃紫色，ときに白色や淡紫色の花を開く，花冠は大きな鐘形でやや上向き，先は 5 裂，裂片はやや反巻する．5 がく片の間にある附属体はほぼ円形で著しく反曲し，子房をおおっている．花中には雄しべ 5 本，雌しべ 1 本がある．子房は下位で 5 室．花を観賞するために栽培するが，雄大なので切花よりむしろ庭園に植えられる．八重咲のものもある．〔日本名〕風輪草で花を風輪に見立てたもの．

3902. トウシャジン（マルバノニンジン） 〔キキョウ科〕

Adenophora stricta Miq.

古くからわが国に栽培され，朝鮮半島，中国に野生する多年草で，栽培品はおそらく中国からの渡来品と思われる．根茎は太く，茎は高さ 1 m 内外．根生葉は柄が長く，腎臓状円形であるが，茎葉は無柄で広卵形，ふちにきょ歯があり，互生する．8〜9 月頃茎上部で直上する枝を分け，紫色の鐘状花を穂状につける．花冠は下向きに開き，先が広がり，長さ約 2 cm，花柄は短く，2〜3 mm，がく筒には密に白毛があり，裂片はやや広く長さ 7〜10 mm，花中に 5 個の雄しべと 1 本の雌しべがあり，花柱は花外へ突き出ない．子房下位．〔日本名〕唐沙参は中国伝来の沙参の意味．シャジンは広くツリガネニンジン類全般を指す．〔漢名〕沙参．本種に対して慣用的に用いられた杏葉沙参は，洪徳元氏によれば近縁の *A. hunanensis* Nannf. の名である．

3903. ヒナシャジン 〔キキョウ科〕

Adenophora maximowicziana Makino

高知県と愛媛県の石灰岩地に分布し，岩場で垂れ下がり，草むらでは直立して生えるまれな多年草．根茎は細く短く，茎は稜があり，高さ 40〜80 cm．根生葉は卵形または卵状心臓形で長い柄があり，茎葉は互生し，中部の葉は長い線状披針形，先はしだいに尖り，基部もしだいに細くなって短柄に移行し，長さ 8〜20 cm，幅 5〜10 mm，ふちは低いきょ歯がある．上部の葉は小さく披針形である．8〜10 月頃，茎の頂に散房状または円錐状花序をつくり，ややまばらに白色の花を下垂する．花冠は筒状鐘形で長さ約 1.2 cm，先は 5 裂してくびれ，幅は約 6 mm ほどある．花柱は花冠から長く突き出て，長さ 18〜22 mm，先は 3 裂する．がく裂片は開出し，糸状線形，長さ 4〜6 mm，全縁である．〔日本名〕雛沙参の意味で，草姿から連想した名である．高知県横倉山で明治 25 年に牧野富太郎が発見した．

3904. イワシャジン（イワツリガネソウ） 〔キキョウ科〕

Adenophora takedae Makino var. ***takedae***

神奈川県，静岡県，山梨県，長野県南部，愛知県に分布が限られ，渓畔の岩場に垂れ下がって生える多年草．茎は細く下垂し，長さ 20〜55 cm，無毛である．根生葉は卵形または広楕円形，茎葉は互生し，線状披針形または線形，上面は疎らに短毛があり，ふちは内曲する低いきょ歯があり，先端は尾状にのび，基部はしだいに狭くなって短柄に移行する．長さ 7〜18 cm，幅 5〜12 mm．9〜10 月頃，茎の頂にまばらな総状花序をつくり，紫色の花を 1〜12 個下向きに開く．花冠は鐘形，長さ 15〜25 mm，先は浅く 5 裂し，小苞は糸状線形，小形である．がく裂片は開花時は開出し，糸状線形でまばらに腺歯があり，長さ 5〜10 mm．花柱は花冠の中にあって外へは突き出ない．ホウオウシャジン var. *howozana* (Takeda) Sugim. ex J.Okazaki は本種の高山型で，南アルプス鳳凰山系の花崗岩の岩隙に生える．丈は低く，長さ 5〜20 cm，花は 1〜3 花つき，花冠も小形で長さは 1〜1.5 cm ある．白花品をシロバナホウオウシャジンという．〔日本名〕岩沙参の意味で，岩場に生えるから．

3905. ツクシイワシャジン 〔キキョウ科〕

Adenophora hatsushimae Kitam.

九州（宮崎県と熊本県の高地）に分布し，溪畔の岩上に生えるまれな多年草．茎や枝は細く彎曲して岩場に垂れ下がり，高さは 20～40 cm，無毛，単純または上部は少し分枝する．根生葉は開花期に生存し，茎の下部の葉とともに卵状心臓形，長さ 3～6 cm，幅 1.5～3.5 cm，先は鋭く尖り，基部は心臓形，ふちは不規則な鋭いきょ歯があり，長さ 7～12 cm の柄がある．上面は短毛があり，下面は無毛，茎の中部の葉は小さく，長さは 2～3 cm，長心臓形で 1～2 cm の柄がある．上部の葉は披針形できわめて小さい．9～10 月頃，枝の先端に総状花序をつくり，まばらに紫色の花を下向きに開く．花冠は漏斗状鐘形，長さ約 1 cm，口部は狭くならないで，浅く 5 裂し，裂片は三角形である．がく裂片は線形，長さ 3～5 mm，ふちはまばらに微凸きょ歯がある．花柱は花冠の外へ突き出し，長さ 2 cm ほど，白い毛が密生する．〔日本名〕筑紫岩沙参の意味で，発見地の九州にちなむ．〔追記〕学名の形容語は初島住彦 S.Hatusima を記念した．

3906. サイヨウシャジン 〔キキョウ科〕

Adenophora triphylla (Thunb.) A. DC. var. ***triphylla***

九州，琉球，台湾に分布する多年草．根茎は肥大し，茎は高さ 40～100 cm，無毛または毛がある．葉は輪生または対生し，線形または長楕円形，卵状楕円形など変化が多く，先端や基部は鋭形または鋭尖形，長さ 4～8 cm，幅 3～15 mm，ふちにはきょ歯があり，ふつうは無毛だが，ときに有毛品もある．10～11 月頃，円錐状花序をなし，まばらに多数の淡紫色の花をつける．枝は伸長し，花柄は通常花より短い．花冠は壺状の鐘形，長さ 8～14 mm，先は 5 裂し，口部はすぼみ広がらない．がく裂片は線形，長さ 4～7 mm，全縁まれに微細な突起があり，開出または反曲する．花柱は長く花冠の外へ突き出る．図示したような葉の線形のものが基準品で，葉の幅が広いものをナガサキシャジン，葉が有毛のものをケナガサキシャジン，琉球にある花冠の大きいものをリュウキュウシャジンとして分けることもあるが，これらの型の区別は困難である．〔日本名〕細葉沙参の意味．

3907. ツリガネニンジン（ツリガネソウ，トトキ） 〔キキョウ科〕

Adenophora triphylla (Thunb.) A.DC. var. ***japonica*** (Regel) H.Hara

（*A. triphylla* var. *tetraphylla* sensu Makino）

北海道，本州，四国の山野にふつうで，サハリンや千島列島にも分布する多年草である．根は白く肥厚し，茎は円く高さ 60～90 cm，ときに 120 cm にもなり，全体に毛がある．根生葉は長い柄があり，円心形で花時には枯れ落ちている．茎葉は多くは輪生，ときには対生または互生することもあり，先は尖り，ふちにはきょ歯があるが，株によって長楕円形，卵形，または線状披針形，単きょ歯または重きょ歯などと非常に変異が多い．秋に枝先に小花序が輪生する円錐花序を作り，花冠は青紫色で鐘形，5 裂し先はやや広がり，長さ 13～22 mm，下垂する．がく裂片は非常に細長く，下位子房の上端につく．花中には 5 個の雄しべがあり，花柱は 1 本で花冠の外側へつき出るが，その程度はサイヨウシャジンよりも小さい．若芽をトトキといい食用となり，美味である．母種サイヨウシャジン（上図参照）は花冠が壺形で先が広がらず小形なので区別でき，また分布域も異なる．〔日本名〕釣鐘ニンジンは花の形を釣鐘に，人参は白く太い根を朝鮮人参にたとえたもの．〔漢名〕沙参を慣用するが，真の沙参はトウシャジンである．

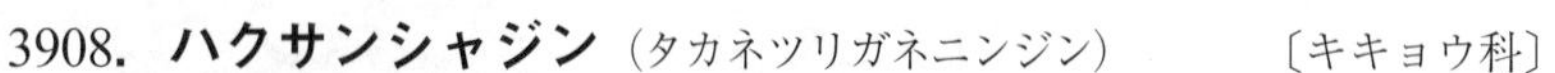

3908. ハクサンシャジン（タカネツリガネニンジン） 〔キキョウ科〕

Adenophora triphylla (Thunb.) A. DC. var. ***japonica*** (Regel) H.Hara f. ***violacea*** (H.Hara) T.Shimizu（*A. triphylla* var. *hakusanensis* Kitam.）

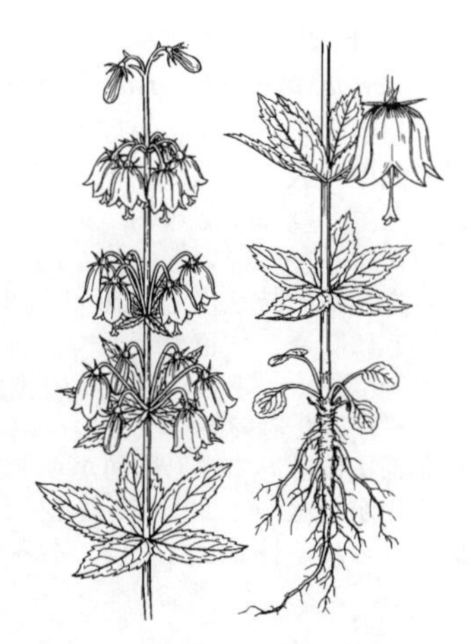

北海道および本州中部以北（主に日本海側）の亜高山帯に分布し，草原や砂礫地に生える多年草．根茎は肥厚し，茎は群がって立ち，高さは 30～80 cm，稜があり，無毛である．茎の各節に 4～6 枚ずつ葉を輪生し，節間は短くつまる．葉は倒卵状披針形，広楕円形，倒卵形など変化が多く，先は鋭形または鋭尖形，ふちには基部付近をのぞいて鋭いきょ歯があり，基部はくさび状に狭くなり，柄はない．長さ 4～10 cm，幅 1.5～3 cm．7～8 月頃，茎の上部の 2～4 節に淡紫色または紫色，ときに白色の花を 2～6 個ずつ輪生し，斜め下向きに開く．花柄が短く花は接近して固まって咲くので，ツリガネニンジンと区別できる．花冠は広鐘形，長さ 1.5～2.5 cm，浅く 5 裂し，先は広がる．苞葉は披針形でふちは外曲するきょ歯がある．がく裂片は線形，長さ 3～7 mm，全縁またはまばらにきょ歯がある．花柱と花冠はほぼ長さは等しく，または少し長く花冠の外へ突き出る．〔日本名〕白山沙参の意味で，石川県の白山で発見された．

3909. オトメシャジン 〔キキョウ科〕

Adenophora triphylla (Thunb.) A. DC. var. ***puellaris*** (Honda) H.Hara
（*A. puellaris* Honda）

四国（徳島県，愛媛県）に分布し，蛇紋岩の石が混じった草原に生える多年草．茎は直立し，高さは 25～40 cm，無毛，花時に根葉はない．茎葉は互生し，線形または狭線形，先端は小突起状で，ふちには微凸形のきょ歯がある．長さ 3～8 cm，幅 1～3 mm，両面無毛で少し質が厚くしわがあり，無柄または短柄がある．8～9 月頃，茎の先端に総状花序をなし，彎曲した細い花梗の先に青紫色の花をつける．苞は葉状で，狭線形，長さ 0.5～3.5 cm．花冠は広鐘形，長さ 1 cm，幅 8～10 mm，先は 5 裂し，花冠裂片は三角形で尖る．花柱は長さ約 16 mm，花冠の外へ突き出る．がく裂片は糸状で開出し，全縁で毛はなく，長さ 3 mm 内外．雄しべは 5 個で直立し，長さは約 7 mm．白花品をシロバナオトメシャジン f. *albiflora* M.Yamanaka という．愛媛県東赤石山が基準標本の産地．〔日本名〕乙女沙参の意味で，草姿から名付けられた．

3910. フクシマシャジン（ツルシャジン） 〔キキョウ科〕

Adenophora divaricata Franch. et Sav.

本州北中部，四国（徳島県）および朝鮮半島，中国東北部の山地の乾いた所に生える多年生草本で，茎は高さ 40～100 cm，ふつう立った毛がある．葉は 3～4 枚輪生することが多いが，ときに対生または互生になり，楕円形で先は尖り，基部は細まり柄はごく短く，ふちにきょ歯があり，長さ 5～10 cm，幅 2～4 cm．夏に茎頂にややまばらな円錐花序を出して，白紫色の花が下に向かって開く．花柄は比較的長く，がく片は 5 個あり，披針形全縁で長さ 4～6 cm，しばしば逆に反り返り，ツリガネニンジンの細い線形であるのと異なっている．花冠はやや先の開いた鐘形で長さ 1.5～2 cm，先は浅く 5 裂．内に 5 個の雄しべと 1 個の雌しべがあり，花柱は花冠の外に少しつき出し，柱頭は 3 裂する．〔日本名〕福島沙参は最初福島県産の標本で報告されたのによる．〔追記〕シマシャジン *A. tashiroi*（Makino et Nakai）Makino et Nakai は丈低く，葉はふつう互生，中部以下の葉は基部が細まり柄状，花序は少数花で総状，花柄はやや長く，花柱は花外に出ない．長崎県の平戸島と福江島，および韓国の済州島に分布する．

3911. ソバナ 〔キキョウ科〕

Adenophora remotiflora (Siebold et Zucc.) Miq.

本州，四国，九州および朝鮮半島，中国の山林中に生える多年草で，茎は高さ 90 cm 内外，ときに上方が分岐する．葉は互生，上葉を除いて明らかな葉柄があり，葉身は卵形または楕円状卵形で尖り，ふちには粗いきょ歯があって質は軟らかい．8 月頃，茎上部にまばらな円錐花序を作り，枝はよく伸び，紫色 5 裂の鐘状花を下垂する．花冠は長さ 2～3 cm，先は広がり，裂片は先が尖る．緑色のがく片は披針形，先は鋭く，全縁．花中に 5 個の雄しべと 1 個の雌しべがあり，花柱は花冠よりやや短く，上部がふくれて大きくなり，柱頭は 3 浅裂する．子房は下位．〔日本名〕蕎麦菜の意味で，昔本種を山菜として蒸してあつものや粥にして食べたが，その食べ方がソバに似ていることから生じたとされる．一説に岨菜で山地の斜面すなわち岨（そま）の地に限って生ずる山菜という意味でこの名が古くできたとする．〔漢名〕薺苨．

3912. ヒメシャジン 〔キキョウ科〕

Adenophora nikoensis Franch. et Sav. var. ***nikoensis***

本州中・北部の亜高山帯または高山帯下部に生える多年草で根は肥厚し，長く地中に入る．茎は無毛で直立，ふつう数本が群立し，高さ 15～60 cm．葉は互生，ほとんど無柄，葉身は披針形で先は鋭く尖り，基部はくさび形，ふちには不整の鋭いきょ歯がある．7～9 月に茎頂にただ 1 個花をつけることもあれば，枝を出し，10 花以上を円錐花序につけることもある．花冠は下向きに咲き，紫色で美しく，鐘形で 5 裂，長さ 1.5～2.5 cm．がく片は線形で先は鋭く，ふちには歯状の細かいきょ歯がある．雄しべ 5 個，雌しべ 1 個．花柱は花冠の外へややつき出し，子房は下位である．変化が非常に多く，葉が線状披針形で鎌形に曲がり，ふつう対生または輪生し，花はやや小さく，がく片が全縁のミョウギシャジン var. *petrophila* (H.Hara) H.Hara は関東の山地に見られる目立った変種である．〔日本名〕姫沙参の意味．

3913. ミヤマシャジン 〔キキョウ科〕

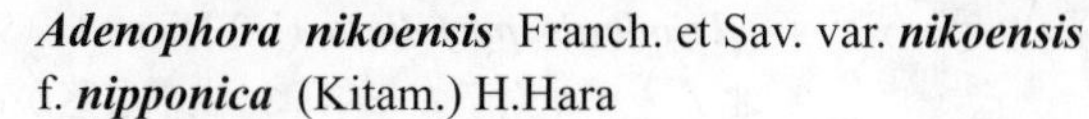

Adenophora nikoensis Franch. et Sav. var. ***nikoensis***
f. ***nipponica*** (Kitam.) H.Hara

近畿以北の高山帯に分布するヒメシャジンに似た多年草で，茎は高さ 20〜40 cm，全体に毛がなく，根は肥厚し，地中に深く直下している．茎は直立，葉は互生または 3〜4 枚輪生し無柄に近く，葉身は披針形または卵形，互いに平開し，下部のものは幅広く，先端は鋭く尖り，ふちには不整のきょ歯があり，基部はくさび形かやや円味がある．下面脈上にはまれに毛が散生する．8 月に茎上部に少数の鐘形花を総状につけ下向きに開く．がく片は広披針形で全縁，先端は円く，平開し，いくぶん膜質である．花冠は青紫色で長さ 3 cm 内外，先端で浅く 5 裂．雄しべ 5 個，基部は拡大し集合して中空となり，中央に花冠とほぼ同長の花柱があってその基部は杯状の花盤に囲まれている．〔日本名〕深山沙参の意である．〔追記〕本植物はヒメシャジンとはがく片の形以外に区別点はない．

3914. シライワシャジン 〔キキョウ科〕

Adenophora nikoensis Franch. et Sav. var. ***teramotoi*** (Hurus. ex T.Yamaz.) J.Okazaki et T.Shimizu（*A. teramotoi* Hurus. ex T.Yamaz.）

長野県長谷村白岩の石灰岩の岩隙や草地に生える多年草．根茎は太く，茎は斜上または下垂し，高さ 20〜60 cm，稜があり，紫色を帯びる．茎葉はやや密に互生し，狭披針形または披針形，両面は無毛，ふちには低いきょ歯と微細な突起状毛があり，先は尾状に長く尖り，基部はしだいに狭くなって短い柄になる．長さ 3.5〜12 cm，幅 3〜10 mm．8〜9 月頃，茎の頂に総状ときに円錐状の花序をつけ，淡紫色または紫色の花を開く．苞葉は披針形，まばらに腺歯がある．花冠は鐘形，長さ約 1.5 cm，浅く 5 裂し，裂片は開出する．がく裂片は披針形，先は鈍くまたはやや尖り，全縁または腺歯があり，微細な突起状毛がある．花柱は細毛があり，花冠より長く突き出る．ケシライワシャジン f. *hirsuta* Yonek., nom. nud. は葉の下面に毛があるものをいう．〔日本名〕白岩沙参の意味．〔追記〕ミョウギシャジンに近縁の種類で，葉は細長く，互生し，がく裂片のふちに毛がある点で区別される．

3915. モイワシャジン 〔キキョウ科〕

Adenophora pereskiifolia (Fisch. ex Roem. et Schult.) Fisch. ex Loudon

北海道，本州（青森県）および九州（熊本県）に分布し，山野の草地や岩場に生える多年草．根茎は肥大分枝し，茎は直立または斜上し，高さは 20〜80 cm，無毛である．茎葉は 3〜5 枚が輪生し，広披針形または卵形，先は鋭く尖り，基部はくさび状に狭くなり，茎の中部の葉がもっとも大きく，長さ 2〜8 cm，幅 1〜2.5 cm，両面は無毛または毛があり，ふちは鋭いきょ歯がある．7〜8 月頃，茎の頂に総状花序をつけ，淡紫色または紫色ときに白色の花を 4〜6 個開く．花冠は広鐘形，長さ約 2 cm，先端はしだいに広がる．がく裂片は披針形から線状披針形，全縁で長さ 3〜6 mm ある．花柱は花冠より長く外へ突き出る．〔日本名〕北海道札幌の藻岩山で発見されたことにちなむ．〔追記〕類似のシラトリシャジン *A. uryuensis* Miyabe et Tatew. は草丈が低く，茎葉は数個が互生し，がく裂片は広披針形から卵形，花冠は漏斗状で深く切れ込み，花柱は花冠より短く外へ突き出ない．北海道天塩山地の白鳥山に分布し，超塩基性岩地に生える．

3916. ヤチシャジン 〔キキョウ科〕

Adenophora palustris Kom.

本州（愛知県，岐阜県，中国地方）から朝鮮半島，中国東北部の湿地に生えるまれな多年草．茎は直立し，高さ 60〜100 cm，稜があり，無毛で紫色を帯びる．葉は多数が互生し，楕円形または長楕円形，先端や基部は尖り，柄はなく，長さ 3〜6 cm，幅 1.5〜2.5 cm，少し質が厚く，ふちはきょ歯があり，ときに下面の脈上に毛がある．下方の葉や上部の葉はしだいに小形となる．8〜10 月頃，総状の花序をなし，紫色または淡紫色の花をつける．花柄はごく短く長さは約 1.4 mm，小苞は広卵形または広披針形で花の直下につき，長さ 3〜7 mm，きょ歯があるかまたは全縁である．花冠は漏斗状鐘形，長さ 1〜2 cm，花柱は花冠から少し突き出る．がく裂片は直立し，広披針形，長さは 3〜4 mm で鈍頭，全縁またはきょ歯がある．〔日本名〕谷地（湿地）に生える沙参の意味．

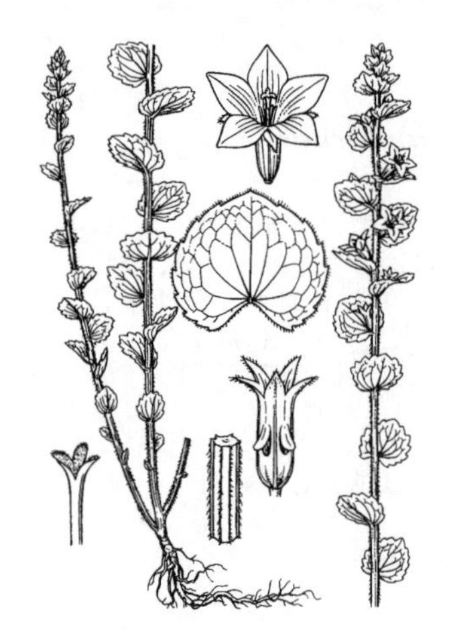

3917. キキョウソウ　〔キキョウ科〕

Triodanis perfoliata (L.) Nieuwl.（*Specularia perfoliata* (L.) A. DC.）

北アメリカ原産の一年草．繊細な茎がひょろひょろと伸び 60 cm に達することもある．葉は互生し，柄はなく，葉身は径 1 cm ほどの幅広の円形で，基部で茎を抱く．葉のふちには細かいきょ歯がある．初夏の頃には上部の葉腋に小さな盃状の青色の花を次々とつける．花にも柄はなく，花冠の直径は 1 cm 前後．浅い漏斗形の花冠は深く 5 裂している．中央に雌しべの花柱が 1 本，花冠の内側に 5 本の雄しべがある．花柱，雄しべとも花冠よりも短く，花外にとび出すことはない．これより早く茎の下部の葉腋にめだたない閉鎖花が生じ，この閉鎖花が結実する．果実は楕円体のさく果で側壁に開口し，細かな種子を大量に飛散させる．日本では都会地周辺の路傍や線路ぎわなどに帰化している．〔日本名〕青色で浅い漏斗形の花がキキョウを想わせるため．また葉腋に次々と花が咲き上がっていくことからダンダン（段々）ギキョウの名もある．

3918. シデシャジン　〔キキョウ科〕

Asyneuma japonicum (Miq.) Briq.

本州，九州，朝鮮半島，中国東北部，ウスリー，アムール地方の山地に生える多年草，全体に粗毛が散生する．茎は直立し高さ 50〜100 cm，縦に線があり，根茎は横にはう．葉は互生，上部の葉は小形で無柄だが，下部の葉は短い柄があり，長卵形で両端が尖り，長さ 5〜12 cm，幅 2.5〜4 cm，ふちには不整のきょ歯がある．夏から秋にかけて茎上部で分枝し，総状花序を作って紫色花を開く．花冠は基部から 5 深裂し，裂片は線形で長さ約 1 cm，反曲し，離弁状に見える．雌しべの花柱は長くつき出し，柱頭は 3 裂，雄しべは 5 個，葯は線形で花糸と同長，花糸は基部が太まりふちには毛がある．子房は下位．さく果は平たい卵形体で径 5〜6 mm，著しい縦脈があり，線形の宿存がく片を伴う．〔日本名〕四手沙参の意で，細裂する花冠裂片を神前につける紙の四手に見立てての名である．

3919. アゼムシロ（ミゾカクシ）　〔キキョウ科〕

Lobelia chinensis Lour.（*L. radicans* Thunb.）

北海道以南の東アジア，インド，マレーシアに広く分布し，田のあぜや湿地に多い多年草．茎は細く，地面に沿って長くのび，20 cm 内外に達し，節から根を出し，所々斜上する．全体に毛はない．葉は互生し，左右 2 列にまばらに並び，披針形または狭楕円形で長さ 1〜2 cm，幅 2〜4 mm，鈍いきょ歯があり，柄はほとんど無い．夏から秋にかけて，腋生の長い花柄（花後に下垂する）の先端に花を 1 個つける．花冠は 5 裂し，白色で紅紫色を帯びるもの，純白のものなどがあり，長さ 1 cm あまり，裂片は一方にかたより左右相称花となる．葯は合体して花柱を囲み，柱頭は 2 浅裂する．子房は下位で上方に 5 がく片がある．さく果は上端で裂開，長さ 5〜7 mm，種子は広卵形体ですべすべしており赤褐色，長さ約 1 / 3 mm．〔日本名〕あぜに広がるので畔筵，溝辺にはびこるので溝隠の意味である．〔漢名〕半邊蓮．

3920. マルバハタケムシロ　〔キキョウ科〕

Lobelia loochooensis Koidz.

琉球列島に分布する小型の多年草で，全体無毛．久米島および奄美大島で見られる．海岸に面する水が染み出る裸地などに生える．茎は細く地面を這って分枝し，立ち上がらず，途中で根をおろして広がる．葉は密に互生し，ほぼ無柄で長さ 10 mm 以下，やや肉質で光沢があり，円形から卵形，縁に荒く低い凹凸がある，花は葉腋に単生し，有柄．萼片は狭い三角形，花冠は白色〜薄紫色で長さ 8 mm 程度，やや 2 唇状に 5 裂し，裂片は楕円状披針形で鋭頭〜鈍頭．雄蕊の葯は合着し紫褐色で，上側の 2 個の先端にそれぞれ刺状の突起がある．雌蕊の柱頭は雄蕊群を突き抜けて外に出た後，開いて感受性となる．花後に花柄は倒れ，先端に長さ 3 mm ほどの広楕円形で扁平な果実をつけるが，裂開するかどうか明白ではない．種子は扁平な卵形，淡褐色で網目状の模様に覆われる．マルバハタケムシロはアゼムシロに近縁で，種子の表面に網目状の模様を持つことが特徴のひとつである．この仲間はオーストラリアまで，太平洋諸島に広く分布しているが，台湾以南に産するサクラダソウ *L. angulata* G. Forst. のように液果をつけるものもある．

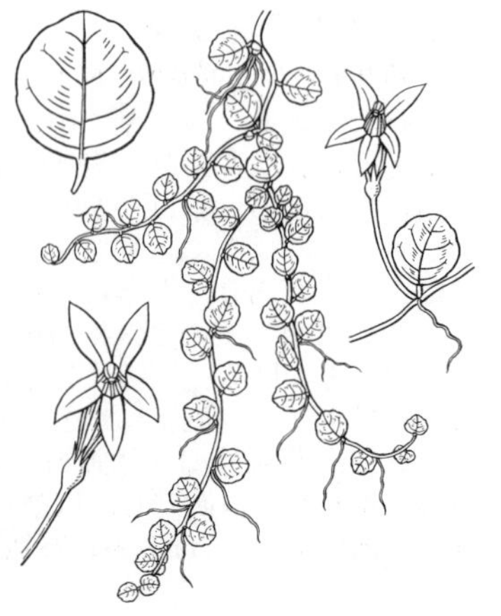

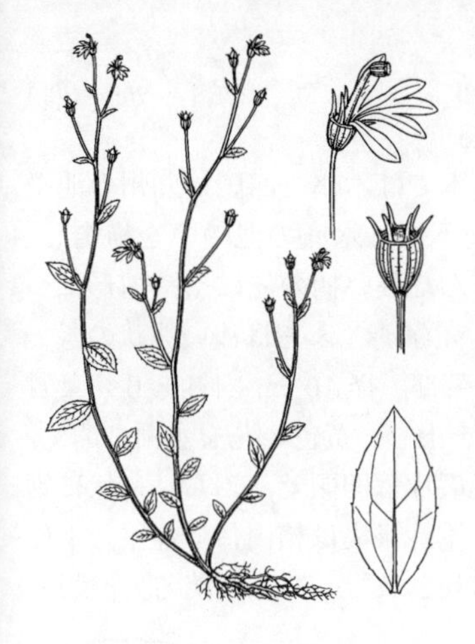

3921. タチミゾカクシ 〔キキョウ科〕

Lobelia dopatrioides Kurz var. ***cantonensis*** (Danguy) W.J.de Wilde et Duyfjes（*L. hancei* H.Hara）

九州，琉球，台湾，中国南部，インドシナ，インドからマレーシアの湿地や水田に生える一年草．茎は軟らかく，無毛で直立し，高さは 5～25 cm，単純かときに少し分枝する．葉は互生し，下部の葉は卵形または広卵形，中部の葉は卵状披針形または卵形，長さ 4～25 mm，幅 2～8 mm，全縁または不明の微凸きょ歯が少数あり，先は尖り，基部は狭くなって葉柄はない．上部の葉は小さく，広披針形または線形でときに紫色を帯びる．8～10 月頃，茎の上部にやや総状に 1～10 個の淡紫色または白色の花を開く．花柄は長く，果期に長さ約 2 cm ほどになる．苞は小さく葉状，長さ 4～15 mm．がく筒は倒円錐形，長さ約 1.5 mm で毛はなく，裂片は線状披針形，全縁で長さ約 2 mm，ときに紫色を帯びる．花冠は長さ 5～8 mm，5 裂し裂片の先は尖る．葯は長さ 1 mm，先端に白い剛毛がある．果実は球状の倒卵形，長さ 3 mm ほど，種子は楕円体，淡褐色で平滑，三稜形，長さは約 0.4 mm ある．〔日本名〕溝に生えるミゾカクシ（溝隠）の類似種で茎は直立するからいう．

3922. サワギキョウ 〔キキョウ科〕

Lobelia sessilifolia Lamb.

樺太，千島南部から九州および東アジアの温帯の湿地に群生する多年草で，花を除いて全体に毛がない．根茎は太く短く横にはい，地上茎は分枝せず，直立し高さ約 90 cm，中空で円柱形．葉は無柄，密に互生し，披針形で先が鋭く，ふちに細かいきょ歯があり，長さ 4～7 cm，幅 5～15 mm，上方に移るにつれて小形となり，そのまま苞葉になる．夏から秋にかけて茎上部に総状花序を作り，短柄のある花を開き，花柄の基部に苞葉がある．がくは鐘形，5 裂の花冠は鮮やかな紫色で長さ約 3 cm，唇形となり，上唇 2 裂，下唇は 3 裂，ふちに長軟毛がまばらに生えている．雄しべの葯と花糸は合体し，花柱がこれを貫き，子房は下位である．さく果は長さ約 1 cm．〔漢名〕山梗菜．〔追記〕花壇のふち植や小鉢に栽培して親しまれるロベリア（日本名ルリチョウチョウ）*L. erinus* L. は可憐な一年生の小草だが，同属には樹木もあり，低木状のオオハマギキョウ（下図参照）が小笠原に産する．

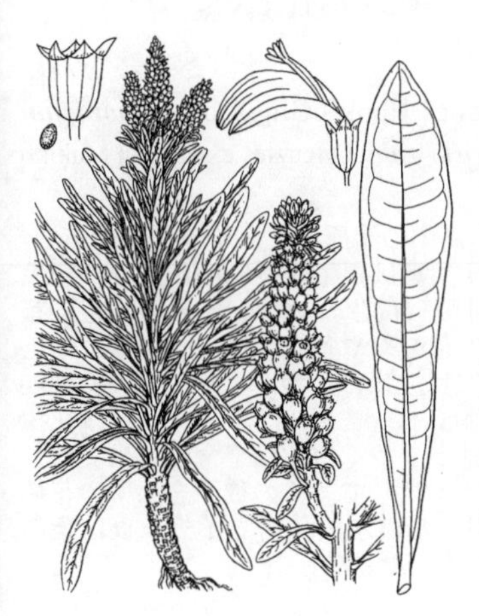

3923. オオハマギキョウ 〔キキョウ科〕

Lobelia boninensis Koidz.

小笠原（聟島，父島，母島など）の海岸や山地の斜面に生える常緑の小低木状草本．花後に全株が枯れる．発芽後 5～6 年間は開花せず，根生葉はロゼット状ですごす．茎は高さ 1.2～3 m，中空で葉の落下した跡が鱗状に連なる．葉は幹の先の方に輪生状に集まって，四方へ広がり，倒披針形，長さ 15～20 cm，幅 15～18 mm，先は鈍く尖り，基部はしだいに狭くなり，柄はない．葉質は厚くふちは滑らかで，上面は鮮緑色で光沢があり，葉脈は下面へ突出し，ふちは下面へ巻き込む．6～7 月頃，茎の先端に総状花序を形成し，長さは 40～50 cm になり，多数の淡緑白色の花を下方から順に開く．苞は披針形で長さ 7～8 mm．花序の軸，苞，がくなどには短毛と腺毛を密生する．がくは鐘形で長さ 7～8 mm，裂片は 5 個で卵形，長さ 2～2.5 mm，花冠は唇形，上唇は深く 2 裂し，裂片は線状披針形，下唇は中ほどまで 3 裂し，雄しべは 5 本が筒状をなして花柱を包み，基部に毛がある．さく果は卵形体で 10 稜があり，長さ 13～15 mm，幅 7～8 mm，乾燥すると胞背裂開し，多数の種子を散らす．種子は赤褐色，楕円体，長さ 0.8～1 mm，表面にしわ状の模様と光沢がある．〔日本名〕海岸に生える大形の桔梗の意味，小笠原では千枚葉という．

3924. ミツガシワ 〔ミツガシワ科〕

Menyanthes trifoliata L.

北半球の亜寒帯，寒帯に広く分布し，日本では北海道，本州，九州の山地の沼や沢などの湿地に生える多年生の水草である．地下茎は肥厚して横走し，緑色．葉は根生し長い柄があり，柄の基部は鞘状となる．葉は 3 個の小葉からなり，小葉はきょ歯があり，卵状楕円形または菱形状楕円形，葉質はやや厚く無柄である．夏，根生葉の間から高さ約 30 cm の花茎を出し，頂に 6～9 cm の総状花序を直立して白色の花を開き，花は往々淡紫色を帯びる．がくは深く 5 裂し緑色．花冠は 5 裂し，裂片の内面には白毛を密生し，筒部は短い．雄しべは 5 本，雌しべは 1 本あり，株によって長雄ずい短花柱の花，また短雄ずい長花柱の花をつけるものとがある．果実はさく果で球形，種子も球形である．〔日本名〕三ツ槲の意味で水槲ではない．〔漢名〕睡菜．

3925. アサザ 〔ミツガシワ科〕

Nymphoides peltata (S.G.Gmel.) Kuntze

北半球の温帯，暖帯に広く分布し，日本では本州，四国，九州の池や沼などに生える多年生の水草である．地下茎は水底の泥の中を横走し，茎は太い線状で長い．葉は基部のふくらんだ長い柄の先にやや楯形につき，水面に浮かび，広楕円形で基部は深い心臓形，ふちは浅い波状のきょ歯があり，上面は緑色，下面は褐紫色を帯び，径 10 cm 内外あり，葉質は厚い．夏，対生する葉腋に数本の花茎を出し，黄色い花を水面に開く．がくは深く 5 裂し緑色．花冠は 5 裂し，裂片は凹頭で，ふちは糸状に細かく裂ける．雄しべは 5 本，雌しべは 1 本．果実は楕円体で扁平，下に宿存がくをつけている．種子のまわりには長い毛がある．〔漢名〕荇菜．

3926. ガガブタ 〔ミツガシワ科〕

Nymphoides indica (L.) Kuntze

東南アジア，オーストラリア，アフリカなどの熱帯から暖帯に広く分布し，日本では本州，四国，九州の池や沼に生える多年生の水草である．茎は細長く，水底の泥の中にひげ状の根を下ろしている．葉は長さ 1～2 cm の基部が耳状にふくらんだ柄をもち水面に浮かび，円状心臓形で径 7～20 cm．夏，葉柄の上部，葉身の基部近くに多数の花を束生し，長い柄の先に白色の花を開く，花冠は径約 1.5 cm ぐらいでアサザよりも小さい．がくは深く 5 裂し緑色．花冠も深く 5 裂し，中心部は黄色で裂片のふちは糸状に細く裂ける．雄しべは 5 本，雌しべは 1 本．たまに果実が成熟する．果実は卵形体で下に宿存がくをつける．種子は広楕円体で無毛．〔漢名〕慣例として金銀蓮花を用いている．

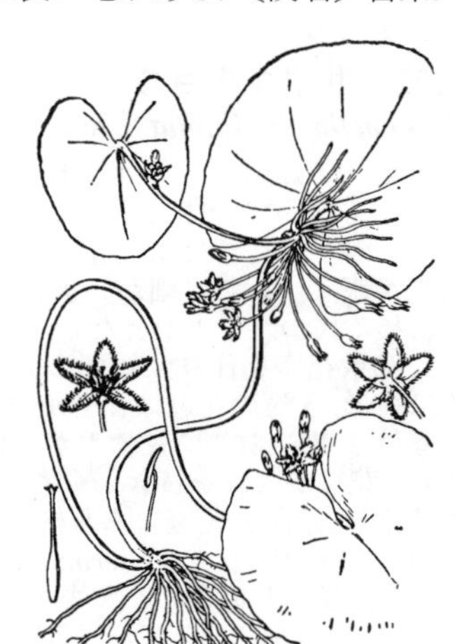

3927. イワイチョウ（ミズイチョウ） 〔ミツガシワ科〕

Nephrophyllidium crista-galli (Menzies ex Hook.) Gilg subsp. ***japonicum*** (Franch.) Yonek. et H.Ohashi（*Fauria crista-galli* (Menzies ex Hook.) Makino subsp. *japonica* (Franch.) J.M.Gillett）

本州中北部，北海道に分布し，亜高山から高山の湿原に生える多年草である．地下茎は肥厚して横たわり，ひげ根を下ろす．葉は根生し長い柄があり，腎臓形で先は凹み，ふちに鈍きょ歯がある．8 月頃，長さ約 20 cm 内外の緑色の花茎を出し，頂に集散状に枝を分かち，白色の花をやや多くつける．がくは緑色で深く 5 裂し，花冠も深く 5 裂して，ふちには波状のしわがより，中央には縦に走るひだがある．長短花柱性で，雄しべは 5 本，雌しべは 1 本．子房は花托が増大して空洞となるために，半下位状に見え，多くの胚珠を含む．果実はさく果となり宿存がくをつけ，細長く，熟すと 4 裂して多くの種子を出す．花托は倒円錐状で条がある．〔日本名〕岩公孫樹または水公孫樹でイチョウは葉の形をさし，岩や水はその生える場所を表したものである．

3928. クサトベラ 〔クサトベラ科〕

Scaevola taccada (Gaertn.) Roxb.（*S. sericea* Vahl）

旧大陸の熱帯，亜熱帯地方に広く分布し，海岸に群落をつくる常緑低木．大きなものは高さ 3 m にも達するが，通常は 1～2 m でよく分枝し，海岸の崖下などにマングローブ様の高密度の群落をつくる．枝は灰色で折れやすく，互生する葉は枝先に集中してつく．葉はほとんど無柄，卵状楕円形で長さ 10～20 cm．全縁で葉の先端は円く，ときにやや凹む．上面は光沢が著しく質は軟らかい．葉脈は中肋を除き両面とも不明瞭，下面は淡緑色である．春から夏に上部の葉腋に特徴ある白花を群生する．花は左右対称形で平開し，深く 5 裂した花冠が扇形になる．花冠の外面は黄緑色を帯び，白い絹状の毛が密生する．花冠の下半部は長さ約 1 cm の花筒をつくり，やはり密毛がある．果実は径 1 cm 弱の球形で核果．果皮の外面は白色で，その内側にパルプ質の内果皮があり，果実全体が海面に浮いて漂着散布する．〔日本名〕草トベラは葉がトベラの木に似て全体が草質であるため名付けられたと思われるが，この植物はれっきとした木本で草ではない．

3929. ノ ブ キ 〔キク科〕

Adenocaulon himalaicum Edgew.

(*A. bicolor* Hook. var. *adhaerescens* (Maxim.) Makino)

いわゆる日華植物区系および台湾に分布し，山地の木陰や谷間のやや湿気の多いところに生える多年草．地下茎は短く横にはい，ひげ根を多数出し，ふつう 1 株に 1 茎を出して高さ 50 cm 以上にもなる．下部の葉は束生し，ややフキに似るが小形で，長い葉柄には狭い翼があり，葉身は三角状腎臓形，ふちは歯状あるいは浅く裂け，葉上面は緑色だが，下面には綿毛が密にあって白色となる．質はうすく柔らかい．上部の葉は小さく互生する．夏から秋にかけて，茎上部で分枝し，白色の小頭花を多数つける．外側の小花は雌性で結実し，内部の小花は雄性で結実しない．痩果は緑色の棍棒状で放射状に並び，暗紫色の粘腺点を密生し，これで他物に付着する．〔日本名〕野のフキの意．〔漢名〕和尚菜は誤り．

3930. センボンヤリ（ムラサキタンポポ） 〔キク科〕

Leibnitzia anandria (L.) Turcz.

東アジアの暖温帯，日本では北海道から九州の山や丘の日当たりのよい草原や林縁に生える多年草で，根茎は短く，葉は根生してロゼット状となる．春の葉は小さく，卵状心臓形，ふちはやや欠刻があるが羽裂はしない．下面には特に白いクモ毛が多い．夏から秋には大形で長い倒披針状長楕円形の葉が出て，ふちは羽状に中裂，頂裂片は大きく，側裂片は互にやや離れて一見ガーベラによく似ている．花にも 2 型があって，春のものは花茎が高さ 5〜15 cm で先に 1.5 cm 内外の頭花をつけ，頭花の周辺には少数の舌状花がある．舌状花は白色で下面は淡紫色，先端には 3 歯があり，別に基部に小さい 2 裂片がある．夏から秋にかけては花茎が 30〜60 cm にも伸び，先端に筒状花ばかりが集まる閉鎖花がつく．閉鎖花の総苞は長さ約 15 mm, 痩果は皆結実し，冠毛は 1 cm ぐらいで茶褐色である．〔日本名〕千本槍で秋に林立する多数の閉鎖花の花茎を槍にたとえたもの．紫タンポポは春の花色に基づく．

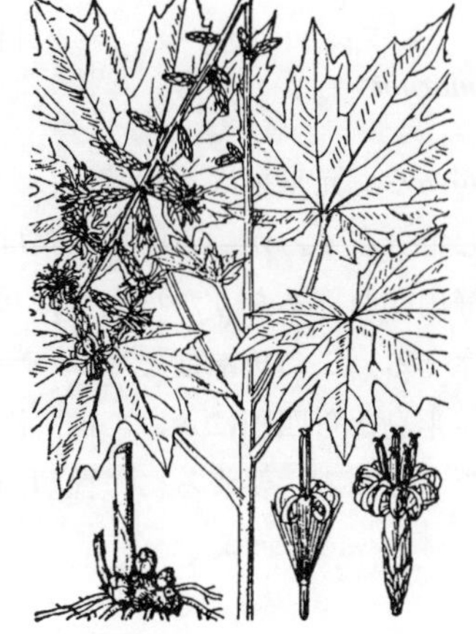

3931. モミジハグマ 〔キク科〕

Ainsliaea acerifolia Sch.Bip. var. ***acerifolia***

本州（関東以西の太平洋側），四国，九州のやや深山の木陰に生える多年草で，茎は単一で直立し高さ 30〜80 cm になり，長毛がまばらに生え，茎の中途に長い柄のある数枚の葉が輪生状につく．葉身はやや薄く，ふつう 7 中裂して掌状になり，裂片はしばしば浅く 3 裂し，ふちに小さな歯状の切れこみがあり，先は鋭く尖る．葉の両面には軟毛がまばらに生える．夏に葉の集まりの中心から花茎を伸ばし，多数の白色の頭花を偏側生し穂状につける．頭花には 3 個の筒状小花があり，花冠は 5 裂して反曲，総苞は細長く，長さ 1〜1.5 cm，いくらか紅色を帯び，総苞片は先端が鈍く，痩果は長さ約 9 mm，冠毛は長さ 10〜11 mm で紫を帯びる褐色である．葉の切れこみが浅い点でオクモミジハグマ（次図参照）と区別され，分布域もまた異なる．〔日本名〕モミジに似た葉を持つハグマの類の意味．

3932. オクモミジハグマ 〔キク科〕

Ainsliaea acerifolia Sch.Bip. var. ***subapoda*** Nakai

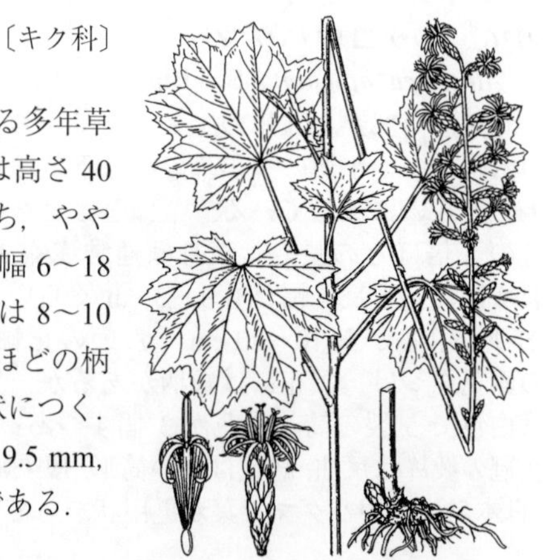

本州（中西部では日本海側），対馬，朝鮮半島，中国に分布する多年草で，山地の林下に生える．地下茎があり，地中をはう．地上茎は高さ 40〜80 cm になる．葉は茎の中部に 4〜7 個があり，長い柄をもち，やや輪状につく．葉身は腎心形または円心形で，長さ 6〜12 cm，幅 6〜18 cm になり，ふちは掌状に浅く裂け，両面に軟毛が散生する．花は 8〜10 月に咲く．頭花は穂状につき，開花時は横を向き，長さ 2 mm ほどの柄をもち，小さな苞がある．総苞は狭い筒状で，総苞片は瓦重ね状につく．小花は 3 個で，花冠は白色で，4 または 5 裂する．痩果は長さ 9.5 mm，幅 2 mm ほどで，毛がなく，冠毛は長さ 11 mm で，毛は羽毛状である．

3933. エンシュウハグマ（ランコウハグマ）〔キク科〕

Ainsliaea dissecta Franch. et Sav.

静岡県，愛知県の山林内に生える多年草で，根茎は細く横にはい節がある．茎は高さ 30 cm ぐらいになり，直立して分枝しない．葉は茎のやや下部に多数集まって輪生状につき，長い柄があり，葉身は長さ 2.5〜6.5 cm，両面にやや細毛があり，鮮緑色，掌状に 3 深〜全裂して，裂片はさらに分裂する．夏ままたは秋，花茎上に少数の白色筒状花からなる細長い頭花を穂状に近い総状につける．頭花の柄は長さ 3〜4 mm，微細な苞葉が多数あり，総苞は長さ約 1 cm，総苞片は先端が鋭く，外片は卵形，内片は線形で幅 1 mm，痩果は無毛で羽毛状の冠毛がある．5 裂し，裂片が反曲する筒状花は 1 頭花に 3 個ある．〔日本名〕遠州（静岡県の西部）に多いので遠州羽熊の名がある．

3934. テイショウソウ〔キク科〕

Ainsliaea cordifolia Franch. et Sav. var. ***cordifolia***

本州（千葉県以西から近畿南部まで），四国（徳島県）の太平洋寄りの暖帯林の下に生える多年草，根茎は直立または斜めになり，少数のひも状の根が出る．茎は褐紫色，はじめ淡褐色の綿毛におおわれているが，後にはほとんど脱落し，高さ 4〜8 cm ぐらい，頂に輪生状に集まる 4〜7 葉がある．葉は長い葉柄があって平開し，葉身は長楕円状披針形から卵形または卵状楕円形などの変化があり，長さ 5〜12 cm ぐらい，先は鋭く，基部は矢じり状の心臓形，ふちにやや波状のきょ歯があり，上面は緑色，しばしば白または紫の斑入りとなる．秋に葉の中心から花軸が直立し，長さ 20〜30 cm ほど，上部に偏側性の穂状花序状に頭花をつける．総苞片は鱗状に重なり，内片ほど長く，紫色を帯びる．頭花はふつう筒状の 5 小花が集まり，花冠は白色で 5 裂し，裂片は線形で平開し，しばしば旋回する．冠毛は淡褐色である．〔日本名〕意味はよくわからない．

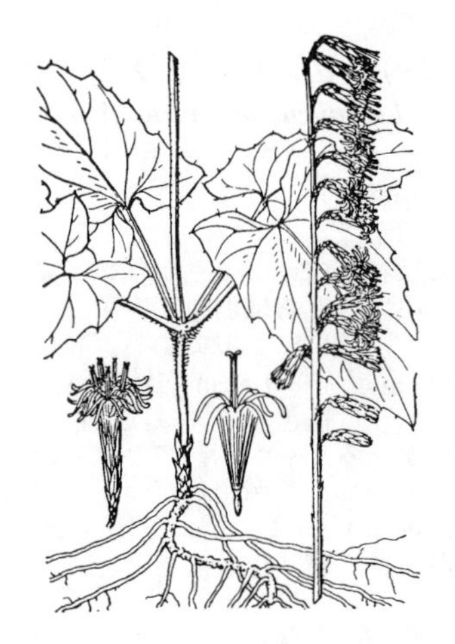

3935. ヒロハテイショウソウ〔キク科〕

Ainsliaea cordifolia Franch. et Sav. var. ***maruoi*** (Makino) Makino ex Kitam.

テイショウソウは葉型にかなりの変化がある．元来東は千葉県から太平洋斜面を四国中央部にまで低山を主にして分布するが，基準型の葉は長楕円形で低いが明瞭なきょ歯がある．静岡県西部あたりから東ではしばしば広卵形になって欠刻の著しい株が生える．この極端型をヒロハテイショウソウと呼んだ．これに対して紀伊半島から四国にかけては，円形に近くなり，ふちがほとんど全縁に近い型になる．要するに一種類内の地理的変異であろう．

3936. キッコウハグマ〔キク科〕

Ainsliaea apiculata Sch.Bip.

北海道南部から九州の屋久島まで，および朝鮮半島南部に分布，山地の木陰に多い小形の多年草で，地下茎は細長くはい，葉は茎の下部で互生し，互いに接している．葉は茎とともに目立った毛があり，葉柄は葉身の 2 倍ほどの長さ，葉身は通常浅く 3〜9 裂し，三角状円形となり，裂片は鈍く，長さ幅とも 1〜3 cm ぐらいだが変異が大きい．秋に葉の集まりの中心から 10〜20 cm ぐらいの花軸が伸び，10 個内外または多数の頭花をつけ，頭花には短柄があるが一見穂状花序状になる．各頭花には白色で 5 裂の筒状小花が 3 個ずつあって，一輪の花のように見える．花冠の裂片は反曲，総苞は狭い筒形，痩果には茶褐色羽毛状の冠毛がある．〔日本名〕亀甲ハグマで葉が亀甲状をしているハグマの意である．

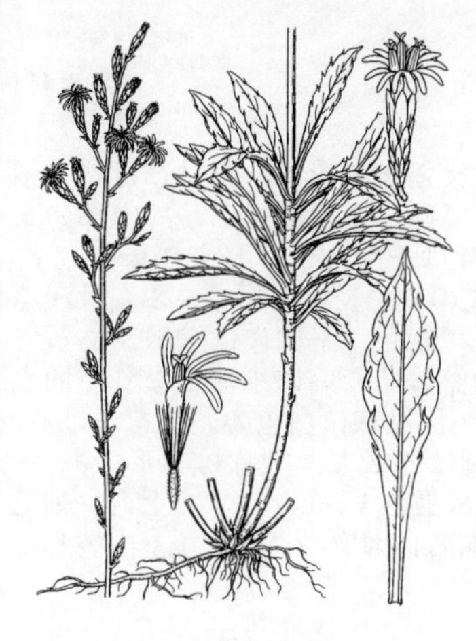

3937. ホソバハグマ 〔キク科〕

Ainsliaea linearis Makino（*A. faurieana* Beauverd）

屋久島に固有な多年草で，渓流沿いの湿った岩上に生える．短い根茎があり，そこから暗紫色を帯び，高さ 15〜40 cm になる地上茎を出す．葉は茎の中央部に多数集まってつき，線形で，先は鈍形で凸端に終わり，全縁あるいはまばらに波状のきょ歯があり，長さ 4〜8 cm，幅 4.5〜7 mm で，基部はしだいに細くなって翼のある柄となる．花は 7〜11 月に咲く．花序は総状または複総状で，卵形で先が鋭形の小さな苞がある．頭花は 3 個の小花からなり，長さ 3〜15 mm の柄をもつ．総苞は長さ 7〜9 mm，総苞片は瓦重ね状に並び，外片は卵形で先は鈍形，内片は線形で鈍頭，幅は 0.5 mm ほどである．痩果は長さ 3〜4 mm で，粗毛を密生する．冠毛は褐色を帯びる．キッコウハグマとの間に雑種を生じ，アイノコハグマ *A.* × *hybrida* Sugim. という．

3938. マルバテイショウソウ 〔キク科〕

Ainsliaea fragrans Champ.

九州（中部以南），台湾および中国中南部の林下に生える多年草．地面のすぐ上に 2〜5 葉を密に根生する．葉は越年生，葉身は 3〜10 cm の卵状長楕円形，先は円く基部は深い心臓形，若い時は葉柄とともに汚白黄色の長い軟毛が密に生えているが，伸びると上面はふちに褐色のくま取りを残して淡緑色の光沢に富むようになる．下面は淡緑色で伏毛が著しい．盛夏に葉の集まりの中心から花茎を伸ばし，高さ 40 cm くらいに達して，総状に頭花をつける．頭花は開花時には側〜下向し総苞はやせて長さ 7 mm 内外，小花は頭花あたり 3 個で白色．痩果には毛があって，冠毛は淡褐色，長さ 8 mm ばかり，絹状の光沢がある．（図は乾燥標本によったため，頭花の向きが不正確である．）

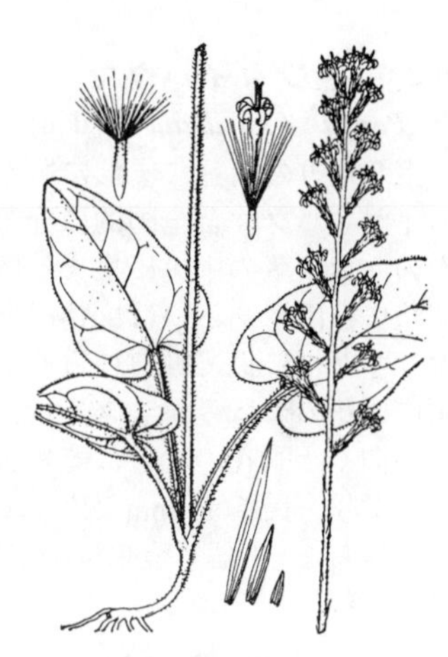

3939. クサヤツデ（ヨシノソウ，カンボクソウ） 〔キク科〕

Ainsliaea uniflora Sch.Bip.（*Diaspananthus uniflorus* (Sch.Bip.) Kitam.）

本州（神奈川県から近畿地方にかけての太平洋側），四国および九州の川岸や山中の林内に生える多年草．根茎は横にはい，古い茎の基部が並ぶ．茎はごく短く直立し，頂に長い柄のある掌状の葉を多数束生する．葉は径 5〜7 cm，外形は円形，基部は心臓形で，掌状に中裂し，裂片は 5〜7 個，先はさらに浅裂してふちには低いきょ歯がある．上面は平たく緑色，しばしば紫色を帯び光沢はない．秋に葉の間から高さ 40 cm 内外の花軸をまっすぐ出し，分枝して円錐花序状に頭花がつき，各枝は紫色を帯び細くてまっすぐ，頭花は下を向き 1 個しか小花がない．総苞は細長で長さ約 11 mm，幅約 2 mm，5 裂する花冠は暗紫色，裂片は狭くて反曲する．痩果は楕円体で粗毛が密生し，熟すると総苞の外に反り出る．〔日本名〕草八手で，葉がヤツデに似た草であるからであり，吉野草は大和（奈良県）吉野山に多いから，また肝木草は本種の葉がカンボク（レンプクソウ科）に似ていることに基づいている．

3940. クルマバハグマ 〔キク科〕

Pertya rigidula (Miq.) Makino

近畿地方以北の本州（主に日本海側）の山地の木陰に生える多年草で，根茎は長くはって節があり，茎は直立し，高さ 30〜60 cm になり硬い．葉は茎の中ほどに輪生状となって 7〜8 枚つき，硬く，倒卵状長楕円形でふちにきょ歯があり，先端は鋭く，基部はくさび形で柄はなく，長さ 10〜30 cm，幅 4〜12 cm である．夏から秋にかけて葉の間から花軸を伸ばし，集散状に白い頭花がつき，各頭花は 7〜9 個の筒状小花がある．総苞は長さ 2 cm，幅 1 cm ぐらい，総苞片の先は円形である．小花の花冠は反曲する 5 裂片があり，雌しべと雄しべは花の外に突き出る．痩果は長さ約 7 mm で粗毛があり，冠毛はざらつき，羽毛状にはならない．花床は無毛である．〔日本名〕車輪状に葉の集まったハグマの意味．〔漢名〕鬼督郵をあてるのは誤りで，中国に本種はない．

3941. オヤリハグマ 〔キク科〕

Pertya trilobata (Makino) Makino

関東北部と東北地方の山地の林内に生える多年草で，根はひげ状で多数，茎は直立し，高さ 30～60 cm，細くて硬い．葉は互生し，中部の葉は密につき，大形で長い柄があり，葉身はやや硬く，長さ 10～13 cm，幅 7～13 cm で上部が 3 中裂し，裂片は先の鋭い長楕円形で，ふちは浅くまばらな欠刻歯があり，上面はやや無毛で緑色，下面には網脈があって脈上とふちに縮れた短毛がある．上部の葉はしだいに小形となり，柄もなくなる．8～10 月頃茎の上部で分枝し，円錐状に白色の頭花をつける．頭花はただ 1 個の筒状花からなり，花冠は 5 裂し，裂片は線形である．総苞は狭い筒形で長さ 14～17 mm，痩果は長さ 1 cm たらずで上方に細毛があり，上端に多数の冠毛がある．〔日本名〕御槍ハグマで，3 中裂して裂片が先端を向いた葉を，槍先に見立てたもの．

3942. センダイハグマ 〔キク科〕

Pertya* ×*koribana (Nakai) Makino et Nemoto

東北地方の南部にまれにある多年草で，高さ 50 cm 内外，同地方特産のオヤリハグマと全国的に分布するカシワバハグマとが交雑してできたもの．葉は茎の中央に集まる傾向があり，形は両親種の中間を示し，倒卵状広楕円形あるいは広楕円形，基部はしばしば柄に流れる．葉質はオヤリハグマに似て膜質に近く下面は光沢があるものが多い．盛夏に茎の頂に頭花のつぼみがつき，秋に入って分枝が開出して円錐状となり，頭花が開く．頭花の総苞は乾膜質で内側に向けて次第に大きくなる総苞片からなり，長さ 17 mm 内外の細長い楕円体，小花は 5 深裂した白色の花冠を持ち 1～3 個，痩果は毛があり冠毛は白い．〔日本名〕発見地の仙台にちなむ．

3943. カシワバハグマ 〔キク科〕

Pertya robusta (Maxim.) Makino

本州，四国，九州の山地の林内に生える多年草で，根茎は横にはい，茎は直立し高さ 30～60 cm，硬くて細く，分枝しない．葉はやや茎の中部に集まって互生し，10 cm 以上にもなる長い葉柄があり，葉身は広卵形で先は鋭く基部は円状のくさび形，ふちにまばらな欠刻状のきょ歯があってカシワの葉のようである．両面には細毛があり，ふちにも毛がある．夏から秋の間，茎の上部で数個の白色の頭花が穂状につく．総苞は短い円柱形で長さ 17～27 mm，総苞片は紫色を帯びて美しく，革質で鱗状に重なり，先端は円形である．花床には剛毛があり，痩果は長さ約 1 cm，冠毛は純白で美しく，長さ約 14 mm．カシワバハグマの仲間は種数が少ないが，上記センダイハグマをはじめいろいろな組み合わせの種間雑種が野外で知られている．

3944. カコマハグマ 〔キク科〕

Pertya* ×*hybrida Makino

武蔵野および周辺の丘陵地にまれに生える多年草で，高さ 50 cm 内外，茎はやや硬い草質で軟毛が生えており，直立し年々枯死する．葉は広楕円形，長さ 6 cm 内外のものがやや多数茎上に等間隔に出て，中部辺ではその腋に貧弱な枝が出る．葉の上面は暗黄緑色，やや 3 行脈状，ふちにまばらな歯状のきょ歯があり，下面は青白く光沢がある．秋に茎の上部の小形化した各葉の葉腋に長さ 2 cm ばかりの頭花をつける．総苞は太く楕円体，乾膜質の総苞片が重なり，紫に着色，小花は多数で桃色．〔日本名〕カシワバハグマとコウヤボウキとの間（マ）という意味で，武州大箕谷（今の東京都杉並区）の大宮八幡宮で牧野富太郎がはじめて発見した．両種間にしばしばできる一代雑種である．

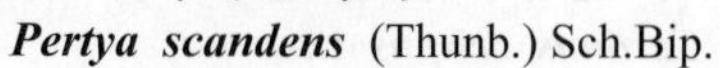

3945. コウヤボウキ 〔キク科〕

Pertya scandens (Thunb.) Sch.Bip.

宮城県以南の本州，四国，九州および中国中部に分布し，山地や丘陵のやや日当たりのある乾いた疎林の下などに多い草本状の落葉小低木．高さは 60～90 cm ぐらい，幹枝は細く，葉と同じく短毛があり，よく分枝する．一年枝は卵形で，ふちにはまばらな歯状の低きょ歯がある葉を互生し，二年枝はやや細長な小葉を節ごとに 3～5 枝ぐらいずつ束生し，いずれも 3 脈が目立ち圧毛があり，後者は秋になると枯れる．秋に一年枝の枝先ごとに白色の頭花を頂生する．総苞は長さ 13～14 mm，総苞片は鱗状に重なり，花冠は長筒状で 5 深裂，長さ約 15 mm で，1 頭花に 13 個内外が集まる．瘦果は長さ 5.5 mm ぐらいで密に毛があり，先端には赤褐色で剛毛状の冠毛があって風で飛散する．〔日本名〕高野山でこの幹枝でほうきを作るのでこの名がある．古名タマボウキ．

3946. ナガバノコウヤボウキ 〔キク科〕

Pertya glabrescens Sch.Bip. ex Nakai

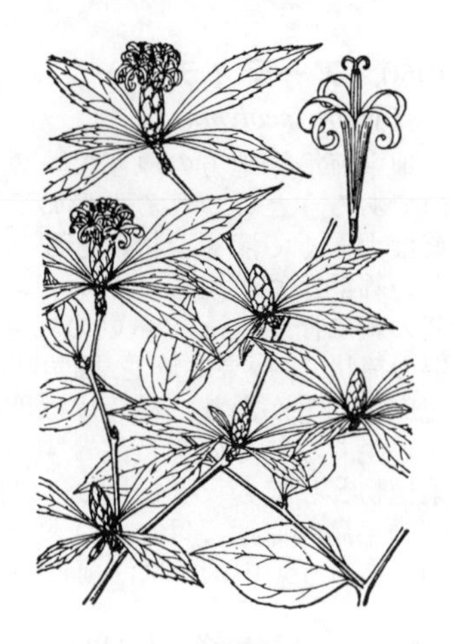

岩手県以南の本州，四国，九州に分布し，山地の疎林の下に生える落葉小低木で，高さ 60～90 cm ぐらい．コウヤボウキに似ているが，根茎は太く，葉は硬くてほとんど毛がない．一年枝は卵形葉を互生し，花をつけることがなく，二年枝は各節に 5～6 枚の葉を束生し，葉は狭卵形で先は鋭く，基部はくさび形，ふちには鋭い小きょ歯があり 3 主脈がある．秋に束生する葉の中央に白色の頭花を単生する．総苞は長楕円形で鱗状に重なり，小花は筒状で上部が深く 5 裂して著しく反曲し，長さ 15～18 mm，瘦果も長さ約 7 mm でコウヤボウキより長く，圧軟毛があり，先端には冠毛がある．〔日本名〕長葉高野箒の意で，コウヤボウキに比べて花枝につく葉が長いからであるが，一年枝，二年枝同士で比較すると必ずしもナガバノコウヤボウキの方が長いとは限らない．

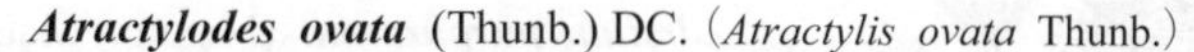

3947. オ　ケ　ラ 〔キク科〕

Atractylodes ovata (Thunb.) DC. (*Atractylis ovata* Thunb.)

本州，四国，九州，朝鮮半島，中国の日当たりのよい山地の乾いた所に多い多年草で雌雄異株である．根茎は長く，節があり，春に旧根から出た若苗は，多くの場合白い軟毛におおわれ．茎は高さ 30～60 cm 位で硬くて円柱形．葉は互生し，長い柄があり，葉身はふつう羽裂または楕円形で硬く，ふちには刺状の細かいきょ歯が多数規則的に並んでいる．上面は無毛で光沢があり，下面にはややクモ毛があり，細かい脈までが著しく目立つ．秋に枝の頂に白色または帯紅色の頭花をつけ，周囲に 2 回羽状に分かれしかも羽片が針状の魚骨状の苞状葉があり，その内側には鐘形の総苞がある．冠毛は褐色を帯び，長さ 1 cm 足らず．若苗は食用にすることがある．また根茎を乾燥したものは，中国の蒼朮や白朮と同様に薬用に用いられる．〔日本名〕古名をウケラというがそれの訛りである．しかしウケラの語源ははっきりしない．

3948. ヒ ゴ タ イ 〔キク科〕

Echinops setifer Iljin

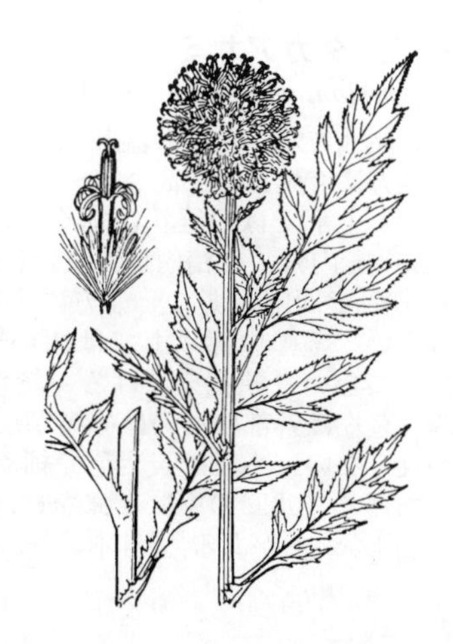

本州（伊勢湾沿岸地方および中国地方），九州および朝鮮半島に隔離的に分布し，エヒメアヤメやイチゲキスミレなどと同じく，大陸と地続きであった頃の日本に生えていた遺存植物の 1 つである．日当たりのよい草原を好む．茎は太くて直立し高さ 1 m 内外になる大形の多年草で，上部で少し分枝することもあり白毛が生えている．葉はアザミに似ており，厚くて茎に互生する．根生葉は長い柄があり，羽状に深裂し，羽片は不整の欠刻と短い刺針のあるきょ歯があって先は鋭く，上面は緑色，下面は綿毛が密に生えて白色だが，乾くと黒色に変わる．茎葉は柄がなく，基部が細くなるだけである．秋に茎の頂に球状に頭花を集合して径約 5 cm に達する．頭花は 1 花よりなり，総苞片は先が芒状に尖る．小花はみな筒状で濃青色，深く 5 裂し，裂片は反曲する．瘦果は密に毛があり，冠毛は多数の鱗片状で下部は刺状になる．〔日本名〕ヒゴタイの語源はわかっていない．

3949. **ヒレアザミ**（ヤハズアザミ）〔キク科〕

Carduus crispus L.

ヨーロッパからコーカサス，シベリアをへて東アジアの温帯に分布し，わが国では本州，四国，九州の低地の野原や道ばたに多い越年草で，茎は高さ 1 m 内外になり，分枝し，縦に 2 条の緑色の翼があって，翼は不整の鋭い波状欠刻となり，細かいとげが多い．葉は互生し，羽状に中〜深裂し，ふちに茎と同じく波状の欠刻と細いとげが多く，下面には初め白いクモ毛がある．6 月頃，枝の頂に紅紫色の頭花をつけ，総苞は鐘形，総苞片は先が鋭い披針形で外片ほど小形，7〜8 列に重なる．花冠は筒状で深く 5 裂し，花柱分枝の基部には肥厚した乳頭突起状の毛がある．痩果は無毛で長さ約 3 mm，上端に長さ約 1.5 cm の冠毛があり，冠毛の基部は環状にくっついている．〔日本名〕茎にある翼にちなみ，ヒレのあるアザミに似た植物の意である．〔漢名〕飛廉は正しくない．

3950. **アーティチョーク**（チョウセンアザミ）〔キク科〕

Cynara scolymus L.

地中海沿岸地方の原産で，カルドン *C. cardunculus* L. から変生したものであろうといわれる大形の二年草である．茎は高さ 1.5〜2 m になる．葉は大きくて深く羽状に分裂し，羽片はしばしばさらに羽裂し，下面に白い綿毛が密生する．カルドンよりもやや硬く，多少とげがある．夏に茎の頂に径 15 cm ぐらいの大きな紫色の頭花をつける．花冠はすべて 5 裂の筒状で，痩果は無毛，四角状で頂に茶褐色の冠毛がある．花托は肉質，花床に剛毛があり，総苞片は卵状長楕円形で基部は肥厚し，栽培品はとげが鋭くないものを良品とする．若い頭花の花托を食用にする．また観葉植物としても栽培される．〔日本名〕朝鮮薊とはいうがいうまでもなく朝鮮半島の原産ではない．おそらく多少外国風の印象を朝鮮で表現したのであろう．中国では洋薊といっている．

3951. **フジアザミ** 〔キク科〕

Cirsium purpuratum (Maxim.) Matsum.

関東および中部地方の山中の砂れき地に生える巨大な多年草. 根は太く，長く横にのび, 60〜100 cm にもなる．茎は高さ 1 m 内外でふつう分枝する．葉は長大で基部に集まって根生し長さ 50〜70 cm にもなり，狭楕円形，羽状中裂し，裂片は狭楕円形で 5〜6 対，著しいとげがあって先は鋭く尖り，両面とも白いクモ毛におおわれる．茎葉は互生し上方ほど小さく, 無柄で，基部は耳状になって茎を抱く．秋に細い筒状花ばかりが集まる頭花はすこぶる大形で, 径 10 cm に達し, 枝の頂につき横を向く. 花の色は紫で美しく，小花は毛管状で細く 5 裂し，筒部の下 3 分の 2 は特に細い．総苞は大形でやや平たい球形，幅約 8 cm，総苞片は紫緑色，比較的幅広く，中ほどで 5〜10 mm，披針形で硬く，先は反曲して鋭く，ふちに短刺毛がある．根は食用になる．〔日本名〕富士薊の意．富士山に多いからである．

3952. **タカアザミ** 〔キク科〕

Cirsium pendulum Fisch. ex DC.

東北地方から北方の湿り気のある草原に生える二年草．まれに関東や中部地方にも生える．高さ 1〜2 m．茎は直立して太く角張り径 1 cm をこえるが，上部では円錐状に細く，かつ立った枝を出す．葉は大形で長さ 20〜30 cm 内外，長楕円形，または倒卵状楕円形で羽状に深く裂け，裂片は 5〜6 対で間隔があり，前方に小裂片を出すことが多い．草質で薄く光沢はない．茎の中部以上では柄が無くなる．盛夏を過ぎてから枝端に多数のうつむいた頭花をつける．総苞は卵球形で長さ 1.8 cm 内外．底部が凹み，苞片は外部のものは先端が反曲しているが内方のものは次第に長くかつ反らない．小花は淡紫色で細く長さ約 2 cm，その 2 / 3 が糸状の細筒部であってアザミの中にこんなに細筒部の長いものはない．冠毛は長さ 1.5 cm, 白くつやがある. 〔日本名〕頭花の枝が長く高くつき上がるのにちなむ.

3953. チシマアザミ　〔キク科〕

Cirsium kamtschaticum Ledeb. ex DC.

西南部をのぞく北海道の全域の海岸から高山にかけて，林内，林縁，草原などのさまざまな環境に生える多年草．日本のアザミの中では最も形態的変異に富む．茎はふつう高さ1〜2 m，高山や海岸の風衝地では20 cmほどにもなり，分枝するかまたは単純，ふつう葉の基部が流れて翼状になるが，ときに翼がなく，多少とも有毛．根生葉はふつう花時には生存しないが，風衝地に生えるとしばしば生存する．茎葉は長楕円状披針形ないし広卵形，長さ10〜40 cm，全縁ないしきょ歯縁，あるいは羽状に浅裂から深裂して裂片は4〜10対，基部は抱茎し，とげは長さ1〜9 mm，下面にクモ毛があるか無毛．頭花は7〜9月に開き，紅紫色，総状または散房状につくか，あるいは単生し，下向き，柄は長さ1.5〜15 cm，総苞は球状鐘形ないし椀形，長さ15〜20 mm，径2.5〜4 cm，総苞片は6列，開出または反曲し，短毛とクモ毛があり，粘着しない．外片は長さ約15 mm，長卵形，鋭尖頭．花冠は長さ14〜18 mm，裂片は長さ3〜5 mm，広筒部は長さ5〜7 mm，狭筒部は長さ4〜6 mmで広筒部より短い．冠毛は長さ12〜16 mm．瘦果は淡褐色または汚褐色．〔日本名〕千島薊．千島列島で初めて採集されたため．

3954. キセルアザミ（ミズアザミ，サワアザミ，マアザミ）　〔キク科〕

Cirsium sieboldii Miq.

本州，四国，九州（北部）の湿地に生える多年草．茎は高さ60〜100 cmでまばらに茎葉が互生する．根生葉は花時に生存し，ロゼット状で茎葉よりもずっと大形，翼のある柄があり，葉身はふつう羽裂し，裂片は狭くて不整の欠刻があり，ふちにとげがある．茎葉の上部は無柄だが茎を抱かない．秋にやや花茎状の茎の上端で少数の枝が分かれ，先端に花時横を向く頭花をつける．総苞は幅2〜3 cm，総苞片は圧着して反曲せず，先端は鋭く尖りとげがある．外片は非常に短い．花冠は紅紫色で長さ18 mm内外，瘦果は長さ4〜4.5 mmである．〔日本名〕沢薊，水薊，キセル（煙管）薊の意味である．日本にはここに掲げたほか100種近いアザミ類（*Cirsium*）があり，相互の関係は複雑である．〔追記〕旧版では本種をサワアザミの和名で呼んだが，サワアザミの和名は北日本に分布する別種 *C. yezoense* (Maxim.) Makino に対して用いられることもあってまぎらわしい．

3955. オイランアザミ　〔キク科〕

Cirsium spinosum Kitam.

九州本土の鹿児島県南部と屋久島，種子島の海岸に生える多年草．茎は高さ25〜60 cm，やや斜上して分枝し，褐色の短軟毛と白いクモ毛がまばらにある．根生葉は花時にも生存し，厚く光沢があり，長楕円状披針形ないし長楕円形，長さ10〜40 cm，羽状に浅裂ないし中裂し，裂片は5〜8対，柄があって抱茎せず，とげは長さ2〜5 mm，上面は無毛，下面には褐色の短軟毛と白いクモ毛がまばらにある．茎葉は小形，基部は耳状に抱茎し，長さ1 cmにもなる太く鋭いとげがある．頭花はほぼ1年を通して開き，淡紅紫色，長さ1 cmほどの柄があって，枝の先に散房状に密集してつき，斜め上向き．総苞は広鐘形ないし鐘形，長さ15〜20 mm，径1.5〜2.5 cm，クモ毛はほとんどなく，総苞片は5〜6列，直立して反曲せず，腺体がないため粘らず，鋭いとげをもつ数個の苞葉が基部にある．外片は長さ10〜15 mm，長卵形鋭尖頭．花冠は長さ18〜22 mm，裂片は長さ約5 mm，広筒部は長さ4〜6 mm，狭筒部は長さ9〜11 mmで広筒部の2倍長い．冠毛は長さ約15 mm．瘦果は淡褐色．〔日本名〕花魁薊．頭花を含めた全体の姿を，着飾って座った花魁にたとえて北村四郎が名付けたもの．

3956. ツクシアザミ（ツクシクルマアザミ）　〔キク科〕

Cirsium suffultum (Maxim.) Matsum. et Koidz.

九州中北部の山地帯の草地に生える多年草．形態的変異に富む．茎は高さ0.5〜1 m，斜上し，よく分枝し，褐色の短軟毛がまばらに生え，白いクモ毛がやや密生する．根生葉は花時にもしばしば生存し，長卵状ないし長楕円状披針形，長さ20〜40 cm，羽状に浅裂ないし中裂し，裂片は4〜8対，長い柄があって抱茎せず，とげは長さ2〜8 mm，上面は無毛，下面はしばしば褐色の短軟毛がある．茎葉は多数，抱茎しないかまたは抱茎する．頭花は9〜11月に開き，紅紫色，総状につき，下向き，ふつう柄は長さ1〜10 cm．総苞は半球状鐘形ないし広鐘形あるいは鐘形，長さ約20 mm，径1.5〜3 cm，クモ毛があり，基部に数個の苞葉があり，総苞片は6列，ゆるやかに反曲するか斜上し粘らない．外片は長さ10〜17 mm，狭長卵状鋭尖形．花冠は長さ18〜24 mm，裂片は長さ4〜5 mm，広筒部は長さ約6 mm，狭筒部は長さ8〜12 mmで広筒部より長い．冠毛は長さ14〜20 mm．瘦果は汚褐色．〔日本名〕筑紫薊で，筑紫は九州の古い呼び名．九州の秋に最もふつうのアザミである．筑紫車薊は総苞の基部に数枚の苞葉が輪生するため．

3957. ハマアザミ（ハマゴボウ）〔キク科〕

Cirsium maritimum Makino

伊豆七島および静岡県から九州に至る太平洋岸の砂地に生える多年草．根は直根で地中に深く入る．茎は根元から分枝し高さ 30〜40 cm．葉は肉質で強い光沢のある鮮緑色，羽状の深い欠刻があり，その彎入は円形となり，ふちには多数のとげがある．根生葉は花時に生存しており，茎葉は互生し，柄はなく，ほとんどまたは全く茎を抱かない．7〜9 月頃茎の上部で短く分枝し，先端に数個の頭花が直立する．頭花の基部には 4〜7 個の苞状葉が接してつく．総苞は広楕円体で径 1.5〜2 cm，総苞片は緑色で厚く，なかば斜めに開出し，先には刺針があり，粘着性はない．頭花には筒状花だけが多数あり，ふつう紅紫色であるが，ときに白花品があってこれをシロバナハマアザミ f. *leucanthum* (Nakai ex Honda) Nakai ex Makino という．長い根および葉の主脈を食用にする．〔日本名〕浜薊は本種が海浜に生えるのにちなみ，浜牛蒡は根がゴボウのような形と香味があって食用にするからである．

3958. ノアザミ〔キク科〕

Cirsium japonicum Fisch. ex DC.

本州，四国，九州の山野に最もふつうな多年生草本で，茎は高さ 60〜100 cm，ときに 2 m にもなることがあり，上部で分枝する．根生葉は花時にも生存しているが，ノハラアザミほど著しいロゼットにはならない．根生葉は倒卵状長楕円形で羽状に中裂，裂片は 5〜6 対でふちにとげが多く，上面には多細胞の毛がまばらに生え，下面の脈上にも毛がある．中部の茎葉は互生し，基部は茎を抱く．初夏に枝の頂に紅紫色の筒状花ばかりからなる頭花が直立する．花冠はまれに白色，紅色などの異品がある．総苞はやや球形で幅 2 cm 内外，無毛か多少クモ毛があり，総苞片は直立して先が鋭く，刺針があり，背面に隆起した粘着部がある．〔日本名〕野にあるアザミの意味．本種の改良品種を近頃切花に使う．

3959. ノハラアザミ〔キク科〕

Cirsium oligophyllum (Franch. et Sav.) Matsum. var. ***oligophyllum***

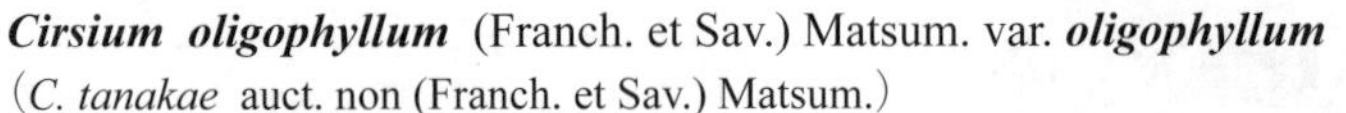

（*C. tanakae* auct. non (Franch. et Sav.) Matsum.）

本州北，中部の乾いた草地に生える多年草．茎は高さ 1 m 内外で花茎状となって分枝し，基部は太い．根生葉は花時にもあり，長さ 30 cm 内外，長楕円状披針形でふつう 8〜12 対，まばらに中裂し，裂片には欠刻があり，鋭い刺毛があり，しばしば紫色を帯びる．茎葉は小形でまばらに互生し，裂片は不整に歯状に裂け，その端に刺毛があり，無柄で基部は茎を抱く．晩夏から秋にかけて，茎の上部で分枝し，紫紅色の頭花をつける．頭花は柄が短く，しばしば 2〜3 個集まってつき，直立し，総苞は鐘球形で幅 1.5〜2 cm，クモ毛があり，総苞片は短い刺針があって斜上し，平開や反曲はしない．また粘着もしない．ニッコウアザミ var. *nikkoense* (Nakai ex Matsum. et Koidz.) Kitam. はこれに似て葉は 2 回羽状に細く中裂，裂片間のすき間が狭く，茎はあまり分枝せず，関東地方北部の深山に産する．〔日本名〕野原薊は原野に多いためで牧野富太郎の命名．

3960. クルマアザミ〔キク科〕

Cirsium oligophyllum (Franch. et Sav.) Matsum. var. ***oligophyllum***

（*C. tanakae* (Franch. et Sav.) Matsum. f. *obvallatum* (Nakai) Makino）

ノハラアザミの一奇型で，頭花の基部に多数の葉状総苞が放射輪状についている点が異なっている．高さ 40〜50 cm 位の多年草で茎は直立し，下半部には粗毛がある．根生葉はロゼット状になって花時も生存しており，楕円形でふちに欠刻および鋭い歯がある．晩秋に茎上部でまばらに分枝し，各枝の頂に大形の頭花をつける．頭花は直立し，葉状総苞は披針形，ふちにとげがあり，大きいものでは長さ 6 cm にもなるが，内側のものは次第に小さくなり，総苞片に移行する．総苞片は狭披針形で粘り気がない．頭花は筒状小花ばかりが多数あって紅紫色である．本品の葉状総苞の出現は一時的な変態現象で，毎年その株から一定して出て来ない．したがって一つの変種とは認め難い．〔日本名〕車薊は車輪状になった葉状総苞の状態に基づくものである．

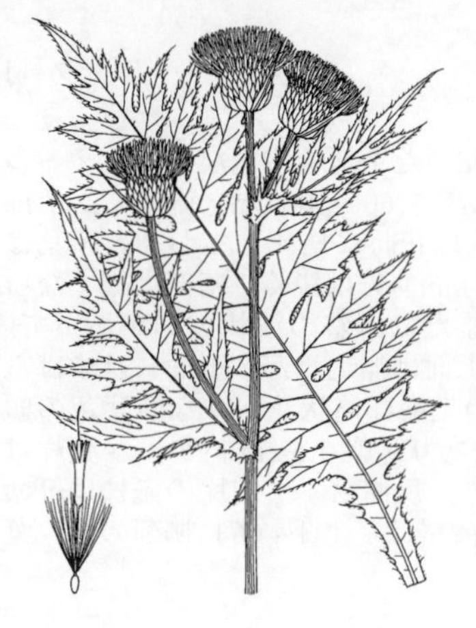

3961. オオノアザミ（アオモリアザミ）　〔キク科〕

Cirsium aomorense Nakai

東北地方北部の低地から亜高山帯と北海道南半部の低地に生える多年草．茎は直立し，高さ 20～100 cm で，花茎状となり，ふつう分枝し，クモ毛がやや密生し，基部には少数の小形の茎葉がある．根生葉は花時にも生存し，やや光沢があり，狭倒卵形から長楕円形，大形で長さ 20～60 cm，1 回あるいは 2 回羽状に中裂から深裂し，長い柄があり，とげは長さ 1～3 mm，両面にまばらにクモ毛がある．茎葉は根生葉より小さく，長楕円形，1～2 回羽状に中裂から深裂し，抱茎する．花は 8～9 月に開き，紅紫色，頭花は上向きで，長い柄の先に 2，3 個密集してつくかあるいは単生する．総苞は半球状広鐘形，長さ 16～20 mm，径 2～3 cm，クモ毛が多く，総苞片は 6～7 列，斜上するか圧着して反曲せず，また腺体がないため粘らず，しばしば総苞の基部に苞葉がある．外片は長さ約 1 cm，長卵形．花冠は長さ 19～20 mm，裂片は長さ約 5 mm，広筒部は長さ約 4 mm，狭筒部は長さ 10～11 mm で広筒部より 2 倍長い．冠毛は長さ約 15 mm．痩果は淡褐色．〔日本名〕大野薊は，別種のノアザミに一見似ていてそれよりも大形であるため．青森薊は基準産地にちなんだもの．

3962. オニアザミ（オニノアザミ）　〔キク科〕

Cirsium nipponense (Nakai) Koidz.

(*C. borealinipponense* Kitam.)

中部･東北地方の山地帯から高山帯の草地に生える多年草．茎は高さ 50～100 cm，斜上し，褐色の軟毛と上半部に白いクモ毛が密生する．根生葉は花時にも生存し，長楕円形，長さ 35～65 cm で大形，長い柄があり，深く羽状に切れ込み，裂片は 5～8 対，粗いきょ歯があり，とげは長さ 2～3 mm で短い．茎葉は根生葉よりも小形，羽状中裂，基部は広く耳状に抱茎し，長さ 1 cm にもなる長いとげがある．花は 6～9 月に開き，濃赤紫色，頭花は下向きで，短い柄があって 2～3 個密集してつき，総苞の基部に苞葉がある．総苞は広鐘形，長さ 18～22 mm，径 3～4.5 cm，総苞片は 6 列，圧着して反曲せず，内片と中片に腺体があって粘着する．外片は長さ約 1 cm，卵形で鋭尖頭，ときにふちに短いとげがある．花冠は長さ 16～22 mm，裂片は 2～4 mm，広筒部は 9～11 mm，狭筒部は 4～7 mm で広筒部よりも短い．冠毛は長さ約 2 cm．痩果は淡褐色．〔日本名〕鬼薊または鬼野薊で，全体が剛壮なため，本種に似たジョウシュウオニアザミ（上州鬼薊）*C. okamotoi* Kitam. は，花冠の広筒部と狭筒部がほぼ同長で総苞外片が披針形である点で区別され，尾瀬や上越国境山地に生える．

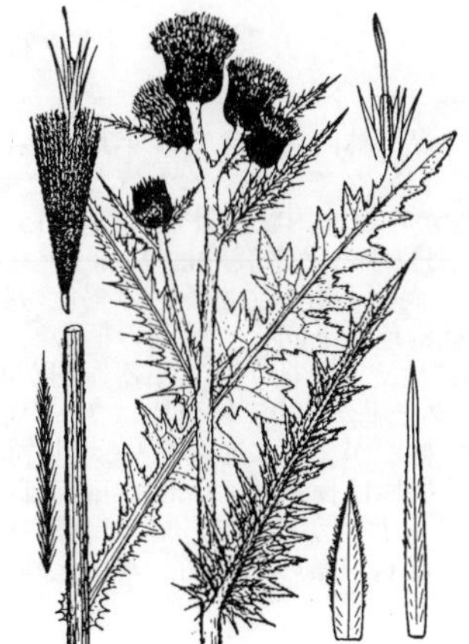

3963. チョウカイアザミ　〔キク科〕

Cirsium chokaiense Kitam.

東北地方の鳥海山の高山帯に群生する大形の多年草で，高さ 1 m を超える．根茎があり，茎は筒形で直立し，全体に白い軟毛が密生する．葉は開出してつき，鮮緑色でやや光沢がある．剛直でとげがあり，長さは 20～40 cm，羽状に欠刻があり，下部のものは柄があり，上部ではやや茎を抱く傾向がある．盛夏に茎頭に集合して頭花をつける．頭花は径 3 cm 位，濃紫色で美しく，盛開しても点頭している（図では腊葉から描いたため上向きしている）．総苞は浅い椀状ないし短楕円体状で，径は 3 cm 内外，総苞片は広線形のものがぎっしり並び，外片は短くて白いクモ毛がからみつき，内片は長く，紫色で非常に粘性である．東北地方のの高山帯に分布するオニアザミ（3962 図）や，八幡平の亜高山帯に特産するハチマンタイアザミ *C. hachimantaiense* Kadota，北関東のジョウシュウオニアザミ *C. okamotoi* Kitam. とともに近縁の一群をなす．

3964. モリアザミ（ヤブアザミ，ゴボウアザミ）　〔キク科〕

Cirsium dipsacolepis (Maxim.) Matsum.

本州，四国，九州の山地帯の乾いた草地に生える多年草．根を食用にするためしばしば栽培される．根は垂直にのびて太く，径 2 cm にもなる．茎は高さ 0.5～1 m，直立し，無毛あるいは褐色の短軟毛や白いクモ毛がある．根生葉はしばしば花時にも生存する．下部の茎葉は卵形ないし長楕円状披針形，長い柄があり，柄とともに長さ 15～30 cm，全縁ないしきょ歯縁，または羽状に浅裂ないし中裂し，裂片は 3～5 対，基部は抱茎せず，とげは長さ 1～3 mm，両面ともにほとんど無毛．上部の茎葉は小形で，無柄．頭花は 9～10 月に開き，紅紫色，柄の先に単生し，上向き．総苞は広鐘形，長さ 20～30 mm，径 1.5～3 cm，クモ毛があり，総苞片は 6～7 列，開出してゆるやかに反曲し，腺体がないため粘らない．外片は長さ 15～20 mm，長卵状鋭尖形．花冠は長さ 19～20 mm，裂片は長さ 6～7 mm，広筒部は長さ 3～5 mm，狭筒部は長さ 9～11 mm で明らかに広筒部より長い．冠毛は長さ約 15 mm．痩果は黒褐色で先端部のみ淡褐色．〔日本名〕それぞれ森薊，薮薊と思われるが，由来は不明．牛蒡薊は根が野菜のゴボウのようで，粕漬や味噌漬などとして食用にするため．

3965. ヤナギアザミ 〔キク科〕

Cirsium lineare (Thunb.) Sch.Bip.

本州（山口県の大島），四国，九州の乾いた平地の山麓などに生える多年草で，根は太く紡錘状に肥厚し，茎は高さ 60～100 cm，直立し，上部では多少分枝し，クモ毛がある．根生葉は花時に枯死しており，茎葉は互生し，線形で長さ 6～20 cm，幅 5～40 mm，先は鋭く，基部は細くなって短い柄があるか，または無柄，全縁または不整の波状欠刻があって，裂片には長さ 1～2 mm のとげがあり，上面は無毛だが，下面にはまばらにクモ毛がある．夏から秋にかけて枝の先端に筒状花からなる紫色の頭花をつける．総苞はほぼ球形でクモ毛があり，幅 1.5 cm 内外，総苞片は 6～7 列に重なり，線形で先にとげがあり，反曲せず，内片の先には紅紫色を帯びた附属体があり，少数のきょ歯がある．〔日本名〕柳薊の意，葉がヤナギに似て細いからである．

3966. トオノアザミ 〔キク科〕

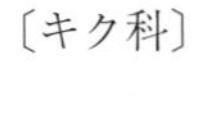

Cirsium heianum Koidz.

本州の岩手県と宮城県の低地から山地帯の林縁や草地に生える多年草．茎は高さ 1～2 m，ふつう上部で分枝し，無毛あるいは褐色の短軟毛と白いクモ毛がまばらにある．根生葉は花時には生存しない．茎葉は長楕円形ないし倒卵状披針形，長さ 15～40 cm，きょ歯縁となるかときに羽状浅裂し，羽裂するとき裂片は 5～7 対，とげは長さ 0.5～2 mm，両面ともに無毛かあるいは褐色の短軟毛とクモ毛がある．頭花は 8～10 月に開き，紅紫色，やや穂状または狭い散房状に多数つき，上向きないし斜め横向き，ほとんど無柄かあるいは柄が長さ 1 cm 以下と短いため頭花は密集してつく傾向がある．総苞は鐘筒形ないし狭筒形，長さ 13～18 mm，径約 1 cm，多少ともクモ毛があり，総苞片は 8～9 列，先端が短く反曲し，腺体がないため粘らない．外片は長さ約 5 mm，卵状鋭尖形．花冠は長さ 14～17 mm，裂片は長さ約 4 mm，広筒部は長さ 4～5 mm，狭筒部は長さ 6～8 mm で広筒部より長い．冠毛は長さ約 12 mm．痩果は淡褐色．〔日本名〕遠野薊で，基準産地の岩手県遠野による．

3967. カガノアザミ 〔キク科〕

Cirsium kagamontanum Nakai

本州の石川県とその周辺にかけての山地帯の林縁や林内に生える多年草．茎は直立あるいは斜上し，高さ 1～2 m，よく分枝し，白いクモ毛があるかほとんど無毛．花時には根生葉は生存しない．茎葉は楕円形から長楕円状披針形，長さ 15～55 cm，羽状に浅裂～中裂するかあるいは全縁，羽裂するとき裂片は 4～8 対，基部は抱茎または抱茎せず，とげは長さ 0.5～7 mm，両面とも無毛あるいは褐色の軟毛がまばらに生える．頭花は 8～10 月に開き，紅紫色，下向き．頭花の柄の長さは 1～30 cm までの変異があり，林内などの日陰に生えると柄が長くなる傾向がある．総苞は鐘形，長さ 12～17 mm，径 8～16 mm，クモ毛があり，総苞片は 7～8 列，瓦状に並び反曲せず，中片と内片に腺体があって粘るがまれに粘らない．外片は長さ 2～3 mm，長卵形．花冠は長さ 15～21 mm，裂片は長さ 3～5 mm，広筒部は長さ 5～7 mm，狭筒部は長さ 6～10 mm で広筒部よりわずかに長い．冠毛は長さ約 15 mm．痩果は淡褐色．〔日本名〕加賀野薊．加賀は石川県の旧国名，基準産地の石川県谷峠にちなむ．

3968. ビッチュウアザミ 〔キク科〕

Cirsium bitchuense Nakai

本州西部，岡山県から山口県にかけての中国山地の低地から山地帯の林縁や林内に生える多年草．根生葉は花時に生存しない．茎は高さ 0.5～2 m，直立あるいは斜上し，よく分枝し，上部に褐色の軟毛や白いクモ毛が生えるか無毛．茎葉は楕円形から披針形，しばしば中肋が彎曲して鎌形となり，長さ 20～40 cm，羽状に浅裂から中裂するか全縁，羽裂するとき裂片は 3～7 対，とげは長さ 2～5 mm，基部は抱茎するかときに抱茎せず，下面脈状に褐色毛があるか無毛．花は 9～10 月に開き，淡紅紫色，頭花は総状につき，上向きから横向き，柄は長さ 2～15 cm．林内などの陰地に生えると，茎葉は茎の中部に集まり，頭花の柄が長くなる傾向がある．総苞は筒形，長さ 13～19 mm，径 6～8 mm，クモ毛があり，総苞片は 8～9 列，瓦状に並び反曲せず，中片と内片に腺体があって粘るかときに粘らない．外片は長さ 2～3 mm，卵形で鋭頭．花冠は長さ 15～19 mm，裂片は長さ 3～5 mm，広筒部は長さ 5～6 mm，狭筒部は長さ 7～8 mm で広筒部より長い．冠毛は長さ約 1 cm．痩果は淡褐色．〔日本名〕備中薊は，基準産地岡山県の旧国名による．

3969. ホソエノアザミ 〔キク科〕

Cirsium tenuipedunculatum Kadota

（*C. effusum* auct. non (Maxim.) Matsum.）

関東地方西部（群馬県，東京都）から中部地方東部（静岡県，長野県）にかけての太平洋側の山地帯ないし亜高山帯の林縁や草地に生える多年草．茎は高さ 1〜2 m，直立し，ふつう褐色の短軟毛と白いクモ毛がある．根生葉は花時には生存しない．茎葉は長楕円状ないし長卵状披針形，長さ 10〜40 cm，羽状に中裂ないし浅裂し，裂片は 4〜8 対で開出し，葉柄はないかあるいは短く，抱茎せず，とげは長さ（3〜）5〜12 mm で太く鋭く，両面に褐色の短軟毛があり，しばしば下面に白いクモ毛がある．頭花は 8〜11 月に開き，紅紫色，円錐状に多数つき，上向きないし斜め横向き，柄は長さ 0.5〜2.5 cm で短く細い．総苞は狭筒形，長さ 13〜18 mm，径 0.5〜1 cm，総苞片は 8〜9 列，著しく反曲するかあるいはときに開出し，腺体がなくて粘らず，中片と外片のふちにしばしば短いとげがある．外片は長さ 3〜5 mm，長卵状で鋭尖形．花冠は長さ 14〜18 mm，裂片は長さ 3〜4 mm，広筒部は長さ 5〜6 mm，狭筒部は長さ 6〜8 mm で広筒部より長い．冠毛は長さ約 13 mm．痩果は淡褐色．〔日本名〕細柄の薊で，頭花の柄が細いため．上記の分布域にはトネアザミ（3973 図）も分布するが，より高所に生える．

3970. アズマヤマアザミ 〔キク科〕

Cirsium microspicatum Nakai var. ***microspicatum***

関東地方から中部地方にかけての山地に生える多年草で，茎は高さ 1.5〜2 m 位．根生葉は花時にはなく，中部および下部の茎葉は楕円形または楕円状の披針形で，ふつう羽状に深裂，裂片はまばらな 4〜5 対で披針形，先は鋭く尖り，上面はときに白紋があり，下面は密にクモ毛がある．基部は細くなり，短い柄があるときもあるが茎を抱かない．秋に分枝した枝の上方に紅紫色の頭花を穂状に腋生し，上向き，総苞はやや筒形，紫色を帯び，クモ毛が密にあって粘着せず，幅 17〜20 mm，総苞片はやや楕円形で先が鋭くてとげがあり，先が短く反曲，しかしむしろアザミ類の中では反曲しない方に属し，全縁である．〔日本名〕東（関東のこと）山薊の意味．〔追記〕近畿地方には，外側の総苞片の先が尖らない変種オハラメアザミ var. *kiotoense* Kitam. を産する．

3971. ヤマアザミ（ツクシヤマアザミ） 〔キク科〕

Cirsium spicatum (Maxim.) Matsum.

四国山地と九州の低地から山地帯の草地に生える多年草．茎は高さ 1.5〜2 m，直立し，あまり分枝せず，褐色の短軟毛と白いクモ毛がやや密生する．根生葉は花時には生存しない．茎葉は楕円形ないし長楕円状披針形，長さ 15〜35 cm，羽状に中裂ないし深裂し，裂片は 4〜6 対，基部は抱茎しないがときに抱茎し，とげは長さ（3〜）5〜10（〜15）mm でふつう太く鋭く，両面に褐色の短毛がまばらにあり，しばしば下面にクモ毛がある．頭花は 9〜10 月に開き，紅紫色，穂状あるいはまばらな総状につき，上向きないし斜め横向き，ほとんど無柄であるが柄はときに長さ 4 cm に達することもある．総苞は狭筒形ないし鐘形，長さ 13〜16 mm，径 0.5〜1.5 cm，クモ毛があり，総苞片は 7〜8 列，中片と外片が短く反曲し，腺体がないため粘らない．外片は長さ約 5 mm で明らかに中片や外片より短く，卵状鋭尖形．花冠は長さ 15〜20 mm，裂片は長さ約 4 mm，広筒部は長さ 5〜6 mm，狭筒部は長さ 6〜10 mm で狭筒部より明らかに長い．冠毛は長さ 12〜18 mm．痩果は淡褐色．〔日本名〕山薊あるいは筑紫山薊で，九州の山地に生えることが多いためと思われる．九州ではツクシアザミ（3956 図）より高所に生えることが多い．

3972. ナンブアザミ（ヒメアザミ） 〔キク科〕

Cirsium comosum (Franch. et Sav.) Matsum.
var. ***lanuginosum*** (Nakai) Yonek.

東北地方から中部地方（岐阜県までの日本海側）の山地帯の林縁や林内，草原に生える多年草．形態的変異が著しい．茎は高さ 1〜2 m，よく分枝し，褐色の短軟毛と白いクモ毛がまばらにあるかほとんど無毛，根生葉は花時には生存しない．茎葉は長楕円状披針形，長さ 15〜35 cm，全縁または羽状に浅裂ないし中裂し，羽裂するとき裂片は 3〜7 対，基部はふつう抱茎しないが，ときに抱茎し，とげは長さ 1〜5 mm，両面にまばらに短毛があり，ときに下面にクモ毛がある．頭花は 8〜10 月に開き，紅紫色，総状につき，下向きないし斜め横向き，柄は長さふつう 3〜10 cm．総苞は広鐘形，長さ 15〜20 mm，径 1.5〜2.5 cm，多少ともクモ毛があり，総苞片は 7 列，反曲し，粘着しないかまたは内片に腺体があって少し粘る．外片は長さ約 1 cm，卵形で長鋭尖頭，ときに尾状鋭尖頭．花冠は長さ 15〜19 mm，裂片は長さ 4〜5 mm，広筒部は長さ 5〜6 mm，狭筒部は長さ 6〜8 mm で広筒部より長い．冠毛は 12〜15 mm．痩果は淡褐色．〔日本名〕南部薊は基準産地が岩手県であるため．姫薊はこのアザミの古い呼び名であるが，これはサワアザミ *C. yezoense* (Maxim.) Makino などに比べて頭花が小形であるためと思われる．

3973. トネアザミ（タイアザミ）　〔キク科〕

Cirsium comosum (Franch. et Sav.) Matsum.
var. ***incomptum*** (Maxim.) Kitam.
（*C. nipponicum* (Maxim.) Makino var. *incomptum* (Maxim.) Kitam.）

関東地方北部から中部地方中部にかけての太平洋側地域の山地帯や低地の林縁に生える多年草．茎は高さ 1～2 m，よく分枝し，褐色の短軟毛と白いクモ毛が多少ともある．根生葉は花時に生存しない．茎葉は長楕円形状披針形，長さ 15～40 cm，ふつう羽状に浅裂ないし深裂し，裂片は 3～6 対，基部は抱茎せず，とげは長さ 1～7 mm，両面ともに褐色の短軟毛があるか無毛．頭花は 8～11 月に開き，紅紫色，総状につき，下向き，柄は短い．総苞は広鐘形ないし鐘形，長さ 15～20 mm，径 1～2 cm，クモ毛があり，総苞片は 8～9 裂，著しくときにゆるやかに反曲し，粘着しない．外片は長さ 5～8 mm，卵形で尾状鋭尖頭．花冠は長さ 17～18 mm，裂片は長さ約 5 mm，広筒部は長さ 3～5 mm，狭筒部は長さ 7～9 mm で広筒部より長い．冠毛は長さ約 15 mm．痩果は淡褐色．〔日本名〕この植物はタイアザミと呼ばれてきたが，これは漢名大薊の日本読みである．秋咲きのいろいろなアザミをタイアザミと総称したこともあり，また中国でいう大薊（エゾノキツネアザミ）はこれとは異なるので，北村四郎により改めて利根薊とされた．この名は本種の異名 *C. tonense* Kitam. の基準産地が群馬県利根郡水上であることにちなむ．

3974. ヨシノアザミ　〔キク科〕

Cirsium yoshinoi Nakai
（*C. nipponicum* (Maxim.) Makino var. *yoshinoi* (Nakai) Kitam.）

本州（福井県，三重県から山口県まで）と四国の山地の林縁や草地に生える多年草．形態的変異が著しい．茎は高さ 0.6～2 m，やや斜上し，よく分枝し，褐色の短軟毛と白いクモ毛がある．根生葉は花時には生存しない．茎葉は長楕円状披針形ないし楕円形，長さ 20～50 cm，羽状に浅裂ないし深裂して裂片は 2～9 対，ときにきょ歯縁あるいは全縁．基部はふつう抱茎せず，とげは長さ（1～）2～5（～8）mm，両面に短軟毛があり，下面にはしばしばクモ毛がある．頭花は 9～12 月に開き，紅紫色，総状時にやや穂状につき，下向きか斜め上向き，柄はふつう長さ 2～10 cm．総苞は椀状鐘形ないし広鐘形，狭筒形，長さ約 15 mm，径 0.5～2.5 cm，クモ毛があり，苞片は 8～9 列，強くあるいはゆるやかに，ときに短く反曲し，ふつう中片と内片に腺体があって粘るが，ときに腺体は痕跡的となって粘らない．外片は長さ 4～12 mm，卵形で尾状鋭尖形．花冠は長さ 15～21 mm，裂片は長さ 3～5 mm，広筒部は長さ 4～7 mm，狭筒部は長さ 6～9 mm で広筒部より長い．冠毛は長さ 14～17 mm．痩果は汚褐色時に赤褐色．〔日本名〕吉野薊．基準標本の採集者吉野善介にちなむ．

3975. ハクサンアザミ　〔キク科〕

Cirsium matsumurae Nakai

本州中部地方北西部の両白山地と北アルプス北部の山地帯から亜高山帯の林縁に生える多年草．茎は直立し，高さ 1～2 m，よく分枝し，褐色の軟毛が密生するかまばらに生え，ときに白いクモ毛がある．根生葉は花時に生存しない．茎葉は楕円形から披針形，長さ 10～30 cm，羽状に浅裂～中裂するかあるいは全縁となり，羽裂するとき裂片は 4～6 対，基部は抱茎または抱茎せず，とげは長さ 1～5 mm，両面に褐色の軟毛とクモ毛がまばらに生える．花は 8～10 月に咲き，紅紫色．頭花は下向きで，長い柄の先に単生する．総苞は広鐘形，長さ約 15 mm，径 2～2.5 cm，総苞片は 6 列，斜上するかわずかに反曲し，内片と中片に腺体があって粘る．外片は長さ約 5 mm，卵状披針形．花冠は長さ 15～25 mm，裂片は長さ 4～5 mm，広筒部は長さ 5～7 mm，狭筒部は長さ 7～12 mm で広筒部より長い．痩果は褐色．冠毛は長さ約 2 mm．〔日本名〕白山薊で，基準産地の石川県白山にちなんだもの．総苞が長さ径ともに約 1 cm と小さくかつ紫色を帯び，頭花の柄が短いものを変種ホッコクアザミ（北国薊）var. *dubium* Kitam. といい，両白山地のほか，能登半島，福井県西部や滋賀県北部にも分布する．

3976. ノリクラアザミ（ウラジロアザミ，ユキアザミ）　〔キク科〕

Cirsium norikurense Nakai

本州中部地方，福井県から長野県，新潟県の山地帯から亜高山帯の林縁や草地に生える多年草．茎は高さ 1～2 m，直立してよく分枝し，無毛あるいは褐色の軟毛がまばらに生え，上半部には白いクモ毛がある．根生葉は花時に生存しない．茎葉は楕円形から狭披針形，長さ 12～30 cm，ふつう全縁または細かいきょ歯があるが，ときに羽状に浅裂から中裂し，羽裂するとき裂片は 3～7 対，抱茎または抱茎せず，とげは長さ 1～3 mm，上面は無毛か褐色の軟毛がまばらにあり，下面はクモ毛が密生して雪白色．花は 8～9 月に開き，紅紫色．頭花は下向きまたは横向き，長い柄の先に単生する．総苞は椀形から広鐘形，長さ約 15 mm，径 1.5～3.5 cm，総苞片は 5～6 列，外片と内片は反曲し，腺体がないため粘着せず，しばしば総苞の基部に 1 枚の苞葉がある．外片は長さ 10～15 mm，卵形で尾状鋭尖頭．花冠は長さ 13～17 mm，裂片は長さ約 4 mm，広筒部は長さ 4～6 mm，狭筒部は長さ 5～8 mm で広筒部より少し長い．冠毛は長さ約 13 mm．痩果は淡褐色．〔日本名〕乗鞍薊は，基準産地北アルプスの乗鞍岳により，裏白薊と雪薊はともに葉の下面が雪白色であることにちなむ．

3977. ハナマキアザミ 〔キク科〕

Cirsium hanamakiense Kitam.

東北地方岩手県から宮城県までの主に奥羽山脈とその東側の地域の低地から山地帯の林縁に生える多年草．茎は高さ 1〜2 m，直立あるいはやや斜上し，よく分枝し，褐色の軟毛がまばらにあり，また白いクモ毛がごくまばらにある．根生葉は花時には生存しない．茎葉は楕円形ないし長楕円状披針形，長さ 20〜45 cm，羽状に浅裂ないし中裂，あるいは粗いきょ歯となり，羽裂するとき裂片は 3〜8 対，ふつう短い葉柄があって抱茎しないがときに無柄で浅く抱茎し，とげは長さ 1〜5 mm，両面ともに無毛あるいは両面に褐色の短軟毛があり，またときに下面にクモ毛がある．頭花は 8〜10 月に開き，紅紫色，総状に多数つき，下向き．柄は長さ 2〜6 cm．総苞は鐘形，長さ 15〜16 mm，径約 1 cm，クモ毛はなく，総苞片は 7〜8 列，短く反曲し，中片と内片には腺体があって粘る．外片は長さ 2〜5 mm，卵形ないし卵状鋭尖形．花冠は長さ 15〜16 mm，裂片は長さ 3〜4 mm，広筒部は長さ 5〜6 mm，狭筒部は長さ 6〜7 mm で広筒部よりわずかに長い．冠毛は長さ約 12 mm．痩果は淡褐色．〔日本名〕花巻薊で，基準産地の岩手県花巻にちなむ．

3978. ダキバヒメアザミ 〔キク科〕

Cirsium amplexifolium (Nakai) Kitam.

東北地方から新潟県の低地や山地帯の林縁に生える多年草で，著しく変異に富む．茎は直立し，高さ 1.5〜2 m，ほとんど無毛で，白いクモ毛がなく，しばしば紫色を帯びる．根生葉は花時には生存しない．茎葉は楕円形から楕円状披針形．長さ 10〜40 cm，全縁からきょ歯縁あるいは葉の中部以下か全体にわたって羽状に浅裂〜深裂し，羽裂するとき裂片は 1〜6 対，抱茎し，とげは長さ 0.5〜5 mm，両面ともにほとんど無毛．花は 7〜10 月に開き，紅紫色，頭花は上向き，やや短い柄の先に単生する．総苞は鐘形，長さ 13〜20 mm，径 0.8〜2 cm，ほとんど無毛．総苞片は 5〜6 列，反曲し，粘着せず，総苞の基部に苞葉がある．外片は長さ 5〜15 mm，卵状鋭尖形．花冠は長さ 15〜16 mm，裂片は 3〜4 mm，広筒部は長さ 4〜6 mm，狭筒部は長さ 6〜8 mm で広筒部よりわずかに長い．冠毛は長さ約 1 cm．痩果は淡褐色．〔日本名〕抱き葉姫薊．ヒメアザミ（この場合はナンブアザミの旧名を指す）に似て茎葉が抱茎するため．変種キンカアザミ（金華薊）var. *muraii* (Kitam.) Kitam. は葉がつねに羽状深裂し，とげが太い．宮城県金華山島に生える．

3979. センジョウアザミ 〔キク科〕

Cirsium senjoense Kitam.

本州南アルプスの高山帯や亜高山帯の草地や林縁に群生する多年草．茎は高さ 70〜100 cm，直立またはやや斜上し，褐色の軟毛がまばらにあり，また上半部に白いクモ毛が密生する．根生葉は花時には生存しない．茎葉は披針形〜長楕円形，長さ 15〜30 cm，羽状に浅裂〜深裂するかときにきょ歯縁となり，羽裂するとき裂片は 4〜9 対，無柄．基部は抱茎するか抱茎せず，とげは長さ 3〜6 mm，両面に褐色の軟毛とクモ毛がまばらに生える．花は 8 月に開き，紅紫色，頭花は下向きで，ふつう長い柄の先に単生するがときに 2，3 個密集してつき，しばしば総苞の基部に苞葉がある．総苞は広鐘形，長さ 15〜20 mm，径 1.5〜3 cm，クモ毛があり，総苞片は 6 列，開出またはやや反曲し，中片と内片または内片にのみ腺体があって粘着する．外片は長さ 10〜17 mm，卵形で鋭尖頭．花冠は長さ 13〜16 mm，裂片は長さ 3〜4 mm，広筒部は長さ 4〜5 mm，狭筒部は 6〜8 mm で広筒部より長い．痩果は淡褐色．冠毛は長さ約 1 cm．〔日本名〕仙丈薊で，基準産地南アルプスの仙丈岳にちなむ．

3980. タテヤマアザミ 〔キク科〕

Cirsium otayae Kitam.

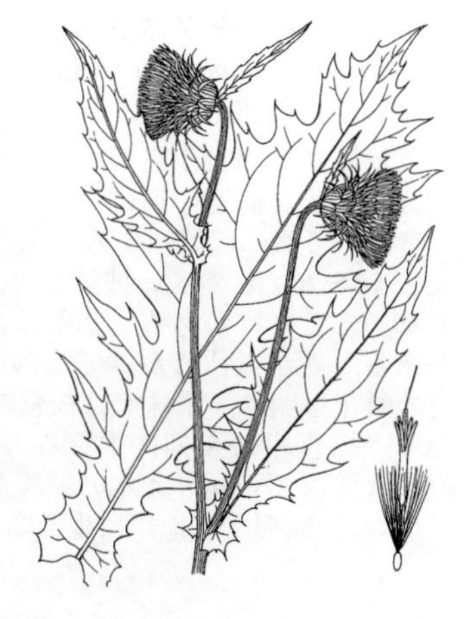

本州中部，北アルプスと石川県白山の高山帯と亜高山帯の林縁や草地に生える多年草．茎は高さ 40〜130 cm，直立またはやや斜上し，褐色の軟毛がまばらにあり，また上半部に白いクモ毛が密生する．根生葉は花時には生存しない．茎葉は楕円形から倒披針形，長さ 12〜30 cm，羽状に浅裂〜中裂するかときにきょ歯縁となり，羽裂するときは裂片は 6〜8 対，無柄．基部は抱茎するかときに抱茎せず，とげは長さ 2〜4 mm，両面に褐色の軟毛とクモ毛がまばらに生える．花は 8 月に開き，紅紫色．頭花は下向きまたは横向きで，長い柄の先に単生し，しばしば総苞の基部に 1 枚の苞葉がある．総苞は広鐘形，長さ 15〜20 mm，径 2.5〜4 cm，白いクモ毛があり，総苞片は 5〜6 列，開出またはやや反曲し，腺体がないため粘着しない．外片は長さ 7〜15 mm，卵形で尾状鋭尖頭．花冠は長さ 13〜17 mm，裂片は長さ約 4 mm，広筒部は長さ 3〜5 mm，狭筒部は 5〜8 mm で広筒部より長い．冠毛は長さ約 1 cm．痩果は淡褐色．〔日本名〕立山薊で，基準産地北アルプスの立山にちなむ．

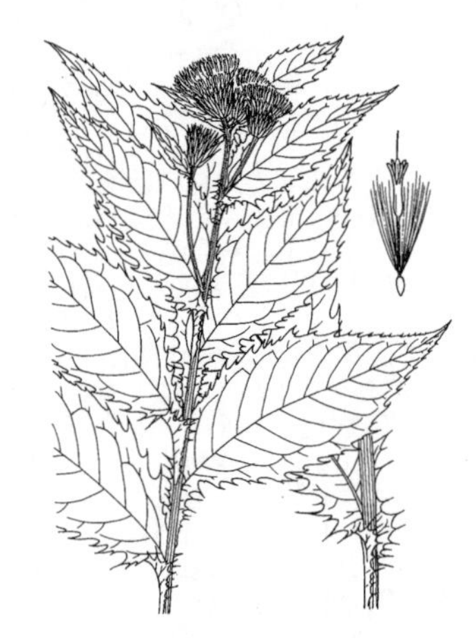

3981. ウゴアザミ 〔キク科〕

Cirsium ugoense Nakai

山形県月山以北の東北地方の高山帯の草地に群生する多年草．茎は高さ 1 m．直立し，上部に褐色の軟毛がまばらに生え，下部はほとんど無毛．根生葉は花時に生存しない．茎葉は密集してつき，楕円形から楕円状披針形，長さ 10〜20 cm，ふつうは粗いきょ歯縁となるが，ときに浅くあるいはまれに深く羽状に切れ込み，羽裂するとき裂片は 4〜6 対あり，とげは長さ約 3 mm ほどで短く，両面に褐色の軟毛がまばらにあるかほとんど無毛．無柄で，葉身の基部は広く耳状に抱茎して，さらに茎に沿下するが，抱茎するのみで沿下しないこともある．花は 8 月に咲き紅紫色，頭花は上向きで，短い柄の先に 2〜3 個密集するかあるいは単生する．総苞は広鐘形，長さ約 2 cm，径 2〜3 cm，まばらに白いクモ毛があり，総苞片は長卵形で鋭尖頭，6 列，直立またはやや斜上して反曲せず，腺体がないため粘らない．総苞片はほとんど同長であるが，外片がやや短い．花冠は長さ 18〜20 mm，裂片は長さ 5〜6 mm，広筒部は長さ 5 mm，狭筒部は長さ 8〜9 mm で広筒部よりも明らかに長い．冠毛は長さ約 1 cm．痩果は淡褐色．〔日本名〕羽後薊．基準産地鳥海山（山形県）の所属する旧国名羽後にちなむ．

3982. タチアザミ 〔キク科〕

Cirsium inundatum Makino

青森県から長野県にかけての日本海側地域の山地帯の水湿地に生える多年草．茎は高さ 1〜2 m，直立し，無毛あるいは褐色の短軟毛と白いクモ毛がある．根生葉は花時に生存しない．茎葉は楕円形ないし長楕円状披針形，長さ 10〜20 cm，ふつう全縁またはきょ歯縁となるが，ときに羽状に浅裂ないし中裂し，裂片は 3〜4 対，とげは長さ 1〜5 mm，抱茎または抱茎せず，両面ともにほとんど無毛．頭花は 7〜9 月に開き，紅紫色，枝の先に数個密集してつくか，単生し，上向き．総苞は広鐘形，長さ 15〜20 mm，径約 2 cm，多少ともクモ毛があり，総苞片は 5 列，硬くて斜上し，腺体がないため粘らない．外片はほとんど線形で鋭尖頭，長さ約 15 mm で内片よりわずかに短い．花冠は長さ 14〜16 mm，裂片は長さ約 4 mm，広筒部は長さ約 5 mm，狭筒部は長さ 5〜7 mm で広筒部よりわずかに長い．冠毛は長さ約 12 mm．痩果は褐色．〔日本名〕茎が直立し，葉が斜上するためと思われる．ミネアザミ（峰薊）*C. alpicola* Nakai は本種に似るが，花冠が長さ 17〜20 mm，総苞外片が軟らかくてより短く，やや開出する．北海道西南部から東北地方にかけて分布する．

3983. オゼヌマアザミ 〔キク科〕

Cirsium homolepis Nakai

北関東の尾瀬ヶ原の多湿の草原に生える多年草，高さ 80 cm 内外．短い根茎があり，全体に毛がなく上部の枝先にだけ白毛がある．根生葉は花時には生存しない．茎葉は青緑色，長楕円形で端正に羽状に中〜深裂し，とげがあり．革質で光沢はない．下部では有柄だが，中部では無柄で広く茎を抱く．8〜9 月に，茎の上部にふつうやや集まって数個の頭花をつける．頭花は上向き，集まる時はほとんど無柄，紅紫色の花を開く．総苞は長卵形体で長さ 2 cm 内外，総苞片は 7 列で扁平でなく，太い針状で緑色に紫をおび，密に平行直立して開出することがなく，粘性も毛もない．〔日本名〕産地の名による．〔追記〕タチアザミの亜種と考えられたこともあるが，葉の基部の形が異なるだけでなく，染色体数も違うことが知られている．

3984. エゾノキツネアザミ 〔キク科〕

Cirsium setosum (Willd.) M.Bieb.（*C. arvense* (L.) Scop. var. *setosum* (Willd.) Ledeb.; *Breea setosa* (Willd.) Kitam.）

東アジアの温帯から旧ソ連の中・南部にかけて分布し，日本では東北地方および北海道の道ばたや荒地に多い多年草である．雌雄異株で地下茎を引いて盛んに繁殖する．茎は直立して高さ 60〜90 cm 位，葉は互生し，長さ 10〜20 cm の広い披針形で，全縁またはまばらな欠刻状のきょ歯があり，またとげがある．基部は次第に細くなり柄はなく，両面にクモ毛がある．夏から秋にかけて茎の上部で分枝し，多数の筒状花からなる紫色の頭花を開き，雄株では総苞の長さ約 13 mm，雌株では 16〜20 mm になり，総苞片は 8 列に重なる．筒状花は糸状で，花床には剛毛がある．痩果は長さ 2.5 mm，4 本の縦線があり，先端に羽毛状の長い冠毛がある．〔日本名〕蝦夷（北地）に生えるキツネアザミの意味．

3985. オヤマボクチ　〔キク科〕

Synurus pungens (Franch. et Sav.) Kitam.

北海道西南部，本州の近畿地方以東，四国および中国中部に分布し，日当たりのよい山野に生える多年草である．根茎は地下で斜めになるか，または横にはう．茎は直立して高さ 1 m 以上にもなり，紫色を帯びて太く，多少白いクモ毛があり，上部では短い枝が分かれる．根生葉は下面に白色の綿毛を密生し，大形で三角状卵形，先は尖り，基部は心臓形，ふちには不整の欠刻状のきょ歯があってゴボウの葉に似ている．茎葉は小形で楕円形，互生し，葉柄も短くなり，最上部ではついに無柄になる．秋に暗紫色の頭花を長い枝の先につけ，横向きまたはやや下向きに開く．大形で総苞は径 4 cm 内外，総苞片は硬くて尖り，外片は開出する．雌しべの花柱分枝は直立して開かず，痩果は斜めに花床につき，冠毛は羽毛にならない．若芽を採り，餅に入れて食用とする．ヤマゴボウの方言がある．〔日本名〕雄山ボクチでヤマボクチの中でいかつい感じが強いからである．

3986. ヤマボクチ（広義）　〔キク科〕

Synurus palmatopinnatifidus (Makino) Kitam.

近畿以西の本州，四国，九州の日当たりのよい山地に生える多年草で，茎は直立し高さ 1 m 内外，紫色を帯びてクモ毛があり，細長い枝が分枝する．根生葉は長い柄があり，ややゴボウの葉に似ているが，欠刻があり，ときに深裂しほとんど掌状に羽裂するものがある．先は鋭く尖り，基部はふつう深い心臓形になり，裂片は長楕円形または披針形で尖る．葉質は薄く，上面は緑色，下面は綿毛が密生しており白色になる．茎葉は狭楕円形で互生し，柄は上の方になるにつれてだんだん短くなる．秋に卵状球形の頭花を横向きまたは下向きに開き，花後は直立する．筒状花は白色，ときに紅紫色，総苞片は極めて細い針形で先にとげがあり，内片は直立するが外片は開出する．痩果は長さ 6 mm，無毛で，冠毛は褐色を帯びる．〔日本名〕山火口で，山に生え，葉裏の白い毛を火口（ホクチアザミの項を参照）に利用したことによる．葉の分裂しないものが狭義のヤマボクチ var. *indivisus* Kitam. であり，葉が分裂するキクバヤマボクチ var. *palmatopinnatifidus* が学名の基準型である．

3987. ハバヤマボクチ　〔キク科〕

Synurus excelsus (Makino) Kitam.（*Serratula excelsa* Makino）

福島県以南の本州，四国，九州および韓国（済州島）の日当たりのよい山地または林の下に生える多年草で，高さ 1〜2 m 位．全体に白色の伏毛があり，茎は太くて硬く，角があり，紫褐色で上部が分枝し，枝は直立する．根生葉は長い柄があり，三角状のほこ形でふちに大きな歯状の欠刻があり，さらに刺状のきょ歯があり，下面は綿毛が密に生えて白く，基部の耳状の広がりはオヤマボクチと異なって常に先が尖って外方に向いている．茎葉は少数でまばらに互生し，上部の葉は卵状楕円形となり，みな刺状のきょ歯がある．晩秋に大形の頭花を枝の先にややうつ向いてつける．頭花は径 3〜4 cm で開花するとまゆはけの形に似ている．総苞はやや鐘形，総苞片は密に鱗状に重なり，針状披針形で硬く，先にとげがあり，暗紫色だが白色のクモ毛がある．花冠は黒紫色，光沢があり，突出する葯もまた同色である．〔日本名〕ハバ山火口．ハバ山は採草地として使われる山上の土地のことである．

3988. ゴ　ボ　ウ　〔キク科〕

Arctium lappa L.

ヨーロッパからヒマラヤ，中国にかけて分布し，わが国ではさかんに栽培される越年草．日本やアメリカの肥えた土地では，よく雑草化して生えている．茎は高さ 1.5 m ぐらい，多肉の主根がまっすぐ地下にのび，栽培品種によって 40〜150 cm にもなり，また著しく肥大するものもある．根生葉は束生し，大形で長い柄があり，葉身はやや心臓形，ふちは鋭い歯があって波状となり，下面には灰白色の綿毛が密生する．夏に茎の上部で分枝し，紫色またはまれに白色の筒状花からなる多数の頭花をつける．頭花は球形で径約 4 cm，花床には剛毛がある．総苞片は針状で先がかぎ状となり，他物にひっかかる．痩果は長さ 7 mm 内外，灰褐色で，冠毛は短く脱落性の鱗片状となっている．主根を食用にするほか，若芽や葉柄も食べることがある．また民間薬としての効用は多い．しかし一般に食用とするのは日本だけである．〔日本名〕漢名の音読み．〔漢名〕牛蒡．果実の漢名を悪実という．

3989. **キツネアザミ** 〔キク科〕

Hemisteptia lyrata (Bunge) Fisch. et C.A.Mey.

(*Saussurea lyrata* Bunge)

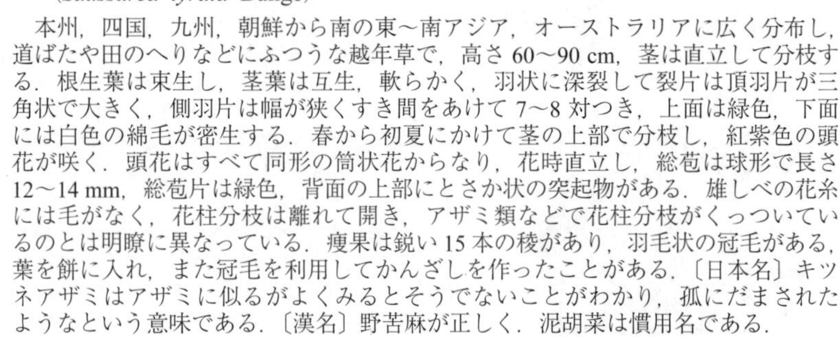

本州，四国，九州，朝鮮から南の東～南アジア，オーストラリアに広く分布し，道ばたや田のへりなどにふつうな越年草で，高さ 60～90 cm，茎は直立して分枝する．根生葉は束生し，茎葉は互生，軟らかく，羽状に深裂して裂片は頂羽片が三角状で大きく，側羽片は幅が狭くすき間をあけて 7～8 対つき，上面は緑色，下面には白色の綿毛が密生する．春から初夏にかけて茎の上部で分枝し，紅紫色の頭花が咲く．頭花はすべて同形の筒状花からなり，花時直立し，総苞は球形で長さ 12～14 mm，総苞片は緑色，背面の上部にとさか状の突起物がある．雄しべの花糸には毛がなく，花柱分枝は離れて開き，アザミ類などで花柱分枝がくっついているのとは明瞭に異なっている．痩果は鋭い 15 本の稜があり，羽毛状の冠毛がある，葉を餅に入れ，また冠毛を利用してかんざしを作ったことがある．〔日本名〕キツネアザミはアザミに似るがよくみるとそうでないことがわかり，孤にだまされたようなという意味である．〔漢名〕野苦麻が正しく．泥胡菜は慣用名である．

3990. **ヒメヒゴタイ** 〔キク科〕

Saussurea pulchella (Fisch. ex Hornem.) Fisch.

東アジアの温帯，わが国では北海道から九州北部までの日当たりのよい山地草原に生える大形の多年草．茎は直立して高さ約 120 cm 位，直径は約 15 mm になり，緑色だが紫色を帯びて，縦の綾線が走り，微毛がある．葉は広披針形または披針形，下部の葉は羽状に深裂し，上部の葉は全縁となるが小形のものでは全体に全縁葉ばかりがつくことがある．若い時は淡緑色で上面はややざらつく．秋に茎の上部で多数の紫色の頭花を密集して大形の散房花序状となり美しい．総苞は球形，径 1 cm 位，密に鱗状に重なる総苞片は先端に円状の附属片がある．附属片は紫色の膜質で上部のものになるにしたがって大形になり美しい．小花はみな筒状で 5 裂し冠毛は白い．イクノヒメヒゴタイ var. *tajimensis* Makino (nom. nud.) と仮称されるものは大形になり，中～上部に分枝が多く，頭花は非常に多いが母品よりも小さく，総苞は球形で総苞片は小形，淡緑色，附属片もまた小形で狭い．〔日本名〕姫ヒゴタイでヒゴタイに比べて小形であるからである．

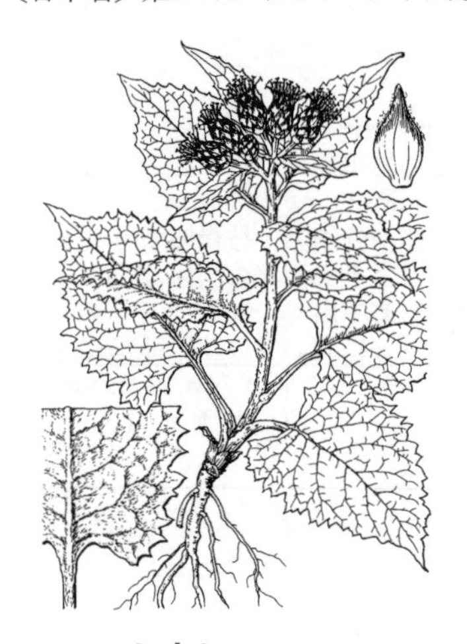

3991. **ユキバヒゴタイ** 〔キク科〕

Saussurea chionophylla Takeda

夕張岳など北海道の高山帯の乾いた草地や砂れき地に生える多年草．茎は高さ 4～10 cm あり，密に白色のクモ毛がある．根生葉は花時に残っていて柄があり，革質，卵形で基部は心臓形，粗い歯牙があって，長さ 4～8.5 cm ほどである．若時に上面に白色のクモ毛があるが脱落する．下面には宿存する白色の綿毛があり，全面白色に見える．茎葉は少ない．花は 8 月に咲き，頭花は 5～10 個散房状に密に集まる．総苞は鐘形で，長さ 12～14 mm，径 10～12 mm．クモ毛がある．外片は卵形で内片の半分，内片は線形で鋭く尖る．花冠は紫色を帯び，長さ 11～12 mm.〔日本名〕葉の下面が白毛におおわれるのを雪葉と呼んだもの．〔追記〕ウスユキトウヒレン *S. yanagisawae* Takeda はやはり北海道の高山帯砂れき地に生え，変異が大きい．ナガバキタアザミとも関連があるかもしれない．高さ 15 cm ほどになる．ウスユキトウヒレンの変種で葉の裏が白い綿毛でおおわれているものはユキバトウヒレン var. *nivea* (Koidz.) Nakai という．

3992. **トウヒレン**（セイタカトウヒレン） 〔キク科〕

Saussurea tanakae Franch. et Sav. ex Maxim.

本州中部，関東および中国地方の一部に分布し，日当たりのよい山地の草原に生える多年草．根茎は太く少し横にはい，多数のひげ根があり，茎は高さ 30～100 cm，直立して狭い翼が必ずついている．下部の葉は翼のある柄があって互生し，葉身は広卵状で先は尖り，基部はやや心臓形で，ふちには不整の鋭いきょ歯がある．洋紙質で両面に短毛がある．上部の葉は小形となり，柄がなく，基部は円形でほとんど全縁である．秋に茎の上部で分枝し，やや散房状または総状に暗紫色の頭花をつける．頭花はすべて両性の 5 裂する筒状花からなり結実する．痩果は 2 列の冠毛があり，内側のものは宿存性である．総苞は鐘状で径 12～15 mm，かたく，総苞片はきれいに重なり合い，絹状の綿毛が密生し，片の先端にはアザミ類とちがってとげはない．〔日本名〕唐飛廉の意で，飛廉はヒレアザミに対するわが国慣用の漢名である．多少外国的な印象から外国品と思い込んで唐の字をつけたと思われる．トウヒレン属（*Saussurea*）は変化に富み，わが国に約 30 種と多数の種内分類群がある．

3993. タイシャクトウヒレン 〔キク科〕

Saussurea kubotae Kadota

広島県庄原市東城町の帝釈台に産する多年生草本．高さ 90〜160 cm．茎は直立し，幅 7 mm になる翼があり，上部はクモ毛を有する．根生葉は花時には枯れ，茎葉は均等な間隔でつく．下部の茎葉の葉柄は長さ 11〜26 cm, 葉身はやや革質で，やじり形，長さ 11〜22 cm，幅 9.5〜12 cm，粗く鋸歯があり，基部は心臓形，鋭頭，上面は無毛，下面は脈上にクモ毛がある．上部の茎葉は卵形から楕円形，長さ 5〜12 cm，幅 3〜6.5 cm，鋸歯があり，基部は切形から楔形，鋭頭，上部のものほど小さく，葉柄は短いか，あるいは無くて抱茎する．花は 9〜10 月に咲き，3〜8 個の頭花が総状または円錐状にまばらにつく．総苞は倒卵形，直径 14〜18 mm，長さ約 2 cm，伏毛が密生する．総苞片は 13 列，外片は広卵形から卵形，長さ 2〜3 mm，先端は鋭尖頭で突起状となる．内片は広披針形，長さ 14 mm，鋭尖頭．花冠は紫色，長さ 13〜14 mm．セイタカトウヒレンに似るが総苞が倒卵形で総苞片が多く，頭花がよりまばらに開出し，柄に小型の苞葉が多数つくなどの違いがある．

3994. ワカサトウヒレン 〔キク科〕

Saussurea wakasugiana Kadota

福井県大島半島のカンラン岩の砂礫に特産する多年生草本．高さ 25〜70 cm, 茎は直立し翼は無い．根生葉は花時には枯れる．下部の茎葉は革質で卵形，長さ 5〜18 cm，幅 3〜15 cm，粗い鋸歯縁から浅裂となり，羽裂する場合は裂片は 2〜3 対，上面にクモ毛をまばらにつけるか無毛，基部は深い心臓形から心臓形，あるいはまれに広い楔形で鋭頭．花柄は長さ（2〜）5〜25 cm，まばらにクモ毛を有する．上部の茎葉は卵形から狭卵形，長さ 1〜4 cm，幅 0.2〜1.5 cm，葉柄は短いか，あるいはほぼ無い．花は 9 月に咲き，3〜7 個の頭花を散房状につける．花梗は長さ 2〜8 mm，短い翼があり，クモ毛をまばらに有する．総苞は狭卵形から円筒形，直径 4〜7 mm，長さ約 1 cm，クモ毛を有する．総苞片は 9 列，外片は長さ 2 mm，卵形で先端は尾状に尖る．内片は楕円形，長さ 8 mm，鋭頭．花冠は紫色で，長さ 10〜12 mm．

3995. キクアザミ 〔キク科〕

Saussurea ussuriensis Maxim.

本州（福島県以南），九州および朝鮮半島，中国北部，ウスリー地方などに分布し，日当たりのよい山地の草原に生える多年草．茎は高さ 60〜90 cm 位で翼はない．葉は硬く，根生葉は花時も生存しており，下部の茎葉と同じく長い柄がある．葉身は長さ 7〜18 cm，広卵形から長楕円状卵形まであり，先は尖り，基部は心臓形，切形またはやじり形，ふつう 3〜7 対の羽片があり，羽片には粗い欠刻がある．茎の上部で多数分枝し，秋に紅紫色の頭花をつけ散房花序状になる．総苞は筒形で長さ 12〜13 mm，径 4〜7 mm でクモ毛があり，先に附属片はない．花冠はすべて筒状で総苞の上にとび出す．そう果は褐色を帯びた長さ約 9 mm の冠毛がある．〔日本名〕菊アザミは葉形に基づく．

3996. ミヤコアザミ 〔キク科〕

Saussurea maximowiczii Herder

本州（宮城県以南），九州の山地の湿草原に生える多年草で，茎は高さ 50〜90 cm ほど，短毛がまばらにあり，腺点があって翼はない．葉は互生し，根生葉は花時にも残っており，大形の長楕円形で羽状に深裂し，裂片は卵形または卵状披針形でふちに不整のきょ歯があり，両面に短毛があり，下面にはまばらに腺点がある．上部葉は小さく，披針形でふちにきょ歯があり，上の方になるほど次第に全縁となる．秋に上部で分枝し多数の頭花を散房状につけることはキクアザミに似ているが，ややまばらである．頭花は淡紅紫色，総苞は細い筒形で長さ 10〜14 mm，径約 6 mm，総苞片の先は鈍い．ときに葉身が分裂せず，シオンの葉に似ているものがあるがこれをマルバミヤコアザミ f. *serrata* (Nakai) Kitam. という．〔日本名〕都アザミ，アザミに似て上品でやさしいのを都の人にたとえたものか．

3997. フォーリーアザミ 〔キク科〕

Saussurea fauriei Franch.

南千島，北海道に分布する多年草．高さ 1.5〜2 m ほどになる．茎に密に細毛が生え，ひれ状の翼がある．根生葉は花時にはない．茎葉は卵形で，先は短く鋭く尖り，基部は心臓形となる．柄にも翼があり，茎に流れるように続く．上部の葉は基部がくさび形，ふちに歯牙があり，長さ 14〜19 cm．上面は無毛，下面は灰白色の短毛を密生する．花は 7〜9 月に咲き，頭花は集散状に密につく．総苞は細い筒形をなし，長さ 10〜12 mm，径 4〜5 mm ほどあり，外片は短く円い．中片は狭長楕円形，内片は線形でふちに縮れたクモ毛がある．花冠は長さ 10 mm ほどで紅紫色．〔日本名〕日本の植物を採集した仏人宣教師フォーリーを記念したもの．〔追記〕トナカイアザミ *S. acuminata* Turcz. はサハリンや北海道に分布し，高さ 1 m ほど．根生葉は花時にはない．茎葉には長い柄があり，卵形で長さ 15〜17 cm，鋭尖頭で，基部は細くなって翼のある柄となり，茎に延下する．総苞外片は卵形である．

3998. コンセントウヒレン 〔キク科〕

Saussurea hamanakaensis Kadota

北海道東部（根室地方と釧路地方）の湿原に生育する多年生草本．高さ 60〜140 cm になり，茎には狭いが明瞭な翼があり，茎の上部には腺点がある．根出葉は花時には枯れる．下部の茎葉はやや革質，狭披針形，長さ 10〜15 cm，幅 1〜2 cm，鋸歯があり，上面は無毛，下面は腺点が密につく．基部は楔形，鋭尖頭．上部の茎葉は線形から狭披針形，長さ 5〜10 cm，幅 3〜8 cm，鋸歯縁あるいは全縁，鋭尖頭，抱茎し，下部の茎葉と同様下面に腺点がある．10〜20 個の頭花が散房花序につき，7〜8 月に開花する．総苞は狭い円筒形で長さ 8〜10 mm，径 4〜5 mm，クモ毛がある．外片は広卵形から卵形で，長さ 2〜3 mm，内片は披針形で，長さ 8〜10 mm．花冠は薄紫色，長さ 10 mm．痩果は長さ 3.5〜4 mm，無毛でわずかに赤褐色．

3999. ミヤマキタアザミ 〔キク科〕

Saussurea franchetii Koidz.

東北地方南部に分布し，高山帯の草地に生える多年草．高さ 50〜70 cm ほどになる．茎に狭い翼があり，上部に褐色の軟毛がある．花時に根生葉はない．中部以下の葉は柄があり，茎に延下する．基部は心臓形をなし，先は鋭く尖り，長さ 6〜11 cm で歯牙がある．上面に軟細毛があり，下面は網脈に沿って毛がある．上部の葉は小さく卵形をしている．花は 8 月に咲く．頭花は 5〜8 個で，散房状につく．総苞は球形，各片は革質で，長さ約 13 mm．外片，中片は内片と同長で，狭長楕円形をなし，先端は鋭く尖る．背側には細毛と白いクモ毛がある．総苞片の上部は開出し，反り返る．内片は線形で黒褐色，短毛がある．花冠は帯紫色で長さ 10 mm ほどになる．〔日本名〕深山北アザミは北日本の高山帯に生じるアザミの意であるが，アザミ属の植物ではない．

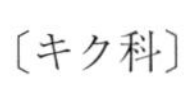

4000. フボウトウヒレン 〔キク科〕

Saussurea fuboensis Kadota

奥羽山脈南部に分布し，高山帯の草原や潅木林の林縁に生える多年生草本．根茎は斜上し，ひげ根があり，茎は高さ 40〜60 cm，直立して 1〜2 mm の翼があり，無毛あるいは褐色の軟毛がまばらに生える．根出葉は花時に枯れる．下部の茎葉は革質で広卵形，三角状卵形，あるいは卵形，長さ 7.5〜14 cm，幅 7〜9 cm，粗い鋸歯があり，無毛あるいは両面に短い褐色の軟毛が生える．基部は心臓形から狭心臓形，先端は尖る．葉柄は長さ 5〜12 cm，無毛あるいは褐色の軟毛がまばらに生え，上半分に翼がつく．中部と上部の茎葉は卵形，長さ 3〜5 cm，幅 2〜3 cm，縁に鋸歯があり，基部は切形から楔形，先端は尖る．頭花は 2〜3 個が散房花序につき，（7〜）8〜9 月に開花する．総苞は円筒形，長さ 12〜16 mm，径 8〜15 mm，黒紫色でくも毛がある．総苞外片は狭卵形，総苞内片は披針形．花冠は薄紫色で長さ 12〜13 mm．

4001. シラネアザミ　〔キク科〕

Saussurea nikoensis Franch. et Sav. var. ***nikoensis***

本州の長野県と北関東，福島県に分布し，深山に生える．高さ 35～65 cm，茎に狭い翼があり，上部に密に短毛がある．根生葉は長い柄があり，葉身は小さく長さ 5～12 cm，卵形で先端は鋭く尖り，基部は深い心臓形をなし，下面は網脈上に細毛がある．柄には狭い翼がある．茎葉は上にいくほど小さくなり，卵形から披針形になり，基部は心臓形またはくさび形．花は 8～9 月に咲く．頭花は 2～8 個集まり散房状の花序をつくり，はっきりした柄がある．総苞は長さ 15～16 mm，径 13～15 mm，密に細毛があり，暗紫色を帯びる．外片は大きく，卵状披針形，内片は長楕円形．花冠は紫色を帯び，長さ約 10 mm である．〔日本名〕白根アザミは発見地の日光白根山に基づく．クロトウヒレン var. *sessiliflora* (Koidz.) Kitam. は頭花が大きく，柄がなく，通常 2～3 個つく．8～9 月に咲き，本州中北部の高山に生える．

4002. ナガバキタアザミ　〔キク科〕

Saussurea riederi Herder subsp. ***yezoensis*** (Maxim.) Kitam.

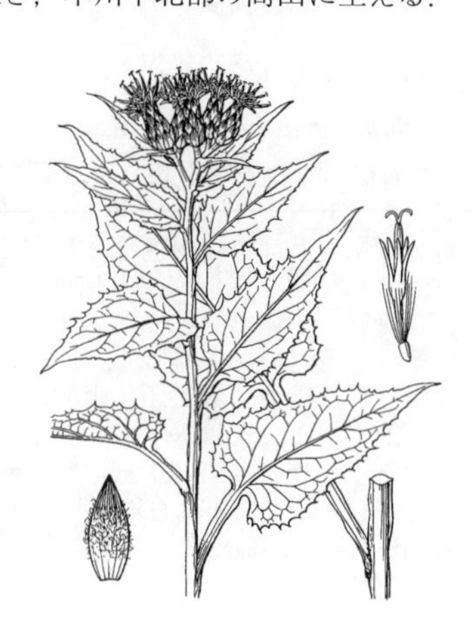

北海道と本州北部に分布し，主に高山の草地に生える多年草．高さ 30～50 cm になり，茎に狭い翼があり，茎の上部には短毛がある．根生葉は花時にはない．根生葉と下部の茎葉には長い柄があり，長さ 3.5 cm，広卵形で鋭尖頭，基部は心臓形をなす．両面に細毛がまばらにあり，質は厚い．上部の葉は小さくなり，基部は茎を抱く．花は 8～9 月に咲き，頭花は密に集まり散房状になる．柄は極めて短い．総苞は筒状，長さ 8～21 mm あって表面に縮れたクモ毛がある．上部は紫色を帯びる．外片はやや短く，披針形で鋭頭，内片は広線形でやはり先端は尖る．花冠は紫色を帯び，長さは約 10 mm.〔和名〕北地に産し葉が長いことによる．ヒダカトウヒレン *S. kudoana* Tatew. et Kitam. は本種によく似るが北海道に分布し，花時にも根生葉があり，茎葉は小さい．

4003. ヤハズヒゴタイ　〔キク科〕

Saussurea triptera Maxim. var. ***triptera***

本州中部地方の南部から関東山地に分布し，亜高山帯から高山帯の明るい林床，林緑，草地，岩れき地に生える．高さ 40～100 cm．茎に翼が出る．根生葉は存在するときは下部の茎葉と同様に卵形で翼のある長い柄があり，長さ 5～45 cm．先は尖り，基部は心臓形またはくさび形をなし，粗いきょ歯縁か，または羽状に中裂する．上部の葉は次第に小さくなり短い柄があるか，無柄となる．花は 8～9 月に咲き，頭花は 5～20 個，散房状になる．総苞は筒状で長さ 11 mm，径 5～10 mm．クモ毛がある．外片は内片の 1 / 2 で，広卵形，先端は圧着する線形の突起となる．花冠は紫色を帯び長さ約 10 mm．タカネヒゴタイ var. *minor* (Takeda) Kitam. は，高山帯に生えて高さ 10～20 cm と小型化し，頭花が 1～5 個，径 10～15 mm と大きいといって区別することもあるが，はっきりと分けるのは困難である．

4004. オオダイトウヒレン　〔キク科〕

Saussurea nipponica Miq. subsp. ***nipponica*** var. ***nipponica***

本州の近畿と中国地方，四国，九州北部に分布し，山地の林床に生える．高さ 50～100 cm，茎上部に細毛があり，狭い翼がある．根生葉は花時にもある．根生葉は広卵形，長い柄があり，長さ 12～18 cm で，先端は鋭く尖り，基部は心臓形をなす．質は薄く，上面に細毛がある．下面は脈にそって細毛がある．中部の葉は基部は浅心形，茎に狭く延下する．上部の葉は小さくなる．花は 8～10 月，頭花はまばらに多数つき，短い柄がある．総苞は筒状で長さ 10～14 mm，幅 7～14 mm．外片は内片の 1 / 4 ほどで，披針形，鋭頭で中片とともに反曲する．背に軟毛がある．内片は線形．花冠は紫色を帯び，10～13 mm.〔日本名〕紀伊半島の大台ヶ原山に基づく．〔追記〕本種は変化が多く，総包片の性質に基づき subsp. *nipponica* と subsp. *savatieri* (Franch.) Kitam. の 2 亜種に分けられる．前者にはオオダイトウヒレンの他に，四国産のトサトウヒレン var. *yoshinagae* (Kitam.) H.Koyama，北陸産のホクロクトウヒレン var. *hokurokuensis* (Kitam.) Ohwi があり，後者は東北地方から中部地方東部の太平洋側および兵庫・鳥取県境の氷ノ山に産するアサマヒゴタイ var. *savatieri* (Franch.) Ohwi，四国産のオオトウヒレン var. *robusta* (Makino) Ohwi ex Lipsch.，九州産のツクシトウヒレン var. *higomontana* (Honda) H.Koyama に分化している．

4005. タカオヒゴタイ 〔キク科〕

Saussurea sinuatoides Nakai

関東西南部の山地の林下や道ばたに生える多年草で，高さ 15〜50 cm，株全体が淡緑色，粗雑だが軟らかい毛がある．葉は長い柄があり，両側にバイオリン状の大きな彎入を持った卵形から長卵形で，先は鋭く尾状に尖り，基部は浅い心臓形，長さ 10 cm 内外，ふちに細かいきょ歯がある．晩秋に 2〜3 の頭花を総状につけて淡紫色の花が開く．小花は 20 個内外．総苞は緑色の細長い楕円体で上がくびれ，長さ 15 mm 内外．総苞片は中央から急に折れて開出し反曲する．開花時には集合葯がにごった青黒色で高く花冠外に突き出る．〔日本名〕基準産地の東京都高尾山にちなむ．

4006. ムツトウヒレン 〔キク科〕

Saussutra hosoiana Kadota

青森県六ヶ所村物見崎の太平洋に面したクロマツ疎林内に生育する多年生草本．高さ 30〜40 cm, 地下茎は斜上あるいは直立し，直径約 1.5 cm．茎は直立し，翼があり，上部には褐色毛を有する．根生葉は花時に残る．根生葉と下部の茎葉は厚く革質で光沢があり広卵形，長さ 11〜18 cm，幅 10〜16 cm，基部は深い心臓形，浅い鋸歯縁で，上面に短い褐色毛がまばらに生える．中部と上部の茎葉は，楕円形から卵形で，長さ 4〜5 cm，幅 1.5〜4 cm，浅い鋸歯縁で，基部は切形から楔形，鋭尖頭，上面に褐色毛がまばらに生える．葉柄は短く，翼があり抱茎する．花は 8〜9 月に咲き，2〜5 個の頭花を散房状，あるいは総状につける．花梗は長さ（0〜）1〜3 mm，総苞は釣鐘形から筒形で，直径 10〜18 mm，長さ 13〜16 mm，クモ毛を有する．総苞片は 8 列，外片は卵形，長さ 4〜6 mm, 反曲し，鋭尖頭．内片は披針形で，長さ 10〜13 mm, 鋭頭．花冠は紫色で，長さ 12〜13 mm.

4007. ハチノヘトウヒレン 〔キク科〕

Saussurea neichiana Kadota

青森県八戸市の太平洋に面した海岸沿いの風衝草原に生育する多年生草本．高さ 40〜80 cm，地下茎は斜上し，直径約 1.0 cm．茎は直立し，幅 8 mm になる翼はしばしば鋸歯縁となり，上部にはクモ毛がある．根生葉は花時には枯れる．下部の茎葉は革質で，葉柄は 7〜11 cm，葉身は狭卵形から卵形，長さ 9〜12 cm，幅 7〜9 cm，粗い鋸歯があり，上面は褐色毛をまばらに有し，下面は無毛，基部は心形，先端は鋭頭．中部と上部の茎葉は狭卵形で，長さ 2.5〜8 cm，幅 1〜5 cm，有毛，鋸歯縁で，鋭尖頭，基部は切形から楔形で葉柄の翼に沿下し，抱茎する．花は 9 月に咲き，2〜5 個の頭花を散房状につける．総苞は鐘形で，直径 12〜18 mm, 長さ 15〜17 mm, 総苞片は 8 列，光沢があり，少しクモ毛がある．総苞外片は狭卵形，長さ 5〜12 mm，鋭尖頭で尾状とならず，内片は狭楕円形で，長さ 14〜17 mm，鋭尖頭．花冠は淡紫色で，長さ 12〜13 mm，葯は紫色．

4008. コウシュウヒゴタイ 〔キク科〕

Saussurea amabilis Kitam.（*S. obvallata* Nakai. non Wall.）

埼玉県秩父山地から山梨県富士川流域にかけての山地，特に湿気の多い岩盤上に生える多年草．根茎から年々 1 茎を立てる．高さ 30〜70 cm，しばしば上部がやや傾垂する．全体にやせ形で葉形と共に雅趣に富んでいる．葉は下部では長い柄があり，披針状長卵形，長さ 10〜25 cm，先はだんだん細くなり，基部はやじり形．茎の中部では柄が短く，葉の基部はくさび形になる．いずれも下面が美しい白色の綿毛でおおわれている．盛夏に入ってから茎の頂に 2〜7 個の頭花をやや集まってつけるが，総苞は太い楕円体で長さ 17 mm 内外，先端が反曲した幅広（3 mm 幅）の総苞片はそのふちが紫色に染まり，また白いクモ毛がからむ．秋に入ってから，紅紫色の花が咲く．〔日本名〕甲州（山梨県）三ッ峠山で発見されたのによる．

4009. ヤハズトウヒレン 〔キク科〕

Saussurea sagitta Franch.

本州中部以北に分布し，亜高山帯の岩隙や岩れき地に生える．高さ 30～45 cm．茎は斜上または垂れる．根生葉は花時にはない．中部の茎葉はやじり状三角形，鋭尖頭，長さ 6～8 cm で柄に翼はない．質は薄く，上面は無毛，下面は脈にそって細毛が生えることもある．上部の葉は小さくなる．花は 8 月に咲き，頭花は 2～3 個で，細長い柄の先につく．総苞は筒形で，長さ 9～10 mm，径 6～8 mm ほどで，縮れたクモ毛がある．外片は短く，卵状で先が鋭く尖り，内片は線形で鋭頭．花冠は淡紫色で長さ 10 mm ほどになる．〔追記〕ミヤマトウヒレン *S. pennata* Koidz. は本州（紀伊山地），四国に分布する．茎葉は茎に延下し，長三角形，洋紙質で，細毛がある．花は 7～9 月，頭花は少数散房状につく．総苞は筒形で，長さ 12～13 mm．径 8～10 mm でクモ毛がある．外片は披針形で鋭尖頭．内片は線形で鋭頭．長さ約 12 mm.

4010. ホクチアザミ 〔キク科〕

Saussurea gracilis Maxim.

愛知県以西の本州，四国，九州の山地の日当たりのよい乾いた草原に生える多年草．茎は細く高さ 10～30 cm 位，翼はなく，初期にクモ毛がある．葉は互生し，根生葉はふつう花時に生存しロゼット状になり，下部の茎葉と同じく長い柄があり，葉身は長三角状卵形，先は鋭く尖り，基部は心臓形となって，ふちには尖った歯がある．茎葉は互生し，上部の葉になるにしたがって小形，柄も短くなる．葉の上面は無毛で緑色だが，下面には白色の綿毛が密に生えている．秋に茎の上部で分枝し，紫色の筒状花からなる小形の頭花をつける．総苞は筒状で長さ 13～16 mm，径 8～14 mm，紫色を帯びてクモ毛がある．総苞の外片は短く卵形，先は鋭く尖る．〔日本名〕ホクチ（火口）は昔火をつけるのにつかった綿で，葉裏の白い毛をそれに見立てたもの．

4011. ネコヤマヒゴタイ （キリガミネトウヒレン） 〔キク科〕

Saussurea modesta Kitam.

本州の中国地方と長野，静岡，栃木の各県に分布し，草地や湿地に生える．茎の高さ 40～70 cm で狭い翼があり，無毛であることが多い．枝はやや扁平．花時にも根生葉がある．葉は線状披針形で，鋭尖頭，基部は細くなって柄に翼がつき，少し茎を抱き，茎に短く延下する．長さ 15～30 cm．粗い毛があるか無毛．花は 8～10 月に咲き，頭花を茎や枝の先に 2～9 個散房状に密集してつける．総苞は筒状で，長さ 9～12 mm，径 6～8 mm．上方は紫色を帯びる．外片は長さ内片の半分ほどで卵形，先は尖る．花冠は紫色を帯び，長さ 9 mm になる．〔日本名〕ネコヤマは，広島県の猫山の地名から，霧ヶ峰トウヒレンは長野県の産地の名にちなむ．〔追記〕キリシマヒゴタイ *S. scaposa* Franch. et Sav. は九州に分布し，上記 2 種に似るが，茎は高さ 50 cm 以下と低く，葉は狭長楕円形または広被針形で羽状に浅裂することが多い．

4012. タムラソウ （タマボウキ） 〔キク科〕

Serratula coronata L. subsp. ***insularis*** (Iljin) Kitam. (*S. insularis* Iljin)

本州，四国，九州および朝鮮半島に分布，山地の草原などに生える多年草．根茎は木質で横にはい，茎は高さ 30～150 cm にもなり，多数の縦線がある．葉は互生，下部の葉は長い柄があって直立し，葉身は卵状長楕円形で羽状に深～全裂し，裂片は 4～7 対で長楕円形，ふちには粗いきょ歯があり，両面に細かい白毛があって上面は緑色，下面は淡緑でやや薄い．上部の葉ほど柄が短く，または無柄で小形になる．8～10 月頃，長い枝の頂にかなり大きい紅紫色の頭花をつけ，一見アザミ類のようである．しかし瘦果は無毛で花床に斜めにつき，冠毛は羽毛状にならず，花柱の分枝は互に離れて反曲する点などが明らかに異なっている．また葉にとげもない．総苞は広卵状球形で長さ 25 mm 内外，総苞片は覆瓦状に密にくっついて並び，外片は短く先端は鋭くとげ状になる．花床には鱗状のとげがある．〔日本名〕タムラソウの語源は不明．玉箒は枝が箒状になり，その先に球状の頭花がつくからである．

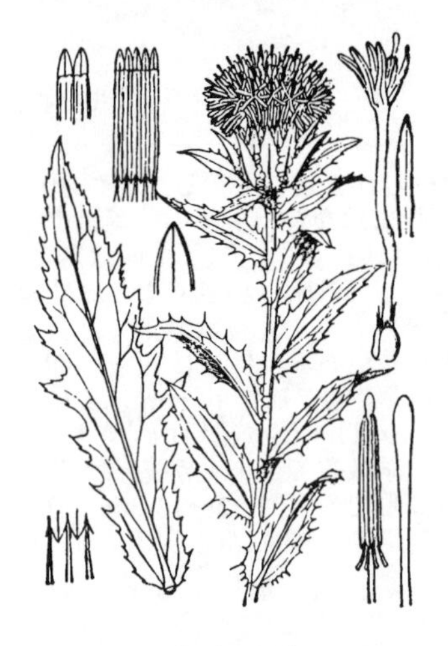

4013. ベニバナ（スエツムハナ，クレノアイ）　〔キク科〕

Carthamus tinctorius L.

エジプト原産といわれる越年草で，茎は高さ 1 m 内外，白色で上部で分枝し，毛はない．葉は互生し，硬くて深緑色，広披針形で先は尖り，基部は円形でやや茎を抱き，ふちは不整の欠刻またはきょ歯があって，おのおのの先にとげがある．夏に枝の先に鮮黄色の筒状花が頭花をつくり，アザミの花に似ている．頭花は径 2.5〜4 cm，長さ 2.5 cm 位，時がたつとやがては赤色に変わる．総苞片は外側のものは大きく葉状となり，ふちにとげが多い．痩果は白色で光沢があり長さ約 6 mm，冠毛は非常に短い．小花を摘んで日陰で乾かしたものが生薬の紅花で婦人薬とする．また赤い色の原料とされていたが，今ではほとんど化学色素に駆逐されてしまったので，以前のように大々的には栽培されなくなったが近年また別の薬用に使われるようになりつつある．また若葉はサラダ菜，種子は油料として利用される．〔日本名〕赤い花，または紅（べに）をとる花の意味．末摘花は頭花の末端から花冠を抜きとるからであり，呉の藍は中国から伝来した色素をとる植物の意味．

4014. ヤグルマギク（ヤグルマソウ）　〔キク科〕

Cyanus segetum Hill（*Centaurea cyanus* L.）

ヨーロッパ東部・南部原産の一年草または越年草で，観賞草花として栽培される．茎は高さ 30〜90 cm になり，多少分枝し，やや白綿毛におおわれる．葉は互生し，全縁または多少のきょ歯がある線形で，下部のものは幅広く倒卵状で羽状に深〜中裂，長さ約 15 cm である．初夏から秋にわたって咲くが，花屋では温室栽培のものが春に出まわる．細長い花茎に単生する頭花は青紫色，桃色，鮮紅色，空色，白色などさまざまの品種があって美しい．各頭花はすべて筒状花からなるがふつう周辺のものは大形で，一見舌状花かと思う．総苞片は密着し，先は縁毛状となる．中心の花冠も大形になるもの，草丈の高低など品種の差がある．〔日本名〕矢車菊の意で，周辺花の状態を矢車にたとえたもの．

4015. ルリギク（ストケシア）　〔キク科〕

Stokesia laevis (Hill) Greene（*S. cyanea* L'Hér.）

北アメリカ南部原産の多年草．観賞用草花としてよく栽培されている．高さ 40〜60 cm ばかり，根生葉は長さ約 20 cm，無毛，無光沢，やや革質，狭披針形，全縁で柄がある．6 月頃から夏いっぱい，上方でまばらに分枝し，花茎を出して，径 4〜5 cm の紫を帯びた青色の頭花を頂生する．茎葉は無柄，上方になるにしたがってしだいに小形となり，茎を抱き，最上方の葉のふち下半分には先が毛で終わる鋭いきょ歯がある．舌状の周辺花は筒部が短く，先端は浅く 5 裂，中心花は深裂，総苞片は上部の葉と似て小形で広開し，たがいに接することはなく開出している．〔日本名〕ルリギクは花色に基づく．

4016. ムラサキムカシヨモギ（ヤンバルヒゴタイ）　〔キク科〕

Cyanthillium cinereum (L.) H.Rob.（*Vernonia cinerea* (L.) Less.）

熱帯アジアに広く分布し，わが国では琉球から九州南部に産する多年草．茎は直立し，高さ 0.4〜1 m に達し，灰白色の毛が生える．葉は互生し，長さ 1〜2.5 cm の柄があり，葉身は菱状卵形または卵形，先は鋭形，基部はくさび形で，長さ 4〜6.5 cm になり，ふちにはきょ歯があり，両面とも毛を散生する．花は 10〜11 月に咲き，多数の小さな頭花が散房状の円錐花序につく．頭花は長さ 7〜8 mm で，長さ 5〜15 mm の柄がある．総苞は鐘形で，長さ 5 mm，幅 6〜8 mm となり，腺点がある．総苞片は 4 列で，瓦重ね状に配列する．小花は 20 個内外で，花冠は 5 裂し，紫色で，毛が散生し，長さ 5〜6 mm になる．葯の下部は矢じり形になる．花柱の枝は先細りで短く，毛がある．痩果は円柱形，長さ 2 mm，幅 0.7 mm になり，先は切形で，基部は狭まり，毛を密生し，腺点がある．冠毛は白色，2 列で長さ 4〜5 mm になり，外列は短い．〔日本名〕ヒメムカシヨモギの類に似て紫花をつけるのでいう．

4017. チ コ リ（キクヂシャ，オランダヂシャ，ハナヂシャ，エンダイブ）〔キク科〕

Cichorium endivia L.

地中海沿岸地方の原産と考えられる一年草または二年草で，食用野菜として栽培されている．根は深く紡錘状，茎は高さ 60～130 cm になり，分枝する．葉はもろくほとんど無毛で，品種によって変異があり，不整の欠刻と細かいきょ歯があるものや，多数の小裂片に分裂するもの，平たいものやしわがあって著しく縮むものなどと色々である．色も変化がある．茎葉は互生し，基部は茎を抱く．春から夏にかけて濃青色の頭花が咲き，花径は 3～4 cm，総苞は緑色で外片は卵形で反曲し，内片は外片の 2 倍ほど長く，披針形で直立する．痩果は長さ 2～3 mm，灰白色で上端に鱗片状の短い冠毛がある．冠毛はキクニガナに比べて長く，また苦味が少ないことも異なっている．冬または春に新葉を軟白して生食する．〔日本名〕属名の読みに基づく．別名の菊ヂシャはチシャ（4055 図参照）に似て頭花が大輪なのをキクにたとえたもので，花ヂシャも同じ．オランダヂシャは外来品であることを示す．エンダイブは英語名．

4018. キクニガナ 〔キク科〕

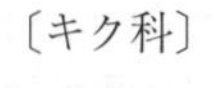

Cichorium intybus L.

地中海沿岸地方の原産だが，今はヨーロッパのほかシベリア，西アジアおよびインドあたりにまで広く野生化している多年草．食用に栽培される．高さ 60～100 cm になり，根は深く，品種によっては肥大して多肉になるものもある．葉は互生し，根生葉は柄があって逆向きの羽状裂片があり，主脈に粗い毛がある．上部の葉は小さく全縁で柄はなく，苞葉状となってやや茎を抱く．夏に青色，品種によっては白または淡紅色の頭花を枝上に腋生，または頂生し朝開き，午後閉じる．頭花は径 4 cm あまり，柄はなく，総苞には腺毛があり，内片は狭い葉状，外片は内片の長さの約 2 分の 1 で卵形である．痩果は灰白色，長さ 2～3 cm，冠毛はチコリよりさらに短い．若い根生葉を軟白して，サラダ用とするほか，根をコーヒーの代用にする品種もある．〔日本名〕菊苦菜はニガナに似て大輪の花をつけるからである．

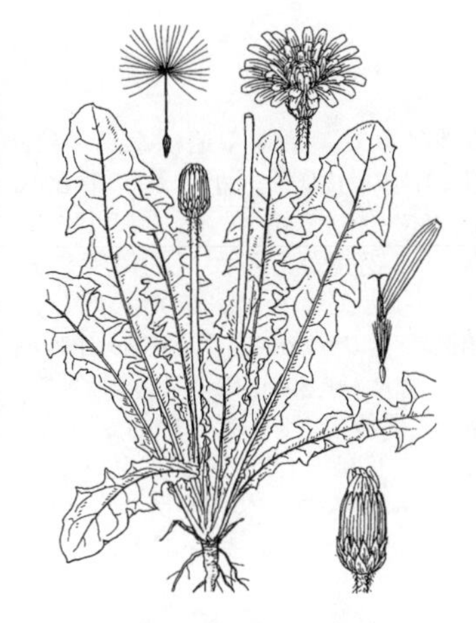

4019. ヤツガタケタンポポ 〔キク科〕

Taraxacum yatsugatakense H.Koidz.

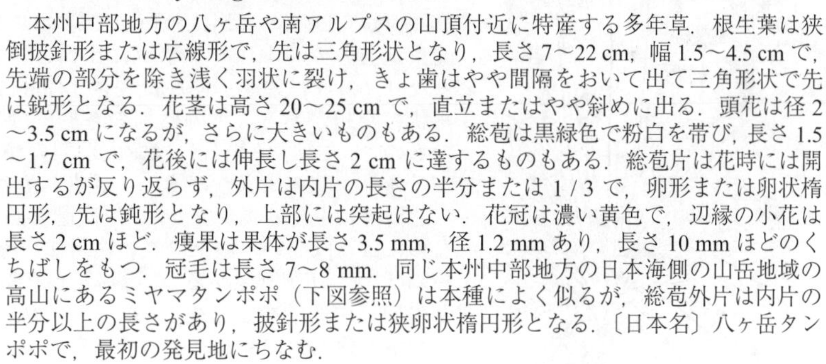

本州中部地方の八ヶ岳や南アルプスの山頂付近に特産する多年草．根生葉は狭倒披針形または広線形で，先は三角形状となり，長さ 7～22 cm，幅 1.5～4.5 cm で，先端の部分を除き浅く羽状に裂け，きょ歯はやや間隔をおいて出て三角形状で先は鋭形となる．花茎は高さ 20～25 cm で，直立またはやや斜めに出る．頭花は径 2～3.5 cm になるが，さらに大きいものもある．総苞は黒緑色で粉白を帯び，長さ 1.5～1.7 cm で，花後には伸長し長さ 2 cm に達するものもある．総苞片は花時には開出するが反り返らず，外片は内片の長さの半分または 1 / 3 で，卵形または卵状楕円形，先は鈍形となり，上部には突起はない．花冠は濃い黄色で，辺縁の小花は長さ 2 cm ほど．痩果は果体が長さ 3.5 mm，径 1.2 mm あり，長さ 10 mm ほどのくちばしをもつ．冠毛は長さ 7～8 mm．同じ本州中部地方の日本海側の山岳地域の高山にあるミヤマタンポポ（下図参照）は本種によく似るが，総苞外片は内片の半分以上の長さがあり，披針形または狭卵状楕円形となる．〔日本名〕八ヶ岳タンポポで，最初の発見地にちなむ．

4020. ミヤマタンポポ 〔キク科〕

Taraxacum alpicola Kitam. var. ***alpicola***

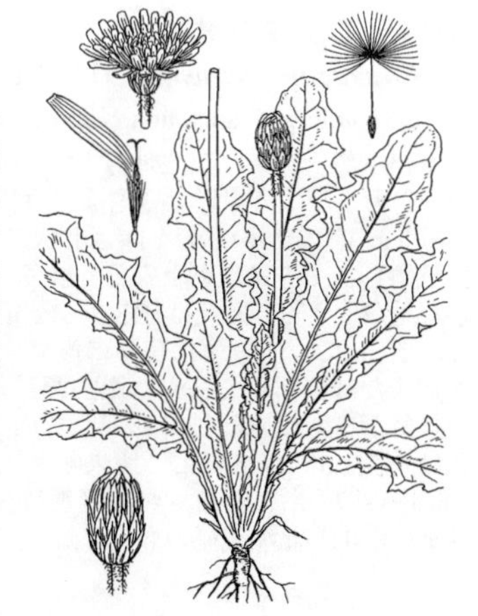

本州中部地方の妙高山系から北アルプスを経て白山に至る地域の高山に特産する多年草．根生葉は狭倒披針形または広線形で，先は三角形状となり，基部は柄状に細まり，長さ 10～20 cm，幅 2～5 cm で，先端の部分を除き羽状に中裂または深裂し，きょ歯は三角形状で先は鋭形となる．花茎は高さ 8～15 cm で，直立し，上方には白い毛が生える．頭花は径 4～5 cm で，総苞は黒緑色で粉白を帯び，長さ 1.5～1.8 cm になる．総苞片は花時には斜開するが反り返らず，外片は内片の長さの半分よりもやや長く，披針形または狭卵状楕円形，先は鋭形で，上部には突起はない．花冠は濃黄色で，辺縁の小花は長さ 2 cm ほど．痩果は果体が長さ 3.5～4 mm，幅 1.2～1.5 mm あり，長さ 8～9 mm ほどのくちばしをもつ．冠毛は長さ 7～8 mm．北アルプスと南アルプスの荒川岳，赤石岳に産する変種のシロウマタンポポ var. *shiroumense* (H. Koidz.) Kitam. は総苞外片の上方に突起があり，葉が深く切れ込む．〔日本名〕深山タンポポで，遠隔の地であった北アルプスの高山に生えることにちなむ．

4021. カントウタンポポ（アズマタンポポ）〔キク科〕

Taraxacum platycarpum Dahlst. subsp. ***platycarpum***

本州（東北地方南部から近畿地方東部の太平洋側）の野原や道ばたなどに最もふつうの多年草で，早春から，根生の葉を多数ロゼット状に出す．葉は倒披針形で，羽状に深裂または欠刻があり，軟らかい．3〜4 月頃，葉の間から根生の花茎を伸ばし高さ 15〜30 cm 位で，上端に長い縮れた綿毛があり，黄色の頭花が頂生する．頭花は径 3.5〜4.5 cm，小花はすべて舌状花冠で，その先は切形，浅い 5 歯がある．花後に痩果は褐色になり，上部が小柄状に伸びて頂に白色の冠毛がある．痩果の果体は長さ 5 mm 位，上部には刺状の突起がある．総苞外片は緑色で内片の長さの約 2 分の 1，内片と同じく上部に著しい角状の突起があって外側へ反曲しない．タンポポの仲間は種類が多いが一般では区別なしに葉を食用とし，また根を健胃剤に用いる．〔日本名〕タンポポの語原はおそらくタンポ穂の意で，球形の果実穂からタンポ（布で綿をくるんで丸めたもの．拓本などに使う）を想像したものであろう．古名タナ，フジナ．〔漢名〕タンポポの類を蒲公英という．〔追記〕よく似たシナノタンポポ subsp. *hondoense* (Nakai ex H.Koidz.) Morita は二倍体で，長野県，新潟県および関東地方北部の低地を中心に分布するが，カントウタンポポとの区別は必ずしも明瞭ではない．

4022. ヒロハタンポポ（トウカイタンポポ）〔キク科〕

Taraxacum platycarpum Dahlst. subsp. ***platycarpum***
var. ***longeappendiculatum*** (Nakai) Morita
（*T. longeappendiculatum* Nakai）

本州中部に広く分布しているカントウタンポポの 1 極端型で，典型的なものは静岡県の駿河湾沿岸に分布するが，関東地方南部や近畿地方東部の太平洋側にも普通のカントウタンポポに混じってしばしば似た型が見られる．根生葉は倒披針形で，先は三角状円形となり，長さ 10〜25 cm，幅 1.8〜5 cm で，先端の部分を除き羽状に浅裂または中裂し，きょ歯は三角形状で先は鋭形となり，きょ歯の間はふつう円形となる．花茎は高さ 10〜20 cm で，直立し，上方には軟らかな毛が密生する．頭花は径 2.8〜3 cm になる．総苞は鮮緑色で粉白を帯びず，長さ 1.4〜1.6 cm で，花後には伸長し，長さ 1.7〜2 cm になる．総苞片は花時には直立または斜開するが反り返らず，上部に顕著な角状の突起があるのが特徴である．総苞外片は内片の長さの半分よりも長く，線状披針形または狭長楕円形，先は鈍形である．花冠は黄色で，辺縁の小花は長さ 1.3〜2 cm ほど．痩果の果体は長さ 3〜4 mm，幅 1.2〜1.4 mm あり，長さ 10 mm ほどのくちばしをもつ．冠毛は長さ 6〜8 mm ある．

4023. カンサイタンポポ〔キク科〕

Taraxacum japonicum Koidz.

関西から四国，九州にわたって分布する多年草で，草地や道ばたに多い．関東地方のカントウタンポポに比べて総苞の内外片の長さが著しく不連続となり，外片は短小，内片は長さ 14 mm 内外でその 2 倍半，ともに小さい角状の突起がある．葉の欠刻の有無には種々の変異があるが（図は無欠刻のもの），欠刻する場合には頭大羽裂の傾向がほとんどない．またしばしばバイオリン状の彎入ができる．頭花は盛開時に径 2.5 cm 位で，中部山地から北海道に生えるエゾタンポポ（次図参照）の豊大（径 5 cm に近く小花多数）なのには及ばない．痩果は長い楕円体，淡い黄褐色で 7〜9 本の縦溝があり，短刺状のとげが密生する．近畿地方東部では，しばしばカントウタンポポとの間に中間的な型を生じる．この型の存在を根拠に，本種をカントウタンポポの種内分類群とみなす意見もある．〔日本名〕関西のタンポポの意味．

4024. エゾタンポポ〔キク科〕

Taraxacum venustum H.Koidz.
（*T. hondoense* auct. non Nakai ex H.Koidz.）

本州中部，関東，東北地方と北海道の平地や丘陵地に生える多年草．根生葉は倒披針形または広線形で，先は三角状となり，長さ 15〜30 cm，幅 2〜4（まれに 5〜6）cm で，先端の部分を除き羽状に中裂または深裂し，きょ歯はやや接してつき，長三角形状で先は鋭形となる．花茎は高さ 10〜20 cm で，直立し，上方には軟らかな毛が生える．頭花は径 3.5〜4 cm になる．総苞は鮮緑色で粉白を帯びず，長さ 1.5〜2 cm で，総苞片は花時に直立する．総苞外片は内片の約半分の長さがあり，卵形または広卵形で，先は微凸頭鈍形となり，上部にはくちばしがない．内片は狭披針形または線状披針形で，背面が黒味を帯びる．花冠は濃黄色で，辺縁の小花は長さ 1.5〜2 cm ほど．痩果の果体は長さ 4〜5 mm，幅 1.2 mm ほどで，長さ 10 mm 内外のくちばしをもつ．冠毛は長さ 6〜9 mm ある．三〜四倍体〔日本名〕蝦夷タンポポ．北海道産のものに対して最初に命名されたことによる．

4025. シロバナタンポポ

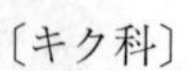
〔キク科〕

Taraxacum albidum Dahlst.

関東地方から西の日本各地にふつうな多年草で，道ばたや，人家の近くに生える．早春，ロゼット葉を出し，葉は広く大きく，かつ立つものが多く，淡緑色で軟らかい．3〜4 月頃，葉の間から根生の花茎を伸ばし，高さ 30〜40 cm 位になり，その頂に白色の頭花をつける．頭花は径 3.5〜4.5 cm，すべて舌状花である．総苞は淡緑色，総苞片の先には小さな角状の突起があり，外片は短く，やや開出する．瘦果の果体はやや倒卵形体で長さ約 4 mm，上に刺状の突起があり，その上には 8〜10 mm の細長いくちばしがあり，先端に冠毛がある．本種は花冠が白色であるので，他種との区別が容易である．四国や九州地方ではこの種がふつうで，ほとんどこればかりの所が多い．〔追記〕本種に似た白花または淡黄色花をつけるタンポポに，東北地方に分布するオクウスギタンポポ *T. denutatum* H.Koidz.，愛知県以西に点々と分布するキビシロタンポポ *T. hideoi* Koidz. などがある．これらの種は染色体数が四倍体である点で五倍体のシロバナタンポポと異なる．

4026. セイヨウタンポポ

〔キク科〕

Taraxacum officinale Weber ex F.H.Wigg.

ヨーロッパ原産の多年草で，日本では都会地を中心に広く帰化し，最近では在来タンポポとの間に生じた雑種も多く見られるようになってきている．根は円柱形で深く地中に直下し，葉はロゼットとなり，狭楕円形，下部は狭まり，ふちはやや逆向する羽裂から全縁まで変化が多く，緑色で軟らか，毛はない．径 4〜5 cm の頭花は黄色で，単一の花茎の先に頂生し，春の日を受けて開くことは他のタンポポと同じ．総苞の内片が直立し，外片が著しく反曲する点は他の日本産の種類と明らかに異なっている．花床は裸出し，瘦果は褐色で平たい紡錘形，縦に短いが鋭い歯状の突起が並び，上部は長く柄状に伸び，先端に輪状に展開する絹糸状の白い冠毛がある．舌状花はすべて両性で結実し，雄しべの花糸は細くて糸状，葯は集まって内向する．雌しべの花柱も糸状で柱頭は 2 岐する．植物全体に苦味のある白い乳液を含んでいる．ヨーロッパでは本種はサラダ菜などとして食用にするというが，わが国ではふつう栽培されない．〔日本名〕西洋（ヨーロッパ）産のタンポポの意味．

4027. フタマタタンポポ

〔キク科〕

Crepis hokkaidoensis Babcock

北海道の高山の草地や岩れき地に生える多年草．花茎の基部にはロゼット状の根生葉があり，その葉は倒卵状長楕円形あるいは線状倒披針形で，先は円味を帯びた三角状となり，長さ 5〜15 cm，幅 1〜3 cm で，先端の部分を除き，羽状に浅裂または中裂し，きょ歯はやや間隔をおいてつき，長三角形状で先は鋭形となり，先端が下方を向く．花茎は高さ 5〜20 cm になり，直立し，1 または 2 個の葉がつき，褐色の長い毛と白色の短い軟らかな毛とが生え，ときに二叉に分かれる．花茎が中実であり，この点で中空のタンポポ属の種とはっきり区別できる．頭花はふつう 1 個まれに 2 または 3 個つき，径 3〜4 cm になる．総苞は長さ 1.5〜1.8 cm で，花茎と同様な毛がある．総苞外片は 1 列につき，長さ 5〜10 mm で，花時に開出し，披針形または狭卵形で，先は鋭形に終わる．内片は狭披針形または線状披針形で，花時に直立し，花後に基部がふくれることはない．花冠は黄色．瘦果は披針形体で長さ 9〜11 mm，基部は幅 1 mm ほど，黒色で，縦に 20 ほどの肋がある．〔日本名〕二叉タンポポで，タンポポに似ていて，花茎が二叉に分かれることにちなむ．花茎はふつうは単一である．

4028. クサノオウバノギク

〔キク科〕

Crepidiastrum chelidoniifolium (Makino) J.H.Pak et Kawano

（*Paraixeris chelidoniifolia* (Makino) Nakai）

関東，紀伊半島，四国，九州（熊本県）に分布し，温帯域の日当たりの良い岩れき地に生える二年草．全体が白っぽい．葉の切れ方と乳液の出ることとでクサノオウに似ている．朝鮮半島，中国東北部にも分布する．高さ 15〜40 cm，ふつう二年生であるが，大形のものは年内に花を開く．根は貧弱．茎の基部近くから，しばしば多数の枝を開出する．草全体に毛がなくて，繊細な感じが強い．葉は羽状に全裂，裂片は 3〜5 対で，裂片には葉の基部に近い側に 2〜3 の大形の欠刻状のきょ歯があり，葉柄の基部の両側には托葉状に小葉片がつく．秋に枝端に散房状に黄色の頭花をつける．頭花は 5 つの小花からなり，径 1 cm．花後には頭花は下向し，冠毛は純白色．染色体数は 2n = 10．〔日本名〕クサノオウ（ケシ科）の葉をもつノギクの意味．

4029. ヤクシソウ 〔キク科〕

Crepidiastrum denticulatum (Houtt.) J.H.Pak et Kawano
（*Paraixeris denticulata* (Houtt.) Maxim.）

北海道から九州の日当たりのよい草地や道ばたに生える二年草．朝鮮半島，中国大陸，ベトナムにも分布する．茎は直立し，高さ 30〜60 cm 位，やや堅く，分枝する．根生葉はかたまってつき，さじ形で長い柄があり，花期には枯れる．茎葉は互生し，葉柄はなく基部で茎を抱く．形は長楕円形，あるいは倒卵形，ふちに低いきょ歯がある．質は薄く柔らかで下面はやや白色を帯び，切ると白色の乳液を出す．全株に毛はない．8〜11 月頃，枝上に散房状花序に多数の柄のある頭花をつける．頭花は直径約 1.5 cm，全部黄色の舌状花よりなり，頭花あたりの小花数は 13〜19 個，花期が終わると下を向く．果実期には黒緑色の総苞に包まれた純白色の冠毛がよく目立つ．染色体数は 2n = 10 で 5 を基本数とする二倍体である．〔日本名〕薬師草かと思うが語源は不明．〔中国名〕苦蕒菜．〔追記〕葉が羽状に分裂するものをハナヤクシソウ f. *pinnatipartita* (Makino) Sennikov といい，特に西日本に多い．

4030. ヤクシワダン 〔キク科〕

Crepidiastrum* ×*nakaii H.Ohashi et K.Ohashi

ヤクシソウとワダンの自然雑種であり，三浦半島・伊豆半島の海岸にしばしば見られる．ヤクシソウに比べ葉が厚く，茎が頑丈になり，ワダンに比べ葉にきょ歯があり，葉の基部はやや茎を抱き，小花の数は 7 個以上である．雑種第一代だけでなく，両親種との戻し交雑の結果，生じた雑種後代からなる雑種群落が見られることがある．雑種群落ではヤクシソウに類似したものからワダンに類似したものまでさまざまな段階の変異が見られ，外部形態で両親種と雑種を区別することはしばしば困難である．ヤクシソウは，他にホソバワダンやアゼトウナとも交雑し，それぞれヤクシホソバワダン *C.* ×*muratagenii* H.Ohashi et K.Ohashi（九州），ヤクシアゼトウナ *C.* ×*surugense* (Hisauchi) Yonek.（静岡県，高知県，大分県）をつくる．

4031. アゼトウナ 〔キク科〕

Crepidiastrum keiskeanum (Maxim.) Nakai

本州（伊豆半島から紀伊半島），四国（太平洋岸），九州（大分・宮崎県）の海岸の岩場に生える多年草．根は太く真直に岩の間に下り，その先端に根生葉と茎が群生するロゼットがある．花茎はロゼットの下から分かれて広がる匍匐枝の先から斜めに立ち，高さは 15〜20 cm 位，しばしば途中で分枝し，分枝点に根生葉と同様の葉を密生する．葉は厚質でふちにきょ歯があり，細い倒卵形で，先端は円く，根生葉はしばしば花時に枯れ，茎葉は互生している．葉の長さは 3〜10 cm，幅 1〜2 cm である．晩秋に茎の先に黄色の舌状花のみからなる頭花をぎっしりとつける．頭花の直径は 1.5 cm 位．舌状花と総苞内片はともに 7〜8 個．冠毛は純白色．染色体数は 2n = 20.

4032. ホソバワダン 〔キク科〕

Crepidiastrum lanceolatum (Houtt.) Nakai

本州（島根，山口県），四国，九州，朝鮮半島南部，中国東岸，台湾に分布し，海岸の岩場に生える多年草．太く木化した主茎の先端に根生葉を群生する．また細長い匍匐茎をのばし，匍匐茎の先端は発根し，根生葉を群生する．根生葉は基部が細くなった倒披針状卵形で，全縁，草質で多少厚味があり，鮮やかな緑色，しばしば淡紫色を帯びる．また羽状に深く切れこむことがある．花は 10〜11 月に咲き，花茎はふつう匍匐茎の先からのび，高さ 20〜30 cm．花茎につく葉は長卵形で柄が短く最上部では深く茎を抱く．頭花は黄色，枝端に 10 個内外ずつ散房状に集まり，径約 1.5 cm，平開して美しい．舌状花と総苞内片はともに 7〜8 個．冠毛は純白色．染色体数は 2n = 20．〔台湾名〕細葉假黄鵪菜．〔日本名〕ワダンに似て葉が細いため．

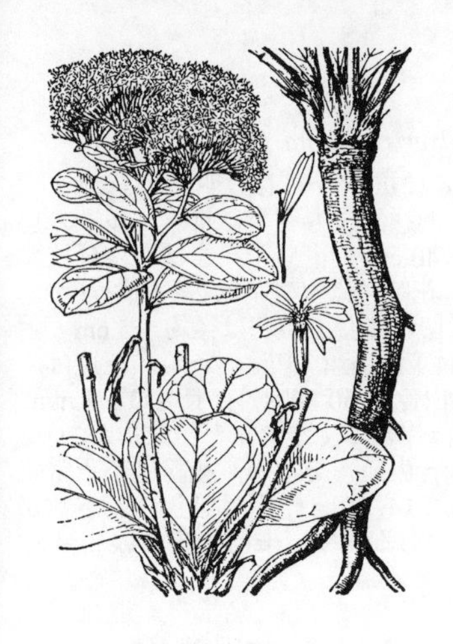

4033. ワ　ダ　ン　〔キク科〕

Crepidiastrum platyphyllum (Franch. et Sav.) Kitam.

千葉, 東京（伊豆諸島）, 神奈川, 静岡に分布し, 海岸の岩場に生える多年草. 主茎は太くて短く根茎のようになっていて, 先端に根生葉が群生している. 葉腋から細長い匍匐茎をのばし, 匍匐茎の先端は発根し根生葉を群生する. 葉は軟質で, 倒卵形か楕円形で先端は円く, ふちはほとんど全縁である. 長さは 8〜18 cm, 幅 4.5〜7 cm. 上の方の葉は花序に接している. 色は淡い黄緑色で柔らかい. 茎や葉を切ると, 苦味のある白い乳液が出る. 秋に根生葉の下から花茎を立ち上げ, 高さは 30〜60 cm 位で, 横に枝を分枝し, 先端に黄色の舌状花のみからなる多数の頭花が群生する. 頭花の直径は 1.5 cm 位. 舌状花と総苞内片はともに 5（〜6）個. 冠毛は純白色. 染色体数は 2n = 10.〔日本名〕おそらくワタナの訛りであろう. ワタはわたつみなどと同じく海を指し, ワタナは海岸生の菜という意味である.

4034. コヘラナレン（アシブトワダン）　〔キク科〕

Crepidiastrum grandicollum (Koidz.) Nakai

小笠原諸島, 父島の固有種で, やや乾燥した岩上や向陽地に稀産する小形で常緑の多年草. 草丈は 15〜40 cm. 全株無毛. 主茎は太く, 木本状で長さ 20 cm に及ぶことがあり, 分枝せず, ときに暗紫色を帯びる. 主茎の葉は有柄で多数輪生状に生じ, 葉身は倒披針形で長さ 10〜15 cm, 幅 2〜3 cm で先端は円く, 基部は次第に細まって葉柄に翼状に沿下する. 全縁またはときに低きょ歯がある. 花茎の葉は卵形で先は円く, 基部は無柄で茎を抱く. 花茎の葉, 主茎の葉とも質厚く, 上面黄緑色, 下面やや粉白を帯びる. 葉脈は中肋が下面に突出する. 花期は 11 月頃. 枝頂に 10 数個の頭花を密集して散房花序を作る. 花茎は長さ 10〜15 cm, 花梗は細く, 長さ 3〜5 mm. 総苞は円柱形で長さ 5〜6 mm, 幅約 2 mm. 総苞外片は長卵形で先が尖り, 長さ 2 mm で先端に毛がある. 内片は披針形で 5 枚あり, 先端有毛. 小花は 5 個で花冠は鮮黄色, 舌状花の先端は 5 浅裂する. 花柱は 7〜8 mm, 柱頭は 2 岐して長く超出し, 細突起がある. 果期は 12 月頃. 痩果は長さ 1〜2 mm, 冠毛は淡褐色で長さ約 2 mm. 小笠原で同属のヘラナレン（次図参照）に近縁と考えられるが, これより小形, 茎は分枝せず, 頭花はやや大きく花は黄色などの点で異なる.

4035. ヘラナレン　〔キク科〕

Crepidiastrum linguifolium (A.Gray) Nakai

小笠原諸島特産の小低木で, 海岸や稜線の明るい草地に生える. 高さ 1 m ばかり, まばらに分枝した茎は太く, 径 2〜3 cm, 葉の跡が多数残っていて粗雑である. 葉は茎の頂に密生して, 水平に開出し, 広線状披針形で, 先端が円形, 基部はやや狭くなる. 長さ 15 cm, 幅 1.5 cm 内外, 上面は鮮緑色で平たく, 下面は白く粉をふいている. ふちは全縁だが軽微なうねりがある. 11 月頃にこの密集した葉の間から多数の側枝を出して, 直立しかつ葉より高く抜き出た花序になる. その高さは 10〜15 cm, 小形の葉を少数つけ, 白花が咲く. 頭花は径 1.5 cm, 舌状花と内総苞片はともに 5 枚. 冠毛は純白色. 染色体数は 2n = 10. 小笠原には大形の葉のユズリハワダン（次図参照）, 葉は小形で舌状花が黄色のコヘラナレン（前図参照）があり, いずれもヘラナレンに近縁である.

4036. ユズリハワダン　〔キク科〕

Crepidiastrum ameristophyllum (Nakai) Nakai

小笠原の固有種で, 父島, 母島に稀産し, 母島の稜線付近に比較的良好な群生地が見られる. 風の当たる向陽地や上層木のある林縁などが好適地である. 高さ約 1 m の常緑小低木. 茎は分枝せず直立し, 紫褐色で径 1〜2 cm, 上部に多数の葉が集まる. 葉は互生し, 長さ 3.5〜5.5 cm の柄があり, 葉柄基部は扁平となって茎を抱き, 縮毛が密生する. 葉身は上面に光沢あり, 下面は粉白を帯び, 両面無毛, 狭長楕円形で両端尖り, 長さ 15〜20 cm, 幅 3.5〜5.5 cm. 全縁で質は柔らかく, ふちはときに波うち, 主脈は太く明瞭で下面に突出する. 花期は 11〜1 月. 上部の葉腋から長さ 8〜20 cm の総状花序をのばし白色の小頭花を多数つけ, 花梗は有毛で長さ 4〜5 mm. 総苞は円柱形で長さ 5〜6 mm, 幅約 2 mm. 総苞外片は微小な三角形, 内片は 5 枚で狭長披針形, 縁は薄い膜質. 花序枝および総苞片は緑紫色を帯びる. 小花は 5 個. 花冠は白色, 舌状で先は 5 浅裂する. 雄しべの葯隔は超出し, 花柱は先端 2 岐し, 細毛がある. 痩果は円柱形で長さ 1〜2 mm. 冠毛は白色で長さ 4〜5 mm. 小笠原産で同属のヘラナレン, コヘラナレンとともに, ホソバワダン（4032 図参照）と類縁があると考えられる.

4037. ニ　ガ　ナ（広義）　〔キク科〕

Ixeridium dentatum (Thunb.) Tzvelev（*Ixeris dentata* (Thunb.) Nakai）

千島南部，日本全土，朝鮮半島，中国大陸に広く分布し，明るい草地に生え，生育地は高山帯から暖温帯低地に及ぶ．形態的にも変異に富み，多数の変種・亜種が区別されている．花茎は高さ 10〜40 cm で直立し，まばらに分枝する．花茎につく葉は基部が多少とも茎を抱く．花時には根生葉は 2〜4 枚程度で，根生葉は粗いきょ歯をもち，しばしば羽状に切れこむ．頭花は径約 1.5 cm，舌状花は 5 個内外（狭義のニガナ）または 7〜11 個（オオバナニガナ）．花冠はふつう黄色，ときに白色．痩果につく冠毛は汚白色で 50 本内外，長さ 3〜4 mm．染色体基本数は n = 7 で，二倍体（新潟県の海岸にごくまれ）と倍数体があり，倍数体は受精せずに種子ができる性質（無融合生殖）を示し，花粉は不正常である．ニガナ属は従来ノニガナ属に含められていたが，前者は染色体基本数が n = 7 で小花の数が 12 以下，冠毛が汚白色である点で，染色体基本数 n = 8，小花が 15 以上，冠毛が純白色の後者と区別できる．

4038. タカネニガナ　〔キク科〕

Ixeridium alpicola (Takeda) J.H.Pak et Kawano

（*Ixeris alpicola* (Takeda) Nakai）

北海道，本州（東北・関東北部・中部），四国（石鎚山地）の高山帯または亜高山帯の日当たりの良い場所に生える多年草．岩れき地に多い．花茎は高さ 10 cm 内外で直立し，まばらに分枝する．花茎につく葉は線状披針形で茎を抱かない．花時にも根生葉がよく発達し，根生葉は披針形でまばらに開出したきょ歯がある．花は 8〜9 月に咲き，頭花はニガナよりも大形で，径約 2 cm，舌状花は 8〜12 個．花冠はふつう黄色だが，まれに白色のものがある．痩果につく冠毛は汚白色で，25 本前後であり，ニガナより少ない．染色体数は n = 7 で，二倍体と倍数体があり，倍数体は無融合生殖を行い，受精せずに種子を形成する．〔日本名〕高山に生えるニガナを意味しているが，ニガナ自体も高山帯にも生育することがある．

4039. ホソバニガナ　〔キク科〕

Ixeridium beauverdianum (H.Lév.) Springate

（*Ixeris makinoana* (Kitam.) Kitam.）

本州（関東以西），四国，九州の日当たりの良い湿地に生える多年草．中国大陸に分布する．花茎は高さ 10〜30 cm で直立し，まばらに分枝する．花茎につく葉は線形で茎を抱かない．根生葉は狭披針形，鋭尖頭．花は 3〜5 月に咲き，頭花はニガナよりも小形で径 1 cm 以下，舌状花は 5〜7 個．花冠は黄色．痩果につく冠毛は汚白色でニガナより短く 2〜3 mm．染色体数は 2n = 14 で，7 を基本数とする二倍体である．花冠・冠毛が短い点などから，本種はアツバニガナに近縁な種と考えられる．〔追記〕外部形態上ホソバニガナに似ているが，花冠・冠毛がより長い型がしばしばみられ，このような型では花粉の大きさが不揃いである．これらはニガナとホソバニガナの交雑により生じたものと考えられる．

4040. アツバニガナ（ヤナギニガナ）　〔キク科〕

Ixeridium laevigatum (Blume) J.H.Pak et Kawano

（*Ixeris laevigata* (Blume) Sch.Bip. ex Maxim.）

アジアの亜熱帯・熱帯地域に広く分布し，日本では九州南部，沖縄の日当たりのよい川岸の岩上に生える多年草．花茎は高さ 10〜50 cm で直立し，まばらに分枝する．花時にも根生葉がよく発達し，根生葉は披針形，鋭尖頭で，肉厚である．花は 3〜5 月に咲き，頭花はニガナよりも小形で径約 1 cm，舌状花は 8〜12 個．花冠は黄色．痩果につく冠毛は汚白色で，ニガナ，タカネニガナより短く約 2.5〜3 mm．染色体数は 2n = 14 で，7 を基本数とする二倍体である．〔日本名〕厚い葉をもつニガナの意味．〔追記〕屋久島，種子島，九州（宮崎・長崎県）にはニガナとの雑種起原と考えられる無融合生殖を行う三倍体がみられ，コスギニガナ *I. yakuinsulare* (Yahara) J.H.Pak et Kawano と命名されている．アツバニガナに外見上似ているが，葉がよりうすく，冠毛が長く，花冠が大形で花粉は大きさが不揃いである．コスギニガナは発見地屋久島小杉谷にちなむ．

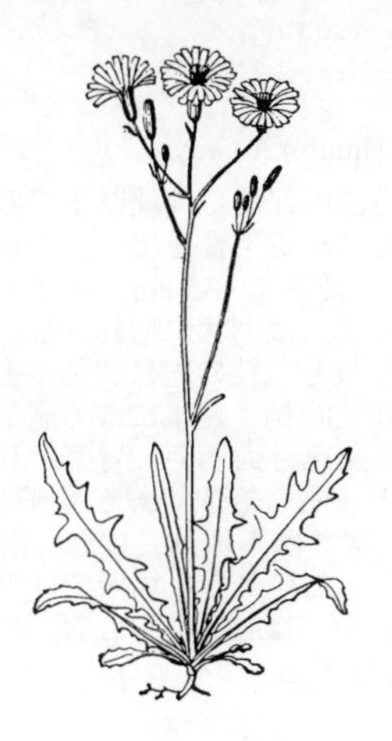

4041. **タカサゴソウ**　〔キク科〕

Ixeris chinensis (Thunb.) Nakai subsp. ***strigosa*** (H.Lév. et Vaniot) Kitam.

朝鮮半島，中国大陸に分布し，日本では本州，四国，九州の日当たりのよい草原に生える多年草．花茎は直立し，高さ 20〜40 cm．根生葉は花時にもよく発達し，へら状披針形で，長さ 8〜25 cm，羽状に裂けることが多く，やや白味を帯びた緑色で，軟らかい．花は 4〜7 月に咲き，頭花は径 2〜2.5 cm，舌状花は 20〜30 個．花冠は白色で，淡紫色のふちどりがある．痩果につく冠毛は純白色．染色体数は 2n = 32 で，8 を基本数とする四倍体である．〔日本名〕高砂草で，白色の花冠を白髪と見立てて，能「高砂」の尉（ジョウ）と姥（ウバ）を想起した名であろうという説がある．〔追記〕沖縄，小笠原（帰化），台湾，中国大陸には，花茎が斜上し花冠が淡黄色のウサギソウ subsp. *chinensis* を産する．

4042. **カワラニガナ**　〔キク科〕

Ixeris tamagawaensis (Makino) Kitam.

東北南部・関東・東海地方の河原のれき地に生える多年草．太い地下茎をもつ．草全体に毛はなく，白味を帯びている．また切ると白い乳液を出す．葉は根元から群生しやや直立する．形は細い線形で，全縁または少数のきょ歯がある．花は 5〜8 月に咲き，花茎は 15〜30 cm．頭花は散房花序にまばらにつき，径約 2 cm ですべて舌状花からなる．舌状花は黄色で 15〜25 個．痩果につく冠毛は純白色．染色体数は 2n = 16 で，8 を基本数とする二倍体である．〔日本名〕川原に生えるニガナという意味である．ニガナというのは苦みをもった草のことであるが，これが一つの草の名となったものである．〔追記〕しばしばジシバリと混生し，そのような場所では両種の雑種ツルカワラニガナ *I.* ×*nikoensis* Nakai がまれに見られる．

4043. **ノ ニ ガ ナ**　〔キク科〕

Ixeris polycephala Cass.

朝鮮半島，台湾，中国大陸，ヒマラヤに分布し，日本では本州，四国，九州，沖縄各地の川原や田のあぜ道に見られる多年草．花茎は高さ 15〜50 cm で，花茎につく葉は基部が矢じり形をしていて茎を抱く．根生葉は羽状に深く切れこむことが多い．花は 4〜5 月に咲く．頭花は小形で約 8 mm，花茎の先端に散房状に集まる．舌状花は黄色で，15〜25 個．痩果につく冠毛は純白色．染色体数は 2n = 16 で，8 を基本数とする二倍体である．〔日本名〕野原に生えるニガナという意味である．〔追記〕ノニガナはオオジシバリとしばしば混生し，混生地では種間雑種ノジシバリ *I.* ×*sekimotoi* Kitam. が見られることがある．ノジシバリの種子は不稔だが，走出枝で繁殖する．

4044. **ジ シ バ リ**（イワニガナ）　〔キク科〕

Ixeris stolonifera A.Gray

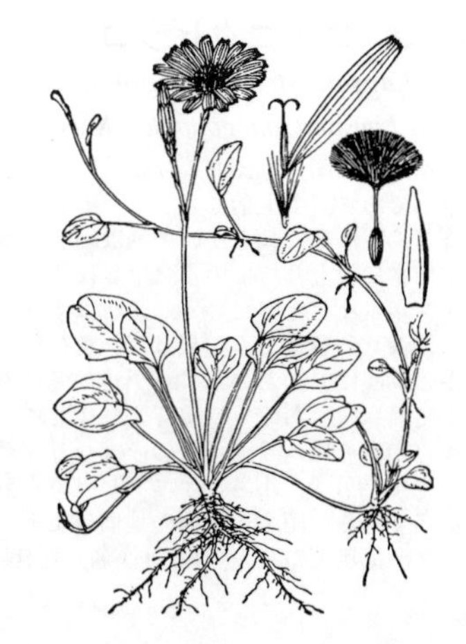

朝鮮半島，中国大陸に分布し，日本全土の田畑や道ばたにふつうに見られる多年草．地表をはう走出枝の節から発根し，さかんに栄養繁殖をする．葉は卵形または楕円形で長さ 1〜3 cm，幅 1〜2.5 cm，基部に長い葉柄があり，葉身と葉柄の区別が明瞭である．葉身はほとんど全縁で，羽状に切れこむことはない．花は 4〜7 月に咲き，花茎は高さ 10 cm 位で，単一または 1〜2 回分枝し，枝の先に直径 2 cm 位の黄色の頭花をつける．舌状花は 20〜25 個．痩果につく冠毛は純白色．染色体数は 2n = 16 で，8 を基本数とする二倍体である．〔日本名〕地縛りの意味で，茎が地面に縦横にはりついていることを示す．本州の中部以北の高山帯には高山型のミヤマイワニガナ var. *capillaris* (Nakai) T.Shimizu が分布する．

4045. **オオジシバリ**（ツルニガナ）　〔キク科〕

Ixeris japonica (Burm.f.) Nakai（*I. debilis* (Thunb.) A.Gray）

朝鮮半島，中国大陸に分布し，日本では北海道西南部から沖縄県までの田畑や道ばたにふつうに見られる多年草．地表近くをはう走出枝を出し，さかんに栄養繁殖をする．葉は倒披針形またはへら形で，長さ 7〜35 cm，幅は 1.5〜3 cm，基部は次第に狭まって葉柄となる．下部はしばしば羽状に切れ込む．花は 4〜6 月に咲き，花茎は高さ 15〜20 cm，2〜3 回分枝し，枝の先に黄色の舌状花からなる径約 3 cm の頭花をつける．舌状花は 20〜30 個．痩果につく冠毛は純白色．ジシバリより葉は大形で立つ傾向が強く，頭花も大きい．胃薬としての効能がある．染色体数は 2n = 48 で，8 を基本数とする六倍体である．〔日本名〕大形のジシバリという意味である．〔追記〕南日本では本種はしばしば海岸の砂浜に生え，しばしば次種ハマニガナと混生する．このような場所では両種の雑種ミヤコジシバリ *I.* ×*nakazonei* (Kitam.) Kitam. がしばしば見られる．沖縄県南部で見られるものは大部分が雑種起源の八倍体である．

4046. **ハマニガナ**（ハマイチョウ）　〔キク科〕

Ixeris repens (L.) A.Gray（*Chorisis repens* (L.) DC.）

カムチャツカ，朝鮮半島，中国大陸，台湾，インドシナ半島に分布し，日本全土の海岸の砂地に生える多年草．砂中に長い地下茎をのばし，さかんに栄養繁殖を行なう．葉は互生で長い柄をもち，葉柄下部は砂にうずもれている．葉は厚く，3 裂する．切れ込みの程度にはさまざまな段階のものがある．花は本土では 3〜10 月に咲き，屋久島以南ではほとんど一年中開花が見られる．花茎は長さ 10 cm 程度で，下部は砂にうずもれている．頭花は直径約 2 cm で黄色の舌状花のみからなり，花茎の先端に 3〜5 個つく．舌状花の数は 15〜20 個．冠毛は純白色．染色体数は 2n = 16 で，8 を基本数とする二倍体である．〔日本名〕砂浜に生えるニガナという意味である．ハマイチョウは葉をイチョウの葉に見立てたもの．

4047. **オニタビラコ**　〔キク科〕

Youngia japonica (L.) DC.（*Crepis japonica* (L.) Benth.）

北海道以南の東アジア各地から，オーストラリア，ポリネシアなどに広く分布し，道ばたや庭などに多く生える軟らかい一年草，越年草または短命な多年草で，全体に軟らかい細い毛がある．茎は直立し高さ 20〜100 cm，葉は倒披針形で，ふちは羽状に深裂し，多くは根生してロゼット状をなし，茎にも少しつくが上部に移るにしたがって小さくなる．根生葉と茎葉は共に少し褐紫色を帯びることが多い．頭花は径 7〜8 mm で小形，北方では 5〜10 月頃，南方では 1 年中開化する．総苞は長さ 4〜5 mm，内片は 8 個，開花後下部は少しふくらんで堅くなる．痩果は 1.8 mm 位で，冠毛は長さ 3 mm，痩果から離れにくい．〔日本名〕鬼田平子の意で，鬼は大形のこと．タビラコ（コオニタビラコ）に似て全体が大きいからである．〔漢名〕黄瓜菜，黄鵪菜．〔追記〕ヤブタビラコとの間に雑種が知られており，それは果実が不稔である．

4048. **コオニタビラコ**（カワラケナ，タビラコ）　〔キク科〕

Lapsanastrum apogonoides (Maxim.) J.H.Pak et K.Bremer

（*Lapsana apogonoides* Maxim.）

本州，四国，九州および朝鮮，中国中部に分布し，早春から耕作前の田の表面に多い越年草である．根生葉は束生し，茎葉は互生する．いずれも羽状に分裂し，頂裂片は大きく，ほとんど無毛で軟らかい．茎は細くて多数出て，少数の枝を分け高さ 10 cm 内外，軟らかくて常に斜上してている．早春に枝の先端に 1 個ずつ頭花をつけ，日を受けて開くことはタンポポなどと似ている．頭花はすべて黄色の舌状花からなり，花冠の先端は切形で 5 歯状に浅く分裂する．痩果は淡い黄褐色で，断面はやや平たい三角形，長さ 4 mm 余り，先端の両端におのおの 1 個の外曲する突起がある．冠毛はない．総苞は円柱状で，外片は短くて鱗片状である．時々若葉を食用にし，春の七草の一つであるホトケノザは本種である．多くの人々はムラサキ科のキュウリグサをタビラコと称しているが誤りである．〔日本名〕小鬼田平子で，小さなオニタビラコを意味するが，タビラコは元来本種のことなので無駄な名である．田平子は田の地面にロゼット葉が平たくはりついているのを述べた名．カワラケナは無毛の菜の意味．〔漢名〕稲槎菜．

4049. ヤブタビラコ 〔キク科〕

Lapsanastrum humile (Thunb.) J.H.Pak et K.Bremer
（*Lapsana humilis* (Thunb.) Makino）

北海道から九州まで，および朝鮮，中国中部の田のへりや疎林の木陰に多い越年草．全体が軟らかでコオニタビラコに似ているがやや軟毛が多く，また葉がやや立ち上がる形となる．根生葉は束生し，やや柄があり，不整に羽裂して，頂裂片は大きく先は鈍い．春に数本の花茎が斜めにのび上り，高さ 20～30 cm 位になり，少数の小さい茎葉が互生する．茎の上部で分枝し，頂に黄色の頭花をつけ，まばらな円錐花序状となる．頭花は舌状花だけからなる．花後，緑色の総苞が閉鎖してほとんど球形となり，下を向き，のちに開いて赤褐色の痩果があらわれる．痩果はコオニタビラコと異なって先端に突起状の附属体がなく，小さく（長さ約 2.5 mm），冠毛はない．〔日本名〕藪に生える田平子の意である．

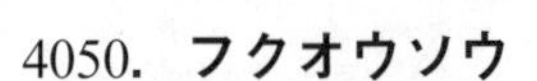

4050. フクオウソウ 〔キク科〕

Nabalus acerifolius Maxim.（*Prenanthes acerifolia* (Maxim.) Matsum.）

本州，四国，九州の山地に生える多年生草本で，茎の高さは 60 cm 以上ある．葉は互生し，大きな欠刻があり，5～7 個の裂片をもつ掌状羽裂の広卵形である．裂片は先端が鋭く尖り，ふちに不揃いの鋭いきょ歯がある．根生葉は長い柄をもち，柄の基部が広がって茎を抱いている．葉の基部は葉柄と連続していて境がはっきりしない．秋に茎の上部で分枝し，青白色の頭花を開く．頭花は少しうつむいて咲き，約 10 個の舌状花からなり，直径は 1.5 cm 位である．総苞は細長く，灰緑色で長さ 1 cm 位，外片内片とも背面に粗い長毛がある．雄しべは長く突き出ている．茎や葉を切ると白い乳液が出る．〔日本名〕三重県の福王山に産することに基づいて名付けられたもの．

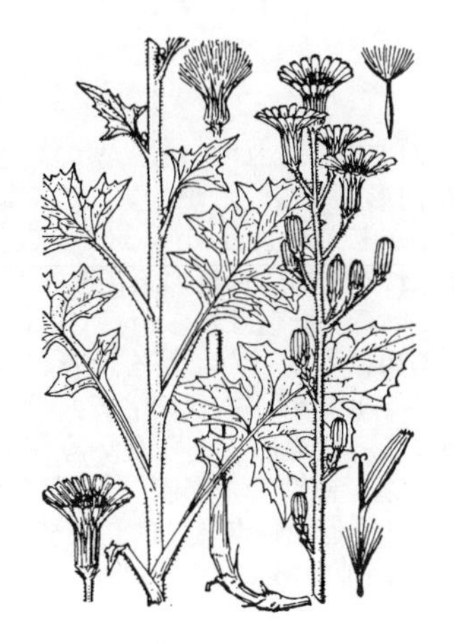

4051. オオニガナ 〔キク科〕

Nabalus tanakae Franch. et Sav. ex Y.Tanaka et Ono
（*Prenanthes tanakae* (Franch. et Sav. ex Y.Tanaka et Ono) Koidz.）

近畿地方から東北地方の山地，多少湿地の所に生える多年草．高さ 1 m 内外，地下にやや細い根茎があり，先端から年々 1 本の茎を出す．茎は直立し，ふつう花序以外で分枝しない，多少稜があり，硬い草質，平滑，やや短い毛がある．葉はヤマニガナに似ていっそう大きく，三角状矢じり形で葉身は長さ 5～8 cm 内外，中部の葉は明瞭な狭翼のある長柄があり，両側に 1～2 対の欠刻のあることが多く，上部の葉は急に小形になる．頭花は円錐状に集まってつき，淡黄色，径 4 cm 位，秋に開花する．総苞は円筒形で緑色，内片は 10～12 個，長さ約 1.5 cm，外片は内片よりはるかに短く，かつ狭い．痩果は幅 1 mm の線形で長さ 8 mm 内外．冠毛は汚れた白色，長さは痩果と大体同じ位である．〔日本名〕大苦菜の意味．

4052. ムラサキニガナ 〔キク科〕

Paraprenanthes sororia (Miq.) C.Shih（*Lactuca sororia* Miq.）

本州，四国，九州の山地に生える多年生草本で茎は直立し，細長く，高さ 60～90 cm 以上にもなる．茎は中空で軟質である．葉は互生する．茎の下部に出る葉はふつう羽状に裂けているが，上へ行くほど，裂片が小さくなり次第に披針形となる．ふちに浅いきょ歯がある．葉身は葉柄に連続し，その境がはっきりしない．茎も葉も切ると白い乳液が出る．7～8 月に，大きな円錐花序をつけ，多数の頭花を開く．頭花の直径は約 1 cm，総苞は長さ 1 cm 位で細長く紫色をしており，舌状花も紫色．痩果は長楕円体で長さ 3～3.5 mm，黒くて細い肋がある．冠毛は純白色．〔日本名〕紫ニガナで紫色の花を開くニガナの意味．〔漢名〕山若蕒を慣用している．

4053. エゾムラサキニガナ 〔キク科〕

Lactuca sibirica (L.) Benth. ex Maxim.

ユーラシア大陸の温帯北部から亜寒帯に分布し，わが国では北海道にのみ分布する．草原に生える多年草で，茎は高さ 60〜100 cm になり，無毛で，ふつう分枝しない．葉は互生し，柄がなく，披針形，先は鋭尖形で，長さ 7〜12 cm，幅 1〜2.5 cm になり，ふちには凸形の低いきょ歯があるが，ときには開出する欠刻を生じることもあり，草質で，下面は少し粉白色を帯び，基部は鈍形となる．花は 7〜8 月に咲く．頭花は少数または多数つき，直径 3〜3.5 cm で，紫青色となる．総苞は長さ 1.2〜1.5 cm．総苞片は 3 列につき，外片は狭卵形で長さ 2.5〜3.5 mm，中片は披針状長楕円形で長さ 5〜7 mm，内片は 15 個ほどある．舌状花冠は長さ 1.5〜1.7 cm で，筒部は長さ 4 mm ほどあり，先は切形で 5 歯ある．痩果は披針形で先は細まるが，くちばしが発達せず，5〜6 個の肋があって，平滑無毛．冠毛は汚白色で，長さ 7 mm ほどになる．

4054. トゲチシャ 〔キク科〕

Lactuca serriola L.（*L. scariola* L.）

ヨーロッパ原産の一〜二年草．地中海沿岸地方から西アジアにかけてが本来の原産地といわれるが，ユーラシア大陸全域や北アメリカではカナダの南半部，アメリカ合衆国北東部などに帰化して広がっている．葉や茎，特に茎の下半部に刺状の毛が多い．また通常は葉の下面の中央脈の上にもこの毛が並ぶ．葉形は変異が多く，ほとんど全縁で楕円形のものから長楕円形で細かく羽裂するものまである．茎の高さは 0.5〜1 m ほどになり，上部でよく分枝して，その先端に黄色の頭花を多数つけ，全体はまばらな円錐状散房花序のようになる．花は夏に咲く．総苞は細長い円柱形で長さ 1〜1.3 cm，中の小花は 5〜12 個あり，舌状花は乾くと黄色から青味を帯びる．野菜として世界で栽培されるチシャ（レタス）は本種の栽培品と考られている．栽培品のレタスもときに逸出して帰化状態になることがあるが，長続きせず，野生化は困難なようである．原種である本種が日本にも帰化植物として裸地などに見られる．〔日本名〕トゲチシャは，茎や葉に刺毛が多いことによる．

4055. チ　シ　ャ（レタス，サラダナ，チサ） 〔キク科〕

Lactuca sativa L.

ヨーロッパ原産の二年草で，一般に野菜として栽培されている．茎の高さは 90 cm 位で，上部で分枝する．根生葉は楕円形をしているが，茎につく葉は小さくなり，ことに茎の上部の葉は基部が矢じりのように出っぱって茎を抱いている．夏に枝が細かく分かれ，それぞれの先端に黄色の頭花を開く．頭花の下方には，苞葉が多数に互生してついている．冠毛は軟らかくて白い．葉を食用とする他，かつては黒焼きにして薬用にも使った．葉を次々にかき採って食べるのでカキヂシャと呼ぶ．〔日本名〕チサが古代の名で，葉を切ると乳液が出るから乳草といったものがつまったものであるというが異説もある．チシャはチサがなまったもの．〔漢名〕萵苣，千層剥．千層剥は何段も葉をはがすことができることを意味する．〔追記〕本種には，レタス，サラダナなど，サラダ用野菜として多数の栽培品種がある．

4056. アキノノゲシ 〔キク科〕

Lactuca indica L. var. ***indica***（*Pterocypsela indica* (L.) C.Shih）

北海道から沖縄までの日当たりの良い路傍，荒地，草地に生える大形の二年草．朝鮮半島，中国大陸，台湾，東南アジアに広く分布する．茎は 1.5〜2 m で直立する．葉は互生し，長楕円状披針形，逆向きの羽状に分裂し，平坦で柔らかく光沢はなく，濁った黄緑色，基部は茎を抱いている．葉が披針形で羽状に分裂しないこともある．茎も葉も毛はなく，切ると白い乳液が出る．8〜11 月に直径 2 cm 位の淡黄色の頭状花をつける．屋久島以南では冬にも開花する．総苞片ははじめ円筒形，開花後は下の方がふくれ，長さは 1 cm 位．総苞片は瓦状に重なり合い，ふちが黒っぽい紫色をしている．舌状花は黄白色で，外面が淡い紫色をしている．日中だけ開き，夕方はしぼんでしまう．痩果は長さ 5 mm ほどで黒く，冠毛は純白色．〔日本名〕ノゲシ（4060 図）に似て秋開花するからである．〔漢名〕ふつう山萵苣を使っている．〔追記〕本種やヤマニガナ，ミヤマアキノノゲシなどは，チシャに比べて痩果の形態が異なり，また系統上もチシャとは縁が遠いので，独立属 *Pterocypsera* として扱うのがいいと思われる．

4057. リュウゼツサイ 〔キク科〕

Lactuca indica L. var. ***dracoglossa*** (Makino) Kitam.

高さ 2 m に達する大形の一年草．茎は直立し，径 2 cm 内外，クリーム色の乳液が豊富で，中央に白髄がある．葉は斜めに開出して直接茎につき，披針形で下部はゆるやかに尖り，基部はくさび形になり，白っぽい淡緑色，軟らかく，主脈は下面に鋭く隆起してしばしば紫色になり，側脈は多数平行して走る．秋に入り円錐状の大きな花序の集まりを頂生し，淡黄色の頭花を密につけ，その長さは 60 cm に及ぶ．苞は小形，頭花は径約 2 cm，小花の数 30 内外，総苞の長さ約 13 mm，基部は卵球状にふくらむ．瘦果は径 4 mm，短いくちばし状の突起がある．葉を鶏の餌用に栽培する．アキノノゲシから改良されたものと考えられている．〔日本名〕龍舌菜．多数斜めに開出した葉の有様を龍の舌になぞらえたというが，実際にはリュウゼツランの葉状からの着想であろう．

4058. ヤマニガナ 〔キク科〕

Lactuca raddeana Maxim. var. ***elata*** (Hemsl.) Kitam.
（*Pterocypsela elata* (Hemsl.) C.Shih）

北海道，本州，四国，九州に分布し，落葉林の林縁や明るい草地に生える二年草．高さ 1～1.5 m 位．茎は直立した円柱形で，まばらに粗い毛が生えており，緑色できゃしゃなものは直径 4 mm 位，大きなものは直径 10 mm 以上になる．葉は卵形，卵状楕円形または楕円形で先が鋭く尖り，ふちにきょ歯がある．またしばしば不揃いの大きさの羽状に欠刻し，基部は広いくさび形となり長い柄に続く．下面の脈上に沿って毛があり，切ると白い乳液が出る．8～9 月に多数の小形の黄色の頭花を開く．この直径は 1 cm 位で，アキノノゲシの頭花に似ているが小さい．小花はすべて舌状花よりなり，この数は 10 個位である．冠毛は汚白色．瘦果は長さ 3.5～4 mm，両面に 3 肋がある．チョウセンヤマニガナ var. *raddeana* は九州，朝鮮半島，中国，ウスリーに分布し，瘦果は両面に 4～5 肋がある．少なくとも日本産のものはヤマニガナよりも花の色が淡い．〔日本名〕山地に生えるニガナという意味である．

4059. ミヤマアキノノゲシ 〔キク科〕

Lactuca triangulata Maxim.（*Pterocypsela triangulata* (Maxim.) C. Shih）

北海道，本州中部の落葉林内に生える二年草で，茎は円柱形で直立し，高さ 1 m に達する．葉は互生し，薄い草質，葉身は三角形または心臓形，ふちには不整の歯状切れ込みがあり，上面には細かい毛が散在し，下面は白色を帯びる．葉柄は葉身とほぼ同じ長さで，翼があり，基部は耳状となって茎を抱いているが，上部の葉は無柄で茎部が耳状にならない．8～9 月に茎の上部に細長い円錐花序を出して頭花をつける．頭花の数は多くなく，まばらにつき，15 個内外の舌花からなり，花冠は黄色い．冠毛は純白色．〔日本名〕深山に生えるアキノノゲシの意味である．

4060. ノゲシ 〔キク科〕

Sonchus oleraceus L.

日本各地，いたる所の路傍，荒地などにふつうに見られる越年生草本．茎は高さ 1 m 位，中空で稜線が走っている．葉は不規則に羽裂し，アザミに似ているが，刺がなくて柔らかい．裂片には不揃いの歯があり，基部は茎を抱いており，その両側は矢じり状に尖る．形は長楕円状広倒披針形で，長さ 15～25 cm，幅 5～8 cm ある．茎の上部にはしばしば綿毛があり，茎や葉を切ると白い乳液が出る．春から夏にかけて，茎の先が分枝し，黄色の頭花を開く．頭花の直径は約 2 cm，柄にしばしば腺毛がある．舌状花の数は多く，冠毛は白い．総苞の長さは 1.5 cm 位．瘦果は細い倒卵形体で扁平，長さ 3 cm 位，表面にしわがある．ときに若苗を食用とする．〔漢名〕苦菜または滇苦菜．

4061. オニノゲシ 〔キク科〕

Sonchus asper (L.) Hill

道ばたや荒地に生えるヨーロッパ原産の二年生草本で，明治年間（19 世紀後半）に日本に入り，今ではあちこちに野生化する．ノゲシに似ており，高さ 40〜120 cm 位ある．茎は粗大で中空，多数の縦に走る稜線があり，青っぽい緑色，切ると白色の乳液を出す．葉もまた青緑色で，ふちは単きょ歯があるか，または羽状に切れ込み，きょ歯はいずれも強く堅いとげ状となり，基部は円形の耳状となり，茎を抱く．根生する葉は地面をおおって四方に広がり，しばしば上面に白い「斑」がある．春から夏にかけて，茎頂と枝先に花をつける．頭花は直径 2 cm 内外，全部舌状花からなる．花冠は黄色．冠毛は汚れた白色で柔らかい．瘦果は卵状楕円体で扁平，両面に 3 本の縦脈があるが，ノゲシのようなしわはなく，つるつるしている．〔日本名〕鬼野罌粟はその葉に強いとげが多数あるノゲシであって，鬼のケシではない．〔追記〕夏に開花する個体の中にはしばしばノゲシとの中間的な形態のものが見られる．牧野富太郎はこれをノゲシとオニノゲシとの間種と考えてアイノゲシと命名したが，これもオニノゲシの 1 型と考えられる．

4062. ハチジョウナ 〔キク科〕

Sonchus brachyotus DC.

九州北部以北の海岸に近い原野に生える多年生草本．長い地下茎を出して繁殖する．茎は直立し，高さ 60 cm 内外．葉は互生し，柄はなく，広披針形，ふちには大小のきょ歯があり，毛はなく下面は粉白色，基部は茎を抱く．8〜10 月頃，上部で分枝し，黄色の舌状花よりなる頭花をつける．頭花は直径 3〜3.5 cm，総苞は 1.6〜2 cm．密に綿毛が生える．総苞片は 4〜5 列，卵状三角形の外片がある．瘦果は長さ 3.5 mm，わずかにざらつき，両面に数本の縦に走る稜がある．冠毛は約 12 mm で純白である．〔日本名〕八丈菜．八丈島の原産と誤ったための名であろう．〔追記〕タイワンハチジョウナ *S. wightianus* DC. は琉球からアジアの亜熱帯に広く分布し，本種に似るが頭花が小さく，柄に腺毛がある．

4063. ヤナギタンポポ 〔キク科〕

Hieracium umbellatum L.

北半球の温帯に広く分布し，山地のやや湿った所に生える多年草．茎は高さ 60〜90 cm，直立し，硬く，まれに分枝する．葉は多数互生し，葉柄はなく披針形で，ややヤナギの葉に似ており，先は鋭く，ふちには少数の鋭いきょ歯がある．根生葉は花時には枯れている．茎も葉もやや硬質でざらつく．6〜7 月頃茎の上部で分枝し，黄色で径 3 cm 内外の頭花が開く．頭花は舌状花だけからなり，総苞は鐘形で黒味のある緑色，長さ 1〜1.3 cm．瘦果は赤褐色で冠毛は淡い褐色である．頭花は外形がノゲシに似てやや小さい．コウゾリナにもやや似ているが，全体が軟らかく，総苞に剛毛がなく，冠毛は剛毛状であって彼のように羽毛状にはならない．〔日本名〕柳の葉形をしたタンポポの意である．頭花は舌状花ばかりからなる点でタンポポに似ている．

4064. ミヤマコウゾリナ 〔キク科〕

Hieracium japonicum Franch. et Sav.

本州中北部のやや乾いた高山帯の草原などに生える多年草で，茎や葉に赤褐色の短い腺毛と汚褐色の長い粗毛が多く，茎は高さ 30 cm 内外である．葉は互生し，長い倒卵形で，基部はやや茎を抱き，ふちにはまばらで低いきょ歯がある．根生葉は花時にも生存し，下部の茎葉と同じく大形で，ヤナギタンポポの根生葉が花時にないのに比べて対照的である．8 月頃，茎の先端に数個の頭花がつき，花径は 1.5〜2 cm 位，黄色の舌状花だけからなる．総苞は黒っぽい緑色で長さ約 7 mm，外片は内片の長さの半分以下，線形で鋭く，背面には茎や葉と同じ毛がある．瘦果は黒褐色，冠毛は淡褐色で長さ 3〜6 mm，長さが不揃いである．〔日本名〕深山コウゾリナのこと．しかしコウゾリナとは別属であり，コウゾリナの北地・高山生亜種タカネコウゾリナ *Picris hieracioides* L. subsp. *kamtschatica* (Ledeb.) Hultén と混同しないよう注意を要する．

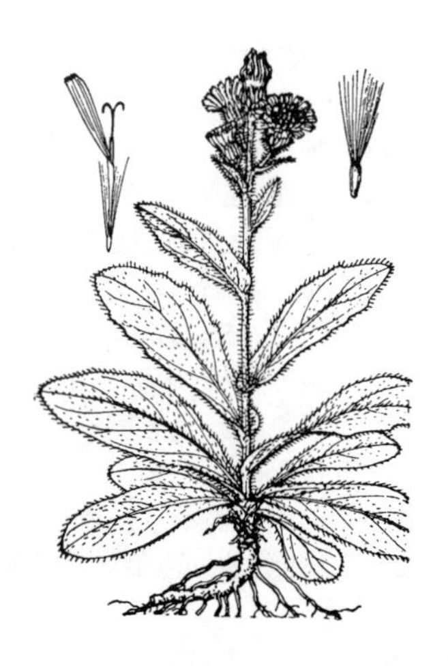

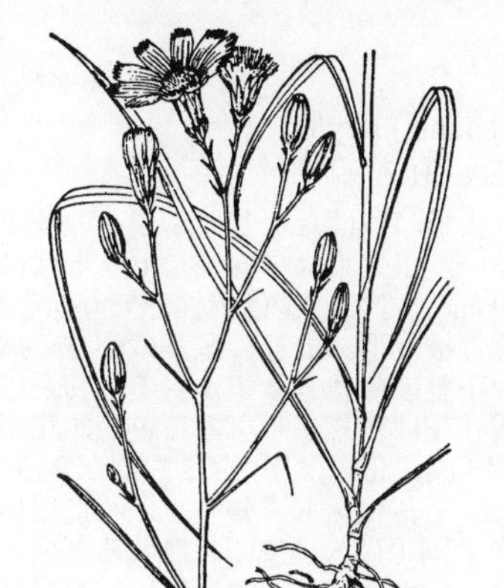

4065. スイラン　〔キク科〕

Hololeion krameri (Franch. et Sav.) Kitam.

(*Hieracium krameri* Franch. et Sav.)

本州中部以西，四国および九州の原野や山麓の湿地に生える多年草で，根茎から細い地下走出枝を出す．葉は根生または茎の下部に互生し，細い線状披針形で長さ 30 cm，幅 1.5 cm 内外で先は鋭く尖り，基部は柄がなく，下面は白く粉をふいている．秋に 30〜60 cm の茎を直立し，細長い枝が分かれ，その頂に 1 個ずつ黄色の頭花を開く．頭花は径 3〜3.5 cm，10 数個の舌状花がある．総苞は円柱形で草質，外片は短い披針形で先は鋭い．痩果は細く，長さ 1 mm 以内でやや四角柱状，先端に長さ約 6 mm の淡褐色の冠毛がある．〔日本名〕恐らく水蘭で，葉の細さをランに見立てて，水の多い所に生えるのでスイランといったものであろう．

4066. チョウセンスイラン (マンシュウスイラン，イトスイラン)〔キク科〕

Hololeion fauriei (H.Lév. et Vaniot) Kitam.

(*H. maximowiczii* Kitam.; *Hieracium hololeion* Maxim.)

朝鮮半島，中国に分布し，日本では九州の高原に生える．多年草で茎は高さ 50〜100 cm になる．根生葉は線状披針形，先は鋭形で，ふちにはきょ歯がない．葉は，下方のものは線状披針形できょ歯はなく，先は鋭形で，長さ 15〜40 cm，幅 0.5〜3 cm になり，中ほどから上方にかけて次第に小さくなる．花は 9〜10 月に咲く．頭花は散房状にまばらにつき，黄色で，直径 3 cm ほどで，長さ 1.5〜3 cm，ときに 6 cm に達する柄があり，披針形の苞をもつ．総苞は長さ 13 mm ほどで，灰緑色を帯び，外片は卵形で先は鈍形となる．舌状花は黄色，花冠の先は切形で，5 歯ある．痩果は線状長楕円体で，4 稜あり，やや扁平で，長さ 5.5〜6 mm，径 1 mm になる．冠毛は長さ約 7 mm で淡黄色である．

4067. ブ タ ナ　〔キク科〕

Hypochaeris radicata L.

ヨーロッパ原産の多年草．北半球の温帯に広く帰化して雑草化している．現在では日本各地の裸地や道ばたの空地などに見られるようになった．ロゼット状の根生葉があり，地面にぴったりと密着して広がる．葉は長楕円形で長さ 5〜20 cm あり，ふちは深いきょ歯があるが，ときには羽状に裂ける．全体に毛が多く，花茎は高さ 20〜40 cm ほどにのびて強壮である．花は初夏から真夏にかけて次々に咲き，頭花の直径は 2.5〜4 cm ほどである．頭花を包む総苞は長さ 1.5〜2.5 cm で毛はなく，多数の黄色の舌状花がある．花後に生じる痩果はエゾコウゾリナに似て長い円柱形で，先端は長いくちばし状になるが，頭花の周辺部に生じる痩果ではくちばしは短く，ときにまったくないものもある．冠毛は 2 列に生じ，白く，内側の毛のほうが長く，羽毛状．〔日本名〕豚菜で，仏名 Salade-de-pore の訳とされる．なお英名は cat's ear（ネコの耳）である．

4068. エゾコウゾリナ　〔キク科〕

Hypochaeris crepidioides (Miyabe et Kudô) Tatew. et Kitam.

北海道日高地方の蛇紋岩地に特産する多年草で，乾いた草地に生える．茎は高さ 15〜40 cm で，ふつう枝分かれせず，上方には黒色の剛毛が密生する．根生葉は数個あり，顕著で，茎の下方につく葉とともに，広倒披針形またはさじ状長楕円形で，先は鈍形，長さ 8〜13 cm，幅 2〜3 cm になり，ふちには不規則なきょ歯があり，基部は次第に細まって柄状となる．茎の上方につく葉は長楕円形で柄はなく，茎を抱き，下方のものよりも小さい．頭花は 6〜7 月に茎頂にただ 1 個咲き，黄色で直径 3〜4 cm になる．総苞は黒色で，長さ 1.4〜1.8 cm．総苞片は 3 列で，ゆるく瓦重ね状につき，外片は卵状長楕円形または披針形で，長さ約 7 mm，幅 1.5〜2.5 mm で，背面は黒色の粗毛と白色の短い綿毛が生える．最内片は膜質，線形で，長さ 2.2 cm，幅 1.5 mm ほど．痩果は線状披針体で，上方は次第にくちばし状となり，長さ 1〜1.3 cm で，5 つの溝があり，冠毛は長さ 1 cm ほどで，1 列につき，羽毛状である．

4069. **コウゾリナ** 〔キク科〕

Picris hieracioides L. subsp. ***japonica*** (Thunb.) Krylov

（*P. hieracioides* var. *japonica* (Thunb.) Regel ex Herder）

北海道から九州までの日本列島に分布し，山野の道ばたなどにふつうの多年草で，全体に淡褐色または赤褐色の剛毛が多い．根生葉は早春にロゼット状に束生し，後にその中心から茎が伸びて 60～90 cm になる．茎は円柱形で直立し，多少分枝する．下部の茎葉は根生葉と同じく倒披針形，上部の茎葉は小さく披針形で基部はなかば茎を抱き，ふちにはやや不整の歯状きょ歯がある．初夏に茎の上部が散房状集散状に分枝し，先端に舌状花ばかりからなる黄色の頭花が開き，10 月頃まで咲き続ける．頭花は径 2～2.5 cm，花床は平たく，短毛がある．総苞は緑色でいくらか黒味があり長さ約 1 cm，外片は著しく短く，斜めに開出する．冠毛は羽毛状である．〔日本名〕茎や葉の剛毛は人の皮ふに触れると引っかかるから，これをかみそり（剃刀）に見立て，カミソリ菜の意味のコウゾリナと名付けられた．〔漢名〕毛蓮菜（慣用）．

4070. **バラモンジン**（ムギナデシコ） 〔キク科〕

Tragopogon porrifolius L.

南ヨーロッパおよび西アジアの原産で，野菜として栽培され，また野生化している越年草．茎は直立し，高さ 60～90 cm，緑色で毛はない．主根は地中に直下し，白色で太く，柔らかく，白い乳液を出す．茎は単一またはまばらに分枝する．葉は緑色で柔らかく，根生葉はかたまってつき，茎葉は互生し，細長く，全縁，基部は広がった葉鞘となって茎を抱き，上部は次第に長く尖る．頭花は紫色で，初夏の頃，長い柄の頂端に 1 個ずつつき，朝日を受け午前 10 時頃開き，正午過ぎに閉じる．花柄は円柱形緑色で頂部はふくらみ，中空である．頭花の直径は 5 cm 位．総苞は緑色．総苞片は 1 列，10 個輪生し，舌状花よりも長い．頭花は全部多数の舌状花からなり，花弁の先端は 5 つに切れ込む．痩果は細長く褐色でざらつき，縦の線があり，上部は長いくちばし状となり，冠毛は多列で羽毛状，堅い．本種はその多肉の太い根を野菜として食べ，西洋人はこれを Salsify と呼び，また Oyster-plant（カキ植物）あるいは Vegetable oyster（野菜カキ）と呼んで食用にする．〔日本名〕婆羅門参はキンバイザサ科の仙茅（キンバイザサ）の中国名であるからこれは不適当な名である．麦撫子は嘉永年代頃（1850 前後）からの呼び名で，バラモンジンよりも古いので使うことにした（牧野 1949）．葉をムギに花をナデシコに見立てたにしても分類的には余り感心しないので旧名にあえてもどした（前川他）．

4071. **キバナザキバラモンジン**（キバナムギナデシコ） 〔キク科〕

Tragopogon pratensis L.

ヨーロッパおよび西アジアの原産で，牧場や原野に野生化する越年生あるいは多年生の草本で，毛はない．主根は地中に直下し，白色で多肉，白色の乳液を出す．茎は直立し，ごつごつして強く，高さ 0.5～1 m 位．まばらに分枝する．葉には毛はなく，白色を帯びた緑色，根生葉はかたまってつき，基部は短い葉鞘になり，下面に稜がある．茎葉は互生し，細長く，基部の葉鞘は幅が広く茎を抱き，上部はしだいに鋭く尖る．最上部の葉は次第に短くなり，葉鞘の部分が広い．初夏の頃，黄色い頭花が 10 時頃上向きに開き，正午過ぎに閉じる．長い柄の末端に頭花を 1 つずつつけ，花柄の頂端部は多少ふくらんで太い．頭花は直径約 4 cm 位，多数の舌状花からなり，外側の舌状花は総苞片よりも長い．総苞は閉じると円錐形になり，総苞片は 8～12 個，1 列につき，緑色で長く尖る．痩果は細長く褐色，表面はざらざらして，縦の溝があり，上部は長いくちばし状にのび，末端に羽毛状の長い冠毛がある．多肉の根を食用にする．英名は Goat's beard で，ヤギのあごひげという意味である．日本には明治初年に渡来した帰化植物で，現在ではまれに野生となって生き残っている．〔日本名〕黄花咲婆羅門参および黄花麥撫子の意味．

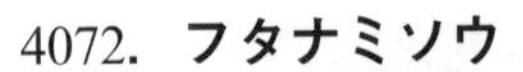

4072. **フタナミソウ** 〔キク科〕

Scorzonera rebunensis Tatew. et Kitam.

北海道礼文島に特産する多年草で，草地に生える．地中にはまっすぐにのびるゴボウ状の根がある．花茎は直立して枝分かれせず，高さ 4～20 cm になり，切ると白い乳液が出る．根生葉は数枚あり，倒披針形または狭倒披針形で，先は鋭形，5 脈が目立ち，長さ 4～8 cm になる．茎には葉がないか，あっても 1～2 個で小さく，線形となる．花は 6～8 月に咲く．頭花は直径 4.5～5.5 cm になり，両性で，鮮黄色の舌状花のみからなる．総苞は狭い鐘形で長さ 2 cm ほどとなり，総苞片は瓦重ね状に 4～5 列に並ぶ．舌状花は線状倒披針形で，先は 5 歯があり，長さ 2～2.6 cm になる．痩果は線形，長さ 12～14 mm，幅約 1 mm で，縦に条があり，無毛．冠毛は汚褐色，もつれた羽毛状で長さ 17 mm ある．〔日本名〕礼文島の二並山に生えることに基づく．

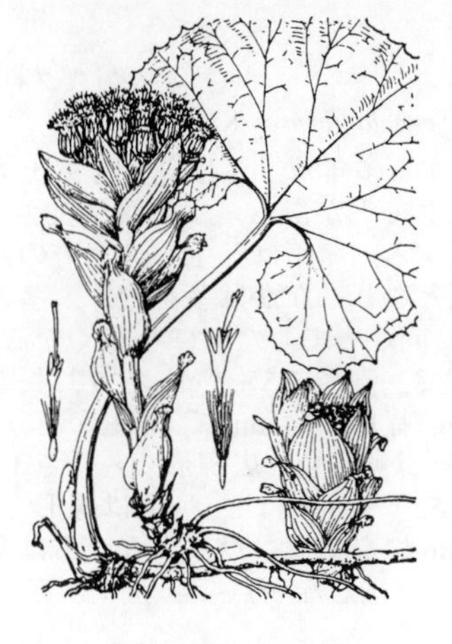

4073. フ キ 〔キク科〕

Petasites japonicus (Siebold et Zucc.) Maxim. subsp. ***japonicus***

本州，四国，九州，琉球（野生化），朝鮮半島，中国の山地や平野の道ばたに生える雌雄異株の多年草．長い地下茎を出して繁殖する．葉は花後に根生し，葉柄は多肉質で非常に長く，その先に円状腎臓形の葉身がある．葉身はうすく幅 15～30 cm，灰白色の綿毛がある．早春に根茎から花茎を出し，大形の鱗状苞を多数つけ，次第に花茎が伸びて，雌株では花後長さ約 30 cm になる．雄花は白黄色，雌花は白色，ともに冠毛がある．葉柄および若い花茎を食用または薬用とする．本州北部，北海道，サハリン，中南千島などには，全体大形で葉柄は長さ約 2 m，葉身は径 1.5 m にもなる亜種アキタブキ subsp. *giganteus* (G.Nicholson) Kitam. があり，栽培もされる．〔漢名〕一般に蕗，款冬などとしているが誤りである．

4074. サワギク（ボロギク） 〔キク科〕

Nemosenecio nikoensis (Miq.) B.Nord.

北海道から九州にかけて深山のやや湿り気のある林内に生える越年草で，全体が軟らかく，一種の臭気がある．茎は直立し高さ 60～90 cm ぐらい，多角形で下の方にだけ白毛がまばらに生えている．地下には細い走出枝がある．葉は初めロゼット状で根生し，柄があり，葉身は深く羽裂して裂片は広く，先端は鈍い円形，微毛がある．茎葉はまばらに互生して淡緑色で薄く，羽状に全裂し，裂片は線状披針形または長楕円形で 1～2 の低いきょ歯がある．6～7 月頃，茎の上端で多数の長い枝が分かれて，やや散房状に頭花がつく．頭花は小形で径約 1 cm，総苞は緑色で楕円体，総苞片は乾膜質で長披針形のものが 1 列に並び，基部に微小な総苞片はない．舌状花は 7～10 個，黄色で細い．筒状花は多数．冠毛は白色で絹糸のような光沢がある．〔日本名〕沢菊は沢沿いなどの山間の湿地に生えるからであり，襤褸菊は，頭花が集まって開花している様子からぼろ切れが集まっている状態を想像したもの．

4075. サワオグルマ 〔キク科〕

Tephroseris pierotii (Miq.) Holub

（*Senecio pierotii* Miq.; *S. campestris* (Retz.) DC. var. *subdentatus* Maxim.）

本州から琉球にかけての山間の湿地の水中に生える多年草．根生葉および下部の茎葉は長い柄があり，上部の葉は無柄で基部は茎を抱く．葉はへら状披針形で全縁またはややきょ歯があり，肉質で厚く，深緑色，無毛または多少白色の綿毛がある．晩春から初夏にかけて高さ 60～90 cm の茎の上端で分枝して散房状または仮散状となり，黄色の頭花を開く．頭花は径 3.5～5 cm，総苞はコップ状で長さ 8 mm 内外，幅約 1.5～2 cm，総苞片は広披針形，先は鋭く，舌状花冠は長さ 11～16 mm，幅約 2 mm，痩果は無毛，冠毛は白色である．オカオグルマ（次図参照）に似ているが，これは山地のやや乾いた日当たりの場所に生え，全体にやや小形，茎葉に白毛が多く，痩果に毛がある．〔日本名〕沢小車でオグルマに似ていて水辺に生えるからである．

4076. オカオグルマ 〔キク科〕

Tephroseris integrifolia (L.) Holub subsp. ***kirilowii*** (Turcz. ex DC.) B.Nord.

（*Senecio integrifolius* (L.) Clairv. var. *spathulatus* (Miq.) H.Hara）

中国，台湾，朝鮮半島，東シベリア，極東ロシアに分布し，日本では九州，四国，本州に産し，丘陵地の草地に生える多年草．短い斜上する根茎をもつ．地上茎は直立し，高さ 20～60 cm になり，上方にはクモ毛が密生し，淡紫色を帯びる．根生葉はロゼット状で開花期にも生存し，長楕円形または倒披針状楕円形で，長さ 5～10 cm，幅 1.5～2.5 cm になり，先は微凸形，基部はしだいに細まり，短い柄に流れるか柄がなく，ふちにきょ歯があり，両面にクモ毛がある．茎葉は披針形で，下方のものは長さ 7～11 cm，幅 1～1.5 cm で，先は鈍形，基部は茎を抱く．花は 4～6 月に咲く．頭花は数個～9 個で，柄があり，直径 3～4 cm となる．総苞は長さ 8 mm，幅 11 mm，総苞片は披針形で先は鋭尖形．舌状花の花冠は鮮黄色，長さ 12～16 mm，幅 2～3 mm．痩果は長さ 2.5 mm で，毛が密生する．冠毛は雪白色で，長さ 11 mm ほどである．

4077. **キバナコウリンカ** 〔キク科〕

Tephroseris furusei (Kitam.) B.Nord.（*Senecio furusei* Kitam.）

関東の秩父地方などの石灰岩地に特産する多年草．茎は直立して上方で枝分かれし，高さ 30〜60 cm になり，クモ毛がある．根生葉は長さ 4〜6 cm の柄をもち，多くは開花時に枯死する．茎葉は互生し，下方のものは長さ 8.5 cm に達し，基部は翼状の柄となり，なかば茎を抱く．茎の中部の葉は卵形または倒披針形で，上方に向かってしだいに小さくなる．花は 7〜8 月に咲く．頭花は 3〜5 個ほどで，直径 2.5〜3 cm あり，長さ 3〜6 cm の柄をもつ．総苞は長さ 5〜7 mm, 幅 10〜14 mm で, 短毛があり，総苞片は披針形で先は鋭形．舌状花の花冠は鮮黄色，広線形で，長さ 1.2〜1.6 cm になる．筒状花は濃黄色で, 長さ 5.5〜9 mm ほど．痩果は線形で，毛がある．冠毛は汚白色で，長さ 6〜8 mm になる．コウリンカからは茎にクモ毛があり，葉は薄く，花冠が黄色で下垂しない点で区別できる．

4078. **コウリンカ** 〔キク科〕

Tephroseris flammea (Turcz. ex DC.) Holub subsp. ***glabrifolia*** (Cufod.) B.Nord.（*Senecio flammeus* Turcz. ex DC. var. *glabrifolius* Cufod.）

本州の日当たりのよい山地の草原に生える多年草．根茎は細く短く，細い根が多数あり，茎は細く直立し高さ 50 cm 内外で枝を分けず，上の方に少しクモ毛があるかほとんど無毛，下方は紫色を帯び，角ばっている．根生葉はさじ形，ふちには鈍いきょ歯があって翼のある長柄がある．茎葉は互生し，披針形でふちには歯状のきょ歯があり，葉柄は短く，基部はやや茎を抱いている．頭花は茎の先に散房状に少数，夏から秋にかけて開き，径 2〜3 cm，総苞片は紫褐色で白い綿毛がある．舌状花は 10〜15 個，花冠は線形で下垂し，濃い橙赤色であるので目立って美しい．痩果には毛が密生し，冠毛は灰白色である．〔日本名〕紅輪花の意味で花色と，車輪状についた舌状花とに基づく．〔追記〕タカネコウリンギク subsp. *flammea* は九州中部と北東アジアに分布し，茎に毛が多く，頭花は少し小さい．

4079. **タカネコウリンカ** 〔キク科〕

Tephroseris takedana (Kitam.) Holub（*Senecio takedana* Kitam.）

本州中部の高山の乾いた草地に生える多年草．茎は分枝せず直立し，高さ 20〜40 cm になり，全体にクモ毛，ときに短毛が生える．根生葉と茎の下方の葉は倒披針状楕円形で，長さ 5〜10 cm，幅 1.5〜3 cm で，先は鈍形，基部は茎を抱き，ふちにはやや不規則な歯牙があり，両面にはクモ毛，ときには縮れた短毛が生える．茎の上方の葉はしだいに小形となり，広く茎を抱く．花は 8 月に咲く．頭花はふつう 4〜5 個で，散形状に茎の先端につき，直径 2〜2.5 cm になり，上方が太くなり，紫褐色の柄がある．総苞は筒形で，長さ 7〜10 mm，幅 1〜1.5 cm で，暗紫褐色を帯び，基部に苞がある．総苞片は線形で，暗紫褐色となる．舌状花の花冠は濃い橙赤色で，長さ 1 cm，幅 2 mm ほどになる．痩果は長さ 4 mm ほどになり，毛がある．冠毛は汚白色で，長さ 6〜7 mm になる．

4080. **オオモミジガサ**（トサノモミジソウ） 〔キク科〕

Miricacalia makinoana (Yatabe) Kitam.

福島県以南の本州，四国，九州に分布し深山の暗い湿った所に生える大形の多年草で，高さ 1〜1.5 m，全体に淡褐色の縮れ毛があり，やや軟らかい液質である．茎は直立し，2〜3 葉を互生し，下部の葉は長い柄があって非常に大きく長さ 15〜25 cm ぐらい，掌状に浅裂し，裂片は 10〜15 である．夏に茎の先に頭花が少数咲き，穂状に見える総状に並び，頭花は小形の苞葉から腋生する柄について互生する．総苞は楕円状円筒形で長さ 1.5〜2 cm ぐらい，緑色または紫色を帯びた多肉質で粗毛がある．総苞片は狭長で 1 列に並び微毛があり，基部には多数の反曲する苞葉がある．頭花は 5 裂する多数の筒状小花からなり，花冠は総苞よりやや長く，生時は汚黄色である．冠毛は淡褐色．乾くと全体が暗褐色になる特性がある．〔日本名〕大紅葉傘でモミジガサ類では大形であるからで，土佐の紅葉草は四国土佐（高知県）に産するからである．

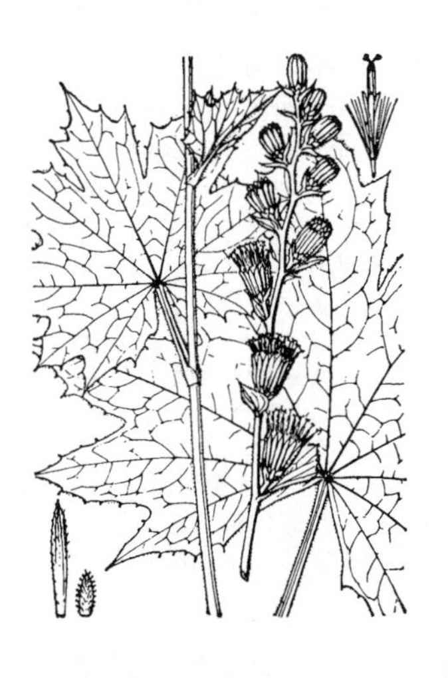

4081. モミジガサ 〔キク科〕

Parasenecio delphiniifolius (Siebold et Zucc.) H.Koyama

北海道南部から九州までの山地の林下に生える多年草で，茎は単一，直立して高さ 90 cm 内外になり，上部には短い縮れ毛がある．葉は互生し，長い柄があり，葉身は基部が心臓形で掌状に 5～7 中裂し，深緑色で軟らかく，上面無毛，下面は初め密に，後まばらに細毛がある．上部の葉は小形になり裂片の数も少なく，葉柄も短くなる．夏に茎上部で分枝して，微細な苞状葉がある頭花を円錐状につける．1 頭花に 5 個ある筒状花は白色でときに少しばかり紅紫色を帯び，長さ 9 mm 足らず，痩果は長さ 5 mm，冠毛は白色で長い．若苗を採って食用にする．東北地方ではシトギと呼ぶ．本種に似て葉の切れ込みが浅いものが九州南部や屋久島の山中にあり，モミジコウモリ（4085 図参照）という．〔日本名〕本種の葉がモミジ（カエデ）に似た掌状葉で，しかも若葉が傘状をしているからである．

4082. テバコモミジガサ 〔キク科〕

Parasenecio tebakoensis (Makino) H.Koyama

本州（関東から近畿地方にかけての太平洋側），四国，九州の山地，谷川のほとりなどに生える多年草で，地下に走出枝をひいて繁殖する．茎は高さ 50 cm 内外，細長で直立し無毛で，紫褐色のものが多い．葉は葉柄があってまばらに互生し，葉身は掌状に 5～7 深裂，裂片の上半分には鋭いきょ歯があり，乾けば膜質となって下面には光沢があり，網目の脈が目立っている．盛夏に茎の頂に円錐花序状となって短小な柄がある白色の頭花をつける．総苞は長楕円体で基部に微小な苞葉があり総苞片は 5 個である．小花は 1 頭花に 5～6 個，長さ 7 mm ぐらい．冠毛は白くて多数．モミジガサによく似ているが，全体が細く，葉の下面の脈が目立ち，かつ地下走出枝があることで区別できる．〔日本名〕最初に発見された高知県の手箇山にちなんで牧野富太郎が名付けた．

4083. タイミンガサ 〔キク科〕

Parasenecio peltifolius (Makino) H.Koyama

富山県，岐阜県から兵庫県にかけてのやや日本海寄りに分布し，深山の谷間の林下に生えるややめずらしい多年草．茎は高さ 1.5 m 内外になり，高く葉上にのび，根茎は短く分岐する．葉は軟らかく楯形で円形，径 35～65 cm，まわりは多数（9～14 個）の鋭い裂片に分かれ，裂片のふちには不整の欠刻状きょ歯がある．茎葉は少数で互生し，根生葉には長い柄があって，葉柄は非常に太く，中空で軟らかい．上面には縮れた細毛，下面の脈上には細毛がある．秋に茎の上部で多数分枝し，円錐状に多数の小頭花をつける．各頭花は白色の 5 裂した筒状花が 6 個あり，雄しべは淡緑色，5 個の短い円柱状の総苞に囲まれる．冠毛は白褐色である．〔日本名〕大明傘の意である．大形の傘に似た葉をつけ，どこかエキゾティックな観があるので，大明の接頭詞がついたのであろう．本種は葉は明瞭な楯形であるので他種との区別は容易である．

4084. タイミンガサモドキ （ヤマタイミンガサ） 〔キク科〕

Parasenecio yatabei (Matsum. et Koidz.) H.Koyama

（*Cacalia yatabei* Matsum. et Koidz. ; *C. palmata* sensu Makino）

本州中部以北および四国の深山の林下に生える大形の多年草．茎は直立し高さ 30～100 cm，上部には縮れ毛があり根茎は長くはってやや太い走出枝を出す．茎を出さない株には 1～2 の長い柄がある根生葉があって，形状は茎葉に似ている．一見タイミンガサに似ているが楯状とならない．茎葉は 2～3 個，非常にまばらに互生し，外形は円形で幅 20～30 cm ぐらい，掌状に浅裂または深裂し，裂片は 3～7 個でさらに 3 浅裂し，先は鋭く，きょ歯があって，裂片間の彎入は狭く，葉の基部は心臓形である．葉柄は下部のものでは非常に長いが，上部のものではほとんど欠ける．8 月に茎の上部に大きな円錐花穂状となって多数の黄色い小頭花をつけ，花軸はまっすぐで褐色の毛がある．総苞は細長く長さ 1.5～2 cm ぐらい，総苞片は 5 個で乾膜質．頭花は 5～10 個の筒状小花からなる．冠毛は汚褐色である．〔日本名〕タイミンガサに似た別物の意味．

4085. モミジコウモリ 〔キク科〕

Parasenecio kiusianus (Makino) H.Koyama

九州南部に特産し，温帯の林下に生える多年草．茎は高さ 70～80 cm になり，上方には縮れた毛が生える．茎の中ほどにつく葉は長さ 6～12 cm になる長い柄をもち，葉身は掌状の腎形または五角形状で 5 個の裂片に浅く裂ける．柄ははじめ軟毛が密生するが，後に無毛となり，基部は耳状となり茎を抱く．葉の裂片は三角形で，先は鋭尖形，長さ 10～15 cm，幅 12～18 cm で，下面には軟毛が密生し，ふちに微小なきょ歯がまばらに出る．花は 8～10 月に咲く．頭花は茎の上方に円錐状につき長さ 2～5 mm の柄をもつ．総苞は狭筒形で，長さ 9 mm ほどで，その基部に卵形で長さ 1.5 mm ほどの小さな苞が 7 個内外ある．総苞片は 1 列につき，5 個あり，狭長楕円形で，無毛である．小花は 6 個または 7 個あり，花冠は長さ約 1 cm．冠毛は長さ 8 mm あり，赤褐色．痩果は無毛．

4086. カニコウモリ 〔キク科〕

Parasenecio adenostyloides (Franch. et Sav. ex Maxim.) H.Koyama

四国，奈良県および本州中部の亜高山の針葉樹林の下に生える多年草．茎は高さ 50～100 cm になり，直立するが節ごとにややジグザグに曲がり，ふつう 3 枚の葉を互生する．葉柄はふつう葉身よりも短く，葉身はカニの甲を思わせる形で，ふちに不整のきょ歯があり，先端は短く尾状に尖り，基部は心臓形，やや膜質で両面ともほとんど無毛である．夏から秋にかけて，茎上部で分枝し，細い円錐花序状に頭花を多数つける．頭花は 3～4 個の筒状花だけからなり，白色で細長く，花柱の分枝は開花時反曲している．総苞片は 3 個で狭い長楕円形．痩果は線形で長さ約 6 mm，冠毛は白色でほぼ痩果と同長である．〔日本名〕葉身がカニの甲状をしたコウモリソウの意味．

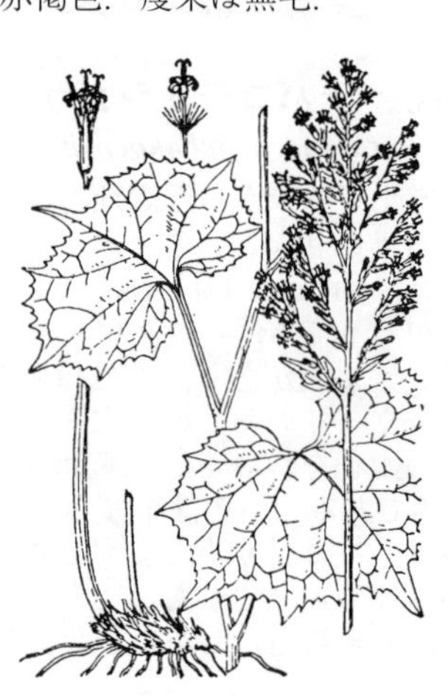

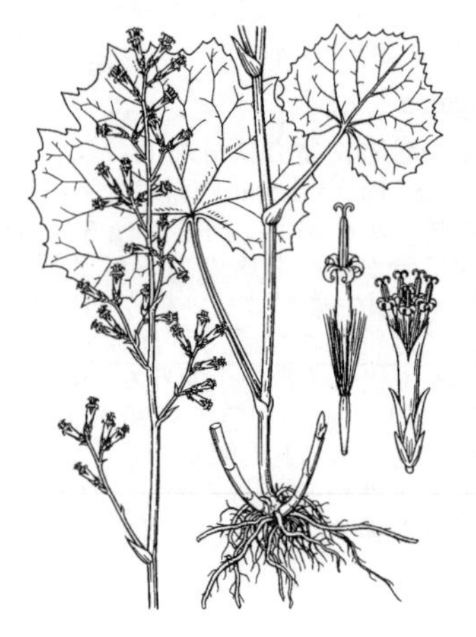

4087. イズカニコウモリ 〔キク科〕

Parasenecio amagiensis (Kitam.) H.Koyama

伊豆半島に特産する多年草で，山地の林下に生える．茎は高さ 40～60 cm になり，上方には縮れた毛がある．葉はふつう 2 個で，下の葉は長い柄をもち，白色の軟毛を密生し，柄には翼がなく，長さ 10 cm 内外になり，基部は短い鞘となり茎を抱く．葉身は腎形，先は円く，基部は深い心臓形で，長さ 11～13 cm，幅 20～22 cm あり，ふちは広三角形でふちに微きょ歯のある歯牙となり，薄い洋紙質で，上面には毛がまばらに生え，下面には脈にそって絹毛が散生する．上方の葉は下方のものより小さく，柄は 3 cm 内外，葉身は長さ 7～8 cm，幅 10～12 cm である．花は 9～10 月に咲く．頭花は長さ 3～8 mm で，縮れた毛のある柄をもち，茎の上方にややまばらに多数が円錐状につき，披針形または狭卵形の小さい苞がある．総苞は狭筒形で，長さ 11 mm ほど．総苞片は 5 個あり，1 列につき，広線形で先は鋭形となる．小花は 4 個または 5 個で，花冠は長さ約 11 mm．冠毛は白色で長さ 7～9 mm になる．痩果は無毛．

4088. ミミコウモリ 〔キク科〕

Parasenecio kamtschaticus (Maxim.) Kadota

（*P. auriculatus* (DC.) J.R.Grant var. *kamtschaticus* (Maxim.) H.Koyama）

本州北部，北海道以北の北東アジアの冷温帯およびアリューシャンの針葉樹林下に生える多年草．茎は高さ 1 m 内外で太く，ややジグザグに曲がって中部の葉はふつう 3～4 個がまばらにつく．葉は互生しやや腎臓形でふちには不整の欠刻があって，主要脈の先が数か所鋭くやや尾状に尖る．両面はほとんど無毛だが下面の脈にそってまばらに縮れ毛がある．質は薄く洋紙質．葉柄の基部には耳状の翼があり，茎を抱く．夏に茎上部で分枝し，筒状花からなる白色の小頭花を複総状円錐花序状につける．頭花は 3～6 の小花があり花冠は長さ約 8.5 mm，痩果は白色の冠毛とほぼ同長で約 5 mm．葉腋にむかごのできるものが北海道にありコモチミミコウモリ var. *bulbifer* (Koidz.) Yonek., nom. nud. という．〔日本名〕ミミは耳で，葉柄基部の形に基づいたものである．

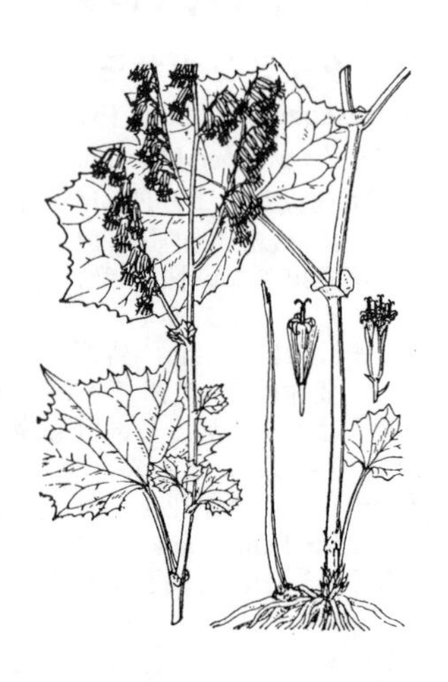

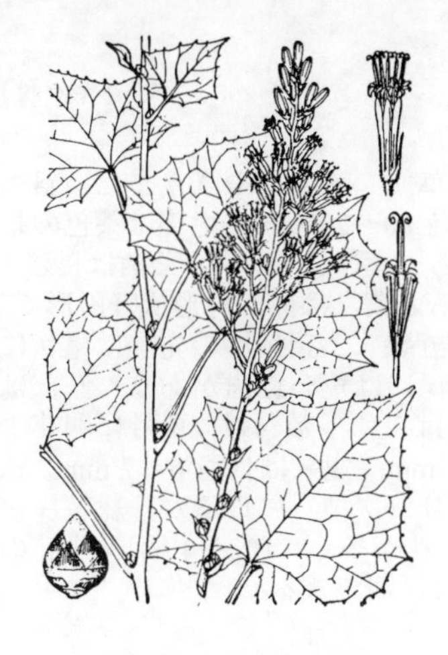

4089. タマブキ 〔キク科〕

Parasenecio farfarifolius (Siebold et Zucc.) H.Koyama
var. ***bulbiferus*** (Maxim.) H.Koyama

北海道南部から北九州にかけての山地の林下に生える多年草で，茎は直立して高さ 50〜140 cm になり，円柱形でにごった紫色を帯びる．葉は大形で柄があり，互生し，広卵状五角形，ふちは低いまばらなきょ歯があり，幅 10〜15 cm，長さ 12〜20 cm ばかり，上面は深緑色で短毛があるが，下面は綿毛に密におおわれて白色を帯び，質は軟らかい．茎の上部の葉腋に卵球形のむかごを作る特性がある．晩秋になって茎の頂が円錐花序状に分枝し，多数の頭花をつける．頭花の下には柄がある．総苞は細長で基部に少数の小苞があり，総苞片は 5 個で乾膜質，黄白色．小花は 1 頭花に 7〜10 個で皆細長い筒状花冠があり，5 裂し汚黄色である．冠毛は白色．本州中部以西の分布域には葉裏に毛が少ないウスゲタマブキ var. *farfarifolius* がある．〔日本名〕珠ブキのタマは葉腋のむかごを指し，フキは葉の形をフキの葉に見立てたものである．

4090. モミジタマブキ（ミヤマコウモリソウ） 〔キク科〕

Parasenecio farfarifolius (Siebold et Zucc.) H.Koyama
var. ***acerinus*** (Makino) H.Koyama

四国から九州の深山に生じる多年草．高さ 20〜40 cm．短い根茎から年々 1 茎を直立する．全体が暗緑色，かつ縮れた毛を散生する．葉は 3〜4 個，有柄で草質，軟らかく，上面は光沢がなく，下面には綿毛が所々につき淡緑色で多少光沢がある．ふちは 3 裂ないし掌状あるいは多少不整に中〜深裂する．裂片にはさらに 1〜2 の欠刻状きょ歯がしばしばある．葉腋には小球状のむかごがあることが多い．秋には茎頂に総状に似たやせた円錐状に頭花をつけ，小花は汚黄色，冠毛は白い，タマブキの地方型であるが，ウスゲタマブキもまた同じ地方に生じる．〔日本名〕裂けた葉をモミジにたとえた名．

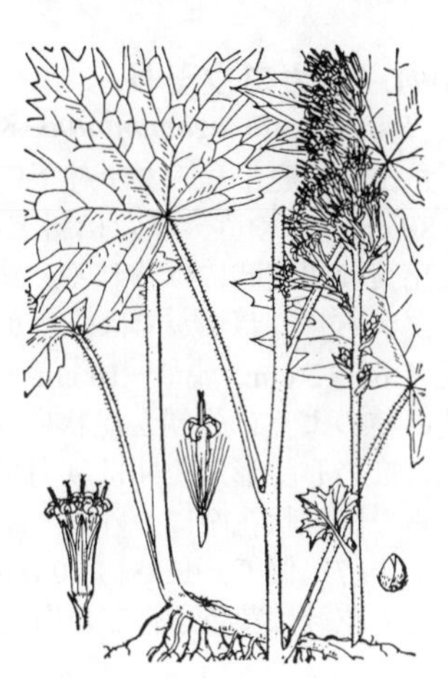

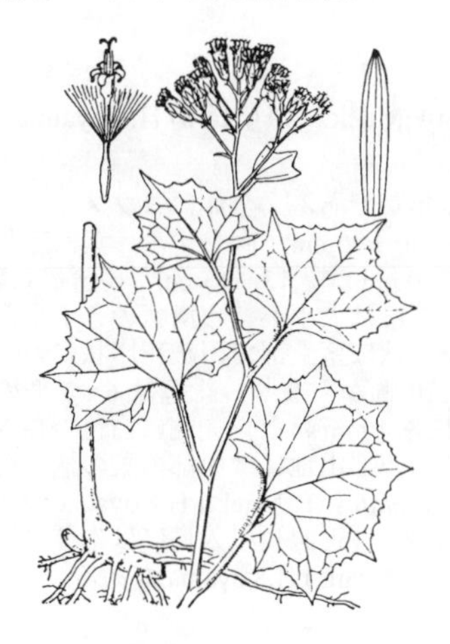

4091. オオカニコウモリ（ニッコウコウモリ［同名異物あり］） 〔キク科〕

Parasenecio nikomontanus (Matsum.) H.Koyama

本州北部から中国地方の山地までの落葉樹林内に分布するが，東北地方では太平洋寄り，中部および関西では日本海側にかたよっている．多年草で茎は直立し高さ 50cm ぐらい，稜があって節ごとにジグザグに屈曲し，まばらに 2〜5 葉を互生する．全体ヒメコウモリソウに似て大形である．葉は五角状腎臓形で，基部は広い心臓形，幅 10〜15 cm ぐらい，ふちには不整の鋭いきょ歯がある．葉質は膜質で下面の脈上には葉柄とともに淡褐色の縮れた長毛が密生し，葉柄は葉身よりも短くて黒く，基部には耳状の翼はない．秋に茎の頂に多数の頭花が集散状につく．総苞は狭い長楕円体で下部は白色，上部は紫を帯び，総苞片は 5 個，長楕円形で乾膜質．頭花は 5 個の白色筒状花からなり，冠毛も白色である．本種はカニコウモリに似ているが，彼は葉の下面に褐色の毛がなく，花は偏側総状につき，総苞片も 3 個であるので区別ができる．〔日本名〕大形のカニコウモリの意味．また栃木県日光に生えるのでニッコウコウモリともいうが，別種に同じ名が与えられておりまぎらわしい．

4092. ヨブスマソウ 〔キク科〕

Parasenecio hastatus (L.) H.Koyama
subsp. ***orientalis*** (Kitam.) H.Koyama

北海道，サハリン，カムチャツカ，中国東北部，朝鮮半島に分布，深山の湿った林内に生える多年草．茎は直立して高さ 2.5 m に達し，葉は互生し，大形で中部の葉は三角状ほこ形，長さ 30 cm 以上にもなり，3 方が尖り，さらに基部付近に 1 対の小さな尖りがあって，ふちは鋭いきょ歯がある．葉柄は長さ 10 cm 内外で，広い翼があってしばしば茎を抱く．上部の葉はしだいに短柄となり，三角状ほこ形から長楕円形になり花茎のものでは線形になる．夏から秋にかけて茎上部に円錐花序状に白色の頭花を開く．各頭花は少数の筒状花からなり，総苞は長楕円体で淡緑色，しばしば紫色を帯びる．〔日本名〕ヨブスマはコウモリのことで葉の形をコウモリの翼を広げた形に見立てたものである．〔追記〕本州の主に日本海側の山地には，葉が五角状腎臓形のイヌドウナ subsp. *tanakae* (Franch. et Sav.) H.Koyam を産する．

4093. ツガルコウモリ 〔キク科〕

Parasenecio hosoianus Kadota

青森県津軽地方に分布する大型の多年草で，茎はやや直立または斜上し上方でわずかにジグザグに屈曲し，高さ 50～200 cm，上部は茶色の軟毛が密生する．根出葉は開花時には枯れる．葉は 4～9 枚，葉柄は長さ 6～8 cm，無毛で翼が発達し明瞭に抱茎する．葉身は偏五角形状腎円形で，長さ 5～27 cm，幅 10～44 cm，ごく浅く五裂し，頂裂片の先端は尾状に短く尖り，側裂片の先端は尾状に尖る．縁には荒い鋸歯があり，基部は心臓形から切形．頭花は円錐状花序にまばらに多数付け，9 月に開花する．花冠は黄色を帯びた白色で長さ 7～9 mm，痩果は長さ 6～7 mm．秋田県男鹿半島から記載されたオガコウモリ（次種）に似るが，総苞片が 8 個で基部に腺点があり，頭花当たりの小花が多く（10～14 個），小花の広筒部は狭筒部の二倍長になる点で容易に区別できる．

4094. オガコウモリ 〔キク科〕

Parasenecio ogamontanus Kadota

秋田県男鹿半島のブナ林下に生育する中型の多年生草本．茎は高さ 35～80 cm，やや直立または斜上し，上方でわずかにジグザグに屈曲する．根出葉は開花時には枯れる．葉は 3～6 枚，葉柄は長さ 3.5～8 cm，無毛で翼があり，わずかではあるが明瞭に抱茎する．葉身は偏五角状腎形で，長さ 6～12 cm，幅 9～16 cm，ごく浅く五裂し，裂片の先端は短く尖り，他の種のように先端が尾状に長く尖らない．縁には粗い鋸歯があり，基部は広い心臓形．花期は 9 月で，頭花は 4～20 個あるいはそれ以上をまばらな円錐状花序につける．頭花当たりの小花数は 5～9 個．総苞片は 5～6（～7）個で，長さ約 10 mm，幅 2～3 mm，卵形から披針形，先端は尖る．花冠は黄色を帯びた白色で，長さ 7 mm．痩果は長さ 6～7 mm．

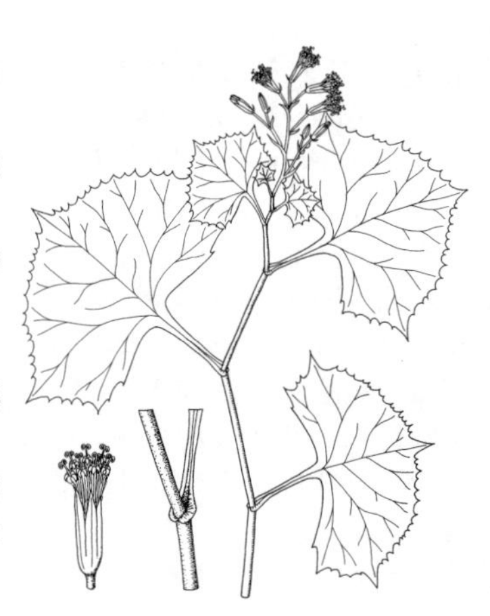

4095. コウモリソウ 〔キク科〕

Parasenecio maximowiczianus (Nakai et F.Maek. ex H.Hara) H.Koyama var. ***maximowiczianus***

関東，中部地方の山地の森林内に生える多年草である．全体にヨブスマソウを小形にしたように見える．茎は細く，高さ 60～90 cm，直立する．葉は三角状ほこ形で，長さよりも幅が広く（長さ 8～10 cm，幅 13～15 cm），基部は浅い心臓形で，頂裂片は最も大きくて鋭く，ふちには大小不整の歯状のきょ歯がある．しかし茎上部の葉では縦に狭長となる．秋に茎上部で円錐花序状に多数の頭花をつけ，頭花は紫を帯びる筒状花 6～10 個からなり，総苞は 6～7 個の総苞片からなり，長さ 1 cm ぐらい．痩果は長さ 4 mm ほど，先端に白色で長さ約 5 mm の冠毛が目立つ．また本州中部地方の南部山地には中部の葉の柄に翼があり，耳状に茎を抱くオクヤマコウモリ var. *alatus* (F. Maek.) H.Koyama がある．〔日本名〕翼形からコウモリを想像したもの．〔追記〕屋久島には本種に似た固有のヤクシマコウモリソウ *P. yakusimensis* (Masam.) H.Koyama がある．

4096. ツクシコウモリソウ 〔キク科〕

Parasenecio nipponicus (Miq.) H.Koyama

九州地方に特産し，温帯の林下に生える多年草．茎は高さ 20～40 cm になるが，細く，多少ともジグザグ状となり，上方に縮れた毛があるか無毛である．根生葉があるが，茎の中部の葉よりも小さく，開花時には枯れる．茎の中部の葉は長さ 3～5 cm になる翼のない長い柄をもち，葉身は腎形または五角形状で，浅く 5 裂し，先は急に尾状となり，基部は切形または浅い心臓形となり，長さ 3～9 cm，幅 5～12 cm で，両面とも縮れた毛があるか，下面は無毛である．裂片は三角形で，側方の 2 対は横に開き，上側のふちはまばらに不規則なきょ歯がある．花は 8～10 月に咲く．頭花は茎の上方に 1～7 個が散房状につき，長さ 7～11 mm の柄をもつ．総苞は長さ 8～10 mm で，基部にがく様の苞がない．総苞片は 7～8 個が 1 列に並び，広線形で無毛．小花は 12～14 個あり，花冠は白色で，長さ 7～7.5 mm，痩果は長さ 4.5～6 mm.

4097. ヒメコウモリソウ 〔キク科〕

Parasenecio shikokianus (Makino) H.Koyama

本州（紀伊半島）および四国の深山に生える多年草．茎は細長で高さ10～30 cm ぐらい，節ごとにやや明らかにジグザグに曲がり，分枝部の枝には縮れ毛を生じる．葉は互生して長い柄があり，中部の葉の葉身は五角状の広い腎臓形でまばらに鋭い欠刻があり，長さ 4 cm，幅 6 cm，先はやや長く尖り，基部は心臓形または切形，薄い洋紙質で両面に縮れた細毛がある．上部の葉に移るにつれて小形になり，五角状から三角状となり最上葉はほぼ線形にさえなる．夏に茎の先で分枝し，白色の頭花を散房状にやや密生する．頭花は 7 個の筒状花からなり，花冠は長さ約 7 mm，長さ 5 mm の白色の冠毛がある．総苞片はしばしば紫を帯び，狭長な楕円形で 5 個．〔日本名〕小形のコウモリソウの意味．

4098. ヤブレガサモドキ 〔キク科〕

Syneilesis tagawae (Kitam.) Kitam.

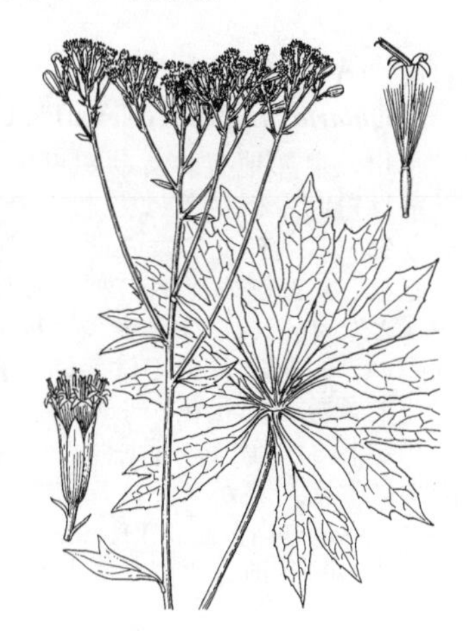

本州（兵庫県），四国に産する多年草．茎は高さ 1 cm に達する．茎の下部につく葉は楯状につき，円形で，直径 24～30 cm になり，掌状に 6～8 深裂する．裂片は披針形で，先は鋭尖形，幅 1～2.5 cm になり，ふちにはわずかにきょ歯があることが多い．花は 7～8 月に咲く．頭花はすべて両性の筒状花からなり，茎の先に散房状にやや多数集まってつき，直径 7～10 mm で小形で線形の苞が 3 個または 4 個あり，長さ 6～10 mm の柄がある．総苞は円筒状で，長さ 8～10 mm あり，総苞片は 5 個あり，1 列につき，やや質が厚い．筒状花の花冠は淡い紅紫色で，長さ約 9 mm ほど．冠毛は汚白色で長さ 7～8 mm になる．痩果は円柱形で，毛はない．〔追記〕図示したような，花序の枝が長く葉の裂片があまり深く 2 裂しないものをヒロハヤブレガサモドキ var. *latifolia* H.Koyama として区別することもある．狭義のヤブレガサモドキ var. *tagawae* は高知県のみにあり，葉の裂片が 2 深裂し，花序がより小さい．

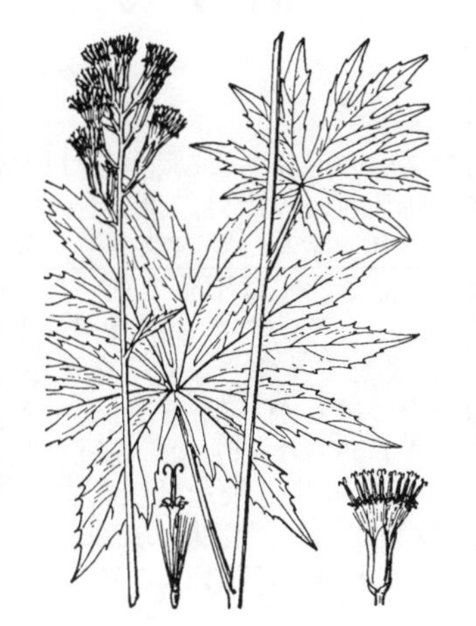

4099. ヤブレガサ 〔キク科〕

Syneilesis palmata (Thunb.) Maxim.

（*Cacalia krameri* (Franch. et Sav.) Matsum.）

本州，四国，九州，朝鮮半島の浅い山地の木陰に生える多年草．地下茎は短くはい，茎は直立し高さ 50～100 cm．葉は掌状に深裂し，裂片は 7～9 個，さらに欠刻または粗いきょ歯があり，下面は白色を帯びる．根生葉は長い柄があって茎を抱き，径 35～40 cm，楯形になるがタイミンガサほど中央には柄がつかない．茎葉はふつう 2 枚で柄は短い．夏に茎の先に総状に近い円錐状に多数の頭花をつける．各頭花は白色で赤味を帯びる 5 裂する筒状花からなり，総苞は白紫色で 5 個の総苞片からなり，基部に小形の苞葉が数個ある．冠毛は淡褐色．この属は双子葉植物でありながら子葉は 1 枚という特徴がある．〔日本名〕破れ傘の意で，本種の若い葉が出て来た時，葉柄は立っているのに葉身はすぼまった傘のようなかっこうをしており，しかも羽裂の形しているので名付けられた．

4100. ツワブキ 〔キク科〕

Farfugium japonicum (L.) Kitam.

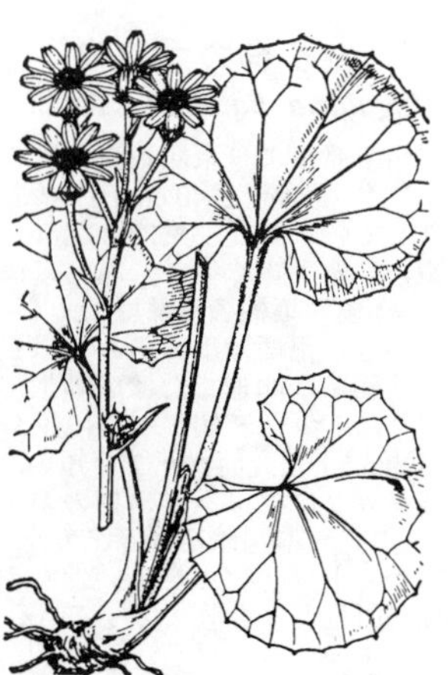

本州（石川，福島県以南），琉球，台湾，中国，朝鮮半島にかけての海岸近くに多い常緑の多年草．根茎は太く，長い柄のある根生葉を束生し，葉身は円状腎臓形で厚く，上面は深緑色で光沢がある．若葉は初め内側に巻き込み，灰褐色の長毛があるが，後にやや無毛になる．10 月頃，60 cm ぐらいに花茎がのび，黄色の頭花を散房状につけ，花径は約 5 cm，総苞は淡緑色，総苞片は 1 列に並び同長で，ふちで互いに接している．舌状花は 1 列で雌性，倒披針状線形で長さ 3～4 cm，幅約 6 mm，中心花は両性の筒状で先は浅く 5 裂し，いずれも結実する．果実は密に毛があり，冠毛は長さ約 1 cm で汚褐色である．葉柄を食用としまた薬用にもされるが，ふつうは観賞用に栽培し，種々の園芸変種がある．葉が特に大形のものはオオツワブキ var. *giganteum* (Siebold et Zucc.) Kitam. という．〔日本名〕ツヤ（光沢）ブキの転化か．〔漢名〕橐吾が慣用されているが，これはメタカラコウ属の植物をさす．

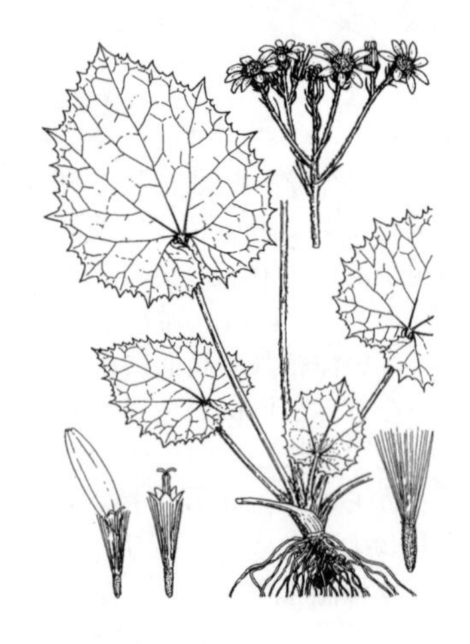

4101. カンツワブキ　〔キク科〕

Farfugium hiberniflorum (Makino) Kitam.

九州の種子島および屋久島に生える常緑の多年草．根茎は太く，根生葉は束生し，長い柄があり，葉身は薄く心臓形でふちには欠刻およびきょ歯があって不整に角ばっている．上面はしばしば金属性の光沢があり，下面に葉柄と同じく灰白色の長毛がある．葉の間から出る花茎は灰白色の長い綿毛が密生し，長さ 30～60 cm，苞葉状になった互生の茎葉から側枝を分け，散房状に頭花をつける．頭花は黄色で径約 3 cm，周辺に 1 列の舌状花が並び，花冠は長さ 2 cm たらず，総苞は長さ 1 cm，広鐘形である．痩果は密に毛があり，冠毛は純白色で長さ約 7 mm．〔日本名〕寒ツワブキの意味で冬に入ってからも花があることに基づく．

4102. ヤマタバコ（シカナ）　〔キク科〕

Ligularia angusta (Nakai) Kitam.

本州の中部地方および関東地方西部にきわめてまれに生える多年草．根茎は短い．根生葉は大きな倒卵状長楕円形，白緑色で長い柄があり，そう生する．初夏に葉の間から高さ約 1 m 内外の分枝しない白緑色の茎を直立し，3 個の無柄の葉を互生し，茎葉は基部が広く茎を抱いてやや鞘状となり，ふちは根生葉と同じく不整の鋭い波状きょ歯が多く，先端は円い．頭花は黄色では茎の上部に多数総状につき，3 まれに 5 個の舌状花と多数の筒状花からなり，総苞片は筒形に連合し，緑白色で上部は黒味がある．痩果の冠毛はさび色で長さ 2 mm．〔日本名〕山煙草の意で，山地に生え，葉がタバコに似ていることによる．〔追記〕ミチノクヤマタバコ *L. fauriei* (Franch.) Koidz. は本種に似ているが，総苞片は互いに離れている．関東地方北部と東北地方の太平洋側に生える．

4103. トウゲブキ（タカラコウ，エゾタカラコウ）　〔キク科〕

Ligularia hodgsonii Hook. f.

本州北部，北海道，サハリン，南千島の高山の湿原および北海道以北では海岸草原にも生える大形多年草，茎は高さ 60 cm 内外，単立し，根茎は太い．根生葉は 30 cm 内外の長い柄があり，葉身は腎臓状卵形，先は円形またはやや尖り，基部は心臓状となり，ふちには不整の鈍いきょ歯があり，青緑色．茎葉は 2～3 個で小形となり，下方のものは長く，上方のものは短い柄があり，その基部は広くふくれて葉鞘となり茎を包む．夏に茎の上端で分枝し散房状に黄色の頭花をつけるが，花柄にはクモ毛がある．頭花は径 4～5 cm，周辺の舌状花は 1 列で 7～12 個，花冠は長さ 27 mm，中心の筒状花は長さ約 1 cm，先端は 5 裂し裂片は反曲する．総苞は鐘形，幅約 1 cm，基部に 2 個の苞状葉がある．痩果は長さ 6～7 mm，冠毛は多少赤味を帯び長さ約 1 cm．〔日本名〕峠に生えるフキの意．

4104. カイタカラコウ　〔キク科〕

Ligularia kaialpina Kitam.

本州中部および東北地方南部の亜高山帯のやや湿った所に生える多年草で，根茎は短く，茎は高さ 40 cm 内外（まれに 70 cm），単生しトウゲブキよりも全体がほっそりしている．根生葉は 20 cm 内外の長い柄があり，葉身は三角状心臓形または腎臓形，先は短く尖り，ふちにはやや不規則なきょ歯が多く，無毛である．茎葉は 2～4 個，葉柄の基部は広くなって葉鞘となり茎を抱く．夏に茎の頂で総状に頭花がつき，花柄は下方のものは長いが，上方では短く，一見散房状に見える．花茎の基部には卵形または広卵形の苞状葉がある．頭花は黄色で，舌状花は細く先が尖り，ふつう 5 個が周辺に並ぶ．総苞は筒形で幅 5 mm．痩果の冠毛は黄白色で長さ約 6.5 mm，筒状花より短い．〔日本名〕甲斐（山梨県）産のタカラコウの意味で，タカラコウは本属植物の漢名である橐吾の音読みがなまったものとされている．〔追記〕本図は初版でタカラコウの図として出ているもので，カイタカラコウではなくトウゲブキを描いたものである可能性が高い．図では花序の先端の頭花が横の頭花よりも低くなっているが，カイタカラコウでは先端の頭花が最も高い．

4105. ハンカイソウ 〔キク科〕

Ligularia japonica Less.

静岡県以西の本州，四国，九州および中国，朝鮮半島に分布し，山地のやや湿った所に生える大形の多年草．根茎は太く，茎は高さ 1 m 内外になり，白っぽくて，毛はなく，紫の斑点がある．葉は大形，心臓状円形で掌状に深裂し，裂片は不整に羽状に中裂，ふちには鋭い欠刻状のきょ歯があって，根生葉では長さ幅とも 30 cm，葉柄はさらに長い．茎葉は 3 個で柄は短く，基部は広い葉鞘になって茎を抱き，互生する．下面は初め軟毛がある．初夏，茎の上端で分枝し，径 10 cm ぐらいの大きな鮮黄色の頭花を散房状に開く．総苞は球形，緑色で長さ幅ともに 2 cm 内外，総苞片は楕円形で先は鋭く，舌状花は 10 個内外で長さ約 6 cm，幅約 1 cm．痩果は長さ約 9 mm，冠毛は 7 mm ほどで茶褐色．〔漢名〕大呉風草を慣用．〔日本名〕樊噲草，同属に張良草がある．中国で古来有名な張良と樊噲との組合せの連想からその人名を採用したものか．

4106. マルバダケブキ（マルバノチョウリョウソウ） 〔キク科〕

Ligularia dentata (A.Gray) H.Hara

本州（中・北部と中国山脈の一部）および中国に分布し，関東以南では高山の草地，東北地方では低地や低山の林内に生える大形の多年草で茎は高さ 1 m 内外，無毛で太く，根茎は短い．葉は互生し，根生葉は長い柄があり，葉身は腎臓状円形で基部は深い心臓形，ふちには多数のやや整正のきょ歯があって，洋紙質，上面の脈上にはまばらに細毛があり，茎葉は 2 個，葉柄の基部はふくれて葉鞘となり，茎を抱く．夏に茎の頂に密に毛のある枝を分け，散房状に大きな黄色の頭花をつける．頭花は径約 8 cm，大形の舌状花が 10 個内外あって，中心には筒状花が多数集まる．総苞は緑色の球形でハンカイソウよりも大きく，密に縮れ毛が生えている．痩果は長さ 1 mm ぐらい．冠毛は赤褐色で長さ約 12 mm．〔日本名〕円葉ダケブキまたは円葉のチョウリョウソウの意味で，かつて栽培され，本種とハンカイソウの雑種と推定されるダケブキ（チョウリョウソウ）*L.* ×*yoshizoeana* (Makino) Kitam. に対して葉が切れ込まないことによる．

4107. オタカラコウ 〔キク科〕

Ligularia fischeri (Ledeb.) Turcz.

東アジアの温帯に広く分布し，日本では本州，四国，九州の深山の湿り気の多い場所，特に谷川のほとりに多い大形の多年草．茎は高さ 1 m 内外であるが東北地方では 2 m になるものもあり，根茎は太い．根生葉は大形で長い葉柄があり，葉身は心臓状卵形または心臓状楕円形でいくぶん矢じり形になる傾向があるが，基部の広がりはメタカラコウのようには尖らない．ふちはやや鋭い歯状のきょ歯がある．茎葉は小形になり，葉柄は短く，基部は葉鞘となって茎を抱く．さらに上部の葉になると葉身はしだいに消滅し，葉鞘のみが緑色の苞葉状となって花茎を抱く．夏から秋にかけて，茎の上部で黄色の頭花を互生し，総状花序状となり，受粉後下を向いて垂れ下がる．頭花は径 4～5 cm，8 個内外の舌状花がある．冠毛は長さ 6～10 mm で褐色または紫色を帯びている．〔日本名〕雄タカラコウで，次種メタカラコウに比べて強壮であるため．タカラコウの語源についてはカイタカラコウの項参照．

4108. メタカラコウ 〔キク科〕

Ligularia stenocephala (Maxim.) Matsum. et Koidz.

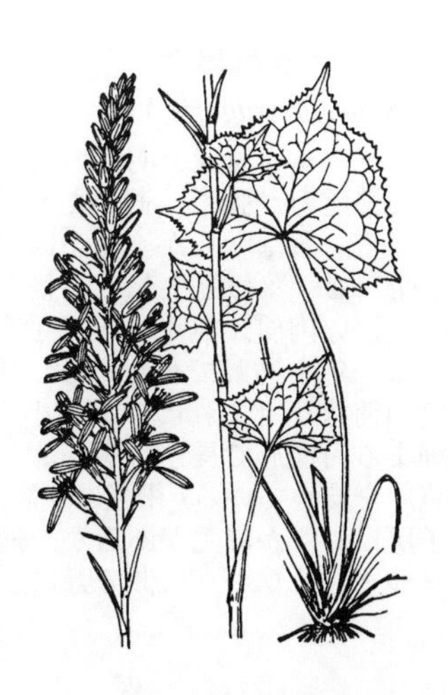

本州，四国，九州および台湾，中国の深山の湿地に生える多年草．茎は高さ 60～100 cm ぐらいになり，直立し，分枝せず無毛，赤紫色を帯びる．根茎は太くて短く，やや太い根が多数出る．根生葉は長い柄があり，葉身は心臓状三角形で角は鋭く尖って短い尾状になり，両側の広がりは矢じり形になり，へりには不整の歯状のきょ歯がある．茎葉は 3 個で上部のものは小さく，葉柄の基部は葉鞘になる．オタカラコウに比べて小さく軟らかい．秋に茎の先に短柄のある美しい黄色の頭花を長い総状につける．花軸には縮れ毛が密にあり，頭花は周辺に 1～3 個の雌性舌状花があり，中に 6～7 個の両性筒状花が集まるが，まれに舌状花のないものもある．総苞は円柱形で長さ 10～12 mm，幅 3 mm，緑色の 5 個からなる．痩果の先にある冠毛は汚白色である．〔日本名〕雌タカラコウは雄タカラコウよりもやさしい作りであるのによる．

4109. タケダグサ（シマボロギク）　〔キク科〕

Erechtites valerianifolius (Wolf ex Rchb.) DC.

南米原産で，熱帯，亜熱帯に広く帰化している一年生草本．日本では伊豆諸島，南西諸島に帰化し，小笠原にも古く入り，小笠原諸島，硫黄列島に広く分布している．草丈は約 1 m で茎は直立し，全株ほとんど無毛．葉は互生で質は軟らかく，下方の葉には長柄があるが，上部の葉はほとんど無柄，長楕円状卵形で，多くは羽状に中〜深裂し，側裂片は 3〜5 対，羽片の縁に粗い不整のきょ歯がある．秋に，茎の上部に白色の頭花が散房状に集まって咲く．総苞は円筒形，内総苞片は線形で等長，規則正しく 1 列に並び，無毛．舌状花を欠く．筒状花は細長い管状で，先は 5 裂し，花冠筒の下方は白色，上方は淡紅色，冠毛も上半部は淡紅色．花柱は先が 2 裂し，裂片の先は細まる．瘦果は淡褐色，円柱形で，10 脈がある．全草に春菊の香りがあり，食用になる．〔追記〕中米原産のダンドボロギク（次図）の変種，ウシノタケダグサ *E. hieraciifolius* (L.) Raf. ex DC. var. *cacalioides* (Fisch. ex Spreng.) Griseb. も同じような分布をしているが，葉が羽状に切れ込まず，粗い毛が多く，花冠筒の上方は淡黄色〜緑黄色で容易に区別される．

4110. ダンドボロギク　〔キク科〕

Erechtites hieraciifolius (L.) Raf. ex DC. var. ***hieraciifolius***

北アメリカ原産の一年草．北半球の温帯に広く帰化して雑草化し，オーストラリアやニュージーランドにまで広がっている．草丈は 30〜90 cm，ときに 2 m にもなる．植物体は無毛のものから，灰白色の毛におおわれるものまで変異が大きい．葉は互生し，披針形ないし長楕円形で長さは 10〜20 cm，ふちに鋭い切れ込みがある．葉形や大きさにも変異が多い．茎の上部の葉ほど楕円形に近く，またはほとんど柄がなく茎を抱く．頭花は夏の終わりにつき，径約 1 cm，長さ 1〜1.5 cm で，緑色草質の細長い総苞片が多数ある．頭花を構成する花はすべて筒状の両性花で黄色，舌状花はない．花筒はやや褐色を帯びた淡緑色である．瘦果は長さ 3〜5 mm の細長い楕円体で，縦に 16〜20 本の稜が走り，この稜と稜の間を細い毛がおおっている．瘦果の頂端には白いリングがあり，冠毛は白色で長い．第二次大戦後に日本でも，山林の伐採跡や林縁に広がった．〔日本名〕段戸ボロギクは，初めて帰化が確認された愛知県の段戸山に基づき，頭花の形状がノボロギクなどに似ることによる．

4111. ベニバナボロギク　〔キク科〕

Crassocephalum crepidioides (Benth.) S.Moore

アフリカ大陸熱帯の原産とされる一年草．新・旧両大陸の熱帯，亜熱帯に広く帰化して雑草となり，日本の暖地にも第二次大戦後に侵入して広がった．山林の伐採跡や林縁，山火事の跡などに突然出現して大きな群落を作ることがあるが，長続きすることはなく，本来の植生が回復すればそれにおきかえられて消滅する．高さ 30〜80 cm で草質の茎が直立し，互生する葉には短い柄があって茎を抱くことはない．葉は長さ 8〜12 cm の長い楕円形ないし倒卵形で，先端は鋭く尖り，葉の下半部は浅く羽状に裂けることが多い．頭花は円筒形で中ほどがやや細まり，鼓（つつみ）のような形になる．緑色草質の細い総苞片に囲まれ，中の花はすべて筒状の両性花で先端は朱赤色をしている．数個の頭花が茎頂につくが，すべて下向きに点頭して垂れる特徴がある．〔日本名〕紅花ボロギクで，頭花の先端が赤いことと，ノボロギクなどに似る（別属であるが近縁）ことに基づく．

4112. ノボロギク　〔キク科〕

Senecio vulgaris L.

ヨーロッパ原産で明治の初め頃（1870 前後）日本に渡来した一〜二年草．繁殖力が強く，道ばたや空地でしばしば群落を作って密生することがある．茎は軟らかくやや肉質で高さ 30 cm 内外，多数分枝して赤紫色を帯びる．葉は互生して不整に羽裂し，裂片には不整の切れこみがあり，軟らかい肉質，無毛または毛がある．春から夏の間に開花するが，しばしば一年を通して花がある．頭花は少数で腋生の散房花序状につき，黄色の筒状花（まれに少数の小舌状花がある）からなる．総苞は先がやや細まる円柱形で長さ約 7 mm，基部に小形の総苞片が数個あって，長い総苞片を支えている．花冠は 5 裂，花柱分枝の先端には乳頭状突起毛があり，子房はわずかに毛があるが，瘦果は無毛で縦線がある．〔日本名〕ボロギクつまりサワギクに似て野に生えるのでノボロギクという．

4113. **サンシチソウ** (サンシチ) 〔キク科〕

Gynura japonica (Thunb.) Juel

庭園で栽培する多年草．茎は束生し，直立して高さ 1 m 内外．茎も葉も軟質でともに紫色を帯びる．葉は互生し，羽状に深裂し，裂片は 3～7 個あり披針形で，欠刻状のきょ歯がある．秋に茎上部で分枝し，深黄色の頭花を散房状につけ，小花はすべて両性の筒状花だけからなる．総苞は円柱形で，1 列に並ぶ．総苞片は細長く先は尖り，基部にはさらに小形のものが数個ある．花冠の基部は硬くなり，花柱の基部は小球状，分岐する柱頭の先端には毛がある．痩果には縦線があり，冠毛も長くて目立つ．〔日本名〕漢名の音読み，．これは葉の裂片の数が 3～7 にわたるからである．〔漢名〕土三七（慣用），また三七ともいう．形容語が *japonica* となっているがもともと日本産のものではなく，昔，隣国の中国から渡来したものである．

4114. **スイゼンジナ** (ハルタマ) 〔キク科〕

Gynura bicolor (Roxb. ex Willd.) DC.

東アジアの熱帯の原産で日本では栽培品だけで，九州南部ではしばしば自生状となって，湿り気のある流れのほとりなどに群立する多年草．茎は高さ 30～60 cm くらい，軟らかく，分枝し，四季を通じて葉がある．葉は互生し，長楕円状披針形で先端は鋭く，基部はくさび形で葉柄に流れ，ふちには鋭い歯状のきょ歯がある．やや多肉質で軟らかく，上面は緑色，下面は茎とともに紫色を帯びる．春から夏にかけて細長い枝の頂に筒状花ばかりからなる黄赤色の頭花を散房状につける．総苞は円筒状で，1 列の内片の外側基部に小さな数個の外片が着生し，長い冠毛があることなどはサンシチソウと同じである．葉を食用とする．〔日本名〕九州熊本の水前寺で古くから栽培されていたので，この名がある．春玉（？）は語源不明．〔漢名〕木耳菜．

4115. **タイキンギク** (ユキミギク) 〔キク科〕

Senecio scandens Buch.-Ham. ex D.Don

和歌山県以西の暖地の海岸またはその附近の山地に生える多年草．台湾からインド方面にまで分布する．茎はやせて倒れ気味になり，上部の花序だけが斜上することが多く，長いものは 5 m にもなる．葉は柄があって葉身は三角状披針形，ゆるやかに先が尖り基部は広いくさび形，細かいきょ歯があり，ときに下部に欠刻ができる．草質で深緑色，軟毛があるが目立たない．晩秋から早春にかけて枝端が細かく分枝し，分枝はときに反転気味にさえなり，多数の黄色の頭花を散房状につける．総苞は円筒形，長さ 7 mm 内外．舌状花は 7～10 個，広線形で長さ 8 mm ぐらい．冠毛は白く長さ 5 mm．〔日本名〕堆金菊，黄色の花が盛り上がって咲くから，またユキミギクは雪の降る冬に開花するのでいう．

4116. **コウリンギク** 〔キク科〕

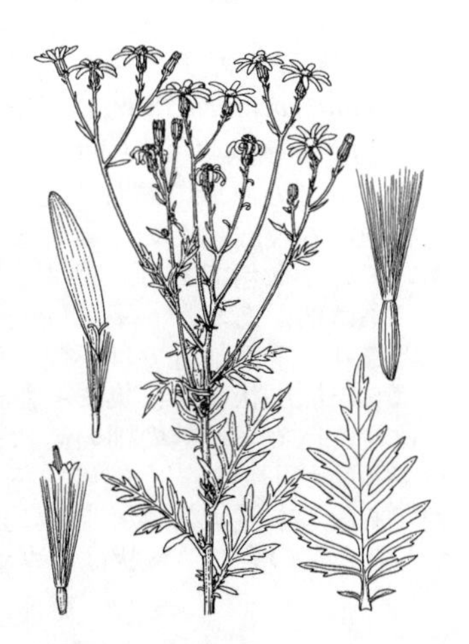

Senecio argunensis Turcz.

中国，朝鮮半島，シベリア東部に分布し，日本では九州中部にのみ産する多年草．山地の湿った草地に生える．茎は直立し，上方で枝分かれし，高さ 60～150 cm になる．根生葉および茎の下部の葉は開花時に枯れる．茎には多数の葉がつく．葉は互生し，茎の中部のものでは卵状長楕円形または長楕円形で，長さ 8～10 cm，幅 4～6 cm あり，柄はなく，5 または 6 対の裂片に深く裂ける．花は 8～10 月に咲く．頭花は直径 2～2.5 cm あり，長い柄をもち多数が散房状につく．総苞は半球形，長さ 6 mm ほどで，基部には線状披針形で，長さ 3～5 mm の小苞片が多数ある．舌状花の花冠は楕円形，長さ 15 mm，幅 3 mm で，黄色．痩果は円柱形，長さ 2～3 mm で，縦の条線があり，無毛．冠毛は汚白色で，長さ 5.5 mm ほどになる．

4117. キ オ ン（ヒゴオミナエシ） 〔キク科〕

Senecio nemorensis L.（*Jacobaea nemorensis* (L.) Moench）

東アジアの温帯からシベリア，ヨーロッパまで広く分布する多年草，日本各地の深山の日当たりのよい場所に生える．根茎は短く多数の根があり，茎は高さ 90 cm 内外で直立して太い．葉は互生し，広披針形，ふちには浅いきょ歯があり，先端は鋭く尖り，基部はくさび形となって短い柄があるかまたは急に細まってなかば茎を抱き，ふつう両面に縮れ毛がある．夏に茎の上部で分枝し，多数の頭花を散房状につける．頭花は黄色で径約 2 cm，周辺に 1 列の舌状花（ふつう 5 個）があり，中心には筒状花（10 個内外）がある．痩果は無毛で長さ約 4 mm，頂に長さ 6 mm ぐらいの白い冠毛がある．本種は分布が広いので変化も非常に大きい．〔日本名〕黄苑，つまり黄花の紫苑の意味である．

4118. ハンゴンソウ 〔キク科〕

Senecio cannabifolius Less.（*Jacobaea cannabifolia* (Less.) E.Wiebe）

東アジアの温帯およびアリューシャン列島の西端に分布し，わが国では本州中部以北の深山に生える大形の多年草である．茎は高さ 1〜2 m になり，太く，しばしば紫色を帯び，根茎は横走し太い．葉は互生し，柄があって羽状に 3〜7 深裂し，裂片は狭長，側裂片は葉の先端に向かって狭角につき，ふちには鋭いきょ歯があり，先端は鋭く尖り，基部は葉柄に流れる．下面には少し縮れた毛がある．7〜9 月頃茎の上端で散房状に多数の頭花が密集して開く．頭花は黄色で径約 2 cm，緑色で長さ約 6mm の円筒形の総苞の内に，1 列の舌状花 4〜5 個と中心に多数の筒状花がある．痩果は長さ約 3 mm で毛はなく，頂に黄白色の冠毛がある．葉が羽状に分裂しないものをヒトツバハンゴンソウ f. *integrifolius* (Koidz.) Kitag. という．〔漢名〕劉寄奴をあてるのはよくない．

4119. フウキギク（シネラリア，フキザクラ） 〔キク科〕

Pericallis* ×*hybrida (Hyl.) B.Nord.

観賞品として明治（1880 前後）になってから渡来した越年草で，アフリカ北西のカナリア諸島産の *P. cruenta* (Masson ex L'Her.) B.Nord. を中心に近縁の他種との交配によってつくられた園芸種である．茎はふつう高さ 40〜60 cm，直立し，軟毛があって分枝する．葉は大形で互生し，ふちが波状になった心臓状卵形で，下面は紫色，葉柄は翼があり，基部は耳状になって茎を抱く．しかし根生葉の柄にはふつう翼はない．初夏に，しかし園芸上では温室で栽培するので冬から春にかけて，茎の上部で分枝し，散房花序となって多数の美しい頭花を開く．舌状花はふつう 10〜12 個で色彩の変化品が多く，紅，紫，濃紫，赤紫，白などでビロード状であるが，野生品は赤紫であるという．形も変化が多い．中心の筒状花はふつう紫色，まれに黄色である．〔日本名〕富貴菊の意で牧野富太郎の命名．フキザクラは全体をサクラソウに見立て，葉をフキに見立てた名である．中国では瓜葉菊といっている．

4120. ベニニガナ 〔キク科〕

Emilia coccinea (Sims) G.Don

（*E. javanica* auct. non (Burm.f.) C.B.Rob.）

東インドの原産で観賞のため庭園に植えられる一年草．茎は分枝し，高さ 30〜60 cm ぐらいで無毛またはまばらに毛があり，全体が白い粉をふいている緑色である．葉は互生し，茎の下部に寄り集まってつき，下部の葉は柄があるが，茎葉は矢じり形の基部が茎を抱き，ふちは多少波状となり，基部附近では不整の低い鋭きょ歯がある．夏に長い枝の先にまばらな散房状花序に集まった頭花が咲き，頭花は径約 1.3 cm，赤色または橙黄色で，多数の細い筒状花からなり，花冠は 5 裂，痩果は五角柱状で両端が平たく，上端に白色の冠毛がある．総苞は筒状で総苞片は 1 列である．本種は花期が非常に長く，霜がおりるまで咲き続ける．〔日本名〕紅苦菜の意で，草状はニガナに似て紅色の花が咲くからである．

4121. ウスベニニガナ 〔キク科〕

Emilia sonchifolia (L.) DC. var. ***javanica*** (Burm.f.) Mattf.

アジア，アフリカの熱帯，亜熱帯に広く分布し，わが国では紀伊半島南部以西の暖かい地方に雑草となって生えている一年草．全体が白い粉をふいた緑色である．茎は高さ 30〜60 cm ぐらいで分枝し，細くて弱い．葉は互生し，下面がふつう紫色を帯び，下部のものは翼のある長い柄があって，葉身はほぼ円形，またしばしば羽状に深裂．上葉では基部が茎を抱き，卵状披針形でふちには突起がある．夏から秋にかけて，多数の筒状花からなる淡紫色の頭花を長い枝の先端につけるが，つぼみの時はうつ向いている．総苞は円柱形，総苞片は広い線形で先は鋭い．痩果は長さ約 3 mm，ほぼ五角柱形で角に短い剛毛があり，先端には長さ約 8 mm の白色の冠毛がある．〔日本名〕ベニニガナに似て花色が淡いことを示す．〔漢名〕一点紅．

4122. キンセンカ（ホンキンセンカ，ヒメキンセンカ） 〔キク科〕

Calendula arvensis L.

中部ヨーロッパ，北フランスなどをへて地中海沿岸地方，および東はイラン，西はカナリア諸島にまで野生する一年草で，わが国には江戸末期（19 世紀はじめ）に渡来し，庭園に植えられるがトウキンセンカほどふつうではない．茎は高さ 10〜20 cm，栽培品では 30 cm ぐらいになり，よく分枝する．葉は互生し，へら状長楕円形で軟らかく，ふちは大まかなきょ歯があり，ふつうは刺毛がある．夏に赤味のある黄色の頭花を枝の先端につけ，花径は約 1.5〜2 cm でトウキンセンカより小さいが趣がある．頭花は周辺に舌状花が並び，花冠の外側の下部および痩果の上部には毛がある．痩果は彎曲し，外面に刺状の突起がある．全草は外傷に薬効がある．〔日本名〕漢名に由来する．しかし現在一般で呼ぶキンセンカはたいてい次のトウキンセンカである．〔漢名〕金盞草で金盞は花形に基づく．金盞は金の杯である．

4123. トウキンセンカ（キンセンカ） 〔キク科〕

Calendula officinalis L.

南ヨーロッパの原産で，花壇切花用に盛んに栽培される一年草または越年草である．初めに束生し，後に茎が伸長して高さ 15〜50 cm になり，よく分枝する．全体に軟毛におおわれ，一種の臭気がある．葉は互生し，長い倒卵形で軟らかく淡緑色，下部の葉は全縁で明瞭な葉柄はなく，上部の葉はふちにわずかなきょ歯があって基部は茎を抱く．夏に分枝した枝の先端に径 5〜6 cm，園芸品では 10 cm ほどの頭花をつける．頭花は周辺に淡黄色または赤味を帯びた黄色の舌状花がふつう 2 列に並び，これは雌性で結実し，中心には多数の筒状小花があってこの方は両性だが結実しない．果実に冠毛はない．園芸品は黄色系の花色の変化が多く，また舌状花が多列生となった重弁品も多い．〔日本名〕唐金盞．中国から来たキンセンカの意味．本種の方がキンセンカよりふつうであるので彼の日本名が本種の方へ移ってしまった．

4124. ウスユキソウ 〔キク科〕

Leontopodium japonicum Miq.

本州，四国，九州および中国の低山帯に生える多年草．茎は高さ 25〜50 cm，そう生し，細長く，うすく綿毛におおわれる．葉はほとんど全縁の披針形で長さ 5 cm，幅 1 cm 内外，先は鋭く尖り，基部はやや急に細まる．上面は緑色，下面は綿毛が密に生え白色，茎の上部にまで葉はあるが，根生葉は花期に枯死する．夏から秋にかけて茎頂に表裏とも白色の綿毛におおわれる苞状葉を数個生じ，葉内に灰白色の小さな頭花が多数集まってつく．総苞は白綿毛におおわれ，小花の花冠は雌花が糸状，雄花が筒状である．ミネウスユキソウ var. *shiroumense* Nakai ex Kitam. は本州中部に分布する高山型で，茎は高さ 10 cm 内外，葉も小形，頭花も少数であるが，ウスユキソウと連続する．〔日本名〕薄雪草は淡白色の葉をうすく積った雪にたとえたもの．

4125. ミヤマウスユキソウ（ヒナウスユキソウ）〔キク科〕

Leontopodium fauriei (Beauverd) Hand.-Mazz. var. ***fauriei***

本州北部の高山帯で比較的乾いた日当たりのよい所に生える多年草．茎は高さ 10〜15 cm 内外で多少そう生する．葉は互生し，線形，先は尖り，両面ことに下面に著しく白色の綿毛がある．根生葉は線状倒披針形で長さ 5 cm，幅 3 mm，両面とも白毛があるが，やはり上面は薄く，茎上端の苞状葉は多少輪生状となり，白色の綿毛が厚く両面をおおっていて白い星のようである．夏に頭花は密に集まり，輪状葉の中央につく．総苞は球形で長さ約 4 mm，痩果は長さ約 1.2 mm で 4 本の角があり，密に乳頭突起がある．冠毛は長さ約 3 mm．本種はヨーロッパアルプスの有名な Edelweiss（エーデルワイス *L. nivale* (Ten.) Huet ex Hand.-Mazz. subsp. *alpinum* (Cass.) Greuter）に近似しているので，わが国の登山愛好家のシンボルにされている．

4126. ホソバヒナウスユキソウ〔キク科〕

Leontopodium fauriei (Beauverd) Hand.-Mazz.
var. ***angustifolium*** H.Hara et Kitam.

群馬県北部の高山岩石地にまれに産する小形の多年草である．根生葉は多数出て倒披針状線形で幅は 2 mm 以下，両面に白い綿毛がある．7 月に高さ 5〜12 cm の花茎を出し，葉は線形で互生し，全体に白綿毛が多い．茎頂に数個の頭花が集まってつき，その周囲に線形の苞状葉が放射状に並び，苞状葉は特に綿毛が密生して白く見える．頭花は径約 5 mm，筒状花だけからなるが雄花と雌花とが混じり，その形は他の同属とほぼ同じ，総苞片はふちが暗褐色で，背面には長い白綿毛がある．冠毛は白く長さ約 2.5 mm，痩果には少し毛がある．東北の高山に生えるミヤマウスユキソウに比べ，葉が狭い．

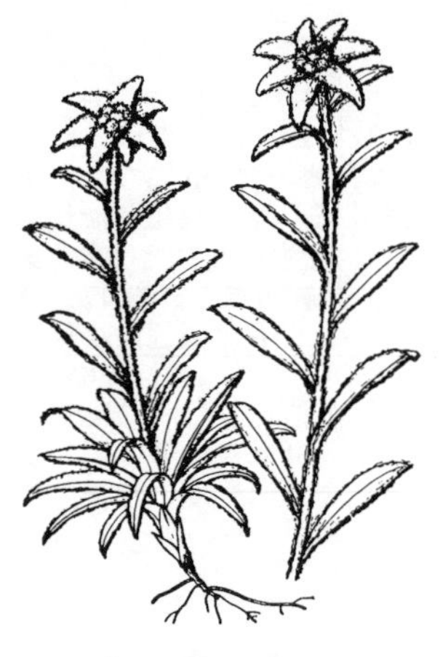

4127. ハヤチネウスユキソウ〔キク科〕

Leontopodium hayachinense (Takeda) H.Hara et Kitam.

本州北部（早池峰山）の岩地に生える強壮な多年草である．茎は高さ 10〜20 cm，分枝せず単一で白い綿毛があり，7〜10 枚の茎葉を互生する．根生葉は倒披針形で両面に白毛があり，茎葉は 5〜8 枚，互いに離れて互生し，披針形でやや立ち，上面は緑色で白毛を散生するが，下面は特に白毛を密生し，主脈は隆起する．頭花は茎の頂に集まり 8 月頃開花する．茎の頂部に集合する苞状葉は 5〜8 個，星状に配列し，長楕円形で白綿毛を密生し，径 5 cm ほどにもなって美しい．小花はうずもれて目立たないが，すべて筒状花冠で，周辺のものは雌性，他は雄性である．痩果は長さ約 1.6 mm，多少の細毛がある．〔日本名〕産地の早地峯山に基づく．北海道の大平山と崕山にあるオオヒラウスユキソウ *L. miyabeanum* (S.Watan.) Tatew. ex S.Watan. は本種に似ておりかつて同一種とされたが，茎葉が多く 15〜30 枚で，雌雄異株となる（まれに雌雄両花をつける個体もある）点で異なる．また南千島の色丹島に分布するチシマウスユキソウ *L. kurilense* Takeda は本種に似て，葉や茎の綿毛下にさらに細毛があり，山草愛好家の間で栽培される．

4128. ヤマハハコ〔キク科〕

Anaphalis margaritacea (L.) Benth. subsp. ***margaritacea***
var. ***margaritacea***

北半球の温帯に広く分布し，わが国では本州中部以北の山地，まれに高山の草原にも生える多年草である．茎は直立して高さ 60 cm 内外，白い綿毛におおわれる．葉は互生し，無柄で線状披針形，先はふつう少し鋭く，基部はなかば茎を抱き，上面は深緑色，下面は綿毛が密生して白色となりふちが巻き込む傾向にあり，質は厚い．夏に茎の頂で散房状に分枝し，カワラハハコと同じく多数の白色の頭花をつける．総苞片は白色乾質，小花は筒状花で淡黄色，雄花，雌花と不稔の両性花があり，雄花（両性花）と雌花は異株につく．北アメリカで特に変異が多く，その中には日本産のものと全く区別できないものもある．真の野生はヒマラヤ，中国，日本をへて北アメリカにあり，ヨーロッパのものは帰化品である．〔漢名〕毛女児菜は正しくない．

4129. ホソバノヤマハハコ 〔キク科〕

Anaphalis margaritacea (L.) Benth. subsp. ***margaritacea*** var. ***angustifolia*** (Franch. et Sav.) Hayata

(*A. margaritacea* var. *japonica* (Sch. Bip.) Makino)

本州中部以西，四国，九州の山地に生える多年草でヤマハハコに似て小形，分布圏は明瞭に分かれているが，生育環境はよく似ている．高さ30 cm内外．横にはう地下茎でも繁殖する．葉は互生し，数多く線形で先はやや尖り，長さ3～6 cm，幅2～6 mm，葉の下面が白色，上面は深緑色，ふちは下面に向かってやや巻き込む．頭花は白色，夏から秋にかけて枝の先に多数集まって散房状につく．総苞片は白色で乾質，小花は筒状花で淡黄色．茎はさほど分枝せず割に単純である．〔日本名〕細葉の山ハハコ．ハハコはいわゆる母子草のこと（ハハコグサ参照）．

4130. カワラハハコ 〔キク科〕

Anaphalis margaritacea (L.) Benth. subsp. ***yedoensis*** (Franch. et Sav.) Kitam.（*A. yedoensis* (Franch. et Sav.) Maxim.）

北海道を除く日本各地の川原の砂地に多い多年草で，茎は高さは30～50 cmほどになり，細綿毛におおわれ，白色で細い．白毛のある細長な線形の葉は長さ3～6 cm，幅約1.5 mm，下面は特に白色の毛が多い．夏に茎上部で散房状に分枝し，その先に多数の白色の頭花をつける．総苞片は白色で乾質，小花は筒状花で淡黄色，雄花，雌花と不稔の両性花があり，雄花（両性花）と雌花は異株につく．ヤマハハコなどに比べて茎の分枝が多く，葉が特に細い点が区別のかぎである．〔日本名〕川原ハハコの意で生育地の環境にちなむ．

4131. ヤバネハハコ（ヤハズハハコ） 〔キク科〕

Anaphalis sinica Hance var. ***sinica***

(*A. pterocaulon* (Franch. et Sav.) Maxim.)

関東地方以西の日本，朝鮮半島，中国の山地に生える多年草で高さ15～30 cmぐらい．細い根茎があって多数の茎が立つ．全体に白い綿毛があるが後には脱落して薄くなり，茎は単一で分枝せず，緑色だが白毛におおわれて白く，狭い翼がある．葉は互生して質は軟らかく，倒披針形で先は鈍く，基部は狭いくさび形となり，翼となって茎に流下し，茎に稜があるように見える．葉の上面はあまり毛が多くないが，下面は綿毛が密生しており白い．夏から秋にかけて茎の頂で短い枝を分け，散房状の頭花を密集する．頭花は長さ3 mm，多数の総苞片は卵状楕円形で膜質，白色である．小花はすべて筒状で，わずかに紅色を帯びるか，黄白色がかっている．雌雄異株である．〔日本名〕矢羽ハハコで，茎にある狭い翼を矢羽に見立てた名，矢筈母子も茎の翼に基づく名だが，これを矢筈というのは正しくない．つまり矢筈は矢をつがえるところで叉になっている部分をいうからである．

4132. クリヤマハハコ 〔キク科〕

Anaphalis sinica Hance var. ***viscosissima*** (Honda) Kitam.

(*A. viscosissima* Honda)

関東の石灰岩の山地に特産のもので，ヤバネハハコの一地方型と見られる．基本種に比べ，綿毛が少ないため外観は白味が少なく，かつやせてみえ，腺毛が多いために粘着性がある．ことにおし葉標本にするときは新聞紙に粘りつき，また分泌物が焦げた砂糖の臭気を発する．花部は差異がない．トダイハハコ *A. sinica* var. *pernivea* T. Shimizu（= *A. todaiensis* Honda）は南アルプス戸台の石灰岩地に特産で，腺毛と綿毛が共に多い地方型である．ちなみに基本種のヤバネハハコは揚子江流域にも産し，冬期には純白の綿毛に包まれたロゼットが美しい．礼記月令に「仲冬之月芸始而生」と出ている芸（ウンとよむ）はこのヤバネハハコであるらしい．芸は近頃藝の略字としてゲイ(たとえば芸術など)とよむが，これは芸の字がすでにあったことを無視して作られたものである．ヘンルウダ（ミカン科）の条下も参照．

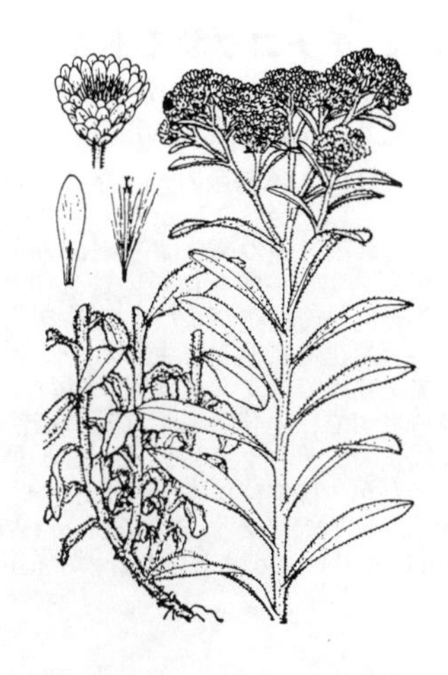

4133. タカネヤハズハハコ（タカネウスユキソウ）〔キク科〕

Anaphalis lactea Maxim.（*A. alpicola* Makino）

北海道中部および本州北中部の高山で，適当に湿った草地に生える多年草．雌雄異株で全体が白い綿毛に密におおわれる．根茎は短く，枯れ残った古い葉の基部で包まれ，茎が多数立つ．茎は高さ 10～20 cm，分枝せず，4～5 葉が互生する．葉は披針形またはへら状倒披針形，全縁で，基部はしだいに細くなって茎を囲み，やや直立して柔軟である．8 月頃，茎の頂に散房状につく小頭花は密集しているが苞状葉はなく，この点でウスユキソウ属とは容易に区別できる．総苞片は乾膜質，白色または淡紅色，ときに濃いバラ色などがあり，多数重なって，白い茎葉とともになかなか愛らしい．小花はすべて筒状花冠であり，ほとんど総苞と同長である．〔日本名〕高嶺薄雪草の意で，高山に生じ，全体が白いのでこの名がある．〔追記〕本種は最初日本固有種 *A. alpicola* Makino とされたが，近年は中国中部に産する表記の学名のものと同じ種とされている．

4134. エゾノチチコグサ〔キク科〕

Antennaria dioica (L.) Gaertn.

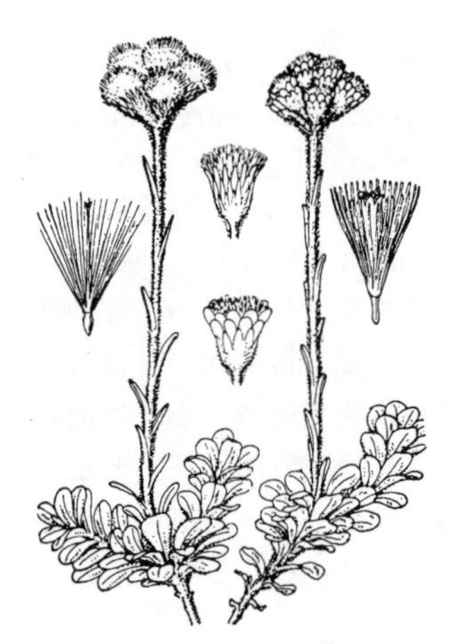

ユーラシア大陸の寒地，アリューシャン列島などに分布し，日本では北海道の北見地方に産する多年生草本．乾いた草地に生え，雌雄異株である．地下茎は細くはい，花のつかない枝の先にはさじ状の長さ約 2 cm の葉が密に束生し，花茎の葉はやや線形で互生，ふちにきょ歯はなく，両面に白毛がある．花茎は 10～30 cm ほどで直立し，6 月頃，白色の頭花が茎の頂に数個集まって開花する．雌花の花冠は糸状，総苞片は線状で長さ 1 cm 以上，雄花の花冠は筒状，総苞片は幅広く円味があり，長さ約 7 mm である．果実には長さ約 4 mm の白い冠毛がある．〔日本名〕蝦夷（北海道）に生えるチチコグサの意．

4135. チチコグサ〔キク科〕

Euchiton japonicus (Thunb.) Anderb.

（*Gnaphalium japonicum* Thunb.）

北海道から九州，琉球，および朝鮮半島，台湾，中国に分布，山野や人家附近にふつうの多年草で，地上に匐枝を出して繁殖する．葉は狭長，全縁で，上面緑色，下面は綿毛があって白色である．晩春から秋にかけて，長さ 10 cm ほどにもなる束生するの根生葉中から高さ 15～30 cm ばかり，白色の綿毛が多い細い茎を出し，分枝せず，茎葉を互生し，頂に数個の光沢のある茶褐色の頭花を密につける．総苞片はへら状で褐色，中心の小花は両性花，その周囲には雌性の小花がある．痩果は白色の冠毛がある．〔日本名〕母子草に（ホオコグサの当て字）対して父子草と名付けたものである．〔漢名〕天青地白．

4136. チチコグサモドキ〔キク科〕

Gamochaeta pensylvanica (Willd.) A.L.Cabrera

（*G. pensylvanicum* Willd.；*G. purpureum* auct. non L.）

アメリカ大陸原産の一年草または二年草．根生葉はロゼットを作り，茎部の茎葉とともに長さ 3～7 cm のへら形をなす．葉の両面，特に下面は白く長い綿毛におおわれる．茎の高さは 10～50 cm，ほとんど分枝せず，全体に葉と同様の白い綿毛が密生する．頭花は短い穂を作り，茎頂と茎の上部で白い毛に包まれ，その中に淡褐色の筒状花がかたまってつく．舌状花はない．花は春から盛夏にかけて次々と咲き，花後に冠毛を生じるが，冠毛は基部でたがいに合着してリング状になる．北アメリカではアメリカ合衆国のほぼ全域に雑草として広がり，日本へも第二次大戦前にすでに帰化して荒れ地や路傍の雑草となっている．〔日本名〕父子草もどきは同属のチチコグサに似るところから．〔追記〕本属の植物は全てアメリカ大陸の原産だが，日本には本種の他にもウスベニチチコグサ *G. purpurea* (L.) A.L.Cabrera，ウラジロチチコグサ *G. coarctata* (Willd.) Kerguélen，ホソバノチチコグサモドキ *G. calviceps* (Fernald) A.L.Cabrera が帰化している．

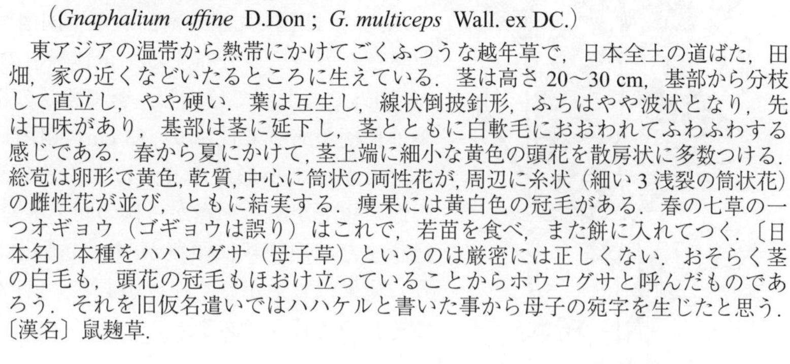

4137. ハハコグサ（オギョウ） 〔キク科〕

Pseudognaphalium affine (D.Don) Anderb.

（*Gnaphalium affine* D.Don ; *G. multiceps* Wall. ex DC.）

東アジアの温帯から熱帯にかけてごくふつうな越年草で，日本全土の道ばた，田畑，家の近くなどいたるところに生えている．茎は高さ 20〜30 cm，基部から分枝して直立し，やや硬い．葉は互生し，線状倒披針形，ふちはやや波状となり，先は円味があり，基部は茎に延下し，茎とともに白軟毛におおわれてふわふわする感じである．春から夏にかけて，茎上端に細小な黄色の頭花を散房状に多数つける．総苞は卵形で黄色，乾質，中心に筒状の両性花が，周辺に糸状（細い 3 浅裂の筒状花）の雌性花が並び，ともに結実する．痩果には黄白色の冠毛がある．春の七草の一つオギョウ（ゴギョウは誤り）はこれで，若苗を食べ，また餅に入れてつく．〔日本名〕本種をハハコグサ（母子草）というのは厳密には正しくない．おそらく茎の白毛も，頭花の冠毛もほおけ立っていることからホウコグサと呼んだものであろう．それを旧仮名遣いではハハケルと書いた事から母子の宛字を生じたと思う．〔漢名〕鼠麹草．

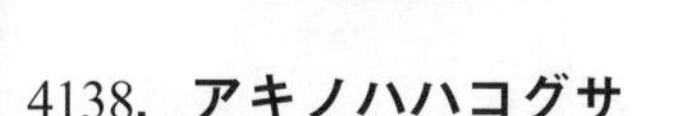

4138. アキノハハコグサ 〔キク科〕

Pseudognaphalium hypoleucum (DC.) Hilliard et B.L.Burtt

（*Gnaphalium hypoleucum* DC.）

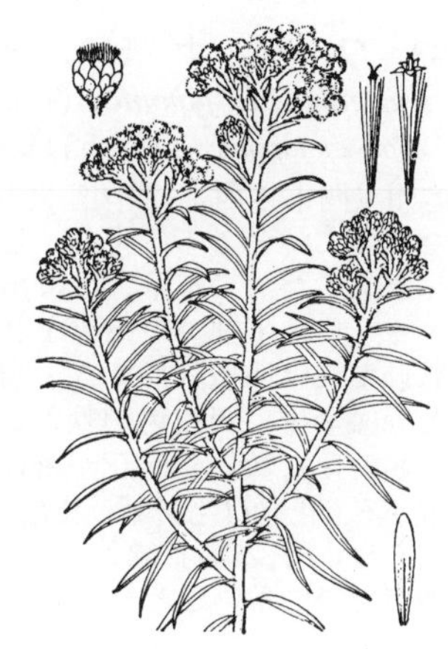

東アジアの暖・熱帯に広く分布し，日本では本州以南のやや乾いた山地に生える一年草である．茎はやや硬く，直立して高さ約 60 cm になり，上部で分枝し，葉の下面とともに白色の綿毛が密に生えている．葉は互生し，細長く先端は尖り，上面は緑色でざらつき，基部は茎を抱く．秋に枝先に黄色の小頭花を散房状に密集し，後にややまばらに分枝する．総苞片は鱗状に重なっており，外片は淡緑色で白い綿毛をかぶり，内片は乾質で黄色，花後開出する．頭花は筒状花だけからなり，糸状に細い雌性花と筒状の両性花が規則的に配列し，いずれも結実することは同属の他種と同じ．花柱は花冠よりも長く突き出ているが，この点はハハコグサの短いのと対照的である．〔日本名〕秋咲のハハコグサの意．中国でも秋鼠麹草と呼んでいる．

4139. ムギワラギク 〔キク科〕

Xerochrysum bracteatum (Vent.) Tzvelev

（*Helichrysum bracteatum* (Vent.) Andrews）

オーストラリア原産の一年草あるいは越年草で観賞用に栽培される．茎は 60〜90 cm ぐらい，上部分枝し，葉は披針形で互生する．花期が長く初夏から秋にわたって頭花をつけ，頭花は径約 3 cm，多数の総苞片は乾質で斜開し，黄色，黄赤色，淡紅色，暗紅色，白色などと種々あり，中央に多数の筒状小花が入っている．花壇栽培や切花用として好まれ，特に花を秋に収獲して乾燥させ，ドライフラワーとして装飾用とすることは有名である．よくカイザイクといわれるが誤りでそれはアンモビウム（次図）のことである．〔日本名〕麦藁菊の意味だが，英名の Straw flower を訳してできた名であると思う．

4140. カイザイク（アンモビウム） 〔キク科〕

Ammobium alatum R.Br.

オーストラリアのニューサウスウェールズ地方に産する一年草で，観賞品として栽培される．茎葉ともに綿毛におおわれ，高さ 60〜90 cm ぐらい，根生葉には柄があり，茎葉は披針形で先は尖り，基部は翼状に延下して茎にある縦の翼と合一する．夏から秋にかけて枝の先端に開花し，頭花の径約 1〜2 cm．多数の黄色の筒状花の周囲をやや大形の白い乾質の総苞が囲んで頭花を飾っている．総苞片は多層に重なり卵形である．茎や枝にある翼の異様さが目立ち，すぐこの種であることがわかる．〔日本名〕貝細工の意味で，頭状花序のようすから想像したもの．本種のことを誤まってムギワラギクという．英名，仏名などにはともに不滅（永遠）花の意味がある．中国では銀苞菊という．

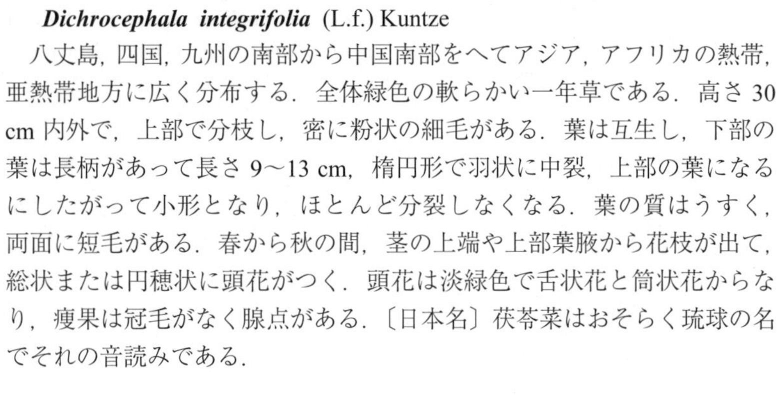

4141. ブクリュウサイ（ブクリョウサイ）　〔キク科〕

Dichrocephala integrifolia (L.f.) Kuntze

八丈島，四国，九州の南部から中国南部をへてアジア，アフリカの熱帯，亜熱帯地方に広く分布する．全体緑色の軟らかい一年草である．高さ 30 cm 内外で，上部で分枝し，密に粉状の細毛がある．葉は互生し，下部の葉は長柄があって長さ 9～13 cm，楕円形で羽状に中裂，上部の葉になるにしたがって小形となり，ほとんど分裂しなくなる．葉の質はうすく，両面に短毛がある．春から秋の間，茎の上端や上部葉腋から花枝が出て，総状または円穂状に頭花がつく．頭花は淡緑色で舌状花と筒状花からなり，痩果は冠毛がなく腺点がある．〔日本名〕茯苓菜はおそらく琉球の名でそれの音読みである．

4142. ワ　タ　ナ（ヤマジオウギク，イズホオコ）　〔キク科〕

Eschenbachia japonica (Thunb.) Koster

（*Conyza japonica* (Thunb.) Less.）

本州（関東以西），四国，九州，琉球の暖かい海岸に近い山麓などの日当たりのよいところに生え，日本以外ではアジアの亜熱帯に広く分布する一年草または二年草．茎は高さ 30 cm 余り，細長でしばしば先端で分枝する．葉は下部でロゼット状に集まり，上部では基部が茎を抱き，長倒卵形または倒披針形できょ歯があり，長さ 5～13 cm，幅 1～4 cm，茎とともに全体に灰白色の軟毛が多い．夏に，しかし南方では一年を通じて，茎の頂に数個の頭花が密に集まって咲く．頭花は淡緑色でやや紫色を帯びる．花冠は毛管状．花後，長さ約 4.5 mm の冠毛が綿のように集まって見える．〔日本名〕綿菜，冠毛の様子より．わたは海の古語であるから，本種が海岸に多いことを示すとする説もある．

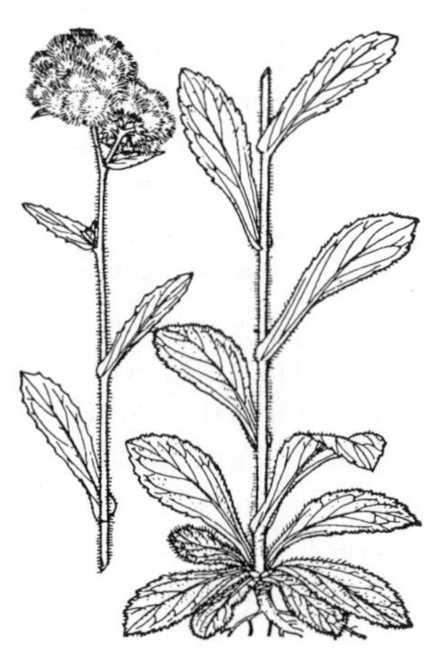

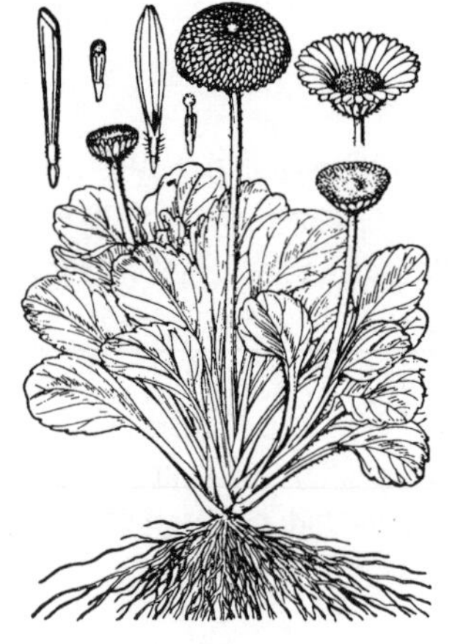

4143. ヒナギク（デージー，エンメイギク）　〔キク科〕

Bellis perennis L.

コーカサス地方から西のヨーロッパに広く野生し，日本ではふつう春の花壇に好んで植えられるが，花期が長く，早春から秋まで咲き続ける．小形の多年草で根茎は短く，葉は根生し，へら状卵形で全縁または多少のきょ歯があり，毛がある．葉間から高さ 6～9 cm の花茎を出し，先端に 1 個の頭花をつける．頭花は変化が多いがふつう径 2 cm ぐらい，舌状花が周辺にだけある一重状のものや中心まである八重状のものがある．花色はふつう舌状花が白で外側が淡紅色に染まり，筒状花が黄色であるが，舌状花が紅色，紅紫色などになる園芸品も多い．花冠筒部や痩果には毛があり，冠毛はない．〔日本名〕雛菊は可愛らしい姿に基づき，延命菊はその生活を長く続けるからである．英名 Daisy の方がむしろ親しまれている．

4144. ウラギク（ハマシオン）　〔キク科〕

Tripolium pannonicum (Jacq.) Dobrocz.（*Aster tripolium* L.）

アジア，ヨーロッパ，北アメリカの温，暖帯の海岸または内陸の塩性地，日本では北海道，本州から九州にかけての海岸の湿地に生える二年草で，全体がすべすべしてつやがある．茎は太く，直立し高さ 1 m 内外になり，下部は赤味を帯びる．葉の質は厚くて軟らか，茎葉は互生し，下部の葉は大きく，線状披針形で全縁，先が鋭く尖り，基部は茎を抱き，長さ 8 cm 内外，上部の葉は線形になって苞葉状となる．秋に茎の頂で散房状に分枝し，枝上に多くの頭花をつける．頭花の周囲には紫色の舌状花があり，中心には黄色の筒状花があり，花径は約 2 cm．総苞は筒形で，総苞片はやや広くて尖り，紫色を帯びる．果実には長さ約 1.5 cm の著しい白色の冠毛があるが，花時の長さの約 3 倍になっている．〔日本名〕浦菊，浜紫苑の意で，いずれも海岸生であることに基づく．〔漢名〕金盞菜とするのはよくない．

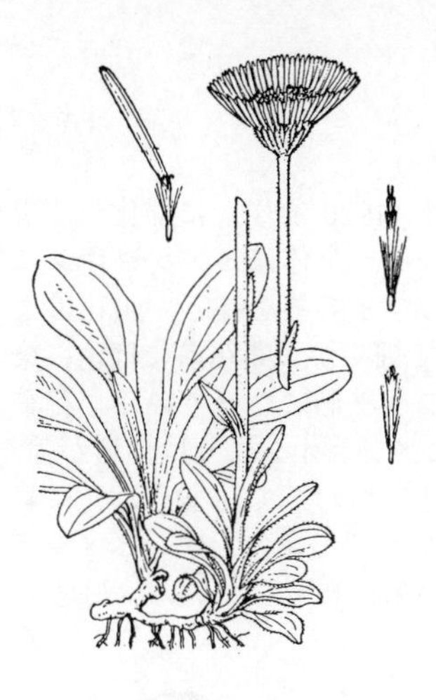

4145. アズマギク 〔キク科〕

Erigeron thunbergii A.Gray subsp. ***thunbergii***

（*E. dubius* (Thunb.) Makino, non Spreng.）

本州北・中部の乾いた山地草原に生える多年草．根生葉は束生し，長い柄があってへら状倒披針形，全縁またはまばらなきょ歯がある．花茎は根生葉の間に直立して高さ 20～30 cm，単一または 1～2 分枝し，無柄の披針形葉をまばらに互生する．茎葉ともに毛があるが，花後の葉には毛がない．4～6 月頃，茎の先に径 3 cm ばかりの頭花を 1 個つけ，舌状花は狭長でふつう淡紅紫色，筒状花は黄色，冠毛は赤味を帯びた褐色で長さ約 5 mm，総苞片は緑色で上下同長，鋭く尖り，密に軟毛がある．〔日本名〕東菊の意味で関東に多いからであろう．花屋でいうアズマギクはミヤマヨメナの一品ノシュンギクのことである．〔追記〕本種は *Erigeron* 属に入れられたり，*Aster* 属に入れられたりするが，*Conyza* 属なども含めてお互に不可分の関係がある．しかし約 1000 種もあって整理上不便であるという理由で，舌状花の細い本種やハルジオンなどは 1 属としてまとめられる．その中でも本種は *Erigeron* の基本形に最も近い．

4146. ミヤマアズマギク 〔キク科〕

Erigeron thunbergii A.Gray subsp. ***glabratus*** (A.Gray) H.Hara

本州北・中部，北海道の高山帯に分布する多年草．根は分枝し，茎は直立して毛があり，高さ 10 cm 内外，根生葉はへら形で，先は鈍いかときに凹み，あるいはいくらか尖ることもある．基部は狭くなり，ふちは全縁またはまばらに少数の鋭いきょ歯があって毛があり，両面にもまばらに毛がある．茎葉は下部のものは根生葉に似ており，上方のものは披針形で尖る．頭花は径 3 cm ぐらいで 8 月頃茎に頂生し，総苞片は線形で尖り，白毛を生じ，紫色の舌状花は線形で幅約 1 mm，中心の筒状花は黄色である．ときに紅紫色，まれに白色の舌状花を生じる．冠毛はアズマギクと異なり白色．〔日本名〕深山東菊の意．〔追記〕北海道には葉の幅が狭いアポイアズマギクがある．また同じく北海道には根生葉に長い柄があり，葉身は広楕円形のミヤマノギク *E. miyabeanus* (Tatew. et Kitam.) Tatew. et Kitam. ex H.Hara がある．

4147. エゾノムカシヨモギ 〔キク科〕

Erigeron acer L. var. ***acer***

北半球北部一帯の高山的気候の日当たりのよい山地のれき地に生える多年草．開花が早ければ 2 年で枯れる．日本では長野県以北に産する．高さ 20～40 cm で単立または少数の茎に分出，全体に開出した毛を生じ，手ざわりは粗い．根生葉は長さ 5 cm 内外，へら形で上部に 1～2 の低きょ歯があり，多毛で草質，淡緑色，厚味がある．茎にはやや小さく広翼の柄がある葉を多数つけ，頂に近づくと各葉腋に有柄の 1 頭花をつけ，全体が総状となる．花は淡紅紫色で径 1.5 cm，盛夏に開き，アズマギクに似るが舌状花が短いために貧弱で太い円筒形の総苞だけがよく目立つ．花後には痩果の冠毛が集まって頭花ごとに球形になり，その色は汚白黄色．〔日本名〕北海道産のムカシヨモギの意味．

4148. ヤナギヨモギ（ムカシヨモギ） 〔キク科〕

Erigeron acer L. var. ***kamtschaticus*** (DC.) Herder

カムチャツカ，サハリン，千島，北海道，本州中部に分布し，谷川のほとりの砂地などに生える多年草．茎は高さ 30～60 cm，赤紫色を帯び，葉は細長な披針形でヤナギの葉のようであり，ふちにまばらなきょ歯があり，中部の茎葉は長さ 10 cm 内外，幅 1 cm ぐらい．茎上部で多数分枝して，秋に各枝ごとに頭花を 1 個つける．頭花は半開して小さく，総苞片は線状披針形で粉状の細毛があり，周辺の舌状花はきわめて小さく，線形で白色，中の筒状花は白黄色である．ともに冠毛がある．本州，四国のやや高い山地にはホソバノムカシヨモギ var. *linearifolius* (Koidz.) Kitam. があり，葉は長さ 3～6 cm，幅 2.5 mm である．〔日本名〕ヤナギの葉に似たヨモギの意．〔漢名〕蓬，飛蓬はともに誤用で，蓬を昔からヨモギにあてるのは非常な誤りで，これはヒユ科の草であって日本には産しない．

4149. ハルジオン（ハルジョオン） 〔キク科〕

Erigeron philadelphicus L.

北アメリカ東部原産の多年草．大正年間（1920 前後）に帰化し，現在では日本各地の都会周辺にふつうに見られる．全体にヒメジョオンに似ているが，茎は中空，茎葉は基部が耳形となって茎を抱き，頭花はより大形で径 2 cm に近いが，舌状花はかえって細くかつ開花前に紅色に染まり，頭花は開花前はうつ向いてしおれたような形になっている．花季もまた約 1 月先行するなどの差異がある．ヒメジョオンよりは性質が強く，一度種子が落ちるとその冬には根生葉が地をおおってしまうほどに繁殖力も強い．〔日本名〕春紫苑の意で，牧野富太郎の命名だが，ヒメジョオン（姫女苑）との疑似からハルジョオンの名が普及している．好ましくない雑草の一つである．

4150. ヒメジョオン（ヤナギバヒメギク） 〔キク科〕

Erigeron annuus (L.) Pers.

北アメリカ原産で明治維新前後（1865 前後）にわが国に渡来し，今は各地に野生状態となっている越年草．茎の高さ 30〜60 cm，直立して中空ではなく粗毛がある．披針形あるいは長楕円形の葉を互生し，全縁または粗いきょ歯があり．質はうすく膜質で両面に毛がある．しかしハルジオンほどには目立たない．根生葉は長柄があり，卵形で粗く鋭いきょ歯があって，エゾギクの葉を思わせるところがある．初夏に茎上部で分枝し，頭花を多数つけ，各頭花は径約 2 cm でふつう白色．ときに淡紫色を帯びる細長い舌状花が取り巻いている．中心の筒状花は黄色．頭花に舌状花が欠けるボウズヒメジョオンもある．本種はつぼみの時から頭花が直立しており，ハルジオンのようにうなだれることはない．〔日本名〕姫女苑の意．

4151. ヘラバヒメジョオン 〔キク科〕

Erigeron strigosus Muhl. ex Willd.

北アメリカ原産の一年草で，ときに二年草となることもある．カナダからアメリカ合衆国のほぼ全域に雑草として広がり，さらにヨーロッパやアジアにも帰化して全世界的な雑草となっている．背丈は 30〜70 cm ほどでヒメジョオンよりもやや小さく，植物全体に毛が多い．根生葉は長楕円形ないしへら状の倒披針形で，柄の部分も含めて長さは 7〜15 cm，幅は 1〜2.5 cm，大きさに変異が大きい．通常はふちは全縁であるが不規則に低い歯をもつこともある．茎葉は細くしばしば線状となり，長さ 2〜4 cm で全縁．頭花数個が茎頂につき，ときに非常に多数の頭花をもつこともある．舌状花は 50〜100 個あり白色または淡紫色で長さ 5〜6 mm，花の大きさ，数についても変異が大きい．花後にヒメジョオンと同様の冠毛を生じる．〔日本名〕へら葉姫女苑はヒメジョオンに似て葉の形がへら形をしていることによる．

4152. ペラペラヨメナ 〔キク科〕

Erigeron karvinskianus DC.

中央アメリカ原産であるが，いまではヨーロッパからヒマラヤ，日本などに帰化している．日本では本州から九州の暖地に見られよく石垣のすき間に生える．多年草で，茎は基部より分枝し，高さ 20〜40 cm になる．葉は下方のものには短柄があり長さ 5 cm で，3〜5 歯があり，上方のものは無柄で，きょ歯はない．両面とも毛を散生する．春から秋にかけ，枝先の長柄の先に頭花を単生し，径 15〜20 mm，総苞は高さ 2.8〜4 mm，総苞片は 2〜3 列で，ほぼ等長．舌状花は白色または青色〜紫色を帯び，筒状花は黄色で，先が 5 裂し，ともに 2 重の冠毛があり，内側の冠毛は長く，外側の冠毛は短くて長さは内側のものの 1/10 ほどである．子房にはまばらに毛がある．花柱の枝の先は円形．果実は長さ 1 mm，淡褐色，2（〜4）脈がある．〔日本名〕葉形がヨメナを想わせ，質がうすいことにちなみ，北村四郎によって 1962 年に命名されたが，命名者は和名の由来を不明とした．

4153. オオアレチノギク 〔キク科〕

Erigeron sumatrensis Retz.（*Conyza sumatrensis* (Retz.) E.Walker）

南アメリカ原産の二年生雑草で，大正年間（1920 前後）に日本に帰化したらしく，先に渡来したアレチノギクを駆逐しながら，ほとんど全国に広がってしまった．冬期には灰緑で白い軟毛を密生した倒披針形の葉を多数ロゼット状に生じる．茎は高さ 1 m 内外，直立し，多数の葉をつけ，夏に入って上半部に密に側枝を分け，円錐状に小頭花を無数つける．茎，葉ともに軟毛があり，葉は長さ 8 cm 内外，長い倒披針形で基部は葉柄状となり，やや厚手である．頭花は倒卵形体で長さ 5 mm，ヒメムカシヨモギのそれに似て大きく，かつ青緑なので区別できる．舌状花は汚白色，きわめて細く長さ 4 mm，総苞の外にほとんど出ない．冠毛は淡褐色．痩果は落下して簡単に発芽する．日本へ帰化した当時，牧野富太郎は本種をアレチノギクとヒメムカシヨモギの種間雑種という説を発表したが，現在は否定されている．

4154. アレチノギク 〔キク科〕

Erigeron bonariensis L.（*Conyza bonariensis* (L.) Cronquist）

南アメリカ原産であるが，今は世界に広く帰化し，日本でも各地の道ばたや荒地に生える越年草または一年草．明治の中頃(1890 前後)渡来し，一時は非常にはびこったが，今ではオオアレチノギク等に押されて少なくなってきた．茎は高さ 30〜60 cm，ふつう分枝し，葉とともに粗い白い毛がある．葉は狭長で下部のものにはまばらで粗いきょ歯があり，ときに波状縁となり，一般に青味を帯びる灰緑色である．夏に茎の上部に複総状花穂状に頭花が集まり，頭花は黄色を帯びた白緑色で小さく，舌状花は多数あるが小さいので目立たない．頭花は中心に両性花（筒状花），周囲に雌性花（舌状花）を配列する．総苞は淡緑色．痩果の冠毛は白色，舌状花より長い．〔日本名〕荒地の野菊の意．〔漢名〕野塘蒿．

4155. ヒメムカシヨモギ（メイジソウ，テツドウグサ，ゴイッシングサ）〔キク科〕

Erigeron canadensis L.（*Conyza canadensis* (L.) Cronquist）

北アメリカ原産の越年生草本で，今は世界に広く帰化し，日本には明治初年（1870 頃）に渡来して，全国の原野，路傍，荒地など至るところに生えている．茎は直立して高さ 1.5 m ぐらい，葉とともに粗毛がある．根生葉はへら状披針形で粗いきょ歯があり，茎葉は細長い披針形で微きょ歯がまばらにあり，密に互生する．夏から秋にかけて茎上部で多数分枝し，大形の円錐花序状となって淡緑色の小さい頭花を密につける．総苞は鐘形，白色の舌状小花は中心の筒状花よりやや高く，この点で他種とは明らかに区別がつく．果実には冠毛があり，風に乗って飛散するのは近縁の他種と同様である．〔日本名〕姫（小さい）ムカシヨモギ（ヤナギヨモギ）の意．明治草．鉄道草．御維新草はいずれも帰化した年代や分布に鉄道が関係したことなどを示す名で興味深い．

4156. ケナシヒメムカシヨモギ 〔キク科〕

Erigeron pusillus Nutt.（*Conyza parva* Cronquist）

熱帯アメリカ原産といわれる一年草．北アメリカでも大西洋岸から内陸の一部に広がっている．高さは 10〜50 cm と比較的小形のものがふつうだが，ときに 1 m に達することもある．全草ほとんど無毛で，茎の下部と葉の基部にだけ織毛状の毛があるだけである．最下部の茎葉はへら形または長楕円形であるが，中部より上の葉は細く線形になる．頭花の基部を包む総苞片には先端近くに紫色の斑点があるのが特徴的である．舌状花は汚白色で多数あるが，ヒメムカシヨモギよりは少なめである．ヒメムカシヨモギとよく似て，荒れ地などの雑草として日本の暖地に帰化が見られる．〔日本名〕毛無しヒメムカシヨモギはヒメムカシヨモギと比べて全草にほとんど毛がないことによる．

4157. アキノキリンソウ（アワダチソウ）〔キク科〕

Solidago virgaurea L. subsp. ***asiatica*** (Nakai ex H.Hara) Kitam. ex H.Hara

日本（本州から九州）および朝鮮半島，種としてはユーラシア大陸に広く分布，日当たりのよい地に最もふつうな多年草である．茎は直立し，高さ 30〜60 cm，ときにそれ以上になり，細くて強く，下部はふつう紫黒色，上部は短毛がありときに分枝する．葉は互生し，上葉は披針形，下葉になるにしたがって卵形となり，中，下葉は有翼の柄があり，根生葉は特に柄が長くやや束生する．葉身は先が尖り，基部はくさび形か円形，ふちにはやや内曲するきょ歯があり，下面には細かい網脈が見える．晩夏から秋にかけて茎先に細長い円穂状となって頭花が多数つき，花冠は黄色である．広線形の舌状花（雌性）と整正の筒状花（両性）があり，内側の筒状花が結実する．総苞は筒状の鐘形で総苞片は 3 列．痩果には冠毛があるが表面の毛は少ない．〔日本名〕秋に咲くキリンソウで，花の美しさをキリンソウ（ベンケイソウ科）にたとえたもの．泡立草は豊かに盛り上がる花の集まりを酒を醸したときの泡に見立てたもの．〔漢名〕一枝金花（種を広くみて）．〔追記〕本種は変化が多く，また類似種も多い．屋久島の高地には茎の高さ 3〜7 cm のイッスンキンカ *S. minutissima* (Makino) Kitam. が特産する．

4158. アオヤギバナ（アオヤギソウ）〔キク科〕

Solidago yokusaiana Makino

九州，四国，本州に分布し，山地の川岸などの岩上に生える多年草．茎は叢生し，直立または斜上し，高さ 20〜50 cm になる．根生葉は花時には枯れる．葉は茎にやや接してつき，線状披針形で，先は鋭尖形，基部はしだいに狭まって柄となり，長さ 4〜7 cm，幅 2〜5 mm で，ふちはほとんどきょ歯がなく，下面は淡緑色となる．花は 8〜10 月に咲く．頭花は茎の上部に多数が集まって，細長い円穂状につき，短毛のある長さ 5〜15 mm の柄があり，長さ 1 mm ほどの線形の苞が 1 個または数個つく．総苞は筒状の鐘形で，長さ 5〜6 mm あり，総苞片は 3 列につき，外片は披針状長楕円形，先は鈍形で，長さ 1.5 mm あり，1 脈が目立つ．内片は長さ 5〜6 mm．舌状花の花冠は濃黄色で，長さ 7 mm，幅 1.5 mm ほどである．痩果は円柱形，長さ 3.5mm くらいで，粗毛が密生する．

4159. ソラチアオヤギバナ〔キク科〕

Solidago horieana Kadota

北海道空知支庁幌加内町の渓流沿いに見られる多年生草本．高さ 50〜60 cm, 茎は花時に下垂し，果時にはやや直立する．上部は剛毛がまばらに生え，分枝する．節間は 2〜7 cm で枝は伸張せず，茎葉よりも短い．根生葉は時に花時に残り，葉柄は長さ 3〜12 cm，狭い翼があり，翼に沿って細毛がある．葉身は長さ 3〜12 cm，幅 5〜20 cm，羽状脈で，鋭尖形の細かい鋸歯縁あるいは全縁で，基部は細く鋭尖頭，上面は曲がった毛が密生し，下面は無毛．茎葉は 5〜14 個で根生葉よりも小さく，まばらにつく．花は 7 月に咲く．頭花は直径約 2 cm，単出集散花序にまばらにつき，鋭尖頭の鱗片状の葉 5〜7 枚に包まれる．総苞は狭筒状で，直径約 3 mm，長さ約 8 mm，総苞片は 3 列，直立して瓦状に重なり，1 脈が目立つ．内片は長さ 6〜7.5 mm，狭披針形，鋭尖頭．外片は狭披針形から楕円形，長さ 5〜6 mm，鋭尖頭．舌状花は黄色，筒状花は濃いオレンジ色．

4160. セイタカアワダチソウ〔キク科〕

Solidago altissima L.

北アメリカ原産の大形の多年草．カナダからアメリカ合衆国のほぼ全域に生じるほか，北半球各地に帰化して雑草となっている．高さ 1〜2 m になり，茎は毛におおわれて灰色を帯びる．地下には長く横走する根茎がある．葉は互生し，長さ 5〜15 cm の細長い楕円形で，先端，基部ともに尖る．3 本の葉脈が縦に走り，ふちには粗く低いきょ歯がある．葉柄はほとんどない．葉の質は硬くざらつき，下面に毛が多い．茎の下部の葉は早く落葉し，上半部にだけ葉があることが多い．秋に茎頂に大きな円錐状の花序を出し，大量の黄色の頭花をつける．各頭花には 12〜18 個の舌状花がある．頭花の直径は 2〜3 mm，長さ 3〜5 mm がふつうである．日本には第二次大戦後に急に目立つようになったが，昭和の初めにはすでに九州で帰化が知られている．荒地を好み，空港，鉄道，道路など大規模な工事跡や，戦災の焼け跡に大群落を作ったが，森林内に入ることはない．オオアワダチソウに比して背が高く，花期もずっと遅い．花粉病の原因植物といわれることもあるが，風媒花ではないので，大規模な被害をもたらすとは考えられない．

4161. **オオアワダチソウ** 〔キク科〕

Solidago gigantea Aiton subsp. ***serotina*** (Kuntze) McNeill

北アメリカ原産の多年草．茎は高さ 1 m 内外で直立し，円柱形，毛はあるが脱落しやすく，花軸にだけは多い．葉は多数で互生し，披針形で尖り，ふち，特に先半分にきょ歯があって先端も基部も尖り，無柄，明瞭な 3 本の主脈があり，質はやや硬い．夏から秋にかけて茎先に黄色の頭花が多数咲き，頭花は茎頂や上部葉腋から出る花枝に細長く偏側性の円穂状につく．周辺に舌状花があり，内側には浅く 5 裂する筒状花がときおり舌状の傾向を見せ，痩果には冠毛がある．明治年間（19 世紀後半）に観賞品として日本に渡来し，庭にも植えられるが，地下茎でさかんに繁殖するので，今では雑草化している．〔日本名〕アワダチソウ（アキノキリンソウ）に似て大形であるのにちなむ．本属は主に北アメリカに産し Goldenrod の名で知られる．〔追記〕草丈の高いカナダノアキノキリンソウ *S. canadensis* L. や前図セイタカアワダチソウ（いずれも北アメリカ産）は雑草としてより強力で，しばしば群生する．

4162. **ユウゼンギク** 〔キク科〕

Symphyotrichum novi-belgii (L.) G.L.Nesom（*Aster novi-belgii* L.）

北アメリカ東部原産の多年草で，観賞用として広く栽培され，北海道では広く野生化している．茎は多数生じ高さ 40〜100 cm，葉とともにほとんど無毛である．葉は披針形で両端が尖り，全縁または低いきょ歯があり，長さ 5〜15 cm，幅 1〜2.5 cm，質はやや厚く，下部の葉は柄があるが，上部のものは無柄で多少茎を抱いている．秋に茎上部で小形の葉をつけた枝が分かれ，紫色の頭状花を開く．頭状花は径 2.5 cm 内外，総苞片は線状披針形で先は横に開出し，舌状花は 30 個内外，冠毛は白っぽく，果実は無毛である．本種に似ているネバリノギク *S. novae-angliae* (L.) G.L.Nesom もよく栽培されるが，その茎，葉には軟毛が多く，腺毛もあって粘り，葉の基部は著しく茎を抱き，頭花は大きく，舌状花の数もはるかに多く，果は有毛であるので区別される．〔日本名〕友禅菊は友禅染のように美しい意味．

4163. **ホウキギク**（ハハキギク） 〔キク科〕

Symphyotrichum subulatum (Michx.) G.L.Nesom var. ***subulatum***

（*Aster subulatus* Michx. var. *subulatus*）

北アメリカ原産の越年草で，明治の末頃（1910 頃）大阪に現われ，今は日本各地の荒地に生える帰化植物の一つとなっている．高さ 1 m 以上にもなる茎は直立し，中部以上で分枝し，質は強剛，円柱形，多数の狭披針形の葉を互生する．葉は両端とも尖るか先端がやや鈍く，ほとんど無柄で上面は光沢があり，長さ 4〜8 cm，全く無毛ですべすべしており，青緑色である．下部の葉は多少のきょ歯がある．晩夏から秋にかけて茎上部で盛んに分枝し，各枝の先には径 1 cm にも満たない頭花がつく．筒状花のまわりにある舌状花は淡紫白色で細小，目立たない．痩果は毛があり長さ約 2 mm，冠毛は淡紅色で長さ 5〜6 mm．総苞は狭楕円体で総苞片は鱗状に重なる．〔日本名〕多数の小頭花をつける茎先の枝が茂る様子が，ちょうど箒のようであるのにちなむ．

4164. **コケセンボンギク** 〔キク科〕

Lagenophora lanata A.Cunn.（*L. billardierei* auct. non Cass.）

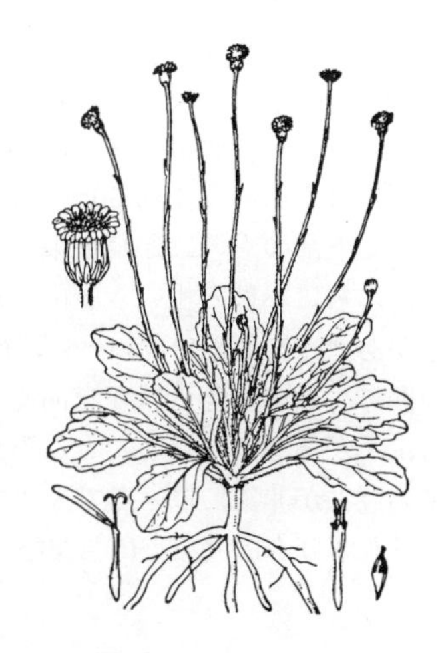

広島県の厳島を最北の産地とし，九州，琉球から東南アジア，マレーシアにかけて分布する小形の多年草．少数のひげ根は白色で肥厚している．根生葉はロゼット状，長倒卵形で長さ 12〜30 cm，基部はくさび状に細くなって柄があり，ふちには波状の多少のきょ歯があり，軟毛が密生している．夏から秋にかけて繊細で長さ 10 cm 内外の緑色の花茎状の茎を出し，線形の小さい茎葉を互生し，先端に 1 個の白色小形の頭花をつける．舌状花は細小で 1 列に並び，筒状花は少数で結実しない．痩果の上端は短いくちばし状となっており冠毛はない．花柱の分枝は平たく，乳頭状の突起がある．〔日本名〕この草が小形で（コケ），花茎様の茎が多く出る（センボン）のにちなんでいる．

4165. エゾギク　〔キク科〕

（サツマコンギク，エドギク，サツマギク，チョウセンギク，タイミンギク）

Callistephus chinensis (L.) Nees

中国東北部の原産で，観賞のため花壇に植えられる一年草である．茎は高さ30～60 cm，葉とともに粗毛が散生する．葉は互生し，卵形で不整の粗きょ歯があり，下部のものは柄がある．夏から秋にかけて茎上部で分枝し，淡紅，紫，青紫，鮮紅，白色など種々の大形の頭花を開く．周辺に多数の舌状花，中心に黄色の筒状花がある．総苞片は緑色で多列，多少葉状となって頭花を抱く．冠毛は刺毛状である．欧米で愛好されており，品種も数百もあり，草丈も小さいものから 1 m 以上のものまで種々あり，花形も様々である．花屋ではふつうアスターと呼び，この名もよく通っている．〔日本名〕蝦夷菊の意．蝦夷は北海道を示すが，その地の原産ではない．あるいは江戸菊のなまったものか．薩摩菊は鹿児島県，朝鮮菊と大明菊は外国から入った事を示すものであろう．中国では翠菊という．

4166. ミヤマヨメナ　〔キク科〕

Aster savatieri Makino var. ***savatieri***（*Gymnaster savatieri* (Makino) Kitam.; *Miyamayomena savatieri* (Makino) Kitam.）

本州，四国，九州の山地林内に生える多年草で，地下茎ははう．茎は高さ約 20～60 cm，緑色である．葉は互生し，基部の葉は翼のある長柄があり，卵形または倒卵形で上葉はしだいに無柄となり，狭く長く，いずれもふちに少数の粗いきょ歯がある．上面は緑色が濃く，両面に短毛がある．初夏に茎の先端でまばらに分枝し，少数の紫色またはほとんど白色の頭花をつける．頭花は径約 3 cm．緑色の総苞片は披針形で尖り，舌状花は少なく 1 列である．中心の筒状花は黄色．冠毛は無い．観賞品として栽培する品種にノシュンギク（花屋ではアズマギクまたはミヤコワスレという）があって，葉は長く，花が多い．〔日本名〕深山に生えるヨメナの意味である．

4167. シュンジュギク（シンジュギク）　〔キク科〕

Aster savatieri Makino var. ***pygmaeus*** Makino

（*Gymnaster pygmaeus* (Makino) Kitam.）

ミヤマヨメナの小形の変種で，本州西部および四国の山林内に生え，地下匐枝がある．高さ 10～25 cm，根生葉は長い葉柄があってほぼ円形，両側に 2～3 の粗いきょ歯があり，先は鈍く，基部は浅い心臓形または円形，深緑色で質はやや硬く，両面にまばらに短毛が生える．初夏に葉の間から 1 本の茎を出し，茎には細小な葉を 2～3 まばらに互生し下部には毛があり，先端に 1 または少数の頭花をつける．頭花は径 2 cm 内外．舌状花は少数で花冠はふつう白色，ときに淡紫青色，または紅紫色のものがある．中心には筒状花があり黄色，ともに冠毛のないものが多いのはミヤマヨメナと同じで，それゆえこの 2 種類は別属として *Miyamayomena*，*Gymnaster* あるいは *Kitamuraea* 属として整理されたことがある．〔日本名〕春寿菊の意，おそらく早く開花し，かつ花期が長いからであろう．

4168. オオバヨメナ　〔キク科〕

Aster miquelianus H.Hara（*Kalimeris miqueliana* (H.Hara) Kitam.）

四国，九州の深山の林下に生える多年草．地下には走出枝をひき，茎は細く直立し，高さ約 30～60 cm，上部で分枝し，毛は少ない．葉は互生して下部のものほど長い葉柄が発達し，中部以下の葉身は心臓状卵形で，ふちに不整の粗いきょ歯がある．葉の先は鋭く尖り，両面に多少の毛があり，質はやや薄い．夏に径 2.5 cm 未満の頭花を細い枝の先につけ周囲に少数の白色舌状花を開く．総苞片は上下同長，草質で披針形，ふちに毛がある．一見したところ葉はタテヤマギクによく似ているが，痩果の冠毛が非常に短い点で区別できる．〔日本名〕大葉嫁菜の意味で，葉がそれよりも広大な点にちなむ．

4169. **タテヤマギク** 〔キク科〕

Aster dimorphophyllus Franch. et Sav.

神奈川，静岡両県の山地に集中して産し，また四国にもあるめずらしい種類．林の中に生える多年草で，地下の匐枝で繁殖する．茎は細長く高さ 30～50 cm，葉は互生し，下部の葉ほど長い葉柄があり，葉身は質うすく，卵円形で先は尖り，基部は心臓形，ふちには粗いきょ歯がある．ふちの切れこみ方は変異があり，ときに分裂葉となるものもある．夏から秋の間，上部で分枝し，まばらに白色の頭花をつけ，周辺に少数の舌状花がならぶ．頭花は径 2.5 cm 内外，総苞は筒状，総苞片は先が鋭い．痩果は粗毛があり，上端に長い冠毛がある．葉が分裂するものをモミジバタテヤマギクという．〔日本名〕立山菊の意味と思うが，越中（富山県）立山には産しない．

4170. **サワシロギク** 〔キク科〕

Aster rugulosus Maxim.

北海道南部から九州にいたる日当たりのよい酸性の湿地に生える多年草．地下茎は細長くはい，地下茎はやせて硬く，直立し，紫色を帯びて高さ 30～50 cm，無毛でふつう分岐しない．葉はまばらに互生し，披針形あるいは線状披針形で，先端はやや尖り，基部は広いくさび形または鈍く円味があり，無柄だが下部の葉は明瞭な柄がある．ふちにはまばらに微きょ歯があり，上面は暗緑色でしわが多く，かつざらざらして質は硬いが割合にもろい．晩夏から初秋にかけて上部で分枝する長い花茎の枝先にまばらに頭花を 1 個ずつつけ，散房状になる．頭花は径 2～3 cm，舌状花は 20 個内外，白色だが後にやや紅紫色に染まる．痩果には粗毛があり，冠毛は淡褐色で多い．〔日本名〕沢白菊の意味で，沼沢地に生え，白花を開くのでこの名がある．

4171. **キシュウギク**（ホソバノギク） 〔キク科〕

Aster sohayakiensis Koidz.

和歌山県の谷川の岩壁に生える多年草で，高さ 50 cm 内外，地下茎は岩のすき間をはい，茎は直立するが上部はしばしば彎曲し，やせて，葉数も少ない．葉は茎の中部以上のものだけが花時に残り，狭長な披針形，長さ 10 cm 内外，両端ともしだいに細長く尖り，しばしば多少鎌形となる．質はやや厚膜質で淡緑色，サワシロギクに似るがもろくない．ふちにははなはだ低いが明瞭な歯状のきょ歯がある．上面では主要脈が凹んでいる．秋になると茎の上部がまばらに分枝し，白い頭花を開く．総苞は鐘形で長さ 5 mm，舌状花は 5～8，さびしい感じがする．学名の種形容語は襲速紀地方に産するの意で，これは九州から四国，紀伊半島に至る一つの植物地理区画をさし，熊襲のソ，速吸瀬戸（今の豊予海峡）のハヤ，および紀伊のキをつないで表示したものである．しかし本種は四国，九州には自生しないので，あまり適切な名ではない．

4172. **コモノギク**（タマギク） 〔キク科〕

Aster komonoensis Makino

近畿地方および四国の高山の山頂の日当たりのよい露出地に生える多年草．根茎は短く，根生葉を束生し，その先端は次年に高さ 10～20 cm の花茎としてのびて，頂に少数の頭花を散房状につける．根生葉の柄は長く，卵形で尖り，基部は葉柄に翼状に流れ，やや厚味があって鮮緑色，光沢がある．茎は多少草質，無毛，茎葉は短柄があって狭く，ときに基部は茎を抱く．盛夏から秋にかけて青紫色の頭花を開き，その径 3 cm 内外，総苞はやや球形に近く，総苞片は緑色で無毛，ほぼ円形．痩果には短毛があり，また白色の明瞭な冠毛がある．〔日本名〕最初の発見地である伊勢（三重県）菰野にちなむ．タマギクは，あるいは頭花のつぼみが球形で，その時期が比較的長く，目立つためであろうか．

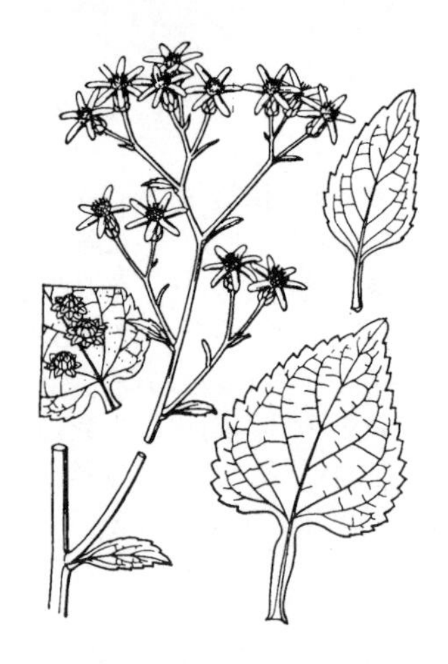

4173. シラヤマギク 〔キク科〕

Aster scaber Thunb.

北海道から九州の屋久島まで，および朝鮮半島，中国に分布し，山地に多い多年草で高さ 1.5 m ばかりになる．茎，葉ともに非常にざらつき，葉は洋紙質で両面に毛があり，互生，根生葉および下部の茎葉は翼のある長柄があって心臓形または長心臓形，先は短く尖り，ふちにはきょ歯がある．葉の上面は濃緑色．上部の葉になるにしたがって柄は短く，狭小で長卵形または披針形となる．しばしば葉に無性芽のようなものが生ずることがあるが，これは一種の虫えいである．8〜10 月に茎上部で分枝し，多数の頭花が散房状に集まって開花する．緑色の総苞片は長楕円形円頭でふちは乾膜質．周辺の舌状花は白色で少数，中心の筒状花は黄色で多数．瘦果は長さ 2.5 mm ほどで無毛，冠毛は淡褐色を帯びる．若苗をムコナといって食用にすることがある．〔漢名〕東風菜とするのは不当だが，一般に通用している．

4174. ヒゴシオン 〔キク科〕

Aster maackii Regel

九州のほか朝鮮半島，中国東北部，ウスリー地方などの山地の湿所に生える多年草．地下茎は横にはい，茎は高さ 60 cm ばかりで直立し，上部には短い剛毛があって植物全体がざらつく．葉は無柄で互生し，披針形，両端とも尖り，まばらに粗いきょ歯があり，やや厚い洋紙質，両面には短い剛毛がある．茎頂で分枝し，夏から秋にかけて枝の頂に径 3.5〜4 cm の美しい頭花をつけ，周辺に紫色の舌状花がついている．総苞は半球形，総苞片は乾膜質で幅広くて円頭，ふちは紫色を帯び，鱗状に重なっている．冠毛は淡褐色を帯び，瘦果は長さ約 2 mm，粗毛が密生している．〔日本名〕肥後（熊本県）紫苑の意で，わが国では初め肥後で見つけられたもので牧野富太郎が命名した．

4175. シ オ ン 〔キク科〕

Aster tataricus L.f.

本州（中国地方），九州の山間の草地などに生え，国外では中国東北部を中心とし，モンゴル，シベリア，朝鮮半島などに分布する大形の多年草だが，ふつう観賞用に庭園に栽培される．茎は直立し高さ 1.5〜2 m，葉とともにざらつき，まばらに粗毛がある．根生葉は群がって直立して生じ，大形の長楕円形で葉柄があり，長さ約 30 cm，茎葉は狭小でやや無柄となり，上に移るにつれて線形となって互生する．秋に茎の上部で小枝を出し，多数の淡紫色の頭花を散房状につけ，頭花は径約 3 cm，総苞は半球形，総苞片は披針形で先が鋭く，短毛があってふちは乾膜質である．中央の筒状小花は黄色．冠毛は白色．瘦果は有毛で長さ約 3 mm．根を乾燥したものをせき止めの生薬とする．〔日本名〕紫苑の音読み．〔漢名〕紫苑を慣用するが厳密には本種の漢名ではない．

4176. ヒメシオン 〔キク科〕

Aster fastigiatus Fisch.（*Turczaninovia fastigiata* (Fisch.) DC.）

東アジアの温，暖帯，わが国では本州，四国，九州の原野に生える多年草，地下茎をのばして繁殖する．茎は直立して高さ 60 cm 内外，上部には密に細毛がある．葉は倒披針形でまばらに低いきょ歯があって互生し，根生葉は大きく，そう生し，葉柄がある．下面は白色を帯び，腺点があって，微毛があり，質はやや厚い．夏から秋にかけて，茎の頂が散房状に分枝し，多数の小頭花が群がってつく．頭花は 1 cm 以下，舌状花は白色で中心の筒状花は黄色である．総苞は筒状で長さ 4 mm，密に細毛がある．瘦果は長さ約 1.2 mm，微毛と腺点および冠毛がある．名が似ているのでヒメジョオンと混同することがあるが注意する必要がある．〔日本名〕姫シオンでシオンよりはるかにやさしい姿であるによる．〔漢名〕女苑は正しくないが一般に用いられている．

4177. クルマギク 〔キク科〕

Aster tenuipes Makino

和歌山県能野川流域のみに産する多年草で，川岸の崖から垂れ下がって生える．茎は長さ 30〜85 cm になり，上方で短い枝を多数分かつ．花をつけない側枝には多数の葉が輪生状につくが，花茎の根生葉は開花時に枯れる．輪生状葉や根生葉は倒披針形で長さ 5〜7 cm，幅 7〜20 mm になり，先は鈍形，上部のふちにはきょ歯があり，基部はしだいに狭くなり柄に移行する．茎の中ほどにつく葉は線状披針形で，先は鋭尖形，長さ 5〜11 cm，幅 6〜12 mm で，ふちにはまばらにきょ歯があり，両面はほぼ無毛で，基部は狭まり，柄がない．花は 8 月〜10 月に咲く．頭花は直径 2 cm ほどで，枝先に 1〜3 個つく．枝は細く，線形で長さ 6〜15 mm の苞が多数つく．総苞は倒円錐形で，長さ 7 mm ほど．総苞片は瓦重ね状に 4 列につき，外片は卵形で先は鈍形，ふちに微毛がある．舌状花は白色．痩果は長さ 3.5 mm，幅 0.8 mm で，毛があり，冠毛は汚白色で長さ 4 mm ほど．〔日本名〕車ギクで，側枝に輪生状につく葉に基づく．

4178. シュウブンソウ 〔キク科〕

Aster verticillatus (Reinw.) Brouillet, Semple et Y.L.Chen

（*Rhynchospermum verticillatum* Reinw. ex Blume）

宮城県以西の日本，朝鮮半島南部からインド，マレーシアにかけて分布する多年草．山地の木陰に生え，茎は 50〜100 cm くらいとなり，少数の細長い枝を直立する主茎の上部から斜めに開出し，多数の暗緑色の葉をつける．葉は披針形で先が鋭く尖り，基部はくさび形に細まって短い柄があり，ふちにはまばらにきょ歯がある．質は膜質で両面には短い剛毛がある．夏から秋にかけて，斜めに出る枝の先端または葉腋から出る短柄の先に，淡黄緑色の頭花をつける．頭花は 2 列に並んだ舌状花と多数の筒状中心花とからなる．痩果は平たい麦粒状で集まり，冠毛は非常に短いかまたはない．舌状花の痩果の先はくちばし状に細くなっているが，筒状花ではこれを欠く．〔日本名〕秋分草の意であろう．

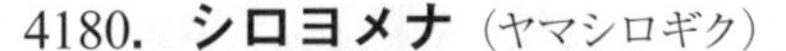

4179. ゴ　マ　ナ 〔キク科〕

Aster glehnii F.Schmidt

サハリン，南千島，北海道，本州に産する多年草で，根茎は太く横にはう．茎は高さ 1〜1.5 m，葉とともに細毛があってややざらつく．葉は互生して短い柄があり，長楕円形ないし披針状線形，両端尖り，洋紙質でふちには粗いきょ歯がある．多少ヤマシロギクの葉に似ているが，3 主脈がなく，一般により大形である．初秋の頃，茎の頂に多数の小枝を分け，小形の頭花を散房状に無数につける．頭花は径約 1.5 cm，舌状花は白色，筒状花は黄色でともに冠毛があり，痩果には毛があり，腺点がある．北海道以北の草地に分布するものは全体に毛が多く，総苞が長さ 4〜5 mm あり，これをエゾゴマナ var. *glehnii* として，本州の山地に分布する葉の毛がまばらで，総苞は小形で長さ 3〜3.5 mm の狭義のゴマナ var. *hondoensis* Kitam. と区別する説もあるが，毛の量や頭花の大きさには変異が大きく，厳密な区別は難しい．〔日本名〕おそらく葉状に基づき胡麻菜の意であり，たぶん若苗は食用にするのであろう．

4180. シロヨメナ（ヤマシロギク） 〔キク科〕

Aster ageratoides Turcz. var. ***ageratoides***（*A. leiophyllus* Franch. et Sav.）

本州，四国，九州および台湾，朝鮮半島，中国の山地に分布する多年草で，茎は細長く直立し高さ 30〜90 cm ぐらい，葉は短い柄があって互生し，先が鋭く基部はくさび形になる広披針形であり，ふちには粗いきょ歯がある．両面はざらつくのがふつうで，上面は緑色で光沢があり，下面は 3 本の葉脈が明瞭に見える．秋に茎の頂で分枝し，白色黄心の頭花を散房状につけるが，ときに舌状花が微紫色のものもある．ノコンギクとは葉が長く尖る点，花の白い点，総苞片が暗色を帯びないことが多い点などが異なる．しかし近縁種との関係は複雑で分類は容易でない．〔日本名〕山白菊の意，白嫁菜はヨメナに似て白花を開くによるかあるいは芽立ちの茎が赤味を帯びることがないためであろう．〔漢名〕慣用は野粉團兒．〔追記〕ケシロヨメナ var. *intermedius* (Soejima) Mot.Ito et Soejima は本州西部，九州に分布し，茎に毛が目立つ．

4181. ノコンギク 〔キク科〕

Aster microcephalus (Miq.) Franch. et Sav. var. ***ovatus*** (Franch. et Sav.) Soejima et Mot.Ito

（*A. ageratoides* Turcz. subsp. *ovatus* (Franch. et Sav.) Kitam.）

北海道西南部，本州，四国，九州の山野に多い多年草．地下茎が横にはって繁殖する．茎は直立し 30～100 cm, やせ長で縦に線が通り，ざらつき，分枝する．葉は多数茎に互生し，長楕円形で粗いきょ歯があり，ふつうざらついて両面に毛があり，下部の 3 脈が明瞭である．晩夏から秋にかけて多数の頭花を散房状につけ，緑色の総苞片の上部は暗紅紫色を帯びる．紫色の舌状花が周辺にあり，中央の筒状花は黄色．瘦果には 4～6 mm の長い冠毛があるのでヨメナとは容易に区別がつく．北海道や本州中北部の高地には，本種に似て下部の葉の中央より基部側が急にくびれるエゾノコンギク var. *yezoensis* (Kitam. et H.Hara) Soejima et Mot.Ito があるが，区別できないとする意見もある．〔日本名〕ノコンギクは野にある紺菊の意味である．〔漢名〕馬蘭はコヨメナの名である．

4182. コンギク 〔キク科〕

Aster microcephalus (Miq.) Franch. et Sav. var. ***ovatus*** (Franch. et Sav.) Soejima et Mot.Ito **'Hortensis'**（*A. ageratoides* Turcz. subsp. *ovatus* (Franch. et Sav.) Kitam. var. *hortensis* (Makino) Kitam.）

花を観賞用に栽培する多年草．ノコンギクの品種で舌状花冠が濃紫色の美しい極端型を発見して古くに栽培に移し，これを株分けで植えついで今日に至ったもので，野生品との間に一応の不連続はある．高さ 50 cm 内外，地下の白色の根茎で広がるが余り遠くへ走らず，やや密生した集まりとなる．葉はノコンギクよりも淡緑色，先は鋭く，質は薄い傾向がある．また逆にノコンギク様の葉であるが，小形で質は厚味があり，全体に丈低く，枝が密生する型となり，花色は淡紫のままのものをコマチギク 'Humilis' という．ともに多型のノコンギクの変異型から選択されたものである．〔日本名〕紺菊は花色に基づく．

4183. タニガワコンギク 〔キク科〕

Aster microcephalus (Miq.) Franch. et Sav. var. ***ripensis*** Makino

（*A. ageratoides* Turcz. subsp. *ripensis* (Makino) Kitam.）

ノコンギクの一変種で，九州，四国，本州（紀州半島）に特産し，川岸の岩の間などに生える．多年草で，茎は高さ 20～90 cm になり，短毛が生え，上方は多数分枝する．茎の中ほどの葉は線状披針形で，先は鋭尖形，基部はしだいに細くなり，ふちには低いきょ歯がまばらに出て，長さ 3～6 cm，幅 2～5（～10）mm になり，質はやや厚く，1 脈が目立つ．上方の葉は線形となる．花は 8～11 月に咲き，頭花はややまばらにつき，長い柄があり，碧紫色で，直径 2～3 cm になる．総苞は大きく，長さ 11～13 mm．総苞片は 2 または 3 列で，先は鈍形またはやや鋭形で，多少とも紫色を帯びる．舌状花冠は長さ 11～13 mm．ホソバコンギク var. *angustifolius* (Kitam.) Nor.Tanaka に似ているが，葉は幅狭く，頭花もひとまわり小さい．〔日本名〕谷川コンギクで，本変種がふつう谷川の岩の間に生えていることにちなみ，牧野富太郎により，1929 年に命名された．

4184. イナカギク（ヤマシロギク） 〔キク科〕

Aster semiamplexicaulis (Makino) Makino ex Koidz.

（*A. ageratoides* Turcz. subsp. *amplexifolius* sensu Kitam.）

本州中部以西，四国，九州の日当たりのよい山地に生える多年草．根茎は浅く地下をはい，長くのびて繁殖する．茎は直立して高さ 50～100 cm，全体に白色軟毛に密におおわれる．葉は披針状長楕円形で質は軟らかく，先はしだいに細まって尖り，基部に向かって鋭尖し，途中で軽くくびれてからはむしろ幅広い葉柄状で，基部でやや耳状となって茎を抱く特性がある．ふちは上半部に歯状のきょ歯があるが，基部附近は全縁である．晩夏から晩秋にかけて茎の頂で散房状に多数の頭花をつけ，頭花の形はシロヨメナに似ており径 2 cm 内外，舌状花は 10～15 個で白色または淡紫色を帯びる．総苞片は長楕円形で先が鈍く，白色の細毛がある．冠毛は汚白色．シロヨメナとは葉が茎を抱く点，全体に密に白軟毛がある点で類別する．〔日本名〕田舎菊の意味で，地方の山地に生えるので牧野富太郎が名付けた．

4185. ミヤマコンギク（ハコネギク）　〔キク科〕

Aster viscidulus (Makino) Makino

関東地方西部とその周辺の山地の日当たりのよい斜面に生える多年草．ノコンギクに似て茎は剛直，直立性で，多数が群がる株立となり，地下匐枝を出さない．葉は卵状長楕円形がふつうだが相当に変化し，長さ 5 cm 内外，質はやや乾いて硬く，不整正の低い歯状のきょ歯があり，短毛を密生し，粗いビロードの感じがする．盛夏を過ぎて茎の頂はまばらに散房状に分枝し，各頂に頭花をつける．頭花は径 2 cm 強，淡紫色または汚白色，総苞は卵状鐘形，総苞片はふちが乾膜質となり，かつ先端に粘液を分泌するのが特徴．冠毛は目立ち白い．〔日本名〕深山に生える紺菊の意．また箱根に産するのでハコネギクの名がある．

4186. ヨ　メ　ナ（ハギナ）　〔キク科〕

Aster yomena (Kitam.) Honda（*Kalimeris yomena* Kitam.）

本州から九州の耕作地帯の多少湿気がある所にふつうな多年草で，田のへりなどに多く，地下茎をひいて繁殖する．茎は芽立ちでは赤味が強いが，のびると高さ 30〜100 cm，緑色で多少紫色を帯び，ほとんどざらつかない．葉は互生し，披針形で粗いきょ歯が目立ち，ざらつかず，質はやや薄い．下部の葉では 3 本の脈がやや認められる．秋に枝上部でやや鋭角に分枝する細い花茎の先に径 2.5 cm ほどの紫色の頭花が 1 個つく．舌状花は紫色だが中心の筒状花は黄色．痩果は長さ約 2.5 mm で冠毛は非常に短い．春に若芽をつんで食用にする．〔日本名〕嫁菜は若芽を食用とするこの類中で最も美味で，しかも姿がやさしく美しいからであり，ムコナ（シラヤマギク）に対してついた名．古名のオハギナは一説におそらく緒剥菜で若芽をつむ頃に古茎が立ちしかも皮が細くはげているからであろうという．ハギナはそれの略．〔漢名〕雞兒腸，馬蘭は厳密にはコヨメナの名である．〔追記〕本種は雑種起源という（オオユウガギク 4189 図を参照）．九州南部から中国，インドにわたって分布するコヨメナ *A. indicus* L. は冠毛が特に短く，痩果も長さ 2 mm ほど，葉に短毛を散生し，茎は低い．

4187. ユウガギク　〔キク科〕

Aster iinumae Kitam.（*Kalimeris pinnatifida* (Maxim. ex Makino) Kitam.）

本州（近畿以北）の日当たりよい山野の草地に多い多年草．地下茎は長く横にはい，地上茎は質硬く，直立して高さ 30〜150 cm，葉とともに多少ざらつく．葉は互生し，広披針形，基部はくさび形となり，ふつう羽状に浅〜深裂し，質はうすい．夏から秋にかけて，茎上部で細長い枝を分け，ほうき状に開出し，ヨメナなどが狭角で分枝するのと異なっている．枝には狭披針形できょ歯の少ない苞葉状の葉があり，その先端には径約 2.5 cm の頭花が 1 個つく．舌状花は白色でふつうわずかに淡紫色を帯び，中心の筒状花は黄色である．痩果は長さ約 2.5 mm，冠毛は非常に短く約 1 / 3 mm，数も少ない．〔日本名〕柚が菊あるいは柚香菊の意味という．

4188. ホシザキユウガギク　〔キク科〕

Aster iinumae Kitam. f. ***discoidea*** Makino ex Yonek.

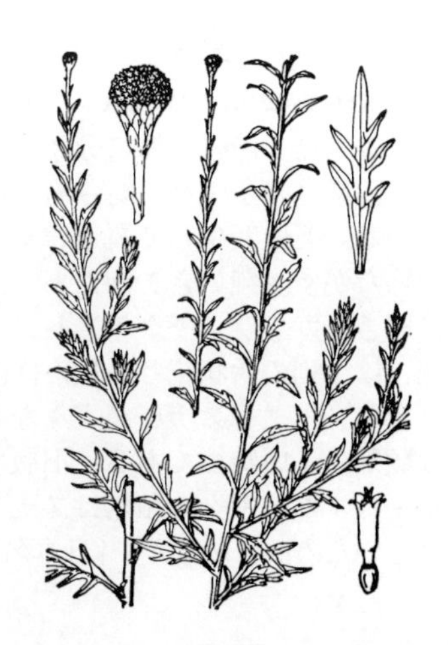

まれに見られるユウガギクの舌状花を失った品種で，頭花はそのために黄色の半球状に盛り上がって見える．この学名は 1961 年刊行の牧野新日本植物図鑑から用いられているが，正式には発表されていない．ちなみにユウガギクの学名 *A. pinnatifidus* (Maxim. ex Makino) Makino は，その発表（1913 年）よりも古くに同じ学名が全く別の植物に Kuntze（1891 年）と Sess（1894 年）とによって別個に与えられている．したがって，1913 年の学名は後続同名となるので改名しなければならず，代替名として *A. iinumae* Kitam.（1938 年）が発表された．ユウガギクには丁字咲の園芸品もあり，チョウセンギク f. *hortensis* (Makino) H.Hara という．

4189. オオユウガギク 〔キク科〕

Aster robustus (Makino) Yonek.

（*A. yomena* (Kitam.) Honda var. *angustifolius* (Nakai) Soejima et Igari）

愛知県以西の本州，四国，九州に分布，やや水湿のある路傍や山のふもとに生える．高さ 1〜1.5 m，地下茎に白い細いひも状の根茎があり，葉はユウガギクの淡緑，かつはなはだ薄いのに比べて厚味があり，羽状の欠刻がなく，またヨメナの暗青緑で 3 行脈が著しいのに比較して，3 行脈は不明，上面は光沢があり，長楕円状披針形で長さ 10 cm 未満，やや欠刻状にまばらなきょ歯がある．秋に長い分枝の先端に淡青紫色の頭花を開き，径 3 cm 内外，総苞は半楕円体で，片は 3 列，先は鈍く，紫色の着色がある．〔追記〕本種の冠毛はきわめて短いが，ヨメナやユウガギクよりはるかに明瞭で長く，長さ約 1 mm．ヨメナ（染色体数 2n = 63）は本種（2n = 72）とコヨメナ（インドヨメナ 2n = 54）との雑種起源と考えられている．本種をヨメナの変種 とみる意見もある．

4190. ダルマギク 〔キク科〕

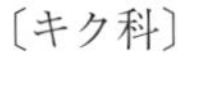

Aster spathulifolius Maxim.

本州西部，九州，朝鮮半島南部の日本海に面した海岸の岩上などに生える多年草．茎はやや木質である．茎は高さ約 30〜60 cm，下部から密に分枝して盆栽状となる．葉は互生して重なり，へら状倒卵形で下部は狭くなり葉柄となり，先端は円く，全縁または多少の鈍きょ歯があり，茎とともに両面に毛が多く，ビロード状となる．質はやや軟らかいが厚く，色は白っぽい緑色である．根生葉は花時には枯れている．秋に青紫色の頭花を枝の頂につけ，花序は近接して集まり，頭花の周辺には舌状花，中心には黄色の筒状花がある．しばしば観賞品として栽培される．またこれに似て葉の先やきょ歯が鋭いオオダルマギクが朝鮮半島北部，沿海州などに分布しており，やはり観賞用として栽培される．〔日本名〕達磨菊で盆栽状の草状に基づく．しかし葉が特に円いのをだるまにたとえたのかも知れない．

4191. オキナワギク 〔キク科〕

Aster miyagii Koidz.

南西諸島の沖縄本島，徳之島，奄美大島に分布する多年草．海岸の岩上に生え，茎は花茎状で長さ 10〜30 cm になり，毛が密生し，分枝しないか，分枝して 2 または 3 個の枝を分かつ．株元から走出枝を出す．走出枝は細長く，まばらに葉をつけ，無毛．根生葉は輪状につき，開花時にも残存し，長さ 1〜3 cm で，長い柄があり，葉身は倒卵形または円形で，長さ 6〜18 mm で，質厚く，両面に毛があり，ふちには 1 または 2 歯があるか全縁で，基部はくさび形で葉柄に流れる．茎葉は少なく，さじ形で，やや直立し，長さは 4〜13 mm である．頭花は直径 2.5 cm ほどで，長い柄があり，基部に総苞片に似た苞が数個ある．総苞は半球形で，長さ 6 mm ほど．総苞片は 3 列で瓦重ね状につき，線形で先は鈍形または鋭形で，背部に微毛があり，紫色を帯び，外片は少し短い．舌状花は青紫色．筒状花の花冠は長さ 4.5〜5 mm．痩果は倒披針形体で長さ 3.5 mm ほどで，毛が密生する．冠毛の毛は不同長でざらつき，長さ 3.5〜4 mm ある．

4192. イソノギク 〔キク科〕

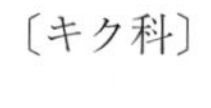

Aster asagrayi Makino

奄美大島，沖縄本島に分布し，対岸の中国の浙江省にも産するといわれる海岸生の多年草．高さ約 30 cm になり，茎はふつう基部が横に倒れている．葉は互生して質が厚く，先が鈍い倒披針形であり，下方の葉は全縁だが多少鈍いきょ歯があり，縁毛がある．秋に紫色の頭状花を枝先に開き，カワラノギクやアレノノギクに似てかなり大形である．各頭状花には 1 列の舌状花と多数の黄色の中心花があり，痩果には冠毛がある．ソナレノギクやスナジノギクなどと似ているが，舌状花の冠毛も長い点は類別のよい特徴である．旧版では本種にハマベノギクの和名をあてたが，ハマベノギクの和名はスナジノギクに対しても用いられており紛らわしいため旧に戻した．〔日本名〕いずれも海岸生であることを示すもの．

4193. イソカンギク（カンヨメナ）　〔キク科〕

Aster pseudoasagrayi Makino

比較的まれに栽培される多年草．しかし一度開花すればその株は枯死する．原産地不明，あるいは山陰の海岸か．茎は水平に伸びて分枝し，やや硬い多肉質，鉢に作れば垂れ下がる性質がある．下部の葉は早く枯れるが，中部の葉は初冬に入っても緑色を保ち，楕円状へら形で長さ 5〜10 mm，先端は円形で基部は尖り，質厚く，ふちに沿って稜線があり，灰青緑色で光沢があり，短毛が散生する．頭花は 1 個ずつ，斜上した枝の先につき，体のわりに大輪で径 4 cm 内外，明るい淡赤紫色．総苞は半球形に近く，多数の総苞片は多肉質，広線形で先端が円形，赤紫色．本種はスナジノギクの生態型と思われる．〔日本名〕磯寒菊は海岸生であり，冬になって開花するからついた名．寒ヨメナは冬に花開くヨメナの意味．

4194. カワラノギク　〔キク科〕

Aster kantoensis Kitam.

関東および東海地方の川岸の荒地に生え，茎は高さ約 50 cm，短い剛毛がある．葉は密に互生し，線形で長さ約 6 cm，先は鈍く，基部は柄に続いて細まり，ほとんど全縁，ふちおよび下面には短い剛毛がある．頭花は円錐状に多数つき，長い花茎があって径 3.5〜4 cm．周辺に長さ 17 mm，幅 3 mm ほどの紫色の舌状花があり，中央に黄色の筒状花が多数ある．舌状花，筒状花ともに赤褐色の冠毛がある．総苞片は 2 列で広線形，同長，先は鋭く，背面には短い剛毛がある．全体アレノノギクと似ているがすべての小花に冠毛がある点が異なっている．しかしいずれもシベリアに分布する *A. altaicus* Willd. とは不可分の関係がある．〔日本名〕川原野菊の意．

4195. アレノノギク（ヤマジノギク）　〔キク科〕

Aster hispidus Thunb. var. ***hispidus***

本州中部以西の日本，台湾，朝鮮半島，中国などに分布し，山地や海岸に生える二年草．茎は高さ 30〜60 cm，ときに 1 m ほどになる．葉は互生し，細長で下部の葉は多少のきょ歯があり，両面にまばらに毛があり，根生葉は花時に枯れる．秋に上部で分枝し，枝の頂に径 4 cm 内外の頭花をつける．頭花は黄色で冠毛の長い筒状花と，周囲にほとんど冠毛のない紫色の舌状花とがある．外観はカワラノギクによく似ており，ちょっと見分けにくいが，本種は，舌状花にごく短い冠毛しかない点で認識できる．〔日本名〕荒野の野菊の意味である．〔追記〕スジナノギク *A. arenarius* (Kitam.) Nemoto は本州西部から九州の海岸に生え，本種に似るが茎ははい，葉はやや厚い．また高知県の海岸には，同じように葉が厚いが毛がほとんどなく，茎が直立するソナレノギク *A. hispidus* var. *insularis* (Makino) Okuyama がある．これらの種はいずれも大陸の *A. altaicus* に近縁である．

4196. キ　ク　〔キク科〕

Chrysanthemum morifolium Ramat.

観賞植物として広く栽培する多年草で，茎はやや木質となり，高さ約 1 m．葉には柄があって互生し，葉身は卵形で羽状に中裂，裂片は不整の切れこみときょ歯があり，基部は心臓形となる．秋に茎の先で分枝し，頭花をつける．ふつう頭花の周辺には雌性の舌状花があり，中心には黄色で両性の筒状花があってともに結実する．古来わが国で栽培し，多種の園芸品種が生まれた．わが国の正常菊の中には大菊，中菊，小菊の別があり，花形の作出系統によってさらに細分されるし，品種にいたっては数えればきりがない．また欧米で改良されたものを一まとめにして洋菊と呼んでいる．栽培菊の原種については定説がなく，アブラギクとチョウセンノギクの交雑に由来するとする説が有力であるが，牧野富太郎はかつてノジギク起源説をとなえた．〔日本名〕漢名の音読みである．〔漢名〕菊．

4197. アザミコギク 〔キク科〕

Chrysanthemum morifolium Ramat.

栽培の菊には種々の変化があり，一々を記録するのは煩に耐えないが，ここに掲げたものは舌状花の発達が止まり，逆に筒状花冠が大形となったものである．ふつう筒状花の発達は「竹取」「獅子頭」などの細管咲の品種（管物という）に見られるが，いずれも花冠筒部の発達で弁部はほとんど発達していない．それらに対して本品は 5 裂した花弁部とともに花筒も長く広くなるもので，アザミの頭花をみる感じがする．黄花のものが知られているが，他の色彩のものもあるであろう．〔日本名〕アザミの花に似た花を開く小輪のキクの意味．

4198. リョウリギク 〔キク科〕

Chrysanthemum morifolium Ramat.

キクつまり家菊の一品で，主として頭花を食用とするため栽培される．高さ 30～50 cm，茎は直立して硬く，葉は互生し，葉柄があり，葉身は卵状楕円形で羽裂し，裂片は大体先が円く，さらに少数の鈍い切れこみがあり，下面には白い綿毛がある．秋に茎先で短枝を分けて黄色の頭花を開く．頭花は径 5～10 cm，すべて舌状花からなり，総苞片はいずれも広楕円形でふちは淡褐黒色膜質である．花，葉ともに苦味が少なく，香気がある．花は新鮮なものを食べ，乾かしたものも市販され葉もまた食用とされる．品種もいくらかあり，花も黄色のほか，白，紅色などがある．〔日本名〕料理菊のことであり，花を食用とすることにちなむ．

4199. ニジガハマギク 〔キク科〕

Chrysanthemum ×shimotomaii Makino

山口県虹ケ浜を中心とした県内の瀬戸内海海岸の丘陵に生える多年草．本種はノジギクとアブラギク（いわゆるシマカンギク）との中間形質を示すので両種間の自然雑種といわれる．高さ 1 m 内外，茎は直立または傾斜して下部は木質化する．葉は広卵形または卵形，先は鋭く，基部はやや心臓形または切形で羽状深裂または中裂し，裂片はアブラギクよりは広くてきょ歯は鈍いが，ノジギクに比べるときょ歯が鋭い．秋に茎上部で分枝し，長い花茎の先端にアブラギクに似た小黄花を開き，頭花は径 2.5～3.5 cm，舌状小花は 15～20 個あり，まれに白花品もある．これをシロバナニジガハマギクという．総苞外片は細い．〔日本名〕産地虹ケ浜に由来する．

4200. アブラギク（シマカンギク，ハマカンギク） 〔キク科〕

Chrysanthemum indicum L. var. ***indicum***

本州の近畿以西から九州屋久島，台湾，朝鮮半島，中国の日当たりのよい山麓などにふつうな多年草．地下茎は横にはい，茎は高さ 30～60 cm，細長く，ふつう紫黒色を帯び，下部はやや倒れる．葉は深緑色で互生し葉柄があり，柄の基部には葉状の仮托葉がある．葉身は卵円形でふつう 5 つに羽裂し，裂片にはきょ歯があり，長さ 3～5 cm，幅 2.5～4 cm，上面には光沢があり，下面には軟毛がある．秋に黄色の頭花をほぼ散房状につけ，頭花は径約 2 cm，周辺に一列の舌状花があり，中心に多数の筒状花がある．総苞外片は長楕円形または卵形，長さ 5～6 mm．変異が多く，舌状花が白色のもの，全体に多毛のもの，また他種との自然雑種もあり，栽培菊のうち小菊にはこれから出たものがある．〔日本名〕油菊はこの花を油に漬け，薬用とするからである．牧野富太郎は本種は山地に多く，島地を好まないので島寒菊の名は不適当であるとした．〔追記〕九州や本州の日本海側では本種はむしろ海岸や島地を好む傾向があるので島寒菊の名はあながち不適当とは言えない．

4201. カンギク　〔キク科〕

Chrysanthemum indicum L. var. ***indicum***

アブラギクから園芸化してできたもので，特に花期が遅く，12 月から 1 月に開花し，また茎および葉とともに霜がおりても傷まない特質が賞用されて，栽培されている．黄花である．アブラカンギクに比べて舌状花の発達がよい．しかし筒状花も比較的大きくなり，全体が泡立ったように見える．葉は原種のアブラギクより短くて広く，輪郭が卵状広楕円形である．また冬には葉のふちに近く黄色を帯びる傾向がある．ときに舌状花冠の白いものがありシロカンギクというが，これの筒状花はいたって小さい．

4202. アブラカンギク　〔キク科〕

Chrysanthemum indicum L. var. ***indicum***

庭園で栽培する多年草で，茎は高さ約 50 cm，分枝して屈曲する．葉には柄があり，卵形または広楕円形で羽状に尖って分裂し，裂片には不整の切れこみがあり，裂片間のくぼみは狭くて尖り，上面は無毛で淡緑色だが，下面は白い軟毛におおわれている．晩秋に入って多数の黄花を枝上に並べ，頭花は径約 2 cm で少しばかり下向きの傾向がある．筒状花の発達が著しく，先端は 2 分気味の 5 裂，密に集合しているので表面が球面状になっている．舌状花は小さく，よく発達した筒状花にかくれて見えず，舌状の花冠は狭長な長楕円形で先端はやや尖り，雌性である．〔日本名〕油寒菊はアブラギクから出た寒菊の意味である．

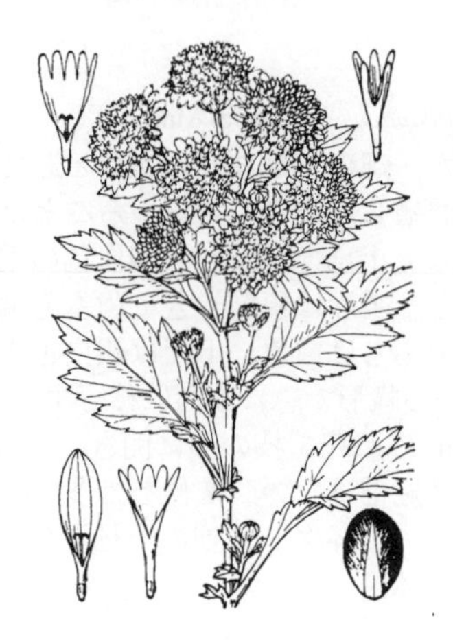

4203. アザミカンギク　〔キク科〕

Chrysanthemum indicum L. var. ***indicum***

アブラギクの園芸品で，頭花は黄色．舌状花は短いが所在はわかる程度に長い．筒状花は花冠の一側（向軸側）で裂けているために，5 裂した扇面状に展開し，舌状花にやや似た外観となっている．葉は原種に近く，裂片の先が鋭く尖っている．4201～4203 図に図示したものは，アブラギクそのものから栽培化されたもので，他のキク属の遺伝子は入っていないものと考えられる点で珍しいので，煩をいとわず掲載した．〔日本名〕アザミに似た花をつける寒菊の意である．

4204. アワコガネギク（キクタニギク）　〔キク科〕

Chrysanthemum seticuspe (Maxim.) Hand.-Mazz.
f. ***boreale*** (Makino) H.Ohashi et Yonek.

本州岩手県から近畿地方，朝鮮半島，中国北部に分布し，北九州，四国の一部にも見られる多年草で，やや乾いた山麓や土手などに生える．根茎は短く，茎は多数群がって直立し，上方で分枝し高さ 60～90 cm，細毛がある．葉は互生し，キクの葉に似ているが質は薄く，広卵形で 5 深裂し，裂片に切れこみがあって他種に比べると狭く鋭い感じがする．基部は切形またはやや心臓形，両面に細毛があって多少黄色味のある緑色でつやがない．秋に茎の上端に多数の小頭花が咲く．頭花は黄色で径 1.5 cm ぐらいで花後下を向き，舌状花は短くやや多数，中心の筒状花も多い．果実には冠毛を欠く．花は非常に苦味があり，それゆえ漢名に苦薏の別称がある．〔日本名〕泡黄金菊の意で，密集する泡のような小黄花に基づいて牧野富太郎が名付けた．アブラギクということもあるがこれは元来シマカンギクの名である．菊谷菊は京都のこの菊が自生する地名に基づく．

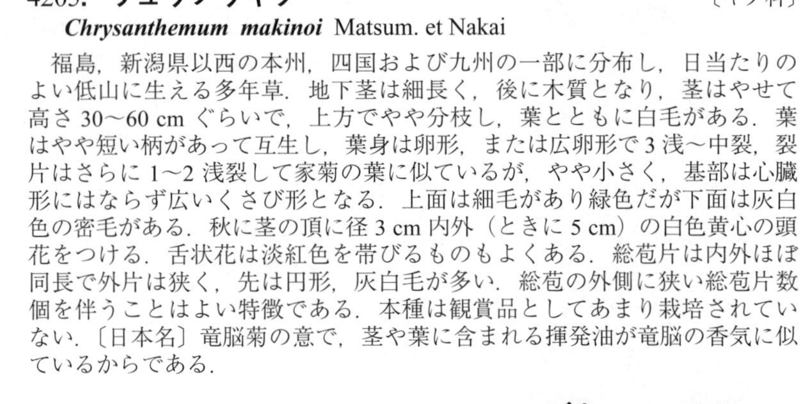

4205. リュウノウギク　〔キク科〕

Chrysanthemum makinoi Matsum. et Nakai

福島，新潟県以西の本州，四国および九州の一部に分布し，日当たりのよい低山に生える多年草．地下茎は細長く，後に木質となり，茎はやせて高さ 30〜60 cm ぐらいで，上方でやや分枝し，葉とともに白毛がある．葉はやや短い柄があって互生し，葉身は卵形，または広卵形で 3 浅〜中裂，裂片はさらに 1〜2 浅裂して家菊の葉に似ているが，やや小さく，基部は心臓形にはならず広いくさび形となる．上面は細毛があり緑色だが下面は灰白色の密毛がある．秋に茎の頂に径 3 cm 内外（ときに 5 cm）の白色黄心の頭花をつける．舌状花は淡紅色を帯びるものもよくある．総苞片は内外ほぼ同長で外片は狭く，先は円形，灰白毛が多い．総苞の外側に狭い総苞片数個を伴うことはよい特徴である．本種は観賞品としてあまり栽培されていない．〔日本名〕竜脳菊の意で，茎や葉に含まれる揮発油が竜脳の香気に似ているからである．

4206. ノジギク　〔キク科〕

Chrysanthemum japonense (Makino) Nakai

兵庫県以西の瀬戸内海沿岸と太平洋側の海岸に近い山のふもとや，崖に生える多年草．地下茎をのばし，茎は斜上して基部は倒れ，中部でふつう 3 岐し，上部で多数の小枝が分かれ，高さ 60〜90 cm ほどになる．葉は互生して 2 cm 内外の柄があり，卵円形で 3〜5 の羽片に中裂，裂片は少数のきょ歯があり，基部は心臓形または切形，上面はまばらに毛があり，下面には灰白色の密毛がくっついて長さ 3〜5 cm，幅 2.5〜4 cm である．秋にやや散房状に径 3 cm 以上の頭花を開き，周辺には白色まれに黄色を帯びる舌状花が通常 1 列に並び，中心には黄色の筒状花が多数集まる．総苞片は長さ 8 mm 内外，外片は内片より短く細く，先は円形で灰白色の毛がある．瀬戸内海沿岸のものをセトノジギクとして区別することもある．〔日本名〕野路菊の意で牧野富太郎の命名．

4207. サツマノギク　〔キク科〕

Chrysanthemum ornatum Hemsl.（*C. satsumense* (Yatabe) Makino）

九州南部の海岸で日当たりの良い道ばた，畑のへりなどに雑草としてはびこっている多年草．根茎が分岐して繁殖し，後に木質化することは家菊に似ている．茎は高さ 30〜60 cm になり上部で分枝し，銀白色の毛が多い．葉は有柄で互生し，羽状に中裂し，裂片は幅広くきょ歯も先端も円味が多い．質はやや厚く上面は緑色でふちは白色，下面は銀白色の毛が密生，基部はほぼ切形またはごく浅い心臓形で急に葉柄に移行する．秋に白色または淡紅色を帯びる径 4〜5 cm の頭花を枝の頂に開き，1 列の舌状花と多数の筒状花からなる．果実に冠毛はない．個体数は多いが分布は限られているめずらしい種類である．〔日本名〕最初の発見地薩摩（鹿児島県）に基づき矢田部良吉の命名である．

4208. コハマギク　〔キク科〕

Chrysanthemum yezoense Maek.

（*C. arcticum* L. subsp. *maekawanum* Kitam.）

北海道から関東北部にかけての太平洋岸の岩上に生える多年草で，長い地下茎がはって繁殖する．茎は高さ 15〜30 cm ほどになって立ち，上部は紫色を帯びて多少軟毛がある．葉は互生し，下部の葉には長い柄があり，葉身は基部がくさび状になった幅広いへら形，羽状に浅〜中裂，ときに粗いきょ歯縁となり，肉質でほとんど無毛，腺点がある．秋のはじめから初冬にかけて枝先に径約 5 cm の頭花を単生し，白色の舌状花は長さ 2 cm，幅 5 mm ばかり，日がたつとだんだん紅紫色に染まってくる．中央の筒状花は多数．痩果は長さ約 2 mm で 5 本の縦線がある．総苞の外片は線形，中片は長楕円形で同長，内片はやや短い．北海道，樺太の主に日本海岸に分布するピレオギク *C. weyrichii* (Maxim.) Miyabe et T.Miyake は葉が深裂，痩果の上端が膜質で少し高まる．〔日本名〕小さい浜菊の意味．

4209. オグラギク 〔キク科〕

Chrysanthemum zawadskii Herbich var. ***latilobum*** (Maxim.) Kitam. f. ***campanulatum*** (Makino) Kitag.

（*C. sibiricum* Fisch. ex Turcz. var. *campanulatum* Makino）

北東アジアに産するマンシュウイワギク *C. zawadskii* var. *latilobum* (Maxim.) Kitam. の1型で，頭花の周辺の舌状花の花冠が横につっくいて，筒状の中心花を一周してとりまいたものであり，ときに栽培される．くっついた花弁は白紅紫色，しばしば膜状に下垂する．筒状花もまた2 cm 内外に発達する．野生型のチョウセンノギクは高さ30 cm 内外，分枝して株が低く広がり，下部の葉は長柄のある卵形，羽状に浅～中裂し，裂片は両側にそれぞれ2～3，頭花は径3 cm 内外，白花で紫に染まり，総苞外片は数個だけが線形，内片は広楕円形で多少膜質のふちがある．イワギク var. *dissectum* (Y.Ling) Kitag. は葉が深く切れこみ，裂片が細いもので，東ヨーロッパから北東アジアにかけて広く分布し，日本でも本州から九州の山地に遺存的に分布する．長崎県の平戸や対馬などに生えるものは裂片の幅が広く，チョウセンノギクとされることもある．〔日本名〕発見者小倉貞子を記念したもの．

4210. ナカガワノギク 〔キク科〕

Chrysanthemum yoshinaganthum Makino ex Kitam.

四国（徳島県）の那賀川中流の岩壁上に生える多年草．きわめて局部的な分布の地方種である．株元は多少木質に近く，上部は密に分枝して扁平な丸味のある株となる．その高さ30 cm ぐらい．葉はひし状披針形またはひし状卵形，長さ4 cm 内外で白味がある灰緑色．上半には両側に少数の狭いが深い欠刻があり，下部はくさび形の基部となる．上部の葉は急に小形かつ無柄となる．晩秋に入ってから，枝の先端にやや散房状に頭花をつけ，径2.5 cm ばかり，総苞は半球形で，外片多数は線形肉質，内片はそれよりはるかに広い．舌状花は白色．〔日本名〕産地那賀川を示し，高知県の採集家であった吉永虎馬が発見したもので，日本名は氏の命名による．

4211. イソギク 〔キク科〕

Chrysanthemum pacificum Nakai

（*Ajania pacifica* (Nakai) K.Bremer et C.J.Humphries）

関東および東海地方の海岸の崖に生える多年草．細長い地下茎があり，茎はやや曲がって立ち上り高さ30 cm 内外．葉は密に互生し，倒披針形～倒卵形で，基部はくさび形に細くなって短柄となり，上方は粗いきょ歯縁または浅く羽裂，上面は緑色であまり毛はなく，下面およびふちは銀白色で毛が密生している．質はやや厚い．秋に茎上部で密集した散房状に黄色の小頭花が開く．花冠はふつう筒状花だけからなり，先端は3～4裂する．古くから栽培もされ，キクとの雑種もある．次図に示したハナイソギクがそれである．〔日本名〕磯菊の意で松村任三の命名．〔追記〕本種は四国に分布するシオギクに縁が近いが，シオギクのほうが頭花が大きく8～10 mm あり，また染色体数2n ＝ 72なのに対して本種は頭花が5～6 mm で染色体数も2n ＝ 90であり，明らかに別種である．

4212. ハナイソギク 〔キク科〕

Chrysanthemum ×***marginatum*** (Miq.) Matsum.

（*C. marginatum* var. *radiatum* Makino）

イソギクの群落中にしばしば見られる型で，かつてはイソギクの変異型の一つとされたが，現在では付近の人家に植栽されている栽培のキクとの間に生じた雑種とみなされている．また，紀伊半島の海岸の崖にはイソギクとシオギクとの交雑に起源すると推定される植物が分布しており，キノクニシオギク *C. kinokuniense* (Shimot. et Kitam.) H.Ohashi et Yonek. という．キク属の中でイソギクやイワインチンのように花が筒状花のみからなるものを別属 *Ajania* とすることがあるが，これらの種はふつうの舌状花をもつキク属の種と自由に交雑できるので，属を分けるのは適当ではない．〔日本名〕花磯菊の意味．

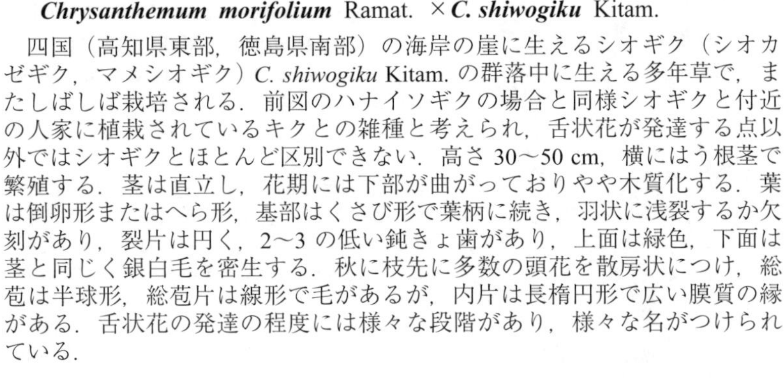

4213. ミソノシオギク（アサヒシオギク） 〔キク科〕

Chrysanthemum morifolium Ramat. ×***C. shiwogiku*** Kitam.

四国（高知県東部，徳島県南部）の海岸の崖に生えるシオギク（シオカゼギク，マメシオギク）*C. shiwogiku* Kitam. の群落中に生える多年草で，またしばしば栽培される．前図のハナイソギクの場合と同様シオギクと付近の人家に植栽されているキクとの雑種と考えられ，舌状花が発達する点以外ではシオギクとほとんど区別できない．高さ 30～50 cm，横にはう根茎で繁殖する．茎は直立し，花期には下部が曲がっておりやや木質化する．葉は倒卵形またはへら形，基部はくさび形で葉柄に続き，羽状に浅裂するか欠刻があり，裂片は円く，2～3 の低い鈍きょ歯があり，上面は緑色，下面は茎と同じく銀白毛を密生する．秋に枝先に多数の頭花を散房状につけ，総苞は半球形，総苞片は線形で毛があるが，内片は長楕円形で広い膜質の縁がある．舌状花の発達の程度には様々な段階があり，様々な名がつけられている．

4214. イワインチン（イワヨモギ） 〔キク科〕

Chrysanthemum rupestre Matsum. et Koidz.

（*Ajania rupestris* (Matsum. et Koidz.) Muldashev）

本州中北部の高山の岩石地に生える多年草であるが，根や茎は木化し，高さ 10～30 cm ほどになる．茎は細くて直立し，基部は斜上する．葉は互生し，卵形で羽状に深裂，裂片は少数で互いにはなれており，また線形で先は鋭く，葉の基部はくさび形，そのまま細くなって托葉がある．上面は緑色で初め毛があり，下面は銀白色の細毛を密生しヨモギの葉に似ている．秋に茎上部で細枝を分枝し，多数の小球状の頭花を散房状に密集する．頭花は径約 5 mm で舌状花を欠く．総苞は広鐘形で黄色，総苞片は卵形，外片は短く，ふちに広い薄膜部がある．〔日本名〕岩茵蔯．茵蔯は茵蔯蒿のことでカワラヨモギ，つまり岩間に生えるカワラヨモギに似た植物の意味．岩蔯も同じく岩上に生えるヨモギの意味であるが，ヨモギ属の別種に同名がある．

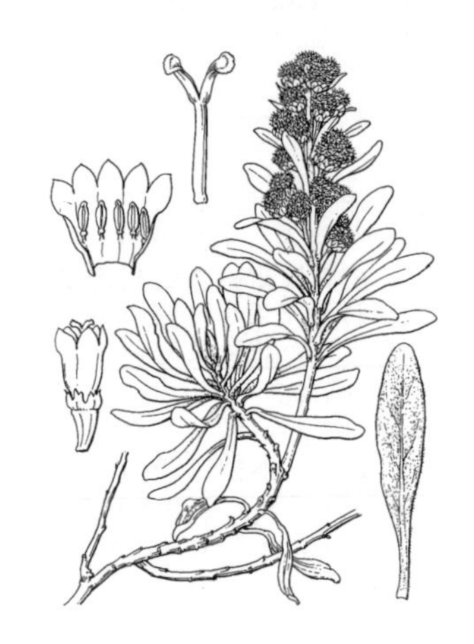

4215. モクビャッコウ 〔キク科〕

Artemisia chinensis L.（*Crossostephium chinense* (L.) Makino）

小笠原諸島（火山列島）や琉球諸島の磯海岸に生え，台湾にも分布する小低木．高さ 30～100 cm になる．茎は多数分枝し，基部の太さは 1～3 cm になり，直立または斜上し，下方には多数の葉の落ちた痕が残っている．葉は互生するが，枝の先端部分に集まる傾向があり，はっきりした柄はなく，狭倒披針形または倒披針形で，全縁または 2～5 裂し，長さ 2～5 cm，幅 0.2～1 cm で，先は円形または鈍形，基部は鋭形となる．裂片は披針形または長楕円形で，両面に灰白色の短い毛を密生する．頭花は特有の強い臭いがあり，球形で径 3～4 mm になり，枝の先の葉腋から出る長さ 3～10 cm の総状の花序につき，花序には葉が混じる．花柄は 7 mm ほどになる．総苞は直径 3～4 mm で，総苞外片には毛が密生し，内片はふちが半透明となる．花床は半球形で，わずかに鱗片がある．花冠は長さ 1.5 mm，腺点が密にある．葯は上方に長楕円形で鈍頭の付属体をもつ．痩果は卵形体，5 個の縦の線条があり，長さ 1.2 mm，幅 0.5 mm ほどになる．

4216. カズザキヨモギ（ヨモギ，モチグサ） 〔キク科〕

Artemisia indica Willd. var. ***maximowiczii*** (Nakai) H.Hara

（*A. princeps* Pamp.）

本州，四国，九州の山野に最もふつうな多年草．中国，朝鮮半島，小笠原にも産する．茎は高さ 50～100 cm で，多数分枝し，地下茎は横になって走出枝が出る．葉は互生し，楕円形で羽状に分裂し，裂片は 2～4 対でさらに欠刻があるかまたはきょ歯があるが上部の葉では全縁洋紙質で上面緑色，下面は白毛を密生するので白く，やや有翼の葉柄の基部には仮托葉がある．夏から秋にかけて，茎の頂で分枝し，複総状花序状となって，筒状花だけからなる淡褐色小形の頭花を多数つける．頭花は幅 1.5 mm，長さ 3.5 mm，総苞にはまばらにクモ毛がある．ニシヨモギ var. *indica* はこれに似て頭花がやや大形，台湾，中国にも分布する．両変種とも春に新苗を採り，草餅の材料とする．また葉の下面の毛からモグサを作る．民間薬としての効用は多い．島地に産するものは，太いものがあり，杖が出来るものもある．〔日本名〕ヨモギは語源不明．〔漢名〕艾．蓬はヨモギではない．

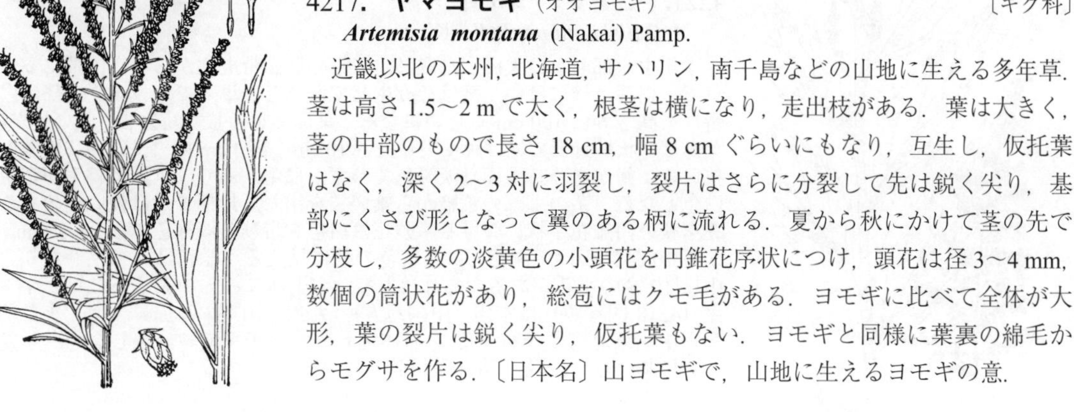

4217. ヤマヨモギ（オオヨモギ）　〔キク科〕

Artemisia montana (Nakai) Pamp.

近畿以北の本州，北海道，サハリン，南千島などの山地に生える多年草．茎は高さ 1.5～2 m で太く，根茎は横になり，走出枝がある．葉は大きく，茎の中部のもので長さ 18 cm，幅 8 cm ぐらいにもなり，互生し，仮托葉はなく，深く 2～3 対に羽裂し，裂片はさらに分裂して先は鋭く尖り，基部にくさび形となって翼のある柄に流れる．夏から秋にかけて茎の先で分枝し，多数の淡黄色の小頭花を円錐花序状につけ，頭花は径 3～4 mm，数個の筒状花があり，総苞にはクモ毛がある．ヨモギに比べて全体が大形，葉の裂片は鋭く尖り，仮托葉もない．ヨモギと同様に葉裏の綿毛からモグサを作る．〔日本名〕山ヨモギで，山地に生えるヨモギの意．

4218. ヒロハヤマヨモギ　〔キク科〕

Artemisia stolonifera (Maxim.) Kom.

九州と本州中国地方に産し，朝鮮半島と中国にも分布する．多年草で，地中に長くほふくする根茎があり，そこから多数の走出枝を出す．地上茎は直立して，高さ 50～100 cm になり，やや細めで，初めクモ毛があるが，後に無毛となる．葉は互生し，ややまばらにつき，短い翼のある柄があり，葉身は卵形または卵状長楕円形で，先は鋭形，まれに鈍形，基部はくさび形または円形で，仮托葉があり，ふちは羽状に浅裂または中裂する．裂片は 2 対でふつう接してつき，卵形または三角状卵形で，先は鋭形，まれに鈍形となり，洋紙質で，上面にはクモ毛が散生するが，後に無毛となり，下面は灰白色の綿毛が密生する．花は 8～10 月．頭花は多数つき，球状の鐘形で，長さ 4～4.5 mm，幅 3～4 mm になる．総苞はクモ毛がある．総苞片は 3 列につき，卵形または長楕円形で，先は外片では鋭形，内片では円形である．痩果は長さ 1.8 mm ほど．〔日本名〕広葉ヤマヨモギで，ヤマヨモギ（オオヨモギ）に比べて，葉は切れ込みが少なく，葉が広く見えることによる．

4219. ヒロハウラジロヨモギ（オオワタヨモギ）　〔キク科〕

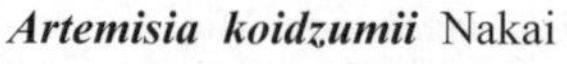

Artemisia koidzumii Nakai

極東ロシアに広く分布し，日本では北海道の海岸に分布する多年草で，地中にほふくする根茎があり，走出枝を出して広がる．地上茎はふつう太く，直立して高さ 35～100 cm になり，灰白色の長毛がある．茎の中ほどの葉は無柄または翼になる短い柄があり，葉身は倒卵形で，長さ 4.5～18 cm，幅 3～11 mm になり，基部はくさび形で，仮托葉があり，羽状に中裂または浅裂する．裂片は 2，まれに 3 対で，上向し，卵形または長楕円形で，先は鈍形または鋭形となり，ふちには少数のきょ歯があるか全縁で，裂片間の幅はふつう狭く質厚く，上面は初めクモ毛があり，下面には灰白色の長毛が密生する．上方につく葉はしだいに小形化する．花は 8～10 月に咲く．頭花は球形または球状の鐘形で，長さ幅とも 5 mm ほどである．総苞には長毛が密生する．総苞片は 3 列につき，外片は卵形で先はやや鋭形，中片は広卵形で先は鈍形，内片は長楕円形で，先は円頭となる．

4220. ヒメヨモギ　〔キク科〕

Artemisia lancea Vaniot（*A. feddei* H.Lév. et Vaniot）

本州，四国，九州および朝鮮半島，中国，台湾にわたって山野に生える多年草．地下茎は長く横にはって繁殖する．茎は高さ 1.5 m 内外になり，質は硬くクモ毛があり，しばしば紫色を帯び，よく発育したものは非常に肥大して，先の方で多数枝を分ける．葉は互生し，長さ 3～7 cm で羽状に深裂し，裂片は狭長で先端はふつう鋭く，下面には白綿毛が密生している．秋に枝先に楕円体の小頭花を円錐花序状に多数つける．頭花は褐色で径 1 mm，長さ 2 mm，柄はなく，総苞はまばらにクモ毛があって，外片は短く広卵形で先は鈍く，中片はやや円形，内片は楕円形，痩果は長さ約 1 mm である．本種をセメンシナとするのは全く誤りである．〔漢名〕午尾蒿．野艾蒿はヨモギか他の近似種．

4221. ヒトツバヨモギ 〔キク科〕

Artemisia monophylla Kitam.

本州中北部および大山（鳥取県）一帯の低山帯上部から亜高山帯に多い多年草で，根茎は横にはい，茎はそう生して直立し，単一で分枝せず上部は白色を帯び，高さ 60〜100 cm ぐらいになる．葉は茎を通じて互生し，短い柄があり，葉身は卵状披針形で先は鋭く尖り長さ 10 cm，幅 3 cm 内外，ふちに不整の鋭く狭いきょ歯があり，上面は淡緑色でわずかに毛があり，下面は綿毛が密生して白色となる．茎の上部の葉腋から細い枝を出し，無柄または短い柄のある小頭花を狭い円錐花序状につける．頭花は白色を帯びる淡緑色で径 2〜3 mm，8 月から 10 月にかけて開花し，淡黄色の穂に見える．総苞はクモ毛があり，この中に 10 余の小花がある．これに似て葉が羽状に浅〜中裂するヒロハヤマヨモギ（4218 図参照）は本州（中国地方），九州の山地の草原に生え，また朝鮮半島や中国東北部に分布する．〔日本名〕一葉ヨモギで，分裂しない単葉であることに基づく．〔漢名〕九牛草は誤り．

4222. シロヨモギ 〔キク科〕

Artemisia stelleriana Besser

日本では新潟，茨城県以北の海岸砂地に生育し，ロシアのオホーツク海沿岸地方の日当たりのよい砂地などに広く分布する多年草でヨーロッパやアメリカにも帰化している．花をつける時以外は丈低く，根生葉状に葉を群生し，全体に純白の短綿毛を密生するので美しい．葉は柄のある楕円形〜倒卵形で羽状に端正に深裂し，裂片は先の円い楕円形で両側 3〜5 個ずつ，平たく展開する．盛夏に入ると高さ 30 cm 内外に茎が伸び，複総状に頭花を密集する．各分枝は細く一見穂状に見える．頭花は長鐘形で長さ 6 cm 内外，総苞片も白い．小花はわずかに黄色．〔日本名〕全草が白いことによる．

4223. イヌヨモギ 〔キク科〕

Artemisia keiskeana Miq.

日本全土および朝鮮半島，中国北部のやや乾いた低山地に生える多年草．根茎は太く，花をつけない茎は下部が倒れて，上部にロゼット状に葉をつけ，花のある茎は高さ 30〜60 cm，細長で葉の下面とともに褐色の微毛がある．葉は互生し，やや卵形で少しキクの葉に似ているが，欠刻は浅く，下部はくさび状に狭くなり，緑色で質は厚い．根葉は幅広く，柄があり，上葉は小形で狭い披針形，先端はふつう 2〜3 裂する．仮托葉はない．夏から秋にかけて葉腋から分枝し，オトコヨモギよりはやや大きい径約 3 mm の黄褐色の頭花をやや円錐状につける．頭花は花時うつ向いており，細小な柄がある．総苞は無毛で外片は小さく，花冠には少し毛があり，痩果は長さ約 2 mm．〔漢名〕菴蕳とするのは誤りである．

4224. ミヤマオトコヨモギ 〔キク科〕

Artemisia pedunculosa Miq.

本州中部の高山帯の砂れき地または岩壁などに生える多年草で，著しく分岐する地下茎から高さ約 30 cm の多数の茎が斜上または直立し，若い時には絹毛が生えている．花をつけない枝の葉はロゼット状で長さ 2.5〜6 cm，幅 6〜15 mm，有翼の柄があり，倒卵状のへら形で先は鋭く，欠刻状の鋭いきょ歯があり，洋紙質で上面緑色，下面は軟毛があるが後にはほとんど無毛となる．花茎上の葉は互生し，無柄の倒披針状へら形．夏に茎先に総状または複総状にやや大形（径約 1 cm）の頭花がつき，各頭花は長い小柄の先に下向きに開き，黄色の筒状花ばかりからなっている．総苞片は楕円形で内外ともやや同長，先端は鈍く，背部は黄緑色，ふちは膜質．痩果は長さ約 2 mm で初めに細毛がある．〔日本名〕深山生のオトコヨモギの意味．

4225. タカネヨモギ 〔キク科〕

Artemisia sinanensis Y.Yabe

主に本州中部の高山帯で，日当たりがよくしかも乾燥し過ぎない斜面の裸地に生える多年草．地下浅くに太くて硬い多肉質の長い地下茎が横たわり，その上部が斜上して，その先から年々茎を斜めに立てる．高さ30〜40 cm，ほとんど毛がない．葉は軟らかく深緑色で 2〜3 回羽状に分裂し，裂片が線形であるためミヤマウイキョウに似るが，先端は鋭く尖る．茎の上部では急に小形の葉に移行する．盛夏に入って茎の上部に斜上した枝を出し狭い円錐状に多数の頭花をつける．頭花はヨモギとしては大形で半球形，径 12 mm 内外，点頭し，総苞もまた同形で，総苞片は楕円形，縁は広い膜質部がある．東北地方の飯豊山が北限である．サマニヨモギ（4226 図）に似ているが，毛が少なく，葉の裂片が狭い．〔日本名〕高嶺ヨモギの意味．

4226. サマニヨモギ 〔キク科〕

Artemisia arctica Less. subsp. ***sachalinensis*** (F.Schmidt) Hultén

東アジア北部，北アメリカ西部に分布し，日本では岩手県（早池峯），北海道の高山帯の岩石地に生える多年草．根茎は太く長く，茎は直立し高さ 30 cm 内外で初め褐色の毛があり，やや太い．葉は互生し，2 回羽状に深裂して尖り，初め褐色の毛があるが後にほとんど無毛となり，根生葉には長い柄があり，葉の長さ 10 cm ぐらい．茎葉は上方になるにしたがって短柄となり，小形となる．夏に開花し，頭花は大形の半球形で径約 1 cm，黄色の筒状花だけからなり，1〜2 cm の柄があって総状または複総状につき，やや下向きである．総苞は無毛で暗褐色を帯び，外片は卵形，他は楕円形．全体に白毛に厚くおおわれる一品シロサマニヨモギ f. *villosa* (Koidz.) Kitam. もある．〔日本名〕北海道日高地方の様似（シャマニが正しい）で見つけられたのにちなむが，そこでは現在絶滅して見られなくなっている．

4227. ヨモギナ 〔キク科〕

Artemisia lactiflora Wall. ex DC.

中国およびその南方に分布する多年草であるが，まれに日本でも栽植する．高さ 1 m ぐらい，茎は下部が多少木化する．葉は卵状楕円形，先は尖り，淡緑色で 1〜3 対の羽片に深裂し，裂片は尖りまた細かいきょ歯がある．両面ともに毛がない．秋おそくなってから茎の上部は円錐状に分枝し，その各枝は先端に穂状に小形の頭花をつける．頭花は長さ 3 mm ほどの鐘形で，総苞片は膜質で光沢があり，筒状花冠は白いので美しい．中国では芳香と白花とを賞用して栽植し，また民間薬にも利用しているという．〔漢名〕甜菜子．

4228. カワラニンジン 〔キク科〕

Artemisia carvifolia Buch.-Ham.（*A. apiacea* Hance）

本州中西部から九州，および朝鮮半島，中国に分布し，川岸の砂地や荒地などに多い越年草で，日本には中国から薬用植物として渡来し，これが帰化したものと思われる．根生葉は束生し，2 回羽状に細く深裂し，裂片の先は鋭く，ニンジンの葉に似て長さ 10〜15 cm，幅 4〜5 cm，両面は無毛．茎葉は互生し，鮮緑色，無毛，やや小さくなり，質は軟らかである．夏に高さ 1 m 内外の茎の上部葉腋から著しく分枝し，枝上に径約 6 mm の頭花を総状につける．頭花は緑黄色でうつむいて咲き，すべて同方向に並んでいる．総苞の外片は狭楕円形で少し短く，中および内片は長楕円形で同長，ふちは黄色を帯びる乾膜質．痩果は長さ約 1 mm である．〔日本名〕河原人参．河原に生え，葉がニンジンの葉に似るからである．〔漢名〕虆蒿．

4229. クソニンジン　〔キク科〕

Artemisia annua L.

日本全土の人家附近の荒地や道ばたに多い一年草で，アジア，東ヨーロッパの原産．しかし今では北半球の温帯から熱帯にかけて広く野生しており，わが国のものも中国から薬用植物として輸入され，これが帰化したものかも知れない．全体に一種強烈な悪臭がある．茎は緑色で高さ1 m 内外，無毛で著しく分枝する．葉は互生し，3 回羽状に深裂して裂片ははなはだ細く，終裂片は鋭く尖り幅約 3 mm，黄緑色で上面は粉状の細毛がある．秋に上部の枝に多数の小頭花を穂状につけ，大きな円錐花序状となる．頭花は径約 1.5 mm，黄色で，総苞は無毛．痩果は長さ 1 mm に満たない．〔日本名〕糞胡蘿蔔の意で，糞は植物体の悪臭に基づき，胡蘿蔔（ニンジン）は葉形に基づくものである．〔漢名〕黄花蒿．

4230. フ　ク　ド（ハマヨモギ［同名異種あり］）　〔キク科〕

Artemisia fukudo Makino

近畿以西の本州，四国，九州および朝鮮半島に分布，海にそそぐ川口の泥地に多数群生し，満潮のときは海水につかる越年草．高さ 30～90 cm ほどになり，茎，葉ともに白緑色を帯び，香気がある．茎は大きく，直立し，紫色を帯び，根生葉とともにはじめクモ毛があり，上方で分枝する．葉は質が厚く，下葉は長い柄があり，多裂してロゼット状となり，花時は枯れ，茎葉は互生し，柄があり，3～4 羽裂し，裂片は狭く先は鈍い．上部になるにつれて裂片が少なくなる．秋に上部の側枝につく頭花は多数が集まって尖塔状の円錐状花序様になる．頭花は黄褐色で径約 4 mm，短い倒円錐状で小柄があり，うつむいて開く．総苞片は緑色で先が鈍い．小花は中部に両性花が集まり，外側に 1 列の雌花がある．〔日本名〕フクドの意味はわからない．別名の浜艾は浜辺に生えるヨモギの意だが，*A. scoparia* Waldst. et Kit. にも同じ和名（ハマヨモギ）がつけられておりまぎらわしい．

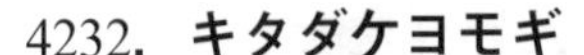

4231. ニガヨモギ　〔キク科〕

Artemisia absinthium L.

ヨーロッパ原産の多年草で，茎の高さ約 1 m になり多数分枝し，根茎は木質となり，全体に強い芳香があって灰白色の絹毛におおわれている．葉は 2～3 回羽状に深裂し，裂片は披針状となる．夏に円錐状複総状に集まって短い小柄の先に頭花を多数つける．頭花は淡黄色で周辺の小花は細く雌性で結実せず，内側の小花は幅広く両性でほとんどが結実する．総苞外片は線状のへら形，内片は幅広く，薄い膜質のふちがある．痩果は倒卵形体で冠毛はない．〔日本名〕全草を苦艾といって健胃薬とし，苦味があるのでこの名ができた．以前はこれを亜爾鮮（アルセム）といったが，これはオランダ語に由来する．かつてはアブサン酒の苦味付けに用いられ，ときに切花にもされる．〔漢名〕苦艾，また洋艾ともいう．

4232. キタダケヨモギ　〔キク科〕

Artemisia kitadakensis H.Hara et Kitam.

本州中部の高山に特産し，砂れき地に生える小低木．茎は密に叢生して，花茎は高さ 20～30 cm になるが，無花茎は 10～20 cm で，先に葉を叢生する．花茎は枝分かれせず，その下方につく葉は鱗片状で，長さ 4～6 mm で，ときに 3 裂する．中ほどにつく葉は長さ 1～1.8 cm の柄があり，葉身は長さ 2～2.6 cm，幅 2～2.5 cm で，1 または 2 回 3 全裂する．裂片は線形，先は鋭形で，幅 1 mm ほどで，両面に白色の長い毛を密生する．上方の葉はしだいに小形となる．花は 8 月に咲き，頭花は花茎に多数が総状につく．頭花は点頭し，幅は 8 mm ほどで，総苞は半球形で絹毛を密生し，長さ 5 mm，幅 8 mm で，4 列につく総苞片をもつ．総苞片はほぼ同長で，外片は卵形で先は鋭形，内片は楕円形で先は円形，背面は黄緑色で毛が密生する．アサギリソウに類似するが，花序は分枝せず，頭花が幅広い．〔日本名〕北岳ヨモギで，南アルプスの北岳で見出されたことにちなむ．

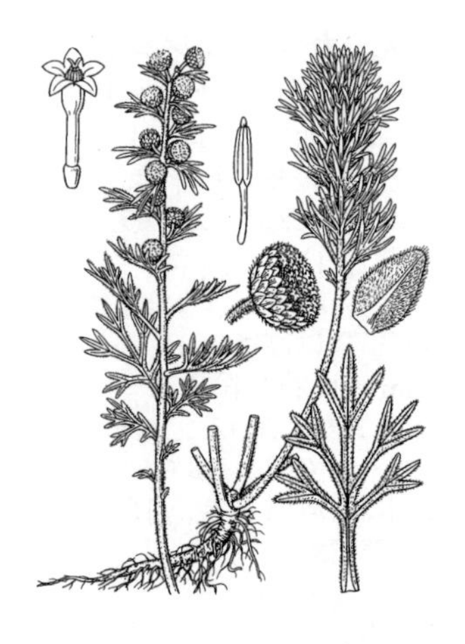

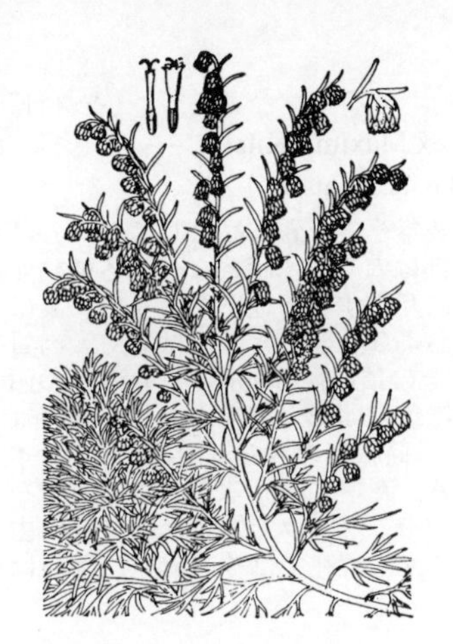

4233. アサギリソウ　〔キク科〕

Artemisia schmidtiana Maxim.

本州（北陸，東北），北海道およびサハリン，南千島の高山または海岸の岩場に野生するが，ときに観賞用に栽培される多年草である．茎は高さ 15〜60 cm，直立して多数分枝し，枝は花の重みで下方にたわむのを常とする．全体に絹毛があり，銀白色に見える特色がある．葉は互生し，ふつう柄があり，2 回羽状または掌状に全裂し，裂片は狭長な糸状で幅 1 mm ぐらい，軟弱である．秋になって，枝上の葉腋から，かなり目立った小柄を出し，その先に径 5 mm ほどの頭花を下向きに開き，総状花序状となる．総苞も密に絹毛があり，外片は楕円形または卵形，内片よりも短い．花床には白剛毛が密生し，花冠の外側にも毛が多く，黄白色で中部に両性花，周辺に 1 列の雌性花がある．〔日本名〕朝霧草は植物体の白い色を通してうすく緑の見える株を朝の霧にたとえたもの．

4234. カワラヨモギ　〔キク科〕

Artemisia capillaris Thunb.

本州から琉球，台湾，フィリピン，朝鮮半島，中国にかけて川岸や海岸の砂地に多い多年草．茎は直立して分枝し高さ 30〜60 cm，下部は木質化し初め絹毛があり，根茎は硬くて短い．根生葉は密に束生し，ふつう白毛があってアサギリソウの葉に似ており，花時には枯れ，若葉の時とは全く別種の観がある．茎葉は互生し，ふつう無毛で 2 回羽状に全裂し，裂片は細い筒状，毛のようで緑色であり，基部は茎を抱く．夏から秋にかけて，枝上部に大形の円錐花序状をつくり，無数の小頭花を開く．頭花はうつむき，黄色で径約 2 mm，総苞は卵形体〜楕円体で緑色，外片は小さい．小花は中心に両性花が集まり，周辺には 1 列の雌性花が並ぶ．古来漢薬として使用される．〔日本名〕河原艾はヨモギ類で河原に生えるからである．根にはときたまハマウツボが寄生していることがある．〔漢名〕茵蔯蒿．

4235. オトコヨモギ　〔キク科〕

Artemisia japonica Thunb. subsp. ***japonica***

東アジアの温帯から熱帯にかけて広く分布し，日本では各地の日当たりのよい山野にふつうに生えている，ほとんど無毛の多年草である．茎は高さ 50〜100 cm になり，上方では分枝する．葉は互生し，狭倒卵形またはくさび形で，基部は狭くて全縁，上端は広くて浅く不規則に切れ込む．上葉は小形で線形，全縁のものが多い．秋に枝上に多数の淡黄色小形の頭状花をつけ，円錐状となり，頭花は卵形体で径約 2 mm．総苞は緑色，外片は小形，卵形で先は鋭く，内片は楕円形で先は円形，痩果は長さ 1 mm 足らずである．本種の葉形には変化が多い．〔日本名〕漢名の牡蒿（おすのヨモギ）を訳したもので，種子が小さいため，種子がないものと思い牡と名付けたといわれる．

4236. ホソバノオトコヨモギ　〔キク科〕

Artemisia japonica Thunb. subsp. ***japonica*** f. ***resedifolia*** Takeda

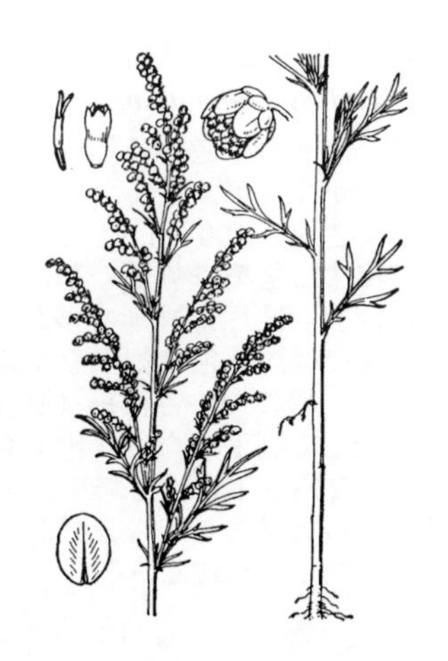

山地の草原に多い多年草で，群落を作ることがしばしばある．高さ 50 cm ばかり，オトコヨモギの葉，ことに根生葉および茎下部の葉がくさび形ではなく，倒卵形の外形を示し，しかも掌状に近い羽状に深裂した品種であるが，草色もまた，暗緑色の基本種と違い緑色で暗色を帯びることはない．一見してはなはだ異種の感じがするが，花部その他では区別することができがない．ハマオトコヨモギ subsp. *littoricola* (Kitam.) Kitam. は北海道と本州北端の海岸に生育し，葉は質厚く扇形に近く掌状に中〜深裂し，裂片の先は円みを帯びる．

4237. ハマギク　〔キク科〕

Nipponanthemum nipponicum (Franch. ex Maxim.) Kitam.
（*Chrysanthemum nipponicum* (Franch. ex Maxim.) Matsum.）

茨城県から青森県までの太平洋岸に生える多年草で，観賞品としてしばしば栽培される．茎は高さ 60〜90 cm になり，下部は太く低木状となり，冬に枯死せず，翌春その上端から新茎を出して葉を密に互生する．地下茎はない．葉は無柄でへら形，基部はくさび形となり，先端および上部のきょ歯は鋭く，肉質で光沢があり，無毛．秋に茎上部が分枝してその頂に径 6 cm ほどの白色の頭花が開く．中心の筒状小花は黄色．総苞片は緑色で卵形，細毛があり，痩果は長さ 3〜4 mm で，舌状花のものは鈍い三角柱，筒状花のものは円柱形で 10 本の脈線があり，いずれも先端に短い冠毛がある．花壇に植えるシャスターデージー *Leucanthemum maximum* (Ramond) DC. はフランスギクと本種との交雑に由来するという説がかつて唱えられたことがあるが，現在ではその成立に本種は関与していないことがわかっている．

4238. ノコギリソウ（ハゴロモソウ）　〔キク科〕

Achillea alpina L. subsp. ***alpina***

東アジアおよび北アメリカの温，寒帯に分布し，わが国では本州中部以北の山地の草原にふつうな多年草で，観賞のため庭にも植えられる．茎は高さ 60〜90 cm になり，直立し，葉とともに軟毛があり，上部の葉腋から分枝する．葉は長楕円形あるいは披針状線形で長さ 8 cm 内外，幅 1 cm 内外，互生し，無柄で基部は半ば茎を抱き，くし歯状に羽状に中裂または深裂し，裂片は多数で鋭いきょ歯がある．夏から秋にかけて茎上部で散房状に分枝し，多数の小頭花を開く．頭花は径 1 cm 足らず，舌状花は白色または淡紅色で，栽培品には紅紫色のものもある．図のように舌状花の大きく長さ 3 mm 以上のものが狭義のノコギリソウ var. *longiligulata* H.Hara であり，舌状花がより短いものをヤマノコギリソウ var. *discoidea* (Regel) Kitam. という．本種には他にも多数の地方型（亜種）が知られている．〔日本名〕葉のふちの欠刻を鋸の歯に見立てたもの．〔漢名〕著（慣用）．

4239. エゾノコギリソウ　〔キク科〕

Achillea ptarmica L. subsp. ***macrocephala*** (Rupr.) Heimerl var. ***speciosa*** (DC.) Herder

東アジアの温帯から亜寒帯にかけて分布し，日本では本州中部以北，北海道に分布する．草原に生える多年草で，特に海岸近くに多い．茎は直立して高さ 10〜85 cm になり，上方に伏した毛が密生する．葉は互生し，茎の中ほどにつくものでは柄がなく，線状長楕円形または狭披針形，先はふつう鈍形，長さ 3〜7 cm，幅 4〜11 mm で，基部は半ば茎を抱き，ふちには整形のきょ歯がある．花は 7〜8 月に咲く．頭花はふつう多くが散房状に茎の先端につくが，まれに単生することもある．総苞は半球形で，長さ 5 mm，幅 9〜11 mm で，絹毛が密生し，2 列につく総苞片をもつ．総苞片は長楕円形，先は鈍形で，外片は内片よりも短い．舌状花は 2 列で 12〜19 個あり，花冠は白色で，長さ 6〜7 mm，幅 4 mm である．痩果は長さ 2 mm ほど．ノコギリソウに似るが，葉が切れこまずに細かいきょ歯があり，茎の下方につく葉は茎を抱かず，幅が広く，総苞および花床の鱗片に密毛がある．ホソバエゾノコギリソウ var. *yezoensis* Kitam. は北海道の蛇紋岩地に産し，葉の幅は 3〜6 mm で狭く，総苞も長さ 3〜4 mm でひとまわり小さい．

4240. セイヨウノコギリソウ　〔キク科〕

Achillea millefolium L.

ヨーロッパ原産の多年草で花壇および切花用，ときに薬用として栽培されるが性質が強健なため各地で野生化していることもある．茎は単一で，高さ 60〜100 cm，しかし地中をはう地下茎から，短い葉だけの茎を多数出す．茎葉は無柄で基部はやや茎を抱き，茎全体に互生し，2 回羽状に深裂，裂片は線形で多数，細きょ歯がある．夏に茎上部で分枝し，白色または淡紅色の細小な頭花を散房状に多数並べ，各頭花には周辺にふつう 5 個の短い舌状花（雌性）が並び，花冠の先は 3 浅裂である．痩果は無毛で冠毛もない．中心の筒状花は両性で，上部は鐘形，5 裂．雌しべの柱頭は平たく 2 岐し，反曲した先は乳頭突起状になる．属名はギリシャの英雄アキレスを記念しており，彼はこの草で部下の兵士達の傷を治したといわれている．

4241. ヨモギギク 〔キク科〕

Tanacetum vulgare L.

（*Chrysanthemum vulgare* (L.) Bernh., nom. illeg.）

ヨーロッパからシベリアにかけて分布する多年草．観賞用に栽培する．北海道から北にはその 1 変種エゾノヨモギギク var. *boreale* (Fisch. ex DC.) Trautv. et C.A.Mey. が自生する．地下に太いひも様の地下茎が横走し，その頂から年々高さ 70 cm ほどの茎を立てる．全体に毛がなく，キクに似た臭気がある．葉は開出し単羽状に深裂，中軸についた翼にも，羽片にも歯状のきょ歯がある．夏に茎頂が多数分枝して平頂の散房状になって黄花を開く．頭花は径 5 mm ほどの半球形で，舌状花はない．周辺の少数花が雌花であるほかは両性花である．〔日本名〕菊でありながら頭花に舌状花を欠く点，ヨモギ属に似ているからである．

4242. ナツシロギク（コシロギク，ナツノコシロギク） 〔キク科〕

Tanacetum parthenium (L.) Sch.Bip.

（*Chrysanthemum parthenium* (L.) Bernh.）

東ヨーロッパ，アジア西南部などの原産で今は全ヨーロッパ，北アメリカその他に野生化している可愛いらしい多年草である．茎は高さ 60 cm 内外になり，上方で分枝する．葉は互生し，葉柄があって深く羽裂し，裂片はやや広くて浅裂し，きょ歯もある．葉にはわずかな毛がある．6〜7 月頃，茎上部で散房状に多数の頭花が開く．頭花は径約 2 cm，周辺の舌状花は約 15 個，白色で 1 列に並び，花冠は平開して先端には 3 歯がある．中心の筒状花は黄色で多数．痩果は暗脈があって上端には冠状の冠毛歯がある．葉が黄色を帯びるものをキンヨウギク（金葉菊の意）という．観賞または薬用としても栽培される．消化および通じをよくするが，他の薬草と同様強い芳香と味がして，やや不快である．〔日本名〕夏白菊で夏に白花をつけるキクの意味．

4243. シロムシヨケギク（ダルマチヤジョチュウギク） 〔キク科〕

Tanacetum cinerariifolium (Trevir.) Sch. Bip.

（*Chrysanthemum cinerarifolium* (Trevir.) Vis.）

ヨーロッパのバルカン半島西部の岩石の多い草原に野生し，薬用植物としてよく栽培される多年草である．葉は羽状に全裂，裂片はさらに中〜浅裂して先は尖り，質はやや厚く，下面に毛を密生し，淡緑色である．5〜6 月頃長さ 30〜60 cm の長い茎をのばし，多数分枝してその先に頭花をつける．舌状花は白色，中心の筒状花は黄色で，頭花は径 3 cm 余り，総苞片は長楕円形，先は円形で膜質，軟毛がある．痩果は 5 本の脈があり，先端には冠毛が冠状となってついている．筒状花が全開した頃に頭花を採集し，乾かし，粉末にして除虫剤とした．したがって一般では除虫菊といっている．茎や葉もやはり害虫駆除に用いた．わが国では北海道が主な産地であった．〔日本名〕白虫除けギクで白花を開く防虫剤となるキクの意味．

4244. アカムシヨケギク（ペルシャジョチュウギク） 〔キク科〕

Tanacetum coccineum (Willd.) Grierson

（*Chrysanthemum coccineum* Willd.）

コーカサス地方，トルコ東部およびイラン（ペルシャ）北西部の高山および亜高山に野生するが，ときたま観賞のため栽培される多年草である．茎は高さ 60 cm 内外，単一またはまばらに分枝し，ほとんど平滑．葉は互生して羽状に全裂し，裂片はさらに中裂し，これに欠刻があって先端は鋭く，質は薄く，下面は灰白色で毛はない．下葉には長い葉柄があるが上方へ移るにつれてほとんど無くなってしまう．夏に茎の先端に径 5〜6 cm 内外の大きな紅色の頭花をつけ，周辺には長い舌状花が 1 列に並ぶ．しかし色々な品種があり，花色は淡紅色，暗赤色，淡紫色など，また筒状花が発達してアネモネ咲となるなどさまざまである．総苞片はやや狭く，ふちは褐色である．頭花から作った粉末をペルシャ除虫菊という．しかしシロムシヨケギクの方が効力があり，収量も多い．〔日本名〕赤花の咲く除虫ギクの意味．

4245. シカギク 〔キク科〕

Tripleurospermum tetragonospermum (F.Schmidt) Poped.

（*Matricaria tetragonosperma* (F.Schmidt) H.Hara et Kitam.）

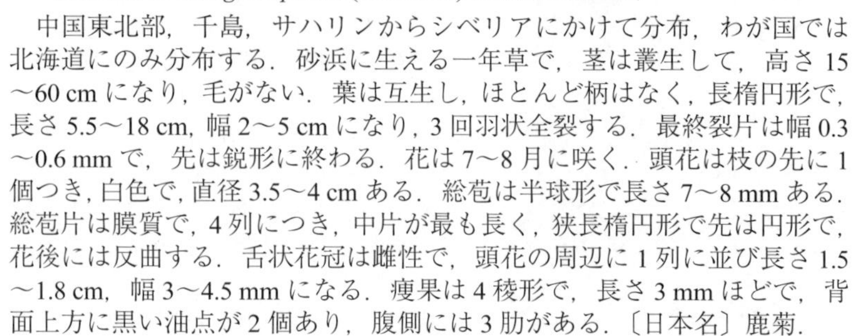

中国東北部，千島，サハリンからシベリアにかけて分布，わが国では北海道にのみ分布する．砂浜に生える一年草で，茎は叢生して，高さ 15〜60 cm になり，毛がない．葉は互生し，ほとんど柄はなく，長楕円形で，長さ 5.5〜18 cm，幅 2〜5 cm になり，3 回羽状全裂する．最終裂片は幅 0.3〜0.6 mm で，先は鋭形に終わる．花は 7〜8 月に咲く．頭花は枝の先に 1 個つき，白色で，直径 3.5〜4 cm ある．総苞は半球形で長さ 7〜8 mm ある．総苞片は膜質で，4 列につき，中片が最も長く，狭長楕円形で先は円形で，花後には反曲する．舌状花冠は雌性で，頭花の周辺に 1 列に並び長さ 1.5〜1.8 cm，幅 3〜4.5 mm になる．痩果は 4 稜形で，長さ 3 mm ほどで，背面上方に黒い油点が 2 個あり，腹側には 3 肋がある．〔日本名〕鹿菊．

4246. カミルレ（カミツレ，カミレ，ゼルマンカミルレ，ドイツカミルレ）〔キク科〕

Matricaria chamomilla L.

（*Chamomilla recutita* (L.) Rauschert ; *M. recutita* L.）

もともとヨーロッパおよび北西アジアの原産であるが，今は薬用植物として広く栽培し，強壮薬とする一年生あるいは越年生の直立草本．高さ 30〜60 cm になり，芳香がある．茎は緑色で平滑，多数分枝し，葉は互生，2 回または 3 回羽裂し，裂片は短い狭線形．夏に茎上端に散房状に頭花をつけ，頭花は径 13〜25 mm．総苞片はやや同長．花床は長円錐形で鱗片はなく，中空で，白色の舌状花は周囲に 1 列に並び，中心には両性の筒状小黄花が多数あり，小花の基部には苞葉（小苞）を欠く．痩果は細小で片面に 5 本の縦脈があり，冠毛はなく，上端に小突起などはない．〔日本名〕カミルレはオランダ語名 Kamille に基づく．従来本種をカミツレと発音していたが好ましくない．真のカミルレはローマカミルレ（ローマカミツレの発音は不当）すなわち *Chamaemelum nobile* (L.) All.（*Anthemis nobilis* L.）を指す．

4247. コシカギク（オロシャギク） 〔キク科〕

Matricaria matricarioides (Less.) Ced.Porter ex Britton

北アメリカ北西部の太平洋沿岸地方原産と推定される一年草で，現在は北半球冷温帯に広く分布し，日本でも南千島，北海道および本州北部に帰化している．草丈は 10〜30 cm で，よく分枝し，葉は 2〜3 回羽状に裂けて，最終裂片は短く細い．葉全体の形は長さ 3〜5 cm の長楕円形をなす．夏から秋の始めに径 1 cm 弱の黄色の頭花を多数つける．頭花には柄があり，短い草質の総苞片が頭花を抱き，中の花はすべてが筒状花で，同属のカミルレのような舌状花はない．頭花の中央にある花床は円錐形に高く盛り上がってその上に多数の筒状花をのせている．全草にややパイナップルに似た香気があり，シベリアなどの北地では香草や飲料（いわゆるハーブティー）とされる．昔，サハリン（旧樺太）ではオロシャギクの名でやはり同様の使い方をしたといわれる．〔日本名〕小鹿菊で，かつて同じ属に入れられたシカギクに似て小さいことによる．

4248. モクシュンギク（キダチカミルレ，マーガレット） 〔キク科〕

Argyranthemum frutescens (L.) Sch.Bip.

（*Chrysanthemum frutescens* L.）

北西アフリカ沖のカナリア諸島原産の多年生低木状草木．全体に毛がなく，茎は高さ 60〜100 cm，多数分枝し，下部は木質となる．葉は緑白色で互生し，分裂する裂片は線形となる．夏に白色の径 3〜6 cm の頭花を花茎の先に 1 個ずつつけ，舌状花は 1 列に並んで平開し，中心の筒状花は黄色．観賞品として花壇などに植えられる．黄花品はキバナモクシュンギク（キバナマーガレット）であり，周辺花が多列のものをミユキギク（八重咲マーガレット）という．〔日本名〕木春菊の意でシュンギクに似て茎が木質であるため．木立カミルレも同じく木質のカミルレであり，マーガレットは英名（Margaerite，しかしフランスではフランスギクのこと）で世間でもこの名が流布している．

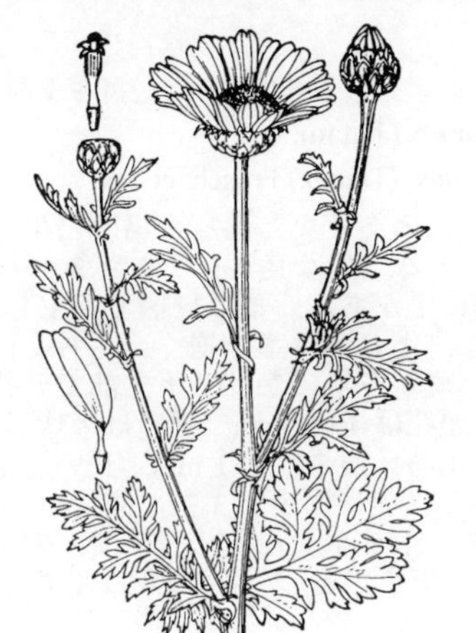

4249. シュンギク 〔キク科〕

Xanthophthalmum coronarium (L.) P.D.Sell
（*Chrysanthemum coronarium* L.; *Glebionis coronaria* (L.) Cass. ex Spach）

南ヨーロッパ，地中海沿岸の原産で，野菜として栽培される一年草または越年草．全体が無毛で高さ 30〜60 cm ぐらい．葉は互生して 2 回羽状に深裂，裂片は互に接している．葉柄はなく，基部は茎を抱き，質はやや軟らかで多肉である．晩春から初夏に黄色ときに白色黄心の頭状花を茎の頂に単立して開き，中心に両性の筒状花が密集し，周辺には雌性の舌状花が整列する．花径は約 3 cm である．総苞片は広くふちは乾膜質．瘦果は三〜四角柱状で長さ約 2.5 mm，淡または濃褐色，角は多少翼状となる．〔日本名〕春菊で，春に若芽を食用とすることに由来するという説と，他のキクとは異なり春に開花するのでいうという説とがあるが，後者が正しそうである．花を観賞する目的で栽培される品種をハナゾノシュンギクという．〔漢名〕同蒿．

4250. フランスギク 〔キク科〕

Leucanthemum vulgare Lam.（*Chrysanthemum leucanthemum* L.）

ヨーロッパ原産の多年草．広く観賞用に栽培され，またあちこちで野生化している．地下あるいは地に接して多く分枝して束生し，全体が無毛．根生葉は越冬し，濃緑色，へら形，長さ 6〜9 cm，やや長柄があり，ふちに大形の粗きょ歯があり，上面は光沢が強い．花茎は 60〜90 cm ばかりになり，淡緑色，やや軟質で上方まで小形で無柄の葉を互生し，6 月頃，頂に径 5〜6 cm ぐらいの 1 頭花を開く．総苞片は広卵形，または長楕円形で内片は大きく，またふちの膜質部が広い．舌状花冠は白色で平開，筒状花は黄色，栽培品は野生品に比べ，しばしば花径が大きい．パリ郊外などに多いのでフランス菊の名を得た．中国では龍脳菊というのでわが国のリュウノウギクと混同しないよう注意を要する．

4251. オオキバナムカシヨモギ（ツルヤブタバコ，ナガバコウゾリナ）〔キク科〕

Blumea conspicua Hayata

屋久島，南西諸島および台湾に特産する多年草で，疎林や斜面に生える．茎は直立して，高さ 1〜2 m に達し，上部では枝分かれし，全体に縮れた毛が生える．根生葉は花時に枯れる．葉は長さ 25〜35 cm，幅 8〜11 cm で，柄があり，茎の下方のものはやや重なりあってつき，上方のものより大きく，倒披針状長楕円形で，先は短い鋭形．基部はしだいに狭くなり，柄の翼に移行し，ふちには鋭いきょ歯があり，上面はやや光沢があり，無毛，下面は淡緑色で，初め軟毛があるが，後に無毛となる．頭花は多数あり，円錐状につく．総苞は半球形で長さ 9 mm，幅 2 mm ほどで，柄がある．総苞片は 5 列につき，瓦重ね状で，先はやや尖り，外片は短く，卵形または長楕円形，内片は広線形で，灰白色の毛がある．舌状花は雌性で，花冠は長さ 6 mm ほどになる．筒状花は両性で，花冠は長さ 6 mm ほど．瘦果は 10 個の肋があり，有毛で，長さは 1.5 mm ほどで小さい．

4252. カセンソウ 〔キク科〕

Inula salicina L. var. ***asiatica*** Kitam.

日本各地，朝鮮半島，シベリア，中国にかけて分布，日当たりのよい山野の湿地に生える多年草．茎は硬くて細く高さ 30〜60 cm ほど，葉とともに短毛がある．地下茎は横にはう．葉は無柄で基部は茎を抱き，やや密に互生し，広披針形，先は鋭く，ふちはわずかなきょ歯があり，乾いた洋紙質で硬く，下面に網状の葉脈がよく目立つ．上面はざらつく．夏に茎上部で 2〜3 分枝し，枝の頂にオグルマに似た黄色の頭状花を開く．頭花は径約 4 cm，周辺の舌状花は狭長，長さ約 9 mm，幅約 2 mm で先端に 3 歯があり，中心の筒状花は多数，先端は 5 裂，いずれも汚白色の冠毛があり，瘦果は毛がない．総苞片は 4 列に並び，広披針形，草質で上端は緑色である．〔日本名〕歌仙草であるが，名の由来は不明．西シベリアからヨーロッパにかけては茎に毛の少ない学名上の基本型 var. *salicina* が分布する．

4253. オグルマ　〔キク科〕

Inula britannica L. subsp. ***japonica*** (Thunb.) Kitam.

(*I. japonica* Thunb. ; *I. britannica* var. *japonica* (Thunb.) Franch. et Sav.)

日本各地および朝鮮半島，中国の原野や田のあぜなど湿った場所に生える多年草で，地下茎をのばして盛んに繁殖する．茎は直立し，高さ 30～60 cm ぐらいになり，基部はやや木質，全体に毛がある．葉は無柄で互生し，広披針形で先は尖り，基部は急に細くなり，上葉では茎を抱く．ふちには低い歯状のきょ歯があり，質はやや硬い．夏から秋にかけて茎上部で分枝し，先端に 1 個ずつの黄色の美花が開く．頭花は径約 3 cm，総苞は半球形，総苞片は狭長で鱗状に 5 列に並び，緑色である．痩果は約 1 mm，長い冠毛がある．舌状花は雌性で 1 列に周囲にならび，先端は浅く 3 裂（歯状）．本種に八重咲の園芸品，ヤエオグルマがある．〔日本名〕小車の意味で，端正な頭状花序の放射状に出た舌状花から小さい車を想起した名である．〔漢名〕旋覆花．

4254. サクラオグルマ　〔キク科〕

Inula brittanica subsp. ***Japonica*** × ***I. linariifolia***

(*I.* ×*yosezatoana* Makino, nom. nud.)

千葉県佐倉附近の路傍多湿の地に生える多年草でホソバオグルマ *I. linariifolia* Turcz.（オグルマに似るが葉が細く頭花も小さい）に似るが，それよりも葉が広く，かつ長い．高さ 50 cm 内外，地下に根茎がある．茎は円柱形で直立し，目立たないが伏毛がある．葉は倒披針状長楕円形のものが多く，長さ 12 cm 内外，先端は鋭く尖り，基部はしだいに狭くなる．質はうすく，淡緑色，全縁または多少の低い歯状きょ歯がある．秋に入ってから茎の頂に近く，平頂の散房状に分枝して黄色の頭花をつける．頭花は径 2.5 cm ばかり，オグルマと同じである．〔日本名〕産地にちなむ．千葉県の採集家与世里盛春の発見である．〔追記〕本種は現在では，オグルマとホソバオグルマの雑種とみなされている．

4255. ミズギク　〔キク科〕

Inula ciliaris (Miq.) Maxim. var. ***ciliaris***

宮崎県および近畿以東の本州に分布し，山地の湿原に生える多年草．茎は高さ約 30 cm，しばしば密に毛があるものがあり，ふつう単一だがときに 1～2 の枝を出すこともある．葉は倒披針形で基部は茎を抱き，ふちに鈍いきょ歯があるか，または全縁である．花時もへら状の長い根生葉があることはオグルマやカセンソウと異なった特性である．夏から秋にかけて黄色の頭花を茎の頂に 1～数個つけ，花径約 3 cm，周囲に舌状の雌花，中心に筒状の両性花があり，ともに結実する．総苞片は狭楕円形で密に毛があり，その外側を同形の苞状葉が囲んでいる．痩果にはまばらな毛があり，白色を帯びる冠毛がある．〔日本名〕水湿地に生ずるので水菊の意である．尾瀬および東北地方には中部以上の葉の下面に腺点の多いオゼミズギク var. *glandulosa* Kitam. がある．

4256. ヤブタバコ　〔キク科〕

Carpesium abrotanoides L.

東アジアからインド，コーカサス，南ヨーロッパまで分布し日本では北海道から屋久島までの家近くや山林などに生える越年草で一種の臭気がある．茎は強硬で高さ 60～90 cm ほどになり，葉とともに細毛が密布し，円くて太く，上部は側方に長く分枝し，やや三叉状となる．根生葉は地面について生じ，ややタバコの葉に似ているが小さく，しわがあり，ふちにはきょ歯があり，先端は尖り，基部には短い柄がある．茎葉は数多く，長楕円形で互生し，質はうすく，下面に腺点がある．夏から秋の間，斜めに出る小枝の各葉腋に短柄のある黄色の小頭花をつけ，下向き，連続して並ぶ．頭花はやや鐘形で，総苞片は鱗状に重なり，そのうちの数個は葉状になる．花冠は帯黄色，外側に雌性花，中央に両性花があり後者は結実する．痩果は黒褐色で細長，先端はかすかなとげがあり，粘液を分泌し，臭気がある．葉をしぼった汁ははれ物やうち傷に効果があり，また根や種子も薬用とする．〔日本名〕やぶ地に生え，タバコに似た葉があるのにちなむ．〔漢名〕天名精．

4257. オオガンクビソウ 〔キク科〕

Carpesium macrocephalum Franch. et Sav.

本州中部以北，北海道に分布し，朝鮮半島と中国東北部にも自生する．多年草で，林下の湿ったところに生え，茎は高さ 1 m にも達し，よく分枝して枝を分かち，縮れた毛がある．根生葉は開花時には枯れる．茎の下部につく葉は大きく，狭倒卵形，卵形，卵状長楕円形，披針状長楕円形あるいは披針形で変化に富み，先は鋭形，基部はくさび形で広く柄にそって流れ，柄を含めた長さは 30〜40 cm，幅 10〜13 cm で，ふちには不揃いな重きょ歯があり，質は薄くて軟らかく，両面には短毛がある．茎の上方の葉はしだいに小さくなり，ふつう披針状長楕円形または披針形である．花は 8〜10 月に咲く．頭花は枝の先に点頭してつき，直径 2.5〜3.5 cm で，基部に葉状の苞が多数輪状につく．

4258. コヤブタバコ (ガンクビソウ) 〔キク科〕

Carpesium cernuum L.

ユーラシア大陸の温，暖帯に広く分布し，日本でも各地の林地に多い越年草である．全体に軟らかい伏毛があり，白っぽい緑色となる．茎は直立して高さ 60〜90 cm，まばらに分枝する．根生葉は広大でへら状楕円形，花期には枯れており，下部の葉は楕円形または卵状楕円形で先は鋭いものも鈍いものもあり，基部は細く尖って長い有翼の葉柄となり，いずれもふちにきょ歯がある．上葉は小形で広披針形，ふちのきょ歯は低く，先端も基部も尖り，葉柄は短い．秋に枝の先端に下向きに開く径 1 cm 内外の頭花をつける．頭花の先は平たく，総苞は広鐘形で淡緑色，基部に苞状葉を 2〜5 個つけ，総苞の外片は倒卵状披針形，先は鈍く，草質で上部が反巻し，内片は乾膜質である．小花はすべて筒状花で淡緑白色，黄色にはならない．〔日本名〕小藪煙草は小形のヤブタバコの意である．牧野富太郎は本種がガンクビソウであるとしてその名を今のキバナガンクビソウから転用した．雁首は頭状花序の形，特に細い茎から急に太くなると共に曲がっている有様をキセルの雁首に見立てたもの．〔漢名〕杓児菜．

4259. サジガンクビソウ 〔キク科〕

Carpesium glossophyllum Maxim.

青森県以南から琉球列島の南部まで，および韓国済州島に分布し，やや乾いた山林内に多い多年草．茎は硬く，高さ 50 cm 内外，単一または 1〜2 分枝し，葉とともに毛が多く，根茎は短く横にふせる．根生葉はややロゼットとなって地面に平たく広がり，ほとんど無柄の倒披針形で，先端は円形でやや尖り，ふちは波状．茎葉は小さく，披針形でまばらに互生する．夏から秋にかけて，花茎状の茎または枝の先にやや大きい径 8〜15 mm の白緑色の頭花をおのおの 1 個うつ向いてつける．頭花には披針形の苞状葉が少数あり，総苞片はやや幅広く，外片は先端が葉状となって反巻し，内片は乾膜質．痩果は細長である．〔日本名〕根生葉の形をサジに見たてたもの．

4260. キバナガンクビソウ (ガンクビソウ) 〔キク科〕

Carpesium divaricatum Siebold et Zucc. var. ***divaricatum***

本州から琉球および朝鮮半島，中国，台湾の山林内に多い多年草．茎は直立し高さ 30〜60 cm ばかり，上方の葉腋で小枝を分ける．葉は茎を通じて互生し，下部の葉は長い柄があり，しばしば基部がやや心臓形となり，卵状楕円形，ふちに不整のきょ歯があって，茎とともに軟毛がある．上部に移るにつれて葉柄は短くなり，葉身もまた狭くなる．葉の下面には腺点がある．秋に茎上部の枝の頂に黄色の頭花を 1 個つけ，側向あるいは下向きに開く．頭花は径 6〜8 mm，2〜3 の苞状葉があり，総苞は鱗状に重なり，外片は短く広く，内片は狭い．北海道および近畿以北の本州に産するノッポロガンクビソウ var. *matsuei* (Tatew. et Kitam.) Kitam. は下部の葉は卵形で基部は心臓形，頭花は半球形（キバナガンクビソウは扁球形から卵球形），総苞片はほぼ皆同長である．〔日本名〕黄花を開き，しかも頭花の様子がキセルの雁首を思わせるのでこの名がある．牧野富太郎はコヤブタバコこそ本来のガンクビソウと考え，本種をキバナガンクビソウと命名した．〔漢名〕杓児菜とするのは正しくない．これはコヤブタバコである．

4261. ミヤマヤブタバコ（ガンクビヤブタバコ） 〔キク科〕

Carpesium triste Maxim.

北海道，本州，四国，九州，朝鮮半島，中国に分布し，山林下に生える多年草．近畿以西ではまれである．全体に短毛が密に生え，茎は直立し高さ 30〜50 cm，単一または上部ではまばらに分枝し，枝はほとんど直立する．葉は薄く草質，下部のものは卵状楕円形または長卵形で歯状のきょ歯縁，先は鋭く尖り，基部は翼のある長い柄になる．中部以上のものは披針形で狭小である．秋に枝ごとに先端に単立または穂状に頭花をつける．頭花は下向き，汚黄色で径 1 cm 内外の広鐘形，苞状葉は数枚あって長短大小と一定しない．総苞外片は 5〜6 個，線形で草質，中片は先端だけが草質で反巻するが，内片は乾膜質で直立する．小花はみな筒状で狭長な 5 裂花冠．痩果は狭長．〔日本名〕深山藪煙草．山中に生えるからであり，雁首藪煙草は頭花がうつ向いてキセルの雁首状であり，葉はヤブタバコに似るのに基づく．ミヤマガンクビソウは本種の名ではない．

4262. コバナガンクビソウ（バンジンガンクビソウ） 〔キク科〕

Carpesium faberi C.Winkl.

台湾，中国から九州，本州近畿以西に分布する多年草．山地の樹林下に生える．茎は直立して高さ 50〜70 cm になり，軟毛があり，しばしば紫褐色を帯び，上方で分枝して多くの枝を出す．葉は茎の下部につくものには長い柄があり，柄を含めて長さ 10〜14 cm，幅 2.5〜4.5 cm になる．葉身は卵状長楕円形または披針形で，先は鋭尖形，基部はくさび形となる．花は 8〜10 月に咲く．頭花は枝先に点頭してつき，直径 4〜5 mm で小さく，基部には頭花よりも長い苞葉がある．総苞は鐘球形で長さ 4 mm で，片は 4 列につく．総苞片は外片が短い．花冠は汚れた黄色．痩果は長さ 2.5 mm ほどである．

4263. ヒメガンクビソウ 〔キク科〕

Carpesium rosulatum Miq.

岩手県以南の本州，四国，九州（屋久島まで）および韓国済州島のやや乾いた山林内に生える多年草で，茎は細く，高さ約 30 cm，全体に短軟毛が密生している．葉は基部に多く，ロゼット状となり，先の鈍い倒披針形で，ふちには不整の浅い切れ込みがまばらにあり，茎葉は狭小でまばらにつく．夏から秋にかけて茎の先で分枝し，枝の頂に筒状花からなる淡黄色の小頭花を下向きに開く．頭花は円柱形で径約 4 mm，総苞外片は短く，反巻し，中・内片は乾膜質で直立する．頭花の基部には 1〜2 の苞状葉があることもある．日本産の本属中で最も小さく，したがって日本名のヒメもこれを表している．

4264. トキンソウ（ハナヒリグサ） 〔キク科〕

Centipeda minima (L.) A.Braun et Asch.

日本各地のほか，東〜南アジア，オーストラリアにかけて温帯から熱帯まで広く分布し，北アメリカにも帰化している雑草．庭や道ばたにふつうな小形の一年草である．かすかな臭気があり，茎は高さ 10 cm 内外，あるいは 1 cm くらい，多数分枝して地上をはい，広がって各所から根を出す．葉は互生し，へら状のくさび形，先端に 3〜5 のきょ歯があって長さ 1〜2 cm，幅 3〜6 mm，質はやや厚く軟らかい．夏に多数の筒状花が集まった球形の頭花を葉腋に生じ，径 3〜4 mm．小花は緑色で，ときに褐紫色を帯びる．総苞片は長楕円形で同長．痩果は長さ 1.3 mm で五角柱状，微細な毛がある．〔日本名〕吐金草の意味で，本種の頭状花を指で押しつぶすと，黄色の痩果が吐き出るからであるとする説と，頭花の形が頭巾に似ることから頭巾草とする説とがある．所によってタネヒリグサの方言がある．別名のハナヒリグサは，かつて本種を乾燥させた粉末を鼻に入れてくしゃみを起こさせるのに用いたことによるもので，ハナヒリノキ（ツツジ科）の語源と同じである．〔漢名〕石胡荽．

4265. ダンゴギク　〔キク科〕

Helenium autumnale L.

北アメリカ中東部原産の多年草で観賞用として栽培される．茎は高く 1 m 内外になり，著しい翼がある．葉は広い倒披針形で先は鋭く，ふちにきょ歯があり，長さ 5〜12 cm，幅 1〜3 cm，目立たない細毛と細線点があり，下部は長く，くさび状に細まり茎に流れて翼となる．夏から秋に茎の上部で分枝して黄色の頭花をつける．頭花は柄があり，径 3 cm 内外，総苞は平たい皿状で総苞片は線状披針形で開出する．舌状花は倒卵形で長さ 1 cm 余り，先は浅く 3 裂し，中央の筒状花群は半球状に盛り上がる．冠毛は白膜質の 5 裂片からなり，裂片は長さ約 1 mm．先は長く刺毛状に尖る．花床は半球形で無毛，痩果は稜に沿って毛がある．〔日本名〕団子菊は花心が半球形に盛り上がった様子をたとえたもの．

4266. テンニンギク　〔キク科〕

Gaillardia pulchella Foug.

北アメリカ南部の原産で観賞草花として庭園に植えられる耐寒性の一年草である．茎は高さ 60 cm ぐらいで分枝し，柔らかい毛がある．葉は互生し，披針形または長倒楕円形で長さ約 10 cm ほど，全縁または波形に羽状中裂する．夏に茎または花茎の先端に径 5 cm ぐらいの頭花を開き，周辺の舌状花はふつう黄褐色または黄赤色，基部は紫色（栽培品種では変化がある），先端は 3 中裂．中心には紫色を帯びる筒状花が密集し，裂片は鋭く尖り結実する．総苞片は披針形でやや葉状．痩果の冠毛は長い鱗片状．これに似たオオテンニンギク *G. aristata* Pursh は頭花の径も葉も大形である．テンニンカは全然別のフトモモ科の小低木で，わが国では暖地で栽培されるものであるから混同してはならない．

4267. セリバノセンダングサ　〔キク科〕

Glossocardia bidens (Retz.) Veldkamp

（*Glossogyne tenuifolia* (Labill.) Cass.）

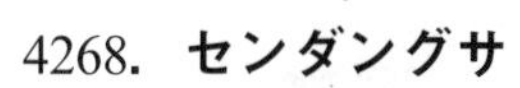

熱帯アジア原産の多年草．オーストラリア，ニューカレドニアなど太洋州の諸島と東南アジアの島々に分布し，台湾（南部）や八丈島と硫黄島に生育している．茎の基部は木質化して太く，高さ 20〜30 cm になる．下部の葉は密に互生し，長い柄があって葉身は細かく羽裂，各裂片は線形となる．葉全体の大きさは葉柄を含めて長さ 5〜10 cm．羽片は 2〜3 対あっておのおの 1〜2 cm の長さである．茎につく葉は上部のものほど小さい．枝分かれした茎頂に 1 個ずつつく頭花は直径 7〜8 mm でカップ状の総苞があり，外周部に数個の舌状花が並ぶ．花冠は白色で，長さ 3〜4 mm，先端部は 3 裂している．頭花の中央にある筒状花はやや多数あって，花冠は長さ 2〜3 mm，頂部は鋭く 4 裂する．舌状花，筒状花ともに結実し，痩果は長さ 6〜7 mm，幅 1 mm ほどの線形で，表面は黒色，平滑で頂端部に 2 本の芒がある．〔日本名〕芹葉のセンダングサは，センダングサに似て葉がセリの葉状に細かく裂けていることによる．

4268. センダングサ　〔キク科〕

Bidens biternata (Lour.) Merr. et Sherff

アジア，アフリカ，オーストラリアの暖帯，熱帯に広く分布し，わが国では本州以南のやや湿った場所に多い一年草．茎は高さ 50〜100 cm ほどになり，葉とともに微毛がある．葉は柄があって下部の葉は対生，上部の葉は互生し，2 回羽状に全裂する．分裂した小葉は卵形で先は鋭く，ふちにはきょ歯がある．コバノセンダングサ（次図参照）に比べて葉の裂片は広く，きょ歯の数も多い．秋に小枝の先端に黄色の頭花が咲き，少数の不結実性舌状花がある．総苞片は線形で先端が鋭く尖り，痩果は長さ 2 cm たらず，逆向きの刺毛がある刺状の冠毛がふつう 4 本あって，よく衣服などにくっつき種子を散布する．かつて用いていた鬼針草はコセンダングサ（4270 図参照）の漢名である．九州（熊本県）の海岸には葉が分裂しないかまたは 3 裂，痩果に剛毛が密に生えるマルバタウコギ var. *mayebarae* (Kitam.) Kitam. がある．〔日本名〕本種の葉形がセンダンの葉に似ているのにちなむ．

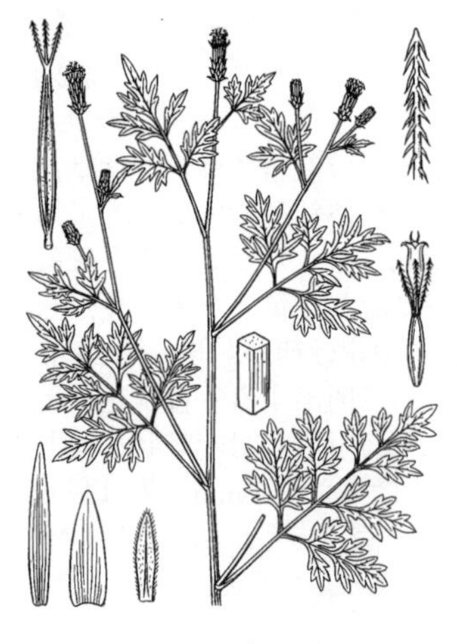

4269. コバノセンダングサ　〔キク科〕

Bidens bipinnata L.

世界各地に広く分布し，日本には第二次世界大戦前に帰化した．空地や道ばたに生える一年草．茎はややまっすぐに立ち，高さ 30〜80 cm になり，4 稜があり，毛を散生するかほぼ無毛である．葉は下方で対生，上方では互生し，長い柄をもち，葉身は三角形または三角状卵形で，下方の葉では 2 回羽状複生し，長さ 10〜20 cm で，上方のものは深く 3 裂する．小葉は広卵形または卵形で，先は鋭形となり，ふちには少数のやや深いきょ歯があり，両面ともほぼ無毛である．花は夏から秋にかけて咲く．頭花は葉腋から出る長い柄の先に 1 個ずつつく．総苞片は 1 列につき，7〜8 個あり，線形で，先は三角状卵形，長さ約 2.5 mm だが，果実時は伸長して長さ 5 mm ほどになる．花床には総苞片に似た鱗片があり，外側のものは広線形で長さ 3.5〜4 mm，幅 1.3 mm ほど，内側のものは線形で外側のものよりも幅が狭い．舌状花は結実せず，黄色で，数個あるが，ないこともある．筒状花は両性．痩果は線形，長さ 1.2〜1.8 cm あり，扁平で，3〜4 稜あり，先に 3〜4 個の下向きの剛毛の生えたとげをもつ．

4270. コセンダングサ (広義)　〔キク科〕

Bidens pilosa L.

本州以南，世界の暖・熱帯に広く分布する一年生雑草．高さ 1 m 内外．多少毛がある．茎は直立し四角形，枝は対生して細長い．葉は対生，柄があり，葉身は 2 回羽状に分裂して 3〜11 の小葉となる．小葉は卵形〜卵状披針形，先は鋭く尖り，基部は細くなり，ふちには整正の細きょ歯がある．頭花は細小で集散状に並び，細長い花枝に頂生する．花冠は黄色．舌状花冠は 1 列に並び少数，楕円形で先が円く開出し，筒部は狭く，舌状部より短い．筒状花は細小で花冠は 5 裂．冠毛は逆刺のある短針形で他物にくっつく．総苞は長楕円形で緑色，総苞片は線形，先は尖り，外片は内片よりも短い．雄しべ 5 個，雌しべの花柱は糸状で柱頭は 2 岐する．子房は無毛．痩果は線形で四角柱状，黒色で総苞より長く，熟すると開いて球状になり落ちる．舌状花のないものもあり，これが学名上の基本型．これに対して小さく短い舌状花のあるものをコシロノセンダングサ var. *minor* (Blume) Sherff，白く長い舌状花のあるものをオオバナノセンダングサ var. *radiata* Sch.Bip. とよぶ．後者は特に暖地に多い．〔日本名〕小センダングサの意で牧野富太郎の命名．〔漢名〕鬼針草．

4271. ホソバノセンダングサ　〔キク科〕

Bidens parviflora Willd.

東アジアに分布し，渡り鳥が種子を運んでくると推定される植物で，わが国では九州，本州で見つかっている一年草．茎はまっすぐにのび，高さ 20〜70 cm になり，縮れた毛がある．葉は対生するが，上方のものは互生で，長い柄をもち，葉身は広卵形または三角状卵形で，2 または 3 回羽状に分裂する．小葉は狭三角状卵形または卵状楕円形となり，最終裂片は線形または線状楕円形で，先は鋭形，幅 1.5〜2.5 mm あり，両面とふちに毛を散生する．花は秋に咲く．頭花は茎頂や葉腋から出る葉のある枝の上方に 1 個から数個つく．総苞片は 1 列につき，4〜6 個あり，線形または狭倒披針形で，長さは花時に 4 mm，後に 6〜9 mm で，開出し，両面とふちに毛がある．花床の鱗片は広線形で長さ 6〜8 mm．舌状花はない．筒状花は 6〜12 個ある．痩果は線形，扁平で，4 稜あり，長さは 1.3〜1.5 cm になり，先には長さ 3 mm ほどの下向きの剛毛の生えた 2 個の刺状の冠毛がある．

4272. タウコギ　〔キク科〕

Bidens tripartita L.

ユーラシア大陸，オーストラリア，北アフリカの温帯から熱帯にわたって分布し，水田のあぜ道や湿地に多い一年草．茎の高さは 50〜100 cm ぐらいで分枝し，無毛．葉は対生して柄があり，3〜5 裂し，裂片はきょ歯のある卵状披針形，上端のものでは無分裂葉となる．秋に枝先ごとに黄色の頭花をつけ，頭花の外側の総苞片は 10 個内外あり，大形で有柄，星状に頭花をかかえる．舌状花はない．痩果は幅広く，扁平な狭倒卵状のくさび形で，逆刺のある刺状の冠毛がふつう 2 個あり，これが他物にくっついて種子を散布する．センダングサ類に似ているが，次のエゾノタウコギ等とともに痩果が平たく，ふつう 2 本の冠毛がある点は簡単な区別点となる．〔日本名〕田五加木の意で葉状がウコギの葉を連想させ，しかも田に生えることに基づく．〔漢名〕狼把草（慣用）．

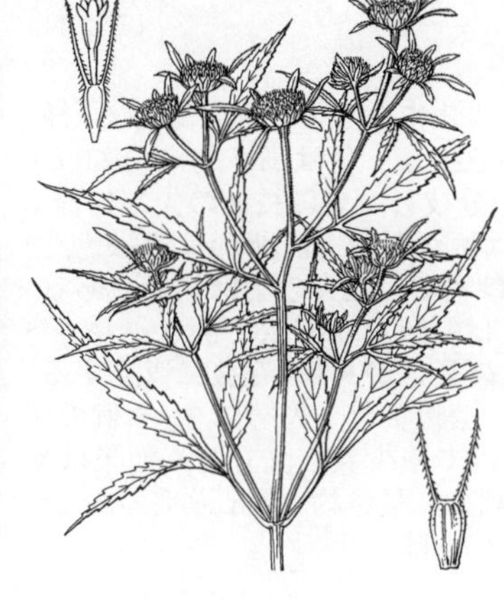

4273. エゾノタウコギ 〔キク科〕

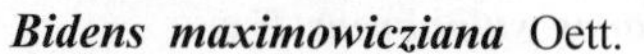

Bidens maximowicziana Oett.

（*B. radiata* Thuill. var. *pinnatifida* (Turcz. ex DC.) Kitam.）

東アジアに分布する一年草で，わが国では北海道，本州北部の湿地に生える．茎は4稜があり，無毛で，直立して，高さ20～70 cmになる．葉は柄があり，中部のものでは，葉柄は長さ2.5 cm内外，葉身は長さ10～13 cmで，羽状につく2または3対の裂片に深裂する．裂片はふつう狭披針形で，先は鋭尖形，内向きの粗いきょ歯があり，頂裂片は最も大きく，披針形または倒披針形で，浅裂する．花は夏から秋にかけて咲く．頭花は茎頂と葉腋から出た柄の先につく．総苞片は1列につき12～24個あり，葉状で，長さ2～3.5 cm，ときに5～6 cmになり，羽状に浅裂する．花床の外側の鱗片は長さ8 mmぐらい．舌状花はない．筒状花の花冠は黄色．痩果は長さ4.5～5.5 mmあり，扁平で，ふちに下向きの剛毛があり，先には長さ3 mmほどの2個の刺状の冠毛をもつ．

4274. アメリカセンダングサ（セイタカタウコギ） 〔キク科〕

Bidens frondosa L.

北アメリカ原産だが，帰化して各地の低湿地や道ばたに多い一年草．茎は高さ1 mをこえ，やや角ばった四角柱状で白髄があり，無毛，多くは濃い暗紫色を帯びる．葉は三出または羽状に見える2回三出の複葉で対生し，頂小葉は大きく長さ6～7 cm，披針形で両端は狭く，ケヤキに似た葉脈を示し，質は軟らか，上面は暗青緑色，下面は淡緑色，中央脈の隆起が著しい．9～10月にやや複総状的な円錐状にやせた枝を分け，各枝の先に長さ6～7 mmのカップ状の頭花を開き濃暗黄色，外側にはそれより長い倒披針形の葉状総苞6～10個を伴う．花後頭花は大きくなり，痩果は扁平で，両肩には逆刺のあるとげ状の冠毛が2本立つ．〔日本名〕アメリカ産のセンダングサの意．背高田五加木は丈の高いタウコギの意味．中国では紫茎鬼針草といっている．

4275. ヤナギタウコギ 〔キク科〕

Bidens cernua L.

北半球北部の低湿地に生える一年草．日本では東北地方から北に産する．茎の下部は横たわり，多数のひげ根を出し，太い根茎の観がある．高さ40～80 cm，全体に軟質である．葉は対生し，無柄で倒披針形または披針形，長さ6 cm内外，ふちには低いまばらなきょ歯があり，両端は尖るが上部の葉では基部が多少ふくれて茎を抱き気味になる．夏に入ると茎頂に近く少数の枝を分け，各頂上に頭花をつける．頭花は初めうつむき径2 cm内外，その周囲は披針形で立った長い葉状総苞数個で囲まれ，数個の短い舌状花があり汚黄色，痩果は四角柱状で長さ4 mm．逆刺のあるとげ状の冠毛は4個．痩果より短い．〔日本名〕柳田五加木で，タウコギに似て，葉形がシダレヤナギのように狭いからである．

4276. コスモス（アキザクラ，オオハルシャギク） 〔キク科〕

Cosmos bipinnatus Cav.

メキシコの原産で，観賞草花として花壇などに植えられる一年草．茎は大きく，まばらで直立し，高さ1.5～2 mほどになる．葉は対生し，2回羽状に分裂し，裂片は線形で中軸の翼と同じ幅である．秋に茎上部で分枝し，その頂に大輪（径6 cm内外）の白色または淡紅色，ときに深紅色などの可愛いらしい美花を盛んに開く．頭花は周辺に8個の舌状花が並び，これが花色を表わし，結実せず，中心に黄色の目立たない筒状花が多数集まり結実する．総苞片は緑色で16個，外片の8個は外に開き星状となり，いずれも先端が鋭い．痩果の先端にはくちばし状の突起がある．〔日本名〕コスモスは学名の属名の日本読みで，花が美しいことを意味する．アキザクラは秋桜の意で，以前は広く用いられていた．

4277. キバナコスモス 〔キク科〕

Cosmos sulphureus Cav.

メキシコ原産の一年草．昭和（1930 年代）になってからようやく一般化しはじめた．全体無毛，ときに微毛が散生し，茎は高さ約 40〜60 cm で直立し，上方で枝を斜開しつつ 2〜3 回分枝し，夏に長柄の先端に径 6 cm ばかりの大形の頭花を単生する．葉は柄があり，広卵形，濃緑色，2〜3 回羽状に深裂し，裂片は披針形，先端は尖る．上方の葉は無柄である．頭花には内外 2 層の総苞片があり，外片は緑色草質で広く開き，長さ 5 mm ばかり，内片は褐色膜質で外片の 2 倍の長さがあり，花後に直立する．舌状花冠は狭倒卵形，先端は鈍形か切形，濃橙黄色，先端に 3〜5 個の切れこみがあり，花後散り落ちる．筒状花はやや少数，直立し，痩果はやや彎曲した棍棒状，先端はくちばし状に細まり長さ約 2 cm 逆毛のある 2 刺がある．〔日本名〕黄花を開くコスモスの意味．

4278. キンケイギク 〔キク科〕

Coreopsis basalis (A.Dietr.) S.F.Blake

北アメリカ南部原産の一，二年草で草花として花壇に植える．茎は高さ 30〜60 cm ぐらい，上部で分枝し細い毛があるか無毛．葉は対生し，卵形の小葉からなる羽状複葉で毛が多く，下部のものには柄があるが上部のものはない． 6〜9 月頃，茎の先端や枝の頂に径 2.5〜5 cm の頭花を開き，周辺には金黄色の舌状花が 8 個，中心には紫褐色の筒状花がある．痩果は卵形体で無翼，冠毛は目立たないかまたは無い．栽培が容易，したがってふつうに見られる．〔日本名〕金鶏菊の意で花の濃い黄色から想像してつけられた．

4279. オオキンケイギク 〔キク科〕

Coreopsis lanceolata L.

北アメリカ東部および南部原産の多年草．茎は束生して立ち，高さ 30〜100 cm，葉は披針形または倒披針形でしばしば 3 裂し，裂片は全縁，対生して多少の毛がある．夏に細長い花茎の頂に径 4〜6 cm の頭花をつける．総苞片は 2 列，各列は 8 枚，外片は葉状で内片よりも狭い．舌状花はふつう 8 個，周囲に 1 列に並び，花冠の先端は歯状の切れこみがある．中心には筒状の黄色い小花があり，いずれも基部に鱗片状の小苞がある．痩果は球形で薄い鱗状の翼があり，冠毛はごく短いかまたは欠ける．日本には明治の中頃（20 世紀はじめ）に渡来し，観賞のため花壇に栽培される．〔日本名〕大金鶏菊．

4280. ハルシャギク（クジャクソウ，ジャノメソウ） 〔キク科〕

Coreopsis tinctoria Nutt.

北アメリカ原産の一年草または二年草で，観賞品として栽培されるが，性質が強健であるため今はあちこちの空地で野生化している．ふつう茎は高さ 30〜60 cm，極端な品種では 15 cm や 1 m 以上のものもあり，全体が無毛ですべすべしており多数分枝する．葉は対生して 2 回羽状に分裂し，裂片は狭長で線形，上部の葉は無柄または翼のある有柄，下部の葉は長柄がある．6〜10 月にかけて細長い花茎の頂に径 2〜5 cm の頭花が開く．周辺の舌状花は鮮黄色で，基部（ときに全部）はふつう濃赤褐色であるから頭花は蛇の目の紋状となる．したがってジャノメソウの名があり，この名が普及している．〔日本名〕ペルシャ（イラン）菊の意味だがペルシャには自生しない．多くの園芸品種がある．

4281. ダ リ ア（テンジクボタン） 〔キク科〕

Dahlia pinnata Cav.

メキシコ原産の多年草で切花や花壇用として栽培される．春に塊根から新苗を発生する．塊根は数個集まっておりサツマイモに似た形である．茎は円柱形で直立し，高さ 1.5～2 m ぐらいになり，分枝し平滑である．葉は対生，1 回または 2 回羽状に分裂し，小葉は卵形できょ歯があり，先端の裂片は大きく，上面は濃緑色，下面はやや白味を帯びる．夏から秋にかけて分枝し，枝の頂に目立った美花をつける．頭花は径 7 cm，一重，八重など色々あり，舌状花は広狭長短とさまざま，花の色も一定せず赤，紫，白などの品種が多い．本種を基にして多数の立派な園芸品種が育成され，また他種との交配でも多数作出された．もっとも *D. pinnata* Cav. はすでに半八重咲になったものにつけられた名である．〔日本名〕本種をかつて誤り纏枝牡丹（この正品はヒルガオの八重咲品）といったが，本当の日本名は天竺牡丹である．これは天竺（インド）から来たと思ってついた名である．またふつうダリアというが正しくはダーリアである．

4282. ヒグルマダリア（ヒグルマテンジクボタン） 〔キク科〕

Dahlia coccinea Cav.

メキシコ原産の宿根性多年草．塊根は集まりサツマイモ状．茎は一年生で直立し，高さ約 2 m，円柱形で中空，無毛で対生して分枝し，大きいものでは径 3.5 cm にもなる．葉は対生し，葉柄は太くなって茎を抱き，2 回羽状に分裂，最下の羽片は柄があり，この基部に小形の複葉が対生する．小葉は粗きょ歯があり，質やや厚く 3～11 枚，頂小葉は短柄のある単葉となる．花は 7 月頃に咲き，しばらく間をおいて秋に再び盛んに開花する．頭花は径 7～11 cm，初め重弁で多列（八重咲）のち単弁で 1～2 列（基本的なものでは 8 舌状花），舌状花は平開し，雄しべは無い．花冠は全縁で先は鋭く，上面は赤色，下面は淡紅色で 3 本の主脈は下面に隆起し，筒部は短い．総苞の外片は初め頭花を抱くがのち強く反曲する．おのおのの小花には小苞がある．ダリア中の強健な一種で，現在のダリアの一つの原種．わが国には江戸時代（19 世紀初め）に渡来したものだが今までどうにか生き残ってきたのはめずらしい．〔日本名〕緋車ダリアの意．

4283. センジュギク 〔キク科〕

Tagetes erecta L.

メキシコ原産の観賞草花で，花壇などに植えられる一年草．茎は直立して高さ 45～60 cm，無毛ですべすべしており，緑色，多数分枝する．葉は互生または対生し，羽状に全裂，裂片は披針形でふちに細かいきょ歯があり，一種の臭気がある．夏に枝の先端に黄色，淡黄色または赤黄色の頭花が単生し，盛んに開花する．頭花は径 5～10 cm，舌状花は雌性，結実し，花冠の上部は唇状に広がり波うつ．中心には筒状 5 裂の両性花があり，やはり結実する．痩果には鱗片状あるいは刺毛状の冠毛がある．花茎の上部は太くなっており，総苞はほとんどくっついてコップ状になる．英名のアフリカンマリゴールドが一般に通用している．〔日本名〕千寿菊の意，コウオウソウの万寿菊に対する名である．〔漢名〕臭芙蓉．

4284. コウオウソウ（クジャクソウ） 〔キク科〕

Tagetes patula L.

メキシコ原産の一年草で観賞のため花壇などに栽培される．茎は高さ 30～60 cm，多数分枝して，夏に枝の頂に黄褐色などの頭花を 1 個ずつつけて美しい．葉は互生または対生し，羽状に全裂，小葉は 12 個内外で線状披針形または披針形，ふちには鋭いきょ歯があり，両端とも尖る．頭花は径約 4 cm，周辺の舌状花は多数，痩果は細長く，先端に刺状の冠毛があり，総苞は基部が合着してコップ状になる．園芸品種が多く，開花期，花色などの変化に加えて，ときに舌状花がなく筒状花だけがよく発達したものもある．〔日本名〕紅黄草の意で花色に基づく．〔漢名〕万寿菊．〔追記〕このほかニオイセンジュギク *T. lucida* Cav. やヒメコウオウソウ *T. tenuifolia* Cav. なども栽培されている．

4285. **タカサブロウ** 〔キク科〕

Eclipta thermalis Bunge（*E. prostrata* auct. non (L.) L.）

本州以南，東アジアに広く分布し，路傍や田のあぜ道などに多い一年生雑草である．茎は高さ約 30 cm，直立または横に倒れ，葉腋に対生して分枝し，さらに先端で小枝が分かれる．葉は披針形で長さ 3～10 cm，幅 5～25 mm，細きょ歯があり，基部は細くなり無柄または短柄がある．対生し，茎とともに短毛があり，両面とも著しくざらつく．8～9 月頃枝の先端に径 1 cm 内外の頭花をつける．雌性の舌状花は細小で白色，中心の筒状花は両性で淡緑色，広い花床につき，いずれも結実する．痩果は黒熟し長さ 3 mm ぐらい．〔日本名〕語源は不明．〔漢名〕鱧腸．〔追記〕よく似た北米原産のアメリカタカサブロウ *E. alba* (L.) Hassk. が最近帰化している．タカサブロウよりも葉の幅が狭くふちのきょ歯はやや著しく，痩果は小さく長さ 2 mm 程度なので異なる．

4286. **オオハマグルマ** 〔キク科〕

Melanthera robusta (Makino) K. et H.Ohashi

（*Wedelia prostrata* (Hook. et Arn.) Hemsl. var. *robusta* Makino ;
W. robusta (Makino) Kitam.）

紀伊半島南部，四国および九州暖地の海岸に生える多年草．屋久島以南の熱帯海岸に生えるキダチハマグルマ *M. biflora* (L.) Wild にも近い．強壮な地上にはう性質の草で，茎は溝のある四角柱状，粗毛があり盛んに分枝する．葉は短柄のある卵状楕円形で長さ 8 cm に達し，先は鋭く，基部は広いくさび形，質は厚く，3 行脈があり，ざらついた毛がある．盛夏からひき続いて枝の先端に 3～4 個の頭花を中央が凹む散房状につける．頭花の径約 2 cm．黄色の舌状花は 7～8 個，中心の筒状花は多数，いずれも結実する．痩果は短い剛毛が生え，冠毛は冠状で長さ 2.5 mm の剛毛からなるが，果時にはよく見えなくなる．〔日本名〕大形のハマグルマの意で，ここにいうハマグルマはクマノギクではなく，かつて誤認されたネコノシタのことである．牧野富太郎の命名．

4287. **ネコノシタ**（誤称ハマグルマ） 〔キク科〕

Melanthera prostrata (Hemsl.) W.L.Wagner et H.Rob.

（*Wedelia prostrata* (Hook. et Arn.) Hemsl. var. *prostrata*）

福島県，新潟県以西，小笠原も含めて東アジアの暖・熱帯の海岸の砂地に生え，しばしば砂浜をおおう多年草．茎は長く，砂上をはって節から根を下ろし，高さは 60 cm 内外，溝があって分枝する．葉は対生し，卵形でまばらなきょ歯があり，短柄があり，質は厚くやや多肉質，茎とともに短い剛毛がありざらざらしている．夏から秋にかけて枝の先端に径 2 cm 内外の黄色の頭花をつける．舌状花は短くて広く数は少ない．痩果には冠毛がなく，各果ごとに幅広い鱗状の鱗片がある．オオハマグルマに比べて頭花は 1 個ずつつき，葉も小形，キダチハマグルマのように葉は大きくなく，著しいきょ歯もなく，基部も円形とならない．〔日本名〕猫の舌は葉の上面がざらつく様子が猫の舌に似ているためである．

4288. **クマノギク**（ハマグルマ，シオカゼ） 〔キク科〕

Sphagneticola calendulacea (L.) Pruski

（*Wedelia chinensis* (Osbeck) Merr.）

東アジアの暖・熱帯，わが国では本州（伊豆半島，紀伊半島），四国，九州，琉球に分布し，海岸のやや湿った場所に生える多年草．茎は緑色で細長く，まばらに分枝してのび，下部は伏し，上部は立ち上がって縦横にはびこり，全体が非常にざらつく．葉は対生してやや無柄，披針形または狭長楕円形，先端は大体鋭く，基部も細くなり，ふちにはまばらな低きょ歯があり，3 主脈があって一見ネコノシタに似ているが長い．頭花は長い柄があって葉腋から単生し，径 2～3 cm，晩春から秋にかけて開く．総苞片はやや 2 列となり，外片は大形の草質だが内片は小形，かつ膜質である．ふちの舌状花は 7～10 個，黄色で雌性，花冠は先端がかみ切ったような形に凹んでいる．中心花は筒状，短小で両性，黄色である．痩果の冠毛は皿状に短くつく．〔日本名〕熊野菊は和歌山県熊野地方に産するからであり，浜車は車咲の花にちなみ，潮風は潮風の吹く海辺に生えるから名付けられた．

4289. **オオハンゴンソウ**　〔キク科〕
Rudbeckia laciniata L.

北アメリカ原産の大形の多年草である．茎は高さ 1.5〜2 m，上部で分枝する．葉は互生し，下部の葉は柄があり，羽状に 5〜7 裂し，上部の葉は 3〜5 深裂し，最上の葉は全縁である．夏から秋にかけて長い花茎の先端に黄色で径 6〜10 cm の頭花をつけ，長くやや下向きに出る舌状花がある．花床は円錐状に盛り上がる．各地に雑草化し，特に北地に多い．八重咲きのものをハナガサギク（花笠菊）といい，しばしば栽培され，まれに野生化もする．〔日本名〕大形のハンゴンソウの意味で，葉形がハンゴンソウ（4118 図参照）に似て大形なのによる．ハンゴンソウと葉形が似ているが近縁ではない．〔追記〕ミツバオオハンゴンソウ *R. triloba* L. は，下部の葉がふつう 3 裂し，上部の葉が全縁で，頭花が小さく径 2.5〜4 cm である．日本全国に帰化しているがオオハンゴンソウよりも少ない．

4290. **アラゲハンゴンソウ**（キヌガサギク）　〔キク科〕
Rudbeckia hirta L. var. ***pulcherrima*** Farwell

北アメリカ原産の多年草．カナダ東南部からアメリカ合衆国中南部にかけての原産とされるが，今日では北米全域に広く帰化している．全草を硬く粗い毛がおおい，根生葉は卵形で長さ 3〜7 cm，茎葉は 2〜6 cm で柄はほとんどない．葉質はざらつき，ふちには不規則な低い切れこみがある．茎は 30 cm から，ときに 1 m にもなる．夏から秋に次々と，長い柄のある頭状花をつける．頭花を包む総苞は，外側のものは薄い草質で幅広く，内側のものは細い線形をしている．舌状花は橙黄色で，長さは 2〜4 cm あり，頭花全体は長さ 3〜4 cm，直径 5〜7 cm ほどである．頭花の中心に並ぶ筒状花は下半分ほどが花筒でくびれがあり，上半部は浅く 5 裂する．雌しべの先端は長く 2 つに裂けて花外にとび出している．冠毛はない．日本には大戦以前に北海道に入ったといわれ，おそらく牧草の種子に混じって牧場に入り，そこから分布を広げたと思われる．〔日本名〕荒毛ハンゴンソウは全草に粗い毛があるためで，北米産のオオハンゴンソウと同属であることによる名である．

4291. **ヒャクニチソウ**　〔キク科〕
Zinnia elegans Jacq.

観賞用として花壇に栽培される一年草でメキシコの原産である．茎は直立して高さ 60〜90 cm に達する．葉は柄がなく対生し，長卵形で全縁，先は尖り，基部はやや心臓形で茎を抱く．葉腋から対生して分枝し，夏から秋にかけて，各枝の先端に次々と大きな頭花が開く．舌状花冠は剛質で長く残り，中心の筒状花は黄色で結実後卵形状に高まる．頭花は古い品種では径 3 cm 内外だが，欧米で改良された品種の中には 15 cm 以上の大輪品もある．花色も紅，紫，赤，黄，白その中間など種々あり，花形も一重，八重，カクタス咲きなど豊富である．ウラシマソウともいわれる．〔日本名〕百日草，舌状花がいつまでもしおれず，長期間観賞にたえるからである．

4292. **マンサクヒャクニチソウ**　〔キク科〕
Zinnia peruviana (L.) L.

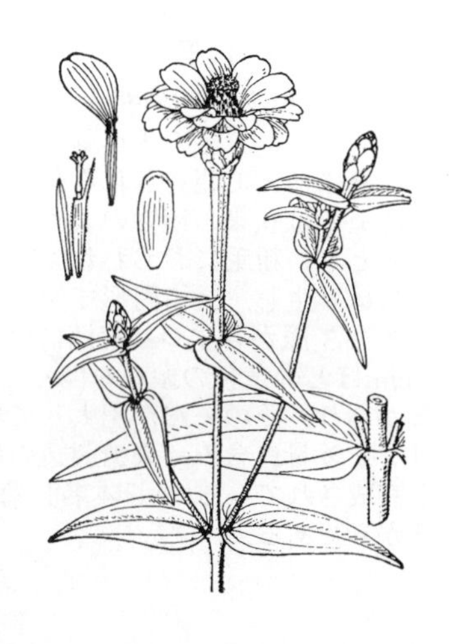

メキシコから南アメリカ北部を原産とする一年草で観賞のために花壇に栽培される．茎は直立，頭花に終わる主軸がのび，側枝は上方にのび上がって多数分枝し，高さ 1 m 内外に達し細長く毛を散生する．茎に散毛があり，葉は無柄で対生，やや心臓形の基部は多少茎を抱いて平開し，卵状披針形，上面はざらつき，3 脈が明瞭，各枝の先端に径 2〜3 cm の黄色味のある赤色の頭花を開く．舌状花冠は倒卵状楕円形，基部は短く狭くなり，上端はわずかに凹み，剛質，花後色はあせてもしおれない．総苞は倒卵形，長さ 11〜13 mm ほど，総苞片は幅広く瓦重ね状に重なる．〔日本名〕多数の枝を分けた先に小頭花を満開するので満作百日草の名がある．

4293. オランダセンニチ（ハトウガラシ） 〔キク科〕

Acmella oleracea (L.) R.K.Jansen

（*Spilanthes acmella* L. var. *oleracea* (L.) C.B.Clarke）

東南アジア原産の一年草．茎は高さ 30 cm 内外，多数分枝する．葉は対生し柄があり，葉身は広卵形でふちには波状の鈍きょ歯があり，暗紫緑色である．夏に枝の頂に球形または楕円体の紫褐色の頭花をつける．頭花は筒状花だけからなり，各小花には舟形の小苞が伴う．痩果は扁平で両側縁に毛があり，冠毛はなく，2 刺がある．花が緑黄色で葉が緑色のものをキバナオランダセンニチといい，両品ともに葉に刺激的な辛味があり，ハトウガラシといって食用にするが，ときに奇を好んで庭園に植えることもある．また刺激剤として薬用にもする．〔日本名〕和蘭千日紅の意，センニチコウ（ヒユ科）に似た外来品であるからで，葉唐辛子は葉に辛味があるのに基づく．

4294. ヒマワリ（ヒグルマ） 〔キク科〕

Helianthus annuus L.

北アメリカ原産の一年草だが各地で栽培される．茎は直立して高さ 2 m 内外になり，単一または上部で分枝し，葉とともに短剛毛におおわれている．葉は大形で互生し，長い葉柄があり，葉身は心臓形で先は鋭く長さ 10〜30 cm，ふちには粗いきょ歯がある．8〜9 月頃，茎および枝の頂に大形の頭花を横向きに開く．しかし花茎は太くしっかりしているので，太陽の方に向いているとはいえ，太陽の進行につれて廻るというのは俗説の誤りである．頭花は 8〜30 cm，大形のものでは 40〜60 cm にもなり，周辺には鮮黄色の舌状花があり，中央には褐色または黄色の筒状花が低い半球状に盛り上がって密集している．花後多数の大きな痩果ができ，これから油をしぼり，また食用とする．花は観賞用にもされるが，海外ではむしろ油用に大々的に栽培される．〔日本名〕日廻りで黄色く大きな頭花から太陽を連想し，日について廻ると誤認したための名．〔漢名〕向日葵．

4295. ヒメヒマワリ 〔キク科〕

Helianthus cucumerifolius Torr. et A.Gray

北アメリカ南部の原産で，明治の末頃（1910 前後）わが国に渡来した観賞用の一年草．茎は高さ 1〜1.5 m ほどで多数分枝し，葉は長い柄があってやや心臓形，先端は尖り，ふちに粗きょ歯がある．茎，葉ともに短い剛毛があり，非常にざらざらしている．夏から秋にかけて枝の頂に径 5〜9 cm ほどの頭花を開く．舌状花は鮮黄色で長さ 2.5 cm にもなることがあり 20 個内外，中部の筒状花は暗褐色あるいは紫色を帯びて多数．総苞片は狭披針形，先は鋭く尾状にのび，ふちに毛がある．ヒマワリ属は北アメリカに多く，わが国で栽培される観賞花は数種ある．〔日本名〕姫（小さい）ヒマワリの意．またコキクイモの一名もある．

4296. キクイモ 〔キク科〕

Helianthus tuberosus L.

北アメリカ原産の多年草で，もともと塊茎をとるために栽培され，ときに庭に植えて観賞されるが，繁殖力が強いので各地で野生化し，特に北海道では在来の植物のようになっている．茎は高さ 1.5〜3 m になり，葉とともに粗毛におおわれてざらつく．葉は下部のものは対生，上部のものは互生し，長楕円形で先は鋭く，ふちにはまばらなきょ歯があって大きな 3 脈が目立つ．葉柄には翼がある．秋に茎上部で多数分枝し，径 8 cm ほどの黄色の頭花を開く．周辺の舌状花は細長く 10 個以上．地下茎があり，その先端が肥大して塊茎となり，食用にするがまずい．イヌリンを多量に含み，果糖製造の原料にされ，その目的のため多数の品種が育成されている．〔日本名〕菊芋の意味．地下にいもができるキクであるからである．

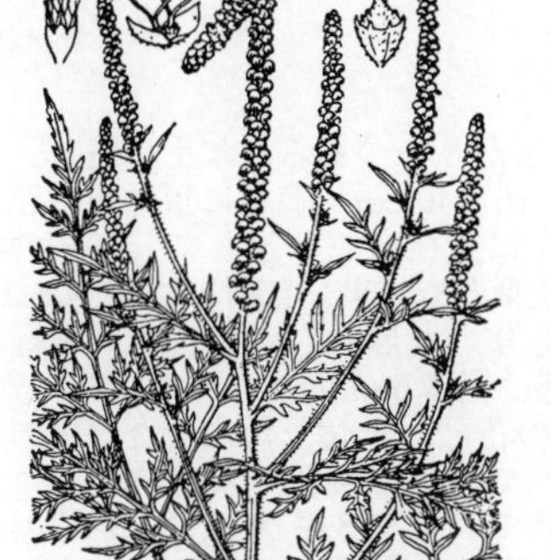

4297. ブタクサ 〔キク科〕

Ambrosia artemisiifolia L.（*A. artemisiifolia* var. *elatior* (L.) Desc.）

北アメリカ原産の帰化植物で明治初年（1870 年頃）渡来した．今は各地の道ばたや荒地に多い大形の一年草で，花粉症の原因植物として知られる．高さは 1 m にもなり，全体に短い剛毛があり，小枝を多数分ける．葉は下部は対生，外形は三角状卵形，1〜2 回羽状に全裂し，裂片は線形で上面深緑色，下面は淡色で，質はうすい．夏に細小な黄花を開く．雌雄同株．雄性花序は枝の先端に長い穂状となり，頭花は径 2〜3 mm，10〜15 の小花からなり，総苞は緑色草質の倒円錐形で総苞片は合着している．花はすべて筒状花である．雌性花序は雄性花序の下部に腋生し，頭花は単生または塊状となって目立たない．頭花は 1 小花からなり，2 個の総苞片を伴い，倒卵形，短いくちばし状に尖り，緑色で花柱は 2 岐する．果実は 3〜5 mm で先が尖り，6 個ほどのこぶ状の突起をもつ．〔日本名〕豚草は北アメリカで Hogweed というのに基づいたものである．

4298. クワモドキ（オオブタクサ） 〔キク科〕

Ambrosia trifida L.

北アメリカの原産で，カナダからアメリカ合衆国全域に広く生育し，都会地の荒れ地や裸地にしばしば大群落を作る．ヨーロッパ，アジアでも帰化雑草として広く繁殖している．強壮な一年草で，高さは 50 cm からときに 3 m，アメリカでは 6 m になることもあるという．全草に粗い毛があり，葉はすべて対生する．葉身は掌状に深く 3 裂し，下部の葉はときに 5 裂するものもある．裂片は長めの卵形で，ふちにきょ歯がある．葉全体の大きさは長さ，幅とも 20〜30 cm で，長い柄がある．夏の終わりに雄花だけの頭花を多数，長い穂につけて直立させ，その下部に少数の雌頭花を腋生する．雄頭花を包む総苞は黄緑色で，総苞片の片側に黒褐色の線が 3 本入るのが特徴的である．日本には 1950 年代以降に入ったらしく，埋立地や大都市の郊外の空地などに群落を作っている．〔日本名〕桑モドキは 3〜5 裂した葉の形と，ざらついたその質感がクワの葉に似るためで，別名のオオブタクサはブタクサ属の雑草でより強壮なため．ブタクサとともに風媒花で花粉症の原因植物とされる．

4299. オナモミ 〔キク科〕

Xanthium strumarium L. subsp. ***sibiricum*** (Patrin ex Widder) Greuter

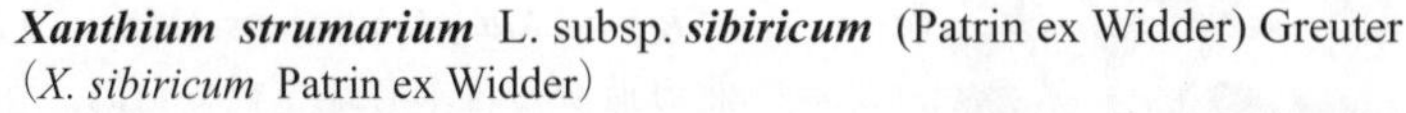

（*X. sibiricum* Patrin ex Widder）

東アジアに広く分布し，日本へは古く大陸から移ってきたものと思われるいわゆる史前帰化植物で，かつては低地の道ばたや荒れ地に多かったが，近年はごくまれになった．茎は高さ 1 m 内外，葉とともに短毛をかぶる．葉は長い柄があり，葉身は広くて先は鋭く，基部は心臓形となり，ふちには不整正の切れこみや粗い先の尖ったきょ歯があり，質はやや厚く，下部の 3 脈が著しい．夏から秋にかけて枝先に黄緑色の頭花を円錐花序状につける．雌雄の別があって，雄性頭花はやや球状となって頂生し，雌性頭花は下部にあって，2 本のくちばし状突起，および短いかぎ針状のとげがまばらにある長楕円体の壷状総苞があり，花後に長さ 1 cm 前後にもなり，中に 2 個の痩果がとじ込められている．かぎ状のとげで他にくっついて広がる．果実はかぜ薬になる．〔日本名〕雄ナモミでメナモミに対して全体が強壮であるためである．〔漢名〕葈耳．〔追記〕オオオナモミ *X. occidentale* Bertol. は昭和に入ってから日本に入り，オナモミに代わってふつうに見られるようになったユーラシア大陸原産の植物で，オナモミによく似るが，雌総苞の表面に毛が少なく光沢があり，刺が多く長い．現在ではさらに後になって入ってきた *X. orientale* L. におされてこれも少なくなっている．この *X. orientale* は多型だが葉のきょ歯がごく浅く，雌総苞が大きい特徴をもち，表面の刺に毛の多いものをイガオナモミ（次図）という．逆に毛の少ないものが近年ではオオオナモミの名で呼ばれることがあるが，本来のオオオナモミとは別のものである．

4300. イガオナモミ 〔キク科〕

Xanthium orientale L. subsp. ***italicum*** (Moretti) Greuter

（*X. italicum* Moretti）

アメリカ大陸，おそらくは南アメリカの原産と見られる大形の一年草．高さ 1.5 m に達する．枝は分枝し，濃い紫褐色のすじが入る．葉は柄があって互生し，葉身は全体が卵形で基部は浅い心臓形をなす．葉質は厚い革質でふちは不規則に裂け，大きな裂片にはさらにきょ歯が入る．花序はオナモミと同様に雌雄が別で，枝端や葉腋に群生する．雌花序はトゲの多い長楕円体で，熟すと長さ 2〜3 cm，径 1〜2.2 cm ほどで，下半部には長い毛がある．刺は鋭く長く，先端は鉤状に曲がる．熟時には雌総苞全体が黄色を帯びた褐色を呈する．北アメリカではカナダからメキシコまで，および西インド諸島にも分布し，雑草として広がっている．古くからヨーロッパにも帰化し，地中海地方に分布していて学名の *italicum* はイタリア産としてつけられたものである．〔日本名〕イガオナモミはオナモミに比べて集合果のトゲ（イガ）がさらに長く目立つため．〔追記〕交雑のため，本種とオオオナモミとの境界は必ずしもはっきりしたものではない．

4301. ココメギク 〔キク科〕

Galinsoga parviflora Cav.

北米の原産，近年都会地の路ばたなどに広がりつつある一年生の雑草．全体に軟らかい草質で粗雑な観がある．高さ 10〜40 cm，晩春に頂に小頭花を開いてから，後急に葉腋から岐散状に盛んに分枝をくり返して，各枝の端に小頭花をつけ，なよなよして倒れ易い．枝葉ともに若い部分に白毛がある．葉は対生し，卵形，まばらな低きょ歯があり，大形のものは有柄，暗緑色で質うすく，多少 3 行脈状に見える．頭花は径 5 mm 内外，総苞は半球形，総苞片は広楕円形で無毛，3 裂した小舌状の花冠は 5 個，汚白色だが星の光のようでよく見ると美しい．中心花はすべて筒状で黄色，各花の基部に膜質広線形の鱗片がつく．〔追記〕本図は旧版でハキダメギク *G. quadriradiata* Ruiz et Pav.（*G. ciliata* (Raf.) S.F.Blake）の図として掲載されたが，これは誤りである．ハキダメギクは葉のきょ歯がもっと粗く，舌状花の鱗片がより多く，大きいもので，同じく近年日本各地に広がっている．

4302. メナモミ 〔キク科〕

Sigesbeckia pubescens (Makino) Makino

北海道から屋久島（九州）まで，および朝鮮半島，中国の山野に多い多年草．茎は直立し，高さ 1 m 内外，葉とともに毛が多い．葉は対生，柄があり，葉身は卵状円形で尖り，きょ歯があり，3 脈が目立つ．秋に枝先に黄色の頭花が開き，周囲に狭長でへら状の総苞外片が 5 個あり，腺毛があり，衣服などにくっつく．舌状花は 1 列，細小で雌性，中心の筒状花は両性で多数，いずれも結実し，その外側に各 1 個ある粘着性の鱗片とともにくっついて散布される．ツクシメナモミ *S. orientalis* L. はこれに似て下部の葉は不揃いに浅裂，本州の暖地からアジア，アフリカ，オセアニアの亜熱帯から熱帯にかけて分布する．〔日本名〕メは雌でありオナモミの雄に対する語，ナモミはおそらくナズムの意のナゴミとなり，ついにはナモミと転化したものであろう．つまりナズムはとどこおりひっかかるという意味で，本種の粘腺ある総苞がすぐくっついてきて困りはてるのにちなむのであろう．〔漢名〕豨薟．〔追記〕本属の属名はかつて *Siegesbeckia* と綴られたが，*Sigesbeckia* と綴るのが正しい．

4303. コメナモミ 〔キク科〕

Sigesbeckia glabrescens (Makino) Makino

北海道から日本各地を経て台湾，朝鮮半島，中国に広く分布，山野の荒地や路傍に多い一年草．高さ 50 cm 内外で，茎および葉にはメナモミのように長い粗立毛はなく，ただ短い伏毛がまばらにあって，一見無毛のように見えるので区別は容易である．茎は円柱形で，褐紫色を帯び，上部は対生して分枝する．葉は柄があって対生，草質で薄く，上面はざらつき，葉身は卵円形または円形で短く尖り，ふちには不整のきょ歯があり，3 支脈がある．秋に枝先に円錐状複集散花序をつくり，黄色の頭花がまばらにつく．総苞片 5 個はへら形で平開し，また小花の外側には瘦果に密着する各 1 個の鱗片があり，ともに緑色多肉で密に腺毛がある．熟すると他物にふれて鱗片とともに容易にはずれ，くっつく．瘦果は倒卵形で少し曲がる．周辺花は舌状花だが小さくて目立たず，中心花は黄色の筒状花で先が 5 裂する．〔日本名〕メナモミに比べて全体が小さいことに基づいている．

4304. ウサギギク（キングルマ） 〔キク科〕

Arnica unalaschcensis Less. var. ***tschonoskyi*** (Iljin) Kitam. et H.Hara

種としては，本州中部からカムチャツカをへてアリューシャン列島まで分布し，高山帯の適度に湿った草地に生える多年草である．茎は単立し，高さ 30 cm 内外，葉とともに毛があり，根茎は長くはう．葉は対生し，根生葉と下部の葉はさじ状の倒披針形，上部の葉は狭い卵状披針形でともにまばらに歯状のきょ歯があり，洋紙質である．夏に茎の頂に黄色の径 4〜5 cm の頭花を単生する．頭花は周辺に雌性の舌状花があり，花冠の先は浅い 3 歯があり，中心には暗色を帯びた両性，先端 5 裂の筒状花が集まる．瘦果は長さ 4〜5 mm，細毛があり，冠毛は長さ 6〜7 mm で汚褐色．筒状花冠筒全体に毛が多い．エゾウサギギク var. *unalaschensis* は花冠筒が無毛のもので，分布はやや北にかたよる．〔日本名〕1 対の長い根生葉をウサギの耳にたとえたもの．また金車は花色と舌状花の配列から金色の車といったのである．

4305. オオウサギギク　〔キク科〕

Arnica sachalinensis (Regel) A.Gray

ウスリー，サハリンに分布，わが国では北海道石狩地方や礼文島の山地にのみ報告されている．山地の草地に生える多年草で，地中に長くはう地下茎があり，地上茎は高さ 35〜50 cm，直径 4〜5 mm になり，無毛で，中ほどから上方で分枝する．葉は対生し，基部は茎をとり巻いて短い鞘状となる．茎の下方につく葉は開花時に枯れるが，中ほどのものより小さい．中ほどの葉は披針形で，先は鋭尖形，長さ 9〜13 cm で，ふちには微細なきょ歯があり，両面とも無毛で，基部はしだいに狭くなり，鞘状の部分は長さ 5 mm ほどになる．上方の葉は広披針形でしだいに小さくなる．花は 7〜9 月に咲く．頭花はおよそ 5 個つき，上向きに咲き，直径 6.5 cm，縮れた毛を密生し，褐色で長さ 4.5 cm にもなる柄がある．総苞は半球形．総苞片は 2 列につき，ほぼ同長で緑色，披針状長楕円形で先は鋭形となる．舌状花は黄色で 1 列に並ぶ．

4306. アルニカ　〔キク科〕

Arnica montana L.

ヨーロッパの高山に生える多年草で，全体に芳香があり，茎は高さ 20〜65 cm になる．葉は長楕円状披針形で全縁，根生葉はそう生，茎葉はふつう 2 個が対生する．夏から秋にかけて茎上部で分枝し，各枝に 1 個ずつ黄色の頭花を頂生して簡単な集散状となる．頭花の周辺には雌性の舌状花があるが，全く欠けた型もあり，中心には両性の筒状花が多数ある．瘦果は長さ約 5 mm，先端に長さ 8 mm ぐらいの白色の冠毛が 1 列に並ぶ．雌しべの花柱分枝は反曲し，先端には乳頭状の突起毛があってやや毛筆状となる．総苞は鐘形で緑色である．ウサギギクによく似ている．乾燥した花を亜爾尼加といい，薬用にする．また根茎も同じく薬用にする．ここには薬用植物の一つとして掲げたが，日本ではほとんど栽培されていない．〔日本名〕属名をそのまま日本読みで用いたもの．

4307. チョウジギク　〔キク科〕

Arnica mallotopus Makino（*Mallotopus japonicus* Franch. et Sav.）

太平洋側を除く本州および四国の山地の湿地に生える多年草で，地下茎は横にはい，茎はそう生して高さ 30〜45 cm ほど．根生葉は鱗片状，下部の茎葉は花時には枯死し，中部の葉は長楕円状披針形で対生し，先端は尖り，基部は無柄で短い葉鞘となり，ふちには低平なきょ歯があって葉脈は 3 本が太く，やや平行に走る．両面とも多少ざらつくかまたは毛が無く，質はやや厚い．夏から秋にかけて茎先端で散房状に頭花が開き，苞葉は互生となり，花序柄は長く，白毛を密生する特性がある．頭花は径 15〜20 mm，黄色の筒状花（両性）だけからなり，花冠は長さ約 7 mm．総苞は筒状で長さ約 1 cm，総苞片は披針形で先が尖る．瘦果は長さ約 5 mm，それより長い汚褐色の冠毛がある．〔日本名〕丁字菊は細い柄についた頭花の形が香料にする丁字の花の形に似ることに基づく．

4308. ヌマダイコン　〔キク科〕

Adenostemma lavenia (L.) Kuntze

関東地方以南，南アジア，オーストラリアにかけて広く分布し，湿地や水辺に生える多年草．茎は高さ 30〜100 cm，上部で分枝する．葉は対生，柄があり，葉身は広卵形で基部は円味のある切形，ふちには鈍いきょ歯があり，上面は多少しわがあって質は軟らか，まばらに粗毛がある．頭状花序は大きくなく，9〜11 月に茎上部で散房状に集まり，白色の筒状花だけしかない．頭状花序の総苞は長さ約 4 mm，花後反曲する．筒状花は両性でみな結実し，瘦果は長さ 4 mm，幅 1 mm あまり，密な小突起があり，冠毛は長さ約 1 mm，腺点があり，4 本．花柱は花冠からつき出し，長く 2 岐する．〔日本名〕葉の質がダイコンに似ており，沼地に生えることを意味している．

4309. カッコウアザミ 〔キク科〕

Ageratum conyzoides L.

熱帯アメリカ原産の一年草．茎は高さ 30〜60 cm になり，葉とともに軟毛が多い．葉は対生，上部は互生し，葉柄があり，葉身は卵形または多少心臓形となり，ふちにきょ歯がある．夏に枝先に紫または白色，径 4〜8 mm の頭花を散房状に群生し，筒状花だけからなっている．総苞片は披針形で尖り，毛が生えている．わが国には明治初年（1870 年頃）に渡来し花壇または切花用として栽培されるが，熱帯地方では雑草となっている．〔日本名〕藿香薊の意味で葉は藿香すなわちカワミドリ（シソ科）に，花はアザミに似ているからであるが，いうまでもなくアザミの類ではない．ただ花の感じにちなんで名付けられたにすぎない．一種頭花が大きく色はやや濃くて茎はほとんど単一のものがありオオカッコウアザミ *A. houstonianum* Mill. といい，この方がむしろよく栽培されている．

4310. フジバカマ 〔キク科〕

Eupatorium japonicum Thunb.（*E. fortunei* Turcz.）

日本（本州から九州）および朝鮮半島，中国大陸に分布し，河岸の湿った草地に生える多年草．観賞のため栽培されたものがしばしば野生化しているので，本来の分布域ははっきりしないが，関東平野の利根川流域，大阪平野の淀川流域の生育地は確実に野生である．地下茎は長く横にはい，地上茎は多く集まって直立し，高さ 1 m あまり．葉は対生で下部の葉は 3 深裂する．葉質はやや硬く，上面に光沢がある．両面ともにほとんど無毛で，腺点はない．花は 8〜9 月に咲き，頭花は密な散房花序につき，花序の先端は平坦である．小花は帯紫色．秋の七草の一つであり，かつては川岸の原野にふつうの植物であったと考えられるが，川岸の開発のために現在では野生はまれである．植物体に香気があるため，中国では浴湯に入れ，また頭髪を洗うのに利用した．また煎じて飲めば利尿に効果があるといわれている．〔漢名〕蘭草．

4311. ヒヨドリバナ 〔キク科〕

Eupatorium makinoi T.Kawahara et Yahara

北海道から九州，朝鮮半島，中国大陸に広く分布する多年草．2 倍体（var. *makinoi*; 2n ＝ 20）と倍数体（var. *oppositifolium* (Koidz.) T.Kawahara et Yahara; 2n ＝ 30, 40 など）がある．2 倍体は西南日本温帯域のやや明るい林床に生え，倍数体は北海道から九州に広く分布し，林縁，道ばたなどの明るい場所に生える．倍数体は受精せずに種子を形成するという生殖方法（無融合生殖）を行う．茎は高さ 30 cm〜2 m，倍数体の方が大形である．葉は対生し短柄があり，単葉またはさまざまな程度に分裂する．細かく裂けた葉をもつ 2 倍体はキクバヒヨドリと命名されているが，単葉をもつ個体との間に中間型があって区別できない．葉の両面に短毛があり，下面にはふつう腺点がある．花は 8〜9 月に咲き，頭花はやや密な散房状につく．小花は白色または帯紫色．ヒヨドリバナ属は北アメリカ東部・東アジア・ヨーロッパに隔離分布し，約 50 種を含む．

4312. ヨツバヒヨドリ 〔キク科〕

Eupatorium glehnii F.Schmidt ex Trautv.

本州，北海道およびサハリン南部，千島南部に分布し，日当たりの良い林縁や草原に生える多年草．茎は 70 cm〜1.2 m．葉はふつう 3〜5 輪生するが，若い個体では対生することもある．葉身は披針形または線状披針形で，葉の幅には変異があるが，ヒヨドリバナのように分裂することはない．両面に短毛があり，下面にはふつう腺点がある．花は 8〜9 月に咲き，頭花はふつうヒヨドリバナよりも数多く，密な散房花序につく．小花は白色または帯紫色．ヨツバヒヨドリは 2 倍体（染色体数は 2n ＝ 20）だが，北海道・本州西部・四国にはヨツバヒヨドリとヒヨドリバナ倍数体との雑種起原と考えられる無融合生殖を行う倍数体が分布する．これらは葉が輪生しヨツバヒヨドリに似ているが，花粉の形態が異常である．〔日本名〕葉がふつう 4 輪生することにちなんでいる．

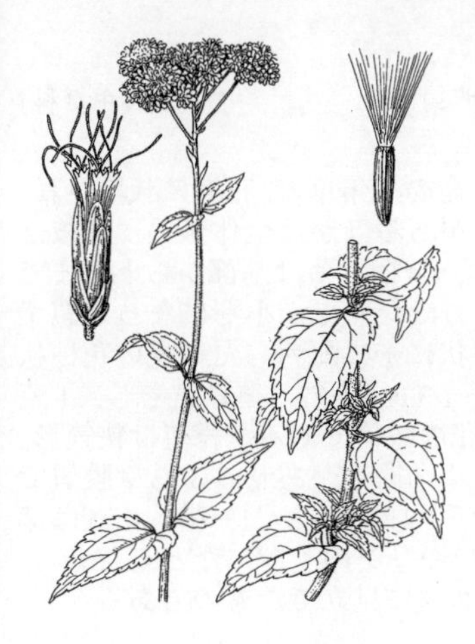

4313. ヤマヒヨドリ 〔キク科〕

Eupatorium variabile Makino

紀伊半島，四国，九州，沖縄（久米島以北）の沿岸地の林縁に生える多年草．茎は 50 cm〜1 m．葉は卵形で基部がやや心臓形になるものから，披針形のものまで変異があり，まれに細かく切れ込むこともある．葉質はやや厚く，上面に光沢がある．両面ともにほとんど無毛で，ふつう腺点はない．基部には 0.5〜3 cm のはっきりした葉柄がある．花は 9〜12 月に咲き，頭花は小形の散房花序につき，小花は白色．〔追記〕ヤマヒヨドリは 2 倍体（染色体数は 2n = 20）だが，ヒヨドリバナ倍数体との雑種起原と考えられる無融合生殖を行う倍数体が西南日本各地に見られ，特に九州北部に多い．この倍数体は葉がさまざまな程度に裂ける場合が多く，サケバヒヨドリ *E. laciniatum* Kitam. と命名されている．

4314. シマフジバカマ 〔キク科〕

Eupatorium luchuense Nakai

琉球（沖永良部島から西表島），台湾に分布し，ふつう隆起石灰岩上に生える多年草．茎は 30 cm〜1 m で下部は木質化することがある．葉は卵形で基部は心臓形，基部には 1〜3 cm のはっきりした葉柄がある．葉質は厚く，上面は光沢があり，両面ともにほとんど無毛．ヤマヒヨドリに似ているが，葉の下面にはふつう密に腺点がある．また花は 11〜3 月に咲き，小花は帯紫色である．八重山諸島の海岸に生える型は葉が卵状長楕円形で葉先が鋭く尖り，葉柄は短いことから，キールンフジバカマ var. *kiirunense* Kitam. として区別されている．八重山諸島にはこのほか滝の湿った岩面に生える型や，山頂の風衝草地に生える型があり，変異が多い．花には芳香があり，しばしば観賞用に栽培される．

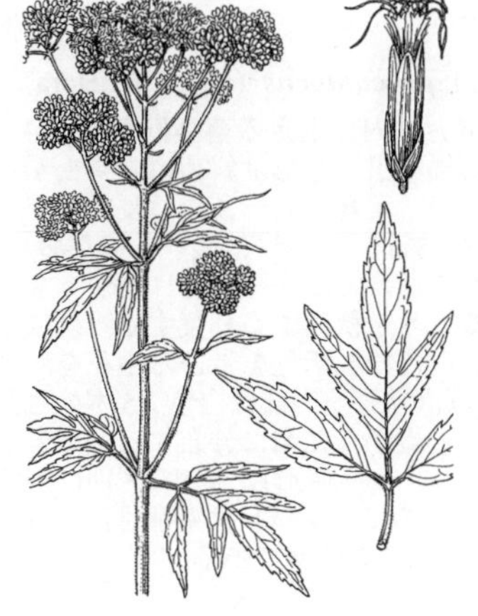

4315. タイワンヒヨドリバナ 〔キク科〕

Eupatorium formosanum Hayata

沖縄（沖縄島から西表島），台湾，フィリピンに分布し，林縁や道ばたの明るい場所に生える多年草．茎は 30 cm〜1 m で下部は木質化することがある．葉は対生し，広卵形で 3 裂し，頂裂片はさらに羽状に分裂することが多い．基部には 2〜4 cm の長い葉柄がある．上面には細かい毛があり，下面には密に腺点がある．花は 11〜1 月に咲き，頭花はややまばらな散房花序につく．小花は白色．南西諸島産の植物は台湾産のものに比べ，葉の切れ込みの程度が小さい傾向があり，タイワンヒヨドリバナモドキとして区別されることもある．しかし台湾では葉形に変化が多く，中間型があって両者をはっきり区別することはできない．繁殖力の旺盛な種で，牛馬の飼料として利用される．

4316. サワヒヨドリ 〔キク科〕

Eupatorium lindleyanum DC.

北海道から沖縄，朝鮮半島，中国大陸，インドシナ半島，台湾，フィリピンに広く分布する多年草で，日当たりの良い湿った場所に生える．茎は高さ 30 cm〜1 m で，縮れた毛を密生する．葉は対生し，ほとんど無柄で，明瞭な 3 行脈がある．しばしば 3 全裂し，6 枚の葉が輪生するように見える．葉の上面に縮れた毛があり，下面にはふつう腺点がある．花は 8〜9 月に咲き，小花は帯紫色．頭花は密な散房花序につく．サワヒヨドリは 2 倍体（染色体数は 2n = 20）だが，ヒヨドリバナ倍数体との雑種起原と考えられる無融合生殖を行う倍数体が日本各地に見られ，ミツバヒヨドリ *E. tripartitum* (Makino) Murata et H. Koyama と命名されている．サワヒヨドリに比べ大形で頭花の数が多く，頭花をつける枝はよく発達する．ヒヨドリバナとは茎や葉に縮れ毛がある点で区別できる．

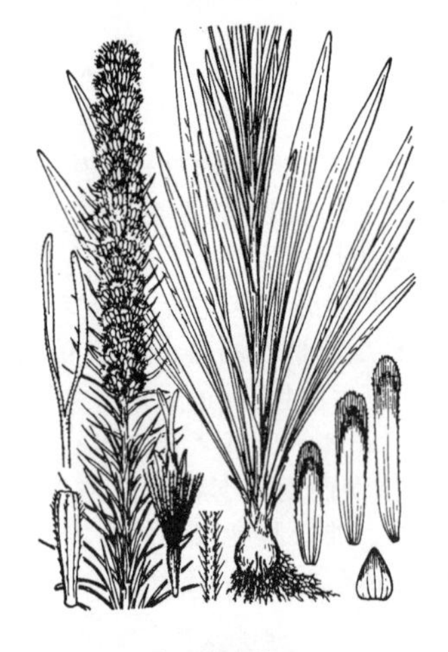

4317. キリンギク（リアトリス，ユリアザミ） 〔キク科〕

Liatris spicata (L.) Willd.

高さ 60〜140 cm に達する北アメリカ原産の多年草で，花壇に栽培され，切花としてよく用いられる．花序に散毛があるほかは全体無毛，分枝せず，根生葉は長さ 20 cm，幅 8 mm ぐらい，無柄．茎は基部から上方まで線形の葉を密生し，下葉は最も広く，上方はだんだん小形になって苞葉に移行する．先端 20〜30 cm は頭花を穂状に密に配列した細長い花穂状となって直立する．頭花は狭長で長さ 1〜1.3 cm 内外，茎に密着し，1 苞葉があり，花序の下半の苞葉は長さが頭花の数倍である．総苞は狭鐘形，総苞片は外側のものほど短く，先端は円く，縁毛があり，ふちは膜質で紫色である．小花は筒状花だけからなり，1 頭花に 8〜13 花，花冠は深裂する．〔日本名〕麒麟菊で，狭長な花序をキリンのくびにたとえたもの，また百合薊は単一な茎と葉のありさまをユリに見立てたものである．

4318. ムシカリ（オオカメノキ） 〔レンプクソウ科〕

Viburnum furcatum Blume ex Maxim.

北海道から九州およびサハリンなど周辺島嶼の温帯山地に分布する高さ 2〜4 m の落葉小高木．褐色の毛がある太い枝をまばらに出し，側方に開出し非常にしなやかであり，また短枝は葉の落ち痕で節くれている．葉は長さ 2〜4 cm，赤みのある柄があり，対生し，葉身は大形で長さ 7〜15 cm，幅 5〜10 cm，円形で先は短く尖り，基部は心臓形，ふちにはきょ歯があり，下面には初め毛がある．4〜5 月頃葉が展開しかかってまだ下面の脈が茶色のしわ状に集まって見える頃に花が咲きはじめる．複散房花序は枝先につき柄がなく，周囲には大きな白色の装飾花があって，中央の小形の正常花を囲んでいる．花冠は 5 深裂し，正常花には 5 本の雄しべがあって花冠の 1.5 倍長，淡黄色の葯がある．子房は細小で下位．果実は広卵形体で赤く熟し，のち黒く変わり，長さ約 8 mm．〔日本名〕虫喰われから来たもので，葉がよく虫に食われているからだという説があるがはたしてどうであろうか．またオオカメノキは，大きな亀の甲を思わせる葉がついているからであるという説や，ガマズミと同じく，桃の実の偉力とその説話とに関係して大神実の木であろうとする説（前川文夫）があるが，いずれも説得力に欠ける．

4319. ミヤマシグレ 〔レンプクソウ科〕

Viburnum urceolatum Siebold et Zucc. f. ***procumbens*** (Nakai) H.Hara

近畿北部以北，本州北中部の深山のうす暗い林内に生える落葉低木で高さ 1 m 内外，茎の下部は長く横たわり，所々から根を出し上部は斜めに立ち上がっている．葉は長さ 1〜2 cm の柄があり，対生で，葉身は卵形または長卵形で先端が尖り，基部は円く，長さ 6〜13 cm，幅 2.5〜5 cm，ふちには微きょ歯があり，上面はやや光沢があって無毛，脈がやや凹んで通っており，下面は色がうすくて脈上に短い星状毛がある．葉は乾くと黒くなり，秋によく紅葉する．夏に短枝の先に花茎を出して複散房花序をつくり，白色で紅紫色を帯びる小花をつけて美しい．花冠は壺状になり，5 裂し，裂片は直立し，内部は白色．5 本の雄しべと 1 本の雌しべがある．果実は赤熟する．近畿から九州に分布する型は幹が立ち気味になり，ヤマシグレ f. *urceolatum* というが，樹形以外での区別は困難である．〔日本名〕ミヤマシブレからなまったもので，シブレは京都付近のガマズミの方言で，スミに通ずる名．深山生のガマズミの意味である．

4320. ヤブデマリ 〔レンプクソウ科〕

Viburnum plicatum Thunb. var. ***tomentosum*** Miq.

（*V. plicatum* f. *tomentosum* (Miq.) Rehder）

本州，四国，九州の谷すじや湿った林内に生える落葉低木で，高さ 3 m ほどになり，若枝には毛がある．葉は対生し，葉身は楕円形あるいは円形で，先端は短く尖り，基部はほぼ円形，長さ 5〜9 cm，幅 4〜7 cm だが新枝のものは長くて卵形である．葉のふちには鋭いきょ歯があり，多数の支脈が美しく平行して並び，下面には若いとき軟毛が密に生えている．葉柄は長さ 1.5〜2.5 cm．4〜5 月に 1 対の葉がある短柄の先に散房花序を出し，多数の白花を密に開く．苞葉は小形で脱落する．花序は外側に大きな装飾花（中性花）が開いて中央の正常花を囲む．装飾花の広い部分は花冠である．正常花は花冠が 5 深裂，雄しべは 5 本で花冠よりも長く，淡黄色の葯がある．子房下位．果実は初め赤く，後に黒く熟する．本州中北部の日本海岸ぞいの山地には全体が大きく，ほとんど無毛のケナシヤブデマリ var. *plicatum* f. *glabrum* (Koidz. ex Nakai) Rehder がある．〔日本名〕藪手毬はやぶに生え花序が球状であるからである．〔漢名〕蝴蝶戲珠花．〔追記〕この属とアジサイ属とは全体がよく似ていて，古くは植物学者でも同一視したほどであるが，本属では装飾花は花冠の拡大で，アジサイではがくの拡大したものである．

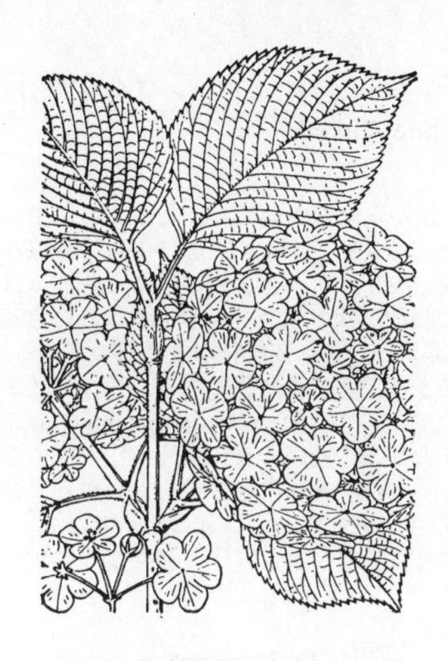

4321. テマリバナ 〔レンプクソウ科〕

Viburnum plicatum Thunb. var. ***plicatum*** f. ***plicatum***

ヤブデマリの園芸品であって，観賞用として庭園に栽培される落葉低木だが，本州中部にはまれに野生がある．高さ 3 m ほどで枝には細毛がある．葉は柄があり，対生し，やや円形できょ歯がならび，質は厚く毛がある．上面にしわがあって縮み，下面は葉脈が特に隆起している．初夏に 5 裂する白色花冠からなる多数の装飾花を複散房花序に集めて開き，球状になり，枝上に連なって大変美しい．花冠は外側のものが大きい．花容は一見アジサイに似ているが，アジサイではがくが花弁状をなし，花弁はごく小さいのに反し，テマリバナでは花弁が大きく，がくは微小で歯状である．

4322. ゴモジュ（コウルメ） 〔レンプクソウ科〕

Viburnum suspensum Lindl.（*V. sandankwa* Hassk.）

奄美大島，喜界島から西表島および南大東島に固有で，近縁種が台湾にある．低木林，明るい常緑樹林下あるいは林縁に生え，ときに栽培される常緑性の低木で，よく分枝する．若い枝は灰褐色，紫褐色または黒褐色，腺点と星状毛がある．葉は対生で革質，楕円形または倒卵形，きょ歯縁，長さ（1.5）3〜9 cm，幅 2〜4.5 cm，側脈は 3〜4 対，両面とも無毛．花は 12〜3 月に咲く．花序は頂生，ときに腋生，円錐形，長さ 2〜7 cm，星状毛を密生し腺毛がある．苞は小さく披針形から卵形，長さ 2〜5 mm．下位子房は長さ 1.5 mm，赤い腺点がある．がくは杯状，径 2〜2.5 mm，裂片は 5，卵形で先は円く，ふちに毛がある．花冠は白くときに赤味を帯び，高盆形，無毛，筒部は長さ 5〜7 mm，径 2 mm，裂片は広卵形，長さ 2〜2.5 mm．雄しべは 5 本，花冠筒部の入口にある．柱頭は肉質で筒部の基部にある．核果は 4〜6 月に赤く熟す．核は楕円体で 1 本の深い溝があり，長さ約 5 mm.

4323. ゴ マ ギ 〔レンプクソウ科〕

Viburnum sieboldii Miq. var. ***sieboldii***

本州，四国，九州の山地または原野に生える落葉小高木である．高さ 2〜5 m ほどに達し，若枝には白色の毛が密生している．葉は 1.5〜2.5 cm の柄があって対生し，葉身は長楕円形あるいは倒卵形で整ったきょ歯があり長さ 5〜13 cm，幅 4〜8 cm，支脈が多く，しわ状になって光沢があり全体にごわごわした質であり，下面には特に脈上に白毛が生えている．5 月頃，1〜2 対の葉がある短枝の先端に散房花序を作って多数の小白花を密に開く．花冠は 5 裂，雄しべは 5 本，子房は下位．核果は楕円体で長さ約 10 mm，熟すると赤くなる．〔日本名〕生葉をもむとゴマに似た一種の臭気があるので胡麻木という．〔追記〕北陸，東北地方には葉が広大で，長さ 25 cm にも達するマルバゴマギ var. *obovatifolium* (Yanagita) Sugim. がある．

4324. サンゴジュ 〔レンプクソウ科〕

Viburnum odoratissimum Ker Gawl. var. ***awabuki*** (K.Koch) Zabel

関東南部から琉球，韓国の済州島に分布し，山地や海岸に多いが，また生垣用としてふつうに植えられている常緑の小高木である．高さ 3〜6 m，全体にほとんど毛が無く，枝はやや太くて灰褐色．葉は 2〜5 cm のやや太い柄があって対生し，葉身は倒披針形，倒卵形，長楕円形または楕円形など色々で長さ 10〜20 cm，幅 4〜8 cm で質が厚く，上面はすべすべして光沢があり濃緑色，下面は淡緑色，ふちには上半部に鈍いきょ歯がある他は全縁である．夏に 2 対の葉がある短枝上に円錐花序を作って多数のややうす紫を帯びた白色の小花を開く．がくの先は浅く 5 裂，花冠は短い筒になり長さ約 6 mm，ふちは 5 裂する．雄しべは 5 本．果実は楕円体で赤熟し，長さ 7〜8 mm で美しい．〔日本名〕果実を見立てて珊瑚樹の名がある．中国でいう珊瑚樹は基準変種 var. *odoratissimum* で，これに似て雄しべが長く，花に芳香がある．

4325. カンボク 〔レンプクソウ科〕

Viburnum opulus L. var. ***sargentii*** (Koehne) Takeda

（*V. opulus* var. *calvescens* (Rehder) H.Hara）

東アジア，わが国では北海道から本州までのブナ帯から上の山地の湿ったところに生える落葉低木で，高さ 2.5〜3 m に達する．葉は 3〜4 cm の長柄があって上部に 1 対の蜜腺があり，対生する．葉身はふつう 3 中裂し，裂片は鋭く尖り，粗いきょ歯があり，基部はほぼ切形で長さも幅も 6〜10 cm である．初夏に枝先に複散房状の花序を出して多数の白色花を開き，中央の小さい正常花のまわりには，花冠が非常に大きい装飾花がとり巻いている．正常花は花冠 5 裂，雄しべは花冠より高く伸び出て 5 本．葯は濃紫色である．花後ダイズぐらいの大きさの核果を結び，熟すれば赤くなる．テマリカンボク f. *hydrangeoides* (Nakai) H.Hara という装飾花ばかりからなるものがある．また葉裏や花序の枝に生える白い毛の多少にやや変化があり，品種として分けることもある．本種の材は白色で柔らかいが粘り強いので，もっぱら楊枝を作るのに使う．〔日本名〕肝木と表記するがこれは漢名ではない．植物体をかつて薬用に用いたことから，人の命に関わる肝要な木ということでこう名付けられたとする説がある．

4326. オトコヨウゾメ（コネソ） 〔レンプクソウ科〕

Viburnum phlebotrichum Siebold et Zucc.

本州，四国，九州のやや乾いた明るい山地に多い落葉低木．高さ 2 m ぐらいになり，樹皮は灰色，小枝はまっすぐで開出し，無毛またはわずかに長毛がある．葉は対生し，長さ 3〜7 mm の短い柄があり，葉身は卵状楕円形で先は鋭く尖り，基部は鋭いものも鈍いものもあって長さ 3〜7 cm，幅 2〜4 cm，質はややうすく，青緑色で上面はほぼ平滑，下面は葉脈が隆起して毛があり，ふちにはきょ歯があり，規則正しく配列する支脈はきょ歯の先端に達する．5〜6 月頃，1 対の葉がある短枝の先に下垂する複散房花序を出して 5〜10 花をつける．花冠は径 1 cm 以下，白色で淡紅色を帯び，5 裂して全開する．雄しべ 5 本，花冠よりは短い．秋になると広楕円体，やや平たい赤色の核果を結んで下に垂れる．この植物は乾くと黒変する特性がある．〔日本名〕意味は不明であるが，ガマズミ類を，ヨツドメ，ヨソゾメなどという地方があり，それの果実が大きくて食べられるのに比べると，本種は全くやせていて食用にならないのでオトコの字を冠せたのではないかとも思われる．

4327. ガマズミ 〔レンプクソウ科〕

Viburnum dilatatum Thunb.

北海道から九州まで，および朝鮮半島，中国にも分布し，いたるところの丘陵地，山地に見られるが，ときに人家にも植えられる落葉低木で高さ 1.5〜2.5 m ばかりに達し，若枝には毛がある．葉は対生し，葉身は広い倒卵形から円形の間で変化が多い．先は短く尖り，ふちには不整の低いきょ歯があり，長さ 3〜12 cm，幅 2〜8 cm，両面に毛が生えている．葉柄は 1 cm 内外で托葉はない．初夏に多数の小白花を散房状に集めて開くが，花序は常に 1 対の葉がある短枝に頂生している．花冠は 5 深裂，雄しべは 5 本で花糸が長い．核果は卵形体で長さ 5 mm ほど，はじめ鮮紅色，熟すと暗赤色となり，甘酸っぱいので子供がよく食べる．まれにある黄実のものをキンガマズミまたはキミノガマズミという．〔日本名〕語源はわかっていないが，スミは染の転訛で，この類ことにミヤマガマズミの果実で古く衣類をすり染めしたことと関係があろう．一説に神ッ実でオオカメノキとともに桃の渡来およびその説話と関係があろうともいう（前川文夫）．〔漢名〕慣用の漢名を莢蒾と書く．

4328. コバノガマズミ 〔レンプクソウ科〕

Viburnum erosum Thunb.

関東地方から西の日本各地，朝鮮半島，中国に分布し，日当たりのよい山地に多い落葉低木．高さ 1.5〜2.5 m になり，小枝に細毛がある．葉は対生し，長さ 3〜5 mm の毛のある短柄があり，葉身は長卵形または卵状長楕円形で先は鋭く尖り，ふちには低三角形のきょ歯があって長さ 3〜10 cm，幅 2〜5 cm，両面に細毛が生えている．葉柄の基部には細小な托葉がある．初夏に 1 対の葉がある短枝の上に散房花序をつけ，多数の小白花を開く．花冠は 5 裂し，長い 5 本の雄しべがある．花後に赤色で球形，長さ 6〜7 mm の核果を結ぶ．本種もはなはだ変化が多く，やはり果実が黄熟するキミノコバノガマズミや葉身が広披針形で先が目立って尖るナガバガマズミ，葉にやや深い切れこみのあるサイゴクガマズミ，葉の上面に毛がなくて光沢があるテリハコバノガマズミなどがある．

4329. シマガマズミ　〔レンプクソウ科〕

Viburnum brachyandrum Nakai

伊豆七島の固有種で，山の中にまれに生える落葉性の低木．枝は紫褐色を帯び，若いとき腺点が散在し，無毛または短毛がある．葉は対生し，ひし状卵円形または広卵形，先端は急鋭頭，基部は円形から切形，ふちはきょ歯があり，長さ 9〜12 cm，幅 6.5〜11 cm で，上面は脈に短毛が生え，下面は全体に星状毛がある．葉柄は 1〜1.5 cm．花序は頂生し散房状，腺点と短毛があり，3 cm 内外の柄があり，長さ 8 cm，径 12 cm に達する．花は 4 月に咲き，5 数性．花冠は輻状で径 6 mm．雄しべは花冠裂片より短い．核果は球形，核は長さ 7 mm，幅 5 mm．〔日本名〕ガマズミに似て，島（伊豆大島）に生えることによる．

4330. ミヤマガマズミ　〔レンプクソウ科〕

Viburnum wrightii Miq.

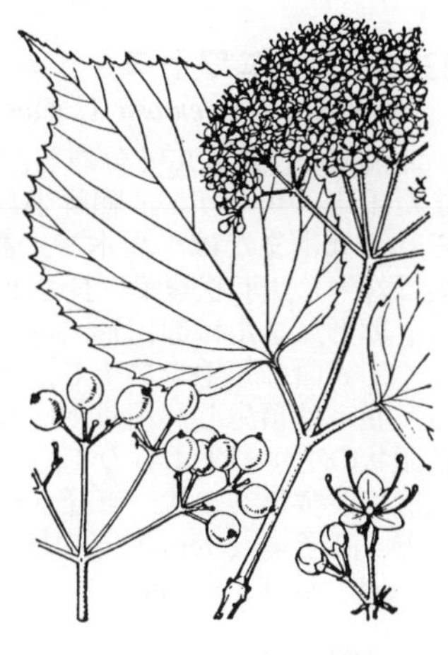

樺太南部から九州，および朝鮮半島，中国の山地に生える落葉低木．一般にガマズミよりは高所に生える．高さ 2〜3 m に達し，枝は無毛だが若い時だけ長毛がまばらに生えている．葉は対生して葉身は広い倒卵形，先端は尾状に鋭く尖り，基部はやや切形で長さ 7〜12 cm，幅 4〜9 cm，ふちには不整のきょ歯があり，下面には腺点があり脈上や脈の分岐点に少しばかり毛がある．葉柄はふつう毛があり，長さ 1〜1.5 cm．夏に 1 対の葉がある短枝の上に散房花序を出し，多数の小白花を密に開く．花冠は 5 深裂，雄しべは長く 5 本．核果は球形で長さ 6〜7 mm, 赤く熟する．本種も変異が多く，葉の下面の腺点の有無，葉の大小，上面に生える毛，あるいは葉の質などを取り上げて色々な名が与えられている．また若い株の葉はふちによく暗紫の着色が見られる．ガマズミに似ているが，全体に毛が少ない上に，葉の支脈の走り方が端正であるので区別できる．

4331. オオシマガマズミ　〔レンプクソウ科〕

Viburnum tashiroi Nakai

奄美大島と徳之島に固有な種である．常緑樹林下または林縁に生える落葉高木で，高さ 5 m ほどになる．若い枝は星状毛と単毛を密生する．葉は卵形，広卵形，または円形，先は急鋭尖頭，基部は心臓形から切形，先端まできょ歯があり，長さ 6〜15 cm，幅 4〜13 cm，両面とも腺点を密生し，脈上に毛がある．葉柄は 8〜20 mm，星状毛と長い単毛がある．花は 4〜5 月に咲き，芳香がある．花序は短い枝の先に頂生し，散房状，直径 5〜12 cm，毛と腺点を密生する．子房は半下位で長さ 1 mm，星状毛と腺点がある．がく裂片は小さく，卵形，無毛．花冠は白色，輻状，直径 4〜5 mm，深く 5 裂し，裂片は無毛でふちに乳頭状突起がある．雄しべは花冠より短い．柱頭は無柄，肉質で 3 裂する．核果は 9〜11 月に赤く熟す．核は扁平な卵形体で，長さ 5 mm，幅 4 mm，溝は不明瞭．〔日本名〕奄美大島に産するガマズミの意味である．

4332. ハクサンボク（イセビ）　〔レンプクソウ科〕

Viburnum japonicum (Thunb.) Spreng.

日本暖地（伊豆七島，山口県，九州）から琉球にかけて分布し，台湾と韓国の一部にも知られている常緑の大形低木．高さ 5 m ほどになり全体に毛がない．葉は 1.5〜5 cm の柄があり，対生し，葉身は広大で長さ 7〜20 cm，幅 5〜17 cm，先端は急に尖り，基部は広いくさび形，ふちには鈍きょ歯があり，革質ですべすべして光沢があり，支脈は正しく平行し，その末端は葉のふちのきょ歯までのびている．秋に美しく紅葉することがある．春に枝先に上が平たい複散房花序を出して，多数の小白花を密に開く．がくは微小．花冠は輻状で筒部がはなはだ短く，径 6〜8 mm，5 深裂し，裂片は楕円形で先は円い．5 本の雄しべは花冠とやや同長．雌しべの花柱は短い．秋に長さ 1 cm，楕円体の核果をつけ熟すると赤くなる．花および葉は乾くと異臭がする．小笠原には葉のきょ歯が不明瞭なトキワガマズミ var. *boninsimense* Makino がある．〔日本名〕白山木は加賀（石川県）白山に産するという誤認に基づく．イセビの意義は不明である．

4333. ニワトコ　〔レンプクソウ科〕

Sambucus racemosa L. subsp. ***sieboldiana*** (Miq.) H.Hara var. ***sieboldiana*** Miq.

本州，四国，九州にふつうであり，朝鮮半島南部にも分布する大形の落葉低木．高さ 3〜5 m ほどに達し成長が早い．枝は質が柔らかで白色の太い髄がある．葉は対生し 3〜5 対の奇数羽状複葉で無毛，小葉は長さ 6〜12 cm ばかりの披針形または長楕円形で，先は尖り，ふちには細かいきょ歯がある．日本中部では最も春早く新芽を出す植物で，小枝の先に多数の細かい緑がかった白花をつけ散房花序をつくる．花冠は深く 5 裂し，径 3〜4 mm，雄しべ 5 本，雌しべ 1 個である．液果は赤色に熟し，球形または楕円体で長さ約 4 mm．変化が多く，果実が黄色のものにはキミノニワトコの名がある．本州の日本海側山地には，茎がはう性質があって高さ 2 m 以内のミヤマニワトコ var. *major* (Nakai) Murata がある．葉を民間薬に使用する．髄は太いので植物の実験で柔軟な組織の切片をかみそりで切るときの支えによく使われる．〔日本名〕語源ははっきりしない．〔漢名〕慣用の漢名として接骨木がよく使われる．

4334. エゾニワトコ　〔レンプクソウ科〕

Sambucus racemosa L. subsp. ***kamtschatica*** (E.L.Wolf) Hultén

北海道の低地に広く分布し，本州（青森･群馬･栃木県）の高地に稀産し，また千島，サハリン，朝鮮半島，中国東北部，さらにカムチャツカに知られる低木または小高木で，高さは 8 m 以下．若い枝は多少毛がある．葉は対生し，羽状複葉，長さ 8〜18 cm，幅 3〜8 cm，小葉は 5〜7，楕円形，卵形，または卵円形．ニワトコに比べ小葉が大きく，きょ歯がやや粗く，表面に短毛を散生し，下面特に脈上に開出するやや長い剛毛がある．花序は頂生し，円錐形，長い柄がある．花序には開出するやや長い乳頭状の毛が密生するので，ニワトコと区別できる．花は 5〜6 月に咲く．花冠は淡黄色，輻状，直径 5〜7 mm，無毛，裂片は 5 個，円形．核果は球形，直径 4〜5 mm，7〜9 月に赤く熟す．種子は卵状楕円体で，長さ 2.5〜3 mm，幅 1.5〜2 mm．

4335. ソ　ク　ズ（クサニワトコ）　〔レンプクソウ科〕

Sambucus chinensis Lindl. var. ***chinensis***

本州，四国，九州の山野に生える多年生草本で，根茎を引いて繁殖し群落になる．茎は高さ 1.5 m ほどに達し，緑褐色で太い．葉は対生し，奇数羽状複葉で小葉は 5〜7 個．広披針形または狭卵形で長さ 5〜17 cm，幅 2〜6 cm できょ歯があり，ニワトコによく似ている．夏に茎の先に散房花序を作って密に花を開く．花冠は小形で白色，径 3〜4 mm，5 裂し，5 本の雄しべがある．花序には所々杯状の黄色い腺体があり，また狭線形の苞葉が目立って見える．果実は球形で赤く熟し，径 4 mm ぐらい．葉および根を乾して薬用にする．〔日本名〕漢名の蒴藋（さくだく）の字音から転化したものであるというが，クサニワトコの古名クサタズ（草状のニワトコの意）の転音であるかも知れない．〔追記〕琉球，小笠原および台湾には，葉や花序が有毛で花序の腺体が壷状のタイワンソクズ var. *formosana* (Nakai) H.Hara を産する．

4336. レンプクソウ（ゴリンバナ）　〔レンプクソウ科〕

Adoxa moschatellina L.

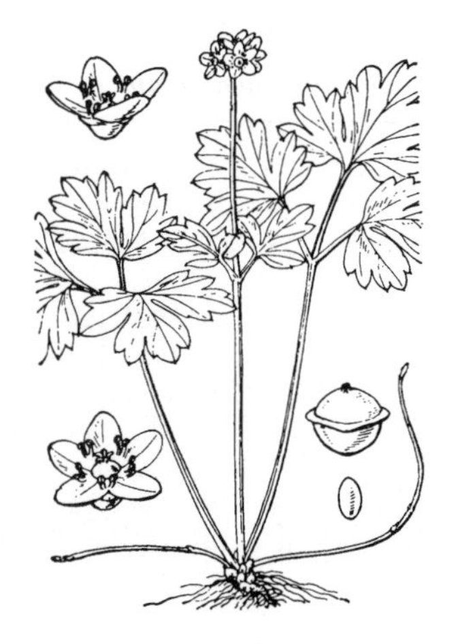

北半球の温帯，寒帯に広く分布し，日本では北海道から九州の山地林内に生える多年生草本．根茎は節々が少し肥厚し，まばらに鱗片があり，白色の細長い地下生のつる枝を横にのばす．茎は高さ 8〜17 cm ぐらい．根生葉は長柄があり，3〜9 個の小葉に分裂し，茎とほぼ同長．茎葉は 1 対で対生し，3 裂する．4〜5 月頃，茎頂に黄緑色の小花がふつう 5 個頭状につき，先端の 1 花は花冠 4 裂，雄しべ 8 本，側方の 4 花は花冠 5 裂し，雄しべは 10 本である．果実は核果で，3〜5 の軟骨質の果実が集合する．本種はスイカズラ科のガマズミ属やニワトコ属に近縁であり，最近ではこれらの属をレンプクソウ科に含めることがあるが，主に草本である点を重視して，中国産の *Sinadoxa* などと共に独立の科とされることが多い．また，本種はかつては 1 種だけでレンプクソウ属を構成すると考えられていたが，現在は東アジアを中心に数種が認められている．〔日本名〕そのむかし，たまたまフクジュソウに長い地下茎が続いて来たのを見た人がはじめて連福草といい出したといわれる．〔漢名〕五福花．

4337. ウコンウツギ 〔スイカズラ科〕

Macrodiervilla middendorffiana (Carrière) Nakai

（*Weigela middendorffiana* (Carrière) K.Koch）

極東ロシアの亜寒帯に広く分布し，日本では本州北部と北海道の亜高山帯から高山帯下部の斜面に生える落葉低木．高さは 1.5 m ぐらいで，若枝には 2 列の毛の線がある．葉は対生し，上部ではほとんど無柄，葉身は質やや硬く，いくらか光沢があり，卵円形，倒卵形または広披針形，先は鋭く尖り，基部は円形またはくさび形，ふちのきょ歯は尖り，上面の脈上に短毛があり，下面も脈上に粗い毛がある．7〜8 月頃，枝の先端または上部葉腋に少数の有柄花をつける．花冠は黄緑色，鐘状漏斗形で長さ 3.5〜5 cm，上部が 5 裂して開き，筒部は上方がいくらかふくらむ．花中には 5 個の雄しべがあり，葯は相互に接着して毛がある．がくは上下の両唇に分かれ，上唇は 3 裂．下唇は 2 裂し，下位子房の上に立ち，花後も残っている．さく果は厚い膜質，長さ 2 cm 内外，2 裂するが先端はつながっている．〔日本名〕黄色（うこん色）の花を開くウツギの意味．

4338. キバナウツギ 〔スイカズラ科〕

Weigela maximowiczii (S.Moore) Rehder

本州北中部の湿った山地に生える落葉低木で高さ 1.5 m ぐらいである．枝はよく分かれ，灰褐色，若い時には 2 列の毛の線がある．葉は対生し，上部では無柄，葉身は卵状楕円形で先は尖り，基部はくさび形または円形，ふちにはきょ歯があり，質は薄く，両面に毛がある．5〜6 月頃枝上部の葉腋に少数の淡黄色花を出す．花冠は鐘状漏斗形で長さ 3.5〜4 cm，上部は 5 裂して開き，花柄はない．花中の 5 個の雄しべの葯は互に接着する．下位子房の先端にあるがく片は長さ 1〜1.5 cm で互にくっつき一方が裂けた筒となり，花後脱落する．さく果は長さ 2〜3 cm，熟して 2 裂し，先端は離れる．ウコンウツギに似ているが，本種は無花柄，がく裂片の脱落性，さく果が先から裂開することなどが著しい区別点である．〔日本名〕黄花を開くウツギの意味．〔追記〕タニウツギとの雑種が東北地方でまれに見つかっている．

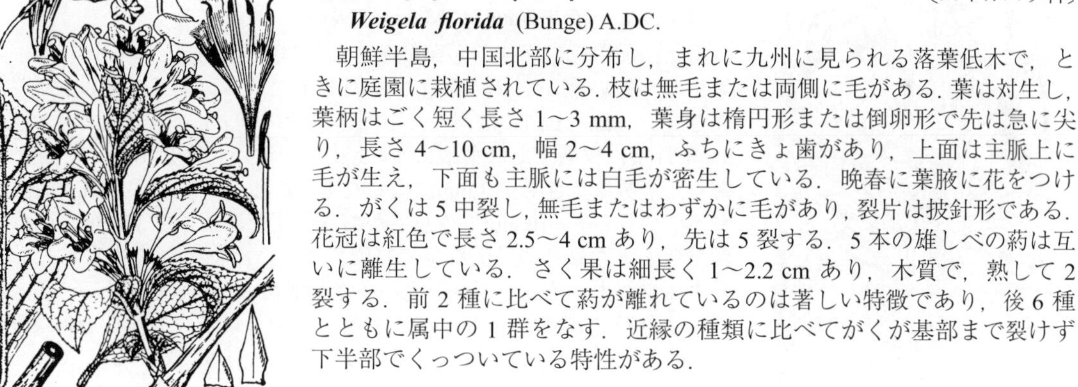

4339. オオベニウツギ 〔スイカズラ科〕

Weigela florida (Bunge) A.DC.

朝鮮半島，中国北部に分布し，まれに九州に見られる落葉低木で，ときに庭園に栽植されている．枝は無毛または両側に毛がある．葉は対生し，葉柄はごく短く長さ 1〜3 mm，葉身は楕円形または倒卵形で先は急に尖り，長さ 4〜10 cm，幅 2〜4 cm，ふちにきょ歯があり，上面は主脈上に毛が生え，下面も主脈には白毛が密生している．晩春に葉腋に花をつける．がくは 5 中裂し，無毛またはわずかに毛があり，裂片は披針形である．花冠は紅色で長さ 2.5〜4 cm あり，先は 5 裂する．5 本の雄しべの葯は互いに離生している．さく果は細長く 1〜2.2 cm あり，木質で，熟して 2 裂する．前 2 種に比べて葯が離れているのは著しい特徴であり，後 6 種とともに属中の 1 群をなす．近縁の種類に比べてがくが基部まで裂けず下半部でくっついている特性がある．

4340. ハコネウツギ 〔スイカズラ科〕

Weigela coraeensis Thunb. var. ***coraeensis***

関東から中部地方の海岸付近に生えるが，他の場所でも海岸付近を中心に野生状になっている落葉低木で，しばしば庭園に栽植される．高さ 3〜5 m ぐらいになり，全体がほとんど無毛，枝は灰褐色で太い．葉は対生し，長さ 1〜1.5 cm の柄があり，葉身は質やや厚く光沢があり，広楕円形または倒卵状広楕円形で，長さ 8〜15 cm，幅 4〜10 cm，先は急に鋭く尖り，基部も急にくさび形となり，ふちにはきょ歯がある．初夏に新枝の葉腋から出る短い総花柄上に散房状に多数の花をつける．花冠は鐘状漏斗形で長さ 3〜4 cm，先は 5 裂し，筒部は中央から下は急に細まり，はじめ白色だがしだいに紅紫色に変化する．雄しべ 5 本．雌しべは 1 本で花筒から突き出ない．さく果は長さ 2〜3 cm．種子に翼がある．伊豆諸島に産するニオイウツギ var. *fragrans* (Ohwi) H.Hara は花冠が短く長さ約 2 cm，花に香気がある．〔日本名〕箱根空木の意であるが，箱根の山中には本種は産せず，山麓にのみ見られる．

4341. タニウツギ 〔スイカズラ科〕

Weigela hortensis (Siebold et Zucc.) K.Koch

北海道，本州の主に日本海斜面の山地に生える落葉低木で高さ 2〜3 m になる．茎は無毛か若い時にはまばらに毛がある．葉は対生し，長さ 4〜8 mm の柄があり，葉身は卵形，長楕円形あるいは倒卵形で，長さ 6〜10 cm，幅 2.5〜5 cm，先は鋭く尖り，基部はくさび形，ふちには低いきょ歯が並び，上面はやや無毛，下面は白味を帯びてやや密に白毛がある．5〜6 月頃，小枝の先端または葉腋に散房花序を出して花をつける．花冠は紅色，長さ 3〜3.5 cm，筒部は上方がしだいにふくらみ，先で 5 裂．雄しべ 5 本，雌しべ 1 本がある．子房は無毛かやや粗い毛がある．種子には翼がある．がく裂片は披針状線形で多少毛がある．〔日本名〕ふつう谷間に多いからタニウツギと呼ぶ．〔漢名〕楊櫨とするのは当を得ない．

4342. ニシキウツギ 〔スイカズラ科〕

Weigela decora (Nakai) Nakai

本州，四国，九州の山地に生える落葉低木で，高さは 2〜3 m になる．若枝は無毛か 2 列の毛の線がある．葉は対生し，葉柄は 1 cm ぐらい，葉身は長卵形，楕円形または倒卵形で，長さ 6〜10 cm，幅 3〜6 cm，両端鋭く尖り，きょ歯があり，上面はやや無毛，下面の主脈の下半分には密生した毛がある．5〜6 月頃葉腋から 2〜3 個の花を散房状に開く．花冠は 5 裂する漏斗状で長さ 3 cm ぐらい，ほとんど無毛か全く無毛，筒部は基部へしだいに細まり，はじめは白色，後に暗紅色となる．花中に 5 本の雄しべと 1 本の雌しべがあり，花柱は花外へ伸びる．子房は下位で細長く，その先に 5 個の広線形のがく片がつく．種子には翼がある．〔日本名〕三色ウツギに対する二色ウツギで，本種の花は初め白色，のち赤変するのでこれにちなんでつけられた．美しいから錦ウツギというのではない．花が最初から赤色の品種もある．〔追記〕原著で使われた *W. nikkoensis* Makino は正式に発表された学名ではない．

4343. サンシキウツギ（フジサンシキウツギ） 〔スイカズラ科〕

Weigela* ×*fujisanensis (Makino) Nakai

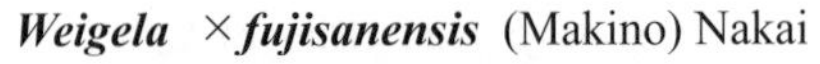

富士山麓附近に産する落葉低木．若枝は四角で稜上に毛がある．葉は対生し，短い柄があり，葉身は楕円形または倒卵形で，先は鋭く尖り，長さ 3〜8 cm，上面には薄く，下面には特に脈上にやや伏した毛が多い．5〜6 月頃に枝端または葉腋に 1〜3 花をつけた花序を出す．花柄はごく短く，子房は長さ 9〜12 mm，伏した毛がある．がく片は 5 個，狭線形やや不同で長さ 6〜10 mm，少し毛がある．花冠は長さ約 3.5 cm，初めから紫紅色かまたは初めは淡紅色で後濃くなり，外面にうすく毛がある．ニシキウツギより花冠や子房の毛が多く花は初めから紅色である．〔日本名〕株により花色に濃淡があるので 3 色の花をつけるウツギの意味である．〔追記〕ニシキウツギとヤブウツギの雑種と推定されている．

4344. ヤブウツギ 〔スイカズラ科〕

Weigela floribunda (Siebold et Zucc.) K.Koch

本州中部以西および四国の山地に生える落葉低木で，高さ 2 m 以上になり，全体密に軟毛が生えている．葉は対生し，長さ 3〜5 mm の短柄があり，葉身は楕円形または卵形で長さ 9 cm 内外，幅 4 cm 内外，先は尖り，基部はくさび形，上面はまばらに毛があり，下面は密に汚白色の軟短毛がある．花は 5〜6 月頃同年の新枝に頂生または腋生し，初めから暗赤色である．がく筒には密に毛があり，裂片は 5 個で細く狭い．花冠は側向し，鐘状漏斗形，長さ 3 cm 内外，外面に密毛があり，筒部は上に向かってしだいに太まるが，裂片は展開しない．雄しべ 5 個．白色の柱頭は花外に超出する．さく果は長楕円体で外側に密毛があり，長さ 2 cm ぐらい，裂開すると有翼の細小な種子を出す．〔日本名〕藪ウツギで，密生してやぶになるからである．

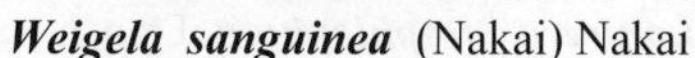

4345. ビロードウツギ（ケウツギ）〔スイカズラ科〕

Weigela sanguinea (Nakai) Nakai

（*W. floribunda* (Siebold et Zucc.) var. *nakaii* (Makino) H.Hara）

本州中部の太平洋側の山地に生える落葉低木で，高さ 2〜3 m になり，小枝は長く，しばしば垂れ下がる．葉は対生し，短柄があり，葉身は倒卵形あるいは楕円形で長さ 5〜10 cm，先は鋭く尖り，ふちにはきょ歯があり，両面に毛があるがことに下面主脈上を著しく白軟毛がおおっている．花は 6〜7 月に葉腋から咲き，初めから濃紅色である．がく片は 5 個，線形で直立し毛が多い．花冠は鐘状漏斗形で，筒部はやや急に大きくなり，先が 5 裂して開き，外面には軟毛が生えている．さく果は狭長な楕円体で毛が残り，熟すれば中軸を残して 2 裂する．〔日本名〕植物体表に軟細毛があるので織物のビロードを連想して名付けられた．本種をヤブウツギに含める意見や，ヤブウツギとニシキウツギの雑種起源のものとする説もある．

4346. ツキヌキソウ〔スイカズラ科〕

Triosteum sinuatum Maxim.

日本では長野県に知られ，中国東北部，ウスリー，アムールなどにも分布する．高原の草地または林下の湿った場所に稀産する．茎は叢生し，中空で直立し，高さ 1 m ほど．全体に長く軟い腺毛と毛を密生する．葉は卵形から楕円形，先は急鋭尖頭，基部は対生する葉と互いに合着し，合着した基部がしばしば円形になり，長さ 10〜20 cm，幅 6〜10 cm，無柄．5〜6 月に茎の上部の葉腋に 2〜4 個のほとんど無柄の花をつける．下位子房は 4 室，うち 1 室は発育不全である．がく裂片は 5，披針形．花冠は淡黄色で内側は紫褐色を帯び，長さ約 2.5 cm．茎の先は花の後も伸長し，実は茎の中部付近につくことになる．核果は卵球形で長さ約 1 cm，先が細くなりその先にがく裂片が残る．〔日本名〕対生する葉が合着し，葉の中に茎が突きぬけるように見えることによる．

4347. クロミノウグイスカグラ（クロミノウグイス，クロウグイス）〔スイカズラ科〕

Lonicera caerulea L. subsp. ***edulis*** (Regel) Hultén

var. ***emphyllocalyx*** (Maxim.) Nakai

本州北中部および北海道の亜高山帯の日当たりの良いところに生える落葉小低木で高さ 1 m に達しない．多少平伏し，小枝は堅くまっすぐで，若い時は緑色だが古くなると淡黄褐色の皮がうすくはげる．葉は対生，短い柄があり，葉身は楕円形で長さ 3〜4 cm，やや白っぽくなり両面ともに毛があるが後に脱落してやや無毛になる．花は 7 月頃，新枝の葉脈から出て横向きあるいはうつ向いて開く．総苞は長さ 5〜8 mm で細く，苞葉はくっついて子房を包む．2 個の下位子房はくっついており，その先に 2 個の花冠がある．花冠は黄白色で漏斗状鐘形，先は 5 裂し，裂片はみな同形，外面には短毛が生えている．液果は成熟すると青味のある黒色となり，ほとんど球形で甘味があり，食べられる．若い時，全体に長軟毛を密生するものをケヨノミ var. *edulis* Regel といい，北海道以北に産するが，区別点は必ずしもはっきりしていない．〔日本名〕黒い実がなるウグイスカグラの意味である．ケヨノミと共にハスカップともいう．

4348. キンギンボク（ヒョウタンボク）〔スイカズラ科〕

Lonicera morrowii A.Gray

北海道，本州の主に日本海側の山野に生える落葉低木で，ときに観賞用として庭に植えられる．高さ 1.5 m 内外，盛んに分枝する．葉は対生，短い柄があり，葉身は楕円形で柄も含めて長さ 2.5〜4 cm，幅 1〜2.5 cm，両端ともほぼ円形で全縁，毛が生えており，下面は淡緑色である．初夏に枝上の葉腋から短柄を出して，その上にふつう 2 花を並べて開く．合弁花冠は 5 裂し，長さ 1.3 cm ぐらいで外面に軟毛があり，やや不整形であるが，この属中ではもっとも整形に近いものである．はじめ白色だが後に黄色に変わる．雄しべは 5 本で花筒部から突き出る．液果は径約 6 mm の球形で赤く熟し，2 個接着して瓢箪状になる．〔日本名〕果実の形からヒョウタンボクの名がある．劇毒がある．キンギンボクの名は花の新旧で白と黄とが入り混じる有様を銀と金とにたとえた．果実が黄色く熟するものがあって庭園に栽培するがこれをキミノキンギンボクという．

4349. **アラゲヒョウタンボク**（オオバヒョウタンボク）〔スイカズラ科〕

Lonicera strophiophora Franch. var. ***strophiophora***

北海道，本州の山地の林中に生える落葉低木で，高さ 2 m ほどになる．枝は灰褐色でほとんど無毛だが，はじめのうちは少し毛がある．葉身は卵状楕円形で先端はしだいに細くなって尖り，基部は円形，長さ 8 cm，幅 4 cm ぐらい，膜質でやや硬く両面および短柄ともに粗い毛があり，下面はしばしば粉白色になる．5 月に新葉とともに開花し，花は下向し，漏斗状で長さ 2 cm 以上にもなり，基部にはふくらんだ所があり，淡黄色，やや整形で 5 個の裂片は同大である．子房は 2 個ずつ離れて並んでおり毛があり，基部には卵形で先の尖った長さ 1〜2 cm の大きな苞葉が 2 枚あって特徴的である．液果は球形で熟すると紅くなる．〔日本名〕大葉瓢箪木は江戸時代に名付けられた本種最初の名．荒毛瓢箪木は明治時代（20 世紀はじめ）につけられた名で，葉に生える粗い毛に基づくものである．本州の中部以西には子房や花柱の下半部に毛のないダイセンヒョウタンボク var. *glabra* Nakai がある．

4350. **ヤマウグイスカグラ**〔スイカズラ科〕

Lonicera gracilipes Miq. var. ***gracilipes***

ウグイスカグラの変種だが学名上では基本品に当たる落葉の小低木．本州から九州の山野に生え，花と果実はウグイスカグラと変わらないが，葉の両面に粗い毛がまばらに生えており，ふちにも毛がある点が異なっている．小枝は細く，灰色である．葉は対生し，ごく短い柄があり，葉身は広卵形または広楕円形で全縁，質はうすく洋紙状である．早春に新しい葉腋から淡紅花を出し，ふつう 1 花ずつついている．果実は広楕円形状球形で毛はなく，夏に紅く熟し，一見ナツグミのようである．

4351. **ウグイスカグラ**（ウグイスノキ）〔スイカズラ科〕

Lonicera gracilipes Miq. var. ***glabra*** Miq.

本州，四国の山地，原野に分布するが，観賞のため庭園にも植えられる落葉小低木．高さ 1.5〜3 m で幹に細い枝が多く，ふつう無毛である．葉は短い柄があり，対生，葉身は楕円形または広卵形で，柄も含めて長さ 2.5〜6 cm，幅 1.5〜5 cm，無毛であり，ふちは若いとき暗紅紫色を帯びる．春に葉が出ると同時に，葉腋から下垂する細長な花梗が出て淡紅色の花が咲く．花の基部にある苞葉はふつう 1 個で狭披針形，長さ 3〜7 mm．花冠はやや曲がった漏斗形で花筒部が細長く，長さ 2 cm ぐらい，先端は 5 裂し，裂片は同形．液果は楕円体で長さ約 1 cm，初め緑色だが熟すると鮮紅色になり，しばしば子供が食べる．〔日本名〕ウグイス狩座の意味で，ウグイスのような小鳥がよく集まることから，それを捕獲するのに適した場所として名付けられたという説（深津正）が説得力があるが，異説もある．〔漢名〕驢駄布袋とするのは正しくない．

4352. **ミヤマウグイスカグラ**〔スイカズラ科〕

Lonicera gracilipes Miq. var. ***glandulosa*** Maxim.

本州から九州にかけての山地に生える落葉低木で，高さ約 2 m になり，枝分かれが多く，枝および葉には褐色の毛が生えている．葉は対生し，短い柄があり，葉身は広楕円形あるいは卵状楕円形で長さ 3〜5 cm ぐらいになり，質はうすい．花は初夏，葉腋から単立，やや下垂し，花梗の先端には線状の苞葉が 1 または 2 個あり，ふつう 1 個だけが大きい．花冠は淡紅色で長さ 1.5 cm 内外，上部は 5 裂し，花柱には毛がある．液果は楕円体，熟すると紅色になり，表面を腺毛がおおっている点でヤマウグイスカグラと区別される．腺毛の量には変化が多い．

4353. コウグイスカグラ 〔スイカズラ科〕

Lonicera ramosissima Franch. et Sav. ex Maxim. var. ***ramosissima***

本州，四国のやや高い山地に生える落葉小低木で枝は密に分岐する．葉は対生し短い柄があり，卵形で先は短く尖り，長さ 1～2 cm，両面に細毛がある．春に若枝の葉腋から長さ 1 cm ぐらいの細い柄を出し，頂に 2 花が並んで開く．苞葉は長楕円形で長さ 5 mm 以下，小苞は左右が合着し倒心臓形で長さ 1.5 mm，花とともに無毛である．花は下に向かって開き，花冠は淡黄色で長さ約 1.5 cm，円柱状の筒部の基部には一方の側にふくらみがあり，先は広がって短い 5 裂片に分かれる．内に 5 本の雄しべが裂片と互生してくっつき，雌しべが 1 本ある．液果は 2 個並び，下半は癒着して倒心臓形，紅熟する．葉身がやや大きく，楕円形または長楕円形，基部は円形かやや心臓形の 1 形があり，チチブヒョウタンボク f. *glabrata* (Nakai) H.Hara という．

4354. ココメヒョウタンボク 〔スイカズラ科〕

Lonicera linderifolia Maxim. var. ***konoi*** (Makino) Okuyama

八ヶ岳と赤石山脈の亜高山帯に生え，よく分枝する落葉性の低木．若い枝は紫褐色で短い軟毛があり，のち灰褐色になる．芽の鱗片は紫褐色，長い三角形で長さ 3 mm になる．葉は対生し，楕円形で，先は鋭頭，ほとんど全縁で，長さ 10～18 mm，幅 5～8 mm になり，両面にやや長い軟毛があり，下面は白っぽい．葉柄は約 2 mm で，毛が生える．花梗は 5～10 mm，苞は線形で無毛，小苞はない．がく裂片は短く，無毛．花は 5 月に咲き，5 数性．花冠は濃紫色で高盆形，長さ約 5 mm，裂片は 5 つ，ほとんど同形同大で，長さ 1.5 mm．液果は球形，赤く熟し，径 4 mm，少数の種子を含む．〔追記〕母種ヤブヒョウタンボク var. *linderifolia* は岩手県の北上山地に生え，葉が大きい．

4355. イボタヒョウタンボク 〔スイカズラ科〕

Lonicera demissa Rehder var. ***demissa***

富士山，八ヶ岳，赤石山脈などに産する落葉低木で，非常に細かく枝を分ける．若枝は暗紫色を帯び，細毛があり，基は数対の灰色の小鱗片で包まれている．葉は短い柄があり対生し，倒卵状長楕円形で両端は短く尖り，小形で長さ 1.5～3.5 cm，両面に軟らかい毛が密生している．6 月に葉腋から 1 cm 内外の花梗を出し，頂に 2 花が並んで咲く．苞葉は線形，小苞は卵形で小さく，毛がある．花冠は淡黄色で長さ約 1 cm，唇形で筒部は短く，一側に円い距があり，上唇は先が浅く 4 裂し，下唇は細く下へ垂れる．雄しべは 5 本，花柱は雄しべより短く，花糸の下部とともに毛がある．液果は 2 個接して並び，偏球形で径 6 mm ほど，紅熟する．〔日本名〕葉がイボタノキに似たヒョウタンボクの意味である．

4356. チシマヒョウタンボク 〔スイカズラ科〕

Lonicera chamissoi Bunge

本州中部の高山から北方(東アジアの冷温帯)に分布する落葉小低木で，各部全く無毛である．葉は対生し，ごく短い 0.5～2 mm の柄があり，卵形または楕円形で先は円形かまたは短く尖り，長さ 2～4 cm，幅 1.5～2.5 cm，下面は脈が浮き出て白っぽい．6～7 月に葉腋から長さ 4～12 mm の花梗を出し，先に子房がほとんどくっついた 2 花をつける．苞葉および小苞葉は卵形で長さ 1 mm 以下．花冠は濃紅色，小形で長さ 8～10 mm，筒部は短く下側はふくらみ，上唇は上部 4 裂し，下唇は線状長楕円形で下に垂れる．花柱や花糸には毛がある．液果はくっついており，紅色に熟する．〔日本名〕初め千島で見出されたので名付けられた．

4357. ウスバヒョウタンボク 〔スイカズラ科〕

Lonicera cerasina Maxim.（*L. shikokiana* Makino）

近畿・中国地方，四国と九州に分布し，山地の低木林に生えるまれな種である．岩石地で多く見かける落葉性の低木で．枝は無毛．葉は対生し，披針形または楕円状披針形，先は急鋭尖頭，基部はくさび形から円形．長さ 5〜10 cm，幅 1.2〜4 cm，上面は毛を散生し，下面は無毛．葉柄は 6〜10 mm．花は 4〜5 月に咲き，葉腋から 15〜25 mm の花梗を出し，2 つの花をつける．各花は 1 つの苞と 2 つの小苞がある．苞は線形で長さ 3〜4 mm，小苞は楕円形で長さ 1.5 mm．対になった下位子房は基部または下半部が合着し，長さ 2 mm, 3 室がある．がくは小さく，5 裂しふちに毛がある．花冠は淡黄色，長さ 10〜11 mm，二唇形で基部に蜜腺があり，中ほどまで切れ込む．雄しべは 5 本，花冠とほぼ同長で筒部より長く突き出る．花柱も雄しべと同長，無毛，柱頭は頭状．液果は球形，7 月に赤く熟す．種子は扁平で長さ 5 mm．〔日本名〕葉の質が薄いヒョウタンボクの意味である．

4358. オニヒョウタンボク 〔スイカズラ科〕

Lonicera vidalii Franch. et Sav.

本州中部，中国地方，朝鮮半島南部などの山地に産する落葉低木．樹皮はうすく紙状にはげ，黄褐色になる．若葉，葉柄，葉脈，花梗には細かい腺毛がある．葉はふつう長楕円形で両端は尖り，長さ 3〜8 cm，特に下面には立った毛が多い．5 月頃，葉腋から長さ 1〜2 cm の花梗を出し，頂に 2 花をつける．花冠は唇形で初め黄白色を帯びるが後淡黄色になり，筒部は長さ 5 mm 余り，下側に袋状の距があり，内面に粗い毛が生え，上唇は浅く 4 裂し，下唇は長楕円形で長さ 10 cm 内外，外へ反り返る．雄しべ 5 本，雌しべ 1 本，花柱は中部以下に粗い毛がある．果梗は下垂し，2 果は下半でくっつき，まゆ形になり，横径 15 mm ぐらい，7 月に濃紅色に熟し，有毒である．〔日本名〕全体の出来が荒々しいヒョウタンボクの意味．

4359. ハナヒョウタンボク 〔スイカズラ科〕

Lonicera maackii (Rupr.) Maxim.

青森県と岩手県および群馬県と長野県に分布し，さらに朝鮮半島，中国北部，モンゴル，東シベリアに知られている．落葉樹林の林縁，しばしば石灰岩地に生える．落葉性の低木で高さ 2〜4 m，よく分枝し，若い枝は有毛．葉は対生し，卵状楕円形または楕円形，先は鋭尖頭または尾状．基部は広いくさび形または円形，ほとんど全縁．長さ 3〜9 cm，幅 1〜4 cm，側脈は 4〜6 対で不明瞭．両面とも毛を散生し，主脈上には軟毛を密に生じる．葉柄は短く有毛．花は 5〜6 月に咲く．各葉腋から 2 mm ほどの短い花梗を出し，2 つの花をつける．苞は線形，長さ 3〜4 mm，軟毛と腺毛が生える．2 つの小苞は一方で合着し，子房を包み，長さ 2 mm，縁毛がある．下位子房は長さ 2 mm，無毛．がくは長さ 3 mm，5 中裂し，先は細く尖り，縁毛がある．花冠は白く，のち黄色になり，中央まで切れ込んだ 2 唇形で，上唇は浅く 4 裂，長さ 1.8〜2 cm, 内外側とも有毛．雄しべは 5, 花冠より少し短い．花柱は 13 mm，軟毛を密生し，柱頭は頭状．液果は球形，径 4〜5 mm，赤く熟す．

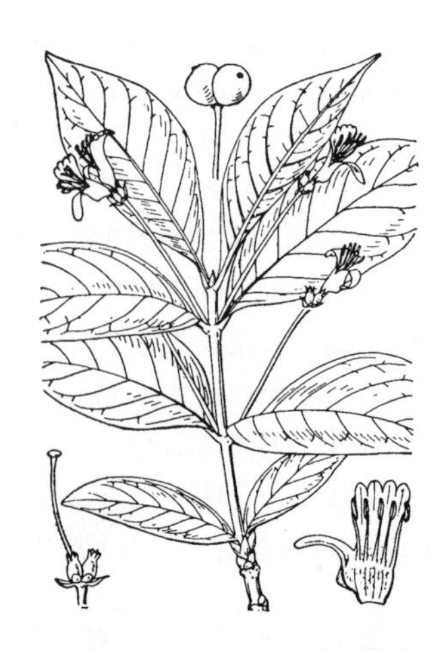

4360. オオヒョウタンボク 〔スイカズラ科〕

Lonicera tschonoskii Maxim.（*L. brandtii* Franch. et Sav.）

本州中部の高山帯下部および広島県帝釈峡に産する落葉低木で，高さ 2 m ほどになる．若枝は無毛,基部はかたい鱗片で包まれる．葉は対生し，柄は長さ 1〜4 mm，葉身は卵状長楕円形で両端が尖り，長さ 5〜12 cm，幅 2〜5 cm，質はうすく，ほとんど無毛で脈は凹み，下面は白っぽい．7 月に葉腋から細長い 2〜5 cm の花梗を出し，先に 2 花が並んでつく．苞葉は披針形で長さ 1〜2 mm，小苞葉は円く，長さ 1 mm，がく片は 5 個，披針形である．花冠は黄白色を帯び長さ約 1.5 cm，筒部は短く下側はふくらみ，上唇は上部 4 裂し，下唇は線形で下垂し，反り返る．花柱と花糸下部には毛がある．液果は 2 個ならび径 8 mm ぐらい，熟すると濃赤色になり光沢がある．〔日本名〕ヒョウタンボクよりも花も葉も大形なのによる．

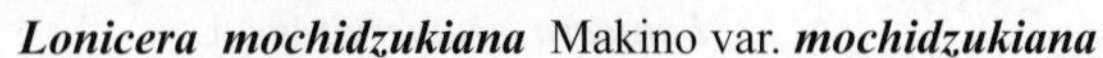

4361. ニッコウヒョウタンボク 〔スイカズラ科〕

Lonicera mochidzukiana Makino var. ***mochidzukiana***

本州中部の山地に生える落葉小低木である．若枝は四角で無毛，枝の基は数対のかたい鱗片で包まれ，芽も四角で披針形である．葉は対生し柄は短く，葉身は長卵形または披針状卵形で先は鋭く尖り，長さ 3〜10 cm，膜質に近い洋紙質，ほとんど無毛で若葉のときは主脈部を除いて暗紫色を帯びている．6 月頃，葉脈から平たい花梗を出し，先にふつう 2 花をつける．苞葉および小苞葉は小さく長さ 1 mm ぐらい．花冠は唇形で長さ約 1 cm，白色で後に汚黄色を帯び，上唇は浅く 4 裂し，下唇は広線形で下垂する．雄しべは 5 本，花柱には毛が散生している．液果は 2 個並ぶがほとんど離れ，赤く熟する．〔日本名〕初め栃木県日光で発見されたのにちなみ牧野富太郎が名付けた．〔追記〕西日本には葉の小さい変種ヤマヒョウタンボク var. *nomurana* (Makino) Nakai を産する．

4362. エゾヒョウタンボク 〔スイカズラ科〕

Lonicera alpigena L. subsp. ***glehnii*** (F.Schmidt) H.Hara

本州中部以北，北海道，サハリンにかけての山地に分布する落葉低木．若枝の断面は鈍い四角形で，無毛または細毛がある．葉は対生し，長さ 5〜10 mm の葉柄があり，葉身は長楕円状卵形で先は尖り，ふちや下面には毛があり，長さ 5〜10 cm，幅 2〜5 cm である．6 月頃，葉腋から長さ 2〜4 cm の長い花梗を出し，先に子房がくっついている 2 花が並んでつく．苞葉は披針形で長さ 3〜10 mm，小苞葉はきわめて小さい．花冠は淡黄緑色で長さ 12〜15 mm，外側には毛がなく，筒部は短くて下側の基部はふくらみ内面に毛があり，上唇は 4 裂し，下唇は長楕円形で下垂する．雄しべは 5 本，葯は黄色である．液果は 2 個がほとんどくっついており，紅熟し，径約 7 mm．〔日本名〕北海道に産する瓢箪木の意味である．

4363. キダチニンドウ（トウニンドウ，チョウセンニンドウ）〔スイカズラ科〕

Lonicera hypoglauca Miq.

本州の暖地，四国，九州から台湾，中国東南部にかけて，海岸に近い林中に生えるつる性の低木である．茎は円く，若いときは葉とともに長い絹毛におおわれている．葉は長さ 1 cm 以内の短柄があって対生し，葉身は卵形または長卵形で先は鋭く尖り，基部はふつう円形，長さ 3.5〜8 cm，幅 1.5〜5 cm，革質で表面は濃緑色，光沢があり，細脈はやや凹み，裏面には短い軟毛が密に生え，紅色の腺点がある．7 月に各葉腋から花梗が出て，その先に 2〜4 花が直立する．基部に 2 枚の苞葉と 4 枚の小苞葉がある．花冠は長さ 5 cm 内外，スイカズラに似ており筒部は細長く，上唇は 4 浅裂してやや広く，下唇は反り返っており細い．初め白色であるが後に黄変する．5 本の雄しべと 1 本の雌しべは長く，花冠の外側にとび出している．子房は下位で 2 個が並び無柄，液果は黒色，広楕円体で頂には短いくちばし状の突起がある．〔日本名〕木立忍冬は低木状であるのにちなみ，唐忍冬，朝鮮忍冬はいずれも国外品と誤認したための名である．

4364. ハマニンドウ 〔スイカズラ科〕

Lonicera affinis Hook. et Arn.

本州西南部暖地から琉球にかけての海岸に近い土地に生えるつる性低木で，キダチニンドウに似ているが，若い枝の先以外はほぼ無毛で，葉の下面には腺点もない．葉は柄があり対生し，初めから毛がなく，葉身は卵形で先は短く尖り，長さ 4〜10 cm，幅 2.5〜5 cm，下面は白っぽい．5〜6 月頃葉腋から長さ 3〜8 mm の花柄を出し，先に 2 花が並んでつく．苞葉は披針形で長さ 2〜3 mm，小苞葉は小さく円い．子房は 2 個並ぶが離れていて，がく片は小さい．花冠は長さ 4〜6 cm あり，咲き初めは白色で後に黄色を帯び，筒部は非常に細長く内面には毛があり，上半は両唇に分かれ，上唇は浅く 4 裂し，下唇は線形で下垂し反り返る．雄しべ 5 本，雌しべ 1 本．液果は球形で径約 7 mm，熟すると黒色になり白い粉をふく．〔日本名〕浜忍冬は海岸生のニンドウの意味．

4365. ツキヌキニンドウ 〔スイカズラ科〕

Lonicera sempervirens L.

北アメリカ東部および南部に野生するが，観賞のために庭園や鉢植にして栽培される常緑のつる植物．茎は長さ約 3 m になり，多く分枝し，全体に毛がない．葉は対生，卵形，長楕円形，倒卵形などできょ歯はなく，裏面は粉白を帯び，下部の葉は短い柄があるが上部の葉（花下の 1〜2 対）は基部がくっつき，ちょうど茎が葉を貫いているようであるから日本名の由来になっている．5 月頃，枝の先に層になって，美しい黄紅色の花を輪生する．花冠は長漏斗状で先端は 5 裂し，長さ 2〜5 cm，花冠からつき出す 5 個の雄しべと 1 個の雌しべがあり，子房は下位，花柄はない．花色や葉の性質などが変わった園芸品種がいくつか知られている．

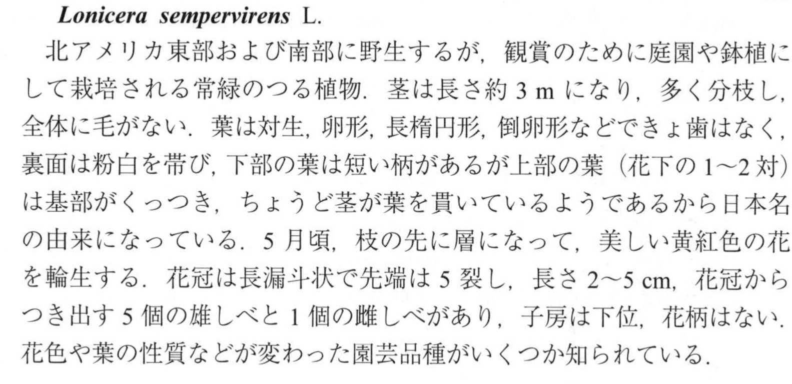

4366. スイカズラ（ニンドウ） 〔スイカズラ科〕

Lonicera japonica Thunb.

北海道南部から吐噶喇（とから）列島北部までの日本各地および朝鮮半島，中国に分布する常緑の木本で，右旋のつるが長くのび，若いときは軟毛や腺毛が生えている．葉は対生し，ごく短い柄があり，葉身は長楕円形で全縁（若い茎にはしばしば羽裂葉が出る），葉柄も含めて長さ 3〜7 cm，幅 1〜3 cm，冬の間もしおれない．そのため漢名を忍冬という．初夏に葉腋に芳香のある花が 2 個並んで咲き，しばしば枝先で花穂状になる．花の下には葉状の苞葉が対生してつく．がくは微細で無毛．花冠は長さ 3〜4 cm，外面に軟毛があり，筒部は細長く，上部は 5 裂して唇形になり，白色または淡紅色，後に黄色に変わってしおれる．それゆえ金銀花の漢名もある．雄しべ 5 本，花柱 1 本．液果は黒熟し，径 6〜7 mm の球形．茎，葉を薬用にする．〔日本名〕スイカズラは花中に蜜があり，これを吸う時の唇の形に花冠が似ており，しかもつる性であることから来ている．ニンドウは漢名の音読み．

4367. リンネソウ（エゾアリドオシ，メオトバナ） 〔スイカズラ科〕

Linnaea borealis L.

北半球の北部寒冷地に広く分布し，わが国では本州中部以北の高山の半陰地，または亜高山の針葉樹林下に生える草状の繊細な小低木．茎は地上をはい，針金状で径 1 mm ほど，細毛があり，常緑の葉を 2 列に対生する．葉は倒卵形または広楕円形で長さ 1 cm ばかり，先は鈍く，ふちは上半に少数のきょ歯があり，短い葉柄がある．質はうすいが硬くて上面にはやや光沢がある．花は 7 月に開き，高さ 5〜10 cm ぐらいの直立した小枝に頂生し，常に 2 個ずつあって微腺毛のある細い柄の先に並び，うつむいて咲く．総苞も苞葉も小形．がく片は 4 個，花冠は漏斗状鐘形で長さ 8〜10 mm，先は 5 裂して広がり，4 本の雄しべがあり，うち 2 本は短い．下位子房は卵状楕円体で腺毛があり，3 室．〔日本名〕学名の属名とともに植物分類学の基礎を作ったスウェーデンの学者 C. Linné を記念するものである．蝦夷蟻通シは北海道に産して全体の印象がアリドオシに似ているためであり，メオトバナは夫婦花，花が対をなしているのにちなんでいる．

4368. タイワンツクバネウツギ 〔スイカズラ科〕

Abelia chinensis R.Br. var. ***ionandra*** (Hayata) Masam.

奄美大島，沖縄島と石垣島から知られ，台湾にも分布する．海岸や山地の岩の上に生える．よく分枝する常緑性の低木で，高さ 50 cm ほど，枝は短毛を密生する．葉は卵形から楕円形で，ふつう長さ 7〜20 mm，幅は 5〜10 mm，大きくて 20〜30 mm の葉をつける株がある．葉縁には低いきょ歯が 2〜3（5）対あり，両面とも無毛．7〜9 月に枝の先に多数の花をつける．下位子房は円柱状で縦に稜があり，長さ 3〜5 mm，短毛を密生する．花冠は白色，漏斗形で，長さ約 1 cm，外面は毛を密生し，裂片は 5．雄しべは 4 本，花筒から長く突き出る．花柱は 1 本で花筒から突き出る．瘦果は先にがく裂片が残り，ツクバネ状で，1 種子ができる．〔日本名〕最初に台湾の植物に対し名付けられたことによる．

4369. ツクバネウツギ（コツクバネ）〔スイカズラ科〕

Abelia spathulata Siebold et Zucc. var. ***spathulata***
（*Diabelia spathulata* (Siebold et Zucc.) Landrein）

本州，四国，九州北部の山地に多い落葉低木で小枝が多い．高さ1〜2 m，若枝は赤褐色でほとんど平滑，光沢があるが老成すると表皮は不規則に割れ目が生じ，灰色を帯びる．葉は対生して短い柄があり，葉身は卵形または卵状楕円形で長さ2〜5 cm，幅1.5〜3 cm，上半にはまばらな波状のきょ歯があって先端は鋭く尖り，下面は淡色で，主脈の下半に白いひげ毛を密生する．5月頃，3〜5個の黄白色の花が集まる集散花序を出して美しい．がく片は狭長楕円形で5個．花冠は筒状鐘形，長さ2.5 cm内外，筒部の下方は細く，中部から腹面だけがひずんでふくらみ，先端は5浅裂して左右相称，裂片は開いて先は円く，下側のものの内面には濃い黄紋がある．4本の雄しべが花の内部にあり，花柱は1本で雄しべより高い．子房は細長で毛があり，無柄．変化の多い種類である．〔日本名〕衝羽根空木の衝羽根は5個のがく片の宿存する果実が羽子つきの衝羽に似ていることにちなみ，空木は木の姿がウツギに似ているからである．コツクバネはビャクダン科のツクバネに対して小さいことにより，古来の呼び名である．別名ウサギカクシ（兎隠し）は枝葉が繁っているので兎がかくれると見つからないという意味である．図中央下は密腺の縦断面．

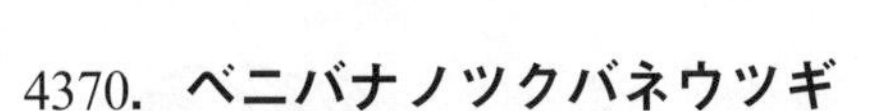

4370. ベニバナノツクバネウツギ〔スイカズラ科〕

Abelia spathulata Siebold et Zucc. var. ***sanguinea*** Makino

本州中部のやや高い山地に産する落葉低木でツクバネウツギの変種である．枝は盛んに分枝し，細く赤褐色である．葉は対生し短い柄があり，葉身は長卵形または長楕円形で長さ2〜5 cm，先は尾状に長く尖り，ふちに低いきょ歯がある．5〜6月頃若枝の先に短い柄を出し，2花が並んでつく．子房は細長く，細毛があり，がく片は5個で線形である．花冠は暗紅紫色を帯び，長さ2 cm内外，下部は細い筒状で上部は鐘状にふくらみ，少し彎曲し，上唇は短く2裂，下唇は幅広く3裂し，内側に橙黄色の脈状の絞りがあり，白毛が生えている．雄しべ4本．雌しべ1本．ツクバネウツギに比べ高い山地に生え，枝は赤味が強く，葉の先は長く尖り，花冠は暗紅色でやや小さいので区別する．

4371. ウゴツクバネウツギ〔スイカズラ科〕

Abelia spathulata Siebold et Zucc. var. ***stenophylla*** Honda
（*A. spathulata* var. *macrophylla* Honda）

東北地方から新潟県にかけての主として日本海側に分布するツクバネウツギの1変種である．日当たりの良い低木林，明るい林下または林縁に生える．若い枝は紫褐色で，有毛．葉は披針形から卵状楕円形，長さ2.5〜7 cm，幅1〜3 cm，両面とも毛がある．葉柄は短く有毛．花は4月下旬から6月に咲く．下位子房は細長く，有毛．がく裂片は5，ほぼ等長．花冠は長さ2.5〜4 cm，黄色，または白味や紫色を帯びる．花冠内側の基部に蜜腺があるが，図下中央の縦断図で示したように，クッション状に盛り上がっている．一方ツクバネウツギでは蜜腺は円柱状になっている（4369図下部参照）ので区別されるが，東北地方南部の太平洋側には中間的なものも多い．〔日本名〕最初羽後の国（秋田県）で採集されたことによる．

4372. コツクバネウツギ（キバナコツクバネ）〔スイカズラ科〕

Abelia serrata Siebold et Zucc.
（*Diabelia serrata* (Siebod et Zucc.) Landrein）

本州中部以西，四国，九州の山地に分布する枝葉の茂る落葉低木で高さ1〜1.5 m．若枝は赤褐色だが2年目から淡褐色になり，かつ不規則に裂け目ができる．葉は対生して短い柄があり，葉身は卵状披針形または卵形，長さ2〜4 cmで上半部のふちには鈍いきょ歯がある．上面は深緑色で光沢があり，しばしば紫に染まる．下面は淡色，主脈には白毛がある．花序は枝先に出て2〜7個の花を頭状につけ，5月から7月にわたって開く．がく筒は下位子房にゆ合し細長い．がく片は2または3個，楕円形で先は鈍く，ときに1〜2のきょ歯がある．花冠は長さ1〜2 cm，漏斗状で淡黄色，先端は5裂し，左右相称である．雄しべは5個で花冠の漏斗部よりは短い．ツクバネウツギに似ているが，がく片が少数であるのでたやすく区別できる．枝葉が緑色のものが神戸，六甲山に産し，ロッコウキバナコツクバネという．この種をコツクバネウツギというのは正しくないが，一般にこの名が通っている．

4373. オオツクバネウツギ（メツクバネウツギ）　〔スイカズラ科〕

Abelia tetrasepala (Koidz.) H.Hara et S.Kuros.

（*Diabelia tetrasepala* (Koidz.) Landrein）

福島県以西の本州，四国，九州北部に分布し，明るい落葉林下または林縁に生え，石灰岩地に多い．よく分枝する落葉性の低木で，高さ 1～3 m．枝は円く灰褐色から紫褐色，1 年目の枝は無毛から毛を密生するものまである．葉は対生し，卵形，楕円形または広卵形，先は急鋭尖頭，基部はくさび形から円形，全縁または主として上半部にきょ歯があり，長さ 2.5～6 cm，幅 1～3.5 cm，上面は脈上に毛があり，下面は開出する柔毛があり，特に脈上に多い．葉柄は短い．花は 4～6 月中頃に咲くが，同所的に生えるツクバネウツギより 1 週間から 10 日ほど花期が早い．短枝の先に短い花梗を出し，花は 2 つずつつき，それぞれ基部に小さい 1 つの苞と 2 つの小苞がある．下位子房は細長く，長さ 7～12 mm，毛が散生し，3 室のうち 2 室は発育不完全な心皮，稔性心皮には下垂する 1 胚珠がある．がく裂片は 5，うち 1 つは他より小さい．花冠は弱い 2 唇形で長さ 2.5～4 cm，5 裂し黄白色，淡黄色または桃色を帯びる．雄しべは 4 本．さく果は宿存するがくがあり，秋に熟し，1 種子がある．〔日本名〕ツクバネウツギに比べ花が大きいことによる．

4374. イワツクバネウツギ　〔スイカズラ科〕

Zabelia integrifolia (Koidz.) Makino ex Ikuse et S.Kuros.

関東西部から西の日本に点々と分布し，主に石灰岩あるいは蛇紋岩地帯に生える落葉低木．高さ 2 m ほどになり，多く分枝し，幹や枝は 6 本の溝が縦に明瞭に通る．年を経た幹は径約 4 cm，縦溝が多数ある．樹皮は白褐色，材は白く堅くて髄は小．小枝は赤褐色，新枝は生時緑色である．葉は対生，短柄は細毛があり，葉身は倒卵形，倒卵状楕円形または卵状披針形，両端が鋭く，ふちは全縁から少数の粗きょ歯縁，羽状中裂まで色々あり，上面は淡色で少し毛があり，下面は淡色で脈上に上向きの伏毛があって網目状の細脈がある．枝の末端の 2 葉の葉柄は両者合わさって緑色の球状に膨れているのはよい特徴である．花序は側生の小枝に頂生し 2 花をつけ，花序柄・花柄ともに極端に短く，苞葉は微小で 3 深裂，中片が長い．がく片は 5 個，線状へら形，先は鈍く，長さ 10～14 mm．無毛．5 月に開花し，花冠は長さ 16～18 mm，4 裂し平開し，裂片はほぼ円形だが下方の 1 個は少し大きく白色で筒部の出口附近の内側は紅色，両面に毛がある．2 強雄しべは花筒部に着生し，花糸に毛がある．花柱は 1 本で糸状，雄しべよりやや高く，先端はふくらむ．子房下位．果実には宿存がくがついて細長く 11～15 mm, 細毛がある．〔日本名〕岩衝羽根空木の意でその生態を示し牧野富太郎が命名した．〔追記〕本種の形状は中国北部産の *Z. biflora* (Turcz.) Makino に非常に似ている．本属は *Abelia* 属によく似ているが，花冠は明瞭な唇形とならず，幹や技にも 6 本の縦溝があり，また花粉の形態も違っている．

4375. ナ ベ ナ　〔スイカズラ科〕

Dipsacus japonicus Miq.

本州，四国，九州および朝鮮半島，中国中北部の山地に生える大形の二年草．茎は直立し，高さ 1 m 以上になって分枝し，質は硬く，刺毛がある．葉は対生して刺毛があり，羽状に分裂し，羽片は卵円形または楕円形でふちにきょ歯があり，頂裂片は他よりも大きく，葉柄には翼がある．夏から秋にかけて，紅紫色の小花が多数頭状に集まる広楕円体の花序が長枝の先につき，花序の下には線形で長さ 5～20 mm の総苞がある．鱗片はくさび形で背に短毛があり，先端から剛毛のある長さ 4～7 mm の緑色の刺針が立っている．花冠は 4 裂し，長さ 5～6 mm，雄しべは 4 個で花外へつき出ている．痩果は長さ約 6 mm, 集まって球状となる．〔日本名〕ナベナは今のところ語源不明．〔漢名〕続断が使われているが，おそらく同属中の別種と思う．

4376. ラシャカキグサ　〔スイカズラ科〕

Dipsacus sativus (L.) Honck.

ヨーロッパ原産の二年草．茎は高さ 1.5～2 m になり，太くて直立する．茎および葉の下面主脈上にはいくらか刺がある．葉は披針形または長楕円形で長さ 30 cm ぐらいになり，ふちには歯状のぎざぎざがあるが，上部の葉は全縁，対生葉の基部はくっつき合って茎を抱く形になっている．7 月から 9 月にかけて淡紫色，長さ約 10 cm ぐらいのやや円柱形の頭状花序を茎の先につける．花冠は 4 裂, 4 個の雄しべは花冠からつき出ている．子房は下位．果実は痩果．総苞は花序よりも短くて反り返り，苞葉は先端がかぎ状になっており，乾燥すると硬くなってラシャ（織物）の毛を起こすのに用いる．いわゆる Teasel がこれである．花を観賞するため庭園に栽培する．〔日本名〕ラシャカキグサは果穂の用途による．

4377. マツムシソウ　〔スイカズラ科〕

Scabiosa japonica Miq. var. ***japonica***

北海道南西部から九州にかけての日当たりのよい山地に生える一回繁殖型の多年草．中部以西での分布は隔離的である．茎は 60〜90 cm，やや硬く，対生して分枝する．葉は対生し，羽状に分裂，羽片は根生葉では幅広く，上部の茎葉では披針形，下面は緑白色．夏から秋にかけて開く紫色の頭花は径 2.5〜5 cm，下に緑色の総苞があり，やや彎曲する長い柄がある．花冠は頭花の周囲にあるものは 5 裂し，外側の裂片が発達する一唇状となり大きく，内部のものはやや整正で 4 裂し小さい．雄しべは 4 個，花冠の上部について花外へつき出し，花柱は 1 本で柱頭は葯より低位置にある．子房は 1 室で下位．痩果は紡錘形で長さ 4 mm 足らず，先端に宿存するがく歯および 5〜8 個の刺状の剛毛がある．高山には丈が低く花が大きいタカネマツムシソウ（次図参照）があり，関東の海岸には茎の短いソナレマツムシソウ var. *lasiophylla* Sugim. がある．〔日本名〕松蟲草であろうが詳細は不明．〔漢名〕山蘿蔔とするのは正しくない．

4378. タカネマツムシソウ　〔スイカズラ科〕

Scabiosa japonica Miq. var. ***alpina*** Takeda

本州と四国の高山帯の礫地や亜高山草原に生育する多年草．茎は高さ 30〜40 cm，太く頑丈である．茎にはやや下向きの毛が密生する．葉はロゼット状の根生葉があり，長さ 10〜15 cm で羽状に深く裂ける．長い葉柄があり，頂端にある裂片は特に大きく，各裂片とも円い低いきょ歯をもつ．茎にも 2 対ほど羽状複葉を対生する．夏に茎の頂端に青紫色の美しい頭花をつける．頭花の直径は 3〜4 cm あり，外周部の花冠は花筒の上半部の裂片の 1 つが舌状に大きく発達し，長さは 2 cm に近い．頭花の中心部にはやや小形の管状花冠が集まり，花筒の長さは 7〜8 mm，上部は浅く 5 裂するが放射相称形で外周の花冠のような左右対称形にはならない．花筒の基部を抱くがく筒には芒のような刺針が数本あって長くのびる．低山草地のマツムシソウに比して背が低く，頭花が大きく，がくの刺針が長い．〔日本名〕高嶺松虫草．マツムシソウの高山型の意である．〔追記〕2005 年に東海地方の低地・丘陵地でミカワマツムシソウ var. *breviligula* Suyama et K.Ueda が発見された．頭状花は小さく，舌状花は 0〜7 個で短い．

4379. オミナエシ（オミナメシ）　〔スイカズラ科〕

Patrinia scabiosifolia Link

日本全土，東アジアの日当たりのよい山野に生える多年草で，株側で新苗が分かれて繁殖する．根茎はやや太く横に伏している．茎は直立し，高さ 1 m 内外，やや太く，下部には多少粗毛がある．葉は対生し，羽状に分裂し，裂片は狭くまた尖る．晩夏から秋にかけて茎上部で分枝し，径 3〜4 mm ほどの黄色い細小花をその先に多数つけて散房状となる．花冠は 5 裂し，筒部は短い．雄しべは 4 個．雌しべは 1 本，子房は下位，3 室で 1 室だけが結実．果実は楕円体で長さ 3〜4 mm，やや平たく，うちわ状の小苞葉を欠いており，背面には縦に棒状の隆起がある．秋の七草の一つでふつう女郎花と書くが，これは漢名ではない．〔日本名〕オトコエシに対して全草が優しいので，女性にたとえていう．エシまたはメシは本来はヘシで，敗醤のなまったものとする説が有力である．〔漢名〕黄花龍芽．しばしば敗醤の漢名が用いられるが，もともと敗醤は次種オトコエシの漢名である．

4380. オトコエシ（オトコメシ）　〔スイカズラ科〕

Patrinia villosa (Thunb.) Juss.

北海道から琉球列島および朝鮮半島，中国にわたって分布し，日当たりのよい山野によく見られる多年草．茎は直立し，高さ 1 m ぐらいになり，株元から長い走出枝を伸ばして，その先に新株ができる．全体に毛が多い．葉は対生し，多くは羽状に分裂し，裂片は卵状長楕円形になり，頂裂片が最も大きい．晩夏から秋にかけて茎上部で分枝し，径 4 mm ほどの白花をその先に多数つけて散房状となる．花冠は 5 裂し，筒部は短い．雄しべは 4 個．雌しべは 1 本，子房下位で 3 室のうち 1 室だけが結実するのはオミナエシと同じ．果実は倒卵形体で長さ約 3 mm，背面はふくらみ，直下の小苞葉が成長してうちわ状の翼となる．飢きんの時に葉を食用とした．〔日本名〕オミナエシに対して強剛であるので，男性に見立ててオトコエシという．地方によってトチナの方言がある．〔漢名〕敗醤．腐敗した味噌の意味で，本種を乾かすと嫌な臭いがすることによる．

4381. キンレイカ　〔スイカズラ科〕

Patrinia triloba (Miq.) Miq. var. ***palmata*** (Maxim.) H.Hara
（*P. palmata* Maxim.）

本州中部以西の山地に生える多年草．茎は直立し，低山のものは高さ 30〜60 cm ほどになるが，高山では 15 cm 内外である．根茎は横にはい，細長い地下走出枝がある．葉は対生し，長い柄があり，葉身は掌状に 3〜5 中裂し，裂片には粗いきょ歯があり長さ幅とも 4〜8 cm，ほとんど無毛か両面，ことに下面脈上に粗い毛がある．夏に茎頂に集散花序が集まって黄色の細小花が咲く．花冠は径 6〜8 mm，上部は 5 裂して開き，下部は筒となって，筒の基部に 2〜3 mm の距がある．雄しべは 4 本，雌しべは 1 本，いずれも花冠から超出する．果実は楕円体で長さ約 4 mm，その 2〜3 倍大の翼状の小苞葉を伴っている．北陸から東北南部に及ぶ日本海斜面の山地には花冠の距がごく短く，ただふくらむだけの変種があり，ハクサンオミナエシ（コキンレイカ）var. *triloba* という．また伊豆，神津島には葉がやや厚く，距も短いシマキンレイカ var. *kozushimensis* Honda がある．〔日本名〕金鈴花の意味で，花容に基づいている．白山オミナエシは石川県白山に産するからである．

4382. オオキンレイカ　〔スイカズラ科〕

Patrinia triloba (Miq.) Miq. var. ***takeuchiana*** (Makino) Ohwi
（*P. takeuchiana* Makino）

京都府と福井県の境にある青葉山の岩場に局限された分布をもつ大形の多年草．茎の高さ 50 cm〜1.5 m に達する．葉には長い柄があって対生し，葉身は掌状に深く 5〜7 裂，各裂片もふちはかなり裂けこむ．葉身の幅は 10〜15 cm と，キンレイカに比べてはるかに大きい．花はキンレイカよりも遅く，夏の終わりに咲き，茎頂に大きな散房状の花序をつくる．花冠は明るい黄色で，長さ 4〜6 mm の花筒に短い距がある．花冠の上半部は 5 裂して開き，開口部の直径は約 5 mm ある．3 本ある雄しべは長くて，黄色，花冠の外に突き出る．雌しべの花柱は糸状で雄しべよりも短い．〔日本名〕キンレイカに似て大形なことによる．初め丹後（京都府）の青葉山で竹内敬によって採集された標本に基づき，牧野富太郎が命名した．

4383. マルバキンレイカ　〔スイカズラ科〕

Patrinia gibbosa Maxim.

南千島，北海道および本州北部の山地で湿潤な岩上に生える多年草．全体にほとんど毛がないか，やや短毛があり，一種の異臭がある．茎は円柱形，直立して高さ 30〜70 cm ぐらい．葉はまばらに対生し，上部に翼のある柄があり，葉身は広楕円形または卵円形，長さ 7〜15 cm，幅 4〜8 cm，羽状に浅裂，裂片は三角形でさらにきょ歯があり，上面は緑色，下面は淡緑色で鮮明な脈上にふつう短毛がある．7〜8 月，茎先に頂が平らな散房状に集散花序が集まって多数の細黄花が咲く．花冠は高盆状で径 4〜5 mm，5 個の裂片は円味があって外反し，基部には半球形の短い距がある．雄しべは 4 個で花冠からつき出る．果実は長楕円体で，花後大きくなる膜質翼状の小苞葉が附属している．〔日本名〕円葉金鈴花の意であるが全縁の意味ではなく，同属のキンレイカの深裂葉に対比し，切れ込まない葉の意味である．

4384. チシマキンレイカ（タカネオミナエシ）　〔スイカズラ科〕

Patrinia sibirica (L.) Juss.

北海道，千島，樺太，東シベリアの高山帯などに生える多年草．茎はわずか 7〜15 cm 高，両側に短い白毛が白線になって生えている．根茎は太い．葉は対生し，茎の基部に多数集まっており，葉柄は長く上方に翼がある．葉身は倒卵形でしばしば羽状に分裂，長さ 2〜4 cm，幅 1〜2 cm，やや肉質である．夏に葉間から茎を出し，その先に多くの黄花が咲く．花序の集まりの基部には苞葉状の葉があって，深く羽状に裂けた卵形または披針形で短い柄がある．花冠は 5 裂，径 4 mm ぐらいで距はない．4 個ある雄しべは花冠からつき出るが，雌しべ（1 個）は花冠よりも短い．果実は楕円体で厚く，長さ約 4 mm，花後成長する小苞は円形で 3 浅裂の傾向があり，網脈が見える．〔日本名〕それぞれ千島産のキンレイカおよび高山生のオミナエシの意味．

4385. ベニカノコソウ（ヒカノコソウ）　〔スイカズラ科〕

Centranthus ruber (L.) DC.

ヨーロッパ南部原産の多年草で，ときに観賞用として栽培されている．全体すべすべして毛がなく，少し粉白を帯び，茎は多数出て高さ 30〜80 cm になる．葉は対生し，長卵形で幅 1.5〜4 cm，ふつう全縁で先は尖り，基は下部の葉では細まり短い柄があるが，上部の葉では円形で無柄である．晩春から夏にかけ，散房状の二岐集散花序に多数の小花を密につける．花は濃紅色で芳香があり，ときに淡紅色または白色の品種もある．花冠は長さ約 1 cm，花筒は非常に細長く，先は裂片に分かれ，基部に長さ 5 mm ばかりの細長い距がある．雄しべは 1 本．果実は長楕円体で平たく，先に羽毛状にのびたがくをつける．〔日本名〕ベニカノコソウはカノコソウに近縁で深紅花を開くので名付けられた．

4386. ノヂシャ　〔スイカズラ科〕

Valerianella locusta (L.) Laterr.（*V. olitoria* (L.) Pollich）

ヨーロッパ原産の一〜二年草で，近頃道ばたや土手などに群がって見られるようになった帰化植物．全体軟らかく，茎は高さ 10〜35 cm ほど，細長く二叉状に分岐して株元から多数立ち，微細な逆毛がある．葉は対生し，長さ 2〜4 cm，下部葉は長倒卵形，上部葉は長楕円形，波状の全縁，基部はほとんど無柄か茎を抱く．初夏に淡青色の小花を枝先に密生する．花冠は漏斗状で 5 裂し，雄しべ 3 個と雌しべ 1 個が内にあり，柱頭は 3 裂する．果実はやや平たく長さ 2〜4 mm，1 室が結実し 2 室は結実しないことは他の同科の種類と同じである．ヨーロッパでは古くから食用にされ，特にサラダ菜として栽培される．初冬から早春にかけて用いられる．〔日本名〕野生のチシャの意味であって食用になることから来ている．

4387. カノコソウ（ハルオミナエシ）　〔スイカズラ科〕

Valeriana fauriei Briq.

樺太，南千島から九州，朝鮮半島，中国東北部に分布，やや湿った草地に生えるやや珍しい多年草，地下の走出枝が伸びて繁殖する．茎は直立し高さ 30〜80 cm になり，ツルカノコソウよりも太く高い．葉は対生し，根生葉は花時には枯死し，茎葉は深裂して 7 個ほどの羽片となり，羽片には深いきょ歯がある．5〜7 月頃淡紅色の美しい小花を多数茎の先につけて散房状の二岐集散花序をつくる．花冠は 5 裂，下は細長い花筒があって片側がややふくらみ，長さ 5〜7 mm，内に雄しべが 3 個あって花外につき出る．果実は披針形体で長さ約 4 mm，その上部に冠毛状のがくがあり，風が吹けば果実を飛び散らせる．根を纈草といって薬用にする．〔日本名〕カノコソウは花序についたつぼみの色と感じが桃色の鹿の子絞りに見えるからである．纈草はカノコソウを漢字で書いたもので漢名ではないが，ケッソウ（キッソウは誤り）というのは医薬界の慣例である．

4388. ツルカノコソウ（ヤマカノコソウ）　〔スイカズラ科〕

Valeriana flaccidissima Maxim.

本州から九州，台湾，中国西南部の山地に分布し，湿った木陰などを好む多年草．全体の質が柔軟，したがって学名に最も軟らかなという意味の形容語が付けられている．茎は高さ 20〜60 cm，基部から細長い走出枝を地上に出して繁殖する．葉は対生，根生葉は走出枝の葉と同じく広卵形で長さ 1.5〜4 cm かまたは 1 対の小葉を基部に伴う．茎葉は羽状に分裂あるいは小数対の小葉からなり，頂裂片は大きく，ふちに毛がある．初夏に茎の先に散房状の集散花序が集まり，白色でわずかに紅色を帯びる小花を開く．花冠は 5 裂し，下部は筒になる．雄しべ 3 個，花柱 1 本があり，下位子房は細小．がくは花後果実上で白色冠毛状になり，風が吹けば果実をあちこちに散布する役に立つ．果実は広披針形体で長さ 2 mm ぐらいである．〔日本名〕走出枝が地表を著しく伸びることに注目した名である．

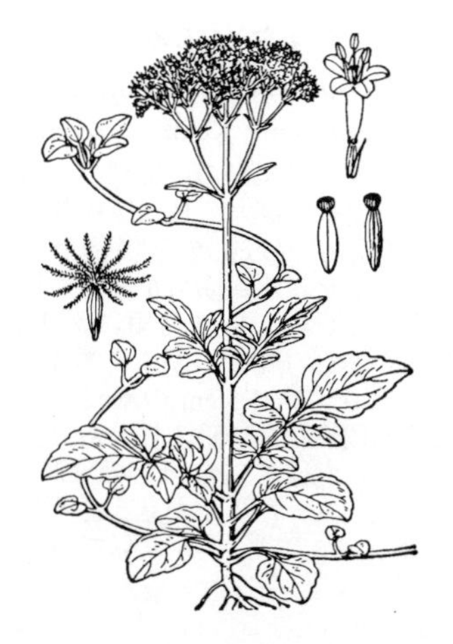

4389. トベラ（トビラギ，トビラノキ）　〔トベラ科〕

Pittosporum tobira (Thunb.) W.T.Aiton

本州，四国，九州の海岸地方に自生，あるいはよく栽培されている常緑の低木で，特に根の皮に一種の臭気がある．高さ 2～3 m．葉は互生，枝の上部に密生し，倒卵状長楕円形，先端は円形あるいは鈍形，基部はくさび形，長さ 8～10 cm．幅 3 cm 内外，両面共に無毛で葉のふちはよく下面へ巻き込んでおり，厚く表面はやや光沢があり乾燥すれば革質となる．花は 6 月に開き，白色から黄色に変わり，芳香があって，頂生の集散花序を作る．雌雄異株．がく片は 5 個で卵形，先端は鋭形，ふちには毛がある．花弁はへら形で花爪があり，上部は平開あるいは反り返っている．雄しべは 5 本，雄花では長く雌花では小さくて熟さない．子房は卵形で 3 心皮からなり，1 花柱がある．雄花では実らない．果実は球形，直径は 10～15 mm．熟すと 3 つに裂けて赤い粘った種子を出す．〔日本名〕節分にこれを扉にはさみ，鬼をよける風習があるのでトビラノ木という．〔漢名〕海桐花．現在中国ではこの名をトベラ属全体に対して用い，海桐を種としてのトベラに用いているが，トベラは中国には野生がなく，この漢名が本来トベラに対して用いられたものかははっきりしない．

4390. リュウキュウトベラ　〔トベラ科〕

Pittosporum tobira (Thunb.) W.T.Aiton

（*P. lutchuense* Koidz.；*P. boninense* Koidz. var. *lutchuense* (Koidz.) H.Ohba）

琉球列島に分布する常緑小高木．高さ 2～3 m で樹皮は灰褐色．葉は互生するが枝先に集まって輪生状に見える．葉は細長い楕円形で先端は丸く，基部はくさび形をなして全縁．葉身の長さは 5～10 cm，幅は最大部で 2～3 cm．日本本土のトベラに比して細く革質だが，質はやや薄い．雌雄異株で，春に枝端に白花を散房状につける．5 枚の花弁は筒形をなし，上半部がわずかに開いて漏斗状となる．芳香があり，盛時をすぎると淡黄色をおびる点もトベラと同様である．雄花，両性花では 5 本の雄しべが花弁の内側に半ばゆ着してつき，雌花では雄しべは短く，機能的にも退化している．果実は径 1～2 cm の球形で熟すと 3 つに開裂して，中から赤い粘質の仮種皮に包まれた種子を露出する．トベラに比して花序の分枝がやや多く，花筒の広がりが少ない．

4391. シロトベラ　〔トベラ科〕

Pittosporum boninense Koidz.

小笠原諸島に特産する 4 種類のトベラ属のうちで最もふつうで分布も広く，父島，兄島，母島を始め，ほぼ全島の山地に見られる．高さ 3～5 m の常緑高木．幹は灰白色で林中でめだつ．葉は互生するが枝先に集まり，数枚が輪生状に見える．葉の長さ 5～10 cm，上半部の幅が広く，基部はくさび形となって 2 cm ほどの葉柄につながる．葉質はやや厚く濃緑色，表面は光沢があり，中央の脈 1 本が明瞭．4～5 月に枝先に総状の花序をつけ，多数の白花をつける．花は長さ 1 cm ほどで筒形，花弁は 5 枚で質が厚い．雌株と両性花をつける株が知られ，両者とも結実する．両性花には 5 本の雄しべと雌しべ 1 本，雌花では雄しべは短く退化する．果実は径 1 cm 余の球形で，熟すと淡褐色となり裂開する．種子は多数あって，赤い仮種皮に包まれ，粘性がある．果皮は比較的薄く，小笠原産の他の 3 種類に比して種子の数が多い．〔日本名〕トベラの仲間で，樹皮の色が白色をおびることによる．

4392. オオミノトベラ　〔トベラ科〕

Pittosporum chichijimense Nakai ex Tuyama

（*P. boninense* Koidz. var. *chichijimense* (Nakai ex Tuyama) H.Ohba）

小笠原諸島父島の中央部の湿性林に限られた分布をする固有種で，高さ 3 m ほどの常緑小高木．枝は灰褐色でシロトベラのように白くならない．葉は互生し，長さ 6～15 cm の倒卵形．葉の基部はくさび形となって 2 cm ほどの柄につながる．全縁だがふちが波打つ傾向がある．濃緑色で葉の質は他の同属種に比べて軟らかい．3～4 月頃に葉腋から長い花序を出して少数の白花を垂下する．花序の基部（総梗）がごく短く，個々の花柄が長く下垂するのが特徴である．花は長さ 1.2～1.5 cm の細長い筒形で先端付近でだけわずかに漏斗状に開く．雌株と両性花をつける株があり，雌花では雄しべは退化している．秋に長い果梗の先に直径 1.5 cm ほどの球形の果実をつけて垂下し，熟すと裂開して赤色の仮種皮をもった種子が見える．果実が大きいわりに種子数は少ない．〔日本名〕大実のトベラは，実が大形であることによる．

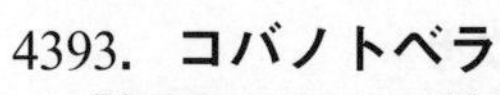

4393. コバノトベラ　〔トベラ科〕

Pittosporum parvifolium Hayata

小笠原諸島の父島と兄島に稀産する小形の常緑低木．乾燥した尾根すじなどの風衝地に生えるが，分布地が局限されるうえ，個体数はきわめて少ない．高さ 1～1.5 m で，樹皮は灰褐色．葉は互生するが通常枝先に輪生状に集まる．1～2 mm の柄があり，葉身の長さ 1～3 cm，上半部が幅広の倒卵形で先端が丸く，ややへら形に近い．全縁で葉の質は厚く硬い．冬から早春に枝先に小さな花序を出して少数の白花をつける．花は長さ 1 cm ほどの筒形で上半部は漏斗形に開き，5 片の花弁がある．雌花と両性花があり，機能的には雌雄異株と考えられる．果実は径 6～7 mm の球形で，上向きにつき，熟しても他のトベラのように裂開しない．果皮は厚く，種子は赤い仮種皮に包まれる．現在小笠原諸島で絶滅が危惧されている固有種の 1 つである．〔日本名〕小葉のトベラは，他の同属種に比して葉が小さいことによる．

4394. ハハジマトベラ　〔トベラ科〕

Pittosporum beecheyi Tuyama

（*P. parvifolium* Hayata var. *beecheyi* (Tuyama) H.Ohba）

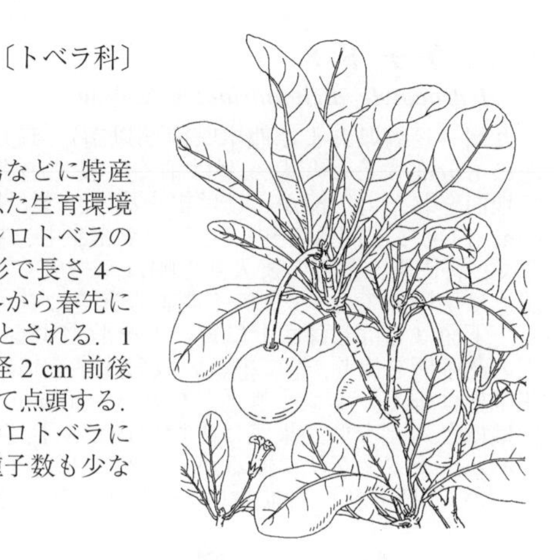

小笠原諸島の母島及びその付属小島である姉島，妹島，姪島，向島などに特産する常緑低木．海岸近くの低木林内に散生し，日本本土のトベラに似た生育環境に生える．樹高 1～3 m で，根もとから枝分かれする．枝は灰褐色でシロトベラのように白味をおびない．互生する葉は枝先に輪生状に集まり，広卵形で長さ 4～6 cm，全縁で革質である．表面の葉脈は中肋を除いてめだたない．冬から春先にかけて白色で細い漏斗形の花をつける．花の長さは約 1 cm．雌雄異株とされる．1 花序につく花数は 1～3 花と少ない．花序は上向きにつき，雌株では径 2 cm 前後の硬い球形の果実を単生し，熟すと長さ 3 cm にものびた花柄が屈曲して点頭する．果皮は厚く，裂開すると中に赤色の仮種皮に包まれた種子がある．シロトベラに比して果実は大きいが一株につく果実の数は少なく，また 1 果中の種子数も少ない．小笠原諸島に隔離されて分化した種類と考えられる．

4395. コヤスノキ（ヒメシキミ）　〔トベラ科〕

Pittosporum illicioides Makino

兵庫県と岡山県に産する常緑の低木で枝分かれし，高さは 2 m 内外．小枝は細長く無毛，灰褐色．葉は小枝の端に集まり，有柄，互生．倒卵形．倒卵状長楕円形あるいは倒卵状披針形，先端は急に狭くなって鋭く尖り，基部はくさび形．全縁，薄い革質，無毛，上面は緑色で平滑，下面は淡緑色，3 年間生存する．長さ 4～9.5 cm，幅 2～5 cm．中央脈は下面に隆起する．多数の支脈は羽状．葉柄は無毛で長さ 5～15 mm．5 月に新枝の頂に散形花序を作り，葉より短く，2～10 個の花がまばらにつく．花柄は真っすぐで糸状．無毛，長さ 14～30 mm．雌雄異株．花は筒状の鐘形，上部は平開したのち，多少反り返る．長さ 7 mm，径 8 mm，黄色．がく片は 5 個で小形，卵形，先端は鈍形，時にはふちに毛があり，長さ 2～3 mm で淡緑色．花弁は 5 個，へら形，先端は円形，全縁で下部は狭くなる．雄しべ 5 本は直立して花弁より短く，無毛，雄花では雌しべより長く 7 mm，雌花では雌しべより短く 5 mm，花糸は葯より長く，葯は三角状卵形，先端は鋭形，2 室，内側を向き黄色，雄花では長さ 2.5 mm，黄花粉，雌花では長さ 1.5 mm．花粉はない．子房は直立，倒卵形，細毛があって直径 2 mm，淡緑色で 1 室，3 心皮，側膜胎座，胚珠はやや多数．花柱は頂生して直立．粗大，子房より短く，柱頭は雌花では平たい頭状，雄花では頭状でない．さく果は短い倒卵形で 3 本の溝があり，基部は柄のようになり，長さ 12 mm．平滑，革質，3 心皮，室の間が裂ける．種子は円形あるいは広楕円形，赤色粘質の仮種皮をかぶって胎座につく．〔日本名〕子安の木は江戸時代からの名で，この木は迷信的に安産のおまじないにでも用いたのか，しかし由来は全く不明．エゴノキもまた同じく子安の木という．

4396. シマトベラ（トウソヨゴ）　〔トベラ科〕

Pittosporum undulatum Vent.

オーストラリア原産の常緑低木で日本には明治初年（1870 年頃）に小笠原を経由して移入し，植物園などに植えられることがある．葉は互生で，枝端に集まり，ほぼ輪生状をなし，披針形あるいは長楕円形で両端は尖り，ふちは波状きょ歯縁あるいは全縁でしわがある．長さ 6～8 cm，幅 2～3 cm，若いうちは毛があるがのち全く無毛になって乾けば革質となる．花は白色で芳香があり，5～6 月の頃集散花序を作って枝端に開く．がく片は 5 個，花柄とともに毛が多く，披針形，先端は鋭形で反り返る．花弁は長楕円状のへら形で長さはがく片の 2 倍，先端は平開する．花は単性で雌雄異株．雄しべは 5 本，雄花では長く，雌花では短く実らない．果実は球形で無毛，直径は 1 cm 内外，熟すと 3 裂する．種子は赤色である．〔日本名〕島トベラは初めに島（小笠原）からきたのでいうが小笠原の原産ではない．唐ソヨゴは国外からきて，その葉がソヨゴの葉に似ているので名付けられた．

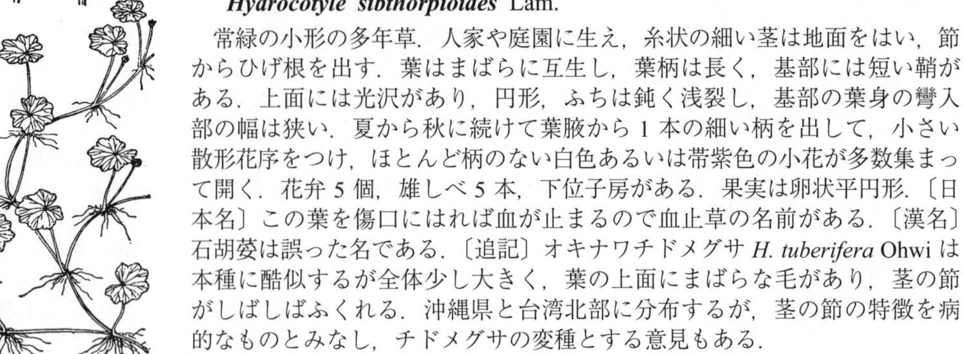

4397. チドメグサ 〔ウコギ科〕

Hydrocotyle sibthorpioides Lam.

常緑の小形の多年草．人家や庭園に生え，糸状の細い茎は地面をはい，節からひげ根を出す．葉はまばらに互生し，葉柄は長く，基部には短い鞘がある．上面には光沢があり，円形，ふちは鈍く浅裂し，基部の葉身の彎入部の幅は狭い．夏から秋に続けて葉腋から 1 本の細い柄を出して，小さい散形花序をつけ，ほとんど柄のない白色あるいは帯紫色の小花が多数集まって開く．花弁 5 個，雄しべ 5 本，下位子房がある．果実は卵状平円形．〔日本名〕この葉を傷口にはれば血が止まるので血止草の名前がある．〔漢名〕石胡荽は誤った名である．〔追記〕オキナワチドメグサ *H. tuberifera* Ohwi は本種に酷似するが全体少し大きく，葉の上面にまばらな毛があり，茎の節がしばしばふくれる．沖縄県と台湾北部に分布するが，茎の節の特徴を病的なものとみなし，チドメグサの変種とする意見もある．

4398. ケチドメ 〔ウコギ科〕

Hydrocotyle dichondrioides Makino

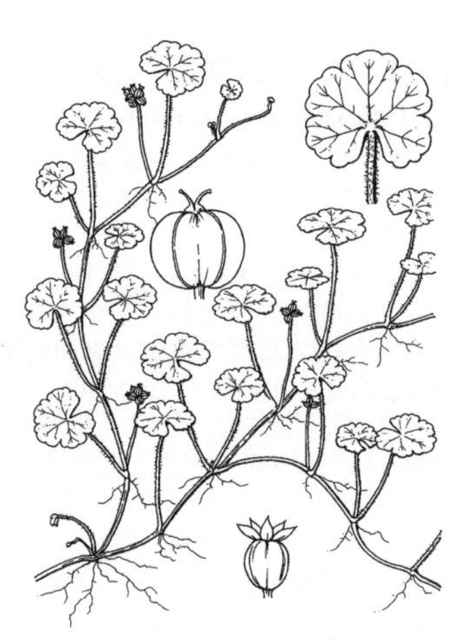

九州（長崎県および熊本県南部以南），琉球の湿った岩上などに生え，台湾にも分布する多年草．茎は細くて長く地上をはい，まばらに枝分かれして地面をおおい，節からひげ根を出す．葉は茎に互生し，葉柄は長さ 5～15 mm．白色で下向きの短い毛がやや密生し，托葉は長さ約 1 mm，葉身は質薄く，腎円形，基部の彎入部の幅はやや広く，幅 3～10 mm，浅く 5～7 裂し，裂片は切円頭で 3～5 個の不明瞭な鈍きょ歯があり，上面は無毛で光沢はなく，下面はしばしば脈上に短い毛を散生する．7～9 月頃，葉腋から，1 本の細い花序柄を出し，先に小さい散形花序をつけ，2～8 個の花が集まって咲く．花序柄は細く，ふつう無毛，長さ 5～20 mm，葉柄より長いかほぼ同長．花柄はほとんどない．果実は平たい円形．長さ約 0.7 mm．分果は側面に 1 脈がある．チドメグサに似るが，葉柄に下向きの短毛があり，葉が小さいことが多い．〔日本名〕毛血止で，チドメグサに似て，葉に毛があることによる．

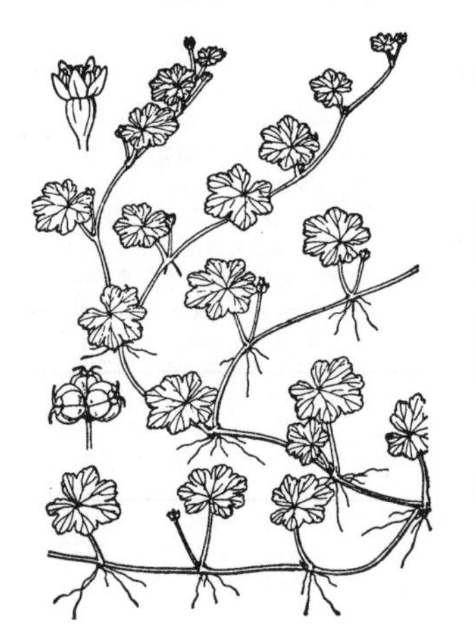

4399. ミヤマチドメグサ 〔ウコギ科〕

Hydrocotyle yabei Makino var. ***japonica*** (Makino) M.Hiroe

各地の深い山の木陰に生える多年生草本で全体は緑色である．茎は長く地上をはい，節から細いひげ根を出し，基部は地中に入り白色で，時々少し肥厚する．葉は茎にまばらにつき，互生し，円形で直径 10～15 mm 位，ふちは掌状に 7 浅裂し，裂片にはさらに少数のきょ歯があり，基部は狭く彎入し，表面は平らで時々まばらに毛が生え，あまり光沢はない．花は小形白色で，腋生の柄の先に小さな頭状に集まってつき，花の数は少なく，花序柄はほとんど葉柄と同じ長さである．花弁は 5 個で卵形．5 本の雄しべは短くて小さい．子房は下位，倒卵形で緑色．果実には非常に短い柄があり，前後に平たい円形，チドメグサの果実よりも大きい．秋になると茎の先端部は地中にもぐり，白色の肥厚する越冬芽を作り，他の部分は全部枯れて越冬する．〔日本名〕深山血止草の意味で山地に多いことを示す．

4400. ヒメチドメ 〔ウコギ科〕

Hydrocotyle yabei Makino var. ***yabei***

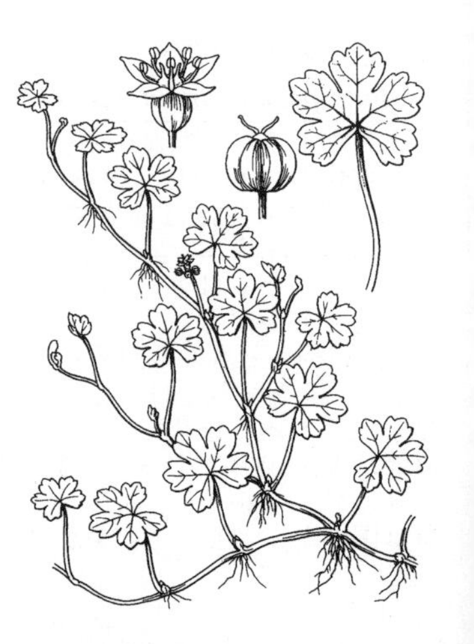

本州，四国，九州の山地の木陰に生える多年草．細い茎はまばらに枝分かれし，長くはって地面をおおい，節からひげ根を出す．葉は茎にまばらに互生し，葉柄は長さ 1～3 cm，無毛でまれに上端にわずかに毛がある．托葉は薄い膜質，長さ約 0.8 mm，幅約 1.2 mm，鈍頭．葉身は腎円形，幅 0.5～2 cm，基部は心臓形で彎入部は幅広く，ふちは 5～7 中裂し，裂片はさらに少数のきょ歯があり，上面は毛がなく，下面は無毛，または脈上にわずかに毛を散生する．6～8 月頃，葉腋から 1 本の細い柄を出して，1 個の小さい散形花序をつけ，2～4 個の花がかたまって咲く．花序の柄は長さ 0.5～1.5 cm，ほとんど葉柄と等長で，無毛．花柄はほとんどなく，総苞片は長さ約 0.7 mm，長卵形で鋭頭．花弁は 5 個，楕円形で白色，雄しべは 5 本，花柱は 2 本．果実は扁平な円形，長さ約 1.2 mm で無毛，分果の側面に 1 脈がある．ミヤマチドメグサに似るが，葉の基部の彎入部は幅広い．〔日本名〕姫血止で，チドメグサより小形であることによる．

4401. ノチドメ　〔ウコギ科〕

Hydrocotyle maritima Honda

暖かい地方に生える多年生草本で野原に生え，細い茎はまばらに分枝して横に走り，地面をおおい，節にはひげ根を出す．夏に茎の前端が斜に立ち上がり葉ごとにその腋に花序をつける．葉はまばらに互生し，長い葉柄があり，基部には短い鞘がある．葉身は円形，径 2～3 cm，基部は深い心臓形で，5～7 中裂し，裂片には鈍く浅いきょ歯があり，上面には光沢があり，下面にはやや長い毛がある．散形花序は小球状でやや短い柄があり，葉に対生してつき，ほとんど柄のない白い小花がかたまってつく．花弁 5 個，雄しべ 5 本，子房は下位，果実は平円形．全体にチドメグサより大形である．もと *H. wilfordii* Maxim. の学名を使ったが，これはオオチドメの異名となった．〔日本名〕野血止で野原に生ずるからである．〔追記〕本図はノチドメではなくミヤマチドメグサ（4399 図）を描いたものと思われる．真のノチドメは花序の柄は葉柄よりも短い．

4402. オオチドメ（ヤマチドメ）　〔ウコギ科〕

Hydrocotyle ramiflora Maxim.

北海道から九州に生える小形の多年草．茎は細く地面を長くはって節から根を出す．葉は長い柄があり，葉身は円形で直径 1～3 cm，基部は深い心臓形，ごく浅く 7 裂し，ふちに低く平らなきょ歯があり，ほとんど無毛であるが，時々柄の付着点に毛がある．夏から秋の頃，枝の上部が立ち上がって葉腋からかなり長い花序柄を出し，頂にほぼ頭状に小白花をつける．花柄はごく短く，花は直径約 1.5 mm，花弁は 5 個，5 本の雄しべ，2 個の花柱がある．果実は腎臓形で長さ約 1 mm，分果は左右から偏圧され，背部に 3 条がある．ノチドメに似ているが，葉の裂け方が浅く円味があり，枝上部の花序柄は葉よりもはるかに長くなる．〔日本名〕チドメグサよりも大形であることによる．

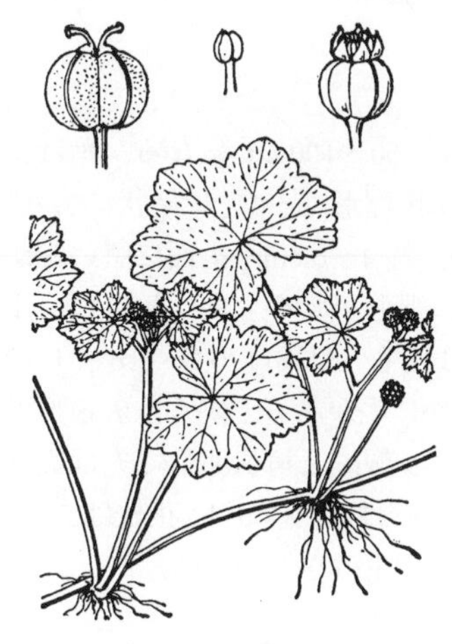

4403. オオバチドメグサ　〔ウコギ科〕

Hydrocotyle javanica Thunb.

柔らかい多年生草本で，山地の湿った日陰に生え，南関東から西の暖地に多い．茎は地面をはい，節にひげ根をつけ，花をつける茎は上に向き長さ約 10～20 cm 位．葉はまばらに互生し，長い葉柄があり，葉身は平円形で径 3～5 cm，掌状に浅く 5～7 裂し，裂片には鈍いきょ歯があり，基部は深く彎入し心臓形となり，葉身には細かい毛がまばらにある．夏から秋に続けて，小球形の散形花序をつけ，花序の柄には長短の差がある．花序には緑白色の小花が集まってつき，小枝の先では数花序が集まる．花弁 5 個，雄しべ 5 本，子房は下位．果実は平円形．〔日本名〕大葉血止草の意味で，日本産ではもっとも葉が大きい．

4404. タラノキ（タラ）　〔ウコギ科〕

Aralia elata (Miq.) Seem.

山野に多く生える落葉低木，高さ 4 m 位，幹はまっすぐで直立し，単一あるいは分枝し，大小の鋭いとげがある．幹の太いものは直径 12 cm 位ある．葉は大形で互生し，枝端に集まってつき四方に傘のように開き，葉柄は基部が大きく茎を抱き，2 回羽状複葉で，若い葉では総葉軸，支葉軸にはとげがあるが，古い葉にはない．小葉は多数あり対生し，卵形，きょ歯があり，下面は白色を帯び，多少毛がある．あるいは多くの毛があるもの（メダラ）もある．花序は 8 月頃幹の先端から出て，少数あるいは多数の円穂花序は短い総柄から分枝し，多数の白色の小さい花を散形状につける．花弁は 5 個，雄しべは 5 本，花柱は 5 本，子房下位．液果は小球形で黒色に熟す．若い芽を採りたら芽と呼んで食べる．ウドの様な香りと味がある．〔漢名〕楤木は厳密には誤った名で，これは中国産の *A. chinensis* L. の名である．

4405. **リュウキュウタラノキ** 〔ウコギ科〕

Aralia ryukyuensis (J.Wen) T.Yamaz. var. ***ryukyuensis***

(*A. elata* (Miq.) Seem. var. *ryukyuensis* J.Wen ; *A. bipinnata* auct. non Blanco)

九州南部と琉球にかけて分布する落葉低木で，高さは 3〜5 m になる．タラノキに似るが，葉は 2 回羽状複葉で，小葉は卵形，または狭卵形で，先はしだいに狭くなって鋭尖形となり，下面は白色で，中肋沿いを除き毛がない．茎にはとげがないか，あってもまばらである．とげは長さ 2〜5 mm で，基部は平たく太い．葉は長さ 1 m に達することもあり，2 回羽状複葉で，小葉には長さ 2〜10 mm の柄があり，卵形または狭卵形で，長さ 5〜12 cm，幅 2〜4 cm になり，上面は無毛，下面は白色で，中肋にそって粗毛があるか，無毛．夏，枝先に多数の花が散形についた円錐花序を出す．花序軸には短毛があり，長さ数 mm の花柄には粗毛がある．がくは鐘形で先は 5 裂する．花弁は 5 個，白色，楕円形で，長さ 2 mm になる．果実は扁平な球形で，直径 3 mm ほどになり，5 稜があり，黒紫色に熟す．シチトウタラノキ var. *inermis* (Yanagita) T.Yamaz. は，伊豆諸島に分布し，本種に似るが，葉は 3 回羽状複葉である．〔追記〕本種は旧版では台湾とフィリピンのウラジロタラノキ *A. bipinnata* Blanco と混同されていた．左図は台湾のウラジロタラノキを描いたもので，リュウキュウタラノキはより刺が少なく短く，小葉のきょ歯が低く，花柄は短い．

4406. **ウ　ド** 〔ウコギ科〕

Aralia cordata Thunb.

山野に生え，また人家に栽培される大形の多年生草本で，高さは 1.5 m 内外．茎は太く，円柱形，緑色，毛があり，しばしばまばらに分枝する．葉は互生して，葉柄は長く，2 回羽状複葉，細かい毛があり，小葉は卵形，ふちにきょ歯がある．夏に茎の上部に大きな散形花序をつけ，多数の柄のあるうす緑色の小花を開く．花は両性だが雄花期と雌花期がある．5 個の花弁，5 本の雄しべ，下位子房，5 本の花柱がある．液果は小球形で熟すると黒くなる．若い苗は食用になり，香りは良く，美味である．畠に作る場合はもやしにして食べる．〔日本名〕ウドは語源不明．〔漢名〕土当帰を使うがこれは誤用である．

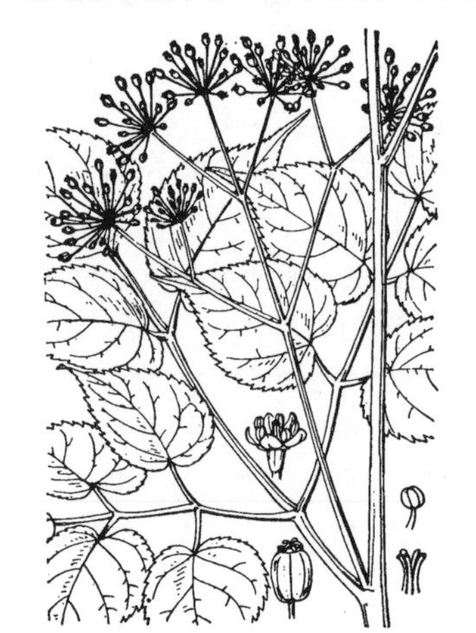

4407. **ミヤマウド** 〔ウコギ科〕

Aralia glabra Matsum.

本州中部の深山に産する多年生草本で高さ 60〜100 cm になる．葉は長い柄があり互生し，2〜3 回羽状複葉，小葉は広卵形，先は急に尾状に尖り，ふちに多くのきょ歯があり，長さ 6〜9 cm，幅 4〜6 cm，上面に堅い細かい毛が散生し，下面は光沢があって脈上に細毛がある．夏に茎の頂にまばらに分枝して散形花序をつける．花茎は無毛，苞葉は小さく長さ 1〜3 mm，花柄は細長く長さ 1〜2 cm で，かすかに毛がある．がくは広鐘形で毛はなく，先に 5 個の小歯がある．花弁は 5 個，三角状卵形で先は尖り長さ約 2 mm，淡緑色で時には暗紫色を帯びる．雄しべは 5 本，花柱は 5 本．果実は卵球形で紫黒色に熟す．〔日本名〕深山生のウドの意味．

4408. **オタネニンジン** (チョウセンニンジン，コウライニンジン)〔ウコギ科〕

Panax ginseng C.A.Mey.

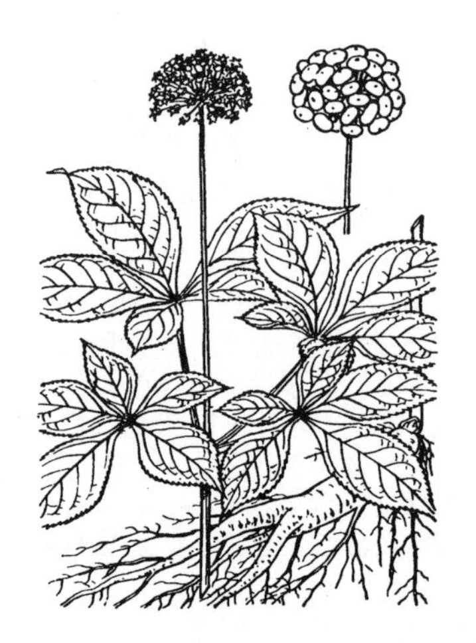

中国，朝鮮半島原産の多年生草本で，薬用植物として畠に栽培され，高さ約 60 cm 内外．根茎は通常短く，直立あるいは斜めにのび，下端は大きな白色多肉の直根となって分枝する．根茎の先から直立する 1 本の茎がのび，その頂部に 3〜4 枚の葉が輪生する．葉柄は長く，5 小葉の掌状複葉，小葉は卵形あるいは倒卵形で尖り，下部は狭くなってふちに細かいきょ歯がある．夏に茎の頂に細長い 1 本の花序軸を出し，その先に 1 つの散形花序をつけ，多数の淡黄緑色の小花を開く．果実は平らな球形で多数集まり，赤く熟す．古くから薬用として有名である．〔日本名〕人参は漢名の音読み．根が往々人の字形を呈するからである．御種人参という名前は，享保年間（1716〜1735）に朝鮮の種子が日本に伝わり幕府の御薬園に植えたことに由来する．朝鮮人参は産地に基づく．

4409. トチバニンジン（チクセツニンジン）〔ウコギ科〕

Panax japonicus C.A.Mey.

（*P. pseudoginseng* Wall. subsp. *japonicus* (C.A.Mey.) H.Hara）

山地の木の下に生える多年生草本．高さ 60 cm 内外．根茎は地中を長く横にはい，やや太く白色，節があり，節ごとに茎のついていた跡が残っている．茎は単一で根茎の先端から直立し，頂に 3〜5 の葉を輪生し，葉柄がある．葉は 5 小葉の複葉で，小葉は卵形，倒卵形または披針形で，ふちに細かいきょ歯がある．夏に茎の頂に長い柄を出し，先端に球状の散形花序をつけ，多数の淡黄緑色の小さい花を開く．柄の先は時々 1 または 2，あるいは多数に分枝することがあり，側枝上の花は全部雄花である．花弁は 5 個，雄しべは 5 本，2 本の花柱と下位子房がある．果実は球形で赤く熟するか，時にはその先端部が黒いものもある．〔日本名〕とち葉人参は葉の形がトチノキに似ていることに基づき，竹節人参は根茎の節が目立ち，竹の節のように見えるからである．中国には竹節参があって，日本の種類とよく似ている．〔漢名〕土参は誤まって用いたもの．

4410. ハリブキ〔ウコギ科〕

Oplopanax japonicus (Nakai) Nakai

北海道から四国の主に亜高山帯の深い山の林の下，日陰に生える落葉低木で，高さ約 60〜90 cm 位．茎はしばしば曲がって斜めに立ち，褐色．葉にも茎にもとげがある．葉は大きく互生し，茎の先に集まってつき，四方に広がり，葉柄は長く，掌状に分裂し，裂片は尖り，さらに切れ込み，ふちに不整のきょ歯があり，両面の脈上にも尖ったとげがあるが，まれにとげのないもの（メハリブキ）がある．夏に茎の先端部に円錐花序がつき，花軸に総状的に短い枝を分け，その枝先に柄のある帯緑白色の小さい花が散形となってつく．花弁 5 個，雄しべ 5 本，花柱 2 本，子房下位．果実は広楕円状球形で熟すると赤くなる．〔日本名〕針ブキで針の多いフキ（キク科）の葉に見立てたもの．

4411. ヤツデ〔ウコギ科〕

Fatsia japonica (Thunb.) Decne. et Planch.

南関東以南の暖地の海に近い山や林の中に生え，またふつうに人家に植えられる常緑低木，高さ 2.5 m 内外．茎は単一あるいはまばらに分枝し，髄は白色で大きい．葉は互生し，長い葉柄があり，茎の先端部に集まってつき，四方に開く．濃い緑色で厚く，毛はなく，掌状に 7〜9 深裂し，裂片は卵状楕円形で尖り，きょ歯がある．若い葉は茶褐色の綿毛におおわれる．秋の終わり頃，枝頂に大形の円錐花序を出し，初めは白い苞葉に包まれるが，苞葉はすぐ脱落する．中軸および花序枝は白色，先に白い花が球状に集まった散形花序を多数つける．花は両性花と雄花で，外周の花序には両性花がつく．5 個の花弁，5 本の雄しべ，下位子房があり，花柱は 5 本で細く，その基部に花盤がある．果実は球形，翌年の初夏に熟して黒くなる．〔日本名〕八つ手でその分裂葉の印象から付けた名であって，掌状に多く切れ込むので数多いことを八で表現したもの．〔漢名〕習慣的に八角金盤を使っている．

4412. ムニンヤツデ〔ウコギ科〕

Fatsia oligocarpella Koidz.

小笠原諸島に特産し，父島と母島の湿った林に生える常緑低木．高さ 2〜5 m になる．ヤツデに似るが，葉の裂片は幅が広く楕円形で，先はふつう鈍形で鋭尖形とはならず，花序軸には節にのみ長軟毛が密生するなどの違いがある．若枝にははじめ綿毛があるが，のちに無毛となる．葉は枝先に集まってつき，掌状に 5〜7 個の裂片に裂ける．葉柄は長さ 10〜30 cm．裂片は長さ 10〜30 cm で，ふちにはきょ歯がないか，波状の粗い歯牙があり，両面とも無毛．11 月，枝先に円錐花序を出し，散形状に多数の花をつける．花柄は長さ 0.8〜1 cm で，淡褐色の綿毛が散生する．がくは鐘形，長さ 3 mm ほどで，不明瞭な 5 個のがく歯がある．花弁は 5 個あり，白色で卵形，長さ 5 mm ほどになる．果実はほぼ球形で，直径 5〜6 mm なり，黒熟する．

4413. カクレミノ 〔ウコギ科〕

Dendropanax trifidus (Thunb.) Makino ex H.Hara

常緑の小高木で，暖地の山や林の中に生え，またしばしば庭木として植えられる．高さ 9 m 内外，幹は直立して分枝する．葉は枝先に互生し，葉柄は長短いろいろあり，厚くて毛はなく，つやがあり，3 本の主脈がある．若い木の葉は多く 5 つに深く裂けて広いが，老木では倒卵形あるいは卵形，全縁，または倒卵形で 3 裂した葉も混じることが多い．夏に枝先に単一あるいは分枝する柄のある散形花序を出し，柄のある淡黄緑色の花をつける．花弁 5 個，雄しべ 5 本，下位子房，花柱 5 本．果実は広楕円体で熟すと黒くなる．〔日本名〕隠蓑はその葉の形を身をかくすのに着る蓑にたとえたものである．

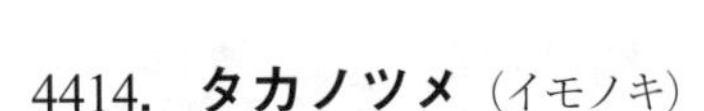

4414. タカノツメ（イモノキ） 〔ウコギ科〕

Gamblea innovans (Siebold et Zucc.) C.B.Shang, Lowry et Frodin

（*Evodiopanax innovans* (Siebold et Zucc.) Nakai）

山地に生える落葉小高木で，高さ 3～5 m 位．幹は直立して分枝し，樹皮は平滑で灰色．葉は互生し，長枝および短枝の先端部に集まってつき，葉柄は長く，3 小葉の複葉であるが，短枝の基部の葉はしばしば単葉となる．小葉は楕円形で長さ 5 cm ぐらい．両端は尖り，全縁，秋の終わり頃黄色くなる．夏に短枝の先に花軸を出し，上部は分枝して，枝先に球状の散形花序がつき，多数の黄緑色の小花が開く．花弁は 5 個，雄しべ 5 本，下位子房，2 裂した花柱がある．果実は小球形で熟すると黒くなる．〔日本名〕鷹の爪はこの木の冬芽の形に基づくもので，芋の木という名前は材がイモの肉の様に柔らかいためである．

4415. コシアブラ（ゴンゼツノキ） 〔ウコギ科〕

Chengiopanax sciadophylloides (Franch. et Sav.) C.B.Shang et J.Y.Huang

（*Acanthopanax sciadophylloides* Franch. et Sav.）

山や林の中に生える落葉高木で高さ 16 m 位．幹の直径 60 cm 位に達し，まっすぐに立ち，樹皮は灰褐色，枝は灰白色．葉は互生し，基部が短い鞘状になった長い葉柄があり，5 小葉の掌状複葉，小葉は薄くやや堅く短い柄があって倒卵状楕円形，長さ 10～20 cm 位，先端は尖り，基部は鋭形，あるいはくさび形．ふちにとげ状きょ歯があり，下面はうすい緑白色で脈上に淡褐色の柔らかい毛がある．夏に開花し，散形花序は長い柄があって，枝先に集まってつき，複散形に見える．花は小形で多数あり，うすい緑黄色．がく片は 5 個で小形．5 個の花弁は平らに開き，卵状楕円形．雄しべは 5 本，葯は黄色．花柱は 2 本あって，子房は下位．液果はややおしつぶされた球形で，表面は平滑，秋になって熟すると黒紫色になり，長さ 5 mm 位．〔日本名〕漉し油の意味で，昔この木から樹脂液を採り，漉して塗料に使ったのにちなむとされるが，樹液を越の国（北陸地方）で塗装油として用いたことに由来するという異説もある．またゴンゼツは金漆で，特別な塗料の名．この木からとれる塗料をそれにたとえたもの．

4416. ハリギリ（センノキ） 〔ウコギ科〕

Kalopanax septemlobus (Thunb.) Koidz.

（*K. pictus* auct. non (Thunb.) Nakai）

広く各地の山地に生える落葉高木で，高さ 25 m 内外に達し，周囲は 3 m 内外にもなる．幹は直立し，高くそびえ，樹皮には粗い裂け目があり暗褐色，枝は大きく，とげが多い．葉は枝先に集まってつき，葉柄は長く互生し，7 あるいは 9 浅～中裂し，掌状となり，裂片には細かいきょ歯があり，下面にはやや毛がある．5 月頃，枝先に数本の花序軸が集まってつき，分枝し，枝先に球形の散形花序をつけ，多数の黄緑色の小花が開く．花弁は 4 または 5 個，雄しべは 4 または 5 本，2 つに分裂した花柱があり，子房下位．果実は球形で熟すると青黒色となる．材は下駄やその他の器具を作るのに使われる．〔日本名〕針桐の意味で葉の大きいことをキリに見立て，枝に針があることを述べた名．センノキは語源不明．〔漢名〕刺楸樹．

4417. ミヤマウコギ 〔ウコギ科〕

Eleutherococcus trichodon (Franch. et Sav.) H.Ohashi

（*Acanthopanax trichodon* Franch. et Sav.）

四国，紀伊半島から東海地方を経て関東地方西部に分布し，山地の林内に生える落葉小低木．茎はあまり分枝せず，斜上して高さ 1 m 内外になる．長枝のみからなり，枝は灰白色を帯び，長さ 2〜5 mm ほどの鋭い扁平なとげがまばらにつく．葉はまばらに互生し，葉柄は長さ 2〜5 cm，無毛で，しばしば小さなとげがまばらに生え，葉身は 5 個の小葉に分かれる．小葉は倒卵形または菱状長楕円形で，長さ 3〜5 cm，幅 1〜2 cm になるが，頂小葉が最も大きく，先は鋭尖形，基部はくさび形で，ごく短い柄に流れ，ふちには粗いきょ歯があり，両面とも無毛，ふつう下面の側脈の基部にうすい膜状の付属物がある．雌雄異株で，5〜6 月に枝先から 1 個の柄を出し，多数の花からなる散形花序をつける．花序の柄は長さ 2〜4 cm あり，無毛である．花柄は長さ 12〜17 mm．がく筒は狭卵形体，長さ 2 mm ほどで，先は広三角状の 5 歯となる．花弁は卵形，黄緑色で，長さ 2 mm ほど．雄花には長さ約 2.5 mm の 5 個の雄しべと短い 1 個の花柱があり，雌花には雄しべはなく，2 個の花柱は長さ 1.5 mm ほどである．果実は扁平な球形，直径 6 mm ほどで，黒色に熟する．〔日本名〕深山ウコギで，本種が人里から離れた深い山地に生えることにちなむ．

4418. ヒメウコギ 〔ウコギ科〕

Eleutherococcus sieboldianus (Makino) Koidz.

（*Acanthopanax sieboldianus* Makino）

人家に時々栽培されまたしばしば生垣となり，あるいは野生化する落葉低木．茎は群生し，根をのばしてそれから新しい苗を作る．枝は灰白色，皮目が散在し，短枝を出すことが多く，4〜7 mm のまっすぐな細いとげがある．葉は濃い緑色，葉柄は長く，長枝に互生し，また短枝には束になってつく．5 全裂し，裂片は倒卵状長楕円形あるいは倒卵状倒披針形，先端部は鈍形，下部はくさび形あるいは細いくさび形，上半部にだけふちに不整のきょ歯があり，両面に毛がない．初夏の頃，短枝の密生した葉の中から通常葉よりも長い緑色の柄を出し，柄の先に黄緑色の花を半球形の散形花序に密につける．雌雄異株ではあるが，日本には純雄株はない．花は小形，がくは皿状，5〜7 の裂片があって宿存する．花弁は 5〜7 個．雄しべは 5〜7 本あって落ちやすい．子房は下位，5〜7 室からなり，花柱は上部が 5〜7 に分枝する．核果は液果状で球形，熟すと黒くなり，数本の花柱が宿存し，5〜7 個の分核があって，各々 1 つずつ種子がある．本種はその果実が 5〜7 室から成り花柱も同数，また花序柄が通常葉柄より長いので，すぐ識別される．若い葉は食用になる．昔中国から渡って来た種で，日本原産ではない．たぶん薬用植物として来たものであろう．いわゆる五加皮はこの植物の根の皮である．〔日本名〕ウコギは五加木の意味で五加の中国発音ウコと，木の日本読みキの合わさったものである．古名ムコギ．〔漢名〕五加．

4419. ケヤマウコギ 〔ウコギ科〕

Eleutherococcus divaricatus (Siebold et Zucc.) S.Y.Hu

（*Acanthopanax divaricatus* (Siebold et Zucc.) Seem.）

ブナ帯を主とした山地に生える落葉低木で幹は束生し，高さ 3 m 内外，幹はまっすぐで分枝し，枝にはとげがあり，また若い枝には密に毛がある．葉は互生し，葉柄は長く，長枝にはまばらにつき，短枝には多数集まってつく．5 小葉の掌状複葉で，やや厚く，下面には密に毛がある．小葉は倒卵形，ふちに重きょ歯があり，両端は狭くなる．秋の頃，枝先に頂生および腋生の花序柄を出しその先に散形花序をつけ，花柄は短く，小さな白い花を密につける．花弁 5 個，雄しべ 5 本，葯は黄色，花柱は 1 本ある．果実は熟すると黒くなる．〔日本名〕毛山五加はヤマウコギに似て毛深いからである．従来これをオニウコギと呼ぶのは誤りで，オニウコギはヤマウコギの別名である．

4420. オカウコギ 〔ウコギ科〕

Eleutherococcus spinosus (L.f.) S.Y.Hu var. ***japonicus*** (Franch. et Sav.) H.Ohba（*Acanthopanax japonicus* Franch. et Sav.）

紀伊半島から東海地方を経て関東地方南部に分布し，丘陵地の林内に生える落葉低木．高さ 1 m 内外になる．枝には長さ 3〜8 mm ほどの鋭い扁平なとげがまばらにつく．葉は互生するが，短枝では数個が叢生し，長枝では間隔をおいてつき，多くは 5 個の小葉からなる．葉柄は長さ 1.5〜5 cm で小さなとげがまばらにある．小葉は倒卵形または倒披針形で，先は鈍形，基部はくさび形で，ほとんど柄はなく，ふちには粗いきょ歯があり，長さ 1.5〜3 cm，幅 1〜1.5 cm で，両面とも無毛で，脈がわずかに隆起している．雌雄異株．花は 5〜6 月に咲く．多数の花からなる散形花序を短枝の先から出す．花序の柄は長さ 1.5〜5 cm あり，無毛．花柄は長さ 5〜7 mm．がく筒は狭い鐘形で，長さ 1 mm ほどで，先は広三角状の 5 歯となる．花弁は披針形または狭卵形，黄緑色で，長さ 2 mm ほど．雄花には長さ約 2.5 mm の雄しべと短い 2 個の花柱があり，雌花には雄しべはなく，花柱は長さ 1.5 mm ほどである．果実は扁平な円形で，直径 5 mm ほどで，熟して紫色を帯びた黒色となる．ヤマウコギに似るが小葉は長さ 3 cm 以下で，縁にはしばしば重きょ歯があるなどの違いがある．〔日本名〕丘ウコギで，本種が人里に近い丘陵地に生えるから．

4421. エゾウコギ　〔ウコギ科〕

Eleutherococcus senticosus (Rupr. et Maxim.) Maxim.
（*Acanthopanax senticosus* (Rupr. et Maxim.) Harms）

北海道に分布し，林内に生え，朝鮮半島，中国，アムール，サハリンにも分布する落葉低木．高さ 3～5 m になる．枝は長枝のみからなり，灰白色で，長い下向きの鋭いとげがやや密につく．葉は互生し，5 または 3 個の小葉からなる．葉柄は長さ 5～12 cm で，長毛が散生する．小葉は長楕円形または倒卵状楕円形で，先は細長く尖り，基部は鋭形で長さ 5～15 mm の柄に流れ，ふちには尖ったきょ歯があり，両面とも短い剛毛が散生し，下面の脈上には縮れた毛がやや密に生え，頂小葉では長さ 6～10 cm，幅 2～4 cm になる．雌雄異株．花は夏に咲く．枝先に 1 個の花序柄がのび，先に多数の花からなる散形花序をつくる．花序の柄は長さ 4～8 cm あり，無毛．花柄は長さ 10～15 mm．がく筒は狭鐘形，長さ 2 mm ほどで，先は広三角状の 5 歯となる．花弁は三角状卵形または広卵形，黄緑色で長さ 2 mm ほど．雄花には長さ約 4 mm の雄しべと短い 1 個の花柱があり，雌花にはごく短い 5 個の雄しべと，先のややふくらんだ長さ 1.5 mm ほどの 1 個の花柱がある．果実は楕円体で，5 つの稜があり，長さ 5 mm ほどで，熟して紫色を帯びた黒色となる．〔日本名〕蝦夷ウコギで，本種が北海道に産することにちなむ．

4422. ヤマウコギ（オニウコギ）　〔ウコギ科〕

Eleutherococcus spinosus (L.f.) S.Y.Hu var. ***spinosus***
（*Acanthopanax spinosus* (L.f.) Miq.）

山野に生える雌雄異株の落葉低木，高さ 2 m に達し，幹は束生して曲がり，分枝して茶褐色の平たく強いとげがある．葉は長枝に互生し，短枝には集まってつく，5 小葉の掌状複葉で葉柄は長く，小葉は倒卵状くさび形できょ歯がある．初夏に球状で柄のある散形花序を短枝の葉の間から出し，柄のある黄緑色の小さい花が密につき，花序は柄を入れても葉柄より短い．花弁は 5 個，雄花では 5 本の雄しべ，雌花には 2 本の花柱がある．果実は球形で熟すると黒くなる．従来これを単にウコギというのは誤りで，五加はヒメウコギである．〔日本名〕ヤマウコギは山地生のウコギ，オニウコギはウコギよりも荒々しい出来であるからである．

4423. キ　ヅ　タ（フユヅタ）　〔ウコギ科〕

Hedera rhombea (Miq.) Bean

本州から琉球に分布し，山野にふつうに見る常緑のつる性低木．岩上や樹上に成長し，年を経た古いものではかなりの長さとなり，分枝して繁茂し，主幹は巨大になり，無数の気根を出して木や石の表面にしっかり付着する．葉は互生し厚くかたく，表面は光沢があり，濃い緑色，全縁，卵形あるいは 3 裂したり 5 裂したりする．葉柄は長い．秋の終わり頃，小枝の先に頂生の短い軸を出し，長い花序柄を分け，その先に球形の散形花序をつけ，多数の黄緑色の花を開く．がく片は不明瞭．花弁は 5 個，雄しべ 5 本，子房下位，花盤は大きい．果実は球形で翌年熟して黒くなる．〔日本名〕ツタ（ブドウ科）に似るが木質の度がより強いので名付けた．冬ヅタは常緑であるためで落葉性のツタをナツヅタというのに対応する．〔漢名〕百脚蜈蚣，常春藤ともに誤って用いた名である．

4424. フカノキ　〔ウコギ科〕

Schefflera heptaphylla (L.) Frodin（*S. octophylla* (Lour.) Harms）

インドシナ，フィリピン，中国，台湾から南西諸島，九州南部に分布する常緑高木で，高さ 6～10 m になり，ふつう海岸に近い林内に生える．若枝には細かな淡褐色の星状毛が密生する．葉は互生し，長さ 10～30 cm の柄があり，葉身は 6～9 個の小葉に分かれる．小葉は長さ 1～5 cm の柄をもち，狭長楕円形または倒披針状楕円形で，先は鋭尖形，基部は鋭形で，ふちにはふつうきょ歯はないが，若枝の葉では不規則な切れ込みがあり，長さ 10～20 cm，幅 4～7 cm になり，中央の小葉が最も大きい．11～2 月，枝先に散房状の円錐花序を出し，多数の花をつける．花序軸には微小な星状毛が密生する．花には長さ 5 mm ほどの柄がある．がくは鐘形で，微小な星状毛があり，先は浅く 5 裂する．花弁は 5 個あり，緑白色で，披針状長楕円形，長さは 2 mm ほどである．雄しべは 5 個．果実は球形で，熟して直径 5 mm ほどになり，黒褐色となる．

4425. ツボクサ（クツクサ）　〔セリ科〕

Centella asiatica (L.) Urb.

関東地方以西の道ばた，野原，田や山地に生える多年生草本．茎や葉は肥厚しチドメグサよりずっと大形で全株無毛または毛がある．茎は細長く地面をはい，緑色または紅紫色，節からひげ根を出す．葉には長い葉柄があり，各節に 3〜4 枚集合し，円状腎臓形で円頭，基部は心臓形，ふちにはやや鈍いきょ歯があり，上面は平らでやや光沢があり，直径 3 cm 内外．夏に葉腋から短い柄を出し，下部が白色，上部淡紅紫色の 2〜5 個の小花を頭状につけ，小さい舟形の宿存性の総苞片が 2 枚ある．花弁は広卵形で 5 個，5 本の雄しべは短くて小さい，葯は暗紫色，花柱は 2 個で子房は下位，扁平．痩果は扁平な平円形で緑色，直径 3 mm 内外，網脈は隆起してやや堅い．葉の縁に不規則にしわが寄って曲がり，かつ不整のきょ歯がある 1 品種をチヂミツボクサ f. *crispata* (Maxim.) H.Hara と呼ぶ．〔日本名〕壺草は庭草の意味で庭や道ばたに生えるためであり，花の形が靫（ウツボ）に似ているために名付けられたのではない．クツクサは履草の意味で葉の形が馬のわらぐつに似ているためである．〔漢名〕積雪草と連銭草とはともに誤り．

4426. ウマノミツバ（オニミツバ）　〔セリ科〕

Sanicula chinensis Bunge

山林の木の下の日陰に生える多年草．高さ約 30〜50 cm 位．茎は直立して分枝する．葉は 3 裂し，両側の裂片はさらに 2 深裂するため 5 裂掌状となり，濃い緑色で上面はしわがあり，下面では葉脈が隆起し，ふちにきょ歯がある．根生葉には長い葉柄があり，茎葉では葉柄は短く，両方とも葉柄の基部は鞘となる．夏に茎頂で小枝を分け，小形の複散形花序をつけ，柄のない小白花を開く．小散形花序の中に両性花と雄花が混じる．5 個の花弁は内側に曲がる．雄しべは 5 本，下位子房には長く粗い毛がある．果実は球形で粗いかぎ毛が密生する．〔日本名〕馬之三葉の意味で，食用となるミツバに似て食用とならず．馬に食べさせる程度のミツバといったのである．〔漢名〕山芹菜．しかし変豆菜は誤り．

4427. ヤマナシウマノミツバ　〔セリ科〕

Sanicula kaiensis Makino et Hisauti

山梨県と長野県の山地の草原にまれに生える多年草．茎は直立し，高さ約 15 cm，花後に伸長し，80 cm に達し，ふつう枝分かれせず，先端に 2 枚の葉をほぼ対生し，まれに茎の中部に 1 枚の葉をつけて分枝する．根生葉は長さ 10〜30 cm の葉柄があり，腎心形，幅 4〜10 cm，3 全裂し，側裂片はさらに 2 深裂する．裂片は倒卵形，3 浅裂し，先は鋭頭，基部はくさび形，ふちには鋭きょ歯と切れこみがある．茎葉は根生葉に似るが葉柄が短く，対生葉はほとんど無柄，3 深裂し，裂片は長楕円形，ふちに鋭いきょ歯と切れこみがある．5〜6 月頃，茎頂に 1〜5 個の複散形花序をつけ，白色または紫色を帯びた花を開く，花序の柄は不同長，果時に 5〜30 cm．花柄は長さ 1〜5 cm，3〜5 個，小総苞片は披針形，ふつう長さ 1〜2 mm，平開する．雄花は 1〜数個，小花柄は長さ 2〜3 mm．両性花は 1〜3 個，ほとんど無柄，果実は楕円体，長さ約 4 mm，刺毛はやや細く，先はかぎ状に曲がり，長さ約 2 mm, 下部のものは短い．〔日本名〕山梨馬の三葉で，初め山梨県で見つかったことによる．

4428. クロバナウマノミツバ　〔セリ科〕

Sanicula rubriflora F.Schmidt

本州（中部地方以北）の山地の草地にまれに生育し，朝鮮半島，中国東北部，アムール，ウスリーに分布する多年草．茎は直立し，高さ 20〜50 cm，枝分かれせず，先端に 2 枚の葉を対生する．根生葉は長さ 20〜40 cm の柄があり，葉身は腎心形，幅 4〜10 cm，3 全裂し，側裂片はさらに 2 深裂する．頂裂片および側裂片の裂片は倒卵形，先は 3 浅裂し，鈍頭または鋭頭，基部はくさび形．ふちに不規則な鋭きょ歯と切れ込みがある．茎葉は無柄，3 全裂し，裂片は倒披針形，ふちに不規則な鋭いきょ歯と切れ込みがある．5〜6 月頃，茎の頂に 1〜5 個の散形花序をつけ，暗紫色の花を密生する．花序の柄は長さ 3〜6 cm．小総苞は 4〜7 個，線状倒披針形，長さ 1〜2 cm，花序より長く，平開する．雄花は 15〜20 個，小花柄は長さ 1〜2 mm．両性花は 1〜3 個，ほとんど無柄，花弁は 5 個，暗紫色で内側に巻く．果実は広卵形で，長さ約 4 mm，刺毛は硬く，かぎ状に曲がり，長さ約 2 mm，下部の刺毛は短い．〔日本名〕黒花馬の三葉で，花弁が黒味を帯びていることによる．

4429. フキヤミツバ 〔セリ科〕

Sanicula tuberculata Maxim.

本州（東海地方以西），四国，九州の山地の木陰にまれに生育し，朝鮮半島に分布する多年草．茎は 1〜3 本群がり生え，直立し，高さ 8〜20 cm．上部にふつう 2 枚の葉が対生する．根生葉は 5〜12 cm の葉柄があり，葉身は 5 角形状腎円形で，3 全裂し，側裂片はさらに 2 中ないし深裂し，頂裂片は倒卵形，各羽片は鋭頭，基部は広いくさび形またはくさび形，ふちに不規則なきょ歯があり，両面ともに無毛．茎葉は 2〜8 mm の柄があり，葉身は根生葉よりやや小形，3 深裂し，裂片は倒披針形，ふちにきょ歯がある．4〜5 月頃，茎頂に 1〜3 個の小散形花序をつけ，花序の柄は長さ 1〜3 cm，小総苞片は数個，狭披針形，長さ 4〜10 mm，小花序より長いか等長のものがあり，平開する．雄花は約 10 個，小花柄は細く，長さ 2〜3 mm．がく片は披針形，長さ約 1.5 mm．両性花は 1〜4 個，ほとんど無柄．果実はやや平たい球形，長さ約 3.5 mm，刺毛は太く短く，直立し，かぎ状とならず，下部のものは突起状となる．〔日本名〕吹屋三葉で，初め岡山県川上郡（現在は高梁市）吹屋で見つかったことによる．

4430. ミシマサイコ 〔セリ科〕

Bupleurum stenophyllum (Nakai) Kitag. var. ***stenophyllum***

（*B. scorzonerifolium* Willd.；*B. scorzonerifolium* var. *stenophyllum* Nakai）

山原に多く生える多年草で，高さは約 40〜60 cm 位，根は黄色．茎は直立し細長く堅く，上部はジグザグに曲がり，分枝し，緑色で葉にも茎にも毛はない．葉は線形あるいは広線形，互生し，全縁，上下は細く狭まり，堅く，葉脈が数本縦に走り，根生葉ではしばしば長い葉柄がある．秋に小枝の先に多数の小さい複散形花序をつけ，黄色の小花を開き，花序には総苞片および小総苞片がある．5 個の花弁は内側に曲がり，雄しべは 5 本，下位子房である．果実は楕円体で毛はない．薬用植物．〔日本名〕昔静岡県三島からその生薬材料を出したのでこの名がある．カマクラサイコともいい．薬学の世界では単にサイコと呼ぶが，これは漢名柴胡の音読みである．〔漢名〕茈胡．柴胡に同じ．

4431. ホタルサイコ（ホタルソウ，ダイサイコ） 〔セリ科〕

Bupleurum longiradiatum Turcz. var. ***elatius*** (Koso-Pol.) Kitag.

山野の日の当たるところ，または落葉樹林下の地に生える多年草で，高さ 1〜1.5 m に達する．茎は単一で直立し，全体を通して葉をつけ，上部は分枝する．葉は単葉で 2 列に互生し，葉柄はなく長楕円状披針形あるいはへら状披針形，鋭頭あるいは鋭尖頭，全縁，下方へは少し狭まってから基部で茎を抱き，下面はやや白色を帯び，数本の葉脈が縦に通り，根生葉には長い葉柄がある．秋の頃，小枝の先に小さい複散形花序を出して淡黄色の小花をつける．花序には総苞片および小総苞片がある．花弁は 5 個で内側に曲がる．雄しべは 5 本，下位子房がある．果実は長い楕円体．〔日本名〕ホタルソウは螢草であろうが語源はわからない．ダイサイコは大茈胡の意味で，サイコすなわちミシマサイコよりずっと大形であるため．〔漢名〕南柴胡は誤り．

4432. ハクサンサイコ（トウゴクサイコ） 〔セリ科〕

Bupleurum nipponicum Koso-Pol.

本州中部以北の高山の草地および林の縁などに生える多年生草本．高さ 30〜50 cm 位，全株に毛はない．茎は直立し細長い円柱形で淡緑色．葉は互生してまばらにつき，淡緑色で下面は粉白．下部の葉は倒披針形または細長い楕円形で長さ 10 cm 内外，長い葉柄があるが，上部の葉は卵形あるいは卵状披針形で小形，先端は鋭くあるいはゆるやかに尖る．基部は耳状に茎を抱く．8 月に茎の頂に複散形花序をつけ，花序柄は 5〜8 本あり糸状で立ち，基部には 2〜3 の著しい総苞片がある．花は淡黄色，ごく短い小花柄があり密集し，その基部にある小総苞片は 5〜6 枚集まり放射状となり，卵状楕円形，うすい白緑色で花序の割には大形なので花被のように見える．花弁は 5 個で内側に曲がる．雄しべは 5 本で短い．子房は下位，楕円体，2 本の花柱はそり反る．果実は楕円体で小さく，かすかな稜線が縦に通っている．〔日本名〕白山柴胡は石川県の白山に生えるために名付けられ，柴胡はこの類の漢名．東国柴胡は東国に産することによる．

4433. レブンサイコ 〔セリ科〕

Bupleurum ajanense (Regel) Krasnob. ex T.Yamaz.

（*B. triradiatum* auct. non Adams ex Hoffm.）

北海道の高山帯岩石地にまれに生育し，サハリン，千島列島，カムチャツカ，東シベリアに分布する多年草．根茎は地中に直下する．茎は 1～数本群がって生え，直立し，上部でわずかに枝分かれし，高さ 5～15 cm．根生葉は粉白色を帯び，倒披針形またはへら形，長さ 5～10 cm，幅 0.5～0.8 cm，先は鋭頭，基部はしだいに細くなって葉柄になり，全縁であるが，ふちには微細な歯がありざらつく．茎葉は 2～3 個，互生し，長楕円形ないし狭卵形，長さ 1～4 cm，幅 0.5～1.5 cm，基部は円形で，なかば茎を抱く．7～8 月頃，茎の頂や枝の先に複散形花序をつけ，密に黄色の花を開く．総苞片は 3～4 個，楕円形または披針形，長さ 1～2 cm．花柄は 3～5 本，長さ 1～1.5 cm．小総苞片は 5～6 個，広い倒卵形，小花序より長く，長さ 4～6 mm，先は鋭頭，小花柄は約 15 本，長さ 1.5～2 mm．花は直径約 1.5 mm，花弁は黄色，花柱の基部は花後に黒紫色となる．果実は長楕円体，長さ約 2 mm．〔日本名〕礼文サイコで，北海道礼文島に生えることによる．

4434. オオカサモチ（オニカサモチ） 〔セリ科〕

Pleurospermum uralense Hoffm.（*P. austriacum* (L.) Hoffm. subsp. *uralense* (Hoffm.) Sommier ; *P. camtschaticum* Hoffm.）

本州中部以北の山地からシベリアに分布する大形の多年草である．茎は太く中空で直立し，高さ 1.5～2 m となり，多くの葉をつける．葉は 2～3 回羽状に分裂し，裂片は披針形で不整の欠刻ときょ歯があり，草質で淡緑色，脈上に微毛がある．7 月に茎頂に大形の複散形花序を出し，密に白花を開く．総苞片は数多く，時々大形になって狭い披針形の数個の裂片に裂け，小総苞片も披針形で長くふちは白っぽい．花柄，小花柄はともに数多く，ざらついている．花は直径 5 mm 余り，5 花弁，雄しべ 5 本，2 花柱がある．果実は楕円体で長さ約 6 mm，分果は背面に隆起した 3 つの中央脈がありその上はざらついている．〔日本名〕大きなまたは鬼のようにいかついカサモチの意味．

4435. ドクゼリ（オオゼリ） 〔セリ科〕

Cicuta virosa L.

大形の多年生草本で沼や小川に生える．高さ約 90 cm に達する．地下茎は緑色で太くたけのこ形で多数の節があり，節間はつまって中空．冬には地下茎を延命竹あるいは万年竹などの良い名をつけて町で売ることがある．夏になるとこの地下茎の先端部が成長して大きい中空の茎となり，緑色で分枝する．葉は 2 回羽状複葉で小葉は披針形，ふちにきょ歯がある．枝先に複散形花序をつくって多数の白い小花が開く．小散形花序は球状になる．花弁は 5 個で内側に曲がり，雄しべは 5 本，下位子房がある．果実は扁平な球形．有毒植物．〔日本名〕毒ゼリ．セリに似るが有毒であるため，オオゼリはセリより大形のため，〔漢名〕野芹菜花．

4436. セ リ 〔セリ科〕

Oenanthe javanica (Blume) DC.

湿った所や溝の中によく茂る多年生草本で，東南アジアに広く分布する．数本の長くてやや太い白いほふく枝を出してふえる．秋にほふく枝の節から新苗を出し，冬を越して春に最も盛んに成長する．根生葉は集まってつき，茎葉は互生し，2 回羽状複葉，全体は三角形，小葉は卵形できょ歯がある．根生葉には長い柄があり，茎葉では柄は次第に短くなり，両方とも柄の基部は葉鞘となっている．夏に直立する花茎を出し，30 cm 内外に達し，緑色で稜がある．枝先に小さい複散形花序を出して白色小花を開く．花弁は 5 個で内側に曲がり，雄しべ 5 本，1 個の下位子房がある．果実は楕円体で長い花柱をもつ．分果のへりの隆起はコルク質となる．葉には香りがあって食用にされ，しばしば栽培されることがある．〔日本名〕新苗のたくさん出る有様がせ（競）り合っているようだからついたという説がある．〔漢名〕水斳．

4437. エキサイゼリ（オバゼリ）

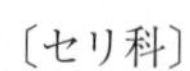

Apodicarpum ikenoi Makino

関東や濃尾平野の低い湿った原野に生える多年生草本で高さ 30 cm 内外，全体に毛はない．根はひげ状であるが，中にわずかに多肉の根が混じる．茎はやわらかく弱く，緑色，基部で分枝し，斜めに立つ．葉は互生し，単羽状全裂，1 枚の頂裂片があり，裂片は互いに離れ卵状楕円形できょ歯があり，先端尖り，やわらかい．5 月に複散形花序を茎の頂につけ，小白花を開く．長短のある花序柄は 5～6 本，総苞片は 1～2 個，小総苞片は 2～3 個ある．花弁は 5 個で上部は内側に曲がる．雄しべは 5 本で花弁より短い．子房は下位，花柱は 2 個．果実は扁圧された広楕円体で，低い稜線があり，分果の間には分果柄がなく，熟してからも緑色のままである．〔日本名〕益斎芹はこの種を越中富山藩主前田利保が初めて江戸郊外で採集し，画家に描かせたので，この大名の号益斎をとって名付けた．オバゼリは婆芹で利用価値のないセリの意味である．

4438. ムカゴニンジン

〔セリ科〕

Sium ninsi L.（*S. sisarum* auct. non L.）

池や沼周辺の湿った所に生える多年生草本．高さ 60～90 cm 位．根は白色多肉で集合する．茎は直立し，細長く緑色で線条がある．葉は互生し，下部のものは 5～7 枚の小葉からなる羽状複葉で，上部のものは三出する．小葉は細長く，きょ歯がある．葉柄の基部は鞘となって茎を抱く．幼植物の葉は単葉が多い．夏から秋へかけて細長い枝先に小さい複散形花序をつけ，小さい白花を開く．花弁は 5 個で内側に曲がり，雄しべは 5 本，1 個の下位子房がある．秋の終わり頃葉腋に球芽をつけ，それが落ちて新苗を作るのが特徴である．時にはこの植物を薬用ニンジンと偽ることがある．〔日本名〕零余子人参はその葉腋に珠芽（むかご）がつくことに基づく．

4439. ヌマゼリ（サワゼリ）

〔セリ科〕

Sium suave Walter var. ***nipponicum*** (Maxim.) H.Hara
（*S. nipponicum* Maxim.）

池や沼などの岸に生える多年生草本で，高さ 1 m 内外．根はひげ状で白色．茎は直立して分枝し，緑色で中空，稜がある．葉は奇数の 1 回羽状複葉で小葉は対生し，7～9 個．披針形あるいは長楕円状披針形できょ歯があり，根生葉には長い葉柄があり，茎葉は互生し，葉鞘は茎を抱く．夏から秋へかけて枝先に大きくない複散形花序をつけ小さな白花を開く．花弁は 5 個，内側に曲がり，雄しべ 5 本，1 個の下位子房がある．果実は楕円体，または倒卵形体で長さ 3 mm，分果の断面はほぼ五角形である．変種にヒロハヌマゼリ var. *ovatum* (Yatabe) H.Hara があり，小葉は広くて，卵形を呈する．〔日本名〕沼芹または沢芹．ともに生育地を示す名．

4440. タニミツバ

〔セリ科〕

Sium serra (Franch. et Sav.) Kitag.（*Pimpinella serra* Franch. et Sav.）

本州（中部地方以北），北海道に分布し，山地の木陰の水辺にまれに生育する多年草．根は数本，多少肥厚する．茎は細長く直立し，上部で分枝し，高さ 60～90 cm になり，中空で全体毛はない．葉は互生し，3～5 個の小葉からなる羽状複葉，小葉は柄がなく，狭卵形または披針形，長さ 3～8 cm，幅 1～3.5 cm，先は尾状鋭尖頭，基部は広いくさび形または丸く，まれに浅く心臓形，ふちに細かいきょ歯がある．茎の上部の葉は小形になり，小葉は狭披針形または線形．葉のわきにむかごをつくらない．7～8 月頃，枝先に複散形花序をつけ，まばらに小さな白花を開く．総苞片はないか 1～2 個で糸状．花柄は 2～5 本，長さ 1～2 cm．小総苞片は糸状で数個，長さ 1～2 mm．小花柄は細く，5～10 本，長さ 7～10 mm．花は直径 2 mm くらい，花弁は 5 個で内側に曲がり，雄しべは 5 本．果実は卵形体，長さ約 2 mm，無毛で平滑，脈は細く，ほとんど隆起しない．〔日本名〕谷三葉で，生育地を示す．

4441. ミ ツ バ（ミツバゼリ） 〔セリ科〕

Cryptotaenia canadensis DC. subsp. ***japonica*** (Hassk.) Hand.-Mazz.
（*C. japonica* Hassk.）

山地などに生える多年生草本，しばしば野菜として畠に栽培される．高さ約 30～60 cm 位．茎も葉も緑色，分枝する．葉は 3 小葉からなり互生し，葉柄がある．小葉は卵形で尖り，不整の尖ったきょ歯があり，下面にはつやがある．根生葉には長い葉柄があり，茎葉は葉柄が次第に短くなり，葉柄の基部は葉鞘になる．夏に小枝の先に小さい複散形花序をつけ，小花柄は長短があるため，他種のような典型的な散形にはならない．花は白色，時にはうすい紫色を帯び，花弁は 5 個，その先端部は内側に曲がり，雄しべ 5 本，子房は下位．果実は細長い楕円体．分果の断面は円い五角形．葉にはにおいがあるので新苗を食用にする．〔日本名〕三葉で葉が 3 小葉からなることを示す．

4442. マルバトウキ 〔セリ科〕

Ligusticum scoticum L. subsp. ***hultenii*** (Fernald) Hultén
（*L. hultenii* Fernald）

本州（茨城県以北），北海道の海岸に生育，朝鮮半島，サハリン，千島列島，カムチャツカ，ウスリー，オホーツク沿岸，アラスカに分布する多年草．根はゴボウ状で太く，茎は直立し，高さ 30～100 cm，中空，毛がなく，上部でまばらに分枝する．葉は 2 回三出複葉で，葉柄は長さ 3～25 cm で茎の上部の葉柄は短い．小葉はやや厚く，無毛で，上面に光沢があり，卵形ないし円形，長さ 4～9 cm，幅 2～9 cm，先は鋭頭または鈍頭，基部は広いくさび形．側小葉はほとんど柄がない．7～9 月頃，枝先に直径 3～8 cm の複散形花序をつけ，多数の小さな白花を密に開く．総苞片，小総苞片ともに線形で数個ある．花柄，小花柄ともに 15～20 個あり，花柄は長さ 1～2 cm，上部に細かい突起があり，小花柄は約 3 mm．がく片は 5 個，長さ約 0.5 mm．花弁は 5 個で，内側に曲がり，雄しべは 5 本，花柱は 2 本．果実は長楕円体，長さ 8～11 mm，分果に 5 稜がある．〔日本名〕丸葉トウキで，小葉が丸みを帯びることによる．

4443. シ ャ ク（コシャク） 〔セリ科〕

Anthriscus sylvestris (L.) Hoffm.
（*A. aemula* auct. non (Woronow) Schischk.）

山中の草地に生える多年生草本で高さ 1 m に達する．根は多肉で地中に直下する．茎は緑色，毛はなく，直立し縦の溝がありまばらに分枝する．葉は互生し，長い葉柄があり，大体三角形で 2 回羽状となり，裂片はさらに羽状に深く裂け，中裂片は長楕円形鈍頭．6～7 月頃，茎の頂に平頂の複散形花序を出して細かい白い花をつけ，花序柄は 5～6 本で，総苞片はなく，小散形花序の柄は 6～7 本，披針形の小総苞片が数個ある．花は外側のものは大きくまた花弁は 5 個，花序の外側を向いた 1 枚が他よりも大きく，いずれも倒卵形で平開し上部は内方に曲がる．雄しべは 5 本．子房は下位，2 本の花柱は外方に曲がる．果実は細長い円柱状，表面は平滑で背中は特別の隆起線を持たない．8 月にはすでに果実は黒色に熟し，長さは 1 cm に達しない．根はさらして粉にして食用になる．〔日本名〕シャクの意味は不明であるが本来はサクとも呼んでシシウド（ハナウドとする説もある）を指す．小シャクは小形のシャクの意味．

4444. ヤブニンジン（ナガジラミ） 〔セリ科〕

Osmorhiza aristata (Thunb.) Rydb.

山野の木陰や竹林などに生える多年草で，高さ 40～60 cm 位．根はやや堅く，茎は直立して分枝し，葉にも茎にも毛がある．葉はやや柔らかく，2 回羽状複葉で，小葉は卵形で粗いきょ歯がある．根生葉および下部の茎葉では長い葉柄があり，上部の茎葉では葉柄は短く，いずれも葉柄の基部は鞘になっている．春の終わり頃，枝先に複散形花序を出して小白花を開き，小散形花序には雄花と両性花があり，散形花序の分岐部にはそれぞれ 5 枚の苞葉がある．5 個の花弁は内側に曲がる．雄しべは 5 本．子房は下位．果実は細長く長さ 2 cm ほどで下部に向かって次第に細まり，先端に 2 本の尖った花柱が残り，全体に毛がある．〔日本名〕藪ニンジンはニンジンの葉に似た葉をもち，やぶに生えるからであり，ナガジラミはヤブジラミに似て果実が細長いためである．〔漢名〕野胡蘿蔔と呼ぶのはまちがいで，それは胡蘿蔔，すなわちニンジンの野生品，ノラニンジンを指す．

4445. オヤブジラミ 〔セリ科〕

Torilis scabra (Thunb.) DC.

野原に生える越年草で，高さ 60 cm 位に達し，分枝し，茎にも葉にも細かい毛がある．葉は互生し，2 回羽状に細かく裂け，葉の下面はしばしば白色を帯び，また茎とともに紫色を帯びる．春から初夏に小枝の先に複散形花序を出して白色または帯紫色の小花を開き，花序ごとの花柄および小花柄の数は少ない．5 枚の花弁は内側に曲がる．雄しべは 5 本，下位子房がある．果実は大きく卵状長楕円体，長さ 5 mm 以上，とげが多く，とげは開出しその先が少し曲がっているのでよく他物に付く．ふつう紫色を帯びる．〔日本名〕雄藪ジラミでヤブジラミによく似ているが，果実が大きく粗大の観があるからである．

4446. ヤブジラミ 〔セリ科〕

Torilis japonica (Houtt.) DC.

野原や道ばたに広く生える越年草で，高さ 60 cm 内外，茎は直立して分枝し，葉も茎も毛でおおわれる．葉は互生し，2 回羽状に細かく裂け，小葉は卵状披針形で尖ったきょ歯があり，根生葉には長い葉柄があり，茎葉では葉柄は短く，いずれもその基部は鞘となる．夏に小枝の先に複散形花序となって，小白花を開く．5 個の花弁は内側に曲がる．雄しべは 5 本，下位子房がある．果実は卵状楕円体で長さ 3 mm，先がかぎ状に曲がったとげ状の毛が多い．〔日本名〕藪虱．果実は，熟す頃にやぶへ入ると，からだによく附着するのでシラミにたとえた．オヤブジラミに比べ小花柄の数はそれより多くて 5～10 本あり，また短いので果実は集合してみえ，また植物体全体に白味が強いので区別できる．〔漢名〕竊衣が習慣的に用いられる．

4447. ニンジン (ナニンジン) 〔セリ科〕

Daucus carota L. subsp. ***sativus*** (Hoffm.) Arcang.

広く畠に栽培される越年生草本で，地中に深く直入する多肉の直根は長い倒円錐形で先端は尖り，黄色，橙色，あるいは赤色で食用にされ，また若い葉も食べられる．葉は根生，茎生の両方とも 3 回羽状に分裂して毛があり，根生葉には長い柄がある．茎は直立し，高さ約 1～1.5 m 位．上部はまばらに分枝し，円柱形で表面には縦に走る多数の線があり，まばらに毛がある．初夏の頃，大形の複散形花序を出して多数の小さい白花を開き，外方へそり返った花柄の下の総苞は葉状で分裂する．花は 5 花弁，5 雄しべ，1 下位子房がある．果実は細長い楕円体で直生した多くの刺がある．野生するものをノラニンジンといい，北海道をはじめ各地に見られるが，これは結局畠から逃げて自生化したものである．〔日本名〕人参．根を人参すなわち朝鮮人参にたとえたことから来た．菜人参はそのもとの名で，薬でなく菜に使う人参の意味である．〔漢名〕胡蘿蔔．これは外国渡来のダイコンの意味．

4448. セントウソウ (オウレンダマシ) 〔セリ科〕

Chamaele decumbens (Thunb.) Makino f. ***decumbens***

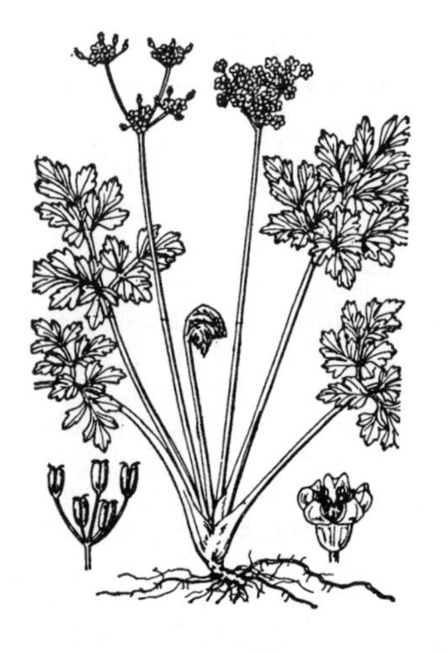

各地に広く見られる柔らかい無毛で小形の多年草．山野の木陰に生え春早く花を開く．葉は根生し長い葉柄があり，2 回三出羽状複葉で小葉は卵形，鈍く粗いきょ歯があり，葉柄の基部は葉鞘となって互に抱く．4 月頃葉の間から少数の長さ 10 cm 内外の花茎を出し，その先に小さい複散形花序をつけ，小散形花序は柄に長短があり，数個の白色小花を開く．花弁は 5 個，内側に曲がり，5 本の短い雄しべ，下位子房がある．果実は長楕円体，長さ 3 mm．分果の断面はほぼ五角形で油管がない．長い花柱が左右に曲がり，果柄は時々花柄よりも長く成長する．〔日本名〕セントウソウは語源がわからない．オウレンダマシは葉がオウレン（キンポウゲ科）の葉に似ているため．〔漢名〕竹葉が慣用的に用いられる．

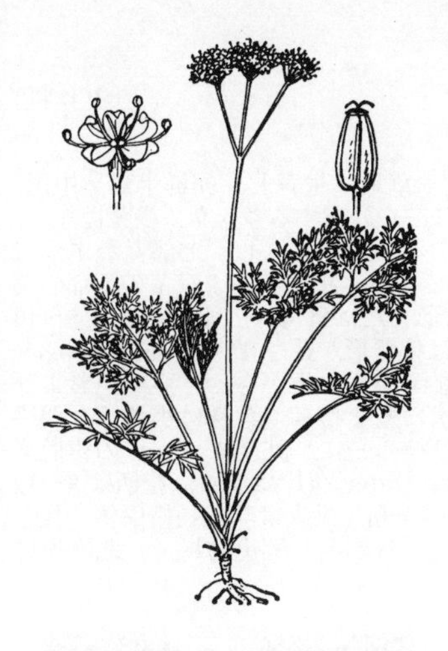

4449. ミヤマセントウソウ 〔セリ科〕

Chamaele decumbens (Thunb.) Makino f. ***japonica*** (Y.Yabe) Ohwi

日本西部の山地にまれに産する多年生草本．葉は全部根生して長い柄があり，三出複葉，小葉は柄があってさらに 2～4 回三出羽状に全裂し，終裂片は極めて細い線形で幅 0.3～1 mm，無毛である．春に高さ 8～20 cm の花茎を出し，頂にややまばらな複散形花序を出して白色の小花を開く．花茎には全く葉をつけず，また総苞もない．花は直径 2～3 mm, 5 花弁，5 雄しべ，2 花柱がある．果実は長楕円体で長さ 3 mm．セントウソウに近いが，葉が著しく細く裂けているので区別される．この外にもセントウソウには葉の最終裂片の形が異なる数品種が知られている．〔日本名〕深山生のセントウソウの意味．

4450. イワセントウソウ 〔セリ科〕

Pternopetalum tanakae (Franch. et Sav.) Hand.-Mazz.

（*Cryptotaeniopsis tanakae* (Franch. et Sav.) H.Boissieu）

亜高山帯に見られる小形の多年草で深山の日陰に生え，高さ約 10～20 cm 位，茎は通常単一で直立し，細長く緑色．葉は小形でやわらかい．根生葉は 2 回羽状複葉で小葉は倒卵形で分裂し，きょ歯がある．茎葉は少数で 1 回羽状複葉で小葉は線形で全縁．夏に茎の頂に 1～2 個の複散形花序を出して糸状の花序柄を分枝し，全体が細線でできた半球状に見えるが，柄の先に長短不整の 1～2 本の小柄を出し少数の白色小花をつける．花弁は 5 個，雄しべ 5 本，下位子房がある．果実は楕円体で長さ 2 mm．本種はミヤマセントウソウ（4449 図）とは異なる．〔日本名〕岩セントウソウ．セントウソウに比べ深林内の岩の割れ目などに生えるからである．

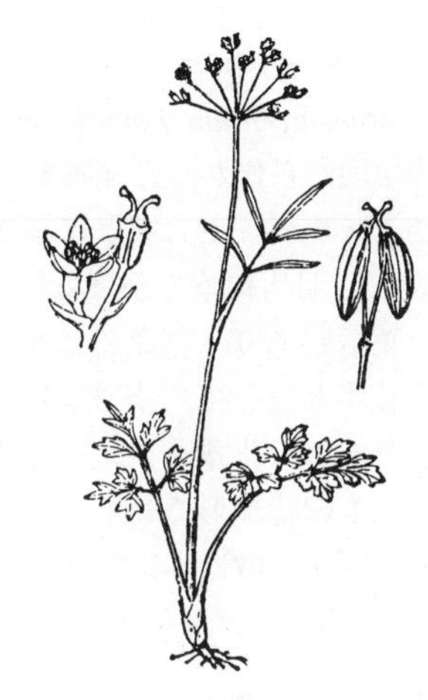

4451. ミヤマセンキュウ 〔セリ科〕

Conioselinum filicinum (H.Wolff) H.Hara

本州中部以北の高山草地に生える多年生草本で高さ 50 cm 内外，茎は直立し，中部以上ではジグザグに曲がり，少しざらつく．葉は 2 回羽状全裂して，大体の形は扁五角形，長さ 10～15 cm 位．裂片は卵状披針形，先端は尖り，さらに 1～2 回羽状に深く裂け，緑色，乾くと膜質になる．8 月に枝先に複散形花序を出して白色の細かい花をつけ，総苞片はなく，花柄は 20～25，小総苞片は 10 内外で線形，小花柄は多数密生する．花は多数．花弁 5 個，先端部は内側に曲がる．雄しべ 5 本，子房は下位で花柱は 2．果実は長楕円体，分果のふちに乾いた革質で広い翼があり，背面に明らかな 3 個の翼がある点からシシウド属とは区別される．〔日本名〕深山川芎の意味で深い山に生えるセンキュウの仲間という意味である．

4452. カラフトニンジン 〔セリ科〕

Conioselinum chinense (L.) Britton, Sterns et Poggenb.

（*C. kamtschaticum* auct. non Rupr.）

本州（東北地方）や北海道の山地や海岸の草地に生え，サハリン，カムチャツカ，シベリア東部，アラスカから北カリフォルニアまで分布する多年草．茎は直立し，高さ 15～80 cm になり，上部でややジグザグに折れ，中空，無毛である．葉はやや厚くて五角形，長さ 10～20 cm，2～3 回羽状複葉で，羽片の先は鋭頭，裂片は狭卵形または披針形，先は鋭頭，さらに羽状に深裂し，鋭きょ歯がある．上部の葉は小さくなり，葉柄は著しく広がって，枝を抱く．8～9 月頃，茎の頂と枝先に直径 5 cm くらいの複散形花序をつけ，密に白い小さな花を開く．花序の梗の上部には密に白い短い毛がある．総苞片は数個またはなく，線形，長さ約 1 cm，開出する．花柄は 10～20 本，長さ 2～3 cm，内面には細かい突起がある．小総苞片は数個，線形，ふちに微細突起がある．小花柄は 20～30 本，長さ 6～8 mm．花は直径 4 mm ぐらい．分果は長楕円形，長さ約 6 mm，広い翼があり，背側の 3 脈はやや翼状である．〔日本名〕樺太人参で，サハリンに産することによる．

4453. エゾボウフウ 〔セリ科〕

Aegopodium alpestre Ledeb.

本州（中部地方以北），北海道の深山の木陰や草地に生育し，朝鮮半島，中国，サハリン，千島列島，ウスリー，シベリアの東部に広く分布する多年草．根茎は短く，横に肥厚し，地中に細長い枝をのばして繁殖する．茎は直立し，上部でわずかに枝分かれし，高さ 20～70 cm，やや細く，中空である．根生葉および茎の下部の葉は長い柄があり，葉身は膜質で軟らかく，三角形または三角状広卵形，長さ 5～13 cm，2～3 回三出羽状複葉，終裂片は卵形または狭卵形，長さ 1～2.5 cm，幅 0.8～2 cm，先は鋭尖頭または鋭頭，ふちに不揃いな深いきょ歯がある．茎の中および上部の葉は互生し，葉柄は短く，基部がさや状に茎を抱き，葉身は小さく，羽片の先が尾状鋭尖頭になる．6～8 月頃，茎および枝の先に，直径 4～7 cm の複散形花序をつけ，白色の小さい花を開く．総苞片および小総苞片はなく，花柄は 8～12 本，長さ 2～3 cm，小花柄は約 10 本，長さ 5～8 mm．果実は卵状長楕円体，長さ 3～3.5 mm．翼がなく無毛，分果に 5 稜がある．〔日本名〕蝦夷防風で，北海道に産することによる．

4454. カサモチ 〔セリ科〕

Nothosmyrnium japonicum Miq.

昔中国から伝わった植物で，現在植物園などでまれに見る多年生草本，高さ 1 m 内外，茎と葉とに細かい毛がある．茎は直立して分枝し，紫色．葉は 2 回羽状複葉で小葉は鋭頭の卵形，不整のきょ歯がある．根生葉は長い葉柄があり，茎葉では短く，葉柄の基部は鞘となる．秋に枝先に複散形花序となって，小さい白い花が開き，総苞片，小総苞片いずれも白膜質である．花弁は 5 個で内側に曲がり，雄しべは 5 本，下位子房がある．果実は広卵状球形で扁平，基部は多少へこむ．〔日本名〕傘持ちで，茎上に散形花序（散は本来の文字は繖で傘のこと）をつけることに由来する．〔漢名〕藁本はセンキュウに近い中国産の別種である．

4455. シムラニンジン 〔セリ科〕

Pterygopleurum neurophyllum (Maxim.) Kitag.

関東や九州などの原野の湿地にまれに生える多年草で，高さ 1 m 内外ある．根は白色，多肉で集まってつき，ほぼムカゴニンジン（4438 図）の根に似ている．茎は直立して稜があり，上部でまばらに分枝する．葉は 2～3 回三出羽状複葉，小葉は全縁，線形で尖る．根生葉には長い葉柄があり多数の小葉に分かれ，茎葉の柄は短く，葉柄の基部は鞘となっている．夏に枝先に複散形花序をつくって多数の白色小花を開く．花弁は 5 個で内側に曲がり，雄しべは 5 本，下位子房がある．果実は楕円体．長さ 4 mm，分果の断面は半円形．〔日本名〕志村人参は東京都板橋区志村の野原に多く生えていたことに基づく．

4456. ミツバグサ 〔セリ科〕

Pimpinella diversifolia DC.

四国・九州の山地に生育し，中国，台湾からヒマラヤを経てアフガニスタンにかけて分布する多年草．茎は直立し，高さ 50～100 cm，短い毛があり，上部でまばらに分枝する．茎の下部の葉は長い葉柄があり，単葉または三出複葉をなす．単葉の場合，葉身は広卵形で長さ 5～7 cm，幅 4～6 cm，基部は心臓形．複葉の場合，小葉は柄があり，卵形または狭卵形，長さ 4～5 cm，幅 2～3 cm，基部は広いくさび形，先は鋭頭または鋭尖頭，ふちにきょ歯があり，両面に細かい毛がやや密生する．茎の上部の葉は柄が短く，三出複葉で，長さ 3～7 cm，幅 2～4 cm，小葉は狭卵形または披針形，きょ歯はまばらで深く，側小葉は頂小葉より小さくほとんど無柄．8～9 月頃，枝先に複散形花序をつけ，小さい白花を開く．総苞片はないかあっても 1 個．花柄は 5～10 個，細かい毛が密生する．小総苞片は線形，2～3 個，小花柄は約 10 個，長さ 1～3 mm．花弁は 5 個，内側に曲がる．雄しべは 5 本．花柱は 2 本，外側に折れ曲がる．果実は広卵形体，長さ約 1.5 mm，短い毛がある．〔日本名〕三葉草で，葉のようすがミツバに似ていることによる．

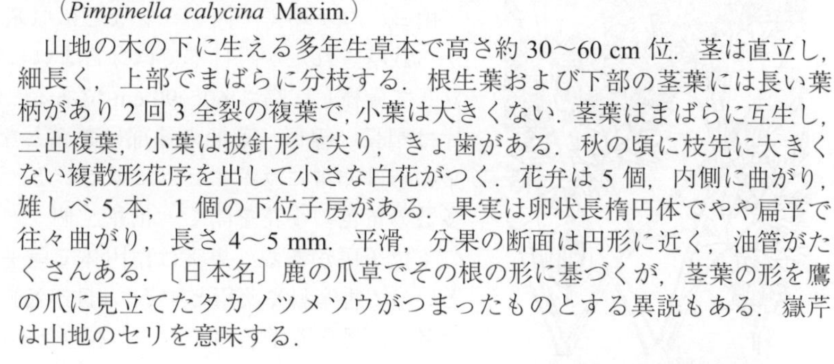

4457. カノツメソウ（ダケゼリ）〔セリ科〕

Spuriopimpinella calycina (Maxim.) Kitag.

（*Pimpinella calycina* Maxim.）

山地の木の下に生える多年生草本で高さ約 30～60 cm 位．茎は直立し，細長く，上部でまばらに分枝する．根生葉および下部の茎葉には長い葉柄があり 2 回 3 全裂の複葉で，小葉は大きくない．茎葉はまばらに互生し，三出複葉，小葉は披針形で尖り，きょ歯がある．秋の頃に枝先に大きくない複散形花序を出して小さな白花がつく．花弁は 5 個，内側に曲がり，雄しべ 5 本，1 個の下位子房がある．果実は卵状長楕円体でやや扁平で往々曲がり，長さ 4～5 mm．平滑，分果の断面は円形に近く，油管がたくさんある．〔日本名〕鹿の爪草でその根の形に基づくが，茎葉の形を鷹の爪に見立てたタカノツメソウがつまったものとする異説もある．嶽芹は山地のセリを意味する．

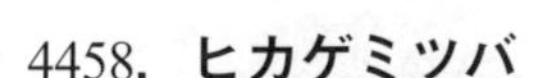

4458. ヒカゲミツバ〔セリ科〕

Spuriopimpinella koreana (Y.Yabe) Kitag.

（*S. nikoensis* (Y.Yabe ex Makino et Nemoto) Kitag.）

関東から西，ブナ帯の深山に生える多年生草本で高さ 20～80 cm ぐらい．茎は直立し，細長い円柱形，緑色で平滑無毛，多少ジグザグに曲がり，まばらに分枝する．葉はまばらに互生し，下部の葉は相接近し，長い葉柄があり，茎葉とともに葉鞘がある．2 回 3 全裂し，第 1 回裂片には柄があり，各裂片は卵形，鋭尖頭，基部はくさび形，時にはさらに 3 裂することがあり，ふちには粗い歯状のきょ歯があり，膜質で両面に粗い毛がある．複散形花序は頂生，総苞片はなく，花柄は 10 本内外，小総苞片は 1～2 個で糸状，小花柄は 10～15 本，花は白色で小さい．花弁は 5 個，上部は内側に曲がり，5 本の雄しべは花の外に現れる．子房は下位，花柱は 2 本．果実は緑色あるいは暗紫色の球形，長さ 3～4 mm，つやがあり多くはゆがんだ形である．〔日本名〕日陰三葉の意味で，葉がミツバに近く，ふつうは木の下に生えるのでこのように呼ぶ．

4459. セ ロ リ（オランダミツバ）〔セリ科〕

Apium graveolens L.

ヨーロッパ原産の一年草あるいは二年草で，畠に栽培される．茎も葉も緑色で，茎は直立分枝し高さ 60 cm 内外に達し稜がある．葉は羽状複葉で，小葉には柄があるかまたはなく，ふちは分裂してきょ歯がある．根生葉には長い葉柄があり，茎葉は互生して葉柄は短く，葉柄の基部は葉鞘となっている．夏秋の頃開花し，複散形花序は小形で短い柄があるかまたはなく，緑白色の細かい花がつく．5 個の花弁は内側へ曲がり，雄しべは 5 本，子房は下位．果実は細かくて球形．草によい香りがあって食用になるが，特に葉柄を軟白して使う．この種はパセリの別名オランダゼリと名が似ているが混同してはならない．〔日本名〕オランダミツバは香気がミツバに近く，またヨーロッパから輸入された種であることを示す．昔，キヨマサニンジンの名前があった．

4460. ウイキョウ〔セリ科〕

Foeniculum vulgare Mill.

ヨーロッパ原産で昔日本に渡来し，人家に栽培される多年生草本．独特な香りがある．春に根茎から葉が群をなして出る．茎は直立し上部で分枝し，平滑な円柱形，緑色，高さ 2 m 位に達する．葉は大きく，多裂し，多数の裂片は糸状であるから葉は細かい緑の糸の集まりに見える．根生葉には長い柄があり，茎葉では柄は次第に短くなり，ともに葉柄基部は葉鞘となる．夏に枝先に大きな複散形花序をつけて多数の黄色の小花を開く．花弁は 5 個，内側に曲がり，雄しべ 5 本，下位子房が 1 個ある．果実は卵状楕円体で香りが強く，薬用あるいは香辛料に用いられる．〔日本名〕茴香から来たもので，ウイは茴の唐音，キョウは香の漢音である．〔漢名〕蘹香，茴香．

4461. イノンド 〔セリ科〕

Anethum graveolens L.

南ヨーロッパや，西アジアなどに原産する多年草，エジプトでは古くから栽培されたが，日本では今日まれに栽培されるに過ぎない．茎は直立して分枝し，高さ 60～90 cm 位ある．葉は 3 回羽状複葉で多裂し，裂片は細長い線形．葉柄の基部は葉鞘となり，根生葉には長い柄がある．葉の形は非常にウイキョウに似ている．夏に枝先に複散形花序を出して多数の黄色の小花を開く．花弁 5 個，内側に曲がり，雄しべ 5 本，1 個の下位子房がある．果実は楕円体で扁平でへりは翼となる．果実を Dill といって香辛料や薬用とする．〔日本名〕イノンドは江戸時代につけられた名で，恐らく学名のアネーツムのなまりであろう．〔漢名〕蒔蘿．

4462. センキュウ 〔セリ科〕

Ligusticum officinale (Makino) Kitag.（*Cnidium officinale* Makino）

中国原産の多年生草本で，昔日本に渡来し，薬用植物として現在各地に栽培される．茎は直立し，高さ約 30～60 cm に達し，円柱形，まばらに分枝する．葉はうす緑色．2 回羽状複葉で小葉には尖ったきょ歯がある．根生葉には長い葉柄があり，茎葉は互生し，両方とも葉柄の基部は葉鞘になる．秋の頃に枝先に複散形花序を出して多数の白色の小花を開く．花弁は 5 個，内側に曲がり，雄しべ 5 本，下位子房 1 個．果実は成熟しない．地下茎は良い香りがして薬用に用いられる．〔日本名〕川芎に基づき，川芎は中国四川省から出た本品が優秀なので四川芎藭を略して川芎というのによる．〔漢名〕芎藭．〔追記〕本種は果実ができないため分類上の位置がはっきりしなかったが，最近の研究でミヤマセンキュウに近いことが判明した．

4463. イブキゼリモドキ（ニセイブキゼリ，イブキゼリ（誤用））〔セリ科〕

Tilingia holopetala (Maxim.) Kitag.

（*Ligusticum holopetalum* (Maxim.) M.Hiroe et Constance）

中部以北の亜高山の林縁地などに生える多年生草本で高さ 30～40 cm 位．茎は細長く平滑無毛，通常紫色．葉はまばらに互生し，長い葉柄があり，やや三角形状で 2 回 3 全裂し，やや堅い膜質，裂片には柄があり卵形で先端は鋭く尖り，さらに 3 中裂あるいは 3 深裂する．小裂片は長卵形，鋭頭でふちには欠刻状のきょ歯がある．8 月に茎の頂に複散形花序をつくって細かい白花をつけ，総苞片は 2～5 個，花柄は 10 本内外，小花柄は多数，小総苞片は 1～2 個．花弁は 5 個で上部は内側に曲がる．雄しべは 5 本で花の外に出ない．子房は下位で小さく，花柱は 2．果実は卵状広楕円体で長さ 4 mm ぐらいで 5 稜線があり，分果の横断面は五角形で，外側に面した縦の溝の中には油管が 1 個ずつある．〔日本名〕従来本種をイブキゼリと称してきた．この名は滋賀県伊吹山に産することに基づくが，本種は伊吹山にはなく，本来のイブキゼリはセリモドキのことなので，イブキゼリに似て非なるものという意味で改名された．同じくニセイブキゼリは村田源（1974）の改名である．

4464. シラネニンジン 〔セリ科〕

Tilingia ajanensis Regel（*Ligusticum ajanense* (Regel) Koso-Pol.）

東北アジアの高山の日の当たる草地に生える多年生草本．高さ 10～30 cm 内外．根は直根で細くやや堅い．茎は細長く立ち，高さ 10～15 cm，上部でまばらに分枝する．葉は 2 回羽状複葉で小葉は分裂し大きさは不同，やや厚く平滑．茎にも葉にも毛はない．根生葉および下方の茎葉には長い柄があり，上部の葉は小形で柄は短く，いずれも葉柄の基部は葉鞘になっている．枝先に小形の複散形花序をつくって白色の小花をつけ，花柄は多くない．5 個の花弁は内側に曲がり，雄しべ 5 本，下位子房 1 個がある．果実は長楕円体，やや扁平で翼はない．〔日本名〕白根胡蘿蔔（ニンジン）は日光白根山ではじめ採集されたことによる．〔追記〕葉の切れ込みに変化が多く，特に葉の裂片が細いものをホソバシラネニンジン f. *pectinata* (Koidz.) Kitag. という．

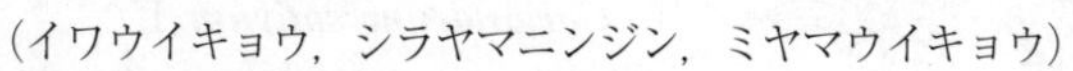

4465. ヤマウイキョウ 〔セリ科〕

(イワウイキョウ，シラヤマニンジン，ミヤマウイキョウ)

Rupiphila tachiroei (Franch. et Sav.) Pimenov et Lavrova

(*Tilingia tachiroei* (Franch. et Sav.) Kitag.)

本州中北部の高山帯に生える多年生草本で高さ 10〜20 cm．根はややふくらみ地中に直下する．根生葉は数個，長い葉柄があって 3〜4 回羽状に全裂し，各裂片は極めて細く線形，しかも裂片の方向がまちまちなので，全体の形は繊細で美しくウイキョウの葉に似ている．茎葉は小さく互生し，葉柄の基部に著しい葉鞘がある．7 月に直立する茎が 2〜3 分枝し，各枝先に複散形花序を出して白色の小花をつけ，花柄は 10 本内外，総苞片は 2〜3 個，大きくて長い．小花柄は 15 本内外で小総苞片がある．花弁は 5 個，上部は内側に曲がる．雄しべ 5 本，花の外に出る．子房下位，花柱は 2．果実は楕円体，長さ 5 mm 位，つやがあり翼はなく，宿存する花柱はかぎ状に曲がり，明らかである．ホソバシラネニンジンに似て葉の裂片はずっと細かく，花柱が長いことで区別される．〔日本名〕山茴香は山に生えて葉がウイキョウに似ているのでいい，岩茴香は岩の上に生えるために，また白山胡蘿蔔は石川県白山に生えるためにいう．

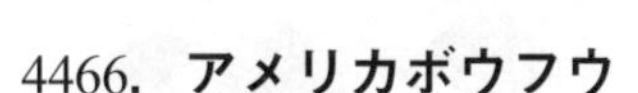

4466. アメリカボウフウ 〔セリ科〕

Pastinaca sativa L.

ヨーロッパおよびシベリア原産の一年草あるいは二年草．直根があり，においをもつ．茎は高さ 90 cm ぐらいに達し直立し，毛はなく，縦に多数の溝がある．根生葉は集まってつき長い柄があり，茎葉は互生し，基部は葉鞘になって茎を抱く．羽状複葉で小葉には尖ったきょ歯があり，特に頂生の小葉は多少分裂する．夏に複散形花序を出して黄色の小花を開く．5 個の花弁は内側に曲がり，雄しべ 5 本，1 個の下位子房がある．果実は平らで広楕円体，多肉の根を食用にする．西洋では俗にパースニップという．〔日本名〕アメリカから入ったボウフウの意味で，アメリカ原産ではない．

4467. ハナウド (ゾウジョウジビャクシ) 〔セリ科〕

Heracleum sphondylium L. var. ***nipponicum*** (Kitag.) H.Ohba

本州（宮城県以西）四国，九州の山野に生える多年生草本．茎は中空の円柱形でまばらに分枝し，粗い毛があり，高さ約 1.5 m 位に達する．葉は互生し，大形で羽状複葉，小葉はさらに分裂し，ふちにはきょ歯があり，両面，特に下面には柔らかい毛がある．葉柄の基部は葉鞘となって茎を抱き，根生葉には長い葉柄がある．初夏に大形の複散形花序に多数の白色の花をつける．花序の周辺の花は他よりも大きくその花の中で花序の外側を向いた花弁は最も大きい．花弁は 5 個，外側の 1 個は深く 2 裂して展開し，その中央に残った先端だけは内側に曲がり，雄しべ 5 本，下位子房は 1 個ある．果実は扁平で大きく倒卵円形．上部に近く油管からなる独特の模様が見える．若い葉は食べられる．〔日本名〕花独活でウドに似た茎葉にそれよりも大きい白花を美しくつけるからである．昔，江戸の芝にある増上寺境内に生えていたことから増上寺白芷ともいう．〔漢名〕白芷．ただし，これは本種の別の変種かも知れない．

4468. オオハナウド 〔セリ科〕

Heracleum lanatum Michx. subsp. ***lanatum***

(*H. maximum* Bartram ; *H. dulce* Fisch.)

本州（近畿地方以北），北海道の山地の草地に生え，北東アジア，北アメリカ，ヨーロッパに広く分布する多年草．茎は直立し，上部で分枝し，高さ 1〜2 m になり，上部や節に毛がある．葉は大形で，1 回三出複葉，小葉は広卵形または卵形，長さ 20〜30 cm，先は鋭尖頭，基部は浅い心臓形，3〜5 中または深裂し，裂片は鋭尖頭または尾状鋭尖頭，ふちに不規則な鋭きょ歯や切れ込みがあり，上面は短毛が散生し，下面には軟毛があり，脈上にやや密生する．茎の上部の葉は小さく，葉柄は下半分または全部が鞘状に広がる．5〜7 月頃，茎の頂に，直径 10〜20 cm の複散形花序をつけ，密に白色の花を開く．総苞片はなく，花柄は 20〜30 本，長さ 3〜8 cm，小総苞片は数個，先が糸状になる狭披針形，ふちに毛がある．小花柄は 20〜30 本，長さ 3〜10 mm，果時 2 cm に達する．花は直径 3〜8 mm，花序の周囲にある花は外側の花弁が大きく，深く 2 裂する．子房に毛がある．果実は倒卵形，長さ約 9 mm．分果は扁平で，油管は長さ分果の 3 / 4 くらい．〔日本名〕大ハナウドで，ハナウドに似て大形であることによる．〔追記〕本種をハナウドの亜種 *H. sphondylium* subsp. *montanum* (Gaudin) Briq. とする説もある．

4469. コエンドロ　〔セリ科〕

Coriandrum sativum L.

東ヨーロッパ原産の一年生草本で高さ約 30〜60 cm 位ある．茎は直立してまばらに分枝し，細長く中空．葉は薄くカメムシに似た一種のにおいがあり，互生する．下部の葉は 1 回あるいは 2 回羽状で裂片は広いが，上部の葉は 2 回羽状あるいは 3 回羽状で裂片は細長い．根生葉および下部の茎葉では葉柄は長く，茎葉では短く，いずれも葉柄の基部は鞘となっている．夏に各枝の先に複散形花序をつけ，小白花を開く．花弁は 5 個，外側の花では花序の外側を向いた花弁が特に大きい．雄しべは 5 本，下位子房がある．果実は球形で香りがあり，しばしば香辛料に使われ，また薬用にも使われる．生の若い葉は時に香味料や蔬菜に使われる．〔日本名〕ポルトガル語の Coentro から出た．〔漢名〕胡荽．これも Coentro の上半の音を写したものである．

4470. ハマゼリ（ハマニンジン）　〔セリ科〕

Cnidium japonicum Miq.

海浜地に多く生える二年生草本．根は多肉の直根で深く地中に直下し，茎は基部より分かれて斜に立ち，長さ 10〜30 cm 位あって分枝する．根生葉には長い柄があり，群をなしてつき，地面に伏し，茎葉は互生し，葉柄の基部は葉鞘となる．1 回羽状で小葉は対生，分裂し，上面は緑色で光沢がある．夏に小枝の先に小さい複散形花序を出して白色小花をつける．花弁は 5 個，内側に曲がり，雄しべ 5 本，下位子房 1 個がある．果実は球形でやや扁平．強壮剤として煎じて飲む．〔日本名〕浜芹および浜人参．ともに海岸生を示す．〔漢名〕蛇牀子は中国産のオカゼリ *C. monnieri* (L.) Cusson ex Juss. の名である．

4471. ヤマゼリ　〔セリ科〕

Ostericum sieboldii (Miq.) Nakai（*Angelica miqueliana* Maxim.）

本州から九州の山地の谷川のふちや林下などに生える多年草，高さ 60〜120 cm 位，全体淡緑色．茎は直立して分枝し，円柱形で中空．葉はかなり大形で，2 回三出羽状複葉，小葉は卵形で長さ 3〜9 cm，粗いきょ歯があって柔らかく，下面はかえって色がやや濃く，多少のつやがある．根生葉には長い葉柄があり，茎葉は互生する．秋に枝先に多数の小形の複散形花序を出して白色の小花が開く．小総苞片は数個あって，線状披針形，小花柄とほぼ同長．花弁は 5 個，内側に曲がり，雄しべ 5 本，下位子房が 1 個ある．果実は卵状楕円体でやや扁平．〔日本名〕山芹は湿性生のセリに似た葉であるが，山地に生えるのでこの名がある．

4472. ミヤマニンジン　〔セリ科〕

Ostericum florentii (Franch. et Sav. ex Maxim.) Kitag.

（*Angelica florentii* Franch. et Sav.）

箱根山や那須岳など関東地方周辺の山地にだけ産する多年生草本，高さ 15〜40 cm，多くは集まって生える．根茎は細長く横にはう．茎は緑色で細長く直立し，上部はジグザグに曲がり，まばらに分枝する．根生葉は平開して長い柄があり，2 回羽状に全裂し裂片はさらに羽状に分裂し，最終裂片は線状披針形となる．茎葉は互生して根生葉よりも小さく，柄の基部に膜質の葉鞘がある．8 月に茎の先に小さい複散形花序を出して白色の小花をつけ，総苞片がある．花柄は 5〜7，小花柄は 20 内外，小総苞片も多い．花弁は 5 個，内側に曲がり，雄しべは 5 本，花外にとび出る．子房は下位，花柱は 2．全体の形はシラネニンジン（4464 図）とよく似ているが，果実は前後に扁平で広い翼があり，横にのびる根茎を持ち，葉は柔らかくて緑色がうすく，ふちにはルーペで見ると細かいきょ歯がある点で区別される．〔日本名〕深山胡蘿蔔の意味で深い山に生えるためにいう．

4473. ミヤマゼンコ 〔セリ科〕

Coelopleurum multisectum (Maxim.) Kitag.
(*Angelica multisecta* Maxim.)

本州中部の高山帯に産する多年生草本．茎の高さは 30〜60 cm，葉鞘は大きくふくらみ茎を抱く．葉は三出してさらに 2〜3 回羽状に分裂し，終裂片は小さく，卵形か披針形で先は鋭く尖り，ふちにはきょ歯があり，長さ 1〜3 cm，毛はない．夏に茎頂に複散形花序を出して密に白色の小花を開く．花柄は数多く細毛が密生し，総苞片は 0 または 1〜2 個ある．小花柄は数多くほとんど無毛，小総苞片は少ない．花は径 3 mm 位，花弁は 5 個，楕円形で先は尖って内側へ巻いている．雄しべ 5，2 花柱．果実は楕円体で長さ 5〜7 mm，隆起脈はすべてコルク質になって太く，毛はない．〔日本名〕深山前葫で深山に生える前葫（中国産のシシウド属の植物の名で，日本ではこの名を誤ってノダケにあてたこともある）の意味．

4474. エゾノシシウド 〔セリ科〕

Coelopleurum gmelinii (DC.) Ledeb.（*Angelica gmelinii* (DC.) A.Gray）

本州（東北地方），北海道の海岸や山中の草地に生え，千島列島，サハリン，ウスリー，オホーツク，カムチャツカ，ベーリング海沿岸に分布する多年草．茎は直立して，高さ 1〜1.5 m，上部の節の下には短い毛がある．葉は，下部がふくらんで鞘となる柄があり，2〜3 回三出羽状複葉．小葉は卵形または広卵形，長さ 3〜10 cm，先は鋭頭または鋭尖頭，基部はふつうくさび形，ふちに不揃いなきょ歯があり，頂小葉はしばしば 3 中裂ないし深裂し，下面の脈上にまばらに毛があり，特に支脈の基部に多い，茎の上部の葉は小形になり，葉柄は袋状にふくらんだ鞘となる．7〜8 月頃，茎の頂に直径 7 cm 前後の複散形花序をつけ，白色の小さな花が密に開く．花序の梗は短い毛がある．総苞片はないか少数個．花柄は 30〜50 本，長さ 1.5〜3 cm，小花柄とともに短い毛がある．小総苞片は広線形，小花柄とほぼ等長，小花柄は約 30 本，長さ約 6 mm．果実は長楕円体，長さ 6〜8 mm．分果は背面の 5 脈がすべてコルク質になって太い．〔日本名〕蝦夷のシシウドで，北海道に産するシシウドの意味．

4475. ニホントウキ（トウキ） 〔セリ科〕

Angelica acutiloba (Siebold et Zucc.) Kitag. subsp. ***acutiloba***

よい香りのする多年生草本，山地の岩間に自生するが，また薬用植物として植えられる．茎は直立，分枝し，茎も葉柄も紫黒色で，高さ約 60〜90 cm 位ある．葉は 2 回三裂複葉で，小葉は卵状披針形で尖り，尖ったきょ歯があり，上面は濃い緑色でつやがある．根生葉には長い柄があり，茎葉では葉柄は次第に短くなり，基部は長い葉鞘となる．夏から秋へかけて，枝先に複散形花序をつくり多数の白色の小花をつける．5 個の花弁は内側に曲がり，雄しべ 5 本，下位子房 1 個がある．果実は長楕円体で分果に翼は発達しない．根を薬用にする．〔日本名〕日本当帰は日本産の当帰の意味で中国の当帰とは別ものであるからである．従って単にトウキというのはよくない．〔漢名〕当帰は中国産の *A. sinensis* (Oliv.) Diels の名である．

4476. イワテトウキ（ナンブトウキ，ミヤマトウキ） 〔セリ科〕

Angelica acutiloba (Siebold et Zucc.) Kitag. subsp. ***iwatensis*** (Kitag.) Kitag.（*A. iwatensis* Kitag.）

北海道や本州中部以北の山地岩上に生える多年生草本．根はゴボウ状で太く，茎は高さ 20〜50 cm，全草に強い香りがある．葉は三出複葉でさらに 1〜2 回 3 裂し，裂片は多くは長卵形で鋭く長く尖り基部は通常円く，ふちに細かいきょ歯があり，長さ 3〜8 cm，幅 1〜5 cm，やや厚く光沢があり無毛．7〜8 月，茎頂に複散形花序をつくり多数の白色小花をつける．花柄，小花柄は共に多数でわずかにざらつき，総苞片は 0 または 1，小総苞片は線形で数が少ない．花は直径 3 mm 位，花弁の先は尖って内へ巻いている．雄しべは 5 本．果実は長楕円体で長さ約 5 mm，隆起線の発達は悪い．〔日本名〕岩手トウキ，南部トウキはともに産地の岩手県または南部地方に産することを示す．

4477. ホソバトウキ 〔セリ科〕

Angelica stenoloba Kitag.

(*A. acutiloba* (Siebold et Zucc.) Kitag. subsp. *leariloba* (Koidz.) Kitam.)

北海道南部の蛇紋岩地帯に生える多年草．茎は直立して分枝し，高さ 20〜50 cm になる．葉は質が薄く，1〜3 回三出羽状複葉，裂片は広線形で長さ 2〜10 cm，幅 3〜8 mm，先は尾状鋭尖頭または鋭尖頭，基部はくさび形，頂裂片の基部は柄に流れ，ふちには細かいきょ歯がある．7〜8 月頃，茎の頂や枝先に複散形花序をつけ，多数の小さな白色の花を開く．花序の梗の上部，花柄，小花柄には細かい突起がある．小花序柄は 15〜20 本，長さ 2〜4 cm．小総苞片は数個，糸状線形，小花柄は 10〜20 本，長さ 3〜10 mm．果実は楕円体，長さ約 5 mm，幅 2〜2.5 mm．分果は扁平で翼がある．ミヤマトウキ（イワテトウキ）に似るが，葉の裂片はより細く，尾状鋭尖頭，きょ歯は細かく，果実は小さい．〔日本名〕細葉トウキで，トウキやミヤマトウキに似て，葉の裂片がより細いことによる．

4478. イワニンジン 〔セリ科〕

Angelica hakonensis Maxim.

日本中部の日の当たる山地の岩場に生える多年生草本で，高さ 1 m 内外に達し，細かい毛がある．茎は直立して分枝する．葉は 3 回羽状複葉で葉柄の基部は長い葉鞘となる．小葉は卵形で尖り，ふちに不整のきょ歯がある．根生葉には長い葉柄があり，茎葉は互生する．秋に枝先に複散形花序を出してうすい黄緑色の細かい花をつける．花弁 5 個は内側に曲がり，雄しべ 5 本，下位子房が 1 個ある．果実は楕円体でわずかに扁平．〔日本名〕岩ニンジンは主に岩場に生育するニンジンの意味．

4479. イシヅチボウフウ 〔セリ科〕

Angelica saxicola Makino ex Y.Yabe

四国（石鎚山地）の深山の岩石地やれき地に生育する多年草．茎は直立して枝分かれし，高さ 20〜80 cm になる．葉は長い柄があり，葉身は三角形または三角状広卵形，長さ 5〜25 cm，1〜2 回三出羽状複葉，小葉は質厚く，三角形または三角状卵形で，3 深裂し，裂片はさらに中ないし深裂または欠刻があり，狭卵形，長さ 1.5〜5 cm，幅 0.5〜2 cm，先は鋭尖頭，ふちに粗い鋭きょ歯があり，上面では光沢があり，脈上に細かい毛がある．茎の上部の葉は葉身が小さく，葉柄の鞘は倒卵形に広がる．7〜8 月頃，茎の頂や枝の先に，直径 5〜10 cm の複散形花序をつけ，密に白色の小さな花を開く．花序の梗は細かい軟毛がやや密生する．花柄は 20〜40 本，長さ 3〜6 cm，小花柄とともに細かい突起がある．小総苞片は数個，線形，しばしば小散形花序より長い．小花柄は 25〜40 本，長さ 5〜10 mm．花は直径 3 mm ぐらい．果実は楕円体，長さ 4〜5 mm，幅 3 mm．分果は扁平で，狭い翼がある．〔日本名〕石鎚ボウフウで，四国の石鎚山に産するため．

4480. イヌトウキ 〔セリ科〕

Angelica shikokiana Makino ex Y.Yabe

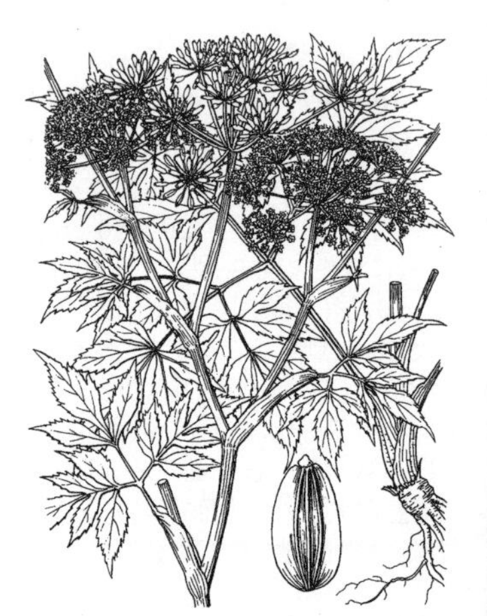

本州（近畿地方南部），四国，九州の山地の河原や斜面に生える多年草．茎は直立して分枝し，高さ 40〜90 cm になる．葉は長い柄があり葉身は三角形，長さ 20〜30 cm，2〜3 回三出羽状複葉をなし，裂片および小葉は狭卵形または広披針形，長さ 4〜8 cm，幅 1.5〜3 cm，先は尾状鋭尖頭または鋭尖頭．ふちに低いきょ歯，まれに鋭いきょ歯があり，無毛で，下面は白色を帯びる．茎の上部の葉は小形で，葉身は小さく，葉柄の鞘は楕円形に広がる．8〜9 月頃，茎の頂と枝先に，直径 6〜15 cm の複散形花序をつけ，白色の小さい花を開く．花序の梗の上部は花柄，小花柄とともに密に細かい毛がある．花柄は 15〜30 本，長さ 3〜7 cm．小総苞片はないか数個，線形，長さ 5〜10 mm．小花柄は 20〜30 本，長さ 6〜10 mm．花は直径 3〜4 mm，花弁は先が尾状になって内側に巻く．果実は楕円体，長さ 6〜7 mm，幅 2.5〜4 mm．分果は扁平で，ふちに広い翼があり，背面に 3 脈があり，基部は少し心臓形．〔日本名〕犬トウキで，トウキに似て役にたたないことによる．

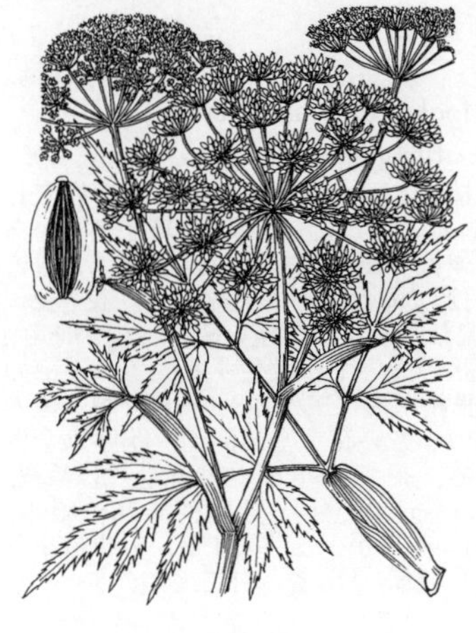

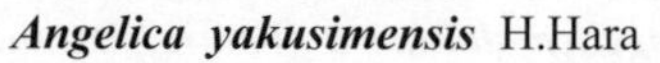

4481. ヤクシマノダケ　〔セリ科〕

Angelica yakusimensis H.Hara

九州（屋久島）の山地に生育する多年草．茎は直立して上部で分枝し，高さ 1.5〜2 m．葉は長い柄があり，葉身は三角形，長さ 25〜40 cm，2〜3 回羽状に分裂し，頂羽片はしばしば卵形で 3 深裂し，小葉および裂片は披針形または狭披針形，長さ 4〜8 cm，幅 0.8〜3 cm，先は尾状鋭尖頭または鋭尖頭，基部はくさび形，無柄，ふちには不整な鋭きょ歯があり，上面は無毛．茎の上部の葉は葉身が小さく，葉柄の鞘は楕円形に広がる．7〜8 月頃，茎の頂と枝の先に，直径 7〜12 cm の複散形花序をつけ，密に白色の小さな花を開く．花序の梗には密に白色毛がある．総苞片はない．花柄は 20〜30 本，小花柄とともに細かい突起がある．小総苞片は約 10 個，線形，長さ 4〜13 mm，小花柄は 20〜50 本，3〜6 mm．果時 15 mm になる．花は直径 2〜3 mm．果実は長卵状楕円形，長さ約 7 mm，幅 3〜4 mm．分果は扁平で，翼があり，基部は心臓形．イヌトウキに似るが，小葉は披針形で，果実は長卵状楕円体である．〔日本名〕屋久島ノダケで，屋久島に産することによる．

4482. シラネセンキュウ（スズカゼリ）　〔セリ科〕

Angelica polymorpha Maxim.

多年生草本で本州から九州の山地，谷川のふちなどに生え，高さ約 1.5 m 位に達する．茎は直立し，中空の円柱形でまばらに分枝する．葉は大形で根生葉には長い葉柄があり，茎葉は互生，3〜4 回三出羽状複葉で，小葉柄は多少下向きに曲がったような姿勢になり，小葉は卵形から披針形で，きょ歯がある．茎上部の葉は葉鞘が白色で著しく大きい．秋の頃，枝先にかなり大きい複散形花序をつくり多くの白色の小花をつける．花弁 5 個は内側に曲がり，雄しべ 5 本，下位子房は 1 個ある．果実は扁平な楕円体で分果のふちは翼状になる．〔日本名〕白根川芎はセンキュウに似るが，日光白根山で知られたことを示し，鈴鹿ゼリは三重県鈴鹿山脈に多いことによる．

4483. ハナビゼリ　〔セリ科〕

Angelica inaequalis Maxim.

宮城県以南の本州，中国，九州の山地の木陰に成育する多年草．茎は中空で，直立し，1〜2 m になり，上部でまばらに枝分かれし，毛はない．茎葉は互生し，長い柄があり，柄の基部は鞘状になる．茎の上部につく葉も柄の基部は広がらない．葉身は質薄く，長さ 10〜30 cm，2〜3 回三出複葉で，裂片はさらに羽状に深く裂ける．終裂片は卵形から披針形で先は鋭く尖り，長さ 2〜10 cm，欠刻状の粗いきょ歯があり，上面の脈上に細かい突起がある．8〜9 月頃，枝先に複散形花序をつくって多数の小さい花をつける．総苞片は少なく，早く落ちる．花柄は 7〜13 本で，先端部に細突起があり，長さは果時に 1.5〜5 cm になる．小花序は直径約 1 cm，小総苞片は 9〜13 個あり，線形で長さは小花柄とほぼ等しい．小花柄は 15〜24 本あり，長さ 2〜10 mm である．花弁は 5 個，白緑色でしばしば薄く紫色を帯び，長さ約 1 mm，楕円形で先は内側に曲がる．果実は長さ 6〜10 mm．楕円体で，分果は広い翼があり幅 5〜7 mm．〔日本名〕花火芹の意味で，小花柄がはなはだ不等長なため，花や果実のつく様が花火を思わせることによる．

4484. シシウド　〔セリ科〕

Angelica pubescens Maxim.

本州（宮城県以南），四国，九州の山地のやや湿った日の当たる地に生える大形の多年草で，高さ 2 m 内外，茎にも葉にも細かい毛が一面にある．茎は大きく直立し，中空の円柱形，上部で分枝する．葉は粗大で 3 回羽状複葉．小葉は卵形できょ歯があり，下面は脈上に突起状の毛がある．葉柄の基部は著しい葉鞘となってふくれ，茎を抱き，上部のものは膜質で，小枝の先では若い花序を包んでいる．秋に枝先に大きい複散形花序をつけ，花柄は四方に張り出して，多数の白色小花を開く．花弁 5 個，内側に曲がり，雄しべ 5 本，下位子房が 1 個ある．果実の時期には散形花序はさらに大きくなり，果実は扁平，楕円体で紫色を帯び，分果の両側は翼をなす．〔日本名〕猪ウドでウドに似て強剛だからイノシシが食うのに適したウドと見たのである．〔漢名〕独活であるがこれは誤って用いたもの．

4485. ヨロイグサ (オオシシウド) 〔セリ科〕

Angelica dahurica (Hoffm.) Benth. et Hook.f. ex Franch. et Sav.

本州，九州の山地にまれに生え，朝鮮半島，中国東北部，ウスリー，アムール，シベリア東部に分布する大形の多年草．薬用植物として栽培される．茎は直立して上部で分枝し，高さ 1〜2 m，基部の太さ 8 cm にもなり，上部には細かい毛がある．葉は大形で，長い柄があり，三角形，2〜4 回三出羽状複葉，頂小葉はさらに 3 深裂し，小葉および裂片はやや厚く，長楕円形または狭卵状長楕円形，長さ 2〜8 cm，幅 1〜3 cm，先は鋭尖頭，基部は柄に流れ，ふちには粗い鋭きょ歯があり，きょ歯のふちはざらつき，下面は脈上に突起状の短い毛が散生する．茎の上部の葉は葉身が小さく，葉柄の鞘は倒卵形または長楕円形に広がる．7〜8 月頃，茎の頂と枝先に，大きい複散形花序をつけ，白色の小さい花を密に開く．花序は全体に微細な突起をやや密生する．花柄は 20〜40 本，長さ 4〜6 cm．小総苞片は数個，披針形で長さ 4〜10 mm，先は尾状鋭尖頭，反り返って目立つ．小花柄は 20〜40 本，長さ 4〜10 mm．果実は楕円体，長さ 8〜9 mm，基部が少し凹入する．分果はふちに広い翼があり，背面に 3 脈がある．〔日本名〕鎧草．〔漢名〕白芷．

4486. エゾノヨロイグサ 〔セリ科〕

Angelica sachalinensis Maxim.

本州（中部地方以北および山陰地方），北海道に生育し，サハリン，朝鮮半島，中国東北部，ウスリー，シベリア東部に分布する多年草．茎は直立し，高さ 1〜2 m，太さ 1〜3 cm，中空で，上部の節にはしばしば細かい毛状突起があり，ふつう少し紫色を帯びる．葉は長い柄があり，大形で三角形，2〜3 回羽状複葉，しばしばさらに 2〜3 裂し，小葉はやや厚く，長楕円形または狭卵形，長さ 9〜20 cm，幅 4〜9 cm，先は鋭尖頭または鋭頭，基部は広いくさび形または切形，しばしば翼状に流れ，ふちには鋭きょ歯があり，下面は白色を帯びる．茎の上部の葉は小さくなり，葉柄の鞘は倒卵形に大きくなる．8 月頃，茎の頂や枝先に，全体に細かい毛状突起がある大きい複散形花序をつけ，白色の小さい花を開く．花柄は 30〜60 本，長さ 5〜8 cm．小総苞片はないか少数個．小花柄は細く，40〜60 本，長さ 5〜15 mm．花は直径 3 mm くらい．子房に微細な突起がある．果実は楕円体，長さ 6〜10 mm，基部は凹形．分果は扁平で広い翼があり，背面に 3 脈がある．〔日本名〕蝦夷のヨロイグサで，ヨロイグサに似て，北海道に産することによる．

4487. エゾニュウ 〔セリ科〕

Angelica ursina (Rupr.) Maxim.

本州（東北地方），北海道の山中の草地に生え，サハリン，千島列島，カムチャツカに分布する大形の多年草．茎は直立し，高さ 1〜3 m，基部の太さ 6 cm にもなり，上部で枝分かれする．葉は大形で，長い柄があり，2〜3 回羽状複葉で，小葉はさらに羽裂し，裂片は長楕円形，長さ 7〜25 cm，先は鋭尖頭または尾状鋭尖頭，基部はしばしば翼状に流れ，ふちに不揃いな鋭きょ歯がある．茎の上部の葉は小さくなり，葉柄の鞘は卵形に広がる．8 月頃，茎の頂と枝先に直径 30 cm 内外の大きい複散形花序をつけ，密に白色の小さい花を開く．小散形花序は直径 2 cm くらいの球形をなし，特異な景観をなす．花序のすぐ下には毛状突起がある．総苞片および小総苞片はないか 1 個．花柄は 40〜60 本，長さ 10〜15 cm，小花柄とともに細かい突起がある．花柄は 30〜40 本，長さ約 1 cm．花は直径 3 mm ぐらい．果実は楕円体，長さ 7〜10 mm．分果は扁平でふちに広い翼があり，背面に 3 脈がある．〔日本名〕蝦夷ニュウで，北海道に産することによる．ニュウはアイヌ語による．

4488. ハマウド (オニウド，クジラグサ) 〔セリ科〕

Angelica japonica A.Gray

暖かい地方の海岸に生える大きい多年生草本．茎は粗大で直立し上部で分枝し高さ 50 cm 〜1 m 位，中に黄白色の液があり，円柱形，暗紫色の線が多く，平滑であるが上部は細毛におおわれる．葉は大形で長い柄があり，1 回三出複葉，小葉はさらに羽状に全裂し，裂片は全く無毛，濃い緑色で光沢があり，卵状楕円形，基部は円形，きょ歯があり時々さらに 3 中裂する．初夏に大形の複散形花序をつくり多数の白色小花をつけ，花柄も小花柄もそれぞれ 40 本内外あって毛があり，総苞片は 5〜6，小総苞片はやや多数ある．花弁は 5 個で短い．雄しべは 5 本，花の外に出る．子房は下位で楕円体，2 花柱は短い．果実は軍扇状の広楕円体で広い翼がある．この種類は極めてアシタバに似ているが茎が粗大，暗紫色の線が多く，黄色の液の色がうすく，また葉の上面に光沢があるなどの点で区別できる．〔日本名〕浜ウドは海岸に生えるのでいい，鬼ウドは草の状態が壮大強健なのでいう．また鯨草は大形の草本であることによる．

4489. ムニンハマウド 〔セリ科〕

Angelica boninensis Tuyama

(*A. japonica* A.Gray var. *boninensis* (Tuyama) T.Yamaz.)

小笠原諸島の海岸砂質地の木陰に生える大形の多年草．茎は直立し，上部で枝分かれし，高さ 1～2 m になり，しばしば紫色を帯びる．葉は長い柄があり，やや厚く，上面に暗緑色の光沢があり，広卵形または三角形，長さ 30～40 cm，2～3 回羽状に分裂し，裂片は広卵形，先は鋭頭，基部は切形または広いくさび形，ふちには細かい鈍きょ歯がある．茎の上部の葉は小形で，葉柄は長楕円形に広がる．4～6 月頃，茎の頂や枝の先に，直径 4～8 cm で，全体に細かい毛がある多数の複散形花序をつけ，密に白色の小さい花を開く．花柄は約 30 本，長さ 1.5～3 cm，果時には 3～7 cm になる．小総苞片は 6～7 個，卵状披針形，長さ 4～6 mm．小花柄は 25～30 本，長さ 7～8 mm．花は直径 3 mm くらい，花弁や子房に細かい毛がある．果実は長楕円体，長さ 7～8 mm，幅 5～6 mm．分果は扁平で，ふちの翼は広く，背側に 3 脈があり，基部は心臓形．ハマウドに似るが果実は少し小さく，小葉は細かい鈍きょ歯縁である．〔日本名〕無人浜ウドで，小笠原諸島に産することによる．

4490. アシタバ (ハチジョウソウ) 〔セリ科〕

Angelica keiskei (Miq.) Koidz. (*A. utilis* Makino)

房総，三浦両半島，伊豆七島，和歌山県の近海地等に生える大形の多年生草本．開花結実すると枯れる．高さ 1 m 内外に達し，茎や葉を切るとうすい黄色の液汁がしみ出る．茎は直立して上部で分枝する．葉は大形で 2 回羽状複葉となり，ちょうどハマウドに似ている．小葉は卵形で尖り，分裂してふちにきょ歯がある．葉質は厚く柔らかで毛は無く，上面にやや光沢があり冬でも緑色．葉柄の基部は広がって葉鞘となり，枝先の葉では葉身が縮小し葉鞘だけが大きく白色を帯びて著しい．秋に枝先にかなり大きい複散形花序をつくり多数のうす黄色の小花をつける．花弁は 5 個，内側に曲がり，雄しべ 5 本，1 個の下位子房がある．果実は長楕円体，やや扁平で大きい．若い葉をとって食用にする．〔日本名〕明日葉で，今日その葉を切り取ってもその株が強いので，明日またすぐ若葉が出てくるという意味．〔漢名〕習慣的に鹹草が用いられている．

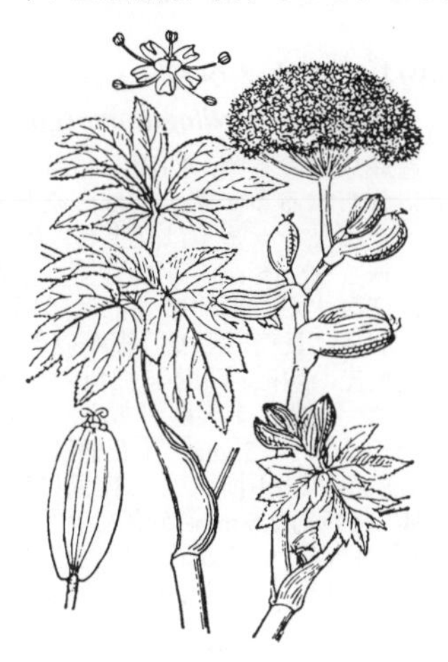

4491. オオバセンキュウ 〔セリ科〕

Angelica genuflexa Nutt. (*A. yabeana* Makino)

かなり大きい多年生の草本で北海道と本州の山中の谷川のふちなどに生え，高さ 1 m 内外．茎は直立，上部で分枝し，葉も茎も柔らかい．葉は 2 回羽状複葉で左右の小葉柄は多少逆に曲がる傾向が強い．小葉は卵形あるいは卵状披針形で，長さ 3～10 cm，先端は鋭く尖り，ふちには多少重なりあった尖ったきょ歯がある．秋に枝先に径 6～20 cm の複散形花序をつくり多数の白色の細かい花を開く．総苞片はなく，小総苞片は数個あって線形．花弁は 5 個あって内側に曲がり，雄しべは 5 本，1 個の下位子房がある．果実は扁平な楕円体で両端凹む．〔日本名〕大葉川芎の意味で，センキュウに比べはるかに大葉であるからである．

4492. アマニュウ (マルバエゾニュウ) 〔セリ科〕

Angelica edulis Miyabe ex Y.Yabe

本州中部以北の山中原野に生える大形の多年草で，高さ 2～3 m に達する．葉は互生し，1 回三出複葉，小葉はさらに羽状に中裂あるいは全裂し，裂片は大体卵状三角形で 3 浅裂し，基部は心臓形，鋭きょ歯があり，上面は鮮やかな緑色，光沢があり，下面脈上に毛がある．近縁種中で最も小葉が滑らかで広い感が強い．7～8 月頃，茎頂と枝端に壮大な複散形花序を出して多数の白色の小花をつけ，花柄，小花柄はともに 50～60 本，総苞片はなく，小総苞片は数が多いが狭くて短い．花弁は 5 個，上部は内側に曲がる．雄しべは 5 本，花の外に出ている．下位子房は倒卵形，緑色，花柱は 2 つに分枝する．果実は広楕円体，長さ 1 cm 位で分果は広い翼がある．〔日本名〕甘ニュウは北海道の方言でこの茎を食べると甘味があるためにいい，ニュウはアイヌ語である．アイヌ人はこれをチフェあるいはチフェキナというといわれる．円葉蝦夷ニュウはエゾニュウに似て葉に円味があるのでいう．

4493. ノ　ダ　ケ　〔セリ科〕

Angelica decursiva (Miq.) Franch. et Sav.

大形の多年生草本でふつうに本州から九州の山野に生え，高さ約 1.5 m 内外ある．茎は高く直立して上部で分枝する．葉は互生し，羽状複葉で，小葉は卵形ないし披針形，小葉柄はなくふちは分裂しかつきょ歯がある．通常小葉は下部が葉軸に沿って流れ翼状となる特徴がある．葉柄の基部は鞘状に広がって茎を抱き，上部の葉では葉鞘が特に発達し，時々紫色を帯びる．秋になって紫黒色の多数の細かい花が複散形花序をつくって開く．まれに白色の花をつける品種がありこれをシロバナノダケ f. *albiflora* (Maxim.) Nakai という．かぜ薬として煎じて飲む．〔日本名〕語源がはっきりしない．漢名の音読みがなまったのであるという説もある．〔漢名〕土当帰が正しい．前胡というのは誤った名である．

4494. ヒメノダケ　〔セリ科〕

Angelica cartilaginomarginata (Makino ex Y.Yabe) Nakai

近畿以西の本州，四国，九州の草原や明るい林内に成育し，朝鮮半島，中国北部に分布する多年草．茎は直立し，0.5〜1.5 m になり，上部でまばらに枝分かれし，毛はない．茎葉は互生し，柄の下部または全部が鞘状となる．葉身はやや厚く，長さ 5〜15 cm，羽状複葉，まれに 1 回三出複葉で，最下の羽片はさらに中または深裂する．羽片の基部は無柄で，上部側羽片の基部は葉軸に流れて翼状となる．羽片は長楕円形で，細かいきょ歯があり，上面脈上に細突起がある．8〜10 月頃，枝先の複散形花序に白色の小さい花を多数つける．総苞片はなく，花柄は 8〜14 本で，上面に細突起がある．小散形花序は直径約 1 cm，小総苞片は 1〜8 個あり，線形で長さ 1〜5 mm，小花柄は 20〜30 本あり，長さ 2〜5 mm．花弁は 5 個，長さ約 0.8 mm，楕円形で先は内側に曲がる．雄しべは 5 本．果実はやや扁平，広い楕円体，長さ約 2.5 mm，分果は背面に隆起した 3 肋があり，側縁は広い翼をなさない．ノダケに似ているが花弁は白色，上部の葉でも葉鞘は広がらない．〔日本名〕姫ノダケの意味で，ノダケに似て小さいことによる．〔漢名〕骨縁当帰．

4495. ウバタケニンジン　〔セリ科〕

Angelica ubatakensis (Makino) Kitag.

四国，九州の高山に生える多年草．茎は直立し，上部で枝分かれし，高さ 20〜50 cm になる．葉は長い柄があり，葉身は三角状広卵形，長さ 5〜25 cm，2〜4 回三出羽状複葉で，小葉は卵形または披針形，長さ 2〜6 cm，さらに切れ込み，裂片は線形または披針形で，幅 1〜4 mm，鋭尖頭．茎の上部の葉は葉身が小さくなり，葉柄の鞘は楕円状にふくらむ．8〜9 月頃，茎の頂と枝先に直径 4〜8 cm の複散形花序をつけ，白色の小さい花を開く，花柄，小花柄および小総苞片には，まばらに微細な突起がある．花柄は細く，20〜40 本，長さ 1.5〜5 cm．小総苞片は数個あり，線形，長さ 2〜6 mm．小花柄は 15〜40 本，長さ不同長で 1〜5 mm．花は直径 2〜3 mm．花弁はへら形，鋭頭または突頭．果実は楕円体，長さ 3〜4 mm．分果は扁平で広い翼があり，背面に 3 脈がある．〔日本名〕祖母岳人参で，初め大分県祖母山で見つけられたことによる．

4496. ツクシゼリ　〔セリ科〕

Angelica longiradiata (Maxim.) Kitag.

本州（中国地方），九州の山中の草地に生える多年草．茎は直立し，中ないし下部で少数の枝を分け，高さ 5〜40 cm，上部に毛状突起がある．葉は柄があり，葉身は三角形または三角状卵形，長さ 5〜25 cm，鈍頭，2〜3 回 三出羽状複葉．小葉は広卵形，長さ 1〜2 cm，3〜5 深裂または全裂し，裂片は長さ 5〜12 mm，幅 3〜7 mm，さらに線形または披針形で鋭頭，全縁の小裂片に分裂し，しばしば脈上に細かい突起がある．茎の上部の葉は葉身が小さく，葉柄の鞘は倒卵形または楕円形に広がる．8〜9 月頃，茎の頂と枝先に，直径 4〜8 cm の複散形花序をつけ，密に白色の小さい花を開く．花柄，小花柄，小総苞片のふちに細かい突起がある．花柄は 10〜15 本，やや不同で，長さ 2〜5 cm．小総苞片は 10 個内外，線形，長さ 3〜10 mm．小花柄は 20〜30 本，長さ 2〜5 mm．花は直径 2〜3 mm．花弁は倒卵形，鋭頭，内側に巻く．果実は楕円形，長さ約 3 mm．分果は扁平で，広い翼があり，背面に 3 脈がある．〔日本名〕筑紫芹で，九州に産することによる．

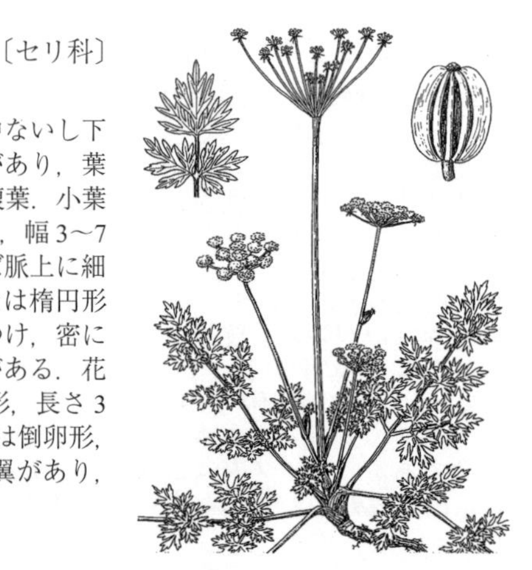

4497. ハクサンボウフウ 〔セリ科〕

Peucedanum multivittatum Maxim.

本州中部以北，北海道の高山帯に生える多年生草本．高さ 20〜30 cm ぐらいで粗大な主根がある．葉は多く根生し平開または斜上し，2 回羽状複葉，裂片は卵形あるいは長楕円状円形で尖り，暗緑色で光沢はなく，ふちに欠刻状のきょ歯がある．第 1 次の小葉群には柄があるが第 2 次の小葉には柄のないものが多い．8 月に茎上に複散形花序を出して多数の白色小花をつける．花柄は 7〜10，総苞片はなく，小花柄は 10 個内外，小総苞片は少ない．がく片は細かい．花弁は 5 個で先端は内側へ曲がっている．雄しべ 5 本，子房は下位，2 花柱．果実は楕円体で広い翼がある．本種では葉は非常に多形で中には裂片が披針形ないし楕円形など種々あり，特に細いものをホソバノハクサンボウフウ f. *dissectum* Makino といい母種と混生する．〔日本名〕白山防風で，もと石川県白山で発見されたからである．

4498. セリモドキ 〔セリ科〕

Dystaenia ibukiensis (Y.Yabe) Kitag.

本州（滋賀県以北の日本海側）の山地のやや湿った場所に生える多年草．茎は直立し，高さ 30〜90 cm になり，上部で枝分かれし，節の下には白色の毛状突起がある．葉は三角形，長さ 10〜25 cm，2〜3 回羽状に分裂し，終裂片および小葉は狭卵形または卵形，長さ 2〜7 cm，幅 1.5〜4 cm，先は鋭尖頭または鋭頭，ふちに鋭きょ歯および深い切れ込みがあり，きょ歯のふちに短毛状突起があり，下面には脈上にまばらに上向きの小突起がある．7〜9 月頃，茎の頂および枝先に複散形花序をつけ，密に白色の小さい花を開く．総苞片，小総苞片，花柄，小花柄には微細な突起がある．総苞片はないか少数個，線形，長さ 5〜13 mm．花柄は 10〜20 本，長さ 2〜4 cm．小総苞片は約 10 個，線形，長さ 7〜10 mm．小花柄は約 20 本，長さ果時に 4〜8 mm．花は直径 2 mm ぐらい，花弁は 5 個，内側に巻き，雄しべは 5 本．果実は楕円体，長さ 6〜8 mm．分果のふちは広い翼となり，背面の 3 脈は翼状になる．〔日本名〕芹擬で，全体がセリに似た別の種類であることによる．

4499. ボタンボウフウ 〔セリ科〕

Peucedanum japonicum Thunb.

強壮な常緑の多年生草本で開花結実後その株は枯れる．関東以西の海辺に多く，日の当たる地に生え高さ 90 cm 位に達し，茎は直立し分枝する．葉は 2 回羽状に分裂し，小葉は倒卵形で分裂し，裂片は鈍頭で厚く堅い．色は白色を帯びた緑色，毛はない．夏の頃，枝先にあまり大きくない複散形花序を出して，多数の小白花をつける．5 個の花弁は内側に曲がり，雄しべは 5 本，子房は下位．果実は楕円体でやや扁平．若い葉をつんで食用にするので食用防風の別名がある．昔は公の許可をもらってその根をニンジンの代用にした．それで御赦免(ゴシャメン)ニンジンの名もあった．〔日本名〕牡丹防風はその葉がボタンの葉に似ていることによる．〔漢名〕防葵は誤用．〔追記〕鹿児島県のトカラ列島には，全体大形で高さ 3 m に達し，小葉も幅広いコダチボタンボウフウ var. *latifolium* M.Hotta et Shiuchi を産する．

4500. ハマボウフウ （ヤオヤボウフウ） 〔セリ科〕

Glehnia littoralis F.Schmidt ex Miq.

各地の海岸砂地に生える多年草で，海外では黄海，日本海，オホーツク海沿岸に広く分布する．根は深く砂中に直下し，地下茎も根も黄色を帯び長さは一様でない．地上茎は短く砂上に出る．高さわずかに 5〜10 cm 位．葉は砂上に展開し，厚く光沢があり，2 回三出羽状複葉で小葉はふちにきょ歯がある．夏に茎頂に複散形花序を出して小白花を密生し，花茎，花柄などは密に白い毛でおおわれる．果実は倒卵形体で球状に密集し，細毛のある果皮はコルク質で稜が著しく．熟すると砂上に散乱する．〔日本名〕海岸に生える防風の意味で，日本ではかつて本種を誤って薬用に使う防風の一種とみなしていた．紅紫色の葉柄をもつ葉をさしみのつまとして食べ，八百屋などで売るので八百屋防風ともいう．昔ハマオオネといったが，これは浜に生えるダイコンの意味である．

4501. イブキボウフウ 〔セリ科〕

Libanotis ugoensis (Koidz.) Kitag. var. ***japonica*** (H.Boissieu) T.Yamaz.

（*Seseli libanotis* (L.) K.Koch var. *japonica* H.Boissieu）

広く山原あるいは山地，原野に生える多年生草本，細かい毛があり高さ 90 cm 位に達する．茎は直立して分枝し，稜がある．葉は 2 回羽状複葉で，小葉は卵形で羽裂し，裂片にはきょ歯がある．根生葉には長い柄があり，茎葉では葉柄は次第に短くなり，葉柄の基部には長い葉鞘がある．夏秋の頃，枝先には小さい複散形花序を出して白色小花が密集する．5 花弁は内側に曲がり，雄しべ 5 本，下位子房が 1 個ある．果実は卵球形でざらつき，1 分果の断面は円に近く，しかも合生面が幅広い．〔日本名〕伊吹防風は滋賀県伊吹山に生えることによる．〔漢名〕邪蒿は近縁の *L. seseloides* (Fisch. et C.A.Mey. ex Turcz.) Turcz. の名である．

4502. カワラボウフウ（ヤマニンジン，シラカワボウフウ） 〔セリ科〕

Kitagawia terebinthacea (Fisch. ex Trevir.) Pimenov

（*Peucedanum terebinthaceum* (Fisch. ex Trevir.) Fisch. ex Turcz.）

北海道から九州に産する多年生草本で，日の当たる山地に生え，開花結実後その株は枯れる．茎は高さ 90 cm 位に達し直立して分枝し，しばしば紅紫色を帯びる．葉は外形が三角状で 2 回羽状複葉で多裂し，小葉は卵形，不整の欠刻ときょ歯があり，堅く，上面には光沢があり，葉柄の基部は葉鞘となって茎を抱く．秋の頃，枝先に複散形花序を出して多数の白色の小花をつける．5 個の花弁は内側に曲がり，5 本の雄しべと 1 個の下位子房がある．果実は扁平で楕円体．〔日本名〕カワラボウフウは河原に生える防風の意味．山人参は山地生のニンジンの意味, シラカワボウフウは, 京都府（山城）白川山に多いことによる．〔漢名〕石防風．〔追記〕旧版に *Peucedanum* として記述された本種とハクサンボウフウ，ボタンボウフウは，現在では互いに縁の遠いものであることがわかっている．

4503. ボウフウ 〔セリ科〕

Saposhnikovia divaricata (Turcz.) Schischk.

（*S. seseloides* (Hoffm.) Kitag.；*Ledebouriella seseloides* (Hoffm.) H.Wolff）

中国北部，モンゴル，シベリアの原産で日本には野生せず，昔，中国から渡ってきたが今では絶滅して残っていない．多年生草本で茎は立ち高さ約 1 m 内外，多く分枝して夏から秋の間に白い花を開く．葉は 3 回羽状全裂で，裂片は細長くて尖り，毛はなく平滑，やや堅く白色を帯びている．根生葉は集まってつき長い柄がある．複散形花序はあまり大きくない．花は細かく，5 個の花弁は内側に曲がり，雄しべは 5 本あり，葯は黄色．薬用植物．〔日本名〕漢名の音読みである．〔漢名〕防風．

4504. ナガホノナツハナワラビ 〔ハナヤスリ科〕

Botrychium strictum Underw.

（*Japanobotrychium strictum* (Underw.) M.Nishida）

北海道から九州にかけて分布するが，比較的稀な種で，朝鮮半島，中国にも産する．山地の林床に生える夏緑性の多年草．葉の生育期は 5〜10 月で冬には枯れる．胞子は 8〜9 月頃に熟す．ナツノハナワラビに似て，まばらに軟毛を生じる軟質の栄養葉をもつが，切れ込みが少なく，2〜3 回羽状深裂である．小羽片は無柄．裂片は広楕円形，円頭で浅いきょ歯がある．羽軸には明瞭な翼がある．胞子葉は 2 回羽状だが各羽片は短くかつ密生するため，全体としては線状円柱形の穂となり直立する．胞子葉の柄は穂より長くなることはない．根茎は地中に直立ないし斜上し，肉質の根はまばらに分枝する．共通柄は円筒状．生育の良いものは草丈が 80 cm 以上になる．若葉は食用となる．〔日本名〕長穂夏花蕨はナツノハナワラビに似て穂が円柱状で長いことを現わす．〔漢名〕直穂大陰地蕨．

4505. ナツノハナワラビ 〔ハナヤスリ科〕

Botrychium virginianum (L.) Sw.

(*Japanobotrychium virginianum* (L.) M.Nishida)

山地の樹林下に生える多年生草本．葉の生育期は 4～9 月で，冬は枯れる．根茎は比較的細く地中に直立するか，または斜上して太い肉質の根を出す．葉は鮮緑色，長柄をもち，根茎の先端から真立し，高さ 40～70 cm．共通柄は上部で二叉となり，栄養葉と胞子葉とになる．栄養葉は無柄，薄くやわらかい草質，五角状三角形，3～4 回羽状に分裂する．最下羽片が最も大きくて菱形，他の羽片は長楕円形で，鋭尖頭をもち，柄は短い．小羽片は長卵形で先はとがり羽状に深裂し，裂片は線形，または楕円形で鋭頭，深いきょ歯がある．胞子葉は長柄をもち，3～4 回羽状分裂し，羽片の柄は長く，全体として卵状三角形の円錐花序のようになる．〔日本名〕夏の花蕨の意味．夏（5～6 月）に胞子穂を出すからである．〔漢名〕蕨萁．

4506. フユノハナワラビ 〔ハナヤスリ科〕

Botrychium ternatum (Thunb.) Sw.

(*Sceptridium ternatum* (Thunb.) Lyon)

低山の原野，平野の草原等に自生する多年生草本，地上部は 9 月～翌年 3 月までであるが夏は枯れる．全体にほとんど毛がなく葉質は少し厚い．根茎は短く直立し，多肉質の太い根を出し，頂から毎年 1 本の葉柄を出す．葉は直立し，高さ 30～40 cm，共通柄は基部から二つに分枝し，一つは裸葉，すなわち栄養葉となり，他の一つは実葉，すなわち胞子葉となる．裸葉は外形三角状または五角状．2～3 回羽状に分裂し，羽片は最下のものが長い柄をもち，最も大形で長三角形をなし，他の羽片は無柄で披針形，全体として三出羽片のようである．小羽片は長卵形あるいは卵形，羽片外側の最下羽片は他のものより大きい．裂片は幅 2～3 mm，楕円状あるいは卵形，円頭，浅い鈍きょ歯をもつ．羽片・小羽片の頂片は円頭または鈍頭．葉は緑色であるが，直射日光を受けるか，水分が不足すると赤褐色になる．胞子葉は葉柄の先の方が穂状に分枝して小枝の先に多数の黄色で粟粒状の胞子嚢を群生する．〔日本名〕冬の花蕨は冬に新葉を生じ，その上一見して花に見える胞子葉を別に生ずるからである．〔漢名〕陰地蕨．

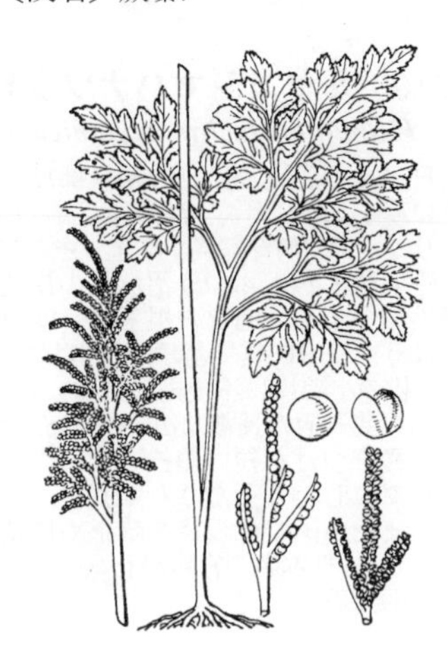

4507. オオハナワラビ 〔ハナヤスリ科〕

Botrychium japonicum (Prantl) Underw.

(*Sceptridium japonicum* (Prantl) Lyon)

本州北部以南の低山，丘陵の林中に生える多年生草本．地上部は夏には枯れるが，9 月～翌年 4 月頃まで生存する．地中の根茎は直立し，太い根を出す．葉は長柄をもち，根茎の先端から毎年 1 本ずつ出て，高さ 30～50 cm．共通柄は基部で 2 分し，一つは裸葉一つは実葉となる．全体に多少とも毛がある．裸葉はやわらかい草質，緑色．または褐緑色，ほぼ五角形で 2～3 回羽状に深裂する．最下の羽片は最も大きく，長柄をもつが，上部の羽片ほど次第に小形で細長くなり，また，無柄となって，中脈に流れて翼状になる．羽片の頂片は鋭尖頭，裂片は広楕円形で幅 5～6 mm，円頭または鈍頭でふちに粗い歯牙状のきょ歯がある．フユノハナワラビに似ているが裂片に粗いきょ歯があること，胞子外膜にこぶ状の突起があることにより，容易に区別される．〔日本名〕大花蕨．ハナワラビに似て大形の意味である．

4508. ホウライハナワラビ 〔ハナヤスリ科〕

Botrychium formosanum Tagawa

(*Scepridium daucifolium* auct. non (Hook. et Grev.) Lyon)

鹿児島県から琉球列島を経て台湾，中国南部，東ヒマラヤに分布し，暖帯から亜熱帯の山地林下に生える．外見や胞子の形態もオオハナワラビによく似ているが，共通柄がはるかに長く（12～18 cm），また栄養葉が 2 枚出る場合が多く，その 1 枚は共通柄の基部から出る．栄養葉は 3 回羽状で，6～12 cm の柄と幅 12～15 cm，長さ 10～18 cm の葉身からなる．裂片は楕円形で鈍頭，その辺縁は深い鋭きょ歯状となっている．葉柄や羽軸には長い軟毛がある．日本では冬期（11～1 月）に胞子が熟す．本種はヒマラヤから東南アジアに広く分布する B. daucifolium Wall. ex Hook. et Grev. によく似ており，旧版ではそれと混同されていた．〔日本名〕蓬莱花蕨の蓬莱は台湾の異称で，台湾のハナワラビという意味である．シマオオハナワラビの名もある．〔漢名〕薄葉大陰地蕨．

4509. ヘビノシタ（ヒメハナワラビ）〔ハナヤスリ科〕

Botrychium lunaria (L.) Sw.

本州中部以北の高山に生える多年生草本．冬には葉がない．生育期は 5～10 月．根茎は地中に直立または斜上するが短い．葉は 1 本直立して高さ 10～20 cm, 共通柄の中央部で 2 叉して一つは胞子葉, 他の一つは栄養葉となる．全体として無毛, 肉質で厚い．栄養葉は短い柄をもち, 外形は長楕円形, 緑色, 1 回羽状に分裂し，裂片は扇形で，下部のものも，上部のものも，ほぼ同形同大で 5～7 対つく．円頭でふちに鈍きょ歯がある．基部は広いくさび形, 葉脈は扇形に分枝する．胞子葉は栄養葉よりも高くのび 2 回羽状に分裂し, 胞子嚢は密に小羽片の左右につき黄色, 粟粒状で無柄．熟すると横に裂ける．〔日本名〕蛇の舌は葉が二叉になった姿を蛇の二つにわかれた舌になぞらえたもの，旧版でアキノハナワラビの名を使ったが，これは秋にもう胞子葉がみられることをフユノハナワラビに対して強調したものである．

4510. ミヤコジマハナワラビ〔ハナヤスリ科〕

Helminthostachys zeylanica (L.) Hook.

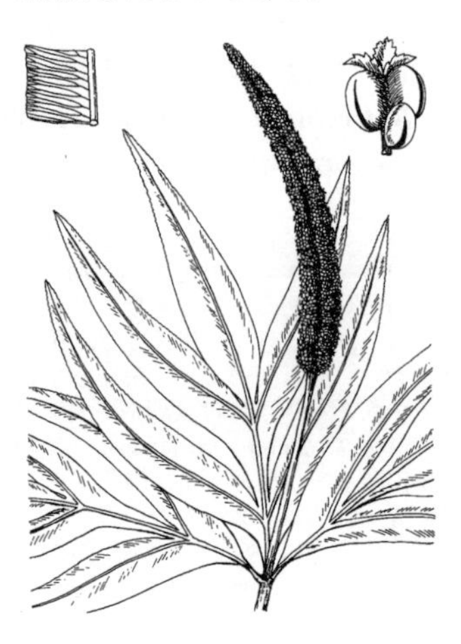

日本では鹿児島県（沖永良部島）と沖縄県（沖縄，石垣，与那国，西表島）のみに産するが，台湾，海南島，雲南南部，フィリピンなど東南アジア全域とインド，スリランカ，南洋諸島，ニューギニア，オーストラリアなど広範囲に分布している．1 科 1 属 1 種．ふつう沼沢地の岸辺や浅瀬や熱帯雨林の湿った林床に生える．常緑性の多年草．肉質の根茎は，幼植物では短く直立しているが，成体になると横にはう．根も肉質で菌類が共生している．栄養葉は 3 羽片からなり，それぞれが 2～4 枚の小羽片に不規則に裂け，水平に開出している．小羽片（裂片）の幅は 2～4 cm．共通柄の長さは 20～35 cm．胞子葉は栄養葉とほぼ同長で，上半分に 4 個の胞子嚢をつけた短い側枝を密につけ，胞子嚢穂となる．フィリピンでは若い葉をサラダにしたり煮たりして食べ，マレーシアでは軟らかな共通柄をゆがいて食べる．また中国では根茎を咳止めに使ったり，毒ヘビに咬まれたとき傷口につけたりする．〔日本名〕宮古島花蕨は，沖縄県宮古島産のハナワラビの意味である．〔漢名〕七指蕨．

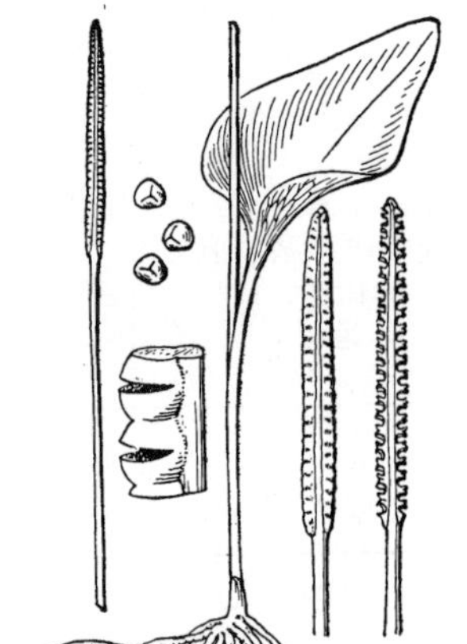

4511. コヒロハハナヤスリ〔ハナヤスリ科〕

（フジハナヤスリ，ナガバハナヤスリ）

Ophioglossum petiolatum Hook.

本州以南の山野の草原に生える多年生草本．根茎は短く直立黄色の根を生ずる．5 月から 11 月の間に 2～3 回新葉を 1 本ずつ生じ，葉は秋まで残る．葉柄は根茎の先端から生じ，直立し，葉の高さ 7～20 cm で栄養葉と胞子葉とがある．栄養葉は生育地によりいろいろに変形し形は一定しないが．卵形，三角状卵形，または長楕円形で，長さ 1.5～6 cm，幅 1～3 cm，日陰のものは大型，陽当たりよい所のものは小形，円頭，全縁，基部は急に狭くなり，はっきりした柄がある．あらい網状脈をもち，第一次の網目の中の，第二次脈の数は少ない．胞子葉は長柄をもち, 先端部に 2 列に半ば埋もれ, 互に癒着した胞子嚢をつける．胞子嚢は成熟すると横に裂ける．胞子の外膜は滑らかである．〔日本名〕花鑢．穂を鑢（ヤスリ）に見立てたものである．〔漢名〕瓶爾小草．本種は多型のため，かつてはヒロハハナヤスリ *O. vulgatum* L. と混同されたが，これは北日本を中心に明るい林下に生じ，春に広卵形の葉を生じ，葉は 5 月に胞子を飛ばしてすぐに枯れ，胞子の模様も全くちがい，胞子の外膜にこぶ状突起があるので区別される．

4512. コハナヤスリ〔ハナヤスリ科〕

Ophioglossum thermale Kom. var. ***nipponicum*** (Miyabe et Kudô) M.Nishida

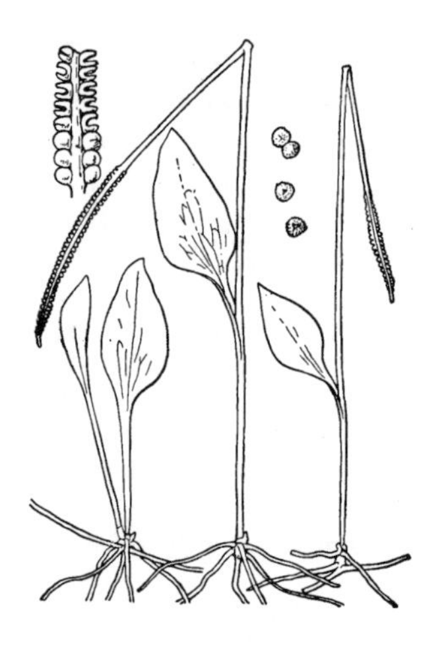

北海道から九州の陽当たりのよい湿地や乾燥した丘陵に生える多年生草本．根茎は極めて短く，直立し，肉質で黄色い根が地中に横にはう．葉はまばらに根出し，共通柄は細長く直立し，上部で胞子葉と栄養葉に分枝する．生育の悪いものでは栄養葉だけである．栄養葉はやや厚くやわらかい草質，長卵形，楕円形，または長楕円形，先端は鋭形または鈍形ともなり，わずかに凸形の先端をもち，基部は鋭形またはくさび形となり，ふちは全縁，長さ 2～4 cm，幅 8～15 mm，網状脈をもち網目の中の遊離脈は発達が悪い．胞子葉は長い柄をもち，高さ 10～20 cm，頂に無柄の胞子嚢が 2 列に合着して多数並んだ線形の穂をつける．胞子嚢は熟すると，横に裂けて黄白色の胞子を放出する．胞子の外膜は平滑．〔日本名〕小花鑢の意味である．〔追記〕栄養葉はやや厚い肉質，幅は狭く，舟形，倒披針形，または披針形，鈍頭または鋭頭，海浜の砂浜に生えるものが本種の母型でハマハナヤスリ var. *thermale* である．ややまれに産する．これは牧野富太郎が千葉県九十九里の海岸で昭和 3 年（1928）に発見し，*O. littorale* Makino と命名したが，後にカムチャツカ半島産の *O. thermale* Kom. と同種であることがわかったものである．ハナヤスリの乾燥地に生えた小形のものに似ているが，栄養葉の基部は鋭形またはくさび形で次第に葉柄にうつりかわり，境がはっきりしないので区別できる．

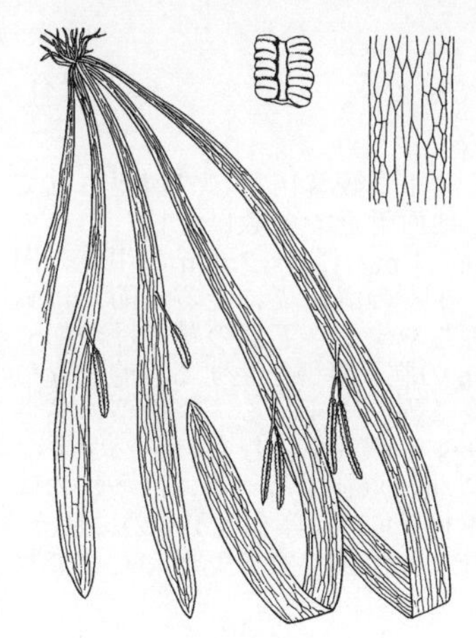

4513. コブラン
〔ハナヤスリ科〕

Ophioglossum pendulum L.（*Ophioderma pendulum* (L.) C.Presl）

日本では九州（屋久島・種子島以南），小笠原諸島，沖縄県のみに産するが，種としての分布圏は広く，東はハワイ諸島，南はオーストラリア，西はマダガスカル島までの旧世界の亜熱帯・熱帯にみられる．空中湿度の高い森林を好み，樹幹や木生シダなどに着生し，垂れ下がる．台湾などではシマオオタニワタリの古株の根元に着生していることもある．常緑性の多年草で，栄養葉は短い根茎上に束生する．深緑色でやや肉質．長いリボン状で基部は細く，先端で 2～3 叉に裂ける．全縁．大きなものは長さ 80 cm に達する．胞子葉は栄養葉の中央部の上面に一本生じ，柄部は 3～5 cm 以上，穂状部は 10～25 cm ほどになる．Fosberg（1942）によると，ハワイではこのシダの葉のしぼり汁を咳止め薬に用い，その胞子は新生児の胎便を清めるときに使ったという．〔日本名〕昆布蘭はコンブ状でランのように着生することによる．〔漢名〕帯状瓶爾小草．

4514. マツバラン
〔マツバラン科〕

Psilotum nudum (L.) P.Beauv.

東北南部以西の暖地に生える多年生常緑草本．樹上，岩上等に着生するが，時には地面にも生える．いろいろな品種があり盆栽用として観賞されている．茎は束生し，長さ 10～30 cm，時には 40 cm に達するものもある．体はかたく，細い棒状で枝は三稜線がはっきりしている．横断面は三角形，径 1～1.5 mm，緑色で無毛．茎は基部から地中へかけて二叉状に分枝して根茎となり，菌根を作り，外に褐色の仮根を密生しているが真の根はない．上部は数回二叉状に分枝して，ほうき状となる．葉はごく小さい鱗片状でまばらに茎の稜線上について互生する．胞子嚢は無柄で枝上に点在し，二叉している小形の胞子葉上に腋生し，球形で 3 室に分かれ，はじめは緑色，後に黄色になる．胞子は黄白色で，胞子嚢の背面が裂開して放出される．〔日本名〕松葉蘭は，その草の姿が線形であることと四季を通じて緑であることからついた．枝のうねり方や分かれ方，色の相違などを基にして多数の園芸品種があり，ことに江戸時代には愛玩された．今もその一部が残っている．

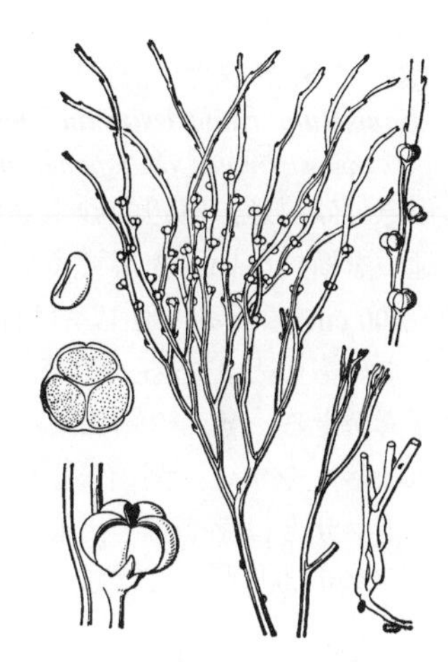

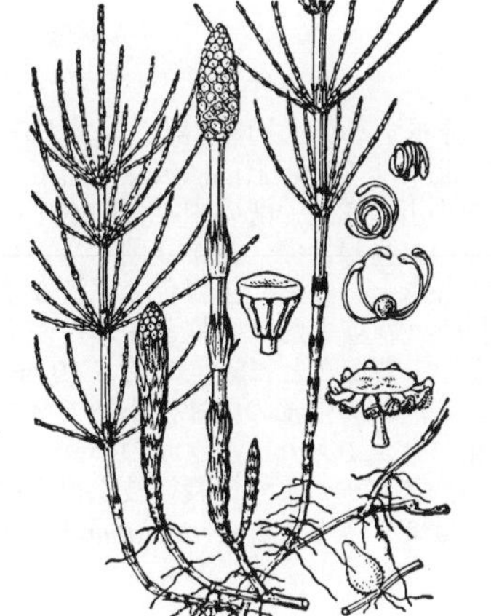

4515. スギナ
〔トクサ科〕

Equisetum arvense L. f. ***arvense***

至る所の原野，道端等に生える多年生草本．地下茎は長く地中を横走して暗褐色をなし，節から地上茎を出す．また節部に細かい毛のある小塊ができる．地上茎には栄養茎と胞子茎の 2 型がある．栄養茎は高さ約 30～40 cm．緑色中空の円柱状で，縦に隆起した線が走り，節部から多くの枝を輪生状に密生し，節には退化縮小した舌状葉が鞘状に癒着してつく．輪生している小枝は四角柱状で節に先端が 4 裂する鞘状の葉をもつ．春早く地下茎から，胞子茎（つくし）を出し，これは淡褐色の平滑で軟らかい円柱茎で，高さ 10～25 cm．先が歯片状に裂けた鞘状に退化した葉を節から生じ，小枝は生えない．茎頂に長楕円体の胞子嚢穂をつけ，楯状六角形の胞子葉を密生し，胞子葉の下面に数個の胞子嚢をつけ，中に淡緑色の胞子を生ずる．胞子には 4 本の弾糸がついており，湿れば巻き，乾けばほどける運動をする．夏に栄養茎の頂部に胞子嚢穂をつけることがあり，これをミモチスギナというが特定の品種ではない．小枝が三角柱状のものをオクエゾスギナ f. *boreale* (Bong.) Milde といい，北海道，本州北部の山地に多く知られる．昔からツクシを土筆と書くのは日本名であり，中国では筆頭菜という．ツクシを食用とし，スギナの若葉も食べられる．〔日本名〕スギナ（杉菜）とはその形状が杉に似ていることによる．〔漢名〕問荊．

4516. イヌスギナ
〔トクサ科〕

Equisetum palustre L.

原野，川原，沼沢地等のやや湿った所に生える多年生草本．地下茎は細長く有節黒褐色，地中を横にのび，または斜上して節からひげ根を出す．地上茎は地下茎の先端，または節部から生じ直立し，スギナのような栄養茎と胞子茎の区別がない．節から 5 本の隆起線のある数本の小枝を輪生し，全形はスギナに似ているが，枝ぶりはまばらである．時には枝がなく，主軸だけのものもある．高さ 30～60 cm，下部の直径は約 3 mm，縦に隆起線が走る．節の鞘状葉はやや大きく，先端の歯片は披針形でとがり黒色である．胞子嚢穂は地上茎の頂端につき長楕円体，はじめは褐紫色であるが後に黄色味を帯びる．スギナに比べて鞘状葉の大きさが約 2 倍でその歯片が後に黒変し，そのふちだけが白色の膜質である点で区別できる．〔日本名〕犬杉菜は食用にならず利用度のないスギナの意味である．

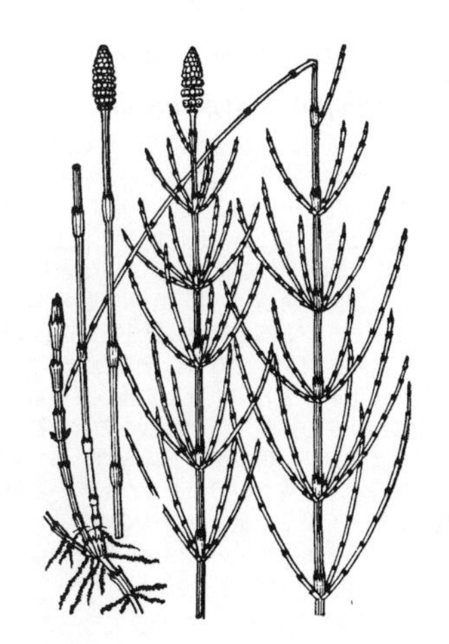

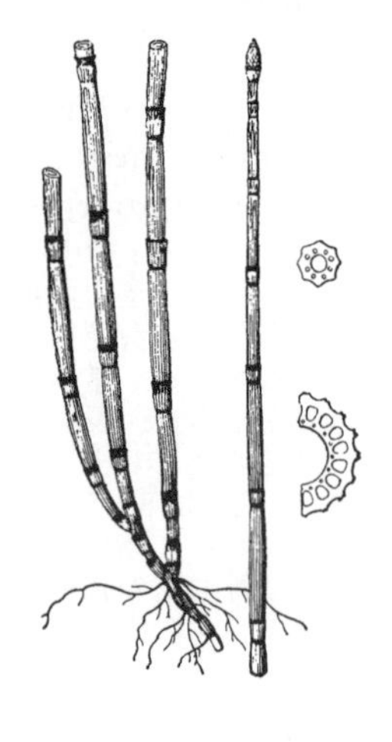

4517. トクサ 〔トクサ科〕

Equisetum hyemale L.

やや涼しい地方の山間谷川辺等に自生し，また観賞用として植えられている多年生草本．地下茎は短く横にはい，地面附近で多数に分枝し，その節から地上茎を直立する．地上茎は高さ 0.6〜1 m，径 5〜7 mm の中空の円柱形で分枝しない．深緑色で表面には 8〜30 本の溝が縦に走る．節には短い黒色の鞘状葉があり，その歯片は枯れ落ちやすく，下部の鞘だけが短く残る．夏，茎頂に短楕円体の長さ 6〜10 mm の胞子嚢穂を生ずる，胞子嚢には柄がない．はじめは緑褐色であるが，後に黄色に変わる．鞘状葉の長さが茎の直径よりも大きく上方にやや広がりゆるく茎を包むものをハマドクサ var. *schleicheri* Milde といい，本州中部以北に点在する．茎には多量の硅酸塩を含み，表面は硬く，またざらつき，木材，角，骨等をみがくのに使う．〔日本名〕砥草，つまり砥石代用の草の意味で，温湯で煮て乾燥した茎で物をみがくのでこの名がある．〔漢名〕木賊．

4518. イヌドクサ（カワラドクサ） 〔トクサ科〕

Equisetum ramosissimum Desf.

（*E. ramosissimum* var. *japonicum* Milde）

川原の砂礫地，海辺の砂地等に生える多年生草本．地下茎は黒色で長く地中を横にはい，先端で多数に分枝して多数の地上茎を群生し，高さ 30〜100 cm になる．地上茎は径 3〜5 mm の細い円柱形，分枝するものとしないものとがある．生時は白緑色で表面はざらざらして，8〜15 本の縦溝が走る．各節の鞘状葉はややゆるく茎を包み，緑色，歯片は膜質，褐色で落ちやすい．茎頂に柄のない胞子嚢穂を出し黄色の長楕円体である．トクサとは茎が細く，しばしば分枝するので区別できる．〔日本名〕イヌドクサはトクサに似ているが真物ではないとの意味．〔漢名〕節節草．

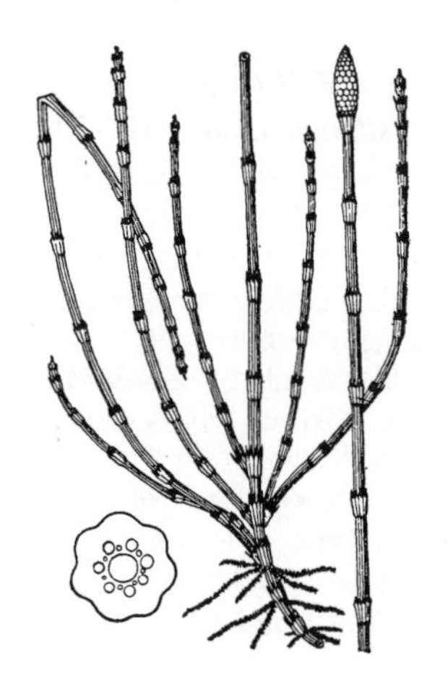

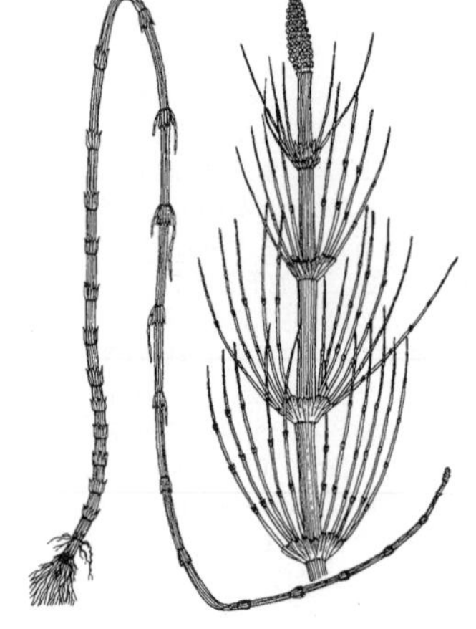

4519. ミズドクサ 〔トクサ科〕

Equisetum fluviatile L.（*E. limosum* L.）

日本では北陸，北関東，東北および北海道に分布するが，中国北部，シベリア，サハリン，千島列島，北米，ヨーロッパなど，北半球の温帯上部に広く分布している．日当たりの良い水湿地，たとえば湖沼や小川の岸辺，溝の中などの水中に群生する．北関東では日光の戦場ヶ原などに多い．夏緑性で，あまり硬くない草本．直径 5〜10 mm の直立する地上茎は高さ 1 m ほどになる．鮮緑色で平滑な茎には 10〜30 の条溝があり，内部には大きな腔所（髄腔または中腔と呼ぶ）があり，したがって茎の壁の厚さは 2 mm に満たない．各節ごとに緑色の長さ 10 mm ほどの鞘状葉があり，しっかりと茎を包んでいる．鞘の上部の歯片は小形で茎の溝と同数あり，黒褐色である．枝の出方は変化にとんでおり，トクサのように枝を出さないもの，短い枝が不規則に生じるもの，スギナのように長い枝を規則的に多数輪生させるものまである（この型のものはミズスギナ f. *verticillatum* Doell. と呼ばれる）．〔日本名〕水木賊は，水辺に生えるトクサの意味である．

4520. リュウビンタイ 〔リュウビンタイ科〕

Angiopteris lygodiifolia Rosenst.

伊豆半島以南以西の暖地の湿った日陰に生える常緑の多年生草本．根茎は太くて，葉柄基部の宿存性の厚い肉質の托葉が重なっているのとともに径 30 cm にも達する．葉は緑色放射状に束生して，斜めに開く．長さ 1〜2 m．葉柄は葉身とほぼ等長，長さ 0.5〜1 m，径 2〜3 cm，表面にある短い線形の白い模様は表皮下にある細胞間隙に相当する．鱗片はほとんど落ち，基部に広く大きな耳状の托葉が 1 対ある．葉身は 2 回羽状分裂．中軸の基部には関節がある．羽片は 5〜10 対，長楕円形．長さ 30〜70 cm，幅 10〜20 cm，短い柄がある．小羽片は披針形，鋭尖頭，基部は広いくさび形，ふちに浅いきょ歯があり，下部小羽片には 1〜2 mm の短柄があるが，他のものは無柄，長さ 5〜13 cm．幅 1〜2 cm で 15〜25 対ある．葉質は軟らかいが厚い革質，無毛平滑でやや光沢がある．小羽片中脈の左右に多数の支脈を分出し，平行して通っている．支脈間には葉のふちから偽脈が生じ，中脈とふちの中間附近まで伸びる．胞子嚢群はふちの近くにでき，胞膜はない．胞子嚢は支脈の両側に数個ずつ，列をつくって並び，1 個の胞子嚢群をつくる．観賞用として温室中に培養される．〔日本名〕リュウビンタイは恐らく竜鱗たいのなまったものかと思われるが，“たい”にどんな字をあてて良いか不明である．竜鱗は恐らく根茎に重なり合っている鱗片の状態によるものであろう．たたみ表の一種の竜鬢（リュウビン）の様子と葉脈の形態とが似ていることから来るとする説もある．〔漢名〕観音座蓮．

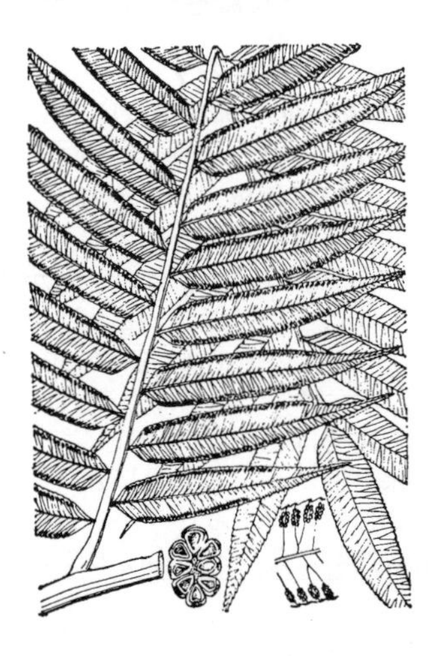

4521. ホソバリュウビンタイ 〔リュウビンタイ科〕

Angiopteris palmiformis (Cav.) C.Chr.

奄美大島，石垣島，西表島にまれに生育するが，台湾（蘭嶼），フィリピンでは普通にみられる大形の常緑性シダ．葉は長さ 2〜3 m に達し，塊状の根茎から束生し，2 回羽状に分裂する．羽片は長さ 50〜70 cm．小羽片は長さ 8〜18 cm，幅 8〜15 mm と狭く，下部の小羽片には短柄があるが，上部のものは無柄．基部は円形または広いくさび形，先端は多少尾状にのび，きょ歯がある．ふちは全縁．またはわずかに円きょ歯がある．下面は白味を帯びた淡緑色．中肋には脱落性の膜質の鱗片がある．偽脈はふちから中肋に向かって 1 / 2〜2 / 3 まで達する．胞子嚢群は長さ 2 mm，ふちより 1 mm ほど内側に生じ，8〜12 個の胞子嚢からなる．リュウビンタイは小羽片の幅が広く，20 mm に達し，偽脈はふちから中肋との間の 1 / 2 までしか達しないので，本種と区別できる．小笠原諸島のムニンリュウビンタイ *A. boninensis* Hieron. は小羽片の幅が広く 25 mm に達し，偽脈はほとんど中肋にまで達するので区別できる．〔日本名〕細葉リュウビンタイの意．〔漢名〕蘭嶼観音座蓮．

4522. リュウビンタイモドキ 〔リュウビンタイ科〕

Ptisana boninensis (Nakai) Yonek.（*Marattia boninensis* Nakai）

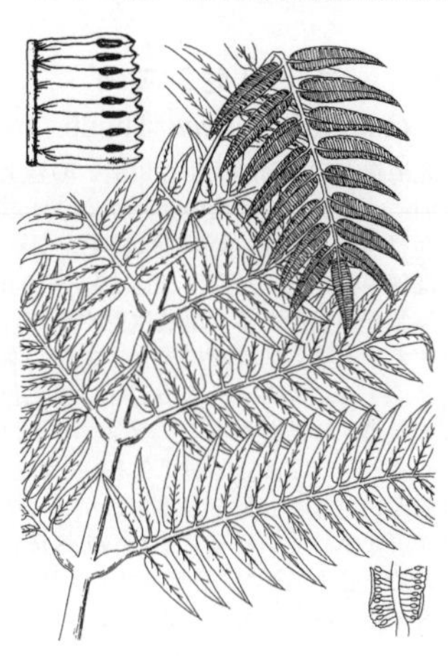

小笠原諸島（母島，硫黄島）の固有種である．硫黄島産のものをイオウトウリュウビンタイモドキ *Marattia tuyamae* Nakai と呼び別種と考える学者もある．常緑性多年草で，湿度の高い林床や谷間に生じ，ムニンリュウビンタイと混生する．和名が示すように形態はリュウビンタイとよく似ている．葉は同形で，大きな塊状の根茎から数枚ずつ生じる．2 回羽状複葉で大きなものは長さ 2 m 以上となる．緑色の葉柄はリュウビンタイより太く，葉身は革質である．リュウビンタイとはっきり異なる点は胞子嚢群の構造である．つまり，リュウビンタイのそれが一つ一つ独立した胞子嚢が集まったものであるのに対し，リュウビンタイモドキでは 10〜20 個の胞子嚢の壁が合着融合し，楕円形のいわゆる単体胞子嚢群となっている．この属には熱帯を中心に約 60 種が報告されているが，実際は 30 種程度に整理できるだろうといわれている．〔漢名〕小笠原観音座蓮舅．

4523. ヤマドリゼンマイ 〔ゼンマイ科〕

Osmundastrum cinnamomeum (L.) C.Presl var. ***fokiense*** (Copel.) Tagawa（*Osmunda cinnamomea* L. var. *fokiensis* Copel.）

中部以北の山地帯の湿原に生える多年生草本．多くは大きな群落になる．葉は冬枯れる．根茎は太く，径 5〜8 cm に達し，頂端から葉を束生する．葉は直立するが上部では多少開き気味となり，栄養葉と胞子葉の 2 形がある．栄養葉ははじめは全体にわたって赤褐色の綿毛をかぶり，成長後も葉柄上には残っている．葉身は長さ 30〜60 cm，幅 10〜25 cm，長楕円形，2 回羽状複葉，下部は多少とも狭くなる．羽片は長楕円状披針形で先端は尖り羽片に深裂し，長さ 5〜14 cm，幅 1.5〜2.5 cm，裂片は接近して並び，鈍頭または円頭，やや革質で鮮緑色，ふちにわずかに毛が残り，2 叉する側脈がある．胞子葉は栄養葉よりも小形，2 回羽状に分裂し全体に黒毛の混じった赤褐色の綿毛をかぶる．胞子嚢群は球形の小形胞子嚢の集合したものにすぎず，包膜はない．胞子嚢には環帯がないのはゼンマイと同様である．若葉を乾して食用とする．〔日本名〕山鳥銭巻は，直立する赤褐色の胞子葉をキジ科のヤマドリの尾に見立てたものではないかと考えられる（深津正説）．日本産のものは胞子葉の綿毛に黒い毛が混じっている点で北米の基準種と異なり var. *fokiensis* という変種に扱われていることが多い．

4524. オニゼンマイ 〔ゼンマイ科〕

Osmunda claytoniana L.

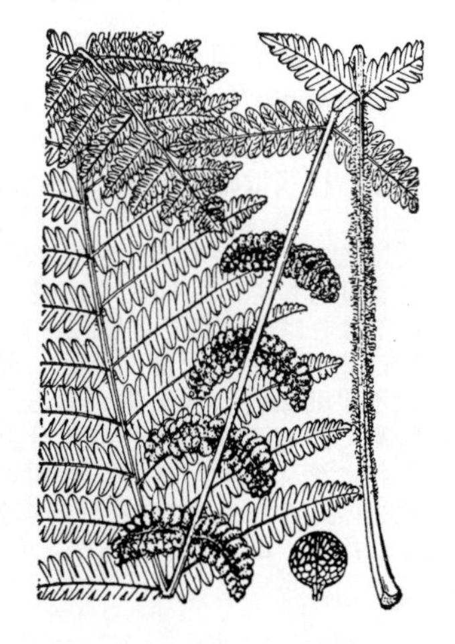

周北要素の一つで，日本では中部以北の山中湿原に生える多年生草本．根茎はきわめて短く太く，斜上して上端から 5〜6 本の葉を束生する．葉は冬枯れるが，直立して高さ 50 cm 内外，はじめは淡紫褐色の綿毛をかぶるが，後にはほとんど無毛になる．一回羽状複葉で，葉身，羽片ともにヤマドリゼンマイによく似ており，とくに栄養葉では区別しにくい．しかしヤマドリゼンマイは羽片の下向きの第一裂片が欠けたり，または痕跡的に縮小しているが本種ではこのようなことはなくて，他の裂片とほぼ同大同形であるので，ヤマドリゼンマイと区別できる．また裂片のふちには全く毛がない．葉は白緑色，葉の主軸のほぼ中央につく数対の羽片だけが胞子葉となり，縮小して，胞子嚢を密生する．紫を帯びた灰白色の綿毛をかぶり，胞子を放出した後の胞子嚢は黒褐色となる等の諸点でもヤマドリゼンマイと区別される．〔日本名〕鬼ゼンマイは草の形状がゼンマイにくらべて粗大なためである．

4525. ゼンマイ 〔ゼンマイ科〕

Osmunda japonica Thunb.

山地，山麓，原野，水辺等に生える多年生草本．大形で塊状の根茎から葉を束生し，高さ 60 cm ～1 m に達し，冬は枯れる．幼葉はこぶし状に巻いて白い綿毛をかぶり赤味を帯びる．葉柄は中脈と同じく光沢があり，葉質はかたく，はじめは赤褐色の綿毛でおおわれるが，これはあとに脱落する．葉身は三角状広卵形．2 回羽状複葉，洋紙質で淡緑色．羽片は長さ 20～30 cm，最下羽片が最も長い．小羽片は披針形．広披針形，長さ 5～10 cm，幅 1～2.5 cm，鋭頭，または鈍頭，ふちには細かいきょ歯があり，基部は斜めに切形または円形，2 叉に分枝して密に並んで平行に走る多数の支脈がある．羽片と小羽片の基部はそれぞれ主軸，羽軸と関節する．2 形の葉があり，春早くまず胞子葉を出し，次いで栄養葉を生ずる．胞子葉の小羽片はきわめて狭く縮んで線状になり，胞子嚢を密生する．夏になり稀に栄養葉の上部羽片が胞子葉に変化することがあり，これを“はぜんまい”という．若い葉をとり，ゆでて後，乾して貯え食用にする．〔日本名〕銭巻の意味であり，胞子葉がはじめはくるりと巻いて円いから昔の貨幣（当時鉄製の銭）にたとえたものという．時計のぜんまいは逆にこのシダの若葉から連想されたものと思われる．〔漢名〕紫萁薇をゼンマイの漢名としているが，これは誤りと見たい．薇はスズメノエンドウ（マメ科）の名であるからである．

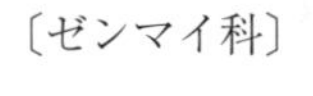

4526. ヤシャゼンマイ 〔ゼンマイ科〕

Osmunda lancea Thunb.

北海道南部以南の山中谷川沿いの岩上に生える多年生草本．葉は冬は枯れる．根茎は短くて太い．栄養葉．胞子葉の 2 形があり 1 株上に共に束生する．栄養葉はやや開出して，長さ葉柄と共に 30～50 cm，葉柄には綿毛がなく，葉身は 2 回羽状複葉，小羽片は長楕円状披針形，または狭い披針形．長さ 3 cm，幅 7～10 mm，両端ともに鋭尖形または鋭形，基部は両側が同形で通常短い柄がある．葉質はやや革質，ゼンマイより厚質，全く無毛，互にへだたり，斜に開出する．春早く栄養葉に先立って胞子葉が高く立ち，淡褐色の綿毛をかぶり，全形はほぼゼンマイのそれに似る．その小羽片は赤褐色で線形，多数の胞子嚢を密生する．観賞のためしばしば盆栽にすることがある．ゼンマイとは小羽片の形，短いがはっきりした柄をもつこと，葉質のかたく厚いことで区別できる．しかし時には無柄，基部の左右が同形でなく，前側がくさび形，後側が円いくさび形をとるものがあって，区別が多少困難のことがある．これはオクタマゼンマイ（オオバヤシャゼンマイ）*O.* ×*intermedia* (Honda) Sugim. といい，ゼンマイとの雑種と考えられる．〔日本名〕ヤシャゼンマイはゼンマイよりやせているという意味のヤセゼンマイがなまったものであろう．あるいは“ゼンマイ”の玄孫すなわち“やしゃご”の意味でつけたかも知れぬ．

4527. シロヤマゼンマイ 〔ゼンマイ科〕

Osmunda banksiifolia (C.Presl) Kuhn（*Plenasium banksiifolium* C.Presl）

伊豆半島以南及び以西の暖地の樹林下や水辺等の湿った所に生える常緑多年生草本．熱帯アジアには広く分布する．根茎は太く短く，古い葉柄を残して直立または斜上する．頂から数本の葉を車状に出す．葉は長さ 30～100 cm，1 回羽状に分裂する．葉柄はかたくて丈夫な針金状，葉身とともに光沢がある．葉身は長楕円状，10 数対の羽片をつける．羽片は広線形，または線状披針形，かたくて乾いた革質で中軸に関節するので，乾くと羽片はそこから落ち易い．淡緑色，ふちは浅いが鋭いきょ歯がある．細脈は隆起し，2～3 回 2 叉状に分枝して後，互に平行してふちに達する．中央部からやや下方の数対の羽片が胞子葉となり，褐色の胞子嚢群をつける（図中の左側下方の細かい粒々にみえる部分）．〔日本名〕城山ゼンマイは九州の鹿児島市の城山で最初見つけられたからである．

4528. コウヤコケシノブ 〔コケシノブ科〕

Hymenophyllum barbatum (Bosch) Baker

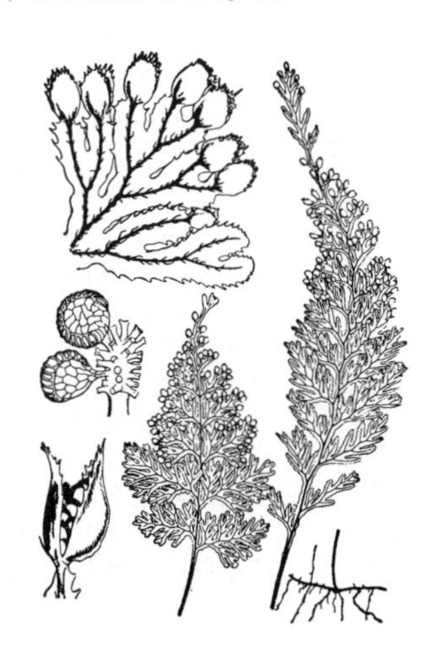

本州以南の湿気の多い山中の岩面，または樹上に着生する小形常緑多年生草本．根茎は暗褐色のかたい糸状で長く横にはい，ほとんど無毛，ひげ根を出す．葉はややまばらに根茎から出ていて柄があり，長さ 3～10 cm，葉質は乾いた薄い膜質，褐色の糸状鱗片が下面脈上に残る．葉柄は糸状で葉身よりも短く，上部にだけ狭い翼がある．葉身は長楕円形または披針形．先端部はしばしば長く伸び，2～3 回羽状に深裂する．中軸には狭い翼があり，羽片は卵形，小羽片は倒卵形，最終裂片は線状長楕円形で先は鈍形，ふちには不規則な鋭いきょ歯がある．この点はコケシノブ科の植物の中で本種の特徴である．胞子嚢群は葉身上部の裂片の先端にだけ生じ，包膜は 2 枚の弁状に深く裂け，各弁にも鋭いきょ歯がある．胞子嚢群の中軸は短いので包膜の外から見えない．〔日本名〕高野苔忍．和歌山県高野山で最初に記録されたのでこの名があるが，きわめて普通の種である．

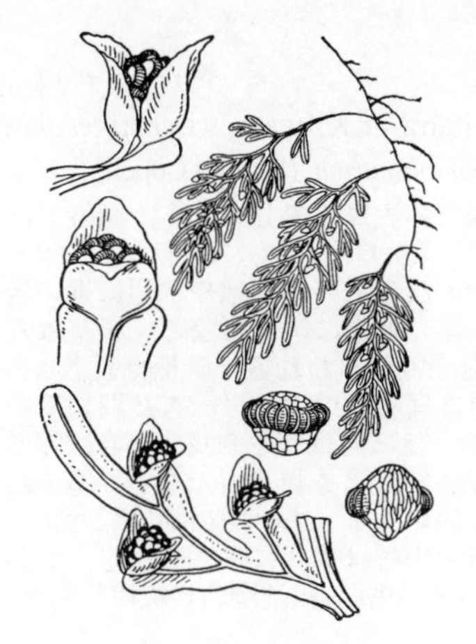

4529. コケシノブ 〔コケシノブ科〕

Hymenophyllum wrightii Bosch（*Mecodium wrightii* (Bosch) Copel.）

北海道から九州の深山の樹林下の岩面，樹皮等に着生する常緑性の小形多年生草本．たいてい集まって密生している．根茎はかたい暗褐色の糸状で長く横にはい，毛は少なく，褐色の根毛をつけた根をまばらに生じる．葉は根茎からまばらに出て有柄，長さ 4～6 cm，かたくうすい膜質．葉柄は細くほとんど翼をつけず，葉身よりも短い．葉身は長楕円形あるいは長卵形で長さ 3～5 cm，暗緑色になり 2～3 回羽状に分裂し，中軸には狭い翼がある．羽片は少数の裂片に分かれ，裂片は線形または長楕円形でやや長く伸び，羽軸とは 30～45° の角度をなしている．裂片の幅は 1.5～2 mm で，先端は多少凹むかまたは円い．中央には 1 本の細脈が通っている．胞子嚢群は裂片の末端に生じ，包膜は広卵形から広楕円形の 2 弁に深裂し，その裂片は全縁である．胞子嚢中央にはその半分以上にわたって環帯が横に巻いているのはこの科の特徴である（附図中央及右下）．コウヤコケシノブとは葉の裂片が全縁であること，ホソバコケシノブとは裂片の幅が広いことで区別される．〔日本名〕苔忍．葉が小形でコケのようであり，形がシノブに似るためである．

4530. キヨスミコケシノブ 〔コケシノブ科〕

Hymenophyllum oligosorum Makino

（*Mecodium oligosorum* (Makino) H.Itô）

関東以西の山地の湿気の多い林中の樹皮に着生する小形の常緑多年生草本．根茎はかたい暗褐色の糸状で長く横にはい，葉はまばらに立ち，葉柄は葉身よりも短く，翼がない．前種コケシノブに似ているが，葉の下面の脈上に毛が生えているので（附図左上），他のコケシノブ属植物から区別することができる．葉身は全体として広楕円形，先は円く長さ 2～4 cm．かたい膜質で，乾けば暗褐色となる．中軸には翼があり，また密に 2 回羽状に深裂するので羽片は互に重なり合っている．小羽片は 2 裂し裂片は線状長楕円形，先端は鈍形で全縁，幅 2 mm ある．胞子嚢群は少ししかつかず，葉の先の方に数個見られるにすぎない．包膜は二弁状に裂け各弁は円形でふちにわずかに凹凸がある．葉身が広い楕円形であること，葉の下面の脈の上には毛があること，裂片が密に重なり合うこと，包膜が円くしかも前方のふちに僅かながら凹凸があること，などで他の種類から区別することができる．〔日本名〕清澄苔忍の意味で千葉県清澄山で最初に発見されたからである．

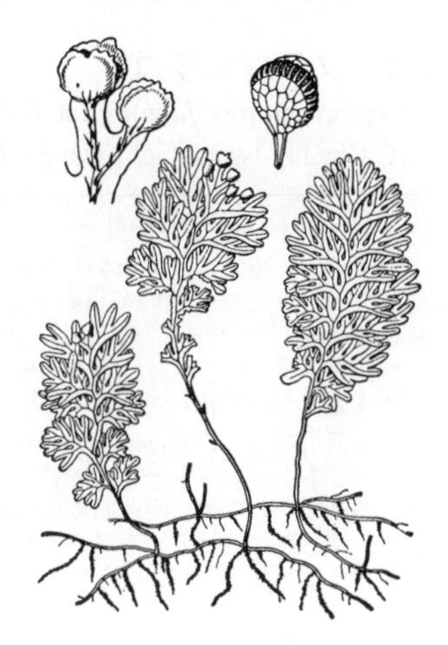

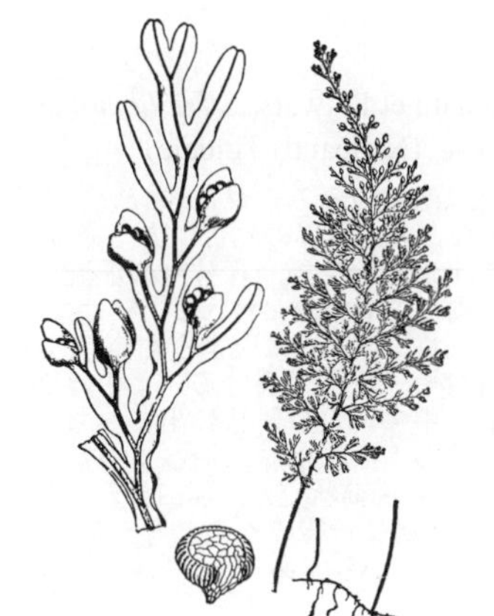

4531. ホソバコケシノブ 〔コケシノブ科〕

Hymenophyllum polyanthos (Sw.) Sw.

（*Mecodium polyanthos* (Sw.) Copel.）

関東から西の深山の樹林下の湿った岩上または樹上に着生する常緑多年生草本．根茎は暗褐色のかたい糸状で，長く横にのび葉をまばらにつける．葉は長さ 10～15 cm かたい膜質で，淡褐色を帯びた緑色で，乾くと赤褐色になる．細長い葉柄をもち，葉柄の上部にはごく狭い翼がある．葉身は卵状の菱形，または広披針形で尾状に長くのびており，2～3 回羽状に深裂し，羽片は互生し卵状披針形，あるいは長楕円形，小羽片はくさび形に近い倒卵形，裂片は線状で幅狭く，幅 0.5 mm 前後，羽軸に対して鋭角につき，脈ははっきり見えず，先端はわずかに凹む．胞子嚢群は裂片の先端について円くみえるが，包膜は二弁状で幅 1 mm ほどで卵形である．環境により，著しく葉形が変化し，乾いた所に生えたものは裂片が圧縮されるが日陰の湿った所では極端に大きくなる，フジコケシノブの名のものは後者にすぎない．コケシノブとは，裂片の幅が狭い上に葉の中軸に対して鈍角（45～70°）につくことで区別できる．

4532. オニコケシノブ 〔コケシノブ科〕

（オオコケシノブ，ミヤマコケシノブ，チヂレコケシノブ）

Hymenophyllum badium Hook. et Grev.

（*Mecodium badium* (Hook. et Grev.) Copel.）

日本では紀伊半島，四国，九州，屋久島，奄美諸島に産するが，奇妙なことに沖縄県からは報告がなく，台湾，中国南部，フィリピン，マレーシア，インドネシア，スリランカ，ヒマラヤへと分布している．常緑性で山地林下の岩上や湿った谷壁などに着生している．東南アジアでは樹幹への着生もしばしばおこる．径 1 mm に満たない細い根茎は長くはい，1～2 cm の間隔で葉を出す．長さ 3～5 cm の葉柄には基部に達する明瞭な翼がある．この翼は幅約 2 mm，全縁でなだらかに波打っている．葉身は長さ 10～30 cm の披針形で，2～4 回羽状になり，最終裂片は幅 1～2 mm である．葉脈上には顕微鏡的な小さな棍棒状の毛がある．中軸にも顕著な翼がある．胞子嚢群は葉の中央部より上につき，包膜は二弁状で幅 2～3 mm，上縁辺にはかすかに歯があることがある．胞子嚢床は塊状．オオコケシノブ *H. flexile* Makino とよく似ており，同一種にする学者もある．〔日本名〕鬼苔忍．〔漢名〕蕗蕨．

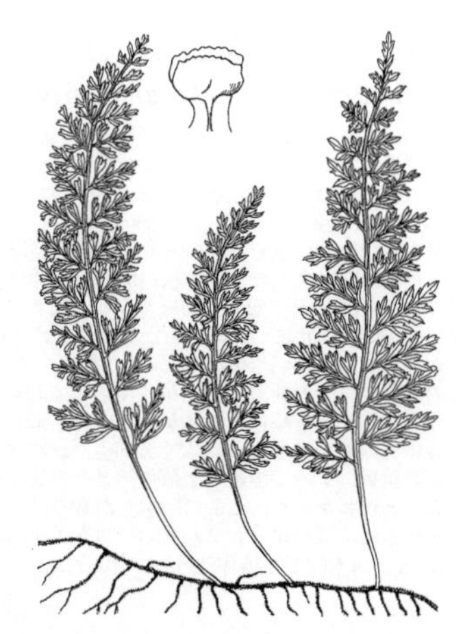

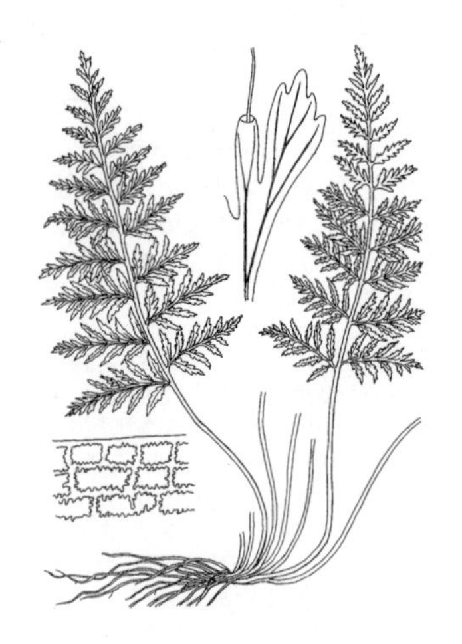

4533. オニホラゴケ 〔コケシノブ科〕

Abrodictyum obscurum (Blume) Ebihara et K.Iwats.（*Cephalomanes obscurum* (Blume) K.Iwats.；*Selenodesmium obscurum* (Blume) Copel.）

日本では小笠原諸島，種子島，屋久島を経て西表島まで分布する．国外では台湾，中国南部，東南アジア全域，ポリネシア，ミクロネシア，スリランカ，オーストラリア北部などにある．深く暗い森林内の渓流沿いの湿地や水辺に近い岩上に生える．葉身は地表と平行して展開し，年とともに黒色となる．根茎は短くはうか斜上し，硬い暗褐色で針状の多細胞毛でおおわれる．葉柄は長さ 5〜12 cm で基部には根茎と同じ光沢のある毛をまばらにつける．一方，羽軸や中軸の毛は短く 1〜3 細胞で腺毛状である．葉柄とほぼ同長かやや長い葉身は卵形で 2〜3 回羽状で，乾くと内側に曲がる．葉柄，中軸とも翼をもたない．胞子嚢群は羽片の基部近くにつき，包膜は円筒状で狭い翼をもち，開口部は二弁状となり，その頂縁はきょ歯状である．胞子嚢床の中軸は棒状に長く突出し，成熟した胞子嚢はほぼ直角に下方へ曲がる．〔日本名〕鬼洞苔．〔漢名〕線片長筒蕨．

4534. ソテツホラゴケ 〔コケシノブ科〕

Cephalomanes javanicum (Blume) Bosch var. ***asplenioides*** (C.Chr.) K.Iwats.（*C. oblongifolium* C.Presl）

アジアの熱帯が分布の中心で，ソロモン群島，アンボイナ島，ボルネオ，フィリピン，台湾などにあり，北限が沖縄県である．山地林床，ことに渓流近くの湿った地上に生える．常緑性多年草．根茎は直立ないしは斜上し，長い太い根を多数もつ．葉は束生し，葉柄は長さ 5〜8 cm で暗褐色の多細胞毛でおおわれる．葉身は単羽状披針形で，大きなものは長さ 25 cm 以上になる．羽片は中央部のものが最大で，基部と先端に向かって小形となる．羽片は鈍頭で，ふちは鈍きょ歯状である．脈は斜上して 1〜2 回分岐する．胞子嚢群は葉身の上部の羽片にのみ生じる．包膜はコップ状で切形．棒状の胞子嚢床の中軸は長くのび突出する．*C. laciniatum* (Roxb.) DeVol や *Trichomanes asplenioides* C.Presl の学名を使う学者もある．マレーシアではこのシダの葉をニンニクやタマネギと混ぜて乾燥させたものを煙草のように吸飲して頭痛を治したという．〔日本名〕蘇鉄洞苔はその姿が小形のソテツを連想させるからであろう．〔漢名〕菲律賓厚葉蕨．タイプ産地がフィリピンであることに因む．

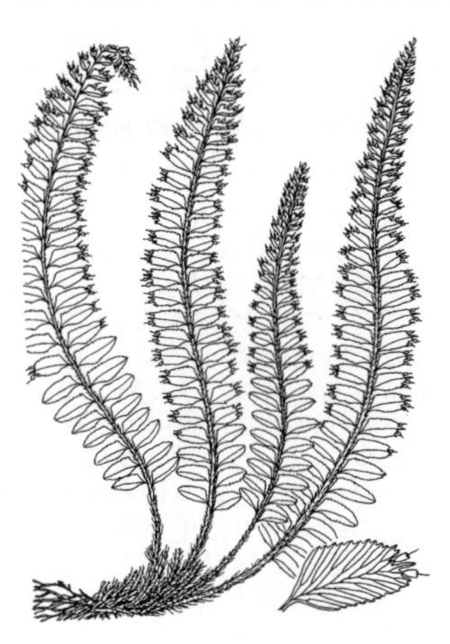

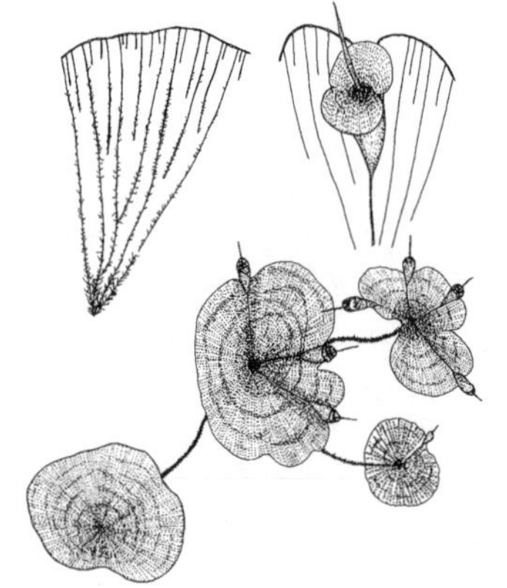

4535. ゼニゴケシダ 〔コケシノブ科〕

Didymoglossum tahitense (Nadeaud) Ebihara et K.Iwats.（*Trichomanes tahitense* Nadeaud；*Microgonium tahitense* (Nadeaud) Tindale）

日本では奄美諸島，小笠原諸島および石垣島以南にのみみられる珍しいシダであるが，東南アジア，ミクロネシア，ポリネシアなどの旧世界の熱帯に広く分布し，オーストラリアにも産する．常緑性でたいへん小形の着生種．森林内の渓流に近い岩上や樹幹に生える．根茎は線状で長くはい，褐色の毛でおおわれる．根はない．葉はほぼ円形で，直径は 10〜15 mm ほどだが，まれに 25 mm に達するものもある．無柄の楯形で全縁だが，大きな葉は不規則に波打ち，所々で裂ける．葉のほぼ中央で根茎に付着するため蓮の葉状に凹む．主脈は中央から放射状に出てふち近くまで達する．短い偽脈が主脈の間に散在する．葉の下面には脈に沿って多数の暗褐色の毛がある．胞子嚢群は葉縁に数個つき，包膜は円筒状だが，開口部が広がっているので二弁状のようにも見える．アオホラゴケ属に近縁のものと考えられる．〔日本名〕銭苔羊歯．葉が苔類のゼニゴケを想わせるからであろう．〔漢名〕楯形単葉仮脈蕨．

4536. ハイホラゴケ（コガネシノブ） 〔コケシノブ科〕

Vandenboschia kalamocarpa (Hayata) Ebihara

本州以南の暖帯の山地の樹林下，湿った岩上等に群生する小形の常緑多年生草本．根茎は長く横にはい，細いひも状で黒褐色の細毛を密生しひげ根を生ずる．葉はまばらに根茎から出て長い柄を持ち，葉の中軸とともに葉柄の両側には著しい翼があり，この翼は縮れていることが多い．葉身は葉柄より長く，長さ 5〜10 cm，卵状披針形，3〜4 回羽状に分裂し，葉質はすかしてみると光が見えるくらいにうすく，生時には多少黄緑色〜緑色であるが乾くと褐緑色となり，さらに黒ずんでくる．羽片は互生して卵形または長卵形，小羽片も互生してくさび状の卵形，裂片は線状長楕円形，全縁，先端は鈍形．胞子嚢群は裂片の末端につく．包膜は円筒形で，口縁部は少し広がり（附図右），下半部は葉肉内に埋まっており，その側面には葉の組織が翼状についている．胞子嚢床の中軸は細い糸状で長く突出し，包膜の筒部の 3 倍にもなることがある．〔日本名〕匐い洞苔．この類は，岩の洞穴内等に生ずると共に，胞子嚢群の包膜が空洞状であるのでホラゴケと総称し，その中で特に本種の根茎が太くはっているので，ハイホラゴケの名がついた．コガネシノブは黄緑色の個体があるのを強調した名であってシノブ状の感じがあるからであろう．この仲間は世界の熱帯〜亜熱帯に広く分布し，かつては *V. radicans* (Sw.) Copel. の名で呼ばれていたが，遺伝子解析の結果によって少数の 2 倍体種とその間の複雑な交雑によって生じた雑種起源の種からなる複合体であることがわかった．ここに図示したものはその中で日本で最も広く見られる型で 2 倍体と 3 倍体があるが，日本にはほかにもヒメハイホラゴケ *V. nipponica* (Nakai) Ebihara，オオハイホラゴケ *V. striata* (D.Don) Ebihara が基本的な 2 倍体種として知られる．

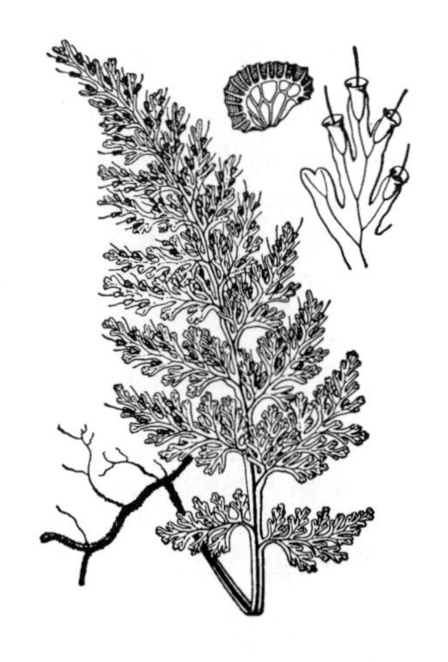

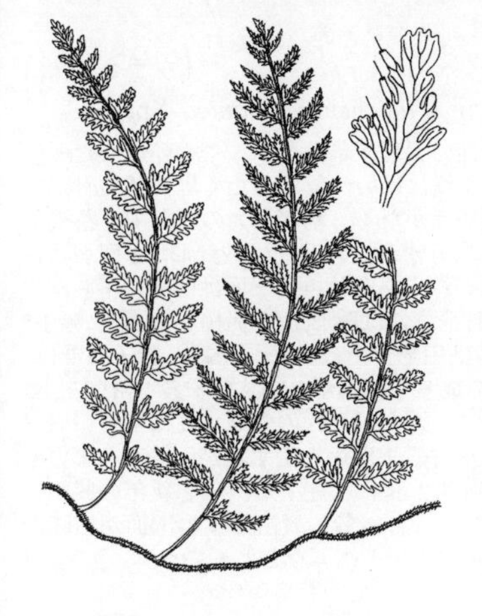

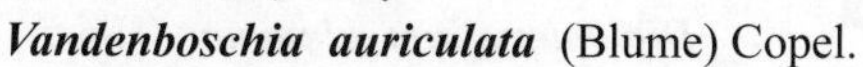

4537. ツルホラゴケ　〔コケシノブ科〕

Vandenboschia auriculata (Blume) Copel.

（*Crepidomanes auriculatum* (Blume) K.Iwats.）

本州にはごくまれで，伊豆，紀伊，中国地方西部に知られる．伊豆七島では新島，神津島に知られ，四国，九州から琉球列島へと南下するにつれよくみられるようになる．国外では台湾，中国南部，フィリピン，インドネシア，マレーシア，タイ，ミクロネシアなどに分布している．常緑性で，湿った岩上や樹幹に高くはいのぼる．乾くと葉は黒褐色に変わる．長くはう根茎は暗褐色の多細胞毛を密生するが，根はない．太さは 1.5～2 mm．茎はややまばらに生じ，無柄ないしは 4 mm ほどの柄をもつ．葉身は披針形で長さ 10～40 cm，幅 2～3 cm の単羽状であるが，胞子嚢群をつける葉は 2 回羽状に深裂する．葉脈は 2 叉分岐し，偽脈は形成されない．胞子嚢群は羽片の辺縁部に突出し，包膜は筒状で基部には葉の組織が翼状についている．上辺は切形．胞子嚢床の中軸は棒状に長くのび包膜より外へ突出している．〔日本名〕蔓洞苔はツル状になるホラゴケの意味．コガネホラゴケとも呼ぶ．〔漢名〕瓶蕨．胞子嚢の形態に因んだ名である．

4538. シノブホラゴケ　〔コケシノブ科〕

Vandenboschia maxima (Blume) Copel.

（*Crepidomanes maximum* (Blume) K.Iwats.）

鹿児島県（屋久島）以南に分布し，台湾，中国南部，フィリピンを経て東南アジア全域でみられる．山地や丘陵地の暗い湿った林床の岩上に着生する．渓流沿いに多い．リュウキュウホラゴケによく似た常緑性の美しいシダ．径 2 mm ほどの根茎は長くはい，根とともに暗褐色の多細胞毛でおおわれる．葉は 1～2 cm ほどの間隔でつき，葉柄は円柱状で基部近くまで翼がある．長さ 6～15 cm．基部には根茎のそれと同質の毛がある．葉身はときに 40 cm に達し，4 回羽状複葉で，最終裂片はたいへん細い．葉身の幅は広く，ふつう三角状卵形である．胞子嚢群は裂片に頂生し，包膜は円筒状で開口部はときにわずかに二弁状となる．胞子嚢床は長く，中軸は突出する．〔日本名〕忍洞苔．シノブ（シノブ科）に似た葉形に由来する名称．セリバホラゴケとも呼ぶ．〔漢名〕大葉瓶蕨．

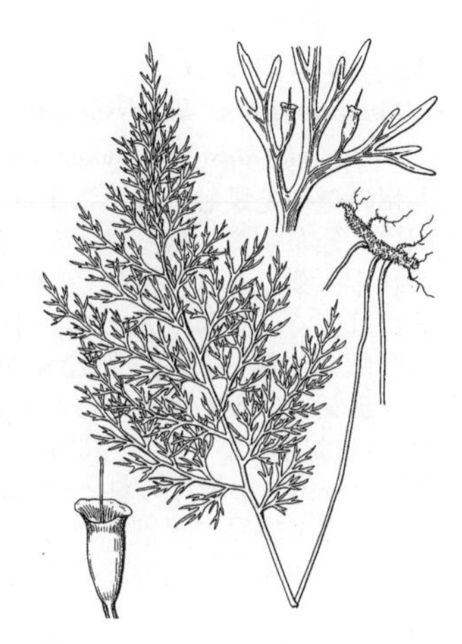

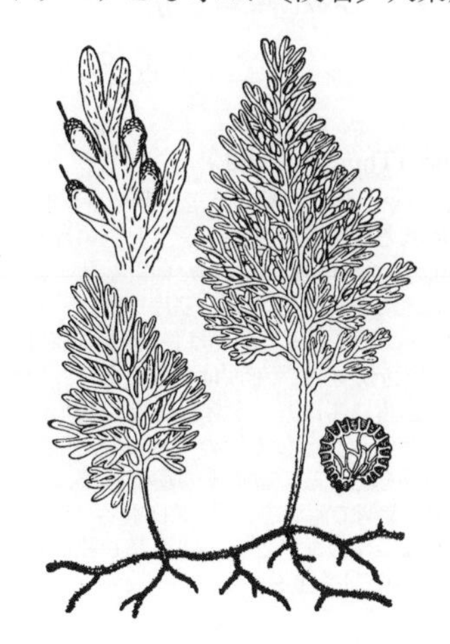

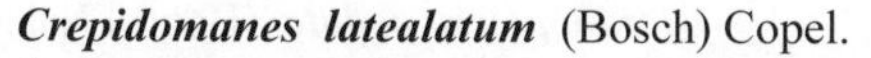

4539. アオホラゴケ　〔コケシノブ科〕

Crepidomanes latealatum (Bosch) Copel.

（*C. makinoi* (C.Chr.) Copel.; *C. insigne* (Bosch) Fu）

本州北部以南の山中樹林下の岩上やがけ等の湿った所に群生する常緑多年生草本．根茎は長く横にはい黒色の細毛を密生し，同じような黒毛の生えたひげ根を出す．葉は根茎からまばらに生じ，葉柄は葉身よりも短く，葉身の中軸から葉柄へかけてうすいがはっきりした両翼が出ていて，しわがよっていることもある．葉身は卵形～卵状長楕円形，長さ 3～5 cm，3 回羽状に深裂する．羽片は卵形，または卵状披針形で互生し，小羽片はくさび状の倒卵形，裂片は線形，全縁，先端は鈍形，葉質は薄く深緑色で乾いても変色しにくい．すかして見ると葉肉内に多数の短線形の偽脈が見られる．この点で他のコケシノブ科植物と区別できる．胞子嚢群は羽片の頂部以外の裂片の先端につき（附図左上），包膜は倒円錐形，入口は二弁状に裂け，裂片は三角状卵形．胞子嚢床の中軸は包膜よりも長く突き出ている．〔日本名〕青洞苔で，その葉が特に深緑色で，乾いても変色しないからである．

4540. ウチワゴケ　〔コケシノブ科〕

Crepidomanes minutum (Blume) K.Iwats.

（*Gonocormus minutus* (Blume) Bosch）

本州以南の山地の岩上，または樹上に群生して着生する小形の常緑多年生草本で，コケと間違い易い．根茎は糸状で長くはい，黒色の細毛を密生し，また，同じような細毛の生えたひげ根を生ずる．葉は小形，長さ 1～2 cm，根茎からまばらに出ている．葉柄は細い糸状で長さ 1 cm 内外，葉身も小形で円形，腎臓形または扇形，径 1 cm 内外，深緑色で膜質，不規則に扇形に深裂または鋭く裂け，裂片はさらに浅く裂ける．小裂片は線状，全縁で先端は鈍形，それぞれ 1 本の小脈がある．胞子嚢群は一段と低い小裂片の先にだけ生じ，1 葉に 1～数個．包膜は円筒状で口部が少しラッパ状に広がり（附図右下），胞子嚢床の中軸は棒状に長くのび，包膜のふちよりも外まで突出している．〔日本名〕団扇苔は葉が円形でうちわに似ており，その上小形で一見してコケのようであるからである．従来 *Trichomanes parvulum* Poir. の学名をあてていたが，この学名の植物は本種とはちがう別の植物であった．

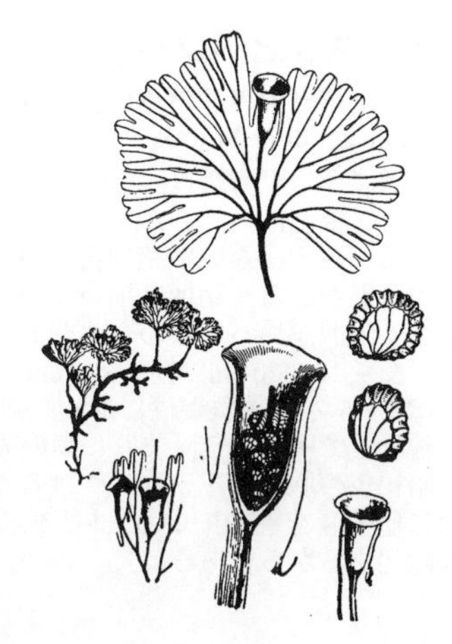

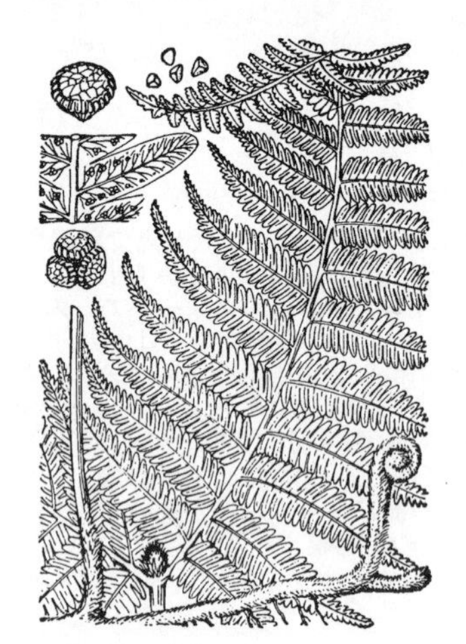

4541. ウラジロ 〔ウラジロ科〕

Diplopterygium glaucum (Houtt.) Nakai（*Gleichenia japonica* Spreng.）

福島以南，新潟以西の暖地の山中に生える常緑性の大形多年生草本．やや乾燥した所に大きな群落を作る．根茎は太い針金状で長く地中を横にはい，質はかたく黒褐色披針形で縁毛のある鱗片を密生し，葉をまばらに出す．葉柄はかたく，割ばし大の太さで，茶褐色で光沢がある．葉身は葉柄の上端で左右の 2 羽片に分かれ，各羽片は披針形，2 回羽状に深裂し，長さ 50〜100 cm，幅 20〜30 cm，上面はつやがある緑色．下面は白く，落ちやすい星状毛がある．葉質は洋紙質．小羽片は狭い披針形または線形．長さ 10〜15 cm，幅 1.5〜3 cm，羽状に深裂し，裂片は狭長楕円形，先端は円形または鈍形，全縁．胞子嚢群は，中脈とふちの中間に 1 列に並び，4 個の胞子嚢から成り，包膜がない．胞子嚢（附図左上）の環帯は横に 1 周しているのはこの科の特徴である．左右両羽片の分岐点には鱗片におおわれた芽があり毎年 1 回ずつこれが伸びて先端に左右の 2 羽片を生ずるが，発育のよいものでは年々くりかえして 4〜5 対の羽片をつけ，高さ 2 m にも達する．葉を新年の装飾に用い，また葉柄を箸，盆，かご等の製作に使用する．〔日本名〕裏白は葉の下面が白味が強いからである．地方名にはヤマクサ，ホナガ，モロムキ，ヘゴなどともいう．

4542. カネコシダ 〔ウラジロ科〕

Diplopterygium laevissimum (H.Christ) Nakai

（*Gleichenia kiusiana* Makino ; *G. laevissima* H.Christ）

九州のやや乾燥した林下にまれに産する常緑多年生草本．フィリピンや南中国にも分布する．根茎はかたい針金状で長く地表をはい，全縁の鱗片でおおわれる．葉はまばらに生じ，葉柄はかたく黄褐色で直立し高さ 50 cm 内外．上面には広く浅い溝があって，平たい．ウラジロに似て 1 対の羽片をもち，その分岐点に鱗片に包まれた芽があり，伸びて，さらに 1 対の羽片をつける．ウラジロによく似ているがそれよりもやせて小さく，葉の上面は黄緑色，また下面は白くなく，裂片は両側が基部まで深く裂けていて鋭頭，披針形，幅狭く 2 mm，小羽片の軸と約 60° に交わりウラジロのように直角に出ていない等の点で容易に区別できる．また胞子嚢群も中脈に近づいて生じる．〔日本名〕金子羊歯，最初の発見者金子保平氏を記念したもの．

4543. コ シ ダ 〔ウラジロ科〕

Dicranopteris pedata (Houtt.) Nakaike

（*D. linearis* (Burm.f.) Underw. ; *D. dichotoma* (Thunb.) Willd.）

福島以南，裏日本では新潟以西の暖地の陽当たりのよいやや乾いた所に生える常緑性多年草．根茎はかたい針金状で長く地表近くを横にはい，つやのある金褐色の細毛を密生し，鱗片がない．葉はまばらに立って，高さ 1 m 以上になる．葉柄は長さ 20〜60 cm，かたい針金状．紫褐色でつやがある．先端が 2 叉に分岐して，さらにその先端にそれぞれ 1 対の羽片をつけ，その分岐点にも 1 対の羽片をつけるから羽片は各葉に 6 枚あることになる．羽片は長楕円状披針形，長さ 15〜30 cm，幅 3〜7 cm，乾いた革質，上面は緑色で光沢があり，下面は白色である．羽状に深裂し，裂片は細長い線形，幅 3〜4 cm，ほぼ羽軸と直角に開出し，全縁．先端は鈍形．下面と葉柄上には赤褐色の細毛を生ずるが，鱗片がないことはシダとしてはめずらしい．中脈とふちの中間に 1 列に並んだ数個の胞子嚢から成る胞子嚢群を生じる．胞子嚢の環帯は横に 1 周する型である（附図左上は環帯の割れ口の方からみたもの）葉柄で籠等を作る．〔日本名〕小羊歯．ウラジロにくらべて小形であるからである．ウラジロとは鱗片のないこと．羽片が 6 枚あること（ウラジロは 2 枚），裂片は線形で幅の狭いこと等により区別される．

4544. スジヒトツバ 〔ヤブレガサウラボシ科〕

Cheiropleuria integrifolia (D.C.Eaton ex Hook.) M.Kato, Y.Yatabe, Sahashi et N.Murak.（*C. bicuspis* auct. non (Blume) C.Presl）

伊豆諸島，東海道以西の暖地の常緑樹林下の湿った日陰に群生する常緑性多年草本．根茎は太くてかたくしかももろく横にはい，金褐色の軟らかい毛を密生するが鱗片はない．葉は密に並んで立ち，高さ 30〜60 cm，栄養葉と胞子葉との区別がある．葉柄は細いがかたい針金状で葉身よりもはるかに長い．鱗毛はなく光沢があってなめらかである．栄養葉身は単葉，披針形から広卵状楕円形，長さ 10〜20 cm，幅 3〜10 cm，上面は光沢のない乾いた革質で多少もろい．ほぼ 3〜5 本の主脈が縦に走り，細脈は網目状に結合して下面に軽く隆起する．全体として灰暗緑色，まれに葉の先が 2 叉する．胞子葉の葉身は広線形で下面に暗褐色の胞子嚢を一面につける．胞子嚢の間には毛が混じる．環帯はやや斜めに胞子嚢を巻いている．〔日本名〕筋一つ葉で，ヒトツバに似て脈が筋ばって隆起するからである．

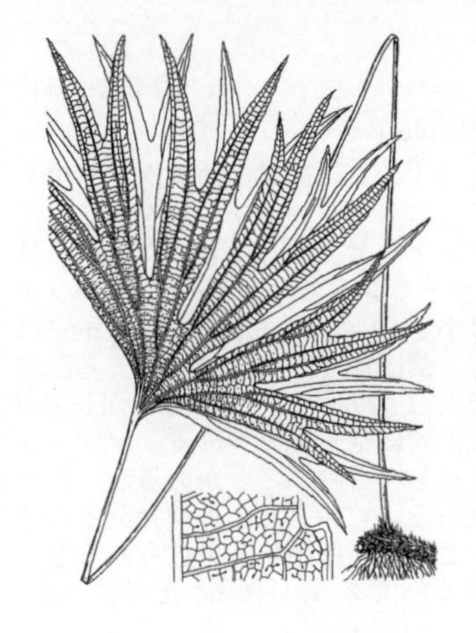

4545. ヤブレガサウラボシ 〔ヤブレガサウラボシ科〕

Dipteris conjugata Reinw.

西表島，石垣島以南の熱帯の明るい低湿地に群生する常緑の多年草．根茎は木質で太く，径 1 cm ほど，二叉に分かれながら長くはってまばらに葉を出す．根茎には黒褐色で針状の鱗片を密生する．葉柄は長く，45〜150 cm，円く，褐色で硬く，表面は平滑で無毛．葉身は革質，葉柄の先に扇形に広がり，径 30〜90 cm，まず大きく 2 裂，さらに掌状に深裂し，各深裂片は浅裂し，鋭尖頭，きょ歯縁．上面は光沢のある黄緑色で，下面は白色を帯び，褐色の細かい毛が多い．主脈ははっきりとした 2 叉分岐をし，葉の下面では盛り上がる．細脈は主脈間を結びながら細かい網目をつくり，その中に遊離脈がある．遊離脈は分岐することもしないこともある．胞子嚢群は黄色の小さい点状で主脈付近に多く，不規則に散在する．包膜はなく，胞子嚢群中に先のふくらんだ側糸が混じる．〔日本名〕破傘裏星．葉がキク科のヤブレガサに似ているが，裏に星のように胞子嚢群がつくため．

4546. カニクサ（ツルシノブ，シャミセンヅル） 〔カニクサ科〕

Lygodium japonicum (Thunb.) Sw.

関東以西の山野に普通に見られるつる状の多年生草本．九州南部では常緑性となるがふつう地上部は冬枯れる．根茎は地下に横走し，径 2〜3 mm，葉柄の基部とともに黒褐色または栗色の細い鱗片でおおわれ一見して黒色でつやがある．つる状の地上部は実は全部が葉であって，長く，他物にまとわりついて長さ数 m に達するものもある．葉柄はつやのある針金状，質はかたく，羽片を互生する．羽片は薄い洋紙質で短い柄を持ちまず 2 分して後は三出状に 2〜3 回羽片に分裂し，頂裂片は長く伸び，鈍頭．ふちには小さいきょ歯がある．下部の羽片は栄養葉で，上部の羽片ではそのふちに胞子嚢群をつける．胞子嚢群を特に多くつける羽片では，しばしばさらに小形に羽状に分裂することがある．裂片の両面ともに脈上にはまばらに粗い毛がある．胞子嚢にはそれぞれ 1 枚の包膜があるが，包膜のふちには不規則な凹凸がある．胞子嚢は楕円体のラクビーボール形で，一端にだけ放射状に細胞の並んだ環帯があるのは本種の特徴である．昔から胞子を集めて薬用とする．〔日本名〕蟹草は子供がこのつるで蟹（カニ）を釣ることがあるためであり，ツルシノブは，葉がシノブの葉に似ており，しかもつる性であるためである．〔漢名〕海金沙．

4547. イリオモテシャミセンヅル 〔カニクサ科〕

Lygodium microphyllum (Cav.) R.Br.

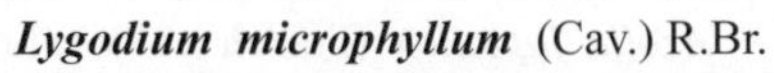

日本では沖縄県石垣島以南でしかみられないが，世界的にみればその分布はたいへん広く，台湾・中国南部から東南アジア全域，ミクロネシア，オーストラリア，ニューカレドニア，熱帯アフリカなどに産する．ふつう日当たりの良い丘陵地に生えるが，シンガポールなどでは市街地の道ばたでもみられる．常緑の多年草で，ほかの植物に巻きつきよじ登るツル性のシダ．基本的にはカニクサと同じ体制であるが，小羽片は単葉．胞子嚢群をつけない小羽片は全縁だが，つけている場合はふちがきょ歯状に突出した裂片となる．胞子嚢はこの裂片に 2 列に並び，薄い包膜でそれぞれが包まれている．対生する 2 次羽片は 4〜10 cm，小羽片は長さ 2〜3 cm である．大きく育った葉は長さ 7 m に達することもある．タイの南部では近縁種のヤナギバカニクサ *L. salicifolium* C.Presl の長い中軸を利用して籠を編む．また胞子はカニクサと同じように利尿剤などに使われる．南アフリカでは葉のしぼり汁をしゃっくりを止めるために飲むという．〔日本名〕西表三味線蔓で，西表島に産するシャミセンヅル（カニクサの別名）の意味．〔漢名〕小葉海金沙．

4548. フサシダ 〔フサシダ科〕

Schizaea digitata (L.) Sw.

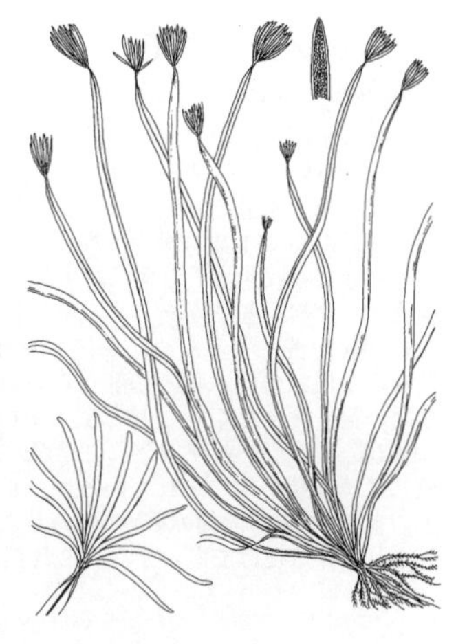

日本では小笠原諸島の父島，兄島，母島と向島だけにみられるが，旧世界の熱帯に広く分布している．中国の広東の雷州半島と海南島，台湾，フィリピンから東南アジア全域，インド，スリランカ，マダガスカル島などから報告されている．小笠原諸島では山地の中腹，尾根などの比較的乾燥した林床に生え，スゲ類，ムニンエダウチホングウシダ（4569 図；小笠原諸島固有種）などと混生している．常緑性．横走する短い根茎から 15〜30 枚ほどの細長い単葉が束生する．長さ 30〜40 cm，幅約 5 mm．基部は次第に細くなり黒褐色を帯び，三角柱状となる．下面の中肋部は盛り上がりその左右に白い点線が長く走る．実葉は先端部が 10 数裂し，それぞれの裂片の下面にほぼ 4 列に胞子嚢が密生する．胞子嚢群をつけた裂片は 1.5〜2.5 cm で，初めは緑色だが次第に褐変する．中国では全草を下熱剤として薬用する．〔日本名〕房羊歯は胞子葉の先端が房状に見えることによる．〔漢名〕莎草蕨．莎草はスゲ類の総称で，このシダの葉がスゲに似ていることを意味する．

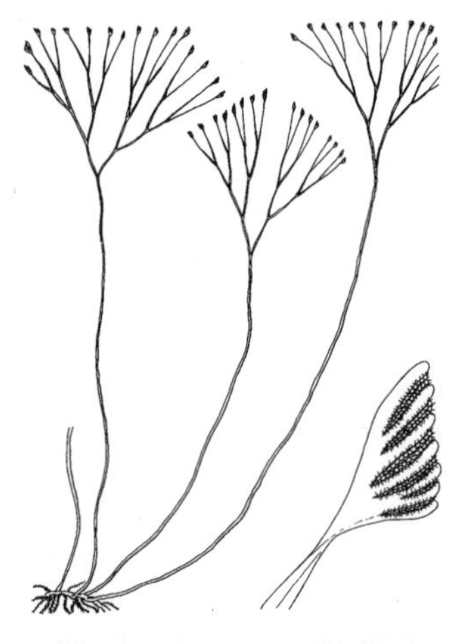

4549. カンザシワラビ 〔フサシダ科〕

Schizaea dichotoma (L.) Sm.（*S. biroi* Richter）

日本では鹿児島県の沖永良部島と沖縄県に産する．台湾以南の東南アジアを中心に分布し，ミクロネシア，ニューギニア，ニュージーランドにもある．沖縄では山地林下にまれに見られるが，マレーシアなどではしばしばゴム園の林床にフサシダとともに出現する．またニュージーランドではナギモドキ(カウァリ）の大木の根元に生える．常緑性．根茎は小さく，ふつう地表より 5 mm ほどの土中を横走し，直立する 1 本の葉を出す．葉は長さ 30 cm に達し，基部には褐色の毛がある．長い葉柄の上部で 3 回ほど 2 叉分岐し，その先端が長さ 2〜6 mm の多数の裂片に分かれ，それぞれに 2 列に胞子嚢をつける．マレーシアではこのシダを“アカー・レパス・バーサリン”と呼ぶことがあるが，これは「産後のための根」の意味で，産後の肥立ちをよくするための強壮薬として利用されたためである．また強精作用があると信じて服用する男性もあるという．〔日本名〕簪蕨は葉の外形が簪に似ているからである．〔漢名〕分岐莎草蕨．

4550. デンジソウ（タノジモ，カタバミモ） 〔デンジソウ科〕

Marsilea quadrifolia L.

本州四国九州に広く分布し，主に暖地の水田，池沼等の泥地に生える落葉性多年生草本．根茎は針金状でやわらかく，長く泥の中を横にはい，不規則に分枝し，淡褐色の毛がある．間隔をおいて葉がまばらに出る．葉は春になって出て，長さ 7〜20 cm の細長い葉柄をもち，水上に出て，または水の乾いた時には全草が空気中に立つことがある．葉身は葉柄の頂にあって平らに開き，無毛で洋紙質．外観は円形，無柄の 4 小葉が 2 対ずつ並ぶが，接近しているので十字形に見える．小葉は扇形で全縁，前側のふちは扁円形，両側は広いくさび形．扇状に射出する細かい網状脈をもち，葉の下面は淡褐色で線形の鱗片がある．夏から秋にかけて葉柄の基部に 1 本の小枝を分出し，小枝は 2〜3 の柄に分岐し，頂端に夫々 1 個の楕円体の胞子嚢果をつけ，その内部に多数の大小の二型の胞子嚢を生ずる．従って雌雄同株ということになる．〔日本名〕田字草．十字形に並んだ 4 枚の小葉を漢字の田の字に見立てたもの．カタバミモは葉をカタバミの葉になぞらえたもの．タノジモは田の字藻という意味である．〔漢名〕蘋．

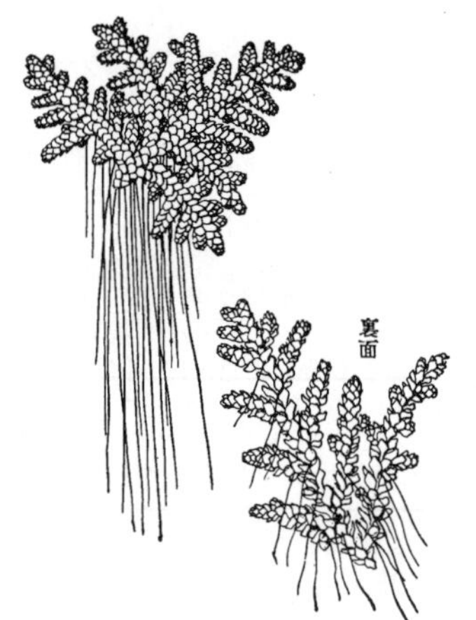

4551. オオアカウキクサ 〔サンショウモ科〕

Azolla japonica (Franch. et Sav.) Franch. et Sav. ex Nakai

東日本に多い水草．水田，池沼，溝等の汚い水の上に浮かんで生活する常緑性多年生草本．繁殖力は旺盛ですぐに水面をおおいつくし，一面に紅色になるが，冬には先端部だけがかろうじて残って越冬する．全長 1.5〜7 cm，茎は密に羽状に分枝して全体が三角形，または長三角形になる．葉は細かい鱗片状で，主軸および小枝に互生して多数のものが密生し，瓦をしきつめたようであり，ちょうどサワラの葉のようである．上面は緑紅色，または鮮緑色，低い粒状突起が一面にあり，ふちはうすくて紅色を帯びる．茎の先端の若い葉では特に紅色度が強い．下面は淡緑色．茎の下側からは多数の水生根を出し，水中に垂れ下がりひげのようである．この根には根毛がない．下面の葉の間に小粒状の胞子嚢がつき，白色でやや紅色を帯びる．関西地方に多く見られるものは全体が小形で長さ 1〜1.5 cm，葉の上面には著しい粒状突起があり，冬には紅色度が強く，根には長い根毛があるアカウキクサ *A. imbricata* (Roxb. ex Griff.) Nakai である．〔日本名〕大赤浮草という意味．〔漢名〕満江紅（本属植物一般に対する名だが，特にアカウキクサをさす）．

4552. サンショウモ 〔サンショウモ科〕

Salvinia natans (L.) All.

至る所の水田，池沼，溝等の水面に浮かんで生活する水生の一年生草本．しばしば水面をおおうくらいに群生する．全長 7〜10 cm，多少分枝する．葉は密生し 3 輪生する．上側の 2 葉は浮葉となり水面に浮かび，中脈と網状脈をもち，上面には特殊な突起や毛などがある．下側につく 1 葉は細かく裂けて沈水葉となり，細毛をつけて水中に垂れ下がり，水中から養分を吸収する．浮葉は対生して開出し，茎軸の両側に羽状に並び，長さ 1〜1.5 cm の楕円形，全縁，短柄がある．基部は円形またはやや心臓形，上面は黄緑色，短毛のある多数の突起が密生するためいかにも厚ぼったく見える．下面は淡緑色，短毛を密にしく．秋になると根状の沈水葉の基部から短い小枝を分岐し，小球状の胞子嚢果をつけ，中に大小 2 種の胞子嚢をたくさんつける．胞子嚢果の表面には軟らかい毛がびっしりある．〔日本名〕山椒藻，葉の形と並び方を水に浮かんだサンショウの複葉に見立てたものである．〔漢名〕一般には槐葉蘋が用いられているが，正規にこの名があるわけではなく，埤雅という中国の古い書物（北宋の陸佃の著）の蘋のところをみると「槐（エンジュ）の葉に似て連生し云々」と書かれているだけであるから，これだけで本種と断定することはあぶないであろう．

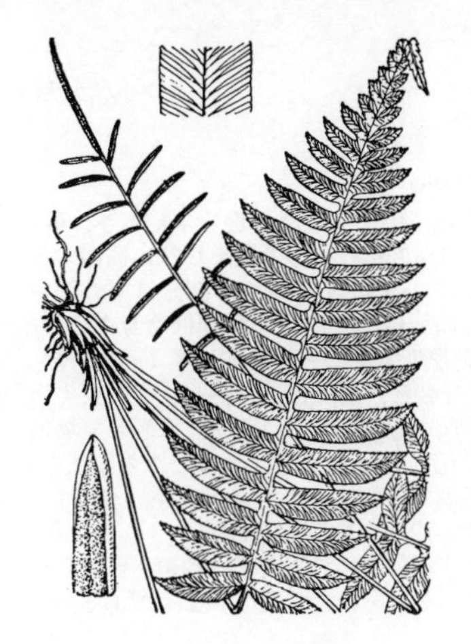

4553. タカサゴキジノオ　〔キジノオシダ科〕

Plagiogyria adnata Bedd.（*P. rankanensis* Hayata）

伊豆半島以西の暖地の樹林下の湿った所に生える常緑多年生草本．根茎は短く塊状となり鱗片をもたない．葉は根茎から束生して開出し，栄養葉と胞子葉の区別がある．栄養葉は長さ40〜60 cm，1回羽状に分裂し，葉柄はかたく，縦に溝が走り，基部ではやや三角形，背面に腺点があり，若い時には粘液を出す．上部では中軸とともに，背面（上面）が扁平になる，長さ5〜20 cm，葉身は緑色，時によごれた黄緑色となりかたい革質，広披針形，または卵状披針形．上部の羽片は次第に短くなる．羽片は開出し，線状披針形．やや鎌形，先端鋭形または鋭尖形，基部は無柄で中軸にそって流れるので中軸の両側には翼ができている．羽片の上半部にはきょ歯がある．葉脈は斜めに平行して開出し，叉状に分枝する．胞子葉は後から出て栄養葉よりも高く1 mにも達し，長柄（50 cmに達する）を持ち，中軸には翼がなく，その質はもろく，細い羽片をまばらにつける．羽片は裏側に反り返り，胞子嚢群を包み，包膜状となる．胞子嚢の環帯が斜めに巻くのは科の特徴である．キジノオシダ *P. japonica* Nakai は本種に似ているが，羽片の基部がよりくびれ，葉の先端は急に不連続に長い尾状になる．本州以南に分布し，タカサゴキジノオよりもやや北地に多い．日本名は端正な葉の形をキジの尾にたとえたもの．

4554. オオキジノオ　〔キジノオシダ科〕

Plagiogyria euphlebia (Kunze) Mett.

宮城県以西の暖地の山中の樹林下の湿気の多い所に生える多年生常緑草本．根茎は太く短く斜上して頂から葉を束生する．葉には胞子葉と栄養葉の2形がある．栄養葉は高さ30〜50 cm．葉柄は暗緑色，鱗片も毛もなくかたくて丈夫で，その基部は急に広がって，横断面では三角形となり腺があって粘液を分泌する．葉身は葉柄よりも長く，長楕円状披針形，1回羽状複葉で，先端は頂羽片に終わる．羽片は線状披針形長さ5〜10 cm，中軸の左右に開出し，先端は尾状に長くとがる，基部は鋭形またはくさび形，上部の羽片は羽軸の下側が中軸に流れて合着し柄がないが，下部のものでは短柄がある．やや革質でふちには微きょ歯があり，特に先端でははっきりしたきょ歯を持つ．全体に暗緑色，無毛で多少光沢がある．胞子葉は栄養葉よりも高く直立し60〜80 cm，葉身は1回羽状複葉，羽片は互にへだたって左右に開出し，線形，厚質，先端も基部も円形で全縁，はっきりした短柄をもつ．ふちが裏側に巻き込んで包膜状となり胞子嚢群をおおう．胞子嚢が熟すると，これがやぶれて胞子嚢は露出し，羽片の下側は一面に茶褐色となる．環帯は斜めに胞子嚢を巻くのは科の特徴．葉脈は羽軸から分岐して，斜上し平行して走り葉のふちに達する．キジノオシダとは羽片の基部が中軸に流れて翼を作るようなことがないこと，少なくとも下部羽片には短柄があること等により区別できる．

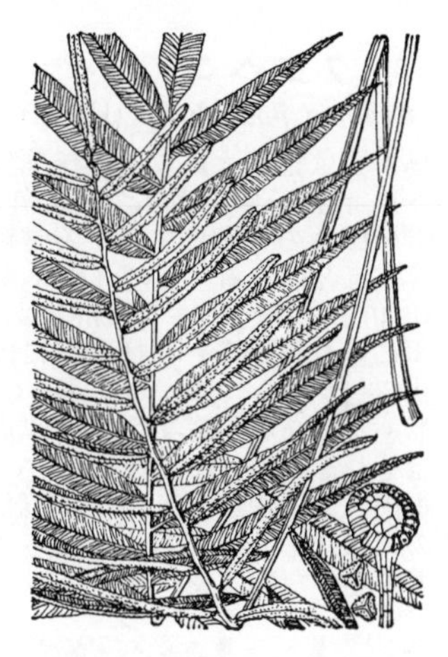

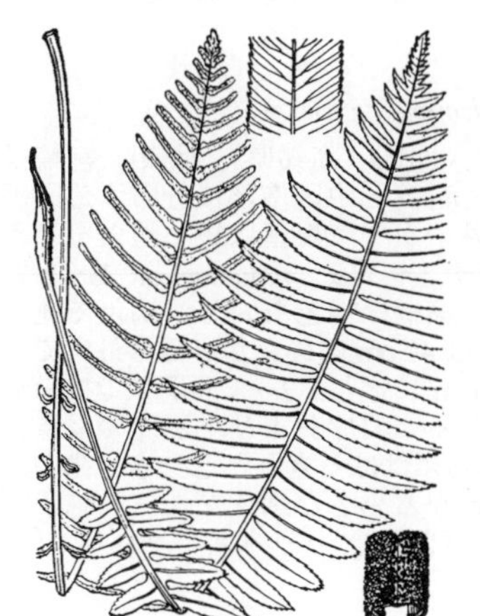

4555. ヤマソテツ　〔キジノオシダ科〕

Plagiogyria matsumurana Makino

ブナ帯以上の深山の樹林下に生える多年生草本で葉は冬に枯れる．根茎は大きな塊状，短く斜上して，枯れた葉柄でおおわれる．葉は束生して，四方に開出し，葉柄は長さ10〜20 cm，3〜4本の隆起線（稜）が走り，基部は幅広くなり，横断面は三角形，腺点をもち粘液を分泌する．栄養葉と胞子葉との別があり，栄養葉は長さ40〜50 cm，広い倒披針形，草質，1回羽状に分裂している．羽片は多数で密に直角に開出し，広線形，先端は鋭尖形，上半部は鋭いきょ歯がある．基部は少し広がり，中軸に沿着する．上部の羽片は次第に小形となるが，下部の羽片も少し短くなる．胞子葉は後から出て栄養葉よりも高く立ち，1回羽状に，羽片をまばらにつける．羽片は基部が少しふくらんでいる線形で裏側に反り返って胞子嚢群を包む．若葉は食べられる．〔日本名〕山蘇鉄．葉の形状がソテツの葉に似るからである．またホソバキジノオ，チリメンカンジュの名もある．キジノオシダとは羽片の数が多く草質であり，下部のものが小さくなる点で区別できる．

4556. タカワラビ（ヒツジシダ）　〔タカワラビ科〕

Cibotium barometz (L.) J.Sm.

鹿児島県沖永良部島以南．琉球列島から台湾，中国南部を経てフィリピン，インドネシア，マレーシア，ビルマ，インドにわたり広く分布している．山地の林縁や日当たりのよい沢沿いに群生する．東南アジアなどでは，二次林の遷移の初期段階に出現する．大形の木生シダなのだが，幹が立ち上がらず地表近くをはっているため，林中ではヘゴほどには目立たない．葉柄，葉軸とも若いうちは緑色だがしだいに紫色を帯びる．葉柄は両側に通気孔をもち，その基部には光沢のある黄褐色の長い毛（1.0〜1.5 cm）が密生する．葉身は2 m以上になり3回羽状で下面は白色を帯びる．羽片は葉身の中央部のものが最長で80 cmに達し，最下のものはやや短い．小羽片にはわずかにきょ歯がある．胞子嚢群は小羽片のふちに1〜5対生じ，淡褐色で硬い2弁の包膜をもつ．種形容語の *barometz* は14世紀にヨーロッパに伝わった「羊のなる木」（スキタイの羊，バロメッツ，タルタロスなどの名で呼ばれた）の伝説に因んでリンネが命名した．茶色の毛でおおわれた根茎が羊を連想させたからである．中国では古くから薬用とし，根茎の毛をもんで傷口につけ止血剤とした．若芽を食用とすることもある．〔漢名〕金毛狗，金狗毛蕨．

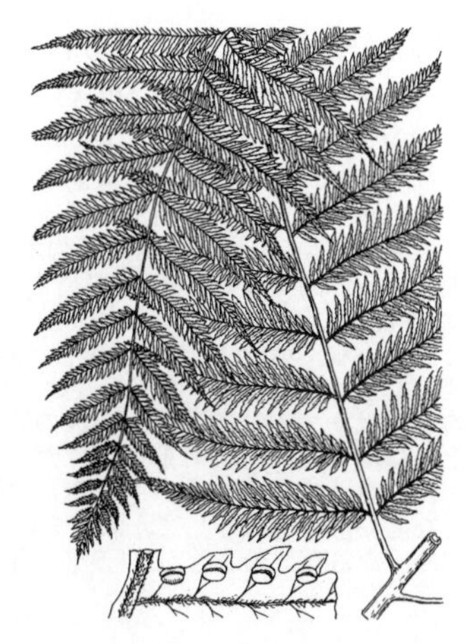

4557. ヘ　ゴ　〔ヘゴ科〕

Cyathea spinulosa Wall. ex Hook.

（*Alsophila spinulosa* (Wall. ex Hook.) R.Tryon）

八丈島，小笠原，紀伊半島南部，四国，九州，琉球に生える亜熱帯性の常緑木本．幹の高さ 3〜8 m，径 10〜30 cm に達し，その頂端に長さ 1〜2 m の大形の葉を傘状に開出する．幹の表面は黒褐色の網目状に連絡した気根が厚くおおっていて維管束の部分は案外細い．葉はうすい革質，緑色で多少とも光沢があり，葉脈の所はやや凹む．葉柄は葉身よりもはるかに短く，紫褐色で光沢があり，著しい黒色の刺を密生する．その基部は径 4 cm に達し，暗褐色のややかたい鱗片がある．葉身は 2 回羽状に分裂し，羽片は長楕円形，先は鋭尖形，長さ 30〜50 cm，幅 15〜20 cm，小羽片は線状披針形，先は鋭尖形，羽状に深裂して無柄．羽軸と小羽片の中脈は表面に毛を密生する．裂片は幅約 3 mm で先は鋭形，ふちにはきょ歯があり，裂片と小羽片の中脈の下面には淡褐色膜質の小形の鱗片がある．胞子嚢群は裂片の中脈の近くに，それに沿って両側に並び，うすい膜質の球状の包膜があり，胞子嚢が熟すると不規則に裂けて落ちる．幹は着生植物をつける台として園芸家に利用される．〔日本名〕ヘゴの語原は不明であるが本来は西南日本でシダ類を総称した名のようである．

4558. クロヘゴ（オニヘゴ）　〔ヘゴ科〕

Cyathea podophylla (Hook.) Copel.（*Alsophila podophylla* Hook.）

日本では奄美大島以南の琉球列島に産する（東京都の八丈島にもあるという）．台湾・中国南部から東南アジアにかけて分布している．亜熱帯から熱帯の山地の林床に生育する常緑性の小形の木性シダ．直立する茎は人間の背丈ほどになる．茎の直径は 8 cm 前後．葉柄は紫黒色で光沢があり，長さ約 40 cm，直径 1〜1.5 cm である．宿存性で古くなって枯れたものは落葉せずに垂れ下がる．葉柄基部には光沢のある暗褐色で狭披針形の鱗片といぼ状突起がある．鱗片の質は硬く，辺縁部を構成する細胞と中央部のそれとは形態が異なる．葉身は 2 回羽状で長さ約 1.5 m になり，羽片と小羽片の長さはそれぞれ約 60 cm と 10 cm である．小羽片には短柄があり，辺縁はふつう細円きょ歯状となる．胞子嚢群は小羽片の裏面全体に散在し，包膜を欠く．このため 1 枚の小羽片だけをみるとイワヘゴ類の葉を想起させる．展開前の若い巻いた葉は長い褐色毛をつける．〔漢名〕黒桫欏，鬼桫欏．

4559. クサマルハチ　〔ヘゴ科〕

Cyathea hancockii Copel.（*Alsophila denticulata* Baker）

紀伊半島（三重県南部と和歌山県南部），四国（高知県），九州（宮崎県南部と鹿児島県南部）から琉球列島を経て台湾と中国南部に分布する．平地から低山地の林床にまれに生ずる常緑性のシダ．根茎は短く地表をはうが，これは東南アジアに産するモルッカーナ・ヘゴ *C. moluccana* R. Br. とともにヘゴ属の中では例外的な性質である．葉柄は褐色ないし紫褐色で光沢があり，上部ほどざらざらしている．長さは 40 cm 前後だが直径は最大でも 1 cm 程度である．葉身は大きなものでは 1 m に達し，2〜3 回羽状で披針形である．最下羽片はやや短くなることがある．羽片および小羽片の長さはそれぞれ約 15 cm と 7 cm ほどである．ふちにははっきりとしたきょ歯がある．小羽軸の裏面には先端が黒色のとげとなる小さな鱗片がある．胞子嚢群は裂片のふちと中肋の中間部に生じ，包膜を欠く．〔日本名〕草丸八．〔漢名〕韓氏桫欏．

4560. モリヘゴ（ヒカゲヘゴ）　〔ヘゴ科〕

Cyathea lepifera (J.Sm. ex Hook.) Copel.

（*Sphaeropteris lepifera* (J.Sm. ex Hook.) R.Tryon）

奄美大島以南（屋久島にもあるという）に産し，台湾，中国南部とフィリピンにも分布する．ふつう山地の渓流沿いの湿度の高い斜面に生えるが，ときには乾いた場所でもみられる．常緑性の木生シダ．ヘゴによく似ているが，茎はより太く，丈もずっと高くなる．10 m に達するものもあり，美しい樹冠をつくる．茎の直径は 15 cm 以上になる．茎に残る葉の落ちた跡（葉跡）は楕円形でマルハチのそれと似ている．葉は 2〜4 m に達し，3 回羽状．羽片は長さ 50〜100 cm．小羽片は全裂して小羽軸に達し，鋭尖形ないし尾状で柄がなく，長さ 8〜15 cm 程度．葉柄上のとげはあまり発達せず，基部の鱗片はほぼ線形で白色である．葉の裏側の羽軸上には卵形ないし披針形の鱗片がつく．鱗片はほぼ同形の細胞から構成され，ふちには針状突起がつく．胞子嚢群は円形で，包膜を欠く．幹は花筒，灰皿，筆立てなどに加工される．また新芽をゆがいたりして食べる．〔日本名〕森桫欏は，丈が高くなるヘゴのことか．〔漢名〕筆筒樹はこれより筆筒を作るため．

4561. マルハチ 〔ヘゴ科〕

Cyathea mertensiana (Kunze) Copel.

(*Alsophila mertensiana* Kunze ; *Sphaeropteris mertensiana* (Kunze) R.Tryon)

小笠原諸島の特産種．大形の常緑木本．開けた山の斜面に傘を広げたように立って群生する．高さ約 5 m．葉柄は基部に関節があり，落葉後には幹に葉痕がはっきりと残り，その形ははじめは角ばるが後には円形のわくの中に葉柄の維管束の跡が八の字を逆にしたように配列する．葉は幹の頂に開出して束生し，長さ 1〜2 m，2 回羽状複葉．葉柄は太く，淡褐色．かたい腺状突起をまばらにつける．葉身はやや革質，深緑色，羽片は 10 数対で長楕円状披針形，長さは 30〜50 cm，小羽片は広線形，先端は鋭尖形，羽状に深裂し，裂片はゆがんだ楕円形，下面はやや白く，中脈上に広卵形，白色の細かい鱗片をつける．ふちと中脈の中間に胞子嚢群が並び，側脈の分岐点上に生ずるが，包膜はない．ヘゴとは幹上の特異な葉痕と包膜のないことで区別できる．〔日本名〕丸八の意味で幹の葉痕が円形のわくの中に八の字があるように見えるからである．

4562. ホラシノブ 〔ホングウシダ科〕

Odontosoria chinensis (L.) J.Sm.

(*Sphenomeris chinensis* (L.) Maxon ; *S. chusana* (L.) Copel.)

岩手県以南の暖地の山麓や山中の道端等のやや陽当たりのよい所に生える常緑の多年生草本．根茎はかたく，短く横にはい光沢のある褐色の鱗片をもち，長い柄のある葉をこみ合って生じる．鱗片の基部は 2〜3 の細胞列である．葉柄はやや太い針金状でかたく，赤褐色でやや光沢があり，無毛で長さは 10〜40 cm ぐらいである．葉身は厚くかたい草質で淡緑色，日当たりのものは紫赤色を帯びるものが多く，長さ 20〜60 cm，幅 5〜20 cm，長楕円状披針形，先端は次第に狭まり鋭尖形となり 3 回羽状に細かく分裂し中軸の向軸面には浅い溝がある．羽片と小羽片とは卵状披針形，先端は鋭尖形，裂片は細長いくさび形，時には広いくさび形となる．裂片の前端の小脈の末端に 1〜2 個の胞子嚢群をつけ，包膜は両側の一部と下側で葉に続き，前方で開口するから押しつぶれたコップ状になる．次のハマホラシノブに似るが，葉質の薄いこと，裂片は円味のないくさび型であり，また下部羽片の 2〜3 対が多少短くなること等の点で区別できる．〔日本名〕洞シノブはほら穴の中に生ずるシノブの意味である．古い別名のトワノシダ（外輪野シダ）というのは富山県（越中）外輪野に産することからついた名である．

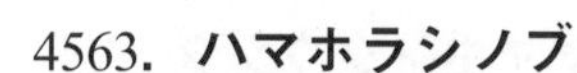

4563. ハマホラシノブ 〔ホングウシダ科〕

Odontosoria biflora (Kaulf.) C.Chr.

(*Sphenomeris biflora* (Kaulf.) Tagawa)

伊豆半島以西の暖地に生える常緑の多年生草本で，特に海岸の崖の上や岩の間に多い．根茎は短く横にはい，濃褐色の細い毛状の鱗片におおわれる．葉はかたい葉柄をもち，葉身は厚い革質で淡緑色，しばしば赤紫に染まり，卵形で先端はとがり基部が最も幅が広く，長さ 10〜30 cm，幅 7〜20 cm，2 回羽状に分裂し，多数の最終裂片をつける．羽片は三角状披針形，上部は次第に狭くなってとがり，基部は広いくさび形で短柄がある，さらに羽状に分裂し，最終裂片は広いやや円味を帯びた倒くさび形で先端は切形，その両側にそれぞれ 1 個の歯状の突起がある．裂片の前端に半円状の広いくさび形をした 1〜4 個の胞子嚢群が並び，前に向かって口を開き，宿存性の包膜に包まれて，平たい空洞を作り，内部の基底に多数の胞子嚢を生ずる．全形はホラシノブによく似ているが，葉身は一般に葉柄より短く，葉質は厚く，下部羽片が短くならないで最大，裂片は幅広くやや円味を帯びるなどの点で区別される．〔日本名〕浜に生えるホラシノブという意味であるが，本種は必ずしも海岸生のものではない．

4564. ホングウシダ（ニセホングウシダ） 〔ホングウシダ科〕

Osmolindsaea odorata (Roxb.) Lehtonen et Christenh.

(*Lindsaea odorata* Roxb. ; *L. cultrata* auct. non (Willd.) Sw.)

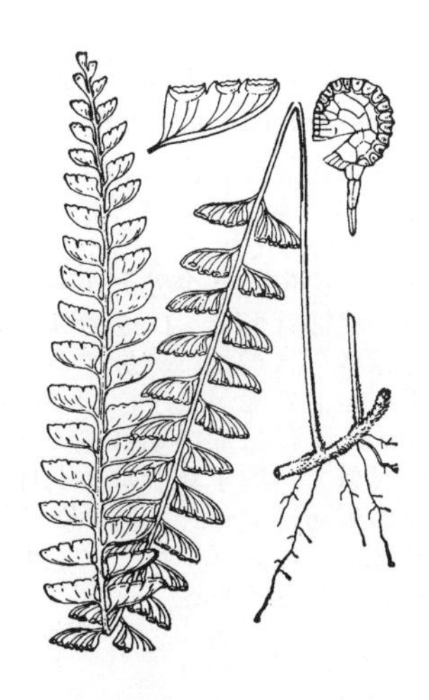

八丈島，紀伊半島南部および九州の暖地のやや陽当たりのよい湿気のある所に生える小型の常緑性多年生草本．細いひも状の根茎は長く泥の中をはい暗褐色の細い剛毛状の鱗片を密生する．葉はまばらに出て直立するか，または垂れ下がり，長さ 20〜40 cm．葉柄は針金状で鱗片がなく，長さ 3〜15 cm，かたいがもろく，褐色を帯び，やや光沢がある．葉身は 1 回羽状複葉で黄緑色，長さ 7〜30 cm，幅 1.5〜4 cm，無毛．やや厚い紙質で広線形，先は次第に細くなる．羽片は前側は直線的，またはゆるく凸形に曲がり，少数の切れ込みがあり，後ろ側はゆるい凹形に曲がり，先の方は上に曲がる．基部は切形，短い柄をもつ．胞子嚢群は前側のふちにそって，切れ込みの裂片上に生じ，2〜4 本の小脈の末端上に 1 個の胞子嚢群ができるが，ふちの方に向かって開口する深い皿形の包膜をもつ．〔日本名〕本宮羊歯．この名ははじめはカミガモシダにつけられた名であるのが誤って本種の名に転用されてしまったものである．従って筆者はかつてホングウシダの名をカミガモシダにもどし，本種にはニセホングウシダという名を与えたことがある．本宮とは尾張（愛知県）の本宮山のことで最初の発見地である．

4565. サイゴクホングウシダ 〔ホングウシダ科〕

Osmolindsaea japonica (Baker) Lehtonen et Christenh.

（*Lindsaea japonica* (Baker) Diels）

本州（伊豆半島と紀伊半島），伊豆諸島，四国，九州，琉球諸島に分布するほか，台湾，済州島，中国南部にも産する．常緑性で山地の渓流に沿った水しぶきのかかる岩上や，水のしたたる崖などに群生する．根茎は短くはい，微小な鱗片がまばらにつく．葉柄は長さ 2〜3 cm で栗色を帯び無毛．葉身は長さ 3〜10 cm あり，長披針形ないし卵状披針形となる．1 回羽状で側羽片は 5〜12 対ある．一見ホングウシダと似るが，葉身先端がふつうくさび形をした頂羽片で終わる点が異なる．胞子嚢群は斜上した三角形の羽片の前側のふちに連続して生じ，この点もホングウシダと異なる．包膜は全縁で羽片のふちまで達している．サイゴクホングウシダとホングウシダの中間形がまれにあり，これをコケホングウシダと呼ぶことがある．〔日本名〕西国本宮羊歯は，長崎で最初に発見されたことに因む．〔漢名〕日本陵歯蕨．

4566. ゴザダケシダ 〔ホングウシダ科〕

Tapeinidium pinnatum (Cav.) C.Chr.

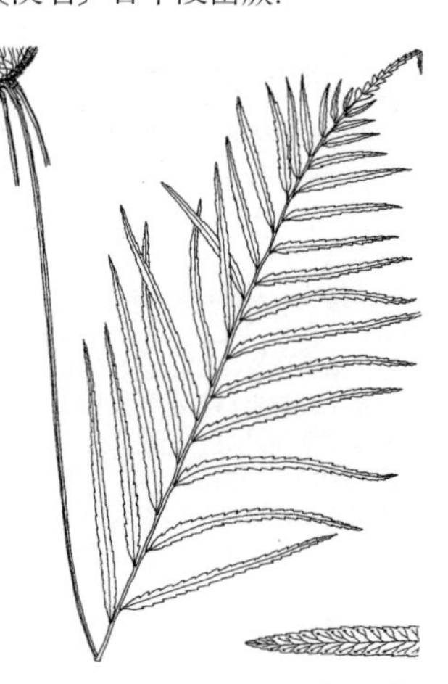

日本では沖縄県の伊平屋，沖縄，石垣および西表の 4 島に知られるのみだが，台湾，フィリピン，ボルネオ，セレベス，ジャワ，スマトラ，マレーシア，タイ，ニューギニアなど旧熱帯に広く分布している．常緑性で，山地の中腹から低地にかけて，樹陰の急な斜面や渓流に沿った崖地などに生育する．根茎は短くはい，直径は 4 mm ほど．付着する鱗片は長さ 2〜3 mm ほど，褐色で硬い．葉柄は 30 cm 前後で基部はやや紫褐色で光沢を帯び，向軸側には上方で溝ができる．中軸の断面は三角形．葉身は 1 回羽状複生で長さ 50 cm 以上になる．羽片はそれ自身の幅とほぼ同間隔で互生し，頂端は尾状の単羽片で終わる．最長の羽片は 16 cm に達し，その幅は大きなもので 10 mm ほどである．葉質はやや硬く，羽軸にも溝が認められる．葉脈は上面からは見えないが，下面では隆起して明らかである．胞子嚢群は葉縁からやや下がったところで葉脈の先端につき，半円形の包膜でおおわれる．ホラシノブなどに近縁な種と考えられる．〔日本名〕ゴザダケシダは西表島の山の名に因んだもの．〔漢名〕達辺蕨．

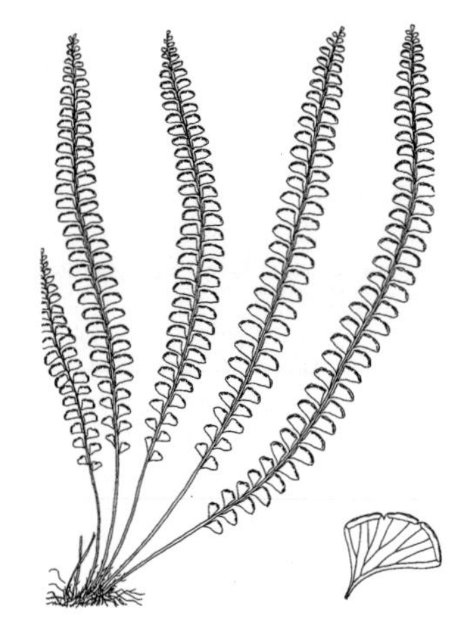

4567. ヤエヤマホングウシダ 〔ホングウシダ科〕

Lindsaea lucida Blume（*L. gracilis* Blume）

日本では石垣島と西表島のみに産するが，東南アジア各地のほかヒマラヤにわたり広く分布する．常緑性で山地林下の渓流の岸辺の岩上に生育する．ホングウシダに似るが，四角形の葉柄と葉軸の色が薄く，各羽片とも四角ばっており，葉質もやや薄いので区別できる．根茎の先端には褐色毛がある．葉柄は長さ 5〜10 cm で無毛，乾燥標本ではやや紫色を帯びるが，生品では着色していない．葉身は 1 回羽状で，ふつう長さ 20 cm，幅 2 cm 前後．例外的に長さ 40 cm に達するものもある．下部羽片は一般に小さくまばらにつき，また先端の羽片は急激に小形となる．葉質は薄く，細い葉脈は両面ともわずかに高まっている．胞子嚢群は葉のふちにつき，連続することはまれ．包膜はホングウシダより幅が狭い．〔日本名〕八重山本宮羊歯は，その産地に因んだ名．*L. merrillii* Copel. subsp. *yaeyamensis* (Tagawa) K.U.Kramer（*L. yaeyamensis* Tagawa）という学名をもつトラノオホングウシダとまぎらわしいが，こちらでは根茎が著しく長くはい，葉は 1 cm 以上の間隔をおいて出る着生種である．

4568. エダウチホングウシダ 〔ホングウシダ科〕

Lindsaea chienii Ching

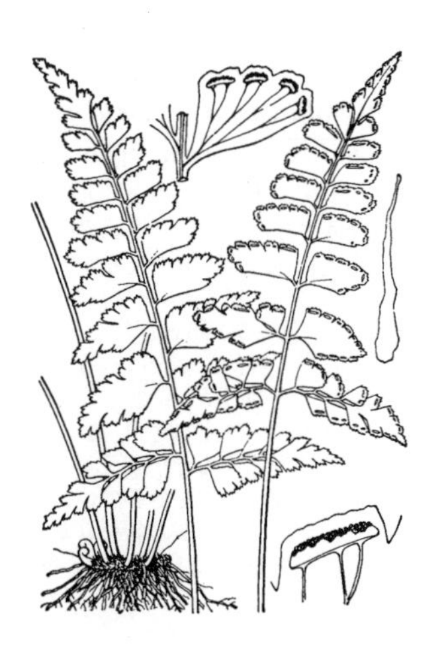

伊豆半島及び紀伊半島以南の暖地の樹林下のやや乾いた所に生える常緑の多年生草本．根茎は横にはうが短く，赤褐色で毛状の鱗片を密生する．葉はこみ合って生じ，直立し高さ 10〜30 cm，葉柄は細いがかたく葉身よりも長い．栗色で多少光沢があるが，鱗片はない．葉身は長卵状三角形，または卵状披針形で，1〜2 回羽状に分裂し，羽片は中軸から開出し，下部の羽片はさらに羽状に分裂する．上部の羽片と下部の羽片の小羽片とは，下方手前の下半部が発達しないから，全形はゆがんだ菱形となる．先は鈍形，前側のふちには深い切れ込みがあり，裂片にはきょ歯がある．葉質はやや厚い紙質で，胞子嚢群は小羽片の前側のふちにそって一列に並び，線形で小脈の末端につく．包膜は横に長く前方が開く．〔日本名〕枝打ち本宮羊歯の意味で，ホングウシダ（ニセホングウシダ）と比較して，下部の羽片が分枝するからである．

4569. ムニンエダウチホングウシダ 〔ホングウシダ科〕

Lindsaea repanda Kunze

日本特産で小笠原諸島の父島，弟島，母島の 3 島から報告されている．高知県以西に産し，アジアの熱帯を分布の中心とするシンエダウチホングウシダ *L. orbiculata* (Lam.) Mett. ex Kuhn var. *commixta* (Tagawa) K.U.Kramer に近縁な種と考えられている．常緑性で，樹林下の半日陰であまり乾くことのない尾根筋に多い．しばしばフサシダ（4548 図参照）と混生している．根茎は短くはい，そのため葉は束生するように集まって出る．葉柄は長さ 10〜15 cm で基部は暗褐色，上部は明褐色となり，光沢がある．黒色の細い線形の鱗片がまばらに基部につく．葉身は長さ 15〜30 cm あり，全形は長三角形となる．上半分が 1 回羽状，下半分が 2 回羽状となる．上半分は急に幅が狭くなるので尾状である．最下羽片が著しく伸長した個体もある．小羽片は四角形ないしは扇形．胞子嚢群は小羽片の上縁に近接してつき，包膜のふちには明らかなきょ歯がみられる．〔日本名〕無人枝打ち本宮羊歯．無人は無人島のことで小笠原諸島の別名．

4570. コバノイシカグマ 〔コバノイシカグマ科〕

Dennstaedtia scabra (Wall. ex Hook.) T.Moore

秋田県から九州の暖地の多少乾いた林中あるいは半ば陽当たりの良い所に生える常緑性多年生草本．根茎は短く横にはい褐色の毛があり下側に根を出す．葉は根茎からまばらに立って長柄をもつ．葉柄は長さ 15〜50 cm，赤褐色または紫褐色を帯びやや光沢があり，葉の両面とともに粗い毛を密に生じ，ざらついている．葉身はややかたい草質で黄緑色，三角形，あるいは三角状披針形，3 回羽状に分裂し長さ 30〜50 cm，羽片は長楕円状披針形，または披針形．ふつう前方に弓状に曲がり，しかも先が尾状に長く伸びる．小羽片は卵状披針形で，先はとがり，さらに細かく分裂する，基部は斜めに広いくさび形で無柄，裂片は長楕円形，深く切れ込み裂片の先端は円形または鈍形．両面ともにまばらに粗い毛がある．胞子嚢群はきょ歯の先端の小脈上に生じ球状で，包膜はコップ状で前方に口が開き無毛．〔日本名〕小葉の石カグマの意味で，イシカグマよりも葉が細かく裂片状に分裂するからである．

4571. イヌシダ 〔コバノイシカグマ科〕

Dennstaedtia hirsuta (Sw.) Mett.

山地や原野の多少とも乾き気味の岩の間や崖の面等に生える多年生草本．ふつう葉は冬枯れるが，枯れないこともある．根茎は細く地中を横にのび有毛で下側からだけ根を出す．葉は根茎からまばらに出て長さ 15〜35 cm，全体に白色で古くなると淡褐色になる長い軟らかい毛を密生するため葉身はざらついている．葉柄はうすい黄緑色で直立するが老成したものは垂れることが多く長さ 5〜10 cm．葉身は長さ 15〜25 cm，幅 3〜8 cm，披針形で先端は次第に狭まり鋭尖形となり，下部は最も幅が広い．1〜2 回羽状に分裂し，羽片は菱形状の長楕円形，先端は鋭形，基部はくさび形，羽状に深裂し，下部の羽片はさらに羽状に分裂する．裂片は長楕円形，切れ込みまたはきょ歯がある．胞子嚢群は小さく裂片の下面に 2〜6 個あり，葉縁部の小脈の先端に生じ，毛の生えた半円形の包膜をつける．包膜は基部で葉につき，前方に向いて開いている．〔日本名〕犬羊歯は白毛が多いのを犬にたとえたのであろう．

4572. オウレンシダ 〔コバノイシカグマ科〕

Dennstaedtia wilfordii (T.Moore) Christ ex C.Chr.

山地のやや涼しい地方（多くはブナ帯）の岩の間，水辺等の湿った所に生える多年生草本．葉は冬に枯れる．根茎は細い針金状で横走し，褐色の軟らかい毛があり，長い柄をもつ葉をまばらに直立する．葉柄は長さ 5〜30 cm のやせたもろい質の針金状で下部は黒紫色であるが，しばしば葉の中軸下部まで赤褐色となることがあり，なめらかでやや光沢がある．葉身はうすく，長楕円状披針形，長さ 10〜30 cm，幅 3〜7 cm，2〜3 回羽状に深裂する．羽片･小羽片はややまばらに出て，羽片は広卵状の菱形，短い柄があり，先は鋭くとがる．小羽片も広卵形の菱形，不規則に深く切れ込み，切れ込みの先端は鋭形，時に鈍形にもなる．胞子嚢をつけた葉は多少ともやせ形で軽い二形性がある．胞子嚢群は裂片の切れ込みの先端につき，前方に向かつて開き褐色の半円形の包膜をつける．〔日本名〕黄連羊歯は，その葉の裂片の感じと形とがキンポウゲ科のオウレンに似ているためである．

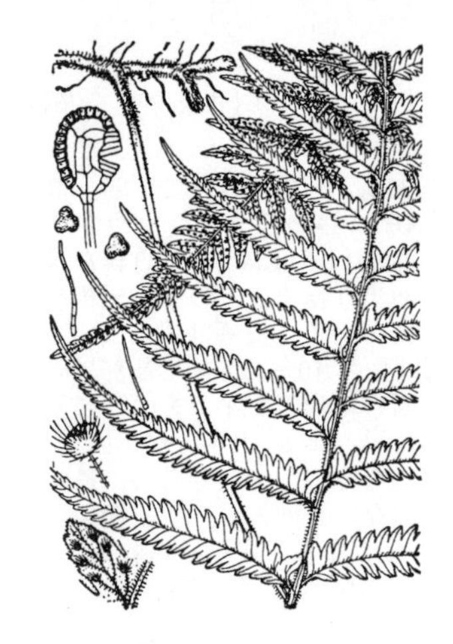

4573. フモトシダ 〔コバノイシカグマ科〕

Microlepia marginata (Panzer ex Houtt.) C.Chr.

山形県以南の暖地の樹林下に生える常緑性多年生草本．根茎は太い針金状で長く横にはい，肉質で褐色の毛が密に生えている．葉は高さ 0.5〜1 m に達し，葉柄は長さ 30〜50 cm，粗毛が生えてざらつき，葉身は披針形．または広披針形．先端は次第に細くなり鋭尖する．1 回羽状複葉で暗緑色，葉質は膜質を帯びるがかたく，羽片は線状披針形で先端は鋭尖形．ふちは羽状に浅裂〜深裂し，裂片は楕円形で先は鈍い．羽片の基部の上側の第一裂片はいつも他のものよりも不連続に長く，羽片としてみると耳状の突起があるように見える．上面には短毛があり，ざらつくが多少光沢がある．下面には軟らかい毛が密生する．胞子嚢群は葉のふちの近くの小脈の末端につき，円腎形で毛のある包膜をもち，一見二枚貝のように見える．クジャクフモトシダ *M.* ×*bipinnata* (Makino) Shimura は本種とイシカグマとの雑種で，羽片がさらに羽状に深裂または全裂して，羽軸に広く流れる小羽片をつくる．〔日本名〕麓羊歯は山麓に多く知られるからである．

4574. ヤンバルフモトシダ 〔コバノイシカグマ科〕

Microlepia hookeriana (Wall. ex Hook.) C.Presl

琉球列島，台湾，中国南部，東南アジア全域，北インド，ネパールなどに分布する．山地の林床に生える．常緑性で一見フモトシダによく似ている．根茎は長くはい，毛が密生している．葉柄は長さ 10〜20 cm で褐色を帯びる．葉身は長さ 35〜45 cm ほどになり，単羽状．羽片は 25〜30 対つく．頂羽片が穂状に長くのびることと，羽片のきょ歯が細かく浅いことでフモトシダと区別できる．葉身中央部の羽片が最も長く，全体として長楕円形となる．各羽片には明瞭な耳がある．また羽片の両面とも脈にそって多細胞毛を散生する．胞子嚢群は葉のふちのやや内側につく．包膜は葉脈端に外向きに生じ，側部と基部が葉身と合着したコップ状である．〔日本名〕山原麓羊歯．山原（やんばる）は沖縄島国頭郡の俗称．〔漢名〕虎克氏鱗蓋蕨．虎克氏は種形容語の Hooker のこと．

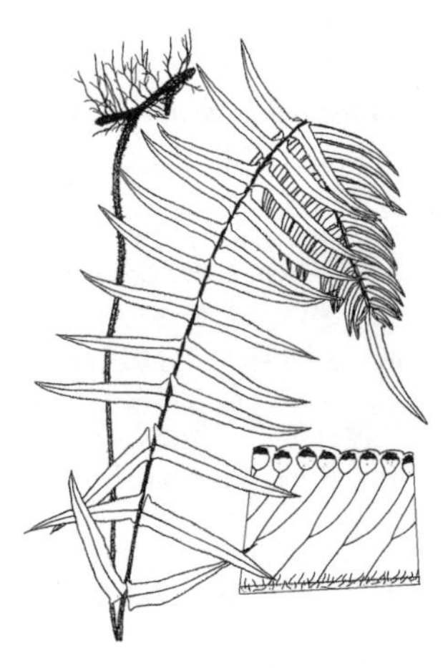

4575. フモトカグマ 〔コバノイシカグマ科〕

Microlepia pseudostrigosa Makino

南関東から愛知県にかけて産する日本特産の常緑多年生草本．フモトシダと同じような生態の地にあり時には両種混在する．フモトシダとイシカグマの中間的形態をしているが，それらの雑種クジャクフモトシダとは別物である．葉身は 2 回羽状複葉．羽片は下部のものが多少短くなり，小羽片はさらに羽状に深裂し，基部が羽軸に流れて翼をつくることがない．また葉柄と葉身の中軸の上面は全く毛がなく滑らかであり，葉質はずっと厚味があり，色もやや明るい緑色をしているのでクジャクフモトシダから区別できる．イシカグマの切れ込みの浅いものにも似ているが包膜の前側のふちは葉のふちからかなり離れているので区別される．〔日本名〕フモトシダとイシカグマとの中間的の形態をしているので両者の名の一部をとって結びつけたもの．

4576. イシカグマ 〔コバノイシカグマ科〕

Microlepia strigosa (Thunb.) C.Presl

千葉県以西新潟県以南の暖帯の湿った所に生える常緑の多年生草本．九州辺では群落になる．根茎は太く丈夫で有毛，しばしば地表に露出して横にはう．葉は長柄をもち，柄の長さ 30〜70 cm，下部は短い剛毛を背面に密生するので，ざらざらするが上部では少なくなる．葉身は長楕円形または長楕円状披針形，先端は鋭尖形，葉柄よりも長く，40〜80 cm，幅 20〜30 cm，2 回羽状複葉，乾いた革質，下部羽片は多少短くなる．上面には光沢があり，無毛，下面は脈上に毛がある．羽片は線状披針形，先端は尾状に長く伸びる．小羽片は卵状長楕円形で先は鋭形，基部は斜めのくさび形で無柄，ふちは羽状に浅〜深裂する．胞子嚢群は葉のふちの近くにつき，包膜は無毛，その前側のふちは葉のふちに達する．フモトシダやフモトカグマとは，小羽片が流れて羽軸に翼を作ることがなく，葉柄や羽軸の上面は無毛であり，一方葉の下面は脈上に粗い毛があることや包膜の前側のふちが葉のふちに達する等の点で区別される．〔日本名〕石カグマは本種がしばしば石の間に生ずるからであろう．カグマはシダの古名．

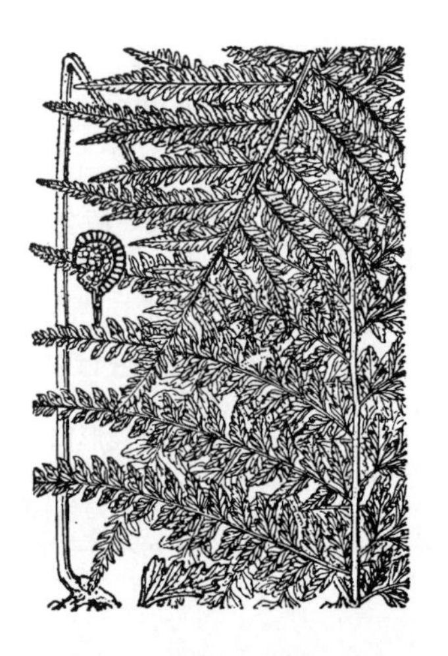

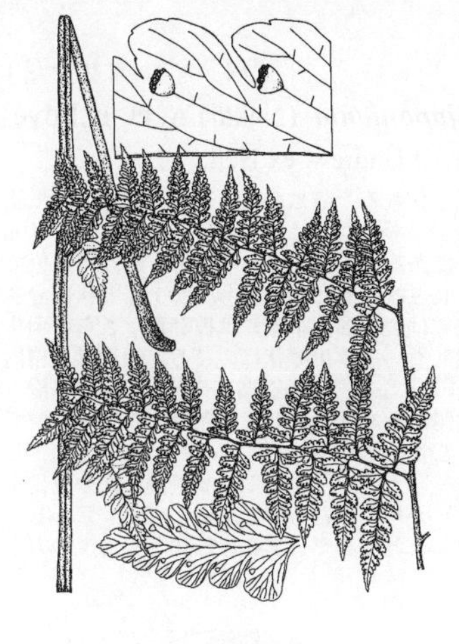

4577. **オオイシカグマ** 〔コバノイシカグマ科〕

Microlepia speluncae (L.) T.Moore

日本では小笠原諸島と琉球諸島のみに産するが，その分布は広く，台湾，中国から東南アジア全域，ニューギニア，ポリネシア，ミクロネシア，アフリカそして熱帯アメリカからも報告されている．常緑性で，山地の林床から低地や丘陵地の草地にごくふつうに生える．一般には地上性であるが，熱帯ではアブラヤシの幹などに着生する場合もある．根茎はやや長くはい，葉を密に生じる．根茎の先端は短い半透明の毛でおおわれている．葉柄はふつう 45〜60 cm で緑色からやや紫色を帯び全体に短毛をつける．葉身は 70〜150 cm ほどの長さで，3〜4 回羽状複葉．羽軸にも短毛がある．最大の羽片は長さ 50 cm 以上，幅 18 cm 以上となる．小羽片は最下の上向するものがもっとも大きい．葉は両面とも脈上に多細胞毛があり，ときには葉身部にも見られる．胞子嚢群は裂片のふちよりやや内側に位置し，包膜はコップ状で毛でおおわれている．〔日本名〕オオイシカグマはイシカグマより大形になることを表わす．〔漢名〕熱帯鱗蓋蕨．主に熱帯に分布するためについた名．

4578. **フジシダ** 〔コバノイシカグマ科〕

Monachosorum maximowiczii (Baker) Hayata

（*Ptilopteris maximowiczii* (Baker) Hance）

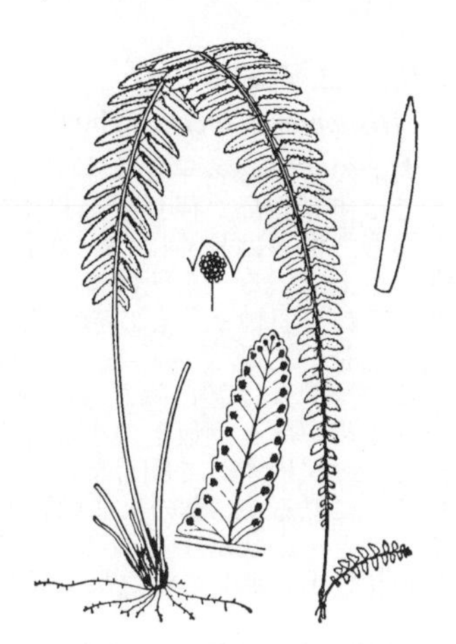

福島県以南の深山の樹林下に生える常緑性多年生草本．根茎は小さく直立または短く斜上し，下方にひげ根を出す．葉は有柄で根茎の先から少数個束生し，長さ 30〜70 cm．葉柄は直立し細く紫褐色を帯び，つやがある．葉身は 1 回羽状に分裂し，線状披針形，長さ 20〜40 cm，幅 2〜3 cm，下部羽片はやや小さくなり，上部の羽片は次第に小さくなり，葉の先は尾状に長く伸び，その末端は地面につき，不定芽を生じ新植物となる．羽片は多数つき，披針形．または三角状長楕円形で先は鋭くとがり，基部はくさび形となり，前方に向かって耳状の突起がある．無柄でふちには深い鈍きょ歯があり，やや深緑色，草質で光沢はない．上面は無毛，下面の脈上には黄色の短い毛がまばらにつく．胞子嚢群は小形，黄色で小脈の先端に生じ，羽片のふちに近く 1 列に並び，包膜はない．〔日本名〕富士羊歯は，尾張本草学が名古屋で盛んであった頃に，尾張（愛知県）丹羽郡（現在は犬山市）の尾張富士山で最初に採集されたからである．

4579. **キシュウシダ** 〔コバノイシカグマ科〕

Monachosorum nipponicum Makino

（*M. flagellare* auct. non (Maxim. ex Makino) Hayata）

関東以西の暖地の山中の湿った所に生える常緑性多年生草本．根茎は短く，斜上して先端から葉を束生する．葉柄は長さ 10〜30 cm で細く，赤褐色の細かい鱗片をつける．葉身は三角状披針形で先端は鋭尖形，長さ 20〜30 cm 鮮緑色のうすい草質，2〜3 回羽状に分裂し繊細な感じがある．羽片はほとんど無柄，斜め上に開出し，下部のものが最も大きく，いずれも狭い披針形で先は鋭尖し小羽片に分裂している．小羽片は卵状披針形で先は鋭形，ふちは深く切れ込み上面は無毛だが下面の脈上にまばらに細かい毛がある．胞子嚢群は小羽片の裂片に入って行く小脈の末端に小点状につき，包膜をもたない．〔日本名〕大富士羊歯は，フジシダに比べて大形であるため，紀州羊歯は，はじめ紀州（和歌山県下の恐らく那智山）で採られたためである．

4580. **ヒメムカゴシダ** 〔コバノイシカグマ科〕

Monachosorum* × *arakii Tagawa

岐阜県，京都府，三重県，和歌山県，山口県，徳島県，高知県，熊本県，鹿児島県からの報告がある．稀産種の一つで，深山の樹陰に生える．オオフジシダと同様に石灰岩地を好む傾向がある．日本特産種であるが，台湾と中国南西部に分布するムカゴシダ *M. henryi* Christ（稀子蕨）にたいへんよく似ている．薄く軟らかな草質の葉をつける常緑性のシダで根茎は短く斜上する．束生する葉は大きなものでは 1 m 以上になり，長さ 50〜60 cm の葉柄をもつ．葉身は 3 回羽状複生し，中軸上面には溝が走り，ほぼ鋭三角形をしている．羽片は混みあって生じ，下部のものには明瞭な柄があることと，中軸の上部に 1〜3 個の無性芽をつくることで，オオフジシダとははっきり区別できる．小羽片は披針形で先は尖る．柄はなく大きなものでは長さ 5 cm，幅 1.5 cm ほどになる．よく発達した最終小羽片（裂片）は長さ 1 cm，幅 5 mm に達し，長楕円形鈍頭で様々な程度に裂けている．鱗片を欠き，葉の上面を除いて全体に鉄さび色の微毛がある．また葉脈上には多細胞の腺毛がある．胞子嚢群は小さく，ふちよりに生じ包膜を欠く．〔日本名〕姫零余子羊歯．台湾などに産するムカゴシダに似て小形なのでいう．

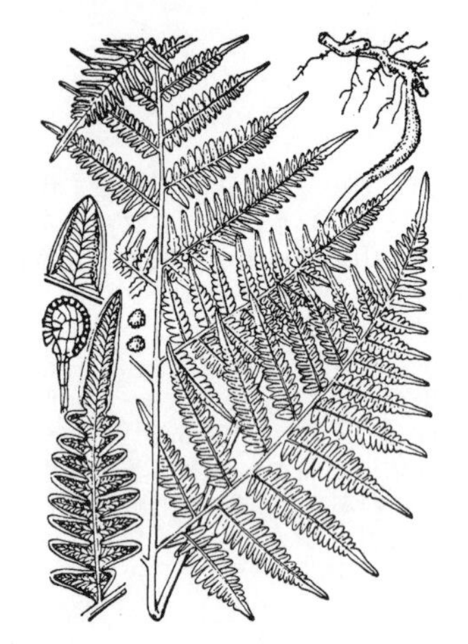

4581. ワ ラ ビ

〔コバノイシカグマ科〕

Pteridium aquilinum (L.) Kuhn subsp. ***japonicum*** (Nakai) Á. et D.Löve

(*P. aquilinum* var. *latiusculum* auct. non (Desv.) Undrew. ex Hell.)

全国至る所の山野に普通に見られる多年生草本で葉は冬枯れる，陽当たりのよい所を好む．根茎は太く径約 1 cm，若い部分には褐色の毛があり，地中を長く横にはう，葉はまばらに出て高さ 1 m 以上，2 m にも達する．葉柄は黄緑色で無毛，なめらかであるが，基部の地中にある部分は黒色で細い毛をもつ．葉身はほぼ革質でかたく，卵状三角形，長さ幅ともに 50 cm 以上，3 回羽状に分裂し，下面には通常柔らかい毛がある．羽片は広卵形，先端は鋭尖形，小羽片は披針形，さらに羽状に深裂する．羽片と小羽片とそれぞれその先端部は羽裂しないで多少尾状にのびる．裂片は長楕円形で全縁，先は鈍形，細脈は密に分出し，平行状に走り二叉となる．胞子嚢群は連続して葉縁に沿って生じ，葉縁が裏側に反り返って包膜状となり，その内側にある真正の包膜と合わせて 2 枚の膜で胞子嚢群を包む，若葉を食用とする．根茎を打ちくだいて中の澱粉をとり出し，蕨粉といい，食用，糊の原料にし，残りの茎をわらび縄にするが耐久力がある．〔日本名〕ワラビは松岡静雄氏の説によれば，ワラはから（茎）に通ずるのでから（茎）め（芽）から転じたものであるという．しかしワラビのビはアケビのビと同じく食用になる実質のある物体としてのミ（実）の転化とする説の方が妥当と思われる．〔漢名〕蕨．

4582. ユノミネシダ

〔コバノイシカグマ科〕

Histiopteris incisa (Thunb.) J. Sm.

大形の常緑性多年生草本で熱帯に広く分布し，陽地に大群落となるが日本では伊豆諸島，伊豆半島以南に点々と生える．やや陽当たりのよい林中を好む．根茎は長くはい，葉柄の基部とともに光沢のある暗褐色の鱗片が密に生えている．葉柄はまばらに出て，葉身より短く，径 1.5 cm に達するが，中軸や羽軸とともに赤褐色で光沢がある．葉身は卵形，長さ 1 m 以上，紙質を帯びた草質，無毛，上面は淡青緑色，下面は白味が強い．2 回羽状複葉で，羽片は互に隔たり，無柄で対生し，小羽片も無柄，先が円い大きなきょ歯があり，最下の小羽片だけは縮小して羽軸に接して托葉状になる，小羽片の脈はすべて網目になり，ふちは裏側に反り返って胞子嚢群を包む．ワラビに似るが，葉の上面は青味のしかもうすい緑色であり下面は強く白っぽいこと，網状脈をもつことにより区別される．〔日本名〕湯之峰羊歯．はじめ和歌山県那智の湯之峰で発見されたからである．

4583. イワヒメワラビ

〔コバノイシカグマ科〕

Hypolepis punctata (Thunb.) Mett. ex Kuhn

まれに東北地方にもあるが，大体関東以西の暖地の低山，平地のやや明るい所に生える多年生草本で葉は冬枯れる．根茎は長く横にはい，かたく淡褐色の毛がある．葉は根茎にまばらにつき，直立し全体に白色の軟毛をもった草質である．葉柄は 30 cm 内外，淡緑色でかたくて有毛，しかも，毛の落ちたあとが残ってざらついている．葉身は斜めに開き，広楕円形または長三角形，長さ 30～50 cm，上部は狭まり，2～3 回羽状に分裂し，羽片は披針状長楕円形あるいはやや三角状，小羽片は無柄でたがいに接近して斜めに生じ，楕円状披針形，羽状に分裂または深裂する，裂片は長楕円形先はやや鈍形，ふちには切れ込みまたは鈍きょ歯がある．胞子嚢群は裂片の中脈とふちとの中間に生じ，小さな点状の円形で黄色を帯び，包膜はない．〔日本名〕岩姫蕨，しかし岩上に生ずることはまれである．外形はヒメワラビ（ヒメシダ科）に似るが，ヒメワラビは葉柄はなめらかでざらざらせず，胞子嚢群は円腎形の包膜をもち全く別科に属するものである．

4584. ヤツガタケシノブ

〔イノモトソウ科〕

Cryptogramma stelleri (S.G.Gmel.) Prantl

日本では秩父山地と八ヶ岳と南アルプスの高山帯の湿った岩上にコケと混生して，ごくまれである．しかし世界的にみればその分布域は広く，北半球の亜熱帯の高山から寒帯にかけてみられ，台湾，中国，ヒマラヤ，シベリア，ヨーロッパに知られ，北米ではロッキー山脈やアパラチア山脈の北部，カナダ，アラスカなどに産する．夏緑生の多年草．リシリシノブに似ているがはるかに小形である．根茎はやや長くはい．直径は 1 mm ほどで細い．葉は全長 5～15 cm で，葉身と葉柄はほぼ同長．葉柄はとくに基部が細く，麦藁色で，下部に淡褐色の披針形の鱗片をまばらにつける．葉身は 2 回羽状複生で，下部の羽片は三出状に裂けている．葉は多少とも二形性を示し，胞子嚢群をつけたものは小羽片が披針形となり，つけないものは卵形ないしは長楕円形である．胞子嚢はふちよりに連続してつき包膜でおおわれる．〔日本名〕八ヶ岳忍は牧野富太郎と矢沢米三郎が 1907 年に八ヶ岳で発見したことに因んだもの．〔漢名〕稀葉珠蕨，疏葉珠蕨．

4585. リシリシノブ　〔イノモトソウ科〕

Cryptogramma crispa (L.) R.Br. ex Richards.

北海道および東北地方の高山にまれに生える小形の多年生草本で葉は冬には枯れる．根茎は短く斜上しうすい鱗片があり，また多数の枯れた葉柄の基部が重なって塊状となる．葉は多数束生し，高さ 10〜20 cm で栄養葉と胞子葉との二形がある．葉柄は葉身よりも短く黄褐色で光沢があり，淡褐色の鱗片がまばらにつく．栄養葉は長卵形で 2〜3 回羽状複葉，草質．裂片は倒卵形または長楕円形で，先が鋭形ふちには少数の鈍きょ歯があり，中軸と羽軸には狭い翼がある．胞子葉は高さ 30 cm 栄養葉とほぼ同形だがそれよりも多少高くなり，しかも裂片は幅狭く披針形，脈の末端が上面で著しく凹むからふちに波状の凹凸ができる．胞子嚢群はふちに生じ，葉縁が反り返って連続した包膜となってこれを包む（附図左下）．〔日本名〕利尻忍．はじめ北海道利尻島で採集されたのでこの名がある．

4586. イワガネゼンマイ　〔イノモトソウ科〕

Coniogramme intermedia Hieron.

全国至る所の山中樹林下に生える常緑性多年生草本．根茎は太く鉛筆位の太さで長く横にはい，茶褐色の鱗片がある．葉はややまばらに出て，高さ 1 m をこえる．葉柄は直立し長さ 40〜70 cm，淡緑色，背軸側は紫色を帯び，質はかたくなめらかである．葉身は卵状長楕円形，やや厚く洋紙様のかたい草質で，長さ 50〜70 cm，幅 30〜40 cm，7〜8 対の羽片に分かれ，下部の 1〜3 対の羽片はさらに羽状に分裂する．羽片は広線状楕円形，先端は急に鋭尖して尾状になる．基部は広いくさび形，短柄をもち，上，下面には短毛があるものとないものとある．ふちには細かいきょ歯がある．葉脈は 2 叉状に分かれ，平行していて，その先端はきょ歯の下に達するか，またはきょ歯の中にまで入る．通常網状結合をしない．胞子嚢群は葉脈に沿って線状につき，葉のふちから 5 mm 位を残して，それより内側にできるから，羽片全体として見ると黄色の粉の列が中脈の両側に並んだようになる．〔日本名〕イワガネソウに似ているので，それになぞらえて牧野富太郎が命名したもの．イワガネソウとの区別は次種に記してある．

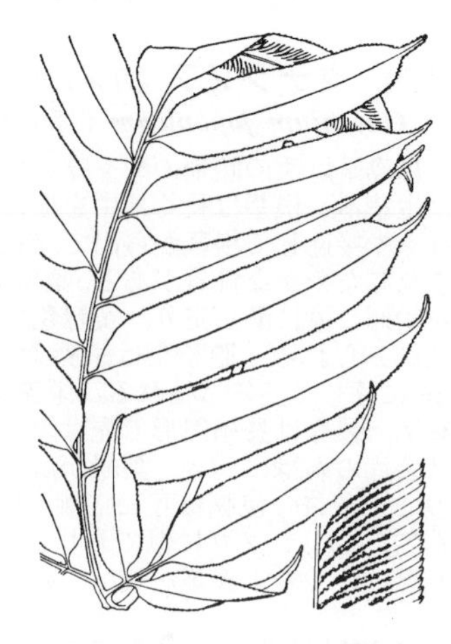

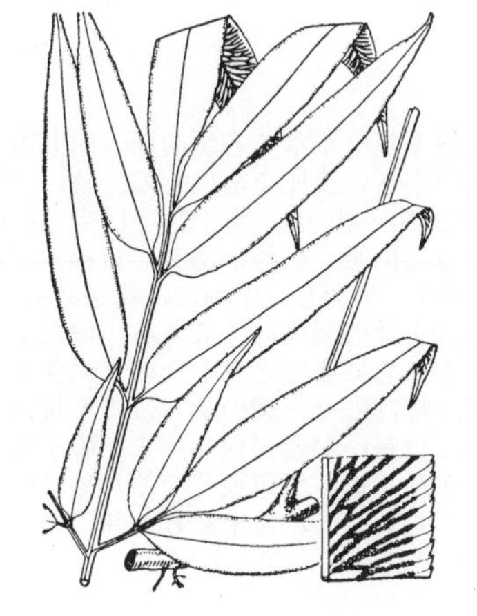

4587. イワガネソウ　〔イノモトソウ科〕

Coniogramme japonica (Thunb.) Diels

至る所の山野の林内に生える常緑の多年生草本，根茎は長く横にはい，緑色で淡褐色の鱗片を密生する．葉は根茎からまばらに出て長さ 50〜60 cm ぐらいの葉柄をもち，葉柄は淡緑色で背面は黒褐色を帯び，無毛でなめらかでかたい．葉身は長さ 40〜50 cm，幅 30〜35 cm，長卵形または広卵形，羽状に分裂して 3〜5 対の羽片を生じ，下部の 1〜2 対の羽片はさらに羽状に分裂する．羽片は線状長楕円形，先端は次第に細くなって鋭尖形，基部は広いくさび形で短柄があり，ふちには微きょ歯がある．上面は滑らかで緑色．若い葉では上面に緑黄色のまだら模様を生ずることがある．葉質は多少革質だが乾くと紙質になる．葉脈は羽片の中脈の近くに斜めに細長い網目を作るがそれから外方には斜めに平行して走り，しかも葉のふちに達しない．胞子嚢群は支脈に沿ってつき，ほとんど葉の下面全体をおおい，黄色で包膜はない．〔日本名〕岩が根草，山中の岩の根元あたりに生えるからである．〔漢名〕日本鳳了蕨，一般には蛇眼草をあてているがこれは誤であろう．本種はイワガネゼンマイに葉形生態ともによく似ているが，1）中脈に沿って支脈が網目を作ること，2）支脈の先端が葉のふちまで達しないこと，3）羽片の先端が急に細くならないこと等の点で区別できる．

4588. ミミモチシダ　〔イノモトソウ科〕

Acrostichum aureum L.

日本での分布は石垣，西表および与那国島に限られるが，世界的に見ればその分布は広く，アフリカ，北米，中米，南米，東南アジア，ポリネシア，ミクロネシア，オーストラリアなどの熱帯から亜熱帯にかけていたるところで見られる．川口の半塩水域から完全な海水域にまで生育でき，マングローブ林の典型的な構成員の 1 種である．河口の沖積地や塩沼などの他，まれには海辺から離れた淡水域の藪などにも生える．常緑性の多年生草本である．根茎は太く直立ないしは斜上し，葉柄基部には長さ 2 cm に達する大きな披針形の鱗片をつける．葉は束生し，葉柄は硬く葉身より短く，30〜60 cm で光沢のある黄褐色．葉身は単羽状複生し，最大 4 m に達する．若い葉は美しい紅色．胞子嚢群は上半分の羽片の下面全体につき，側糸が胞子嚢群と混じる．若い葉は食用とされ，根茎と成葉は慢性の潰瘍性の傷の薬（フィリピン），梅毒の潰瘍の薬（カリマンタン）や膀胱炎の薬（中国）などに使用される．乾燥させた葉は屋根ふき材として使われる（マレーシア）．〔漢名〕鹵蕨．

4589. ミズワラビ（広義） 〔イノモトソウ科〕

Ceratopteris thalictroides (L.) Brongn.

北海道を除く全国至る所の水田，沼沢地等の水中または湿地に生える一年生草本．根茎は短く斜上，少数の鱗片がある．葉は束生して柔らかい草質，横断面が四角形の葉柄をもつ．高さ 20～60 cm，淡緑色で無毛．一見して種子植物のようである．栄養葉と胞子葉の別がある．胞子葉の葉身はまばらに 2～3 回羽状に分裂し，裂片は細くて長い角状．上部は次第に細くなり，鋭尖頭．葉のふちは裏側に反り返り，やや管状になり，内側に胞子嚢を生じる．胞子嚢は小脈上に 1 個ずつ並んでつき，葉の全面をおおう．栄養葉は胞子葉より短く，しばしば水中にただよい若いものは単葉または多少分裂し，成葉は 2～3 回羽状に深裂する．網状脈をもち，葉形，羽片の形は一様ではない．裂片は鈍頭で不規則に切れ込み，胞子葉の裂片よりはるかに広い．上部の羽片，裂片が胞子葉に変わることもある．葉上，または羽片の分岐点に不定芽を生じ新植物を形成する．食用となる．〔日本名〕水蕨は水中に生ずるシダの意味である．なおミズシダ，ミズボウフウ，ミズニンジンの名もある．〔漢名〕水蕨．

4590. タチシノブ（カンシノブ） 〔イノモトソウ科〕

Onychium japonicum (Thunb.) Kunze

福島県以西の暖地のやや乾いた，半ば陽当たりのよい所に生える常緑性多年生草本．根茎は長く地中を横にはい，褐色披針形の鱗片におおわれる．葉はやや接近して根茎から出て，高さ 30～60 cm，全体に無毛でなめらかであり，またしなやかな性質がある．葉柄は葉身とほぼ同じ長さで細くかたい針金状，向軸側に縦に溝が走り，黄緑色で光沢がある．栄養葉と胞子葉との軽い二形性がみられる．胞子葉は栄養葉よりも裂片の幅が狭く，長柄をもち全長 80 cm に達し，冬には枯れる．栄養葉身は 3～4 回羽状複葉で羽片小羽片ともに有柄，裂片は長楕円形で先は鋭尖形，胞子葉よりも切れ込みが浅い．胞子嚢は裂片の両縁につき，葉縁が反り返った包膜におおわれる．裂片の幅が狭いので．左右の包膜は互に接触し胞子嚢の充実した時は淡褐色に見える．〔日本名〕立忍，シノブに似ておりしかも葉（特に胞子葉）が直立するからである．寒忍は冬でも栄養葉が残っているからである．またフユシノブの名もある．

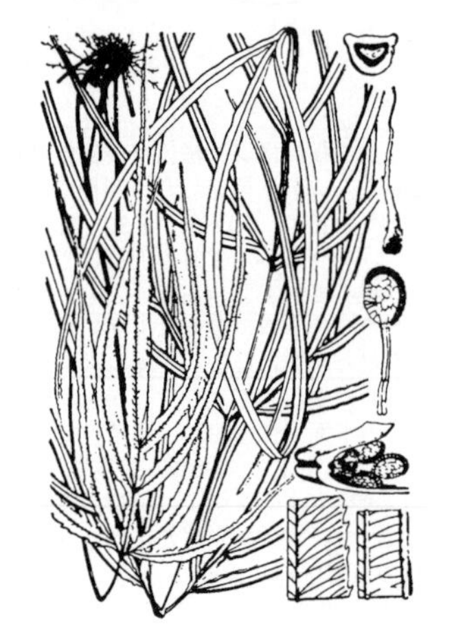

4591. イノモトソウ 〔イノモトソウ科〕

Pteris multifida Poir.

宮城県以南に分布し，関東以西に普通な常緑多年生草本で石垣の間，崖面等によく生える．根茎は短く横にはい，黒褐色の小さい鱗片を密生する．葉には二形があり根茎から束生し，高さは栄養葉では 20～40 cm，胞子葉では少し高くて 40～60 cm になる．葉柄は細長く葉身とほぼ同長，三稜があり，黄褐色で光沢を持つ葉身は乾いた洋紙質，特徴のある羽片に分裂し，中軸には翼がある．羽片は線形で，先は鋭尖し，下部羽片はさらに少数の裂片に分岐する．側脈がたくさん平行に走り途中で 1 回分岐しているがふちにまでとどかない．栄養葉は胞子葉より小さく，羽片も少なく，短いが，幅は広く，葉のふちには不規則にきょ歯がある．これに対して胞子葉では羽片は長いが幅が狭く，また胞子嚢群は葉のふちに沿って長く連続し，葉のふちが反り返って包膜となるために全縁である．〔日本名〕井の許草は井戸の附近に生ずる草の意味でもと井口辺草の漢名をあてたのでできた名であるが，漢名は鳳尾草の方が正しい．

4592. オオバノイノモトソウ 〔イノモトソウ科〕

Pteris cretica L.

本州以南の山地の樹林下に普通に産する常緑の多年生草本．根茎は短く横にはい，質はかたく黒褐色の鱗片がついている．葉は多数接近して密に生じ，二形性で栄養葉と胞子葉とがある．葉柄は長さ 20～40 cm，細い針金状で縦に溝が走り，黄緑色で光沢がある．栄養葉の葉身は長卵形，1～5 対の羽片に分裂し，羽片は長楕円状線形，長さ 10～20 cm，幅 2～3 cm，鋭尖頭で無柄，はっきり見える中脈から分岐して開出した多数の側脈はどれも二又に分かれて平行している．ふちには細かいきょ歯がある．最下羽片だけは特に 2 裂片に分かれている．中軸には翼がない．胞子葉の羽片は栄養葉の羽片よりも幅が狭く，ふちに沿って胞子嚢群を作りその部分ではきょ歯がみられない．イノモトソウとは，中軸が無翼のこと，及び葉のふちはきょ歯とともに白色となり，側脈がこのふちに届くこと等の点で区別できる．羽片の数が 1～3 対．長さの割に幅広く，時に中肋に沿って白い斑のあるものを，マツザカシダ *P. nipponica* W.C.Shieh といい，暖地にややまれに生じ，またよく栽培される．〔日本名〕イノモトソウよりも一般に大形なので大葉の文字をつけて区別したもの．

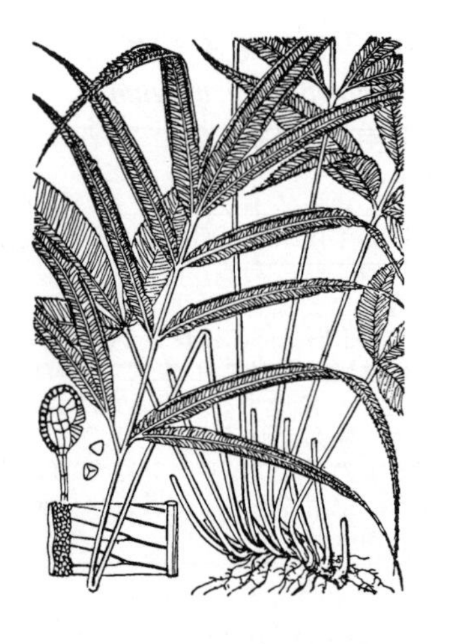

4593. ホコシダ 〔イノモトソウ科〕

Pteris ensiformis Burm.f.

九州南西部（水俣，鹿児島，天草など），種子島，トカラ列島の宝島，奄美，沖縄諸島に産する．分布の中心はアジアの熱帯で，台湾，中国南部，東南アジア諸島，ニュージーランド，ミクロネシア，ポリネシア，オーストラリアなどに多い．常緑性多年草．主に地上性で，半日陰を好むが，林縁や道ばたの石垣などにも生える．オオバノイノモトソウの細葉型のものと似るが，はっきりとした二形性である点が異なる．根茎は短くはい，狭披針形の鱗片をつける．葉柄は細く，麦藁色で光沢がある．栄養葉のそれは 6〜10 cm，胞子葉ではやや長く 15〜25 cm になる．葉身は葉柄より長く，2 回羽状複生し，草質で無毛．側羽片は 2〜5 対あり，左右の小羽片は卵形ないし楕円形だが頂羽片は尾状となる．白斑のある園芸変種 'Victoriae' が観葉植物として栽培されている．フィリピンでは葉の煎汁を赤痢の薬とし，マレーシアでは若葉のしぼり汁を幼児の舌苔の治療にのませ，また根茎のしぼり汁は首にできる腫瘍にきくと考えている．〔日本名〕鋒羊歯は葉形に因んだもの．〔漢名〕箭葉風鳳尾蕨，劍葉鳳尾蕨，三叉草．

4594. モエジマシダ 〔イノモトソウ科〕

Pteris vittata L.

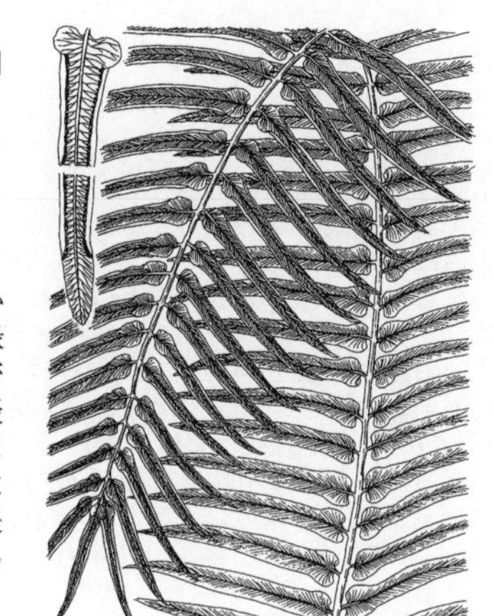

日本はたぶんこのシダの分布の北限の地であろう．紀伊半島以西，四国，九州，奄美，沖縄諸島に産する．世界的にみるとたいへん広い分布域をもつシダで，台湾，中国南部，フィリピン，インドネシア，マレーシア，ニューギニア，ポリネシア，ミクロネシア，オーストラリア，南アフリカ，マダガスカルなどに分布している．適応力に富む種で，日当たりのよい原野，河原，海辺の崖地に生えるものなどから石垣やビルの壁面，ヤシなどの樹幹に着生するものまでさまざまである．常緑性の多年草．根茎はごく短くはい，長さ 3 mm ほどの線形膜質で淡褐色の鱗片を密生する．環境に呼応して葉形は様々に変わるが，ふつう葉柄は 3〜15 cm あって淡褐色，鱗片を密生するが早落性で，その後はざらざらした小突起となる．上面に溝がある．葉身は 50 cm 以上になり，単羽状で羽片は 20 対ほどである．頂羽片は尾状に突出する．下部の羽片ほど小形である．胞子嚢群は羽片のふちにそって長く連なり包膜でおおわれる．〔日本名〕鹿児島の桜島の近くにある小島の名に因んだものである．〔漢名〕蜈蚣草，鱗蓋鳳尾蕨．

4595. アマクサシダ 〔イノモトソウ科〕

Pteris semipinnata L.（*P. dispar* Kunze）

茨城県以西の暖地の山中の樹林下，またはやや乾いた明るい所にも生える常緑性の多年生草本．根茎はかたく斜上して短く，褐色の鱗片がある．葉は根茎から多数束生し，高さ 30〜70 cm で，葉柄は細く赤褐色または茶褐色で光沢があるが無毛，断面は三稜形で長さは葉身とほぼ等しい．葉身はかたい洋紙質，長楕円形または披針形，上半分では 1 回羽状に分裂するように見えるが，下半部では不規則に 2 回羽状に分裂する．羽片はほぼ対生し，中軸から斜めに出て，多少とも上方に弓形に曲がり，広披針形または三角状披針形，先端は羽裂しないで尾状に長く伸び，また羽片の前側は小羽片状にならず，裂片を欠き非相称になることがよくある．小羽片（裂片）は線形，鋭頭，胞子嚢群のつかないものでは細かいとがったきょ歯がある．胞子嚢群はふちにそってつく．〔日本名〕天草羊歯は熊本県天草島に産するからついた名というがそこの特産ではない．

4596. オオアマクサシダ 〔イノモトソウ科〕

Pteris alata Lam.（*P. semipinnata* auct. non L.）

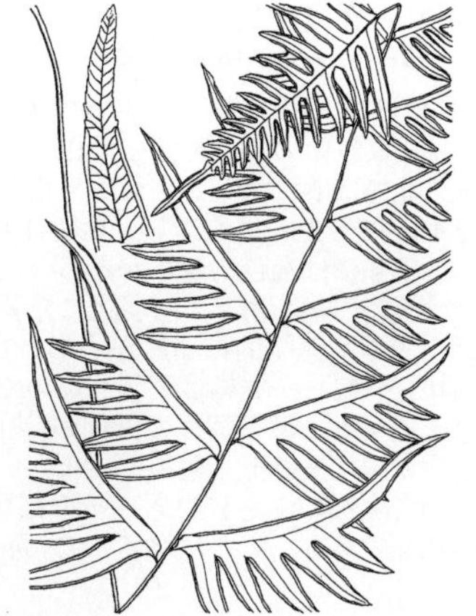

日本では屋久島，種子島，奄美諸島および沖縄諸島に産し，台湾，中国南部，フィリピン，インドネシア，マレーシアなど，アジアの熱帯を中心に分布している．低山地の明るい林縁や林床のやや乾いた場所に多い常緑性の多年草．アマクサシダに似るが，はるかに大形である．根茎は短く斜上し，先端は線状の鱗片でおおわれる．葉柄は長さ 20〜60 cm で断面は四角形．暗紫褐色で光沢があり平滑だが，基部には根茎のそれと同質の鱗片がある．葉身は長さ 30〜40 cm，幅 20〜25 cm ほどで 2 回羽状に深裂し，大形の頂羽片をつける．5〜8 対の羽片はまばらに対生し，各羽片は後ろ側にだけ小羽片を出し，前側は下部羽片に耳状の裂片がつく以外は切れ込まず全縁であり，いわゆる櫛形の羽片である．中軸は濃褐色で光沢があり，向軸側は円味を帯びる．葉は草質で栄養葉のふちには細かなきょ歯がある．胞子嚢群は後ろ側の羽片のふちに連続してつく．中国では全草を薬用し，解熱剤やヘビにかまれた傷の治療に用いる．〔日本名〕大天草羊歯は大形のアマクサシダの意．〔漢名〕半辺旗，半辺羽裂鳳尾蕨．

4597. ハチジョウシダ　〔イノモトソウ科〕

Pteris fauriei Hieron.

伊豆諸島及び伊豆半島以西以南の平地，山地のやや乾いた所に生える常緑性多年生草本．根茎はやや太くて斜上する．葉は束生して長さ 1 m にも達する．葉柄は葉身よりも長く，直立してかたく滑らかで下部には褐色の細い鱗片がある．葉身は卵状楕円形，長さ 30～60 cm，2 回羽状に深裂し，羽片は 5～7 対あり，先端が尾状に長くとがった細い長楕円形，斜めに開出し下部は中部よりも狭い．羽片はさらに端正な羽状に分裂するが最下羽片だけは下部の外側に 1～2 個の大きな長い羽片が出て，これはさらに羽状に深裂する．羽片の先は急に羽裂をやめて頂片になる．裂片は長楕円形，鈍頭，洋紙質またはほとんど革質．全縁．胞子嚢群はほとんど全部の葉のふちに生じ，葉のふちが内側に曲がって包膜となり，胞子嚢群をおおう．〔日本名〕八丈羊歯は伊豆八丈島ではじめて採られたからである．本種の学名に以前はよく *P. quadriaurita* Retz. を用いたがこれは別種とみられている．

4598. コハチジョウシダ（ハチジョウシダモドキ）　〔イノモトソウ科〕

Pteris oshimensis Hieron.

ハチジョウシダモドキとも呼ぶ．千葉県清澄山系から紀伊半島にかけての太平洋側と四国，九州に分布する．中国からインドシナ方面にも同一種と思われるものがある．低地から山地にかけて見られ，通常は樹陰に生えるが，直射光をあびる道ばたや草地にもある．常緑性．ハチジョウシダと異なり，葉質は薄く，典型的なものは草質である．根茎は斜上し，数枚の葉を出す．葉は 50～100 cm で，葉柄は葉身と等長かやや長く，下部に披針形で褐色の長さ 4～5 mm の鱗片を散生している．葉身は 2 回羽状で，羽片は 8～10 対あり，はっきりとした頂羽片がある．最下羽片は長さ 10 cm，幅 2 cm 前後で，短柄がある．基部近くから 1 枚，まれに 2 枚の小羽片を外側へのばすが，これはハチジョウシダ類に共通してみられる性質である．各羽片は中軸に対して 60° ほどの角度で開出していて，それぞれの間隔はハチジョウシダよりはるかにまばらである．小羽片は鈍頭で，羽軸近くまで深く切れこんでいる．子嚢類は小羽片のふちに沿って長くつき，全縁の偽包膜でおおわれる．〔日本名〕小八丈羊歯は小形のハチジョウシダの意である．

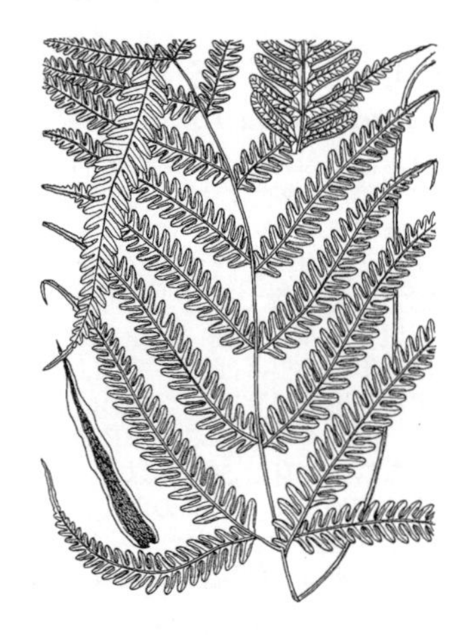

4599. ヤワラハチジョウシダ　〔イノモトソウ科〕

Pteris natiensis Tagawa

日本固有種．紀伊半島（三重県・和歌山県），四国（徳島県・高知県），九州（宮崎県・鹿児島・長崎県）のみに分布が知られている．その北限は尾鷲市，南限は屋久島である．山地の林床に生育するが，かなりまれである．葉形はハチジョウシダに似るが，葉質は薄く柔らかである．葉身は長さ 30 cm に達し，はっきりした頂羽片をもつ．側羽片は 1～5 対で，最下羽片の外側の第 1 小羽片はよく発達し羽軸と同質の側脈をもち，各羽片と同じように深裂する．各裂片の幅は約 5 mm，長さは約 2～4 cm である．葉柄は長さ約 50 cm で，緑色を帯びた藁色で，基部にはごく細い赤褐色の鱗片がわずかにつく．黄緑色をした葉身は木漏れ日をできるだけ多く受けるように展開するので，葉柄に傾いてつく．このシダは 1922 年に小泉源一が和歌山県の那智で採集し，その標本に基づき田川基二が記載発表したものである．〔日本名〕姿がハチジョウシダに似ながらその葉質が柔らかなことを意味している．

4600. オオバノハチジョウシダ　〔イノモトソウ科〕

Pteris terminalis Wall. ex J.Agardh（*P. excelsa* Gaudich. var. *excelsa*；*P. inaequalis* Baker var. *aequata* (Miq.) Tagawa）

秋田県以南の暖地の湿った山地に生える大型の常緑性多年生草本であるが，関東以北では冬には葉が枯れる．根茎は短い塊状で葉をやや密に生じる．葉は大型で 1 m 以上 2 m にも達し，葉柄は太く基部では径 5 mm にも達し，葉身よりも長く，下部には褐色の鱗片がある．前面には縦溝があり，黄褐色で光沢がある．葉身は長楕円状卵形，2 回羽状に分裂し，数対の羽片を中軸から斜めに開出するが葉の先は不連続的に羽片が小形となる．羽片は線状長楕円形，長さ 30～50 cm，羽状に分裂し，先端は羽裂しないで尾状に長くのびる．葉質は洋紙質でやや淡緑色を呈する．最下羽片の外側の第 1 小羽片は特に大形でさらに羽状に分裂する．裂片は線状披針形，鋭尖頭，細かいきょ歯がある．胞子嚢群は小羽片の先端部を除いて全部のふちにつき，その部分では全縁となる．〔日本名〕大葉の八丈羊歯の意味である．もとは学名に *P. longipinnula* Wall. をあてたが誤りであった．

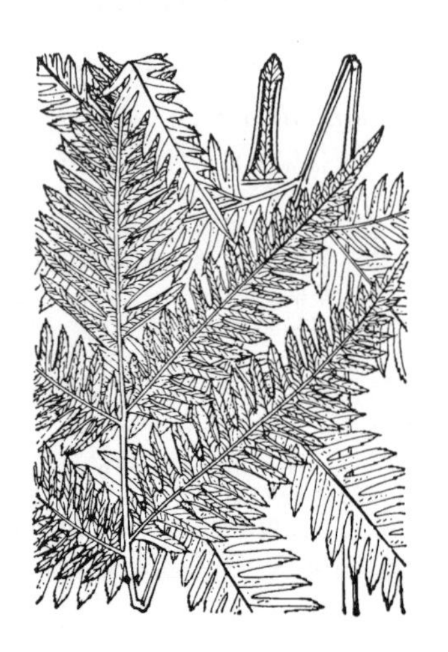

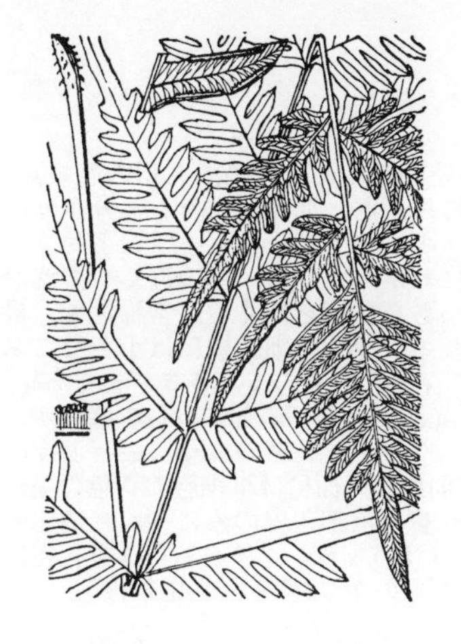

4601. オオバノアマクサシダ 〔イノモトソウ科〕

Pteris inaequalis Baker（*P. excelsa* Gaudich. var. *inaequalis* (Baker) S.H.Wu ; *P. excelsa* var. *simplicior* (Tagawa) W.C.Shieh）

オオバノハチジョウシダの1変種．それと同じような生態と分布とを示すが，より暖地を好み，ややまれに見られる．オオバノハチジョウシダよりも小型であるが葉柄は葉身よりひどく長く，羽片は互に離れてつき，その先は長く尾状に伸びしかも前側は不規則に少数の裂片をまばらに出すかまたはえぐりとったように全く裂片を出さない．しかし外側即ち後ろ側は正常に羽状に分裂するので羽片の非相称が著しい．また最下羽片の外側には特に1個の羽片を出す．特に変種として区別する程のものではないと考えられ，牧野富太郎はかつて *P. longipinnula* Wall. f. *inaequalis* Makino として品種に扱ったことがある．〔日本名〕大葉の天草羊歯の意味で，羽片の前側が裂片をつけない点がアマクサシダに似ているからであるが，葉質が洋紙質であって厚膜質でなく，淡緑色で暗緑色でない上に，全体に大きくまた一層湿った地を好むなどで相違がある．

4602. ヒノタニシダ 〔イノモトソウ科〕

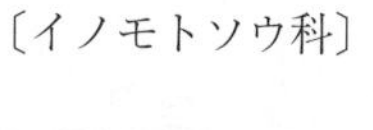

Pteris nakasimae Tagawa

ごくまれに九州の紫尾山麓に産する常緑性の多年草で，山地の樹林下に生える．根茎は短くはい，赤褐色で線状披針形，長さ4〜5 mmの鱗片を密につける．葉柄は長さ35〜40 cmで，やや紫色を帯び光沢がある．基部には根茎のそれと同様の鱗片がつく．また鱗片が落ちた後は小さな突起となって残る．葉身は2回羽状で深裂し，薄い草質で鮮緑色をしている．毛はない．中軸もやや紫色を帯び光沢がある．羽片は6対ほどが対生し，頂羽片は顕著である．羽片と羽片の間は間隔があり，まばらに見える．小羽片は長短が不同で，一見奇形葉のようにも見える．最下羽片の下部からは1枚の長い2次羽片が反曲して出ている．小羽片の中軸に近接する葉脈は連結して網目をつくる．屋久島などの山地の樹陰に生じ，台湾にも分布しているヒカゲアマクサシダ *P. purpureorachis* Copel. にごく近縁のものと思われる．〔日本名〕樋の谷羊歯は，1938年に中島一男が紫尾山の樋の谷ではじめて採集したことに因んだものである．

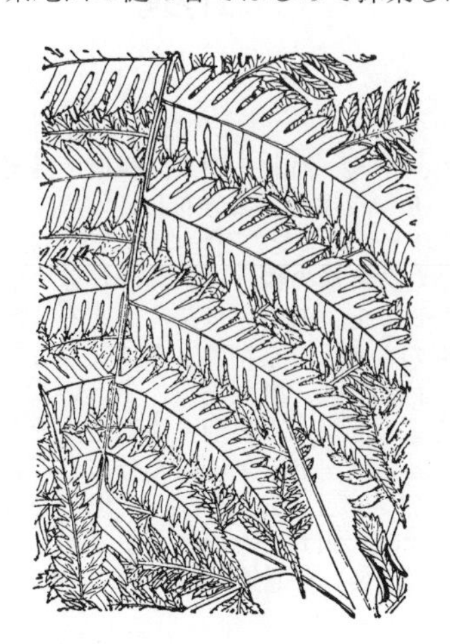

4603. ナチシダ 〔イノモトソウ科〕

Pteris wallichiana J.Agardh

房総半島以西，東南アジアまで分布の広いもので暖地の山中樹林下に生える常緑性の大形多年生草本で，八丈島以北では冬には葉が枯れる．根茎は太く地上に露出して横にはい，葉柄基部とともに褐色のうすい鱗片をまばらにつける．葉は大形，高さ1 m以上2 mに達し，根茎から接近して直立して生じ，栗褐色のつやがあって太く葉柄の上部に3羽片に分岐した葉身をつける．左右の羽片はさらに2羽片に分岐するので，あわせて5羽片が掌状に開き五角形を作ってほぼ水平に展開する．鮮緑色で瑞々しい美しさがある．革質を帯びた草質，羽片は2回羽状に深裂し，上部に頂羽片がある．小羽片は披針形，鋭尖頭，無柄でその裂片は長楕円形，鋭頭でありふちには細かいきょ歯がある．また裂片の中脈の基部をつなぐ脈が小羽片の中脈の両側に網目をつくっている．胞子嚢群は裂片のふちに沿ってできる．〔日本名〕那智羊歯ははじめに和歌山県那智山で知られたのによる．オオバノハチジョウシダとは葉形で区別できるが，小羽片だけを比べても中脈の両側に見られる特異の網状脈で区別が容易である．

4604. ハコネソウ（ハコネシダ，イチョウシノブ） 〔イノモトソウ科〕

Adiantum monochlamys D.C.Eaton

本州以南の暖地の山中の崖，岩面等に生える常緑性の多年生草本．根茎はかたく短くはい，密に暗紫褐色から褐色でつやのある鱗片がついている．葉は接近して数本生え，葉柄は葉身とほぼ同長，約10〜15 cm，光沢のある黒褐色の針金状でかたく，またもろく，基部には根茎と同様な鱗片がつく．葉身は卵状披針形，先端は鈍形，2〜3回羽状複葉となり，洋紙質で淡緑色，ことに芽立ちは赤紫色を帯びて美しい．羽片も葉身と同形であり中軸と羽軸とは共に黒紫色で光沢がある．裂片は倒心臓状三角形で下半部はくさび形で，イチョウの葉を小形にしたような形で扇状に広がる脈があり，基部には短い柄を持つ．上側のふちには細かいきょ歯があり，その中央が少し凹んだところに反り返った褐色の包膜に包まれて下面に胞子嚢群が1裂片に1個つく．〔日本名〕箱根羊歯及び箱根草は神奈川県箱根山で徳川時代中期に来朝したケンフェルが採集し，産前産後の特効薬といった事から当時の本草学界で注目されてこの名ができた，またケンフェルがオランダ使節の随員であった関係から「オランダソウ」の名もできた．イチョウシノブの名は裂片がイチョウに似ているからである．古く文雅の人達はこの葉の勢いよいものを選び裂片だけをちぎってとり去り残った葉柄と羽軸とをたくさん束ねて小箒にしたのを玉箒といって机上用に愛玩したものである．全草を民間薬に使うことは上述のケンフェルから始まった．

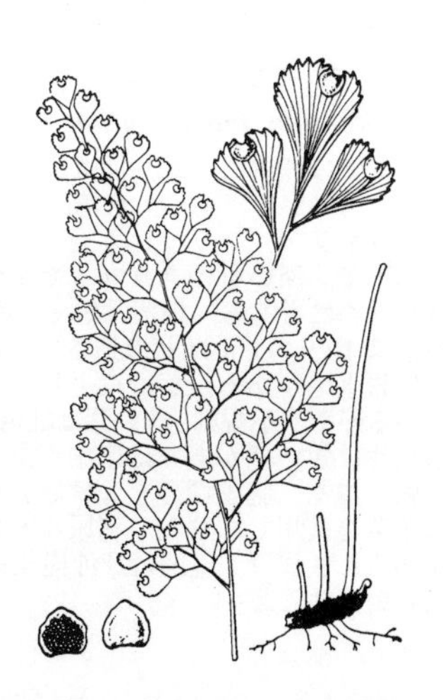

4605. スキヤクジャク　〔イノモトソウ科〕

Adiantum diaphanum Blume

日本ではたいへん珍しいシダの一つで，小笠原諸島と硫黄島，九州の壱岐島，平戸市大島，屋久島，沖縄諸島などに産するのみだが，世界的にみると分布は広く，台湾，フィリピン，インドネシア，ニューギニア，ニュージーランド，フィジーからオーストラリア南部にまで，両半球にわたっている．滝の近くや渓流沿いの水のしたたる崖や岩場に着生し，ふつう小さな群落をつくる．常緑性で，根茎は短くほぼ直立し，赤褐色の鱗片でおおわれる．多数の細い根には小さなこぶ状の突起がある．葉は束生し，直立するものから下垂するものまでさまざまであり，長さは 10～25 cm．葉柄は細長く，黒色に近く光沢があり，基部に少数の鱗片がある．葉身は暗緑色で，単羽状のものから，ジュウモンジシダのように最下羽片のみが長くのび，2 回羽状になるものまである．羽片の両面には単細胞の茶色の毛が散生している．胞子嚢群は 1 羽片につき 5～10 個，前部辺縁のみにつく．偽包膜は円形ないし腎臓形で表面は褐色の小毛でおおわれている．〔日本名〕透綾孔雀は種形容語の *diaphanum*（きわめて薄い）に因んだものか．〔漢名〕長尾鉄線蕨．

4606. ホウライシダ　〔イノモトソウ科〕

Adiantum capillus-veneris L.

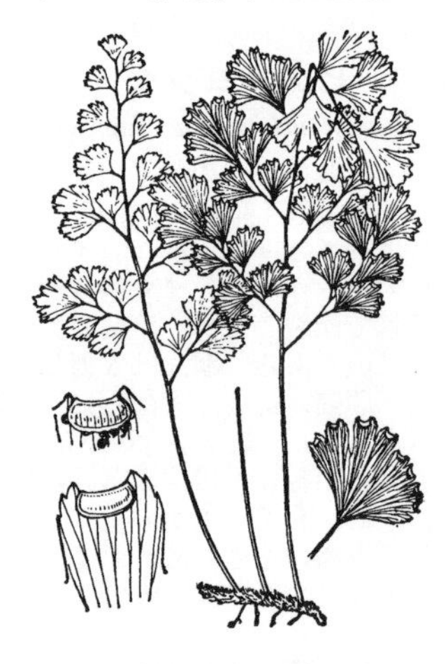

汎世界的に分布するのが，日本では伊豆諸島および東海以西に産し，湿った岩上，崖等に生える常緑性多年生草本．関東南部にもしばしば産するが真の自生ではないようである．根茎は短くはい，上面から近接して葉を生じる．葉は 30 cm 内外斜めに立つ．葉柄は長さ 15 cm，光沢のある紫褐色でもろい針金状．葉身は長卵形または広披針形で長さ 15 cm，下半部では 2 回羽状複葉的となる．羽軸は糸状で細く，羽片はゆがんだ扇形で基部は広いくさび形，前側のふちはいろいろの程度に切れ込んで数個の裂片に分かれる．色は黄緑色うすい草質で乾くと膜質となり無毛で表裏の区別がない．胞子嚢群は裂片の上側のふちにつき，ふちが反り返ってできた包膜に包まれる．〔日本名〕蓬莱羊歯，台湾に自生が多いので台湾の雅名高砂に関連して蓬莱の名がついたもの．種形容語は capillus（髪の毛）と Venus（美の神ヴィーナス）の合成語で葉柄のつやのある黒い美しさをヴィーナスの髪の毛にたとえたもの．イチョウを英名 maidenhair tree というのはイチョウの葉形を本種の葉の裂片にたとえ，英名 maidenhair fern になぞえられて呼んだものである．

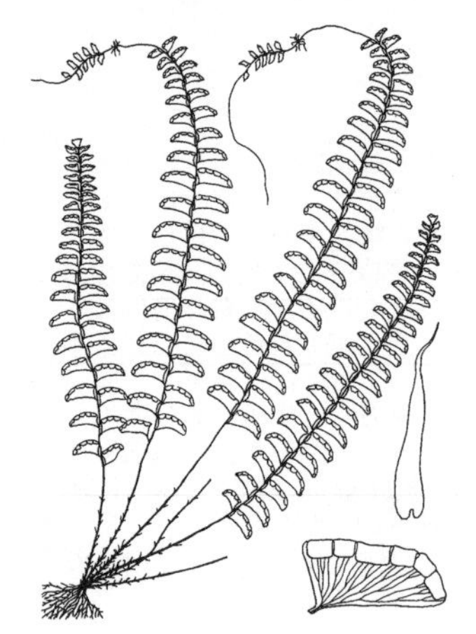

4607. オトメクジャク　〔イノモトソウ科〕

Adiantum edgeworthii Hook.

日本では大分県のみに産する．国外では台湾，中国（河北，山東，四川，雲南省など），フィリピン，インドシナ，タイ北部，ヒマラヤなどに分布している．常緑性の多年草で，やや日当たりのよい山地の岩の上や道ばたの石垣などに生える．石灰岩を好む．根茎は短く直立し，黒味を帯びた披針形の鱗片におおわれる．葉は束生し，葉柄は紫褐色で光沢があり，長さ 2～10 cm．基部には鱗片がある．葉身は単羽状で帯状に長くのび 20 cm に達するものもある．葉軸はときに長くむち状に伸長し，先端に無性芽をつける．羽片は半月形で 15～20 対あり，上へいくにしたがい小さくなる．短い柄があり，無毛．羽片の上側が不規則に浅裂し，その裂片のふちに胞子嚢群をつける．全体的にみると，東南アジアに広く分布していて糖尿病などに薬用されることのあるクジャクデンダ *A. caudatum* L. に似ているが，こちらは葉軸にも葉身にも毛を密につけるので区別はたやすい．〔日本名〕乙女孔雀はその姿の繊細さを表したものであろう．〔漢名〕普通鉄綫蕨，愛氏鉄線蕨．

4608. オキナワクジャク　〔イノモトソウ科〕

Adiantum flabellulatum L.

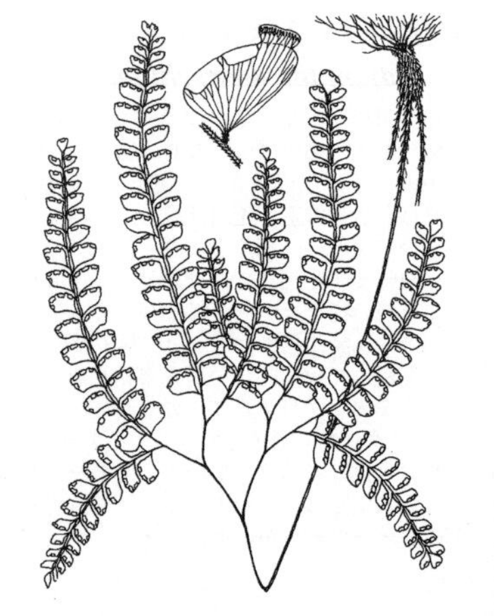

日本では熊本県天草，屋久島，奄美諸島および沖縄諸島に産するが，分布の中心は東南アジアである．台湾，中国南部，フィリピン，インドシナ，マレーシア，インドネシア，スリランカ，インドなどで知られている．常緑性の多年草．山地の林下で，深い谷のきり立った崖から尾根筋まで，多様な環境に生え，まれには海辺近くにもある．根茎は短く，直立あるいは斜上し，黄褐色の鱗片を密生する．葉柄は 10～40 cm ほどの長さで，ほぼ黒色で光沢がある．向軸側に溝があり，そこに短直毛がある．葉は束生し，長さ 15 cm 前後で，クジャクシダ形の分岐をしているがやや不規則．若い葉は紅色を帯びる．羽軸の表面にも褐色の毛が密生する．小羽片は短い柄がありほぼ扇形で半ば革質．胞子嚢群は小羽片の前側のふちに断続的につく．胞子嚢群をつけない小羽片のふちは細かくきょ歯状となる．中国では全草を薬用し，解熱，利尿などの効用のほか熱湯によるやけどの治療にも効果があるとされる．〔日本名〕沖縄孔雀は最初に沖縄（石垣島）で採集されたため．〔漢名〕扇葉鉄線蕨．

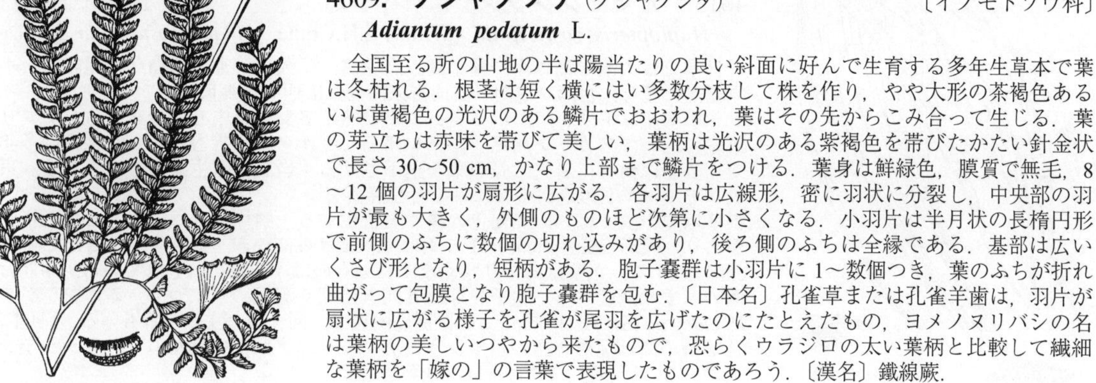

4609. クジャクソウ（クジャクシダ） 〔イノモトソウ科〕

Adiantum pedatum L.

全国至る所の山地の半ば陽当たりの良い斜面に好んで生育する多年生草本で葉は冬枯れる．根茎は短く横にはい多数分枝して株を作り，やや大形の茶褐色あるいは黄褐色の光沢のある鱗片でおおわれ，葉はその先からこみ合って生じる．葉の芽立ちは赤味を帯びて美しい，葉柄は光沢のある紫褐色を帯びたかたい針金状で長さ 30～50 cm，かなり上部まで鱗片をつける．葉身は鮮緑色，膜質で無毛，8～12 個の羽片が扇形に広がる．各羽片は広線形，密に羽状に分裂し，中央部の羽片が最も大きく，外側のものほど次第に小さくなる．小羽片は半月状の長楕円形で前側のふちに数個の切れ込みがあり，後ろ側のふちは全縁である．基部は広いくさび形となり，短柄がある．胞子嚢群は小羽片に 1～数個つき，葉のふちが折れ曲がって包膜となり胞子嚢群を包む．〔日本名〕孔雀草または孔雀羊歯は，羽片が扇状に広がる様子を孔雀が尾羽を広げたのにたとえたもの，ヨメノヌリバシの名は葉柄の美しいつややから来たもので，恐らくウラジロの太い葉柄と比較して繊細な葉柄を「嫁の」の言葉で表現したものであろう．〔漢名〕鐵線蕨．

4610. タキミシダ 〔イノモトソウ科〕

Antrophyum obovatum Baker（*A. japonicum* Makino）

伊豆半島以西の暖地の山中樹林下の岩面，または岩の間に生える常緑性多年生草本．湿気の多い所を好む．根茎は短くはい，栗色の根毛をもったひげ根を束生する．葉は数枚束生し，葉柄はやや多肉質で比較的長く，上部では両側に多少翼がある．葉身は長楕円形，または多少菱形の楕円形，両端ともに狭まり，上部は鋭頭，または鈍形，時には 2 裂するものもある．下部は次第に狭くなってくさび形となり，葉柄に移行する．葉のふちはうすく，全縁．葉脈はやや厚く，無毛で深緑色．長さ 10～30 cm ぐらい．葉脈は網状に結合して中脈というものがない．網目は縦に長く，遊離脈をもたない．胞子嚢群は葉脈に沿ってやや凹んだ溝の中につき，線形，または 2 つに分岐したり，左右のものが連結したり，また離れたりする．〔日本名〕滝見羊歯は，牧野富太郎が明治 19 年（1886）の春，高知県高岡郡上分（かみぶん）村（現在は須崎市）樽の滝に見物に行った時附近の岩の上に本種を見つけたので，それを記念して名付けたものである．別名にクツベラシダというのは葉形から靴篦を連想したものだが雅名とはいい難い．

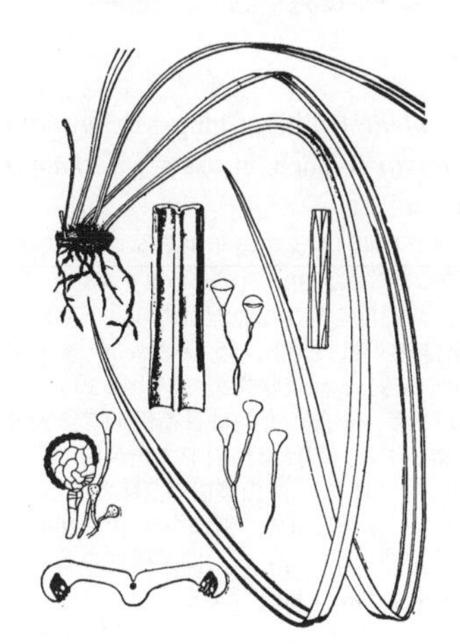

4611. シシラン（イワヒゲ） 〔イノモトソウ科〕

Haplopteris flexuosa (Fée) E.H.Crane（*Vittaria flexuosa* Fée）

関東以西の暖地の山中の樹林下の岩石上，または樹上に着生する常緑性多年生草本．根茎は短く横にはい，褐色～黒褐色の狭披針形の鱗片を密生する．鱗片の先は細長くとがる．下から黄褐色の根毛をもったひげ根を出す．葉は混みあってつき，細長い線形，下部は少し上を向くが，上部は下に垂れ下がり，長さ 30～50 cm，幅 4～7 mm，厚い革質，深緑色，下部は次第に狭くなり，葉柄に移行する．葉柄は多少とも黒色となる，先端は尾状鋭尖頭，上面は中脈に沿って凹み，溝となり，ふちは全縁，乾けば下側に巻きこむ．中脈は著しく下面に隆起する．側脈は中脈から羽状に分出するが，葉肉内に埋もれて見えず，葉のふちの近くで互に連結し，ゆるい網状結合をつくる．葉の両側のふちの浅い溝の中に胞子嚢群が長く連続してつく．胞子嚢の間には先のふくれた毛が混じる（附図中央）．〔日本名〕獅子蘭，恐らく葉が束生してふさふさと乱れている状態を獅子頭（シシガシラ）即ち獅子のたてがみに見立てたものであろう．岩鬚は，岩上に生える細長い葉をひげになぞらえたもの．

4612. ナカミシシラン 〔イノモトソウ科〕

Haplopteris fudzinoi (Makino) E.H.Crane（*Vittaria fudzinoi* Makino）

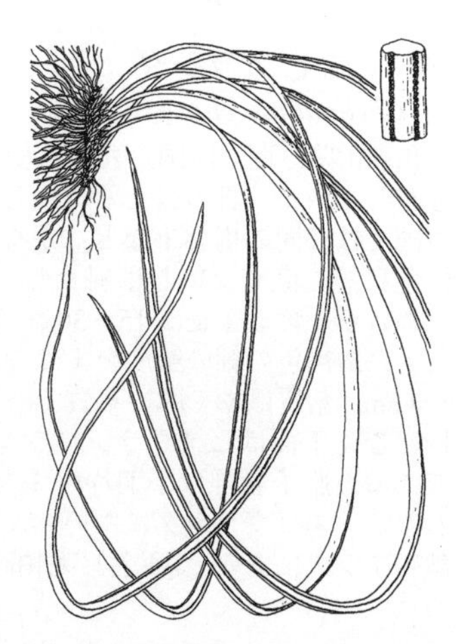

関東（秩父多摩山地）以西，四国，九州に分布し，中国（広西，貴州，四川，雲南省など）にも産する．常緑性の多年草．深山の岩上や樹幹に着生する．稀産種の一つ．根茎は短くはい，葉を密につける．根茎をおおう鱗片は線状披針形で茶色ないしは暗褐色，細胞壁が褐色のため格子状となる．ふちにはまばらに歯牙をつけ，光沢がある．葉は長さ 20～40 cm，幅 3～4 mm．葉身と葉柄との区別は明確ではない．幅のわりに葉質が厚いので紐状である．光沢のある上面には 2 条の溝が走る（シシランでは溝は 1 条である）．中肋は下面に幅広く隆起しており，上面での隆起はわずかである．胞子嚢群は中肋とふちの中間に走る溝の中につき，シシランのように葉縁で抱かれることはない．一見したところウラボシ科のクラガリシダ（4785 図参照）にもよく似ているが，こちらは葉の上面の溝は中肋上に 1 条のみである．藤野寄命が 1884 年に愛媛県小田深山で最初に見つけた．〔日本名〕中実獅子蘭．胞子嚢群が中肋と葉縁との中間に生じることに因む．〔漢名〕平肋書帯蕨．

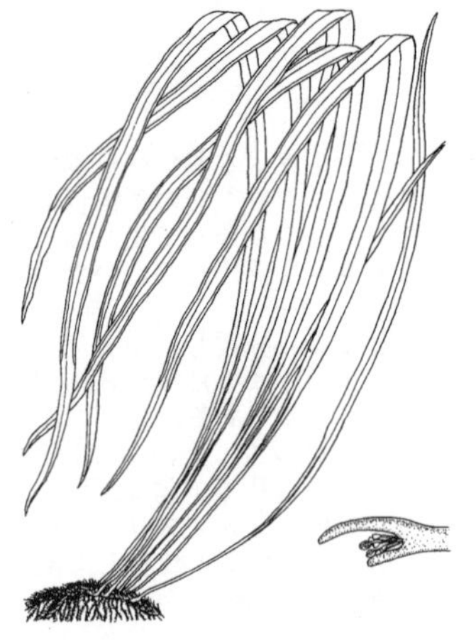

4613. アマモシシラン（シマシシラン）　〔イノモトソウ科〕

Haplopteris zosterifolia (Willd.) E.H.Crane（*Vittaria zosterifolia* Willd.）

日本では大隅半島以南，種子島，馬毛島，屋久島，奄美諸島，沖縄諸島と小笠原諸島に産し，台湾，中国（雲南省東南部，広西省，海南島），フィリピン，インドシナ，インドネシア，ポリネシアなど熱帯アジアを中心に分布する．アフリカ東岸に近いマスカリン諸島，コモロ諸島などからの報告もある．常緑性の多年草で，多くは樹幹に着生し長い葉を垂下させる．岩上に着生するものもある．東南アジアではヤシの老樹の幹にみごとな群落をつくっているのをしばしば目にする．根茎はやや長くはい，黒褐色の鱗片を密生する．鱗片にははっきりとした格子紋があり，線形で長さ 1 cm 以下．葉はややまばらにつき，長さは 1 m ほどで幅は 15 cm に達する．葉質はあまり厚くなく長いものは不規則にねじれている．中肋は下面のみやや隆起する．胞子嚢群は外向きに開く葉縁の中につく．ムニンシシラン *H. elongata* (Sw.) E.H.Crane との区別は困難で，同一種とする学者もいる．〔日本名〕甘藻獅子蘭は種形容語の示すようにアマモ科のアマモに葉が似ているシシランの意である．〔漢名〕長葉書帯蕨，垂葉書帯蕨．

4614. ヒメウラジロ　〔イノモトソウ科〕

Aleuritopteris argentea (S.G.Gmel.) Fée

（*Cheilanthes argentea* (S.G.Gmel.) Kunze）

山中の岩上にあるがまた人家近くの石垣や城跡の石垣などにも生える多年生草本で，陽当たりのよい所を好む．関東以北では葉は冬にはほとんど枯れるが以南では巻き込んで辛うじて残っている．根茎は短く斜めで，黒褐色で披針形の鱗片を密生し，その先端から高さ 10～20 cm の葉を束生する．葉柄は葉身よりもはるかに長く，細い針金状でもろくて折れ易く，紫褐色で光沢があり，下部にまばらに鱗片がつく．葉身はほぼ五角形に近い三角形で長さ 5～8 cm，幅 5～6 cm，やや厚く，上面は緑色，下面は白色または黄白色の粉状物を密布するので美しい．数対の羽片を生じ，最下羽片を除いて中軸に広くつき，流れて翼を作る．最下羽片は特に大きく，さらに羽裂する．裂片は線状長楕円形，ふちに細かいきょ歯があり，中軸は紫褐色を帯び色彩の対照が美しい．胞子嚢をつけた葉では，ふちが反り返って連続した包膜となり，胞子嚢群を包む．〔日本名〕姫裏白は，小形であることと葉の裏が白色であることを目印にした名である．またウラジロシダともいう．

4615. ミヤマウラジロ　〔イノモトソウ科〕

Aleuritopteris kuhnii (Milde) Ching（*A. kuhnii* (Milde) Ching var. *brandtii* (Franch. et Sav.) Tagawa；*Cheilanthes brandtii* Franch. et Sav.；*C. kuhnii* Milde var. *brandtii* (Franch. et Sav.) Tagawa）

関東および中部地方の山地の半ば陽当たりのよい岩壁や石間に生える多年生草本で葉は冬枯れる．根茎はやや太く斜めにあり，枯れた葉柄と鱗片をつけ，高さ 30～50 cm の葉を束生する．葉柄は葉身とほぼ同じ長さ，細い針金状で折れやすく，紫褐色を帯びて光沢があり，下部には淡褐色膜質で披針形の大形の鱗片がある．葉身は長卵形あるいは披針形，幅 5～12 cm，薄くて柔らかい草質，上面は緑色，下面は灰白色の粉がついている．2 回羽状複葉で羽片はまばらに出て 6～8 対，下部のものは卵形または長卵形で短柄があり，上部のものは長楕円形で無柄となる．小羽片は卵状長楕円形，先は円く，羽状に浅～深裂する．裂片は楕円形で先が円く，ふちが反り返って生じた包膜は裂片の全長にわたり連続する．〔日本名〕深山裏白の意味であって，ヒメウラジロと形状が似てしかも山深くにあるからである．本種に似て，葉は小形 10～20 cm，葉柄は葉身よりもはるかに長く，鱗片は暗褐色，包膜は連続しないものが，関東西部の石灰岩上にまれに生じる．これはイワウラジロ *A. krameri* (Franch. et Sav.) Ching である．

4616. エビガラシダ　〔イノモトソウ科〕

Cheilanthes chusana Hook.

和歌山県以西，四国，九州に産し，朝鮮半島南部，中国，インドシナにも分布している．日の当たる乾燥した岩場や道ばたの石垣の間などに生える．中国では谷間の樹林下など，かなり湿った場所にもある．常緑性の多年草．根茎は短く直立ないしは斜上し，葉を束生する．線形に近い茶褐色の鱗片をつける．葉の全長は 15～30 cm ほどで，ごく短い葉柄がある．葉柄，中軸ともに暗褐色の細い鱗片をまばらにつけている．葉身は 2 回羽状で，幅は 2～4 cm．葉質はやや厚い草質である．下部の羽片は小形になる．小羽片には柄はなく下面はヒメウラジロやミヤマウラジロなどと違って白くなく緑色である．胞子嚢群は小羽片のふちからやや離れて内側につき，包膜でおおわれる．エビガラシダにたいへんよく似た種 *C. mysurensis* Wall. ex Hook. が熱帯アジアにある．〔漢名〕毛軸碎米蕨．

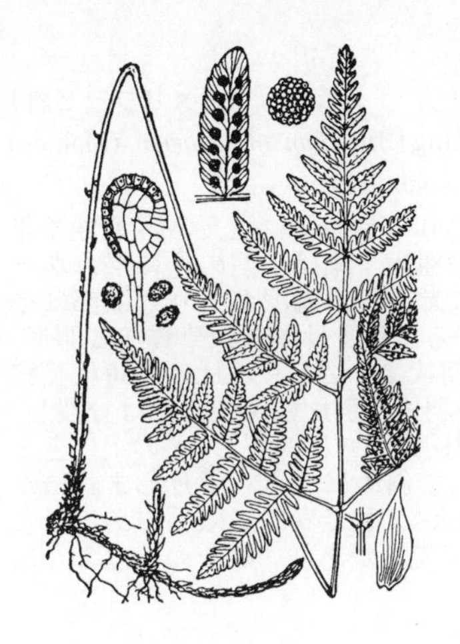

4617. **ウサギシダ**

〔ナヨシダ科〕

Gymnocarpium dryopteris (L.) Newman

本州中部以北の深山の林下で腐植土のないところに生える落葉性の多年草．根茎は細長く横にはい，葉をまばらにつける．葉は長さ 20〜30 cm，軟らかい洋紙質で，帯白緑色，毛はない．葉柄は葉身よりも長くて細く，基部に三角状披針形で膜質の鱗片を疎生する．葉身は柄の先端と関節し，2 回羽状複葉．最下羽片は，それより上の葉身とほぼ同大であるため，葉身は 3 羽片に分岐しているように見える．さらに外側の第 1 小羽片が特に大きいので全形は五角形状の三角形となる．最下の 1 または 2 羽片が有柄．軸には腺毛がない．羽軸はまた中軸と関節し，小羽片は羽状に深裂，裂片は長楕円形できょ歯縁をもつ．胞子嚢群は最終脈上に並び点状で包膜がない．同属のイワウサギシダ *G. jessoense* (Koidz.) Koidz. は，葉軸にまばらに腺毛があり，最下羽片はそれより上の葉身よりも明らかに小さい．〔日本名〕兎羊歯，葉柄上端の関節から葉身が脱落した痕が兎唇状に見えることによる．

4618. **エビラシダ**

〔ナヨシダ科〕

Gymnocarpium oyamense (Baker) Ching

関東以南の山地にまれに生える落葉性の多年生草本で岩壁または岩石地についている．根茎は長く横にはい，まばらに分枝し，少数の葉をまばらにつけもろい質でやや密に鱗片がある．葉柄は葉身よりも長く，20〜25 cm，細い針金状でやや光沢があり，下部には白褐色の膜質鱗片がある．葉身は膜状の洋紙質で無毛，平坦で質はうすい出来で鮮緑色，基部はある角度で傾いて葉柄と関節して特徴のある姿勢をしており，長卵状三角形，羽状に深裂し，裂片は細長い長楕円形で鈍頭下部の裂片はさらに羽状に浅裂し，浅裂片は円頭，上部の裂片はだんだん小さくなり鈍きょ歯をもつ．葉脈は羽状に分岐し，小脈はまれに 2 叉する．胞子嚢群は比較的大きく楕円形または円形，大小一様でなく，小脈に沿って裂片上に散らばり，包膜はない．〔日本名〕箙（えびら）羊歯の意味で恐らく葉柄を矢に見立て，それがやや斜めに葉身についているので，矢をさしこんである箙に見立てたものであろうと新たに考える．ジクオレシダ（軸折れシダ）ともいう．

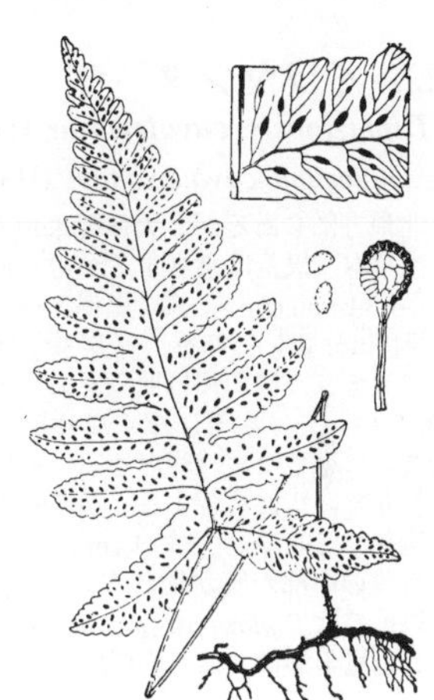

4619. **ナヨシダ**

〔ナヨシダ科〕

Cystopteris fragilis (L.) Bernh.

北海道，本州，四国の高山地帯の岩間に生える落葉性の多年生草本．根茎は小形で葉は多数束生し高さ 15〜25 cm でやわらかい草質である．葉柄はごく細い針金状で，もろく折れ易く，多少紫赤色を帯び，下部に長卵形または披針形の淡褐色小形の鱗片をまばらにつける．葉身は 2 回羽状複葉で卵状披針形，長さは 10〜15 cm あり，鋭尖頭で，下部羽片はやや縮小する．中軸と羽軸の基部にはまばらに毛状の鱗片のあることもある．羽片は三角状長卵形で，鋭頭，基部には短い柄があり，裂片にも短柄がある．裂片は卵状長楕円形，ふちは羽状に中裂し，またきょ歯がある．胞子嚢群は小形で葉の下面に散生し小脈上につき，先のとがった卵形の膜質の包膜があるが，包膜は基部で小脈につき，胞子嚢群の下から出て，これをおおうが，後に反転する．〔日本名〕ナヨシダは全体がうすく，ひよわでなよなよした性質であるからである．

4620. **ウスヒメワラビ**

〔ナヨシダ科〕

Acystopteris japonica (Luerss.) Nakai（*Cystopteris japonica* Luerss.）

秋田・岩手県以南の暖地の山中の日陰に生える落葉性の多年生草本．根茎は長くはい径 3〜4 mm であって全面に膜質で卵状または披針形，淡褐色の鱗片がある．やや間隔をおいて高さ 40〜80 cm の葉をつける．葉柄は細く紫褐色でやや光沢があり，まばらに淡褐色膜質の鱗片をつける．葉身は卵状三角形，2 回羽状複葉，鮮緑色のいかにもうすい膜状の草質で，繊細な感じがする．羽片は対生し，中軸と 50°〜60° に交わり，披針状楕円形で先端は次第に細まり，基部は無柄である．小羽片はさらに羽状深裂，裂片は鈍きょ歯縁を持った広線形，円頭．胞子嚢群は各裂片のふちの近くに 1〜9 個つき，点状で不完全な小形の卵形の包膜がある．包膜はたいてい胞子嚢におおわれて見にくい．〔日本名〕薄姫蕨は全形がヒメワラビに似て葉質が薄いためである．

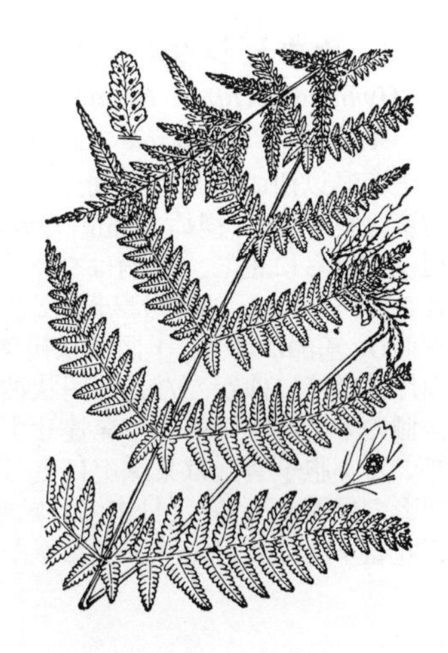

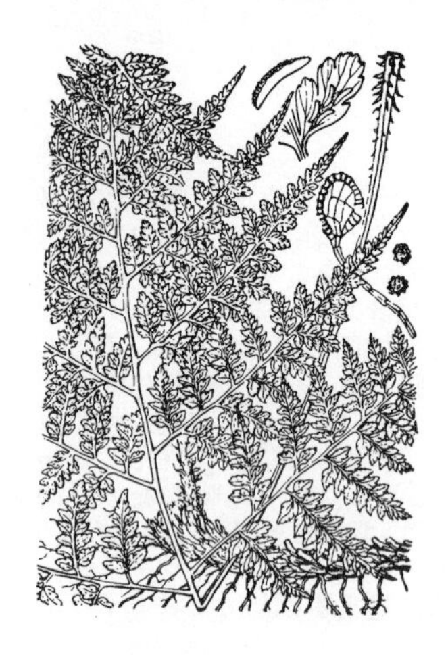

4621. ヌリワラビ 〔ヌリワラビ科〕

Rhachidosorus mesosorus (Makino) Ching（*Athyrium mesosorum* (Makino) Makino ; *Diplazium mesosorum* (Makino) Koidz.）

本州から九州の山中樹林下または陽当たりの良い所に生える落葉性多年生草本．根茎は地下に長く横にはい．やや粗大．葉は根茎の先に混みあってつく．葉柄は 20〜40 cm，中軸とともに赤褐色で光沢があり，下部にやわらかい褐色の披針形膜質鱗片を少しつける．葉身は洋紙状草質，広卵形，長さ幅ともに 30〜60 cm ぐらい，2〜3 回羽状に分裂し，羽片は三角状長楕円形，先端は鋭尖頭，基部に柄がある．小羽片は羽片に深裂または分裂し，三角状卵形，短柄があり，裂片は鈍頭または円頭ふちは浅裂し，その上にきょ歯がある．胞子嚢群は小羽片の中脈に接して斜めにつき，半月形まれにかぎ形に曲がるものがある．包膜はチャセンシダ型で表面に微毛のあることがある．〔日本名〕塗り蕨は，葉柄が褐色で光沢があり，漆をぬったように見えるからである．

4622. イワヤシダ 〔イワヤシダ科〕

Diplaziopsis cavaleriana (H.Christ) C.Chr.

（*Diplazium cavalerianum* (H.Christ) M.Kato）

東北地方にもあるが，大体関東地方以西の暖地の山中樹林下の湿った所に生える落葉性多年生草本．根茎は直立するか短く斜上し，葉は束生する．長さ 50〜100 cm．葉柄は淡緑色，長さ 30〜60 cm．下部に黒褐色披針形の鱗片を少しつける．葉身は葉柄よりもやや長く，1 回羽状に分裂し，草質，長さ 30〜70 cm，幅 15〜30 cm．先は頂羽片となり，側羽片とほぼ同じ大きさ．側羽片は間隔をおいてつき，長楕円形で鎌状に曲がり，6〜10 対，長さ 13 cm ぐらい．先は次第に細くなり鋭尖頭，基部は広いくさび形または切形，無柄，ふちは全縁または小さな波状縁となる．側脈は基部で 2 叉し，中脈とふちの中間から外側で何回か分枝して網状に結合する．網目の中には遊離脈がない．胞子嚢群は中脈の両側に接して，太く隆起して並び，長さ約 1 cm の線形．包膜は幅の広い線形，胞子嚢群を深く抱きこむので，時に包膜の中部が腹が切れるように見えることがある．この点で *Diplaziopsis* になっている．以前には *Diplaziopsis javanica* (Blume) C.Chr. の学名を使ったがこれは別種である．〔日本名〕岩屋羊歯は，最初愛媛県上浮穴郡岩屋寺でとれたからである．

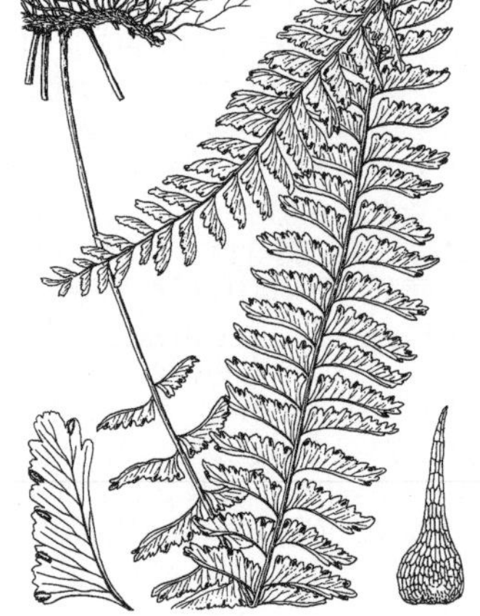

4623. ウスバクジャク 〔チャセンシダ科〕

Hymenasplenium cheilosorum (Kunze ex Mett.) Tagawa

（*Asplenium cheilosorum* Kunze ex Mett.）

日本では種子島，屋久島，奄美大島，沖縄本島，西表島などに産するが，アジアの熱帯に広く分布している．常緑性の多年草で，山地森林中の渓流沿いの岩上に着生する．ホウビシダに近縁な種である．根茎は細長くほふくし，5 mm ほどの間隔で葉を生じる．根茎をおおう鱗片は黒色で幅は狭く全縁．葉柄は長さ 5〜20 cm で，広披針形の鱗片が基部にあるほかは無毛で光沢があり暗紫色．中軸は葉柄と同様で，上面に溝がある．葉身は長さ 30〜40 cm，幅 4〜5 cm ほどで 1 回羽状．羽片は 40 対以上あり，上部はしだいに小さくなり細くなる中軸とともに終わる．下部羽片には短い柄がある．羽片の後ろ側は全縁だが前側は深いきょ歯をつける．胞子嚢群は長さ 1.5〜2 mm で，羽片の上側の裂片のふち近くの脈の末端に一つずつ生じる．包膜は明褐色で成熟時には反り返る．〔日本名〕薄葉孔雀は，一見クジャクシダに似ておりその葉が薄いことに由来する．〔漢名〕薄葉鉄角蕨，歯果鉄角蕨．

4624. ホウビシダ（ヒメクジャクシダ） 〔チャセンシダ科〕

Hymenasplenium hondoense (N.Murak. et S.-I.Hatan.) Nakaike

（*Asplenium unilaterale* auct. non Lam.）

千葉県以西の暖地の山間，湿気の多い岩面に着生する常緑性多年生草本．根茎は長くはい，径約 3 mm．青緑色．やや密に黒褐色の小さい鱗片をつける．葉はまばらに生じ，葉柄はやや直立し，中軸とともに黒褐色で光沢があり，長さ 10〜20 cm，鱗片はほとんどない．葉身は狭い披針形，先端は尾状に長く伸び，基部は切形．1 回羽状複葉で長さ 20〜30 cm，薄い膜質を帯びた草質．羽片は鎌状にゆがんだ長楕円状披針形で，鋭尖頭，鈍きょ歯がある．羽片の後側の下半部はほとんど発達せず．前側の基部は切形，ほとんど無柄となっている．胞子嚢群は葉脈上に生じ，中脈とふちの中間に並び，線状長楕円形，同形の包膜をもつ．〔日本名〕鳳尾羊歯は鳳凰の尾に似たシダの意味であり，姫孔雀羊歯はクジャクシダに似た小形のシダという意味である．

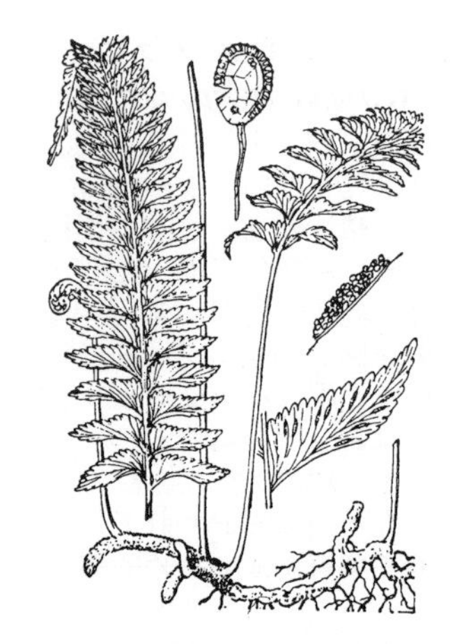

4625. ラハオシダ 〔チャセンシダ科〕

Hymenasplenium excisum (C.Presl) Hatus.

（*Asplenium excisum* C.Presl ; *H. rahaoense* (Hayata) H.Itô ex Tuyama）

日本では奄美大島，沖縄本島，西表島，小笠原諸島に産するのみだが，分布の中心はアジアの熱帯である．ニューギニア，オーストラリアでも報告されている．山地樹林下の湿った場所や渓流に沿った岩などに着生する．常緑性の多年草．ホウビシダによく似ているが，はるかに大形である．根茎はほふくし，ほぼ 1 cm の間隔で葉を出す．葉柄は長さ 15～30 cm で上面に溝があり，暗紫色で光沢があり，基部に落ちやすい鱗片をつける．葉身は 1 回羽状で，羽片柄はごく短い．羽片は鎌形で，ふつう最下のものが最も長く 10 cm ほどになる．葉の先端は単羽状になって終わっている．葉質は膜状草質．胞子嚢群は線形で羽片中肋をはさんで両側の葉脈につき，長さ 5～6 mm．ふちに達することはなく，どちらかといえば中肋よりにつく．包膜は少し曲がっている．〔日本名〕ラハオシダは台湾の地名に因んだもの．〔漢名〕切辺鉄角蕨，剪葉鉄角蕨．

4626. ヒメタニワタリ 〔チャセンシダ科〕

Hymenasplenium ikenoi (Makino) Viane

（*H. cardiophyllum* (Hance) Nakaike ; *Boniniella ikenoi* (Makino) Hayata）

小笠原諸島母島と沖縄県北大東島の石灰岩地にだけに見られる小形の常緑性多年生草本でまれに栽培する．中国の海南島にも産する．根茎は短く斜上，数葉を束生し，葉は高さ 10 cm 内外．葉柄は黒褐色で光沢のある針金状で鱗片は少ない．葉身は葉柄に丁字状に傾いてつき，長卵形，基部は深い心臓形，全縁，長さ 5 cm 内外，幅 2～3 cm，やや革質でもろく，光沢のある深緑色，ふちは下側へ軽く巻いている．支脈は平行するが互いに連結する．葉の下面は黄緑色で支脈に沿って長い胞子嚢群を中脈とふちとの中間に 5～10 対生じ，同形の淡黄白色の包膜をもつ．〔日本名〕姫谷渡りは，コタニワタリに似て一そう小形であるため．かつては小笠原諸島の英語名 Bonin にちなんだ *Boniniella* 属に所属させられていたが，近年の研究によってホウビシダ類に近縁であることが確かめられた．

4627. クルマシダ 〔チャセンシダ科〕

Asplenium wrightii D.C.Eaton ex Hook.

伊豆半島以西の暖地の山中樹林下に生える常緑の多年生草本．根茎は太く，短く斜上する．葉は大きく 70～80 cm．根茎から束生し車輪状に広がり，濃緑色でつやがあり，端正できれいである．葉柄は葉身の 1 / 2 長程度，基部に黒褐色の鱗片を密生し，背面は黒褐色，腹側は緑色．葉身は 1 回羽状に分裂し，長い披針形，先端は尾状に伸びて鋭尖頭．羽片は狭い披針形，先は次第に細くなり，鋭尖頭．ふちにはわずかにゆるい凹凸があり，その上に細かいきょ歯がある．基部は切形または広いくさび形で，短いがはっきりした柄があって中軸につく．葉質は厚いがやわらかい．胞子嚢群は線形，多少とも弓状に曲がり，羽片の中脈の両側に斜めに並び，細長い包膜をつける．〔日本名〕車羊歯の意味で，葉が 1 株から車輪状に出るためである．ハヤマシダに似るが，葉は 1 回羽状複葉である点で区別される．別名クリュウシダは和歌山県南部の九龍（くろ）で明治 10 年（1877）に採集したからである．

4628. ハヤマシダ 〔チャセンシダ科〕

Asplenium* × *shikokianum Makino

（*A. wrightii* D.C.Eaton ex Hook. var. *shikokianum* (Makino) Makino）

西日本の山林中にクルマシダと混じって生える常緑性多年生草本．クルマシダによく似ているが，葉身は卵状披針形，長さ 30 cm，2 回羽状に分裂し，羽片は下部のものが広く，さらに披針形の小羽片に分裂する．上部の羽片は羽状に深～中裂し，裂片には少数のきょ歯がある．小羽片の裂片の基部は羽軸に流れ，翼を作る．胞子嚢群は小羽片，または裂片の中脈の両側に斜上して並ぶ．線形の包膜がある．葉柄基部につく鱗片は披針形で，クルマシダのものよりも幅が狭い．〔日本名〕半山羊歯の意味で，高知県高岡郡半山（ハヤマ）村（現在は津野町）で見つけられたからである．本種はクルマシダとコウザキシダとの雑種と推定されている．

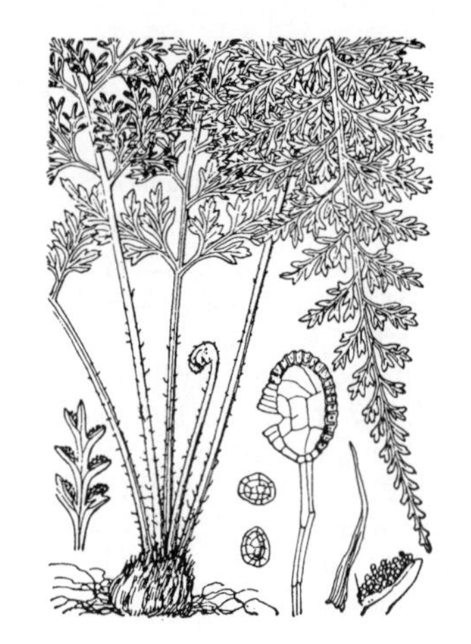

4629. コウザキシダ 〔チャセンシダ科〕

Asplenium ritoense Hayata（*A. davallioides* Hook., non Tausch ; *A. dareoidea* (Mett.) Makino, non Desv.）

千葉県以西の暖地の山中樹林下に生える常緑性多年生草本．根茎は短く斜上し葉を束生する．葉柄は直立し，ややかたく鱗片は少ない．葉身は外形三角状披針形，長さ 15 cm 内外，葉柄よりは長い．葉質は柔らかいが厚い革質．4 回羽状に深裂し，羽片は三角状披針形，裂片は線状長楕円形で鋭頭，全縁，1 脈がある．中軸・羽軸には翼があり，裂片と同じ位の幅がある．裂片の下面のほとんど全面にわたって，長楕円形のあまり長くない胞子嚢群がある．包膜は前方に向かって開く．〔日本名〕コウザキシダは恐らく地名によるものであろうが，はっきりしない．あるいは対馬の神崎に産するからか．ヒノキシダに似るが，中軸が尾状に長く突出せず，コバノヒノキシダとは裂片に 1 個の胞子嚢群がつくにすぎないことにより区別される．

4630. アオガネシダ 〔チャセンシダ科〕

Asplenium wilfordii Mett. ex Kuhn

伊豆半島以西の暖帯の山林中の岩上や樹上に着生する常緑性多年生草本．根茎は短く斜上し黒褐色の細い針形の鱗片におおわれる．葉は数枚直立して束生し，長さ 40 cm 内外．葉柄と中軸の下部の下面は黒褐色，上面は緑色，ともに多少ともつやがある．葉身は長楕円状披針形，3～4 回羽状複葉．質はやや厚く，かたく，革質に近い草質で深緑色．羽片は長三角形，裂片はほぼくさび形となり，前縁に少数の鈍きょ歯があって，それぞれのきょ歯に対して 1 本の小脈が入る．中軸や羽軸にも線状披針形で黒褐色の鱗片がまばらにつく．胞子嚢群は線形あるいは線状長楕円形，裂片に 1～2 個生じ，同形の包膜をもつ．〔日本名〕碧鉄羊歯．葉柄の質がかたい上に緑色であることを，鉄に見立ててこの名がついた．

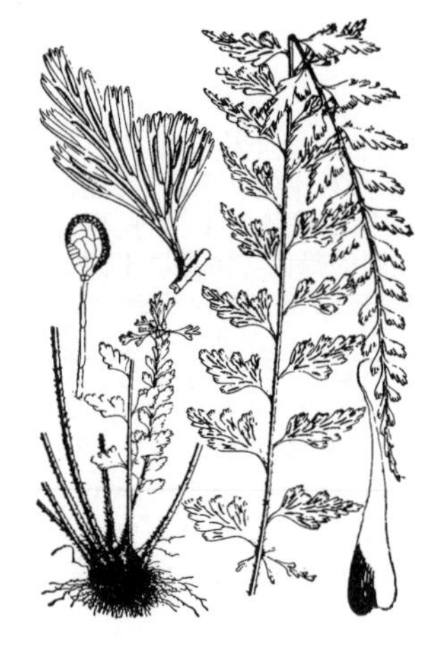

4631. トキワシダ 〔チャセンシダ科〕

Asplenium yoshinagae Makino

栃木県以西の暖地の樹林下に生える常緑性多年生草本．根茎は短く斜上し，密に黒褐色の鱗片をつけ，長さ 30～40 cm の葉を束生する．葉柄は葉身の 1 / 2 以下．毛状の鱗片をつける．葉身は披針形，長さ 20～30 cm．幅 3～4 cm，先端は次第に細くなる．葉質は厚いがかたくない．羽片は多数，中軸の両側に開出して，まばらに出て，ゆがんだ菱形，短い柄があり，基部はくさび形で，羽状に浅～深裂し，裂片には深い鈍きょ歯がある．中軸，羽軸には線形の鱗片まばらにつく．胞子嚢群は羽片の中脈寄りにつき，側脈に沿って斜上し，長いものは 1 cm にも達し，全縁の線形包膜をつける．〔日本名〕常磐羊歯は，トラノオシダに似ていて該種は落葉性であるのに対して，本種では常緑であるからである．

4632. クロガネシダ（ホウオウシダ） 〔チャセンシダ科〕

Asplenium coenobiale Hance（*A. toramanum* Makino）

四国（高知県と愛媛県）のみに産するたいへん珍しいシダ．中国（広東，広西，雲南，四川，貴州）とインドシナにも分布している．常緑性の多年草で，やや日当たりのよい石灰岩上に生える．根茎は直立して短く羽片が落ちてしまった枯れた葉軸に混じって数枚の葉を束生する．葉柄は基部に広線形で中央が黒褐色でふちに淡色のふちどりのある長さ 4～5 mm の鱗片をつける．直立する葉柄は硬く光沢があり，真黒な針金のようである．長さは 3～10 cm．葉身は鋭三角形で，長さ 4～8 cm，幅は基部が 2～4 cm ほどである．下部の羽片は 2 回羽状だが，上部のものは単羽状となる．中軸も上面に溝がある．葉質は堅い草質で，その上面は深緑色，下面はやや色がうすい．胞子嚢群は 1 個ないし数個が最終羽片のふちよりやや中肋よりにつく．包膜は長さ 1～2 mm ほどである．〔日本名〕黒鉄羊歯は真黒で硬い葉柄の特徴に因んだものであろう．1891 年に吉永虎馬が土佐の上倉村で発見した．このシダとクモノスシダの雑種と思われるものがあり，クロガネシダモドキと呼ばれている．〔漢名〕紫柄鐵角蕨．

4633. **ヒノキシダ**　〔チャセンシダ科〕

Asplenium prolongatum Hook.

伊豆半島以西の暖地の樹林下の岩上，または樹上に生える常緑性多年生草本．根茎は小さいが，肥厚し横に倒れ長さ 20～30 cm の葉を束生する．葉柄は葉身とほぼ同長，またはより長く，緑色．下部に黒褐色の披針形の鱗片をまばらにつける．葉身は披針形，長さ 10～20 cm．2 回羽状に分裂し，羽片は卵状楕円形，小羽片は線状長楕円形で円頭，幅 2 mm 内外．羽片の中脈と同じ幅である．中軸と中脈には翼がある．中軸は尾状に長くのび，先端に不定芽を生じる．両面ともに無毛，深緑色の革質．胞子嚢群は小羽片に 1 個ずつつき，中脈上に生じ，長楕円形．包膜も同形で内方に向かって開く．〔日本名〕檜羊歯の意味で，葉の外観がヒノキの枝を思わせるからである．コウザキシダに似るが，中軸の先が尾状にのびる点で区別できる．

4634. **オオタニワタリ**（タニワタリ，ミツナガシワ）　〔チャセンシダ科〕

Asplenium antiquum Makino（*Neottopteris antiqua* (Makino) Masam.）

伊豆・小笠原諸島，紀伊半島以西，九州，琉球の暖帯の湿った山林中に生える常緑性多年草で，多くは着生する．また観葉植物として温室内で培養される．葉は単葉で，塊状の根茎から放射状に出て，ごく短い葉柄をもつ．長さ 40～120 cm．葉身は長楕円状披針形，基部はくさび形，先端はとがり，全縁で革質，上面は鮮緑色で強い光沢がある．葉脈は中軸から側脈を斜めに出し，側脈はそのまま分枝しないか，または 1 回 2 叉して平行に走り，先端はふちに沿って走る脈で連結される．中軸は背面に突出する．胞子嚢は側脈に沿って前側に生じ，中軸とふちの間の大部分を占める．包膜は前方に開く．鱗片は披針形～広披針形，長さ 2 cm 内外の褐色，ほぼ全縁．〔日本名〕谷渡りは谷川や，沢等の低地によく見かけしかも谷の中の樹上に多く，谷を越えつつある感じがするからであり，オオタニワタリはコタニワタリに対して大きいのでつけられた．ミツナガシワ（御綱柏）は古名であって，古くこの葉を神事に使用したものである．

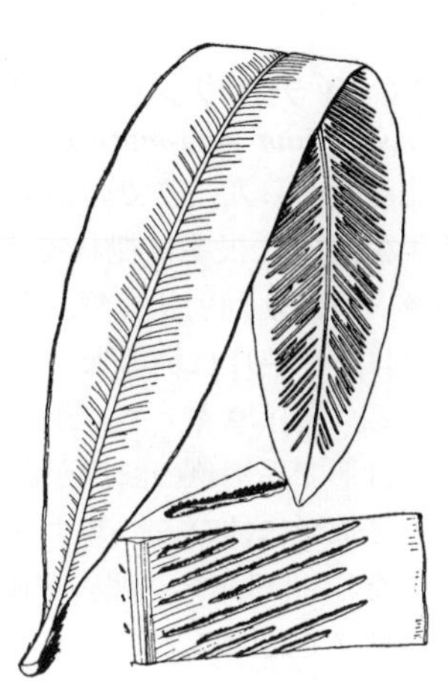

4635. **シマオオタニワタリ**　〔チャセンシダ科〕

Asplenium nidus L.（*Neottopteris nidus* (L.) J.Sm.）

屋久島，種子島以南の山中の岩上，樹上にややまれに見られる常緑性多年生草本で広く南方一帯に産する．塊状の根茎から披針形，鋭尖頭，全縁，革質，長さ 60～150 cm，幅 7～13 cm の単葉を束生する．オオタニワタリより大形であるが，葉の先は次第に細くなり鋭尖頭となること，葉柄の鱗片は長さ 2 cm にも達する狭披針形～線形で，ふちに突起があること，胞子嚢群は短く軸の近くにつき長くても中軸と葉のふちの中間で止まるため葉の下面をみると本種では葉のふちに広く胞子嚢群のない部分が見えるのにオオタニワタリではばらばらとした感じでしかもふち近くにまで胞子嚢群があること，葉質はさらにかたいこと等の点で区別される．〔日本名〕島大谷渡りの意味で牧野富太郎が両種の区別にはじめて着眼し命名したものである．〔琉球名〕山蘇花．

4636. **マキノシダ**　〔チャセンシダ科〕

Asplenium formosae Christ

（*A. loriceum* Christ ex C.Chr ; *A. makinoi* Hayata）

たいへん珍しいシダで，日本では石垣島の於茂登岳や桴海岳などに産するのみだが，台湾，中国（海南島），ベトナムにも分布する．山地樹林内の渓流に沿って生える常緑性の多年草．根茎は短く直立し，葉を束生する．葉柄は麦藁色で，長さ 10～35 cm，上部はまばらに鱗片をつけるが，基部には根茎のそれと同様の黒褐色でふちに浅いきょ歯をもった鱗片を密につける．葉身は 1 回羽状で，側羽片と同じ大きさの頂羽片で終わる．大きなものは長さ 50 cm 以上になる．側羽片にははっきりとした柄があり，3～8 対がほぼ対生する．羽片は長さ 20 cm，幅 1.5～3 cm ほどで，長披針形，全縁，基部は急に狭まり，先端は鋭く尖る．葉の下面には小さな鱗片が点在している．胞子嚢群は側脈に沿ってつき，長さ 10～15 mm だがふちにとどくことはない．幼植物は高さ 30 cm ほどの単葉である．〔日本名〕牧野羊歯は牧野富太郎に献名されたものである．〔漢名〕南海鉄角蕨．

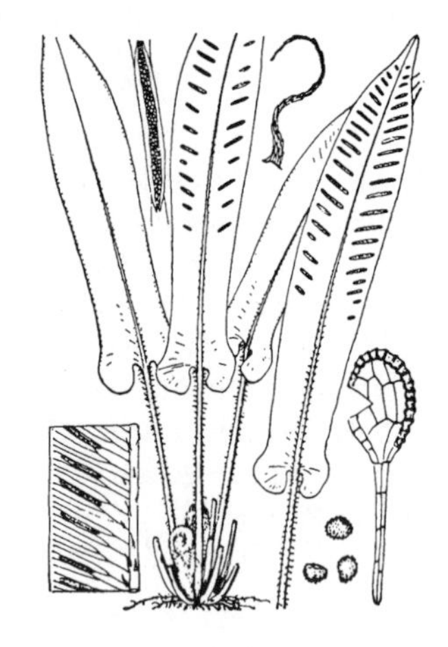

4637. コタニワタリ　〔チャセンシダ科〕

Asplenium scolopendrium L. subsp. ***japonicum*** (Kom.) Rasbach, Reichst. et Viane (*Phyllitis japonica* Kom.)

北海道から九州の主に日本海側の山地の樹林下の湿った所に生える常緑性多年生草本．根茎は短く，斜上し，葉を束生し，葉柄基部とともに淡褐色披針形の鱗片を密生する．葉柄は長さ 10～20 cm．緑色．葉身は単形，広線形または長楕円状線形，長さ 20～40 cm，幅 4～6 cm，緑色の薄い革質で，全縁，鋭尖頭，下部は多少狭くなり，基部は深く心臓形にえぐれて左右に広がって円い耳片をつくる．中軸と葉の下面にも鱗片がつく．葉脈は多数の側脈を中軸から斜めに分岐し，平行して走る胞子嚢群は多数あり，中軸とふちとの中間に隣り合って並ぶ小脈上に向き合って，平行して並び線形．包膜は線形，二つが近く接近して，互に向き合って開き，一見して 1 個の胞子嚢であるように見える．〔日本名〕小谷渡りはオオタニワタリに比べてはるかに小型であるからである．

4638. イチョウシダ　〔チャセンシダ科〕

Asplenium ruta-muraria L. (*Amesium ruta-muraria* (L.) Newm.)

北海道から九州までの山地の石灰岩地にまれに見られる小形の常緑性多年生草本．根茎は塊状で小さく，葉を束生する．葉は長さ 4～8 cm．小さい葉は 1 回羽状複葉，大きいものは 2 回羽状に分裂し，少数の羽片をつける．裂片は倒卵形，基部は広いくさび形，上縁には小さなきょ歯がある．質は厚く，ややかたい．葉柄は細い針金状で緑色，基部にだけ狭披針形で黒褐色の鱗片がある．胞子嚢は裂片の中央に集まり，小脈に沿って線形に伸びる．熟すると，胞子嚢が開出し，葉の下面が一面に茶色になる．〔日本名〕銀杏羊歯は，葉の小羽片（裂片）の形をイチョウの葉に見立てたのによる．

4639. ヌリトラノオ　〔チャセンシダ科〕

Asplenium normale D.Don

関東以西の山中樹林下に生える常緑の多年生草本．根茎は短く斜上し，下にひげ根を束生し，上からは長さ 30 cm 内外の葉を束生する．葉柄は光沢のある紫褐色の針金状で無毛．基部に小さい鱗片がつくが，上部にはない．上面には縦に溝がある．葉身は長い披針形，1 回羽状に分裂，中軸の先端にしばしば不定芽を出し，地面について新植物となる．羽片は 20 対ほど生じ，対生して軸から直角に開出して，やや接近して生じる．膜状革質．長い直角三角形，やや鎌形に曲がる．鈍頭．基部は斜めにくさび形，無柄．基部の前側はやや耳状に突起する．ふちには粗い鈍きょ歯がある．胞子嚢群は線形～長楕円形，脈の前側に沿って生じ，やや三日月形の包膜は前方に向かって開き，中脈とふちとの中間に並ぶ．〔日本名〕塗虎の尾は葉の形をトラノオシダになぞらえ，しかも漆を塗ったような光沢ある紫褐色の葉柄をもつからである．

4640. カミガモシダ（ホングウシダ，ヒメチャセンシダ）〔チャセンシダ科〕

Asplenium oligophlebium Baker var. ***olgophlebium*** (*A. fauriei* Christ)

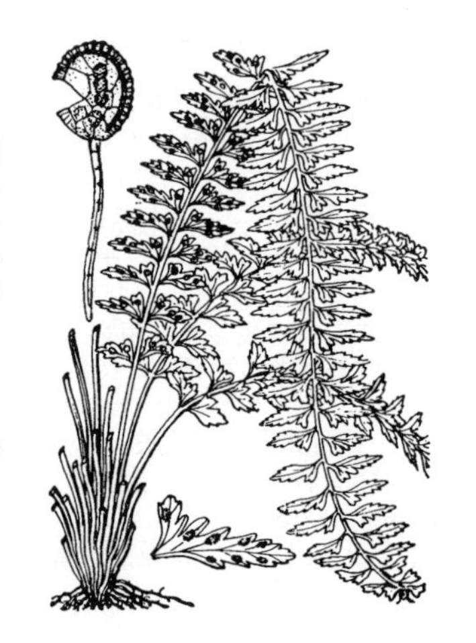

新潟・岐阜県以西の林中に生える常緑の多年生草本．根茎は短く斜上し，枯れた葉柄を多数つける．葉は数本束生．前種ヌリトラノオに非常によく似ているが葉は深緑色で葉質はうすい草質．長さはやや小さく 20 cm 内外，羽片は長楕円形で，羽片に中～深裂し，基部の前方に出た耳状突起も著しい．胞子嚢群は裂片の中に入りこむこともある．全体としてヌリトラノオよりも弱々しいが一層繊細な感じがする．〔日本名〕上賀茂羊歯は，京都の北部上賀茂に産するため，姫茶筌羊歯はチャセンシダに似て，全体がやわらかく女性的であるため．本宮羊歯は，愛知県丹羽郡二の宮（現在は犬山市）の本宮山でとったためにこの名がついた．しかし，現在はホングウシダの名は *Osmolindsaea odorata* (Roxb.) Lehtonen et Christenh.（4564 図参照）に与えられているので，旧版では本種にホングウシダの名を恢復させたが，ここでは一般の慣用に従い混乱をさけてカミガモシダの名を再びとった．

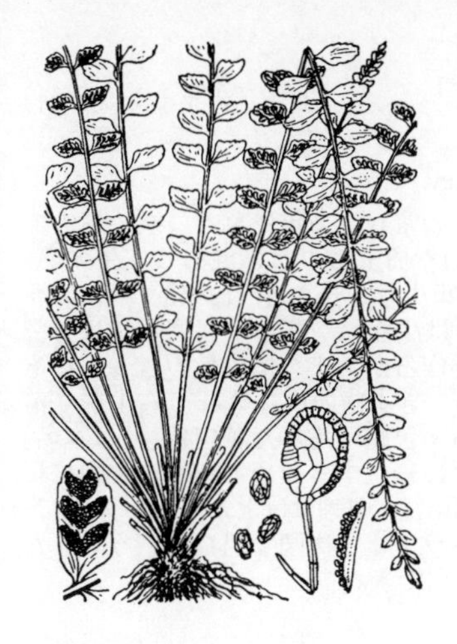

4641. チャセンシダ 〔チャセンシダ科〕

Asplenium trichomanes L.

北海道から九州まで分布するが，山中にややまれに産する常緑性多年生草本．葉は小さな塊状の根茎から束生して直立し，葉柄は葉身よりも短く，黒褐色でつやがある．古い枯れた葉柄の基部がいつまでも残る．葉身は線状披針形で長さ 15〜25 cm．1 回羽状に分裂し，羽片はややまばらに生じ約 20 対，ごく短い柄があり，斜卵形または扇状楕円形．鈍頭または円頭，前縁には細かいきょ歯がある．基部は広いくさび形，やや革質，上面は濃緑色．中軸も葉柄と同じく黒褐色，両側に狭い翼がある．胞子嚢群は羽片に 6〜8 個つき，支脈上の大部分に伸び，広線形．包膜は側方で開く．本種に似て，葉柄と中軸の下面にも翼があり，葉柄は断面でやや三角形，もろく折れ易いものを，イヌチャセンシダ（*A. tripteropus* Nakai）という．伊豆半島以西に産する．ヌリトラノオにも似ているが，羽片に耳状突起のないこと，羽片が卵状長楕円形で基部は切形でなく，くさび形をしていることにより区別される．〔日本名〕茶筌羊歯は，束生した葉柄の状態を茶の湯に使う茶筌に見立てたものである．〔漢名〕鐵角鳳尾草，鐵角蕨．

4642. アオチャセンシダ 〔チャセンシダ科〕

Asplenium viride Huds.

日本では北海道（夕張岳，後志太平山），本州（秩父山地，南・北アルプス），四国（剣山）に分布が見られ，高山ないしは亜高山性のシダである．しかし，北半球の温帯上部に広く分布し，サハリン，シベリア，カシミール，ヒマラヤ，小アジア，クリミア，ヨーロッパ，アイスランド，グリーンランド，北米などの各地に産する．夏緑性で林床の石灰岩上に着生する．根茎は短く斜上し，鱗片は狭披針形で全縁，灰褐色で薄く，長さは約 3 mm である．葉柄は長さ 2〜5 cm，その基部は褐色ないし紫色を帯びるが上部は緑色．葉身は長さ 5〜12 cm，幅 8〜12 mm で 1 回羽状，中軸は緑色で葉柄同様向軸面に溝がある．小形のトラノオシダやチャセンシダに似た感じをうけるが，下部の羽片がトラノオシダのように小形にならず明らかな葉柄があり，またチャセンシダと違って葉柄と中軸に翼がない．羽片は卵形ないし扇形でふちには鈍きょ歯がある．胞子嚢群は一つの羽片に 2〜6 対あり，中肋よりにつく．〔日本名〕青茶釜羊歯は，チャセンシダに似るものの葉柄，中軸とも緑色であることを表す．〔漢名〕緑柄鐵角蕨．

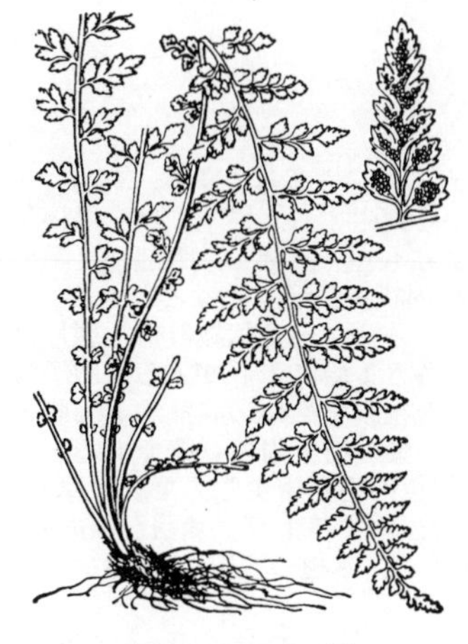

4643. トラノオシダ 〔チャセンシダ科〕

Asplenium incisum Thunb.

至る所の山野に生える常緑の多年生草本．根茎は短く斜上し，黒褐色披針形の鱗片をもち数本の葉を束生する．葉は長さ 10〜35 cm．葉柄は細く，下面は赤褐色でつやがあるが，上面には浅い溝が走っている．葉身は倒披針形で，緑色の草質．2〜3 回羽状に分裂し，羽片は長卵形，あるいは披針形，鈍頭あるいは鋭頭，短柄がある．下部の羽片は次第に小形となり，しまいには耳片状となり，まばらに中軸につく．小羽片は倒卵形，または楕円形，切れ込みの発達するものでは短柄がある．ふちにはきょ歯があり，その先は短くとがる．葉脈は叉状に分岐し，遊離する．胞子嚢群は小脈に沿って小さく，線形の包膜をもつ．〔日本名〕虎の尾羊歯は，細長い葉の形を虎の尾に見立てたものであるが，実状にそぐわず良い名ではない．

4644. クモノスシダ 〔チャセンシダ科〕

Asplenium ruprechtii Sa.Kurata（*Camptosorus sibiricus* Rupr.）

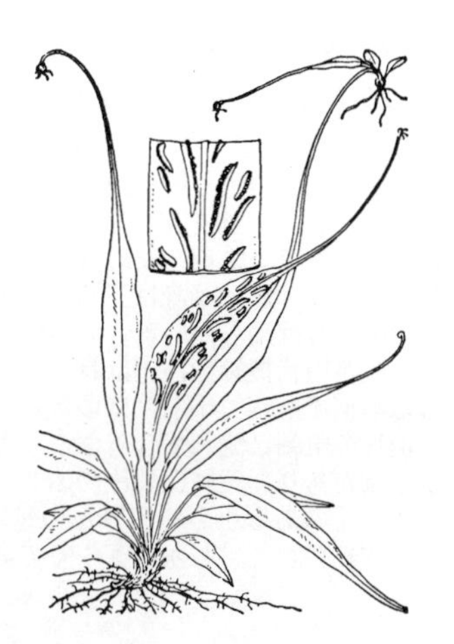

北海道から九州に分布し，石灰岩地帯を好んで生える小形の常緑性多年生草本．葉は単葉，小形のほとんど直立する根茎から束生し，長さ 5〜20 cm，うすいがやや革質で，緑色で光沢がなく，楕円形，狭長卵形，披針形または線形，基部は鋭形または円味を帯びたくさび形，細い葉柄がある．ふちは全縁または，不規則な波状．葉の先端は細く尾状にのび，地について，不定芽を生じる．鱗片は根茎の附近だけにあり，小さな披針形で黒褐色．胞子嚢群は葉の下面の脈上につき，線形または長楕円形，中軸の両側に対生して，内側（前方）に開く包膜をもつ．葉脈はまばらに網状に結合し，網目の中に遊離脈はない．しかし生時はほとんど見えない．〔日本名〕蜘蛛の巣羊歯は，葉が細長く四方にのびて葉の先の不定芽で附着する姿を，蜘蛛が網をはった状態に見立てたもの．エンコウラン（猿猴蘭）という名もあるが，これは葉がのびて先に苗ができているのをいわゆる猿猴即ちテナガザルが物を掴むのにたとえたもの．

4645. イワトラノオ 〔チャセンシダ科〕

Asplenium tenuicaule Hayata

（*A. varians* auct. non Wall. ex Hook. et Grev.）

北海道から九州の山地に広く分布する小形の常緑性多年生草本．寒い地方では冬には葉が枯れる．湿ったやや日陰の岩面や樹上のコケに混じって生ずる．根茎は小形で短く斜上する．3～10 枚の葉が束生し，長さ 5～12 cm，うすい草質．葉柄や中軸は細く，柔らかく緑色，鱗片は少ない．葉身は 2 回羽状に分裂し，小羽片は羽状に深裂して，少数の裂片を作るか，または少数のきょ歯をもち，倒卵状のくさび形，ややまばらに生じる．きょ歯の中にそれぞれ 1 脈が流れ込み，この脈上に線形の胞子嚢群が生じる．包膜は汚れた黄白色．〔日本名〕岩虎の尾はトラノオシダに似て，好んで岩面に着生するためである．本種に似て，葉は小形で 3～6 cm ばかり．地について開出し，中軸はほとんど細い糸状で，しばしば不定芽を生じるものを，ヒメイワトラノオ（次図参照）という．またコバノヒノキシダとは羽軸に溝がある点で区別できる．

4646. ヒメイワトラノオ 〔チャセンシダ科〕

Asplenium capillipes Makino

（*A. varians* Wall. ex Hook. et Grev. var. *sakuraii* Rosenst.）

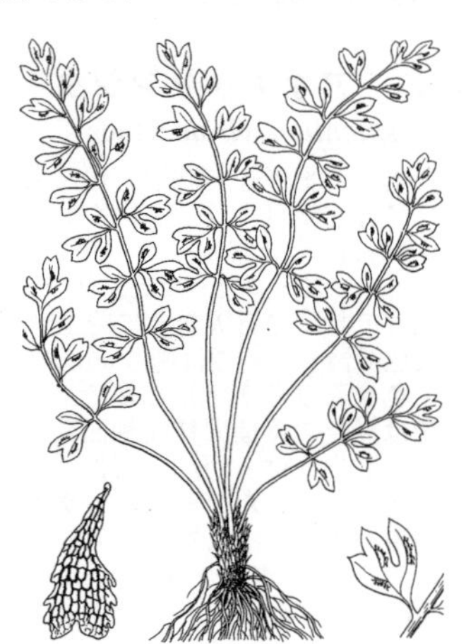

北海道，本州，四国，九州のほか朝鮮半島，台湾，ヒマラヤにも分布する．とくに石灰岩地を好み，湿った岩の割れ目などに着生している．イワトラノオによく似ているがはるかに小さい．根茎は短く，褐色で長さ 1～2 mm の広披針形の鱗片をつける．葉は開出し，岩上に横たわるように見える．葉は常緑性で，長さ 10 cm 未満．葉身は 1～2 回羽状で，最長のものでも 5 cm 未満である．葉軸上にしばしば無性芽をつける．羽片は 4～8 対ほどあり，下部では小羽片が独立して 2 回羽状となるが，上部では羽片が中裂するにとどまる．葉身はイワトラノオよりもやや厚い感じで，葉脈ははっきりしない．胞子嚢群は卵形ないし楕円形で，各裂片に 1 個つく．包膜は薄く，ほぼ全縁である．大形で無性芽をつけない葉はイワトラノオとの区別が難しい．〔日本名〕姫岩虎尾．小形のイワトラノオの意．〔漢名〕姫鉄角蕨．

4647. コバノヒノキシダ 〔チャセンシダ科〕

Asplenium anogrammoides Christ

（*A. sarelii* auct. non Hook.）

福島県以西の山野の岩間，石垣の間等に生える常緑性多年生草本．高さ 7～20 cm ばかりの葉を多数，短く斜上する根茎から束生する．根茎には，黒褐色で線状披針形の鱗片を密生する．葉柄は葉身よりも短く，細く，下部にも毛のない鱗片を生じる．葉身は披針形，または長楕円状披針形，先はとがり，3 回羽状複葉，葉質は厚くない．羽片は長三角形，あるいは三角状披針形，裂片は短いくさび形，数個のとがったきょ歯がある．各きょ歯に 1 脈が入る．胞子嚢群は長楕円状線形．裂片に 1～3 個生じ，同形の包膜をもつ．成熟すると胞子嚢が裂開し，裂片の下面をおおう．〔日本名〕小葉の檜羊歯の意味である．本種に非常によく似て，鱗片の付着点の背面に褐色の毛が密生し，葉質は厚く，上面にやや光沢があり，裂片の幅も広いものを，トキワトラノオ *A. pekinense* Hance という．コバノヒノキシダと同じ生態を示し，本種の変種かも知れない．

4648. ヒメワラビ 〔ヒメシダ科〕

Thelypteris torresiana (Gaudich.) Alston var. ***calvata*** (Baker) K.Iwats.

（*Macrothelypteris torresiana* (Gaudich.) Ching var. *calvata* (Baker) Holttum）

秋田県以南の至る所の山野に普通に生える落葉性の多年生草本．根茎は短く斜上し，接近して葉を出す．葉は大形で長さ 80～150 cm．葉柄は葉身よりもやや短く，粗大で淡緑色，なめらかで光沢があり，基部に少数の褐色で三角状披針形の鱗片をつける．葉身は三角状長卵形，または広卵状楕円形，鋭尖頭，3 回羽状複葉で葉質は柔らかい草質で淡緑色，全面に単細胞の細毛がある．羽片は数対あって，長楕円状披針形，先は長くとがり，下部のものには短柄があるが，上部のものは無柄である．小羽片は多数接近してつき，線状披針形で鋭尖頭．無柄で基部は羽片の中軸に流れて合着する．さらに羽状に浅～深裂し，裂片は楕円形で鈍頭，きょ歯があり，葉脈は裂片のふちには達しない．胞子嚢群は中脈とふちの中間につき，毛のある小さい円腎形の包膜を持つ．〔日本名〕姫蕨．葉はワラビに似ているが細裂して，しかもうすくて弱々しい感じであるからである．

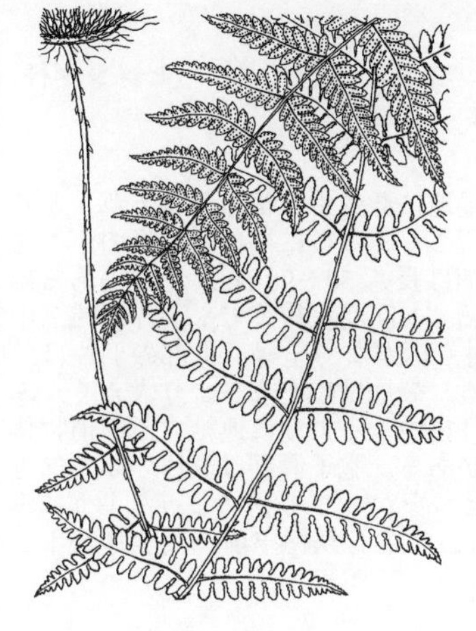

4649. **タチヒメワラビ** 〔ヒメシダ科〕

Thelypteris bukoensis (Tagawa) Ching

（*Pseudophegopteris bukoensis* (Tagawa) Holttum）

東北から北陸にかけての本州中北部の山地のふつう亜高山帯の林床に生える夏緑性の多年草．中国にも分布する．根茎は長くはい，葉をまばらに出す．根茎にはまばらに褐色，卵形の鱗片がつく．葉は淡緑色で軟らかく，葉柄は薄い藁色で長さ 20〜30 cm，まばらに卵状長楕円形，膜質の鱗片をつける．葉身は 2 回羽状深裂，10〜15 対の羽片があり，間隔をおいてやや対生する．基部の羽片はしだいに短くなる．羽片はほぼ水平に出て鋭尖頭，柄はない．裂片は羽状に浅裂し，基部は広い翼のある羽軸に広く癒合する．植物体全体に星状毛がやや密に分布する．胞子嚢群は裂片の凹部に近く，中肋に沿って 1 列につく．包膜はない．屋久島以南にみられるミミガタシダ *T. subaurita* (Tagawa) Ching は，根茎が短く，最下後ろ向きの小羽片が耳状に伸び出す．〔日本名〕立姫蕨は，ヒメワラビに似るが，葉が直立ぎみに出るため．学名の種形容語は，秩父の武甲山産の意．

4650. **ゲジゲジシダ** 〔ヒメシダ科〕

Thelypteris decursivepinnata (H.C.Hall) Ching

（*Phegopteris decursivepinnata* (H.C.Hall) Fée）

北海道南部以南の至る所の日陰または陽の当たる所に生える落葉性の多年生草本．崖や石垣等には特に多い．根茎は短く斜上し，葉を束生する．葉は有柄でやわらかい草質，長さ 30〜60 cm ぐらい．葉柄は葉身の 1 / 2 ぐらいあり，葉の中軸とともに線状披針形でふちに毛のある鱗片を密生するが，この鱗片は生時は色がうすいが乾くと褐黄〜褐色になる．葉身は披針形で，上下の両端は共に次第に狭くなり，先端は鋭尖し，1 回羽状深裂．下部に向かっては羽片は次第に縮小して耳状になる，羽片は針状線形，互生して開出し，さらに浅〜深裂する．最下の裂片はやや大きくなって耳状で中軸に流れて，上下のものが連結するので独特のジグザグの翼状になる．裂片は鈍頭．植物体全体に毛があり，下面には星状毛も混じる．胞子嚢群は裂片のふちの近くにつき，包膜は非常に小さく，多数の毛があり落ち易い．〔日本名〕蚰蜒（げじげじ）羊歯は葉の左右に出た羽片の感じをゲジゲジの脚になぞらえたものである．

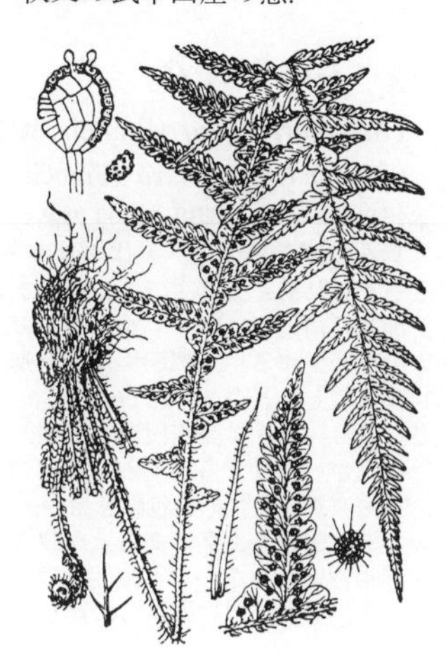

4651. **ミヤマワラビ** 〔ヒメシダ科〕

Thelypteris phegopteris (L.) Sloss. ex Rydb.

（*Phegopteris polypodioides* Fée）

各地の深山の林下に普通に生えている落葉性の多年生草本，根茎はやや細くしかも柔らかいが長く横にはい淡褐色の鱗片におおわれ，葉をまばらに出す．葉柄はやせて長く質はもろく葉身よりも長く 10〜25 cm あり，下部には淡褐色披針形の鱗片がまばらにつく．葉身はうすい草質で上面には細毛をまばらにつけ，下面には毛と鱗片とが混じって生えているので手ざわりはビロード状に感ずる．長さは 10〜20 cm，卵状三角形で鋭尖頭，1 回羽状複葉で羽片は披針形，先は長くとがり，さらに羽状に深裂または全裂する．数は少なく，ほぼ対生して中軸から開出し，下部の 1〜2 対は手前に向いているが押し葉にするとやや下方に向かうように見える．基部はたいてい中軸に合着し，上部では軸に独特の形でひれ状に流れこの部分は目立つ．裂片は長楕円形で鈍頭かつ全縁．胞子嚢群は小羽片のふちの近くにつき，黄色で楕円形，包膜はない．胞子嚢には時に突起が出る（附図左上）．〔日本名〕深山蕨という意味，主としてブナ帯以上の高山に生えるからである．

4652. **ヒメシダ**（ショリマ） 〔ヒメシダ科〕

Thelypteris palustris (Salisb.) Schott（*Lastrea thelypteris* (L.) Bory）

中部や北部の日本には多く，南日本にはまれにしかない落葉性の多年生草本．陽当たりのよい原野の湿った所に好んで群生する．根茎は長く地中を横にはい，鱗片をほとんどつけない．葉は根茎からまばらに出て直立し，高さ 50〜70 cm，胞子葉と栄養葉の二形があり，胞子葉は幅狭く，丈は高くなる．葉柄は細い針金状でなめらか，下部にごく少数の鱗片がつく．葉身は長楕円形，両端は短くとがり，淡緑色または黄緑色の膜質的な草質で，うすくて柔らかく，全体がねじれ気味になっていることが多い，1 回羽状複葉で羽片は開出して線状長楕円形を呈し，先は鋭形，基部は無柄となる．羽状に深裂し，裂片は広卵状で鈍頭．全縁または細きょ歯がある．小脈は叉状に分岐して葉のふちに達する．全体に毛はあるが，ハシゴシダ等の近縁種にくらべるとずっと少なく，腺毛も少ない．胞子嚢群は小形で裂片の中脈とふちとの中間に並び，熟すると下面をおおう．葉のふちは多少裏に巻き込む傾向がある．包膜は円腎形で密に毛をつける．〔日本名〕姫羊歯は，弱々しく，うすい葉質に由来する名であり，ショリマはアイヌ語そろまの転化したものであるが，そろまの名はもともとクサソテツのアイヌ語であるから，これをヒメシダにあてるのは誤りであろう．

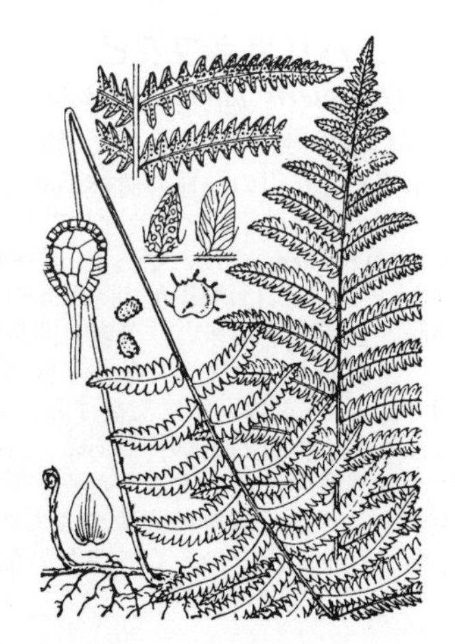

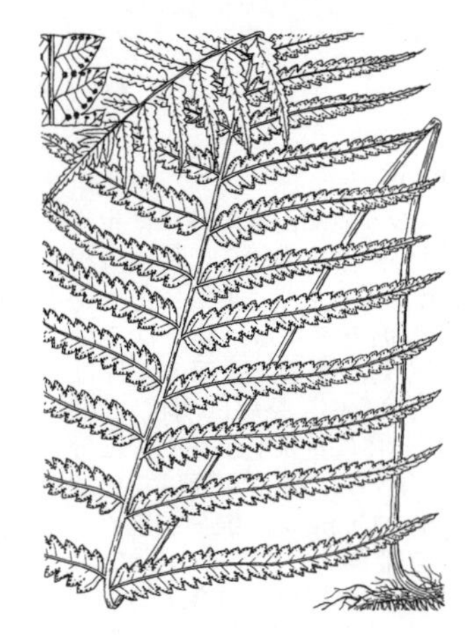

4653. テツホシダ 〔ヒメシダ科〕

Thelypteris interrupta (Willd.) K.Iwats.

(*Cyclosorus interruptus* (Willd.) H.Itô)

静岡県以南の本州，四国，九州，琉球の湿地に群生する常緑の多年草．とくに海岸付近に多い．根茎は黒く，長くはい，ごくまばらに褐色で卵形の小さな鱗片をつける．葉は間隔をおいてつき，葉柄は長さ 30〜90 cm，光沢のある褐色で硬く，基部付近にわずかに鱗片をつける．1 回羽状複葉で，羽片は浅〜中裂し，葉質は硬い草質．側羽片は 22〜28 対，柄がなく全縁，上部の羽片は急に狭くなって，はっきりした頂羽片に終わる．裂片は幅が高さより大きく，ふつう羽軸寄りの 1.5 対の小脈が三角形の網目をつくるように連結する．植物体全体に細かい毛があり，葉の下面には腺点がある．胞子嚢群は裂片のふちに近くつき，裂片の小脈が密なので，成熟するとつながって 1 列になったようにみえる．包膜は円腎形，小さく微毛がある．〔日本名〕鉄穂羊歯．葉全体がホシダより固い感じを与えるためである．

4654. ヤワラシダ 〔ヒメシダ科〕

Thelypteris laxa (Franch. et Sav.) Ching

(*Metathelypteris laxa* (Franch. et Sav.) Ching)

本州以南の山地や原野の湿度の高いところに生える落葉性の多年生草本．根茎は横にはい，葉をまばらにつけ，大体ハリガネワラビに似ているがずっと柔らかい．葉柄は細くてもろく折れ易く，無毛で淡緑色であるが下部は褐色を帯びる．葉身は葉柄よりも少し長く，卵状長楕円形，うすく柔らかい草質で鮮緑色，1 回羽状複葉で羽片は両面ともに軟らかい毛を密生する．上部羽片は披針形，下部羽片は長楕円状披針形，短柄がありいずれも尾状に尖鋭し，長さ 5〜15 cm あり，さらに羽状に深裂し，基部に向かって裂片は次第に小さくなる．裂片は長楕円形，鈍頭，ふちには不規則な鈍きょ歯があり，葉脈は 2 叉したり，しなかったりするが，ふちには達しない．胞子嚢群は裂片の中脈とふちとの中間につき，長毛のある円腎形の包膜を持つ．〔日本名〕柔羊歯という意味で，うすく柔らかで弱々しい葉質に由来した名である．ヤワラシダは葉形はハリガネワラビによく似ているが，葉柄が赤褐色にならないこと，羽片は中央付近が幅が広いこと，草質がより柔らかく草質であること，葉脈が裂片のふちに達しないことで容易に区別できる．

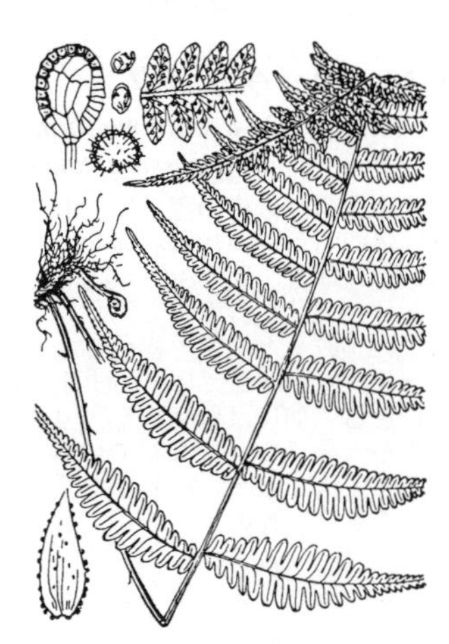

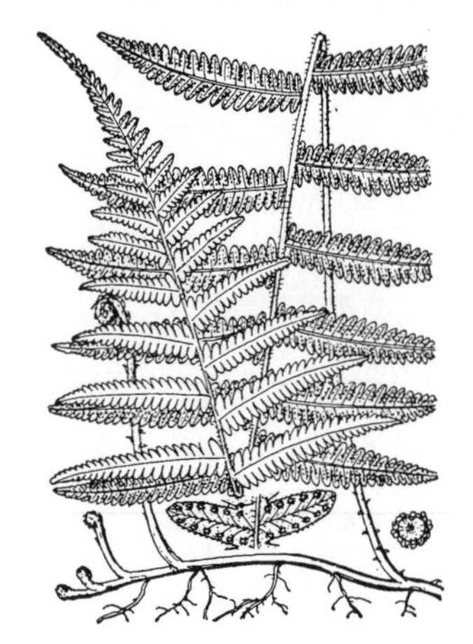

4655. ハシゴシダ 〔ヒメシダ科〕

Thelypteris glanduligera (Kunze) Ching

(*Parathelypteris glanduligera* (Kunze) Ching)

東北中部以西の各地に産し，乾いた山地にも生える常緑性多年生草本．根茎は地中を長く横にはい，かたい針金状で披針形の鱗片を先端部には密に，他の部分にはまばらにつける．葉はまばらに並んで出ていて高さ 30〜60 cm，汚れた緑色で葉質はうすいが割に丈夫である．葉柄は葉身よりも長くて細いがかたい針金状を呈し，ごく細かい毛を密生し，下部には褐色の鱗片が散生する．葉身は披針形で，上部は次第に細くなってとがり，1 回羽状複葉であって，羽片は多少まばらに開出してつき，狭い長楕円形で鋭尖頭，またほとんど無柄，両面に細毛があり，下面にはさらに腺毛がある．さらに羽状に深裂し，裂片は長楕円形，鋭頭，ふちは全縁または多少不規則に凹凸があり，細脈は分岐しないで中脈から斜めに出て平行して葉のふちに達する．胞子嚢群は裂片のふちの近くにつき，包膜は円腎形でやや密に毛がある．〔日本名〕梯子羊歯，中軸から開出する羽片の状態をはしごに見立てたもの．

4656. ハリガネワラビ 〔ヒメシダ科〕

Thelypteris japonica (Baker) Ching

(*Parathelypteris japonica* (Baker) Ching)

本州から九州の山地の樹林下あるいは原野等に生える落葉性の多年生草本．根茎は細く短くはい，やや接近して葉を出す．葉は葉身とほぼ同じ長さの柄をもち，高さ 30〜90 cm ぐらいである．葉柄はかたい針金状で赤褐色または紫褐色で光沢があり，下部には濃褐色で長卵形の鱗片をまばらにつけるが，上部には葉の中軸，羽軸とともに毛が多い．葉身は長卵状楕円形で 1 回羽状複葉であり，羽片は開出し，下部のものは大形で多少下向きにつくが，線状披針形で先は鋭尖し基部は無柄であり，さらに羽状に深裂するが全体として規則正しく切れ込んだ印象が強い，質はうすく膜質的な草質である．小羽片は数が多く線状長楕円形，鈍頭，下部羽片の基部裂片は縮小する．葉脈や葉のふちにも毛があり，下面にはさらに密に腺毛がある．胞子嚢群は裂片のふちの近くにつき，包膜は円腎形で毛がある．〔日本名〕針金蕨はその長くてかたい葉柄に由来するものである．

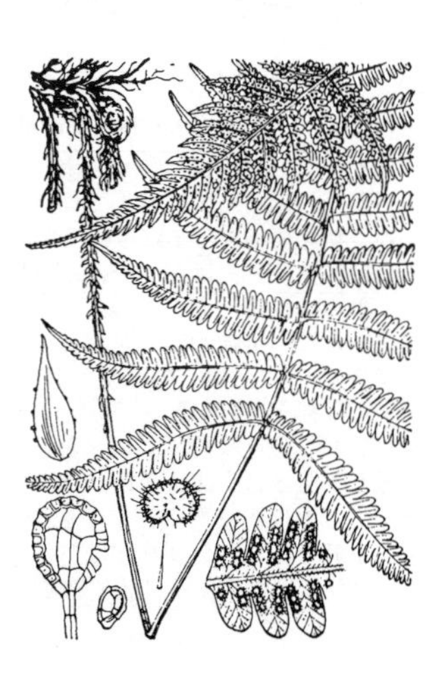

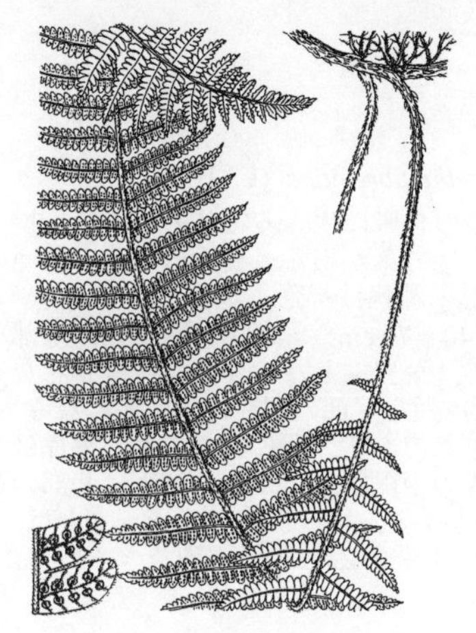

4657. ニッコウシダ 〔ヒメシダ科〕

Thelypteris nipponica (Franch. et Sav.) Ching
(*Parathelypteris nipponica* (Franch. et Sav.) Ching)

本州中部以北と北海道の山林下や林縁の湿地などにふつう群生する夏緑性の多年草．根茎は短くはい，葉は接近して直立ぎみに立て高さ 35～65 cm になる．葉柄が長く，葉身の幅が狭いので，葉全体が細長い．葉柄は白藁色で細く，卵形．暗褐色の鱗片をまばらにつける．葉身は軟らかい草質．栄養葉と胞子葉とでわずかに形に差があり，胞子葉は背が高く幅が狭くて，羽片が間隔をおいてつくが，栄養葉ではその逆である．下部の羽片はしだいに小さくなるが，極端に痕跡的になることはない．羽片は柄がなく，披針形，鋭尖頭で 2 回羽状深裂．羽軸と裂片に白い毛がある．葉の下面には腺点がある．裂片の小脈はふつう単条でふちにまで達し，胞子嚢群は中間生．包膜は円腎形で膜質，腺と，ときに毛がある．〔日本名〕日光羊歯．基準標本を Savatier が日光で採集したことによる．

4658. オオバショリマ 〔ヒメシダ科〕

Thelypteris quelpaertensis (H.Christ) Ching
(*Oreopteris quelpaertensis* (H.Christ) Holub)

北海道，本州，四国および屋久島の高山地帯の湿り気が強く日陰の所に生える落葉性の多年生草本であるが陽当たりの所にも生えることがある．根茎は塊状でごく短くはい，高さ 50～100 cm の葉を束生する．葉柄は短く，葉の中軸とともに淡褐色で膜質の線状～線状披針形の鱗片をかたく密生する．葉身は長楕円状倒披針形で上端は短く鋭尖，下部は次第に狭くなる．1 回羽状複葉で，羽片はほぼ平開し，線状披針形で先は鋭尖し，基部は柄がない上，さらに羽状深裂している．下部羽片は三角形の耳片状に縮小しているのはよい特徴である．羽軸には毛状鱗片がある．裂片は卵状長三角形，鈍頭，ほとんど全縁，脈上には毛がある．胞子嚢群は小点状で裂片のふちの近くに並び包膜は円腎形でふちに不規則な突起がある．〔日本名〕大葉ショリマ．ショリマは本来はシダの古名であるが，ここではヒメシダをさしており，それに比べて大型のものという意味．

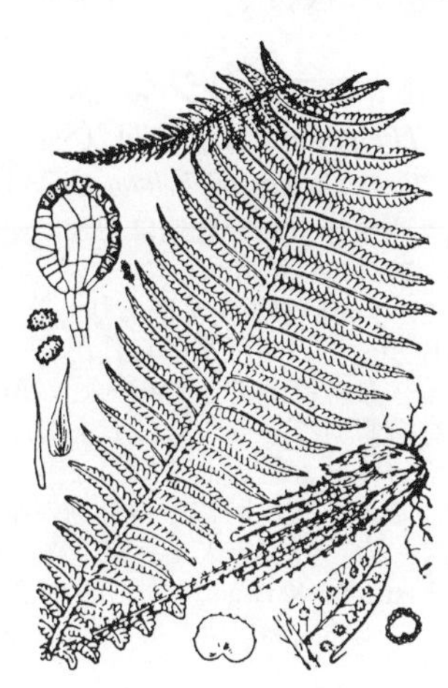

4659. イブキシダ 〔ヒメシダ科〕

Thelypteris esquirolii (H.Christ) Ching var. ***glabrata*** (H.Christ) K.Iwats.
(*T. subochthodes* Ching ; *Pneumatopteris subochthodes* (Ching) Holttum)

栃木県以西の暖地の谷川のほとり等の湿気の多い所に生える常緑性多年生草本．根茎は短く横にはい多肉である．葉は高さ 50～100 cm で互に接近して生じ，葉柄は葉身の 1 / 2 ぐらいあり，淡緑色でかたく，それに黒褐色の鱗片をまばらにつけている．葉身は鮮緑色，やや革質の長楕円形で鋭尖し，下部は次第に狭くなって，1 回羽状複葉である．羽片は多数接近して，中軸から斜めに開出し多数が端正に並び，前方に曲がって鎌形となり，長さ 10～20 cm ぐらいあり，線状披針形で先は尾状に鋭尖し，さらに羽状に深裂する．裂片は多数で小形，鋭頭でふちにきょ歯はない．下部羽片は次第に小さくしかもまばらとなり最後に耳片状に退化縮小する．また羽片の基部には通気孔があり，小さく隆起をつくる．胞子嚢群は小形で裂片のふちと中脈との中間でややふち寄りにつく．包膜は円腎形で毛がない．〔日本名〕伊吹羊歯ははじめ滋賀県伊吹山で発見されたからである．

4660. ホ　シ　ダ 〔ヒメシダ科〕

Thelypteris acuminata (Houtt.) C.V.Morton (*Cyclosorus acuminatus* (Houtt.) Nakai ex H.Itô ; *Christella acuminata* (Houtt.) H.Lév.)

宮城県以南の山野の至る所に生えて，陽当たりのよい所に好んで群生する常緑性の多年生草本．根茎は長く横にはい．やや粗雑な感じでかたく，葉をまばらに出す．葉は長さ 50～70 cm，うすくて洋紙質を帯びた革質で多少かたい．葉柄はやせて長く，褐色披針形の小形鱗片をまばらにつける．葉身は 1 回羽状複葉で長楕円形，上部は急に細くなり穂のような頂片となる．羽片は多数中軸から開出してつき線形で鋭尖頭，基部は切形で短柄があり，羽状に浅～中裂，時には深裂し，裂片は線状楕円形，やや鋭頭，裂片の最下の側脈は隣りのものと互に連結する．羽片の上側の第 1 裂片はやや大きく耳状に突出し，中軸をおおう傾向がある．胞子嚢群は裂片のふちの近くにつき，大きいから成熟すると互に接触して 1 列の線に見える．包膜は円腎形で毛が多く生えている．〔日本名〕穂羊歯は，葉の先端が穂のように伸びた頂片となっているからである．

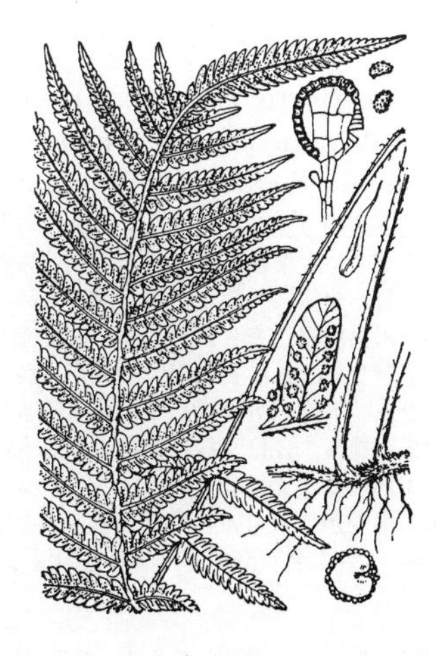

4661. ケホシダ 〔ヒメシダ科〕

Thelypteris parasitica (L.) Tardieu
(*Cyclosorus parasiticus* (L.) Farw. ; *Christella parasitica* (L.) H.Lév.)

伊豆・小笠原諸島，四国，九州以南の山野の林床に生える常緑の多年草．根茎は太く，径 5 mm ほど，長くはい，間をあけて葉が出る．鱗片は根茎の若い部分と，葉柄基部に多くつき，暗褐色，線形～線状披針形，全縁で，長さ 8～14 mm．葉柄は長さ 20～80 cm，葉身は長さ 40～70 cm，洋紙質，黄緑色．基部はわずかに狭まり，先端はやや急に狭まって，鋭先端となるが，はっきりした頂羽片とはならない．側羽片は 18～24 対あり，通常下部の羽片は下向きとなる．葉全体に毛が密生するが，その程度はさまざまである．羽片は中裂し，裂片は円頭で胞子嚢群は中間生またはわずかに裂片の中脈寄りにつく．葉脈は基部の 1 対か 1.5 対が結合する．包膜は円腎形，毛がある．ホシダやテツホシダとは，頂羽片がはっきりしないこと，葉全体に長い毛があることで区別できる．〔日本名〕毛穂羊歯，毛深いホシダの意である．

4662. コウモリシダ（スケモリシダ） 〔ヒメシダ科〕

Thelypteris triphylla (Sw.) K.Iwats.（*Abacopteris triphylla* (Sw.) Ching ; *Pronephrium triphyllum* (Sw.) Holttum）

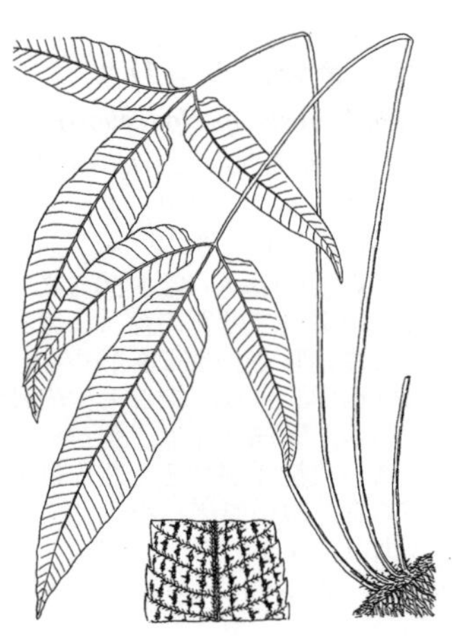

九州南部以南の低地にまれに産し，比較的明るい林内に群生する常緑の多年草．アジアの熱帯からニューギニア，オーストラリアに分布．根茎は細長くはい，径 2～3 mm で短い毛があり，若い部分には褐色，線状披針形，全縁で毛のある鱗片がつく．葉はまばらに出て，葉柄には基部に鱗片があり，上方には短毛がある．葉身は通常 1 個の大形の頂羽片と，1 対の側羽片とからなるが，単葉や，2 対の側羽片をもつものもある．羽片の側脈は羽状に小脈に分かれ，互いに向き合う小脈が結合して網目をつくり，その結合点から外向きにさらに小脈を出す．この小脈は時にその外側の結合脈とつながる．胞子嚢群は結合脈にそって長くつき，包膜を欠く．胞子嚢は有毛．オオコウモリシダ *T. liukiuensis* (H.Christ ex Matsum.) K.Iwats. は側羽片が 2～6 対と多く，葉は革状草質で胞子嚢群はより短い．奄美大島以南にある．〔日本名〕蝙蝠羊歯．葉が蝙蝠に似て，群生するため．

4663. アミシダ 〔ヒメシダ科〕

Thelypteris griffithii (Hook.f. et Thomson) C.F.Reed var. ***wilfordii*** (Hook.) C.M.Kuo（*Stegnogramma griffithii* (Hook.f. et Thomson) K.Iwats. var. *wilfordii* (Hook.) K.Iwats. ; *Dictyocline wilfordii* (Hook.) J.Sm.）

紀伊半島以南の暖地の樹林下の湿った岩上，崖の面に生える常緑性多年生草本．伊勢神宮境内の大群落は有名である．根茎は短くはう．葉はやや束生し，根茎と共に全体に短毛が密生する，高さ 30～40 cm，暗緑色で表裏の区別がほとんどない．葉柄はもろい．葉身は長い三角形．乾いた草質で，下部ほど深く切れ込み，最下の羽片が特に大きく，ほこ形の突起を持った長楕円状卵形で上部は浅く鈍い切れ込みがあり細かいきょ歯はない．葉脈は細かい網目を作り，網目の中に遊離脈はなく，軽く両面へ浮き上がっており，下面では網状の脈に沿って長く続く胞子嚢群ができて盛り上がって見える．包膜はなく，胞子嚢には毛がある．〔日本名〕網羊歯は葉脈の走行の状態による．本種はインドから日本にまで分布し，日本産のものはその 1 変種である．

4664. ミゾシダ 〔ヒメシダ科〕

Thelypteris pozoi (Lag.) C.V.Morton subsp. ***mollissima*** (Fisch. ex Kunze) C.V.Morton（*Stegnogramma pozoi* (Lag.) K.Iwats. subsp. *mollissima* (Fisch. ex Kunze) K.Iwats. ; *Leptogramma mollissima* (Fisch. ex Kunze) Ching）

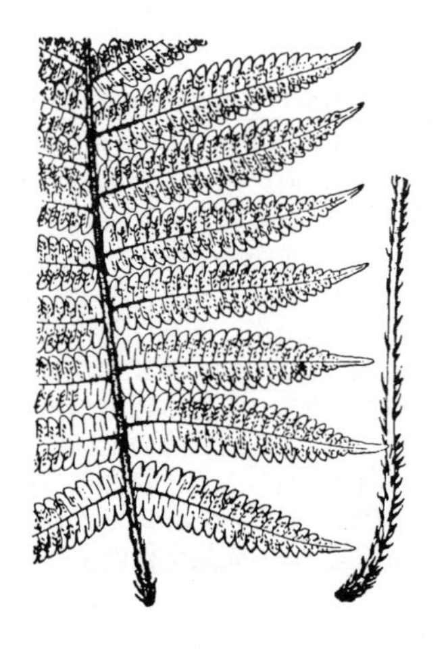

北海道から琉球まで至る所の山野の湿った所に生える落葉性の多年生草本．根茎は地中を長くはい，葉はこみ合ってつき，高さ 30～70 cm で黄色の強い淡緑色で柔らかい膜質的な草質，全体に軟らかい毛を密生する．葉柄は褐色で葉身の長さの 1 / 2～2 / 3，三角状披針形の褐色鱗片をまばらにつける．葉身は卵状長楕円形でとがり，1 回羽状複葉で，羽片は接近してつき，長楕円状披針形で鋭尖頭，基部は切形で無柄，上部の羽片は次第に小さくなり，下部のものはわずかに下向きにつく．羽片は羽状に深裂または全裂し，裂片は楕円形．鈍頭，ほぼ全縁，大きくなるものでは鈍きょ歯がある．裂片中の側脈は分岐しないで 1 本のままか時には 2 叉して葉のふちに達する．胞子嚢群は側脈にそって長く線形につき，中脈からふちの近くまで届き，中脈の両側に斜めに並んで 2 列となるが，包膜を持たない．〔日本名〕溝羊歯．溝附近の湿った所に多く見られるからである．

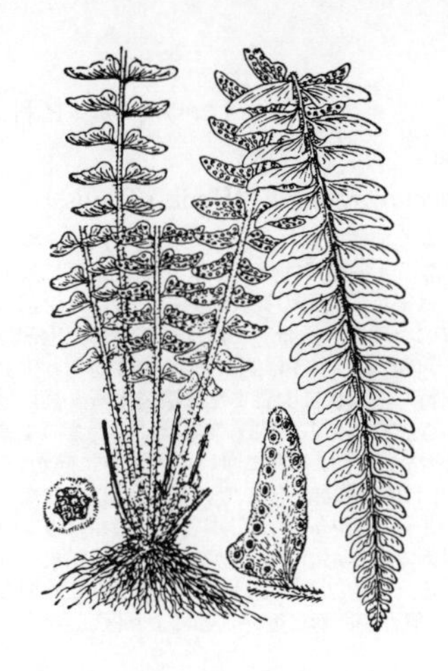

4665. イワデンダ　〔イワデンダ科〕

Woodsia polystichoides D.C.Eaton

九州以北の山地の岩上等に生える落葉性の多年生草本．根茎は短く直立し，時には多数集合して大きな塊状となる．葉は多数根茎から束生して直立し，高さ 20〜40 cm．多少革質に近い草質で褐色を帯びた緑色である．葉柄は 5〜10 cm，細い針金状で赤褐色を帯び，葉の中軸と共に淡褐色小形の披針形鱗片と毛をまばらにつけるが，頂端に斜めに関節があるので葉身は秋にここからとれる．葉身は 1 回羽状に分裂し，線状披針形，長さは 10〜30 cm ある．羽片は中軸からほとんど直角に開出し，長楕円形で鈍頭，その基部は広いくさび形でしかも前側に低い耳状の突起になる．下部の羽片ではごく短い小柄をもつ，全縁がふつうだが時には鈍きょ歯縁ともなり，両面ともに毛がある．胞子嚢群は羽片の両方のふちの近くに並んで生じ，淡褐色の包膜をつける．包膜は椀形で不規則に浅く 4〜5 裂して縁毛がある．葉に毛の少ないものをエゾイワデンダ var. *nudiuscula* Hook. というが，これは極端な型であり強いて分ける程のものでもない．〔日本名〕岩デンダで岩上に生ずるシダの意味であるが，デンダは連朶（レンダ）ともいいシダに対する古い名の一つで，今もオシャグジデンダなどの名にも残っている．

4666. ミヤマイワデンダ　〔イワデンダ科〕

Woodsia ilvensis (L.) R.Br.

北海道の高地にまれに見られる落葉性の小形多年生草本．根茎は直立または斜上し，多数の枯れた葉柄を残してつけている．葉は多数束生して立ち高さ 10〜20 cm ほど．葉柄は多少とも紫褐色を帯びた針金状で，基部から 1 / 4〜1 / 3 の所に関節があり，全体に毛や披針形または線形の淡褐色小形の鱗片を密生する．葉身は披針形の 1 回羽状複葉で薄い草質，上面には毛が，下面には毛と鱗片とがある．羽片は三角状長卵形で鋭頭，羽状に深裂または中裂し，裂片は卵形で鈍頭である．胞子嚢群は茶褐色で羽片ごとに数個をつけ，裂片ごとに 1 個を生ずる．包膜は小皿型で不規則に 5〜6 裂し，ふちに長い縁毛をつけ胞子嚢群を包む．〔日本名〕深山イワデンダの意味．また外形は似るが，葉身に毛がなくて鱗片だけがあるものを，トガクシデンダ *W. glabella* R.Br. ex Richards. といい，長野県の戸隠山に最初に発見されたのでこの名がついたけれども，四国の剣山と本州中部以北の高山に分布する．

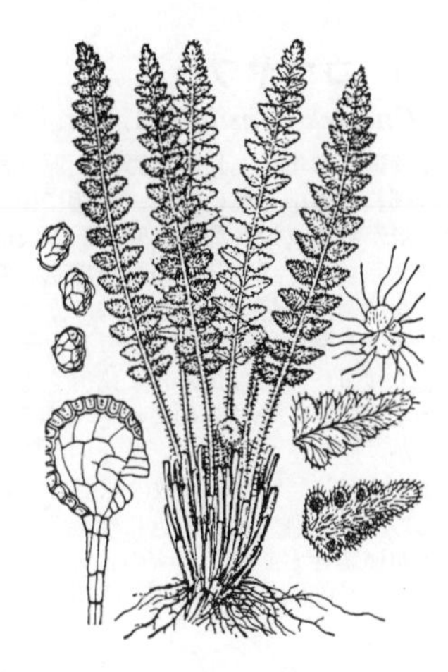

4667. フクロシダ　〔イワデンダ科〕

Woodsia manchuriensis Hook.

(*Protowoodsia manchuriensis* (Hook.) Ching)

北海道から九州の山地のやや湿ったがけや岩の割れ目に垂れ下がって生える落葉性の多年生草本．根茎は小形の塊状，多数のもろくて折れ易い葉を束生する．葉は長さ 20〜35 cm，淡緑色の膜状草質，葉柄は葉身よりもはるかに短く，毛と淡褐色披針形の鱗片とがまばらにつき，黄赤色で多少とも光沢がある．葉身は長楕円状披針形，鋭尖頭，淡緑色で草質，つやはなく，1 回羽状複葉であるが羽片は深裂し，中軸にはまれに微毛がある．羽片は無柄，長楕円形または長三角形，羽状に深裂し，裂片は長楕円形，ほとんど全縁で先端は円頭．胞子嚢群は各裂片の基部に近く 1〜4 個生じ，包膜はほぼ球形の袋状で頂に不規則に浅く裂けた孔があり白色で膜質である．〔日本名〕袋羊歯の意味で，包膜が袋状であることによる．

4668. クサソテツ（コゴミ，ガンソク）　〔コウヤワラビ科〕

Matteuccia struthiopteris (L.) Tod.

北半球の北半に広く分布するもので日本でも各地の山野の林中に生える落葉性の多年生草本，根茎は塊状で地中に直立し古い葉柄の残りにおおわれて頑丈に見える．地下枝を出し地中を横にはい先端に新しい株を作る．葉には栄養葉と胞子葉との二形があり根茎から束生する．春に栄養葉が最初に現われ，胞子葉は秋に出る．栄養葉は長さ 1 m に達し，草質，鮮緑色でその形態は端正で美しい．葉柄は短く，その基部は広がって横断面が広三角形となり，披針形で全縁の鱗片をまばらにつける．葉身は倒披針形，先端は急に狭くなり，羽片は 30〜40 対も生じ羽状に深裂し，隣りのもの同士が互に接して密に中軸から開出し，線形，先端は鋭尖頭，柄はなく毛もない．下方の羽片は根元に近いほど次第に小形になり最後には小耳状に縮小する．裂片は長楕円形，ほとんど全縁で先端は鈍頭，羽片の基部の後ろ向きの第 1 裂片は特に長く伸び鎌状になり葉の中軸をおおうのはよい特徴である．胞子葉は栄養葉の集団の中心部から出て，丈は低く約 60 cm，羽状に分裂し，羽片は幅狭くふちは羽状に浅く裂け，裂片も縮小し裏側に巻いて胞子嚢群を包む．胞子嚢群は脈の背側に生じ羽片中脈の両側に 2〜3 列に並ぶ．コゴメまたはコゴミといって山村では若葉を食用とする．〔日本名〕草蘇鉄は，草本性のソテツの意味で全体の印象，特に太い茎と羽状葉とに基づく．コゴミは若葉が巻いているのをかがんでいる状態に見立てたものでミというのは食用となる実質的な部分があるからである．ガンソクは，雁足で葉柄の基部の集まりを雁の脚になぞらえたもの．

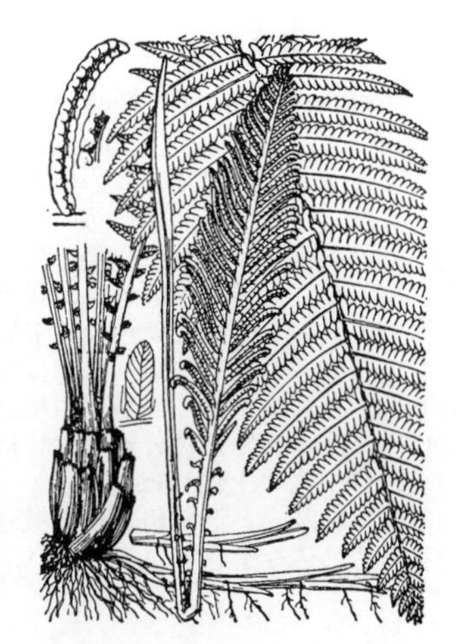

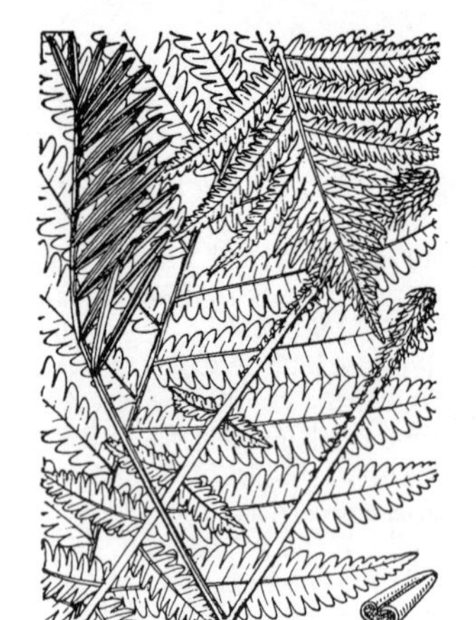

4669. イヌガンソク 〔コウヤワラビ科〕

Pentarhizidium orientale (Hook.) Hayata

（*Onoclea orientalis* (Hook.) Hook.; *Matteuccia orientalis* (Hook.) Trevis.）

山地の樹林下に生える落葉性の大形多年生草本．根茎は太くて横に倒れ，枯れた葉柄の残りをつけていて頑丈である．葉は束生し，栄養葉と胞子葉の区別がある．栄養葉は長さ 1 m を超え水平に展開し 2 回羽状深裂する．葉柄は太く丈夫で下部に淡褐色または褐色の大形の披針形鱗片をつけ，上部は葉の中軸と同じく小形の鱗片を密につける．葉身は洋紙質的な草質，長卵形または長楕円形，上部は急に狭くなり，数対の羽片が集合して長三角形の頂片のようになる．羽片は開出し 10～20 対あり，長楕円形，鋭尖頭，多少灰色を帯びた緑色で，ごく短い柄を持ち，羽状に中裂または深裂する．裂片は長楕円形，鋭頭から鈍頭と種々の変化があり，また細かいきょ歯がある．胞子葉は秋に栄養葉の集まりの中心から生じ，それよりも短く，葉柄は葉身よりも長い．羽片は一方に傾いて，側方に向かい，太い棒状の線形で，相接して生じ，ふちが内側に巻き込んで中に胞子嚢群を包んでいる．これは冬になっても褐色になって倒れずに残る．近頃生花にこの胞子葉を使うことが多い．〔日本名〕犬雁足はガンソク，すなわちクサソテツに似ているがそれよりも大きく粗剛であるためであるが，胞子葉の印象は本種の方がガンソクの本家クサソテツよりも雁の足に似ている．クサソテツとは羽片の数が少なく羽裂した切れ込みの浅いこと，鎌状の小羽片のないこと，葉身の概形が卵形に近いことにより区別される．

4670. コウヤワラビ 〔コウヤワラビ科〕

Onoclea sensibilis L. var. ***interrupta*** Maxim.

北海道，本州，九州の原野，山原，水辺等の湿った所に生える落葉性の多年生草本．根茎は細長く地中を横にはい，下側に根を，上側から葉をまばらに生ずる．栄養葉と胞子葉の二形がある．栄養葉は高さ 30～60 cm，薄い草質で無毛．葉柄は直立し長さ 20～40 cm，葉身よりも長く，下部に淡褐色卵形の鱗片をまばらにつける．葉身は卵円形，広卵形または三角状楕円形等で，1 回羽状に分裂し網状脈を持ち，中軸の両側には下部を除いて翼があるが，上部では急に狭くなり頂片となる．羽片は数対あり，細長い長楕円形あるいは披針形で鈍頭，波形の鈍いきょ歯縁をもち，下部の羽片では基部が狭くなる．葉身は採集するとまもなくしなびるので敏感であると見られて種形容語の鋭敏な（*sensibilis*）の名がついたが，運動をする意味ではない．胞子葉は栄養葉と同株に生じ，この方は柄が長く 2 回羽状に分裂し，羽軸に多数の球形の小羽片をつけ，その内部に胞子嚢群が包まれてできる．はじめ緑色，熟すると褐色に変わる．日本産のものは北米産の基準種にくらべて球状の小羽片が連続せず，隣りのものとの間にすきまがあるので変種 var. *interrupta* Maxim. として区別する．〔日本名〕高野蕨は和歌山県高野山に産すると思われたからである．

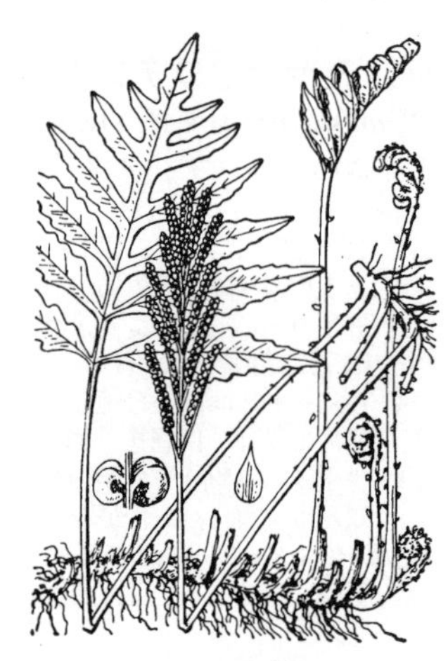

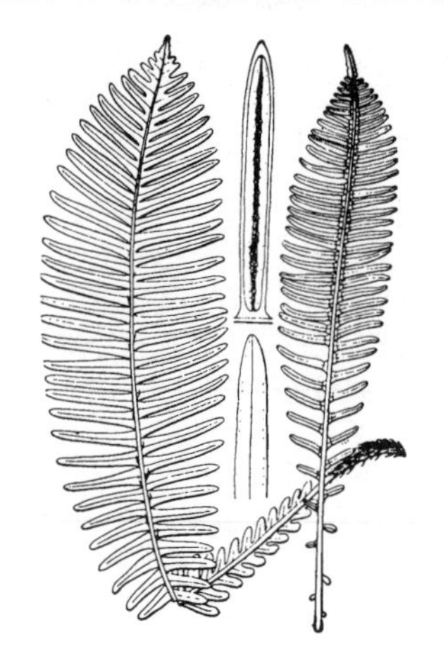

4671. シシガシラ 〔シシガシラ科〕

Blechnum niponicum (Kunze) Makino

（*Struthiopteris niponica* (Kunze) Nakai）

九州以北の至る所の山地の樹林下に普通に見られる常緑の多年生草本．根茎は大きな塊状で斜上する．葉は束生し，放射状車輪状に四方に開出し，長さ 30～40 cm，栄養葉・胞子葉の二形がある．栄養葉は倒披針形で先端はとがり，下部は次第に狭くなり，葉柄はごく短い．1 回羽状複葉，羽片は線形全縁，鋭頭，多数の羽片が相接して開出し，基部は前側で多少広くなって中軸に合着する．勿論無柄である．中脈は上面に浅い溝があり，下面はかるく隆起し，全体が緑色の革質であるがややもろい．若葉は赤色を帯びムカデのように見えるのでムカデグサの別名がある．葉柄基部には褐色線形で先が細くとがった鱗片を密生し，中軸上にまばらにつく．胞子葉は栄養葉より高く立ち，羽片はずっと狭く，まばらにつく．基部前側は急に広くなり，中軸につく．胞子嚢群は，胞子葉羽片の下面につき，羽片の両縁が巻き込んでそれを包む．〔日本名〕獅子頭は四方に放射状に出た葉を獅子のたてがみにたとえたもの．

4672. オサシダ 〔シシガシラ科〕

Blechnum amabile Makino（*Struthiopteris amabilis* (Makino) Ching）

本州，四国，九州の山地の樹林下，崖地等に生える常緑の多年生草本で日本の特産種である．根茎は長く横走し褐色披針形の鱗片をつける．葉は節間が長いとまばらにつき，節間が短いと束生する．葉は二形，栄養葉の葉身は線状長楕円形の 1 回羽状複葉．先端は急に狭くあるいは次第に狭くなる．下部はしだいに狭くなり，最下のものは耳状となり，短い葉柄となる．葉柄は紅紫色を帯びる．中脈の上面には溝がなく下面も隆起しない．羽片は多数，櫛の歯状に配列し広線形，全縁，鈍頭，基部は無柄でやや広く，中軸に合着する．胞子葉は栄養葉よりも少し長く，羽片の幅は狭い．シシガシラに似ているが，根茎が長くはうこと，鱗片が披針形～卵状披針形でシシガシラより幅広いこと，栄養葉の羽片の中脈の上面には溝がないこと等の点で区別できる．〔日本名〕筬羊歯の意味であり，葉形の輪郭が機織りに使うおさに似ているためであって，櫛の歯状の切れ込みをさすのではない．その点はオサバグサも同様である．

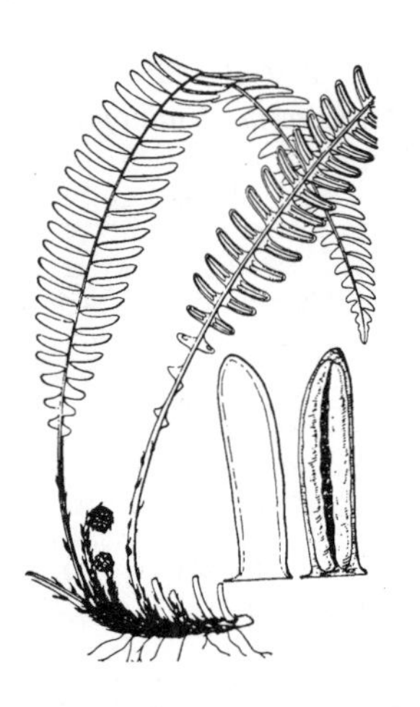

4673. ミヤマシシガシラ 〔シシガシラ科〕

Blechnum castaneum Makino（*Struthiopteris castanea* (Makino) Nakai）

日本特産のシダで，東北地方から広島県にかけての日本海側の亜高山帯の樹林下の斜面に群生する．常緑性の多年草．大きさや葉形などシシガシラによく似るが，葉質がはるかに硬い．根茎は短く斜上し，褐色で線形，先の細くとがった鱗片でおおわれている．葉は二形性．栄養葉の葉柄は長さ 3〜7 cm ほどで細点がたくさんある．葉身は長さ 15〜35 cm，幅 3.5〜6 cm あり，長楕円状披針形で羽状に深裂する．両面とも無毛．中軸は向軸面に深い溝があり，葉柄同様の細点がある．羽片は開出し密に並び，長楕円形でほとんど全縁．上面に比べ下面は色が淡い．胞子葉は栄養葉よりはるかに長く，ほぼ 2 倍に達する．羽片はまばらにつき，やや前側に曲がる．その基部は急に広くなり中軸に沿着する．羽軸に沿った胞子嚢群の外側にごく狭い辺縁部がある．台湾に産する *B. melanopus* Hook.（雉尾烏毛蕨）やヨーロッパと北米にある *B. spicant* L. に近縁と思われる．〔日本名〕深山獅子頭は深山に生えるシシガシラを表す．

4674. ヒリュウシダ 〔シシガシラ科〕

Blechnum orientale L.

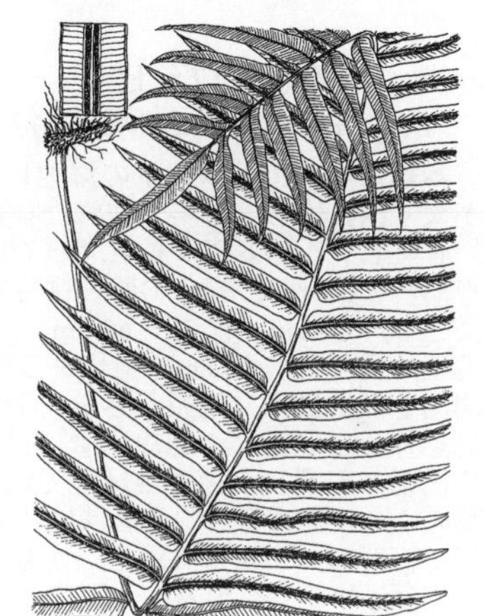

日本では屋久島以南，奄美諸島，沖縄諸島および小笠原諸島に産するが，たいへん分布域は広く，ネパール，インド，台湾，中国南部，インドシナ，フィリピン，インドネシア，マレーシア，ミクロネシア，ポリネシア，オーストラリアに及んでいる．常緑性の多年草で，低地から山地の日当たりのよい環境に多いが樹林内にも生育する．根茎は短く直立し，暗褐色で辺縁が淡色の長さ 1〜1.5 cm，幅 1 mm ほどの狭披針形の鱗片を密生する．葉柄は束生し，長さは 30〜60 cm，基部には根茎のそれと同様のはがれやすい鱗片をつける．葉身は 1 回羽状複生で，大きなものは長さ 2 m に達する．葉身下部の羽片ほど小形で，耳状となり，最下のものは痕跡的になる．また上方の羽片は中軸に流れて沿着する．胞子嚢群は羽軸の両側に接して羽片の先まで長く続く．マレーシアでは芽を食用するほか,「象の足」と呼ばれるミスミギク *Elephantops scaber* L.（キク科）の葉といっしょにこのシダの葉を湿布につかうと浮腫に効くとされる．インドとポリネシアでは根茎を虫下しなどに使う．若い葉は桃紅色を帯びて美しい．〔日本名〕飛流羊歯は葉の形や生育環境に因んだものか？〔漢名〕烏毛蕨．

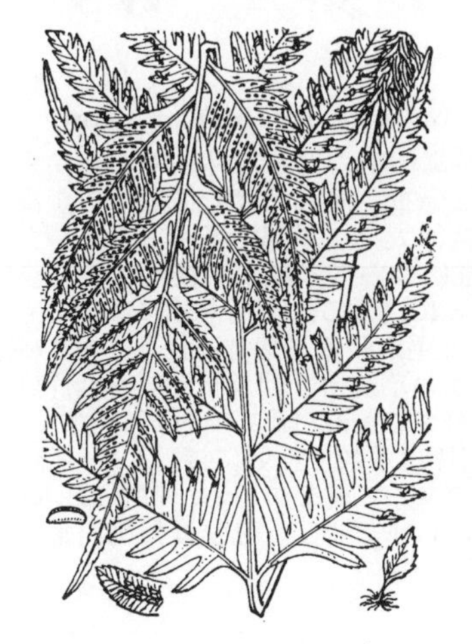

4675. コモチシダ 〔シシガシラ科〕

Woodwardia orientalis Sw.

宮城県以南及び日本海側では富山県以西の暖地に普通に見られる大形の常緑の多年生草本．日陰または陽当たりのよい所の崖や斜面から垂れ下がる．根茎は粗大で短く横にはい，斜面の上から下に成長する特性をもち，肉質．披針形で褐色の光沢ある膜質の鱗片を密生する．年をへた根茎は長さ 40 cm にもなり，前端から長い柄のある葉を束生する．葉は大きなものでは 2 m にも達し，長三角状楕円形，厚い革質，浅緑色，若葉の時は紅色を帯びる．葉柄は粗大，太さは鉛筆ぐらい，淡緑色，前側に縦に溝が走る．基部には長さ 3〜5 cm の卵状披針形の茶褐色鱗片を密生する．葉身は 2 回羽状複葉，羽片は広披針形，鋭尖頭，短柄がある．さらに羽状に深裂し，裂片は広線形あるいは線形，鋭頭．上部にだけ鋭きょ歯がある．葉脈は中脈に接して 1〜3 列の粗い網目を作り，その外側では遊離脈となる．胞子嚢群は中脈に近い網状脈上に生じ，狭い長楕円形，胞子嚢群のつく網目は深く凹む．宿存性の厚くてかたい殻状の包膜があり，胞子嚢群を深く抱きこむ，葉の上面に多数の不定芽を生じる．〔日本名〕子持ち羊歯は葉上に不定芽を生じるためである．

4676. ハイコモチシダ（ジョウレンシダ） 〔シシガシラ科〕

Woodwardia unigemmata (Makino) Nakai

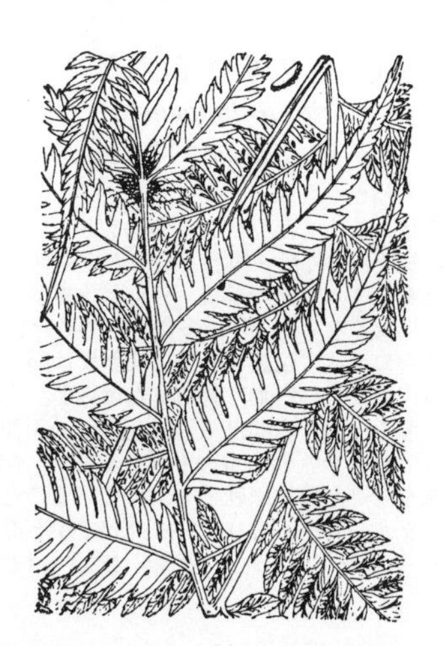

伊豆半島や九州南部から知られている常緑の多年生草本で産地では群生するが珍らしい種類に属する．海外ではヒマラヤから東南アジアに分布する．根茎は太く，短くはう．葉は接近して生え，崖から垂れ下がる．長さ 1.5 m 内外．コモチシダによく似ているが，葉身はコモチシダより長く，葉の緑色も濃いがかえって葉質はうすくかたい紙質．葉柄基部の鱗片は披針形から広披針形，羽片は広線状長楕円形，基部に近い裂片がしばしば中央部のものよりも短い．上部は急に狭くなり頂片状となる．羽状に深裂し，ふちにはきょ歯がある．頂片の基部の所に金褐色の鱗片でおおわれた大きな不定芽を 1 個生ずる．これが地につくと，新植物となるので，這い子持ち羊歯という日本名がついた．ジョウレンシダ（浄蓮羊歯）は，伊豆，湯ケ島の浄蓮の滝に群生しているからである．

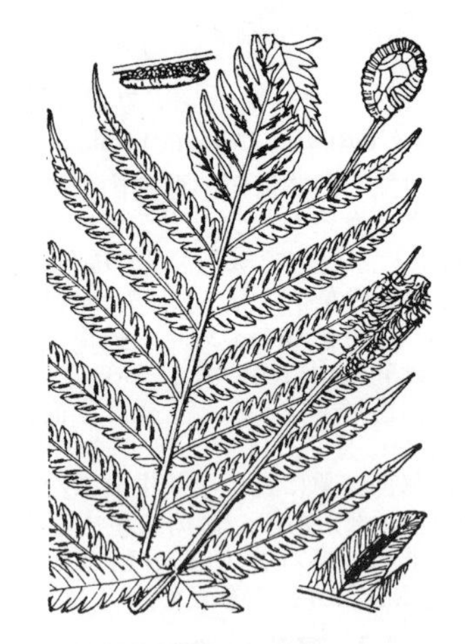

4677. オオカグマ　〔シシガシラ科〕

Woodwardia japonica (L.f.) J.Sm.

紀伊半島・四国・九州の暖地のやや乾いた山中に生える常緑性多年生草本. 根茎は太く，やや横にはい．褐色の鱗片でおおわれる．葉は束生し，葉柄はかたく淡黄緑色．下部に線状披針形の褐色鱗片を密生する．葉身は卵形，あるいは長楕円形，1 回羽状に分裂し，先端は急に細くなりやや頂片状となる．長さ 30〜50 cm．羽片は 10〜15 対，線状披針形，鋭尖頭，基部は鈍形で無柄，革質でややかたく，上面は緑色無毛．下面は淡緑色で葉脈上に小さい褐色膜質の鱗片がつく．さらに羽状に中〜深裂する．裂片は卵形楕円形，きょ歯がある．胞子嚢群は裂片の中脈の左右に接近して生じ，長さ 2〜5 mm，殻状の厚い褐色の包膜をつける．前種のような不定芽はできない．本種の栄養葉は一見するとイヌガンソクに似ているが，裂片中脈に沿って 1〜3 列の網状結合があることにより容易に区別することができる．〔日本名〕大カグマは，大は大形の意味であり，カグマはシダの名である．〔漢名〕狗脊.

4678. オオヒメワラビ　〔メシダ科〕

Deparia okuboana (Makino) M.Kato（*Athyrium okuboanum* Makino）

本州以南の山地樹林下の湿地に生える落葉性の多年生草本．根茎は短いが太く横に伏し，前年の枯れた葉柄に包まれて粗大となる．葉は有柄，2〜3 本束生する．葉柄は長さ 40〜60 cm，やわらかくてもろい草質で鮮緑色．線形〜広披針形で褐色の膜質鱗片をまばらにつける．葉身は卵状長楕円形．長さ 30〜80 cm，幅 30〜60 cm，2 回羽状複葉．羽片は長楕円状披針形，鋭尖頭，長さ 10〜20 cm，中軸から斜めに開出し短柄がある．小羽片は直角に開出し，披針形，鋭頭，さらに羽状に深裂し，基部は羽軸に流れて合着し翼を作る．羽軸と小羽片中脈には微毛が残るが鱗片は残らない．裂片は長楕円形，円頭，全縁または浅く波状にきょ歯がある．側脈は分岐しないで葉のふちに達する．胞子嚢群は裂片の中脈の近くに 2 列に並び，小円形，包膜は円腎形，または馬蹄形，かぎ形などが混じる．〔日本名〕大姫蕨．一見してヒメワラビに似るが，裂片の幅が広いからであろう.

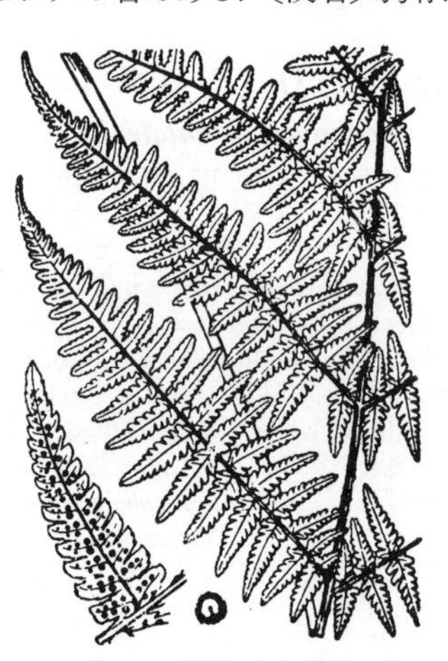

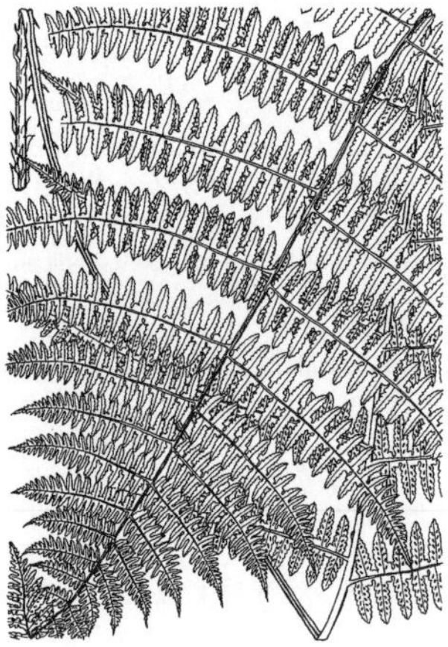

4679. オオメシダ　〔メシダ科〕

Deparia pterorachis (H.Christ) M.Kato（*Athyrium pterorachis* H.Christ）

北海道から本州中部までの，温帯から亜高山帯の湿った林内や沢筋に生える落葉性の多年草．樺太，沿海州などに分布．根茎は太く横にはい，高さ 1 m を超える大形の葉を叢生する．葉柄は太く，基部で径 15 mm ほど，長さ 30〜70 cm，鱗片は基部ほど大きく密について，膜質，淡褐色で，全縁，広披針形〜卵形で長さ 2.5 cm，幅 1 cm に達する．葉柄全体には軟毛もあり，また中軸にもまばらに披針形の鱗片と毛が残る．葉身は長さ 1 m，幅 40 cm に達し，狭長楕円形，淡緑色，軟らかい草質で 2 回羽状深裂．羽片は 15〜20 対あって，線状披針形，柄がなく，長さ 20 cm，幅 3〜4 cm に達する．若い羽軸の両面には細かい毛がある．小羽片は多数で互いに接近してつき，羽状に浅裂から中裂し，基部で広く羽軸について翼をつくる．側脈は羽状に分岐する．胞子嚢群は小羽片の軸に近く 1 列に並び，包膜は長楕円形か短いかぎ形，ときに馬蹄形．〔日本名〕大雌羊歯.

4680. ハクモウイノデ　〔メシダ科〕

Deparia jiulungensis (Ching) Z.R. Wang（*D. pycnosora* (H.Christ) M.Kato var. *albosquamata* M.Kato ; *D. orientalis* (Z.R.Wang et J.J.Chien) Nakaike）

本州から九州の山中の湿気の多い所に生える落葉性の多年生草本．根茎は短く，太く，塊状となって直立する．葉は束生し，長さ 50〜100 cm ぐらい．葉柄は葉身よりもはるかに短く，披針形〜線形で淡褐色の膜質鱗片とやわらかい毛を密につけ多少紫褐色を帯びる．葉身はやわらかい草質．1 回羽状複葉，長楕円形または披針形で上部は鋭尖頭，下部も次第に狭くなる．羽片は多数，互に接近して開出し，披針形，長さ 10〜20 cm，鋭尖頭，無柄，さらに羽状に深裂する．下部羽片は隔たってつき，長さも 2〜3 cm と小さくなる．裂片は楕円形〜長楕円形，鈍頭または円頭，全縁または浅い波状縁，側脈は分岐しないでふちに達する．胞子嚢群は線形で，中脈の両側に数個ずつ並び，三日月形の包膜があり，下部のものではかぎ形のものも混じる．〔日本名〕白毛猪の手で，葉形がイノデに似てしかも白味を帯びた鱗片や軟毛をつけていることによる．従来本種は北日本に分布するミヤマシケシダ *D. pycnosora* (H.Christ) M.Kato と混同されていたが，後者は全体に小形で，葉柄は長く基部以外にはほとんど鱗片がないので区別される.

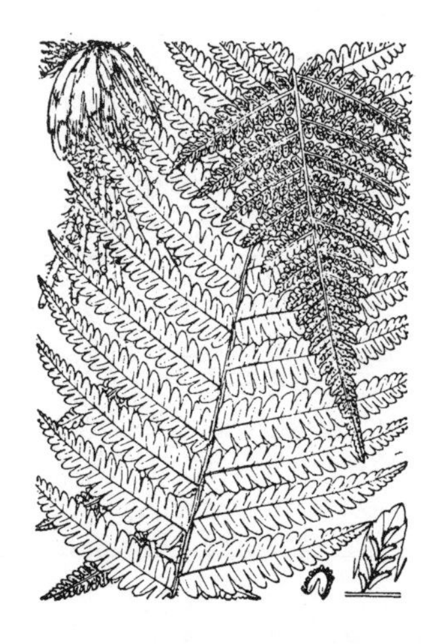

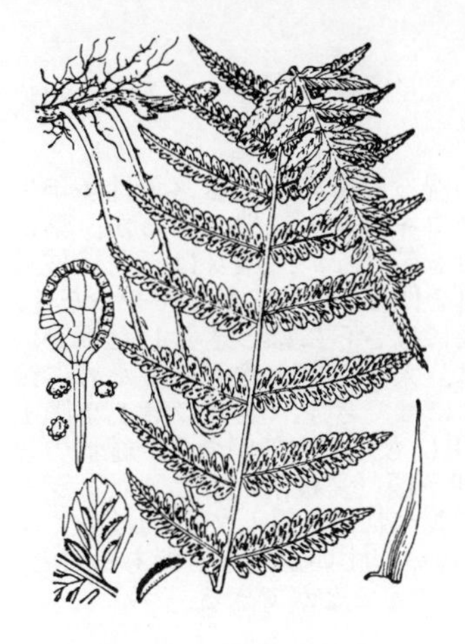

4681. シケシダ　〔メシダ科〕

Deparia japonica (Thunb.) M.Kato（*Athyrium japonicum* (Thunb.) Copel.; *Diplazium japonicum* (Thunb.) Bedd.）

北海道から九州の山野に普通に見られる落葉性の多年生草本．根茎は長く地中を横にはい，まばらに分枝し，淡褐色膜質の鱗片をまばらにつける．葉は根茎からまばらに出て，長さ 20〜40 cm ぐらいになり，柔らかい草質である．葉柄はほぼ葉身と同長．広披針形〜線形で淡褐色の膜質鱗片を散生する．上部の鱗片ほど細い．葉身は 1 回羽状複葉で，卵状披針形．鋭尖頭．多少厚味のあるもろい草質で，羽片は長楕円状披針形，あるいは披針形，鋭尖頭，基部は切形または心臓形でごく短い柄がある．最下羽片が最大で上部のものは次第に小さくなる．両面とも葉脈上に多細胞の短く軟らかい毛を多少ともつける．裂片は楕円形，鈍頭〜円頭，細かいきょ歯がある．胞子嚢群は線状長楕円形，中脈の両側に，中脈よりにつき 3〜5 個並ぶ．包膜は半月形でふちに不規則の突起があるが表面は無毛．〔日本名〕湿気羊歯は湿気の多い所に生えるシダの意味である．なお別名にシケクサ，イドシダがある．

4682. ホソバシケシダ　〔メシダ科〕

Deparia conilii (Franch. et Sav.) M.Kato
（*Athyrium conilii* (Franch. et Sav.) Tagawa）

北海道から九州の山野の多少湿ったところに普通に見られる落葉性の多年生草本．根茎は横にはい，緑褐色で，葉は 2〜3 本接近して生え，多少とも栄養葉と胞子葉の区別がある．栄養葉は短く葉柄は葉身の約 1 / 2，地表に広がるようにして生え，胞子葉はやや長く 20〜40 cm で高く立ち，葉柄は葉身よりも少し短い．葉身は披針形，鋭尖頭の長さ 10〜20 cm，1 回羽状に分裂し，下部羽片は多少とも下を向き，上部は次第に小さくなり，羽裂状になる．羽片は線状楕円形，鈍頭，無柄，さらに羽状に浅〜中裂する．裂片は全縁またはわずかに鈍きょ歯がある．葉質はやわらかくてもろい草質．淡緑色で光沢はない．葉柄中軸および中脈上には細い鱗片と毛がまばらにつく．胞子嚢群は羽片の中脈とふちとの中間につき，線形または半月形，包膜は半月形でふちに不規則に突起がある．〔日本名〕細葉湿気羊歯という意味．シケシダの小形のものに似ているが，葉身は細く幅は 5 cm 以下で，10 cm 以上もあるシケシダとは区別できる．羽片の先端も鈍頭で鋭尖頭になることはない．

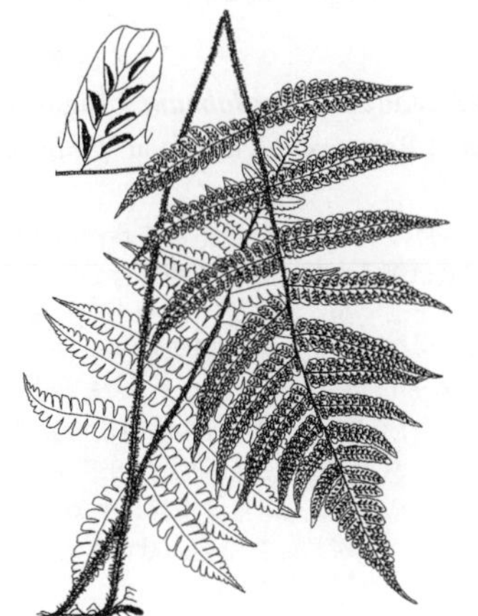

4683. ムクゲシケシダ　〔メシダ科〕

Deparia kiusiana (Koidz.) M.Kato
（*Athyrium kiusianum* (Koidz.) Tagawa）

本州，四国，九州の暖帯山地林下や谷間に生える落葉性の多年草．根茎は地中を長くはい，まばらに葉を出す．根茎と葉柄，中軸には披針形〜線形，茶褐色，全縁，膜質の鱗片をまばらにつける．葉柄と中軸には長く，軟らかい毛が密に生える．葉はやや二形となり，栄養葉は柄の長さ 10〜15 cm，葉身は卵状三角形から卵状長楕円形で，長さ 20〜30 cm，幅 15〜20 cm，胞子葉は背が高く，葉柄も長く葉身は細長く，長楕円形，草質で単羽状複生，羽片は披針形から長楕円状披針形，先端は尖り，下部のものではわずかな柄がある．羽片上面の葉脈上と，下面では葉脈以外の部分にも毛がある．胞子嚢群は裂片の中肋寄りにつき，長さ 2〜3 mm，包膜はチャセンシダ形のほか背中合わせのもの，まれにかぎ形や長い馬蹄形のものがあり，ふちに不規則な突起があって，表面には毛がある．〔日本名〕尨毛湿気羊歯．毛のふさふさしたシケシダということ．

4684. ヘラシダ　〔メシダ科〕

Deparia lancea (Thunb.) Fraser-Jenk.
（*Diplazium subsinuatum* (Wall. ex Hook. et Grev.) Tagawa）

関東以西の山中の湿気の多い斜面に群生する．常緑の多年生草本．根茎は細長く，横にはいしばしば分枝する．黒褐色で線形の鱗片をつける．葉は単葉で長さ 50 cm にもなりまばらに根茎につく．葉柄は葉身よりも短く毛状の細い鱗片がまばらにつく．長さ 10〜25 cm．葉身は厚い革質でもろく，狭い披針形，長さ 20〜30 cm，幅 1〜2.5 cm．鋭尖頭，下部は次第に狭くなり，狭いくさび形となる．ふちは全縁またはしばしば波状縁となる．中脈は下面に多少とも隆起する．胞子嚢群は長短不ぞろいであり，支脈に沿って斜めに，中脈とふちとの中間に並び，線形の包膜をつける．包膜は背中合わせのものが多く混じる．〔日本名〕篦羊歯は，葉形がへら状であるため．別名イワミノ（岩蓑）は岩上に岩がみのをつけたように群生することがあるため．ノコギリヘラシダ *D.* ×*tomitaroana* (Masam.) R.Sano は本種とシケシダ類との雑種と推定され，本種に似るが葉身が羽状に深裂する．

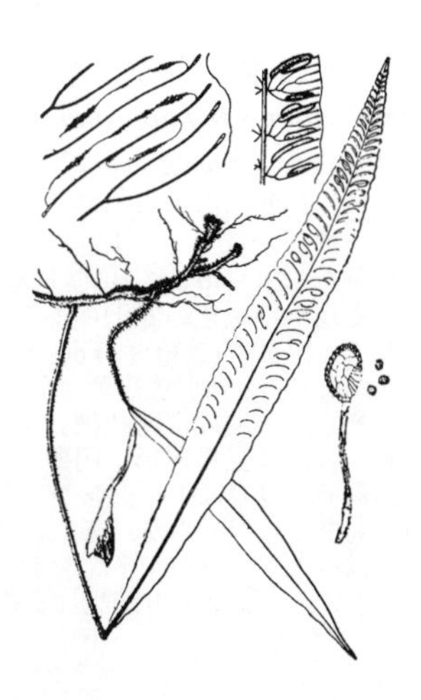

4685. イヨクジャク 〔メシダ科〕

Diplazium okudairae Makino

伊豆半島以西の暖地の山中の谷川沿いの湿った所に生える落葉性多年生草本であるが．ごくまれである．葉形はノコギリシダに似ているが，葉はやや混みあって根茎から出て，草質で革質を帯びない．葉身は三角状披針形，上部の羽片は基部が中軸に流れて狭い翼を作る．羽片の数はやや少なく，ふちには粗大なきょ歯があり，そのきょ歯にはさらにはっきりした細かいきょ歯がある．基部の前側の耳片状突起は，大きなきょ歯があるために余り目立たない．胞子嚢群は羽片中脈の近くにはできず，支脈の第 1 小脈上に長線形のものがつき，第 2・第 3 の小脈上にも短いものがつく．線形の包膜がある．〔日本名〕伊予孔雀は，四国の伊予国（愛媛県）でとれたクジャクシダの意味．ノコギリシダと本種と両方並べれば一見して区別はつくものの，本種だけを見るとノコギリシダと間違いやすいが，草質であること，上部羽片が流れて中軸に翼を作ることで区別することができる．

4686. ノコギリシダ（ヤブクジャク） 〔メシダ科〕

Diplazium wichurae (Mett.) Diels var. ***wichurae***

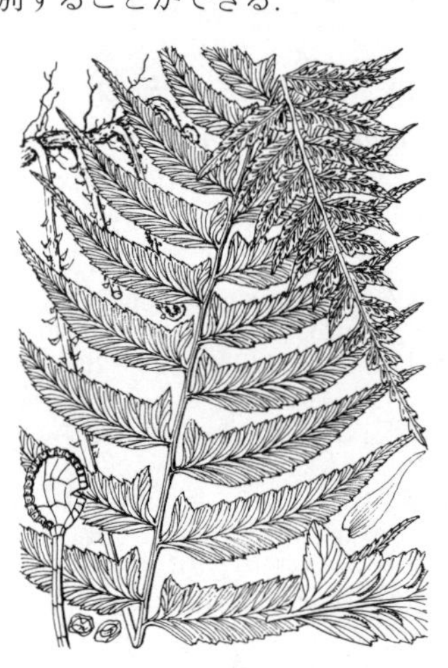

千葉県以西の暖地の山中の湿気の多い所に生える常緑の多年生草本．根茎は長く地中を横にはい，黒色でかたい太い針金状．葉はまばらにつく．葉柄は丈夫な針金状で黒紫色，長さ 30 cm ぐらいになり，基部に暗褐色披針形の鱗片がまばらにつく．葉身は披針形，長さ 20〜40 cm，1 回羽状に分裂し，先端は急に細くなって尾状にのびる，下部は狭くならない．羽片は披針形で鎌形に曲がり鋭尖頭，暗緑色でやや光沢があり，上面では葉脈は少し凹み，かたい革質．ふちにとがったきょ歯があり，さらに浅く切れこんで大きな鈍きょ歯をつくる．基部の前側には耳片状の三角形の突起が出て，基部はくさび形，短柄がある．胞子嚢群は羽片の支脈の第 1 小脈上について半月形，羽片の中脈の両側に斜めに 2 列に並ぶ．包膜はチャセンシダ型で全縁．〔日本名〕鋸羊歯は，光沢のあるかたい羽片のきょ歯をのこぎりの歯に見立てたもの．藪孔雀は藪の中に生えクジャクの尾に似る意味．

4687. ミヤマシダ 〔メシダ科〕

Diplazium sibiricum (Turcz. ex Kunze) Sa.Kurata var. ***glabrum*** (Tagawa) Sa.Kurata（*Athyrium crenatum* (Sommerf.) Rupr. ex Nyland. var. *glabrum* Tagawa ; *D. nakaikei* Fraser-Jenk.）

北海道，本州（近畿以北），四国の高山の針葉樹林帯の下草として生える落葉性多年生草本で種としては旧大陸の北部に広く分布する．根茎は細く，長く地中を横にはい，間隔をおいて葉を 1 本ずつ出す．葉の感じはキヨタキシダとよく似ているが，やや小形．葉柄は 20〜30 cm，広披針形〜披針形のかたい褐色から黒褐色の光沢のある鱗片を密生し，上部になるにつれて少なくなる（キヨタキシダでは軟らかい褐色の鱗片がつく）．葉身は広い三角形，長さ幅ともに 20〜30 cm の 2 回羽状複葉，うすい草質，羽片は長楕円状披針形，最下の羽片は最大で楕円形，鋭尖頭，はっきりした柄がある．小羽片は卵状楕円形〜長楕円状披針形，さらに羽状に深裂し，裂片は円頭〜鈍頭の広楕円形，ふちは浅裂〜中裂する．胞子嚢群は裂片中脈の近くにつき，線形，包膜はチャセンシダ型，背中合わせのものが混じり，ふちにはきょ歯がある．〔日本名〕深山羊歯の意．

4688. キヨタキシダ（キヨタケシダ） 〔メシダ科〕

Diplazium squamigerum (Mett.) Matsum.

（*Athyrium squamigerum* (Mett.) Ohwi）

北海道から九州の山中の湿気の多い所に生える落葉性多年生草本．根茎は太く荒々しい感じで斜上し，少数の葉を束生する．葉柄は長く葉身とほぼ同長，またはやや短く，20〜40 cm，黒紫色を帯びややもろく，下部に披針形〜狭披針形のかたい黒褐色から黒色の光沢のある鱗片をやや密につけ，上部では少なくなる．葉身は長さ，幅ともに 30〜50 cm ぐらいの三角形，うすい膜状の草質，暗緑色で多少光沢があり，2 回羽状複葉．羽片は長楕円形，鋭尖頭，下部羽片にははっきりした柄がある．小羽片は卵状披針形，鈍頭，無柄または短柄があり，さらに羽状に浅裂し，裂片は長楕円形，円頭，ふちは浅裂する．胞子嚢群は裂片の中脈の近くにつき線形．包膜はチャセンシダ型でほぼ全縁．〔日本名〕清岳羊歯は，清岳という山の名をとったものか，または清滝羊歯は京都の北方の清滝の名をとったのか，語源ははっきりしない．ミヤマシダに近縁の種であり，厳密な区別は困難である．ふつうキヨタキシダの方が鱗片が狭く，小羽片裂片は円味を帯び，切れ込みは浅い．

4689. ミヤマノコギリシダ 〔メシダ科〕

Diplazium mettenianum (Miq.) C.Chr.

新潟県以南の山中の湿った所に生える常緑の多年生草本．根茎は横にはい黒褐色でかたい．葉はやや混みあってつく．葉柄はかたく，長さ 30〜40 cm，下側は紫黒色となり，基部には黒褐色で披針形の鱗片がつく．葉身は広披針形〜卵形三角形，葉柄と同長かまたはやや長く 30〜50 cm，幅 15〜30 cm．暗緑色のうすい革質でノコギリシダよりも薄い．1 回羽状に分裂し，鋭尖頭．羽片は細い披針形または長楕円形，尾状鋭尖頭，基部は切形，または鈍形，短柄がある羽状に浅〜中裂し，裂片は卵形，円頭〜鈍頭きょ歯がある．裂片の中脈はジグザグに曲がり，小脈は 2 叉することもあるが大ていは分岐しないでふちに達する．胞子嚢群は線形で，中脈とふちの中間に並び，包膜も線形で全縁．ノコギリシダに似ているが，羽片基部に耳状突起がなく，葉脈も上面で凹まないので区別できる．〔日本名〕深山鋸羊歯の意味で，通常深山に生え，ノコギリシダに似ているからである．

4690. オニヒカゲワラビ 〔メシダ科〕

Diplazium nipponicum Tagawa

東北，北陸以西の本州，九州，四国に広く分布し，暖帯の陰湿な林下や谷筋の斜面に生える半落葉性の多年草．根茎は太く，短くはって，高さ 130 cm に達する大形の葉を接近してつける．葉柄は太く，長さ 30〜60 cm あって，基部に黒褐色，膜質，狭披針形でふちに突起のある宿存性の鱗片をやや密につける．葉身は草質，三角形から三角状長楕円形，長さと幅がほぼ等しく 40〜70 cm，3 回羽状深裂．下部の羽片には長い柄がある．各軸には小鱗片と，縮れた軟らかい毛が残ることが多い．胞子嚢群は線形，中間生で，わずかに中肋よりにつき包膜は薄く，ふちが細かく裂ける．シロヤマシダ（4693 図参照）に似るが，葉がより柔らかくて切れ込みが少なく，包膜が全縁でない点で異なる．〔日本名〕鬼日陰蕨は，ヒカゲワラビより大形だからであるが，ヒカゲワラビは葉がさらに切れ込み，胞子嚢群はさらに中肋よりで包膜が全縁である．

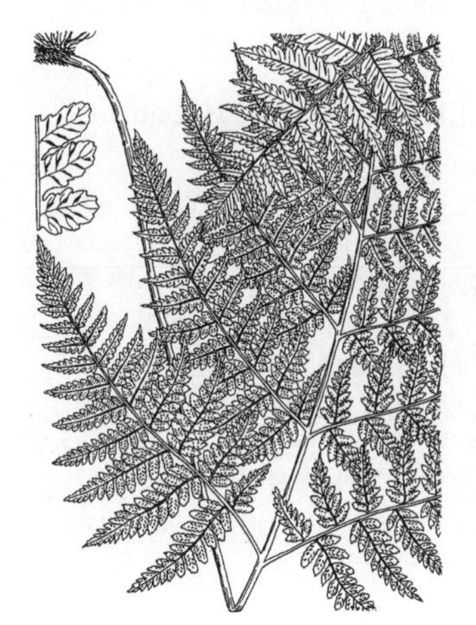

4691. ヒカゲワラビ 〔メシダ科〕

Diplazium chinense (Baker) C.Chr.

関東および福井県以西の山地林内にややまれに産する落葉性の多年草．根茎ははいながら接近して葉を出す．葉柄はやや太く，20〜50 cm あって，淡緑色から淡褐色，基部に披針形，全縁，膜質でつやのある黒色の鱗片がわずかにつく．葉身は浅緑色でうすい草質，毛はなく三角形，鋭尖頭で長さと幅がほぼ等しく，30〜60 cm，3 回羽状に分裂し，羽片は 5〜7 対あって，柄がある．小羽片は長楕円形から広披針形，鋭尖頭，短い柄がある．終羽片または終裂片は広披針形〜長楕円形，円頭〜鈍頭で，歯牙があるかまたは羽状に浅裂し，基部はつながって小羽軸に狭い翼をつくる．側脈は 2 叉または羽状に分裂する．胞子嚢群は終羽片または終裂片に 4〜10 個あって，それぞれの中肋よりに互いに接して並び，線形，ときどき背中合わせになる．包膜は長さ 1〜2 mm，薄い膜質で全縁．〔日本名〕日陰蕨．

4692. キノボリシダ 〔メシダ科〕

Diplazium donianum (Mett.) Tardieu

種子島，屋久島以南の山地林内のあまり陰湿でないところに見られる常緑の多年草．台湾からインドまで分布．根茎は太く，短く横にはい，長さ 50〜80 cm の葉を叢生する．葉柄は葉身よりやや長く，基部に黒褐色線形でふちに小突起のある鱗片をつける．葉身は革質，単羽状複生で，2〜4 対の側羽片と 1 個の頂羽片とがあり，各羽片は長楕円形，鋭尖頭，長さ 15〜20 cm，幅 3〜5 cm．羽片の先端近くにわずかにきょ歯が出る以外は全縁．葉脈は 2〜3 回 2 叉状に分かれて遊離し，互いに平行に走り，葉の下面から見てはっきり見えるものとそうでないもの(アツバキノボリシダ)とがある．胞子嚢群は葉脈にそってつき，長いものと短いものとが混ざり，長いもので 2.5 cm，包膜は背中合わせのものが多く，全縁．種子島や屋久島のものは葉脈が裏からみてあまり明瞭でないので別種とする見方もあるが，区別ははっきりしない．〔日本名〕木登羊歯の意味であるが，名に反して根茎が木にはい登ることはない．

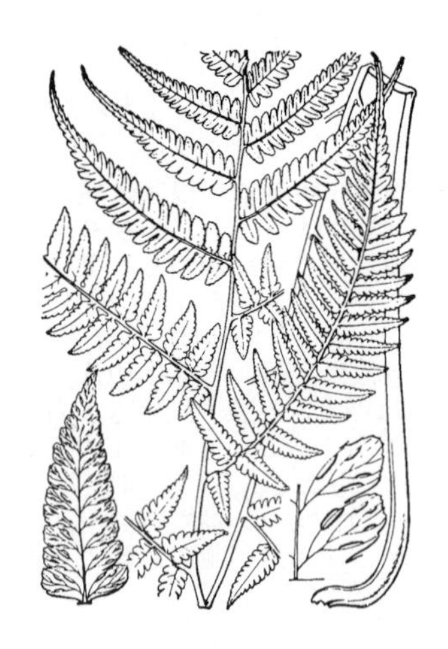

4693. シロヤマシダ 〔メシダ科〕

Diplazium hachijoense Nakai

関東南部の暖地の山野の湿気の多い日陰に生える大型の常緑の多年生草本．根茎は太くて，横にはい，葉は混みあってつく．葉身とほぼ同長の葉柄があり，基部に黒褐色の披針形で全縁の鱗片をまばらにつける．葉身は長さも幅もともに 50～100 cm，三角形～三角状卵形，鋭尖頭，厚い草質の 2 回羽状複葉で羽片は長楕円状披針形，尾状鋭尖頭，小羽片は三角状披針形，鋭尖頭，長さ 5～10 cm，幅 2～3 cm，基部は切形で短柄があり，さらに中～深裂する．裂片は長楕円形，円頭，わずかにきょ歯がある．小脈は 2 叉するかまたは分岐しないままでふちに達する．胞子嚢群は線形，中脈とふちの中間に並び，包膜は広線形で全縁．〔日本名〕城山羊歯は九州の鹿児島市の城山で最初発見されたからである．

4694. ウラボシノコギリシダ 〔メシダ科〕

Anisocampium sheareri (Baker) Ching

(*Athyrium sheareri* (Baker) Ching)

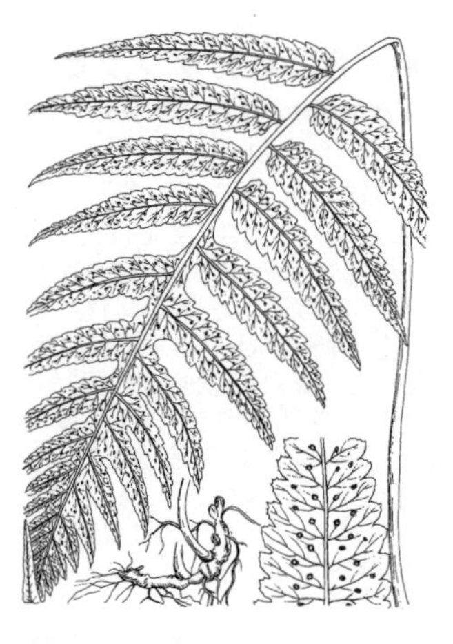

房総半島および北陸以西の暖地林下の，少し肥沃な斜面に群生する，ややまれな常緑の多年草．根茎は長くはい，径 3～4 mm，葉をまばらに出す．葉柄や葉軸は紅紫色を帯びることが多い．根茎と葉柄基部に褐色，膜質で線状披針形，全縁の鱗片をつける．葉は高さ 40～70 cm，葉柄は針金状，葉身は洋紙質，卵状三角形から長楕円形で 1 回羽状に分裂する．羽片は下部の数対が独立して短い柄があり，上部のものは互いに沿着する．一般に，胞子嚢群がたくさんつく葉ほど背が高く，葉身が狭く，葉柄が長くなり，羽片は間隔が開いて数が多く切れ込みが深いが，変化はさまざまである．胞子嚢群は小さく，裂片のやや中肋近くに 1 列に並ぶが，切れ込みの浅いものでは羽片の下面に一面に散布したように見える．包膜はかぎ形または円腎形が多いが，長楕円形や馬蹄形のものも混ざり，ふちに歯牙がある．〔日本名〕裏星鋸羊歯．胞子嚢群が葉裏に星のように散在する様子から．

4695. イヌワラビ 〔メシダ科〕

Anisocampium niponicum (Mett.) Y.C.Liu,W.L.Chiou et M.Kato

(*Athyrium niponicum* (Mett.) Hance)

北海道から九州の山地平地に普通に生える落葉性の多年生草本．根茎は地中を横にはい，葉柄の基部と共に赤褐色で披針形の鱗片をもち，ややまばらに葉を出す．葉は長い柄があり，柄の長さ 30～50 cm ぐらいで柔らかい．葉身は草質，長さ 30～50 cm，幅 15～25 cm，卵形から広卵形，または楕円形で先端は急に狭くなってとがる．2 回羽状複葉で羽片は披針形，鋭尖頭，基部はくさび形で短柄をもち，さらに羽状に深裂する．小羽片は線状長楕円形，鋭尖頭，ふちには細きょ歯がある．葉質は柔らかい草質，無毛．胞子嚢群は終裂片の中脈とふちの中間に密集し，包膜はチャセンシダのような線形，かぎ形，馬蹄形などと変化が多い．ふちには不規則に凹凸がある．〔日本名〕犬蕨はふつうにあって利用価値のないワラビという意味．

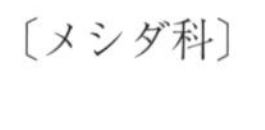

4696. シケチシダ 〔メシダ科〕

Cornopteris decurrentialata (Hook.) Nakai

(*Athyrium decurrentialatum* (Hook.) Copel.)

秋田県以南のやや暖かい地方の山中の湿気の多い所に生える落葉性の多年生草本．根茎はやや太くて横にはい，葉をまばらにつける．葉柄は紅紫色を帯び柔らかで折れ易く，長さ 20～30 cm，淡褐色披針形の鱗片がまばらにつく．葉身は葉柄よりも長く，長卵形，あるいは楕円状卵形，1～2 回羽状複葉で，羽片は間隔をおいて開出し長楕円形または長楕円状披針形，ほとんど無柄，多くは前方に鎌状に曲がり，さらに羽状に深裂または全裂し，裂片または小羽片は広楕円形で浅い鈍きょ歯があり，鈍頭または鋭頭，暗緑色でごくもろくて柔らかい草質である．羽片の中脈と中軸とが合する附近に数個のささくれた針状突起があるのはこの属のよい特徴で属名の角のあるシダの語源もこれに基づく．胞子嚢群は支脈上につき線形でしばしば 2 叉となり，包膜はない．図は比較的小形のものであり，もっと発育のよいものでは完全に 2 回羽状複葉となる．〔日本名〕湿気地羊歯という意味で湿った土地に生えるからである．

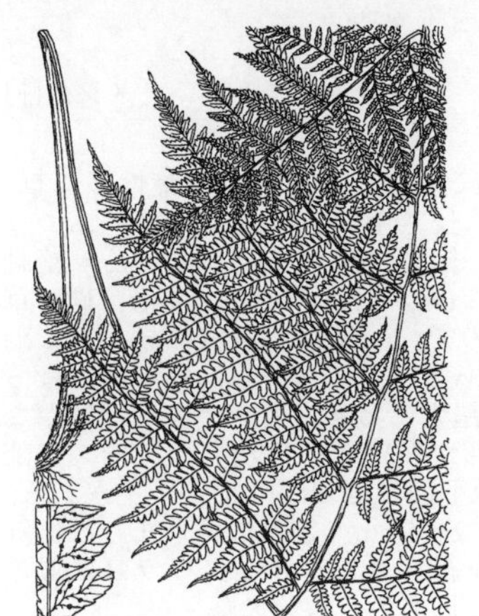

4697. イッポンワラビ（オオミヤマイヌワラビ）　〔メシダ科〕

Cornopteris crenulatoserrulata (Makino) Nakai

（*Athyrium crenulatoserrulatum* Makino）

鳥取県と本州中部以北および北海道の温帯から亜高山帯の樹林下に生える落葉性の多年草．根茎は太くて横にはい，高さ 75～110 cm の葉を接近して密につけ，群生する．葉柄は葉身とほぼ等長，淡褐色，膜質，披針形，全縁の鱗片をつける．葉身は長さと幅がほぼ同じで，三角状卵形，軟らかい草質で，3 回羽状深裂．羽片は下部の数対が大きく，上方で急に狭まる．下部の羽片は基部の小羽片が短縮し，ときにはなくなることもある．小羽片は羽軸にほぼ直角に出て無柄，羽状に深裂し，中軸，羽軸，小羽軸の下面に軟らかい細毛がある．裂片は長楕円形で鈍頭，鈍いきょ歯がある．中軸と羽軸の分岐点の上面に多数の肉刺状の突起がある．胞子嚢群は各裂片に 3～5 対がふちに寄りぎみにつき，円形または楕円形，包膜はない．本州から九州にあるハコネシケチシダ *C. christenseniana* (Koidz.) Tagawa は葉身が 2～3 回中裂，胞子嚢群は長楕円形．〔日本名〕一本蕨．

4698. タニイヌワラビ　〔メシダ科〕

Athyrium otophorum (Miq.) Koidz. var. ***otophorum***

（*A. rigescens* Makino）

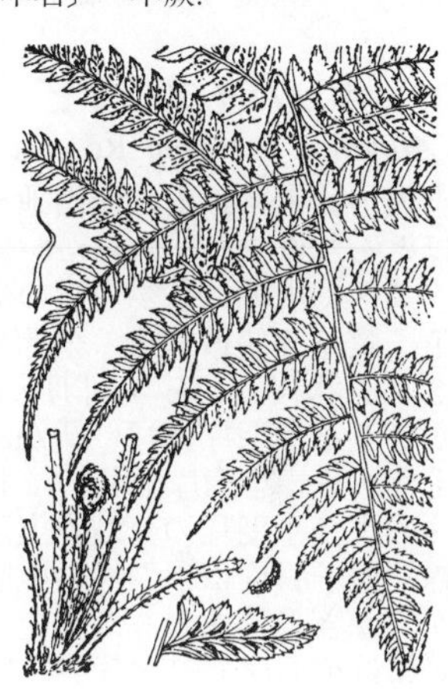

山形県以南の暖地の林下，谷川沿いの湿地等に生える常緑の多年生草本．根茎は太く径 3～4 cm，直立または斜上し，頂から 2～3 本の葉を束生して開出する．高さ 50～90 cm で葉柄は葉身よりもやや短く長さ 20～40 cm．中軸とともに紅紫色を帯び，上面には深い溝がある．基部には線状披針形黒色～黒褐色で光沢のある鱗片が密生する．葉身は三角状卵形～卵状長楕円形，上端は急に細くなり鋭尖頭，長さ 30～50 cm，幅 20～30 cm，極めて端正の感じのする切れ込み方で，2 回羽状に分裂し，多少とも灰色を帯びた緑色，ややかたい草質である．羽片は披針形，鋭尖頭，ほとんど無柄，小羽片は卵状長楕円形～長楕円形，鋭頭，ややとげ状にとがり，無柄，基部の前側には耳片状突起があり，全縁または羽状に浅裂する．胞子嚢群は中脈の近くに並び弓形，包膜はチャセンシダ型の線形でほぼ全縁．〔日本名〕谷犬蕨は，谷間に生えるイヌワラビの意味．

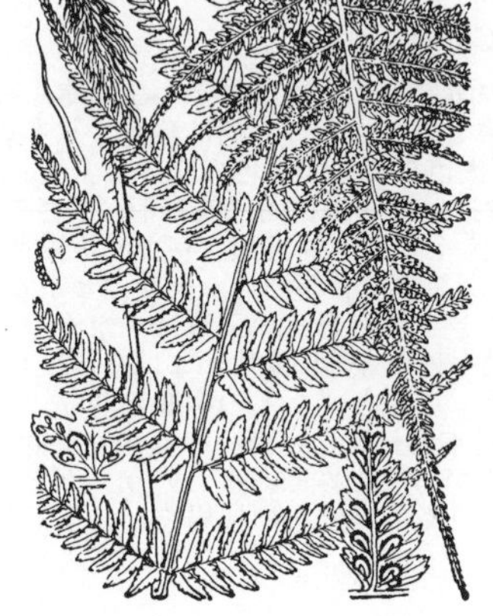

4699. ヤマイヌワラビ　〔メシダ科〕

Athyrium vidalii (Franch. et Sav.) Nakai

北海道から九州の山中樹林下にやや普通に生えている落葉性多年生草本．根茎は塊状で短く斜上し，葉を束生する．葉は長さ 40～100 cm，葉柄は葉身とほぼ同長で 20～50 cm，基部には褐色～黒褐色で線形の鱗片を密生する．葉身は長卵状，または三角状卵形，幅 20～40 cm，先端は急に狭くなってとがり，2 回羽状に分裂した多少柔らかい草質．羽片は披針形～広披針形，鋭尖頭，ほとんど無柄．下部羽片が最大，小羽片は三角状楕円形，基部はくさび形で無柄．先は鋭尖頭または鋭頭，ふちにはきょ歯がある，下部羽片の基部小羽片はやや縮小する．胞子嚢群は裂片の中脈寄りにつき，包膜はチャセンシダ型またはかぎ型でふちに不規則なきょ歯のあることもある．〔日本名〕山犬蕨は山地生のイヌワラビの意味でヤマイヌのワラビではない．

4700. カラクサイヌワラビ　〔メシダ科〕

Athyrium clivicola Tagawa

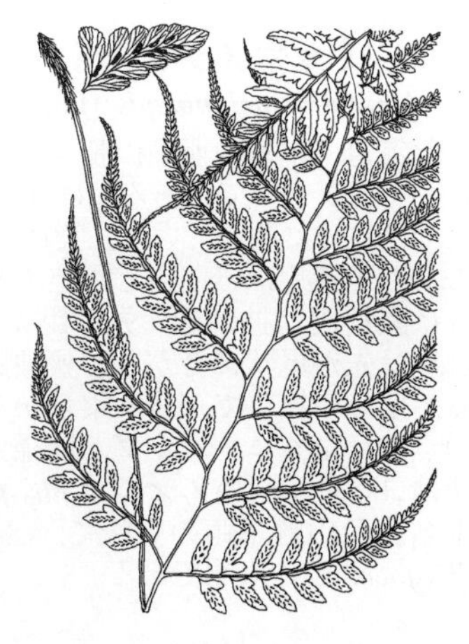

北海道南部（奥尻島）以南の温帯から暖帯に分布し，林内に見られる夏緑性の多年草．根茎は斜上し，ヒロハイヌワラビを柔らかくしたような薄くて草質の葉を叢生する．葉柄は細く，長さ 20～30 cm，基部に長さ 3～4 mm，線形で濃褐色全縁の鱗片を密につける．鱗片の中央部には濃色の縞がある．葉身は長さ 30～40 cm．2 回羽状複生の楕円形から三角状卵形で，羽片は披針形で先は長く尖り，基部の羽片には長い柄がある．羽片の軸は通常無毛．小羽片は卵形から楕円形，無柄か短い柄があり，鈍頭から円頭，基部上向きの裂片は耳状にふくらみ，羽軸に重なる傾向がある．胞子嚢群は小羽片の中肋寄りにつき，長さ 2～3 mm の線形，包膜はチャセンシダ形で全縁か，不規則なきょ歯がある．ヒロハイヌワラビとは，鱗片中央の縞と羽軸に毛がないことで区別できる．〔日本名〕唐草犬蕨は小羽片の裂け方が唐草模様に似ることによる．

4701. ヒロハイヌワラビ 〔メシダ科〕

Athyrium wardii (Hook.) Makino

宮城・秋田県以南の山地林下にふつうに産する暖地性の落葉性多年草．根茎は短く斜上し，葉を叢生する．葉柄は長さ 10～20 cm あって，ふつう葉身より短く，基部付近に広線形，全縁，褐色の鱗片を密につける．葉軸は多少紅紫色を帯びる．葉身は長さ 20～35 cm，三角形から広卵形，硬い草質で 2 回羽状複生，上方は急に狭くなるので，一見頂羽片状に見える．羽片は先端の頂羽片状のものを除き 4～6 対あって，広披針形，鋭尖頭，はっきりした柄があり，下部羽片では 1 cm を超すこともある．小羽片は柄がないか，基部羽片では短い柄があり，楕円形から狭卵形で左右が不同．基部の前側は耳状に突き出る．羽軸や小羽軸の下面にはふつう細かい毛がある．胞子嚢群は中肋寄りに細長く斜上し，長さ 2～5 cm．包膜は線形または披針形でまれに背中合わせのものが混ざり，全縁．カラクサイヌワラビに似るが鱗片が小さく淡色で，羽軸下面が有毛．〔日本名〕広葉犬蕨．

4702. ホソバイヌワラビ 〔メシダ科〕

Athyrium iseanum Rosenst. var. ***iseanum***

宮城・秋田県以南の低山地林下や湿地に生える夏緑性の多年草．根茎はほとんど直立し，軟らかい草質で，長さ 40～50 cm の葉を数枚叢生する．葉柄や中軸は多少光沢のある紫黄色で，鱗片は少なく，葉柄基部に褐色，膜質で狭披針形，全縁の鱗片がつく程度．葉身は広披針形～卵形で 2 回羽状複生から 3 回羽状に深裂し，秋季，中軸の先端近くの上面に芽ができる．羽片は短い柄があり，披針形で先は長く尖る．羽軸の下面に毛がある．小羽片は羽状に中裂～深裂し，基部前側の裂片は突出する．裂片および小羽片の分岐点上面には軟らかいとげがある．裂片は鋭きょ歯縁．胞子嚢群は小羽片の中肋寄りにつく．包膜はチャセンシダ形が多いが，かぎ形に曲がったものも混ざり，全縁．イヌワラビやヤマイヌワラビには小羽片上の軟らかいとげがない．〔日本名〕細葉犬蕨．

4703. ヘビノネゴザ（カナクサ） 〔メシダ科〕

Athyrium yokoscense (Franch. et Sav.) Christ

北海道から九州の山野の日陰や陽当たりよい所に生える落葉性多年生草本．根茎は短く斜上または直立し長さ 30～80 cm の葉を束生する．葉柄は葉身よりも短いかあるいは同長，長さ 15～40 cm，基部に暗褐色または赤褐色の鱗片を密生し，上部にはまばらに細い褐色鱗片がつく．葉身は披針形～長楕円状披針形，長さ 20～40 cm，幅 10～15 cm，下部はしばしばやや狭くなり，鋭尖頭，1 回羽状複葉．羽片は披針形，鋭尖頭，無柄，さらに羽裂し，羽裂片は長楕円形，先端はとがり，基部は羽軸に流れて合着し，ふちにはとがったきょ歯がある．葉質はかたく，うすい革質，下面では細脈がはっきり見える．羽軸中軸にも細い鱗片がまばらにつく．胞子嚢群はかぎ形またはチャセンシダ型の線形，中脈とふちとの中間に並び，包膜は長楕円形またはかぎ型に曲がって全縁．〔日本名〕蛇の寝御座の意味．束生した葉の間に時々ヘビがとぐろをまいていることがあるためであるという．カナクサともいうのは金草の意味で，金銀の鉱山の鉱坑や不良鉱石の捨場などによく茂るからである．

4704. ミヤマメシダ 〔メシダ科〕

Athyrium melanolepis (Franch. et Sav.) Christ

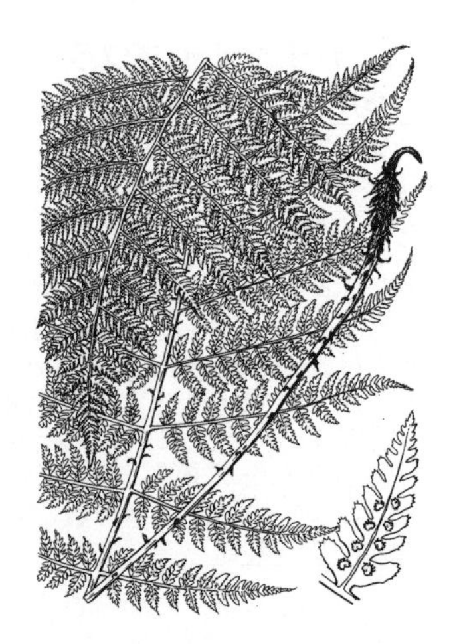

北海道，本州の亜高山帯に見られる落葉性多年生草本．メシダに非常によく似たもので，あるいは同一種かも知れない．葉は 7～10 枚束生し，上部は斜めに開いている．葉柄は葉身よりもずっと短くて約 1 / 2 ぐらいの長さで鱗片はほとんど黒色で光沢があり，かたく，ねじれている．葉身は長楕円状披針形，先は鋭尖し，長さ 30～100 cm，2 回羽状複葉で，羽片は先が尾状にとがった狭披針形となり，下部羽片はかなり小さくなる．明るい緑色で草質，柔らかく，ことに若い時は食用になる．その他の点では全くエゾメシダと同様である．鱗片の性質をのぞけば，葉の形状はヨーロッパのメシダ *A. filix-foemina* (L.) Roth にそっくりである．〔日本名〕深山雌羊歯の意味で，メシダはオシダに対するもので種形容語 *filix-foemina* の直訳である．

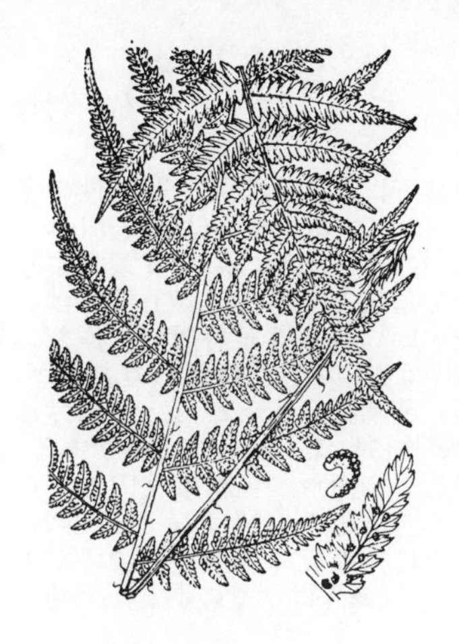

4705. エゾメシダ 〔メシダ科〕

Athyrium sinense Rupr.（*A. brevifrons* Nakai ex Tagawa ; *A. submelanolepis* Tzvelev ; *A. filix-foemina* (L.) Roth var. *longipes* H.Hara）

北海道，および本州中北部の深山にも見られる落葉性多年生草本．根茎は大きな塊状で斜上し，葉を束生する．葉柄は葉身と同長またはやや短く，しばしば紫褐色を帯び，基部には暗褐色の大形の長卵形の鱗片が密生し，上に行くほどまばらになる．葉身はやわらかい草質，無毛，3 回羽状に分裂し，長楕円形，先は次第に狭くなって鋭尖頭，下端もやや狭くなる．中軸には落ちやすい鱗片がまばらにつく．羽片は長楕円状披針形，長さ 10～15 cm，鋭尖頭，ほとんど無柄，小羽片は長楕円形で先端はとがり，ふちには細きょ歯がある．胞子嚢群は裂片の中脈とふちの中間に 1 列に並び，包膜は長楕円形のチャセンシダ型かまたはかぎ型に曲がったメシダ型，ふちは細かく裂ける．〔日本名〕蝦夷雌羊歯で，北海道に産するメシダの意味．メシダについてはミヤマメシダの項参照．本種もメシダに近縁で，同一種とする意見もある．

4706. サトメシダ 〔メシダ科〕

Athyrium deltoidofrons Makino

北海道から九州のやや涼しい高地の谷川沿いの林下に生える落葉性多年生草本. 時には低地にも生える．根茎は斜上して葉を束生する．葉は長さ 1 m ぐらい，水平に広く展開する．葉質はうすく柔らかい草質で無毛．葉柄は葉身とほぼ同長で下部には狭披針形で淡褐色の膜質鱗片がつき，上部になるにつれて少なくなる．葉身は三角形～三角状卵形，長さ 30～60 cm，幅 20～40 cm，3 回羽状に深裂する．小羽片には短柄があり，羽状深裂し，裂片は長楕円形，鋭きょ歯がある．胞子嚢群は裂片の中脈の近くにつき，包膜はチャセンシダ型またはメシダ型でふちは細かく裂ける．葉柄や中軸が紅紫色を帯び，葉が 4 回羽状に深裂する大形のものがオオサトメシダ（*A.* ×*multifidum* Rosenst.）といい，本種とヤマイヌワラビとの雑種と推定される．何れもヤマイヌワラビとは包膜が細裂する点で区別できる．ヤマイヌワビでは全縁か軽くきょ歯のある程度である．〔日本名〕里雌羊歯．ミヤマメシダに比べ，浅い山中に生え，里に近いからである．

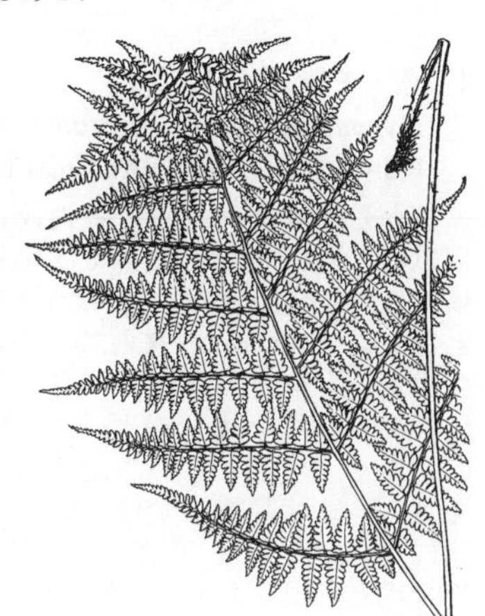

4707. タカネサトメシダ 〔メシダ科〕

Athyrium pinetorum Tagawa

本州中北部の山岳地帯，奈良県弥山，四国剣山などの，亜高山針葉樹林帯に生え，樹陰に見られる夏緑性の多年草．根茎は斜上し, 小数の葉が叢生する．葉柄は細く，葉身よりやや長めで 20～40 cm，基部は暗褐色で，密に鱗片をつける．鱗片は少し光沢のある暗褐色，膜質，狭披針形で全縁．葉身は長さ 17～30 cm，広卵状三角形から三角形で鋭尖頭，淡緑色の薄い草質で，3 回羽状に深裂から全裂する．羽片は基部がやや狭まった長楕円形，先は尖り，柄はない．小羽片も無柄，長楕円形で，鋭頭から鈍頭．裂片には鋭いきょ歯がある．胞子嚢群は小羽片の中軸寄りに，各裂片にふつう 1 個，ときに数個つく．包膜は長さ約 1 mm，質は薄く，多くはかぎ形で，ふちは裂けて毛状．サトメシダ（前図参照）に似るが，より小形で，高所に生え，裂片あたりの胞子嚢群数が少ない.〔日本名〕高嶺里雌羊歯.〔追記〕コシノサトメシダ *A. neglectum* Seriz. は北海道と本州中北部の主に日本海側の亜高山帯の湿った林床に生え，本種に酷似するが，葉柄基部の鱗片の色が淡く，中部の羽片の基部付近の小羽片はほぼ対生するので区別できる．

4708. オクヤマワラビ 〔メシダ科〕

Athyrium alpestre (Hoppe) Clairv.（*A. distentifolium* Tausch ex Opiz）

北海道，本州中北部の高山草原や岩の間に生える夏緑性の多年草．まれであるが，ふつう群生し，北半球の冷温帯には広く分布する．根茎は太く，塊状で葉を叢生する．葉柄は短く，葉身の約半分の長さで，基部に膜質で淡褐色，全縁の鱗片をやや密につける．鱗片には線形から広披針形までいろいろな程度の形がある．中軸にも早落性の鱗片が散在する．葉身は狭長楕円形で柔らかい草質, 3 回羽状中裂～深裂．羽片は 8～10 対，無柄，下方のものはすこし短く，間隔をおいてつき，上方では斜め前に向かって開く．小羽片は無柄，羽片基部の小羽片は小さい．裂片に長楕円形で深いきょ歯がある．胞子嚢群は円形から楕円形で小さく，包膜はごく小形で，胞子嚢群にかくれ見えにくい．包膜のふちは細かく裂ける．〔日本名〕奥山蕨．高山にまれに生えることから名付けられた．

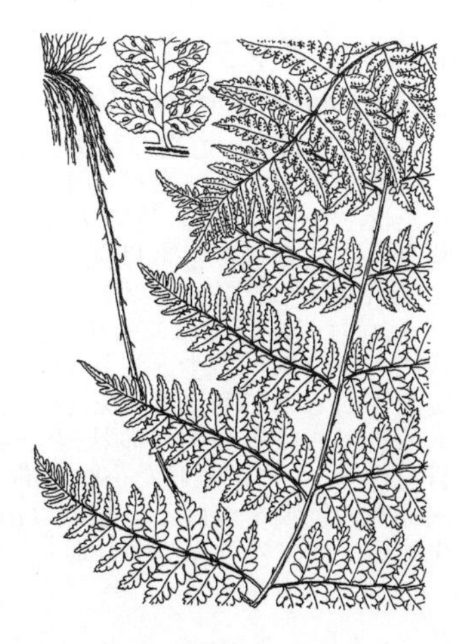

4709. カラフトミヤマシダ　〔メシダ科〕

Athyrium spinulosum (Maxim.) Milde

北海道と本州中部の亜高山針葉樹林帯の林下にまれに生える落葉性の多年性草本．朝鮮半島からシベリア東部，樺太に分布する．根茎は細長くはい，高さ 40〜80 cm の薄い草質の葉をまばらにつける．葉柄はふつう葉身より長く，膜質で淡褐色，披針形，全縁の鱗片を基部でやや密に，上部ではまばらにつける．中軸の鱗片は細く，落ちやすい．葉身は三角形で，長さより幅が広く，無毛，3 回羽状に分裂する．羽片は先ののびた披針形であるが，最下羽片は基部の小羽片が著しく短いため，卵状披針形となる．小羽片は羽状に浅裂〜深裂し，軸には狭い翼がある．裂片には深く鋭いきょ歯がある．胞子嚢群は小さく，裂片の基部につき，円形〜楕円形．包膜は楕円形から短く曲がって馬蹄形となるものまであり，ふちは細かく裂ける．〔日本名〕樺太深山羊歯．樺太産のミヤマシダの意．先に樺太でみつかり，ついで本州でみつかった．ミヤマシダは胞子嚢群が長く，鱗片はつやのある黒褐色．

4710. キンモウワラビ　〔キンモウワラビ科〕

Hypodematium crenatum (Forssk.) Kuhn subsp. ***fauriei*** (Kodama) K.Iwats.（*H. fauriei* (Kodama) Tagawa）

種としてはユーラシア各地及び北アフリカにも分布するが日本では関東以西の石灰岩地帯の岩や崖に生える落葉性の多年生草本．根茎は短く横にはい，金褐色の 2 cm ばかりの長い鱗片を密生して径 3〜4 cm の塊状となるので，はなはだ美しくまた特徴的である．葉は 2〜3 枚ずつ混み合って生じ，有柄で，葉柄は葉身より短く，基部には細い光沢のある褐色鱗片がある．葉身は 3〜4 回羽状複葉で淡緑色の卵状五角形，最下羽片は特に大きく，全体として鳥足状の三出葉に見える．小羽片はさらに羽状に深裂し，草状膜質，全体に鋭くとがった毛がある．胞子嚢群は葉脈の背側につき，円腎形で毛の多い包膜をもつ．〔日本名〕金毛蕨は根茎の鱗片を金毛と表現したもの．好石灰岩植物として著名である．

4711. カツモウイノデ　〔オシダ科〕

Ctenitis subglandulosa (Hance) Ching

房総半島南部，紀伊半島南部，四国および九州南部以南のやや乾いた山地林下に生える常緑の多年草．根茎は斜上し，大形で長さ 2 m にも達する葉を叢生する．葉柄は葉身とほぼ長さが等しく，基部にふさふさとして光沢があり，長さ 2 cm にもなる黄褐色線形の鱗片を密生する．葉身は卵状三角形，細かく 3〜4 回羽状に分裂し，草質．上面には多細胞の毛があり，下面は白色を帯びる．葉軸には長さ 2 mm ほどの披針形で，中央部がやや色の濃い小鱗片が多数圧着する．胞子嚢群は裂片のわずかに中肋よりにつき，包膜は円腎形でふちが著しく毛状に裂ける．キヨスミヒメワラビ（4761 図）とは最下小羽片が長くのびるために，最下羽片が三角形になることで見分けがつく．〔日本名〕褐毛イノデは，葉柄基部の褐色毛状鱗片が顕著であることによる．

4712. ヤブソテツ　〔オシダ科〕

Cyrtomium fortunei J.Sm.（*Polystichum fortunei* (J.Sm.) Nakai）

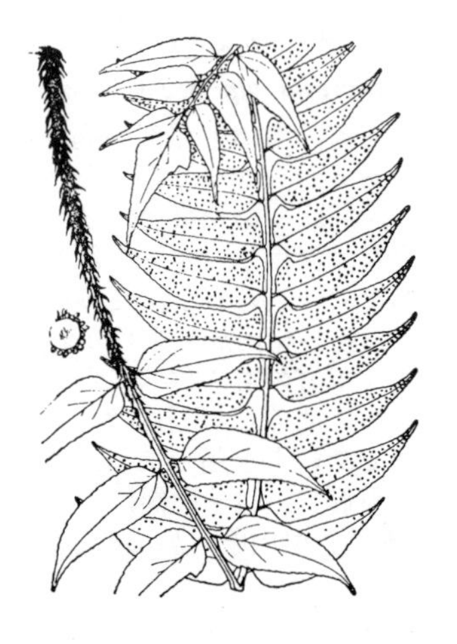

各地の樹林下，道端の石垣などに生える常緑性多年生草本．根茎は短く斜上し葉を束生する．葉柄の下部の鱗片は長楕円状披針形で鋭尖頭，黒褐色または，光沢のある黒色であるが，葉柄の上部に向かうにつれて小形になる．葉身は広披針形で上部は狭まり，鋭尖頭となり，ややうすい洋紙質の革質で光沢はなく淡暗緑色である．1 回羽状に分裂し，長さ 30〜90 cm，羽片は 15〜20 対ぐらいでほぼ対生し，中軸の両側に斜めに開出してつき，広披針状のくさび形，多少とも鎌形に彎曲し，鋭尖頭，基部の前側には耳状の小突起があるので切形となるが，後ろ側は円味を帯びた切形か円形で短柄がある．ふちは不規則な波状縁で先端にきょ歯がある．葉脈は特殊な粗い網目を作り，中に遊離した小脈があって，この小脈上に円形の胞子嚢群を生じ，円楯形の包膜をつける．包膜は白い膜質で全縁．〔日本名〕藪蘇鉄，藪地に生ずるソテツの意味で生育地と外形の類似とを示す．〔漢名〕貫衆．

4713. オニヤブソテツ　〔オシダ科〕

Cyrtomium falcatum (L.f.) C.Presl

(*Polystichum falcatum* (L.f.) Diels)

暖地の海岸地方に多く見られる常緑性の強壮な多年生草本．北海道日高がその北限である．葉は有柄，根茎から束生し，長さ 60〜100 cm．葉柄は太く丈夫で下部には広卵形，褐色の膜質鱗片を密生し，上部の鱗片は次第に小形となる．葉身は，長卵状披針形，1 回羽状複葉で濃緑色，厚い革質で強い光沢がある．羽片は鎌状広披針形，鋭尖頭，基部の前側は円味を帯びた切形に耳状小突起を伴い，後ろ側は円味のあるくさび形となり，短柄がある．胞子嚢群は網状脈中の遊離脈の上に生じ，円形の楯形で中央部が黒色の包膜をもつ．ヤブソテツに似ているが，羽片は厚い革質，先端は全縁，強い光沢があることにより区別できる．〔日本名〕鬼藪蘇鉄，ヤブソテツよりも強健であるためである．別名にイソヘゴ，オニシダ，ウシゴミシダがある．最後のものは昔，東京牛込の名産であったことを物語る名である．

4714. メヤブソテツ　〔オシダ科〕

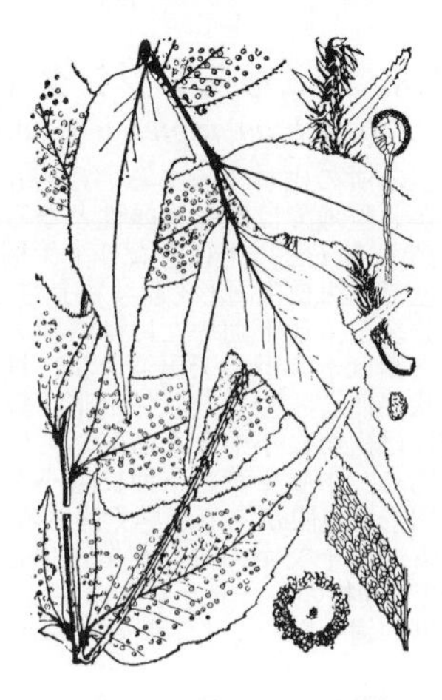

Cyrtomium caryotideum (Wall. ex Hook. et Grev.) C.Presl

(*Polystichum caryotideum* (Wall. ex Hook. et Grev.) Diels)

関東以西の山地の岩石の間，特に石灰岩地帯に生える常緑性の多年生草本．葉は根茎から束生するが数は少ない．葉柄はやや細く，鱗片におおわれ，下部の鱗片は卵状長楕円形から卵状披針形，鋭尖頭，暗褐色から淡褐色である．葉身は 1 回羽状複葉で，羽片は数が少なく 5〜8 対，長さ 10 cm ぐらいの卵状披針形で，先は鋭尖し，多少とも鎌状に曲がっている．基部では前側に 1 個の鋭頭の耳片状突起がある．またふちには細かいが明瞭にとがったきょ歯があって他のヤブソテツ属植物から区別するによい特徴である．なお頂羽片は不揃いに 2 裂することもある．淡緑色でしかも葉はかたくうすいので網状脈がすけて見える．胞子嚢群は他種よりやや小形で多数散在し，円楯形の包膜をもつ．〔日本名〕雌藪蘇鉄はヤブソテツよりも，葉質が薄くてひ弱く見えるためである．

4715. ヒロハヤブソテツ　〔オシダ科〕

Cyrtomium macrophyllum (Makino) Tagawa

(*Polystichum falcatum* (L.f.) Diels var. *macrophyllum* Makino)

新潟県から房総半島以南の暖地林下にややまれに生える常緑の多年草．葉は斜上する根茎から束生し，単羽状に分裂，葉身は淡緑色で紙質．葉柄基部には暗褐色で硬い披針形の鱗片がある．羽片は多くても 10 対で，頂羽片は側羽片と同じくらい大きい．羽片は他のヤブソテツ類に比べて一般に幅が広く，全体に円みがあってふちは波状縁であるが，先端は尖ってきょ歯縁となる．胞子嚢群は網状脈中の遊離脈上に生じ，羽片全体に散らばってつく．包膜は円形で灰白色，全縁で古い葉では落ちて見られないことが多い．メヤブソテツに似るが，羽片の前側基部が円く，尖った耳状に突出しないこと，包膜のふちが毛状に裂けないことで区別できる．ヤブソテツやオニヤブソテツと比べると羽片の数が少なく，頂羽片が大きい．〔日本名〕広葉薮蘇鉄，全体に幅広の羽片をもつことからつけられた．

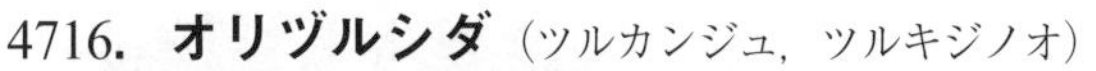

4716. オリヅルシダ（ツルカンジュ，ツルキジノオ）　〔オシダ科〕

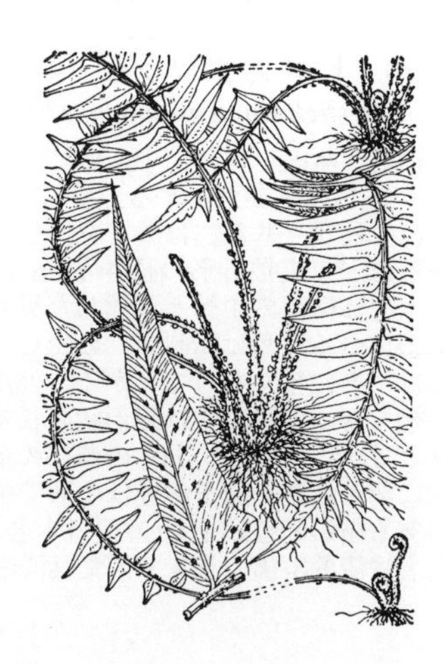

Polystichum lepidocaulon (Hook.) J.Sm.

(*Cyrtomidictyum lepidocaulon* (Hook.) Ching)

関東南部以西の暖地の湿った樹林中に生える常緑性多年生草本．根茎は大きく，わずかに斜上し，葉を束生する．葉柄は長く，基部には披針形の長さ 1 cm 内外の鱗片を密に生じ，上部には褐色の卵状長楕円形の鱗片がある．葉は斜めに開出し革質，上面は暗緑色でやや光沢があり，下面は白味を帯び，長さ 30 cm ほどの普通葉と，中軸が長くのび先端が地につくと不定芽を生ずる葉との二形が混じって生える．葉身は狭い披針形で 1 回羽状複葉となる．羽片は鎌状の披針形で全縁，先端は次第に細くなり，基部の前側には耳状の突起がある．羽軸や中脈には膜質の鱗片が，葉の下面にはふちに凹凸のある小さい鱗片がまばらにつく．胞子嚢群は羽片の中脈と葉のふちの中間に並んでつき，小さな円い点状，包膜は円形で楯状につくが早く落ちやすい．〔日本名〕折鶴羊歯．崖に垂れた葉の先が長くのびて，不定芽をつけた状態を，糸に吊した紙の折鶴に見立てたものでオリヅルランの名と同じような見立てである，別名ツルキジノオは蔓雉の尾でつる状に伸びたキジノオシダの意味であるが別種に同名がある．またツルカンジュは蔓貫衆でカンジュはヤブソテツの仲間の中国名である．

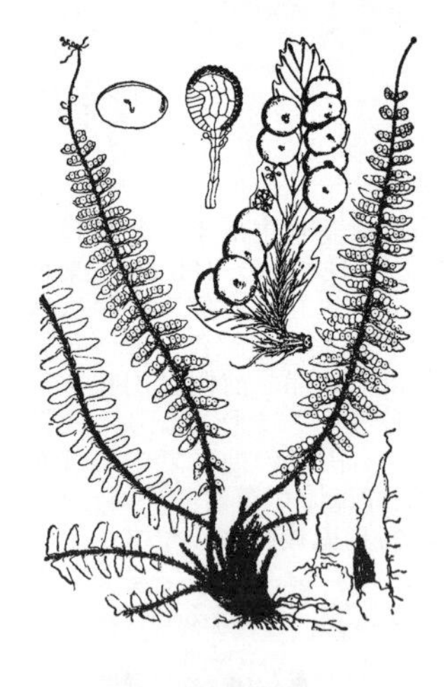

4717. ツルデンダ 〔オシダ科〕

Polystichum craspedosorum (Maxim.) Diels

全国至る所の山中の日かげの岩上や，崖の面等に生える常緑性多年生草本．直立またはやや斜上する根茎から 6～13 枚の葉が束生して開出し，葉は長さ 10～25 cm，葉柄は短く針金状で中軸とともに披針形～線形の黄褐色で長さ 4 mm ほどの鱗片を多数につける．葉の質はうすく，草質を帯びた膜質であり中軸の末端は糸状に伸びて地につき，不定芽を出す．葉身は狭い披針形，鋭尖頭，1 回羽状複葉，羽片は数多く，不等辺長楕円状披針形，多少鎌形に曲がり，鈍頭，ふちには細かいきょ歯があり，基部はくさび形で短柄がある上に前方に向かっては多少とも耳状に突出する．下面の脈上には小さい鱗片がつく．胞子嚢群は羽片の前側のふち，および一部は後側のふちにそれぞれ 1 列につき，膜質で大型の円い楯形の包膜をつける．〔日本名〕蔓デンダは葉の先がのび多少蔓のように見えるためである．デンダは連朶（レンダ）ともいい，カグマ，ヘゴと共にシダの古名の一つでイワデンダ，オシャグジデンダなどに名が残っているが単独ではこの名はすでに滅びてしまった．

4718. ジュウモンジシダ（シュモクシダ） 〔オシダ科〕

Polystichum tripteron (Kunze) C.Presl

至る所の山林下，あるいは谷川沿いの湿った林下に多い落葉性の多年生草本．しかし暖地では時に常緑性となる．根茎はやや大きく斜上して葉を束生する．葉は高さ 50 cm 以上にもなり，葉柄は葉身よりもやや短く，下部には淡褐色または褐色で卵状長楕円形を呈する長さ 1 cm 以上の鱗片を生じている．葉身は 1 回羽状に分裂し，最下羽片だけは特別大きく，卵状披針形，さらに羽状に分裂し，一見して葉は十字形の三出羽片状に見える．草質でやや硬くつやはない．羽片はやや鎌状に曲がった三角状披針形，鋭尖頭，基部はくさび形，ほとんど無柄，上部の羽片は次第に小形となる．ふちには鋭いきょ歯があり，時には深く切れ込むこともある．中脈や葉の下面にも小さい不定形の鱗片がつく．胞子嚢群は小さい点状で円形の包膜があるが早く落ちる．〔日本名〕十文字羊歯は三出羽片状の葉形によったもので十文字の槍などを連想しているであろう．シュモクシダは撞木シダの意味で，動物のシュモクザメなどと同じ命名態度であって，寺の釣鐘の撞木ではなく，小型の鐘をたたく丁字型の撞木と似ているのである．

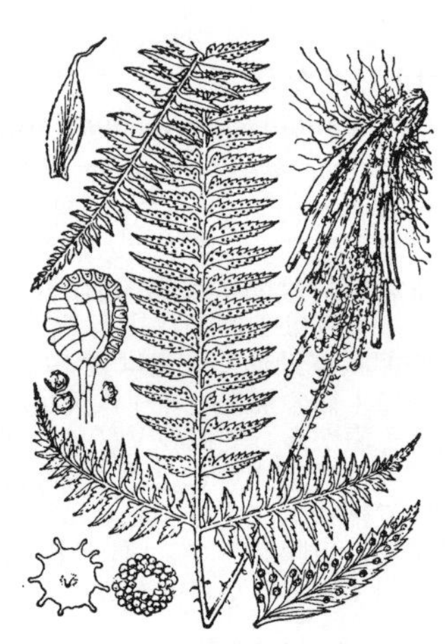

4719. タカネシダ 〔オシダ科〕

Polystichum lachenense (Hook.) Bedd.

中部地方の高山にまれに産する落葉性の多年生草本．根茎は短く横に伏し，古い枯れた葉柄を多数残して大形となり，鱗片も多い．葉は数枚ずつ束生し高さ 10～30 cm，葉柄は葉身より短く，細長く紫褐色．下部には淡褐色披針形で長さ 7 mm ばかりの鱗片をつけ，上部と葉の中軸には狭い披針形で黄褐色膜質の鱗片がある．葉身は 1 回羽状複葉で幅 1～2 cm の線形，緑色でやや厚質，羽片は 10～15 対，卵形あるいは長卵形，鋭頭，基部は広いくさび形，ほとんど無柄，ふちには切れ込み状のきょ歯がある．中脈や葉の下面にも線形の鱗片がある．胞子嚢群は羽片の中脈に接近して 2 列に並んで生じ，熟して包膜が落ちると，葉の裏一面に連なってみえる．包膜は円い楯形でふちには不ぞろいな凹凸がある．〔日本名〕高嶺羊歯の意味．

4720. ヒメカナワラビ（キヨスミシダ） 〔オシダ科〕

Polystichum tsus-simense (Hook.) J.Sm.

福島，新潟以南の山中，樹林下の陰地に生える常緑性多年生草本で，根茎は短く斜上し葉を束生する．葉は長さ 40～60 cm，葉柄は葉身とほぼ同じ長さ，緑色で硬質，基部には鱗片を密生するが，この鱗片は褐色で中心部は時に黒くなるほどで広披針形の長さ 1 cm に達し，ふちには毛状の突起がある．また柄の上部には葉の中軸と共通した黒褐色～黒色の線形でふちに毛のある鱗片がやや密につく．葉は暗緑色，かたい革質，2 回羽状複葉，広披針状長楕円形，先端は次第に細くなってとがる．羽片は斜めに開出し，狭い披針形，鋭尖頭，短い柄をもつ．小羽片は菱形状の長楕円形，毛状にとがったきょ歯があり，先端はとげ状にとがる．羽片の基部の前側の小羽片は他のものより長く，さらに羽状に切れ込む．胞子嚢群は小形で中脈に接近して 2 列に並び，円い波状に凹凸のある楯形の包膜をもつ．〔日本名〕姫鉄（かな）蕨で小形のカナワラビの意味．別名は清澄羊歯の意味で千葉県清澄山ではじめて採られたからである．

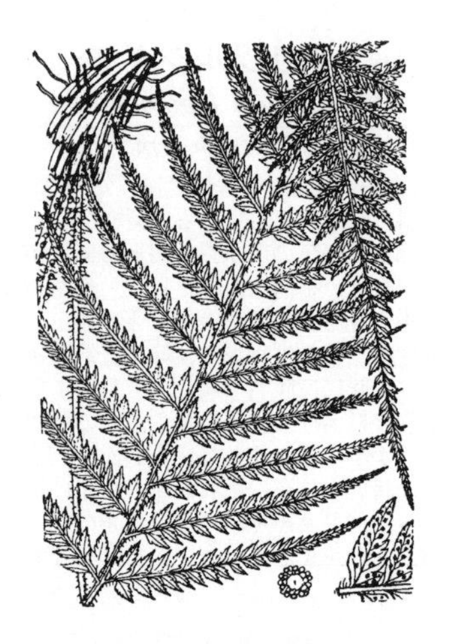

4721. イノデ 〔オシダ科〕

Polystichum polyblepharon (Roem. ex Kunze) C.Presl

本州以南の暖地で，平地から低山に普通な常緑の多年生草本．大きな塊状に直立する根茎から葉は束生し四方に展開する．葉の長さは 50～100 cm，葉身は長楕円形で，先端は次第に狭まり，2 回羽状に分裂し，やや革質で強い光沢があり濃緑色である．中軸と葉柄とには鱗片が密生しているが，この鱗片は淡褐色または赤褐色でややかたい膜質を示し，狭い披針形～広披針形で，長さは 2 cm ほど，ふちには不規則に切れ込んだ突起がある．上部の鱗片ほど細くなり，中軸上部のものは毛状に近い．羽片は多数開出して並び，広線形．先は鋭尖し，基部にはごく短い柄がある．小羽片は長卵状菱形，先は鋭形，基部はくさび形，短い柄がつき，ふちには先が毛になった鋭きょ歯があり，下面には長い毛状鱗片があるが，上面はほとんど無毛である．胞子嚢群は小円形，小羽片の上半部に中脈とふちの中間に並び，円形の包膜をもつ．〔日本名〕猪の手は鱗片を密にかぶってこぶし状に巻いた若葉を毛むくじゃらの猪（イノシシ）の手になぞらえたもの．

4722. ツヤナシイノデ 〔オシダ科〕

Polystichum ovatopaleaceum (Kodama) Sa.Kurata var. ***ovatopaleaceum***

（*P. retrosopaleaceum* (Kodama) Tagawa var. *ovatopaleaceum* (Kodama) Tagawa）

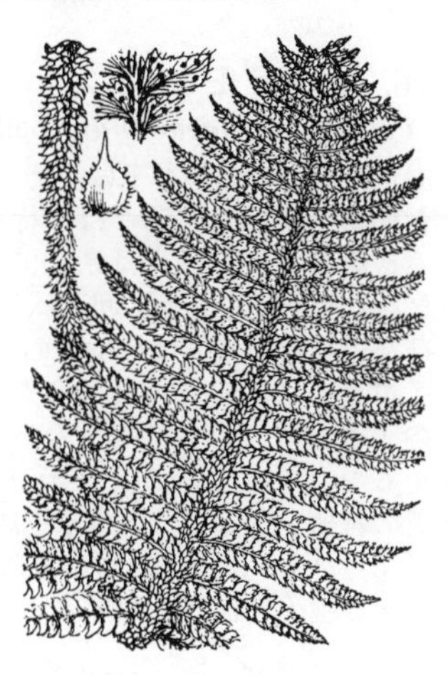

本州以南の山地の樹林下に生える半常緑性の多年生草本．イノデに似た大きな根茎から長さ 40～100 cm の葉を束生，葉柄は中軸とともに前面に縦の溝が走り，大小の卵形または披針形の淡褐色の膜質鱗片を密生する．中軸の鱗片は大きくて長さ 5～8 mm，上向きまたは斜め外向きにつき，下向きにつくことはない．葉身は卵状長楕円形，鋭尖頭，鮮緑色草質，2 回羽状複葉となる．羽片は線形，鋭尖頭，ほとんど無柄．小羽片は接近して生じ，多少とも菱形，または長卵形，ふちに針状の鋭きょ歯があり，先は鋭形，基部はくさび形，短柄がある．胞子嚢群は中間生．北海道から本州の涼しい所には近縁のサカゲイノデ *P. retrosopaleaceum* (Kodama) Tagawa を産するが，これは中軸の鱗片が広卵形で小形，長さ 3～5 mm，軸に圧着して下向きにつくことで異なる．イノデとは，中軸の鱗片が広卵形であること，葉の上面に光沢のないことなどで区別される．イノデでは中軸の鱗片が披針形から毛状である．〔日本名〕艶無猪の手，葉の上面に光沢がないからである．

4723. ホソイノデ 〔オシダ科〕

Polystichum braunii (Spenn.) Fée

北半球亜寒帯の針葉樹林下に生えるが，日本では長野県以北のブナ帯以上の山地樹林下に生える落葉性の多年生草本．また，中国地方の風穴わきの特殊な環境にも隔離分布が知られている．ツヤナシイノデに似るがそれより小型で，高さ 30～60 cm 位．葉柄は葉身よりもはるかに短く濃褐色であるが，その上に淡褐色の柔らかい鱗片をまばらにつける．下部の大形鱗片は広披針形，または長楕円状披針形で，中軸のものは披針形，または線形，縁毛がある．葉は長楕円状披針形，2 回羽状複葉，下方の 1 / 3 の羽片は下のものほど短い．小羽片は，前側のふちが直線的，後側のふちは上部で円くゆがみ，先端は芒状にのび，草質で上面は暗緑色で毛状の鱗片があり，下面には毛状～線形の鱗片がある．胞子嚢群は中脈に接近してその両側に並ぶ．ツヤナシイノデとは下部羽片が著しく短くなる点で区別される．〔日本名〕細猪の手．全体がイノデより細くやせているからである．

4724. カタイノデ 〔オシダ科〕

Polystichum makinoi (Tagawa) Tagawa

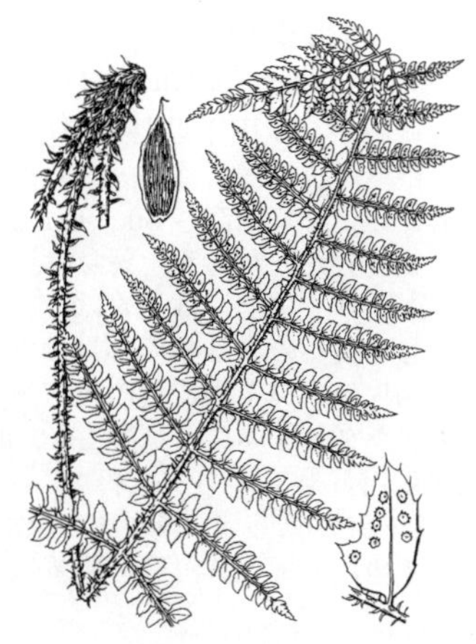

山形県以南の山地林内に生える常緑の多年草．根茎は塊状で密に鱗片をつけ，葉を叢生する．葉は長さ 40～80 cm，葉柄は葉身より短く，鱗片を密生する．鱗片には三形があり，葉柄下部の大きな鱗片はつやのある黒褐色で，やや硬く，ふちにそって淡褐色で質の薄い部分があって，全縁か，時にわずかな毛状突起がある．中軸の鱗片は披針形から線状披針形，膜質で一様に淡褐色，ふちに毛状突起がある．さらに葉柄の全体にわたって，膜質で小形の鱗片が密生する．葉身は幅 10～20 cm で，厚く硬い紙質，つやのある暗緑色で，2 回羽状複生．小羽片は斜めの卵形で鈍頭から鋭頭，先端は短いとげとなり，後側のふちは先端がとげで終わるきょ歯縁で，そのきょ歯は小羽片後側におしつけられるようにしてつく．胞子嚢群は中間生で，包膜は円形，楯形．〔日本名〕堅猪之手．葉質，鱗片など，堅い感じのイノデということ．イノデの葉柄基部には黒色の鱗片がないので区別できる．

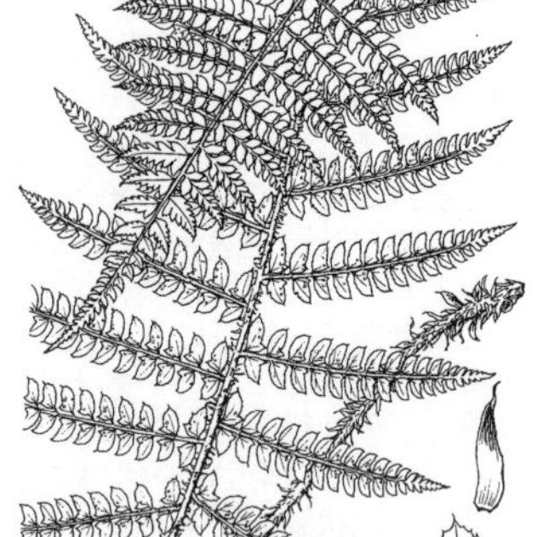

4725. サイゴクイノデ 〔オシダ科〕

Polystichum pseudomakinoi Tagawa

秋田県以南の山地の林下に生える常緑の多年草．斜上する根茎から葉を叢生し，葉は大形で，長さ 1 m に達することがある．葉柄には鱗片が密生し，下部の大形の鱗片は光沢が少なく，ふちにまばらに毛があるか全縁，長楕円状卵形から広披針形，淡褐色で中央部が一部黒褐色になる．葉柄全体にわたって小形で膜質の鱗片がつく．葉身は長さ 30～50 cm，長楕円状卵形で，2 回羽状複生，上面には光沢がない．葉質は硬い草質で，イノデより硬い．中軸には横向きかやや下向きに，長い縁毛のある披針形の鱗片が密生する．小羽片は斜めの楕円状卵形，長さ 8～15 mm，胞子嚢群をふちに近くつける．包膜は平らで，中央に細点があって葉につく．カタイノデに似るが，葉に光沢がなく，胞子嚢群がふち寄りであることで区別できる．〔日本名〕西国猪之手．基準標本は田川基二により奈良県で採集された．

4726. イノデモドキ 〔オシダ科〕

Polystichum tagawanum Sa.Kurata

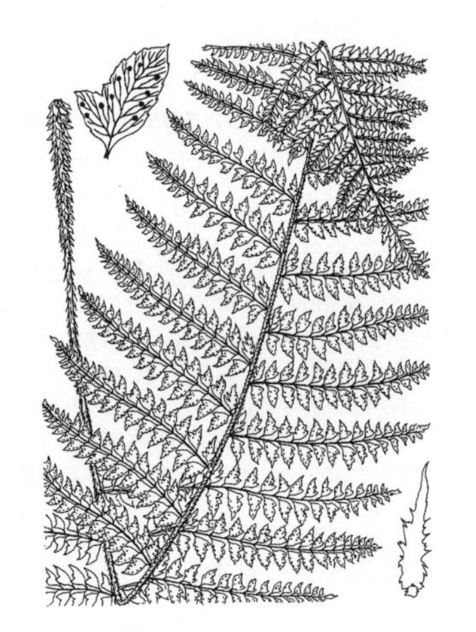

山形県以南の山地林下に生える常緑の多年草．根茎は斜上し，長さ 80 cm ほどの葉をつける．鱗片は一様に褐色で，ふちが著しく裂けて，歯牙状になる．中軸上部の鱗片は糸状で，赤褐色．葉身は幅の狭い披針形で，先端は尾状に長くのびる．2 回羽状複葉で，羽片は先が鋭く尖るが，あまり長くのびない．胞子嚢群はやや葉のふち寄りにつき，包膜は円く，ほとんど全縁．サイゴクイノデの変種とされたこともあるが，葉柄の鱗片がサイゴクイノデのように中央が一部黒くならず，胞子は，サイゴクイノデが鋭尖頭の突起をもつのに対して，イノデモドキでは円いこぶ状となる点で異なる．また，両者の雑種をつくると，胞子形成がうまくゆかないことから，それぞれ別種と考えられる．〔日本名〕猪之手擬．イノデに似ていることからつけられたが，イノデは胞子嚢群が小羽片の中肋とふちとの中間か，やや中肋寄りにつく．

4727. ホソバカナワラビ（カナワラビ） 〔オシダ科〕

Arachniodes exilis (Hance) Ching（*A. aristata* auct. non (G.Forst.) Tindale）

関東以西の暖地の常緑樹林下の，やや暗くしかも乾き気味の所に生える常緑性多年生草本で，しばしば群落になる．根茎は太く，棒状，褐色線状披針形の鱗片を密生し，地表近くに長く横にはい，分枝する．葉はまばらに生え直立し，高さ 60～100 cm．葉柄はかたい針金状，前側に縦に溝が走り，黒褐色または赤褐色の長披針形の鱗片を密生する．葉身は五角状広卵形で先端は急に細くとがり，尾状にのび，3 回羽状に分裂し，羽片は長さ 10～20 cm，長楕円形，先は次第に細くなり尾状にとがる．最下羽片は特に大きく，外側の第 1 小羽片は特に大形で，それより先の羽片の残りの部分とほぼ同じ形と大きさである．小羽片は斜めの方形または楕円形で鈍頭または円頭，毛状の細かいきょ歯があり基部にははっきりした柄がある．上面には強い光沢があり，葉質はかたい革質でつかむと手に強い抵抗がある．胞子嚢群は小形で葉身の上半部に多数散在し，小羽片内では中脈に近くつく．包膜は円腎形で全縁，毛はない．〔日本名〕細葉鉄（かな）蕨は葉が非常にかたいから鉄にたとえたものである．

4728. ハカタシダ 〔オシダ科〕

Arachniodes simplicior (Makino) Ohwi

宮城県から秋田県以西の山地林下や斜面にややまれに生える常緑の多年草．根茎は短く横にはい，あい次いで葉を出す．根茎の鱗片は褐色の線状披針形で硬い．葉は高さ 50～90 cm，葉柄と葉身はほぼ長さが等しく，葉身は硬い紙質で光沢がある．葉身は長楕円状卵形，2 回羽状複生で，3～5 対の側羽片があり，頂羽片は長くはっきりしている．最下羽片の基部の下側小羽片は著しく長くのびるので外見はホソバカナワラビに似るが，切れ込みは少ない．羽片の中央上面に黄白色の斑が入ることがあり，斑のないものをミドリハカタシダと呼ぶことがあるが，種としては同じである．胞子嚢群は中間生，包膜は円腎形でふちが波打つ．オニカナワラビ *A. chinensis* (Rosenst.) Ching は，葉に斑が入らず，側羽片の数が多く，頂羽片がはっきりしない．〔日本名〕博多羊歯は，葉の黄白斑を博多織の美しさに対比したものという．

4729. オトコシダ 〔オシダ科〕

Arachniodes yoshinagae (Makino) Ching

（*A. assamica* auct. non (Kuhn) Ohwi）

紀伊半島以南の山地の湿った林内にまれに生える常緑の多年草．根茎はやや肉質で横にはい，葉をまばらに出す．葉は高さ 50～90 cm，単羽状複生であるが，大きなものでは下部で 2 回羽状に分裂する．葉柄はつやのある淡褐緑色でほとんど鱗片をつけない．葉身は長楕円状披針形でやや硬い草質．羽片は柄があり，浅裂～全裂するが，最下羽片が最も大きくて切れ込みも深く，先端に向かってしだいに小さく切れ込みも浅くなって，頂羽片ははっきりしない．羽状に分裂した羽片では，小羽片は羽軸に翼状に流れる．裂片のふちにはまばらにきょ歯がある．胞子嚢群は羽片または裂片の軸とふちとの中間に，葉脈に頂生してつく．包膜は円腎形．〔日本名〕男羊歯．

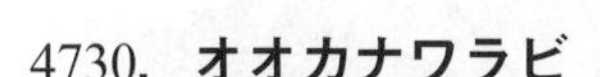

4730. オオカナワラビ 〔オシダ科〕

Arachniodes rhomboidea (Wall. ex C.Presl) Ching

（*A. amabilis* auct. non (Blume) Tindale）

関東以西の暖地の林下に生えるやや大形の常緑性多年生草本．根茎は太く，やや肉質，横にはって葉をまばらに出すが，全体に黄褐色で長楕円状披針形の鱗片を密生する．葉柄は長くて暗緑色，鱗片をまばらにつける．葉身は長さ 25～40 cm ばかり，卵状楕円形，2 回羽状複葉，先は急に細くなり頂羽片となる．葉質は革質でかたく，上面は暗緑色で光沢がある．羽片は 5～10 対，互いにやや離れてつき，披針形，鋭尖頭，短柄がある．最下羽片の外側第 1 小羽片はやや大形となるが，ホソバカナワラビほどに著しくはない．小羽片は楕円形で，先は鋭形，多少とも鎌状になり，長さ 1.5 cm 内外，外側と上部にはとげ状のきょ歯がある．胞子嚢群は裂片のふちに近く小脈の末端につき，円腎形で縁毛がある包膜をつける．ホソバカナワラビとは裂片がより大きいこと，胞子嚢群がふちに近くつくこと，包膜に縁毛があることなどで区別される．〔日本名〕大鉄蕨，ホソバカナワラビよりも大形であるからである．

4731. ホザキカナワラビ 〔オシダ科〕

Arachniodes dimorphophylla (Hayata) Ching

奄美大島以南の山地の尾根筋の乾いたところなどに生える常緑の多年草．根茎は短く横にはい，やや接して葉をつける．根茎と葉柄下部の鱗片は長線形，長さ 5～8 mm，褐色で密につく，葉は高さ 30～40 cm，あきらかな二形があり，胞子葉は幅が狭く，高くのびる．栄養葉は 2 回羽状複生，披針形から卵状披針形，葉柄と葉身はほぼ等長．葉質は革状の草質．頂羽片ははっきりせず，小羽片は幅の広い楕円形で，ふちは先端が芒状に尖ったきょ歯縁．葉の先端から 1/4 ほどのところの中軸上面に 1～2 個の不定芽をつけることがある．胞子葉は羽片が間隔をおいてつき，葉柄は葉身より長い．胞子嚢群は小羽軸よりにつき，包膜は円腎形．沖縄にはオキナワカナワラビ *A. okinawaensis* Nakaike があるが，これは葉が二形にならず，オオカナワラビに似るが小羽片に短い柄があり，胞子嚢群がふちに近くつく．〔日本名〕穂咲鉄蕨は，胞子葉が高く穂のように出る様子による．

4732. ミドリカナワラビ 〔オシダ科〕

Arachniodes nipponica (Rosenst.) Ohwi

伊豆半島以西の暖地の谷川沿いの林下に生える大形の常緑性多年生草本．やや稀である．崖から葉を垂れていることが多い．根茎はかたいひも状で横にはい，やや肉質であって，卵状長楕円形の鱗片をつける．葉はやや接近して生じ，長さ 1 m にもなる．葉柄は長く，淡緑色，下部は通常紅紫色，密に鱗片がつく．また年をへた葉柄の背面は褐色を帯びる．葉身は卵形，鋭尖頭，鮮緑色で光沢があり，下面は淡緑色，3 回羽状複葉でうすい革質であるがややわらかい．小羽片は鎌形に曲がった楕円形で，先は尾状に鋭尖し，ふちはさらに羽状に切れ込む．葉脈上には細かい鱗片がつき，葉の下面には圧着された多細胞の毛がある．裂片の中脈に近く胞子嚢群がつくが，包膜は円腎形で，ふちにはわずかながら突起がある．〔日本名〕緑鉄蕨，他のカナワラビの葉色が暗緑色であるのに対して，本種だけは鮮緑色であるからである．

4733. シノブカグマ 〔オシダ科〕

Arachniodes mutica (Franch. et Sav.) Ohwi

北海道から四国および屋久島のブナ帯以上の深山の林下に生える常緑性多年生草本．根茎は短くて太くて横に伏し，有柄で長さ 30～70 cm の葉を開出して束生する．葉柄の下部は大形鱗片でおおわれるが鱗片は長卵形，または披針形で褐色である．柄の上部では葉の中軸と同じく黒色の毛状鱗片が密生する．葉身はかたい革質，やや光沢があり長卵状楕円形，3 回羽状複葉，羽片は披針状長卵形，鋭頭で短柄がある．最下羽片が最大で広卵状三角形，小羽片の羽軸や葉脈の上に淡褐色袋状の小さな鱗片がある．裂片は披針形．やや鈍頭できょ歯を持っ．胞子嚢群は葉身の上部と中部につき，各裂片に数個ずつ生じ，ふちの近くに並ぶ．包膜は円腎形，不規則に波状の凹凸がある．〔日本名〕忍カグマ，シノブの葉質と葉状を持ったカグマという意味で，カグマはヘゴやデンダと共にシダの古名の一つである．

4734. リョウメンシダ 〔オシダ科〕

Arachniodes standishii (T.Moore) Ohwi

北海道から九州の山中樹林下の湿った所に群生する常緑性多年生草本であるが，北方に多い．根茎は鉛筆大で，短く横に伏し，長さ 60～150 cm の葉を束生する．表裏両面ともに鮮緑色で，胞子嚢群がないと裏も表と同様にみえる．うすいが丈夫な草質．葉柄は長くてかたく，前面に縦に溝が走り，下部には褐色または黄褐色の線状披針形の鱗片が密生するが，上部には羽軸とともに線状のものがまばらにつく．葉身は 3 回羽状に分裂し，長卵状楕円形，鋭尖頭の裂片に細分され裂片のふちが多少裏へ反り返るため，非常に細かくしげった感じがあり美しい．それでコガネシダの名もある．羽片は長卵状披針形あるいは線状披針形，先は鋭尖し，小羽片は卵状披針形で鋭形にとがり，最終羽片は菱形状あるいは卵状の長楕円形で，まばらにきょ歯がある．胞子嚢群は葉身の下半部に多くつき，葉脈の末端に生じ，最終羽片上に 2 列に並び，包膜は円腎形で全縁．〔日本名〕両面羊歯は葉の両面がほとんど同じ色調で区別しにくいからである．別名をゼンマイシノブともいう．

4735. ナンゴクナライシダ 〔オシダ科〕

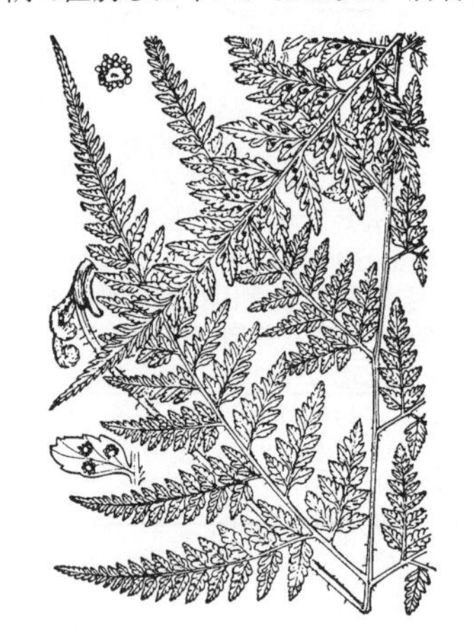

Arachniodes fargesii (Christ) Seriz.（*Leptorumohra fargesii* (H.Christ) Nakaike et A.Yamam.；*A. miqueliana* (Maxim. ex Franch. et Sav.) Ohwi, p. p.）

東北地方南部から西の樹林下に生える夏緑性多年生草本．根茎は長く地中を横にはい，まばらに葉を出す．葉柄は長さ 15～25 cm，細くやせた感じで，その前面に縦に溝が走り，普通赤褐色を帯びる．中軸，羽軸とともに半透明の卵形または披針形の膜質鱗片をつけている．葉身は長さ 25～40 cm，幅 20～35 cm，広卵状五角形の 3～4 回羽状複葉，多数の裂片をもつ．上面，下面ともに単細胞のとがった毛があり，特に小羽軸の上面には毛を密生する．羽片は長卵形，鋭尖頭，有柄，最下羽片は最大で広卵状の菱形，小羽片は多数あって，卵形，最終羽片は楕円形，鈍頭，きょ歯または切れ込みがある．葉質は多少厚味のある草質で，淡い灰色の混じった緑色である．胞子嚢群は裂片の切れ込みの近くで脈上に生じ，点状に見え，包膜は円腎形で無毛．ホソバナライシダ *A. miqueliana* (Maxim. ex Franch. et Sav.) Ohwi は北海道から九州に産するが北地に多く，本種に酷似するが葉柄はほとんど褐色を帯びず，最終羽片は小さく鋭頭，小羽軸の上面はほとんど無毛に近い．従来はこの 2 種を区別せずにナライシダと呼んでいたが，この日本名は明治 13 年（1880）に長野県西筑摩郡（現在は木曽郡）奈良井で最初に採集されたのにちなむ．

4736. イタチシダ（ヤマイタチシダ） 〔オシダ科〕

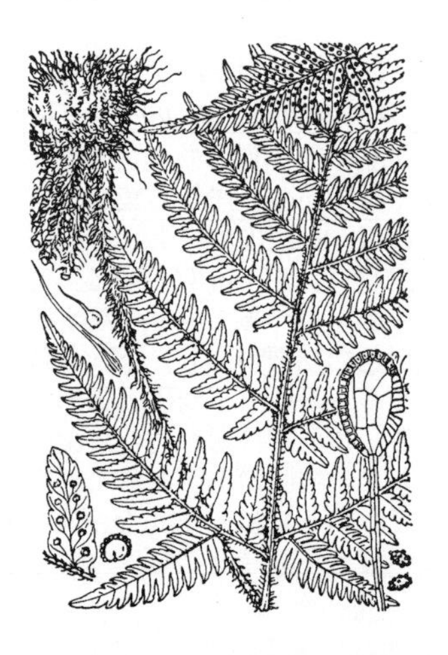

Dryopteris bissetiana (Baker) C.Chr.

北海道南西部から九州の山地原野の樹下に，極めて普通に生える常緑性多年生草本．根茎は短く横に伏して塊状となる．葉は束生し，葉柄はかたく，中軸および羽片，中軸とともに黒色の鱗片を密生する．鱗片は膜質の広くなった淡褐色の基部が目立つ．葉柄の基部は特に太くなり，内部は緑色．葉身は長さ 30～70 cm ぐらい，革質で濃緑色，あまりかたくなくほとんど光沢がなく，長卵形または長楕円形，2 回羽状に分裂，先端は次第に細くなって鋭尖頭となる．羽片は長楕円状披針形，鋭尖頭で基部には短柄がある．最下羽片は最大でことにその第 1 小羽片は特に大きく，突出するからしばしば混生するベニシダとのよい区別点となる．小羽片は線状披針形，鋭頭かやや鈍頭で，基部はくさび形から心臓形でごく短い小柄があり，羽状に深裂し，最終裂片は円頭で，全縁でかるく裏側に巻く．羽軸の鱗片の基部は浅く袋状にふくれ，小羽片中脈の下面には袋状の小さい円い鱗片がつく．胞子嚢群は大形で，小羽片の中脈近くに 2 列に並ぶ．包膜は灰白色，円腎形でふちに毛のあることもある．〔日本名〕鼬羊歯，葉柄に黒褐色の鱗片を密生するからであろう．近縁種が数種類あるが識別はなかなか困難である．

4737. ヨゴレイタチシダ 〔オシダ科〕

Dryopteris sordidipes Tagawa

九州南部以南の低山地林下に生える常緑の多年草．やや太くて短くはう根茎から葉を叢生する．葉柄は硬く，基部に長さ 2 cm に達する線形黒褐色の鱗片が密にはりついている．その他の葉軸には基部が広く，先がほとんど糸状になった黒色の落ちやすい鱗片が圧着する．葉身は紙質から薄い革質．長さ 30〜60 cm，幅 20〜40 cm，2 回羽状複生で，全体は先の尖った卵形から卵状長楕円形．羽片には柄があり，最下羽片では最も長く，5 cm に達する．裂片はきょ歯がないか，あっても低い鈍きょ歯である．胞子嚢群は中間生．包膜は円腎形で全縁，小さく，直径が 1 mm にもならない．イタチシダに似るが，葉軸に基部が袋状に円くふくれた鱗片がつかないので区別できる．〔日本名〕汚れイタチシダで，葉軸にべったりとつく鱗片が汚らしい感じを与えるからである．

4738. ナガバノイタチシダ 〔オシダ科〕

Dryopteris sparsa (Buch.-Ham. ex D.Don) Kuntze var. ***sparsa***

関東南部，東海から近畿以南の暖地林下に生える常緑の多年草．根茎は短く斜上し，葉を集まってつける．葉は高さ 50 cm 〜1 m，葉柄と葉身はほぼ等長．葉柄はつやのある褐色で，鱗片は基部に多く，膜質，全縁で長いものは 1.5 cm にもなる．柄の上部では鱗片は落ちやすく，まばらである．葉の上面は光沢があり，革状の草質，鮮やかな緑色を呈する．葉身は 2 回羽状複生から 3 回羽状深裂，やや長くのびた卵形で，7〜9 対の羽片があり，先端は急に狭くなる．羽片は先端が尾状にのびた三角状披針形で，最下羽片は最も大きく，最下小羽片が長い三角形となる．胞子嚢群はわずかに中肋よりにつき，包膜は円腎形で全縁．八丈島や屋久島に分布するイヌタマシダ *D. subexaltata* (H.Christ) C.Chr. は，ナガバノイタチシダに似るがやや小さく，包膜は内側に深く巻き込んだようになり，ふちが不規則に裂ける．〔日本名〕長葉のイタチシダ．

4739. ミサキカグマ（ホソバノイタチシダ） 〔オシダ科〕

Dryopteris chinensis (Baker) Koidz.

北海道西南部から九州の山野の日陰の地，あるいは陽当たりのよい所に生える夏緑性多年生草本．根茎は短く横に伏し，地上部に比べて太くがっちりしており，斜上あるいは直立することもある．葉は少数が束生し，長さ 60 cm ぐらい，葉柄は葉身とほぼ同長，またはやや長く，やせて細く長さ 15〜30 cm，長卵状披針形で褐色〜黒褐色，ほぼ全縁の落ちやすい鱗片を密につける．上部は葉の中軸と同じくまばらに鱗片が残る．葉身は 3 回羽状に分裂して広卵状五角形，長さ 15〜30 cm，薄い紙質，羽片は長卵形，鋭尖頭，基部に短柄がある．最下羽片は最大で広卵状の菱形，最終羽片は卵状長楕円形，鋭頭，ふちに鋭きょ歯があり，下面にはまばらに鱗片が残る．胞子嚢群は小形，葉身の上半部につき，やや裂片のふちの近くにつく．包膜は円腎形．〔日本名〕三崎カグマで神奈川県三崎に産することから来たものか．あるいは岬カグマかも知れない．

4740. ベニシダ 〔オシダ科〕

Dryopteris erythrosora (D.C.Eaton) Kuntze

本州以南にごく普通に見られる常緑性多年生草本．葉はやや太い斜上した根茎から束生し，大きいものは 1 m にもなる．葉柄は長さ 20〜50 cm，線形〜線状披針形の黒褐色または濃褐色で全縁の鱗片があり，葉柄の基部に密であるが上部にゆくにつれて小さく落ち易くなる．葉身は卵形，または長楕円状卵形，2 回羽状に分裂し，長さ 30〜70 cm，幅 20〜30 cm，葉質は強い洋紙状の革質で深緑色，やや光沢があるが，若葉の時は紫赤色から赤褐色であるので，ベニシダの名がある．中軸にも鱗片が残る．羽片は上部のものほど小さく，どれも狭い披針形か狭い長楕円形，先は鋭尖し，基部にはごく短い柄がある．羽軸の下面には袋状の円い小さい鱗片がつく．小羽片は線形で，基部は広いくさび形，下部のものにだけ短柄があるが，上部のものは中軸に沿着する．鋭頭または鈍頭で，きょ歯または切れ込みがあり，きょ歯の先は尖る．胞子嚢群は円形で葉のふちと中脈との中間にまたはやや中脈に近よってつく．包膜は円腎形で全縁，包膜の若い時は美しい紅色である．〔日本名〕紅羊歯は若葉が紅色であるためである．

4741. チリメンシダ 〔オシダ科〕

Dryopteris erythrosora (D.C.Eaton) Kuntze **'Prolifica'**

ベニシダの園芸品種である．母種と同じく常緑性のシダで，全形は母種のように大きくなく小形で，大きくても長さ 30 cm ぐらい．深緑色，葉質はかたい．ベニシダと同様に 2 回羽状に分裂し，羽片はまばらにつき，披針形あるいは線形，上部羽片は次第に狭くなり，葉の先端は鋭く尖る．小羽片は幅狭く尖り，不規則にしわがよって縮れ，全体としていじけた形となる．また通常，葉身上に芽を生ずる．小羽片の下面に 2 列に並ぶ胞子嚢群がある．〔日本名〕縮緬羊歯は，葉にしわがよって縮れた状態を縮緬になぞらえたものである．

4742. トウゴクシダ（ヒロハベニシダ） 〔オシダ科〕

Dryopteris nipponensis Koidz.（*D. cystolepidota* auct. non (Miq.) C.Chr.）

本州以南の暖地の山地に生える常緑性の多年生草本．根茎は粗大で短く斜上し，長さ 50〜100 cm ばかりの葉を束生する．葉柄は長くてかたく，下部には黒褐色披針形の鱗片を密生する．葉身は 2 回羽状複葉で，長卵状楕円形，先端は急に狭くなって尖り，中軸には黒色鱗片が汚く残り，羽片は斜めに開出し，長楕円状披針形，鋭尖頭，短い柄がある．羽軸上には小さい袋状の鱗片がつく．小羽片は卵状披針形，または長楕円状披針形，鋭頭で羽状に切れ込み，深緑色でほとんど光沢がなく，うすい紙状の革質である．胞子嚢群は小形で小羽片の中脈の近くに密に並び，円腎形の包膜を持つ．〔日本名〕東谷羊歯．愛知県尾張東谷（トウゴク）山ではじめて採集されたからで尾張本草学者の与えた名である．広葉紅羊歯は大形のベニシダの意味．ベニシダと非常によく似ており，中間型も多く，区別しにくいが一応 (1) 葉の先が急に細くなる，(2) 小羽片は長楕円形で幅が広い，(3) 鱗片はたいてい黒色，(4) 葉に光沢がない．(5) 葉の切れ込みが深い等の点で区別される．ベニシダの変種とする説もある．

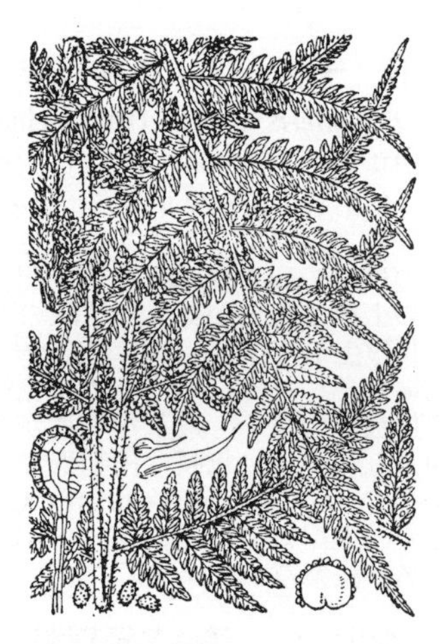

4743. サイコクベニシダ 〔オシダ科〕

Dryopteris championii (Benth.) C.Chr. ex Ching

（*D. pseudoerythrosora* Kodama）

宮城県以南の暖地の林のふち，道端等に多く見られる常緑性多年生草本．全形はベニシダやマルバベニシダに似ているが，胞子嚢群が小羽片のふちに近くついている点で区別できる．葉柄は 20〜30 cm，赤褐色のやや光沢のある披針状三角形の鱗片を密生する．鱗片は葉柄の基部では長さ 2 cm にもなるが，付け根近くでふくらんだようになって葉柄につく点が他のベニシダ系の種類にみられないところである．葉身は長楕円状卵形で鋭尖頭，長さ 30〜60 cm，幅 20〜30 cm，2 回羽状複葉，やや革質，羽片は披針形，鋭尖頭，短柄がある．小羽片は長楕円状卵形，円頭〜鈍頭．羽軸と小羽片中脈には平たい鱗片と袋状の鱗片が残る．ベニシダとは胞子嚢群の位置，鱗片の色等により一見して区別できる．〔日本名〕西国紅羊歯は日本の西部に産するからである．

4744. マルバベニシダ 〔オシダ科〕

Dryopteris fuscipes C.Chr.（*D. obtusissima* Makino）

関東地方以西の暖地の林下のやや乾いて陽当たりのよい所に生える常緑性多年生草本．根茎はやや太く斜上して，数本の葉を束生し開出する．葉柄は 20〜40 cm，赤褐色〜褐色の線状披針形の鱗片を密生する．葉身は葉柄よりも長く，長楕円状卵形，長さ 25〜50 cm，幅 15〜20 cm で，2 回羽状に分裂する．羽片は短柄を持ち，開出してつき，披針形で鋭尖頭，小羽片は卵状長楕円形，下部はしばしば急に広がって下ぶくれとなり，ふちは全縁で鈍頭または円頭，羽軸には小さい袋状の鱗片がつく．上面はベニシダより厚味があり黄緑色で光沢はない．胞子嚢群はベニシダよりも大形，ほとんど小羽片中脈に接して，1 列に並ぶ．包膜は円腎形．羽片の羽状の切れ込みが浅くなると，ナチクジャクの羽片の切れ込んだものと似て来て区別しにくくなるが，マルバベニシダでは最下羽片が最大であるので識別できる．〔日本名〕丸葉紅羊歯．ベニシダに似て，しかも小羽片が円頭であるからである．

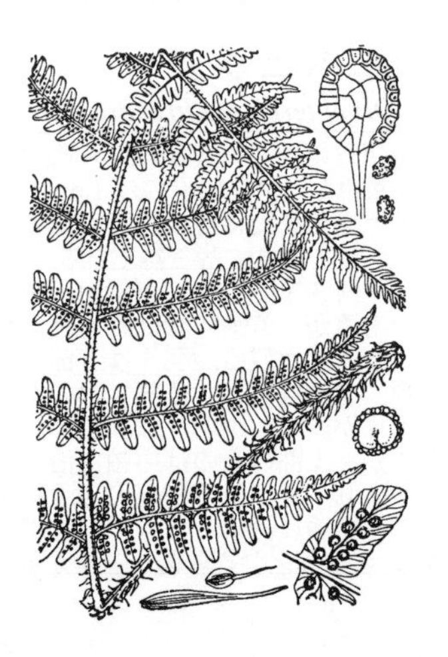

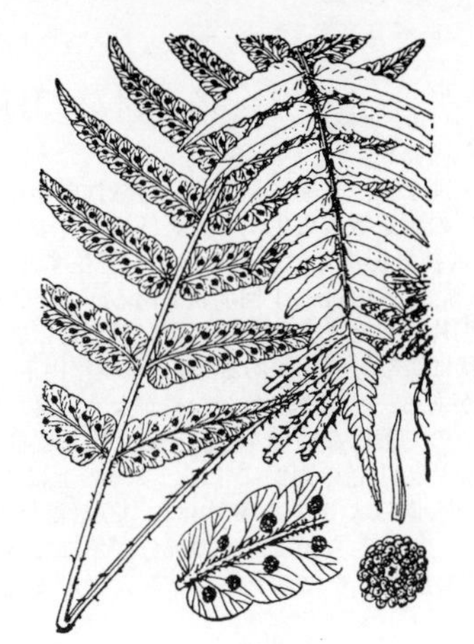

4745. ナチクジャク 〔オシダ科〕

Dryopteris decipiens (Hook.) Kuntze

中国中部から九州をへて伊豆あたりの暖地にまで分布し，主に常緑林下の陰湿地に生える常緑性多年生草本．根茎はやや小さく，斜上して数本の葉を束生する．葉柄は葉身とほぼ同長，褐色～黒褐色で線状披針形の落ちやすい鱗片を密生する．葉身は披針形，長楕円状披針形，1 回羽状複葉，青緑色で革質，長さ 20～40 cm，幅 10～15 cm，羽片は 12～15 対，広線状披針形，先は次第に細くなってとがる．長さ 5～8 cm．基部は急に心臓形となり，ごく短い柄がある．ふちは羽状に浅裂，時に下部で深裂するものもある．また最下羽片はやや短い傾向がある．中脈の下面には袋状の小さい円い鱗片がまばらにつく．胞子嚢群は，中脈の両側に，それに接近して 1 列に並ぶが，切れ込みの深いものでは 2～3 列になる．包膜は円腎形，全縁．〔日本名〕那智孔雀は和歌山県の那智山で発見されたクジャクシダという意味である．マルバベニシダの切れ込みの浅いものに似てくるが，最下羽片が小さくなる点で区別できる．

4746. ナンタイシダ 〔オシダ科〕

Dryopteris maximowiczii (Baker) Kuntze（*Arachniodes maximowiczii* (Baker) Ohwi；*Athyriorumohra maximowiczii* (Baker) Sugim.）

本州中部以北の深山に生える夏緑性多年生草本．根茎は短くはい，やや近接して葉が出る．葉は長い葉柄をもち高さ 30～70 cm ぐらい．葉柄は細長く，下部には広卵状淡褐色のうすい鱗片を散生する．葉身は広卵状の菱形，葉質はややかたくやや暗緑色である．3 回羽状複葉となり毛はない．羽片は 5～10 対あり，各々は三角形，あるいは卵形で，先は鋭尖し，基部にやや長い柄がある．最下羽片が最大で角ばるため葉身は多少五角形の傾向を帯びるがナライシダ類ほどではない．小羽片は卵形または長楕円形，鋭尖頭，最終羽片は楕円形で不規則に切れ込み，またはきょ歯がある．胞子嚢群は葉のふちのごく近くに，脈の末端に生じ，包膜は円腎形で全縁，いつまでも永く残る．〔日本名〕男体羊歯，日光の男体山で，はじめて採られたからである．ナライシダ類に非常によく似ているが，葉身に毛がないこと，胞子嚢群は脈上につくのでなく，脈の末端につくこと等により区別される．

4747. ナガサキシダ（オオミツデ） 〔オシダ科〕

Dryopteris sieboldii (van Houtte ex Mett.) Kuntze

房総半島以西の低山の林下や斜面に生育する常緑の多年草．九州以外では珍しい．根茎は太い塊状でほふくし，密接して小数の葉をつける．葉柄は葉身より長めで，褐色から黒褐色の膜質の鱗片を基部ほど多くつける．葉は高さ 60～90 cm，1 回羽状複葉で，やや二形性がある．栄養葉は 2～4 対の側羽片と，側羽片とほぼ同形同大の頂羽片とからなり，羽片はやや鎌形に曲がった線形で，短い柄がある．胞子葉は栄養葉より背が高く，側羽片は数が 3～6 対と多いが，幅は栄養葉のそれよりも狭い．葉質は厚く，革質で，葉の上面は濃い緑色，下面は淡緑色で毛状の鱗片が散在する．羽片のふちは全縁か不規則に波打つ．葉脈は平行，胞子嚢群は大形で，羽片裏面のやや中央寄りに多数散らばり，包膜は円腎形で全縁．〔日本名〕長崎羊歯．

4748. クマワラビ 〔オシダ科〕

Dryopteris lacera (Thunb.) Kuntze

本州から九州の山地の林下に多い常緑性シダ．根茎は大きな塊状で，直立または斜上し，葉を束生し，褐色～赤褐色で膜質の卵状長楕円形の鱗片を密生する．葉柄は短く，葉身の中軸とともに赤黄褐色で光沢のある長卵形または披針形の鱗片を密生し，基部のものは長さ 2 cm にもなる．葉は卵状長楕円形で，2 回羽状複葉，長さ 40～50 cm ぐらい，表面は鮮やかな黄緑色で，小脈は凹んで数条の溝となるが，下面は白色を帯びることが著しい．羽片は長卵状楕円形，先端は次第にとがり，基部には短い柄がある．羽軸の下面には細い鱗片がまばらに残る．小羽片は多少三稜状の長楕円形で鋭頭，幅 5～8 mm で細かいきょ歯がある．基部は広く羽軸に合着するが下部の小羽片では無柄ながらも遊離した上，基部は多少耳状に突出する．胞子嚢群は，葉の上部 1 / 3 または 1 / 4 の羽片の裏に生じ，その羽片，小羽片は著しく縮小し，胞子嚢群は各小羽片に 2 列に並び，円腎形で全縁の包膜をつける．胞子が散ると上部の羽片は他の羽片よりも早く枯れて捲き，後落ちる．〔日本名〕熊蕨．葉柄基部に黒っぽい鱗片が密生するのを，熊が多毛であるのになぞらえたもの．

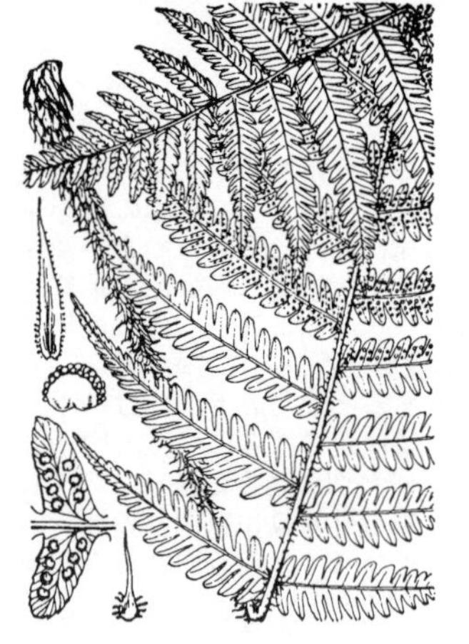

4749. オクマワラビ 〔オシダ科〕

Dryopteris uniformis (Makino) Makino

本州から九州に広く分布し，日陰，陽当たりの区別なく，普通に見られる常緑性多年生草本．根茎は太く，直立するかまたは斜上し，有柄の葉を数本束生する．葉柄は葉身よりもはるかに短く，通常黒褐色の，時には黄褐色の広披針形または線形の鱗片を密生する．葉身は長楕円状披針形，鋭尖頭，長さ 30〜60 cm，幅 15〜20 cm，1 回羽状であるが，下半部は 2 回羽状に深裂になることもよくある．下部羽片はほとんど狭くならない．羽片は線状長楕円形，幅 1〜3 cm，尾状に鋭く尖り，さらに羽状に深裂し短柄がある．裂片は長楕円形，円頭〜鈍頭，幅 4〜7 mm，上部にかすかなきょ歯がある．草質淡緑色でつやがなく，クマワラビのようだが葉脈が凹んで溝を作ることがないので葉はなめらかに見える．胞子嚢群は葉の大体中部から上方の羽片につき，小羽片や裂片の中脈の両側に並び，支脈の上に 1 個ずつつく．包膜は円腎形．クマワラビに似ているが，葉はより狭く，鱗片はふつう暗褐色，葉脈は溝にならず，胞子嚢群をつける羽片は数多く，縮小しないで，その部分が冬になっても枯れ落ちない等の点で識別できる．〔日本名〕雄熊蕨，クマワラビよりも大きく丈夫であるからである．

4750. ミヤマベニシダ 〔オシダ科〕

Dryopteris monticola (Makino) C.Chr.（*D. goldiana* (Hook. ex Goldie) A.Gray subsp. *monticola* (Makino) Fraser-Jenk.）

主に本州と北海道の深山で，ブナ帯以上の林下に生える夏緑性多年生草本．根茎は太いが短く横にはい，地下に伏し，葉をオシダ的に束生する．葉は大形で長さ 60〜100 cm ぐらい．葉柄は葉身の 1 / 2 以上から同長ぐらいあり，下部には広線形，または長楕円形で濃褐色の鱗片を密生するが．上部から葉の中軸にかけては色も淡褐色に，また狭くなって披針形の鱗片になる．葉身は 2 回羽状に分裂し，長楕円形，先端は急に狭くなって尖り，洋紙状草質で上面は暗灰緑色，平滑である，羽片は広線形で鋭尖頭，羽状に分裂し短柄がある．小羽片は長楕円状披針形，幅 5〜7 mm．鈍頭または円頭で，ふちにはきょ歯があり，きょ歯の先は細く尖る．羽軸の下面には鱗片が少し残る．胞子嚢群は小羽片の中脈の近くに 1 列に並んで，円形で全縁の包膜を持つ．〔日本名〕深山紅羊歯はベニシダに似て深山に生えるからであるが．ベニシダよりは壮大，冬は葉が枯れる点で異なる．

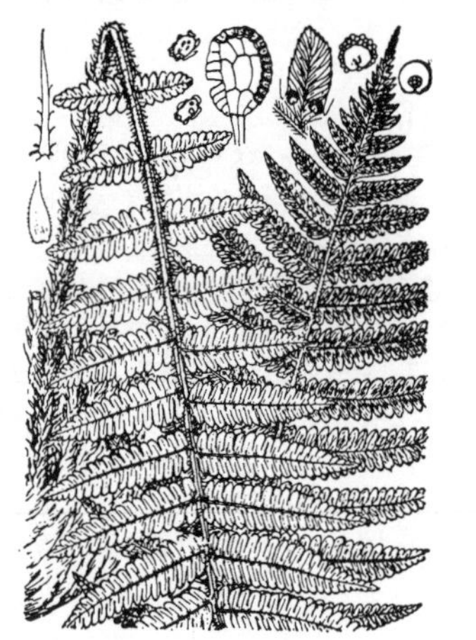

4751. オ シ ダ（メンマ） 〔オシダ科〕

Dryopteris crassirhizoma Nakai

北海道，本州，四国のブナ帯以上の深山の樹林下に生える大形の夏緑性多年生草本．根茎は太くて直立し，多数の葉を輪状に束生して車座になり壮大である．葉は有柄大形で高さ 1〜1.4 m ぐらい．葉質は厚いがやや柔らかい．葉柄は太くて荒々しく，下部には黄褐色〜黒褐色の光沢がある長楕円形または線形の鱗片を密生している．鱗片のふちにはまばらに突起がありまた上部のものは一般に狭く短くなる．葉身は 2 回羽状に深裂し，倒披針形で鋭頭，羽片は多数開出してつき長楕円状披針形，鋭頭で無柄，羽状に深裂し，下部の羽片は葉柄基部に向かうにつれ次第に小形となり，また互いの間隔が距たってくる．上面は多少光沢がありまた脈が打ち込みになっている．その上，両面に毛状に縮れた鱗片がまばらにつき，羽軸の下面にも細い鱗片がつく．裂片は線状長楕円形，鈍頭〜円頭，ふちに低く鈍いきょ歯がある．葉脈は上面で凹んで溝を作る．胞子嚢群は羽裂片の中脈にそって 2 列に並んで続き端正に見える．裂片の先端部にはつかない．包膜は円腎形で全縁．〔日本名〕雄羊歯．雄壮なシダであるので，雌雄の雄にたとえたのであるが，またかつて本種に当てられていたヨーロッパ産の *D. filix-mas* (L.) Schott の種形容語の直訳でもある．根茎を綿馬根といい駆虫剤とする．漢名は綿馬（しかし，真の綿馬はオシダのようなシダではないという）．

4752. ミヤマクマワラビ 〔オシダ科〕

Dryopteris polylepis (Franch. et Sav.) C.Chr.

各地の深山の樹林下に生える落葉性の多年生草本．根茎は太く塊状で直立し，葉は束生して出て高さ 80 cm にもなり，一見して小型のオシダのようである．葉柄は短く葉の中軸とともに黒色または黒褐色の披針形から卵形の鱗片を密生する．葉身は長楕円形，幅 10〜20 cm，先端は次第に細くなってとがり，基部もまた次第に狭くなる．1 回羽状複葉であるが，羽片は羽状に深裂し，線状長楕円形で鋭尖頭，ほとんど柄がない．幅 1〜2 cm，ややかたい草質で上面は光沢がなく，毛状に裂けた小さい鱗片があり，下面には膜質で淡褐色の小さい鱗片が残る．裂片は密に接して並び，長楕円状線形で，少し鎌状に曲がり，鋭頭で，かすかにきょ歯がある．胞子嚢群は小形，上部の裂片にだけつき，各片ともに中脈をはさんでふちに近く 2 列に並ぶ．〔日本名〕深山熊蕨はクマワラビに似て深山生であることを意味する．オシダに外形が似ているが，鱗片の黒いこと，葉脈が葉の上面で凹まないこと，裂片の側脈が 2〜3 本に分岐しないで 1 本のままであること等の点で区別することができる．

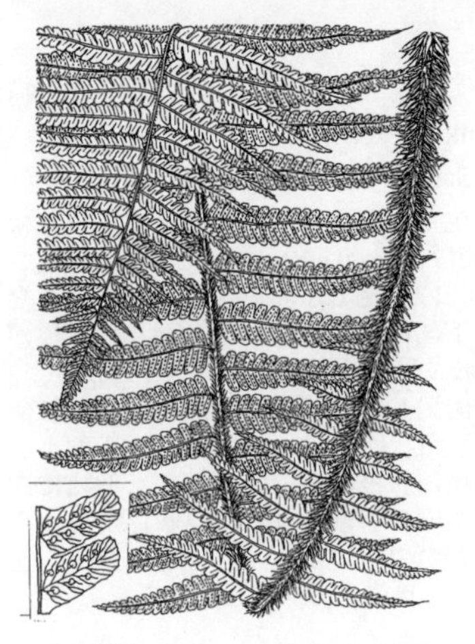

4753. オオヤグルマシダ（マキヒレシダ）　〔オシダ科〕

Dryopteris wallichiana (Spreng.) Hyl.

（*D. paleacea* (Sw.) C.Chr., non Hand.-Mazz.）

鹿児島県桜島にのみ産する常緑の多年草．台湾，中国からヒマラヤの山地に分布する．オシダに似るが巨大で，長さ 2 m，幅 40 cm に達する葉を開出する．根茎は太くて短く，長さ 20 cm にもなり，葉柄は長さ 30〜40 cm，わら色の鱗片を密生する．鱗片は線形から披針形でつやがあり，縦線が多く走る．葉は洋紙質．2 回羽状深裂，先端は尖り，基部の羽片はしだいに短くなる．羽片は線状披針形で，上下が互いに重ならず間隔をおいてつき，柄がなく，下面は淡緑色．中軸には線形の鱗片が多くつき，羽軸にも鱗片がある．裂片は先が円く，ふちに軟骨質の不規則なきょ歯がある．胞子嚢群は裂片のふちと中肋の間につき，包膜は円腎形で全縁，縦に 2 裂することがある．〔日本名〕大矢車羊歯，大形のヤグルマシダで，ヤグルマシダはミヤマクマワラビの別名だという．蕨巻きの状態を矢車に見立てたと思われる．

4754. タニヘゴ　〔オシダ科〕

Dryopteris tokyoensis (Makino) C.Chr.

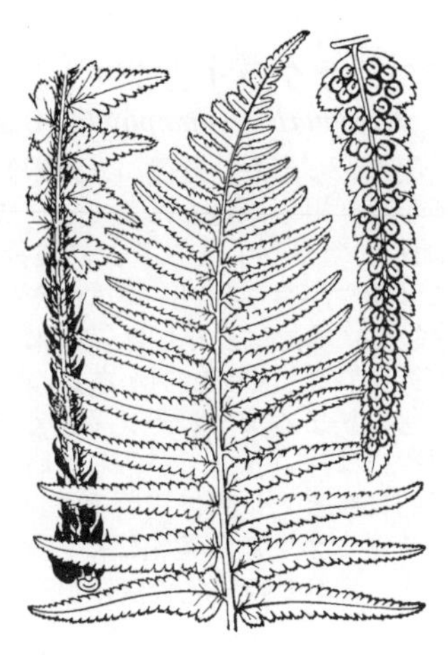

全国に分布し，山間の湿った所に生える落葉性の多年生草本．根茎は粗大で直立し，葉は束生し先まで直立し高さ 1 m にもなる．葉柄は葉身よりもはるかに短く，淡褐色〜暗褐色で披針形から楕円形の膜質鱗片を密生する．葉身は楕円状披針形，鋭尖頭，基部も狭くなる．1 回羽状複葉で，羽片は多数中軸から開出し，長披針形で羽状に浅裂〜中裂するが下部のものは斜め下方に出て，はるかに小形の卵形となる．葉質は草質に近く深緑色である．裂片の先は円くふちに細かいきょ歯がある．羽片の基部は通常浅い心臓形か鈍形で柄がなく，最下の 1 対の裂片は最も大きく，しかも不連続に大きく耳状に突出する．中軸にも羽片の中脈にも鱗片がまばらに残る．胞子嚢群は上部の羽片にだけ生じ，羽片の中脈に接して，その両側の支脈上につき，やや大形である．包膜も大形でやや縦長の円腎形となる．〔日本名〕谷ヘゴ．本種は明治年間に東京の北部の道灌山の低湿地で発見されたことと全形がイワヘゴに似ていることも考え合わせてこの名がついたが，今はもうその場所には見られない．学名の種形容語も「東京」となっているのはこのためである．

4755. イワヘゴ（タカクマキジノオ）　〔オシダ科〕

Dryopteris cycadina (Franch. et Sav.) C.Chr.

（*D. atrata* auct. non (Wall. ex Kunze) Ching）

関東南部以西の暖地の山中樹林下に生える丈夫な常緑性多年生草本．根茎は粗大で直立し，長さ 50〜100 cm の葉を束生する．葉柄は葉身の 1 / 2 以下，黒色まれに褐色で光沢ある披針形のややかたい鱗片を密生する．葉身は 1 回羽状複葉で長楕円状披針形，先端は急に細くなってとがり，羽片は 20〜30 対ぐらいあって互に近くに並んで中軸から開出し，線状披針形で長さ 5〜15 cm（下部の羽片は多少短い）先は鋭尖し，基部はやや切形で無柄，葉のふちにはまばらに鋭いきょ歯がある．上面は暗緑色でかたい草質である．中軸には線形でふちにまばらに毛状の突起の出た黒色の鱗片がついている．葉脈は羽片の中脈から分出してから，すぐに 3〜4 本の支脈に分岐し，互に平行して葉のふちに達する．胞子嚢群は，葉のふちの附近を除いて全面に散在し，円腎形で全縁の包膜を持つ．〔日本名〕岩ヘゴ．しかし岩上に生えることはない．高隈雉の尾は大隅半島の高隈山で最初発見されたからである．もと *D. hirtipes* (Blume) Kuntze や *D. atrata* (Wall. ex Kunze) Ching の学名を使用したがこれは別種であった．

4756. ミヤマイタチシダ　〔オシダ科〕

Dryopteris sabae (Franch. et Sav.) C.Chr.

山地のやや涼しい樹林下に生える半常緑性多年生草本．根茎は短く斜上し，接近して有柄の葉を出す．葉柄は長さ 15〜30 cm，葉身の 1 / 2 またはそれと同長，下部は紫褐色で暗褐色広卵形膜質の鱗片を密生する．葉身はうすい革質で鮮緑色光沢があり，脈が軽く凹んでいるので特異な印象がある．広卵形から長楕円状卵形で長さ 20〜40 cm，鋭尖頭，2 回羽状複葉となり，羽片はまばらにつき 7〜8 対，短柄をもつ長卵形，鋭尖頭，最下羽片は最大で三角状卵形，羽軸に鱗片はほとんど残らない．小羽片は長卵状披針形で先は鋭頭，基部に柄はなく，多くは羽軸に合着し羽状に中裂している．この裂片には短くとがるきょ歯がある．胞子嚢群は葉身の上半部に生じ，小羽片の中脈沿いに 1〜3 列に並び，包膜は円腎形で全縁．〔日本名〕深山生のイタチシダの意であるが必ずしも深山とも限らない．種形容語は佐波佐一郎氏に因むもので同氏は横須賀に明治初年に（1870 年頃）仏国援助のもとに製鉄所が作られ，Savatier 氏がそこの医官として赴任し，植物採集をしたのに協力した人である．

4757. シラネワラビ 〔オシダ科〕

Dryopteris expansa (C.Presl) Fraser-Jenk. et Jermy

(*D. austriaca* auct. non (Jacq.) Woynar ex Schinz. et Thell.)

ブナ帯以上の深山または高山の樹林下に群生する落葉性の多年生草本．根茎は大きな塊状で斜上し，有柄の葉を束生する．葉は長さ 60 cm ～1 m にもなり，乾いた草質で淡緑色，つやがない．葉柄は葉身とほぼ同長で，卵形～広披針形で淡褐色をした膜質の鱗片を密生している．しかも下部には黒褐色でややかたい鱗片がある．葉身は長卵状五角形または長卵状楕円形，先端は急に狭くなってとがり，3 回羽状複葉，羽片は少なく，中軸から斜めに開出して卵状披針形で鋭尖頭，無柄またはごく短い柄がある．最下羽片が最大で三角状卵形，しかも外側の第 1 小羽片は他のものよりも特に大きい．小羽片は長楕円状披針形で鋭頭無柄，羽状に深～全裂し最終裂片は卵形，鋭きょ歯がある．中軸や羽軸には細かい鱗片がまばらに残る．胞子嚢群は小形，裂片の中脈とふちとの中間につき，円腎形で全縁の包膜を持つ．〔日本名〕白根蕨ははじめ栃木県日光の自根山で採られたからであろう．

4758. サクライカグマ 〔オシダ科〕

Dryopteris gymnophylla (Baker) C.Chr.

関東から東海，近畿，九州の低山地の斜面や石垣にまれに生える常緑性の多年草．根茎は短くほふくし，こみあって葉をつけ，高さ 30～60 cm．葉柄は長く，15～30 cm，基部に披針形で褐色の鱗片が残るが，葉軸の他の部分には鱗片が残らない．葉はつやのある淡緑色で草質．葉身は 3 回羽状に深～全裂し，羽片は長楕円状披針形であるが，最下の羽片は特に大きく三角状広披針形で著しく長い柄があるので，葉身全体は五角形状になり，先端に向かって急に狭まるように見える．小羽片はわずかに柄があり，長楕円状披針形，裂片には鈍いきょ歯がある．胞子嚢群は小羽片または裂片の基部に近い葉の下面につき，包膜は円腎形で膜質，ほとんど全縁．ミサキカグマに似るが，ミサキカグマでは葉軸に褐色から黒褐色の鱗片が残る．〔日本名〕桜井カグマで，日本での発見者桜井半三郎氏を記念した名．カグマはシダの古名．

4759. ニオイシダ 〔オシダ科〕

Dryopteris fragrans (L.) Schott var. ***remotiuscula*** (Kom.) Fomin

本州中部地方から北の高山にまれに見られる落葉性の多年生草本．根茎は古い枯れた葉柄をつけて太く膨らみ，岩の間に生え，葉を多数に束生する．葉は長さ 10～35 cm，全体にまばらに単細胞の腺毛があり，分泌物を出して匂う．葉柄は葉身よりもはるかに短く，黄褐色でしかも膜質の広卵形から広披針形をした鱗片を密生する．葉身は狭披針形から倒披針形で，2 回羽状複葉となり，羽片は 20～30 対あって草質で淡緑色，羽片は線状長楕円形で鈍頭，小羽片も同形，羽軸の裏には披針形の鱗片がある．裂片は長楕円形，鈍頭あるいは円頭，深い鈍きょ歯をもつ．胞子嚢群は小羽片中脈から分岐した側脈の下部の分枝上に生じ，軸に近く 1～3 列に並んでつくが，包膜は大形で径 2 mm にもなるので押し合ってついていて，ほぼ円腎形，ふちと表面に腺毛がある．〔日本名〕匂い羊歯．体上に腺細胞を散布し，分泌物を出し匂いを出すからである．

4760. ホオノカワシダ 〔オシダ科〕

Dryopteris shikokiana (Makino) C.Chr.

(*Nothoperanema shikokiana* (Makino) Ching)

伊豆から福井県以西の暖地山地林の陰湿なところにごくまれに生える常緑の多年草．根茎は太くて斜上し，密接して葉をつけるが，葉の数は多くない．葉柄は長さ 20～50 cm，基部に暗褐色，光沢のある広披針形から狭卵形の鱗片を開出または下向きにして密につける．葉身は三角状の卵形で長さ 45～75 cm，3 回羽状深裂から 4 回羽状浅裂，紙状の草質．上面は鮮やかな緑色で，多細胞の毛がまばらにある．下面はやや白みを帯びる．羽片は 3～10 対が斜め上方に開き，先端に向かってしだいに狭まって，頂羽片ははっきりしない．最下羽片が最も大きく，基部外側の小羽片が発達した三角形となる．裂片は長楕円形，鈍頭できょ歯はないか，波状縁．胞子嚢群は中間生で包膜を欠く．〔日本名〕朴ノ川羊歯，高知県の朴ノ川山が語源であるという．

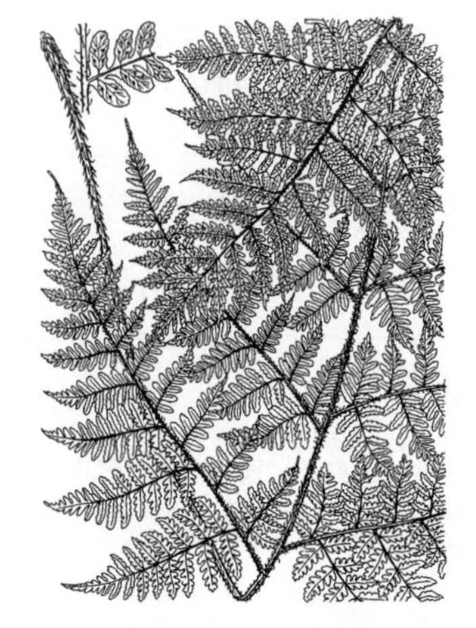

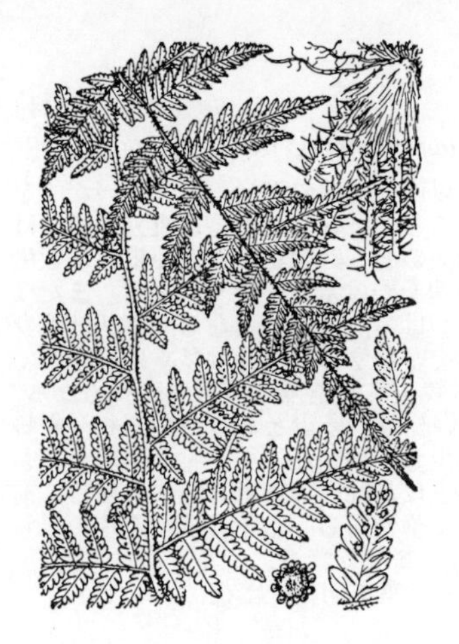

4761. キヨスミヒメワラビ（シラガシダ）　〔オシダ科〕

Dryopteris maximowicziana (Miq.) C.Chr.（*Ctenitis maximowicziana* (Miq.) Ching; *Dryopsis maximowicziana* (Miq.) Holttum et Edwards）

秋田，岩手県以南の暖地の樹林下の割に明るくしかも湿気の多い所に生える常緑の多年生草本．根茎は直立し数本の葉を束生するが葉は斜めに立って高さ 40〜70 cm，時に 1 m を越すものもある．2 回羽状複葉で葉身は乾いたうすい草質，鮮緑色，葉柄と中軸の上に大形の長楕円状披針形の鱗片を密生し，鱗片は若いうちは白色半透明で美しいが，古くなると褐色になる．また乾くと葉柄はかたくなる．葉身の形は卵状長楕円形で，羽片は開出してつき 10〜15 対，広披針形または線状披針形，小羽片は羽状に深裂し，上面軸上には関節のある毛がある．裂片は線状広楕円形，その基部に近く 1〜3 対の小形の胞子嚢群がつく．包膜は円腎形，ふちには不規則な凹凸がある．〔日本名〕清澄姫蕨で千葉県清澄山で発見されたからであり，白髪羊歯は白い鱗片が多いのを白髪にたとえている．

4762. ヘツカシダ　〔オシダ科〕

Bolbitis subcordata (Copel.) Ching

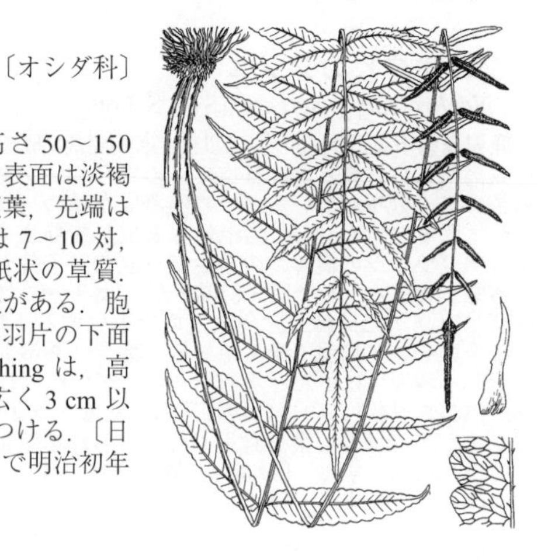

九州南部以南の湿った山地林の地上に生える常緑の多年草．高さ 50〜150 cm．根茎は太く短くはい，葉はたがいに接して出る．葉柄は硬く，表面は淡褐色で鱗片は少ない．葉に二形がある．栄養葉は柄が短く 1 回羽状複葉，先端は頂羽片状にのび，さらにその先端付近に不定芽をつける．側羽片は 7〜10 対，幅 2〜3 cm，ふちに浅いきょ歯がある．栄養葉の葉身は濃緑色で紙状の草質．葉脈はやや規則的に網目をつくり，ふつう網目の中に 1 本の遊離脈がある．胞子葉は栄養葉より長く，葉身は退化縮小して羽片も短い．胞子嚢は羽片の下面全体につき，包膜はない．オオヘツカシダ *B. heteroclita* (C.Presl) Ching は，高さが 50〜90 cm とやや低く，羽片は数が 2〜5 対と少ないが，幅は広く 3 cm 以上になり，頂羽片ははっきりして，その先が著しく長くのびて芽をつける．〔日本名〕辺塚羊歯は，鹿児島県大隅半島の辺塚村（現在の南大隅町）で明治初年田代安定が採集したことに因む．

4763. アツイタ（アツイタシダ）　〔オシダ科〕

Elaphoglossum yoshinagae (Yatabe) Makino

八丈島，紀伊半島以南の暖地の山中樹林下の湿気の多い岩上，崖の面，または樹上に生える常緑性多年生草本であるが稀品である．根茎は短くはい，葉柄の下部とともに褐色で膜質の，しかも卵形の鱗片を密につける．葉は根茎から数本立ち接近して生じる．葉柄は太くて，それに多数の鱗片をつけ，葉身は葉柄よりはるかに長く，全長 10〜30 cm あり．単葉で長披針形，全縁で鋭頭，基部は次第に狭まって葉柄に流れるので葉柄ははっきりしないこともある．葉質は極めて厚い革質で．中軸が両面に隆起している．側脈は葉肉中に埋まり生時ははっきり見えないが，中軸から分岐して後，やや平行して葉のふちに達する．また葉の下面には小さい鱗片をまばらにつける．胞子葉は栄養葉とほぼ同長かまたは短く下面全体に胞子嚢をつける．包膜はない．〔日本名〕厚板．葉が厚く平板状であるためである．古く本草時代に伊勢方面から知られていた形跡があるが，植物学的に精査されたのは高知県で吉永悦郷氏が再発見されてからである．種形容語はそれを記念している．

4764. ツルキジノオ（オオキノボリシダ）　〔ツルキジノオ科〕

Lomariopsis spectabilis (Kunze) Mett.

琉球列島の石垣島，西表島以南に分布し，樹幹や岩上に着生する常緑の多年草．根茎は細長くはい，直径 5〜8 mm，若いうちは赤褐色，三角状披針形，膜質の鱗片を密生する．葉はやや離れてつき，二形がある．栄養葉は単羽状複生，葉柄は長さ 7〜20 cm，根茎のものと同じ鱗片があり有溝．葉身の基部は葉柄に流れて狭い翼をつくる．葉身は長さ 25〜50 cm，洋紙質，5〜9 個の羽片からなる．このほかに単葉，二出葉などの幼型葉も出ることがある．羽片は線状長楕円形で先が長くのびて尖り，きょ歯はなく，上面は無毛，下面中肋にまばらに鱗片をつける．葉脈はななめ平行に走り，単状または二叉する．胞子葉も単羽状複生であるが，羽片中軸にそった葉脈は結合して網目をつくる．胞子嚢群は羽片の下側全面をおおい，包膜はない．オリヅルシダも別名ツルキジノオというが，これとは異なる．〔日本名〕蔓雉之尾．根茎がつる状に長くのびてはい，葉がキジノオシダに似ることに由来する．

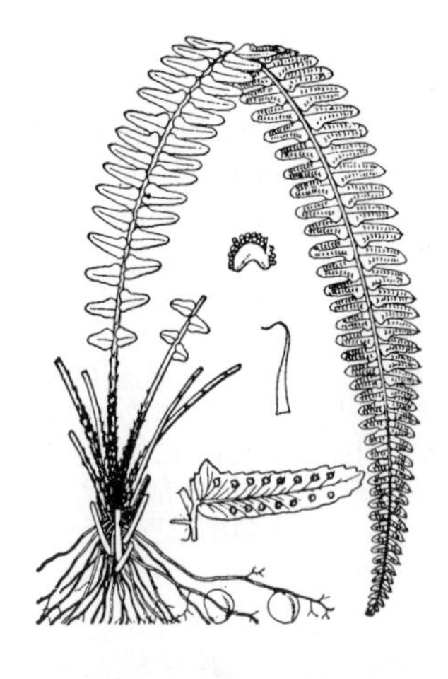

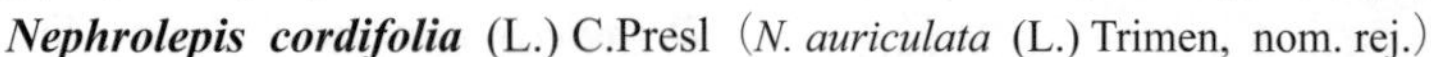

4765. タマシダ　〔タマシダ科〕

Nephrolepis cordifolia (L.) C.Presl（*N. auriculata* (L.) Trimen, nom. rej.）

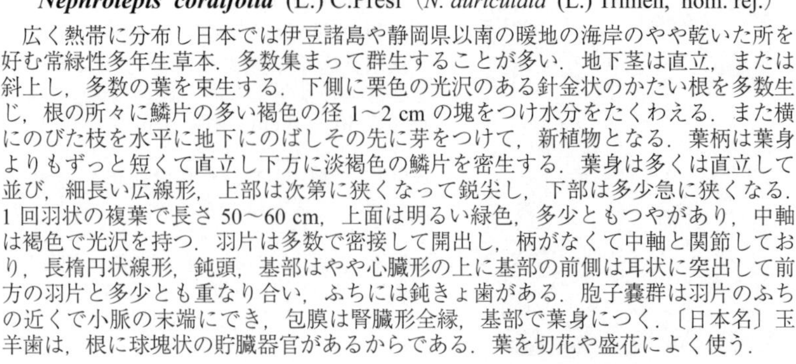

広く熱帯に分布し日本では伊豆諸島や静岡県以南の暖地の海岸のやや乾いた所を好む常緑性多年生草本．多数集まって群生することが多い．地下茎は直立，または斜上し，多数の葉を束生する．下側に栗色の光沢のある針金状のかたい根を多数生じ，根の所々に鱗片の多い褐色の径 1～2 cm の塊をつけ水分をたくわえる．また横にのびた枝を水平に地下にのばしその先に芽をつけて，新植物となる．葉柄は葉身よりもずっと短くて直立し下方に淡褐色の鱗片を密生する．葉身は多くは直立して並び，細長い広線形，上部は次第に狭くなって鋭尖し，下部は多少急に狭くなる．1 回羽状の複葉で長さ 50～60 cm，上面は明るい緑色，多少ともつやがあり，中軸は褐色で光沢を持つ．羽片は多数で密接して開出し，柄がなくて中軸と関節しており，長楕円状線形，鈍頭，基部はやや心臓形の上に基部の前側は耳状に突出して前方の羽片と多少とも重なり合い，ふちには鈍きょ歯がある．胞子囊群は羽片のふちの近くで小脈の末端にでき，包膜は腎臓形全縁，基部で葉身につく．〔日本名〕玉羊歯は，根に球塊状の貯臓器官があるからである．葉を切花や盛花によく使う．

4766. ホウビカンジュ　〔タマシダ科〕

Nephrolepis biserrata (Sw.) Schott

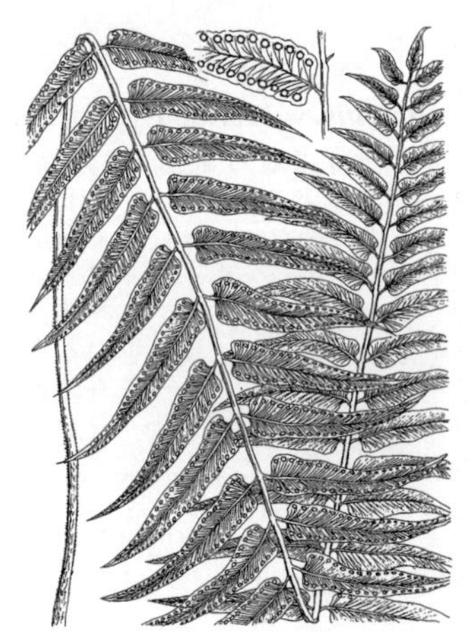

鹿児島県トカラ列島の宝島以南，奄美諸島，琉球諸島（伊平屋，沖縄，宮古，石垣，西表島など）に見られ，日本ではめずらしいシダであるが，全世界の亜熱帯から熱帯に広く分布している．いわゆる広布種の一つである．低地にごくふつうにみられ，明るい所を好む．岩上にも着生して群生する．東南アジアでは農園で栽培するアブラヤシの樹幹への着生が目立つ．条件が良ければ匐枝をのばし急速に大群落を形成する．タマシダに似るが，はるかに大形であり，匐枝には球塊がない．根茎は直立または斜上し多数の葉を束生する．葉柄は 50 cm ほどで直立し硬く，基部をのぞいて無毛で光沢がある．葉身は 2 m 以上にもなることがある．単羽状複生し，羽片はほとんど無柄でタマシダに比べ耳の発達がよくない．長さ 10～15 cm でほぼ全縁かごく浅い切れ込みがある．胞子囊群はやや葉のふちよりにつく．マレーシアでは若い葉を食用したり，煮汁を咳止めに使い，アフリカ象牙海岸地方では止血剤とする．〔日本名〕鳳尾貫衆．鳳凰の尾に似た葉の貫衆（ヤブソテツ類の漢名）の意味．〔漢名〕長葉腎蕨．

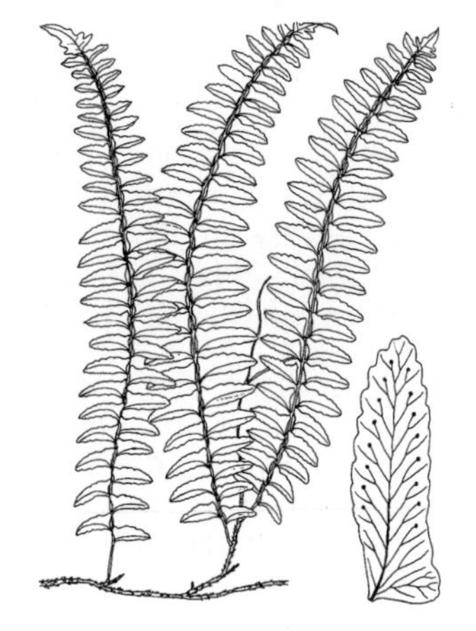

4767. ワラビツナギ　〔ナナバケシダ科〕

Arthropteris palisotii (Desv.) Alston

日本では奄美大島以南に見られるが，台湾，中国南部，フィリピン，ベトナム，タイ，マレーシア，インドネシア，ニューギニア，オーストラリア，ポリネシア，インド，アフリカなど旧熱帯全域にわたって広く分布している．新熱帯では唯一，近縁種の *A. altescandens* (Colla) J.Sm. がチリ沖のファンフェルナンデス島に産するのみである．常緑性で長くのびる根茎で，岩上や樹幹にはいのぼる．木漏れ日が入る程度の暗い林を好む．根茎は細く，直径 2～3 mm．広披針形で褐色の小さな鱗片がある．葉柄はごく短く，長さ 2 mm ほどの葉足で根茎と関節する．葉身は単羽状で長さ 15～30 cm ほど．先端は顕著な頂羽片で終わる．羽片には浅いきょ歯がある．羽片もまた葉軸と関節している．下部の羽片はやや小形である．葉軸の下面には多細胞毛がつく．ふちにまでのびた葉脈の末端は排水組織となっている．胞子囊群はふちよりにつき，円腎形の茶色の包膜でおおわれる．〔日本名〕蕨繋は細い根茎で葉がつながれているように見えるからであろう．〔漢名〕藤蕨．

4768. ウスバシダ　〔ナナバケシダ科〕

Tectaria devexa (Kunze ex Mett.) Copel.

徳之島以南の琉球列島の主として石灰岩地帯に生える常緑の多年草．台湾からマレーシアに分布する．根茎は塊状で短く横にはい，数枚の葉を束生する．葉は高さ 30～70 cm，葉柄は細くて葉身より短く，長さ 10～20 cm．葉柄基部には長さ 8 mm に達する濃褐色で線状針形の鱗片が密生するが，他の部分にはわずかに短い毛があるだけである．葉身は三角状卵形，両面にわたって細かい毛があり，質は薄く，軟らかい．2 回羽状複葉で，2～3（～5）対の側羽片をもち，さらに上部の側羽片は切れ込みが浅くなりながら互いに基部で連なって，はっきりとしない頂羽片となる．基部の羽片は 2 回羽状深裂で，裂片は先が円く，鈍きょ歯縁または浅～中裂．中肋あるいは主脈付近で網状脈をつくる．胞子囊群は小さく，裂片のふち近くに散在し，包膜は円形．〔日本名〕葉質が薄いので薄葉羊歯という．

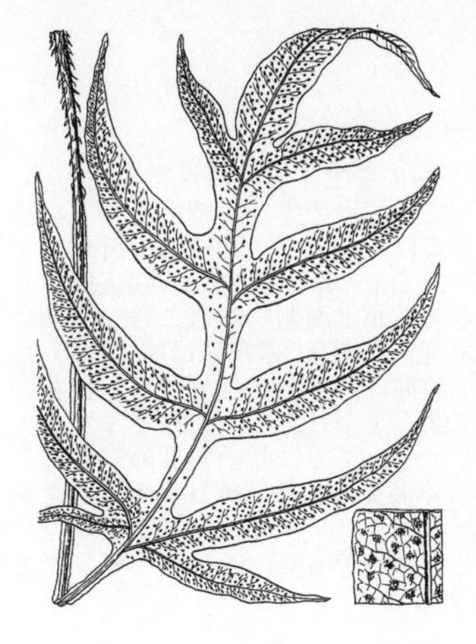

4769. ナナバケシダ 〔ナナバケシダ科〕

Tectaria decurrens (C.Presl) Copel.

沖永良部島以南の琉球列島の陰湿な沢筋などに多い常緑の多年草．台湾からマレーシアまで分布．根茎は短く塊状で，数枚の葉を束生し，葉はかなり多形で高さ 70〜120 cm，厚い紙質．葉柄は長さ 20〜50 cm，つやのある褐色で基部まで両側に幅 7 mm に達する翼がある．根茎と葉柄基部の鱗片は大形で，長さ 5〜8 mm，濃褐色線形．葉はやや二形をなし，胞子葉は羽片の幅が狭い．葉身は卵形から卵状楕円形，単羽状に深裂し，側羽片は 3〜6 対，羽片の基部は幅広く中軸部に流れて，片側の幅 5〜12 mm の翼となる．側羽片は線状長楕円形，幅は胞子葉で 4〜6 cm，先は長く尖る．ときに最下羽片基部下側に小羽片を出すことがある．ふちは全縁からまれにまばらな鈍きょ歯縁．葉脈は不規則な網目状で，網目の中に遊離脈があり，胞子嚢群はその脈端につくが，数が多く，葉の下面に散在する．包膜は円形．〔日本名〕七化羊歯，葉が多形でいろいろに変化するため．

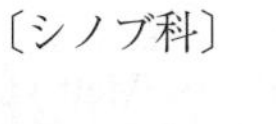

4770. シ ノ ブ 〔シノブ科〕

Davallia mariesii T.Moore ex Baker

各地の山中の岩や大木の幹などに着生する落葉性の多年生草本．根茎は太く径 3〜5 mm，長く横にしかも露出してはい，まばらに分枝し，淡褐色または暗褐色の線状披針形の鱗片を密生する一方まばらに根を出す．葉は間隔をおいて出て，葉柄は細い針金状でかたく，長さ 5〜10 cm，落ち易い鱗片をまばらにつける．葉身は長さ 10〜30 cm，幅 8〜15 cm，三角形または長い五角形，4 回羽状に分裂する．羽片は柄があり，最下のものは最大でやや三角形，他のものは長卵状三角形で多少多肉質的な草質でやや硬い．小羽軸には裂片が流れて翼状となる．裂片は線状長楕円形，幅 1〜2 mm．全縁，鋭頭，1 本の小脈をもつ．小脈の末端に長楕円形で長さ 1.5 mm 内外の壺形の包膜をもった胞子嚢群を生ずる．胞子嚢群が熟すると長い柄をもった胞子嚢は包膜の入口からぬけ出して来て褐色に見える．根茎をまるめて，しのぶ玉を作り，吊りしのぶとして夏の観賞用に供するのは江戸時代から風習である．〔日本名〕忍ぶ草の略で，これはこのシダが土がなくても生育するため，土のないのに堪え忍ぶと云うわけで植物は土を必要とするという前提に立った名である．

4771. キクシノブ 〔シノブ科〕

Davallia repens (L.f.) Kuhn

（*Humata repens* (L.f.) Diels; *Pachypleuria repens* (L.f.) M.Kato）

紀伊半島以南の暖地にまれに産する常緑の多年生草本で岩や崖に着生する．根茎は長く横にはい細い褐色で光沢のある鱗片で密におおわれる．葉はまばらに生え，葉柄は根茎と関節している．葉柄は長さ 5〜10 cm，かたい針金状で直立し，膜質卵形の鱗片をまばらにつける．葉身は葉柄より短く，外形は三角形，鋭尖頭，底部はやや心臓形，かたくて厚い革質，暗緑色でやや光沢がある．1 回羽状に分裂し，羽片は卵状披針形，先は次第に細くなり，鋭尖頭，基部は中軸に流れる．ふちには歯牙状の鈍きょ歯がある．最下の羽片だけは不連続的に大きく，さらに羽状に深裂し，時には残りの葉身とほぼ同じ大きさで，一見して，3 羽片からなるようにさえ見える．中軸にも鱗片がつくが，古くなると落ちる．胞子嚢群は裂片のふちの近くで小脈の末端につき，包膜は厚くて円腎形，基部では広く葉身につく．〔日本名〕菊忍は葉の形がキクの葉に似ているシノブの意．

4772. イワヤナギシダ 〔ウラボシ科〕

Loxogramme salicifolia (Makino) Makino

千葉県以西の暖地の山地の岩上，または樹上に着生する常緑性多年生草本．根茎は黒色を帯びた細い針金状で，長く横にはい，赤褐色で長卵形の膜質鱗片をつける．葉はまばらに出て単葉．長さ 15〜20 cm，幅 5〜17 mm，狭い倒披針形．鋭尖頭，基部は次第に狭くなり，葉柄に流れ葉柄は緑色で黒くなることはない．葉質は厚い革質，全縁，時にはかすかな波状縁となる．上面は緑色，下面は淡緑色．乾くとふちが上側に巻きこむ．中脈は葉の上面に隆起し，細脈は網状結合するが葉肉内に埋もれて見えない．網目の中には遊離脈がある．胞子嚢群は上半部につき，黄色の線形，中脈の両側に 1 列に斜めにつき，わずかに重なり合って多少とも縦に並ぶように見える．〔日本名〕岩柳羊歯の意味で岩上に生えて葉がヤナギの葉に似ているためである．サジランによく似ているが葉柄が少しも黒くならない点で区別できる．

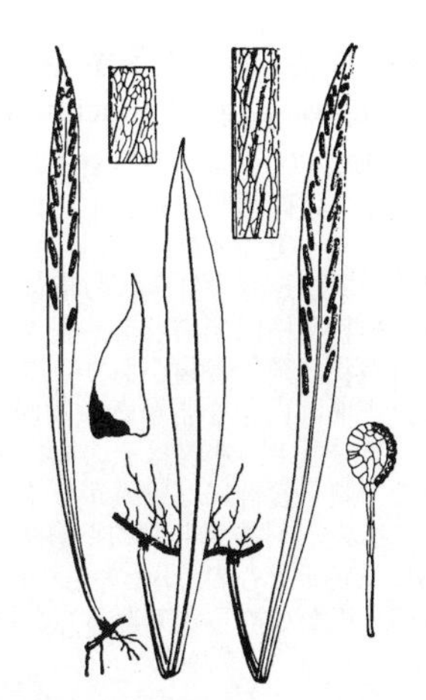

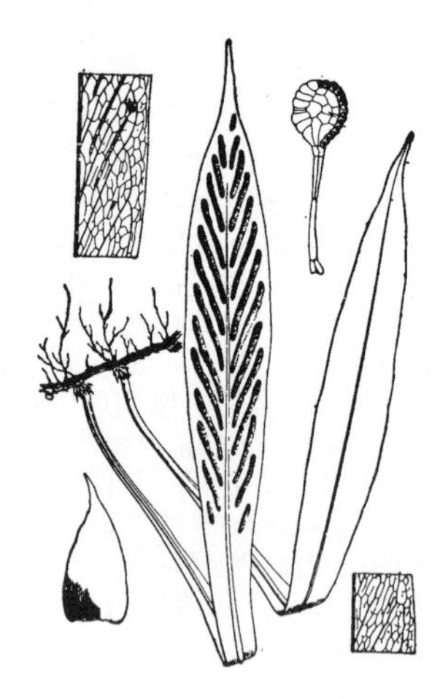

4773. サジラン（ウスイタ） 〔ウラボシ科〕

Loxogramme duclouxii Christ（*L. saziran* Tagawa）

福島県以南の暖地の山中の岩上，または樹上等に着生する常緑性多年生草本．根茎は細い針金状で暗色を帯び，長く横にはって，茶褐色または暗褐色の卵状長楕円形〜卵状披針形の鱗片をつけ，単葉の葉をまばらに出す．葉は倒披針形，上面は緑色，下面は淡緑色．厚い革質，長さ 15〜25 cm，幅 1〜2.5 cm，鋭尖頭，基部は次第に狭くなって葉柄に移行する．乾くとふちが上面側に巻きこむ．葉柄は少なくとも下部では紫黒色，または黒褐色となり光沢があり，基部には鱗片がある．葉脈は網状で網目の中に遊離小脈がある．胞子嚢群は葉の上半部につき，黄色の線形，中脈の両側に斜めにつき，互に平行して深く重なりあい，中脈とふちとの中間やや中脈寄りに並ぶ．これに対してイワヤナギシダでは胞子嚢群の線がばらばらで互に列に重なるところがみられない．〔日本名〕匙蘭，倒披針形で尖った葉の形を薬の調合に使うさじに見立てたもの．薄板はアツイタにくらべ葉質がうすいので，この名がついた．別名にイワミノ，タカノハがある．イワヤナギシダとは胞子嚢群のつき方，葉柄が黒色である点で区別できる．

4774. カザリシダ 〔ウラボシ科〕

Aglaomorpha coronans (Wall. ex Mett.) Copel.

（*Pseudodrynaria coronans* (Wall. ex Mett.) Ching）

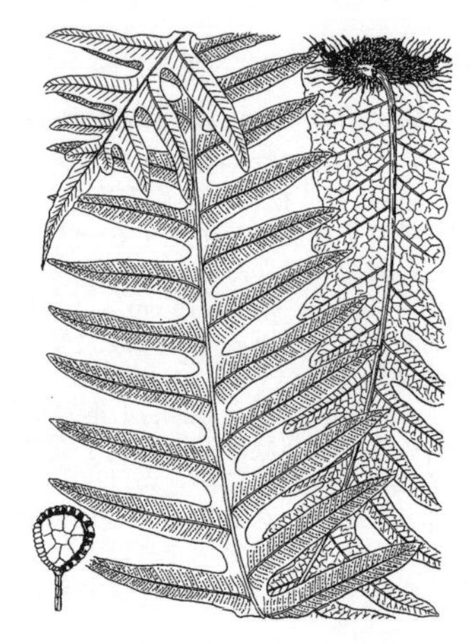

沖縄以南の熱帯林で樹幹をとりまくように着生する常緑多年草．台湾から中国南部，北インドまで分布．根茎は円柱状で非常に太く，長く横にはい，赤褐色，線形の長い鱗片を非常に密につける．葉は並んで立ち，高さ 1〜1.5 m，葉柄はほとんどなく，葉身はごわごわした硬い革質で，上面はすべすべして無毛，単羽状に深裂．裂片は密に並び，上部のものは披針形，鋭尖頭で全縁，下部のものはしだいに短くなるが，幅は広くなって円頭となり，最下部はカシの葉状に広がって，広い翼となり，腐植を集積する受け皿のような働きをする．中肋は褐色で太い．葉脈ははっきりと見え，規則正しい網目状で，なかに遊離脈がある．胞子嚢群は小さな点状で上部の裂片につき，側脈の間に沿って斜めに規則正しく並ぶ．包膜はない．〔日本名〕飾羊歯．観賞用に温室で栽培されることがある．

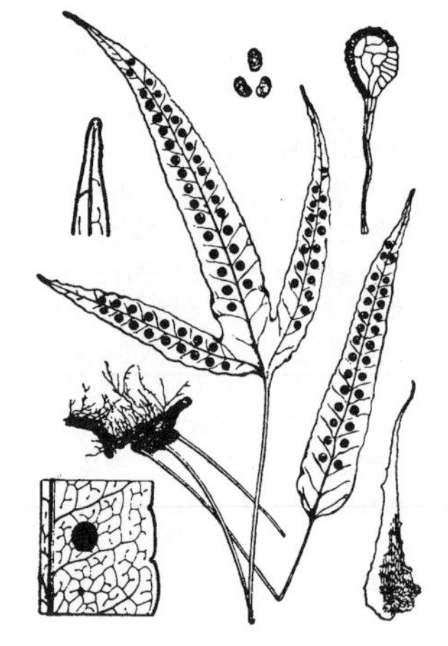

4775. ミツデウラボシ 〔ウラボシ科〕

Selliguea hastata (Thunb.) Fraser-Jenk. var. ***hastata***

（*Crypsinus hastatus* (Thunb.) Copel.）

至る所の低山地の岩上や道ばた等の日当たりのよい所に生える常緑性多年生草本．根茎はやや太く，短く横にはい，赤褐色または茶褐色の線状披針形の鱗片を密生する．葉はやや混み合ってつき，長さ 5〜25 cm で，針金状のかたい光沢のある葉柄をもつ．葉身は発育よいものは 3 裂片に分かれ，中央の裂片が最大で長さ 5〜15 cm，幅 2〜3 cm，披針形または長披針形，鋭尖頭，両側の裂片は少し短い．発育の悪いもので単葉，長楕円状披針形あるいは披針形．上面は緑色，下面は多少白色を帯び支脈ははっきり見え，ふちはやや厚くなり暗色となる．全縁または多少とも波状縁となる．胞子嚢群はふちよりも中脈にやや近く並び，小円形で黄色．胞子の表面にはまばらにとげがある．〔日本名〕三手裏星，もとはウラボシともいっていたが，3 裂葉のものを特にミツデウラボシといい，それが現在では一般に用いられている．〔漢名〕鵞掌金星草，中国ではこの名の示すように葉形を鵞鳥の指に見立てている．

4776. タカノハウラボシ 〔ウラボシ科〕

Selliguea engleri (Luerss.) Fraser-Jenk.

（*Crypsinus engleri* (Luerss.) Copel.）

伊豆半島以西の暖地の山中の岩上，または樹上に着生する常緑性多年生草本．根茎はやや太く丈夫で横にはい，褐色〜淡褐色で線形の鱗片を密生し，葉をまばらにつける．葉はかたい針金状の長さ 20 cm ぐらいになる葉柄をもち，根茎と関節する．葉身は線状長楕円形の単葉，長さ 26 cm，幅 3 cm にもなる．鋭尖頭，基部は鋭形，ふちは波状に鈍きょ歯があり，厚くなって暗色，葉質はかたい革状洋紙質，無毛で緑色，下面は白色を帯びる．中脈は下面に隆起し，支脈は羽状に分出して斜上し，やや平行に並ぶ．小脈はその間に細かい網状結合をつくる．網目の中には遊離小脈がある．胞子嚢群には包膜がなく，小円形，少しも凹まずに．中脈とふちの中間に 1 列に並ぶ．〔日本名〕鷹の羽裏星で，葉の側脈の美しく並んだありさまを鳥のタカの羽に見立てたもの．小形のものはミツデウラボシの単葉のものとの区別が困難で，胞子の外皮がなめらかである点だけが唯一の決め手となる．

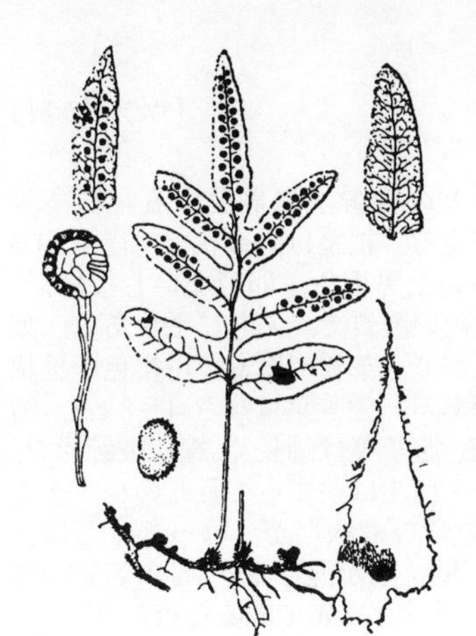

4777. ミヤマウラボシ 〔ウラボシ科〕

Selliguea veitchii (Baker) H. et K.Ohashi

(*Crypsinus veitchii* (Baker) Copel.)

北海道，本州，四国の深山の岩面に着生する落葉性多年生草本．根茎は細く，横にはい，披針形で淡褐色，中心部が濃色のかたい膜質鱗片を密生する．葉はごくまばらに出る．葉柄は長さ 2～9 cm で，やせた針金状でかたい．葉身は長さ 6～12 cm，幅 4～8 cm の長卵形，2～4 対の側方羽片と 1 個の頂羽片に羽状に深裂する．うすい洋紙質，上面は緑色，下面は白色を帯びる．羽片（裂片）は長楕円形，鋭頭，鈍頭または円頭，浅い鈍きょ歯がある．基部は中軸に流れ翼となる．葉脈はまばらに網目を作り，中に遊離脈がある．頂羽片の基部は多少細くなりくさび型，胞子嚢群は黄色の円形，羽片中脈の両側の近くに 1 列に並び，羽状に分出する支脈の間につく．〔日本名〕深山裏星という意味でミツデウラボシとは羽片（裂片）の先が長く伸びて鋭尖頭にならない点で区別できる．

4778. ビカクシダ 〔ウラボシ科〕

Platycerium bifurcatum (Cav.) C.Chr.

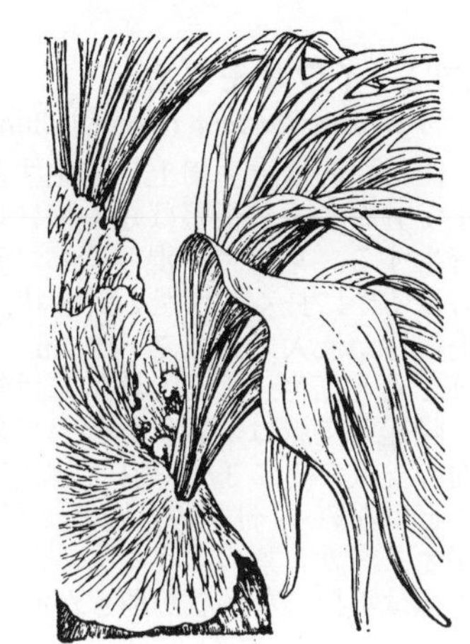

明治初年（1870 年代）に観葉植物として日本に輸入されたと思われる熱帯濠州原産の常緑性多年生草本．温室にヘゴの幹に着生させて栽培する．密集している根をもった小塊状の根茎があり，これから葉を束生する．二形の葉があり，一つは保水葉で，腎臓状円形で根茎をおおうようにして低く広がり，淡緑色網状脈をもち，若い時には細毛がある．水分や腐蝕土を樹上に保有する役目をする．他の一つは普通葉で長さ 20～40 cm，白味を帯びた暗緑色，葉質は厚く倒披針形，下部は長いくさび形となりほとんど無柄，全縁．上部は 2～3 回叉状に分岐し，裂片は舌状．鈍頭，網状脈をもつ．数本のやや平行している主脈は著しく下面に隆起する．葉の下面は淡緑色で白色の綿毛にうすくおおわれる．胞子嚢群は葉の上部につき，裂片の下面全体に密布して褐色となる．〔日本名〕麋角羊歯という意味で又状に裂けた葉の形が麋（ビ）すなわちオオシカの角に似ているからである．現在，温室に栽培されているいわゆるビカクシダの中には，同属のいろいろな種類がある．

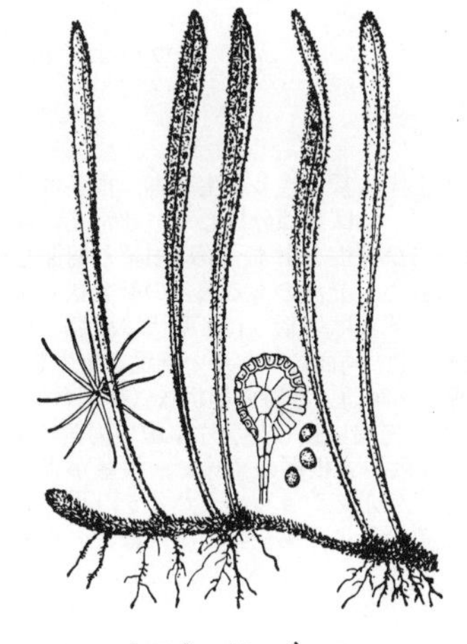

4779. ビロードシダ 〔ウラボシ科〕

Pyrrosia linearifolia (Hook.) Ching

山中の岩上または樹上に着生する常緑性多年生草本．根茎は細長く横にはい線状披針形で赤褐色の鱗片を密生する．葉はまばらに根茎から出て，長さ 6～10 cm ぐらい．無柄，葉質は厚い肉質．線形．上部は多少へら状になり，下部は次第に狭くなり，鈍頭，全縁，淡緑色．上面はまばらに，下面では密に淡褐色，赤褐色または茶褐色の星状毛が生え，ちょうどビロードのようである．胞子嚢群は円形で葉の下面，中脈の両側に縦に 1 列に並ぶ．葉脈の網目は不規則に 2 列に並ぶが，これは生時にはよく見えない．〔日本名〕天鵞絨羊歯．葉に星状毛がたくさん生えており，ビロードの感じがあるため．別名にビロードラン，ミルランがある．

4780. ヒトツバ 〔ウラボシ科〕

Pyrrosia lingua (Thunb.) Farw.

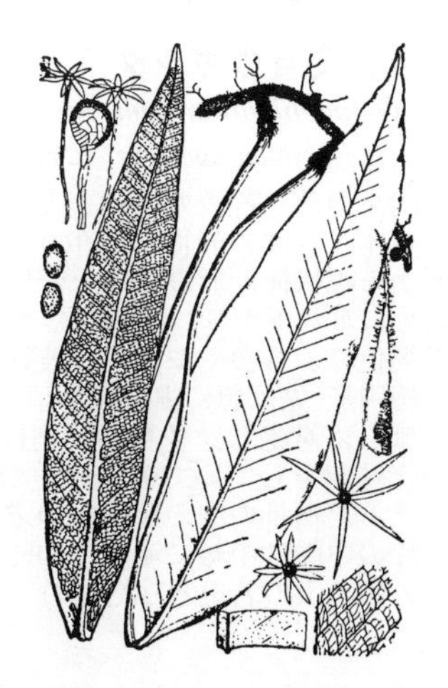

関東以西の暖地の乾いた岩上，または樹上に着生する常緑性多年生草本．根茎は粗大な針金状でかたく，長く横にはい，茶褐色または赤褐色の披針形の鱗片を密生する．鱗片のふちには毛状の突起がある．葉は単葉，根茎からまばらに出る．長さ 20～40 cm，幅 2～6 cm，葉柄は長く葉身と同長か，またはそれよりも長い．針金状でかたくて丈夫．縦に溝があり，鱗片を密生している短い枝と関節する．葉身は広披針形，あるいは卵状披針形，鋭頭，全縁．基部はくさび形，厚くかたい革質．しばしば波状縁となる．上面は深緑色．下面は白褐色の星状毛を密布する．中脈は下面に隆起し，支脈は羽状に斜めに分岐し，平行して葉のふちに達する．その間に網状脈がある．胞子嚢群は点状で下面に混み合ってつき，全面をおおう．胞子嚢群のつく葉は著しく細くなる．〔日本名〕一つ葉は葉が単葉で 1 本 1 本分立するからである．その外イワノカワ，イワグミ，イワガシワの名もある．〔漢名〕石韋または飛刀剣，葉の先端が不規則に分裂するものをシシヒトツバといって園芸品として珍重する．

4781. ヒトツバマメヅタ 〔ウラボシ科〕

Pyrrosia adnascens (Sw.) Ching

沖縄にきわめてまれに産し，ソテツなどの樹幹上に着生する常緑多年草．アジアとポリネシアの熱帯に広く分布する．根茎は針金状で，径 1～1.5 mm，非常に長くはい，魚の鱗状にはりついた黒褐色，卵形ないし披針形，長さ 1 mm ほどの鱗片を密生する．鱗片は硬い膜質で，ふちに毛がある．葉は単葉で根茎と関節し，間をおいて立ち上がり，革質で厚く，白褐色の星状鱗片を密につけ，栄養葉と胞子葉の区別がある．栄養葉は高さ 4～8 cm，倒長卵形で先は円く，長さ 1～3 cm の柄がある．胞子葉は細長く，線状披針形で，長さ 10～25 cm，柄は 2～7 cm，先端 1 / 2～2 / 3 は狭まって長くのび，そこに胞子嚢群が一面につく．葉脈は遊離脈を含む網状だが，はっきりとは見えない．胞子嚢群は円形，包膜はないが，星状毛が混ざる．〔日本名〕一つ葉豆蔦．マメヅタ（4792 参照）に似るが，ヒトツバ属であるため．

4782. イワオモダカ 〔ウラボシ科〕

Pyrrosia hastata (Houtt.) Ching（*P. tricuspis* (Sw.) Tagawa）

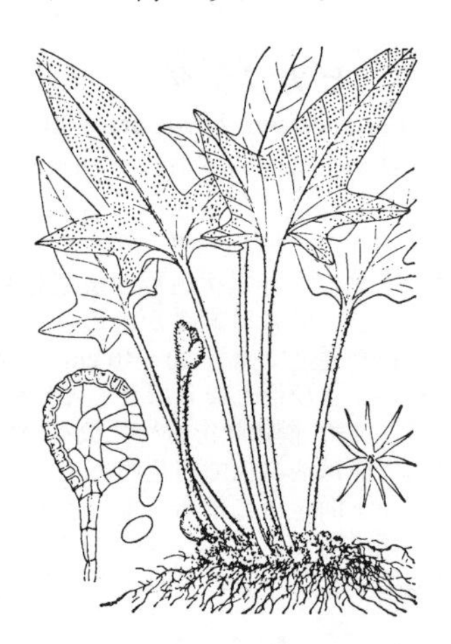

山林中の岩上や樹上に着生する常緑性多年生草本で，北海道から九州まで分布する．根茎は短く横にはい，黒色または黒褐色の披針形鱗片を密生する．葉はやや混み合ってつき，長さ 20～40 cm．葉柄は葉身よりもはるかに長く，かたい針金状，葉身は 3 裂または 5 裂したほこ形，中央裂片が最大で長さ 7～10 cm，幅 2～3 cm，厚い革質，上面は淡緑色でほとんど無毛，下面と葉柄には褐色粉状の星状毛を密生し，中脈は下側で隆起し支脈は羽状に分出して斜め上に向かって平行して並ぶ．葉の下面の支脈の間に 3～6 列に並んで胞子嚢群がつき，小点状で互に触れあうことはない．〔日本名〕岩オモダカ．岩上に生えて葉に横の裂片があるのがオモダカの葉のようであるからである．またトキワオモダカともいう．本種は葉状になかなか趣きがあるのでしばしば盆栽として楽しむ．

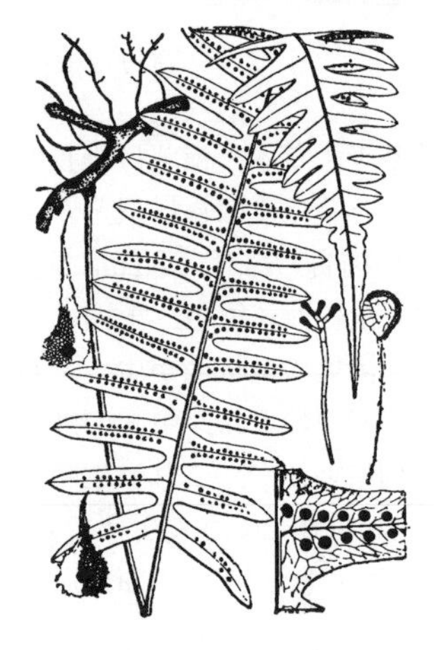

4783. アオネカズラ 〔ウラボシ科〕

Goniophlebium niponicum (Mett.) Bedd.

（*Polypodium niponicum* Mett.）

静岡県以西の暖地の岩上，崖の面または樹上等に着生する常緑性多年生草本．根茎は長く横にはい．青緑色で多肉質の棒状で，ジグザグに伸び，しばしば分枝して，通常互にもつれ合う．落ちやすい褐色の卵状鱗片をもち，まばらにひげ根を出す．葉は根茎と関節してまばらに出て，垂れ下がる．葉柄は葉身の約 1 / 2 の長さ，光沢のある褐色の針金状でかたい．葉身は狭い長楕円形，長さ 20～35 cm．鋭尖頭，基部は切形，1 回羽状に深裂し葉の先端は羽片が次第に小さくなる．葉質はうすく，淡黄緑色．両面に軟らかい細毛を密生し，ビロードのような手ざわりである．羽片は多数，広線形．鋭頭．独特の網状脈（挿図右下）をもち，小さな円形の胞子嚢群は網目の中の遊離小脈の先端に生じ，羽片中脈の両側に 1 列に並ぶ．胞子嚢には長柄がある．包膜はない．〔日本名〕青根蔓の意味で，根茎が青緑色であるため．その他，ビロウドシノブ，イワシボネ，サルノショウガ，ハイショウガの別名があるが，第一は葉の手触り，第二は葉の裂片を魚の骨に，第三及び第四は太い根茎をショウガに見立てたものである．〔漢名〕水龍骨．

4784. ミョウギシダ 〔ウラボシ科〕

Goniophlebium someyae (Yatabe) Ebihara

（*Polypodium someyae* Yatabe）

関東西部，静岡県と徳島県那賀川流域とにだけ産するまれな落葉性多年生草本．日陰の岩面に着生する．根茎は肉質の棒状で横にはい，褐色披針形から線状披針形の鱗片を密生する．上面から葉を 1～2 本ずつ出す．葉は斜めに垂れ下がり，葉柄はやせた針金状，かたく，なめらかである．基部に黒褐色でふちのやや淡色の披針形の鱗片をつける．葉身は 1 回羽状に分裂，長楕円形，先は急に細くなり頂羽片状になる．羽片は鎌形に曲がった広線形．しばしば対生し，多少不規則に波状のきょ歯がある．草質に近い革質で淡い青緑色をしていて裏表の差が少ない．葉脈は不規則に網目を作り，中脈にそった網目の中の遊離脈の末端に円形の胞子嚢群をつける．包膜はない．羽片の中脈は中軸に流れてつく．〔日本名〕妙義羊歯は，最初の産地，群馬県の妙義山の名をとったもの．

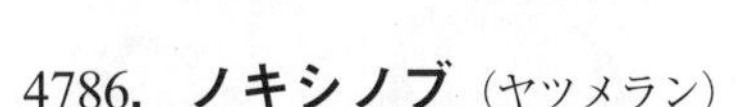

4785. クラガリシダ 〔ウラボシ科〕

Lepisorus miyoshianus (Makino) Fraser-Jenk. et Subh.Chandra
（*Drymotaenium miyoshianum* (Makino) Makino）

本州（中部以西）から九州の深山にまれに生える常緑性多年生草本．大木の幹に着生する．根茎は横にはい．上側に隆起した葉痕がたくさんある．葉は多数混みあってつき，狭線形の単葉，鋭尖頭，末端は鈍形．葉質はきわめて厚い肉質で無毛，長さ 40 cm，幅 4 mm ぐらいになる．葉脈は網目状で中脈の両側に 2〜3 列に並び，葉肉中に沈み外からは見えない．中脈は表面が凹んで 1 本の溝をつくり，下面では著しく隆起して，その両側に縦に長く連続した胞子嚢群がつく．黄色で包膜はないが若いときは鱗片でおおわれる．外観はシシラン属のナカミシシラン（4612 図）によく似ているが，葉脈は全く異なり（シシラン属では網状結合がゆるい），またナカミシシランでは葉の上面に 2 本の溝が走る．異名の *Drymotaenium* 属は 1901 年に牧野富太郎が設立した属でこの名は，林（drymos）と紐（tainia）の 2 語を組み合わせたもので，クラガリシダ 1 種だけを含む単型属である．〔日本名〕暗ガリ羊歯は，最初の発見地，岐阜県益田郡落合村（現在は下呂市）暗ガリの地名からとって名づけたもの，キヒモ（木紐），オオジノヒゲともいわれる．

4786. ノキシノブ（ヤツメラン） 〔ウラボシ科〕

Lepisorus thunbergianus (Kaulf.) Ching

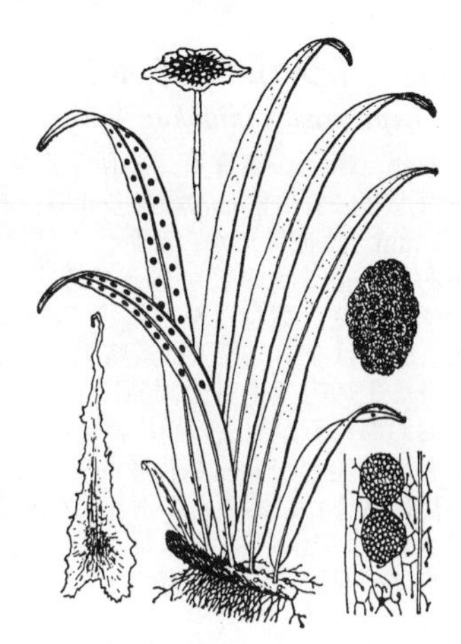

各地にごく普通に見られる常緑性多年生草本．樹皮上，岩上，崖面，家の屋根等に着生する．根茎はやや太く径 2〜3 mm，横にはい，しばしば分枝し，黒褐色または暗褐色の狭い披針形の鱗片を密生する．鱗片のふちは透明．不規則な突起がある．葉は接近して根茎上に並んで出て，一見すると束生しているように見える．線形で長さ 10〜30 cm，幅 5〜10 mm ほどあり，全縁で先端は鋭尖し基部は次第に狭くなり，短い柄に移行する．ふつう厚い革質であるが時には薄いものもある．乾くと縮れるほどになるが雨にあうとまたもどる．上面は深緑色，小さい孔が点状に散布し，下面は淡緑色で中脈が著しく隆起し，支脈は網状に結合しているが葉肉中に埋まっているので見えない．胞子嚢群は葉の上半部につき，円形，中脈の両側に，中脈とふちとの中間に 1 列に並ぶ．黄褐色，包膜はない．〔日本名〕軒シノブは本種がしばしば屋根の軒端に生えるからである．八つ目蘭は，胞子嚢群が眼のようにしかも数多く並んでいることをのべている．古歌にあるシノブは本種であるという．また，常時緑なのでイツマデグサ，松につき風蘭に似ているのでマツフウラン，カラスノワスレグサなどの別名がある．〔漢名〕瓦韋または剣丹．

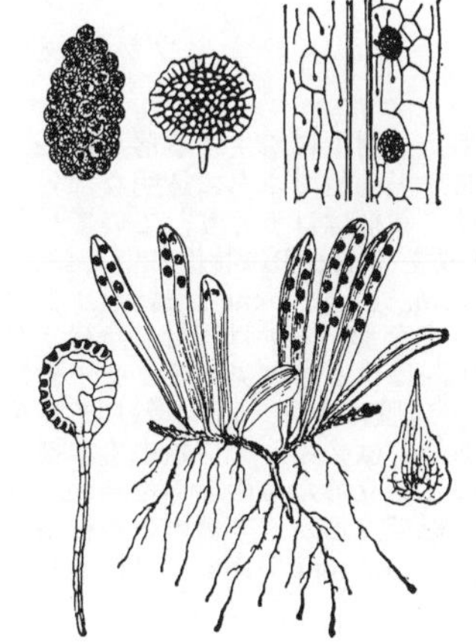

4787. ヒメノキシノブ 〔ウラボシ科〕

Lepisorus onoei (Franch. et Sav.) Ching

前種ノキシノブと同じような生態分布を示す．全形もノキシノブの小形のものによく似ているが，以下の点で異なる．根茎はやや細く径 1〜1.5 mm．葉はまばらに出て 1 列に並びノキシノブのように束生するように見えることがない．小形で長さ 3〜7 cm，幅 2〜5 mm の線形．鈍頭または円頭，ややうすい革質．基部は円形，葉身は急にくびれ，短い葉柄との間にはっきりとした境がある．下面の中脈の下部にまばらに鱗片がつく．胞子嚢群は中脈と葉のふちとの中間，やや中脈寄りにつく．〔日本名〕姫軒忍は，小形のノキシノブの意味．別名にヨロイラン，ミヤマイツマデグサがある．前者は葉の並んでいる有様を鎧の袖の重ねの糸の並んだ有様に見立てたものである．

4788. ツクシノキシノブ（オナガノキシノブ，トサノキシノブ）〔ウラボシ科〕

Lepisorus tosaensis (Makino) H.Itô

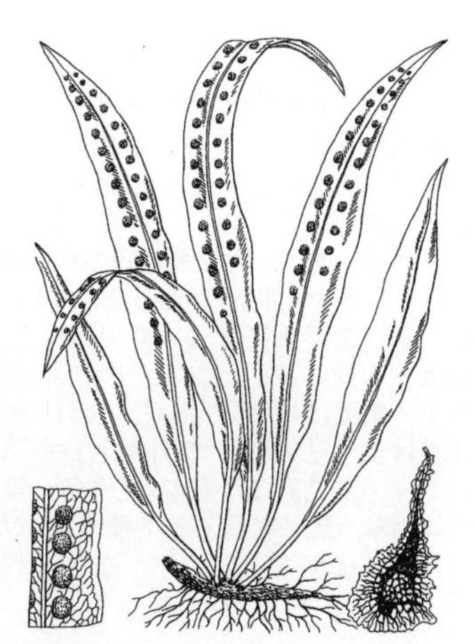

紀伊半島南部，四国，九州の暖地の山地林内にまれに見られ，樹幹や沢沿いの岩上に着生する常緑の多年草．根茎は短くはい，径 2〜3 mm，やや接して葉を出す．根茎の鱗片は広卵形で先が尾状にのび，長さ約 2 mm，中央が暗褐色でふちは透明．葉はノキシノブに似るが，より柔らかく，薄い革質で，幅も広く約 3 cm に達し，披針形から線状披針形，長さ 15〜30 cm，中央より下が最も幅広い．葉の先端はときに尾状に長くのびる．葉身は無毛だが若いときには下面中肋沿いに卵形の小さな鱗片がまばらに圧着する．葉脈は分岐した遊離脈のある網状脈であるが，はっきりとは見えない．胞子嚢群は円形から楕円形で，やや中肋よりに中肋と平行して両側に 1 列ずつ並ぶ．包膜はないが，若い胞子嚢群は早落性の楯形の鱗片でおおわれる．ヒメノキシノブはより小形で根茎が細く，ミヤマノキシノブは鱗片の中央が黒くならず透明で，中軸が黒い．〔日本名〕筑紫軒忍で，九州に産するノキシノブの意味．

4789. ミヤマノキシノブ　〔ウラボシ科〕

Lepisorus ussuriensis (Regel et Maack) Ching
var. ***distans*** (Makino) Tagawa

北海道から九州の深山の樹上に着生する常緑性多年生草本．全形はノキシノブにそっくりであるが，根茎はやや細く，径 1〜1.5 mm，長く横にはい，広卵形から三角状卵形の長さ 0.5 mm の鱗片を密生する．鱗片はふちに透明の部分がなく，早落性であるから，根茎は先端部を除いて裸出している．葉はまばらに出て，数は少なく，葉質はうすい革質，葉柄は比較的長く，2〜4 cm 等の点で，ノキシノブと違う．葉身は線状披針形で全縁，先端は鋭尖し，基部は次第に狭くなり，狭いくさび形である，長さ 10〜30 cm，幅 5〜15 mm，上面は深緑色，細かい暗点を散布し，下面は白緑色．中脈は隆起して明らかであるが支脈の網状結合は見えない．胞子嚢群は円形，葉の上半部に生じ，中脈の両側に 1 列に並ぶ．黄褐色で包膜はない．〔日本名〕深山軒忍は．通常深山に生えるからである．葉質がうすくなり，幅が広くなると，次のホテイシダと似てくる．シベリア，中国東北部に生える基本種は鱗片がやや細く卵形で長さは倍近く（1 mm）もある．

4790. イシガキウラボシ　〔ウラボシ科〕

Lepisorus yamaokae Seriz.

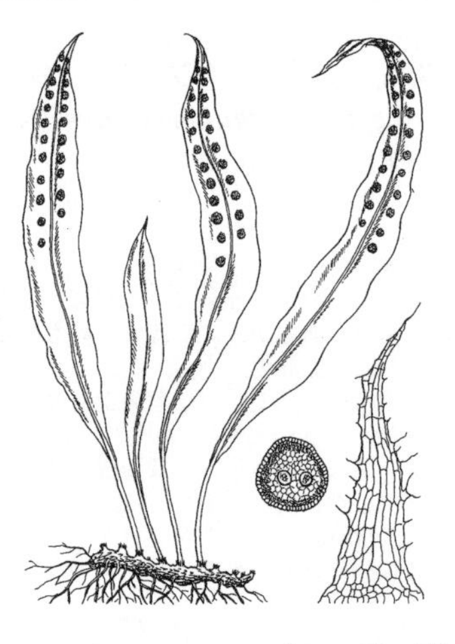

本州（伊豆，東海道，紀伊半島），四国，九州（大分県）の暖帯の海岸に近い石垣などに着生する常緑の多年草．根茎は細長くはい，径約 2 mm，鱗片は長さ 2〜3 mm，狭披針形から線形，基部は円形から心臓形，ふちには不規則に長い突起があり，格子状の紋があって透明．葉はまばらに出て長さ 5〜15 cm，1〜5.5 cm の柄があり，葉身はやや革質で無毛，披針形から広線形で幅 1〜2 cm，ふつう鋭頭，光沢はなく，葉脈は遊離脈のある網状だがはっきりしない．胞子嚢群は円く，葉身の上の方で中軸の両側に 1 列ずつ互いに隔たってつく．若い胞子嚢群は鱗片でおおわれるが，この鱗片は卵状披針形で付着点は中心をはずれたところにあり，ふちには突起がある点特徴的である．従来九州から琉球列島の一部（四国と紀伊半島にもまれにある）の海岸に生えるコウラボシ *L. uchiyamae* (Makino) H.Itô と混同されていたが，これは葉が細く光沢があり，先が鈍い点で異なる．〔日本名〕石垣裏星．石垣に多く生育することに基づき，芹沢俊介（2015）によって命名された．

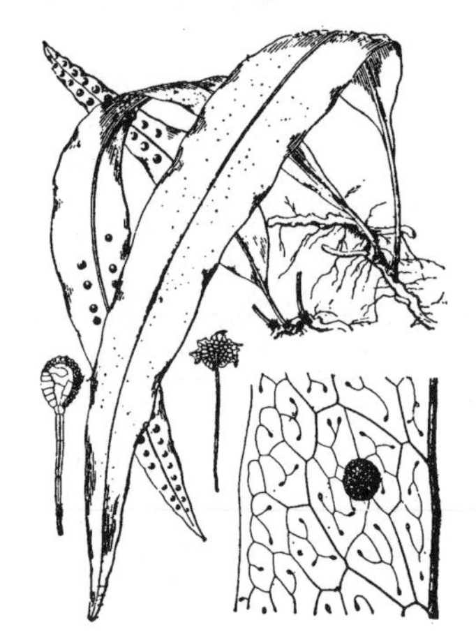

4791. ホテイシダ（オオノキシノブ）　〔ウラボシ科〕

Lepisorus annuifrons (Makino) Ching

北海道から九州のブナ帯を中心とする山中に生え，樹上に着生する落葉性多年生草本．根茎は横にはい針金状でしばしば分枝し，黒褐色でふちに透明な部分のない細い鱗片を密生する．葉はやや接近して並び，葉柄ははっきりしていて長さ 1〜2 cm，根茎と関節をもって結合する．冬には黄葉して散るのは特性といえよう．基部には細かい鱗片がある．葉身は長さ 10〜25 cm，幅 1〜3 cm，披針形，下から 1 / 4 の附近が幅が最も広い．鋭尖頭，基部はくさび形あるいは円形，全縁または多少とも波状縁である．洋紙状の薄い革質，中脈ははっきり見える．胞子嚢群は葉の下面の上部に中脈をはさんで 2 列に並ぶ．包膜はない．〔日本名〕布袋羊歯は何故そう名付けたかがはっきりしないが，あるいはノキシノブ類中で本種だけが葉の幅が広いのを七福神の布袋のふくれた腹に見立てたものであろうか．ミヤマノキシノブが葉が薄く，幅広くなると本種に似てくるが，本種の方が根茎がやや太く，径 1.5〜2 mm，鱗片もより大きく長さ 1〜1.5 mm であることにより識別できる．

4792. マメヅタ（マメゴケ，イワマメ）　〔ウラボシ科〕

Lemmaphyllum microphyllum C.Presl

本州以南の至る所の山中の岩面，石上，樹上等に着生する常緑性多年生草本．根茎は糸状で長く横にはい，1 m に達することもある．褐色または暗褐色の小さな線形の鱗片をまばらにつける．葉には胞子葉と栄養葉の二形があり，根茎から出てまばらに並ぶ．栄養葉は短い柄があり，根茎の両側に上面を上にして平らに並ぶ．円形，または倒卵状円形，全縁，厚い肉質で光沢のある淡緑色，長さは 1 cm ぐらい．胞子葉は栄養葉にまじって少数つき，長さ 2〜4 cm の狭いへら形で先は円く，基部はやや長い葉柄となる．中脈部は隆起して，その両側に線形の胞子嚢群が縦につく．葉脈は網状に結合し，網目の中に遊離脈がある．しかし生の時には外からは脈は全く見えない．〔日本名〕豆蔦，豆苔，岩豆等は葉が小形で円く厚味があるのでマメに見立てたもの．〔漢名〕鏡面草（これからカガミグサの名もある）または螺厴草．琉球に行くと本種は葉が大きく，倒広披針形〜倒長卵形で長さ 3〜7 cm ぐらいになり，葉質もうすくなる．オオマメヅタ var. *obovatum* (Harr.) C.Chr. という．

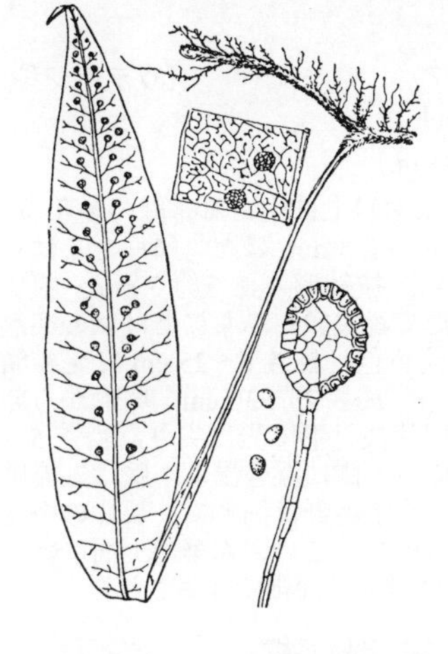

4793. クリハラン（ウラボシ） 〔ウラボシ科〕

Neocheiropteris ensata (Thunb.) Ching

（*Microsorum ensatum* (Thunb.) H.Itô）

福島，新潟以南の暖地の山中樹林下の湿ったところに生える常緑多年生草本．主に岩上，石の間に生える．根茎は太い針金状で長く横にはい，深緑色で，淡褐色膜質の卵形～卵状披針形で，長さ 2～4 mm の鱗片を密生する．葉は間隔をおいて少数つき，長い葉柄をもつ．葉柄は長さ 20～30 cm，かたく，前側に縦に溝があり，まばらに鱗片がつく．葉身は単葉で洋紙質で乾いた感じである．長さ 20～40 cm，幅 5～6 cm，長楕円状披針形，鋭尖頭，基部も鋭尖形で次第に狭くなり，葉柄に移行する．全縁，多少とも波状縁になる．両面に淡褐色の細かい鱗片が散在する．中脈と羽片に分岐した支脈ははっきり見えるが，網状脈をなしている細脈は見にくい．胞子嚢群は円形，下面にちらばってつくが，多くは中脈の両側に 2～4 列に並ぶ．まれに 1 列のこともある．〔日本名〕栗葉蘭は葉の形と，側葉が明瞭に浮き出て見えるのをクリの葉に見立てたもの．ウラボシ（裏星）は，葉裏につく胞子嚢群の形から由来したもの，またホシヒトツバともいう．〔漢名〕水石韋．

4794. ヤノネシダ 〔ウラボシ科〕

Neocheiropteris buergeriana (Miq.) Nakaike

（*N. subhastata* (Baker) Tagawa）

房総半島以南の暖地の林中の湿った所の岩上，あるいは樹幹上に着生する常緑性多年生草本．根茎は非常に長くのび暗褐色の針金状で淡褐色，膜質披針形から三角状披針形の鱗片を密生する．葉は根茎からまばらに出て有柄，下方の葉は葉身がほこ状の三角形で，基部は切形，上部の葉は基部が次第に細くなる鋭形となるような披針状線形．先端はいずれの場合も鈍頭，鋭頭または鋭尖頭で一定していない．洋紙質で上面は深緑色，下面は多少とも色はうすい．全縁，または波状縁，長さ 4～20 cm，幅 1～4 cm．葉柄の長さ 1～5 cm．胞子嚢群は三角形の葉にはほとんどつかず，披針形の葉につき，不規則に散在し，若い時は角ばった楯状の細かい鱗片でおおわれる．包膜はない．〔日本名〕矢の根羊歯は，葉の形が矢之根，つまり矢じりの形に似ているからである．ヌカボシクリハランに似ているが，胞子嚢群中に鱗片のあること，根茎の鱗片のふちに歯牙状の突起のあること，葉に二形があり，胞子嚢群をつけない三角形の栄養葉があること等によって区別できる．

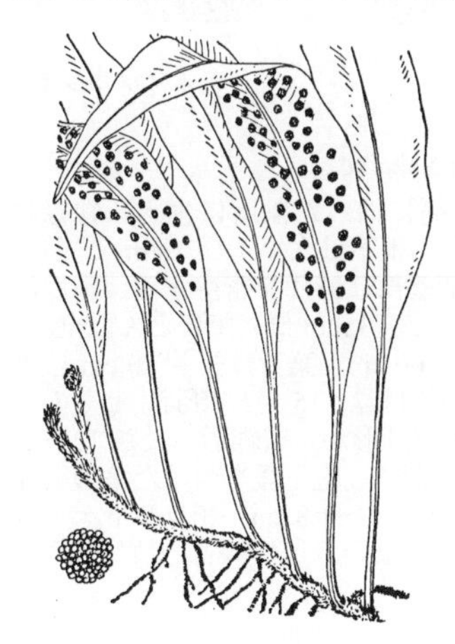

4795. ヌカボシクリハラン 〔ウラボシ科〕

Neocheiropteris ningpoensis (Baker) Bosman

（*Microsorum brachylepis* sensu Nakaike, non Baker）

房総半島以西の暖地の林内の湿った所の岩上，または樹上に生える常緑性多年生草本．根茎は褐色で膜質．卵状披針形の鱗片を密生し，ひも状に長く横にはい，または樹幹をよじのぼり，葉をまばらにつける．葉はほぼ直立して並び，高さ 30 cm 内外，葉柄は緑色でほとんど鱗片がなく，狭い翼がある．葉質はややかたい．革質で黄緑色，やや光沢がある．葉身は長楕円状披針形，または長披針形，無毛，表裏の区別がしにくい．中脈は太く隆起し，側脈は生の時は見えにくいが網状である．胞子嚢群は葉の下面全体に散在し，小円形で黄褐色，包膜はない．〔日本名〕糠星栗葉蘭はクリハランに似ており，黄褐色で細かい星（胞子嚢群）を一面につけるためである．クリハランのような肋骨状の側脈が見えず，胞子嚢群が不規則に散在すること，胞子嚢群中に鱗片が混じらない等の点で，クリハランと区別できる．

4796. タカウラボシ（ミズカザリシダ） 〔ウラボシ科〕

Microsorum rubidum (J.Sm.) Copel.

（*Phymatosorus longissimus* (Blume) Pic.Serm.）

奄美大島以南の琉球列島において，通常湿地に生える常緑の多年草．台湾からマレーシア，ポリネシアまで分布．根茎は長く横にはい，径 5 mm ほど，鱗片を密生し，まばらに葉をつける．鱗片は長さ約 3 mm，淡黒色，膜質透明で格子状の模様があり，卵形で先は長く尖り，背側に毛がある．葉柄はつやのある赤褐色で長さ 10～15 cm，毛も鱗片もなく，根茎に関節する．葉身は薄く，洋紙質から膜質，乾くと黒変し，長さ 60～120 cm，1 回羽状に深裂し 12～16 対の側羽片と 1 個の頂羽片とからなる．羽片は線形，鋭尖頭，基部で互いに連結し，中軸に明らかな翼をつくり，全縁．脈は遊離脈のある網状で，はっきりと見える．胞子嚢群は円形，羽片中軸とふちの間に中軸に平行に 1 列に並び，包膜や側糸はない．オキナワウラボシ（次図参照）とは葉質や生育環境が異なる．〔日本名〕高裏星．背の高いウラボシということ．

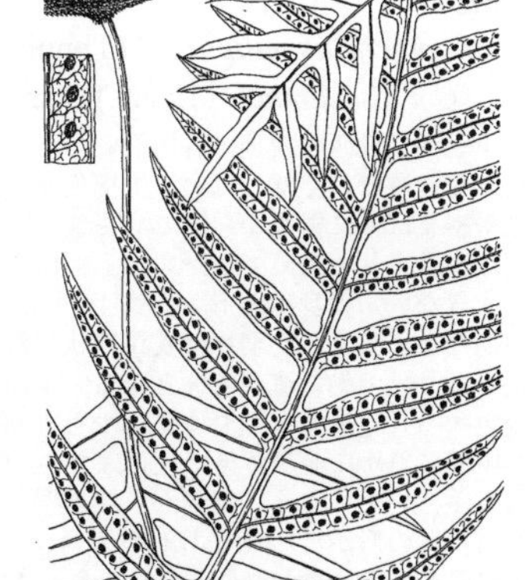

4797. オキナワウラボシ（シマイワヒトデ）〔ウラボシ科〕

Microsorum scolopendria (Burm.f.) Copel.

（*Phymatosorus scolopendria* (Burm.f.) Pic.Serm.）

沖縄以南の琉球列島，小笠原の熱帯林の林床や岩上に生える常緑の多年草．旧熱帯に広く分布する．根茎は非常に長くはい，径 5 mm ほど，鱗片をまばらにつけ，葉は間隔をあけて出る．鱗片は黒褐色，披針形，長さ約 3 mm，膜質透明で格子模様があり，披針形から卵状披針形で鋭尖頭，ふちにとげ状の突起があるが，背側には毛がない．葉柄は太く，淡黄色，長さ 6～25 cm で毛も鱗片もない．葉身は光沢があり，硬い革質で無毛，長さ 20～30 cm，卵形から卵状楕円形，1 回羽状に深裂する．裂片は長楕円状披針形で先は尖り，長さ 5～11 cm，幅 1.5～2.5 cm，全縁．中肋と主脈は葉の下側に浮き出る．脈は遊離脈のある網状であるが，はっきりとは見えない．胞子嚢群は円形で，裂片の中肋寄りに 1 列につき，胞子嚢群のある部分が凹むので，そのぶん葉の上面に盛り上がりができる．〔日本名〕沖縄裏星．日本では最初に沖縄で採集された．

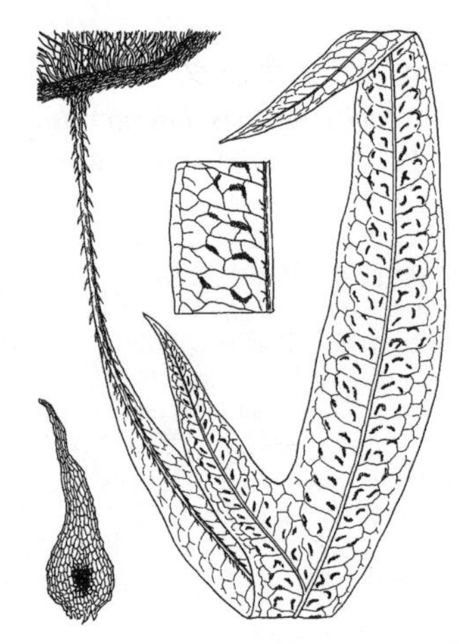

4798. ミツデヘラシダ 〔ウラボシ科〕

Leptochilus pteropus (Blume) Fraser-Jenk.

（*Colysis pteropus* (Blume) Bosman ; *Microsorum pteropus* (Blume) Copel.）

石垣島，西表島の暗い林内に見られ，常に水しぶきのかかるような湿ったところに生える常緑の多年草．台湾からインドまで分布．根茎は径 2 mm，短く横にはい，葉はまばらに出て，根茎に関節する．根茎の鱗片は基部が広がった卵状披針形で，長さ 2～3 mm，暗褐色，膜質でやや透明，格子状の模様がある．葉は暗緑色で草質，高さ 15～20 cm，単葉から基部が二出から三出してほこ形になるものまである．葉身基部は葉柄に流れて狭い翼をつくる．ふちは全縁，葉の上面は無毛，下面は中肋の下方に鱗片がまばらにつく．脈ははっきりとして，分岐した遊離脈をもつ網目をつくる．胞子嚢群は円形，楕円形，線形とさまざまで，不規則に並んだり，時に互いにつながる．包膜，側糸はない．ヌカボシクリハラン（4795 図）に比べて，根茎が短く，葉が分岐するので違いは明らかである．〔日本名〕三手篦羊歯．ヘラシダに似るが葉が三出することからだが，ヘラシダとは無関係．

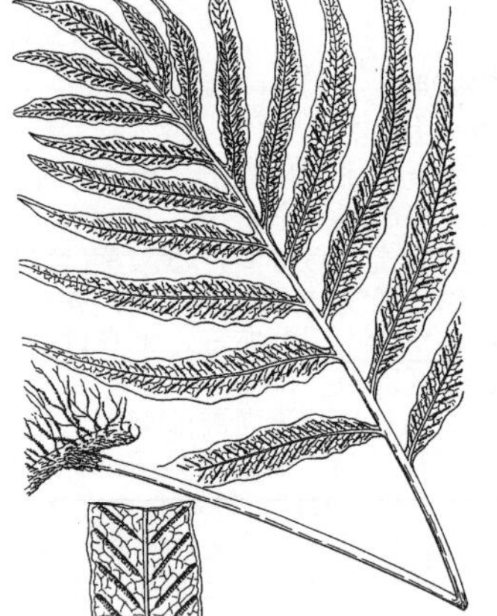

4799. オオイワヒトデ 〔ウラボシ科〕

Leptochilus neopothifolius Nakaike

（*Colysis decurrens* (Wall. ex Hook. et Grev.) Nakaike）

四国南部，九州以南と小笠原の暖地林の谷筋に沿った陰所に生える常緑の多年草．台湾から東南アジア，インドまで分布．根茎は太く，径 1 cm に達し，長くはって葉をまばらに出し，先端付近と葉柄基部に鱗片を密生する．鱗片は膜質，基部の広い線状披針形で褐色から暗褐色，長さ 3 mm ほどでほとんど全縁．葉柄は太く，基部付近で径 4～7 mm，長さ 20～60 cm，葉身は長さ 80 cm に達し，黄緑色，紙質，無毛で，単羽状複生．側羽片は 7～15 対，頂羽片とその下の数対の側羽片とは翼でつながる．羽片は線状披針形から広線形，長さ 12～25 cm，全縁から浅い波状縁．葉脈は遊離脈のある網状．胞子嚢をつけた葉の羽片は幅が狭い．胞子嚢群は線形で斜めに開出し，長さ 1～1.8 cm．イワヒトデ（次図参照）より大形で，根茎が太く，葉は二形にならない．〔日本名〕大岩人手で，大きなイワヒトデの意味．

4800. イワヒトデ 〔ウラボシ科〕

Leptochilus ellipticus (Thunb.) Noot.

（*Colysis elliptica* (Thunb.) Ching）

伊豆半島以西の暖地の谷川沿いの湿った所に生える常緑性多年性草本．根茎は深緑色の粗大な肉質で長く横にはい．黒褐色狭披針形でふちに微きょ歯のある鱗片を密生する．葉はややまばらに根茎から出て，長さ 50 cm にもなる．根茎と関節する長い葉柄をもつ．葉柄は葉身よりも長くてかたい．上部には狭い翼があるが，鱗片は下部にごくまばらにつくにすぎない．葉身は卵形，長さ 15～20 cm．1 回羽状に深裂し，3～5 対の側羽片と同形の頂羽片とに裂ける．羽片は長楕円状披針形，全縁，先端は尾状に長くとがり，基部はやや狭くなり，中軸に流れて翼となる．上面はなめらかで革状の洋紙質，深緑色．乾くと黒く変色する．胞子嚢群のつく葉はやや細いが高く伸びる．胞子嚢群は線形．羽片中脈とふちの中間に斜めに並び黄色で包膜はない．葉脈は網状脈であるが外からは見えない．〔日本名〕岩人手，岩上に生え，葉形が人間の握った手を開いたようであるため．また，イワショウガ（根茎の形から），セイリョウカズラ（青竜蔓，同じく根茎の形から），ニッコウシダ（栃木県日光の産と思われたから）の名もある．

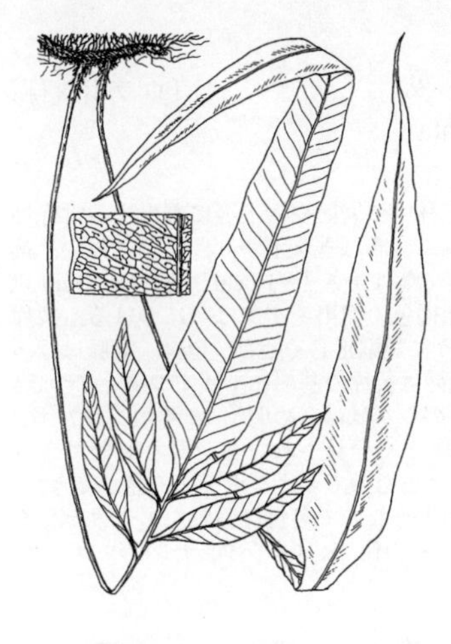

4801. シンテンウラボシ（オオヤリノホラン，ワカメシダ）〔ウラボシ科〕

Leptochilus* ×*shintenensis (Hayata) Nakaike

（*Colysis* ×*shintenensis* (Hayata) H.Itô）

九州南部以南の山地林下の地上や，谷沿いの壁に生える常緑の多年草．台湾まで分布する．オオイワヒトデ（4799 図参照）と，次種ヤリノホクリハランとの雑種と推定されている．根茎は長くはい，径 4 mm ほど，密に鱗片をつけ，まばらに葉を出す．鱗片は基部が楕円形の披針形で褐色，長さ 3 mm，格子状の模様があり，ふちにはまばらな歯牙がある．葉柄は細く，薄わら色で表面は平滑．葉は葉柄を含め長さ 30〜70 cm，著しく多形で変異が多く，単葉から下方に数個の側羽片が不規則に出るものまであって，前者はヤリノホクリハラン（次図参照）と，後者は前種イワヒトデとヤリノホクリハランの雑種と推測されるヒトツバイワヒトデ *L. simplicifrons* (Christ) Nakaike と区別しにくくなるが，葉はヤリノホクリハランより大きくて中央部で最も幅広く，葉柄にあまり翼が発達せず，ヒトツバイワヒトデに比べて葉脈がはっきりする．葉は両面とも無毛で，紙質，胞子嚢群は長く，斜めに開出する．〔日本名〕新店裏星は，Faurie が台湾の新店で採集したことによる．

4802. ヤリノホクリハラン〔ウラボシ科〕

Leptochilus wrightii (Hook.) X.C.Zhang

（*Colysis wrightii* (Hook.) Ching）

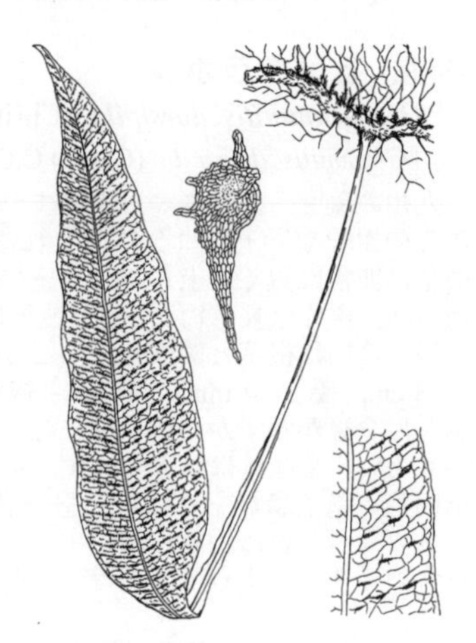

九州最南部以南に見られ暖帯から亜熱帯の山地林内の地上や樹幹，谷筋の岩上に着生する常緑の多年草．台湾から中国南部，インドシナまで分布．根茎は細く，径 2〜3 mm，細長くはい，まばらに葉を出す．鱗片は葉柄基部と，根茎の先端部につき，基部が円形の披針形で褐色，長さ 2〜3 mm，不規則なきょ歯がある．葉にわずかに二形があり，胞子葉は幅が狭く，背が高く，葉柄の長さ 10〜40 cm，葉身が長さ 15〜30 cm．栄養葉は葉柄が 5〜17 cm，葉身 10〜25 cm．葉身は紙質で無毛，基部の幅が最も広く，さらに葉柄に沿って流れて，葉柄の基部近くまで翼をつくり，ふちは細かい波状に縮れる．主・側脈ははっきりとみえる．胞子嚢群は線形で斜めに開出し，包膜はない．ヤリノホラン，ヤリノハクリハランともよばれたことがある．〔日本名〕槍の穂先のような葉の形と，クリハラン（4793 図参照）に似ていることから，槍之穂栗葉蘭．

4803. オシャグジデンダ（オシャゴジデンダ）〔ウラボシ科〕

Polypodium fauriei Christ（*P. japonicum* (Franch. et Sav.) Maxim.）

北海道から九州の深山の岩上または樹上に着生する落葉性多年生草本で葉は夏に落葉する．根茎は長く横にはいやや緑色．淡褐色，膜質広卵形から卵状披針形の鱗片を密につけ，やや接近して葉を出す．葉は長さ 10〜20 cm ぐらい．葉柄は葉身の 1 / 3〜1 / 4 ぐらい，長さ 2〜4 cm，褐色で光沢のある針金状でかたい．葉身は長楕円状披針形，1 回羽状複葉，先端は急に狭く小さくなり頂片状になり，基部は切形．羽片は狭い線形で鈍頭．ふちには浅い鈍きょ歯がある．葉脈は羽状に分岐し，葉のふちに達しない．下面にはまばらに長い軟らかい毛がある．胞子嚢群は葉脈の末端に生じ，葉のふちよりもやや中脈近くにつく．包膜はない．〔日本名〕御社貢寺デンダの意味で，はじめて長野県木曽の社貢寺の林中で採られたからである．デンダはシダの一名である（ツルデンダ（4717 図）の項参照）．葉は乾くと上面を内にして円く巻き込む性質があるので，おしば標本にした時にはおされて渦巻状になる特性が著しい．

4804. エゾデンダ〔ウラボシ科〕

Polypodium sibiricum Sipliv.（*P. virginianum* auct. non L.）

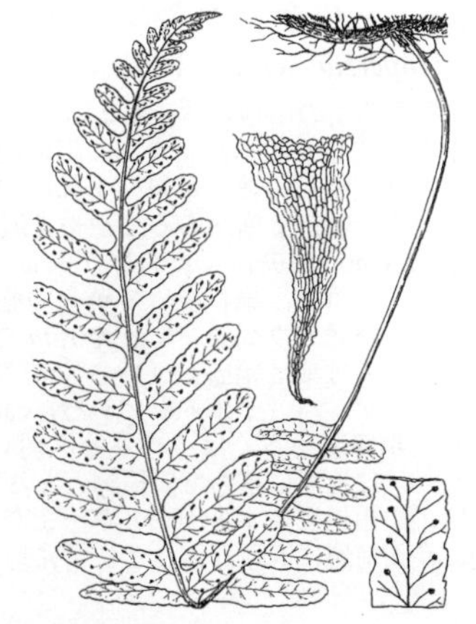

本州中部地方以北と北海道の山地林内の樹幹や岩上に着生するまれな常緑性多年草．根茎はやや細く，径 1.5〜3 mm，長くはって鱗片を密生し，まばらに葉をつける．根茎の鱗片は広披針形，長さ 3〜4 mm，ふちにはまばらに小さな毛があり，中心部が濃褐色，周辺部は淡褐色．葉柄は長さ 5〜12 cm，葉身は長さ 7〜20 cm，幅は 4〜5 cm に達し，単羽状に深裂，羽片は 12〜25 対あって，先端に向かってしだいに幅を減じ，はっきりした頂羽片をつくらない．葉は硬い革質，脈ははっきりしないが，2 叉するものから羽状に分岐するものまであり，ふちには達しない．羽片は鈍頭で，先端付近に波状きょ歯がある．胞子嚢群は円く，中肋よりわずかにふち寄りにつく．前種オシャグジデンダに似るが，夏に落葉せず，葉の下面には軟毛がない．〔日本名〕蝦夷デンダ．日本では北海道で最初に採集されたことによる．デンダはシダをさす方言．

4805. オオクボシダ（コケシダ，ムカデシダ）〔ウラボシ科〕

Micropolypodium okuboi (Yatabe) Hayata
（*Xiphopteris okuboi* (Yatabe) Copel.）

茨城県筑波山以西，群馬県榛名山以南の暖地の森林中の岩面や樹上等に着生する常緑性多年生草本．根茎は短小で斜上する．葉は束生し，ふつうは垂れ下がり，葉柄は短い．褐色で披針形の膜質鱗片と赤褐色の開出毛を密生する．葉は長さ 3～10 cm，時には 20 cm 以上にもなる．葉身は線形，羽状に深裂し，両面に赤褐色の開出毛をまばらにつける．裂片は長楕円形，鈍頭，またはやや鋭頭，くしの歯のように規則正しく並び，全縁．葉脈ははっきりしないが裂片ごとに 1 本の葉脈がある．胞子嚢群は裂片の基部に 1 個ずつ脈上につき，小球状で包膜はない．中脈をはさんで列に並ぶ．このシダははじめ明治 10 年頃（1877 頃）東京博物局員であった小野職愨等によって和歌山県下で発見されコケシダと名付けられた．東京大学の大久保三郎氏が後にこれを箱根山でとったのでオオクボシダの名ができた．コケシダ（苔羊歯）は，葉が小さく一見してコケのようなので名付けられた．ムカデシダ（蜈蚣羊歯）は羽裂した葉をムカデに見立てたもの．その他，ヒメコシダ，ナンキンコシダ，ヨウラクシダ等の名がある．

4806. ヒメウラボシ〔ウラボシ科〕

Oreogrammitis dorsipila (Christ) B.S.Parris
（*Grammitis dorsipila* (Christ) C.Chr. et Tardieu）

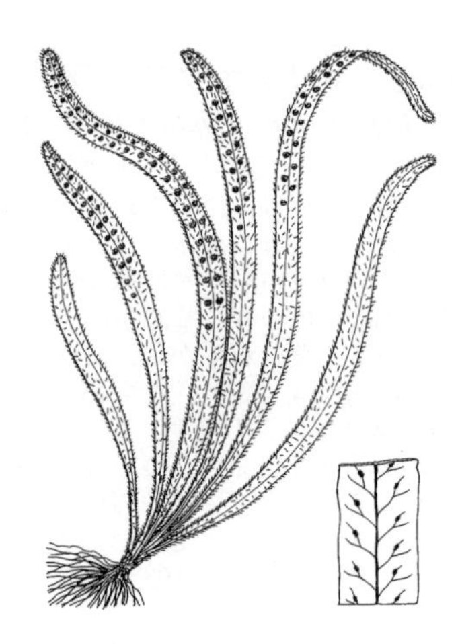

九州の薩摩，大隅半島以南にまれに産し，山頂付近の雲霧林などの湿ったところの樹幹や岩上にコケに埋もれるようにして着生する小形で常緑の多年草．根茎は非常に短く斜上し，やや密に鱗片があって，直立する単葉を叢生し，根は糸状．鱗片は長さ約 2 mm，披針形ないし長楕円形，膜質でつやのない褐色，全縁．葉柄は根茎と関節せず，ごく短く，赤褐色の短い毛がある．葉身は長さ 2～8 cm，幅 2～4 mm，線形から線状披針形，鈍頭，基部はしだいに細くなり，ふちは全縁かわずかに波状縁．緑色で全体に赤褐色の剛毛がある．葉質は厚いがもろい．葉脈ははっきりせず，単条か 2 叉し，前側の脈端近くに円形ないし楕円形の胞子嚢群をつける．胞子嚢群は中肋に近く 1 列に並び，包膜はない．ヒメウラボシ属は約数十種が主として東南アジアに分布するが，日本には本種を含め 3 種が産する．〔日本名〕姫裏星．姫とは植物体の脆弱さをたとえている．

4807. シマムカデシダ（カナグスクシダ，イワクジャクシダ）〔ウラボシ科〕

Prosaptia kanashiroi (Hayata) Nakai ex Yamam.
（*Ctenopteris kanashiroi* (Hayata) K.Iwats.）

石垣島に固有で，樹幹または岩上に着生する常緑の多年草．根茎は小さく，短くはい，暗褐色，線状披針形で長さ 5 mm ほどの鱗片を密生し，葉は集まって出て高さ 15～25 cm．葉柄はきわめて短く，長さ 1 cm 以下，根茎と関節し，暗褐色で開出する短毛を密につける．葉身はやや革質，狭披針形で幅 1.5～3 cm，基部はしだいに細まり，先端は鈍頭から鋭尖頭，羽状に深裂し，中軸やふちにまばらに黒褐色の細毛がある．裂片は斜めに開出する三角形，鈍頭で全縁，中央部付近でもっとも長く 1 cm くらい，下方ではしだいに小さくなって，不規則な波状から翼状になって葉柄に続き，先端近くでは急に狭くなって終わるか，波状縁から全縁の長くのびる尾状の頂裂片となる．脈は単条で遊離し，胞子嚢群は各裂片の先端近くに壺状の穴の中に埋もれるようにして 1 個生じ，外側に開く．〔日本名〕島百足羊歯．島に生ずるムカデシダ（オオクボシダの別名）の意味．

4808. トウゲシバ（トウゲヒバ）〔ヒカゲノカズラ科〕

Huperzia serrata (Thunb.) Trevis.（*Lycopodium serratum* L.）

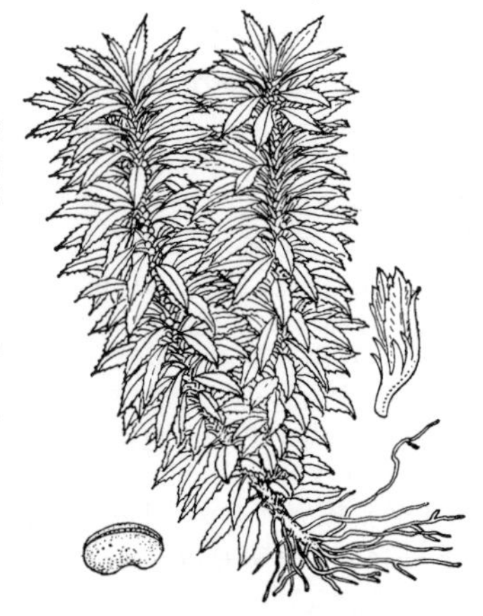

全国至る所の山地森林に生える高さ 8～20 cm の多年生常緑草本．茎は斜上する基部から分枝して数本直立する．細い円柱状で葉を密生する．葉は倒披針形あるいは長楕円状披針形．薄い革質，下部は短い葉柄となり，先端は鋭頭，葉のふちには不ぞろいの鋭いきょ歯がある．やや光沢があり暗緑色，または黄緑色，長さ 1～2 cm，幅 3～5 mm．中央に 1 本の脈がある．胞子嚢は大きく，葉腋に 1 個ずつ生じ無柄．腎臓形で白黄色．横に裂けて黄色の胞子を出す．葉が小さく，きょ歯の深く鋭いものをホソバノトウゲシバ var. *serrata* といい，やや涼しい地方に多く，南方に多く見られるものは葉は幅広く（3～5 mm）卵状長楕円状で基部にはっきりした柄があり，オニトウゲシバ（オオトウゲシバ）var. *longipetiolata* (Spring) H.M.Chang という．しかし，中間型が多くはっきりと区別しにくい．茎の上部にしばしば不定芽を生じ，これが後に地面に落ちて新植物となる特別なくせがある．〔日本名〕峠柴（峠檜葉）は，峠附近の山地に生ずる小形の草，または針葉樹のヒバに類する植物の意味というが，別に葉が何層にも重なることを塔に形容したとする塔華柴説もある．〔漢名〕千層塔．

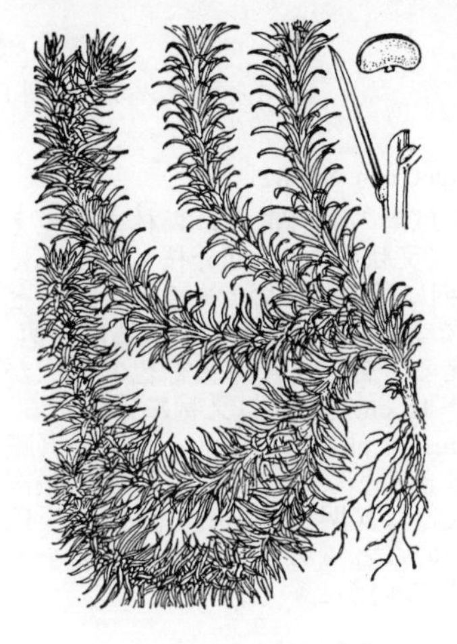

4809. スギラン　〔ヒカゲノカズラ科〕

Huperzia cryptomerina (Maxim.) Dixit
(*Lycopodium cryptomerinum* Maxim.)

山地の林中に生える多年生常緑草本．茎は太くかたくて緑色．基部で 2〜3 回分枝して直立または斜上し束生する．長さ 15〜30 cm，密に葉を互生する．葉は線形，あるいは線状披針形，先端は鋭くとがる．葉の基部はほとんど無柄．全縁で剛質かつ無毛で深緑色，長さ約 10〜20 mm，幅 1.5〜2.0 mm．上部の葉ほど次第に細く短くなる．胞子嚢は枝の先に近い葉に 1 個ずつ腋生し特別な胞子嚢穂にならない．胞子嚢穂はごく短い柄があり，腎臓形，円頭で淡黄色．ふちにそって横に 2 裂して黄色粉末状の胞子を放出する．スギカズラ（4818 図）とは葉が互生すること，胞子嚢穂の形をとらないことにより区別できる．子嚢穂を作らぬ点ではトウゲシバに似るが，葉に厚みのあることときょ歯がないことによって区別される．〔日本名〕杉蘭は，茎葉の状態がスギに似ているからである．

4810. ヒメスギラン　〔ヒカゲノカズラ科〕

Huperzia miyoshiana (Makino) Ching
(*Lycopodium miyoshianum* Makino ; *L. chinense* auct. non H.Christ)

高山帯の森林下に生える多年生常緑草本．茎は高さ 5〜15 cm．斜上または直立し，下部は多少とも地面をはい，数回 2 叉状に分枝し，枝は直立して多数束生する．葉とともに径 5〜10 mm の緑褐色の針金状であり，下部から細い根を生ずる．葉は長さ 5〜8 mm，黄緑色でつやがあり，茎上に密生し，線状披針形，基部から次第に細くなり，先は鋭くとがり，葉質はかたく，上部のものは斜上または開出し，下部のものは外側に反り返ることもある．胞子嚢は茎の頂附近の葉上に腋生し，特別の胞子嚢穂にはならない．茎頂には一般に多くの不定芽を生じ，地に落ちて新植物となるが，この不定芽は先が凹み，左右に翼があり，無柄，緑色の小体である．〔日本名〕姫杉蘭はスギランと似ているが全体が小形なので姫の接頭詞がついている．

4811. コスギラン　〔ヒカゲノカズラ科〕

Huperzia selago (L.) Bernh. ex Schrank et C.F.P.Mart.
(*Lycopodium selago* L.)

高山地帯に生える多年生常緑草本．茎はやや褐色を帯びた径 5〜10 mm（葉とともに）ばかりの針金状で高さ 5〜10 cm，質はかたく丈夫で数回叉状に分枝して直立し，上部の枝は互に接して集まり，基部は多少とも地面に伏しひげ根を生ずる．葉は茎上に密生し，ヒメスギランに似ているが，やや幅広く，線状披針形または狭い披針形でほぼ中央部まで両側が平行し，それから次第に細くなる．先端は鋭くとがり，全縁．長さ 4〜5 mm，幅約 1 mm．葉質は厚く，かたくて多少ともつやがある．通常反り返らず上を向き，中脈は見えない．茎の先端部の葉腋に 1 個ずつの胞子嚢を生じ，胞子葉は披針形で，全縁，先はとがる．〔日本名〕小杉蘭の意味でスギランに似て全体が小型であるからである．

4812. ヒモラン（イワヒモ）　〔ヒカゲノカズラ科〕

Huperzia sieboldii (Miq.) Holub var. ***sieboldii***
(*Lycopodium sieboldii* Miq.)

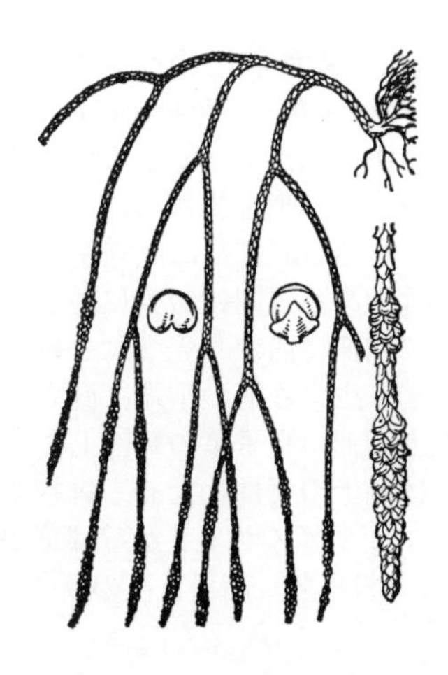

本州中部以南の暖帯の山中に生える多年生常緑の着生草本で大木の幹上から垂れ下がる．茎は 1 株に束生し基部から根を出し，ひも状で長さ 20〜50 cm，径は葉とともに約 2 mm，枝の径は約 1.5 mm，2〜3 回叉状に分枝して，細いひも状にふさふさと垂れ下がる．葉は小さな鱗片状でほとんど茎に密着して，鱗片をしきつめたようにみえ，菱形で長さ 2 mm 以下，厚質で背面は突出し，腹面は 2 / 3 ほど茎に癒着し，先端は爪状に曲がり，鋭くとがる．胞子嚢は小枝の先端部の連続した胞子葉上に生じ，胞子葉は幅広いが短く，胞子嚢ははみ出すので茎の径はやや太くなり一見して胞子嚢穂のように見える．胞子嚢は腎臓形．黄色．形態が変わっているためにしばしば観賞植物として栽培される．〔日本名〕紐蘭及び岩紐，どちらも全形が紐状なのでこの名がある．

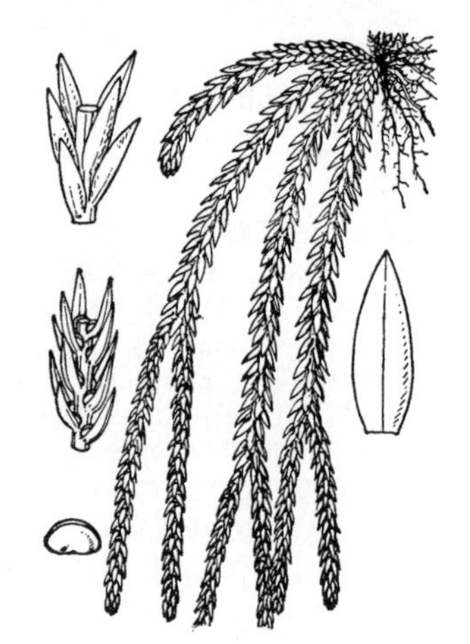

4813. ナンカクラン　〔ヒカゲノカズラ科〕

Huperzia fordii (Baker) Dixit

(*Lycopodium fordii* Baker; *L. hamiltonii* auct. non Spring)

紀伊半島から四国及び伊豆七島の八丈島以南の亜熱帯性の森林中に生える常緑の着生草本．茎は長さ 20〜40 cm．二叉状に 2〜3 回分枝し，下部に多数の根を出す．葉は密生して，本来は 6 列に配列するのであるが，多少とも 2 列に見えるような外観を示し，披針形で全縁，先はとがり，基部は無柄，長さ 10〜15 mm，幅 2〜3 mm，中脈は見える．緑色または黄緑色で光沢がある．枝の先端に胞子嚢穂を出し，長さ 5〜15 cm，時には叉状に分枝する．胞子葉は茎部の葉よりも小さく，長さ 5 mm．下部は広い卵形，葉腋に腎臓形の胞子嚢を生ずる．日本名の意味ははっきりしないが，徳川時代に服部南郭という学者があったが，恐らくこの人とは無関係であろう．深津正氏によれば，ナンカクとは南客（クジャク）のことであり，植物体の姿を木にとまったクジャクの尾に見立てたものではないかという．

4814. ヨウラクヒバ　〔ヒカゲノカズラ科〕

Huperzia phlegmaria (L.) Rothm. (*Lycopodium phlegmaria* L.)

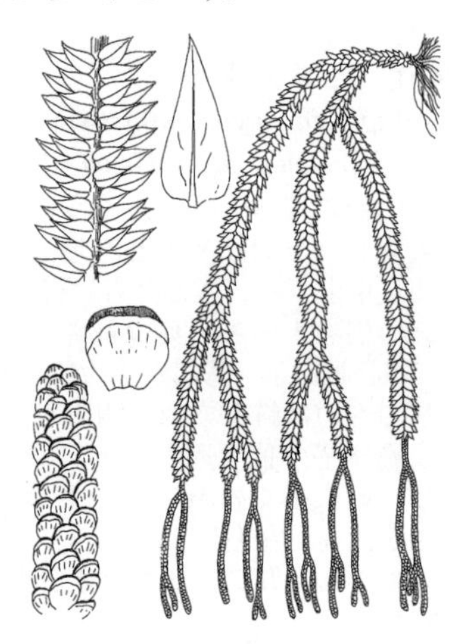

日本では種子島，屋久島以南にみられるが，台湾，海南島，東南アジア，インド南部など旧世界の亜熱帯と熱帯に広く分布する．一部は太平洋諸島を経てオーストラリア区に達している．常緑の多年草で，一般に原生林の老大木の高所に着生している．茎は叢生して細く，まばらに二叉分枝をくり返しながら下垂する．大きなものは 1 m に達する．全体の感じはナンカクランに似るものの小葉は幅広く卵状披針形ないし三角状卵形で輪生開出する．小葉には光沢があり全縁だがふちがやや外曲し，ごく短い柄がある．柄先に細い叉状に分枝する紐状の胞子嚢穂を多数つける．よく発達した胞子嚢穂は 20 cm に達することがある．胞子葉は小さな三角状卵形で，長さ 1 mm 程度である．〔日本名〕インドの貴族が珠玉や貴金属を編んで頸や胸にかける装身具の瓔珞（ヨウラク）に似ていて，葉が裸子植物のヒバを想起させることに由来するという．〔漢名〕垂枝石松．

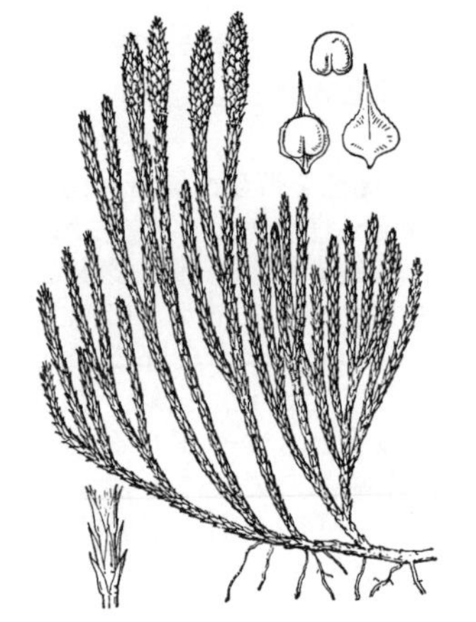

4815. ミヤマヒカゲノカズラ　〔ヒカゲノカズラ科〕

Lycopodium alpinum L.

高山に自生する多年生草本．茎は硬い針金状で長く地上をはい，小葉でおおわれ所々にひげ根を生じ，2〜7 cm ごとに直立茎を分枝する．直立茎は多数に分枝し，高さ 5〜15 cm，鱗片状の葉を密生する．葉は背腹左右 4 列に生じ狭い披針形で硬く茎に圧着し，長さ約 2 mm，先端は細くとがって爪状に内曲し，緑色，下面はやや淡色．直立茎の枝の先に長さ 2〜3 cm の柄を出し，その頂に長さ 1〜2 cm の胞子嚢穂を直立する．胞子葉は広卵形，ふちにわずかにきょ歯があり，基部上面に胞子嚢を生ずる．左右の側葉が基部付近でのみ茎に合着し，先が著しく枝の片側に巻くものをチシマヒカゲノカズラ var. *alpinum*，側葉が中部まで茎に合着し，先が横に曲がらないものを狭義のミヤマヒカゲノカズラ var. *planiramulosum* Takeda として区別する説もある．〔日本名〕深山に生えるヒカゲノカズラの意味．

4816. タカネヒカゲノカズラ　〔ヒカゲノカズラ科〕

Lycopodium sitchense Rupr. var. ***nikoense*** (Franch. et Sav.) Takeda

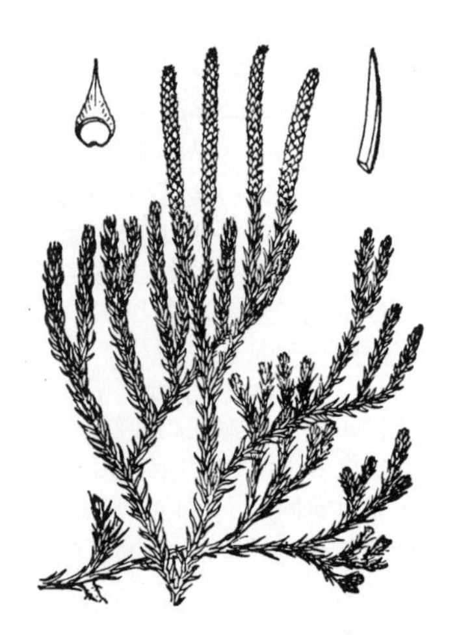

高山に生える常緑多年生草本．茎は多少黄褐色を帯びた針金状，小さな鱗片状の葉をまばらにつけて長く地面をはう．所々に短いひげ根を出す．2〜3 cm ごとに直立茎を分枝し，直立茎は高さ 5〜6 cm に達する．葉はやや不規則に数列に並び，線状披針形で硬く，光沢があり，先は鎌状に内側に曲がり先端はとげ状に終わる．胞子嚢穂は分枝した直立茎の先端に生ずる柄の頂端に直立し，長さ 1〜2 cm の円柱状．鱗状に配列した広卵形の胞子葉の基部上面に 1 個の胞子嚢を生ずる．ヒカゲノカズラとは茎上の葉はかたく，針状で，まばらに生じる等の点で区別され，ミヤマヒカゲノカズラからは葉が茎上に数列に並ぶことによって区別される．〔日本名〕高嶺日蔭の蔓で，高山に生えるヒカゲノカズラの意味．

4817. アスヒカズラ　〔ヒカゲノカズラ科〕

Lycopodium complanatum L.

やや寒い地方の山地に生える多年生常緑草本．茎は扁平なひも状．黄緑色で長く地上をはい，多数分枝して地面をおおう程の群落を作る．主軸茎には細い鱗片状の葉をまばらにつけるが，分枝茎には大形の葉を背腹，左右の 4 列につける．左右の 2 列の葉は菱形の長方形，先端はとげ状にとがる．上面は緑色であるが下面は淡色，多少肉質で下面は凹み，一見してアスナロのような外観を示す．背面の葉は線形で左右の葉にはさまれ先端はとがり，腹面の葉はとげ状の小さな突起にすぎない．茎と葉は密着しており，区別しにくい．夏に直立して葉をまばらにつけた柄を分枝し，その頂端がさらに 2～3 回分枝して胞子嚢穂をつける．胞子穂は鱗状に広卵形で先の鋭くとがった胞子葉を密生し，その葉腋に 1 個の胞子嚢をつける．前種とは茎が扁平なことにより区別できる．〔日本名〕アスヒカズラはアスナロ＋カズラの意味であり，その枝ぶりが平たくちょうどアスナロのようであるからである．〔漢名〕地刷子．

4818. スギカズラ　〔ヒカゲノカズラ科〕

Lycopodium annotinum L.

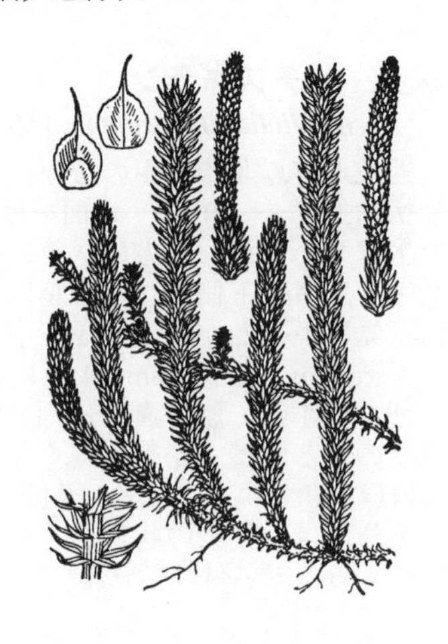

寒い地方の山地に生える多年生常緑草本．茎は針金状で硬質，緑色，長く地面を横にはいまばらに小葉がついている．所々で枝を分枝し，枝はさらに数回分枝して多少とも直立して，高さ約 20 cm に達し，深緑色でかたい線状倒披針形または倒披針形の葉を密に輪生する．葉はほとんど直角に開いて出て，先端は鋭くとがり，ふちはわずかにきょ歯があり，長さ 5～6 mm，幅 0.5～1 mm．夏に，枝の先に淡緑色の胞子嚢穂を 1 個生じて直立し，穂の長さ 3～4 cm で無柄．胞子葉は広卵形で先は鋭くとがり，その基部に 1 個の胞子嚢を腋生する．まれに葉のふちにきょ歯がほとんどなく，先端が長く伸び，かたいとげ状の細い葉をもつものがあり，これをタカネスギカズラ var. *acrifolium* Fernald という．〔日本名〕杉蔓の意味で，つる性でしかも枝の外観がスギに似るためである．

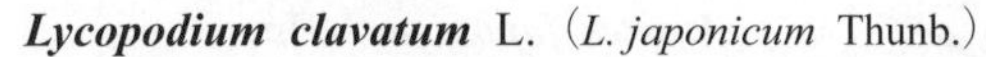

4819. ヒカゲノカズラ　〔ヒカゲノカズラ科〕

Lycopodium clavatum L.（*L. japonicum* Thunb.）

日本全土の山野の比較的明るい所に生える多年生常緑草本．茎は針金状で緑色，長く地上をはい 2 m にも達し，しばしば分枝して，白色の根を出す．葉は輪生状，またはらせん状に配列して密生し，長さ 4～6 mm．幅 0.5 mm の小形の披針形，または線状披針形で緑色，硬質で光沢がある．先端は鋭くとがり，長い毛状となり，ふちには微きょ歯があり，顕著な中脈がある．子嚢穂は，側枝〔はっている茎から分枝して直立し葉がまばらにつき高さ 8～15 cm〕上に 2～4 個生ずる．胞子嚢穂は淡黄色，長さ 3～4 cm の円柱形．広卵形で先端が鋭くとがって長く伸びた胞子葉をらせん配列状に密生する，胞子葉は短柄があり，ふちにはわずかにきょ歯がある．胞子葉の上面基部に大型腎臓形の胞子嚢を生じ，横に裂けて，黄色の胞子を出す．胞子を石松子といい，薬用とする．〔日本名〕日蔭の蔓は陰地に生ずるつる植物の意味．その他にキツネノタスキ（孤の襷），テングノタスキ，カミダスキ，ウサギノタスキ，ヤマウバノタスキ等の俗称がある．〔漢名〕石松．

4820. マンネンスギ　〔ヒカゲノカズラ科〕

Lycopodium dendroideum Michx.（*L. obscurum* auct. non L.）

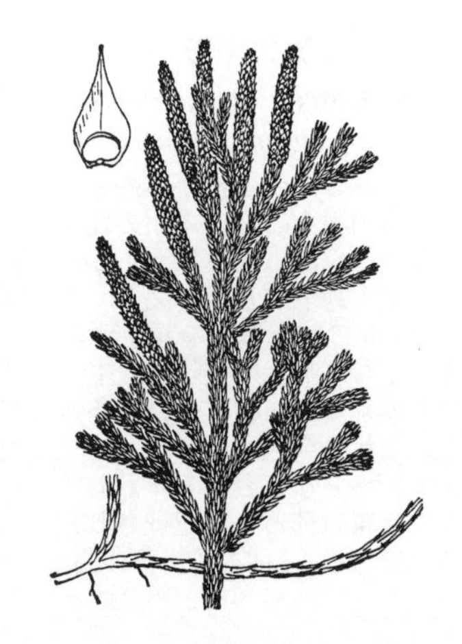

深山の樹林下に生育する多年生常緑草本．日陰に生えるものは枝ぶりはやや扇形に広がり，小枝に背腹性があり，ウチワマンネンスギ f. *dendroideum*（f. *flabellatum* Milde）といい，特に北部山地に多く，日当たりのよい所に生じるものは枝ぶりは直立型，枝には背腹性がなく葉は内曲し，タチマンネンスギ *f. strictum* Milde というが，何れも生態型の一つであり区別する必要はない．根茎はやや細い針金状で長く地中を横走し，赤褐色を帯び，細い鱗片状の葉をまばらにつける．地上茎は根茎よりまばらに出て直立し，高さ 10～15 cm．多数に分枝して枝を密生する．葉は鱗片状に密生し，線状披針形，多少とも彎曲して先端は鋭くとがり，硬質でつやがある．夏に，枝の頂端に無柄の長さ 2～3 cm，円柱状の胞子嚢穂を生ずる．胞子葉は極めて広い三角状広卵形でとげ状にとがった先端をもち，各葉腋に 1 個の胞子嚢をつける．胞子嚢は黄褐色．最近は盛花用として用いられる．〔日本名〕万年杉の意味で枝葉がスギに似ていることと，枝葉が永く青々としているからである．〔漢名〕玉柏．

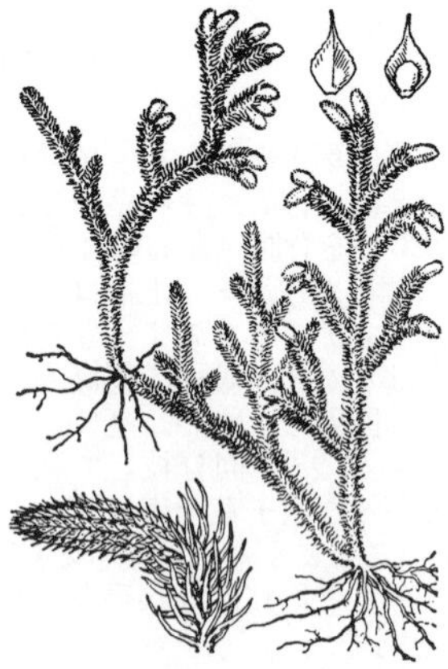

4821. ミズスギ

〔ヒカゲノカズラ科〕

Lycopodiella cernua (L.) Pic.Serm.（*Lycopodium cernuum* L.）

元来熱帯の植物であるが，本州中部以南の暖地の陽当たりのよい湿地や切通しなどに生える多年生常緑草本．時には北海道登別温泉等の北部の温泉噴出孔の付近の暖い所にも見られることがある．箱根大涌谷にもあり，一時地温が下がったために絶滅したと考えられたこともあったが，現在も生育している．茎の高さ 20～40 cm，軟骨状にかたく，直立して下部から枝を分出する．根は少なく，白色のひげ根である．葉は線形で長さ 3～5 mm，先端は鋭くとがり，多数茎上に密生し，ヒカゲノカズラに似るが，淡緑色で軟らかく，一見して繊細女性的な感じであり，地上茎の先が地について新株となることはあっても長く地上をはうことはないので区別できる. 分枝した枝の先端にやや下を向いた胞子嚢穂をつけ, その数は多い. 胞子嚢穂は長さ 5～10 mm，楕円体で黄色を帯び，卵形で先端の鋭尖した胞子葉を密生し, その葉腋に 1 個ずつの胞子嚢を生ずる.〔日本名〕水杉は, 湿地に自生して, その姿がスギの葉に似ているからである.〔漢名〕筋骨草（同名あり）及び過山竜.

4822. ヤチスギラン

〔ヒカゲノカズラ科〕

Lycopodiella inundata (L.) Holub（*Lycopodium inundatum* L.）

近畿地方以北の山中の湿原に生じる多年草．茎はやや柔らかい細い針金状で長さ 8～20 cm，地面をはい時にはまばらに分枝し，前方は鮮緑色で生きているが，後方は次第に腐る．所々から白いひげ根を出し，葉を密生し，茎の下側についた葉は上向きに曲がる．葉は長い鱗片状で狭線形，先は鋭くとがる．全縁で中脈がはっきり見え，多少光沢がある．長さ 5～6 mm，幅 0.5 mm．1 茎に 1～2 本の小枝が直立して，頂に 1 個の胞子穂を生ずる．胞子嚢穂は円柱状で淡緑色．長さ 2～3 cm，胞子葉はほぼ茎の葉と同型，先端で長く伸び，次第に細くなる長卵形体で，主軸からほぼ直角に開いて出る．葉腋に 1 個の黄色の胞子嚢をつける．〔日本名〕谷地杉蘭は，茎葉の状態がスギに似て，しかも谷地，すなわち湿潤の地に生えるので名付けられた．

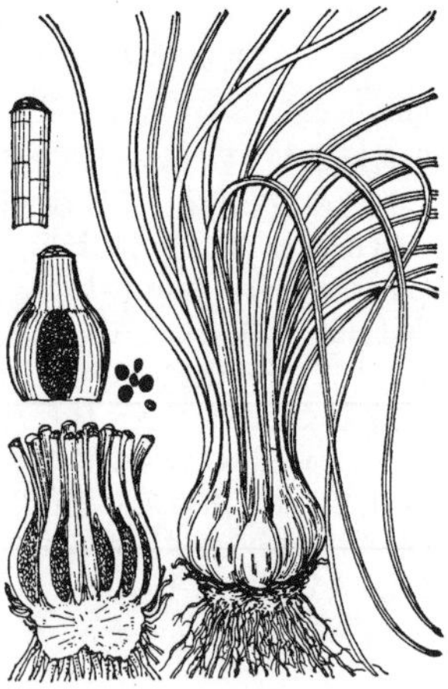

4823. ミズニラ

〔ミズニラ科〕

Isoetes japonica A.Braun

北海道（胆振）, 本州, 四国, 九州の池, 沼, 小川または泥地に生ずる多年生夏緑草本. 全体に柔らかい，根茎は極めて短く，暗色の塊状で泥中にあり，下端は 3 岐して 3 本の縦溝があり，この溝部から下に向かって白色のひげ根を出し，上部からは多数の葉が束生し, 葉は基部では互に重なり合っている. 葉は鮮緑色で軟らかく四角ばった円柱状で，先端は次第にとがり，長さ 1 m に達するものもあるが多くは 20～30 cm，短いものは 10 cm ばかり．葉の基部は広い鞘状となり白色で扁平．夏から秋にかけてそこの内側のくぼみの中に胞子嚢ができる．そのすぐ上に 1 個の広い披針形の小舌がある．大胞子嚢は外側の葉に，小胞子嚢は内側の葉に生ずる．胞子嚢には蓋膜がなく，大胞子の表面には規則正しい孔があり，ハチの巣状に見える．北海道・本州中北部のやや高地の湖沼には，ヒメミズニラ *I. asiatica* (Makino) Makino があり，塊茎の底が 2 つに割れ，葉は 5～15 cm．胞子嚢に蓋膜があり，大胞子の表面には細かい突起がある等の点で，ミズニラと区別される．〔日本名〕水韮の意味で水中に生ずることと全体の印象がニラに似ることに基づいている．

4824. コケスギラン

〔イワヒバ科〕

Selaginella selaginoides (L.) P.Beauv. ex Schrank et C.F.P.Mart.

（*Lycopodium selaginoides* L.）

北半球の温帯上部から寒帯にかけて広く分布し，日本では北海道の夕張山地や日高山脈などと，本州の北アルプス，北関東，奥羽山地などに稀産する．高山帯のやや湿った草原からかなり乾いた荒原に生える．植物体は黄緑色で軟質の草本．地表に圧着する細い茎は短くはい，斜上ないしは直立する枝を出す．1～2 cm の胞子嚢穂を頂生する枝は高さ 4～8 cm になる．茎・枝には披針形鋭頭でふちに毛状の突起を散生する長さ 2 mm ほどの栄養葉をらせん状につける．胞子葉もらせん状について多列に密生するが，やや大きく，長さ 4～5 mm に達し，毛状の突起も著しい．一見したところヒカゲノカズラ科のコスギランやヒメスギランなどとまぎらわしく，そのため最初はこれらの種と同じくヒカゲノカズラ属の種として記載された．日本で最初にこの植物が記録されたのは早池峰山である．〔日本名〕苔杉蘭はコケのように小形であることによる．

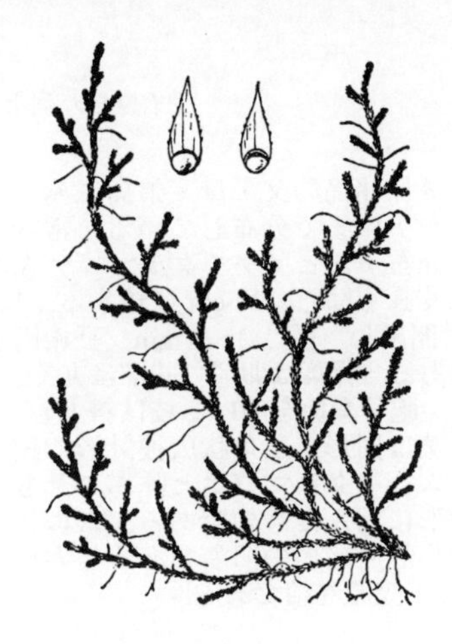

4825. ヒモカズラ 〔イワヒバ科〕

Selaginella shakotanensis (Franch. ex Takeda) Miyabe et Kudô

（*S. rupestris* (L.) Spring var. *shakotanensis* Franch. ex Takeda）

広島県東部以東の岩山に生える多年生常緑草本．茎は褐色を帯び，細い円柱形をなしてひも状に伸び，長くまた密接して地上をはい多数に分枝し，枝は互生し，互いに入り交じって群落を作り，所々からひげ根を生ずる．葉は茎をおおって密生し，本来は開出しているが，乾くと茎上に伏してしまう．線状披針形で長さ約 2 mm，先端は鋭尖形で尾状，ふちにはまばらに毛がある．緑色，時には多少黄褐色を帯びる．先端にある白色毛状の付属物は葉の長さの 1 / 5．胞子嚢穂は四角柱状，長さ 1 cm で小枝の先に生ずる．胞子嚢は円形で 4 列に並び，胞子葉は狭三角形または心臓状卵形．〔日本名〕紐蔓の意味で，本種の乾いた時の形状がひものようであるからである．

4826. クラマゴケ 〔イワヒバ科〕

Selaginella remotifolia Spring（*S. japonica* Miq.）

全国至る所の平原あるいは山地の樹林下に生えるコケ状の多年生常緑草本．葉は細線状で長く地表をはい，まばらに分枝して一面に広がる．淡緑色で葉をややまばらにつけ，分枝点からは白色糸状の細かい担根体を生ずる．これは根にみえるが組織学的には茎である．葉は緑色，鱗片状で左右の側面および背面にそれぞれ 2 列，計 4 列に生じ，大きな枝ではまばらに，小枝では密につく．側葉とそれに遠い背面の一葉とが交互に対生になっている．側葉は無柄で長卵状楕円形．長さ 3 mm．基部は円く，先端はとがる．茎の上面をおおう 2 列の背面葉は斜卵形で長さ 1 mm で茎に圧着している．小枝の先に胞子穂を生じ四角柱状, 長さ 5〜15 mm, 太さ 1 mm, 胞子葉はすべて卵形, 長さ 1 mm, ふちには細かいきょ歯がある．大胞子嚢と小胞子嚢とがある．〔日本名〕鞍馬苔の意味．最初の産地としての京都の鞍馬山の名をとったもの．

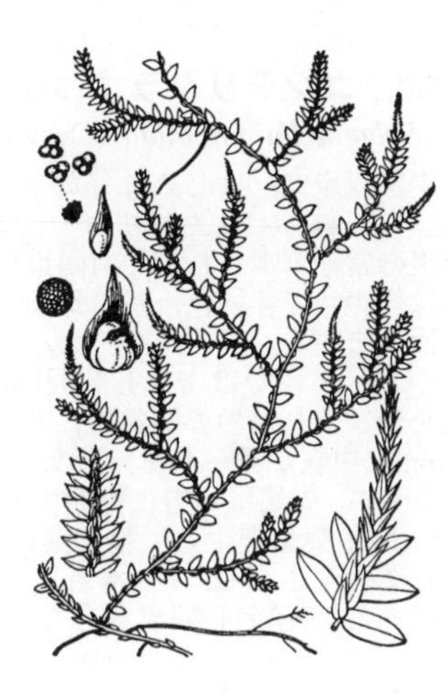

4827. カタヒバ 〔イワヒバ科〕

Selaginella involvens (Sw.) Spring（*S. pachystachys* Koidz.）

宮城県以南の山中の岩上，時には樹上に群生する多年生常緑草本，根茎は細い針金状で長く岩上を横にはい，質は硬く，ひげ根を出し，まばらに広卵形の緑色でない鱗片状の細かい葉をつけ，その先端が地上茎となる．地上茎は硬質で高さ 15〜40 cm，そのおよそ下半分は葉柄状に見える．上半分は 3〜4 回羽状に分裂した複葉状となり，葉身は卵形，あるいは長卵形，葉質はかたく，乾けば内側に巻き込む．鱗片状の葉はほとんど一平面上に密に並び，上面は緑色，または赤緑色，下面は白緑色，主軸の葉はややまばらにつき，基部では同形（広卵形）であるが, 上部の枝では次第に側葉と背葉の区別がはっきりしてきて, 前者は開出して斜長卵形，長さ約 1.5 mm，鋭頭，後者は卵形で鋭くとがり，小形，中脈が上面で明らかで，ふちに細かい刻みがある．胞子穂は小枝の先端にあり，四角柱状，大小 2 種の胞子嚢があり, 胞子葉は卵形で鋭くとがり, 長さ約 1 mm．下側のふちには細かいきょ歯がある．〔日本名〕片檜葉，イワヒバとの対比から生じたもので，イワヒバでは四方に枝が広がっているのに対し，本種では 1 本ずつのヒノキの枝を差したように見えるところからついた．〔漢名〕兗州巻柏．

4828. タチクラマゴケ 〔イワヒバ科〕

Selaginella nipponica Franch. et Sav.（*S. savatieri* Baker）

関東以西の原野や山麓等のやや湿った所に生える多年生常緑草本．全形はコケ状で密に地面をおおって群落を作る．茎は繊細ではっており，黄緑色, 数本の稜がある．クラマゴケよりも短く, ふつう 20 cm 以下．所々から根を出す．クラマゴケにくらべて茎は地面に密着しており，葉は小さいが光沢があり，冬も残って赤味を帯びる．またきょ歯があるので区別できる．側葉は，斜卵形で無柄，長さ 2〜3 mm．先はとがり，基部は円形，ふちには細かいきょ歯がある．背葉の 2 列は卵状披針形，長さ 1〜2 mm，ふちには細かいきょ歯がある．胞子嚢穂は小枝上に直立し，長さ 5〜7 cm，時々叉状に分枝し，葉はまばらにつき，側葉と背葉の差が小さくなり，上部のものは小形になり胞子嚢をつける．〔日本名〕立鞍馬苔はクラマゴケに比べて茎も胞子穂も共に立性であることを示す．

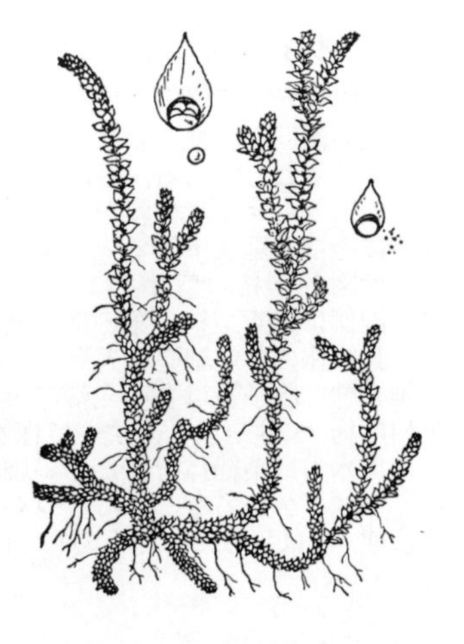

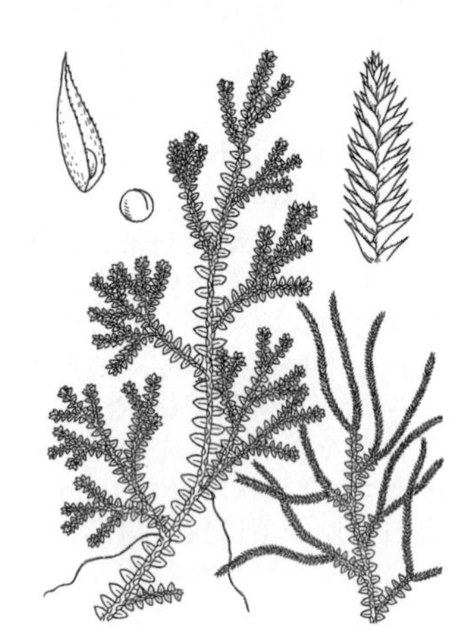

4829. ヒバゴケ 〔イワヒバ科〕

Selaginella boninensis Baker

日本では伊豆八丈島に稀産するほか，小笠原諸島の父・母・弟島にみられるが，台湾，フィリピンを経てインドネシアにまで分布している．常緑性で山地の林床に生える．伊豆半島以西に分布するヒメタチクラマゴケ *S. heterostachys* Baker に似ているが，主茎は太く長くはい，30 cm に達する．1〜3 叉する短い枝を互生する．腹葉は水平に開出し，長さ 3〜4 mm，長楕円状で狭卵形，膜質でふちには細かなきょ歯がある．背葉は卵形で基部は丸く，長さ 2〜2.5 mm，先端は芒状に突出している．胞子嚢穂をつける枝は斜上し，穂には背腹性が明らかに認められる．胞子葉は同形，三角状広披針形で鋭く尖り，ふちにはきょ歯が発達している．ムニンクラマゴケと呼ぶこともある．ヒバゴケは桧葉苔のことで，その葉形に因んだものである．ムニンクラマゴケは無人鞍馬苔のことで，これは小笠原諸島の旧名である無人島（ムニントウ）に由来する．〔漢名〕台湾名は小笠原巻柏である．

4830. コンテリクラマゴケ 〔イワヒバ科〕

Selaginella uncinata (Desv.) Spring

中国原産で，はじめヨーロッパに入り，日本には明治初年（1870 年前後）に，ヨーロッパまたはアメリカから導入され，温室内で栽培されている多年生の常緑草本．しかし南関東以西では露地で越冬し，しばしば野生化する．茎は細線状で黄緑色，長く地面をはい長いものは 50 cm にも達し，分枝して一面に広がる．所々から細いひげ根を出す．葉は鱗片状で，主枝ではまばらにつき，小枝では密生し，展開して扁平になり，淡緑色，しばしば濃い藍色を帯び美しいので観賞用になる．側葉は卵形，または長楕円形，長さ 3〜4 mm，中脈が見られる．背葉は斜長卵形で長さ 1〜2 mm，鋭くとがった先端をもち，先端は一方に彎曲する．胞子嚢穂ははっきりしており，長さ約 1.5 cm．胞子葉を密生し，胞子葉は長卵形，先はとがって反り返る．大小 2 種の胞子嚢を生ずる．〔日本名〕紺照鞍馬苔の意味，葉に藍色の光沢があるからである．〔漢名〕翠雲草もこの葉の性質による．

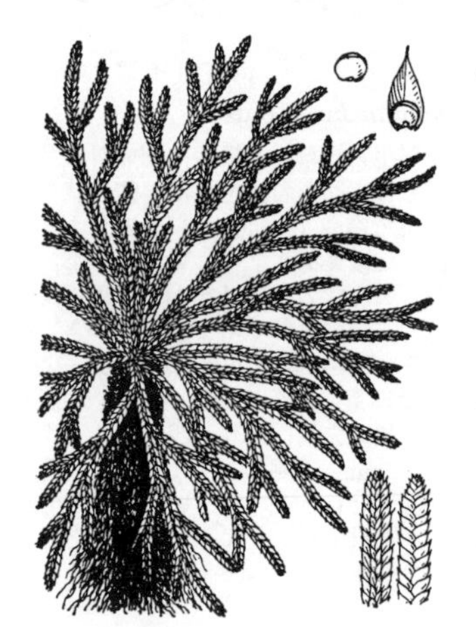

4831. イワヒバ（イワマツ） 〔イワヒバ科〕

Selaginella tamariscina (P.Beauv.) Spring

山地岩壁，あるいは岩山上等に生える多年生常緑草本．また観賞用として栽培される．中心の茎は直立して短いが，その根は褐色で硬く多数組合わさって編んだような仮茎となる．高さ 25 cm に達し，ふつうは単一であるが，大きなものはまばらに分枝することがある．茎頂部に多数の枝を束生して開出し，乾けば内に強く巻くが湿気があればまたもとにもどる特徴がある．枝は長さ 10〜20 cm，2〜3 回分枝して，小さな鱗片状の葉を密生する．1 本の枝はほぼ一平面上に開いて，上面は緑色，下面は白緑色を呈す．葉は長卵形で長さ 1.5〜2 mm，その先端は長く鋭く，とがっており，ふちにはきょ歯がある．小枝の頂端に四角柱状で長さ 5〜15 mm，太さ約 2 mm の胞子嚢穂を出し，胞子葉は卵状三角形，ふちに細かいきょ歯があり，長く鋭くとがって，先端は糸状にのびる．大胞子嚢と小胞子嚢とがある．〔日本名〕岩檜葉，および岩松．岩壁に生えることとその姿が針葉樹の葉，ことにヒバ（ヒノキやアスナロ）に似ていることとから名づけられた．〔漢名〕巻柏，従来本種の学名に *S. involvens* Spring が使われていたが，この名の基準標本はカタヒバであることがわかったので使用し慣れた学名が使えなくなった．

4832. オオミズゴケ（ミズゴケ） 〔ミズゴケ科〕

Sphagnum palustre L.

各地の湿原や腐植土上に群生して生育する．植物体は淡緑色，しばしば黄味を帯びることがある．茎はまっすぐに立ち，茎の横断面では外層の 3 細胞層は大形でらせん状に膜が厚くなっている．枝は集まって生じ，その内 2 本は茎にそって垂れ下がる．茎葉は離れてつき舌形で先端部は基部より少し広い（附図 2）．枝の葉は密につき広卵形，中くぼみとなり先端は鈍頭でへりは少し内側に捲く．枝の葉の横断面では葉緑体を含む細胞は逆三角形で幅は狭いが葉緑体のない細胞は大形でやや方形に近く，少し腹面にふくらんでいる．雌雄異株．胞子嚢は茎の先端に集まって出た枝の先につく．日本にはミズゴケ類は約 35 種を産し，すべて保水力が大きいので植物の根を包むのに使う．この保水力は葉緑体を持たない細胞の内部が空洞でここに水が入るためである．ミズゴケの名もこれに基づく．1. 全形．2. 茎葉．3. 枝の葉（上は自然状態，下は平らにしたもの）．4. 枝の葉の横断面．5. 胞子嚢をつけた枝．

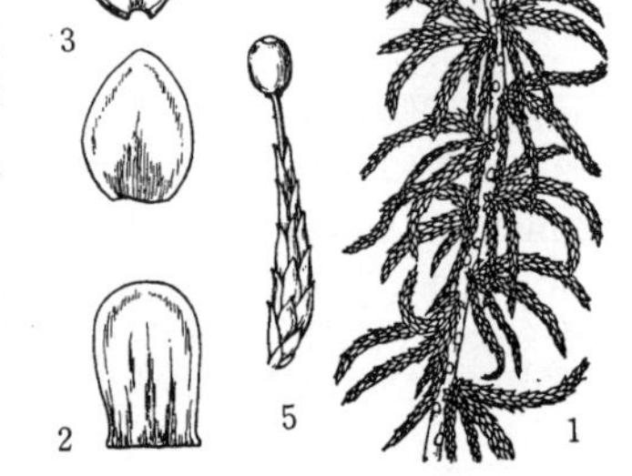

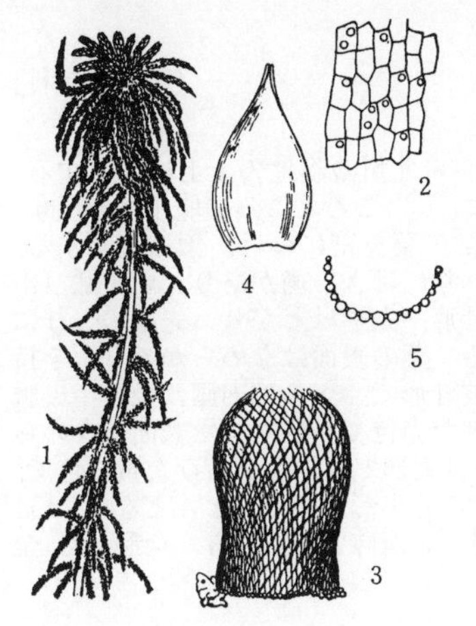

4833. ホソバミズゴケ（コフサミズゴケ）　〔ミズゴケ科〕

Sphagnum girgensohnii Russow

主として湿原地の湿土や林内，腐植土上に群生する．植物体はやや淡緑色．茎の表皮細胞は 2〜4 層で最外層の外は膜は厚く，最外層の細胞の表面には 1〜2 の円形の膜孔をもつ．茎の内部の細胞の膜は薄い．枝は 4〜6 本が集まってでる．茎葉は舌状形で先端はふさ状に深く切れこむ（附図 3）．枝葉は広卵状楕円形，先端は横に切ったように平らであるが内側にへりが巻き，やや尖ってみえる．葉緑体を含む細胞は小形で横断面では腹面に広い長三角形，葉緑体を持たない細胞は大形で，横断面はほぼ円形，表面にはらせん状になった膜の肥厚部がある．〔日本名〕小総水ゴケで枝が小形で総状にみえるからである．1. 全形．2. 茎の表皮の最外層の表面．3. 茎葉．4. 枝の葉．5. 枝の葉の横断面．

4834. クロゴケ（タカネクロゴケ）　〔クロゴケ科〕

Andreaea rupestris Hedw.

高地の岩上（主としてけい酸質を含む岩上）に群生する．植物体は黒色を帯びた赤褐色で，高さは約 1 cm，茎は不規則に枝分かれをし，葉は密に重なり合ってつく．葉は乾くと茎にそって直立し，湿ると上半部は開く．卵状楕円形（附図 3）で長さは約 0.8 mm，中央脈（中肋）はなく，先端は鈍頭，背面には各細胞膜に乳頭状突起を持つ．雌雄異株，まれに同株．胞子嚢は軸状にのびた枝の先端に生じ，約 1.6 mm の長さの柄があり，卵状長楕円体，熟すと窓状に深く縦に 4 裂する（附図 4）．胞子嚢にふたおよびさく歯はない．帽子は小形で早く落ちる．胞子は褐色で球形．日本の植物はもとは別種としたが（*A. fauriei* Besch.）大きい目でみれば欧米のものと同一種である．しかし区別して var. *fauriei* (Besch.) Takaki とすることもある．本種に似て葉の中央脈が明らかで，葉が少し曲がり，葉の細胞に乳頭状の突起を持つものがあり，これをガッサンクロゴケ *A. nivalis* Hook. という．まれに日本の高山にも発見される．この属は胞子嚢の割れ方が特殊であり蘚類中特殊な位置を占める．1. 全形．2. 胞子嚢をつけた枝．3. 葉とその横断面の形．4. 開いた胞子嚢．

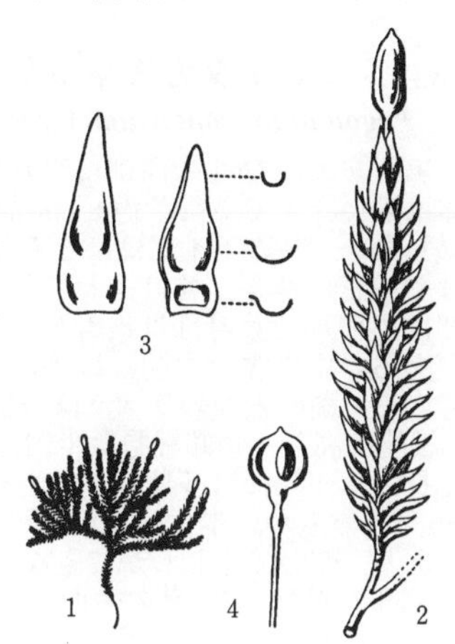

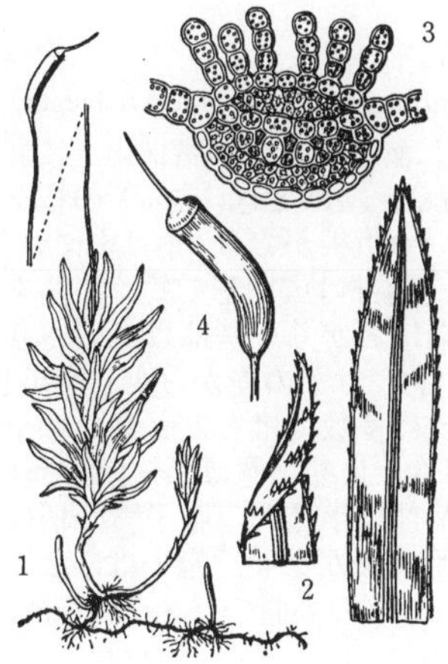

4835. ナミガタタチゴケ（ホソバタチゴケ）　〔スギゴケ科〕

Atrichum undulatum (Hedw.) P. Beauv.

北半球に広く分布する種類で，陰地の土上に群生する．植物体は濃い緑色で，茎は枝分かれせず，高さは約 5 cm 前後，地中には長い地下部を持ち，仮根を密生する．葉はやや密につき，下部の葉はごく小形で鱗片状，上部のもの程大形となって長い披針形で，長さは 4〜8 mm，先端はとがり，へりは 2〜3 列に細長い細胞が並び，対になったきょ歯があり，背面にも所々に横一列に並ぶ短い突起を持つ．葉は生時でも波状の横しわがあるが，乾くと一層著しくちぢれる，中央脈（中肋）は葉の先端にまで達し，背面上部には歯があり，表面には 4〜6 列にラメラがある．各ラメラは 3〜4 細胞の高さである．雌雄同株．胞子嚢は 1〜数本生じ，柄は赤褐色，長さ約 4 cm 内外，本体はななめにつき，円柱状で曲がり，褐色．ふたはふくれて，先に細長くとがった突起を持つ．帽子には毛がない．1. 全形．2. 葉．3. 葉の中央脈部の横断面．4. 胞子嚢．

4836. コスギゴケ（カギバニワスギゴケ）　〔スギゴケ科〕

Pogonatum inflexum (Lindb.) Sande Lac.

アジアに分布し，人家の庭や山地のやや陰地の土上に最も普通にみられるもので，群生する．植物体は灰白色を帯びた緑色，茎は枝分かれせず直立し，高さ約 3 cm 前後．乾くと著しくかぎ状にちぢれ互いにからみ合うようになる．広卵形の基部から上は披針形，先は尖り，基部から上のへりにはきょ歯を持つ．中央脈（中肋）は葉の先端にまで達し，背面の中央部以上に歯がある．葉の表面のラメラは多数で，ほとんど葉の幅全部をしめ，約 6 細胞の高さ，頂端細胞は幅広くて上面は平らかややふくらむ．雌雄異株．雌の苞葉は葉とほぼ同じ．胞子嚢の柄は赤褐色で長さ 3 cm 前後，胞子嚢本体は円筒状で表面にはごく小形の乳頭のあることが多い．帽子は淡褐色で白い毛を密生し本体をほぼ全部包む．〔日本名〕鈎葉庭杉ゴケは乾くと葉がかぎの手にちぢれるから．1. 全形（右は雌株，左は雄株とその先端部にある雄花盤上面観）．2. 葉の表面と裏面．3. 葉の表面のラメラの横断面．4. 帽子．

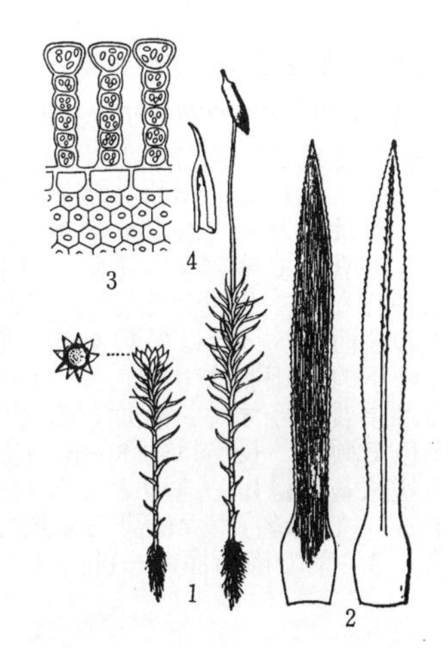

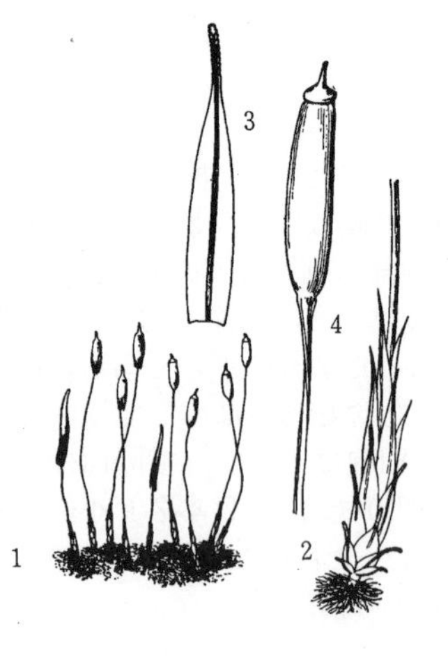

4837. ハミズゴケ（ハミズニワスギゴケ）〔スギゴケ科〕

Pogonatum spinulosum Mitt.

東アジアに広く分布し，国内では北海道から九州の陰地の土上に群生する．地上には濃い緑色をした原糸体を一面にのばし，ところどころに胞子体を出す．茎はごく短く数 mm 程度，枝分かれせず少数の葉を密につけ，葉は直立する．下部の葉は小形の鱗片状で広卵形，上部のへりにはきょ歯があり，中央脈（中肋）は葉の先より突出する．上部の葉は披針形，先端はとがり，先端のへりにはきょ歯があり，中央脈は先端から突出する．葉の表面はなめらかでひだを持たない．雌雄異株．雌の苞葉は長楕円状の披針形で，へりは内側に捲き中央脈は著しく突出する．胞子嚢の柄は黄色を帯びた赤色で，直立した表面はなめらか，高さ 2〜4 cm．本体は直立し円筒形．帽子は大形で灰白色を帯びた黄褐色で，白色の毛がほぼ胞子嚢の全体を包む．雄株はごく小形で茎はほとんどない．〔日本名〕ほとんど茎葉が発達しないので葉を見ずの意味である．1. 全形．2. 全形の下部．3. 雌苞葉．4. 胞子嚢．

4838. コセイタカスギゴケ（チヂレバニワスギゴケ）〔スギゴケ科〕

Pogonatum contortum (Brid.) Lesq.

アジアおよび北米西部に離れて分布し，山林内の陰地に群生する．植物体は濃い緑色で，長さ約 8 cm 前後，下部は曲がって上部は直立し，枝分かれしない．茎の下半部はほとんど葉をつけず，また基部には仮根がでる．葉はやや密につき，乾けばねじれて縮み，湿ると水平または斜めに開く．基部は広卵形で葉身部は披針形，先端はとがり，へりは基部から鋭いきょ歯がある．中央脈（中肋）は葉の先端の直下まで達し，背面上部には歯がでている．葉の表面のラメラは多数で，葉の幅の約 3/4 をしめ，横断面では約 3 細胞の高さ，頂端細胞は半円形でなめらかである．雌の苞葉は基部が著しく長く，へりには多数のきょ歯を持つ．胞子嚢の柄は濃い茶色で，長さ約 3 cm，なめらか．本体は楕円状の円筒形で表面には微小な乳頭状突起が多数にあり，乾いてもしわができない．1. 全形．2. 乾燥状態．3. 葉．4. 葉の上部の背面．5. 葉の表面のラメラの横断面．6. 胞子嚢．

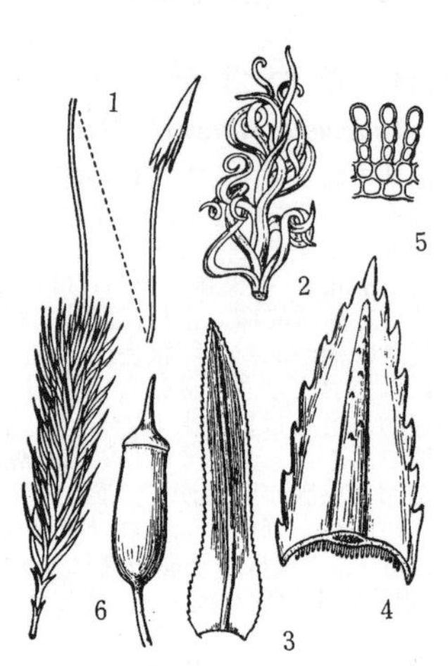

4839. セイタカスギゴケ（オオバニワスギゴケ）〔スギゴケ科〕

Pogonatum japonicum Sull. et Lesq.（*P. grandifolium* (Lindb.) A.Jaeger）

東アジアに分布し寒冷地を好む種類で，主に針葉樹林内の腐植土上に群生する．植物体は濃い緑色でしばしば褐色を帯び，茎はときに 2〜3 の枝をだし，硬く，長さ 12 cm 前後．茎の下部は葉がないが仮根がでる．葉は密につき，乾けばちぢれるが，長さは約 18 mm となる．基部は広卵形で短く，茎を包むようにつく．葉身部は長い披針形で，先端はとがり，基部以上のへりにはするどい大形のきょ歯を持つ．中央脈（中肋）は葉の先から少し突出し，背面の上部には歯がある．葉の表面のラメラは多数でほとんど葉の幅全体にわたっており，横断面では 3〜5 細胞の高さ，頂端細胞は 1〜2 個で乳頭状突起がある．雌の苞葉は葉よりも短く，基部は半透明．胞子嚢の柄は短くて約 1.5 cm 前後．胞子嚢は直立し，円筒形で稜がない．帽子はほとんど本体を包んでいる．1. 全形．2. 葉の拡大．3. 葉の表面のラメラの横断面．

4840. ウマスギゴケ〔スギゴケ科〕

Polytrichum commune Hedw.

世界各地に広く分布し，山地の直射日光の当たる湿地に群生する．苔庭に多用される．植物体は濃い緑色で著しく長く通例 10 cm 以上に達する．茎はほとんど枝分かれせず硬く，基部には仮根が密生する．葉は乾くと直立して茎によりそい，楕円形でさや状の基脚部と，披針形の葉身部からなり，先端はとがる．葉身部のへりと背面とにはきょ歯がある．葉の表面のラメラは多数あり，横断面で 5〜8 細胞の高さで，頂端細胞はその下方の細胞より幅広く，中央にはくぼみがある．雌雄異株．雌の苞葉は膜質でうすく，表面にひだを持たない．胞子嚢の柄は黄色を帯びた赤色で硬く，長さは約 8 cm，胞子嚢本体は直立するか水平につき，四角柱状，基部ははっきりとくびれ，ふたは短い．帽子は黄褐色で毛を密布する．〔日本名〕ウマは恐らく馬でこの類中大形であるため．1. 全形．2. 葉．3. 葉の横断面の一部．4. 胞子嚢．

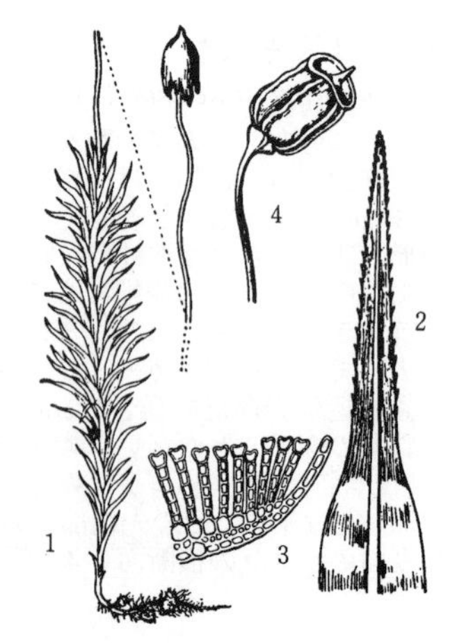

4841. カカエバスギゴケ（スギゴケ）　〔スギゴケ科〕

Polytrichum juniperinum Willd. ex Hedw.

ほとんど世界各地に広く分布するもので，日本では主としてハイマツ帯から針葉樹林帯，時に山地にも生育し，湿土上ないしは沼辺などに群生する．植物体は緑～黄褐色で，茎は直立し高さ約 6 cm 前後，下部は葉を持たず仮根を多数に出し，枝分かれをしない．葉の基脚部は広楕円形で著しく中くぼみとなり，葉身部は披針形で先端はとがり，へりは膜質全縁で内側に折れ曲がって表面のひだをおおうようになる．中央脈（中肋）は葉の先端から突出して赤褐色の芒状となり，背面には少数の歯がある．葉の横断面ではラメラは多数あり，4～8 細胞の高さで頂端細胞は先端部の膜が厚くなってとがる．雌雄異株．胞子嚢は茎の先端に 1 個生じ，柄は赤色で長さ 2～5 cm．胞子嚢本体は四角柱状で，口は丸く，ふたは扁平な円形で長い突起がある．雄株は茎の先端にオレンジないしは赤色を帯びた苞葉が集まり，雌株よりやや小形である．本種を単にスギゴケとよぶことが多いが，この名はこの類一般がスギの枝に似た形を示すことによって付いた名であって，特に本種だけに限定するのは当を得ないから旧版以来の名を踏襲した．1. 全形．2. 葉．3. 葉とラメラの横断面．4. 胞子嚢．

4842. ヨツバゴケ　〔ヨツバゴケ科〕

Tetraphis pellucida Hedw.

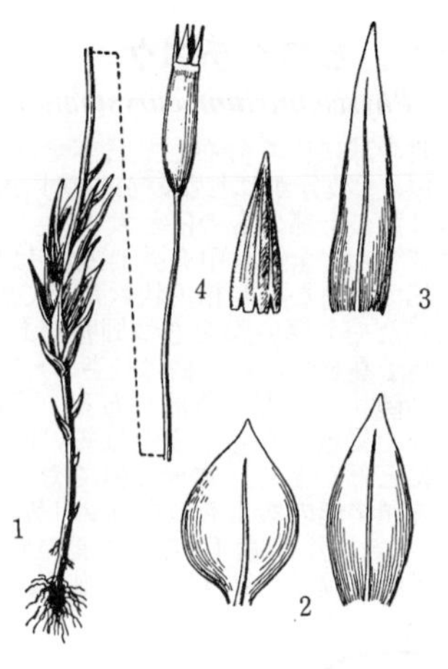

ヨーロッパ，北アメリカからアジアにかけて広く分布し，林内の腐木上に群生する．植物体は直立し，赤褐色，高さ約 3 cm，枝分かれはほとんどしない．茎の下部につく葉は鱗片状になり卵形，上部のものは卵状披針形で先端はとがる．いずれも扁平で，へりは全縁．中央脈（中肋）は葉の先端の直下にまで達し，葉の細胞はなめらかである．群落の大きさによって性表現が変化する．雌苞葉は葉よりも長く，幅も狭い．胞子嚢は若いときは緑色で先端部は赤色，熟すと赤色を帯びた褐色となり，円柱状，長さは種々に変化する．ふたは円錐形でとがる．帽子は長く，上部は褐色，縦にいくつかの溝を持ち，基部は裂ける，さく歯は 4 枚あり，褐色で三角形．ときに株によっては茎の先端部に無性芽を持つものがある．〔日本名〕四歯ゴケでさく歯の 4 枚あることにより，四葉ゴケではない．1. 全形（ほぼ自然大）．2. 葉（左は下部のもの，右は上部のもの）．3. 雌苞葉．4. 帽子．

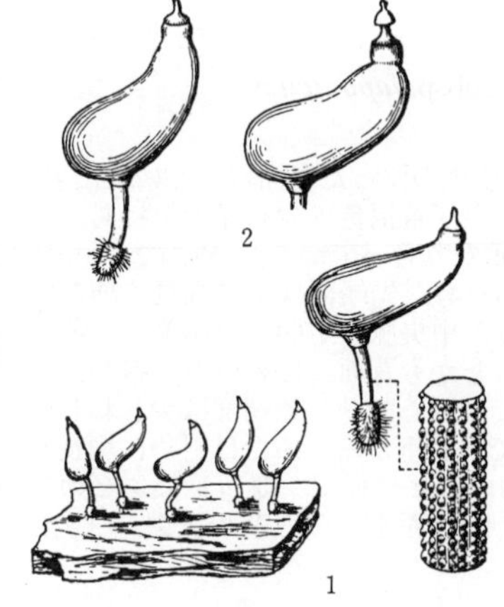

4843. クマノチョウジゴケ　〔キセルゴケ科〕

Buxbaumia minakatae S.Okamura

シベリア，東アジア，北米東部に分布するが，産地は比較的まれである．山林内の朽木上に散生し，配偶体はほとんどみえないくらいに小さいが，秋から冬にかけて胞子体ができる．胞子嚢の柄はごく短く，2.5～3.0 mm，表面には多数の乳頭状突起を持つ．直立して，赤褐色，基部に多数の仮根がある．本体は水平ないしは斜めにつき，長卵形，赤褐色ないし黄緑色で，約 5 mm 前後の長さがあり，幅は 1.5～2.0 mm，先端部はとがって通例上側を向く．その腹面はふくれ，上面はやや平らとなり，両面の境にかどはない．帽子はごく小形でわずかにふたの部分のみを包む．本種に似て，主として砂質土上や腐植土上に生じ，胞子嚢の柄の長さ 1 cm 前後で，胞子嚢に稜があって上面が平らとなるものがあり，キセルゴケ *B. aphylla* Hedw. という．北半球のやや寒い地方に広く分布する．キセルゴケ属は胞子体ができなければ発見が困難．1. 全形，2. 3 個の胞子嚢と柄の拡大．

4844. イクビゴケ（チャイロイクビゴケ）　〔イクビゴケ科〕

Diphyscium fulvifolium Mitt.

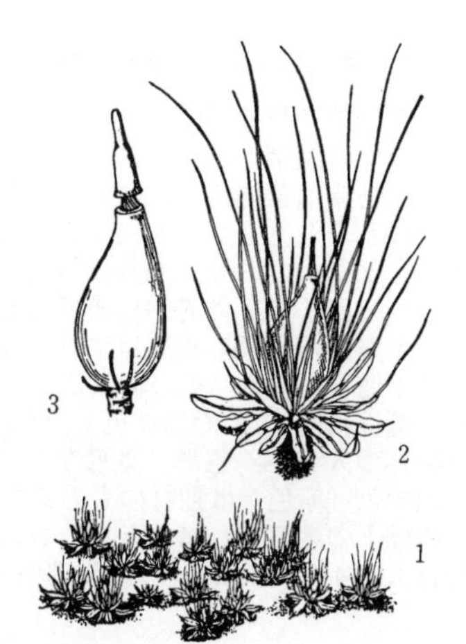

アジアに分布し，低地から山地の土上に群生する．植物体は濃緑色，茎はきわめて短く 1～2 mm 位で葉は平らたく開いて群がりつく．茎の下部の葉は小形，上部のものは大形で長楕円状の披針形，少し中くぼみとなり先端はとがる．へりはほとんど全縁，少し波状になることがある．中央脈（中肋）は明瞭で，茎の下部の葉では先端のすぐ下にまで達するが，上部の葉では葉の先端から長くつき出る．葉の細胞は表面および裏面ともに乳頭状の突起を持ち不透明となる．雌雄異株．雌苞葉は中央脈が著しく長くのびて芒状となり，内部の苞葉では芒部のつけ根近くのへりには 2～3 の長い毛がある．胞子嚢は雌苞葉の間に埋まって生じ長さ約 5 mm，柄はなくやや卵形の袋状でふくらむ．口は狭まり，ふたは円筒形で先は細くとがる．〔日本名〕胞子嚢に柄がないのを，イノシシの頭部では頸が短いのに見立てて猪首ゴケとしたものである．1. 全形，2. 全形の拡大．3. 胞子嚢．

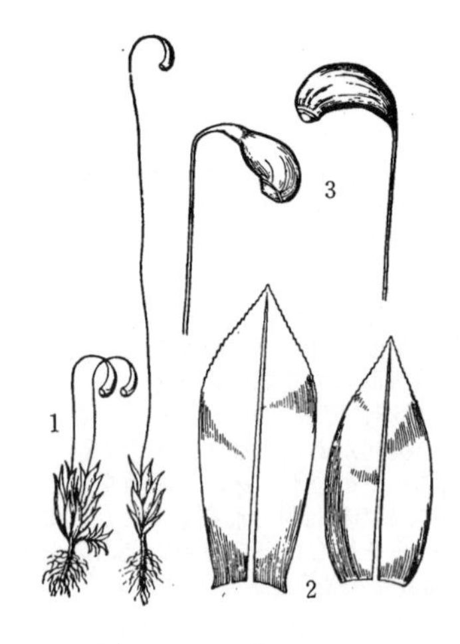

4845. ヒョウタンゴケ　〔ヒョウタンゴケ科〕

Funaria hygrometrica Hedw.

世界各地に広く分布し，土上に生育し，とくにたき火跡を好む．淡緑色でしばしば群生する．茎は短く，長さ 3〜10 mm，通例枝分かれしない．葉は茎の基部では小形であるが，茎の頂部には大形の葉が密につき，乾くと少しちぢれて集まる．葉の形は変化が多いが，通例は卵状楕円形，先端は尖り，へりは全縁かまたは中央部から上にだけ，細かいきょ歯がある．中央脈（中肋）は葉の先端に達する．胞子嚢の柄は長さ 2〜10 cm，はじめは黄色であるが，熟すと赤色を帯び，乾燥するとねじれる．胞子嚢は西洋ナシ状で，黄色または赤色を帯びた褐色となり，熟すと胞子嚢のすぐ下から柄が急に曲がってななめかまたは下向きに垂れる．ふたは平たい円錐形．生理学の実験材料としてよく用いられる植物である．〔日本名〕胞子嚢のいびつな形による．1. 全形．2. 葉．3. 胞子嚢（左は乾燥したもの）．

4846. ヒロクチゴケ　〔ヒョウタンゴケ科〕

Physcomitrium eurystomum Sendtn.

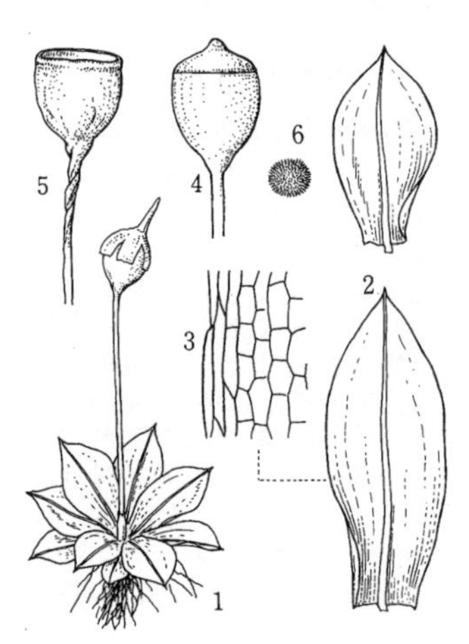

北半球に広く分布し，日本全国の畑地や土の軟らかい裸地に群生する．茎はごく短く，枝分かれしないか，わずかに下方で分かれ，葉は軟らかくて乾くと閉じる．葉は茎の上部のものほど大きく，長さ約 4 mm，楕円形で先はしだいに尖り，ふちはほとんど全縁．中央脈（中肋）は葉の先端から短く突出する．葉の細胞は大きく，中部で六角ないし楕円状六角形で膜は薄く，ふちには 1〜2 列の線形で，黄色に着色したやや厚い膜をもつ細胞がある．葉の基部の細胞はやや長い．雌雄同株でよく胞子嚢をつける．柄は長さ 5〜10 mm，胞子嚢は直立して長さ約 1 mm の球形ないし碗状，下方に首部がある．若いときは黄緑色であるが，熟すとオレンジ色を帯びた褐色となる．ふたは短い円錐形，さく歯はない．胞子は黒っぽい褐色で表面にとげがある．本種に似てやや大形，葉の中央脈は葉頂下で終わり胞子は褐色で乳頭突起のあるものをコツリガネゴケ *P. japonicum* Mitt. と呼ぶが区別は難しい．〔日本名〕広く開口する胞子嚢の形から．1. 全形．2. 葉．3. 葉の中部葉縁．4. 胞子嚢（湿ったとき）．5. 胞子嚢（乾いてふたの取れた状態）．6. 胞子．

4847. エビゴケ（イワマエビゴケ）　〔エビゴケ科〕

Bryoxiphium norvegicum (Brid.) Mitt. subsp. ***japonicum*** (Berggr.) A.Löve et D.Löve

東アジアから東南アジアにかけて分布し，陰地の湿った岩面（とくに火山岩）に群生し，垂れ下がる．植物体は緑色を帯びた淡黄褐色，少し光沢を持ち，長さは約 2 cm．葉は 2 列になって，茎を包み重なり合ってつき，（附図 2），長楕円状披針形で著しく中くぼみとなり（附図 3〜4），先端部は急に細長く伸びて尖り，この部分のへりには少しきょ歯があり，中央脈（中肋）は明瞭で，茎の上部にある葉では著しくのびて芒状となり，しかも背面には狭い翼を持つ．胞子嚢は茎の先端に 1 つ生じ，苞葉は披針形で細長くのび，先端部は少しねじれる（附図 5）．柄は曲がり，胞子嚢は楕円体で垂れ下がる．ふたは斜めに細長くのびる．〔日本名〕エビゴケは植物体が動物のエビに似て，雌苞葉はエビのひげのようであることによる．1. 全形．2. 胞子嚢をつけた茎の先端．3，4. 葉の側面．5. 雌の苞葉の側面．6. 帽子．

4848. ホソバギボウシゴケ　〔ギボウシゴケ科〕

Schistidium strictum (Turner) Loeske

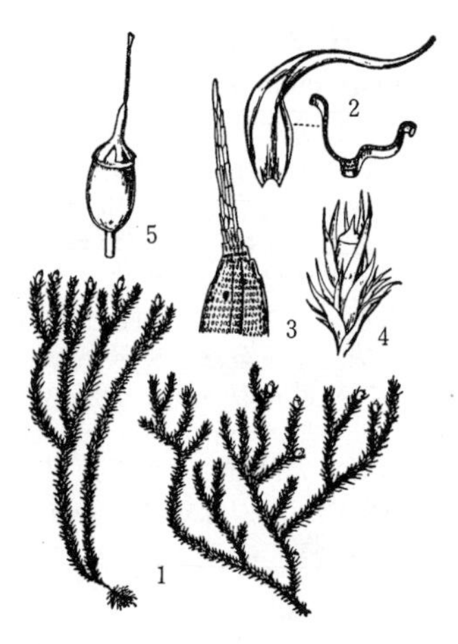

全世界の温帯から寒帯に広く分布するもので，日本では各地の岩上に群生する．植物体は黄緑色または濃い緑色で，先端部は灰白色を帯びる．茎は多数に枝分かれをし，長さ 1.5〜3 cm．葉は卵状披針形で中くぼみとなるが，先端部は長くとがっており，へりは外側に巻き，全縁である．中央脈（中肋）は葉の背面に突出して葉の先端にまで達し，葉の先端部にわずかにきょ歯を背面に持つことがある．葉の細胞はすべて厚膜細胞である．雌雄同株．胞子嚢は枝の先端に 1 個ずつつき，その柄はごく短く，胞子嚢全体が苞葉の間に埋もれている．胞子嚢は楕円体，ふたは赤色で円形，中央にするどい突起を持つ．さく歯は赤色．植物体の大きさ，色調，葉形などは著しく変化するが，胞子嚢のふたおよびさく歯の色（赤色）は独特のものである．〔日本名〕擬宝珠ゴケで，胞子嚢の形を，橋の欄干のぎぼうしにたとえたもの．1. 全形．2. 葉と横断面．3. 葉の先端の拡大．4. 葉の間に埋もれた胞子嚢．5. 帽子をつけた胞子嚢．

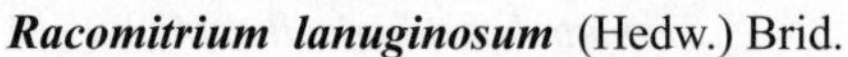

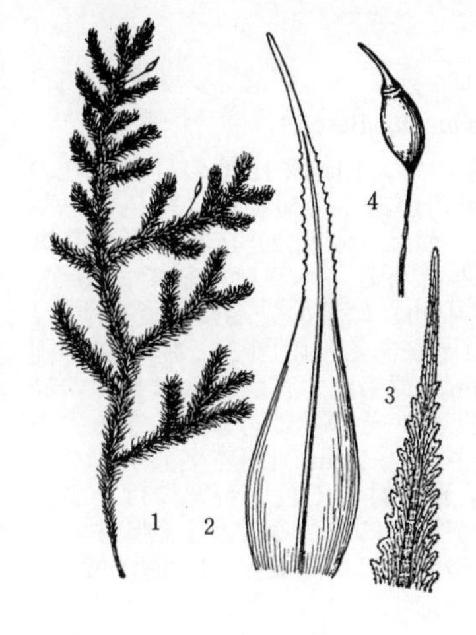

4849. シモフリゴケ（タカネシモフリゴケ）　〔ギボウシゴケ科〕

Racomitrium lanuginosum (Hedw.) Brid.

世界各地に広く分布し，高山の岩上または地上に群生する．植物体は濃い緑色または黄褐色で，しばしば灰白色を帯びる．茎は多数枝分かれをし，この他短枝を茎の側面に多数に持っている．茎の長さは種々変化するが，約 15 cm 内外．葉は密につき，乾くと波状にちぢれる．卵状披針形で先端部は長く毛状にのびて透明であり，ここではへりにはきょ歯を持ち下部では少し捲いて，全縁で表面には乳頭状の突起がある．中央脈（中肋）は葉の先端の透明な部分にまでのびている．葉の細胞は厚膜細胞からなる．雌雄異株．胞子嚢の柄は短く，約 4 mm の長さ，表面には小さな乳頭状突起があり，黒褐色である．胞子嚢自体は卵状楕円形．帽子は細長く尖り，先端には細かい突起がある．〔日本名〕霜降ゴケの意味で，灰白色の色彩がまじるのを霜の降りたのにたとえている．1. 全形．2. 葉（開いたもの）．3. 葉の先端部の拡大．4. 胞子嚢．

4850. エゾスナゴケ（スナゴケ，ウスジロシモフリゴケ）〔ギボウシゴケ科〕

Racomitrium japonicum (Dozy et Molk.) Dozy et Molk.

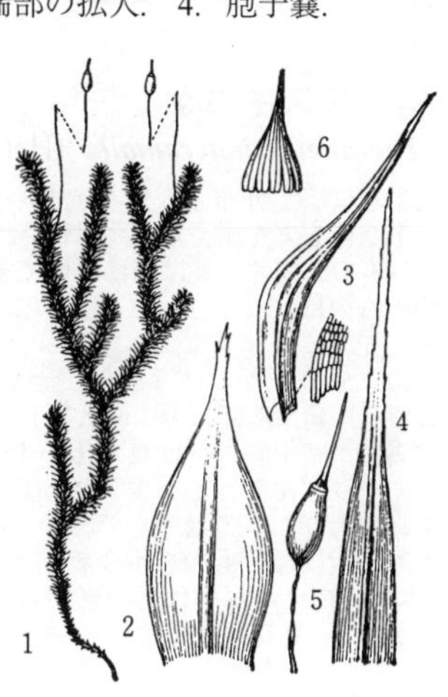

広く各地に分布するがシモフリゴケよりはより低い所の岩上や地上（砂礫質のところ）に芝生状に群生する．植物体は濃緑色～黄褐色で上部は灰白色を帯びることが多い．茎は多数に枝分かれをして直立するかまたは下部は横にはうことがあり，長さ 3 cm 内外．葉は密につき，広卵状披針形で中くぼみとなり，少し曲がる．先端部は細長くとがり，へりには白色で小さなきょ歯がある．中央脈（中肋）は明らかで先端にまで達する．葉の細胞は厚膜細胞で，しかも表面には乳頭状突起を持つ．胞子嚢は卵状楕円体，なめらかな柄があり，ふたは細長くとがる．帽子の先は尖り，基部はいくつかの裂け目ができる．シモフリゴケは細胞に乳頭状突起を持つこと．葉形その他によって容易に区別される．シモフリゴケ同様に極めて変化に富む．スナゴケ属は日本に 14 種が知られている．1. 全形．2. 葉(開いたもの)．3. 自然状態の葉．4. 葉の先端部．5. 胞子嚢．6. 帽子．

4851. ホウオウゴケ（オオバホウオウゴケ）　〔ホウオウゴケ科〕

Fissidens nobilis Griff.（*F. japonicus* Dozy et Molk.）

熱帯から温帯アジアに分布する大形のコケで扁平な体型で目立つ．陰地の湿った岩上や土上，とくに沢沿いに群生し，植物体は暗緑色で基物から斜めに立つ．茎はほとんど枝分かれせず長さ約 6 cm，葉は 2 列に羽状につき，披針形,先端は尖り長さは約 6 mm．葉の中央脈（中肋）は先端のすぐ下にまでのび，葉は中央脈下半部の一側で 2 裂して茎を包み（附図 2），へりは 2 層の細胞からなり暗く見え，大小不同のきょ歯がある．胞子嚢（附図 3）は円筒状で少し曲がり，柄は約 1 cm 位の長さ，胞子嚢のふたは円錐形で長く尖る．本種よりもやや小形で葉がより密につき，葉のへりは一層の細胞からなり重きょ歯をもつものがあり，トサカホウオウゴケ *F. dubius* P. Beauv. といい，日本各地にみられる．〔日本名〕植物体の形の端正さによるもので，想像の鳥，鳳凰の尾羽に見立てたもの．日本にはホウオウゴケの種類は 42 種が知られている．1. 全形．2. 葉および葉の横断面の形．3. 胞子嚢．

4852. ヤノウエノアカゴケ（ムラサキヤネゴケ）　〔キンシゴケ科〕

Ceratodon purpureus (Hedw.) Brid.

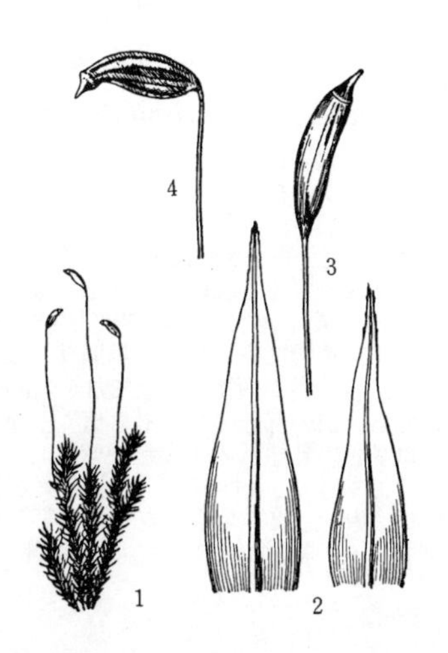

主として人家近くの地上，草ぶき屋根や湿ったコンクリート上に群生する．植物体は緑色またはしばしば赤紫色を帯びる．茎は直立してわずかに枝分かれをし，高さ約 0.5～1 cm．葉はわずかに重なり合ってつき，乾けばねじれるが，長楕円状の披針形（附図 2），先端は尖りへりは全縁で，外側に捲くが先端部では開き，わずかにきょ歯を持つ．中央脈（中肋）は厚く葉の先端にまで達している．雌の苞葉は葉よりも長く，淡緑色．胞子嚢の柄は紫色を帯びた赤色または黄色で光沢があり，長さは約 4 cm．胞子嚢は斜めにつき赤色を帯びた褐色，楕円形で少し曲がり（附図 3），乾くと 4～5 の縦じわができる（附図 4）．ふたは短い円錐形で，さく歯は濃い赤色．〔日本名〕しばしば草ぶき屋根に群生するところからつけられたものであるが，胞子嚢の柄が熟すると美しい赤色であることが著しく，胞子嚢がたくさん林立したときは屋根が赤紫に見えるくらいである．1. 全形．2. 葉．3. 胞子嚢（自然状態）．4. 乾いた胞子嚢．

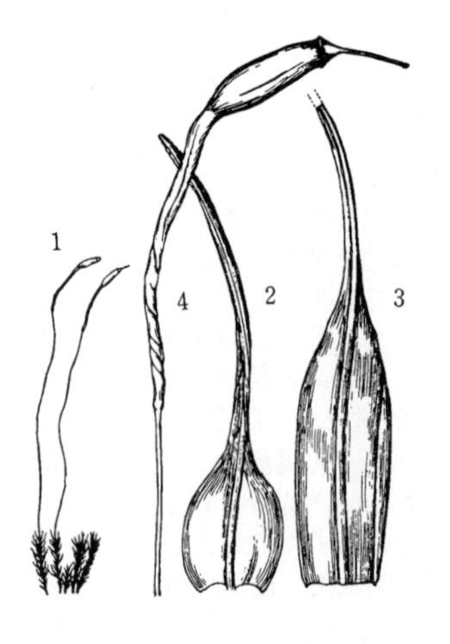

4853. ユミダイゴケ（カマガタナガダイゴケ）　〔シッポゴケ科〕

Trematodon longicollis Michx.（*T. drepanellus* Besch.）

アフリカを除く全世界に広く分布するもので，田畑や山地の日当たりのよい地上に群生する．火事のあとを好む傾向がある．植物体は緑色で，茎は直立し，ほとんど枝分かれせず約 8 mm．葉は（附図 2）広楕円形の基脚部から急に狭まって尾形になり，中くぼみとなる．へりは全縁であるが，先端部はわずかにきょ歯を持つ．中央脈（中肋）は葉の先端にまで達する．雌雄同株．雌の苞葉の基脚は長方形で長い尾がある（附図 3）．胞子嚢は円筒形で，少し鎌状に曲がり，長さは約 2 mm，黄褐色，首の部分は長くのびて（約 7 mm となる），乾くとねじれ（附図 4），その下は急に細くなる．ふたは細長くのびる．柄はまっすぐに立ち長さ 1.5～2 cm．〔日本名〕ナガダイゴケは胞子嚢の基部が細長く伸びて，胞子嚢に対して長い台をつけたようであることによる．カマガタは胞子嚢の形が鎌形に曲がることを意味する．1．全形．2．葉．3．雌苞葉（胞子嚢の柄のもとにある葉）．4．胞子嚢．

4854. ススキゴケ　〔シッポゴケ科〕

Dieranella heteromalla (Hedw.) Schimp.

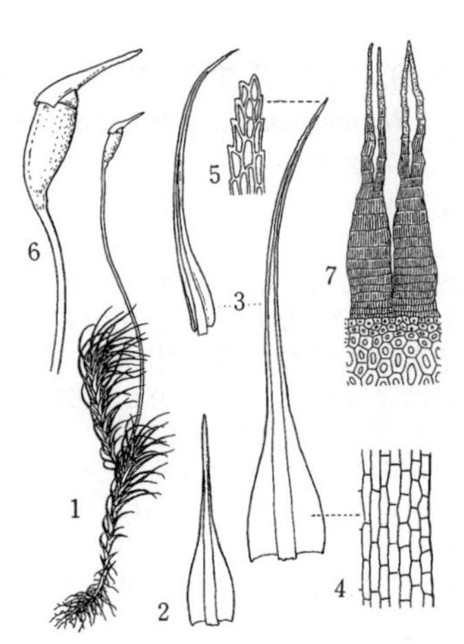

北半球に広く分布し，日本全国の土上に緑色で光沢のある密な塊をつくる．酸性の強い土壌にもよく耐える．茎は高さ 1 cm，あるいはそれ以上になることもあるが，ふつうはもっと短く，葉は密について多くは一方に鎌形に曲がる．下方の葉は長三角形，上部のものほど長くなり 2.5 mm に達し，三角状の基部からしだいに細まり，長くへこんだ先端に移行する．ふちはふつうきょ歯があり，中央脈（中肋）は葉の基部では葉幅の 1/5～1/3 部ではほとんど全部を占め，背面で細胞の角は突出する．葉身細胞は平滑で長四角，基部に近づくと細長くなる．基脚部の両翼の細胞はあまり分化しない．雌雄異株．胞子嚢の柄は長さ 10～15 mm，若い時は弓状に曲がり，平滑で黄色．胞子嚢はややひずんだ卵形で少し傾き茶色．さく歯は半以上で 2 裂し，上部は黄色く乳頭状突起があり，下方は赤くて細かい縦縞がある．本種に似て葉の基脚部から上が急に細まり芒状になるものをホウライオバナゴケ *D. coarctata* Bosch et Sande Lac. という．〔日本名〕ススキゴケは葉の形から名付けられた．1．全形．2．下部の葉．3．中上部の葉．4．葉身中部の葉．5．葉先の細胞．6．帽子を被った胞子嚢．7．さく歯．

4855. フデゴケ　〔シッポゴケ科〕

Campylopus umbellatus (Schwägr. et Gaudich. ex Arnell) Paris

アジア，オセアニアに産し，日本では本州以南，小笠原諸島などの乾いて日当たりのよい土上，岩上に大きな塊をつくって生える．上部は黄緑，下方は黒味を帯びる．茎は高さ約 5 cm 内外，直立してまばらに枝分かれし，生殖器がないと先は尾状に細るが，生殖器がつくと茎頂は葉が密集してキクの花のようになる．葉は乾くと茎に密着し，湿ると開く．長さ 3～4 mm，長卵状披針形の基部から芒状にのび，先は透明で鋭い歯がある．中部のふちは腹側へ巻き込む．中央脈（中肋）は基脚部で葉の幅の 1/3 を占め，中部では背側は細胞が突出し，横断面では中央の大形の細胞列の背腹に著しく厚膜な細胞の列があることが多い．葉身中部の細胞は菱形，下部では広い長方形で両翼の細胞は分化する．雌雄異株．胞子体は 1 茎に 3～4 個．柄は長さ 5～6 mm で強く曲がり，胞子嚢は下垂して茶色，下に乳頭突起の密生した首部がある．ふたには長いくちばしがあり，帽子の下部はふさ状に裂ける．さく歯は基部近くまで 2 裂して，各片は針形，基部近くまで乳頭突起が密生する．〔日本名〕乾いて葉が密着した植物体の形から．1．全体．2．葉．3．葉の中部の横断面．4．葉の中部の細胞．5．葉先の細胞．6．帽子を被った胞子嚢．7．さく歯．

4856. チヂミバコブゴケ　〔シッポゴケ科〕

Onchophorus crispifolius Lindb.

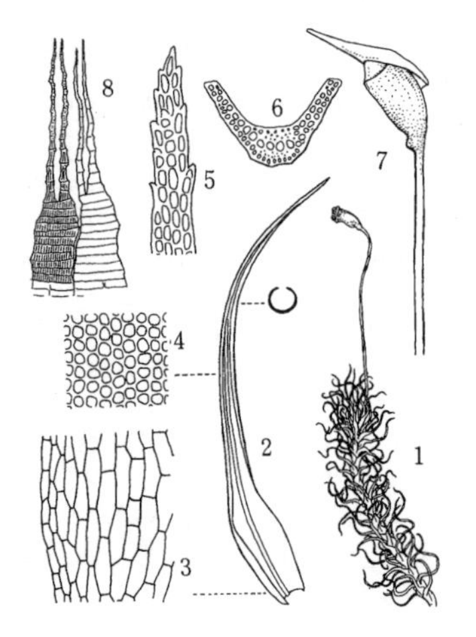

アジア大陸に分布し，日本では本州から九州の岩上に暗緑色の小さな塊をつくる．茎はわずかに枝分かれして高さ 5～10 mm，葉は密生して乾くと著しくちぢれる．基部は楕円形で，中部の葉ではしだいに，上部の葉では急に細くのびて中へ巻いた芒状部に移行し，長さ 3～4 mm．葉のふちは上部では小さなきょ歯があり，中央脈（中肋）は基脚部で厚くて幅は狭く，上部は先端に達する．葉身の細胞は中上部で 2 層からなり方形で厚角なため丸みを帯び径 5～10 mm．鞘状の基部では 1 層で細い長方形で膜は薄く，透明にみえる．雌雄同株．雌苞葉は茎上部の葉と似るが，鞘状部はさらに大きい．胞子嚢の柄はわら色で 3～5 mm．胞子嚢は長さ 1～1.5 mm，ゆがんでやや弓状に傾き，口の部分の径が最も広く，下部の一側にはコブ状の突起がある．さく歯は上部は黄色で乳頭状の微突起が密生し，下方 2/3 は縦縞となり赤褐色で目立ち，半以下まで 2 裂する．〔日本名〕乾くと葉が捲縮し，胞子嚢の下にコブ状突起があることでつけられた．1．全形（乾いた状態）．2．葉．3．葉の基部の細胞．4．葉の中部の細胞．5．葉先の細胞．6．葉の中部の横断面．7．帽子を被った胞子嚢．8．さく歯．

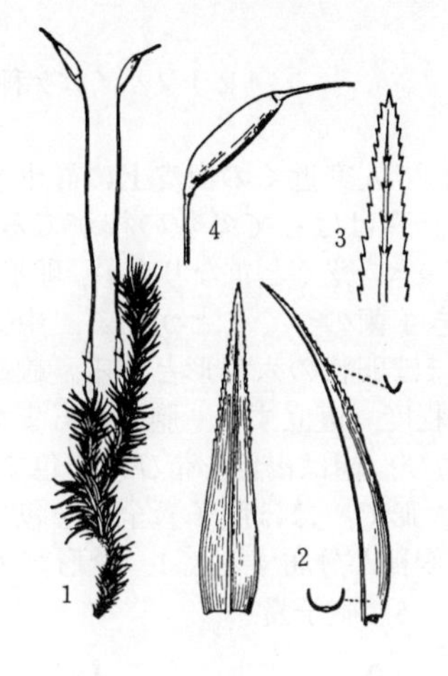

4857. オオシッポゴケ（ナガミシッポゴケ）　〔シッポゴケ科〕

Dicranum nipponense Besch.

アジアに分布し，主として山林内の地上に群生する．植物体は緑色でやや大形，約 7 cm に達する．葉は密につき，乾くと茎の一方に重なり合うようになる．楕円状披針形，基脚部はさほど明瞭ではなく，長さ 5〜6 mm，少し弓状に曲がり，基部から次第に中くぼみとなり上部では著しくなる．へりには中央部から上に鋭いきょ歯を持ち，中央脈（中肋）は明瞭でほぼ葉の先端近くにまで伸び，背面の上部には 2 列にきょ歯を持つ．胞子嚢の柄は 3〜4 cm で黄褐色．胞子嚢は楕円体で直立するかまたは斜めにつき，長さ約 4 mm で褐色を呈し，ふたは細長くとがる．シッポゴケとは葉が楕円状披針形で基脚部が発達していないこと，および葉がさほど弓状に曲がらないことによって区別される．1. 全形．2. 葉（右は自然状態，左は開いたもの）．3. 葉の上部の背面．4. 胞子嚢．

4858. シッポゴケ（オオシッポゴケ）　〔シッポゴケ科〕

Dicranum japonicum Mitt.

東アジアに分布する種で山地の土上に群生する．茎は真っすぐに立ち，高さは約 5 cm でほとんど枝分かれしない．植物体は黄緑色で少し光沢があり，密に葉がつき，乾けば全方向に開出し，茎にある白い仮根がよく目立つ．葉はほぼ楕円形で直立した基脚部から弓形に曲がって長い線状となり，長さは約 1 cm，中央部より上のへりにだけきょ歯がみられる．中央脈（中肋）は明瞭で葉の先端のすぐ下にまで達し，背面の上部には鋭いとげがあるのはよい特徴である．雌雄異株．雌苞葉は広卵形でほとんど全縁．胞子嚢の柄は茎の横に 1 本生じ，赤色で長さは約 4 cm．胞子嚢は円柱状で長さ約 3 mm，少し曲がり，表面はなめらかで，ふたは長く尖る．シッポゴケ属のものは日本に約 20 種が知られている．〔日本名〕植物体の様子が動物の尾に似ていることによる．1. 全形．2. 葉（右は開いたもの）と横断面の形．3. 葉の上部．4. 胞子嚢．

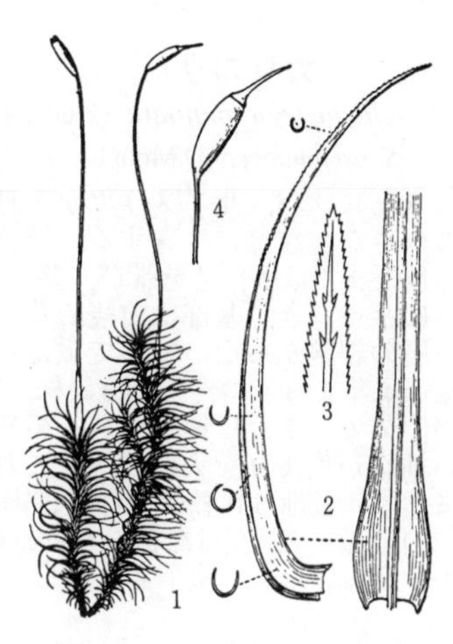

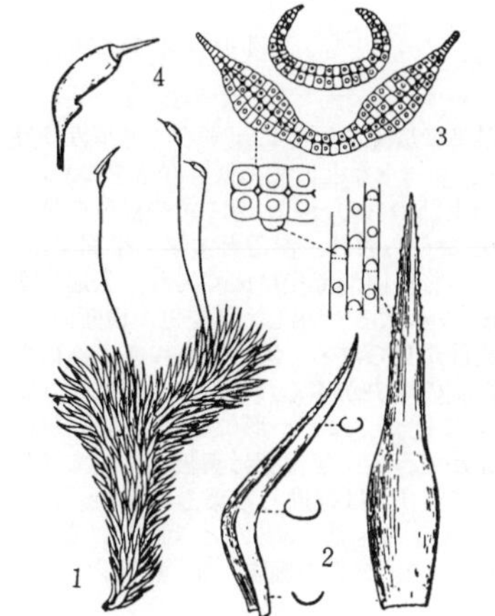

4859. オオシラガゴケ（オキナゴケ，トラゴケ）　〔シラガゴケ科〕

Leucobryum scabrum Sande Lac.

本州以南から中国，アジア南部にかけて分布する種で，山林内の地上や岩上，または木の根元などに群生し灰緑色のかたまりとなる．植物体は長さ約 5 cm，わずかに枝分かれをする．葉は密につき長さは約 1 cm，長楕円形の基脚部と披針形の葉身部からなり，へりは内側に多少巻きこみ，上部のへりにはきょ歯があるが，中央脈（中肋）は葉の幅のほとんどを占める．葉の背面の細胞には表面に乳頭状の突起がついている．葉の横断面でみると中央では小形方形で葉緑体を持つ細胞が 1 列にあり，その上下には 2〜3 列に大形の葉緑体を持たない透明な細胞を伴うが，葉のへり近くでは，5〜6 列の細胞列の中で小形の透明な細胞は 1 層となっている．雌雄異株．苞葉は強くさや状に巻き，披針形，先端は鋭く尖る．胞子嚢はやや赤色で長さ約 2 cm の柄を持ち，胞子嚢は円柱状で少し曲がり，基部に小形の突起がある．〔日本名〕白髪ゴケは植物体が灰白色を帯びることからつけられたもの．翁ゴケも同じ見方である．虎ゴケは江戸時代についた最も古い名である．1. 全形．2. 葉（左は自然状態，右は開いたもの）．3. 葉の横断面．4. 胞子嚢．

4860. サヤゴケ（ヒメハイカラゴケ）　〔ヒナノハイゴケ科〕

Glyphomitrium humillimum (Mitt.) Cardot

日本，朝鮮半島，中国に分布し，主として人家近くの樹皮に着生し群生．植物体は濃い緑色で，茎はほぼ直立し，まれに枝分かれをし，長さ 5 mm 前後．葉は密につき，乾くと重なって茎に密着し，線形から披針形，長さは約 1 mm 前後，先端はとがり，へりは全縁，少し背面に捲く．中央脈（中肋）は葉の先端近くまで達し，背面にふくれている．細胞膜はうすい．雌雄同株．胞子嚢は茎の先端につき，雌の苞葉は強くさや状に捲き柄を包み，長さ約 3 mm に達する．柄は黄色を帯び，約 2 mm 前後の長さでなめらか．胞子嚢は直立し，楕円形，淡黄色，下部には気孔がある．ふたは円錐形で尖った突起を持つ．さく歯は約 16 個，乾くとそりかえり，オレンジ色．帽子はほぼ胞子嚢全体を包み，基部は大体 4 つに割れ，しかも全体に縦じわが多い．〔日本名〕雌の苞葉がさや状に捲いていることを示す（附図 2, 5）．またハイカラゴケは英語の high collar（高襟）から来た語である．雌苞葉を高襟にみ立てたものと思われる．1. 全形．2. 胞子嚢をもった茎の先端．3. 葉．4. 葉の上部．5. 3 枚の雌苞葉とふたをとった胞子嚢．6. 帽子の全形と横断面．

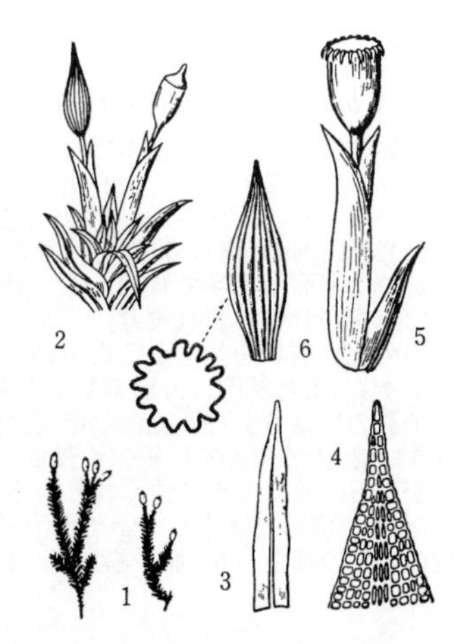

4861. ヒナノハイゴケ 〔ヒナノハイゴケ科〕

Venturiella sinensis (Vent.) Müll.Hal.

アジア（日本，中国）に分布し，主として人家近くの樹皮上に群生する．植物体は緑色またはやや黄色を帯び，茎ははって多数の枝がでる．枝は直立し，高さ約 5 mm 内外．葉は密につき，乾くと重なり合い，卵形，先端はやや長く尖り，先端近くに少数のきょ歯のつくことがある．中央脈（中肋）はない．細胞はやや大形で，ほぼ卵状の六角形となる．雌雄同株．胞子嚢の柄はごく短く，約 0.3 mm 程度，直立する．胞子嚢もまた直立し，長楕円体で口はやや広く赤色を帯び，歯は褐色を帯びた赤色で，表面に密に乳頭状の突起がある．帽子は大形で，ほぼ胞子嚢全体を包むようにつき，下部は裂ける．北アメリカに変種が分布する． 1. 全形． 2. 胞子嚢をつけた枝． 3. 葉． 4. 葉の上部． 5. 胞子嚢．

4862. ヒカリゴケ 〔ヒカリゴケ科〕

Schistostega pennata (Hedw.) F.Weber et D.Mohr

（*S. osmundacea* D.Mohr）

ヨーロッパ，北アメリカから日本に分布し，ほの暗い洞穴内や，森林内の小さな穴などに生育する．植物体は通例，原糸体とともに生えており淡緑色，または灰白色を帯び，茎は長さ 5～12 mm で枝分かれをしない．葉は縦に茎につき，基部は前後の葉の基部とたがいにつながっている．すべて一層の細胞からなっていて脈はない．胞子嚢を持つ植物体では葉は茎の先端部に集まってつく．雌雄異株．胞子嚢は細長い柄（長さ約 6 mm）を持ち，楕円体で，ふたは円形，さく歯をもたない．原糸体は所々にレンズ状の丸い細胞が集まり，入射光線をこれで反射し，淡黄色に光る．日本名はこれによる．産地は比較的まれで日本では岐阜県以北に発見されている． 1. 雌株の全形． 2. 左は雌株，右は雄株を拡大したもの． 3. 原糸体の一部． 4. 帽子をつけた若い胞子嚢と熟した胞子嚢．

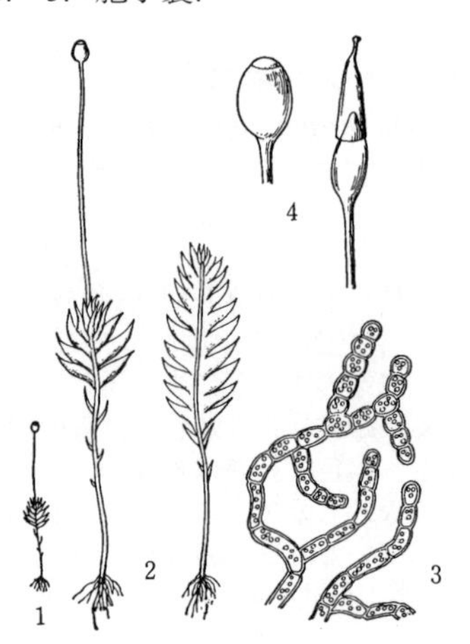

4863. ハマキゴケ 〔センボンゴケ科〕

Hyophila propagulifera Broth.

アジアに分布し，日本では本州から九州，沖縄県まで広くふつうに産する．アルカリ性の基物を好み，日当たりのよい岩上や道ばたのコンクリートなどに丈の低い群落をつくる．茎は 4～5 mm．下部の葉は小さくて茶褐色を呈し，上部のものほど大きく黄や褐色を帯びた緑色．乾くとふちから内側へ巻き込みさらに先端からちぢれ，湿るとす早く平開する．長さ約 1.5～2 mm，基部はやや狭く倒卵状披針形ないし楕円形で先は広く尖り，先端は微凸頭になる．中央脈（中肋）は太くて葉頂に達しあるいはやや突出し，黄褐色．横断面で，中心のやや大形の一列の細胞の背腹両面に厚膜細胞群が見られる．葉のふちにきょ歯はない．葉身中部の細胞は厚角で四角ないし六角形．細胞の中央がふくれて乳頭突起になり暗い．葉の基部では平滑で長四角となり明るく，ふちに近づくほど小形になる．雌雄異株．胞子嚢をつけることはまれで，増殖のための無性芽ができる．無性芽は葉腋について多細胞からなる倒卵形で柄があり濃褐色．〔日本名〕葉巻きゴケは乾燥した葉の状態から付けられた． 1. 全形（湿ったとき）． 2. 全形（乾いたとき）． 3. 葉（湿ったとき）． 4. 葉（乾いたとき）． 5. 葉の基部の細胞． 6. 葉の中部の細胞． 7. 葉先の細胞． 8. 無性芽．

4864. ネジクチゴケ 〔センボンゴケ科〕

Barbula unguiculata Hedw.

世界に広く分布し，日本では北海道から九州，琉球にかけての低地にふつうにみられる．向陽の土上や小石上，岩上，コンクリート上などに生え，全体に褐色を帯びる．茎は高さ 10 mm 内外で直立する．葉は乾けばかさなり合い，らせん状によじれ，湿ると斜めに開く．葉は披針形で長さ 2～3 mm，葉先は丸くて小突起がある．葉面は上半で背面へ船底状に凹み，下方ではサジ状に凹む，ふちは下半では片側が背側へ折れ返り，上半では平らでときに乳頭突起があり，また細胞の突出のため波状を呈することもある．中央脈（中肋）背面には小さい乳頭突起が密生する．葉身細胞は方形で多くの半月状の小乳頭があって暗くみえる．雌雄異株．胞子嚢の柄は 0.5～2.5 cm，赤褐色ないし赤紫色．胞子嚢は長卵形で直立，さく歯は 32 本．赤くて非常に細長く長さ約 1.2 mm，著しくらせん状に巻いて，蜜に小乳頭がある．乾くと更に強くねじれる．〔日本名〕捩口ゴケはさく歯の状態による． 1. 全形（湿ったとき）． 2. 全形（乾いたとき）． 3. 葉． 4. 葉の基部の細胞． 5. 葉の中部の細胞． 6. 胞子嚢． 7. さく歯の一部分．

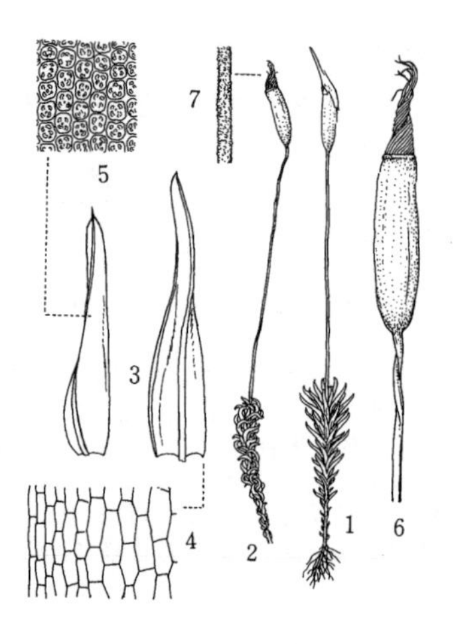

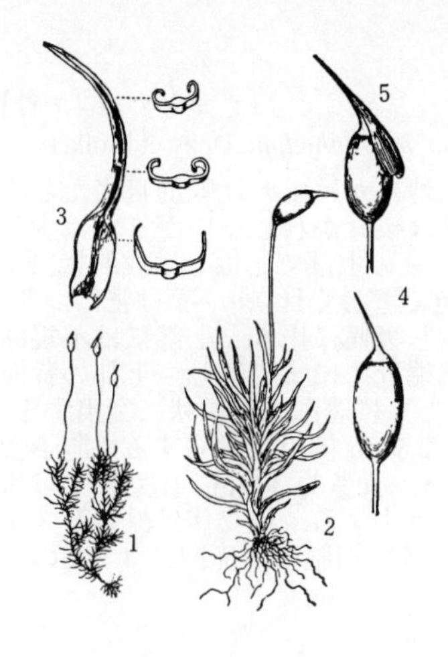

4865. ツチノウエノコゴケ 〔センボンゴケ科〕

Weissia controversa Hedw.

広く各地の日当たりのよい土上に群生する．植物体は緑色でごく小形，高さ約 1 cm 内外．茎はわずかに枝分かれをし，葉は長楕円形で中くぼみとなった基脚部から披針形となり，長さは約 3 mm，乾けば著しくちぢれる．葉身部のへりは著しく内側に捲き，全縁であるが，葉身部の細胞には微小な突起が多数に生じている．中央脈（中肋）は明瞭で葉の先端にまで達し，ふくらみ気味である．雌雄同株であるが，雌器と雄器とは別々の枝に生ずる．胞子嚢は黄色で長さ約 4 mm の柄を持ち，楕円状で直立する．ふたは細長くとがる．本種に似て葉が楕円状披針形で先端はわずかにとがり，へりはほとんど捲かず水平に開き，胞子嚢の柄は約 7 mm に達するものがあるが，これはツチノウエノカタゴケ *W. planifolia* Dixon という．この他 7 種程がコゴケ属として日本に知られている．〔日本名〕植物体が小形であることによる．1．全形．2．全形の拡大．3．葉．4．胞子嚢．5．帽子ををつけた胞子嚢．

4866. ギンゴケ（シロガネマゴケ） 〔ハリガネゴケ科〕

Bryum argenteum Hedw.

世界各地に広く分布し，主として人家近くの湿土や岩上に群生する．植物体は淡緑色で，乾くと銀白色となる．茎は直立し，ほとんど枝分かれをせず，約 1 cm 内外の長さ．葉は密につき，きわめて中くぼみとなり，乾いてもほとんど変形せず，広卵形，先端はやや急に狭まって尖る．へりは全縁．中央脈（中肋）は弱く，葉の先端の直下まで達する．葉の細胞膜はうすく，下半部の細胞では葉緑体をふくみやや不透明であるが，上半部のものは葉緑体をほとんどまたは全く持たず，透明となる．雌雄異株．胞子嚢の柄は赤色を帯び，先の方は鉤状に曲がり，長さ 2 cm 内外，胞子嚢は垂れ下がり褐色，長さ 2 mm 内外，長楕円体．ふたは低い円錐形．わが国にもっとも普通にみられる蘚類の 1 種である．〔日本名〕植物体が銀白色にみえることがあるのによる．別名は白銀真ゴケの意味で白銀はギンゴケと同じ意味であり，マゴケはこの属が蘚類の中心であるとの考えから真正のコケという意味で一時呼ばれたものである．1．全形．2．葉．3．胞子嚢(ふたを持ったものと，持たないもの)．

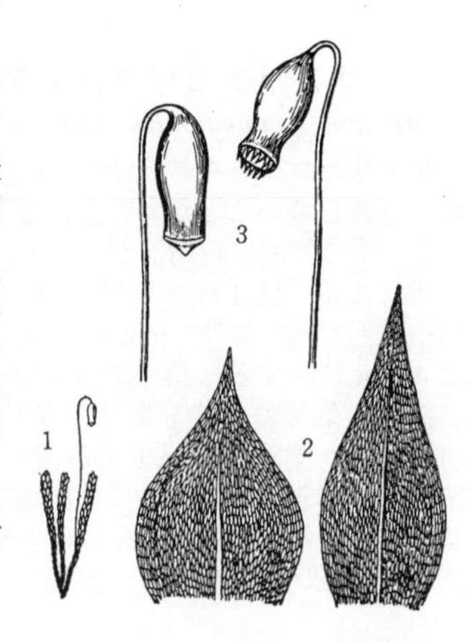

4867. オオカサゴケ（カラカサゴケ，レンゲゴケ） 〔ハリガネゴケ科〕

Rhodobryum giganteum (Schwägr.) Paris

本州南部から熱帯アジアに広く分布するもので，湿気の高い山林内の地上などに群生する．植物体は濃い緑色で直立し，高さ 3～5 cm，地下をはう茎は黒褐色の仮根を多数持つ．茎の下部につく葉は鱗片状で茎に密着し，茎の先端部に集まってつく葉は大形で長さ 1.5～2.0 cm，基部は狭まり，倒卵状舌形で葉の中央部よりやや上が最大の幅となり，先端は尖る．へりの上部には双生する鋭いきょ歯を持つ．中央脈（中肋）は葉の先端の真下にまで達し，横断面でみると両面に膨らみ，中央部の細胞は膜がうすく小形である．胞子嚢は茎の先端に 1～3 個生じ，長さ 4～6 cm で赤色の柄を持ち，円筒形で水平かまたは垂れ下がってつく．本種に似て植物体が小形，葉の長さ 1 cm 内外，葉の下部のへりは少し裏側に巻き，横断面で中央脈の部分に厚膜細胞を持つものがあり，カサゴケモドキ *R. ontariense* (Kindb.) Kindb. という．〔日本名〕大傘ゴケで，唐傘状に葉が集まっていることを示す．蓮華ゴケも葉の集まりをハスの花に見立てたもの．1．全形．2．葉とへりの部分．3．中央脈の横断面，4．胞子嚢．

4868. ヘチマゴケ 〔ホソバゴケ科〕

Pohlia nutans (Hedw.) Lindb.

世界中に広く分布し，日本では北海道から九州までの山地の山道ぞいなどの土上に生える．汚緑色で茎の長さはふつう 5 mm，枝分かれせず，赤味を帯びる．下方の葉は短く卵状披針形でとがり，ふちは平坦．上部の葉は長さ約 2.5 mm，披針形で先はとがり少しねじれる．ふちは平坦あるいは背面側に巻き，上半にはきょ歯がある．中央脈（中肋）は太くて葉先から突出する．葉身中部の細胞は長い六角形．上方では長菱形．雌雄同株．胞子嚢の柄は長さ約 20 mm，赤味ある黄色で光沢がある．胞子嚢は水平または下垂して長さ約 3 mm の円筒形で次第に細まる頸部がある．胞子嚢は乾くとさく口の下部でくびれる．さく歯は 2 列．外さく歯は黄色くて 16 枚，各片は乳頭が密生し，内さく歯は外さく歯の半分まで膜状に連なり，それから上は歯と各歯片の間に細い 2～4 本のフィラメント状突起（間毛）がある．〔日本名〕胞子嚢の形がヘチマの実に似ているところから付けられた．1．全形．2．葉．3．葉の中部の細胞．4．葉先の細胞．5．胞子嚢(湿ったもの)．6．胞子嚢（乾いてふたのとれたもの）．7．さく歯．

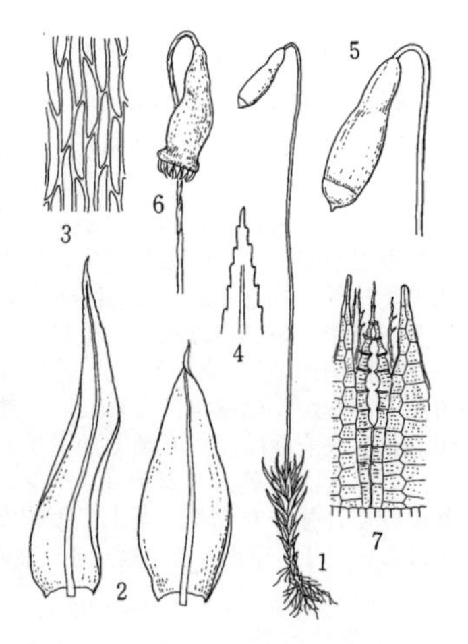

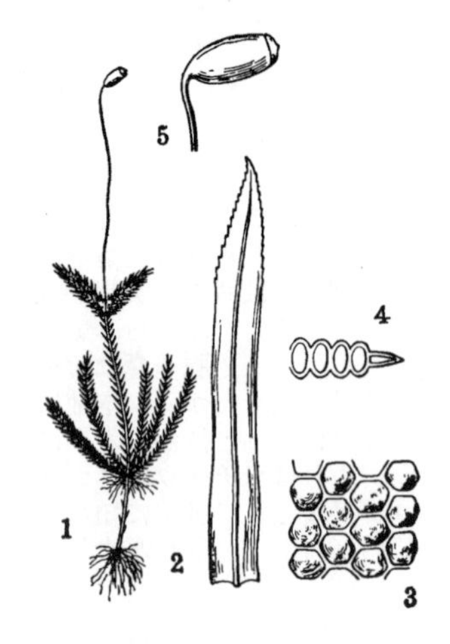

4869. コバノチョウチンゴケ

〔チョウチンゴケ科〕

Trachycystis microphylla Lindb.（*Mnium microphyllum* Dozy et Molk.）

東アジアに分布する種類で，低地から山地にかけての比較的日当たりのよい地上に群生する．植物体は緑色で，茎は枝分かれしないかまたは少し枝分かれをして直立し，高さ約 3 cm 内外，茎の上部でしばしば放射状に枝を出すことがある．早春にでる新芽は鮮緑色で著しく目立つ．葉は密につき，長楕円状の披針形，先端は尖り，へりは少し裏側に捲き，上部には不規則なきょ歯がある．中央脈（中肋）は葉の先端近くにまで達し，上部の背面には数個のきょ歯がある．葉の細胞は両面ともに著しく乳頭状に突出する．雌雄異株．胞子嚢の柄は黄褐色で，長さ約 2.5 cm 内外，直立する．胞子嚢自体は円筒形で水平または垂れ下がってつき，長さ約 3 mm，ふたは半球状で小さな突起がある．胞子嚢は通例 1 個だけ生ずる．植物体は外観がスギの若芽に似ている． 1. 全形． 2. 葉． 3. 葉の細胞の平面観． 4. 葉のへりの横断面． 5. 胞子嚢．

4870. ナメリチョウチンゴケ

〔チョウチンゴケ科〕

Mnium lycopodioides (Hook.) Schwägr.（*M. laevinerve* Cardot）

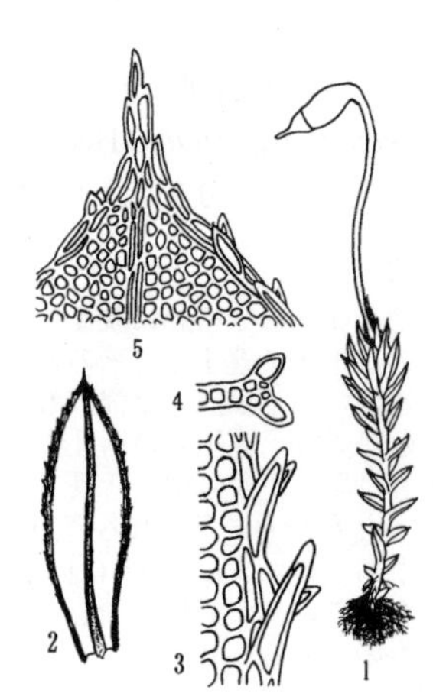

北半球とニューギニアに産する．岩や土上に群生し，黄緑で赤味を帯びる．茎は分枝しないことが多く，高さ 2 cm 内外で立つ．不実のものは先が細まるが，茎の先端に造精器がつくと，外側に広三角形の雄苞葉が集まりロゼット状になる．胞子体をつける茎は細長い雌苞葉がつく．茎の下方の葉は卵状楕円形で長さは 1.5 mm ばかり，中上部の葉は中央部が広い楕円形で長さは 4 mm に達する．葉のふちには長線形の 2〜3 列の細胞から成るふちどりがあり，葉身の丸味を帯びた方形または多角形の厚角細胞とははっきり区別できる．葉縁には双生する歯がある．中央脈（中肋）は赤味を帯び葉の先端から突き出る．背面には歯がない．胞子嚢の柄は 2〜3 cm あり，胞子嚢は水平か垂れ下がる．ふたには 1.5 mm のくちばしがある． 1. 全形，2. 葉，3. 葉縁と双生する歯，4. その横断面，5. 葉の先端．

4871. コツボゴケ（コツボチョウチンゴケ）

〔チョウチンゴケ科〕

Plagiomnium acutum (Lindb.) T.J.Kop.（*Mnium trichomanes* Mitt.）

アジアに広く分布し，低地から山地の湿った地上，ときに庭園などに群生する．植物体は濃い緑色で少し光沢を持ち，茎は直立するが地表をはうストロン状の枝を出す．葉の基部は狭まり，中央部のやや上が最大幅となり，先端はとがる．へりには中央部より上にきょ歯を持ち，へりの 3〜4 細胞列は細長い細胞が並ぶ．中央脈（中肋）は明瞭で先端にまで達し，先端から突出する．雌雄異株．胞子嚢は通例 1 個生じ，黄褐色の長さ 3 cm 内外で直立した柄を持ち，楕円体，黄褐色，垂れ下がってつく．ふたは半球状．極めて変化に富み，雌雄同株で北半球に広く分布するツボゴケ *P. cuspidatum* (Hedw.) T.J.Kop. とは同種と考える人もいる．チョウチンゴケ科の種類は日本に 32 種が知られており，いずれもやや陰地の湿気の高いところを好む．〔日本名〕胞子嚢が垂れ下がってつく様をちょうちん（提灯）に見立ててつけられたもの． 1. 全形． 2. 葉． 3. 葉の先端部． 4. 胞子嚢．

4872. ケチョウチンゴケ

〔チョウチンゴケ科〕

Rhizomnium tuomikoskii T.J.Kop.

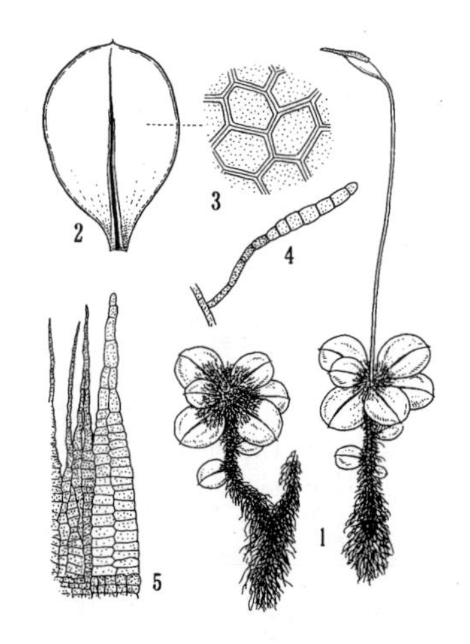

東アジアからヒマラヤにかけて分布し，日本では本州から九州にかけての渓流の側の湿った岩や腐木などの上に群生する．茎は直立して 20〜30 mm，下方はまばらに，上方では密にうちわ形の葉をつけてロゼット状にみえ，茎から葉にかけて黒褐色の仮根が密生する．仮根の先には多細胞で立った無性芽がたくさんみられる．上部の葉は長さ約 5 mm，基部は狭くて茎に向かって細く連なり，先端は小突起がある．中央脈（中肋）は葉頂付近に達し，ふちは全縁でふちどりがある．ふちどりは 2〜5 列の線形で赤味を帯びた厚膜細胞からなる．葉の中部の細胞は厚膜な長い六角形であるが膜は厚角にならない．雌雄異株．胞子体は 1 茎に 1 個．柄は長さ 30〜50 mm，胞子嚢は卵形で傾くか下垂し，ふたには長いくちばしがある．口輪は分化し，さく歯は 2 列．スジチョウチンゴケ *R. striatulum* T.J.Kop. は小形で赤味が強く，葉は乾くと強く巻縮し，葉上に仮根がでることはない．葉細胞は厚角，仮根に無性芽はない． 1. 全形． 2. 葉． 3. 葉の中部の細胞． 4. 無性芽． 5. さく歯．

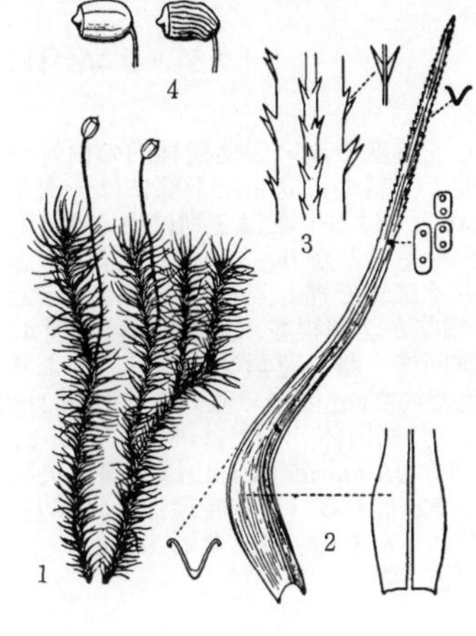

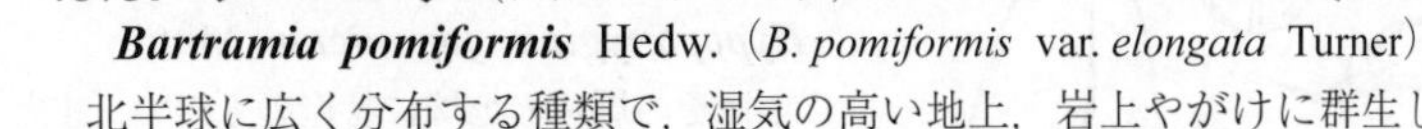

4873. タマゴケ（チヂレバタマゴケ）　〔タマゴケ科〕

Bartramia pomiformis Hedw.（*B. pomiformis* var. *elongata* Turner）

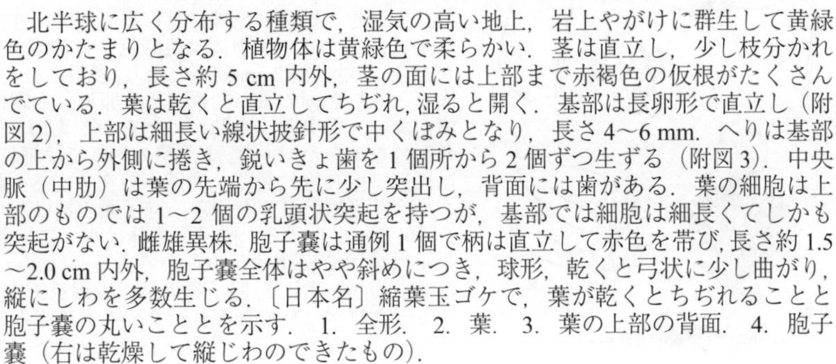

北半球に広く分布する種類で，湿気の高い地上，岩上やがけに群生して黄緑色のかたまりとなる．植物体は黄緑色で柔らかい．茎は直立し，少し枝分かれをしており，長さ約 5 cm 内外，茎の面には上部まで赤褐色の仮根がたくさんでている．葉は乾くと直立してちぢれ,湿ると開く．基部は長卵形で直立し（附図 2），上部は細長い線状披針形で中くぼみとなり，長さ 4～6 mm．へりは基部の上から外側に捲き，鋭いきょ歯を 1 個所から 2 個ずつ生ずる（附図 3）．中央脈（中肋）は葉の先端から先に少し突出し，背面には歯がある．葉の細胞は上部のものでは 1～2 個の乳頭状突起を持つが，基部では細胞は細長くてしかも突起がない．雌雄異株．胞子嚢は通例 1 個で柄は直立して赤色を帯び，長さ約 1.5～2.0 cm 内外，胞子嚢全体はやや斜めにつき，球形，乾くと弓状に少し曲がり，縦にしわを多数生じる．〔日本名〕縮葉玉ゴケで，葉が乾くとちぢれることと胞子嚢の丸いこととを示す． 1. 全形． 2. 葉． 3. 葉の上部の背面． 4. 胞子嚢（右は乾燥して縦じわのできたもの）．

4874. ミノゴケ（カギバダンツウゴケ）　〔タチヒダゴケ科〕

Macromitrium japonicum Dozy et Molk.（*M. incurvum* (Lindb.) Mitt.）

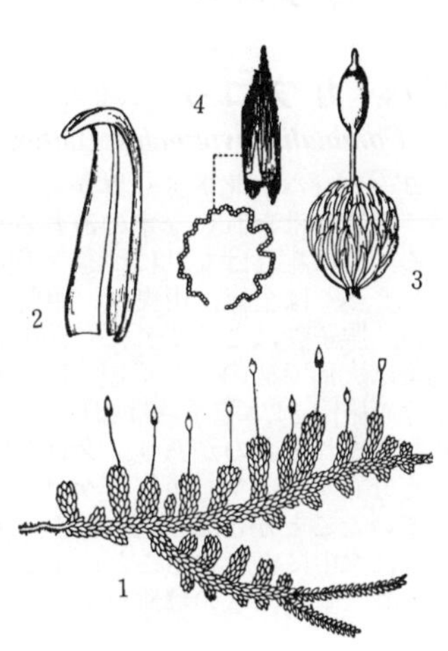

日本から台湾，中国にかけて分布するもので，低地のやや乾燥した樹幹や岩上に群生する．植物体は緑色を帯びた褐色で，茎は長くはって多数の枝を持ち，黒色の仮根を多数につけている．枝はほぼ直立し，長さ約 7 mm 前後．葉は密につき，乾けば内側に捲き込んで縮み，披針形，長さ約 2 mm 前後，先端は鈍頭で強く内側にかぎの手に曲がっている．へりは全縁．中央脈（中肋）は葉の先端近くまで達する．細胞はおのおの数個の乳頭状突起を持ち，不透明．雌雄異株．雌の苞葉は披針形で葉よりも少し短く．胞子嚢の柄は長さ 5～7 mm，黄色を帯びた赤色．胞子嚢は楕円体，長さ 1～1.5 mm，黄褐色，なめらかでさく歯をもち，ふたの基部はふくらんで長い突起がある．帽子は黄褐色で長さ約 2 mm，縦にしわよりまた長い毛が多い．本種に似ているが植物体は小型で，さく歯をもたず，胞子嚢の帽子にも毛がないものがあり，ヒメミノゴケ *M. gymnostomum* Sull. et Lesq. という．〔日本名〕蓑ゴケで帽子の毛深さをみのにたとえており，別名の鉤葉段通ゴケはかぎの手になった葉を持つダンツウゴケの意味で段通は織物の名，葉の重なり方がそれの織目に似ているからである． 1. 全形． 2. 葉． 3. 胞子嚢をつけた枝． 4. 帽子とその横断面．

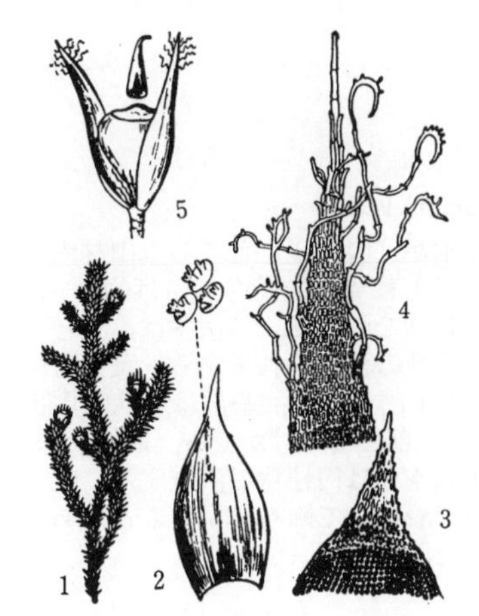

4875. ヒジキゴケ（シロヒジキゴケ，シモフリヒジキゴケ）　〔ヒジキゴケ科〕

Hedwigia ciliata (Hedw.) P. Beauv.（*H. albicans* Lindb.）

世界各地に広く分布し，日本でも各地の石垣，岩上に群生する．植物体は褐色を帯びた緑色でしばしば灰白色となり，下部は黒色を帯びることが多い．茎は直立するかまたは下部ははい，多くの枝をつけ，長さは約 8 cm 内外．葉は密に重なり合ってつき，卵形（附図 2）中くぼみとなり，先端は鋭く尖って，しばしば透明な細胞からなるが（附図 3）中央脈（中肋）はみえない．葉の細胞は両面に先が 2～5 裂した乳頭状突起を持ち（附図 2 の部分図）膜は厚い．雌雄同株．雌の苞葉は葉よりも大形で，先端は尖り，先端近くのへりには無色の細長い 1 列の細胞からなる不規則な毛がある（附図 4 および 5）胞子嚢の柄はごく短く，胞子嚢は苞葉の間に埋まって生ずる（附図 5）．胞子嚢本体は卵形または卵状の球形，口部は赤色を帯び，ふたは赤色で平らであり，さく歯はない．帽子は胞子嚢に比べるとはるかに小形でその上細く，また早くから落ちる．〔日本名〕ヒジキゴケは乾いたときの感じがヒジキの乾燥品と似ているからである． 1. 全形． 2. 葉． 3. 葉の先端部． 4. 雌の苞葉の先端． 5. 胞子嚢，両側に 2 枚の雌苞葉をつけ，上部にはなれて帽子がある．

4876. ヒノキゴケ（イタチノシッポ）　〔ヒノキゴケ科〕

Pyrrhobryum dozyanum (Sande Lac.) Manuel

（*Rhizogonium dozyanum* Sande Lac.）

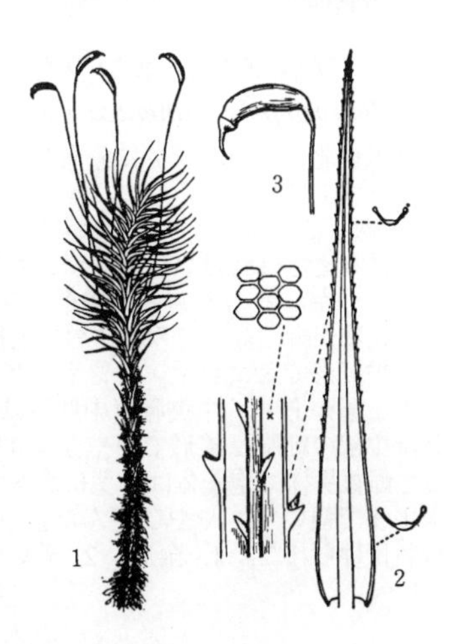

中国，台湾に分布し，本州から琉球にかけての山林内の腐植土上に群生する．植物体は黄緑色または褐色を帯びた緑色で，茎はほとんど枝分かれせず高さ約 8 cm 内外，茎の上部まで褐色の仮根がたくさん出る．葉は狭い披針形で，長さ 8～9 mm，先端はとがり，中くぼみとなる．へりは 2 層の細胞からなり，全体の 4/5 以上にきょ歯を持ち，きょ歯は 1～2 細胞からなって双生する．中央脈（中肋）は先端にまで達し，背面には 2 列にきょ歯がある．雌雄異株．胞子嚢は茎の横から生じる．胞子嚢の柄は黄褐色で長さ 3 cm 内外，直立する．胞子嚢は水平または斜めにつき，円柱状で少し曲がり，ふたは円錐形で長くとがる．本種に似て全体小形で，葉が約 5 mm 内外の長さで，胞子嚢が茎の基部近くからでるものもあり，ヒロハノヒノキゴケ *P. spiniforme* (Hedw.) Mitt. var. *badakense* (M. Fleisch.) Manuel という．本州南部から熱帯に分布する．〔日本名〕全体の感じがヒノキに似ていることに基づく．イタチノシッポは古い名である． 1. 全形, 2. 葉とその各部の拡大． 3. 胞子嚢．

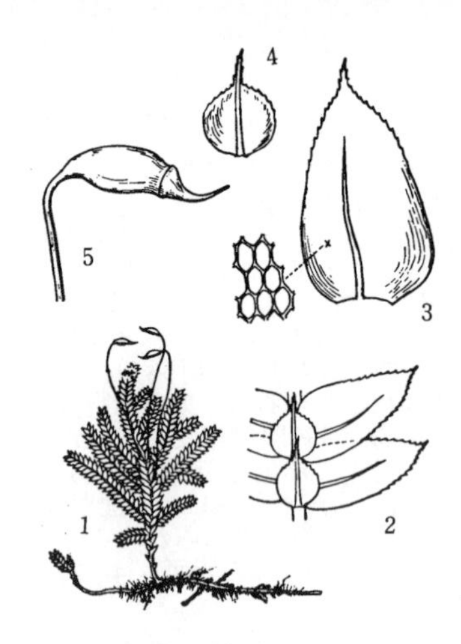

4877. ヒメクジャクゴケ　〔クジャクゴケ科〕

Hypopterygium japonicum Mitt.

日本とその周辺の地域に特産のもので，主として湿度の高い広葉樹林内の樹幹や岩上に群生する．植物体は淡緑色から黄緑色の間で，斜めに立ち，下部には一次茎があり，高さは約 2 cm 前後となり，多数の枝を羽状につける．葉は 3 列に出るが（附図 2）左右 2 列の葉（附図 3）は卵形，先端はやや急にとがり，へりは上部にきょ歯があり，中央脈（中肋）は明らかで葉の先端近くにまで達し，葉の細胞はほぼ六角形でなめらかであり，また葉のへりでは細長い細胞が 2 列程並ぶ．腹面葉（附図 4）は円形，中央脈は長く，先端から突き出る．雌雄同株．雌の苞葉は卵形で，葉よりも小形，先端は長くとがる．胞子嚢の柄はわら色で約 2 cm 前後で直立し，通例 1～3 個集まって生ずる．胞子嚢本体は水平に位置し，長楕円体，ふたは細長くとがる．帽子は袋状で表面はなめらかである．クジャクゴケ *H. fauriei* Besch. は葉の中央脈は葉長の 2/3 ほどで，胞子嚢の柄は赤褐色で，各地に分布する（日本特産）．〔日本名〕クジャクゴケは枝の集まりをクジャクの尾羽にたとえたもの．1. 全形（背面）．2. 枝の一部（腹面）．3. 葉と細胞．4. 腹葉．5. 胞子嚢．

4878. カワゴケ（ムクムクシミズゴケ）　〔カワゴケ科〕

Fontinalis hypnoides Hartm.

ヨーロッパ，北アメリカからシベリア，日本にかけて分布するが比較的少ない．植物体はきれいな水の流れる小川や溝などの石，杭などにつき水中に群生する．葉は離ればなれにつき 3 列になる．卵状披針形で平らたく開き，先端は尖り，へりは全縁，中央脈（中肋）はない（附図 2）．細胞は細長く葉緑体は少ない．胞子嚢はごくまれにしか生じないが，短い枝の先に 1 個ずつつく．雌の苞葉は大形で柄のひどく短い胞子嚢をほとんど包んでしまい密に重なり合ってつく（附図 3）．胞子嚢は卵形でさく歯は本種に似ているが，葉は中央で縦に折りたたまれるものがあり，クロカワゴケ *F. antipyretica* Hedw. という．北半球に広く分布する．クロカワゴケは，ウィローモスの名前で水草としてよく利用されていたことがある．〔日本名〕カワゴケおよびクロカワゴケはともに植物体が常に水中に生育することによる．1. 全形の一部．2. 葉．3. ふたを取った胞子嚢（基部のものは雌苞葉）．

4879. コウヤノマンネングサ　〔コウヤノマンネングサ科〕

（コウヤノマンネンゴケ）

Climacium japonicum Lindb.

（*C. americanum* Brid. subsp. *japonicum* (Lindb.) Perss.）

日本から中国，シベリアに分布し，山地の木かげの湿ったところや山林内の腐植土上に群生する．植物体は濃い緑色，しばしば光沢を持ち高さは約 5～10 cm．一次茎は長くはい土中に埋まり，鱗片と仮根をつける．二次茎は直立し下部には鱗片状の葉だけしかないが，上部では多数の枝分かれをする．葉（附図 2）は長楕円形で鋭頭，へりには上部にだけきょ歯があり，基部は耳状．中央脈（中肋）は葉の先端のすぐ下までのび，背面の上部とはとげがでる．雌雄異株．胞子嚢の柄は赤褐色で長さは約 2.5 cm，胞子嚢本体は円柱状で直立する．乾いたものを水に入れると美しい姿勢にもどるので着色して飾りにすることがあった．1. 全形．2. 葉の裏面．3. 帽子をつけた胞子嚢．

4880. フジノマンネングサ　〔フジノマンネングサ科〕

Pleuroziopsis ruthenica (Weinm.) Kindb. ex E.Britton

北米西北部，東アジアに分布し，日本では北海道，本州，四国の森林下の腐植土や腐木上に群生する．コウヤノマンネングサよりも標高の高いところに生育する．一次茎は地中をはい，二次茎は立ち上がって高さ 5～8 cm に達し枝分かれする．樹状にみえる外観はコウヤノマンネングサに似るが，枝は 2 回または 3 回羽状に細かく分かれるのでさらに繊細にみえる．また小枝の表面には 1～4 細胞からなる付属物が縦に並んでみえるのは前種にはない特徴である．葉は長さ 0.5～1 mm，卵状披針形で，コウヤノマンネングサよりも広く尖る．ふちには上部から下部まできょ歯があり，中央脈（中肋）は葉の頂近くに達し背面上部に鋭い歯がある．葉身中部の細胞は線形でややうねり，表面は平滑か，上のすみに小さな突起がある．雌雄異株．胞子体は 1 茎に数本でて赤褐色，柄は長さ 20 mm 内外．胞子嚢は水平まで傾いて，ややひずんだ楕円形．〔日本名〕富士の万年草は，その産地から名付けられた．1. 全形．2. 若い二次茎．3. 茎の横断面．4. 葉．5. 胞子嚢．

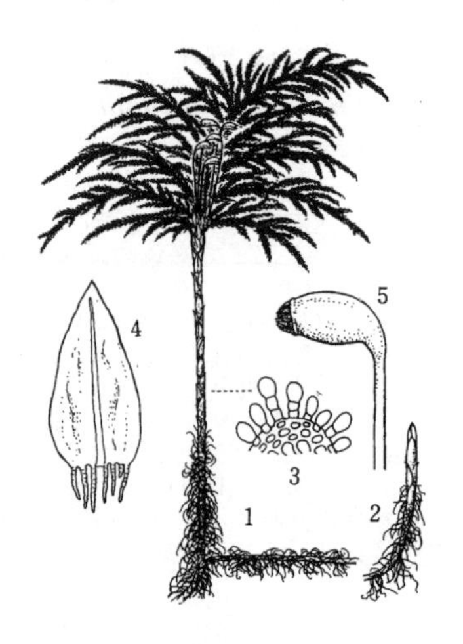

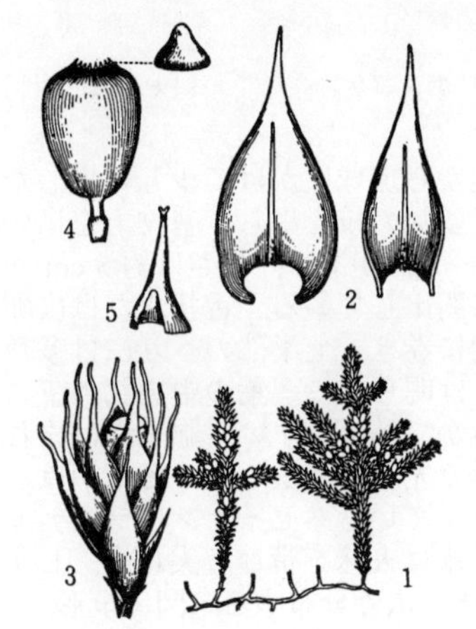

4881. イトヒバゴケ（クワノイトヒバゴケ）　〔イトヒバゴケ科〕

Cryphaea obovato-carpa S. Okamura

中国と日本に分布するが産地は少ない．樹幹に着生し，植物体は緑色または黄緑色でしばしば黒褐色を帯びる．二次茎はほぼ直立し多数の枝を持ち，下部は一次茎ではう．葉は密につき，卵状長楕円形，基部は茎に少し流れ，やや内側に巻くが，先端は長細く尖り，へりは全縁である．細胞には小形の乳頭状突起を 1 つずつ持つ．中央脈（中肋）は葉の全長の 2/3 位にまで達し，隆起している．雌雄同株．雌の苞葉は先端が著しく細長くのび，上部のへりにはきょ歯がある．胞子嚢は苞葉に埋まって生じ，柄はごく短く，本体は直立し倒卵状，またほぼ球形に近く，ふたは円錐形で先は鈍頭となる．イトヒバゴケ属は世界に約 50 種程知られ，主として南アメリカに多く分布する．〔日本名〕桑（クワ）の木に多くつくからである．1. 全形．2. 葉．3. 雌苞葉内に埋まった胞子嚢．4. 胞子嚢とふた．5. 帽子．

4882. ツルゴケ（チャイロシダレゴケ）　〔イトヒバゴケ科〕

Pilotrichopsis dentata Besch.

本州南部から中国，東南アジア，アッサムにかけて分布するもので，山林内の樹幹や岩上に着生し，基物から垂れ下がる．植物体は黄緑色から黄褐色で，下部は根茎状にはい，不規則に多数の枝を出す．葉は密につき，乾けば茎に密着し，卵状披針形，先端はとがり，下部のへりは多少曲がり，上部のへりはきょ歯をもつ（附図 3）．中央脈（中肋）はなめらかで，葉の先端の附近で終わる．葉の細胞は楕円形で膜は厚く，泡状に盛り上がる．雌雄同株．胞子嚢はごく短い枝の先端につくが苞葉に埋まっている．雌苞葉は長い披針形の基部から次第に長く細くとがり，上方ではきょ歯を持ち，中央脈はほぼ先端にまで達する．胞子嚢本体は卵形で光沢があり表面はなめらかである．1. 全形（湿った状態で葉は開く）．2. 葉．3. 葉の先端部の拡大．4. 雌の苞葉に埋まった胞子嚢．

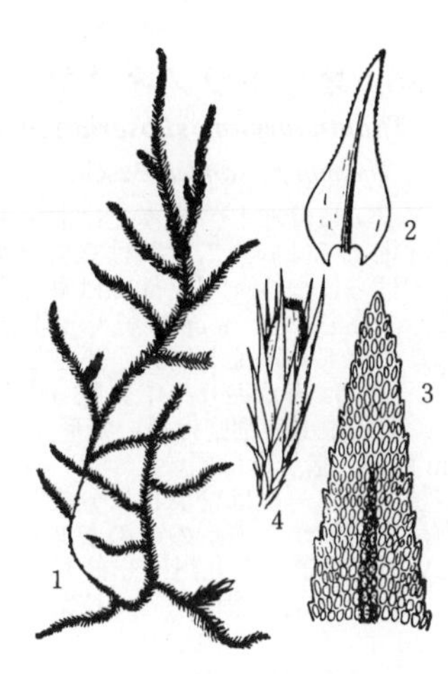

4883. コハイヒモゴケ（モッポレサガリゴケ）　〔ハイヒモゴケ科〕

Meteorium buchananii (Broth.) Broth. subsp. ***helminthocladulum*** (Cardot) Nog.（*M. helminthocladulum* (Cardot) Broth.）

日本とその周辺に分布する種類で，山林の樹皮や岩上に群生し，植物体は黄緑色，所々が黒色である．茎ははい長さ 5 cm 前後に達する枝は多数生じ，太くて紐状で先端は丸味を帯びる．葉は密につき，長さ約 2 mm 前後，舌状で全体に中くぼみとなり，乾いても縦ひだは不明瞭．先端は円状で中央部だけが急に尖り，短い突尖となる．基部はふくれて広く耳状に拡がった心臓形．へりには小形のきょ歯がある．中央脈（中肋）は明らかで緑色，葉の中部近くにまで達する．葉の細胞は細長く，背面にはおのおの 1 個の乳頭状突起がみえる．めったに胞子体をつけない．本種に似て葉は縦にしわよって卵状楕円形，先端部はやや長くとがり，枝の葉は著しく中くぼみとなるのがあり，ハイヒモゴケ *M. subpolytrichum* (Besch.) Broth. という．日本から東・東南アジア，ヒマラヤに分布する．1. 全形の一部．2. 葉（右のものは自然形，左は開いたもの）．3. 葉の基部．4. 葉の先端部．

4884. ミズスギモドキ（オオバミズヒキゴケ）　〔ハイヒモゴケ科〕

Aerobryopsis subdivergens (Broth.) Broth.

本州南部から中国にかけて分布するコケ．山林内の樹幹，樹皮や岩面に群生し，基物から垂れ下がる．植物体は黄褐色でしばしば黒色を帯びた部分があり，扁平で細長くひも状にのび長さ 40 cm に達し，不規則に枝を多数出し，幅は約 6～7 mm となる．葉は密につき，広卵形で基部は包むようにして茎につき，先端は細長く尖る．へりは少し波状となり，小形のきょ歯がある．下部のへりは内側に強く捲くことがあり，全体として少し中くぼみとなる．中央脈（中肋）は明らかで，葉の先端部の下までとどき，表面はなめらかである．葉の細胞は長楕円形で，膜はやや厚くなり，各細胞には 1 個の乳頭状突起を持つ．本種と類似した環境に生え植物体は糸状でごく幅が狭く，葉は披針形で細胞には 2～3 個の乳頭状突起を持つものがあり，イトゴケ *Neocladiella pendula* (Sull.) W.R.Buck. という．1. 全形．2. 葉（側面）．3. 葉とその細胞．

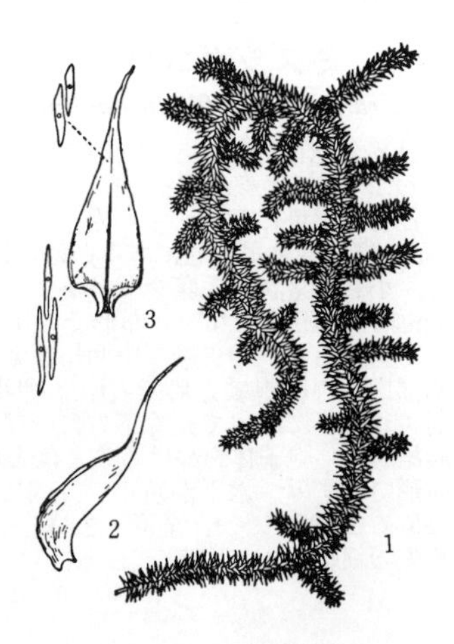

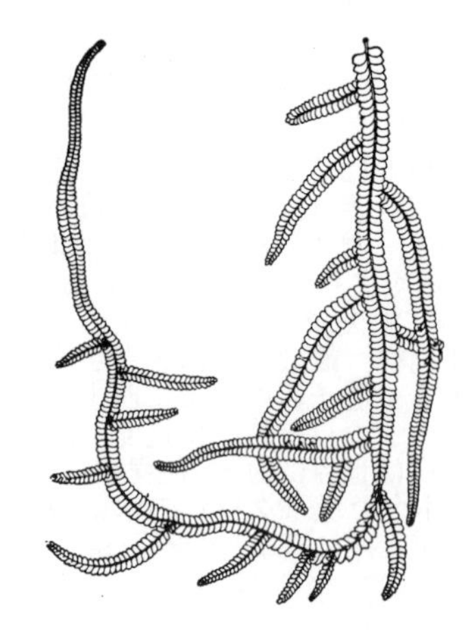

4885. リボンゴケ（ヒラゴケ，ツヤツケリボンゴケ）　〔ヒラゴケ科〕

Neckeropsis nitidula (Mitt.) M.Fleisch.

アジアに広く分布し，国内では北海道から琉球にかけて少し乾燥した樹幹や岩上に群生する．植物体は緑色で多数の枝を出し，基物上をはいまたは垂れ下がって生育し，しばしば強い光沢があり，長さは約 5 cm かまたは長くなる．葉は密につき，扁平に開出している．舌状または広卵形，先が広く，基部の背面部は強く内側に巻き，上半部のへりには多数不規則なきょ歯がつく．中央脈（中肋）は明らかで，葉の中央部の下にまで達する．細胞は菱形で表面はなめらかで膜はうすい．胞子嚢はまれに生じ茎の横につき，苞葉は卵状披針形で先端は細長くとがる．柄はごく短く，胞子嚢本体は苞葉にほとんど埋まっている．セイナンヒラゴケ *N. calcicola* Nog. は本種に似て葉は舌状で先端は丸味を帯びて尖らず，しかも横しわを持つもので，本州以南から中国に広く分布する．図は全形．

4886. オオトラノオゴケ　〔ヒラゴケ科〕

Thamnobryum subseriatum (Mitt. ex Sande Lac.) B.C.Tan

（*Thamnium sandei* Besch.）

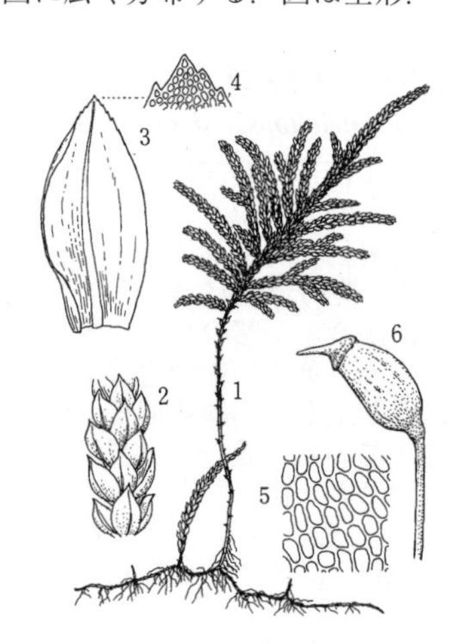

アジアに分布し，日本では北海道から九州の林下の岩上や岩壁に生える．一次茎は細くてはい，二次茎は立ち上がり，樹状で硬い感じがする．下部は小形の葉がまばらにつき，中上部では葉は大型，枝は羽状に分枝し，先の方では束状に分枝し，高さは 5～8 cm. 乾くと下向きに弓のように曲がる．枝葉は濃い緑色で卵形，中上部の茎葉と同大．長さ 2～3 mm. さじ状にくぼみ乾いてもしわがよらない．葉先は広く尖り，中央脈（中肋）は強くて葉頂に達し，背面に少数の歯がある．葉の中部の細胞は長い菱形，膜は厚く斜めに並ぶ．雌雄異株．胞子嚢の柄は 2.5 cm 前後，胞子嚢は傾いてつき，卵形でやや彎曲し，ふたには長いくちばしがある．本種に似て，茎は密羽状に分枝し，枝葉は茎葉に比べて明らかに小形，中部葉細胞は六角形から方形のものがあり，キツネノオゴケ *T. alopecurum* (Hedw.) Nieuwl. といい北海道から九州に分布する．1. 全形．2. 葉をつけた枝の一部．3. 枝葉．4. 枝葉の先端の細胞．5. 枝葉の中部の細胞．6. 胞子嚢．

4887. トヤマシノブゴケ　〔シノブゴケ科〕

Thuidium kanedae Sakurai（*T. toyamae* Nog.）

東アジアに分布し，日本全国の林下の岩，腐植土，朽木，木の根などの上に生える．暗緑ないし黄緑色で横にはった大きな群落をつくる．茎はときに長さ 13 cm に達し，ふつう 2～3 回羽状に一平面上で分枝し，枝の長さは 1.5 cm ほどになる．茎と枝には披針形ないし 1～2 細胞列の糸状で枝分かれした毛葉が密生する．茎の葉はまばらにつき，長さ 1.5 mm 内外の三角形で，下部には縦じわがあり，葉先は長くのび，3～13 個の単列の針状の細胞の連なりに終わる．中央脈（中肋）は葉先に達し，背面に鋭いとげがある．中部の葉細胞は卵状菱形ないし長方形で，基から星状に分かれたとげがある．枝の葉は卵状で中くぼみとなり長さ約 1 mm. ふちには歯があり，葉先の細胞は 2～4 個のとげがつきだしている．雌苞葉は披針形で先は長く尖り，ふちは毛状に分かれる．胞子嚢の柄は長さ 4 cm に達する．〔日本名〕外山（人名）シノブゴケで，シノブはシダ類でその葉面が本種の枝の形に似る．1. 全形．2. 毛葉．3. 茎葉．4. 茎葉中部の細胞．5. 枝葉．6. 枝葉の先端の細胞．

4888. ミズシダゴケ　〔ヤナギゴケ科〕

Cratoneuron filicinum (Hedw.) Spruce

世界各地に分布し，日本では北海道から九州へかけての渓流中の水中の岩や，水しぶきのかかる岩上，湿った土上，コンクリートの側溝などに生える．環境によって形，色に変化が多いが，緑ないし黄褐色で，茎は斜めに上を向き，長さ 10 cm に達する．規則的にあるいは不規則に密羽状に枝をだし，下部には仮根を密生し，小さな葉状の毛葉をつける．茎の葉は開出するかやや一方に曲がり，長さ 1.5 mm 前後，三角形ないし卵形で尖り，平らかわずかにしわがよる．ふちには小さなきょ歯があり，中央脈（中肋）は太くて明瞭．葉の中部の細胞は六角形から線形．基部両翼の細胞は方形で大型，透明または褐色に染まり，まわりから明らかに区別され，茎にそって長く下方にのびる．枝の葉は小形で細く，先は鎌形に曲がる．雌雄異株．胞子体をつけることはまれである．胞子嚢の柄は 2～3 cm. 胞子嚢は円筒形でひずみ，水平か傾く．〔日本名〕水羊歯ゴケ．水辺にあり，全形がシダの葉に似ることから．1. 全形．2. 枝．3. 茎葉．4. 枝葉．5. 茎葉の翼部の細胞．6. 葉先の細胞．7. 毛葉．

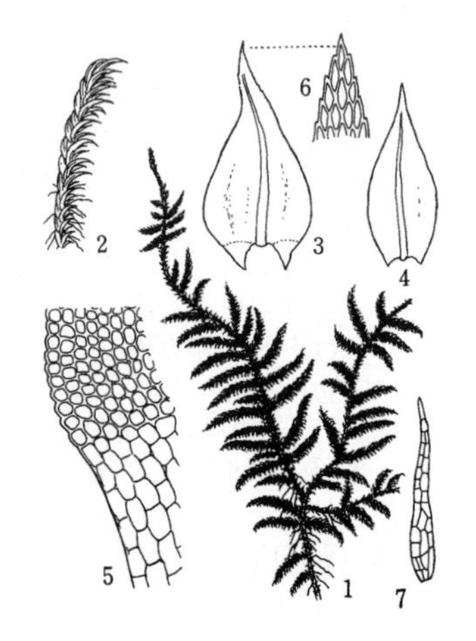

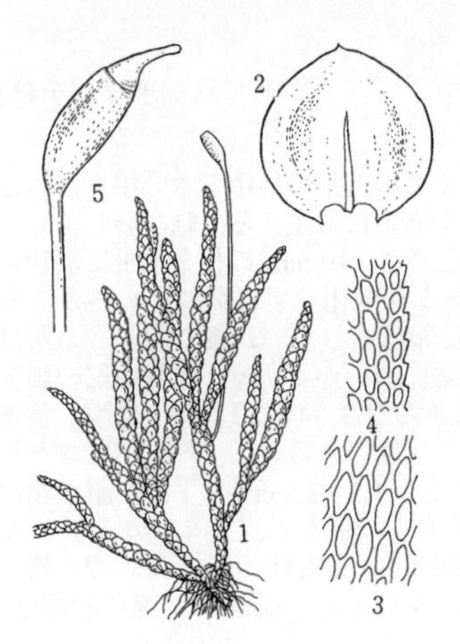

4889. ネズミノオゴケ　〔アオギヌゴケ科〕

Myuloclada maximowiczii (G.G.Borshch.) Steere et W.B.Schofield

北半球北部に分布し，日本では北海道から九州のやや日陰の土上，石垣や岩上に積もった土上に盛り上がった緑ないし黄緑色のやや光沢のある群落をつくる．茎は短くて目立たず，枝は長さ 3～4 cm，弓状に曲がり，中くぼみの丸い葉をうろこ状に密につけ，一本一本はネズミの尾を連想されこれらの枝はバナナの房をふせたように多数が重なりあって肉眼でも他種から識別できる．葉は乾いてもあまり変化せず，長さ 1.5～2.0 mm，円形でサジ状にくぼみ，先端に小尖頭がある．中央脈（中肋）は下部では太く，葉身の 1/2～2/3 で終わる．ふちは全周に小さい歯がある．葉身中部の細胞は厚膜で菱形から長菱形で平滑．ふちに近づくと小形になり，基部の両翼部では多数の小さな方形の細胞からなる．雌雄異株．胞子嚢の柄は長さ 15～25 mm で平滑．胞子嚢はほぼ直立しまたはわずかに傾きひずんだ円柱形，柄とともに赤褐色を呈する．〔日本名〕ネズミの尾ゴケは葉をつけた枝の様子から名付けられた．1. 全形．2. 葉．3. 葉の基部の細胞．4. 葉の中部葉緑の細胞．5. 胞子嚢．

4890. アオギヌゴケ（スジナガサムシロゴケ）　〔アオギヌゴケ科〕

Brachythecium populeum (Hedw.) Schimp.

北アメリカからヨーロッパ，シベリヤ，日本にかけて広く分布する種で，変化に富む．やや陰地の地上，岩上，樹幹などに群生する．植物体は約 5 cm 前後の長さで基物の上をはい，多数羽状に枝分かれをする．枝は直立または斜めにのび上がることがある．葉は密につき，茎葉は卵状披針形で，先端はとがり，基部はやや中くぼみとなり，約 2 mm 前後の長さ．枝の葉は披針形で先端は長くとがる．へりは全縁か，先端部にわずかにきょ歯を持つ．中央脈（中肋）は明らかで，ほぼ葉の先端にまで達する．雌雄同株．胞子嚢の柄は赤色を帯びて直立し，基部はなめらかであるが，上部には乳頭状の突起を多数持つことが多い．胞子嚢本体は水平につき，ほぼ円柱状．帽子は円錐形でとがる．アオギヌゴケ属には日本産として 32 種が知られており，いずれも変化に富む種類が多い．〔日本名〕青絹ゴケで茎と葉の感じを絹に見立てたもの．1. 全形．2. 茎葉．3. 枝の葉．4. 胞子嚢．

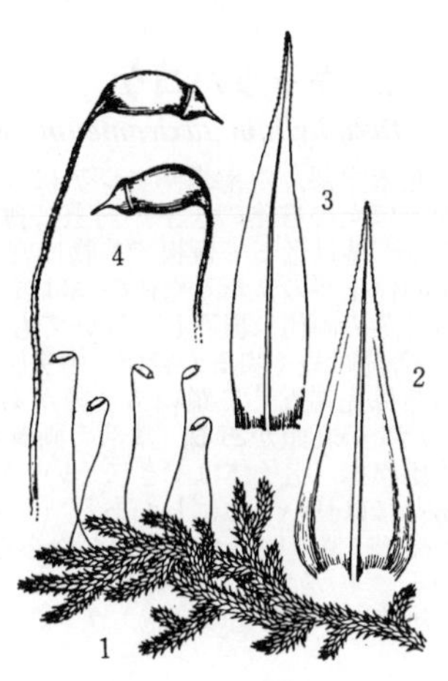

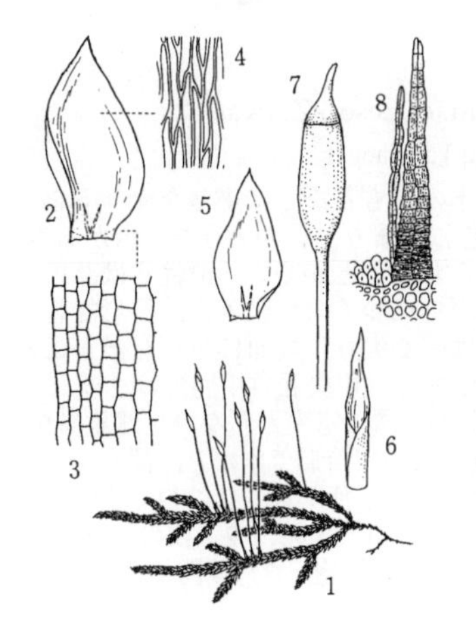

4891. ホソミツヤゴケ（ツヤゴケ）　〔ツヤゴケ科〕

Entodon sullivantii Lindb. var. ***versicolor*** Mizush.

北米に産する母種のアジア地方に産する変種である．日本では北海道から九州までの平地から山地，ときには高山帯までの道ばたの岩，石垣，木根，土上に光沢のある緑ないし黄緑色の扁平なマットを作る．茎ははって，長さ 3～5 cm，不規則に枝分かれし，枝は 5～15 mm，先は細く尖る．茎の葉は長さ 1.5～2 mm，基部は狭く，卵状披針形でさじ状にくぼみ先は広く尖り，最先端は平らになる．ふちは上部に小さいきょ歯があり，中央脈（中肋）は 2 本で短い．葉の中部の細胞は線形，基部の両翼には小型方形の細胞群がある．枝の葉はやや小さく長く尖る．雌雄異株．雌苞葉は葉より細長く尖り，胞子嚢の柄は長さ 1.5～2.5 cm，赤褐色．胞子嚢は円筒形で直立し，長さ 3～4 mm，口輪は大きい．さく歯は 2 列で外さく歯は線状披針形，下方は横に上方では縦に縞模様があり縞はしだいに点状となり，上部では微細な乳頭突起となり，先端は透明．内さく歯は外さく歯より小形で線形，各歯の間の間毛はない．〔日本名〕植物体に美しい光沢があるので名付けられた．1. 全形．2. 茎葉．3. 葉の翼部の細胞．4. 葉の中部の細胞．5. 枝葉．6. 雌苞葉．7. 胞子嚢．8. さく歯．

4892. コモチイトゴケ　〔コモチイトゴケ科〕

Pylaisiadelpha tenuirostris (Bruch et Schimp.) W.R.Buck

（*Clastobryella kusatsuensis* Z.Iwats.）

東アジアと日本に分布し，日本ではほとんど全国の平地から山地にかけての樹幹や倒木上に薄いマットを敷いたように生育する．乾燥や空気の汚染に強く，都市のコケが生えにくい樹上にコケが一種だけ生育する場合はこのコケであることが多い．緑色，繊細で茎ははって不規則に細い枝を出し，枝の頂近くの葉の間から無性芽を生じる．無性芽は 1 列の細胞からなる糸状で表面に乳頭状突起がある．葉は乾くと茎や枝に接着し披針形で，先は細長く尖り一方に曲がることが多い．ふちは弱くそりかえり，上部に細かいきょ歯がある．中央脈（中肋）はないがあっても 2 本でごく短い．葉身中部の細胞は線形，基部の両翼の最下部には 3～4 個の長方形のふくらんだ細胞が横に並び，その上には方形の小さな細胞が少数個みられる．雌雄異株．胞子嚢の柄は赤褐色で長さ 1.5 cm 前後，胞子嚢は円筒形で，ふたは長いくちばしがある．〔日本名〕茎や枝は細く糸状で，無性芽で繁殖をするので名付けられた．1. 全形(湿ったとき)．2. 全形(乾いたとき)．3. 葉．4. 葉の翼部の細胞．5. 葉の中部の細胞．6. 無性芽をつけた枝．7. 無性芽．8. 帽子を被った胞子嚢．

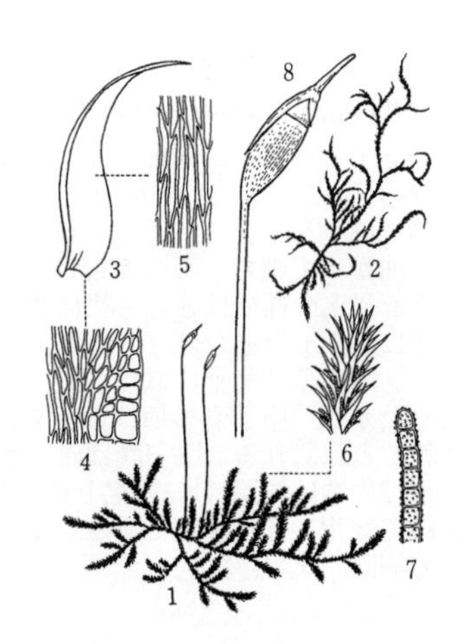

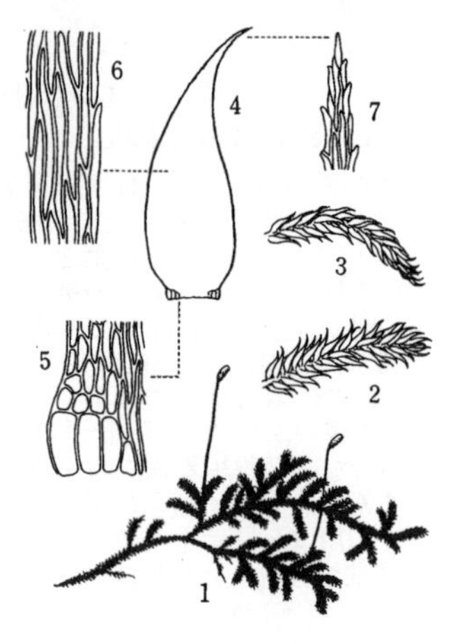

4893. カガミゴケ

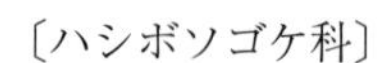

〔ハシボソゴケ科〕

Brotherella henonii (Duby) M.Fleisch.

東アジアに分布し，日本では北海道から琉球までの低地の林中で木の根もと，ことにスギの根もとに多くみられ，ときに腐植土や岩上にも生える．緑ないし黄緑色で強い光沢がある．茎ははって長さ 7〜8 cm，長さ 5〜10 mm の枝を水平に羽状に密生する．枝には葉を密生するが，乾いてもあまり変化せずに開いているが，先は下方に曲がる．長さ 1.5 mm，基部が狭く，長卵形でしだいに細く尖り，ふちは上半に鋭いきょ歯がある．中央脈（中肋）は非常に短いか不明瞭．葉身中部の細胞は線状で膜は薄くて平滑．基部の両翼には横に並んだ 3〜4 個の大形，薄膜，黄色の細胞があって，葉身の線形の細胞とははっきり区別できるのは，ハシボソゴケ科の蘚類の特徴である．雌雄異株．胞子嚢の柄は長さ 1.5〜2.5 cm で平滑，胞子嚢は長さ 1.3〜2 mm で基部の広いつぼ形で直立するかやや曲がる．ヒメカガミゴケ *B. complanata* Reimer et Sakurai は小形で，胞子嚢の柄も 1 cm 内外．1．全形．2．枝．3．乾いた枝．4．茎葉．5．葉の翼部の細胞．6．葉の中部の細胞．7．葉先の細胞．

4894. キャラハゴケ

〔ハイゴケ科〕

Taxiphyllum taxirameum (Mitt.) M.Fleisch.

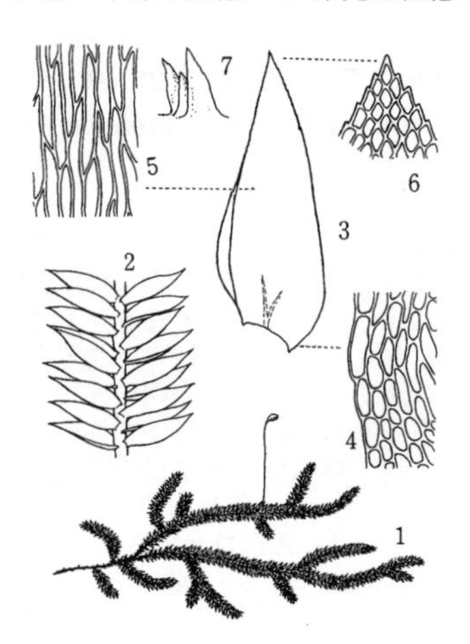

北米東部，中南米，アジアに分布し，日本では北海道南部から琉球までの林中や道ばたの日陰の土上，岩上に薄いマットをつくる．黄緑色の絹のような光沢があり，茎ははって仮根で基物に密着し，両側に平らに枝と葉をつけ扁平に見える．茎の休止芽のまわりや枝のつけ根に小さな葉状の付属物（偽毛葉）が集まってつく．葉は茎の両側に展開して乾いても変わらない．長さ 1.0〜2.5 mm，卵状披針形でゆがみ，先は短く尖るか鈍頭．中央脈（中肋）は短く基部から 2 叉に分かれるか不明瞭．ふちは先端近くに鋭いきょ歯がある．葉身中部の細胞は線形でうねり，上端にめだたない乳頭がある．基部の両翼部は狭い部分に方形か短い長方形の細胞がある．雌雄異株．胞子体はできにくい．胞子嚢は水平について卵形でゆがみ，柄は赤褐色．ふたには長いくちばしがある．〔日本名〕伽羅葉ゴケ．伽羅 *Aquilaria agallocha* (Lour.) Roxb. に似ているかどうかわからないが，針葉樹のキャラボクに葉の並び方が似ている．1．全形．2．葉を付けた茎．3．茎葉．4．葉の翼部の細胞．5．葉の中部の細胞．6．葉先の細胞．7．偽毛葉．

4895. アカイチイゴケ

〔ハイゴケ科〕

Pseudotaxiphyllum pohliaecarpum (Sull. et Lesq.) Z. Iwats.

（*Isopterygium pohliaecarpum* (Sull. et Lesq.) A. Jaeger）

アジアに分布し，日本全国の土上，岩上，木の根もとなどに平らなマットをつくる．ふつう全体または一部が紅ないし紫紅色に染まり，絹のような光沢がある．偽毛葉はなく，葉のもとに小さな無性芽がみられることが多い．無性芽は芽のようで，ねじれて先は広がる．葉は茎の両側に平らにつくようにみえ，卵形で著しくゆがみ，長さ 1〜1.5 mm，先は細くあるいは広く尖り，葉面に少ししわがよることがある．ふちは上部に細かく低いきょ歯があり，中央脈（中肋）は 2 叉に分かれて短く，葉の中部の細胞は線形で平滑．基部両翼でも変わらない．雌雄異株．胞子嚢の柄は赤褐色で長さ 2 cm 内外，胞子嚢は長い円筒形でゆがみ，傾くか下垂する．ふたのくちばしは短い．〔日本名〕赤水松ゴケ．葉が茎や枝につく状態がイチイに似ており，植物体が紅いのでこの名がある．1．全形．2．枝の一部．3．若い枝．4．葉．5．葉の翼部の細胞．6．葉の中部の細胞．7．無性芽．

4896. ハイゴケ（ムクムクチリメンゴケ）

〔ハイゴケ科〕

Hypnum plumaeforme Wilson

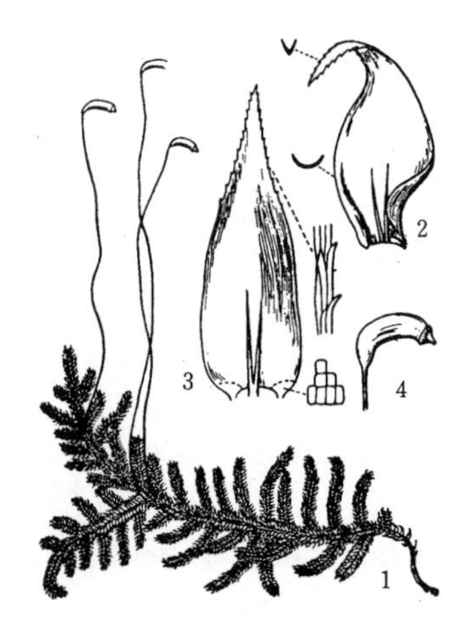

アジアとハワイに分布し日本では各地の地上，岩上，樹幹などに群生するが比較的日当たりの良い場所を好む．植物体は緑色から黄緑色で，茎は長くはい，約 10 cm 前後の長さ，多数の枝を羽状に出す．葉は密につき，乾けば著しく弓状に曲がって縮む．葉の基部は広卵形で次第に披針形となり，先端はとがる．中央部以上の部分は強く弓状に曲がって，中くぼみとなり，葉縁は平端で，上半部にはきょ歯をもつ．中央脈（中肋）は 2 本であるがしばしば不明瞭となり，短い．枝の葉は茎葉に似て小形．雌雄異株．雌の苞葉は直立し，卵形，先は細長くとがる．胞子嚢の柄は黄色を帯びた赤色で，長さ約 4 cm 前後，直立するが乾くとねじれる．胞子嚢は斜めか水平につき，多少弓状に曲がる．ふたは円錐形で先端は鈍頭．〔日本名〕ハイゴケは植物体がはって生育することによる．極めて変化に富む種類である．1．全形．2．葉（自然状態）．3．開いた葉とその細胞．4．胞子嚢．

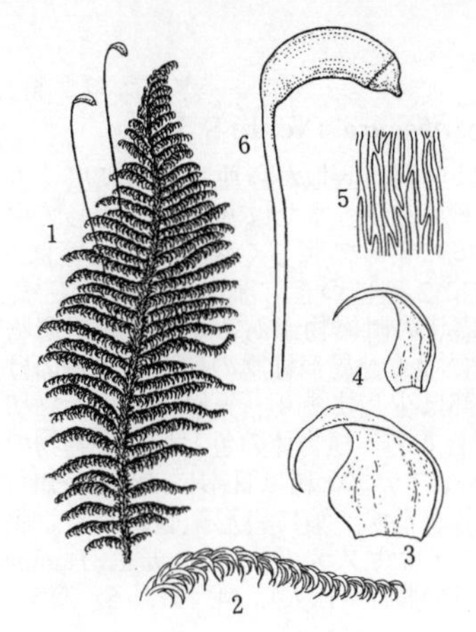

4897. ダチョウゴケ 〔ハイゴケ科〕

Ptilium crista-castrensis (Hedw.) De Not.

北半球に分布し，日本では北海道，本州中部以北と四国の高山の腐植土上，岩上に鉾形か先の尖った鳥の羽根を立て並べたように群がって生える．上半は緑ないし黄緑色，下方は黄ないし褐色．茎は直立または斜めに立って 7〜20 cm，同一平面で密羽状に枝分かれをする．枝先は鎌状に裏面に曲がる．茎や枝の表面には偽毛葉がある．葉は著しく鎌形に曲がり乾いてもあまり変化しない．茎葉は卵形の基部からしだいに細く尖り，深いしわがある．ふちは平らか細くそりかえり，上部に細かいきょ歯がある．中央脈（中肋）は 2 本で短いか不明瞭である．葉身中部の細胞は線形，膜は厚くて平滑．基部の両翼には長方形か方形で膜の薄い透明な細胞がある．枝葉は披針形で茎葉よりはずっと小さい．雌雄異株．胞子嚢の柄は長さ 3〜4 cm，胞子嚢は弓状に曲がった円筒形で，ふたは短いくちばしのある円錐形．〔日本名〕駄鳥ゴケ．全形がダチョウの一枚の羽根に似ているからである．シモフリゴケとともに高山の蘚類代表ということができる． 1. 全形． 2. 枝． 3. 茎葉． 4. 枝葉． 5. 茎葉の中部の細胞． 6. 胞子嚢．

4898. タチハイゴケ（ミヤマシトネゴケ） 〔イワダレゴケ科〕

Pleurozium schreberi (Brid.) Mitt.

北半球に広く分布し，北海道から九州の針葉樹林帯に生育し，腐植土上岩上に群生する．植物体は大形で，黄緑色ないしは褐色を帯びた黄緑色で，長さ約 10 cm 前後，茎は赤く多数の枝を羽状に出す．葉は密につくが下部では離れてつき，2〜2.5 mm の長さ，広卵形ないしは広い楕円状で，先端はやや丸味を帯びとがらない．へりは内側に巻き，全体として強く中くぼみとなり，きょ歯は先端のみある．細胞は細長く，表面はなめらかで，膜は先端部で少し厚い他はすべて薄い．中央脈（中肋）は 2 本で短く，しばしばやや不明瞭となることがある．雌雄異株．胞子嚢の柄は赤色を帯び，長さ 2〜4 cm，直立するが，本体は水平ないしは斜めにつき，少し曲がり，楕円体，ふたは円錐形で先はとがる．本種はアルカリ性の土地をきわめて嫌う性質があり，酸性土じょうの標準種とされることがある． 1. 全形． 2. 葉とその先端部． 3. 胞子嚢．

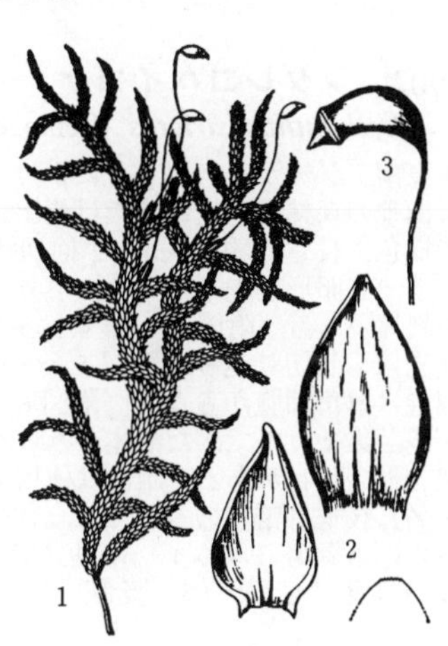

4899. イワダレゴケ 〔イワダレゴケ科〕

Hylocomium splendens (Hedw.) Schimp.

主に北半球に分布するがニュージーランドからも記録されており，日本では北海道から九州にかけての針葉樹林帯以上の高山の腐植土上，岩上に壮大なマット状をつくる．緑色から汚黄緑色で光沢があり，茎ははって 2〜3 回羽状に一平面上で枝分かれする．前年の茎の途中から新しい茎が立ち上がり，先は平らになり，枝分かれし，その途中からさらに次の新芽が立ち上がる．このように繰り返して何段もの羽状に分枝した面ができる．全体の長さは 20 cm 以上になり，枝分かれした面の幅は 4〜5 cm に達する．茎には枝分かれした細い毛葉が密生する．茎葉は長さ 2〜3 mm，卵形の基部から急に細かく屈曲した葉先となり，中央脈（中肋）は 2 本で短いか葉長の 1/2 に達する．ふちには細かいきょ歯があり，葉身中部の細胞は線形．枝葉は小形で卵状，サジ状にくぼみ，ふちの歯は鋭い．先端は鈍いかまたは尖り，細胞の上端は乳頭状の突起に終わる．雌雄異株．胞子嚢の柄は長さ 2.5 cm 前後，胞子嚢とともに赤褐色．胞子嚢はひずんだ卵形で水平につく．〔日本名〕岩垂ゴケ． 1. 全形． 2. 茎葉． 3. 枝葉． 4. 枝葉の中部背面の細胞． 5. 毛葉． 6. 胞子嚢．

4900. コマチゴケ 〔コマチゴケ科〕

Haplomitrium mnioides (Lindb.) R. M. Schust.

日本と東アジアにみられ，湿気の多い土上，または崖の上に群生し，植物体は一見蘚類に似ている．淡緑色，やわらかくて肉質，乾燥すると著しく縮む．植物体の長さは 1.5〜2.3 cm，地下部は根茎状にはい，ところどころから葉をつけた直立する茎を出す．仮根はない．葉は広卵形で全縁，3 列にならぶ．葉の細胞は一層で細胞膜はうすい．雌雄異株．雌器は花被をもたず，茎の先端に生じ，カリプトラは円柱状で長く，胞子嚢は円柱状の長楕円形，白色の長くてもろい柄を持つ．胞子嚢は熟すると 1 個の縦の線にそって裂ける．雄器は茎の先端に平盤状に多数集まって生ずる．〔日本名〕小町苔で，植物体が蘚類に似て美しい感じをあたえることから美人としての小野小町の名がつけられたもの． 1. 胞子体をつけた雌株の全形． 2. 雄器をつけた雄株の直立茎． 3. 3 枚の葉とその細胞． 4. 胞子嚢．

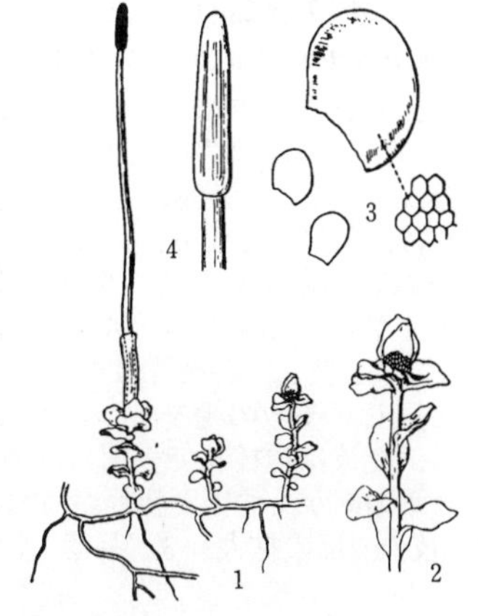

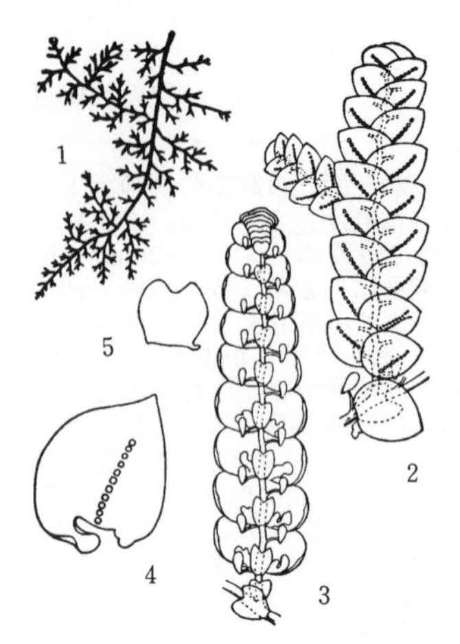

4901. シダレヤスデゴケ　〔ヤスデゴケ科〕

Frullania tamarisci (L.) Dumort. subsp. ***obscura*** (Verd.) S. Hatt.

東アジア，シベリアに広く分布し，日本では全国の低地から亜高山帯に広くみられ，樹幹や岩上に着生して，基物から垂れ下がるか，または基物に密着して生育する．植物体は赤褐色で，大きさは生育環境によって著しく変化する．茎は2回または3回羽状に枝分かれする．葉は左右に2列につき，卵形，先端は尖り，腹面に少し曲がる．また葉の腹側の基部には壺状の附属物があるが，この附属物は茎から離れてつく．葉の中央部には1～2列に並んだ異形細胞の列がみえるのはよい特徴である（附図4）．腹葉は長方形で茎部は少し狭まり，先端はわずかに切れこむ（附図5）．花被は枝の先端に生ずる．〔日本名〕植物体の色と形とが動物のヤスデを連想させることからつけられたもの．ヤスデゴケ属は日本に48種が知られており，シダレヤスデゴケに似て葉の先はとがらず，葉に異形細胞がなく，腹葉が大きく，円形で全縁のものがある．これをアカヤスデゴケ *F. davurica* Hampe という．1. 全形．2. 枝の背面（拡大）．3. 枝の腹面（拡大）．4. 葉．5. 腹葉．

4902. シダレゴヘイゴケ　〔クサリゴケ科〕

Ptychanthus striatus (Lehm. et Lindenb.) Nees

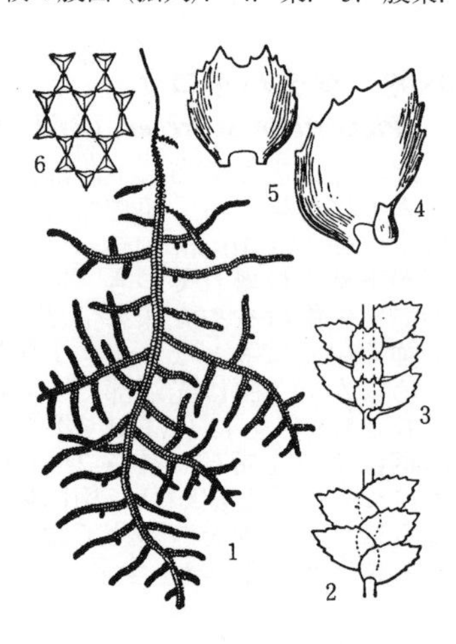

東南アジアからアフリカにかけて分布し，日本では本州や四国，九州などの低山地の森林内の樹幹または岩上に群生して，基物から垂れ下がる．植物体は黄褐色，長さは約15 cm，2回羽状に枝分かれをする．葉は少し重なり合ってつき，広卵形，先端は尖り，へりには大まかなきょ歯を持ち，腹側の基部には小裂片がある（附図4）．腹葉は茎の約4倍の幅があり，ほぼ円形，基部は狭まり先は少し切れ込み（附図5）へりには数個のきょ歯がある．葉および腹葉の細胞は厚角細胞からなる（附図6）．細胞内には生時10個内外の灰白色で小粒が多数集まってできた油体がみられる．雌雄同株．花被は枝の横につき，約10個の縦のしわがある．雄器は穂状につき，6～15対の苞葉に包まれている．〔日本名〕枝垂御幣苔の意味で，全体のひらひらして細く切れ込んだ感じを神様にささげる御幣（ゴヘイ）に見立てたものである．1. 全形．2. 枝の背面．3. 枝の腹面．4. 葉．5. 腹葉．6. 葉の細胞．

4903. ウニバヨウジョウゴケ　〔クサリゴケ科〕

Cololejeunea spinosa (Horik.) Pandé et Misra

日本特産の種で，本州から琉球にかけての湿度の高い谷間等に生育するシダ類や常緑樹の葉上に着生する小型のコケ．植物体は極めて小形で，長さ約5 mm，幅は約0.5 mm，淡緑色．茎は基物に密着し，不規則に枝分かれをし，仮根は1個所から集まって出る．葉は左右に並び腹葉はない．上下の2片に分かれ（附図3），上片は大きく楕円状卵形，鈍頭，全体として多少中くぼみとなる．下片は小形，袋状にふくらみ，上片との接着部は曲がる．上片の細胞は多角形で，各細胞の背面には1個の長い乳頭状の突起を持つが（附図4），下片の細胞にはない．雌雄異株．花被は茎の先端または枝の先に頂生する．〔日本名〕ウニ葉葉上苔で葉の細胞に生ずる突起の状態が動物のウニの殻に似ており，常に生葉に着生するところからつけられたもの．1. シダ植物の羽片上に着生したものの全形．2. 枝の拡大（花被を先端につけたもの）．3. 葉（腹面）．4. 葉の一部の拡大．

4904. サワラゴケ（ムクムクサワラゴケ）　〔サワラゴケ科〕

Neotrichocolea bissetii (Mitt.) S. Hatt.

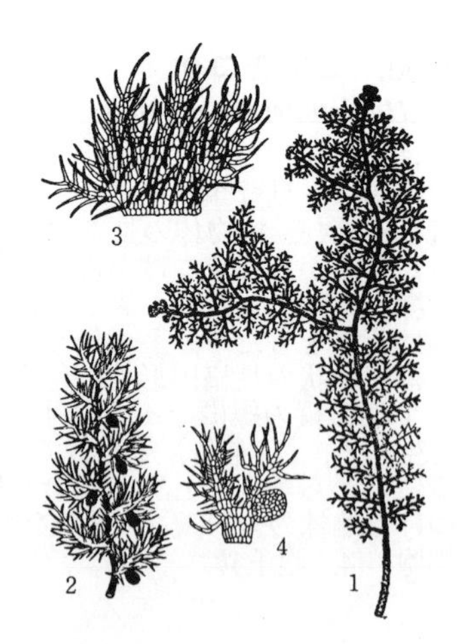

中国と日本の本州から九州に分布し，深山のごく湿潤な土上や岩上に群生する．植物体は黄緑色または淡緑色で，長さは約10 cm，4～5回羽状に枝分かれをする．茎葉はたがいに接し合ってつきほぼ中央まで4～6裂する．裂片は三角形でとがり，へりおよび葉の背面には多数の2～5細胞からなる毛がある（附図3）．枝の葉は茎葉に似ているが基部は狭まり，しばしば腹面の1裂片はふくろ状となる（附図4）．腹葉は茎葉の約1/2の大きさで約2/3まで2裂し，各裂片は更に1/2位まで2裂する．へりおよび背面には茎葉と同じく多数の毛をもつ．雌雄異株．雌器および雄器はまれにしかつかない．花被は棍棒状で表面には多数の毛をもつ．〔日本名〕植物体の枝分かれと葉の細かくついた状態が樹木のサワラに似ていることによる．1. 全形．2. 枝の一部の拡大．3. 茎葉（背面）．4. 枝の葉（腹面）．

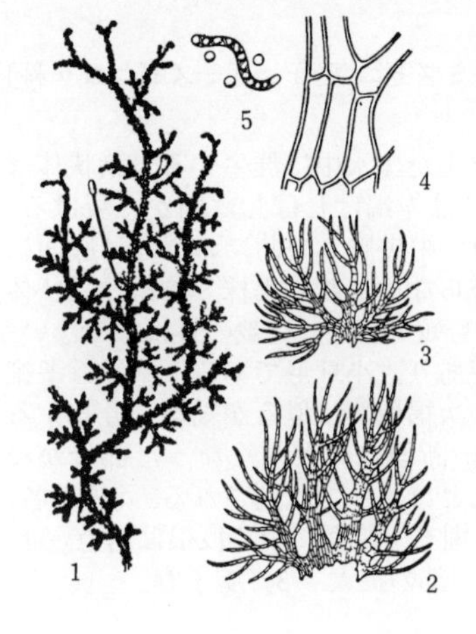

4905. ムクムクゴケ（アオジロムクムクゴケ）　〔ムクムクゴケ科〕

Trichocolea tomentella (Ehrh.) Dumort.

ヨーロッパ，北アメリカおよびアジアに広く分布し，山地の湿岩上または腐植土上に群生する．植物体の長さは 2～5 cm，淡緑色または黄緑色で，3～4 回羽状に枝分かれをする．葉はたがいにやや離れてつき，ほとんど基部近くまで 4 裂し（附図 2），各裂片は細長く，先はとがり，へりには数細胞からなる毛がある．葉の細胞は細長く，膜はうすい．腹葉は葉に似て少し小形，4 裂する（附図 4）．雌雄異株．雌器，雄器ともにまれで，花被は細長い棍棒状で，表面には多数の毛を持つ．サワラゴケとは外観上，すこぶる類似しているが，枝の葉の裂片がふくろ状にならないこと，および葉の背面に毛を持たないことによって区別される．最近，日本のムクムクゴケ属には 3 種あることが報告されている．1. 全形． 2. 葉． 3. 腹葉． 4. 葉の基部の細胞． 5. 胞子と弾子．

4906. ムチゴケ（オオムカデゴケ）　〔ムチゴケ科〕

Bazzania pompeana (Sande Lac.) Mitt.

東アジアに分布し，日本では本州南部から琉球にかけての低山地の腐植土または木の根もとや樹幹に生育し，通例群生する．植物体は褐緑色で，幅は約 5 mm，長さは約 5 cm．茎ははい，不規則に枝分かれをし，茎の腹面からは茎に直角に長い鞭枝を生じているが，鞭枝には微小な葉がついている．葉は 3 列につき，左右の 2 列の葉は水平に展開し，下方の葉の上縁は上方の葉の下縁を蔽っており（倒瓦状），大形で，長卵形または卵状楕円形，先端部には 3 個の歯をもつ（附図 3）．腹葉は円形で茎の太さの約 2 倍以上の幅を持ち，質はうすく透明，へりには不規則にきょ歯を生ずる．花被は小さく，胞子嚢は白色の長い柄を持ち，褐色，楕円形，熟すると 4 つに分かれる．別種に本種とくらべ小形で，腹葉が茎の 2 倍以下で，透明だがへりにはきょ歯がほとんどなく，矩形をしたものがある．これをコムチゴケ *B. tridens* (Reinw. et al.) Trevis という．〔日本名〕茎腹面からよく鞭枝を出すのでこの名がある． 1. 全形． 2. 枝の一部（腹面）． 3. 葉． 4. 腹葉．

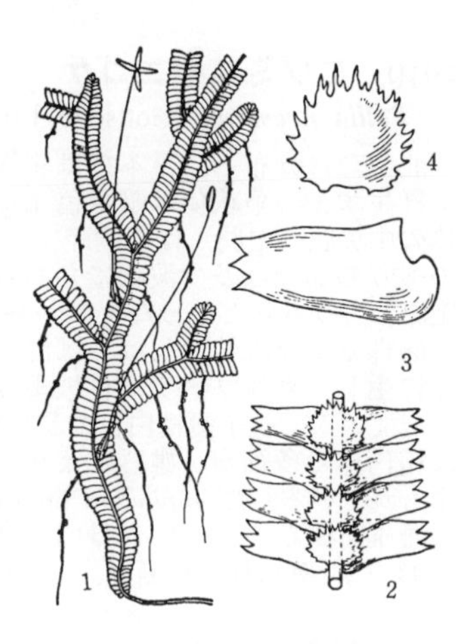

4907. マルバハネゴケ（マルバタチムカデゴケ）　〔ハネゴケ科〕

Plagiochila ovalifolia Mitt.

東アジアに分布し，日本全国の陰地のごく湿潤な岩上に生育する．植物体はやや褐色を帯びた緑色で，群生する．茎の基部ははうが，中部より上はほぼ直立し，不規則に枝分かれする．葉は左右に 2 列につき，広卵形，多少くぼみ，葉の先は鈍形で，へりには 20 前後のきょ歯をもつ．腹葉はない．雌雄異株．雌の花被は枝の先端に生じ，ほぼ円筒状でへりは切れ込む．胞子嚢は長楕円形で熟すと 4 つに裂ける．雄花序は穂状となり枝に生ずる．コハネゴケ *P. sciophila* Nees ex Lindenb. は本種よりも乾燥した場所に生育し植物体は黄緑色，葉は長方形で，へりのきょ歯は葉の上半部に生じ，頂端部の歯は強大．〔日本名〕円葉羽根苔．シュートが羽根に似て，葉に丸みがあり，植物体が直立して生育することによる． 1. 全形． 2. 2 枚の葉をつけた枝の一部（腹面観）． 3. 葉． 4. 葉を開いたもの．

4908. ウニバヒシャクゴケ　〔ヒシャクゴケ科〕

Scapania ciliata Sande Lac.

東アジア，ヒマラヤに分布し，日本全国の陰地の湿土上または腐植土上に生育し，多くの場合群生する．植物体は灰緑色で，基部ははう．長さは約 5 cm，2～3 回叉状に枝分かれをする．葉は相接し合ってつき，上下の 2 片に分かれ，両方のつながる所は短く，ほとんど直線状となる．上片は小さく，下片は上片の約 2 倍の大きさとなり（附図 2）広卵形，幅は約 1 mm．上片，下片ともにへりには 1 細胞からなる長いとげ状の歯が密生する．葉の細胞は大形の乳頭状の突起を持つ．雌雄異株．花被は扁平なラッパ状で，口のへりには長いとげ状の歯がある．胞子嚢は楕円形で黒褐色，熟すと 4 裂する．〔日本名〕花被の形からひしゃく苔とよび，葉のへりの毛をウニのとげにたとえてウニバといっている．本種に似て小形で，植物体はしばしば赤色を帯びた紫色，葉は卵形で先がとがり，小きょ歯をもち，葉細胞には微小突起をそなえるものがある．これをチャボヒシャクゴケ *S. stephanii* Müll.Frib. という．低地に普通にみられる． 1. 全形． 2. 葉（左は背面，右は腹面）． 3. 花被と胞子嚢．

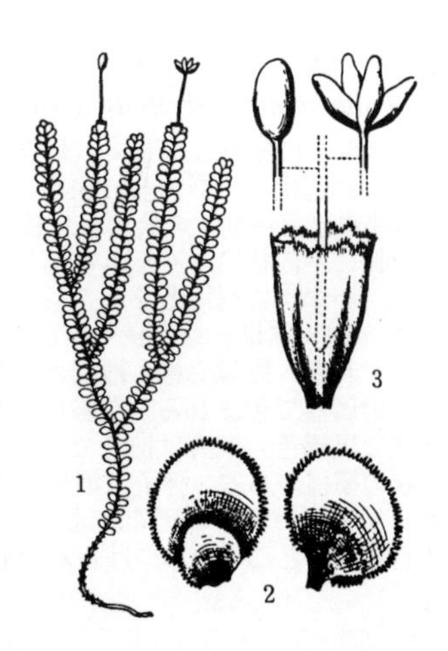

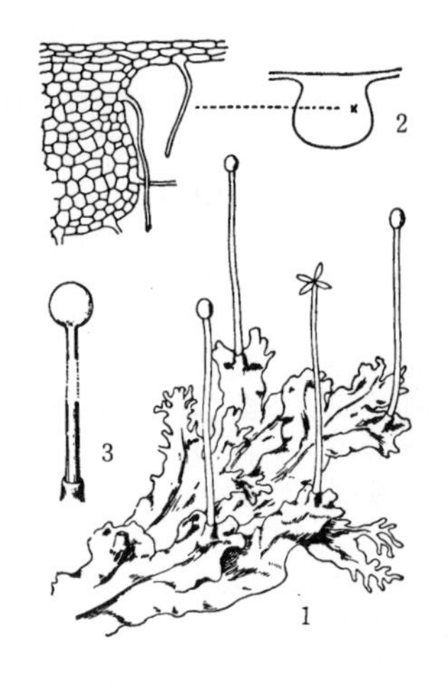

4909. ホソバミズゼニゴケ（ムラサキミズゼニゴケ）　〔ミズゼニゴケ科〕

Pellia endiviifolia (Dicks.) Dumort.

北半球に広く分布し，日本全国の湿土上または水中に群生する．葉状体は紫色を帯びた緑色で叉状に分かれ，冬期には先端はしばしば細かく裂ける．気室はない．葉状体の横断面では（附図 2）中央脈（中肋）の部分は腹面に強くふくらむが，細胞膜はうすくて厚くならない．雌雄異株．雌器は葉状体の先端近くに生じ，カリプトラは花被よりも短いので，花被の外にはでない．花被の口にはきょ歯がある．胞子嚢は柄があり，小球形である．胞子は多細胞からなり，楕円体．エゾミズゼニゴケ（次掲種）に似るが細小，分布する地域はほぼ同じようであるが，葉状体の横断面に膜が厚くなった部分がないことと，カリプトラが花被よりも短いことによって区別される．〔日本名〕細葉水銭苔．葉状体はマキノゴケに似るも細く，腹面につく仮根は白色． 1. 全形． 2. 葉状体中央脈部の横断面とその一部の拡大． 3. 胞子嚢.

4910. エゾミズゼニゴケ　〔ミズゼニゴケ科〕

Pellia neesiana (Gottsche) Limpr.

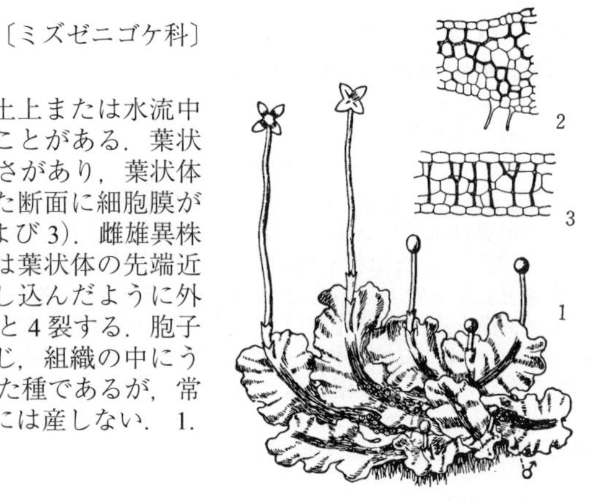

北半球に分布し，日本では北海道から九州の陰地の湿土上または水流中に群生する．葉状体は暗緑色またはときに赤色を帯びることがある．葉状体の中央脈（中肋）は不明瞭で，横断面で約 12 細胞の厚さがあり，葉状体のへりの部分は多少波状にちぢれる．気室孔はない．また断面に細胞膜が肥厚してひも状となったものが多数にみえる．（附図 2 および 3）．雌雄異株で雌株および雄株はしばしば混じり合って生ずる．雌器は葉状体の先端近くに生じ，カリプトラは花被よりも長いので，花被にさし込んだように外にでている．胞子嚢は白色の長い柄をもち，球状で熟すると 4 裂する．胞子は楕円体で多細胞．雄器は葉状体の表面にちらばって生じ，組織の中にうずもれている．*P. epiphylla* Corda はエゾミズゼニゴケに似た種であるが，常に雌雄同株で，ヨーロッパおよび北アメリカに分布し日本には産しない． 1. 全形． 2. 葉状体の横断面． 3. 葉状体の縦断面.

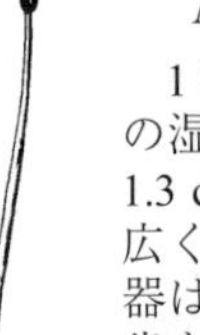

4911. マキノゴケ　〔マキノゴケ科〕

Makinoa crispata Miyake

1 科 1 属 1 種の特異な苔類．日本および東・東南アジアに分布し，山麓地の湿土上または腐木および湿った岩上に群生する．葉状体は扁平で幅は約 1.3 cm，濃い緑色，へりは多少波状にちぢれる．中央脈（中肋）の部分は幅広く少しくぼみとなり，腹面には褐色の仮根を多数生ずる．雌雄異株．雌器は葉状体の先端近くに生ずる花被の中に生じ，花被の口のへりにはきょ歯をもつ．胞子嚢は春になってから生じ，白色の長い柄で立ち，長楕円形，熟すと 1 か所で裂ける．胞子は球状で褐色を帯びた緑色，弾子は長く，約 1 mm あり，中央部にらせん状に膜が厚くなった部分がある．雄器は葉状体の先端部の半月形のくぼみ中に多数生じ組織の中にうずもれる．精子はこけ植物中で最も大きく，長さは約 0.1 mm．〔日本名〕学名 *Makinoa* とともに発見者である牧野富太郎を記念して，三宅驥一が命名したものである． 1. 雌株． 2. 雄株． 3. 一個の精子（約 600 倍）.

4912. クモノスゴケ　〔クモノスゴケ科〕

Pallavicinia subciliata (Austin) Steph.

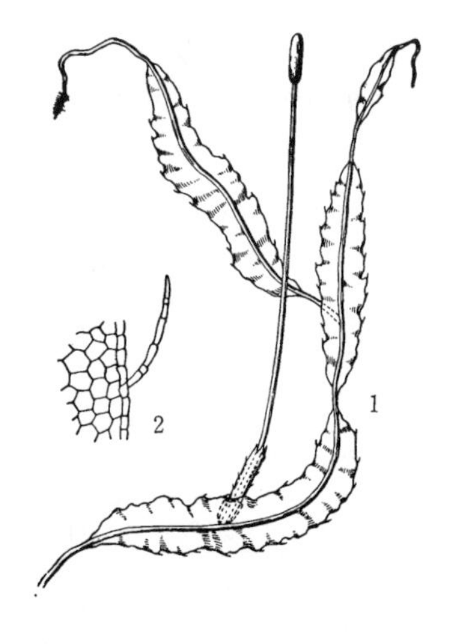

東アジアに分布し，日本では本州から九州の山地のごく陰地の湿土または湿った岩上に芝生状に群生して生える．葉状体は淡緑色，ときに叉状に分かれ，または中央脈（中肋）の腹面から枝を出す．葉状体の幅は約 5 mm，中央脈（中肋）は腹側に平円状にふくらみ次第に左右の 1 細胞層の部分に移る．へりは多少ちぢれ，わずかに裂片となり，各裂片には細胞が 1 列に並んだ長い毛をもつ（附図 2）．中央脈は先端が長くのびて，ストロン状となり，再びそこから葉状体が形成される．雌雄異株．雌器は葉状体表面の中央脈の表面に集まってつき，膜状の附属器で包まれる．花被は筒状で長く，口にはきょ歯をもち，胞子嚢は円柱状で黒褐色．下方は白色でやや透明な長い柄となる．胞子は球形で表面に網目状の模様がある．弾子は細長く 2 本のらせん状に肥厚した部分がある．〔日本名〕植物体が細くのびては地につくことを繰り返す様子がクモの網の糸のつなぎ目に似たところからつけられたもの． 1. 全形． 2. 体のへりの一部と毛を示す.

4913. ミヤマフタマタゴケ　〔フタマタゴケ科〕

Metzgeria furcata (L.) Dumort.

世界に広く分布し，日本では本州から琉球にかけての樹皮上に群生するか，または他のこけ類にまじって生育する．葉状体の幅は約 1 mm，黄緑色で質はうすく，叉状に分かれる．中央脈（中肋）はふくらみ，横断面で表面に 2 細胞，腹面に約 5 細胞をもち（附図 4），その間の細胞は不規則に 2～3 層となる．中央脈の左右はうすく，一層の細胞からなり，葉状体のへりおよび腹面には単細胞の長い毛をもつ（附図 3）．雌雄異株．雄器は葉状体腹面に生じ，数個集まって球状となる．雌器も葉状体の腹面に生じた棍棒状の枝に生じ，多数の毛をもつ．胞子嚢は長さ約 2 mm 白色の柄の先につき楕円体で熟すると 4 裂する．別に雌雄同株で葉状体のへりに一個所から 2 本ずつの毛を生ずるものがあり，これをヤマトフタマタゴケ *M. lindbergii* Schiffn. という．また葉状体は灰緑色で，全面に多数の毛をもつものをケフタマタゴケ *M. pubescens* (Schrank) Raddi という．〔日本名〕深山二叉苔の意味で，二叉分岐を繰り返し深山に生育する意．1．全形．2．葉状体裏面の拡大．3．葉状体のへり．4．無性芽．

4914. ウスバゼニゴケ（ウスバゴケ）　〔ウスバゼニゴケ科〕

Blasia pusilla L.

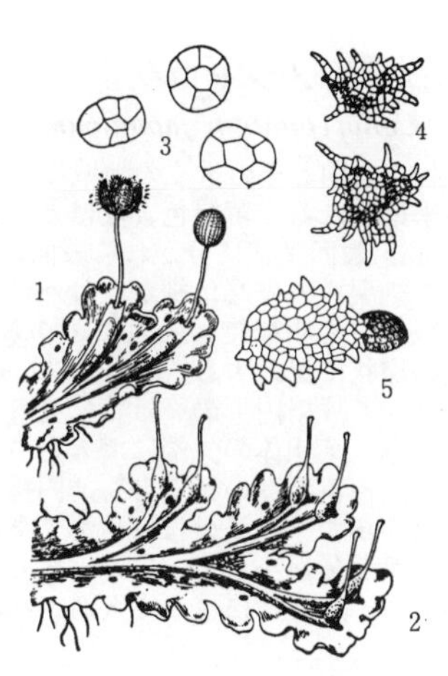

北半球の温帯に分布し，日本では北海道から九州にかけて，湿土または湿ったがけ土上などに群生する．葉状体は淡緑色，質はうすくてやわらかい．叉状に分かれ幅は 3～5 mm，中央脈（中肋）の部分は厚く，へりには多くの小裂片がある．葉状体の腹面には卵円形できょ歯をもった鱗片状の附属物を中央脈の両側に 2 列に生じ，表面には黒褐色の小点が中央脈にそってところどころにあってよい特徴になる．（この点状部には藍色バクテリアが共生している）．雌雄異株．雌器は葉状体の先端に中央脈部に接着して生じ，胞子嚢は透明な長さ約 2 cm の柄をもって立ち，球形，熟すると 4 裂する．雄器は葉状体の中央脈部にそって生ずる．無性芽はとっくり状の無性芽器内に生ずるもの（附図 2 および 3）と葉状体の先端近くの背面に生ずる（附図 4）ものがあり，器と芽とともに形を異にする．〔日本名〕葉状体の質がうすいことによる．1. 雌器と子嚢をつけた全形．2. 徳利状の無性芽器をつけた全形．3. 2 の無性芽器内の無性芽．4. 葉状体の表面につく無性芽．5. 葉状体腹面の附属物．

4915. シャクシゴケ（ミドリシャクシゴケ）　〔ウスバゼニゴケ科〕

Cavicularia densa Steph.

日本特産の種で，北海道から九州の主としてローム質の湿土またはがけに群生する．葉状体は濃い緑色，叉状に分かれ，幅は約 7 mm，質はやわらかい．中央脈（中肋）の部分は幅広く，通例中央脈の両側には 1 列に黒色の小点がある（藍色バクテリアが共生している）．中央脈の腹面の両側には卵円形でへりにきょ歯のある附属物がある．へりは多少波状にちぢれ，わずかに裂片状となる．雌雄異株．雌器は葉状体の先端近くに生じ，胞子嚢は長さ約 4 cm の白色の柄をもち，楕円形，熟すと 4 裂する．葉状体の先端には半月状のくぼみがあり，中に多数の無性芽をもつ．無性芽は柄があり，こん平糖状．ウスバゼニゴケに外観が似ているがこれよりも大形で，植物体の色がより濃い緑色，無性芽器の形，などによって容易に区別される．〔日本名〕体の先端のくぼみを杓子にたとえた名．1．全形．2．葉状体の腹面．3．無性芽（拡大）．4．胞子（拡大）．

4916. ジンガサゴケ（ハナガタジンガサゴケ）　〔ジンガサゴケ科〕

Reboulia hemisphaerica (L.) Raddi subsp. ***orientalis*** R.M.Schust.

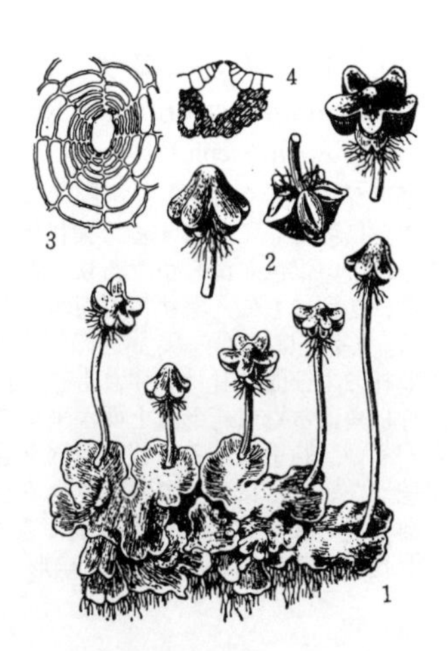

東アジアに分布し，日本全国のやや陽地の湿土上に生育する．葉状体は叉状に分かれ，幅は約 5 mm，表面は淡緑色，へりはときに赤紫色となり，裏面には赤紫色の鱗片が 2 列に生ずる．気室孔は小形で，葉状体表面にわずかに突出し，周囲の細胞は約 7～8 個ずつが数層の環状にならぶ（附図 3）．気室は断面で一層に生ずる．雌雄同株．雌器托は柄があり厚味のある円錐形で 4～7 中裂し，胞子嚢が熟するとへりの部分は上へ少しそりかえり気味となる．柄は黄白色，またはときに基部は赤紫色となり，胞子嚢の着生部の附近に黄白色の毛状の鱗片をもつ．カリプトラは貝殻状に 2 裂し，内部に球状の胞子嚢をもつ．胞子嚢ははじめ黄色，熟すと黒褐色となる．胞子は四面体でへりには少し翼状の附属物をもち，表面には大形の網目がある．雄器托は柄をもたず，葉状体上に直接生じ，卵形または半円形．〔日本名〕陣笠苔の意味で雌器托の形から来ている．1．全形．2．雌器托 3 個．3．気室孔の平面観．4．気室孔の縦断面．

4917. ジャゴケ 〔ジャゴケ科〕

Conocephalum conicum (L.) Dumort.

北半球に広く分布し，日本全国の陰地のごく湿潤な地に群生して生育する．葉状体は大形で，幅 1 cm 以上，長さは 15 cm に達する．叉状に分かれ，濃緑色または紫色を帯びた緑色，光沢をもつ．中央脈（中肋）の部分は明瞭で，全面にほぼ六角形の区画が見られ，各区画の中央に気室孔が点状にみえる．気室孔の周囲の細胞は約 7 個で環状に並ぶ（附図 3）．中央脈の腹面には左右に 1 列に紫色を帯びた鱗片状の附属物をもつ．雌雄異株．雄器托は柄がなく，葉状体の上に生じ，楕円形．雌器托は秋の終わり頃葉状体の先端に生じ，早春半透明の長い柄をもって高くのび上がり，円錐形，4〜6 個のひだをもつ．柄には縦に 1 個の溝がある．胞子は緑色を帯びた褐色で球形，多細胞からなり，表面にごく小さないぼ状突起をもつ．無性芽はない．〔日本名〕蛇苔の意味で葉状体の区画の模様がヘビの体表を連想させることによる．1. 雌株．2. 雄株．3. 気室孔の平面観（拡大）．

4918. ヒメジャゴケ 〔ジャゴケ科〕

Conocephalum japonicum (Thunb.) Grolle

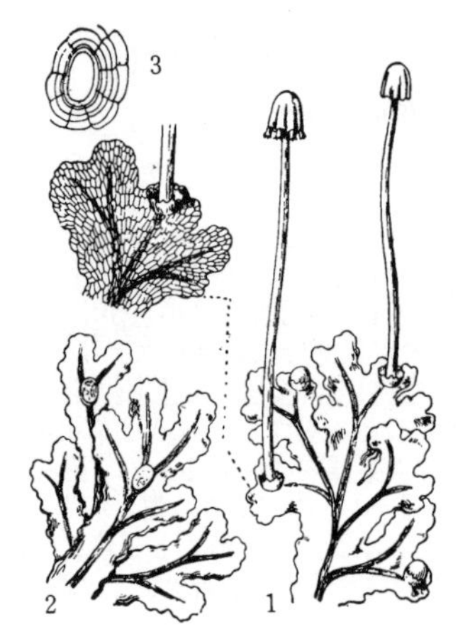

日本全国とその近くの地域に主として分布し，日陰の湿地に群生して生育し，冬季は枯れる．黄緑色またはときに濃緑色で光沢を持たない．葉状体の幅は約 4 mm，数回叉状に分かれ，表面は気室区画のために細かい模様がみえる．秋にはこの裂片の先端は細かく分かれ，粒状の無性芽となって越冬する．気室孔は肉眼的にも明瞭で，表面にふくらみ上がり，周囲の細胞は一環に 7〜8 個で数個の環状に配列する．雌雄異株．雄器托は葉状体の中央脈（中肋）の上に生じ，柄はなく，楕円形のいぼ状に盛り上がり，少し紫色を帯びる．雌器托は秋の終わり頃，葉状体の先端にできたさかずき状のものの中に生じ，早春に高く伸び出し，白色の長い柄をもち，円錐形，数個のひだをもち，各ひだから 1 つの胞子嚢を出す．胞子はほぼ球形で多細胞よりなり，緑色を帯びた褐色．ジャゴケとは葉状体が小形で，質がうすく光沢がないことと，無性芽を葉状体のへりに多数つくることによって区別される．1. 雌株．2. 雄株．3. 気室孔の平面観．

4919. ゼニゴケ 〔ゼニゴケ科〕

Marchantia polymorpha L.

世界に広く分布し，日本では北海道から九州にかけての人家近くの日陰の湿地または石垣の上などに群生して生育する．葉状体の幅は 1〜2 cm，数回叉状に分かれる．表面は淡緑色または濃緑色，腹面には無色透明の鱗片状附属物をもつ．へりは多少波状にちぢれ，表面の気室区画は明瞭で，気室孔は少しふくらみ，周囲の細胞は 4 個．葉状体の中央脈（中肋）上にさかずき状の無性芽器をもち，無性芽器のへりには多数のきょ歯がある．無性芽は濃い緑色，扁平でつやのあるまゆ状．雌雄異株．生殖器托は雌雄ともに柄がある．雌器托は扁平で，基部まで放射状に 9〜11 裂片に分かれ，裂片は丸味のある棒状ではじめは垂れ下がっているが，熟すればひらく．柄の長さは 3〜6 cm，縦に 2 つの溝がある．雄器托は円板状で，浅く 8 裂する．胞子は黄色．弾子は黄色で 2 本のらせん状の糸をもつ．〔日本名〕銭苔は雄器托の形に由来すると思われるが，あるいは体表面の気室区画を銭形の紋に見立てたか，あるいは属名から商人を連想し，銭に結びつけたものか．1. 雌器托をもった雌株の全形．2. 気室孔および気室区画．3. 気室孔の表面観．4. 無性芽．5. 雄器托．

4920. トサノゼニゴケ（トサゼニゴケ） 〔ゼニゴケ科〕

Marchantia emarginata Reinw. et al. subsp. ***tosana*** (Steph.) Bischl.

（*M. tosana* Steph.）

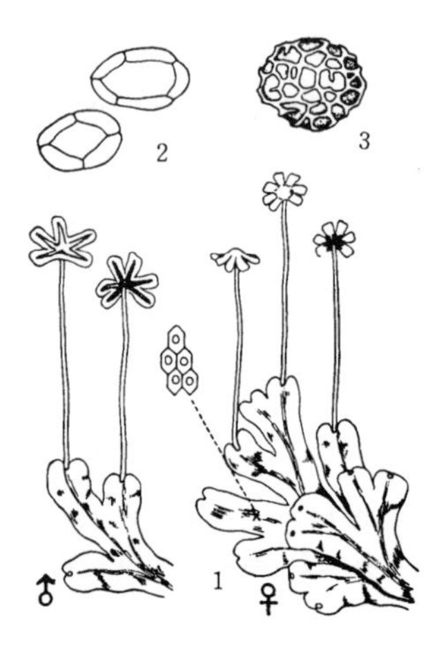

東アジアに広く分布し，国内では本州から琉球にかけての湿地または湿った石垣の上などに群生して生育する．葉状体の幅は約 3 mm，叉状に繰り返し分かれ，淡緑色または濃い緑色，滑らかであり，腹面には紫色でへりにきょ歯をもった鱗片状附属物を縦に 2 列にもつ．葉状体の表面の中央脈（中肋）は明瞭で，気室区画も明らかにみえる．気室孔はふくらみ，周囲の細胞は細長い 4 個の細胞からなる（附図 2）．雌雄異株．雄器托および雌器托はいずれも長さ約 2 cm の柄をもち，手のひら状に 4〜8 深裂し，裂片は角ばった広線形で上面が平坦である．また雄器托の裂片は後に葉状体となることが多い．胞子はあみ目状の模様をもつ．ヒトデゼニゴケとは葉状体中央脈の部分に黒線がないことによって区別されるし，ゼニゴケとは割にやせた葉状体の形や角ばった雌器托の裂片の形などで区別できる．〔日本名〕最初，土佐（高知）において採集されたのでこの名がある．1. 全形．2. 気室孔の周囲の細胞．3. 胞子．

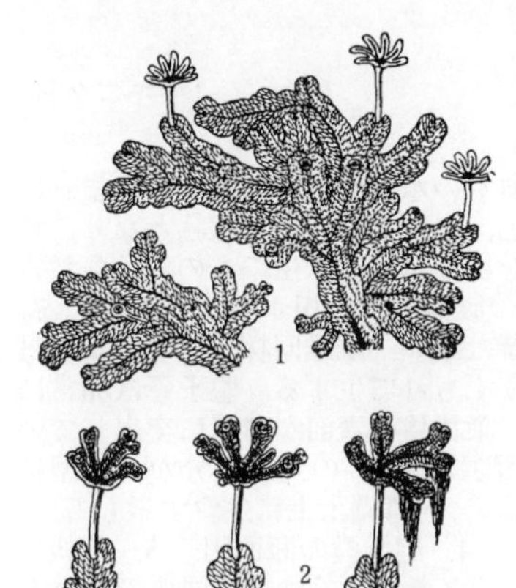

4921. ヒトデゼニゴケ（テガタゼニゴケ）　〔ゼニゴケ科〕

Marchantia pinnata Steph.（*M. cuneiloba* auct. non Steph.）

日本の本州から琉球，台湾に分布するもので，湿地（主としてローム質の崖など）に群生して生育する．葉状体の幅は約 5 mm，灰緑色またはしばしば赤褐色を帯び，中央脈（中肋）の部分に黒色の線がある．叉状に分かれ，葉状体の表面の気室孔は少しふくらみ，周囲の細胞は 4 個．葉状体の腹面には縦に 2 列に紫色を帯びた鱗片状の附属物がある．雌雄異株で生殖器托はいずれも肉厚くしかも柄がある．雄器托は扁平な円板状で，掌状に 4～6 中裂する．雌器托は掌状に 4～7 深裂し，人の手の弱い握りこぶしに似る．雄器托の中には成熟後は裂片が発達し，普通の葉状体となることが多い．無性芽器は葉状体の中央脈上に生じ，小形，へりは全縁.〔日本名〕雌器托および雄器托が手のひら状となることによる．1. 雄株の全形．2. 発育して葉状体となりかけた雄器托.

4922. フタバネゼニゴケ　〔ゼニゴケ科〕

Marchantia paleacea Bertol subsp. ***diptera*** (Nees et Mont.) Inoue

東アジアに分布し，日本では九州から琉球にかけての日陰または日当たりの湿地上，または石垣上などに群生して生育する．葉状体は灰色を帯びた淡緑色，裏面には中央脈（中肋）の附近に仮根を密生し，紫色の鱗片の附属物が 2 列にある．葉状体表面の中央脈の部分は少しくぼみ，気室の区画が明瞭で，気室孔の周囲の細胞は通例 4 個，十字状になる（附図 1)．中央脈（中肋）上には椀状の無性芽器がつく．雌雄異株．雌器托は初夏に熟し，2～8 cm の柄をもち，柄には鱗片状の毛がある．雌器托は半円状で，中央部に 1 個の突起をもち，半円形内に放射状に 6～8 浅裂し，不稔時には裂片のうち左右の端の 2 裂片が大形でつばさ状になる（附図)．雄器托もまた有柄円形で，中央部のまわりは紫色を帯び，へりは 6～9 浅裂する．ゼニゴケとは葉状体の色が灰色を帯びた淡緑色で質が厚く，雌器托の形状で区別できる．〔日本名〕二翅銭苔で雌器托の左右が 2 枚の羽状にとび出していることを指した名．図は雌株の全形．♂は雄器托．♀は受精した雌器托．1. 気室孔の周囲の細胞．2. 胞子（黄色で乳頭状の突起が多い)．

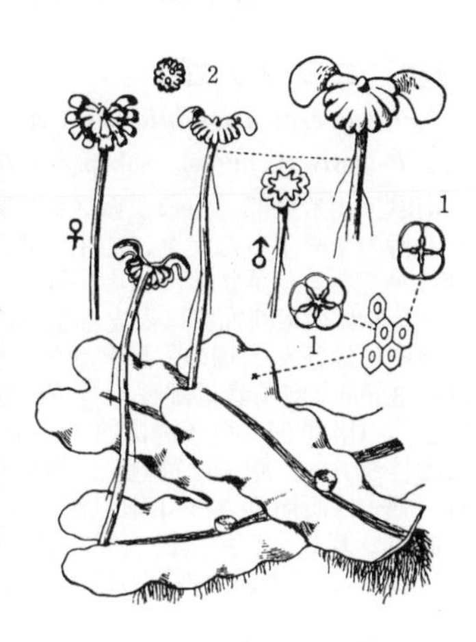

4923. ケゼニゴケ（オオケゼニゴケ）　〔ケゼニゴケ科〕

Dumortiera hirsuta (Sw.) Nees

世界各地に広く分布し，日本全国の陰地のごく湿潤な岩上または土上に群生して生育する．葉状体は暗緑色で半透明，ややもろい．叉状に分かれ，中央脈（中肋）は不明瞭で縦にわずかな凹みをもつ．葉状体のへりは多少波状に縮み，葉状体の縁辺には単細胞からなる軟毛をもつことが多い．また葉状体表面には不明瞭な多角形の区画がある．気室孔はない．雌雄同株で秋から冬にかけて葉状体先端には 5～8 深裂したごく短い柄をもった雌器托ができ，春に柄は長くのびて高さ約 5 cm 位となる．胞子嚢は雌器托の各裂片に 1 個ずつ生ずる．胞子は球形で，表面に多数のいぼ状の突起をもつ．雄器托は葉状体の先端近くに生じ，柄はなく，多数の毛をもつ．〔日本名〕毛銭苔の意味．葉状体端に多数の毛をもつことによる．1. 胞子体ができた雌器托をつけた葉状体．2. 雄器托をつけた葉状体．3. 若い葉状体の一部(あみ目状の区画を示す)．

4924. イチョウウキゴケ　〔ウキゴケ科〕

Ricciocarpos natans (L.) Corda

世界各地に広く分布し，全国の主として水面に浮遊して生育するが，ときに湿土上にも生ずる．葉状体は多少青味をまぜた緑色で，扇状となり，長さ約 1 cm，幅は約 6 mm，わずかに二股に分かれ，葉状体の中央部には浅い溝がある．全体に厚味があり，その点で一見してウキゴケと異なる．気室孔はない．葉状体の裏面には細いリボン状で紫色の鱗片が多数生ずる．水生のものでは，この鱗片が水中に垂れ下がっているが，泥土上に生ずるものでは，鱗片は小さく，無色の仮根が密生する．葉状体の横断面では隙間が多く，気室は体の全体にわたって存在する．雌雄同株．胞子嚢は葉状体の中央部にうずもれたままで熟し，雄器も葉状体の組織にうずもれてできる．〔日本名〕葉状体が水上に浮遊しイチョウの葉に似ていることによる．1. 葉状体の全形（上は湿土上のもの，下は水生のもの)．2. 葉状体の横断面の一部．主に左半分を示す．3. 鱗片の先端部.

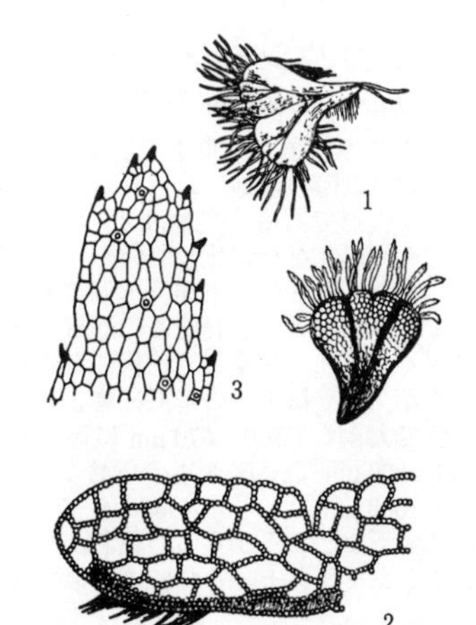

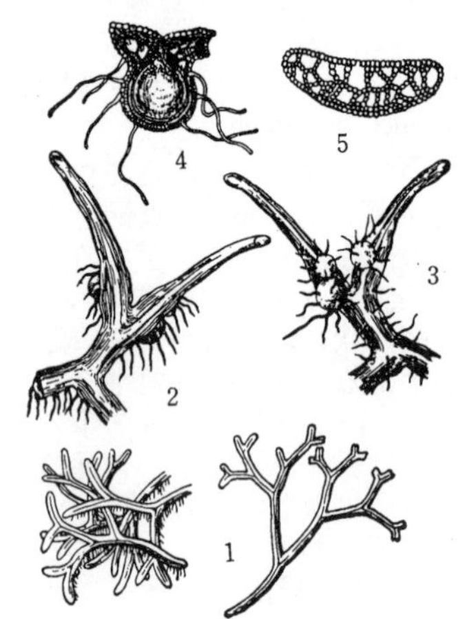

4925. ウキゴケ（カヅノゴケ）　〔ウキゴケ科〕

Riccia fluitans L.

世界各地に広く分布し，全国のため池や湧水の水面直下に浮遊するかまれに湿土上とくに水田に生育する．葉状体は緑色，小形でへん平な線状となり，幅は約 1 mm，長さは約 3 cm，二叉状に分岐を繰り返す．水生のものでは多数寄り集まって緑色のかたまりとなる．葉状体の腹面には仮根がわずかに生じる．葉状体の横断面には隙間が多いが気室孔は持たない．雌雄同株．雌器および雄器はともに葉状体に陥入したくぼみの中にうずもれて生ずる．胞子嚢は非常にまれで葉状体の中にうずもれたままで熟し，葉状体の表面が球状に突出している．〔日本名〕浮苔．鹿角苔は葉状体の形が動物のシカの角の枝分かれの型に似ていることによる．1．全形（右は水生のもの，左は湿土上に生育するもの）．2，3．胞子嚢をつけた葉状体の一部（拡大）．4．胞子嚢の断面図．5．葉状体の横断面．〔追記〕附図 1（左側），2，3，4 はウキゴケではなく同属のコハタケゴケ *R. huebeneriana* Lindenb. を描いたものである．

4926. ニワツノゴケ　〔ツノゴケ科〕

Phaeoceros carolinianus (Michx.) Prosk.

（*P. laevis* (L.) Prosk. subsp. *carolinianus* (Michx.) Prosk.）

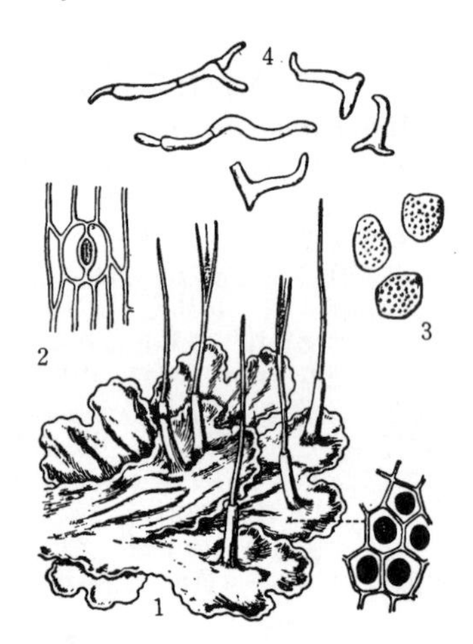

南欧，北米東部，中米からアジアにかけて広く分布し，日本全国の人家の近くや路傍のやや湿った土上に群生する．葉状体は濃い緑色，質は柔らかく，表面は滑らかである．葉状体には中央脈（中肋）がなく，へりは多少ちぢれ，気室はない．葉状体の横断面では表皮細胞は内部細胞よりはるかに小形，細胞膜はうすい．細胞内には各々 1 個の大形葉緑体を持つ．雌雄同株．カリプトラは円筒状，高さは約 3 mm．胞子嚢は細長く多少肉質で，表面には気孔を持ち，気孔の孔辺細胞は 2 つ（附図 2）．胞子嚢は熟すと先端から次第に基部に向かって 2 つに破れ，中に軸柱がある．胞子は黄緑色，四面体で，表面に密にいぼ状の突起をもつ（附図 3）．弾子は淡褐色，1～4 細胞からなる（附図 4）．造精器は葉状体表面に散在し，数個ずつ集まって生ずる．〔日本名〕胞子嚢が角（ツノ）状に見えるからである．1．全形および表面の細胞の拡大．2．胞子嚢壁の気孔．3．胞子．4．弾子．

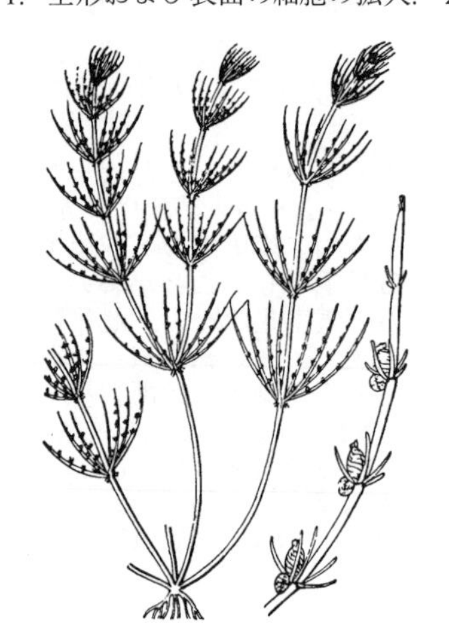

4927. シャジクモ　〔シャジクモ科〕

Chara braunii C. C. Gmel.

わが国でふつうにみられるシャジクモ科植物の代表種で，世界各地にも広く分布する．湖・沼・池・水田などいたる所の淡水域にみられる他，流水中や汽水域に産するものも知られている．植物体は明緑色で，体長 10～40 cm，主軸は長い節間部と節部よりなり，節部からは 8～11 本の小枝が輪生する．主軸も小枝も皮層細胞を欠く．小枝の基部には単細胞性の突起が小枝と交互の位置で主軸をとりまき托葉冠を形成する（シャジクモ属の特徴）．小枝は分枝せず真直ぐのび，3～4 の節部が長い節間細胞をつないでいる．この節部からは 2～5 本の単細胞性の苞を輪生するが，発達は悪く数もまちまちである．雌雄同株．雌雄器は小枝の下部の 3 節部に相対してつき，常に雌器が上向き，雄器が下向きの位置をとる．両者の間には雌器の下部より雌器を被うように長い小苞が 2 本のびる．雄器は成熟するとオレンジ色となり美しい．雌器の小冠は 5 個の細胞で構成される．卵細胞は受精後黒色となり，卵胞子を形成する．卵胞子は長径 420～700 µm，短径 250～450 µm で比較的大きく，7～11 本のらせん縁がみられる．〔日本名〕車軸藻の意で，中軸より放射状に輪生する様子を車軸にたとえたもの．

4928. オウシャジクモ（オオシャジクモ）　〔シャジクモ科〕

Chara corallina Willd.

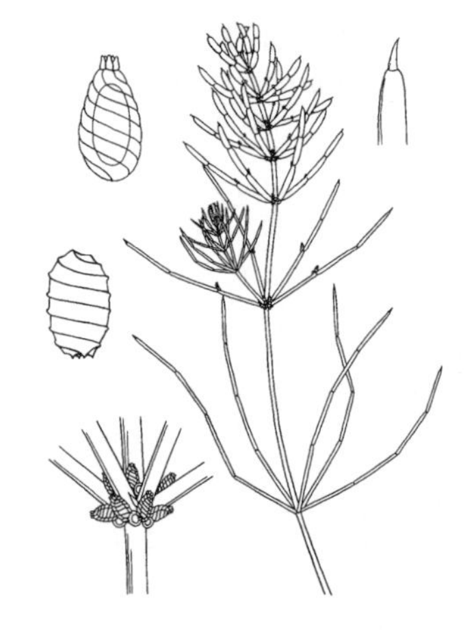

南方系の種類で，東南アジアからオーストラリア，アフリカに分布する．日本では青森県以南の各地にみられる．雌雄同株．全長 50 cm くらいに達し，シャジクモに似るが大形である．主軸は太く径 1,100 µm に達する．皮層細胞を欠き，托葉冠，苞なども小形となり退化している．輪生枝は 5～6 本の小枝からなり，各小枝は 4～5 節からできているが，末端は 1 個の苞状の細胞で終わり，複数個のものが集まってつくシャジクモの場合と異なる．雌雄生殖器官の形成される頃には主軸上端近くの節間部は短くつまり，密集して穂状になる傾向がある．雌雄器はこの場合小枝の下部 2 節につくが，また輪生枝の基部に集まってつく特徴がある．雄器は学名通りの美しいサンゴ色で大きく，500～670 µm に達する．雌器は長さ 850～1,050 µm（小冠を含む），幅 600～800 µm で，7～8 本のらせんがみられる．卵胞子は黒く，長さ 650～800 µm，幅 450～600 µm で，らせん縁は 6～7 本である．〔日本名〕シャジクモによく似るが，全体に大形なところからこの和名がつけられた．近縁種には先端部が穂状にならないフシナシシャジクモ，これによく似て雌雄異株のオーストラリアシャジクモがある．

4929. ケナガシャジクモ　〔シャジクモ科〕

Chara fibrosa C. Agardh ex Bruzelius
subsp. ***benthamii*** (A. Braun) Zaneveld

東南アジアからオーストラリア，アフリカにかけて分布する南方系の種類．わが国では青森県以南に広く分布し，比較的浅い水や，ややにごった水にもよく生育する．植物体は体長 15～50 cm，明緑色で美しい．主軸はやや細く，長い節間部と節部よりなり，節部より 8～12 本の小枝が輪生する．主軸は皮層におおわれるが，小枝はこれを欠き裸である．主軸の皮層細胞列は輪生する小枝の数の 2 倍にあたる．皮層細胞列上には単細胞性の棘毛が 1 行おきに散在する．また小枝の基部には小枝とほぼ同数の長い托葉冠がみられる．小枝は真直ぐにのび 3～5 の節間部とこれをつなぐ節部からなるが，節部からは 2～8 本のよく発達した苞または小苞が輪生する．雌雄同株．雌雄器は小枝下部の第 1～第 2 節につき，雌器が上向き，雄器が下向きに位置する．しかし雄器は一般に先熟で先に落ちる場合が多い．雄器の直径は約 350 μm．雌器は長さ 650～800 μm，幅 350～460 μm でらせんは 9～10 本みられる．受精後は黒色となり卵胞子をつくる．卵胞子は長円形で長径 450～530 μm，短径 280～350 μm，8～9 本のらせん縁がみられる．〔日本名〕主軸上の棘毛，托葉冠，小枝の苞などすべて長いことによる．

4930. イトシャジクモ　〔シャジクモ科〕

Chara fibrosa C. Agardh ex Bruzelius
subsp. ***gymnopitys*** (A. Braun) Zaneveld

南方系の種類．東南アジア，オーストラリア，アフリカに分布．日本では本州，四国，九州の池沼にみられる．雌雄同株．体長 10～30 cm，明緑色で美しい．主軸は径 500 μm 以下で，細くしなやかにみえる．皮層は複列性で，小枝の 2 倍数の皮層細胞列があり，1 次列 2 次列はほぼ同程度に発達する．棘細胞の長さは主軸の直径より短い．托葉冠は単輪性で，その構成数は小枝の数のほぼ 2 倍であり，よく発達し 700 μm くらいの長さになる．輪生枝は 8～12 本の小枝よりなる．小枝は皮層細胞を欠き，4～5（～6）節よりなり，節部には 2～8 本のよく発達した苞または小苞を輪生する．雌雄器は小枝の下部の節部につき，雄器の直径は 350 μm くらいで小さく，雌器は長さ 550～750 μm（小冠を含む），幅 350～500 μm，らせんは 9～11 本．卵胞子の色はほぼ黒色で，長さ 400～500 μm，幅 240～340 μm，6～9 本のらせん縁をもつ．〔日本名〕細くしなやかな外観による．ケナガシャジクモとよく似るが，托葉冠が小枝とほぼ同数よりなることから本種と区別できる．

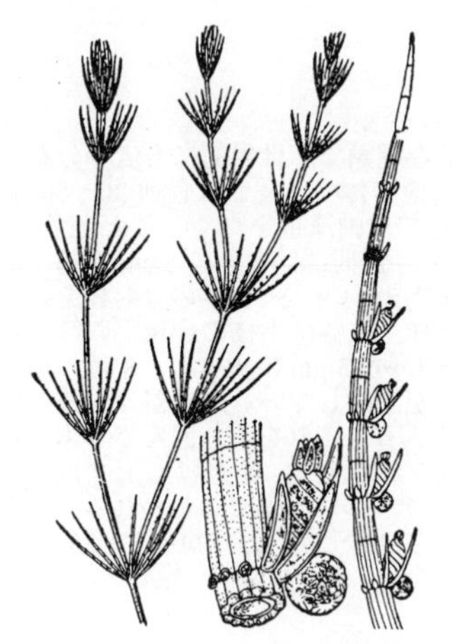

4931. カタシャジクモ　〔シャジクモ科〕

Chara globularis Thuill.

シャジクモと同様，わが国で最も普遍的な種類の 1 つで，世界各地にも広く分布する．日本では本州中部以北の地に多くみられ，ことに山地湖では車軸帯を構成する主要素となる．また浅い水域や汽水中に生ずるものもある．植物体は暗緑色で硬く，腊葉標本にするともろく，こわれやすい．体長は 10～50 cm．主軸の節部には 7～8 本の小枝を輪生する．本種では主軸も小枝も皮層細胞におおわれる．小枝には 8～11 の節部がみられるが，苞はほとんど発達しない．小枝基部の托葉冠は上下 2 列に並ぶが，これも発達が悪く，わずかに細胞のふくらみがみられる程度である．主軸の皮層は，輪生する小枝の数の 3 倍数の列よりなり，棘毛は発達しないが，これに相当する細胞のふくらみが 2 行おきに散在するのがみられる．雌雄器はふつう小枝の下部 3 節までにつき，雌器は上向き，雄器は下向きの位置をとる．雄器の直径は 300～450 μm，成熟すると鮮やかなオレンジ色となる．雌器は受精後黒色の卵胞子を形成する．卵胞子の長径は 550～775 μm，短径は 400～550 μm で 11～13 本のらせん縁をもつ．〔日本名〕硬車軸藻の意で，本種の皮層細胞はしばしば石灰をかぶり，触れると硬い感じがするところからいう．

4932. ハダシシャジクモ　〔シャジクモ科〕

Chara zeylanica Willd.

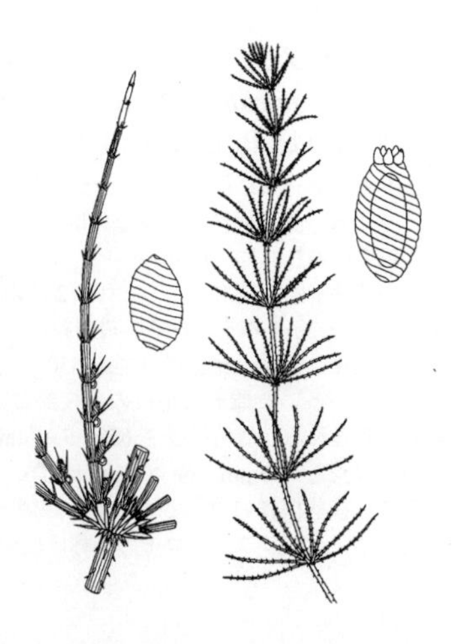

東南アジア，オーストラリア，アフリカなどに分布する南方系の種類であるが，アメリカ大陸では北米の温帯地方まで生育する．日本でも広く津軽半島まで分布がみられる．湖水，池などの比較的浅い所に生育し，塩分の加わる汽水湖に産する例も少なくない．雌雄同株．体長は 15～25 cm．主軸の径は 500～700 μm で 3 列性の皮層をもち，単生の棘細胞が多くみられる．小枝の苞も長いため全体に毛深い感じがする．托葉冠は輪生枝を構成する小枝の数の 2 倍数で，これが上下 2 段に並び複輪性となっている．上段のものが下段のものよりはるかに長い．輪生枝は約 10 本の小枝からなり，各小枝は 11～13 節からなる．小枝も 3 列性皮層におおわれているが，最下節はつねに皮層がなく裸である．また小枝の末端部の 1～3 節も裸である．苞は 4～7 本が節部に輪生し，内側のものが長い．小苞は雌器の下に生じ，雌器の 2 倍長に達する．雌器と雄器は相伴い，小枝の下部の 2～3 節につく．雄器は径 400 μm くらい．雌器は小冠を含め長さ 1,000～1,200 μm，幅 500～600 μm で，15～16 本のらせんがみられる．卵胞子は黒色，長さ 600～750 μm，幅 320～400 μm，らせん縁は 12～15 本みられる．

4933. シラタマモ 〔シャジクモ科〕

Lamprothamnium succinctum (A. Braun) R. D. Wood

インド，ニューカレドニア，モーリシャス島などとびとびに分布し，日本でも八郎潟から発見されたが干拓で絶滅し，現在は徳島県出羽島のものが天然記念物として保護されている．好塩種として知られる．雌雄同株．体長 50 cm くらい．外観はシャジクモに類似し，主軸も輪生枝も皮層を欠き裸である．輪生枝は 6～7 本の小枝からなり，小枝の長さは 5.5 cm くらい．3～5 節よりなり末端部の 1～2 節はつねに短小化している．節部には 3～4 の苞がみられる．托葉冠は各小枝の基部で小枝と相対してつき，下向きにのびる．（シャジクモとの区別点）結実枝では輪生枝は小形となり，節間部もつまり穂状となる．結実枝では輪生枝基部および小枝の下部 2 節に雌雄器が群生または単生する．節部に雌雄器一緒につくときはシャジクモとは逆位置をとり，雄器が上，雌器が下となる．卵胞子は長さ 580～600 µm，幅 300～350 µm，らせん縁は 10 本で，黒褐色であるが，ふつう石灰質の殻に包まれているので灰黒色にみえる．植物体基部の仮根に径 750 µm ほどの球状の白色体をもつ．〔日本名〕シラタマモの名称はこの白色体に基づく．

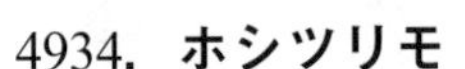

4934. ホシツリモ 〔シャジクモ科〕

Nitellopsis obtusa (Desv.) J. Groves

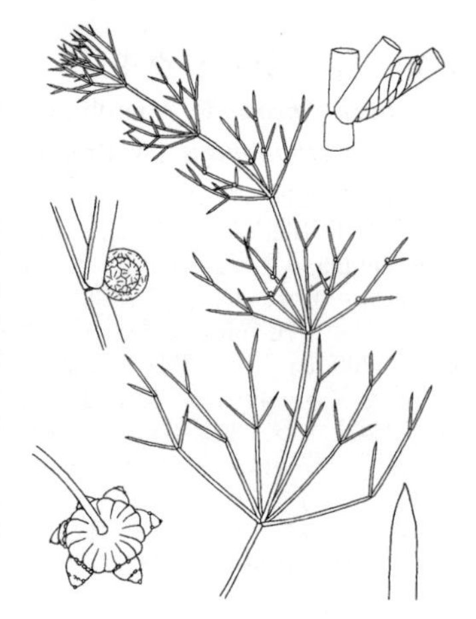

ヨーロッパからインド，ビルマ，中国（雲南省）に分布し，日本では芦ノ湖，河口湖，山中湖，野尻湖，琵琶湖に分布する．山地湖のかなり深所に生育することが多い．雌雄異株．超大形で体長 2.5 m に及ぶものがある．主軸も太く径 1 mm，節間部は小枝の 1～1.5 倍長で，ときに 20 cm にも及ぶ．軸生枝は 5～7 本，各小枝は 2～3 節よりなり，1～3 本の長い苞をもつ．苞の長さは 1.3 cm に及ぶ．このため一見ヒメフラスコモに似た外観を示す．主軸も輪生枝も皮層を欠き，托葉冠も退化してみられない．雌雄器の形成はきわめてまれであるが，雄器は直径 1,000 µm にも及び紅色で美しい．雌器は球形に近く，長さ 1,200～1,400 µm，幅 1,000～1,200 µm で，らせんは 9～10 本みられる．小冠は小さく脱落しやすい．卵胞子も球形に近く，長さ 770 µm，幅 600 µm で黄褐色で，らせん縁は 7 本みられる．冬季には下部節部から腋芽としてのびた仮根状の分枝の節部が澱粉を貯えて星形体を形成し，無性芽（越冬芽）としてはたらく．〔日本名〕ホシツリモの名称は，この透明な仮根状の軸に点々とつらなる真白な星形体の様子から名付けられた．唯一の雄株の産地，野尻湖は近年草魚（コイ目の淡水魚，植物性の餌を好む）の放流が原因で絶滅した．

4935. ヒメフラスコモ 〔シャジクモ科〕

Nitella flexilis (L.) C. Agardh

北海道および本州各地の湖沼にみられる代表的な種類で，世界的にも広い分布をもち，北半球温帯に多く産する．美しい明緑色の植物体で，長さは普通 30～50 cm 程度，湖沼の比較的深い所に好んで生え，密生して車軸藻帯をつくることが多い．主軸は長い節間部と小枝を輪生する節部とからなり，節間部はときに 5 cm を越えるが単一の細胞である．輪生小枝は 1 回だけ叉状分枝を行い，2～3 本の分射枝をのばす．分射枝はつねに単一の細胞からなる．雌雄同株．雄器は小枝の分枝部の節に頂生し，雌器はその横に側生する．雄器は直径約 500～625 µm で大きく，8 個の楯細胞が集まって球状の外壁をつくり，内部に造精糸が充満している．雌器は小枝の分岐部に 1～3 個側生する．雌器の中央には卵細胞があり，これを取り囲んで 5 本の管状細胞がらせん状にまき，この末端は上部で小冠を形成する．小冠は上下 2 段，計 10 個の細胞よりなる．卵細胞は受精後卵胞子となり，厚い皮膜でおおわれる．卵胞子は暗褐色ないし黒色で，ほぼ球状となり，長径約 500～575 µm，短径約 425～500 µm で 5～7 本のらせん縁がみられる．皮膜表面は凹凸のある不規則な模様を示す．

4936. イノカシラフラスコモ 〔シャジクモ科〕

Nitella mirabilis Nordst. ex J. Groves var. ***inokasiraensis*** (Kasaki ex R. D. Wood) R. D. Wood

日本特産種．東京都，千葉県，長野県より採集の記録がある．比較的水深の浅い水域の池や沼に生ずる．雌雄異株の数少ない例である．雌株と雄株は同形で，外見上の区別はつかない．暗緑色で体の長さは 20 cm くらい．主軸の径は 500 µm．節部の輪生枝は 6～7 本の小枝よりなる．小枝は 1 回分枝するが，まれに 2 回のものがまじる．第 1 分射枝は小枝全長の 2/3 を占め，第 2 分射枝 2～4 本をつける．最終枝はつねに 1 細胞で，末端部はゆるやかに細まり鋭頭に終わる．雄株に生ずる雄器は直径約 450 µm で，しばしば群生する．側生のものは長い柄細胞をもつことが多い．雌器も小枝の分枝部および基部に群生することか多く，雄器同様柄をもつ傾向がみられる．雌器は長さ 650～750 µm，幅 540～570 µm で，7～8 本のらせんがみられる．卵胞子は長さ 450 µm，幅 400 µm ほどで，6～7 本のらせん縁が数えられる．皮膜は光学顕微鏡下では粒状模様に見えるが，電子顕微鏡を用いると繊維状の模様であることがわかる．〔日本名〕イノカシラフラスコモの名称は最初に発見された産地に因んでつけられた．

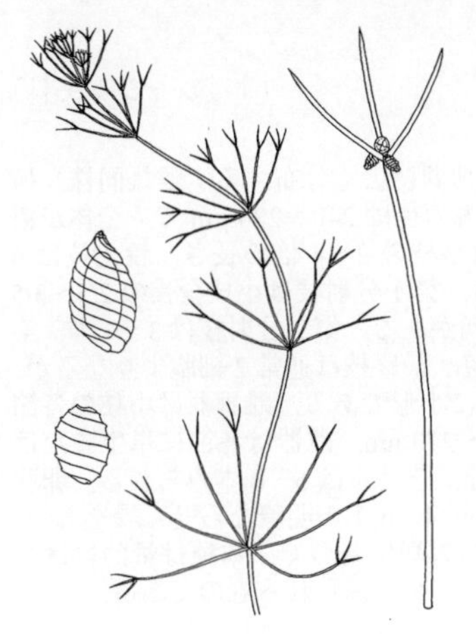

4937. チャボフラスコモ 〔シャジクモ科〕

Nitella acuminata A. Braun ex Wallman var. ***capitulifera*** (Allen) Imahori

台湾に産し，日本でも本州，四国，九州に分布する．水田や溜池に生育し，暗緑色で体長 70 cm まで．雌雄同株．主軸の径は 600〜1,000 μm，輪生枝は 5〜7 本，各小枝は 1 回分枝を行い，第 1 分射枝は長く，全長の 3/4〜5/6，第 2 分射枝は 2〜3 本，つねに 1 細胞で，先端に向かってしだいに細まり鋭く尖る．雌雄器をつける結実枝はやや小さく集まる特徴がある．雄器は分枝部で頂生し，径 240〜330 μm．雌器は側生で 1 個または 2 個つく．長さ 375〜550 μm，幅 315〜420 μm でらせんは 8〜10 本みられる．小冠は小形で，脱落せずに残っていることが多い．卵胞子は赤褐色ないし暗褐色で長さ 290〜340 μm，幅 250〜300 μm，らせん縁は 6〜7 本みられ，卵胞子皮膜は平滑である．この仲間は南方系と考えられ，水田など夏季水温の高まる環境にもよく生育する．近縁種トガリフラスコモはアジアの熱帯地方やアフリカ大陸に分布する．両者は外観はよく似ているが，卵胞子の色が濃褐色で，皮膜上に粒状模様のある点で区別できる．〔日本名〕水田などで小形にまとまって生えている様子から小形の鶏チャボに因んで名付けられた．

4938. アレンフラスコモ 〔シャジクモ科〕

Nitella allenii Imahori

日本特産で，和歌山県，群馬県，千葉県に産する．池沼の溝に生じ，鮮緑色で体長 15〜25 cm．主軸の径は 1,000 μm まで，節間細胞の長さは小枝の長さの 2〜3 倍くらい．節部には 6〜8 本の小枝が輪生する．各小枝は 1〜2 回分枝し，最終枝はつねに 1 細胞であるのが特徴．小枝の第 1 分射枝は全体の 3/5〜3/4 長．第 2 分射枝は 3〜5 本，第 3 分射枝は 2〜3 本である．最終枝の先端はしだいに細まって尖る．雌雄器をつける枝は全体がつまり，穂状または頭状となり，分枝は 1〜2 回行い，その第 1 分射枝は全長の 1/3〜1/2 である．雌雄器は混生し，雌器は 2〜5 個が群生する．雌器は長さ 250〜280 μm，幅 210〜230 μm で，7〜8 本のらせんが数えられる．卵胞子は暗褐色で小さく，長さ 180〜220 μm，幅 170〜200 μm，らせん縁は翼状部が発達した 5〜6 本の捲線をもつ．この皮膜には明瞭な網目模様がみられる．雄器も小さく，直径 120〜140 μm である．〔日本名〕本種を初めに紹介したアメリカの T. F. Allen を記念したもの．

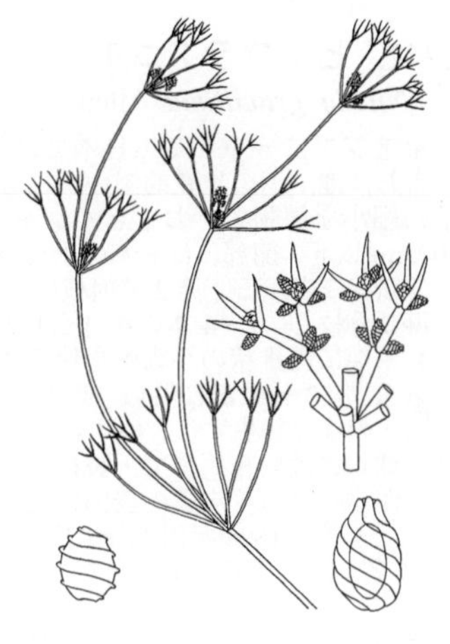

4939. ハデフラスコモ 〔シャジクモ科〕

Nitella pulchella Allen

東アジアに分布する．日本では本州，四国，九州の各地に広く分布し，池や沼などの酸性の強い水中に好んで生える．雌雄同株．植物体は寒天質におおわれ，体長 20〜30 cm くらい．主軸の径は普通 400〜550 μm 程度，節間部は輪生枝の長さの 2〜3 倍．不結実枝の輪生枝は 8〜10 本の小枝で構成される．小枝は 2〜4 回分枝する．その第 1 分射枝は長大で，小枝全長の約 4/5 くらい．第 2 分射枝は 6〜8 本，第 3 分射枝は 4〜5 本，第 4 分射枝は 3〜4 本，第 5 分射枝も 3〜4 本，最終枝は 1〜3 細胞からなり，終端細胞は円筒状である．結実枝は厚い寒天質に包まれ，各輪生小枝は球状の塊にみえる．この小枝は 2〜3 回分枝し，第 2 分射枝は 5〜7 本，第 3 分射枝は 3〜5 本，最終分射枝は 2〜4 本で，1〜3 細胞からなり，終端細胞の形は同様に円筒形である．雌雄器はこの小枝の第 2，第 3 節部につく．雌器は単生する．卵胞子は暗褐色または黒色で長さ 230〜320 μm，幅 195〜230（〜260）μm，6〜8 本の明瞭ならせん縁がみられる．卵胞子皮膜には明瞭な粗い網目模様がある．雄器は長い柄細胞をもち，これが雄器ともども美しいオレジ色を呈する．雄器の直径は 195〜250 μm．〔日本名〕雄器と柄細胞にみられる特徴的なはでな色に基づく名称．

4940. ナガホノフラスコモ 〔シャジクモ科〕

Nitella spiciformis Morioka

東アジアに分布し，日本では北海道および本州にみられる．雌雄同株．植物体は明緑色で小さく，長さ 10〜15 cm くらい．主軸の径は 350〜525 μm，輪生枝は 5〜6 本の小枝よりなる．不結実枝は 1〜2 回分枝する．第 1 分射枝は小枝全長の 1/2〜2/3 くらい．第 2 分射枝は 3〜5 本，最終枝は 2〜3 本で，つねに 2 細胞よりなり短縮することはない．結実枝は頂生または腋生の形で，不結実枝上に穂状となってのびる．この輪生枝は 4〜5 本の小枝からなり，各小枝は 1〜2 回分枝する．第 1 分射枝は小枝全長の 3/5，第 2 分射枝は 2〜4 本，そのうちの 1 本は分枝して 2〜3 本の第 3 分射枝をつくる．雌雄器は小枝の各節につき，基部に着生することはない．雄器は分岐部に頂生し，直径 175〜220 μm．雌器は側生的に単生または群生し，長さ 430〜530 μm（小冠を含む），幅 315〜380 μm，らせんは 6〜9 本，しばしば小冠の直下でらせん形の管状細胞はのびて広がることがある．卵胞子は淡褐色で，長さ 240〜320 μm，幅 180〜240 μm，らせん縁は明瞭で，わずかに翼状に突出した 5〜6 本の捲線となる．卵胞子皮膜は粒状ないし虫様模様を示す．〔日本名〕結実枝の様子から名付けられた．

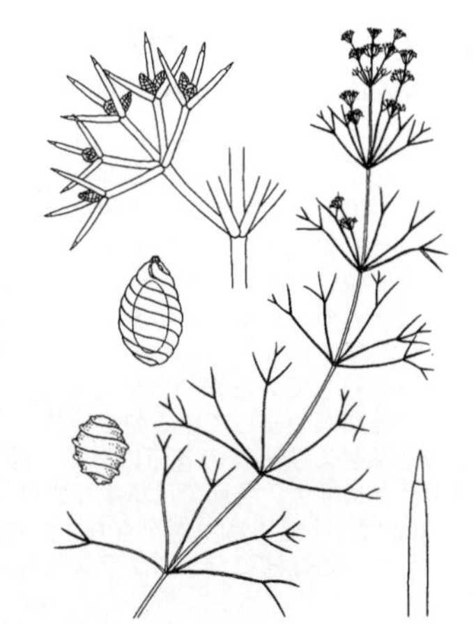

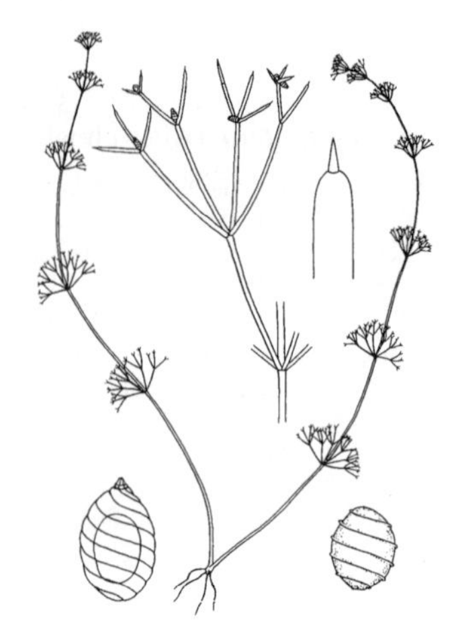

4941. キヌフラスコモ　〔シャジクモ科〕

Nitella gracilens Morioka

東アジアに分布し，日本では中部地方の山地湖に広く分布する．雌雄同株．植物体は明緑色で，長さ 15〜25 cm くらい，主軸の径は 240〜280 µm で，全体が絹のような繊細な感じがする．主軸の節間部は小枝の 2〜4 倍の長さ．輪生枝は 6 本の小枝よりなり，各小枝は 2〜3 回分枝する．第 1 分射枝は小枝全長の 2/5〜3/5 くらいであるが，結実枝ではやや長くなる傾向がある．第 2 分射枝は 3〜4 本，第 3 分射枝および第 4 分射枝では 2〜3 本からなる．最終枝は通常 2 細胞よりなるが，まれに 3 細胞の場合もある．終端細胞は非常に小形である．雌雄器は小枝の各節に着生する．雄器は各節に頂生し，直径 220〜270 µm．雌器は各節に単生または双生する．長さ 430〜450 µm，幅 330〜350 µm，らせんは 5〜6 本みられる．卵胞子は黄褐色で長さ 230〜280 µm, 幅 190〜250 µm, 4〜6 本の明瞭ならせん縁をもつ．皮膜は微細な顆粒状模様．〔日本名〕植物体の外観に基づく．本種は量的には少ないが，中部山地湖沼では構成要素の 1 つとして必ずみられるものである．

4942. ヒナフラスコモ　〔シャジクモ科〕

Nitella gracillima Allen

東アジアに分布する．日本では本州の関東以南から四国，九州にかけて広く分布し，池，沼の比較的深い所にもみられる．体長はたかだか 6〜7 cm 程度の非常に細小な植物で，おそらくシャジクモ科中最小のものといえる．主軸の径は 200 µm 以下，節部には 6 本の小枝が輪生する．各小枝は 2〜3 回叉状分枝を繰り返して扇状に広がる．第 2 分射枝は 4〜7 本，第 3 分射枝は 3〜4 本で，うち 1〜2 本は再び分枝し，2〜4 本の第 4 分射枝となる．最終分射枝は比較的長く，またいずれも末端に円錐状の小細胞を伴う 2 細胞で構成される．雌雄同株．雌雄器は小枝の第 2，第 3 分岐部に生じ，第 1 分岐部には生じない．雄器は分岐部に頂生し，雌器はその横に側生する．いずれも他の種類と比べ小形である．卵胞子は黄褐色の，ほぼ球状に近い楕円体で，長径 159〜220 µm，短径 150〜180 µm，5〜7 本のらせん縁がみられる．皮膜の表面は長い乳頭状突起が散在した極めて特徴的な模様を示す．本種は 1898 年田中芳男氏の採集品にアメリカの T. F. Allen が命名したもの．〔日本名〕雛フラスコ藻の意で，全体に小形であるところから名付けられた．

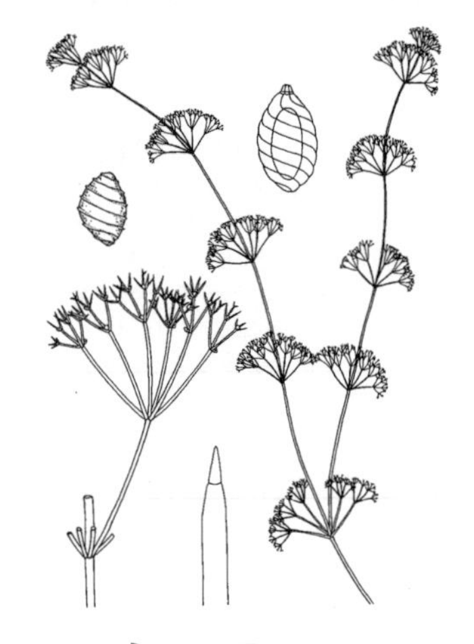

4943. ホンフサフラスコモ　〔シャジクモ科〕

Nitella pseudoflabellata A. Braun var. ***pseudoflabellata***

南方系の種類で，東南アジア，オーストラリアに分布する．日本では本州，四国，九州の池沼でよくみられる．雌雄同株．鮮緑色の細かく分枝したふさ状の輪生枝が美しく目にうつる植物である．体長は 30 cm くらい．主軸の径は 300〜700 µm，節部間の長さは小枝の 1〜3 倍くらい，輪生枝は 6〜8 本の小枝よりなる．各小枝は通常 2〜3 回分枝するが，4 回分枝するものもある．第 1 分射枝はつねに小枝全長の 1/2 以上あるのが特徴．第 2 分射枝は 5〜7 本，第 3 分射枝は 3〜6 本，第 4 分射枝は 3〜4 本，第 5 分射枝は 2〜3 本．最終枝はつねに 2 細胞からなり，短縮することはない．雌雄器は普通は小枝の第 1 節部には着生せず第 2，第 3 の節部につく．雌器は単生で長さ 380〜500 µm（小冠を除く），幅 300〜370 µm，らせんは細く，8〜9 本みられる．卵胞子は栗色で長さ 230〜350 µm，幅 200〜270 µm，らせん縁は細く，6〜8 本ある．皮膜は粒状ないし虫様模様を示す．雄器は小さく直径 180〜220 µm.〔日本名〕分枝回数が多く，分射枝の数が多いため，水中でひろがる様子からフサフラスコモの名がでたが，本種はその中での典型的な種類であるため．

4944. ミルフラスコモ　〔シャジクモ科〕

Nitella axilliformis Imahori

南方系の種類で，日本では九州，四国に多く，本州では石川県が北限である．池沼，溝，水田などに生育する．雌雄同株．植物体はやや青味がかった暗緑色で，体長 15〜30 cm，節間は小枝の 1〜2 倍の長さ．不結実枝では節部に 5〜6 本の小枝が輪生する．小枝は一見分枝をしていないようにみえるが，1〜2 回分枝し，先端部に極端部に短縮した分射枝をつけている．小枝の全長は 6 cm にも達するが，第 1 分射枝はほとんどその全長を占めていることが多く，まれに 4/5 くらいの場合もがある．第 2 分射枝は 2〜4 本で短縮しており，そのうち 1 本がさらに分枝して 2〜3 本の第 3 分射枝となる．最終枝は短縮しているがつねに 2 細胞からなる．結実枝は不結実枝の輪生枝の基部に腋生し，節間がつまっているので塊状となる．この小枝も 1〜2 回分枝する．雌雄器は小枝の基部および小枝の各節につく．雄器は頂生し，径 180〜210 µm くらい．雌器は小枝の基部に群生，各節では単生または双生する．卵胞子は長さ 250〜285 µm，幅 235〜280 µm で，らせん縁は翼をもち，5〜7 本みられる．卵胞子の皮膜は網目模様．同様な形状をもつ類縁種にジュズフラスコモがあるが，不結実枝は 1 回しか分枝しない．

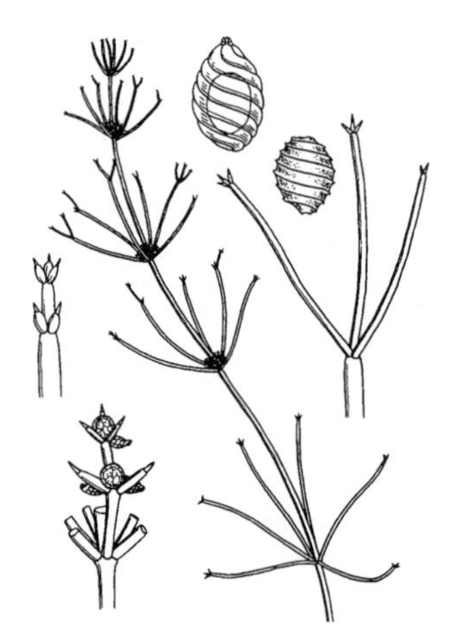

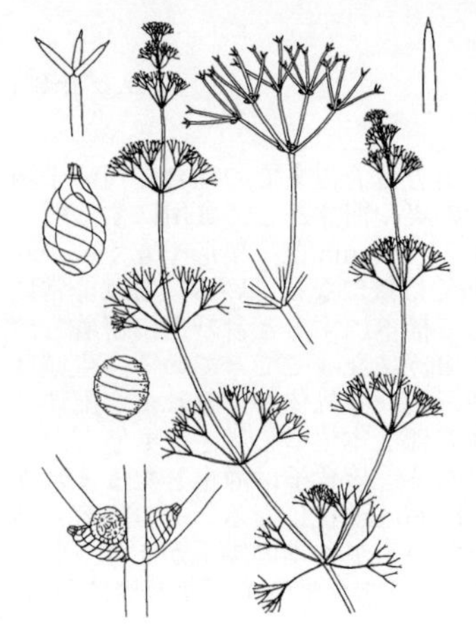

4945. テガヌマフラスコモ 〔シャジクモ科〕

Nitella furcata (Roxb. ex Bruzelius) C. Agardh
var. ***fallosa*** (Morioka) Imahori

日本特産種．本州の中北部に分布し，池沼，溝などに生育する．雌雄同株．植物体は暗緑色で長さ 30 cm くらいまで．主軸はやや太めで径 1,000 μm に達する．小枝 6 本で輪生枝を形成．各小枝は 3～4 回分枝する．第 1 分射枝は小枝全長の 2/3 くらい，第 2 分射枝は 4～6 本，第 3 分射枝は 3～4 本，第 4 分射枝は 2～3 本，このうちの幾本かがさらに 2～3 本の第 5 分射枝をつくる．最終枝はいつも 2～3 本で，多くは短縮形となる．結実枝ではやや密集し，つまった形となるが，不結実枝と同様 3～4 回分枝し，その様式は変わらない．雌器は小枝の各節につき，2～4 個ずつ群生する．長さ 550～650 μm（小冠を除く），幅 420～480 μm，らせんは 7～8 本ある．小冠は長く 50～90 μm で，底部の幅は 65～75 μm，細胞は 2 段に並ぶが，上段の細胞は下段の 2 倍以上の長さである．卵胞子は褐色ないし暗褐色で大きく，長さ 360～410 μm，幅 300～340 μm，6～7 本のらせん縁がある．卵胞子の皮膜は網目模様を示す．雄器は各節に頂生し，直径 240～280 μm．〔日本名〕原産地の名称に基づくもの．近縁種フタマタフラスコモは卵胞子の大きさが小さいことで区別される．

4946. ニッポンフラスコモ 〔シャジクモ科〕

Nitella japonica Allen

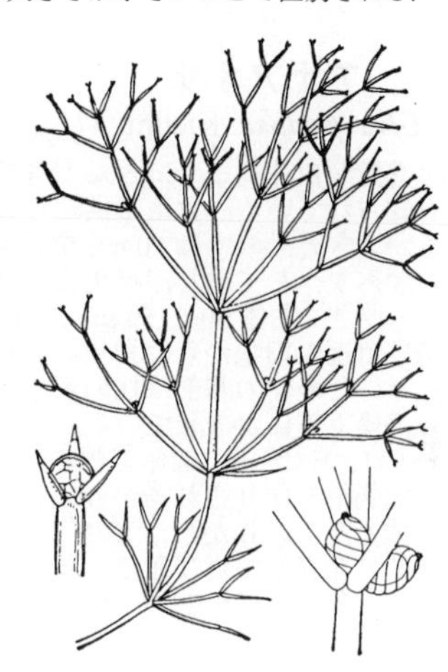

東アジアに分布し，日本では本州各地および九州に産し，池，沼，溝などの比較的浅水に多くみられる．植物体はやや太く，比較的硬直な感じで，松葉状の広がりを示す．体長は 20 cm 内外，まれに 30 cm をこえる．主軸の節部には 6 本の小枝が輪生するが，小枝はそれぞれ 2～4 回の叉状分岐を繰り返して広がる．第 2 分射枝は 3～6 本，第 3 分射枝は 2～4 本，第 4 および第 5 分射枝はともに 2～3 本よりなる．最終分射枝は小形の終端細胞を伴った 2 細胞よりなり，また著しく短縮する特徴をもつ．雌雄同株．雌雄器は小枝の各節部に生じ，雄器はつねに頂生し，雌器は側生する．雌器は双生または群生している場合が多い．長さ 330～600 μm（小冠を含む），幅 300～450 μm で 7～9 本のらせんがみられる．小冠は 2 段の細胞よりなるが，ふつう上段の細胞がはるかに長い．卵胞子は成熟すると黄褐色となり，球状でやや扁平である．長径 281～338 μm，短径 240～300 μm，5～7 本のらせん縁をもつ．皮膜の表面は乳頭状の小突起でおおわれる．最終分射枝の著しく短縮する類似種にテガヌマフラスコモがあるが，皮膜の模様が網目状なので区別できる．〔日本名〕日本特産のフラスコモの意からつけられた．

4947. オトメフラスコモ 〔シャジクモ科〕

Nitella hyalina (DC.) C. Agardh

全世界に広く分布する．日本でも本州各地域から知られている．湖水に多く，汽水湖にも生育する．雌雄同株．植物体は長さ 30 cm くらいまで，ときに 50 cm に達する．主軸は比較的細く，径 220～500 μm，節間部は小枝の 2～4 倍の長さを示す．節部には普通の輪生枝を中にはさんで内・外に 2 列の副枝がつき，全体で 3 輪の輪生枝をもつ．普通の小枝は 8 本あり，最も大きく，2～3 回分枝する．第 1 分射枝は全長の 1/2～3/5 の長さ．第 2 分射枝は 7～10 本で，うち 1～3 本はそのままで分枝しない．第 3 分射枝は 4～7 本，そのうち 1～2 本はさらに分枝し，4～5 本の第 4 分射枝となる．副枝のうち内側のものは 1 回分枝し，その第 2，第 3 分射枝とも 4～6 本となる．いずれの場合も最終枝はつねに 2 細胞よりなる．雌雄器は小枝の各節につくが，副枝には少ない．若い部分や結実枝は普通は寒天質でおおわれる．雌器は単生，卵胞子は赤褐色で長さ 300～365 μm，幅 250～320 μm あり，らせん縁は 6～8 本ある．卵胞子皮膜上には光学顕微鏡下ではごく細かな点状の模様がみられるが，電子顕微鏡を用いると繊維状の模様であることがわかる．雄器の直径は約 350～425 μm．〔日本名〕細かく分枝する美しい緑色の植物体の外観を清楚な乙女の連想に結びつけたもの．

4948. フラスコモダマシ 〔シャジクモ科〕

Nitella imahorii R. D. Wood

東アジアに分布する．日本では北海道，本州，九州に分布し，池沼，溝，水田などに冬期から春にかけて生育する．やや酸性を帯びた水域を好む．雌雄同株．体長は 20 cm くらいまで，鮮緑色・柔軟・繊細．主軸の太さは 240～345 μm．不結実枝と結実枝は明瞭に分化している．不結実枝では 5～6 本の小枝が輪生枝となり，各小枝は長く 2～4 cm で分枝しないか，または 1 回分枝する．分枝しない小枝は 4～6 細胞からなる．1 回分枝のものは 2～3 本の第 2 分射枝をつける．そのうちの 1 本は中央分射枝となり，よく発達するが，他の 1～2 本は側生分射枝となり短い．結実枝は不結実枝の輪生枝の内側基部に寒天質におおわれて塊状となってつく．その小枝は長さ 3 mm 以下で，1 回分枝する．終端細胞は円錐状である．雌雄器は小枝の基部に群生するか，小枝の節につく．小枝の節につくときは，雄器が頂生し，雌器が両側に側生する．雌器は長さ 370～400 μm，幅 250～265 μm で，らせんは 8～10 本，小冠は小さい．卵胞子は褐色ないし暗褐色で，長さ 260～300 μm，幅 240～260 μm，らせん縁は 7～8 本でわずかな翼がみられる．雄器は直径 200～255 μm で，長い柄細胞をもつ．

4949. ヒトエグサ 〔ヒトエグサ科〕

Monostroma nitidum Wittr.

わが国太平洋岸で本州中部地方あたりから南方台湾辺までの割合に浅い干満線間の岩上などに広く分布している種で，汁の実や佃煮として食用にする所がある．体は黄緑色で非常に薄い紙状で厚さは 24～30 μm 位，扇形や丸く広がり高さ 4～5 cm から 10 cm 位になり，縁辺は多くは皺になっている．質は非常に柔らかく手でさわると粘り気があり，乾かして標本にすると台紙上に密着しつやがある．体は一層の細胞が敷石をならべたようになってできている．生殖時期になると体のふち附近の細胞の内容が配偶子となり母体から離れる．配偶子は顕微鏡的の微小な，ほぼ卵形の細胞でそれぞれ 2 本ずつの繊毛をもっておよぎ雌雄はおよいでいる間に合体して接合子となる．接合子は静止したまま数か月を経，その間に次第に大きさを増し直径 40～60 μm 位になるとその内容が多数の遊走子となる．遊走子は形は配偶子に似ているが 4 本の繊毛があり，しばらく遊いだ後岩等に付いて丸まり，じきに発芽してまたヒトエグサの体になる．

4950. アナアオサ 〔アオサ科〕

Ulva pertusa Kjellm.（*U. australis* Aresch.）

北海道から沖縄までほとんど各地の沿岸の浅海に産しまた台湾やマレイ諸島からも知られている．食用に供せられることがある．体は高さ普通 10～30 cm 位であるが大きいものでは 70 cm 位のものもある．楕円形，円形等の紙状でへりは波うちすべすべしており深緑色または時に黄緑色でしばしば大小様々な孔があいている．厚さは大体 50～150 μm 内外ある．体は全部細胞が 2 層重なってできているが基部附近の細胞からは細長い糸状の長い突起が出て基部へ向かって集まっている．そのため体の基部は他の部分よりも厚くなっており，そこで岩石棒杭または他の海藻上等に附着している．この類は生殖時には 2 種の個体が区別できる．すなわち 1 つは雌雄の個体で体のへりの附近が黄褐色になり，雌雄の顕微鏡的に微小な配偶子を作りこれ等が合体して接合子となりそれが発芽成長して外見は親と同じ体となる．しかし，この体上には配偶子はできないで遊走子ができ，これが無性的に発育して再び雌雄の体を作る．それ故この種類では体の外見では区別できないが全くちがう 2 つの世代がかわるがわるできてくるのである．〔漢名〕石蓴．

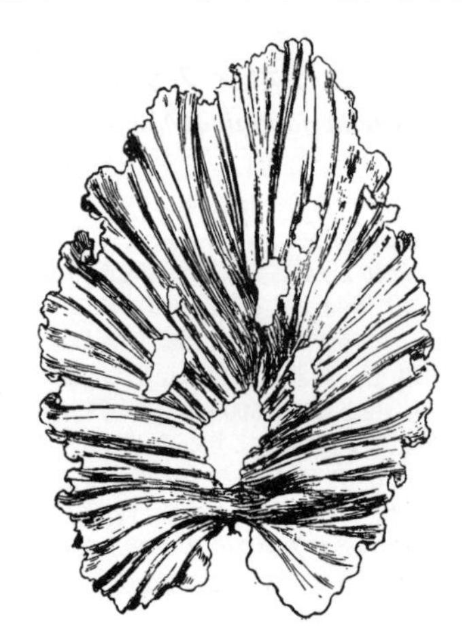

4951. ボウアオノリ 〔アオサ科〕

Ulva intestinalis L.（*Enteromorpha intestinalis* (L.) Nees）

北海道から琉球列島に至る沿岸の浅所の波浪の余り当たらない場所に群生する．体は通常長さ 5～30 cm，太さ 5 cm 位であるが時に非常に大きくなり長さ 1 m をこえることもある．腸の様な袋状で枝はないか，または下部で，少し基部のくびれた枝を出している．体壁は一層の細胞でできており鮮緑色，または黄緑色を呈している．細胞の配列は不規則である．また体壁の厚さは体の下部では 50 μm，上部では 20 μm 位になり，細胞自身の高さは横断面で 12～30 μm ある．この類もアオサと同じ様に，2 本の繊毛をもった配偶子を作る有性世代の体と，4 本の繊毛のある遊走子を作る無性世代の体が交互に現われ，その外形は両者とも同じで区別できない．なおわが国で一般にアオノリと呼んでいるものには，スジアオノリ *U. prolifera* Müller，ヒラアオノリ *U. compressa* L.，ウスバアオノリ *U. linza* L. 等を含み各地で食用に供せられる．またしばしば紙にすき入れてふすまその他に使われている．以前アオノリ属 *Enteromorpha* として区別されていた種は分子系統学解析の結果からアオサ属 *Ulva* と区別できず，アオサ属として扱われることが多い．

4952. ヤブレグサ 〔アオサ科〕

Umbraulva japonica (Holmes) Bae et I.K.Lee

（*Letterstedtia japonica* Holmes ; *Ulva japonica* (Holmes) Papenf.）

宮城県より与論島にいたる本州太平洋沿岸，瀬戸内海，熊本県に分布し，低潮線から漸深帯の岩上に生育する．体基部は楔型で，短い茎状をなすことが多い．体は高さ 10～25 cm，2 層の細胞からなる膜状で，若い時は楕円形，円形の葉状であるが，大きくなるに従い，深く裂けて多数の細長くて不規則な裂片に分かれる．アオサ属 *Ulva* の多くの種が潮間帯に生育し，鮮緑色であるのに，本種は漸深帯に生育し，生育地では黒い布状に見える．シホナキサンチンを含み，青味を帯びた緑色で，時に青緑色の反射蛍光を発する．また，質は幾分固く，セルロイド質であること，体のへりが波打たないこと，縦に深く裂けて多数の裂片に分かれることなどから，他のアオサ属 *Ulva* の種から容易に区別できる．深所に生育することから，磯に生育しているのを採集することはほとんどなく，嵐の後などに打ち上げられることによって採集される．腊葉台紙には付着しない．本種は主に体茎部の特徴から *Letterstedtia* 属に所属させられていたが，本種の発生の様子，体構造などからアオサ属 *Ulva* に移された後，さらに新たな属ヤブレグサ属 *Umbraulva* が提唱された．

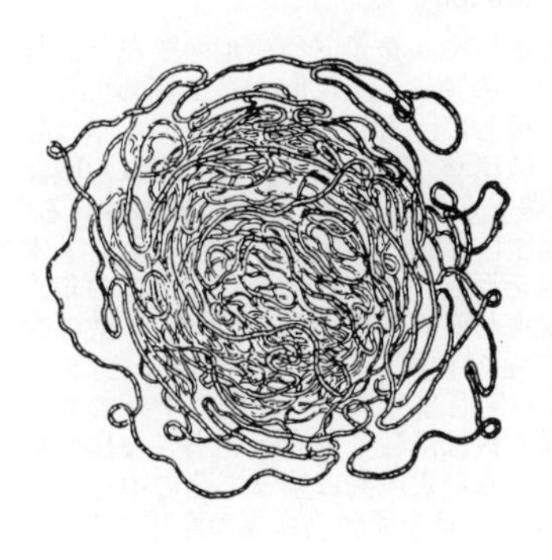

4953. ホソジュズモ 〔シオグサ科〕

Chaetomorpha crassa (C.Agardh) Kütz.

東北地方辺から南部の沿岸に広く分布し，普通かたまりを作ってホンダワラ類の体にからまっている．体は濃いまたは淡い緑色の，多少ちぢれた細い紐状で枝はなく，大形の細胞が縦に 1 列に連なってできている．細胞の直径は 350〜380 μm 長さは直径の 1〜2 倍位あり，隣同志の細胞の境目は幾分くびれている．本種と同属にタマジュズモ *C. moniligera* Kjellm. があり，東北地方以北に産し，干満線間の上部に生ずるが，この種は常に岩上に生じ，体は直立して叢生するが団塊を作ることなく，また上部の細胞は膨れて球形となっている．

4954. チャシオグサ 〔シオグサ科〕

Cladophora wrightiana Harv.

房総辺から九州に至る太平洋岸と裏日本の南部沿岸の干満線間の，またはそれより少し深い場所の岩上等に生ずる．体は多数が集まり生じ高さ 10〜40 cm，太さは 0.5〜0.7 cm あり，割に大きな細長い細胞が 1 列に連なり，所々で多く 3 叉状に枝を分け，細胞の上端に小枝を輪生している．各細胞の長さはその直径の数倍から時に 10 倍以上にもなり，境目で少しくびれている．根は細い糸状で，基部の細胞の下部には輪状の皺がある．本種は質がかたく，生時は深緑色をしているが乾かすと茶褐色に変わるのでチャシオグサという．シオグサ属には種類多く本種の他，海産ではアサミドリシオグサ *C. sakaii* I.A.Abbott，オオシオグサ *C. japonica* Yamada，ツヤナシシオグサ *C. opaca* Sakai，キヌシオグサ *C. stimpsonii* Harv. 等があり，また淡水にも少なくない．

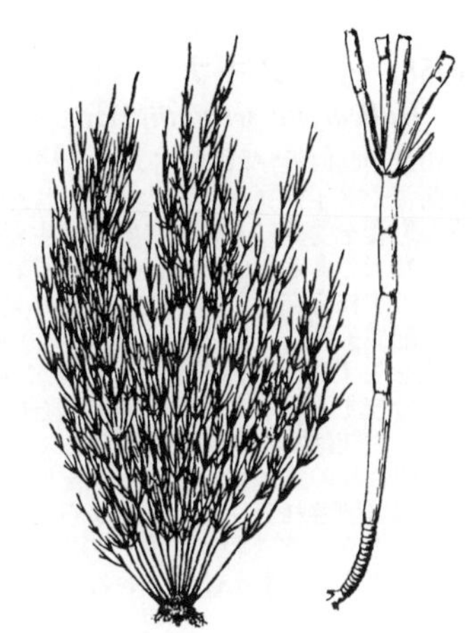

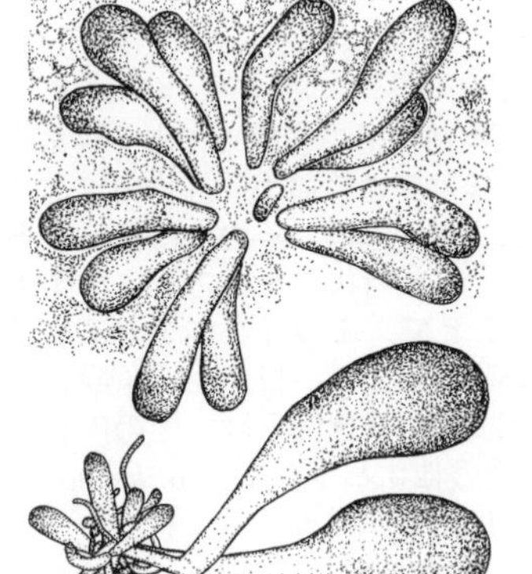

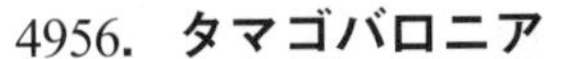

4955. マガタマモ 〔マガタマモ科〕

Boergesenia forbesii (Harv.) Feldmann

インド洋，マレー群島，ポリネシアなどに生育し，日本では鹿児島県，沖縄県と小笠原のタイドプールがかった凹所に群生する．勾玉，またはナスの実のように屈曲した風船状単細胞からなる簡単な体制で，もっとも大きい細胞は高さ約 5 cm，直径 5〜8 mm になり，これを細管状の仮根が支えている．このような細胞が，つぎつぎに重なるように分岐して生じ団塊状となる．細胞壁のすぐ下に原形質の層があり，核，ミトコンドリア，細胞質顆粒と葉緑体が均一に分布する．原形質の層は緑色であるが，その内側は細胞液でみたされている．葉緑体にピレノイドをもつ．多核体で，核は栄養期でもクロマチンが明瞭な網目構造をもつ．体に機械的刺激が加わると，原形質が凝集して原形質分離を起こし，細胞内に小球体をつくる．細胞壁が破れると中の小球体の一端が突出して発芽を始める．突出した部分は仮根となり，球状部は風船状体となる．生鮮なマガタマモの体を刃物で切り開き，細胞内容物をペトリ皿に移して海水中で培養しても，小球体を得ることができる．

4956. タマゴバロニア 〔バロニア科〕

Valonia macrophysa Kütz.

大西洋，太平洋，インド洋の熱帯，亜熱帯海域に分布し，日本では三浦半島以南の太平洋沿岸の潮間帯下部から漸深帯の岩上に群落をつくって生育し，暗所を好む．体は袋状の細胞がレンズ状に細胞を切りだし，そのレンズ状細胞が分裂成長することを繰り返すことによってブドウ状の団塊となり，大きいものでは直径 15 cm を越える．細胞は卵形，棍棒形で，大きいものでは直径 1 cm，長さ 3 cm となる．細胞壁のすぐ下に原形質の層があり，緑色であるが，その内側は細胞液でみたされている．多核体である．雌雄異株．成熟すると細胞の表面に網目状の斑点模様が現われ，ここに 2 本鞭毛の同形配偶子が生成される．配偶体も胞子体と同形同大である．日本には他に体が 1 個の球状体からなるオオバロニア *V. ventricosa* J. Agardh，1 個の細胞がタマゴバロニアより小さく緻密に分枝して球形の団塊となるタマバロニア *V. aegagropila* C.Agardh，細胞は円柱状，棍棒状で直径 5 cm ほどの多少ゆがんだ団塊をつくるバロニア *V. utricularis* (Roth) C. Agardh などがいずれも暖海域に生育する．〔日本名〕卵バロニアの意味であり，バロニアは属名をそのまま和名としたものである．

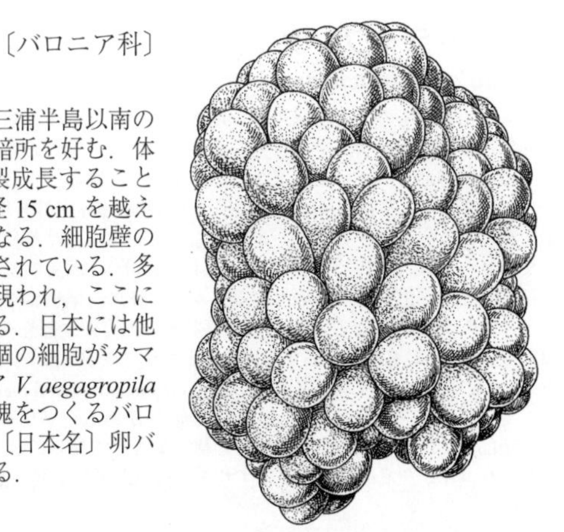

4957. カサノリ 〔カサノリ科〕

Acetabularia ryukyuensis Okamura et Yamada

沖縄諸島の遠浅の海の潮間帯にあるサンゴの破片や，タイドプールの壁などに群生する．長さ 4〜7 cm，太さ 1.5〜2 mm の白い茎の頂に，上に向かって杯のように開いた鮮やかな緑色の傘を開く．茎は石灰を沈積して，もろく折れやすい．傘は生殖器官で，この中にたくさんの胞嚢ができる．秋に傘が破れて外に放出された胞嚢は春まで休眠する．胞嚢の中にはたくさんの配偶子が形成されて翌春に放出される．配偶子は滴形で，2 本の鞭毛をもっている．接合した配偶子はすぐに芽生えて 1 本の小さな直立体となる．直立体の付着部は仮根を形成して基物にもぐり，その年の秋は仮根部を残して枯れる．翌春，直立体を新生し直立体の頂端と節々に多数の輪生枝を生じて軟らかなスギナ状となる．やがて茎の頂部に傘を開いて成体となる．傘を開くと，スギナ状の輪生枝はとれてなくなってしまう．仮根内には 1 個の大きな核（巨大核）がある．傘形成時に仮根内の巨大核は減数分裂を行い小さな核を形成する．小さな核は有糸分裂を繰り返しながら，原形質流動に乗って茎の中を上昇して傘に入り，胞嚢を形成する．〔日本名〕傘海苔．傘を開いた海藻の意味である．

4958. イソスギナ 〔カサノリ科〕

Halicoryne wrightii Harv.

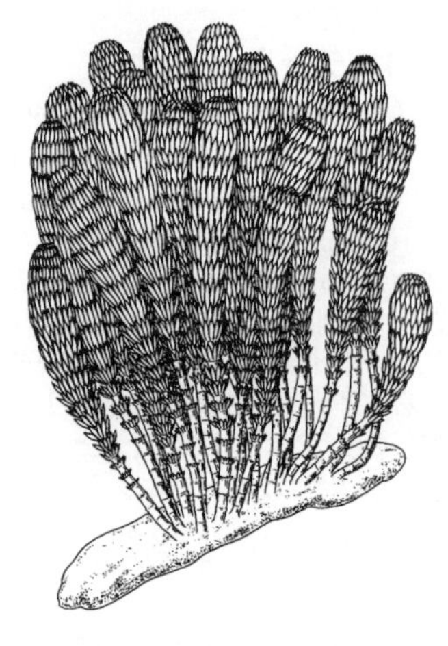

和歌山県白浜，愛媛県田ノ浜，伊方，長崎県野母，沖縄諸島，小笠原，シナ海に分布し，潮間帯やタイドプールのサンゴ破片や岩石上に群生する．遠浅で比較的外界からの波浪の影響を受けにくい所に好んで生育する．体は高さ 5〜7 cm で，スギナの芽生えのような形である．0.5〜1 mm の円柱状で中空の茎から周囲に，配偶子嚢と中性枝の 2 種類の小枝を交互に輪生するが，外見的には配偶子嚢のみが輪生しているようにみえる．配偶子嚢からなる輪はおよそ 20 個の配偶子嚢を，中性枝からなる輪は 12〜20 個の枝を生ずる．配偶子嚢はつの状で少し内側に曲がる．中性枝は細く，3〜4 回複叉状に分枝する．茎と配偶子嚢には石灰を沈積するためにもろくこわれやすい．配偶子嚢と中性枝は茎の下部から脱落して茎は裸となる．裸となった茎にはこれらの配偶子嚢と中性枝の跡が輪状に残る．配偶子嚢の輪跡は中性枝の輪跡よりも大きいことから容易に区別される．茎の下部から仮根を輪生する．葉緑体にピレノイドを欠く．腊葉とするともろくこわれやすいので液浸標本として保存するのがよい．〔日本名〕体の形がスギナの芽生えに似ていることから，磯に生育するスギナという意味である．

4959. ハ　ネ　モ 〔ハネモ科〕

Bryopsis plumosa (Huds.) C.Agardh

北海道から九州，更に南部まで太平洋，日本海両沿岸に極めて広く分布する緑藻で干満線間から幾分下部に群生する．体は高さ普通 10 cm 内外で非常に軟らかく濃い緑色を呈する．通常明らかな主軸が通り，その上に密に 2 列に毛状の，基部のくびれた小枝が並んで明らかな羽状を呈する．この類の体に著しいことは体のどこにも隔壁がないことで，この様な体を非細胞植物ということがある．しかし生殖時季になると羽状の小枝が配偶子嚢に変わり，初めてその基部に隔壁ができて他の部分から仕切られ，その内容は多数の配偶子になる．わが国沿岸からは本種の他オバナハネモ *B. hypnoides* J.V.Lamour.，ネザシハネモ *B. corticulans* Setch. 等が広く知られているが，前者は枝が不規則で羽状の小枝は区別でき難く，またネザシハネモはハネモよりも大形となり，枝小枝の基部から仮根状の糸状枝を基部に向かって出す．

4960. ヘライワヅタ 〔イワヅタ科〕

Caulerpa brachypus Harv.

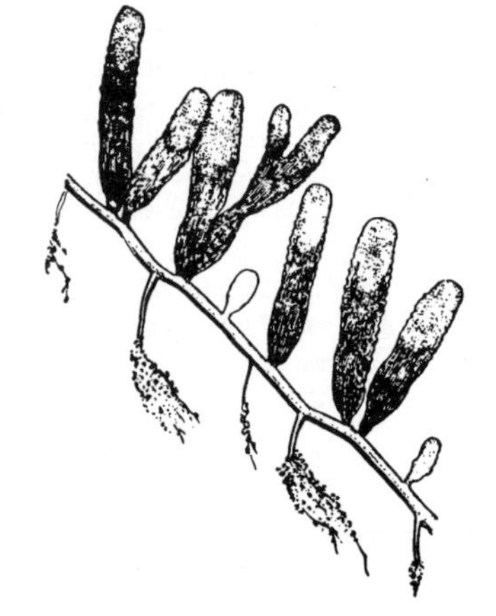

元来暖海産のもので，房総辺から以南の太平洋岸の干潮線附近またはそれより少し下部辺の岩上等に産する．体は岩上をはっている茎状の部と，それから下方へ出る枝で，体を岩面等に固着させる根状の部と，更に茎状部から出て上向し，葉状，舌状球状等様々な形に広がった葉状部とからなっている．茎状部は円柱状で平滑，直径 2 mm 内外あり，根状部も同様であるが，下方へ次第に細くなり先端は多数の細い糸状になっている．葉状部は時に短い柄の様な部分をそなえることがありへら状，舌状等で単一または叉状等に分かれ，長さ 2〜7 cm，幅 5〜8 mm，縁は多くは全縁，時には小さな鋸歯があるものもある．本種の体にも隔壁はなくただ体の内部には縦横に走るセルロース質の繊維がある．生殖時季には葉状部の内容が全部無数の微小な配偶子に変わる．本種の他，四国，九州等に最も普通に産するものにセンナリヅタ *C. racemosa* var. *clavifera* f. *macrophysa* (Kütz.) Weber-van Bosse，スリコギヅタ *C. racemosa* var. *clavifera* f. *laete-virens* (Montagne) Weber-van Bosse，フサイワヅタ *C. okamurae* Weber-van Bosse 等がある．フサイワヅタの葉状部は中軸のまわりに小さな基部のくびれた小枝が葡萄の房の様に集まっており，センナリヅタでは小枝のくびれはない．またスリコギヅタでは長く伸びてすりこぎに似た形の小枝が密に葉状部の中軸を被っている．

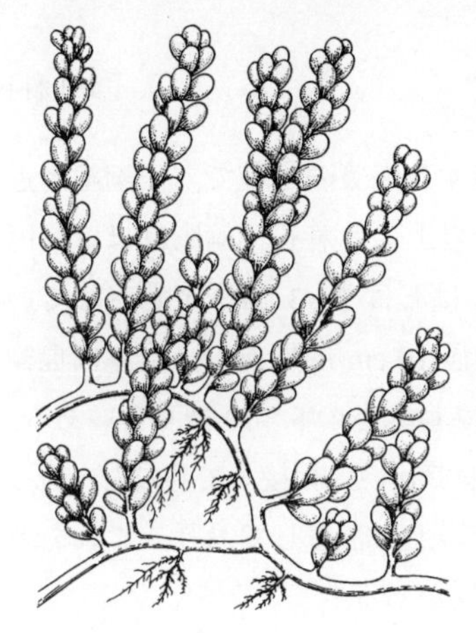

4961. フサイワヅタ　〔イワヅタ科〕

Caulerpa okamurae Weber-van Bosse

津軽海峡以南の日本海沿岸，房総半島以南の太平洋沿岸，瀬戸内海，九州，小笠原に分布し，低潮線付近の岩上に生育する．体は根状部，茎状部，葉状部に分化している．根状部は茎状部から茎状にのび，その先は細い糸状となって基物に付着する．茎状部は直径 3〜5 mm の円柱状で，分枝しながら岩上をはい，最も長いものは 1 m を越える．葉状部は茎状部から直立し，中軸をもち，中軸のまわりに短い柄をもった小袋をブドウのように密生する．中軸の最も長いものは 20 cm に達する．明所では葉緑体が葉状部に移動して体は緑色をしているが，暗所では葉緑体が茎状部に移動してしまい，葉状部は白色となる．葉緑体にはピレノイドがある．成熟すると，体全体が黄色くなり，体全体に配偶子が形成される．イワヅタ科植物の体の中には，体がつぶれないように縦横に細い糸が走っているが，どこにも細胞を仕切る隔壁が形成されないので，体全体が管状の 1 個の細胞と考えられる．ただし，核分裂はさかんに行われて多核体であることから，多核嚢状体，多核巨大細胞といわれる．〔日本名〕葉状部が房状のイワヅタ属植物の意味である．

4962. ミ　ル　〔ミル科〕

Codium fragile (Suringar) Hariot

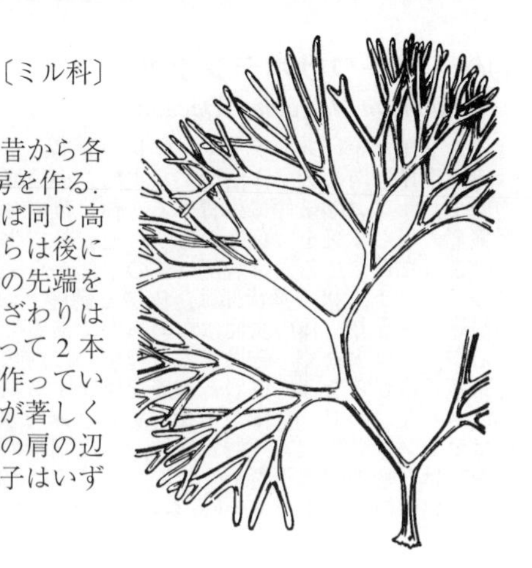

わが国中南部の沿岸に広く分布し，干潮線の少し下辺に生育する．昔から各地で食用に供せられている．体は深緑色で繰り返し叉に分かれ大きな房を作る．高さ 20〜40 cm，直径 5 mm 内外あり，枝は腋が狭く先端は鈍円でほぼ同じ高さに達する．若い部には産毛のような細い毛が多数生えているがこれらは後に落ちてしまう．この類の体の表面は色々な形をした胞嚢という袋がその先端を表面に向けて一面にぎっしりと並んでできており，そのため表面の手ざわりは幾分ラシャに似ている．またこれらの胞嚢の基部から体の内面に向かって 2 本の細い糸が出，各胞嚢から出た無数の糸がからみ合って体の中軸部を作っている．本種の胞嚢はほぼ円柱状または棍棒状で長さ 0.6〜1.5 mm，先端が著しく尖っているのがこの種の特徴である．雌雄の配偶子嚢はつむ形で胞嚢の肩の辺にでき，それぞれ内に多数の大形，または小形の配偶子を作る．配偶子はいずれもその先端に 2 本の毛をもち，それで泳ぎ，合体して接合子を作る．

4963. ナガミル（クズレミル，サメノタスキ）　〔ミル科〕

Codium cylindricum Holmes

本州中部太平洋岸から九州沿岸，更に南方に分布し，普通内湾等の干潮線以下に生育し，直立せずに海底に横たわっている．体は長くなり大きなものでは 15 m にも達するといわれる．円柱状で所々叉状に枝分かれしているが枝分かれの下部はやや三角形に広がり平になっている．色は多く黄味を帯びた緑色で質は割合に脆い．胞嚢は倒卵形または長楕円形で大きく，直径 1.5〜2.0 mm もあるので肉眼でも認めることができる．本種に似たものにクロミル *C. subtubulosum* Okamura があるがその体がナガミルの様に脆くなくまた色も緑が濃い．また胞嚢は長さ 0.6〜0.9mm, 直径 0.1mm 位しかないのでナガミルとは容易に区別できる．ナガミルは真珠貝の養殖場等に繁殖すると貝を被ってこれを殺し損害を及ぼすことがある．

4964. ヒラミル　〔ミル科〕

Codium latum Suringar

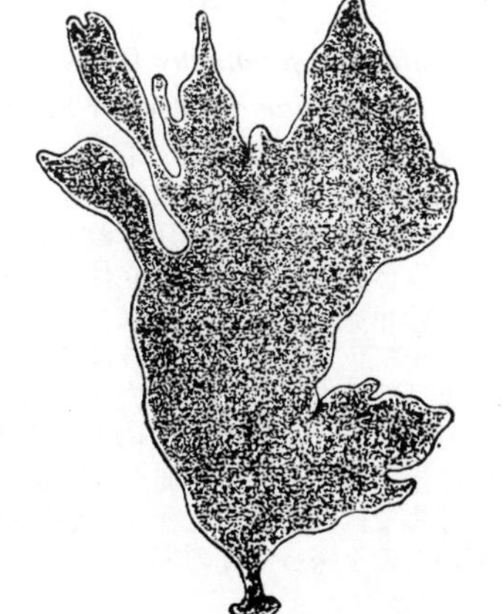

主として本州中部地方の太平洋岸に産し，特に干潮線の少し下部で，砂で被われた岩石の上等に好んで生育する．体は小さな盤状の基部の上に立ち，短い扁円状の茎状部があり，その上は扁平にひろがり単一，または不規則に裂けている．長さ 30〜60 cm，幅 10〜20 cm，厚さ 1〜2 mm．時に更に大となることがある．濃い緑色で厚い羅紗の様な質を呈する．胞嚢は円柱状で，上端附近で幾分ふくれ，長さ 0.4〜0.6 mm，直径 0.5〜1 mm，頂端は平滑で膜はうすい．先端丸く，膜は厚くならない．配偶子嚢は胞嚢の中央部より少し下にできる．

4965. ハイミル 〔ミル科〕

Codium lucasii Setch.

主として東北地方以南の太平洋岸に産する海藻の一種で，干潮線附近の岩上に生ずる．体は扁平で，全裏面で岩上に付着し，輪廓はほぼ扁円であるが，後かなり不規則に広がり，しばしば2～3個体が癒着している．表面には皺または襞があり．通常直径10 cm内外ある．胞嚢は棍棒形で先端丸く，35～80 μmほどで太く，長さは太さの8～10倍くらいある．膜は先端で少し厚くなっており，下部附近で互いに相接して分岐し，従って数個ずつ集まっている．体は濃緑色で岩上に密着しており，これを剥ぎとると裏面へ向かって常に強く巻く性質がある．

4966. ウチワサボテングサ 〔サボテングサ科〕

Halimeda discoidea Decaine

インド洋，オーストラリア，マレー半島，ポリネシア，シナ海に分布し，日本では伊豆半島以南の太平洋沿岸，八丈島，小笠原に分布する．低潮線付近から漸深帯の岩や，サンゴの破片に生育する．体は高さ10～17 cm，厚さ1～2 mmの楕円形，腎臓形の平らな葉を，葉のふちから連続して生じるので，全体としてウチワサボテンのような形になる．付着部は体の下部から毛状根をだして基物にしっかりとへばりつく．ウチワ状の葉状部は，皮層と髄層とからなる．皮層は2～4層の分枝した細胞層からなり，体の表面はなめらかである．表皮細胞を除く皮層部に石灰を沈積するが，量は少なく，乾燥するとわずかに白味を帯びる程度である．髄層は分枝した糸状細胞からなる．皮層と髄層を構成する細胞のいずれにも，細胞を仕切る膜が形成されないので，全体が1個の細胞とみなされる．核はたくさん存在し，葉緑体にはピレノイドを欠く．雌雄異株．表皮細胞のあるものから長い柄の先にブドウの房をつけた形の配偶子嚢を生じる．配偶子は涙滴形で2本の鞭毛をもつ．成熟すると体の色は白っぽくなる．〔日本名〕ウチワサボテンに似ているのでこの名がある．

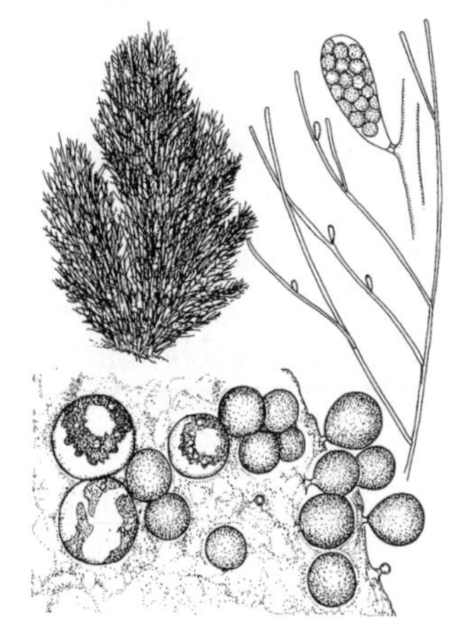

4967. ホソツユノイト 〔ツユノイト科〕

Derbesia marina (Lyngb.) Solier

北米，北ヨーロッパに分布し，日本では本州中部以北の太平洋沿岸，日本海の潮間帯下部から漸深帯の岩の上や，暗いタイドプールの壁面に生育する．体は管状の分枝した糸状体（胞子体）で，高さ5～6 cmになるが，全体としてはマット状または軟らかい房状の塊となる．糸状体の直径は40～70 μm，枝に長さ125～200 μm，直径55～90 μmの卵形の遊走子嚢を側生する．遊走子はダルマ形（stephanokontic zoid）で，頭部と体部の間に環状に鞭毛を生じる．遊走子は，紅藻類のサンゴモ類の中に根をおろして，単細胞で，直径0.3～1.2 cmの小球状の配偶体に発達する．この配偶体は，その生活史が明らかになる以前はウミノタマ *Halicystis ovalis* Aresch. と呼ばれていた．配偶体は成熟すると雄の小球体には黄緑色，雌の小球体には濃緑色模様が現われる．小球体に開いた小孔から2本の鞭毛をもった配偶子が泳ぎだし，雌雄の配偶子が接合して発達した体が胞子体となる．本種は胞子体も配偶体も多核体である．〔日本名〕ホソツユノイトは細い糸状体上に，滴の形をした遊走子嚢が形成されることによる．

4968. マ　ツ　モ 〔イソガワラ科〕

Analipus japonicus (Harv.) M.J.Wynne

（*Heterochordaria abietina* Setch. et N.L.Gardner）

東北地方から北海道の沿岸に普通な褐藻で，南限は犬吠崎辺である．冬期干満線間の上部の岩上等に群生する．群生する体は高さ15～30 cmばかり，基部は不規則に分かれ，扁圧された部が互いに重なりあって塊状を呈し，その上から直立体が出ている．直立体には上下に通ずる1本の中軸があり，その上から多数の単条の短枝を出している．中軸も小枝もともに円柱状で幾分扁圧され，オリーブ色を呈する．小枝は2～4 cmほどで長く，基部および先端に向かって段々に細くなっている．肉眼では明らかではないが，個体によって複子嚢を生ずる有性世代に属するものと，単子嚢を生ずる無性世代のものがある．前者の体は後者に比して幾分弱々しいとし，それぞれ“オンナマツモ”“オトコマツモ”と呼んで区別することがあるが，それ程外見の差ははっきりしたものではない．若いものを採って汁の実等として，または乾かして貯え，あぶって食用に供する．

4969. ムチモ　〔ムチモ科〕

Mutimo cylindricus (Okamura) H.Kawai et T.Kitayama

(*Cutleria cylindrica* Okamura)

主として本州中部の太平洋岸に多く，波の比較的平穏な場所の干満線間の岩上等に生ずる褐藻の一種である．体は高さ 30〜50 cm 位，小さな円盤状の基部の上に立ち，円柱状で繰り返し叉状に分岐する．直径 2〜3 mm，先端に向かって次第に細くなる．枝の頂端は少なくとも若いときには細い緑褐色の毛の集まりで被われている．これは体の成長点で，この細毛の基部の細胞が盛んに縦に分裂して毛を伸ばすがそれらの下部は互いに接着して新しい組織を作り，枝を伸ばしていく．本種は雌雄異株で，4〜5 月頃体の基部及び先端附近をのぞいた各部の表面に不規則な円形の低い瘤状の生殖器官を生ずる．これらは体の表面から出る微細な，枝分かれした毛状枝の集まりで，その上に雌または雄の配偶子嚢を作る．後者は前者に比して非常に細かく室が分かれているため容易に区別できる．この類は特異世代交代をなすもので，無性世代は不規則な葉状をなすことが知られている．本種はその形態と遺伝子解析の結果からヒラムチモ属 *Cutleria* から新しい属 *Mutimo* に移された．

4970. アミジグサ　〔アミジグサ科〕

Dictyota dichotoma (Huds.) J.V.Lamour.

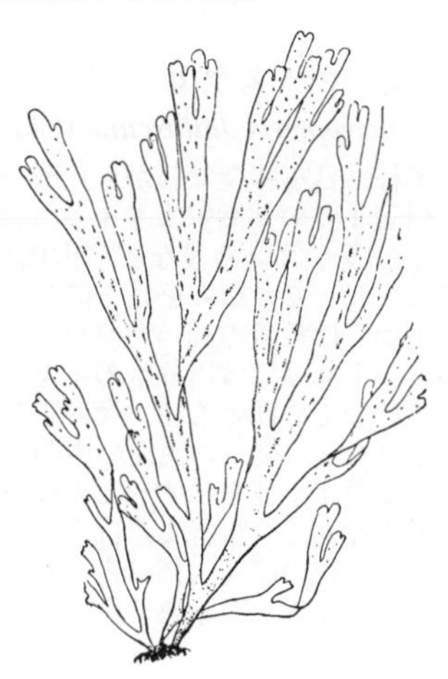

我沿岸各地から知られ，干満線間の下部附近に多い．分布の非常に広い褐藻で世界ほとんど各地方から知られている．体は高さ 5〜30 cm，薄いリボン状で規則正しく繰り返し叉状に分岐し，辺縁は平滑で幅 6〜10 mm 位あるが，高さと幅とは非常に変化に富んでいる．基部附近からは褐色の細い短い毛が沢山出てそれで岩等に付着している．また枝の先端には顕微鏡で見ると大きな著しい成長点細胞が見られる．体の内部には一層の大形の細胞があり，その両面を小さな細胞の一層ずつが被っているので乾燥後体を表面から見ると小さな網目状の模様が見られる．個体によって四分胞子嚢を作るものと，造卵器または造精器を作るものがあるが栄養体の外形，構造は全く同じで区別できない．四分胞子嚢，造卵器，造精器等は体の両面上に集まって生じ，四分胞子嚢は，初めはやや楕円形の輪状に集まり，造卵器は集まって斑点の様に見える．また造精器は色が淡くなる．近似の種類としてはカズノアミジ *D. divaricata* J.V.Lamour.，イトアミジ *D. linealis* (C. Agardh) Grev.，ヘラアミジグサ *D. spathulata* Yamada 等がある．

4971. コモングサ　〔アミジグサ科〕

Dictyopteris pacifica (Yendo) I.K.Hwang, H.-S.Kim et W.J.Lee

(*Spatoglossum pacificum* Yendo)

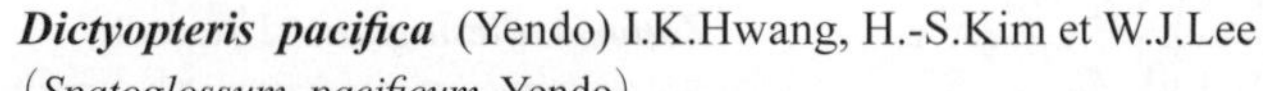

本州中部の太平洋岸に普通な褐藻類の一種で，干満線間に生ずる．体は高さ 20〜30 cm，基部附近は短い扁圧された茎状となり，上部は楔形に広がり膜質となり，繰り返し叉状に分岐する．幅 2〜3 cm，縁辺は平滑またはときに疎らな鋸歯がある．体の茎部は褐色の細毛で被われそれが小塊状となり，それで岩上等に付着する．またこの細毛群は体のかなり上方まで生じていることがある．枝の先端の縁辺には内容に富む多数の成長点細胞が 1 列に並んでいる．造卵器は多数が集まって長楕円形の斑を作り，基部附近を除いた体の各部の両面上にかなり密に散布している．体は黄褐色または黒褐色を呈する．本種はその形態と分子系統学的解析の結果からヤハズグサ属 *Dictyopteris* に移された．

4972. シワヤハズ　〔アミジグサ科〕

Dictyopteris undulata Holmes

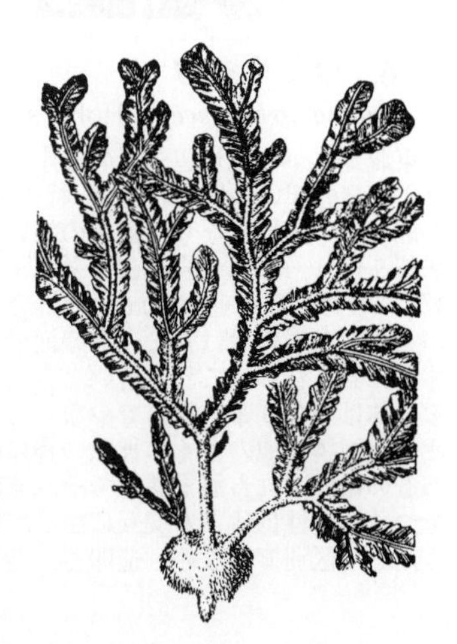

主として本州太平洋岸金華山辺から以南に普通な褐藻で干満両線の間に生ずる．体は高さ 10〜25 cm で，基部及びその附近から褐色の細い毛が多数出て集まって塊を作り，それで岩石等に付着している．基部附近は茎状であるが，上部は幅 1〜1.5 cm 位のバンド状の葉状部となり，数回叉状に同一平面上に分岐し，中央には明らかに隆起した中肋が通り，その両側には明らかな皺があり，辺縁部は波状をしている．しかし特に南方産のものには皺があまり著しくないものがあり，これを f. *plana* Okamura として区別することがある．またときに葉状部の幅 3〜4 mm 内外しかない狭い個体を見ることがある．いずれも直立，質は粗剛で褐色を呈するが，生時海中にあるときしばしば淡青く光り，乾かすと黒褐色となる．四分胞子嚢は体の上部の中肋の両側に多数点状，または楕円状に集まってできる．

4973. ヘラヤハズ 〔アミジグサ科〕

Dictyopteris prolifera Okamura

青森県以南の対馬暖流海域，千葉県より与論島にいたる太平洋沿岸，瀬戸内海，朝鮮半島に分布し，潮間帯下部から漸深帯にかけての岩上に生育する．体は円錐形でスポンジ状の付着部から，扁平で下部は細く，上部が広い長刀形の長い葉状部を直立する．中肋をもつが隆起せずに埋まっている．中肋から枝を生じ，枝は主軸と同じように成長し，さらにその枝の中肋から小枝を生じる．高さ 10～30 cm，よく成長したものは高さ 50 cm を越えるが，幅は 3～10 mm である．潮間帯に生育するものは膜状の部分が広く簡単に破れることなく成長するが，漸深帯に生育するものは膜状の部分は狭く，破れて中肋のみからなる個体が多く，潮間帯に生育するものとは別種のようである．海中で観察すると，膜状部分は黒く，中肋は黄色い一本のすじとして見える．葉緑体にピレノイドがない．生殖器官は膜状の部分に生じ，中肋にそって点線状に形成される．生鮮時，体の色は黒っぽい褐色から黄土色で，セルロイド質の手触りがするが，死ぬと緑色から黄色に変化し，体から酸をだす．押し葉にすると黒色になり，台紙には付着しない．〔日本名〕直立体の枝の形がへらの形に似ていることに由来する．

4974. ヤハズグサ 〔アミジグサ科〕

Dictyopteris latiuscula (Okamura) Okamura

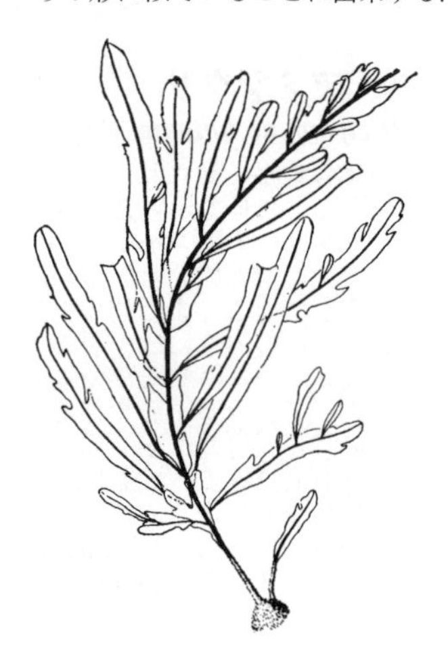

本種は日本特産でしかも比較的分布の狭い褐藻で，本州中部の太平洋岸から九州辺までの干潮線より下，しばしばかなりの深所，すなわち 20 m 辺等に生ずる．多くは嵐の後などに沢山他の海藻とともに海岸に打ち揚げられるが実際に生育しているのを見る機会は余り多くない．体は高さ 20～30 cm 位，基部附近からは多数の細い毛が出てそれ等が塊状に集まり，それで地物に付着している．下部はほぼ円柱状の茎をなすが上部は直きに葉状部に広がり，茎はそのままのびて中肋となる．葉状部は黄褐色の膜状で平滑，辺縁は全縁で幅 3～10 mm 位ある．後この両面の中肋上から葉状の枝を多数出し，更にその中肋から同様な葉状小枝を出す．この枝及び小枝は倒披針状または舌状等で下部は狭くなり先端丸く，全縁またはときに切れ込みがある．初めの葉状部及びそれから出る葉状枝の膜状の部は古くなると破れ，または落ち去って中肋部だけが残り茎状部となる．四分胞子嚢群は線状で，最末葉状枝の中肋の両側に生ずる．

4975. シマオオギ 〔アミジグサ科〕

Zonaria diesingiana J.Agardh

房総辺から以南の太平洋岸や本州中部以南の日本海沿岸から琉球台湾を経てオーストラリア方面にまで広く分布する褐藻の一種で，我沿岸ではしばしば干満線間の壁状の岩面またはタイドプールの壁面等にほぼ水平に重なって群生する．体は多く暗褐色，扇状に広がり，膜質でしばしば縦に裂け，高さ 5～10 cm，基部附近はやや茎状となり一面に細い褐色の毛でフェルト状に被われ，基部はこれ等の毛が集まって小塊状となり岩上等に固着する．また毛は体の下面には幾分上部まで見られる．体には細い縦のすじと重圏状のすじが見られまた先端の縁には多数の成長点細胞が並び平滑で，一方へ巻く様なことはない．本種に外見似たものにフタエオオギ *Distromium decumbens* (Okamura) Levring，ハイオオギ *Lobophoro variegata* (J.V.Lamour.) Womersley，ヤレオオギ *Homoeostrichus flabellatus* Okamura，シガミグサ *Stypopodium zonale* (J.V.Lamour.) Papenf. 等があるがこれ等は主として体の構造の差で区別される．すなわち体の横断面を見ると体はフタエオオギではただ 2 層の細胞からできており，他は 3 層以上の細胞でできている．その内ヤレオオギでは内層の細胞と外層の細胞とが同大であり，シマオオギ，ハイオオギ，ジガミグサでは大きさが異なり，シマオオギでは内層の細胞 1 に対して外層の細胞 2 個があり，ジガミグサにおいては 3 個が見られる．またシマオオギとハイオオギとは，子嚢群を被う被膜と側糸とが前者には存在するが後者には存在しない点で区別される．

4976. ウミウチワ 〔アミジグサ科〕

Padina arborescens Holmes

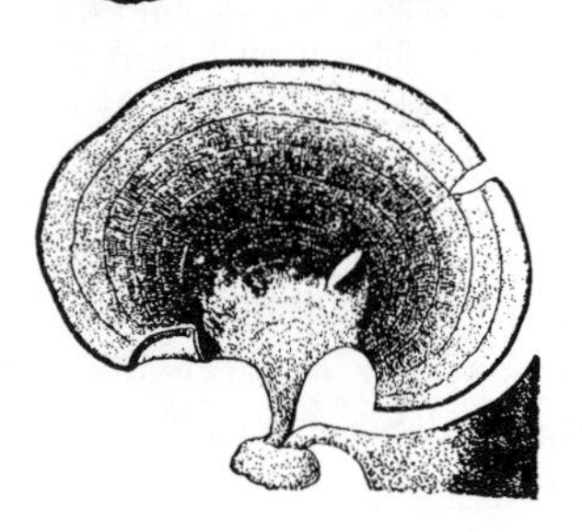

東北地方から九州辺までの沿岸の干満線間の割合に波の穏やかな所，またはそれより幾分深い場所の岩上等，特に潮溜り等に群生する褐藻の一種である．体は，下部は短い茎状となり，褐色の細い毛で密に被われ，更にこれらの毛は集まって基部を作り，それで岩上に密着している．体の上部は扇形に広がりしばしば 2～3 片に裂け，高さ通常 10 cm 内外であるが，大きいものでは 30 cm に達することがある．上端の縁は常に一方の面の方へ巻き，それに平行して重圏状の細い線が体上に見られる．これは若いときに生じていた毛の落ちたあとで毛線ともいわれる．体はかなり厚い膜質で少なくとも 8 層以上の細胞からできており褐色を呈するが，同属の他の多くの種類の様に体に石灰質を沈着していることはない．本属のものはいずれも雌雄異株でそれぞれ造卵器，造精器を作る有性世代と四分胞子をつくる無性世代とが交互に生じて，世代交番を行っており両世代の体は外見全く同じで区別できない．造卵器，造精器，四分胞子嚢群等は各毛線間にできる．

4977. オキナウチワ　〔アミジグサ科〕

Padina japonica Yamada

本州中南部及び九州の太平洋，日本海の両岸から知られ干満線間の岩石上等に生ずる褐藻で，体は高さ 5～10 cm，外形はややウミウチワに似ているがそれより遙かに薄く，僅か 2 層の細胞でできており，薄膜状である．裏面には石灰質を被り，特に乾かすと著しく白粉をふいた様になる．基部附近には毛が生え，それで地物に付いている．四分胞子嚢群は体の表面の 1 つおきの毛線間に連続して線状にできる．しかし後には更にそれ等の線に沿った毛線の下に，断片的な小群を作ることがあるのでその様な場合には 1 つおきではなくやや各毛線間にできた様に見えることがある．本種によく似た種類にコナウミウチワ *P. crassa* Yamada がある．この種の体はオキナウチワよりも厚く，特に体の下部では 6～8 層の細胞からできており，また各毛線間は幅が著しく広いので区別できる．

4978. ネバリモ　〔ネバリモ科〕

Leathesia difformis (L.) Aresch.

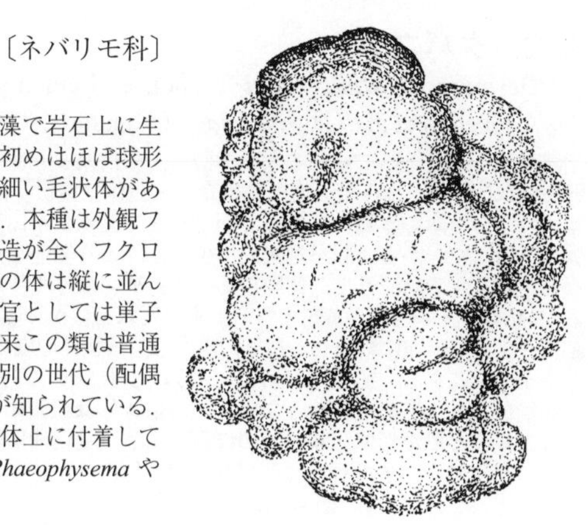

北海道から九州に至る沿岸に広く分布し，干満線間の上部に見られる褐藻で岩石上に生じ，また他の大形の海藻の上にも付着している．体は褐色，黄褐色中空で初めはほぼ球形であるが間もなく不規則に凹凸ができて塊状になる．表面には産毛の様な細い毛状体があるのでややビロードの様な感がある．直径 2～3 cm から 10 cm 内外になる．本種は外観フクロノリに似ているが普通色が濃く特に著しく粘滑である．これは体の構造が全くフクロノリとちがうからで，フクロノリの体はほぼ柔組織状をしているが，本種の体は縦に並んだ細胞列が多数集合し，その間に粘質がつまって成り立っている．生殖器官としては単子嚢を作る体と複子嚢を作るものとまたこれら両方を作るものとがある．元来この類は普通の栄養体（胞子体）上には単子嚢のみができ，複子嚢は顕微鏡的に小さな別の世代（配偶体）の体上にできるのが普通であるが，本種ではこれと相違していることが知られている．なおこの属には直径 1～2 mm 内外の小球状の種類で，特にホンダワラ類の体上に付着しているものが多数知られていたが，これらの種は新しい属ヒメネバリモ属 *Phaeophysema* やコゴメネバリモ属 *Vimineoleathesia* に移された．

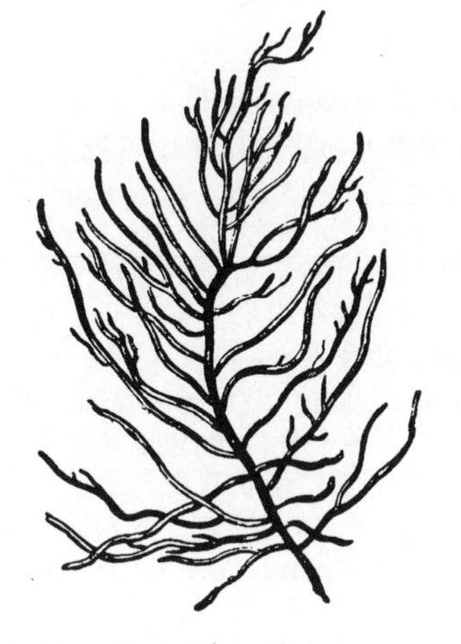

4979. フトモズク（スノリ）　〔ナガマツモ科〕

Tinocladia crassa (Suringar) Kylin

本州中部辺から琉球まで産し，干満線間の岩石上に生じ，特に波の穏やかな内湾等に多い．体は暗褐色，褐色等で軟らかく，非常に粘滑で高さ 10～20 cm 内外，円柱状で直径 3 mm 内外ある．かなり密に各方面に不規則に大体主軸と余り変わらない太さの広開した枝を出し，これらの枝はまた僅かに小枝に分かれる．体の中心には，細長い細胞の縦に連なった無色の多数の糸の束が縦に走っており，それらの細胞から多数の細い糸が放射状に出て，それらが特に体の表面近くで繰り返し叉状等に分かれ褐色の同化糸となり，それらは互いに寄り集まり，更に寒天質で包まれて体表を作っている．無性生殖器官である単子嚢はほぼ円形で同化糸の基部に生じ内に多数の微少な遊走子を作る．各地で三杯酢等として食用に供せられる．

4980. モ　ズ　ク　〔モズク科〕

Nemacystis decipiens (Suringar) Kuck.

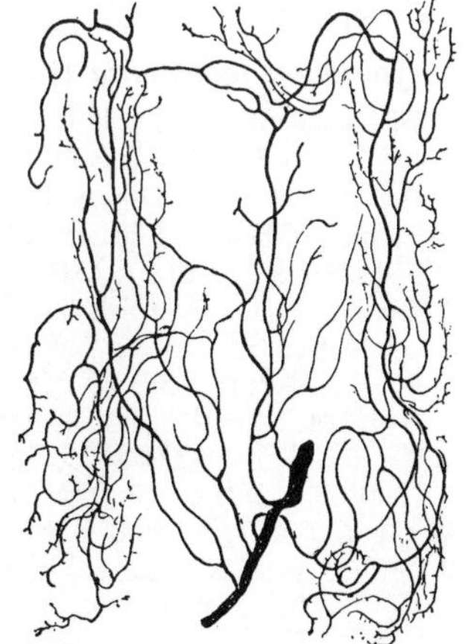

本州中部辺から以南の各地に産し，干潮線附近に生えているホンダワラ類の枝上に着生している．日本名は「もにつく」意ともいい，また「ものくず」の意ともいわれる．体は暗褐色で軟らかく非常に粘質に富んでいる．長さ 20～30 cm，ときには更に長くなり，円柱状で直径は体の基部で 1 mm 内外，上方に次第に細くなり，叉状，互生等にかなり密に不規則に枝を分ける．単子嚢は長楕円形で同化糸の基部にできる．また本種の体上には複子嚢をも生じ，これは糸状で 1 列の細胞からできている．なお本種に似たものでやはり各地で食用に供せられているものとして，主に石上に生えるイシモズク *Sphaerotrichia firma* E. Gepp と，ホンダワラ類の体上，またはアマモ，スガモ等の葉上に着生するクサモズク *S. divaricata* (C. Agardh) Kylin〔ナガマツモ科〕がある．しかしこれらはモズクよりも一般に体が幾分かたく，また成長点の構造の差等で別属に入れられている．〔漢名〕海蘊．

4981. ウルシグサ

〔ウルシグサ科〕

Desmarestia japonica H.Kawai et al.（*D. ligulata* (Stackh.) J.V.Lamour.）

茨城県辺から北部，本州の太平洋岸，北海道に分布する褐藻で干満線間に生育する．体は高さ 50〜100 cm 位，基部は小円錐状，茎部は円柱状で直径 3 mm 位あり，上部に行くに従って扁圧され先端まで通じている．枝はその両縁から複羽状に出ており，枝，小枝ともに扁平膜質で基部はくびれている．小羽枝の先端には若いとき 1 列の細胞からできている毛があり，その基部に成長点があるが後に落ちる．体は生時濃い飴色ないし栗色であるが，海水から出るとじきに死んで青色となる．これは体中に硫酸を含むためで，魚網にふれると網の色をさまし，動物または他の海藻と一緒におくとこれらをいためるので漁師等からきらわれる．本邦のウルシグサは *D. ligulata* にあてられてきたが，形態と分子系統学的解析から別種であり，新種 *D. japonica* とされた．本種と同属のケウルシグサ *D. viridis* J.V.Lamour. では羽枝，小羽枝が細線状となっており，タバコグサ（次図）では体は羽状に分かれることなく 1 枚の大きなタバコの葉の様に広がっており，本州太平洋岸及び九州に産し干潮線下に生育する．

4982. タバコグサ

〔ウルシグサ科〕

Desmarestia dudresnayi Lamor. ex Leman subsp. ***tabacoides*** (Okamura) A.F.Peters et al.（*D. tabacoides* Okamura）

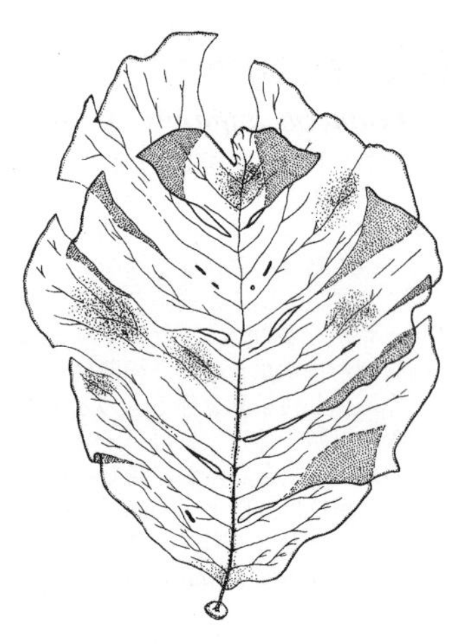

茨城県より三重県にいたる太平洋沿岸，山口県より鹿児島にいたる九州西岸，対馬と津軽海峡に分布し，漸深帯の岩上に生育する．体は盤状の付着部，短い柄のような茎状部と，幅広で平らな薄い膜質の葉状部とからなる．葉状部は円形から卵形で．茎から連続して中脈がある．中脈から側脈を対象的に生じる．よく発達したものは高さ 80 cm，幅 50 cm となる．成長するにつれて，側脈にそって斜めに裂けやすい．生鮮時，体は明るい褐色であるが，死ぬと濃緑色から黄色となる．また死ぬと体から硫酸をだして，体は分解してしまう．冬に芽生えて，春に繁茂し，初夏に成熟し，葉状部の表皮細胞のあるものが単子嚢となり，遊走子を形成する．遊走子は西洋ナシ形で，2 本の鞭毛を側生する．遊走子は基物に定着後，顕微鏡的な大きさの糸状体となる．この糸状体は配偶体で，精子嚢と卵がつくられる．精子は遊走子と似た形で，泳いで卵に到達する．受精卵は細胞分裂を繰り返してタバコグサの体に発達する．すなわち，タバコグサの体は胞子体である．腊葉紙へは付着するが，剥がれやすい．〔日本名〕全体の形と色が，黄色に色づいたタバコの葉に似ることに由来する．

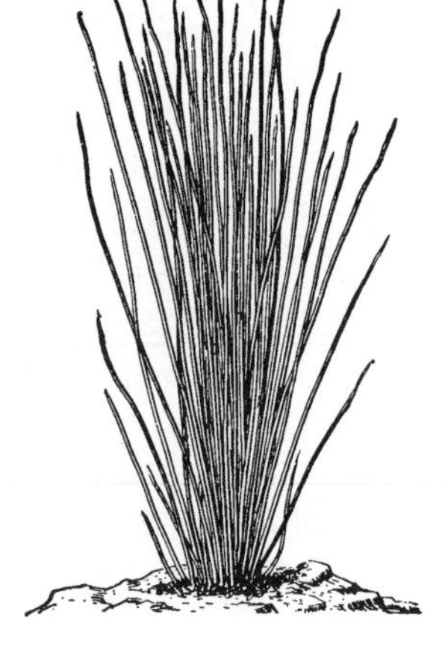

4983. イワヒゲ

〔カヤモノリ科〕

Myelophycus simplex (Harv.) Papenf.（*M. caespitosus* Kjellm.）

東北地方太平洋岸から九州までの干満線附近の岩上に産する褐藻で，特に直接波の強く当たる場所に多い．体は高さ 5〜15 cm，太さ 1 mm 内外で糸状，枝分かれなくときにかるく捩れ常に多数が密に群生している．質かたく軟骨様で暗褐色を呈する．体の内部は幼時実質であるが後中空となる．3 種の組織からできており，内層は大きな円形，正方形または長い細胞，中層は細長い円柱状の，縦に密に集まった細胞からそれぞれできている．また外層は中層の細胞から直角に外方へ出た褐色の細胞列，すなわち同化糸が密に集まってできている．単子嚢は楕円形で同化糸の間にできる．本種に近縁で東北地方から北海道に産するキタイワヒゲ *Melanosiphon intestinalis* (D.A.Saunders) M.J.Wynne は本種よりも大形となり，高さ 30 cm 以上，またしばしば扁圧されて幅 4 mm に及ぶものもある．

4984. カヤモノリ

〔カヤモノリ科〕

Scytosiphon lomentaria (Lyngb.) Link

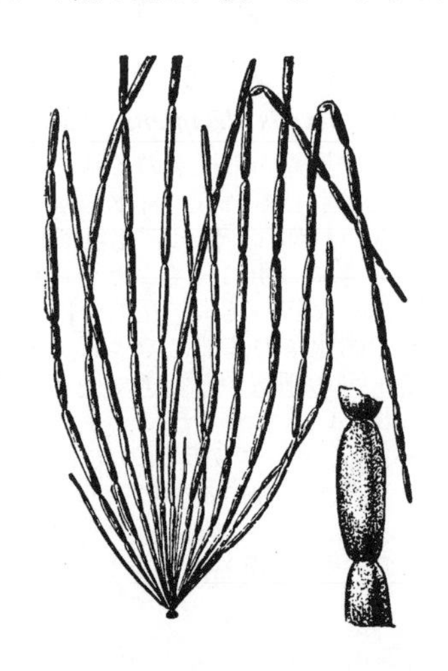

わが国各地の沿岸に最も普通な褐藻の一種で，太平洋，大西洋，地中海等の各地からも知られる極めて分布の広い種類で，わが国では干満線間の岩上に生じ特に波のおだやかな場所に多い．体は一所から多数集まって生え，円柱状，中空で直立し，決して枝を分けることはない．高さ 20〜50 cm，最も著しい点は約 1〜3 cm 位の間隔をおいて細くくびれていることで，このくびれの所と基部附近だけは中実である．基部は細いが上方に次第に太くなり細いものでは 2〜3 mm，太いものでは直径 1 cm 近くになる．黄褐色から暗褐色で，成長したものの質はかなり粗剛である．生殖器官は複子嚢で体の表面に無数に集まって雲紋状に見える．また若い体の表面には一面に細い生毛があり水中でははっきりと見えるが老成した体では落ちてしまう．本種は体形，特に太さ等が不規則で，細い体ではくびれのはっきりしないことがある．スガラ，ムギワラノリ等と称し乾して食用とする地方もある．本属では新たにカヤモドキ *S. canaliculatus* (Setch. et N.L.Gardner) Kogame，ウスカヤモ *S. gracilis* Kogame，ヒラカヤモ *S. tenellus* Kogame が記載された．

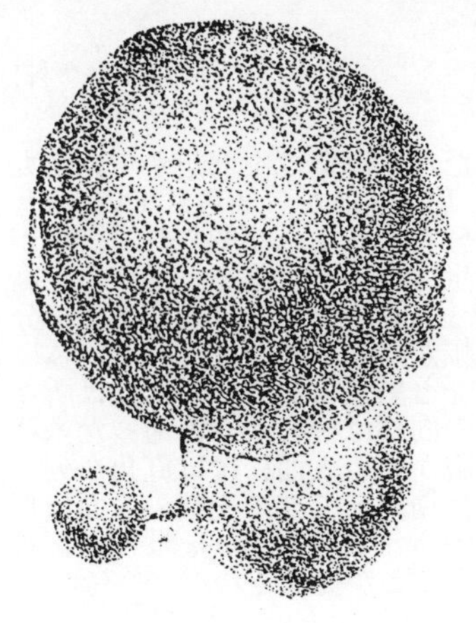

4985. **フクロノリ** 〔カヤモノリ科〕

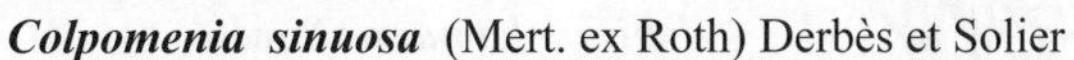

Colpomenia sinuosa (Mert. ex Roth) Derbès et Solier

わが国各地に普通に産し，干満線間の波の当たらない静かな場所に生ずる．最も分布の広い褐藻の一種で世界各地の海に知られている．体は黄褐色の，大小種々の袋状で，岩上または他の海藻の体上に着生している．小さなものでは直径 2～3 cm，大きなものでは 20 cm をこえるものもまれではない．質は薄い膜状，比較的粗で表面には普通しわはない，しかしときに表面が著しく不規則となりしわのあるように見える形が見られる．生殖器官としては複子嚢のみが知られている．外見本種に似たネバリモとの区別点は体が粗で，柔軟，粘滑でなく，表面には一般にしわの見られないことである．体の内部もまたネバリモと異なり内部は大形の，また外部は小形の細胞が柔組織状をなしている．本種に近縁の種としてウスカワフクロノリ *C. peregrina* (Sauv.) G.Hamel も報告されている．

4986. **ワ　タ　モ** 〔カヤモノリ科〕

Colpomenia bullosa (D.A.Saunders) Yamada

アメリカ太平洋沿岸，アラスカに分布し，日本では熊本県と高知県以北の沿岸に広く分布し，潮間帯中部の岩上に群生する．多少砂がかった平らな岩礁を好んで生育する傾向がある．体は中空な細長い袋状で，褐色な手袋の指のようである．ときに空気を含んで直立することがある．銚子半島より北に生育するワタモは，初冬に現れる若い体はいびつな袋状で，やがて体の中央部分が突出して指状の体に発達する．1 個の付着部から 1～7 個の肉厚な直立体を生じ，指の先端は鈍円である．若いときは黄色味を帯びた明るい褐色であるが，成熟すると茶褐色となる．よく発達したものは高さ 30 cm，太さ 4 cm になる．それに対して，房総半島以南に生育するワタモは円形の付着部のふちから 5～10 個の直立体を生じる．直立体は薄く細長い袋状で，高さ 5～15 cm，太さ 1 cm の緑がかった褐色で，ねじれる．裂けるとふちはめくれ込む．成熟して胞子を放出した後は，白く抜ける．

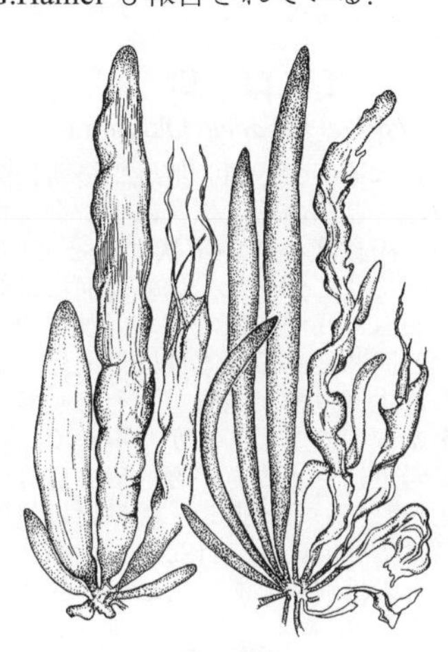

4987. **カゴメノリ** 〔カヤモノリ科〕

Hydroclathrus clathratus (C.Agardh) M.A.Howe

本州中部以南に普通に分布し，世界各地の暖海に多い褐藻で，干満線間の波の静かな岩石上等にフクロノリ等と一緒に生ずる．体はフクロノリに似て袋状で直径 10 cm 内外から大きなものでは 30 cm に及ぶ，多数の円形または楕円形等の大小の孔があいている．しばしば体が重なり合って大きな塊になっている．黄褐色で質軟らかくかつ脆い．体は 2 層の組織からできており，内層は大きな円形から多角形をした無色の細胞数列からなり，外方へ次第に小形になっている．外層は 1 列の小細胞からできている皮層で褐色を呈し，表面から見ると細胞は 4～5 角形である．生殖器官としては複子嚢のみが知られ，皮層細胞上，すなわち体の表面を被って一面にできる．

4988. **ハバノリ** 〔カヤモノリ科〕

Patalonia binghamiae (J. Agardh) K.L.Vinogr.

北海道東岸以南の太平洋岸，特に本州中部地方に多く，干満線間の上部の岩上に，冬から初春にわたって繁茂する褐藻である．体は葉状で枝分かれなく，高さ 10～20 cm，幅 1.5～5 cm 位，基部附近は細く短い円柱状の茎となり，上方笹葉形に広がる．葉面は平滑，全縁，先端は鈍円である．体は 3 種の組織でできており，髄層は細長い糸状細胞が主として縦に走り，互いにからみあってできており，外層は 1～2 列の小さな褐色の表皮細胞で，これ等の中間に 1～2 列の，円形または多角形，比較的大形でほとんど無色の細胞からなる中層がある．単子嚢は知られず，複子嚢は表皮細胞の上に体の上面を被って一面にできる．若いものをとって生のまま汁の実とし，また乾かしたものをあぶって各地で食用とされる．外形本種に似たものにセイヨウハバノリ *P. fascia* (O.F.Müll.) Kuntze，ウィキョウモ科ハバモドキ属の諸種 *Punctaria* spp. がある．しかしこれらの体の髄部には糸状細胞がないので容易に区別できる．

4989. イ シ ゲ 〔イシゲ科〕

Ishige okamurae Yendo

本州太平洋岸は東北地方から以南，また日本海側は中部辺から以南九州まで産する．朝鮮半島，香港，アモイ等にも前から知られていたが，近年とびはなれてメキシコの太平洋岸に分布することが知られた．わが国では常に干満線間の上部の岩上等に群生する．体は集まって生え，高さ 10 cm 内外，円柱状または扁円で直径 3 mm 内外で繰り返し叉状に分かれ，分岐点の下部では通常扁圧されて幅がやや広くなっている．体は革質で強靱，暗褐色であるが生時でも乾くと黒色となる．表面には所々に細い短い毛が集まって生えている．体の内部は密にからみあった糸状細胞で充たされ，体表近くには小さな細胞が体の表面にほぼ直角な列をして並び皮層を作っている．遊走子囊は長楕円形で枝の先端の表面に形成される．分子系統学的解析などの結果からイシゲ属 *Ishige* はイシゲ目 Ishigeales という独立した目として取り扱うことが提唱された．

4990. イ ロ ロ 〔イシゲ科〕

Ishige foliacea Okamura

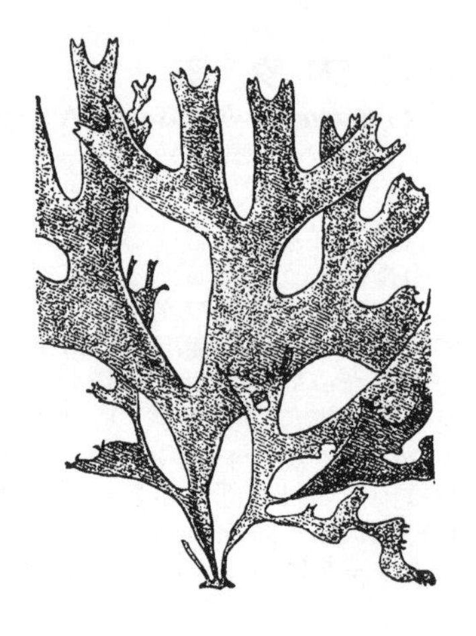

大体イシゲと同じ地域や場所に生ずるが，ときどきイシゲの体上に付着していることがある．体質はイシゲに似ているが葉状に広がり，ただ基部附近だけが，円柱状で短い茎状になっている．高さ 10〜20 cm，幅 5〜20 mm 位あり，数回叉状に分かれ，体の両面には細い短い毛が生えている．まれに枝の先の下部がふくれて内に空気を入れ気胞状になっていることがある．体の構造はイシゲと同じである．本種は以前はイシゲと同種と考えられ，イシゲの体中に一種の寄生微生物が発育し，その刺激によって葉状の枝を出したものとし，イロロをイシゲの型としたが，現在ではイロロもイシゲの体上に生ずる場合よりも直接岩上に生える方が普通である等の理由から，独立のイシゲとは別の種類と考えられている．遊走子囊はほぼ楕円形でほとんど体の全面にできる．本種の学名は *Ishige sinicola* (Setch. et N.L.Gardner) Chihara が用いられてきたが，日本産のものは別種であることが示された．

4991. ツ ル モ 〔ツルモ科〕

Chorda asiatica H.Sasaki et H.Kawai

北海道から九州に至る太平洋，日本海両沿岸の波の静かな内湾等の干潮線下に直立して生ずる．体は枝なく円柱状の紐状で長さ 1〜4 m，直径 2〜5 mm，基部及び先端附近は細くなり，他の部はほとんど同じ太さで小さな盤状の付着部で岩上，小石上，貝殻等の上に着生している．体の表面は滑らかで濃い飴色を呈する．また若いときには体上に生毛の様な毛が密生しているが後にはとれる．体の内部は中空であるが所々に竹の節の様に仕切りがあって多数の室に分かれている．体の最外層は褐色の小さな細胞列で，その内部には長い大形の細胞列が密に縦に並び中層を作り，最も奥の内腔に接する所には糸状細胞がゆるく集まって内層を作り，横隔膜もこの組織からできている．単子囊群は体の表面一面に生じ楕円形でその間には棍棒形単細胞の側糸がある．本種は分類学上コンブ族に入れられるもので食用に供せられることがあり，特に佐渡地方ではホシツルモとして貯え食用に供せられる．本種は欧州で記載された *C. filum* (L.) Stackh. とは別種であり，新種 *C. asitatica* として記載された．本属では他にカタツルモ *C. rigida* H.Kawai et S.Arai，ナヨツルモ *C. kikonaiensis* H.Sasaki et H.Kawai が記載されている．

4992. ア ナ メ 〔アナメ科〕

Agarum clathratum Dumort.

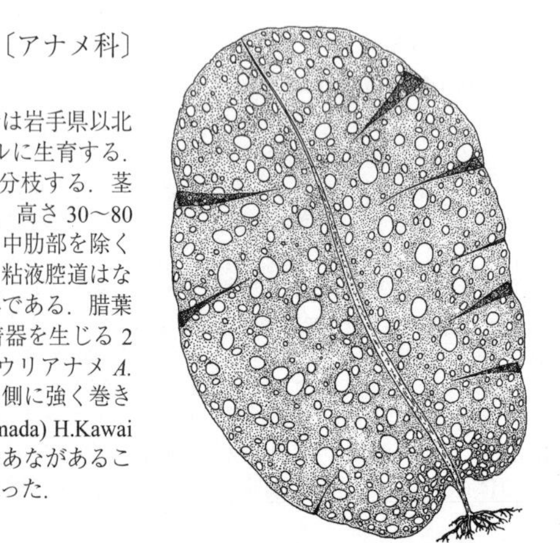

アメリカ太平洋沿岸，ベーリング海などの寒帯・亜寒帯海域に分布し，日本では岩手県以北の本州太平洋沿岸と，北海道に分布し，漸深帯の岩上や，深く暗いタイドプールに生育する．体は根状部，茎状部と葉状部の区別がある．根状部は纖維状で 3〜6 回叉状に分枝する．茎状部は扁圧または円柱状で幅 1〜3 cm，長さ 3〜15 cm である．葉状部は皮質で，高さ 30〜80 cm，幅 20〜60 cm，ふちはゆるく波をうち，茎状部から続く明確な中肋がある．中肋部を除く葉状部に多数の円形のあなを生じる．あなは中肋に近いものほど大きい．毛巣，粘液腔道はない．遊走子囊は葉状部の両面に不規則な斑紋状に形成される．生活環はコンブ形である．腊葉紙にはつかない．日本の沿岸には他に，扁平な茎状部の両縁から羽状に糸状付着器を生じる 2 種類のアナメ属植物が生育する．一種は北海道の焼尻島と天売島に生育するテウリアナメ *A. cribrosum* f. *yakishiriense* I.Yamada で，茎は短く，葉状部の基部は心臓形で一方の側に強く巻き込む．もう一種は千葉県大原に生育するオオノアナメ *Neoagarum oharaense* (Yamada) H.Kawai et al.（*A. oharaense* Yamada）で，茎は長く，ねじれる．〔日本名〕体にたくさんのあながあることに由来する．分子系統学的解析などの結果からアナメ科に含められることとなった．

4993. スジメ（ザラメ，アラメ，カゴメ）　〔アナメ科〕

Costaria costata (C.Agardh) De A.Saunders

東北地方から北部，北海道，千島に産し更に北太平洋に広く分布し，干満線間の下部から下に生育する．体は帯状，長さ 1～2 m，幅 30 cm 内外，やや革質で黄褐色から暗褐色で粘質はない．根は繊維状で繰り返し叉状に分かれ先端で岩石等に固着している．茎は円柱状，上部は扁圧され，縦に細いすじが通り，長さ 10～20 cm，直径 5～10 mm 位ある．本種には 2 形が区別され，ホソバスジメ f. *cuneata* Miyabe et Nagai と呼ばれるものは葉狭く，幅 10 cm 位，その基部はほぼ楔形であるが，ヒロハスジメ f. *latifolia* Miyabe et Nagai と称するものでは幅約 30 cm に及び基部はしばしば心臓形となる．しかしその中間を示すものも少なくない．両形とも葉面には毛叢があり，縦に 5 本の脈が基部から先端まで通り，その内 3 本は片面では高まり他の 2 本は反対に凹み，他面ではこの反対である．葉面には更に一面に竜紋状の皺がありこれらは片面で高まり他面では凹んでいる．また葉面にはしばしば大小の孔があいている．本種は 1 年生で子嚢斑は大体葉面の基部から上方に向かって生じ，初めに竜紋模様の凹んだところに生じ，後その裏面の高まった場所に生ずる．若いものは食用とされることがある．分子系統学的解析などの結果から新たに設けられたスジメ科に含める分類も提唱されている．

4994. マコンブ（エビスメ，シノリコンブ，ウミマヤコンブ）　〔コンブ科〕

Saccharina japonica (Aresch.) C.E.Lane et al.（*Laminaria japonica* Aresch.）

北海道室蘭辺から噴火湾沿岸，津軽海峡，南下して茨城県迄分布し，干潮線下 15 m 位迄生育する．体は広い笹の葉状で長さ 2～4 m，幅 20～30 cm，革質で厚く，厚さ中帯部で 2 mm 位になる．中帯部（中央の厚くなった部分）は甚だ広く，全幅の 1/3～2/3 もある．葉部は全縁で波うつ．根は茎の下部から出る分岐した繊維根で塊となり，岩石等に密着している．茎は一般に短く，長さ 4～10 cm，下部円柱状，上部は扁平となり，上方にひろがってほぼ円形の葉の基部になる．茎及び葉には粘液腔道がある．子嚢斑は（葉の裏面葉の基部の凹んだ側を表面とする）の基部から上方に向かって中帯上に散在した斑点として生じ，これらが次第に大きくなり互いにとけあって上方に伸びて中帯部を埋めるが，後表面にも生ずる様になる．商品として最も上等である．また東北地方等南方のものは一般に葉部薄くドテメ f. *membranacea* Miyabe et Nagai とよばれる．また北海道日本海岸特に利尻，礼文両島を中心として古くからリシリコンブ *S. japonica* var. *ochotensis* (Miyabe) N.Yotsukura et al. というものが知られマコンブと同様上等な商品となっている．しかしこの両者は非常に近似のもので，その相違点はリシリコンブは茎の下部から根が縦に列をなして出る点，葉の茎部が多くくさび形をする点，また葉が色黒く質も固い点等のみに過ぎない．分子系統学的解析などの結果から本邦産のコンブ類の多くはゴヘイコンブ属 *Laminaria* ではなくコンブ属 *Saccharina* 属として扱う分類が提唱された．

4995. ミツイシコンブ　〔コンブ科〕

Saccharina angustata (Kjellm.) C.E.Lane et al.

（*Laminaria angustata* Kjellm.）

北海道日高国三石郡附近を本場とし，南は噴火湾から津軽海峡に分布し，北は釧路，根室を経て北千島まで産する．干潮線下 20 m 辺位まで生育し，特に潮流の早い岬の附近を好む．根は繊維状で数回叉状に分かれ，茎は円柱状，または幾分扁円，長さ 5 cm 内外，葉は帯状，全縁で長さ普通 2～8 m 位であるがときには更に長くなるものもある．幅は 6～15 cm 位あり中帯部は非常に狭く全幅の 1/6 位しかない．粘液腔道は茎にも葉にもあり，葉の表面観では大体網目状に見える．子嚢斑は葉の裏面の基部から上方に向かって，両縁部を残して一面に生ずるが後には両面一帯にできる．本種に近縁種にナガコンブ *S. longissima* (Miyabe) C.E.Lane et al. があり，釧路，根室から千島列島に産し基本種よりも葉部が著しく長くなる．ともに食用昆布とされるが商品としてはミツイシコンブの方がナガコンブよりも上等である．

4996. ネコアシコンブ（ミミコンブ，カナカケコンブ，ハタカセコンブ）　〔コンブ科〕

Arthrothamnus bifidus (Gmel.) Rupr.

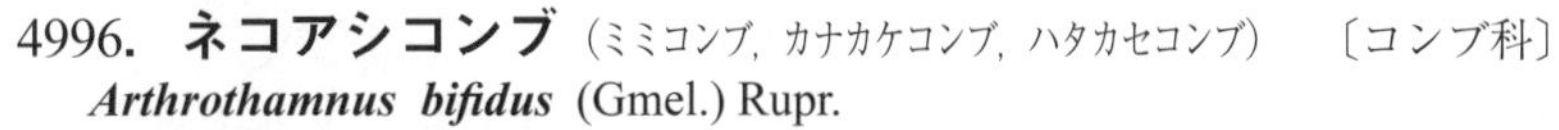

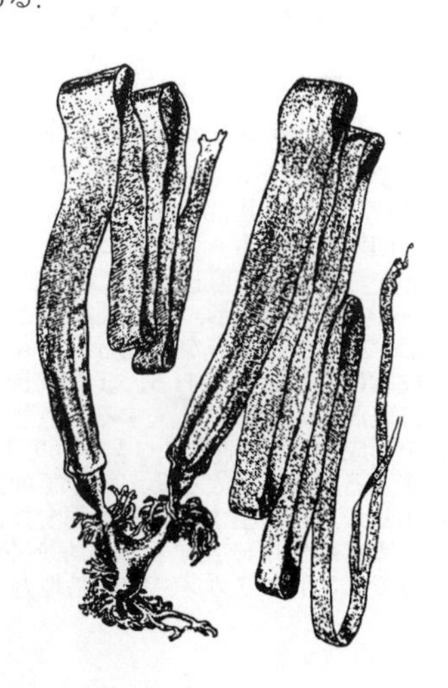

北海道釧路辺から以北，千島に生じ，干潮線下の比較的潮流の強い場所の岩上に生ずる．アリューシャン群島，アラスカ等にも分布している．茎はほぼ楔形をして厚く，両縁及び裏面から出た根で岩上に匍って斜上している．葉はバンド状，長さ 2～3 m，幅 5～10 cm，厚く，中帯は明らかでない．この類の著しい特徴は葉の基部附近の両縁に耳形体という 2 個の耳形の襞があることで，この部から晩秋に翌年の葉を 1 枚ずつ新生し，また旧葉は上端から次第に朽ちて落ちていくが来春には旧葉の下端に離層に似た部ができ，朽ち残った部はここからとれて流れ去る．同時に耳形体から新出した 2 枚の葉は成長して旧葉と同様な大形の葉となる．この際新しい茎部は根を出して岩上を匍い，古い茎もそのまま残っているのでそれらが一諸になって大きな塊になることがある．子嚢斑は初め葉の裏面に 2 列に，葉の中央と両縁部を残して生ずるが，後これらは合流し，また表面にも裏面にできない辺に相当する場所にできてくる．粘質に富みかつマンニットを多量に含み，乾かして食用とする．

4997. アラメ（カジメ）〔コンブ科〕

Eisenia bicyclis (Kjellm.) Setch.

本州太平洋岸，日本海岸及び九州に産し，干潮線下から 20 m 位の深所までに生ずる．根は樹枝状で茎の下端に輪生し繰り返し叉状に分岐する．茎は円柱状，長さは生育する深さによって種々であるが 5 cm 位から 2 m に達するものもあり，直径 2～3 cm，中実である．初年目の体の葉は，単一の細い茎の頂端につき，長楕円形であるが初年度の末この葉は基部の附近まで朽ち落ち，茎と葉との間の全面にある成長点は両端の 2 個所に分かれ，後この部が厚くなり次第に伸びて茎がふたまたに分かれ，この 2 叉した枝は平たくなり，その上部はやや広がり，先端は波状になり，その上にそれぞれ多数の葉をつける．葉は通常羽状に分岐し，長さ 30 cm，幅 3～4 cm 位，先端鈍円，両縁には鋸歯，または鈍頭の歯を具え両面に皺がある．革質で暗褐色であるが乾かすと黒くなる．子嚢斑は卵形または楕円形の斑として葉上にできる．各地で広く食用に供せられているが，静岡県相良附近のものは古くからサガラメと称し有名である．

4998. カジメ（ノロカジメ，アマタ）〔コンブ科〕

Ecklonia cava Kjellm.

本州中部の太平洋岸に産し干潮線下 40 m 位の深所にまで生ずる．根は繊維状で繰り返し叉状に分岐する．茎は円柱状で長さ 1～2 m，直径 1.5～3 cm，中空である．決して分岐することなく，その上端は自然に平たくなり葉部に移る．葉は茎の延長部である中央部の両縁から羽状に出，これ等はまたほぼ羽状に分岐する．葉には皺はなく平滑で両縁に鋸歯がある．子嚢斑は卵形または長楕円形等で中央葉及び側葉の両面にできる．本種は種々の点でアラメによく似ており，特に 1 年目の若い体では両者の区別はほとんど不可能なことがしばしばある．特にアラメの幼体にも成体にも皺の明らかでないものがあるので，その様な場合は区別が困難である．しかし 2 年目以後の体では本種では茎が決して分岐することがないので容易に区別できる．また一方本種によく似たクロメ *E. kurome* Okamura があり，九州から本州南部に知られ，食用に供せられる．この種では中央葉が薄く，羽状葉には少し皺があるので区別されるが特に皺のほとんどない個体もあって区別に困難な場合がある．

4999. ツルアラメ（アラメ，ガガメ）〔コンブ科〕

Ecklonia stolenifera Okamura

本種は日本海に特産の海藻の一種で北海道渡島の小島から裏日本を九州平戸辺まで産し，干潮線以下 15 m 位の深所に生育するが，若狭では 199 m の深所から採取されたこともある．また朝鮮からも知られている．茎は蔓の様な匍匐根をその基部から各方面へ出し，これが海底をはい，分岐し，先端及び途中から根を出して岩石等に付着し，また上方には所々から新しい芽を出す．従ってこれ等が互いにからまりあってしばしば塊を作っている．茎は円柱状で長さ 5～20 cm，直径 3～5 mm．横断面でみると多少不規則にならんだ 2 層の粘液腔道がある．葉はバンド状，笹の葉状等で基部は楔形または多少丸く，中帯の区別はなく，長さ 20～100 cm，幅 5～30 cm，両縁から羽状に分岐しまたは枝なく全縁，あるいは両縁から小鋸歯状の突起を出す．全面に不規則な皺がある．子嚢斑は葉の両面に生じ，初めは皺の凹んだ場所に，後には高まった部にもできる．食用とされ，製品としては新潟県佐渡に「板アラメ」というものがある．

5000. アントクメ〔コンブ科〕

Eckloniopsis radicosa (Kjellm.) Okamura

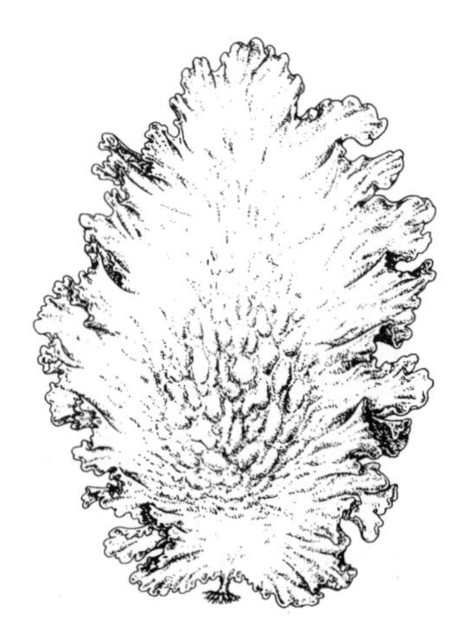

千葉県から種子島までの太平洋沿岸と熊本県に分布し，漸深帯の岩上に生育する．体は根状部，茎状部と葉状部とからなる．根状部は糸状で，よく発達したものは緻密な団塊状となる．茎状部は扁平で短く，茎からも糸状根を生ずるので，ときに根状部から葉状部が直接生じているような場合もある．葉状部は長さ 30 cm～2 m，幅 20～40 cm の楕円形，笹の葉状，ときには帯のように長くなるものもある．薄い皮質で中肋も中帯部もなく軟らかくもろい．葉状部全体に凹凸があり，ふちが鋸歯状，裂片状になることもある．また成長方向に走る白斑がある．冬に芽生え，春から初夏に繁茂して夏には枯失する．成熟すると，葉状部に円形の子嚢斑を生じて遊走子嚢を形成する．生活環はコンブ形である．若い体は軟らかく，明るい黄褐色であるが，老成すると濃褐色となる．海中で観察するとほとんど黒色にみえる．腊葉台紙に付着するが，強く圧すると葉状部全体にみられる凹凸のしわはのびてしまう．若い体をワカメの代用に食する地方もあるが，味はワカメよりも劣る．〔日本名〕高知県地方でアントクワカメ，愛媛県地方でアンドクと呼ぶことに由来する．

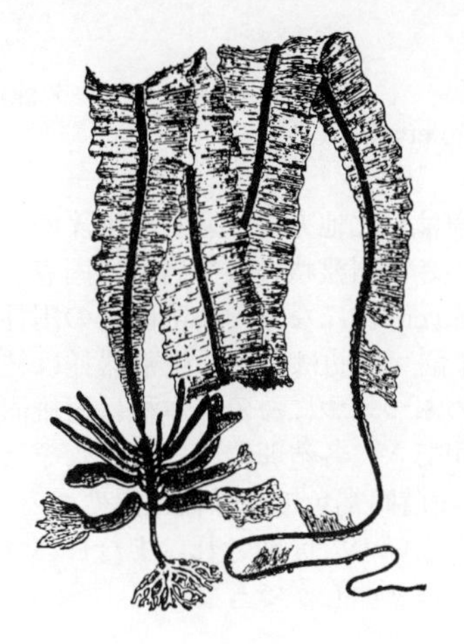

5001. チガイソ (サルメン，サルメンワカメ)　〔チガイソ科〕

Alaria crassifolia Kjellm.

北海道東岸日高辺から南は宮城県辺まで産し，干潮線以下に生ずる．根は繊維状で繰り返し叉状に分岐し，先は扁平となり岩石等に密着する．茎は円柱状，長さ 6〜15 cm，上部は続いて葉中に入ってその中肋となる．葉は広いバンド状で長さ 1〜2 m，あるいはそれよりも長くなり，幅 5〜20 cm，ときに更に広くなり，薄い革質で全縁，辺縁は幾分波うち，中肋の両側には横の皺がある．全面に小さな毛叢が散布する．基部は楔形で上部は先端附近から次第に細くなる．中肋は扁圧，葉の先端まで通り，幅は 2〜6 mm ばかりある．遊走子嚢は葉面にはできず，茎の両縁上に羽状にできる成実葉上に生ずる．成実葉は短い柄をもち，広い線状で長さ 5〜20 cm，幅 1 cm 内外あり，初めは薄くその両面に子嚢斑を一面に作るが後厚くなり，なたまめに似た形となる．またしばしばその厚くなったものの先に不規則な薄い葉状部をつけ，その上にも子嚢斑をつくる．ワカメの代用品として食用とされる．

5002. ワ　カ　メ (メノハ)　〔チガイソ科〕

Undaria pinnatifida (Harv.) Suringar

九州から北海道にいたる太平洋，日本海両沿岸に産する褐藻で干潮線下に生ずる．根は繊維状，繰り返し叉状に分岐する．葉は長さ 60〜100 cm，幅は 30〜40 cm 位あり，羽状に分裂し，毛叢及び粘液腺を全面に散布する．中肋は葉面よりも著しく厚く，ほぼ茎と同じ幅であるが先端附近では次第に細くなる．葉は軟らかく，やや粘滑で褐色または暗褐色を呈する．子嚢群は茎の両縁に沿ってできる襞状の，俗にめかぶと称する成実葉の両面に生ずる．本種には大体南方産のものと北方のものとが古くから区別され，後者をナンブワカメ f. *distans* Miyabe et Okamura とよぶ．両形の相違点は，茎はナンブワカメの方が長く，その上に成実葉が茎の下端の方からでき，また葉の切れ込みが深い．これに反し南方の形では茎が短く，成実葉は一般に茎の上方に近く生ずる．古くから広く食用に供せられ製品としては鳴戸若布が最も有名である．

5003. アオワカメ　〔チガイソ科〕

Undaria peterseniana (Kjellm.) Okamura

千葉県から三重県にいたる太平洋沿岸，九州北部より隠岐島にいたる日本海沿岸と，津軽海峡西部に分布し，漸深帯の岩上に生育する．体は根状部，茎状部と葉状部からなる．根状部は糸状で直径 3〜7 cm，茎状部は扁平で，幅 1〜2 cm，長さ 5〜10 cm，長いものでは 30 cm を越える．葉状部は若いときには幅の広い披針形，楕円形，円形であるが，老成すると倒心形となり長さ 1〜2 m，幅 30〜50 cm となる．水深 10〜20 m の 穏やかな海底に生育するものには 3 m を越える大きなものがある．葉状部には毛巣の底から束をなして生える．葉状部の発達に比べて付着部の発達が悪く，嵐の後の海岸にうち上げられることが多い．成長するにつれて茎から続く葉状部の中央部分が厚くなり，幅の広い中帯部を形成する．中帯部はワカメの中肋のように隆起することはない．さらには茎の上部から葉状部の下部にかけてふちが厚くなり，波をうって未発達のワカメのめかぶのようになる．遊走子嚢は中帯部に，葉状部の両面に形成される．遊走子は西洋ナシ形で，2 本の鞭毛を側生する．遊走子は顕微鏡的な大きさの糸状の配偶体となる．〔日本名〕ワカメの仲間で，体の色が緑色を帯びることによる．

5004. ヒバマタ (ヒバツノマタ，カルマタ)　〔ヒバマタ科〕

Fucus disticus L. subsp. ***evanescens*** (C.Agardh) H.T.Powell

北海道東岸やそれより以北に最も普通で，干満線間の上部に群生しまた本州東北地方太平洋岸にも産する褐藻の一種で，樺太，カムチャツカ，アラスカからアメリカ合衆国北部まで分布している．体は高さ 20〜40 cm，小盤状根で岩石上に固着している．基部附近の円柱状の部を除き扁平，狭いバンド状で全縁，幅 1〜2 cm 内外，中肋があるがこれは枝の先端下で消失する．規則正しく繰り返し叉状に分かれ，一平面上に扇形に広がる．生殖器托は枝の先端附近に生じ，小さいぶつぶつと膨れた部が多数集まっており，その下に生殖器巣があり，その内に造卵器と造精器ができ，その間には側糸があり，その上部は孔の外へ出ている．体質極めて丈夫で，生時は暗褐色であるが乾燥すると黒色となる．本種の形態，特に生殖器托は非常に変化に富むため，それによって多数の異形が区別されている．

5005. エゾイシゲ 〔ヒバマタ科〕

Silvetia babingtonii (Harvey) E.A.Serrão et al.
(*Pelvetia babingtonii* (Harv.) De Toni)

北海道沿岸，特に日本海沿岸に多く，南は東北地方まで産する褐藻の一種で，干満線間の上部に群生する．体は小さな円盤状の根で岩上に固着し線状で繰り返し叉状に分岐し，高さ 20～50 cm 位になる．基部附近の円柱状部を除いて全部扁圧され，幅 4～8 mm 位，中肋はない．生殖器托は枝の上端に形成され，生殖器巣の開口のためぶつぶつになる．本種は雌雄同株で同一生殖器巣中に造卵，造精の両器ができ，各造卵器中にはそれぞれ 2 個ずつの卵ができる．体は革質で強靱，生時暗褐色で乾燥後は黒変する．本種はヒバマタと似ているが，体に中肋がないので区別され，またヒバマタでは 1 造卵器中に 8 卵を生ずるが本種では 2 卵しかできない．

5006. ジョロモク 〔ウガノモク科〕

Myagropsis myagroides (Mert. ex D.Turner) Fensholt

本州中南部の太平洋岸及び日本海沿岸から九州の西岸地方に分布し，干満線間の下部附近に生育する大形褐藻の一種である．体は高さ 1～2 m，根は低い円錐状で直径 5～7 cm になり，岩上に固着する．茎は扁円，その両縁から多数の葉，枝を羽状に出し表面には瘤々があり，また葉，枝の多くはやがて脱落するので茎や枝の両縁にはそのあとを歯状に残す．枝は扁円，扁圧，葉を羽状に出す．葉は線状で長さ 10～35 mm，幅 1.5～2.5 mm，中肋をそなえ，十分に成長したものは羽状に分裂する．気胞は枝の上部に多く生じ，楕円形または紡錘形で頂端に小葉をつける．長さ 5～10 mm，直径 4～5 mm ある．生殖器托はほぼ円柱状で枝の上部に総状にできる．本州中部から九州まで生育するものの中に，体が繊細で，気胞がほぼ球形をしているものをヒエモク *Cystophyllum turneri* Yendo として区別したことがある．

5007. スギモク 〔ウガノモク科〕

Coccophora langsdorfii (Turner) Greville

日本海沿岸，津軽海峡から室蘭，青森県北部太平洋沿岸に分布し，低潮線付近の岩上に生育する．体は高さ 30～60 cm，外見上根茎葉と花の区別がある．根状部は瘤状で岩上をおおい，表面から数本の円柱状の茎を直立し，全体はこんもりとした団塊をなす．茎状部は複叉状に分枝した葉を輪生し，葉のところどころがふくらんで 1 個または 2～3 個連続した気胞を形成する．この葉は基部を残して茎の下部の方から脱落する．翌年，茎の上部から多数の枝を生じ，この枝には杉の葉のような鱗片状の葉をらせん状に密生する．この枝は分枝せず，枝の頂端部は生殖器托となる．1 個の枝の上に 3～10 個の卵形の生殖器托を生じ，生殖器托の多肉な壁に生殖巣を生じる．生殖器托は成熟すると黄金色となる．スギモクが成熟する 3～4 月にかけて，スギモクが群生する海岸では海面に黄色い花が咲いたように一面黄金色となる．生殖器巣から卵を放出後，直立茎は枯れるが根状部は多年生で新たに茎を直立する．スギモクは日本海特産種と考えられ，津軽海峡から太平洋沿岸に分布を拡大しつつあるものと考えられる．〔日本名〕鱗片状の葉を生じた様子が，裸子植物のスギの葉に似ていることに由来する．

5008. ヒ ジ キ 〔ホンダワラ科〕

Sargassum fusiforme (Harv.) Setch.（*Hizikia fusiformis* (Harv.) Okamura）

北海道の南部から九州に至る沿岸に産する褐藻で，干満線間に群生している．体は直立, 長さ普通 50～100 cm 位．しかしもっと長くなることもまれではない．根は繊維状で扁圧，分岐は割合にすくなく，岩上を匍って固着している．茎は円柱状，直径 3 mm 内外，通常体の中軸として末端まで通り，多数の枝を各方面に出す．側枝は葉腋から出，余り長くならない．体の若いときに出る葉は，特に南方のものでは，しばしば肉質へら形で中肋をそなえ，辺縁に荒い鋸歯があるが，後には多くとれる．その他の多くの葉は両端細まった長目の紡錘形，あるいは上方に膨れて中空になっている．本種は雌雄異株で，生殖器托は葉腋に集まって生じ，長楕円形，棍棒形等で長さ 7～8 mm ある．一般に南方産のものは北方産のものに比べて葉が長く円柱状のものが多い．北方のものでは葉は一般に紡錘形であるが中には葉の上部が膨れて，いわゆるフクロヒジキと呼ばれる形もすくなくない．生乾しとし，または煮乾して貯え食用に供せられる．

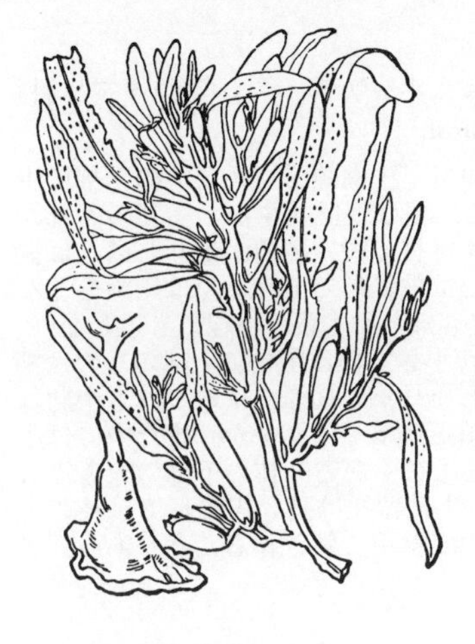

5009. オオバモク（ガラモ，ササバモク）〔ホンダワラ科〕

Sargassum ringgoldianum Harv.

本州太平洋岸全域，日本海岸山形県以西及び九州沿岸に産する大形褐藻の一種で，干潮線下に生ずる．根は円錐形で直径 5〜8 cm あり，茎は長さ 10〜15 cm，下部は円柱状であるが上部は扁平になり，中央が中肋の様に厚くなっている．枝及び小枝は扁平で両縁に薄くなっている．葉は大きく厚く，へら形で長さ 15〜20 cm，ときに 30 cm に及び，幅 1〜2 cm あり，全縁で先端は丸く，下部の葉は特にその付け根でそり返っている．気胞は楕円形または長楕円形で長さ 2 cm をこえるものもある．幾分扁平となり，頂端には小葉をつけ，縁辺に小さな翼状片をつけることがある．本種は雌雄異株で，生殖器托も大形で雄は長楕円形，へら状で大きく，長さ 2〜3 cm，幅 3〜5 mm，雌は長角状で雄よりも小さく，長さ 5〜10 mm，幅 2〜3 mm あり，雌雄共体の上部の小枝上に複総状に配列され，各生殖器の基部に托葉はない．本種は体の形状が一たいに，特に葉が大がらな点で邦産のホンダワラ類とははっきりと違うので容易に識別することができる．体は生時暗褐色であるが乾かせば黒変する．本種は生殖器床の形状等から 2 つの亜種 subsp. *ringgoldianum* Harv. と subsp. *coreanum* (J.Agardh) T.Yoshida が区別されており，前者は関東地方に後者は紀伊半島以西に分布する．

5010. ヨレモク〔ホンダワラ科〕

Sargassum siliquastrum (Mertens ex D.Turner) C.Agardh

中部日本以南に普通な褐藻で干潮線下の岩上に生ずる．体は長さ 1〜2 m に達し，根は円錐状で，径 2〜3 cm，通常短い茎を発出する．茎は円柱状で，分岐して主枝となる．主枝は扁圧，稜があり，しばしば両縁に粗い刺状突起があり多数の側枝を出す．体の下部の葉は厚く革質で暗褐色，倒卵形または長楕円形等で全縁，中央幾らか中肋状に高まり，強く下方にそりかえって茎につく．上部の葉は一般に細く線状披針形，縁辺には幾分規則正しい鋸歯がある．気胞は球形または紡錘形で下部のものは大きく，径 15 mm 位あり，上部のものはこれよりも小さく，ともに頂端には小葉または小突起がついている．生殖器托は扁圧へら形で総状に配列され，それぞれ苞葉をもっている．本種は外況によって外形が甚だしく変化し，時にはノコギリモクと区別の困難なことが少なくない．しかしその様なときには基部の葉が多く丸みをもち鋸歯もすくないこと，重鋸歯のある葉を欠いていること等が区別の要点となる．

5011. ノコギリモク〔ホンダワラ科〕

Sargassum macrocarpum C.Agardh

本種はその形態，ヨレモクと非常によく似ており，分布もまたほとんど同じである．しかし葉には通常 2 重の鋸歯をもつものが多く，また上部の葉もヨレモクのように細くなることがすくない．一方本種によく似た別種にオオバノコギリモク *S. giganteifolium* Yamada というものがあり，房総半島から九州までの太平洋沿岸の干潮線下に生育することが知られている．しかしこの種は体の各部はノコギリモクよりも著しく大形で葉も大きいものでは長さ 22 cm，幅 3.5 cm に達し，気胞も直径 17 mm 以上になる．またこの種の体色は生時黄褐色で，生殖器托は秋期にでき，ノコギリモク，ヨレモクの，体色生時暗褐色で生殖器托が春から夏にできるのと明らかに異なっている．以上のことからヨレモク，ノコギリモク，オオバノコギリモクの 3 種はたがいに何か特別な類縁関係にあるものではないかと考えられる．

5012. アカモク〔ホンダワラ科〕

Sargassum horneri (D.Turner) C.Agardh

台湾から北海道に至る各地に産し，干潮線下に繁茂する最も普通なホンダワラ類の一種である．体は甚だ長く，長大なものでは 4 m に及び，密に枝を分けて大きな叢を作る．根はややもりあがった仮盤状で，茎の基部からやや放射状にすじがある．茎は 70〜100 cm に及び，中軸はよく通り，円柱状で縦に稜があり，しばしば捩れ，下部では稜上にしばしば刺の様な突起がある．枝は密に各方面に出，体の下部からのものは特に長大となる．葉は長楕円形，へら形，または線状等であるが体の下部の葉は割合に大きく，長さ 10〜20 cm，幅 1.5 cm 内外ある．また下部の茎に直接つくものは下方に反りかえっている．短い柄をそなえ，中肋は頂端下に達し，辺縁は羽状に規則正しく切れこんでいる．体の上部の葉は小さく細く線形である．気胞は円柱状，長さ 10〜14 mm，直径 2〜2.5 mm，その頂に小葉または刺状突起がある．本種は雌雄異株で，生殖器托は雌雄とも円柱状で長く，特に雄は長さ 6 cm 内外のものもある．雌は雄よりも太くて短い．体質割に軟らかく褐色または黄褐色を呈する．

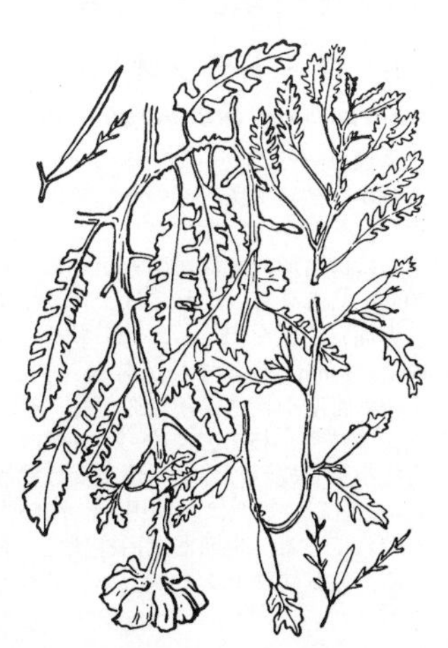

5013. **ホンダワラ**（ジンバソウ，ナノリソ，ホダワラ）　〔ホンダワラ科〕

Sargassum fulvellum (D.Turner) C.Agardh

東北地方から九州に至る沿岸に産する褐藻で，干潮線附近及びその下部に生ずる．体は質軟らかく高さ 1～4 m 位になる．根は仮盤状すなわち茎の基部から多数の放射状の溝が走っている．茎は単条で長く縦に稜角が走りしばしば捩れ多数の枝を分ける．下部の葉はへら形または披針形で全縁または鋸歯をそなえ比較的厚いが質は軟らかい，中肋はあってもほとんど葉の中程にも達しない．長さ 3～5 cm，幅 1～1.5 cm，上部の葉は形が小さくなるが更に上部のものは細い棍棒状または倒披針状等となり更に小形となり，これ等にはいずれも中肋はない．気胞は多く，楕円形または倒卵形で頂端は多くは丸いか，また中には小さな突起があるかあるいは小葉をつけているものもある．体の下部の大きなものでは長さ 12～13 mm，幅 8～9 mm ある．生殖器托は長い円錐形で小枝の上に総状をしてできる．本種は質が軟らかいので食用に供されることがあり，また正月の鏡餅の飾りとして使われる．

5014. **フシスジモク**　〔ホンダワラ科〕

Sargassum confusum C.Agardh

日本海を中心として，黄海，オホーツク海沿岸，津軽海峡を越えて北は室蘭まで，南は宮城県まで，そして熊本県までの九州北西部と瀬戸内海に分布し，潮間帯下部から漸深帯にかけての岩上に生育する．高さ 30 cm～2 m となる．体は根状部，茎状部と葉状部の区別がある．根状部は円盤状で，円柱状の主枝を生じる．側枝は互生して生じ，主枝上部の枝は長さ 3～10 cm，幅 8～15 mm の楕円形，へら状でふちに鋸歯のある肉厚の葉を生じる．主枝の下部よりのびた側枝や，肉厚の葉をもつ枝から生じた側枝は主枝を越えて成長し，多数の小枝を互生する．この枝に生じた葉は薄く，細く，長刀状で，細毛の束を列状に生じる．気胞は球形で，ときに先端が尖る．雌雄異株．生殖器托は先が細くなる円柱状で総をなす．南の海域では春か初夏に成熟し，北の海域では夏に成熟する．ホンダワラ *S. fulvellum* Agardh に似るが，ホンダワラの根状部は仮盤状であることによって容易に区別できる．褐藻類のフシスジモク，スギノリと，紅藻類のカタノリとヒカゲノイトは日本海に発生した種と考えられている．これらの中でフシスジモクは日本近海にもっとも広く分布を拡大したものである．

5015. **イソモク**　〔ホンダワラ科〕

Sargassum hemiphyllum (D.Turner) C.Agardh

本州中部以南に産するホンダワラ属の一種で多く干満線間に群生する．体は本属のものとしては割合に繊細で高さも通常 50 cm 内外である．根は本種の著しい特徴の 1 つで細い糸状で長く，岩上を匍っている．茎は円柱状で短く直きに 2～3 の主枝に分かれる．主枝は基部附近で直径 1.5～2 mm あり，各方面に側枝を出す．下部の葉は楔形，倒卵形，長楕円形等であるが少し上部の葉は多く左右不均斉で，やや薙刀状で外側の縁にはしばしば小鋸歯がある．更に上部のものは小さく，細い楔形または線形となる．気胞は倒卵形または楕円形で，頂端は丸いかまたは少し尖っている．生殖器托は枝の上部に総状をして生じ，円柱状で長さ 3～6 mm，直径 1 mm 内外，上方にやや細くなる．しばしば気胞と混生している．本種に似ている種にタマハハキモク *S. muticum* (Yendo) Fensholt がある．体の上部の様子はしばしば本種と見分けにくいが根が小盤状であること，薙刀形の葉のないこと，同一生殖器托上に雄の生殖器巣と雌の生殖器巣と両方が見られること等で区別できる．

5016. **ウミトラノオ**（トラノオ，ネズミノオ）　〔ホンダワラ科〕

Sargassum thunbergii (Mertens ex Roth) Kuntze

北海道以南琉球に至る沿岸の干満線間の上部の岩上等に群生する普通な褐藻である．体は邦産ホンダワラ属のものとしては比較的小さく，高さ 15～50 cm 位．根は平たい堅い小盤状で，それから小葉で密にかわら状に被われた短い円柱状の茎を直立させる．茎からは数本のほぼ同形の主枝が出るがそのうちあるものは伸びて主軸の様な形態をとり，長さ 30～50 cm 位になる．これらは，普通下部は小葉で密に被われているが，上方にいくに従って各方面に小枝を出し，かわら状の小葉は次第に少なくなりあるいは全くなくなる．軸は直径 2～3 mm，縦にすじがある．小枝は余り長くならず 3～4 cm 内外が普通であるが，この小枝の密度や長さは甚だ変化し，それによって非常にちがった外観を呈することがあり，極端に主枝や小枝の長くなったものをオオトラノオ f. *swartzianum* Okamura という．小枝も同様小葉で被われているが小葉は鱗片状披針状，または糸状等で，長さ 5～10 mm，幅 1～3 mm ある．気胞は長楕円形，倒卵形，紡錘形等で頂端は尖り，まれにひょうたんの様にくびれている．生殖器は円柱状で，長さ 5～6 mm，単一または多数が集まって総状をしている．雌雄異株である．

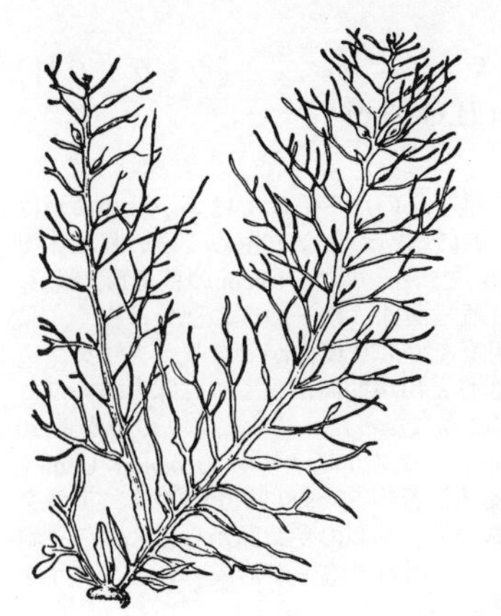

5017. ヤツマタモク　〔ホンダワラ科〕

Sargassum patens C.Agardh

本州中部から以南に産し干満線間及びそれより深所に生ずる褐藻の一種で，体は長さ 1 m ばかり，根は盤状でそこから 1 乃至数本の茎を直立さす．茎は扁圧され両縁薄く多数の主枝に分かれる．主枝も扁圧，両縁から羽状に分岐する．葉は体の基部附近では単一または互生に分裂し，幅比較的広く，長さ 2〜5 cm，幅 5〜12 mm，全縁または僅かに鋸歯がある．上部の葉は下部のものよりは著しく狭くまた長く，互生に分裂し，葉面には中央幾分隆起し，先端までは届かない中肋がある．気胞は球状または楕円形で頂端に単一または分岐した細い葉をつけている．生殖器托はやや円柱状で単状またはときに分岐し長さ 4 mm 内外，直径 1 mm 内外，小枝端の附近に，羽状に 2 列に，一平面上に配列されている．本種に，粗い明らかな鋸歯を具え，かつ幅の広い分岐した葉をもつ個体がしばしば見られるが，かかるものは一変種と見做し var. *schizophyllum* (Kütz.) Yendo とよばれる．また本種と似たもので千葉県辺から以南に最も普通なマメタワラ *S. piluliferum* (Turner) C.Agardh という種類があるが，この種の気胞は球形で長い柄があり，しかもその頂端は丸く決して付属物がないので区別できる．

5018. ナラサモ　〔ホンダワラ科〕

Sargassum nigrifolium Yendo

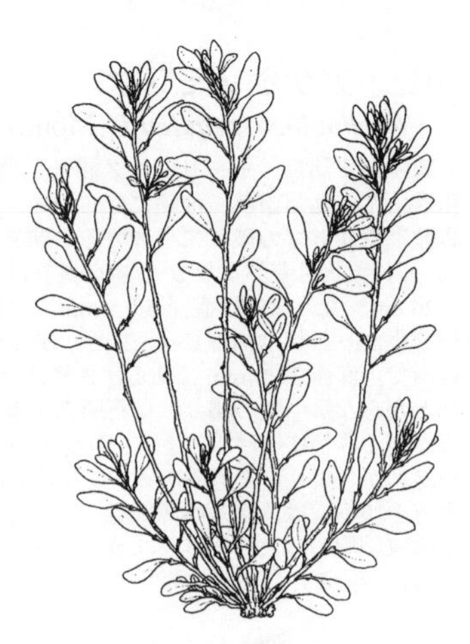

千葉県より高知県にいたる太平洋沿岸，瀬戸内海，熊本県から能登半島にいたる沿岸，対馬，朝鮮半島に分布し，潮間帯下部から低潮線にかけての岩上に成育している．外洋からの波がはげしく当たるような場所に好んで成育する傾向がある．高さ 30〜70 cm となるが，日本海岸に成育するものは小さい．体は根状部，茎状部と葉状部の区別が明瞭である．根状部はこぶ状で分枝し，互いに絡まりあい，くっつきあって岩上をはい，盤状付着器で固着する．若い茎は扁圧であるが，やがて三角柱状となり，よじれる．葉は互生し，肉厚で，細い柄をもつへら状から長刀状の単葉で，葉の中央部まで中肋がある．葉のふちに鋸歯をもつこともある．老成すると，体の下部の葉は脱落して茎は裸となる．気胞は長楕円形で，先端に突起をもつものがある．雌雄異株．春から初夏にかけて成熟する．生殖器托はへら形から倒卵形で扁圧し，ふちに鋸歯をもっている．雌性生殖器托は，長さ 5 mm，幅 3 mm，雄性生殖器托は長さ 7 mm と雌より細長い．若いものは腊葉台紙に密着するが，老成したものは乾燥すると黒褐色となり，台紙に貼り付かない．〔日本名〕印幡地方でホンダワラ科植物のあるものをナラサモと呼んでいることに由来する．ホンダワラのことを古くはナノリソと呼んだことから転じた名前と思われる．

5019. ウシケノリ　〔ウシケノリ科〕

Bangia fuscopurpurea (Dillw.) Lyngbye（*B. atropurpurea* (Roth) C.Agardh）

千島から台湾に亙り各地に普通な紅藻で，オーストラリア，大西洋等からも報ぜられている．干満線間の浅い場所の岩上，貝殻上または棒杭上等に冬期密に繁茂して地物を被っている．体は黒紫色または紫褐色，乾くと漆の様な光沢がある．糸状で分岐なく，長さ 3〜15 cm，基部附近の各細胞から出て，体に沿って下降する多数の仮根で付着している．初めは 1 列細胞でできているがやがて上の方の細胞は縦の分裂で多列になり体は太さを増して直径 15〜35 μm 更に成熟した部は 75 μm 内外になる．色素体は星形で各細胞に 1 個ずつあり，ほぼ中にはっきりした 1 個のピレノイドがある．本種は雌雄異株で，精子，卵，果胞子等は細胞の多列の部にできる．本種と同属のフノリノウシゲ *B. gloiopeltidicola* Tanaka は体が小さく，長さ 1.5 cm 位，常にフクロフノリの体上に生ずる．ウシケノリを細分する説によれば，淡水に生育するものはタニウシケノリ *B. atropurpurea*，海水に生育するものは狭義のウシケノリ *B. fuscopurpurea* (Dillwyn) Lyngb. と区別される．

5020. アサクサノリ　〔ウシケノリ科〕

Pyropia tenera (Kjellm.) N.Kikuchi et al.（*Porphyra tenera* Kjellm.）

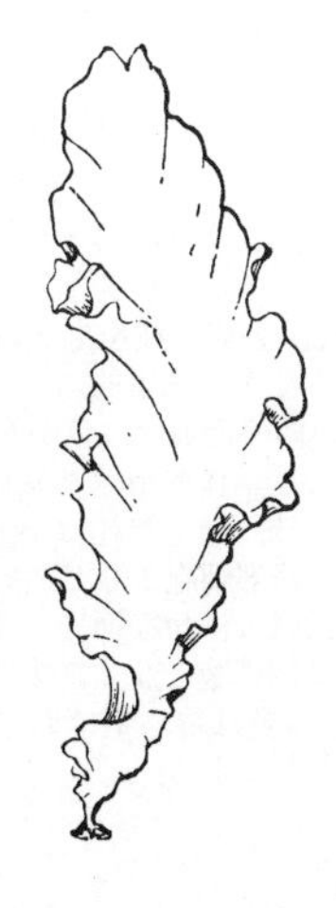

北海道から九州辺まで，また朝鮮にも産するが，古くから冬期広く各地で養殖されるもので，乾海苔等の原料となる．体は暗紫色，紅紫色等の薄い膜質で，ただ一層の細胞でできており，厚さ 14〜26 μm ある．基部は小さな盤状根で地物に固着するがその部はその少し上の各細胞から出て下降する仮根が集まってできている．体の輪廓は種々に変化するが通常倒卵形，披針形等，基部は楔形，または心臓形，短く細い茎があり，長さ 15〜25 cm 位，全縁で顕微鏡的の鋸歯もなく，波うっている．各細胞には星形の 1 個の色素体があり，そのほぼ中央に 1 個のピレノイドがある．本種は雌雄同株で雌の細胞，嚢果は集まってその部は色濃くなり，雄の部は色が淡くなってともに体の両縁から内部へ入りこんでカスリ状の斑を作る．アサクサノリの養殖は冬期だけ行なわれているが，夏にのりがどうして過ごすかについては，近年，冬の終わりにできた果胞子が発芽して貝殻等の内部へ入り込み微小な糸状体となって夏を過ごし，秋再び胞子を作ってそれが放出されて「ひび」に付いて，のりの幼体になることがわかった．本邦産のアマノリ類の多くは *Porphyra* ではなく，新たに作られた属 *Pyropia* に移された．本種に非常に近い種にスサビノリ（次図）があり，本種との区別はなかなか困難である．また，いわゆるイワノリと総称され，各地で自然に生えるものを採って食用としているものにウップルイノリ *P. pseudolinearis* Ueda，チシマクロノリ *P. kurogii* (S.C.Lindsrom) S.C.Lindstrom 等がある．

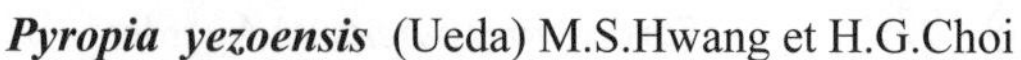

5021. スサビノリ 〔ウシケノリ科〕

Pyropia yezoensis (Ueda) M.S.Hwang et H.G.Choi

(*Porphyra yezoensis* Ueda)

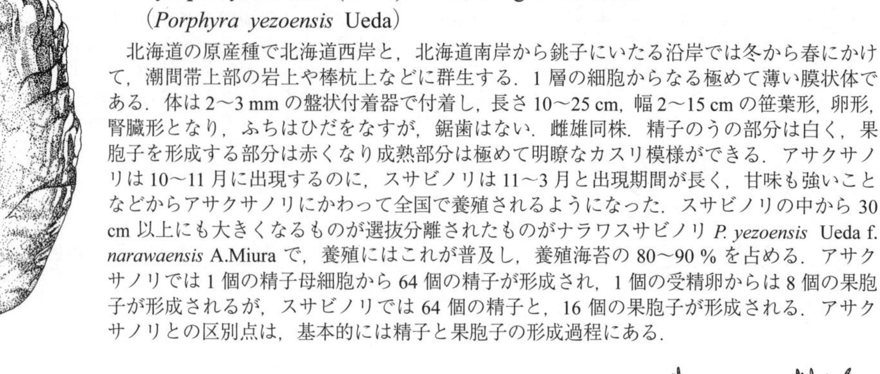

北海道の原産種で北海道西岸と，北海道南岸から銚子にいたる沿岸では冬から春にかけて，潮間帯上部の岩上や棒杭上などに群生する．1 層の細胞からなる極めて薄い膜状体である．体は 2～3 mm の盤状付着器で付着し，長さ 10～25 cm，幅 2～15 cm の笹葉形，卵形，腎臓形となり，ふちはひだをなすが，鋸歯はない．雌雄同株．精子のうの部分は白く，果胞子を形成する部分は赤くなり成熟部分は極めて明瞭なカスリ模様ができる．アサクサノリは 10～11 月に出現するのに，スサビノリは 11～3 月と出現期間が長く，甘味も強いことなどからアサクサノリにかわって全国で養殖されるようになった．スサビノリの中から 30 cm 以上にも大きくなるものが選抜分離されたものがナラワスサビノリ *P. yezoensis* Ueda f. *narawaensis* A.Miura で，養殖にはこれが普及し，養殖海苔の 80～90 % を占める．アサクサノリでは 1 個の精子母細胞から 64 個の精子が形成され，1 個の受精卵からは 8 個の果胞子が形成されるが，スサビノリでは 64 個の精子と，16 個の果胞子が形成される．アサクサノリとの区別点は，基本的には精子と果胞子の形成過程にある．

5022. アケボノモズク 〔コナハダ科〕

Trichogloea requienii (Mont.) Kütz.

西インド諸島，モーリシャス諸島，熱帯太平洋海域に分布し，日本では新島，八丈島，和歌山県，九州南部，沖縄に分布する．春から夏にかけて，低潮線付近より水深 20 m の岩盤上やサンゴの破片に生育する．非常に粘滑質で，軟らかく，ちぎれやすい．直径 5～7 mm の盤状付着部より 2～3 本の直立部を生じる．直立部は円柱状で，その主枝は高さ 15～20 cm，太い部分は直径 5～8 mm，主枝は各方面に，互生，対生，輪生など不規則に側枝を生じ，側枝は同様に 1～3 回分枝し，全体として球形に近い団塊となる．枝の末端は鈍円で，直径 2～3 mm である．体構造は多軸形で髄糸からなる髄部と同化糸からなる皮層部とからなる．髄の回りには石灰を沈着する．体色は濃い赤褐色であるが，髄の回りの石灰が白く芯状に透けてみえる．乾燥すると台紙に密着し，白色の粉をふく．造果枝は 6～9 細胞列からなり頂生形である．接合子は造果枝の長軸に直角な面で 2 個の娘細胞に分割し，上方の娘細胞は造胞糸始源細胞，下方の娘細胞は柄細胞となる．果胞子体は球形で，造胞糸構成細胞のほとんどすべてが果胞子嚢となる．〔日本名〕生蘚時の体の色が，曙の空のように赤いことに由来する．

5023. ベニモズク 〔コナハダ科〕

Helminthocladia australis Harv.

本州から九州に至る各地に産し，干満線間またはそれ以下に生ずる紅藻で，体は 15～45 cm，円柱状扁圧，直径 4～5 mm であるが扁圧されたものでは幅広くなり 1 cm 内外になる．多くは主軸が通りそれから各方面へ枝を出すが非常に不規則である．色は紫紅色で質は粘滑で軟骨様である．体の構造は大体ウミゾウメンに似て体の中軸には細長い細胞の縦に連なった糸状体の束が通り，それから放射状に出た枝が繰り返し分岐し，同化糸となり細胞は短くなり横にならんで表層を作っている．同化糸の先端の細胞はその下の細胞より大きく長さ 30～40 μm，直径 14 μm 内外ある．本種に近似のものにホソベニモズク *H. yendoana* S.Narita というものがあるが，体は本種よりも一般に小さく，主軸または主枝に出る枝は急に細くなる等の点で区別される．

5024. ケコナハダ 〔コナハダ科〕

Ganonema farinosa (J.V.Lamour.) K.C.Fan et Y.C.Wang

太平洋，大西洋，インド洋の熱帯，亜熱帯海域に広く分布し，日本では志摩半島，紀伊白浜，潮岬，足摺岬，鹿児島県，沖縄県と小笠原に分布し，潮間帯中部から下部にかけての岩上やサンゴ礁のタイドプールや小さな入江に生育する．直径 2～7 mm の盤状付着部より 1～3 個の高さ 10～30 cm の直立枝を生じる．直立枝は円柱状で基部は直径 2～5 mm であるが上部にしだいに細くなる．基本的には叉状に分枝であるが，羽状分枝や規則性を示さない側枝も生じる．若い体の色調は白色がかった赤褐色ないし紫紅色であるが老成するに従い，くすんだ黄灰色となる．体構造は多軸形で，髄部の周囲に石灰を沈積し，皮層下部は石灰中に埋まる．雌雄異株．精子器托は小頭状で，同化糸の頂部に形成される．造果枝は髄糸から生じた同化糸の基部細胞より二次的に生じた同化糸細胞上に生じ，4 細胞列からなる．接合子は造果枝の長軸に直角な面で 2 個の娘細胞に分割し，上方の娘細胞は造胞糸始源細胞，下方の娘細胞は柄細胞となる．果胞子体は球形，総苞糸は同化糸と似た形態と大きさをもつ．〔日本名〕体表は短い毛でおおわれているようにみえ，乾燥すると体に白い粉をふいたようになることによる．

5025. カモガシラノリ（イソモチ，トオヤマノリ） 〔コナハダ科〕

Dermonema pulvinatum (Grunov ex Holmes) K.C.Fan
（*Nemalion pulvinatum* Grunov）

本州中南部の太平洋から九州を経て台湾まで分布する紅藻の一種で，満潮線附近に生じ，集まって大小様々なほぼ半球状の塊をつくる．体は小さく，高さ 1〜3 cm，円柱状またはやや扁円で直径 0.8〜1 mm，非常に密に不規則に叉状に分岐し，枝は広開しばしば下向にそり先端は鈍頭である．質はややかたく軟骨質，粘滑で乾くと角質となり，色は生時暗褐色であるが乾くと黒変する．体の内部は中央に糸状の細胞列の束が縦に通って中軸を作りそれから多数の枝が周囲へ出て斜上し，それらの先端附近は密に叉状分岐を繰り返し細胞は小さくなり色素体をいれる．それらの小細胞が互いにならびあい表層をつくっている．また体のすき間には寒天質や，糸状の細胞列から出た仮根状の糸が埋めて体ができ上がっている．食用に供せられる．本種は長くウミゾウメン属 *Nemalion* に入れられていたが，嚢果の発達の様子からカサマツ属 *Dermonema* の一種であることが明らかになった．

5026. ウミゾウメン 〔ウミゾウメン科〕

Nemalion vermiculare Suringer

北海道以南九州まで産し，干満線間の上部の岩上，貝殻，フジツボ等の上に密生し，特に波の直接当たる場所に多い紅藻の一種で，生育期間が短く晩春から初夏頃までに限られる．体は叢生し甚だ粘滑で単条，ほとんど分岐することなく．長さ 10〜30 cm 位あり，円柱状で直径 2 mm 内外，紐状で上方に向かって僅かに細くなっている．濃い紅紫色軟骨質である．体の内部の中央には縦に，長い細胞のならんだ髄糸が束になって通り中軸を作っており，その表面から，繰り返し，叉状に分岐した同化糸が多数出てその先端がそろって体の表面を作り，それらの間を寒天質が埋めている．嚢果は同化糸の間につくられ，裸の果胞子の塊で，これを包む特別の構造はできない．食用に供せられる．本種によく似たものにツクモノリ *N. multifidum* (F.Weber et D.Mohr) J.Agardh というものがあるが，この種では体がしばしば分岐するので区別される．

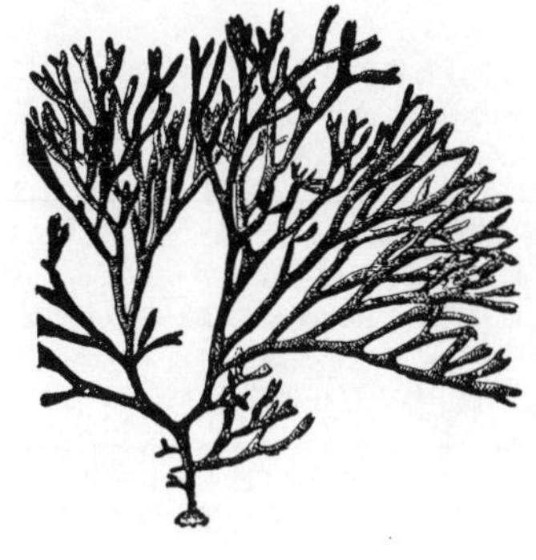

5027. ニセフサノリ 〔フサノリ科〕

Scinaia okamurae (Setch.) Huisman（*Gloiophloea okamurae* Setch.）

本種は本州中部の太平洋岸に極めて普通な紅藻で，外観フサノリと非常によく似ているため外形のみでは見分けの困難な場合もすくなくない．しかし本種はフサノリよりも通常体質が幾分かたく，やや軟骨質で色は濃く，乾燥後は黒変すること，体がやや細い等の点でちがっている．その上また内部の構造には著しいちがいがあるので顕微鏡で構造をしらべれば直ぐに区別ができる．すなわちフサノリの表皮層は横断面で方形の，大形でほとんど無色の細胞が密に相接してできているのに対し本種の表皮層は小さな細長い有色の細胞とそれらの間に混じった無色の大形の，ほぼ楕円形の細胞とからできている．嚢果はフサノリと同様体の各所に散在し，表皮層の下に沈んでできる生殖器巣の中に生ずる．しかし本種ではフサノリよりも色濃く，体質が緻密なのでフサノリにおける様に肉眼で外部から嚢果を識別することは困難である．

5028. フサノリ 〔フサノリ科〕

Scinaia japonica Setch.

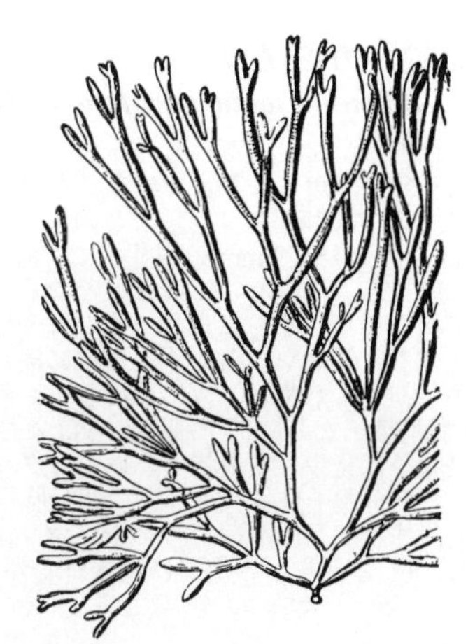

本州から九州に至る各地に産し，干満線間またはそれより少し下部に生ずる美麗な紅藻の一種で，体は円柱状，数回繰り返し叉状に分岐し，分岐点でまれに極めて僅かにくびれていることがある．高さ 10〜20 cm，直径 2〜3 mm，枝はみな同一の高さになり，全体は総状の塊となることが多い．体の内部は中央に，細くて長い細胞が縦に連なってつくる糸の集束が縦に通って中軸となり，それから枝が各方面に出て，その先端下の細胞は小さな球形となり，色素体を含み紅色であるが，更にその先の末端の細胞は著しく大形で，互いに側面できっちりと接して表皮層を作る．この表皮細胞は表面観では角形，横断面ではほぼ角形または幾分細長く，色素体はほとんど見られない．嚢果は皮層の下に沈んだ生殖器巣中にでき，小点として見分けられ，また中軸の組織も乾燥標本でかすかに細線として見られる．本属のものでわが国南海に産するものにジュズフサノリ *S. monilirfomis* J.Agardh，ヒラフサノリ *S. latifrons* M.Howe があり，前種の体は円柱状であるが体が念珠状に強くくびれており，また後の種では体は幅広く扁平であるので容易に区別できる．

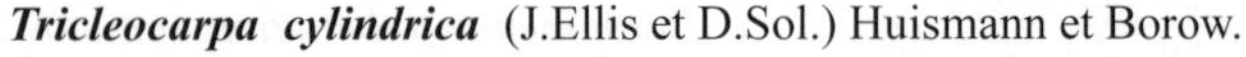

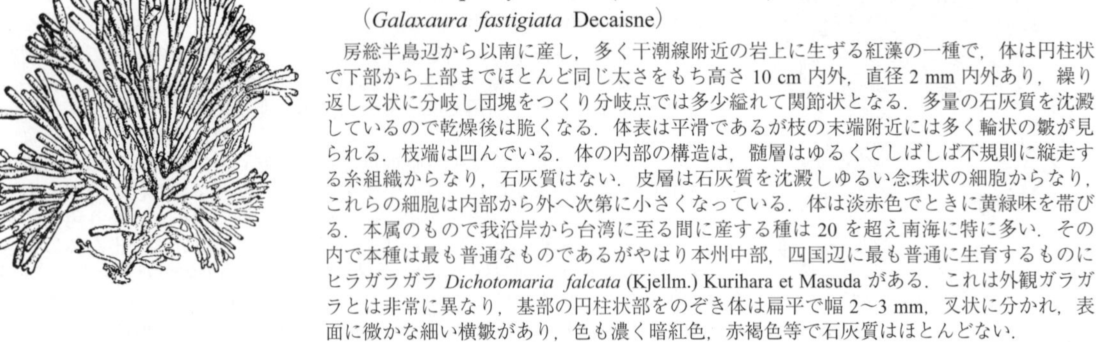

5029. ガラガラ 〔ガラガラ科〕

Tricleocarpa cylindrica (J.Ellis et D.Sol.) Huismann et Borow.
(*Galaxaura fastigiata* Decaisne)

房総半島辺から以南に産し，多く干潮線附近の岩上に生ずる紅藻の一種で，体は円柱状で下部から上部までほとんど同じ太さをもち高さ 10 cm 内外，直径 2 mm 内外あり，繰り返し叉状に分岐し団塊をつくり分岐点では多少縊れて関節状となる．多量の石灰質を沈澱しているので乾燥後は脆くなる．体表は平滑であるが枝の末端附近には多く輪状の皺が見られる．枝端は凹んでいる．体の内部の構造は，髄層はゆるくてしばしば不規則に縦走する糸組織からなり，石灰質はない．皮層は石灰質を沈澱しゆるい念珠状の細胞からなり，これらの細胞は内部から外へ次第に小さくなっている．体は淡赤色でときに黄緑味を帯びる．本属のもので我沿岸から台湾に至る間に産する種は 20 を超え南海に特に多い．その内で本種は最も普通なものであるがやはり本州中部，四国辺に最も普通に生育するものにヒラガラガラ *Dichotomaria falcata* (Kjellm.) Kurihara et Masuda がある．これは外観ガラガラとは非常に異なり，基部の円柱状部をのぞき体は扁平で幅 2〜3 mm，叉状に分かれ，表面に微かな細い横皺があり，色も濃く暗紅色，赤褐色等で石灰質はほとんどない．

5030. ソデガラミ 〔ガラガラ科〕

Actinotrichia fragilis (Forssk.) Børgesen (*A. rigida* Decaine)

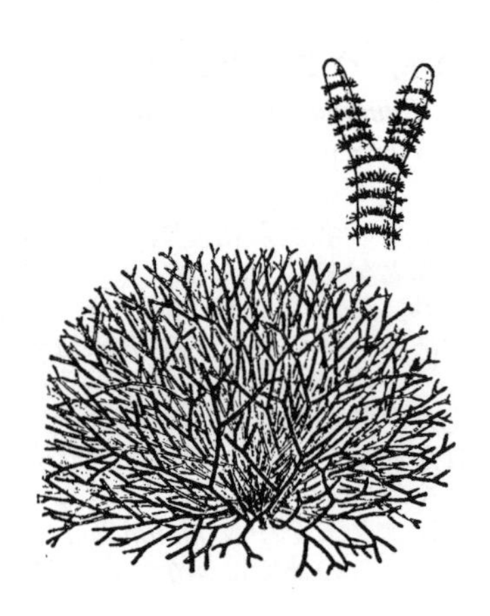

房総半島辺から南部の海に産し，干満線間の下部や干潮線下辺の岩石上に生ずる紅藻の一種で，体は円柱状，高さ 5〜10 cm，直径 0.8〜1 mm あり，繰り返し叉状に分岐し密な団塊を作る．体には多量の石灰質を沈澱しているので乾かすと固くかつ脆くなる．色は淡い紫紅色であるが黄色がかり，または緑色がかることもある．体表全体にわたり，単条または僅かに分岐した短い毛を多数，短い間隔をおいて，輪生している．しかしこれらの毛は特に体の下部ではしばしば落ち去って，痕跡だけを残すが，南海産の個体にはほとんど全部の毛が落ち，毛のあるものと甚だしく異なった外観を示すものもある．体の内部は中央では，無毛の長い細い細胞からなり所々で分岐する糸が密に組み合って縦に走り髄部を作り，その外側には短い細胞からなる皮層があり，その最も表面の細胞は色素体をふくみ横に互いに密に接して体の表面を作っている．四分胞子嚢は単独に輪生糸上に側生し，十字状に分裂する．嚢果は体の各部に散在し，生殖器巣中にできる．

5031. タマイタダキ 〔カギケノリ科〕

Delisea japonica Okamura

オーストラリア，インド洋，台湾，朝鮮半島に分布し，日本では千葉県から奄美大島にいたる太平洋沿岸，八丈島，九州，兵庫県以西の日本海沿岸と瀬戸内海に分布し，漸深帯の岩上に生育する．体は盤状付着部から直立枝を生じる．直立枝は高さ 15〜30 cm，扁平で細い中肋をもち，規則正しく鋸歯を互生し，鋸歯のあるものが枝に発達する．体構造は単軸型．雌雄異株．造果枝は体の若い枝に生じ，周心細胞上に形成される．造果枝は，3 細胞列からなるが器下細胞からは栄養糸のふさを生じる．造胞糸は接合子から生じる．造胞糸は細胞分裂を繰り返して球形の果胞子体を形成し，果胞子体は果皮によって取り囲まれる．四分胞子体は配偶体と同形同大で，体の先端近くにこぶ状に形成されるネマテシアの中に生じるというが，日本のタマイタダキでは四分胞子体の存在は確認されていない．キジノオ科のキジノオ *Phacelocarpus japonicus* Okamura は，タマイタダキによく似た形をしているが，枝や果胞子体を生じる枝は鋸歯と鋸歯の間から生じる．〔日本名〕果胞子体とそれを取り囲む組織を総称して嚢果といい，枝の先に嚢果が発達した様子が玉を戴いているようにみえることに由来する．

5032. カギノリ 〔カギケノリ科〕

Bonnemaisonia hamifera Hariot (*Asparagopsis hamifera* (Hariot) Okamura)

日本特産種であると考えられていたが，現在ではヨーロッパ，北米，メキシコに広く分布が知られるようになった．日本では温帯海域に広く分布し，低潮線付近の岩，またはホンダワラ類などの海藻にからみついて生育している．体は高さ 5〜20 cm，直径 0.5〜2 mm の円柱状で，各方面にたくさんの短枝を生じ，ある短枝は長枝に成長し，全体として円錐形となる．長枝のあるものの先はふくらんで彎曲したかぎ状となり，他物にまきつく．鮮やかな紅色ないし淡紅色で，老成すると黄色味を帯びる．質はやわらかく，真水に浸けると解体しやすい．腊葉台紙に密着する．春から初夏に繁茂し，夏には枯れる．精子器托は長楕円形で短い柄をもつ．造果枝は 3 細胞からなり，器下細胞からは栄養糸のふさを生じ，造胞糸は接合子から生じる．果胞子は発芽して糸状で，以前はタマノイト *Trailliella intricata* E.A.L.Batters と呼ばれた四分胞子体世代となり，四分胞子を生じる．四分胞子体世代は高さ 2〜5 mm の糸くず状で，低潮線付近の岩にマット状に，あるいは他の海藻上に付着して生育する．〔日本名〕他の海藻に巻き付くかぎをもっていることに由来する．

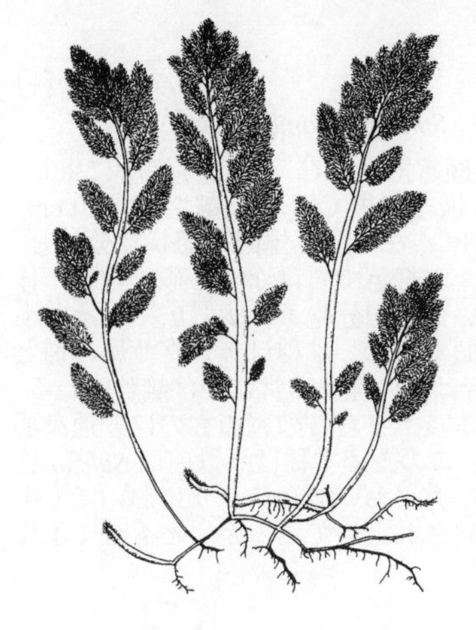

5033. カギケノリ 〔カギケノリ科〕

Asparagopsis taxiformis (Delile) Trevis.

大西洋，インド洋，オーストラリア，太平洋の熱帯，亜熱帯海域に広く分布し，日本では対馬，九州の対馬暖流海域沿岸，瀬戸内海，志摩半島より沖縄にいたる黒潮暖流海域と小笠原に分布する．春には丹後半島以西の日本海沿岸や，千葉県南部，神奈川，静岡県の沿岸ではうち上げによって採集されることがある．沖縄では潮間帯下部に群生するが，対馬や志摩半島では，水深 10 m 以深につるされた養殖真珠のかごやロープに生育する．ほふくしてからまりあっている茎から高さ 10〜30 cm の直立体を生じる．直立体は直径 1〜3 mm の円柱状で下部に枝はない．枝の上部は各方面にだし，毛のような小枝をたくさん生じるので全体が筆の穂状となる．春から初夏に繁茂する．精子器托は長楕円形で短い柄をもつ．造果枝は 3 細胞からなり，器下細胞からは栄養糸のふさを生じる．造胞糸は器下細胞から生じ，球形の果胞子体を形成し，果胞子体は果皮に包まれる．果胞子は発芽して以前はファルケンベギア *Falkenbergia hillebrandii* Falkenb. と呼ばれた糸状体となり，四分胞子を生じる．〔日本名〕カギノリに似てふさふさとした毛が豊富な海藻という意味である．

5034. オバクサ（ガニクサ，ドラクサ，ヨタグサ） 〔オバクサ科〕

Pterocladiella tenuis (Okamura) Shimada et al.

（*Pterocladia tenuis* Okamura）

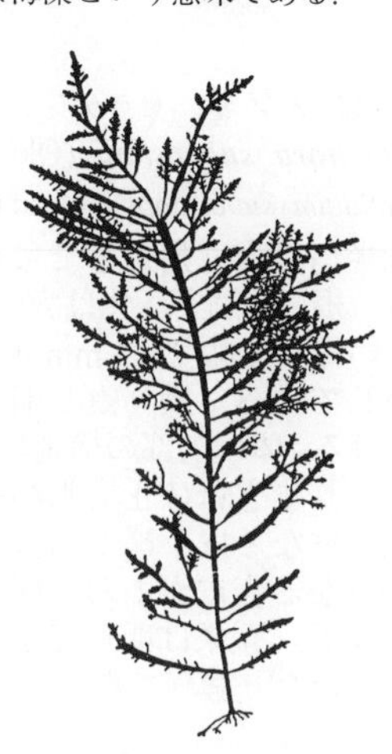

北海道から九州，台湾や小笠原まで広く分布する紅藻の一種で，干満線間からそれ以下の岩上等に生ずる．体は外形テングサに似て繊維状根から叢生直立し，高さ 10〜20 cm 扁圧扁平で線状，薄く 3〜4 回羽状に分岐し，枝は基部でくびれている．体の内部の構造はマクサのそれとほぼ同じであるが，ただ本種においては，根様糸は体の外層の下に集まるのではなくて中央部の組織中に集まっている．四分胞子は円形または楕円形の斑を末端小枝上に作る．嚢果は末端小枝の頂端下に生じ 1 室で，果孔も 1 個しかない．本種は外観がときにマクサと非常に似通って特に嚢果をもっていない体では外観のみでは区別し難いことがある．しかし顕微鏡を用いて体の構造を検査すればそのいずれかを知ることができる．本種は寒天原藻として採取されることがあるが劣等品でテングサ類の比ではない．

5035. マクサ（テングサ，トコロテングサ，コルモハ，ココロブト） 〔テングサ科〕

Gelidium elegans Kütz.

北海道から九州辺までに分布し，干満線下の岩上等に着生する紅藻で，古くから心太（ところてん）や寒天製造の材料として採取使用されている．体の外形は棲息場所等によってかなり変化するが，種として模範的なものでは，体は扁圧線状で繊維状根から直立叢生し両縁に薄く，高さ 10〜15 cm，幅 0.5〜2 mm あり，4〜5 回羽状に分枝し，枝は先端尖る．質はかなり硬く暗紅色を呈する．四分胞子嚢は小枝の頂端がへら形になった所にできて子嚢斑を作り，嚢果は小枝の下部または中部辺に 1 個ずつ丸く膨れてでき，2 室に分かれており，果孔も 2 個ある．体の内部は緻密な柔組織様の組織でできており，細胞は内部では大小のものがまじり，外部においては小さいが，これらの細胞の間には細くて膜の厚い根様糸があり，特に内部組織の外側に多量に密集している．本種には主として外形の差によって種々の形が区別される．f. *elegans* Okamura は中位の大きさで美しく 2〜3 回規則正しく羽状に分枝し，小枝はほぼ同長でよく揃っている f. *elatum* Okamura は多く深所に生える形で長く，30 cm を超え，線状または糸状である．f. *teretiusculum* Okamura は中位の大きさで，体は細く糸状でやや円柱状を呈する．なおこの他コヒラ *G. tenue* Okamura，オオブサ *G. pacificum* Okamura，ナンブグサ *G. subfastigiatum* Okamura などの近似の種があり，マクサと同様寒天製造の原藻となる．

5036. キヌクサ（ヒゲクサ） 〔テングサ科〕

Gelidium linoides Kütz.

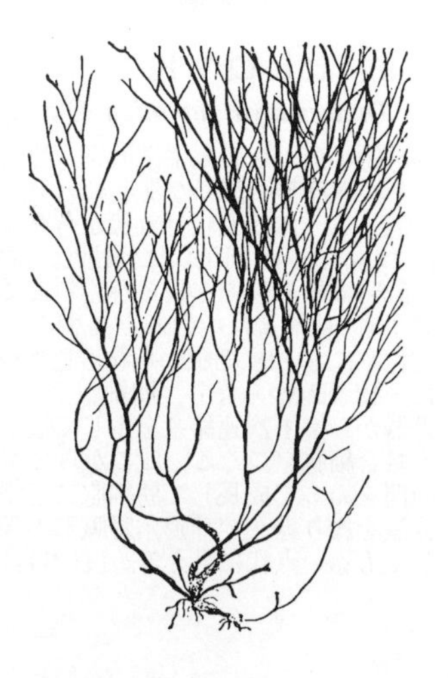

本州中部の太平洋岸に産するテングサ属の一種で，干潮線下 20〜40 m の深所に生育する．体は糸状で高さ 30 cm 内外になり，密に叢生する．分岐法はマクサと異なり互生，叉状等でマクサの様に密ではない．小枝の数はマクサよりも少なく，へだたって互生，または対生する．体の下部は広い線状で，幅 1〜2 mm ある．質はマクサよりも柔軟である．四分胞子は，短い小枝の頂端か小楕円形になった所にできるが嚢果は知られない．本種の体の乾いたものは絹糸の様な光沢がある．本種はマクサと外形やや近似することがあるが，幼時体がマクサの様に正しい羽状をしない点で区別される．

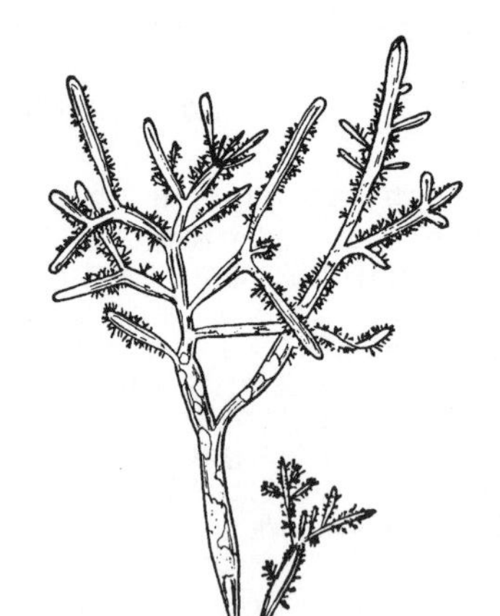

5037. **オニクサ** 〔テングサ科〕

Gelidium japonicum (Harv.) Okamura（*Suhria japonica* Harv.）

本州中部以南に産する紅藻の一種で，干潮線附近及びそれより深所に生じ，直接波浪の当たる場所の岩上に多い．体は繊維状根で固着し高さ 10〜20 cm，広い線状で幅 2〜3 mm，中央が中肋の様に厚くなり，不規則に羽状に分岐し，両縁や表面に多数の短い小枝を密につける．暗紅色で質はかなり硬く角質，体表にはしばしば無節サンゴモ類が付着している．四分胞子は少し広くなった小枝に集まり，嚢果は卵形で鈍頭または微凸頭である．本種はテングサ属の種としてはかなり変わったもので，特にその外形は他の種と非常にかけ離れている．特に体が幅広く中央に中肋様の肥厚部がある点，またこの属のものに普通な羽状の枝をもたないこと等は著しい点である．このため本種は，以前は *Suhria* 属の一種として記載されたのである．しかし一方においてヒラクサにおいても中肋部が見られる等のことで後テングサ属に移されたのであるが，ともかく本種は本属中の異分子である．

5038. **ヒラクサ**（ヒラテン） 〔テングサ科〕

Ptilophora subcostata (Okamura) Norris

（*Gelidium subcostatum* Okamura ; *Beckerella subcostata* (Okamura) Kylin）

房総半島以南九州辺までに産し，干潮線下のかなりの深所にまで見出される．根は繊維状，体は大きく，高さ 15〜35 cm，ときに 1 m にも及び，幅の広い線状で幅 2〜5 mm あり，下部の広い所は中央が縦に厚くなり中肋をなしている．繰り返し羽状に分岐し，末端小枝は三角形の歯状の小枝をつける．体の内部の構造は，中央に大小の細胞のまじった髄部があり，それをとりまきほぼ正方形の細胞からなる柔細胞組織があり，次に有色の細胞からなる皮下層があって多数の根様糸を含み，一番外側に 1 列の細胞からなる表皮がある．四分胞子嚢斑は細い単条，または分岐した小枝にできる．嚢果は卵形で小枝の頂端に膨れてできる．体は美しい紫紅色で質はかなり強靱である．寒天原藻として使用される．

5039. **ユイキリ**（トリノアシ，トリアシ） 〔テングサ科〕

Acanthopeltis japonica Okamura

房総半島辺から九州まで産し，干潮線下に生ずる紅藻でわが国に特産の 1 属 1 種の類である．体は繊維状の根で岩上に付着し，高さ 5〜20 cm，円柱状で直径 2〜3 mm あり，不規則に叉状に数回分岐し，基部附近をのぞいて，1〜2 mm の間隔をおいて直径 3 mm 内外の小盤状で楯形の小枝を，やや斜めに螺旋状に重なりあって付けている．その表面には小さな刺状突起を多数そなえている．しかしまたこの盤状の小枝はときに広がって小葉状になることがある．四分胞子嚢斑は盤状枝上の刺状突起がのびて広がった部に生じ十字状に分裂する．嚢果は四分胞子をつけない体上に同じく刺状突起の広がった場所にでき，2 室に分かれている．体は質硬く小盤状の小枝の間には常に海綿の一種が着生している．

5040. **ヒビロウド** 〔リュウモンソウ科〕

Dudresnaya japonica Okamura

房総半島以南の太平洋沿岸，隠岐島以南の日本海沿岸，九州，沖縄，小笠原に分布し，漸深帯の静かな海底の岩上に群生する紅藻．冬から春にかけて出現し，夏には消える．体は盤状付着部から直立し，円柱状で高さ 10〜50 cm，最も太い所は直径 2 cm，5〜15 回叉状に分枝し，体の上部ほど細くなる．冬から春にかけて出現し，新鮮時は濃赤色で，軟らかく粘質にとみ，乱暴に扱うとこわれてしまう．台紙に密着する．体構造は中軸形で，1 個の中軸細胞から 4 個の周心細胞を生じる．雌雄異株．同化糸に 8〜18 細胞からなる造果枝を生じ，受精毛はらせん状に巻く．肋細胞枝は 12〜18 細胞からなり，肋細胞の上下に位置する細胞は大きい．受精後，受精した造果器から第 1 次連絡糸を生じて造果器から数えて 4 番目と 5 番目の細胞らと連絡して融合細胞をつくる．ここから数本の第 2 次連絡糸を生じ，第 2 次連絡糸は同化糸の間をぬって成長して肋細胞に達する．肋細胞は造胞糸を生じ，造胞糸は密に細胞分裂を繰り返して球形，腎臓形の果胞子体を形成する．よく発達した果胞子体は肉眼でも赤い点状に見える．〔日本名〕緋色のビロウドの意味である．

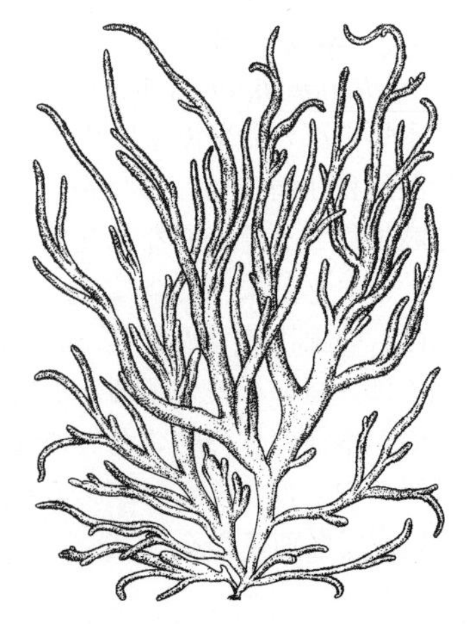

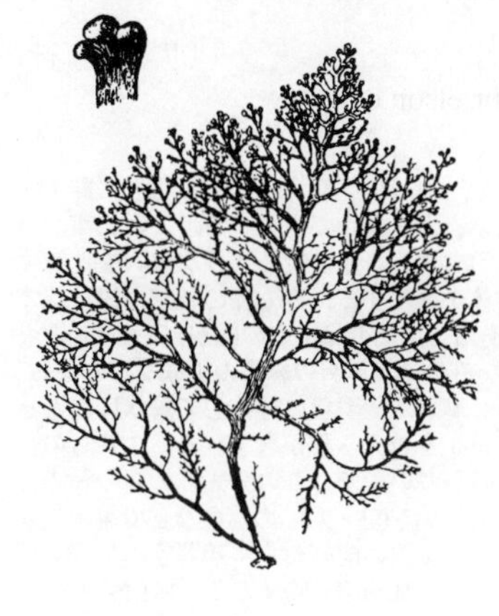

5041. ホソバナミノハナ　〔ナミノハナ科〕

Portieria hornemannii (Lyngb.) P.C.Silva
（*Chondrococcus hornemannii* (Lyngb.) Schmitz）

本州中部から以南，九州，台湾，更に南アフリカ地方にも産する紅藻の一種で，干満線間及び干潮線下の上部に生ずる．体は叢生し高さ 10 cm 内外，根は小盤状，線状扁圧で幅 1～2 mm，繰り返し密に羽状，叉状等に分岐し，枝の先端は特に若いものでは図の様にしばしば一方に巻いている．小枝は両縁に刺状の小さな鋸歯をそなえている．濃紅色でやや肉質である．内部の構造は，柔組織状で内方の細胞は大きく外方へ次第に小さくなり，中央には 1 本の中軸細胞列が通っている．四分胞子嚢は目の字に分割し，小枝上に不規則な円形のやや隆起した子嚢斑を作る．嚢果は小さな疣状で小枝上に生ずる．本種は生時一種の強い香を有する．

5042. ナミノハナ　〔ナミノハナ科〕

Portieria japonica (Harv.) P.C.Silva
（*Chondrococcus japonicus* Okamura）

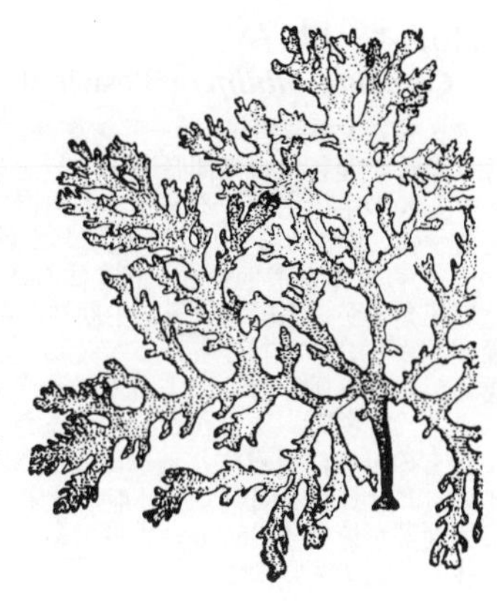

本州中部の太平洋岸及び日本海岸の干潮線附近に産する比較的分布の狭い，日本特産の紅藻の一種である．諸性質は大体ホソバナミノハナによく似ているが，体は扁圧または扁平で，特に幅はホソバナミノハナよりも広く，通常 2～3 mm から広いものでは 8 mm 内外に及ぶこともある．また小枝の辺縁には鋸歯状突起はなく，その代わり両縁は鈍円な小波状になっている．しかし往々これら 2 種の中間の性質を示す様な個体があり，その様な場合には種の区別は非常に困難である．

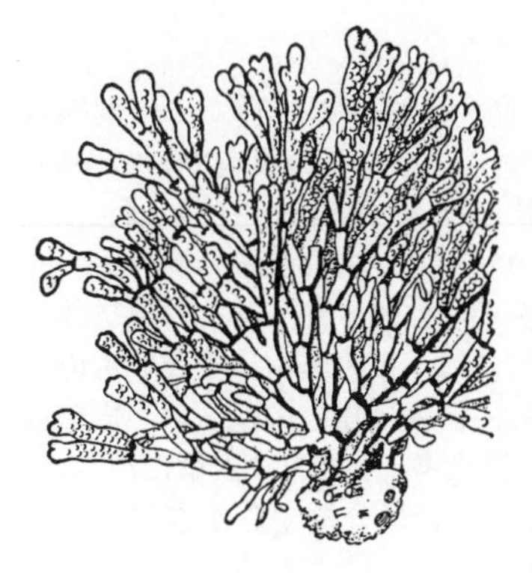

5043. カ ニ ノ テ　〔サンゴモ科〕

Amphiroa anceps (Lamarck) Decaisne（*Amphiroa dilatata* J.V.Lamour.）

本州中部以南の干潮線下に生ずるいわゆる石灰藻類の一種で，体は多量の石灰質を沈積しているので，特に乾燥後は硬く非常に脆い．体は長さ 10 cm 内外，繰り返し叉状または 3 叉状に分岐し，関節によって多くの節間部に分かれている．節間部は長線状で幅 2～3 mm，中央僅かに隆起して両縁に薄くなりやや中肋状を呈し，上部の節間部にはしばしば横の輪状紋がある．体は常に多少横臥するため節間部には表裏の別ができる．四分胞子嚢は節間部の裏面に多数できる小さな穴である生殖器巣中に生じ，目の字状に分割する．嚢果も同様雌の生殖器巣中に生ずる．節間部は紅色で石灰を含むが関節部はしばしば黒味を帯び石灰を含まない．本種は紅藻サンゴモ科に属するがこの科のものはいずれも体に多量の石灰質を沈積している．その内本種の様に体に関節のある類を有節類またはサンゴモ亜科 Corallineae と称し，カニノテ属の他，イソキリ属 *Bossiella*，エゾシコロ属 *Calliarthron*，オオシコロ属 *Serraticardia*，サンゴモ属 *Corallina* 等がある．一方関節のない類は無節類またはサビ亜科 Melobesieae と呼ばれ，イシモ属 *Lithothamnion*，イシゴロモ属 *Lithophyllum*，イシノハナ属 *Mastophora*，サビ属 *Fosliella* 等があり，これらの内には珊瑚礁の生成にあずかるもの，有用海藻と生態上特殊の関係を示すもの等が少なくない．

5044. オオシコロ　〔サンゴモ科〕

Corallina maxima (Yendo) Hind et Saunders
（*Serraticardia maxima* (Yendo) P.C.Silva）

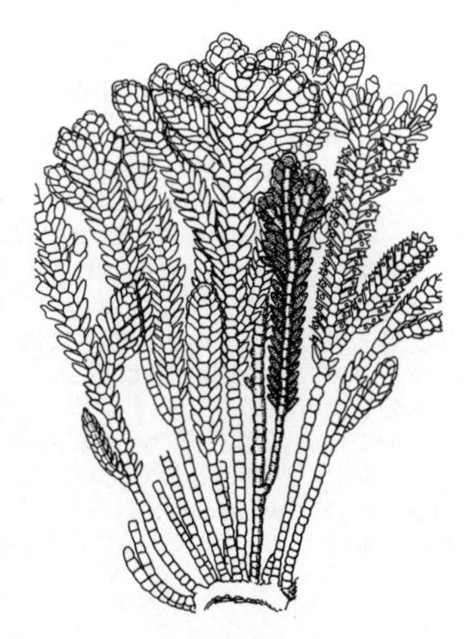

北海道南部から四国にいたる太平洋沿岸に分布し，低潮線付近の岩上に生育する．外洋からの波がはげしくぶつかるような波の荒い岩面に好んで生育する．体に炭酸カルシウムを沈着する．岩上を盤状にはう部分から高さ 10～20 cm の直立体を密生する．直立体の基部は円柱状で，枝がない．上部は平らたく，節間部は六角形で中肋様の隆起があり，両側に規則正しく羽状に小枝を生じる．枝はひろく広がり，羽状の小枝は先の方に薄くなる．日本に生育するサンゴモ亜科の中でもっとも大形の種である．生鮮時，灰色がかった紅色である．乾燥すると表面にはつやがある．腊葉台紙には貼り付かず，こわれやすいので，大形のびんに入れて保存する．炭酸カルシウムの沈着は，体の中で最も若い先端の節間部ですでに開始される．分裂細胞に近接する組織の細胞間隙にまず大小の小胞が集まり，小胞が消えるに伴って微小な棒状の結晶が出現する．この結晶は細胞間隙の有機物中で形成され，成長する．細胞が古くなるにつれて細胞間隙と細胞壁は顆粒状の炭酸カルシウムの結晶で埋めつくされる．〔日本名〕節間部の配列が鎧のしころに似ており，この植物はこの仲間で最大となることに由来する．

5045. エゾシコロ 〔サンゴモ科〕

Alatocladia yessoensis (Yendo) P.W.Gabrielson et al.
(*Calliarthron yessoense* (Yendo) Manza)

北海道南部から静岡県にいたる太平洋沿岸に分布し，潮間帯下部から低潮線付近に群生する．外洋からの波がはげしくぶつかるような波の荒い岩面に好んで生育する．ことに東北地方では，ピリヒバの生育帯の下位に幅広い生育帯を形成する．体に炭酸カルシウムを沈着する．岩上を盤状にはう部分から高さ 3〜6 cm の直立体を密生する．直立体の基部は円柱状であるが上部は平らたく，中央部分に中肋様の隆起がある．節間部は上下の幅が 2〜6 mm となり，両縁は横にはりだして翼状となり，先端は丸くなるのでカエデの翼果のような形となる．そして基部は隆起して下の節間部の上にややおおいかぶさる．羽状に分枝して扇状に広がった様子は鎧兜のしころを思わせる．サンゴモ科には 400 を越える種が含まれる．これらの全種が体に炭酸カルシウムを沈着する．外形は似たものが多いので，この分類群の属や種の分類には顕微鏡を用いて組織を調べる必要がある．そのために 0.5〜3 % の塩酸などで脱灰（炭酸カルシウムを除く）後，組織プレパラートを作成して細胞の配列や，生殖器官の形態を観察する．〔日本名〕節間部の配列が鎧のしころに似ており，北海道に産することに由来する．

5046. ピリヒバ 〔サンゴモ科〕

Corallina pilulifera Postels et Rupr.

アメリカ太平洋沿岸，ベーリング海，千島，サハリン，台湾，中国，朝鮮半島に分布し，日本では全国各地の潮間帯下部の岩上に群生し，明瞭な生育帯を形成する．またタイドプールの中に生育する．日本の沿岸で，もっともふつうに採集できる海藻の 1 つである．体に炭酸カルシウムを沈着して骨状である．岩上を盤状にはう部分から高さ 3〜4 cm の直立体を密生する．直立体の基部は円柱状であるが，上部は平らたく，節間部は倒三角形か，先広六角形で中肋様の隆起がある．節間部から小枝を羽状に生じるが，節間部が短いので枝が群がってでる．枝はひろく広がり，羽状の小枝は先の方に薄くなる．生育場所や時期によって外形が著しく変化することがある．胞子嚢は小枝の先につく．生鮮時，灰色がかった赤茶色であるが，乾燥すると白っぽい紅色となり，死んだものを日にさらすと真っ白になる．腊葉台紙には付着せず，乾燥するとこわれやすい．ピリヒバと同属で，日本の沿岸に多いサンゴモ *C. officinalis* L. は，ピリヒバよりも節間部が長く，5〜8 cm と大形であり，ミヤヒバ *C. confusa* Yendo は羽状の小枝が狭く，密接し，先が尖ることによって区別される．〔日本名〕種形容語の発音に由来する．

5047. オオムカデノリ 〔ムカデノリ科〕

Grateloupia acuminata Holmes

房総半島辺から以南，九州に至る海に産する紅藻の一種で，干潮線附近から下辺に生ずる．体は美しい紅色を呈し，やや厚い膜質で軟らかい．根は小盤状，下部は細い円柱状の短い茎状となり，単条またはしばしば分岐する．上部は扁平，ほぼリボン状となり，長さ 30〜60 cm，幅 3〜6 cm あり，その両縁から，ほとんど単条の枝を羽状に出すが，時には更に体の両面にも枝を副生することがあり，また時には羽枝の非常に少ないものもある．体は糸組織の髄部と皮層とからなり，髄糸は比較的ゆるい．皮層は薄くほぼ球形の細胞からなり，内部の細胞は大きく，外方に次第に小さい．四分胞子嚢は体の両面の皮層中に散在し十字状に分割するが肉眼では見えない．嚢果は髄層中に沈み，体の基部を除いて各所に散在する．

5048. タンバノリ（オオバツノマタ，ホグロ） 〔ムカデノリ科〕

Grateloupia elliptica Holmes（*Pachymeniopsis elliptica* (Holmes) Yamada）

本州太平洋岸に産する糊料海藻の一種で，干満線間またはそれより幾分下辺の岩上に生ずる．体の基部は裏面の比較的広い部で岩上に付着し，茎という部はない．直ぐに体は上方に広がって斜上し，葉状または叉状掌状，あるいは不規則に分岐する．長さ 30 cm に達し裂片の幅は種々に変化し体質革質で厚く，表面平滑紅紫色，乾けば黒紫色となる．縁辺は全縁．糸組織の髄部と外側の皮層とからなり，皮層はほぼ円形の細胞からなる薄い内皮層と，小さな細胞が体面に直角に並んで作る外皮層とからできている．外皮層は，若い部では 6〜7 個の小細胞の連なった糸からなるが，体の老成部では厚くなり，12〜13 個の細胞の列からなる．四分胞子嚢は体の表面下に散在し，十字状に分割するが肉眼では見えない．嚢果は断面が西洋梨形で体の両面下にできるが肉眼では辛うじて見える程度である．ツノマタ等と同様壁用の糊料等として使われる．本種に外見似たものにフダラク *G. lanceolata* (Okamura) S.Kawaguchi があるが，体が直立するのと表皮層が一般にうすく，また髄糸が本種よりも太いので区別できる．

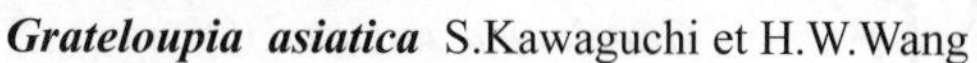

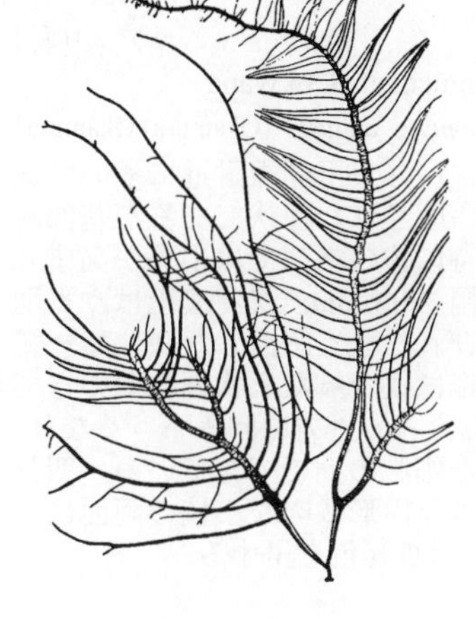

5049. ムカデノリ 〔ムカデノリ科〕

Grateloupia asiatica S.Kawaguchi et H.W.Wang

（*G. filicina* (J.V.Lamour.) C.Agardh）

わが国各地の沿岸に見られ，また世界にも広く分布する最も普通の海藻の一種で，干満線間の岩上等に生ずる．体の外形は非常に変化するが模範的なものでは扁平線状で，高さ 20～30 cm，幅 2～3 mm 位，主軸または主枝の両縁から小枝を羽状に密に出す．小枝は単条または分岐し，その長さも幅も主軸のそれとともに著しく変化する．体の内部は，糸組織でできた髄層と皮層とからなり，皮層は，ほぼ球形で大形の細胞が外方へ次第に小さくなって作られている．四分胞子嚢は体の両面の皮層中にでき，十字状に分割し，肉眼では見えない．嚢果は点状で各部に分布し，肉眼で認めうる．体は肉質で紫紅色を呈し甚だ粘滑である．ウツロムカデ f. *porracea* Okamura と呼ばれる形では体が一般に細形で枝の基部がくびれ，老成後体の基部附近が中空となる．また本種に近いもので主として北方に産するカタノリ *G. divaricata* Okamura というものがあるが，質が本種よりも硬く，分岐が広い腋を示すので区別される．

5050. キョウノヒモ（ヒモノリ，ハサッペイ，ミノジノリ） 〔ムカデノリ科〕

Polyopes lancifolius (Harv.) S.Kawaguchi et H.W.Wang

（*Grateloupia lancifolia* Okamura ; *G. okamurae* Yamada）

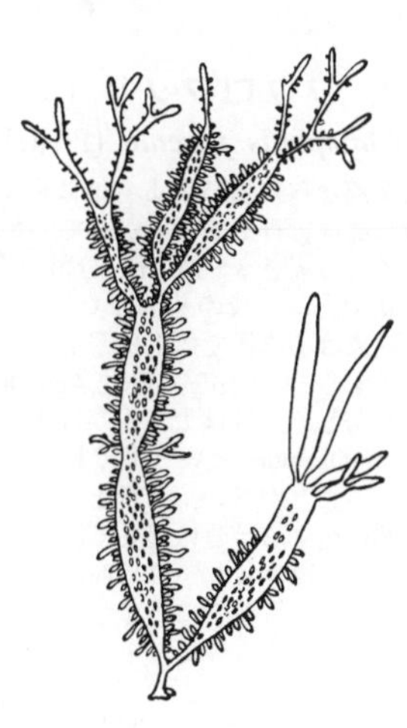

北海道南部から九州に至る沿岸に産する紅藻の一種で，干潮線附近に生ずる．体は扁平，披針形または笹の葉形で高さ 20～30 cm，ときに 50～60 cm になり，幅 1.5～6 cm，基部附近は短い円柱状の細い茎となり単条または分岐し，上方に広がって単条またはしばしばまばらに分かれ，両縁は多少厚く，分岐点またはその他の場所で軽くくびれることが多い．本種の著しい特徴は成長した体の基部を除いた扁平な部においてその両縁や両表面から多数の短い副枝を出すことである．副枝は多くは長さ 1 cm 位までの短い披針形で分岐しないが，中には更に長くなりかつ叉状に分かれ，または羽状分岐をするものもある．四分胞子は体の両面上及び副枝上に多数生じ，十字状に分割する．嚢果は小さい副枝上に多数生ずる．色は暗紫紅色または多少飴色で，乾燥した体の表面はしばしば強い光沢がある．地方により食用としまた糊料として使われることもある．

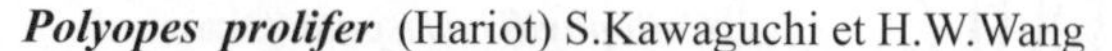

5051. コメノリ 〔ムカデノリ科〕

Polyopes prolifer (Hariot) S.Kawaguchi et H.W.Wang

（*Carpopeltis flabellata* (Holmes) Okamura）

本州中部辺より以南の沿岸に産する紅藻の一種で，干満線間上部の岩上に多い．体は叢生し，小さく，高さ 50 cm 内外，基部は細く，上方にやや楔形に広くなり更に上部は扁平となり，幅 3～7 mm，3～4 回繰り返し一平面上に叉状に分岐し，ほぼ扇形の輪廓を作る．先端は多く鈍円または截頭形で尖らない．生時は紫紅色，ときに緑色がかっており，質軟らかく表面は粘滑であるが，乾かすと角質となり，光沢を生ずる．また体の中央が多く縦に幾分一方へへこみ，やや溝状になる．四分胞子嚢及び嚢果は枝の頂端の下に集まってできる．本種は同属のマツノリ *P. affinis* (Harv.) Okamura と非常によく似ておりしばしば区別が困難なことがある．しかしマツノリは本種に比して多くは体の幅が狭く，また基部は常に円柱状，線状で茎状をしているので区別される．

5052. ヒトツマツ 〔ムカデノリ科〕

Grateloupia chiangii S.Kawaguchi et H.W.Wang

（*Prionitis divaricata* (Okamura) S.Kawaguchi ; *Carpopeltis divaricata* Okamura）

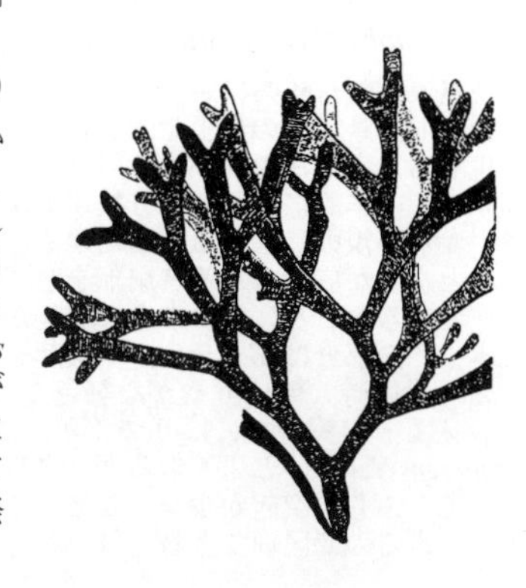

主として本州中部地方の沿岸に産する一種の紅藻で，干満線間の波の荒い辺の岩上に生ずる．体は扁平，広い線状で高さ 10 cm 内外，幅 3～5 mm あり，数回正しく叉状に分岐し，腋は広開し，先端は鈍頭，縁辺全縁で全体としてやや扇形の輪廓をしている．質厚く硬い軟骨質で，色は通常紫紅色であるがしばしば黄色味を帯びている．四分胞子嚢も嚢果も長楕円形の斑に集まって枝の頂端の下にできる．本種と形態で近似するものにトサカマツ *Prionitis crispata* (Okamura) S.Kawaguchi という種がある．本種との区別点として体が団塊を作ること，枝が捩れて一平面に行儀よく扇状に広がらず，各方面に向いていること，体が一般に小形で叉状分岐が密である点等があげられている．しかしこれら両種の中間形と思われる個体もしばしば見出され実際上区別の困難な場合が少なくない．

5053. キントキ 〔ムカデノリ科〕

Grateloupia angusta (Okamura) S.Kawaguchi et H.W.Wang

（*Prionitis angusta* (Okamura) Okamura ; *Carpopeltis angusta* (Okamura) Okamura）

房総半島から以南，琉球辺までの沿岸に産し，干潮線附近に多い紅藻の一種で，体は小盤状の根から叢生し，扁圧された線状であるが基部附近は肥厚してやや円柱状を呈する．また特に体の下部では中央が高まりやや中肋状に見える．高さ 20 cm 内外，幅 2～3 mm，叉状またはやや羽状等不規則に分岐し，各所で不規則にくびれ，軽く関節した様になっている．内部の構造は甚だ緻密で，髄部は密に組合った糸状細胞でできており，皮部は密な柔細織状で内部の細胞は大きく外方に向き小さくなり，表面近くは表面にほぼ直角に連なる小さな細胞の列でできている．四分胞子嚢も，嚢果も，枝の両縁にできる小さな円形多肉な小枝の両面にできる．質は硬く軟骨質で濃い紫紅色，または煉瓦色を呈する．

5054. フクロフノリ（ブツ，フクロノリ） 〔フノリ科〕

Gloiopeltis furcata (Postels et Rupr.) J.Agardh

北海道から九州に至る各地に産する有用海藻の一種で，干満線間の上部辺に群生する．体の基部は岩石上等に広がっていわゆる「座」を作っている．体の大きさ，形は非常に変化し易く，高さ 3～15 cm，分岐は多く叉状であるか，または 3 叉状，あるいは不規則な突起状である．枝の基部はくびれ，あるいは尖りまたは丸まり，内部は中空となっている．嚢果は小球状で体上に密生する．質は膜質でゴム膜の様に弾性がある．飴色，紫紅色等を呈する．var. *coliformis* J. Agardh という型は北方に多く，概して体が大きくなり，枝の縊れが著しく，枝は太く先端は尖ることが少ない．これに反して南方の形は主として var. *intricata* Okamura という型でしばしば叉状分岐を繰り返し，枝の先は次第に細くなり，先端は尖ることが多い．本種と近縁な種にマフノリ *G. tenax* (Turner) Decaisne が本州中部から南部に産するが質は著しく厚く，体は大部分中実なので区別できる．ともに糊料，食用とされる．フクロフノリは商品としてはマフノリよりも少しおちるがしかしマフノリよりも分布が広く，多量に生産される．普通 1 度乾かしたものをむしろ等の上にひろげ，夏日炎天下でじょうろ等で水をかけて晒して乾かしたものを販売する．

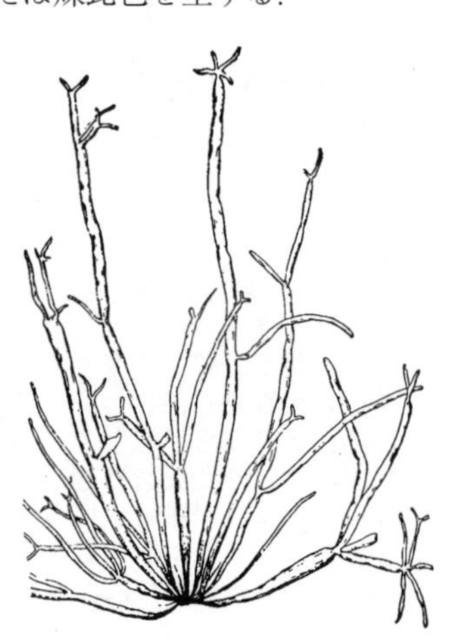

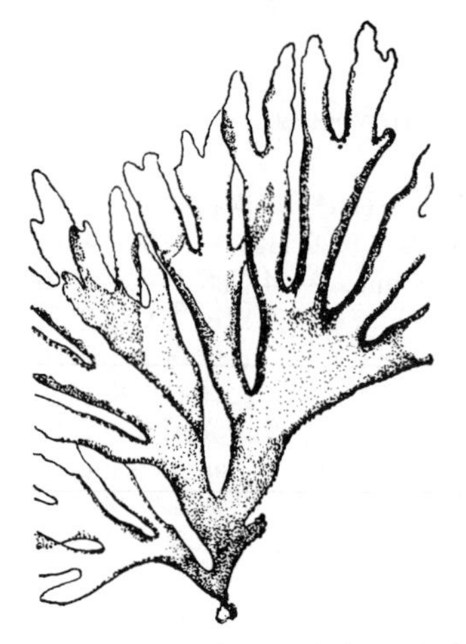

5055. ヒロハノトサカモドキ 〔ツカサノリ科〕

Callophyllis crispata Okamura

関東地方及び東北地方の太平洋岸に産し，干潮線下 30 m 位の深所にまで生育する紅藻の一種で，しばしば海岸に打ち揚げられているのを見る．体は小盤上の根の上に立ち，高さ 10～20 cm，ときに更に大きくなる．基部は短い円柱状で茎状になっているが直きに上方楔形に広がって扁平な葉状部となる．数回叉状またはやや掌状等に分岐し，各裂片の幅は 1～3 cm 位あり，全縁であるが嚢果をつけるものでは辺縁に小さな皺がある．体の内部は割合に大きな細胞からできているがその間に所々小さな細胞が見られる．四分胞子は体の両面に散布されるが肉眼には見えない．十字状に分割する．嚢果は体の両縁に沿って生じ半球状で，短い鈍頭の突起をもっている．体は膜質で血紅色を呈し美しい．本種に近似の種にヤツデガタトサカモドキ *C. palmata* Yamada がある．本種よりも質がやや薄く，嚢果は体の表面に散在する．

5056. ホソバノトサカモドキ 〔ツカサノリ科〕

Callophyllis japonica Okamura

茨城県より宮崎県にいたる太平洋沿岸，瀬戸内海，九州西岸，山口県と朝鮮半島に分布し，漸深帯の岩上や，貝殻上に生育する．盤状付着部から 1～数本の直立体を生じる．直立体の基部はくさび形である．高さ 5～15 cm，幅は 2～5 mm になる膜状で，基本的には叉状に分枝するが，つぎつぎと不規則に分岐し，ふちからは小さい葉を不規則に生じる．またゆるく曲がり，これらがゆるくからまりあってかたまりとなるが広げてみると扇形をしている．若い体のふちは平らであるが成長すると，ところどころに歯のような突起ができる．嚢果はこの突起状の小さい葉の中にでき，その部分はふくらみ，小突起を生じる．四分胞子嚢は全面の皮層の中に散在する．生鮮時，色は鮮やかな紅色で，セルロイド質のつやがあるが，水中では黒くみえる．腊葉台紙にはりつくが，はがれやすい．外見上，クロトサカモドキ *C. adhaerens* Yamada とよく似るが，クロトサカモドキはホソバノトサカモドキに比べて薄く，ふちの突起が少ないこと，色は黒っぽく，腊葉としたときに台紙に黒いしみができるので区別できる．〔日本名〕体の幅が狭いトサカモドキの意味である．

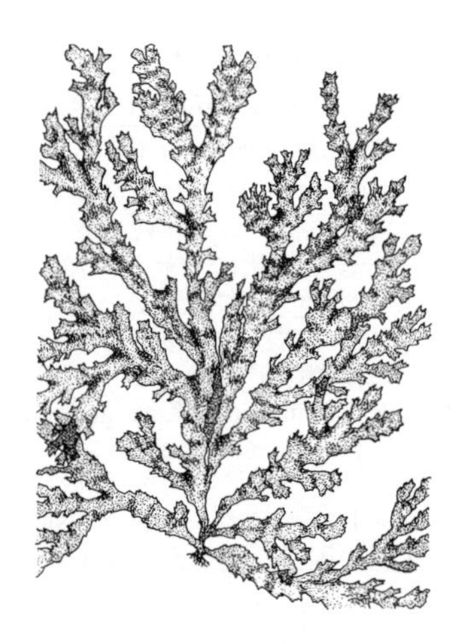

5057. キリンサイ（リュウキュウツノマタ）　〔ミリン科〕

Eucheuma denticulatum (Burman) Collins et Harv.

四国辺から以南マレー諸島辺にまで産する有用紅藻の一種で，干満線下から干潮線下の岩上に生ずる．体はほぼ円柱状で高さ 10〜20 cm，直径 2〜3 mm 叉状で互生，対生等に，甚だ不規則に分岐し枝はしばしば平臥し，密に出るものは互いにからまりあって団塊を作る．体の表面からは円錐形等の小疣状の突起を密にまたは疎に出す．体の内部は中心に細胞糸の小さな束が縦に通って髄部をなし，周囲は外方に次第に小さくなっていく細胞からなる柔組織からできている．四分胞子は小突起の表皮下に生じ目の字状に分割する．嚢果は同じく小突起の側面に半球状に盛り上がって生じ断面で見ると中央に大きな 1 個の癒合細胞があり，その周囲に多数の小仁に分かれて果胞子をつけている．体は紫紅色で軟骨質であるが乾くと角質になる．本種と同属で四国，九州等に普通なトゲキリンサイ *E. serra* (J.Agardh) J.Agardh は干潮線附近の岩上に平臥して生じ，羽状に分枝する．両種とも食用とされ，または寒天製造の際の原藻とされる．また九州地方に多いアマクサキリンサイ *E. amakusaense* Okamura は石灰水等に漬けて薄緑色としたものを熊本地方等ではツノマタと称して食用とする．

5058. トサカノリ　〔ミリン科〕

Meristotheca papulosa (Montag.) J.Agardh

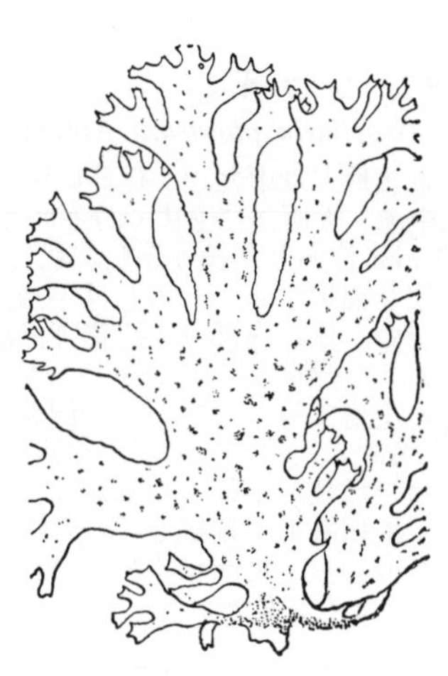

房総半島辺から九州，台湾から印度洋方面にまで分布する美麗な紅藻の一種で干潮線以下に生ずる．体は高さ 20〜30 cm，またはそれ以上にもなり，扁平，少し厚い膜状で不規則な叉状またはやや掌状等に分岐し，幅は通常 1〜5 cm 位ある．しかし体の厚さ，幅なども非常に変わり易く，ときに別種ではないかと思われる様な体をしばしば見受ける．両縁は多く全縁，両面は平滑であるが，しかし両縁からは小枝を，また両面からは短い突起等を出すことがあり，また両面にはしばしば赤褐色の斑紋を見ることがある．体の内部は髄部と皮層とに分かれ，髄部は比較的疎な糸組織からなり，皮層は球形または多角形の細胞からなる柔組織で，内部の細胞は大きく外方へ次第に小さくなっている．四分胞子は皮層内に散在し，目の字状に分割する．嚢果は主として体の縁辺にあるいは縁辺から出る小枝上などに生じ半球状で，内部の中央には糸組織があってその囲りに果胞子をつくる．色は鮮紅色，ときに黄色を帯びるが鶏冠に似て美しい．食用とされる．〔漢名〕鶏冠菜．

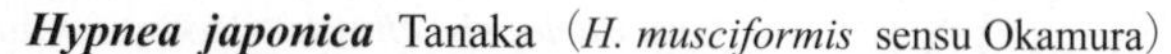

5059. カギイバラノリ　〔イバラノリ科〕

Hypnea japonica Tanaka（*H. musciformis* sensu Okamura）

本州中部以南に産する紅藻の一種で，ほとんど常にホンダワラ類の体上に着生している．体は円柱状線状で直径 1.5〜3 mm, 不規則に広く叉状, 羽状, 互生等に分岐し，枝の先端はしばしば鈎状に曲がり，それでホンダワラ類の体上に付着してこれにからまり，また枝同士も互いに付着してからまり合い，不規則な団塊を形成している．体の内部は中心に比較的少数の，小形の厚膜の細胞があって髄部をなし，それを取り囲んで大形の細胞からなる柔組織があるが，それらの細胞膜上にはしばしば半月形に肥厚した部が見られる．最外部は 1〜2 層の有色小形の細胞が集まって表皮を作っている．四分胞子は極めてまれに見られ，枝上に出る刺状の小枝の下部の膨らんだ場所に生じ，目の字状に分割する．嚢果は知られていない．体色は紅紫色であるがしばしば褐色がかっている．また生時水中で青白く光って見える．

5060. ユカリ　〔ユカリ科〕

Plocamium telfairiae (Hook. et Harv.) Harv.

本州中部以南，九州，琉球等に産し，またハワイにも分布する美麗な紅藻の一種で，干潮線附近に生ずる．体は叢生し，高さ 10〜15 cm，扁平，薄い膜状で幅 1〜2 mm，主枝は雁木状に屈曲し，不規則に叉状または羽状に分岐し，各枝の両縁から更に小枝を出す．小枝は通常 2 個ずつ互生し，同側の 2 個の小枝の内，下のものは短く単条で基部は広く，先端は尖り，ときにやや鈎の様に屈曲している．しかるに上の小枝は長条となり再びその両縁に小枝をつける．体の内部は柔組織で中央に中心細胞がある．四分胞子嚢は体の上部の短い長条上に出る，やや星形の四分胞子嚢托上に生じ，目の字状に分割する．嚢果は小球状で無柄枝の側面にできる．本種の他，本邦沿岸に産する同属の種にヒメユカリ *P. ovicorne* Okamura，ホソユカリ *P. cartilagineum* (L.) P.S.Dixon 等がある．両種ともに小枝はその両側に 3〜5 個ずつの小羽枝を互生するだけである．しかるにヒメユカリではそれらの小羽枝に相対して後，更にやや小さな小羽枝を出す．

5061. オゴノリ（オゴ，ナゴヤ，ウゴ，ウゴノリ）〔オゴノリ科〕

Gracilaria vermiculophylla (Ohmi) Papenf.（*G. confervoides* auct. japon.）

本邦のほとんど各地方は勿論，世界各地からも報ぜられる極めて分布の広い海藻の一種で干満線間の，割合に波の静かな場所に多い．根は小盤状，体は叢生し円柱状で，長さは通常 20〜30 cm 位（淡水がはいって塩分の低くなった場所に生えるものでは著しく大となり 3 m 位になることもある）．直径 1〜3 mm，上方に向かい漸次細くなる．ほぼ羽状に分岐し，枝はしばしば偏生し，基部で軽くくびれ先端は尖っている．体の構造は柔組織状で，内部は大形の丸い細胞からなり，厚い皮層で被われている，皮層の内部の細胞は内層の外部の細胞より幾分小さく外側のものは更に小さくなっている．嚢果は半球状にふくれて体表に隆起しているが，別の個体に生ずる四分胞子嚢は，体の各部に分布し肉眼では認め難い，体は軟骨質で紫褐，帯緑，帯黄色等を呈するが乾かすと暗紫，暗褐色等となる．寒天製造の際テングサのまぜ草とされるが，また本種のみを原料としたオゴノリ寒天も製造されている．

5062. シラモ〔オゴノリ科〕

Gracilaria parvisora Abbott（*G. compressa* auct. japon.）

東北地方以南九州，琉球に産する有用紅藻の一種で，国外ではインド洋，地中海，大西洋にも広く分布する．体は円柱状，高さ 15〜30 cm，直径 2〜3.5 mm 位あり，繰り返し羽状に分岐する．枝は長く互生，広開し，ときに小枝を偏生するがしばしば不規則となる．先端は尖り基部はくびれることはない．体の内部は柔組織で，中軸はない．内方は膜の薄い，内容の乏しい大きな細胞でできており，体表は 2〜3 層の小さな有色の細胞でできたうすい皮層で被われている．四分胞子嚢は枝の皮層中に生じ十字状に分割する．嚢果は円錐形で基部がくびれている．本種はオゴノリとよく似ているが，本種では枝，小枝の基部がくびれることのない点，また嚢果は半球状ではなくて円錐形で基部がくびれている点，体の内部の大形細胞が大きくかつ膜が薄い点，皮層は本種の方が薄い点，等で区別される．色は淡紅色，寒天原藻として使われる．

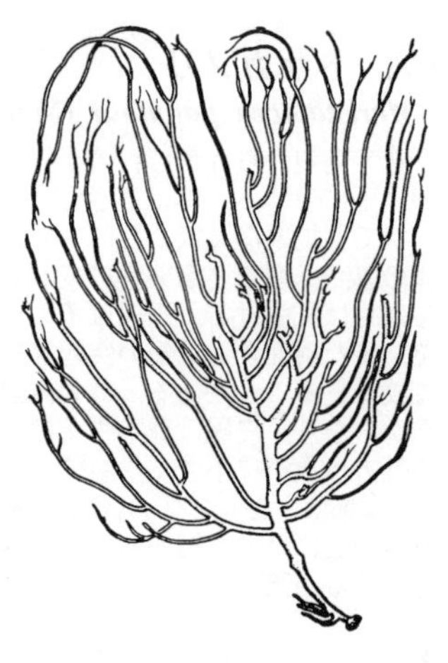

5063. ツルシラモ〔オゴノリ科〕

Gracilariopsis chorda (Holmes) Ohmi（*Gracilaria chorda* Holmes）

主として本州太平洋岸に産する有用海藻の一種で，干潮線附近及びそれより少し深い辺の岩上に生ずる．体は円柱状で長く，基部附近は細く茎状を呈する．高さときに 1 m を超え体の中部の最も太い辺で直径 2〜2.5 mm 位あり，やや互生状に分岐し小枝を疎に出す．ただしその回数は非常に少なく，ときにはほとんど枝のない紐状をなすものもある．枝は基部くびれ先端は尖っている．小枝はときに偏生することがある．体の内部は大きな膜の薄い，内容の少ない細胞でできた柔組織で，外部は明らかにこれと区別できる薄い皮層で被われている．皮層は 2〜3 列にならんだ有色の極めて小さい細胞からできている．四分胞子嚢は体の皮層の下に散在し十字状に分割する．嚢果は体の表面上に半球状に膨れている．その内部には胎座と果皮を連絡する栄養糸は存在しない．これは本種をオゴノリ属から区別する重要な性質の 1 つである．質は膜質であるが老成したものはやや軟骨質となる．色は紅紫色であるが暗褐色を呈することも少なくない．本種の様に非常に長くなる種にオオオゴノリ *G. gigas* Harv. があるが，これは体が非常に太くなり枝も多く外見が非常に異なるので容易に区別できる．

5064. カバノリ〔オゴノリ科〕

Gracilaria textorii (Suringar) Hariot

北海道から九州までの沿岸に産する紅藻の一種で，干満線間の下部及び更に深所に生ずる．体は極めて短い円柱状の茎の上に扁平に広がり，叉状またはやや掌状に分かれ，高さ 10〜20 cm，幅 2〜3 cm 位，全縁で表面は平滑，先端は鈍円または舌状，あるいは浅く 2 叉している．体の内部は，比較的厚い膜の大型の細胞でできており中軸はない．外部は少数の小さな細胞からなる表皮層で被われている．四分胞子嚢は十字状に分割し表皮層中にでき，体の両面に分布する．嚢果は半球状またはほとんど球状で，同じく体の両面に散在する．体は幼時は膜質であるが老成すると厚くなり色は淡紅褐色で，乾燥した体の表面を拡大鏡で見ると小さな縮緬皺がある．本種によく似たものにミゾオゴノリ *G. incurvata* Okamura がある．しかし体は叢生し，概して本種よりも幅狭く，特に体の両縁は一方の側に反って溝状になり，しばしばかるく捩れているので区別される．また本種をマサゴシバリ属 *Rhodymenia* のものとは，体の外形，構造，四分胞子嚢の性質等においてはほとんど区別できない，ただ嚢果の構造の差だけで区別される．

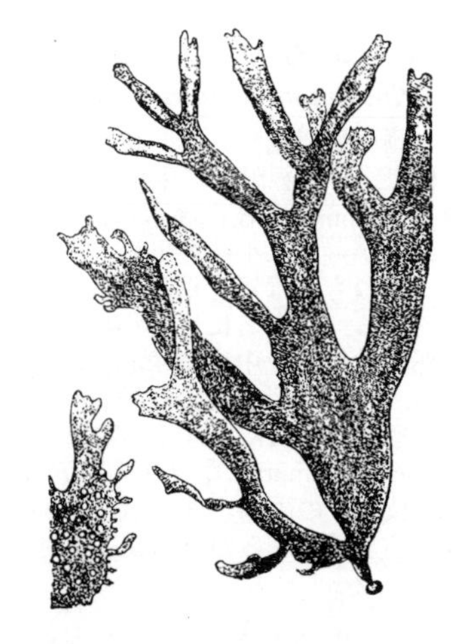

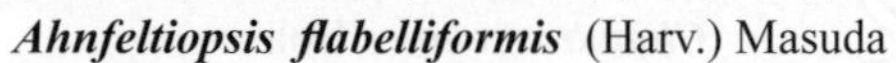

5065. オキツノリ（オキチノリ，キクノリ）　〔オキツノリ科〕

Ahnfeltiopsis flabelliformis (Harv.) Masuda
（*Gymnogongrus flabelliformis* Harv.）

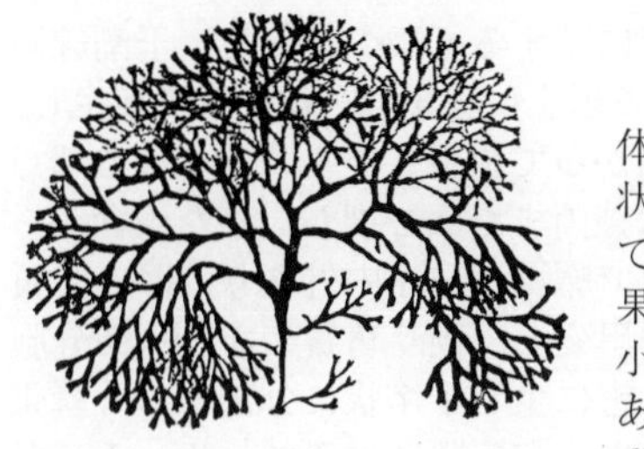

本州両沿岸，九州等に広く産する紅藻の一種で干満線間の岩上に生ずる．体は叢生し扁圧線状で，高さ 4〜8 cm，幅 1.5〜2 mm 位あり，繰り返し叉状に分かれ，一平面上に広がり各枝ほぼ同じ高さになり，扇状の輪廓をしている．体の内部は比較的厚い膜の細胞でできた柔組織で中軸はない．嚢果は小楕円形で上部の枝の両面に縦に少し隆起してできる．内には多数の小仁に分かれた果胞子を作る．質は粗剛で粘滑さは少ない．色は紫紅色であるが乾燥後は黒味を帯びる．本種に甚だ近似するオオマタオキツノリ *A. divaricata* (Holmes) Masuda は枝の分岐の際腋の広い点，体の中部附近でほぼ直角に出る小さな副枝がある点等で本種と区別されることもあるが，両者の区別は非常に困難なことが多く，本種の独立性には疑問がある．

5066. ハリガネ（スジフノリ，ハチジョウノリ，サイミ）　〔オキツノリ科〕

Ahnfeltiopsis paradoxa (Suringar) Masuda
（*Gymnogongrus paradoxus* Suringar）

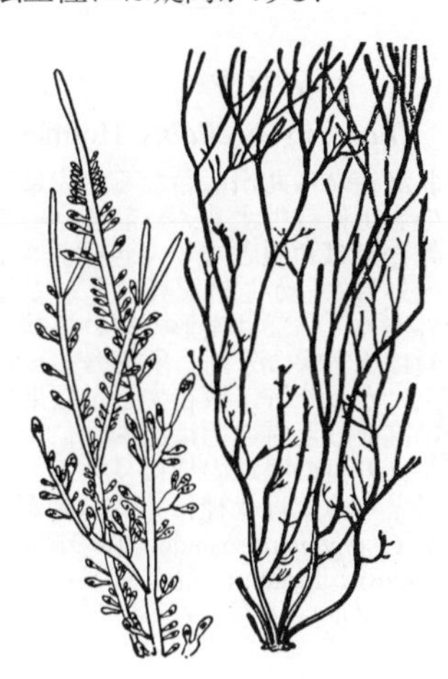

本州太平洋岸，四国，九州，八丈島等に産し，干潮線附近の岩上に生ずる紅藻の一種で，体は線状で高さ 15〜45 cm 位で下部は円柱状，上部は扁圧され，幅 1〜1.5 mm あり，不規則に叉状，羽状等に分岐し，特に上部の嚢果をつけた体では小羽枝が多い．体の内部の細胞はほぼ同形，短い円柱状でそれらがただ集まっているだけで密な柔組織は作らない．嚢果は小枝の面に隆起し球状に膨れている．色は濃い紅色，質は軟骨質で古い体はかなり硬くなる．糊料として利用される．

5067. イボノリ　〔オキツノリ科〕

Mastocarpus pacifica (Kjellm.) Perest.（*Gigartina pacifica* Kjellm.）

アリューシャン列島，千島，サハリンに分布，日本では北海道と岩手県以北の本州太平洋沿岸に分布し，潮間帯上部から中部の岩上に生育する．外洋からの強い波があたらない，比較的静かな平らな磯を好み，このような場所では一面に密生することがある．薄い盤状の付着部から 1〜数本の直立体を生じる．直立体は高さ 3〜6 cm, 根本は細く針金状で, 上部にいくに従い広い膜状となり, 叉状に分枝し，幅 0.5〜3 cm，弾力のある皮革質で暗褐色で，緑色に反射することもある．雌雄異株．成熟した雄性配偶体は，粘液質に包まれた精子を体の周囲に付着する．造果枝は 3 細胞からなり，器下細胞は 1 個の栄養細胞を側生する．受精後，雌性配偶体上で果胞子体が形成され，膜状部分に多数のいぼ状の突起を生じる．これは嚢果で，中に果胞子体がある．放出された果胞子は，発芽して円形の盤状体に成長する．この盤状体はペテロセリス属 *Peterocelis* として記載されていたもので，これに四分胞子嚢が形成され, 四分胞子はイボノリの体に発達する．〔日本名〕嚢果が，いぼ状に突出していることに由来する．

5068. スギノリ　〔スギノリ科〕

Chondracanthus tenellus (Harv.) Hommers.（*Gigartina tenella* auct. japon.）

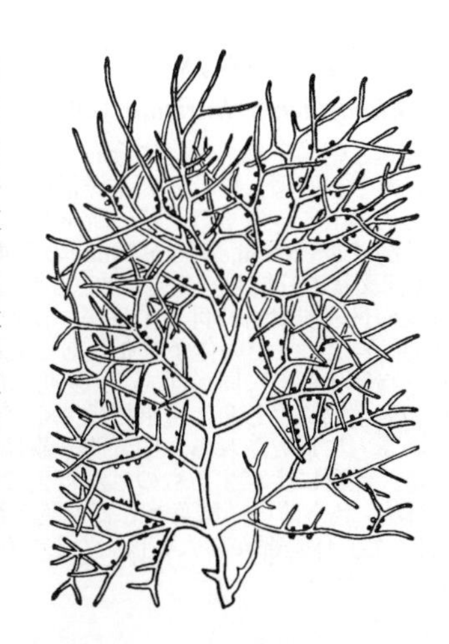

北海道西岸から本州，九州，台湾更に八丈島等に産する紅藻の一種で干満線間の岩上に群生する．体は円柱状または幾分扁圧され，高さ 5〜12 cm，直径は細いもので通常 1〜2 mm，太いものは 3 mm に及ぶ．不規則にほぼ羽状に分岐し，羽枝は広開し先端は尖る．枝は時に弓形に曲がってやや平臥することがある．体の内部は糸組織で，細い糸が縦に走って髄層を作り，それから表面へ向かって，繰り返し叉状に分岐した念珠状の小細胞列を出して皮層を作っている．嚢果は小球状で柄なく，枝上に多少集まってできる．内部は多数の小仁に分かれ果胞子を作る．色は濃い暗紅色で生時水中で瑠璃色に光る．質は軟骨質で乾くと硬くなる．本種と同属のカイノリ *C. intermedius* (Suringar) Hommers. とよく似ていて，この 2 種は同一種の形にすぎないのではないかと疑われることがある．しかしカイノリでは体が低くほとんど常に平臥し，枝はくびれ甚だしく弓形に曲がり枝端も地物につく位になり，体も強く扁圧され，長さの割合に幅が著しく広い．またカイノリの方がスギノリよりも高所に生ずる．

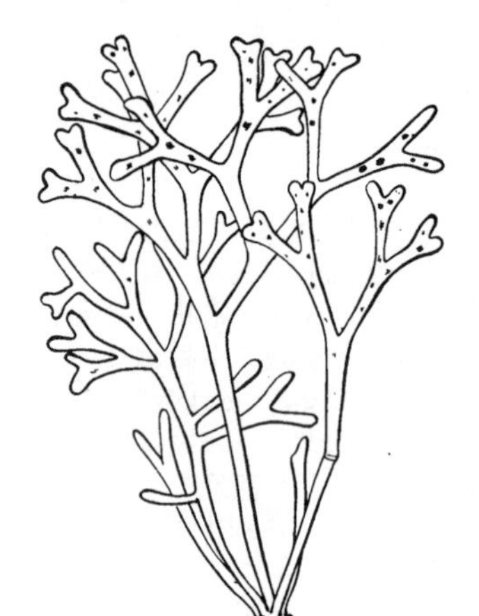

5069. コトジツノマタ（ナガツノマタ，カイソウ）　〔スギノリ科〕

Chondrus elatus Holmes

東北地方太平洋岸から静岡県辺までに産する紅藻の一種で，干潮線附近の，特に外海に面して波に直接当たる岩上に生ずる．体は密に叢生し，高さ 10〜20 cm 基部は扁圧，上部に向かって扁平となり，多くは上部で 5〜6 回広い腋で叉状に分岐し，頂端は鈍円または 2 裂し，また両縁から副枝を出すこともある．上部扁平の部で幅は 5 mm 内外あり，厚い．質は軟骨質で黒紫褐色であるが乾かすと黒変し，硬く角質となる．四分胞子嚢群は卵円形の斑をして末端枝上に密に生じ十字状に分割する．嚢果は楕円形で体の上部に散在し幾分両面に隆起し眼球に似ている．千葉県辺ではこの体の乾燥したものを煮て心太としたものを海そう蒟蒻または飯沼蒟蒻と称し食用に供している．

5070. ツノマタ　〔スギノリ科〕

Chondrus ocellatus Holmes

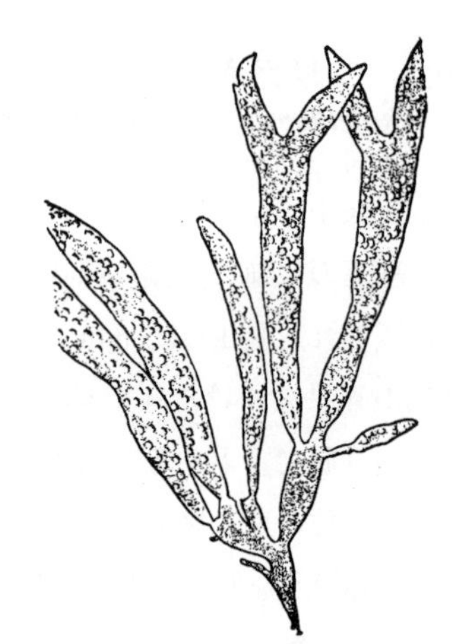

北海道から九州にいたる沿岸に産する糊料海藻の一種で，干満線間及びそれ以下の岩上に叢生する．一般にいって体は扁平で叉状に分岐し，質は軟骨様であるが乾かせば角質となる．色は濃紫紅色であるが往々青紫色または黄味を帯びる．体の外形はしかし外況等によって甚だしく変化し，体の高さ 5〜10 cm，幅 1.5 cm 内外あり，基部は楔形の短い茎状となり上方に数回叉状に分岐している．四分胞子嚢は十字状に分割し多数集まって直径 1 mm 内外の不規則な楕円形の斑を作り，体上にかなり密に散在する．嚢果はほぼ円形で大きく，直径 1.5〜6 mm あり，片面に高まり反対の面は凹み，仁の周囲には半透明の円い環形の縁をとった様な部分があり魚の眼球の様に見える．糊料として一般に利用され漆喰（しっくい）の材料となる．近縁種に，体の幅が 2〜7 cm，長さ 15〜50 cm におよぶオオバツノマタ *C. giganteus* Yendo，体の両縁が一方の側に反って溝状となるイボツノマタ *C. verrucosus* Mikami，密に複叉状に分岐し，その上細い副枝を両縁から多数発出しているマルバツノマタ（トチャカ）*C. nipponicus* Yendo がある．

5071. エゾツノマタ（クロハギンナンソウ，ギンナンソウ，ホトケノミミ）　〔スギノリ科〕

Chondrus yendoi Yamada et Mikami（*Iridaea laminarioides* sunsu Yendo）

北海道から東北地方沿岸に産する有用海藻の一種で，干満線間の岩上に叢生する．体は基部附近は短くてやや円柱状の茎状部であるが直きに楔形となり，上部は葉状に広がり，高さ 10〜25 cm，厚い膜状で輪廓は舌状，倒卵形等で，しばしば僅かに縦に分裂する．但し若い体は幅が狭く往々溝状になりツノマタの一形コマタに似ている．生時水中で瑠璃色に光る．体の内部，髄及び内皮層は幾分太目の髄糸が疎にならび特に成熟しかけた場所では体表に直角な方向に走る糸が目立ち小細胞からなる皮層で被われている．四分胞子嚢は十字状に分割し，多数集まって小さな円形，楕円形等の点として体一面に散布されている．嚢果も体一面に生ずるが球形とはならず，やや平たく盛り上がり，成熟するに従い眼玉状となり，ツノマタのそれに似ている．そして仁を囲む糸組織は存しない．本種は永らくギンナンソウ属 *Iridaea* に入れられていたが，主として嚢果発育の過程及び構造の差によってツノマタ属 *Chondrus* に移された．真正のギンナンソウ属のものは千島には見出されているが北海道本島には未知で今迄クロハギンナンソウと呼んで糊料として漆喰等に使われているものはほとんど本種である．

5072. マサゴシバリ　〔マサゴシバリ科〕

Rhodymenia intricata (Okamura) Okamura

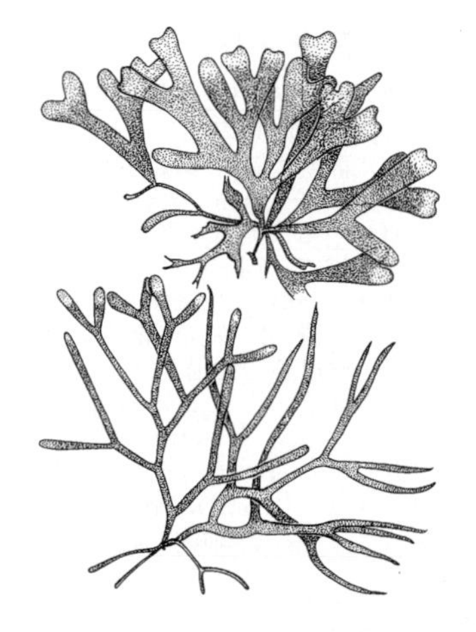

日本と朝鮮半島，中国に分布し，日本では北海道西岸忍路から南の日本海沿岸と青森県から四国にいたる太平洋沿岸，瀬戸内海と九州北部に分布し，低潮線から漸深帯の岩上に群生する．暗い所を好み，深く，暗いタイドプールの壁にも出現する．体は高さ 5〜10 cm，幅 2〜7 mm のセルロイド質の薄い膜状体である．規則正しく 2〜4 回叉状に分枝し，先端は丸く，成長方向に平行して縞模様を生じることがある．盤状の付着器で岩に付着するが，体の基部背面から太い根を生じるのがこの種の特徴で，岩上に平たい体が重なりあって群生し，ときに互いの体が融合する．配偶体，四分胞子体ともに同形同大で，夏期に成熟する．雌雄異株．精子嚢斑は薄い黄色で，体の先端部に生じる．造果枝は 2 個の細胞からなる．嚢果は球形，半球形で，体上部のふちに形成される．四分胞子嚢は体の先端近くに楕円形の四分胞子嚢斑を形成する．深所に生育するものは深紅色で，体も肉厚であるが，浅い所に生育するものは体も，色も薄い．腊葉としても色と形はさほど変わらない．台紙に付着しにくい．〔日本名〕体基部から太い根をだして砂をおさえて生育するという．

5073. フクロツナギ 〔マサゴシバリ科〕

Coelarthrum opuntia (Endl.) Børgesen（*C. muelleri* (Sond.) Børgesen）

本州太平洋岸の干潮線下から更に深所の岩上，貝殻上等に生ずる美しい紅藻の一種で，東印度及びオーストラリア地方にも分布している．体は小さな盤状根から直立し円柱状で高さ 35～40 cm あり，所々で強く縊れて関節状となり，細長い袋を連続した様になる．直径 3～10 mm，多く 3 叉状に分岐し，関節のくびれた部は中実であるが，関節部には粘液を満たし，その壁は内側の 1～2 列の大形の細胞の層と 1～2 層の小細胞からできた表皮とからできている．また内層の大きな細胞の上には所々に内腔へ向かってやや小形の細胞があり，更にその上に 2～3 個，または時には多数の腺細胞が見られる．四分胞子嚢は十字状に分割し節間部の表皮層に密に分布し，嚢果は小点として節間部に散在する．質は膜質で色は濃い血紅色で美しい．

5074. フシツナギ 〔フシツナギ科〕

Lomentaria catenata Harv.

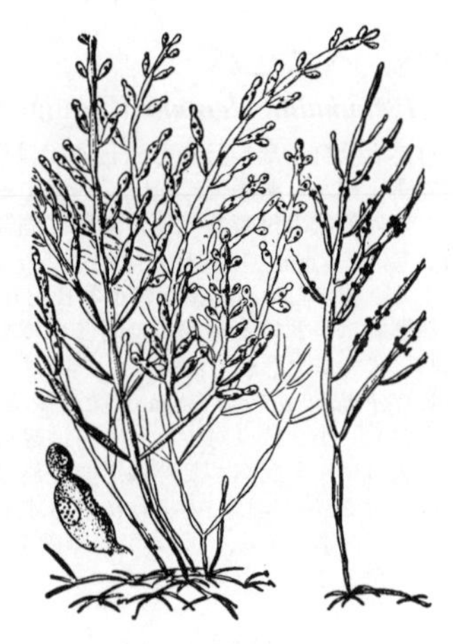

東北地方以南九州辺までに産する紅藻の一種で，干満線間や，潮溜まり等に生ずる．体は関節して岩上を匍う匍匐枝から多数叢生直立し円柱状，または時に扁圧され，高さ 10 cm 内外，直径 1～1.5 mm 位あり，所々くびれて関節状となる．主軸は一般に上下に貫通し，その上に枝を対生または輪生につける．節間部の内部は中空で，最内部には縦にゆるく走る糸があり，その上には小さな腺細胞が所々に見られる．四分胞子嚢は小枝の上にできる浅い小さな楕円形の凹みの内面にでき，3 角錐状に分割する．嚢果は小球状で無柄，体の上部の節間部に通常 2～3 個ずつ集まってできる．内部には，比較的大きくて縦に長い癒合細胞があり，果胞子はその囲りに小仁に別れて総状につく．色は暗紅色，質は軟骨質である．

5075. ワツナギソウ 〔ワツナギソウ科〕

Champia parvula (C.Agardh) Harv.

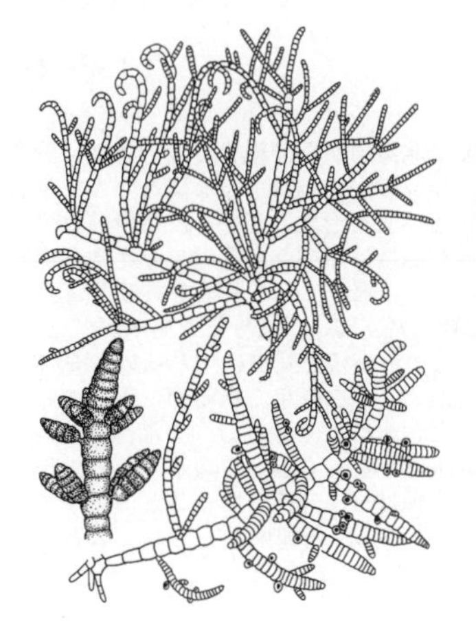

地中海，大西洋，オーストラリア，北米の太平洋沿岸，メキシコ，東インド諸島，マレー諸島，中国，朝鮮半島に分布し，日本では全国各地の潮間帯から漸深帯にかけての岩上や，他の海藻上に生育する．体は円柱状で，短い間隔で輪状模様がある．成長すると輪状模様の輪の一つ一つが節となり，節部はくびれてあたかも輪がつながったような形となる．枝は対生，互生，輪生に不規則に分枝し，枝の先はかぎ形に曲がることが多い．枝と枝がからまりあい，枝と枝とが接着したところは融合することがある．全体の形は，生育する状態によってさまざまで，岩にへばりついてマット状になったり，ホンダワラ類の体にからまりついて球形の団魂となったり，波のおだやかな湾の中では，枝のほとんどが屈曲せずにまっすぐのびて，まり状になることもある．体の色も，浅い所では黄色がかった薄紅色や，黄緑色となり，波の荒い潮間帯に生育するものは黒っぽい赤色，深所に生育するものは濃く鮮やかな紅色となる．四分胞子体は配偶体と同形同大である．腊葉とすると台紙に密着する．〔日本名〕ひとつの節間部が丸い輪のようで，それらが連続した様子が輪をつないだようにみえることからこの名がある．

5076. ダルス 〔ダルス科〕

Palmaria palmata (L.) Kuntze

北海，バルチック海，北米大西洋岸，ブラジル，ヨーロッパ，アラスカからカリフォルニアにいたるアメリカ西岸，カムチャツカ，千島，オホーツク海，サハリン，朝鮮半島以北の日本海沿岸に分布し，日本では北海道と宮城県以北の本州太平洋沿岸の潮間帯中部から漸深帯の岩上に生育する．体は小さな盤状付着部から直立し，膜状で幅 1～10 cm，高さ 10～35 cm，ときに 50 cm をこえる．若い体はへら状，不規則に叉状に分枝する．老成すると中央部が厚くなり，縦に赤い縞状の模様をつくることもある．へりからは枝を生じるなど外部形態ははなはだしく変化に富む．体は雄と四分胞子体のみが直立体を形成する．雌の体は岩の上をはう殻状体である．受精すると受精した造果器は造胞糸を形成することなく直接四分胞子体に発達する．このような生活環をもつことや，原形質連絡糸のプラグに 2 層の外膜があることなどからマサゴシバリ属とは異なる分類群である．日本では食用とされることはないが，カナダやスコットランドではダルス Dulse と呼び，乾燥して保存し，水にもどして食用とする．〔日本名〕カナダやスコットランド地方でダルスと呼ぶことに由来する．

5077. カタベニフクロノリ 〔ダルス科〕

Halosaccion firmum (Postels et Rupr.) Kütz.

アラスカ，ベーリング海，カムチャツカ，千島に分布し，日本では北海道東岸から襟裳岬にかけて分布する寒帯性の海藻．潮間帯中部の岩上に生育し，磯が一面カタベニフクロノリを敷き詰めたように群生する．体は盤状の付着部から直立し，高さ 8〜15 cm，直径 1〜2 cm の長楕円形嚢状で，よく成長したものは棍棒状で，高さ 20 cm になる．このような体が基部から次々とのびて数個の嚢状部が群生する．嚢状部の内部には粘質の少ない液体が充満する．色は黄色いものが多い．早春に芽生え，9 月まで成長し，冬に成熟し，翌年 1〜2 月には体の基部を残して枯れる．そして体基部から芽生えて新しい嚢状体を形成する．雄性配偶体，四分胞子体のみが採集され，野外では雌性配偶体は観察されない．精子嚢は体表面に形成される．四分胞子嚢は皮層に形成される．同属のベニフクロノリ *H. yendoi* I.K.Lee も寒帯性の海藻で，室蘭より東の親潮の影響の強い海域に生育する．体は高さ 5〜20 cm，直径 2〜5 cm の長卵形，赤紫色の袋状体で，粘液体を多量に含む．主に他の海藻に着生して採集される．〔日本名〕体の固いベニフクロノリの意味である．

5078. ベニヒバ 〔イギス科〕

Psilothallia dentata (Okamura) Kylin

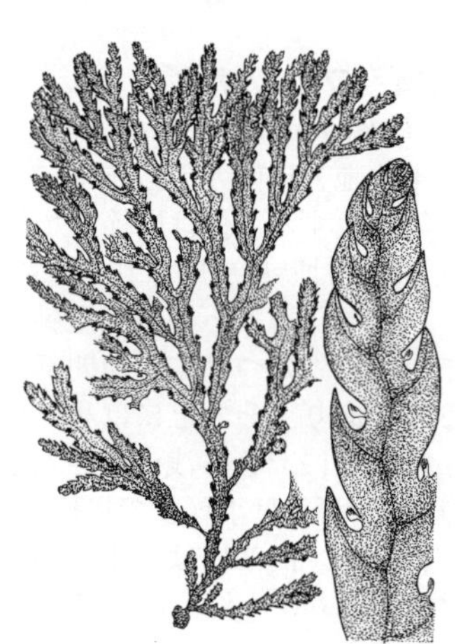

日本と朝鮮半島に分布し，日本では松島湾より御前崎にいたる太平洋沿岸に分布する．潮間帯下部から漸深帯にかけて生育する他の海藻に付着する．波の荒い所を好んで生育する．体は盤状の付着器で他の海藻に固着し，数本の直立体を生じる．直立体は高さ 5〜25 cm，幅 2〜4 mm，中肋様の隆起があり，両縁に薄くなる平たい体で，叉状様互生に数回分枝する．体の両縁に鋸歯状に小羽枝を互生する．小羽枝は三角形で，基部広く，先端は尖る．生殖器官は小羽枝と小羽枝の間に小枝を生じ，この小枝の上に形成される．日本ではベニヒバによく似た形態の海藻にカタワベニヒバ *Neoptilota asplenioides* (Esper) Kylin とクシベニヒバ *Ptilota filicina* J.Agardh とがある．カタワベニヒバは北海道日高地方より東の海域に生育し，小羽枝は対生し，一方は縁辺にきざみがあるが，もう一方はきざみがなくへら状で大きい．クシベニヒバは男鹿半島以北と岩手県以北の本州北部，北海道に分布し，小羽枝はカタワベニヒバのように対生するが，へら状に大きい小羽片にも櫛歯状の鋸歯があることで区別できる．〔日本名〕鋸歯をもった赤い体の様子が，裸子植物のヒバ（アスナロ）の葉に似ることに由来する．

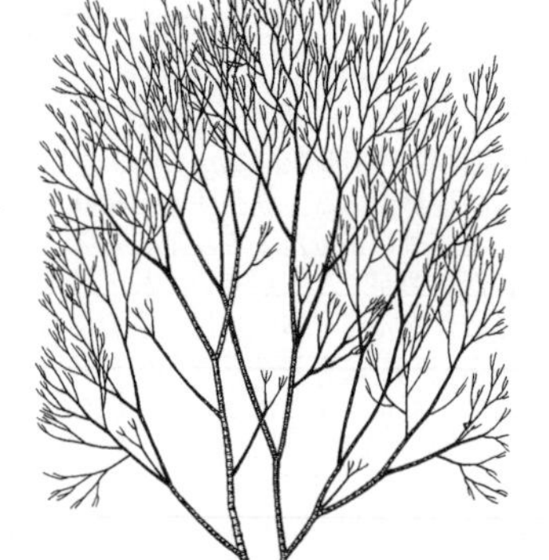

5079. イギス 〔イギス科〕

Ceramium kondoi Yendo

千島列島，サハリン，朝鮮半島に分布し，日本では北海道から沖縄まで全国各地に分布し，潮間帯中部の岩上や，他の海藻上に生育する．多少砂がかった平らな磯を好んで生育する．体基部細胞より生じた仮根細胞が集まって付着器官を形成している．体構造は単軸形で，中軸細胞は皮層によっておおわれるが，中軸細胞はぼんやりと透けてみえ，各中軸細胞ごとに節をなす．体は直径 0.5〜2 mm の円柱状で若い部分は細く糸状である．高さ 10〜30 cm，しばしば 50 cm を越えることがある．分枝は基本的に二叉分枝であるが，三叉，四叉をまじえて 10〜20 回繰り返し分枝する．また枝から小枝を互生に生じるので全体としてよく分枝したふさになる．若い体は軟らかく，血のような紅色であるが，老成するともろくなり，黒みがかった血色となる．腊葉とすると台紙によく付着し，また台紙に茶色のしみをつくる．日本には 20 種を越えるイギス属植物が生育する．種類が多く，外形が変化に富むことから分類の困難な分類群であるが，本種は三叉分枝をすることによって他種から容易に区別できる．〔日本名〕岩手県地方でイギリス，新潟県地方でエゲスというように地方名に由来する．

5080. エゴノリ（エゴ，オキウド，カラクサイギス） 〔イギス科〕

Campylaephora hypnaeoides J.Agardh

（*Ceramium hypnaeoides* (J.Agardh) Okamura）

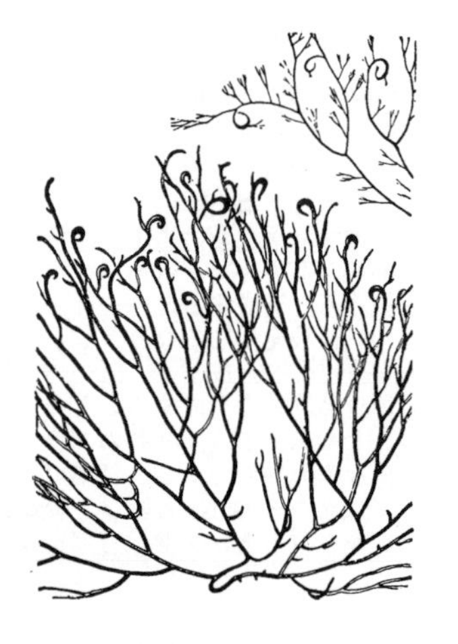

北海道から九州にかけ各地に産する有用紅藻の一種で，主として干潮線下に生ずるホンダワラ類の体上に着生する．体は幼時には直立して円柱状，正しく叉状に分岐するがその後次第に分岐も不規則となり糸状で直径 1 mm 位となり，枝の先端はしばしば鈎状に曲がって互いにからまり合い大きな団塊を作る．体の内部は，中心に大きな細胞が縦に 1 列に連なって軸を作り，その外側は皮層で被われている．皮層は更に内外 2 層に分かれ，内層では長目でやや糸状の細胞が数列多少ゆるく集まって縦に走り，その外側は柔組織状の薄い外皮層となっている．四分胞子嚢は枝の皮層中に不規則に散在し 3 角錐状に分割する．嚢果は普通の体上にはほとんど見られないが長さ 2 cm 内外の小形の体上に作られるものと推察されている．質は初め柔らかいが老成すると軟骨質となり色は濃紅色であるが後黄色がかることが多い．各地で採取して食用に供せられるが特に日本海方面で盛んに採取され，また福岡地方の名物オキウドも本種で作ったものである．

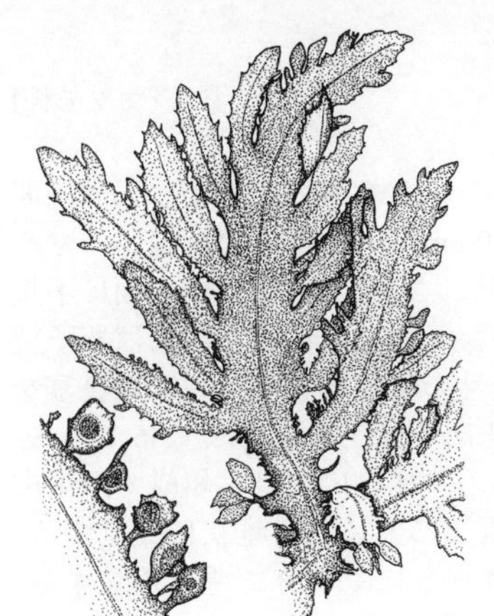

5081. ハブタエノリ 〔コノハノリ科〕

Marionella schmitziana (J.B.De Toni et Okamura) T.Yoshida

（*Hemineura schmitziana* J.B.De Toni et Okamura）

宮城県より紀伊半島にいたる太平洋沿岸，瀬戸内海，鹿児島より沖ノ島にいたる九州西岸，朝鮮半島南部と，津軽海峡に分布する．漸深帯の岩上に生育し，春から夏にかけて浜にうち上げられることが多い．体は薄い膜質の葉状である．中肋があるが側脈はない．へりから 2 回羽状分枝し，分枝した葉にも中肋がある．体の基部は狭く短い茎となる．高さ 10～20 cm，幅 0.5～4 cm である．成熟すると体のふちに小葉を生じ，ここに生殖器官を形成する．雌性配偶体の小葉には中軸にそって数個のプロカルプを生じる．1 組のプロカルプは，1 個の支持細胞上に形成された 4 細胞からなる 1 個の造果枝と 2 組の中性細胞とからなる．嚢果は小葉の中肋上に形成され，通常 1 枚の小葉に 1 個の嚢果が形成される．四分胞子嚢斑は小葉の中肋の両側に形成され，四分胞子嚢は皮層細胞から生ずる．生時は白色を帯びた紅色で羽二重を思わせる．淡水に入れると粘液質をだし，腊葉とすると台紙に密着する．乾燥すると羽二重色は失われて，明るい紅色となる．〔日本名〕生鮮時の体の色彩と手触りが羽二重のようであることによる．

5082. ヌメハノリ 〔コノハノリ科〕

Cumathamnion serrulatum (Harv.) M.JWynne et G.W.Saunders

（*Delesseria serrulata* Harv ; *D. violacea* J.Agardh）

朝鮮半島，中国と日本に分布し，日本では北海道西岸，室蘭より宮城県にいたる太平洋沿岸と津軽海峡に分布する．潮間帯下部から漸深帯の岩上に生育する．ときに深くて暗いタイドプールの中に生育する．体は円盤状付着器から直立し，高さ 10～30 cm，ときには 1 m を越えるものもある．直立体は明確な中肋をもち，中肋の両側に翼状に薄い膜をひろげる．老成した体では，翼状部分は破損してなくなり，中肋だけの茎となる．中肋から体の両面に規則的な間隔で，主枝と同様の枝を多数生じ，それらの枝からさらに主枝と同様の枝を生じることを繰り返す．成熟すると末端段階の小葉に生殖器官を形成する．雌性配偶体の小葉には中軸にそって数個のプロカルプを生じる．1 組のプロカルプは，1 個の支持細胞上に形成された 4 細胞からなる 1 個の造果枝と 2 組の中性細胞とからなる．嚢果は小葉の中肋上に形成される．四分胞子嚢斑は小葉の中肋の両側に線状に並んで形成され，四分胞子嚢は体内組織から生ずる．生鮮時，体の色は暗紫紅色であるが，腊葉とすると紅色となる．腊葉台紙に密着する．〔日本名〕ぬめりのあるコノハノリの意味である．

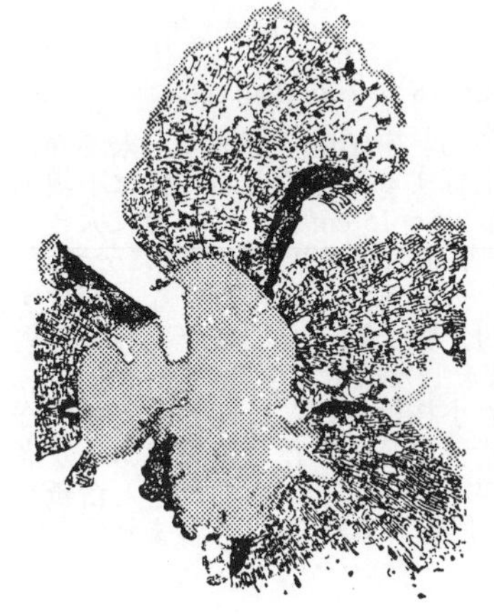

5083. アヤニシキ 〔コノハノリ科〕

Martensia jejuensis Y.-P.Lee（*M. denticulata* sensu Okamura）

本州中部以南に産し，またオーストラリアにも分布する非常に美しい紅藻の一種で，干潮線下に生じ，特に波の静かな所に多い．体はほぼ扇形に広がり，下部は薄い膜状で 1～2 層ないし数層の細胞からできているが少し上方から細かい格子目の様な厚みのある網状となり，更に頂縁近くは再び狭い薄膜状となり，その縁には不規則な鋸歯状の小突起がある．しかし体が老成すると網状部はしばしば数個の裂片となり上の膜状部は取れ去る．四分胞子嚢は主として下の膜状部に砂をまいた様に生じ三角錐状に分割する．嚢果は小球状で割合に大きく，網状の部に散在する．体の色は生時には水中で藍緑白色に見え光っているが乾燥すると美しい紅色となる．本種と近縁の属のカラゴロモ *Vanvoorstia concinna* Harv. ex J.Agardh は太平洋岸本州中部以南に産し，体が網状に広がる点では似ているが，その構造は全く本種のそれと異なっている．

5084. マクリ 〔フジマツモ科〕

Digenea simplex (Wulfen) C. Agardh

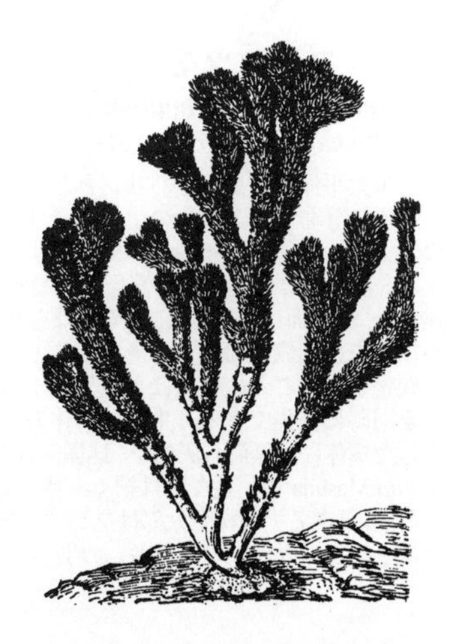

紀伊半島から四国，九州更に以南に産し，またインド洋，紅海，地中海，大西洋熱帯部等にも広く分布する薬用海藻で，わが国では干潮線下の岩上に生ずる．体は高さ 7～20 cm，円柱状で数回不規則に叉状に分岐し，直径 2 mm 内外，下部を除き細い剛毛状の小枝で密に被われている．小枝は広開，長さ 5～10～15 mm 位あり，単条で時に分岐し太さ 80～150 μm あり，通常これ等の上には小形の石灰藻サンゴモ類やその他微小な海藻や動物が付着している．小枝の構造は多管軸を示す．すなわち中央に長形の細胞が縦に 1 列に連なって中軸を作り，その囲りには中軸細胞と同長の細胞の列（周心管）が約 10 個あって中軸を包んでいる．更にその外側は小形細胞の表皮で被われている．四分胞子嚢は小枝の頂部の少し膨れた場所に生じ，螺旋状に配列され，三角錐状に分割する．嚢果は卵円形で無柄，小枝の側面にできる．古くから漢方で虫下しとして使われ，また諸種の蛔虫駆除薬の原料とされる．

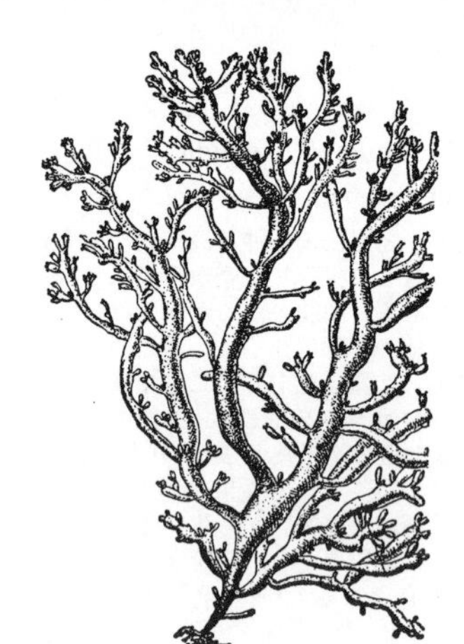

5085. ユ　ナ　〔フジマツモ科〕

Chondria crassicaulis Harv.

北海道から九州に至り朝鮮半島にも分布する紅藻の一種で，干満線間及び干潮線下に生ずる．体は高さ 10～20 cm，円柱状または扁圧，やや肉質で直径 2～5 mm，またはそれより幾分太くなる．枝は各方面に不規則に出るが，多く互生様で小枝は基部が縊れ，頂きにはしばしば芥子粒大の球状の胚芽枝を付ける．胚芽枝は無性の繁殖器官で，内には豊富な養料を蓄え，基部は甚だしく縊れて容易に小枝から離れ易くなっている．また成長点は小枝の先端の凹みの中にある．体の内部は柔組織で，中央には中軸がある．四分胞子嚢は小枝の頂部に生じ三角錐状に分割する．質は柔らかく採取後は傷み易く，死後は直きにくずれて悪臭を発する．色は紫紅色であるがしばしば緑色，または黄色がかっている．

5086. コブソゾ　〔フジマツモ科〕

Chondrophycus undulatus (Yamada) Garbary et Harper

（*Laurencia undulata* Yamada）

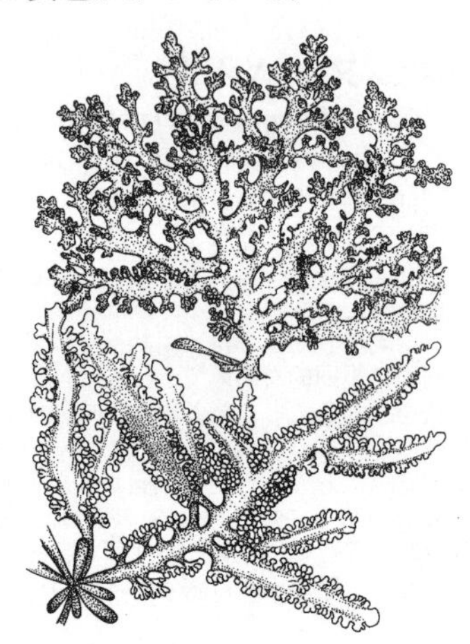

中国，朝鮮半島に分布し，日本では沖縄より福島県にいたる太平洋沿岸，津軽海峡にいたる対馬暖流海域と，瀬戸内海に分布する．すなわち暖流の影響が強くおよぶ海域に生育する海藻である．体は円盤状付着器から数本の直立体を生じる．直立体は高さ 10 cm またはそれ以上となり，しばしば幅 5 mm 以上になる．基部は円柱状であるが，体の両側から枝を羽状にだして，上部は扁平となる．成長すると小枝はたがいに重なりあうようになり，ふちは波状にうねる．ふちに嚢果をたくさんつけるので全体的にはこぶ状になる．潮間帯下部の岩上や，他の海藻の上に付着する．色は生鮮時には暗緑紫色から濃赤茶色であるが，生育する場所や，着生する海藻など，生育状況によって形や色が著しく変化する．四分胞子嚢は，体の末端の小枝の頂端面にできる．体をカミソリの刃で薄く切って顕微鏡で観察すると，表皮細胞同士に細胞と細胞を連絡する糸が観察されず，また髄層細胞に半月状の肥厚は観察されない．生鮮時は肉質で固く，もろいが，真水に入れるとくずれてしまう．独特のくさみがある．腊葉台紙に密着し，こわれやすい．〔日本名〕体のふちがこぶ状となったソゾの意味である．

5087. イソムラサキ　〔フジマツモ科〕

Symphyocladia latiuscula (Harv.) Yamada（*S. gracilis* Falkenb.）

北海道から本州各地に産し，また朝鮮半島，中国の一部芝罘，大連等にも分布する紅藻で，干満線間の岩上等に生育する海藻である．体は不規則な短い繊維状の根でつき　叢生直立し，高さ 5～15 cm 位，時に更に大きくなり，通常密な塊を作っている．扁平で一平面上に繰り返し羽状に分かれ，末端の小枝は先端が尖ってやや鋸歯状をしている．体の幅はかなり変化するが広い部で 1 mm 内外が普通である．四分胞子嚢は小羽枝が変わって扇状に分岐して，または密に分岐して小団塊をした四分胞子托の上に生ずる．嚢果は末端小枝の下部にできるがこれらの小枝はしばしば四分胞子托の様に密に分岐して小塊をしている．色は黒紫色で，若い体は膜質であるが老成したものは質が粗剛となる．なお乾燥標本にしてしばらくたつと台紙を赤紫色に染める．本種の体内には臭素が乾燥量の 4 % 内外も含まれていることが知られている．

5088. フジマツモ　〔フジマツモ科〕

Neorhodomela aculeata (Perest.) Masuda

（*Rhodomela larix* sensu Okamura）

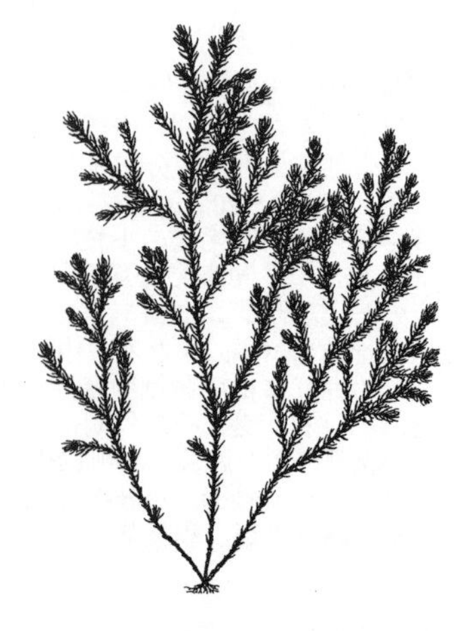

北米太平洋，千島，サハリンと北部日本海に分布し，日本では北海道，青森県と岩手県の沿岸に分布し，これらの生育地ではふつうに採集できる種類である．潮間帯上から下部の岩上や，タイドプールの中に群生する．広く成長した盤状付着部から数本の直立体を生じる．直立体は円柱状で，直径 0.8～2 mm，高さ 10～25 cm，よく成長したものは 40 cm に達する．各方面に枝を生じ，茎や枝はらせん状に生じた硬いとげのような小枝でおおわれる．小枝の先は内側に曲がる．老成するとこれらの小枝は脱落し，茎は裸になる．年間を通じて観察され，ことに初夏によく繁茂する．初夏には成熟した雌雄両配偶体と，四分胞子体とを同時に採集できる．生鮮時，体の色は暗褐色であるが，腊葉とすると黒色となる．老成した個体には無節石灰藻や，珪藻，小さな巻き貝などが着生する．同属のイトフジマツ *N. munita* Masuda は，茎や枝は細く，体をおおうとげのような小枝の数も少なく全体に繊細である．〔日本名〕岡村金太郎はフジマツモを *Rhodomela larix* にあてたとき，カラマツ（*Larix* は裸子植物のカラマツの属名）の別名フジマツをとってフジマツモとした．

5089. シイタケ

〔ツキヨタケ科〕

Lentinula edodes (Berk.) Pegler

（*Cortinellus shiitake* (J. Schröt.) P. Henn. ; *Lentinus edodes* (Berk.) Singer）

春秋の 2 季，山林のシイ，クリ，シデ，クヌギ，ナラなどの広葉樹の枯樹や切株に生ずる．傘は径 6～10 cm，表面は黒褐色，茶褐色などで亀裂を生ずることがある．ひだは柄に湾生して白色．外皮膜は，綿毛状の鱗片として傘が開いた後も，傘の周辺部に残り，また柄の上部には綿毛状の痕跡として残る．春と秋に最も多く発生するが，他の時季にも発生する．発生する時季によって秋子，春子，夏子，冬子という．天然に生ずる他，人工栽培も盛んである．日本の食用菌の中で王座を占めるものである．

5090. ツキヨタケ

〔ツキヨタケ科〕

Omphalotus japonicus (Kawam.) Kirchm. et O.K. Mill.

（*Lampteromyces japonicus* (Kawam.) Singer ; *Pleurotus japonicus* Kawam.）

夏秋，山地のブナなどの枯幹に多数重なりあって生え，ときとしては相当の高い樹上にも生える．傘は腎臓形または半円形で，始めは淡黄褐色であるが，後には紫色を帯びてくる．傘の側方に短い柄がある．外見上ヒラタケによく似ているが，ひだと柄の境が明瞭で，ひだは柄に垂生せず，（まれに垂生状にみえることもある），ただ一種の臭気があること，柄の基部の肉は常に暗紫色であることなどで区別がつく．また新鮮なものはひだが全面にわたって黄白色に発光する．東アジア（日本, 朝鮮半島, 中国，ロシア沿海州）に特有のきのこで，有毒菌である．

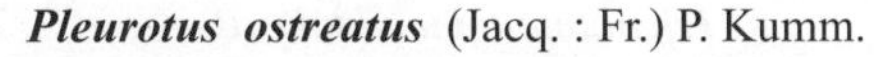

5091. ヒラタケ

〔ヒラタケ科〕

Pleurotus ostreatus (Jacq. : Fr.) P. Kumm.

春から晩秋，山野の広葉樹枯幹に重なりあって発生する．普通の形は半円形で側方に短い柄があるが，ときとして長い柄をもつものもある．傘は灰色がかったものが多いが，ときには黒褐色のものもある．また白色のこともある．この傘の色や形は，発生する場所の状況で変わる．すこぶる味の良いもので, 広く食用とされている. 毒菌であるツキヨタケは, 外見が良く似ているので，誤って食べて中毒することがあり，注意を要する．

5092. ホンシメジ（ダイコクシメジ）

〔シメジ科〕

Lyophyllum shimeji (Kawam.) Hongo

（*Tricholoma shimeji* Kawam.）

秋，山地の比較的乾燥した地上に生える．多数が一塊となって叢生するのが特徴で，柄の下部は太く膨れ，傘は比較的小さい．柄は白色，傘はネズミ色である．シメジは占地の意味であって，湿地の意ではない．食用菌で，味は最も良く，俗に「におい松茸，味占地」と称し，マツタケは香りはよいが，シメジの味の良さには及ばないといわれている．

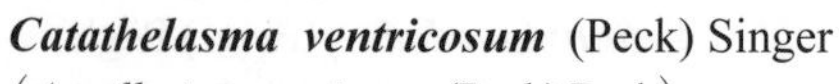

5093. モミタケ 〔キシメジ科〕

Catathelasma ventricosum (Peck) Singer

(*Armillaria ventricosa* (Peck) Peck)

秋，主としてモミ林内地上に生える．初めは白色，後に淡褐色となる．柄も同じ色であるが，つばより上の方は純白である．柄は肉が厚くて太短く，下端は尖っている．はじめ傘の下面に明瞭な皮膜があり，傘が開いた後，明瞭なつばとなって残る．傘，柄ともに肉は白くて緻密であり，食用にされる．センダイサマツの方言がある．

5094. ドクササコ（ヤケドキン） 〔キシメジ科〕

Paralepistopsis acromelalga (Ichimura) Vizzini

(*Clitocybe acromelalga* Ichimura)

日本特産の毒きのこで，秋季（まれに春季），主としてモウソウチクなどの竹林や，ネマガリダケなどの笹原に，菌輪をつくって群生する．傘は径 5～10 cm，淡橙黄色のち茶褐色，浅い漏斗形．表面は平滑で湿時やや粘性がある．ひだは黄白色で，のち淡黄褐色になり密で，柄に垂生する．柄は傘と同色で，長さ 3～5 cm. 胞子は白色で楕円形である. 食後4～5日して, 手足の先が赤くはれ, 焼けひばしをつきさされるような激痛が 1 か月以上続く，奇妙な中毒をひき起こす．竹やぶに発生するので地方によりヤブシメジとも呼ばれ，昔から冷たい清水に手足をつけ痛みを和らげたが，中毒回復後，手足が火傷のあとのケロイドのようになるので，ヤケドキン（火傷菌）ともいわれる．山形・秋田・宮城・福島・新潟・長野・石川・滋賀・京都・三重・和歌山・鳥取などの各府県に分布することが知られている．

5095. マツタケ 〔キシメジ科〕

Tricholoma matsutake (S. Ito et S. Imai) Singer

(*Armillaria matsutake* S. Ito et S. Imai)

秋，アカマツ林に多く発生する．時としてエゾマツ，シラビソ，ツガ等の林にも生ずることがある．時に夏の梅雨の頃にも発生し，これを俗にサマツという．同名のもので別種のサマツ *T. colossus* (Fr.) Quél. がある．傘は，初めは半球状，次第に開いて突円形となり，終いに扁平に開く．ひだは終わりまで白色である．傘が充分開かないあいだは，傘の下面に綿毛状の皮膜がある．この膜は後に破れて，一部は不明瞭なつばとなって柄に残り，一部は傘の周辺に付着して残る．味が良く，香もよいので，日本人が最も好むきのこである．

5096. ナラタケ（ハリガネタケ） 〔タマバリタケ科〕

Armillaria mellea (Vahl) P. Kumm.

(*Armillariella mellea* (Vahl : Fr.) P. Karst.)

秋，朽木の根株または埋もれた朽木の附近の地面から発生する．往々，細い根のような長い菌糸束を生じてひろがるので，ハリガネタケの名がある．この菌糸束の内部の菌糸は若いとき発光性がある．傘は径 5～15 cm 位，湿ったときは多少粘性がある．柄の上部にはつばがあり，下端部は淡黄色を呈する．傘の表面に細かい暗色のとげ状の鱗片を密生するものもある．胞子は白色．一般に食用とされ, 世界的に最も普通な茸である．また，クワ園にひろがり，クワなどの樹木を害することもある．本菌はオニノヤガラやツチアケビの根の組織に侵入し，これらの無葉緑ランと共生する．

5097. エノキタケ 〔タマバリタケ科〕

（ナメタケ，ナメススキ，ナメコ，ユキノシタ）

Flammulina velutipes (Curtis : Fr.) Singer

（*Collybia velutipes* (Curtis : Fr.) P. Kumm.）

晩秋から春にかけて，エノキ，カキ，イチジクなど多くの広葉樹の枯幹や切株上に叢生する．傘の表面は黄褐色ないし栗色で中央部は濃色である．径は 2〜10 cm で，湿っているとき著しい粘性がある．柄の基部には暗褐色の細毛を密生する．冬季に雪の下でも良く発育し，食用菌の乏しい時季に発生する優秀な食用菌である．黒褐色の細毛のある柄の基部は取り除き，すまし汁などにするとよい．近年は人工栽培が広く行われ黄白色のもやし状のきのこが年中店頭に出回っている．

5098. マツカサシメジ（マツカサツエタケ） 〔タマバリタケ科〕

Strobilurus tenacellus (Pers : Fr.) Singer

（*Pseudohiatula esculenta* (Wulfen : Fr.) Singer subsp. *tenacella* (Fr.) Hongo ; *Collybia conigena* Ricken）

秋から冬にかけて，林内の地中に埋まったまつかさから発生する小さいきのこで，傘は暗褐色で，ひだは白色，柄は細長く，地下にのびて根のようになり，地中のまつかさに付着する．このように地中の腐りつつあるまつかさから発生するきのこは，本種の他，マツカサキノコモドキ *S. stephanocystis* (Kühner et Romagn. ex Hora) Singer，マツカサタケ *Auriscalpium vulgare* Gray，ニセマツカサシメジ *Baeospora myosura* (Fr. : Fr.) Singer などがある．

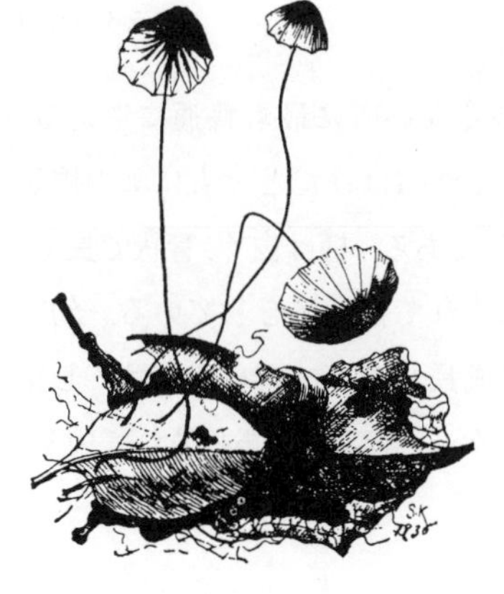

5099. ハリガネオチバタケ 〔ホウライタケ科〕

Marasmius siccus (Schwein.) Fr.

秋や夏，広葉樹の落葉上に生ずる．傘は径 1〜3 cm 位で，樺色またはにっけい色で肉は極めて薄く，ひだの数も少なく，洋傘のような外見の小さいきのこである．柄は細く黒色ないし褐色で，強靱，針金のようである．乾燥してもその形はくずれない．胞子はやや曲がった披針形で，その大きさは 17〜22×3〜5 μm である．本菌はよく似て，傘の色が淡紅色，黄土色ないし淡褐色で，胞子が細長い卵形で，12〜17×3〜5 μm のハナオチバタケ *M. pulcherripes* Peck がある．

5100. アカヤマタケ 〔ヌメリガサ科〕

Hygrocybe conica (Schaeff. : Fr) P. Kumm.

（*Hygrophorus conicus* (Schaeff. : Fr.) Fr.）

世界に広く分布し，日本各地の草地や雑木林に，夏から秋にかけて発生する，ろう細工のような美しいきのこ．傘は円錐形で，開くと径 3〜8 cm くらいになる．傘はもろく，表面はオレンジ色ないし赤色，ときに黄色で，湿っているときは粘性がある．ひだは薄黄色である．柄は黄色で，長さは 4〜8 cm ほどで，表面には縦線がある．子実体はどの部分でもふれるとすぐに黒く変色する特徴がある．またきのこは古くなると，全体がまっ黒になり，別のきのこと見間違えることがしばしばある．胞子は白色で，卵形である．毒きのこの疑いがもたれている．

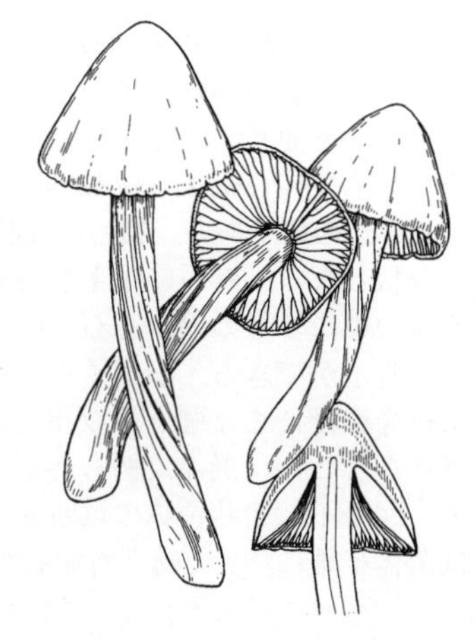

5101. ツクリタケ（マッシュルーム，セイヨウマツタケ）　〔ハラタケ科〕

Agaricus bisporus (J. E. Lange) Imbach

広く世界中で栽培されている食用菌で，馬糞，藁などを用いて栽培される．傘は白色または淡褐色（品種により異なる），肉厚く，ひだは白色ないし淡紅色，ついには黒褐色となる．胞子は黒褐色である．柄につばがある．ハラタケ *A. campestris* L. は本菌に良く似ているが，牧野，畑などに自生し，縁シスチジアをもち，担子器に胞子を 4 個つけるので別種である．ツクリタケは縁シスチジアをもたず，担子器に胞子を通常 2 個つける．

5102. ノウタケ　〔ハラタケ科〕

Calvatia craniiformis (Schwein.) Fr.

夏秋，山野，庭園などに生える．頭部は半球状で，茶褐色または赤褐色を呈し，やや凹凸がある．柄の部分は太く，下方は尖る．頭部の内部において胞子が成熟すると，外皮は破れてはがれおち，頭部のどの部分に触れても，褐色の胞子がちりのように飛び散る．ついには枯乾し柄部のみが，海綿のように軽く弾性のあるものとなって長い間地上に残る．ノウタケの名前は頭部が脳の形をしていることによる．

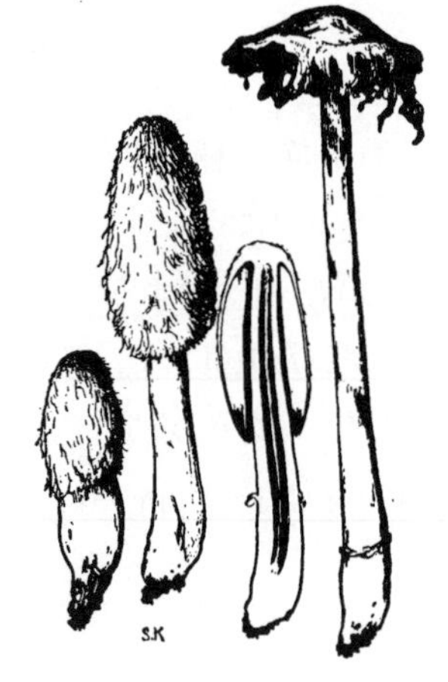

5103. ササクレヒトヨタケ　〔ハラタケ科〕

Coprinus comatus (O. F. Müll. : Fr.) Pers.

夏，秋の頃，畑地や庭園などの草の多くない所に最も普通に生える．傘は表面にささくれ状鱗皮を有し，開いてからはひだとともに傘の周辺から溶けて黒い汁を滴下する．胞子は黒色である．柄は白く，管状で長く，可動性のつばがある．また柄の根元はふくれて紡錘形をしている．幼いときは食用にできる．短時間のあいだに成長して，一両日で溶けてしまうので，この属の他の種も含めてヒトヨタケ（一夜茸）と総称されている．

5104. スジチャダイゴケ　〔ハラタケ科〕

Cyathus striatus (Huds.) Willd.

一年中を通じ，山野，庭園，路傍等に生える．チャダイゴケ，ツネノチャダイゴケ *Crucibulum laeve* (Huds.) Kambly 等のように盃状をして群生する小形の菌である．初めは球状であるが，成長して高さ 10〜15 mm 位の盃状となる．外面に粗毛があり，内面は滑らかで縦のすじがある．盃状体の中に多数の黒い碁石様の小皮子というものがあり，この小皮子の中に胞子ができる．小皮子が盃状菌体から離れるときは，白色粘性の菌糸紐をつけたまま強く飛び出し，付近の物体に付着する．50〜60 cm 位離れたところに飛んだ例もある．この小皮子は雨滴の力で飛ぶものである．図の 1 は盃状菌体の縦断面，2 は少し伸びた菌糸紐を有す小皮子，3 は菌体を離れた長い紐を有する小皮子を示す．

5105. **オニフスベ**（ヤブダマ）　〔ハラタケ科〕

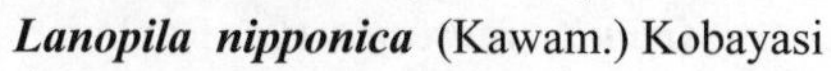

Lanopila nipponica (Kawam.) Kobayasi
（*Calvatia nipponica* Kawam.）

秋，竹林，原野等の地上に生え，腹菌類の中で最も巨大なものであり，形はフットボール状である．外皮は白色，内皮は黄色で紙のように薄く，内外両皮の間に褐色の層がある．多量のビール様の汚褐色の液がしみ出した後，古綿のように軟らかく弾力性のあるものとなり，打つと褐色の胞子が煙のように飛散する．柄はなく，内部全体に胞子が出来る．内部の白いものは食用となる．「ふすべ」はこぶの古称で，オニフスベは鬼のこぶの意味である．

5106. **ホコリタケ**（キツネノチャブクロ）　〔ハラタケ科〕

Lycoperdon perlatum Pers.
（*L. gemmatum* Batsch）

夏秋，山野の道ばたに普通に見られるもので，往々多数が群生する．ぎぼうしゅ形または洋梨形をなし，下部はのびて柄となる．初めは白色で，頭部の表面は円錐状の突起を密生する．内部は初め白色であるが，後黄色に変わり，更に褐色となる．成熟すると頂端に孔を生じ，手で触れると褐色の胞子を粉状に飛散する．乾燥すれば表面の突起を失って，全体が褐色となり，内部は古綿のように軽いものとなる．

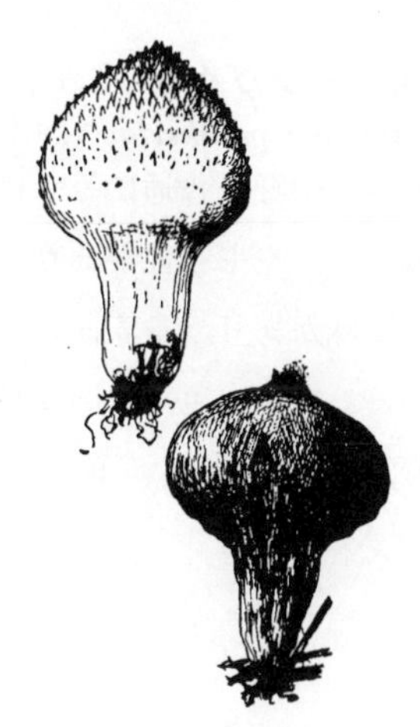

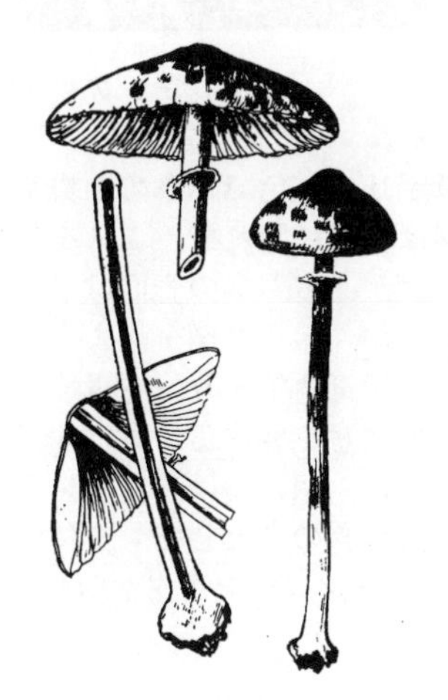

5107. **カラカサタケ**（ニギリタケ）　〔ハラタケ科〕

Macrolepiota procera (Scop. : Fr.) Singer
（*Lepiota procera* (Scop. : Fr.) Gray）

晩夏から秋にかけて山野に生える．傘は径 10～15 cm，褐色の上皮は傘が開くにつれて破れ，傘の表面に斑紋状の鱗片となって散在し付着する．ひだは幅ひろく，柄に離生し，傘が十分に開いたものでは柄とひだが離れる．柄は細長く 45 cm 以上になることもある．真直で中空，下部は膨らむ．つばは 2 層からなり，大変丈夫で，しばしば環のようになって，柄から離れ，上下に動かせる．これを可動性のつばという．全体の形が唐傘に似ているのでこの名がある．傘，柄ともに綿細工のような感触があり，手で握ると弾性があるのでニギリタケとも呼ばれる．食用とされる．

5108. **タマゴタケ**　〔テングタケ科〕

Amanita hemibapha (Berk. et Broome) Sacc.

夏秋，山林内地上に生える．傘の表面が橙黄色または鮮紅色をした美しい茸である．傘の色が同属のベニテングタケに似ているので間違われ易いが，ひだ，柄，つばは同属の中でも本菌に限って常に黄色なので区別出来る．本菌のつぼ(脚包)は白色の袋状で柄と密着しない．菌蕾はスッポンタケ類のものと同様で鳥卵状をし，中に黄色の部分を持つ菌体を納めているので，この名がある．本邦では余り用いられないが有名な食菌である．

5109. **ベニテングタケ** (アカハエトリタケ) 〔テングタケ科〕

Amanita muscaria (L. : Fr.) Lam.

秋，シラカバ林などに多く，深山では夏にも発生する．傘の表面は美しい深紅色または橙黄色で，白色の小疣を散在する．ひだ及び柄はともに純白色である．柄に膜状の白いつばがある．柄の下端は球状にふくれて,つぼ（脚包）の破片を環状に付着する．有毒．傘の色が似ているので，食用菌のタマゴタケと間違って食べて中毒することがある．

5110. **テングタケ** (ハエトリタケ) 〔テングタケ科〕

Amanita pantherina (DC. : Fr.) Krombh.

夏秋，山野に普通にみかける，唐傘状をした大形のきのこである．傘は褐色で，やや粘性があり，やや白色の疣点が散在している．学名には豹の意味があり，傘表面の模様に因んでいる．ひだは純白，柄に離生している．柄は白色，中間に膜状の白いつばを持つ．柄の下端は球状に膨らむ．よく知られた毒菌である．

5111. **タマゴテングタケ** 〔テングタケ科〕

Amanita phalloides (Vaill. ex Fr.) Link

夏秋，山林地上に生える．全体は白～薄オリーブ色で，傘の中央部がやや暗緑色または褐色を帯びる．柄の下端は球状に膨れて，これを包むつぼ（脚包）がある．柄の中程に膜状のつばがある．傘の表面はなめらかで，時にはつぼの破片を付けることがあるが，テングタケのような疣点を持つことはない．本菌は毒菌のなかでも猛毒菌であり，中毒すればコレラ状の症状を呈して死ぬことが多いので注意を要する．傘はオリーブ色でつぼがあり，柄の下端部は著しく膨らみ，柄につばを持ち，ひだの白色なのが本菌の特徴である．この他に猛毒きのことして，全体が白色のドクツルタケ *A. virosa* (Fr.) Bertill. やシロタマゴテングタケ *A. verna* (Bull. : Fr.) Lam. がある．

5112. **ウラベニホテイシメジ** 〔イッポンシメジ科〕

Entoloma sarcopum Nagas. et Hongo

（*Entoloma crassipes* Imazeki et Toki ; *Rhodophyllus crassipes* (Imazeki et Toki) Imazeki et Hongo）

日本特産のきのこで，夏から秋にかけて，広葉樹林内の地上に群生ないし単生する．傘は大形，表面は灰色ないし帯灰褐色で，白と灰色のかすり模様になる．ときにクレーター状のくぼみができる．柄は太くて，中実，肉はしまっている．胞子は肉色，類球形ないし多角形である．柄の中心部は苦いが食用にされている．本種によく似てやや小形で中毒するものにクサウラベニタケ *E. rhodopolium* (Fr.) P. Kumm. がある．これは柄が細く，中空で折れやすく，傘の表面は光沢があり，灰褐色でやや肉色を帯びる．

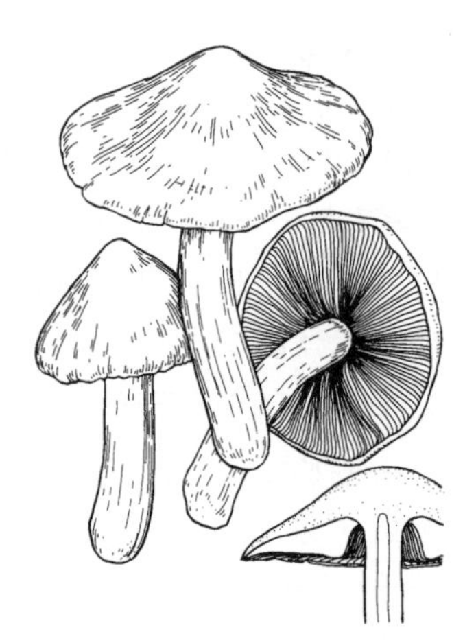

5113. **イッポンシメジ** 〔イッポンシメジ科〕

Entoloma sinuaturn (Bull. : Fr.) P. Kumm.

(*Rhodophyllus sinuatus* (Bull. : Fr) Quél.)

秋，広葉樹林内の地上に発生する．傘は淡褐色，始め円錐形，充分開くと中高扁平形となる．ひだは柄に上生〜湾生し，始め白色であるが胞子が成熟すると淡紅色となる．柄は白色で繊維質，容易に縦に裂け，多少捩れて真直でないものが多い．ひだが淡紅色で，胞子にかどがあるのが本属の特徴である．無毒のように見えるが有毒菌であり，食用としてはならない．

5114. **アセタケ**（ドクスギタケ） 〔アセタケ科〕

Inocybe rimosa (Bull.) P. Kumm.

夏秋の頃，林地，庭園などに生える毒菌であって，傘の径 3〜5 cm の小形のきのこである．表皮は茶褐色で繊維質である．傘は円錐形で，充分開いた場合でも中央部は上方に突き出ている．ひだは始め白色であるが，胞子の成熟に従って淡褐色となる．有毒であるので間違って食べると著しい発汗を伴った中毒を起こす．

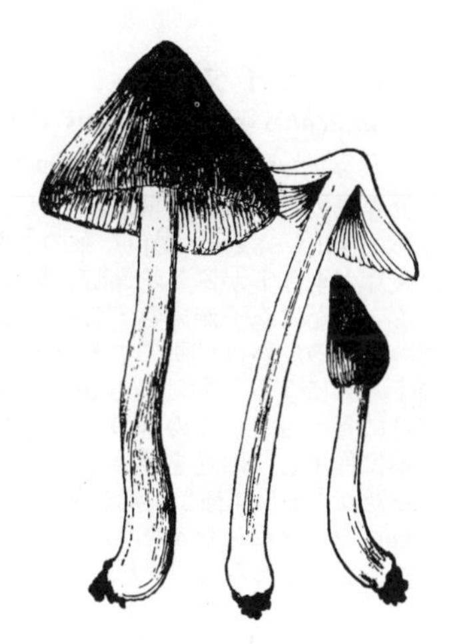

5115. **ニガクリタケ** 〔モエギタケ科〕

Hypholoma fasciculare (Huds. : Fr.) P. Kumm.

(*Naematoloma fasciculare* (Huds. : Fr.) P. Karst.)

世界に広く分布し，春から秋に広葉樹の倒木や枯れた切株に群生ないし束生する．傘は径 3〜5 cm，硫黄色で，中央部はやや黄褐色を帯びる．傘の周辺部と柄の上部にはしばしばくもの巣様の被膜をつける．ひだは密，はじめ黄色ないし淡オリーブ色，のち胞子が成熟すると紫褐色になる．肉は黄色で苦い．柄は長さ 5〜12 cm．傘と同色．下部は橙褐色．柄の上部にくもの巣様の被膜をつけるが落ちやすい．胞子は紫褐色，楕円形．有毒菌なので多量に食べると死亡する．本菌に近縁で傘が茶色(栗色)のクリタケがある．クリタケは柄の肉がやや苦いが，その苦味はニガクリタケほどではなく食用にされる．

5116. **クリタケ**（キジタケ，アカンボウ） 〔モエギタケ科〕

Hypholoma lateritium (Schaeff. : Fr.) P. Kumm.

(*Naematoloma sublateritium* (Schaeff. : Fr.) P. Karst.)

秋，クリ，ナラ等種々の広葉樹の枯幹倒木上に多数叢生する．傘は赤褐色及び茶褐色で中央部は濃い．柄の下半部も傘に似た色を呈する．ひだは最初白色であるが胞子が成熟するにつれて褐色となる．広く食用とされる．本菌の傘は決して硫黄色を帯びることはない．同属のニガクリタケは傘の中央部は褐色であるが，地の色は硫黄色で，有毒である．しばしばクリタケと間違えて食べ，中毒する人がある．

5117. ナ　メ　コ　〔モエギタケ科〕

Pholiota microspora (Berk.) Sacc.

(*Pholiota nameko* (T. Itô) S. Ito et S. Imai)

日本と台湾高地に分布する東アジア特産のきのこ．秋にブナなどの広葉樹の枯幹，倒木，切株から発生する．傘は径 3〜8 cm，幼菌は半球形で全体が著しい粘液質の膜で包まれる．傘が平らに開くと，膜は破れ，表面と柄の上部につばとなって残るが，脱落しやすい．傘の中央部は茶褐色，周辺部は褐色，肉ははじめ淡黄色，のち淡褐色を帯びる．ひだは密で灰色．胞子が成熟するとさび色になる．ひだは柄に直生する．柄は長さ 5 cm 内外，つばの上部は白色，下部は淡黄褐色ないし褐色で粘液におおわれる．胞子は暗褐色で，楕円形である．独特のぬめりと，歯切れのよさが好まれ，主として中部から北日本にかけて栽培され，市場にでまわっている．

5118. ワライタケ　〔オキナタケ科〕

Panaeolus papilionaceus (Bull. : Fr.) Quél.

(*P. campanulatus* (L. : Fr.) Quél. sensu Ola'h)

世界に広く分布し，早春から秋に馬ふんなどから発生する毒きのこ．傘はつり鐘形，径 1.5〜6 cm，褐色，傘のふちからフリンジと呼ばれる幼菌を包んでいた膜の破片が垂れ下がる．乾燥時に発生したものは，傘の表面に著しいひび割れを生じる．ひだは胞子が成熟するにしたがって黒褐色になるが，ヒカゲタケ属のきのこの胞子の成熟は場所により遅速があるので，ひだは部分的に色が異なり，濃淡のまだらになる．柄は長さ 8〜15 cm，淡褐色．胞子は黒色で，レモン形である．多量に食べると，このきのこに含まれる毒成分のシロシビンやシロシンが中枢神経系に作用し，幻覚を伴った一時的発狂状態になる．興奮の絶頂時には踊ったり笑ったりする．同様の中毒を起こすものにヒカゲシビレタケ *Psilocybe argentipes* K. Yokoy. やセンボンサイギョウガサ *Panaeolus subbalteatus* (Berk. et Broome) Sacc. などがある．これらはいずれもシロシビンを高濃度に含み，数本食べると中毒する．

5119. キ ク ラ ゲ　〔キクラゲ科〕

Auricularia auricula-judae (Fr.) Quél.

(*A. auricula* (Hook. f.) Underw.)

秋季に，ニワトコ，クワ等の枯れた木に多数発生する．径は約 5〜9 cm 位で，形や色が人の耳に似ている．内側は暗褐色で平滑であるが，外側は淡褐色で，軟らかい短毛を密生している．質が水母に似ているので，古くからキクラゲと呼ぶが，中国や欧米では耳に因んだ名称を使っている．煮て食べたり，または乾燥して保存し食用にする．

5120. ヌメリイグチ　〔ヌメリイグチ科〕

Suillus luteus (L. : Fr.) Roussel

(*Boletus luteus* L. : Fr.)

秋季，山野のマツ林に多く発生する．傘は径が 5〜10 cm 位で表面は赤褐色，黄褐色等で，裏は黄色である．傘の表面は湿っているときは著しく粘性がある．柄の表面には細かい斑点が密にあり，つばがある．幼いものは傘の下側が被膜でおおわれている．傘の表皮と裏面の孔部をとり除いたものに糸をとおして日に干した後，食用とするが味は劣り，黒豆の甘煮等に混ぜて食べる．

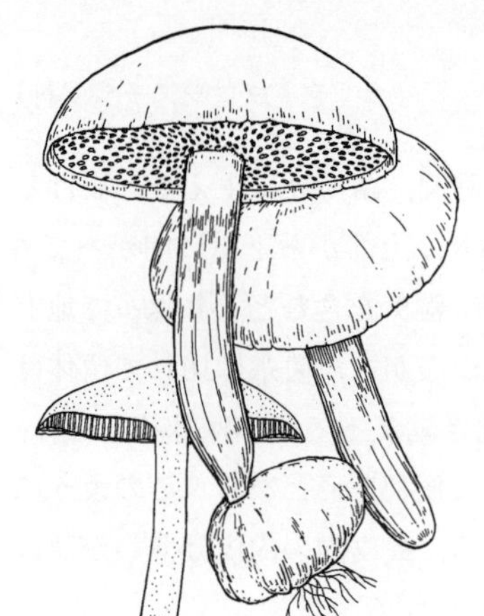

5121. タマノリイグチ　〔イグチ科〕

Pseudoboletus astraeicola (Imazeki) Šutara
（*Xerocomus astraeicola* Imazeki）

日本と韓国などに分布し，夏から秋にかけ道ばたの崖などに発生したツチグリの上から発生する．傘は径 3〜5 cm，表面は粘性がなく，ビロード状で，黄褐色ないし暗褐色，裏は管孔状で黄色．管孔の口の部分（孔口）は比較的大形の細長い多角形で，放射状に配列し，手でふれると青変する．柄は傘と同じ色である．傘や柄の肉は薄い黄色で，切断し空気にふれると，青く変色する．まれなきのこである．欧米にもこのきのこによく似たセイヨウタマノリイグチ *P. parasiticus* (Bull.) Šutara がある．欧米のものはニセショウロ属菌に寄生し，柄は黄色で，管孔部や肉は青変しない．〔日本名〕ツチグリの裂ける前の球状をした子実体に寄生し，あたかも球に乗ってでてきたような姿から名づけられた．

5122. オニイグチ　〔イグチ科〕

Strobilomyces strobilaceus (Scop.: Fr.) Berk.
（*S. floccopus* (Vahl : Fr.) P. Karst.）

北半球に広く分布し，夏から秋にかけて林内地上に単生ないし散生する．傘は径 5〜12 cm，紫褐色ないし黒褐色で，大きな綿毛状の鱗片がある．肉は白色，傷つくと赤変し，のち黒くなる．管孔は白色，のち黒褐色になる．茎は黒褐色で綿毛状．胞子は類球形で，網目状の隆起がある．若いものは食用になる．オニイグチによく似て，傘の表面に鋭い直立した硬い小鱗片が多く，柄はほぼ平滑で，胞子の表面がいぼ状ないししわ状で部分的に不明瞭な網目のあるオニイグチモドキ *S. confusus* Singer がある．また関東以西のシイ·カシ林に発生し，オニイグチよりやや小形で，傘の表面を圧着した小鱗片におおわれるものにコオニイグチ *S. seminudus* Hongo がある．

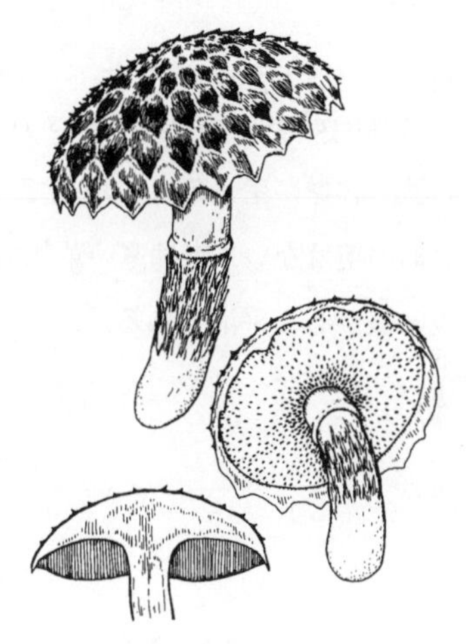

5123. ショウロ　〔ショウロ科〕

Rhizopogon roseolus (Corda) Th. Fr.
（*R. rubescens* (Tul. et C. Tul.) Tul. et C. Tul.）

4〜5 月頃，多く海岸のマツ林に生える．球状または塊状で，径 2 cm 内外．表面には多少根状の菌糸束を付けている．外皮は膜質で白色であるが，地中から掘り出して空気にさらすと少し紅色になり，成長するにつれて，淡黄色または淡褐色を帯びる．内部は充実し，初め白色，後黄色，ついには褐色となる．胞子がまだ成熟しない内部の白色なものは食用にされる．

5124. ニセショウロ　〔ニセショウロ科〕

Scleroderma citrinum Pers.
（*S. vulgare* Hornem.；*S. aurantium* (L.) Pers.）

夏秋，山野，庭園，路傍等の地上に生ずる有毒菌で，外見はショウロのようであるが，主柄から細かく分かれた菌糸が土中に草の根のようにひろがることと，多くの場合，表皮に亀裂があることから区別出来る．成熟したものの内部は暗紫色である．外皮は裂けて胞子を出す．

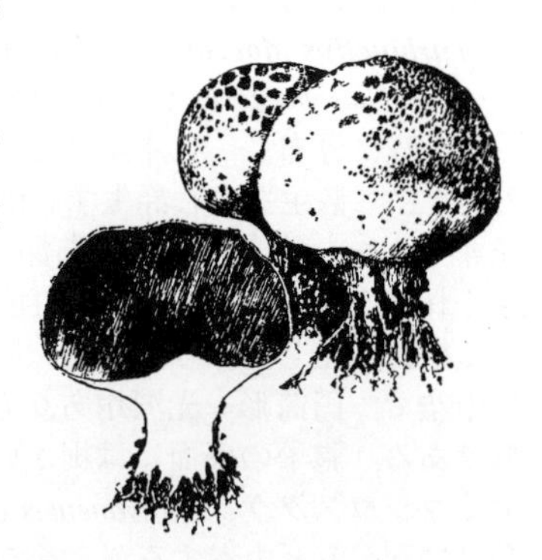

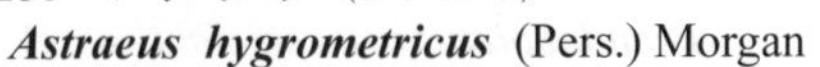

5125. **ツチグリ**（ツチガキ）　〔ディプロシスチジア科〕

Astraeus hygrometricus (Pers.) Morgan

夏秋，普通に見かける種類で，山野，庭園，路傍等に生える．裂ける前は球状である．殻皮は厚くて強靱であり，上部から下方に向かって 6～12 個の裂片にさける．裂片は吸湿性で，湿気を含むとそり返って地上に爪立ったようになる．このとき地中とつながった菌糸は切れて菌体は地から離れる．乾燥すると裂片は上に巻き縮まって菌体は球状となり，風に吹かれて地上を転がり，胞子の散布に便利な形となる．このように本菌は乾湿に応じて形を変える特性がある．殻皮内の内皮は薄いが裂けないで球状のまま残り，頂端に 1 個の孔を生ずる．

5126. **クロラッパタケ**（クロウスタケ）　〔アンズタケ科〕

Craterellus cornucopioides (L. : Fr.) Pers.

秋，林野に生える．灰黒色で，高さは約 5～10 cm 位，ラッパ状で，傘と柄の境はない．肉は薄い革状で，全体は縦に裂け易い．外側は淡紫色で，浅い皺があり平滑である．

5127. **エリマキツチグリ**（エリマキツチガキ）　〔ヒメツチグリ科〕

Geastrum triplex Jungh.

夏秋，山野に生える．普通のツチグリより大形である．菌蕾は球状で，その上部は尖っている．外皮は尖った先端から数片に裂けて開き，内皮は球状に残る．内外両皮間にある肉質の中層は，内皮の球を載せる座となって椀状に残る．内皮球の孔口部は突出している．

5128. **ウスタケ**　〔ラッパタケ科〕

Turbinellus floccosus (Schwein.) Earie ex Giachini et Castellano

（*Gomphus floccosus* (Schwein.) Singer）

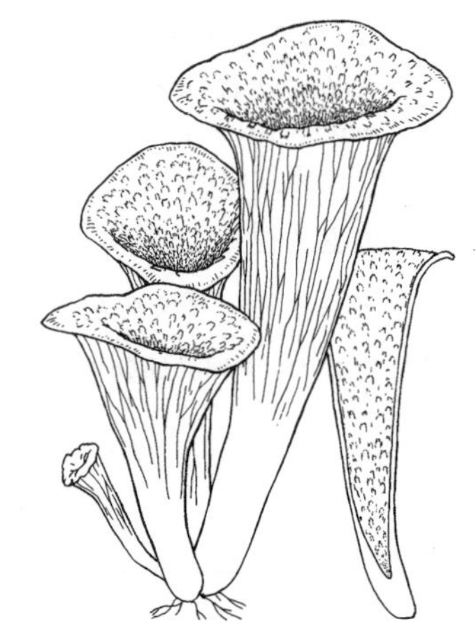

北半球に分布し，日本では夏から秋に針葉樹（主としてモミ類）林内の地上に，散生ないし群生する菌根菌である．子実体は高さ 10～20 cm，径 4～12 cm，角笛状で，のち深い漏斗状になる．上面と内面に褐色のささくれ状の鱗片がある．肉は白色である．子実層はしわ状ないし脈状で，長く柄に垂生し，クリーム色，胞子が成熟すると帯黄肉桂色になる．柄は中空で，円筒形，光沢があり赤味を帯びる．胞子は帯黄土色で，楕円形である．胞子の表面には細かいいぼがある．近縁種は鮮やかな色彩を欠くフジウスタケ *T. fujisanensis* (S. Imai) Giachini がある．いずれの種も多量に食べると中毒するが，煮こぼして食用にされる．

5129. ホウキタケ（ネズミタケ）〔ラッパタケ科〕

Ramaria botrytis (Pers.) Ricken

（*Clavaria botrytis* Pers.）

秋，山地，林野等に発生するが，高山では夏でもみられる．基の部分は1本の太い柄であるが，上の部分は樹枝のように不規則に分岐する．全体は白色で，各枝の先端は淡紅紫色である．ホウキタケ属の中で最も大きい種類である．この属の仲間にはこの他にも黄，紅，紫等の美しい色を持つ種類があり，大部分は食用であるが，有毒の種類もある．

5130. キツネノエフデ〔スッポンタケ科〕

Mutinus bambusinus (Zoll.) E. Fisch.

秋，時としては他の時季に竹林地上，路傍など普通にみられる菌である．菌蕾は初め白色球状で，後，上部を突き破って紅色の尖った中空の菌体を出す．キツネノタイマツに似ているが，本菌は鐘状の頭部がなく，頭部と柄との区別が不明瞭である．柄は角状に尖り，上部には胞子を含んだ黒色の粘液を付けている．一種の臭気がある．

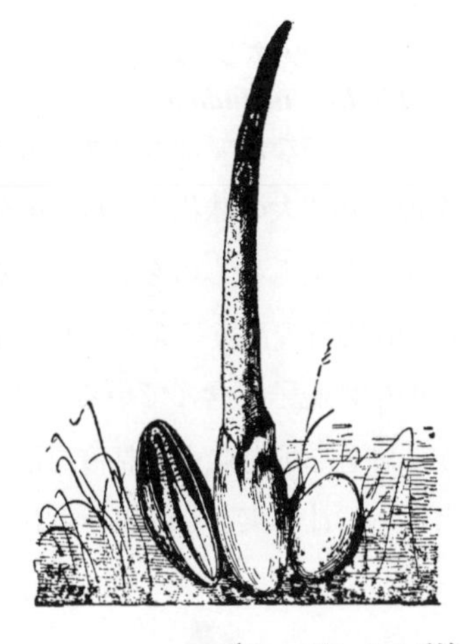

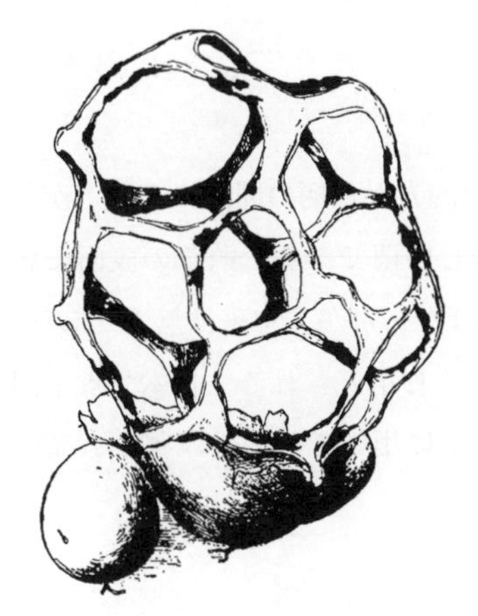

5131. カゴタケ〔スッポンタケ科〕

Ileodictyon gracile Berk.

（*Clathrus gracilis* (Berk.) Schltdl.）

夏秋，林地，庭園などに生える腹菌類であって稀品である．菌蕾は白色で丸く，キツネノタイマツ，キツネノエフデ等のものと似ている．菌蕾の外皮は上方から破れて脚包となり，中から四角形ないし六角形の網目をもった球状に広がるかご状の菌体を出す．一種の香気がある．

5132. カニノツメ〔スッポンタケ科〕

Linderia bicolumnata (Lloyd) G. Cunn.

（*Laternea bicolumnata* Lloyd）

夏秋，林野，庭園，芝地などに生える．球状の菌蕾の殻皮を破って出た菌体は，左右2個の柄を有するもので，両柄は各々内側に彎曲し，先端で結合している．下部は白色であるが，上部は橙黄色～朱紅色を帯びる．上部の内側に子実層を形成する．子実層は黒色で，粘液化して悪臭を出す．

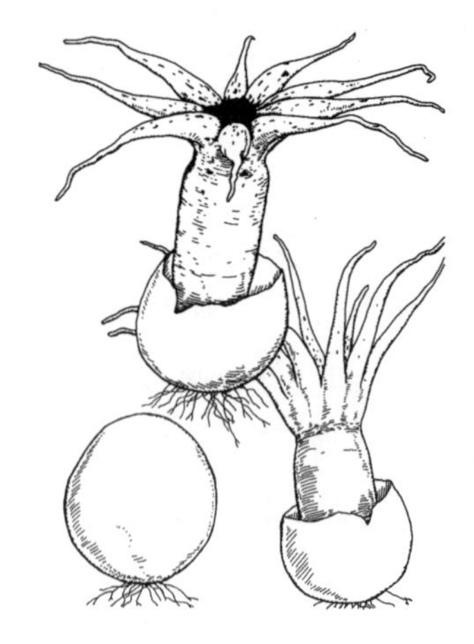

5133. **イカタケ** 〔スッポンタケ科〕

Lysurus arachnoideus (E. Fisch.) Trierv.-Pers. et Hosaka

(*Aseroë arachnoidea* E. Fisch.)

熱帯から中国南部および日本（九州，四国から本州の宮城県）まで分布し，初夏から秋にかけて，もみがら，木くず，わらなどに群生する．菌蕾は白色，球状で，径 2～3 cm．殻皮に包まれ，白色の根状菌糸束を備える．殻皮の中央部は透明なゼラチン質の厚い層からなり，弾力性に富む．夜間に柄が菌蕾の殻皮の上部を突き破って 5～8 cm に伸長し，イカの脚のような腕をのばす．腕は白色で，6～16 本が内側にたたみ込まれているが，成長するにつれ，外側に展開し水平になり，やがて弓なりにそりかえる．腕は長さ 3～5 cm で，9～11 本のものが最も多い．腕と柄はともに白色で，内部は中空である．展開後，腕の上面はときに淡紅色になり，先に向かってしだいに細くなる．胞子は腕の基部に形成され，成長するにつれ粘液化し，黒褐色になり，悪臭を放つ．日本では比較的まれで，めずらしい菌である．

5134. **スッポンタケ** 〔スッポンタケ科〕

Phallus impudicus L.

腹菌類のなかで最も普通のもので，夏秋，山野の道ばたなどに生える．菌蕾は鶏卵大の球状で（1）．その中に傘と柄になる部分を納めている（3 は 1 を縦断したものを示す）．成熟すれば菌蕾の殻皮を破って成長し，約 10 cm 内外の高さになる（2）．頭部の鐘状で表面に暗緑色の粘液をつけ，その中に胞子を含んでいる．粘液に悪臭があるので人の嫌うものであるが，脚包を取り除き，粘液を洗いさったものを乾燥して中国料理に竹篠とともに汁の実として用いられる．

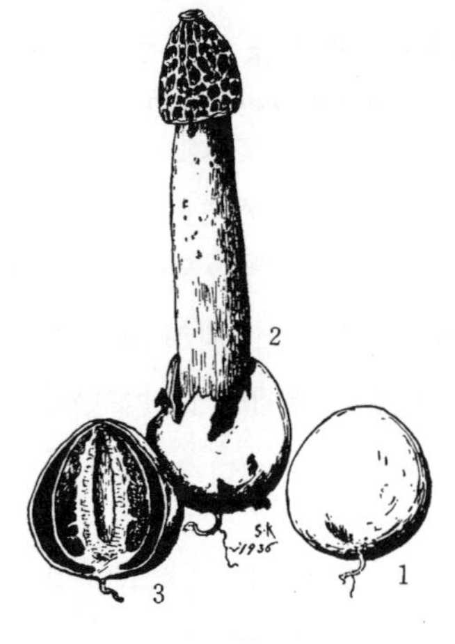

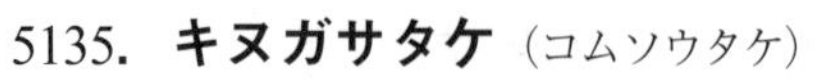

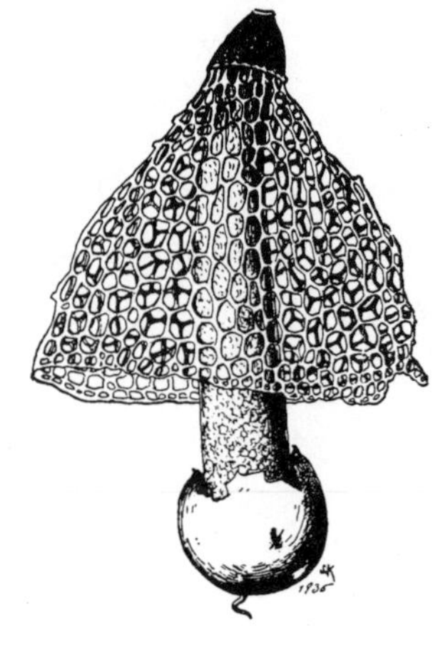

5135. **キヌガサタケ**（コムソウタケ） 〔スッポンタケ科〕

Phallus indusiatus Vent.

(*Dictyophora phalloidea* Desv.)

夏秋の頃，竹林に生える．鐘状の頭部の内方から柄の周囲に垂れ下がった白色レース状のマントを有し，甚だ美しい菌である．頭部の表面に悪臭のある粘液を有するので有毒菌と思われがちだが，本来は無毒である．古くから中国では竹篠と称して珍重され，食用とされる．日本でも中国産の乾燥品を輸入して，中国料理の汁の実に用いている．本邦にも産するが食用としていない．

5136. **キツネノタイマツ** 〔スッポンタケ科〕

Phallus rugulosus Lloyd

夏季，湿った場所または竹薮などに生える普通の菌で，頭部は鐘状で網目状の隆起皺が，赤色を呈し，表面に黒褐色の悪臭ある粘液をつける．柄の長さは約 10 cm，柔軟で紅色であるが，上部は特に濃く，下部は淡い．本菌は色，形など一見してキツネノエフデ（5130 図），またはキツネノロウソク *Mutinus caninus* (Huds.) Fr. などに似ているが，これらは鐘状の頭部がないので別属の菌である．

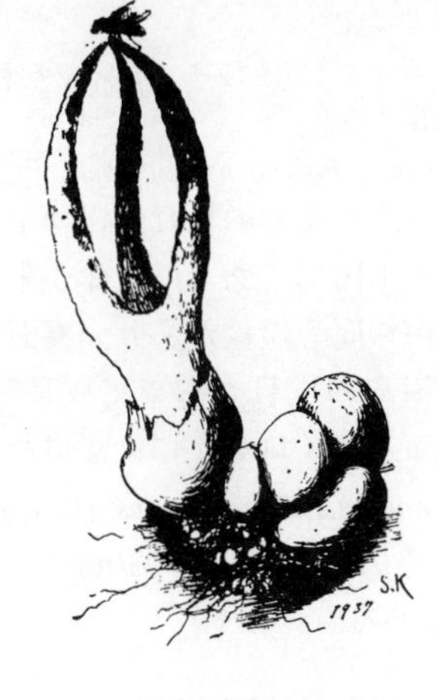

5137. サンコタケ 〔スッポンタケ科〕

Pseudocolus fusiformis (E. Fisch.) Lloyd

(*Pseudocolus schellenbergiae* (Sumst.) Johnson ; *P. javanicus* (Penzig) Lloyd)

秋，林野，庭園などに生える．白色球状の菌蕾を破って出た菌体は，下半は円柱状，上半は 3 本の牛角状に曲がった腕に分かれ，その先端は再び結合する．下半の柄は白色で，分岐した腕は黄色～橙黄色から鮮紅色で美しい．まれに 2 叉，4 叉等のものもあるが，普通は 3 叉のものが多いので，三鈷茸の名がある．腕の内側に褐色の胞子が形成され，粘液化すると悪臭を出す．

5138. エブリコ 〔ツガサルノコシカケ科〕

Fomitopsis officinalis (Vill.) Bondartsev et Singer

(*Laricifomes officinalis* (Vill. : Fr.) Kotl. et Pouzar ; *Fomes officinalis* (Vill. : Fr.) Ames.)

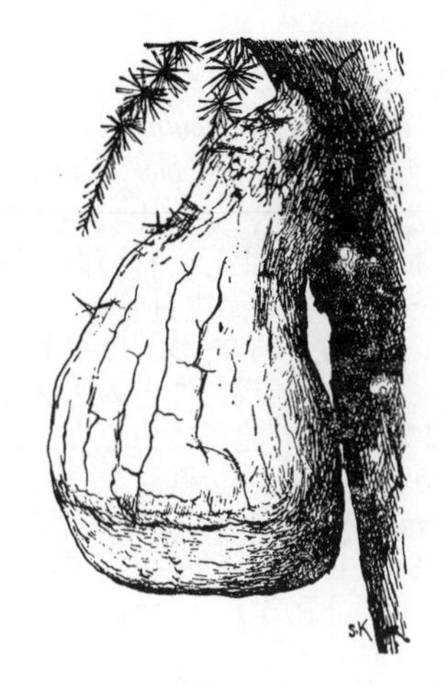

山地の針葉樹（普通カラマツ）の枯れた樹幹に生える．外形は馬蹄形または鐘形で，片側で樹幹に付着する．下に向かって伸びる性質があるので，下方に膨れ垂れた形となったものもある．表面は灰白色であるが，次第によごれ, 灰黄色を帯びるようになる. 肉は白色で不明瞭な層がある. 質はサルノコシカケ類に多い堅い木質ではなく，爪で掻きとれる位にもろく，苦味がある．健胃剤または制汗剤として古くから使われる民間薬である．

5139. マイタケ 〔トンビマイタケ科〕

Grifola frondosa (Dicks. : Fr.) Gray

(*Polyporus frondosus* (Dicks.) Fr.)

クリ，ナラその他の朽木に生える．分岐した多数の扁平な傘が前後左右に重なって張り出した形をしている．傘の表面は黒色から暗褐色，しだいに淡くなり，灰褐色から灰白色になる．裏側は白色で浅い管孔を密生している．今昔物語に，京都の北山で茸を食べた者が踊り舞ったと記されているのは，このマイタケではなく，恐らくワライタケであろう．このマイタケの名前はその形が舞っているようなところから出たものである．食用菌として有名である．表面の色が白いシロマイタケ *G. albicans* Imazeki, 濃褐色ないしとび茶色のものにトンビマイタケ *Meripilus giganteus* (Pers. : Fr.) P. Karst. があり，味はともにマイタケより劣る．

5140. ヒトクチタケ 〔タマチョレイタケ科〕

Cryptoporus volvatus (Peck) Shear

(*Polyporus volvatus* Peck)

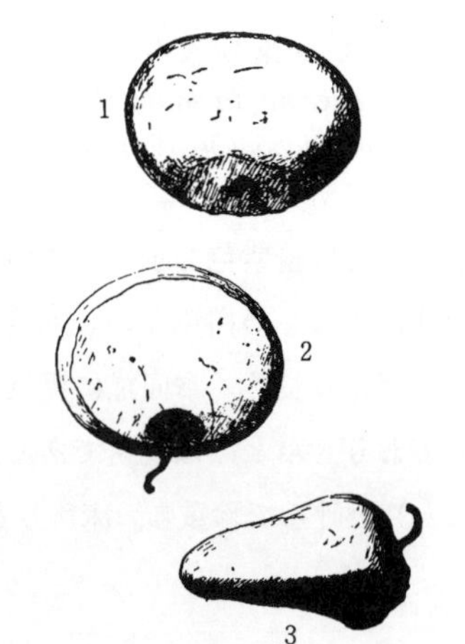

多孔菌のなかでも独特の形をした菌である．山野の枯れたマツなど，針葉樹の枯木上に生じ，ハマグリのような形をしている．一般の多孔菌のように傘の下側に管孔層はあるが，革皮質の厚い膜に包まれ，管孔面は外からは見えない．成熟すると下面が基部に近い部分に 1 個の小さい丸い孔があき，胞子を放出する．その頃から松脂のような一種の強い臭気をだす．1．上面，2．下面，3．側面．

5141. ヒイロタケ 〔タマチョレイタケ科〕

Trametes coccinea (Fr.) Hai J. Li et S.H. He

(*Pycnoporus coccineus* (Fr.) Bondartsev et Singer ; *Polyporus coccineus* Fr.)

山野，庭園などのサクラ，ナラ，クリ，モミジなどの枯れた樹幹上に発生し，年中採集できる．形は扁平で，通常半円形である．全体が朱色で美しい多孔菌である．表面には不明瞭ながら同心環紋があり，裏面の管孔は円形で微細（6〜8 個/mm）．初めは樹皮の皮目からでて成長し，径 10 cm 位になる．本種は南方系の菌である．ヒイロタケによく似たものにシュタケ *T. cinnabarinus* (Jacq.) Fr.（*Pycnoporus cinnabarinus* (Jacq.) P. Karst.）がある．これは肉が厚く，管孔がより大きく（2〜4 個/mm），本州のブナ林と北海道に分布する北方系の菌である．

5142. カワラタケ 〔タマチョレイタケ科〕

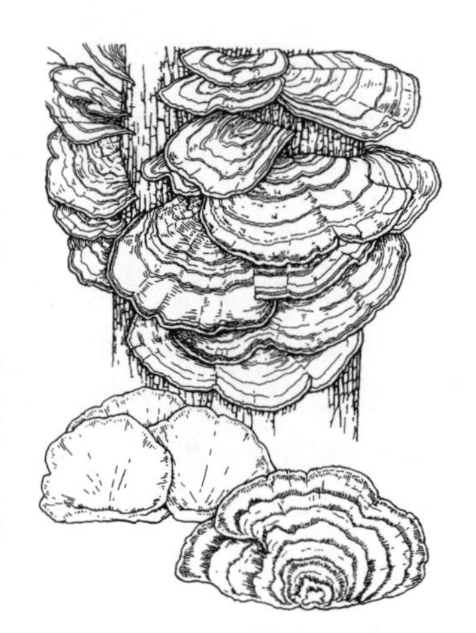

Trametes versicolor (L. : Fr.) Lloyd

(*Polyporus versicolor* L. : Fr. ; *Coriolus versicolor* (L. : Fr.) Quél.)

広く世界的に分布する一年生のきのこで，広葉樹（まれに針葉樹）の枯木に多数重生し，材の白ぐされをおこす．傘は，多くは半円形で，径 1〜5 cm，薄く，皮質である．上面にはさまざまな色（灰，黄褐，黒色など）の環紋があり，多くは絹糸状ないしビロード状である．下面は白色で，古くなると灰褐色などの汚れた色になる．孔口は円形ないし角形で，非常に細かい．胞子は白色で，ほぼ長楕円形である．本種に似て，傘の表面が灰白色ないし狐色で，粗い毛が生えているものにアラゲカワラタケ *T. hirsuta* (Wulfen : Fr.) Lloyd がある．これも世界に広く分布し，広葉樹に生える．〔日本名〕多数のきのこが屋根のかわらのように重なって生える様子から，「瓦茸」と命名された．

5143. コフキサルノコシカケ 〔マンネンタケ科〕

Ganoderma applanatum (Pers.) Pat.

(*Elfvingia applanata* (Pers.) P. Karst.)

世界に広く分布し，広葉樹（まれに針葉樹）の枯幹上や，倒木に生じ，材の白ぐされをおこす多年生のきのこである．傘はふつう半円形で，扁平であるが，ときには蹄形ないしつり鐘形になる．大きなものは幅 60 cm にもなる．上面は堅い殻皮におおわれ，淡黄色，灰色，赤褐色をしている．管孔から放出されたおびただしい数の胞子が，傘の上面に積もって，その表面はココアブラウンになり，粉を散布したようになるところから，コフキタケともよばれる．下面には微細な管孔があり，その表面ははじめ白色，ときに淡黄色で，傷つけると褐色になる．肉は茶褐色で硬く，管孔は多層になっている．胞子は褐色，卵形で，二重の胞子膜をもちマンネンタケ形である．胞子の発芽には 1 年を要すという．中国では樹舌と呼ばれ薬用にされ，日本でも肉は非常に硬いが，民間薬として煎じて飲まれている．

5144. マンネンタケ 〔マンネンタケ科〕

Ganoderma lucidum (Curtis) P. Karst.

(*Fomes japonicus* (Fr.) Sacc.)

諸種の樹木の根元に生える．傘は腎臓形をして，黒褐色，赤褐色，赤紫色または暗紫色を示し，漆のような光沢がある．傘の裏側，すなわち管孔面ははじめ白色ないし鮮黄色，のち淡褐色になる．柄は，一般の傘の直径より長く，傘同様に黒色で漆様の光沢がある．柄は傘の片側についており，傘とほぼ直角である．乾かして保存され，古くから霊芝（レイシ）と呼んで珍重し，床飾りとして愛玩される．

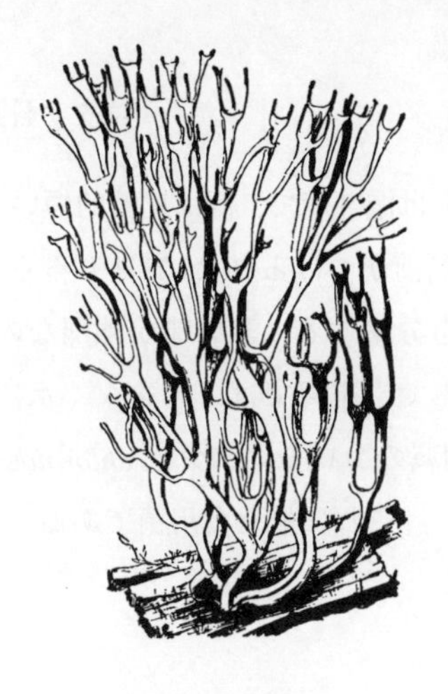

5145. **フサヒメホウキタケ**（コトジホウキタケ）〔マツカサタケ科〕

Artomyces pyxidatus (Pers. : Fr.) Jülich

（*Clavicorona pyxidata* Doty ; *Clavaria pyxidata* Pers.）

秋，山地，森林中の地上，または腐木上に生える．図に示すように細かく分かれた樹枝状で，ホウキタケのように太い主柄はない．はじめ白色ないし淡褐色で軟らかいが，もろくはない．食用にできる．枝の分岐が琴柱（ことじ）に似ているので，コトジホウキタケとも呼ばれる．

5146. **マツカサタケ**〔マツカサタケ科〕

Auriscalpium vulgare Gray

（*Hydnum auriscalpium* L.）

まつかさの地上に落ちたものの上に生える．傘は腎臓形で，径は約 1 cm，傘の下部には針状の突起が密生している．柄は細く，長さ 5 cm 位で傘の片側に付き，全表面に細毛を密生する．傘，柄ともに黒褐色である．革質なので乾燥しても形はくずれない．

5147. **ヤマブシタケ**〔サンゴハリタケ科〕

Hericium erinaceus (Bull. : Fr.) Pers.

（*Hydnum erinaceum* Bull. : Fr.）

秋季，または他の季節にも山野のシイ，カシ，ナラなどブナ科植物の樹幹に発生する．白色の，柔らかい針状の塊で，下向きに垂れ下がる．縦断面をみると，太い柄が分岐して，その各々の末端が針のようになっている．食用菌である．

5148. **ハツタケ**（アイタケ）〔ベニタケ科〕

Lactarius hatsudake Nobuj. Tanaka

初秋の頃，アカマツ林地内に多く生える．傘は径 5～10 cm 位で漏斗状をし，湿っている時は多少粘り気がある．表面に数個の淡い同心環紋がある．全体が淡赤褐色で，質はもろく，傷のついたところは緑青色に変わる．そのためこの茸は中国地方ではアイタケ（藍茸）と呼ばれている．広く食用とされ，味は良い．

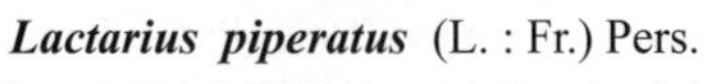

5149. ツチカブリ (ジワリ) 〔ベニタケ科〕

Lactarius piperatus (L. : Fr.) Pers.

秋に山地，平野などに生じ，色は白く，形は漏斗状で，柄は比較的短い．しばしば土をかぶって発生するので，この名前がつけられた．質はもろく，どの部分に傷をつけても辛い白色の乳液を分泌する．辛い味が強烈なので世界中で毒菌とされているが，実は無毒で，本邦ではこれを永く水に浸けた後，煮て食用とすることがある．同属のシロモミタケ *L. chloroides* (Krombh.) A. Kawam. は山中のモミ林に生じ，これに似た食用菌である．

5150. カラハツタケ 〔ベニタケ科〕

Lactarius torminosus (Schaeff. : Fr.) Gray

秋，山林に生じ，全体はもろい．傘の中央部は凹んで漏斗状をなし，柄は中空である．大体ハツタケに似てやや淡紅色を帯び，傘の表面には同心環紋がある．傷ついたところからは淡黄色の乳液を分泌する．辛味が強烈で，生で食べると中毒する．この菌によく似た食用菌のアカハツ *L. akahatsu* Nobuj. Tanaka と区別するには，本菌が傘の周縁が綿毛状であること，辛い乳汁を出すこと，および傷ついたところが緑色に変わらないことなどをみればよい．

5151. クロハツ 〔ベニタケ科〕

Russula nigricans (Bull.) Fr.

北半球に広く分布し，日本では夏から秋にかけコナラ，シイ，ブナなどの広葉樹林およびトウヒ，マツ，モミなどの針葉樹林地上に生える．傘は中央部のくぼんだまんじゅう形，のち開いて浅い漏斗形になる．径 8～15 cm，はじめ汚白色，のち暗褐色から黒色になる．ひだは粗く，柄に湾生し，厚く，幅がひろい，はじめ白色，のち黒くなる．柄は長さ 3～8 cm で，太短く，表面の色は傘と同色．肉は白色で，ひだと同様に傷つけると赤色に変わり，のち黒くなる．胞子は白色でほぼ球形．辛味はなく食べられるが，生食すると中毒するので注意．古くなったクロハツからはヤグラタケがよく発生する．よく似たものに西南日本の照葉樹林に多く発生し，猛毒のニセクロハツ *R. subnigricans* Hongo がある．これは肉が傷つくと赤くなるが，黒変しないので区別できる．

5152. アイタケ (ナツアイタケ) 〔ベニタケ科〕

Russula virescens (Schaeff.) Fr.

夏，または初秋に広葉樹林内によく発生する食用菌で，柄もひだも純白で，傘の表面だけ緑色である．傘の表皮は小さい亀裂ができ，相分離したまま傘の上に付着してかすり状の模様をあらわす．傘の色にちなんで藍茸と呼ばれる．中国地方では，ハツタケをアイタケと呼び，それに対して本菌をナツアイタケと呼ぶ．

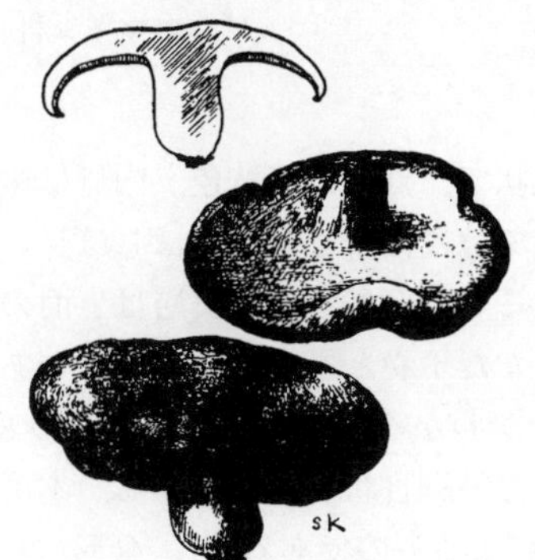

5153. **クロカワ** 〔マツバハリタケ科〕

Boletopsis leucomelaena (Pers.) Fayod

（*Polyporus leucomelas* (Pers.) Pers.）

秋季，山野に生える．傘の大きさはおおよそ 6～15 cm．傘の周辺部は内側に巻き，全体の形は不整である．傘の表面は黒いが，肉は白色である．裏面は白く，細孔を密生している．柄は短く，表面はやや黒味を帯びる．食用とされるが，少し苦味があるので，普通は大根おろしとともに食べる．地方によりウシビタイ，ウシタケ，ナベタケ，ロウジなどとも呼ばれる．

5154. **コウタケ**（カワタケ） 〔マツバハリタケ科〕

Sarcodon aspratus (Berk.) S. Ito

（*Hydnum aspratum* Berk.）

山地に生ずる．全体は褐色で深いロート状を呈し，傘の上側に小鱗片があり，裏面は針状の突起でおおわれる．胞子はこの突起の表面に生じる．生の時は香が少ないが乾燥すると芳香をだす．普通は甘く煮て食用とする．煮たものは色が黒い．精進料理によく用いられる茸で，高価である．毛を密生している状態が獣の皮に似ていることから，皮茸の名前がつけられたもので，コウタケはその音便である．これに似て，浅いロート状で，肉が厚く，苦いものはシシタケ *S. imbricatus* (Fr.) P. Karst. という．

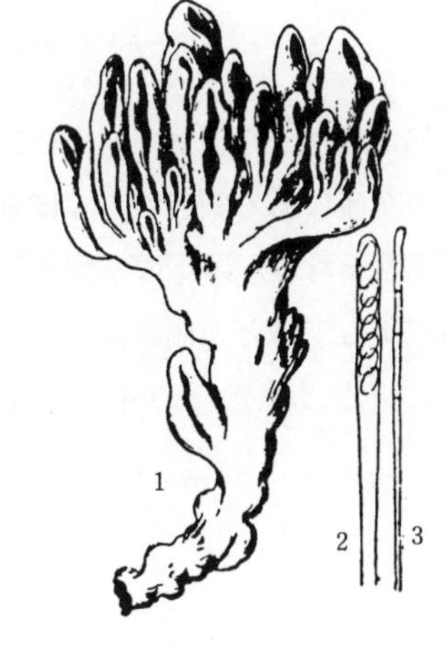

5155. **ミミブサタケ** 〔ベニチャワンタケ科〕

Wynnea gigantea Berk. et M.A. Curtis

山地に発生する．10～20 個の兎の耳状のものが，太い 1 つの柄より出て，柄の下部は地下の菌核に達する．おのおのの耳状のものは 1 個のチャワンタケに相当し，その内側全面に子実層を生じる．子嚢は円柱状で 8 個の無色で楕円形の胞子を内蔵する．胞子は時に一斉に各子嚢から発射され，白粉が霧のように飛ぶことは他のチャワンタケと同様であるが，本菌は大形なのでこの現象も特に顕著である．1. 全形，2. 子嚢，3. 側糸．

5156. **オオチャワンタケ**（フクロチャワンタケ） 〔チャワンタケ科〕

Peziza vesiculosa Bull.

庭園，畑地，原野等に秋に発生するが，他の時季に生えることもある．初めは壺状であるが，後に開いて不規則な椀状になり，オオヒラチャワンタケ *P. repanda* Pers. などと同様に大形のチャワンタケの仲間の一つである．椀状子実体の上面は褐色で，下面には粒状突起を密生するか，あるいは細毛が生え，灰白色である．子嚢中には 8 個の無色，楕円形で，表面平滑な胞子を内蔵する．1. 全形，2. 縦断面，3. 子嚢，4. 側糸．

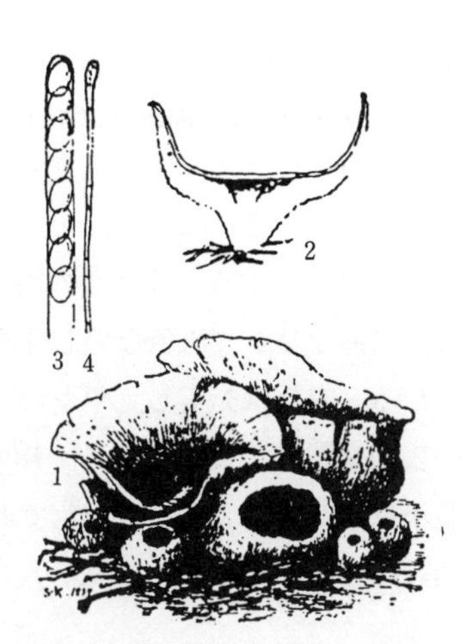

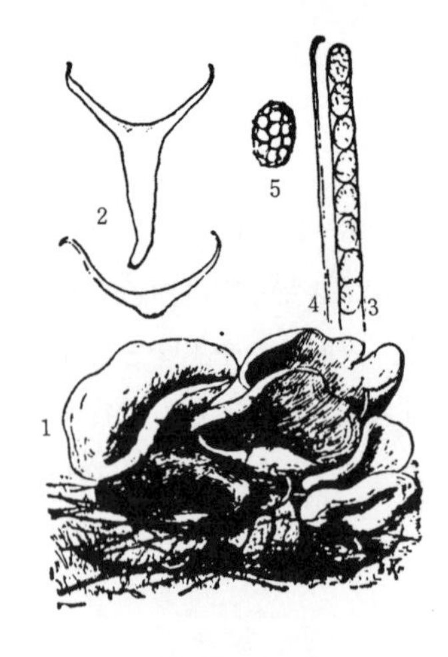

5157. キンチャワンタケ 〔ピロネマキン科〕

Aleuria rhenana Fuckel
（*Peziza splendens* Quél.）

山野に発生する．子実体は不規則な椀状で，外側は淡黄色，内側は橙黄色で美しい子嚢菌である．下面の中央で地に接するが，しばしば長い柄を持つこともある．多数集まって生ずることが多い．子実層は上面の全体にでき，顕微鏡で見るとずらっと並んだ子嚢と子嚢の間に側糸があり，その上部の内容物が黄色であることがわかる．子嚢中には無色の8個の楕円形胞子がある．胞子の表面は著しい網目状の隆起がある．本菌の上面が橙黄色なのは，側糸先端部の色によるものである．1. 全形，2. 縦断面，3. 子嚢，4. 側糸，5，胞子．

5158. ノボリリュウ 〔ノボリリュウタケ科〕

Helvella crispa (Scop.) Fr.

世界に広く分布し，夏から秋に湿った腐植質の多い林内に発生する．頭部は鞍状でそりかえる．はじめ白色,のち淡黄色ないし淡黄褐色になる．柄は長く，頭部とほぼ同色で，表面全体に縦に走る稜と顕著な深い溝があり，稜壁のところどころに切れこみができて，穴があくなど，このきのこ特有の柄になっている．きのこ全体の高さは5〜12 cm．子実層は頭部の表面に形成され，胞子は成熟すると放出される．子嚢胞子は長楕円形で，子嚢の中に8個形成される．本種によく似て，頭部の黒いものにクロアミガサタケ *H. lacunosa* Afzel. : Fr. がある．

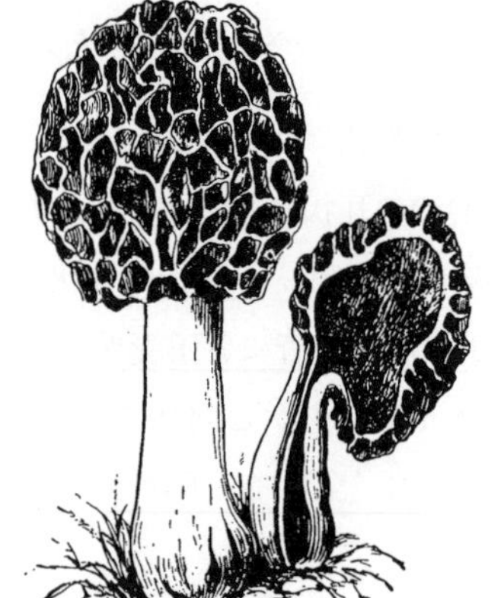

5159. アミガサタケ 〔アミガサタケ科〕

Morchella esculenta (L.) Pers.

原野，畠地，庭園等の地上に生える．頭部は球形から卵形で，太い柄がある．頭部，柄ともに中空である．頭部の全面にある網目状のくぼみは不規則な多角形で表面に子実層がある．すなわち各々のくぼみは1個のチャワンタケに相当し，8個の胞子を内蔵する子嚢と，側糸が，この内側に無数に列んで生じる．欧米では食用としているが，わが国ではあまり食べない．

5160. クチキトサカタケ 〔ビョウタケ科〕

Ascoclavulina sakaii Y. Otani

日本特産のきのこで，夏から秋にブナの倒木上にふつうにみられる．子実体はかたまり状の基部から，棍棒状ないしやや扁平のきのこがやや放射状に密生する．ひとつのかたまりは10 cmを越えることは少ない．表面は薄オリーブ灰色ないし緑灰色で，つやがあり，古くなると褐色を帯びる．内部は充実し，ややかたく，乾くと革質になる．胞子は子実体の表面全体に形成される．子嚢の中に楕円形の胞子が8個形成される．胞子は淡黄色ないしほぼ無色である．〔日本名〕ブナの朽ち木上に生じ，鶏冠の形をしているところより，朽木鶏冠茸と呼ばれる．

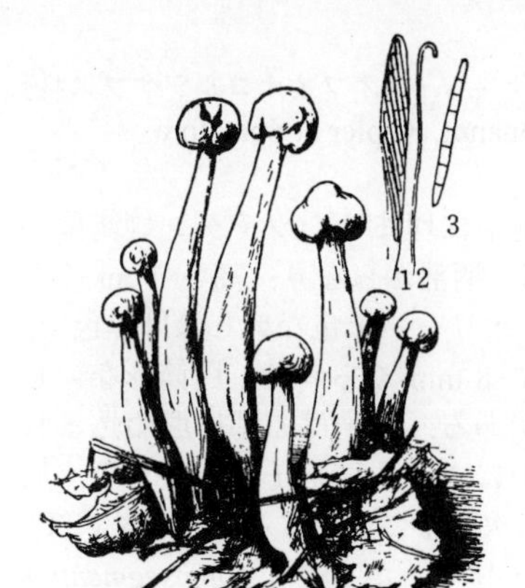

5161. ホテイタケ

〔ホテイタケ科〕

Cudonia circinans (Pers. : Fr.) Fr.

秋, 山野の落葉の多い林内に生える. 頭部は頭巾状で, 明瞭な柄がある. 頭部は径 1〜3 cm. 柄の長さは 2.5〜5 cm で, 下部は太く, やや扁平である. 全体淡黄褐色で, 軟質, 弾力性がある. 頭部の表面に子実層があり, 子嚢は楕円状紡錘形で, 8 個の胞子を内蔵する. 胞子は線状で, 無色, 7 個の隔壁で仕切られる. 側糸は先端が彎曲する. 1. 子嚢, 2. 側糸, 3. 胞子.

5162. テングノメシガイ

〔テングノメシガイ科〕

Trichoglossum hirsutum (Pers. : Fr.) Boud.

(*Geoglossum hirsutum* Pers. : Fr.)

秋, 林野, 庭園等の地上に生える. 長さは 5〜8 cm の黒い小形の菌で, 頭部は楕円形で扁平, 全面に子実層がある. 子嚢胞子は線状で黒褐色, 多くの隔膜で仕切られる. 頭部, 柄ともに全面から黒色針状の剛毛を生ずるので, ビロードのような感触がある. 1. 全形. 2. 顕微鏡でみた子実層の一部 (子嚢, 側糸, 剛毛). 3. 同子嚢胞子. 4. 同, 側毛の上半部.

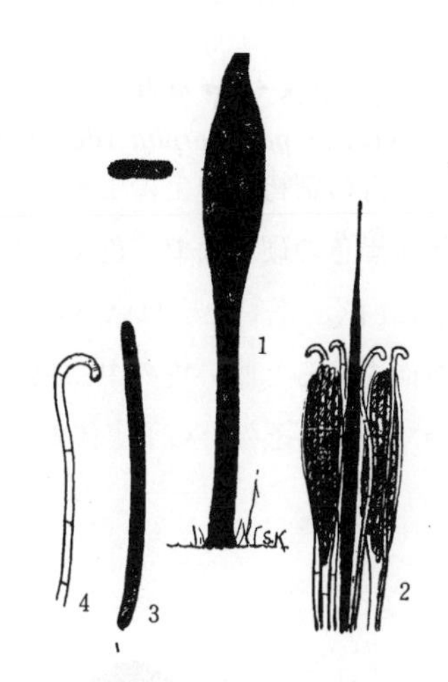

5163. ミミカキタケ (カメムシタケ)

〔オフィオコルジケプス科〕

Ophiocordyceps nutans (Pat.) G.H. Sung, J.M. Sung, Hywel-Jones et Spatafora

(*Cordyceps nutans* Pat.)

山林中, 落葉の多い地上に生える冬虫夏草の一種である. 種々のカメムシの成体に寄生する. 虫体の主として腹面の胸部から針金のように細くて, 黒い柄を出し, 柄の下部は黒色で光沢があり, 先端は曲がり, 子実部を生じる. 子実部は長楕円形で橙黄色である.

5164. セミタケ

〔オフィオコルジケプス科〕

Ophiocordyceps sobolifera (Hill ex Watson) G.H. Sung, J.M. Sung, Hywel-Jones et Spatafora

(*Cordyceps sobolifera* (Hill ex Watson) Berk. et Broome)

地下のニイニイゼミの蛹に寄生し, 夏の頃, 地上に子実体を出す. 冬虫夏草の一種で, 虫体から棍棒状, または鹿角状の柄が現われ, 先端の太い部分に子実層をつくる. 本邦には多いが, 外国では極めてまれな種類である. 中国でいういわゆる冬虫夏草は, この種とは異なり, 学名を *O. sinensis* (Berk.) G.H. Sung, J.M. Sung, Hywel-Jones et Spatafora といい, 鱗翅類の幼虫から発生する. 冬虫夏草はまた夏虫冬草, 虫草, 冬虫草などともいう.

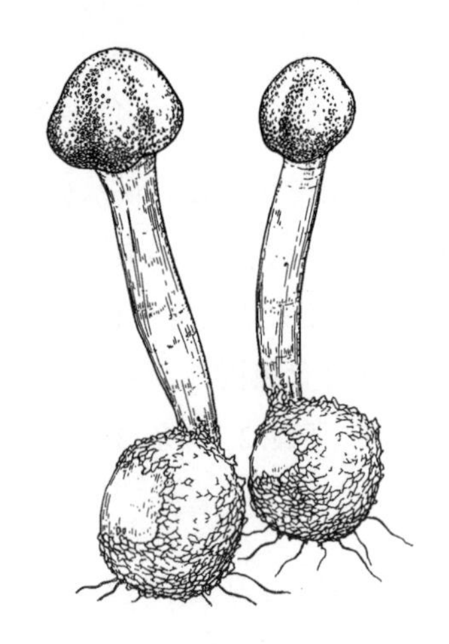

5165. タンポタケ 〔オフィオコルジケプス科〕

Tolypocladium capitatum (Holmsk.) Quandt, Kepler et Spatafora

（*Cordyceps capitata* (Holmsk. : Fr.) Link.）

北半球に広く分布し，日本では秋に地中に埋まったツチダンゴ属菌から発生する寄生菌である．子実体は頭部と柄部からなり，高さ 7 cm くらいになる．頭部は球形で，径 1～1.5 cm，オリーブ黒色ないしほぼ黒色で，粘性はない．柄は，長さ 5～6 cm，幅 5～8 mm くらいで，円筒形ないしやや偏圧され，縦の条線と細かい鱗片がある．胞子は頭部に埋め込まれた卵形の子嚢殻内に形成される子嚢の中にできる．胞子は成熟して，放出されると，横に切れ目ができ，多数の二次胞子になる．本種によくにて，頭部が明るい色で粘性があるものにヌメリタンポタケ *T. longisegmentum* (Ginns) Quandt, Kepler et Spatafora がある．

5166. マメザヤタケ 〔クロサイワイタケ科〕

Xylaria polymorpha (Pers.) Grev.

山野の腐朽材の上に生える．細い柄から膨れて，長く伸び上がり，全体が黒色の硬質菌で，色々な形になる．子実体の外側の皮は厚くて，内部に白く，若いときは軟らかい菌糸がつまっているが，のち中空になる．断面をみると厚い皮の中に被子器が並んで埋まり，外に向かって口を開いている．そのため子実体の表面には無数の細かい孔が見える．

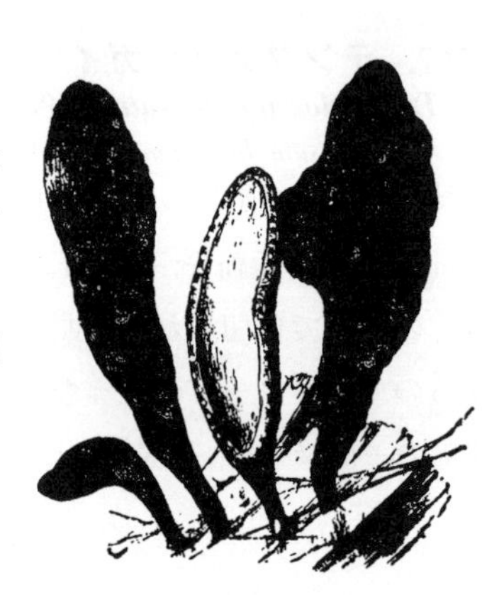

5167. ヒメピンゴケ 〔ピンゴケ科〕

Calicium trabinellum (Ach.) Ach.

山地の樹皮のはげ落ちた枯木上に生ずる．極めて小形の地衣で，地衣体は灰色の粉末状か，ときには不明瞭である．子器柄は黒色，細いピン状で，高さ 0.8～1.2 mm，中ほどの太さは 0.1～0.2 mm，頂端はコマ状に開いた子器に連なる．子器の外側には黄白色の粉霜をかぶり，黒色の胞子塊を高く盛り上げる．直径 0.3 mm に達する．胞子は暗褐色，楕円形，2 室でまれに 1 室，隔膜のところで少しくびれる，8～11×4～6 μm．本州の山地に産するが，肉眼では見つけにくいほどの小形のものなので，相当の経験をもたないと発見できない．日本には他に数種のピンゴケ属を産する．ピンゴケ科には他にカニメゴケ属（*Acroscyphus*），スミイボゴケ属（*Buellia*），スミイボゴケモドキ属（*Hafellia*），ヒョウモンゴケ属（*Cyphelium*），メダルチイ属（*Dirinaria*）などを産する．図 1 は枯木上に生じた群落の全形，2 はその一部拡大，3 は子器と子柄，4 は胞子．

5168. ウラジロゲジゲジゴケ 〔ムカデゴケ科〕

Heterodermia hypoleuca (Muhl.) Trevis.

樹皮上または岩上に生ずる葉状地衣．全体はほぼ円形に拡がり径 10～20 cm に達し，放射状にのびる幅 1.5 mm 内外の多数の裂片からなる．表面は灰緑色，粉芽も針芽もなく平滑，K＋黄色．裏面には皮層がなく白色の髄を裸出し，縁部に生じる類白色の仮根で基物に着生する．子器は皿状で直径 3～7 mm，縁部はやや厚く，著しくきょ歯状を呈する．胞子は暗褐色，楕円形，2 室，膜は厚く隔壁のあたりで少しくびれる．本種は東アジアと北米東部の平地から山地にかけて産する．本種と近縁のもので，裂片の先端に粉芽を生じ裏面が橙黄色（K+ 紫色）を呈するキウラゲジゲジゴケ *H. obscurata* (Nyl.) Trevis. が日本を中心に産し，また裏面にも皮層のあるオオゲジゲジゴケ *H. diademata* (Tayl.) D.D.Awasthi は温帯の各地に広く分布する．図の 1 は全形の一部，2 は先端部の拡大，3 は子器の縦断面，4 は子嚢と胞子．

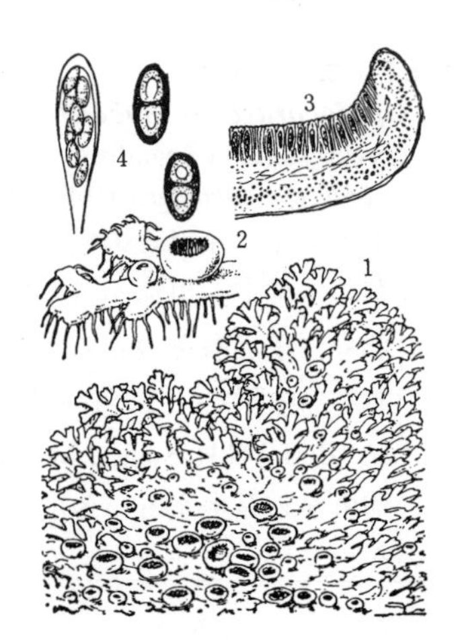

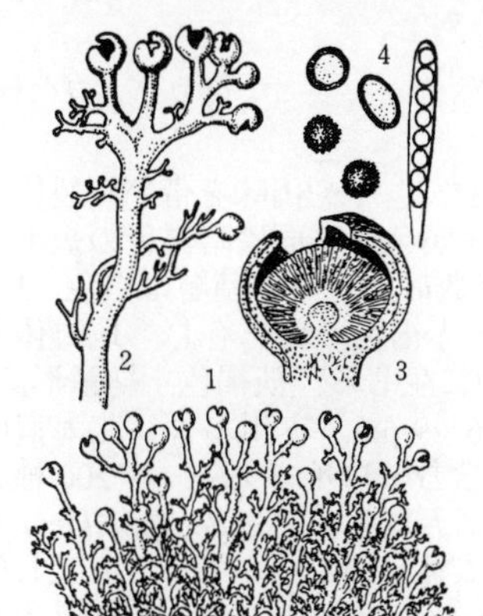

5169. サンゴゴケ 〔サンゴゴケ科〕

Sphaerophorus meiophorus (Nyl.) Vain.

山地の針葉樹林帯の針葉樹の樹皮上または地上に生ずる小灌木状の地衣で，密生して高さ 1.5〜3.5 cm のクッション状の塊となる．子器を生ずる枝は太さ 1〜1.5 mm で，無子器のものより太く，丈も高い．枝の横断面は円形で，皮層は一様に発達し，厚さ約 100 µm，K－，髄層は I－，子器は頂生，球形，直径 2 mm 内外，成熟すると表面が不規則に破れ，中の黒色の胞子塊が露出する．胞子は球形，1 室，直径 6〜8 µm，初めは無色で成熟するに従って暗青色となり，外側に炭質の物質を被り，多数集合して黒色の胞子塊が形成する．本種は東アジア特産で日本と台湾に分布し，日本では北海道から九州までの山地に産する．近縁種に地衣体が中空のウツロサンゴゴケ *Bunodophoron diplotypum* (Vain) Wedin，中実で地衣体が明らかに背腹性を示すヒラサンゴゴケ *B. melanocarpum* (Sw.) Wedin，高山の岩石上に生ずるタカネサンゴゴケ *Sphaerophorus fragilis* (L.) Pers. などがある．図 1 は群落の一部，2 は有子器の個体の上部拡大，3 は子器の縦断，4 は胞子と子嚢．

5170. モジゴケ 〔モジゴケ科〕

Graphis scripta (L.) Ach.

樹皮上に生ずる固着（痂状）地衣．灰白色の地衣体は基物に固着し，平滑で薄く，亀裂を生じ，K－．子器は黒色，線状で不整に屈曲または分岐し，盤に白粉がある，長さ 2〜3 mm，幅 0.2 mm 内外，隆起して一見したところ白紙に文字を書いたような外観を呈するので文字苔の名がある．胞子は 8 個ずつ子嚢中に生ずる，無色，紡錘形，8〜10 室で各室はレンズ状，大きさは 28〜40×7〜10 µm 内外．全世界に分布し，日本でも各地に産する．モジゴケ属は全世界で 300 種以上が知られ，日本にも 30 種以上を産し，その同定は困難である．モジゴケ属で代表されるモジゴケ科には 15 属以上が含まれ，日本にも *Fissurina*，ヘリトリモジゴケ属 *Leiorreuma*，クロミモジゴケ属 *Phaeographis* などの諸属を産する．図の 1 は樹皮上に生じた群落の全形，2 はその一部拡大，3 は子器の縦断検鏡図，4 は側糸，子嚢，胞子などの検鏡図．

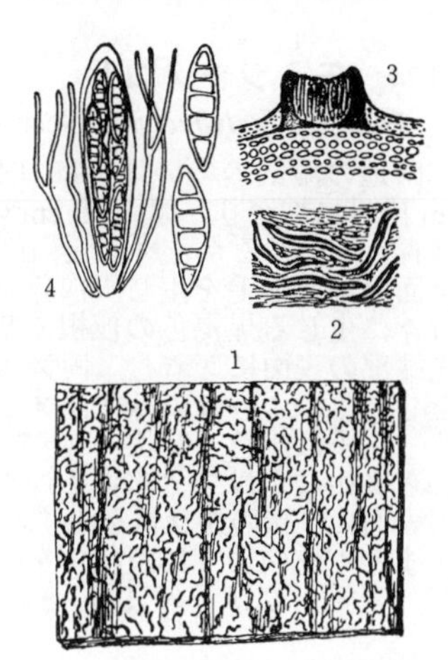

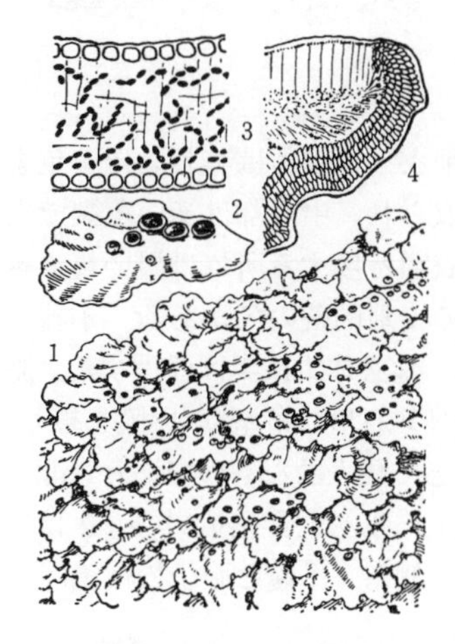

5171. アオキノリ 〔イワノリ科〕

Leptogium azureum (Sw.) Mont.

樹皮や岩上に生ずる中形の葉状地衣．地衣体は淡青色，不規則な薄い裂片からなり，湿った時は全体が厚みを増し柔らかくなるが，乾くと薄い洋紙状となる．髄層には念珠状に連なった藍藻類の *Nostoc* が一様に分布している．子器は地衣体上に生じ，皿状，盤は暗赤色，直径 0.5〜2 mm．胞子は無色，紡錘形で両端が少し尖り，石垣状多室，26〜35×8〜14 µm．近縁のハイイロキノリ *L. tremelloides* (L.) Vain. は裂片の幅が広く，丸味がある．アオキノリ属の地衣体は表裏両面に皮層があるが，近縁のイワノリ属 *Collema* は両面とも皮層を欠く．乾燥して標本にしたものと，野外で見る湿ったものとでは形態が全く異なることがあるので注意する必要がある．図の 1 は地衣体の一部，2 はその一部拡大，3 は地衣体の縦断検鏡図，4 は子器の縦断検鏡図．

5172. ナメラカブトゴケ 〔カブトゴケ科〕

Lobaria orientalis (Asahina) Yoshim.

山地の森林帯の樹木上に生ずる大形の葉状地衣．表面は乾けば茶褐色であるが湿ると鮮緑色を呈する．粉芽も針芽もなく平滑で光沢があり，辺縁は鹿角状に切れ込み，表面には網目状の陥没がある．裏面は淡褐色で，表面の稜線に対応する場所が溝となり黒褐色の短毛を密生する．髄層は白色，C＋紅色，P＋黄色．子器は皿状で直径 1〜3 mm，赤褐色の盤を有する．胞子は無色，8 個ずつ子嚢中に生じる，紡錘形，4 室で時に 2 室のものを混ずる，大きさは 25〜35×7〜8 µm．日本全国の深山に産し，いくつかの近縁種がある．属の基準種のカブトゴケ *L. pulmonaria* (L.) Hoffm. は，地衣体表面の稜線上に粉芽を生ずる点で区別され，日本では稀である．外形はよく似ているが，藍藻類を含むものにカブトゴケモドキ *L. kurokawae* Yoshim. がある．図の 1 は表面，2 は裏面，3 は地衣体の縦断検鏡図，4 は側糸，子嚢と胞子の検鏡図．

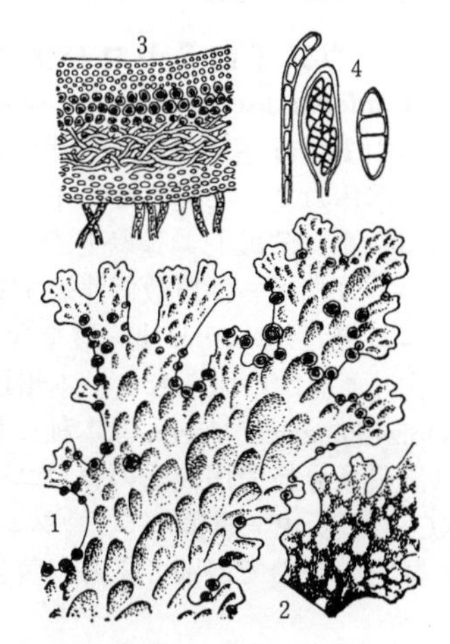

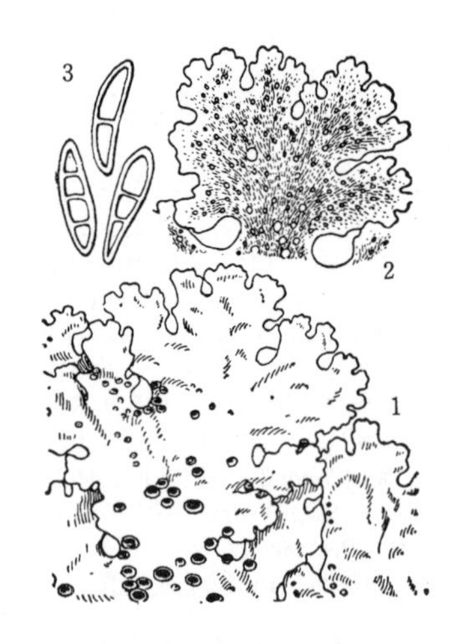

5173. テリハヨロイゴケ　〔カブトゴケ科〕

Sticta nylanderiana Zahlbr.

樹皮上に生ずる中形または大形の葉状地衣で，やや円味を帯びた裂片からなる．表面は裂芽も粉芽もなく平滑，K＋黄色．裏面は暗褐色の短毛を密生し，大小の点状または歪形の盃点を多数散生する．髄層は白色，KC＋橙赤色．子器は円盤状で直径 1〜4 mm，赤褐色の盤を有し，地衣体上の所々に散生する．胞子は 8 個ずつ子嚢中に生じる，淡褐色，紡錘形，4 室で時に 2〜3 室のものを混じ，30〜50×6〜9 μm．本州および北海道の山地に産する．カブトゴケ科は約 100 種を含むヨロイゴケ属，約 200 種を含むカブトゴケ属，200 種以上を含むキンブチゴケ属 *Pseudocyphellaria* とからなる．日本産のヨロイゴケ属には，地衣体に柄がついていて直立し扇を開いたような形のエツキセンスゴケ *S. gracilis* Zahlbr. など 10 種ほどがある．図の 1 は地衣体の表面観，2 は裏面の一部，3 は 3 個の胞子．

5174. モミジツメゴケ　〔ツメゴケ科〕

Peltigera polydactyla (Neck.) Hoffm.

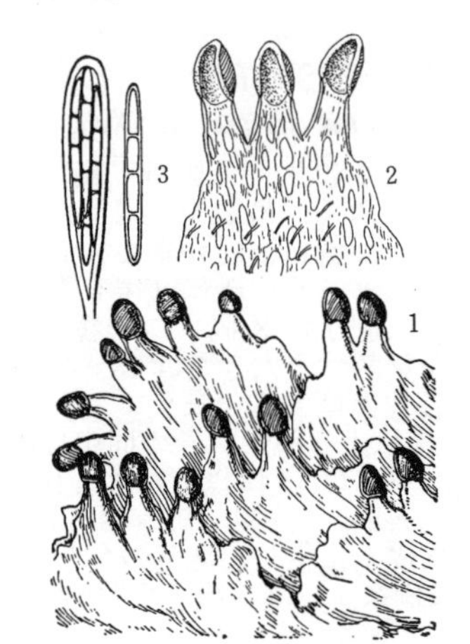

山地の湿気の多い地上にコケ類と混生する葉状地衣．地衣体は径 10 cm 内外に拡がり，幅 1〜3 cm の裂片からなる．表面は平滑で湿った時は暗青色を呈するが乾けば灰褐色となる，頭状体も裂芽も粉芽も生じない．裏面は細い綿毛を生じ灰白色を呈し，暗色の網目状の脈があり，脈上の所々に生じる黒褐色の仮根で基物にゆるく着生する．子器は狭い裂片の先端部の表面に底着し，円盤状で径 3〜8 mm，赤褐色の盤がマニキュアをした爪のような外観を呈する．乾燥すると子器も周辺から巻き込まれる．胞子は無色，針状で 4〜7 室，40〜80×2〜4 μm．日本の各地の平地から高山にかけて分布する．ツメゴケ属には共生藻に緑藻を持ち地衣体の表面に粒状の頭状体を生ずるヒロハツメゴケ *P. aphthosa* (L.) Willd. のなかまと本種のように頭状体を生じないものとがある．図の 1 は全形の一部（表面），2 はその裏面，3 は子嚢と胞子の検鏡図．

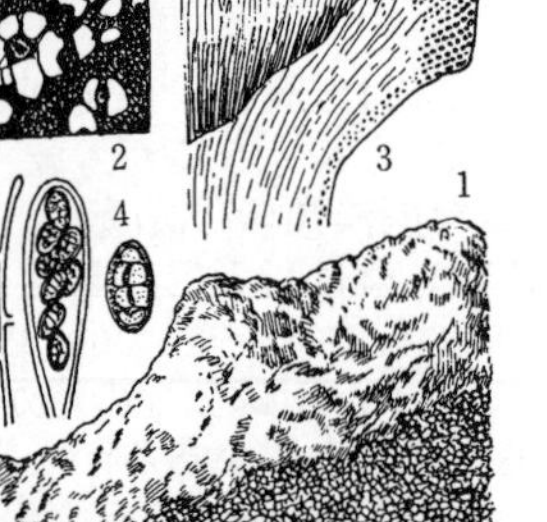

5175. チズゴケ　〔チズゴケ科〕

Rhizocarpon geographicum (L.) DC.

高山の岩石上に着生する固着（痂状）地衣．地衣体は美しい硫黄色を呈し，縁部は黒色の下生菌糸によって縁取られ，中央部は深い亀裂で大小様々の小区画に分かれている．他の地衣類と接する所には黒い境界線を生じ，地図を見るような外観を呈するので地図苔の名がある．子器は黒色，散生し，類円形で直径 0.5〜1.0 mm，地衣体中に半ば埋没する．胞子は 8 個ずつ子嚢中に生じる，暗褐色，楕円形，石垣状多室，厚い膜を被り，20〜32×10〜15 μm，本種は高山性地衣として代表的なものであり，北半球の高山に広く分布する．図の 1 は岩石上に生じた群落の外観，2 はその一部の拡大，3 は子器の縦断検鏡図，4 は側糸，子嚢と胞子の検鏡図．

5176. ウスイロミヤマハナゴケ　〔ハナゴケ科〕

Cladonia pseudoevansii Asahina

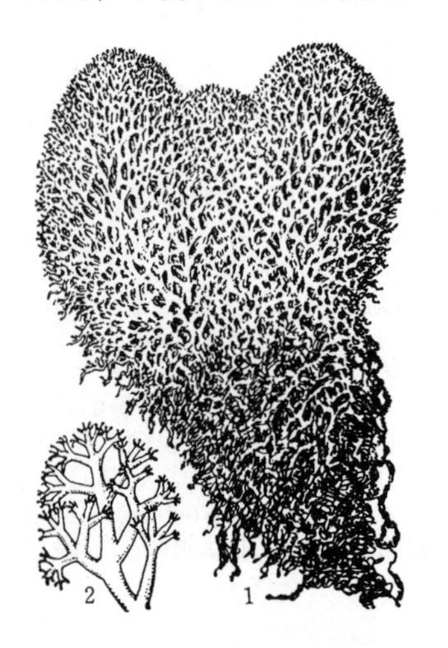

高山または寒地の地上に生ずる樹状地衣．地衣体は早く消失し，子器柄が本体のように見える．子器柄は淡緑白色，高さ 5〜10 cm，分枝は広開同長２叉分岐し，連続したやや平たいコロニーを作る，仮軸は形成しない．コロニーは複数個連続することが多い．K－，KC＋黄色，P－，ウスニン酸とペルラトリン酸を含む．本種の国内の分布は北海道〜本州の高山，亜高山に限られる．本州以北に分布するミヤマハナゴケ *C. stellaris* (Opiz) Pouzar et Vězda は本種に似ているが，子柄は黄色みを帯び，分枝は同長多分枝で円筒形のコロニーを作る．また，子柄の呈色半のはK－，KC＋黄色，P＋濃黄色で，ウスニン酸とペルラトリン酸のほかにプソロー厶酸を含むので区別できる．黄色．図の 1 は全形，2 は先端部の拡大．

5177. ハナゴケ

〔ハナゴケ科〕

Cladonia rangiferina (L.) Weber ex F.H.Wigg.

低地から高山の地上に普通に産する樹枝状地衣．地衣体は早く消失し，子器柄だけが発達する．子器柄は高さ 3～10 cm，太さ 1～1.5 mm，不同多叉分枝をして仮軸を形成する．分枝の股の部分には不定形の孔を生ずる．頂端の分枝は揃って同一方向に傾き，先端は暗褐色を呈する．表面は皮層を欠き光沢はない．K＋黄色，P＋橙赤色で地衣成分はアトラノリンとフマールプロトセトラール酸である．子器は小枝の頂端に 1 個または数個ずつ生じ，半球状で褐色または黒褐色を呈する．胞子は無色，1 室，長卵形または楕円形，9～12×3～4 μm．全世界に広く分布し，日本でも北海道から九州に広く分布し，低地や海岸の松林の林床にも生ずる．本種によく似た種には全体が藁黄色を呈するワラハナゴケ *C. arbuscula* subsp. *beringiana* Ahti や，ワラハナゴケモドキ *C. arbuscula* subsp. *mitis* (Sandst.) Ruoss. などがあるがアトラノリンを含まないので区別できる．図の 1 は全形，2 は子器柄の一部，3 は子器を生じた小枝の先端の一部．

5178. ヤグラゴケ

〔ハナゴケ科〕

Cladonia krempelhuberi (Vain.) Zahlbr.

地上または朽木上にコケ類と混じて生ずる樹枝状地衣．基本葉体の鮮葉は永存する．子器柄は直立し，頂端は盃状となり，径 3～4 mm，K＋淡黄色，P＋橙色から橙赤色に変わる，アトラノリンとフマールプロトセトラール酸を含む．盃の中央から繰り返して発芽し，時には 4～5 段も重なり, 高さ 3～5 cm．子器は盃縁に生じ, 褐色, 短い柄がある．胞子は無色，1 室，楕円形，7～16×3 μm．東アジア特産．日本では本州，四国，九州に分布する．本種によく似たヒメヤグラゴケ *C. rappii* A. Evans は地衣体が 3 cm 以下と小型でプソローム酸を含む．ハナゴケ属は非常に種類が多く，また外形が変化し易く，同定には含有成分をよく調べることが必要である．図は群落の全形と，頂端の一部の拡大.

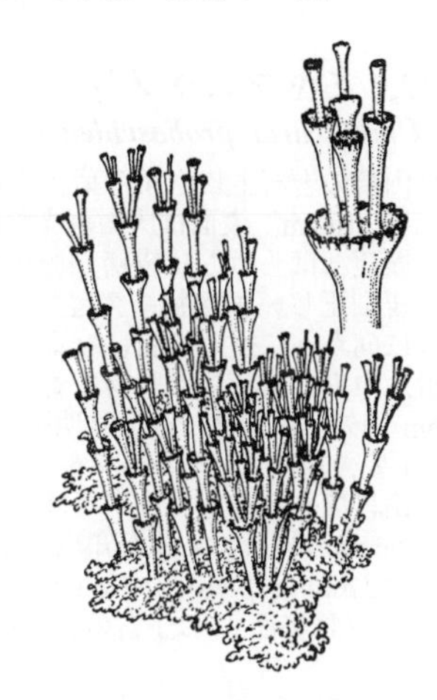

5179. カムリゴケ

〔ハナゴケ科〕

Pilophorus clavatus Th. Fr.（*Pilophoron hallii* (Tuck.) Vain.）

山地の岩石上に生ずる固着（痂状）地衣．地衣体は暗灰緑色，粒状，K＋黄色．擬子柄は地衣体上に叢生し，単一の棒状で直立する．高さ 2～5 mm，太さ 0.3～0.5 mm，表面は地衣体で覆われ所々裸出する．小形の粒状の頭状体が地衣体上に散生する．子器は擬子柄の頂部に生じ，長頭状に膨れ棍棒状，表面は黒色で少し光沢を有する．胞子は無色，1 室，楕円形または紡錘形，17～24×6～7 μm，カペラート酸を含む．本種は東アジアと北米に分布し，日本では北海道，本州，四国，九州に分布する．日本には本種の他にマルミカムリゴケ *P. nigricaulis* M.Sato や，子器柄が中空で大形で 3～5 cm となるオオカムリゴケ *P. aciculare* (Ach.) Th.Fr を産する．図の 1 は岩石上の群落，2 はその一部拡大，3 は子器と子器柄の縦断検鏡図．4 は子器の横断面，5 は子器柄の横断面，6 は胞子.

5180. キ ゴ ケ

〔キゴケ科〕

Stereocaulon exutum Nyl.

山地の岩石上に生ずる樹枝状地衣．地衣体は粒状で灰褐色～灰緑色．擬子柄はよく発達して小灌木状となり, 直立して高さ 3～6 cm, 太さ 1～2.5 mm，やや扁圧され一方の側には棘枝や頭状体を生じ，他方は全く裸出して肌色で平滑．頭状体は疣状の小体が集まったもので全体として球形または盃形を呈する．盤は赤褐色または黒褐色．胞子は無色，長紡錘形，4 室で真直，または少し曲がる，20～48×4～7 μm．本種は東アジアの特産種で北海道～九州，韓国に産する．キゴケ属の地衣は日本産として約 40 種が報告されており，擬子柄，棘枝，頭状体の形状，地衣成分などによって区別される．図の 1 は全形，2 は先端部の一部拡大.

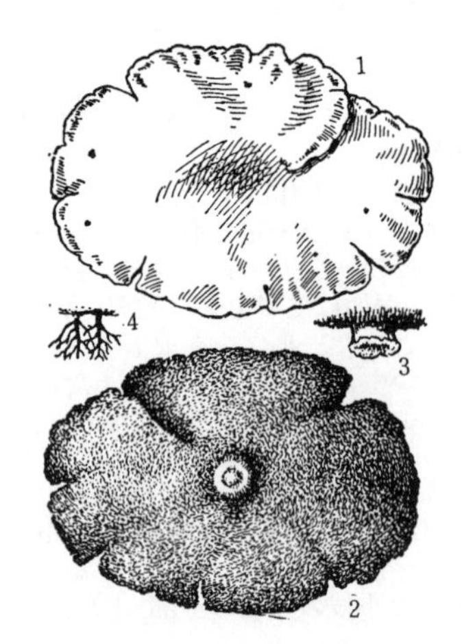

5181. イワタケ 〔イワタケ科〕

Umbilicaria esculenta (Miyoshi) Minks.（*Gyrophora esculenta* Miyoshi）

岩石上に生ずる葉状地衣で，日本では古くから食用として知られている．地衣体は類円形で，径 5〜10 cm のものが多いが，まれには 30 cm を越すものがあり，老成するにしたがって形も不整になる．表面は乾けば褐色，湿った時には暗緑色を呈する．粉芽も裂芽もない．裏面は暗黒色，中央に 1 個の突出した臍状体があって基物に着生し，他の部分は遊離する．黒褐色の分岐した短い仮根を密生する．子器を生ずることはまれであるが，時には 1 個体上に数百個を生ずることもある．子器は地衣体表面に生じ，ギロディスク型，黒色，炭質，半球状で表面にギリと呼ばれる襞がある．胞子は 1 子嚢中に 8 個，無色，1 室，楕円形，16〜30×8〜12 µm．髄層は K－，P－，C+ 赤色でジロフォール酸を含む．本種は低地から山地の裸出した花崗岩や非石灰岩性の岩石上に生じ，北海道，本州，四国，九州，朝鮮半島に分布する．図の 1 は表面，2 は裏面，3 は臍状体，4 は仮根の拡大図．

5182. ミヤマコゲノリ 〔イワタケ科〕

Umbilicaria proboscidea (L.) Schrad.

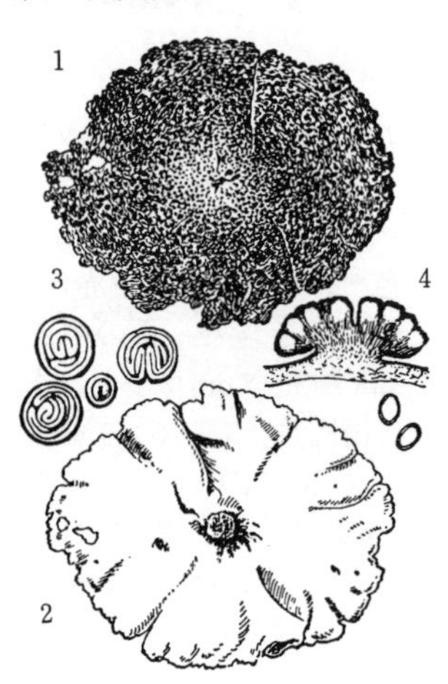

高山帯の岩石上に生ずる葉状地衣．地衣体は単葉性，円形または楕円形に拡がり径 5〜10 cm，表面は灰褐色または黒褐色で中央部はやや厚く灰白色の粉霜がある，周辺部はしばしば皮層が脱落して髄層が露出し白く隅どられることがある．やや規則正しい網目状に突起した脈を有し，その網目は中央ほど明瞭で細かく，周辺に向かうに従って粗になる．裏面は淡褐色，仮根はほとんどなく広く裸出し平滑，中央の臍状体で基物に着生する．子器は多数生じ，地衣体上に着く，直径 1 mm 内外，円盤状で表面は明瞭に渦巻状を呈する（ギロディスク型）．胞子は無色，1 室，楕円形，12〜18×6〜8 µm．地衣成分はジロフォール酸である．北半球の高山に広く分布し，日本では本州中部以北の高山に産する．日本産イワタケ属 *Umbilicaria* は他に 14 種が知られている．レイオディスク型の子器を持つオオイワブスマ *Lasallia pensylvanica* (Hoffm.) Llano もイワタケ科に属する．図の 1 は地衣体表面，2 は裏面，3 は子器の表面の拡大，4 は子器の縦断面と 2 個の胞子の検鏡図．

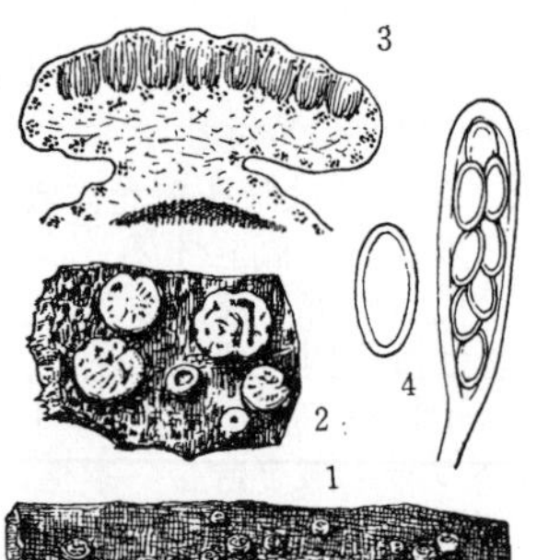

5183. クサビラゴケ 〔ニクイボゴケ科〕

Ochrolechia trochophora (Vain.) Oshio

山地の樹木の樹皮上まれに岩上に生育する固着（痂状）地衣．地衣体は汚灰色，大小無数の亀裂を生じ，全体として顆粒状となり厚さ 0.6〜0.8 mm，K－，C＋赤色（ジロフォール酸を含む）．子器は直径 1〜4 mm の円盤上で表面に放射状の不規則な放射状の組織が顕著である．胞子は円筒状の子嚢中に 2 個ずつ生じ，無色，1 室，楕円形，50〜80×25〜30 µm，膜は一重で厚さ 1〜1.5 µm．本種は東アジアおよび北米に分布し，日本ではブナの樹皮上に多い．ニクイボゴケ科にはほかに 2 室の胞子をもつフタゴトリハダゴケ属 *Varicellaria* が含まれる．図の 1 は樹皮上の群落の外観，2 は一部拡大，3 は子器の縦断面，4 は胞子と子嚢．

5184. チャシブゴケ 〔チャシブゴケ科〕

Lecanora allophana (Ach.) Nyl.

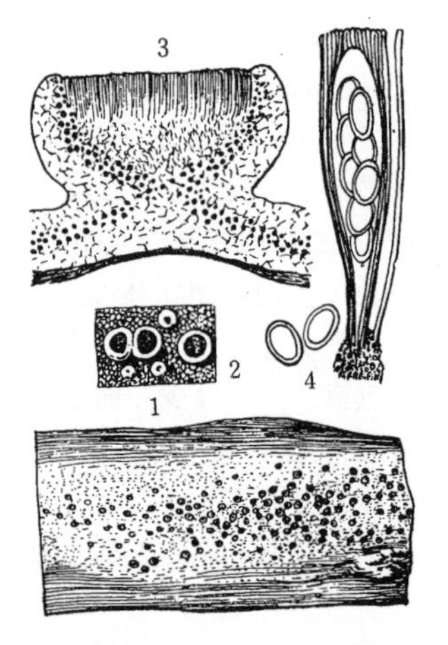

樹皮上に固着する固着（痂状）地衣．地衣体は灰白色，薄く基物上に拡がり，平滑または粒状となる．周囲は下生菌糸によって黒色の境界線で囲まれる．K＋黄色，C－．子器は皿状で直径 0.5〜1.5 mm，子器縁は平滑，内部に藻細胞を含み，レカノラ型の構造を示す代表的な種類である．胞子は 8 個ずつ子嚢中に生じ，無色，1 室，楕円形，12〜18×6〜9 µm．本種は全世界に広く分布する．日本各地の平地または山地に生育する種々の広葉樹の樹皮上に生ずる．チャシブゴケは樹皮生であるが，アワモチゴケ *L. decolorata* Vain. のように岩石上に生ずるものもある．チャシブゴケ属は，日本からは 50 種以上が報告されている．図の 1 は樹皮上の群落の外観，2 はその一部拡大，3 は子器の縦断面，4 は胞子，子嚢および側糸の検鏡図．

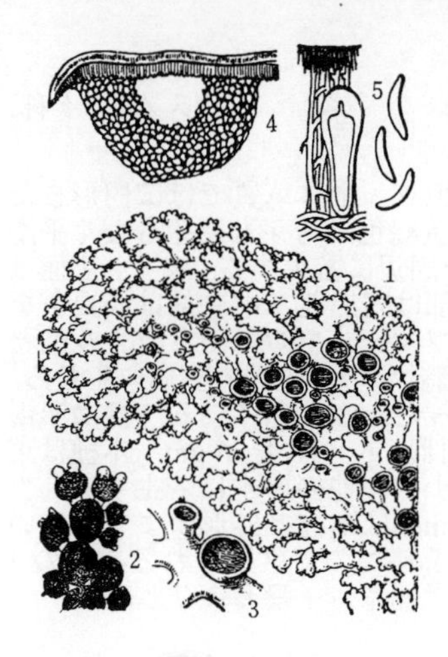

5185. アンチゴケ 〔ウメノキゴケ科〕

Anzia opuntiella **Müll.Arg.**

山地のブナその他の樹皮に生ずる葉状地衣．地衣体は放射状にのびる細い裂片からなり，ほぼ円形に拡がる．径 10 cm 内外．裂片は 2 叉または不規則に分岐し，太い所は 3〜5 mm，細い所は 1〜1.5 mm，念珠状にくびれ，またはサボテン状に連続し，先端は広くなり掌状を呈する．粉芽も針芽もなく表面は平滑で乾けば灰色，湿ると緑色を呈する．地衣体は K＋黄色，髄層は白色で組織の異なる 2 層から構成される，K−，P−，C−（アトラノリンとヂバリカート酸酸を含む）．裏面には黒褐色の海綿状組織が団子状に膨れて連なる．子器は盃状，後に円盤状となり，直径 5〜15 mm，黒褐色の盤を有する．胞子は無色，1 室，半月状に曲がり，10〜15×2〜3 µm．本種は北海道から台湾まで分布する．他に日本産 5 種がある．図の 1 は全形，2 は裏面の一部拡大，3 は子器，4 は地衣体の縦断面，5 は側糸，子嚢および胞子の検鏡図．

5186. エイランタイ 〔ウメノキゴケ科〕

Cetraria islandica **(L.) Ach. subsp. *orientalis***
(Asahina in M. Sato) Kärnefelt.

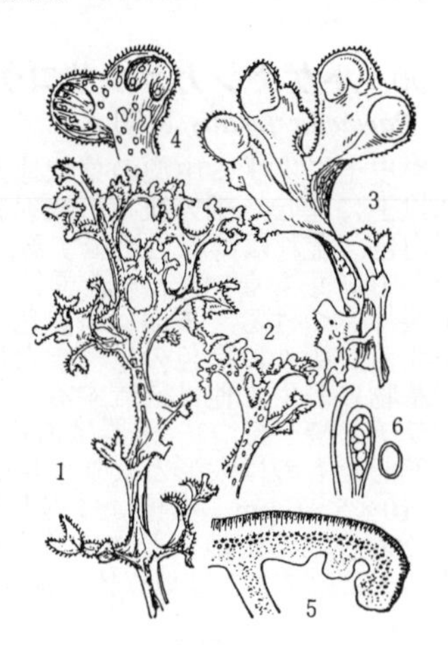

高山の地上に生ずる樹枝状地衣で，多数が集まり大群落を作ることが多い．地衣体は高さ 5〜10 cm，幅は 0.5〜1 cm，扁平で多少管状に内巻し，直立して樹枝状となる．日当たりのよい場所のものは褐色または黒褐色を呈するが，日蔭のものは淡色で，基部は赤褐色となり漸次に腐朽する．辺縁には長さ 0.5 mm 内外の黒色の刺状の突起を生じる，地衣体の表面には白色の点状の擬盃点を散生する．粉芽も針芽もなく平滑で光沢がある．髄層は白色，K−，P−でプロトリケステリン酸を含む．子器は円盤状，径 5〜10 mm．胞子は無色，1 室，楕円形，7〜10×4〜6 µm．北半球の寒帯および高山に広く分布し日本の高山にも産する．本種に近縁のマキバエイランタイ *C. laevigata* Rass. は地衣体が管状で偽盃点は地衣体縁辺に沿って連続することで区別できる．図の 1 は全形の裏面，2 は表面，3〜4 は子器をつけた枝，5 は子器の縦断面，6 は側糸，子嚢と胞子．

5187. トコブシゴケ 〔ウメノキゴケ科〕

Cetrelia nuda **(Hue) W.L.Culb. et C.F.Culb.**

山地の樹木上に生ずる大形の葉状地衣．円形に拡がり径 5〜15 cm．円味を帯びた径 3〜4 cm の大形の裂片からなり，辺縁は波曲する．表面は灰緑色，白色の小さい擬盃点を多数散生する．粉芽も裂芽もない．裏面は辺縁だけが狭く褐色を呈し，他は一様に黒色でやや光沢がある．子器は盃状で径 1〜2 cm に達する，盤は赤褐色，子器托には地衣体と同様の偽盃点を生じる．胞子は無色，1 室，楕円形 13〜15×7〜8 µm．K−，P−，C＋紅色（アトラノリン，アレクトロン酸，α-コラトール酸を含む）．本種は樺太から日本を中心として台湾，中国にかけて分布する東アジア特産の地衣である．近縁種として裂芽を持つトゲトコブシゴケ *C. braunsiana* (Müll. Arg.) W. Culb. et C. Culb. や粉芽を持つコフキトコブシゴケ *C. chicitae* (W. Culb.) W. Culb. et C. Culb. がある．図の 1 は全形の一部，2 は一部拡大，3 は子器の外観，4 は側糸，子嚢および胞子の検鏡図．

5188. オオアワビゴケ 〔ウメノキゴケ科〕

Nephromopsis nephromoides **(Nyl.) Ahti et Randlane**

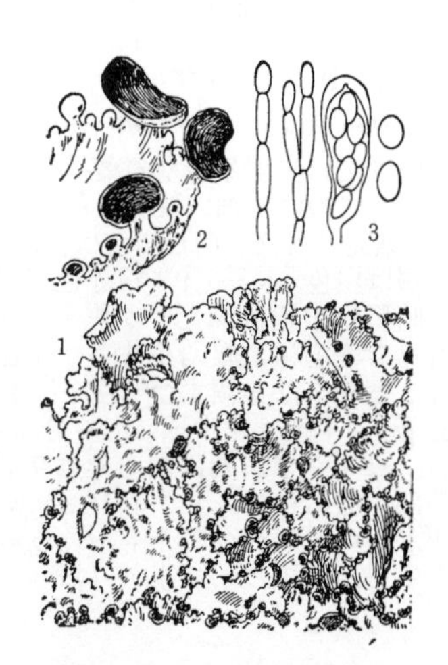

山地の樹木上に生ずる大型の葉状地衣，径約 20 cm．地衣体は革質で円味のある裂片よりなる，表面は黄緑色，粉芽も裂芽もなく平滑でやや光沢がある．K＋僅かに黄色．裏面は類白色または淡黄色で網状の皺曲があり，擬盃点を散生する．淡褐色の仮根で基物に着生する．髄層は白色，K−，P−，C−（ウスニン酸，プロトリケステリン酸，リケステリン酸，ネフロモプシン酸を含む）．子器は裂片の裏面の先端に生じ，腎臓形，径 3〜8 mm，栗色の盤を有する．胞子は無色，1 室，楕円形，5〜6×3 µm．本種はブナ帯の樹皮や枝上に生育する．図の 1 は全形の一部，2 は先端部の拡大，3 は側糸，子嚢と胞子．

5189. ウチキアワビゴケ　〔ウメノキゴケ科〕

Nephromopsis ornata (Müll.Arg.) Hue

樹皮上に生ずる中形または大形の葉状地衣．全体革質でほぼ円形または楕円形に拡がり，径 6～20 cm，表面は黄緑色，粉芽も裂芽もなく平滑であるが，長さ 1 mm 内外の黒色の棘枝を周辺に密生する，K－．裏面は密に皺曲し，褐色の仮根を生ずる，周辺部は暗黒色，中央部は淡褐色を呈する．髄層は硫黄色，K－，P＋橙色（フマールプロトセトラール酸と未知成分を含む）．子器は腎臓形で後に円盤状，裂片先端の裏側に生じる，径 1～2 cm，成長すると反転して表面から見えるようになる．盤は赤褐色または暗褐色．胞子は無色，1 室，楕円形，6～8×4～6 μm．本種は東アジアの特産で本州中部以北の山地のブナその他の樹木に着生する．ウチキアワビゴケモドキ *N. endocrocea* Asahina は本種と外形がよく似ているが，髄層が橙黄色で K＋紫紅色の色素を持つので区別される．図の 1 は全形の一部表面，2 は先端部の裏面，3 は側糸，子嚢およびと胞子．

5190. トゲナシカラクサゴケ　〔ウメノキゴケ科〕

Parmelia fertilis Müll.Arg.

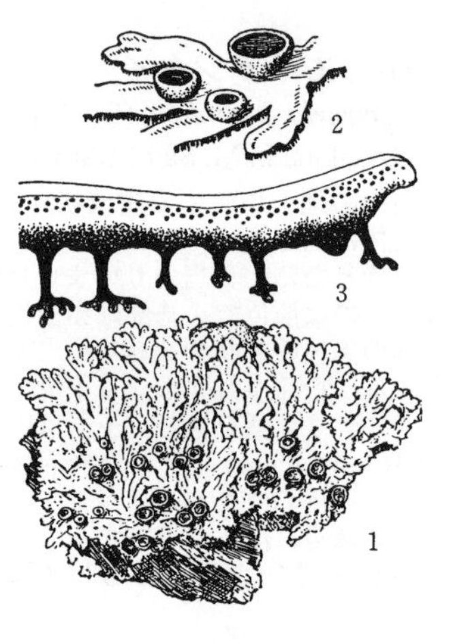

樹皮上に生ずる中型の葉状地衣．ほぼ円形に拡がり径 10 cm またはそれ以上に達し，細い紐状の放射状にのびる裂片からなる．表面は乾けば灰白色，湿れば鮮緑色を呈する，白色の点状または線状の擬盃点をつけ，粉芽も針芽もない．K＋濃黄色，地衣体中央部に先端丸味がある中凸の小裂片をつける．裏面は暗黒色で光沢がなく，辺縁部だけが狭く褐色を呈する．所々に黒色の単一または叉状に分枝する仮根を生じ，その一部で基物に着生し他は遊離する．髄層は白色，K＋血赤色（アトラノリン，サラチン酸を持つ）．子器は皿状で径約 5 mm，地衣体の中央部に散生し，老熟したものは大形となり不規則に裂ける．胞子は無色，1 室，楕円形，8～10×5～6 μm．本種は日本と韓国に分布し，日本では北海道から九州までの各地の山地に普通に産する．図の 1 は全形，2 は子器をつけた裂片の一部拡大，3 は地衣体の縦断検鏡図．

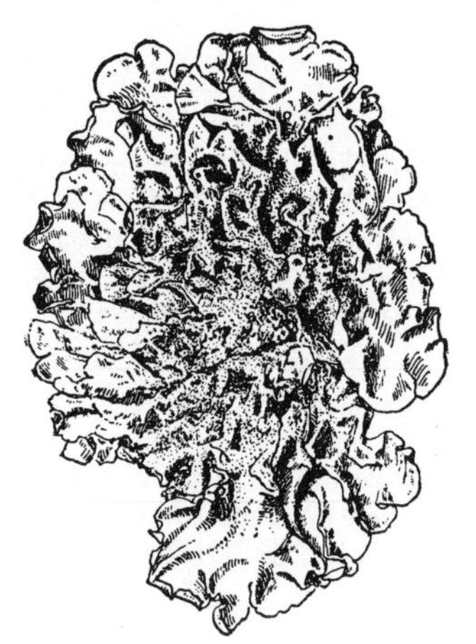

5191. ウメノキゴケ　〔ウメノキゴケ科〕

Parmotrema tinctorum (Despr. ex Nyl.) Hale

樹皮上または岩石上に生ずる大型の葉状地衣．円形に拡がり径 10～20 cm，表面は乾けば淡灰緑色または灰青色となり，湿ると帯緑灰色を呈する，裂片の表面に裂芽を密生する．辺縁部は平滑で円味がある．K＋濃黄色．裏面は辺縁部だけが茶色で他は黒色を呈する．髄層は白色で C＋紅赤色（アトラノリン，アレクトロン酸を含む）．子器はまれに生じ，盃状で老熟すると盤状となり不規則に破れ，直径は 1 cm ほどになる．胞子は無色，1 室，長楕円形，13～18×7～10 μm．クロマツ，アカマツ，スギ，ウメなどの樹皮上，時には岩石上や墓石の上にも生ずる．本種は暖地性の種で，本州以南に分布する．図は典型的な形の一個体の全写生図．

5192. センシゴケ　〔ウメノキゴケ科〕

Menegazzia terebrata (Hoffm.) A.Massal.

樹皮上に生ずる中型の葉状地衣．ほぼ円形に拡がり，時には径 5～10 cm，放射状にのびる細い裂片からなる．表面は灰緑色で，裂芽はなく白色球形の粉芽塊を生ずる，円形または楕円形の多数の穿孔がある，地衣体は K＋黄色，髄層は白色，K－，P＋橙赤色（アトラノリンとスチクチン酸を含む）．裏面は暗黒色で辺縁部だけが焦茶色を呈し，光沢がある．仮根はなく，裏面の所々で基物に直接着生する．子器はまれに生じ，盃状，径 1～3 mm．胞子は 2 個または 4 個ずつ子嚢中に生ずる，無色，1 室，楕円形，40～50×20～25 μm．本種は北半球に広く分布するが，日本でも各地の山地に普通に産する．センシゴケ属は国内では 7 種が産し，本種とよく似たものには穿孔の縁部が突出したクダチイ *M. anteforata* Aptroot, M.J.Lai et Sparrius や粉芽や裂芽がないヤマトクダチイ *M. nipponica* K.H.Moon などがある．図の 1 は子器を生じた個体の一部分，2 はその辺縁部の一部分の拡大．

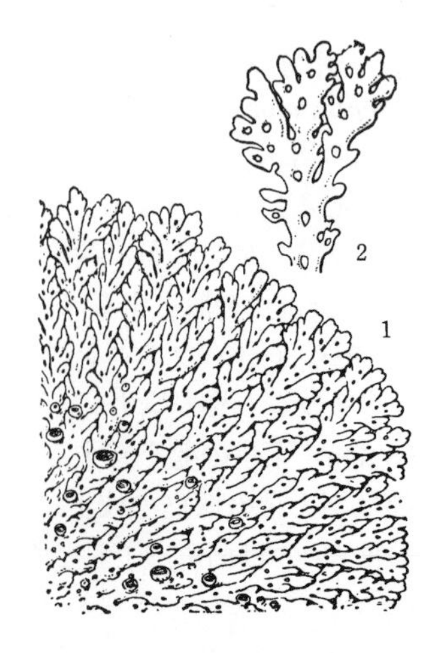

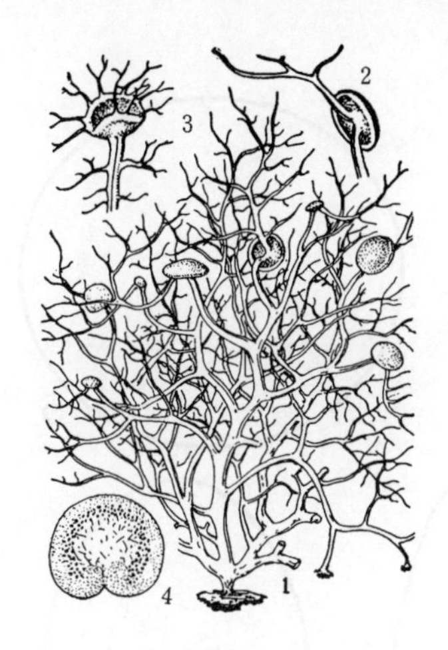

5193. バンダイキノリ 〔ウメノキゴケ科〕

Sulcaria sulcata (Lév.) Bystr. ex Brodo et D.Hawksw.

山地の樹木上に生ずる樹枝状地衣．半ば直立し密に分岐する．高さ 5～8 cm, 乾燥すれば硬くなるが, 湿ると柔らかい．粉芽も裂芽もなく平滑, 基部は扁圧されて縦に 1 本の深い溝を生ずる，枝の先端部は黒褐色を帯びる，K＋黄色．髄層は白色，K－，P＋橙赤色（アトラノリンとプソローム酸を含む）．子器は側生，皿状で直径 3～8 mm．胞子は長円形，濃褐色，2～4 室，8 個ずつ子嚢中に生じ，無色，1 室，楕円形，22～30×8～10 μm．日本各地のブナに好んで着生し，東北地方では食用としている所がある．東アジアの温帯域特産で，中国から台湾にかけても分布する．図の 1 は全形，2 は子器の裏側，3 は子器，4 は体の横断面．

5194. ヤマヒコノリ 〔ウメノキゴケ科〕

Evernia esorediosa (Müll.Arg.) Du Rietz

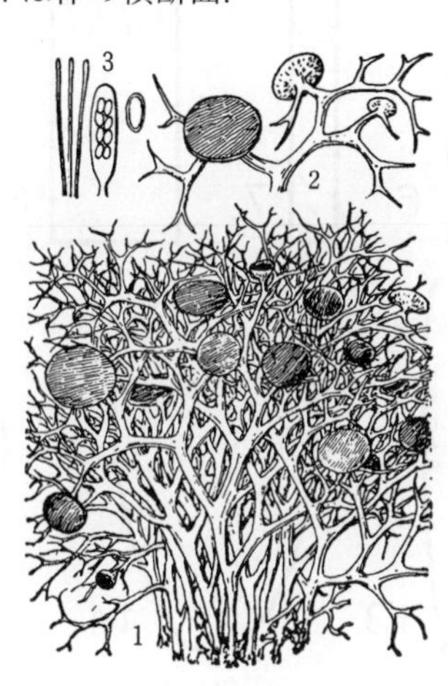

樹皮上に生ずる樹枝状地衣．半ば直立し長さ 5～8 cm，地衣体はやや扁圧されているが背腹性はなく，全体が帯緑黄色で深い皺曲がある，幅は約 3 mm，針状の裂芽を生じるが粉芽は全くない．K－．髄層は白色，K－，P－，C－（ウスニン酸とジバリカート酸を含む）．子器は枝の頂端近くに生じ，皿状，直径 3～5 mm，老熟すると径 1 cm に達し縁は不規則に破れる．盤は平滑で栗色．胞子は 1 子嚢中に 8 個，無色，1 室，楕円形，7～9×4～6 μm．日本を中心として東アジアの温帯から寒帯にかけて分布する．近縁のコフキヤマヒコノリ *E. mesomorpha* Nyl. は粉芽を生ずるので区別される．本種に似ているが地衣体は 2 叉分岐して腹背性の明瞭なツノマタゴケ *E. prunastri* (L.) Ach. は北海道と本州の狭い範囲に分布する希種である．図の 1 は全形，2 は先端の一部拡大，3 は糸状体，子嚢および胞子．

5195. ヨコワサルオガセ 〔ウメノキゴケ科〕

Dolichousnea diffracta (Vain.) Articus（*Usnea diffracta* Vain.）

樹皮上またはまれに岩石上にも生ずる樹枝状地衣．地衣体は基物から長く垂れ下がり時に長さ 1 m 以上になるが．通常は長さ 10～30 cm，基部は径 1～1.5 mm，同長 2 叉分岐を繰り返すが稀に不規則に分岐して次第に細くなる．粉芽も針芽もなく平滑．規則正しい白い環状の割れ目（偽盃点）を持つのでビーズを糸で密につないだような外観となる．地衣体の断面を観察すると外側には皮層を被り，中央部の中軸は地衣体の直径の約 1/3 を占める．子器はまれに生じ，皿状，直径 1～3 mm，盤は栗色．胞子は 1 子嚢中に 8 個，無色，1 室，楕円形，5.5～6.5×4～4.5 μm．本種は日本を中心として東亜に分布し，低山地から針葉樹林帯にかけて広く分布する．よく知られているナガサルオガセ *D. longissima* (L.) Ach. など約 45 種が日本に産する．図の 1 は全形，2 は子器の外観，3 は主軸の一部拡大，4 は地衣体の横断面．

5196. カラタチゴケ 〔カラタチゴケ科〕

Ramalina conduplicans Vain.

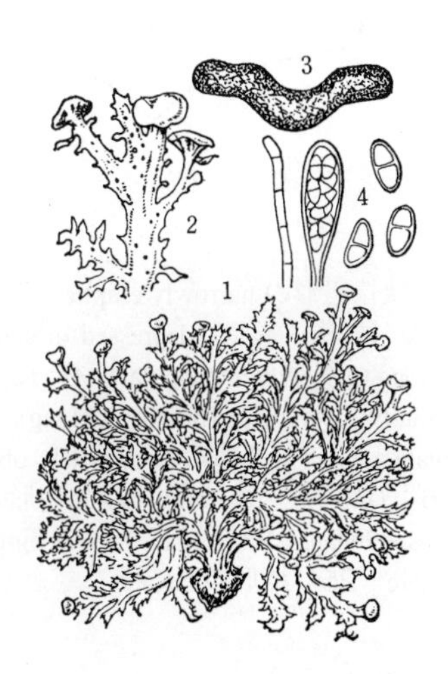

山地の樹皮上に普通に生ずる樹枝状地衣．基部から不規則に分枝して叢生する，高さ約 5 cm，全体に黄緑色を呈し，表面や縁部に白色，点状のやや盛り上がった偽盃点がある．子器は小枝の頂端近くに生じ，皿状，直径 2～4 mm．胞子は 1 子嚢中に 8 個，無色，楕円形，2 室，10～16×6～7 μm．セッカ酸やジバリカート酸を含む種内化学変異が多いことがしられている．本種は東アジアに広く分布し，日本では，各地のブナその他の広葉樹の上に生ずる．カラタチゴケ属の多くは樹皮上に生ずるが，海岸の岩石上に生じるハマカラタチゴケ *R. siliquosa* (Huds.) A.L. Sm. や，非石灰岩性の岩上に生ずるイワカラタチゴケ *R. yasudae* Räsänen などがある．またヒロハカラタチゴケ *R. sinensis* Jatta は裂片が扁平で幅 1～2 cm となる．図の 1 は全形，2 は頂部の一部拡大，3 は体の横断面，4 は側糸，子嚢および胞子．

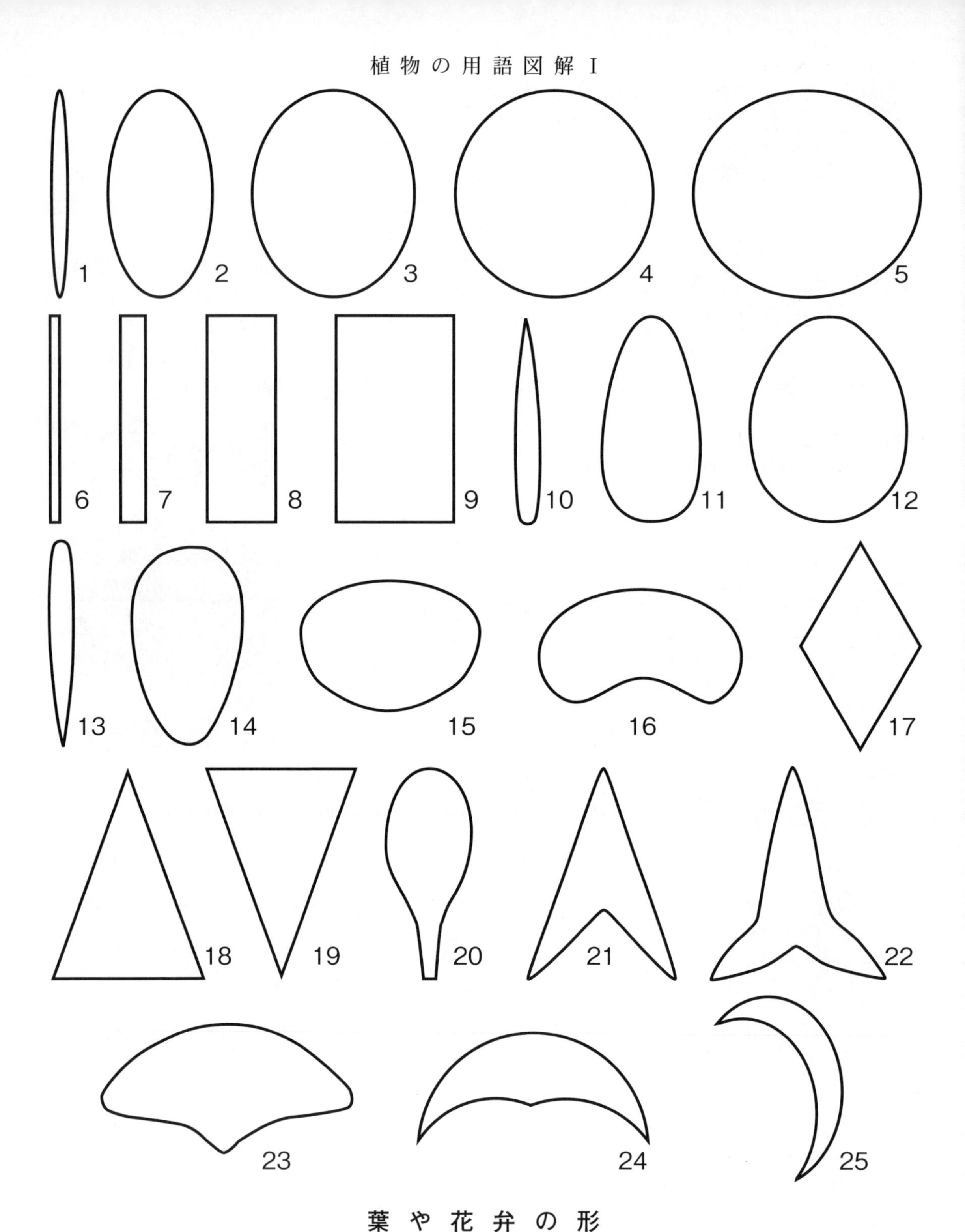

葉や花弁の形

1：狭楕円形の narrowly elliptic，2：楕円形の elliptic，3：広楕円形の broadly elliptic，4：円形の orbicular，5：扁円形の（横楕円形の）depressed orbicular (transversely elliptic)，6：線形の linear，7：広線形の（狭長方形の）narrowly oblong (narrowly rectangular)，8：長方形の（長楕円形の，矩形の）rectangular (oblong)，9：広長楕円形の（広矩形の）broadly rectangular (broadly oblong)，10：狭卵形の narrowly ovate (lanceolate)，11：卵形 ovate，12：広卵形 broadly ovate，13：倒狭卵形の narrowly obovate (oblanceolate)，14：倒卵形の obovate，15：平倒卵形の depressed obovate，16：腎臓形の reniform，17：菱形の rhombic，18：三角形の triangular，19：倒三角形の obtriangular，20：へら形の spathulate，21：矢じり形の sagittate，22：ほこ形の hastate，23：扇形の flabellate (fan-shaped)，24：三日月形の lunate，25：鎌形の falcate

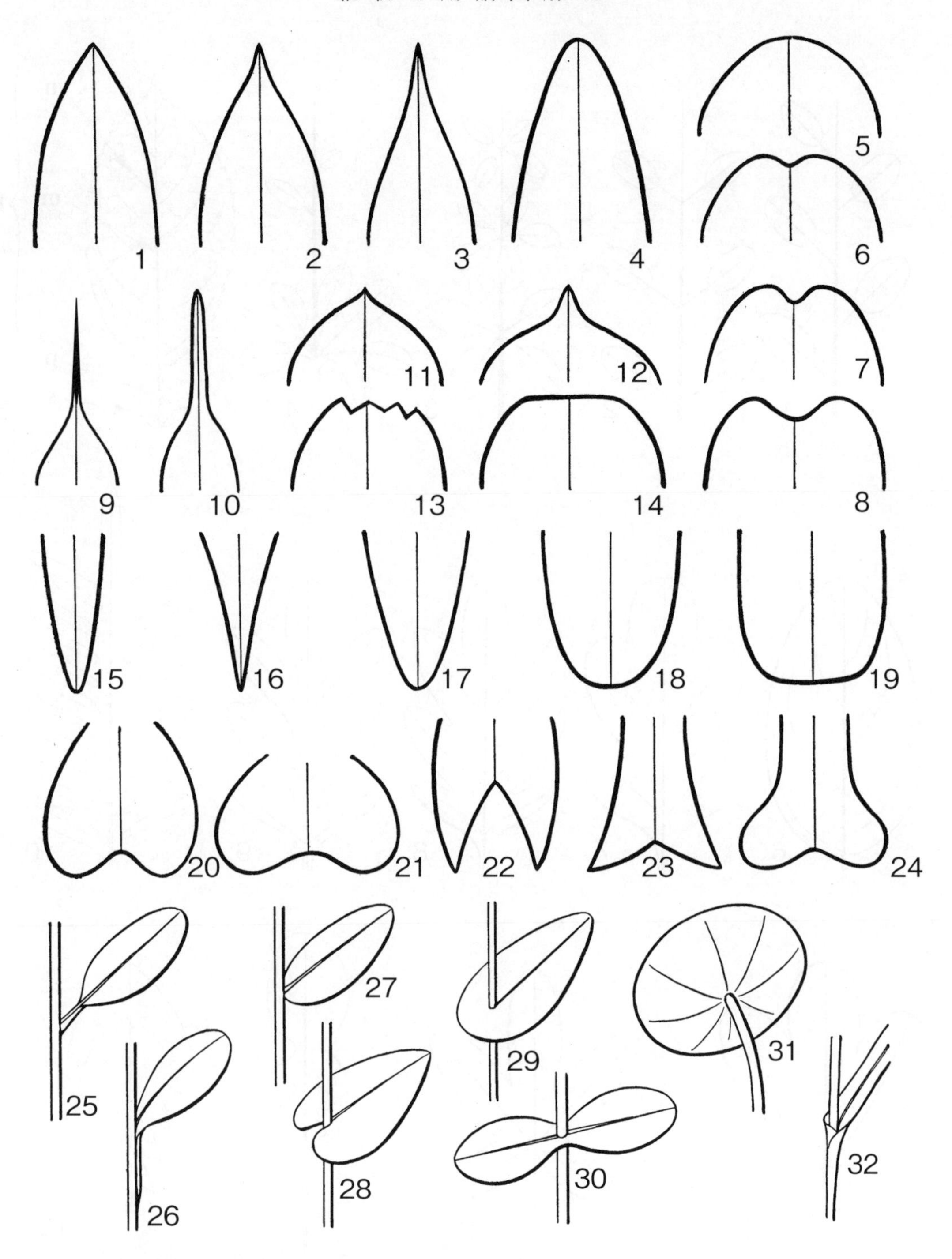

葉などの先端と基部（1 ～ 14：先端の形　15 ～ 24：基部の形）

1：鋭形の acute，2：鋭尖形の acuminate，3：漸鋭尖形の attenuate-acuminate，4：鈍形の obtuse　5：円形の rotundate，6：小凹形の retuse，7：凹形の emarginate，8：倒心形の obcordate，9：のぎ（芒）状の aristate，10：尾状の caudate，11：微凸形の mucronate，12：凸形の cuspidate，13：咬み切られた形の praemorse，14：切形の truncate，15：漸尖形の attenuate，16：くさび形の　cuneate，17：鈍形の obtuse，18：円形の rotundate，19：切形の truncate，20：心臓形の cordate　21：腎臓形の reniform，22：矢じり形の sagittate，23：ほこ形の hastate，24：耳形の auriculate　25：葉柄のある petiolate，26：茎に流れる decurrent，27：無柄の sessile，28：抱茎の amplexicaular，29：つきぬきの perfoliate，30：つきぬきの（2 葉からなる）connate-perfoliate　31：楯形の peltate，32：葉鞘のある sheathing

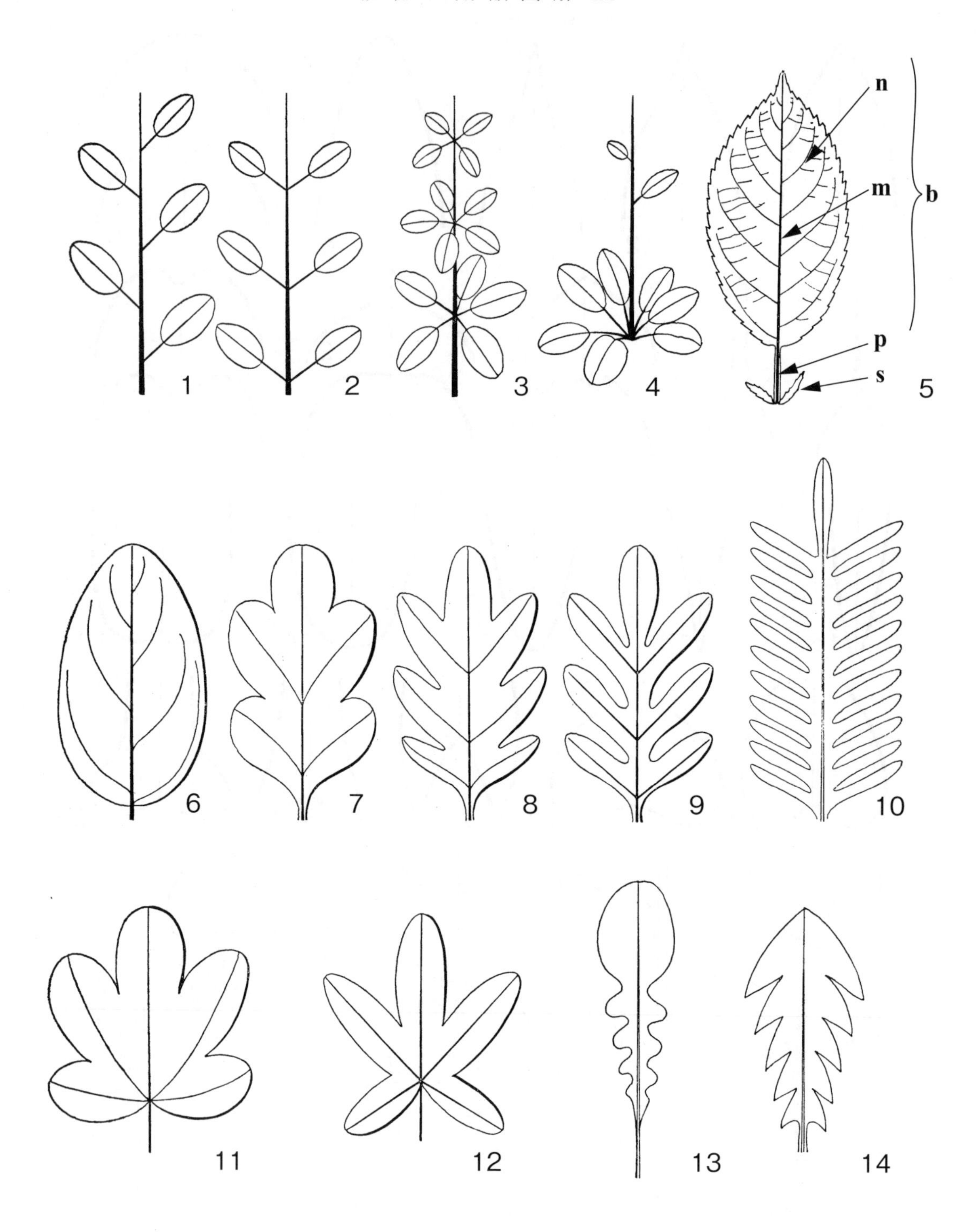

葉のつき方と切れ方

1：互生の alternate, 2：対生の opposit, 3：輪生の verticillate, 4：根生の radical

5～14：単葉 simple leaf と葉縁の切れ方

5：葉 leaf〔**b**；葉身 blade, **n**；葉脈 (principle) lateral nerve, **m**；中央脈（主脈）midrib **p**；葉柄 petiole, **s**；托葉 stipule〕, 6：全縁の entire, 7：浅裂の lobate (lobed), 8：中裂の clefted, 9：深裂の parted, 10：くし歯状の pectinate, 11：掌状浅裂の palmately lobed, 12：掌状深裂の palmately parted, 13：頭大羽状分裂の lyrate, 14：逆羽状分裂の runcinate

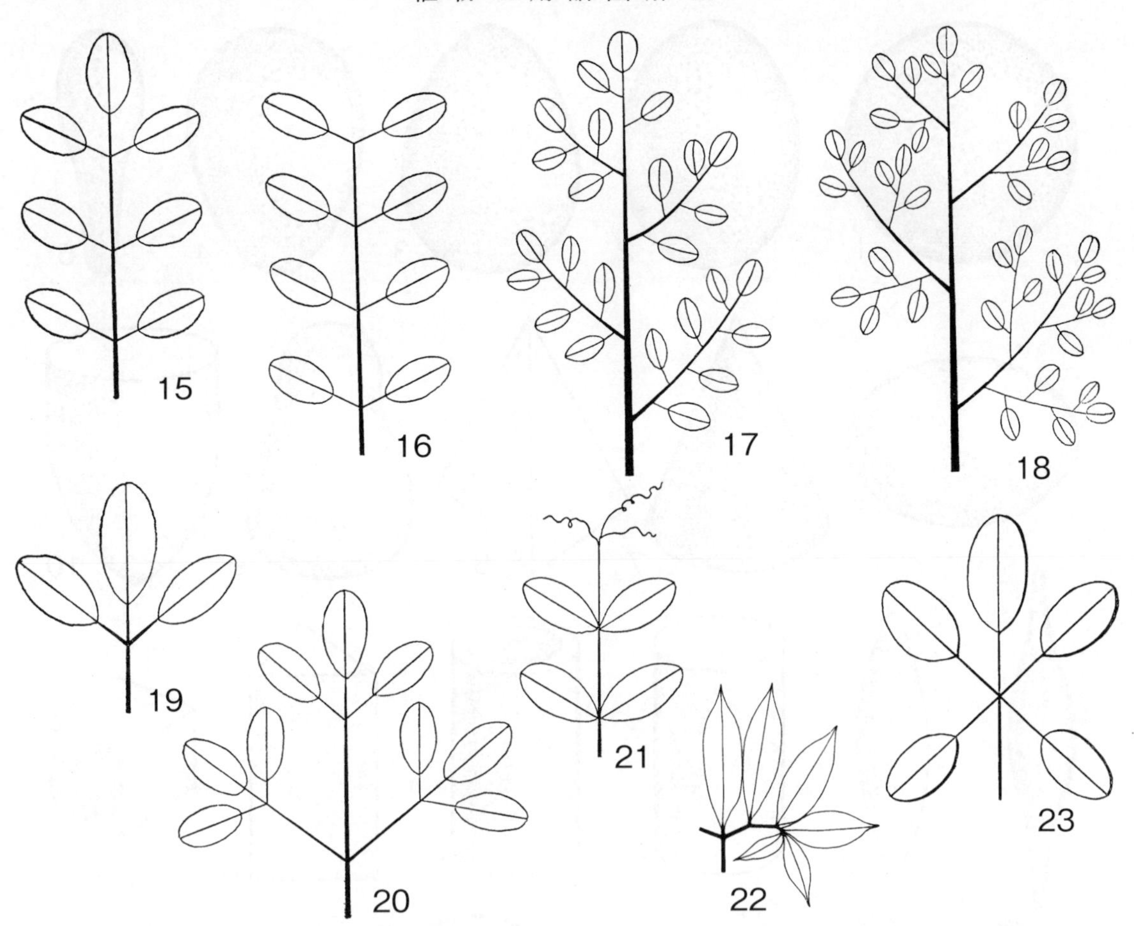

15～23：複葉 compound leaf

15：奇数羽状複葉の imparipinnate, 16：偶数羽状複葉の paripinnate, 17：二回羽状複葉の bipinnate, 18：三回羽状複葉の tripinnate, 19：三出の ternate, 20：二回三出の biternate, 21：巻きひげを持った複葉の pinnate with tendril, 22：鳥足状複葉の pedate, 23：掌状複葉の palmately compound

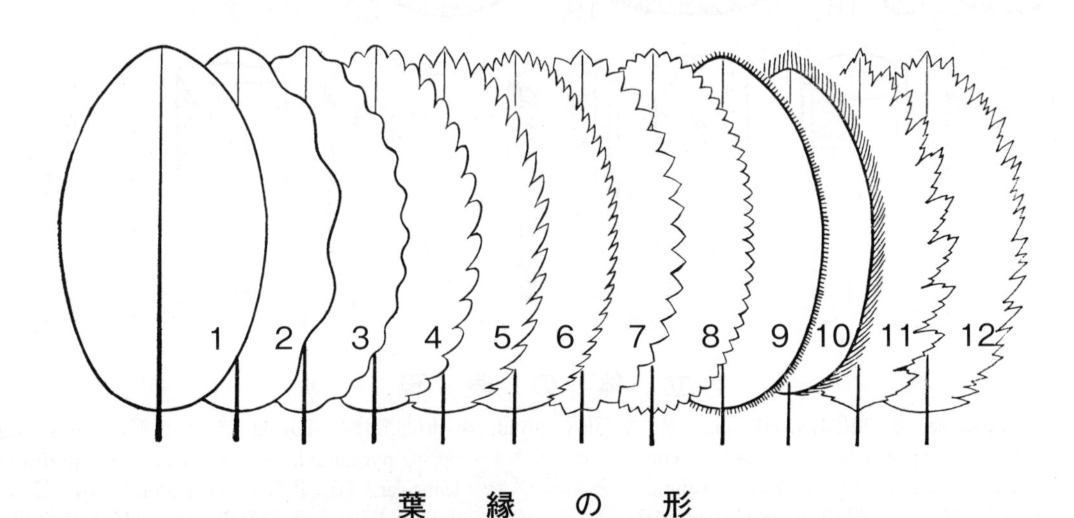

葉　縁　の　形

1：全縁の entire, 2：波形の undulate, 3：さざ波形の repand, 4：円きょ歯状の crenate, 5：きょ歯状の serrate, 6：小きょ歯状の serrulate, 7：歯状の dentate, 8：小歯状の denticulate, 9：毛縁の ciliate, 10：長毛縁の fimbriate, 11：二重きょ歯の double serrate, 12：鋭浅裂の incised

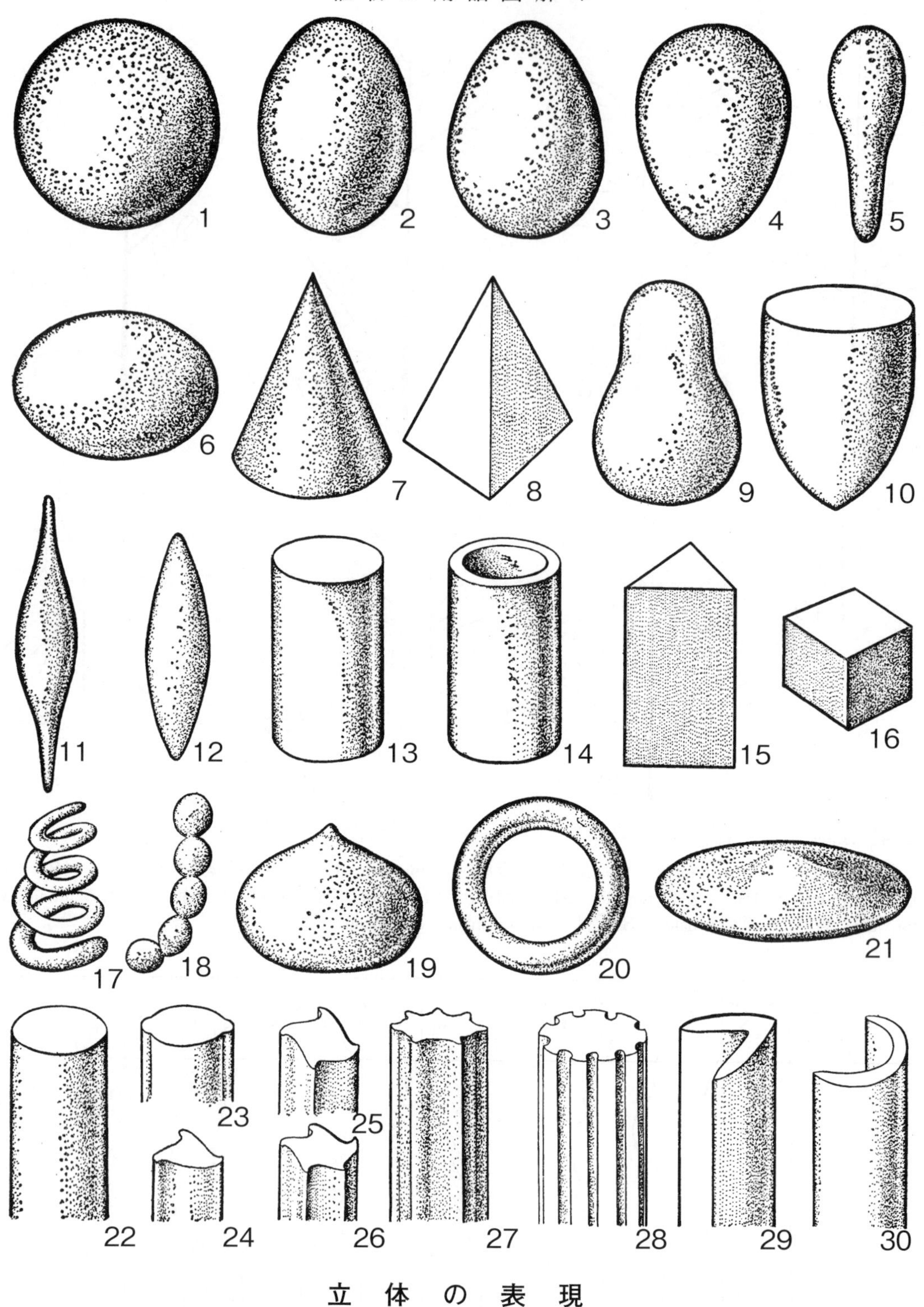

立 体 の 表 現

1：球形の globose, 2：楕円体の ellipsoidl, 3：卵形体の ovoid, 4：倒卵形体の obovoid, 5：棍棒形の club-shaped, 6：平たい球形の spheroidal, 7：円錐体の conical, 8：ピラミッド形の pyramidal, 9：倒洋なし形の obpyriform, 10：洋こま形 turbinate, 11：紡錘形の fusiform, 12：レンズ形の lenticular, 13：円柱形の cylindrical, 14：管形の tubular, 15：プリズム形の prism-shaped, 16：さいころ形の cubic, 17：らせん形の spiral, 18：数珠形の moniliform, 19：かぶ形の napiform, 20：環形の annular, 21：円板状の discoid, 22：円柱形（角のない）terete, 23～26：角のある angular, 27：稜のある ridged, 28：溝のある grooved, 29：竜骨形の keeled, 30：樋状の channelled

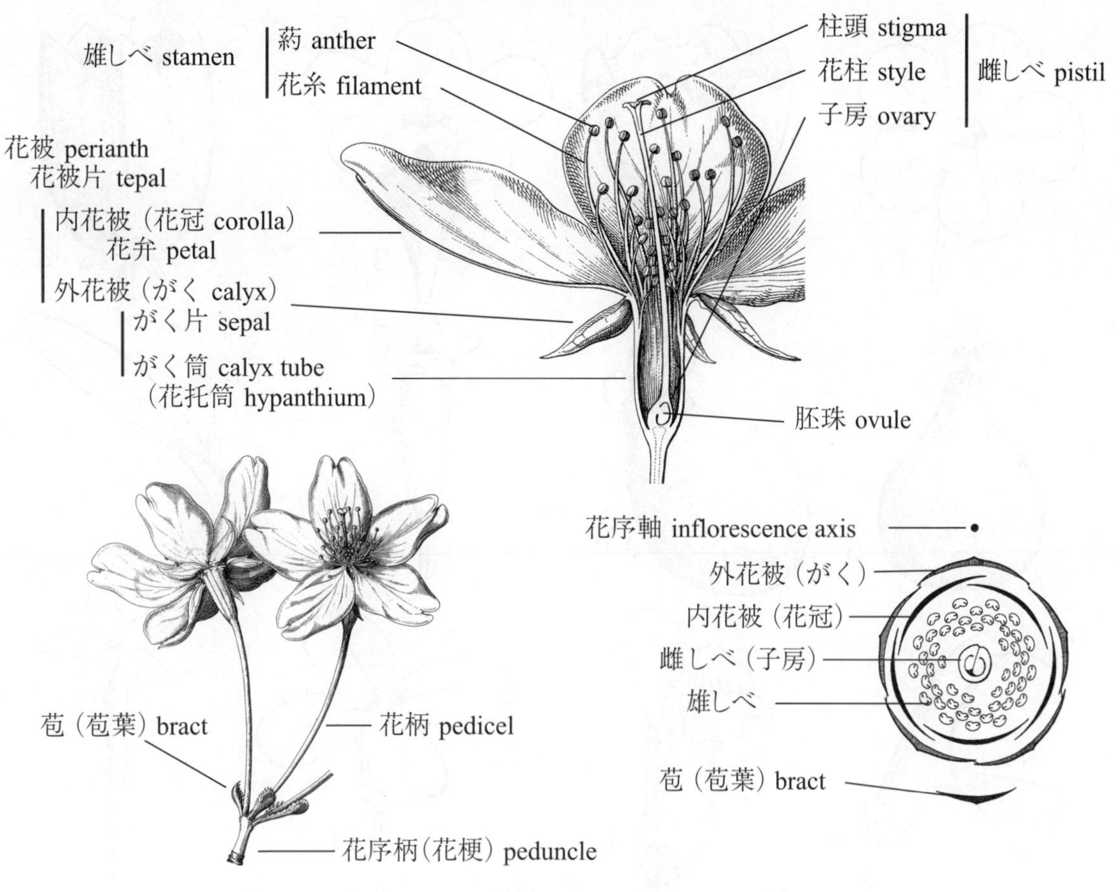

サクラ属の花と花式図

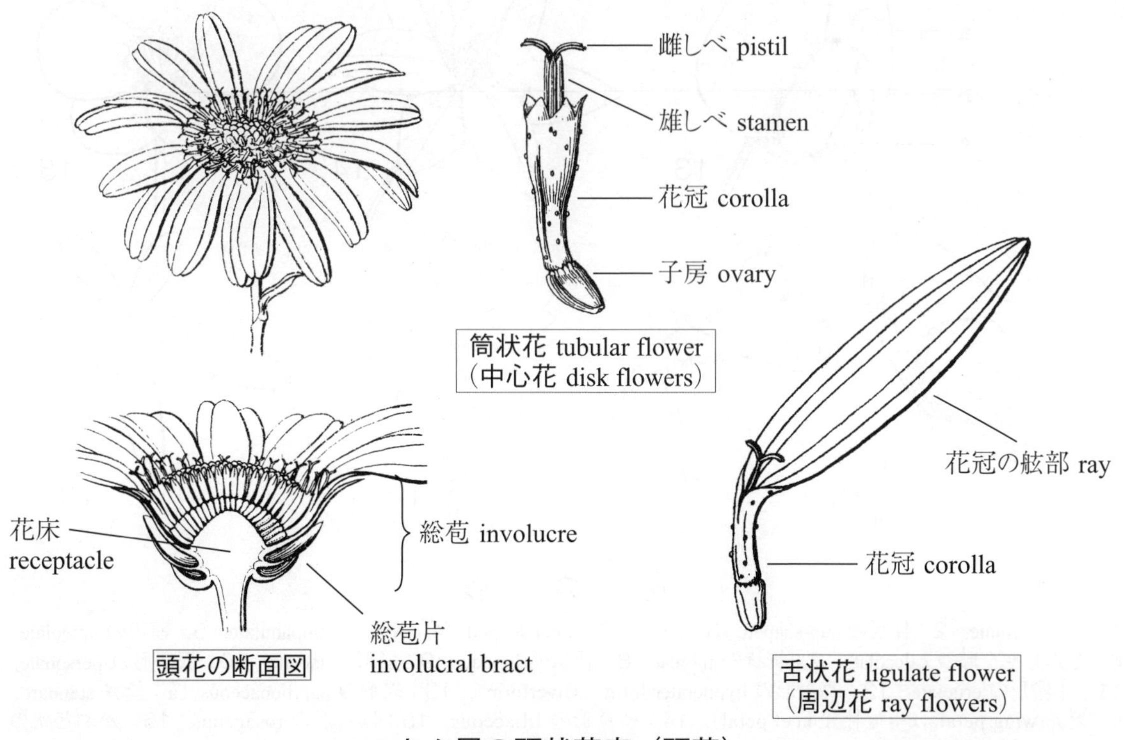

キク属の頭状花序（頭花）

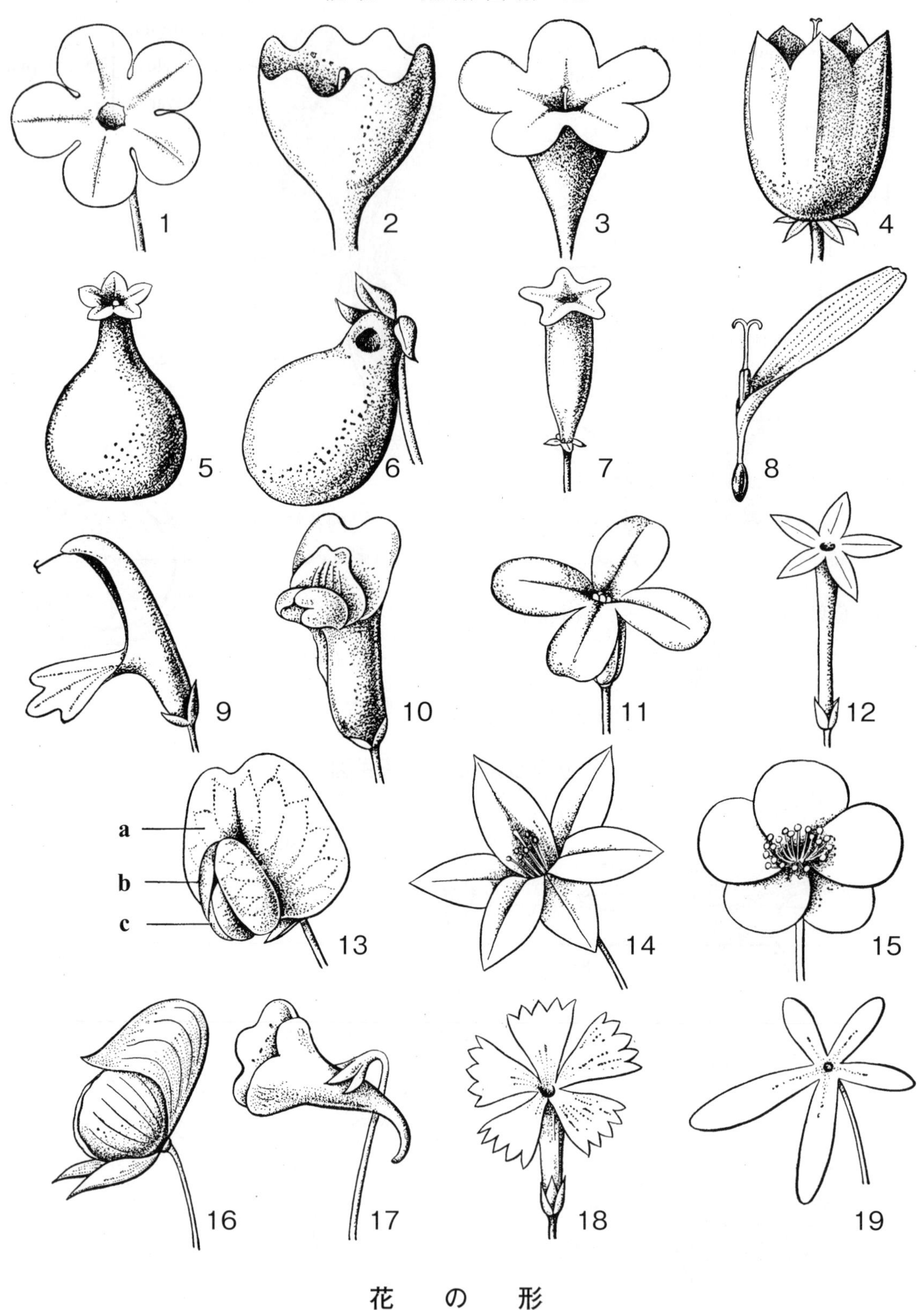

花　の　形

1：車形の rotate，2：杯形の cup-shaped，3：漏斗形の funnel-shaped，4：鐘形の campanulate，5：壺形の urceolate，6：きんちゃく形の calceolate，7：管状の tubular，8：舌状の ligulate，9：唇形の labiate，10：仮面形の personate，11：十字形の cruciate，12：高盃形の hypocrateriform（salverform），13：蝶形の papilionaceous〔**a**；旗弁 standard，**b**；翼弁 wing petal，**c**；竜骨弁 keel petal〕，14：ゆり形の liliaceous，15：ばら形の rosaceous，16：かぶと状の galeate，17：距のある calcarate，18：なでしこ形の caryophylleous，19：不整形の irregular

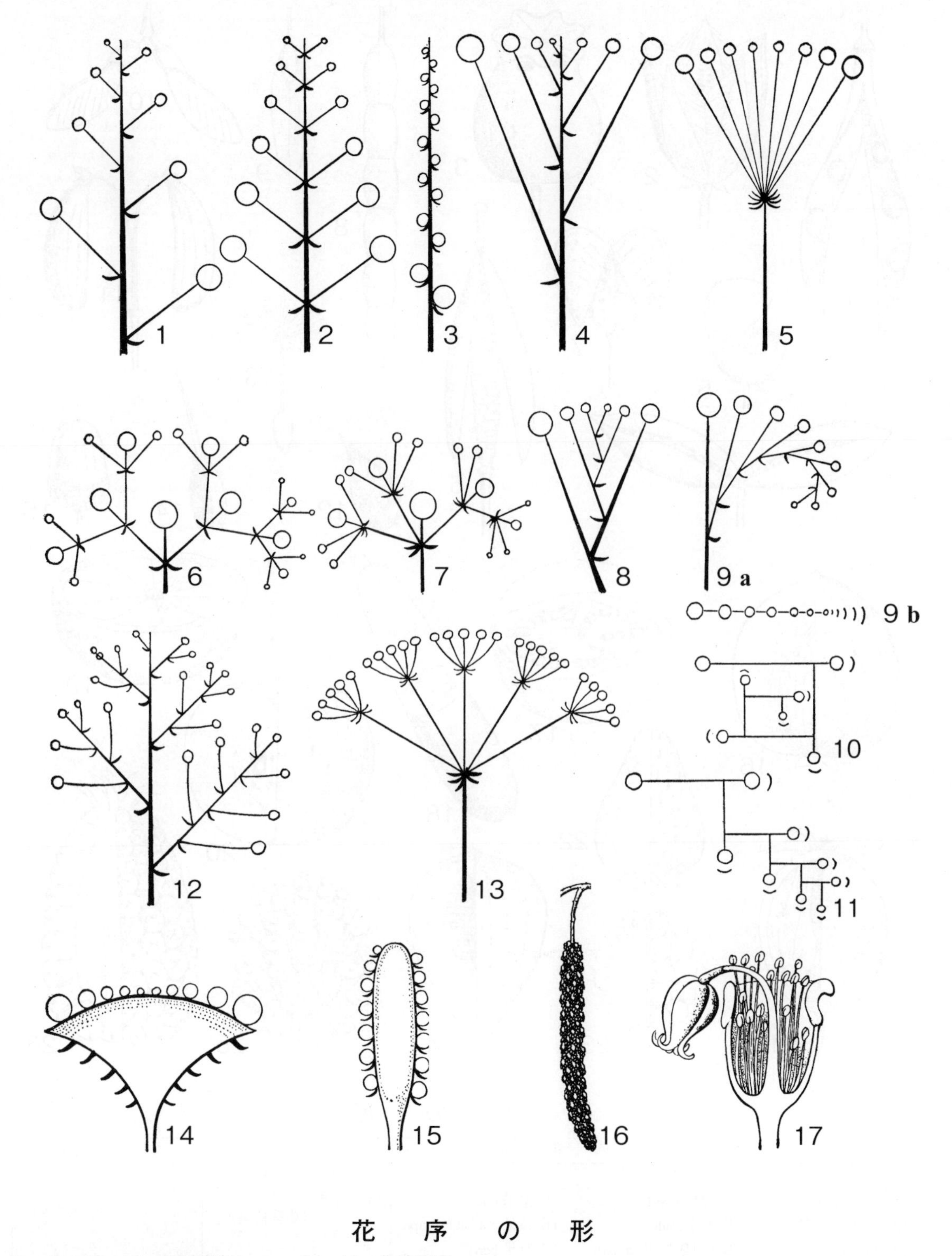

花　序　の　形

1～5, 12, 13：総房花序 botrys, 6～11：集散花序 cyme

1～2：総状花序 raceme, 3：穂状花序 spike, 4：散房花序 corymb　5：散形花序 umbel, 6：二出集散花序 dichasium, 7：多出集散花序 pleiochasium, 8～11：単出集散花序 monochasium, 8：扇形花序 rhipidium, 9：巻散花序 drepanium, 10：かたつむり形花序 helicoid cyme, 11：さそり形花序 cincinnus; scorpioid cyme, 12：円錐花序 panicle, 13：複合散形花序 compound umbel, 14：頭状花序 head, 15：肉穂状花序 spadix, 16：尾状花序 catkin, 17：杯状花序 cyathium

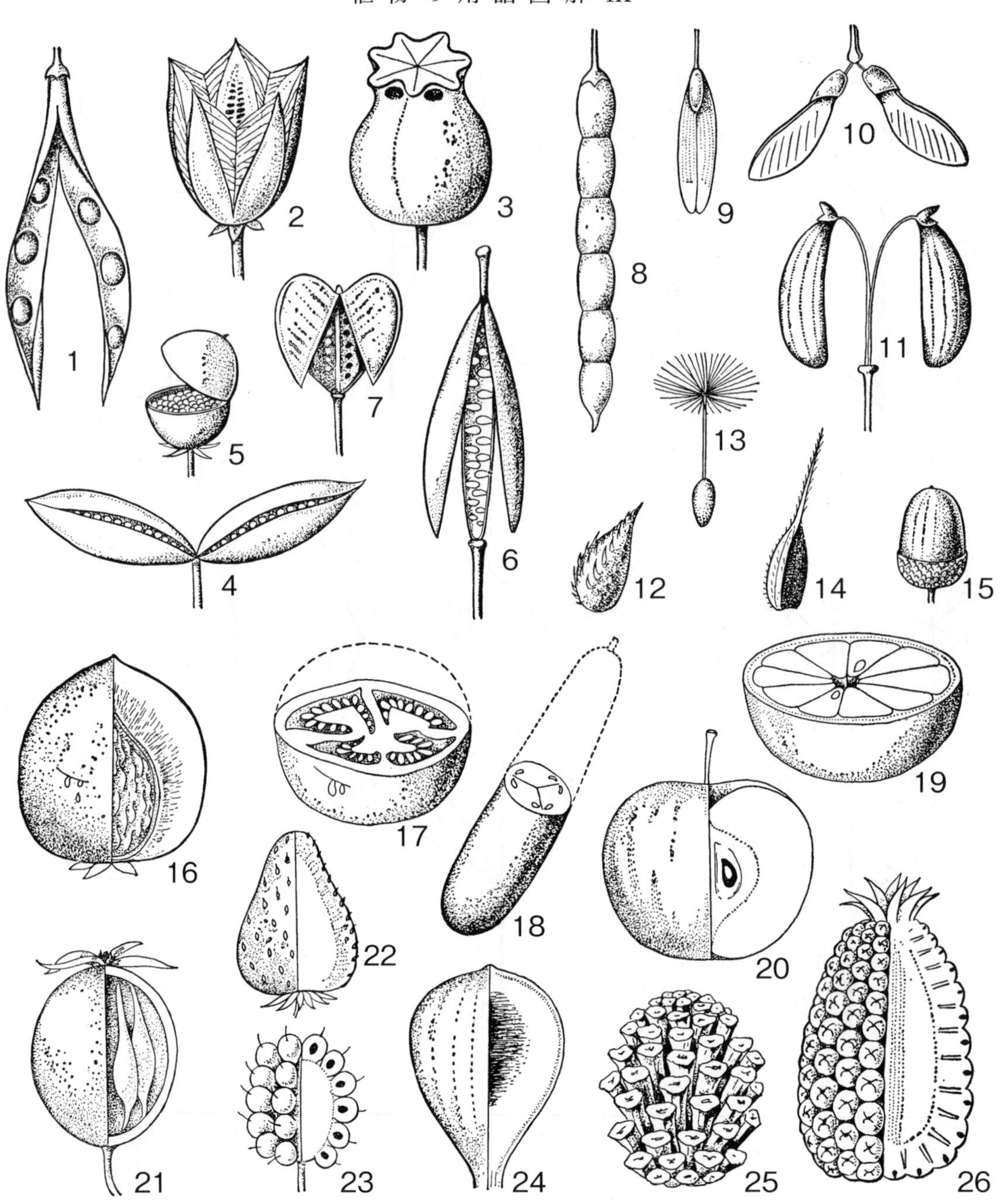

果　実　の　形

	単花果				多花果（複合果）
	単果			集合果	
真果	1:豆果 legume 2:蒴果（さく果）capsule 3:孔開蒴果 policidal capsule 4:袋果 follicle 5:蓋果 pyxis 6:長角果 siliqua	7:短角果 silicule 8:節果 loment 9～10:翼果 samara 11:分離果 schizocarp 12～13:痩果 achene 14:穎果 caryopsis	15:堅果 nut 16:核果（石果）drupe 17:漿果 berry 18:ウリ状果 pepo 19:ミカン状果 hesperidium	23:キイチゴ状果（集合核果） 集合蒴果（キンポウゲ属など） 集合袋果（モクレン属など） 集合漿果（サネカズラ属など）	
偽果	20:ナシ状果 pome	（裸子植物の種子をつける器官は心皮が発達したものではないが「25:球果」とよばれる）		21:バラ状果 cynarrhodium 22:イチゴ状果 etaerio	24:イチジク状果 syconium 26:肉質集合果 sorosis

学　名　解　説

前川文夫（編）　大橋広好（改訂）

まえがき

旧版には索引を兼ねた学名解説があったが，新版に改めるに当って種々の都合で省いた．その後，読者諸氏から学名の解説を載せるようとの要望が多く，一応まとめてのせてあることはたしかに便利と思われたので，今日全く新たに書き下ろして附録とすることにした．今までと趣きを異にした点は，

（1）種小名と属名とに別々にまとめたこと．

（2）解説（特に属の）は単なる訳にとどめず，なるべくその名がどんな部分の特徴でついたものか，どんな由来があるかなどに触れたことの二点である．

この解説は前川が主として当り，なるべく原著や多くの参考書に当った外　なお新らしい考察を加えたものもあり，いささか読者諸氏の御参考になろうかと思っている．しかし何分にも短時日に余暇をさいての仕事であったため，意を尽くさぬ所も残ったのは残念であるが，これらは後日を期したい．

この解説の原稿作製に当っては，属名の部では都立大学牧野標本館の小野幹雄・小林純子の両君の深い助力を得た．また種小名の部では六甲高山植物園の山崎登君が神戸市立森林植物園に勤務の時から熱心な努力を傾けた草案を，日本植物園協会の尽力で本解説に活用することが出来た．上記の諸氏並びに関係各位の好意でこの解説の基本ができたことに感謝する次第である．また難解な学名について，種々の教示を久内清孝，山田幸男，伊藤洋，小林義雄，北川政夫，佐藤正巳，井上浩の諸氏から得て充実を期することが出来た．厚く御礼を申上げる．

昭和 37 年 12 月

前川文夫

学名は科学上の生物名である．世界共通の生物名として一般社会でも使われることが多い．植物の学名は，1753 年スエーデン人リンネが属名と形容語の二語を組み合わせて種の学名を発表して以来，今日も基本的に同じ形式で命名されている．国際植物命名規約はこの 250 年間に発表された無数の学名を混乱のないように整理し，植物学の土台となっている．現行の国際植物命名規約は 2006 年発効のウィーン規約で，日本語版『国際植物命名規約（ウィーン規約）2006』（日本植物分類学会国際植物命名規約邦訳委員会（大橋広好・永益英敏編集）日本植物分類学会 2007）が発行されている．学名の規則や構成についてはこの規約を参照願いたい．

この「学名解説」は学名の語義の説明である．1940 年の原著『牧野日本植物圖鑑』には学名索引にラテン語の訳語がつけられていた．1962 年前川文夫・原寛・津山尚（編）『牧野新日本植物圖鑑』第 7 版で，前川先生が「学名解説」を作られ，種小名の訳語と属名の意味を解説した．これが前版まで継承されていた．しかしすでに 45 年が過ぎ，この間国際植物命名規約は大幅に整備され，1980 年以後は日本語版も刊行されている．多くの属名と形容語の綴りも国際的に統一され，日本語の命名規約用語も改善されてきた．また，1962 年当時には意味不明や曖昧であったが今では解明された属名と形容語の語義も多い．今回の「学名解説改訂版」はこれらの点を取り入れて改訂した．

この改訂版では，日本の植物相解明に貢献して学名に名の残る先人を記録に留め，分類学研究史の一面を示して，学名の解説に広がりを加えるよう試みた．全体を「属名解説」「形容語解説」の順序に改めた．しかし，1962 年以後に牧野図鑑に採用された学名については今回の改訂版に含めていない．

私が大学院生の頃に前川先生から「学名解説」の抜き刷りいただいた．おかげで学名について多くを学び，深く関心をもったことを思い出す．今回この「学名解説」を改訂して，先生の学恩にいささかでもお報いすることができたならば，真に幸いである．

2008 年 8 月

大橋広好

凡　例

1.「属名解説」では属名，その性別，由来した言語を示し，次に解説を加えた．属名はラテン語であり，一語で独立した名である．たとえば Abies f.<1. では *Abies* は属名，女性名詞で，ラテン語に由来したことを示す．この属名は「ヨーロッパ中部と南部の山地に分布するモミ属の一種 *Abies alba* Mill の古いラテン名 abies に由来」して作られた名である．

1−1．m は男性，f は女性，n は中性を示す．

1−2．語源は g: ギリシャ語，l: ラテン語，地方語名：日本語やアラビア語などギリシャ語，ラテン語以外の地方語に由来する．また，植物名，人名，神や妖精の名，地名，既知の植物の属名などに由来するものもある．

1−3．日本人植物学者に命名された属名と日本語に由来する属名について，命名者を解説に加えた．

2.「形容語解説」では国際植物命名規約に従って，形容語の頭文字は全て小文字で統一した．形容語は属名に付属する単語であり，属名に直接に結びつけられて種名を表し，ランクを示す連結辞で種名につなげられて種内分類群を表す．形や生態の特徴，研究者や発見者への敬意，採集地名などによって分類群の特徴を表すことが多い．

2−1．形容語は一つの形容詞，属格の名詞，または属名と同格の単語であるか，複数の単語である．形容語は形容詞が多いので，それらは男性，単数，一格の形容詞に統一してある．属名と同一の性で扱われるから，属名に応じて適宜変化させて用いる．

変化の例を下に示す．

	男性	女性	中性	
白い	albus	alba	album	三性みな異なる
黒い	niger	nigra	nigrum	〃
鋭い	acer*	acris	acre	〃
	acris	acris	acre	という変化もある．
似た	affinis	affinis	affine	中性のみ異なる
二色の	bicolor	bicolor	bicolor	三性みな同じ
単一の	simplex	simplex	simplex	三性みな同じ

2−2．接頭語は末尾に，接尾語は頭にそれぞれ〜をつけた．例えば actino〜 が actinomorphus（放射形の），あるいは 〜odes（＝〜oides）が asterioides（星のような）となるように続けられることを示す．後に母音ではじまる語が続く場合は接頭語末尾の o や i は原則として省略される．

2−3．形容語のハイフンは原則として使用しない規則になっている．例えば *Robinia pseudo-acasia* は *Robinia pseudoacacia* としなければならない．しかし，*Coix lacryma-jobi* は独立した二つの語であり，*Vicia pseudo-orobus* はハイフンの前後の文字が同じであるため，この様な場合にはハイフンの使用が認められる．

2−4．人名に基づく形容語は先人の功績を記す意味で，その人物の生没年，原語名の綴り，経歴などをスペース内で加えるよう試みた．記録のたどれない先人もおられるのは残念である．

2−5．形容語の中には意味不明の形容語がある．また，国際植物命名規約では任意に作ることも許されている．この場合はその形容語の使われている学名を挙げておく．

属名解説

A

Abelia　f.<人名　イギリスの医者・植物学者で1816-17年に北京に来た Clarke Abel（1780-1826，インドで没）の名に因む．スイカズラ科

Abies　f.<l.　ヨーロッパ中部と南部の山地に分布するモミ属の一種 *Abies alba* の古いラテン名に由来．マツ科

Abutilon　n.<地方語名　アラビア語から．Avicenna の命名による名詞“au-butilun”による．a（否定）＋bous（牡牛）＋tilos（下痢）．家畜の下痢止めに効あるという意味．アオイ科

Acacia　f.<g.　本属の *Acacia arabica* に対する古いギリシャ名．ギリシャ語 akis（尖った先端）に由来する．*A. arabica* は鋭い刺をもつ．マメ科

Acalypha　f.<g.　イラクサの古代ギリシャ名 acalephe を葉が似ているためにリンネが転用した．トウダイグサ科

Acanthopanax　m.<g.　akantha（刺）＋*Panax*（トチバニンジン属）．*Panax* 属に似て刺があるため．*Eleutherococcus* の異名．ウコギ科

Acanthopeltis　f.<g.　akantha（刺）＋peltis（楯）の意．楯状の小枝に刺をもつから．岡村金太郎がユイキリ属として命名した．テングサ科

Acer　n.<l.　カエデの一種 *Acer campestre* のラテン名．Acer には裂けるという意味があり，切れ込んだ葉形に基づく．カエデ科

Aceranthus　m.<l. a（否定）＋ceros（つの）＋anthos（花）．イカリソウに似ているが花に距がないため．メギ科

Aceriphyllum　n.<g.　*Acer*（カエデ属）＋phyllon（葉）．葉の形がカエデに似る．ユキノシタ科

Achillea　f.<g.　ギリシャ神話，トロイ戦争の英雄 Achilles に因む．若いとき，Achilles はこの植物が傷を治す効果のあることをケンタウロスのケイロンに教えられたことによる．キク科

Achlys　f.<g.　ギリシャの暗い場所の女神の名．この植物が森蔭の暗いところに生ずることから．メギ科

Achnatherum　n.<g.　achna（籾）＋ather（のぎ）．長いのぎがあるから．イネ科

Achudemia　f.<人名　Achudem を記念．*Pilea* の異名．イラクサ科

Achyranthes　f.<g.　achyron（籾がら）＋anthos（花）の意．淡緑色で硬いもみがら状の花の様子をたとえたもの．ヒユ科

Aconitum　n.<l.　ギリシャ語 akoniton に由来するこの植物のラテン語名に基づく．キンポウゲ科

Acorus　m.<l.　ギリシャ語 akoron に由来するこの植物のラテン語名に基づく．a（否定）＋coros（装飾）．美しくない花に由来する．サトイモ科

Acrostichum　n.<g.　akros（頂端）＋stichos（列）からなる合成語．胞子嚢群が羽片の上半分につくことから．ウラボシ科

Actaea　f.<g.　ニワトコの古ギリシャ名 akte または aktea に由来．葉形の類似からリンネによってこの属に転用された．キンポウゲ科

Actinidia　f.<g.　柱頭が放射状に並ぶところから，ギリシャ語 aktis（放射線）に基づく語．サルナシ科

Actinodaphne　f.<g.＋属名　aktis（放射線）＋*Daphne*（ナニワズ属）．葉形が *Daphne* に似てしかも放射状につくから．クスノキ科

Actinostemma　n.<g.　akti（放射線）＋stemma（冠）．雌雄花ともに萼や花冠が深く裂け，細く尖った裂片が放射状に並ぶため．ウリ科

Actinotrichia　n.<g.　aktis（放射線）＋trix（毛）．体表全体にわたって短く硬い毛が短い間隔をおいて放射状に輪生するから．ガラガラ科

Acystopteris　f.<g.　a（無）＋cystis（嚢）＋pteris（シダ）．近似の属に *Cystopteris*（ナヨシダ属）がありこれと比べて包膜が不完全な点で区別された．ウスヒメワラビ属として中井猛之進の命名．ウラボシ科

Adenocaulon　n.<g.　adenos（腺）＋caulos（茎）．花茎上部に粘質の腺毛を密生する．キク科

Adenophora　f.<g.　adenos（腺）＋phoreo（有する）．植物体全体に乳液を出す腺細胞があるため．キキョウ科

Adenostemma　n.<g.　adenos（腺）＋stemma（冠）．腺がある果実の冠毛の基部が癒合して冠状にみえるから．キク科

Adiantum　n.<g.　古ギリシャ名 adiantos より，a（無）＋diantos（ぬれる）に由来．雨を弾いてぬれない葉を意味する．ウラボシ科

Adina　f.<g.　ギリシャ語 adinos（密集）の意．小球状に花の密集する様をあらわす．アカネ科

Adonis　f.<g. ギリシャ神話に出てくる青年 Adonis の名．欧州産の本属のものは赤花をつけるのでこれを Adonis の血にたとえた．キンポウゲ科

Adoxa　f.<g.　ギリシャ語 a（無）＋doxa（栄光）で，取るに足らぬの意．花が目立たぬため．レンプクソウ科

Aeginetia　f.<人名，g.　7世紀のギリシャの医師 P.Aegineta から．または花の形が似ることでギリシャ語aiganee（狩猟用の槍）から．ハマウツボ科

Aeodes　f.<g.　体が葉状にひろがり柔らかで羊皮様であるため．ムカデノリ科

Aerides　n.<g.　ギリシャ語 aer（空気）より，気根で生活する着生蘭．ラン科

Aerobryopsis　m.<属名　ヒカゲノカズラモドキ属．*Aerobryum*（サナダゴケモドキ属）に似たもの．蘚類

Aeschynomene　f.<g.　ギリシャ語 aeschynomenos（はずかしがるもの）の意．葉がとじて垂れるから．マメ科

Aesculus　f.<l.　aescare（食う）に由来する．果実がデンプンを含み食用や家畜の飼料となるため．はじめドングリの一種 *Quercus petraea* の名であったものをリンネがトチノキ属に転用した．トチノキ科

Agaricus　f.<g.　agarikon（mushroom のギリシャ語名）から．マツタケ科

Agastache　f.<g.　agan（甚だ，非常に）＋stachys（コムギの穂）．太い穂状の花序をつけるから．シソ科

Agave　f.<g.　agauos（高貴な）から来た名．花をつけた植物体の印象からついた．ヒガンバナ科

Ageratum　n.<g.　a（無）＋geras（老年）で不老の意と推測される．花色が長く保たれるためと考えられる．キク科

Agrimonia　f.<g.　花にとげの多い点でギリシャの植物 argemone に似ているために Pliny が綴りを誤って転用したもの．バラ科

Agropyron　n.<g.　agros（野原）＋pyros（小麦）．イネ科

Agrostemma　f.<g.　ギリシャ語 agros（野原）＋stemma（王冠）．大輪の花を冠にみたてた．ナデシコ科

Agrostis　f.<g.　ギリシャ語の草の名 agrostis（恐らくギョウギシバ）の転用．イネ科

Ahnfeltia　f.<人名　Ahnfelt に因む．オキツノリ科

Ailanthus　f.<地方語名　モルッカ島で天の樹を意味する植物名 ailanto に由来．ニガキ科

Ainsliaea f.<人名 イタリーの Whitelaw Ainslie または東インド会社の医師 W. Ainslie（1767-1837 Materia Indica の著者）に基づく．キク科

Aira f.<g. ある種のイネ科，多分ドクムギに対するギリシャ古名の転用．イネ科

Ajuga f.<g. a（無）+jugos（くびき，束縛）．がくがふつうの相称形であるのに花冠の形が非相称形であることをほのめかしたという．あるいは花冠の下唇上にくびきを共にするもの（即ち配偶者の一方）が見えないためという．一説に abiga の同義語で畸形を作りだすものの意ともいう．シソ科

Ajugoides f.<属名+g. *Ajuga*（キランソウ属）+oides（に似た）もの．ヤマジオウ属として牧野富太郎の命名．*Ajuga* の異名．シソ科

Akebia f.<地方語名 日本名「アケビ」に基づいてフランス人植物学者 Joseph Decaisne（1807-1882）が命名した．アケビ科

Alangium n.<地方語名 インドのマラバール地方語名 alangi より．ミズキ科

Alaria f.<l. ala（翼）から起った名．体は中肋の両側にひろく翼状にひろがるため．コンブ科

Albizia f.<人名 1749年にヨーロッパにネムノキを導入したフローレンスの Filippo del Albizzi を記念した．以前は属名として *Albizzia* と綴られた．マメ科

Alchemilla f.<地方語名 絹状の軟毛に関してつけられたアラビア語 alkemelyeh による．葉に一面に絹毛があるため．バラ科

Alchornea f.<人名 ロンドン，チェルシー薬用植物園の S. Alchorne（1727-1800）に因む．トウダイグサ科

Aldrovanda f.<人名 イタリー，ボローニアの植物学者 Ulisse Aldrovandi（1522-1605）に基づく．モウセンゴケ科

Alectoria f.<g. ギリシャ語 alektor（雄鶏）．子器及び枝端の形がとさか状になるから．サルオガセ科

Alectorurus m.<g. ギリシャ語 alektor（雄鶏）+oura（尾）．葉状が鶏の尾に似ていることから．属の学名は和名ケイビラン（鶏尾蘭）に基づいて，牧野富太郎の命名．ユリ科

Alectris f.<g. ギリシャ語 aletris 粉ひき女の意．花被の外観が粉状を呈しているのをたとえていう．ユリ科

Aleuria f.<g. ギリシャ語 aleuros（小麦粉）．胞子が一勢に白い粉をまくようにとび散るから．チャワンタケ科

Aleurites f.<g. ギリシャ語 aleuros（小麦粉）．基本種は全体に白粉をかぶったようにみえる．トウダイグサ科

Aleurithopteris f.<g. aleuros（小麦粉）+pteris（シダ）．葉の裏面が白く粉をふいているから．ウラボシ科

Alisma f.<g. 本属の水草に対するギリシャ名．一説には海水（alis）に基づくという．オモダカ科

Allium n.<l. ニンニクのラテン古名．語源はケルト語 all（熱い）らしい．または「匂い」という意の alere または halium という．ユリ科

Alnus f.<l. ラテン古名．ケルト語のal（近く）+lan（海岸）が語源ともいう．カバノキ科

Alocasia f.<g. a（欠く，異なる）+*Colocasia*（サトイモ属）．*Colocasia* に似た別物の意．サトイモ科

Aloe f.<地方語名 alloeh はアラビア語で苦味のある意．葉に苦い汁液があるため．ユリ科

Alopecurus m.<g. alopex（狐）+oura（尾）の意で，キツネの尾に似た花穂の状態に基づく．イネ科

Alpinia f.<人名 イタリー，パドバの植物学者 P. Alpino（1553-1617）の名に因む．エジプト植物をヨーロッパに導入した．ショウガ科

Alsine f.<g. ギリシャ名とラテン名の alsine を転用した．ハコベのようなよく見られる雑草を指す．ナデシコ科

Alsophila f.<g. ギリシャ語 alsos（小さな森）+philos（好む）．森林下にはえるから．ヘゴ科

Altemanthera f.<l. alterno（互生）+anthera（葯）．雄しべと仮雄ずいとが交互するから．ヒユ科

Althaea f.<g. althainoは治療の意味．薬効があるため．アオイ科

Alyssum n.<g. ギリシャ語 a（否定）+lyssa（狂気）に由来．狂気や狂犬病に効果ありと思われた植物．アブラナ科

Amana f.<地方語名 本田正次の命名で，日本名のアマナから．ユリ科

Amanita f.<地名 小アジアの Amanus 山脈に産することからついたという．マツタケ科

Amaranthus m.<g. ギリシャ語 amaranthos より（しぼまない）の意．長期間花色が褪せないためという．ヒユ科

Amblygonon n.<g. amblyo（鈍い）+gono（角）．実が扁平で角ばらぬこと．タデ科

Ambrosia f.<g. ギリシャ語 ambrosia に由来．ギリシャ神話では ambrosia は神の食物の材料で，不老不死の薬を意味する．しかしこの属には花粉症を引き起こす種類もある．キク科

Ambulia f.<l. amblo 移動する意．ゴマノハグサ科

Amelanchier f.<地方語名 ヨーロッパ産の *A. ovalis* に対するフランス，プロバンス地方の名．バラ科

Amesium n.<l. amesは鳥を捕る網の棒．ウラボシ科

Amethystea f.<g. amethystos は紫石英．花色から．シソ科

Amitostigma n.<g.+属名 a（否定）+*Mitostigma*. *Mitostigma* は mitos（糸）+stigma（柱頭），元来南アメリカ産のキョウチクトウ科（ガガイモ科）の属．属名 *Mitostigma* に a（否定）の言葉を冠せたもの．ラン科

Ammannia f.<人名 ドイツの植物学者 Paul Ammann（1634-1691）を記念した．ミソハギ科

Ammobium n.<g. ギリシャ語 ammos（砂）+bios（生活）．砂地に生える生態からついた．キク科

Amomum n.<g. ギリシャ語 amomon に由来．インドの香料植物．完全無欠という意味．ショウガ科

Amorphophalus m.<g. ギリシャ語 amorphos（畸形）+phallos（陰茎）．肉穂花序の形からついた．サトイモ科

Ampelopsis f.<g. ギリシャ語 ampelos（葡萄）+opsis（似る）．ブドウに似たの意．ブドウ科

Amphicarpaea f.<g. ギリシャ語 amphi（双方の）+carpos（果実）．地上果と地下果の二種類の果実をもつため．マメ科

Amphiroa f.<g. amphi（周囲）+roa（漏れる）．サンゴモ科

Amsonia f.<人名 1760年代にアメリカ Virginia の Gloucester で医者をしていた旅行家で植物学者 Charles Amson の名に因む．キョウチクトウ科

Anagallis f.<g. この植物のギリシャ古名．恐らく ana（再び）+agallein（楽しむ）を意味する．曇りには花を閉じ，陽が照ると再び開く習性によるものか．一説には an（無）+agallomei（自慢）．花が後に下を向くから．サクラソウ科

Ananas m.<地方語名 ブラジルにおけるパイナップルの地方語名 ananas より．パイナップル科

Anaphalis f.<g. ギリシャ植物名に由来．あるいは *Gnaphalium*（ハハコグサ属）のアナグラム（語中の文

字を並べかえて作った語）ともいう．キク科
Anaptychia　f.＜g. ana（無）＋ptycho（ひだ）．植物体の表面が平滑なためであろう．ムカデゴケ科
Ancistrocarya　f.＜g. ancistron（鈎）＋caryon（堅果）．果実の先端が釣針のように屈曲しているため．ムラサキ科
Andreaea　m.＜人名　クロゴケ属．オランダ領東インドで農園を経営したオランダ人アンドレア G.H.Andreae の名に因む．蘚類
Andromeda　f.＜g.　ギリシャ神話の乙女アンドロメダ Andromedaに因む．ツツジ科
Andropogon　m.＜g. aner, andros（男）＋pogon（ひげ）．穎にのぎがあるため．イネ科
Androsace　f.＜g.　ギリシャ語の植物名．andros（男）＋sakos（楯）から来た．サクラソウ科
Aneilema　n.＜g. aneu（無）＋eilema（被包）すなわち「着物がない」．*Commelina* にくらべて半月形の包葉がないから．ツユクサ科
Anemarrhena　f.＜g. a（無）＋nema（糸）＋arrhen（男性）．無柄の雄しべより．ユリ科
Anemone　f.＜g.　ギリシャ語の植物名 anemos（風）に由来する．ギリシャ神話で Adonis の流した血から生まれた赤い花の本属の植物またはフクジュソウを呼ぶという．（→ *Adonis*）キンポウゲ科
Anemonopsis　f.＜属名　*Anemone*（イチリンソウ属）＋opsis（＜g. 似る）．花，葉ともに *Anemone* に似るため．キンポウゲ科
Anethum　n.＜g.　イノンドのギリシャ古名 anethon に因む．多分その刺戟性の種子に原因した aithein（灼ける意）による．セリ科
Angelica　f.＜l.　ラテン語 angelus またはギリシャ語 angelos（天使）に基づく．この属の植物に媚薬，解毒などの薬効のあるものがあり，根を噛めば魔女を防ぐということと言われた．セリ科
Angiopteris　f.＜g. anggeios（容器，水差し）＋pteris（シダ）．胞子嚢床の形に基づく．リウビンタイ科
Anodendron　n.＜g. ano（上に）＋dendron（樹木）．藤本で樹上にからむため．キョウチクトウ科
Antennaria　f.＜l.　ラテン語 antenna（帆船の帆桁，触角）．果実にある長い冠毛が或種の昆虫の触角に似ていることから来た名．キク科
Anthoceros　f.＜g. anthos（花）＋ceros（つの）．つの状の胞子嚢がつくから．苔類
Anthoxanthum　n.＜g.　ギリシャ語 anthos（花）＋xanthos（黄色）．花序が熟して黄色くなることによる．イネ科
Anthriscus　m.＜g.　或種のセリ科植物のギリシャ名 Anthriskon から来たもの．セリ科
Anthurium　n.＜g.　ギリシャ語 anthos（花）＋oura（尾）．尾状の花序から．サトイモ科
Antidesma　n.＜g.　ギリシャ語 anti（対する）＋desmos（帯）．命名者 Burman は desmos を毒と意味させ，この植物がヘビの毒に効果があるとした．トウダイグサ科
Antirrhinum　n.＜g.　ギリシャ語 anti（似た）＋rhinos（鼻）．花冠の形が竜の鼻に似るため．ゴマノハグサ科
Antrophyum　n.＜g.　ギリシャ語 antron（洞窟）＋phyo（生長）．生育場所に基づく．ウラボシ科
Anzia　f.＜人名　隠花植物の研究者 Martino Anzi（1812-1883）に因む．ウメノキゴケ科
Aphananthe　f.＜g.　ギリシャ語 aphanes（不顕著）＋anthos（花）．花序が目立たぬため．ニレ科
Apios　f.＜g.　ギリシャ語 apios（梨）．やや洋梨状の塊根に由来．マメ科
Apium　n.＜g.　ケルト語 apon（水）から来た名．水湿地を好むため．セリ科
Apocynum　n.＜g.　ギリシャ語 apo（離れた）＋cyno（犬）．イヌに有毒と考えられたため，Dioscorides による命名．キョウチクトウ科
Apodicarpum　n.＜g. a（無）＋pos（足）＋karpos（果）．分果に支条がない特徴から．1891 年に牧野富太郎がエキサイゼリ属として命名した．セリ科
Aptenia　f.＜g.　ギリシャ語 apten（まだ羽毛の生えない）より，果実に翼がないことによる．ツルナ科
Aquilegia　f.＜l.　ラテン語 aquila（ワシ）．曲がった距がワシの爪に似ていること．キンポウゲ科
Arabidopsis　f.＜属名＋g. *Arabis*（ハタザオ属）＋opsis（似る）．*Arabis* に似るため．アブラナ科
Arabis　f.＜l.　Arabia地方に因んで，リンネの命名．生育が乾燥に強いため．アブラナ科
Arachis　f.＜g.　地中結実性の果実をもつクローバーの一種につけられたギリシャ古名 arachidno の短縮形．マメ科
Aralia　f.＜地方語名　French-Canada 名の aralie からラテン語化された．ケベックの医者 Sarrasin によって Tournefort にもたらされた最初の標本につけられていた名から．ウコギ科
Archidium　n.＜g. arkhe（原，元の，昔）より．古型のコケであるため．ツチゴケ属．蘚類
Arcterica　f.＜g.　ギリシャ語 arktos（クマ，星座で大熊座・小熊座の位置，北）＋*Erica*（エリカ属）．北方に産するエリカの意．ツツジ科
Arctium　n.＜g.　ギリシャ名 arctionより．arction は多分ビロードモウズイカ類を指した．キク科
Arctous　m.＜g.　ギリシャ語 arktos（クマ）．果実はクマの好物．和名クマコケモモはこの直訳．ツツジ科
Ardisia　f.＜g.　ギリシャ語 ardis（鎗先，矢先）．雄しべの葯の形が似ている．ヤブコウジ科
Areca　f.＜地方語名　インド，マラバル地方語名 areec（古い樹木）より．ヤシ科
Arenaria　f.＜l.　ラテン語 arena（砂）．この属の多くの種が砂地に生えることによる．ナデシコ科
Arethusa　f.＜g.　ギリシャ神話で，アルテミスの侍女で泉に姿を変えられたニンフ Arethusa の名に因む．この植物は水湿地に生育する．ラン科
Argemone　f.＜g. ケシに似た植物のギリシャ名に由来し，白内障 argemon に薬効ありとされた．それを今の植物に転用．ケシ科
Arisaema　n.＜g. *Arum*（アラム属）の一種 aris または aron＋haima（血）の意で，仏炎苞の赤褐色の斑点に因み，かつ *Arum* に血縁のあることを示す．サトイモ科
Aristolochia　f.＜g. aristos（最良）＋lochia（出産）の意．曲がった花の形が胎内に於ける人間の胎児を連想させ，また基部の膨らみが子宮を思わせるので，出産を助ける力をもつと考えられた．ウマノスズクサ科
Armeria　f.＜l.　ナデシコ類のフランス古名 armoires から来たといわれるラテン名 armeria に由来する．イソマツ科
Armillaria　f.＜l. armilla（腕環）．かさの柄につばのあるのをたとえた．マツタケ科
Arnica　f.＜l.　由来不明．ウサギギク属．ギリシャ語の ptarnike（くしゃみ）が訛ったとも，この植物のラテン古名に由来ともいわれる．キク科
Arrhenatherum　n.＜g. arrhen（男性）＋ather（芒）．雄花には芒が著しいため．イネ科
Artemisia　f.＜g.　ギリシャ神話の純潔の女神 Artemis

(Diana）に因む．古来いくつかの薬効が知られている．キク科

Arthraxon　m.＜g.　arthron（関節）＋axon（軸）．関節のある花軸に基づく．イネ科

Arthrothamnus　m.＜g.　arthron（関節）＋thamnos（低木，枝）．葉が広い枝状に見え，旧葉は関節で落ち去るため．コンブ科

Aruncus　m.＜l.　ラテン古語 aruncus（山羊のひげ）の意．バラ科

Arundinaria　f.＜属名　*Arundo*（アシ属）から来た名．茎がアシの太いのに似るため．イネ科

Arundinella　f.＜属名　*Arundo* の縮小形．イネ科

Arundo　f.＜l.　アシの古代名より．イネ科

Asarum　n.＜g.　ギリシャ古名 asaron に因むが，出所不詳．一説には花が半ば地下に埋れて咲くことから，a（無い）＋saroein（装飾）ともいう．ウマノスズクサ科

Asclepias　f.＜g.　ギリシャの医者 Aesculapius に因んでつけられた名．ガガイモ科

Asiasarum　n.＜地名＋属名　前川文夫の命名で，アジア特産の *Asarum*（フタバアオイ属）の意．ウスバサイシン属．*Asarum* の異名．ウマノスズクサ科

Asparagus　m.＜g.　ギリシャの古名 asparagos から，甚だしく裂けるという意．葉状枝が細線状に分枝した状態を表わす．ユリ科

Asperella　f.＜l.　ラテン語 asper（ざらつく）から．葉面の性質から．イネ科

Asperula　f.＜l.　asper（ざらつく）の縮小形．葉面がざらつくから．アカネ科

Aspidistra　f.＜g.　aspidion（小楯）＋aster（星）．楯形で放射状にひろがった柱頭の形から．ユリ科

Asplenium　n.＜g.　a（無）＋splen（脾臓）に由来．脾臓の痛みを癒すと考えられた．ウラボシ科

Aster　m.＜g.　aster（星）．頭状花が放射状をなすことから来ている．キク科

Astilbe　f.＜g.　a（無）＋stilbe（輝き，光沢）．あるいは個々の花が小さいため．原種のインド種の葉がこれと似た *Aruncus*（ヤマブキショウマ属）に比してつやのなかったことによるともいう．ユキノシタ科

Astraceus　m.＜g.　aster（星）．皮殻が星形に割れることから．ツチグリ科

Astragalus　m.＜g.　マメ科植物の一種 *Orobus nigra* のギリシャ古名 astragalos に由来する．ディオスコリデスが用いた．マメ科

Asyneuma　f.＜g.　a（否）＋syn（共に）＋aeuma（属名 *Phyteuma* の略）．*Phyteuma*（シデシャジン属）と異なったの意．キキョウ科

Athyrium　n.＜g.　由来不明．ギリシャ語 athuros（元気のない），あるいは athyros（入口のない）より．胞子嚢の成長が，包膜の外側の縁にゆっくり押しつけられて出来た形をとるため．一説に athyrein（変わる）．嚢堆の形がいろいろ変わることからついたともいう．ウラボシ科

Atractylis　f.＜g.　atraktos（紡錘）の意．硬い総包の形から．キク科

Atriplex　f.＜l.　古代ラテン名．アカザ科

Aucuba　f.＜地方語名　アオキの古名アオキバから．Thunberg が 1775-1776 年に自身が日本で採集した標本に基づいて 1784 年に命名した．ミズキ科

Aulacolepis　f.＜g.　aulax（溝）＋lepis（鱗片）．包穎が内折して溝をなすによる．イネ科

Aulacomitrium　n.＜g.　aulax（溝）＋mitrion（帽子）．蘚帽に多数のたて溝のあることによる．蘚類

Auricularia　f.＜l.　auricula（耳たぶの縮小形）．体が耳たぶ状で質も似ている．キクラゲ科

Auriscalpium　n.＜l.　auri（耳）＋scalpellum（小さいメス）．体がメス状でしかもさきが耳状であることから．ハリタケ科

Avena　f.＜l.　カラスムギの古代ラテン名．イネ科

Avicennia　f.＜人名　イランの医者・哲学者 Avicenna（980-1037）に因む．この人は正しくは今のアラル海に面した10-11世紀のホレズム国の文化が栄えた時のアブ・アリ・イブン・シナ（Abu Ali Al-Husayn Ibn ‘Abd Allah Ibn Sina）と同一人である．クマツヅラ科

Azolla　f.＜g.　ギリシャ語 azo（乾く）＋ollyo（殺す）より，乾くと死ぬため．サンショウモ科

Azukia　f.＜地方語名　大井次三郎の発表で，日本名アズキより．*Vigna* の異名．マメ科

B

Balaneikon　n.＜l.　*Balania*（属名）＋iei（性質がある）．*Balania* に類する性質のものの意．*Balanophora*（ツチトリモチ属）の異名．ツチトリモチ科

Balania　f.＜g.　balanos（カシの実）から．*Balanophora* の異名．ツチトリモチ科

Balanophora　f.＜g.　balanos（カシの実）＋phoreo（有する）．植物体がドングリ型をしているため．ツチトリモチ科

Bambusa　f.＜地方語名　マレイ語名 Bambu，あるいは東インドの名称 Bambos より．イネ科

Bangia　f.＜人名　植物学者 Hofman-Bang（Niels Bang 1776-1855）の名にちなむ．ウシケノリ科

Barbarea　f.＜人名　古代には St. Barbara（女聖者）の草といわれた．その種子は西欧では St. Barbara の月近く（12月半）にみられる．アブラナ科

Barbella　f.＜l.　ラテン語 barba（ひげ）の縮小形．イトゴケ属で，体が細いから．蘚類

Bartramia　f.＜人名　北米の植物学者 William Bartram（1739-1823）にちなむ．タマゴケ属．蘚類

Basella　f.＜地方語名　インドの Malabar 地方での呼び名．ツルムラサキ科

Bauhinia　f.＜人名　スイスの植物学者 Johann（1541-1613）と Caspar（1560-1624）の Bauhin 兄弟の名に因む．葉の先が二つに割れていることを二人の兄弟に見立てた．マメ科

Bazzania　f.＜人名　コケの学者 Bazzani に因む．ムチゴケ属．苔類

Beckmannia　f.＜人名　ドイツ Goettingen の教授 Johann Beckmann（1739-1811）に因む．イネ科

Begonia　f.＜人名　植物学の後援者でフランス領カナダ総督であった Michel Bégon（1638-1710）に因む．シュウカイドウ科

Belamcanda　f.＜地方語名　この種に対するインド Malabar 地方の地方語名，あるいはマラヤ語 balamtandam やサンスクリット語 matakanda に基づくという．アヤメ科

Bellis　f.＜l.　ヒナギク（デージー Daisy）のラテン名．ラテン語 bellus（美しい）より．キク科

Benincasa　f.＜人名　ピサの植物園を作った植物学者，イタリーの貴族 Giuseppe Benincasa（?-1596）の名に因む．ウリ科

Benzoin　n.＜ar.　ben（香芳）＋zoa（滲出物）．クスノキ科の植物に対する古いよび名で，芳香のある精油を出すため．クスノキ科

Berberis　f.＜地方語名　この植物の果実についたアラビヤ名 berberys に由来する．また一説には葉の形が貝殻（berberi）に似るためともいう．メギ科

Berchemia　f.＜人名　17 世紀のフランスの植物学者 Jacon Pierre Berthoud van Berchem に因む．クロウメモドキ科

Berchemiella　f.＜属名　*Berchemia*（クマヤナギ属）の縮小形．ヨコグラノキ属として 1923 年に中井猛之進の命名．クロウメモドキ科

Berteroella　f.＜属名　属名 *Berteroa* の縮小形．西インド諸島やチリで植物採集したイタリー人医師 Carlo Guiseppe Bertero（1789-1831）に因む．アブラナ科

Beta　f.＜l.　根が赤色をしているためについたラテン名．ケルト語の bett（赤）から．アカザ科

Betula　f.＜l.　古代ラテン名 betulla より．カバノキに対するケルト語のよび名 betu に基づく．ヘブライ語 betula（純粋な女性）に由来するともいわれる．カバノキ科

Bidens　f.＜l.　ラテン語 bi（二つ）＋dens（歯）．果実に歯のような形の刺が二本あるため．キク科

Bilderdykia　f.＜人名　Bilderdyk に因む．*Fallopia* の異名．タデ科

Biota　f.＜g.　bios（生命）の意．*Thuja* の異名．ヒノキ科

Bistorta　f.＜l.　ラテン語bis（二つ）＋tortus（捩れ）．二重に捩れたの意．中世の植物名，根茎の形に基づく．タデ科

Blasia　f.＜人名　Blas に因む．苔類

Blechnum　n.＜g.　シダの一種のギリシャ名 blechnon から来たもの．ウラボシ科

Bletilla　f.＜属名　*Bletia* の縮小形．*Bletia*（ブレティア属）に似た．*Bletia* は熱帯アメリカの植物で，スペインの薬種商で植物園をもっていた Louis Blet の名にちなむ．ラン科

Blyxa　f.＜g.　ギリシャ語 blyzo は流れる意．流水中に生ずるから．トチカガミ科

Boehmeria　f.＜人名　ドイツ，ヴィッテンベルクの植物学および解剖学の教授 Georg Rudolph Boehmer（1723-1803）の名に因んだもの．イラクサ科

Boenninghausenia　f.＜人名　ドイツ，ミュンスターの医師，植物学者 Clemens M. F. von Boenninghausen（1785-1864）の名に因む．ミカン科

Boletopsis　n.＜属名＋g.　*Boletus* 属＋opsis（似る）．ハリタケ科

Boletus　m.＜g.　bolos（ボール，土塊）から．印象の類似から．一説にケルト名（bolites，食べられるキノコ）からともいう．ハリタケ科

Boniniella　f.＜地名　早田文藏の命名で *Boninia* 属の縮小形．ヒメタニワタリ属．*Boninia*（ミカン科シロテツ属）は小笠原諸島に対する英語名 Bonin に基づく．この語は munin（無人島）の音便である．ウラボシ科

Boschniakia　f.＜人名　ロシアの植物学者 A. K. Boschniaki の名に因む．ハマウツボ科

Bothriochloa　f.＜g.　botrion（小穴）＋chloa（禾本）．穎に一個のへこみがある特徴から．イネ科

Bothriospermum　n.＜g.　bothrion（小穴）＋sperma（種子）の意．ムラサキ科

Botrychium　n.＜g.　botrys（葡萄の房）の縮小形．包膜がブドウの房状に連なることによる．ハナヤスリ科

Botryopleuron　n.＜g.　botrys（総状）＋pleron（肋骨）．花序が茎の両側に並んで腋生するから．ゴマノハグサ科

Boykinia　f.＜人名　アメリカジョージア州の初期の植物学者 Samuel Boykin（1786-1846）に献じられた名．ユキノシタ科

Brachycyrtis　f.＜g.　brachys（短い）＋kyrtos（彎曲した）の意．*Tricyrtis*（ホトトギス属）に似ているため．チャボホトトギス属として小泉源一の命名．ユリ科

Brachyelytrum　n.＜g.　brachys（短い）＋elytron（外皮）の意．その苞穎が非常に短いため．イネ科

Brachypodium　n.＜g.　brachys（短い）＋podion（小足）の意．イネ科

Brachythecium　n.＜g.　brachys（短い）＋theca（箱）．胞子嚢が短いため．アオギヌゴケ属．蘚類

Brasenia　f.＜地方語名　ギアナの植物名らしいが，語源は不明．ヒツジグサ科

Brassica　f.＜l.　キャベツのラテン古名．ケルト語でもキャベツのことを bresic とよんだ．アブラナ科

Briza　f.＜g.　ライムギと思われるイネ科植物のギリシャ名からの転用．イネ科

Brodiaea　f.＜人名　スコットランドの植物学者 James Brodie（1744-1824）の名に因む．ユリ科

Bromus　m.＜g.　カラスムギ（燕麦）に対するギリシャ古名で broma（食料）の意からきた．イネ科

Broussonetia　f.＜人名　フランス，モンペリエの医者で自然科学者でもあった Pierre M. A. Broussonet（1761-1807）に因む．クワ科

Bruguiera　f.＜人名　フランスの医者 J. G. Bruguiéres（1737-1798）に因む．ヒルギ科

Brunfelsia　f.＜人名　ドイツ初期の本草学者 Otto Brunfels（1489-1534）の名に因んだもの．1530 年に最初の正しい植物画を発表した．ナス科

Brylkinia　f.＜人名　ロシア人 Brylkin の名に因む．イネ科

Bryopsis　f.＜g.　*Bryum*（ハリガネゴケ属）＋opsis（似る）．概形が細かい葉のコケに似るから．ハネモ科

Bryoxiphium　n.＜g.　*Bryum*（ハリガネゴケ属）＋xyphium．葉の集まり方が *Iris xyphium* と似ている．蘚類

Bryum　n.＜l.　一般的にコケの意．ハリガネゴケ属．蘚類

Buckleya　f.＜人名　アメリカの植物学者 Samuel Botsford Buckley（1809-1884）の名に因んだもの．ビャクダン科

Buddleja　f.＜人名　イギリスの植物学者 Adam Buddle（1660-1715）の名に因む．フジウツギ科

Bulbophyllum　n.＜g.　bulbos（鱗茎）＋phyllon（葉）．鱗茎から葉がでているから．ラン科

Bulbostylis　f.＜g.　bulbus（鱗茎）＋stylus（花柱）．花柱の基部が鱗茎状にふくれて残るから．カヤツリグサ科

Bupleurum　n.＜g.　bous（牡牛）＋pleuron（肋骨）の意．葉のつき方に対する連想．またはあるセリ科植物のギリシャ名 boupleuron に由来．セリ科

Burmannia　f.＜人名　リンネの友人でオランダの医者，植物学者 Johannes Burmann（1707-1779）の名に因む．ヒナノシャクジョウ科

Buxbaumia　f.＜人名　コケの研究者 Johann Christian Buxbaum（1693-1730）に因む．キセルゴケ属．蘚類

Buxus　f.＜l.　プリニウス Plinius の使った植物のラテン名 buxus（箱）から．ギリシャ語 pyknos（緻密な）からギリシャ語の植物名 pyxos に由来し，材で小箱などを作るため．ツゲ科

C

Cabomba　f.＜地方語名　恐らく南米の地方語名からきた名．スイレン科

Cacalia　f.＜g.　ギリシャ語 kakos（有害な）＋lian（非常に）より．デオスコリデスに用いられた名．有害な土質を生むと考えられた．キク科

Caesalpinia　f.＜人名　ピサの植物園長をつとめたイタリアの植物学者 Andrea Caesalpino（1519-1603）の名に因む．マメ科

Caladium　n.＜g.　kaladion（杯）から．一説に西印度の地方語名ともいう．サトイモ科

Calamagrostis　f.＜g.　calamos（アシ）＋*Agrostis*（ヌカボ属）．イネ科

Calamus　m.＜g.　ギリシャ語の calamos，アラビア語の kalem から来たもの．アシの意．外形の類似から．ヤシ科

Calanthe　f.＜g.　ギリシャ語 calos（美）＋anthos（花）より．美しい花をつけるから．ラン科

Caldesia　f.＜人名　イタリーの植物学者 Luigi Caldesi（1821-1884）に因む．オモダカ科

Calendula　f.＜l.　calendae は月の第一日に対するローマのよび名で転じて一ヶ月を指す．花期が長く月余にわたるため．キク科

Calicium　n.＜g.　小さな杯の意．体の形からついた．ピンゴケ科

Callianthemum　n.＜g.　callos（美）＋anthemon（花）．キンポウゲ科

Callicarpa　f.＜g.　callos（美しい）＋carpos（果実）．果実が美しく熟するから．クマツヅラ科

Callistephus　n.＜g.　callos（美しい）＋stephos（冠）．花冠が大きくて美しい冠状をなすから．キク科

Callitriche　f.＜g.　callos（美しい）＋thrix（毛）．その繊細な茎の様子からついた．ミズハコベ科

Callophyllis　m.＜g.　callos（美しい）＋phyllon（葉）．葉状の体が紅色で美しい．ツカサノリ科

Calobryum　n.＜g.　callos（美しい）＋bryum（コケ）．それを訳して小野小町からコマチゴケ．苔類

Caltha　f.＜l.　強い匂のある黄色い花のラテン名で，語源 calathos（杯）の意味から考えると，多分キンセンカ *Calendula* をさした名から転じたものであろう．キンポウゲ科

Calvatia　f.＜g.　calvus（禿頭）．菌体をはげ頭にたとえた．ホコリタケ科

Calycanthus　m.＜g.　ギリシャ語 kalyx（萼）＋anthos（花）．萼が花弁と同じように見えるため．ロウバイ科

Calypso　f.＜g.　ギリシャ神話のアトラスの娘 Kalypso の名．kalypto（隠す）を意味し，生育地が秘されていたという．ラン科

Calyptrostigma　f.＜g.　calyptra（帽子）＋stigma（柱頭）．雌しべの柱頭が大きく，花柱に対して帽子状を呈するため．スイカズラ科

Calystegia　f.＜g.　calyx（萼）＋stege（蓋）．2 枚の大きな包葉が萼をおおっている．ヒルガオ科

Camellia　f.＜g.　モラヴィアの宣教師 Georg J. Kamel（1661-1706）の名に因む．彼は 1688 年からマニラに住み，フィリピンの植物を採集し，記録した．1704 年にイギリスの植物学者 John Ray によってラテン語化された名 Camellus でこの記録が刊行された．ツバキ科

Campanula　f.＜l.　ラテン語 campana（鐘）の縮小形で小さな鐘．花冠の形から来たもの．キキョウ科

Campanumaea　f.＜l.　campana（鐘）から出た名．花形に基づく．キキョウ科

Campsis　f.＜g.　ギリシャ語 kampe（彎曲した）．雄しべが弓形をしているから．ノウゼンカズラ科

Camptosorus　m.＜g.　kamptos（曲がった）＋soros（子嚢堆）．曲線状で大小さまざまの子嚢群をつける．ウラボシ科

Campylaephora　f.＜g.　kampylos（曲がった）＋phora（持つ）．枝の先がかぎ形にまがるから．イギス科

Canarium　n.＜地方語名　カンラン（橄欖）のマレー語 Kanariに由来する．カンラン科

Canavalia　n.＜地方語名　ナタマメに対するインドのマラバール地方語名 Kanavali に基づく．マメ科

Canna　f.＜g.　ギリシャ語 kanna（アシ）あるいはケルト語can（アシ）が転じてこの属の名に使われた．カンナ科

Cannabis　f.＜g.　アサ（麻）に対するペルシャ名 kanb から出たギリシャ古名．クワ科

Capsella　f.＜l.　capsa（箱）の縮小形．果実の形（さや形で中に多数の小種子を入れる）から来た．アブラナ科

Capsicum　n.＜g.　ギリシャ語 kapto（咬む）で，果実の味に由来．あるいは kapsa（袋）で，トウガラシの袋状の果実をさした名．ナス科

Caragana　f.＜地方語名　蒙古名 qaraqan に基づく．マメ科

Cardamine　f.＜g.　食用に使われるタガラシの一種のギリシャ名 kardamon から．アブラナ科

Cardiandra　f.＜g.　cardia（心臓）＋andron（雄しべ）．心臓形の雄しべの意．ユキノシタ科

Cardiocrinum　n.＜g.　cardia（心臓）＋crinon（ユリ）．花はユリに似るが葉は特徴ある心臓形をなす．ユリ科

Cardiospermum　n.＜g.　cardia（心臓）＋sperma（種子）．黒色球形の種子に白いハート形の紋があるため．ムクロジ科

Carduus　m.＜l.　ラテン古名．ラシャカキグサなどについた名の転用．刺のある点が似ているため．キク科

Carex　f.＜g, l.　恐らく *Cladium mariscus*（ヒトモトススキの近似種）の古代ラテン名 carex に由来する．またはギリシャ語の keiro（切る）を語源とする説もある．葉縁の鋭い鋸歯に起因する．カヤツリグサ科

Carpesium　n.＜g.　carpesion（ムギわら）に基づく．頭状花をかこむ総苞片が乾燥してつやがあり，麦わらに似るためか．キク科

Carpinus　f.＜l.　古代ラテン名．語源はケルト語のcar（木）＋pin（頭）で，牛の頸木（くびき）材に使われるためともいい，英語名は Hornbeam という．カバノキ科

Carpopeltis　n.＜g.　ギリシャ語 karpos（果実）＋pelte（楯）．ムカデノリ科

Carthamus　m.＜地方語名　アラビア語 quartom（染める）から来た．ベニバナ *C. tinctorius* の花から紅をとるため．キク科

Carum　n.＜l.　この植物のギリシャ名 karon のラテン語形．セリ科

Caryopteris　f.＜g.　karyon（クルミ）＋pteryx（翼）．果実は翼のある小堅果の四分果であるため．クマツヅラ科

Cassia　f.＜g.　この植物のギリシャ名 kasia より．香料植物の桂皮 *Cinnamomum cassia* は別．マメ科

Cassiope　f.＜g.　ギリシャ神話の女神アンドロメダの母親カスシオペー Kassiope の名から来た．この植物は *Andromeda* に近縁とされる．ツツジ科

Cassytha　f.＜g.　ネナシカズラ（*Cuscuta*）のギリシャ名 Kassytha から転用された．この属もつる性の寄生植物で外形が似るため．クスノキ科

Castanea　f.＜l.　ギリシャ語の kastana または kastanon（栗）から来た古代ラテン名．ブナ科

Castanopsis　f.＜属名　*Castanea*（クリ属）＋opsis（似る）．

即ち *Castanea* に似たもの．ブナ科

Casuarina　f.＜l. *Casuarinus*（鳥類のヒクイドリ）のマレー語名 kasuari に由来する．長く垂れ下がる枝をヒクイドリの羽に見立てた．モクマオウ科

Catalpa　f.＜地方語名　この属のアメリカキササゲに対する北米ノースカロライナ州での地方語名．ノウゼンカズラ科

Catathelasma　f.＜g. cata（下がる）＋thele（乳頭，いぼ）．マツタケ科

Catharinaea　f.＜人名　Catharin に因む．蘚類

Cattleya　f.＜人名　イギリスの園芸家で珍しい植物の収集家 William Cattley（1787-1835）を記念した．ラン科

Caucalis　f.＜g. セリ科の *Tordylium apulum* のギリシャ名の転用．セリ科

Caulerpa　f.＜g. kaulos（茎）＋erpo（地をはう）．海藻だが茎のような部分が岩の上を長くはいまわるため．イワズタ科

Caulophyllum　n.＜g. kaulos（茎）＋phyllon（葉）．茎が大きく拡がる葉の柄のように見えるため．メギ科

Cavicularia　f.＜g. kavicule（孔）の縮小形．体の先に半月形の孔があるから．苔類

Cayratia　f.＜地方語名　*C. geniculata* をベトナムで cây rât と呼ぶことから．ブドウ科

Cedrela　f.＜g. ギリシャ語 kedros の縮小形．木材の匂いが *Cedrus* ヒマラヤスギと似ているから．センダン科

Cedrus　f.＜g. ギリシャ名 kedros より．アラビア語 kedron（力，力強い）に由来するともいわれる．マツ科

Celastrus　m.＜g. ある種の常緑樹（恐らくセイヨウキズタ）につけられた古代ギリシャ名 kelastros から転じた．kelas は晩秋を意味するという．ニシキギ科

Celosia　f.＜g. ギリシャ名 keleos（燃やした）からきた名でケイトウの花の焼けたように赤く乾燥した様子を表わす．ヒユ科

Celtis　f.＜l. アフリカ産のクロウメモドキ科の植物 *Ziziphus lotus*（ナツメの仲間．英名 lotus tree と呼ばれる）の名を誤用したラテン名 celtis, celthis に由来する．ニレ科

Centaurea　f.＜l.　ギリシャ神話に出て来る半人半馬の怪物 Kentauros から．キク科

Centella　f.＜l. centum（百の，非常に多い）の縮小形．茎をとり囲んでいる沢山の円い葉に因んだもの．セリ科

Centipeda　f.＜l. centum（百）＋pes（足）．地を這っているムカデ状の葉状に基づく．キク科

Centranthera　f.＜g. kentron（距）＋anthera（葯）．距のある葯の意．ゴマノハグサ科

Centranthus　m.＜g. kentron（距）＋anthos（花）．筒形の花冠の基部に長い距がある．オミナエシ科

Cephalanthera　f.＜g. kephalos（頭）＋anthera（葯）．ずい柱の頭部にある大きな葯の形から．ラン科

Cephalotaxus　f.＜g. kephalos（頭）＋*Taxus*（イチイ属）．花が頭状に集まった *Taxus* 属の意．イヌガヤ科

Ceramium　n.＜g. keramion（壺）または keras（角）．枝が角（つの）状にとがるからか．イギス科

Cerastium　n.＜g. kerastes（角状の）．細長くてしばしば曲がった果実の形から．ナデシコ科

Ceratodon　m.＜g. keras（角）＋odon（歯）．ヤノウエノアカゴケ属．キンシゴケ科，蘚類

Ceratophyllum　n.＜g. keras（角）＋phyllon（葉）．角状にわれた葉の意．マツモ科

Ceratopteris　f.＜g. keras（角）＋pteris（シダ）．胞子葉は羽状に分裂するが各裂片が角のような形をするため．ミズワラビ科

Cercidiphyllum　n.＜属名　*Cercis*（ハナズオウ属）＋phyllon（葉）．葉がマメ科の *Cercis* に似ているため．カツラ科

Cercis　f.＜g. ヨーロッパ産ハナズオウ属のギリシャ名 Kerkis より．豆果の形が小刀の鞘（kerkis）に似るためという．マメ科

Cetraria　f.＜l. cetra（小楯）．盤果の形から．ウメノキゴケ科

Chaenomeles　f.＜g. chaino（あくびをする）＋melon（リンゴ）．裂けたリンゴの意で，熟した果実に裂け目ができるため．バラ科

Chaerophyllum　n.＜g. chairo（喜ぶ）＋phyllon（葉）．葉が快い芳香をもつためという．セリ科

Chamaecyparis　f.＜g. chamai（小さい）＋cyparissos（イトスギ）の意．イトスギにくらべ果実が小さいから．ヒノキ科

Chamaele　f.＜g. chamai（小さい）．小形の植物であること．F.A.Miquel（1811-1871）の設立した日本の特産のセントウソウ属の属名．Miquel は東南アジアと日本の植物を広く研究した．1844 年で中断していた Siebold et Zuccarini，Flora Japonica を分担し，最後の部分として 2 巻の 45-89 頁を 1970 年に出版した．セリ科

Chamaenerion　n.＜g. chamai（小さい）＋nerion（キョウチクトウ）．花はキョウチクトウに似るが体が小形であるため．アカバナ科

Chamaepericlymenum　n.＜g. chamai（小さい）＋*Periclymenum*（属名）．*Periclymenum* は *Vibrunum* スイカズラ属の異名．ミズキ科

Chamaesyce　f.＜g. chamai（小さい）＋syke（イチジク）．果実の形から来た名．トウダイグサ科

Chara　f.＜g. ギリシャ語 charis（優雅，美しいもの）より．シャジクモ科

Cheilanthes　f.＜g. cheilos（縁）＋anthos（花）．胞子嚢が葉の縁に並ぶため．ウラボシ科

Cheiranthus　m.＜g. cheiri または kairi（アラビア語でよく匂う植物）＋anthos（花）の意．花に強い芳香があるため．アブラナ科

Cheiropleuria　f.＜g. cheiros（手）＋pleura（肋脈）．葉脈が手の血管のように隆起しているため．スジヒトツバ科

Chelidonium　n.＜g. ギリシャ語 chelidon（ツバメ）から．ツバメの飛び始めと花の咲き始めとの時期が一致するためと言われる．また母ツバメがこの植物のサフラン色の汁でヒナ鳥の眼を洗い視力を強めることによるとも言われる．ケシ科

Chelonopsis　f.＜g. *Chelone*（ジャコウソウモドキ属）＋opsis（似た）．*Chelone* は北アメリカのゴマノハグサ科の属で，ギリシャ語の chelone（カメ）から来た名．蕾の形状がカメの頭に似ているため．シソ科

Chenopodium　n.＜g. chen（鵞鳥）＋podion（小さい足）．アカザの葉形をたとえた．アカザ科

Chimaphila　f.＜g. cheima（冬）＋philein（好む）．冬を好む意で，常緑性に因んだもの．イチヤクソウ科

Chimonanthus　m.＜g. cheimon（冬）＋anthos（花）．冬（1～2月）に開花するため．ロウバイ科

Chimonobambusa　f.＜g. cheimon（冬）＋*Bambusa*（ホウライチク属）．秋にタケノコが出て冬の間にのびる．カンチク（寒竹）の名を直訳した名で牧野富太郎の命名．イネ科

Chiogenes　f.＜g. chion（雪）＋gennao（産する）．果実が雪白色であるため．ツツジ科

Chionanthus　m.＜g.　chion（雪）＋anthos（花）．樹上の白い花のかたまりを雪にたとえたもの．モクセイ科

Chionographis　f.＜g.　chion（雪）＋graphe（筆）．多数の小白花をつけた花穂を筆にたとえたもの．ユリ科

Chirita　f.＜地方語名　この植物のヒマラヤ地方の呼び名．イワタバコ科

Chloranthus　m.＜g.　chloros（黄緑色の）＋anthos（花）．センリョウ科

Chlorophytum　n.＜g.　chloros（黄緑色の）＋phyton（植物）の意．ユリ科

Chondradenia　f.＜g.　condros（軟骨）＋aden（腺）の意．唇弁に基づく．オノエラン属として C.J.Maximowicz が命名したが，前川文夫が正式に発表した．ラン科

Chondria　f.＜g.　chondros（軟骨）．体が軟骨質のため．フジマツモ科

Chondrococcus　m.＜g.　chondros（軟骨）＋cocoos（小粒）．ナミノハナ科

Chondrus　m.＜g.　chondros（軟骨）．体が軟骨質であるため．スギノリ科

Chorda　n.＜l.　ギリシャ語chorde（丈夫な紐）に由来．体の形状から．ツルモ科

Chosenia　f.＜地名　地名朝鮮より．この属は朝鮮半島に特産とされたヤナギ属の一種に基づいて，1920 年に中井猛之進が新しくケショウヤナギ属として設立した．日本とロシアにも分布する．*Salix* 属の異名．ヤナギ科

Chrysanthemum　n.＜g.　ギリシャ語 chrysos（黄色の）＋anthos（花）．キク科

Chrysosplenium　n.＜g.　chrysos（黄色の）＋splen（脾臓）．花の色と属中に薬効のある種を含むことによるものと思われる．ユキノシタ科

Cichorium　n.＜g.　或植物のアラビア名 kio（行く）＋chorion（畑）から変化した名．キク科

Cicuta　f.＜l.　ドクゼリの古代ラテン名で，茎の節間が中空（cyein）なことによるという．セリ科

Cimicifuga　f.＜l.　ラテン語 cimex（ナンキンムシ）＋fugo（逃がす）．この植物 *C. foetida* が防虫に使われたことから．キンポウゲ科

Cinna　f.＜g.　一種のイネ科植物の名前で，管を意味する．Dioscorides の命名という．イネ科

Cinnamomum　n.＜g.　桂皮（ニッケイ）のギリシャ名 kinnamon より．kinein（巻く）＋amomos（申し分ない）に由来すると考えられ，巻曲する皮の形と芳香をたたえた名．クスノキ科

Circaea　f.＜l.　まじないに使われた植物の名で，Kirke（ラテン名 Circe，オデッセウスの友人を酒で獣にした魔女）に因む．Dioscorides の命名という．アカバナ科

Cirrhopetalum　n.＜g.　ギリシャ語 kirros（淡黄色の）＋petalon（花弁）またはラテン語 cirrhus（巻ひげ）＋petalum（花弁）に由来する．動き易い唇弁が巻いているから．ラン科

Cirsium　n.＜g.　ギリシャ語 kirsos（静脈腫）より．刺にさされて腫れたのに効ある薬草の名がアザミに転用された．キク科

Citrullus　m.＜属名　*Citrus*（ミカン属）の縮小形．この属の植物にレモン色の果実をつけるものがあるため．ウリ科

Citrus　f.＜l.　ギリシャ名 kitron からきたラテン名で，レモンの木に対する古いよび名．ミカン科

Cladium　n.＜g.　ギリシャ語 klados の縮小形 kladion（小枝）より．基準種の集散花序が繰返し枝分れすることから．カヤツリグサ科

Cladonia　f.＜g.　clados（枝）．樹木状地衣で枝分れするところから来た名．ハナゴケ科

Cladophora　f.＜g.　clados（枝）＋phora（有する）．一列の細胞でできた小枝を多数輪生する形状にもとづいた名．シオグサ科

Cladrastis　f.＜g.　clados（枝）＋thraustos（もろい）．枝が折れやすいため．マメ科

Clathrus　m.＜l.　clathra（格子）．菌体が多角形の格子状の網目を作って球形になる．カゴタケ科

Clavaria　f.＜l.　clava（こん棒）．菌体がこん棒状をなす種類があるため．ホウキタケ科

Clavicorona　f.＜l.　clava（こん棒）＋corona（冠）．菌体が細かく樹枝状にわれ各々の枝端にはこん棒の突起が冠状に集まる．ホウキタケ科

Clematis　f.＜g.　ギリシャ語klema（若枝，つる，巻きひげ）の縮小形．Dioscorides の命名．キンポウゲ科

Cleome　f.＜g.　出所不明の名，あるいはギリシャ語 kleio（閉じる）由来とも言う．フウチョウソウ科

Clerodendron　n.＜g.　cleros（運命）＋dendron（樹木）．はじめセイロン島の二種類が注目され，それを arbor fortunata（幸運の木）及び arbor infortunata（不運の木）とよんだことからついた．クマツヅラ科

Clethra　f.＜g.　ハンノキ属のギリシャ名 klethra から葉形が似ているためにあてはめたもの．リョウブ科

Cleyera　f.＜人名　オランダ東インド会社の医師，軍人で，ジャワと日本の植物を研究したドイツ（プロシャ）人 Andreas Cleyer（1637-1697）の名に因んだもの．サカキ属として Thunberg の命名．ツバキ科

Climacium　n.＜g.　klimax（階段）．内縁歯に孔がたくさん一列に並び階段様にみえるから．コウヤノマンネングサ属．蘚類

Clinopodium　n.＜g.　kline（床）＋podion（小足）．シソ科

Clintonia　f.＜人名　ニューヨーク知事を数回つとめたアメリカの政治家 De Witt Clinton（1769-1828）に捧げられた名．ユリ科

Cnidium　n.＜g.　ギリシャ名 knide（イラクサ）から．セリ科

Cobresia　f.＜人名　ドイツ人植物学者 Joseph P. von Cobres（1747-1823）の名に因んだもの．カヤツリグサ科

Cocculus　m.＜g.　ギリシャ語 kokkos（液果）の縮小形．小さな液果をつけるため．ツヅラフジ科

Cocos　f.＜地方語名　ポルトガル語の coco（サル）から．果実の頭が猿の頭に似るため，あるいはその核に 3 箇のくぼみ（発芽孔）があって猿の顔に似ているため．ヤシ科

Codium　n.＜g.　kodion（絨毛の如き皮）から，または kodeia（頭）が語源ともいう．先端は頭の形をなす．ミル科

Codonopsis　f.＜g.　kodon（鐘）＋opsis（似る）．釣鐘状の花の形から来たもの．キキョウ科

Coelarthrum　n.＜g.　koelos（中空）＋arthron（関節）．円柱形で中空の植物体が所々で著しくくびれて関節状をなすため．ダルス科

Coeloglossum　n.＜g.　koelos（空洞）＋glossa（舌）．唇弁の基部にへこみがあるため．ラン科

Coelopleurum　n.＜g.　koilos（腹）＋pleuron（肋脈）．果実の形から．セリ科

Coix　f.＜g.　古いギリシャ名koix（シュロ）からきた名．イネ科

Colchicum　n.＜地名　黒海沿岸の地名 Colchis からとっ

たもの．その地方に自生する．ユリ科

Coleus　m.＜g.　ギリシャ語 koleos（鞘）．唇弁が鞘状になるため．シソ科

Collybia　f.＜g.　kollybos（小貨幣）．傘の小さいことから．マツタケ科

Colocasia　f.＜g.　ギリシャの古名 kolocasion から来た名．語源は kolon（食物）＋kasein（装飾）で飾りにも食用にもするという意．ただしこのギリシャ名は本来はハスにつけられた名．サトイモ科

Cololejeunea　f.＜g.　colo（短縮）＋*Lejeunea*（属名）．苔類

Colpomenia　f.＜g.　kolpos（ひだ，しわ）＋hymen（膜）．植物体は袋状でうすい膜でできており，破れやすくしわがよるため．カヤモノリ科

Columella　f.＜l.　columella は小さい柱．若い果実に花柱の残る形から．または一世紀のローマの農業の著述家 Columella の名からともいう．ブドウ科

Colysis　f.＜g.　ギリシャ語 kolysis（妨げる）より．ウラボシ科

Comanthosphace　f.＜g.　ギリシャ語 kome（毛）＋anthos（花）＋sphace（サルビア）．サルビアに似た花で包葉に毛があるため．シソ科

Comarum　n.<g.　南ヨーロッパの *Arbutus unedo* のギリシャ名 komaros から転じた名．果序の形が似ているから．バラ科

Commelina　f.＜人名　17 世紀のオランダに Commelin という名の同姓の植物学者がいて，三名の中で Jan と Kasper は著名だが，他の一人は業績をあげなかった．この花の花弁の内，二枚は顕著だが一枚は不明瞭なのをそれに例えてリンネが名付けた．ツユクサ科

Conandron　n.<g.　konos（円錐形の）＋andros（雄しべ）．雄しべが集まって円錐形をなすため．イワタバコ科

Coniogramme　f.<g.　konios（埃っぽい）＋gramme（線）．線状に生じる嚢堆に包膜がなく，一見粉状であるため．ウラボシ科

Conioselinum　n.<属名　二つの属名 *Conium*（ドクニンジン属）と *Selimum*（オランダゼリ属）とを組合せた名．これらの属に似ていることからつけられたもの．セリ科

Conocephalum　n.<g.　konos（球果）＋cephale（頭）．雌株に生ずる雌器托が円錐形をなしているため．苔類

Convallaria　f.<l.　ラテン語convallis（谷間）より．ウルガタ聖書訳ソロモン王の歌にある *Lilium convallium*（英名 Lilies-of-the-valley 谷間のユリの意）に対する中世後期の名から．ユリ科

Convolvulus　m.<l.　Plinius が convolvo（巻きつく）から convolvulus（しばる草）と命名した．リンネがこの名をサンシキヒルガオ属の名に採用した．つる性の種であるため．ヒルガオ科

Conyza　n.<g.　ギリシャ語 chonos（不完全）由来，あるいはギリシャ語の古い植物名ともいう．キク科

Coprinus　m.<g.　kopros（糞）．獣糞上にはえるから．マツタケ科

Coptis　f.<g.　kopto（切る）から転じた語．分裂した葉を現すものか．キンポウゲ科

Corchoropsis　f.<属名　*Corchorus*（ツナソ属）＋opsis（似る）．葉状がツナソに似ているため．シナノキ科

Corchorus　m.<g.　koreo（掃く）＋core（瞳孔）より．薬効に由来する．シナノキ科

Cordyceps　m.<g.　kordyle（梶棒）＋cephalos（頭）．菌体の形から．ニクザキン科

Coreopsis　f.<g.　koris（南京虫）＋opsis（似る）．瘦果の形が南京虫に似たの意．キク科

Coriandrum　n.<g.　古代名．koris（南京虫）＋annon（アニスの実）．果実の臭いによる．セリ科

Coriaria　f.<l.　ラテン名 corium（皮）から．葉にタンニンを含み皮のなめしに使ったためという．ドクウツギ科

Cornopteris　f.<l.＋g.　ラテン語 cornu（角）＋ギリシャ語 pteris（シダ）から成る合成語．葉の中軸上羽片のつけ根に小さい角状突起が数個ずつあるため．シケシダ属として中井猛之進の命名．ウラボシ科

Cornus　f.<l.　ラテン語 cornu（角）に由来．この植物の材質が堅いことに由来．ヨーロッパ種 *C. sanguinea* は古くは剣材として用いられ，古典英語dagge（短剣，鋭く尖った物）の意からきた Dogwood の名がある．ミズキ科

Cortinellus　m.<l.　cortina（クモの網の膜）傘の柄にくもの糸状の附属物がつくから．一説に cortina はアポロの神殿にある三足の鼎（かなえ）．マツタケ科

Cortusa　f.<人名　イタリーパドバの植物園長，本草学者 Jacobi A. Cortusi（1513-1593）の名に因む．サクラソウ科

Corydalis　f.<g.　ギリシャ語 korydallis（ヒバリ）．長い距をもった花の形からの連想．ケシ科

Corylopsis　f.<属名　*Corylus*（ハシバミ属）＋opsis（似る）．葉形の類似から．マンサク科

Corylus　f.<l.　ギリシャ語 korys（カブト）から．小総包の形による．カバノキ科

Cosmos　m.<g.　ギリシャ語 kosmos（飾り，美しい）の意．キク科

Costaria　f.<l.　costa（中脈）．葉面に太い線条が目立つから．コンブ科

Cotyledon　f.<g.　ギリシャ語 kotyle または kotyledon（穴，窪み）より．*Cotyledon umbilicus* のギリシャ名．葉の中央がへこむから．ベンケイソウ科

Crataegus　f.<g.　ギリシャ名 kratos（力）＋agein（持つ）．材が硬いためとされている．バラ科

Crataeva　f.<人名　紀元前 1 世紀にギリシャの薬用植物を著した Krataevas の名に因む．フウチョウソウ科

Craterellus　m.<g.　crater（椀,容器）の縮小形．菌体の形から．イボタケ科

Cremastra　f.<g.　kremanumi（懸垂する）＋astron（星）．星形の花が下向きに咲くため．ラン科

Crepidiastrixeris〔正式な学名ではない〕属名 *Crepidiastrum* と *Ixeris* とをつないでヤクシワダン属として作られた学名風名称．ヤクシワダンは *Crepidiastrum*（アゼトウナ属）に組み入れられた．キク科

Crepidiastrum　n.<属名　*Crepis*（フタマタタンポポ属）＋astrum（似る）．*Crepis* に似たの意．アゼトウナ属として 1920 年中井猛之進の命名．キク科

Crepidomanes　n.<g.　krepis（革製のサンダル）＋manes（杯）の略．コケシノブ科

Crepis　f.<g.　ギリシャ語 krepis は植物名．あるいは krepis（ギリシャ時代の革製のサンダル）に由来すると言われるが，意味不明．キク科

Crinum　n.<g.　krinon（ユリ）．花の外形がユリによく似ているから．ヒガンバナ科

Crocosmia　f.<g.　krokos（サフラン）＋osme（匂）．サフランの香の意．アヤメ科

Crocus　m.<g.　krokos（サフラン）から．　アヤメ科

Croomia　f.<人名　北アメリカの植物学者 H.B.Croom（1799-1837）の名に因む．ビャクブ科

Crotalaria　f.<g.　krotalon（玩具のがらがら）．さやを振ると種子がからからと鳴るため．マメ科

Croton　m.<g.　この科のトウゴマのギリシャ名 kroton

（ダニ）に由来し，種子の形がダニに似ているため．トウダイグサ科

Cryphaea　f.<g. krypho（隠れる）．胞子嚢が葉にかくれているため．イトヒバゴケ属．蘚類

Crypsinus　m.<g.＋l. krypho（隠れる）＋sinuo（彎曲）の合成語か．ウラボシ科

Cryptogramme　f.<g. kryptos（隠れた）＋gramme（線）の意で，胞子嚢が最初，そり返った葉縁に隠れていることから来た．ウラボシ科

Cryptomeria　f.<g. kryptos（隠れた）＋meris（部分）より．花が苞片に被われているため．ヒノキ科

Cryptoporus　m.<g. kryptos（隠れた）＋horos（孔）．管孔面が外からみえないため．サルノコシカケ科

Cryptotaenia　f.<g.　kryptos（隠れた）＋tainia（ひも）．油管がかくれていることから．セリ科

Cryptotaeniosis　f.<属名 *Cryptotaenia*（ミツバ属）＋opsis（似た）．セリ科

Ctenitis　f.<g. kteis（櫛）．葉の形態から．ウラボシ科

Cucubalus　m.<l. ある植物の古代ラテン名あるいはラテン名 cocobolus（cakos 悪＋bolos 投）に由来する．ナデシコ科

Cucumis　f.<l. ラテン名でウリの意．語源は cucuma（壺形の容器）で果実の形の連想か，あるいは実際に果実をくりぬいて容器としたため．ウリ科

Cucurbita　f.<l. ヒョウタンに対する古代ラテン名の転用．cucumis（ウリ）＋orbis（円形）から成る．ウリ科

Cudonia　f.<l. cudo（皮製ヘルメット）．子実体の頭部の形が似るため．テングノメシガイ科

Cudrania　f.<g. ギリシャ名 kydros（光栄ある）から．一説にマレイ地方語名 cudrang から．クワ科

Cunninghamia　f.<人名　アモイに住んだ東インド会社の英人医師で植物採集家でもあった James Cunninghame（1709没）の名に因んだもの．ヒノキ科

Curculigo　f.<l. ラテン語 curculio（コクゾウムシ）より．雌しべの類似．ヒガンバナ科

Curcuma　f.<地方語名　アラビア語 kurkum（黄色）から．根茎から黄色の色素（カレー粉の色素）を得るため．ショウガ科

Currania　f.<人名　採集家 Curran に因む．ウラボシ科

Cuscuta　f.<g. ギリシャ語 kassyo（からみつく）に由来するこの植物の中世ラテン名といわれる．ヒルガオ科

Cutleria　f.<人名　Sidmouth に住んだ Cutler 女史の名に因る．ムチモ科

Cyathea　f.<g. ギリシャ語 kyathos（杯）．胞子嚢の包膜が杯状をしているため．ヘゴ科

Cyathus　m.<g. kyathos（杯）．菌体が杯状をなすところから来た名．チャダイゴケ科

Cycas　f.<g. ヤシの一種のギリシャ名 kykas から．ソテツ科

Cyclamen　n.<g. kilosまたは kyklos（円）に由来．球形に近い塊根からついた名．サクラソウ科

Cyclophorus　m.<g. kyklos（円）＋phoreo（有する）．嚢堆が多数円形をなして葉裏につくため．ウラボシ科

Cyclosorus　m.<g. kyklos（円）＋sorus（包膜）．円形の包膜に包まれた嚢堆をもつため．ウラボシ科

Cydonia　f.<地名　地中海クレタ島の町 Cydon に因む．バラ科

Cymbidium　n.<g. kymbe（舟）＋eidso（形）．唇弁の形に基づく．ラン科

Cymbopogon　m.<g. kymbe（舟）＋pogon（ひげ）．穎が舟形でひげが多いため．イネ科

Cynanchum　n.<g.　kynos（イヌ）＋agcho（殺す）．犬に対して毒害のあると考えられていたこの属の一種の古代名より命名された．ガガイモ科

Cynara　f.<g. kynos（イヌ）から．総苞片の形がイヌの歯に似るといわれる．　キク科

Cynocrambe　f.<g. kynos（イヌ）＋*Crambe*（ハマナ属）．*Theligonum*（ヤマトグサ属）の異名．ヤマトグサ科

Cynodon　m.<g. kynos（イヌ）＋odons（歯）．小穂が歯状に密集して並ぶ様をたとえたもの．イネ科

Cynoglossum　n.<g. kynos（イヌ）＋glossa（舌）．葉の形とざらつきに由来する．ムラサキ科

Cynoxylon　f.<g. kynos（イヌ）＋xylon（木）．dogwood を直訳したもの．ミズキ科

Cyperus　m.<g. この植物の古代ギリシャ名に由来する．カヤツリグサ科

Cypripedium　n.<g. Kypris（女神ビーナス）＋pedilon（スリッパ）．唇弁が大きく前へ突出した袋状をなすので婦人用のスリッパに例えた．英語で Lady's slipper という．ラン科

Cyrtomidictyum　n.<属名＋g. *Cyrtomium*（ヤブソテツ属）＋dictyon（網）．*Cyrtominm* に近いから．ウラボシ科

Cyrtomium　n.<g. kyrtos（曲がり）．羽片が鎌形に曲がるから．ウラボシ科

Cystophyllum　n.<g. cystis（気胞）＋phyllon（葉）．葉の先に気胞があるから．ヒバマタ科

Cystopteris　f.<g. kystis（嚢，気胞）＋pteris（シダ）．膨らんだ包膜に由来する．ウラボシ科

Cytisus　f.<g. 低木のマメ科植物の一種のギリシャ名 kytisos より．マメ科

D

Dactylis　f.<g. ギリシャ語 daktylos（指）の意味およびラテン語 dactylis で，指状の穂状花をもつイネ科植物に対してつけたもの．一説にはラテン語 dactylis はブドウの一品種で花穂が指状に分れているものともいわれる．イネ科

Dactylostalix　f.<g. daktylos（指）＋stalix（杭）．芯柱の形から．ラン科

Daedalea　f.<l. daedalus（巧みな）．このキノコの傘の子実層が巧妙な迷路状に出来ていることから．　サルノコシカケ科

Dahlia　f.<人名　18世紀のスウェーデンの植物学者でリンネの高弟であった Andreas Dahl（1751-1789）の名に因んだもの．キク科

Damnacanthus　m.<g. damnao（優る）＋acantha（刺）．細枝の変化した鋭い刺針をもっているから．アカネ科

Daphne　f.<g. ギリシャ神話の女神の名．転じてゲッケイジュ（月桂樹）のギリシャ名．葉形の類似から再転してこの属に使用．ジンチョウゲ科

Daphniphyllum　n.<g. daphne（ゲッケイジュ）＋phyllon（葉）の意．葉形の類似による名．トウダイグサ科

Dasyphora　f.<g. dasys（密毛のある）＋phora（有する）．葉の表裏に長い褐色の絹のような毛を密生するため．バラ科

Datura　f.<地方語名　この植物のアラビヤ名 tatorah，またはヒンズー名 dhaturaから変化した名．ナス科

Daucus　m.<l.<g. ニンジン属．古代ギリシャ名 daukos，daukon，あるいは deukos（甘い）より．これらの名はニンジンとは別の植物であったが，その後ラテン名 daucum，daucus でニンジンに転用されたといわれる．セリ科

Davallia　f.<人名　英国生まれスイス人植物学者の

Edmond Davall（1763-1798）の名に因んだもの．ウラボシ科

Debregesia　f.<人名　1836-37 年フランス極東アジア探検の軍艦の艦長 Prosper J. de Brégeas（1807 年生まれ）に因む．イラクサ科

Deinanthe　f.<g.　deinos（異常の）＋anthos（花）．不思議な花の意．ユキノシタ科

Deinostema　f.<g.　deinos（変った）＋stemon（雄しべ）．雄しべの花糸が途中で反転して輪を作っているから．サワトウガラシ属として 1953 年に山崎敬（1921-2007）が命名した．ゴマノハグサ科

Delphinium　n.<g.　delphinion（イルカ）より．つぼみの形からの連想であろう．キンポウゲ科

Dendrobium　n.<g.　dendron（樹木）＋bion（生活する）．樹木に着生生活するから．ラン科

Dendropanax　m.<g.　dendron（樹木）＋*Panax*（トチバニンジン属）．*Panax* 植物に似るが，高木になるから．ウコギ科

Dennstaedtia　f.<人名　ドイツ人植物学者でワイマールのフロラを発表した August Wilhelm Dennstädt（1776-1826）にちなんだ名．ウラボシ科

Dentaria　f.<l.　dens（歯）．根茎の頭に硬く歯のような鱗片葉がつくから．このため，この植物は歯痛止めに効くと想像された．アブラナ科

Deschampsia　f.<人名　フランス人植物学者，海軍士官でジャワの博物誌を調べた Louis Auguste Deschamps（1765-1842）にちなんだ名．イネ科

Desmarestia　f.<人名　フランスの学者 A.G.Desmarest の名に因む．ウルシグサ科

Desmodium　n.<g.　desmos（帯，くさり）＋eidos（構造）．果実の途中に節があり，鎖状に連なることによる．日本名はシバハギ属．広い意味のヌスビトハギ属はミソナオシ属 *Ohwia* や狭い意味のヌスビトハギ属 *Hylodesmum* に細分された．マメ科

Deutzia　f.<人名　Thunberg の後援者，オランダ人 Johan van der Deutz（1743-1788 ?）に対して 1781 年に捧げられたもの．ユキノシタ科

Dianella　f.<l.　処女と狩猟の神 Diana の縮小形．ユリ科

Dianthus　f.<g.　ギリシヤ名．Dios（ギリシャ神話の神,ジュピター）＋anthos（花），即ちジュピター自身の花の意．花の美しさをたたえたもの．ナデシコ科

Diapensia　f.<g.　セリ科植物 *Sanicula* の古代名をリンネがこの属につけたもの．イワウメ科

Diarrhena　f.<g.　di（二）＋arrhen（雄しべ）．二個の雄しべをもつことから来た名．イネ科

Diaspanthus　m.<g.　di（二）＋aspi（楯）＋anthos（花）．キク科

Dicentra　f.<g.　di（二）＋kentron（距）．二枚の花弁に距が突出しているため．ケシ科

Dichondra　f.<g.　di（二）＋chondros（果粒）．丸い二個の分果が並んでいるため．ヒルガオ科

Dichrocephala　f.<g.　di（二）＋chroa（色）＋kephala（頭）．この属の頭状花序の色彩に基づく．キク科

Dicliptera　f.<g.　diclis（戸のような二重のひだ）＋pteron（翼）．二枚の総包葉の形をたとえたもの．キツネノマゴ科

Dicranopteris　f.<g.　dicranos（又状の）＋pteris（シダ）．葉柄の先が必ず二又に分れて左右の二葉をつけるため．ウラジロ科

Dicranum　n.<g.　dicranos（又状の）．種類によっては葉の裏の主脈上に二又状のするどい刺がついているからか．シッポゴケ属．蘚類

Dictamnus　m.<g.　古くからのギリシャ名 Dicte（山）からきた名．ミカン科

Dictyocline　n.<g.　dictyon（網）＋cline（床）．嚢堆が鮮かな網目状に葉の裏に浮きぼりになっているため．ウラボシ科

Dictyophora　f.<g.　dictyon（網）＋phora（持つ）．頭部から茎を囲んで，白く大きな網になったマントのような傘をもつため．スッポンタケ科

Dictyopteris　f.<g.　*Dictyota*（アミジグサ属）＋pteron（翼）．*Dictyota* に近くしかも葉は中央にすじがあって翼状に見えるから．アミジグサ科

Dictyota　f.<g.　dictyon（網）．乾燥した植物体に明瞭な網目の模様が見られる．アミジグサ科

Diervilla　f.<人名　フランス人医師 N. Dièreville を記念して．1699-1700 年にカナダを旅行し，この植物をヨーロッパ園芸界に紹介した．スイカズラ科

Digenea　f.<g.　di（二）＋genea（属）からなる語．フジマツモ科

Digitalis　f.<l.　ラテン語digitus（指）より．その管状の花冠が手袋の指に似るため．古代英語名で Folks（or Fairies）glove といわれたことによる．ゴマノハグサ科

Digitaria　f.<l.　digitus（指）．花穂の分れた形を指にたとえたもの．イネ科

Dimeria　f.<g.　di（二）＋meres（部分）．花穂が二分岐するため．イネ科

Dioscorea　f.<人名　1 世紀のギリシャの医師，本草学者であった Pedanios Dioscorides に捧げられた名．薬草に関して中世を通じての最も重要な著書 Materia Medica の著者．ヤマノイモ科

Diospyros　f.<g.　dios（神聖な）＋pyros（小麦）．食用となる果実を指す．カキ科

Diphylleia　f.<g.　di（二）＋phyllon（葉）．深く二裂した葉をつけるため．メギ科

Diphyscium　f.<g.　di（二）＋physcium（胃袋）．胞子嚢の形が胃袋に似ているから．イクビゴケ属．蘚類

Diplachne　f.<g.　diplous（二重の）＋achne（籾殻）．重鋸歯のある外花えいに基づく．イネ科

Diplacrum　n.<g.　di（二）＋placus（板）．雌花には二枚の鱗片があるためであろう．カヤツリグサ科

Diplaziopsis　f.<属名　*Diplazium*（ヘラシダ属）＋opsis（似る）．*Diplazium* に近いシダの意．ウラボシ科

Diplazium　n.<g.　ギリシャ語 diplasios（二重）より．苞膜が二重であるため．ウラボシ科

Diplomorpha　f.<g.　diplo（二重の）＋morphos（形）．ジンチョウゲ科

Dipsacus　m.<g.　ラシャカキグサのギリシャ名 dipsakos より．この属の植物の葉の基部が杯状にゆ合して水をためることがあるため．dipsa（渇き）に由来するといわれる．マツムシソウ科

Disanthus　m.<g.　di（二）＋anthos（花）．二箇ずつ接着する花に基づく．マンサク科

Disporum　n.<g.　di（二）＋spora（種子）．子房の各室に二個の胚珠をもつことによる．ユリ科

Distromium　n.<g.　di（二）＋stroma（床，層）．植物体の横断面が二層の細胞層でできているため．アミジグサ科

Distylium　n.<g.　di（二）＋stylos（花柱）．雌しべが二本の花柱をもっているから．マンサク科

Ditrichum　n.<g.　di（二）＋trichos（糸）．キンシゴケ属．蘚類

Dolichos　m.<g.　ギリシャ語 dolichos（長い）より．さやの長さによるとも，または長いつるになるためとも云

われる．マメ科

Dontostemon m.<g. odons, odontos（歯）＋stemon（雄しべ）であろう．アブラナ科

Dopatrium n.<地方語名 ヒンズー語 dopatta（金色の糸を織り込んだ絹のスカーフ）から．この植物のインドでのよび名．ゴマノハグサ科

Draba f.<g. ギリシャ語 draba（辛い）より．Dioscorides が *Cardaria draba* につけた名で，葉や茎に辛味があるため．後に転用．アブラナ科

Dracocephalum n.<g. ギリシャ語 drakon（龍）＋kephale（頭）．基準になった種の花冠の形による．シソ科

Drosera f.<g. droseros（露をおびた，露の多い）．葉に多数の腺毛が密生して液を分泌し，露をおびたように見えるため．モウセンゴケ科

Dryas f.<g. Dryasはギリシャ神話の森の女神（樹の精）の名．転じてカシの木を指す．*Dryas octopetala* の葉が小さなカシの葉に似ていることからきたもの．バラ科

Drymaria f.<g. drymos（森）に因む．ナデシコ科

Drymotaenium n.<g. drymos（森）＋tainia（帯,ひも）．樹上に着生して長いひも状の葉を垂下するため．クラガリシダ属として牧野富太郎の命名．ウラボシ科

Dryopteris f.<g. ギリシャ語drys（ナラ）＋pteris（シダ）．ナラに着生するシダの意から．ウラボシ科

Duchesnea f.<人名 フランスの植物学者 Antane Nicolas Duchesne（1747-1827）を記念．イチゴについて優れた記述をした著作がある．バラ科

Dumasia f.<人名 フランス人薬学・化学者 Jean B. Dumas（1800-1884）の名に因んだもの．マメ科

Dumortiera f.<人名 ベルギーの植物学者 Barthélemy Charles Dumortie（1797-1887）の名にちなむ．苔類

Dunbaria f.<地方語名 インド名 dumbar より．マメ科

Dysophylla f.<g. dysodes（悪臭）＋phylon（葉）．シソ科

E

Ebulus f.<l. ソクズのラテン名．ギリシャ語の eu（良い）＋boule（思案）からという．スイカズラ科

Eccoilopus m.<g. eccoilizo（腹をへこます）＋pous（足）．イネ科

Echinochloa f.<g. echinos（ウニまたはハリネズミ）＋chloa（草）．開出した芒の形からの連想．イネ科

Echinopanax n.<g. echinos（ウニまたはハリネズミ）＋*Panax*（トチバニンジン属）．葉や茎に生ずる刺をたとえたもの．とげだらけの *Panax* の意味．ウコギ科

Echinops m.<g. はじめ echinos（ウニまたはハリネズミ）＋pos（足）であったのをリンネが ops（姿をするもの）にかえた．球形の頭状花集団がとげだらけにみえるから．キク科

Ecklonia f.<人名 アフリカ植物の研究者 C. F. Ecklon（1795-1868）の名にちなんだもの．コンブ科

Eclipta f.<g. ecleipo（不完全の，欠けた）．冠毛のないことを表わしたもの．キク科

Edgeworthia f.<人名 イギリス東インド会社に勤務し多くのインド産新植物を発見した Michael P. Edgeworth（1812-1881）の名に因む．ジンチョウゲ科

Ehretia f.<人名 ドイツ人植物画家 Geirge D. Ehret（1708-1770）の名に因んだもの．ムラサキ科

Eichhornia f.<人名 ドイツ（プロシャ）の政治家 Johann Albrecht Friedrich Eichorn（1779-1856）に捧げられた名．ミズアオイ科

Eisenia f.<人名 Eisenより．コンブ科

Elaeagnus f.<g. ギリシャ語 elaia（オリーブ）＋agnos（セイヨウニンジンボク *Vitex agnus-castus* のギリシャ名）．前者に似た果実と後者に似た白っぽい葉をもつから．グミ科

Elaeocarpus f.<g. elaia（オリーブ）＋carpos（果）．オリーブの実に似た果実から．ホルトノキ科

Elaphoglossum n.<g. ギリシャ語elaphos（鹿）＋glossa（舌）．舌状の葉形に基づく．ウラボシ科

Elatine f.<g. elatine はギリシャ名で Dioscorides が使用した．これは elate（モミ属の一種 *Abies cephalonica*）の形容形であって，属名の基となった *Elatine alsinastrum* が上記のモミの芽ばえに似ているからである．ミソハコベ科

Elatostema n.<g. ギリシャ語 elatos（追う，打つ）＋stema（雄しべ）．elatos が英語 elastic（弾力ある）の意に使われた．雄しべがはじめ曲がっていて，成熟時に弾力でとびでることに基づく．イラクサ科

Eleocharis f.<g. eleos（沼）＋charis（飾る）．この属の多くの種が沼地性の植物であるため．カヤツリグサ科

Eleorchis f.<g. eleos（沼）＋orchis（ラン）．沼地性のランで生態を示す．前川文夫の命名でサワラン属．ラン科

Eleusine f.<g. ローマ神話豊作の女神 Ceres が崇拝された町 Eleusis の名に因む．イネ科

Elsholtzia f.<人名 プロシャの医者で園芸家の Johann Siegesmund Elsholtz（1623-1688）にちなんでつけられた名．シソ科

Elymus m.<g. 穀物の一種につけられたギリシャ名 elymosで，elyo（巻く）に由来する．穀粒が内外の果えいに固く抱かれていることによる．イネ科

Emilia f.<人名 婦人名Emilyに由来，あるいはイタリアの県名Emiliaとその首都 Bologna によるものか．命名者 G. D.Cassini（1625-1712）は Bologna の大学の天文学教授であった．キク科

Empetrum n.<g. ギリシャ古名empetronより．en（上）＋petros（岩）に由来する．高山の岩上に生ずるため．ガンコウラン科

Endarachne f.<g. endos（内部）＋arachne（クモの糸）．植物体の内部（髄層）で細長い細胞が縦に連なり，クモの糸のようにからみ合っているところからついた名．カヤモノリ科

Enkianthus m.<g. enkyos（妊娠している）＋anthos（花）．ふくらんだ花の意．花形からきた名．ツツジ科

Entada f.<地方語名 インドのマラバール地方での *E. scandens* または *E. pursaetha* の地方語名．マメ科

Enteromorpha f.<g. enteron（腸）＋morph（形）．葉状体を作る内外二層の細胞層の間に空間があって中空の袋状になっているため．アオサ科

Entoloma f.<g. ento（内部）＋loma（縁辺）．傘のへりがかるく内側に曲がるためか．マツタケ科

Ephedra f.<g. トクサ類のギリシャ名ephedra．またはepi（上）＋hedra（座）より，石の上に生じるためという．マオウ科

Ephippianthus m.<g. ephippion（馬の鞍）＋anthos（花）．唇弁の形から．ラン科

Epigaea f.<g. epi（上）＋gaia（地）．ヒモのように地上をはって伸びる様を表わしたもの．ツツジ科

Epilobium n.<g. epi（上）＋lobos（さや）．花が長い子房の先につくことを表現したもの．アカバナ科

Epimedium n.<g. 地名 Media に由来する epimedion からでた名．ただしこの epimedion は別の植物の名であるとされている．メギ科

Epipactis f.<g. *Helleborus*（クリスマスローズ属）の一種に対する古語 eppebolos の一部が転用されたもの．

あるいはギリシャ名 epipaktis より．またはギリシャ語 epipegnyo（固める）で，牛乳を凝固させる効果ありともいう．ラン科

Epipogium n.<g. epi（上）＋pogon（尖ったものまたはひげ）．唇弁が倒立し距が上にあるから．一説に古くは植物学者が唇弁をひげ（beard）といっていたからともいう．ラン科

Equisetum n.<l. ラテン語 equus（馬）＋seta（刺毛）．細い枝を多数段々に輪生するスギナの形を馬の尾にたとえたもの．トクサ科

Eragrostis f.<g. ギリシャ語eros（愛）＋agrostis（草）．意味不明．イネ科

Eranthis f.<g. er（春）＋anthos（花）の意．キンポウゲ科

Eria f.<g. erion（羊毛，軟毛）．花に軟毛が多いから．ラン科

Erigeron m.<g. 多分eri（早い）＋geron（老人）より．灰白色の軟毛でおおわれた春早く花の咲く植物という意味で，もとは *Senecio vulgaris* を指したともいわれる．キク科

Eriobotrya f.<g. erion（羊毛，軟毛）＋botrys（葡萄）．表面が白い軟毛でおおわれた果実が房状に着くから．バラ科

Eriocaulon n.<g. erion（軟毛）＋kaulos（茎）．基準となった種の花茎の基部に軟毛があったためといわれる．ホシクサ科

Eriochloa f.<g. erion（軟毛）＋chloe（草）．穎に白い軟毛が密生するから．イネ科

Eriophorum n.<g. erion（軟毛）＋phoreo（身につける）．果穂に白毛があるから．カヤツリグサ科

Eritrichium n.<g. erion（軟毛）＋thrix（毛）．全株に白毛あるため．ムラサキ科

Erodium n.<g. erodios（アオサギ）．果実に長いくちばしをもっているため．フウロソウ科

Erysimum n.<g. Theophrastus に使われたギリシャ古名 erysimon より．アブラナ科

Erythrina f.<g. erythros（赤）．赤花をつけるため．マメ科

Erythronium n.<g. erythros（赤）．赤紫色の花をつけるヨーロッパ種につけられた．ユリ科

Erythroxylon n.<g. erythnos（赤）＋xylon（材）．材の赤い種類に基づく．コカ科

Eschscholzia f.<人名 エストニアの医師，自然科学者 Johann Friedrich Eschscholtz（1793-1831）に因む．ケシ科

Eubotryoides f.<属名＋-oides（似た）．*Eubotrys* 属に似たものの意．ハナヒリノキ属として原寛が 1935 年に発表した．ツツジ科

Eucalyptus f.<g. eu（良い）＋kalypto（被う）．開花時に蕚片と花弁の脱落する様子から．または乾燥地によく育って緑で被うためという．フトモモ科

Eucheuma n.<g. eu（良い）＋cheuma（溶解するもの）．トサカノリ科

Euchresta f.<g. euchrestos（有用）．ジャワで発見された最初の種 *E. horsfieldii* は果実が薬用となる．マメ科

Eucommia f.<g. eu（良い）＋commi（ゴム）．樹皮中にゴム質の物質（グッタペルカ）を含むため．トチュウ科

Eudesme f.<g. eu（良い）＋desme（糸の束）．ナガマツモ科

Eulalia f.<人名 Kunth のイネ科の書物にさし絵をかいた植物画家 Eulalie Delile に因んで 1829 年につけられた．イネ科

Euodia f.<g. eu（良い）＋odia（香り）．果実に精油を含み芳香があるため．*Evodia* は異名．ミカン科

Euonymus f.<g. ギリシャ古名eu（良い）＋noma（名）からなる．よい評判の意．あるいはギリシャ名 euonymon より．ニシキギ科

Eupatorium n.<人名 紀元前 132-63 年の小アジアの Pontus 王 Mithridates Ⅵ Eupator に捧げられた名で，彼はこの属のある植物を薬用にしたといわれる．Eupator には良き父の意がある．キク科

Euphorbia f.<人名 ローマ時代のモーリタニアの王Juba の侍医 Euphorbus の名をつけたもの．彼が初めて *Euphorbia resinifera* などの乳液を薬に使ったため．トウダイグサ科

Euphoria f.<g. eu（良い）＋phoreo（生ずる）．よく結実するため．ムクロジ科

Euphrasia f.<g. euphrasia（陽気,爽快）．古くからいわれている視力をます薬効をたたえたという．ゴマノハグサ科

Euptelea f.<g. eu（良い）＋ptelea（ニレ）．美しいニレの意．果実の形が似るが，雄花はずっと美しいから．ヤマグルマ科

Eurya f.<g. 日本産のヒサカキに基づいて1783 年に Thunberg が命名した．eurys（広い，大きい）に由来する．多分がく片や花弁が幅広であるため．ツバキ科

Euryale f.<g. ギリシヤ神話の怪物メドューサの妹で恐ろしい顔と蛇の髪を持つ．刺だらけの葉と花とをたとえた．またギリシヤ語の euryalos（広大な）に由来する語で広く大きな葉に基づくともいう．ヒツジグサ科

Euscaphis f.<g. eu（良い）＋scaphis（小舟）．さく果が赤く色づき美しいから．ミツバウツギ科

Eutrema n.<g. eu（良い）＋trema（穴）．果実の表面の凹凸をさしたもの．アブラナ科

Evernia f.<g. eyernys（よく分枝した）．体の分枝状態から．サルオガセ科

Evodiopanax f.<属名 *Evodia*（ゴシュユ属）＋*Panax*（トチバニンジン属）．*Euodia* に似た葉形の *Panax* の意．*Evodia* の属名としての正しい綴りは *Euodia* である．1924 年タカノツメ属として中井猛之進の命名．ウコギ科

Excoecaria f.<l. ラテン語 excaeco（盲にする）の意．汁液の毒性からついた名．トウダイグサ科

Exochorda f.<g. exo（外）＋chorde（紐）．胎座の外側に糸がてることから．バラ科

F

Fagara f.<地方語名 アラビア名をリンネがこの属の名に転用した．ミカン科

Fagopyrum n.<l.＋g. ラテン名 Fagus（ブナ）＋ギリシャ名pyros（コムギ）．三稜をもつ果実がブナの実に似ていることから．タデ科

Fagus f.<l. ギリシャ語の phagein（食べる）に由来するラテン古名で，その堅果が食用になるため．ブナ科

Falcata f.<l. falcatus（鎌状の）．やや彎曲したさやの形に基づく．マメ科

Farfugium n.<l. キク科のフキタンポポ（*Tussilago farfara*）の古名から．そのもとは farius（列）＋fugus（駆除）か．キク科

Fatoua f.<地方語名 東南アジアの地方語名から，またはカラムシの方言ハブからでた語かともいわれる．クワ科

Fatsia f.<地方語名 ヤツデ（八手）の「八」に由来．一説にはハッシュ（八手）の読みから来たと云う．ウコギ科

Fauria f.<人名 フランス人で日本や台湾の植物を採集した宣教師 Urban J. Faurie（1847-1915）に因む．リン

ドウ科
Festuca　f.<l. ラテン語 festuca（草の茎）より．またはある種のイネ科植物に対する古代ラテン名より．イネ科
Ficus　f.<l. イチジクに対するラテン語の古名 ficus より．その語源はギリシャ語のイチジク名 sykon からとされている．クワ科
Filipendula　f.<l. filum（糸）＋pendulus（吊り下った）．基本種の根が小球を糸でつないだようにみえるから．バラ科
Fimbristylis　f.<l. fimbria（ふさ毛）＋stylus（花柱）．基準となった種の花柱が毛でふちどられていたことから出た名．カヤツリグサ科
Finetia　f.<人名　フランスのランの研究家で植物画家 E.A.Finet（1862-1913）の名に因んだもの．ラン科
Firmiana　f.<人名　パドヴァ植物園の援助者でオーストリア人のK.J. von Firmian（1716-1782）の名に因む．アオギリ科
Fissidens　n.<l. fissilis（割れる）＋dens（歯）．葉の基部の腹側は2枚に割れているため．ホウオウゴケ属．蘚類
Flammulina　f.<属名　*Flammula*（属名）の縮小形．flamma はラテン語で炎．傘やひだが赤いからついた名．エノキタケ属．マツタケ科
Foeniculum　n.<l. イタリア語の植物名 finocchio に由来．あるいはラテン名 faenum（乾草）から出た語で綴りが誤ったともいわれる．糸状に細く分裂した葉形に基づくと想像された．セリ科
Fomes　m.<l. fomentum（火口）．菌体を火口（ほくち）に使うから．サルノコシカケ科
Fomitopsis　f.<属名　*Fomes*（属名）＋opsis（似る）．ツガサルノコシカケ属．サルノコシカケ科
Fontinalis　f.<l. fontis（泉）．泉や清流中に生えるため．カワゴケ属．蘚類
Forsythia　f.<人名　イギリスの園芸家 William A. Forsyth（1737-1804）を記念．モクセイ科
Fortunella　f.<人名　イギリスの植物学者で中国，東洋に旅行した Robert Fortune（1813-1880）に因む．ミカン科
Fragaria　f.<l. 野生のイチゴのラテン名 fraga から来た．語源は fragare（薫る）．果実が芳香をもつため．バラ科
Frangula　f.<l. 古いラテン名．frango（破る，こわれる）に由来．枝がもろいことによる．クロウメモドキ科
Fraxinus　f.<l. セイヨウトネリコのラテン古名．ラテン語のphraxis（分離する）に由来する名といわれるが不明．モクセイ科
Freesia　f.<人名　ドイツ人植物分類学者 C. F. Ecklon の友人で医師 Friedrich H. T. Freese（1876年没）に因む．アヤメ科
Fritillaria　f.<l. fritillus（さいころを入れる筒）．筒状をした花形をたとえたもの．ユリ科
Frullania　f.<人名　Frullanの名にちなむ．苔類
Fuirena　f.<人名　デンマークの医者・旅行家 Jørgen Fuiren（1581-1628）の名に因んだもの．カヤツリグサ科
Fuchsia　f.<人名　ドイツの本草学者 Leonhard Fuchs（1501-1566）の名に因む．アカバナ科
Fucus　m.<g. ギリシャ語で海藻をさす言葉（Phycos）から由来．ヒバマタ科
Funaria　f.<l. funis（綱）．さくの柄が乾くと綱状によじれるから．ヒョウタンゴケ属．蘚類

G

Gagea　f.<人名　イギリスの植物学者 Thomas Gage（1781-1820）の名に因んだもの．ユリ科
Gaillardia　f.<人名　中世のフランスのアマチュア植物学者 Gaillard de Charentonneau の名を記念してつけられた名．キク科
Galarhoeus　m.<g. gala（乳）＋rhoeus（漏る）．茎を切ると乳が出るから．トウダイグサ科
Galaxaura　f.<g. gala（乳）＋auros（黄金）．体に沈澱している石灰を白い金としゃれたものか．ガラガラ科
Galeola　f.<l. galea（兜,かぶと）の縮小形．花形からの連想．ラン科
Galeopsis　f.<g. ギリシャ語 gale（イタチ）＋opsis（似る）．花冠がイタチの頭に似ていると想像されたため．シソ科
Galinsoga　f.<人名　18世紀のスペインの植物学者でマドリッドの植物園長 Mariano Martinez de Galinsoga の名に因んだもの．キク科
Galium　n.<g. ギリシャ古名 galion から．gala（乳）からでた語で，カワラマツバをもとはチーズを作る際に牛乳を凝固させるのに使ったため．アカネ科
Ganoderma　f.<g. ganum（つや）＋derma（皮）．傘の表につやがあるから．サルノコシカケ科
Gardenia　f.<人名　アメリカの博物学者A. Garden（1730-1792）の名に因む．アカネ科
Gastrochilus　m.<g. gaster（腹）＋chilos（唇）．大きく袋状をなした唇弁の形から．ラン科
Gastrodia　f.<g. gaster（腹）から出た語．花被全体が腹のようにふくらんでいるから．ラン科
Gaultheria　f.<人名　カナダ Quebec の医師，植物学者であった Jean Francois Gaulthier（1708-1756）に因んだ名．ツツジ科
Gaura　f.<g. gauros（立派な，華美な）からでた名．花が大きいため．アカバナ科
Geastrum　n.<g. geo（地）＋astrum（星）．地上の星の意．菌蕾の外皮が裂けて反曲し星形をなすため．キツネノチャブクロ科
Gelidium　n.<l. gelu（粘質）．粘性のゼラチン状物質（寒天）をとるため．テングサ科
Gentiana　f.<人名　Illyria の王 Gentius（B.C.500 頃）の名からとったもの．この植物の薬効を発見したといわれる．リンドウ科
Geoglossum　n.<g. geo（地）＋glossum（舌）．地の舌を連想させる偏平なキノコであるため．テングノメシガイ科
Georgia　f.<人名　ロシアの Georgi の名による．ヨツバゴケ属．蘚類
Geranium　n.<g. geranos（鶴）から出たギリシャ古名 geranion から．長いくちばし状の果実を鶴のくちばしにたとえた．フウロソウ科
Gerbera　f.<人名　ロシアに旅行した 18 世紀のドイツ人医者 Traugott Gerber（1743 年没）に因む．キク科
Geum　n.<l. Pliny によりつけられた名で geuo はギリシャ語で美味の意．バラ科
Gigartina　f.<g. gigarton（葡萄の種子）．のう果の形状がブドウの種子に類するものがあるため．スギノリ科
Gilibertia　f.<人名　フランスの植物学者 Jean Em. Gilibert（1741-1814）の名に因む．ウコギ科
Ginkgo　f.<地方語名　銀杏（ぎんなん）の音読みギンキョウに基づく．Kaempfer（1712）が Amoenitatum Exoticarum Fasc.V に Ginkjo とするべきを Ginkgo と誤植されたのによる．イチョウ科
Gladiolus　m.<l. gladius（剣）の縮小形．劔状の葉に基づく．アヤメ科
Glaucidium　n.<属名　*Glaucium*（ケシ科のツノゲシ属）

の縮小形．花の外観が多少似るため．シラネアオイ属として Siebold と Zucccarini の命名．日本特産の一属一種．シラネアオイ科として独立した科と認める説もある．キンポウゲ科

Glechoma　n.<g.　ハッカの一種につけられた古代ギリシャ名 glechon に由来する．シソ科

Gleditsia　f.<人名　リンネと同時代の植物学者，ドイツ人 Johann Gottlieb Gleditsch（1714-1786）に因む．Gleditschia の綴りは誤り．マメ科

Glehnia　f.<人名　カラフト植物を研究したロシア人 Peter von Glehn（1835-1876）にちなむ．セリ科

Gleichenia　f.<人名　ドイツの植物学者 Friderich W. von Gleichen-Russwum（1717-1783）の名に因む．ウラジロ科

Glochidion　n.<g.　glochis（先がかぎの手になったとげ）．トウダイグサ科

Gloiopeltis　f.<g.　gloios（粘質）＋*Carpopeltis*（属名）の一部分．外形が Carpopeltis に似るが粘液を出すことに基づく名．フノリ科

Gloiophloea　f.<g.　gloios（粘質）＋phloios（皮層）．ガラガラ科

Gloxinia　f.<人名　フランス，ストラスブールの植物学者 Benjamin P. Gloxin（1765-1794）に因む．イワタバコ科

Glyceria　f.<g.　glykeros（甘い）．この属の *G. fluitans* の粒が甘いため．イネ科

Glycine　f.<g.　glykys（甘い）．甘い味の植物からついた．マメ科

Glycyrrhiza　f.<g.　glykys（甘い）＋rhiza（根）．薬用にする根が甘いため．マメ科

Glyphomitrium　n.<g.　glypho（掘る）＋mitrion（帽子）．蘚帽に縦の溝が掘れているため．サヤゴケ属．蘚類

Glyptostrobus　m.<g.　glyptos（彫刻した）＋strobos（球果）．球果の表面に種々の突起が著しいから．ヒノキ科

Gnaphalium　n.<g.　ある軟毛におおわれた植物の古代ギリシャ名で，gnaphallion（一握りのむく毛，転じてフェルト）に由来する．キク科

Godetia　f.<人名　スイス人植物学者 Charles H. Godet（1797-1879）の名からとった名．アカバナ科

Gomphrena　f.<g.　Pliny が gromphaena（ケイトウの一種）を修正した語．ヒユ科

Gonocormus　m.<g.　gono（節）＋cormus（枝）．コケシノブ科

Gonostegia　f.<g.　gono（節）＋stegio（包皮，蓋）．節毎に開出した葉の拡がりを蓋にたとえたものか．イラクサ科

Goodyera　f.<人名　イギリスの植物学者 John Goodyer（1592-1664）の名に因む．ラン科

Gossypium　n.<l.　綿のラテン名 gossypion．はちきれるようにふくらんだ果実の形を，腫れもの（gossum）にたとえたと云われる．アオイ科

Gracilaria　f.<l.　gracilis（細い）．細く糸状の外形に基づく．オゴノリ科

Gracilariopsis　f.<属名　*Gracilaria*（オゴノリ属）＋opsis（似る）．すなわち，*Gracilaria* 属に似たもの．オゴノリ科

Graphis　f.<g.　graph（書く）．灰白色の薄い地衣体上に黒色線状の子器が，文字を書いたようにつくため．モジゴケ科

Grateloupia　f.<人名　海藻学者 J.P.A.Sylvestre de Grateloup（1782-1861）の名に因む．ムカデノリ科

Gratiola　f.<l.　gratia（恩恵，利益）の縮小形，その薬効を想像してつけられた．ゴマノハグサ科

Grifola　f.<g.　Griffon（胴が獅子で，首と翼がワシの怪物）から．子実体の形を形容したものか．サルノコシカケ科

Grimmia　f.<人名　採集者 Grimm の名に因む．ギボウシゴケ属．蘚類

Gymnadenia　f.<g.　gymnos（裸の）＋adenos（腺）．Orchis に似るが花粉塊の粘着体が袋に入らず，裸になっているため．ラン科

Gymnaster　m.<g.　gymnos（裸の）＋*Aster*（ノギク属）．*Aster* に似るが冠毛がない特徴から．北村四郎の命名でミヤマヨメナ属．キク科

Gymnocarpium　n.<g.　gymnos（裸の）＋carpos（果実）．胞子嚢に包膜がなく，裸出しているため．ウラボシ科

Gymnogongrus　m.<g.　gymnos（裸の）＋gongros（節）．オキツノリ科

Gynandropsis　f.<g.　gyne（雌）＋andros（雄）＋opsis（似る）．雌しべの上に雄しべが差し込まれているような様子から，あるいは雌しべ上に雄しべがつくからかともいわれている．フウチョウソウ科

Gynostemma　n.<g.　gyne（雌）＋stemma（冠）．ウリ科

Gynura　f.<g.　gyne（雌）＋oura（尾）．柱頭が尾のように突出しているため．キク科

Gypsophila　f.<g.　gypsos（石灰）＋philos（好む）．石灰質の土地によく生える種があるため．ナデシコ科

Gyrophora　f.<g.　gyros（環）＋phore（有する）．円盤状の子器の表面に明らかな環状の模様がある．イワタケ科

H

Habenaria　f.<l.　ラテン語 habena（革ひも，手綱）．或種のものの唇弁の形をたとえた．ラン科

Hakoneaste　f.<地名＋l.　Hakone（箱根）＋aste（立つ，住む）．箱根に産する意．前川文夫の命名．ラン科

Hakonechloa　j.<地名＋g.　Hakone（箱根）＋chloe（ギリシャ語で草の意．転じてイネ科の植物をさす）．箱根に産するイネ科の意．牧野富太郎の命名を本田正次が発表した．イネ科

Halenia　f.<人名　リンネの弟子 Jonas Halenius の名からつけられたもの．リンドウ科

Halophila　f.<g.　hals（塩）＋philos（好む）．海中に生じるため．トチカガミ科

Halorrhagis　f.<g.　hals（海）＋rhax（葡萄）．ブドウ状の果実をつける種があり，海岸に生じるため．アリノトウグサ科

Halymenia　f.<g.　hals（海）＋hymen（膜）．体が膜質で海産であるため．ムカデノリ科

Hamamelis　f.<g.　西洋サンザシ（*Mespilus*）またはこれに似た或種の樹につけられた古代ギリシャ名で hamos（似た）＋melis（リンゴ）が語源とされる．後に転用された．マンサク科

Harrimanella　f.<人名　採集者 Harriman の名の縮小形．ツツジ科

Hartmannia　f.<人名　ドイツ人植物学者 Emanuel F. Hartmann（1784-1837）の名に因んだもの．アカバナ科

Hedera　f.<l　ツタの古代ラテン名．ウコギ科

Hedwigia　f.<人名　ドイツの隠花植物学者 Romanus Adolf Hedwig（1772-1806）の名にちなむ．ヒジキゴケ属．蘚類

Hedychium　n.<g.　hedys（美味）＋chion（雪）．花が純白で甘い芳香があるからであろう.ショウガ科

Hedyotis　f.<g.　hedys（甘い）＋ous, otos（耳）．アカネ科
Hedysarum　n.<g.　ギリシャ名 hedysaron，hedys（甘い）に由来する．マメ科
Heimia　f.<人名　ドイツの植物学者 Georg Christian Heim（1834年没）の名に因む．ミソハギ科
Helenium　n.<人名　恐らく Inula Helenium のギリシャ名．後にリンネによりスパルタの Menelaus 王の妻トロイのヘレン（Helena）の名からとったとされアメリカの植物に転用された．キク科
Helianthus　m.<g.　helios（太陽）＋anthos（花）．太陽の花．頭花の形容と日に向いて開くこととから来た．キク科
Helichrysum　n.<g.　helios（太陽）＋chrysos（金色）．頭花の形と色とから．キク科
Helicia　f.<g.　helix（螺旋）．がく片がねじれているからであろう．ヤマモガシ科
Helminthocladia　f.<g.　helmins（蠕虫）＋clados（枝）．虫のような枝の意．ベニモズク科
Heloniopsis　f.<属名　*Helonias*（ヘロニアス属）＋opsis（似る）．*Helonias* 属に似た意．*Helonias* 属は北アメリカ固有の単系属で，その語源はギリシャ語 helos（沼地，湿地）の縮小形．ユリ科
Helwingia　f.<人名　プロシャのフロラを研究したドイツ人牧師 G. A. Helwing（1666-1748）の名に因んだもの．ミズキ科
Hemarthria　f.<g.　hemi（半分）＋arthron（関節）．花穂の軸が節毎に片側ずつへこんだ関節になっているから．イネ科
Hemerocallis　f.<g.　hemera（一日）＋kallos（美しい）．一日の美しさの意．この属の植物の花は一日でしぼむため．ユリ科
Hemidistichophyllum　n.<g.　hemi（半）＋di（二）＋stichos（列）＋phyllon（葉）．半ば二列に並んだ葉の意．カワゴケソウ科
Hemistepta　f.<g.　hemi（半）＋steptos（冠のある）．冠毛が二列にあるが外側のはひどく短いため．キク科
Hepatica　f.<g.　ギリシャ語 hepar（肝臓）より．葉の形と色の類似から，およびこの植物が肝臓病に効くと信じられた．キンポウゲ科
Heracleum　n.<g.　ギリシャ神話の Hercules に捧げられ panakes herakleion（ヘレクレスの万能薬）といったことからついた名で，Pliny が最も薬効の高い種類に対して与えたもの．セリ科
Hericium　m.<l.　hericus（ハリネズミ）．子実層がハリネズミのようにみえるから．ハリタケ科
Herminium　n.<g.　ギリシャ語 hermin（寝台の柱）．花序または根の形状からといわれている．ラン科
Hesperis　f.<g.　hesperos（晩）．夕方花が芳香をはなつから．アブラナ科
Heterochordaria　f.<g.＋属名　heteros（異なった）＋*Chordaria*（ナガマツモ属）．マツモ科
Heteropappus　m.<g.　heteros（異なる）＋pappos（冠毛）．頭花の中心部の筒状花には長い冠毛があるが舌状花にはごく短いものしかないため．キク科
Heterosmilax　f.<g.　heteros（異なる）＋*Smilax*（サルトリイイバラ属）．*Smilax* に葉は似ても花が異なるため．ユリ科.
Heterotropa　f.<g.　heteros（異なる）＋tropos（向き）．基準となった種（*H. asaroides*）では，交互に並ぶ大小の雄しべの葯がそれぞれ外方と側方に向いているため．ウマノスズクサ科
Hibiscus　m.<l. g.　大きなゼニアオイ属の植物につけられた古代ギリシャ及びラテン名．アオイ科
Hicriopteris　f.<g.　hicrlo（意味不明・ラテン語で hicori はヒッコリーとすれば或は葉形をその葉にみたてたか）＋pteris（シダ）．ウラジロ科
Hieracium　n.<g.　hierax（鷹）．Pliny 及びその他の記録によると，昔は鷹が視力を強めるためにこの植物を食うと考えられていたため．キク科
Hierochloe　f.<g.　hieros（神聖な）＋chloe（草）．北欧ではこのよい香のする草を聖徒祭の日に教会の戸口にふりまく習慣があったことから．イネ科
Hippeastrum　n.<g.　ギリシャ語hippos（馬），hippeus（騎手）＋astron（星，似る）．アマリリスの跨状にひろがった力強い葉と見事な花を馬の頭にたとえた印象を述べたという．ヒガンバナ科
Hippuris　f.<g.　hippos（馬）＋oura（尾）．馬の尾を意味するギリシャ名で本来はスギナの名だが，この水草に適用したもの．スギナモ科
Histiopteris　f.<g.　histion（編み物）＋pteris（シダ）．このシダが網状脈をもつため．ウラボシ科
Hizikia　f.<地方語名　ヒジキ（日本語）．ヒジキ属として岡村金太郎（1867-1935）が設立した．ホンダワラ科
Holcus　m.<g.　イネ科の一種に対するギリシャ古名 holkosより．*Sorghum* モロコシ属の一種からの転用と言われている．イネ科
Hololeion　n.<g.　holo（完全）＋leion（ライオン）．leion はタンポポ（dandelion）を意味し，それにくらべて葉が全縁であるため．スイラン属として北村四郎の命名．キク科
Homoeostrichus　m.<g.　homoios（同様）＋thrix，trichos（糸または毛）．アミジグサ科
Honckenya　f.<人名　ドイツの植物学者 G.A.Honckeny（1724-1803）に因む．ナデシコ科
Hordeum　n.<l.　オオムギのラテン古名．イネ科
Hosiea　f.<人名　中国植物の採集者，イギリス人 Alexander Hose（1853-1925）の名に因んだもの．クロタキカズラ科
Hosta　f.<人名　オーストリアの植物学者で皇帝フランツ一世の侍医 Nicholaus Thomas Host（1761-1834）に因む．ユリ科
Houttuynia　f.<人名　オランダの医師で博物学者 Martin Houttuyne（1720-1794）の名に因む．ドクダミ科.
Hovenia　f.<人名　Thunberg の日本旅行を経済的に支援したオランダの国会議員 David ten Hove（1724-1787）に献名された．日本にも住んだオランダの宣教師 David v. d. Hoven の名に因んだともいわれる．クロウメモドキ科
Hoya　f.<人名　イギリスの園芸家で植物学者 Thomas Hoy（c.1750-1822）の名をとったもの．ガガイモ科
Hugeria　f.<人名　アメリカ南部の採集家 A. M. Huger を記念した．ツツジ科
Humata　f.<l.　humatus（地）に由来する名．ウラボシ科
Humulus　m.<l.　ホップの低地ドイツ語をラテン語化したもの．クワ科
Hyacinthus　m.<g.　ギリシャ神話にでてくる青年 Hyakinthosに基づく．伝説によると彼が死んで流した血からこの植物が生まれたという．ユリ科
Hydnum　n.<g.　hydnon（松露）のギリシャ名から転用．ハリタケ科
Hydrangea　f.<g.　hydor（水）＋angeion（容器）．さく果の形からきた名．ユキノシタ科
Hydrilla　f.<g.　水にすむヒドラ（Hydra）の縮小形．トチカガミ科

Hydrocharis　f.<g. hydor（水）＋charis（ひいき，よろこび）．生態からついた名．トチカガミ科

Hydroclathrus　m.<g.＋l. hydor（水）＋clathratus（格子状）．水中に生じ多数の孔があいて格子状ともみえることから．カヤモノリ科

Hydrocotyle　f.<g. hydor（水）＋kotyle（コップ，凹み）．葉の形が小形の盃に似るため．あるいは葉がややコップ形をしており，水辺に生ずることからきた．セリ科

Hygrophila　f.<g. hygros（湿）＋philos（好）．生態からついた名．キツネノマゴ科

Hylomecon　f.<g.　hylo（林，森）＋mecon（ケシ）．林内にはえるケシ，生育地を表す．ケシ科

Hymenasplenium　n.<g. hymen（膜）＋*Asplenium*（チャセンシダ属）．*Asplenium* に似るが葉がとくに膜質であるため．早田文藏の命名でホウビシダ属．ウラボシ科

Hymenophyllum　n.<g. hymen（膜）＋phyllon（葉）．膜質の葉を持つから．コケシノブ科

Hyoscyamus　m.<g. hyos（豚）＋cyamos（豆）．Xenophon が使った名で，人間と同様に豚にも毒性をもつ意．ナス科

Hypericum　n.<g．古代ギリシャ名 hyperikon に因む名．ギリシャ語のhyper（上）＋eikon（画）あるいはhypo（下に）＋erice（草むら）が語源とも云われる．オトギリソウ科

Hyphear　f.<g．ギリシャ語 hyphaino（絡みつく），着生性に由来か．ヤドリギ科

Hypholoma　f.<g. hypho（組織）＋loma（縁）．傘のへりに縁膜片がある．マツタケ科

Hypnea　f.<g. Hypnum に似ているところからついた名 hypno（眠り）イバラノリ科

Hypodematium　n.<g. hypo（下）＋demas（生体）．葉柄の茎部でふくれているからか．ウラボシ科

Hypolepis　f.<g. hypo（下）＋lepis（鱗片）．鱗片の基部が残ってざらつくから，または胞子嚢群の位置から．ウラボシ科

Hypopterygium　n.<g. hypo（下に）＋pteris（翼）．腹葉が茎の下面に並ぶのを翼にみたてた．クジャクゴケ属．蘚類

Hypoxis　f.<g．ギリシャ語 hypo（下）＋oxys（鋭い，酸性の）．ギリシャ語 hypo（下の）＋oxys（鋭い，尖った）の意味で，ある植物のギリシャ古名から本属に転用された．あるいはリンネが用いた古名 hypoxys（やや酸性の）に基づくともいわれる．ヒガンバナ科

Hystrix　f.<g. hystrix（ヤマアラシ）．長い剛毛のある小穂をたとえた．イネ科

I

Iberis　f.<g．ギリシャ古名．スペイン半島の古名 Iberia から入った植物であるためか．アブラナ科

Idesia　f.<人名　1691-1695 年に北アジアの植物を採集したドイツあるいはオランダ人の Eberhard Ysfrants Ides の名に因む．イイギリ科

Ileodictyon　n.<l. ileo（小腸）＋dictyon（網）．菌体の外形をたとえた名．カゴタケ科

Ilex　f.<l. *Quercus ilex* の古代ラテン名．モチノキ科

Illicium　n.<l. illicio（引きよせる，誘惑する）．芳香を有するため．モクレン科

Illysanthes　f.<g. ilys（泥）＋anthos（花）．生態に因む．ゴマノハグサ科

Impatiens　f.<l. impatient（不忍耐）の意で，さく果に触れると急にはじけるから．ツリフネソウ科

Imperata　f.<人名 イタリーナポリの薬剤師 Ferrante Imperato（1550-1625）に因む．イネ科

Indigofera　f.<l. indigo（藍）＋fero（有する）．アイ（藍）染の染料をとるため．マメ科

Inocybe　f.<g. ino（繊維）＋cybe（頭）．傘のへりにしばしば根本の壺から由来する繊維があるためならん．マツタケ科

Inula　f.<l. *Inula helenium* の古代ラテン名．ギリシャ名は elenion．キク科

Ipheion　n.<g．シソ科 *Lavandula* 属の一種のギリシャ名 iphyon に由来するのではないか，あるいは iphios（力強い，丈夫な）から作られたともいわれ，はっきりしない．さらにはユリ科の *Asphodelus* に似せて作った名らしいともされる．いずれもハナニラ属の属名の由来としては定説ではない．ハナニラ属．ユリ科

Ipomoea　f.<g. ips（いも虫）＋homoios（似た）の意で，物にからみついて這いのぼる習性からきた名．ヒルガオ科

Iridaea　f.<g. Iris（虹）．体がいわゆる iridescence（螢光）を発するからであろう．スギノリ科

Iris　f.<g．ギリシャ神話虹の女神 Iris より，転じて植物名．アヤメ科

Isachne　f.<g. isos（同）＋achne（籾）．護穎が同大であるため．イネ科

Isanthera　f.<g. isos（同）＋anthera（葯）．イワタバコ科

Isatis　f.<g．青色の染料をとる植物（恐らくタイセイ）に対するギリシャ名．アブラナ科

Ischaemum　n.<g. ischaimos（止血）からでた名．血止めに用いられたため．イネ科

Ishige　f.<地方語名　イシゲ（日本名）．遠藤吉三郎（1874-1921）の命名で，イシゲ属の学名．イシゲ科

Isodon　m.<g. iso（等）＋dons（歯）．がくが同大の裂片にさけるから．工藤祐舜の命名でヤマハッカ属．シソ科

Isoetes　f.<g. Pliny が *Sedum*（ベンケイソウ科）の一種に対してつけた名が転用されたもの．原義は isos（同じ）＋etos（年）で四季を通じて常緑なため．ミズニラ科

Isopyrum　n.<g. Fumaria（ケシ科）の古代ギリシャ名を転用したもの．葉形が似ているため．キンポウゲ科

Itea　f.<g.　ヤナギのギリシャ名．葉形の類似からこの植物に転用された．ユキノシタ科

Ixeris　f.<地方語名　この属の植物のインド名に由来する．キク科

J

Jacobinia　f.<地名　ブラジルのバイーア州 Jacobinia に発見されたため．キツネノマゴ科

Japanobotrychium　n.<地名＋属名　Japonia（日本の）＋*Botrychium*（ハナワラビ属）．当時日本領であった台湾の固有種と見られていた一種を *Botrychium* から独立させたことからつけられた名．正宗厳敬が台湾で発表して，田川基二がナツノハナワラビなどに適用した．ハナワラビ科

Japonasarum　n.<地名＋属名　Japonia（日本の）＋*Asarum*（フタバアオイ属）．中井猛之進の命名で，日本産のフタバアオイを *Asarum* 属から独立させたもの．ウマノスズクサ科

Japonolirion　n.<地名＋g. Japonia（日本の）＋leirion（ユリ）．日本特産のユリ科植物の意．オゼソウ属として中井猛之進の命名．ユリ科

Jasminum　n.<地方語名　ペルシャ語の植物名 yasmin あ

るいはアラビア語 ysmyn のラテン語化．モクセイ科

Juglans　f.<l.　Jovis glans（ジュピターのどんぐり）の意．美味な果実からついた名．クルミ科

Juncus　m.<l.　ラテン古名より．語源は jungere（結ぶ）で，この草で物を結んだため．イグサ科

Juniperus　f.<l.　ラテンの古名．ビャクシン科

Jussiaea　f.<人名　植物自然分類法の創始者フランス人 Bernard de Jussieu（1699-1776）の名に因んだもの．アカバナ科

Justicia　f.<人名　18 世紀のスコットランドの園芸家で植物学者だった James Justice（1698-1763）の名に因む．キツネノマゴ科

K

Kadsura　f.<地方語名　日本名サネカズラの一部をとる．フランス人植物学者 A.L.de Jussieu の命名．モクレン科

Kaempferia　f.<人名　ドイツ人医師，博物学者 Engelbert Kaempfer（1651-1716）に因む．1690-1692 年に長崎出島に滞在し，1691年，1692年の二回江戸へも旅行した．著書 Amoenitates exoticarum Fasc. V の中でイチョウやチャなどの日本植物を記載・図示した．ショウガ科

Kalimeris　f.<g.　kalos（美しい）＋mero（部分）．花弁が美しいから．キク科

Kalopanax　n.<g,　kalos（美しい）＋*Panax*（トチバニンジン属）．葉の切れ込みが似ているため．ウコギ科

Kandelia　f.<地方語名　インドのマラバール地方でのよび名．ヒルギ科

Keiskea　f.<人名　江戸から明治初期に本草学から植物学へ橋渡しをした東京大学員外教授伊藤圭介(1803-1901)の名に因んだもの．オランダの植物学者 F.A.W.Miquel の命名．シソ科

Kerria　f.<人名　イギリスキュー植物園の園芸家で植物採集家 William Kerr（1814年没）に因む．バラ科

Keteleeria　f.<人名　フランスの園芸家 Jean B.Keteleer（1813-1903）の名に因む．ヒノキ科

Kinugasa　f.<地方語名　館脇操と須藤千春の命名で，日本名キヌガサソウからとった名．ユリ科

Kirengeshoma　f.<地方語名　1890 年に矢田部良吉の命名で，日本名キレンゲショウマからでた名．日本人によって初めて命名された属名．ユキノシタ科

Kochia　f.<人名　ドイツの植物学者 Wilhelm Daniel Joseph Koch（1771-1849）の名から．アカザ科

Koeleria　g.<人名　ドイツ人でイネ科植物の研究者 Georg Ludwig Koeler（1765-1807）の名から．イネ科

Koelreuteria　f.<人名　ドイツの植物学者 Joseph Gottlieb Koelreuter（1734-1806）に因む．ムクロジ科

Korthalsella　f.<人名　1831-1836年インドネシアで採集したオランダ人植物学者 Peter W. Korthals（1807-1892）に因む．ella はその縮小形．ヤドリギ科

Krascheninnikovia　f.<人名　ロシアの植物学者 S. P. Krascheninnikow（1711-1755）の名に因む．ナデシコ科

Kraunhia　f.<人名　Kraun の名から．*Wisteria* の異名．マメ科

Kummerowia　f.<人名　ポーランドの植物学者 J. Kummerow，あるいはドイツ人宣教師で地衣学者の P. Kummer（1834-1912）の名に因む．マメ科

L

Lablab　f.<地方語名　ヒルガオのアラビア名．巻きつく意味あり．フジマメの属名に転用．マメ科

Lactarius　m.<l.　lac（乳）より．この属のキノコに乳汁を出すものがあるため．マツタケ科

Lactuca　f.<l.　チサ *L. sativa* のラテン古名．葉や茎から乳（lac）を出すことからきた名．キク科

Lagenaria　f.<l.　lagenos（瓶）からつけられた名で，実の形からの連想．ウリ科

Lagenophora　f.<g.　ギリシャ語 lagenos（瓶）＋pherein（もつ）．頭状花の形から．キク科

Lagerstroemia　f.<人名　リンネの友人でスウェーデンの Magnus von Lagerstroem（1696-1759）に因む．ミソハギ科

Lagotis　f.<g.　lagos（ウサギ）＋ous（耳）．基準種の葉形がウサギの耳に似る．ゴマノハグサ科

Laminaria　f.<l.　lamina（葉）．植物体が大きな葉状であるため．コンブ科

Lamium　n.<l.　イラクサに似たの植物の古代ラテン名．一説にギリシャ語で laimos（のど）より．花の筒が長くてのど状にみえるから．シソ科

Lampteromyces　m.<g.　lampos（かがやく）＋pteros（翼）＋myces（きのこ）．ツキヨタケはひだが発光するから．マツタケ科

Lantana　f.<l.　欧州産 *Viburnum* のラテン名 lantana より．花形や花序の類似から転用．クマツヅラ科

Laportea　f.<人名　フランス Castelnau の裁判官で，19 世紀の昆虫学者としても名高い Francois L. de Laporte の名に因む．あるいは命名者 Gaudichaud の友人であるフランス人の名からとも言われる．イラクサ科

Lapsana　f.<g.　ギリシャ名 lampsane，lapsane に由来．欧州のダイコンに対して Dioscorides が使った．それを葉のひろがりの全形が似るために転用．キク科

Larix　f.<l.　ヨーロッパカラマツにつけられた古代名．語源はケルト語で lar（豊富）より．豊富な樹脂をもつため．マツ科

Lasianthus　m.<g.　lasios（粗い毛）＋anthos（花）．花冠の内面に粗い毛が密生するため．アカネ科

Lasiosphaera　m.<l.　lasios（ひげ）＋sphaera（球）．オニフスベは皮がむけて乾くと細い綿糸のかたまり状になるため．ホコリタケ科

Lastrea　f.<人名　フランスの地方植物誌を著した Charles J.-L. de Lastre（1792-1859）に因んだもの．ウラボシ科

Laternea　f.<地方語名　ドイツ語 Laterne（カンテラ，手提灯）．菌体の形から連想．カゴタケ科

Lathraea　f.<g.　欧州の種類に Tournefort がつけた名で lathraios（隠れていた）の意．落葉の下にほとんど埋まっているから．ハマウツボ科

Lathyrus　m.<g.　Theophrastus がつけた名 Lathyros に基づく．la（加える）＋thyros（刺激する）．種子に催淫性があると信ぜられたため．マメ科

Laurus　f.<l.　ケルト語の laur（緑色）から出たラテン語．月桂樹が常緑であるため．クスノキ科

Lavatera　f.<人名　17 世紀のスイス人医者，自然科学者 J. K. Lavater の名に因んだ名．アオイ科

Lawiella　f.<属名　*Lawia* 属＋～ella（小さい）．*Lawia* 属に似て小さなもの．カワゴケソウ属として小泉源一の命名．カワゴケソウ科

Leathesia　f.<人名　G. R. Leathes の名に因む．ネバリモ科

Lecanora　f.<g.　lecane（皿，水盤）．子器の形が浅い盤状をなしているため．チャシブゴケ科

Lecanorchis　f.<g.　lecane（皿，たらい）＋orchis（ラン）．皿状に副がくがついているため．ラン科

Ledum　n.<g.　芳香性の樹脂を出す *Cistus* 属の古代ギリシャ名 ledon に基づく．*Ledum* の香がこれに似ている

ため．ツツジ科

Leersia　f.<人名　ドイツの植物学者 Johann Daniel Leers（1727-1774）の名に因む．イネ科

Leipnitzia　f.<人名　ドイツの哲学者で数学者であった Gottfried Wilhelm Leipniz（1646-1716）に因む．キク科

Lemmaphyllum　n.<g.　lemma（皮）＋phyllon（葉）葉が乾いて皮質であるため．ウラボシ科

Lemna　f.<g.　Theophrastus によって名付けられた水生植物の名の転用．ギリシャ語の沼（limne）に由来．沼にあるため．ウキクサ科

Lentinus　m.<l.　lentus（やわらかくて丈夫な）．菌体の性質からついた名．マツタケ科

Leontopodium　n.<g.　leon（ライオン）＋podion（小足）．綿毛の密生した包葉状の葉と頭花とをライオンの足首にたとえた．キク科

Leonurus　m.<g.　leon（ライオン）＋oura（尾）．長い花序の形に基づく．シソ科

Lepidium　n.<g.　ギリシャ名 lepidion から来た名で，小鱗（lepis）の意．果実の形をたとえたもの．アブラナ科

Lepiota　f.<g.　lepis（鱗片）＋otos（耳たぶ）．きのこのかさに鱗片が多い特徴から．マツタケ科

Lepironia　f.<g.　lepis（鱗片）＋eiro（結合する）からなる合成語．カヤツリグサ科

Lepisorus　m.<g.　lepis（鱗片）＋sorus（子嚢群）．子嚢群に鱗片がまじるから．ウラボシ科

Leptochloa　f.<g.　leptos（細い）＋chloa（草）．細長い穂状花の様子からつけられた名．イネ科

Leptodermis　f.<g.　leptos（細い，薄い）＋derma（皮）．蒴果の果皮がうすいことから．アカネ科

Leptogium　n.<g.　leptos（薄い）．地衣体がうすいため．イワノリ科

Leptogramma　f.<g.　leptos（細い，薄い）＋gramma（線，葉の裏面の胞子嚢群のすじを指すことから転じてシダにしばしば使う）．ウラボシ科

Lespedeza　f.<人名　Michanx が北アメリカ植物を調査の際に，後援してくれた当時のスペイン Florida 州知事 Vincente Manuel de Céspedes に捧げた名．1803 年に発表されたが，誤植で *Lespedeza* となった．マメ科

Letterstedtia　f.<人名　Letterstedt を記念する名．アオサ科

Leucothoe　f.<g.　ギリシャ神話で，バビロン王オルガモスの娘 Leucothoe の名にちなむ．アポロと恋に陥り，父に地中に埋められて死んだ．アポロにより，その体は美しい香木にされた．ツツジ科

Leucobryum　n.<g.　leuco（白い）＋bryon（コケ）．全体が白っぽいため．オキナゴケ科

Liatris　f.<g.　語源不明．一説にギリシャ語 leios（無毛）＋iatros（医者）．キク科

Libanotis　f.<g.　libanos（薫香）を語源とする．植物体の香りがよいため．セリ科

Ligularia　f.<l.　ligula（革ひも）．小さい舌状花をあらわす．キク科

Ligusticum　n.<l.　ligusticos（古代イタリアの Liguria 地方の形容詞）からでた語．同地方には栽培品の薬用ウドが多かったため．セリ科

Ligustrum　n.<l.　この属の一種L. vulgare のラテン古名．語源はこの植物の枝で物をしばったので．ligare（しばる）から．モクセイ科

Lilium　n.<l.　ギリシャ名 leirion と同じラテン古名．マドンナ・リリーの白花に基づく．ユリ科

Limonium　n.<g.　ギリシャ古名 leimonion に由来する名で，おそらく leimon（草原）からでたもの．イソマツ科

Limnophila　f.<g.　limne（沼）＋philos（好む）．湿地に生える習性を表わす．ゴマノハグサ科

Limosella　f.<l.　limus（泥，ぬかるみ）の縮小形．湿地に生える性質から．ゴマノハグサ科

Linaria　f.<g.　ギリシャ語 linon（アマ）より．葉が似るため．ゴマノハグサ科

Lindera　f.<人名　スェーデンの医師・植物学者 Johann Linder（1678-1723）に因む．クスノキ科

Linderia　f.<人名　北米の菌類学者 David H. Linder（1899-1946）に因む．カゴタケ科

Lindernia　f.<人名　ドイツの医学者で植物学者 Franz Balthasar Lindern（1682-1755）に因む．ゴマノハグサ科

Lindsaea　f.<人名　1785-1803 年にジャマイカに住んだ軍医 John Lindsay に因む．ウラボシ科

Linnaea　f.<人名　Gronovius が師 Carl von Linné（1707-1778）に捧げた名．ラテン語化してある．リンネはこの花を好み，愛用の器にはこの花が描かれていた．スイカズラ科

Linum　n.<l.　アマの古名．これから糸をとったので linon（糸，すじ）の語が転用された．アマ科

Liparis　f.<g.　liparos（油性の，輝く）．滑らかで光沢のある葉に基づく．ラン科

Lipocarpha　f.<g.　lipos（肥えた）＋carphos（籾殻）．ある種のものの内側の鱗片が厚くなっていることに由来する．カヤツリグサ科

Lippia　f.<人名　イタリア人植物学者 Augustin Lippi（1678-1701）に因む．クマツヅラ科

Liquidamber　f.<l ＋ 地方語名　ラテン語 liquidus（液体）＋アラビア語 ambar（琥珀）の混成語で，樹幹から流れ出る芳香性の液から名付く．マンサク科

Liriodendron　f.<g.　leirion（ユリ）＋dendron（樹木）．花型がユリに似るため．モクレン科

Liriope　f.<g.　ギリシャ神話の女神の名．Narkissos の母．ユリ科

Listera　f.<人名　イギリスの動物学者・自然科学者 Martin Lister（1638 頃-1712）に因む．ラン科

Litchi　f.<地方語名　レイシの漢名茘枝（ライチー）から．ムクロジ科

Lithocarpus　f.<g.　lithos（石）＋carpos（果実）．石の果実の意でクリにくらべて堅いため．ブナ科

Lithospermum　n.<g.　lithos（石）＋sperma（種子）．小堅果を結ぶ性質から来た．ムラサキ科

Litsea　f.<地方語名　中国語li（小さい）＋tse（プラム）から．クスノキ科

Livistona　f.<人名　英国エジンバラ近くの Livingstone の貴族 Patrik Murray に因む．1680 年以前に多くの植物を集め栽培していた．この植物が後のエジンバラ植物園の設立の基となった．ヤシ科

Lloydia　f.<人名　この植物を発見したウェールズの好古家・植物学者 Edward Lloyd（1660-1709）を記念した．ユリ科

Lobaria　f.<g.　lobos（裂片）．地衣体が多くの裂片から成るから．カブトゴケ科

Lobelia　f.<人名　フラマン人でイギリスの James 一世の医師・植物学者 Matthias de Lobel（1538-1616）を記念した名．キキョウ科

Lochnera　f.<人名　ドイツの M. F. Lochner（1662-1730）の名に因んだ名．キョウチクトウ科

Loiseleuria　f.<人名　フランスの医師・植物学者 Jean Louis Auguste Loiselleur-Delongchamps（1774-1849）に因む．ツツジ科

Lolium　n.<l.　この植物のラテンの古名．イネ科

Lomatogonium　n.<g. loma（線）＋gone（雌しべ）. 柱頭の形からきた名. リンドウ科

Lomentaria　f.<l. lomentum（節果）. マメ科の節果のように体が節でくびれているから. ワツナギソウ科

Lonicera　f.<人名　ドイツの植物学者 Adam Lonitzer または Lonicer（1528-1586）に因んで. スイカズラ科

Lophatherum　n.<g. lophos（とさか）＋ather（のぎ）. とさか状ののぎの状態をたとえた. イネ科

Loranthus　m.<g. loros（革紐）＋anthos（花）. 線形をなす花冠の裂片の形から. ヤドリギ科

Loropetalum　n.<g. loros（革紐）＋petalon（花べん）. 花弁は厚い広線形をなすため. マンサク科

Lotus　m.<g. ギリシャ古語の植物名 lotos より. マメ科

Loxocalyx　m.<g. loxos（斜め）＋calyx（萼）. 萼の先が斜めであるため. シソ科

Loxogramme　f.<g. loxos（斜め）＋gramme（線）. サジランの子嚢群が斜めに平行して並ぶため. ウラボシ科

Ludwigia　f.<人名　ドイツのライプチヒの植物学教授 Christian Gottlieb Ludwig（1709-1773）に因む. アカバナ科

Luffa　f.<地方語名　ヘチマのアラビア名 louff より. ウリ科

Luisia　f.<人名　19世紀スペインの植物学者 Don Louis de Torres の名に因んで. ラン科

Lupinus　m.<l. Lupine（ハウチワマメ）の古名で, lupus（オオカミ）からでた語. どんな土地にも育ち土地を荒らすと考えられた. マメ科

Luzula　f.<地方語名　イタリア語 lucciola（ホタル）より. または lux（光）の縮小形 luxulae, または gramen luzulae からきた名で, この属の一種が露にかがやく様からという. イグサ科

Lychnis　f.<g. ギリシャ古名 lychnos より. lychnos（灯火, ランプ）に由来し, 緋色の花の種につけられた. ナデシコ科

Lycium　n.<g. 中央アジアの Lycia（地名）に生えていた刺の多い灌木 lycion のギリシャ古名を転用したもの. 本属にも刺があるため. ナス科

Lycoperdon　n.<g. lykos（オオカミ）＋perdon（放屁）. 袋をおすと胞子をふき出す有様からついた. キツネノチャブクロ科

Lycopersicon　n.<g. トマト属. lykos（オオカミ）＋persicon（モモ）. あるエジプトの植物の名から転用された. "味の悪い桃"という意味. ナス科

Lycopodium　n.<g. lykos（オオカミ）＋podion（足）. 鱗片葉の密生した茎がオオカミの足に似ているとされるため. ヒカゲノカズラ科

Lycopus　m.<g. lykos（オオカミ）＋pous（足）. オオカミの足に似ているためとされるが, 意味不明. シソ科

Lycoris　f.<l.　ローマ時代 Markus Antonius の妻で美人 Lycorisに因む. 花の美しさから. ヒガンバナ科

Lygodium　n.<g. lygodes（柔軟な）. 細長く柔軟なつる状の茎に基づく. カニクサ科

Lyonia　f.<人名　ヨーロッパに多くの北アメリカの植物を導入したスコットランドの園芸家・植物学者 John Lyon（1765 ?-1814）に因む. ツツジ科

Lyophyllum　n.<g. lyo（離れる）＋phyllos（葉）の合成名. マツタケ科

Lysichiton　n.<g. lysis（分離）＋chiton（衣服）. 果序が大きくなると包まれていた仏炎苞から出るため, あるいはこの属には分離した明瞭な花被がある特徴を強調したといわれる. サトイモ科

Lysimachia　f.<人名　Thrace（マケドニア）の王, Lysimachion の名を称えたもの. または lysis（終わる, ほどける）＋mache（競争, 争い）. 伝説によると Lysimachos 王は, たけり狂った牡牛におそわれ, あわやという時に, この植物をふったら牛が鎮まったという. サクラソウ科

Lysionotus　m.<g. lysis（分離）＋notos（背）の意味で, 長い果実が背側の縫合線で開裂するから. イワタバコ科

Lythrum　n.<g. lythron（黒い血）より. Dioscorides によって *L. salicaria* に対してつけられた名. 花の色による. ミソハギ科

M

Maackia　f.<.人名　ウスリー地域の植物を調査したロシアの植物学者 Richard Maack（1825-1866）に因んだ. マメ科

Machaerina　f.<g. machaira（刀）の縮小形. カヤツリグサ科

Machilus　f.<地方語名　インドネシアのアンボイナでの地方語名 makilan を Rumphius が Herbarium Amboinense の中でラテン語化した, あるいは昆虫の名 Machilis に由来する. クスノキ科

Macleaya　f.<人名　オーストラリア New South Wales の初期の書記官 Alexander Macleay に因む. ケシ科

Macrocarpium　n.<g. makro（大きい, 長い）＋carpos（果実）からなる. 中井猛之進がサンシュユ属として採用した属名. この類としては最大の果実がなるため. ミズキ科

Macroclinidium　n.<g. makro（大きい, 長い）＋clinidion（花床）. 近縁の *Ainsliaea* にくらべて頭花が太く, 花床も大きいから. *Pertya* の異名. キク科

Macrodiervilla　f.<g.＋属名　makro（大きい, 長い）＋*Diervilla*（ベニウツギ属）. *Diervilla* に比べ大輪の花をつける. ウコンウツギ属として中井猛之進の命名. *Diervilla* は北アメリカ原産. スイカズラ科

Macrolepiota　f.<g.＋属名　makro（大きい）＋*Lepiota*（属名）. この属に近くて傘が大形のため. マツタケ科

Macromitrium　n.<g. makro（大きな）＋mitria（帽子）. 子嚢の帽子の形からついた. ミノゴケ属. 蘚類

×Macropertya　f.<属名　*Macroclinidium*（カシワバハグマ属）と *Pertya*（コウヤボウキ属）との属間雑種の名. 本田正次の命名. *Pertya* の異名. キク科

Macropodium　n.<g. makro（長い）＋podion（足）. 子房の柄が熟するとのびるから. アブラナ科

Maesa　f.<g. この属の一種についたアラビア名の maass からきた名. ヤブコウジ科

Magnolia　f.<人名　フランスモンペリエーの植物園園長 Pierre Magnol（1638-1715）に因む. モクレン科

Mahonia　f.<人名　アメリカの園芸学者 Bernard M'Mahon（1775-1816）に因む. メギ科

Maianthemum　n.<g. Maios（五月）＋anthemon（花）. 花期に基づく名. ユリ科

Makinoa　f.<人名　日本の植物相解明に多大の貢献をした牧野富太郎（1862-1957）を記念して三宅驥一（1876-1964）が1898年に命名. 苔類

Malachium　n.<g. malakos（軟らかい）. 体が軟らかいことに由来する. ナデシコ科

Malaxis　f.<g. malakos（軟らかい）に由来する語で, M. paludosa ヤチランの性質に因む. ラン科

Mallotopus　n.<g. mallotos（長軟毛ある）＋pous（足）. 花梗に長軟毛を密生する特徴から. キク科

Mallotus　m.<g. mallotos（長軟毛のある）．果実に腺毛が密生するから．トウダイグサ科

Malus　f.<g. ギリシャ名の malon（リンゴ）から出た名．バラ科

Malva　f.<l. ラテン古名で，ギリシャ語 malacho（柔かくする）からでた語．この植物のもつ粘液に緩和剤の働きがあるため．アオイ科

Malvastrum　n.<属名　*Malva*（ゼニアオイ属）＋ラテン語 astrum（似る）．アオイ科

Manettia　f.<人名　イタリアフィレンツェの植物園長 Saverio Manetti（1723-1785）の名に因む．アカネ科

Marasmius　m.<g. maraino（乾いて枯れる）から来た名．マツタケ科

Marchantia　f.<人名　フランスの植物学者 Nicolas Marchant（1678 歿）に因む．ゼニゴケ科

Marginaria　f.<g. margo（縁）．嚢堆の外側に小羽片の縁がひろくみえるから．　ウラボシ科

Marsdenia　f.<人名　オリエント学者イギリス人 William Marsden（1754-1836）の名に因む．ガガイモ科

Marsilea　f.<人名　イタリアの植物学者 Luigi Ferdinando Marsigli（1656-1730）を記念した名．デンジソウ科

Martensia　f.<人名　Brussels の学者 Martens 博士に因む．コノハノリ科

Matricaria　f.<l. matrix（子宮）．婦人病に薬効があるとの評判があったため．キク科

Matsumurella　f.<人名　松村任三（1856-1928）を記念した牧野富太郎の命名．松村は東京帝国大学教授，日本の植物分類学の基礎を築いた．シソ科

Matteuccia　f.<人名　イタリアの自然科学者 Carlo Matteucci（1811-1868）に因む．ウラボシ科

Matthiola　f.<人名　16世紀のイタリアの医者・植物学者 Pierandrea Mattioli（1500-1577）の名に因む．アブラナ科

Maximowiczia　f.<人名　ロシア，セントペテルスブルクの植物学者 Carl Johann Maximowicz（1827-1891）の名に因む．東アジアの植物についての多くの研究論文を発表した．1860-1863 年に日本に滞在し，日本の植物を調査した．鎖国時代に来日したケンペル，ツンベリー，シーボルドにならぶ卓越した植物学者といわれる．モクレン科

Mazus　m.<g. mazos（乳頭突起）．花冠ののど部に突起があることから．ゴマノハグサ科

Medicago　f.<g. ムラサキウマゴヤシのギリシャ名 medikeからきた語で，この植物が Media（小アジアの王国）からギリシャに渡ってきたことからつけられた名．また，medicus（薬）＋agere（用いる）でこの植物を医薬に使ったためともいう．マメ科

Meehania　f.<人名　アメリカのフィラデルフィアの植物学者 Thomas Meehan（1826-1901）の名に因んだ名．シソ科

Melampyrum　n.<g. melas（黒い）＋pyros（小麦）の意で，この植物の種子の色が黒いため．ゴマノハグサ科

Melandryum　n.<g. melas（黒い）＋drys（ナラ）に由来する．古代ギリシャ名 Melandryo の名に因み，Theophrastus が用いた．ナデシコ科

Melastoma　n.<g. melas（黒い）＋stoma（口）．果を食べると口が黒く染まるから．ノボタン科

Melia　f.<g. トネリコ *Fraxinus* のギリシャ名 melia より．葉の形が似ているためセンダン属の名になった．センダン科

Melica　f.<g. ギリシャ語meli（蜜）から甘い草melikeの意．イネ科

Melilotus　f.<g. meli（蜂蜜）＋*Lotos*（ミヤコグサ属）．ミヤコグサに形が似ていて蜜蜂が集まるためという．マメ科

Meliosma　f.<g. meli（蜂蜜）＋osme（臭）．蜂蜜の香りの意．アワブキ科

Melochia　f.<地方語名　この植物のアラビア名 melochieh からでた名．アオギリ科

Melothria　f.<g. 古く白いブドウを指した名 melothron に由来する．この類に白い果実がなることからスズメウリ属に転用された．ウリ科

Menispemum　n.<g. men（月）＋sperma（種子）．果実の核が馬蹄形（半月形）をしていることから．ツヅラフジ科

Mentha　f.<l. 地獄の女王 Proserpina に草（ハッカ）にかえられたギリシャ神話の女神 Menthe から．Theophrastus がつけた名．シソ科

Menyanthes　f.<g. Theophrastus が用いた名で menyein（表現する）＋anthos（花）．総状花序の花が，徐々に展開することに因んで転用．リンドウ科

Menziesia　f.<人名　スコットランド人海軍軍医で植物学者の Archibald Menzies（1754-1842）因む．彼はバンクーバーへの旅行の際この植物をもちかえった．ツツジ科

Meratia　f.<人名．フランスの植物学者 Francois Victor Mérat（1780-1851）に因む．ロウバイ科

Mercurialis　f.<g. ギリシャの神 Mercurius に因む herba mercurialis（メルクリウスの草）から．トウダイグサ科

Meristotheca　f.<g. meristos（分裂）＋thece（鞘，小室）．トサカノリ科

Mertensia　f.<人名　ブレーメンの植物学者 Franz Karl Mertens（1764-1831）の名に因む．ムラサキ科

Mesembryanthemum　n.<g. 最初陽光をうけて花が開く習性から mesembria（正午）＋anthemon（花）＝Mesembrianthemum と命名されたが，夜に花の咲く種類も知られて，1719年に Dilleniusが i を y に換えるだけで，mesos（中間）＋embryon（子房）＋anthemon（花）＝Mesembryanthemum と再命名した．この名前をリンネが正式の属名とした．ツルナ科

Mesogloia　f.<l. mes（中間）＋gloea（にかわ，海綿などの内胚葉と外胚葉との間の粘液）．この類が寒天質でねばることによる．ナガマツモ科

Mespilus　f.<g. mesos（半）＋pilos（球）．果実の形に基づく名．バラ科

Messerschmidia　f.<人名　ロシアの植物採集家 D. G. Messerschmid が 1724 に作ったこの類の記載がもとになって属が新設された記念．ムラサキ科

Metanarthecium　n.<g. meta（共に，後に）＋*Narthecium*（キンコウカ属）．*Narthecium* に似るが後に区別されたことを意味する．ユリ科

Metaplexis　f.<g. meta（共に）＋pleco（編む）からなる合成語．ガガイモ科

Metasequoia　f.<g.＋属名　ギリシャ語 meta（後に）＋*Sequoia*（セコイア属）．セコイアに似た植物の化石として 1941 年に京都大学講師の三木茂によって学名がつけられた．セコイアよりも後に発見されたためであって，地質年代上セコイアよりも新しいという意味ではない．1946 年に中国で現生種が発見され，生きた化石と大きな話題になった．化石に基づいて命名された属名が現生植物の学名に生かされたので，属名の著者は *Metasequoia* Miki ex Hu et Cheng となる．ヒノキ科

Meteorium　n.<g. meteoron（星や宇宙の）．子嚢の形が星形になるから．蘚類

Meterostachys　f.<g. meter（測る，規則正しい）＋

stachyos（総）．花序が根茎から規則正しく放射状に出る形をさしてつけた．中井猛之進の命名．ベンケイソウ科

Metzgeria　f.<人名　ハイデルベルグ植物園長 Johann Metzger（1852歿）に因む．苔類

Michelia　f.<人名　フィレンツェの植物学者で隠花植物研究のパイオニアであった Pietro Antonio Micheli（1679-1737）を記念して．モクレン科

Microcarpaea　f.<g. mikro（小さい）＋carpos（果）．ゴマノハグサ科

Microlepia　f.<g. mikro（小さい）＋lepis（鱗片）．ウラボシ科

Microlespedeza　f.<g. mikro（小さい）＋*Lespedeza*（ハギ属）．ハギ属に似て小さいため．牧野富太郎の命名．*Kummerowia* の異名．マメ科

Micromeles　f.<g. mikro（小さい）＋melon（リンゴ）．果実を小形のリンゴにたとえたもの．バラ科

Micropolypodium　n.<g. mikro（小さい）＋*Polypodium*（エゾデンダ属）．*Polypodium* 属似にて小さい．ウラボシ科

Microsorium　n.<g. mikro（小さい）＋sorus（子嚢群）．小さな点状の子嚢群をつけるため．ウラボシ科

Microstegium　n.<g. mikro（小さい）＋stegos（覆い）．イネ科

Microstylis　f.<g. mikro（小さい）＋stylis（柱）．心柱が小さいため．ラン科

Microtis　f.<g. mikro（小さい）＋ousまたは otus（耳）からなる合成語．ラン科

Microtropis　f.<g. mikro（小さい）＋tropis（龍骨）からなる語．ニシキギ科

Milium　n.<l. キビのラテン古名．この属の穀粒がキビ *Panicum miliaceum* の穀粒に似ていることからきた名．イネ科

Millettia　f.<人名　イギリス人 Charles Millett に因む．1825-1834年に中国の広東で活躍した植物採集家で多分医者でもあった．マカオと広東に住み．W.J.Hooker の友人であった．あるいは 18 世紀のフランスの植物学者 J. A. Millet に因むという説もある．マメ科

Mimosa　f.<g. mimos（人真似，狂言師）．この属のオジギソウなどの葉が運動することから来た．動物の真似とも多数の小葉が順次葉を閉じるためともいわれている．マメ科

Mimulus　m.<l. mimus（道化者）の縮小形．猿に似たような花冠の形と模様とからつけられたもの．ゴマノハグサ科

Minuartia　f.<人名　スペインバルセロナの薬剤師，植物学者の Juan Minuart（1693-1768）に因む．ナデシコ科

Mirabilis　f.<l. ラテン語 mirabilis（素晴らしい，不思議な）から．最初は別の植物に，後にオシロイバナに当てられた．オシロイバナ科

Miricacalia　f.<属名　miri（異常な，不思議な）＋*Cacalia*（当時のモミジガサ属）に由来すると思われる．前川説では古い英語で湿地を mire ということから，恐らく *Cacalia* に似ているが水湿の谷間にはえるためであろうかという．オオモミジガサ属として北村四郎の命名．キク科

Miscanthus　m.<g. miskos（茎）＋anthos（花）．小穂に柄のあること．イネ科

Mitchella　f.<人名　北米ヴァージニアに住み，リンネと交流のあった医師・植物学者 John Mitchell（1711-1768）を記念してつけられた名．アカネ科

Mitella　f.<g. mitra（僧侶の帽子）の縮小形．若い果実の形が帽子状をしていることからきた名．ユキノシタ科

Mitrasacme　s.<g. mitra（僧侶の帽子）＋acme（尖端）からたる名．フジウツギ科

Mitrastemon　m.<g. mitra（僧侶の帽子）＋stemon（雄しべ）．雄しべが合着して帽子状になる．牧野富太郎の命名でヤッコソウ属．この属はラフレシア科とされるが，ヤッコソウ科が古い科名である．ヤッコソウ科

Mnium　n.<g. mnion（コケや海藻などを一括して古くギリシャで呼んだ名）を転用した．この語は mnoos（やわらかくする）に関係がある．チョウチンゴケ属．蘚類

Moehringia　f.<人名　ドイツの医師 Paul H. G. Moehring（1710-1792）の名に因んだもの．ナデシコ科

Molinia　f.<人名　スペインの Juan Ignazio Molina（1740-1829）に因む．チリの植物相の初期の研究者．イネ科

Moliniopsis　f.<属名　*Molinia*（ヌマガヤ属）＋opsis（似た）．*Molinia* 属に似たの意．1952 年早田文藏の命名．イネ科

Mollugo　f.<l. アカネ科の *Galium mollugo* の古名がこの属に転用されたもの．恐らく同じように輪生した葉の形からきた．ツルナ科

Momordica　f.<l. ラテン語 momordi（咬んだ）より．種子が咬みあとのような凹凸を示すから．ウリ科

Monachosorum　n.<g. monachos（単一の）＋soros（嚢堆）からなる語．ウラボシ科

Monochasma　n.<g. mono（一つの）＋chasme（開口）からなる語で，さく果の一方が開口して種子を出すことによる．ゴマノハグサ科

Monochoria　f.<g. mono（一つの）＋chorizo（離す）からなる語．雄しべの 1 本が他の 5 本と異なるため．ミズアオイ科

Monostroma　n.<g. mono（一つの）＋stroma（層）．体がただ一層の細胞層から成るため．アオサ科

Monotropa　f.<g. mono（一つの）＋tropos（向く，曲がる）．花が一方に傾くことを示す．イチヤクウソ科

Monotropastrum　n.<属名　*Monotropa*（シャクジョウソウ属）＋astron（似る）．*Monotropa* 属に似たの意．イチヤクソウ科

Montia　f.<人名　イタリヤ Bologna の植物学教授 Giuseppe Monti（1682-1760）の名に因んだもの．スベリヒユ科

Morchella　f.<g. ギリシャ語の植物名 morchel から．ノボリリョウ科

Moricandia　f.<人名　スイスの植物学者 Moise Etienne moricand（1780-1854）あるいはイタリヤの植物学者 Stefano Moricand（1780-1854）に因んだもの．アブラナ科

Morinda　f.<l. morus（クワ）＋indica（インドの）からなる語．多肉の果をクワにたとえ且つ印度産であることを示す．アカネ科

Morus　f.<l. クワについたラテン古名 morus より．果実の色からケルト語の mor（黒）がもとではないかといわれる．クワ科

Mosla　f.<地方語名　この属の一種のインド名．シソ科

Mucuna　f.<地方語名　ブラジルでの地方語名による．マメ科

Muehlenbeckia　f.<人名　ドイツの植物学者で医者G. Mühlenbeck（1798-1845）に因む．タデ科

Muhlenbergia　f.<人名　アメリカの植物学者 Gotthlif Henry Ernest Muhlenberg（1756-1817）に因む．イネ科

Mukdenia　f.<地名　Mukden（中国東北部満州の奉天）．原産地の地名．ユキノシタ科

Musa　f.<人名または地方語名．ローマの初代皇帝アウグストの侍医 Antonius Musa（64-14 B.C.）に因む．またはアラビア語 mauz，muza などより．バショウ科

Mussaenda　f.<地方語名　この類のセイロン名を使用したもの．アカネ科

Mutinus　m.<l. mutinus（男根）の意味で，植物体の形からの連想．スッポンタケ科

Myelophycus　m.<g. myelos（髄）＋phycos（藻）からなる語．コモンブクロ科

Myoporum　n.<g. myein（とじる）＋poros（孔）．葉に多数の黒点があるため．ハマジンチョウ科

Myosotis　f.<g. myos（ハツカネズミ）＋otis（耳）．葉が短かくて柔いことからの連想．ムラサキ科

Myrica　f.<g. ギョリュウまたはその他の芳香性の低木のギリシャ名 Myrike からでた名．多分ギリシャ語の myrizein（芳香，香料）に由来し，後にこの芳香性の属に転用した．ヤマモモ科

Myriophyllum　n.<g. myrios（無数）＋phyllon（葉）．セイヨウノコギリソウに似た，葉の無数の切れこみをたとえたもの．アリノトウグサ科

Myristica　f.<g. myristikos（芳香の軟膏または香油）．香料として使われるため．ニクズク科

Mymechis　f.<g. myrmex（蟻）．日本名アリドオシランの蟻を直訳したもの．ラン科

Myroxlon　n.<g. myron（バルサム）＋xylon（材）からなる語．イイギリ科

N

Naematoloma　f.<g. naema（糸）＋loma（房）．恐らくこの属の種類の柄に糸状の鱗片があるからであろう．マツタケ科

Najas　f.<g. naias（泉の妖精）．水生植物であるためについた．イバラモ科

Nandina　f.<地方語名　Thunberg が日本語名ナンテン（南天）から命名した．メギ科

Nanocnide　f.<g. nannos（矮小）＋cnide（イラクサ）からなる語．イラクサ科

Narcissus　m.<g. ギリシャ神話の青年の名 Narkissos に因む．泉に映った自分の姿に恋して死に，その後にこの花が咲き出たという神話あり．ヒガンバナ科

Narthecium　n.<g. ギリシャ語narthex（棒）の縮小形．ユリ科

Nasturtium　n.<l. nasus（鼻）＋tortus（ねじる，ひねる）．植物体に刺戟性の辛味のある性質を示したもの．アブラナ科

Nauclea　f.<g. ラテン語 naucula（小舟）由来とされる．アカネ科

Naumburgia　f.<人名　ドイツの植物学者 Samuel Johann Naumburg（1768-1799）に因む．サクラソウ科

Neckeropsis　f.<属名　*Neckera*（ヒラゴケ属）に似たの意味．リボンゴケ属．蘚類

Nelumbo　f.<地方語名　ハスに対するスリランカ名からついた．スイレン科

Nemacystus　m.<g. nema（糸）＋cystus（嚢）．モズク科

Nemalion　n.<g. nema（糸）．糸状の植物体に基づく．ベニモズク科

Neocheiropteris　f.<g.＋属名　neo（新しい）＋*Cheiropteris*（クリハラン属）．*Cheiropteris* Christ という属名が後続同名であるため，neo～を付けて新しい属名としたもの．ウラボシ科

Neofnetia　f.<g.＋属名　最初の属名 *Finetia* は後続同名であったのでフウラン属の学名として neo（新しい）＋*Finetia* と改名された．ラン科

Neolindleya　f.<g.＋属名　neo（新しい）＋*Lindleya*（属名）からなる語．*Lindleya* という学名はラン科にないので，多分新しく *Neolindleya*（ノビネチドリ属）として Lindley に献名されたものであろう．John Lindley（1799-1865）はイギリスの著名な植物学者で，ラン科の研究者．王室の植物学者．ロンドン大学教授，王立園芸協会主事であった．ラン科

Neolitsea　f.<g.＋属名　neo（新しい）＋*Litsea*（ハマビワ属）からなる語．*Litsea* 属に近いがそれより後に独立したため．クスノキ科

Neoniphopsis　n.<g.＋属名　neo（新しい）＋*Niphobolus*（属名）＋opsis（似る）からなる語．ビロウドシダ属の学名として中井猛之進の命名．ウラボシ科

Neotrichocolea　f.<g.＋属名　neo（新しい）＋*Trichocolea*（ムクムクゴケ属）．*Trichocolea* との比較でついた名．苔類

Neottia　f.<g. 鳥の巣の意．根の集まり方をたとえた．ラン科

Neottianthe　f.<属名＋g. *Neottia*（サカネラン属）＋anthos（花）．*Neottia* 属の花と外見が似ているため．ラン科

Neottopteris　f.<g. neottia（鳥の巣）＋pteris（シダ）．葉の集まり方からついた名．ウラボシ科

Nepenthes　f.<g. ne（無）＋penthos（憂い）．ギリシャ語 nepenthes（憂いを消す）より．捕虫嚢の液体をそれに例えたといわれる．ウツボカズラ科

Nepeta　f.<l. 地名．イタリアエトルリアの都市 Nepete からでて，植物名となったものを使用．シソ科

Nephelium　n.<g. nephelion（小さい雲），または別の植物名 nephelim の転用．ムクロジ科

Nephrolepis　f.<g. nephros（腎臓）＋lepis（鱗片）．ウラボシ科

Nerium　n.<l. ギリシャ語のneros（湿った）に由来してできたラテン名から．湿地によく育つためという．キョウチクトウ科

Nicandra　f.<人名　イオニアの都市 Colophon の医者・本草家・詩人 Nikandros（c.100-150 A.D.）に因む．ナス科

Nicotiana　f.<人名　フランスの外交官，ポルトガル大使であった Jean Nicot（1530-1600）に因む．彼は 1560 年頃にはじめてタバコの種子をフランスとポルトガルにもたらした．ナス科

Nierembergia　f.<人名　スペインの博物学者 Johann Eusebius Nieremberg（1595-1653）に因む．ナス科

Nigella　f.<l. niger（黒）．種子の黒色なることからきた．キンポウゲ科

Nitella　f.<l. nitere（光る）＋ella（愛称）．植物体が水中で明るく美しいからか．シャジクモ科

Nothoscordum　n.<g. nothos（偽の）＋scordon（ニンニク）からなる語．ニンニク（ネギ属）に似るが別物の意．ユリ科

Nothosmyrnium　n.<g. nothos（偽の）＋*Smyrnium*（属名）からなる合成語．カサモチ属の学名とした．*Smyrnium* はヨーロッパと地中海地域に自生する．セリ科

Nuphar　n.<地方語名　スイレンのアラビア名 neufar または naufar を語源とする．スイレン科

Nymphaea　f.<g. ギリシャ神話の水の精 Nymphaia からでた植物名．この植物の生育場所から．スイレン科

Nymphoides　n.<g. *Nymphaea*（ヒツジグサ属）＋eidos（外観）．*Nymphaea* に似たものの意．リンドウ科

O

Oberonia　f.<人名　ヨーロッパ中世の伝説に登場する森や洞穴に住むこびとの王 Oberon に因んだ名．ラン科

Odontosoria　f.<g. odons（歯）＋soros（嚢堆）からなる

合成語．ウラボシ科

Oenanthe　f.<g．ギリシャ語oinos（酒）＋anthos（花）．ギリシャ語の植物名．セリ科

Oenothera　f.<g．*Epilobium* 属の一種に対して，Theophrastus が用いた名．語源は oinos（酒）＋ther（野獣）．根にブドウ酒様の香気があり野獣が好むためと云われる．アカバナ科

Oldenlandia　f.<人名　デンマークの植物学者 Henrik Bernard Oldenland（1699 年死亡）に因む．アカネ科

Omphalodes　f.<g．omphalos（臍）＋eidos（形）．果実の分果の形による．ムラサキ科

Onoclea　f.<g．別の植物のギリシャ名 onokleia から転用された．ロバの食べ物としてギリシャ語 onos（ロバ）に関係がある．ウラボシ科

Onychium　n.<g．onyx（爪）．葉の裂片の狭く尖るのをたとえたもの．ウラボシ科

Ophioglossum　m.<g．ophio（蛇）＋glossa（舌）．穂状の胞子嚢の形をたとえた．ハナヤスリ科

Ophiopogon　m.<g．ophio（蛇）＋pogon（ひげ）．日本名ジャノヒゲの直訳．ユリ科

Ophiorrhiza　f.<g．ophio（蛇）＋rhiza（根）からなる語で匍匐性の根をたとえたもの．アカネ科

Oplismenus　m.<g．boplismos（武装した，芒ある）．小穂にねばるのぎが数本あるから．イネ科

Oplopanax　n.<g．hoplon（武器）＋*Panax*（トチバニンジン属）．*Panax* に似てとげが多いからハリブキ属の学名となった．ウコギ科

Opuntia　f.<l．ギリシャ古代の町 Opus に生えていた別の植物に用いられていた名の転用．サボテン科

Orchis　f.<g．ギリシャ語の orchis（睾丸）に由来する語．塊根の形の類似からでた名．ラン科

Oreocharis　f.<g．oreos（岩）＋charis（ひいき，好む）．生育地に因んだもの．イワタバコ科

Orixa　f.<地方語名　日本名コクサギの片仮名文字を見誤ってヲリサギと読んだことから．C.P.Thunberg の命名．ミカン科

Orobanche　f.<g．orobos（マメの一種）＋anchein（しめ殺す）．この属の植物にマメ科植物の *Orobus* に寄生するものがあるため．ハマウツボ科

Orostachys　f.<g．oros（山）＋stachys（穂）．山に生え，穂状花序が立つから．ベンケイソウ科

Orthilia　f.<g．ortho（真直ぐ）＋ilia（持つもの）．*Pyrola* に比べ真直な花柱をもつから．イチヤクソウ科

Orthoraphium　n.<g．ortho（真直ぐ）＋raphe（針）．イネ科

Orthodon　f.<g．ortho（真直ぐ）＋dons（歯）．がくの歯が真直ぐにでているから．シソ科

Oryza　f.<地方語名　米のアラビア名 eruz に，あるいはそれから転化してギリシャ・ラテン名 oryza に由来する．イネ科

Osbeckia　f.<人名　リンネの弟子でインド・中国に植物を求めたスウェーデンの聖職者・植物学者 Pehr Osbeck（1723-1805）の名に因む．ノボタン科

Osmanthus　m.<g．osme（香，匂）＋anthos（花）．花に芳香のあるため．モクセイ科

Osmorhiza　f.<g．osme（香気）＋rhiza（根）からなる合成語．セリ科

Osmunda　f.<神名　スカンジナビアの神 Osmunder に因むといわれる．ゼンマイ科

Osmundastrum　n.<属名　*Osmunda*（ゼンマイ属）＋astron（似ている）．ゼンマイに似たもの．ゼンマイ科

Osteomeles　f.<g．osteon（骨）＋melon（リンゴ）からなる語．骨質の果実の状態から．バラ科

Ostericum　n.<g．hysterikos（ヒステリー）．ヒステリーに効く薬用草本の意味という．セリ科

Ostrya　f.<g．この植物のギリシャ名 ostrys より．非常に材質のかたい或る樹木に対するギリシャ名の転用．カバノキ科

Otherodendron　n.<属名＋g．*Othera*（Thunberg がモチノキにつけた属名）＋dendron（樹木）．葉がモチノキに似るから．ニシキギ科

Ottelia　f.<地方語名　Malabar の植物名 ottelambel に由来する．トチカガミ科

Ourouparia　f.<地方語名　Guiana の地方語名．アカネ科

Oxalis　f.<g．oxys（酸っぱい）．この属の植物には蓚酸を含んでいて酸味のものが多いから．カタバミ科

Oxycoccus　m.<g．ギリシャ語oxys（酸っぱい）＋coccos（液果）．果実の性質を表わしたもの．ツツジ科

Oxyria　f.<g．oxys（酸っぱい）．葉の酸味を表わした名．タデ科

P

Pachyrhizanthe　f.<g．pachys（太い，厚い）＋rhiza（根）＋anthos（花）からなる合成語．地下茎から大型の花序だけが立つから．ラン科

Pachysandra　f.<g．pachys（太い）＋andros（雄しべ）からなる語．雄しべの花糸がめだって太いことからきた名．ツゲ科

Padina　f.<g．padinos または pedinos（扁平に生活する）．体形からついた名．アミジグサ科

Paederia　f.<l．paidor（悪臭）．体全体に悪臭のあることに基づく．アカネ科

Paeonia　f.<g．この植物の薬効を見付けたギリシャ神話の医師 Paeon 記念する名．根を薬用にするため．ボタン科

Paliurus　m.<g．キリストの茨の冠を編んだと言われる刺だらけの植物 *Paliurus spina-christi* のギリシャ名．paliouros（利尿の）からでたギリシャ名をラテン語化したともいう．クロウメモドキ科

Pallavicinia　f.<人名　Pallavicini の名に因む．苔類

Palura　f.<?　語源不明．*Symplocos* の異名．ハイノキ科

Panax　n.<g．pan（総て）＋akos（治癒）．全治，万能薬の意はチョウセンニンジンの薬効からきた名．ウコギ科

Pandanus　n.<地方語名　マレイの地方語名 pandang からついた．タコノキ科

Panicum　n.<l．この植物のラテン古名．panus（キビの穂）に由来する．イネ科

Papaver　n.<l．この植物のラテン古名．papa は幼児に与えるかゆ（粥）で，ケシの乳汁に催眠作用があるため，かゆに混ぜて子供を寝かしたという．ケシ科

Parabenzoin　n.<g.＋属名　para（異なった）＋*Benzoin*（クロモジ属 *Lindera* の異名）．Benzoin と異なり果皮が割れるから．アブラチャン属の学名として中井猛之進の命名．クスノキ科

Parageum　n.<g.＋属名　para（異なった）＋*Geum*（属名）．異なった *Geum* の意．中井猛之進と原寛によるミヤマダイコンソウ属の命名を原寛が正式に発表した．バラ科

Paraixeris　f.<g．para（異なった）＋*Ixeris*（ニガナ属）．*Ixeris*とはやや異なったの意．中井猛之進の命名．キク科

Parexuris　f.<g．para（異なった）＋*Hexuris*（属名）．*Hexuris* 属に似る別物の意．中井猛之進と前川文夫の命名．*Sciaphila* の異名．ホンゴウソウ科

Paris　f.<l．ラテン語 par（同）より．花被が同形であるため．またはギリシャ神話トロイ戦争の人 Paris に基

づくともいう．ユリ科

Parmelia　f.<l. parmia（小さな楯）．子器の形に基づく．ウメノキゴケ科

Parnassia　f.<地名　ギリシャの Parnassus 山の名に因む．Dioscorides のいう「Parnassus の草」が *P. palustris* であると考えられたため．ユキノシタ科

Parthenocissus　f.<g. ギリシャ語 parthenos（処女）＋kissos（ツタ）．フランス名の Vigne-vierge，イギリス名の Virginia creeper に基づく．ブドウ科

Pasania　f.<地方語名　この植物の Java の地方語名．ブナ科

Paspalum　n.<g. ギリシャ名の paspalos（キビ，ひきわり）からきた名．イネ科

Passiflora　f.<l. ラテン語 passio（苦悩，キリストの受難）＋（花）．この花を磔刑にされたキリストの様子にたとえ，多数放射状の副花冠を棘の冠，5 個の葯を 5 つの傷，などに見立てた．トケイソウ科

Pastinaca　f.<l. pastus（食物）に由来する語．太い根茎を食用にするから．セリ科

Patrinia　f.<人名　シベリアとロシア極東で 1780-1787 年に植物を採集したフランスの鉱物学者 Eugene L. M. Patrin（1724-1815）に因む．オミナエシ科

Paulownia　f.<人名　Siebold が後援を受けたオランダの Anna Paulowna 女王（1795-1865）の名を記念したもの．ゴマノハグサ科

Pecteilis　f.<l. pecten（くし）．唇弁がくしの歯状に切れ込むため．ラン科

Pedicularis　f.<l. pediculus（シラミ）に由来する．昔ヨーロッパで，この属の一種の *P. palustris* の沢山生えた所で草をたべる家畜にはシラミが一杯たかると信じられていたことによるもの．ゴマノハグサ科

Pelargonium　n.<g. pelargos（コウノトリ）．果実の形がこの鳥の嘴に似るため．フウロソウ科

Pellia　f.<人名　Pelle の名に因む．苔類

Pellionia　f.<人名　1817-1820 年にフランスの世界一周航海に同行した海軍軍人 Alphonse Odet Pellion（1796-1868）が発見したため．イラクサ科

Peltigera　f.<l. pelta（盾）＋gera（持つ）の意．楯状の子器をつけるから．ハナゴケ科

Pelvetia　f.<人名　フランスの 19 世紀の自然愛好家 Pelvet に因む．ヒバマタ科

Pennisetum　n.<l. penna（羽毛）＋seta（刺毛）．小穂の毛からついた．イネ科

Pentapetes　f.<g. pente（五）＋petalon（花べん）．アオギリ科

Pentarhizidium　n.<g. pente（五）＋rhizidium（根の縮小形）．五つの小根のある意．根茎からでる根の維管束の数からついた．ウラボシ科

Penthorum　n.<g, pente（五）＋horos（標準，特徴）．花が五数性であることからきたもの．ベンケイソウ科

Pentstemon　m.<g. pente（五）＋stemon（雄しべ）．実際は 4 本しかない．仮雄ずい 1 本が目立つので 5 本の雄しべとみたため．ゴマノハグサ科

Peracarpa　f.<g. pera（嚢）＋karpos（果）．嚢状の果実の意．キキョウ科

Perilla　f.<地方語名　東部インドの地方語名．シソ科

Perillula　f.<属名　*Perilla*（エゴマ属）の縮小形．シソ科

Peristylus　m.<g. peri（周囲）＋stylos（花柱）からなる合成語．心柱の頭部がひろく，柱頭がその周辺にあるため．ラン科

Persica　f.<l. ラテン語 persicus（モモ）．語源は persike または persica malus（ペルシャのリンゴ）に由来する．バラ科

Persicaria　f.<l. persicus（モモ）に似ているという意味．この植物の葉がモモの葉に似ているため．タデ科

Pertya　f.<人名　スイスの植物学者 Joseph A. M. Perty（1804-1884）の名に因む．キク科

Perularia　f.<l. perula（鱗片，ささくれ）．唇弁の基部にささくれ状の小突起あるため．ラン科

Petalonia　f.<g. petalon（花弁）．体の扁平でひろいのを花弁に見立てた．カヤモノリ科

Petasites　m.<g. フキに対するギリシャ名 petasos（つば広の帽子）からきた名．葉が広く大きいため．キク科

Petrophiloides　f.<属名＋g. *Petrophila*（属名）＋oides（類する）．ヤマモガシ科の *Petrophila* に似るとみてノグルミ属の学名とした．クルミ科

Petrosavia　f.<人名　イタリアの植物学者 Pietro Savi（1811-1871）を記念する名．ユリ科

Petunia　f<地方語名　タバコに対するブラジル地方語名 Petum からきた名．それに似るため．ナス科

Peucedanum　n.<g. ギリシャ名 peukedanon から．セリ科

Peziza　f.<l. キノコの一種の古い名 pezis からラテン名 pezica となったものからついた．チヤワンタケ科

Phacellanthus　m.<g. phacelos（束）＋anthos（花）．総状の花の意．ハマウツボ科

Phaenosperma　f.<g. phaeinos（輝く）＋spema（種子）．光沢のある丸い果実から．イネ科

Phalaris　f.<g. イネ科の草であるこの植物に対するギリシャ古名．冠毛状の花序によってギリシャ語 phalaros（白く輝く）とつけられた名．イネ科

Phallus　m.<g. ギリシャ語で phallos（陰茎）をさす．形からの連想．スッポンタケ科

Pharbitis　f.<g. ギリシャ語 pharbe（色）．豊富な色彩に基づく．ヒルガオ科

Phaseolus　m.<g. インゲンマメの古名．ギリシャ語 phaselos あるいはラテン語 phaseolus, faseolus または phaselus より．さやを丸木舟（phaseolus）にたとえたものという．マメ科

Phegopteris　f.<g. phegos（ブナ）＋pteris（シダ）からなる語．生育地に因む．ウラボシ科

Phellodendron　n.<g. phellos（コルク）＋dendron（樹木）．材に厚い皮がつくから．ミカン科

Philadelphus　f.<g.　philadelphos（親愛）を意味するギリシャ名より，あるいはエジプト王 Ptolemaios Philadelphus（B.C.283-247）に捧げられた名であるといわれる．ユキノシタ科

Philydrum　n.<g. philos（好）＋hydor（水）．水温地に生える性質から．タヌキアヤメ科

Phleum　n.<g. アシの一種のギリシャ名 phleos の転用．イネ科

Phellopterus　m.<g. phellos（コルク）＋pteron（翼）．コルク質でしかも翼のような稜のある果実の形に基づく．セリ科

Phlox　f.<g. ギリシャ語 phlox（炎）あるいは phlogos（火炎）からきた名．*Lychnis* の古名であったが現在では *Phlox*（クサキョウチクトウ属）の属名に転用されたものといわれる．ハナシノブ科

Phormium　n.<g. phormion（籠，むしろ）．この植物の繊維で莚などを編んだ．ユリ科

Photinia　f.<g. photeinos（輝く）からきた名．葉が革質で光沢あることからきた名．バラ科

Phragmites　f.<g. ギリシャ名の垣根（phragma）から来た名．溝の周りをかこってかきね状に生えるのを表わした．イネ科

Phryma　f.<?　語源不明．アメリカインディアンのこの植物の名ともいわれる．ハエドクソウ科

Phtheirospermum　n.<g. phtheir（シラミ）＋sperma（種子）．種子の形から．ゴマノハグサ科

Phyla　f.<l. phyleまたはphylon（種族）の複数形．一つの包葉内に多くの花が集まるからという．クマツヅラ科

Phyllanthus　m.<g. phyllon（葉）＋anthos（花）．この属の花が，葉状にひろがった枝につくため．トウダイグサ科

Phyllitis　f.<g. この属のシダの一種のギリシャ名 phyllitis に基づく．ウラボシ科

Phyllodoce　f.<女神名　海の女神 Phyllodoce の名より．ツツジ科

Phyllospadix　m.<g. phyllon（葉）＋spadix（肉穂花序）．葉の基部に花序が埋っているから．ヒルムシロ科

Phyllostachys　f.<g. phyllon（葉）＋stachys（穂）．葉鞘に包まれた花穂の形から．イネ科

Physalis　f.<g. ギリシャ名．physa（水泡，気泡）からきた語で，ふくらんだ萼（ホウズキのさや）からつけられた名．ナス科

Physaliastrum　n.<属名　*Physalis*（ホオズキ属）＋astrum（似る）．*Physalis* 属に似たの意で，イガホオズキ属の学名として 1914 年牧野富太郎の命名．ナス科

Physematium　n.<g. physa（胞，ふくらみ）に由来する語．包膜が袋状であるから．ウラボシ科

Physostegia　f.<g. physa（胞）＋stege（ふたをする，蔽う）．がくがふくらんでいることからきた名．シソ科

Phyteuma　n.<g. この植物のギリシャ名から来た．キキョウ科

Phytolacca　f.<g.＋l. ギリシャ語 phyton（植物）＋近代ラテン語 lacca（深紅色の染料）の合成名．液果に深紅色の汁を含むことによる．ヤマゴボウ科

Picea　f.<l. ラテン語 pix（ピッチ）に由来．あるマツの種類に対するラテン名 picea より．マツ科

Picrasma　f.<g. picrasmon（苦味）．枝葉に非常に苦味のあることによる．ニガキ科

Picris　f.<g. picros（苦い）からきた語で，或種の類似の苦い草本に対してつけられたギリシャ名から転用された．キク科

Pieris　f.<g. ギリシャ神話の詩の女神 Pierides から．ツツジ科

Pilea　f.<l. この属の一種の雌花の大きながくの形からきた名で，ちょうどローマ人のフェルトの帽子（pileus）のように果実の一部をおおっているのをたとえたもの．イラクサ科

Pilophoron　n.<l. pileus（帽子）＋phoros（持つ）．子器の形に基づく．ハナゴケ科

Pilotrichopsis　f.<属名　*Pilotrichum* 属に似たの意．ツルゴケ属．蘚類

Pimpinella　f.<l. ラテン語 bipinnula（二回羽状葉）からの変形．葉の形より．セリ科

Pinellia　f.<人名　イタリアナポリの植物学者 Giovanni V. Pinelli（1535-1601）に因む．サトイモ科

Pinguicula　f.<l　ラテン語 pinguis（やや脂肪性の）に由来する名．この植物のすべすべした様子から．タヌキモ科

Pinus　f.<l. ラテン古名 Pinus．語源はケルト語の pin（山），あるいはラテン語 pix，picis（ピッチ）からといわれる．マツ科

Piper　n.<l. 古いラテン名．インド名に由来するギリシャ語 peperi（コショウ）に基づくラテン古名から．コショウ科

Pirola　f.<l. pirus（ナシ）の縮小形で，葉の形が似ているため．イチヤクソウ科

Pisum　n.<g. Plinius によるラテン語名 pisum より．マメ科

Pittosporum　n.<g. pitta（ピッチ）＋spora（種子）．種子が真黒でつやがあり，しかも粘着性のあることによる．トベラ科

Plagiochila　f.<g. plagios（斜めの）＋cheilos（くちびる）．ゆがんだ葉の 2 片を層にたとえた．苔類

Plagiogyria　f.<g. plagios（傾いた）＋gyros（輪）．胞子嚢の弾環が斜めにつくから．ウラボシ科

Plantago　f.<l. planta（足跡）に由来するラテン名．大きな葉からついた．オオバコ科

Platanthera　f.<g. platys（広い）＋anthera（やく）．基本種では葯隔が広いから．ラン科

Platanus　f.<g. platys（広い）からでた名．大きい葉に由来する．スズカケノキ科

Platycarya　f.<g. platys（広い）＋caryon（堅果）．他のクルミとちがい果実が扁平であるから．クルミ科

Platycerium　n.<g. platys（広い）＋ceras（つの）．葉状がオオシカの広がった角に似ていることからきた名．ウラボシ科

Platycodon　n.<g. platys（広い）＋codon（鐘）．花の形からきたもの．キキョウ科

Platycrater　f.<g. platys（広い）＋crater（椀）．花の形に基づく．ユキノシタ科

Plectranthus　m.<g. plectron（距）＋anthos（花）．距のある花の形を表わす．シソ科

Pleioblastus　m.<g. pleios（多い）＋blastos（芽，胚）．ササにくらべて節に多数の芽が集まるから．メダケ属として中井猛之進の命名．イネ科

Plemasium　n.<?（語源不明）．*Osmunda* の異名．ゼンマイ科

Pleuropteropyrum　n.<g.　pleura（肋）＋pteron（翼）＋pyros（小粒）．肋に翼のある果実の形による．タデ科

Pleuropterus　f.<g. pleura（肋）＋pteron（翼）．中肋に広い翼のある宿存がくがあるため．タデ科

Pleurospermum　n.<g. pleura（肋）＋sperma（種子）．分果の背に三本の著しい肋があるため．セリ科

Pleurotus　m.<g. pleura（肋，肋膜）＋otos（耳）．耳状の傘には多数の肋状にひだがあるから．マツタケ科

Pleuroziopsis　f.<属名　苔類の *Pleurozia*（ミズゴケモドキ属）＋opsis（似る）．フジノマンネングサ属．蘚類

Pleurozia　n.<g. pleura（肋）＋ozia（枝）．体の両側に肋骨状に多くの枝を分かつから．苔類

Plocamium　n.<g. plocamos（毛の総）．特殊の小羽枝を毛のふさに見立てた名．ユカリ科

Poa　f.<g. ギリシャ語 poa（イネ科の草）またはギリシャ古代名 paein（草またはまぐさ）に基づく．イネ科

Pocockiella　f.<属名　*Pocockia*（属名）の縮小名．アミジグサ科

Podocarpus　m.<g. podos，pous（足）＋carpos（果）．種子のつけ根（花托の部分）が肥大する特徴からついた．マキ科

Podophyllum　n.<g. pous，podos（足）＋phyllon（葉）．根生葉の著しい柄による．メギ科

Pogonatherum　n.<g. pogon（ひげ）＋anther（芒）．長いひげ状の芒をもつから．イネ科

Pogonatum　n.<g. pogon（ひげ）．地面に密生するのをひげに見立てたものか．ニワスギゴケ属．蘚類

Pogonia　f.<g. pogonias（ひげのある，芒のある）に由来する語．唇弁にひげが多いため．ラン科

Poinsettia　f.<人名　アメリカサウスカロライナの園芸

家，植物学者でアメリカ最初のメキシコ大使 Joel R. Poinsette（1775-1851）を記念する．1833 年にこの植物をアメリカに導入した．一説にフランス人でメキシコを旅行した M. Poinsette の名に因むともいう．トウダイグサ科

Polakiastrum　n.<属名＋l. *Polakia*（属名）＋astrum（似る）．*Polakia* に似たの意．イヌタムラソウ属として中井猛之進の命名．*Salvia* の異名．ゴマノハグサ科

Polanisia　f.<g. polys（多い）＋anisos（不同）．*Cleome*（セイヨウフウチョウソウ属）に似るが雄しべが多数，しかも長さが揃っていないことをさしたもの．フウチョウソウ科

Polemonium　n.<人名　ギリシャ名 polemonion より．カッパドキアの Polemon の薬草．一説にはギリシヤ語の polemos（戦争）に由来するともいわれる．ハナシノブ科

Pollia　f.<人名　オランダの van der Poll の名に因む．ツユクサ科

Pollinia　f.<人名　イタリア人の C. Pollini に因む．イネ科

Polygala　f.<g. ギリシャ語 polys（多い）＋gala（乳）．Dioscorides が乳汁の分泌をよくすると思われた或種の丈の低い灌木に対してつけた名．ヒメハギ科

Polygonatum　n.<g. polys（多い）＋gonu（膝，節）．根茎に多くの節があることから．ユリ科

Polygonum　n.<g. Polys（多い）＋gonu（膝，節）．茎に多くのふくらんだ節があるから．タデ科

Polypodium　n.<g. polys（多い）＋pous（足）．沢山分岐した根茎をたとえたもの．ウラボシ科

Polypogon　m.<g. polys（多い）＋pogon（ひげ）．穂全体に芒がひげ状に多くみえるから．イネ科

Polyporus　m.<g. polys（多くの）＋poros（孔）．キノコの傘を裏返すと多数の管孔があるため．サルノコシカケ科

Polystichopsis　f.<属名　*Polystichum* 属に似た（opsis）の意．ウラボシ科

Polystichum　n.<g. polys（多くの）＋stichos（列）からなる語でこの属の一種の子嚢群が多くの列をなしていることからきた名．ウラボシ科

Polystictus　m.<g. polys（多くの）＋stictos（点）．傘の裏に管孔が多数の点状にみえるため．サルノコシカケ科

Polytrichum　n.<g. polys（多い）＋trichos（毛）．地上に密生した状態を毛にたとえたか．スギゴケ属．蘚類

Poncirus　m.<f. ミカンの一種のフランス名 poncire からきた名．ミカン科

Ponerorchis　f.<属名　*Ponera*（属名）に似た *Orchis*（ハクサンチドリ属）の意味で，*Ponerorchis*（ウチョウラン属）を独立属としたが，*Orchis* の異名とされる．ラン科

Populus　f.<l. ラテン古名から．ローマ人がこの植物を arbor-popuri（民衆の樹）と呼んだためといわれる．ヤナギ科

Porphyra　f.<g. porphyr（紫色）に由来する語．植物体の色から来た．ウシケノリ科

Portulaca　f.<l. この植物のラテン名．porta（入口）の縮小形 portula で，果実は熟すと蓋がとれて口があくからともいわれる．スベリヒユ科

Potamogeton　m.<g. potamos（河）＋geiton（近所の，隣の）からたる語．川に生えることが多いため．ヒルムシロ科

Potentilla　f.<l. potens（強力）の縮小形で，最初 *P. anserina* の強い薬効に対してつけられた名．バラ科

Poupartia　f.<地方語名　Bourbon 島での名 bois de poupatr からきた名．ウルシ科

Pourthiaea　f.<人名　フランスの宣教師 Pourthie（1866 に朝鮮で殺害された）を追悼してつけられた名．バラ科

Premna　f.<g. ギリシャ語 premnon（切り株）から．クマツヅラ科

Prenanthes　f.<g. ギリシャ語 prenes（下垂した）＋anthe（花）．頭花が下垂するから．キク科

Primula　f.<l. ラテン語 primus（第一の，最初の）の縮小形．ヨーロッパ産の *Primula veris* が早春に他に先がけて咲くことによる．サクラソウ科

Proboscidea　f.<g. ギリシャ語 proboskis（ゾウの鼻）より．果実の形による．ゴマノハグサ科

Protolirion　m.<g. protos（古い）＋lirion（ユリ）．ユリ科中で最も原始型と考えられたから．ユリ科

Prunella　f.<地方語名　ドイツ語 Braüne（喉頭炎）からの Brunella が Prunella に変わった．喉頭炎に薬効ありと信じられた．シソ科

Prunus　f.<l. Plum（スモモ）に対するラテン古名 prunus より．バラ科

Pseudixus　m.<g. pseudo（偽の）＋ixos（ヤドリギ）．偽のヤドリギの意．早田文藏の命名で，ヒノキバヤドリギに基づく．ヤドリギ科

Pseudocolus　m.<属名　pseudo（偽の）＋*Colus*（属名）．colus は紡錘，傘の形からついた．カゴタケ科

Pseudocydonia　f.<属名　pseudo（偽の）＋*Cydonia*（マルメロ属）．*Cydonia* に似て非なるものの意味で，カリン属のこと．バラ科

Pseudohiatula　f.<属名　pseudo（偽の）＋*Hiatula*（属名）．Hiatulaはラテン語の hiatus（割れること，開くこと）から来た．マツタケ科

Pseudolarix　f.<属名　pseudo（偽の）＋*Larix*（カラマツ属）の意．葉の落ちる点で *Larix* に似るが，別物であるため．ヒノキ科

Pseudopyxis　f.<g. pseudo（偽の）＋pyxis（小箱）．果実の蓋がとれるように割れるため．アカネ科

Pseudoraphis　f.<属名　pseudo（偽の）＋*Raphis*（属名）．イネ科

Pseudosasa　f.<属名　pseudo（偽の）＋*Sasa*（ササ属）．*Sasa* に似て非なるもの．ヤダケ属として牧野富太郎の命名を中井猛之進が正式に発表した．イネ科

Pseudostellaria　f.<属名　pseudo（偽の）＋*Stellaria*（ハコベ属）．ナデシコ科

Pseudotsuga　f.<属名　pseudo（偽の）＋*Tsuga*（ツガ属）．マツ科

Psilotum　n.<g. psilos（裸）に由来する語．茎に葉がないため．マツバラン科

Psychotria　f.<g. psyche（気息，生命）＋trepho（保つ）．この植物に薬効があること，あるいはこの植物の生活力が旺盛なためといわれる．アカネ科

Pteridium　m.<g. pteron（翼）の縮小形．羽状複葉の形からの連想，または *Pteris*（イノモトソウ属）に似るため．ウラボシ科

Pteridophyllum　n.<g. pteris（シダ）＋phyllon（葉）．シダに似た葉形に基づく．ケシ科

Pteris　f.<g. ギリシャ語 pteron（翼）．羽状の葉形から来たもの．その後シダ類全体をさす名としても用いられた．ウラボシ科

Pternopetalum　n.<l. ptenix（アザミ類の一種の名）＋petalum（花弁）．または ptemo（逃げ出す）で花弁が落ち易いためか．セリ科

Pterocarpos　m.<g. pteron（翼）＋carpos（果）．広い翼をもった果実に基づく．マメ科

Pterocarya　f.<g.　pteron（翼）＋caryon（堅果）．果実に2枚の膜状の翼があるため．クルミ科

Pterocladia　f.<g.　pteron（翼）＋clados（枝）．羽状についた枝の状態による．テングサ科

Pterostyrax　n.<g.＋属名　pteron（翼）＋*Styrax*（エゴノキ属）．*Styrax*に似るが果実に翼がある点で異なるため．エゴノキ科

Pterygopleurum　n.<g.　pteron（翼）＋pleuros（肋）．果実の表面に太い翼状の肋がある特徴のため．北川政夫の命名でシムラニンジン属．セリ科

Ptilidium　n.<g.　ギリシャ語 ptilon（柔かい羽毛）の縮小形．体全体の感じから．苔類

Ptilopteris　f.<g.　ptilon（柔かい羽毛）＋pteris（シダ）．葉全体の印象からついた名．ウラボシ科

Ptychanthus　m.<g.　ptychos（ひだのある）＋anthos（花）．花被にはたてのしわがあるため．苔類

Pueraria　f.<人名　スイス生まれコペンハーゲン大学教授の植物学者Marc Nicolas Puerari（1765-1845）の名に因む．ド・カンドールにジュネーブのハーバリウムを提供した．マメ科

Pulsatilla　f.<l.　pulso（打つ，鳴る）に由来する語．花の形を鐘にたとえた名．illa は縮小の形．キンポウゲ科

Punica　f.<l.　ラテン語 punicum malum（カルタゴのリンゴ）から短縮された．　ザクロ科

Pycnostelma　f.<g.　pyknos（密生した）＋stelma（支柱）からなる語．ガガイモ科

Pycreus　m.<属名　*Cyperus* のアナグラム．ムギガラガヤツリ属．カヤツリグサ科

Pyracantha　f.<g.　ギリシャ語 pyr（火，炎）＋acantha（刺）．枝に刺があり，果実の深紅色に熟した色による．バラ科

Pyrethrum　n.<g.　pyr（炎）＋athroos（多い）からなる合成語．キク科

Pyrola　f.<属名　*Pyrus*（ナシ属）の縮小形．葉が似ていることから．イチヤクソウ科

Pyrrosia　f.<g.　pyro（炎）．鱗片が赤茶けているため．ウラボシ科

Pyrus　f.<l.　ナシの実 pirum，pyrum あるいはナシの木のラテン古名 pyrus (=pirus) より．バラ科

Q

Quamoclit　f.<g.　ギリシャ語 kyamos（マメ，ソラマメ）から，あるいは kyamos（インゲンマメ）＋klitos（低い）からなる語といわれる．つる性でマメに似た種類についたためという．ヒルガオ科

Quercus　f.<l.　この属の一種のラテン古名から．さらにその語源はケルト語の quer（良質の）＋cuez（材木）といわれる．ブナ科

Quisqualis　f.<l.　ラテン語の quis qualis（どんなものか）から．ナンジャモンジャと同工異曲で，同定の難しいところからついた．花の色の変化に対する驚きを表すという推測もある．シクンシ科

R

Ramalina　f.<l.　ramos（枝）の縮小形．体が細かく分枝するから．サルオガセ科

Ramaria　f.<l.　ramos（枝）．全体が密に枝分かれしているから．ホウキタケ科

Randia　f.<人名　ロンドンの薬剤師，チェルシー薬草園園長であった Isaak Rand（1743年没）の名に因んだもの．アカネ科

Ranunculus　m.<l.　ラテン語 rana（カエル）の意．Pliny によってこの属の植物につけられた名で，水生の種類がカエルの沢山棲んでいるような所に生えることからついた．キンポウゲ科

Ranzania　f.<人名　江戸時代の本草学者 Ono Ranzan（小野蘭山）（1729-1810）に因む．トガクシソウ属に対して伊藤篤太郎の命名．異名に矢田部良吉に献名された *Yatabea* Maxim. ex Yatabe がある．メギ科

Rapanea　f.<地方語名　アメリカの熱帯地方でのこの類の植物名 rapana に因む．ヤブコウジ科

Raphanus　m.<g.　ギリシャ名 raphanis（ダイコン）より．ra（早い）＋phainomai（現れる）に由来し，発芽または成長の早いことからといわれる．アブラナ科

Reboulia　f.<人名　イタリーの植物学者 Eugèn de Reboul（1781-1851）に因む．苔類

Rehmannia　f.<人名　ロシア皇帝の侍医 Joseph Rehmann（1753-1831）に因む．ゴマノハグサ科

Reineckia　f.<人名　ベルリンの園芸家 Johann Heinrich Julius Reinecke（1799-1871）の名に因んだもの．ユリ科

Reseda　f.<l.　ラテン語 resedo（静める）より．鎮静剤あるいは打撲傷に効力があると思われたことによる．モクセイソウ科

Reynoutria　f.<人名　16世紀フランスの本草家で Lobel の知人 Reynoutre の名に因む．タデ科

Rhacomitrium　n.<g.　racos（弁）＋mitra（僧帽）．蘚帽の基部が割れて弁状になることから．蘚類

Rhamnella　f.<属名　*Rhamnus*（クロウメモドキ属）の縮小形．クロウメモドキ科

Rhamnus　f.<g.　ギリシャ古名 thamnos（とげのある低木）のこと．ケルト語では rham は灌木を表わす．クロウメモドキ科

Rhaphiolepis　f.<g.　rhaphis（針）＋lepis（鱗片）．バラ科

Rhapis　f.<g.　rhaphis（針）．葉のへりに針のような突起があることによる．ヤシ科

Rheum　m.<g.　イランから輸入したダイオウの根や根茎のギリシャ名 rbeon または rba より．イラン語 rewas に由来するという．あるいは，ヴォルガ河の古名 rha から．この河の流域で発見されたという．タデ科

Rhinanthus　m.<g.　rhis（鼻）＋anthos（花）．鼻の形をした花をもつため．ゴマノハグサ科

Rhizocarpon　n.<g.　rhiza（根）＋carpon（果実）．基物に密着した根のような地衣体中に子器ができるから．ヘリトリゴケ科

Rhizogonium　n.<g.　rhiza（根）＋gonion（膝）．茎の下半部は立ち上がり，褐色の仮根を生ずることから．蘚類

Rhizophora　f.<g.　ギリシャ語 rhiza（根）＋phoreo（有する）．枝から多数の気根を海中に下すこと，または種子が樹上にある時から根がでていること．ヒルギ科

Rhizopogon　n.<g.　rhiza（根）＋pogon（ひげ）．円い菌体からひげ状の根がでるから．ショウロ科

Rhodea　*Rohdea* の異名．ユリ科

Rhodobryum　n.<g.　rhodon（バラ）＋bryum（コケ）．葉が茎の上部に車座に集ったのをバラにたとえたもの．蘚類

Rhododendron　n.<g.　rhodon（バラ）＋dendron（樹木）．転じて紅花をつける木の意で，はじめはセイヨウキョウチクトウの名であった．ツツジ科

Rhodomyrtus　f.<g.＋属名　rhodon（バラ，転じて赤い）＋*Myrtus*（ギンバイカ属）からなる語．赤い花を開く *Myrtus* 属の意．フトモモ科

Rhodophyllus　m.<g.　rhodo（紅色の）＋phyllon（葉）．このキノコのひだが赤いから．マツタケ科

Rhodotypos　f.<g.　rhodon（バラ）＋typos（形，類型，タイプ）．「一輪咲きのバラに似ているからついた」と解釈されていたが，「バラの仲間」の意味．Siebold と Zuccarini の命名で，シロヤマブキ *R. kerrioides* Siebold et Zucc.（＝*R. scandens* (Thunb.) Makino）に基づく．種名の意味は「ヤマブキに似たバラの仲間」となる．バラ科

Rhoeo　f.<g.　語源不明．おそらくケシの一種のギリシャ名 rhoias，またはギリシャ語 rhoe, rhoa（流れ）に由来するらしい．ツユクサ科

Rhus　f.<g.　この植物のギリシャ古名 rhous をラテン語化したもの．ウルシ科

Rhynchosia　f.<g.　rhynchos（嘴）に由来する語で，竜骨弁の形からつけられた名．マメ科

Rhynchospermum　n.<g.　rhynchos（嘴）＋sperma（種子）．舌状花の果実は嘴状に先がとがるから．キク科

Rhynchospora　f.<g.　rhynchos（嘴，鼻）＋spora（種子）．瘦果の先に嘴状の部分があるから．カヤツリグサ科

Ribes　n.<地方語名　アラビアあるいはペルシャの植物名 ribas（酸っぱい）の転用という．ユキノシタ科

Riccia　f.<人名　18 世紀のイタリーの貴族 P. F. Ricci に因む．苔類

Ricciocarpus　m.<属名＋g. *Riccia*（属名）＋carpon（果実）．子嚢の形が *Riccia* のそれに似るため．苔類

Ricinus　m.<l.　ラテン語 ricinus（ダニ）より．種子の形が似ているため．トウダイグサ科

Robinia　f.<人名　アンリー 4 世とルイ 14 世に仕えたの園芸家 Jean Robin（1550-1629）がカナダからニセアカシアをフランスに輸入した．マメ科

Rodgersia　f.<人名　1853-1856 年にアメリカの海軍士官 John Rodgers（1812-1882）の指揮した第二次太平洋探検でこの植物が函館で採集された．ユキノシタ科

Rohdea f.<人名　ドイツの植物学者 Michael Rohde（1782-1812）に因む．ユリ科

Rorippa　f.<地方語名　この植物に対するサクソンの古名 Rorippen のラテン語化．アブラナ科

Rosa　f.<l.<g.　バラに対するラテン古名．更にさかのぼればギリシャ語の rhodon（バラ）で，ケルト語の rhod（赤色）に由来する．バラ科

Rosmarinus　m.<l.　ラテン語の古名から．ros（露）＋marinus（海の）からなる語で，海岸近く生えているため．シソ科

Rotala　f.<l.　rotalis（車輪のある）．葉が輪生することによる．ミソハギ科

Rottboellia　f.<人名　デンマークの植物学者でリンネの弟子 Christen F. Rottböll（1727-1797）に因んだ名．イネ科

Rubia　f.<l.　ruber（赤）に由来するラテン名．根の色（いわゆるアカネ色）及びそれからとる染料に由来する．アカネ科

Rubus　m.<l.　ラテンの古名から．恐らく ruber（赤）から出ていて，赤い果実がなることを意味していよう．バラ科

Rudbeckia　f.<人名　スウェーデンの大学者，植物学者でウプサラ植物園を作った Olof Rudbeck（1630-1702）とリンネの師であり後援者であった同名の息子 Olof Rudbeck（1660-1740）父子の名を記念した．キク科

Rumex　m.<l.　ラテン古名．rumex は一種のやり（槍）で，スイバの葉形をそれにたとえたといわれる．タデ科

Rumohra　f.<人名　植物学のパトロン，ドイツ人 K.F.L. Felix von Rumohr（1785-1843）を記念した．ウラボシ科

Ruppia　f.<人名　ドイツの植物学者 Heinrich Bernhard Ruppius（1688-1719）に捧げられた名．ヒルムシロ科

Ruscus　m.<l.　ラテン古名 ruscum に由来．ユリ科

Russula　f.<l.　russus（赤色）．この属の種類には傘が赤いものがあるためか．マツタケ科

Ruta　f.<l.　ラテン語 ruta（苦い）からでた植物名．葉が苦いため．ミカン科

S

Sabia　f.<地方語名　この属の一種のベンガル地方語名 sabja-lat に由来する名．アワブキ科

Saccharum　n.<g.　ギリシャ語 sakcharon（砂糖）に由来する．茎から砂糖を製するため．イネ科

Saccolabium　n.<l.　ラテン語 saccum（袋）＋labium（唇）．唇弁が袋状になっているため．ラン科

Sagina　f.<l.　sagina（肥満，飼料）に由来する．ヨーロッパで今でもまぐさとして栽培する Spergula に対してつけられた名の転用．ナデシコ科

Sagittaria　f.<l.　sagitta（矢）に由来する語で，矢形をした葉の形からきた名．オモダカ科

Saliconia　f.<l.　sal（塩）＋cornu（角）．角（つの）状の枝をもった海岸性の植物であることを示す．アカザ科

Salix　f.<l.　ラテンの古名．恐らくケルト語の sal（近い）＋lis（水）から来たといわれる．水辺に多いためである．一説にラテン語の salire（跳ぶ）から．これは成長の速いことからという．またかごを編むのでギリシャ語の helix（回旋）に基づくともいう．ヤナギ科

Salomonia　f.<人名　ユダヤ王 Salomon の名に因んでつけられた名．ヒメハギ科

Salsola　f.<l.　salsus（塩からい）に由来する名．海岸近くに生えるため．アカザ科

Salvia　f.<l.　この属の一種 sage（セージ）のラテン古名．薬用になるものが多いので salvare（治癒する）または salvus（安全な，健康な）に由来するという．シソ科

Salvinia　f.<人名　イタリアの植物学者 Antonio Maria Salvini（1633-1729）に因む．サンショウモ科

Sambucus　f.<l.　多分ギリシャ語 sambuke（ニワトコで作られた古代の楽器）に由来．スイカズラ科

Sanguisorba　f.<l.　sanguis（血）＋sorbere（吸収する）からなる語．根にタンニン多く，止血の効のある民間薬としての評判による名．バラ科

Sanicula　f.<l.　sanare（治療する）または（健康な）の縮小形．薬用植物とみられていたため．セリ科

Sapindus　m.<l.　sapo indicus，インドの石けんの意．果皮のせっけん性の性質による名．インドでは古くから洗濯用に用いていた．ムクロジ科

Sapium　n.<l.　ラテン古名で樹液が粘る意から来た．本属のある植物から鳥もちを取ったためといわれる．トウダイグサ科

Saponaria　f.<l.　ラテン語 sapo（石けん）からきた名．*S. officinalis* の根を水に入れ，泡立たせて石けんにした．ナデシコ科

Sarcanthus　m.<g.　ギリシャ語 sarx（肉）＋anthos（花）からなる語で，唇弁が肉質であるため．ラン科

Sarcochilus　m.<g.　sarx（肉）＋cheilos（唇）．この属のある種は肉質の唇弁を持つため．ラン科

Sarcodon　n.<g.　sarx（肉）＋kodon（鐘）．菌体が鐘形になりしかも肉質であるため．伊藤誠哉（1883-1962）の発表したコウタケ属の学名．ハリタケ科

Sargassum　n.<地方語名　スペイン語の sargago（海藻）に由来する．大西洋の藻の海の主体をなす種類であるから．ヒバマタ科

Sarothra　f.<g. saron（箒）．花序が箒状に分枝するによる．オトギリソウ科
Sasa　f.<地方語名　日本語の笹に由来する．牧野富太郎と柴田桂太による命名．イネ科
Sasaella　f.<属名　*Sasa*（ササ属）の縮小形．牧野富太郎の命名で，アズマザサ属．イネ科
Saururus　m.<g. sauros（トカゲ）＋oura（尾）．穂状花序をトカゲの尾に見立てた．ドクダミ科
Saussurea　f.<人名　スイスの哲学者Horace Bénédict de Saussurè（1740-1799）の名に因む．キク科
Saxifraga　f.<l. ラテン語 saxum（石）＋frangere（砕く）．この植物が岩の割れ目に生育する状態から，尿の結石をとかす作用があると思われたことによる．ユキノシタ科
Scabiosa　f.<l. scabies（疥癬）に由来する語．この植物に皮膚病に効くといわれるため．葉がざらつくことからといわれる．マツムシソウ科
Scapania　f.<g. ギリシャ語 skapeion（掘るもの）．円形に近い葉をシャベルにたとえたものか．苔類
Sceptridium　n.<g. sceptron（帝王のもつ笏の一種で，長い柄がある）．葉上に高く挺出する胞子嚢群の形をそれに見立てた．ハナワラビ科
Sceptrocnide　f.<g. sceptron（帝王のもつ笏）＋cnide（イラクサ）．イラクサに近いが，葉上に高く花序が抜け上がる特徴をたとえたもの．イラクサ科
Scheuchzeria　f.<人名　スイスの植物学者 Johann Jacob（1672-1733）および Johann（1684-1738）の Scheuchzer 兄弟に捧げられた名．ホロムイソウ科
Schistostega　f.<g. schisto（裂けた）＋stegio（包皮）．植物体全体をへりの切れ込んだ包葉に見立てたものか．蘚類
Schizachne　n.<g. schizein（裂ける）＋achne（もみがら）．イネ科
Schizandra　f.<g. schizein（裂ける）＋aner, andros（雄しべ）からなる．縦裂したやくに基づく．モクレン科
Schizocodon　m.<g. schizein（切れる，裂ける）＋kodon（鐘）からなる語．鐘形の花冠はへりが細かく切れ込んでいるため．イワウメ科
Schizonepeta　f.<g.＋属名　schizo（裂ける）＋*Nepeta*（ミソガワソウ属）．*Nepeta* に近いが，それの葉と異なり羽状全裂をするから．シソ科
Schizopepon　n.<g. schizo（切れる，裂ける）＋pepon（メロン）．果実が熟すと開裂するため．ウリ科
Schizophragma　n.<g. schizo（切れる，裂ける）＋phragma（隔壁，壁）．果実が熟すると壁の肋と肋との間で割れて，裂けるため．ユキノシタ科
Schlumbergera　f.<人名　19 世紀中頃のフランスの園芸家 Frederick Schlumberger の名に因む．サボテン科
Schoenus　m.<g. ギリシャ語schoinos（イグサ）に由来する語．全形が似ているから．カヤツリグサ科
Schoepfia　f.<人名　ドイツの植物学者 Johann D. Schoepf（1752-1800）を記念した名．ボロボロノキ科
Sciadopitys　f.<g. scias, sciados（傘）＋pitys（モミ）．傘形のモミの意．葉状の短枝がほぼ輪状につくことによる．ヒノキ科
Sciaphila　f.<g. scio（陰）＋philios（好む）．日陰を好む意．生態からきた名．ホンゴウソウ科
Scilla　f.<g. ある植物 *Urginea maritima* のギリシャ名 Skilla からの転用．ユリ科
Scinaia　f.<人名　D. Scina の名に基づく．ガラガラ科
Scirpus　m.<l. イグサまたはそれに似た植物のラテン名を転用したもの．カヤツリグサ科
Scleria　f.<g. ギリシャ語 skleros（固い）に由来．丸くてかたい果実からついた．カヤツリグサ科
Scleroderma　n.<g. skleros（硬い）＋dermos（皮）．子実体の皮が硬いことから．ニセショウロ科
Scolopendrium　n.<g. ギリシャ語 skolopendra（ムカデ）より．葉面に規則正しく茶色の嚢唯が左右に多く並ぶ有様をムカデの足に見立てたもの．ウラボシ科
Scopolia　f.<人名　イタリアの植物学，動物学などの学者 Giovanni Antonio Scopoli（1723-1788）に因む．ナス科
Scrophularia　f.<l. ラテン語 scrofula（るいれき）より．*Scrophularia nodosa* のるいれき状の塊根から．ゴマノハグサ科
Scutellaria　f.<l. ラテン語 scutella（小皿）．宿存萼に円い附属物があることからついた．シソ科
Scytosiphon　m.<g. scytos（革）＋siphon（管）．植物体が一見革質の管状を呈することによる．カヤモノリ科
Secale　n.<l. 多分ライムギと思われる植物のラテン名より．ラテン語 seco（切る）に由来するという．イネ科
Sechium　n.<g. この植物の西インド名．また，ギリシャ語 sekos（垣根，囲い）ともいわれ，その果実が家畜の飼料となるからだという．ウリ科
Securinega　f.<l. securis（斧）＋nego（拒む）から．材が堅いため斧で切れぬと表現したもの．トウダイグサ科
Sedum　n.<l. ラテン語 sedeo（座る）から．岩や崖にはりつく種類があるため．ベンケイソウ科
Selaginella　f.<属名　ヒカゲノカズラのラテン語古名 selagoに由来する．*Selago* P.Br（属名）の縮小形．ゴマノハグサ科に *Selago* L. の同名があり，*Selaginella*（イワヒバ属）に変更された．イワヒバ科
Semiaquilegia　f.<l. semi（半分）＋*Aquilegia*（オダマキ属）からなる語．*Aquilegia* に近いが別の意．牧野富太郎の命名．キンポウゲ科
Semiarundinaria　f.<l.＋属名　semi（半分）＋*Arundinaria*（属名）からなる語．牧野富太郎の命名を 1952 年に中井猛之進がナリヒラタケ属として正式に発表した．イネ科
Senecio　m.<l. senex（老人）に由来するラテン名．多くの種に灰白色の毛または白色の冠毛のあることによる．キク科
Serissa　f.<地方語名　この植物の東インド地方の名に由来する．アカネ科
Serratula　f.<l. ラテン語 serra（鋸）の縮小形 serrula から．葉の形に基づく．キク科
Sesamum　n.<g. 古名．ギリシャ語の zesamm，アラビア語の sessem など，ゴマを指す古名に基づく．ゴマ科
Seseli　f.<g. この植物の古代ギリシャ名 Seseli より．セリ科
Setaria　f.<l. ラテン語 seta（剛毛）に由来する名．小穂基部を囲む剛毛からついた．イネ科
Shibataea　f.<人名　日本の植物生理化学の基礎を築いた Keita Shibata（柴田桂太）（1877-1949）の名に因む．牧野富太郎と共に竹の解剖学的研究をした．牧野富太郎の命名で，中井猛之進がオカメザサ属として 1933 年に正式に発表した．イネ科
Shiia　f.<地方語名　牧野富太郎の命名で，日本名のシイからきた名．ブナ科
Shishindenia　f.<地方語名　日本の園芸植物シシンデン（紫辰殿）の名を属名としたもの．牧野富太郎のつけた名を小泉源一が正式に発表した．ヒノキ科
Shortia　f.<人名　アメリカの植物学者 Chales W. Short（1794-1863）の名に因む．イワウメ科
Sibbaldia　f.<人名　スコットランド，エディンバラ大学

の医学者で植物学者 Robert Sibbald（1643-1720）に因む．バラ科

Siegesbeckia　f.<人名　ドイツライプチッヒの医師，植物学者で，ロシアセントペテルスブルクの植物学者 Johann Georg Siegesbeck（1686-1755）に因む．自分に対立した植物学者に対してリンネが命名した．キク科

Sieversia　f.<人名　18 世紀ドイツの旅行家で植物学者 Johann Sievers の名に因む．バラ科

Silene　f.<g．粘液を出す *Viscaria*（ムシトリビランジ属，ナデシコ科）のギリシャ名から転用された．*Silene* 属の植物に粘液性の分泌液を出すものが多いので，これを神話の Silenes（酒の神 Bacchas の養父）が酔って泡だらけになった様子にたとえたもの．ナデシコ科

Siler　n.<l．セリ科の別属 *Sium* または *Selinum* の変形した形．セリ科

Sinningia　f.<人名　ボン植物園の Wilhelm Sinning（1794-1874）の名に因む．園芸分野では一般に Gloxinia（＝*S. speciosa*）と呼ばれる．イワタバコ科

Sinomenium　n.<l．Sina（支那）＋menis（半月）．果実の核が半月形をなし，中国産であるため．ツズラフジ科

Siphonostegia　f.<g．siphon（管）＋stege（蓋）．長い管状のがく筒に基づく．ゴマノハグサ科

Sisymbrium　n.<g．ギリシャの古い植物名 sisymbrion が転用されラテン語化した形．アブラナ科

Sisyrinchium　n.<g．Theophrastus が恐らく今の *Iris sisyrinchium* に使った名が後にこの属に移されたもの．アヤメ科

Sium　n.<g．沼沢性の植物のギリシャ古名 sion より．多分 *Sium angustifolium* とカワジサの両方に対する名．その語源はケルト語の siw（水）である．セリ科

Skimmia　f.<地方語名　日本名シキミ（ミヤマシキミ）に由来してつけられた名．Thunberg の命名．ミカン科

Smilacina　f.<属名　*Smilax*（サルトリイバラ属）の縮小形．葉形が似るところがあるから．ユリ科

Smilax　f.<g．この植物のギリシャ古名から転用．ユリ科

Smithia　f.<人名　ロンドンのリンネ協会の創立者 James Edward Smith（1759-1829）に因んだ名．マメ科

Solanum　n.<l．*Solanum nigrum* のラテン古名より．一説にはこの属の植物に鎮痛作用をもつものがあるので solamen（安静）からついた名ともいう．ナス科

Solidago　f.<l．ラテン語 solido（完全にする，健康にする）より．傷を治すとの評判による．キク科

Sonchus　m.<g．Theophrastus の用いたギリシャ古名 sonchos より．キク科

Sophora　f.<地方語名　アラビア語でマメの種類 sophera より，リンネが使用した．マメ科

Sorbaria　f.<属名　属名 *Sorbus*（ナナカマド属）に似た．葉が似ているところから．バラ科

Sorbus　f.<l．この植物の古いラテン名 sorbus より．バラ科

Sorghum　n.<l．サトウモロコシの古名でイタリア語 sorgo から．イネ科

Sparganium　n.<g．ギリシャ語 sparganon（帯，バンド）の縮小形 sparganion に由来する．リボン状の葉の形にもとづいてつけられた名．ミクリ科

Spartium　n.<g．ギリシャ語の植物名 Sparton の縮小形 spartion（ひも，縄）より．マメ科

Spathoglossum　n.<g．spatha（刀）＋glossa（舌）からなる語．葉の裂片の形から．アミジグサ科

Spergula　f.<l．spargo（まき散らす）から．早く成長してまぐさとするために種子をまきちらすことから．ナデシコ科

Spergularia　f.<属名 *Spergula*（オオツメクサ属）の縮小形．ナデシコ科

Sphaerophorus　m.<g．sphaeros（球）＋phoros（持つ）．球形の子器ができるから．サンゴゴケ科

Sphaerotrichia　f.<g．sphaero（球）＋trichia（糸）．中軸糸は先端に丸い細胞があるから．ナガマツモ科

Sphagnum　n.<l．古いコケの名．蘚類

Sphenomeris　n.<g．spheno（楔）＋meris（部分）．小羽片（裂片）が楔形を呈するから．ウラボシ科

Spicantopsis　f.<属名＋g．*Spicanta*（属名）＋opsis（似る）からなる語．中井猛之進の命名．*Blechnum*（シシガシラ属）の異名．ウラボシ科

Spilanthes　f.<g．spilos（しみ，まだら）＋anthos（花）．命名の基となった種では，黒い花粉が白い舌状花の上に落ちて，斑点状となることから．キク科

Spinacia　f.<l．ラテン語 spina（刺）に由来する古名．あるいはイタリア語 spinace またはスペイン語 espinace からラテン語化した．果実を包む苞に二本の硬い刺があるため．アカザ科

Spiraea　f.<g．ギリシャ語 speira（らせん，輪）に由来する．花輪を作るため．あるいは，はじめは *Ligustrum vulgare* に speiraia の名があった．後に今の属名として転用された．バラ科

Spiranthes　f.<g．speira（らせん）＋anthos（花）．花穂がよじれるので花がらせん状に着くため．ラン科

Spirodela　f.<g．speira（螺旋，ひも）＋delos（明かな）からなる語．ウキクサ科

Spodiopogon　m.<g．spodios（灰色）＋pogon（ひげ）．小穂の粗毛または芒のことからか．イネ科

Sporobolus　m.<g．sporos（種子）＋ballein（投げる）．ばらばらについた粒に対する名．イネ科

Spuriopimpinella　f.<l.＋属名　spurius（異常の，適法でない）＋*Pimpinella*（ミツバグサ属）．*Pimpinella* に似るが異なるの意．カノツメソウ属として北川政夫の発表．セリ科

Stachys　f.<g．stachyus（耳，ムギの穂）に由来する名．花の付き方から．シソ科

Stachyurus　m.<g．stachyus（穂）＋oura（尾）．尾状に下がる花穂に対してついた名．キブシ科

Staphylea　f.<g．staphyle（房またはブドウ）．総状の花序に基づく．ミツバウツギ科

Statice　f.<g．ギリシャ語 statizo（止める）．この属の一種に下痢止めの効のあるものがある．イソマツ科

Stauntonia　f.<人名　アイルランドの George Leonard Staunton（1737-1801）の名に因む．彼は医師で後に大使として中国に駐在した．アケビ科

Stellaria　f.<l．stella（星）．花の形が星型をしていることからきたもの．ナデシコ科

Stemona　f.<g．ギリシャ語 stemon（糸，雄しべ）に由来する語．雄しべが集って先に顕著の附属物をつける特長があることからきた名．ビャクブ科

Stenoloma　f.<g．steno（せまい）＋loma（縁辺）．小羽片が厚味があって葉縁部がきわめてせまくみえるから．ウラボシ科

Stephanandra　f.<g．stephanos（冠）＋andros（雄しべ）．雄しべが冠状に宿存するから．バラ科

Stephania　f.<g．stephanos（冠）．雄花の雄しべは楯状に癒合して冠にみえるから．ツヅラフジ科

Stephanotis　f.<g．stephanos（冠）＋ous（耳）からなる合成語．ガガイモ科

Stereocaulon　n.<g．stereo（硬直な）＋caulon（茎）．植物

体が樹枝状となるから．ハナゴケ科

Stereodon　m.<g.　stereo（硬直な）＋odons（歯）．蘚類

Stewartia　f.<人名　イギリスの首相であった John Stuart（公式にはしばしば Stewart と書かれた）（1713-1792）の名に因む．植物学と園芸の後援者であった．ツバキ科

Sticta　f.<g.　stictos（点）．地衣体の裏に一面に点があるから．ヨロイゴケ科

Stigmatodactylus　m.<g.　stigma（柱頭）＋dactylos（指）．ずい柱の中央腹面に指状になって柱頭が突出する特徴から．ラン科

Stipa　f.<g.　ギリシャ語 stuppe（麻くず，粗麻）．基準種の羽毛状の花序が亜麻色をしていることによる．イネ科

Stipellaria　f.<g.　stuppe（麻くず）．雌花の柱頭が突出した有様をいったものか．トウダイグサ科

Stokesia　f.<人名　イギリスの植物学者 Jonathan Stokes（1755-1831）の名にちなむ．キク科

Streptolirion　n.<g.　streptos（捻れた）＋lirion（ユリ）．ユリに多少似た植物で茎がからみつくから．ツユクサ科

Streptopus　m.<g.　streptos（捻れた）＋pous（足）．花柄がねじれて葉の下に入るから．ユリ科

Strobilanthes　m.<g.　strobilos（球果）＋anthos（花）．まつかさのように球果状をなす花序に基づく．キツネノマゴ科

Struthiopteris　f.<g.　strouthion（小雀）＋pteris（シダ）からなる語．ウラボシ科

Styphnolobium　n.<g.　Styphn（縛った，収斂性の）＋lobos（片）．果実がところどころくびれていることから．マメ科

Stypopodium　n.<g.　stypos（毛の生えた）＋podus（足）．アミジグサ科

Styrax　m.<g.　storax（安息香）を産出する樹木の古代ギリシャ名．エゴノキ科

Suaeda　f.<地方語名　アラビア語で suad はソーダ．海岸にはえるから．アカザ科

Suhria　f.<人名　南アフリカの海藻を調べた J. N. Suhr を記念した名．テングサ科

Suillus　m.<l.　suillus（豚の）．アミタケ科

Swertia　f.<人名　オランダの園芸業者で Florilegium（1612-1614）の著者 Emanuel Sweert（1552-1612）に因む．リンドウ科

Symphyocladia　f.<g.　ギリシャ語 symphyo（共に生える，共生の）＋clados（枝）から．syn-（共に）は p の前では sym- となる．多数に枝分かれするため．フジマツモ科

Symphytum　n.<g.　symphyo（共に生える）に由来するギリシャ古名．切り傷の薬として薬効があるため．ムラサキ科

Symplocarpus　m.<g.　symploce（編み合わせた，結合した）＋carpos（果実）．子房が集合した果実に合着していることによる．サトイモ科

Symplocos　f.<g.　symplocos（結合した）．雄しべの基部が癒合していることによる．ハイノキ科

Syneilesis　m.<g.　syn（結合した）＋eilo（巻きつく）．合着して巻いた子葉を持つという意味で名づけられた．キク科

Synurus　m.<g.　syn（共に）＋oura（尾）．葯の下部尾状の付属物が合一して筒になるため．キク科

Syringa　f.<g.　syrinx（ユキノシタ科の *Philadelphus* の小枝でつくられた笛のギリシャ名）．最初 *Philadelphus* 属の名であったものが後に全く異なる今の属に移されたもの．モクセイ科

T

Taeniophyllum　n.<g.　tainia（帯）＋phyllon（葉）．扁平な帯状の気根を葉に見立てたもの．ラン科

Tagetes　f.<l.　ギリシャ・ローマ神話にでてくるエトルリア国の神 Tages の名に因む．キク科

Talinum　n.<地方語名　アフリカ，セネガンビアの地方語名 tali から．スベリヒユ科

Tamarix　f.<l.　ラテン古名 tamariscus より．ピレネー地方の Tamaris 川の流域に多く産したためと云う．ギョリュウ科

Tanacetum　n.<l.<g.　不死の意味のギリシャ語 athanasia から古ラテン名 tanazita を生じた．キク科

Tanakaea　f.<人名　明治初年博物局にいて日本の博物学・生物学を主導した Yoshio Tanaka（田中芳男）（1838-1916）の名に因む．Franchet と Savatier の命名．ユキノシタ科

Taraxacum　n.<l.　中世ラテン名 tarasacon とペルシャ語 talk chakok（にがい草）からアラビア語の tarakhshagog（にがい草）を通して変形された名といわれる．キク科

Tarenna　f.<地方語名　スリランカのシンハリ語 tarana に由来する．アカネ科

Taxillus　m.<属名　*Taxus*（イチイ属）の縮小形．イチイに葉状が似るから．ヤドリギ科

Taxodium　n.<属名　*Taxus*（属名）＋eidos（<g. 似た）．*Taxus*（イチイ属）に葉が似ているため．ヒノキ科

Taxus　f.<g.　ギリシャ名 taxos（イチイ）から．しばしば弓 taxos を作るのに用いられたと言われる．イチイ科

Telanthera　f.<g.　teleos（完成した）＋anthera（葯）からなる合成語．雄しべと仮雄ずいがあるため，完全な雄しべのあることに基づいた属名．ヒユ科

Ternstroemia　f.<人名　スウェーデンの自然科学者，リンネの使徒の一人で1745年中国の植物調査に向かい，途上死亡した Christhpher Ternstroem（1703-1746）の名に因む．ツバキ科

Tetragonia　f.<g.　tetra（四）＋gonia（かど）．果実に 4 稜ある形による．ヒユ科

Teucrium　n.<g.　Dioscorides によってこの属と近縁の植物につけられた名 teucrion に由来する．この植物を初めて薬とし手持ちいたトロイの王 Teukros に因む．シソ科

Thalictrum　n.<g.　Dioscorides がつけたこの属の植物に対する名 thaliktron より．キンポウゲ科

Thea　f.<地方語名　中国アモイの茶 t'e（標準中国語ch'a）からオランダ語 tee となり，それからきた名．ツバキ科

Theligonum　n.<g.　thelys（女）＋gonue（膝）．Thelygonum とも綴ったが間違い．ヤマトグサ科

Themeda　f.<地方語名　アラビア語の植物名 thaemed に由来する名．イネ科

Thermopsis　f.<g.　thermos（ルピナス）＋opsis（似た）．花や葉の類似から．マメ科

Therorhodion　n.<g.　theros（夏）＋rhodon（バラの縮小形）からなる語．北地の夏に濃い赤色の花を開くから．ツツジ科

Thesium　n.<l.　ギリシャ名 thesion に由来するラテン名．ビャクダン科

Thlaspi　n.<g.　ギリシャ語の thlaein（押しつぶす）からきた語．平たい角果を指した．あるいはカラシナの一種のギリシャ名 thlaspis より．アブラナ科

Thuja　f.<g.　或種の常緑で樹脂を出す植物（恐らく *Tetraclinis articulata*）のギリシャ古名 thyia または thyon に由来．あるいはビャクシン属 *Juniperus* の一種

のギリシャ古名 thuia より．またはギリシャ語の thyon（犠牲）より．この属の植物の枝や葉を祈りの時に香として燃やすためともいわれる．ヒノキ科

Thujopsis　f.<属名　*Thuja*（クロベ属）＋opsis（似た）．ヒノキ科

Thunbergia　f.<人名　スウェーデンの植物学者 Carl Peter Thunberg（1743-1828）の名に因む．リンネの弟子，1775-1776 年に日本の植物を調べるため長崎に滞在し，その間カピタンの江戸参府に同行した．最初の日本植物誌（1784）をはじめ日本の植物について多数の論文を発表し，多くの日本植物を命名した．日本への途上南アフリカケープ地方，ジャワにも滞在し，その地の植物相をも明らかにした．牧野富太郎は Thunberg の命名した学名をよく調べ直した．キツネノマゴ科

Thymus　m.<g.　Theophrastus が用いたこの植物のギリシャ名．おそらく thyein（香を蒸らす）に由来するギリシャ古名 thyme に基づく名．香に用いられたため．一説にもとは *Corydothymus capitatus* の名が thymos で，神への供物につかわれたので神聖なという意味のギリシャ語 thymo から出たろうという．シソ科

Tiarella　f.<l.　ギリシャ語tiara（小さな王冠）の縮小形に由来する．果実の形からきた名．ユキノシタ科

Tilia　f.<l.　ボダイジュに対するラテン古名．語源は ptilon（翼）で，翼状の包葉が花梗に癒着しているため．シナノキ科

Tilingia　f.<人名　ロシアの植物学者 Heinrich S. T. Tiling（1818-1871）に因む．セリ科

Tillaea　f.<人名　イタリアの植物学者，Pisa の教授 Michelangelo Tilli（1655-1740）の名に因む．ベンケイソウ科

Tinocladia　f.<g.　tinos（のびた，顕著な）＋clados（枝）．枝がひろがるため．ナガマツモ科

Tofieldia　f.<人名　イギリスの植物学者 Thomas Tofield（1730-1779）の名に因む．ユリ科

Toisusu　f.< 地方語名　アイヌ語 toi（墓）＋susu（ヤナギの幹）．オオバヤナギのアイヌ名より．墓にこの材を使うため，それを属名としたもの．木村有香の命名．ヤナギ科

Toona　f.<地方語名　この植物のインド名 tun に由来する語．センダン科

Torenia　f.<人名　スウェーデンの宣教師 Olaf Toren の名に因む．1750-1752 年にインドと中国に滞在した．ゴマノハグサ科

Torilis　f.<　Adanson が作った意味のない名らしい．あるいは tereo（穴をあける）で，ヤブジラミ属の刺状の毛のある果実によるともいわれる．セリ科

Torreya　f.<人名　北アメリカの植物相研究の基礎を築いた植物学者 John Torrey（1796-1873）の名に因む．イチイ科

Tovara　f.<人名　おそらく16世紀のスペインの医者，Simon Touar の名に因む．タデ科

Trachelospermum　n.<g.　trachelos（頸）＋sperma（種子）．種子の形状からといわれる．キョウチクトウ科

Trachycarpus　f.<g.　trachys（ざらついた）＋carpos（果実）．果実の表面の感じから来た名．ヤシ科

Trachycystis　f.<g.　trachys（ざらつく）＋cyst（袋）．蘚類

Tradescantia　f.<人名　イギリスCharles一世の園丁師 John Tradescant（1608一1662）に因んだ名．ツユクサ科

Tragopogon　m.<g.　tragos（牡ヤギ）＋pogon（ひげ）．著しい冠毛からついた．キク科

Trametes　f.<l.　かさの管孔が trama 層に貫入しているから．サルノコシカケ科

Trapa　f.<l.　calcitrapa（まきびし，敵の進行を防げる刺のある鉄製の武器）から．果実は四方に出た刺をもつため．アカバナ科

Trapella　f.<属名　*Trapa*（ヒシ属）の縮小形．形態や生えている場所が似ているため．ゴマ科

Trautvetteria　f.<人名　ロシアの植物学者 Ernst Rudolph von Trautvetter（1809-1889）に対して捧げられた名．キンポウゲ科

Trematodon　m.<g.　tremato（孔のある）＋odons（歯）．蘚類

Triadenum　n.<g.　tri（三）＋adenodes（腺のある）．雄しべのもとにある三つの腺体に基づく．オトギリソウ科

Triadica　f.<g.　花が三数からなるため．トウダイグサ科

Tribulus　m.<l.　tri（三）＋ballo（投げる）．まきびし（Trapa 参照）から．刺の多い果実の形が似ているため．ハマビシ科

Trichocolea　f.<g.　thrix, trichos（毛）＋colea（さや）．苔類

Trichoglossum　n.<g.　thrix（毛）＋glossum（舌）．舌状の体一面に毛がはえているから．テングノメシガイ科

Tricholoma　n.<g.　thrix（毛）＋oma（縁）．辺縁に毛があるため．マツタケ科

Trichomanes　f.<g.　ギリシャ語 thrix, trichos（毛）＋manos（まばらの，柔らかい）．Theophrastus の記録した Trichosmanes より．あるいは *Adiantum* に似た或種のシダ（恐らく *Asplenium trichomanes*）のギリシャ名からの転用ともいわれる．コケシノブ科

Trichophorum　n.<g.　thrix（糸）＋phorein（持つ）．果実に糸状のひげがあるから．カヤツリグサ科

Trichosanthes　f.<g.　thrix（毛）＋anthos（花）．花冠の先が細裂して糸になるから．ウリ科

Tricyrtis　f.<g.　tri（三）＋kyrtos（曲がった，瘤のある）．三枚の外花被の基部が袋状に曲がっているため．ユリ科

Trientalis　f.<l.　ラテン語 trientalis（1／3フィート）より．植物体の高さから．サクラソウ科

Trifolium　n.<l.　tri（三）＋folium（葉）．葉が三小葉でできているため．マメ科

Triglochin　n.<g.　tri（三）＋glochin（尖端，やじりのあご）．*T. palustris* の熟した痩果が裂開した時三つにさけて下に長く尖ることによる．シバナ科

Trigonotis　f.<g.　tri（三）＋gonos（角）＋ous（耳）．分果の形から．ムラサキ科

Trillium　n.<l.　tri（三）に由来する語．葉が三数からなるため．ユリ科

Tripetaleia　f.<g.　tri（三）＋petalon（花べん）．花冠が三深裂しているため三枚の花弁のようにみえる．ツツジ科

Tripterospermum　n.<g.　tri（三）＋pteris（翼）＋sperma（種子）．種子に三枚の翼があるから．リンドウ科

Tripterygium　n.<g.　tri（三）＋pterygion（小翼）．果実には三枚の翼がある．ニシキギ科

Trisetum　n.<l.　tri（三）＋seta（剛毛）．3 本の芒のある外穎から．イネ科

Triticum　n.<l.　コムギの古代ラテン名に由来する．イネ科

Tritomodon　n.<g.　tri（三）＋tome（切断）＋odons（歯）．花冠の裂片が三裂するから．ツツジ科

Tritonia　f.<g.　ラテン語 trition（風見，風向計）より．雄しべの方向が異なるためという．あるいはギリシャ神話に出てくる海の女神の名 Triton に由来する名ともいわれる．アヤメ科

Triumfetta　f.<人名　イタリアの植物学者 G. B. Triumfetti（1858-1908）に因む．シナノキ科

Trochodendron　n.<g. trochos（車輪）＋dendron（樹木）. 雄しべと子房とが車状につくことによる. ヤマグルマ科

Trollius　m.<地方語名　ドイツ名 Trollblume をラテン語化した Trollius flos（円い花）に由来する語. キンポウゲ科

Tropaeolum　n.<g. tropaion（戦勝トロフィー）に由来する語. 盾形の葉とかぶとに似た花の形からの連想. ノウゼンハレン科

Tsuga　f.<地方語名　日本名ツガによる. 1855 年にフランス人園芸学者 Èlie A.Carrière（1818-1896）がツガに基づいて命名した. マツ科

Tsusiophyllum　n.<地方語名＋g. tsutsuzi（ツツジ）＋phyllon（葉）. 葉がサツキなどのツツジに似るから. ハコネコメツツジに対する C.J.Maximowicz の命名. ツツジ科

Tubocapsicum　n.<l. tubus（管）＋*Capsicum*（トウガラシ属）. がくのふくらみが筒形にみえるから. ハダカホオズキ属として 1908 年に牧野富太郎の命名. ナス科

Tulipa　f.<地方語名　トルコ語でターバンを表す語 tulbend に由来するといわれる. 花がそれに似ている. ユリ科

Turpinia　f.<人名　フランスの植物学者 Pierre J. F. Turpin（1775-1840）に因む. ミツバウツギ科

Tylophora　f.<g. tylos（節, たこ, はれもの）＋phoreo（有する）. 副花冠の隆起をたこに見立てた. ガガイモ科

Typha　f.<g. ギリシャ古名Typheに由来する. tiphos（沼）から来たという. ガマ科

Typhonium　n.<神名　ギリシャ神話に出てくる怪物で大地と地獄との間に生まれたTyphonの名に因む. サトイモ科

U

Ulmus　f.<l. ラテン古名. この植物に対するケルト語の呼び名 ulm または elm に基づく. ニレ科

Ulva　f.<l. ケルト語の ul（水）より. アオサ科

Uncaria　f.<l. ラテン語 uncus（かぎ）. 茎にかぎ状に曲がった刺があるから. アカネ科

Undaria　f.<l. unda（波, 流水, 潮）. コンブ科

Urena　f.<地方語名　この植物の Malabar 語のよび名 uren に由来する名. アオイ科

Urtica　f.<l.　uro（燃やす, ちくちくする）に由来するラテン古名. 刺毛に蟻酸があって, 触れると劇痛をおこすため. イラクサ科

Usnea　f.<地方語名　アラビア語の usnea（苔）から来た名. サルオガセ科

Utricularia　f.<l. ラテン語 utriculus（小さな革袋, 小気胞）. 葉の小さい捕虫嚢を示す. タヌキモ科

V

Vaccaria　f.<l. ラテン語 vacca（牝牛）に由来する. 牛の飼料に使われたため. ナデシコ科

Vaccinium　n.<l. 有史以前の地中海言語で, ギリシャ語 hyakinthosに同じ言葉から由来したラテン名. 液果を付ける低木の名前に転化した. 多分, ドイツの俗語 Kuhteke（牝牛）の影響をうけたラテン語の vaccinus（牝牛（複数）の）に由来する語ともいわれる. ツツジ科

Valeriana　f.<l. ラテン名. ラテン語 valere（健康である）より. この植物の薬効による. あるいはリンネがローマ皇帝 Publius Aurelius Licinius Valerianus（253-260 在位）に献名したともいう. オミナエシ科.

Valerianella　f.<属名　*Valeriana*（カノコソウ属）の縮小形. オミナエシ科

Vallisaneria　f.<人名　イタリアの植物学者 Antonio Vallisnieri de Vallisnera（1661-1730）の名に因む. トチカガミ科

Vandellia　f.<人名　イタリア人植物学者の Domenico Vandelli（1735-1816）に因む. ポルトガルの Coimbra 大学の化学と博物学の教授で, 植物園長であった. ウリクサ属で, *Lindernia* の異名. ゴマノハグサ科

Vandenboschia　f.<人名　オランダの植物学者, 医者 Roelof Benjamin van den Bosch（1810-1862）に因む. Java のコケシノブ科を研究した. コケシノブ科

Vanieria　f.<人名　フランスの Jaques de Vaniere の名に因む. *Cudrania* の異名. クワ科

Vanvoorstia　f.<人名　Joh. van Voorst の名に因む. コノハノリ科

Venturiella　f.<属名　*Venturia* の縮小形. 蘚類

Veratrum　n.<l. ラテン語 vere（真に）＋ater（黒い）. 根の色に基づく. 次の説もある. verator は予言者. 北欧に「クシャミをしてからいうことは真実」とする伝説があり, この属の植物の根にクシャミを起させる薬効があるためといわれる. ユリ科

Verbena　f.<l. ラテン名より. 或種の神聖な宗教上の儀式や薬に用いたゲッケイジュなど枝と葉に対するラテン名. クマツズラ科

Verbesina　f.<属名　*Verbena*（クマツヅラ属）に似た葉をもつ. キク科

Veronica　f.<聖者名　聖者 St. Veronica に因む. ゴマノハグサ科

Veronicastrum　n.<属名　*Veronica*（クワガタソウ属）＋astrum（似ている）. 偽の *Veronica* の意. ゴマノハグサ科

Viburnum　n.<l. *Viburnum lantano* に対するラテン古名. スイカズラ科

Vicia　f.<l. ラテン古名より. この属の植物につる性のものが多いので, ラテン語の vincio（巻きつける, 結ぶ, 巻きつく）が語源ともいう. マメ科

Vigna　f.<人名　イタリアピザの植物学教授 Dominico Vigna（1647年没）に捧げられた名. 1625年に Theophrastus の注釈書を出版した. マメ科

Villebrunea　f.<人名　イワガネ属. Villebrune に因んだ名と思われる. *Oreocnide* の異名. イラクサ科

Vinca　f.<l. Pliny のつけた名. 花輪を作るのに用いる長いしなやかな枝を指すラテン語 vinca pervinca の省略形. ラテン語 vincio（結ぶ）. キョウチクトウ科

Viola　f.<l. ラテン古名の viola から. スミレ科

Viscum　n.<l. ヤドリギのラテン名. ラテン語 viscum（とりもち）に由来する語. 果実の粘性によるもの. ヤドリギ科

Vitex　f.<l. vieo（結ぶ）に由来する語. この属の植物の枝でかごを編んだため. クマツズラ科

Vitis　f.<l. ラテン古名. ブドウ科

Vittaria　f.<l. vitta（帯）に由来する語. 細長い葉形によるもの. ウラボシ科

W

Wahlenbergia　f.<人名　スウェーデンウプサラの植物学者 Georg Wahlenberg（1780-1851）の名に因む. キキョウ科

Waldsteinia　f.<人名　オーストリアの植物学者で Francz

Adam Waldstein-Wartenburg（1759-1823）に捧げられた．バラ科

Wasabia　f.<地方語名　松村任三が日本名のワサビから命名した．*Eutrema* の異名．アブラナ科

Wedelia　f.<人名　ドイツイエナの植物学教授 Georg W. Wedel（1645-1721）に因んだ名．キク科

Weigela　f.<人名　ドイツの植物学者 Christian Ehrenfried von Weigel（1748-1831）に因む．スイカズラ科

Weisia　f.<人名　Weis の名を記念したもの．蘚類

Wendlandia　f.<人名　ドイツの Johann Christiph Wendland（1755-1828）またはその息子で Herrenhausen 王室植物園園長の Heinrich Ludolph Wendland（1792-1869）の名に因む．アカネ科

Wikstroemia　f.<人名　スウェーデンの植物学者 Johannes E. Wikstroem（1789-1856）の名に因んだ名．ジンチョウゲ科

Wisteria　f.<人名　アメリカペンシルベニア大学解剖学教授 Caspar Wistar 教授（1761-1818）に因む．国際植物命名規約で *Wisteria* が保存名に指定されており，Wistaria は使わない．マメ科

Woodsia　f.<人名　イギリスの建築家 Joseph Woods（1776-1864）に因む．植物の著書がある．ウラボシ科

Woodwardia　f.<人名　イギリスの植物学者 Thomas Jenkinson Woodward（1745-1820）の名に因む．ウラボシ科

Wynnea　f.<人名　採集家 Wynn を記念する．チャワンタケ科

X

Xanthium　n.<g.　ギリシャ語 xanthos（黄色）より．毛髪を黄色に染めるのに使われたオナモミに由来．キク科

Xiphopteris　m.<g.　xiphus（剣）＋pteris（シダ）．葉の輪廓が刀状をなすため．ウラボシ科

Xylaria　f.<g.　xylon（木材）．菌体が木材につき，しかも堅いから．マメザヤタケ科

Xylosma　f.<g.　xylon（木材）＋osmos（香）．イイギリ科

Y

Yoania　f.<人名　江戸時代の本草学者 Yôan Udagawa（宇田川榕庵 1798-1846）に因む．『植学啓原』（1822）と『菩多尼訶経』（1822）を著し，西洋植物学を初めて日本に紹介した．ロシアの植物学者 C.J.Maximowicz の命名．ラン科

Youngia　f.<人名　イギリスの有名な詩人・作家 Edward Young（1684-1765）および医者 Thomas Young（1773-1829）に献名されたとも，19 世紀初期のイギリスの植木屋 Charles, James および Peter Young に因むともいわれている．キク科

Yucca　f.<地方語名　マニホットまたはキャッサバに対するペルーまたはカリブ海地方の名Yucaが誤用された，あるいはハイチの地方語名ともいわれる．ユリ科

Z

Zabelia　f.<人名　ドイツの樹木学者 Hermann Zabel（1832-1912）に因む．最初 *Abelia* 属の節の名であったが，1948 年に牧野富太郎によって発音が近いので選ばれた．スイカズラ科

Zantedeschia　f.<人名　イタリアの植物学者 Francesco Zantedeschi（1797年生まれ）の名に因む．サトイモ科

Zanthoxylum　n.<g.　xanthos（黄）＋xylon（材）．材の色による名．Xanthoxylum は間違い．ミカン科

Zea　f.<g.　或種のイネ科植物（コムギの品種）に対するギリシャ古名．リンネによってこの属の名に使われた．イネ科

Zelkova　f.< 地方語名．*Zelkova carpinifolia* に対するコーカサス地方の呼名 zelkoua または tselkwa から来た．ニレ科

Zephyranthes　f.<g.　ギリシャ語 zephyros（西風）＋anthos（花）．西印度が原産地であるのによる．ヒガンバナ科

Zingiber　n.<g.　Dioscorides が用いたギリシャ古名，またはアラビアの香辛料 zingiberis より．サンスクリット語 sringavera（角形の）に由来する語．根茎の形によるとされる．ショウガ科

Zinnia　f.<人名　ドイツゲッチィンゲン大学植物学教授 Johann Gottfried Zinn（1727-1759）に因む．キク科

Zizania　f.<g.　ギリシャ名の zizanion（麦畑の雑草名）に由来する．イネ科

Zizyphus　f.<g.　ペルシャ名 *Zizfum* または *Zizaun*，あるいはアラビア名 Zizonf からギリシャ名 Zizyphon となったといわれる．クロウメモドキ科

Zonaria　f.<g.　zona（帯，層）．へりに沿って帯状に筋のある葉状体から．アミジグサ科

Zostera　f.<g.　ギリシャ語 zoster（帯，ベルト）より．細長い葉形による．はじめ *Posidonia oceanica* に対して Theophrastus がつかったが，後に今の属に転用された．ヒルムシロ科

Zoysia　f.<人名　オーストリアの植物学者 Karl von Zoys（1756-1800）に因む．イネ科

Zygocactus　m.<g.　ギリシャ語 zygos（くびき，一対）＋cactus（サボテン）からなる語．体の一体節毎に対になった刺状突起があるため．サボテン科

形 容 語 解 説

A

abbreviatus　短縮された，省略された
abietinus　モミ属 *Abies* のような
abortivus　奇形の，不発育の
abrotanoides　キク科の *Artemisia abrotanum* のような
abrotanus　優美な
abrupte　切形に
abruptus　切形の，突然に形または性質の変わる
absinthium　ニガヨモギ *Artemisia absinthium* のラテン名．アブサンの香料とする．聖書では災難や悲しみの象徴
abyssinicus　エチオピアの古名 Abyssinia の
acanth～，acantho～　針の～，針状の～，刺の～
acanthiformis　ハアザミ属 *Acanthus* に似た形の
acaulis　無茎の，丈のひくい
accrescens　花後増大の，あとで生長する
acephalus　無頭の，頭状花のない
acer，acris，acre　鋭い，尖った，苦い
acerbus　辛い，すっぱい，未熟の
acerifolius　カエデ属 *Acer* に似た掌状の葉の
acerinus　カエデの葉の
aceroides　カエデに似た
acerosus　針形の
acetosella　すっぱい葉をもつ植物
acetosus　すっぱい
achilleifolius　ノコギリソウ属 *Achillea* に似た葉の
acicularis　針形の，針のような
aciculatus　不規則で微細な筋（線）のある
acidissimus　非常にすっぱい
acidus　すっぱい，酸味をおびた
acinaceus　長刀形の，サーベル型の
acinacifolius　長刀形葉の，なぎなた状の葉の
acinatus　ブドウの実のような，ブドウの種子に似た，種子の多い
acmella　キク科の属 *Acmella* に由来．辛いという意味
aconitifolius　トリカブト属植物 *Aconitum* のような葉の
acro～　頂点の～，先端の～
acroadenius　先端に腺のある
acroleucus　先端の白い
acrostichoides　ミミモチシダ属 *Acrostichum* に似た
acrurensis　鋭い
actaeifolius　ルイヨウショウマ属 *Actaea* に似た葉の
actino～　放射状の～
aculeatissimus　非常に刺の多い
aculeatus　刺（針）のある
acuminatifolius　鋭尖した葉の
acuminatus　先が次第に尖る
acutangularis / acutangulus　鋭角の
acutifidus　鋭形に中裂の
acutifolius　葉の先の尖った
acutilobus　尖った裂片をもった
acutipetalus　鋭形の花弁の
acutissimus　最も鋭い
acutus　鋭形の
adeno～　腺のある～
adenocaulis　茎に腺のある
adenochlorus　腺が緑色の
adenostyloides　ラン科の *Adenostylis* のような
adenothrix　腺毛のある
adhaerens　附着しやすい，着生の
adhaerescens　やや付着しやすい（粘液などで）
admirabilis　美事な，賞すべき
adnatus　付着した，添加した
adoxoides　レンプクソウ属 *Adoxa* に似た
adpressus　圧着した
adscendens　斜上した
adsurgens　直立した
aduncus　かぎ状に曲がった，湾曲した
adustus　焦げくさい，焦げたような色の
advenus　外来の，土着のものでない
aegyptiacus　エジプトの
aemulus　競り合っている，類似した，模倣の
aeneus　黄銅色の，ブロンズ色の
aequalis　同形の，同大の
aequans　等しい
aequatus　等しい，一様な
aequialtus　同高の
aequilateralis　同じ幅の
aequinoctialis　昼夜同時間の，彼岸の季節の
aequipetalus　同型の花弁の
aerius　気生の，空中の，懸垂の
aeruginosus　緑青色の，古びた色の
aestivalis / aestivus　夏の
aethiopicus　東アフリカ，エチオピアの
affinis　酷似した，近似の，（他種と）関連のある
africanus　アフリカの
afro～　アフリカの～
agallochum　ギリシャ語 agallo-（非常に美しい）から
agano～　素晴らしい，美しい
agavoides　リュウゼツラン属 *Agave* に似た
ageratoides　カッコウアザミ属 *Ageratum* に似た
aggregatus　群生の，密集した
aginashi　和名アギナシ
agrarius / agrestis　野生の
ailanthoides　ニワウルシ属 *Ailanthus* に似た
aizoides　ツルナ科 *Aizoon* 属に似た
aizoon　ラテン語で常緑の植物の意，*Aizoon* は属名から転用
ajacis　ギリシャの英雄 Ajax の
ajanensis　シベリヤ Ajan 湾産の
akana　和名アカナ（赤菜）
akitensis　秋田産の
alatus　翼のある
albertensis　白衣をまとった
albescens　やや白い，白味を帯びた，色のあせた
albi～，albo～　白～
albicans　白っぽい，やや白い
albicaulis　白茎の
albidus　淡白色の
albiflorus　白花の
albifrons　白い葉状体の，白い葉身の
albifructus　白い果実の
albinotus　白い斑点のある
albispinus　白い刺のある
albistriatus　白い筋のある
albivenius　白い脈のある
albocinctus　白にとりかこまれた，白覆輪の
albolineatus　白線のある

albomarginatus　白い縁どりのある
alboroseus　帯白紅紫色の，白色がかったバラ色の
albospicus　白い穂状の
albovitt(at)us　白条ある
albrechtii　ロシア人，函館で1862-1863年に植物を採集したアルブレヒトM. Albrecht（1821-1865）の
albus　白色の
alcicornis　ヘラジカの角のような
aleppicus　（シリヤ）アレッポ産の
aleuticus　アリューシャン列島の
algidus　寒冷な，冷たい，氷のあるところを好む
alienus　外国の，縁故のない，変った，他の
alismoides　ヘラオモダカ属 *Alisma* に似た
alkekengi　ホオズキ *Physalis alkekengi* の形容語，そのアラビヤ名から
alliaceus　ネギに似た，ネギ属 *Allium* の
alliiformis　ネギ属 *Allium* のような形の
alnifolius　ハンノキ属 *Alnus* の如き葉の
aloides　アロエAloeに似た
aloifolius　アロエのような葉の
alopochroa　狐の皮
alpestris　亜高山の，草本帯の
alpicola　高山に住む，草本帯の
alpigenus / alpinus　高山生の
alsinoide　ナデシコ科 *Alsine* 属に似た
altaicus　アルタイ山脈（シベリヤ）の
alternans　互生の
alternifolius　互生葉の
alternus　互生の
altifolius　高い葉の
altifrons　高いところに葉のついた
altilis　肥厚の
altissimus　非常に高い，最高の
altus　高い（背の）
amabilis　愛らしい，可愛いい
amagiensis　伊豆天城山の
amakusaensis　九州天草の
amamianus / amamiensis　奄美大島の
amansii　アマンスの
amaricaulis　苦い茎の
amarus　苦味の
ambiguus　疑わしい，不確実の
ambrosioides　ブタクサ属 *Ambrosia* に似た
amelloides　キク科 *Amellus* に似た
americanus　アメリカの
ameristophyllus　分裂しない葉の
amethystinus　紫色の，紫水晶に似た色の
amethystoglossus　唇弁が紫色をした
amoenus　愛すべき，人に好かれる
amphibius　水陸両棲の，水中にも地上にも生える
amplexicaulis　抱茎の
amplexifolius　抱茎葉の
ampliatus　拡大した，広い，膨大した
amplifolius　広い葉の
amplissimus　非常に広い，最も広い
amplus　（間隔の）広い，大きい
ampullaceus　アンプル状の，瓶形に膨大した
ampullaria　瓶形の
amurensis / amuricus　アムール地方（東部シベリア）の
amygdaliformis　アーモンド形の
amygdalinus　アーモンドに似た，バラ科 *Amygdalus* に似た
anacanthus　刺のない
anacarpus　上向いた果実の
anagallis　サクラソウ科ルリハコベ属 *Anagallis* から属名転用，ギリシャ語「飾る」から
anagallis-aquaticus　水中の *Anagallis* に似た
ananassus　パイナップル科 *Ananas* の
anandrus　雄しべのない
anatolicus　トルコのアナトリア Anatolia の
anceps　二稜形の，茎に二稜のある
ancistrifolius　鈎状葉の
andicola　アンデスに住む
andinus　アンデスの
andreaeanus　アンドレーの
androgynus　雌雄花のまじった（花序などの）
anemonoides　アネモネ属 *Anemone* に似た
anfractuosus　捩れた，数回屈曲した
anglicus　英国の
anguinus　蛇のように曲がりくねった
angularis / angulatus / angulosus　稜のある，角ばった
angustatus　狭くなった，細くなった
angusti～　狭い～
angustifolius　細葉の，巾の狭い葉の
angustisquamus　狭い鱗片の
angustissimus　非常に狭い
angustus (angustior, angustissimus)　狭い，細い，（より狭い，非常に狭い）
aniso～　不等の
annamensis　安南 Annam（ベトナムの一部）産の
annotinus　一年の，前年の
annualis　一年生の
annuifrons　一年生葉の
annularis　環状の，輪状の
annulatus　輪のついた，輪模様のある
annuus　一年生の
anomalus　変則の，異常の
anosmus　無臭の
anserinus　雁猟場に生ずる
ansu　和名アンズより
anthelminthicus　駆虫の
anthephoroides　イネ科の *Anthephora* に似た
antheio～　花のような～
antho～　花の～
anthriscus　セリ科 *Anthriscus* 属からの転用
anthropohorus　人の形をした
anti～　～に対する，～を治す，～の代用の
antillaris　西インドの Antilles 諸島の
antipodum　反足の，相反した，ニュージーランド Antipodes諸島の
antipyreticus　解熱の
antiquorus　高齢の，古い，昔からつかっている
antiquus　古い
apactis　*Xylosuma apactis* の形容語．意味不明
aparine　ヤエムグラ属の一種 *Galium aparine* のギリシャ名
apenninus　イタリヤの Apennine 山脈の
apertus　開裂の，無蓋の，裸の
apetalon / apetalus　花弁の無い
aphaca　レンズ形（phakos）のまめ，マメ科 *Lathyrus*

aphaca L. の形容語
aphanolepis　鱗片（lepis）が目立たぬ（aphano）
aphyllopus　葉のない（茎の下部などに葉のつかない意味）
aphyllus　無葉の
apiaceus　オランダミツバ属 *Apium* のような
apiculatus　微尖頭の，頂点に小さい突起のある
apiifolius　オランダミツバ属 *Apium* の如き葉の
apocarpus　分離した子房から成る果実の
apodochilus　唇弁に柄の無い
apogon　ひげのない
apogonoides　イネ科の *Apogon* に似た
appendiculatus　附属物のある
applanatus　平にした，地に平たく展開した
applicatus　附属した，取りつけた，重なり合った
apricus　日当りよく乾いた所に生える
apterus　翼のない
aquaticus
aquatilis　} 水生の
aqueus　無色の，水のように透明の
aquilegiifolius　オダマキ属 *Aquilegia* のような葉の
aquilinus　鷲のような，彎曲した
arabicus　アラビヤの
arachnoides　クモの巣状の
arakianus　京都の植物研究者荒木英一（1904-1955）の
aralioides　タラノキ属 *Aralia* に似た
aranei～　クモの（ような）～
araucanus　アラウコ Arauco（チリ南部アンデス山中）の
araucarioides　ナンヨウスギ属 *Araucaria* に似た
arborescens　亜高木の
arboreus　高木の，樹木の
arbusculus　矮樹状の，小木状の
archi～　古い～，原始的の～
arcticus　北極の
arcuatus　弓形の
arenarius　砂地生の
arenicola　砂地に住むもの
areolatus　網状のくぼみのある
argentatus　銀のような，銀で覆われた
argenteus　銀白色の
argophyllus　銀白葉の
argunensis　黒龍江支流 Argun 河に産する
argutidens　鋭尖歯の
argutus　鋭（鋸）歯の，尖った
argyraeus　銀白色の，銀のような
aridus　乾燥した，乾地に生える
arietinus　牡羊の角のような，牡羊の頭に似た
arimensis　有馬（兵庫県）に産する
aristatus　のぎ（芒）のある
aristolochioides　ウマノスズクサ属 *Aristolochia* に似た
aristosus　のぎ（芒）のある
aristulifer，-fera，-ferum　小さいのぎ（芒）のある
armandii　フランス人宣教師で中国植物採集家 Armand A.David（1826-1900）の．*davidianus* もある
armatus　刺のある，武装した
armeniacus　小アジア Armenia の，アンズ色の
armeria　イソマツ科ハマカンザシ属 *Armeria*
armillarius　腕輪状の，マツタケのような膜をもつ
aromaticus　芳香性の
arrectus　直立した，直生の
arrhizus　根がない
artemisiifolius　キク科ヨモギ属 *Artemisia* のような葉の
arthro～　関節のある～
articulatus　関節のある，節目があって連なった
artus　緻密の，窮屈な，狭い
arundinaceus　アシ（葦，蘆）に似た
arvensis　可耕地の，原野生の，畠地生の
asagrayi　米国の植物分類学者エーサ・グレイ Asa Gray（1810-1888）の．grayanus，grayi もある
asahinae　東大教授，地衣学者朝比奈泰彦（1881-1975）の
asaroides　カンアオイ属 *Asarum* に似た
ascendens　斜上した，傾上した
asco～　袋の～，子嚢の～
ascyrifolius　オトギリソウ属 *Hypericum ascyrum* に似た葉の
ascyron　*Hypericum ascyrum* のギリシャ名
asiaticus　アジアの
asparagoides　クサスギカズラ属 *Asparagus* に似た
asper，aspera，asperum　粗面の，ざらざらした
asperatus　やや粗面の
aspericaulis　ざらざらした茎の，粗い茎の
asperrimus　非常に粗面の
aspersus　撒布する
asphodeloides　ツルボラン属 *Asphodelus* に似た
asplenifolius　チャセンシダ属 *Asplenium* に似た葉の
assamicus　インド東部 Assam 州の
asslmilis　～に似た，同様の，関係ある
assurgens　傾上の，斜上の
asterias　ヒトデのような
asterioides　星のような
asterispinus　星形の刺をもった
astero～，astro～　星形の～，星状の～
ater，atra，atrum　暗黒色の，石炭のような色の
atlanticus　大西洋の
atratus　異変した，汚れた
atro～　黒の～，暗い～
atronervatus　黒脈のある
atropurpureus　暗紫色の
atrorubens　暗赤色の
atrosanguineus　暗血紅色の
atrovirens　暗緑色の
attenuatus　漸尖の
atticus　ギリシャのアッテイカ地方 Attica の
aucuparius　捕鳥用の
augustinowiczii　ロシアの採集家アウグステイノビッチの
augustissimus　非常に立派な，大変顕著な
augustus　立派な，顕著な
aurantiacus
aurantius　} 橙黄色の
auratus　黄金色の
aureolus　やや黄金色の
aureus　黄金色の
auricomus　黄金色の毛が束になった
auricula-judae　ユダヤ人の耳
auriculatus　耳形の，耳状の
auriscalpius　耳形をした小刀の
aurivillus　金色の絨毛ある
australiensis　オーストラリアの
australis　南の，南方系の，南半球の
austriacus　オーストリアの
austrojaponicus　南日本の
autumnalis　秋の，秋咲きの
avenaceus　エンバクに似た
avicennae　11 世紀のペルシアの学者アビセンナ Avicennaの
avicularis　小鳥の，鳥の好む

avium　鳥の
awabuki　和名アワブキから
axillaris　腋生の
azureus　淡青色の

B

babingtonii　英国人 C. C. バビントン（1808-1895）の
babylonicus　バビロニアの
baccatus　液果の，液果様の
baccifer，-fera，-ferum　液果をもった
badakensis　西ジャワ Kandan-Badak 産の
badius　栗色の，褐色の
baicalensis　シベリヤのバイカル湖地方産の
baikalensis　バイカル湖地方の
baileyanus　アメリカの園芸学者ベイレー L. H. Bailey の
bakeri　イギリスの分類学者ベイカー J. G. Baker の
bakko　バッコヤナギ（バッコは一説に東北方言老婆から）
balearicus　地中海 Baleares 諸島の
balsameus　ツリフネソウ属 *Impatiens* のような，バルサムの
balsamifer，-fera，-ferum　バルサムを有する
balsamina　ラテン名 balsam
bambusifolius　竹のような葉の
bambusinus　竹林にはえる，竹のような
bambusoides　竹に似た
banaticus　旧オーストリア帝国 Banat の
banksiae　ヤマモガシ科バンクシア属 *Banksia* の
banksii　ジェームズ・クックの南太平洋航海に参加した博物学者，英国人バンクス卿 Sir J. Banks（1740-1820）の
banksiifolius　ヤマモガシ科 *Banksia* のような葉の
barbadensis　西インド Barbados の
barbarus　外国の，異国の
barbatus　のぎ（芒）ある，ひげのはえた
barbiger，-gera，-gerum　のぎ（芒）ある，ひげをもった
barbinervis　脈にひげのある
barystachys　重い穂を持った
basikurumon　ジンチョウゲ科植物の和名バシクルモンから
basilaris　基部にある，底の方の
basjoo　バショウ科バナナ類の漢名芭蕉の和名バショウ
batatas　サツマイモの南米カリブ海地方語から
battich　スイカの古名
belladonna　淑女の（イタリア語から）
bellatulus　清楚な，愛らしい
bellidiflorus　ヒナギク *Bellis* のような花の
bellus　美しい，美事な
benedictus　神聖な，多幸の，治療の効がある
benghalensis　インドベンガル地方 Bengal の
benikoji　紅柑子
berchemiifolius　クマヤナギ属 *Berchemia* に似た葉の
beringensis　ベーリング海峡の
bermudianus　大西洋上のバーミュダ島の
benthamii　英国の分類学者ベンサム George Bentham（1800-1884）の．ベンサム・フッカー分類体系の創始者．香港やオーストラリアの植物誌もまとめた
bettzichianus　人名ベッチヒ Bettzichi の
betulifolius　カバノキ属 *Betula* の様な葉の
betuloides　カバノキ属に似た
bi～　二つの～
biauritus　二耳の，耳たぶが二つある
bicallosus　こぶ callus が二つある
bicarinatus　二つの背稜ある
bicolor　二色の
bicolumnatus　二柱の
bicornis　二角の，二つの角状物ある
bicuspis　二凸頭の
bicyclis　二環の
bidentatus　二歯の
biennis　越年生の，二年生の
bifarius　二縦列の
bifidus　二中裂の
biflorus　二花の
bifolius　二葉の，二小葉のある
bifurcatus　二叉の，両岐した
bigibbus　二つの突出部ある
biglumis　二枚の穎のある
bignonioides　ノウゼンカズラ科 *Bignonia* に似た
bijugus　二対の，二つをつないだ
billardieri　人名ビラルジェル Billandier の
bilobus　二浅裂の
bimaculatus　二斑点ある
binatus　二倍の，二出の，二数の
binervis　二脈の
binghamiae　採集者ビンガム Bingham の
binocularis　二眼の，二つの斑点ある，二点の
bipartitus　二深裂の，二つに深く分れた
bipetalus　二花弁の
bipinnatifidus　二回羽状中裂の
bipinnatus　二回羽状の，再羽状の
bipunctatus　二斑点ある，二点のある
birmanicus　ビルマの，ミャンマー Myanmar の
bisectus　二全裂の，二部分に分れた
biserratus　重きよ（鋸）歯の
bisexualis　性が別々の，両性の
bispinosus　二刺ある
bisporus　二個の胞子がある
bissetii, bissetianus　英国人採集家ビセット James Bisset（1841-1911）の
bistortus　二重に捩れた
bisulcatus　二溝ある
biternatus　二回三出の
bivittatus　二つの縦縞の，二油管の（セリ科果実）
biwensis　琵琶湖産の
blandiformis　可愛い葉の
blandus　愛らしい，おだやかな
blepharicarpus　縁毛のある果実の
blitum　アカザ科の属 *Blitum*
blumei　オランダの植物分類学者ブルーム K.L. Blume の
bogoriensis　ジャバのボゴール Bogor（オランダ語 Buitenzorg）植物園の
boissieuanus　フランスの植物分類学者ボアッシュー H. Boissieu（1871-1912）の
bombycis　蚕の，絹の
bonanox　良い夜，夜に美しい
bonariensis　アルゼンチンブエノスアイレスの
boninensis, boninsimensis　小笠原諸島の，Munin-Sima（無人島）からの転用
bontioides　ハマジンチョウ科 *Bontia* 属に似た
bonus (melior, optimus)　良好な，良い（より良い，最良の）
boottianus　スゲの研究家英・米国人ブート F.M.B.Boott の
borbonicus　インド洋旧名ブルボン島の，ブルボン王朝の
borealis　北方の，北方系の
bostrichostigma　密に綿毛をつけた柱頭
botryoides　ブドウの房状の

botrys　ブドウの房
botrytis　房状の
bowianus　英国Kewの園芸家 J. Bowie の
brachiatus　開出した枝の，腕に似た
brachy～　短い～
brachyandrus　短い雄しべの
brachyanthus　短い花の
brachybotrys　短い総状の
brachycerus　短い角の
brachypetalus　短い花弁の
brachypodion　短柄（脚）の，短茎の
brachypodus　短い柄の，短茎の
brachypus　短い柄の，短茎の
bracbyspathus　短い仏炎苞の
bracteatus　包葉のある
bracteosus　包葉の多い
bractescens　包葉のような
brandtii　ドイツ人外交官ブラント M.von Brandt の
braunii　ドイツの植物分類学者ブラウン A. Braun の
brevi～　短い～
brevicaudatus　短い尾の
brevicaulis　短い茎の
brevifolius　短い葉の
brevifrons　葉面の短い
brevihamatus　短い鈎（かぎ）のある
breviochreatus　短いさや状の托葉がある
brevipedunculatus　短い花柄のある
brevipes　短い柄（脚）の
brevirameus　短枝の
brevirostris　短いくちばし状の
brevis　短い
brevisetus　短い刺毛のある，短い剛毛のある
brevispathus　短い仏炎包の
brevisquamus　短い鱗片の
brevissimus　非常に短い
brevistipulatus　短い托葉のある
brilliantissimus　非常に美しい
britannicus　英国の
brizoides　コバンソウ属 *Briza* に似た穂をつける
bromeliifolius　アナナス *Bromelia* のような葉の
bronchialis　咽喉の
brownii　英国の植物学者ブラウン R. Brown（1773-1858）の
bruniifolius　濃褐色葉の
brunnescens　やや褐色の
brunneus　濃褐色の
bryoniifolius　ウリ科 *Bryonia* の葉のような
buccinatorius　角笛のような形の
buccinatus　角笛のような形の
bucephalus　牛の頭の
buergeri, buergerianus　日本植物の採集家ドイツ人ブュルゲル H. Bürger（1804-1858）の
bufonius　ヒキガエルのような，湿地に生える
bulbifer，-fera，-ferum　りん（鱗）茎のある
bulbosus　りん（鱗）茎状の
bullatus, bullosus　泡状の，膨らんだ
bumalda　ボローニアの人 O. Montalbani のラテン名 Bumaldus より
bumammus　肥大した乳頭の
bungeanus　ロシアの植物学者，モンゴルや北支那植物，*Astragalus* の専門家ブンゲ A.A.von Bunge（1803-1890）の
bungo　豊後国（大分県），ブンゴウメの学名の形容語
bunyardii　人名ブニヤル Bunyard の
bursa-past(o)ris　羊飼いの財布（果実の形の類似から）
buschianus　人名ブッシュ Busch の
byzantinus　トルコのコンスタンチノープル（古名）の

C

cactaceus　サボテンによく似た
caducus　早落生の
caerulescens　空色に変わる
caeruleus　青色の
caesareus　皇帝の，小アジアの Caesarea の
caesius　明るい青色の
caespitosus　群がって生えた
caffer，caffra，caffrum　南アフリカの（アラビア語 kafir 不信心者より）
calabricus　カラブリヤ（南イタリー）の
calamiformis　アシのような形の（稈状の）
calamus　管の
calathinus　かご（籠）に似た
calcaratus　距（花被の一部が伸びた管状突起）のある
calcareus　石灰質を好む
calceolus　小さな靴，スリッパ
calcitrapa　ヤグルマギク属の一種 *Centaurea calcitrapa* のイタリア語，とげだらけの鉄の玉まきびしに果実が似る
calculus　滑らかな小石，碁石，数え石
calendulaceus　キンセンカ属 *Calendula* のような
calicaris　萼のある，子器の下の枝にある突起を萼に見立てたもの
californicus　カリフォルニヤの
caliniferus　脊稜を有する
callistoglossus　美しい舌の
callophyllus　紫のふいりの葉の
callopsis　厚い皮のある
callosus　厚い皮のある，たこのできた，紫斑のある
calo～　美しい～
calochromus　美しい色の
calodictyus　美しい網模様の
calomelanos　美しい黒色の
calthifolius　リウキンカ属 *Caltha* のような葉の
calvus　毛のない，裸の，禿げた，のぎ（芒）のない
calyc～　萼の～
calycanthemus　萼の中の花の
calycanthus　萼と花弁が同色の花の
calycinus　萼のような
calyculatus　萼のある
calyptratus　帽子のある
cambodgensis　カンボジャの
cambricus　英国ウエルスの古名 Cambria の，カンブリアの
campanulatus　鐘形（ベル形）の
campester，-tris，-tre　原野生の
camphora　樟脳のアラビヤ名
camptotrichus　彎曲した毛の
campyrocarpus　彎曲した果実の
camtschatcensis, camtschaticus　カムチャツカの
canadensis　カナダの
canaliculatus　溝のある，樋状になった
canariensis　カナリー諸島の
cancellatus　方眼の，格子状の
candicans　白毛状の，白い光沢ある
candidissimus　非常に白い

candidus　純白の，白毛ある
canescens　灰白色の，灰色軟毛ある
caninotesticulatus　犬の睾丸状の
caninus　犬の，下等な，劣った
cannabifolius　アサのような葉の
cantabilis　歌うのによい，歌いたくたるような
cantabricus　スペイン北部カンタブリア地方の
cantabrigiensis　英国ケンブリッジの
cantoniensis　中国カントン（広東）の（広州の旧名）
canus　灰白色の
capensis　アフリカ喜望峰地方の
capillaris　毛に似た，細毛状の
capillatus　細毛のある
capillipes　柄（脚）が毛のように細い
capillus　細毛
capillus-veneris　ビーナスの髪の毛，ホウライシダの葉柄をたとえたもの
capitatus　頭状の，頭状花序の
caprea　野生の雌やぎ
capreolatus　まがりくねった，まつわりついた，巻ひげのある
capricornis　やぎの角のような
capsularis　さく（蒴）果の，さく（蒴）果に似た
caput-medusae　メドゥーサの頭，頭髪は蛇であった
caracasanus　南米ベネゼラのカラカスの
cardinalis　緋紅色の
cardiopetalus　花弁が心臓形の
cardiophyllus　心臓形の葉の
carica　イチジク，小アジアCaria地方
caricinus　スゲ属 *Carex* のような
carinatus　背稜のある
carinthiacus　オーストリアのケルンテン州の
carminatus　洋紅色の
carneus　肉色の，肉紅色の
carnosus　肉質の
carolinensis / carolinianus　北米カロライナの
carota　ギリシャ語のニンジンから
carpathicus　ヨーロッパカルパチア山脈の
carpinifolius　シデ属 *Carpinus* のような葉の
carpinoides　シデ属 *Carpinus* に似た
carthamoides　ベニバナ属 *Carthamus* に似た
cartilagineus　軟骨質の
caryophyllaceus / caryophylleus　チョウジに似た，ナデシコに似た姿の
caryotideus　クジャクヤシ属 *Caryota* に似た
cashemirianus　西ヒマラヤカシミールの
cashimiriensis　カシミールの
caspicus　カスピ海の
castaneus　栗色の
castellanus　スペイン，カスティリア地方の
cataphractus　武装した，よろいを着た
catechu　ビンロウ *Areca catechu* などの地方名．マレー語caccuに由来する
catenatus　鎖状の
catharticus　下剤の
cathayanus　支那（Cathay）の
catjang　*Dolichos catjang* Burm.の形容語，*Vigna cylindrica* のマレー名
caucasicus　コーカサス地方の
caudatus　尾のある，尾状の
caulescens　有茎の
cauliflorus　幹生花のある
causticus　腐食性の
cauticola　岩や岸壁に生ずる
cavalerianus　中国植物採集家カバレールCavalierの
cavus　空洞の
cellularis　細胞からなる
cenisius　フランス，イタリー間のCenis山の
centigrana　百粒の
centricirrhus　刺のねじれた，中央が巻ひげの
centroruber　中心が赤い
cepa　タマネギの古名，ケルト語の頭から
cephalatus　頭状の，頭状花序のある
cephalostigma　頭状の柱頭
cerasifer, -fera, -ferum　桜実（サクランボ）を有する
cerasiformis　サクランボのような形の
ceratitis　角（つの）のある
ceratospermus　角のある種子の
cercidifolius　ハナズオウ属 *Cercis* の葉に似た
cerealis　穀類の，穀物を生ずる（Ceresは耕作の女神）
cereifolius　蝋質の葉の
cereifer, -fera, -ferum　ワックスをもった
cerinus　蝋黄色の
cernuus　点頭した，前かがみの
ceylanicus　セイロンの．zeylanicusとも綴る
chaeno～　口の開いた～
chaenomeloides　ボケ属 *Chaenomeles* に似た
chaerophylloides　ナンザンスミレ *Viola chaerophylloides* の形容語で，chaerophyllaに似た
chaeto～　刺毛の～
chalcedonicus　カルセドニア（小アジア）の
chalepensis　シリアのアレッポに産する
chalybeus　鋼鉄色の
chamae～　小さい～，低い～
chamaedryfolius　シソ科 *Chamaedrys* の葉に似た
chamaesarachoides　ナス科 *Chamaesaracha* に似た
chamissoe / chamissonis　ドイツの分類学者シャミッソL.K.A.von Chamisso（1781-1838）の
chamlagu　*Caragana chamlagu* の形容語，意味不明
chamomilla　カモミールの
championii　（香港などの）採集家チャンピオンJ. G. Champion（1815-1854）の
charantia　ウリ科 *Momordica charantia* のインド名
chartaceus　洋紙質の
cheiranthoides　ニオイアラセイトウ属 *Cheiranthus* に似た
cheiri　手，ギリシャ語でcheirから
cheirophorus　掌状の，指状の
cheirophyllus　掌状葉の
chelidoniifolius　クサノオウ属 *Chelidonium* に似た葉の
chelidonioides　クサノオウ属に似た
chibae　採集家千葉常三郎の
chidori　ラン科植物の和名接尾語，ハクサンチドリ，コアニチドリなど
chilensis　南米チリーの
chiloensis　南米チリーのチロエ島の
chimaerus　寓話のような，法外の，信じ難い
chinensis　中国の（同属内，同種内ではsinensisと同名）
chino　和名シノダケ
chion～　雪の～
chionanthus　雪のように白の花の
chionocephalus　雪のように白い頭の
chirimenna　和名チリメンナ（ちりめん菜）
chlamydo～　包まれた～
chlor～，chloro～　緑の～

chloracanthus　緑のとげのある
chloranthus　緑色の花の
chlorostachys　緑色の穂の
chokaiensis　山形秋田県境鳥海山の
chondrachnis　軟骨質の籾（モミ）の
chordus　綱，索
chori～　裂けた～，離れた～
chorisiana　植物画家コリス L. Choris（1795-1828）の
chrysacanthus　黄色い刺のある
chrysanthemiflorus　キク属のような花の
chrysanthus　黄色の花の，黄金色の花をつける
chrysocarpus　黄色の果実の
chrysoleucus　帯黄白色の
chrysomollus　黄色の軟毛のある
chrysophyllus　黄色の葉の
chrysostephanus　黄色（金色）でとり巻いた
chrysostomus　黄色の口の
chrysotoxum　菊の花の香りがする，黄色く弓なりになった
chrysotrichus　黄色の毛の
chusanus　中国舟山諸島の
cibarius　食べられる
cicatricatus　落痕のある
ciclus=ciculus　イタリヤシシリー島の
cicutarius　ドクゼリ属 *Cicuta* の
cigarettifer, -fera, -ferum　紙煙草をもつ
ciliaris　縁毛のある，まつげ状の毛の生えた
ciliatomarginatus　葉縁に毛の並んだ
ciliatus　縁毛のある
cilicicus　シリシア（小アジア南部）の
ciliicalyx　縁毛のある蕚の
ciliolatus　短い縁毛のある，小縁毛をもつ
cinctus　とり囲んだ，巻きついた
cinerariifolius　シネラリア *Cinearia* のような葉の
cinereus　灰色の
chinnabarinus　朱紅色の
cinnamomeus　肉桂を思わせる，シナモンに似た褐色の
circioides　ミズタマソウ属 *Circaea* に似た
circinalis / circinatus　コイル状の，渦巻状の
circum～　ぐるりととり巻く～
circumlobatus　全周に裂片のある
circumscissus　全周で割れる
cirrhifer, -fera, -ferum　巻ひげを備えた
cirrhosus　巻ひげのある，つる状の
cissifolius　ヤブガラシ属 *Cissus* のような葉の
cistoides　ハンニチバナ科 *Cistus* に似た
citratus　レモンのような
citrinus　レモン色の
citriodorus　レモンの香りのする
clandestinus　かくれた，秘密の
clathratus　格子状の
clausus　閉鎖した
clavatus　棍棒状の
claviculatus　巻ひげのある
claviger, -gera, -gerum　棍棒をもった
claytonianus　米国植物学者 J.クレイトン（1686-1773）の
cleisto～　閉じた～
clematidens　クレマティス *Clematis* の
clematifolius　クレマティス属のような葉の
clethroides　リョウブ属 *Clethra* に似た
clivorum　斜面に生えた，丘の
clypeatus　ローマ時代の小形円形の楯に似た

cneorum　この植物の古代ギリシャ名 cneoron の
co～，com～，con～，cor～　～と共に
coalescens　一緒にはえている，集った
coarctatus　密集した
coca　コカ *Erythroxylum coca* の名．メキシコの地方名に由来する．
coccifer, -fera, -ferum / cocciger, -gera, -gerum　小乾果をつけた
coccinellifer, -fera, -ferum　テントウムシをもった
coccineus　紅色の，緋紅色の
coccospermus　粒状の種子のある
cochinchinensis　交趾支那（今のベトナム）の
cochleariformis / cochlearis　匙（さじ）形の，匙に似た
cochleatus　螺旋状の，カタツムリの殻のような
cocifer, -fera, -ferum　ヤシの実をつけた
codon～，～codon　鐘の～
coelestinus / coelestis　青色の，空色の
coelo～　中空の～，腹の～
coerulescens　青色に変る，青色の
coeruleus　青色の，青くなる
cognatus　近縁の
coignetiae　コアネを記念した
～cola　～に住むもの，～の住人
colchicus　黒海沿岸のコルキスの
coliformis　紡垂形の
collatus　粘着する
collinus　丘の，丘陵に生える
colocynthis　ウリ科の属名 *Colocynthis* に由来，*Citrullus colocynthis* (L.) Schrader コロシントウリの形容語
colorans　着色した
coloratus　（緑以外の）色のついた
columbarius　鳩の，鳩羽色の
columnaris　円柱状の，柱のある
comatus　束毛ある，毛が集っている
commersonii　フランス人医師コンメルソン P. Commerson の
commixtus　混合した
communis　普通の，通常の，共通した
commutatus　変化した，交換した
comosus　長い束毛のある
compactus　稠密な，濃厚な，緻密な
complanatus　扁平な
complexus　包括した，取巻いた，錯雑した
complicatus　混沌とした，こみ入った
compositus　複生の，枝分れした
compressus　扁平の，扁圧した
comptus　飾った，装飾した
concavus　凹入の，凹型の孔のある
concinnus　よく出来た，上品な，形のよい
concolor　同色，同様に色づいていること
condensatus / condensus　密集した，収縮した
conduplicatus　二重になった，二つ折りになった
confertiflorus　密生花の
confertus　密生した
confervoides　糸状藻に似た
conformis　同形の
confusus　混乱した，不確な，（特質などが）明確でない，混同されている
congestus　集積の，一杯になった
conglomeratus　集団になった，球形に集った

conicus 円錐形の
conifer, -fera, -ferum 球果をもった，球果をつけた
conigenus 球果をもった，球果をつくる
conilii 人名コニルの．ホソバシケシダ学名の形容語
conjugatus 一対の，連結した，双生の
connivens 次第に近よった
conoideus 円錐状の
conomon 日本語「香の物」から転訛
conop(s)eus （花の形など）蚊やブヨに似た
consolidus 堅固な，凝固した，中実の（空洞のない）
conspersus （点在をさして）ふりかけた，まき散らされた
conspicuus 顕著な，目立った
constrictus 圧縮した，くびれた
contaminatus 汚点のある，汚れた
contemptus 賤しむべき
contiguus ごく近縁の，続いた
continuus 続いた
contortus 捩れた，回旋した
contractus 収縮した，短縮した
controversus 疑わしい
convexus 凸状の，アーチ形の，胸を張った
convolvulus 回旋の，捩れた
conyzoides キク科 *Conyza* に似た
coptonogonus 角形に切った
coptophyllus 分裂葉の
coracanus 小アジア Korakan 岬の
coraeensis 朝鮮産の（高麗に由来）．koreensis などもある
coralliflorus 珊瑚のような赤色の花をもつ
corallinus 珊瑚色を帯びた紅の
corallodendron 珊瑚状を呈する木
coralloides 珊瑚状の
corchorifolius ツナソ属 *Corchorus* のような葉の
cordatus 心臓形の（普通のハート形の逆向きのもの）
cordifolius 心臓形葉の
coreanus 朝鮮の．koreensis などもある
corethro～ 箒状の～
coriaceus 革質の，強靱な
coriarius 革のような，革なめしに用いる黄色物質を含んだ
corniculatus 角（つの）のある，小角状の
corniger, -gera, -gerum 角（つの）をもった
cornucopiae 沢山の角（つの）の
cornucopioides cornucopia に似た
cornuti （副花冠の突起から）角のある
cornutus 角のある，獣角の
coronarius 花冠の，副花冠ある
coronatus 花冠のある
corrugatus しわの入った，しわの入ったかべの，しわだらけの
corsicus 地中海コルシカ島の
corticalis 樹皮にしっかりついた
corticosus 樹皮の厚い
corticulans 樹皮の様に厚くなった
cortusifolius サクラソウ科の属 *Cortusa* のような葉の
coruscans きらきら光る，震える，反射する'
corylifolius ハシバミ属 *Corylus* のような葉の
corymbiflorus 散房花序の花をつけた
corymbosus 散房花のある
coryno～ 棍棒の
costatus 中肋ある，中脈のある
cotinus ウルシ科の *Cotinus*，野生のオリーブを指した
cotulifer, -fera, -ferum 灰汁を有する

cracca マメの古名，*Vicia cracca* の形容語
craniformis 頭蓋骨の形の
craspedosorus 縁取りされた嚢堆の
crassifolius 厚葉の
crassicaulis 多肉茎の，太い茎の
crassinodus 太い節のある
crassipes 太い柄（脚）のある
crassirameus 太い枝のある
crassirhizoma 太い根，太い根茎
crassus 厚い，多肉質の
crataegifolius サンザシ属 *Crataegus* に似た葉の
craterifomis たかつき状の
cremasto～, **cremo～** 垂れ下がった～
crenatus 円鋸歯状の
crenulatus 細円鋸歯の，やや円きょ歯の
crepidatus スリッパをつけた
crepitans さらさらと音がする，がさがさと音を発する
cretaceus 白亜色の，白亜紀の
creticus 地中海クレタ島の
cribratus ふるいのような
crinitus 長剛毛で被われた
crispatus ちぢれた，しわのある
crispidiscolor 縮んで色のちがった
crispulus ややちぢみがある
crispus ちぢれた，しわがある
crista-galli ニワトリ（鶏）のとさか（鶏冠）
cristatus とさか状の
crocatus, **croceus** サフラン色の，黄色の
crocosmiiflorus アヤメ科 *Crocosmia* のような花の
cruciatus 十字形の
crucifer, -fera, -ferum 十字をもつ，十字形のものがある
cruciformis 十字形の
cruentus 血紅色の
crumenatus ポケットのある
crus-galli 鶏のけづめ，鶏の足
crustaceus 被われた，かさぶたの，皮を被った
cryptomerianus スギ属 *Cryptomeria* のような
cryptopetalus かくれた花弁の
cryptotaeniae ミツバゼリ属 *Cryptotaenia* の
crystallinus 水晶様の，透明の，結晶した
cteniifomis 櫛の形の
cubensis キューバの
cucubalus ナンバンハコベ属 *Cucubalus*
cucullatus 僧帽形の，頭巾状の
cucumeroides キュウリ属 *Cucumis* に似た
cultorum 栽培地の，庭園の
cultratus 小刀形の，鋭尖な
cultus 耕やされた，栽培の
cumingianus 植物学者クミン H. Cuming（1791-1865）の
cumulatus 堆積した
cuneatus くさび形の
cuneifolius くさび形の葉の
cuneiformis くさび形の
cuneilobus くさび形の裂片がある
cupreatus 銅色の
cupressoides イトスギ属 *Cupressus* に似た
cupreus 銅色の，銅のような
cupularis 壺のような，カップ状の
curassavicus 西インド諸島キュラソー島の
curtus 短い

curvati～，curvi～　曲がった～
curvatus　曲がった，カーブした
curvicollis　曲がった頸のある
curvifolius　曲がった葉の
curvispinus　曲がった刺のある
cuspidatus　先が急に尖る，凸形の
cyaneus / cyanus　青色の，シアン色の
cycadinus　ソテツ属 *Cycas* の
cyclochilus　円い唇の
cylindraceus / cylindricus　円柱状の，円筒形の
cymbiformis　ボート形の，舟形の
cymosus　集散花序の
cyno～　犬の～
cyperoides　カヤツリグサ属 *Cyperus* のような
cypreus　銅のような，銅に似た
cyrtobotrys　曲がった枝の，曲がった花序の
cystolepidotus　嚢状の鱗片をもつ

D

dacryoides　滴や涙のような
dactylifer, -fera, -ferum　指のような，指状物のある
dactylon　指
daedaleus　もつれた，迷路のような
dahuricus　ダフリア地方の（バイカル湖以東のシベリア東南部と北東モンゴルの地域）
daidai　ダイダイ（澄）
daisenensis　（伯耆）大山の
dalmaticus　ダルマチア（アドリア海東側）の
damaranus　ダマール樹脂の
damascenus　シリアのダマスカスの
danicus　デンマークの
daphnoides　オニシバリ属 *Daphne* に似た
dasy～　毛のある～，密生した～
dasyacanthus　毛のある刺の，密生する刺の
dasyanthus　毛のある花の
dasycarpus　毛のある果実の
dasylobus　毛のある裂片の
dasyphyllus　毛のある葉の
daucifolius　ニンジン *Daucus* のような葉の
dauricus　ダフリア地方の．dahuricus もある
davallioides　シノブ属 *Davallia* に似た
davidianus　中国植物の採集家でハンカチノキや動物パンダなどの発見者，宣教師ダビット A.A.David（1826-1900）の．armandii もある
dayanus　ランの栽培家 Day の
dealbatus　白くなった，漂白された
debilis　弱小な，軟弱な，脆弱な
decaisneanus　フランスの植物分類学者でバラ科などの専門家ドケーヌ J. Decaisne（1807-1882）の
decandrus　十本の雄しべをもった
decapetalus　十個の花弁の
decem～　十個の～
deceptrix　擬装した，見逃がした
deciduus　脱落性の，永存しない，落ちる部分をもった
decipiens　虚偽の，欺瞞の，わなにかけた
declinatus　傾下する，下に曲がった
decolor　無色の
decolorans　褪色の，脱色の，変色の
decompositus　数回複生の，重複した
decorans　飾る，装飾する
decorus　美しい，愛すべき，適正な
decumanus　巨大な，勢のよい
decumbens　伏して先が上がった
decurrens　着点より下に延びた，沿下した
ducurrenti-alatus　沿下した翼のある
decursive-pinnatus　羽状に切れながら沿下している（例ゲジゲシシダ，ノダケ）
decursivus　ひれのある
decussatus　交叉状の，十字の
deflexus　下曲の，反捲の，そり反った
deformis　奇形の，不恰好な
degronianus　園芸家デグロンの
delectus　選ばれた，精選の
delicatissimus　非常にデリケートな，微妙な，非常に美味な
delicatus　柔弱な，優美な，美味な
deliciosus　快い，美味の
delphiniifolius　ヒエンソウ属 *Delphinium* のような葉の
deltodon　三角の歯
deltoide(u)s　三角形の，デルタ状の
deltoidofrons　三角形の葉面を持った
demersus　水中生の，沈水生の
deminutus　小さくなった，減少した
demissus　沈んだ，軟弱の
dendro～　樹木の～
dendroides　樹木状の
dens-canis　犬の歯（模様が似ている）
denseserrulatus　密に細かいきょ歯のある
densiflorus　密に花のある
densus　密生する，茂った，稠密な
dentatus　歯ある，鋭きょ歯の，歯状の
〔denticulato-platyphyllus　ヤクシワダン *Lactuca denticulato-platyphylla* Makino の形容語に用いられたが，命名規約で種形容語と認められない語〕
denticulatus　細い歯のある
dentosus　歯の多い
denudatus　裸の，露出した
deodara　*Cedrus deodara* から
depauperatus　萎縮した，衰弱した，発育不良の
dependens　下垂した，吊下った
deplanatus　平らになった
depressus　扁圧した，凹んだ
deserticola　砂漠に生えるもの
desertus　荒れた，砂漠の
determinatus　決定した
detonsus　剃った，毛のない
detritus　すりへった
deustus　燃えた，焦げた色の
devastator　荒地の，荒らす者
devexus　傾く
dextrorsus　右の，右旋の
di～　二つの～，二倍の～
diabolicus　鬼の，大きくて荒々しい
diacanthus　二刺の
diademus　冠で飾られた
dianae　ギリシャ神話の女神ダイアナの
diandrus　二雄ずいの
diantherus　二つのやく（葯）の
diaphanus　非常にうすい，半透明の
diastrophanthus　巻曲した花の
decarpon　二果の
dichlamydomorphus　萼に二通りの形のある

dichotomus　二叉になった，叉状分岐の
dichroanthus　二色の花のある
dichromus　二色の
dichrospermus　二色の果実ある，種子が二色で染め分けの
dickinsii　採集家ディッキンスの
dicksonii　人名ディクソンの
dicoccus　二果の，二液果の
didymus　双生の，二個連合した
difficilis　困難な
difformis　異形の，不同形の
diffractus　細かく壊れた，細溝で区分された
diffusus　散開した，広がった，散った，しみとおつた
digitatus　指状の，掌状の
digynus　二雌ずいの，二本の雌しべの
dilatatus　拡張した，拡大した
dilutus　弱い，薄い，萎縮した
dimidiatus　二分された，半分の
dimorpholepis　二形のりん（鱗）片ある
dimorphophyllus　二形葉の
dimorphus　二形の，同種二形の
diodon　二つの歯
dioicus　雌雄異株の
dipetalus　二花弁の
diphylloides　diphylla に似た
diphyllus　二葉の，二小葉の
diplo～　二重の～
diplotypus　二つの型を持った
dipodus　二本足の，二本の柄のある
dipsaceus　ラシャカキグサ *Dipsacus* に似た（多くは果実にかぎのある点が似る）
dipterus　二翼の
disciformis　盤状の
discoideus　平円状の，盤状の
discolor　二色の，異なった色の（花弁と萼などが），不同色の
dispalatus　分割した
dispar　不同で対になった，似ていない
disparifolius　小葉の対が規則正しくない
dissectus　多裂した，全裂した
dissimilis　異なった，異質の，似ていない
dissitiflorus　疎らな花の，隔ってついた花の
dissitispiculus　小穂が隔たってついた
dissitus　ゆるんだ，まばらの，はなれた
dissociatus　互にはなれた，集っていない
distachyus　二つの穂状花序のある
distans　遠縁の，離れてある
distichanthus　花が二列生に並んだ
distichus
distichus　｝二列生の
distinctus　著しい
distylus　二花柱の
diurnus　昼間の，日中開花する
diutinus，diuturnus　永続の
divaricatus　広い開度をもって分れた，広く分岐した
divergens　諸方にのびた，広く開出した
diversicolor　異色の
diversflcrus　不同の花のある，不定花の
diversifolius　不同葉の，種々の葉をもった
divisus　全裂の，割れた
dixanthus　二重花の
dodecandrus　雄しべが 12 本ある
doenitzii　採集家デニツの
dolabratus　斧状の
dolabriformis　斧形の
dolichostachy(u)s　長い穂状の
dolomiticus　チロルの Dolomiten の，白雲石に生ずる
dolosus　偽りの
domesticus　国内の，家庭の，その土地産の
domingensis　中米サンドミンゴの
donarium　神聖な場所，寺の境内（例ヤマザクラ *Prunus donarium* Siebold の形容語，寺の境内にあった）
donax　アシの類
dozyanus　採集者ドジの
drabifolius　イヌナズナ属 *Draba* のような葉の
dracoglossus　龍の舌の
draconis　龍の
drepanellus　小さい鎌状の
drummondii　ドラモンド Drummond を記念した形容語．複数の人物あり
drupaceus　核果の
drupifer, -fera, -ferum　核果をもった，核果のある
drymoglossus　森の舌
dryopteris　ナラに着くシダ（ウラギシダ学名の形容語として）
dubius　疑しい，不確実の
dulcis　甘い，甘味のある
dulcissimus　非常に甘い，最も甘い
dumetorum　藪の
dumosus　藪のような
dunensis　砂丘にはえる
duplex　二重の，重複の，重弁の
duplicato-serratus　重きょ歯のある
duplicatus　二倍の，重複した
durabilis　持続する，長もちのする
duracinus　硬い果実の
durispinus　硬い刺の
duriusculus　やや硬い，やや硬直の
durus　硬い
duvalianus　18 世紀のフランスの植物学者 J.Duval-Jouve（1810-1889）の
dysentericus　赤痢の

E

e～　～から外れて，～のない
ebenaceus　黒檀のような
ebenum　黒檀のラテン名
ebracteatus　包葉のない，包葉を欠いた
ebracteolatus　小包葉を持たない
eburneus　象牙白色の
ecaudatus　尾のない
echidnis　マムシの
echin～　ハリネズミの～，とげの多い～
echinatus　剛毛ある，のぎ状の刺のある
echinocarpus　刺の多い果実の
echinosepalus　剛毛ある萼片の
ecornutus　角（つの）のない
edentulus　歯のない
edgeworthii　英国の植物学者エジヴォース M.P.Edgeworth（1812-1881）の
edodes　江戸の（例シイタケ，恐らく江戸で求めたから）
edulis　食用の，食べられる
effusoides　effusa に似た
effusus　非常に開いた，ばらばらの，非常に広がった

eizanensis　比叡山の
elasticus　弾力のある
elaterius　弾く，飛び出す，跳ばせる
elatior, elatius　より高い
elatus　背の高い
elegans　優美な，風雅な
elegantissimus　大変優雅な，非常に優美な
elephantipus　象のような足の
elephantus　象の
elevatus　高まった，打出しの
ellipsoideus　広楕円形の
ellipticus　楕円形の
elongatus　伸長した
emarginatus　凹頭の
emendatus　修理した，よくなった
emeticus　吐気をおこさせる，吐薬の
eminens　顕著な，立派な
emphyllocalyx　葉状になった萼の
endemicus　自生の，特産の
endivia　キクジシャのアラビア名
endocroceus　中が黄色の
enervis　無脈の
engleri　ドイツ人植物分類学者エングラー H.G.A. Engler（1844-1930）の．エングラー分類体系の創始者
enneaphyllus　九葉の
enoplus　無節の
ensatus　剣形の
ensifolius　剣形葉の
ensiformis　剣形の
entomophilus　昆虫を好む，虫にたよる，虫媒の
epi～　上の～，表の～
epigeios　地上の
epiphyllus　葉上生の
epipsilus　上面が裸の
equester, -stris, -stre　騎士のような，馬のような
equinus　馬の
equisetifolius　トクサ属 *Equisetum* のような葉の
equitans　馬にまたがった，両側にひらいた，またぎ重ねの
eragrostis　属名 *Eragrostis* を種形容語に転用．愛の草（イネ科植物の草）の意で，理由は不明．
erectus　直立した
eriacanthus　軟毛のある刺の
erianthus　軟毛のある花の
ericetorum　エリカ *Erica* 群落の
ericoides　エリカ *Erica* に似た，ヒース heath に似た
erinaceus　ハリネズミに似た，のぎ状の刺のある，いがになった
erio～　羊毛の～
eriocarpus　羊毛のある果実の
eriocephalus　頭部に羊毛のある
eriophorus　羊毛を有する
eriophyllus　羊毛のある葉の
eriostachyus　羊毛のある穂の
eriostemon　羊毛のある雄しべの
eriostylus　羊毛のはえた花柱の
ermanii　採集家エルマンの．ダケカンバ学名の形容語
erosus　不揃いの歯の，不規則な切れ込みのある
erraticus　一定しない，ばらばらの，失敗の
erromena　著しい包葉の
erubescens　赤くなった，赤色を呈する
eruciformis　キバナスズシロ属 *Eruca* のような形の
erythro～　赤い～
erythrocarpus　赤い果実の
erythrocephalus　頭の赤い，頂点の赤い
erythrophyllus　赤い葉の
erythropodus　赤軸の，赤い柄（脚）の
erythropterus　赤い翼の
erythrorhizon　赤い根の
erythrosorus　赤色の胞子嚢群（嚢堆）のある
erythrostylus　赤色の花柱の
esculentus　食用の
esorediosus　粉芽 soredia をつけない
esquarrosus　いが状にならない
estriatus　縞のない，条線のない
esulus　辛い，飢饉の時食用となる
～etorum　～の群落の
etuberculatus　小さい粒を欠く
etuberosus　りん茎のない，塊茎のない，球根のない
eu～　真の～，正しい～，よい～
eupalmatus　本当の palmatus の（この形容語は種 palmatus のタイプを含む種内分類群の形容語としては使えない）
eupatoria　属名 *Eupatrium* ヒヨドリバナ属の転用
euphlebius　美しい脈のある
euro～　広い～
europaeus　ヨーロッパの
euseptemlobus　本当の septemlobus の（eupalmatus の注釈参照）
evanescens　消失する，しばらくだけ続く
evansianus　園芸家エバンスの
evectus　上昇した，伸長した
evolutus　発達する，ほどける
ex～，e～　～から外れて，～のない，～を欠く
exalatus　無翼の
exaltatus　非常に丈の高い
excavatus　凹んだ，凹みのある
excedens　～を凌ぐ
excellens　立派な，優れた
excelsior　より高い
excelsus　高い
excisus　欠刻のある，切り取られた
exiguus　小さな，貧弱な，とるに足らぬ
exilis　細小の，薄少の
eximius　格段の，抜群の，際だった
exitiosus　有害な，有毒の，破壊的な
exoletus　成熟した，充分成長した
exoticus　外来の，外国産の
expansus　蔓延した，拡がった
explodens　勢よく飛ぶ，破裂する
exsculptus　掘り出された
exsertus　突出した，外に出た
exsuccus　乾質の
exsurgens　立ち上がる
extensus　拡張した，展開した
extremiorientalis　極東の
extrorsus　外に向いた
exudans　しみ出た，発散する
exutus　取除けた

F

faba　ラテン名ソラマメ，マメ科の属名 *Faba*
fabaceus　豆のような，ソラマメのような
faberi　採集家ファーベルの

fabronianus　採集家ファブロンの
fagifolius　ブナ *Fagus* のような葉の
falcatus　鎌状の
falcifolius　鎌形葉の
falciformis　鎌形の
fallax　偽の，迷わされる
fallosus　誤られた，見逃がされた
familiaris　家族の
farfarifolius　フキタンポポ *Tussilago farfara* のような葉の
farinaceus　粉質の，小麦粉に似た，花粉を含んだ
farinifer, -fera, -ferum　粉をもつ
farinosus　粉質の，粉状の，粉をふいた
fasciatus　束状の，帯状の，横縞の，帯化した
fascicularis / fasciculatus　束生の，束になった
fascinator　なまめかしい，魅惑的な
fastigiatoramosus　平行して出た枝のある
fastigiatus　束になって直立した，数枝直立して集った
fastuosus　立派な，堂々とした
fatuus　実らぬ，空（から）の，予言者の
fauriei　明治大正時代に東亜植物採集家であったフランス人宣教師フォーリー U. J. Faurie（1847-1915）の
febrifugus　熱を下げる，解熱の
femineus　雌の，女性の
fenestralis / fenestratus　小窓状の，光の透る
fenestrellatus　透光のある
～fer，～ger　～を持つ
fernaldianus　北米ハーバード大学教授の植物分類学者ファーナルド Merritt L. Fernald（1873-1950）の
ferox　強い刺のある，刺の多い，危険な
ferreus　鉄の
ferruginosus　鉄銹色の，汚れた
fertilis　多産の，多く実を結ぶ
festivus　快活な，めでたい，華美な
fibrosus / fibrosus　繊維質の，すじの多い
ficifolius　イチヂク属 *Ficus* のような葉の
ficoide(u)s　イチヂクに似た
ficus-indica　インドのイチヂク
filamentaceus / filamentosus　糸状の
filicatus　シダに似た
filicaulis　糸状の茎を持った
filicifolius　シダのような葉の
filicinus　シダのような
filicoides　シダに似た
filifer, -fera, -ferum　糸をもった
filifolius　糸のような葉の
filifomis　糸状の
filipes　糸状の柄（脚）の
filix-femina　雌のシダ
fimbriatus　縁毛のある，縁毛で飾られた
firmatus　しっかりした，固定した
firmus　強い，堅固な
fischeri　ロシアの分類学者フィシャー F.E.L.von Fischer の
fissifolius　分裂葉の，割れた葉の
fissuratus / fissus　分裂した，中裂の
fistulosus　管状の，管形の
flabellatus　扇状の
flabelliformis　扇形の
flaccidifolius　柔軟な葉の
flaccidissimus　甚だ柔軟な
flaccidus　柔軟な，ぐにゃぐにゃした
flagellaris　鞭状の，匍匐枝のある
flagellatus　鞭に似た
flagellifer, -fera, -ferum　匍匐枝を有する，鞭毛を持った
flagellosus　匍匐枝の多い
flammeus　鮮緋色の，火焔色の
flammula　小さな焔の（flamme の縮少形）
flavens　淡黄色の，帯黄白色の
flavescens　黄色っぽくなる
flavicomus　黄色の束毛ある，黄色の羊毛状の
flavidus　帯黄色の，黄味がかった
flavispinus　黄色い刺をもった
flavissimus　非常に黄色い，深黄色の
flavocuspis　凸出部だけが黄色の
flavovirens　帯黄緑色の
flavus　鮮黄色の
flexilis　曲がりやすい，たわみやすい，軟かな
flexuosus　波状の，ジグザグの
floccosus　毛状の，密に綿毛ある
flore-albo　白花をもった
florentii　採集家フロレントの
florentinus イタリーのフローレンスの
flore-pleno　八重咲の花を持った
floribundus　花の多い
floridus　花の目立つ，花の咲く，花の充満した
fluggeoides　シマヒトツバハギ属 *Fluggea* に似た
fluitans　水流中に生ずる，定着しない，浮遊する
fluminensis　ブラジルのリオ・デ・ジャネイロの
fluviatilis　川または流水中に生える
foemina　雌の，女性の
foeniculaceus　ウイキョウ属 *Foeniculum* に似た
foetidissims　非常に悪臭のある
foetidus　悪臭のある
fokiensis　中国福建省の
fo1iaceus　葉状の，葉質の
fo1iatus　葉のある
foliolatus　小葉のある，葉片をつけた
foliosissimus　ひどく葉の多い
foliosus　葉の多い
follicularis　袋果をつけた，袋果の
fontanus / fontinalis　湧泉地に生える
fordii　採集家フォードの
forficatus　鋏形の
fomicifomis　蟻の形をした
formicarum　蟻の
formosanus　台湾の
formosissimus　非常に美しい
formosus　美しい，華美な
fortunei　東亜植物採集家英国人フォーチュン R. Fortune（1812-1880）の
foucaudianus　採集家フォーコードの
foveatus　凹みのある，穴のある
foveolatus　小さく浅い凹みのある
fragarioides　オランダイチゴ属 *Fragaria* に似た
fragilis / fragosus　脆い，砕けやすい
fragrans　芳香のある
fragrantissimus　非常に芳しい香いのする
franchetii　東亜植物を研究したフランス人分類学者フラ

ンシェー A.R.Franchet（1834-1900）の
franguloides　イソノキ *Frangula* に似た
frangulus　破れやすい
fraxineus　トネリコ属 *Fraxinus* に似た
freynianus　オーストリアの植物学者 J.F.フレインの
frigidus　寒帯生の，寒冷地に育つ
frondosus　葉の，葉面の広い
fructifer, -fera, -ferum　結実する，果実をもった
fructigenus　果実のある，多産の，多果の
frumentaceus　穀物の
frutescens ｝低木状の
fruticosus
fucatus　着色した，染まった
fucifer　紫の，深紅色の
fugax　落ちやすい，早落性の
fugenzo　八重桜の品種普賢象
fuirenoides　クロタマガヤツリ属 *Fuirena* に似た
fujiianus　東大教授，細胞学者藤井健次郎（1866-1952）の
fujisanensis　富士山の
fukudo　フクドヨモギ
fulgens　光沢ある，輝いた
fulgidus　光沢ある
fuliginosus　黒褐色の，煤色の
fullonum　織物職人の，ラシャカキグサ *Dipsacus fullonum* の乾燥した頭花で羊毛をよることから
fulvellus　やや黄褐色の
fulvescens　黄褐色の，茶褐色の
fulviceps　黄褐色の頭
fulvifolius　黄褐色の葉の
fulvus　黄褐色の，茶褐色の
funalis　ロープ状の，綱のような
funebris　墓の
fungosus　キノコのような，海綿質の
funiculatus　種柄のある，細い紐がある
fucans ｝叉状の，フォーク状の
furcatus
fuscatus　帯褐色の
fuscescens　やや褐色の
fuscipes　褐色の柄（脚）の
fuscopurpureus　褐紫色の
fuscus　暗赤褐色の
fusiformis　紡錘形の
futurus　未来の．オオキツネヤナギ *Salix futura* の形容語

G

galanga　生薬莪述（ガジュツ）のアラビヤ名
gale　ヤチヤナギ *Myrica gale* の英名
galeatus　かぶと形の，花被がかぶと形に癒合した，ヘルメットに似た
galericulatus　かぶと形の，ヘルメット形の
gallicus　フランス（古名ゴール）の
gampi　和名ガンピ
gandavensis　ベルギーのガン Ghent の
garganicus　南イタリヤガルガノ山 Monte Gargano の
gelidus　氷状の，寒地生の
geminatus　対の，双生の，相似した
geminiflorus　対生花の，花が二個ずつついた
geminispinus　刺が双生した
geminus　双生の
gemmatus　芽生の，むかごの出来る
gemmifer, -fera, -ferum　むかごをもつ
generalis　一般の
genevensis　スイスジュネーブの
geniculatus　関節の，膝のように曲がった
genkwa　漢名芫花の日本読み，中国原産のジンチョウゲ科 *Daphne genkwa* Siebold & Zucc. の形容語
gentilis　外国の
genuflexus　膝のように曲がった
genuinus　真正の，模範の
geographicus　地図の
geoides　地上の，大地の，ダイコンソウ *Geum* に似た
geometricans ｝幾何学的模様の，均等の
geometricus
georgianus　北米ジョージア州の
georgicus　コーカサスのゲオルギアの
germanicus　ドイツの，ドイツ産の
gerontogeus　旧世界の
gesnerianus　16 世紀の本草家ゲスネル Conrad von Gesner（1516-1565）の
gibberosus　隆肉の，こぶになった
gibbiflorus　こぶのある花の
gibbosus　こぶのある，一方に膨れた，乳頭状の
gibbus　凸形の，こぶのある
gigant(e)ifolius　巨大な葉の
giganteus ｝巨大な，膨大な
giganticus
gigas　莫大な，巨大の
gilgianus　ドイツの植物分類学者ギルヒ E.F.Gilg の
gilvescens　やや黄色っぽい
gilvus　にぶい黄色の（葉うらの色などから）
ginnala　シベリヤでの土名
ginseng　中国名人参
girgensohnii　人名ギルゲンソーンの
githago　ナデシコ科の属名 *Githago* より
glabellus　無毛の，滑らかな
glaber, -bra, -brum　無毛の
glaberrimus　全く無毛の
glabratus　脱毛した，やや滑らかな
glabrescens　やや無毛の
glabrifolius　無毛の葉の
glacialis　氷の，氷雪寒帯の，氷河地帯に生えた
gladiatus　剣状の
glandulifer(us), -fera, -ferum ｝腺のある
glanduliger, -gera, -gerum
glandulosus　腺のある，腺質の
glaucescens　やや帯白色の，白粉を被った様な
glaucifolius ｝帯白色の葉の
glaucophyllus
glaucus　白粉をかぶったような，帯白色の，粉白色の
glehnii　カラフト植物の採集家グレーンの
globiflorus　球形花の
globispicus　球形の穂をもった
globosus　球形の
globularis　小球形の
globulifer, -fera, -ferum　小球形物をもった
globulosus　小球形の
glochidiatus　鈎状の刺毛のある
gloiopeltidicola　フノリ *Gloiopeltis* に着生する
glomeratus　集まった，球状になった
gloriosus　立派な，美事な
glossophyllus　舌状の葉の
glumaceus　穎 glume のある，穎またはそれに似た構造をもった

glutinosus　粘液のある，ねばついた
glycimorphus　美しい形の
glyptostroboides　スイショウ属 *Glyptostrobus* に似た
gmelinii　ドイツの分類学者グメリン K.C. Gmelin の
gnemon　グネッツムのモルッカ名 gnema から
goeringii　採集家ゲーリング P.F.W.Göring（1809-1879）の
gongylodes　丸味のある
gourda　ヒョウタンのラテン古名
gracilentus　細長い，かよわい
gracilipes　細長い柄（脚）の
gracilis　細長い，繊細な
gracilistylus　花柱の細長い
gracillimus　非常に細長い，大変繊細な
graecus　ギリシャの
grallatoria　竹馬にのる人の
gramineus　禾本状の，イネ科らしくみえる
graminifolius　イネ科状の葉の
granatus　粒状の
grandiceps　大きい頭の
grandicuspis　大きな尖りの
grandidentatus　大きい歯の
grandiflorus　大きい花の
grandifolius　大きい葉の
grandiformis　大形の，大きな性質の
grandipunctatus　大きい点のある
grandis　大形の，偉大な
granulatus, granulosus　粒状になった，微少な粒で被われた
gratissimus　非常に楽しい，非常に感じのよい
gratus　楽しい，人に好かれる，快い
graveolens　強臭のある
grayanus, grayi　エーサ・グレイ Asa Gray（1810-1888）の
griffithii　インド植物採集家グリフィス W.Griffith の
griseus　灰色の
groenlandicus　グリーンランドの
grosseserratus　粗いきょ歯のある
grossularia　グースベリーのフランス名 grosaille から
grossularioides　グースベリーに似た
grossus　非常に大きい，非常に太い
grypoceras　曲がった角（つの）
guianensis　南米ギアナの
guilielmii　1953 年下田で採集した S.W.Williams の
guineensis　西アフリカ，ギニアの
gummifer, -fera, -ferum　ゴムをもった，樹脂のある
guttatus　斑紋ある，点滴状の
gymn～，gymno～　裸の
gymnantherus　雄しべの葯が裸の
gymnocarpus　裸果の
gymnolepis　裸の鱗片ある
gymnorrhizus　根の裸出した
gymnostomus　口に何も蓋やかざりのない
gynandrus　雌雄合体の
gyno～　雌の～
gyokushinkwa　和名ギョクシンカ（玉心花）
gyrans　旋回の

H

hachidyoensis, hachijoensis　八丈島の
haem～, haemato～　血の～，血紅色の～
haemanthus　血紅色の花をもった
haematacanthus　血紅色の刺のある
haematocephalus　頭が血紅色の
hakkodensis　青森県八甲田山の
hakonensis　箱根の
hakusanensis　石川県白山の
halicacabus　ホウズキまたはフウセンカズラのような
hallianus　アメリカ人採集家ハル G.R. Hall の
hallieri　ドイツの植物学者ハリエー H. Hallier の
halo～　塩の～
halodendron　塩のところに生える樹
halophilus　塩を好む
hamabo　和名ハマボウ
hamaoi　牧野富太郎が東大在職当時総長であった浜尾新の
hamatus　かぎ（鈎）の，かぎを持った
hamosus　かぎ（鈎）形の
hanceanus　英国の領事で中国植物を採集したハンス H.F.Hance の
hansonii　園芸家ハンソンの
harimensis　播磨国（兵庫県南西部）の
harpophyllus　鎌形の葉の
haspan　コアゼガヤツリの東インド名
hastatoauriculatus　葉脚が耳状を帯びたほこ形の
hastatosagittatus　葉脚がほこ形をおびたやじり形の
hastatus　ほこ形の
hastifer, -fera, -ferum　ほこを有する
hastilis　ほこ形の
hatsudake　和名ハツダケ
hattorianus　粘菌学者服部広太郎（1875-1965）の．東京帝大理学部講師，後に東宮時代からの昭和天皇の生物学指導者
hayachinensis　岩手県早池峯山の
habecarpus　軟毛ある果実の
hederaceus　キヅタ属 *Hedera* に似た
hedy～　よい～，甘い～，楽しい～
heli～，helio～　太陽の～
helianthus　ヒマワリ属 *Helianthus* の，日に向かって咲く花の
heliolepis　黄色の鱗片の
helioscopius　向日性の
helix　螺旋状の
helminthocladulus　いも虫状の小枝の
helminthocladus　いも虫形の枝の
helminthoides　虫の形をもった
helveticus　スイス（Helvetia）の
helvolus　淡黄色の，蜂蜜のような黄色の
hemiphyllus　半分に切れた葉の
hemisphaericus　半球形の
henonis　*Phyllostachys henonis* Mitford の形容語，意味不明
hepaticus　肝臓形の，緑褐色の
heptaphyllus　七葉の
herbaceus　草本の，草質の
herbariorum　ハーバリウムの，植物標本館の
herbeihybridus　草本の雑種の
hernandiifolius　ハスノハギリ属 *Hernandia* のような葉の
heter～，hetero～　異なった～，種々の～
heteracanthus　異種の刺ある，いろいろな刺のある
heteranthus　種々の花ある，変化ある花をつけた
heterocarpus　いろいろな形の果実の
heterochromus　種々の色の
heteroclitus　種々の形ある
heterocyclus　いろいろに輪生した，不同数列の

heterodon　違った歯のある
heterodontus　いろいろの歯のある
heteroglossus　種々の舌のある
heterolepis　いろいろの鱗片のある
heteromorphus　種々の形をした
heterophyllus　異葉性の
heterosepalus　種々の萼片のある
heterotrichus　種々の毛のある
hexaedrophorus　六面体のある
hexagonopterus　六角の翼のある
hexagonus　六角の
hexapetalus　六花弁の
hexaphyllus　六葉の
hexastichon　六列の
heyhachii　平八の（植木屋か？）
hians　口をあけた
hibernalis　冬の
hibernicus　アイルランドの
hiberniflorus　冬咲きの，冬に開花する
hibernus, hiemalis　冬の（hiems 冬）
hieracioides　ミヤマコウゾリナ属 *Hieracium* に似た
hieroglyphicus　象形文字の，不可解な
higegaweri　和名ヒエガエリ
hilgendorfii　ドイツ人動物学者ヒルゲンドルフ Franz M.Hilgendorf（1839-1904）の．1873-1876 年東京医学校雇い外国人教師．顕微鏡使用法と植物学を教えた
himalaicus　ヒマラヤ山脈の
himekomatsu　和名ヒメコマツ
hindsii　採集家ハインズの
hippocastanus　マロニエのラテン古名
hippuris　スギナモ科 *Hippuris* 属，それに酷似するため，意味は馬の尾
hircinus　山羊のような，山羊の臭いのする
hirsutissimus　非常に多毛の，剛毛の多い
hirsutulus　やや粗毛ある，やや疎剛毛ある
hirsutus　粗毛ある，多毛の
hirtellus　短い粗毛ある，やや多毛質の
hirtiflorus　粗毛ある花の
hirtipes　多毛の茎の，短剛毛ある柄の
hirtulus　やや短剛毛ある
hirtus　短い剛毛のある
hispanicus　スペインの
hispidissimus　非常に粗毛の多い
hispidulus　やや剛毛のある
hispidus　剛毛のある
histrionicus　芝居の，舞台の，俳優の
hodgsonii　採集家英国函館領事ホジソン C.P.Hodgson の
hoki　和名ホウキモロコシの略
hologlottis　完全に舌状の
holopetalus　完全なる花弁の
holosericeus　完全に絹毛で被われた
homo～　同じ～
homolepis　同種りん（鱗）片の
homolobus　同形裂片の
hondae　東大教授，林学者本多静六（1866-1952）の，東大教授，植物分類学者本田正次（1897-1984）の
hondoensis　日本本土の，本州の
hongkongensis　香港の
horizontalis　水平の
horizonthalon　水平に出た枝の
hornemannii　採集者ホルネマンの
horneri　採集者ホーナーの
horridus　おそろしい，強い刺をもった
horripillus　刺毛ある，逆毛ある
hortensis　庭園栽培の，庭園の
horticola　庭園に野生する
hortorum　庭園の
hortulanus　園芸家の
hotarui　和名ホタルイ
hozanensis　台湾の鳳山の
hudsonianus　北米ハドソン Hudson 河の
humifusus　地上に蔓延する，地面にひろがった
humilis　低い
humillimus　最も丈の低い
hupehensis　中国湖北省の
hyacinthinus　ヒヤシンス色の，青玉色（サファイヤ色）の
hyacinthoides　ヒヤシンス属 *Hyacinthus* に似た
hyalinus　透明の，すきとおった
hybridus　雑種の
hydrangeoides　アジサイ属 *Hydrangea* に似た
hydropiper　水にはえたコショウ，*Polygonum hydropiper* L. などの形容語，葉が辛くて水辺にはえるから
hyemalis　冬の．hibernus，hiemalis もある
hygrometricus　水を吸う
hygrophilus　水の好きな
hymenanthus　膜質の花の，膜状花の
hymenodes　膜状の，羊皮紙に似た
hypnaeoides, hypnoides　シトネゴケ *Hypnea* に似た
hypo～　～の下，不完全の～
hypocrateriformis　盆形の，たかつき形の
hypogaeus　地中生の，地下の
hypoglaucus　下面が帯白色の
hypoglossus　下方に舌のある
hypogynus　雌しべより下に（雄しべが）つく，子房上位の
hypoleucus　下面が白色の
hyponiveus　うらが白い
hypophaeus　裏が褐色の
hypophyllus　葉の下面の
hypopithys　針葉樹の下にはえる
hystrix　ヤマアラシのような，剛毛ある

I

ianthes　すみれ色の葯の
ianthinus　すみれ色の，バイオレットブルーの
ibericus　イベリア半島の
ibukianus　伊吹山の
icosandrus　20 個の雄しべのある
icumae　iinuma（飯沼慾斎）の誤植から
idaeus　地中海クレタ島Ida山の
idsuroei, idzuroei　伊藤圭介の子息伊藤謙（1851-1879）の
ignescens　炎色の，火のような
igneus　炎色の，火のような
ignitus　炎紅色の
ihea　江戸時代の園芸家伊藤伊兵衛を記念した名らしい
iinumae　江戸時代の本草学者飯沼慾斎（1783-1865）の
ikariso　和名イカリソウ
ikenoi　ソテツの精子の発見者池野成一郎（1866-1943）の
ilicifolius　セイヨウヒイラギ *Ilex aquifolium* のような葉の
illecebrosus　ナデシコ科 *Illecebrum* 属のような

illegitimus　不適格の
illicioides　セイヨウヒイラギ *Ilex* に似た
illustratus　画かれた，飾った，輝いた
illustris　立派な，上等な，光沢ある
illyricus　イリューリヤ（ギリシャ半島）の
ilvensis　地中海中の Elba 島の
im～　無～，～のない
imberbis　のぎ（芒）のない，ひげのない
imbricans, imbricatus　重なり合った，かわら状の
imeretinus　小アジアジョルジアのイメレットの
immaculatus　斑点のない，汚点のない
immersus　水面下の，水中に沈生する
imparipinnatus　奇羽状複葉の
impatiens　忍耐のない，我慢できない
imperator　専制の，横柄な，指導者の
imperfectus　不完全の，不具の
imperialis　帝王の，威厳のある，天皇の発見した
impexicomus　乱れた束毛のある
implexus　からまった，もつれた
impressus　凹んだ，押しつぶされた，彫刻ある
impudicus　恥を知らぬ，厚顔の
in～＝im～　無～，～のない
inaequalifolius　不揃いの葉の
inaequalis　不等の，不同の，不揃いの
inaequilaterus　同一の側にない，不等辺の
inaequilongus　不等長の
inamoenus　みにくい，無愛想の
incanus　灰白色の，灰白の柔毛でおおわれた
incarnatus　肉色の
incisifolius　切れめのある葉の，鋭く裂けた葉の
incisus　鋭く裂けた
inclaudens　周りを囲まれた，包まれた
inclinatus　傾いた，傾斜の
incomparabilis　無比の，無類の，すぐれた
incomptus　飾りのない，自然のままの，粗野な
inconspicuus　目立たない，甚だ小さい，引立たない
incubaceus　地面に横たわる
incurvatus, incurvus　内曲の，内側に屈曲した
indentatus　凹んだ，ぎざぎざのある
indicus　インドの
indigoticus　藍色の
indivisus　分裂しない，連続した
indusiatus　包膜のある
inermis　刺針のない，武装のない
inexpectatus　期待されない
infectorius　染料の，着色に用いる，色素を有する
infestus　有害の，危険な，不安全な
inflatus　袋状の，膨れた
inflexus　内曲した
infortunatus　不幸の，出来の悪い
infra～　～の下の
infractus　破れた
infravelutinus　裏がビロード状の
infundibuliformis　漏斗状の，ラッパ形の
infundibulum　漏斗
ingens　巨大な
innatus　生まれつきの，自然のままの
innovans　新枝を有する，発芽する
inodorus　無臭の，香のない
inophyllus　糸のような細い脈の葉の
inops　貧弱な
inornatus　飾りのない，目立たない
inquinans　汚点ある，変色した
insaniae　無神経，狂気
inscriptus　記入する，書きこんだ，何か模様のある
insertus　不定の，不信の，うたがわしい
insignis　著明な，抜群の，秀いでた
insitit(i)us, insiticius　移植した，接木した
insularis　島に生ずる
intactus　自然のままの，無傷の，清浄の
integer, -gra, -grum　全縁の，完全の
integerrimus　全く完全な，全縁の
integrifolius　全縁葉の
integrilobus　浅裂した裂片が全縁の
inter～　～の間にある
interior, interius　より内方の
interjectus　中間に位した
intermedius　中くらいの，中間の
intermixtus　入りまじった
interregnus　中間の時の
interruptus　断続的な，中断した
intertextus　からみあった，もつれた
intestinalis　腸の
intortus　内側に回旋した
intricatus　混乱した，複雑な
introrsus　内向の，内曲の
intumescens　膨れた，隆起した，膨大した
intybaceus　キクニガナ（チコリ）*Intybus* 属の
intybus　キクニガナのラテン名 intubus
inundatus　冠水した，ときに冠水する地に生える
inutilis　役にたたない
inversus　反対の，逆さまの，倒生の
invisus　目にみえない，見落しやすい
inovolucratus　総包のある
involutus　内包の，内巻きの
involvens　内旋の，内へ巻き込んだ
ionanthus　すみれ色の花をもった
ionopterus　すみれ色の翼をもった
iria　*Cyperus iria* L.の種形容語，意味不明
iridescens　虹色の，見方により方向により色が変る
iridiflorus　アヤメ属 *Iris* のような花の
irioides　虹色の，虹状の
irregularis　不規則な，正常でない
irrigatus　水の，湿ったところに生える
isabellinus　汚れた灰褐色の
isandrus　同形雄ずいの
isatifolius　タイセイ属 *Isatis* に似た葉の
ischaemum　止血作用のある植物
ischnostachyus　細長い穂のある
ischyroneurus　細い脈のある
iseanus　伊勢国（三重県）の
isidiatus　針芽 isidium をもつ
islandicus　アイスランドの
iso～　同じ～，等しい～
isopetalus　同形の花弁の
isophyllus　同形の葉を持った
italicus　イタリヤの
itoanus　伊藤圭介（1803-1901），その孫伊藤篤太郎（1866-1941），またはシダの分類学者，東京教育大学教授伊藤洋（1909-2006）の
itosakura　和名イトザクラ
iwarenge　和名イワレンゲ

iwasakii　江戸時代の本草学者岩崎灌園（1786-1842）の
iwatensis　岩手県の
ixocarpus　粘着性のある果実の

J

jacobaeus　St. James（Jacobus）の，Cape Verde Islandsの St. Iago 島の
jalapa　メキシコの町ヤラッパ
jamaicensis　ジャマイカの
jambolanus　高木の
japonensis, japonicus　日本の
jasmineus　ジャスミン（オウバイ属 *Jasminum*）に似た
jasminiflorus　ジャスミンのような花をもった
jasminodorus　ジャスミンの匂いのある
jasminoides　オウバイ属 *Jasminum* に似た
javanicus　インドネシアのジャバの
jesoanus, jessoensis, jezoanus, jezoensis　北海道（旧名蝦夷）の
joan　江戸時代の本草家宇田川榕庵（1798-1846）の
jolkinii　採集家ジョルキンの
jonquilla　*Juncus* 属の名を変形した語
jooi　弁護士で植物採集家の城一馬（かずま）の
joo-iokiana　城一馬と画家五百木文哉（1863-1906）の
jovis　ジュピターの
jubatus　鶏冠のある，長い芒のあることをさす
jucundus　快い，人好きのする，愛らしい
jugatus　くびきでつなぐ，対にした
jugosus　くびきのような
jujuba　アラビヤ名，ナツメ *Zizyphus jujuba* Mill. の形容語
julibrissin　ネムノキの東インド名
junceus, juncoides　イグサに似た
juniperinus　ビャクシン属 *Juniperus* のような，濃青色の
junos　ユズの古名ユノス（柚之酸）から
jussieui　フランスの分類学者ジュッシュー B.de Jussieu（1699-1777）の
juvenalis　若い

K

kadzura　和名ビナンカズラの一部から
kaempferi　江戸中期（1690-1692）に日本に滞在したケンフェル Engelbert Kaempfer（1651-1716）の．属名 *Kaempferia* を参照
kagayamae　当時の蚕業試験場長加賀山辰四郎の
kahirinus　エジプト，カイロの
kaialpinus　甲斐（山梨県）の高山生の
kaimotanus　甲斐の山地生の
kaki　和名カキ（柿）
kakudensis　新潟県角田山の
kalahariensis　南西アフリカ，カラハリ砂漠の
kali　アラビア語で Salsola の灰を指す
kamayama　カマヤマショウブの名から，朝鮮釜山産と思いこれを訓よみにしたもの
kameba　和名カメバヒキオコシの略，葉形がカメに似る
kamoji　和名カモジグサ
kamschaticus, kamtschaticus　カムチャツカの
kanran　和名カンラン（寒蘭）
kansuensis　中国甘粛省の
kantoensis　関東地方の
karataviensis　中央アジアの Kara Tau 山脈の
karka　*Phragmites karka* の形容語，意味不明
kashmirianus　インド，カシミールの
katoanus　カトウハコベの発見者加藤泰行子爵の
kawasakianus　採集者川崎光次郎（みつじろう）の
kazinoki　和名カジノキ
keisak　採集した江戸時代の二宮敬作を記念して
keiskeanus, keiskei　植物学者，東京大学員外教授伊藤圭介（1803-1901）の．itoanus もある
kengii　中国人分類学者ケン Yi Li Keng（1897-1975）の
kerato～　角（つの）の～
kermesinus　カーミン色の，紅色の
kerrioides　ヤマブキ属 *Kerria* に似た
kewensis　ロンドン西郊のキュー植物園の
kikumugura　和名キクムグラ
kinashii　採集者木梨延太郎（1871-1946）の
kinoshitae　採集者木下友三郎の
kintoga　和名キントウグワ
kinuta　和名キヌタソウの略
kinuyanagi　和名キヌヤナギ
kiotensis　京都産の
kirigaminensis　信州霧が峯産の
kirilowii　採集者キリロフ I.P.Kirilov（1821-1842）の
kisoanus　木曾の
kitadakensis　信州北岳の
kiusianus　九州の
kjellmanianus　藻類学者シエルマンの
kleinianus　採集者クライン Klein の
kobanmochi　和名コバンモチ
kobomugi　和名コウボウムギ
kobus　和名コブシ
kochianus　高知産の
kofuji　和名コフジウツギの略
koidzumianus　京都大学教授小泉源一（1883-1953）の
kolomikta　マタタビのシベリア名
komarovii　ロシアの植物分類学者で極東ロシア，中国北東部満州のフロラを研究したコマロフ V.L. Komarov の
komatsui　ツツジの研究家小松春三（1879-1932）の
komonoensis　三重県菰野の
konjac　和名コンニャク
koraianus, koraiensis, koreensis　朝鮮の（高麗から）
koribanus　京大教授，植物生理学者郡場寛（1882-1957）の
koriyanagi　和名コリヤナギ
korsakowii　採集したコルサコフ公の
kousa　クサ（箱根でのヤマボウシの方言）
koyamae　針葉樹を研究した小山光男（1885-1935）の
krameri　日本植物を採集したベルギーの園芸家クラメルの
krempelhuberi　地衣の採集家クレンペル・ヒューベルの
kuhnii　シダ学者クーンの
kujuzanus　大分県九重山の
kumasaca　和名クマザサ
kumatake　和名クマタケランより
kumokiri　和名クモキリソウより
kurilensis　千島列島の
kuroguwai　和名クログワイ
kuroiwae　沖縄植物の初期採集家黒岩恒（1858-1930）の

kurome　和名クロメ
kusanoanus　東京帝大農学部教授，植物病理学者で菌類学者草野俊助（1874-1962）の
kuzakaiensis　岩手県区界の
kwanso　和名カンゾウ

L

labiatus　唇形の
labiosus　唇弁ある
lablab　アラビヤ名
laburnifolius　マメ科 *Laburnum* のような葉の
lacer, -cera, -cerum　不斉分裂の，不揃いに分裂した
lachenensis　ラーヘン（ドイツ）に産する
lachno～　綿毛の～
laciniatus　細く分裂した
laciniosus　条裂の多い，細い分裂片のある
lacryma　涙．古典ラテンでは lachrima，lacrima など
lacryma-jobi　ヨブの涙（ジュズダマの果序を例えたもの）
lactatus　ミルク状の
lacteus　乳白色の，乳液状の
lacticolor　乳白色の
lactifer, -fera, -ferum　乳をもった
lactiflorus　乳色の花の
lacunosus　深い穴または凹みをもった
lacuster, -tris, -tre　湖水生の
ladanifer, -fera, -ferum　ゴム樹脂を有する
laeteviolaceus　鮮紫色の
laetevirens　鮮緑色の，ライトグリーンの
laetus　輝く，生々とした，あざやかな色の
laevicaulis　無毛茎の，平滑な茎の
laevigatus　無毛の，平滑な，みがいた
laevipes　無毛の柄（脚）の
laevissimus　全く平滑な
laeviusculus　やや無毛の，やや滑らかな
lagenarius　瓶形の，ヒョウタン形の
lago～　ノウサギの～
lamarckianus
lamarckii　｝進化論のラマルク J. B. M. de Lamarck（1744-1829）の
lambertianus　マツ属の分類を研究したイギリス人ランベルト A.B. Lambert（1761-1842）の
lamellatus　薄板のある，薄片のある，ひれ状の突起のある
laminarioides　コンブ *Laminaria* に似た
lamprochlorus　強い光沢ある緑色の，鮮緑色の
lamprospermus　強い光沢ある種子の
lanatus　軟毛ある
lanceolatus　皮針形の
lanceus　槍身形の，皮針形の
lancifolius　皮針形葉の
langsdorffii　採集家ラングスドルフの
laniger, -gera, -gerum　軟毛のある
lannesianus　明治時代初めに日本植物を送り出したフランス人園芸家ラネス Lannes de Montebello の
lanuginosus　綿毛ある，軟毛ある
lapathifolius　*Lapathum* 属のような葉の
lapidiformis　礫のような形の
lappa　いが
lappaceus　いがのような，鈎状の刺毛のある，鈎状の包葉をもった
lapponicus　ラプランド（スカンジナビヤ半島北部）の
laricifolius　カラマツ属 *Larix* のような葉の
laricinus　カラマツ属のような
lasiacanthus　軟毛のはえた刺の
lasianthus　軟毛をつけた花の
lasiocarpus　軟毛のある果の
lasiopetalus　軟毛のある花弁の
lateriflorus　花が側生した
lateripes　側生した柄の
lateritius　煉瓦状の赤色の
lathyris　エンドウマメの古いギリシャ名 latyhros
latifolius　広葉の
latifrons　葉面が広い
latilobus　広い裂片のある
latimaculatus　広い（大きい）斑点のある
latipes　広い柄（脚）の
latipinnulus　広い小羽片を持った
latisepalus　広い蕚片の
latisquama　広い鱗片の
latissimus　非常に広い
latiusculus　かなり広い
latus　広い，巾のある
laurifolius　ゲッケイジュのような葉の
laurinus　ゲッケイジュのような
laurocerasus　ゲッケイジュのような葉のサクラ
lavandulaceus　ラベンダー lavender のような
lavandulifolius　ラベンダーのような葉の
lavenia　キク科の属名 *Lavenia* Sw.より
laxiflorus　まばらな花の
laxifolius　まばらな葉の，離れた葉の
laxus　まばらな，開いた，怠惰な
laydekeri　採集家ライデッカーの
ledebourii　ロシアの植物学者レデブール C.(K.)F. Ledebour の
leeoides　ブドウ科 *Leea* 属のような
lei～，leio～　平滑な～
leianthus　無毛の花の，平滑な花の
leiocarpus　平滑な果実の，無毛果の
leioilepis　平滑な鱗片の，毛のない鱗片の
leiophyllus　無毛葉の，滑らかな葉の
leiopod(i)us　滑らかな柄の
lenticularis　レンズ状の，凸面鏡形の
lentiginosus　小斑点のある
lentus　柔軟な，しなやかな，ねばりのある
leontoglossus　ライオンの舌のような
leopardinus　ヒョウのような斑点のある
lepidocaulon　鱗片のある茎の
lepidophyllus　鱗片葉の
lepidus　優美な，上品な，美しい
lepineanus　採集者レピンの
leporinus　野兎の
leprosus　ふけ（皮垢）のある
lept～，lepto～　うすい～，弱い～，細い～
leptanthus　細い花の
leptocaulis　細長い茎の，弱々しい茎の
leptochilus　細長い唇弁の
leptocladus(os)　細い枝のある
leptolepis　うすい鱗片のある
leptopetalus　うすい花弁の
leptophyllus　うすい葉の，細葉の
leptopus　細長い柄（脚）の
leptosepalus　細長い蕚片の
leptostachyus　細い穂の
leschenaultii　採集家レジェノールトの
leuc～，leuco～　白い～

leucacanthus　白い刺の
leucadendron　白い木
leucanthemus，leucanthus　白い花の
leucobotrys　白い房の，白い総状の
leucocarpus　白果の
leucocephalus　白い頭の
leucochilus　白色の唇弁の
leucochlorus　白緑色の
leucocladus　白い枝の
leucodermis　白皮の
leucomelus　白黒の
leuconeurus　白脈の
leucophyllus　白い葉の
leucopithecius　白猿のような
leucorhizus　白い根の
leucotrichus　白毛ある
leucoxanthus　白黄色の
leucoxylon　白い材の
levis　軽い，浅い，平滑な
levissimus　非常に平滑な，非常に軽い
leviusculus　やや平滑な
libani　レバノンの，レバノン山の
libanotis　ギリシャ語libanotos（強く匂う）から
liburnicus　アドリア海西部リブルニアの
lignosus　木質の
ligularis, ligulatus　舌状の
ligulistylis　舌状をした花柱の
ligulosus　舌に似た
lilacinus　ふじ色の，ライラック色の
liliago　百合に似た
liliiflorus　ユリ *Lilium* の花のような
limbatus　縁のある，縁取りのある
limosus　湿地に生える，沼地の，泥土にはえる
linaceus　アマに似た
linariifolius　ウンラン属 *Linaria* 状の葉をもった
lindheimeri　採集家リンドハイマーの
lindleyanus　英国の植物分類学者リンドレイ J. Lindley の
linearifolius　線形葉の，直線状の葉の
linearilobus　線形の裂片の
linearis　線形の
lineatus　線紋ある，線条のある
lineolatus　細かい線形の
lingua　舌，リボン
linguifolius　舌状葉の
linguiformis　舌状の
lingulatus　舌型の，小舌ある
linifolius　アマに似た葉の
linnaeanus, linnaei　二語名法を確立した生物分類学の創設者リンネ Carl Linnaeus（C. von Linné）の
linoides　アマ属 *Linum* に似た
linophyllus　アマに似た葉の
linza　*Asplenium linza* Ces.の形容語，ひも状を示す名
lispo～，lisso～　平滑な～，滑らかな～
lissochiloides　ラン科 *Lissochilus* 属に似た
listeroides　フタバラン属 *Listera* に似た
litho～　石の～
lithospermus　石のような種子の
littoralis　海浜生の
littoreus　海岸の
lituiflorus　角笛形の花の
lividus　青味ある灰色の，鉛色の
lobatus　浅裂した，裂けた
lobularis　小裂片のある，小さく浅裂した
locusta　ノジシャの古いラテン名
loliaceus　ホソムギ属 *Lolium* に似た
lomato～　へりの～，ふちどりの～
lomentarius　くびれたさや（節果）の
loncho～　先のとがった～
longana　中国名の竜眼
longearistatus　長いのぎ（芒）のある
longebracteatus　長い包葉ある
longepedunculatus　長い花柄のある
longeracemosus　長い総状花序の
longerostratus　長いくちばしのある
longibracteatus　長い包葉ある
longicaudatus　長い尾の，長く先が伸びた
longicornis　長い角（つの）のある
longicruris　長脚の
longiflorus　長い形の花の
longifolius　長い葉の
longihamatus　長いかぎ（鈎）のある
longilaminatus　長い葉面の，長い板状物のついた
longilobus　長い裂片の
longimucronatus　急に尖った先が長い
longipes　長柄の
longipetalus　長い花弁の
longipinnatus　長い羽片を持った
longipinnulus　長い小羽片の
longiracemosus　長い総状花序のある
longiradiatus　長い放射状の
longiscapus　長い花茎の
longisepalus　長い萼片の
longisetus　長い刺毛の
longispathus　長い仏炎包の
longispicus　小穂の長い
longispinus　刺の長い
longissimus　非常に長い
longistolon　長い匍匐枝の
longistylus　長い花柱の
longitubus　長い管の
longivalvus　長い弁のある
longus, (longior, longissimus)　長い，（より長い，最長の）
loph～，lopho～　鶏のとさか～
lorifolius　帯状の葉の
lotus　古典ギリシャ名 lotos
loureiroi　キリスト教宣教師ポルトガル人で印度支那の植物を研究したルーレイロ J. de Loureiro（1717-1791）の
loxo～　斜めの～
lubricus　粘った
lucens　表面に光沢ある
luciae　栽培家ルシア Lucie Savatier（P.A.L. Savatier の妻）の
lucidus　強い光沢のある，輝く
ludovicianus　ルイジアナ（北米）の
lugdunensis　フランスのリオンの
lunarius, lunatus, lunulatus　月形の，三日月形の
lupinaster　ハウチワマメ属 *Lupinus* に似たもの
lupulinus　ホップ *Lupulus* に似た
lupulus　小さな狼，ホップ *Humulus lupulus* の種形容語
luridus　褐黄色の
lusitanicus　ポルトガル産の

luteolus　淡黄色の，黄色っぽい
luteoviridis　黄緑色の
lutescens　淡黄色の，やや黄色い
lutetianus　パリ（古名 Lutetia）の
luteus　黄色の
luxurians　繁茂した，うっそうとした
luzonicus　フィリピンルソン島の
lycoctonifolius　レイジンソウ属 *Lycoctonum* のような葉の
lycopodioides　ヒカゲノカズラ属 *Lycopodium* に似た
lydius　小アジアのリジア Lydiaの
lygodiifolius　カニクサ属 *Lygodium* の葉に似た
lyratus　頭大羽裂の，竪琴状の
lysi～　分れた～，ゆるんだ～

M

maackianus, maackii　ロシアの探検家ナチュラリストのマーック R. Maackの
macedonicus　ギリシャ北部マセドニアの
macer, macra, macrum　やせた
macilentus　やせた，貧弱な
mackenziei　北米の分類学者マッケンジー K.K. Mackenzie（1877-1934）の
macr～，macro～　大きい～，長い～
macrandrus　大きな葯のある
macranthus　大花の
macrobotrys　大きい房の，長い房の
macrocalyx　大きい萼の
macrocarpus　大きい果実の
macrocephalus　頭の大きな
macroceras　長角の，角の大きな
macrochelis　大きな手をもった
macrodactylus　大きな掌のある，長い指の
macrodiscus　大きな盤のある
macrodontus　大きな歯ある
macrogemma　大きな芽の
macroglossus　長舌の，大舌の
macrogonus　長稜の，大稜の
macromeris　長大な関節の，大きい突起の
macropetalus　長い花弁の，大きい花弁の
macrophyllus　大葉の
macrophysus　大きな袋の
macroplectron　大きな距の
macropodus　長柄の，太い軸の
macropterus　大きい翼の
macrorhizomus, macror(r)hizus　大きい根茎の，太い根の
macrosepalus　大きい萼の
macrosiphon　大きい管の，長い管の
macrospadix　長大な肉穂花序の
macrostachyus　長穂状の，大形穂状の
macrostegius　大きな蓋のある，大きい飾りをつけた
macrostemma, macrostemon　長い雄しべの
macrostylus　大きい花柱のある
macrourus　長い尾の，大きい尾の
maculatus　斑点ある，まだらの
maculosus　小斑点の多い
madaio　和名マダイオウ
madidus　湿潤の
maesiacus　Moesia（セルビヤおよびブルガリヤの古名）の
magellanicus　南米マゼラン海峡の
magnificus　壮大な，大規模な
magnus (major, maximus)　大きい，強大な，（より大きい，最大の）
maidifolius　トウモロコシのような葉の
majalis　五月に咲く，五月の
majesticus　華美な，荘厳な，威厳ある
major, majus　巨大な，より大きい
makinoanus, makinoi　日本の植物相を解明し，植物知識を広めた牧野富太郎（1862-1957）の
makuwa　和名マクワウリより
malabaricus　マラバール（インド）の
malaccensis　マラッカ（マレー）の
malacophyllus　やわらかな葉の
malacostachyus　柔らかい穂の
malaianus　マレー半島の，マレー諸島の
maliformis　リンゴ形をした
malvaceus　ゼニアオイ属 *Malva* のような
malvioides　ゼニアオイ属に似た
malvinus　藤色の
ma(m)millatus　細かい乳頭状突起のある
mammosus　乳頭の多い，乳房状の
mammulosus　小さい乳頭の多い
manchuriensis, mandshuricus　満洲産の，中国東北部地方の．mantchuricus もある
mangifer, -fera, -ferum　マンゴーのような実のなる
manicatus　長い袖をもつ
manihot　ブラジル名のキャッサバまたはタピオカ
manipularis　束になった，手に握れる
mannifer　マンナを含有する
mantchuricus　満州の
marcescens, marcidus　凋んだが脱落しない
margaritaceus　真珠のような
margaritae　真珠の
marginalis　辺縁生の，縁または角にそってマークのある
marginatus　辺縁ある，縁どりのある，ふくりんの
marginellus　やや縁のはっきりした，狭い縁の
mariesii　採集家マリエスの
marinus　海中生の，海の
mariscus　小さい溝の
maritimus　海の，海浜生の
marmoratus, marmoreus　大理石模様のある，斑紋ある
marmorophyllus　大理石模様のある葉の
maroccanus　北アフリカのモロッコの
marretii　園芸家マルレーの
martius　戦争の神マースの
maruoi　採集した丸尾 S. Maruo の
marylandicus　北米メリーランドの
mas　男性の
masculatus, masculus　男の，男らしい
matador　闘牛士の
matrella　母 mater の縮小形
matricalis, matronalis　母の，既婚婦人の
matsudae　東大助手支那植物研究者松田定久（1857-1921）の
matsumurae, matsumuranus　植物分類学者松村任三（1856-1928）の
matsunoanus　箱根植物を研究した松野重太郎（1868-1947）の

matsuran　和名マツラン
matsutake　和名マツタケ
matthiolii　16 世紀のイタリア人医者本草家マッティオリ P. Matthioli（1500-1577）の
maulei　園芸家マウルの
mauritanicus　モーリタニアの（アフリカ北西部の古い王国，現在のモロッコ，アルジェリアの一部）
mauritianus　印度洋中のモーリシャス島の
max　*Phaseolus max* L.の形容語，意味不明
maxillaris　顎の，あごの骨状の
maximowiczii / maximowiczianus　ロシア人で東亜植物研究者マキシモヴィチ C.J. Maximowicz（1827-1891）の
maximus　最大の
mayrianus　ドイツの樹木学者マイル H. Mayr（1856-1911）の
mays　南米名，*Zea mays* L.の形容語
ma-yuen　中国名の馬耘，*Coix ma-yuen* Romanet の形容語
medeoloides　ユリ科 *Medeola* に似た
medicinalis　薬用の
medicus　薬用の
mediocris　中くらいの
mediterraneus　地中海の
medius　中間の，中間種の
medullaris　木の髄の，樹心の
medusae　ギリシャ神話の頭髪が蛇である怪物メジューサの，
mega～（英語の great に当たる）大きな～，偉大な～
megalo～（英語の large に当たる物理的に）大きな～
megacephalus　大きな頭の，大きな花の
megalanthus　大花の
megaphyllus　大葉の
megapotamicus　大きな川の
megar(r)hizus　大きな根の
megassifolius　大きな葉の
megaspermus　大きな種子の
megastachy(u)s　大きな穂の
megastigma　大きな柱頭の
meiacanthus　刺の少ない，小さな刺をもつ
melananthus　黒い花の
melancholicus　垂れ下った，陰気な，ゆううつな，
melanocarpus　黒い果実の
melanocaulon　黒い軸の，黒い茎の
melanococcus　黒い液果のある
melanolepis　黒い鱗片のある
melanoleucus　白と黒のまだらの，白地に黒で画いた
melanostachys　黒い穂の
melanoxylon　黒い材，黒い木
melantherus　黒色の葯のある
meleagris　ホロホロ鳥のような斑点をもった
melior，melius　より良い
melleus　蜂蜜の，蜂蜜色の，甘美な
mellifer, -fera, -ferum　蜂蜜をもった
melo　リンゴの意味から転じてメロンまたはウリ
meloformis / meloniformis　メロン形の
melongena　ウリのなる，メロンのなる
membranaceus　膜質の，膜状の
meniscifolius　三日月型の葉の
merckioides　ナデシコ科 *Merckia* 属に似た
meridionalis　正午の，昼咲きの
mertensianus / mertensii　ドイツ人植物分類学者メルテンス F.C. Mertens（1764-1831）の
meso～　中間の～，中央の～
mesoleucus　中央が白くなった
mesomorphus　中形の
mesosorus　中央に嚢堆のある
meta～　異なる～，中の～，次の～
metajaponicus　japonicus とは別の種類の
metallicus　金属性光沢ある
metamorphosus　変形する
metel　アラビア語．コムギとライムギをまぜた飼料
methysticus　酔わせる
mettenianus　採集家メッテンの
metternichii　オーストリア人政治家メッテルニッヒの
metulifer, -fera, -ferum　突起のある
mexicanus　メキシコの
meyerianus　中国，韓国などを採集したオランダ人メーヤー F.N. Meyer の
micans　きらきら弱く輝く，雲母のように輝く，雲母のような，
michauxianus　フランス人分類学者で北米の植物を研究したミショー André Michaux（1746-1803）の
micr～，micro～　小さい～
micranthus　小さい花の
microcarpas　小さい実の
micrococcus　小さい果実の
microdon　小さい歯
microglossus　小さい舌の
microiria　小さい iria の
microlepis　小さい鱗片の
micromalus　小リンゴ
micromerus　小節の
micropetalus　小花弁の
microphyllus　小さい葉の
micropinnulus　小羽片の
micropterus　小さい翼ある
microsepalus　小さい萼片のある
microspermus　小種子の
microspicatus　小さい穂の
microstemma　小さい雄しべの
microtrichus　細毛のある
middendorffianus / middendorffii　シベリアの植物を採集した動物学者ミッデンドルフ A.T. von Middendorff の
miduhikimo　和名ミズヒキモ
miersianus　印度での採集家ミーヤスの
mikawanus　三河国（愛知県の一部）の
miliaceus　キビ様の，イブキヌカボ属 *Milium* のような
militaris　兵士のような，軍隊の，兵隊の恰好をした
millefoliatus　多数の小葉をもった
millefolius　多数の葉の
millii　園芸家ミルの
miltiorrhizus　赤い根の
mimicus　道化の，真物でない，模倣した
mimosoides　ネムリグサ *Mimosa* に似た
minakatae　粘菌研究者南方熊楠（1868-1941）の
minax　とび出した，おどかされた
miniatus　朱色の
minimus　最少の，極めて小さい
minor, minus　より小さい
minusculus　やや小さい
minutissimus　甚だ小なる，非常に小さい
minutulus　だいぶ小さい
minutus　細微の
mioga　和名ミョウガ
miquelianus　オランダ人植物分類学者で日本植物を研究

したミケル F.A.W.Miquel（1811-1871）の
mirabilis　奇異の，驚異の
mirabundus　驚くべき，不思議の
miser, -sera, -serum　哀れな，貧弱な
mistassinicus　Mistassini 湖（カナダ東部 Quebec 州）の
mitis　柔和な，温和な
mitratus　僧帽形の，頭巾のような
mitsukurianus　明治初期の動物学者箕作佳吉（1858-1909）の
mixtus　混合した，雑種の
miyabeanus, miyabei　北海道，千島の植物研究を進めた札幌農学校，北大教授宮部金吾（1860-1951）の
miyoshianus　日本の植物生理学・生態学を創った三好学（1861-1939）の．被子植物コウシンソウや地衣類イワタケなどの命名者
modestus　適度な，内気な
moellendorffii　採集家メーレンドルフの
mohnikei　出島和蘭商館に来た採集家モーニケ O.G.J. Mohnike（1814-1887）の
mojavensis　カリフォルニアのモハーベ砂漠の
moldavicus　ルーマニアのモルダビア地方の
molliculus　やや軟かい
mollis　軟かい，軟毛のある
mollissimus　大変軟かい，軟毛の多い
moluccanus　インドネシアのモルッカ島の
mon～，mono～　一つの～
monacanthus　一本の刺の
monadelphus　単体雄ずいの
monanthus　一花の
mongolicus　モンゴリアの，蒙古の
monile　念珠
moniliatus　念珠状になった
monilifer, -fera, -ferum　念珠のある，じゅずを持った
moniformis　念珠状の
moniliorhizus　念珠状の根の
mono～　一つの～
monocacapon　果実が一つの
monocephalus　頭が一つの，一輪咲きの
monochlamys　一輪の，花被が単一の
monogynus　一雌ずいの
monoicus　雌雄同株の
monopetalus　単一の花弁の
monophyllos, monophyllus　単葉の，一葉の
monopterus　単翼の
monopyrenus　単核の
monorchis　一個のラン
monorhizus　単一の根の
monosepalus　単一の蕚片の
monospermus　種子が一個の
monostachyos, monostachyus　穂が一本の
monspeliensis, monspessulanus　フランスのモンペリエの，アメリカのモンテピーリアの
monstrifer, -fera, -ferum　奇形部をもった，異常発育したところのある
monstrosus　異常発育の，奇形の
montanus　山の，山地生の
montevidensis　モンテビデオの
monticola　山地にすむもの
morifolius　クワ *Morus* のような葉の
morrisianus　採集家モリスの
morrisonensis　台湾モリソン山の，新高山の，玉山の
morrowii　ペリーの黒船で来日した日本植物の採集者モローの
morsus-ranae　蛙の咬む物　トチカガミ科 *Hydrocharis morsus-ranae* L. の形容語
moschatellinus　ややじゃこうの香のする
moschatus　じゃこうの，じゃこうの香のする
moschifer, -fera, -ferum　じゃこうをもった
moutan　中国名ボタン
mucronatus　微凸頭の
mucronulatus　微凸頭のような
muelleri　スイスの分類学者 J.ミューラーの．他に同じ形容語で別の植物学者に献名されたものもある
mukurossi　和名ムクロジ
multi～　多数の～，多量の～，沢山の～
multibracteatus　多数の包葉のある
multicaulis　多数の茎の
multicavus　多孔の
multiceps　多頭の
multicolor　多色の
multicostatus　多数の並んだ脈のある
multifidus　多数に中裂した
multiflorus　多花の，多数花の
multifurcatus　多叉状の，数回叉状となった
multijugus　多対の，多数結合の
multinervi(u)s　多脈の
multipartitus　多数に深裂の，数回深裂の
multiplex　数重の，数倍の，多くのひだをもった
multiradiatus　多くの，放線状の
multisectus　多くの切れこみのある，多数に全裂した
multispinosus　とげの多い
multiviittatus　多くの縞のある
mume　和名ウメ
mundulus　秩序正しい，さっぱりとした
mungista　アカネの東インド名より
munitus　保護する，武器ある，刺のある
muralis　壁に生えた，壁の
muricatus　硬尖面の，堅い尖頭物でざらざらした
murinus　ねずみ色の
murorum(muralis)　壁の
musaicus　寄木細工の，モザイク状の
musashiensis　武蔵国（東京都と埼玉県）の
muscarinus, muscarius　ハエのような
musciformis　ハエの形をした
muscipula　ハエを捕るもの
muscivorus　ハエをたべる
muscoides　コケに似た
muscosus　コケのような
musculinus　筋肉のような，強力な
mutabilis　変化しやすい，不安定な，葉や花の形や色などが変る
mutatus　変形する，変色した，変化した
muticus　凸起のない，刺針のない，鈍頭の
mutilatus　不具の，不完全の
myosuroides　キンポウゲ科 *Myosurus* に似た
myriacanthus　多数の刺の
myrianthus　多数花の
myriocarpus　多果の
myriocladus　多数の枝のある
myriostigma　柱頭の多い
myrmecophilus　アリの好む
myrsinifolius　ツルアカミノキ属 *Myrsine* のような葉の

myrsinites　ギンバイカ属 *Myrtus* を思わせる
myrtaceus　*Myrtus*の姿の
myrtifolius　*Myrtus*のような葉の
myuros　ネズミの尾，ナギナタガヤ（別名ネズミノシッポ）*Festuca myuros* L. の形容語

N

nagi　和名ナギ
nagurae　採集者名倉闇一郎の
nakaii　東大教授，植物分類学者中井猛之進（1882-1952）の
nakamuranus　採集した中村正雄（1867-1943）の
nakiri　和名ナキリスゲの略
nanus　小さい，低い
napiformis　カブラ形の，扁球の
napinus　カブラに似た
napus　カブラのラテン名
narbonensis　フランス南部の都市ナルボンの
narcissiflorus　スイセン属 *Narcissus* のような花の
nasturtium-aquaticum　水生のイヌガラシ *Nasturitum* の
natalensis　南アフリカのナタールの
natans　浮遊する，浮動する，水に浮ぶ
natsudaidai　和名ナツダイタイ（夏澄）
navicularis　小舟形の，船状の
neapolitanus　イタリアナポリの
nebrownii　英国の分類学者 N. E. Brownの
nebulosus　雲のような，はっきりしない
neesianus　ドイツの分類学者ニース・フォン・エセンベック C.G.D. Nees von Esenbeck（1776-1858）の
neglectus　顕著でない，見逃しやすい，つまらぬ（従来見逃されていた種に対してしばしば使われる）
nemoralis／nemorensis／nemorosus　森林生の，木立の中の
nemostachys(nematostachys)　糸状の穂をした
nemotoi　日本植物総覧の編者根本莞爾（1860-1965）の
neo～　新しい～
neofiliformis　filiformis に似て新しくみつかった，新しい filiformis の
neogranatensis　南米コロンビアの
neosuguki　新しいスグキ（スグキは和名）
nepalensis　ネパールの
neri(i)folius　キョウチクトウ属 *Nerium* のような葉の
nertschinskia　シベリアのネルチンスク産の
nervatus　有脈の
nervosus　脈状になった
neuro～　脈の～，脈のある～
neurocarpus　脈のある果実の
neurophyllus　脈のある葉の
nevadensis　北米ネバダの，ネバダ山脈の（スペイン，北アメリカ等にある）
neziki　和名ネジキ
nictitans　目ばたきする，垂れる，うなずく
nidulans　巣のような
nidus　巣
nidus-avis　鳥の巣
niger, nigra, nigrum　黒色の，黒い
nigratus　黒くした
nigrescens／nigricans　殆んど黒色の，黒くなった
nigricaulis　黒い茎の
nigricornis　黒い角（つの）がある
nigripes　黒い柄（脚）のある
nigropaleaceus　黒色の鱗片がある
nikoensis　栃木県日光の
nikomontanus　日光の山地の
nil　アラビヤ名（藍色から），*Convolvulus nil* L. の形容語
niloticus　ナイル川の
ninsi　和名ニンジンの略
nipponicus／nipponensis／nipponicus　日本の
nippo-oleifer　日本産 oleifer の
niruri　インド名，*Phyllanthus niruri* L.の形容語
nishimuranus　小笠原植物の採集者西村茂次の
nitens　光る，光沢ある
nitidulus　やや光沢ある
nitidus　光沢ある
nivalis　氷雪帯に生ずる，雪の時期の
niveus　雪白色の，雪のような
nivosus　雪の降ったような，雪で満ちた
niwahokori　和名ニワホコリ
nobilior, nobilius　より気高い
nobilis　気品のある，立派な
nobilissimus　非常に貴重な
nobotan　和名ノボタン
noctiflorus　夜咲きの，夜に開花する
nodiflorus　節上に花をつける，節上開花の
nodosus　結節ある，連結部のある，節くれ立った
nodulosus　小塊節のある，小結節のある
noli-tangere　私にふれるなの意でキツリフネのラテン名．さわると種子がとぶから
nomame　和名ノマメ（野豆）
nonscriptus　無記載の，未記載の，目印のない
nootkatensis　カナダヴァンクーバー島付近の Nootka 半島の
normalis　通常の，正規の
norvegicus　ノールウェーの
notatus　斑紋ある，色紋ある
noto～　背（脊）の～，南の～
novae-angliae　ニューイングランドの
novae-caesareae　北米ニュージャージーの
novae-zealandiae　ニュージーランドの
novi-boracensis　ニューヨーク Novum Eboracum の
novi-belgii　ニューヨークの
nubicola　雲にすむもの，雲の中の住人
nubigenus　雲のような，雲をつくる
nucifer, -fera, -ferum　堅果をもった
nucleatus　核のある，実のある
nudatus　裸の
nudicaulis　裸茎の
nudicuspis　むき出しで凸頭の
nudiflorus　花だけの
nudiusculus　やや裸出の
nudus　裸の，飾り気のない
nukabo　和名ヌカボ
nullus　ない，欠く
numismatus　硬貨のような，平円板の
nummularifolius　平円板状の葉の
nummularius　硬貨形の，平円板形の
nutans　ぶら下がった，うなだれた，下に曲がった
nyctagineus　夜の
nycticalus　夜美しい，夜咲きの
nympho(i)des　スイレン *Nymphaea* に似た

O

ob～　逆の～，前方の～
obassia　和名オオバジシャの略
obconicus　倒円錐形の
obcordatus　倒心臓形の（この形がふつうにいうハート形）
obesus　肥満した，多肉の
obfuscatus　混乱した，雑然とした，曇った
obliquus　歪形の，斜の，傾いた
obliteratus　明白でない，削除した，拭いとった
oblongatus　長楕円形状の
oblongifolius　長楕円形葉のある
oblongo-sagittatus　長楕円形で基部がほこ形をした
oblongus　長楕円形の
obovatifolius　倒卵形葉の
obovatocarpus　倒卵形の果実の
obovatus　倒卵形の
obscurus　暗色の，不明瞭な，隠された
obsoletus　発育不全の，不明瞭な，未成の
obtectus　被われた
obtriangulatus　倒三角形の
obtusatus　鈍形の，鈍頭の
obtusifolius　鈍頭の葉をもった
obtusilobus　鈍頭浅裂の，裂片の頭が鈍い
obtusisquamus　鈍頭の鱗片を多数つけた
obtusissimus　非常に鈍頭の
obtusiusculus }
obtusulus } 多少鈍形の
obtusus　鈍形の，円味を帯びた
obvallatus　壁に囲まれた
occidentalis　西方の，西部の
occultus　かくれた，隠蔽した
oceanicus　大洋の，海の近くに生える
ocellatus　蛇の目模様の
ochnaceus　ツバキ科 *Ochna* のような
ochotensis　オホーツク海の，オホーツク地方の
ochraceus　帯紅淡黄色の
ochreatus　さや状托葉のある
ochroleucus　帯黄白色の
ochtodes　丘のある，硬い縁のある
octandrus　八雄ずいの
octopetalus　八花弁の
octophyllus　八葉の
oculatus　眼のある，小眼ある
oculiroseus　ローズ色の眼紋のある
oculuschristi　キリストの眼
～odes，～oides，～oideus　～のような，～に似た，～に類する，～状の
odontites　歯の
odontochilus　唇弁に歯牙状の切れこみのある
odontophyllus　葉に歯牙状の切れこみのある
odoratissimus　非常に香りのよい
odoratus }
odorus } 芳香のある，香りのいい
officinalis　店で売られる，薬用の，薬効のある
officinarum　店の，薬屋の，薬局の
ohtanus　採集者太田馬太郎の
ohwianus　植物分類学者大井次三郎（1905-1977）の
～oides　～のような，～に似た，～に類する，～状の
okadae　東北帝国大学教授岡田要之助（1895-1946）の，長崎大学教授藻類学者岡田喜一（1902-1984）の
okamotoi　採集者岡本省吾（1901-1986）の．東大台湾演習林から京大林学科に転職．定年後京都府立大講師
okamurae　日本の藻類学の開拓者で，水産講習所所長であった藻類学者岡村金太郎（1867-1935）の
okuboanus }
okuboi } 帝国大学助教授，植物分類学者大久保三郎（1857-1914）の
okudairae　イヨクジャクの採集者奥平 K.Okudaira の
olbius　愉快な，富んだ
oldhamii　英国人採集家オルダム R.Oldham（1837-1864）の．イギリスの Kew 植物園から派遣されて 1861 年来日．
oleifolius　オリーブ属 *Olea* のような葉の
oleifer, -fera, -ferum　油性の，油を有する
oleosus　油質の，オレイン油の
oleraceus　食用蔬菜の，畑に栽培の
olig～, oligo～　少数の～，僅かの～
oliganthus　少数花の，少数花をもつ
oligocarpus　少数の果実の
oligocephalus　少数の頭花の
oligodontus　歯の少しある
oligophlebius　少数の脈のある
oligosorus　少数の子嚢群のある，嚢堆の少ない
oligospermus　少数の種子の
olitorius　野菜畑の，台所用の
olivaceus　緑褐色の，オリーブ色の
oliviformis　オリーブ形の
olympicus　ギリシャ Olympia の
omianus　近江国（滋賀県）の
omnivorus　雑食性の，何でもたべる
omogoensis　愛媛県面河渓の
omorica, omorika　トウヒのボスニア名
omphalo～　へその～
onco～　はれもの～
onoei　明治初期の本草学者小野職愨（1838-1890）の
opacus　光沢のない，不透明の，暗い
opalinus　半透明の，乳色状の
operculatus　蓋のある
ophio～　蛇～，蛇に似た～
ophrydioides　ラン科 *Ophrys* 属に似た
ophthalm～，ophthalmo～　眼～
opiifer, -fera, -ferum　阿片のとれる
opiparus　立派な，優美な
opistho～　後～
oppositi～　むきあった～，対生の～
oppositiflorus　花が葉と対生状になった
oppositifolius　対生葉の
oppositus　向い合った，対生の
opticus　目の
optimus　（bonus の最上級で）最もよい
opuliflorus　カンボク *Viburnum opulus* のような花の
opulus　カンボクのラテン名．もとはカエデの名から
orbicularis }
orbiculatus } 円形の
orchidaceus　ランの花の
orchideus }
orchidioides } ランに似た，ハクサンチドリ属 *Orchis* のような
oreganus　北米オレゴン州の
oreocharis　山にすむ
organensis　南ブラジルのオルガン山脈の
orgyalis　両腕を広げた長さの，約 6 フィート（約 1.8 m）の
orientalis　東方の，殊に中近東の東部の
orientoasiaticus　東部アジアの
ornatissimus　非常に装飾された，大変飾りたてた
ornatus　飾った，華美な

ornithocephalus　鳥の頭のような
ornithopodus　鳥の足のような
ornithorhynchus　鳥のくちばしのような
orthocarpus　直立した果実の
orthochilus　直立した唇弁をもった
orthopterus　直立の翼ある
oryzetorum　稲田の
oryzifolius　イネ *Oryza* のような葉の
osensis　尾瀬に産する，尾瀬の
oshimensis　奄美大島の
osmundaceus　ゼンマイ属 *Osmunda* のような
osseus　骨の，骨のように硬い
ossi～　骨～
ossiphragus　骨をくだく
ostreatus　カキ（貝）のように粗くて硬い
otaksa　Siebold の愛人楠本瀧の呼称「お瀧さん」より
otophorus　耳をもった
ovalifolius　広楕円形葉の
ovalis　広楕円形の
ovatifolius　卵形葉の
ovato-oblongus　卵状長楕円形の
ovatopaleaceus　卵形の内穎の，卵形鱗片の
ovatus　卵円形の
ovifer, -fera, -ferum　卵をもつ
oviformis　卵形の
oviger, -gera, -gerum　卵をもつ，卵形の物がある
ovinus　羊の，羊の好む
oxalidiflorus　カタバミ属 *Oxalis* のような花の
oxy～　鋭い～，尖った～
oxyacanthus　鋭い刺の
oxyandrus　尖った雄しべの
oxycedrus　尖ったシーダーの
oxycoccoides　ツルコケモモ属 *Oxycoccus* に似た
oxygonus　鋭角の
oxyphyllus　鋭形葉の
oxysepalus　鋭形の蕚片のある
oyamensis　神奈川県大山の
ozeensis　尾瀬の

P

pachy～　厚い～，太い～
pachyanthus　厚い花の
pachygynus　肥厚した雌しべの
pachyneurus　太い脈のある
pachyphyllus　厚い葉の
pachypodus　肥厚した脚の，太い柄の
pachypterus　厚い翼のある
pachystachys　肥厚した穂状の
pacificus　太平洋の，自由の
padus　*Prunus avium* のギリシャ名
palaestinus　パレスチナの
paleaceus　内穎をもつ，うすい小包葉をもつ，籾殻の
palibinii　朝鮮植物の研究者パリビン（1872-1949）の
pallasii　ロシアの植物を調べたドイツ人植物分類学者パラス Peter S. von Pallas（1741-1811）の
pallens / pallescens　淡白色の，青白い，やや青ざめた
palliatus　おおわれた，被包をもった
pallidiflorus　淡白色花の
pallidispinus　うす色の刺の
pallidus　淡白色の
palliflavens　淡黄色の
palmatifidus　掌状中裂の
palmatoides　やや掌状の
palmatopinnatifolius　掌状のような羽状複葉の
palmatus　掌状の
paludicola　沼地に住む
paludosus　沼の，沼地生の
palustris　沼地を好む，沼地生の
pandoranus　ギリシャ神話の女神パンドラの
panduratus　ヴァイオリンの形をした
panicifomis　ヒエ属 *Panicum* のような形の
paniculatus　円錐花序の
paniculiger, -gera, -gerum　円錐花序をもつ
pannonicus　ローマ時代のパノニア地方の
pannosus　ぼろぼろの，ぼろを着た
panormitanus　イタリーのパレルモの
pantathrix　全体に毛のある
pantherinus　ヒョウ（豹）のような斑紋ある
pantothrix　全部に毛のある
papiliger, -gera, -gerum　乳頭突起やパピラのある
papilio　蝶
papilionaceus　蝶形の
papillaticulmis　乳頭状突起のある稈の
papillosus　乳頭状の
papposus　冠毛を具えた
papulosus　小さい水ぶくれのある
papyraceus　紙のような，紙質の，白紙状の
papyrifer, -fera, -ferum　紙をもった
paradisiacus　楽園のような，庭の
paradoxus　逆説的な，珍しい，奇異な，説明のつかぬ
parasiticus　寄生の，寄生的な
parciflorus　小さい花の
pardalinus / pardinus　ヒョウ（豹）に似た斑紋ある
pari～　対の～
parnassicus　ギリシャのパルナッス山の
parthenium　*Matricaria parthenium* L.のギリシャ名 parthenion より
partitus　深裂の，はなれた
parviflorus　小形の花の
parvifolius　小形の葉の
parviglumus　小形のえいがある
parvilobus　小さい裂片の
parvulus　極小の
parvus, minor（比較級），minimus（最上級）　小さい，わずかの，弱い
passerinus　スズメに似た
pastoralis　羊飼の，牧場にはえる
patagonicus　南米パタゴニヤの
patellaris　平円板状の，小椀状の
patens　開出の，広がった
patientia　忍耐
patrinii　フランスの植物学者パトラン E.L.M. Patrin の
patulus　やや開出の，散開した
paucicostatus　少数派の
paucidentatus　少数の歯ある
pauciflorus　少数花の
paucifolius　少数葉の
paucus　少数の
pauperculus　貧弱な，あわれな
pauxillulus　きわめて小さい
pavonius　クジャクのような

pecan　クルミのインディアン名
pecten-veneris　ビーナスの櫛
pectinaceus
pectinatus　} 櫛の歯状の
pectinellus　多少櫛の歯状の
pectinifer, -fera, -ferum　櫛状の歯をもつ
pectoralis　胸の
pedatoradiatus　鳥の足状に射出した
pedatus　鳥の足状の
pedemontanus　北部イタリヤ Piemont の
peduncularis
pedunculatus
pedunculosus　} 花柄の
pekinensis　北京産の，中国 Beijing の
pellucidus　透明の，透光の，透明点をもつ
pelt～，pelto～　楯～
peltatus　楯状の，楯形の
peltifolius　楯形の葉の
peltiger　楯をもつ
peltophorus　楯をもった
pelviformis　浅いコップ形の，浅い鉢形の
penduliflorus　下垂した花の
pendulinus　下垂した，やや吊下った
pendulus　下垂の，傾下してついた
penicillatus　毛筆状の，刷毛状の，羽状の
peninsulae
peninsularis　} 半島産の
pennatus　羽状の
penninervius　羽状脈ある
pennsylvanicus　北米ペンシルバニヤの
pensilis　ぶら下がった，けん（懸）垂の
pentagonus　五角形の，五稜の
pentagynus　五雌ずいの
pentalophus　五鶏冠状の
pentandrus　五雄ずいの
pentanthus　五花の
pentaphyllus　五葉の
peploides　トウダイグサ属の *Euphorbia peplus* に似た
pepo　ウリの実
per～　甚だ～，非常に～，完全な～
perbellus　非常に美しい
peregrinus　外来の，外国種の
perelegans　非常に美しい，大変優雅な
perennans
perennis　} 多年生の，三年生以上の
perfectus　完全な，欠点のない
perfoliatus　貫生葉の，抱茎の
perforatus　貫通した，孔のあいた
perlatus　非常に広い
permixtus　混乱した，雑種の
perniveus　真白の
perpusillus　非常に細小の
persicifolius　モモ *Persica* のような葉の
persicarius　モモのような
persicus　ペルシャの
perspicuus　透明の，明らかな，はっきりした，目につく
pertusus　孔のあいた，すきまのある
perulatus　鱗片のある
peruvianus　南米ペルーの
perviridis　濃緑色の
pes-caprae　山羊の足，先が割れた形の類似からカタバミの小葉など
petaloideus　花弁状の
pe-tasi　白菜の中国音
petecticalis　点のある
petiolaris　葉柄の
petiolatus　葉柄ある
petraeus　岩の間に生える，岩石を好む
petrophilus　岩が好きな
phacotus　小結晶の，レンズ状の
phaeo～　褐色の～，黒ずんだ～
phaeocarpus　褐色の果実の
phalacro～　禿頭
phalacrocarpoides　phalacrocarpus に似た
phalacrocarpus　果に毛のない
phalaenopsis　*Phalaenopsis* 属の
phalloides　こん棒状の，陰茎のような
phaseoloides　インゲンマメ属 *Phaseolus* に似た
phegopteris　ナラのようなシダ
philadelphicus　北米フィラデルフィアの
phillyraeoides　モクセイ科 *Phillyraea* に似た
phlebotrichus　脈に毛のある
phlogiflorus　火炎色の花の，クサキョウチクトウ属 *Phlox* のような花の
phoeniceus　紫紅色の
phoenicius　フエニキアの
pholidotus　うろこ状の，うろこを付けた
phrygius　小アジアのフリギアの
phyco～　～藻
phyll～，phyllo～　葉の～，葉状の～
phyllacanthus　葉のような刺のある，刺状葉の
phyllamphorus　瓶状の葉の
phyllomaniacus　葉の茂った
phymatochilus　隆起した唇弁の，腫脹した唇弁の
phymatodes　こぶのつづいた
phymatothelis　乳頭の肥厚した
physaloides　ホオズキ属 *Physalis* のような
phyt～，phyto～　植物の～
picro～　苦い～
picrorrhizus　苦い根をもつ
picturatus　色彩の多い，斑入りの
pictus　有色の，色彩ある，美しい
pierotii　出島和蘭商館に来た採集家ピエロー J.Pierot の
pileatus　帽子をつけた，笠のある
pilifer, -fera, -ferum　短い軟毛のある
pilosellus　細長毛が疎にある
pilosiusculus　やや毛で被われた
pilosulus　軟毛ある
pilosus　長軟毛のある
pilularis　小球状の，丸薬のような
pilulifer, -fera, -ferum　小球をもった
pimpinellifolius　ツクシゼリ属 *Pimpinella* の葉のような
pinea　マツの
pinetorum　松林の，針葉樹林の
pinifolius　松のような葉の
pinnatifidus羽状中裂の
pinnatifrons　羽状の葉面の
pinnatinervis　羽状脈ある
pinnatipartitus　羽状深裂の
pinnatus　羽状の
piperascens　コショウ *Piper* のような
piperatus　コショウのような辛味のある
piperitus　コショウのような
pisifer, -fera, -ferum　エンドウ *Pisum* をもった

pisiformis　エンドウ豆の形をした
pisocarpus　豆状果実の
placatus　静かな，優しい
plan～，plani～　扁平な～，平べったい～，平板状の～
planatus　平らの
planicaulis　茎の扁平な
planiflorus　花が扁平な
planifolius　葉の扁平な
planiporus　扁平な孔のある
planiramulosus　扁平な小枝のある
planiscapus　扁平な花茎の
planispinus　扁平な刺の
plantagineus　オオバコ属 *Plantago* に似た
planus　平板状の，扁平の，平面の
platanifolius　スズカケノキ属 *Platanus* の葉の
platanoides　スズカケノキ属に似た
platensis　ラプラタ河流域の
platy～　広い～
platyacanthus　広刺の，大刺の
platycarpus　ひらたい果の，大きな果実の
platycenter　広い距を持った
platyceras　広いつの（角）の
platycladus　枝の広い
platyglossus　広舌の
platypetalus　広い花弁の
platyphyllus　広葉の
platyspermus　ひらたい種子の
plebeius, plebejus　普通の
plei～，pleio～　多くの～
pleianthus　沢山の花のある
pleiocarpus　沢山の果実ある，心皮の多い
pleni～　多くの～
pleniflorus　八重咲きの
plenissimus　非常に沢山の，八重咲きの
plenus　沢山の，満ちた，八重の
pleuro～　側の～，脇の～，肋骨の～，
pleurostachys　側生の穂状花序の
plexus　網状のもの，編んだもの，こみ入ったもの
plicatilis, plicatus　扇だたみの
plumiformis　羽毛状の
plumarius　羽毛状の，羽毛で覆われた
plumatus　羽毛状の
plumbeus　鉛色の，鉛の
plumosus　羽毛状の
pluri～　多くの～
pluricaulis　多くの茎のある
pluritubulosus　多くの小さい管のある
pocilliformis　小杯形の
poculifer, -fera, -ferum　コップ状のものを持った
poculiformis　コップ状の
pod～，podo～　足の～，柄の～
podagricus　瘤のある
podocarpus　柄のある果実の
podograrius　山羊に適した
podogynus　柄ある雌しべの
podophyllus　有柄の葉の
poeticus　詩的な，詩人の
pogonanthus　ひげのある花の
polifolius　シソ科の *Teucrium polium* のような葉の
politus　みがいた，平滑にした，平滑で光沢ある
polonicus　ポーランドの
poly～　多くの～，多数の～
polyacanthus　多刺の
polyancistrus　多数の鈎状物のある
polyandrus　多くの（20 個以上）雄しべのある
polyanthos, polyanthus　多花の
polyblepharonus　多くの縁毛のある
polycarpos(us)　多数の果実
polycephalus　多頭の
polyceratus　多くの角の，距の多い
polycladus　多枝の，シュートの多い
polydactylon, polydactylus　多数の指のある
polyedrus　多面体の
polygamus　雑居性花の，完全花と単性花とを生ずる
polygonus　関節の多い
polygonoides　タデに似た
polylepis　多くのりん片の
polylophus　多くの鶏冠状の，多数のこぶのある
polymeris　多くの数の
polymorphus　多形の，いろいろの型の
polypetalus　多くの花弁の
polyphyllus　多葉の
polypodioides　ウラボシ属 *Polypodium* に似た
polyrhizus　多くの根のある
polyspermus　多種子の
polystachyos, polystachyus　穂を多くつける
polystichoides　イノデ属 *Polystichum* に似た
polystictus　多数の斑点のある
polythelis　乳首の多い
polytrichoides　スギゴケ属 *Polytrichum* に似た
pomaceus　ナシの果に似た
pomeridianus　午後の
pomifer, -fera, -ferum　リンゴのような果実をもった
pompeanus　採集者ポンペの
pomponus　華美な，立派な，ポンポン咲きの
ponderosus　重量ある，重い，重い材の
ponticus　黒海南沿岸ポントスの
populeus　ポプラ *Populus* に似た
populifolius　ポプラのような葉の
populneus　ポプラのような
porcinus　ブタの，ブタの餌の，下品な
porphyro～　紫～
porphyrocarpus　紫色の果実の
porraceus　リーキ *Allium porrum* のような緑色の
porrifolius　リーキのような葉の
porrigens　ひろがった
porrum　リーキのケルト語の名
portensis　オポルト（ポルトガルの町）産の
portentosus　特殊の，異常の
potamophilus　水の好きな
potatorum　大酒飲みの，酔わせる
pottsii　採集者ポッツの
poukhanensis　韓国ソウルの北漢山の
prae～　（時と所で）前の～，先の～
praealtus　非常に高い，高まった
praecox　早期の，早熟の，早咲きの
praematurus　早熟の
praepinguis　非常に肥大した
praestans　秀れた，いちじるしい，目立った
praetermissus　見逃がされていた

praetextus 飾った，ふちどった
prasinatus やや緑色の，草緑色でおおわれた
prasinus 草緑色の，鮮緑色の
pratensis 草原の
precatorius 祈りの（種子をロザリオ，じゅずに使うから）
prescottianus 採集家プレスコットの
pretiosus 高価の
primarius 第一の
primulinus / primuloides サクラソウ属 *Primula* に似た
princeps 王公の，貴公子のような，最上の
prismaticus 三稜形の，プリズム形の
prismatocarpus プリズム形の果実の
proboscideus 象の鼻のような
procerus 高い，丈のある
procumbens 伏臥した，はった，倒伏形の
procurrens 広がった，つづいた
productus 伸長した，延長した
profusus 沢山の，豊富な
prolifer, -fera, -ferum 子を産む，異常発育の，むかごでふえる
prolificus 多産の，むかごのある，突起ある
prolongatus 延長した
prominens ある部分が目立った
propendens 下垂した，吊り下った
prophetarum 予言者の
propinquus 関連ある，近似の，親近の
prosperus 幸福な，さかえた
prostratus 平伏の
proto～ 最初の～，元の～
protrusus 突出した，はみ出した
provincialis フランスプロバンス Provinceの
pruinatus / pruinosus 白粉ある，霜をかぶったような
prunastri サクラに似たものの
prunellifomis ウツボグサ属 *Prunella* のような形の
prunifolius サクラ属 *Prunus* に似た葉の
pruriens かゆくなる，かゆい毛のある
pseudacorus 偽の *Acorus*
pseudo～ 偽の～，信じがたい～，～に似た
pseudoacasia 偽のアカシヤ，アカシヤに類似した
pseudoacer カエデに似た
pseudoasprellum 偽の asprellum 種の
pseudocamellia 偽の *Camellia*，ツバキに似たもの
pseudocapsicum 偽のトウガラシ
pseudocerasus *Cerasus*（セイコウミザクラ）に似た
pseudochamaesyce 偽の chamaesyce 種の
pseudochinensis 偽の chinensis 種の
pseudoerythrosora 偽の erythrosora 種（ベニシダ）の
pseudoevansi 偽の evansi 種の
pseudofluitans 偽の fluitans 種の
pseudojaponicus 偽の japonicus 種の
pseudolinearis 偽の linearis 種の
pseudomezereum 偽の *Mezereum* 属の
pseudo-orobus 偽の *Orobus* 属
pseudostrigosus 偽の strigosus 種の
pseudotinctoria 偽の tinctoria 種の
psilo～ 裸の～
psittacinus オオムの色の，色とりどりの
ptero～ 翼～
pterocaulon 有翼の茎の
pterospermus 有翼種子の
pubens 細毛ある
puberulus やや細軟毛ある
pubescens 細軟毛ある
pubicalyx 萼に細軟毛のある
pubiger, -gera, -gerum 細毛をもった，細毛のある
pubinervis 脈に細毛のある
pubivaginus さやに毛のある
pudicus 内気な（花などがよく開かない性質などに）
pulchellus 美しい，愛らしい
pulcher, -chra, -chrum 美しい，優雅な
pulcherrimus 非常に美しい
pulegium ノミ退治に使った植物名．ラテン語 pulex（ノミ）から
pulicaris ノミの（形の類似など）
pullus 暗色の，黒色の
pulmonarius 肺（病）に効く，肺の形を思わせる
pulverulentus 細粉状の，粉末を浴びた
pulvinatus 枕状の，扁たい突起の
pulviniger, -gera, -gerum 枕状の物を有する
pulvinosus 密に枕状の突起のある
pumilio こびと，ピグミー
pumilus 低い，小さい
punctatissimus 沢山に細点のある，沢山に斑点のある
punctatus 斑点ある，細点のある
punctulatus 細点ある
pungens 硬くて尖がった，刺針のある，刺すような
puniceus 鮮紅色の，ざくろ色の
purpuraceus 紅紫色の，紫色の
purpurascens 淡紅紫色の，やや紫色がかった
purpuratus 紅紫色の
purpureus 紫色の
pusillus 弱小な，細小な，薄小な
pustulatus 小隆起のある
pycn～，pycno～ 密な～
pycnacanthus 密に刺のある
pycnanthus 密に花のある
pycnocomus 密に毛が束になっている
pycnosorus 密に胞子嚢群のある
pycnostachyus 密な穂の
pygmaeus 小さい，低小な
pyramidalis / pyramidatus 三角（錐）形の，ピラミッド形の
pyrenaicus ピレネー山脈の
pyrifolius ナシ *Pyrus* のような葉の
pyriformis ナシのような形の
pyrricholophus 赤色の種毛ある
pyxidarius / pyxidatus 蓋果のある，蓋状の

Q

quadr～，quadri～ 四つの～
quadrangularis / quadrangulatus 四つの稜のある
quadratus 正四角形の，四つの
quadriauritus 耳が四つある
quadricolor 四色の
quadridentatus 四つの歯がある
quadrifidus 四中裂の
quadrifolius 四葉の，葉四個を持った
quadrinervis 四脈の
quadripartitus 四深裂の
quadripetalus 四花弁の

quadrispinosus　四本の刺ある
quadrisulcatus　四本の溝の
quadrivalvis　四片の裂片がある
quasi　あたかも，ほとんど
quassioides　*Quassia* 属に似た
quaterus　四つの，第四紀の
quelpaertensis　朝鮮済州島の
quercifolius　カシ属 *Quercus* のような葉の
quercinus　カシ属のような
～quetrus　鋭角の～，角のある
quinarius　五つの，五重の，五数の
quinatus　五の，五数の
quincuncialis　十二分の五を含む，五点形に並んだ
quinoa　アンデスのアカザ（ケチュア語の名）
quinquecolor　五色の
quinquecostatus　五本の主脈ある
quinqueflorus　五花の
quinquefolius　五葉の
quinquelobatus　五浅裂した
quinquelobus　裂片が五つある
quinquelocularis　五室の，五つに区切られた
quinquenervi(u)s　五脈の
quinquepunctatus　五点ある，五つの細点ある
quinquevulnerus　五つの傷跡のある
quintuplus　五つの

R

racemiflorus　総状になった花の
racemosus　総状花序をつけた
raddeanus　シベリア植物の研究者ラッデの
radians　放射状の
radiatus　放射状の，射出状の
radicans　根を生ずる
radicosus　多数の根のある
radicum　根の
radiosus　多数を放射する，多数の舌状花をつける，多数に枝分かれした散形花序の
radula　ざらざらした，やすりのような
ramentaceus　毛状でおおわれたものをもった，芽りん状の
ramifer, -fera, -ferum　枝を有する
ramiflorus　花序が分枝した
ramondioides　イワタバコ科 *Ramondia* に似た
ramosissimus　非常に分枝した，多分岐の
ramosus　枝分れした，分岐した，枝のある
ramusculus　小枝の
ranifer, -fera, -ferum　蛙を有する，蛙のような
rangiferinus　トナカイの
ranzanianus　江戸時代の本草家小野蘭山（1729-1810）の
rapa　カブラ（ラテン名）
rapaceus　大根やカブラに類する
raphanistroides　*Raphanus raphanistrum* L. に似た
raphidacanthus　針状の刺の
rariflorus　まばらな花の，まれにしか花を開かぬ
rarus　まれな，珍しい，まばら（疎）な
raucus　粗面の，粗末な，不備の
re～　再び～，うしろへ～
reclinatus　反曲した，下曲の
rectifolius　直立した葉の
rectispinus　直線的な刺の，まっすぐの刺の
rectus　直線の，まっすぐの，上向きの
recurvatus　反曲の，そりかえった
recurvifolius　反曲した葉の
recurvus　反曲の，外曲の，後曲の
redivivus　生気をとりもどした，蘇生した，根気のよい
reductus　退化した
reduplicatus　二重の，反復した
reevesii　採集者リーブズの
reflactus　折れ曲がった
reflexistipulus　反曲した托葉の
reflexus　反曲した
refractus　屈折した
refulgens　光または色が反射した，輝いた
regalis　王の，王者の
regelianus / regelii　ドイツの分類学者でロシアの植物を研究したレーゲル E.A.von Regel（1815-1892）の
regina　女王，王女
reginae　女王の
regius　王の
reinii　1874 年日本で採集したドイツ人地理学者ライン J.J.Rein の
religiosus　宗教的な，尊厳な
remotiflorus　疎在した花の
remotifolius　まばらに離れた葉の
remotus　離れた，まばらな
renifolius　腎臓形の葉の
reniformis　腎臓形の
repandus　さざ波形の，うねった，sinuosus より浅い
repens　匍匐する，地に這う
repenti～　這う～
replicatus　反転してたたまれた，背中へ折りたたまれた
reptans　匍匐性の，這って根を出した
resectus　切った，切りとった
resedifolius　モクセイソウ属 *Reseda* のような葉の
resinifer, -fera, -ferum　樹脂を生じる
resinosus　樹脂の多い，樹脂のある
restans　つづけて立つ，持続する
resupinatus　反対の方向に彎曲した，上下の転倒した
reticulatus　網状の
retiger, -gera, -gerum　網のある
retinaculatus　小さいバンドで支える，（ラン科の花粉塊をつなぐ）支帯の
retinens　密着した，保持している
retortus　後にねじれた，外の方に回旋した
retroflexus　反曲の，後屈の，反転した
retrorsopaleaceus　内穎の反り返った，籾殻の反り返った
retrorsus　そり反った，逆に
retusus　微凹形の
reversus　反転した，転倒した，逆になった
revolutus　外巻きした，反巻した
revolvens　外側へまくれた
rex　王
rhamnifolius　クロウメモドキ属 *Rhamnus* のような葉の
rhenanus　ライン河の
rhizophyllus　根元に葉のある
rhizopodus　根元に柄のある
rhodo～　バラの～，バラ色の～，淡紅色の～
rhodacanthus　淡紅色の刺の
rhodanthus　淡紅色の花の，バラ色の花の
rhodochilus　淡紅色の唇弁の
rhodochlorus　淡紅緑色の
rhodocinctus　淡紅色のふくりんの
rhodoneurus　淡紅色の脈ある
rhodotrichus　淡紅色の毛ある

rhoaedifolius　ヒナゲシの葉に似た
rhoeas　ギリシャ名 *Papaver rhoeas* の，花がザクロ *Roia* と同色のため
rhoifolius　ウルシ属 *Rhus* のような葉の
rhombeus　菱形の
rhombifolius　菱形葉の
rhomboideus　長菱形の
rhopalophyllus　棍棒状の葉の
rhynchophyllus　くちばし状の葉の
ricinifolius　トウゴマ *Ricinus* のような葉の
riederi　採集者リーデルの
rigescens　やや硬直な
rigidissimus　非常に硬い
rigidulus　やや硬い
rigidus　硬直の，曲がらない
riishirensis　北海道利尻島の
rimosus　亀裂のある，裂け目のある
ringens　開口形の，口をひろくあけた
ringgoldianus　第二次黒船艦隊隊長リンゴルド C.C. Ringgold の
riparius, ripensis　河岸に生ずる
ritoensis　台湾の裡東に産する
rivalis　流れに生ずる，川に生える
rivularis　細流に生える，小川を好む
robertianus　*Herba roberti* に似た，*Geranium robertianum* のような（同じ香りのする）
robustius　より強い，より大きな
robustus　大形の，頑丈な，強い
rochebrunii, rochebrunianus　植物分類学者ロシェブルン A.T. de Rochebrune（1834-1912）の
roczyanus　採集者ロッジーの
roribaceus　露をおびた
rosaceus　バラ *Rosa* のような
rosa-sinensis　中国（支那）のバラ
roseus　バラ色の，淡紅色の
rosiflorus　バラの花のような
rosifolius　バラの葉のような
rossicus　ロシアの
rossii　採集家ロッスの
rostellatus　小さいくちばしのある
rostratus　くちばし状の
rosularis　ばら模様のある，円い花節のある
rosulatus　ロゼット状の，ばら模様のある
rotatus　車輪状の
rotundatus　円形の
rotundifolius　円形葉の
rotundus　円形の，太った，丸味ある
rouyanus　採集者ローイの
roxburghii　インド植物の研究者ロックスバラ William Roxburgh（1751-1815）の
rubellus　やや赤い，帯紅色の
rubens　赤くなる，赤味のある
rubeolus　赤みのある
ruber, rubra, rubrum　赤色の
mberrimus　非常に赤い
rubescens　やや紅い，赤くなった
rubiifolius　アカネ属 *Rubia* のような葉の
rubicundus　赤色のような，赤くなった
rubiginosus　帯褐赤色の，鉄さび色の
rubisetus　赤い刺のある
rubricaulis　赤い茎の
rubriflorus　赤い花の
rubrifolius　赤い葉の
rubroaurantiacus　帯赤黄金色の
rubrocaeruleus　赤色と青色の
rubronervis　赤い脈のある
rubrotinctus　赤く染った
ruderalis　荒地にはえる
rufescens　やや赤い
rufidulus　やや赤褐色の
rufinervis　赤褐色の脈のある
rufoferrugineus　赤褐鉄銹色の
rufotomentosus　赤い綿毛がある
rufus　赤褐色の，赤っぽい
rufuscens　キツネ色に近い淡赤色の
rugatus, rugosus　ちぢんだ，しわのある，しわがある縮み方の
rugulosus　ややしわのある
runcinatus　逆向の羽状裂をした，後向きに切れこんだきょ歯のある
rupester, -tris, -tre　岩上に生ずる，岩石生の
rupicola　岩壁に生えるもの
rupifragus　岩を割る
ruscifolius　ナギイカダ属 *Ruscus* のような葉の
russellianus　採集家ラッセルの
rusticanus　農夫の，野にはえた
rusticus　田舎の
ruticarpus　ヘンルーダ属 *Ruta* のような果実の
ruta-muraria　城壁生のヘンルーダ
ruthenicus　ヨーロッパロシアの Ruthenia 地方の
rutilans　赤みがかった，赤みを帯びた
rutilus　赤い
rytidophyllus　ひだのある葉の

S

sabae　佐波一郎の．明治初年に横須賀製鉄所に勤めた技師，サバチェーを通訳し，「花彙」の仏訳 Livrres Kwa-wi（1873）を助けた
saboten　和名サボテン
sccatus　袋状の，ふくろ形の
sacchalinensis　サハリン（樺太）の．sachalinensis もある
saccharatus　砂糖をもった，甘味ある
saccharifer, -fera, -ferum　砂糖を生ずる，糖分のある
sacchariflorus　サトウキビ属 *Saccharum* の花の
saccharinus　糖質の，砂糖の
saccharum　砂糖の
saccifer, -fera, -ferum　袋状物ある，袋をもった
sachalinensis　サハリン（樺太）の
sacrosanctus　神聖な場所の
sadoensis　佐渡の
saginoides　ツメクサ属 *Sagina* のような
sagittalis, sagittatus　やじり形の
sagittifer, -fera, -ferum　やじり形を有する
sagittifolius　やじり形の葉ある
sakawanus　高知県佐川（牧野富太郎出生地）の
sakuraii　採集者，帝室博物館員桜井半三郎（1860-1933）の
sakyacephalus　釈迦の頭状の，仏頭に似た
salicaria　ヤナギ *Salix* に似た
salicifolius　ヤナギのような葉の
salicinus　ヤナギのような
salignus　ヤナギのような，ヤナギ状の

salinus　塩気のある，塩地生の
sambac　アラビヤ名．*Jasminium sambac* の形容語
sambucifolius　ニワトコ *Sambucus* のような葉の
sambucinus　ニワトコのような
sampsonii　植物学者サンプソンの
sanctus　神聖な，神々しい
sandwicensis　ハワイ諸島の
sanguineus
sanguinolentus　｝血紅色の
santalinus　ビャクダン属 *Santalum* のような
sapidus　味のある，風味ある，香しい，美味な
sapientum　賢人の，創造者の
sappnaceus　石けんのような，石けん質の，すべる
sapponarius　石けんのような性質をもった
sappan　マレー名 sapang から
sarcodactylus　肉質で指状の
sarcodes　肉状の，肉のような
sarelii　採集家サレルの
sargentii　北米ハーバード大学の植物学者でアーノルド樹木園園長サージェント Charles Sprague Sargent（1841-1927）の．1892 年来日，本州中部以北と北海道の樹木を調査した
sarmaticus　ポーランドのサルマティア地方の
sarmentosus　走出枝のある，ランナーをもつ
sarumame　和名サルマメ
sasanqua　和名サザンカ
sativus　栽培された，耕作した
satsumensis　鹿児島県薩摩産の
satsumi　和名サツマウツギ（バイカウツギの異名）の略
saurocephalus　トカゲの頭のような
savatieri　明治初年に横須賀製鉄所に在任したフランス人医師で日本植物を採集したサバチェー P.A.L. Savatier（1830-1891）の
sawadanus　箱根で植物を研究した旅館経営者澤田武太郎（1899-1938）の
saxatilis　岩上に生ずる，岩の間に生える
saxicola　岩の間に生えるもの
saxifraga　岩を砕く
saxifragifolius　ユキノシタ属 *Saxifraga* のような葉の
saxosus　岩上に生ずる，岩ばかりの
sayanuka　和名サヤヌカグサの一部
sayekianus　ハマカキランの採集者佐伯立四郎の
saziran　和名サジラン
scaber, -bra, -brum　凸凹ある，ざらついた，粗面の
scabiosifolius　マツムシソウ属 *Scabiosa* のような葉の
scabiosus　かさぶたのある
scabrifolius　ざらざらした葉の，粗面葉の
scabrinervius　ざらついた脈の
scandens　よじ登る性質の
scaphophyllus　ボート型をした葉の
scaphus　小舟形の
scapiger, -gera, -gerum　花茎のある
scaposus　花茎のある
scariola　チコリー（キクニガナ）のラテン名 seris の縮小形 serriola から
scariosus　乾いた膜質の
sceleratus　辛い，刺すような，乱暴な，有害の
sceptrum　（王のもつ）笏の，王位の
schellenbergiae　採集家シュレンベルグの
schinifolius　ウルシ科 *Schinus* 属のような葉の
schinseng　人参の中国音
schinzianus　スイス人植物学者シンツ H. Schinz（1858-1941）の
schizoneurus　切れた脈の
schizophyllus　分裂した葉の
schlechtendalianus　ドイツ人分類学者シュレヒテンダル D.F.L.von Schlechtendal（1792-1866）の
schleicheri　スイス人植物学者シュライヘル J.C. Schleicher（1768-1834）の
schmidtianus
schmidtii　｝カラフト植物の研究家シュミット Friedrich Schmidt（1832-1908）の
schoberioides　アカザ科 *Schoberia* に似た
schoenoprasus　イのようなネギの
scholaris　学校の，学校に関係した
schreberi　シュレーベル J.C.D.von Schreber（1739-1810）の
sciadophylloides　*sciadophyllus* のような
sciadophyllus　傘形に葉をつけた
scilloides　ツルボ属 *Scilla* のような
scitus　賢い，きれいな
sciuroides　リスの尾のような
sclerocarpus　硬い果実の
sclerophyllus　硬い葉の
scolopendrifolius　ムカデ状の葉の
scolopendrius　コタニワタリ属 *Scolopendrium* に似た
scolymus　キバナアザミのラテン名
scoparius　ほうき状の
scopulorus　岩の多い
scopus　ほうきの
scorpioides　サソリの尾のような，巻いた形の
scoticus　スコットランドの
scriptus　書き写した，彫刻のある
scrobiculatus　小孔のある，微小な凹みのある
sculptus　切り刻んだ，彫刻した，飾った
scutatus　（ローマ兵士の長方形の）楯形の
scutellatus　皿形の，杯状の
scutum　小さい楯，保護物
sebifer, -fera, -ferum　脂肪のある
sebosus　脂肪が一杯の，脂肪ある
secundus　片方にかたよって生ずる
securiger, -gera, -gerum　斧をもった
sedoides　ベンケイソウ属 *Sedum* に似た
segetalis　穀作地に生える，小麦畑の
segetum　畑の，穀作地の
selago　*Lycopodium selago* の形容語
selkirkii　ロビンソンクルーソーのセルカークに似た，カナダに領地のあったセルカーク卿に献じた
semi～　半分～の，やや～の，～に準ずる
semialatus　やや翼ある，半翼の
semiamplexicaulis　半ば茎を抱いた
semibarbatus　ややひげのある，やや粗毛ある
semicaudatus　やや尾状の
semicylindricus　半筒形の，やや円筒状の
semidecandrus　十雄ずいに近い
semilunaris　半円形に近い
semipinnatus　不完全な羽状の
semiplenus　半重弁の，やや八重咲状の
semper　常時
semperflorens　常時開花する，四季咲の
sempervirens　常緑の
senanensis　信濃の，信州の
sendaicus　仙台の
senega　植物名セネガ
senilis　老人の（白髪から白い葉の意味で使われた）
senno　和名センノウ

sensibilis
sensitivus } 敏感な，しおれやすい
senticosus 刺の密生した
sepiarius 生垣にはえる
sepium 生垣または柵の
septangularis 七角形の
septemfidus 七中裂の
septemlobus 七浅裂の
septempunctatus 七点ある，七斑点ある
septentrionalis 北半球の，北方の，北極に近い地方の
sepultus 埋められた
sericatus 絹毛状の
sericeus 絹毛状の，絹糸状の
sericifer, -fera, -ferum 絹毛を有する
serjaniifolius ムクロジ科 *Serjania* 属のような葉の
serotinus おくれて咲く，晩生の，秋咲きの
serpens はっている，匍匐性の，蛇のような
serpentarius 蛇の咬傷に用いる
serpentinus 蛇形の（三回以上屈曲する），匍匐する，蛇紋岩地に生える
serpyllifolius イブキジャコウソウのような葉をもつ
serratifolius きょ歯葉の
serratus きょ歯ある
serristipulus のこぎり状の托葉ある
serrulatoides *serrulatus* という種類に近い
serrulatus 細かいきょ歯ある
sesquipedalis 長さまたは高さ1.5フィート（約45 cm)の
sessiflorus 花茎のない，無柄花の
sessifolius 無柄葉の
sessiliflorus 無柄花の
sessilifolius 無柄葉の
sessilis 無柄の，花茎のない
setaceus 刺状の，剛毛ある
setchuensis 中国四川省の．szechuanensis もある
setifer, -fera, -ferum
setiger, -gera, -gerum } 刺毛ある，剛毛をもつ
setispinus 刺毛状の刺の
setosus 刺毛状の，剛毛状の
setuliflorus 刺毛ある花の
setulosus 小刺毛の多い
seychellarum インド洋 Seychelles 諸島の
shakotanensis 北海道積丹岳の
sheareri 採集者シェーラーの
shibetchensis 北海道士別の
shiitake 和名シイタケ
shikokianus 四国産の
shikotanensis 北海道色丹島の
shimidzensis 群馬県清水峠に産する
shimotomaii キク属の染色体を調べた広島大学教授下斗米直昌（1899-1989）の
shinanensis 信濃の，信州の
shinanoalpinus 信濃の高山の
shiogiku 和名シオギク
shiraianus 東京帝大教授，植物学・植物病理学者白井光太郎（1863-1932）の．日本の本草学史をも集大成した
shirasawanus 農商務省林業試験場長，樹木学者白沢保美（1868-1947）の
shiroumanus
shiroumensis } 北アルプス白馬岳の
shizophyllus 分裂した葉の
shizuoi 東大教授，植物生理学者服部静夫（1902-1970）の

sibiricus シベリアの
sibthorpioides ゴマノハグサ科 *Sibthorpia* 属に似た
siccus 乾質の，乾いた
siderophloeus 鉄色の樹皮をもった
sideroštictus 鉄色の斑点のある
sieboldianus
sieboldtianus } 日本研究者，ドイツ人シーボルト Philipp F. von Siebold（1796-1866）の．江戸時代の1823-1829 年 6 年間日本に滞在し，日本人の蘭学に多大の影響を与えた．1895-1862 年にも再度来日した
sigmoideus エス（S）字形の
signatus 明白な，文字で記した，記号をつけた
sikkimensis 東ヒマラヤ，シッキムの
sikokianus 四国産の
siliceus 砂地に成育する
siliculosus 短角果の
siliquosus 長角果の
silvaticus 森林生の，森の
silvestris 森林生の，野生の
silvicola 森林に生えるもの
similis 類似の
simonii 採集者シモンの
simonsianus 採集者サイモンスの
simplex 単一の，単生の，無分岐の
simplicicaulis 分枝のない茎をもった
simpliciflorus 単一花の
simplicifolius 単葉の，裂けない葉をもつ
simplicior より単一な，よりかんたんな
simplicissimus 最も単純な，全く単一な
simulans ～にみせかける，～に類似した
simulus やや鼻のひらたい
sinape
sinapis } カラシのラテン名
sinensis
sinicus } 支那の，中国の
sinuatoides sinuatus に似た，縁が深い波形の
sinuatus 縁が強い波状の，深い波状の
sinuosus 縁が波状の，深い波形の
siphonanthus 管状花の
sisalanus シザル（メキシコのユカタンの港）の
sisymbrioides ハナナズナ属 *Sisymbrium* に似た
sitchensis 北米アラスカ州シトカの
smallianus
smallii } スモール J.K. Small（1869-1938）の．北米第二次黒船隊で来日して植物を採集した軍人で，後の植物分類学者
smaragdinus 鮮緑色の，エメラルド色の
smilacinus サルトリイバラ属 *Smilax* の
sobolifer, -fera, -ferum 根本から勢のよい徒長枝を出す
socialis 集団を作る
sociatus 集団の
socotranus アラビヤ南部 Socotra 島の
sohayakiensis 襲速紀（そはやき）地帯（九州から東海道西部までの表日本を指す）
soja 日本語醤油からの転訛，大豆
solaris 太陽の
soldanella イタリア語 soldo（小さいコイン）に葉の形が似ること
soldanelloides サクラソウ科 *Soldanella* に似た
solidus 密な，稠密な，中実の
someyae 採集者染谷徳五郎の．染谷（1859-?）は東京で日本植物学会創立に参加し，後に盛岡師範に勤務した
somnifer, -fera, -ferum 催眠の
sonchifolius ハチジョウナ属 *Sonchus* のような葉の

sophia　賢者
sophronitis　適度の，中庸の
sorbifolius　ナナカマド属 *Sorbus* のような葉の
sordidus　暗色の，汚色の
sororius　塊になった，堆積した
spadiceus　濃い赤褐色の，肉穂花序の
spaethianus　園芸家スペースの
sparsiflorus　まばらな花の，散生花の
sparsifolius　散生葉の，まばらに葉のある
sparsus　散生の，まばらな
sparteus　レダマ属 *Spartium* のような
spathaceus　仏炎包のある
spathulatus　スプーン型の，さじ形の
spathulifolius　さじ形葉の
spatiosus　広場ある，広い
speciosissimus　非常に華やかな，大変美しい
speciosus　美しい，華やかな
spectabilis　壮観の，美しい，明瞭な，すばらしい
spectrum　像，偶像
speculum　鏡
sphacelatus　枯残りの，枯れた，枯死した
sphaer～，sphaero～　丸い～，球形の～
sphaericus　球形の
sphaerocarpus　球形果の
sphaerocephalus　丸い頭の
sphaeroideus　球形の
sphaerospermus　球形の種子の
sphaerostachyus　丸い穂の
sphondylius　ギリシャ語 sphondylos（輪生した）より
spicatus　穂状花ある，穂状をなした
spiciger, -gera, -gerum　穂状花を有する
spiculatus　細かい点で覆われた
spiculosus　細かい点のある
spinosissimus　非常に多くの刺を有する
spinosus　刺の多い，刺で充満した
spinulifer, -fera, -ferum　小刺を有する
spinulosus　やや刺ある，弱刺の多い
spiralis　螺旋形の
spirellus　小螺旋形の
splendens　強い光沢ある，輝いた，立派な
splendidissimus　非常に美しい，大変すばらしい
splendidus　華美な，すばらしい，光輝ある
spontaneus　野生の，自生の
sprengelianus　ドイツの分類学者スプレンゲル C.（= K.）P.J. Sprengel（1766-1833）の
spruceanus　採集者スプルースの
spumarius　泡状の，泡でおおわれた
spurius　偽の，仮性の，雑種の
squalens, squalidus　汚黄色の，よごれた，不潔な，不純の
squamatus　鱗片ある，鱗片状の葉または苞葉をもつ
squamiger, -gera, -gerum　鱗片を有する
squamosus　鱗片の多い
squamulosus　小鱗片の多い
squarrosus　先が広がる，先が反曲した
ssiori　シウリザクラのアイヌ名
stamineus　雄の，雄しべの
standishii　樹木学者スタンディッシュの
stans　直立した
stauracanthus　十字型の刺のある
stell(i)～　星～
stellarioides　ハコベ属 *Stellaria* に似た
stellaris, stellatus　星形の，星状の
stelleri, stellerianus　分類学者ステラーの
stelleroides　ジンチョウゲ科 *Stellera* に似た
stelliger, -gera, -gerum　星形をもった
stellipilus　星状毛の
stellulatus　小さい星状の
sten～，steno～　せまい～
stenanthus　せまい花の
stenocarpus　幅のせまい果実の
stenocephalus　細い頭の
stenogynus　細長い柱頭をもった
stenopetalus　せまい花弁の
stenophyllus　せまい葉の，細長い葉の
stenopterus　せまい翼の
stenostachys　細長い穂の
stephanianus, stephanii　採集家ステファンの
stephanotiifolius　ガガイモ科 *Stephanotis* 属に似た葉の
sterilis　不毛の，不妊の
stigmaticus　柱頭ある，紋のある
stigmosus　柱頭の多い，紋の多い
stimpsonii　採集者スティムプソンの
stipatus　囲んだ，集積した
stipitatus　柄のある
stipulaceus　托葉のある
stipularis　托葉状の，托葉上の
stipulatus　托葉のある
stoechadosmus　ラベンダーの匂いの
stolonifer, -fera, -ferum　匍匐茎をもった
stracheyi　採集者ストラチェイの
stramineus　わら色の
stramonium　*Datura stramonium* のギリシャ名
strangulatus　圧縮した，収縮した
streptocarpus　ねじれた果実の
streptopetalus　ねじれた花弁の
streptophyllus　ねじれた葉の
streptopoides　*Streptopus* に似た
streptosepalus　ねじれた萼片の
striatulus　やや縞のある，わずかに条線のある
striatus　線条のある，線溝のある，縞のある
strictiflorus　硬い（しっかりした）花の
strictulus　やや直立の，ややしっかりした
strictus　硬い，剛直の，直立の
strigillosus　伏した短い剛毛をもつ
strigosus　硬い剛毛のある
strigulosus　伏した短い剛毛をもつ
striolatus　かすかに線条のある
strobilaceus　球果の
strobilifer, -fea, -ferum　球果をもった
strobiliformis　球果形の
strongyro～　円～
strophiophorus　小突起のある
strumarius　甲状腺腫のような，腫物でおおわれた
strumatus, strumosus　はれたような膨らみのある
struthiopteris　花束のように葉が束生するシダの（struthio 花束＋pteris シダ）
strychnifolius　マチン *Strychnos* のような葉の
stupendus　おどろくべき
stylosus　花柱のある

styracifluus　樹脂を含む
suaveolens　芳香ある
suavis　快い，気持のよい
suavissimus　非常に快い，非常に芳香ある
sub～　～に類する，殆んど～，やや～，弱い～，亜～
subacaulis　殆んど茎のない，半無茎の
subalpinus　半山地生の，山に近い，亜高山の
subauriculatus　やや耳状をした
subbispicatus　やや二穂の
subcarnosus　やや多肉質の，少し多汁質の
subcordatus　やや心臓形の
subcostatus　やや主脈ある
subcrispus　ややしわのある，ややひだのある
subdentatus　やや歯牙のある
subdistichus　やや二列生の
subditus　下におかれた
subdivaricatus　やや広く開出した
subdivergens　やや開出の
subedentatus　無鋸歯に近い
suber　コルク
suberculatus　コルクのような，コルク状の
suberectus　殆んど直立の，やや真直ぐな
suberosus　コルク質の，コルクの充満した
subfalcatus　やや鎌状の
subfastigiatus　枝がやや束になった
subfissus　やや分裂した
subfluitans　やや水流生の
subfragilis　ややデリケートな，少々もろい
subfuscus　やや褐色の
subglaucus　やや粉緑色の，やや白粉をかぶった
subglobosus　やや球形の
subhastatus　ややほこ形をした
subhirtellus　やや短剛毛のある
subintegerrimus　殆んど全縁の
subinteger　大体全縁の
sublanceolatus　やや皮針形の
sublateritius　やや煉瓦色の
sublunatus　やや三日月形の
submersus　水中の，潜水した
submuticus　殆ど芒のない
subochtodes　ochtodes に似た
subpediformis　やや鳥の足形の
subpeltatus　やや楯形の
subperennis　多年生に近い
subpetiolatus　やや葉柄ある
subrhombeus　ややひし形の
subrotundus　やや円形の
subsessilis　無柄に近い
subsetaceus　やや剛毛状の
subsinuatus　やや彎入した
subspicatus　やや穂状の
subterraneus　地下生の，地中生の
subtetrasepalus　4 萼片の状態に近い
subtilis　美しい，正確な，精密な，細い，繊細な
subtrifidus　やや三中裂の
subtripinnatus　やや三回羽状の
subulatus　針先状の
subvillosus　やや長軟毛ある，ややビロード状の
subvolubilis　ややねじれた，ややまきついた
succedaneus　代用の，模倣の
succiruber, -bera, -berum　赤汁の
succulentus　多汁質の，多肉の
sudeticus　ズデーテン地方 Sudetenlandの
suecicus　スエーデンの
suffocatus　息が詰る
suffrutescens　亜低木の，半低木の
suffruticosus　亜低木状の
suffultus　支持した，助ける
sugeroki　尾張の本草学者水谷豊文の名助六を訛ったもの
sugukina　和名スグキナ
sulcatus　条溝ある，有溝の
sulcolanatus　溝になったところに軟毛がある
sulphureus　硫黄色の，黄色の
sumatranus, sumatrensis　スマトラの
summitatus　最上の
superans　他方より優れた（長い，大きいなど）
superbiens, superbus　気高い，堂々とした，立派な，華美な
superciliaris　葉の上面に繊毛のある
superficialis　表面の
superfluus　過多の，余分な
supinus　後方に平伏した，ひろがった
supra～　上部の～，上面の
supradecompositus　多数回複生の，多数重複した
supralaevis　上部だけ平滑の
surcatus　枝分れした
surculosus　吸盤をもつ
surinamensis　南米ギアナ中部の Surinam 地方の
susianus　イラン西部スサ地方の
suspensus　吊した，懸垂の
swartzianus　スエーデンの植物学者スワルツ O. Swartz（1760-1818）の
swertopisis　センブリ属 *Swertia* に似た
sylvaticus　森林生の，林地を好む
sylvester　森林生の，野生の
sylvicola　森林に生育するもの
syphiliticus　梅毒を直す
syriacus　シリアの
systylus　いくつかの花柱が連結した

T

tabacoides　タバコ *Nicotiana tabacum* に似た
tabacum　タバコの
tabernaemontanii　16 世紀の植物学者 J.Theodor Tabernaemontanus の
tabuliformis　平板状の，食卓状の
tabularis　平板の，南アフリカのテーブル山の
tabuliformis　平板状の
tachibana　和名タチバナ
tachiroei　明治初年に琉球，台湾の植物を研究した田代安定（1856-1928）の，フランス語化されているが，田代はフランス語が堪能であった
taediger, -gera, -gerum　樹脂のある，やにをもった
taedus　松やにのある，たいまつの
taeniosus　帯状の
tajimensis　兵庫県但馬に産する
takaoyamensis　東京都高尾山の
takedae, takedanus　高山植物の研究家，北大と京大で講師武田久吉（1883-1972）の
takeuchii　京都の採集家竹内敬（1889-1968）の
tamaensis　関東地方多摩丘陵の
tamagawaensis　多摩川の

tamariscinus　ギョリュウ *Tamarix* に似た
tamuranus　柑橘の研究家田村利親の
tanakae / tanakanus　明治の殖産に功績ある田中芳男（1838-1916）の，信州の植物を研究した田中貢一（1881-1965）の
tangerinus　オオベニミカンの英名 tangerine から
tanguticus　中国甘粛省のタングート族居住地の
taraoi　採集者多羅尾忠郎の
tardiflorus　遅咲きの，おくれて開花する
tardivus　遅い，徐々に生長する
tarsaxacifolius　タンポポ属 *Taraxacum* のような葉の
tashiroi　田代安定（1856-1928）の（= tachiroei），または京都帝大嘱託採集家田代善太郎（1872-1947）の
tataricus　韃靼の，タタール人の
tatarinowii　ロシアの採集家タタリノフの
tatula　チョウセンアサガオのペルシャ名
tauricus　クリミヤ半島の
taurinus　牛のような
taxifolius　イチイ *Taxus* のような葉の
tazetta　イタリヤの小さいコーヒー茶碗，形がスイセンの副花冠に似ていることから
tebakoensis　高知県手筥山の
tactorum　屋根の，屋根に生ずる
tectus　おおわれた，かくれた
teijsmannii　インドネシア植物を研究したオランダ人分類学者タイスマン J.E. Teijsmann（1809-1882）の
teinogynus　長い雌しべの
telephium　トウダイグサ科 *Andrachne telephioide* のギリシャ名 telephion から．tele は遠い，philos は愛人，この葉を恋人たちがその恋のよりがもどるようにとおまじないにしたという
telfairiae　採集家のテルフェールの
tellimoides　ユキノシタ科 *Tellima* に類する
temulentus　めまいをおこす，よっぱらった
tenacellus　頑固な
tenacissimus　非常にねばり強い
tenax　強い，粘り強い，不屈の
tenebrosus　暗色の，暗所の，蔭の
tenellus　非常にやわらかい，細い，弱い
tener, tenerior, tenerrimus　やわらかい，うすい，よりやわらかい，非常にやわらかい
tenerrimus　非常にやわらかい，非常に細い
tentaculatus　触角のような，短い突出部のある
tenui～　うすい，弱々しい
tenuicaulis　細い茎の
tenuiflorus　せん細な花の
tenuifolius　うすい葉の，繊細な葉の
tenuiformis　うすい出来の
tenuilobus　うすい裂片ある
tenuinervis　弱い脈の
tenuior　より細い
tenuipes　細い柄（脚）のある
tenuis　細い，うすい，肉のない
tenuispicus　細い穂の
tenuissimus　非常にせん細な，非常に肉のうすい
terebinthaceus　樹脂状の
terebinthinus　ウルシ科 *Pistacia terebinthus* のような
teres　円柱形の，まるい棒状の
teretifolius　円柱形の葉の
teretiusculus　かなり円柱形の
terminalis　頂生の
ternat～，ternato～，terni～　三つの～
ternatipartitus　三つに深裂した
ternatus　三出の，三数の
ternifolius　三出葉の，三つの葉の
terrestris　陸地生の，地面の
terricolor　土色の
tessellatus　格子状の，市松模様の
testaceus　煉瓦色の，淡褐色の，外皮の
testiculatus　睾丸状の，双丸状の
testudinarius　亀の亀甲状の
tetra～　四つの～
tetracanthus　四つの刺の
tetraceras　四つの角のある
tetragonus　四角の
tetrahit　ギリシャ語 tetrahistos から，果実が四つの分果に裂けているからという
tetralix　四鋸歯のある
tetramerus　四つの部分になった
tetrandrus　四雄ずいの
tetranthus　四花の
tetrapetalus　四花弁の
tetraphyllus　四葉の
tetrapterus　四翼の
tetraqueter, -tra, -trum　四切面の，四角の
tetraspermus　四種子の
texenus / texensis　北米テキサスの
textilis　編んだ，織物に用いる
textorii　出島和蘭商館に来た採集家テキストールの
thalianus　16 世紀のドイツの医者で植物学者であったタリウス J. Thalius の
thalictroides　カラマツソウ属 *Thalictrum* に類する
theifer, -fera, -ferum　茶を有する
thely～　雌の～，女の～
thelypteris　thely（雌の）＋pteris（しだ）
theophrastifolius　*Theophrasta* 属の様な葉の（テオフラストスに因む）
thermalis　暖かい，春の，温泉に生ずる
thibaudieri　採集家チボージェの
thomsonae　英国の薬学者トムソン A.T. Thomson（1778-1849）の，ヒマラヤ植物の研究者 T. Thomson（1817-1878）の
thoryi　採集家ソリーの
thunbergii　スエーデン人植物学者で日本植物誌をはじめて発表したツュンベリー C.P. Thunberg（1743-1828）の
thyrsiflorus　密すい円錐花序の
thyrsiformis　密すい円錐形の
thyrsoideus　密すい円錐状にみえる
thysanocarpus　縁どられた果実の
tibicinis　笛吹きの，フルート奏者の
tiglium　モルッカ諸島Tiglis産の
tigridius / tigrinus　虎のような斑紋ある
tiliaceus　シナノキ *Tilia* のような
tiliifolius　シナノキのような葉の
tinctorius　染色用の，染料の
tinctus　染った，着色した，湿った
tingitanus　モロッコのタンジール地方の
tipuliformis　アメンボ形の．*Tipula* はアメンボ類の属名
tipuloides　アメンボに似た
tobira　和名トベラ
tobiracola　トベラに生ずる
togakusensis　長野県戸隠山の
tokiensis　東京産の

tokkura　和名トックリイチゴの略
tokoro　和名トコロ，オニドコロのこと
tokubuchianus　北海道植物の採集家徳淵永治郎（1864-1913）の
tokyoensis　東京産の
tomentellus, tomentosus　密に細綿毛のある
tomiolophus　とさか状に切れ込んだ
tonkinensis　印度支那の東京（トンキン）の
tonsus　剃り落した，無毛の
toonas　和名トウナス
tora　マメ科 *Senna tora* の東インド名
torminosus　下痢を起こす
torosus　くびれのある円柱状の
tortilis　ねじれた，螺旋状の
tortuosus　非常にねじれた
tortus　ねじれた
torulosus　torosusの縮小形
tosaensis, tosanus　土佐の
totta　南アフリカ Hottentots 族の，または南極地方の Tottenland = Sabrinaland の
toxicarius　有毒の，有害な
toxicodendron　有毒の木
toxicus　有毒の
toxifer, -fera, -ferum　毒を有する
trabeculatus　横木状にみえる，小柱状の
trachelius　首の，導管の
trachy～　ざらざらした～，きめの粗い～
trachysanthus　粗面の花の
trachyspermus　ざらざらした種子の
traiziscanus　カラフト西海岸来知志 Traiziska の
trans～　横切る～，横断の～
transiens　うつり行く，中間種の
transitrus　移行する，しだいに変る
transparens　透明の，明瞭な
transversus　横の
trapeziformis　不等辺四辺形の，梯形の
trapezioides　不等辺四辺形様の
tremelloides　*Tremella* 属に似た
tremuloides　ハコヤナギ *Populus tremula* に似た
tremulus　動きやすい，ふるえる
treutleri　採集者トロイトラーの
trewioides　トウダイグサ科 *Trewia* に類する
tri～　三つの～
triacanthus　三刺の，三針の
triandrus　三雄ずいの
triangularis, triangulatus, triangulus　三角の，三稜形の，三角形の
tricarinatus　三背稜のある
tricarpus　三果の
tricaudatus　三つの尾のある
tricho～　毛髪の～，毛髪のような～
trichocarpus　有毛果実の
trichomanes　細くてうすい
trichopetalus　有毛の花弁の
trichophyllus　有毛の葉の
trichosanthus　有毛の花の
trichospermus　多毛の種子の
trichotomus　三分岐の，三叉の
tricocon　三小果の
tricolor　三色の
tricornis　三つの角（つの）のある
tricuspidatus　三尖頭の
tricuspis　三凸頭の
tridactylus　三指の
tridens, tridentatus　三きょ歯の，三歯の
trifasciatus　三本の帯状物をつけた，三束の
trifidus　三中裂の
triflorus　三花の
trifloriformis　三花をつける形の
trifoliatus　三葉の
trifoliolatus　三小葉の
trifolius　三葉の
trifurcatus　三叉状の
triglumis　三個の穎をもつ
trigonocarpus　三角果の
trigonus　三角の
trigynus　三雌ずいの
trilineatus　三本のすじがある
trilobatus　三裂片の
trilobus　三片の
trimestris　三月間の
trinervis, trinervius　三脈の
trinervulus　三小脈の
trinotatus　三つの斑紋ある，三つのしるしのある
trionum　三時間しか花が持たぬことからついたラテン名
tripartitus　三深裂の
tripetalus　三花弁の
triphyllus　三葉の
triplex　三重の
tripolitanns　アフリカのトリポリ地方の
tripolium　polion（*Teucrium polium* のギリシャ名）の三倍の
tripteris, tripteron　三翼の
tripteropus　柄に三翼のある
tripterus　三翼の
tripunctatus　三斑点の
triquetrus　三角柱の
trispermus　三種子の
tristachy(u)s　穂が三本の
tristis　陰気な，暗色の
trisulcus　三溝の
triternatus　三回三出の
triumphans　凱旋の，勝ちほこった
trivialis　通常の，何処にでもみられる
trochophorus　車輪状の，放射状の
tropicus　熱帯地方の
truncatulus　やや切形の
truncatus　切形の，頭が急に立ち切られた
tschonoskianus, tschonoskii　Maximowicz のために日本の植物を採集した須川長之助（1842-1925）の
tsuki　和名ツキノキ
tsukubanus　茨城県筑波山の
tsukune　和名ツクネイモ
tsusimensis　長崎県対馬の
tuberculatus　いぼ状の突起のある，小さいこぶのある
tuberculosus　小さいこぶの多い
tuberifer, -fera, -ferum　塊茎のある
tuberosus　塊茎のある，塊茎状の

tubi～　管の～，管状の～
tubiflorus　管状の花の，筒状の花の
tubispathus　管状の仏炎包をもった
tubulosus　管状の，管をもった
tulipifer, -fera, -ferum　チューリップ形の花のさく
tumidus　腫れた，膨起した
turbinatus　西洋ごま形の，倒円錐形の
turczaninovii　ロシアの分類学者トルチャニノフ N.S. Turczaninov（1796-1864）の
turgidus　膨起した，腫れた
turneri　採集者ターナーの
turifer, -fera, -ferum　香をたきこめた
turriger, -gera, -gerum　塔状物のある
turritus　塔のような
tussilagineus　キク科クワントウ *Tussilago* のような
typhinus　ガマ属 *Typha* に似た
typicus　代表的な，基準種の，典型的な
tyrianthinus　紫色の，紫花の

U

uchiyamanus　台湾・朝鮮で採集をした小石川植物園園丁，植物採集家内山富次郎（1846-1915）の
udensis　ロシアのウダ川の
ugoensis　羽後（秋田県）の
ukishiba　和名ウキシバ
ukurunduensis　シベリヤ　ウクランド産の
ulicinus　ハリエニシダ属 *Ulex* のような
uliginosus　湿地または沼地に生ずる
ulmifolius　ニレ属 *Ulmus* のような葉の
ulmoides　ニレに似た
umbellatus　散形花序の
umbellulatus　小散形花の
umbilicalis　へそに似た
umbilicatus　へそ状の，中央の小さなへこみ
umbonatus　中心に小隆起（umbo）のある
umbraculifer, -fera, -ferum　傘をもった，日蔭をつくる
umbrosus　日陰地を好む，陰地性の
unalaschensis　アリューシャン群島のウナラスカの
uncatus　鈎をもった
uncinatus　鈎状の
undatus　波形の
undecimpunctatus　十一の斑点のある
undulatifolius　波状の縁の葉の
undulatus　波状の，うねった
ungui～　爪～
unguicularis　爪を有する
unguiculatus　爪状の，根元でくびれた
unguipetalus　爪状の花弁の
unguispinus　爪状の刺の
uni～　一つの～
unicolor　一色の
unicornis　一角の
unicuspis　一つの凸頭の
unidentatus　一つの歯をもつ
uniflorus　単花の，一花の
uniformis　一形の，一型式しかない，同型の
unigemmatus　芽が一つの
unilateralis　片側の，一側の
unilocularis　一室の
unijugus　一対の
unioloides　イネ科の *Uniola* に似た
unitubulosus　一本の管の
univittatus　一条の，一つの縞ある，（セリ科果実の）一油管の
unshiu　和名ウンシュウミカンの略
upsaliensis　スエーデンのウプサラの
uralensis　ウラル山脈の
uranoscopos　空をみる
urashima　和名ウラシマソウの略，浦島太郎ならば urashimae とする
urbanianus　ドイツの分類学者ウルバン I. Urban（1848-1931）の
urceolatus　壺形の
urens　イラクサのような刺毛のある，ちりちりと痛がらせる，刺すような
urentissimus　非常にちりちりと痛い
urinarius　尿道の
urophyllus　尾状葉の
urostachy(u)s　尾状の穂の
ursinus　熊の，北方の
urticifolius　イラクサ属 *Urtica* のような葉の
～usculus　～に類する，～に似た，～的な
usitatissimus　非常に有用な
ussuriensis　シベリアのウスリー地方に産する
ustulatus　焦げた，かれた，ひからびた，黒褐色の
utilis　有用な
utilissimus　非常に有用な
utriculatus　嚢のある，袋のある，胞果（果実の）のある
utriculosus　嚢の，袋の，胞果の，胞果をもつ
uvifer, -fera, -ferum　ブドウをもつ
uviformis　ブドウのような

V

vacans　自由の，空いている
vaccinus　こげ茶色の，灰褐色の
vacillans　自由に動く
vagans　拡がった，変化した
vaginalis　葉鞘のある
vaginatus　さやになった
valdivianus / valdiviensis　チリーのバルディビア地方の
valentinus　スペインのバレンシアの
validus　強い，剛直の，正統の
variabilis　種々の，変りやすい，多型の，数形ある
varians / variatus　変りやすい，不定の，多型の
varicosus　膨大した，拡がった，発芽した
variegatus　斑紋のある，雑色の，斑入りの
variifolius　種々の葉ある，色のちがった葉のある
variiformis　種々の形ある，不定の
varius　種々の，不同の，変り易い
vaseyi　採集者バアセイの
vastator　荒れた，荒廃した
vastus　荒れた，広々とした
vegetatus / vegetus　強い，活力ある，生命力にあふれた
veitchii　英国の園芸家ベェーチ J.G.Veitch（1839-1870）の
velaris　ベールをかぶった，幕を持った
velleus　毛皮のような，羊毛のような
velutinus　ビロードのような
velutipes　脚部にビロード状の毛を持った
venenatus　有毒の，有害の
venenifer, -fera, -ferum　毒をもった

venetus　イタリヤのベニス Venetia の
venosus　細脈ある，目立った脈のある
ventricosus　一方だけが膨らんでいる，カップ状に肩のはった
venustus　可愛いい，可憐な
verbenifolius　クマツヅラ属 *Verbena* のような葉の
verecundus　適度の，内気な
veris　春の
vermiculatus　いもむし状の，ミミズ状の
vernalis　春の
vernicifer, -fera, -ferum　ワニスをもった，光沢のある表面の
vernicifluus　ワニスを生ずる
vernus　春咲きの，春の
vernyi　フランス人ウェルニー F.L. Verny（1837-1909）の．造船技師で明治初年に主任として横須賀製鉄所を作り，医師として Savatier を招き，かたわら植物採集をした
verrucifer, -fera, -ferum　いぼのようなこぶがついた
verrucosus　いぼ状の突起のある
versicolor　斑入りの，変色の，種々の色のある
versiculosus　小胞のある
versipellis　あい色を帯びた黒色に変る，変色した皮の
verticillaris / verticillatus　輪生の，環生の
verus　本家の，正統の，純正の
verutinus　投槍状の
vescus　うすい，細い，かよわい，食べられる
vesicarius / vesiculatus　小胞から成る
vesiculosus　小胞で被われた
vespertilionis　コウモリの（コウモリの羽根に似た形の葉をもつ）
vespertinus　夕方の，夕方に咲く
vestitus　（通常毛で）被われた
vexans　迷わす，こまらす，厄介な
vexillaris　旗の，旗弁の
vexillatus　旗を持った，旗弁のある
victorialis　勝利の
vidalii　採集者ビダルの
villosissimus　長軟毛の密生した
villosulus　長軟毛のややある
villosus　軟毛のある，長軟毛のある
viminalis / vimineus　長い軟い枝のある．例：セイヨウキヌヤナギ *Salix viminalis* L. の形容語
vinealis　酒の
vinifer, -fera, -ferum　ブドウ酒を生ずる，ブドウ酒をもった
vinosus　ブドウ酒色の，赤紫の
violaceus　すみれ色の，紫紅色の
violaciflorus　紫紅色の花の
violascens　淡紫紅色の
viperinus　マムシ状の
virens　緑色の
virescens　緑色になった
virga-aurea　黄金の枝の意から来たラテン名．乙女は virgo
virgatus　小枝のある，小枝の多い
virginalis / virgineus　処女の，清らかな
virginianus / virginicus / virginiensis　北米バージニアの
virid～，viridi～　緑の～
viridescens　緑色になる
viridicalyx　緑色の萼のある
viridicrispus　緑でしかもちじれた
viridiflorus　緑色の花の
viridifolius　緑葉の
viridiramea　緑色の枝の
viridis　緑色の
viridissimus　濃緑色の
viridulus　淡緑色の，緑色っぽい
virosus　有毒の
viscidulus　やや粘質の，少し粘りのある
viscidus　粘質の，粘り気ある
viscofer, -fera, -ferum　粘質物のある
viscosissimus　非常に粘質の
viscosus　粘質の，ねばねばした
visnaga　メキシコ移民の用語で妻楊子のこと
vitalba　白ブドウ
vitellinus　卵の黄色の，曇黄（帯赤）色の
viticella　小さいブドウ
vitifolius　ブドウのような葉の
vitis-idaea　クレタ島 Ida 山のブドウ（神話）
vittatus　縦に太線のある，油帯のある（セリ科）
viviparus　胎生の，母体上で発芽する，むかごのつく
volgaricus　ボルガ河地方の
volubilis　ねじれた，からみついた
voluptus / voluptuosus　快い，愉快な，喜びにたえない
volutus　巻いた葉の
vomicus / vomitorius　嘔吐を催させる，はき気のつく
volvatus　壺（菌托 volva）をもつ
vulcanicus　火山岩生の，火山の
vulgaris　普通の，通常の
vulgatissimus　最も普通の，最も広く分布した
vulgatus　普通の，広く分布する
vulnerarius　傷の，傷ついた
vulpinus　キツネの，キツネ色の

W

wadanus　採集者和田治衛（横浜植物会員）の
wallichianus　インド植物の研究者イギリス人ウォリク N. Wallich（1786-1854）の
wasabi　和名ワサビ
watsonii　北米の植物学者ワトソン S.Watson（1826-1892）の
weyrichii　ロシア人植物採集者ウェイリッチ H.Weyrich（1828-1863）の．1853 年に来日したプチャーチンの探検隊に加わり，長崎や五島列島を調査した
wichurae / wichuraianus　ドイツ人採集者ウィチュラ M.E. Wichura（1817-1866）の
wightianus　インド植物を研究したワイト R.Wight（1796-1872）の
williamsii　1853 年ペリー艦隊（黒船）で来日し，日本植物を採集したウィリアムス S.W.Williams の．guilielmii もある
wilfordii　東アジア植物の採集家イギリス人ウィルフォード C. Wilford（?-1893）の
wittrockianus　スエーデン人採集者ウィトロック V.B. Wittrock（1839-1914）の
wolgaricus　ボルガ河の
wrightii　第二次黒船艦隊で 1854 年に来日したアメリカ人植物学者ライト C. Wright（1811-1885）の

X

xanthacanthus　黄色い刺の
xanthinus　黄色の
xanthocarpus　黄色い果実の
xanthoides　オナモミ属 *Xanthium* に似た
xantholeucus　黄白色の
xanthopetalus　黄色の花弁の
xanthophyllus　黄色の葉の
xylonacanthus　木質の刺の
xiphium　*Iris xiphium* のラテン名
xyphioides　アヤメ属 *Iris xiphium* に似た，剣形の

Y

yabeanus, yabei　日本人初の中国植物研究者，北京大学堂と東京文理大学教授矢部吉禎（1876-1931）の
yadoriki　和名ヤドリギ
yagara　ウキヤガラの略
yagiharanus　採集者八木原伝三郎（横浜植物会員）の
yakumontanus　屋久島の山地の
yakusimensis　屋久島の
yamabuki　ヤマブキミカンの略
yamadei　富士の植物を採集した山出半次郎の
yamamotoi　ヤッコソウを採集した山本一の
yanoei　高知の植物を採集した矢野勢吉郎の
yasudae　旧制二高教授，菌類学者安田篤（1868-1924）の
yatabeanus, yatabei　東大初代植物学教授で植物分類学者矢田部良吉（1851-1899）の
yazawanus　信州の高山植物研究者矢沢米三郎（1868-1942）の
yedoensis　江戸の
yendoanus, yendoi　北大教授，海藻学者遠藤吉三郎（1874-1921）の
yesoensis, yezoensis　北海道の，蝦夷の
yokoscensis　横須賀産の
yokusaianus　本草学者飯沼慾斎の．iinumae もある
yomena　和名ヨメナ
yosezatoanus　採集者与世里盛春の
yoshinagae　土佐の植物採集家吉永悦卿（1862-1908）の，または弟の吉永虎馬（1871-1946）の
yoshinaganthus　吉永の花の
yoshinoi　備中の植物研究者吉野善介（1877-1964）の
youngianus　北米の分類学者ヤング R.A. Young（1876-1963）の
yunnanensis　中国雲南省の
yuparensis　北海道夕張岳の

Z

zawadskii　ハンガリーの採集者ザワズスキーの
zebrinus　ゼブラ（シマウマ）のような縞のある
zeylanicus　スリランカの，インド洋セイロン島の
zibethinus　麝香（じゃこう）の香りのする
zippelianus　採集者ジッペルの
zollingeri　オランダの植物学者ツォーリンゲル H.Zollinger（1818-1859）の
zonalis, zonatus　環状の紋のある，帯状の
zuccarinii　シーボルトと共に日本植物を研究したドイツのツッカリーニ J.G. Zuccarini（1797-1848）の
zygo～　一対の
zygomeris　対をなした

日本名索引

日本名索引

立体数字は頁，斜体数字はその植物の図番号を表す．（ ）の付してあるものは，その文中に出てくる関連植物名の和名である．

ア

イ

エ

オ

キ

ク

ケ

コ

シ

ス

セ

ソ

タ

チ

ツ

テ

ト

ナ

ニ

ヌ

ネ

ノ

ハ

へ

ホ

マ

ミ

ム

メ

モ

ユ

ヨ

ラ

リ

ル

レ

ロ

ワ

INDEX TO SCIENTIFIC NAMES

INDEX TO SCIENTIFIC NAMES

立体数字は頁，斜体数字はその植物の図番号を表す．（ ）の付してあるものは，その文中に出てくる関連植物名である．

A

B

C

D

E

G

H

I

J

M

P

Q

R

S

T

U

V

W

X

Y

Z

NEW MAKINO'S ILLUSTRATED
FLORA OF JAPAN
New Edition with Analytical Key

THE HOKURYUKAN CO., LTD.
3-17-8, Kamimeguro, Meguro-ku
Tokyo, Japan

新図解 牧野日本植物図鑑®

令和 6 年 12 月 10 日　初版発行

〈図版の転載を禁ず〉

原　著　牧野富太郎
編　集　邑田　仁
　　　　米倉浩司
発行者　福田久子
発行所　株式会社 北隆館
〒153-0051　東京都目黒区上目黒3-17-8
電話03(5720)1161　振替00140-3-750
http://www.hokuryukan-ns.co.jp/
e-mail : hk-ns2@hokuryukan-ns.co.jp
印刷所　大盛印刷株式会社
ISBN978-4-8326-1061-3 C0645